Bauer/Bezzel/Fiedler

Das Kompendium der Vögel Mitteleuropas

Das Kompendium der Vögel Mitteleuropas

Ein umfassendes Handbuch zu Biologie, Gefährdung und Schutz

Die Bearbeiter des Werkes und die von ihnen bearbeiteten Rubriken:

Sabine Baumann:	Stimme
Hans-Günther Bauer:	Maße und Gewichte, Status, Verbreitung und Bestand, Bestandsentwicklungen, Siedlungsdichte, Gefährdung und Schutz, Fortpflanzung/Brutbiologie, Eimaße und -gewichte, Anhänge, Literatur, Glossar, Überarbeitung der Fremdsprachenliste
Wolfgang Fiedler:	Wanderungen, Sterblichkeit, Alter
Andreas J. Helbig (†):	Systematik/Taxonomie; teilw. Kennzeichen
Herbert Hoi:	Verhalten
Peter Knaus:	Mauser
Hans-Willy Ley:	Nahrung
Markus Nipkow und **Christoph Purschke**:	Biotop
Alexandra Sproll:	Verbreitungskarten, Fremdsprachenliste

Peter H. Barthel überarbeitete die Rubriken »Systematik und Taxonomie« und gab wichtige Hinweise zu »Status« und »Kennzeichen«.
Peter Berthold war Mitautor der ersten Auflage des Werkes »Bauer/Berthold: Die Brutvögel Mitteleuropas«, dessen Inhalte in das neue Kompendium mit eingearbeitet wurden.
Einhard Bezzel war Autor der ersten Auflage des Kompendiums.

Das Kompendium der Vögel Mitteleuropas

Ein umfassendes Handbuch zu Biologie, Gefährdung und Schutz

Sonderausgabe in einem Band

Herausgegeben von

Hans-Günther Bauer, Einhard Bezzel und Wolfgang Fiedler

unter Mitarbeit von:

Sabine Baumann, Peter H. Barthel, Peter Berthold, Andreas J. Helbig (†), Herbert Hoi, Peter Knaus, Hans-Willy Ley, Markus Nipkow, Christoph Purschke und Alexandra Sproll

AULA-Verlag Wiebelsheim

Dr. Hans-Günther Bauer — Vogelwarte Radolfzell, Max-Planck-Institut für Ornithologie, Schlossallee 2, 78315 Radolfzell – E-Mail: bauer@orn.mpg.de

Dr. Wolfgang Fiedler — E-Mail: fiedler@orn.mpg.de

Dr. Einhard Bezzel — E-Mail: e.bezzel@gaponline.de

In Gedenken an

Andreas J. Helbig

1957 – 2005

Bibliografische Information der Deutschen Nationalbibliothek
Die Deutsche Nationalbibliothek verzeichnet diese Publikation in der Deutschen Nationalbibliographie; detaillierte bibliografische Daten sind im Internet über http://dnb.d-nb.de abrufbar.

Einbändige Sonderausgabe der 2., vollständig überarbeiteten Auflage 2005
1. Auflage 1985, 1993 AULA-Verlag Wiesbaden

Umschlagfotos: Stefan Pfützke, Frank Derer
Satz: Petra Münster
Druck und Verarbeitung: Westermann Druck Zwickau GmbH

ISBN 978-3-89104-758-3

Inhaltsverzeichnis

Nonpasseriformes – Nichtsperlingsvögel

Passeriformes – Sperlingsvögel

Vorwort und Dank

Die Planungen für die Überarbeitung und Aktualisierung des »Kompendiums der Vögel Mitteleuropas« begannen schon 1998. Aus den Erfahrungen mit dem Buch »Die Brutvögel Mitteleuropas, Bestand und Gefährdung« von BAUER & BERTHOLD (1997) [196] wussten wir, wie zeit- und arbeitsaufwändig es sein würde, die fast unüberschaubare Menge an ornithologischer Literatur zumindest in weiten Teilen zu sichten und für die Arttexte auszuwerten – und für das Kompendium mussten nun etwa 600 Arten berücksichtigt werden. Mit der Überarbeitung des Kompendiums, das 1985 und 1993 in 2 Bänden erschienen war, erschien es sinnvoll, gleichzeitig Teilaspekte des BAUER & BERTHOLD-Buches (1997) ebenfalls zu überarbeiten und auf alle in Europa brütenden und in Mitteleuropa auftretenden Vogelarten auszuweiten. Aktualisierte Teilaspekte wie »Bestand«, »Bestandsveränderungen« sowie »Gefährdungsursachen« und »Schutzmaßnahmen« sowie Angaben aus Roten Listen und anderen Listen gefährdeter Arten sollten in das Kompendium integriert werden. Der große Arbeitsaufwand bewog AULA-Verlag und Herausgeber nach mehreren Zusammenkünften, die Überarbeitung des Werkes auf mehrere Schultern zu verteilen. Um dabei größtmögliche Einheitlichkeit zu wahren, sollte jedoch nur eine überschaubare Zahl von Mitarbeitern intensiv die einzelnen Schwerpunktthemen des Buches (wie »Mauser«, »Wanderungen« oder »Systematik« usw.) bearbeiten und dabei neueste Erkenntnisse in die vorhandenen Kurztexte des »alten« Kompendiums integrieren. Für die Mitarbeit konnten Ornithologen aus dem gesamten deutschsprachigen Raum gewonnen werden, die in der Titelei mit den bearbeiteten Fachgebieten aufgelistet sind.

Aufgabe der Überarbeitung war – trotz inhaltlicher Anreicherung – die übersichtliche Form und Struktur des Kompendiums als kompakte Handreichung für die alltägliche Praxis im Bereich der Ornithologie zu wahren, wobei die neuesten Erkenntnisse berücksichtigt werden sollten. Allerdings ist es in knappen Texten eines Kompendiums nicht möglich, die ornithologische Literatur umfassend wissenschaftlich zu diskutieren. Dies ist den inzwischen abgeschlossenen großen Handbüchern der Vogelwelt Mitteleuropas von GLUTZ VON BLOTZHEIM et al. 1966-97 [1369] und der Westpaläarktis von CRAMP et al. 1977-94 [767] sowie Arten-Monographien oder Spezialliteratur zu Vogelordnungen oder -gruppen oder spezifischen wissenschaftlichen Abhandlungen vorbehalten. Dieses Werk soll vielmehr der Orientierung in ornithologischen Fragen dienen und zu weiterführenden Auseinandersetzungen anregen. Zielgruppen für dieses ornithologische Nachschlagewerk werden deshalb vor allem Naturbeobachter, Feldornithologen, Vogel- und Naturschützer, Fachbehörden, Fachverbände und Redaktionen sein. Wir haben uns bemüht, eine umfassende und objektive Darstellung der neuesten Literatur zu liefern, deren Auflistung wieder einen großen Raum des Kompendiums beansprucht. Um das Buch mit Literaturhinweisen nicht zu überfrachten, wurde vor allem die Literatur ab Mitte der 1980er Jahre zitiert. Hinweise zu wichtiger, bereits ausgewerteter und zusammengefasster älterer Literatur finden sich in den oben genannten Werken und Handbüchern sowie in Landesavifaunen und Monographien, die als Quellenangaben daher bevorzugt zitiert wurden. Obwohl diesem Buch eine sehr umfangreiche Recherche zugrunde liegt, kann kein Anspruch auf vollständige Erfassung aller Literaturquellen erhoben werden. Eine weitgehend vollständige Sichtung der Literatur mag heute allenfalls noch bei einzelnen Arten oder Artengruppen möglich sein, nicht jedoch für die gesamte Avifauna eines großen Gebietes. Für unsere Literaturauswahl war weniger die Zugänglichkeit von Zeitschriften und Büchern problematisch als vielmehr die enorme Zahl der Veröffentlichungen. Die bessere Kenntnis der deutschsprachigen Literatur mag zu einer gewissen Übergewichtung der Verhältnisse in Deutschland und dem Alpenraum geführt haben. Viele Aussagen sind daher vornehmlich auf die Ergebnisse aus diesem Raum gestützt. Nicht berücksichtigte, möglicherweise wichtige Veröffentlichungen sollten unseres Erachtens aber keinen gravierenden Einfluss auf die getroffenen Aussagen in den Artabhandlungen haben. Wo dies dennoch eine Rolle spielen könnte, sind wir für Hinweise sehr dankbar.

Wir haben einer Vielzahl von Fachkollegen, Mitarbeitern und Freunden für ihre Hilfe und Unterstützung bei diesem Werk zu danken. Für wichtige Hinweise, Korrekturen und Ratschläge zu den Manuskripten sowie für die Beschaffung schwer zugänglicher Literatur oder wichtiger Grundlagendaten danken wir sehr herzlich: F. Amann, U. Andreas, K. Andris, A. Anselin, N. Anthes, P. H. Barthel, S. Baumann, S. Baumung, P. Becker, P.H. Becker, J. Bellebaum, W. Bellon, D. Bentzien, F. Bergmann, H.-H. Bergmann, R.K. Berndt, A. Bernt, M. Boschert, A. Bossert, M. Braun, M. Brix, M. Buchmann, I. Burfield, G. Busche, C. Catoni, P. Chylarecki, O. Conz, M. Dallmann, J. Dierschke, V. Dierschke, C. Dietzen, W. Dornberger, G. Dornbusch, M. Dornbusch, M. Dvorak, A. Dyrcz, J. Einstein, H. Engler, F. Everwien, C. Fathelbab, M. Flade, B.-O. Flore, M. Förschler, W. Forstmeier, De. Franz, Di. Franz, H. Frühauf, J. Fünfstück, S. Garthe, O. Geiter, S. Glinka, B. Grajetzky, D. Gruber, T. Grünkorn, E. Günther, B. Hälterlein, S. Hamsch, P. Hauff, J. Hegelbach, S. Heiling, E. Henne, P. Herroelen, J. von Hirschheydt, J. Hölzinger, K. Höntsch, N. Höser, H. Hötker, H. Illner, F. Jiguet, M. Jöbges, A. Kahl-Dunkel, A. Kaiser, H. Kalchreuter, M. Kestenholz, R. Kinzelbach, S. Klaus, R. Klein, W. Knief, K. Koffijberg, H. Kolbe, B. Koop, M. Korn, A. Kostrzewa, H. Kowalski, B. Krebs, J. Kreuziger, O. Krone, H. Kruckenberg, J. Kube, U. Kubetzki, A. Kunz, T. Langgemach, F. Leibl, B. Leisler, H.-W. Ley, M. Lieser, A. von Lindeiner, K.-H. Loske, G. Maas, R. Mache, U. Mäck, U. Mahler, U. Mammen, C. Marti, G. Mayr, T. Mebs, R. Möckel, R. Mönig, J. Mooij, H. Multhaupt, F. Neuschulz, B. Nicolai, K. Nottmeyer-Linden, S. Oehlschläger, A. Pille, D. Preuss, H. Püschel, D. Robel, T. Ryslavy, L. Sachslehner, T. Schaefer, G. Scheiffarth, H. Schielzeth, R. Schlenker, H. Schmid, D. Schmidt, E. Schmidt, M. Schmitz, M. Schneider-Jacoby, M. Schönfeld, A. Schulze, K. Schulze-Hagen, L. Simon, D. Singer, K. Stastny, B. Struwe-Juhl, C. Sudfeldt, P. Südbeck, K. Thye, J. Tiainen, U. Tigges, D. Tolkmitt, B. Ullrich, W. Vogl, R. Wassmann, F. Weick, H. Wendeln, K. Westermann, M. Widmer, J. Wiesner, K. Willi, W. Winkel, R. Wirthmüller, J. Wittenberg, J.-P. Wittenburg, N. Zbinden.

Ein besonderer Dank ergeht an die Mitarbeiter des AULA-Verlages, besonders Irmgard Meissl für die freundliche und geduldige Zusammenarbeit und maßgebliche Hilfe bei Ausstattung, Konzeption und Überarbeitung der vorgelegten Manuskriptfassung. Dem früheren Direktor der Vogelwarte Radolfzell, Peter Berthold, danken wir für die Möglichkeit, den größten Teil der Arbeiten zu dieser Neubearbeitung an diesem Institut durchzuführen. Für vielfältige technische Hilfeleistungen an der Vogelwarte Radolfzell danken wir sehr herzlich Monika Krome (Endbearbeitung Literaturliste, Literaturrecherchen u.a.), Evi Fricke (Endbearbeitung Literaturliste), Alexandra Sproll (Verbreitungskarten) und Edith Sonnenschein (Literaturrecherche und -beschaffung).

Wir hoffen, dass das Kompendium dazu beitragen kann, das Bewusstsein über die Biologie, Ökologie, Verbreitung und Gefährdung der Vogelwelt Mitteleuropas zu stärken. Das Buch soll ein Helfer und Ratgeber in den Händen Interessierter sein, denen die Kenntnis über unsere Natur sowie ein nachhaltiger Schutz unserer Vogelwelt am Herzen liegt.

Radolfzell und Garmisch-Partenkirchen, März 2005
Hans-Günther Bauer, Einhard Bezzel, Wolfgang Fiedler

Inhaltsverzeichnis zu Teil 1

1 Erläuterungen zum Text

1.1 Bearbeitungsgebiet, Artenspektrum [H.-G. BAUER]

Das Bearbeitungsgebiet umfasst den im »Handbuch« von GLUTZ VON BLOTZHEIM et al. (1966-97) [1369] als »Mitteleuropa« bezeichneten Raum mit den Staaten Belgien, Deutschland, Luxemburg, Niederlande, Österreich, Polen, Schweiz, Slowakei, Tschechien und Ungarn sowie dem Fürstentum Liechtenstein. Angrenzende Teilgebiete Europas, insbesondere Dänemark, (Nord-) Ostfrankreich (vor allem Elsaß/Lothringen und Jura), Weißrussland, Baltikum, Slowenien und Norditalien mit ähnlichen Lebensräumen und Avizönosen, aber auch andere europäische Länder wurden in die Betrachtung mit einbezogen, wo sich dies anbot. Das Kompendium behandelt alle im o.g. Raum Mitteleuropa freilebend nachgewiesenen Vogelarten. Die Artabhandlungen wurden dabei in verschiedene Formen gefasst:

(1) Für Arten, die regelmäßig (und meist häufig) als Brutvogel, Durchzügler oder Wintergast in Mitteleuropa auftreten (darunter auch etablierte Neubürger (Neozoen) wie Kanadagans, Fasan oder Haustaube, s.u.), finden sich ausführliche Angaben zu allen wichtigen Teilaspekten der Biologie, Verbreitung und Häufigkeit.

(2) Arten, die Mitteleuropa nur selten oder ausnahmsweise als Gastvogel, aber zumindest in Einzelfällen als genuine Wildvögel erreichen, werden kürzer abgehandelt, wobei der Status und das Auftreten in unserem Raum im Vordergrund der Betrachtungen stehen.

(3) Zur schnellen Information werden schließlich im tabellarischen Anhang nach den Artabhandlungen der Nichtsingvögel (Bd. 1) und Singvögel (Bd. 2) weitere Vogelarten im dritten Band aufgeführt, die in unserem Raum nur aufgrund von Gefangenschaftsflucht, Freiflughaltung oder bewusster Freisetzung vorkommen, also niemals auf natürliche Weise zu uns gelangt sind. Für diese Gruppe ist eine vollständige Auflistung aller im Freiland in Mitteleuropa aufgetretenen Arten wegen der Vielzahl von Freisetzungen und des schwunghaften Handels mit exotischen Vogelarten (die bislang von Feldornithologen nur wenig beachtet wurden) kaum mehr möglich. Diese Liste mag daher nur einen Einblick in die exotische Vielfalt geben, der sich Feldornithologen in jüngster Zeit ausgesetzt sehen. Biologische Bedeutung erhalten solche Arten allerdings nur, wenn ihnen eine (dauerhafte) Brutansiedlung in unserem Raum gelingt. Neozoen-Arten, die sich in Mitteleuropa auch fortzupflanzen versuchen, also Arten der Statuskategorien C bis E (siehe Glossar), ist deshalb ein ausführlicheres Kapitel gewidmet.

Das vorliegende Kompendium umfasst etwa **600** Artabhandlungen, davon fast **370** Nichtsingvogel- und etwa **230** Singvogelarten. In > **15** Fällen werden zudem auf Grund neuerer Entwicklungen in Taxonomie und Systematik zwei oder drei deutlich differenzierte Formen (z.B. Grenzfälle Sub-/Semispezies) unter derselben Artüberschrift abgehandelt. Wie groß die Veränderungen aufgrund neuester systematischer Erkenntnisse gegenüber der gerade einmal 10 bzw. 18 Jahre alten Kompendiumsfassungen sind, zeigt sich an einer ganzen Reihe von Formen, die jetzt als getrennte Arten in jeweils eigenen Abhandlungen geführt werden, z.B. Mittelmeer-/Balearensturmtaucher, Steppen-/Savannenadler, Amerikanischer/Pazifischer Goldregenpfeifer, Mittelmeer-/Steppenmöwe, Berg-/Strandpieper, Raben-/Nebelkrähe u.a. (s. auch Abschn. 1.2).

Die Tabellen im Anhangsband listen ferner **39** Neozoen-Arten (1/3 davon Singvögel) in Mitteleuropa auf, für die auch schon einzelne Brutnachweise erfolgt sind, sowie **215** nichtheimische Arten (43% Singvögel), die zwar gelegentlich im Freiland, jedoch niemals brütend beobachtet wurden. Wegen der zunehmenden Bedeutung einzelner Neozoen-Arten für die heimische Vogelwelt wird es unabdingbar sein, in künftigen Kompendiums- oder Handbuchwerken auf deren Biologie näher einzugehen. Nicht zuletzt wegen unzureichender Kenntnisse aus Mitteleuropa musste bei den meisten dieser Arten auf solche Abhandlungen im vorliegenden Werk noch verzichtet werden.

Die Anerkennung von Seltenheiten und die Zuordnung der Arten zu Status-Kategorien (A-E) in allen Ländern ME war für uns in Einzelfällen nicht ermittelbar und weist auch für die Länder Mitteleuropas z.T. deutliche Unterschiede in der Aktualität auf. Die für das Kompendium übernommene Liste akzeptierter Meldungen und deren Status-Einstufung kann daher punktuell überholt sein und nicht mehr dem neuesten Stand der Einschätzung durch die zuständigen Seltenheitenkommissionen entsprechen; in Einzelfällen ist die Liste der Meldungen auch nicht mehr aktuell, da einige neuere Beobachtungen bis zum Abschluss der Manuskriptfassung noch nicht anerkannt waren. Wer sich hier auf den neuesten Stand bringen möchte, sei auf die Internetseite des Zusammenschlusses nationaler Seltenheitenkommissionen (Association of European Rarities Committees AERC) verwiesen [http://allserv.rug.ac.be/~jpollet/aerc.html]. Die vorliegende Liste der »anerkannten« Beobachtungen kann dem Leser daher nur einen Eindruck über die Phänologie und das schwerpunktmäßige Auftreten einzelner Seltenheiten vermitteln, genauere Analysen müssen dagegen monographischen Abhandlungen vorbehalten bleiben; für Hinweise auf weitere Streichungen hier noch aufgelisteter »Nachweise« durch nationale Kommissionen wären wir zudem sehr dankbar.

Die Rechtschreibung der deutschen Artnamen folgt den Regeln der Artenliste der Vögel Deutschlands [170]; hierbei werden aus bis zu drei Wörtern zusammengesetzte Namen grundsätzlich ohne Trennungsstrich geschrieben (z.B. Bindenkreuzschnabel, Alpenschneehuhn), aus vier oder mehr Wörtern bestehende immer mit Trennungsstrich (z.B. Weißbart-Seeschwalbe, Gelbbrauen-Laubsänger).

1.2 Systematik [A. J. Helbig †]

Die Taxonomie von Handbüchern und offiziellen Artenlisten sollte den jeweils aktuellen Kenntnisstand über die Artgrenzen und stammesgeschichtlichen Verwandtschaftsverhältnisse der Vögel möglichst genau widerspiegeln. Dieser Prämisse ist eindeutig der Vorzug zu geben gegenüber dem Wunsch nach »Stabilität« des Systems, weil eine konsequente Taxonomie sozusagen »auf den ersten Blick« biologisch wertvolle Einblicke in die Evolution der Vögel vermittelt und auf dem Artniveau wichtige Informationen über Genflussbarrieren und den Grad geographischer Differenzierung enthält.

In den letzten Jahren sind Fragen der ornithologischen Systematik wieder mehr in den Mittelpunkt des Interesses gerückt [vgl. 1623]. Dies hing u.a. mit der Anwendung molekularer Methoden auf systematische Fragestellungen zusammen, die sich 1990 erstmals in umfassenden Werken niederschlug [3564, 3565]. Die umfangreichen neueren Erkenntnisse finden im vorliegenden Kompendium Berücksichtigung, soweit sie als hinreichend gesichert betrachtet werden können, d.h. im Normalfall von mehreren unabhängigen Untersuchungen oder von einander unabhängigen Merkmalskomplexen gestützt werden. Darüber hinaus ergeben sich Änderungen gegenüber dem »Handbuch der Vögel Mitteleuropas« auch aus einer konsequenteren Anwendung phylogenetischer Prinzipien in der Systematik. Dazu gehört z.B., dass

(1) die Abgrenzung paraphyletischer Gruppen vermieden wird, wo immer der aktuelle Kenntnisstand dies ermöglicht,
(2) monotypische Familien oder Gattungen nur anerkannt werden, wenn dafür gute Gründe vorliegen (hohe phylogenetische Eigenständigkeit), und

(3) bei der Reihenfolge der Taxa gesicherten phylogenetischen Erkenntnissen Vorrang vor dem Bestreben nach einer »stabilen« (unveränderten) Reihenfolge eingeräumt wird.

Die wesentlichen Neuerungen in der Systematik dieser Neuauflage des Kompendiums ergeben sich aus den beiden folgenden Prämissen:

1) Die **Reihenfolge und Abgrenzung der Ordnungen, Familien und Gattungen** soll den aktuellen Erkenntnisstand der phylogenetischen Verwandschaftsverhältnisse widerspiegeln. Gesicherte Schwestergruppen werden unmittelbar nacheinander aufgeführt, dabei jeweils die artenärmere zuerst. Da die Verwandtschaftsverhältnisse bisher nicht bis in alle Einzelheiten geklärt sind, ja oft gerade die Verwandtschaft größerer Gruppen untereinander unklar ist, werden diese Unsicherheiten durch entsprechende Anmerkungen im System deutlich gemacht. Alle Taxa oberhalb des Artniveaus (Superspezies, Gattungen, Unterfamilie, Familie etc.) sollen monophyletisch sein. Daraus resultieren z.B. eine Reihe neuer, sicher gewöhnungsbedürftiger Gattungszuordnungen (z.B. *Puffinus diomedea, Bubo scandiacus, Dryobates minor, Aquila pennatus, Calcarius nivalis*), die sich als direkte Konsequenzen aus publizierten phylogenetischen Befunden ergeben, wenn man der Monophylie-Prämisse treu bleiben will.

Dabei war eine Balance zu wahren zwischen der Erweiterung bestehender Gattungen (z.B. *Puffinus, Aquila*) oder deren Aufsplitterung (*Diomedea, Picoides*). Auf welchem Weg sich am ehesten die Monophylie der Gattungen sicherstellen lässt, ist einerseits Ermessenssache und hängt andererseits von den verfügbaren phylogenetischen Informationen ab; z.B. wäre der Monophylie-Prämisse auch dadurch Rechnung getragen, dass man »vertraute« Gattungen erheblich erweitert – z.B. *Dendrocopos, Dendropicos* und *Veniliornis* in *Picoides* einschließt [vgl. 4049,4050]; doch entstünden so sehr inhomogene Gattungen und viel phylogenetische Information der Gattungstaxonomie ginge verloren. Das andere, zuweilen praktizierte Extrem operiert mit sehr engen Gattungsgrenzen [4170]; dies führt zu zahlreichen monotypischen Gattungen und erfordert die Einführung zahlreicher neuer Gattungsnamen. Dies wäre ebenso wenig im Sinne einer phylogenetisch aussagekräftigen Taxonomie wie sehr weit gefasste Gattungsgrenzen. Bei Taxa, deren Monophylie nicht gesichert ist, die aber mangels begründbarer Alternative beibehalten wurden, wird dies erwähnt.

2) Auf dem Artniveau wurde ein modifiziertes Biologisches **Artkonzept** [53,3561] angewendet. Nach diesem werden Formen, deren reproduktive Isolation unvollständig ist (mit mehr oder weniger verbreiteter Hybridisation in Kontaktzonen), als Semispezies und gering differenzierte, allopatrisch verbreitete Formen als Allospezies eingestuft und zu Superspezies zusammengefasst [vgl. 1623]. Dies entspricht formal dem Vorgehen von [3565]. Dabei sind mehrere Punkte zu betonen:

1. Das Vorgehen stellt keine grundsätzliche Abkehr von bisherigen Anwendungen des Biologischen Artkonzeptes dar. Vielmehr wird damit der Versuch unternommen, Fälle geographischer Variation mit freiem Genfluss (Unterarten) von jenen zu differenzieren, bei denen der Genfluss erkennbar eingeschränkt ist (relativ schmale Hybridzonen) bzw. aufgrund der phänotypischen Differenzierung allopatrischer Formen eine solche Einschränkung wahrscheinlich ist (Allospezies).
2. In der Praxis bedeutet das, dass Formen, die klinal ineinander übergehen – wobei lokale Populationen jeweils monomorph sind – als Subspezies eingestuft werden. Dagegen werden Formen als Semispezies eingestuft, die in einer relativ schmalen Zone hybridisieren, in der neben reinen parentalen Phänotypen verschiedene Hybridphänotypen vorkommen, lokale Populationen also polymorph sind.

3. Die Zuweisung des taxonomischen Rangs in der Übergangszone zwischen Unterart, Semi-/Allospezies und voll isolierter Art [»Isospezies«] unterliegt in vielen Fällen einem Ermessensspielraum, weil die Grenzen zwischen Hybridzone und Kline fließend sind und bei allopatrischen Taxa der Grad der reproduktiven Kompatibilität immer hypothetisch bleibt.

Bei einzelnen Superspezies werden alle in Mitteleuropa vorkommenden Semi-/Allospezies in einem Kapitel behandelt. In vielen Fällen ist die Differenzierung aber soweit vorangeschritten, dass sich neben klaren phänotypischen Unterschieden auch deutliche Unterschiede in Verhalten und Ökologie entwickelt haben (Eistaucher/Gelbschnabeltaucher; Nachtigall/Sprosser, Trauerschnäpper/Halsbandschnäpper), daher werden die meisten dieser Formen in vollständig getrennten Kapiteln behandelt.

Die hier verwendete Systematik spiegelt den Kenntnisstand Ende 2004 wider und berücksichtigt u.a. die Ergebnisse von Sibley & Ahlquist 1990 [3564] und aller seither publizierten relevanten Untersuchungen, sowohl auf molekularen als auch auf phänotypischen Merkmalen basierenden Arbeiten. Eine komplette Übernahme der Systematik von [3564] wurde verworfen, da viele der dort behaupteten Verwandtschaftsverhältnisse nicht mit anderen Methoden bestätigt werden konnten (z.B. Monophylie von Sibley & Ahlquist's »Ciconiiformes«) und einigen neueren, verlässlicheren Ergebnissen widersprechen (z.B. die Monophylie der Corvida, Abgrenzung der Überfamilien innerhalb der Passerida; etc.).

Grundsätzlich wurden Änderungen gegenüber der Systematik von Wetmore [4078] nur dort vorgenommen, wo die Ergebnisse mehrerer unabhängiger Untersuchungen dies erfordern. Klare Fälle sind z.B. die Monophylie der Galloanserae (Hühner- & Entenvögel) und der Neoaves (alle anderen neognathen Vögel), die Aufteilung der Singvögel (Oscines) in »Corvida« (paraphyletisch) und Passerida sowie innerhalb der Passerida die sehr ursprüngliche Stellung der Goldhähnchen (Regulidae), die nahe Verwandtschaft der Stare und Spottdrosseln untereinander sowie ihrerseits mit den Muscicapidae und Turdidae sowie die Monophylie der Passeroidea.

Die Verwandtschaftsverhältnisse unter den basalen Teilgruppen der Neoaves sind nach wie vor äußerst unsicher. Dass z.B. die »Pelecaniformes« keine natürliche Gruppierung darstellen, wurde schon lange vermutet, ohne dass aber bis heute klar wäre, welches jeweils die nächsten Verwandten ihrer Teilgruppen sind. Hier wird einer Aufspaltung in relativ viele Ordnungen der Vorzug gegeben, um unzureichend begründete Gruppierungen wie »Ruderfüßer« (Pelikane, Kormoran, Fregattvögel), »Schreitvögel« (Störche, Reiher etc.) oder »Greifvögel« zu vermeiden.

In nachfolgender Tabelle werden die traditionelle Taxonomie [nach Morony et al. 1975, zit. in 1784] und die hier verwendete Taxonomie nach A.J. Helbig (auf Basis neuer Literatur) einander gegenübergestellt.

Tab. 1: Taxonomische Klassifizierung der Vögel. Links nach dem bisher vorwiegend verwendeten System, rechts die neue, in dieser Auflage verwendete taxonomische Listung.
Die Nummer gibt jeweils die Nummer der **früheren** taxonomischen Klassifizierung an, wobei bei einer Aufspaltung der alten Ordnung oder Familien in unterschiedliche neue taxonomische Einheiten die neue Kategorie mit der entsprechenden »alten« Nummer in Klammern angegeben ist.
[In Blau sind die Ordnungen gesetzt, von denen in Mitteleuropa keine natürlicherweise auftretenden Vertreter nachgewiesen sind und die deshalb in diesem Werk allenfalls im Abschnitt Neozoen behandelt werden.]

Nichtsperlingsvögel – »Non-Passeriformes«, Ordnungen

Frühere taxonomische Klassifizierung		Neue taxonomische Klassifizierung	
			UK Palaeognathae
1.	Struthioniformes – Straußenartige	1.	Struthioniformes – Straußenvögel
2.	Tinamiformes – Tinamus	2.	Tinamiformes – Tinamus (Steißhühner)
3.	Sphenisciformes – Pinguine		UK Galloanserae
4.	Gaviiformes – Seetaucher	10.	Anseriformes – Entenvögel
5.	Podicipediformes – Lappentaucher	13.	Galliformes – Hühnervögel
6.	Procellariiformes – Röhrennasen		UK Neoaves
7.	Pelecaniformes – Pelikanverwandte	9.	Phoenicopteriformes – Flamingos
8.	Ciconiiformes – Storchenartige (inkl. Ibisse und Reiher)	5.	Podicipediformes – Lappentaucher
9.	Phoenicopteriformes – Flamingos	3.	Sphenisciformes – Pinguine
10.	Anseriformes – Entenartige	4.	Gaviiformes – Seetaucher
11.	Cathartiformes – Neuweltgeier	6.	Procellariiformes – Röhrennasen
12.	Falconiformes – Falken und Greifvögel	7.	Pelecaniformes – Pelikanvögel
13.	Galliformes – Hühnervögel	(7.)	Phalacrocoraciformes – Kormoranvögel
14.	Gruiformes – Kranichvögel	(8.)	Threskiornithiformes – Ibisse
15.	Charadriiformes – Schnepfen-, Möwen- und Alkenvögel	(8.)	Ardeiformes – Reiher
16.	Columbiformes – Tauben	8.	Ciconiiformes – Storchenvögel
17.	Psittaciformes – Papageien	(12.)	Cathartiformes – Neuweltgeier
18.	Cuculiformes – Kuckucke	(12.)	Accipitriformes – Greifvögel
19.	Strigiformes – Eulen	12.	Falconiformes – Falken
20.	Caprimulgiformes – Schwalmvögel	14.	Gruiformes – Kranichvögel
21.	Apodiformes inkl. Kolibris – Segler	15.	Charadriiformes – Wat-, Alken- und Möwenvögel
22.	Coliiformes- Mausvögel	(16.)	Pterocliformes – Flughühner
23.	Trogoniformes – Trogons	16.	Columbiformes – Tauben
24.	Coraciiformes – Rackenverwandte	17.	Psittaciformes – Papageien
25.	Piciformes – Spechte	18.	Cuculiformes – Kuckucke
		19.	Strigiformes – Eulen
		20.	Caprimulgiformes – Schwalmvögel
		21.	Apodiformes – Segler
		(21.)	Trochiliformes – Kolibris
		22.	Coliiformes – Mausvögel
		23.	Trogoniformes – Trogone
		24.	Coraciiformes – Rackenvögel
		(24.)	Upupiformes – Hopf- und Hornvögel
		25.	Piciformes – Spechtvögel

Sperlingsvögel – Passeriformes, Familien und Überfamilien

Frühere taxonomische Klassifizierung		Neue taxonomische Klassifizierung	
			Parvorder Corvida s. str.
			ÜF Corvoidea
1.	Alaudidae – Lerchen	18.	Vireonidae – Vireos
2.	Hirundinidae – Schwalben	24.	Oriolidae – Pirole
3.	Motacillidae – Stelzen	4.	Laniidae – Würger
4.	Laniidae – Würger	25.	Corvidae – Krähenverwandte

Frühere taxonomische Klassifizierung		Neue taxonomische Klassifizierung	
5.	Bombycillidae – Seidenschwänze		Parvorder Passerida
6.	Cinclidae – Wasseramseln		ÜF Paroidea
7.	Troglodytidae – Zaunkönige	12.	Remizidae – Beutelmeisen
8.	Mimidae – Spottdrosseln	13.	Paridae – Meisen
9.	Prunellidae – Braunellen		
10.	Muscicapidae – Fliegenschnäpper (mit Drosseln, Grasmücken usw.)		ÜF Sylvioidea
11.	Aegithalidae – Schwanzmeisen	1.	Alaudidae – Lerchen
12.	Remizidae – Beutelmeisen	2.	Hirundinidae – Schwalben
13.	Paridae – Meisen	(10.)	Panuridae – Bartmeisen
14.	Sittidae – Kleiber	11.	Aegithalidae – Schwanzmeisen
15.	Certhiidae – Baumläufer	(10.)	Cettiidae – Buschsänger
16.	Emberizidae – Ammern	(10.)	Phylloscopidae – Laubsänger
17.	Parulidae – Waldsänger	(10.)	Megaluridae – Grassänger
18.	Vireonidae- Vireos	(10.)	Acrocephalidae – Rohrsängerverwandte
19.	Icteridae – Stärlinge	(10.)	Cisticolidae – Halmsänger
20.	Fringillidae – Carduelidae	(10.)	Sylviidae (inkl. Timalien) – Grasmücken
21.	Estrildidae – Prachtfinken		
22.	Ploceidae – Webervögel (mit Sperlingen)		NN – incertae sedis (unsichere Zuordnung)
23.	Sturnidae – Stare	(10.)	Regulidae – Goldhähnchen
24.	Oriolidae – Pirole	5.	Bombycillidae – Seidenschwänze
25.	Corvidae – Rabenvögel		
			ÜF Certhioidea
		(14.)	Tichodromidae – Mauerläufer
		14.	Sittidae – Kleiber
		15.	Certhiidae – Baumläufer
		7.	Troglodytidae – Zaunkönige
			ÜF Muscicapoidea
		8.	Mimidae – Spottdrosseln
		23.	Sturnidae – Stare
		6.	Cinclidae – Wasseramseln
		(10.)	Turdidae – Drosseln
		10.	Muscicapidae – Schnäpperverwandte
			ÜF Passeroidea
		9.	Prunellidae – Braunellen
		22.	Ploceidae – Webervögel
		(22.)	Passeridae – Sperlinge
		21.	Estrildidae – Prachtfinken
		3.	Motacillidae – Stelzenverwandte
		20.	Fringillidae – Finken
		16.	Emberizidae (inkl. Parulinae, Icterinae und Cardinalinae) – Ammernverwandte

Die verwendeten deutschen Artnamen folgen den in den ornithologischen Standardwerken jüngster Zeit überwiegend gebrauchten Bezeichnungen. Im Anhang zur 2005 überarbeiteten Artenliste der Vögel Deutschlands [s. 180N] werden Ausnahmen und Änderungen ausführlich besprochen [178N] und hier vollständig übernommen.

1. Veränderungen der Schreibweise nach den Regeln der neuen Rechtschreibung betreffen **Blässgans**, **Raufußhühner**, **Basstölpel**, **Raufußbussard**, **Blässhuhn**, **Flussregenpfeifer**, **Flussuferläufer**, **Flussseeschwalbe**, **Raufußkauz**, **Schneeeule** und **Blassspötter**.

2. Neugeschaffene Artnamen auf Basis der Aufspaltung von Arten, neuer Informationen über die Verwandtschaftsverhältnisse, Änderungen der Gattungszugehörigkeit, Abtrennung von Semi- oder Allospezies innerhalb von Superspezies (s. oben) oder Vereinfachung sehr unhandlicher Namen betreffen ferner folgende Arten:

neu	alt
Kanadapfeifente	Nordamerikanische Pfeifente
Carolinakrickente	Amerikanische Krickente
Jagdfasan	Fasan
Sepiasturmtaucher	Gelbschnabel-Sturmtaucher
Atlantiksturmtaucher	Schwarzschnabel-Sturmtaucher
Tundra-Goldregenpfeifer	Pazifischer Goldregenpfeifer
Prärie-Goldregenpfeifer	Amerikanischer Goldregenpfeifer
Tibetregenpfeifer	Westlicher Mongolenregenpfeifer
Kolymaregenpfeifer	Östlicher Mongolenregenpfeifer
Kanadamöwe	Amerikanische Silbermöwe
Nachtigallengrasmücke	Östliche Orpheusgrasmücke
Orpheusgrasmücke	Westliche Orpheusgrasmücke
Pallasschwarzkehlchen	Sibirisches Schwarzkehlchen
Wiesenschafstelze	*Motacilla flava*
Maskenschafstelze	*Motacilla feldegg*
Wolgaschafstelze	*Motacilla lutea*
Aschkopf-Schafstelze	*Motacilla cinereocapilla*
Iberienschafstelze	*Motacilla iberiae*
Gelbkopf-Schafstelze	*Motacilla flavissima*
Thunbergschafstelze	*Motacilla thunbergi*
Zitronenzeisig	Zitronengirlitz

1.3 Literaturzitate [H.-G. Bauer]

Die komplette Literatur für die beiden Textbände (Nichtsperlingsvögel, Sperlingsvögel) wurde in dem Anhangsband nach Nummern in der Regel alphabetisch sortiert zusammengefasst. Wie schon im Vorwort erwähnt, wurden bevorzugt zusammenfassende Arbeiten in überregionalen Avifaunen, Übersichtsarbeiten und andere Sekundärliteratur zitiert und nur z.T. Primärliteratur. Letztere wurden vor allem dann verwendet, wenn zusammenfassende Arbeiten fehlen oder schon veraltet sind oder wenn konkrete Aussagen zu Einzelaspekten nur mit Originalarbeiten belegt werden konnten. Der an weiterführender, z.T. sehr spezieller Literatur interessierte Leser wird zusätzliche Informationsquellen benötigen, um alle wichtigen Aspekte aktueller ornithologischer Forschung abgehandelt zu finden. Aus Platzgründen wurden die Literaturverweise im Text in Form von in Blau gedruckten Zahlen in eckiger Klammer angegeben. Die Zahlen stehen generell für die in alphabetischer Reihenfolge aufgelisteten Autorennamen; allerdings wurden aus praktischen Erwägungen einige Literaturzitate, z.B. Sammelwerke wie Avifaunen und Handbücher, die z.T. unter verschiedenen (Erst-)Autorennamen in unterschiedlichen Jahren (teilweise sogar bei verschiedenen Verlagen) veröffentlicht wurden, unter einem Gesamtzitat zusammengefasst. So haben z.B. alle Bände des Handbuches von GLUTZ VON BLOTZHEIM et al. dieselbe Nummer [1369]; entsprechend wurde u.a. mit den Avifaunen von Schleswig-Holstein von BERNDT et al. [309] oder von Niedersachsen von HECKENROTH et al. [1589] verfahren, bei denen manche Einzelbände einen anderen Erstautor aufweisen können.

Zusätzlich zu den allgemein zugänglichen, veröffentlichten Literaturquellen war es aus Aktualitätsgründen z.T . unabdingbar, auch jüngste Brutbestands- oder Trendmeldungen ornithologischer Arbeitsgruppen zu berücksichtigen, die gemeinhin als »nicht zitierbar« betrachtet werden. Hierzu zählen Datensammlungen in avifaunistischen Zeitschriften wie British Birds, Limicola, Birding World u.a. sowie Rundschreiben und andere Informationsblätter von Arbeitsgruppen in Deutschland, Österreich oder der Schweiz. Die jeweiligen Daten sind zwar überprüft, mögen in einzelnen Fällen bis zur Publikation aber dennoch leichte Korrekturen erfahren und sind dementsprechend kritisch zu betrachten. Die entsprechenden »Zitate« befinden sich am Ende der alphabetischen Liste. Aus Zeitgründen war es nicht möglich, alle lokalen Rundbriefe und Datensammlungen des mitteleuropäischen Raumes zu berücksichtigen, sondern nur eine kleine, uns leicht zugängliche Auswahl.

In einigen Fällen wird auch auf persönliche Mitteilungen zurückgegriffen. In diesem Fall ist der Name des betreffenden Autors – ohne jeden weiteren Hinweis – neben den Literaturangaben in den eckigen Klammern vermerkt.

1.4 Schema der Artabhandlungen [H.-G. BAUER, W. FIEDLER, P. KNAUS]

Bei den meisten Arten wurde nach einheitlichem Schema verfahren, welches dem Leser das Auffinden bestimmter Informationen erleichtern und ein schnelleres »Querlesen« ermöglichen soll. Den wissenschaftlichen und deutschsprachigen **Artnamen** folgt die EURING-Nummer, der fünfstellige Code der europäischen Beringungszentralen für alle in der Westpaläarktis auftretenden Vogelarten (für Details s. www.euring.org).

Branta leucopsis – Weißwangengans 01670

Branta [canadensis] leucopsis (Bechstein 1803) syn.: Nonnengans

In der folgenden Zeile wird dem Artnamen, falls erforderlich, die Untergattungs- oder Superspezies-Zugehörigkeit in eckiger Klammer angefügt sowie der Beschreiber und das Beschreibungsjahr. Bei vielen Arten werden Alternativ- oder früher gebräuchliche Namen der Arten erwähnt, danach folgen die Artnamen in den drei in Mitteleuropa geläufigen Weltsprachen Englisch, Französisch und Spanisch; weitere fremdsprachliche Namen sind in einem der Anhänge in dem Anhangs-Band aufgeführt.

Der erste ausführliche Abschnitt behandelt schließlich die **Taxonomie** unter Einschluss neuester Erkenntnisse und die subspezifische Differenzierung der Art mit Hinweisen auf neue Literatur.

Der Abschnitt **Kennzeichen** wurde gegenüber dem alten Kompendium erheblich eingekürzt, da wir eine ausführliche, wortreiche Beschreibung der verschiedenen Kleider von Vogelarten in Anbetracht exzellenter neuer Bestimmungsliteratur mit Farbtafeln nicht mehr für nötig halten [vgl. dazu z.B. 3772,1912,221]. Bei den meisten Arten wird auf Beschreibungen vollständig verzichtet, zuweilen sind die Texte auf die notwendigsten Aussagen zu Alters- und Geschlechtsunterschieden beschränkt, immer finden sich jedoch Hinweise auf wichtige Bestimmungsliteratur, die in den meisten Fällen mit Farbabbildungen oder anderen Bestimmungshilfen ausgestattet und daher der reinen Beschreibung verschiedener Kleider generell überlegen sind. Bei den meisten Arten folgen zusätzliche Hinweise zu publizierten Farbabbildungen in wichtigen europäischen Zeitschriften, wenn diese für die Bestimmung wichtige Informationen liefern und die Abbildungen der guten Bestimmungsbücher ergänzen. **Fotohinweise** erfolgen vornehmlich bei weitgehend unbekannten, schwer zu bestimmenden Arten und/oder selten abgebildeten Kleidern; angegeben sind Zeitschrift, Band und Seitenzahl(en), zuweilen auch die gezeigte Form (Unterart, Hybride usw.), nähere Hinweise auf den Foto-Inhalt werden dagegen nicht gegeben; eventuelle Bestimmungstafeln werden mit »(z)« gekennzeichnet. Bei allen Arten, bei denen keine speziellen Hinweise auf Fotos gegeben werden, wird auf die zitierten Monografien und das Handbuch von DEL HOYO et al. [1784] verwiesen, in dem alle Arten entweder als Foto oder Zeichnung abgebildet sind.

Im Anschluss an den Abschnitt über die Kennzeichen folgt eine Übersicht wichtiger Körper-**Maße**. Tiefgestellte Angaben bezeichnen die Anzahl der zugrundeliegenden Messungen.

Zu jeder in Mitteleuropa auftretenden Vogelart erfolgen Kurzangaben zum **Status** ihres Auftretens. Bei den Seltenheiten ist dieser Abschnitt etwas ausführlicher behandelt, die nachfolgenden Stichworte zur Biologie werden dagegen nur sehr kursorisch abgefasst. Zum komplexen Thema »anerkannte Seltenheiten« s. Abschn. 1.1. Für reine Durchzügler und Gastvögel ist das Vorkommen in Mitteleuropa (für sehr seltene außereuropäische Gäste auch in anderen Ländern Europas) kurz unter Angaben von Häufigkeit, Regelmäßigkeit und Saisonalität beschrieben. Für Brutvogelarten finden sich hier Kurzangaben über den Brutstatus und das jahreszeitliche Auftreten in Mitteleuropa.

Im Abschnitt **Verbreitung und Bestand** wird das Areal der Art oder der verschiedenen Formen einer Art in Kurzfassung skizziert, wobei auf den mitteleuropäischen Raum stärkeres Gewicht gelegt wurde als auf entferntere Areale. Für Mitteleuropa werden neben der Beschreibung des derzeitigen Brutareals auch die Habitat- und Höheneinnischung sowie die Schwerpunkte der Verbreitung der Arten kurz beschrieben. Es folgen Angaben zu den Gesamtbeständen in Europa. Die Brutbestandsangaben entstammen der neuesten Zusammenstellung »Birds in Europe II« von BIRDLIFE INTERNATIONAL 2004 [383], zuweilen wurden die Zahlen aber durch andere Daten aus neuerer Literatur und persönlichen Mitteilungen ergänzt oder ersetzt. Für verschiedene Vogelgruppen, besonders aber für Durchzügler- und Winterbestände wurden die Angaben auch aus monographischen Werken übernommen (z.B. für Seevögel, Limikolen etc.) [2640,3718]. Unterschiede in der Einschätzung der Bestandstrends zwischen »Birds in Europe II« und dem vorliegenden Kompendium entstanden durch verschiedene Betrachtungszeiträume (10 Jahre in »Birds in Europe II« gegenüber 25 Jahren im Kompendium). Die Aussagen in diesem Abschnitt werden unterstützt und ergänzt durch eine **Tabelle** mit aktuellen Bestands- und Trendangaben (über die vergangenen zwei Jahrzehnte) für alle Brutvogelarten Mitteleuropas mit Ausnahme einiger Neozoen.

Für sehr häufige Arten sind die Bestandsgrößen reine Schätzwerte, die nur eine grobe Orientierung über den ungefähren Brutbestand geben können. Der rascheren Orientierung der Angaben dienen einige Symbole und Kürzel, die nachstehend erklärt und definiert werden. Die Tabellen weisen 6 Spalten auf:

Spalte 1: Länderangabe nach den internationalen Kfz-Codes.
Spalte 2: Bestandstrend für die letzten 20 (25) Jahre; dabei bedeuten:

N	Neuansiedlung nach 1980
⇧	starke Zunahme (> 40%)
↑	Zunahme 20-40%
+/-	unverändert (stabil oder Veränderungen < 20%)
↕	stark schwankend (Veränderungen > 20%, aber langfristig stabil)
↓	Abnahme 20-40%
⇩	starke Abnahme (> 40%)

Spalte 3: Arealveränderung für die letzten 20 (25) Jahre; dabei bedeuten:

+ 2	starker Arealgewinn (> 40%)
+ 1	Arealgewinn 20-40%
=	unverändertes Areal bzw. Veränderungen < 20%
F	Fluktuation (stark schwankend, Veränderungen > 20%), aber langfristig stabil
- 1	Arealverlust 20-40%
- 2	starker Arealverlust (> 40%)

Spalte 4: Derzeitiger Brutbestand (meist in Brutpaaren, selten andere reproduktive Einheiten) mit Minimum- und Maximumangabe: ? = Bestandsangabe fehlt.
Spalte 5: Referenzjahr(e) für die Bestands- und Trendangaben.
Spalte 6: Quellenangabe der Bestandsangaben in eckiger Klammer: Zahlen s. Literaturliste.

Dem Abschnitt ist eine **Verbreitungskarte** zugeordnet. Diese Karten wurden aus Angaben in verschiedenen Standardwerken zusammengestellt und auf den bestmöglichen aktuellen Stand gebracht. Schon allein durch den gewählten Maßstab sowie durch die hohe Dynamik, welche die Vorkommensmuster einiger Arten aufweisen, können Verbreitungskarten jedoch immer nur ein grobes Bild der gegenwärtigen Situation zeichnen. Weiterhin variiert die Detailgenauigkeit verfügbarer Angaben von sehr hoch (in ME und W-Europa) bis sehr gering (besonders in NE-Europa). Dennoch lässt sich der generelle Charakter der Verbreitung der Art in den Karten sehr rasch erfassen. Zur Verdeutlichung haben wir folgende einheitliche Flächenfärbungen verwendet:

dunkelblau: Brutzeit
hellblau: Zugzeit
grau: Winter
blaugrau: Ganzjährig

Aus der **Überlappung** von grauer Schraffur und Dunkelblau ergibt sich das Areal, in dem eine Art ganzjährig vorkommt. In Fällen, in denen aufgrund des Kartenmaßstabes die dunkelblaue Einfärbung (z.B. kleiner Inseln) nicht mehr erkennbar wäre, wurden nicht maßstabsgetreue, **schwarze Punkte** zur Kennzeichnung der Brutvorkommen verwendet.

Ausführlicher werden **Wanderungen** und Zugstrategien für die Brutvogelarten Mitteleuropas und häufige Gastvögel abgehandelt. In der Regel wird hier das Wanderverhalten, insbesondere die Zugrichtungen und -routen verschiedener Populationen beschrieben, in Kurzform auch wichtige Ringfunde und ggf. Angaben zur Ortstreue. Oft werden Hinweise auf außerbrutzeitliche Areale, insbesondere regelmäßige Rastgebiete bzw. Winterquartiere gegeben. Schließlich folgen Anmerkungen zum jahreszeitlichen Ablauf der Wanderungen (Phänologie) – vgl. hierzu aber auch den Abschnitt Fortpflanzung/Brutbiologie! – und einige andere Details.

Der Abschnitt **Bestandsentwicklung** ist in überarbeiteter Form aus dem Buch von Bauer & Berthold (1997) überführt worden (siehe Einführung dort). Dabei folgt einer kurzen Übersicht historischer Trendangaben eine meist ausführliche Darstellung der Entwicklung in den letzten 30-50 Jahren, zuweilen getrennt nach verschiedenen Teilregionen Mitteleuropas oder getrennt nach Binnenland und Küstenregionen, da sich deren Entwicklungen z.T. erheblich unterscheiden.

Die Angaben zur **Siedlungsdichte** sind sehr knapp gehalten, da Erhebungen auf kleinen Flächen wenig repräsentativ sind. Eine kleine Auswahl von Bestandsaufnahmen für größere Landschaftsräume kann bei Einzelbrütern ungefähre Hinweise auf die Verteilung der Brutpopulationen in Mitteleuropa geben. Dabei wurden – wenn möglich – die zugrundeliegenden Flächengrößen sowie bei mehreren Arten Hinweise auf die Größe der Brut- oder Aufenthaltsreviere bzw. mittleren Nestabstände gegeben. Bei einigen Koloniebrütern wurde auf Angaben vollständig verzichtet.

Gefährdungsursachen und **Schutzmaßnahmen** sind z.T. gekürzte und stark überarbeitete Abschnitte aus [196]. Die einzelnen Faktoren und Maßnahmen wurden dabei in der Reihenfolge ihres Stellenwertes aufgelistet; die relevante Literatur zu beiden Abschnitten ist am Anfang des Gefährdungsabschnitts aufgeführt.

Nach diesem Abschnitt zeigt eine **Tabelle** die Einstufung der Art in Rote Listen (Mitteleuropa, Europa, Welt) in den international üblichen Kurzbezeichnungen (**RE:** Bestand erloschen, **CR:** vom Erlöschen bedroht, **EN:** stark gefährdet, **VU:** gefährdet, **R:** auf lokale Vorkommen beschränkt, **NT:** auf der Vorwarnliste, **DD:** unzureichend untersucht) sowie in die Anhangslisten der wichtigsten Konventionen der Mitgliedstaaten sowie der Richtlinien der EU. Die Arten mit Europäischer Schutzrelevanz werden nach BirdLife International in die SPEC-Kategorien **1, 2, 3** und $^{\mathbf{E}}$ eingeteilt. Besteht diese Relevanz nur für überwinternde Vögel, ist dies mit einem **(W)** dargestellt. Für weitere Details s. Anhangs-Band und [383].

Nachfolgend werden im Abschnitt **Biotop** in Kurzform die Lebensraumansprüche der in Mitteleuropa auftretenden Populationen zur Brutzeit und für viele Arten auf dem Durchzug und im Winterquartier behandelt. Eine Quellenangabe erfolgt in diesem Abschnitt selten, da es sich fast immer um verkürzte Darstellungen aus dem Handbuch Mitteleuropas [1369] handelt, dasselbe gilt für den nachfolgenden Abschnitt.

Hinsichtlich der **Nahrung**(sansprüche) werden nur die wichtigsten Bestandteile aufgelistet, nach Möglichkeit mit einer groben quantitativen Bewertung und kurzen Hinweisen auf Fragen der Nahrungswahl (vgl. dazu auch Abschnitt Verhalten) und des Nahrungsbedarfs. Oftmals wird zwischen Nahrungserfordernissen zur Brutzeit und im Winter unterschieden. Ein vollständiger Überblick über Gelegenheitsnahrung, Besonderheiten und Nahrungswahl unter außergewöhnlichen Umständen muss allerdings Spezialliteratur vorbehalten bleiben.

Unter dem Stichwort **Stimme** sind häufig zu hörende, markante und/oder für die Unterscheidung gegenüber anderen Arten wichtige Lautäußerungen beschrieben. Dabei bezieht sich die Terminologie [s. auch 288] im wesentlichen auf die Struktur, nicht auf die Funktion der Lautäußerung. Funktionale Zuordnungen werden in den Artabhandlungen vermieden, stattdessen wird der situationsspezifische Kontext berücksichtigt. Zusätzlich wird dort, wo Kenntnisse vorliegen, kurz auf bioakustisch-ethologische Hintergründe wie Dialektbildung, individuelle Erkennbarkeit, Variabilität oder Ansiedlungsverhalten eingegangen. Die Erläuterung der Lautäußerungen erfolgt anhand von beschreibenden Silben; dies ist zwar unzulänglich, doch bietet die Abbildung von Sonagrammen für den Feldbeobachter und Praktiker keinen entscheidenden Fortschritt, sofern er nicht gleichzeitig entsprechende Tonquellen zur Verfügung hat.

Im Abschnitt **Verhalten** sind charakteristische Angaben und Beschreibungen knapp zusammengefasst, die sich im wesentlichen auf Aspekte beschränken, die für den Freilandbeobachter interessant oder zur Bestimmung der Art, aber auch für das Verständnis ihrer Anpassung an die Umwelt wichtig sind. Schwerpunkte bilden dabei Aktivität, Nahrungserwerb, Fortbewegung sowie Aspekte des Sozial- und Sexualverhaltens und des Paarungssystems [Angaben allg.: 767,1369; Fremdkopulationen: 1431,4075; Brutpflege durch Väter: 2661]. Ausführliche, wortreiche Beschreibungen können im Rahmen dieses Kompendiums nicht gegeben werden.

Für den vielschichtigen Komplex **Fortpflanzung, Brutbiologie** kann ebenfalls keine erschöpfende Darstellung geboten werden, aber die wichtigsten Aspekte sind, soweit uns Daten vorlagen, in Kurzform abgehandelt (bei häufigen und gut bekannten Arten ausführlicher als bei seltenen oder wenig untersuchten). Auch hier wird die Zahl der Messungen durch tiefgestellte Zahlen angegeben (Beispiele: Brutgröße 1995_{49} Ø 5.5, 1996_{84} nur 3.5; oder: Verlegen sehr häufig; Ø USA_{312} 8.05, GB_{45} 6.4;). Die Kapitel folgen dem allgemeinen Schema: Quellenangaben (wenn diese fehlen, stammen die Angaben ausschließlich aus den wichtigen europäischen Handbüchern); Allgemeine Aussagen zu u.a. Paarungssystem, Brutplatztreue und Erstbrutalter; **Nest:** Neststandort und Nestbau (i.d.R. mit Angaben zur Variationsbreite und Mittelwerten ausgewählter Beispiele); **Legebeginn** für Hauptregionen in Mitteleuropa; **Gelegegröße** einschließlich Mittelwerten und Legeintervall; **Eier:** Farbe und Form der Eier; **Brutdauer** mit Anteil der Geschlechter an der Bebrütung; **Nestlings-/Führungszeit:** Nestlingszeit mit Fütterung bzw. dem Hudern der Jungen, Führungszeit mit Angaben zum Familienzusammenhalt in der Zeit nach dem Flüggewerden; Anzahl **Jahresbruten** und deren Abfolge; **Bruterfolg** (flügge Junge pro Paar/Fortpflanzungseinheit) in ausgewählten Gebieten sowie wichtige Verlustursachen oder sonstige Umstände, die den Bruterfolg von Populationen entscheidend beeinträchtigen können. Zum Teil werden diese Aspekte auch im Abschnitt Bestandsentwicklung und Gefährdung behandelt, wenn sie den Individuenbestand von Populationen lang- oder mittelfristig beeinträchtigen.

Es folgen Angaben zu mittleren **Eimaßen** und **-gewichten** aus verschiedenen Regionen unseres Raumes (tiefgestellte Zahlen = Anzahl der Messungen).

Einen eigenen Abschnitt erhalten die bei vielen Arten nur spärlich vorhandenen Angaben zum **Alter** sowie zur **Sterblichkeit**, die oft auf Wiederfang/-fund-Daten beringter Vögel basieren (aber nur bei einigermaßen großen Stichproben wirklich zuverlässig sind).

Die angegebene mittlere **Generationslänge** wurde von IUCN definiert als Durchschnittsalter aller Individuen einer Kohorte (betrachtete Population). Da letzteres selten bekannt ist, wurde die Generationslänge von BirdLife International näherungsweise aus der Summe der mittleren Sterblichkeit der Altvögel in einer stabilen Population und dem mittleren Erstbrutalter berechnet. Lagen auch keine Daten zur mittleren Sterblichkeit der Altvögel vor, musste diese aus mittlerer Gelegegröße und Erstbrutalter grob abgeschätzt werden [vgl. 383].

Bei der Kurzbeschreibung der **Mauser** geht es nicht um eine möglichst exakte Darstellung der z.T. sehr komplizierten Vorgänge in Anpassung an besondere Umweltsituationen bei einzelnen Arten oder Populationen. Wichtiger ist vielmehr, eine bei allen Arten mehr oder weniger standardisierte Übersicht der verschiedenen Mauserstadien zu geben. Diese Übersicht umfasst i.d.R. den Zeitpunkt, die Dauer, den Umfang und den Ablauf jeder Mauser, um eine Vorstellung davon zu vermitteln, zu welchen Jahreszeiten man mit Schlichtkleidern (Ruhekleidern), Prachtkleidern oder Jugendkleidern rechnen kann. Gegenüber der ersten Auflage des Kompendiums [337] ergeben sich einige Änderungen bei der Terminologie der Kleider und der Mauser [verwendete Quellen: 767,1369,3771,139,1356,1866,3882,1814,3050,1688,696,1189,2453,2452, 3558,2272].

Das **Prachtkleid** (früher Brutkleid) wird meist über eine Teilmauser (bei einigen Arten über Vollmauser) erworben oder – vor allem bei Singvögeln – über die Abnutzung heller Federränder. Es wird von den Altvögeln vorwiegend im Sommerhalbjahr getragen und ist i.d.R. auffallender und bunter als das **Schlichtkleid** (früher Ruhekleid) des Winterhalbjahres; dieses wird meist durch Vollmauser gegen Ende oder nach der Brutzeit angelegt. Bei einigen Arten kommen weitere Kleider durch partielle Teilmauser vor (vgl. Angaben bei Eisente, Alpenschneehuhn oder Kampfläufer). Das **Jugendkleid** ist das erste komplette Federkleid, in dem ein Vogel flugfähig wird. Es wird von einem Monat bis zu einem Jahr behalten; nach der Mauser aus dem Jugendkleid sind einige Arten schon voll ausgefärbt, andere benötigen aber bis zu 5 Jahre zum Anlegen des **Alterskleides** (Adler, Großmöwen).

Bei der Mauser wird der Umfang des Federwechsels unterschieden; bei einer **Teilmauser** wird lediglich das Kleingefieder gewechselt (manchmal auch zusätzliche Federpartien). Die **Vollmauser** schließt dagegen alle Federpartien ein, Schwung- und Steuerfedern werden also gleichzeitig mit dem Körpergefieder oder direkt im Anschluss daran gewechselt. Nicht selten kann die Vollmauser, z.B. bei Zugvögeln, unterbrochen sein. Bei einer **Staffelmauser** beginnt der Mauserzyklus einer Federreihe, bevor der alte abgeschlossen ist (vgl. Störche, Adler, Geier und Eulen). Wenn die Schwingenmauser an mehreren Stellen konzentriert einsetzt, spricht man auch von **Mauserzentren**. Zur Unterscheidung der jahreszeitlichen Lage der Mauser gelten folgende Termini. Die nachbrutzeitliche Mauser vom Pracht- ins Schlichtkleid wird als **Postnuptialmauser** (früher Brutmauser) bezeichnet, eine Mauser vom Schlicht- ins Prachtkleid vor der Brutzeit dementsprechend als **Pränuptialmauser**. Ein zusätzlicher, meist weniger ausgeprägter, Mauserzyklus heißt Supplementärmauser. Die erste Mauser des Jungvogels vom Jugend- ins nächstfolgende Kleid wird **postjuvenile Mauser** (früher Ruhemauser) genannt.

Bei einer Teilmauser wird der Umfang der gemauserten oder stehen gelassenen Federn der verschiedenen Körperregionen beschrieben. Das Großgefieder des Flügels wird von 10-12 Handschwingen und 9-15 Armschwingen (bei Albatrossen bis 40) gebildet. Dabei werden die Handschwingen von innen nach außen gezählt, die Armschwingen (AS) von außen nach innen. Die innersten AS sind anders geformt und gefärbt, liegen schützend über dem zusammengelegten Flügel und heißen Schirmfedern (bei Sperlingsvögeln AS 7-9, bei Charadriiformes oft AS 11-15). Die Zählung der insgesamt meist 10-12 Steuerfedern (Schwanzfedern) erfolgt von innen nach außen. Die Deckfedern des Flügels gliedern sich beim Armflügel in die Randdecken, Kleinen, Mittleren und Großen Armdecken, jene beim Handflügel in Alula, Mittlere und Große Handdecken.

Für sehr selten in Mitteleuropa auftretende Vogelarten (s.o.) wurde die Darstellungsform abgeändert und der Text etwa durch Weglassen einiger oder mehrerer Abschnitte erheblich verkürzt. Für die Arten der Status-Kategorie E (sicherer Gefangenschaftsflüchtling ohne Brutnachweis im mitteleuropäischen Freiland) wurde auf eine ausführliche Abhandlung der einzelnen

Unterpunkte vollständig verzichtet zugunsten kurzer Angaben über das bisherige Auftreten in tabellarischer Form.

1.5 Bestandsangaben, Datengenauigkeit [H.-G. Bauer]

Für die Beurteilung der Bestandssituation einer Brutvogelart ist die Angabe der Anzahl der Brutpaare oder entsprechender reproduktiver Einheiten wichtige Grundlage. Wir haben versucht, die jeweils verlässlichsten Daten aus jüngster Zeit zu erhalten und zu zitieren. Leider ist das vorhandene Datenmaterial sehr uneinheitlich und teilweise auch unzureichend. Es ist bei der Behandlung eines größeren geographischen Raumes unvermeidbar, dass Bestandserfassungen aus verschiedenen Zeiträumen und mit unterschiedlicher Methodik durchgeführt werden. Für viele Arten fehlen aus Teilen der Region verlässliche quantitative Angaben fast völlig (für einige sehr häufige Arten fehlen z.T. sogar grobe Schätzungsangaben). Eine wesentliche Verbesserung war sicherlich die Neuauflage von »Birds in Europe« (Erstversion von Tucker & Heath 1994 [3892]). Der interessierte Leser sei auf die in »Birds In Europe II« erstmals zur Verfügung stehenden Angaben zur Qualität der Bestandsschätzungen für alle Brutvogelarten Europas verwiesen [s. weitere Ausführungen zur Datengenauigkeit in 196, S. 7-8].

Hinsichtlich der **Bestandsentwicklungen** ist von sehr heterogenen Angaben aus den verschiedenen Regionen Mitteleuropas auszugehen; mitunter liegen gar keine Vergleichszahlen aus früheren Jahrzehnten vor, die eine Grundlage zur Abschätzung von Bestandstrends liefern könnten. Zudem ist bei der zuweilen subjektiven Einschätzung großräumiger Bestandsveränderungen nicht auszuschließen, dass bedeutende regionale Trends nicht erkannt oder jüngere Bestandsentwicklungen gegenüber längerfristigen Trends übergewichtet werden. Wir haben uns bemüht, nur fundierte Angaben in dieses Buch zu übernehmen, doch müssen Verallgemeinerungen, die auf sehr heterogenen und z.T. widersprüchlichen, in Teilarealen gewonnenen Zeitreihen basieren, hinsichtlich ihrer Allgemeingültigkeit und Zuverlässigkeit generell kritisch hinterfragt werden. Trotz dieser Einschränkungen gilt es aber zu betonen, dass bei keiner anderen Tiergruppe die Kenntnisse über Bestands- und Arealveränderungen so fundiert sind wie bei den Vögeln (Mitteleuropas).

In Bezug auf die **Roten Listen** ist das vorliegende Material leider bald wieder überholungsbedürftig, da derzeit in verschiedenen Ländern an Neufassungen gearbeitet wird (oder wurde), die uns für dieses Buch noch nicht zur Verfügung standen. Der Wert einer Roten Liste Europas mit dem für globale Rote Listen entwickelten Kriterienschema von IUCN muss zudem als zweifelhaft angesehen werden – eine ausführliche Würdigung dieser Problematik muss allerdings Spezialliteratur vorbehalten bleiben. Die entsprechenden Angaben zur europäischen Rote-Liste-Einstufung können daher nicht vorbehaltlos übernommen werden; auch in »Birds in Europe II« wird dem Einstufungskriterium bei den einzelnen Arten größeres Gewicht eingeräumt als der eigentlichen Kategorie [383].

1.6 Abkürzungen [H.-G. Bauer]

Im vorliegenden Buch wird aus Gründen der Platzersparnis eine Vielzahl von Abkürzungen benutzt, die meist allgemein gebräuchlich sind und keiner weiteren Erklärung bedürfen. Aufgrund eventueller Verwechslungsmöglichkeiten werden dennoch alle an dieser Stelle noch einmal aufgeführt. Weitere Spezialabkürzungen, die nur für Tabellen und Anhänge verwendet wurden, sind jeweils an Ort und Stelle erklärt.

1.6.1. Staaten

A	Österreich	**F**	Frankreich	**MA**	Marokko
AL	Albanien	**FIN**	Finnland	**MN**	Mazedonien
AR	Armenien	**FL**	Liechtenstein	**MOL**	Moldawien
AUS	Australien	**GB**	Großbritannien	**N.**	Norwegen[2]
AZ	Aserbeidschan	**GO**	Georgien	**NL**	Niederlande
B	Belgien	**GR**	Griechenland	**NZ**	Neuseeland
BiH	Bosnien und Herzegowina	**GRÖ**	Grönland	**P**	Portugal
BG	Bulgarien	**H**	Ungarn	**PL**	Polen
BY	Weißrussland	**HR**	Kroatien	**RO**	Rumänien
CDN	Kanada	**I**	Italien	**RUS**	Russland
CH	Schweiz	**IL**	Israel	**S.**	Schweden[2]
CS	ehem. Tschechoslowakei	**IRL**	Irland	**SK.**	Slowakei[3]
CZ	Tschechien[1]	**IS**	Island	**SLO**	Slowenien
CY	Zypern	**JAP**	Japan	**SM**	Serbien/Montenegro
D	Deutschland	**JOR**	Jordanien	**SYR**	Syrien
DK	Dänemark	**KZ**	Kasachstan	**TN**	Tunesien
DZ	Algerien	**L**	Luxemburg	**TR**	Türkei
E.	Spanien[2]	**LT**	Litauen	**UA.**	Ukraine[4]
EGY	Ägypten	**LV**	Lettland	**USA**	Vereinigte Staaten v. Amerika
EST	Estland	**M**	Malta	**YU**	Jugoslawien[5]

[1] u.a. bei unklarer Datenherkunft, sonst CZ und SK.
[2] im Text Punkt beachten, sonst Verwechslungsgefahr mit Himmelsrichtung.
[3] in den Verbreitungs- u. SPEC-Tabellen wird für das Länderkennzeichen Slowakei die Abkürzung SK (ohne Punkt!) verwendet, nicht zu verwechseln mit SK = Schlichtkleid.
[4] nicht verwechseln mit Unterart (UA, ohne Punkt)
[5] wenn in Grenzen vor dem Krieg: »ehem. YU«

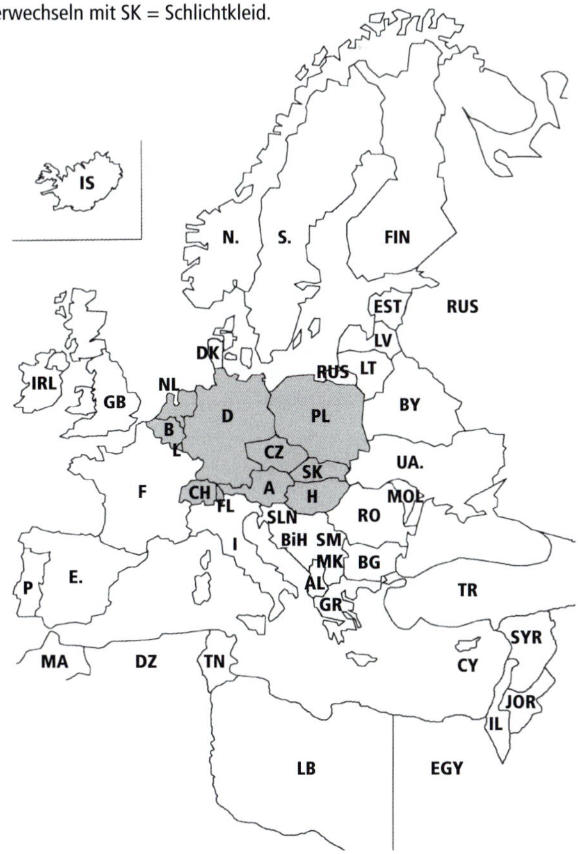

Karte von Europa mit den in dem Buch verwendeten Abkürzungen (siehe Tabelle 1.6.1.). Der in dem Werk behandelte Bereich »Mitteleuropa« ist grau gerastert.

1.6.2. Länder, Kantone usw. oder Großräume (in der Regel politische Einheiten) in Mitteleuropa

D-BB	Brandenburg	**A-B**	Burgenland	**CH-GL**	Glarus
D-BE	Berlin	**A-K**	Kärnten	**CH-GR**	Graubünden
D-BW	Baden-Württemberg	**A-Nö**	Niederösterreich	**CH-JU**	Jura
D-BY	Bayern	**A-Oö**	Oberösterreich	**CH-LU**	Luzern
D-HB	Bremen	**A-S**	Salzburg	**CH-NE**	Neuchatel
D-HE	Hessen	**A-St**	Steiermark	**CH-NW**	Nidwalden
D-HH	Hamburg	**A-T**	Tirol	**CH-OW**	Obwalden
D-MV	Mecklenburg-Vorpommern	**A-V**	Vorarlberg	**CH-SG**	St. Gallen
D-NI	Niedersachsen	**A-W**	Wien	**CH-SH**	Schaffhausen
D-NW	Nordrhein-Westfalen			**CH-SO**	Solothurn
D-RP	Rheinland-Pfalz	**CH-AG**	Aargau	**CH-SZ**	Schwyz
D-SH	Schleswig-Holstein	**CH-AI**	Appenzell Innerrhoden	**CH-TG**	Thurgau
D-SL	Saarland	**CH-AR**	Appenzell Ausserrhoden	**CH-TI**	Tessin
D-SN	Sachsen	**CH-BE**	Bern	**CH-UR**	Uri
D-ST	Sachsen-Anhalt	**CH-BL**	Basel-Landschaft	**CH-VD**	Waadt
D-TH	Thüringen	**CH-BS**	Basel-Stadt	**CH-VS**	Wallis
		CH-FR	Freiburg	**CH-ZG**	Zug
		CH-GE	Genf	**CH-ZH**	Zürich

Karte von Deutschland, Österreich und angrenzenden Ländern mit den Grenzen der Bundesländer in Deutschland und Österreich sowie der Angabe der verwendeten Abkürzungen (s. Tabelle 1.6.2.).

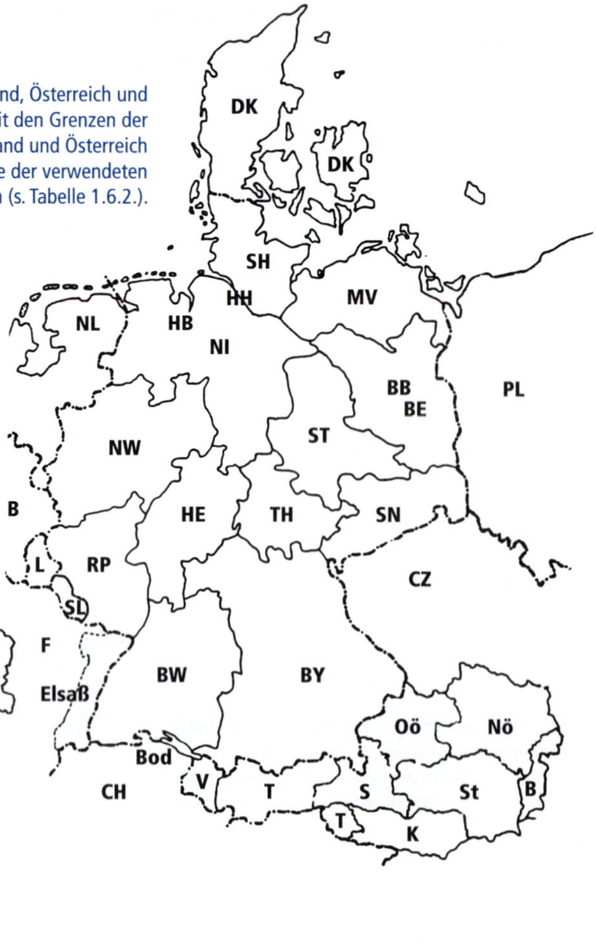

Karte der Schweiz mit den Grenzen der Kantone und den im Buch verwendeten Abkürzungen (s. Tabelle 1.6.2.).

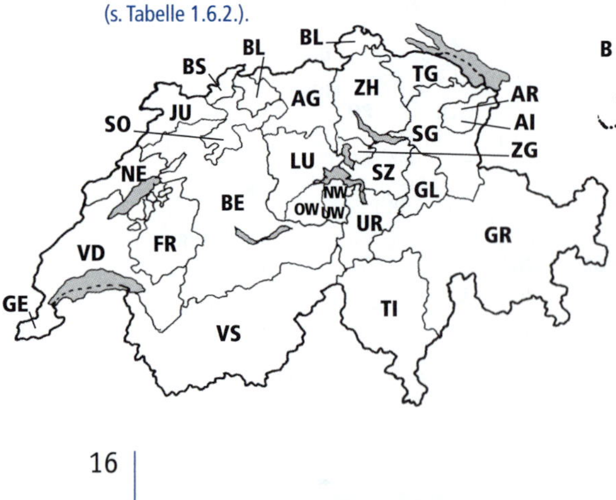

Weitere gelegentlich verwendete Kürzel geographischer Begriffe:

Bod. = Bodenseegebiet mit Teilgebieten in CH (SG, TG, SH), A (V) und D (BW, BY)
Helgol. = Helgoland
Nrh. = Niederrhein
Rhl. = Rheinland
Watt. = Wattenmeer
Westf. = Westfalen

1.6.3. Allgemeine Abkürzungen

a	Jahr
Abb.	Abbildung(en)
Ad./ad.	Altvogel; adult
allj.	alljährlich
Anh.	Anhang – in Tabellen
AS	Armschwinge(n)
Beob.	Beobachtung(en)
bes.	besonders
BP	Brutpaar(e)
Br.	Brutvogel, Brut- (und Pluralformen)
bzw.	beziehungsweise
ca.	etwa
cm	Zentimeter
d	Tag(e)
dj., Dj.	diesjährig; Diesjährige(r)
Dz.	Durchzug, Durchzügler
E	Osten, Ost-, östlich, auch vermischt, z.B. NE = Nordost
einj.	einjährig(e,er,es)
erg.	ergänzt
erl.	erlegt
erfolgr.	erfolgreich
etc.	et cetera (usw. fällt wegen weniger guter internationaler Verständlichkeit weg)
europ.	europäisch
Ex.	Exemplar (nur bei Erlegungsdaten, Totfunden oder Sammlungspräparaten)
Fl.	Flügel
Fl.l.	Flügellänge
Fl.spw.	Flügelspannweite
g	Gramm
Gefg.	Gefangenschaft, Zoo-, Volierenhaltung
Gefg.fl.	Gefangenschaftsflüchtling
Gew.	Gewicht (Masse) – in Tabelle/Auflistg.
ggf.	gegebenenfalls

Gr.	Größe – in Tabelle/Auflistung
h	Stunde
ha	Hektar
HS	Handschwinge
i.d.R.	in der Regel
im Allg.	im Allgemeinen (auch i.A.)
immat.	immatur(e,es,er)
Ind.	Individuum (-en)
J.	Jahr(e)
Jh.	Jahrhundert
Juv., juv.	Jungvogel, juvenil und Pluralformen
KJ	Kalenderjahr
km	Kilometer
km^2	Quadratkilometer
m	Meter
max.	maximal, Maximum
ME	Mitteleuropa
min.	minimal, Minimum
mind.	mindestens
Mio.	Million
mm	Millimeter
N	Norden, Nord-, nördlich
Nachw.	Nachweis(e)
o. ä.	oder ähnlich
o. g.	oben genannt
PK	Prachtkleid
regelm.	regelmäßig
RL	Rote Liste
ruf.	rufend(e,er,es)
sec	Sekunde
S	Süden, Süd-, südlich
sing.	singend
SK	Schlichtkleid

s.o.	siehe oben
sog.	sogenannte(r)
SPEC	Species of European Concern
s. str.	sensu strictu (im eigentl. Sinne)
ST	Steuerfeder
s.u.	siehe unten
T.	Tausend (e)
Tab.	Tabelle
UA	Unterart/Subspezies
ü.M.	über dem Meeresspiegel
unpubl.	unveröffentlicht
unreg.	unregelmäßig (auch: unregelm., unr.)
var.	verschiedene Quellen
veränd.	verändert

vgl.	vergleiche
viell.	vielleicht
vorj.	vorjährig(e)
vorm.	vormals
VSchRL	Vogelschutzrichtlinie – in Tabellen
W	Westen, West-, westlich
(z)	Bestimmungstafel (bei Fotohinweisen)
z.B.	Zum Beispiel
z.T.	zum Teil
zus.	zusammen
Monate	Jan., Feb., März, Apr., Mai, Juni, Juli, Aug., Sept., Okt., Nov., Dez.
Vogel-namen	E. = englisch; Fr. = französisch; Sp. = spanisch
Ø	arithmetisches Mittel
> ; <	größer/mehr als...; kleiner/weniger als...

Im alten Kompendium verwendete Abkürzungen (im neuen nicht):

G	Gastvogel	**se.**	selten (auch in Zusammensetzungen)
h.	häufig	**si.**	singend (e) => sing.
Kr.	Kreis (Verwaltungseinheit)	**sps.**	Subspezies, Unterart => UA
min	Minute		

Die Himmelsrichtungen werden auch in Kombination mit Länder- oder Staatskürzeln verwendet (»E-A« bedeutet demnach »Ost-Österreich«) oder stärker differenziert (z.B. »WSW«= Westsüdwest); ferner können Himmelsrichtungen adjektivisch gebraucht sein (z.B. »SE« = südöstlich).

1.6.4. Zeitschriften (in den Abschnitten Kennzeichen und Taxonomie):

Bird. W.	Birding World (GB)
Birds	Birds (RSPB) (GB)
Brit. B.	British Birds (GB)
Dutch B.	Dutch Birding (NL)
Limic.	Limicola (D)
Nos Ois.	Nos Oiseaux (CH)
Var Fag.	Vår Fågelvärld (S.)
Sandgr.	Sandgrouse (Orient)

2 Taxonomie Nichtsperlingsvögel

Die Liste gibt eine Übersicht über die in dem ersten Teilband des Werkes (Nichtsperlingsvögel) behandelten Arten mit Hinweis auf die Seite des betreffenden Artkapitels sowie die in dem Anhang im dritten Teilband (Anhang) aufgeführten Gefangenschaftsflüchtlinge (Artnamen in Klammern).

		Seite	Verweis
GALLOANSERAE		33	
ANSERIFORMES – Entenvögel		33	
Dendrocygnidae – Pfeifgänse			Bd. III
(Dendrocygna bicolor	Gelbbrust-Pfeifgans)		Bd. III
(Dendrocygna viduata	Witwenpfeifgans)		Bd. III
+ 3 weitere Neozoenarten			Bd. III
Anatidae – Entenverwandte		34	
Oxyurinae		35	
Oxyura [jamaicensis] jamaicensis	Schwarzkopf-Ruderente	35	
Oxyura leucocephala	Weißkopf-Ruderente	37	
+ 1 Neozoenart			Bd. III
Anserinae		39	
Cygnus atratus	Schwarzschwan	39	
Cygnus olor	Höckerschwan	40	
Cygnus cygnus	Singschwan	43	
Cygnus [columbianus] columbianus	Pfeifschwan*)		
Cygnus [columbianus] bewickii	Zwergschwan	46	
Branta ruficollis	Rothalsgans	48	
Branta bernicla	Ringelgans	50	
Branta [canadensis] canadensis	Kanadagans	52	
Branta [canadensis] hutchinsii	Zwergkanadagans	54	
Branta [canadensis] leucopsis	Weißwangengans	55	
Anser cygnoides	Schwanengans	57	
Anser [caerulescens] caerulescens	Schneegans	58	
Anser [caerulescens] rossii	Zwergschneegans	59	
Anser indicus	Streifengans	60	
Anser [fabalis] fabalis	Saatgans	61	
Anser [fabalis] brachyrhynchus	Kurzschnabelgans	63	
Anser [erythropus] erythropus	Zwerggans	65	
Anser [erythropus] albifrons	Blässgans	67	
Anser anser	Graugans	69	
+ 7 Neozoenarten			Bd. III
Anatinae		72	
Alopochen aegyptiaca	Nilgans	72	
Tadorna tadorna	Brandgans	74	
Tadorna [ferruginea] ferruginea	Rostgans	77	
Tadorna [ferruginea] cana	Graukopfkasarka	79	
(Tadorna [ferruginea] variegata	Paradieskasarka)		Bd. III

*) Statusangaben im Artkapitel Zwergschwan

		Seite	Verweis
Chloephaga picta	Magellangans	80	
Aix sponsa	Brautente	80	
Aix galericulata	Mandarinente	81	
Marmaronetta angustirostris	Marmelente	83	
Anas strepera	Schnatterente	84	
Anas falcata	Sichelente	87	
Anas [penelope] penelope	Pfeifente	87	
Anas [penelope] americana	Kanadapfeifente	90	
Anas [crecca] crecca	Krickente	90	
Anas [crecca] carolinensis	Carolinakrickente	93	
Anas [platyrhynchos] platyrhynchos	Stockente	93	
(Anas [platyrhynchos] rubripes	Dunkelente)		Bd. III
Anas [acuta] acuta	Spießente	97	
(Anas formosa	Gluckente)		Bd. III
Anas querquedula	Knäkente	100	
Anas discors	Blauflügelente	102	
(Anas cyanoptera	Zimtente)		Bd. III
Anas [clypeata] clypeata	Löffelente	103	
Netta rufina	Kolbenente	105	
Aythya nyroca	Moorente	108	
Aythya ferina	Tafelente	111	
Aythya valisineria	Riesentafelente	114	
(Aythya americana	Rotkopfente)		Bd. III
Aythya collaris	Ringschnabelente	114	
Aythya fuligula	Reiherente	115	
Aythya marila	Bergente	118	
Aythya affinis	Kleine Bergente	120	
Callonetta leucophrys	Rotschulterente	120	
Polysticta stelleri	Scheckente	121	
Somateria spectabilis	Prachteiderente	122	
Somateria [mollissima] mollissima	Eiderente	123	
Histrionicus histrionicus	Kragenente	127	
Clangula hyemalis	Eisente	128	
Melanitta [nigra] nigra	Trauerente	130	
Melanitta [nigra] americana	Pazifiktrauerente	131	
Melanitta perspicillata	Brillenente	132	
Melanitta [fusca] fusca	Samtente	132	
Melanitta [fusca] deglandi	Höckersamtente	134	
(Bucephala albeola	Büffelkopfente)		Bd. III
Bucephala islandica	Spatelente	135	
Bucephala clangula	Schellente	136	
Mergellus albellus	Zwergsäger	139	
Lophodytes cucullatus	Kappensäger	141	
Mergus merganser	Gänsesäger	141	
Mergus serrator	Mittelsäger	144	
+ 26 weitere Neozoenarten			Bd. III

		Seite	Verweis
Gavia [immer] immer	Eistaucher	199	
Gavia [immer] adamsii	Gelbschnabeltaucher	201	
PROCELLARIIFORMES – Röhrennasen		203	
Oceanitidae – Südsturmschwalben		203	
Oceanites oceanicus	Buntfuß-Sturmschwalbe	203	
Pelagodroma marina	Weißgesicht-Sturmschwalbe	204	
Hydrobatidae – Sturmschwalben		205	
Hydrobates pelagicus	Sturmschwalbe	205	
Oceanodroma leucorhoa	Wellenläufer	207	
Oceanodroma castro	Madeirawellenläufer	208	
Diomedeidae – Albatrosse		209	
Diomedea [exulans] exulans	Wanderalbatros	209	
Thalassarche melanophris	Schwarzbrauenalbatros	210	
Procellariidae – Sturmvögel		211	
Pterodroma feae	Fea-/Kapverden-Sturmvogel	211	
Pterodroma madeira	Madeirasturmvogel	212	
Pterodroma mollis	Weichfeder-Sturmvogel	212	
Fulmarus [glacialis] glacialis	Eissturmvogel	212	
Bulweria [bulwerii] bulwerii	Bulwersturmvogel	214	
Puffinus gravis	Großer Sturmtaucher	215	
Puffinus [diomedea] diomedea	Sepiasturmtaucher (incl. *borealis*)	216	
Puffinus griseus	Dunkler Sturmtaucher	218	
Puffinus [puffinus] puffinus	Atlantiksturmtaucher	219	
Puffinus [puffinus] mauretanicus	Balearensturmtaucher	221	
Puffinus [puffinus] yelkouan	Mittelmeer-Sturmtaucher	222	
Puffinus [lherminieri] baroli	Kleiner Sturmtaucher	223	
(Maconectes giganteus	Riesensturmvogel)		Bd. III
(Pagodroma nivea	Schneesturmvogel)		entfällt
INCERTAE SEDIS (= unsichere Zuordnung)		225	
Phaethontidae – Tropikvögel		225	
Phaethon aethereus	Rotschnabel-Tropikvogel	225	
Fregatidae – Fregattvögel		226	
Fregata magnificens	Prachtfregattvogel	226	
»PELECANIFORMES« – Pelikanvögel		227	
Pelecanidae – Pelikane		227	
Pelecanus onocrotalus	Rosapelikan	227	
Pelecanus crispus	Krauskopfpelikan	229	
Pelecanus rufescens	Rötelpelikan	230	
+ 1 Neozoon			Bd. III

		Seite	Verweis
PHALACROCORACIFORMES – Kormoranvögel		231	
Sulidae – Tölpel		231	
Sula [bassana] bassana	Basstölpel	231	
Anhingidae – Schlangenhalsvögel			Bd. III
2 Neozoenarten			Bd. III
Phalacrocoracidae – Kormorane		233	
Phalacrocorax [carbo] carbo	Kormoran	234	
Phalacrocorax aristotelis	Krähenscharbe	237	
Phalacrocorax [pygmeus] pygmeus	Zwergscharbe	239	
Phalacrocorax auritus	Ohrenscharbe	241	
THRESKIORNITHIFORMES – Ibisse		242	
Threskiornithidae – Ibisse		242	
Plegadis [falcinellus] falcinellus	Sichler	242	
Geronticus eremita	Waldrapp	244	
(Threskiornis [aethiopicus] aethiopicus	Heiliger Ibis)		Bd. III
Platalea leucorodia	Löffler	245	
(Platalea alba	Afrikanischer Löffler)		Bd. III
+ 4 weitere Neozoenarten			Bd. III
ARDEIFORMES – Reiher		248	
Ardeidae – Reiher		248	
Botaurinae		249	
Botaurus lentiginosus	Nordamerikanische Rohrdommel	249	
Botaurus [stellaris] stellaris	Rohrdommel	249	
Ixobrychus [minutus] minutus	Zwergdommel	252	
Ardeinae		254	
Nycticorax [nycticorax] nycticorax	Nachtreiher	254	
Ardeola ralloides	Rallenreiher	256	
Bubulcus ibis	Kuhreiher	259	
Casmerodius albus	Silberreiher	261	
Ardea [cinerea] cinerea	Graureiher	263	
Ardea purpurea	Purpurreiher	266	
Egretta [garzetta] garzetta	Seidenreiher (inkl. *gularis*)	268	
Egretta schistacea	Küstenreiher (ohne *gularis*)	270	
Egretta thula	Schmuckreiher	271	
+ 6 Neozoenarten			Bd. III
CICONIIFORMES – Storchenvögel		272	
Ciconiidae – Störche		272	
Ciconia nigra	Schwarzstorch	272	
Ciconia [ciconia] ciconia	Weißstorch	275	
+ 7 Neozoenarten			Bd. III

		Seite	Verweis
CATHARTIFORMES – Neuweltgeier			Bd. III
Cathartidae – Neuweltgeier			Bd. III
1 Neozoon			Bd. III
ACCIPITRIFORMES – Greifvögel		279	
Pandionidae – Fischadler		279	
Pandion haliaetus	Fischadler	279	
Accipitridae – Habichtverwandte		282	
Elanus [caeruleus] caeruleus	Gleitaar	284	
(Elanoides forficatus	Schwalbenweih)		Bd. III
Gypaetus barbatus	Bartgeier	285	
Neophron percnopterus	Schmutzgeier	287	
Pernis apivorus	Wespenbussard	289	
Circaetus [gallicus] gallicus	Schlangenadler	292	
Aegypius monachus	Mönchsgeier	294	
Gyps fulvus	Gänsegeier	296	
Aquila [clanga] clanga	Schelladler	298	
Aquila [clanga] pomarina	Schreiadler	300	
Aquila pennata	Zwergadler	303	
Aquila chrysaetos	Steinadler	305	
Aquila [fasciata] fasciata	Habichtsadler	308	
Aquila nipalensis	Steppenadler	310	
Aquila rapax	Savannenadler	312	
Aquila [heliaca] heliaca	Kaiseradler	312	
Circus macrourus	Steppenweihe	315	
Circus [cyaneus] cyaneus	Kornweihe	316	
Circus pygargus	Wiesenweihe	319	
Circus [aeruginosus] aeruginosus	Rohrweihe	322	
Accipiter [gentilis] gentilis	Habicht	326	
Accipiter [nisus] nisus	Sperber	329	
Accipiter brevipes	Kurzfangsperber	332	
Milvus milvus	Rotmilan	334	
Milvus [migrans] migrans	Schwarzmilan	337	
Haliaeetus leucoryphus	Bindenseeadler	340	
Haliaeetus albicilla	Seeadler	340	
Buteo lagopus	Raufußbussard	343	
Buteo [buteo] buteo	Mäusebussard	345	
Buteo [buteo] rufinus	Adlerbussard	349	
+ 7 weitere Neozoenarten			Bd. III
FALCONIFORMES – Falken		351	
Falconidae – Falken		351	
Falco columbarius	Merlin	351	
Falco [vespertinus] vespertinus	Rotfußfalke	353	
Falco subbuteo	Baumfalke	356	
Falco eleonorae	Eleonorenfalke	359	

		Seite	Verweis
Recurvirostridae – Säbelschnäblerverwandte		421	
Himantopus [himantopus] himantopus	Stelzenläufer	421	
Recurvirostra avosetta	Säbelschnäbler	423	
+ 1 Neozoon			Bd. III
Charadriidae – Regenpfeiferverwandte		426	
Pluvialis squatarola	Kiebitzregenpfeifer	426	
Pluvialis apricaria	Goldregenpfeifer	428	
Pluvialis [dominica] dominica	Prärie-Goldregenpfeifer	431	
Pluvialis [dominica] fulva	Tundra-Goldregenpfeifer	432	
Vanellus vanellus	Kiebitz	433	
Vanellus spinosus	Spornkiebitz	437	
Vanellus gregarius	Steppenkiebitz	438	
Vanellus leucurus	Weißschwanzkiebitz	439	
Charadrius dubius	Flussregenpfeifer	441	
Charadrius [hiaticula] hiaticula	Sandregenpfeifer	444	
Charadrius [hiaticula] semipalmatus	Amerikanischer Sandregenpfeifer	447	
Charadrius vociferus	Keilschwanz-Regenpfeifer	448	
Charadrius [alexandrinus] alexandrinus	Seeregenpfeifer	449	
Charadrius leschenaultii	Wüstenregenpfeifer	452	
Charadrius mongolus	Kolymaregenpfeifer	453	
Charadrius atrifrons	Tibetregenpfeifer	453	
Charadrius [asiaticus] asiaticus	Wermutregenpfeifer	454	
Charadrius morinellus	Mornellregenpfeifer	455	
+ 5 Neozoenarten			Bd. III
Scolopaci		459	
Scolopacidae – Schnepfenverwandte		459	
Bartramia longicauda	Prärieläufer	460	
Numenius phaeopus	Regenbrachvogel	461	
Numenius tenuirostris	Dünnschnabel-Brachvogel	463	
Numenius arquata	Großer Brachvogel	464	
Limosa limosa	Uferschnepfe	469	
Limosa lapponica	Pfuhlschnepfe	472	
Limnodromus griseus	Kleiner Schlammläufer	474	
Limnodromus scolopaceus	Großer Schlammläufer	475	
Scolopax rusticola	Waldschnepfe	476	
Lymnocryptes minimus	Zwergschnepfe	480	
Gallinago media	Doppelschnepfe	482	
Gallinago [gallinago] gallinago	Bekassine	484	
Phalaropus tricolor	Wilsonwassertreter	488	
Phalaropus lobatus	Odinshühnchen	489	
Phalaropus fulicarius	Thorshühnchen	491	
Actitis hypoleucos	Flussuferläufer	492	
Actitis macularia	Drosseluferläufer	496	
Xenus cinereus	Terekwasserläufer	497	
Tringa erythropus	Dunkler Wasserläufer	498	
Tringa totanus	Rotschenkel	500	

		Seite	Verweis
Tringa stagnatilis	Teichwasserläufer	503	
Tringa nebularia	Grünschenkel	505	
Tringa melanoleuca	Großer Gelbschenkel	507	
Tringa flavipes	Kleiner Gelbschenkel	508	
Tringa ochropus	Waldwasserläufer	509	
Tringa glareola	Bruchwasserläufer	512	
Philomachus pugnax	Kampfläufer	514	
Arenaria interpres	Steinwälzer	518	
Limicola falcinellus	Sumpfläufer	520	
Micropalama himantopus	Bindenstrandläufer	522	
Tryngites subruficollis	Grasläufer	523	
Calidris tenuirostris	Großer Knutt	524	
Calidris canutus	Knutt	524	
Calidris alba	Sanderling	527	
Calidris pusilla	Sandstrandläufer	528	
Calidris minuta	Zwergstrandläufer	529	
Calidris ruficollis	Rotkehl-Strandläufer	531	
Calidris temminckii	Temminckstrandläufer	532	
Calidris minutilla	Wiesenstrandläufer	533	
Calidris fuscicollis	Weißbürzel-Strandläufer	534	
Calidris bairdii	Bairdstrandläufer	535	
Calidris melanotos	Graubrust-Strandläufer	535	
Calidris acuminata	Spitzschwanz-Strandläufer	537	
Calidris ferruginea	Sichelstrandläufer	537	
Calidris maritima	Meerstrandläufer	539	
Calidris alpina	Alpenstrandläufer	541	
Lari		545	
Glareolidae – Brachschwalbenverwandte		545	
Cursorius [cursor] cursor	Rennvogel	545	
Glareola nordmanni	Schwarzflügel-Brachschwalbe	546	
Glareola [pratincola] pratincola	Rotflügel-Brachschwalbe	548	
(*Glareola [pratincola] maldivarum*	Orientbrachschwalbe)		Bd. III
+ 1 Neozoon			Bd. III
Stercorariidae – Raubmöwen		550	
Stercorarius parasiticus	Schmarotzerraubmöwe	551	
Stercorarius longicaudus	Falkenraubmöwe	553	
Stercorarius pomarinus	Spatelraubmöwe	554	
Stercorarius [skua] skua	Skua	556	
Alcidae – Alke		558	
Fratercula [arctica] arctica	Papageitaucher	559	
Alle alle	Krabbentaucher	561	
Alca torda	Tordalk	563	
Uria aalge	Trottellumme	565	
Uria lomvia	Dickschnabellumme	569	
Cepphus [grylle] grylle	Gryllteiste	570	
Brachyramphus perdix + marmoratus	Langschnabel- + Marmelalk	572	

		Seite	Verweis
Pterocles orientalis	Sandflughuhn	655	
Pterocles alchata	Spießflughuhn	656	
Syrrhaptes paradoxus	Steppenflughuhn	657	
COLUMBIFORMES – Taubenvögel		658	
Columbidae – Tauben		658	
Columba livia f. domestica	Haus-/Straßentaube	658	
Columba oenas	Hohltaube	661	
Columba palumbus	Ringeltaube	665	
(*Streptopelia senegalensis*	Palmtaube)		Bd. III
Streptopelia [decaocto] decaocto	Türkentaube	668	
(*Streptopelia [decaocto] roseogrisea*	Lachtaube)		Bd. III
Streptopelia turtur	Turteltaube	671	
Streptopelia orientalis	Orientturteltaube	674	
Ectopistes migratorius	Wandertaube (ausgestorben)	675	
+ 3 weitere Neozoenarten			Bd. III
PSITTACIFORMES – Papageien		676	
Cacatuidae – Kakadus			Bd. III
+ 3 Neozoenarten			Bd. III
Psittacidae – Papageien		676	
Psittacula eupatria	Alexandersittich	676	
Psittacula krameri	Halsbandsittich	678	
Myiopsitta monachus	Mönchssittich	681	
Amazona oratrix	Große Gelbkopf-Amazone	683	
+ 31 weitere Neozoenarten			Bd. III
CUCULIFORMES – Kuckucke		684	
Cuculidae – Kuckucke		684	
Coccycinae – Neuweltkuckucke		684	
Coccyzus americanus	Gelbschnabelkuckuck	684	
Coccyzus erythropthalmus	Schwarzschnabelkuckuck	685	
Cuculinae – Altweltkuckucke		686	
Cuculus canorus	Kuckuck	686	
Clamator glandarius	Häherkuckuck	689	
STRIGIFORMES – Eulen		692	
Tytonidae – Schleiereulen		692	
Tyto alba	Schleiereule	692	
Strigidae – Eulen		696	
Aegolius funereus	Raufußkauz	697	

		Seite	Verweis
Athene noctua	Steinkauz	700	
Surnia ulula	Sperbereule	704	
Glaucidium passerinum	Sperlingskauz	706	
Otus scops	Zwergohreule	709	
Asio [otus] otus	Waldohreule	712	
Asio flammeus	Sumpfohreule	716	
Bubo [bubo] bubo	Uhu	719	
Bubo scandiacus	Schneeeule	723	
Strix aluco	Waldkauz	725	
Strix uralensis	Habichtskauz	728	
Strix nebulosa	Bartkauz	731	
+ 1 Neozoon			Bd. III
CAPRIMULGIFORMES – Schwalmvögel		734	
Caprimulgidae – Nachtschwalben		734	
Caprimulgus europaeus	Ziegenmelker	734	
Caprimulgus aegyptius	Pharaonenziegenmelker	737	
APODIFORMES – Segler		739	
Apodidae – Segler		739	
Hirundapus [caudacutus] caudacutus	Stachelschwanzsegler	739	
Apus melba	Alpensegler	740	
Apus apus	Mauersegler	742	
Apus pallidus	Fahlsegler	747	
Apus affinis	Haussegler	749	
CORACIIFORMES – Rackenvögel		750	
Coraciidae – Racken		750	
Coracias [garrulus] garrulus	Blauracke	750	
Alcedinidae – Eisvögel		753	
Ceryle rudis	Graufischer	753	
Megaceryle [alcyon] alcyon	Gürtelfischer	755	
Alcedo atthis	Eisvogel	756	
+ 1 Neozoon			Bd. III
Meropidae – Spinte		760	
Merops apiaster	Bienenfresser	760	
Merops [superciliosus] persicus	Blauwangenspint	763	
UPUPIFORMES – Hopf- und Hornvögel		765	
Upupidae – Wiedehopfe		765	
Upupa [epops] epops	Wiedehopf	765	

3 Artabhandlungen

Basale Vogelsystematik

An der Basis der Vogelsystematik stehen zwei Schwestergruppen, die **Neognathae** und die **Palaeognathae**. Zu den Palaeognathae zählen die Tinamiformes (Steißhühner) und Ratiten (Strauße, Emus, Kiwis usw.), die gekennzeichnet sind durch eine abgeleitete Gaumenkonstruktion, die Rückbildung des Pygostyls (bei Vögeln durch verschmolzene Wirbel gebildetes Steißbein) und eine stark verhornte, verkleinerte Zunge; die Geschlechtschromosomen sind groß und gleichförmig [2350,764,2608]. Die Neognathae umfassen alle anderen rezenten Vogelgruppen.

Schwestergruppierung Galloanserae – Neoaves

Die Gruppe der Neognathae wiederum ist gegliedert in zwei basale Schwestergruppen, **Galloanserae** (Anseriformes und Galliformes) einerseits und **Neoaves** (alle folgenden Ordnungen) andererseits [3564]. Kennzeichnend für die Neognathen sind das Gaumenspangengelenk, eine überdachte oder im Knochenkanal verlaufende Eustachische Röhre und das Vorkommen des Pecten, einer in Falten gelegten Lamelle im Auge; die Geschlechtschromosomen sind sehr ungleichförmig [2608,764,2350].

Diese basale Aufspaltung wurde erstmals von DNA-Hybridisationsdaten belegt [3564] und im Anschluss durch zahlreiche weitere Untersuchungen bestätigt, sowohl auf DNA-Sequenzen basierend [3894,3895, 2942,1280,1281,1552,3040,1082,1451N] als auch anhand morphologischer Merkmale [4037,975,2212,2525]. Allerdings lässt sich die Monophylie der Galloanserae (= Galloanseres) morphologisch wesentlich klarer nachvollziehen als die der Neoaves, für die bisher nur wenige eindeutige Apomorphien der Anatomie bekannt sind [vgl. 2608]. Die molekularen Daten lassen jedoch an der Monophylie der Neoaves keinen Zweifel mehr.

3.1 Galloanserae

Dieser systematischen Gruppe gehören die Ordnungen Galliformes (Hühnervögel) und Anseriformes (Entenvögel) an, die in folgenden Merkmalen übereinstimmen [1784]: beide haben ein abgeleitetes basicraniales Kiefergelenk [4037], große Gelege, sind Nestflüchter, die ♂ sind an der Brut nicht oder wenig beteiligt, der Paarzusammenhalt ist meist instabil; Schwarmbildung ist oft typisch, Koloniebruten treten dagegen selten auf.

ORDNUNG Anseriformes – Entenvögel

Hauptsächlich Wasservögel, Schwimmhäute zwischen den Vorderzehen, Beine relativ kurz. Schnabel mit einer weichen Haut überzogen (Ausnahme: Säger), an der Spitze mit einer harten Hornplatte (»Nagel«). Ober- und Unterschnabel ist je mit 2 Lamellenreihen besetzt, die bei Enten in Verbindung mit der wie ein Saugstempel wirkenden Zunge einen Seihapparat bilden, mit dem Nahrungsteilchen aus dem Wasser gesiebt werden können. Bei Gänsen äußere Lamellenreihe viel gröber, wirkt beim Abbeißen von Gras mit; bei Sägern eine Reihe scharfer Hornzähne zum Festhalten der Fische. Nest überwiegend am Boden (einige Höhlenbrüter), meist mit Federn aus dem Bauchgefieder des ♀ ausgepolstert. Große Gelege; Eier relativ groß, ohne Farbkleckse; 1 Jahresbrut (aber Ersatzgelege nicht selten); meist brütet ♀. Junge sind Nestflüchter mit vollständigem Dunenkleid, Fütterungen nur bei wenigen Arten. Alle Arten (Ausnahme: *Anseranas* in AUS) werfen bei der Vollmauser alle Schwingen gleichzeitig ab und werden je nach Größe 3½ bis 7 Wochen flugunfähig. Oft wird dazu in einem sog. Mauserzug ein eigenes Mauserquartier aufgesucht.

Geschlechter selten gleich oder ähnlich, meist aber deutlicher Dimorphismus. Bei vielen Gattungen auffälliger »Flügelspiegel«. Ausführliche Beschreibung der Formenvielfalt und allgemeinen Biologie der Anseriformes [822]; umfassende Werke zur Feldbestimmung [2418,2862], Fotos aller Arten und der meisten Unterarten [2862,1784]. Entenhybriden [1353,3118,3120,3121].

Zwei Unterordnungen: hühnerähnliche Anhimae (Anhimidae; 3 Arten, alle S-Amerika) und die weltweit verbreiteten Anseres, bestehend aus den Familien Anseranatidae (1 Art, *Anseranas*, Australasien),

Den-drocygnidae und Anatidae, mit zusammen fast 160 Arten weltweit. Viele Art- und sogar Gattungshybriden bekannt, davon einige auch in Freiheit ± regelm. vorkommend.

Familie Anatidae – Entenverwandte

Die Anatiden umfassen nach molekularen Untersuchungen drei Unterfamilien [3564,3632,918]: Oxyurinae (Ruderenten), Anserinae (Schwäne und Gänse) und Anatinae (Halbgänse, Enten, Säger). Die Schwestergruppe der Anatidae sind die Dendrocygnidae (Pfeifgänse), die wegen ihrer hohen Eigenständigkeit auf Familienniveau abzutrennen sind. Die Eigenständigkeit der Ruderenten ist durch molekulare Daten gut belegt [2426N], doch aufgrund konvergenter Anpassungen an das Tauchen in morphologischen Befunden kaum zu erkennen. Die Schwäne werden zuweilen in einer eigenen Unterfamilie (Cygninae) den Gänsen und Enten (Anserinae) gegenüber gestellt [3564]. Dies wird jedoch weder durch morphologische noch durch neuere molekulare Befunde bestätigt [DNA-DNA-Hybridisation:2426N, mtDNA-Sequenzen:3632]. Die »Halbgänse« (Tadornini) mit den Gattungen *Chloephaga, Cyanochen (=Chloephaga), Neochen, Alopochen* und *Tadorna* sind eine gut abgrenzbare, monophyletische Gruppe mit weltweiter Verbreitung [918]. Die Marmelente (*Marmaronetta*) wird aufgrund ihrer phylogenetischen Eigenständigkeit vor den Anatini und Aythini aufgeführt. Da die Verwandtschaft der Tribus innerhalb der Anatinae (Tadornini, Cairinini, Anatini, Aythyini, Mergini) noch nicht hinreichend geklärt ist, wird vorläufig die traditionelle Reihenfolge beibehalten.

Die Meeresenten und Säger werden in eigenem Tribus (Mergini) vereinigt, durch morphologische Merkmale gut zu belegen [2348]. Nach bisher vorliegenden, noch unzureichenden molekularen Daten wird die Monophylie dieser Gruppe nur schwach gestützt, die internen Verwandtschaftsverhältnisse sind nicht eindeutig aufgelöst [918]. Allenfalls die basale Stellung der Eiderenten (früher z.T. in eigenem Tribus Somateriini) und die nahe Verwandtschaft von *Bucephala* mit den Sägern ist wohl hinreichend gesichert [vgl. 2348,3632,918].

Natürliche Hybridisation, auch über Gattungsgrenzen hinweg, ist bei Anatiden häufiger als bei jeder anderen Vogelgruppe [1889,3356N] und wird zusätzlich durch Kreuzungszuchten in Gefg. verstärkt; auch Gattungsbastarde nicht selten. Umfassende Dokumentation der meist in Gefg. erzeugten Entenhybriden [1353], Hybriden von *Aythya*- und *Anas*-Arten [3120,3121,3118].

• Gattung *Oxyura*

Die Unterfamilie Oxyurinae umfasst 3 Gattungen, davon 2 monotypisch: *Heteronetta* (S-Amerika), *Nomonyx* (N- bis S-Amerika); *Oxyura* (6 Arten, weltweit, außer in nördlichen Breiten). Die Lappenente *Biziura lobata* in AUS, früher aufgrund phänotypischer Merkmale ebenfalls den Oxyurinae zugeordnet [2347], obwohl ihre hohe Eigenständigkeit lange bekannt war, gehört nach molekularen Befunden nicht dazu [2528N]. Die Maskenruderente *Nomonyx dominica* wurde früher in *Oxyura* eingeschlossen, steht aber nach mtDNA-Daten gesichert außerhalb dieser Gattung. Dies und die Tatsache, dass die basalste Linie innerhalb von *Oxyura* eine südamerikanische Form (*vittata*) vom Rest der Gattung trennt, deutet auf einen neotropischen Ursprung der *Nomonyx-Oxyura*-Gruppe hin [2529]. Monographie der Unterfamilie [1894], zur Bestimmung, auch der Hybriden [s. 3922].

• Gattung *Cygnus*

Die Gattung ist Schwestergruppe der echten Gänse (*Branta, Anser*) [3632,918]. Weltweit 7 Arten, davon eine Superspezies mit 2 Allospezies. Die 5 nordhemisphärischen Arten *C. olor, buccinator, cygnus, columbianus* und *bewickii* sind monophyletisch, wobei der Höckerschwan die ursprünglichste Linie repräsentiert [N. Harvey, unveröff., mtDNA-Daten]. Das rein weiße Gefieder dieser Gruppe (Untergattung *Cygnus*) ist ein abgeleiteter Merkmalszustand (südhemisphärische Arten sind teils oder ganz schwarz). Geschlechter feldornithologisch gleich, jedoch ♂ größer als ♀. Keine saisonale Gefiedervariation. Literatur zur Bestimmung nordhemisphärischer Arten [2943,2020].

• Gattung *Branta*

6 Arten. Die Gattung besteht aus der Kanadagans-Superspezies, zu der nach neueren Untersuchungen auch Weißwangengans (*B. leucopsis*) und Hawaiigans (*B. sandvicensis*) gehören, sowie zwei weiteren Arten, Ringel- und Rothalsgans, die ihrerseits Schwesterarten sind [2949]. Fotos aller Unter-/Arten [2862].

• Gattung *Anser*

Weltweit 10 Arten. Die »braunen Feldgänse« (Subgenus *Anser*, 5 Arten) sind sehr nah verwandt und gesichert monophyletisch [3260]. Zwei asiatische Arten (*indicus, cygnoides*) stehen isoliert. Die drei weiß-grauen, primär nearktischen Arten (*canagicus, caerulescens, rossii*) wurden früher oft in eine eigene Gattung *Chen* gestellt. Da ihre Monophylie nicht ganz gesichert erscheint und sie mit *Anser* nächstverwandt sind [2949], werden sie hier in *Anser* eingeschlossen [vgl. auch 1784]. Innerhalb von *Anser* sind sie ursprünglich und werden deshalb zuerst aufgeführt. Bei allen Arten Geschlechter feldornithologisch nicht unterscheidbar.

• Gattung *Anas*

Monophylie der Gattung weder anhand phänotypischer Merkmale noch mit Hilfe von mtDNA-Sequenzen bestätigt, aber auch nicht sicher widerlegt [1901]. Allerdings deuten mtDNA-Daten darauf hin, dass die Gattung zumindest zwei sehr divergente Linien umfasst:

(1) *clypeata*-Gruppe: *clypeata, smithii, rhynchotis, platalea, cyanoptera, discors, querquedula* (»blauflügelige Schwimmenten« = *clypeata-discors*-Gruppe); *versicolor, hottentota* (Silberenten-Gruppe)

(2) alle anderen Arten.

Nur die Gluckente *A. formosa* lässt sich anhand von mtDNA-Sequenzen keiner dieser Gruppen zuordnen, während sie nach morphologischen Merkmalen den Krickenten (in Gruppe 2) nahe steht [2346]. Eine Abtrennung der Schnatter- und Pfeifentengruppe in der Gattung *Mareca*, wie sie eine numerisch-kladistische Analyse phänotypischer (meist Gefieder-)Merkmale nahe legte [vgl. 2346], widerspräche den molekularen Befunden. Nukleare Sequenzdaten zur Klärung fehlen bisher. Deshalb wird bis auf weiteres die traditionelle Abgrenzung von *Anas* beibehalten und die intragenerische Reihenfolge nur geringfügig verändert.

Oxyura jamaicensis – Schwarzkopf-Ruderente 02250

Oxyura [jamaicensis] jamaicensis (J.F. Gmelin 1789)

(GB) Ruddy Duck **(F) Erismature rousse** **(E) Malvasía Canela**

Taxonomie. Zwei UA: *jamaicensis* (J.F. Gmelin 1789) (N-Mittel-Amerika, in Europa, ursprl. nur England, ausgesetzt) und *andina* Lehmann 1946 (Kolumbien, Ecuador), diese ist möglicherweise Hybridform zw. *jamaicensis* und *ferruginea* oder eigenständige Allospezies. Bildet Superspezies mit *O. ferruginea* (Anden, Kolumbien nach S); beide sind mitochondriengenetisch sehr nah verwandt [2529].

Kennzeichen. Sexualdimorph. [21,1369,3772,1796; **Fotos** in Limic. **15**, 60, 132, 254, 260, **16**, 94, Bird. W. **6**, 275, 279 (z), Brit. B. **91**, 343].

Maße. Gr.: 35-43 cm. Gew.: 340-795 g, ♂ Ø: 571 g, ♀ Ø: 588 g. Fl.spw.: 53-62 cm. Fl.l.: ♂ 143-153 mm, ♀ 140-148 mm [1784,2418,1796].

Status. Seit Freisetzung von Gefg.vögeln in frühen 1950er J. (Slimbridge GB), fest etablierte Brut- und Winterpopulationen in GB sowie Ausbreitung in mehrere europäische Länder [1507]; zudem häufig weitere Freilassungen und Entweichen aus Haltungen [wo z.T. sehr erfolgreich gezüchtet, 2099]. Vielzahl von Einzelnachw. in allen ME Ländern (außer SK., L und FL) seit 1970er oder nachfolgenden J. in SE-ME [196,1722,1,3393,3871,1449]. Beob. in Westpaläarktis nehmen mit jährlicher Zuwachsrate von 21% zu [1271]; hohes Ausbreitungspotential [1796].

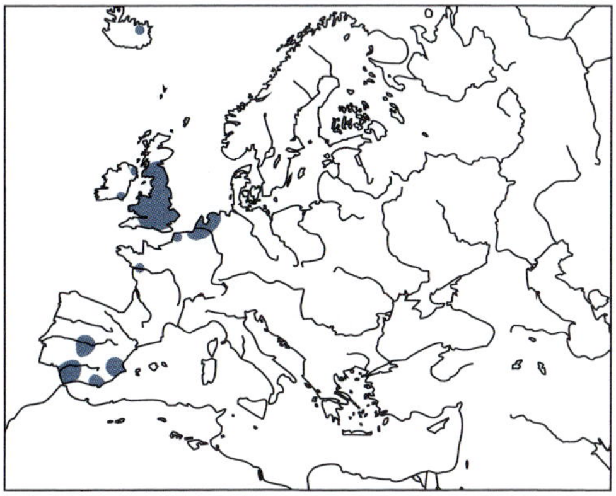

Oxyura jamaicensis – **Schwarzkopf-Ruderente**

Verbreitung und Bestand. Weit verbreitet in N-, M- und NW S-Amerika; *O. [j.] ferruginea* im W S-Amerikas. Amerikan. Population auf 650.000 Ind. geschätzt [1796, vgl. aber 823]. Brutbestand in Europa derzeit etwa 700-1.000 BP und Überwinterungsbestand von 5.000 Ind. [1796,1271]. In ME brüten derzeit nur 2-8 BP in NL und B (und D).

Wanderungen. Br. Nord- und Südamerikas verlassen die Brutgebiete (außer Kalifornien, Karibik und Ostküste S-Amerikas) zur Überwinterung in niedrigeren Breitengraden. Die GB Population führt saisonale, kurze Wanderungen von den kleinen Brutgewässern zu größeren Reservoirs aus. Schwärme bilden sich Sept.-Dez. und lösen sich März/April auf. Nachweise in ME weisen auf weiteres Umherstreifen hin [1784,3615].

Bestandsentwicklung. Nach Aussetzung Anf. 1950er J. erste Bruten in GB 1960 [1271], seit 1970er J. dort mit drittgrößter Zuwachsrate aller Brutvogelarten [1343]; Bestand inzwischen auf 5.000 Vögel (Jahr 2000) angewachsen [1271]. Ausgehend von GB Kolonisierung des europäischen Festlandes (NL, F, S.), schließlich auch Zunahme der Beob. in entfernteren Teilen Europas, insbesondere E. Erstbeob. in D 1980, seither starke Zunahme der Feststellungen. In S-D, CH, A fast ausschließlich Herbst- und Winterbeob., in D-NI, -NW und -SH dagegen gehäuft Sommer- und Brutzeitbeob. [196]. Inzwischen in mehreren europäischen Ländern mehrfach Brutnachw., z.B. NL (seit 1977), F (ab 1988) und B (seit 1991), aber meist noch keine feste Etablierung. Erste Brut in D-NI 2001 [2785]. Nachweise inzwischen in IL und UA., und Brutansiedlungen in IS (dort reiner Sommergast) und MA [1271] sowie - trotz intensiver Eliminierungsversuche - im Brutareal der Weißkopf-Ruderente in E. [q3,1798].

	Best.	Areal	Brutbestand*	Jahr	Quelle
B	N	N	1–2	1990–1996	[383]
D	N	N	0–1	1999–2001	[383]
NL	N	N	1–5	1998–2000	[383]

* zur Brutzeit anwesende Paare

Auswirkungen und Maßnahmen. Aufgrund weitgehend übereinstimmender Lebensraumansprüche sowie mangelnder Isolationsmechanismen wird Bestand der nah verwandten, global bedrohten Weißkopf-Ruderente *O. leucocephala* durch das Neozoon massiv gefährdet [196,1796,1797,1271], daher dringende Maßnahmen erforderlich, um dessen weitere Bestandszunahme und Ausbreitung zu verhindern [1797]. Katalog notwendiger Schritte inzwischen erarbeitet und erste Maßnahmen zur gezielten Beseitigung in ganz Europa eingeleitet durch Aktionsplan im Rahmen der Berner Konvention zur Eliminierung der Schwarzkopf-Ruderente, mit Zustimmung der EU-Kommission 1999 [vgl. 1271,1798].

Biotop. Sumpfgebiete, Seen, Teiche mit breiter Verlandungszone und größeren Freiwasserflächen. Außerhalb der Brutzeit auch in Brackwasser und Küstenlagunen.

Nahrung. Omnivor, z. B. Wasserinsekten und deren Larven; Sämereien.

Stimme. Eigentliche Rufe sind selten zu hören. Häufig Instrumentallaute: ♂ rasselnde Laute mit offenem Schnabel, klopft während der Balz mit dem Schnabel gegen aufgeblasen Kehlsack und produziert so rülpsende, klickende, klopfende Geräusche. Außerdem in Geschwindigkeit und Lautstärke an- und abschwellendes, weithin hörbares, staccato-artiges Flügelschlagen auf das Wasser. ♀ ebenfalls rasselnde Laute und Brustschlagen, von ♂ verschieden. Vokales »kwärr« während Balz.

Verhalten. Tag- und nachtaktiv. Nahrungserwerb vor allem untertags, tauchend (Ø meist 15–22 sec) und von der Wasseroberfläche im Vorwärtsschwimmen mit bogenförmigen Bewegungen des vorgestreckten Kopfes. Hebt nur schwer vom Wasser ab. Zur Brutzeit einzeln. ♂ nähert sich ♀ und kopuliert abrupt. ♀ bei der Kopulation oft völlig untergetaucht. Außerhalb der Brutzeit sehr gesellig.

Fortpflanzung, Brutbiologie [767,1784,1796]. Geschlechtsreife im (1. oder) 2. Lebensjahr, Erstbruten bei ♀ mit 1, bei ♂ mit 2+ Jahren. **Nest.** In dichter Vegetation in Nähe von Flachwassern. Nestplattform, von beiden gebaut, aus (totem und/ oder grünem) Pflanzenmaterial; Nest verwoben mit senkrechten Halmen, ab hier nur ♀; sehr oft mit kuppelförmigem Dach aus abgebogenen Pflanzen; kaum Dunen. Bei steigendem Pegel Anbau. Pfad zum Wasser. **Legebeginn.** Mitte April bis Juli/Aug. (Okt.). **Gelegegröße.** 6-10 (5-15), größere Gelege (bis 80) von mehr als 1 ♀, Verlegen sehr häufig; Ø USA_{312} 8.05, GB_{45} 6.4; Kalendereffekt. Legeintervall 1 (1.5) d. **Eier.** Breitoval, matt weißlich bis rahmfarben. **Brutdauer.** 23-26 d; ♀ brütet, Bebrütung ab letztem Ei. **Nestlings-/Führungszeit.** ♀ (nicht selten zusammen mit ♂) führt. Juv. verlassen Nest schon nach ca. 20 h, können schon tauchen, bis ca. 1 Woche Rückkehr zum Nächtigen; nach 4 Wochen vom ♀ verlassen und selbständig, mit 50-55 d flügge. **Jahresbruten.** 1 (in USA regional 2); in Europa Nachgelege selten. **Bruterfolg.** Schlüpferfolg in USA bei 546 Eiern 69.4%.

Eimaße und -gewichte [767,1796]. L: 59-69 mm, B: 42-51 mm, Ø$_{80,225,189}$ jew. 62 x 46 mm. Frischvollgew.: 64-88 g, Ø$_{100}$ 76 g bzw. Ø 75 g und Ø$_{56}$ 73 g.

Sterblichkeit, Alter. **Generat.länge:** < 3.3 J. [383].

Mauser. **Postjuvenile Mauser** (Teilmauser) Aug.–Okt.; Körpergefieder und ST [139,1796]. • **1. Pränuptialmauser** (Vollmauser) März/April–Mai; ähnlich Ad. [139,1796]. • **Postnuptialmauser** (Vollmauser) synchrone Schwingenmauser, bei ♂ Ende Juli/Aug., bei ♀ ab Ende Aug.; danach Kleingefieder und ST ersetzt [139,1796]. • **Pränuptialmauser** (Teil-, selten Vollmauser) Feb.–April im Winterquartier; Schwungfedern nur bei ca. 10 % der Ind. zum 2. Mal vollständig erneuert [1706].

Oxyura leucocephala – Weißkopf-Ruderente 02260

Oxyura leucocephala (Scopoli 1769)

(GB) **White-headed Duck** (F) **Erismature à tête blanche** (E) **Malvasía Capeciblanca**

Taxonomie. Monotypisch. Schwarzkopf- und Weißkopf-Ruderente sind, obwohl sie in Europa hybridisieren, keinesfalls in einer Superspezies zu vereinigen, weil sie nicht nächstverwandt sind [2529] und die Hybridisation auf menschliche Eingriffe (Verfrachtung) zurückzuführen ist.

Kennzeichen. Sexualdimorph. In E. zwei Farbphasen (blass und dunkel), wohl bedingt durch Reduktion auf Kleinstpopulationen in 1970er J. [1798,221,1369,3772,3922; **Fotos** in Limic. **17**, 280, Dutch B. **20**, 46, **21**, 27, 28, **25**, 405, **26**, 71, 218, Bird. W. **6**, 274, 279 (z), **8**, 114-122; Hybriden mit Schwarzkopf-R.: Bird. W. **6**, 276-278, 280-281].

Maße. Gr.: 43-48 cm. Gew.: 510-820 g, ♂ Ø: 722 g, ♀ Ø: 701 g. Fl.spw.: 58-69 cm. Fl.l.: 148-172 mm, ♂ Ø: 162 mm, ♀ Ø: 159 mm [1784,2418,3615].

Status. In ME sporadische Brutnachweise in H, aber trotz Wiedereinbürgerungsversuchen kein regelm. Brutvogel. Sonst extrem seltener Gastvogel, dabei neueste Beob. wohl meist Gefg.fl. In ME im 19. Jh. nicht selten beob.; im 20. Jh. außerhalb **H** meist nur noch einzelne (max. 5) Ind., z.B. • **CH:** 8 anerkannte Nachw. von 1913 (3 Ind.) bis 1993 [4152]. • **NL:** 10 Nachw. 1953-98 [277]. • **B:** 1986, 1989, 1991 [1677]. • **D:** etwa 20 Nachw. bis Mitte 1970er J., seither 7 von 1977-97; zuletzt -SH 1. KJ Aug. 1999, -BW ♀ Nov. 1999 [575,337]. • **PL:** 13 Nachw., davon nur 3 gesicherte bis 1936; seit 1980 mehrfach [3871]. • **CZ:** seit 1960 mehrere Nachw. aus 5 Provinzen [2159]. • **A:** 1964.

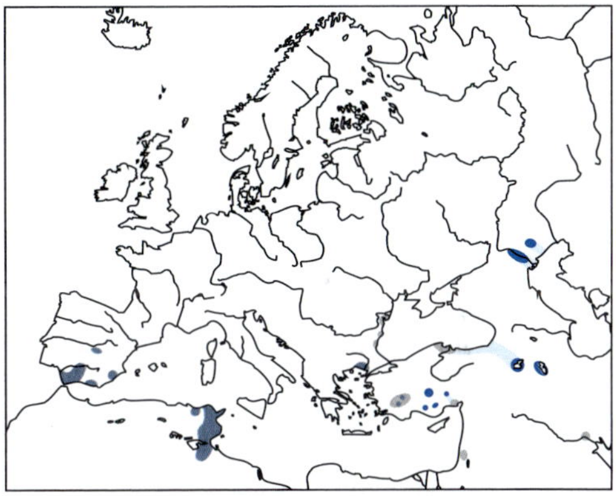

Oxyura leucocephala – **Weißkopf-Ruderente**

Verbreitung und Bestand. Eine der am stärksten bedrohten Entenarten der Erde, mit weltweit nur etwa 8.000-13.000 (max. 20.000) Ind. [1414,1798;382,823]. Brutgebiete der W-Paläarktis beschränkt auf isolierte Vorkommen in E., Wolgaregion RUS, Steppengebiete KZ, N-Afrika und TR [3892]; europäischer Brutbestand 550-1.400 BP, leicht anwachsend [1414,383]; im E isoliert in Iran, Usbekistan, Kirgisien, Turkmenistan bis etwa 60°N, und Ausläufer in Mongolei und NW-China.

Wanderungen. Standvogel mit Streuungswanderungen im Mittelmerraum (kurze Ausweichbewegungen bei extremer Trockenheit), Zugvogel ab E-TR ostwärts. Winterquartiere dieser Populationen zerstückelt in S-Kaspigebiet, Mittlerer Osten, Pakistan, selten NW Indien [1784,3615]. Abzug von Brutplätzen ab Ende Aug., bis Mitte Okt. abgeschlossen. Heimzug aus Winterquartieren bis Ende März [1798].

Bestandsentwicklung. Dramatische Bestandseinbrüche in Europa und N-Afrika seit Mitte 19. Jh., dadurch Erlöschen vieler ehemaliger Brutvorkommen, z.B. in I (Sardinien bis 1977), F (Korsika), MA, GR, YU, AL, RO, UA. und IL [1414;3615]. Einziges ME Brutgebiet in H; dort wohl Brutvogel von 1900-30, ferner (regelm.?) bis 1949, danach vereinzelt Brutverdacht [z.B. 1956,1958,1960:2438]; trotz Wiedereinbürgerungsversuchen in 1980er J. ohne stabilen Brutbestand. In verbliebenen Vorkommensgebieten im W Mittelmeergebiet (E., DZ, TN) Bestand bis Ende 1970er J. auf < 50 BP zurückgegangen. Intensive, sehr erfolgreiche Schutzmaßnahmen in E. führten zu starker Zunahme von 22 Ind. 1977 auf 4.489 Ind. 2001 [1271], und im Gebiet El Hondo (Valencia) von 4 BP 1994 auf 190 BP 2000 [1414]; inzwischen mehrere hundert BP in E. und erneute Arealausweitung, dabei schon 1993 über ein Drittel der erfolgreichen Bruten an künstlichen Gewässern [1414]; auf Mallorca 1993 »eingebürgert« [1507]. Neuerdings Wiederbesiedlung MA 1997 sowie Zunahme in TN und RUS [3615,1271]. In Brutgebieten TR und KZ dagegen weiterhin stark rückläufig.
Globaler Winterbestand in 1930er J. etwa 100.000 Ind., seither Abnahme um > 80%, vor allem durch Habitatverlust und Jagd. Im wichtigsten Überwinterungsgebiet Burdur Gölü TR weiterhin rückläufig von 11.000 Ind. 1991 auf < 2.000 Ind. 2000 [382]; in W Mittelmeergebiet sowie Schwarzmeer (RO, BG) und GR dagegen leicht zunehmend [382,1414].

Gefährdungsursachen [3892,382,1507,382,1414, 1271,1798]. Hauptursachen für Bestandseinbrüche neben direkter Verfolgung vor allem Verlust geeigneter Feuchtgebiete mit ausgedehnten Flachwasserzonen und reicher Randvegetation, sowohl in Brut- als auch Überwinterungsgebieten, meist durch Trockenlegung, z.T. auch Dürre (z.B. KZ), ferner Verschmutzung; Brutareal in den letzten einhundert Jahren halbiert.

SPEC	VSchRL	Bern. Konv.	Bonn. Konv.
1	Anh. I	Anh. II	Anh. I, II
Europ. RL	Globale RL	RL in ME:	
VU	**EN**	H: **'RE'**	

Neuerdings zusätzliche ernsthafte Gefährdung durch eingeführte amerikanische Schwarzkopf-Ruderente aufgrund von Verdrängung durch Konkurrenz und Hybridisierung. Weiteres Vordringen dieses Neozoons in Europa ist besorgniserregend. Einführung faunenfremder Nahrungskonkurrenten (Fische, Flusskrebse) im Brutgebiet. Ertrinken in Fischernetzen. Vergiftung durch Bleischrot. Störungen durch Menschen.

Schutzmaßnahmen. Gebietsmanagement und Schaffung neuer Lebensräume in den mediterranen Brut- und Überwinterungsgebieten.
Schutz vor direkter Verfolgung (absolutes Jagdverbot), Verbot von Bleischrot.
International koordinierte Maßnahmen zur Verhinderung der Ausbreitung der eingebürgerten Schwarzkopf-Ruderente (vgl. Bemerkungen dort). Versuche zur Wiederansiedlung in S-Europa (u.a. I, F) und H sind ohne Lösung des Neozoen-Problems wenig sinnvoll oder erfolgversprechend. Einrichtung von Monitoringprogrammen.

Biotop. Br. auf salz- oder sodahaltigen Flachseen mit dichter Röhricht- und Binsenvegetation; im Winter auch an deckungslosen Lagunen.

Nahrung. Omnivor, benthische Chironomidenlarven überwiegen und sind oft essentiell für Ansiedlung; in Küstenlagunen (Winter) auch Polychaeten und Amphipoden häufig; z.T. hoher Anteil pflanzlicher Bestandteile (verschiedene Wasserpflanzen) vor allem bei Ad.

Stimme. Wenig zu hören. ♂ tiefe, ratternde, grunzende und knarrende Rufe während der Gruppenbalz sowie hohe Pfeiflaute, rhythmisches hölzernes Klappern; ♀ kurzes, weiches »geh«.

Verhalten. Tag- und nachtaktiv; Nahrungsaufnahme vorwiegend nachts. An Brutgewässern tagsüber oft sehr gut versteckt. Beim Abflug vom Wasser lange Laufstrecke. Schwanz in normaler Schwimmhaltung meist im Winkel von 45–50° getragen, bei Erregung vertikal. Abtauchen ohne Sprung (Nahrungstauchzeiten Ø 15–25 sec). Zur Brutzeit einzeln. Nur ♀ territorial. Balz ab Winter. ♂ balzt mit mehreren ♀ und Bindungen nur für kurze Zeit. Außerhalb der Brutzeit gesellig (ca. 300-400 Paare).

Fortpflanzung, Brutbiologie [337,767,1784, 1414]. Erstbruten bei ♀ nach 1 Jahr möglich. Saisonale Monogamie. **Nest.** Unmittelbar am

Wasser, z.B. auf Schilf- und Binsenhalmen, auch leere Nester (z.B. Blässhuhn oder Lappentaucher); meist viel Material (z.B. grüne Schilfhalme); verdeckt durch Kuppel aus gebogenen Pflanzen. Kaum Dunen. **Legebeginn.** (Ende April) Mai, Juni, im N bis 1 Monat verzögert. **Gelegegröße.** 5-6 (4-9, -15), größere Gelege von mehr als 1 ♀. Legeintervall 1.5 d. **Eier.** Rauschalig (abweichend von anderen Enten), breitoval, grauweiß bis grünlich; sehr groß, Vollgelege entspricht fast Körpergewicht des ♀. **Brutdauer.** 22-24 im Freiland, 24-26 d in Gefg.; ♀ brütet, Bebrütung ab letztem Ei. **Nestlings-/Führungszeit.** Juv. beim Schlupf sehr groß, können tauchen; ♀ führt etwa 15-20 d, dann selbständig, aber formen oft Kindergärten; mit 8-10 Wochen flügge. **Jahresbruten.** 1; Nachgelege bei frühem Verlust. **Bruterfolg.** In Cordoba E.$_{55}$ Brutgröße beim Schlüpfen 4.3 Juv., davon 40% flügge, in Sevilla/Cadíz E.$_{17}$ Brutgröße 4.8 Juv., davon 62% flügge, in Almeria von 336 pulli 80% flügge. Insgesamt in E. Brutgröße 1995$_{49}$ Ø 5.5, 1996$_{84}$ nur 3.5.

Eimaße und –gewichte [767,1414]: L: 60.4-75.9 mm, B: 46.3-53.3 mm, $Ø_{185}$ 67.6 x 50.3 mm, Ø 69.1 x 50.4 mm (n=21, E.), $Ø_{35}$ 69.5 x 50.7 mm. Frischvollgew.: 77.4-105.8 g, $Ø_{127}$ 91.4 g, $Ø_{21}$ 96.4 g, Ø 96 g; Schalengew. 1.20-2.15 g.

Sterblichkeit, Alter. Generationslänge: < 3.3 J. [383].

Mauser. Postjuvenile Mauser und weiterer Verlauf wenig bekannt. Bei ♂ ist weiße Kopffärbung erst im Frühjahr des 2. KJ voll ausgebildet [221]. • **Postnuptialmauser** (Vollmauser) Körpergefieder und ST Aug.–Sept., Schwingenmauser vermutlich Juli–Aug. [767]. • **Pränuptialmauser** (Teilmauser) April–Mai; vermutlich auf Körpergefieder und ST beschränkt, aber einzelne ♂ in Schwingenmauser im Dez./Jan. [767,1369].

Cygnus atratus – Schwarzschwan 20800

Cygnus atratus (Latham 1790) syn.: Trauerschwan

GB Black Swan **F Cygne noir** **E Cisne Negro**

Taxonomie. Monotypisch. Mischbruten und Hybriden mit Höckerschwan gelegentlich beobachtet (s. Falke **46**, 253).

Kennzeichen. Schwach geschlechtsdimorph: ♂ durch stärkere Federkräuselung am Hals dicker und Iris lebhafter gefärbt als ♀ [1784,221,3615,2098].

Maße. Gr.: 110-140 cm. Gew.: 3.700-8.750 g. Fl.spw.: 160-200 cm [1784,3615].

Verbreitung, Status und Bestand. Ursprünglich nur AUS und Tasmanien, aber in NZ ab 1864 ausgesetzt und fest etabliert. In Europa ausschließlich ausgesetzte und verwilderte Vögel, aber kaum selbsttragende Populationen; diese wohl nur in SLN und NL, vielleicht auch in D-NW, ansonsten unregelmäßige oder vorübergehende Brutansiedlungen in vielen Teilen ME [196,3871]. »Brutbestand« in ME schwer zu schätzen, da kaum genaue Angaben vorliegen, wahrscheinlich mindestens 80-90 BP. Verbreitetes Wanderverhalten (flugfähiger Vögel), z.T. auch assoziiert mit Singschwan, in vielen Regionen daher Einzelbeob. [1722,4175,1 u.a.].

Wanderungen. Im ursprünglichen Verbreitungsgebiet in ganzjährig nutzbaren Gewässern Standvogel, aber Br. in temporären Gewässern führen ausgeprägte Wanderungen durch [1784].

Bestandsentwicklung. Durch Aussetzungsaktionen und Freiflughaltung in einer ganzen Reihen von Gebieten ME Brutansiedlungen [z.B. **D**-BY,-BW,-NW,-NI., **B**:196,1677], die jedoch nur selten zu stabilen Beständen führen. Unklar, ob wegen mangelnder Anpassungen an Nordhemisphäre oder Klima, wegen starkem Wanderverhalten (»falsche Richtungen«?) oder weil Bruterfolg häufig nur durch menschliche »Hilfestellung« möglich bzw. Verluste sehr hoch sind [196, 161].

	Best.	Areal	Brutbestand	Jahr	Quelle
B	↑	+ 1	40–45*	2000–2002	[77]
D	↑	+ 1	5–10	1995–1999	[383]
NL	↑	+ 1	60–70	1998–2000	[383]

*nur Flandern, aus anderen Ländern keine Angaben

Größte Brutpopulation ME derzeit in SW-**NL**, wo 1985 erstmals brütend; 1994 schon 25-30

BP, bei einer Gesamtpopulation von ca. 100 Ind. [375,2298], seither Bestand rasch angewachsen auf 60-70 BP (2000) [3638], ähnlich rascher Anstieg auch in B [77]. Auch Population in SLN offenbar selbsttragend [3615].

Gefährdung und Schutz. Geringe Reproduktion aufgrund hoher Verluste der (überwiegend) Parkpopulationen. Schutzmaßnahmen nicht erforderlich.

Biotop. Br. an großen flachen Süß- und Brackwasserseen AUS; oft in dichten Kolonien. Auch auf Lagunen, Flussmündungen und geschützten Buchten.

Nahrung. Fast ausschließlich vegetabil. Verschiedenste Wasserpflanzen, besonders Laichkräuter (*Potamogeton*) und *Typha*, ferner Algen.

Stimme. Im Flug mehrsilbige gesangsähnliche Strophen, auf dem Wasser flötende Pfiffe.

Fortpflanzung, Brutbiologie. Geschlechtsreife nach 2-3 Jahren. **Nest.** Großer Bau aus Pflanzenmaterial, im Wasser schwimmend oder an Land; Kolonien. **Legebeginn.** Variabel, meist abhängig von Hochwasserständen. **Gelegegröße.** 5-6 (1-14); wenn > 8, dann oft durch 2 ♀. **Brutdauer.** 36-40 (35-48) d. **Nestlings-/Führungszeit.** Juv. nach 150-170 d flügge, weniger bei sehr gutem Nahrungsangebot. **Jahresbruten.** 1. **Bruterfolg.** In einer Studie in AUS Schlüpferfolg 75% und Ausfliegeerfolg 49%.

Mauser. **Postjuvenile Mauser** (Vollmauser) hauptsächlich im Alter von 8–17 Monaten (Gehegevögel) [1688]. • **Postnuptialmauser** (Vollmauser) synchrone Schwingenmauser, ca. 6–7 Wochen flugunfähig [1688].

Cygnus olor – Höckerschwan 01520

Cygnus olor (J.F.Gmelin 1789)

(GB) **Mute Swan** (F) **Cygne tuberculé** (E) **Cisne Vulgar**

Taxonomie. Monotypisch.

Kennzeichen. Nackte schwarze Stirnwulst bei ♂ zur Brutzeit größer als bei ♀. Dunen- und Jugendkleid dimorph, bei *immutabilis*-Mutation (heute in halbwilden Beständen ± regelmäßig) weiß, sonst grau. Schnabelhöcker zur Brutzeit bei ♂ größer als bei ♀; Füße grauschwarz, bei *immutabilis*-Ind. hellgrau bis fleischfarben [221,1369,1784,3772,3615,408, 3271].

Maße. Gr.: 125-160 cm. Gew.: ♂ 8.400-15.000 g, ♀ 6.600-12.000 g. Fl.spw.: 208-240 cm. Fl.l.: ♂ 58.0-62.3 cm, ♀ 53.3-58.9 cm [1369,3615].

Status. Brut- und Jahresvogel im gesamten ME, allerdings gebietsweise durch erfolgreiche Aussetzung. Großer Sommer- und Nichtbrüterbestand. Auffallendes Dismigrationsverhalten.

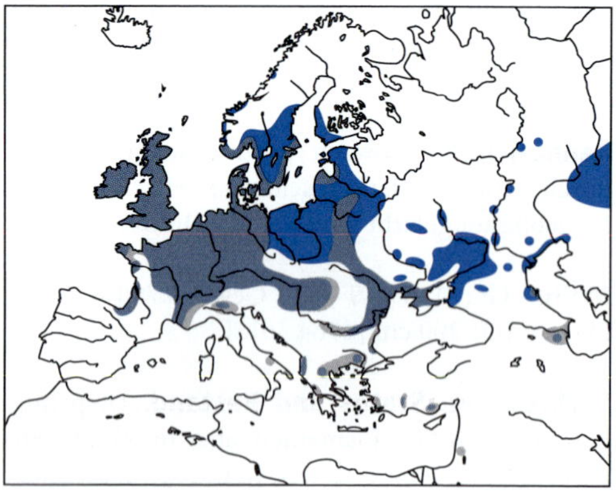

Cygnus olor – **Höckerschwan**

Verbreitung und Bestand. Als Wildvogel wohl nur noch in S., E-Europa, Schwarzmeergebiet, sowie lückig von Vorder- und Mittelasien bis N-Tibet, Ussurien und Mittelchina. Brutpopulationen in W- und M-Europa (auch USA, AUS, NZ) gehen ausschließlich auf ausgesetzte und verwilderte Vögel zurück. In manchen Regionen ME möglicherweise nie heimisch [z.B. D-BW:1719]. Europäischer Gesamtbestand bei 86.000-120.000 BP, mit Populationen > 15.000 BP in GB und RUS, > 5.000 in IRL, NL, D, PL, FIN und S. [383]. In ME brüten 21.000-30.000 BP [383, erg.], bei z.T. extrem großem Nichtbrüterbestand [309,2772], Winterbestand Europas > 260.000 Ind. [383].

Wanderungen. Im E Zugvogel, in ME und W-Europa Standvogel; Streuungswanderungen. Halbdomestizierte wechseln häufig nur von Brut- zu günstigen Futterplätzen im Winter (Großstädte), führen aber auch weitere Wanderungen aus. In GB/IRL, F kaum lokale Wanderungen, am ehesten Truppbildungen im Winter an günstigen Stellen, auch kleinere Mauserkonzentration im Spätsommer; 94% der Br. bewegten sich < 50 km vom Beringungsort [767]. Br. in S. versammeln sich zu großen Mauserkonzentrationen im Öresund; verbringen entweder den Winter an SW-Küste S. oder im Areal DK, D-SH, -MV, in kalten Wintern auch bis GB, F und ME Binnenland [Ringfunde Br. aus S.: 1208; zur Beringung von Mauser- und Wintervögeln DK: 59]. In NL sind Wanderungen > 100 km selten (max. 450 km); Juni/Sept. große Mauserkonzentrationen am IJsselmeer [3175]. Bisher größte Entfernungen 1000–1660 km W bzw. SW von Br. PL und Südbaltikum. Br. LT überwintern in W Richtung, v.a. DK, PL, D; die mittlere Position der Winteraufenthalte lag 1970-86 in knapp 700 km Entfernung, seither nur noch in ca. 250 km Entfernung [3768]. Wiederfunde von Br. E-D bzw. CS W und S des Brutgebietes, auch von halbdomestizierten. In SLN überw. Standvögel, Wintergäste aus PL, CZ, SK., H, A [3531].

Bestandsentwicklung. Wegen intensiver Bejagung Ende 19. Jh. fast nur noch im Ostseeraum. Andererseits in ME Aussetzungsaktionen etwa seit 16. Jh. (in GB wesentlich früher), sehr intensiv seit etwa 1920; trotzdem lange Zeit keine stabilen Bestände. Besonders starker Einbruch im II. Weltkrieg, dann größere Bestände auf abgelegene Gewässer in N-PL, D-MV und -SH (auch DK) beschränkt. Ab 1950er J. und besonders in 1960er und 1970er J. starke Zunahme in ME mit z.T. exponentiellem Anstieg, ausgehend von verbliebenen Beständen sowie durch Aussetzung, erneuter »Verwilderung« von Parkschwänen Zunahme der Siedlungsdichte (durch Ressourcenerweiterung sowie kolonieartiges Brüten) [196]. Ausweitung des geschlossenen Areals nach S und SE, mit regional erheblichen Unterschieden in Beginn und Intensität der Entwicklung; gerichtete Expansion nur in N-D, DK und PL, Zunahme in anderen Ländern ME dagegen durch verstreut verteilte, lokal neu entstandene Populationen.
An vielen Gewässern Kapazitätsgrenze in 1980er J. erreicht und Sommerbestände nahe Grenzkapazität eingependelt. Lokal inzwischen wegen verschlechterter Ernährungsbedingungen, als Folge kalter Winter, von Wasserstandsveränderungen oder hohen Verlusten [Botulismus, Bleivergiftung (Fischerei, Angeln), Pasteurellosis etc.: 337] starke Schwankungen oder sogar Rückgang [z.B. D-SH, Bod., CH: 309,1617,3393], aber überregional häufig kompensiert durch sukzessive Besetzung vieler Kleingewässer (Kies-, Klärteiche). Anhaltend starke Zunahmen bis Anf. 1990er J. vor allem in E- und SE-ME [1585,196,q22]; seither gebietsweise auch dort Stagnation [z.B. CZ:2159]. In manchen Populationen generell nur noch Steigerung des Nichtbrüteranteils [196; auch 3393,3615,2705].
Mittwinterzählungen am europäischen Festland ergaben für letzte Jahrzehnte übereinstimmend positive Bestandstrends; insgesamt ca. 180.000 Ind. in NW- und M-Europa [196,3393,3503; 3615].

	Best.	Areal	Brutbestand	Jahr	Quelle
A	↑	=	350–500	1998–2002	[383]
B	⇧	+ 2	341–469	2001–2002	[383]
CH	+/-	=	450–600	1993–1996	[383]
CZ	+/-	=	440–500	2000	[383]
D	↑	=	7.700–13.400	1995–1999	[383]
FL	+/-	=	1–2	1998–2000	[383]
H	↑	=	152–166	1997	[383*1]
L	↑	+ 1	35–45	2000–2002	[383]
NL	↑	+ 1	5.500–6.500	1998–2000	[383]
PL	⇧	+ 2	6.500–7.000	2001	[383]
SK	⇧	+ 1	100–400	1999	[383]

*1 [erg. 3793]

Gefährdungsursachen [196]. Hauptursache bisher menschliche Verfolgung: die starke Zunahme in ME neben erhöhter Siedlungsdichte (s.o.) begründet in (zeitweilig) vollständiger Jagdverschonung, ausbleibender Eier-Ernte, zunehmender Fütterungen, insbesondere im Winter, und (dadurch z.T. bedingte) Reduktion der Fluchtdistanz, die auch Besiedlung belebter Ufer und Stillgewässer ermöglicht.
Verluste durch Bleivergiftung (Bleischrot, Angelblei), Freileitungen; Unfallopfer; Störungen am Brutplatz; absichtliche Gelegezerstörung. Natürliche Verlustursachen sind Kältewinter sowie geringer Bruterfolg bei starken Wasserstandsschwankungen; Krankheiten, Botulismus (meist aber Folge der Eutrophierung), hohe Parasitenbelastung [2979].

SPEC	VSchRL	Bern.Konv.	Bonn.Konv.
E	Anh. II-2	Anh. III	Anh. II
Europ. RL	**RL in ME**		
--	CZ: 'EN'		

Schutzmaßnahmen Verbot von Bleischrot und Angelblei.
Besondere Schutzmaßnahmen, aber auch bestandslenkende Maßnahmen in Anbetracht derzeitiger Entwicklung nicht erforderlich. Weitere Aussetzungsaktionen sowie Zufütterungen nicht wünschenswert.
Dennoch: Jagdverzicht aufgrund großer Bedeutung ME für seltenere *Cygnus*-Arten und deren potenziellen Gefährdung durch Verwechslung.

Siedlungsdichte. Kleinste Brutgewässer in D-SH selten unter 2 ha, doch ausnahmsweise auch nur 0.4 ha [310]. Überdurchschnittliche Dichtewerte liegen bei 4-8 BP/km^2 Wasserfläche [337,1,3740], auf großen Gewässern nur ca. 0.5-1.5 BP/km^2 Wasserfläche (z.B. 1.2 in D-BB) [1]. Großräumig in ME unter 1 BP/100 km^2, mit Maxima in N-D und NL von 4-8 BP/100 km^2 [1507], höchster Wert in Europa mit ca. 50 BP/100 km^2 in FIN [1507].

Biotop. Eutrophe stehende oder langsam fließende Gewässer, z.B. Binnenseen, Altwässer; heute auch vielfach künstliche Gewässer aller Art. Nahrungssuche vor allem im Flachwasser; in der Marsch auch Graben-Grünland-Komplexe; Mauserzentren auch im Flachseebereich bzw. auf Brack- oder Salzwasserlagunen; Brut mitunter auf kleinen Inseln in der Ostsee. Bei ausschließlicher Nahrung aus Salzwasser Süßwasseraufnahme nötig.

Nahrung. Wasser- und Sumpfpflanzen bis ca. 1 m Tiefe; auch Abweiden von Uferpflanzen und Landpflanzen, besonders Gras (gelegentlich auch Getreidekörner, vor allem im Winter auch Blätter von Raps- und Wintergetreide). Tierische Nahrung wohl nur zufällig mit Pflanzen aufgenommen.

Stimme. Trompetende Rufe fehlen. Im Flug singendes Flügelgeräusch, das Sing- und Zwergschwan fehlt. Hartes »krr-krr-krr«, erregt »uiarrr«, »kiorr« o.ä.; lautes »quiurrr«. Verschiedene andere, leise Rufe wie »tru-tru-tru« oder Schnarren. Gereizte Schwäne zischen.

Verhalten. Tag- und nachtaktiv. Geht an Land nur langsam; Junge können tauchen, Ad. tauchen nie. Start zum Flug gegen den Wind mit Anlauf über dem Wasser, auch vom festen Untergrund. Nahrungsaufnahme großenteils schnatternd von der Wasseroberfläche; submerse Pflanzen durch Eintauchen des Halses oder Gründeln. Paare zur Brutzeit ausgesprochen territorial, ♂ verteidigt Revier allein; bei hoher Dichte jedoch Verteidigung größerer Reviere durch einzelne ♂ nicht mehr möglich, daher bei zahmen und halbwilden Populationen Übergang zu Koloniebrüten mit allerdings meist geringem Bruterfolg. Halbwilde Paare, in milden Klimaten auch außerhalb der Brutzeit den größten Teil des Jahres territorial mit Vorteilen in Revieren reich an aquatischer Vegetation. Paarbildung unauffällig; Elemente des Sexualverhaltens u.a. Kopfwenden, Schnabelsenken, Schnabeleintauchen. Imponiergeste mit angehobenen und abgestellten Schwingen, Hals weit zurückgelegt, so dass Schnabel auf dem Unterhals liegt; z.T. schnelles Schwimmen mit Bugwelle. Bei der Kopulation packt ♂ das ♀ am Nacken. Kopulationen sehr häufig, dienen auch Paarbindung. Nichtbrüter entweder das ganze Jahr über in Trupps oder größeren Scharen, oder z.T. Revierverhalten wie Br. Zur Mauserzeit und im Winter auch BP bzw. Familien in größeren Trupps.

Fortpflanzung, Brutbiologie [1369,337,1784,3615, 3271]. Erstbrüter meist 3-4 (mitunter mehr), selten 2 (oder gar nur 1) J. alt. Monogam, oft Dauerehe, doch auch jährliche Neuverpaarungen bekannt. In Langzeitstudie in GB behielten 40% der ♂ und 43% der ♀ Revier und Partner ein Brutleben lang, 23% bzw. 21% wechselten mindestens einmal nur den Partner, 10% bzw. 11% mindestens einmal das Revier und 27% bzw. 26% Revier und Partner, gleichzeitig oder in verschiedenen Jahren. In Fällen mit nur Partnerwechsel war Paartrennung bei 38% der ♂ und 36% der ♀ die Ursache, Tod eines Partners in 17% bzw. 11% [721]. **Ankunft am Brutplatz.** Ganzjährig. Balz oft schon im Herbst. **Nest.** Am Ufer oder auf kleinen Inseln bzw. in der Ufervegetation auf trockenem, erhöhtem Untergrund. Unterbau aus Schilf, Reiser, Binsen etc., Mulde mit Blättern und Dornen ausgelegt; äußerer Ø 1.5-2 m, bei Mehrfachbenutzung massiver Bau; ♂ trägt mit ein, ♀ verbaut. Bei hohem Populationsdruck Kolonien. **Legebeginn.** (März) Mitte April bis Mai; bei manchen Populationen (halbwilder Vögel) sehr variabel; z.T. verzögert bei Hochwasser. **Gelegegröße.** 5-8 (3-13); Ø D_{154} 6.2, D_{105} 4.9, E-D_{194} 5.62, E-D_{165} 5.19, D-BB_{118} 6.0, GB_{132} 4.78, dort auch 6.0-6.6, DK_{181} Koloniebrüter 4.9, CH_{33} 6.0. Abnehmende Gelegegröße bei zunehmender Dichte bzw. abnehmender Reviergröße. Legeintervall 1-2 d. **Eier.** Oft symmetrisch, graugrün mit weißem Kalküberzug, bei Bebrütung glänzend und braun/gelblich. **Brutdauer.** 35-41 (Ø 36) d; ♀ brütet, ♂ deckt gelegentlich die Eier (sonst bei Weggang des ♀ mit Dunen und Nistmaterial abgedeckt). Bebrütung ab letztem Ei. **Schlüpftermine.** Innerhalb 24-36 h, frühestens Ende April. **Nestlings-/Führungszeit.** Nach 1 d auf dem Wasser, beide Ad. führen, anfangs auch auf dem Rücken (meist ♀), nachts oft auf Nest oder an Land; ♂ verteidigt Schof. Juv. mit 120-150 d flügge, werden im Spätherbst oder Winter vertrieben oder wandern mit Ad. ins Winterquartier. Oft Jungvogeltrupps, wenn Ad. erneut die Brutreviere beziehen. **Jahresbruten.** 1; Nachgelege. **Ende der Brutperiode.** Oft erst im Spätherbst oder Frühwinter (bei Parkvögeln auch Mittwinter). **Bruterfolg.** Mit zunehmender Dichte geringer. In GB_{850} bei starker Nestzerstörung durch Menschen nur 51% Schlüpferfolg und ca. 3.17 flügge Juv./BP und J., in ME 2.2-3.2 flügge Juv./BP und J. nach verschiedenen Methoden, in DK 2.6-3.6; in D-BB und -BY 4.3, 4.4 bzw. 4.7 Juv./erfolgreiches BP. In GB im Brackwasser nur 1.4, im vieljährigen Mittel im Binnenland 1.37-2.24. In Oxford Ø 6.6 Eier, daraus 4.25 Juv. schlüpfend, 4.06 nach 3 d, 3.54 nach 10 d, 2.3 nach 8 Wochen und 2.26 flügge. An Fischteichen in PL_{101} 6.02 Eier und 4.42 flügge Juv./BP und J. [4166]. Von 2576 geschlüpften Küken in GB wurden 69% flügge, bei höherer Sterblichkeit in frühen Stadien; 72% der brütenden Paare produzierten mind. ein Küken, 61% ein flügges Juv. bei unterschiedlichem Reproduktionserfolg auf verschiedenen Gewässertypen [528]. In GB betrug Lebensproduktion bei 22.7% der Ad. 0 flügge Juv., bei 26.7% 1-5, bei 18.8% 6-10, bei 5.6% 21-25 und bei 6.8% >25 flügge Juv. [721].

Eimaße und -gewichte. L. 95.9-124.5 mm, B. 65.0-80.0 mm, Ø: 108.6 x 70.0 mm (n=41, D, halbwild), 107.1 x 72.8 mm (n=49, D-BY, halbwild), 112.5 x 73.5 mm (n=?, D); Frischvollgew. 265.8-373.9 g, Ø: 331.7 g bzw. 348 g; Schalengew. 26.04-46.51 g, Ø: 41.13 g bzw. 40.15 g bzw. 38.81 g.

Sterblichkeit, Alter. GB 1. Jahr ca. 58%, 2./3. Jahr je ca. 30%, 4./5. Jahr je 22% [720] bzw. 30% bis Ende 1. Lebensjahr, 2. Jahr 30%, 3./4. Jahr ca. 25% [121]. Aufgrund hoher Sterblichkeit in ersten Lebensjahren erreichten in GB nur 11% der Dunenjungen den Status eines Brutvogels [721]. Ältester Ringvogel (wild) über 28 J. 7 Monate [3654], mehrfach > 20 J. Höchstalter für erfolgreiches Brüten ♂ und ♀ je 18 J. [721]. **Generationslänge.** 7 J. [383].

Mauser. **Postjuvenile Mauser** (Teilmauser) kurz nach Flüggewerden ab Ende Sept.; Großteil des Kleingefieders. Ab Juni/Juli des 2. KJ synchrone Schwingenmauser [767,3050]. Ab 4. KJ Mauser vermutlich wie Ad. [139]. • **Postnuptialmauser** (Vollmauser) Juni/Aug. – Sept./Mitte Okt., flugunfähig für ca. 6 Wochen; bei BP mausern ♀ zu Beginn der Führungszeit ab Mitte Juni/Mitte Aug.; ♂ beginnen ab Mitte Juli/Mitte Sept., Ø 28 d später als ♀ [790]; nach Schwungfedern und Flügeldecken werden ST, Schwanzdecken und Körpergefieder gewechselt [309,767,139,3050].

Cygnus cygnus – Singschwan 01540

Cygnus cygnus (Linnaeus 1758)

(GB) **Whooper Swan** (F) **Cygne chanteur** (E) **Cisne Cantor**

Taxonomie. Monotypisch.

Kennzeichen. [1369,1784,3772,2418,3615,408,3271, 3154, **Fotos** in Limic. **9**, 297-305, **11**, 77, **17**, 85].

Maße. Gr.: 140-165 cm. Gew.: (ad.) ♂ 7.200-15.500 g, meist 11-12 kg, ♀ 5.600-13.100 g, meist 8-9 kg. Fl.l.: (ad.) ♂ 55.3-67.4 cm, ♀ 52.1-67.4 cm [3615,1369,2418].

Status. Ursprünglich regelmäßiger Durchzügler und Gastvogel im Winterhalbjahr vor allem in N-ME Tiefland, in kleinen Gruppen bis tief ins Binnenland. Neuerdings starke Zunahme der Übersommerungen sowie Brutansiedlungen in verschiedenen Regionen, Brutpopulationen z.T. verstärkt durch Gefg.fl. und verletzte Zugvögel.

Verbreitung und Bestand. Brutvogel nördlicher Breiten Eurasiens von IS bis E-Sibirien. Neuerdings auch mehrere regelmäßig besetzte Brutplätze in ME sowie sporadischen Bruten von Gefg.fl. Europäischer Brutbestand, stark zunehmend, 16.000-21.000 BP, mit wichtigste Brutvorkommen in FIN, S. und RUS [383], ferner in IS (ziehen im Gegensatz zu ersteren nach GB). Brutbestand in ME kaum

> 20 Paare. Europa (insbesondere DK, D, N., S., PL sowie GB und IRL) beherbergt > 65.000 Wintergäste N-europäisch-/sibirischen Brutgebieten, davon gut 1/3 in ME [2262,3871].

Wanderungen. Teilzieher (Br. IS überwintern zu etwa 25% in IS, zu 75% in GB, vor allem Schottland, IRL) [767] und Zieher (fennoskandisch-sibirische Population überwintert hauptsächlich W und S Ostsee, ME, N-F). Abzug aus RUS, Fennoskandien Mitte Sept./Mitte Okt., Ankunft in ME Okt./ Nov. Wintervögel der Ostsee bis aus 74° E; ob regelm. GB erreicht wird, ist noch unklar. Br. weiter E überwintern E-Mittelmeer, Schwarzmeer, Kaspigebiet usw. Heimzug Mitte März/Anf. Mai; Ankunft an Brutplätzen Ende April bis Ende Mai. Brutvögel IS können abhängig von Eislage und Nahrung zu jeder Zeit des Winters nach GB und IRL aufbrechen und frühzeitig zurückkehren [767]. Ringfunde Schottland [2530], GB/IRL [4064], S-S. und allgemein [2507]. Nach Satelliten-Telemetrie benötigen Zieher zwischen IS und GB/IRL etwa 3 d [2980,2981]. Beispiele für Änderungen von Rast- und Überwinterungstraditionen liegen vor.

	Best.	Areal	Brutbestand	Jahr	Quelle
B	N	N	1–1	1981 (-1990)	[1585]
D	N	N	7–10	1995–1999	[383]
PL	N	N	10–15	1999–2000	[383]

Bestandsentwicklung. In allen europäischen Brutpopulationen (IS, N., S., FIN, RUS, LV) seit einigen Jahrzehnten kontinuierlich zunehmende Bestände [337,196; S.:2331]. Mit anwachsenden Winteransammlungen in ME [196,3615,3503,2262], nicht zuletzt bedingt durch verstärkte Nutzung von Rapskulturen, nach mehreren sporadischen Brutzeit-Vorstößen weit S angestammter subarktischer Brutplätze [z.B. S-S. und E-PL, 1369], schließlich dauerhafte Brutansiedlung ab 1982 in SW-PL (Slask). Seither dort langsamer Bestandsanstieg [3615]; in 1990er J. erfolgreiche Besiedlung Pommerns [3585] und Bruten in anderen Bezirken PL [3871]. Nach Übersommerungen ab 1991 erster Brutversuch 1994 in D-BB, seit 1995 dort Brutvogel an verschiedenen Standorten [1], max. 4 BP (2002), inzwischen auch Ansiedung in -SN mit 3 BP 2003 [453] sowie zunehmende Übersommerungen in -MV. Übersommerungen und einzelne Bruten in D-SH (seit 1982) und -HH (seit 1970) gehen allerdings z.T. auf Gefg.fl. oder verletzte Zugvögel zurück [309,2031,2642,310,3277], dies gilt auch für

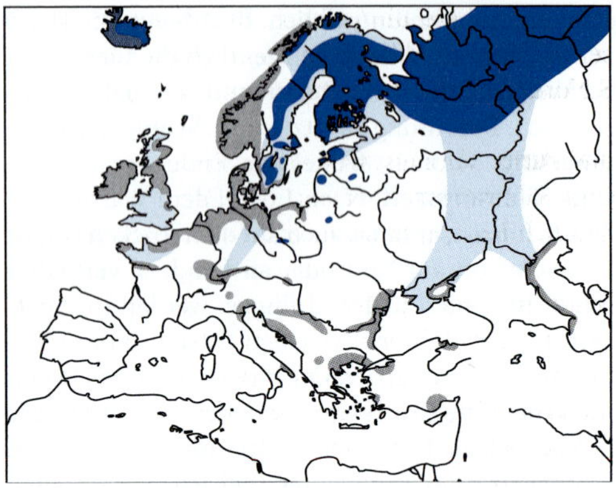

Cygnus cygnus – **Singschwan**

Bruten in B von 1973-1981 [843,1677]. In GB nach sporadischen Bruten in früheren Jahrzehnten regelm. Brutv. seit 1979 in 2-5 BP, aber anfangs keine Wildvögel; diese seit 1989 beteiligt [1343,3154]; in IRL 2+ BP seit 1992 [1343,3615], in EST seit 1988 Brutv., Ausbreitung und Zunahme ferner in LV, LT und RUS [3615,3154]. Mit weiteren Ansiedlungen ist zu rechnen.

Siedlungsdichte. In der Tundren und Küstenregionen RUS stark unterschiedliche Dichtewerte zwischen 8 und 140 BP/100 km^2 [1507].

Gefährdungsursachen [1722,196,1507,3154]. Bestandsreduktion durch Jagd und Verfolgung. Neuerdings in E-Europa Habitatverluste durch Störungen in Brut-, Rast- und Überwinterungsgebieten.

Schutzmaßnahmen. Einrichtung von störungsfreien Schutzzonen in Brut-, Durchzugs-, Rast- und Überwinterungsgebieten.
Einstellen der Jagd in international bedeutenden Wasservogelgebieten. Einstellen der Jagd mit Bleischrot.

SPEC	VSchRL	Bern. Konv.	Bonn. Konv.
E (W)	Anh. I	Anh. II	Anh. II
Europ. RL	**RL in ME**		
--	D: 'R'		

Biotop. Mit Ausnahme von N-Europa Br. S der Tundrazone auf Tümpeln und Sümpfen in Heide-, Moor- und Taiga-(in IS auch Berg-) Seen, im E auch an größeren Seen mit Röhrichtzone oder an großen offenen Wasserflächen. Auf dem Zug oder im

Winter größere Binnenseen, Brack- und Salzwasserlagunen bzw. -buchten an Flachküsten (Ostsee, S Nordsee), offene Flussniederungen.

Nahrung. Vorzugsweise Pflanzen des Süß-, Brack- und Salzwassers, aber auch Gräser, Kräuter, gelegentlich Körner von Getreidefeldern usw.

Stimme. Leise »ahg«, »huck« oder »gå« in Gruppen; Stimmfühlung 1–3silbig, 2. bzw. 3. Silbe höher bzw. umschlagend wie »anghö«, »guuk«, bei Störung mit gestrecktem Hals kurz »wuk«. Begrüßungs- und Triumphgeschrei laut, gänseähnlich, etwa »gigigi« (2. Silbe höher). Oft Duette. Ruft auch im Flug; kein Fluggeräusch.

Verhalten. Tag- und nachtaktiv; im Winterquartier Nahrungserwerb hauptsächlich tagsüber mit Gipfel in den späteren Nachmittagsstunden. Junge tauchen; an Land weniger schwerfällig als Höckerschwan. Nahrungserwerb auf dem Land im Winterquartier scheint neuerdings zugenommen zu haben. Zur Brutzeit territorial; Balz und Paarbildung in den winterlichen Trupps, aber häufig auch in den Nichtbrütergruppen. Bei Drohung werden Flügel ± weit geöffnet seitwärts gehalten. Paare bleiben über mehrere Jahre stabil. Vor der Kopulation synchronisiertes Kopfnicken (einige Sekunden). Nach der Kopulation ♂ und manchmal ♀ spreizen Flügel, wobei beide Rufen. Nichtbrüter sammeln sich z.T. schon vor der Mauser an traditionellen Mauserplätzen. Familien ziehen gemeinsam ab und bleiben den Winter über in den großen Verbänden oder häufig auch abseits davon zusammen, ziehen gemeinsam wieder zurück, doch nur Ad. treffen an den Brutplätzen ein.

Fortpflanzung, Brutbiologie [1369,337,1784, 3615,3271,3154]. Erste Paarbildung mit 2-4, erste Brut meist mit 4-6 Jahren. Monogam, oft Dauerehe. **Nest.** Am Ufer oder auf kleinen Inseln bzw. in der Ufervegetation auf trockenem, erhöhtem Untergrund. Großer Bau aus Pflanzenmaterial; ♀ baut, ♂ legt Material dazu. **Legebeginn.** Ende April bis Mai (Juni); bei Vögeln aus Gefg. ab Anf. April. **Gelegegröße.** 4-6 (2-8), Ø S-FIN$_{31}$ 4.4, N-FIN 3.5, IS 4.5, Gelege in Optimalhabitaten größer als in pessimalen; Legeintervall 36(-48) h. **Eier.** Langoval, an Polen fast symmetrisch gerundet, frisch gelblichweiß, bei Bebrütung dunkel nachfärbend. **Brutdauer.** 31-42 (Ø 35) d; ♀ brütet, ♂ deckt in Brutpausen die Eier. Bebrütung ab letztem Ei. **Nestlings-/Führungszeit.** Junge schlüpfen innerhalb 36-48 h. Beide Ad. führen und verteidigen Brut. Juv. mit 78-96 (Ø 87) d flügge (Vögel aus Gefg. früher, Ø 80 d), wandern mit Ad. ins Winterquartier. **Jahresbruten.** 1; Nachgelege selten (nur bei frühem Eiverlust). **Bruterfolg.** Schlüpferfolg in FIN bei 86 Eiern aus 18 Gelegen 74%, von 110 frisch geschlüpften Pulli aus 29 Bruten wurden 90% flügge. In IS von 648 Eiern aus 137 Gelegen (Tiefland) und von 246 Eiern aus 60 Gelegen (Hochland) überlebten bis Aug. 79% bzw. 78%. Anteil der Juv. in Winterpopulationen 10-40% mit starken jährlichen Unterschieden. Mittlere Schofgröße 1-3 (4), gelegentlich auch 6-8 Juv./Paar.

Eimaße und -gewichte. L. 104.0-126.3 mm, B. 67.0-76.5 mm, Ø: 113.4 x 72.2 mm (n=481, S.), 111.0 x 71.8 mm (n=39, S.); Frischvollgew. ca. 320 g; Schalengew. 26.0-47.0 g, Ø: 33.4 g bzw. 38.1 g bzw. 40.8 g.

Sterblichkeit, Alter. IS Ind. > 4 Monate ca. 17 %/J. Ältester Ringvogel mindestens 26 J. 6 Monate [3654]. **Generationslänge.** 9 J. [383].

Mauser. **Postjuvenile Mauser** (Teilmauser) Okt. – Jan., bes. Kopfgefieder; danach bis März Teile des Körpergefieders, selten einzelne Schirm- und Steuerfedern. Restliches juv. Gefieder im Sommer des 2. KJ vollständig erneuert (ähnlich **Postnuptialmauser**, aber früher) [139,2080,3154].
• **Postnuptialmauser** (Vollmauser) Schwungfedern gleichzeitig und ca. 5–6 Wochen flugunfähig, Ende Juli/Anf. Sept. (bes. Aug.), ♀ mausert vor ♂; danach Körpergefiedermauser bis Dez. [139,3154].

Cygnus bewickii – Zwergschwan 01532

Cygnus [columbianus] bewickii Yarrell 1830

Ⓖⓑ **Tundra Swan, Bewick's Swan** Ⓕ **Cygne siffleur** Ⓔ **Cisne Chico**

Taxonomie. Bildet Superspezies mit dem nordamerikanischen Pfeifschwan *C. [c.] columbianus*, dessen westlichste Brutvorkommen in NE-Sibirien (Tschuktschen-Halbinsel) liegen. Dort seit 1980er J. Kontaktzone mit dem Zwergschwan mit Bildung von Mischpaaren und gelegentlicher Hybridisation. Differenzierung der Allospezies schwach, hauptsächlich in Schnabelfärbung (Gelbanteil überlappt nicht, bei *columbianus* 0-15%, bei *bewickii* 23-42%) [1073], ferner geringer Größenunterschied (*bewickii* kleiner). Unterschiede in Ø Gelegegröße [2349] sind taxonomisch bedeutungslos.

Kennzeichen. Individuelle Variation der Schwarz-Gelb-Verteilung fällt grob in 3 Klassen [3504] und bleibt lebenslang weitgehend konstant [1369]. Gelbanteil Ø 31.5% (bei *columbianus* 3%) [1073]. Bisher ungeklärt, ob in ME und W-Europa sehr seltene fast schwarzschnäblige Ind. [vgl. 539] Pfeifschwäne, eine seltene Mutation des Zwergschwans oder Hybriden sind [1784,1369,3772,221,2418,3615, 408; weitere **Fotos** in Limic. **9**, 307-318, Dutch B. **20**, 279, **21**, 67].

Maße. ***columbianus***: Gr.: 120-150 cm. Gew.: 4.300-9.600 g; ***bewickii***: Gr.: 115-140 cm. Gew.: ♂ 4.200-8.600 g, ♀ 4.100-8.300 g. Fl.l.: ♂ 48.0-57.4 cm, ♀ 47.4-57.8 cm. [1369,1784,3615,3155].

C. [columbianus] columbianus (Ord 1815) Pfeifschwan, Whistling swan

Status. In W-Europa nicht allj. Gastvogel [3155]; in ME bisher nur wenige anerkannte Nachw.: In **NL:** Feb. 1976, Feb. 1980, Nov. 1986, Dez. 1992, Dez.-Jan. 1998/99 (weitere Beob. noch nicht homologiert) [375,q3,q16,539]. **D:** -NI 2 in 1994 [575].

Verbreitung und Bestand. Brutvogel der Arktis N-Amerikas mit stark wachsendem Bestand von über 150.000 Ind. [3155].

C. [columbianus] bewickii Yarrell 1830 Zwergschwan, Bewick's swan

Status. Regelm. und verbreiteter Durchzügler und Wintergast vor allem in N-ME (und Baltikum), ein-

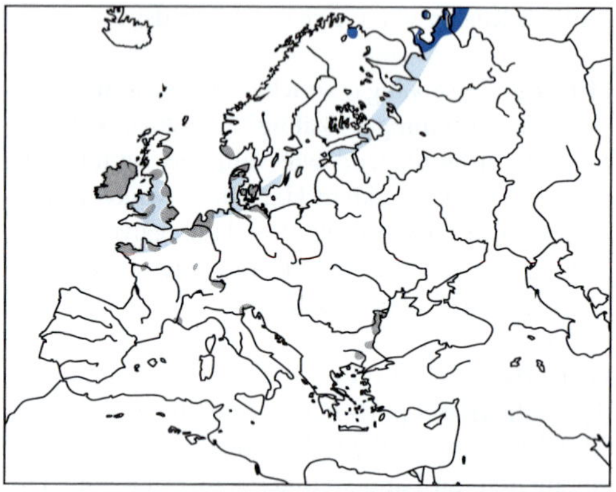

Cygnus [columbianus] bewickii – **Zwergschwan**

zelne Vögel bis tief ins Binnenland, mit traditionellen Überwinterungsgebieten [203,1369,1617]. Im Winter etwa 3.000-12.000 Ind. in den Tiefländern N-ME, vornehmlich in NL und D-NI [1585]. In ME ein Brutnachweis durch Gefg.fl., 1982 in **D**-NI [1589].

Verbreitung und Bestand. Brutvogel Eurasiens, in Tundrenzone N-RUS fast ausschließlich W Ural. Europäischer Brutbestand (fast alle RUS) etwa 9.000-11.000 BP, leicht zunehmend [383]. Winterbestand in Europa mit Schwerpunkten in NL, GB und D > 23.000 Ind. [vgl. 3155,3871], in jüngster Zeit Zahlen stark rückläufig [4077].

Wanderungen. Langstreckenzieher. In Abhängigkeit von Biotopveränderungen Änderungen der Verteilung seit ca. 1960, z.B. Abnahme am Niederrhein und Zunahme im IJsselmeer und in S-IRL. Wegzug von den Brutplätzen Anf. Sept./Mitte Okt. Offenbar Schmalfrontzug entlang arktischer Küsten und dann über Land (Ladoga-See) zum FIN Meerbusen und dann weiter W bis SW. Ankunft in ME ab Okt. (früheste Beob. ab Anf. Sept.), Gipfel in einzelnen Winterzentren Nov.–Jan.; Beginn des Abzuges Feb./März; Dz. in Fennoskandien bis Mai; Ankunft am Brutplatz Mai/Anf. Juni. Bedeutender Frühjahrs-Rastplatz im Weißen Meer [2816]. Winterquartiertreue, identische Zugwege, weite Wanderungen zw. geeigneten Rastgebieten innerhalb einer Saison usw. durch Ringfunde und individuelle Markierung nachgewiesen; Zusammenfassung der Ringfunde [Slimbridge: 1072; generell für Wintergäste GB/IRL: 4064; Durchzug E-D: 1002]. Satellitentelemetrie [244].

Gefährdungsursachen [196, 3155]. Lebensraumverlust durch Landschaftsverbrauch und Trockenlegung (bes. Überschwemmungs-Grünland, Auenlandschaften). Störungen in Brut-, Rast- und Überwinterungsgebieten zudem durch Landnutzung (Öl, Gas).
Reduktion (submerser) Makrophytennahrung durch Eutrophierung, dadurch Nahrungssuche zunehmend auf Landwirtschaftsflächen - mit entsprechenden Konflikten.
Bestandsreduktion durch Jagd und Verfolgung.
Verluste durch Leitungsanflug, zunehmend auch Windkraftanlagen.

SPEC	VSchRL	Bern. Konv.	Bonn. Konv.
3 (W)	Anh. I	Anh. II	Anh. II
Europ. RL	**RL in ME**		
VU	--		

Schutzmaßnahmen. Einrichtung großer störungs- und nutzungsfreier Schutzgebiete in Brut-, Durchzugs-, Rast- und Überwinterungsarealen. Erhöhung der Wasserstände und Erhalt oder Wiederherstellung von Feuchtgrünländern und Auen.
Einstellen der Jagd auf (verwechselbare) Schwäne. Freileitungsrückbau bzw. unterirdische Verkabelung.

Biotop. Br. an Tundrengewässern. Rastplätze im Winterhalbjahr an flachen, vegetationsreichen Lagunen, Strand- und Binnenseen im Tiefland. Nahrungssuche besonders auf nassen Weiden, überschwemmten Wiesen, Marschen etc., zunehmend auch Rapsäcker. Tägliche Nahrungsflüge bis 15-16 km. Optimale Rastplätze werden regelm. besucht.

Nahrung. Pflanzlich; (vor allem submerse) Wasserpflanzen und deren Knollen (*Potamogeton*), Gras, Klee, Saaten, Hackfrüchte (bes. wenn angefroren), zunehmend Raps.

Stimme. Ganzjährig beide Geschlechter ruffreudig. Im Flug einsilbig »guhk« oder »ong«, lauter als Singschwan. Juv. höher »guihk« oder »gulihk« o.ä. Triumphgeschrei meist 3-silbig, wie »huguguk«; vor Auffliegen gedämpft gereiht »hög hög…« usw.

Verhalten. Tag- und nachtaktiv; Nahrungserwerb oft nachts, häufig Nachtzug. Abflug vom Wasser ohne Anlauf; im Streckenflug ohne auffallendes Fluggeräusch. Nahrungserwerb meist schwimmend im Seichtwasser mit eingetauchtem Kopf oder gründelnd, im Winterquartier oft auf Äckern und Wiesen weidend. Zur Brutzeit territorial. Kopulationsverhalten ähnlich wie bei Singschwan. Außerhalb Brutzeit gesellig; innerhalb der Trupps Familienzusammenhalt, der offenbar Vorteile in der Nahrungskonkurrenz besitzt. Familien halten i.d.R. den Winter über zusammen und ziehen zusammen vom Winterquartier ab; Ad. treffen jedoch ohne Junge am Brutplatz ein. Ältere Junge schließen sich an traditionellen Winterquartieren der Familie mit neuen Jungen bis zum 3., sogar 4. Jahr an.

Fortpflanzung, Brutbiologie [1369, 337, 1784, 3615, 3271, 3155]. Erste Paarbildung meist nach 2-4 Jahren (bei ♀ früher als bei ♂), erste erfolgreiche Bruten nach 4-7 J., Geschlechtsreife wohl erst ab 4 Jahren. Monogam, oft Dauerehe (in GB Ø 3.6, max. 13 J.); bei Partnerverlust 57% Neuverpaarung im selben, 34% im darauffolgenden Jahr. **Nest.** Neststand einzeln, alte Nester werden wiederbenutzt, dann massiver Bau; nur ♀ baut, ♂ trägt mit ein. Nest frei in kurzrasiger Tundra auf erhöhten Stellen, Uferbänken oder Grasbulten, manchmal in seichtem Wasser. **Legebeginn.** (Ende) Mai bis Juni. **Gelegegröße.** 3-5 (1-6), Ø RUS$_{24,97}$ 3.5 bzw. 3.6; Legeintervall 2 d. **Eier.** Rundoval, frisch gelblichweiß, mit Bebrütung dunkel nachfärbend. **Brutdauer.** 29-30 d; nur ♀ brütet, ♂ deckt in Brutpausen die **Eier.** Bebrütung ab letztem Ei. **Schlüpftermine.** Innerhalb 24-36 (72) h, frühestens Ende April. **Nestlings-/Führungszeit.** Beide Ad. führen, ♂ verteidigt Schof. Juv. mit 60-70 d flügge (früher?), wandern mit Ad. ins Winterquartier und (ein Stück) zurück, dann aber Anschluss an andere Nichtbrüter. **Jahresbruten.** 1. **Bruterfolg.** Brutgröße in RUS von 1991-95 bei 73 Bruten (Gelege Ø 3.6 Eier) nach 5-6 Wochen 2.56 Juv., in ersten d für größere Region RUS (n=485) Ø 2.7. Anteil Juv. im Winter stark schwankend, in GB 7.2-28.9%, in D 17%; in GB lag Anteil der Paare ohne Jungvögel bei Ø 57%. Mittlere Brutgröße 1.3-3.1 Juv./Paar.

Eimaße und -gewichte. (*bewickii*): L. 94.5-108.0 mm, B. 64.6-71.0 mm, Ø$_{25}$: 102.4 x 67.6 mm; Frischvollgew. ca. 286 g; Schalengew. 27.0-63.0 g, Ø: 30.5 g.

Sterblichkeit, Alter. Mind. 2 Jahre alte Ind. ca. 13–18 % pro Jahr. Überlebensraten in W-Population USA: Ad. beider Geschlechter 92%, immat. ♂ 81%, immat. ♀ 52% [2769]. Ältester Ringvogel 24 J.

10 Monate [3654]; in Gefg. bis 30 J. **Generationslänge.** 9 J. [383].

Mauser. **Postjuvenile Mauser** (Teilmauser) Okt.–März/April; Umfang und Mauserverlauf ähnlich Singschwan [139,3050,2080,3154]. • **Postnuptialmauser** (Vollmauser) ab Ende Juli/Mitte Aug. für ca. 3-4 Wochen flugunfähig; bei erfolgreichen BP beginnen ♀ einige Tage vor ♂, bei erfolglosen aber beide gleichzeitig; nach Schwung- werden Steuerfedern (bis Okt.) und Körpergefieder (bis Feb.) erneuert [139,3050,3154].

Branta ruficollis – Rothalsgans 01690

Branta ruficollis (Pallas 1769)

(GB) **Red-breasted Goose** (F) **Bernache à cou roux** (E) **Bernacla Cuelliroja**

Taxonomie. Monotypisch. Schwesterart der Ringelgans [2949].

Kennzeichen. Unverkennbar. Juv./1. Winter mit 4-5 schmalen, unscharf abgesetzten weißen Binden auf Flügeldecken; bei Ad. (ab 2. Herbst) nur 2 scharf abgesetzte weiße Binden [221,1369,1784,3615, 3772,408; **Fotos** in Dutch B. **19**, 90, **25**, 139, **26**, 142, Limic. **10**, 123-131].

Maße. Gr.: 53-56 cm. Gew.: 1150-1625 g. Fl.spw.: 116-135 cm. Fl.l.: ♂ 355-379, ♀ 332-352 mm [1369,1784].

Status. In ME lange Zeit nur seltener Gastvogel; inzwischen aber deutliche Häufung der Beob., z.T. aber auch von Gefg.fl. In **H** erstmals 1919, danach einzelne; seit 1980 regelm. und z.T. in größerer Zahl (z.B. 52 Ind. 1980), in 1990er J. allj. 40-90 Ind. [2438]. In **D** viele Einzelnachw. bis 1970er J., in D-NW seit Mitte 1970er J., in -SH seit Mitte 1980er J. und in -BB ab 1991 alljährlich, dabei in -NW bis zu 11 Nachw./J. Anteil Gefg.fl. in N-D offenbar gering [309,1], in anderen Teilen SW-ME dagegen wohl beträchtlich. In **NL** nur 11 Nachw. von 1900-1940, 61 Nachw. von 1941-68, seit 1970er J. allj. mit anfangs 5-10, seit 1978 mit 6-19 Ind./J. Einzelbeob. in • **A:** 8mal (1924-67), noch nicht allj., ebenso in SK. [3892]. • **CZ:** bis 1970er J. unreg. einzelne, seit 1980 häufiger und auch in Trupps (bis 7 Ind.), z.T. wohl Gefg.fl. [2159]. • **PL:** bis 1970 7mal einzelne, vor allem Frühjahr; seit 1990er J. häufiger und auch im Herbst, zuweilen Winter; insges. 58 Nachw. [3871]. • **B:** einzelne Wildvögel ab 1919, erste in Wallonien 1994 [1677]. • **CH:** 2mal (1997 und 2000) Wildvögel [q1].

Verbreitung und Bestand. Brütet in Tundra NW Sibiriens von Jamal-Halbinsel bis Taimyr-

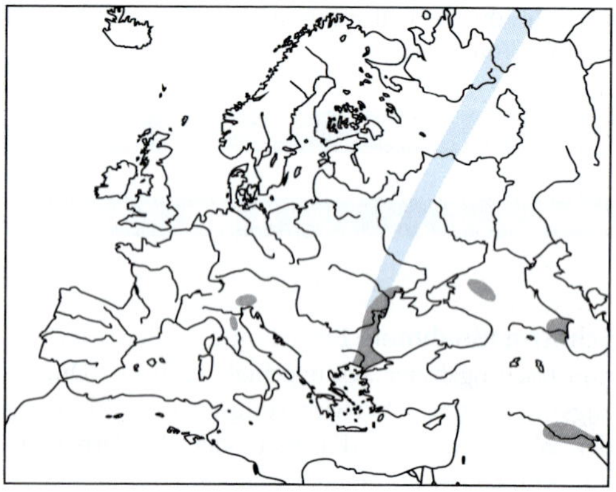

Branta ruficollis – **Rothalsgans**

Halbinsel; ausnahmsweise ca. 2 BP erfolgreich in E-TR [337]. Vor 1950er J. überwinterten 80% der Vögel in AZ, seither fast vollständige Verlagerung nach W; jetzt größtenteils Schwarzmeer BG und RO [382,383]. Maximaler nachbrutzeitlicher Bestand Anf. 1990er J. 70.000-80.000 Ind. (1991-1995) bzw. 88.000 Ind. (1996), fluktuierend [3503,382,1784,383].

Wanderungen. Langstreckenzieher. Zieht vom Brutgebiet S bis SW durch das Gebiet um den Ob aufwärts, dann nach W über KZ bis S-UA. und schließlich ins Hauptwinterquartier an W-Schwarzmeerküste, zunächst RO (Ankunft 2. Hälfte Okt.), dann BG (Ankunft 2. Hälfte Nov.) [836]. Einige wandern via Aralsee nach KZ, und heute nur noch wenige entlang W Kaspisee bis AZ und Irak (Euphrat-Sümpfe). Umherstreifende bis W-Europa, seit 1960er J. regelm. in GB und NL [3615]. Entlang des Zugweges mehrere große Rastplätze [1183]. Ein in NL beringtes Ind. wurde auf Yamal-Halbinsel wieder gefunden. Wegzugbeginn am Schwarzmeer

Feb., vollständiger Abzug bis Ende März. Ankunft im Brutgebiet ab Anf. Juni.

Bestandsentwicklung. Mitte 20. Jh. dramatischer Einbruch von etwa 60.000 (1950er J.) auf viell. 25.000 Ind. (1960er J.) und 20.000 Ind. bzw. 6.000 BP (1980er J.) [1784,3503,1665]. Allerdings letztere Zahlen ungenau, da konzertierte Zählungen schon Ende 1980er J. deutlich höhere Bestände (35.000 Ind.) und Anf. 1990er sogar 70.000 Ind. ergaben. Seither weiterer Anstieg, zum einen durch Schutzmaßnahmen, zum anderen durch konzentrierteres Wintergebiet [3503,1665]. Starke Zunahme der Beob. in ME durch Verlagerungen der Überwinterungsgebiete von Kaspiregion nach W (Schwarzmeer) wegen Lebensraumverschlechterungen und Verfolgung [1665]. Erfolgr. Brut (9 Juv.) »verwilderter« Vögel 1995 in B [G.R. Ekins].

Gefährdung [1665,382,3346]. Global gefährdete Vogelart wegen kleiner Population und instabiler Situation in den Durchzugs-, Rast- und Überwinterungsgebieten. Hauptgefährdung Lebensraumverlust durch Nutzungsänderung (inkl. Intensivierung) oder Überbauung und Industrialisierung.
Jagd und Beunruhigung, insbesondere in Rastgebieten RUS und UA. sowie im Winterquartier am Schwarzmeer (BG, RO).
Vielleicht Verluste durch Einsatz von Rodentiziden.

SPEC	VSchRL	Bern. Konv.	Bonn. Konv.
1 (W)	Anh. I	Anh. II	Anh. I,II
Europ. RL	**Globale RL**	**RL in ME**	
VU	**VU**	--	

Schutzmaßnahmen. Alle wichtigen Brut- und Überwinterungsgebiete streng geschützt, aber Jagd und Beunruhigung muss auch in Nahrungsgebieten streng verboten sein. Unterstützung naturschutzfreundlicher Landwirtschaftspraktiken. Monitoring der Brut- und Überwinterungsbestände sowie der Fortpflanzungszahlen und Überlebensraten.
Forschung zu Störungen und Gefährdung, dabei Identifizierung wichtiger Rast- und Nahrungsgebiete, ferner Öffentlichkeitsarbeit.

Biotop. Br. in Strauch- und Waldtundra, z. T. an steilen Flussufern, Felsabbrüchen etc.; auffallend oft in der Nähe von Greifvogel- (besonders Wanderfalken-) Nestern; Nester oft in kleinen Kolonien. Im Winter auf Viehweiden und Wintergetreide, Salzrasen, Feldern, Ruheplätze im Flachwasser oder auf Inseln.

Nahrung. Im Br. Gräser, Wollgräser; im Winter vornehmlich Gräser in Grünland sowie Wintersaaten, ferner Maispflanzenreste, Flachwasserpflanzen, auch Salzpflanzen (z.B. *Salicornia*).

Verhalten. Vorwiegend tagaktiv. Reißend schneller Flug; sehr beweglich. Rupft sehr rasch Gras. Gesellig; brütet in lockeren Verbänden. Einzelne oft im losen Verband mit anderen Arten, an Küste bes. Nonnen- und Ringelgans, im Binnenland Bläss- und Zwerggans.

Stimme. Schrille Stakkatorufe »ki-kwi«, »ti-tschi« oder »a-ik« o.ä. hohe Rufe, unähnlich anderen Gänsen.

Fortpflanzung, Brutbiologie [1369,337,1784, 3615]. Geschlechtsreife mit 3-4 J. **Nest.** In Gewässernähe, in lockeren Gruppen. Nest an steileren Stellen, oft in Nähe von Greifvogelhorsten, flach, aus Pflanzenmaterial, später zunehmend mit Dunen bekleidet. **Legebeginn.** Im N im Juni. **Gelegegröße.** (3-) 6-7. **Brutdauer.** 23-25 d. **Nestlingszeit.** s. andere *Branta*-Arten. **Jahresbruten.** 1.

Sterblichkeit, Alter. **Generationslänge:** 7 J. [383].

Mauser. **Postjuvenile Mauser** (Teilmauser) Sept.–Frühjahr; umfasst größtenteils Körpergefieder, Flügeldecken und ST [767,139]. • **Postnuptialmauser** (Vollmauser) Schwungfedern synchron und 15–20 d flugunfähig, Mitte Juli/Ende Aug., Nichtbrüter ca. 2 Wochen früher; nach Auswachsen der Schwingen setzt Körpergefiedermauser ein.

Branta bernicla – Ringelgans 01681

Branta bernicla (Linnaeus 1758)

GB Brent Goose **F Bernache cravant** **E Bernacla Carinegra**

Taxonomie. Drei deutlich differenzierte UA: *bernicla* (Linnaeus 1758), *nigricans* (Lawrence 1846) und *hrota* (O.F. Müller 1776). Die reproduktiven Barrieren zw. den Formen erscheinen schwach, phänotypisch intermediäre Populationen existieren in den Kontaktzonen zwischen *nigricans* und *hrota* (Melville Island, CDN) [476] sowie *bernicla* und *nigricans* (NW Jakutien) [3785], daher ratsam, von Einstufung als Allospezies vorerst abzusehen. Umfassende genetische Untersuchung steht bisher aus. Die Melville-Population scheint genetisch sowohl von *nigricans* als auch von *hrota* abzuweichen [3550], doch bisher untersuchte Stichproben viel zu klein, um Aussagen über Differenzierung zu treffen. Scharfe Zugscheiden zwischen den UA und Verpaarung im Winterquartier wirken Vermischung entgegen.

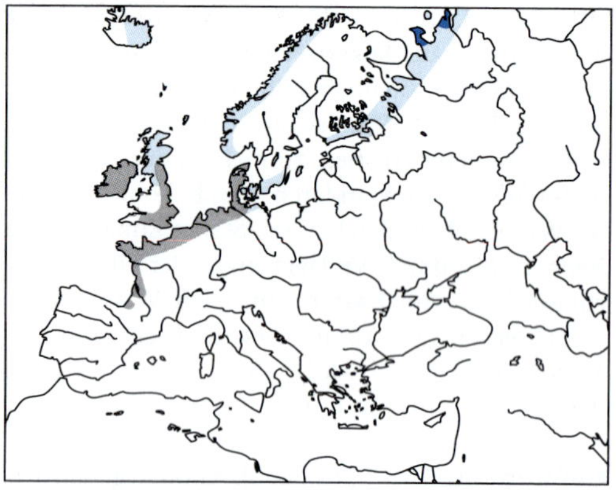

Branta bernicla – **Ringelgans**

Kennzeichen. Die UA unterschieden sich in allen Kleidern im wesentlichen im Hell-Dunkelkontrast zw. Brust und Bauch bzw. zw. Flanken und Oberseite. Die weißen Halsseitenflecken unterliegen starker individueller Variation und sind Ø bei *nigricans* am ausgedehntesten [221, 1784, 3615, 3772, 1369, 408, 2627, 2862; **Fotos**: *bernicla* und *nigricans* in Bird. W. **11**, 84, Brit. B. **96**, 298-300; *nigricans* in Limic. **15**, 47, 354, Dutch B. **24**, 210/211, **26**, 141/142, 243, Bird. W. **17**, 91; *hrota* in Limic. **15**, 174, Dutch B. **24**, 114, **25**, 138, **26**, 115, Bird. W. **14**, 151-155; Mischpaar *bernicla* x *nigricans* mit Hybridjungen: 141].

Maße. Gr.: 55-66 cm. Gew.: 1300-1600 g. Fl.l.: ♂ 33.0-35.3 cm, ♀ 31.7-33.5 cm. Fl.spw.: 110-120 cm. Fl.l.: ♂ 330-353 mm, ♀ 317-335 mm [3615, 1369, 1784].

Status. In ME zahlreicher Durchzügler und Wintergast im Wattenmeer vor allem ***bernicla***, wenige, aber wohl regelm. auch ***hrota***; z.B. **NL** 241 Beob. bis 1981, in kalten Wintern offenbar zahlreicher [337]; in **PL** 12 mal [3871]. Im Binnenland nur verflogene Ind., selten und sehr unregelm., zunehmend auch Gefg.fl.; in **CH** nur 1 anerkannter Nachw. *hrota*: Nov. 1836 [2053N]; zuweilen Mischpaare und Hybriden [1854, M. Brix].
nigricans: In Europa seltener, aber insgesamt regelm. Gastvogel (vor allem in GB); in ME dagegen bis 1970er J. Ausnahmegast und sehr unreg., seither öfter (und zunehmend) in *bernicla*-Trupps beob. [520]; in **NL** allj. Nachw. seit 1974 (erste Beob.), z.T. aber auf mehrfach wiederkehrende Ind. zurückzuführen [277]; bis 1996 dort 61 Nachw. mit 68 Ind. [277]. In **D**, meist -SH und -NI, 29 Nachw. von 1977-99 [575]. Erster Nachw. in **PL** Okt./Nov. 1998 [3871], in **B** 2000 [q3].

Verbreitung und Bestand. Ringelgänse sind zirkumpolar im arktischen Eurasien und N-Amerika verbreitet. ***hrota*** (»Hellbäuchige Ringelgans«) Brutvogel Franz-Joseph-Land, Spitzbergen, GRÖ, E-CDN; ***bernicla*** (»Dunkelbäuchige Ringelgans«) arktisches Sibirien (Yamal-Halbinsel bis ca. 122° E); ***nigricans*** (»Pazifische Ringelgans«) Brutvogel NE-Sibiriens, Alaskas und N-CDN, mit Bestand in Nordamerika von > 300.000 Ind. und stabil [1784]. Europäischer Brutbestand 1.000-2.300 BP (1990-2000), stabil [383], größter Anteil Spitzbergen (*hrota*). Durchzugs- bzw. Winterbestand (*bernicla*) stark fluktuierend, Anf. 1990er J. auf 250.000-300.000 Ind. angewachsen, davon in ME etwa 50% [2677], doch in jüngster Zeit Rückgang auf max. 215.000 Ind. [4077].

Wanderungen. ***bernicla***: Zugvogel. Mitte Aug./Anf. Sept. Abzug aus Tundra entlang der N-Küste RUS nach W, dann SW über Land in Ostseegebiet. Ankunft in DK Ende Sept., Masse im Okt. Von Gewässern DK meist Weiterzug ins Watten-

meer bis NL. 80–90% der Weltpopulation überwintern an E- und S-Küste GB, im Deltagebiet der NL und entlang der W-Küste F. Abzug vom Winterquartier März/Mitte April; im Frühjahr im Wattenmeer NL bis DK bis 2 Monate Aufenthalt mit Gipfel Ende April/Anf. Mai, der vermutlich fast gesamte Weltpopulation umfasst. Bis Ende Mai sind fast alle abgezogen, einige hundert bleiben bis Mitte Juni. Änderungen in Wintergebieten in Zusammenhang mit Anstieg der Wintersummen [für GB:3754; F:4183].
hrota: **Br. GRÖ + CDN** Arktisinseln ziehen entlang E- bzw. W-Küste und anschließend direkt über IS oder wahrscheinlich S vorbei nach IRL (Hauptwinterquartier), W-Küste GB und in kleiner Zahl bis NW-F. Großer Teil der **Br. CDN** überwintert an Atlantikküste USA. Hauptankunft in IRL ab Mitte Okt., Abzug April. **Br. Spitzbergen + Franz-Joseph-Land** ziehen ab Sept. nach S entlang W-Küste N.; Ankunft DK Ende Sept./Anf. Okt. Ein Teil überwintert in DK, ein Teil (offenbar z.T. wetterabhängig) fliegt über Nordsee nach Northumberland. Wenige (z.B. W-Küste D-SH < 0,2 % der Artbestände) im Wattenmeer (in kalten Wintern mehr). Abzug GB Anf. April, in DK Frühjahrsansammlungen, Hauptabzug ab Mitte Mai; Ankunft Spitzbergen Ende Mai/Anf. Juni. Satelliten-Telemetrie [699]. Ringfunde Wintergäste GB/IRL beider Rassen [4064].
nigricans: Zugvogel. Br. der Tundra NE-Sibiriens, Alaskas und Arktisinseln W-CDN überwintern an asiatischen und amerikanischen Küsten des N-Pazifik; allj. auch seltener Gast in Europa (GB – selbe Individuen auch mehrfach -, NL, ebenso IS, F, D, DK, S., FIN [3615]. Ortstreue an Rastplätzen z.T. sehr ausgeprägt.

Bestandsentwicklung. ***bernicla:*** Sibirische Population nach dramatischem Einbruch um etwa 90% mit Bestandstief in 1930er J., möglicherweise durch Nahrungsmangel (Hauptnahrung *Zostera marina* kaum verfügbar) [1784]. Seither wieder kontinuierliche, z.T. sprunghafte Zunahme (auch durch Jagdverschonung) von ca. 40.000 (1960er J.) auf max. 300.000 Ind. Anf. 1990er J.; danach negative Entwicklung und Rückgang auf 150.000-200.000 Ind., bei Max. von 215.000 Ind. im Jahr 2000 [3615,2677,4077] aufgrund stark verringerter Reproduktion [981].
hrota: Große Bestandsfluktuationen (aufgrund Brutbedingungen, Winterhärte, Nahrungsangebot) der Populationen Franz-Josef-Lands und Spitzbergens, die in DK und NE-England überwintern; mit 3.000-6.000 Ind. (seit 1980) jetzt generell höher als in 1960er J. (2.000 Ind.) [3615]. Population CDN und GRÖ (Winterquartiere IRL) dagegen weitgehend stabil bei ca. 20.000 Ind. [3615].

SPEC	VSchRL	Bern.Konv.	Bonn.Konv.
3 (W)	Anh. II-2	Anh. III	Anh. II
Europ. RL	**RL in ME**		
VU	--		

Gefährdung und Schutz. Ähnlich Nonnengans.

Nahrung. Auf Zug und im Winter anfangs hauptsächlich *Zostera, Salicornia,* Grünalgen *(Enteromorpha, Ulva, Cladophora),* also marine Seichtwasserpflanzen, später Pflanzen der unteren Salzwiesen, vor allem Andel (*Puccinellia*); neuerdings auch Gräser und Wintersaat. Am Brutplatz Tang, Flechten, Moose und kleine Blütenpflanzen. Ad. können Salzwasser trinken, Juv. unternehmen Trinkflüge ans Süßwasser; tägliche Nahrungsaufnahme im Mittwinter 100-120 g Trockengewicht (= ca. 500 g Frischgewicht), im Frühjahr 200-250 g Trockengewicht.

Biotop. Br. Hocharktische Tundra in Küstennähe mit Süßwasserseen. Mauserplätze in Küstennähe. Außerhalb der Brutzeit an Flachküsten gebunden mit Wattflächen und Salzwiesen zur Nahrungssuche (Seegras-, Grünalgen-, *Salicornia*-Flächen); Ruheplätze auf dem Meer in Küstennähe oder geschützten Buchten. Außerhalb der Arktis nur ausnahmsweise an Binnengewässern. Seit ca. 1970 zunehmend (vor allem GB) Nahrungssuche binnendeichs auf Wiesen und Wintersaatflächen; auch saisonale Änderungen (z.B. im Frühjahr vor dem Abzug bevorzugt auf Salzwiesen).

Verhalten. Überwiegend tagaktiv, in Mondnächten aber auch nachts Nahrungssuche; im Mittwinter Ruhezeit tagsüber außerordentlich kurz. Nahrungssuche überwiegend auf dem Land. Brütet in Kolonien. Paarbildung im Winterquartier; bleiben lebenslang zusammen. I.d.R. in Trupps mit z.T. mehreren tausend Ind.

Stimme. Einsilbig bis kurz gereiht guttural, tief »rock« oder »rott rott rott« u.ä. Oft wenig ruffreudig.

Fortpflanzung, Brutbiologie [337,767]. Paarbildung z.T. schon nach 12 Monaten, Erstbrüter aber 2-3 Jahre alt. Wahrschl. monogame Dauerehe. **Nest.** Kolonien in Gewässernähe auf flachem Grund, meist etwas erhöht bzw. auf schneefreien Stellen, an der Küste auch auf felsigen Inseln. Nest flache Mulde mit Flechten, Moosen, Gräsern und später Dunen ausgekleidet. Beide bauen. **Legebeginn.** Sobald schneefreie Stellen vorhanden, ab (Anf.)/Mitte Juni. **Gelegegröße.** 3-5 (1-10). **Eier.** Oval; bei ***hrota*** gelblich- bis grauweiß, bei ***bernicla*** grünlichweiß bis helloliv. **Brutdauer.** 24-26 (21-28) d; ♀ brütet. **Nestlings-/Führungszeit.** Beide Ad. führen und verteidigen Junge. Juv. mit ca. 40 d flügge, wandern mit Ad. ins Winterquartier; Familie hält den Winter über zusammen. **Jahresbruten.** 1. **Bruterfolg.** Anteil Juv. stark schwankend, bei *bernicla* in GB Ø 24.5% (von fast 0 bis fast 50%), in N-Friesland Ø 22.3%, dabei in 26 Jahren 7 mal < 5%, 4 mal 5-11% und 14 mal > 20%.

Sterblichkeit, Alter. Ad. *bernicla* in GB ca. 17 %/J., mit Bruterfolg positiv korreliert [337]. Größere juv. ♀ in Alaska erreichen höhere Überlebensraten [3510]. Älteste freilebende Ringvögel *bernicla* mehrfach über 20 J., max. knapp 27 J. [519]. **Generationslänge.** 7 J. [383].

Mauser. **Postjuvenile Mauser** (Teilmauser) Okt.–April; zuerst Kopf- und Körpergefieder, abschließend mehrere ST, Schwanz- und Flügeldecken [767,139]. • **Postnuptialmauser** (Vollmauser) beginnt ca. 16 d nach Schlüpfen der Jungen mit Körper- und synchroner Schwingenmauser, Mitte Juli/Aug., Nichtbrüter und Vorj. ca. 2–3 Wochen früher; wieder flugfähig nach ca. 3 Wochen, bevor Schwungfedern voll ausgewachsen [3050,294,2847]; danach Körpergefieder- und ST-Mauser, Höhepunkt Ende Juli/Anf. Sept.; bisweilen bereits bei Zugbeginn beendet, spätestens bis Spätwinter [767,139,3050,294]. • **Pränuptialmauser** (Teilmauser) im Frühjahr; auf Kopf- und Halsfedern beschränkt.

Branta canadensis – Kanadagans 01660

Branta [canadensis] canadensis (Linnaeus 1758)

(GB) **Canada Goose** (F) **Bernache du Canada** (E) **Barnacla Canadiense**

Taxonomie. 7 UA: *canadensis* (Linnaeus 1758), *fulva* Delacour 1951, *interior* Todd 1938, *maxima* Delacour 1951, *moffitti* Aldrich 1946, *occidentalis* (Baird 1858) und *parvipes* (Cassin 1852). In Europa (GB, Skandinavien) wurde *canadensis* eingebürgert, eventuell mit einigen Ind. *maxima*. Bildet Superspezies mit *B. hutchinsii, B. leucopsis* und *B. sandvichensis. B. canadensis* und *B. hutchinsii* haben gegenüber *B. leucopsis* und *B. sandvichensis* plesiomorphe Gefiedermerkmale beibehalten, die darüber hinwegtäuschen, dass *hutchinsii* näher mit *leucopsis* als mit *canadensis* verwandt ist. Da *hutchinsii* und *canadensis* zudem phänotypisch (inkl. Rufe) und genetisch deutlich getrennt sind [3551,4003] und Hinweise auf reproduktive Isolation in den Kontaktzonen vorliegen, ist gleichrangige Stellung als drei Allospezies unausweichlich. Ob bzw. in welchem Maß in Nordamerika zwischen Kanada- und Zwergkanadagans Hybridisation stattfindet, bleibt genauer zu klären, da Stichproben bisheriger Untersuchungen [3551,4003] zu klein waren, um möglichen Genfluss abzuschätzen.

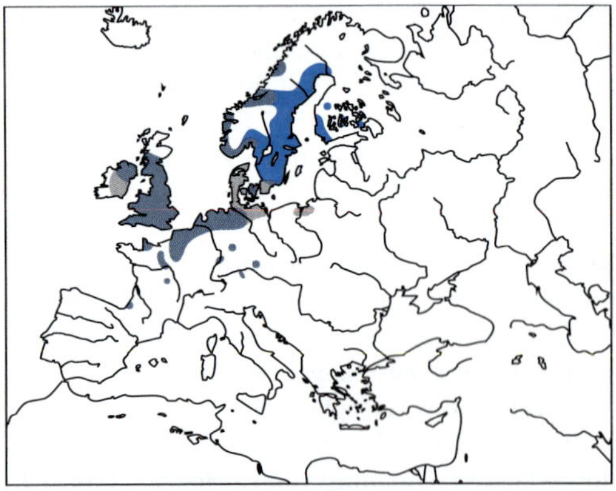

Branta canadensis – **Kanadagans**

Kennzeichen. Generell größer als Zwergkanadagans, doch überschneiden sich *occidentalis und taverneri* in der Größe. Nordwestliche *occidentalis* (SW Alaska) nähern sich auch in Färbung (schmaler weißer Kehlstreif, braune Brust mit geringem Kontrast zum schwarzen Hals) und Proportionen (kurzer Schnabel) den westlichen Formen *minima* (W-Alaska) und *leucopareia* (Aleuten) der Zwergkanadagans an; offenbar konvergente Entwicklung unter ähnlichen klimatischen Bedingungen. [221,

1369,1784,2418,3772,408, **Fotos** (versch. Formen) in Bird. W. **14**, 57-61, 515-519, **16**, 108-112].

Maße. (Europ.): Gr.: 90-100 cm. Gew.: (GB, Juni) ♂ 4170-5410 g, ♀ 3670-4950 g. Fl.spw.: 160-183 cm. Fl.l.: (Nominatf.) 450-550 mm [1369,2418,3615].

Status. Neozoon. Eingeführt und verwildert. Brut- und Jahresvogel, mit starker Bestandszunahme, in N-ME auch Arealausweitung, dort auch Zugvogel und Wintergast. Städtische Populationen fast immer sedentär und ohne Austausch mit benachbarten Populationen. Hohe Anteile Nichtbrüter. In manchen Teilen ME immer noch sehr selten. • **CZ:** ab 1964 bis 1986 13mal, seither allj. bis 25 Ind. [2159], Ringfund aus S. • **CH:** ab 1960 bis 1996 mind. 34 Nachw., wohl nur »Parkvögel« [4152]. • **H:** einziger Nachw. 1997 [2438]. Erstbeob. Helgoland 1978/79 [337]. Gelegentlich Mischbruten mit Graugans, Hybride offenbar fertil [2161].

Verbreitung und Bestand. Brutvogel des östlichen N-Amerika nach S bis NE-Kalifornien (eingebürgert in Texas); gelegentlich GRÖ. In Europa erfolgreich eingeführt mit stark wachsenden Beständen in S. und GB [196]. In ME mit Ausnahme küstennaher Bereiche bisher nur kleinere isolierte Brutpopulationen, im Binnenland zumeist aus entflogenen Parkvögeln rekrutiert [1369]. Gesamtbestand in ME etwa 2.900-4.100 BP (s. Tab.); wohl überwiegend Vögel der UA *moffitti* und *canadensis* [2819].

Wanderungen (Europa). **Br. GB** meist Standvögel mit Streuungswanderungen; seit ca. 1950 Mauserzug von Nichtbrütern innerhalb GB nach N (Beauly Firth, Schottland); 7 Funde in F, ferner 2mal Färoer und 1mal USA [4064]. **Br. S. und FIN** überwintern vor allem im W Ostseebereich und Anrainern, wie S-S., DK und östliches D, -SH, ferner W-Küste DK, Nordseeküste D-SH, -NI, Nrh.; einzelne Ringfunde NL, SE-England, Zentral-F, NW-PL, Böhmen, aber auch S-N., FIN und W-RUS/Baltische Staaten [unvollständige Zus.fass.: 1079; Ringfunde S.: 1208; NL Wintergäste: 3642; Fernfund FIN erlegt in D-BY: 1171]. **Br. aus Gefg.** im Binnenland ME Standvögel mit Streuungswanderungen; in kalten Wintern oft weite Ausweichbewegungen.

Bestandsentwicklung. Einbürgerung in GB um 1665 und Entwicklung einer Standvogelpopulation von inzwischen > 50.000 Ind. [1343], sowie in S. ab 1929 mit erster Brutansiedlung 1933 und ebenfalls steilem Bestandsanstieg, 1987 dort ca. 5.000 BP und ca. 50.000 Ind. [309]. Von dort Ausbreitung nach FIN und N. verstärkt durch zusätzliche Ansiedlungen 1936 und 1958 in N. und 1964 in FIN [337,2819]; seither erhebliche Zunahmen [196].
Durch Zuzug aus fennoskandischer Population bedeutende Überwinterungstraditionen in DK und N-ME etwa seit späten 1950er J. (insbesondere D-MV, -BB, -SH, NL, auch D-NI, -NW, selten weiter S bis B, F oder D-RP), vor allem in Kältewintern [196]. Möglicherweise zurückbleibende Zugvögel an Besiedlung D-SH seit 1977 beteiligt; 1989 dort Sommerbestand von 160 Ind., bei 15-20 BP [309], 1999 schon etwa 180 BP [310], danach starke Zunahme. In NL Brutvogel seit 1974, aber erst Ende 1980er J. deutlicher Anstieg des Brutbestandes um 29% pro J. auf ca. 100 BP Anf. 1990er J. und > 1.000 BP um 2000 [375]. In B erste Brut 1972, bis Mitte 1980er J. schon 280-300 BP, in 1990er J. Gesamtbestand von 2.500-3.000 Ind. [2819]. Anhaltende Arealausweitung, z.B. in D-NW entlang Ruhr und Lippe [2161]; erste Brutnachweise neuerdings in L [2407] und A [q10].
Erste Belege für Bruten freifliegender Parkvögel in D schon 1920er J. [4175]. Parkvogelpopulationen weit über ME verstreut, z.B. D-BY ab ca. 1928 Brutvogel in Stadtparks [4175], B seit 1973, D-BW ab 1973 [1722], -MV ab 1975 [2031], -SH und -NI ab 1977 [309,337], NL seit 1974 regelm. [375]. Die Ausbreitungsdynamik der Parkpopulationen ist allerdings gering [O. Geiter]. In D-BY leichte Tendenz zur Arealausweitung dieser Vögel seit etwa 1955 [2808,337]. Insgesamt in D (2004) > 6.000 BP geschätzt [O. Geiter].

	Best.	Areal	Brutbestand	Jahr	Quelle
B	⇧	+ 2	1.439–2.139	2001-2002	[383]
L	N	N	1–1	2001	[383]
A	N	N	0–5	2000	[q10]
D	⇧	+ 1	470–560*	1995-1999*	[383]
NL	⇧	+ 2	1.000–1.400	1994	[383]

*Neuere Zahlen siehe Text.

Winterbestände in N-ME in Folge der dramatischen Entwicklung in Skandinavien (dort Gesamtbestand 1997 etwa 46.300 Ind.) sehr rasch anwachsend (gebietsweise um >30% pro Jahr!) [2819], dadurch weitere Ausdehnung des europäischen Brutareals möglich. Allein in D inzwischen im Winter 15.000-20.000 Ind. [2677].

Biotop. In Europa größtenteils Br. an Binnenseen, auch Kleingewässern, Kiesgruben, Fischteichen, oft nahe an Siedlungen (auch »Wildvögel«) mit Weidegründen nahe dem Brutplatz. Außerhalb Brutzeit ähnliche Gebiete; bei Binnenpopulationen, die nicht ziehen, oft Winterflucht über kurze Strecken. in GB auch in tundraähnlichem Habitat (wie in N-Amerika) als Brut- und Mauserplätze. Ähnliche Biotopwahl in S. In Amerika Br. Flachland in der Tundra, Feuchtgebiete, Seen. Überwintert im Binnenland auf Stoppelfeldern und Grasland sowie an der Küste.

Nahrung. Hauptsächlich Landpflanzen, bes. Gräser, aber auch Rhizome, Klee, junge Saat, Sämereien; auch Pflanzen des Seichtwassers und marine Algen bzw. Blütenpflanzen (z.B. *Zostera, Ulva*).

Stimme. Im Flug nasal trompetend »ahong« (2. Silbe höher); Kontaktruf z.B. grunzend »rorr-rorr«, auch einsilbige Rufe; »Triumphgeschrei« ♂»rack-ruk, rack-ruk-ruk…«, ♀ »rack-rack-rack …« usw.

Verhalten. Hauptsächlich tagaktiv. Nahrungserwerb auf dem Land, aber auch nach Schwanenart im Seichtwasser (langer Hals!). Nester oft in lockeren Kolonien, doch auch ausgesprochen territorial und größere Territorien als z.B. Graugans im selben Gebiet (mitunter Zusammenbrüten beider Arten). Paare bleiben lebenslang stabil. Neuverpaarung nach Partnerverlust möglich. Außerhalb der Brutzeit gesellig; Familien halten in Trupps zusammen.

Fortpflanzung, Brutbiologie [337,767]. Erstbrüter meist 3 (mitunter 2 oder 4) Jahre alt, Paarbildung z.T. schon im 1. Lebensjahr. Monogame Dauerehe. **Nest.** Am Boden in Wassernähe (aber auch bis zu 3 km entfernt, z.B. Heidebrüter), am Ufer oder auf kleinen Inseln. Plattform aus Ästen und Zweigen (bis 1 m lang), Mulde mit Pflanzenmaterial und Dunen ausgelegt; z.T. Mehrfachbenutzung; ♀ wählt Nistplatz und baut hauptsächlich. Einzel- oder kolonieartiges Brüten. **Legebeginn.** Ab Ende März, April. **Gelegegröße.** 5-6 (1-12, allerdings ab 8 meist mehr als 1 ♀ beteiligt); Ø GB$_{75}$ 5.9, in Heidepopulationen 4.0. Legeintervall 1 oder 2 d. **Eier.** Oval, gelblichweiß (später dunkler), glanzlos. **Brutdauer.** 28-30 d; ♀ brütet. **Nestlings-/Führungszeit.** Beide führen und verteidigen Junge. Juv. mit ca. 48-86 d flügge, Fam. bleibt über Herbst und Winter zusammen. **Jahresbruten.** 1; bei frühem Verlust Nachgelege. **Bruterfolg.** In GB Heidepopulation Schlüpferfolg ca. 70%.

Eimaße und -gewichte. L. 79.0-99.5 mm, B. 53.5-63.6 mm, Ø: 85.7 x 58.2 mm (n=84, USA); Frischvollgew. Ø$_5$: 228 g; Schalengew. 17.1-25.3 g, Ø: 18.5 g.

Sterblichkeit, Alter. GB Ad. ca. 22 %/J. In N Amerika Juv. 55%/J., Ad. 26%/J. [2860]. Ältester Ringvogel (S.) mind. 23 J. 4 Mon. [3654], mehrfach > 15 J.

Mauser. **Postjuvenile Mauser** (Teilmauser) Sept.–Jan. (März); Körpergefieder und ST [767,139,1312].
• **Postnuptialmauser** (Vollmauser): bald nach Schlüpfen der Jungen setzt synchrone Schwingenmauser ein, dabei 3–4 Wochen flugunfähig, Mitte Juni/Aug.; danach Körpergefiedermauser (bis Dez./Jan.); Mauserperiode aber von geografischer Lage und Klima abhängig [767,139,1356,1312].
• **Pränuptialmauser** (Teilmauser) im Frühjahr; vermutlich nur Kopf- und Halsfedern [767,139].

Branta hutchinsii – Zwergkanadagans 01664

Branta [canadensis] hutchinsii (Richardson 1832)

(GB) Cackling Goose, Hutchins's Canada Goose, Richardson's Goose
(F) Bernache du Hutchins **(E) Barnacla de Hutchins**

Taxonomie. 4 UA: *hutchinsii* (Richardson 1832), *minima* Ridgway 1885, *taverneri* Delacour 1951 und *leucopareia* (Brandt 1836). In Europa können alle Formen als Gefg.fl. auftreten, *hutchinsii* und *taverneri* sind zumindest in GB als Wildvögel nachgewiesen. Hybriden mit *B. [c.] leucopsis* (wohl aus Gefg.) wurden in NL beob.

Kennzeichen. Deutlich kleiner als Kanadagans (außer *B. c. parvipes*), proportional kürzerer Hals, runderer Kopf und viel kürzerer Schnabel mit höherer Basis. Brust dunkler und brauner als Kanadagans, bei *taverneri* am hellsten, *minima* am dunkelsten. Bei *minima* geht schwarzer Hals fließend in braune Brust über, bei *hutchinsii* und *leu-*

copareia sind Hals und Brust durch weißen Ring getrennt [Fotos in 2862,194, Dutch B. **26**, 71, (Hybriden mit *B. leucopsis*) Dutch B. **24**, 143; vgl. auch bei Kanadagans].

Maße. Verschied. UA (ohne *occidentalis, fulva*) Gr.: 57-70 cm. Gew.: 1750-4000 g. Fl.spw.: 120-140 cm. Fl.l.: > 325 mm [2418,1784].

Verbreitung und Status. Brutvogel im arktischen CDN (*hutchinsii*), Aleuten (*leucopareia*) und W-Alaska (*minima*). In W-Europa Ausnahmegast, mit mehreren Nachweisen in GB/IRL, darunter ein in Maryland beringtes Ind. im Jan. 1993 [297]. In ME bisher nur in **NL** 5 mal sicher nachgewiesen: März 1997, Nov.-Jan. 1997/98, Feb. 1998, 2 mal April 1998 (weitere Beob. (noch) nicht anerkannt) [375,297], Nachw. in **B** betreffen wohl entflogene Parkvögel [1677], solche zuweilen auch in anderen Regionen ME, z.B. **D** und Bod. [q2,575].

Fortpflanzung, Brutbiologie. Z.T. deutliche Unterschiede zu den großen Formen, u.a. Brutdauer und Nestlingszeit kürzer (ab 24 d bzw. ab 40 d).

Branta leucopsis – Weißwangengans 01670

Branta [canadensis] leucopsis (Bechstein 1803) syn.: Nonnengans

(GB) **Barnacle Goose** (F) **Bernache nonnette** (E) **Bernacla Cariblanca**

Taxonomie. Monotypisch. Die Weißwangengans ist trotz ihrer phänotypischen Eigenständigkeit Teil der Kanadagans-Superspezies, innerh. der sie nach Analysen der mtDNA-Sequenzen mit *B. [c.] hutchinsii* nächstverwandt ist [2949].

Kennzeichen. Schulterfedern und Flügeldecken bei Juv. mit verwaschen (statt scharf abgesetzter) schwarzer Subterminal- und braun-beiger (statt weißer) Terminalbinde. Adultkleid wird im Sommer/Herbst des 2. KJ erreicht [221,1784,3615,1369,3772,408].

Maße. Gr.: 58-71 cm. Gew.: ♂1400-2200 (2650) g, ♀ 1290-1900 g. Fl.spw.: 132-145 cm. Fl.l.: ♂388-429 mm, ♀ 376-410 mm [3615,1369,1784,394].

Status. Durchzügler und Wintergast in großer Zahl (s.o.) in den Küstenregionen N-ME. Populationen GRÖ und Spitzbergens überwintern vor allem in NW- und W-Europa [3892]. Für große Population der Barentssee dagegen ME, insbesondere Wattenmeer, von herausragender Bedeutung [2674], in N-D Tiefebene aber starke Zunahme und neuerdings in D-NW bis max. 2.000 Ind./J. sowie in -BB mehrere hundert Ind./J. Im ME Binnenland nach S hin zunehmend seltener und unreg. Gastvogel, z.B. **CZ:** insg. < 15mal bis 1998, **SK.:** einzelne, **H:** bis 1995 25mal, **L:** 4 Nachw. bis 1997, **CH:** 8 Nachw. bis 1997 [3882,2159,4152,2438]. Darunter allerdings viele (und vermehrt) Beob. von Gefg.fl. Zunahme an Bruten und Übersommerungen sowie Neuansiedlungen in mehreren Regionen, z.B. auch in PL.

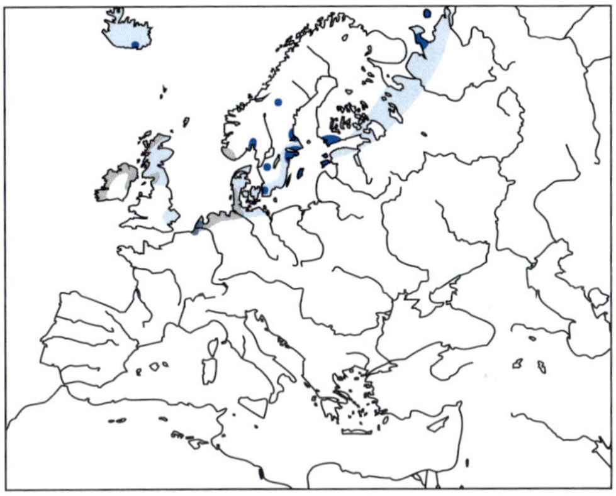

Branta leucopsis – **Weißwangengans**

Verbreitung und Bestand. Brütet in drei überwiegend getrennten Populationen in E-GRÖ, Spitzbergen sowie NW-Sibirien (vor allem Barentssee). Gesamtbestand aller Populationen nach Rückgängen ca. 80.000-95.000 BP [1784], in Europa ca. 42.000-55.000 BP [383, veränd.]. Das ursprünglich nur als Überwinterungsgebiet bedeutsame ME weist als vierte (und einzige) Region der Mittelbreiten inzwischen mind. 2.200-2.800 BP auf [888,204,76]. Europäischer Winterbestand von etwa 220.000 Ind. (1994) auf > 370.000 Ind. (2000) angewachsen [383], davon etwa 2/3 in NL (Hauptwintergebiet der Barentssee-Population) und D (früher größere Bedeutung) sowie DK, Rest in GB/IRL (GRÖ-Population) und N-GB (Spitzbergen-Population).

Wanderungen. Zugvogel. **Br. GRÖ** überwintern Hebriden, NW-Schottland, IRL mit Zwischenquartier IS, **Br. Spitzbergens** in SW-Schottland mit Zwischenquartier in Küstengebieten Mittel-N., **Br. um Barentssee** in NW-D, NL, NW-F mit Zwischenquartieren im baltischen Raum und Ostseeküste S., DK, D-SH. Hier vor allem Okt./Nov.; im Nov. fast ganz auf Wattenmeer D-SH bis NL konzentriert; ab März Abzug [587,979,3642,4064].

Bestandsentwicklung. Gesamtbestand aller drei Flyway-Populationen nach Tiefpunkt in 1950er J. [3892] wieder deutlich zunehmend. Entsprechend rasch anwachsende Überwinterungsbestände der W-sibirischen Vögel in ME ab 1970er J. erkennbar [196,3615,1364]. Gegen Mitte der 1990er J. insgesamt Stabilisierung auf hohem Niveau [3615,2677] Schon 1971 in S-Skandinavien und EST sehr rasch anwachsende Brutpopulationen, offensichtlich von Vögeln der Barentssee-Population. In S-S. (Gotland, Öland) brüteten 1988 etwa 1.000 Paare [3892], 1995 schon 2.320 [394]; im gesamten Ostseeraum waren es 1993 2.000 BP [2296], in vielen kleinen Kolonien. In DK Bestand 1999 auf 52 BP angewachsen [q18]. An Küsten ME seit Mitte der 1970er J. erhebliche Zunahme an Übersommerungen einzelner Vögel [z.B. D-SH:309,310]. Erste Bruten in D-SH schließlich ab 1988 [310], nach starkem Wachstum bis Ende 1990er J. > 20 BP, 2002 schon 44 BP [q7]; dann auch Ansiedlung in D-NI und -NW mit jew. 5 Paaren (1995 bzw. 1997) [204,1792,2161,2677] und ebenso raschem Anstieg [J. Mooij, K. Koffijberg, 453]; tiefer im Binnenland auch regelm. Bruten von Gefg.fl., z.B. bis zu 5 BP in D-BY [360]. In SW-NL mit rascher Zunahme des Brutbestandes von 3 BP (1988) auf 28 BP (1993), dann Besiedlung anderer Regionen; vor 2000 in NL schon 750-1.100 BP [3638,2901], in wenigen Jahren erneut verdoppelt [888]. Wahrscheinlich gehen Brutpopulationen ME auf Wildvögel der Barentssee oder S-Skandinaviens zurück, doch sind mehrfach Übersommerungen und einzelne Bruten von Gefg.fl. oder verletzten, flugunfähigen Vögeln belegt [309,879]. In D-BB Zunahme von Mischbruten mit Bläss-, Saat- und Graugans seit 1994 [1].

	Best.	Areal	Brutbestand	Jahr	Quelle
B	⇧	+ 2	145–198	1995–2002	[383]
D	↑	+ 1	80–92	2002	[q7*]
NL	⇧	+ 2	2.000–2.500	2002	[888]

*[erg. K. Koffijberg und J. Mooij]

Gefährdungsursachen [309,3892,196,1364]. Verlust störungsfreier, weiträumiger Nahrungsgebiete an Küste und im landwirtschaftlich genutzten Hinterland durch Intensivierung der Wiesen- und Weidenutzung, Küstenschutzmaßnahmen, usw.
Vertreibung von Rastplätzen durch Windkraftanlagen.
Obwohl nicht jagdbar, gebietsweise Vergrämungsabschüsse zur »Schadensbekämpfung«.

Schutzmaßnahmen. Schutzmaßnahmen derzeit nur für Überwinterungsbestände erforderlich. Wichtig: Ausweisung weiträumiger, vom Nahrungsangebot her attraktiver Schutzgebiete (mit Jagdruhe auch für andere Gänse-Arten) und Managementmaßnahmen zur Vegetationsentwicklung für nahrungssuchende und rastende Gänse (kommt auch Brutpopulationen zugute).

SPEC	VSchRL	Bern.Konv.	Bonn.Konv.
E	Anh. I	Anh. II	Anh. II
Europ. RL	RL in ME		
--	--		

Biotop. Br. auf Felskuppen, -bändern und -vorsprüngen hoch über Talgründen; meist nicht > 1 km von Küste oder Fjord/See entfernt. Davon getrennte Nahrungs- und Aufzuchtgebiete mit dichterer Vegetation. Im Winterquartier Nahrungsflächen Salzwiesen (z.B. *Festuca rubra, Puccinella maritima*), *Salicornia*-Flächen, aber auch kultivierte Weiden und Wiesen, auch Kleeflächen und Äcker. Bei Nahrungssuche auf salzigen Flächen bis 5–10 km Flüge zur Aufnahme von Süßwasser. Ruheplätze an Sandbänken, flachen Küstenstrichen, auf Inseln etc.

Nahrung. Im Brutgebiet Blätter und Sprosse arktischer Landpflanzen, im Winter bes. Gräser, Kräuter, *Salicornia,* seltener Klee, Algen, Wintersaat, Feldfrüchte. Aufnahme im Dez. 140-160 g Trockensubstanz/d, im Herbst und Frühjahr aber wohl mehr.

Stimme. Im Flug bellend, einsilbig rau »guak« oder »gock«; ferner gedämpfte Stimmfühlung auf dem Wasser »hoog«; recht ruffreudig. Schrilles »Triumphgeschrei«. Schnarrendes Schwingengeräusch beim Abflug.

Verhalten. Tag-, bei hellem Mondschein auch nachtaktiv; Schlaf-, Nahrungs- (und Trink-)plätze oft mehrere km voneinander entfernt. Aktivität

abhängig auch von Temperatur. Grasen auf Weiden und Sumpfwiesen. Paare bleiben lebenslang stabil und ♂ sind absolut treu (genetische Befunde). Kopulationen werden mit Kopfnicken eingeleitet. Fast das ganze Jahr über gesellig; häufig Koloniebrüter. Nichtbrüter bilden im Brutgebiet bald Mausertrupps, Familien mit Jungen schließen sich in Aufzuchtsgründen zusammen.

Fortpflanzung, Brutbiologie [337,767,309,394]. Erstbruten meist im 3. (selten schon 2.) Jahr. Monogame Dauerehe; Nistplatztreue. **Nest.** In N-Europa auf Felsklippen, -bändern und -vorsprüngen, meist < 1 km von Küste oder Fjord/See entfernt. In ME häufig am Rande von Silbermöwenkolonien unter Sträuchern, an Bodenentnahmestellen oder anderen vegetationsarmen Stellen, auch auf kleinen Inseln. Flache Mulde mit Pflanzen und hellen Dunen ausgelegt; am Rand oft Kotkranz des brütenden ♀, dort dann üppige Vegetation; Koloniebrüter, Mindestabstand der Nester aber > 1 m. **Legebeginn.** In ME (April) Mai, in N-Europa Ende Mai/ Anf. Juni (Juli). **Gelegegröße.** 4-5 (2-9). **Eier.** Oval, grauweiß, mit Bebrütung gelb; Legeintervall wahrschl. 1 d. **Brutdauer.** 24-25 (-28) d; ♀ brütet, ♂ in Nestnähe. Bebrütung ab letztem Ei. **Nestlings-/ Führungszeit.** Beide führen, Juv. mit 40-45 d flügge, wandern mit Ad. ins Winterquartier. **Jahresbruten.** 1; Nachgelege im Freiland selten. **Bruterfolg.** Mittlere Brutgrößen in verschiedenen Arealen 1.4-3.1 Juv.; Anteil Juv. im Winter bei Vögeln aus GRÖ Ø 14% (5-31%), aus Spitzbergen Ø 22%, aus RUS (Barentssee) Ø 24%; Gesamtvariation bei Juv.-Anteil 2.3 - 47.2%. In D-SH 1995 bei 15 BP 60 flügge Juv., d.h. 4 Juv./angefangener Brut [310].

Eimaße und -gewichte. L. 68.7-82.7 mm, B. 46.4-53.6 mm, Ø$_{71}$: 76.2 x 50.3 mm; Frischvollgew. 77-125 g, Ø$_{100}$: 105 g; Schalengew. 8.5-12.2 g, Ø: 10.3 g.

Sterblichkeit, Alter. Jährliche Überlebensrate für Ad. ca. 90% (Sichtungen im Wintergebiet) [980] bzw. 96% (Br. Spitzbergen) [2906; Details z.B. 2903]. Ältester Ringvogel (Brutvogel Gotland, mehrfach abgelesen D-SH) mindestens 27 J. [M. Brix]. Gefg. vögel bis 33 J. **Generationslänge.** 7 J. [383].

Mauser. **Postjuvenile Mauser** (Teilmauser) ab Okt., meist bis Frühjahr abgeschlossen; Großteil von Körpergefieder und Steuerfedern, einige Flügeldecken [767,139]. • **Postnuptialmauser** (Vollmauser) Schwungfedern synchron und ca. 3–4 Wochen flugunfähig, Juli/Mitte Aug., bei Nichtbrütern > 2 Wochen früher [767,2425]; ST und Körpergefieder werden gewechselt, wenn Schwingen fast ausgewachsen [767,139]; im Okt./Nov. abgeschlossen, aber Ende Nov. in NL noch 20 % der Ind. mit ST-Mauser. • **Pränuptialmauser** (Teilmauser) im Spätwinter/Frühjahr; nur Kopf- und Halsfedern [767,139].

Anser cygnoides – Schwanengans 01560

Anser cygnoides (Linnaeus 1758), dazu auch **Höckergans** *A. cygnoides f. domesticus*

(GB) Swan Goose **(F) Oie cygnoïde** **(E) Ansar Cisnal**

Taxonomie. Monotypisch.

Kennzeichen. Größendimorph [1784,3615,2418].

Maße Gr.: 81-94 cm. Gew.: ca. 2800-3800 g, Ø ♂: ~3500 g, ♀: ~3000 g. Fl.l.: ♂ 45.0-46.0 cm, ♀ 37.5-44.0 cm [1784,2418].

Status. Auftreten in ME durch Vögel aus Zoos, Parks oder Volierenhaltung. Dabei überwiegt Hausform »Höckergans« bei Beob. (und Brutnachw.) deutlich, Anteil genetisch reiner Schwanengänse in ME wohl generell sehr gering [2099]. Seit 1950er J. gebietsweise regelm. beob. und lokale Brutvorkommen, z.B. in **D**-BY ab 1967 mehrfach [4175], in -HE seit 1992 brütend [J. Kreuziger]; rezenter Gesamtbestand für D mit 15-20 BP [2161] viell. zu hoch (?). In **NL** 1-5 BP der Höckergans seit Mitte 1980er J. [2298,674,2161], mehrere BP (Form?) auch in **B** [vgl. 674]. Aus anderen Regionen ME keine Meldungen über Freilandbruten, aber viele Einzelbeob. [z.B. 1722,1,575,277]. Hybridisierung mit anderen Entenartigen recht häufig.

Verbreitung. Monotypische Art mit kleinem Areal von S Zentral-Sibirien bis N-China. Global gefährdete Vogelart (»EN«) mit rasch abnehmenden Beständen aufgrund von Habitatzerstörung und starker Bejagung; Bestand derzeit noch > 50.000 Ind. [382,1784]. In Europa wiederholt freifliegende Gefg.fl. mit Brutvorkommen; diese jedoch nicht stabil, Art daher in ME noch nicht etabliert.

Wanderungen. Im Ursprungsgebiet Zugvogel. Br. aus N und Zentral Asien wandern nach E-China, Korea (früher auch JAP); umherstreifend Taiwan SE Sibirien [1784].

Gefährdung und Schutz. Keine einheimische Vogelart. In Ursprungsgebieten gefährdet und von Schutzmaßnahmen abhängig [382]. Kleine Vorkommen in ME ohne Schutzbedarf.

Biotop. Br. auf ufernahen Feuchtwiesen in offener oder Baum bestandener Steppe, in Flussdelten; weite Flusstäler mit Wiesen aber auch an schnell fließenden Flüssen in Gebirgen, an Süß- und Salzwasserseen. Uferwiesen, Reisfelder etc. im Flachland werden im Winter aufgesucht.

Nahrung. (Fast) ausschließlich vegetarisch, einschließlich Seggen und auf trockenen Flächen Gras.

Mauser. Postjuvenile Mauser (Teilmauser). • Postnuptialmauser (Vollmauser) [829].

Anser caerulescens – Schneegans 01631

Anser [caerulescens] caerulescens (Linnaeus 1758) syn.: *Chen caerulescens*

(GB) **Snow Goose** (F) **Oie des neiges** (E) **Ansar Nival**

Taxonomie. Zwei schwach differenzierte UA: *caerulescens* (Linnaeus 1758) (E-Sibirien bis Hudson Bay) und *atlanticus* (Kennard 1927) (NE-Nordamerika). Graue und weiße Morphe bis vor ca. 250 Jahren allopatrisch verbreitet (Taxa *caerulescens, hyperborea*), sind aber seither völlig verschmolzen [733]. Trotz partieller (vor allem rezenter) Sympatrie sind *A [c.] caerulescens* und *A [c.]. rossii* Mitglieder einer Superspezies, da Hybridisation im Freiland regelm. vorkommt, Hybriden (zumindest eingeschränkt) fertil sind, andererseits aber deutliche Paarungsbarrieren bestehen [733]. Natürliche Hybridisation mit Blässgans ist in ostsibirischen Population nachgewiesen (Foto: Alula **3**, 86).

Kennzeichen. Beide UA sind dimorph, dunkle Morphe in zentraler Arktis CDN (Baffin Island) am häufigsten [221, 3772, 3615, 1784, 408, 3506; **Fotos** in Dutch B. **25**, 138, Bird. W. **10**, 48, **15**, 71].

Maße. Gr.: 66-84 cm. Gew.: 2500-3300 g. Fl.spw.: 132-165 cm [221, 1784].

Status. Noch bis 19. Jh. regelm. Wintergast in W- und M-Europa und Brutvogel bis Zentralsibirien, dann aber drastischer Rückgang. Im 20. Jh. sehr seltener Gastvogel, Nachweise seit 1950er J. erneut stark zunehmend, da inzwischen wohl überwiegend Gefg.vögel beteiligt (aber s. Ringfund NL !). In Europa fast jährlich beob. in GB/IRL, darunter immer wieder Wildvögel [vgl. 3506]; dies gilt z.B. auch für Gäste in IS, NL, FIN, N. [337], sowie für Beob. in **D**-SH aus dem 19. und frühen 20. Jh. [309]. Einzelbeob. in F und DK z.T. sicher Gefg.fl. aus zunehmender (Freiflug-)Haltung; auch Trupps können aus Gefg. stammen.
In ME u.a. • **NL:** bis 1970 selten und unreg., seither allj., ab 1980er J. meist > 20 Ind. pro J., darunter im April 1980 ein Trupp von 18 Ind. mit in Manitoba CDN beringtem Vogel [337]. Anteil Vögel der grauen Morphe 4.6%; einzelne *atlanticus* [375]. • **B:** Erstnachw. 1973; 1978 erste *atlanticus*, auch Wildvögel nachgewiesen [337, 1677]. • **D:** D-SH wohl meist Nominatform; graue Morphe selten; 53 Beob. mit 132 Ind. von 1950-80, 1974 und 1976 je ein Trupp von 30 Ind.; D-BB 45 Beob. mit 57 Ind. von 1967-98 [1]; in anderen Ländern seltener. • **PL:** 18 Nachw. zw. 1962-2000 [3871]. In anderen Regionen E- und S-ME nur vereinzelt [4152, q3, 2159].
Bruten seit 1981 reg. in N., von 1976-93 nicht allj. 1-2 BP in S., Einzelbruten 1982 und 1984 (2 BP) in FIN [3615]. In **D**-SH 1980-83 Brutversuche, eine erfolgreiche Brut 1982 [309, 310], Ende 1990er J. dann allj. > 2 BP [204]. Vereinzelte Bruten auch in **NL** [3638]. Parkbruten in allen Regionen möglich.

Verbreitung und Bestand. Brutvogel in NE-Sibirien bis arktisches N-Amerika sowie in NW-GRÖ. Global nicht gefährdet, Bestand N-Amerikas allein > 1.3 Mio. Ind. (1988) [1784].

Wanderungen. Br. NE-Sibiriens überwintern z.T. in JAP, China, ziehen aber größtenteils über Behring-Straße nach Kalifornien (noch bis Anf. 20. Jh. auch regelm. Überwinterungen an Kaspisee). Winterquartier der Br. N-Amerikas in MEX, S-Staaten, entlang der Golfküste usw. Gäste aus ursprünglichen Wildpopulationen zahlreich dokumentiert in Spitzbergen, IS, Färoer, GB + IRL (Vögel gemeinsam mit Blässgänsen aus GRÖ dürften dortiger Population entstammen), NL (regelm., darunter 1 Ringfund aus CDN) sowie im gesamten kontinentalen Europa und Mittelmeerraum, Azoren [3615].

Biotop. Br. der flachen Tundra (arktisches Nordamerika und Wrangelinsel); auf dem Zug in Süß- und Brackwassersümpfen, auf Feldern (z.B. Mais- und Reisfelder) etc.

Nahrung. Wurzeln, Knollen, Blätter, Gräser und Samenköpfe verschied. aquatischer Pflanzen und Seggen; im Winter auch Körner und Gemüsepflanzen.

Stimme. Flugruf einsilbig, kurz, rau, hoch »kräh« oder »kähk«; gereihte Stimmfühlungsrufe »gä-gä-gä…« blökende Warnrufe.

Verhalten. Nahrungsaufnahme durch Grasen auf Weiden oder Sumpfwiesen oder durch Kopfuntertauchen im Wasser. Zur Brutzeit solitär. Paare sind wahrscheinlich lebenslang stabil und ♀ i.d.R. partnertreu (< 2% der Jungen sind nicht vom führenden ♂). Einzelne Ind. in ME schließen sich oft anderen Arten an, z.B. Graugänsen.

Fortpflanzung, Brutbiologie [337]. Vgl. andere *Anser*-Arten. Mit 2 Jahren geschlechtsreif, aber erste Bruten meist erst nach 3-4 Jahren. Brütet meist in Kolonien. **Legebeginn.** Im N im Mai. **Gelegegröße.** 4-5 (2-10). **Brutdauer.** 23-25 d. **Nestlingszeit.** Juv. nach 40-50 d flügge. **Jahresbruten.** 1.

Sterblichkeit. Ad. *A. c. caerulescens* aus N-USA zeigten zw. 1970-1988 eine Änderung der jährlichen Überlebensrate von 78% auf 88% (Hauptgrund: schwächere Bejagung), bei Juv. fiel Wert im selben Zeitraum von 60% auf 30% (andere Einflüsse) [1203]. In jüngerer Zeit Populationsabnahme durch starke Bejagung.

Mauser. **Postjuvenile Mauser** (Teilmauser) ab Okt.; Körpergefieder der weißen Morphe bis März größtenteils weiß [139,3050]. • **Postnuptialmauser** (Vollmauser) synchrone Schwingenmauser und flugunfähig für ca. 3 Wochen, Ende Juli/Ende Aug. [767,139,3050].

Anser rossii – Zwergschneegans 01640

Anser [caerulescens] rossii Cassin 1861 syn.: *Chen rossii*

GB Ross's Goose **F Oie de Ross** **E Ansar de Ross**

Taxonomie. Monotypisch. Hybridisation mit Schneegans regelm. in geringer Rate [733], hatte durch zunehmend sympatrisches Vorkommen seit 1950er J. zu-, seither aber wieder abgenommen [3274]. Kontakt zw. beiden Arten demnach relativ rezent, doch haben beide zwei stark divergierende mitochondriale Sequenzlinien gemeinsam, was auf Hybridisationsepisoden auch schon in der ferneren Vergangenheit hindeutet [4042].

Kennzeichen. Seitliche Schnabelkanten eng schließend (bei Schneegans deutliche seitliche Öffnung). Ad. ♂ mit warzigem, schmutzig bis bläulich gefärbtem Aufwuchs (mit Alter zunehmend) auf Oberschnabelseiten, der *caerulescens* fehlt. Monomorph (nur weiße Morphe). Gelegentlich auftretende dunkle Vögel (»Blue Ross' Goose«) sind wahrscheinlich F1- oder Rückkreuzungshybriden mit Schneegans [3274,3506;1784,3615,3772,1665, 408; weitere **Fotos** in Dutch B. **13**, 35, **21**, 161, **26**, 100-106, 109, 142, Bird. W. **14**, 476, 478, Var Fag. 2001/**1**, 5].

Maße. Gr.: 53-66 cm. Gew.: 1200-1650 g. Fl.l.: ♂ 36.0-38.0 cm, ♀ 34.5-36.0 cm [1665,1784].

Status. Weiße Morphe extrem seltener Gastvogel in W-Europa und NL; Nachweise von wahrschl. überwiegend Gefg.fl. u.a. in GB, Färöer, D, NL, B, neuerdings zunehmend [3506]. • **NL:** erstmals 1985; in den Wintern 1987/88-1994/95 anfangs 2 dann 1 Ind.; weitere Beob. betreffen Gefg.fl.; jüngste Nachw. 1998-2002 jew. 1-2 pro J. [375;q3,q23,q16]. • **D:** 1998 zwei Beob., -BB Sept.1999; ferner 2001 [q4,1]. • **B:** 4 Nachw. zw. 1987-94 [1677].

Verbreitung und Bestand. Arktisches CDN. Lokal und nicht häufig, Weltbestand 77.300 Ind. (1976), seither zunehmend, daher global nicht gefährdet [1784]. In Europa meist nur Gefg.fl., doch vereinzelt auch Wildvögel (u.a. in GB/IRL und NL) [3615].

Wanderungen. Zugvogel, der saisonal zwischen den Brutgebieten im arktischen CDN und den Wintergebieten in Kalifornien und Neu Mexiko wandert [1784].

Biotop. Br. Küstenniederungen der flachen Tundra (arktisches Nordamerika), gerne auf Inseln; auf dem Zug Reis- und Stoppelfelder; im Winter Weiden und Ackerland des Flachlandes.

Nahrung. Wurzeln, Blätter und andere Materialien verschiedener Wasserpflanzen und Seggen, ferner Körner (Gerste, Reis) und Gräser außerhalb der Brutsaison.

Mauser. Ähnlich Schneegans [3050].

Anser indicus – Streifengans 01620

Anser indicus (Latham 1790)

(GB) **Bar-headed Goose** (F) **Oie à tête barrée** (E) **Ansar Indio**

Taxonomie. Monotypisch. Unter »Kennzeichen« angeführte Merkmale offenbar plesiomorph, daher wird Art hier vor den »braunen Feldgänsen« (Subgenus *Anser*) aufgeführt.

Kennzeichen. Schwarz-weiße Kopfzeichnung (Ad.) und deutliche Unterschiede zwischen Juvenil- (Scheitel und Nacken braungrau, ohne schwarze Querstreifen; kein weißer Halsseitenstreif) und Adultkleid [221,3772,1784,3615,408].

Maße. Gr.: 68-78 cm. Gew.: 2000-3000 g. Fl.l.: 40.6-48.2 cm [221,1784].

Status. In Europa vielfach als Parkvogel gehalten (und dort auch brütend). Freifliegende Ind. (Herkunft aus Wildbeständen kaum denkbar) in fast allen Ländern ME, ferner GB, E., FIN, DK, N., S. (Einbürgerungsversuch in 1930er J.). Zunahme der Einzelbeob. seit ca. 1960 in ME, z.B. **D**-MV, -BB, -SH, -BY, **PL**, **CH**, Bod. [196,337,3871], regional ganzjährig, sonst mit Wanderungen.
Brut 1994 in N., in S. mehrfach. In **CZ** Einzelbrut(en), in **NL** erste Brut 1977, danach unreg. bis 1992, ab 1993 schließlich Etablierung einer Brutpopulation, die rasch anwächst [375,3638; 1767]. In **D**-BW und -BY ± allj. Bruten in kleiner Zahl [309,204], in D-HH 1972 Einzelbrut, sonst oft nur Mischbruten mit Schnee- und Kanadagans [z.B. D-SH:310]; in **B** erstmals 1987 brütend, seither stark wachsende Population vor allem in Flandern [77,1677].

Verbreitung und Bestand. Brütet lückig in Hochebenen Zentralasiens von Altai SE-RUS nach S bis Tibet und E bis Innere Mongolei und W-China. Weltpopulation nur etwa 30.000 Ind., davon ca. 20.000 in China. Derzeit aber global nicht gefährdet. In Europa mehrere kleine Populationen (entstammen alle aus Gefg.haltungen). Winterbestand in NL mehrere hundert Ind., z.T. mit Vögeln aus Skandinavien [375].

Wanderungen. Zugvogel. Br. SE Altai bis W Mandschurei, S bis Tibet und Innere Mongolei überwintern teilweise am Südrand des Verbreitungsgebietes, ziehen aber überwiegend über Himalaya nach Pakistan, N-Indien, Bangladesh bzw. bis S China. Keine zuverlässigen Nachweise echter Irrgäste aus diesem Bereich in Europa [3615].

Bestandsentwicklung. Über lange Jahrzehnte kleine Populationen im Freiland (aus Gefg.haltungen) instabil und nicht selbsttragend, dabei sehr oft Mischverpaarungen mit anderen Gänsen, vor allem Graugans [1722,310,204,309], Hybride anscheinend fertil; seit 1990er J. allerdings zumindest in NL fest etabliert und mit sehr rascher Bestandszunahme [3638,1767].

	Best.	Areal	Brutbestand	Jahr	Quelle
B	N	N	20–25*	2000–2002	[77*]
D	N	N	3–5	1995–1999	[383]
NL	N	N	70–100	1998–2000	[383]

*nur Flandern

Gefährdung und Schutz. Vgl. Graugans.

Biotop. Br. moorige und sumpfige Bereiche an Süß- und Salzwasserseen auf Hochebenen Zentralasiens.

Winter: Tiefland Nordindiens, Kulturland und Sumpfgelände, Seemarschen, an Flüssen und Seen.

Nahrung. Gräser, Wurzeln und andere Pflanzenmaterialien, auch Seggen; im Winter zudem Getreidekörner, Knollen und an der Küste Seetang. Aufnahme überwiegend an Land.

Stimme. Flugrufe gänsetypisch, relativ tief. Langsamer und nasaler als Graugans.

Verhalten. Tag- und nachtaktiv. Grasen hauptsächlich auf Feuchtwiesen und Äckern, seltener ist Nahrungsaufnahme im Wasser. Brüten in Kolonien. Außerhalb der Brutzeit gesellig. Einzelne Ind. schließen sich mitunter Trupps anderer Gänse bzw. Brutvögeln der Graugans an (dad. auch Mischbruten).

Fortpflanzung, Brutbiologie. Vgl. andere *Anser*-Arten. **Legebeginn**. April/Mai. **Gelegegröße**. 4-6 (2-8). **Brutdauer**. 27-30 d. **Nestlingszeit**. Juv. nach ca. 53 d flügge. **Jahresbruten**. 1.

Mauser. **Postjuvenile Mauser** (Teilmauser). • **Postnuptialmauser** (Vollmauser) [829].

Anser fabalis – Saatgans 01570

Anser [fabalis] fabalis (Latham 1787) syn.: *Anser serrirostris*

(GB) **Bean Goose** (F) **Oie des moissons** (E) **Ansar Campestre**

Taxonomie. Zwei deutlich verschiedene UA-Gruppen, deren Status als mögliche Allospezies seit langem umstritten ist [Übersichten:1821,1808,3327]: (1) ***fabalis*-Gruppe** (»Wald-Saatgans«): *fabalis* (Latham 1787) (N-Skandinavien, Kola-Halbinsel, W-Sibirien), *johanseni* Delacour 1951 (Brutgebiet unbekannt, wahrschl. Zentralsibirien) und *middendorffii* Sewertsow 1873 (E-Sibirien); (2) ***serrirostris*-Gruppe** (»Tundra-Saatgans«): *serrirostris* Swinhoe 1871 (Taimyr ostwärts) und *rossicus* Buturlin 1933 (W-Sibirien nach E bis Taimyr). In Europa erscheinen nur *fabalis* und *rossicus* regelmäßig.
Da *fabalis* in Waldmooren der Taiga brütet, *rossicus* in Tundren Sibiriens, ist geographischer Kontakt in Brutgebieten begrenzt. Ob reproduktive Barrieren existieren, ist ungeklärt, da Untersuchungen aus Kontaktzonen fehlen. Unterschiede könnten allein wegen stark divergierender Selektionsdrucke in den jeweiligen Brutgebieten aufrechterhalten bleiben, ohne dass Genfluss durch reproduktive Barrieren eingeschränkt ist. Phänotypisch intermediäre Ind. (nur nach Schnabelfarbe, nicht -form, bestimmt!) sollen nicht selten sein [2317]. Multivariate Analysen der morphologischen Unterschiede fehlen jedoch, so dass das Ausmaß der Merkmalsüberschneidung nicht genau anzugeben ist. Auf dem Verhaltensniveau gibt es außerhalb der Brutzeit in Gebieten gemeinsamen Vorkommens deutliche assortative Schwarmbildung und Verpaarung [1821,1808,3327]. Diese deutliche soziale Segregation ist ohne Rufunterschiede kaum vorstellbar, doch fehlen bisher

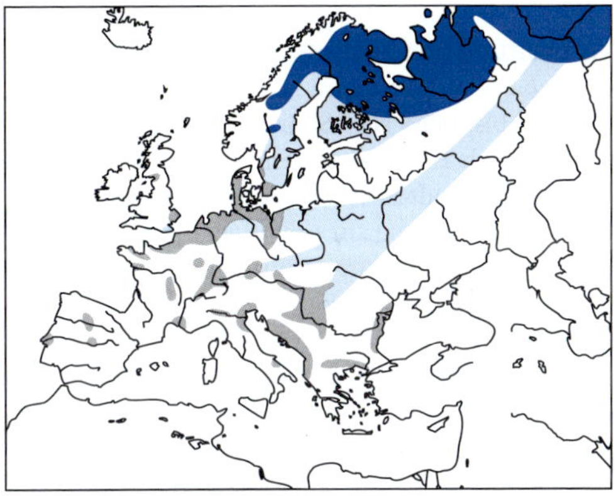

Anser fabalis – **Saatgans**

vergleichende sonagraphische Analysen der Lautäußerungen der beiden Formen.

Kennzeichen. Die UA-Gruppen (Allospezies?) unterscheiden sich in Gestalt, Schnabelbau und Schnabelfärbung, aber auch in Habitatwahl (Brutzeit und Winter) [221,1369,1784,3615,3772,408; Details zur Schnabelfärbung z.B. 1820,2317; **Fotos** aller UA:2862, ferner Bird. W. **10**, 421-424].

Maße. Gr.: 66-84 cm. Gew.: (*fabalis*) ♂ 2690-4060 g, ♀ 2220-3470 g. Fl.spw.: 142-176 cm. Fl.l.: (*fabalis*) ♂ 452-520 mm, ♀ 434-488 mm [221,1369,1784,3615].

Status. Durchzügler und Wintergast, vor allem in N-ME. Mehrere z.T. deutlich getrennte Winter-

gebiete in ME. ***fabalis*** aus Fennoskandien ziehen in Wintergebiete in S-S. sowie (abnehmend, s.u.) bis DK, NW-D und NL, solche aus W-Sibirien über Ostseegebiete nach PL und NE-D (in harten Wintern bis NL) [3503]. Vor 1950 wohl bei weitem die häufigere der beiden Formen in N-ME, doch in jüngerer Zeit meist nur noch in geringer Zahl [309,q7]. ***rossicus*** zieht nach S in Wintergebiete E-D und PL, dort Teilung in W-Gruppe mit Wintergebieten in NL, (B) und NW-D bzw. in E-Gruppe in den Niederungen SK., CZ, H und A, in kleinerer Zahl auch S-D und CH. Tundra- haben im Gegensatz zu Waldsaatgänsen in N-ME deutlich zugenommen; allerdings früher auch bis zu 200.000 Ind. dieser Form nach S bis E., dort aber heute sehr selten [3503]. Nachweise der E Formen in ME sehr selten [*johanseni,* möglicherweise auch *serrirostris* z.B. in NL:337]; Unterscheidung aber schwierig.
Brutansiedlung (ausgehend von Gefg.fl. oder verletzten Wildvögeln ?) in **NL** ab 1993 [3638].

Verbreitung und Bestand. Brutvogel im N Eurasiens. ***fabalis*** Waldbrüter in N., S., FIN, RUS bis Ural, weiter E bis Taiga NW-Sibiriens. Klinale Veränderungen nach E zur größeren Form *middendorffii;* ***rossicus*** in Tundren W-Sibiriens bis arktische Küste; nach E Übergang zur größeren *serrirostris.*
Brutpopulation in Europa insgesamt etwa 140.000 BP (2000), meiste in RUS, nur ca. 1-2 % in Fennoskandien [383]. Winterbestand der W Taigapopulation von *fabalis* in Europa (1980er J.) bei ca. 80.000 Ind., während W Tundrapopulation von *rossicus* auf 300.000 Ind. geschätzt wurde [3615]. Nachfolgend wieder Zunahme auf etwa 100.000 Ind. von *fabalis* und 600.000 Ind. *rossicus* (2000) [4077; vgl. auch 383].

Wanderungen. ***fabalis:*** Zugvogel. Abzug von östl. Brutplätzen Sept., vorher in RUS z.T. noch Wanderungen nach N und große Ansammlungen (z.B. am Weißen Meer). Eingebürgerte Br. in S. überwintern im S-Ostseeraum, Wildvögel auch dort und westlich bis NL, B, F, GB [1208]. Dz. in ME bzw. Ankunft im Winterquartier Ende Sept./Anf. Okt., Rückzug (Feb.) Mitte/Ende März (Nachzügler bis Mai). Ankunft an Brutplätzen Mitte April/Mai. 4 hauptsächliche Rastgebiete: Schonen, D-MV, -BB, Pannonischer Raum [3270]; Überwinterungsschwerpunkt in Europa nordöstlicher als *rossicus* [582]. Ankunft in NL Ende Okt. und damit einen Monat vor *rossicus* [1820]. Ringfunde NL [3642]. Winterflucht und Verschiebungen im Bereich des Winterareals [z.B. 282], auch Wechsel des Winterquartiers nachgewiesen. ***rossicus:*** Zugvogel. Als Wintergast (Okt./März) im gesamten kontinentalen Europa W. bis E und S. bis I, HR, YU, H. Zum Anteil an Ringfunden Wald-/Tundrasaatgans [s. 582]. In NL Ankunft Ende Nov. und damit einen Monat später als Waldsaatgans, Beginn nicht signifikant früher als letztere [1820].

	Best.	Areal	Brutbestand	Jahr	Quelle
NL	N	N	1–5	1998–2000	[383]

Bestandsentwicklung. Seit 19. Jh. bis etwa 1950 starke Abnahme um über 50% (fast aller Gänsearten) durch Habitatverschlechterung und direkte Verfolgung [2677]. Seither wieder Zunahme, doch größere Zahlen meist bedingt durch bessere Erfassung und Arealverlagerung; Bestände des 19. Jh. nicht wieder erreicht [2677]. In den Brutpopulationen stabil, bei allerdings leichten Arealverlusten in N. [1585]. Seit 1993 Brutvogel in NL [3638].

Gefährdung und Schutz. s. Kurzschnabelgans.

SPEC	VSchRL	Bern.Konv.	Bonn.Konv.
E(W)	Anh. II-1	Anh. III	Anh. II
Europ. RL	**RL in ME**		
--	--		

Biotop. ***rossicus:*** Br. in offener Tundra bis in Strauchtundra- (*Salix*-)bereiche; ***fabalis:*** Br. in Koniferen- und Birkenbeständen der Taiga. Auf dem Dz. und im Winter flache Gewässer als Schlaf- und Ruheplätze und möglichst störungsfreie Wiesen-, Weide- und Ackerlandschaften, die jahreszeitlich wechselnd von den Gänsen genutzt werden. Schlaf- und Nahrungsplätze können bis 25 km voneinander entfernt sein.

Nahrung. Im Brutgebiet neben grünen Pflanzenteilen besonders Beeren; auf Zug und im Winterquartier Gräser, Getreide, Klee, Luzerne u. a. grüne Pflanzen, ferner Getreidekörner, Kartoffeln, Rübenreste usw.

Stimme. ***fabalis:*** Weniger ruffreudig als Grau- und Blässgans. Flugrufe zweisilbig wie »kajak« oder dreisilbig »kaiaiah«. Beim Auffliegen kurz »rat rat«, im Flug auch kurz »gock«. Abwehrzischen. ***rossicus***: Stimme deutlich höher als Schneegans. Flugruf kurzes »quork«, schnatterndes »kiek-kiegäk«.

Verhalten. Tag- aber mitunter auch nachtaktiv. Normalerweise regelm. Schlafplatzflüge im Winterhalbjahr; übernachtet vorzugsweise auf dem Wasser. Mittags oft Aktivitätsminimum. Nahrungserwerb auf dem Land (dabei Unterschiede zwischen *rossicus* und *fabalis*). Zur Brutzeit territorial. Paare bleiben meist lebenslang stabil. Außerhalb Brutzeit gesellig; vor allem an Schlafplätzen große Scharen, die aber tagsüber meist in kleinere Einheiten zerfallen. Innerhalb der Scharen Familienverbände.

Fortpflanzung, Brutbiologie. Geschlechtsreife im Allgemeinen mit 3 Jahren, frühestens im 2. Frühjahr. Wohl monogame Dauerehe. **Nest**. Einzeln stehend (oder in lockeren Kolonien), oft etwas erhöht und bis zu 1 km vom nächsten Gewässer entfernt. Einfache Mulde mit Gras, Moos und Laub ausgelegt; Nestdunen. Das ♀ baut, ♂ hilft mitunter. **Legebeginn**. Im S im Mai/Juni, im N bis 1 Monat später. **Gelegegröße**. 4-6 (3-8). **Eier**. Oval, strohfarben/weißlich, nach Bebrütung ± braun. **Brutdauer**. 27-29 (25-30) d; Nur ♀ brütet, Beginn ab letztem Ei. **Nestlings-/Führungszeit**. Beide Ad. führen, Juv. mit 40-50 d flügge, wandern mit Ad. ins Winterquartier und verlassen sie vor deren Rückkehr ins Brutgebiet. **Jahresbruten**. 1; wohl keine Nachgelege. **Bruterfolg**. Anteil der Juv. bei Wintervögeln in NL: ***fabalis*** 16.6%, ***rossicus*** 26.4% bei 1.54 bzw. 2.16 Juv. pro Elter.

Eimaße und -gewichte [1369]. L. 74.5-93.3 mm, B. 52.7-57.3, Ø$_{37}$: 83.8 x 55.3 mm; Frischvollgew. Ø: 146 g; Schalengew. 10.8-14.5 g bzw. 10.7-16.8, Ø: 13.2 g.

Sterblichkeit, Alter. Ältester Ringvogel 29 J. [B.S. Ebbinge], 22 J. 4 Monate [3654]. **Generationslänge**. 7 J. [383].

Mauser. Postjuvenile Mauser (Teilmauser) Okt.–Jan./April; zumindest Großteil des Körpergefieders, ST und einige Flügeldecken [767,139]. • **Postnuptialmauser** (Vollmauser) Juli/Aug.–Ende Sept./Okt.; Schwungfedern synchron, ca. 1 Monat flugunfähig; ST- und Körpergefiedermauser beginnt, nachdem Schwingen zur Hälfte nachgewachsen [767,139]. • **Pränuptialmauser** (Teilmauser) im Mittwinter; auf Kopf- und Halsfedern beschränkt [767,139].

Anser brachyrhynchus – Kurzschnabelgans 01580

Anser [fabalis] brachyrhynchus Baillon 1834

(GB) Pink-footed Goose **(F) Oie à bec court** **(E) Ansar Piquicorto**

Taxonomie. Monotypisch. Früher als UA der Saatgans betrachtet, aber in Gefieder, Bein- und Schnabelfarbe sowie Rufen deutlich differenziert.

Kennzeichen. Sehr ähnlich der Tundra-Saatgans (*serrirostris*-Gruppe), vor allem durch rosa Färbung von Schnabelbinde und blass rosa (Juv.) bis fleischfarbene (Ad.) Beine sowie bleigraue Schultern und Flügeldecken unterschieden [221,3772, 1784,3615,1369,408; **Fotos** in Limic. **10**, 49, **15**, 354, **17**, 44, Bird. W. **10**, 425]. Rufe deutlich höher.

Maße. Gr.: 60-75 cm. Gew.: ♂ 1900-3300 (3500) g, ♀ 1800-3100 g. Fl.spw.: 135-170 cm. Fl.l.: ♂ 430-460 mm, ♀ 405-435 mm [221,1369,1784].

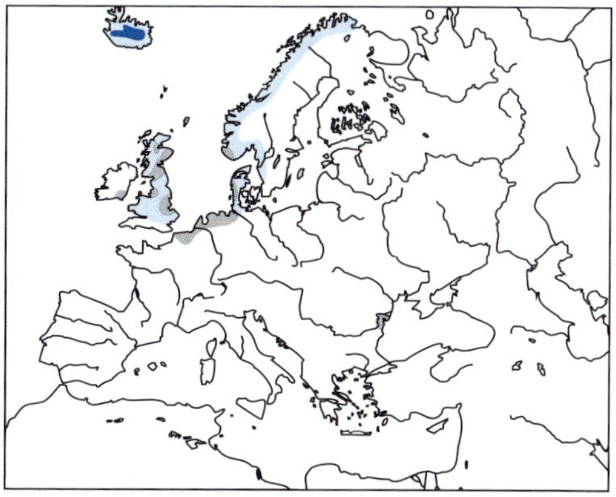

Anser brachyrhynchus – **Kurzschnabelgans**

Verbreitung, Bestand und Status. Zwei getrennte Brutpopulationen: (1) Brutvögel in IS mit 35.000-45.000 BP und E-GRÖ mit 2.500-5.000 BP (jew. 1995/6-2000) [383], Überwinterungsgebiete in GB/IRL; Winterbestände dort 30.000 Ind. (1950/51), 57.700 (1960/61), 72.000 (1970/71), 95.000 (1980/81) bzw. 241.000 (1994-99) [337,3615,383]. GB 1 Paar 1980 Territorialverhalten (Gefg.fl.?). (2) Brutvögel Spitzbergens mit 12.250-18.800 BP (2002) [383]; Überwinterung in DK, früher N-D (heute keine bedeutenden Rastplätze mehr) [2677], NL, B, in harten Wintern bis F [1199]. Im binnenländischen ME seltener Gastvogel, doch bis an den Alpenrand; z.B. **D**-BY 1900-80 in 28 Jahren bis max. 21 Ind. [337]; **CH** 2 Nachw.: 1941, 1979 [4152]; **CZ** nicht allj., 1965-88 insg. 12 Nachw. [2159]; **H** 11 Nachw. von 1940-94 [2438]; **A** einzelne, z.B. 1966/67, 1967/68, 1968/69 [337].

Wanderungen. Zugvogel. **Br. IS und E-GRÖ** überwintern in Schottland, England und schwächer ausgeprägt IRL [4064]. Südgerichtete Wanderungen GRÖ ab Mitte Aug., Abzug Anf. Sept., zunächst nach IS. Ankunft GB 1. Okt.hälfte, Abflug April (Anf. Mai). **Br. Spitzbergen** überwintern im S und E Nordseeraum; Beginn der S-Wanderung Ende Aug./ Sept.; Zugweg über N. und S. und ab Sept. starker Einflug im Nordseeraum (fast gesamte Population in DK), schon Mitte Sept. Wanderung W bis NL, ab Nov. bis B; Rückkehr nach DK schon im Jan. [2426]. Erstankunft Spitzbergen Mitte Mai, Haupteinzug Ende Mai/Anf. Juni. Ringfunde NL [3642].

Bestandsentwicklung. Wie bei Saatgans von etwa 1850 bis 1950 starke Abnahme um über 50% durch Habitatverschlechterung und direkte Verfolgung [1199,2677]. Seither wieder Zunahme sowohl der Brutpopulationen (bes. in IS) [1585], als auch der Überwinterungspopulationen in GB (von 30.000 Ind. 1950 auf 260.000 Ind. 1994 bzw. 200.000 Ind. 1995) [1199]. Bestandsanstieg der Spitzbergen-Population führte zu starker Zunahme der Winterbestände in DK von 12-15.000 (1960er J.) über 27-29.000 (1978-80) auf 32-34.000 (1991-94) [1199], im Jahr 2000 bei 37.000 Ind. stabilisiert [4077]. Gebietsweise Winterbestände durch Habitatzerstörung und Nutzungsänderung (z.T. Verfolgung) rückläufig, z.B. in früheren Jahrzehnten in D [1199], neuerdings durch Vergrämung an den Frühjahrs-Rastplätzen in N. [2423].

Gefährdung [1199,2677]. Hauptgrund für Bestandseinbruch in 19./20. Jh. direkte Verfolgung (vor allem Jagd). Auch heute in meisten Gebieten bejagt (nicht mehr in B und NL, aber Verwechslung mit anderen Gänsen häufig), dennoch Abschusszahlen derzeit nicht bestandsgefährdend (u.a. hoher Nichtbrüteranteil vorhanden).
Lebensraumzerstörung durch Bau von Wasserkraftanlagen (IS), Wiesenumbruch (D), durch Überbauung, Eindeichung (D), Ölförderung (GRÖ).

Schutzmaßnahmen. Erhebliche Einschränkung oder Aufgabe der Jagd in NW-ME, wo Winterbestände rückläufig. Verwechslung mit anderen *Anser*-Arten besonders problematisch.
Ausgleichsmaßnahmen für Flächenverluste bei Nutzungsänderung oder Energiegewinnung.
Aufklärung der Bevölkerung.

SPEC	VSchRL	Bern.Konv.	Bonn.Konv.
E	Anh. II-2	Anh. III	Anh. II
Europ. RL	RL in ME		
--	--		

Biotop. Brutplätze auf Felsbändern, Klippen (IS), Schutthügeln, Tundrasümpfen. Gutes Angebot an Gras als Nahrung wichtig. Auf Zug und im Winter entweder flaches und feuchtes Wiesen- und Weideland (bes. im Nordseeraum) mit Flachwasserzonen im Gezeitenbereich oder an Flussmündungen. In GB bevorzugt Felder (z.B. Wintersaat, Kartoffel), aber auch Wiesen und Weiden. Schlaf- und Ruheplätze im Seichtwasser können bis 35 km von Nahrungsplätzen entfernt sein. Stark durch Vieh beweidete Grasflächen werden gemieden.

Nahrung. Im Sommer Moos, Rhizome und Wurzelstöcke, später Gräser, Seggen und Beeren (bes. *Empetrum*). Im Winterhalbjahr vor allem Gras (Festland) und Feldfrüchte (z.B. GB), z. B. Kartoffeln, Getreide, Wintersaat.

Stimme. Höher als Saatgans, doch nicht so hoch wie Blässgans. Flugruf z.B. »agag«, aber auch auf »i«. ♂ rufen höher. Meckernde Stimmfühlungsrufe »chräi chräi...«, bei Erregung klangvoll »awu« oder »aik«, auch kurz »kräh«. Abwehrzischen.

Verhalten. Tag- und nachtaktiv, letzteres bes. bei Bejagung. Winterliche Schlafplätze im Watt oder an flachen Binnenseen. Nahrungserwerb auf dem Land (Wiesen, Felder). Fluchtdistanz z.B. abhängig von Störung wie bei anderen Gänsen. Zur Brutzeit territorial; außerhalb in teilweise großen Trupps.

Fortpflanzung, Brutbiologie [337,767,1784, 1199]. Meist mit 3-4, selten mit 2 Jahren geschlechtsreif. Monogame Dauerehe, doch Bigamie bekannt. **Nest.** In lockeren Kolonien an traditionellen Nistplätzen. Nest kleine Mulde, mit Gräsern, Flechten usw. ausgekleidet; Dunen. ♀ baut, ♂ hilft zuweilen. **Legebeginn.** In IS Mitte/Ende Mai, sonst Juni. **Gelegegröße.** 3-6 (1-9); Ø IS_{344}

4.4, IS$_{427}$ 4.2, Spitzbergen$_{55}$ 4.1; Legeintervall 24 h. **Eier**. Oval, rau, weißlich, nach Bebrütung gelblich oder braun. **Brutdauer**. 26-27 (25-28) d; ♀ brütet, ♂ meist in unmittelbarer Nestnähe. Bebrütung ab letztem Ei. **Nestlings-/Führungszeit**. Beide Ad. führen und verteidigen Junge. Juv. mit ca. 8 Wochen (~ 56 d) flügge, wandern mit Ad. ins Winterquartier, von wo sie gemeinsam abziehen. **Jahresbruten**. 1; kein Nachgelege bekannt. **Bruterfolg**. In GRÖ und Spitzbergen nur in günstigen Jahren normaler Brutablauf, sonst witterungsbedingt hohe Verluste. Anteil der Juv. in den Winterquartieren 1975/76-79/80 in GB/IRL 11.7%, DK 15.0% und 25.4%, 1970/71-74/75 GB/IRL 21.2%; in NL von 1955-74 sowie von 1975-83 Anteil 29% bzw. 25%, von 1984-2002 zw. 5-24% [SOVON Ganzen en Zwanenwerkgroep].

Sterblichkeit, Alter. Mittlere Sterblichkeit Spitzbergen-Population 17.1%, 1990 bis 1999 gestiegen von 10% auf 21%/J., vor allem durch gestiegene natürliche Mortalität in den Sommermonaten, dabei auch Geschlechtereffekt (mittlere Sterblichkeit 16.5%/J. bei ♀, 19.5% bei ♂) [2427]. Überlebensrate DK bei Vögeln (1. Jahr und älter), die Bleischrotkugeln tragen, signifikant niedriger als bei unbelasteten (76.5% bzw. 86.9%) [2426]. Älteste Ringvögel (Jahre/Monate) 21/4, 21/1, 18/4. **Generationslänge**. 7 J. [383].

Mauser. **Postjuvenile Mauser** (Teilmauser) Okt.-Feb.; Körpergefieder und einige ST [767,139]. • **Postnuptialmauser** (Vollmauser) ab Juli/Aug., flugunfähig für ca. 25 d; anschließend ST und Körpergefieder bis Okt. [767,139,2425].

Anser erythropus – Zwerggans 01600

Anser [erythropus] erythropus (Linnaeus 1758)

(GB) Lesser White-fronted Goose **(F) Oie naine** **(E) Ansar Chico**

Taxonomie. Monotypisch. Nächstverwandt mit Blässgans; Brutgebiete überlappen nur marginal. Hybriden in Gefg. häufig, treten gelegentlich auch im Freiland auf (Fotos: Limic. **15**, 228-30). In Skandinavien ausgesetzte Vögel tragen z.T. Mitochondrien-DNA der Blässgans, was auf Hybrideinfluss hindeutet [3261].

Kennzeichen. Nagel des Schnabels auch bei Juv. hell (weißlich). Lidring gelb, bei Ad. deutlich breiter und kräftiger gefärbt als bei Juv. [2856,221,1369,1784,3615,3772,408; **Fotos** in Dutch B. **17**, 71/72, **22**, 48, **24**, 63, 115, **25**, 139, Bird. W. **11**, 46, **12**, 242].

Maße. Gr.: 65-86 cm. Gew.: 1600-2500 (3000) g. Fl.spw.: 135-165 cm. Fl.l.: ♂ 370-388 mm, ♀ 361-387 mm [221,1369,1784,3615].

Status. In ME seltener, fast allj. Durchzügler in E-**PL**, **SK.**, **H**, ferner in **NL** (51 Nachw. von 1951-89), sonst Ausnahmegast und meist einzeln (z.B. **B** und **CZ**), aber jüngst Zunahme der Beob. durch Vögel aus Auswilderungsprojekt in S. und verbesserte Kenntnisse. **A**-B 3-4mal 1950-68; Bod. (**A**-V) 1987; **D**-MV 10mal 1900-71, -BB bis 1990 nur 10mal, seither aber reg.: z.B. 27mal 1995-99 [1], -NW bis 1980 nur 2mal (Gefg.?), -BY 1900-80 2mal; in jüngster Zeit in D etwa 60-100 Beob./

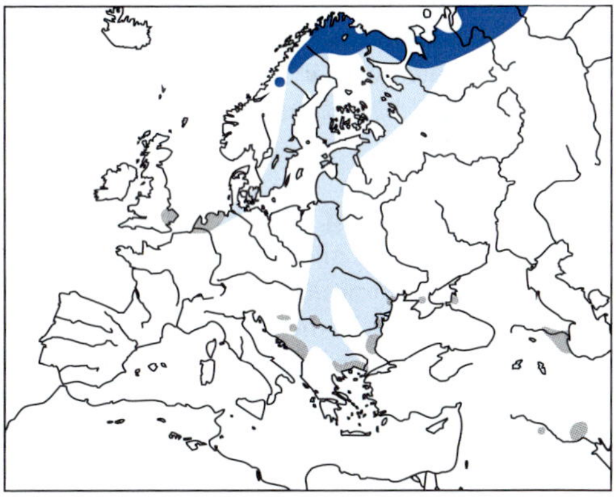

Anser erythropus – **Zwerggans**

J., davon 30-40 in -NI/-SH (Vögel aus S.), 2-4 in -MV (Vögel aus N.) und 30-60 in -BB/-NW/-ST/-SN (Vögel aus RUS?) [J. Mooij]; **CH** nur 1851, jüngst mehrf. Gefg.fl.; in **PL** dagegen seltener werdend [3871].

Zugwege und Überwinterungsgebiete einzelner Populationen unklar, keine Flyways unterscheidbar. Winterbestände in dramatischer Abnahme begriffen, z.B. in **H** von > 100.000 Ind. vor 1950er J. auf wenige tausend (Ende 1960er J.) und wenige hundert (1990er J.) [3503]; in BG, GR und RO jeweils kleine Populationen verblieben, insgesamt wenige tausend Vögel; wichtigstes Überwinterungsareal S Kaspigebiet nach S bis Irak.

Verbreitung und Bestand. Früher Brutvogel in schmalem Band in Subarktis Eurasiens von nördlichem N., S. (1981 einige ausgesetzt) und FIN über N-Sibirien bis Pazifikküste. Gegenwärtig auf wenige, disjunkte Reliktvorkommen reduziert. Gesamtbestand global nur noch 25.000-30.000 Ind. [382], davon 14.000-16.000 in E-Sibirien (überwinternd in E-China) und 8.000-13.000 in der W-Paläarktis; in Europa nur noch 192-531 BP (1999) bzw. 240-450 (1995-2000), davon Großteil in RUS [383]. Populationen in S. und FIN weitestgehend erloschen, in S. aber Versuche der Wiederansiedlung und aufwändigen Aufbaus von Zugtraditionen zur Bestandsstützung. Winterbestände Europas fluktuierend zw. 1.900-11.600 Ind., davon meiste in AZ und 300-1.200 in UA. [383].

Wanderungen. Zugvogel. Hauptwinterquartier Transkaukasien, S-Kaspi, einige W Schwarzmeer (RO, BG, GR, YU und N-TR), ferner Iran, Irak, Afghanistan. Abzugsrichtung von Brutplätzen N-Europa und RUS S bis SE, z.B. EST, LV, LT, PL, H. Abzug Ende Aug./Anf. Sept., Dz. Fennoskandien und Baltikum Ende Sept./Anf. Okt. [Details bei 2742]; Winterquartier wird Okt./Dez. erreicht. Rückzug Ende Feb./Anf. April. Satellitentelemetrie [2369].

Bestandsentwicklung. Dramatische, anhaltende Abnahme seit 19. Jh., allein seit 1940er J. um über 90%. Bestand in Fennoskandien erste Hälfte 20 Jh. noch > 10.000 Ind., Verheerender Rückgang trotz Schutzmaßnahmen. Populationen in S. und FIN in 1980er J. erloschen, in N. in 1990er J. noch 250-300 Ind., gegenwärtig nur noch 100-150 (15-20 BP). Ausgesetzte Brutpopulation in S. weist derzeit ca. 100 Ind. (10-15 BP) auf, bis in jüngste Zeit leicht zunehmend. Gesamtbestand weltweit in 1960er J. noch über 100.000 Ind., inzwischen in Europa nur noch 3.000-4.800 Ind. (500-800 BP) in der Bolschesemelskaya Tundra. Gesamtbestand W-Paläarktis 10.300-14.500 Ind. (1.700-2.400 BP), in E-Paläarktis 12.600-22.200 Ind. (2.100-3.700 BP) [4077]. Global bedrohte Vogelart [382].

Gefährdung [1665,382,2424,3804]. Hauptgründe für Bestandseinbrüche sind jagdliche Verfolgung in den Hauptrast- und Überwinterungsgebieten sowie Lebensraumzerstörung durch Nutzungsintensivierung und durch Wasserstandserhöhung im Kaspigebiet, auch Störungen. Zwerggans stärker von diesen Faktoren betroffen als andere *Anser*-Arten (wegen größerer Neugier, weil sie sich mit Pfeifen anlocken lassen und bei Beschuss zurückkehren).

SPEC	VSchRL	Bern.Konv.	Bonn.Konv.
1	Anh. I	Anh. II	Anh. I,II
Europ. RL	Globale RL	RL in ME :	
EN	VU	--	

Schutzmaßnahmen. Verhinderung von Habitatverlust sowie Habitatmanagement in verbliebenen Rast- und Überwinterungsgebieten. Identifikation aller wichtigen Aufenthaltsgebiete.
Wegen Verwechslungsgefahr mit ähnlichen *Anser*-Arten generell drastische Reduktion der Jagd.
Monitoring in bedeutenden Rast-, Winter- und Brutgebieten. Untersuchungen zu ökologischen Fragen und Gefährdungsfaktoren, u.a. mit Satellitentelemetrie.
Internationale Unterschutzstellung und Zusammenarbeit bei Artenschutzmaßnahmen.
Öffentlichkeitsarbeit, Bewusstseinsbildung.
Derzeitige Aussetzungs-/Wiederansiedlungsmaßnahmen in Fennoskandien fragwürdig, da mit den bekannten Problemen hinsichtlich der Eignung von Gefg.vögeln zur Etablierung einer Wildvogelpopulation, zudem nicht alle Gefährdungsfaktoren ausgeschaltet. Kritisch wird auch Etablierung sicherer Zugwege mittels Leichtflugzeugen gesehen. Allerdings wächst Population derzeit.

Biotop. Br. in der Waldtundra, bes. in bergigem Gelände über der Baumgrenze (Strauchvegetation). Im Winterquartier Salzsteppen und Weiden bzw. andere landwirtschaftliche Kulturflächen. Kaum am Meer.

Nahrung. Pflanzlich, im Brutgebiet Hauptfutterpflanze *Salix herbacea.* Zug und Winterquartier Gras und andere grüne Pflanzen.

Stimme. Rufe rascher und oft deutlich höher als bei der Blässgans, z.B. ♂ »klick klu« oder »kjü-jü«, auch dreisilbig und länger gereiht, ♀ etwas tiefer »kjau-jau«. Durcheinanderrufen vieler Ind. höher als Blässgans und dünn, daher gut zu unterscheiden. Einzeln aber auch saatgansähnlich tiefe Einzelrufe.

Verhalten. Nahrungssuche hauptsächlich an Land durch Grasen. Während der Brutzeit territorial.

Paare bleiben lebenslang zusammen; Nester jedoch einzeln. Einzelind. schließen sich anderen Arten an, besonders Saat- und Blässgans (vor allem W des normalen Zug- und Wintergebietes). Außerhalb der Brutzeit gesellig.

Fortpflanzung, Brutbiologie [337,767]. Erstbrut meist im 3., aber auch schon im 2. Jahr. **Nest**. Meist offen an schneefreien Felsbereichen, in Birkengestrüpp oder auf Grasbulten, in Wassernähe (bis 150m). Vorjahresstandorte oft wieder aufgesucht. Nest wie andere Gänse; Dunen. **Legebeginn**. Mitte/Ende Mai bis Juni. **Gelegegröße**. 4-6 (2-8); Legeintervall 2 d. **Eier**. Oval, leicht glänzend gelblichweiß, durch Bebrütung nachdunkelnd. **Brutdauer**. 25-28 d; ♀ brütet. **Nestlings-/Führungszeit**. Juv. werden mit 35-40 d flügge, fliegen mit Ad. ins Winterquartier. **Jahresbruten**. 1.

Sterblichkeit, Alter: Generationslänge. 7 J. [383].

Mauser. Ähnlich Blässgans, aber Schwungfedermauser etwas früher [767,139,2856].

Anser albifrons – Blässgans 01590

Anser [erythropus] albifrons (Scopoli 1769)

(GB) **Greater White-fronted Goose** (F) **Oie rieuse** (E) **Ansar Careto**

Taxonomie. Vier UA: *albifrons* (Scopoli 1769) und *flavirostris* Dalgety & Scott 1948 (Paläarktis bis GRÖ) sowie *frontalis* Baird 1858 (Kolyma, Alaska bis Hudson Bay, CDN) und *elgasi* Delacour & Ripley 1975 (syn. *gambeli* Hartlaub 1852; S-Alaska) [2680].

Kennzeichen. UA *flavirostris* etwas größer, insgesamt dunkler als *albifrons* mit intensiverer schwarze Bauchfleckung (Ad.). Schnabel bei *flavirostris* etwas länger, orangegelb statt rosa-fleischfarben. Juv. beider UA mit dunklem, Ad. mit weißlichem Nagel. Lidring bräunlich, ausnahmsweise (schmutzig) gelblich (Hybrideinfluss von Zwerggans?) [221,1369,1784,3615,3772,408; **Fotos** in Dutch B. **21**, 67, **25**, 143, 404, **26**, 75, Bird. W. **14**, 103-105].

Maße. Gr.: 65-86 cm. Gew.: 1700-3100 g. Fl.spw.: 135-165 cm. Fl.l.: (*flavirostris*) ♂ 389-463 mm, ♀ 389-461 mm [221,1369].

Status. Nominatform häufiger Durchzügler und Gastvogel in N- und W-ME; neuerdings Brutvogel in steigender Zahl (ursprl. Gefg.vögel) in NL mit ersten Brutversuchen 1977 und 1978, seit 1979 (1980?) erfolgreich und Bestand seither erheblich angewachsen [375]; seit 1994 auch in B [1677]. In Binnenland ME außerhalb der Zugwege und traditionellen Rastplätze unregelm. und selten, z.B. **CH** nicht allj. in meist kleineren Trupps [1369,4152]. UA *flavirostris* nur ausnahmsweise in ME, z.B. D, NL [277, 575]

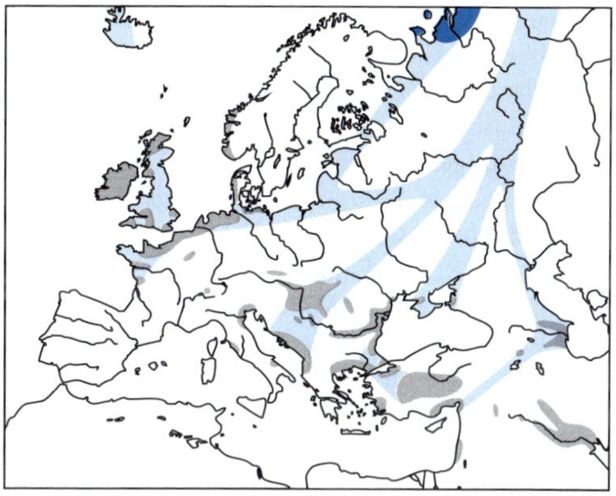

Anser albifrons – **Blässgans**

Verbreitung und Bestand. Brutvogel arktischer Gebiete RUS von Kanin-Halbinsel nach E (*albifrons* kontinentales Eurasien) mit stabilem Brutbestand von 62.000-72.000 BP, zunehmend (um 2000) [383]; *flavirostris* arktisches N-Amerika sowie N-Küste GRÖ, dort Brutbestand 1.700-2.000 BP (1990-95) [383]. Winterbestände (Ind.): Mehrere Populationen mit unterschiedlichen Zugwegen und Überwinterungsgebieten (Flyways) werden unterschieden [nach 3503]: (1) Atlantische Population (GRÖ --> IRL/GB) um 1970 ca. 12.000, 1990er zunehmend auf 30.000 Ind. [3503,3615]. (2) Ost-Nordseepopulation (W- und M-Sibirien --> GB, NL, D, DK, PL etc.) ca. 30.000 (Anf. 1960er J.), 70.000 (1968), 100.000 (1970), max. 250.000 Ind. (1975-80), inzwischen auf 600.000-900.000 Ind. (Ende 1990er) angewachsen und stabil, in D im Jan. 40-50% der Population [2677]. (3) Mitteleuropäisch-Pannonische Population (W- und M-Sibir. --> H, A, YU, I) in den 1950er J. mind. 300.000, dann Rückgang durch Verlagerung in (2) und (4) auf ca. 100.000 (Anf. 1990er J.) bzw. 30.000-50.000 (um 2000); allerdings 1992/93 erneut 200.000 Ind. allein in H [3615]. (4) Anatolisch-Pontische Population (N-Sibirien --> Schwarzmeer, TR), stark angewachsen auf 200.000-500.000 Ind., in BG in 1980er J. Verdoppelung. (5) Kaspische Population (N-Sibirien --> Kaspiregion, Irak) früher wohl bis zu 40.000, in 1990er J. nur noch 15.000 Ind. [3503; vgl. auch Angaben in 383].

Wanderungen. Zugvogel. Einzelne Ringfunde und Farbringablesungen deuten auf Wechsel in aufeinanderfolgenden Jahren und intensive Vernetzung der einzelnen Rastplätze. Insgesamt 6 Überwinterungskomplexe in W-Paläarktis, die sich aber meist nicht eindeutig bestimmten (Sub-)Populationen zuordnen lassen; Herkunft aller Vögel N-Paläarktis [3615]:
(1) Atlantischer Komplex, ***flavirostris***: Br. aus W-GRÖ. Rastgebiete in IS, Wintergebiete IRL und Schottland, gelegentlich England und europäisches Festland, z.B. in 2000 in NL 3 beringt [K. Koffijberg; Ringfunde GB/IRL:4064]. Südgerichtete Wanderungen GRÖ ab Ende Aug., Hauptwegzug Sept. bis Anf. Okt. Heimzug Mitte April bis Mitte Mai.
(2) Ostsee - Nordsee-Komplex, ***albifrons***. Br. starten Sept. zum Finnischen Meerbusen, D-MV Anf. Okt., hier großen Zahlen bis Dez. In strengen Wintern bis F. Heimzug Beginn GB März und meiste haben NL Anf. April verlassen. Einige Ringfunde von Wintervögeln GB/NL in Folgejahren in SE-Europa.
(3) ME-Pannonischer Komplex: Durchzug in Ebenen E-A und H vor allem Anf. Okt. bis Ende Nov. und Ende Feb. bis Anf. März. Wintergebiete YU, HR, N-I, AL, N-GR.
(4) Anatolisch-Pontischer Komplex: Überwintert Schwarzmeer inkl. Donaudelta, Westküste TR, NE-GR sowie in Zentral-TR.
(5) Kaspischer Komplex: überwintert am Kaspischen Meer und wohl an Euphrat und Tigris (Irak).

Bestandsentwicklung. Wie bei anderen grauen Gänsen Abnahmen von etwa 1850 bis 1950 (Habitatverschlechterung und direkte Verfolgung). Ab 1950er J. leichte Zunahme der Brutpopulationen GRÖ und Stabilität in RUS. Zunahmen an den Überwinterungsplätzen, insbesondere in N-ME überwiegend bedingt durch Verlagerungen.

	Best.	Areal	Brutbestand	Jahr	Quelle
B	N	N	1–3	1994–1997	[383]
NL	N	N	200–250	1998–2000	[383]

Gefährdung. Hauptgründe für Bestandseinbrüche sind Jagd und Lebensraumzerstörung (Nutzungsänderung, Wiesenumbruch, Überbauung, Eindeichung etc.). Auf lokaler Ebene Verluste von Nahrungsflächen durch Windkraftanlagen.

Schutzmaßnahmen. Wie Kurzschnabelgans

SPEC	VSchRL	Bern.Konv.	Bonn.Konv.
flavirostris	Anh. I	Anh. III	Anh. II
albifrons	II-2,III-1	Anh. III	Anh. II
	Europ. RL		RL in ME
flavirostis	--		--
albifrons	--		--

Biotop. Br. Tundra, oft auf etwas erhöhten Stellen. Im Winterquartier und auf dem Zug Kombination von möglichst windgeschütztem Flachwasser als Ruhefläche und Wiesen- bzw. Weideland (ausgedehnte Salzwiesen) vorzugsweise im Flachland. In Europa heute bes. das Problem der Störungen entscheidend für die Qualität von Rastplätzen. Schlaf- und Weideplätze können bis 30(–60) km auseinanderliegen, im Mittel aber < 5 km. Wiesen und Weiden gegenüber Äckern offenbar stärker bevorzugt als von Saatgans.

Nahrung. Pflanzenteile, hauptsächlich Gräser, seltener Gemüse, Samenkörner; an der Küste auch Salzpflanzen.

Stimme. Meist zweisilbig, hoch und rasch, z.B. wohltönend »kuju« oder »ajak« und sehr hoch »kliji«, »kiau-liau« usw., selten dreisilbig. I.d.R. gellender und weniger nasal als Saatgans, doch mitunter auch saatgansähnlich, weniger schrill als Kurzschnabelgans oder Zwerggans.

Verhalten. Überwiegend tagaktiv, doch bei Störung an Rastplätzen auch nachts äsend. Lebenslange Paarbindungen. Sexualverhalten ähnlich wie bei Graugans. Familien innerhalb der Scharen, doch Familienzusammenhalt und Anschluss der Jungen im Laufe des Winters z.T. wechselnd. Außerhalb Brutzeit gesellig.

Fortpflanzung, Brutbiologie [1369,767]. Erstbrut meist im 3. Lebensjahr. Monogame Dauerehe.

Nest. Kleine Vertiefung, mit wenig Pflanzenmaterial ausgelegt, meist einzeln. ♀ baut überwiegend, ♂ beteiligt sich. Alte Nester werden wiederbenutzt. **Legebeginn**. Ab 2. Maihälfte, in RUS auch erst ab Juni. **Gelegegröße**. 5-6 (3-7). **Eier**. Oval, geblichweiß (mit Bebrütung nachdunkelnd), leichter Glanz. **Brutdauer**. 27-28 d; ♀ brütet (verlässt Nest 1 mal/d), ♂ wacht in der Nähe, ist beim Schlüpfen am Nest. **Nestlings-/Führungszeit**. Beide Ad. führen, mit 40-43 d sind Juv. flügge; Familie bleibt oft bis Frühjahr zusammen, doch zuweilen frühere Auflösung; Nachweise von Familienzusammenhalt bis in 3. Winter [2177]. **Jahresbruten**. 1, keine Nachgelege bekannt. **Bruterfolg**. Anteil Juv. in Winterquartieren 1954/55-67/68 in GB 31.4 ± 7.2%, NL 39.2 ± 8.3%, B 37.1%, 1964/65-76/77 32.1 ± 3.3%, D 34.8% (50er J.), 30.8% (60er), 29.4% (70er), 29.8% (80er), 26.0% (90er), 20% (2000er J.); ca. 2.54 Juv./Paar. Auf GRÖ 1979 brüteten 14% der Ankömmlinge erfolgreich.

Eimaße und -gewichte [1369]: L. 75.7-88.5 mm, B. 49.4-57.0, $Ø_{34}$: 79.0 x 51.8 mm; Frischvollgew. 124-137 g, Ø: 127.2 g; Schalengew. 10.5-13.2 g, Ø: 12.0 g.

Sterblichkeit, Alter. *A.a. albifrons* lnd. > 1 Jahr alt ca. 30.9 %/J. [929]; *flavirostris* Ad. Ø 15.6 %/J. (Spanne 0.3–31.6 %, 1970/71–1990/91) [255]. Älteste Ringvögel 25 J. 3 Monate [3654], 17 J. 8 Monate, 16 J. 1 Monat. **Generationslänge.** 7 J. [383].

Mauser. Postjuvenile Mauser (Teilmauser) Nov.–Dez., Kopf- und Halsfedern, weiße Stirnfedern erscheinen ab (Dez.) Jan.; Körper- und einige Steuerfedern Nov./Jan.–Feb., Flügeldecken bis März, Umfang aber variabel [767,139,3050]. • **Postnuptialmauser** (Vollmauser) ab Ende Juli, Nichtbrüter etwas früher; synchrone Schwingenmauser, ca. 25 Tage flugunfähig; Körpergefiedermauser nach Auswachsen der Schwingen, meist vor Erreichen des Winterquartiers beendet [767,139,3050]. • **Pränuptialmauser** (Teilmauser) Mittwinter – Frühjahr; Kopf-, Hals- und Teile des Körpergefieders [767,139].

Anser anser – Graugans 01610

Anser anser (Linnaeus 1758)

(GB) **Greylag Goose** (F) **Oie cendrée** (E) **Ansar Común**

Taxonomie. 2 UA mit breitem klinalen Übergang in ME bis E-Europa: *anser* (Linnaeus 1758) in W-Europa, Skandinavien und *rubrirostris* Swinhoe 1871 in SE-Europa - Asien.

Kennzeichen. Schnabel blassorange mit rosa Anflug zur Spitze hin *(anser)* bzw. ganz rosa *(rubrirostris)* [221,1369,1784,3615,3772,408].

Maße. Gr.: 76-89 cm. Gew.: ♂ 2800-4300 g, ♀ 2100-3800 g. Fl.spw.: 147-180 cm. Fl.l.: ♂ 436-500 mm, ♀ 417-480 mm [1369,3615].

Status. Fast im gesamten Gebiet Brut- und Sommervogel, gebietsweise Jahresvogel (insbesondere verwilderte Hausganspopulationen). Seltener bis häufiger Durchzügler und Wintergast. Wegzug nach SW-Europa im Herbst, aber regional nur noch bei ungünstigen Witterungsbedingungen.

Verbreitung und Bestand. Lückig von Niederungsgebieten gemäßigter und nördlicher Breiten

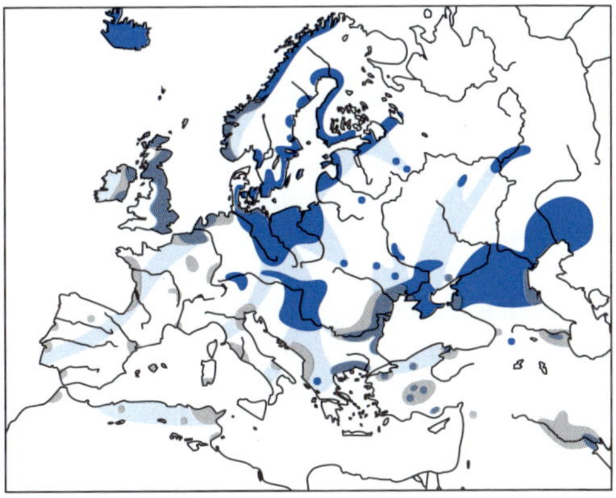

Anser anser – **Graugans**

Europas bis Zentral- und Ostasien verbreitet, selten oberhalb 61° N (S-Grenze Turkestan, Tibet, Ussuriland). Schwerpunkte in E- und NE-Europa; nach Ansiedlungen auch in W-ME große Population. Gesamtbestand in Europa 120.000-190.000 BP (stark zunehmend) [383], mit Populationen >20.000 BP

in IS und RUS, > 5.000 in DK, D, NL, N., S., UA. und GB [383]. In ME etwa 25.000-35.000 BP [383, erg.], mit sehr großen Nichtbrüterbeständen [196]. In N- und W-ME *anser*, im E (vor allem SE-PL, SK., A, H) *rubrirostris.*
Winterpopulation Europas + N-Afrikas ca. 450.000 Ind. in 5 getrennten Flyway-Populationen [3503; 383].

Wanderungen. **Br. in NW-Europa** Nichtzieher (z.T. mit Streuungswanderungen), sonst überwiegend oder ausschließlich Zugvogel. **Br. IS** bleiben zum kleinen Teil, ziehen im Okt. meist nach IRL und Schottland (Ankunft Ende Okt/Nov., Rückzug März/April) [4064]). **Br. N., S., DK, D** ziehen z.T. S bis SW entlang Nordsee- und Atlantikküste, Überwinterung Küste D-NI, NL, F bis E. (einige auch P), z.T. über Binnenland ME ans Mittelmeer bis N-Afrika [854,1208]. Abzug Ende Sept., Dz. NL/F Okt./Nov.; Hauptwinterquartier Unterlauf Guadalquivir (Gipfel Dez./Jan.); Rückzug ab Ende Jan./Feb., Rückkehr an Brutplätze (Feb.) März/April. Br. CZ, A, H ziehen über N Balkan, I nach N-Afrika; Winterquartier Br. SE-Europa unsicher, möglicherweise GR, N Afrika. Br. RUS ziehen S bis SW Schwarzmeer, TR, Kaspi-Gebiet. Einzelne *rubrirostris* bis B, NL, D, CH nachgewiesen. Wichtigste Winterquartiere Schottland, Zentral-NL, Guadalquivirmündung, Evros-Delta/GR, N-TN/DZ, N- und Mittel-TR. Mauserquartiere ab Mai von Nichtbrütern aufgesucht, z.B. DK (Seeland), S. (Gotland auch Ind. aus S/SW) und besonders NL (Ijsselmeer, Haringvliet), ferner W-Küste N. Nach Mauser z.T. Rückkehr in Richtung Brutplatz oder an Nachmauser-Sammelplätze, aber auch Abflug in Richtung Winterquartier [Details für ME, Sammelplätze usw.: 2820,1196,3272; Ringfunde NL:3642; S.:1208; GB:4064].

Bestandsentwicklung. Früheres Verbreitungsgebiet Tiefebene N-ME, durch zunehmende Verfolgung starker Rückgang, bis Ende 19. Jh. Areal kontinuierlich verkleinert, schließlich im 19.Jh. Brutvorkommen W der Elbe sukzessive erloschen, z.B. D-NI (bis NE-Teil), NL erst 1919 [196]. Im 20. Jh. wird Bestandsdynamik durch ausgesetzte Vögel beeinflusst. Neue Brutansiedlungen infolge der Aussetzungen in NL ab 1950er J., B ab 1956, D-NW in 1960er J. Die noch überwiegend autochthonen Bestände (N-)PL blieben regional lange Zeit unverändert, allerdings erhebliche Arealverschiebungen in Böhmen CZ [1369] und seit 1970er J. Arealausweitung nach E und drast. Bestandszunahme [3867].

	Best.	Areal	Brutbestand	Jahr	Quelle
A	⇧	+1	500–700	1998–2002	[383]
B	⇧	+2	1.151–1.323	1995–2002	[383]
CH	↑	+1	8–14	1997–1999	[383]
CZ	⇧	+1	620–650	2000–2002	[383]
D	⇧	+2	10.000–18.000	1995–1999	[383]
H	↑	+1	1.100–1.400	1995–2002	[383]
NL	⇧	+2	8.000–9.000*1	1998–2000	[383]
PL	⇧	+2	3.200–3.600	1990–1994	[383]
SK	↑	+1	15–80	1999	[383]

*1 nicht einbezogen: »halbwilde« Formen/Hausgänse (weitere 3.000–4.000 BP) [383]

In E-D seit 1960er Jahre anhaltender Bestandsanstieg und Arealausweitung nach S und SW [2772], wobei Zahl erfasster BP von ca. 1.500 (1969) auf > 4.900 (1985) anstieg. Auch in D-SH seit Anfang 20. Jh. langsam und seit 1970er J. rasch zunehmend und (Wieder-)Ausbreitung seit 1950er J. [309,310], z.T. eingeleitet durch Ansiedlungsversuche an verschiedenen Orten [s. auch 2674,q1]. Ähnliche Entwicklung nach »Wiedereinbürgerungs«versuchen in D-NI [1587,196]. Besonders starke Zunahmen vielerorts in 1990er J., z.T. begünstigt durch milde Winter [D-HH:2163, -SH:310]. In einem der wichtigsten Brutgebiete ME, am Neusiedlersee A, ist Bestand nach kurzer Rückgangsphase in 1970er J. inzwischen auf neuem Höchststand [965]. Auch in PL, NL, B, CZ sowie H steigen Brutbestände deutlich an [196], in PL Ausbreitung nach E und S [3871], in NL Bestand in den 1990er Jahre exponentiell angewachsen (von 100-150 BP 1973-77 über 200-300 BP 1979-85 auf 8.000-9.000 BP 1998-2000) [3638;2366]. Ausnahmen aufgrund von Lebensraumbeeinträchtigungen z.B. in SK. [1585] sowie lokaler Bestandseinbruch in D-MV [1564].
Im 20. Jh. in mehreren Regionen/Ländern ME Ansiedlungen infolge Aussetzungen, wo Graugans nie als Wildvogel brütete, z.B. D-BY 1950er J. [4175], B (vor 19. Jh.?) 1959 *[1677]*, CH 1982 [3393]. Auch verwilderte Hausgans-Populationen meist mit sehr starken Bestandszunahmen seit 1970er J. [z.B. NL, D-BW:2299,3638,1722]; offenbar unabhängig von Wildgans-Populationen.
Zählungen in SW Überwinterungsgebieten und an Sommerrastplätzen verlaufen den Bestandsentwicklungen der Brutpopulationen meist parallel [196], nicht aber Winterbestandsentwicklung in H und BG [196].

Gefährdungsursachen [196,1722,309,965,1564, 2819]. Bedeutendste Ursache in Brut- und Rastgebieten ist direkte Verfolgung, insbesondere Jagd mit z.T. ungeregelten oder zu langen Jagdzeiten (z.B. auch während Brutzeit), Eier- und Jungenraub sowie Einfangen von Mauservögeln.
Lebensraumzerstörung durch Meliorations-, Kultivierungs- und Entwässerungsmaßnahmen, auch in Überwinterungsgebieten in E. und N-Afrika.
Störungen an Brutgewässern durch intensive Freizeitnutzung, dadurch Senkung des Bruterfolges durch verlassene Gelege, »verlegte Eier«, Verringerung potenzieller Neststandorte sowie Prädation.
Hybridisierung mit Hausgänsen.

SPEC	VSchRL	Bern.Konv.	Bonn.Konv.
--	II-1,III-2	Anh. III	Anh. II
Europ. RL	RL in ME		
--	SK, CZ: 'EN'		

Störungen an Rast-, Tages- und Schlafplätzen in Durchzugs- und Überwinterungsquartieren.
Natürliche Verluste: Lokal bedeutend durch Hochwasser sowie durch Prädatoren wie Seeadler. Brutplatzkonkurrenz u.a. mit Höckerschwan und Kormoran, mitunter Kanadagans.

Schutzmaßnahmen. (*Anser*-Arten) Schutz der wichtigen Brutplätze vor menschlichen Störungen und mutwilligen Eingriffen. Desgleichen Schutz vor Störungen in Durchzugs- und Überwinterungsgebieten an Tages- und Schlafplätzen.
Wiederherstellung oder Erhaltung von Uferwiesen.
Absolute Jagdruhe während Brutzeit und im Sommer für alle Brutvogelarten gleichermaßen wichtig. Einrichtung von Jagdruhezonen in den Kerngebieten im Sommer. Eventuell Vergrämungsaktionen (statt Abschuss) in Gebieten, wo größere Schäden entstehen.
Verhinderung von Aussetzungsaktionen mit konkurrierenden und/oder hybridisierenden Arten bzw. Zuchtformen.

Biotop. Vielseitig, meist an Binnengewässern mit Nestdeckung (z.B. Schilf, Seggen und Binsen, Auwälder, Kopfweiden), freier Wasserfläche und Grasflächen (Mähwiesen, Viehweiden). Mauserquartiere für Familien mit Jungen mit guter Deckungsmöglichkeit. Schlafplätze auf dem Zug bzw. an Sammelplätzen bevorzugt Inseln, Schotterbänke; Tages- und Nachtruhe auch auf dem Wasser; Nahrungssuche mitunter auf > 10 km entfernten Grünflächen.

Nahrung. Land- und Wasserpflanzen, wie Gräser, Kräuter, Stauden, z. B. Klee, Löwenzahn, junge Rübenblätter, auch Wurzeln, Sämereien (Getreidekörner) oder Beeren. Wurzeln und Rhizome. Relativ vielseitig; in manchen Wintergebieten (z.B. GB) in hohem Maße von Landwirtschaft abhängig.

Stimme. Hausgansähnliches »ähngang-ang« oder »gagagag« als Distanzruf, ♂ höher. Rufduette; lange »ga ...«-Reihen vor Auffliegen, kurz einsilbig »ik« oder »äk« bei Beunruhigung; leise »gogogo...« als Kontaktrufe; Abwehrzischen usw.

Verhalten. Tag- und nachtaktiv, bei Störungen nächtliche Nahrungssuche. Bei längerem Streckenflug V-förmige Flugformation; beim Landen oft Abtrudeln aus größerer Höhe wie bei anderen Gänsen. Nahrungserwerb hauptsächlich weidend an Land, mitunter schwimmend, selten gründelnd; unterirdische Pflanzenteile werden mit Schnabel ausgegraben. ♂ suchen einzelne ♀ auf mit angriffshemmender »Winkelhalshaltung«; Paarbildung beginnt, wenn Partner weder flieht noch angreift. Zunächst ± synchrone Bewegungen, später Imponierverhalten des ♂ (auf Land mit gestrecktem Hals und erhobenem Schnabel, auf dem Wasser mit angehobenen Flügeln = »Koggenhaltung«). Fremde Ind. werden mit extremer Imponierhaltung mit (oft) geöffneten Flügeln und nach vorn oben gestrecktem Hals attackiert; dabei lautes, sich überschlagendes Geschrei. ♂ kehrt nach Angriff mit Triumphhaltung wieder zum ♀ zurück. Aufbau einer Rangordnung. Außerhalb Brutzeit gesellig; oft in großen Scharen, die sich aus einzelnen Familiengruppen locker zusammensetzen.

Fortpflanzung, Brutbiologie [337,767]. Paarbildung meist im 2. Jahr, aber erst im 3. (oder 4.) geschlechtsreif. Monogame Dauerehe, Nistplatzwahl durch beide (♀ aktiver). **Nest**. An schwer zugänglichen Stellen in Gewässernähe, oft erhöht auf Röhricht, Stockausschlägen, Kopfweiden, aus lose zusammengelegtem Pflanzenmaterial; Nestdunen; ♀ baut, ♂ trägt z.T. ein. In günstigen Gebieten kolonieartig; z.T. hoher Nichtbrüteranteil. **Legebeginn**. (Feb.) März, April (Spätbruten bis Mai). **Gelegegröße**. 4-6 (3-12; bei 14 wohl durch 2 ♀); Ø E-D$_{467}$ 5.86, E-D$_{139}$ 5.9, D-BB$_{369}$ 5.9, PL$_{629}$ 5.3 (Kalendereffekt), CS$_{453}$ 5.75, W-RUS$_{483}$ 4.88, N-GB$_{476}$ 5.9 (halbwild). Legeintervall meist 1 d. **Eier**. (Länglich-)oval, weißlich, ohne Glanz, bei Bebrütung bräunlich. **Brutdauer**. 27-29 d; ♀ brütet, ab letztem Ei. **Nestlings-/Führungszeit**. Beide Ad.

führen; Juv. kehren (mit ♀) lange zum Nächtigen ans Nest zurück, sind mit 50-60 d flügge. Familie wandert gemeinsam ins Winterquartier, dort zum Frühjahr Trennung. **Jahresbruten.** 1; Nachgelege. **Bruterfolg.** In E-D_{65} Schlüpferfolg 66%, in D-BB_{1186} 71.7%, in CS_{22} 72%; in E-D bei 1470 BP Ø 2.8 bzw. 3.9 flügge Juv./Paar und Jahr; ca. 75% der Paare mit Vollgelege führten Junge. In PL_{810} 44% der Bruten erfolgreich, 47% Ei- und 14% Jungenmortalität; 2.0 flügge Juv./BP und Jahr. In D-BB Anteil von BP mit Jungen 1980-83 zwischen 51.5-69.6% (BP mit Gelegen) bzw. 1992-98 zwischen 33-37.5% (alle anwesenden Paare). Wichtigste Gründe für Brutverluste sind Bodenprädatoren, zwischenartliche Interaktionen, Wasserspiegelschwankungen, Überbauen durch andere Arten (Bisam, Höckerschwan).

Eimaße und -gewichte [1369,2299]. (Wildform) L. 77.0-99.0 mm, B. 49.5-63.0 mm, $Ø_{49}$: 83.8 x 55.9 mm, 87.1 x 58.7 mm (n=355, EST), 86.4 x 59.1 mm (n=141, ME), 84.0 x 56.6 mm (n=91, NL); Frischvollgew. 150-186 g, Ø: 161 g, 152.5-195.5, $Ø_{23}$: 176 g. (Hausgans) Ø: 84.5-57.5 mm (n=65, NL).

Sterblichkeit, Alter. Br. IS Ad. 23%/J., Br. DK ca. 33%/J. Unterschiedliche Sterblichkeit nach Wahl der Winterquartiere NL und E. und anderen Faktoren [s. 2800]. Älteste Ringvögel 23 J. 7 Monate [3654], mehrfach > 15 J. **Generationslänge.** 7 J. [383].

Mauser. **Postjuvenile Mauser** (Teilmauser) Sept.–Ende Nov./Jan.; Kopf-, Hals- und Flanken-, anschließend Körpergefieder, einige ST und Flügeldecken [767,139]. • **Postnuptialmauser** (Vollmauser) Schwungfedern (mit Flügeldecken) gleichzeitig ab Ende Mai/Mitte Juli, ♀ und Nichtbrüter eher; Mauserperiode von geografischer Lage und Nahrungsangebot abhängig [2367,1949]; ca. 3.5–4 Wochen flugunfähig, erfolgreiche BP sind zusammen mit Jungen wieder flugfähig; ST und Körpergefieder nach Abschluss der Schwingenmauser [767,139,1949].

Alopochen aegyptiaca – Nilgans 01700

Alopochen aegyptiaca (Linnaeus 1766) früher: *aegyptiacus*

(GB) **Egyptian Goose** (F) **Ouette d'Egypte** (E) **Ganso del Nilo**

Taxonomie. Monotypisch.

Kennzeichen. Sexualdimorph [221,1369,3615, 1784,3772,408; **Fotos** in Limic. **9**, 278, **16**, 252].

Maße. Gr.: 71-73 cm. Gew.: ♀ 1500-1800 g, ♂ 1900-2250 g. Fl.spw.: 134-154 cm. Fl.l.: ♂ 378-406 mm, ♀ 352-390 mm [1784,3615].

Status. In NW-ME in rascher Ausbreitung befindlicher Brutvogel und regional Jahresvogel. In anderen Regionen Brut- und Zugvogel bzw. seltener Zuzügler und Gast aus Brutpopulationen oder Gefg.haltungen, z.B. in • **CH** 30 Feststellungen von 1958-96 und eine wahrscheinliche Brut in Grenznähe [4152]. • **CZ** je ein Nachweis 1979 und 1995 [q18]. • **H** drei Nachw. aus 1930er J. [2438]. • **PL** erstmals 1877, bis 2000 weitere 10 mal beob. [973,3871].

Verbreitung und Bestand. Brutvogel Afrikas S Sahara sowie im S Niltal, mit einem Gesamtbestand von 200.000-500.000 Vögeln [3240,2678]. In Europa eingeführt und in rascher Ausbreitung; Bestand in EGY mehrere tausend BP, S davon häufig.

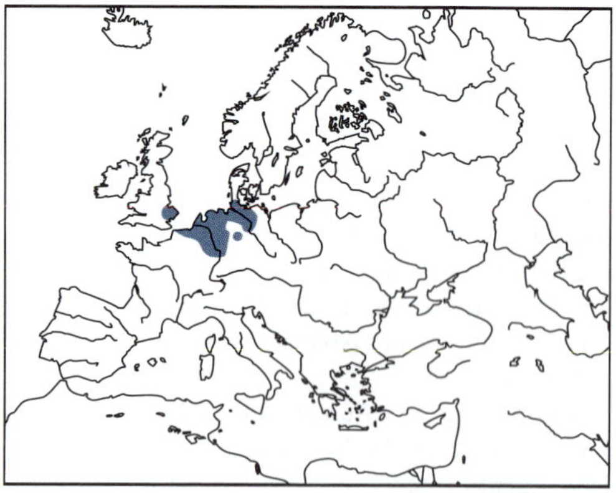

Alopochen aegyptiaca – **Nilgans**

Freifliegende Ind. aus Gefg. bzw. Freibruten inzwischen in weiten Teilen W Europas und W-ME, mit über 10.000 BP, davon die meisten in GB und NL. In ME brüteten um 2000 mindestens 5.500-6.400 BP [204,2676,2677,2300,77].

Wanderungen. Eingeführte Br. GB und NL Nichtzieher [3615,2300]; in EGY ebenso Standvogel oder

allenfalls Kurzstreckenzieher. Im afrotropischen Raum Teilzieher, von dort vermutlich Wintergäste in Oasen DZ und TN [3615].

	Best.	Areal	Brutbestand	Jahr	Quelle
B	⇧	+ 2	800–1.100	2000–2002	[77,2300]
D	⇧	+ 2	200–250*	1995*	[383,2677]
NL	⇧	+ 2	4.500–5.000	1998–2000	[383,2300]

*Neuere Zahlen siehe Text.

Bestandsentwicklung. Über Verbreitungsgeschichte in früheren Jh. wenig bekannt. Im 17. Jh. Brutvogel in SE-Europa bis Vojvodina (YU), H und RO; auch IL und SYR; wahrscheinlich natürliche Verbreitung [1507,2676]. Damalige Einbürgerungsversuche in USA, AUS und NZ scheiterten [1507]. In GB (und anderen Teilen Europas) eingeführt bzw. gehalten ab 17./18. Jh., daraus ab Ende 18. Jh. erste freilebende Brutpopulationen, bis Ende 19. Jh. auf 400-500 Ind. angewachsen; Bestand bis 1980er J. weitgehend unverändert, dann aber starke Zunahme auf etwa 400 BP bzw. 1.000 Ind. und Arealausweitung in den 1990er J. [1507,2676]. In **NL** seit 1967 freifliegende Vögel, 1969 erste Brut, seither exponenzielles Wachstum auf 1.250-1.400 BP (bis 1994) und 4.500-5.000 BP (1998-2000) [3638], dabei rasche Ausbreitung nach S bzw. entlang Rhein nach (S)E. Erste Bruten in **B** ab 1982 (Brüssel), danach Ausbreitung und Zunahme auf 100-150 BP 1994 [2676,2300] und Ansammlungen > 500 Ind. allein im Raum Brüssel [D. Raes]. In **D** freifliegend z.B. schon 1884, vermehrt seit 1950er/60er J. Erste Bruten (1985?) 1986 in D-NW (grenznah NL) [2161] sowie in -HE (Gießen) [1680]; seit Ende 1980er J. in -NW rasche Ausbreitung und Zunahme auf 150-180 BP 1995 [1793] sowie Besetzung mehrerer neuer Brutplätze in -HE [1680]. Anf. 1990er J. erste Besiedlung -ST [1377], -HH und -SH [310], -NI [1587], nachfolgend -BW [1722] und schließlich 2002 -MV [q7] und 2003 -BB [2361]. Bestand (2004) schon bei etwa 1.000-1.500 BP [O. Geiter]. In CH erste Bruten ab 2003 [V. Keller]. Arealausweitung hält an, trotz »unangepasster« Brutstrategie. Andere Regionen ME stark zunehmend einzeln oder in Paaren bzw. Trupps; Brutansiedlungen bevorstehend.

SPEC	VSchRL	Bern.Konv.	Bonn.Konv.
--	--	Anh. III	Anh. II
Europ. RL	**RL in ME**		
--	--		

Gefährdung und Schutz. Derzeit keine Gefährdung erkennbar. Schutzmaßnahmen nicht erforderlich.

Biotop. Br. vor allem subtropische Süßwasserseen im Binnenland, an Flüssen und Seen (Afrika). In GB und ME auch Tiefland der temperierten Zone an Park-, Baggerseen und anderen Binnengewässern, in nassen Erlen-Weiden-Wäldern mit Wiesen und Weiden.

Nahrung. Überwiegend Gräser und Samen, Blätter und Stiele von Pflanzen, Gemüse, Getreidekörner, Sprosse und Kartoffeln; auch teilweise animalisch, z.B. Würmer und Heuschrecken.

Stimme. Während der Nahrungssuche stumm, ruffreudig in sozialem Kontext. Stimmen der Geschlechter völlig verschieden. ♂ zischen rau, keuchend; ♀ schnelles, durchdringendes, fast trompetendes Schnattern »honk-hää-hää-hää«.

Fortpflanzung, Brutbiologie [337,767,2298, 1793,2678]. Geschlechtsreife mit 1-2 Jahren. Monogam. **Nest.** Sehr variabel; in ME überwiegend auf Bäumen, wo sie auch Nester anderer Arten annimmt, auf Flößen im Wasser, am Boden zwischen dichter Vegetation oder unter Büschen; sonst in Erdlöchern, Höhlen, zwischen Felsen, auf Felsvorsprüngen bis 60 m Höhe, auch auf Gebäuden; alle Nester in Gewässernähe (max. etwa 300m entfernt). Nest am Boden aus Schilf, Laub, Gras etc., in Bäumen mit zusätzlichen Zweigen, in Höhlen und auf Felsen nur Nistmulde; generell ausgelegt mit Dunen; Einzelbrüter; ♀ baut. **Legebeginn.** Sehr variabel, meist ab März bis etwa Sept., Hauptbrutzeit April-Juni; auch Winterbruten bekannt. **Gelegegröße.** 6-10 (5-15); Legeintervall meist 1, auch 2 d. **Eier.** Rundlich, cremeweiß. **Brutdauer.** 28-30 d; ♀ brütet. Bebrütung ab vollständigem Gelege. **Nestlings-/Führungszeit.** Synchrones Schlüpfen. ♀ hudert in ersten Lebenstagen; beide führen und verteidigen. Juv. mit 70-75 d flügge, Familie mehrere Wochen bis Monate zusammen. **Jahresbruten.** 1; in W-Europa (und ME?) wohl 1-3; in Afrika dagegen nicht einmal Nachgelege bekannt. **Bruterfolg.** Verluste in D-NW etwa 50% aller Gelege und weitere 20-30% der verbliebenen Eier; nach 6 Wochen von geschlüpften Juv. 50-60% verschwunden; jährlicher Juv.-Anteil zwischen 12-36%, Ø 22.6%. Nur 10-25% der lokalen Population brüteten 1991-94 erfolgreich, von diesen Ø 2.8 Juv./BP und J., bezogen auf alle Brutpaare Ø 1.2 Juv./BP und J.; andere Population von 1992-98 Ø 2.2 flügge Juv./BP und J.; in GB bei 25 BP (1970er J.) Ø 2 flügge Juv./ BP und J., 1988 (n=59) in GB 1.1 Juv./BP; in NL_{64} (Rheinauen, 1988-94) 2.0, NL_{100} (Dünengebiete) 1.6 Juv./BP und J. Gründe für Verluste sind Prädation (u.a. Krähen), Frühjahrswitterung, menschliche Störungen und Interferenz durch Kanada- und Graugans sowie Blässhuhn.

Eimaße und -gewichte [767]: L. 62-74 mm, B. 47-54, Ø 69 x 50 mm (n=90, ?); Frischvollgew. 79-110 g, Ø: 97 g (n=81, GB).

Mauser. **Postjuv. Mauser** (Teilmauser) beginnt kurz nach Flüggewerden; einschl. Schirm- und Steuerfedern [767,139]. • **Postnupt.mauser** (Vollmauser) Schwungfedern gleichzeitig, ca. 1 Monat flugunfähig (S-Afrika) [139,1356,3917].

Tadorna tadorna – Brandgans 01730

Tadorna tadorna (Linnaeus 1758) syn.: Brandente

(GB) **Common Shelduck** (F) **Tadorne de Belon** (E) **Tarro Blanco**

Taxonomie. Monotypisch.

Kennzeichen. Sexualdimorph [1369,221,3772, 1784,3615,408; zur Altersbestimmung im 2. KJ: Nos Ois. **36**, 325-330, **Foto** in Brit. B. **93**, 283].

Maße. Gr.: 58-67 cm. Gew.:♀ 800-1200 g, ♂ 1000-1450 g. Fl.spw.: 110-133 cm. Fl.l.: ♀ 28.4-31.6 cm, ♂ 31.2-35.0 cm [1369,3615].

Status. Brut- und Jahresvogel in NW-ME, sonst Brutvogel mit auffälligen Mauserwanderungen, Durchzügler und Wintergast, nach SE-ME in stark abnehmender Zahl.

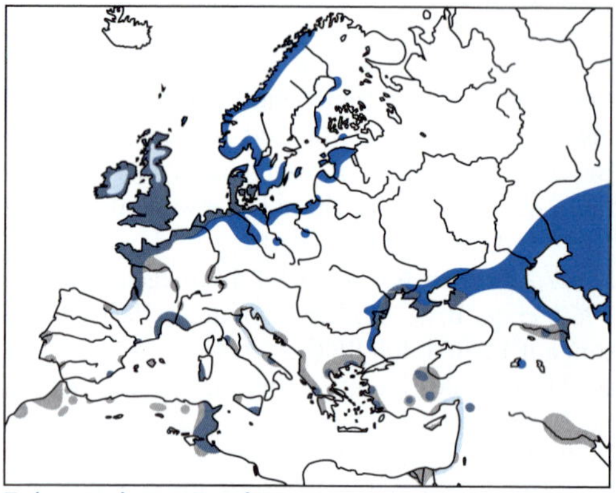

Tadorna tadorna – **Brandgans**

Verbreitung und Bestand. Zwei getrennte Areale, zum einen Küstengebiet von Atlantik, Nord- und Ostsee mit mehreren Ausläufern ins Binnenland, zum anderen von SE-Europa in schmalem Gürtel bis China. Kleinere Ansiedlungen im W Mittelmeergebiet. Gesamtbestand in Europa 42.000-65.000 BP [383], mit Beständen > 5.000 BP in GB, RUS, S., NL und D. In ME brüten 13.000-17.000 BP (s. Tab.), z.T. zunehmend und mit Arealausweitung sowie Neu- bzw. Wiederbesiedlungen [383, erg.]; hoher Nichtbrüteranteil [309,1589]. Drei getrennte Flyway-Populationen: NW-Europäische mit 300.000 Ind., Schwarzmeer/Mittelmeer mit 75.000 Ind. und Westasiatisch-kaspische mit 80.000 Ind. [3503], alle drei Populationen mit Bestandszunahmen bis Ende 1980er J. und seither weitgehend Stabilisierung [3503].

Wanderungen. Zugvogel, Teilzieher, Streuungswanderungen. **Br. SE-Europa** überwiegend Standvögel. In NW-Europa auffallender Mauserzug. Von **GB/IRL, B, NL, DK, N., S., D, PL und Baltikum** ziehen Br. und Nichtbrüter ins Wattenmeer zw. Weser- und Emsmündung mit dem Großen Knechtsand (über 50.000 bis max. 100.000 Ind.; Aug. 1981 105.000 Trischen) als ehemals wichtigstes Zentrum; hierher kommen auch **Br. aus der Camargue** über Land. Seit frühen 1980er J. wichtigste Mausergebiete im N Elbeästuar. Weitere kleinere Mauserzentren im Wattenmeer von NL bis DK (100 bis einige 1000 Ind.), ferner in GB (Bridgwater Bay vielleicht schon > 140 Jahre alt, bis 4000; Forth bis 2500; Wash bis > 2000 Ind.) [1198,2944]. Abzug (z.B. von GB) ab Mitte/ Ende Juni (vorwiegend zunächst nichtbrütende Ind. im 2. KJ), Gipfel des Vorbeizuges an Küste NL 5.-15. Juli, Abzug aber oft noch später, wenn Jungen noch nicht selbständig. Mit Beginn des Mauserzuges oft Zusammenlegen von Bruten (aber nicht generell), die unter Aufsicht weniger Ad. zurückbleiben. Anwesenheit am Mauserplatz bis Ende Aug. (Gipfel meist Anf. Aug.) bis nach Mitte Sept. Anschließend Zunahme in umliegenden Teilen des Wattenmeeres.

Br. NL, GB/IRL ziehen bis Ende Okt. (Dez.) in Brutgebiete zurück, Br. E und N der Deutschen Bucht überwintern an S Nordseeküste bis F, z.T. GB/IRL; viele bleiben im weiteren Bereich der Mausergebiete. Seit 1960er J. erhebliche Zunahme der Wintergäste in F, dort etwa 8% an Mittelmeerküste, Rest Atlantikküste [1328], größere Bestände im Binnenland [4181]. Rückzug von Wintervögeln außerhalb der Brutgebiete März. Juv. führen z.T. Zerstreuungswanderungen aus (extrem GB–Biskaya). Br. SE-Europa, TR wohl Stand- und Strichvögel. Ringfunde [NL:3642; GB/IRL:4064; S.:1208].

Bestandsentwicklung. Wohl infolge menschlicher Verfolgung bis Anf. 20. Jh. Bestandsrückgang der NW-europäischen Population. Durch Schutzmaßnahmen seither, bes. seit 1960er J. jedoch im gesamten europäischen Verbreitungsgebiet Bestandsanstieg und anfangs Ausbreitung an Küsten und ins küstennahe Binnenland in NW-ME, F und GB [1507,2053].

	Best.	Areal	Brutbestand	Jahr	Quelle
A	N	N	30–40	1998–2002	[383]
B	⇧	+ 2	2.140–2.836	1995–2002	[383]
CH	N	N	1–2	1998 1999	[383]
CZ	N	N	1–5	1996–1999	[383]
D	↑	+ 1	5.400–6.300	1995–1999	[383]
H	N	N	0–2	1996–2002	[383]
NL	↑	+ 1	5.000–8.000	1998–2000	[383]
PL	↑	+ 1	120–140	1998–2000	[383]

ME: Durch besseren Schutz nahm recht kleiner Brutbestand in **PL** kontinuierlich zu. Neben Brutplätzen an Ostseeküste auch Binnenlandbruten, u.a. an Warta und Notec [196,3871]. In **B** früher nur spärlicher Brutvogel (1950: 60 BP), Bestand inzwischen vervielfacht und Ausbreitung ins Binnenland. Auch in **NL** ursprünglich fast nur Dünengebiete der Nordseeküste besiedelt, unterdessen häufen sich Binnenlandbruten, Bestand seit 1950er J. stark angewachsen (in 1990er J. allerdings rückläufig) [3638]; inzwischen auch Binnenlandpopulationen selbsttragend [2301]. Positive Entwicklung auch in **D**-NI, wo neben Weser und Elbe auch künstliche Binnengewässer besetzt und Bestand 1950-78 fast verdreifacht. Nach kurzzeitigem Rückgang inzwischen wieder alte Höchststände erreicht. In -SH Bestandstief in 1930er J.; seither an Küste z.T. exponenzieller Anstieg und Erholung auf die hohen Werte des 19. Jh.; Besiedlung des Binnenlandes erst kürzlich [309,310]. Von binnenländischen Brutgebieten B Anf. 1960er J. Ausbreitung nach D-NW, wo Bestand kontinuierlich anwächst. Erste Brut in D-RP 1986, und einzige gesicherte Brut -HE (1990) ebenfalls in Rheinnähe [s. 196]. In E-D recht kleiner Bestand; wichtigste Region ist Küste -MV. Von hier Vorstoß ins Binnenland seit 1960er J., inzwischen über Elbe die Saale erreicht; seit 1995 Elbaue in -SN zusammenhängend besiedelt. Seit 1974 einzelne Bruten in -BB mit nachfolgend deutlich anwachsenden Brutbeständen, ab 1977 Brutvogel in -TH sowie ab 1992 in -SN [3667,1,196,3525].

Arealausweitung und Bestandszunahme werden auch in erheblicher Steigerung der Übersommerungsnachweise weitab der Brutverbreitung evident [z.B. in Slask, D-BY, -BW, Bod. oder A:196] sowie in ersten Brutansiedlungen in **CZ** (ab 1995), **H** (ab 1996) und **CH** (ab 1997) [2159,2438,2053] – entsprechende Erstbrut in UA. (1996) und starke Zunahme in I (1995 schon 72-89 BP) [q18]. In S- und E-ME allerdings unmöglich, die zahlreichen Gefg.fl. von Individuen der expandierenden Wildpopulation zu unterscheiden [4152]; z.B. in D-BY Einzelbruten ab 1981 [343], 2001/02 Bestand lokal bereits 13-16 BP [360].

Konzentration fast der gesamten NW-europäischen Population auf den Mauserplatz Wattenmeer birgt erhebliche Risiken für langfristige Bestandsdynamik der Art in ME. Großräumige Veränderungen dort, z.B. durch Ölkatastrophen, Eindeichungsmaßnahmen oder den Einfluss von Umweltchemikalien, könnten den Brandgänsen die Nahrungsgrundlage entziehen und einen drastischen Bestandsrückgang verursachen [1589]. Derzeit günstige Brut-, Mauser- und Überwinterungsbedingungen fördern die Brandgans, aber Veränderungen (z.B. auch durch erhöhten Jagddruck) könnten Bestandstrend wieder umkehren.

Gefährdungsursachen [309,196]. Menschliche Einflüsse wie Verfolgung und Störungen durch intensive Freizeitnutzung spielten in Abnahmephase wichtigste Rolle. Jagd derzeit nur noch in PL bedeutsam. Ferner: Eingriffe in die Nahrungsgebiete durch Herzmuschelfang; Verölung; Belastung der Nahrung durch Schadstoffe (Agrochemikalien, Abwässer).

Wichtige natürliche Verlustusachen: Prädation durch Möwen, Rabenvögel und Fuchs; Krankheiten (u.a. Botulismus).

Ferner: fehlendes Brutplatzangebot (abhängig vom Kaninchenbestand);

SPEC	VSchRL	Bern.Konv.	Bonn.Konv.
--	--	Anh. II	Anh. II
Europ. RL	RL in ME		
--	CZ: 'VU'		

Schutzmaßnahmen. Einstellung jagdlicher Verfolgung wichtig für Bestandszunahmen.
Verbesserter Schutz vor Störungen und anderen negativen Einflüssen in wichtigen Brut- und vor allem Mausergebieten; intensiver Gebietsschutz in Regionen mit großen Ansammlungen. Renaturierung von Flussauen. Einrichtung von Nisthilfen.

Siedlungsdichte. Auf meisten Halligen in D-SH 5-8 BP/100 ha, bei intensiver Beweidung deutlich weniger, 0.2-0.5 BP/100 ha. Im Extremfall aber koloniеartig, z.B. in -SH 67 BP/100 ha, in -NI sogar 80 BP/18.5 ha (künstliche Höhlen) [1589]; großflächig in Niederungsgebieten D-SH 0.3 BP/100 ha [309].

Biotop. Meeresküsten, salzige Binnenseen (Asien); besonders Flachküsten mit Schlamm- und Sandflächen, auch in flachen Buchten, Flussmündungen (Ästuaren) etc. In NL, N-/NE-D z.T. Einwanderung an Binnengewässer (auch von Gefg.fl.).

Nahrung. Vorwiegend kleine Wirbellose, z. B. Mollusken (vor allem *Hydrobia*, bis zu 11.860 in einem Ind.; *Macoma, Littorina*), Ringelwürmer (z.B. *Nereis*), Crustaceen (z.B. *Corophium;* in salzigen Binnenseen des SE vor allem *Artemia salina,* bis 19.800 in einem Ind.), Insekten und deren Larven (z.B. Chironomidae; max. 68.800 in einem Magen; Dipterenlarven usw.), auch pflanzliche Nahrung, aber meist zurücktretend (z.B. *Enteromorpha* u.a. Algen). Weiden gelegentlich wie Gänse.

Stimme. Im Brutgebiet stimmfreudig, sonst eher schweigsam; Geschlechter verschieden. ♀ normalerweise im Flug und auf dem Boden »ak-ak-ak« bis zum Triller beschleunigt, tiefer als ♂. ♂ verschiedene hohe Pfiffe wie »tju-tju-tju.. .«, auch Triller (dabei Schnabelaufwerfen und Verbeugung). Bei Erregung ♂ »sitju« und ♀ »arrä« oder »korr« (auch gereiht). ♀ hetzen mit hartem »rarr-rarr«.

Verhalten. Tagaktiv, doch gezeitenabhängig auch nachtaktiv. Nichtbrüter tagsüber oft lange ruhend. Nahrungserwerb schnatternd im Seichtwasser oder auf nassem Schlick. Beim Vorwärtsschreiten wird der Kopf seitlich pendelnd bewegt, der Schnabel durch das Wasser bzw. den Schlamm gezogen. Im tieferen Wasser z.T. schwimmende Schnatterbewegungen, auch mit untergetauchtem Kopf wenige cm unter der Wasseroberfläche, auch regelrechtes Gründeln. Ferner Trampelbewegungen auf weichem Untergrund oder Ausgraben einzelner Beutetiere (bis 12.5 cm tief). Vor allem Küken laufen oder schwimmen rasch auch zu einzelnen Beutetieren hin. Im Winter über die Hälfte des Tages Nahrungserwerb. Feb./April sondern sich Paare (und Einzelind.) ab und wählen Nahrungsterritorien (z.B. GB Ø ca. 2.8 ha, Tagesreviere Ø 1.7 ha; abhängig von Nahrungsdichte). Zur Zeit der Nestersuche BP oft abwesend, während der Bebrütung ♂ häufig im Revier. Nach Schlüpfen der Jungen wird Revier meist verlassen. Auf der Nestsuche abseits der Nahrungsreviere wieder gesellig. Aggressive Verhaltensweisen häufig, z.B. tiefer Kopf und leicht gesträubtes Rückengefieder, Schnabel auf den Gegner gerichtet; Imponieren der ♂ durch Kopf-nach-oben-werfen. Verfolgungsflüge, dabei verfolgen bis zu 8 ♂ ein ♀ in weiten Kreisen - hauptsächlich im Feb. und März. Unverpaarte ♂ versuchen oft verpaarte ♀ zu verfolgen (vergewaltigen). Partner versucht ♀ zu verteidigen. Antwort des ♀ auf Kopfwerfen des ♂ ist Hetzen (Kopf und Hals niedrig, parallel über dem Boden, Kopf bewegt sich seitlich hin und her). Vor Abflug oft kurzes Schnabelheben. Paarbildung im Winter. Außerhalb der Brutzeit meist in größeren Scharen. Junge können tauchen und schließen sich zu größeren Jungengruppen zusammen.

Fortpflanzung, Brutbiologie [337,1784,767]. Ende des 2. Lebensjahres geschlechtsreif, oft im 2. Jahr schon verpaart. Erstbruten bei ♀ meist im 3., bei ♂ oft erst im 4.-5. Jahr. Monogame Saisonehe (Paarauflösung bei Mauserzug), doch hohe Brutplatztreue. **Nest**. Meist Höhlenbrüter, z.B. Kaninchenbaue, Erdlöcher in Dünen, Dämmen, Höhlungen unter Gebäuden, Steinblöcken, Baumhöhlen (bis 5 m Höhe), auch in künstlich angelegten Höhlungen, ferner unter oder in Strohhaufen oder sogar Freibruten in dichter Vegetation. Bei großen Populationen koloniеartig (mitunter Nestabstände von nur 1 m). Nestmulde, nur bei Freibruten mit Pflanzenmaterial, generell mit Dunen ausgelegt. **Legebeginn**. (Ende März) April bis Juni. **Gelegegröße**. 8-10 (3-12); Einzel-♀ Ø GB_{140} 8.85 ± 0.14, GB_{95} 9.0, N-GB_{30} 8.1. Zusammenlegen mehrerer ♀ nicht selten, in GB bei 27% von 130 bzw. 18.5 von 54 Gelegen; dann bis 50 Eier. Legeintervall i.d.R. 1 d. **Eier**. Rundoval, gelblichweiß, mattglänzend. **Brutdauer**. 29-

31 d; ♀ brütet, in Brutpausen werden Eier mit Dunen abgedeckt. Bebrütung ab letztem Ei. **Nestlings-/Führungszeit**. Beide Ad. führen Juv. zum Aufzuchtgebiet (kann bis 30 km vom Brutort entfernt sein); manche Bruten bis zum Flüggewerden zusammen, doch oft machen Ad. nach 15-20 d Mauserzug, dann Zusammenlegung und -vermischung verschiedener Bruten zu (oft konstant wachsenden) »Kindergärten« unter Führung eines oder weniger Ad. (aus erfolgreichen Brutvögeln rekrutiert). Juv. mit 45-50 d flügge, bald darauf selbständig. **Jahresbruten**. 1; Nachgelege bei sehr frühem Gelegeverlust. **Bruterfolg**. In GB_{800} 0.99 ± 0.2 flügge Juv./Revierpaar bei 1.14 geschlüpften Juv. (zu niedrig zum Populationserhalt). In GB produzierten Ø 27% der abgelegten Eier flügge Juv. (n= 665-733 pro J.). Bei kolonialem Brüten Erfolg geringer als bei Einzelbruten. Mischgelege mit höheren Verlusten.

Eimaße und -gewichte. L. 57.5-72.3 mm, B. 43.3-50.3 mm, Ø: 65.8 x 47.6 mm (n=100, GB), 65.4 x 46.5 mm (n=201, S.); Frischvollgew. 66 – 93 g, $Ø_{27}$ 77 g, $Ø_{57}$ 78 g; Schalengew. 5.6-8.6 g, Ø: 7.0 g bis 7.4 g.

Sterblichkeit, Alter. GB bei als Ad. beringten Ind. 31 %/J. (bei Berechnung pro KJ 23 %), als nichtflügge beringt 38 %/J. [2944]. Ältester Ringvogel 18 J. 11 Monate (GB) [3654], mehrfach > 13 J. **Generationslänge.** 6 J. [383].

Mauser. **Postjuvenile Mauser** (Teilmauser) beginnt ca. 3 Wochen nach Flüggewerden, Ende Juli/Anf. Okt.-Dez./März; Großteil des Körpergefieders, Schirm- und einige Steuerfedern [767,1369,139,956]. • **Postnuptialmauser** (Vollmauser) Körpergefieder ab Ende Juni, Nichtbrüter etwas früher; durch synchrone Großgefiedermauser während 25-31 Tagen flugunfähig, meist Anf. Juli/Ende Okt., Höhepunkt in D-SH Aug. [309,139,2570]. • **Pränuptialmauser** (Teilmauser) Aug.-Dez. (Frühjahr); Teile des Körpergefieders und Schirmfedern [767,139,1028].

Tadorna ferruginea – Rostgans 01710

Tadorna [ferruginea] ferruginea (Pallas 1764)

(GB) **Ruddy Shelduck** (F) **Tadorne casarca** (E) **Tarro Canelo**

Taxonomie. Monotypisch. Bildet Superspezies mit *T. cana* (S-Afrika).

Kennzeichen. Sexualdimorph [221,1369,1784,3615,3772; **Fotos** in Brit. B. **92**, 229-233, 253, Bird. W. 7, 432-433].

Maße. Gr.: 61-66 cm. Gew.: ♂ 1260-1640 g, ♀ 925-1500 g. Fl.spw.: 121-145 cm. Fl.l.: ♀ 321-369 mm, ♂ 354-383 mm [1784,3615].

Status. In ME fast ausschließlich durch Einbürgerungen Brutvogel, z.T. ganzjährig, aber auch Durchzügler oder Wintergast. Alte Nachweise wohl z.T. Wildvögel. Zudem Einflug nach Europa 1994 vielleicht von Wildvögeln [3966]. Beleg eines in Kirgisien beringten Wildvogels in PL 1978 [3615,3871]. Größere Wanderungen auch innerhalb ME. Gelegentlich in ME Mischbruten mit (entflog.) Graukopfkasarka *Tadorna cana* sowie Paradieskasarka *T. variegata.*

Verbreitung und Bestand. Brutvogel vom lückig besiedelten SE-Europa (vor allem TR, auch Schwarzmeerküste BG und RO) und N-Afrika (bes. S Atlas) bis zu Schwerpunktgebieten in Steppen Zentralasiens. Gesamtbestand in Europa etwa 19.000-33.000 BP [383], konzentriert in RUS und TR. In ME zunehmend selbsttragende Brutansiedlungen durch Gefg.fl., vor allem in CH, bei Gesamtbestand von 20-50 BP. In zunehmendem Maße Einzelbruten von verwilderten Gefg.fl.

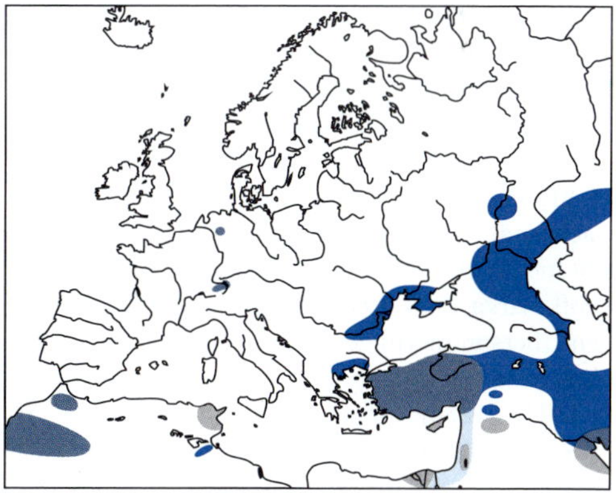

Tadorna ferruginea – **Rostgans**

in verschiedenen Teilen ME und generell stark anwachsende Bestände und Truppgrößen.

Wanderungen. Überwiegend Streuungswanderungen und Nomadismus, im N-Teil des Brutgebietes Zugvogel. **Br. N-Afrika** z.T. bei Kälte Vertikalwanderungen; früher regelm. im Winter bis 200 Ind. in S-E., doch seit letztem Drittel 20. Jahrhundert nicht mehr. Kleine Trupps überwintern GR, Tausende TR, regelm. in größerer Zahl in Unterägypten, einzeln bis Äthiopien. **Br. weiter E** überwintern vom S des Brutgebietes (Turkestan, Zentralasien) bis Mittelindien, Hinterindien, S-China. Einflüge nach NW-, Zentral-, N- und E-Europa [vgl. 3966] betreffen vermutlich sowohl Vögel der Ursprungspopulationen als auch (in vielen anderen Fällen) eingebürgerte. Am Bod. Ansammlung in den Wintermonaten (eingebürgerte Population, vermutl. Zuzug aus der Umgebung); hier Abzug von den Brutplätzen Mitte Sept., Distanzen aber unklar [1617].

Bestandsentwicklung. Europäischer Wildvogelbestand im 20. Jh. stark rückläufig, seit 1970 um > 70% [3892]. Erst seit 1970er J. in RUS und BG wieder Zunahmen, während Bestände in RO und UA. sowie in Hauptüberwinterungsgebieten in TR weiterhin sehr rasch zurückgehen [3892].
Etwa seit 1960er J. Zunahme von Gefg.fl. und freifliegenden Parkvögeln in ME, auf die wohl alle nachfolgend aufgeführten Bruten zurückgehen [337]. In **CH**-ZH erste Brut 1963 [4152], dann ab 1987 (CH-GE) allj. Bruten im Mittelland (-AG, -ZH, später -BS, -LU), schließlich auch in CH-GR; seit Mitte 1990er J. wachsende Brutpaarzahlen: auf 11 BP in 2000 und 26 BP in 2004 sowie stark anwachsende Truppgrößen mit 222 Ind. in 2001 und 420 Ind. in 2004 [3393,q1]; Mischbruten mit Graukopfkasarka 1988, 1996 und 1997 [3392]. In **D** neben Übersommerungen lange Zeit einzelne Bruten ohne feste Ansiedlung, z.B. 1968-71 sowie 1980-83 in D-HE [1680], zwischen 1963-87 9 Bruten -SH [309], in -BB einzelne Bruten 1977 und 1978 [1]. In -BW ab 1979 allj. Brutvogel mit 26 Bruten bis 1995 [1722], darunter von 1977-86 einzelne am Bod.; seit Mitte 1990er J. dort regelmäßig Bruten in wachsender Zahl [1617,4084]; in -NW (Kreis Wesel) erste Bruten 1989, ab Mitte 1990er J. mind. 5 BP und Trupps bis max. 140 Ind. [2161, J. Mooij]. Brutzeitbeob. u.a. auch in -MV und -BY [196]. In **NL** von 1961-94 insgesamt nur 17 Bruten erfolgreich (bei 65 Brutversuchen), feste Ansiedlung dann ab Mitte 1980er J. [375], seither deutliche Zunahme [3638]; auffällig ist Zuzug in Herbstmonaten aus anderen Populationen [2298], mit jetzt >100 Ind. [277,375]. In **CZ** Einzelbruten 1975, 1977 und 1989 [2159]; 1994 zudem Mischpaar mit Paradieskasarka [3966]. In **B** erste Brut 1981, in der Folge Ansiedlung und Brutversuche mehrerer Paare [1677, vgl. 2298]; seit 1988 einzelne Brutnachw. in Wroclaw **PL** [3966], in 1990er J. erste Bruten auch in **A** [q10].

	Best.	Areal	Brutbestand	Jahr	Quelle
A	N	N	0–2	2000	[q10]
B	N	N	1–5	1995	[383,2298]
CH	⇧	+ 2	10–11*	1999–2000*	[383]
D	↑	+ 1	3–13	1995–1999	[383]
NL	⇧	+ 1	5–20	1998–2000	[383]

*Neuere Zahlen siehe Text.

Gefährdungsursachen [3892,196]. In SE-Europa und TR hauptsächlich Verlust der Wasserflächen durch Trockenlegung und Flussbegradigungen sowie z.T. auch klimatisch bedingte Austrocknung (vgl. auch Moorente). Jagd in den Überwinterungsgebieten.

SPEC	VSchRL	Bern.Konv.	Bonn.Konv.
3	Anh. I	Anh. II	Anh. II
Europ. RL	**RL in ME**		
VU	--		

Schutzmaßnahmen. Konsequenter Schutz der verbliebenen Feuchtgebiete in den angestammten Brutgebieten, insbesondere aber auch in den Winterquartieren.
Einstellung oder mindestens deutliche Reduktion der jagdlichen Verfolgung.
Wie bei der Schwarzkopf-Ruderente werden aus Gefg.haltungen entkommene Brutvögel abseits der angestammten Brutgebiete, z.B. in CH, neuerdings bekämpft [BUWAL (2004), unveröff.].

Biotop. Br. an Brackwasserlagunen, salzig. Binnenseen, Süßwasserseen bis ins Gebirge hinauf, auch in off. Gewässern ohne Ufervegetation, bevorzugt in Felswänden, aber auch auf flachen Böden. Winterquartiere bes. große Süßwasserseen, auch an Strömen und Flüssen mit Sandbänken etc. Bindung an Gewässer weniger deutl. als bei anderen Anatinae.

Nahrung. Ad. überwiegend pflanzlich, weiden Gräser, nehmen im Herbst Sämereien, auch Getreidekörner; in geringer Menge kleine Mollusken, Crustaceen, Würmer, Insekten. Dunenjunge

überwiegend Insekten (Land), kleine Crustaceen (Seichtwasser).

Stimme. Laute, nasale Rufe, ♀ tiefer und rauer als ♂, etwa »eng« oder »ang«, auch im Duett. ♂ weich rollend »arorr« oder »arerr«, auch »ho-ho-ho«; kompliziertere Rufe z.B. »ahöa«. Bei Erregung auch längere Rufreihen.

Verhalten. Tagaktiv. Sehr gute Flieger, die vor allem an ihren hoch gelegenen Brutplätzen zu vielen Flugmanövern gezwungen werden. Nahrungserwerb gänseartig am Land weidend, aber auch schnatternd und gründelnd im Seichtwasser. Im Brutgebiet territorial, doch bei geeignetem Höhlenangebot Nester auch relativ dicht nebeneinander; auf den Nahrungsflächen auch mehrere Paare beisammen. ♀ hetzen mit Hals gegen Artgenossen gestreckt mit seitlichen Schnabelbewegungen. ♂ greift dann Gegner an. ♂ in Freiheit offenbar ausgesprochenes Revierverhalten. Kopula auf dem Wasser. Paarbildung wohl schon im Winterquartier. Paare bleiben wahrscheinlich lebenslang zusammen. Junge können tauchen. Außerhalb der Brutzeit gesellig.

Fortpflanzung, Brutbiologie [767,1784,3615, 337]. Erstbrüter wohl meist 2 Jahre alt. Monogame Dauerehe (?). **Ankunft am Brutplatz.** Im März oder April. **Nest.** In Ursprungsgebieten in natürlichen oder von anderen Arten gegrabenen Höhlen oder in verlassenen Gebäuden bzw. Ställen, in hohlen Bäumen bis 10 m über Boden oder in Felswänden oder -nischen; in ME oft auch in höheren Gebäuden und in Türmen. Benutzt auch Nistkästen. Nest meist nur flache Mulde durch ♀, mit etwas Gras, Federn und Dunen ausgelegt. **Legebeginn.** Ab (März) April bis Mai, in N-Afrika z.T. schon Feb. **Gelegegröße.** 8-9 (6-13), wenn mehr Eier, dann 2 ♀ beteiligt. Legeintervall 1 d. **Eier.** Gerundet oval, weiß, mattglänzend. **Brutdauer.** 28-29 (27-30) d; ♀ brütet; Bebrütung ab letztem Ei. **Schlüpftermine.** Synchron, meist im Mai. **Nestlings-/Führungszeit.** Am 1. d Nestflucht; beide Ad. führen und verteidigen. Ansammlungen von Jungvögeln bei größerer Population, aber Ad. verlassen ihre Jungen nicht (vgl. aber Brandgans). Juv. mit ca. 55 d flügge und bald darauf selbständig; manche Fam. bis Winter zusammen. **Jahresbruten.** 1; wahrschl. Nachgelege.

Sterblichkeit, Alter. Generationslänge: 6 J. [383].

Eimaße und -gewichte. L. 61.5-72.0 mm, B. 45.0-49.5 mm, $Ø_{71}$: 67.0 x 47.1 mm; Frischvollgew. 69-85 g, $Ø_{10}$: 76 g bzw. in Gefg. 69-99 g, $Ø_{70}$: 83 g ; Schalengew. 6.5-8.9 g, $Ø_{110}$: 7.8 g.

Mauser. Postjuvenile Mauser (Teilmauser) Juli–Dez.; Körpergefieder und Schirmfedern [767,139]. • Postnuptialmauser (Vollmauser) Körpergefiedermauser ab Ende Juni/Aug., bei ♂ etwas früher als bei ♀; oft bei Beginn der synchronen Schwingenmauser noch nicht abgeschlossen; ca. 4 Wochen flugunfähig, Mitte Juli/Sept.; ST-Mauser noch bis Nov. • Pränuptialmauser (Teilmauser) Sept./Okt.–März/April, oft mit Mauserunterbrechung Dez.–Feb.; Großteil des Körpergefieders und Schirmfedern [767,139].

Tadorna cana – Graukopfkasarka 26660

Tadorna [ferruginea] cana (J.F. Gmelin 1789)

(GB) Cape / South African Shelduck **(F) Tadorne à tête grise** **(E) Tarro Sudafricano**

Taxonomie. Monotypisch. Bildet Superspezies mit *T. ferruginea.*

Kennzeichen. Sexualdimorph [1784,2418; **Foto** in Limic. **11**, 272].

Maße. Gr.: 61-66 cm. Gew.: ca.1400-1750 g. Fl.l.: 31.5-36.5 cm (♀ Ø: 32.6 cm, ♂ Ø: 35.6 cm) [1784,2418].

Status. In ME durch Einbürgerungen und Gefg. fl. gelegentlich freifliegend, z.B. in **D** mehrfach in versch. Regionen sowie am Bod. [1617,1722,575]. In **CH** allerdings 1988, 1996 und 1997 Mischbruten mit Rostgans (s. dort) [3392]. Die entstandenen Hybriden dürften zu Bestimmungsproblemen bei den inzwischen weit verbreiteten Rostgänsen führen [196,575].

Verbreitung u. Bestand. Brutvogel S-Afrikas von Zentral-Namibia und S-Botswana südwärts. Global nicht gefährdet, Bestand bei ca. 42.000 (1981) [1784].

Wanderungen. Im Ursprungsgebiet Standvogel, jedoch teilweise mit Mauserzug und Ausweichwanderungen in Abhängigkeit von Wasserverfügbarkeit, die einen Großteil der Population umfassen [1784].

Biotop. Br. an permanenten kleinen Süß- oder Brackwasserseen (Südafrika und S-Namibia).

Nahrung. In der Trockenzeit vegetarisch, hauptsächlich Getreide und Algen, im Rest des Jahres neben Pflanzenmaterial auch animalisch, u.a. Insektenlarven und Crustaceen.

Stimme. ♂ mit tiefen Rufen wie »hou«, »honk« ♀ harscheres »hark«. ♀ zischen bei Verteidigung der Brut. Während der Balz stimmfreudig.

Mauser. Ähnlich Rostgans [1327].

Chloephaga picta – Magellangans 20380

Chloephaga picta (Gmelin 1789)

(GB) **Upland/Magellan Goose** (F) **Ouette de Magellan** (E) **Cauquén Común**

Taxonomie. 2 UA: *picta* (Gmelin 1789) (S S-Amerika) und *leucoptera* (Gmelin 1789) (Falkland Inseln). Die Gattung umfasst 5 Arten, alle in S-Amerika endemisch. Schwesterart ist die im Hochland Äthiopiens endemische Blauflügelgans (*Cyanochen cyanopterus*), einzige Vertreterin dieser Verwandtschaftsgruppe außerhalb S-Amerikas.

Kennzeichen. Sexualdimorph [1784,2418].

Maße. (Nominatform) Gr.: 60-72.5 cm. Gew.: 2700-3200 g, Ø: 2900 g. Fl.spw.: ♂ 39.5-43.5 cm, ♀ 38.0-40.3 cm [1784,2418].

Verbreitung. Im südlichen S-Amerika von Zentral-Chile bis Feuerland sowie auf Falkland-Inseln. Global nicht bedroht, Bestand nicht genau bekannt, während Brutzeit in Feuerland bis 30.000 Ind. ermittelt [1784]. In Europa wiederholt freifliegende Gefg.fl. mit gelegentlichen Bruten, neuerdings wohl feste Etablierung in Flandern.

Vorkommen in ME, Status. Vorkommen in ME gehen ausschließlich auf Park- oder Volierenvögel zurück. Seit 1980er J. seltene und unreg. Brutnachw. in **NL** mit 1-2 BP [2298,674]; in **B** erste Brut 1993, seither rasche Zunahme auf inzwischen 30-45 BP allein in Flandern [77]. Aus **D** keine sichere Brut bekannt; mehrere Einzelbeob. [575]. Außerhalb der Brutzeit gesellig und in Trupps [2298].

Gefährdung und Schutz. Keine einheimische Vogelart. In Ursprungsgebieten nicht gefährdet. In ME keine Maßnahmen erforderlich.

Biotop. Überwiegend auf trockenen Weideflächen und Ackerland, meist weit von Wasserflächen entfernt.

Nahrung. Fast ausschließlich vegetarisch, Gräser, Stängel, Blätter usw.

Aix sponsa – Brautente 01770

Aix sponsa (Linnaeus 1758)

(GB) **American Wood Duck** (F) **Canard carolin** (E) **Pato Joyuyo**

Taxonomie. Monotypisch. Die artenarme holarktische Gattung *Aix* (2 Arten) ist die Schwestergruppe der Moschusenten, mit denen sie am besten in einem Tribus (Cairinini) vereinigt werden [3632,918].

Kennzeichen. Sexualdimorph [1784,221,3772,1369, 3615].

Maße. Gr.: 41-51 cm. Gew.: 482-879 g. Fl.spw.: 68-74 cm. Fl.l.: ♂ 215-285 mm, ♀ 203-231 mm [1784,3615].

Status. Trotz einiger gezielter Ansiedlungsversuche in Europa, z.B. in Dresden ab 1860 und Berlin nach 1900 [2098], gelang dies bisher längerfristig nur in GB, bei recht kleinem Bestand [1343]. In ME dagegen trotz vielerorts freifliegender Vögel nur unreg. oder zeitweise Brutansiedlungen, so in **D**-BW im 20. Jh. z.B. am Bod. 1936 (2 mal); in -BE Anf. 20. Jh. vorübergehende Ansiedlung mit bis 120 Ind. (1930 erloschen), von 1970-82 dort mehrere BP sowie 1993 eine Brut [1]; in -BB eine kurzzeitige Ansiedl. von 1974-78 [1]; derzeit größere Zahl von Bruten in verschiedenen Regionen D, z.B. -NW (4 BP 1997), -HE, -SH, bei insgesamt 8-18 BP (1999) [204,2161]. In **B** erste Brut 1984, Mitte 1990er J. etwa 3-5 BP [1677,3615], seither vor allem in Flandern rasche Zunahme [77]; in **NL** seit 1994, vor allem in Noordholland, Brutvogel in kleiner Zahl [277,3638]; jew. 1 Brut in **PL** 1983 sowie in **A** 1986 und Ende 1990er J. [q10]; schließlich seit 1995 1-2 BP in **CH**-GR, ferner einzelne Paare 1996 und 1997 in -SG, -BE und -SO [4152].

	Best.	Areal	Brutbestand	Jahr	Quelle
B	↕	F	25–30	2000–2002	[77*]
CH	↕	F	1–3	1995–1997	[4152,q3]
D	↕	F	8–18	1995–1999	[383]
NL	N	N	1–5	1998–2000	[383]

*allein in Flandern

Verbreitung und Bestand. Brutvogel im W, Zentral- und SE von N-Amerika sowie W-Kuba. Global nicht bedroht, Bestand bei > 1.3 Mio. Ind. [1784]. In Europa wiederholt Einbürgerungsversuche seit 19. Jh. und freifliegende Gefg.fl. mit gelegentl., aber in meisten Regionen nie dauerhaften Brutansiedl..

Wanderungen. Im Ursprungsgebiet Teilzieher. Nördlichste Br. wandern zum S-Rand des Brutgebietes, Br. im S Standvögel [3615].

Gefährdung und Schutz. Keine einheimische Vogelart. In Ursprungsgebieten nicht gefährdet. In ME keine Maßnahmen erforderlich.

Biotop. Überschwemmungsgebiete, Sümpfe, Seen oder Tümpel mit dichtem Altbestand an Laubbäumen (Bruthöhlen), auch in abgeschiedenen Parklandschaften.

Nahrung. Vor allem Eicheln, Samen, Nüsse und grüne Teile aquatischer Pflanzen.

Stimme. Meist schweigsam. ♀ langgezogen quiekend »uh-iek«, ♂ dünnes, ansteigendes »dschii-ie«.

Fortpflanzung. Höhlenbrüter wie Mandarinente.

Mauser. **Postjuvenile Mauser** (Teilmauser) Ende Juli–Anf. Okt.; Körper- und Steuerfedern [1356,3050]. • **Postnuptialmauser** (Vollmauser) ab Mitte Mai; während 3–4 Wochen flugunfähig, bei ♂ ab Anf. Juli, bei ♀ 1 Monat später (N-Amerika) [1356,3050]. • **Pränuptialmauser** (Teilmauser) ♂ Juli–Anf. Sept., ♀ später (N-Amerika); Körpergefieder, Steuer- und einige Schirmfedern [1356,3050].

Aix galericulata – Mandarinente 01780

Aix galericulata (Linnaeus 1758)

(GB) **Mandarin Duck** (F) **Canard mandarin** (E) **Pato Mandarín**

Taxonomie. Monotypisch.

Kennzeichen. Sexualdimorph [1784,1369,221, 3772,3615; **Foto** in Brit. B. **96**, 219].

Maße. Gr.: 41-51 cm. Gew.: ♂ 571-693 g, ♀ 428-608 g. Fl.l.: ♂ 226-242 mm, ♀ 215-234 mm [1784,3615].

Verbreitung und Bestand. Brutvogel der Ostpaläarktis von SE-RUS über NE-China bis JAP. In Europa häufig gehalten [2099] und gebietsweise als Brutvogel etabliert (vor allem GB, auch Teile ME), in vielen Regionen aber nur freifliegende, entkommene Vögel. Autochthoner Brutbestand in Asien < 10.000 BP [1784], derzeit aber nicht als global bedroht geführt [382]. In GB inzwischen > 7.000 Ind. (1989-91); in anderen Teilen Europas einschließlich ME insgesamt kaum > 1.000 Ind.

Status und Bestandsentwicklung. In ME hat sich Mandarinente bis 1980er J. in verschiedenen Regionen in kleiner Zahl angesiedelt, doch oft nur freifliegende Nichtbrüter, während Zahl der Brutvögel vielerorts klein bleibt; längerfristige Etablierung anfangs selten. In **CH**-BS erste Brut 1958, seit 1980 allj. Brutvogel, ab 1990er J. leichte Zunahme und Ausbreitung; Winterpopulation 133-172 Ind., höchster Brutplatz auf 1730m NN [3393,1988]. In **B** erste

Brut 1987 (Brüssel), in 1990er J. Zunahme auf > 10 BP [3615,1677], danach rasches Anwachsen auf 80-95 BP allein in Flandern [77]. In **NL** Brutvogel seit 1964, erst ab 1970er J. allj., dann starke (weiter anhaltende) Zunahme auf 90-110 BP 1994 und 200-260 BP bis 2000 [2298,375,3638], bei einem Winterbestand von mehreren hundert Vögeln (Einzeltrupps bis 160 Ind.) [277,375,2298]. Wichtigste Brutvorkommen in **D** bestehen in -BE und -BB, (1) ausgehend von freifliegenden Ind. auf Gewässern des Tiergartens beim Zoo Berlin nach II. Weltkrieg (dort schon in 1920er J.), ab 1981 Ausbreitung u.a. nach W (Potsdam) und starke Zunahme auf inzwischen fast 500 ♀ [1,4161, W. Mädlow]; (2) Tierparkpopulation Cottbus mit Ausbreitung seit 1990er J. – insgesamt Bestand in (1) + (2) um 1998 etwa 80-120 BP [1]. Schwerpunkte mit > 20 BP außerdem in -SN und -NW [204,2161]. In **A** seit Ende 1980er J. starke Bestandszunahme sowie Arealausweitung [vgl. 965 und q10]. Zunehmend weitere Brutvorkommen in E-ME, z.B. auch E-**CZ** [1159], sowie 1996 erstmals in W-UA. [q3]. In **PL** erste Brut 2001 in Warschau, dort 3 BP 2002 [3871].

	Best.	Areal	Brutbestand	Jahr	Quelle
A	⇧	+ 2	30–40	2000	[q10]
B	↑	+ 1	80–95	2000–2002	[77]
CH	↑	+ 1	4–8	1996–2000	[383]
CZ	N	N	0–2	1994	[383]
D	↑	+ 1	180–270	1995–1999	[383]
NL	⇧	+ 2	200–260	1998–2000	[383]
PL	N	N	1–3	2001–2002	[383]

Wanderungen. In Ostasien größtenteils Zugvögel. Br. GB meist Standvögel; doch in Europa einzelne weitere Wanderungen von Gefg.vögeln bekannt, z.B. GB–H; 2 Ind. N.–GB; ehem. DDR–D-BY.; D-BY–Karelien.

SPEC	VSchRL	Bern.Konv.	Bonn.Konv.
--	--	Anh. III	Anh. II
Europ. RL	**Globale RL**	**RL in ME**	
VU	ehem. NT	--	

Gefährdung und Schutz. In Brutgebieten Ostasiens vor allem menschliche Verfolgung, insbesondere Abschuss und Habitatzerstörung. Gehörte zeitweilig zu global bedrohten Vogelarten [1784,382,196], durch Schutzmaßnahmen (Gebietsschutz, Jagdverschonung, Reduktion des Handels) aber derzeit deutliche Erholung, insbesondere in JAP. In Europa nicht gefährdet. Durch Aufhängen von Nistkästen in geeigneten Lebensräumen kann Ansiedlung gefördert werden [2161].

Biotop. Stehende Binnengewässer und vor allem größere Flüsse; im natürl. Areal bevorzugt solche, die mit Bäumen umstanden sind; in Europa daher auch oft auf Parkseen. Halbzahm jedoch auf unterschiedl. Gewässertypen; Uferdeckung bevorzugt.

Nahrung. Überwiegend pflanzlich, besonders Sämereien, Eicheln und Nüsse sowie Wasserpflanzen; saisonal auch kleine wasserlebende Wirbellose, Landschnecken und Insekten.

Stimme. Balzrufe ♂ kurz »pfruib«, oft in Reihen; ferner z.B. trillernd »rrrr«, zweisilbig »kn-sit« oder auch »pffrrruuiehb«. ♀ laut und scharf »kett« (ähnlich Blässhuhn!), beim Hetzen wiederholt »äck« usw. Außerhalb Balz recht schweigsam.

Verhalten. Nahrungssuche tags und nachts, meist von Wasseroberfläche oder gründelnd, auch auf dem Land. Taucht nur ausnahmsweise. Brüten einzeln. ♂ und ♀ bleiben z.T. über mehrere Brutzeiten zusammen. ♂ kopulieren aber auch oft mit anderen ♀, während ihr Partner brütet. Paarbildung ab Sept. (Ad.) oder später (meist noch im 1 . Jahr) bis Feb., mit Verfolgungsflügen; Partnerwahl ausschließlich ♀. Außerhalb Brutzeit gesellig.

Fortpflanzung, Brutbiologie [337,767]. Geschlechtsreife im 1. Lebensjahr, aber einjährige ♀ mit geringerer Reproduktion als ältere. Monogame Saisonehe, aber Wiederverpaarungen nicht selten. Viele Fremdbegattungen durch ♂. **Nest.** In Höhlen, aber selten in Bodennähe (Baumstubben, Steinhaufen, gar Vegetation). Nestmulde mit wenig Vegetation ausgekleidet. **Legebeginn.** April bis Mai. **Gelegegröße.** 9-12 (7-14); mehr [bis 19 Juv./♀, vgl. 1] durch Zusammenlegen (?). Legeintervall 1 d. **Eier.** Spitzpolig, cremefarben (dunkler als Brautente). **Brutdauer.** 28-31 d; nur ♀ brütet, ab Vollgelege. **Nestlingszeit.** ♂ nur anfangs in Nestnähe. Junge schlüpfen synchron; sofortige Nestflucht, Führung zu Nahrungsplätzen (bis 2 km vom Brutplatz); anfangs vom ♀ nachts gehudert. Juv. mit 40-45 d flügge, dann unabhängig (oft im Juli). **Jahresbruten.** 1; Nachgelege? **Bruterfolg.** In D-SN bei 87 Bruten von 1992-2002 Ø 4.9 geschlüpfte Juv./♀ und J. und Ø 0.8 flügge Juv./♀ und J.; hohe Verluste durch Prädation und/bei menschlichen Störungen; in D-NI, -ST und -SN sonst zwischen 3.4-5.1 geschlüpfte Juv./♀ und J. und Ø 1.6-3.7 flügge Juv./♀ und J. [3862].

Eimaße und -gewichte [767]. L. 46-55 mm, B. 34-41, Ø: 51 x 37 mm (n=30, ?); Frischvollgew. 36-52 g, Ø: 44 g (n=100, GB, Gefg.).

Mauser. Postjuv. Mauser (Teilmauser) Aug.–Sept., mitunter erst im Winter abgeschlossen; Körper- und Steuerfedern [767,1356]. • Postnuptialmauser (Vollmauser) Schwingenmauser synchron und ca. 1 Monat flugunfähig, bei ♂ Mai/Anf. Aug., bei ♀ ca. 1 Monat später; ST-Mauser im Juli [767,1356]. • Pränuptialmauser (Teilmauser) ♂ Ende Aug.–Sept./Okt., ♀ später; Körper- und Steuerfedern [767,1356].

Marmaronetta angustirostris – Marmelente 01950

Marmaronetta angustirostris (Ménétries 1832)

(GB) **Marbled Teal** (F) **Sarcelle marbrée** (E) **Cerceta Pardilla**

Taxonomie. Monotypisch. Anders als früher vermutet, ist die Marmelente weder mit den Schwimmenten (Anatini) noch den Tauchenten (Aythyini) nah verwandt, sondern stellt eine eigenständige, monotypische Evolutionslinie der Enten dar [918].

Kennzeichen. [1784,2418,3615,1369,3772,221,408; Foto in Limic. **11**, 199].

Maße. Gr.: 39-48 cm. Gew.: ♂ 535-590 g, ♀ 450-535 g. Fl.spw.: 63-67 cm. Fl.l.: ♂ 19.5-21.5 cm, ♀ 18.6-20.6 cm [1369,2418,3615].

Status. In ME nur sehr wenige Nachw., viele davon aus dem Einflug von 1892 [1369,4152,3615], wobei neuere Beob. wohl (ausschließl.?) Gefg.fl. betreffen. • **D** u.a. 1892, 1904, 1941, 1968, -TH und Bod. 1997, ST Aug. 1999 (letztere wohl keine Wildvögel) [337,575,1617]. • **CZ:** 4 Ind. 1892; (Nachw. von 1894 gestr.) [2159]. • **H:** 1893, 1894, 1895 und 1896 (20 Ind.), 1951 (bis 4 Ind.), 1981 [2438]. • **PL:** März 1989 [3871]. • **SK.:** 4 Ind. 1964 [1369]. • **CH:** Beob. von 1991, 1996, 1997, 1998 betrafen Gefg. fl.; »vor 1896« unsicher [4152]. • **B:** 8mal zw. 1980-2000 [1677].

Verbreitung und Bestand. Brutvogel in vielen ± isolierten Verbreitungsinseln im Mittelmeerraum, Vorder- und SW-Zentralasien mit insgesamt nur noch 9.000-19.000 Ind. [382]; in Europa nur noch E. (Andalusien, Valencia), TR und AZ; vielleicht Brutvogel in **H** in 1890er J. [3615], inzwischen wieder in I (2000-01) 1-2 BP [383]; letzte Brut in S-F 1940, in RUS (Wolgadelta) bis etwa 1950, in CY bis 1950, in MA 1950-60 etc. [3615]. Europäischer Bestand nach dramatischen Einbrüchen durch Habitatverlust und Verfolgung etwa 390-1.000 BP [383]. Außerhalb der

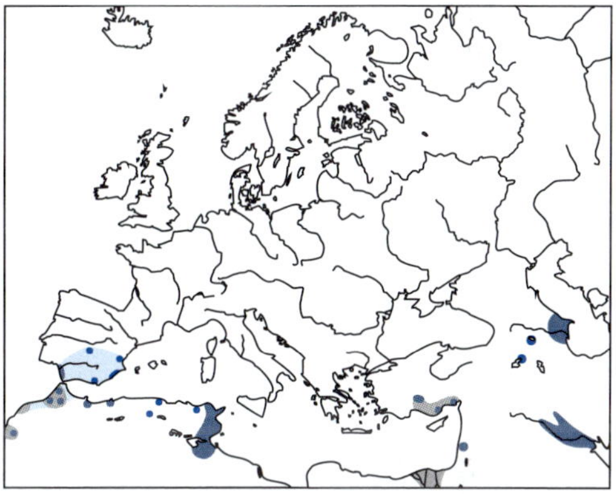

Marmaronetta angustirostris – Marmelente

Brut- und Wintergebiete sehr selten, auch in anderen Regionen Europas (z.B. I, BG). Winterbestand in Europa (E., AZ) 400-1.200 Ind. [3871].

Wanderungen. Zugvogel mit stark variabler Zugneigung, Streuungswanderungen, wegen fehlender Beringungsdaten Muster unklar; Wanderungen z.T. unregelm. je nach Habitatverfügbarkeit. Br. E. im Sept. NE an Küsten bis Ebro-Delta, ganzjährig in sehr variabler Anzahl in Brutgebieten in NW-Afrika, in kleiner Zahl auch S Sahara (z.B. Sahelzone Senegal, Mali, Tschad). Einige Überwinterer in IL, EGY; größte Winterkonzentrationen im Iran [3615].

Gefährdung [382,1665]. Global gefährdete Vogelart (Status VU). Wichtigste Ursachen sind dramatischer Habitatverlust (etwa 50% der Bruthabitate im 20. Jh. zerstört) durch Drainage von Feuchtgebieten, Wasserbaumaßnahmen, Röhrichtschnitt oder -beweidung und intensive landwirtschaftliche Nutzung in Brutgebieten. Ferner

Verschmutzung der Gewässer (Landwirtschaft, Industrie, Haushalte).
Direkte Verfolgung, vor allem Jagd, Netzfang und Eiersammlung. Indirekt: Bleischrotvergiftung.

SPEC	VSchRL	Bern.Konv.	Bonn.Konv.
1	Anh. I	Anh. II	Anh. II
Europ. RL	Globale RL	RL in ME	
VU	**VU**	H : **'RE'**	

Schutzmaßnahmen. Strikter Habitatschutz sowie Neuschaffung von Lebensräumen und Habitatmanagement in allen bestehenden und potenziellen Brutgebieten.
Verbot der direkten Verfolgung, einschließlich Jagd. Reduktion anderer Mortalitätsfaktoren.
Monitoringprogramme an allen wichtigen Brut-, Rast- und Wintergewässern. Forschung und Öffentlichkeitsarbeit.

Biotop. Seichte Süß- oder Brackwasserseen mit viel Uferdeckung in (semi-)ariden Gebieten.

Nahrung. Samen, Knollen, Wurzeln und grüne Teile von Wasserpflanzen, auch aquatische Invertebraten.

Stimme. Selten zu hören. Balzruf des ♂ wie des ♀ hohes, nasales »jiiiep«. ♀ ohne die für die Gattung *Anas* typischen Quak-Rufe. Schwaches, hohes Pfeifen »fiiep-fiiep«.

Fortpflanzung, Brutbiologie. Erstbruten im Alter von 1 Jahr. **Nest.** Auf Boden z.T. gut versteckt unter niedrig. Büschen und in dicht. Vegetat.; immer in Gewässernähe; Nestmulde mit Gras und Dunen ausgelegt; ♀ baut. **Legebeginn.** Ende April, Mai, bis Anf. Juni. **Gelegegröße.** 7-14 (bis 24 ermittelt, aber dann wohl Zusamm.legen von 2 oder mehreren ♀). Legeintervall 1 d. **Eier.** Länglichoval, rötlichbraun. **Brutdauer.** 25-27 d; ♀ brütet ab letzt. Ei. **Nestlings-/Führungszeit.** ♀ führt. **Jahresbruten.** 1; wohl Nachgelege.

Eimaße und -gewichte. L: 42-51 mm, B: 32-36 mm, $Ø_{100}$ 46 x 34 mm. Frischvollgew.: 26-35 g, Ø 30 g.

Sterblichk., Alter. Generationslänge: < 3.3 J. [383].

Mauser. Wenig bekannt: **Postnupt.mauser** (Vollmauser) wahrsch. im Spätsommer [767]. • **Pränuptialmauser** (Teilmauser) bei ♂ etwa im Okt.; einschließl. ST [767].

Anas strepera – Schnatterente 01820

Anas strepera Linnaeus 1758

(GB) Gadwall **(F) Canard chipeau** **(E) Anade Friso**

Taxonomie. Monotypisch. Morphologische und mtDNA-Daten weisen übereinstimmend Schnatter-, Sichel- und Pfeifenten als untereinander nächstverwandt aus [2346,1901].

Kennzeichen. Sexualdimorph [221,3772,1784, 2418,3615,1369,408; **Foto** in Ornis 2004/**5**, 15].

Maße. Gr.: 46-58 cm. Gew.: 550-1100 g; ♂ Ø: 990 g, ♀ Ø: 850 g. Fl.spw.: 84-95 cm. Fl.l.: ♂ 261-282 mm, ♀ 243-261 mm [1784,2418,3615].

Status. Wenig häufiger Brut- und Jahresvogel im gesamten ME; regelm. und z.T. häufiger Durchzügler und Wintergast (zunehmende Überwinterungsneigung auch in NE-ME).

Verbreitung und Bestand. In tieferen Lagen des kontinentalen Eurasiens von gemäßigter Zone bis in Steppen- und Wüstenbereiche, inzwischen auch ozeanische Regionen: von IS über S-Skandinavien und ME bis Zentralasien, ± isoliert bis Kamtschatka/Sachalin. Besiedlung in Europa lückenhaft, vor allem S-Teil ME; geschlossenes Areal von N-D Tiefebene ostwärts. Europäischer Brutbestand mit Schwerpunkt in RUS 60.000-96.000 BP, in ME bei 13.000-18.000 BP etwa 20 % davon [383, erg.].

Wanderungen. Zugvogel (z.T. Langstreckenzieher) im N und E des eurasischen Brutgebietes, ansonsten überwiegend Standvogel. **Br. N-GB** überwintern in IRL, S-GB, aber auch Nachweise Bretagne, Golf von Biscaya, Camargue, ferner I, NL, DK. **Br. England** stammen vermutlich von gezüchteten Vögeln ab und ziehen kaum [3615]. **Br. N-D, PL, S-S. und W-RUS** überwintern vor allem NL, GB (Einzelne bis Mittelmeer); **Br. in SE-ME, SE-/**

E-Europa bis W-Sibirien überwintern Schwarzmeer- und Kaspigebiet, GR, TR, Niltal, und erreichen ausnahmsweise E-Afrika. Winternachweise auch Obervolta, Nigeria, Tschad. In S-ME z.T. zunehmende Überwinterungsneigung (als Folge von Eutrophierung?). Mauserzug der ♂ und Nichtbrüter ab Juni (Bod. regelmäßig > 2000 Mausergäste) [1617], D-BY [2074]. Wegzug in ME Höhepunkt Sept./Nov.; Mehrzahl trifft im Winterquartier bis Mitte Dez. ein; Dz. ME besonders März/April. Ringfunde [NL:3642, GB+IRL:4064, S-D:2075, LV: 3961, S.:1208].

Bestandsentwicklung. Starker Rückgang in SE-Europa durch fortschreitende Austrocknung und Verlust von Brutgewässern. Möglicherweise [s. 1369] dadurch invasionsartige Ausbreitungsbewegungen, davon eine Mitte 19. Jh. bis IS und S. und eine zweite mit Ansiedlungen in D-BW 1929, im Ismaninger Teichgebiet -BY 1930, im E -SH 1931, in IRL 1933, am Dümmer D-NI ab 1935 sowie starken Zunahmen u.a. am Neusiedlersee A [1784,309,4175,196]. Vielleicht in dieser Zeit nur Bedingungen für Brutansiedlungen verbessert, z.B. Veränderungen an Flachgewässern, Dauervernässung, Eutrophierung, und dadurch Ansiedlung und Ausbreitung ermöglicht [196,1]. Zudem verbesserte Überwinterungsbedingungen durch erhöhten Nährstoffeintrag; vielleicht auch milde Winter.
In der Folgezeit regional deutlich unterschiedliche Entwicklungen. Aus manchen Gebieten aufgrund verschlechterter Brutbedingungen wieder verschwunden oder starke Abnahme [vgl. 196, H, N-PL:1369,3871], in anderen Zunahmen und weitere Arealausweitung, mit Brutansiedlungen u.a. in CH 1959, B 1972 und D-NW 1979 [196]. Insgesamt überwiegt in ME bis in jüngste Zeit eine teils geringe [D-BW, CH, H:196] gebietsweise auch starke Bestandszunahme bis Mitte/Ende 1990er J. [B, NL, A, W-PL, Bod., Oberrhein, D-BB, Teile D-BY:196,1,3638,3871]. Weitere Ausbreitung regional denkbar [309,1].
Zugewinne in ME, W- und SW-Europa stehen erheblichen Bestandsverlusten in E-Europa (RUS, RO, UA.) gegenüber, allerdings dort derzeit Arealausweitung nach N [3892].
Infolge starker Zunahme der Brutbestände in N- und M-Europa nahmen auch Rast- und Überwinterungsbestände in W-Europa und - weniger deutlich - in ME seit 1950er J. stark zu [196,3503,824].
Im E-Mittelmeergebiet/NE-Afrika sind Überwinterungszahlen dagegen kleiner geworden [824].

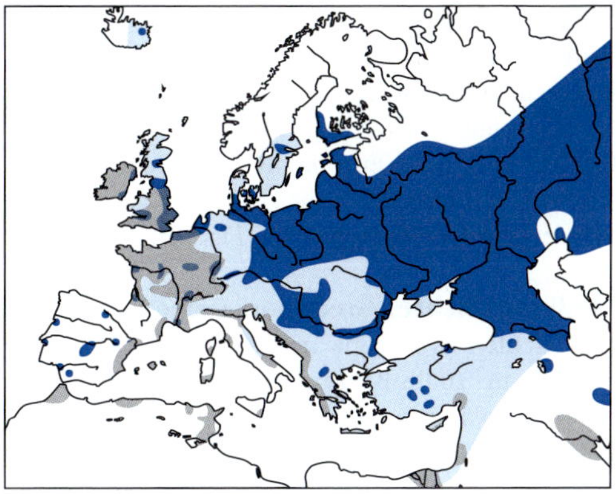

Anas strepera – **Schnatterente**

Gesamtbestand der 2 europäischen Flyway-Populationen 135.000-210.000 Ind., der benachbarten W-sibirisch/NE-afrikanischen 130.000 Ind. [4077].

	Best.	Areal	Brutbestand	Jahr	Quelle
A	⇧	+2	200–300	1998–2000	[383]
B	↑	+1	1.088–1.231	2001–2002	[383]
CH	↑	=	3–10	1993–1996	[383]
CZ	↑	=	1.800–2.500	2002	[383]
D	⇧	+2	2.700–5.000	1995–1999	[383]
H	↑	=	100–200	1998	[383]
NL	⇧	+2	6.000–7.000	1998–2000	[383]
PL	↑	+1	2.000–2.200	1995–2000	[383]
SK	↕	=	50–80	1999	[383]

Gefährdungsursachen [196,3892,1784,1617,1]. Lebensraumverlust durch Zerstörung oder Veränderungen der Brutgewässer oder des Nahrungsangebots. Wichtige Ursachen dafür Trockenlegung, Flussausbau, Bau von Speicherbecken; Austrocknung; Nitrat- und Phosphat-Eutrophierung sowie Versauerung.
Störungen durch Menschen; dadurch z.B. Behinderung bei zeitaufwendiger Nahrungsaufnahme oder Beeinträchtigung an Mauserplätzen (z.B. Bod.).
Direkte und indirekte (Bleischrot, Störungen) Auswirkungen der Jagd, auch nach Einführung ganzjähriger Schonzeiten aufgrund regelmäßiger Verwechslungen mit Stockente.

SPEC	VSchRL	Bern.Konv.	Bonn.Konv.
3	Anh. II-1	Anh. III	Anh. II
Europ. RL	**RL in ME**		
--	CZ:'VU', A, SK:'NT'		

Schutzmaßnahmen. Schutz vor Störungen in Brut-, Mauser-, Durchzugs- und Überwinterungsgebieten. Ausweisung von Ruhezonen und Wildschutzgebieten. Schaffung eines Netzes geschützter Gebiete über ganz Europa als Ausweichflächen in strengen Wintern.
Wieder-/Dauervernässung von Flächen.

Siedlungsdichte. Großräumig eine der höchsten Dichten in Europa in D-SH mit 900 BP auf 15.700 km^2 (0.06 BP/km^2) [1507,310]; an geeigneten Gewässern starke Konzentrationen von Brutvögeln.

Biotop. Seichte stehende bis langsam fließende eutrophe Binnen- (selten auch brackige Küsten-)gewässer. Auf Zug und im Winterquartier ähnlich, daneben auch marine Flachwassergebiete.

Nahrung. Überwiegend pflanzlich, vor allem im Winterhalbjahr; tierische Nahrung (kleine im Wasser lebende Wirbellose) meist wesentlich geringer.

Stimme. Stimmfühlungsruf ♂ tief »ärp ärp«; Grunzpfiff »ööö iii« (Ende durchdringend hoch) und bei der Balz wiederholte tiefe »öö« u.ä.; aggressiv »ö öihöö«. ♀ quakt ähnlich Stockente, doch etwas höher und weniger nasal; Descrescendo »rääk-rääk-räk-räk«.

Verhalten. Tag- und nachtaktiv. Nahrungserwerb von der Wasseroberfläche bzw. seihend, gründelnd (weniger häufig als Stockente). Teilweise regelm. Nahrungsschmarotzen bei tauchenden Schwimmvögeln (bes. Blässhuhn). Gesellig, meist aber in ± artreinen Trupps. Gesellschaftsspiele der ♂ schon ab Ende Juli und Höhepunkt oft schon im Aug. (vor Abschluss der Ruhemauser!). Einleitendes Schütteln, Antrinken, Grunzpfiff, Kurz-Hoch-Werden usw. ♀ hetzen über die Schulter in Verbindung mit Kinnheben. Verfolgungsflüge (2 bis mehrere ♂ hinter einem ♀) sehr häufig von Aug. bis Mai, im Unterschied zu anderen Arten regelm. während der Schwimmbalz. Kopulationen ähnlich wie andere *Anas*-Arten. Zu Beginn der Brutzeit Verfolgungsflüge auch häufig als »Revierverteidigung«. Paarbildung größtenteils Spätsommer bis Herbst.

Fortpflanzung, Brutbiologie [337,767,1784,309, 3269]. Ende des 1. Lebensjahres geschlechtsreif. Monogame Saisonehe, doch viele Fremdbegattungen auch verpaarter ♂ in dichten Populationen; möglicherweise Umverpaarungen nach frühem Gelegeverlust. **Nest.** Meist auf trockenem Untergrund versteckt in dichter Vegetation unweit vom Wasser (max. 100 m auf Inseln); mitunter bevorzugt in Nähe oder in Laridenkolonien, vor allem dann freie Nester (mit z.T. geringen Nestabständen ab 1 m). Nestmulde umgeben von wallartiger Anhäufung von Pflanzenmaterial, gebaut durch ♀ 1-2 d vor Eiablage, Dunen etwa ab 5. Ei. **Legebeginn.** Gebietsweise ab Anf. April (witterungsabhängig), sonst Ende April/ Anf. Mai bis Juni (Anf. Juli). **Gelegegröße.** 8-12 (6-13), größere Gelege wohl durch mehrere ♀; Ø CS_{73} 9.96 (incl. Gelege bis 15), D-BY 9.93 (85 Erstgelege), 7.9 (10 Nachgelege), USA_{141} 10.0 ± 1.2. Andere Arten legen nicht selten zu, Schnatterente selbst kaum bei anderen Arten. **Eier.** Stumpfoval, auffallend rahmgelb. **Brutdauer.** 24-26 d; ♀ brütet. Bebrütung ab letztem Ei. **Schlüpftermine.** Synchron; ab (Anf. Mai) Juni bis Juli (Anf. Aug.). **Nestlings-/Führungszeit.** ♀ führt (und hudert am Anfang); Juv. mit 45-50 d flügge und selbständig, werden manchmal schon vorher vom ♀ verlassen. **Jahresbruten.** 1; Nachgelege bei frühem Verlust. **Bruterfolg.** In Schottland bei 168 Nestern 43% Schlüpferfolg, in CS von 499 Eiern in 54 Nestern 59.9%, in D-SH 58%; in D-BY Ø 3.8 Juv. aus 85 Gelegen geschlüpft bzw. 8.3 Juv./erfolgreiches Erstgelege. Totalverluste an Jungschofen bis zur 3. Lebenswoche 37%.

Eimaße und -gewichte. L. 45.1-59.9 mm, B. 33.5-43.5 mm, Ø: 53.8 x 38.2 mm (n=426, D); Frischvollgew. 39.8-43.8 (48) g, Ø: 42 g; Schalengew. 2.98-4.22 g, $Ø_{200}$: 3.45 g.

Sterblichkeit, Alter. Ad. ♀ aus Saskatchewan, CDN 47 %/J. [3856], ad. ♂ und ♀ aus Colorado, USA 25 %/J. bzw. 31 %/J. [3794]. Ältester Ringvogel (♂, GB) 22 J. 4 Monate [3654]. **Generationslänge**: < 3.3 J. [383].

Mauser. **Postjuvenile Mauser** (Teilmauser) Aug.–Okt.; Teile des Körpergefieders [767,139,3050]. • **1. Pränuptialmauser** (Teilmauser) Sept.–Dez. (Frühjahr) [767,139,3050]. • **Postnuptialmauser** (Vollmauser) beginnt mit Körpergefieder, ♂ Mai–Juli und ♀ Juni–Aug.; danach synchrone Schwingenmauser und ca. 4 Wochen flugunfähig, ♂ Ende Juni/Sept., ♀ später (z.T. bis Okt.) [309,767,139,3050,2077]. • **Pränuptialmauser** (Teilmauser) ♂ größtenteils ab Sept. wieder im Prachtkleid, ♀ ab Okt.; Schirm-, Steuerfedern und einige Flügeldecken aber erst im Winter/Frühjahr ersetzt [309,767,139,3050].

Anas falcata – Sichelente 01810

Anas falcata Georgi 1775

(GB) **Falcated Duck** (F) **Canard à faucilles** (E) **Cerceta de Alfanjes**

Taxonomie. Monotypisch.

Kennzeichen. Sexualdimorph [1784,3772,221, 2418,3615; **Fotos** in Bird. W. **11**, 144, Dutch B. **26**, 71].

Maße. Gr.: 46-54 cm. Gew.: 422-770 g. ♂ Ø: 713 g, ♀ Ø: 585 g. Fl.spw.: 76-82 cm. Fl.l.: ♂ 253-264 mm, ♀ 237-249 mm [1784,2418,3615].

Status. In ME in letzten Jahrzehnten zunehmend beob., aber meist Gefg.fl. In **NL** mehrere Nachw. von Gefg.vögeln, aber 5 Beob. von z.T. mehrmals wiederkehrenden Ind. als Wildvögel anerkannt (1992, 1992-97, 1994-98) sowie Feb. 2002 und Dez. 2003-Mai 2004 [277,375,q16]; erneut 2002 [q18]. Ebenfalls Wildvogel: A-B erl. Sept. 1839 [1369], da europäischer Erstimport erst 1870 [2099]. In **D** kein Beleg für natürliches Vorkommen [575], aber mehrere Einzelbeob. [1,1722], einzelne Nachw. auch in **PL** [3615,3871], **CZ**, **SK**., **B**, **CH** und **H** [2159,3882, 4152,2438,1677].

Verbreitung. Von SE-Sibirien und Mongolei nach E bis Kurilen und N-JAP. Global nicht bedroht, Gesamtbestand recht groß [1784]. In Europa Einzelvorkommen, zumind. einige Nachw. im 19. Jh. [1369] sowie 1968 in TR wahrschl. Wildvögel [3615].

Wanderungen. Zugvogel. Überwintert in E Asien (China, JAP, Korea, Vietnam) und stellenweise W- und NE-Indien. Umherstreifende bis Iran, JOR, TR; doch in Europa im 20. Jh. ganz überwiegend Gefg.fl. [1784].

Stimme. ♀ heiseres, kurzes »quoak«, ♂ »träp« und tiefer Pfiff.

Mauser. **Postjuvenile Mauser** und **1. Pränuptialmauser** (je Teilmauser) ähnlich Schnatterente [767]. • **Postnuptialmauser** (Vollmauser) ab Mitte Juni, Schwungfedern bei ♂ Anf. Juli–Aug. [767]. • **Pränuptialmauser** (Teilmauser) nach Ende der Schwingenmauser; einschließlich Schirmfedern [767].

Anas penelope – Pfeifente 01790

Anas [penelope] penelope Linnaeus 1758

(GB) **Eurasian Wigeon** (F) **Canard siffleur** (E) **Silbón Europeo**

Taxonomie. Monotypisch. Bildet Superspezies mit *A. americana* (N-Amerika) und *A. sibilatrix* (S-Amerika), wobei die beiden neuweltlichen Arten untereinander nächstverwandt sind [*2993N*]. Die Brutgebiete der beiden Allospezies *penelope* (Paläarktis) und *americana* (Nearktis) sind zwar durch die Beringstraße getrennt, doch tauchen immer wieder Individuen der einen im Brutgebiet der anderen Form auf. Gelegentliche Hybridisation scheint auch im Freiland vorzukommen, viele in Europa nachgewiesene Hybriden dürften aber aus Gefg. stammen.

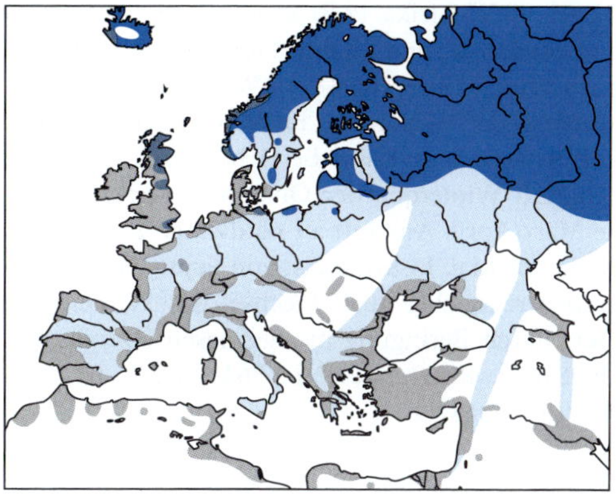

Anas penelope – **Pfeifente**

Kennzeichen. Sexualdimorph [221,1369,1784, 3615,2418,3772,408, **Fotos** in Ornis 2004/5, 17; zur Bestimmung von Hybriden:1875,3120, Fotos von

Hybriden mit *americana* in Bird. W. **12**, 247-252, **16**, 60-62].

Maße. Gr.: 45-51 cm. Gew.: 415-970 g, ♂ Ø: 720 g, ♀ Ø: 640 g. Fl.spw.: 75-86 cm. Fl.l.: ♂ 252-281 mm, ♀ 242-262 mm [1784,2418,3615].

Status. In ME an Küste regelm. und sehr zahlreicher Durchzügler und Wintergast, einzelner Übersommerer und Brutvogel. Im Binnenland regelm. von Sept.-April, zunehmend; selten einzeln übersommernd oder gar brütend, z.B. **D**-BY einzelne 18. und 19. Jh., zuletzt 1984-1991 [360,196]; **CZ** 1967 [2159].

Verbreitung und Bestand. Areal von W-Europa über gesamte Paläarktis bis Kamtschatka, im N selten bis in Tundra, S-Grenze etwa längs 55° N. Brutbestand Europas etwa 300.000-360.000 BP, davon 95% in RUS, FIN und S. [383,1585]. ME liegt S des geschlossenen Areals, daher außer in N-PL [1366] nur wenige Einzelvorkommen mit Übersommerern sowie meist unreg. brütend. Neuerdings feste Ansiedlungen in NL und D-SH/-NI, aber insgesamt nur 35-60 BP [204,375,1585,1366]. Europäischer Winterbestand > 1.7 Mio. [vgl. 383].

Wanderungen. Zugvogel, **Br. IS und GB** z.T. Standvögel mit Streuungswanderungen. Möglicherweise von IS auch ± regelm. nach N-Amerika, ferner GB, F, E. und (Abwanderung?) bis RUS. **Br. Fennoskandiens und RUS bis Jenissej** überwintern in W- und SW-Europa, besonders W-D, NL, GB/IRL, F, E.; **Br. W- und Mittelsibirien** im Kaspi- und Schwarzmeergebiet, bes. TR, GR, aber auch N-l, S-F und wohl auch N-Afrika. Einige erreichen E-Afrika (ausnahmsweise bis Tanzania); Herkunft der Vögel in W-Afrika (z.B. Senegal, Niger, Tschad) unbekannt. ♂ und Nichtbrüter im S W-Sibiriens mausernd; Mauservögel vom Wolgadelta überwinterten in der W Nordsee, im Mittelmeergebiet und im Schwarzmeer-Kaspi-Bereich. Abzug im Aug., Ankunft Winterquartier Okt./Nov.; Rückzug Mitte März/April, Ankunft an nördlichen Brutplätzen nicht vor Mai. In ME meist von Sept.–April. Winterortstreue, aber auch Wechsel des Winterquartiers durch Beringung nachgewiesen [Details z.B. 2905,626]; Ringfunde [NL: 3642, RUS etc.: 361, GB/IRL: 4064].

Bestandsentwicklung. ME eigentlich außerhalb Verbreitungsareal, lange Zeit nur etablierte Brutpopulation in N-PL. In jüngster Zeit aber Zunahme und Arealausweitung in W-ME. Nach gelegentlichen, aber nicht seltenen Bruten in D und NL bis in 1970er J. in jüngerer Zeit Zunahme der Brutnachweise in D, B und NL und regional feste Etablierung, z.T. verstärkt durch Vögel aus Gefg.haltung; in D 8-14 BP (1999) bzw. ca. 15 BP (2003) [453]. Lokal allerdings Verlust der Brutgebiete durch Habitatzerstörung in E-D und SW-PL [196] sowie neuerdings auch in NE-PL, wodurch Bestand PL stark gefährdet [1366,3871]. Abseits etablierter Gebiete im Nordseeraum und im tiefen Binnenland meiste Brutansiedlungen nur kurzzeitig besetzt, z.B. D-BB [1], Altmühlsee D-BY (1984-91), bei Most CZ 1967 [196,2159].

	Best.	Areal	Brutbestand	Jahr	Quelle
B	N	N	4–4	2000–2002	[383]
D	↑	+ 1	8–14	1995–1999	[383]
NL	↑	+ 1	20–30	1998–2000	[383]
PL	↓	- 1	5–10	1999–2000	[383]

Etwa Verdreifachung des Bestandes der westsibirisch-nordeuropäischen Flyway-Population auf etwa 1.250.000 Ind. seit (1950er) 1970er J. aufgrund Reduktion der Jagd, Extensivierung der Salzwiesenbeweidung, Folgen der Eindeichung (großes Angebot an Queller-Flächen), zunehmendem Anbau von Wintergetreide und -raps, Änderungen in Gebietswahl (und Traditionen) - verstärkt in hochproduktiven Weiden, (nährstoffreichem) Wintergetreide- und Rapsfeldern statt in Salzwiesen – und milde Winter [309,375,196,310,543]. An Nordseeküste ME international sehr bedeutende Rast- und Winterbestandszahlen [824,3503], in D-SH 1994 max. 154.000 Vögel [543]. Auch im Binnenland ME fast überall Vervielfachung der Winterbestandszahlen seit Ende 1980er J. [4152,3393,1617,2159]. Deutlicher Rückgang dagegen bei Mittelmeer-/Schwarzmeer-Population sowie Südwestasiatischer Flyway-Population [3503].

Gefährdung [309,1,196,1366]. Verlust der Bruthabitate durch Lebensraumzerstörung (vor allem Entwässerung von Überschwemmungsflächen, Melioration) in E-ME.
Starke Konzentrationen in Rast- und Überwinterungsgebieten.
Jagdliche Verfolgung.

Schutzmaßnahmen. Nachhaltiger Schutz ungestörter, weiträumiger Überschwemmungsgebiete in den Brutgebieten PL sowie Wiedervernässung potenzieller Rast- und Überwinterungsgebiete ME. Einrichtung von Schongebieten. Vertragsnaturschutzangebote zum Erhalt der Pfeifenten auf landwirtschaftlichen Flächen.

SPEC	VSchRL	Bern.Konv.	Bonn.Konv.
E(W)	II-1,III-2	Anh. III	Anh. II
Europ. RL	RL in ME		
--	PL:'CR', D: 'R'		

Siedlungsdichte. In N-Europa an reich bewachsenen Flachseen sowie an eutrophen Gewässern kleinflächige Dichten von 3.0-5.0 BP/km^2, an borealen oligo- bis mesotrophen Gewässern FIN nur 0.1-0.4 BP/km^2; großflächig in Fennoskandien 0.1-0.2 BP/km^2 [1507].

Biotop. Br. an vegetationsreichen Seen. Auf dem Zug auch im Winter in größeren Mengen vor allem an der Küste und an küstennahen Binnengewässern bzw. auf küstennahen Grasländern, Äckern und Salzwiesen.

Nahrung. Hauptsächlich Pflanzen, vor allem Blätter von Gräsern (z.B. im Winter *Puccinellia, Agrostis, Festuca*), Seegräser, Wasserpflanzen (z.B. *Potamogeton*), ferner Grünalgen; auch Blätter, Rhizome, Knospen sowie Winterraps und Winterweizen, daher Ernteschäden [542]. Tierische Nahrung meist nur lokal von Bedeutung. Im N auch Beeren.

Stimme. Pfiff des ♂ etwa »huiu« (Betonung und Hebung in der Mitte), auch außerhalb der Balz häufig zu hören; auch vielsilbig etwa »wip wip … wii … wip-wiu« am Boden wie im Flug. ♀ schnarrend »krrr« oder »terrr«, als Decrescendoruf bis 3-silbig abfallend.

Verhalten. Tag- und nachtaktiv, Nahrungsflüge. Nahrungserwerb erfolgt je nach Angebot, Störung oder Wasserstand, vom (Flucht-)Gewässer aus; an Land weidend, zu Fuß auf Schlickflächen, oder aber von der Wasseroberfläche sowie gründelnd. Weidezeiten im Winterhalbjahr aus energetischen Gründen bis 15 Stunden, vor allem nachts (dann unabhängig vom Wasser) [542]. Nimmt auch von anderen Schwimmvögeln heraufgeholtes Pflanzenmaterial. Brütet einzeln oder in kleinen Gruppen. Grunzpfiff, Kurz-Hoch-Werden usw. (vgl. Stockente) fehlen; ♀ hetzt. »Kinnheben«, Scheinputzen; Hetzflüge mehrerer ♂ hinter einem ♀. Paarbildung im Winterquartier. Auf dem Zug und im Winterquartier an der Küste in großen Scharen, im Binnenland oft einzeln bzw. in kleinen Trupps.

Fortpflanzung, Brutbiologie [337,767,1784]. Erstbrüter meist 2 Jahre alt, aber schon nach 1 Jahr geschlechtsreif. Monogame Saisonehe; Balz und Paarbildung schon im Winter. ♂ verlässt ♀ bzw. Nestnähe im Juni. Auch Wiederverpaarung in aufeinanderfolgenden J. **Nest**. Am Boden, versteckt unter Vegetation, in Gewässernähe (bis 250 m entfernt); Nestmulde mit Vegetation der Umgebung, mit Dunen ausgelegt; ♀ baut. **Legebeginn**. In GB ab April, sonst meist Mitte Mai bis Juni (Juli). **Gelegegröße**. 7-9 (6-12), mehr durch Zusammenlegen; Ø IS_{357} 9.0, FIN_{23} 8.7; Legeintervall 1 d. **Eier**. Oval, glatt, rahmgelb. **Brutdauer**. 23-25 d; ♀ brütet. Bebrütung ab letztem Ei. **Nestlings-/Führungszeit**. Rasche Nestflucht. ♀ führt und hudert (anfangs) Junge. Juv. mit 40-45 d flügge. **Jahresbruten**. 1; Nachgelege. **Bruterfolg**. In FIN von 301 Eiern 75% geschlüpft und 34% flügge Juv.; in IS von 551 Nestern 68% mit geschlüpften Juv., in Schottland bei 148 Nestern 55%. Prädationsverluste mitunter sehr hoch (44% in Schottland).

Eimaße und -gewichte. L. 49.0-61.0 mm, B. 34.6-42.1 mm, Ø: 54.7 x 39.4 mm (n=178, S.), 53.9 x 38.3 mm (n=100, GB); Frischvollgew. 34-48 g, Ø 42 g (n=79, GB), Ø um 45 g [3269]; Schalengew. 2.66-3.98 g, $Ø_{96}$: 3.2 g.

Sterblichkeit, Alter. Als Ad. beringt ca. 47 %/J. Ältester Ringvogel 19 J. 9 Monate (GB) [3654]. **Generationslänge**: < 3.3 J. [383].

Mauser. **Postjuvenile Mauser** (Teilmauser) ab Sept.; meist Teile des Körpergefieders; Mauserperiode und Umfang aber variabel [767,139]. • **1. Pränuptialmauser** (Teilmauser) ab Okt. (♂) bzw. Dez. (♀), meist bis April/Mai beendet [767,139]. • **Postnuptialmauser** (Vollmauser) setzt mit Körpergefiedermauser ein, bei ♂ Mai–Juli; Schwingenmauser ♂ Ende Juni–Anf. Sept., erfolgreich brütende ♀ Ende Juli–Sept./Okt., ca. 4 Wochen flugunfähig [767,139]. • **Pränuptialmauser** (Teilmauser) bald nach Ende der Schwingenmauser, ♂ früher als ♀; oft bis Nov./Dez. abgeschlossen, aber ca. 15 % der ♂ ersetzen letzte SK-Federn erst im März/April; Körpergefieder, Schirmfedern und mittlere (alle) ST [767,139].

Anas americana – Kanadapfeifente 01800

Anas [penelope] americana J.F. Gmelin 1789 syn.: *Mareca americana;* Nordamerikanische Pfeifente, Präriepfeifente

(GB) **American Wigeon** (F) **Canard d'Amérique** (E) **Silbón Americano**

Taxonomie. Monotypisch. Bildet Superspezies mit Pfeif- und Chilepfeifente.

Kennzeichen. Sexualdimorph. Wichtiges Unterscheidungsmerkmal zur Pfeifente ist Unterflügelfarbe [1556, 2098, 3997, 1784, 2418, 3615, 3772, 221, 408; **Fotos** in Dutch B. **24**, 60, 237, Bird. W. **10**, 47, **16**, 93].

Maße. Gr.: 45-56 cm. Gew.: ♂ Ø: 770 g, ♀ Ø: 680 g. Fl.spw.: 75-86 cm. Fl.l.: wie Pfeifente [2418, 3615, 1784].

Verbreitung und Status. Brutvogel NW- bis Zentral-N-Amerika nach S bis NE-Kalifornien und N-Colorado. In Europa Einzelvorkommen, insbesondere im NW, z.B. GB/IRL (mind. 130 Ind. bis 1983) und IS (12mal bis ca. 1965); darunter 5 beringte aus CDN (in F, IRL und N-GB) [277, 337].
In ME viel seltener, aber in jüngster Zeit zunehmend beobachtet. In • **NL** erster Nachw. 1922, dann von 1977-97 insgesamt 24 Beob., seit 1985 fast allj. [277, 375]; Anteil Wildvögel unbekannt; inzw. mehrfach Übersommerungen, auch von Paar (1998) sowie vereinzelt Mischbruten mit Pfeifente (1999 und 2001) [3638]. In • **B** erstmals 1961 [1677], seither mehrere Nachw. In • **D**(-BW) erstmals 1960, von 1977-99 im gesamten D 12 Nachw. [575], Anteil Wildvögel unklar. **CZ**: nur 1 Nachw. 1990 (Status unklar) [2159].

Wanderungen. Zugvogel. Überwintert S der Brutgebiete vor allem entlang Atlantikküste S von Massachusetts, Golf von Mexiko, Pazifik S von Britisch Kolumbien sowie S bis Kolumbien. Regelmäßig Irrgäste in Europa, Nachweise IS Mai–Juli [3615].

Biotop. Süßwassersümpfe, Teiche und Flachwasserseen umgeben von ergiebigen Weideflächen; Gebiete nicht selten baumbestanden. Im Winter häufig in küstennahen Feuchtgebieten.

Nahrung. Vegetarisch, verschiedene Pflanzen an Land und im Wasser.

Stimme. Pfiff des ♂ stotternd »hiw-hiw-hiw«, weniger durchdringend als Pfeifente, ♀ gezogen »qua-ak«.

Mauser. Ähnlich Pfeifente [139, 3050, 3997].

Anas crecca – Krickente 01840

Anas [crecca] crecca Linnaeus 1758

(GB) **Common Teal** (F) **Sarcelle d'hiver** (E) **Cerceta Común**

Taxonomie. Zwei schwach differenzierte UA: *crecca* Linnaeus 1758 (Paläarktis) und »*nimia*« Friedmann 1948 (Aleuten). Die Form *nimia* stellt offenbar den Endpunkt einer von West nach Ost gerichteten Größenkline dar und ist von *crecca* nicht sicher unterscheidbar [vgl. 3329]. Bildet Superspezies mit *A. carolinensis* (N-Amerika) und *A. flavirostris* (S-Amerika). *Crecca* und *carolinensis* sind im PK des ♂ deutlich, in anderen Kleidern und im Balzverhalten geringfügig differenziert [vgl. 3329].

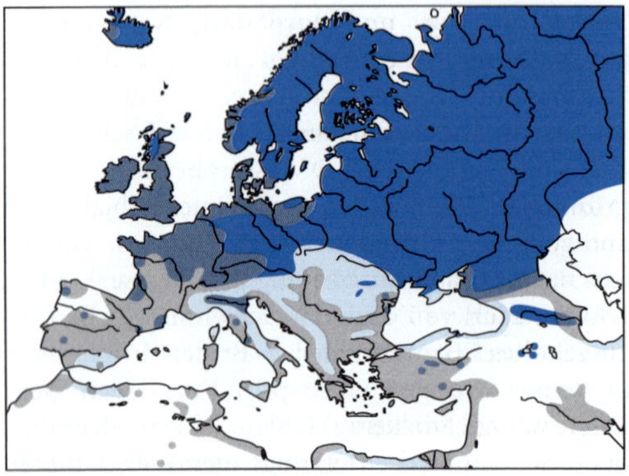
Anas crecca – **Krickente**

Kennzeichen. Sexualdimorph [1784, 2418, 3615, 1369, 221, 3772, 408; **Fotos** in Ornis 2004/5, 15; zur Unterscheidung der ♀- und Schlichtkleider:

2628,3507; **Fotos** mit Unterschieden zu *carolinensis*: Bird. W. **11**, 430, Brit. B. **94**, 220-224].

Maße. Gr.: 34-43 cm. Gew.: ♂ 250-450 g, Ø: 360 g, ♀ 200-400 g, Ø: 340 g. Fl.l.: ♂ 181-196 mm, ♀ 175-184 mm [1369,3615].

Status. Verbreiteter, regional häufiger Brutvogel; gebietsweise Jahresvogel; häufiger Durchzügler und Gastvogel im Winterhalbjahr.

Verbreitung und Bestand. Brutvogel in N Eurasien von Atlantik bis Pazifik. Zweite Form in N-Amerika jetzt als eigene Art betrachtet. Europäischer Gesamtbestand etwa bei 0.9-1.2 Mio. BP, davon 2/3 in RUS und 230.000-380.0000 BP in Fennoskandien [383]. In ME bis in Mittelgebirgslagen (höchstgelegene Brutplätze bei 1200 m, Sumava CZ), mit 7.600-11.000 BP (abnehmend) nicht häufig; Brutbestände oft unvollkommen bekannt.

Wanderungen. Überwiegend Zugvogel, allerdings in einigen Gebieten Teilzieher; Im Allg. größere Zugneigung als Stockente. Hauptwintergebiete S- und W-Europa, Küstengebiete DK und ME, Alpenvorland, SE-Europa, Schwarzmeer- und Kaspigebiet, Vorderasien. **Br. IS** ziehen nach GB/IRL, **Br. NW-RUS, Fennoskandien, SW Baltikum** nach S und SW bis NL, GB, in kalten Wintern auch bis F und E, gelegentlich N-Afrika; **Br. NL, GB, F und E.** ziehen meistens nicht oder nur in kalten Wintern. Vor allem **Br. in N-RUS E bis Taimyr** ziehen nach SW durch Europa bis E., S-F (Camargue!) und I [Ringfunde S-D: 3574; NL, Geschlechtsunterschiede: 2982; GB/IRL: 4064; E.: 93; S.: 1208]. Wechsel der Winterquartiere von Jahr zu Jahr öfters nachgewiesen (z. B. GB/NL–SE-Europa, Schwarzes Meer). Winterbestände in N-ME klein. Überwinterer SE-Europas, TR und Kaspigebiet bis EGY sind großenteils Br. W- und Mittelsibiriens. Einzelne bis größere Gruppen erreichen auch Gebiete S Sahara, z.B. Senegal, Tschadbecken. Mauserzug in W-Europa und ME schwach entwickelt [Mauserquartiere kleineren Umfangs z.B. DK, NL, oder D-BY: 3576]. Abzug Richtung Winterquartier kann schon im Juli beginnen, Gipfel in Europa Okt./Nov. (♂ eher als ♀); Ausweichbewegungen auch noch mitten im Winter. Mittlere Zuggeschwindigkeit aus Ringfunden S. errechnet 44.9 km/d, max. über 200 km/d.

Bestandsentwicklung. Genaue Angaben zur Bestandsdynamik selten. Vermutlich früher als Brutvogel in ME wesentlich häufiger als heute, doch kaum für längere Zeitabschnitte dokumentiert [vgl. 309,1587,196]. Belege für langfristige Abnahme aufgrund von Habitatverlust und -beeinträchtigungen sowie Störungen an Brutgewässern und Jagd in weiten Teilen ME [CH, L, D-BY,-BW,-NI,-SH,-BB: 196,1,3393,310; inzwischen deutlicher auch SW-PL, (SK. und) CZ: 3615,2159,310]. Andererseits in B [1677], und A [965] weitgehend unveränderte oder (wieder) wachsende Bestände, ebenso in D-MV [2031], dort allerdings erhebliche Arealverschiebungen, sowie in Oberschwaben [3080]. Nur in wenigen Teilgebieten mit verbesserter Habitatqualität (z.B. Wiedervernässung von Mooren) regional beträchtliche Zunahmen sowie Wiederbesiedlungen verlassener Gebiete [309,1589;2834]. In E-Europa gleichzeitig bei relativ wenig Habitatzerstörung regional stabil bis stark zunehmend [3615,196].
Aufgrund gleichzeitig stark anwachsender Bestände in N- und NE-Europa [196] nehmen Mittwinterbestände in ME bis Mitte 1980er J. überwiegend zu; in 1990er J. allerdings in NW-Europa und W-ME stagnierend, im Baltikum, N-Europa und W-Mittelmeer abnehmend [196,824]. Insgesamt von 1967-93 aber gesicherte Zunahme der Mittwinterzahlen in ME/ Mittelmeer auf 750.000-1.375.000 und in NW-Europa auf 400.000 Ind. [3503,3615,824]. Winterbestände (in ME) häufig wasserstandsabhängig [375,1617].

	Best.	Areal	Brutbestand	Jahr	Quelle
A	⇩	- 1	70–120	1998–2002	[383]
B	+/-	=	485–725	195–2002	[383]
CH	↓	=	1–3	1998–2000	[383]
CZ	⇩	- 1	60–100	2000	[383]
D	+/-	=	3.700–5.800	1995–1999	[383]
H	+/-	=	5–15	1995–2002	[383]
NL	⇩	- 1	2.000–2.500	1998–2000	[383]
PL	+/-	=	1.300–1.700	1995–2000	[383]
SK	↓	=	10–40	1999	[383]

Siedlungsdichte. In großen Nadelwaldgebieten S-FIN 0.57 BP/km Uferlinie, in N-S. 0.24 BP/km Uferlinie, in ME deutlich geringere Werte [1507].

Gefährdungsursachen [196,309,1722,1]. Wichtigster Faktor in ME ist Lebensraumverlust durch Melioration, Gewässerausbau, Entwässerung, Vernichtung von Kleingewässern etc.
Ferner: Störungen durch Freizeitaktivitäten an Brut-, Rast- und Mausergewässern.
Direkte und indirekte Auswirkungen der Jagd. Aufgrund der Nahrungssuche in Flachwasserbereichen

besonders anfällig gegenüber Bleischrotbelastungen und Verluste durch Botulismus.

SPEC	VSchRL	Bern.Konv.	Bonn.Konv.
--	II-1,III-2	Anh. III	Anh. II
Europ. RL	RL in ME:		
--	CZ:'CR', A:'EN', CH, NL, SK:'VU'		

Schutzmaßnahmen. Schutz und Erhaltung verbliebener Feuchtgebiete und Kleingewässer sowie Schaffung neuer Lebensräume (Dauervernässungsflächen, bes. Wiedervernässung von Torfstichgebieten und ausgetrockneten Mooren); Verbesserung der Wasserqualität an großen Flüssen.
Ruhezonen an den Brut-, Rast- und Überwinterungsgewässern.
Reduktion der Bejagung, Verbot von Bleischrot.

Biotop. Br. an seichten Binnengewässern mit hohem Deckungsangebot im Uferbereich, auch in oligo- bis dystrophen Heide- und Moorseen, die vom Wald eingeschlossen sein können, sowie an kleinen verschilften Moor- und Wiesengräben. Zur Zugzeit und im Winter vorzugsweise im Flachwasser stehender Gewässer, an Schlick- und Schlammflächen, auch an Küste oder in Brackwasserlagunen. Nahrungserwerb im feuchten Schlamm und Seichtwasser bis ca. 20 cm Wassertiefe. Mitunter regelm. weitere Flüge von und zu Nahrungsgebieten.

Nahrung. Tierisch und pflanzlich, oft in ausgesprochen jahreszeitlichem Wechsel, bevorzugt kleine Sämereien (vor allem im Winter) und kleine bis sehr kleine Wirbellose, die offenbar wahllos aufgelesen werden. Insgesamt oft weniger vielseitig als Stockente.

Stimme. ♂ melodisches, hohes »krlik« oder ± zweisilbig »krilük«, nicht nur Balzlaut (dann oft etwas rauer klingend), sondern auch bei verschiedenen Anlässen zu hören; Stimmfühlung leise »eee«. ♀ hoch und nasal »gä gä«, höher und kürzer als Stock-♂, auch länger gereiht.

Verhalten. Tag- und nachtaktiv, z.B. im Winterquartier tagsüber vorwiegend Ruhe, nachts Nahrungssuche; aber am Meer Nahrungsaufnahme gezeitenabhängig. Nahrungsaufnahme durch Seihen (zu Fuß im feuchten Schlick oder schwimmend), Kopf-unters-Wasser-stecken, Gründeln, Auflesen von Einzelpartikeln auf trockenem Grund. Schwimmt meist mit eingezogenem Hals und wirkt dadurch gedrungen. Fliegt oft nahezu senkrecht (»leicht«) vom Wasser auf. Balz ähnlich wie bei Stockente, Zusammensetzung von Balzgruppen z.B. Ø 1.3 ♀/7 ♂; einleitendes Schütteln, Grunzpfiff, Kurzhochwerden. Balzbeginn (Sept.) Okt. bis Juni; Paarbildung meist im Winterquartier gegen Spätwinter und Paare bleiben bis Brutbeginn zusammen (♂ desertiert dann). Descrescendoruf und Hetzen der ♀ stimuliert ♂. Kopulationen ab Nov.; ähnlich wie Stockente, bei Verfolgungsflügen ohne einleitendes Verhalten. Sozial außerhalb der Brutzeit, bei Nahrungssuche oft locker verteilt; bildet gern artreine Trupps.

Fortpflanzung, Brutbiologie [337,767,1784,309, 3269]. Geschlechtsreife Ende des 1. Lebensjahres. Wohl monogame Saisonehe; Vögel kommen verpaart im Brutgebiet an. **Nest**. In Überschwemmungsgebieten auf kleinen inselartigen Erhebungen, sonst gut gedeckt auf Boden in dichter Vegetation sehr nahe am Wasser; kleine Nestmulde mit randlichem Wall; ♀ baut. **Legebeginn**. Selten schon Ende März, meist Mitte/Ende April bis Juni; späte Bruten oft von erstmals brütenden einjährigen ♀. **Gelegegröße**. 8-11 (5-16), größere durch Zusammenlegen; Ø NL_{24} 8.7, D-SH_{21} 9.4. **Eier**. Breitoval, gelblichgrau mit grünem Schimmer. **Brutdauer**. 21-23 d; ♀ brütet; ♂ meist in Nähe. Bebrütung ab letztem Ei. **Schlüpftermine**. Synchron, frühestens Ende April, meist ab Mitte Mai bis Ende Juli. **Nestlings-/Führungszeit**. ♀ führt; anfangs auch Rückkehr zum Nächtigen im Nest sowie Hudern. Juv. mit 25-30 d flügge und selbständig. **Jahresbruten**. 1; Nachgelege. **Bruterfolg**. In $FIN_{9,15}$ mittlere Familiengröße anfangs 7.6 und bei größeren Juv. 4.8, in D-$SH_{41,47,60}$ nach einer Woche 6.9, bis dreiwöchig 5.3 und über dreiwöchig 4.9 Juv.

Eimaße und -gewichte. L. 41.0-50.1 mm, B. 31.0-35.4 mm, Ø: 45.6 x 32.9 mm (n=100, NL), 46.3 x 32.3 (13, D-BY); Frischvollgew. 23-32 g, Ø: 25.5 - 29 g; Schalengew. 1.64-2.16 g, Ø: 1.9 g (n=100, NL).

Sterblichkeit, Alter. Ad. 47 % bis 60 %/J., 1-jährige höher als Ad. Ältester Ringvogel 27 J. 1 Monat [3654]. **Generationslänge**: < 3.3 J. [383].

Mauser. **Postjuvenile Mauser** (Teilmauser) ab Aug.; Teile des Körpergefieders [767,139,3050]. • **1. Pränuptialmauser** (Teilmauser) Mitte Sept.–Dez. (Frühjahr) [767,139,3050]. • **Postnuptialmauser** (Vollmauser) Körpergefieder ab Juni, ♂

etwas vor ♀; Großgefiedermauser (mit Flügeldecken) bei ♂ ab Ende Juni/Ende Juli, wieder flugfähig nach 3–4 Wochen [309,139,3050,3592].

• **Pränuptialmauser** (Teilmauser) Sept.–Okt./Nov. (März); einschließlich Schirm- und Steuerfedern [767,139,3050].

Anas carolinensis – Carolinakrickente 26570

Anas [crecca] carolinensis J.F. Gmelin 1789 früher: Amerikanische Krickente

(GB) **Green-winged Teal** (F) **Sarcelle à ailes vertes** (E) **Cerceta Aliverde**

Taxonomie. Lange Zeit als UA von *crecca* geführt, aber deutlich getrennt. Die beiden Allospezies *carolinensis* und *crecca* (»*nimia*«) brüten in Alaska ohne Vermischung unmittelbar benachbart, *crecca* auf Aleuten und gelegentlich Pribilof-Inseln, *carolinensis* am Festland. Eine reproduktive Barriere ist also mit Sicherheit vorhanden, während andererseits Hybridisation aufgrund der Ähnlichkeit der Arten schwer feststellbar ist. Nur männliche Hybriden sind feldornithologisch erkennbar. Nach mtDNA-Befunden ist *carolinensis* näher mit *flavirostris* als mit *crecca* verwandt [1901], obwohl sie sich von ersterer im Gefieder viel deutlicher unterscheidet. Zu bedenken ist aber, dass Gefiedermerkmale bei Enten stark sexuell selektiert sind und sich deshalb schnell in unvorhersagbarer Richtung abwandeln können.

Kennzeichen. Sexualdimorph [3566,1369,1784, 3615,3772,221,3050; **Fotos** in Dutch B. **22**, 123, **24**, 184, **26**, 214, Vår Fåg. 2003/**8**, 8; (Hybride mit Krickente): Bird. W. **12**, 377; s. auch Krickente].

Maße. Gr.: 34-43 cm. Gew.: ♂ 283-297 g, Ø$_{130}$: 363 g, ♀ 255-340 g, Ø$_{68}$: 363 g. Fl.l.: ♂ 179-191 mm, ♀ 172-183 mm [1369,3615,1784].

Verbreitung und Status. Brutvogel in großen Teilen der Nearktis nach S bis Mittlere Breiten N-Amerikas. Gelegentlicher Gastvogel in Europa, in GB seit 1958 fast allj. [1369], auch in S., IS und N. häufig. Bis 1993 vier in N-Amerika beringte Ind. in IS, IRL, GB [277].

In ME vereinzelt, in letzten Jahrzehnten zunehmend beobachtet, darunter gelegentlich auch Gefg.fl.; als Wildvögel anerkannt wurden: • **B:** erstmals 1961, 6 Nachweise bis 1994 [q18]. • **NL:** erstmals 1937, bis 2001 26mal (27 Individuen) [277,375,q23]. • **A** -V Dez.1985; -B Nov.1991 [3129]. • **H** erstmals 1998 [q18]. • **D** -NI Mai 1994; -SH Apr.-Juni 1996 3 Nachw.; -BB April 1996, April 1998; -NW April 1996; in -HE Januar 1998 Hybride mit *A.crecca* [575]. • **CH** -BE März/ Apr. 2000 [q18]; Bod. Februar 1998 nicht anerkannt [q14].

Anas platyrhynchos – Stockente 01860

Anas [platyrhynchos] platyrhynchos Linnaeus 1758

(GB) **Mallard** (F) **Canard colbert** (E) **Anade Azulón**

Taxonomie. Zwei UA: *platyrhynchos* Linnaeus 1758 (Holarktis außer GRÖ), und *comboschas* C.L. Brehm 1831 (GRÖ). Die Stockente ist Teil einer weltweit verbreiteten Superspezies nah verwandter Formen, bei denen der für *platyrhynchos* typische Geschlechtsdimorphismus meist weniger auffällig ist. Die Grenzen der Superspezies sind schwer zu ziehen, da bisher nicht alle potenziellen Mitglieder des Komplexes genetisch untersucht wurden - es fehlen Untersuchungen zu *luzonica* (Philippinen), *superciliosa* (Australasien), *wyvilliana* (Hawaii-Inseln), *laysanensis* (Laysan) und *melleri* (Madagaskar). Die Formen *platyrhynchos* (Holarktis), *poecilorhyncha* (Indien, SE-Asien), *zonorhyncha* (E-Asien), *rubripes* (N-Amerika), *diazi* (MEX) und *fuligula* (SE Nordamerika) hybridisieren mehr oder weniger häufig in Kontaktzonen, weisen aber deutliche Unterschiede in mitochondrialen Haplotypfrequenzen auf [2202], die mit auffälligen phänotypischen Unterschieden einhergehen. Sie sind daher am besten als Allospezies anzusehen. Die mitochondriale Phylogenie deutet darauf hin, dass die nordamerikanischen Formen *rubripes, fuligula* und *diazi* mit der *poecilorhyncha/zonorhyncha*-Gruppe nächstverwandt sind, also auf eine frühe Besiedlung Nordamerikas über die Beringstraße zurückgehen, während *platyrhynchos* erst in jüngster Zeit (und vom Menschen befördert!) die Nearktis besiedelte, was zu sekundärem Kontakt und Hybridisation mit allen vorgenannten Formen führt. [1660,113].

Kennzeichen. Sexualdimorph [221,3772,2418, 3615,1369,408; **Foto** in Ornis 2004/**5**, 14].

Maße. (Nominatform): Gr.: 50-65 cm. Gew.: 750-1575 g, Ø: ♂ 1170 g, ♀ 1042 g. Fl.spw.: 81-99 (75-100) cm. Fl.l.: ♂ 272-289 mm, ♀ 252-277 mm [1369,2418,3615].

Status. Häufiger Brut- und Jahresvogel im gesamten Gebiet; Teilzieher. Zusätzlich Durchzügler und Wintergäste aus N- und E-Europa.

Verbreitung und Bestand. Holarktisch verbreitet. In Eurasien bis 66°N, E Zentralsibiriens bis 60°N [3269], nach S bis Subtropen, N-Afrika, S-Küste Kleinasiens und Teile Asiens (selten S 35°N). In AUS und NZ ausgesetzt und etabliert. Gesamtbestand in Europa grob geschätzt 3.3 - 5.1 Mio. BP [383]; Sommerpopulationen mit teilw. großem Nichtbrüteranteil. In ME häufige und weit verbreitete Ente von Küste bis Gebirge (höchste Brutplätze in Mittelgebirgen bis 1100 m (CZ), in Alpen bis 2000 m in CH, bis max. 1650 in D-BY, im Riesengebirge CZ bis 1400 m) [337,2159]; auch in menschlichen Ballungsräumen. Lokale Populationen mitunter mit erheblichem Hausentenanteil (u.a. Parkvögel und Aussetzung wildfarbiger »Hochbrutflugenten« durch Jäger) [2099,3123]. Insgesamt mindestens 0.9-1.7 Mio. BP [383, erg.]. Winterbestand in Europa/SW-Asien nach jüngsten Hochrechnungen etwa 9.0 Mio. Ind. [824]. Vier Flyway-Populationen werden unterschieden, die NW-europäische mit 4 Mio., die mitteleuropäisch/W-mediterrane mit 1 Mio., die E-/SE-europäische mit 2.25 Mio. und die W-sibirisch/SW-asiatische mit 800.000 Ind. [824].

Wanderungen. Überwiegend Zugvogel, einige Nichtzieher-Populationen. In S- und W-Europa auch in kalten Wintern meist nur Ausweichbewegungen über kurze Entfernungen zu offenen (Groß-)Gewässern oder Küste, bei geschlossener Schneedecke und Vereisung allerdings großräumige Winterflucht und meist rasche Rückkehr bei Wärmeeinbrüchen.

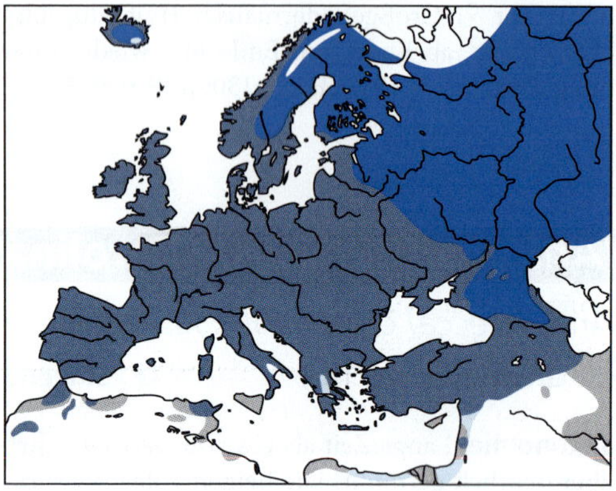

Anas platyrhynchos – **Stockente**

Außerhalb W-Europa und ME Winterquartiere in N-Afrika, S-Asien. Winterquartiere verschiedener Herkunftsgebiete überschneiden sich. **Br. IS** überwintern großenteils in GB/IRL, **Br. NW-RUS, Fennoskandien** von DK bis N-F, GB und einige bis N-E. **Br. ME** überwintern z.T. im Land, ziehen aber auch bis N-Küste des Mittelmeeres oder bis N-Afrika (im E auch Zug die Donau abwärts bis Schwarzmeer). **Br. PL** überwiegend in W- und WSW-Richtung bis GB, W-F, N-E., N-I. Br. und Dz. BY wurden im Winter allerdings nur in 2 Gruppen in W-Richtung (Benelux usw.) und in SW-Richtung (bis S-F) gefunden; für die SW-Gruppe haben sich Ø Fundentfernungen im Winter um 400 km verkürzt [795]. Auch **Br. LT** ziehen SW bis W bis PL, H, HR, SLN, N-I, F; hier ebenfalls Verkürzung der Ø Zugwege in Größenordnung 300 km seit 1980er J. [3768]. **Br. RUS** ziehen überwiegend zum Schwarzmeer, nach GR und bis EGY; Für **Br. weiter E** liegen Winterquartiere hauptsächlich in Vorderasien. Juv. führen meist Zerstreuungswanderungen in alle Richtungen durch. Zug in Richtung Winterquartier ab Aug./Sept. (Ad. nach der Mauser); Gipfel in Mittel-, W- und S-Europa Nov./Dez.; Rückzug Feb./Anf. Mai je nach Lage des Brutplatzes. Mauserkonzentration der ♂ und Nichtbrüter bereits ab Mitte Mai; ausgesprochener Mauserzug i.d.R. nur bei weitwandernden Populationen (z.B. S-RUS oder Baltikum); nach Ringfunden mausern z.B. Br. DK und NL in E-GB [Regionale Details und Ringfundauswertungen: 1719,111,3044,2152; Unterschiede ♂ und ♀: 2982,2904,3171,4064]. Abmigration (Angehöriger einer Standvogelpopulation wird durch Partner einer Winterpopulation in dessen Brutgebiet »mitgerissen«) wiederholt nachgewiesen [3227], vor allem bei freigelassenen Ind. (die allg. weniger Wanderneigung zeigen als Wildvögel desselben Gebietes). Transatlantikflug (Ringfund GB–CDN) nachgewiesen; ausnahmsweise einzelne auch S Sahara. Zuggeschwindigkeiten aus Ringfunden S. errechnet: 39.5 km/d, maximal 217 km/d [1208].

Bestandsentwicklung. Bestände der Stockente werden überwiegend von Kältewintern und Nahrungsangebot beeinflusst, dadurch starke Populationsschwankungen [1369]. Durch Besiedlung neugeschaffener künstlicher Gewässer sowie Gebietsschutz, durch Eutrophierung, z.T. sehr milde Winter, überwiegend guten Bruterfolg und zumindest gebietsweise Abnahme der enormen Abschusszahlen Gesamtbestand in ME lange Zeit mit positivem Trend. In NL von 1960er J. bis Ende 1970er J. Verdoppelung auf max. 400.000 BP [3805], in 1980er J. konstant [375], bis Ende 1990er J. erneute starke Zunahme auf max. 500.000 BP [3638]; viele längerfristig wachsende, in jüngerer Zeit aber auf hohem Niveau stabile Bestände in ME bekannt [196;310,2821,3871]. Regional Zunahmen und Arealerweiterungen aber anhaltend, z.B. in W-D, A und B [196].

	Best.	Areal	Brutbestand	Jahr	Quelle
A	+/-	=	10.000–20.000	1998–2000	[383]
B	↑	=	25.000–35.000	1995–2002	[383]
CH	+/-	+ 1	10.000–20.000	1993–1996	[383]
CZ	↓	=	25.000–45.000	2000	[383]
D	+/-	=	210.000–470.000	1995–1999	[383]
FL	+/-	=	5–10	1998–2000	[383]
H	+/-	=	100.000–150.000	1998	[383]
L	+/-	=	1.000–1.500	2001	[383]
NL	↑	=	350.000–500.000	1998–2000	[383]
PL	+/-	=	200.000–400.000	2000	[383]
SK	↓	=	12.000–20.000	1999	[383]

Unterschiedliche regionale Entwicklungen in Abhängigkeit von Qualität der Lebensräume und menschlichen Einflussfaktoren (Bebauung, Entwässerung, Wasserbau, Störungen etc.; Schutzgebiete). Stabiler Bestand in L z.B. trotz höherem Jagddruck und Verschlechterungen an Brutgewässern bei günstigen Wintertemperaturen [2560]. Gebietsweise Ausbreitung in höhere Lagen [PL, A-V, D-BW:3871,1722]; in der Oberrheinebene D-BW dagegen auffällige Rückgänge [K. Westermann].
Winterbestände in ME - im Gegensatz zu stabilen oder anwachsenden Populationen NW-Europas, Baltikum/N-Europa und W-Mittelmeer - nach Zunahmephase bis 1970er oder 1980er J. und trotz regional weitgehender Konstanz insgesamt seit etwa Mitte 1970er J. deutlich rückläufig [824], aber viell. bedingt durch Bestandsverlagerungen (Klimawandel?).

Siedlungsdichte. Extrem flexibel in der Brutplatzwahl; gebietsweise in starken Konzentrationen, z.B. auf Möweninseln (Prädationsschutz). Kleinflächig sehr hohe Dichten, z.B. in Grabensystemen der D-SH Marschen bis 6 BP/km Graben, auf Norderoog 54 Nester auf 8 ha oder auf Parkgewässer Kiel 40 BP auf 5 ha [310], in aktiven Rieselfeldern D-BB bis 9.5 BP/10 ha, sonst 0.2-5.7 BP/10 ha [1], in A-St max. 6.7 BP/10 ha, sonst in guten Gebieten 2.2-5.0 BP/10 ha, meist weniger [3291], z.B. in Flusstälern PL großräumig 0.3-0.7 BP/100 ha [3871].

Gefährdung [1587,196]. Hauptursache direkte und indirekte Auswirkungen der Jagd.
Verluste durch Botulismus, Verölung, Pestizidbelastung.
Absichtliche Einbürgerung von Hochbrutflugenten und anderer Zuchtformen könnte zur Gefährdung werden; negative Auswirkungen der Hybridisierung bisher jedoch nicht gesichert [3123].

SPEC	VSchRL	Bern.Konv.	Bonn.Konv.
--	II-1,III-1	Anh. III	Anh. II
Europ. RL	RL in ME		
--	--		

Schutzmaßnahmen. Übergang zu mehr hegerisch orientiertem Jagdbetrieb. Lösung des Problems freifliegender Haus- und Parkvögel für die Erhaltung genetisch angepasster Bestände.

Biotop. Sehr vielseitig. Br. an stehenden und langsam fließenden Gewässern aller Art, wenn die Ufer Zutritt zum Wasser gestatten, selbst an kleinen Wasserlöchern und heute in Parkgewässern, sogar Friedhofsbrunnen oder Hausgärten. Neststand in Röhricht, am Boden zwischen unterschiedlichster Vegetation (z.B. auch auf Äckern) und mitunter auf Bäumen, bevorzugt (aber keineswegs immer) in Wassernähe. Zur Nahrungsaufnahme auch fernab vom Wasser (z.B. Felder). Während der Schwingenmauser bevorzugt deckungsreiche Teile der Verlandungszone. Auf dem Zug an oligotrophen bis eutrophen Binnengewässern, auch an Meereslagunen, im Brackwasser etc.

Nahrung. Sehr vielseitig und grundsätzlich omnivor mit starken biotop- und jahreszeitlich abhängigen Änderungen. Spätwinter bis Frühling im Allgemeinen hauptsächlich pflanzlich, im Frühsommer tierischer Anteil hoch; Hochsommer/Herbst wieder mehr pflanzlich (z.B. reifende Samen), Spätherbst und Winter überwiegend pflanzlich, doch z.B. in brackischen und salzigen Gewässern fast ausschließlich tierisch. Bestandteile (kleine Auswahl): Trockenfrüchte (bis Eicheln), kleinere Sämereien (z.B. Laichkräuter, Binsen, Knöterich-Arten, Gräser etc.; zeitweise sehr wichtig), Wurzelknöllchen und Wurzelstöcke im Seichtwasser und Uferpflanzen, grüne Pflanzenteile (bes. Wasserlinsen, aber auch Triebe und Blätter von Wasserpest, Tausendblatt, Gräsern usw.), Beeren; Larven und Puppen von Insekten (Mücken, Steinfliegen etc.), Crustaceen (z.B. »Wasserflöhe«), gelegentlich Amphibienlaich, Kaulquappen, größere Käfer; Fischbrut nur ausnahmsweise; an Winterfütterungen Brot etc.; ferner Fischfutter an Teichen. Dunenjunge zunächst ausschließlich oder überwiegend kleine Wirbellose (Bedeutung experimentell nachgewiesen).

Stimme. ♂ langsam und gedämpft »rähb« das ganze Jahr über (Stimmfühlung, Warnruf), schneller gereiht besonders Okt./Juni (aggressiv an fremdes ♂ gerichtet, bei verschiedenen Anlässen der Erregung, auch bei Kopulationen); »Grunzpfiff« hoch dünn »fihb« oder »fihbib« vor allem Sept./Juni (beim Gesellschaftsspiel). ♀ laut »waak waak…« (Decrescendoruf besonders Sept./April; Antwort auf langsames rähb der ♂ oder auf anderes ♀ etc.); gackerndes, nicht lautes »queggéggeggeg …« bei Paarbildung (»Hetzen«); lang anhaltende »quak«-Reihen vor allem im Mai/Juli am Brutplatz usw. Singendes Fluggeräusch.

Verhalten. Tag- und nachtaktiv (letzteres verstärkt in den Wintermonaten und auch bei Störung). Am Abend oft Nahrungsflüge aufs Land (dann oft Bildung größerer Gruppen). Bei Gefahr (bes. auch Mauservögel) Tauchen möglich, Jungenten tauchen oft auch »spielerisch«. Ruhen auf dem Wasser oder auf einem Bein stehend an Land. Komfortbewegungen, die z.T. auch Signalfunktion besitzen: Sich-Schütteln an Land und im Wasser, Kopfschütteln, z.T. mit Körperstrecken, Schwanzschütteln, Flügel- und Beinstrecken, Flügelhochstrecken, mehrere Putzbewegungen, Einfetten und vor allem Scheinputzen hinter dem Flügel (hierbei wird der Flügel gehoben, sodass der Spiegel auf den gefächerten AS sichtbar wird); ferner Badebewegungen. Nahrungserwerb überwiegend im Wasser, z.B. im Schwimmen von der Wasseroberfläche (Picken oder Schnattern bzw. Seihen), Kopf wird unter die Wasseroberfläche gestreckt (z.B. verbunden mit Fußpaddeln und Schlammtreten), Gründeln (Körper wird senkrecht gestellt, die vordere Hälfte taucht unter, Gleichgewicht wird durch Fußbewegungen aufrecht erhalten; Reichweite bis 48 cm), Nahrungstauchen bei Jungen häufig, bei Ad. selten. Außerhalb des Wassers werden Kleintiere, Körner usw. einzeln aufgelesen. Den größten Teil des Jahres gesellig; Revierverhalten besonders unmittelbar vor dem Legen und während früher Bebrütungsstadien. Dabei Verfolgungsflüge, bei denen Revier-♂ das fremde ♀ verfolgt, später in der Brutzeit oft mehrere ♂ ein ♀ (z.T. mit Vergewaltigungen). Nahrungsreviere werden nicht verteidigt. ♂ balzen Sept./Febr. besonders lebhaft; Sozialbalz (»Gesellschaftsspiel«) mehrere ♂ um ein bis wenige ♀. Bewegungsfolge oft: »Kopfrundwerden«, einleitendes Schütteln, dann »Grunzpfiff« mit Hochreißen des Körpers, »Kurz-Hoch-Werden« (Kopf wird mit lautem Pfiff hoch- und zurückgerissen und der gespreizte Schwanz nach oben geklappt), anschließend schwimmt ♂ mit flach vorgestrecktem Hals um das ♀ (»Nickschwimmen«) etc. Paarbildung schon ab Herbst. Verfolgungsflüge (vgl. oben) mit Vergewaltigungen bzw. Fremdbegattungen ab Jan. (»Reihen«). Verpaartes ♀ weist fremdes ♂ durch Hetzen ab: eigenes ♂ wird durch Kopfbewegungen des ♀ »über die Schulter« (nicht notwendigerweise auf den Gegner gerichtet) auf das fremde ♂ gehetzt. Rivalenkämpfe zwischen ♂ bes. im Frühjahr.

Fortpflanzung, Brutbiologie [337, 767, 1784, 309, 3269]. Vor Vollendung des 1. Lebensjahrs geschlechtsreif, Erstbruten im 2. KJ. Monogame Saisonehe, Verpaarung meist im Herbst, Neuverpaarungen bis Feb. möglich; bei halbzahmen oder Standvögeln Tendenz zu Dauerehe und Wiederverpaarung. Viele Fremdbegattungen. **Nest.** Sehr variabel, z.B. am Boden im Schilf, auf Bulten, unter Büschen, Reisighaufen, in Wurzelstöcken, Strohhaufen, mitunter auf Äckern, auf Bäumen in Nestunterlagen anderer Arten, oder in großen Höhlen, in oder an Hütten, Häusern, Mauern; nimmt auch mit Heu ausgelegte Nistkästen oder -körbe an. Bodennester gut verdeckt. Mulde mit Anhäufung von Pflanzenmaterial der Umgebung (kontinuierlicher Eintrag), mit Dunen ausgelegt; ♀ baut. **Legebeginn.** Abhängig von Witterung, Habitatstruktur, Höhenlage etc. Unter günstigen Bedingungen ab Feb., meist ab März bis Juni (Aug.), in Hochlagen z.T. verzögert; durch Einfluss von Zuchtformen Brutsaison zuweilen erheblich verlängert. **Gelegegröße.** 7-13 (4-18), bei Gelegen > 15 wohl fast immer 2 oder mehr ♀ beteiligt; Ø SW-$GB_{95,114}$ 12.6 (Erst-), 9.9 (Nachgelege), D-$BY_{125,93}$ 9.4 (Erst-), 7.3 (Nachgelege), ferner DK_{84} 9.6, CS_{204} 9.1, Zweitgelege in IS_{31} 6.9. Abnehmende Gelegegröße mit Jahreszeit: $CH_{15,19,33,17}$ 10.9 (März), 10.3 (April I), 9.8 (April II), 9.4 (Mai I). Legeintervall 1 d (selten bis 2 oder 3). **Eier.** Oval, hell bräunlichgrün bis grünlich, gelblich oder oliv; mattglänzend. **Brutdauer.** 27-28 (23-32) d, in GB_{53} Ø 27.6 d; ♀ brütet, ab letztem Ei, ♂ anfänglich in Nestnähe. **Schlüpftermine.** Synchron, innerhalb 14-21 (36) h bei Bodenbrütern bzw. 20-25 (13-46) h bei Höhlenbrütern; früheste Anf. April. **Nestlings-/Führungszeit.** Juv. vom ♀ geführt (ganz selten von beiden), verteidigt und anfangs gehudert; sind mit 50-60 d flügge und selbständig; ♀ zieht sich vor Mauser zurück. **Jahresbruten.** 1; Nachgelege. **Bruterfolg.** Schlüpferfolg in D-BY_{240} 2.84 pull./brütendes ♀ und J. (mit Nachgelegen 4.74); bei Nestern aus verschiedenen Regionen und Habitaten Europas zwischen 21%-89%. Größe der Jungscharen meist zwischen 4 - 7 Junge/erfolgreiches ♀ und J., z.B. in $FIN_{63,119}$ Ø Brutgröße beim Flüggewerden 7.0 bei Ø Gelegegröße von 8.1.

Eimaße und -gewichte. L. 50.0-65.0 mm, B. 34.0-45.5 mm, Ø: 57.8 x 40.7 mm (n=713, D), 56.2 x 41.1 mm (n=850, CS); Frischvollgew. Ø: 40-62 g, $Ø_{186}$: 48.5 g, $Ø_{49}$: 49.8 g bzw. $Ø_{17}$: 52.5 g; Schalengew. 3.2-6.0 g, $Ø_{400}$: 4.4 g.

Sterblichkeit, Alter. Schätzungen nach Ringfunden CH Ad. 58%/J. (handaufgezogen freigelassen), 52%/J. bei Wildvögeln; DK handaufgezogen freigelassen 1. Jahr 90.6%, spätere Jahre 55% (hoher Jagddruck); NW-Europa Ad. 48%/J., FIN 1. Jahr 64%, später 55%/J., S. 76% bzw. 64% [Diskussion bzw. Unterschiede ♂ und ♀ z.B. 61,1655]. Ältester Ringvogel (nicht ganz zweifelsfrei überprüft) 41 J. 7 Monate; gesichert ein Vogel in UK als Verkehrsopfer gefunden nach 25 J. 7 Monaten [3654]. **Generationslänge:** < 3.3 J. [383].

Mauser. **Postjuvenile Mauser** (Teilmauser) Juli-Sept./Okt., oft bereits bevor Schwingen voll ausgewachsen; Teile des Körpergefieders [767,139]. • **1. Pränuptialmauser** (Teilmauser) ♂ Aug.–Dez., ♀ etwas später, z.T. bis Frühjahr; Umfang wie bei Ad. [767,139]. • **Postnuptialmauser** (Vollmauser) Körpergefiedermauser bei ♂ ab (Mitte Mai) Ende Mai, erfolgreich brütende ♀ beginnen, wenn Junge ca. 2 Wochen alt; ST-Mauser setzt mit ST 1–2 ab Juni ein; Schwungfedern fallen meist innerhalb 3 d, Reihenfolge individuell verschieden; Dauer der Flugunfähigkeit 4–5 Wochen, ♂ Anf. Juni/Ende Aug., ♀ Ende Juni/Ende Sept., wenn Junge selbstständig [309,767,139,2919]. • **Pränuptialmauser** (Teilmauser) beginnt oft kurz nach Ende der Schwingenmauser, ♂ Mitte Aug.–Nov., ♀ später; bes. ST-Mauser dauert z.T. bis Frühjahr; Körpergefieder, Schirm- und Steuerfedern. Möglicherweise Supplementärmauser im März von Teilen des Körpergefieders [309,767,139,725].

Anas acuta – Spießente 01890

Anas [acuta] acuta Linnaeus 1758

(GB) **Northern Pintail** (F) **Canard pilet** (E) **Anade Rabudo**

Taxonomie. Monotypisch. Bildet Superspezies mit *A. georgica* (S-America) und *A. eatoni* (Kerguelen, Crozet-Archipel).

Kennzeichen. Sexualdimorph [221,1369,1784, 2418,3772,408; **Foto** in Ornis 2004/**5**, 17].

Maße. Gr.: 50-66 cm. Gew.: ♂ 700-1100 g, Ø: 360 g, ♀ 500-900 g. Fl.spw.: 80-95 cm. Fl.l.: ♂ 267-282 mm, ♀ 254-267 mm [1369,3615].

Status. Lokaler Brut- und Jahresvogel oder Teilzieher. Sonst seltener aber regelm. Gastvogel auf dem Zug oder in Wintermonaten. Überwinterungen nur in wenigen günstigen Bereichen, an vielen Binnengewässern dagegen selten.

Verbreitung und Bestand. Holarktisch von gemäßigter Zone nach N bis zur Tundra und S bis in Steppengebiete verbreitet, mit geschlossenem Areal von IS über Fennoskandien bis Kamtschatka, ganzes N-Amerika; südl. Verbreitungsgrenze in Europa in PL. Außerh. dieses Areals nur lokaler oder vereinzelter Brutvogel. Europ. Bestand etwa 320.000-360.000 BP, über 95% davon in RUS (300-325 T.) und FIN (15-25 T.). In ME brüten nur 90-150 Paare [383, erg.].

Wanderungen. Überwiegend Zugvogel, z.T. Langstreckenzieher. Winterquartier W-Europa und ME, Mittelmeergebiet, Sahelzone bis Äthiopien, Vorderasien, S-Asien. **Br. N-Europa bis W-Sibirien** ziehen i.d.R. SW nach NL, NW-F und GB, einzelne bis P/E., N-Afrika und (z.B. Herbst-/Wintervögel GB) bis Senegal, Ghana. Die Hauptzugrouten folgen den Küsten [3615]. Die Herkunft großer Winterkonzentrationen (z.B. Jan. 1981 80.000 Senegaldelta) in W-Afrika meist unbekannt bzw. einige Mauservögel vom Wolgadelta. **Br. weiter E** überwintern Mittelmeer- und Schwarzmeergebiet, Vorderasien bis Niltal (Ringfunde EGY–FIN bzw. Mittel-und E-Sibirien). Auch Transatlantikflüge nachgewiesen (Labrador–GB; Br. IS – GRÖ, Quebec), regelm. von N-Amerika im E von RUS. Mauserzug großen Stils in Sibirien; kleinere (wohl meist regionale Br.) z.B. NL; Dz. in ME Aug./Nov., ♂ wegen früherer Mauser vor ♀, weitere Bewegungen je nach Witterung während des gesamten Winters, Abzug Feb./März, Dz. aber auch April [Ringfunde, Dz.beschreibungen z.B.:2982; für I:801; RUS:361; GB:4064; S.:1208].

Bestandsentwicklung. Brutbestände in ME waren wohl nie sehr groß, doch zumindest in ehemaligen Moorkomplexen wohl wichtige Vorkommen. Gebietsweise Besiedlung aber erst im 20. Jh. [NL ab 1923, B ab 1944:1369], dennoch sowohl Verbreitungsgebiet in Europa als auch Brutbestände gegenüber 19. Jh. verkleinert [3892]. Lang anhaltender starker Rückgang der größten verbliebenen ME Population in PL seit 1970er J. nochmals verschärft [1366,3871]. Auch in A (vor allem Neusiedlersee), D-BB und -MV Bestandszahlen stark rückläufig, oft verbleiben nur wenige regelm. Vorkommen [965,2031], aus anderen Regionen völlig verschwunden [D-TH, -HB:2068,196]; z.T. vermitteln recht unstete Ansiedlungen einzelner Paare den Eindruck weitgehend unveränderter Bestände [NL, SK., CZ, E-D, -NI, -BY, -HE: 3636,2772,196,1, 1587;343,2120].
Andererseits ab 1960er J. vermehrt Brutnachweise am Rand der Verbreitung, z.B. D-SH [309,310,2063], in NL [375] und B [78], die wohl z.T. auf Lockvögel aus Entenkojen zurückgehen [1369]. Oft bleibt es bei Einzelnachweisen, z.B. in CH 1985 [3393], D-NW 1976 Brutverd., -BW (Bod.) 1969 und 1974 [337,1617].
Überwinterungsbestand in NW-Europa und ME bei großen Schwankungen bis Mitte 1980er J. weitgehend stabil bei 60.000 Ind. in NW-Europa/ME, bei 1.200.000 Ind. in E-,S-Europa/W-Afrika und 700.000 Ind. in SW-Asien/SE-Afrika

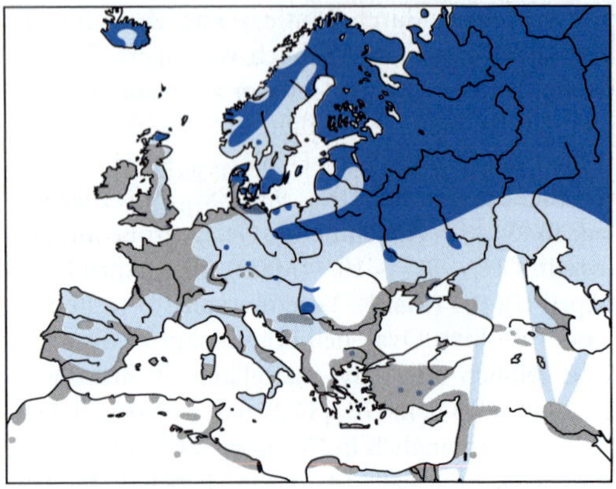

Anas acuta – **Spießente**

[824,3503,3269]; neuerdings (1987-96) jedoch drastische Rückgänge in allen drei Flyway-Populationen [824], allerdings Zunahme in kleiner Teilpopulation in ME [824,1722,1617].

	Best.	Areal	Brutbestand	Jahr	Quelle
A	+/-	=	1–5	1998–2002	[383]
B	+/-	=	9–12	2000–2002	[383]
CZ	+/-	=	1–3	1990–2000	[383]
D	↑	+ 1	15–24	1995–1999	[383]
H	+/-	=	30–50	1995	[383]
NL	↓	- 1	20–30	1998–2000	[383]
PL	⇩	- 1	10–20	1995–2000	[383]
SK	↕	F	0–10	1999	[383]

Gefährdungsursachen [965,3892,196,824,1366]. Besonders stark von Lebensraumverlust in Brutgebieten betroffen. Bedeutend sind Gewässerausbau, Drainage von Überschwemmungsgebieten, Grundwasserabsenkung, Intensivierung der Weidewirtschaft etc.
Verlust geeigneter Überwinterungsgebiete durch Zerstörung, Veränderung der Feuchtgebiete, Trockenzeiten.
Extrem hohe Abschusszahlen, in Europa vor allem in RUS, F und BG, GR, RO, ferner in W-Afrika, insbesondere Niger.
Im Winter konzentriert in wenigen Gebieten, Gefährdung durch Baumaßnahmen, Nutzungsänderungen und andere Einflüsse.

Schutzmaßnahmen. Strenger Schutz auf nationaler Ebene. Strikte Reduktion der Abschusszahlen und gebietsweise ganzjährige Schonzeit in Durchzugs- und Überwinterungsgebieten.

SPEC	VSchRL	Bern.Konv.	Bonn.Konv.
3	II-1,III-1	Anh. III	Anh. II
Europ. RL	RL in ME		
--	CZ :'**RE**', A :'CR', D, NL, PL, SK: 'EN', H: 'VU'		

Schutz und Erhaltung geeigneter Feuchtgebiete im gesamten europäischen Raum, Wiederherstellung natürlicher Flusssysteme, Schaffung von Dauervernässungsflächen, Renaturierung von Mooren. Monitoring der Verluste in Niger und Einleitung von Schutzmaßnahmen in afrikanischen Wintergebieten.

Siedlungsdichte. Im Vergleich zu anderen *Anas*-Arten gering. An meisten eutrophen Seen der borealen Zone < 0.5 BP/km^2, max. dort 1-2 BP/km^2 [1507]; kleinflächig höher.

Biotop. Offene Niederungslandschaften und Moorgebiete mit großen, stehenden Binnengewässern, Überschwemmungsflächen, auch Steppenseen, mitunter Stauseen und Fischteiche, ferner binnendeichs auf Nordseeinseln; Ufervegetation wichtig. Auf dem Zug und im Winterquartier vor allem Flussmündungen, Strandseen, Lagunen, Stauseen und auf dem Meer an Flachküsten. Im Binnenland meist nur kleine Trupps.

Nahrung. Pflanzlich und tierisch, ähnlich wie Stockente; im Herbst und Winter überwiegend Wasserpflanzen (Sämereien, Knospen, Blätter, Rhizome); tierische Bestandteile z.B. kleine Schnecken, Crustaceen *(Artemia)*, Insektenlarven.

Stimme. Balzruf ♂ ähnlich Krickente, aber tiefer und gedämpfter »krlüe«, »krük« o.ä., wenig weit zu hören. Voller Ruf aus der Nähe etwa »wäh-glü-hä« (1. und 3. Silbe deutlich leiser); erregt leise »wrä-wrä … «. ♀ hetzt mit schnellem »rarr«, daneben quakende Rufe.

Verhalten. Tag- und nachtaktiv. Nahrungssuche überwiegend nachts, bevorzugt im Seichtwasser (bis ca. 30 cm). Schnattern bzw. seihen relativ selten; meist wird der lange Hals eingetaucht. Beim Gründeln können > 50 cm Tiefe erreicht werden; dabei wird der lange, beim Schwimmen hoch getragene Schwanz abgebogen. Balz der ♂ mit Scheinputzen, einleitendem Schütteln, Antrinken, Grunzpfiff (Bewegung sehr ähnlich Stock-♂), Kurz-Hoch-Werden usw. Balz- und Paarbildung im Winterquartier und auf dem Heimzug. Bleiben stabil bis ca. 1 Woche nach Brutbeginn. Verfolgungsflüge stellen häufig Vergewaltigungsversuche dar, aber oft initiiert vom ♀; meist 2 (verpaarte) ♂ involviert. Verfolgungsflüge meist 12 d vor/bis Legebeginn. Außerhalb Brutzeit gern in artreinen Trupps.

Fortpflanzung, Brutbiologie [337,767,1784, 3269]. Geschlechtsreife im 1. Lebensjahr, Erstbrüter aber meist 2 Jahre alt. Monogame Saisonehe, verpaarte ♂ begatten auch andere ♀. **Nest**. Auf trockenem, z.T. erhöhtem Untergrund unter Vegetation versteckt in Wiesen und Weiden, auf Inseln. Nicht immer direkte Wassernähe. Flache Mulde mit wenig Pflanzenmaterial und Dunen ausgelegt; ♀ baut. Meist einzeln, auf Inseln kolonieartig gehäuft. **Legebeginn**. (Ende März) Mitte April bis Anf. Juni, im N Mai/Juni. **Gelegegröße**. 7-11 (5-12); Ø FIN$_{39}$ 8.3, D-BB$_{10}$ 9.25; Legeintervall 1 d. **Eier**. Länglich oval, grünlichgelb bis rahmfarben. **Brutdauer**. 22-24 d; ♀ brütet, ♂ anfangs oft noch in Nestnähe. Bebrütung ab letztem Ei. **Nestlings-/Führungszeit**. ♀ führt Juv. nach Schlupf zum nächsten Gewässer; zuweilen ♂ beteiligt. Juv. mit 40-45 d flügge und selbständig. **Jahresbruten**. 1; Nachgelege. **Bruterfolg**. Schlüpferfolg in FIN$_{33}$ bei 76%, sonst Angaben von 32-68%; anfangs der Führungszeit wiesen 29 Familien in FIN Ø 7.1 Juv. auf, zu Ende 4.7 Juv. In D-BB$_{11}$ Ø 4.3 flügge Juv./ Familie [1].

Eimaße und -gewichte. L. 44.1-61.9 mm, B. 33.6-42.0 mm, Ø: 54.0 x 37.9 mm (n=49, NL), 54.2 x 38.4 mm (n=111, FIN); Frischvollgew. Ø: 40.0 - 50.5 g, Ø: 47 g; Schalengew. 2.65-4.35 g, Ø: 3.37 g.

Sterblichkeit, Alter. Überlebensrate Ad. 52% [474], in USA 63-80% für ♂ und 42-77% für ♀ (Unterschied signifikant, Untersuchungszeitraum 1950-1988) [1681]. Ältester Ringvogel (NL) 27 J. 5 Monate. **Generationslänge**: < 3.3 J. [383].

Mauser. **Postjuvenile Mauser** (Teilmauser) Aug.–Sept./Nov.; Körpergefieder [139,3050]. • 1. **Pränuptialmauser** (Teilmauser) Sept./Okt.–Dez./Jan., aber besonders bei ♀ oft erst im Frühjahr beendet [767,139,3050]. • **Postnuptialmauser** (Vollmauser) ♂ Juni–Aug., ♀ bis Sept.; synchrone Schwingenmauser ab Juli, 20–30 Tage flugunfähig [1369,139,3050]. • **Pränuptialmauser** (Teilmauser) ♂ ab Nov., ♀ ab Dez./Jan. zumeist wieder im Prachtkleid; Körpergefieder, Schirm- und Steuerfedern [767,139,3050].

Anas querquedula – Knäkente 01910

Anas querquedula Linnaeus 1758

(GB) **Garganey** (F) **Sarcelle d'été** (E) **Cerceta Carretona**

Taxonomie. Monotypisch. Die Knäkente teilt mit *A. discors, cyanoptera, clypeata, smithii, platalea* und *rhynchotis* die hellblaue Färbung der Armflügeldecken, was innerhalb der Gattung offenbar ein abgeleitetes Merkmal ist. Ob diese «blauflügligen Schwimmenten« (= *clypeata-discors*-Gruppe) monophyletisch sind, lässt sich mit bisher vorliegenden mtDNA-Daten [1901] nicht beurteilen und bedarf weiterer Klärung.

Kennzeichen. Sexualdimorph [221,3772,2418, 1784,1369,3615,408; **Fotos** in Ornis 2004/**5**, 15, Limic. **13**, 131, **15**, 48].

Maße. Gr.: 37-41 cm. Gew.: ♂ 350-450 g, Ø: 396 g, ♀ 250-450 g, Ø: 372 g. Fl.spw.: 60-63 (58-69) cm. Fl.l.: ♂ 190-211 mm, Ø: 198 mm, ♀ 184-196 mm, Ø: 189 mm [1369,3615].

Status. Seltener, lokal konzentrierter Brut- und Sommervogel im gesamten ME. Langstreckenzieher. In meisten Gebieten regelm. Durchzügler in kleiner Zahl. Mauseransammlungen an geeigneten Standorten. Sporadische Überwinterungsversuche.

Verbreitung und Bestand. Brutvogel tieferer Lagen von W-Europa über S-Skandinavien über Zentral-RUS bis Ostasien, wobei 16°-Juli-Isotherme nicht überschritten wird [3269]; Ausläufer bis in Subtropen. Höchste Brutvorkommen CH 540 m, CZ 600 m. Größerer Teil des Weltbestandes wohl außerhalb Europas. In Europa Bestand etwa 390.000-590.000 BP, Hauptverbreitung im E (allein in RUS 320-475 T.) [1585]. In ME und S-Europa nur lückig verbreitet, gesamter ME Bestand etwa 6.000-10.000 BP [1585, erg.].

Wanderungen. Überwiegend Langstreckenzieher; einzelne Überwinterer z.B. IRL, GB, NL, B, SW-D, H; regelm. einzeln oder in kleiner Zahl Mittelmeergebiet. Hauptwinterquartier in N-Tropen Afrikas, z.B. Senegaldelta, Nigerdelta [3881,3047]. Einzugsbereich der W-afrik. Winterpopulation ME bis W-Sibirien. Hauptwegzugsrichtung der **Br. Mittel- bis NE-Europas** SW [Ringfunde:2073, RUS:361, GB:4064, S:1208]; wichtige Zwischenstationen z.B. Donaudelta, bedeutender Mauserplatz Wolgadelta.

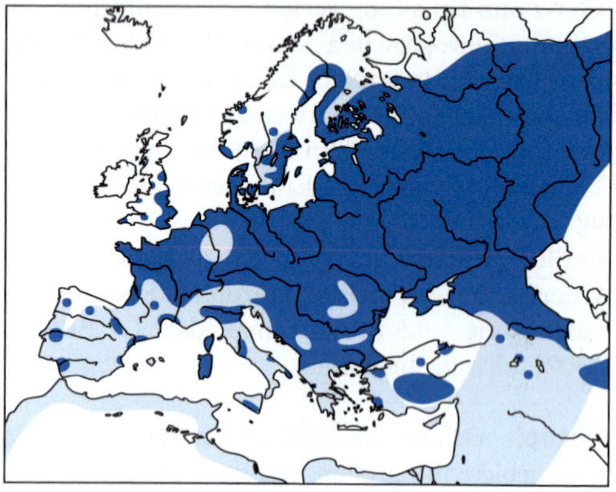

Anas querquedula – **Knäkente**

Dz. und Überwinterer E-Mittelmeer, EGY bis E-Afrika sind **Br. von UA.** nach E; ein Teil der **Br. W-Sibiriens** zieht auch nach Indien. In Europa offenbar Schleifenzug: im Herbst stärkerer Dz. im W über F, E., im Frühjahr stärker über mittleres Mittelmeer [I:801, außerdem YU, GR]. Ringfunde belegen in verschiedenen Zugperioden z.T. weit auseinanderliegende Zugwege. Wegzug Juli/Okt., Gipfel in Europa Aug./Anf. Sept.; die meisten erreichen im Okt. das Winterquartier. Rückzug beginnt ab Feb.; F, B, NL, CH früheste ab Ende Feb., sonst ME meist ab Anf./Mitte März, Hauptdurchzug Ende März/Mitte April, Nachzügler bis Anf. Mai.

Bestandsentwicklung. In der klimatisch günstigen Periode Anf. 20. Jh. in Europa Ausweitung des Verbreitungsareals in Skandinavien, wie Mitte des 19. Jh. schon einmal [1369]. Abgesehen von kurzzeitigen klimabedingten Schwankungen waren Bestand und Verbreitung auf lange Sicht aber sehr stabil [3892]. Nach einer erneuten Wärmeperiode in 1950er J. mit Bestandszunahmen [337,1719], in W- und M-Europa meist seit 1960er J. ein kontinuierlicher, regional verschieden schnell verlaufender Bestandsrückgang durch Biotopzerstörung in Brut-, Rast- und Überwinterungsgebieten sowie direkter Verfolgung. Seit 1970er J. auch in Gebieten E-Europas. In N-NL fiel Bestand z.B. von 750 BP (1970) auf max. 132 BP (1979), in anderen Populationen NL waren Verluste fast ebenso stark [196]. Entwicklung in benachbarten Ländern nicht generell so dra-

matisch, aber lokal einige Bestände erloschen [D-HH,-MV, L: 196,3615,2407], andere stark reduziert [D-SH, -BW, -NW, -BB, A, CZ, PL: 196,1,2159,3871]. Insgesamt in ME von 1970-2000 Bestandsrückgang um über 60% [3892,1585,824]. Regional in 1990er J. durch Habitatverbesserungen, insbes. durch Wiedervernässung, und weitere Schutzmaßnahmen Bestandszunahmen [NL, D-BB: 3638,1], z.T. aber nur vorübergehend [B: 3615,1585].
Die in ME registrierten Durchzüglerzahlen spiegeln negativen Trend der Brutpopulation gut wider [824]; offenbar gute Korrelation zwischen Heimzug- und Brutbestand [1].

	Best.	Areal	Brutbestand	Jahr	Quelle
A	+/-	=	70–200	1998–2002	[383]
B	+/-	=	154–214	1995–2002	[383]
CH	↕	=	0–2	1993–1996	[383]
CZ	⇩	- 1	60–120	2000	[383]
D	↓	- 1	1.200–1.900	1995–1999	[383]
H	+/-	=	1.200–1.500	1979–1993	[383]
NL	+/-	- 1	1.600–1.900	1998–2000	[383]
PL	↓	- 1	2.000–3.500	1995–2000	[383]
SK	↓	=	100–200	1994–1999	[383]

Gefährdungsursachen [1507,1587,1719,3892,1, 196,824,3269]. Lebensraumverluste entscheidend, teils Zerstörung der bevorzugten Kleingewässer (Gewässerausbau, Entwässerung, Grundwasserabsenkung, Ausräumung der Landschaft), teils Zerstörung der als Brutplatz wichtigen Wiesengebiete, schließlich Reduktion des Nahrungsangebotes durch hohen Fischbesatz oder Hypertrophierung.
Zerstörung der Nester durch Ausmähen; Störungen durch Freizeitbetrieb an Brutgewässern, z.B. Angler.

SPEC	VSchRL	Bern.Konv.	Bonn.Konv.
3	Anh. II-1	Anh. III	Anh. II
Europ. RL	RL ME		
--	CZ, D, L: 'CR', CH: 'EN', A, NL:'VU', FL: 'R', SK: 'NT'		

Menschliche Verfolgung: besonders hohe Verluste auf dem Zug in F, PL, UA. und RUS sowie durch Fang in den Überwinterungsgebieten (N)W-Afrikas.
Schrumpfung der Überwinterungsgewässer durch Dürre oder neue Bewässerungssysteme und Kanalbauten in afrikanischen Winterquartieren (vgl. Moorente); erhöhter Nutzungsdruck und erhebliche Reduktion der Nahrungsquellen.
Bleischrotvergiftung.

Schutzmaßnahmen. Erhaltung, Schutz und Neuschaffung von geeigneten Kleingewässern, von Feuchtgrünland mit natürlichen Wasserläufen und von Überschwemmungsgebieten in den Brut- und Durchzugsgebieten in Europa.
Schutz der wichtigen Überwinterungsgebiete in Afrika und Entwicklung von Managementkonzepten. Erhebliche Reduktion der jagdlichen Verfolgung in Durchzugs- und Überwinterungsgebieten. Jagdstrecke in Europa jährlich offenbar > 500.000 Ind. Beschränkungen des Begehungs- und Nutzungsrechts an allen Brutgewässern.

Siedlungsdichte. Lokal stark schwankend. Kleinflächig z.T. sehr hoch, z.B. in extensiv genutzten Feuchtwiesengebieten RUS lokale Dichten bis max. 13 BP/ha [1507]. In ME deutlich geringer, auch in Optimalbereichen nie > 5 BP/ha. Raumbedarf eines Brutpaares etwa 1-10 ha [1137].

Biotop. Br. an eutrophen und deckungsreichen Binnengewässern mit oft kleinen offenen Wasserflächen. Zur Zugzeit auf großen flachen Seen, Überschwemmungsflächen, Riedgebieten, kleinen Moorseen etc.

Nahrung. Wasserpflanzen und -tiere, besonders Sämereien, Wasserlinsen, Insektenlarven, Crustaceen, Tagesbedarf im Winterquartier 12-17 g Sämereien.

Stimme. ♂ bei Beunruhigung und Balz hölzern knarrend »klerreb«; kurz »geg«, auch gereiht »jäck-jäck-jäck«. Ähnlich ♀ kurz »gäck«, vom ♂ bedrängt auch »gägägägä« und beim Abflug nasal »knäk« (auch ± zweisilbig). ♀ rufen meist wenig.

Verhalten. Tag- und nachtaktiv; Nahrungsaufnahme oft oder überwiegend tags, doch je nach örtlichen Verhältnissen auch nachts. In Europa meist kleinere und im Flug weniger dicht geschlossene Schwärme als Krickente. Nahrungserwerb überwiegend auf der Oberfläche von Seichtgewässern im Schwimmen (seihend); gründelt nicht oft. Gesellschaftsbalz, bei der ♂ unruhig durcheinander schwimmen, mit Schütteln, Scheinputzen, Sich-Flügeln; Kopfzurücklegen (nur bei dieser Art bekannt); ♀ hetzen. Intensive Flugjagden mehrerer rufender ♂ hinter einem ♀ im Spätfrühling. Paare bilden sich im Winterquartier bzw. auf dem Herbstzug und bleiben für eine Brutsaison (inklusive Brut) stabil. Gesellig außer zur Brutzeit. Im Winter größere Ansammlungen (bestehen häufig aus Paaren).

Fortpflanzung, Brutbiologie [337,767,1784,1, 3269]. Geschlechtsreife im 1. Lebensjahr. Monogame Saisonehe; bei Ankunft verpaart. **Nest**. Am Boden, meist sehr gut in Vegetation versteckt, oft gegen oben gedeckt und Halme in einer Art Haube zusammengezogen. Flache Mulde mit Blättern, Gras und Dunen ausgelegt; in Wassernähe (max. 100 m); ♀ baut. **Legebeginn**. Ab Mitte/Ende April, meist Mai bis Mitte Juni (Juli). **Gelegegröße**. 7-11 (5-14); Ø CS_{42} 9.1, D-BB 7.9; Nachgelege deutlich kleiner; Legeintervall 1 d. **Eier**. Schlanker als bei Krickente, länglichoval, hellstrohfarben bis hellbraun. **Brutdauer**. 21-23 d; ♀ brütet, Bebrütung ab letztem Ei. **Schlüpftermine**. Synchron, ab (Mitte Mai) Anf. Juni. **Nestlings-/Führungszeit**. ♂ wacht anfangs noch in Nestnähe. Bei Abwesenheit des ♀ Gelege mit Dunen abgedeckt. ♀ führt. Juv. mit 35-40 d flügge. **Jahresbruten**. 1; Nachgelege. **Bruterfolg**. In $D\text{-}BB_{24,23}$ Schofstärke Ø 6.5 bzw. 6.9, in $\text{-}SH_{27}$ Ø 6.6 (im Alter von 1 Woche 7.0, mit > 3 Wochen 6.0).

Eimaße und -gewichte. L. 39.3-49.4 mm, B. 29.7-36.0 mm, Ø: 47.0 x 34.0 mm (n=89, NL); Frischvollgew.: 22.9 - 28.8 g, Ø: 27 g. Schalengew. 1.74-2.69 g, Ø: 2.22 g.

Alter, Sterblichkeit. Ältester Ringvogel (D) 13 J. 8 Monate. **Generationslänge**: < 3.3 J. [383].

Mauser. Postjuvenile Mauser (Teilmauser) ab Aug. oder kurz nach Ankunft im Winterquartier; Körpergefieder [767,139]. • **1. Pränuptialmauser** (Teilmauser) Dez.–März, z.T. letzte Körper- und Steuerfedern erst im Sommer gewechselt [767,139]. • **Postnuptialmauser** (Vollmauser) setzt bei ♂ mit Körpergefieder ab Ende Mai/Juni ein, bei ♀ etwas später; Schwingenmauser Juni–Aug., ♀ ca. 1 Monat nach ♂, nach ca. 3–4 Wochen wieder flugfähig [309,767,139,1174]. Vor Wegzug z.T. Supplementärmauser in ein schlichtkleidähnliches Zwischenkleid (besonders ♂) [221,767]. • **Pränuptialmauser** (Teilmauser) erst im Winterquartier, meist Nov.–Anf. März, ♀ z.T. bis Mai; einschließlich Schirm- und Steuerfedern [767,1369,139,4057].

Anas discors – Blauflügelente 01920

Anas discors Linnaeus 1766

(GB) Blue-winged Teal **(F) Sarcelle à ailes bleues** **(E) Cerceta Aliazul**

Taxonomie. Monotypisch. Sehr nah verwandt mit *A. cyanoptera*, mit der gelegentliche Hybridisation vorkommt. Brutareale überlappen jedoch großräumig, so dass beide Arten nicht zu einer Superspezies vereinigt werden sollten.

Kennzeichen. Sexualdimorph [1369,221,2418, 1784,3615,3772,408, **Fotos** in Limic. **14**, 192, Dutch B. **19**, 140, **21**, 67, **23**, 236, **26**, 276, Bird. W. **10**, 85, Brit. B. **92**, 564].

Maße. Gr.: 35-41 cm. Gew.: 266-430 g, ♂ Ø: 400 g, ♀ Ø: 371 g. Fl.l.: ♂ 18.6-19.5 cm (Ø: 19.1 cm), ♀ 17.6-18.8 cm (Ø: 18.3 cm). Fl.spw.: 60-64 cm [1369,1784,2418].

Verbreitung und Status. Brutvogel in großen Teilen N-Amerikas von Alaska bis Neufundland und nach S bis Zentral-USA. Global nicht gefährdet, Bestand in N-Amerika zur Brutzeit etwa 5 Mio. Ind. [1784]. In Europa, insbesondere Atlantikbereich, fast allj. festgestellt [3615,q18]. Bis 1993 dreizehn in USA und CDN beringte Ind. in DK, IRL, GB, F, E., P und MA [277]. In ME vereinzelt, aber nicht alle Nachw. betreffen Wildvögel [4152,575]. Zunahme der Beob. in letzten Jahrzehnten geht z.T. auch auf Gefg.fl. zurück. Anerkannt wurden: • **B:** erstmals 1966, seither mehrere [1677]. • **NL:** erstmals 1899, bis 2001 26mal [277,375,q23]. • **A** 4 mal (zuletzt 1996, 2000 und 2001) [q3,q18]. • **CZ** erstmals 1996, Status umstritten [q18,2159]. • **D** von 1977-99 dreizehn anerkannte Nachw. [575], davor u.a. 1952 [1369]. • **CH** erstmals 1978, bis 1997 4 Nachw., 2000 erneut [4152,q18]. • **PL** Apr. 1984, Mai 1995, Mai 2001 [3871]. In **DK** 1986 eine Brut (Status unbekannt) [3615].

Wanderungen. Selten Europa- bzw. N-Afrikafunde kanadischer Ringvögel (GB, MA, S-E., F). In GB/IRL meist Aug./Okt., in Kontinentaleuropa meist im Winter; Korsika Nachweise Frühjahr [437]. Von 17 Frühjahrsdaten fallen 7 nach W-Afrika [Details 820].

Biotop. Flache eutrophe Binnengewässer und Überschwemmungsgebiete.

Nahrung. Sämereien, Wurzeln und vegetative Teile von Gräsern, Seggen, Algen und anderen Wasserpflanzen; Reis und Getreidekörner; auch animalische Nahrung aus dem Wasser (Mollusken, Insekten, Crustaceen).

Stimme. ♀ leises, hohes Quaken, ♂ dünnes, pfeifendes »ziie-ziie» auf dem Wasser und im Flug.

Mauser. Ähnlich Knäkente, aber meist etwas früher und ♂ eher wieder im Prachtkleid, oft ab Mittwinter [221,139,3050,949].

Anas clypeata – Löffelente 01940

Anas [clypeata] clypeata Linnaeus 1758

(GB) **Northern Shoveler** (F) **Canard souchet** (E) **Cuchara común**

Taxonomie. Monotypisch. Bildet Superspezies mit *A. rhynchotis* (AUS, NZ). Zudem nah verwandt mit zwei im Schnabelbau und Gefieder sehr ähnlichen Arten in Afrika (*smithii*) und S-Amerika (*platalea*). Monophylie aller vier gegenüber den anderen »blauflügeligen Schwimmenten« aber nicht gesichert [1901], weshalb nur die beiden nächstverwandten Formen (*clypeata, rhynchotis*) in einer Superspezies vereinigt werden.

Kennzeichen. Sexualdimorph [1784,221,1369, 3615,2418,3772,408, **Fotos** in Ornis 2004/**5**, 16, Var Fag. 1997/**3**, 11].

Maße. Gr.: 44-52 (43-56) cm. Gew.: ♂ 500-800 (1100) g, ♀ 470-750 g. Fl.spw.: 70-85 cm. Fl.l.: ♂ 239-249 mm (Ø: 244 mm), ♀ 222-237 mm (Ø: 230 mm) [2418,1369,3615].

Status. Verstreuter, in N-ME häufiger Brutvogel; Mittelstreckenzieher, während Zug in weiten Bereichen ME regelm. Gastvogel. Gebietsweise Überwinterer, auch im Binnenland.

Verbreitung und Bestand. Über gesamte Holarktis verbreitet. N-Grenze an 10° bzw. 12°-Juli-Isothermen. Im S Brutgebiete bis Mittelmeer, in Asien bis in Steppen- und Wüstenzone [3269]. Gesamtbestand in Europa 170.000-210.000 BP, größter Teil in RUS [383]. Vor allem Tiefland N- und E-ME dicht besiedelt, in S- und SE-ME nur verstreute Brutvorkommen; höchste meist nur unreg. besetzte Brutplätze 400-650 m; Bestand etwa 13.000-16.500 Paare [1585, erg.].

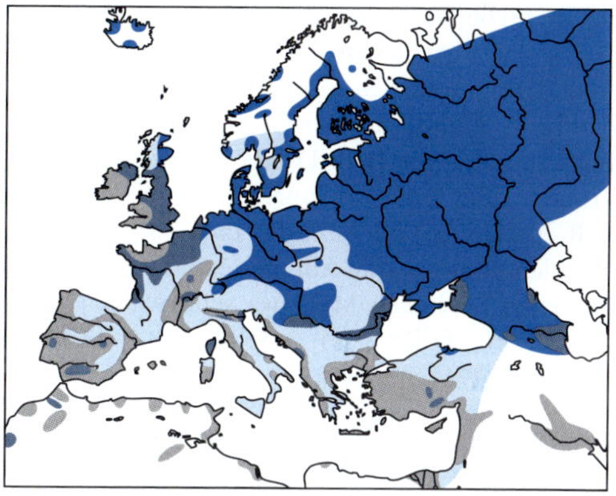

Anas clypeata – **Löffelente**

Wanderungen. Überwiegend Zugvogel. Winterquartiere W-Europa und Mittelmeergebiet, tropisches W- und besonders E-Afrika; ferner Vorder- und S-Asien. **Br. GB** ziehen nach S (S-F, S-E., I, N-Afrika), **Br. Fennoskandiens und RUS** (nach E bis ca. 60–65° E) ziehen W/SW und überwintern in NL, GB/IRL bis F und E., ähnlich wohl viele **Br. ME**, Winterareal nach S bis Senegal, Niger, Tschad, Nigeria mit Konzentrationen bis Zehntausende. Überwinterer E-Afrikas wohl meist aus RUS (Mauservögel vom Wolgadelta in EGY und Kenia nachgewiesen). ♂ führen z.T. bereits ab Juni Mauserzug aus (Mauserquartiere z.B. Baltikum, NL und bes. Wolgadelta). Wegzug in N-ME mit Höhepunkt Sept./Okt., in S-ME Okt./Nov. Im tropischen Afrika Ankunft in größerer Zahl ab Okt. An günstigen Stellen ME z.T. zunehmende Neigung, länger auszuharren und einzeln zu überwintern. Heimzug S

Sahara ab Feb., in ME ab Anf. März, Höhepunkt bis Mitte April, meiste Br. in 1. Maihälfte eingetroffen. Möglicherweise Schleifenzug mit etwas östlicher gelagerter Heimzugroute (z.B. über I nach NE). [Ringfunde GB/IRL: 4064, S.: 1208].

Bestandsentwicklung. Gegen Ende 19. Jh. Zunahmen und Arealausweitungen in GB und Teilen ME, z.B. E-D und PL [1369], erste Bruten in CH 1917 [4152] und B 1919 [1677]. Deutliche Expansion schließlich ab Anf. 1930er J., u.a. mit Besiedlung Bod. [1722], Teilen D-NI sowie Skandinaviens (Myvatn-See IS), und starkem Bestandsanstieg, u.a. im Ismaninger Teichgebiet -BY sowie in S. und FIN, - infolge günstigerer Ernährungssituation durch Eutrophierung sowie Zunahme neu angelegter, zum Brüten geeigneter Gewässer [309,196]. In meisten Regionen ME bis in 1970er J. kontinuierlich leicht zunehmend [196]; doch bei Lebensraumverlust oder -beeinträchtigung sowie Störungen (z.B. frühere und häufigere Mahd) auch schon früh einsetzende Bestandsabnahme [z.B. D-NW ab 60er J.: 2834]. Trotz lokaler oder regionaler Bestandsstabilität [z.B. in NL: 3636, B:843 oder D-NI: 1587] insgesamt langfristig starke Abnahme und Arealverlust in weiten Bereichen ME etwa seit 1980er J. [z.B. NL, B, PL, D-BB, -NI: 1,1587,1719,3638,3615, 1585,196,3871].

	Best.	Areal	Brutbestand	Jahr	Quelle
A	+/-	=	160–300	1998–2002	[383]
B	+/-	=	818–1.090	1995–2002	[383]
CH	↕	=	0–1	1993–1996	[383]
CZ	⇩	- 1	70–120	2000	[383]
D	+/-	=	2.100–3.300	1995–1999	[383]
H	+/-	=	500–600	1979–1993	[383]
NL	↓	- 1	8.000–9.000	1998–2000	[383]
PL	↓	- 1	1.300–2.000	1995–2000	[383]
SK	↓	- 1	10–40	1990–1999	[383]

In Gebieten mit sehr günstiger Gewässerentwicklung oder Gebietsmanagement (Vernässung) andererseits erhebliche Zugewinne und Wieder-/Neuansiedlungen. So stieg Bestand im Bas-Escaut (B) 1960-1980 von 20-25 auf 80-120 BP [843] und im Seewinkel/A 1983-1987 von 50 auf 200 BP [965]. Im W-Teil D-SH und Teilen NL seit Anf. 1980er J. positiver Trend durch Wiedervernässung und andere Schutzmaßnahmen [309,310,1507], seit 1990 lokal auch in D-BB [1].

Durchzugs- und Winterbestände spiegeln den Brutzeittrend unzureichend wider. Drei Flyway-Populationen mit zusammen ca. 900.000 Ind. werden unterschieden [3503,824], zwei davon langfristig ± stabil; die NW- und M-europäische Population dagegen seit 1986 rückläufig [824].

Siedlungsdichte. Dichten fast immer < 5 BP/100 ha, Ausnahmen nur in extensiv genutzten, vernässten, speziell gemanagten Wiesenlandschaften [1507]. Lebensraumbedarf eines Brutpaares zwischen < 1 ha und > 10 ha [1137].

Gefährdungsursachen [309,1719,1587,196,310]. Wichtigste Ursachen wie bei anderen selteneren Gründelenten Störungen an Brutgewässern sowie Verlust oder Beeinträchtigung der Brut- und Nahrungshabitate, darunter Entwässerungs- und Eindeichungsmaßnahmen, Nutzungsintensivierung in Grünland-Graben-Komplexen N-ME; Beeinträchtigung oder Verlust geeigneter Überwinterungsgebiete.
Direkte und indirekte (Bleischrot) Auswirkungen der Jagd.
Nahrungskonkurrenz mit Karpfen, besonders bei hohem Besatz an Intensiv-Fischteichen.

SPEC	VSchRL	Bern.Konv.	Bonn.Konv.
3	II-1,III-2	Anh. III	Anh. II
Europ. RL	**RL ME**		
--	CZ:'CR', A, CH, NL, SK: 'VU'		

Schutzmaßnahmen. Vgl. Knäkente. Schutz der Brut-, Mauser und Rastgewässer vor Eingriffen sowie vor menschlichen Störungen (z.B. Mahd). Ausweisung von Schutzgebieten im gesamten Verbreitungsgebiet. Extensivierungsmaßnahmen der Landwirtschaft. Wiedervernässung von Wiesenlandschaften, Ausbildung von Flutmulden, Temporärgewässern.
Verringerung der jagdlichen Verfolgung.

Biotop. Eutrophe flache Binnengewässer, Sumpfgebiete mit freien Wasserflächen, Altwässer, Stauseen, Feuchtgrünland (Graben-Komplexe mit Temporärgewässern, Flutmulden, Blänken etc.); seltener an Brack- oder Salzwasser. An Meeresküsten und auf Salzseen besonders außerhalb der Brutzeit.

Nahrung. Tierisch und pflanzlich, vor allem im Wasser schwimmende Organismen, Plankton.

Stimme. ♂ bei Balz guttural »rro rro«, auch lange Reihen; ferner heiser »chat«. Pfeifendes »pfiizie«. Gedämpft, fast stimmlos »fft tzk fft tzk«, selten zu hören. ♀ quaken individuell unterschiedlich, aber typisch: zwei- bis viersilbig »wa-ák wa-ák« als gedehnte, absteigende Rufreihe, der sofort 3-9 einzelne kürzere Quaklaute gleicher Tonhöhe folgen. Letztere werden auch ohne vorherige abfallende Rufreihe in kurzen Serien mit gleichen Tonabständen geäußert.

Verhalten. Tag- und nachtaktiv. Nahrungssuche besonders durch Schnattern im Schwimmen (hoch entwickelter Seihapparat!), auch mit untergetauchtem Kopf; Gründeln nicht häufig; gelegentlich auch Tauchen (Reichweite 80 cm). Fliegt bei Überraschung steil auf (ähnlich Krickente). Territorialverhalten zur Brutzeit. Paare bilden sich im Winter und sind für eine Saison stabil. Balz ab Frühwinter; ♂ balzen gemeinsam in Gruppen. Scheinputzen (auch an Land), Hinterkopfzudrehen, Kinnheben; Grunzpfiff fehlt. Verfolgungsflüge mehrerer ♂ hinter einem ♀, offenbar Bestandteil der Balz. Kopulationen nicht Teil der Balz und beginnen ca. 3 Wochen vor Legebeginn bis Brutbeginn. Kopulieren 1-2 mal/d. Verfolgungsflüge sind selten Vergewaltigungsversuche. Außerhalb Brutzeit gesellig.

Fortpflanzung, Brutbiologie [337,767,1784,309, 3269]. Im 1. Jahr geschlechtsreif. Monogame Saisonehe. **Ankunft am Brutplatz**. Ganzjährig. Balz oft schon im Herbst. **Nest**. Am Boden, meist in der Verlandungszone am Wasser (in Ufergebüsch, krautiger Vegetation, Seggenbülten, kaum jedoch in Röhricht oder Schwimmblattzone) oder in Überschwemmungsgebieten frei, von Wasser umgeben, auf Bülten; sehr selten bis > 100 m vom Wasser entfernt. Oft Deckung nach oben durch herabgezogene Grashalme. Nestmulde mit Gras und Dunen ausgelegt, ♀ baut. **Legebeginn**. In ME ab Mitte April, hauptsächlich Mitte Mai bis Anf. Juni, selten Juli; täglich 1 Ei. **Gelegegröße**. 8-12 (6-14); Ø CS_{20} 9.95, NL_{27} 9.85, FIN_{43} 9.2, D-SH_{169} 9.2* (* ohne Gelege < 6 und >12). **Eier.** Länglichoval, grünlichgrau bis rahmfarben. **Brutdauer**. 22-23 (21-25) d; ♀ brütet, ♂ bleibt manchmal anfangs noch in Nestnähe. Bebrütung ab letztem Ei. **Nestlings-/Führungszeit**. ♀ führt und verteidigt Brut. Juv. mit 40-45 d flügge und selbständig. **Jahresbruten**. 1; Nachgelege. **Bruterfolg**. Von 451 Eiern (3 Jahre) in FIN schlüpften 74%, 17.5% ergaben flügge Juv.; das waren 4.7, 0.2 und 2.0 flügge Juv./Paar und Jahr. In Schottland schlüpften aus 26 Eiern 54%, 42% wurden prädiert, 4% verlassen. In D-BB bestanden Schofe unterschiedlichen Alters $Ø_{26}$ aus 7.7 Juv., in -SH_{58} aus 6.1 Juv.

Eimaße und -gewichte. L. 47.1-58.0 mm, B. 34.5-40.1 mm, Ø: 52.0 x 37.0 mm (n=51, NL), $Ø_{275}$: 52.3 x 37.0 mm; Frischvollgew. 35.3 - 43.0 g, $Ø_{27}$: 40 g; Schalengew. 2.2-3.5 g, Ø: 3.2 g.

Sterblichkeit, Alter. In LV Pulli 88%, Einjährige 62%, Ältere 42%/J. [412]; Saskatchewan (CDN) Ad. 49 %/J. [3856]. Ältester Ringvogel 20 J. 5 Monate. **Generationslänge:** < 3.3 J. [383].

Mauser. **Postjuvenile Mauser** (Teilmauser) Aug./Sept.–Sept./Nov.; Körpergefieder [767,139,3050].
• **1. Pränuptialmauser** (Teilmauser) ähnlich Ad. [139,3050,3849]. • **Postnuptialmauser** (Vollmauser) Körpergefieder ab Mai/Anf. Juni, ♀ ca. 1 Monat nach ♂; Schwingenmauser bei ♂ Mitte Juni–Mitte Aug., bei ♀ Ende Juli–Anf. Sept., flugunfähig während ca. 3–4 Wochen [767,139,3050,949].
• **Pränuptialmauser** (Teilmauser) ♂ mit Supplementärmauser im Aug.–Sept., Mauser ins Prachtkleid erst Nov.–Jan.; ♀ wohl ähnlich, aber Ende erst im Feb./März; Körpergefieder, Schirm- und Steuerfedern [767,139,3849].

Netta rufina – Kolbenente 01960

Netta rufina (Pallas 1773)

(GB) **Red-crested Pochard** (F) **Nette rousse** (E) **Pato Colorado**

Taxonomie. Monotypisch. Monophylie der Gattung *Netta* mit drei Arten in Paläarktis (*rufina*), S-Afrika (*erythrophthalma*) und S-Amerika (*peposaca*) ist zwar zweifelhaft, doch steht die Kolbenente gegenüber den *Aythya*-Arten eindeutig basal [3631].

Kennzeichen. Sexualdimorph [221,3772,1784, 3615,2418,1369,408].

Maße. Größe: 53-57 cm. Gewicht: 830-1400 g, ♂ Ø: 1188 g, ♀ Ø: 1108 g. Fl.spw.: 84-88 cm.

Fl.l.: 251-275 mm, ♂ Ø: 264 mm, ♀ Ø: 260 mm [1369,2418,3615].

Status. Seltener, lokal verbreiteter Brut-, Sommer- oder Jahresvogel; Kurzstreckenzieher, komplexes Zugverhalten; Mauserwanderungen, Nahrungswanderungen. Gebietsweise (besonders Teile N- und E-ME) sehr seltener Gastvogel; häufig nur Gefg.fl.

Verbreitung und Bestand. Geschlossenes Brutareal reicht von Steppen- und Halbwüstengebieten vom Schwarzen Meer bis Mongolei. Kleine, weit verstreute lokale Brutvorkommen in gemäßigter Zone Europas im N von NL nach NE bis S-DK und E-PL und im S vom Voralpenland und CZ/SK. bis HR. Höchste Brutplätze knapp 600 m. Einige Ansiedlungen unter Beteiligung von Gefg.fl. Europäischer Gesamtbestand 27.000-59.000 BP, zunehmend, mit Schwerpunkten in RUS (20-40 T.) und E. (2.5-10 T. BP) [383]; Brutbestände > 1.000 BP ferner in TR und AZ. In ME brüten etwa 1.000-1.400 Paare [383, erg.], vor allem D, A, NL und CZ. Drei Flyway-Populationen (1 und 2 s.u.); größte davon in Asien mit 200.000 Ind. [824].

Wanderungen. N 46°N Zugvogel, sonst Teilzieher oder Kurzstreckenzieher. Seit 1990 regelm. und in großer Zahl in den N Voralpenseen überwinternd (z.B. Bod. regelm. mehrere 1000, max. > 12.000 Ind.) [1617], außerdem Mittelmeer und Schwarzmeergebiet, EGY, Vorderasien, Vorder- und Hinterindien. Mauserzug der ♂ ab Juni; kleinere Mausergebiete SW Ostsee, NL und größere z.B. Bodensee. Offenbar ziehen Mauservögel vom Mittelmeer (z.B. S-F) z.T. nach NE. Wegzug in ME meist Ende Okt., doch bereits die ersten Mitteleuropäer im Sept. in E. und S-F. Rückzug ab Feb. (z.B. S D-BY ab Mitte, frühestens ab Anf. Feb.). Neuerdings weitere Zugphänomene im Mittwinter, noch weitgehend ungeklärt.

Bestandsentwicklung. In mehreren Schüben Ausdehnung des Brutareals in Europa bedingt durch Klimaerwärmung und Aridisierung mit günstiger Ernährungssituation an Steppenseen [3892]. Beginn der Ausbreitung nach ME im 19. Jh., noch auffallendere Schübe Anf. 20. Jh., in 1930er J. sowie in 1960er J. [196]. Besiedlung wichtiger Brutgebiete ME z.B. Bod. 1916 [3489], Ismaninger Teichgebiet D-BY 1957 [4175] und Neusiedlersee A-B 1980 [965]; erste Brutversuche in D-SH 1930, DK 1940, NL 1942, S-Böhmen CZ 1952, D-BY 1953, Masuren PL 1968, Korsika 1972, D-ST 1976 und -BB 1978 [337,1507,3871].

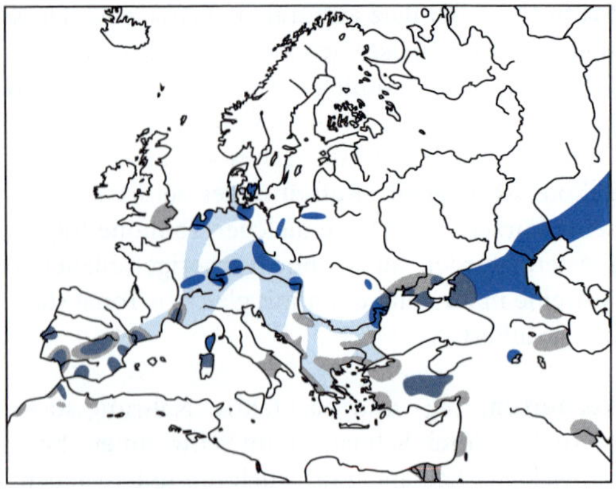

Netta rufina – **Kolbenente**

Nach Phasen der Ausbreitung und Zunahme Bestand in vielen Gebieten Europas ab 1970er J. wieder rückläufig, insbesondere in Hauptverbreitungsgebieten RUS und RO. Negative Entwicklung aber auch bei vergleichsweise kleinen Beständen in I und F [3892], sowie in DK, N- und E-D [309,3269]. In D-SH Tiefstand 1980 mit 20-35 BP [309], in NL 1987/88 nur 5-10 BP [196]. Seither wieder leichte Bestandszunahmen, Besiedlung neuer Gebiete und verbesserter Bruterfolg, insbesondere in S-ME seit 1980er J. [CH:4152, A:965, D-BW:1719,2273, D-BY:2154, SK.:3892, CZ:2159;196] sowie in E-D [2772,1], aber auch auf Iberischer Halbinsel [3892]; erste Bruten in B ab 2000 [1677,3951]. Lokale Bestände oft klein und Bruten unreg., nicht selten »Rückschläge«; in PL z.B. nach Zunahme bis 1990 J. inzwischen stagnierend und lokal unstet [1366,3871]. Im Gegensatz zum positiven Trend in ME Verluste in bedeutenden Brutgebieten E-Europas, z.B. RUS und UA. [3615].

	Best.	Areal	Brutbestand	Jahr	Quelle
A	⇧	+ 2	150–250	1998–2002	[383]
B	N	N	1–1	1999–2002	[383]
CH	↑	+ 1	50–100	1998–2002	[383]
CZ	+/-	+ 1	200–250	2002	[383]
D	↑	+ 1	420–540	1995–1999	[383]
H	+/-	=	20–50	1995–2002	[383]
NL	⇧	+ 2	120–170	1998–2000	[383]
PL	+/-	=	15–20	1999	[383]
SK	↑	+ 1	10–30	1990–1999	[383]

Anhand Mittwinterzählungen insgesamt stabiler Bestand der Flyway-Population (1) ME/W-Mittelmeer seit etwa 1970er J. bei 25-30.000 Ind.

[824,1972,1973], dagegen größere Flyway-Population (2) E-Mittelmeer/Schwarzmeer stark rückläufig, bei zuletzt 50.000 Ind. [824]. ME-Population aber stark zunehmend aufgrund Verlagerungen im Mittwinter von E. an die Voralpenseen. Bis Ende 1980er J. waren 75% von Population (1) in E., Camargue und Neuenburgersee konzentriert [1972,1973]. Ende 1990er J. dagegen an großen Voralpenseen um 20.000 Ind., mit Gebiets-Maxima von 9.000 (Neuenburger S.), 20.000 (Bod.) und 3.000 (Vierwaldstätter S.) [3393]. Parallel mit wachsenden Mauser- und Winterbeständen deutliche Arealausweitung und Zunahme des Brutbestands im Voralpenraum; auch Durchzügler in vielen Teilen ME seit späten 1960er J. zunehmend [1617,3393,1972].

Siedlungsdichte. Raumbedarf eines Brutpaares > 10 ha [1137]. Starke Konzentrationen an geeigneten Brutgewässern.

Gefährdungsursachen [3489,3892,196,1507,1617, 1719,1722,309,3424]. Hauptursache für großräumigen Bestandsrückgang in E-Europa wie bei Moorente Verlust geeigneter Feuchtgebiete durch Trockenlegung und Zerstörung, z.B. Umwandlung in Reisfelder und »Sanierung«, oder klimatisch bedingte Austrocknung. Durch Gewässereutrophierung zudem Verschwinden der Hauptnahrung (Armleuchteralgen *Characeae*).
Zerstörung und Rückgang des Schilfgürtels, dadurch Verlust geeigneter Neststandorte (die Windschutz als Sicherung vor Überflutung benötigen).
Verluste durch Jagd: direkt (früher Jagdbeginn, Verwechslung) und indirekt (Störung, Erhöhung der Fluchtdistanz).
Störungen durch Freizeitnutzung.
Natürliche Verluste durch Botulismus, Bestand in DK dadurch 1986 zusammengebrochen; durch stark schwankenden Wasserstand während der Brutzeit sowie durch Prädation (z.B. Hecht; deshalb geringer Bruterfolg).

SPEC	VSchRL	Bern.Konv.	Bonn.Konv.
--	Anh. II-2	Anh. III	Anh. II
Europ. RL	**RL in ME**		
--	CZ, D, CH: 'EN', A:'VU', PL:'NT'		

Problem kleiner, isolierter Populationen: Kolbenente als Nahrungsspezialist gegenüber Habitatveränderungen sehr verletzlich, z.B. führte Niedergang der *Characeen*-Population an Bod. und Veluwemeer NL durch Eutrophierung zum Abbruch der Mausertraditionen.

Schutzmaßnahmen. Internationaler Schutz, Erhaltung und Wiederherstellung großflächiger, schilfbestandener Seen, Flussdeltas, Altarme und Überschwemmungsflächen. Verbesserung der Gewässerqualität (Re-Oligotrophierung).
Verbesserung des Nistplatzangebotes durch Biotopmanagement, z.B. Schilfinseln, Flutungsschutz des Schilfes, Bau von hochwassersicheren Ersatzgewässern, Schaffung nach oben abgedeckter Nistplätze etc.
Schutz der Brut- und Mauserplätze durch Schaffung großflächiger, periodischer Ruhezonen unter Ausschaltung intensiver Freizeitnutzung.
Einstellen der Jagd an international bedeutenden Rastplätzen.

Biotop. Eutrophe Flachgewässer des Binnenlandes in günstigem Klima; außerhalb Mitteleuropa auch Brackwasser und alkalische Seen bzw. Lagunen. Reiche Verlandungs- und Ufervegetation (Röhricht, Seggen, Überschwemmungsflächen) bevorzugt.

Nahrung. Hauptsächlich pflanzlich, besonders Characeen, *Potamogeton, Myriophyllum, Ceratophyllum* usw., Kleintiere wohl meist unbedeutender »Beifang«.

Stimme. Außerhalb Balzzeit wenig ruffreudig. ♂ bei Erregung das ganze Jahr über, im Schwimmen und Fliegen »bät«; zur Balzzeit (Okt./Mai) leise »geng« und weittragender »bäix«. ♀ drohend »gock« und bei Auseinandersetzungen »kurr« oder »kui«, von mehreren ♂ im Flug verfolgt meist dreisilbig »wu-wu-wu«, Hetzlaut »rärr-rärr«.

Verhalten. Tag- und nachtaktiv. Schwimmhaltung ähnlich Gründelente, beim Auffliegen aber kurzer Anlauf. Tauchen mit Kopfsprung. Nahrungserwerb von der Wasseroberfläche, gründelnd und tauchend. Gruppenbalz Herbst bis Frühjahr; Frühjahr bis Frühsommer häufig Verfolgungsflüge mehrerer ♂ hinter einem ♀ (»Reihen«). Ausdrucksbewegungen des ♂ u.a. Antrinken, »Seitwärtsniesen«, Scheinputzen, Kopfheben, Flügelschlagen, Schütteln, ♀ Antrinken, Hetzen gegen einen Scheingegner. Im Frühjahr als Besonderheit dieser Art zeremonielles Füttern des ♀ durch das verpaarte ♂; Paare stabil für eine Saison. ♂ bleiben in Nestnähe bis kurz bevor Junge schlüpfen. Kopulationen beginnen bereits im November; sind Teil der Balz.

♀ nimmt meist das heraufgetauchte Futter vom Schnabel oder vom Wasser ab. Außerhalb Brutzeit gesellig.

Fortpflanzung, Brutbiologie [337,767,1784, 4175,3269]. Am Ende des 1. Lebensjahres geschlechtsreif, aber Erstbrut meist im 3. KJ. Monogame Saisonehe, Verpaarung im Herbst; in Gefg. Dauerehe, im Freiland wohl meist monogame Saisonehe (Mauserzug der ♂). **Nest**. Meist nahe am Wasser am Boden in dichter Vegetation versteckt, oft Anpassung an unterschiedlichen Wasserstand; ♀ baut aus Material der Nestumgebung, später Dunen. **Legebeginn**. Ab Mitte April, Mehrzahl im Mai bis Juni; z.T. verzögert bei Hochwasser. **Gelegegröße**. 8-10 (6-14), recht häufig legen 2 oder mehrere ♀ zusammen, dann bis etwa 40 Eier; auch Verlegen in Nester anderer Arten recht häufig. **Eier**. Breit gerundet, steingrau bis graugelblich, weitgehend glanzlos. **Brutdauer**. 26-28 d; ♀ brütet; Bebrütung ab vorletztem oder letztem Ei. Juv. schlüpfen synchron. **Nestlings-/Führungszeit**. ♀ führt ca. (39) 45-58 d, dann Juv. flügge und bald darauf selbständig (52-65 d, bei fremdgeführten 54-72 d); ♂ überwacht (oft während gesamter Brutzeit). Zuweilen Juv. verschiedener Bruten in größeren Schofen zusammen. Nicht selten werden vom ♀ auch Junge von anderen Arten (oft Tauchenten) geführt. **Jahresbruten**. 1; Nachgelege. **Bruterfolg**. Am Bod. hohe Verluste durch Hochwasser. In D-BY$_{29}$ 3.9 geschlüpfte und 3.3 flügge Juv./anwesendes Paar und Jahr. Ø Größe von Familien nach 1 Woche 6.3 Juv., 2 Wochen 5.5, 3 Wochen 4.8 und kurz vor Flüggewerden 4.4 Juv.

Eimaße und -gewichte. L. 53.0-62.3 mm, B. 39.6-45.1 mm, Ø: 56.3 x 42.3 mm (n=174, D), Ø: 56.0 x 42.1 mm (n=55, CS); Frischvollgew. 48-53 (-69) g; Schalengew. 4.1-5.8 g, Ø$_{150}$: 4.9 g.

Alter, Sterblichkeit. Ältester Ringvogel > 7 J., ältester Zoovogel > 15 J. **Generationslänge**: < 3.3 J. [383].

Mauser. **Postjuvenile Mauser** (Teilmauser) Ende Juli/Aug.–Okt., überlappt sich deutlich mit folgender Mauser; einschließlich Schirm- und Steuerfedern. • **1. Pränuptialmauser** (Teilmauser) ♂ ab Sept./Okt., Ende hauptsächlich im Nov./ Dez. mit großen individuellen Unterschieden; ♀ ähnlich, aber langsamer und oft bis Frühjahr [767,139,1573]. • **Postnuptialmauser** (Vollmauser) bei ♂ ab Ende Mai; Großgefiedermauser noch vor Ende der Körpergefiedermauser, ♂ Juni–Anf. Sept., ♀ ca. 1 Monat später; ca. 3–4 Wochen flugunfähig [309,767,139,1573]. • **Pränuptialmauser** (Teilmauser) Körpergefieder bei ♂ ab Ende Aug. nach Auswachsen der Schwungfedern, meist vor Nov. beendet [767,1573].

Aythya nyroca – Moorente 02020

Aythya nyroca (Güldenstädt 1770)

GB **Ferruginous Duck** F **Fuligule nyroca** E **Porrón Pardo**

Taxonomie. Monotypisch. Nach mtDNA-Befunden [3631] ist die Moorente nah verwandt mit *A. innotata* (Madagaskar), *A. australis* (AUS) und wahrscheinlich *A. baeri* (E-Paläarktis), und zuweilen zu einer Superspezies vereinigt [3565].

Kennzeichen. Gering sexualdimorph [221,3772, 1784,1,2418,1369,408; weitere **Fotos** in Limic. **14**, 8, Dutch B. **25**, 141, 143, **26**, 146, Bird. W. **12**, 50, Brit. B. **93**, 4-21; Hybride Moor- x Tafelente: Brit. B. **94**, 539].

Maße. Gr.: 38-42 cm. Gew.: 410-650 g, ♂ Ø: 569 g, ♀ Ø: 537 g. Fl.spw.: 63-67 cm. Fl.l.: 178-196 mm, ♂ Ø: 188 mm, ♀ Ø:182 mm [1369,2418,3615].

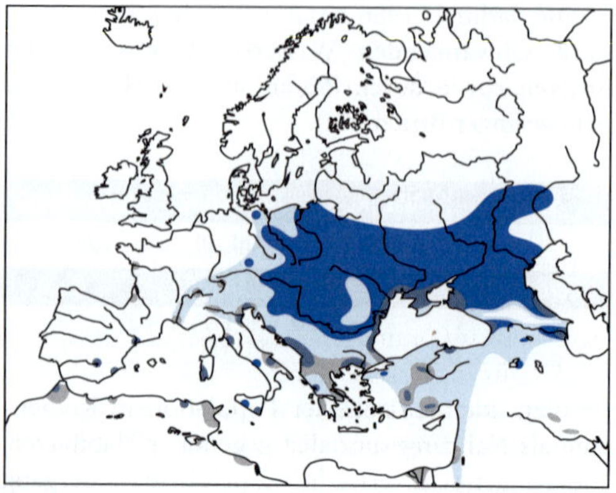

Aythya nyroca – **Moorente**

Status. Nach starken Bestands- und Arealverlusten seltener und lokaler Brutvogel, Teilzieher; seltener Durchzügler und Mausergast; gebietsweise allj. Überwinterer in kleiner Zahl. Zunehmend Gefg.fl. dieser leicht zu züchtenden Art [309].

Verbreitung und Bestand. Paläarktisches Faunenelement. Auf Steppen- und Wüstengebiete sowie südliche Waldzonen Eurasiens konzentriert, lückig von ME- und S-Europa bis Zentralchina. In W-ME nur (noch) einzelne Ausläufer des in E-Europa beginnenden Hauptverbreitungsgebietes. Weltweit aufgrund dramatischer Abnahmen in Vorwarnliste ('NT') der gefährdeten Arten [382,3221]; globaler Bestand früher < 50.000 Ind. geschätzt [3345], doch Bestand Innerasiens allein deutlich höher [382,823]. Gesamtbestand in Europa 12.000-18.000 BP (stark rückläufig) [383], mit Schwerpunkten im SE (RO, UA., AZ, H, RUS; auch TR und HR, YU); in ME nur noch 600-1.200 BP, weitaus größter Teil in H [383, erg.]. In vielen Regionen ME kein regelm. Brutvogel (mehr), in NL, L und B zudem keine Bruten in den 1990er J. [375,1677].

Wanderungen. Überwiegend Zugvogel; einzelne überwintern auch in ME. Hauptwintergebiet Mittelmeer-, Schwarzmeer- und Kaspigebiet, Vorderasien, Indien sowie N-Afrika nilaufwärts bis Sudan und auch in Tropen W-Afrikas (jedoch neuerdings starker Rückgang der Zahlen). Abzug offenbar SW-SE; Mauserzug in Europa kaum bekannt, am Mindelsee (Bod.) seit Anf. 1990er J. regelm. Mausergäste in wachsender Zahl [1617]. Abzug vom Brutplatz Sept/Okt., Ankunft S Sahara bereits ab Okt., doch in S-ME z.T. allmähliche Winterflucht; Heimzug ab März in ME.

Bestandsentwicklung. Nach starker Expansion bis Mitte 19. Jh. war Moorente in Europa recht weit verbreitet [1369]. Viele ME Brutvorkommen jedoch während 20. Jh. - zumindest zeitweilig - erloschen [z.B. NL:1369,375, D-SH, -NI, -BY, -TH:309,1589,2808,2068].
Insbesondere seit 1960er J. verbliebene Populationen in Europa mit dramatischen Bestandseinbußen - Ausnahmen anfangs noch Populationen in H, HR, GR und LT [1507] -, meist aufgrund von Lebensraumverlust (Drainage, Wasserbau; Austrocknung) und Nahrungsverlust durch starke Eutrophierung [3345], aber auch Jagddruck in Überwinterungsgebieten und regional durch hohen Freizeitdruck, Zusammenbruch von Lachmöwenkolonien (vgl. Schwarzhalstaucher), Verdrängung durch Reiherenten und fehlender Schutz [4089,1492,3426]. Bestandsschätzung in ehem. UdSSR Ende 1960er J. noch bei 75.000 BP, im gleichen Gebiet in 1980er J. 12.000-14.000 und Anf. 1990er J. etwa 6.000 BP [3892]. Besonders dramatische Verluste von ca. 95% in UA. (70.000-80.000 auf 1.500-5.000 BP seit 1950er J.), in PL (von 600 BP 1970-80 auf 250 BP Anf. und 40 BP Ende 1990er J.) sowie in isolierter Population E. (von 500 BP auf 1-5 BP, Erlöschen der Doñana-Population) [3892,3871,3345,4089]. Fast im gesamten europäischen Verbreitungsgebiet sprunghafte Rückgänge (nicht immer verbunden mit Habitatveränderungen) [965,1492,4089,3221]. In 1990er J. positive Trendmeldungen sowie Beob. über Zunahmen lokaler Brut- oder Rastbestände in S-D, A, CH [965,1617], erste und seither mehrere Brutnachw. in CH und Bod. sowie erneute Brutzeitbeob. in Oberschwaben -BW, in -SH (und -ST ?) [1617,4152,3393,310,1618,453] sowie Rückkehr als Brutvogel nach -BB (SE) und -SN (NE) ab 1999 [1,3182,453]; ob Stabilisierung bzw. Erholung der Restbestände aufgrund intensiver Schutzmaßnahmen oder Ansiedlung entflohener »Parkvögel«, ist umstritten. Lokal auch wieder Zunahmen in RUS [1507] sowie in I [2565,3850].
Auch aus Durchzugszahlen und Winterbeständen wird katastrophaler Rückgang deutlich, am Schwarzmeer z.B. von 18.000 (1967) auf <1.500 (1979-88) [3892,3345]. Regional auf so geringe Zahlen gesunken, dass Hochrechnungen unmöglich [824]. »Lichtblicke« sind leicht positiver Trend im W-Mittelmeer [824], mit größerem Winterbestand (230 Ind. 1999) in Sizilien [q18] sowie Aufbau einer Mausertradition am W-Bod. [1617].

	Best.	Areal	Brutbestand	Jahr	Quelle
A	↓	-1	50–150	1998–2002	[3221,383]
CH	N	N	0–1	1991–1999	[383]
CZ	⇩	- 2	0–3	2000–2002	[383]
D	⇩	- 2	0–3	1995–1999	[383]
H	↓	=	550–1.000	1997–2002	[383]
NL	N	N	0–3	1998–2000	[383]
PL	⇩	- 2	30–40	2000–2003	[383,4090]
SK	↓	=	5–20	1990–1999	[383]

Siedlungsdichte. Raumbedarf zur Brutzeit 1-10 ha. Semi-koloniales Brüten in Möwenkolonien und Optimalhabitaten, sonst einzeln und in geringer Dichte.

Gefährdungsursachen [196,3892,1719,3423,3424, 3426,1492,619,3345,4089,3220]. Vornehmlich Zer-

störung geeigneter Feuchtgebietslebensräume durch Trockenlegung und Verbauung von Gewässern, in GR z.B. Verlust von über 60% im 20. Jh. Auch klimabedingter Verlust von Flachgewässern in südpaläarktischen Trockengebieten. In früheren Jahrzehnten in Trockenjahren oft Irruptionen und größere Brutbestandsschwankungen im europäischen Verbreitungsgebiet.
Ebenso bedeutsam: hohe Verluste durch Jagd – vor allem in S-Europa – trotz strengem gesetzlichem Schutz; Verwechslungen mit anderen *Aythya*-Arten offensichtlich häufig. Zudem Moorente als Spätbrüter durch frühen Jagdbeginn (August) besonders stark gefährdet.
Trockenfallen der afrikanischen Überwinterungsgebiete; dadurch höherer Nutzungsdruck an wenigen verbliebenen Gewässern (vgl. auch Knäkente).
Entwertung von Gebieten und Störungen durch intensive Freizeitnutzung. Einbruch bei Lachmöwen, dadurch Verlust des »Schutzes« in großen Lachmöwen-Kolonien (vgl. Schwarzhalstaucher).
Verdrängung durch (im Bestand zunehmenden) Reiherente.

SPEC	VSchRL	Bern.Konv.	Bonn.Konv.
1	Anh. I	Anh. III	Anh. I,II
Europ. RL	Globale RL	RL in ME	
VU	NT	CZ: **'RE'**, D :'CR', A, SK :'EN'	

Schutzmaßnahmen. Schutz vor Verfolgung in allen Brut-, Durchzugs- und Überwinterungsgebieten. Völlige Aussetzung der Jagd auf Moorenten im gesamten Verbreitungsgebiet und zeitliche Verschiebung der Jagd auf andere Entenarten in den Spätherbst.
Verbesserung des internationalen Schutzes von Feuchtgebieten, in Steppengebieten Europas sowie in Afrika. Keine weitere Trockenlegung von Feuchtgebieten und keine zusätzlichen Flussregulierungen; Renaturierung von Feuchtgebieten, z.B. Altarmen.
Verhinderung von Störungen durch Freizeitnutzung in wichtigen Moorenten-Gebieten.
Längerfristige Untersuchungen zu Bruterfolg, Gefährdungsfaktoren, Wanderungen, Todesursachen sowie zum Einfluss von Reiherenten, Lachmöwen sowie Graskarpfen.

Biotop. Eutrophe, flache Binnengewässer mit reicher Vegetation der Verlandungszone; mitunter an Brutgewässern nur kleine offene Wasserfläche. Im E vor allem alkalische Seen und binnenländische Brachgewässer. Außerhalb Brutzeit auch an offeneren Seen.

Nahrung. Offenbar noch stärker vegetarisch als Tafelente, besonders Sämereien. Tierische Nahrung tritt zurück, doch mitunter vielseitig, z.B. kleine Mollusken, Insektenlarven, Crustaceen.

Stimme. Außerhalb Fortpflanzungszeit still. Rufe des ♂ leise stöhnend »wräijö«, heiser, krähenähnlich »kjä kjä ...«, lauter »witt«. Schnarrende Rufe des ♀ »gjär gjär ...« oder »gerrr...« (auch im Abflug), weniger rau als bei Tafelente, ferner »gäk gäk...«.

Verhalten. Tag- und nachtaktiv, besonders auch dämmerungsaktiv. Nahrungserwerb relativ häufig nur durch Kopfeintauchen oder Gründeln. Brüten gesellig, doch in ME oft einzeln, schließen sich vor allem Tafelenten an und können auch oft mit Tafel-♂ bzw. -♀ »verpaart« beobachtet werden; Bastarde bekannt [3119,3118]. Bei Balz geducktes Schwimmen, Kopfzurückwerfen, steifes Schwimmen (ähnlich Reiherente), »Knickhalsschwimmen«. ♀ hetzen mit »gäk ...« und attackieren auch fremde ♂. Kopulationen sind Teil der Balz. Balz erst ab Jan., oft erst im Frühjahr. ♂ verlassen das ♀ während dem Brüten. Außerhalb der Brutzeit meist einzeln oder in kleinen Trupps (2-5 Ind.); selten größere Ansammlungen (100-300 Ind.).

Fortpflanzung, Brutbiologie [337,767,1784, 3269,3222]. Im 1. Lebensjahr geschlechtsreif. Erstbrüter im 2. Jahr. Saisonale Monogamie. **Ankunft im Brutgebiet**. Anf./Mitte März in S-Europa, je nach Witterung in ME schon März, sonst später. **Nest**. Meist gut versteckt in dichter Ufer- oder Verlandungsvegetation, immer in unmittelbarer Wassernähe; zuweilen innerhalb Möwenkolonien; mitunter überdachter Gang zum Wasser; auch Schwimmnester (Pflanzenplattform). ♀ baut; an sehr günstigen Stellen kolonieartig gehäuft. **Legebeginn**. (Ende April) Mitte/Ende Mai bis Ende Juni, z.T. (vor allem im N) noch später. **Gelegegröße**. 7-11 (2-15), größere Gelege von 2 und mehr ♀; verlegt auch in Nester anderer Arten; Ø HR$_{85}$ 6.8, Usbekistan$_{29}$ 6.3. Legeintervall 1 d. **Eier**. Kurzoval, glatt, gelbbraun. **Brutdauer**. (23) 25-27 d; ♀ brütet ab letztem Ei; ♂ überwacht. **Schlüpftermine**. Synchron, frühestens Ende Mai. **Nestlings-/Führungszeit**. ♀ führt. Juv. mit 55-60 d flügge und (z.T. schon davor) selbständig. **Jahresbruten**. 1; Nachgelege bei zeitigem Gelegeverlust. **Bruterfolg**. In BG 2-3 flügge Juv./Brut.

Eimaße und -gewichte. L. 48.3-62.8 mm, B. 33.7-43.0 mm, Ø: 52.1 x 37.9 mm (n=47, YU), Ø: 52.0 x 37.9 mm (n=65, H); Frischvollgew. 31-43 g, Ø: 36 g (n=63, GB, Gefg.); Schalengew. 3.54-5.0 g, $Ø_{160}$: 4.0 g.

Sterblichkeit, Alter. Ältester Ringvogel 8 J. 5 Monate. **Generationslänge**: < 3.3 J. [383].

Mauser. **Postjuvenile Mauser** und **1. Pränuptialmauser** (je Teilmauser) ähnlich Tafelente [767,3964]. • **Postnuptialmauser** (Vollmauser) Körpergefieder bei ♂ ab Juni/Juli, danach Schwingenmauser bis Aug.; brütende ♀ bis 1.5 Monate später als ♂, wodurch mit Pränuptialmauser deutlich überlappend [767,1369]. • **Pränuptialmauser** (Teilmauser) nach Auswachsen der Schwungfedern, bei ♂ Aug.–Nov.; nur Körpergefieder [767].

Aythya ferina – Tafelente 01980

Aythya ferina (Linnaeus 1758)

GB Common Pochard **F Fuligule milouin** **E Porrón Europeo**

Taxonomie. Monotypisch. Nah verwandt mit nordamerikanischer *A. valisineria* [3631; zu einer Superspezies vereinigt bei 3565].

Kennzeichen. Sexualdimorph [221,3772,2418, 3615,1784,1369,408; zur Unterscheidung von der Riesentafelente:2417; Aussehen von Hybriden aus Gefg.:3965].

Maße. Gr.: 42-58 cm. Gew.: 900-1100 g, ♂ Ø: 942 g, ♀ Ø: 848 g. Fl.spw.: 72-82 cm. Fl.l.: ♂ 212-223 mm, ♀ 200-216 mm. [1369,2418,3615].

Status. Brut- und Jahresvogel bzw. Teilzieher und Sommervogel in weiten Teilen ME. Auffällige Mauserkonzentrationen in geeigneten Gebieten. Häufiger und regelm. Durchzügler und Wintergast.

Verbreitung und Bestand. Brutareal in mittleren Breiten von W-Europa bis E Baikalsee und von S-Skandinavien bis mediterrane und Steppenzonen. Höchstgelegene Brutplätze auf 600-700m, in Alpen selten bis 800m NN [1719,1369,2159]. Seit Mitte 19. Jh. Ausbreitung nach ME und W-Europa, das noch nicht flächendeckend besiedelt ist. Bestand in Europa 210.000-440.000 BP, fast 90% in E-ME und E-Europa [383]. In ME brüten etwa 41.000-70.000 BP [1585, erg.].

Wanderungen. Überwiegend Zieher, in W und S-Europa Standvogel; Streuungswanderungen. Hauptwinterquartier W- und S-Europa bis N-Afrika; in ME besonders S und SW, zudem SW-Ostsee und Atlantikküste N. sowie Schwarzmeergebiet, Vorder- und S-Asien. Einzelne und kleinere Trupps bis S Sahara, z.B. Sahelzone Senegal - Äthiopien,

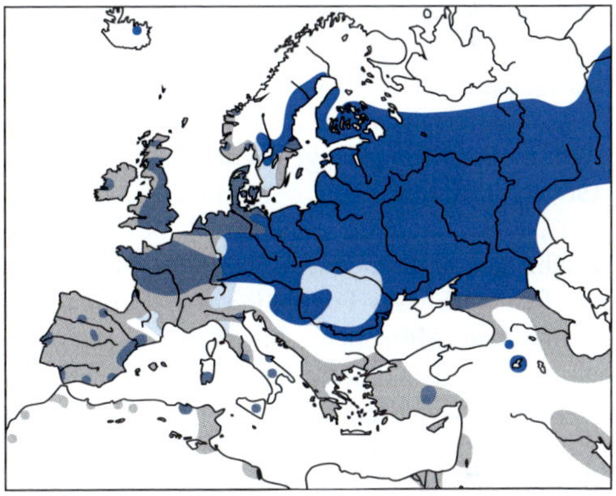

Aythya ferina – **Tafelente**

ferner gelegentlich bis Gambia, Uganda, Tanzania. In NL wohl Teilzieher oder Winterflüchter (bis GB, F). Für Br. GB/IRL liegen Ringfunde außerhalb der Brutzeit im Inland, sowie in NL, B, F, E., vereinzelt weiter E (Adria, D-MV) [4064]. Hauptwegzugsrichtung in ME und W-RUS ist W bis S. Zwei Brut-♀ D-BY in späteren Jahren 2450 km ENE bzw. 2800 km in E-RUS, ferner Sibirien - Wales u.a. Ausnahmefunde. Mauserzug der ♂ ab Juni (z.B. Ostseeraum; Zusammenbruch der Mausertradition im Ismaninger Teichgebiet/D-BY [s. 2076], oft auch Mausertrupps in der Nähe von Brutgewässern (z.B. Bod. ca. 2.000 Mausergäste) [1617], Gipfel Juli, Abzug von Mauserplätzen ab Ende Aug./Sept. Wegzugsgipfel Sept./Okt., im SW Nov. (z.B. Bod.); ♂ ziehen weniger weit als ♀ und etwa 2 Wochen früher, daher z.T. getrennte Winterquartiere [629]. In Kältewintern noch Ausweichbewegungen. Heimzug in ME ab Feb. bis April; zu Beginn dominieren ♂. Brutorttreue bei ♀ nachgewiesen.

Bestandsentwicklung. Seit Mitte 19. Jh. beträchtliche Arealausweitung und Bestandszunahme am W-Rand ehemaliger Verbreitung (Bereich E der Elbe nach SE bis Schwarzmeer, einzelne Vorposten W und S davon), anfangs vor allem in Ostseeraum und Skandinavien, später ME und W-Europa. Ursachen: allgemeine Eutrophierung mit erhöhtem Nahrungsangebot, Klimaänderung (vor allem mildere Winter), Verlagerungen aus SE-Europa, Schaffung neuer Gewässer (Fischteiche, Stau- und Baggerseen) [1507,196]. Erste Brutnachweise in S. 1849, GB 1866, FIN 1867 und B 1919. Mehrere weitere Vorstöße im 20. Jh. mit Ausbreitung in **NL** und **B** und ersten Bruten in **D**-NW 1933, **CH** 1952, **A** Anf. 1950er J. und Neusiedler See 1957, Wallonien **B** 1958, Bod. 1960, IS 1954 und N. 1976 [196].
Positiver Bestandstrend und Besetzung neuer Brutgewässer hält z.T. abgeschwächt weiter an [B, NL (bis 1980er J.),CH, D-SH (bis 1990):196,3638,1585, 310]. Andererseits vielfach seit Anf. 1980er J. Stagnation oder lokal geringe bis deutliche Einbußen [196], großräumig z.B. CZ, NL und PL, auch S-S. [1507,3638,q22], in PL seit 1990er J. [3871].
Durchzugs-, Mauser- und Winterbestände der ME betreffenden Flyway-Population (NE-Europa/ME/ Schwarzmeer/Mittelmeer) bis 1970er J. stark zunehmend, seither regional (z.B. W-Mittelmeer bis 1980er J.) rückläufig, insgesamt aber stabil bis zunehmend mit ca. 1 Mio. Ind. [3503,824]. NW/ NE-Europäischer Flyway mit stabilem Bestand von 350.000 Ind. [824]. Lokal bei Verringerung des Nahrungsangebotes (z.B. durch Re-Oligotrophierung) dramatischer Bestandsrückgang [Donau:1722; Ismaninger Teichgebiet:2076].

	Best.	Areal	Brutbestand	Jahr	Quelle
A	+/-	=	200–300	1998–2002	[383]
B	↑	+ 1	653–916	1995–2002	[383]
CH	+/-	=	2–10	1997–2000	[383]
CZ	↓	=	9.000–17.000	2000	[383]
D	+/-	=	4.500–7.500	1995–1999	[383]
H	+/-	=	5.000–10.000	1998	[383]
NL	↑	+ 1	1.700–2.100	1998–2000	[383]
PL	↓	- 1	20.000–30.000	1990–2000	[383]
SK	↓	- 1	500–1.000	1990–1999	[383]

Siedlungsdichte. Geringere Neigung zu Koloniebruten als Reiherente; aber in Möwenkolonien semikolonial mit bis 130 bzw. 150 Nester/ha [1507,3871]. Größe der Brutgewässer variabel, nicht selten < 15 ha [310]. Dichte im Zentrum der Verbreitung um 10 BP/10 ha, in Optimalhabitaten (z.B. Fischteiche Schlesiens) aber bis 29 BP/10 ha [1507].

SPEC	VSchRL	Bern.Konv.	Bonn.Konv.
2	II-1,III-2	Anh. III	Anh. II
Europ. RL	RL in ME:		
--	CH:'VU', A:'NT'		

Gefährdungsursachen [1719,309,196]. Störungen durch intensive Freizeitnutzung an Brut-, Mauser- und Überwinterungsgewässern.
Direkte und indirekte (Bleischrot) Auswirkungen der Jagd; bei frühem Jagdbeginn Gefahr der Erlegung jungeführender Weibchen, ferner Beunruhigung und Erhöhung der Fluchtdistanz (häufigeres Auffliegen, Energieverluste).
Veränderungen der Brutgewässer durch wasserbauliche Maßnahmen. Gefährdung der Winterbestände.

Schutzmaßnahmen. Wirksamer Schutz der Brut-, Mauser-, Durchzugs- und Überwinterungsgebiete vor Störungen, z.B. durch Ausweisung großflächiger Ruhezonen.
Völlige Jagdruhe in international bedeutenden Gewässern. Generelle Beschränkung der Jagdzeit für Enten auf Mitte Okt. bis Ende Jan. Verbot von Bleischrot.
Aufklärung der Bevölkerung über ökologische Ansprüche der Art.

Biotop. Br. an eutrophen Binnengewässern mit ausreichend offener Wasserfläche und gut ausgebildetem Röhrichtgürtel bzw. Ufervegetation; mitunter auch in isolierten Meeresbuchten, ferner alkalischen Steppenseen usw. Rastplätze stehende und langsam fließende Binnengewässer. Heute spielen künstliche Gewässer (Stauseen, Fischteiche) als Brut- und Rastgewässer eine wichtige Rolle.

Nahrung. Pflanzlich und tierisch, je nach Angebot auch ausschließlich auf wenige Arten beschränkt. Pflanzlicher Anteil geringer als bei Moor- und Kolbenente, doch größer als bei Reiherente. Starke regionale und saisonale Variation. Bei starker Abhängigkeit von Wandermuschel *(Dreissena)* im Winterhalbjahr Tagesbedarf 875–1050 g/d (= 3500-4200 mittelgroße Muscheln); im Sommer an Fischteichen z.B. Chironomidenlarven, aber auch Getreide (Karpfenfutter).

Verhalten. Tag- und nachtaktiv. Nahrungserwerb meist tauchend, weniger lang unter Wasser als z.B. Reiherente (mittlere Tauchdauer im Vergleich 14.4 bzw. 16.9 sec), ferner im Schwimmen von der Wasseroberfläche und selten, meist kurz, gründelnd; Tauchtiefe meist 1–2.5 m, ♀ ziehen flacheres Wasser vor. Beim Auffliegen kurzer Anlauf. Zur Brutzeit gesellig. Nester mitunter nahe nebeneinander, auch bei anderen Arten oder Blässhühnern. Gruppenbalz ab Mittwinter bis Juni; Paare nur kurz zusammen; meist erst ab April/Mai größter Teil der ♀ verpaart und ♂ desertieren mit Brutbeginn. Balzbewegungen der ♂ Flachlegen, steifes Schwimmen mit dickem Hals, Kopfzurückwerfen, Kopfschütteln. Verfolgungsflüge vor allem im Frühjahr. Das ganze Jahr über gesellig.

Stimme. Außerhalb Balz wenig zu hören. ♂ bei Balz nicht laut »uiwierr« oder »hipsierr«, ferner beim Flachlegen leise »quick quick« oder »kil kil kil«. ♀ erregt »kärr« u. a. Bei Abwehr scharfes »gock-gock-gock«.

Fortpflanzung, Brutbiologie [337,767,1784,309, 3269]. Geschlechtsreife im 1. Lebensjahr, Erstbrüter wohl meist im 3. Jahr. Monogame Saisonehe, kurze Bindung; z.T. Bigynie nachgewiesen. **Nest.** Nahe am Wasser auf festem Untergrund oder auf feuchten bis nassen Standorten – dann größere Bauten; auch auf Pflanzenmaterial oder kleinen Inseln im Wasser, bis zum Schwimmnest; mitunter Plattformen anderer Arten übernommen. ♀ baut; Dunen i.Allg. nicht vor Ablage der Hälfte der Eier. **Legebeginn.** Witterungs-, z.T. wasserstandsabhängig. Ab (Anf.) Mitte April, hauptsächlich Mai und Juni, bis Anf. Aug.; z.T. verzögert bei Hochwasser. **Gelegegröße.** 7-11 (4-14); regelmäßig Doppel- und Dreifachgelege in größeren Brutpopulationen, daher > 22 Eier möglich. Auch Verlegen in Nester anderer Arten. Normalgelege in D-BY_{267} Ø 9.19 (142 Erstgelege 9.75, 74 Nachgelege 6.74), -SH_{606} 8.3, CS_{319} 8.35, E-D_{167} 9.28; abnehmende Gelegegröße mit fortschreitender Brutzeit (z.T. bedingt durch spät brütende einjährige ♀). **Eier.** Relativ groß, breitoval, grünlichgrau bis rahmfarben. **Brutdauer.** 24-28 d; ♀ brütet; bei Mischgelegen auch 2 ♀. Bebrütung ab letztem Ei. **Schlüpftermine.** Synchron, ab Mai bis spätestens Aug. (Sept.). **Nestlings-/Führungszeit.** ♀ führt (mitunter auch Doppel- oder Mischschofe, vor allem Reiherente). Juv. mit 50-56 d flügge, werden vom ♀ z.T. schon vorher verlassen. **Jahresbruten.** 1; Nachgelege. **Bruterfolg.** In CS_{1151} 56% Schlüpferfolg, in D-SH 63%, in FIN 56% bzw. 78%, in GB 65%; in D-BY ca. 3.63 schlüpfende Juv./♀ und Jahr (4.42 pro erfolgr. ♀) und 1.83 flügge Juv./Paar und Jahr (unter Einbeziehung von Nachgelegen). In D-$SH_{261,29}$ einwöchige Familien mit Ø 4.8 Juv., mind. 8-wöchige Familien mit Ø 4.4 Juv. [ausführlich in 309]; sonst einwöchige Fam. in Europa mit 5.2-7.4 Juv. [309].

Eimaße und -gewichte. L. 54.8-67.9 mm, B. 39.2-48.9 mm, Ø: 61.0 x 44.2 mm (n=1372, D); Frischvollgew. 59-69 g, Ø: 64.6 g (n=?, RUS), 55-74 g, Ø: 65 g (n=57, GB in Gefg.); 61-73 g, Ø: 68.1 g (n=12, D-BY); Schalengew. 4.4-7.7 g, $Ø_{300}$: 6.2 g.

Sterblichkeit, Alter. In LV Pulli 94%, Einjährige 45%, Ältere 35%/J. [412]. ♀ im Winter z.T. höhere Mortalität als ♂ [629]. Ältester Ringvogel (GB) 22 J. 3 Monate [3654]. **Generationslänge:** < 3.3 J. [383].

Mauser. **Postjuvenile Mauser** (Teilmauser) setzt bereits vor Auswachsen der Schwungfedern ab Juli ein; Körpergefieder, Schirm- und Steuerfedern [767,1369,139]. • **1. Pränuptialmauser** (Teilmauser) kurz darauf, z.T. Ende im Dez. oder erst im Frühjahr nach Mauserunterbrechung; Umfang variabel, bei ♀ meist weniger umfangreich [767,139]. • **Postnuptialmauser** (Vollmauser) Körpergefieder bei ♀ bereits ab Ende Feb./März, bei ♂ Juni–Juli; danach synchrone Großgefiedermauser und während 3–4 Wochen flugunfähig, ♂ Ende Juni/ Mitte Sept. (Höhepunkt Ende Juli), ♀ Anf. Juli/ Ende Okt. [309,767,139,1356]. • **Pränuptialmauser** (Teilmauser) Sept.–Nov., ♀ ca. 1 Monat nach ♂; Körpergefieder [767,139].

Aythya valisineria – Riesentafelente 01970

Aythya valisineria (A. Wilson 1814)

GB **Canvasback** F **Fuligule à dos blanc** E **Porrón Coacoxtle**

Kennzeichen. Sexualdimorph [221,2418,1784, 3615,3566; weitere **Fotos** in Dutch. B. **24**, 237, **25**, 74, 133, 140, **26**, 181, 182].

Maße. Gr.: 50-56 cm. Gew.: 850-1600 g. Fl.spw.: 75-86 cm. Fl.l.: 210-248 mm [3615,1784]

Status. Mehrere Nachweise von Vögeln aus Gefg. haltung in Europa (NL, B, D-BB, -NI etc.) [575, 1677]. Nachweise von Wildvögeln bisher auf NW-Europa beschränkt, z.B. IS April 1977 [3615]. Erster Nachweis eines anerkannten Wildvogels in ME in **NL**: ad. ♂ Jan.-März 2003 [q16].

Aythya collaris – Ringschnabelente 02000

Aythya collaris (Donovan 1809)

GB **Ring-necked Duck** F **Fuligule à collier** E **Porrón Acollarado**

Taxonomie. Monotypisch. Obwohl die Art der Reiherente ähnlicher sieht, soll sie mit der amerikanischen Rotkopfente *A. americana* nächstverwandt sein [3631].

Kennzeichen. Sexualdimorph [221,3772,2418, 1784,3615,1369,3566; **Fotos** in 408, Limic. **10**, 143, **14**, 6, Dutch B. **20**, 86, **25**, 140, 337, Bird. W. **8**, 167, **11**, 128, **13**, 137].

Maße. Gr.: 37-46 cm. Gew.: 690-790 g, ♂ Ø: 752 g, ♀ Ø: 667 g. Fl.spw.: 61-75 cm. Fl.l.: ♂ 194-206 mm, ♀ 185-201 mm [1784,2418,3615].

Status. In Europa sehr seltener Gast seit 1955, im W (z.B. GB/IRL, IS) seit 1959 regelm.; insgesamt Zunahme der Beob. seit 1976. Einige Ind. mehrmals wiederkehrend und sehr mobil, bestimmte Stellen (z.B. Genfer See, viele Plätze in GB) bevorzugt; > 90 % der Beob. einzelne ♂. Zunehmend auch entflohene Ind. aus Haltungen. Anerkannte Nachweise in • **CH:** seit 1966 in mind. 7 Winternachw. am Genfer See, insgesamt 17 Nachw. bis 1996 [4152]. • **B:** erstmals 1960, bis 1994 mind. 7 Nachw. [1677]. • **NL:** erstmals 1959, 21 Nachw. bis 2003 [277,375,q23, q16]. • **D:** mehrere Beob. bis 1977, z.B. Bod. 1969/70 sowie D-BY und -NI 1975/76 [337], von 1977-97 dann 22 anerkannte Nachw. [575]. • **PL** ad. ♂ Apr. 1995 [3871]. • **A** 1989, 2000 [q3,q4]. Weitere als Gefg.fl. betrachtet. Einige Hybriden, u.a. mit Reiherente [277].

Verbreitung und Bestand. Brutvogel der Nearktis von Alaska über Zentral-CDN bis Neufundland; nach S bis N-Kalifornien. Gesamtbestand etwa 1.22 Mio. Ind. [823].

Wanderungen. Zugvogel in N-Amerika. Wandert von den Brutgebieten N- und NE-USA und CDN zur Westküste und in S-USA bis MEX. Transatlantikflüge, meist nach GB, aber auch restlichen Europa und MA [3615].

Biotop. Flachwasserbereiche in Offenland mit ausgedehnten Schwimmpflanzenbeständen und Freiwasserstellen. Im Winter auch in Ästuaren und Küstenlagunen, aber häufiger an Binnengewässern.

Nahrung. Überwiegend pflanzliche Nahrung (Wasserpflanzen), im Sommer auch aquatische Invertebraten.

Stimme. Schweigsam. ♀ tiefes, rollendes »trrrr«, ♂ leise zischende Pfiffe.

Verhalten. Tag- und nachtaktiv. Lebhaft; fliegt mit schnellen Flügelschlägen sehr rasch (pfeifendes Fluggeräusch), gewinnt schnell an Höhe. In vielen Beob. in Europa Gesellschaft mit Reiherenten.

Mauser. Ähnlich Reiherente [767,3050].

Aythya fuligula – Reiherente 02030

Aythya fuligula (Linnaeus 1758)

(GB) **Tufted Duck** (F) **Fuligule morillon** (E) **Porrón Moñudo**

Taxonomie. Monotypisch. Nächstverwandt mit *A. novaeseelandiae* (NZ), mit dieser zuweilen auch in Superspezies vereinigt [3565]. Zwar sind beide in der Tat Schwesterarten, aber nicht so nah verwandt, dass Allospeziesstatus angemessen wäre [vgl. Bergenten; 3631].

Kennzeichen. Sexualdimorph [221,3772,2418, 1784,3615,1369,408].

Maße. Gr.: 40-47 cm. Gew.: 500-1000 g, ♂ Ø: 711 g, ♀ Ø: 764 g. Fl.spw.: 67-73 cm. Fl.l.: 193-215 mm, ♂ Ø: 206 mm, ♀ Ø: 199 mm [1369,2418,3615].

Status. Verbreiteter Brut- und Jahresvogel mit Schwerpunkt in E- und S-ME, Teilzieher; häufiger Mausergast und Durchzügler, häufiger Wintergast.

Verbreitung und Bestand. Brutareal von gemäßigter Zone W- und M-Europas und borealer Zone Skandinaviens (bis 70° N in N.) bis Ostsibirien. Südgrenze in ME durch CH und H und in E-Europa zentrales RUS [3269]. Verbreitungsbild weitgehend mit Tafelente identisch, ursprl. auch in Höhenverbreitung, inzwischen aber Besiedlung höherer Lagen und höchster Brutplatz ME bei 1830 m in CH [3392,4206,1056]. Weltbestand 2.6-3.1 Mio. Ind. [823]; Gesamtbestand in Europa 730.000-880.000 BP, etwa 60% in RUS, weitere 25% in Fennoskandien [1585,383]. In ME nach starker Zunahme 55.000-87.000 BP [383].

Wanderungen. Zugvogel (meist Kurzstreckenzieher), Teilzieher (überwiegend Standvögel in S-GB/IRL, F, NL). Winterquartier ME und W-Europa, SE- bis SW-Küste Skandinaviens, Mittelmeer-, Schwarzmeergebiet, Vorder- und S-Asien; N-Afrika, nach S nilaufwärts bis Äthiopien (ausnahmsweise bis Malawi, Tanzania), in W-Afrika bis Nigeria, Tschad (ausnahmsweise Senegal, Gambia). **Br. NL** ziehen z.T. nach SW bis GB, P/E., NW-Afrika; offenbar Abmigration bis Skandinavien und RUS. **Br. S.** im Winter im S Ostseeraum, NL, B, GB/IRL und S-ME. **Br. N-D, PL, W-RUS** ziehen bis NL, GB/IRL und auch durch ME nach SW, etliche bleiben im Baltikum, einige ziehen jedoch auch weiter bis E.

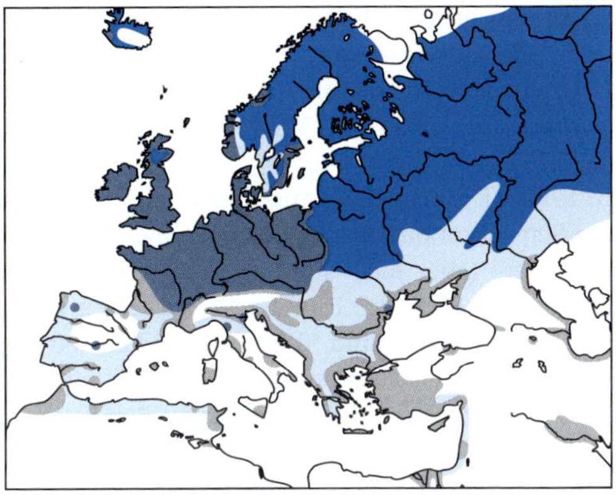

Aythya fuligula – **Reiherente**

Auch viele **Br. im südlicheren ME** wandern kurze Strecken W-SW (Abmigration z.B. Juv. D-BY–FIN). **Br. Zentral- und S-RUS, W-Sibirien** ziehen ins E-Mittelmeer und Schwarzmeergebiet, insbesondere Donaudelta, GR, TR. Ringfunde [NL:3642, D-BY:3575,3577, S:1208, LV:3961, GB/IRL:4064]. Mauserzug der ♂ etwas später als Tafelente ab Juni, Mauserquartiere z.B. EST, NL, N-D, S D-BY; Höchste Mauserkonzentrationen meist Ende Juli/Mitte Aug. Wegzug ab Sept. bis Anf. Nov., Gipfel des Einfluges in ME Winterquartiere ab Nov., Spitzenwerte in Zentral- und W-Europa Jan./Feb. durch Kälteflucht aus NE; Rückzug ab Feb. bis April, ♂ etwas vor ♀; Ankunft an nördlichen Brutplätzen Mai.

Bestandsentwicklung. Entgegen früherer Annahmen [1369] wohl schon Anf. 19. Jh. Brutvogel in D [3269], aber in weiten Teilen des heutigen Areals sicher erst Ende 19./ Anf. 20. Jh. aus N- und E-Europa eingewandert; damals erster sprunghafter Populationsanstieg [1369]. Ab 1950er J. in allen Ländern am W-Rand der Verbreitung ein kontinuierlicher, z.T. exponentieller Bestandszuwachs, mit Entstehung vieler neuer Vorkommen und beträchtlicher Erhöhung der Siedlungsdichte in bestehenden Brutgebieten. Erste Brutnachw. 1904 in NL und DK, 1914 in CS, 1930 in D-BY, 1947 in B, 1950 in A [965], 1952 in F und D-NW, 1958 in CH, 1965 in H, 1967 Bod., 1969 in D-HE und 1979 in SLN [337]. Bestand in IS (1895 besiedelt) z.B. bis 1970er J. auf 10.000 Paare gewachsen [3269]. Ur-

sachen vielschichtig, u.a. Anlage künstlicher Gewässer (Stauseen, Fischteiche); mildere Winter und dadurch Ausharren in ME Brutgebieten sowie kürzere Zugstrecken; bessere Ernährungsbedingungen in Brut- und Mausergewässern aufgrund steigender Eutrophierung (z.T. durch intensive Fischereiwirtschaft) sowie als wichtigster Grund Einwanderung und Massenvermehrung der Dreikantmuschel *Dreissena polymorpha* und dadurch deutlich erfolgreichere Überwinterung [309,1589,1722,1617,3489, 4175,1722,196].
In 1990er J. in manchen lange besetzten Brutgebieten Stagnation oder gar regionale Abnahmen, insbesondere (aber nicht nur) an Fischteichen [CZ, D-BB, -TH, RUS, IRL:1507,1,1727]; dagegen in PL [q22] sowie am W- und SW-Rand der Verbreitung weiterhin Arealausweitungen, Neuansiedlungen [L 1988, A-T 1988, CH:196] sowie starkes Populationswachstum [PL, CH, A, D-BW:196,3871]. Vielerorts Anwachsen des Nichtbrüteranteils [309,196].

	Best.	Areal	Brutbestand	Jahr	Quelle
A	↑	+ 1	700–1.000	1998–2002	[383]
B	↑	+ 1	1.934–2.598	1995–2002	[383]
CH	⇧	+ 2	100–200	1998–2002	[383]
CZ	+/-	=	12.000–24.000	2000–2002	[383]
D	↑	+ 1	11.000–16.000	1995–1999	[383]
FL	N	N	0–1	1998–2000	[383]
H	+/-	=	30–70	1997–2002	[383]
L	↑	+ 1	2–5	2000–2002	[383]
NL	⇧	+ 2	14.000–18.000	1998–2000	[383]
PL	↑	+ 1	15.000–25.000	1990–2000	[383]
SK	+/-	=	250–500	1999	[383]

Mittwinterzählungen ergeben realistische Einschätzung der Bestandsentwicklung in Europa. In W-, M- und S-Europa ab 1950er J. häufig exponentielle Zuwachsrate [196,824,3503], seit Einwanderung der Dreikantmuschel lokal Vervielfachung der Winterbestände [Bod., CH:1617,3393]. Schließlich ab 1980er J. auf hohem Niveau stabil, neuerdings gebietsweise (W-Mittelmeer) leicht rückläufig [824]. Drei Flyway-Populationen, größte mit 1.2 Mio. Ind. NW-Europa, zweite mit 700.000 Ind. ME/Schwarzmeer/Mittelmeer; z.T. Verlagerungen nach ME von dritter Population (W-Sibir./ SW-Asien) [824,823]. Neben global bedeutendem Brutbestand in W- und M-Europa international herausragende Mauserkonzentrationen, z.B. Markermeer NL mit max. 60.000 Ind. (1970er J.) [375], Ismaninger Teichgeb. D-BY mit Max. 11.300 Ind., und Winterbestände mit Maxima im Alpenvorland von > 75.000 Bod. und > 35.000 Neuenburger See [1617,3393].

Siedlungsdichte. In FIN großflächig meist 2-5 BP/km^2, bei max. 30 BP/km^2, sonst in Europa geringere Dichten, Ausnahme NL (sowie in Fischteichgebieten PL und CZ), wo in Optimalhabitaten bis 100 BP/km^2 und in großflächig 9 BP/km^2; in Brutkolonien der Lachmöwe semi-kolonial mit bis zu 5.2 BP/ha [1507].

Gefährdungsursachen [196]. Auswirkungen der Jagd (vgl. Tafel- und Moorente, späte Brutzeit). Störungen durch intensive Freizeitnutzung, insbesondere an Mauser- und Überwinterungsgewässern, seltener an Brutgewässern.

SPEC	VSchRL	Bern.Konv.	Bonn.Konv.
3	II-1,III-2	Anh. III	Anh. II
Europ. RL	RL in ME:		
--	L: 'CR', FL:'R', CH: 'NT'		

Schutzmaßnahmen. Schutz der Brut-, Mauser-, Durchzugs- und Überwinterungsgebiete vor Störungen, z.B. durch Ausweisung großflächiger Ruhezonen (vgl. Tafelente).
Völlige Jagdruhe in international bedeutenden Gewässern. Generelle Beschränkung der Jagdzeit für Enten auf Mitte Okt. bis Mitte Feb. Verbot von Bleischrot.

Biotop. Tiefere und stärker oligotrophe Gewässer als Tafelente; auf stark eutrophen z.T. weniger zahlreich; i.A. größere Wasserfläche nötig. An der Ostsee auch Br. der Küste. Außerhalb der Brutzeit nicht so eng an eutrophe Binnengewässer gebunden, auch auf mesotrophen und tieferen Seen. In ME Br. und Gastvogel auf vielen künstlichen Gewässern, besonders Stauseen. Heute auch als Br. Neigung zu Verstädterung.

Nahrung. Tierische Anteile überwiegen, z.B. Wandermuschel *Dreissena* (bei ausschließlicher Ernährung im Winter 760–930 g/d = 3000-3700 mittelgroße Muscheln). Pflanzennahrung hauptsächlich Samen. Hat sich eher und meist zahlreicher an Winterfutterplätzen eingestellt als Tafelente. Im Sommer z.B. Chironomidenlarven, Schlammschnecken, auch gelegentlich Kleinfische, Küken, Insekten, Sämereien.

Verhalten. Tag- und nachtaktiv. Flug wendiger als Tafelente. Nahrungserwerb hauptsächlich tauchend; Tauchzeiten in längeren Mitteln < 20 sec, doch meist länger als Tafelente. Nester oft in Nachbarschaft mit eigener oder anderer Art. Anschluss an Laridenkolonien besonders in weniger günstigen Gebieten. Gruppenbalz ab Mittwinter; im April so gut wie alle ♀ verpaart. ♂ beginnen mit Kopfschütteln; ferner steifes Schwimmen mit gestrecktem Hals; Flachlegen fehlt, dafür geducktes Schwimmen; auf dem Höhepunkt Kopfwerfen-»Trinken«, (Schnabel-ins-Wasser-Tauchen), Scheinputzen; ♀ hetzen mit Kopfdrehung. Bei Kopulation auch Kopfwerfen usw. Tauchspiele. Verfolgungsflüge sind meist Teil der Balz. Das ganze Jahr über gesellig; außerhalb der Brutzeit oft größere Schwärme (oft mehrere 1000 Ind.).

Stimme. Schweigsam. ♂ erregt bei Balz »bück bück bück« (relativ leise), sowie pfeifend »uiii-oo«, ♀ antwortet mit hartem »krök«, erregt rollendes »krr krr krr« auch im Flug, manchmal krähenähnlich.

Fortpflanzung, Brutbiologie [337,767,1784, 309,3269]. Erstbrüter meist nach 1, nicht selten nach 2 Jahren (besonders ♀). Monogame Saisonehe; Polygamie nachgewiesen. **Nest.** Offen auf kleinen Inseln (z.B. in Laridenkolonien), sonst in dichter Bodenvegetation in (unmittelbarer) Wassernähe; auch an oder im Wasser. An feuchten Stellen mit viel Pflanzenmaterial; ♀ baut. **Legebeginn.** Frühestens Ende April, Hauptlegezeit Mai/Juni (Bruten oft in Einklang mit Chironomidenschwärmen zur Führungszeit); bis Juli (Aug.). **Gelegegröße.** 6-11 (3-14), größere Gelege (bis 34) von 2 oder mehr ♀; Mischgelege (auch interspezifisch) häufig, in manchen Populationen 10-30%; Ø CS$_{331}$ 9.17, CS$_{459}$ 9.57, CS$_{222}$ 8.69, CS$_{1012}$ 9.24, D-BY$_{126}$ 8.48. Abnehmende Gelegegröße mit fortschreitender Brutzeit. **Eier.** Relativ groß, länglichoval, graugrün. **Brutdauer.** 23-28 (Ø25) d; ♀ brütet (sitzt oft sehr fest), ♂ verschwindet meist in 1. Hälfte der Bebrütung, doch zuweilen sogar noch bei kleinen Jungen (besonders bei Einzelpaaren). **Schlüpftermine.** Synchron, ab Ende Mai. **Nestlings-/Führungszeit.** ♀ führt, oft Zusammenlegung von Schofen oder Mischschofe, offenbar z.T. abhängig von Dichte. Juv. mit 45-50 d flügge und selbständig, werden besonders bei späten Bruten vom ♀ vorher (ab 4. Woche) verlassen. **Jahresbruten.** 1; Nachgelege. **Bruterfolg.** Schlüpferfolge meist zwischen 30-70%, in FIN$_{4342}$ schlüpften in 3 Jahren 78% der Eier (76-95%), doch nur 11.4% der Jungen wurden flügge (0.5-2.2 Juv./brütendes ♀ und Jahr), in D-SH$_{207}$ 63%, in IS$_{1115}$ von 1961-70 Ø 71.8% (53-81%), in Schottland$_{1692}$ 57% geschlüpft, 38% prädiert und 5% verlassen; in D-BY$_{59}$ 3.23 Juv./brütendes ♀ und J.). Jungenverluste an Binnenseen CS und RUS 21-31%. Bis einwöchige Fam. in D-SH Ø 5.2 Juv., über vierwöchige Ø 4.9, mind. 7-wöchige Ø 3.8 Juv. [309].

Eimaße und -gewichte. L. 53.0-67.1 mm, B. 38.0-46.3 mm, Ø: 58.9 x 41.1 mm (n=429, D); Frischvollgew. 56-60 g bzw. 46-65 g, Ø$_{58}$: 53 g; Schalengew. 3.9-6.4 g, Ø$_{200}$: 4.69 g.

Sterblichkeit, Alter. In LV Pulli 97%, Einjährige und Ältere 29%/J. [412]. Für Ad. errechnet 20–25% bzw. 46%/J. Ältester Ringvogel (CH) 20 J. 4 Monate. **Generationslänge:** < 3.3 J. [383].

Mauser. **Postjuvenile Mauser** (Teilmauser) ab Aug./Sept.; einschließlich Schirm- und Steuerfedern [767,1369,139]. • **1. Pränuptialmauser** (Teilmauser) ab Nov., oft sind ♂ schon im Dez. im PK, aber Umfang und Dauer mit großen individuellen Unterschieden und Mauser z.T. im Winter unterbrochen (besonders ♀) [767,139]. • **Postnuptialmauser** (Vollmauser) Körpergefieder bei ♂ ab Ende Mai/Anf. Juli, bei ♀ bereits ab März; danach Großgefiedermauser, ♂ Ende Juni–Ende Sept., Höhepunkt in D-SH Anf. Aug. [309]; ♀ 1–2 Monate später, ein Teil der ♀ wirft Schwingen vor Verlassen der Jungen ab; flugunfähig für 3–4 Wochen [767,1369,139]. • **Pränuptialmauser** (Teilmauser) nach Auswachsen der Schwungfedern, Aug./Sept.–Okt./Nov., bei ♀ z.T. bis Feb.; Körpergefieder [309,767,139].

Aythya marila – Bergente 02040

Aythya marila (Linnaeus 1761)

(GB) **Greater Scaup** (F) **Fuligule milouinan** (E) **Porrón Bastardo**

Taxonomie. Zwei gering differenzierte, weitgehend klinal variierende UA: *marila* (Linnaeus 1761) (Europa - Zentralsibirien) und *mariloides* (Vigors 1839) (syn.: *nearctica* Stejneger 1855; Lenafluss ostwärts, N-Amerika). Nächstverwandt mit *A. affinis* [3631].

Kennzeichen. Sexualdimorph [221,3772,2418, 1784,3615,1369,408; **Foto** in Limic. **11**, 40].

Maße. (Nominatform): Gr.: 40-51 cm. Gew.: 900-1250 g, ♂ Ø: 1063 g, ♀ Ø: 1050 g. Fl.spw.: 72-84 cm. Fl.l.: 211-237 mm, ♂ Ø: 227 mm, ♀ Ø: 217 mm [1369,2418,3615].

Status. Sporadischer bzw. lokaler Brutvogel und Sommergast. Sehr häufiger und regelm. Durchzügler und Wintergast in N-ME, im Binnenland ME dagegen nur lokal (große Seen) oder vereinzelt.

Verbreitung und Bestand. Holarktisch verbreiteter Brutvogel der N Tundra, von NW-Europa (IS) bis E-Sibirien, ferner N-Amerika; in Europa weitestgehend auf N-Fennoskandien, Baltikum und RUS beschränkt, neuerdings einzelne Ausläufer nach S bis DK und D-SH, UA. und GB [1585,204,1507]. Weltbestand 1.1-1.4 Mio. Ind. [823]. Europäischer Gesamtbestand ca. 180.000-190.000 BP [383], davon 170-180 T. in RUS [2636]. In ME nur einzelne BP [204] und Sommergäste, bes. an Küste [375]; Winterbestand Europas 120.000-290.000 Ind. [383].

Wanderungen. Zugvogel (evtl. in wenigen Regionen Teilzieher), Streuungswanderungen. Hauptwinterquartiere SW-Ostsee, Nordseeküste und N-Atlantik (Küstengewässer S-N., GB/IRL, NW-F), Schwarzmeergebiet. Kleinere Konzentrationen an großen Gewässern des Binnenlandes in SW-ME und am N-Rand des Mittelmeeres. **Br. IS** überwintern in GB/IRL, NL, z.T. auch N-F, DK, N-D. Zugrichtung der **Br. FIN und NW-RUS** überwiegend WSW mit Ziel SW-Ostsee, NL, GB, N-F. Im Mittelmeer besonders Adria vor Küste HR/BiH, ferner W-TR regelm. kleinere Konzentrationen. **Br. aus Sibirien** überwintern z.T. an N- und W-Küste des Schwarzmeergebietes und in Kaspisenke, jedoch auch Ringfunde GB/IRL [4064]. Mauserzug ab Juni/Juli; ab Mitte Aug./Sept. langsamer Abzug von Brutgebieten, ab Sept. Einflug in ME, Höhepunkt weiter W und S Okt./Nov.; an den Grenzen des Winterareals Gipfel erst Jan.; Rückzug ab Feb. in milden Wintern, generell Mitte März [3615], im Ostseebereich Maximum April; Ankunft an nördlichsten Brutplätzen ab Mitte Mai. Immat. ziehen z.T. nicht zurück; letzte Beob. in ME Mitte Mai.

Bestandsentwicklung. Langfristige Bestandsveränderungen der europäischen Brutpopulation kaum erkennbar. Große Bestandsschwankungen aufgrund z.T. extrem hoher Verluste durch Ertrinken in Fischernetzen (vor allem IJselmeer NL!), Jagd und Ölverschmutzung sowie guten und schlechten Brutjahren [1507,3615]. Gebietsweise allerdings stärkere Bestandsabnahmen, z.B. FIN und EST [1585,1507,3615]. In ME gelegentliche Vorstöße einzelner BP, so 1892 in CZ [3615] und 1977 in PL 3 BP [337,3871]. Auch in DK kein regelm. Brutvogel, aber kurzzeitige Ansiedlungen und Bruten zwischen 1963-76 [337], seither erneut 1988 und Brutverdacht 1994 [1422]. In D-SH gelegentlicher Brutvogel seit 1981 [erster gesicherter Brutnachw. in D, unsichere Fälle 1929: vgl. 309], an Nordseeküste regelm. und allj. seit 1989, erste Brut an Ostsee 1990, im Binnenland -SH ab 1995; Bestandszunahme auf bis zu 5 BP [204,453]. In NL Brutverdacht in Wervershoof für 2000 [3638], in PL bis in 1990er J. mehrfach Bruthinweise [3871].

	Best.	Areal	Brutbestand	Jahr	Quelle
D	N	N	5–5	1995–1999	[383]

Winterbestände für Trendaussagen wenig aussagekräftig, da Bestände stark fluktuieren, Vögel sehr unstet, und Ansammlungen auf dem Meer bis 1980er J. unzureichend erfasst [3503]. Bestände in NW-ME aber langfristig stabil oder zunehmend. In ME Vögel des NW-Europäischen Flyways mit etwa 310.000 Ind., davon in harten Wintern bis zu 90% auf < 10 Standorte entlang Nordsee konzentriert. Zweite Flyway-Population (W-Sibirien/Schwarzmeer/Kaspisee) bei 100.000-200.000 Ind. wohl ebenfalls stabil [3503,823].

Gefährdung [3503,3615]. Hohe Verluste durch Ertrinken in Fischernetzen, Jagd und Ölverschmutzung. Dabei Konzentration großer (Rast- und Winter-)Populationen an wenigen, gesetzlich oft ungeschützten Standorten.

SPEC	VSchRL	Bern.Konv.	Bonn.Konv.
3(W)	II-2/III-2	Anh. III	Anh. II
Europ. RL	**RL in ME**		
EN	D: 'R'		

Schutzmaßnahmen. Unterschutzstellung wichtiger mariner Aufenthaltsgebiete.
Änderungen in der Fischereipraxis im IJsselmeer. Verringerung der Jagdausübung.

Biotop. Br. auf Tundren, Waldtundren und Hochmoorseen, aber auch in Schären der Ostsee. Überwinterung an Küsten, doch besonders in geschützten Ästuaren, Wattgebieten, Buchten usw., im Binnenland bevorzugt auf großen und tiefen Seen. Bevorzugt relativ tiefe Gewässerteile.

Nahrung. Unter den *Aythya-Arten* am stärksten tierisch, z.B. Mollusken, Crustaceen, Insekten; Vegetabilien vor allem Sämereien, weniger häufig grüne Pflanzenteile.

Verhalten. Tag- und nachtaktiv. Zug offenbar hauptsächlich nachts. Tauchen mind. bis 6 m möglich, doch meist < 3.5 m. Brüten in Kolonien. Balz ähnlich Reiherente, z.B. »steifes Schwimmen« (mit Flügel- und Schwanzzucken), Kopfschütteln, Kopfzurückwerfen, geducktes Schwimmen, Scheinputzen (♂ und ♀). Paarbildung beginnt im Winterquartier und endet mit Brutbeginn. Verfolgungsflüge als Teil der Balz häufig. Kopulationen werden von ♂ initiiert. Außerhalb der Brutzeit gesellig. In Winterschwärmen oft mehr ♂. Im Winterquartier ♂ und ♀ offenbar z.T. getrennt (♂ überwiegen eher im N).

Stimme. ♂ bei der Balz pfeifend »wik-wik-wiu«, nasal »weiar« und taubenartig gurrende »kuku« o.ä.; ♀ tief und rauh »karr« usw. Auf Dz. und im Frühwinter wenig zu hören.

Fortpflanzung, Brutbiologie [337,767]. Wohl erst im 2. Lebensjahr geschlechtsreif. Monogame Saisonehe. **Nest**. Auf trockenem Boden in Gewässernähe, meist gut in/unter Vegetation versteckt. **Legebeginn**. Im N von Schneeschmelze abhängig. Mai/Juni. **Gelegegröße**. 6-11 (-15); darüber Mischgelege, die recht häufig sein können; Ø $IS_{734,113}$ Erstgelege 9.7, Nachgelege 7.0. **Eier**. Stumpfoval, olivgrau. **Brutdauer**. 26-28 d, ♀ brütet ab vollständigem Gelege. **Nestlings-/Führungszeit**. ♀ führt (♂ oft noch anwesend); Juv. mit 40-45 d flügge und selbständig. **Jahresbruten**. 1, Nachgelege. **Bruterfolg**. Von 2802 Eiern in FIN in 3 Jahren schlüpften 77% und 6.5% wurden flügge, das entspricht 0.9, 0.9 und 0.2 flügge Juv./Paar und Jahr. Schlüpferfolg in IS_{1323} von 1961-70 war Ø 67.9% (47.6-84.3%).

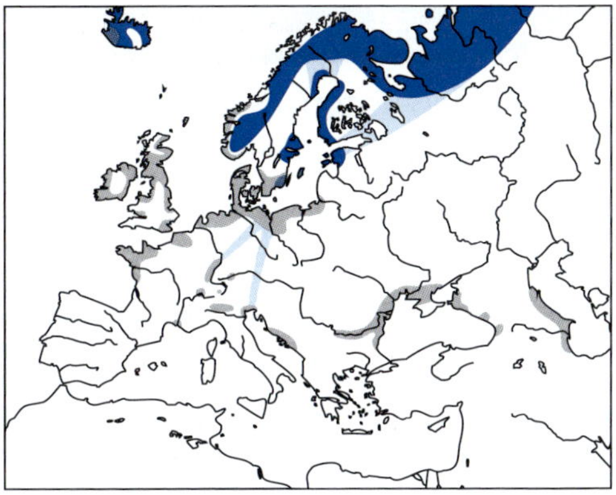

Aythya marila – **Bergente**

Eimaße und -gewichte. L. 52.0-68.1 mm, B. 39.2-48.0 mm, Ø: 63.2 x 43.5 mm (n=116, N-Europa); Frischvollgew. 53-71 g, $Ø_{31}$: 61 g; Schalengew. 4.18-7.22 g, $Ø_{170}$: 5.6 g.

Alter. Ältester Ringvogel (IS) 13 J. 11 Monate [3654]. **Generationslänge**: < 3.3 J. [383].

Mauser. **Postjuvenile Mauser** (Teilmauser) ab Sept./Okt.; Körpergefieder, Schirm- und Steuerfedern. • **1. Pränuptialmauser** (Teilmauser) gleich anschließend, bei ♂ bis April beendet; bei ♀ oft wenig umfangreich [767,1369]. • **Postnuptialmauser** (Vollmauser) setzt bei ♀ schon im März/April ein, bei ♂ ab Ende Mai/Anf. Juli; Schwingenmauser bei ♂ Juni–Sept., bei erfolgreich brütenden ♀ Sept.–Okt. im Winterquartier; wieder flugfähig nach ca. 3–4 Wochen [309,1369,139,3471]. • **Pränuptialmauser** (Teilmauser) meist bis (Nov.) Dez. abgeschlossen, z.T. erst im Feb./März (besonders ♀); Körpergefieder [309,139,1356].

Aythya affinis – Kleine Bergente 02050

Aythya affinis (Eyton 1838) syn.: Veilchenente

GB Lesser Scaup **F Fuligule à tête noire** **E Porrón Bola**

Taxonomie. Monotypisch.

Kennzeichen. Sexualdimorph [221,3772,2418,3615, 1784,408,3566; **Fotos** in Limic. **14**, 9, 10, 48, 95, **17**, 327, Dutch B. **21**, 173, **25**, 141, 143, 150, **26**, 59, Bird. W. **7**, 423, **8**, 53-55, **9**, 127, 144-145, **12**, 138, **15**, 506-508, Brit. B. **92**, 323, **93**, 524].

Maße. Gr.: 38-48 cm. Gew.: ca. 600-1000 g, ♂ Ø: 850 g, ♀ Ø: 790 g. Fl.spw.: 68-77 cm. Fl.l.: ♂ 190-201 mm, ♀ 185-198 mm [1784,2418,3615].

Status. In Europa sehr seltener Gastvogel, bevorzugt im W (GB/IRL, erstmals 1987, 42mal bis 2001) [q23], F, NL, S. und Kanaren [3615]. Nachweise jüngst stark zunehmend, wohl nicht zuletzt bedingt durch Gefg.fl.; inzwischen auch mehrfach in ME: • **CH:** 2001 ff. [q3]; Nachw. 1993-98, wohl immer dasselbe ♂, als Gefg.fl. betrachtet [4152]. • **NL:** 5 Nachw., Nov.-Jan. 1994/95, Jan. 1996, Dez./Jan. 1999/2000 und Mai 2002, Feb. 2003 [277,375,q16]. • **B:** 2 Nachw., 1996 [1677], 1997 [q3]. • **D:** mehrere Nachweise von 1997-2001 (Herkunft zweifelhaft) [q18,575]. • **PL:** ♀ Dezember 2001 [3871].

Verbreitung und Bestand. Nearktisch verbreitet von Alaska bis NW-USA nach E bis Great Lakes. Gesamtbestand 2.99 Mio. Ind., stark zunehmend [823].

Wanderungen. Zugvogel von den Brutgebieten in N-USA, CDN, Alaska in die E- und S-USA, Mittelamerika, Karibik [1784].

Biotop. Binnenseen, Teiche und Sumpfgebiete in Offenland oder spärlich bewaldeten Gebieten. Im Winter auf größeren Seen und Brackwasser-Lagunen, aber selten auf dem Meer.

Nahrung. Samen, Wurzeln und vegetative Teile von Wasserpflanzen, daneben aquatische Invertebraten.

Stimme. Außerhalb des Brutgebietes schweigsam. ♂ tiefe Pfiffe, ♀ lautes, quakendes »quok«.

Mauser. Ähnlich Bergente [3050].

Callonetta leucophrys – Rotschulterente 25700

Callonetta leucophrys (Vieillot 1816) syn.: Rotflügelente

GB Ringed Teal **F Callonette à collier noir** **E Pato Acollarado**

Taxonomie. Art monotypisch. Die monotypische Gattung *Callonetta* soll nach mtDNA-Sequenzen dem Tribus Mergini angehören, also trotz ihrer völlig abweichenden Lebensweise (Gewässer in Waldhabitaten des tropischen Südamerika) mit Sägern und Meeresenten nächstverwandt sein [918].

Kennzeichen. Sexualdimorph. [1784,3615,2418; **Fotos** in Limic. **19**, 76].

Maße. Gr.: 35-38 cm. Gew.: 190-360 g. Fl.spw.: 16.0-17.5 cm [1784,2418].

Verbreitung. Kleines Areal im zentralen S-Amerika von Bolivien und S-Brasilien bis N-Argentinien und Uruguay. Global nicht gefährdet, Gesamtbestand und Status aber kaum bekannt [1784]. In Europa freifliegende Gefg.fl. mit gelegentlichen Brutvorkommen, aber nicht etabliert.

Vorkommen in ME, Status. Auftreten in ME durch Vögel aus Gehegehaltungen, wo seit Anf. 20. Jh. erfolgreich gezüchtet [2099]. Trotz größerer Zahl von Beob., u.a. in PL [q13,3871], B [1677], CH [2402], D-BB, -ST, -HE, -BW [575,1, J. Kreuziger], bisher wenige sichere Brutnachw.: 1998 in **D**-NW Brut mit 6 Juv. (wohl keines flügge) [2162], 1999 in **CH**-GE Familie mit 1 Juv. [2402]; sonst fehlen Meldungen über Freilandbruten.

Wanderungen. Ausprägung der Wanderungen im Ursprungsgebiet unklar, führt Streuungswanderungen nach der Brutzeit durch tritt dann insbes. an der Küste und in niedrigeren Breitengraden auf [1784].

Gefährdung und Schutz. Keine einheimische Vogelart. In Ursprungsgebieten nicht gefährdet; in ME keine Schutzmaßnahmen notwendig.

Biotop. Sumpfgebiete und feuchte Kahlschlagflächen tropischer Tieflandgebiete sowie an abgelegenen Teichen und kleinen Flüssen.

Nahrung. Wohl hauptsächlich vegetabil.

Mauser. Unzureichend bekannt.

Polysticta stelleri – Scheckente 02090

Polysticta stelleri (Pallas 1769)

(GB) **Steller's Eider** (F) **Eider de Steller** (E) **Eider Menor**

Taxonomie. Monotypisch. Die Scheckente ist die Schwesterart der and. Eiderenten (*Somateria*) [2348].

Kennzeichen. Sexualdimorph [1784,3615,3772, 221,408; **Fotos** in Limic. **11**, 97, **16**, 39, Dutch B. **24**, 307, **25**, 182, **26**, 244, Bird. W. **5**, 22, **16**, 149, Brit. B. **95**, 239; Bestimmung aller Eiderenten-Arten: 3593,408].

Maße. Gr.: 43-48 cm. Gew.: (Brutv.) ♂ 670-900 g, ♀ 750-1000 g. Fl.spw.: 85-93 cm. Fl.l.: ♂ 208-225 mm, ♀ 205-210 mm [1784,2418,3615].

Status. Zuweilen Übersommerungen an Küsten N. [337,1784], aber keine regelm. Bruten in Europa [1585]. In ME und W-Europa sehr seltener Gast, in ME fast nur Küste: • **NL:** 6 Nachw. bis 2001, erstmals Juli/Aug.1980 [277,375], zuletzt Jan. 1997 und Sept./Okt. 2000 [q23,277,q16]. **B:** (1983,1984) [337]; • **D:** vor allem D-SH sowie -MV; von 1821-75 ca. 10 Nachw. [337], darunter einer D-BY [4175], von 1975-97 weitere 27 [575]. • **PL:** ca. 92 Nachw., davon nur 11 von 1837-1955, seither erheblich häufiger, vor allem in 1980er J., mit Höhepunkt 1987 (12 Meldungen, 96 Ind., max. Trupp 65 Ind. im März 1987) [3871]. Bod. beringter Gefg.fl. 1988 [1617].

Verbreitung und Bestand. Brutvogel der arktischen Küsten von Zentral- bis E-Sibirien sowie in Alaska, einzelne BP gelegentlich bis N-N. (derzeit 5-50 BP) [383]. Gesamtbestand der Art 220.000 Ind. [823]. In Europa auch im Winter weitgehend beschränkt auf N-N., weiter S sehr seltener Gastvogel [3615,1507,337]. Europäischer Winterbestand 7.700-20.000 Ind. [383], insbesondere vor N-N. (4.000-13.000), Ostsee vor EST, LT (bis 6.500) und Weißmeer RUS [1507]; gilt in Europa aufgrund

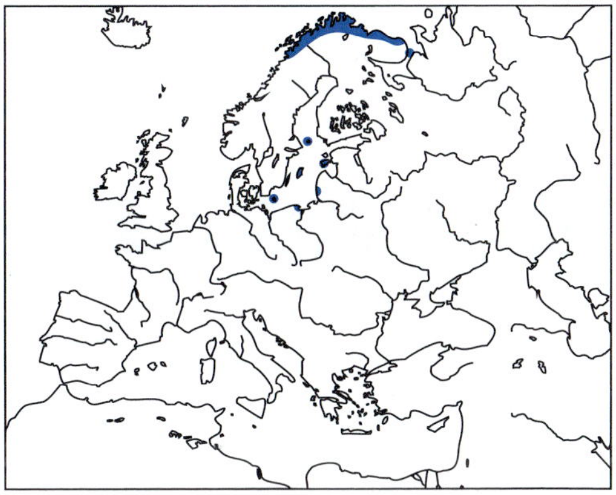

Polysticta stelleri – **Scheckente**

starker lokaler Konzentrationen als SPEC3 [383], aber nicht mehr als gefährdet [s. noch 3892,3024]. Meiste Bestände fluktuierend, in Ostsee leichte Zunahme [3626].

Wanderungen. Kurzstreckenzieher. Hauptwinterquartier S-Beringmeer S der Aleuten bis Kurilen. In kleiner Zahl nach W zur N-Küste N. ziehend, dort auch einzelne Übersommerer und Mauservögel. Ostsee wird wohl über Land nach SW erreicht, Ankunft dort Okt./Nov., steigende Zahlen während des Winters, Abzug Anf.-Mitte April [3615].

Gefährdung und Schutz [3024,3626]. In Europa vor allem gefährdet durch Jagd, Ertrinken in Fischernetzen, Wasserverschmutzung (Öl, Umweltgifte), Lebensraumverlust und Störungen in den Brutgebieten. Schutzmaßnahmen umfassen Gebietsschutz, rechtlichen Schutz und Maßnahmen zur Verringerung der Verluste.

SPEC	VSchRL	Bern.Konv.	Bonn.Konv.
3(W)	Anh. I	Anh. II	Anh. I,II
Europ. RL	RL in ME		
--	--		

Biotop. Außerhalb der Brutzeit in Küstennähe auf dem Meer und in Buchten [vgl. 1197]; Binnengewässer nur ausnahmsweise.

Nahrung. Animalisch, besonders Mollusken und Crustaceen.

Stimme. ♂ wenig ruffreudig. Für die anderen Eiderenten typisches Gurren der ♂ fehlt. Leises Brummen der ♂ während der Balz. ♀ häufiger bellende, pfeifende und knurrende Rufe.

Verhalten. Tag- und nachtaktiv. Nahrungserwerb vor allem tauchend, selten gründelnd oder im Schwimmen mit eingetauchtem Kopf. Einzelbrüter. Paare bilden sich in Wintergesellschaften. Ziehen gemeinsam ins Brutgebiet. Paare bleiben bis Brutbeginn zusammen. Verfolgungsflüge und Kopulationen sind Teil der Balz. Außerhalb der Brutzeit sehr gesellig (>1000de Ind.).

Sterblichkeit, Alter. Generationslänge: 4 J. [383].

Mauser. Postjuv. Mauser und 1. Pränupt.mauser (je Teilmauser) umfassen Körpergefieder und meist alle ST [767,1369,3050]. • Postnuptialmauser (Vollmauser) bei ♂ ab Ende Juni/Juli, Schwingenmauser Aug.–Sept. [767,1369]. • Pränupt.mauser (Teilmauser) ab Sept.; Teile d. Körpergefieders [767,3050].

Somateria spectabilis – Prachteiderente 02070

Somateria spectabilis (Linnaeus 1758)

GB King Eider **F Eider à tête grise** **E Eider Real**

Taxonomie. Monotypisch.

Kennzeichen. Sexualdimorph [1784,2418,3772, 221,3615,408; **Fotos** in Dutch B. **22**, 239, **23**, 42, 51, 106, 157, **24**, 328, **26**, 244, Bird. W. **5**, 19, **7**, 391, **8**, 23, **16**, 181, Brit. B. **95**, 237; Hybridisation mit Eiderente nachgewiesen, Foto eines ad. ♂ Hybriden: Bird. W. **17**, 93].

Maße. Gr.: 47-63 cm. Gew.: 1500-2010 g, ♂ Ø: 1724 g, ♀ Ø: 1623 g. Fl.spw.: 85-93 cm. Fl.l.: 256-293 mm; ♂ Ø: 277 mm, ♀ Ø: 270 mm [1784,2418,3615].

Status. In Europa Wintergast im N-Atlantik und Weißen Meer, weiter S sehr selt., gebietsweise regelm. Gastvogel (z.B. GB/IRL in Ostsee S./FIN) [3615,1507,337]. Einzelbruten (z.B. in N. von 1957-61) und Übersommerungen sehr selten [3615]. Nachw. in ME spärlich, am ehesten Küste: • **H:** 3 anerkannte Nachw.: 1875, 1973, 1986 [2438]. • **NL:** 9 Nachw. bis 1997, erstmals 1975 [277,375]; ferner 2000 und 2003 [q4,q16]. • **B:** 2 (3) Nachw., (1956?), 1984, 1986 [1677]. • **D:** 9 anerkannte Nachw. von 1977-97, davor u.a. Helgoland 1849, 1879, 1968, D-NI 1964, -SH 1907, 1909, 1976, -MV 1853, 1901 [q18,337]. • **PL:** 31 Nachw.: erstm. März 1844; im Binnenl. Feb. 1919 und Mai 1985; ferner Apr. 1926, Dez. 1973, dann v. 1973-89 häufiger, 1986/87 alleine 8 Meldungen [3871]. • **CZ:** 1. Nachw. 1996 [2159].

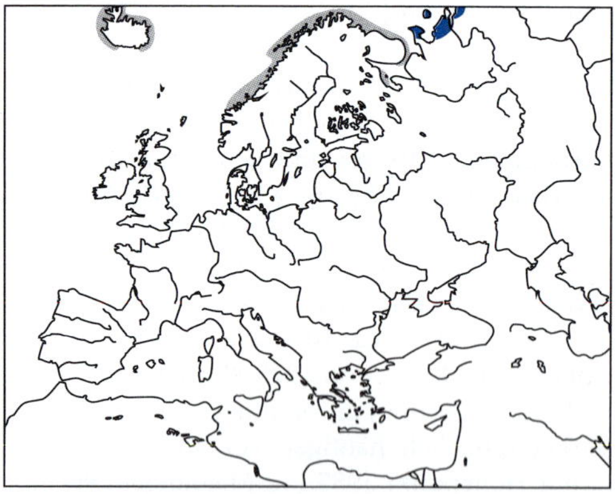

Somateria spectabilis – Prachteiderente

Verbreitung und Bestand. Monotypisch. Zirkumpolar verbreitet an Küsten und Inseln des nördlichen Eismeeres von Spitzbergen und Kanin-Halbinsel W-RUS bis Pazifik, ferner Alaska und N-CDN bis GRÖ; Gesamtbestand 790.000-930.000 Ind. [823]. Europäischer Brutbestand 37.000-46.000 BP [383], stabil und ungefährdet [3892]. Winterbestand N-Europas bei > 350.000 Ind., leicht rückläufig [383;3503].

SPEC	VSchRL	Bern.Konv.	Bonn.Konv.
--	--	Anh. II	Anh. II
Europ. RL	**RL in ME**		
--	--		

Wanderungen. Kurzstrecken- und Teilzieher. Hauptwinterquartiere Beringmeer (Br. E-Sibirien, Alaska, NW-CDN), SW-GRÖ bis Labrador/Neufundland und NW-USA (Br. NE-CDN, N-GRÖ), Weißes Meer und N-Atlantik, bes. Küsten N- und Mittel-N. (Br. RUS). Von letzterem nach S bis Nordsee; Gäste der Ostsee wohl durch Überlandflug von den Küsten Sibiriens. Von E-GRÖ erreichen Überwinterer IS (Ringfunde). Großer Mauserzug im arktischen Amerika und kleinere Konzentrationen z.B. um Kola-Halbinsel oder Svalbard (Aug. bis 5.000 Ind.) [3070]. Herbstzug Ende Aug.–Okt., Abzug von Brutplätzen bis Sept.; Rückkehr zu arktischen Brutplätzen ab April, in Abhängigkeit von Eislage oft erst Anf. Juni, Br. warten dann auf offenem Meer auf Tauwetter [3615].

Biotop. Br. meist im Binnenland an Süßwasser. Außerhalb der Brutzeit häufig am Meer, oft auch außerhalb der Küstengewässer.

Nahrung. Fast ausschließlich tierisch, besonders Mollusken.

Stimme. Weniger ruffreudig als Eiderente, Stimme generell tiefer, harscher. ♂ gurgelndes »gru-gru-gúruuu« mit gleichzeitiger Verbeugung. ♀ gereiht »gok-gok-gok«, außerdem schnelles Schnattern. Flugruf tief quakend.

Verhalten. Tag- und nachtaktiv. Taucht viel und relativ tief. Paare sind zur Brutzeit stabil. Verpaaren sich im Mai und ♂ desertieren, während ♀ brüten. Brüten einzeln. ♂ bewachen ♀ während der Legephase. Sehr gesellig außerhalb der Brutzeit.

Sterblichkeit, Alter. **Generationslänge**: 5 J. [383].

Mauser. **Postjuvenile Mauser** (Teilmauser) und weiterer Verlauf ähnlich Eiderente [139,3050,3737].
• **Postnuptialmauser** (Vollmauser) Körpergefieder bei ♂ ab Mitte Juni/Juli; Schwingenmauser Aug.–Okt., ♀ später als ♂ [767,139,3050,1246].
• **Pränuptialmauser** (Teilmauser) ähnlich Eiderente [139,3050].

Somateria mollissima – Eiderente 02060

Somateria [mollissima] mollissima (Linnaeus 1758)

(GB) Common Eider **(F) Eider à duvet** **(E) Eider Común**

Taxonomie. Bildet Superspezies mit Pazifischer Eiderente *Somateria v-nigrum* (E-Sibirien, NW-Nordamerika), von der in mtDNA und Kopf-Schnabelfärbung der ♂ im PK (auch im Balzverhalten?) deutlich verschieden.
Sechs UA, im PK der ♂ sowohl im Gefieder als auch der Schnabelfärbung z.T. stark differenziert: *mollissima* (Linnaeus 1758) (Europa außer IS, N-N., E bis Nowaja Semlja und Franz-Joseph-Land), *islandica* (N-N., Spitzbergen, IS, GRÖ), *faeroensis* C.L. Brehm 1831 (Färöer, kaum von *islandica* verschieden), *borealis* C.L. Brehm 1824 (GRÖ, Arktis CDN nach W bis Southampton Island), *dresseri* Sharpe 1871 (NE Nordamerika, von Zentral-Labrador nach S) und *sedentaria* Snyder 1941 (Hudson Bay).
Mögliche weitere Allospeziesgrenzen innerhalb dieses Komplexes bisher unzureichend untersucht.

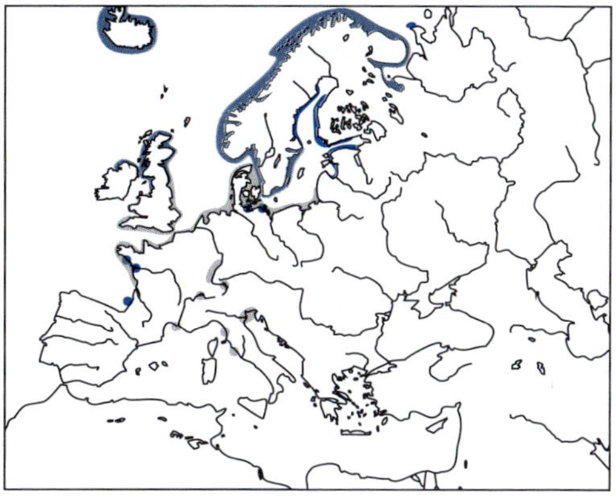

Somateria mollissima – **Eiderente**

Zumindest *dresseri* und *sedentaria* sind durch oben breit abgerundete nackte Stirnpartien von *borealis* und europäischen Formen deutlich differenziert, doch sollen sich *dresseri* und *borealis* in Labrador vermischen [3050]. Beide Formen überwintern gemeinsam im St. Lawrence-Strom, wo Verpaarung stattfindet. Dies deutet auf Paarungsbarrieren hin, da sonst Unterschiede zw. diesen UA nicht aufrechterhalten werden könnten. Entsprechende Interaktionen von *sedentaria* und *borealis* im Kontaktgebiet (zentrale Arktis CDN) bisher unbekannt. Ursprung bestehender mitochondrien-genetische Polymorphismen [A. Baker, zit. in 3050] unzureichend untersucht.

Kennzeichen. Sexualdimorph [221,3772,2418, 1784,3615,1369,408; **Fotos** in Limic. **13**, 266, Brit. B. **95**, 233].

Maße. (Nominatform): Gr.: 50-71 cm. Gew.: 1500-2800 g, ♂ Ø: 2266 g, ♀ Ø: 2028 g. Fl.spw.: 80-108 cm. Fl.l.: 286-315 mm, ♂ Ø: 304 mm, ♀ Ø: 301 mm [1369,2418,3615].

Status. Gebietsweise häufiger Brut- und Jahresvogel; Teilzieher. Außergewöhnlich große Nichtbrüterbestände, im Wattenmeer z.B. 10.000-20.000 meist immature Vögel, dadurch erhebliches Ausbreitungspotential. Sommerliche Mauserschwärme im Wattenmeer D im Mittel mit 200.000 Enten (abnehmender Trend). Im Binnenland selten und sporadisch, aber zu Zeiten großer Küstenpopulationen vereinzelte Brutansiedlungen und Übersommerungen und z.T. langfristige Mauser- und Überwinterungstraditionen an großen Voralpenseen.

Verbreitung und Bestand. Lückenhaft in mehreren UA holarktisch von NW-Europa (GRÖ, IS, GB/IRL, F) bis N-Amerika; isoliert am Schwarzmeer. Gesamtbestand 2.5-3.5 Mio. Ind. [823]. Ursprünglich reiner Küsten- und Meeresvogel, inzwischen zunehmend Brutvogel im Binnenland. In Europa brütet Nominatform mit Schwerpunkt in Skandinavien, Brutbestand 840.000-1.200.000 BP, mit jew. >100.000 BP in IS, N., S. und FIN [383]. Bedeutende europäische Flyway-Population Ostsee-/Nordsee mit drastischem Rückgang in 1990er J. von ca. 1.2 Mio. auf ca. 760.000 Ind. [837] ; europäischer Winterbestand um 2000 dennoch > 1.7 Mio. Ind. [383]. In ME Schwerpunkt der Brutvorkommen im Nordseeraum (NL, D) mit 9.400-11.500 BP Mitte der 1990er J. [204,3638,1585].

Wanderungen. Teilzieher, Streuungswanderungen (Junge neigen z.T. zu weiterer Wanderung). Winterausharrer sogar in Nordmeeren (z.B. SW-Spitzbergen, Küstengebiet Weißmeer bis N-N.), Hauptwinterquartier Küsten NW-Europas, ME bis NW-F und kleine Mengen im Binnenland (z.B. Bod. seit 1970er J.) [1617]. **Br. GB/IRL** wandern regelm. < 200 km (Ringfunde > 50 km je nach Herkunftsgebiet zwischen 3 und max. 27%) [4064]; **Br. NL** wohl höchstens Teilzieher (ziehen bis NW-F, GB und ausnahmsweise Biskaya); **Br. Spitzbergens bis N.** und N-GB. **Br. aus S.** überwintern in Gewässern DK, viele zeigen bereits im Frühsommer Mauerzug in diese Gebiete [1208].
Aufbruch der ♂ und Immat. zu Mauserquartieren bereits ab Mitte Mai; ♂ aus nördlichen Ostsee an Wattenmeerküste ab Ende Juni/Anf. Juli, ♀ Ende Juli/Aug. [Details z.B. 621]. Wintergäste aus NE kommen ab Okt/Nov. Zusammensetzung der Population im Wattenmeer der Nordsee Nov–März/Anf. April: Ind. der Brutpopulation und übersommernde Nichtbrüter aus Ostseegebiet, Mauserzügler aus dem gleichen Gebiet, die auch im Winter ausharren und Wintergäste aus NE ca. ab Nov. Rückzug in milden Wintern ab Feb./März; Ankunft an Brutplätzen im N Mitte April/Mai [Details zum Zug Ostsee, N-Atlantik, Binnenland ME z.B. 1617,1227]. ♀ stärker geburtsortstreu als ♂.

Bestandsentwicklung. Nach großräumiger Arealausweitung und Bestandszunahme 1900-1910 wesentliche Teile des heutigen Areals in großer Zahl besiedelt. Infolge Übernutzung durch den Menschen (Eier, Dunen) vielfach Bestandsrückgang bis etwa Mitte 20. Jh. [3269]. Nachfolgend kontinuierlicher Bestandsanstieg im gesamten Areal, vor allem aufgrund geringerer Verfolgung und Nutzung, einsetzender Schutzmaßnahmen, einschließlich Gebietsschutz, sowie Eutrophierung (verbesserte Nahrungsbedingungen), typisch dafür Wattenmeer [309]. Insel Sylt war Ausgangspunkt der Ausbreitung nach N und SW; westfriesische Inseln (NL) erst ab 1906 besiedelt, dort Mitte 1930er J. schon 300 und Anf. 1960er J. 5.700 BP. Wegen Pestizidbelastung, Fällen von Botulismus und geringem Bruterfolg seit Ende 1960er J. erhebliche Einbußen, wovon sich Bestand kurzfristig erholte, erneuter Rückgang bis Anf. 1990er J. um über 1/3, nachfolgend starke Zunahme [375,196,3783], doch wegen Nahrungsmangel (drastische Übernutzung der Muschelbänke durch den Menschen) und verschlechterte Überwinterungsbedingungen in jüngster Zeit erneut Rückgang der Brutbestände [3638,837,2878].

	Best.	Areal	Brutbestand	Jahr	Quelle
CH	N	N	0–4	1996–1999	[383]
D	+/-	=	1.370–1.520	1995–1999	[383]
NL	↑	=	8.000–10.000	1998–2000	[383]
PL	N	N	0–1	1997–2000	[383]

Entwicklung im nordfriesischen Wattenmeer lange Zeit sehr positiv [309,196], doch ab 1970er J. Stagnation oder stark rückläufige Bestände, z.B. auf Amrum [309]; im Nordseeraum nicht selten Umsiedlungen, dabei in D-SH insgesamt rückläufig, durch Arealausweitung [310] sowie Zunahmen in D-NI [1497] jedoch Angleichung der Bestände D-SH und -NI; Gesamtbestand an D Nordseeküste in 1990er J. weitgehend konstant bei 1.000-1.200 BP [1589, G. Scheiffahrt]. Seit 1990er J. starke Verluste im Wattenmeer (NL) durch verschlechtertes Nahrungsangebot [3236N].

An Ostseeküste ME bisher nur sehr kleine Populationen. In D-MV erste Brutversuche 1985 und 1987 [2772], in D-SH ab 1986 im Raum Fehmarnsund [309], bis 1999 Ostseeküstenbestand auf 30 BP gewachsen [310], in PL bisher nur zwei (erfolglose) Bruten 1997 [q3], trotz z.T. großer Übersommerungsbestände [3871]. Sehr viel positiver war Entwicklung in N Ostseeregion, mit Verzehnfachung der Bestände ab 1970er J. [DK, S., FIN: 196,1507], allerdings in E-Teilen Ostsee und Weißmeer ab 1980er J. auch Abnahme durch geringen Fortpflanzungserfolg [1507]; seit Mitte 1990er J. massive Bestandsverluste der Population DK durch Vogelcholera sowie erhöhte Adultsterblichkeit [675,837].

Aufgrund zeitweilig explosionsartigen Bestandswachstums und sehr hoher Zahl Nichtbrüter in NW-europäischen Brutgebieten fast zwangsläufig auch Brutansiedlungen im Binnenland. Seit 1970er J. Übersommerungen an Voralpenseen [1617,3489,3393], wo Eiderente offensichtlich auch von Ausbreitung der Wandermuschel *Dreissena polymorpha* profitiert; einzelne Brutnachweise 1975 in A [965], ab 1984 in D-BY [343] und ab 1988, gehäuft ab 1992 in CH, dort bis 1999 15 Bruten an vier Seen [3393]. 1975 erstmals Brut an Schwarzmeerküste, 1976 in 5 Paaren [196]. Im europäischen Teil RUS aufgrund menschlicher Nachstellungen keine Zunahmen; Bestandsgrößen dort weit kleiner als in benachbarten skandinavischen Ländern.

Winterbestände der Nominatform etwa 1.735.000-2.355.000 Ind., davon ¾ an Nord- und Ostsee, nach langem Bestandsanstieg seit 1990er J. jedoch Abnahmen um >30% aufgrund von Nahrungsmangel (starke Reduktion der Muschelbestände) im gesamten Bereich der Nordsee (s.o.) [837,625,375]. Im ME Binnenland Ende 1990er J. starker Rückgang an Voralpenseen auf kleine Restbestände [3393,1617,q2].

Siedlungsdichte. Koloniebrüter in geeigneten Lebensräumen; größte Kolonien in NL bis 4000 Nester (Vlieland), bei Aufzuchtsgebiet von 9 km^2 [3783]. Großflächig in Dünengebieten D-SH bis 14.6 BP/10 ha [310], sonst meist deutlich geringer.

Gefährdungsursachen [196,310,2813,837]. Einwirkungen von Schadstoffen und zunehmender Ölverschmutzung der Nord- und Ostsee. Auch Nahrungsmangel aufgrund Übernutzung von Muschelbänken durch Menschen.

Anf. 20. Jh. war Hauptursache für erhebliche Bestandsverluste Übernutzung durch Menschen, insbesondere Eier (auch Dunen). In Fennoskandien bis in jüngste Zeit intensiver Abschuss (ca. 115.000 Ind./a in 1990er J.), vor allem von baltischen Vögeln. Bestände in RUS ebenfalls hauptsächlich von Jagd bedroht.

Verhinderung der Brutansiedlung durch touristische Nutzung und flächenhafte Erschließung.

Verluste in Stellnetzen, überwiegend in Wintermonaten.

SPEC	VSchRL	Bern.Konv.	Bonn.Konv.
E	II-2,III-2	Anh. III	Anh. II
Europ. RL	**RL in ME**		
--	CH : 'VU', D: 'NT'		

Natürliche Verluste durch epidemische Krankheiten, z.B. Vogelcholera und Botulismus, mit wesentlichem Einfluss auf Bestandsrückgang in NL und DK, sowie durch Prädatoren, besonders durch Rabenvögel bei anthropogenen Störungen im Nestbereich, ferner durch Fuchs und lokal durch Seehund.

Schutzmaßnahmen. Schutz der Brutgebiete, besonders in Gebieten mit hohem Jagddruck und deutlichen Bestandsrückgängen.

Ausweisung weiträumiger, von Störungen weitgehend freier Schutzgebiete für die großen Konzentrationen mausernder, rastender und überwinternder Vögel an Nord- und Ostsee.

Biotop. Br. an Küsten und auf vorgelagerten Inseln, selten Binnenseen. Außerhalb der Brutplätze in seichten Buchten oder an flachen Muschelbänken, im Winter im Wattenmeer oft weiter ab von der Küstenlinie. Zur Mauser oft an ungestörten Bereichen weitab der Küste. Im Binnenland auf größeren Seen, mitunter sogar an Wasservogelfütterungen.

Nahrung. Fast nur tierisch, besonders Mollusken (z.B. *Cardium*, *Mytilus*, *Littorina*, im Süßwasser auch *Dreissena*) und Crustaceen (z.B. Krabben, Enten»muscheln«, Flohkrebse). Bei Muschelbänken gezielte Auswahl passender Größe; bevorzugt Beutestücke 7–40 mm. Muscheln werden mit Schale verschlungen. Küken leben zunächst von kleinen Mollusken und Polychaeten, können erst später schnell bewegliche Crustaceen (z.B. *Gammarus*) fangen (selten auch kleine Fische, ferner Wasserinsekten oder Hohltiere). Pflanzennahrung unbedeutend.

Stimme. ♂ in der Paarbildungszeit ansteigendes und abfallendes »ahuú uhu« oder »au-húu« u.ä.; ♀ tief »goggoggoggog« oder knarrend »korr-r« u.a.

Verhalten. Tag- und nachtaktiv; Nahrungssuche meist tagsüber, Zug z.T. nachts; Aktivitätsrhythmus auch ausgesprochen tidenabhängig. Tauchen ohne Sprung, doch mit einem Schlag der halbgeöffneten Flügel; Tauchtiefe bis 6, max. 15-20 m; Tauchzeiten meist < 50 (max. > 70) sec. Nahrungserwerb tauchend, am Ufer auch einfach mit Kopf unter Wasser schwimmend, gründelnd und im Watt auch zu Fuß. Beute wird aufgelesen, losgerissen oder sogar ausgegraben. Brütet auch in Kolonien. Paarbildung ab Herbst, vor Mittwinter ältere Tiere meist verpaart (offensichtlich in nichtziehenden Populationen), später bis Frühjahr jüngere; > 1-jährige balzen noch nicht. Gruppenbalz (3-10 ♂, 1 ♀, nach Beginn der Eiablage auch > 20 ♂). ♂ 5 verschiedene Gurr-Bewegungen mit Kopf-auf-den-Rücken-Werfen, aufrechter Körperhaltung usw.; ferner Halsstrecken, Kopfdrehen, ritualisiertes Putzen und Baden, Sich-Flügeln und -Schütteln, Kopfrollen usw. ♀ Kinnheben und Hetzen; Begattungsaufforderung durch Flachlegen auf das Wasser. Kopulationen am Wasser hauptsächlich zur Morgen- und Abenddämmerung und höher bei Flut. Ganzjährig sehr gesellig.

Fortpflanzung, Brutbiologie [337,767,1784,309, 3269,837]. Erstbrüter bei ♂ im 3. Lebensjahr, bei ♀ z.B. 26% im 2., 42% im 3., und manche erst im 4. Lebensjahr. Meist monogame Saisonehe, doch Wiederverpaarungen nicht selten; einige ♂ ohne Paarbindung, polygyn; ♂ mit weiten Dispersionswanderungen, ♀ sehr ortstreu. **Nest.** ♀ wählt Nistplatz, brütet häufig in großen Kolonien (aber auch paarweise verteilt) auf Inseln, oder in Laridenkolonien (gerne Küstenseeschwalbe). Neststand relativ offen (oft windgeschützt), zuweilen auch hinter Bodenerhebungen, in Vertiefungen oder unter Vegetation; meist Gewässernähe. Aus Pflanzen, Muscheln, Steinchen etc. der Nestumgebung; ab 2./3. Ei viele Dunen; ♀ baut; Vorjahresnester z.T. wiederverwendet, dann größere Bauten mit erhöhter Umrandung. **Legebeginn.** Im S (Anf.) Mitte April bis Anf. Mai; im N ab Mitte Mai; in Kolonien ist Legebeginn streng synchronisiert, z.B. Spitzbergen alle Gelege innerhalb 1-2, in Schottland in 3 Wochen. **Gelegegröße.** 4-6 (1-8), größere von 2 ♀; Ø NL_{3070} 4.74 ± 0.16 (4.45-4.95/a), $Spitzbergen_{2993}$ 2.96 (dabei 2.57 bei hoher, 4.0 bei niedriger Nestdichte), in $D\text{-}SH_{233}$ Ø 3,6 (3.1-4.3); größere Gelege innerhalb Laridenkolonien. Legeintervall 1 d. **Eier.** Stumpfoval bis länglich, blassovliv, grau, beige oder grün. **Brutdauer.** 25-28 d; ♀ brütet, ♂ zumindest anfangs anwesend; Eier bei Weggang des ♀ mit Dunen zugedeckt; Kotspritzen als Feinabwehr. Bebrütung ab letztem Ei. **Schlüpftermine.** Synchron, ab (Mitte) Ende Mai, bis Juli. **Nestlings-/Führungszeit.** ♀ führt; vielfach Schofzusammenlegung und Kindergartenbildung unter Obhut weniger ♀. Juv. ab etwa 55-60 d (z.T. früher) selbständig und mit 65-75 d flügge. **Jahresbruten.** 1; Nachgelege. **Bruterfolg.** Schlüpferfolge in $D\text{-}SH_{618}$ Ø 44% (14-67%); in FIN 75-95%, GB 64%, NL 85-93%, davon flügge in FIN 25-35%, GB 9.8%, NL 6.6-7.3%. Ausfliegeerfolg in bezug zu Eiern: FIN 19-31%, GB 6.7%, NL 6.2%; das entspricht in FIN 0.9-2.24, in GB 0.28 und in NL 0.29 flügge Juv./♀ und Jahr, in D-SH zwischen 0.02-0.4. In Spitzbergen bei hohem Feinddruck 73% der Eier geraubt. Sonst Hauptmortalitätsursache Nahrungsmangel; doch großer Einfluss von Störungen. In DK_{581} geringe Gelegeverluste von 0-19% (keine Störungen, kaum Prädation).

Eimaße und -gewichte. L. 69.5-95.0 mm, B. 47.0-57.7 mm, Ø: 76.2 x 52.0 mm (n=188, IS), 77.1 x 50.7 mm (n=100, GB); Frischvollgew. 87-127 g, Ø: 109 g (RUS), 89-137 g, Ø 111 g (n=100, GB); $Ø_{35}$: 110.3 g; Schalengew. 6.5-11.5 g, $Ø_{300}$: 8.58 g.

Sterblichkeit, Alter. Ad. 20–40 %/J. (Unterschiede zw. ♂ und ♀); S-Baltikum 1973-78 zw. 10.8 und 16.6%/J. (Ø 13.5%) [1227]; für ad. ♀ in N-Amerika 13%/J. [2158N]. Nach Ringfunden von Br. aus S. berechnet: 70% im 1. Jahr, später 25%/J.; nach der Bejagung ist Ertrinken in Fischernetzen und Verölung häufigste genannte Fundursache [1208]. Ältester Ringvogel (GB) 37 J. 10 Monate [3654]. **Generationslänge:** 5 J. [383].

Mauser. **Postjuvenile Mauser** (Teilmauser) ab Sept. • **1. Pränuptialmauser** (Teilmauser) anschließend ab Okt.; beide variabel, umfassen Teile des Kleingefieders [767,1369,139,3050]. • **1. Postnuptialmauser** (Vollmauser) ab Mai/Juni; ähnlich Ad., verläuft aber langsamer, sodass Abgrenzung zur **2. Pränuptialmauser** (Vollmauser) kaum möglich und einige Partien z.T. nicht vollständig erneuert [309,767,1369,139,3050]. Weiterer Mauserablauf ähnlich Ad. • **Postnuptialmauser** (Vollmauser) Körpergefieder ab Mitte Juni, in N Brutgebieten z.T. erst ab Mitte Juli, bei ♀ etwas früher; Großgefiedermauser synchron, Anfang Juli–Ende Aug. und während 3–4 Wochen flugunfähig, ♀ beginnen ca. 1 Monat später [767,1369,139,3050]. • **Pränuptialmauser** (Teilmauser) bei ♂ Mitte Aug./Anf. Sept.-Nov./Anf. Dez., erste Prachtkleider ab (Mitte Sept.) Nov.; bei ♀ ab Okt., oft erst im März (Mai) beendet; zumeist auf Kopf- und Teile des Körpergefieders beschränkt [767,139,3050].

Histrionicus histrionicus – Kragenente 02110

Histrionicus histrionicus (Linnaeus 1758)

(GB) **Harlequin Duck** (F) **Arlequin plongeur** (E) **Pato Arlequín**

Taxonomie. Monotypisch.

Kennzeichen. Sexualdimorph [221,3772,2418, 1784,3615,1369,408; **Fotos** in Var Fag. 1998/**5**, 24-25, 2004/**6**, 16, 21, Dutch B. **26**, 125, Bird. W. **9**, 126, 142].

Maße. Gr.: 38-45 cm. Gew.: ♂ 600-750 g, ♀ 500-650 g. Fl.spw.: 63-69 cm. Fl.l.: ♂ 197-214 mm, ♀ 194-201 mm [1369,2418,3615].

SPEC	VSchRL	Bern.Konv.	Bonn.Konv.
3	--	Anh. II	Anh. II
Europ. RL	**RL in ME**		
--	--		

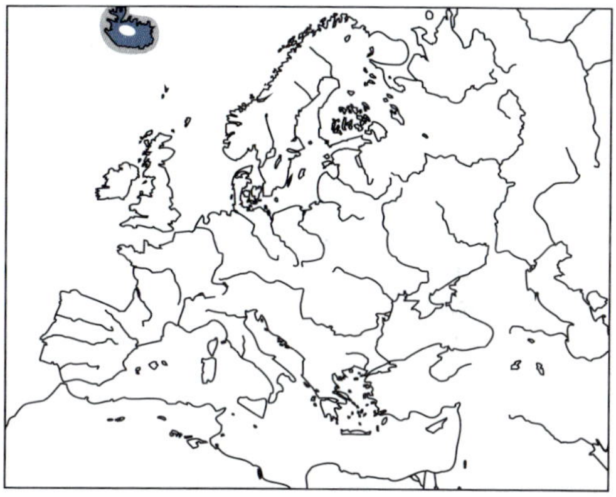

Histrionicus histrionicus – **Kragenente**

Status. Standvogel in IS und Zugvogel (nach SW) in GRÖ. In W-Europa nur sehr seltener Gastvogel in Einzelind., meist Winterhalbj. (in GB 11 Nachw. bis 2001), eher aus sibirischer Population oder transatlantischer Herkunft als aus IS [375,q23]. Gelegentlich (insbes. neuerdings) Gefg.fl., daher Statuseinschätzung zunehmend schwierig. In ME Ausnahmeerscheinung mit Nachw. in • **NL:** 1mal: ♀ 1982/83 [277]. • **B:** 4mal zw. 1903-94 [1677]. • **A:** ♂ 1924 Rheindelta (Bod.); (Nachw. 1852 nicht mehr anerkannt). • **D:** mind. 11 Nachw., darunter D-SH vor 1875, 1888, 1980; -NI 19. Jh., 1957; -BY 1893; -MV 1901, 1964, 1966; -SN 1957,1973 [1369,337]; ferner Bod. 1988 Gefg.fl. [1617]. • **PL:** 3 Nachw. vor 1837 in Pommern (unklar, ob innerhalb heutiger Landesgrenzen), ferner jew. erlegt ♂ März 1875 und Juni 1877, ♂ beob. März 1987 [3871]. (• **CH:** um 1865, jetzt nicht mehr anerkannt [4152].) • **SK.:** 1867 [1369].

Verbreitung und Bestand. Brutvogel von IS nach W über SW-GRÖ bis NE-Küste CDN; ferner getrennt größeres Areal von Baikalsee bis E-Sibirien, N-Pazifik von Alaska bis N-Kalifornien. Gesamtbestand > 270.000 Ind. [823]. In Europa Bestand von 4.000-10.000 BP (nur IS, GRÖ), Trend unbekannt; Winterbestand 22.000-31.000 Ind. [383].

Wanderungen. Br. IS und GRÖ ziehen meist nur an nächstgelegene Küsten, einzelne auch weiter. Br. Sibiriens ziehen weiter bis Bering- und Ochotskisches Meer, Japanisches Meer [3615].

Biotop. Br. an Bergbächen und Wildflüssen an Stellen mit großer Fließgeschwindigkeit, Turbulenzen, Wasserfällen. Außerhalb der Brutplätze auf dem Meer an Steilküsten und Klippen in der besonders bewegten Brandungszone.

Nahrung. Zur Brutzeit Insekten und deren Larven, z.B. Kriebel- und Zuckmücken, Köcherfliegen. An der Küste Crustaceen und Mollusken.

Stimme. Lautäußerungen angepasst an Geräuschkulisse des Lebensraumes. Hohe, quietschende Pfiffe. Nur während der Balz ruffreudig. ♂ dann mäuseähnlicher Pfiff, ♀ u.a. staccato-ähnlicher Ruf wie Zwergseeschwalbe. Fliegende Trupps durchdringendes »ek-ek-ek-ek«. Rabenähnlicher Warnruf.

Alter, Sterblichkeit. **Generationslänge:** 4 J. [383].

Mauser. **Postjuvenile Mauser** und **1. Pränuptialmauser** (je Teilmauser) ab Frühherbst; beide individuell sehr variabel [767,3050]. • **Postnuptialmauser** (Vollmauser) Körpergefieder bei ♀ März–Mai, bei ♂ Juni–Juli; synchrone Schwingenmauer und flugunfähig, ♂ Ende Juli/Sept., ♀ ca. 1 Monat später [767,1369,3050, 6]. • **Pränuptialmauser** (Teilmauser) bis Okt. bei ♂ bzw. bis Dez. bei ♀; Körpergefieder [767,3050].

Clangula hyemalis – Eisente 02120

Clangula hyemalis (Linnaeus 1758)

(GB) Long-tailed Duck ((USA) Oldsquaw) **(F) Harelde boréale** **(E) Pato Havelda**

Taxonomie. Monotypisch.

Kennzeichen. Sexualdimorph [221,3772,2418, 1784,3615,1369,408; **Fotos** in Limic. **11**, 38, **12**, 48, **14**, 95, Dutch B. **25**, 64, Bird. W. **8**, 194, **13**, 56].

Maße. Gr.: 36-47 cm. Gew.: ♂ 650-900 g, Ø: 797 g, ♀ 550-800 g, Ø: 685 g. Fl.spw.: 73-79 cm. Fl.l.: ♂ 218-241 mm, ♀ 204-220 mm [1369,2418,3615].

Status. In ME regelm. und z.T. sehr häufiger Durchzügler und Wintergast an Ostseeküste; sehr viel spärlicher Nordseeküste. Seltener und nur einzeln, neuerdings aber regelm. im Binnenland, Trupps > 10 Ind. hier aber nur ausnahmsweise (meist Okt.-April), einzelne bis Mittelmeergebiet. Vereinzelte Sommernachweise.

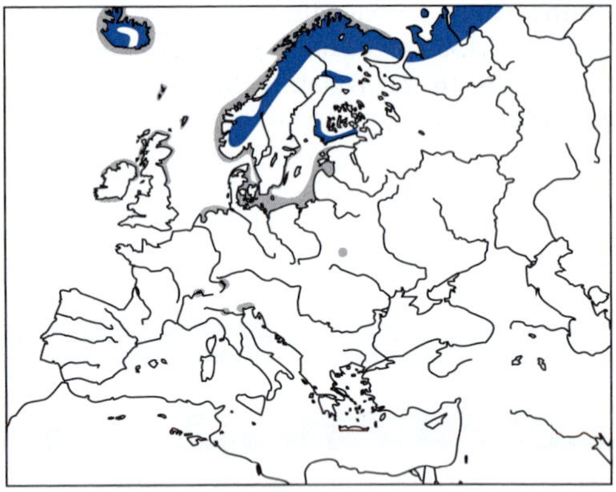

Clangula hyemalis – Eisente

Verbreitung und Bestand. Weit verbreiteter Brutvogel der Arktis Eurasiens und Amerikas; häufigste Ente der Tundrenzone; Gesamtbestand 7.2-7.75 Mio. Ind. [823]. In Europa von GRÖ und IS über N. und Spitzbergen, N-S., FIN bis RUS mit Brutbestand von 690.000–750.000 BP, davon > 95% in RUS [383]. W-sibirisch/NW-europäische Flyway-Population mit mind. 4.600.000 Ind. [3503].

Bestandsentwicklung. Sibirische und grönländische Populationen offensichtlich langfristig stabil, dagegen Bestand IS aufgrund Verlusten durch Ölpest und Fischernetze erst rückläufig [337], inzwischen aber auch stabil [3503]. Winterbestände weitgehend unverändert [823].

Gefährdungsursachen [1298,1307]. Unzureichender Schutzstatus der bedeutender Brutplätze sowie der wichtigen Rast- und Überwinterungsgebiete. Ertrinken in Stellnetzen.

SPEC	VSchRL	Bern.Konv.	Bonn.Konv.
--	II-2	Anh. III	Anh. II
Europ. RL	RL in ME		
--	--		

Schutzmaßnahmen. Erhaltung und Sicherung eines ungefährdeten Vogelzuges und des Aufenthalts in Konzentrationsgebieten durch Ausweisung großer Schutzgebiete in Meeresflächen.
Vermeidung der Mortalität in Fischereinetzen.

Wanderungen. Überwiegend Kurzstrecken- und Teilzieher. Überwintert hauptsächlich vor den N-Atlantikküsten (z.B. N., GB/IRL) zw. 55° und 75° N sowie in Ostsee, dem wohl bedeutendsten Winterquartier der W-Paläarktis [Details 3503]; kleine Trupps erreichen Binnengewässer in S-ME, Schwarzmeer und Kaspigebiet. Viele Ostsee-Ringfunde betreffen **Br. der Jamal-Halbinsel**; **Br. GRÖ** bis IS und DK. **Br. N-S.** nach spärlichen Ringfunden im Herbst Atlantikküste N-N., 1mal Dez. in S-Ostsee [1208]. Ende Juni/Anf. Juli sammeln sich ♂ zu Mausertrupps an Küste, größte Trupps Aug./Sept., wenn ♀ und Immat. dazustoßen; Wegzug ab Sept./Okt., in der Ostsee Einzug ab Sept., Gipfel Nov./Dez.; Rückzug ab Feb./März, an Küsten FIN März/April, in Abhängigkeit vom Tauwetter.

Biotop. Br. vorzugsweise an Süßwasser, doch auch an der Küste und auf vorgelagerten Inseln (z.B. auch Anschluss an Küstenseeschwalbe). Außerhalb der Brutzeit z.T. auf großen Binnenseen, doch überwiegend auf Brackwasser und Meer, z.T. weiter ab von Küsten als Eider- und Trauerente. Meidet das eigentliche Wattenmeer.

Nahrung. Überwieg. tierisch. Am Brutplatz hauptsächlich Insektenlarven (z.B. Zuckmücken), aber auch Mollusken, Crustaceen, Fischlaich und wenig zahlreich Sämereien. In der Ostsee vor allem Muscheln (*Mya arenaria, Cardium, Macoma, Mytilus),* ferner Fischlaich, *Gammarus,* wenig Anneliden.

Stimme. Ungewöhnlich ruffreudig. ♂ bei der Balz (Feb../Juli) klangvoll »gaoloiik« mit leisen »gakgak« als Einleitung; Schlusssilbe der ansteigenden Strophe am lautesten; weitere ähnliche Rufe. Tief knurrende »ätt …« als Warnrufe. Hetzlaut des ♀ längere Rufreihe, z.B. »ark ark ark äug …« Warnruf »wad«.

Verhalten. Tag- und nachtaktiv (Zug meist nachts). Taucht mit Sprung vorwärts, Tauchdauer bei 1–10 m Tiefe 15-40 sec; max. Tauchtiefe 30 (sogar 55) m und Tauchdauer > 1 min. Gesellig, im ME Binnenland aber oft einzeln. Balz Feb./März Höhepunkt. Rund- und Paradeflug; Schwimmbalz mit Halsstrecken, Hinterkopfzudrehen, Kopf-auf-den-Rücken-Werfen, Hinterende-Heben; ♀ Kinnheben. Paarbildung ab Nov., doch noch im Mai manche ♀ unverpaart. Während der Verpaarung verteidigen ♂ den Bereich um das ♀. Brüten einzeln oder in losen Gruppen. ♂ verlassen ♀ zu Mitte der Inkubationszeit. Außerhalb der Brutzeit sehr gesellig.

Fortpflanzung, Brutbiologie [1784,337,3269]. Geschlechtsreife im 2.-3. Lebensjahr. Monogame Saisonehe. **Nest.** Gut versteckt in Grasbülten, zw. Steinen oder unter Zwergsträuchern, in Gewässernähe; ♀ baut. Einzelbrüter, sehr territorial. **Legebeginn.** Ab Mai, weiter im N ab Juni (Juli). **Gelegegröße.** 5-9 (4-11), bis zu 17 von mind. 2 ♀; Ø IS$_{150,20}$ Erstgelege 7.9, Nachgelege 6.0; CDN (nur Erstgelege) 6.8. Legeintervall 1d. **Eier.** Länglichoval, hell bräunlichgelb bis olivgrünlich; Farbänderung durch Bebrütung. **Brutdauer.** 24-29 (Ø 26) d; ab letztem Ei. **Nestlings-/Führungszeit.** ♀ führt Junge, z.T. Zusammenlegen von Schofen. Juv. mit 35-40 d flügge und selbständig. **Jahresbruten.** 1; Nachgelege nur im S des Areals. **Bruterfolg.** Schlüpferfolg in IS 1961-70 Ø 64.6%, CDN 58.9%, dabei 26.4% Verluste durch Prädation.

Eimaße und -gewichte. L: 47-68 mm, B: 35-41 mm, Ø$_{200}$ 54 x 38 mm, L: 48.2-59.5 mm, B: 34.4-40.9 mm, Ø 53.5 x 38.7 mm (n=83, FIN). Frischvollgew. 38-40 g, Ø: 39 g (RUS). Schalengew. 2.58-3.65 g, Ø$_{197}$ 3.14 g.

Sterblichkeit, Alter. Ältester Ringvogel (GB) 21 J. 2 Monate [3654].**Generationslänge:** 4 J. [383].

Mauser. Kompliziert, mit 4 verschied. Kleidern pro Jahr, die durch viermalige Teilmauser entstehen. Schwanzdecken und große Teile des Brust, Bauch- und Rückengefieders werden einmal, Teile der Kopf-, Hals- und Schulterfedern z.T. dreimal jährl. gewechselt [767,1369,139]. • **Postjuv., 1. Herbst- und 1. Wintermauser**: Sept.–Dez.; meist ähnl. Ad., variable Teile des Körpergefieders. • **1. Frühjahrsmauser**: April–Mai; meist weniger umfangr. als Ad. • **1. Sommermauser**: Mitte Juli–Aug./Sept.; Großgefieder und Teile des Körpergefieders. Weiterer Mauserverlauf wie Ad. • **Frühjahrsmauser**: März/April–Mai/Anf. Juni; Kopf- und Teile des Körpergefieders. • **Sommermauser**: Ende Juni–Sept./Anf. Okt.; Schwingenmauser ♂ Ende Juli–Ende Aug., ♀ später; Großgefieder und restl. Körperfedern. • **Herbstmauser**: Beginn 2–4 Wochen nach Abschluss der Sommermauser, bis Okt. (♂) bzw. Dez. (♀) beendet; größtent. Körpergefieder. • **Wintermauser**: ♂ Ende Okt.–Mitte Nov., ♀ Dez.–Feb.; nur Kopf- und Halsgefieder, vermutl. aber nicht bei allen ♀ [309,767,1369,139].

Melanitta nigra – Trauerente 02130

Melanitta [nigra] nigra (Linnaeus 1758)

GB Common Scoter **F Macreuse noire** **E Negrón Común**

Taxonomie. Monotypisch. Bildet Superspezies mit Pazifiktrauerente *M. americana* (E-Sibirien, N-Amerika). Beide Arten in Form und Färbung des Schnabels beim ad. ♂ deutlich differenziert (zweifellos bei Paarung bedeutende Merkmale). Über die Beziehungen in ostsibirischer Kontaktzone allerdings offenbar nichts bekannt.

Kennzeichen. Sexualdimorph [221, 3772, 2418, 1784, 3615, 1369, 408; **Fotos** in Brit B. **95**, 371; zur Unterscheidung der Allospezies z.B. 3082, ferner Brit. B. **82**, 615-616, Bird. W. **5**, 58-59, 193-194].

Maße. Gr.: 44-54 cm. Gew.: ♂ meist 900-1300 g, Ø: 1037 g, ♀ 650-1250 g, Ø: 945 g. Fl.spw.: 79-90 cm. Fl.l.: ♂ 224-247 cm, Ø: 234 mm, ♀ 216-239 mm, Ø: 226 mm [1369, 2418, 3615].

Status. In ME häufiger Durchzügler an Küsten der Nord- und Ostsee, mit nach W hin zunehmender Neigung zur Überwinterung. Im Binnenland regelm., aber meist nur einzeln, gelegentlich größere Einflüge, doch nur ausnahmsweise >20 Ind.; extrem selten im Sommerhalbjahr.

Verbreitung und Bestand. Brutvogel von IS und N-GB/IRL im nördlichen Eurasien bis E-Sibirien (Olenek-Fluss). Gesamtbestand etwa 1.6 Mio. Ind. [823], europäischer Brutbestand 100.000-130.000 BP, davon > 95% in RUS [383]. Winterbestand der NW-europ. Flyway-Popul. etwa 1.6 Mio. Ind., davon ¾ in der Ostsee [950.000 Ind. vor DK 1992, 3503].

Wanderungen. Zugvogel und Teilzieher; Hauptwinterquartier W-Ostsee, Nordseeküste, Küsten des N-Atlantik (S–S., N., GB/IRL) bis einschließlich Küste NW-Afrikas. **Br. RUS nach E** bis Lena-Mündung ziehen WSW entlang der Küsten und dann wohl z.T. über Land SW in Ostsee, Nordsee und W-Europa bis P/E., hier auch Winterquartier der **Br. Fennoskandiens**. Mauserzug der ♂ in EST Mitte Juli/Aug. [Radar- und visuelle Beob. Ostbaltikum: 1841, Mauserquartiere W-Küste DK und Kattegat: 3503]; aber auch weiter W entlang Nordseeküste sehr starker Mauserzug Juni/Aug. in offensichtlich noch unbekannte Quartiere im W. ♀ und Juv. ziehen Sept/Okt. ab; viele ♀ mausern auch um

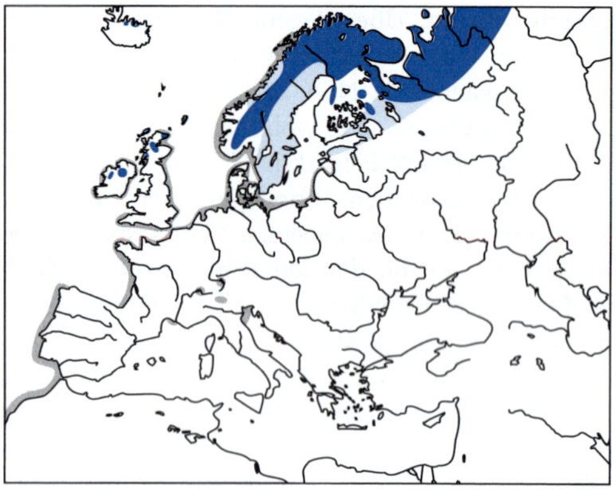

Melanitta nigra – Trauerente

DK. Wegzuggipfel Nov./Dez. an Ost- und Nordsee; Ende ca. Dezember Rückzug Ende Februar/April Atlantik und Nordsee, April/Mai Ostsee und Baltikum. Ankunft an Brutplätzen Mitte Mai/Anf. Juni. Überlandzug FIN zum Weißen Meer [283].

Bestandsentwicklung. Zwischen 1850 und 1950 klimatisch bedingte Arealausweitung mit neuen Brutansiedlungen in Schottland 1855 und IRL 1904 [1507]. Seither Bestand weitgehend stabil, zumindest seit 1960er J. [1507], dabei aber leichte Arealverluste in einigen Brutgebieten am Südrand der Verbreitung (GB, IRL und FIN) [3503].

Gefährdung und Schutz [337, 1507, 1298, 1307]. Große Ansammlungen durch Ölpest gefährdet; neuerdings auch zunehmend Konkurrenz mit Muschelfischerei. In Ostsee Ertrinken in Stellnetzen. Schutzmaßnahmen beinhalten den rechtlichen Schutz von Off-Shore-Gebieten und nachhaltige Ressourcen-Nutzung durch den Menschen.

SPEC	VSchRL	Bern.Konv.	Bonn.Konv.
--	II-2,III-2	Anh. III	Anh. II
Europ. RL	RL in ME		
--	--		

Biotop. Br. an Süßgewässern, auch Wald- und Hochmoorseen; Deckung am Ufer nötig. Außerhalb Brutzeit Meeresvogel, oft auch weiter von Küstenlinie entfernt, aber stets im Bereich geringer Wassertiefe (meist bis max. 15m). Im Binnenland vorzugsweise auf größeren Seen.

Nahrung. Im Meer Mollusken, z.B. *Mytilus, Cardium, Mya, Macoma,* Schnecken und ferner Ringelwürmer, Crustaceen; auf Süßwasser neben Mollusken auch Insekten(-larven) und zu geringen Anteilen auch Pflanzen.

Stimme. ♂ bei der Balz flötend ein- bis zweisilbig »dü« oder »kürli«, auch in Reihen; Stimmfühlung auf dem Zug »güv-güv« o.ä. ♀ knarren »k(a)rrr«, auch gereiht »gre-gre-gre«, ferner hart »ö« oder »ö-e« bei der Balz.

Verhalten. Tagaktiv, aber zumindest Zug z.T. nachts (besonders Überlandflüge). Schnabel beim Schwimmen im Unterschied zur Samtente meist ± angehoben. Taucht meist mit geschloss. Flügeln, im Mittel um 20 sec, max. auch 3–4 mal so lang; bei Nahrungssuche auch Synchrontauchen von Gruppen. Gruppenbalz der ♂ ab (Sept.) Okt.; Mehrzahl der Paare bildet sich im Winterquartier oder auf dem Heimzug; einzelne ♀ aber noch bis Mai unverpaart. ♂ verlassen das ♀ meist kurz nach Brutbeginn. Bewegungen ♂: Hochrecken, aufgerichtetes Schütteln, Sich-Flügeln, Scheinputzen, Kopfschütteln, Schwanzstelzen, Wasserpflügen (ritualisierter Scheinangriff) und »Paradieren« in einem hüpf. Flatterflug. ♀ Scheinputzen und langgestreckte Paarungsaufford. Bei Gruppenbalz 5 (2–10) ♂ um 1–2 ♀. Außerh. der Brutzeit gesellig (100 bis >1000).

Fortpflanzung, Brutbiologie [1784,337,3615]. Geschlechtsreife frühestens im 2. Lebensjahr. Monogame Saisonehe. **Nest.** Gut versteckt in dichter Vegetat. oder unter Zwergsträuchern, in Gewässernähe; ♀ baut. Nestdunen dunkelbraun. **Legebeginn.** Ab Mitte Mai/Anf. Juni, weiter im N Juni/Juli. **Gelegegröße.** 6-9 (5-11), bis zu 17 von mind. 2 ♀; Ø IRL_{35} 6.8, $IS_{101,30}$ Erstgelege 8.7, Nachgelege 6.1. Legeintervall 1-2 d. **Eier.** Oval, hell bräunlichgelb bis olivgrünl.; Farbänderung durch Bebrütung. **Brutdauer.** 28-31 (Ø 30) d; ab letztem Ei. **Nestlings-/Führungszeit.** ♀ führt Junge, z.T. Zusammenlegen von Schofen. Juv. mit 45-50 d flügge und selbständig. **Jahresbruten.** 1; Nachgelege. **Bruterfolg.** Schlüpferfolg in IS_{159} 1961-70 Ø 81.8% (57.2-88.9%), aber IRL_{38} nur 42% (durch starke Prädation).

Eimaße und -gewichte. L: 59.0-71.5 mm, B: 41.3-48.0 mm; Ø: 65.4 x 44.9 mm (n=95, GB). Frischvollgew.: 60-74 g. Schalengew.: 4.62-6.5 g, $Ø_{150}$ 5.65 g.

Sterblichkeit, Alter. Ad. 23% bzw. 22%/J. [474,1200]. Ältester Ringvogel (IS) 16 J. 9 Monate [3654]. **Generationslänge**: 4 J. [383].

Mauser. Postjuvenile Mauser (Teilmauser) ab Sept.; umfasst selten auch Schirmfedern [767,139]. • **1. Pränuptialmauser** (Teilmauser) gleich anschließend ab Ende Okt./Nov., im Winter verlangsamt und i.d.R. bis April/Mai beendet; Umfang wie Ad. [767,139,3050]. • **Postnuptialmauser** (Vollmauser) beginnt mit ST, Ende März/Anf. Mai; synchrone Schwingenmauser und während ca. 3–4 Wochen flugunfähig, M Mitte Juli/Mitte Sept., brütende W Sept./Okt. (Nov.) [767,1369,139,3050]. • **Pränuptialmauser** (Teilmauser) bei M Sept.–Dez., W ca. 1 Monat später; Körpergefieder und ST [767,139,3050].

Melanitta americana – Pazifiktrauerente 02132

Melanitta [nigra] americana (Swainson & Richardson 1831)

(GB) American Scoter **(F) Macreuse à bec jaune** **(E) Negrón (Común) Américano**

Taxonomie. Monotypisch. Allospezies zur Trauerente *M. nigra.*

Kennzeichen. Sexualdimorph [221,3772,2418,1784, 3615,3566; Bestimmg. und **Fotos** ferner in 3082,277, Dutch B. **25**, 186, Bird. W. **6**, 79 (z), **16**, 102].

Maße. Gr.: 44-54 cm. Gew.: ♂ meist 900-1300 g, ♀ 650-1250 g. Fl.spw.: 79-90 cm. Fl.l.: ♂ Ø: ca. 234 mm, ♀ Ø: ca. 226 mm [1784,2418,3615].

Status. In Europa sehr seltener Ausnahmegast, vor allem in GB (auch S., F und E.) [3615,q23]. In ME bisher nachgew. in: • **NL:** 3mal: ad. ♂ Dez. 1954, Nov. 1967 und Nov. 1977; ferner Beob. von 2000 [277,q23] sowie in • **PL:** ad. ♂ Apr. 1995 [3871].

Verbreitung und Bestand. Brutvogel vom Yana-Fluss in E-Sibirien bis W-Alaska, ferner E-CDN bis Neufundl. Gesamtbestand etwa 1.2 Mio. Ind. [823].

Melanitta perspicillata – Brillenente 02140

Melanitta perspicillata (Linnaeus 1758)

(GB) Surf Scoter **(F) Macreuse à front blanc (à lunettes)** **(E) Negrón Careto**

Taxonomie. Monotypisch.

Kennzeichen. Sexualdimorph [221,3772,2418, 1784,3615,408; **Fotos** zudem in 277, Dutch B. **19**, 137, **24**, 49, Bird. W. **6**, 271, **8**, 16, (verschiedene Kleider) Limic. **11**, 301-305].

Maße. Gr.: 46-55 cm. Gew.: ca. 900-1100 g. ♂ Ø: 992 g, ♀ Ø: 907 g. Fl.spw.: 78-92 cm. Fl.l.: ♂ 238-256 mm, ♀ 223-235 mm [1784,2418,3615].

Status. In Europa vergleichsweise häufiger transatlantischer Gast, meist im Winterhalbjahr, seit 1980 allj. mit bis zu 30 Ind./J. in N-GB und IRL, auch mehrfach F, DK (18mal bis 2000), IS (22mal bis 1998), N., S., Färöer, EST und FIN, nach S bis E. (dort 11 mal von 1983-99) [3615,q23,3606].
In ME sehr seltener Gast mit Nachweisen in • **NL:** 9 mal (Nov., Dez. und April), 1914, 1965, 1966, 1982 (2mal), 1987, 1988, 2000 und 2003 [277,q4,q23,q16]. • **B:** ad. ♀ und ♂ Feb.-März 2000 [1677,3606], (2mal 19. Jh. nicht mehr anerkannt). • **D:** 5 Nachw., u.a. Helgol. 1851; -SH 3 Ind. Dez. 1995, vorj. ♂ Jan. 1997, ♂ Feb.-März 1999 [575], • **CZ:** Juli 1967 [2159]. • **PL:** ad. ♂ Jan. 1988 [3606,3871].

Wanderungen. Zugvogel. Wandert von Brutgebieten in CDN/Alaska in Küstengewässer zw. Baja California und Aleuten, E-Küste der USA und Great Lakes. Einzelne regelm. bis Europa (GB). [Satelliten-Telemetrie s. 3243].

Verbreitung und Bestand. Brutvogel im nördlichen N-Amerika von W-Alaska bis E-CDN und Labrador. Gesamtbestand 400.000-600.000 Ind. [823].

Stimme. ♀ harscher, krähender Ruf; ♂ während der Balz gluckendes Gurgeln, wenig ruffreudig.

Biotop. Br. auf kleinen Gewässern der Tundra oder borealer Wälder. Überwintert auf dem Meer, z.T. weiter ab von der Küste.

Nahrung. Vor allem Mollusken; auch Crustaceen, Würmer usw. und im Sommer verschiedene Insektenstadien und Pflanzenmaterial.

Mauser. Ähnlich Trauerente [139,3050]

Melanitta fusca – Samtente 02150

Melanitta [fusca] fusca (Linnaeus 1758)

(GB) Velvet Scoter **(F) Macreuse brune** **(E) Negrón Especulado**

Taxonomie. Monotypisch. Bildet Superspezies mit *M. deglandi*, deren zwei UA *deglandi* und *stejnegeri* ebenfalls recht deutlich differenziert sind und möglicherweise Allospeziesstatus erreicht haben [1295]. Neben Unterschieden zw. *fusca* und *deglandi/stejnegeri* in der Größe des weißen Subokularflecks, Flankenfärbung, Schnabelform, -färbung und -befiederung beim ad. ♂ bestehen auch Unterschiede im Bau der Trachea [2626] und in den Rufen, diese aber unzureichend dokumentiert [vgl. 767;3615, dort Sonagramme von *fusca*], was auf Paarungsbarrieren hindeutet. Interaktionen in der Kontaktzone (S Taimyr-Halbinsel, Chatanga-Kotui-Flusstal) [vgl. 3232] bisher nicht genau untersucht, doch bei ad. ♂ Unterschiede in Schnabelbau und -färbung zwischen *steijnegeri* und *fusca* maximal (zweifellos intraspezifische Signalwirkung und sexuell selektiert), vielleicht als Kontrastverstärkung (*character displacement*) im Kontakt zw. beiden Formen zu interpretieren.

Kennzeichen. Sexualdimorph [221,3772,2418, 1784,3615,1369; zur feldornithologischen Unterscheidung der Allospezies: 3082 (mit **Fotos**), 1292,1295].

Maße. Gr.: 51-58 cm. Gew.: ♂ meist 1500-2000 g, Ø: 1718 g, ♀ 1100-1700 g, Ø: 1631 g. Fl.spw.:

90-99 cm. Fl.l.: ♂ 269-286 mm, ♀ 255-271 mm [1369,2418,3615].

Status. In ME häufiger Durchzügler und Wintergast an Nord- und Ostseeküste; im Binnenland regelmäßiger und häufiger als Trauerente, doch nur selten Trupps > 50-100 Ind. Im Küstenbereich auch Übersommerer.

Verbreitung und Bestand. Brutareal im N Eurasiens von N. bis Jenissej Zentral-Sibirien; davon isoliert kleine Vorkommen in E-TR und Kaukasusgebiet. Gesamtbestand etwa 1 Mio. Ind. [823]. In Tundren und borealen Regionen Europas verbreitet, Brutgebiet umfasst in N., S. (an Ostsee S bis Gotland, Öland), FIN, RUS, EST mit Gesamtbestand von 85.000-100.000 BP [383]. Fast 95% der gesamten W-sibirisch/NW-europäischen Flyway-Population in der Ostsee in drei Konzentrationen (Irbe/Riga, Pommersche Bucht und Kattegatt) [3503]. Kleine Winterbestände vor N., vor GB/IRL und im Atlantik von Nordsee bis E. mit zusammen ca. 30.000 Ind. Zweite Flyway-Population (Schwarzmeer/Kaspisee) mit Bestand von ca. 1.500 Ind. unbedeutend [3503].

Wanderungen. Meist Kurzstreckenzieher. Hauptwintergebiet Ostsee, Küstengebiete N-Atlantik von N. und GB/IRL bis Bretagne (i.d.R. also weniger weit nach S als Trauerente), ferner Nordseeküste von DK bis Ärmelkanal; regelm. auch im Binnenland bes. in SW-ME; ferner SE-Küste Schwarzmeer und NE-Mittelmeer. **Br. RUS** wandern wohl nach NW-Europa; **Br. S.** überwintern hauptsächlich in DK, seltener auch weiter W und in S-Ostsee [1208]. Einzelne **Br. Fennoskandiens** erreichen GB. Mauserzug zur E-Küste DK ab Juni/Anf. Juli (zunächst ad. ♂), ♀ Aug./Sept. [Details 3503]. Herkunft dieser Mauservögel Fennoskandien, vielleicht auch weiter. Wegzug ins Winterquartier ab Sept/Okt., Durchzug im S-Baltikum erreicht Gipfel im Okt./Nov., weiter W oft erst Jan. Im ME Binnenland überwiegen meist Juv./Immat. (Sept–Mai). Rückzug März/Mai; an den nördlichsten Brutplätzen Ankunft oft erst im Juni.

Bestandsentwicklung. Langfristig erscheinen sowohl Brut- als auch Winterbestände stabil. Einzig kleine Brutpopulationen in FIN und EST offenbar mit Abnahmen seit 1980er J. [3503,1585].

Gefährdung und Schutz [1507,1307]. Fehlende Meeresschutzgebiete und Stellnetzfischerei in der Ostsee: s. Trauerente. Zudem Spätbrüter und in Brutgebieten stärker störungsanfällig; noch stärkere Konzentrationen im Winter, daher schutzbedürftiger.

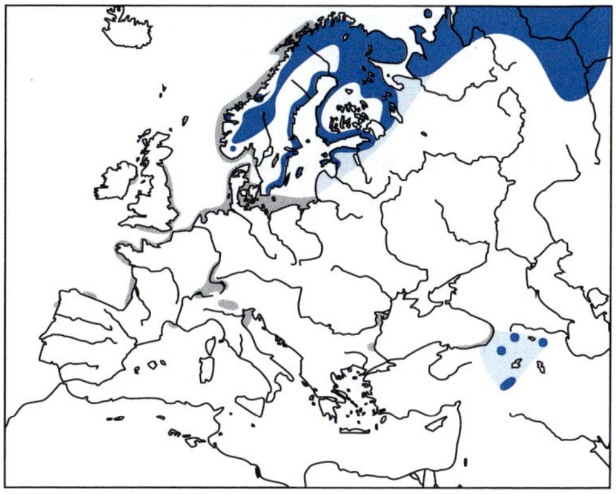

Melanitta fusca – **Samtente**

SPEC	VSchRL	Bern.Konv.	Bonn.Konv.
3	Anh. II-2	Anh. III	Anh. II
Europ. RL	**RL in ME**		
--	--		

Biotop. Br. auf Tundren- und Bergseen, in der Ostsee in den Schären und an Küsteninseln. Rastplätze küstennahe Seichtwasserzonen, aber auch die ± offene See und daher z.T. von der Küste weiter entfernt. Im Binnenland bes. auf großen und tiefen Seen, aber auch auf größeren Flüssen, Stauseen usw.

Nahrung. Tierisch, besonders Muscheln, Schnecken, Crustaceen und andere Meerestiere; auf Binnenseen Insektenlarven, auch kleine Fischchen und offenbar größerer pflanzlicher Anteil als Trauerente.

Stimme. Außerhalb der Balzzeit kaum zu hören. ♂ »kju« zw. »kjuorr kjuorr« usw., ♀ erregt »braaa-…« im Flug.

Verhalten. Tag- und nachtaktiv (Nahrungsaufnahme i.d.R. tagsüber). Taucht oft mit abgespreizten Flügeln, meist < 5 m bzw. < 50 sec, max. > 10 m. Auffliegen vom Wasser nur mit langem Anlauf. Brüten einzeln. Gruppenbalz der ♂ ab Herbst, u.a. Sich-Flügeln, Scheinputzen, Wasserspritzen, Wasserpflügen; ♀ Antrinken, Kinnheben. Wesentlicher Teil der Paarbalz Rundflüge im Brutgebiet. Paarbildung beginnt im Winterquartier, einzelne ♀ noch im Frühjahr nicht verpaart. Gesellig, doch Trupps bei Ad. meist < 100 Ind.; im Winterquartier meist nicht mit anderen Arten vergesellschaftet.

Fortpflanzung, Brutbiologie [1784,337,3269]. Geschlechtsreife im 2. (3.) Lebensjahr. Monogame Saisonehe, oft nur Brutehe und Neuverpaarung nach Gelegeverlust (?). **Nest**. Gut versteckt in dichter Vegetation oder zwischen Steinen, mitunter in Höhlungen oder im Wald; meist in Gewässernähe; in Laridenkolonien geklumpt; ♀ baut. Auch Wiederverwendung von Vorjahresnestern. Nestdunen dunkelbraun. **Legebeginn**. Im S ab Mitte Mai, im N ab Anf. Juni. **Gelegegröße**. 7-9 (5-12), bis zu 18 von mind. 2 ♀; Ø FIN_{187} 8.43. Späte Gelege Ø kleiner. Auch Mischgelege mit anderen Arten. Legeintervall 1-2 d. **Eier**. Oval, beide bis hellbraun; Farbänderung durch Bebrütung. **Brutdauer**. 26-29 ($Ø_{23}$ 27.5) d; nur ♀, ab letztem Ei (anfangs bewacht vom ♂. **Nestlings-/Führungszeit**. ♀ führt Junge, aber Bande schwach. Juv. z.T. schon mit 30-40 d auf sich gestellt (allerdings meist hohe Verlustrate) und mit 50-55 d flügge. **Jahresbruten**. 1; Nachgelege. **Bruterfolg**. In FIN_{7418} in 3 Jahren Schlüpferfolg 84%, aber nur 0.02-0.6 flügge Juv./♀. Bis 4 Wochen überlebten noch 4.3 bzw. 6.4. Juv./♀.

Eier. L: 64.3-78.5 mm, B: 42.3-51.8 mm; Ø: 72.9 x 48.6 mm (n=126, FIN). Frischvollgew.: 81-92 g. Schalengew.: 5.92-9.05 g, $Ø_{250}$ 7.8 g.

Sterblichkeit, Alter. Ad. ♀ in Saskatchewan CDN 22%/J. [1965]. Ältester Ringvogel 21 J. 5 Monate [3654]. **Generationslänge**: 4 J. [383].

Mauser. **Postjuvenile Mauser** (Teilmauser) ab Okt./Nov., gefolgt von **1. Pränuptialmauser** (Teilmauser) bis Frühjahr; Umfang variabel, meist Großteil des Körpergefieders, einige (alle) ST [767,139,3050]. • **Postnuptialmauser** (Vollmauser) Körpergefieder ab April/Mai; flugunfähig während ca. 3–4 Wochen, ♂ Ende Juli/Ende Aug., brütende ♀ Ende Aug./Anf. Okt.; bisweilen Körpergefieder und ST nicht vollständig erneuert [767,139,3050]. • **Pränuptialmauser** (Teilmauser) bei ♂ Okt.–Nov., ♀ etwas später; Körpergefieder und z.T. ST [767,139,3050].

Melanitta deglandi – Höckersamtente 02152

Melanitta [fusca] deglandi (Bonaparte 1850) früher: Amerikanische Samtente, Pazifiksamtente

GB White-winged Scoter **F Macreuse à ailes blanches** **E Negrón Especulado**

Taxonomie. Zwei UA: *deglandi* (Bonaparte 1850) (N-Amerika) und *steijnegeri* (Ridgway 1887) (Sibirien, Jenissej ostwärts). Vgl. auch Samtente.

Kennzeichen. Sexualdimorph [221,3772,2418, 1784,3615,3566,1295; weitere Fotos in Alula 3, 161-162, Bird. W. 12, 319-324 und (mit *stejnegeri*) **17**, 337-347, 341 (z)].

Maße. (♂ > ♀) Gr. 48.5-61 cm. Gew.: Ø 1670 mm. Fl.spw.: Ø 85 cm [3566]

Status. In Europa sehr seltener Ausnahmegast, wahrschl. auch übersehen. Fünf Mal in **IS** nachgewiesen (*deglandi*), jew. ♂, im Juni 1993, (2 Ind.) Juni/ Juli 1998, Juni 2000, Juli 2001 und (*stejnegeri*) Apr./ Mai 2003 [3615,q23,1295], ferner in **FIN** im Mai-Juni 1996 (*steijnegeri*) [1295], so dass auch anderswo in Europa mit ihr zu rechnen ist. In ME bisher kein gesicherter Nachweis.

Verbreitung und Bestand. Brütet in zwei UA vom Jenissej nach E bis Kamtschatka, Kurilen, Sachalin sowie Alaska, NW-CDN bis Hudson-Bucht. Gesamtbestand 1.6-2.0 Mio. Ind. [823].

Bucephala islandica – Spatelente 02170

Bucephala islandica (Gmelin 1789)

(GB) **Barrow's Goldeneye** (F) **Garrot d'Islande** (E) **Porrón Isländico**

Taxonomie. Monotypisch.

Kennzeichen. Sexualdimorph [221,3772,2418, 1784,3615,1369,408; zur Unterscheidung von Spatel- und Schellente:2146; **Fotos** in Limic. **9**, 168, Var Fag. 1998/**1**, 25, 2004/**6**, 21, Bird. W. **9**, 141].

Maße. Gr.: 42-53 cm. Gew.: ca. 700-1300 g, ♂ 1191-1304, Ø: 1100 g, ♀ 737-907, Ø: 800 g. Fl.spw.: 67-84 cm. Fl.l.: ♂ 229-248 mm, ♀ 211-221 mm [1369,3615].

Status. In IS weitestgehend Standvogel, außerhalb davon nur Ausnahmegast [viell. abgesehen von GRÖ und Labrador? [507]; einige Nachw., z. B. in S., GB, FIN, CH, D-BB gelten als nicht (mehr) gesichert [3615,4152,337], andere wurden inzwischen als Gefg.fl. in Kateg. E anerkannt. Beobachtungen kommen u.a. aus • **D:** -RP 1955; -NW 1956; -NI 1995; -BY 1956, 1980, 1995; -MV 1970; -TH 1957; Status »BD« [170] durch Wildvogel-Nachweis in D-MV (Hiddensee) 1853 [1369]. • **B:** 4mal 1977-85: Kateg. E [1677]. • **PL:** Nachw. von 4 Paaren 1957 [1369] fraglich [3871]; Beob. März 1992 [3871]. • **CZ:** 1987 ♂ Ohre-Fluss N-Böhmen anerkannt [2159].

Verbreitung und Bestand. Monotypischer Brutvogel IS; für SW-GRÖ und Labrador derzeitiger Status unklar (Brutbestände viell. erloschen) [1507], sowie getrennt davon großes Areal im W Nordamerikas (S-Alaska bis N-Kalifornien) mit insgesamt 175.000-210.000 Ind. [823]. In Europa (nur IS) Brutbestand 1990-2000 bei 500-600 BP [383], langfristig weitgehend stabil (fluktuierend).

Wanderungen. Br. IS sind Standvögel, die bei Bedarf allenfalls auf andere, große eisfreie Binnenlandgewässer ausweichen. Br. GRÖ, CDN und Alaskas ziehen in Küstengewässer der USA (E-Küste bzw. W-Küste bis Alaska) [1784,3615].

Bestandsentwicklung und Gefährdung. Bestand Europas (IS) erscheint langfristig stabil bei etwa 1.500-1.800 Ind. (1.663 bei Zählung 1999-2000) [823], doch Geschlechterverhältnis zu ♂ hin verschoben (4:3), daher große Zahl an Nichtbrütern [1507]. Kurzzeitige Bestandseinbrüche

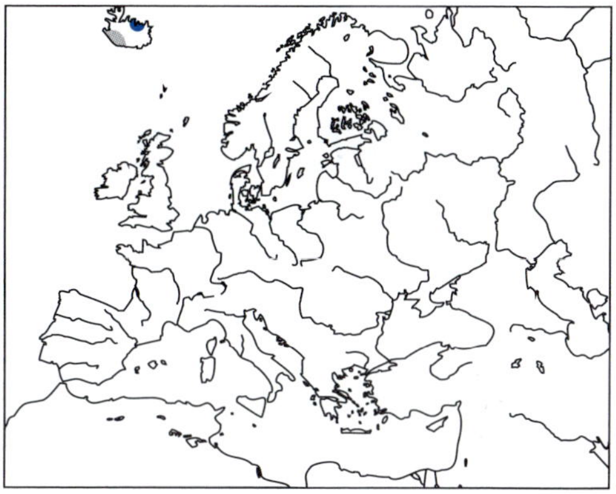

Bucephala islandica – **Spatelente**

aufgrund von Nahrungsengpässen bekannt, z.B. 1978 und 1989 [1507]. Konzentration auf kleines Brutareal, mit entsprechenden Konsequenzen bei Eingriffen (Diatomitabbau, Stromgewinnung, Einführung von Lachsen als Nahrungskonkurrent in Mývatn-See) derzeit wichtigste Gefährdungsursachen [3892].

SPEC	VSchRL	Bern.Konv.	Bonn.Konv.
3	--	Anh. II	Anh. II
Europ. RL	RL in ME		
VU	--		

Biotop. Binnenseen, Tümpel und Flüsse in offenen und bewaldeten Gebieten von Meereshöhe bis 3000m NN (in Rocky Mountains). Im Winter auf größeren Seen und an der Küste.

Nahrung. Im Sommer vor allem Insekten und deren Larven sowie Wasserpflanzen (Samen und vegetative Teile), im Winter überwiegend Mollusken und Crustaceen.

Stimme. ♀ laut gackernd »gä-gä-gärrr«, ♂ weiches, grunzendes »ka-kaá« während der Balz. Als Instrumentallaut bei ♂ pfeifendes Fluggeräusch.

Fortpflanzung, Brutbiologie. Im 2. Jahr geschlechtsreif. **Nest.** In Höhlungen und tiefen Felsspalten; auch in Nistkästen; in Nordamerika auch

Baumhöhlen oder frei, aber gut versteckt unter dichter Vegetation. Mulde ohne viel Material (bei Freibruten Pflanzenmaterial); Dunen; nur ♀ »baut«. **Legebeginn.** Anf. Mai. **Gelegegröße.** 8-11 (6-14), größere Gelege durch 2 ♀; IS $Ø_{179}$ 10.4. **Eier.** Oval, blaugrün. **Brutdauer.** 28-30 d, durch ♀, ab Vollgelege. **Nestlings-/Führungszeit.** ♀ führt. **Jahresbruten.** 1; Nachgelege. **Bruterfolg.** Ø Schlüpferfolg in IS_{246} von 1961-70 war 75% (31.5-85.0%).

Sterblichkeit, Alter. Generationslänge: 4 J. [383].

Mauser. Ähnlich Schellente [3050,4076].

Bucephala clangula – Schellente 02180

Bucephala clangula (Linnaeus 1758)

(GB) **(Common) Goldeneye** (F) **Garrot à oeil d'or** (E) **Porrón Osculado**

Taxonomie. Monotypisch. Schell- und Spatelente sind nächstverwandt, bilden aber trotz großer phänotypischer Ähnlichkeiten keine Superspezies. Sie brüten in Teilen Nordamerikas sympatrisch und verhalten sich dort aufgrund ähnlicher Habitatansprüche interspezifisch streng territorial [3339]. Wegen des unterschiedlichen Balzverhaltens [976,977] scheint es nur selten zu Hybridisation zu kommen.

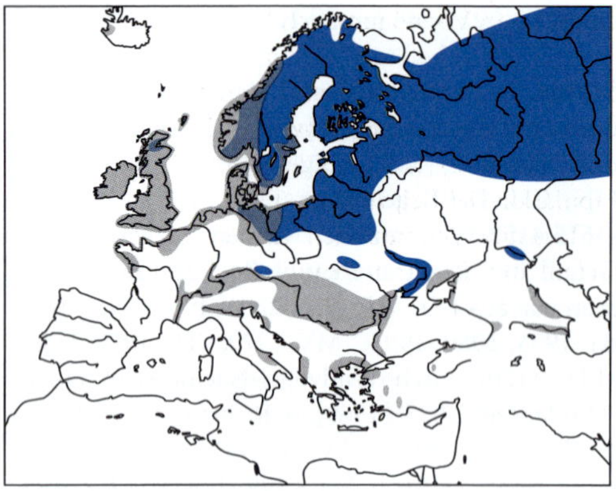

Bucephala clangula – **Schellente**

Kennzeichen. Sexualdimorph [221,3772,2418, 1784,3615,1369,408; **Foto** in Brit. B. **96**, 223].

Maße. Gr.: 42-50 cm. Gew.: ♂ 850-1200 g, Ø: 990 g, ♀ 650-850 g, Ø: 710 g. Fl.spw.: 65-80 cm. Fl.l.: ♂ 209-231 mm, ♀ 197-207 mm [1369,2418,3615].

Status. In N-ME verbreiteter, aber nicht häufiger Brut- und Sommer- bzw. Jahresvogel; hoher Nichtbrüteranteil; Teilzieher; im ganzen Gebiet häufiger Durchzügler, Rastvogel und Wintergast.

Verbreitung und Bestand. Holarktisch verbreiteter Brutvogel in borealer Zone (etwa 55°-70°N) N-Eurasiens und Nordamerikas. ME sowie Schottland liegen am W-Rand des Verbreitungsareals; isolierte Brutvorkommen in SE-Europa (YU, BG, R) inzwischen erloschen. Weltbestand bei 2.0-2.1 Mio. Ind. [823]; europäischer Bestand mit Schwerpunkten in Fennoskandien und RUS 490.000-590.000 BP [1585]. In ME 3.000-4.600 BP, die meisten D und PL, aber Arealausweitung nach SW [z.B. 309,383].

Wanderungen. Überwiegend Kurzstreckenzieher. Winterquartiere W- und S-Küste der Ostsee, Nordseeküste und Hinterland von DK bis Kanalküste, Atlantikküsten N., GB/IRL, N-F; **Br. Binnenland ME** besonders am N-Rand der Alpen vom Inn bis Genfer See, Donaulauf, Schwarzmeerküste, einzelne Gebiete am N-Rand des Mittelmeeres. Einzelne und kleinere Gruppen auch weiter NW (z.B. S-IS) oder in Vorderasien; **Br. weiter E** überwintern z.B. Kaspibecken. Hauptwegzugsrichtung SW, z.B. FIN nach GB, F, CH, S-D, I, aber auch Schwarzmeergebiet; aus anderen Populationen überwiegend SW-Funde. Ein großer Teil der **Br. Fennoskandiens** überwintert im Bereich der Nordseeanrainer [1208]; **Br. GB/IRL** überwintern im Bereich der Brit. Inseln, dortige Wintergäste stammen aus Fennoskandien [4064]. Mauserzug fennoskandischer Br. nach SW-S. und DK [Details 3503], ♂ kommen ab Juni an, Gipfel ca. Aug., wenn ♀ nachkommen; ein Teil nicht geschlechtsreifer Ind. im 2. KJ übersommert (auch einzeln an anderen Stellen außerhalb Brutareal). Wegzug beginnt ab Sept., Höhepunkt bis Dez.; i.d.R. ziehen ♂ weniger weit als ♀ (und Juv.), daher von S-S. nach W und S meist ♀ stark überwiegend. In kälteren Wintern zumindest regional Zunahme der ad. ♂, ebenso meist regelm. im Spätwinter (Zug zu Balzplätzen?) [Details u.a. 620]. Heimzug ab Feb.; Anf. April haben die meisten die Binnengewässer ME verlassen. Ankunft in Lappland und W-Sibirien bereits Ende April/Anf. Mai [3615].

Bestandsentwicklung. Ende 19. Jh. Ausbreitung von NE-Europa nach W bis D-SH [309]. In Folgezeit Stabilisierung in NE-D [vgl. unterschiedliche Darstellungen in 1369 und 3269].
Isolierte Brutpopulationen in YU, BG und RO erloschen im 20. Jh., einige randliche Brutvorkommen in ME zudem wenig stabil und starken Bestandsschwankungen unterworfen [411], zur Mitte des 20. Jh. daher auch wieder Arealverluste, z.B. D-BB [1]. Seit 1950er J. deutliche Bestandszunahme in E-ME und erneute Arealausweitung nach SW. Neben vereinzelten Vorstößen nach SW-ME [Brutversuch CH 1955, 3393] erste Bruten ab 1960 in S-Böhmen/CZ, um 1970 in Schottland, 1972 in DK, 1974 in N-Mähren, 1976 in D-BY sowie 1985 in NL und D-HE (Brutvers.) [3663,4175,3636,1680,1722; 196]. Population bei Leipzig D-SN seit 1974 wohl durch freifliegende Volierenvögel entstanden [196]. Steigerung der Bestände und Erschließung weiterer Brutgebiete oft durch Nisthilfen [z.B. D-BY,-SH,-BB:196,337,309,1].

	Best.	Areal	Brutbestand	Jahr	Quelle
A	N	N	5–10	1998–2002	[383]
CH	N	N	1–1	1997–1999	[383]
CZ	+/-	=	70–90	2000	[383]
D	⇧	+ 2	1.720–3.050	1995–1999	[383]
NL	N	N	15–20	1998–2000	[383]
PL	↑	+ 1	1.200–1.500	1990–2000	[383]

In D alle regelmäßig und großräumig besetzten Brutgebiete etwa seit 1960er J. mit Bestandszunahmen [-SH, -MV, -BB, -SN, -BY, -NI:309,310,3667, 2031,1,1589, 2377]; Ursachen unklar, u.a. erhöhte Überlebenschancen der Vögel in ME aufgrund besseren Nahrungsangebotes im Winter durch Dreikantmuschel *Dreissena polymorpha*; auch in PL trotz regionaler Gefährdungen immer noch zunehmend, besonders auffallend in Slask [3871]. In CZ dagegen in 1980er J. aufgrund geringen Bruterfolges erheblicher Bestandsrückgang [2159] und auch lokale Bestände in D-NI rückläufig [110]. In jüngster Zeit Arealausweitung in S-D [vgl. 3162,2153,207] und Neuansiedlungen in A (1986) 1993, in CH 1997, 1998 (nach erstem Brutversuch 1955), sowie in F 1999 [q18,3393,196,2467]. Bestand in NL, ausgehend von Besiedlung der IJssel 1984, wuchs anfangs rasch, stagnierte dann aber nach 1992, und zeigt erst in jüngster Zeit wieder positiven Trend [3994].
Winterbestände der in großer Zahl im Voralpengebiet überwinternden ME und E-europäischen Schellenten (große Konzentrationen z.B. am Bod. und Genfer See) [1617,3393] bis etwa 1980er J. bei erheblichen jährlichen Schwankungen mit Bestandszunahmen, seither allerdings regional Stagnation [1617,1507], in Teilen ME aber anhaltend positive Entwicklung [z.B. CH:3393, NL:375]. Zwei Flyway-Populationen in ME, im W die NW-/M-europäische mit 300.000 Ind. und E davon die E-europäisch/adriatische mit 75.000 Ind.; weiter im E schließt die W-sibirisch/NE-europäische/Schwarzmeer-Population mit 25.000 Ind. an, E davon die W-sibirisch/kaspische mit 25.000 Ind. [824]. Nur in der dritten Population sind Rückgänge von 1987-96 statistisch gesichert [824].

Siedlungsdichte. In Fennoskandien meist variierend von 0.04-0.34 BP/km Uferlinie, doch höhere Werte in moorigen Nadelwäldern mit Ø 0.35 BP/km Uferlinie in N-S. (geringes Nistkastenangebot) und Ø 0.53 BP/km Uferlinie in S-FIN (hohes Nistkastenangebot) [1507]; in ME Werte geringer.

Gefährdungsursachen [309,1,1507,196,310,110, 3994]. Zerstörung oder Entfernung alter Brutbäume (wohl eine der Hauptursachen für Arealverluste Mitte des 20. Jh.).
Gravierende Störungen während Brutzeit durch intensiven Freizeitbetrieb sowie bei Nahrungsaufnahme in Überwinterungsgebieten.
Gewässerverschmutzung sowie -eutrophierung.
Direkte Verfolgung (Jagd, Eiersammeln).
Verringerter Bruterfolg durch hohen Feinddruck, vor allem Eierraub durch Menschen oder Nestprädatoren (z.B. Marder) sowie inner- und zwischenartliche Nistplatzkonkurrenz.
Verluste durch Botulismus, Ertrinken in Fischernetzen u.a.

SPEC	VSchRL	Bern.Konv.	Bonn.Konv.
--	Anh. II-2	Anh. III	Anh. II
Europ. RL	**RL in ME**		
--	CZ: 'EN', CH: 'VU', NL: 'NT'		

Schutzmaßnahmen. Erhalt natürlicher Bruthöhlen (Schwarzspecht) und Altholzbeständen (vor allem Buche). Kontrollierte Anbringung künstlicher Nisthöhlen in geeigneten Gebieten erfolgreich,

(z.T. auch außerhalb des Verbreitungsareals), entscheidend ist Sicherung vor Prädatoren – vor allem Marder – und Übergriffen des Menschen sowie lückige Anbringung zur Vermeidung innerartlicher Konkurrenz.
Einrichtung von Ruhezonen an Brut- und Überwinterungsgewässern zur Einzudämmung der Störungen durch Erholungsbetrieb, Angelsport etc.
Konstante Betreuung und Beobachtung der Brutpopulation in vielgestörten Gebieten.

Biotop. Br. an Seen und langsam fließenden Flüssen vorwiegend in bewaldeten Gebieten, gebietsweise auch an Fischteichen und dystrophen Moorseen; Wasserflächen mitunter sehr klein. Oft ist Angebot an geeigneten Bruthöhlen Minimumfaktor; z.T. liegen Brutplätze mehrere Kilometer vom Wasser entfernt. Außerhalb der Brutzeit auf größeren Binnengewässern, z.B. Flüssen, Seen, Stauseen (auch mit bewaldetem Steilufer), Brackwasser, Meeresbuchten. Ruhe- und Nahrungsplätze können bis 20 km auseinander liegen und daher ausgeprägte Tagesaktivität der Ortsveränderungen, z.T. auch abhängig von Wetterlage; z.T. Trennung der Geschlechter und Konkurrenz mit anderen Tauchenten.

Nahrung. Überwiegend bis ausschließlich tierisch, doch mitunter auch ansehnliche Pflanzenanteile; im Süßwasser vor allem Insekten und deren Larven, kleine Crustaceen (z.B. Köcherfliege *Hydropsyche*, kleine Gammariden; *Dreissena* nur Ergänzungsnahrung); im Meer Crustaceen vor Mollusken. Mauservögel in DK z.B. Fische 36, Mollusken 1,6, Crustaceen 1,8, Insekten 59, Pflanzenreste 3,7 Vol.-%. Dagegen z. B. Winternahrung an der W-Küste S. viel pflanzliches Material, besonders Sämereien; Heringslaich im Frühjahr.

Stimme. Wenig ruffreudig. ♂ balzend beim Vorwerfen des Kopfes »knirrr(ä)» oder »quikiikirr« (Knirrlaut), auch schnarrende »rrrr«. ♀ tief »grarr grarr«, bei der Nisthöhlensuche lang gereiht »gärkgärk-…« etc. Flügelgeräusch »pjüb pjüb…«, bei ad. ♂ am stärksten.

Verhalten. Vorwiegend tagaktiv, doch z.B. nachts »Patrouillenflüge« an Übernachtungsplätzen, mitunter weite Schlafplatzflüge. Taucht nur mit Hilfe der Beine, z.T. tauchen ♂ länger und tiefer als ♀, oft Sonderung der Geschlechter. Normale Tauchtiefen wohl bis 3 m, doch bis ca. 10 m nachgewiesen; Tauchzeiten ♂ meist < 35 sec. Oft in Gruppen ± synchrones Tauchen. BP starkes Territorialverhalten, Balz und Paarbildung einzeln ab Herbst, Höhepunkt Feb./März, früheste Begattungen ab Mitte Jan., doch meist erst 1 Monat später; Gruppenbalz mit erheblichem ♂-Überschuss. Auffallende, z.T. komplizierte Bewegungen des ♂, z.B. blitzartiges Hochrichten des Kopfes aus geduckter Drohschwimmhaltung, Schwimmen mit schrägem Hals unter meist gesträubten Kopffedern, Kopf-auf-den-Rücken-Werfen in verschiedener Form (u.a. mit Wasserspritzen), Kopfdrehen, Kopfschütteln, Körperschütteln, kurze Imponierflüge (um ♀ wegzulocken?); ♀ schwimmen z.B. auch mit schräg nach oben gestreckten Hals, hetzen. Paare bleiben eine Saison stabil. Verpaarung bereits im Jan. (Gemeinschaftsbalz der ♂) und ♂ desertieren während der Inkubation. Vor Paarung Aufforderung durch das ♀ durch flaches Auf-dem-Wasser-Liegen; Flügel-Beinstrecken des ♂, Wasserspritzen; anschließend an Kopulation Baden. Kopulationen dauern ca. 5 – 15 sec. Außerhalb der Brutzeit durchaus gesellig aber meist in kleineren, doch oft ± artreinen Trupps.

Fortpflanzung, Brutbiologie [337,767,1784,1,309,3269,2391,2392]. Geschlechtsreife im 2. (3.) Jahr. Monogame Saison- oder nur Brutehe. In Nistkastenpopulationen hohe Partnertreue bis 4 Brutperioden nachgewiesen; Brutreife der ♀ im Median mit 2 Jahren. **Nest.** Höhlenbrüter (Bäume, selten Kaninchenbauten), auch Nistkästen (Einflugloch Ø 9-10 cm, Höhle mind. 45 cm tief), ausnahmsweise zwischen Steinen; Wahl durch ♀, vom ♂ begleitet; hohe Brutortstreue, bes. nach erfolgreichen Bruten (bis 13 J. in Nistkastenpopulation nachgewiesen). Gewässernähe. Kein Nistmaterial, aber nach einigen Eiern Dunen (später viele). **Legebeginn.** (Ende Feb.) März bis Ende Mai, im N kaum vor Ende April; ältere Vögel schneller verpaart und früherer Legebeginn. **Gelegegröße.** 8-11 (5-13), Doppel- und Mehrfachgelege häufig, bis 40 Eier; »Normalgelege» Ø S.$_{101}$ 8.8, FIN$_{128}$ 9.0, D-BB$_{37}$ 8.4, -SH$_{84}$ 9.0. Unterschiedliche Gelegegröße z.T. altersabhängig. **Eier.** Kurzoval, blaugrün, durch Bebrütung blasser. **Brutdauer.** 29-30 (27-32) d; ♀ brütet. Bebrütung ab letztem Ei. **Nestlings-/Führungszeit.** Synchrones Schlüpfen. ♀ lockt Juv. (nach 24-37 h) aus der Höhle, die sich fallen lassen, führt sie zum Wasser (bis 1.5-2 km entfernt), dort Juv. mit 57-66 d flügge, aber schon ab ca. 50 d selbständig. **Jahresbruten.** 1; Nachgelege selten. **Bruterfolg.** Schlüpferfolg bei Gelegen in FIN$_{63}$ 53%, in D-SH$_{276,103}$ 39-40% bzw. 52%, bezogen auf abgelegte Eier in FIN$_{1554}$ 51%,

FIN$_{640}$ 74%, D$_{101}$ 27%; Schlüpferfolg bei früheren Bruten höher als bei späteren. Keine Änderung des Bruterfolgs mit dem Alter [2630]. Bei 21 ♀ in D-SH Verlust während der Führungsperiode 57% der Jungen. Ø 4.7 flügge Juv./♀ und Jahr in FIN; in D-BB$_{58}$ 3.71 flügge Juv./♀ bei Ø 7.57 geschlüpften Juv. (ohne Totalverluste). In D-SH zogen alte ♀ Ø 39%, junge nur 20% ihrer Jungen groß.

Eimaße und -gewichte. L. 52.0-66.6 mm, B. 39.4-46.2 mm, Ø: 55.8 x 43.1 mm (n=99, ME); Frischvollgew. 55-65 g, Ø: 60 g (D$_5$); 61-77 g, Ø: 68 g (RUS); 58-70 g, Ø: 59 g (GB$_{38}$, Gefg.schaft). Schalengew. 4.70-7.29 g, Ø: 6.0 g.

Sterblichkeit, Alter. Brütende ♀ in D-SH 17%/J. [2392] bzw. in S. 37%/J. [2799] bzw. aus allen Ringfunden S. errechnet 70% im 1. Jahr und später 40%/J. [1208]. 1 mit mind. 15 J. noch brütend. Ältester Ringvogel 17 J. **Generationslänge**: 4 J. [383].

Mauser. **Postjuvenile Mauser** (Teilmauser) Sept.–Nov.; Körpergefieder und ST. • 1. **Pränuptialmauser** (Teilmauser) gleich anschließend ab (Okt.) Nov./Dez., ♀ später als ♂; umfasst variablen Anteil des Körpergefieders [767,139,3050]. • **Postnuptialmauser** (Vollmauser) ab Juni/Anf. Juli, ♀ z.T. schon ab Mai; Schwingenmauser ♂ Mitte Juli–Ende Sept. (Höhepunkt ca. Mitte Aug.), ♀ Anf. Aug.–Mitte Okt., flugunfähig für ca. 3 Wochen; ST-Mauser mit Schwingen, aber später abgeschlossen [309,767,139,3050]. • **Pränuptialmauser** (Teilmauser) setzt nach Auswachsen der Schwungfedern ein, beendet bis (Ende Sept.) Ende Okt. (♂) bzw. Anf. Dez. (♀); nur Körpergefieder [309,767,139,3050].

Mergellus albellus – Zwergsäger 02200

Mergellus albellus (Linnaeus 1758)

(GB) **Smew** (F) **Harle piette** (E) **Serreta Chica**

Taxonomie. Monotypisch. Bisher nicht klar, ob Zwergsäger näher mit den anderen Sägern oder der Gattung *Bucephala* verwandt ist. Daher Einordnung in monotypische Gattung vorzuziehen [vgl. 2348,80a].

Kennzeichen. Sexualdimorph [221,3772,2418, 1784,3615,1369,408; **Foto** in Limic. **10**, 93; Hybriden mit Schellente mehrfach festgestellt, meist ♂; variieren erheblich in der Kopfzeichnung, Fotos und Zeichnungen z.B. in 3121].

Maße. Gr.: 38-44 cm. Gew.: ca. 450-850 g, ♂ Ø: 739 g, ♀ Ø: 567 g. Fl.spw.: 55-69 cm. Fl.l.: ♂ 197-208 mm, Ø: 202 mm, ♀ 181-189 mm, Ø: 184 mm [1369,2418,3615].

Status. In ME regelm. Durchzügler und Wintergast, vor allem Küste. Wichtigster Konzentrationspunkt im Winter derzeit IJsselmeer/NL mit bis 20.000 Ind; in Szczecziner Bucht PL 1991 sogar 30.000 Ind. [3615]. Im Binnenland nur geringe Zahlen, ausnahmsweise in kleiner Zahl übersommernd, dabei Brut in S-Böhmen CZ 1984 [2159].

Verbreitung und Bestand. Brutvogel in schmalem Band zwischen 65°-70°N von N-Skandinavien

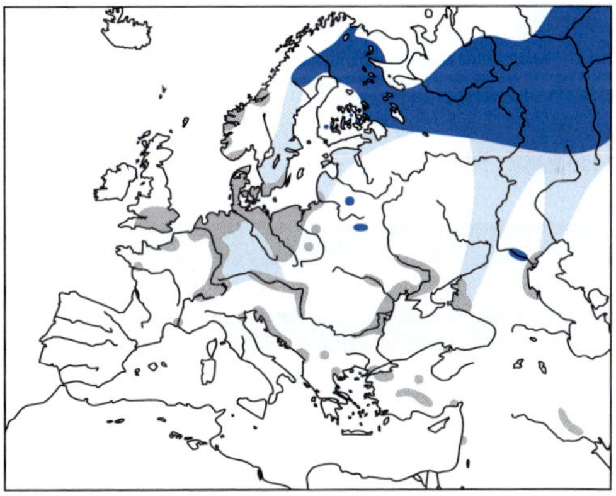

Mergellus albellus – **Zwergsäger**

(E 15°E) bis zum N-Pazifik, mit Verbreitungslücken in E-Sibirien; dann isoliert und wohl nicht mehr regelm. einzelne Brutvorkommen in Steppenzone RUS (z.B. unterer Dnjepr, Wolga), früher auch Brutvogel in RO. Gesamtbestand etwa 130.000-200.000 Ind. [823]. Heute in Europa Gesamtbestand von 5.300-8.400 BP, mit größten Popul. im europ. RUS (4.000-6.000 BP) und in FIN (1.000-2.000 BP), sehr kleine Bestände dagegen in N-N. und -S. sowie in BY; neuerdings wieder unregelm. in RO [383]; Brutbestände stabil oder mit Zunahmen (z.B. N., S., auch RO) [383]. Wachsende Neigung zu Übersommerungen in Schottland, Brutversuch in DK 1993 [3615]. Winterbestand in Europa zw. 20.000-70.000 Ind. [383].

Wanderungen. Zugvogel; Winterquartier SW-Ostsee, Nordsee, Teile des ME und SE-europäischen Binnenlandes, Schwarzmeer- und Kaspigebiet. Größte Konzentration NL, Schwarzmeer- und Kaspigebiet. Wintervögel ME wurden bis 76° E gefunden [249]. Unter den Überwinterern Abnahme der ad. ♂ nach SW; in ME meist erheblich < 50%. Wegzug von Brutplätzen ab Sept., Gipfel des Dz. im N und E der Ostsee Mitte Okt/Nov.; Ankunft in ME meist ab Nov.; doch Gipfel oft erst Ende Dez./Jan. erreicht. Rückzug ab März; Nachzügler in ME bis April/Mai; Immat. übersommern z.T. S der Brutgebiete.

Bestandsentwicklung. Es werden drei Flyway-Populationen unterschieden, die NW-/M-europäische mit 25.000-30.000 Ind., die NE-europäisch/Schwarzmeer/E-Mittelmeer-Population mit 65.000 Ind. sowie die W-sibirisch/SW-asiatische mit 30.000 Ind. [824]. Teilpopulationen derzeit fast alle mit langfristigen Zunahmen, aber in ME im Zeitraum 1987-96 gesicherter Rückgang [824].
Offenbar anhaltender starker Arealverlust in S-RUS seit 1870 durch Habitatverlust (Entwaldung der Flusstäler) und ab 1920er J. durch Industrialisierung [3615,1507]; andererseits Besiedlung BY erst 1988 [3615].

SPEC	VSchRL	Bern.Konv.	Bonn.Konv.
3	Anh. I	Anh. II	Anh. II
Europ. RL	RL in ME		
--	--		

Biotop. Br. in nahrungsreichen Gewässern mit Baumwuchs (Höhlenbrüter). Außerh. Brutzeit meist auf nicht zu tiefen größeren Binnen- und Küstengewässern (z.B. Mündungsgebiete, Meeresbuchten).

Nahrung. Im Winterhalbjahr überwiegend kleine Fische (überwiegend 5–6, kaum > 11 cm); oft werden pelagische Arten Bodenbewohnern vorgezogen (z.B. IJsselmeer Hauptbeute *Osmerus eperlanus*); im Sommer überwiegend Insekten. In geringeren Anteilen Crustaceen, marine Polychaeten und wohl auch Pflanzenreste.

Stimme. Bei uns selten zu hören. ♂ bei der Balz knarrend »krr-ecko«, auch schneller werdendes »gig gig gigerörr« o.ä., ♀ meist einsilbig »räg« oder schnelles, quakendes »ga-ga-ga«.

Verhalten. Tagaktiv; regional tägliche Schlafplatzflüge; an kurzen Tagen Nahrungstauchen auch vor Sonnenaufgang und nach Sonnenunterg. Nahrungserwerb tauchend, je nach Umständen Verfolgungstauchen (dann keine Zunahme der Tauchzeiten mit zunehmender Wassertiefe) oder ± vertikal und Ausbeutung von Bodentieren; Tauchzeiten Ø längerer Serien 15–25 sec; synchrones Gruppentauchen und Abwechseln von Tauch- und Ruhephasen. Flug ohne Fluggeräusch mit raschen Schlägen; kann in kleinen Sprüngen vom Wasser abheben. Im Frühjahr oft paarweise ± abgesondert. Gesellschaftsbalz ab Dez/Jan. Paare bleiben für eine Saison zusammen und Enden während das ♀ brütet. Verfolgungsflüge sind Teil der Balz. Kopulationen ab Feb. Bewegungen des ♂ u.a. Vorschieben des ruckartig zurückgenommenen Kopfes, Aufrichten, Kopfzurückwerfen und -hochrichten, Hinterkopfzudrehen; ♀ Hetzbewegungen. Begattungsaufforderung durch Vorstrecken des Kopfes. Gesellig besonders im Herbst und Winter.

Fortpflanzung, Brutbiologie [767,337,3269]. Geschlechtsreife im 2. Lebensjahr. Monogame Saisonehe. **Nest.** In geschlossenen Wäldern in Gewässernähe; Baumhöhlen, auch Nistkästen; kein Nistmaterial, später aber viele Dunen. **Legebeginn.** Ab Mitte Mai bis Juni. **Gelegegröße.** 7-9 (5-11); mehr (bis 14) Eier von 2 ♀; z.T. Mischgelege mit Schellente. **Eier.** Oval, mattglänzend, rahmfarben bis beige. **Brutdauer.** 26-28 (30), ♀ brütet, ab letztem Ei; ♂ anfangs in Nähe. **Nestlings-/Führungszeit.** ♀ führt; Flugfähigkeit nach 9-10 Wochen. **Jahresbruten.** 1 (keine Nachgelege?).

Eimaße und –gewichte [767]: L. 48-58 mm, B. 34-40 mm, $\varnothing_{215}$: 52 x 38 mm; Frischvollgew. 35-45 g, Ø: 39 g (n=67, GB).

Sterblichkeit, Alter. Ältester Ringvogel (FIN) 6 J. 10 Monate [3654]. **Generationslänge**: 4 J. [383].

Mauser. Postjuv. Mauser (Teilmauser) Kleingefieder Sept.–Jan., ST bis Ende Nov. (März) [767,139]. • **1. Pränupt.mauser** (Teilmauser) gleich anschließend, meist im März/April beendet [767,139]. • **Postnuptialmauser** (Vollmauser) ♂ ab Mitte Juni, ♀ ab Aug.; Schwingenmauser bei ♂ Mitte Juli–Ende Sept., ♀ etw. später, ca. 1 Monat flugunfähig [1369,139]. • **Pränupt.mauser** (Teilmauser) Sept.–Nov., ♀ später als ♂; einschl. Schirm- und Steuerfedern [767,1369,139].

Lophodytes cucullatus – Kappensäger 02190

Lophodytes cucullatus (Linnaeus 1758)

syn.: Haubensäger
früher: *Mergus cucullatus*

(GB) Hooded Merganser **(F) Harle couronné** **(E) Serreta Capuchona**

Taxonomie. Monotypisch. Die Abtrennung des Kappensägers in einer monotyp. Gattung *Lophodytes* [3565,2348,80a] ist nicht zwingend, da Schwesterbeziehung zu anderen *Mergus*-Arten zumindest morphologisch gestützt wird [2348]. Aufgrund beträchtlicher phänotypischer Divergenz kann man der neueren amerikan. Literatur hier folgen.

Kennzeichen. Sexualdimorph [1784,2418,3615, 2098; weitere **Fotos** in Bird. W. **9**, 488, Limic. **12**, 220].

Maße. Gr.: 42-50 cm. Gew.: 453-879 g, ♂ Ø: 680 g, ♀ Ø: 554 g. Fl.spw.: 56-70 cm. Fl.l.: 184-202 mm, ♂ Ø: 198 mm, ♀ Ø: 190 mm.

Status. In Europa sehr seltener Gastvogel mit wenigen Nachweisen im W, vor allem GB und IRL. In ME kein zweifelsfreier Nachw. eines Wildvogels, jedoch erhebliche Zunahme an Beob. (nur von Gefg. fl.?) in jüngerer Zeit, überwiegend in W-ME. • **D:** - NI ♂ erlegt 1906 (Status unsicher, zwar als Gefg.fl. gewertet; doch Herkunft aus Gehegen damals sehr unwahrschl.) [vgl. 3011, H. Kolbe]; von 1977-97 mind. 25 Beob. von »Parkvögeln«[575].• **PL:** Aug.-Okt. 2002 [3871]. In den Landeslisten • **NL** und • **B** in Kategorie »E« geführt [375,1677].

Wanderungen. Wandert von Brutgebieten im N der USA und CDN an W-Küste von Kalifornien bis Alaska (hier im N-Teil ganzjährig anwesend) bzw. an Ostküste von MEX bis Maine. Gelegentlich bis W- und N-Europa (allerdings auch Gefg.fl.) [1784,3615].

Verbreitung und Bestand. Brutvogel in Nordamerika in zwei getrennten Populationen, von SE-Alaska bis Oregon sowie von SE-CDN bis Mississippi-Tal; Gesamtbestand etwa 270.000-385.000 Ind. [823].

Biotop. Br. kleiner Seen und Weiher sowie schnell fließender Flüsse in bewaldeten Gebieten. Im Winter auf größeren Seen und in Küstengewässern.

Nahrung. Überwiegend Fische und aquatische Invertebraten, auch Amphibien und Wasserpflanzen.

Stimme. Wenig ruffreudig.

Mauser. Ähnlich Zwergsäger [3050].

Mergus merganser – Gänsesäger 02230

Mergus merganser Linnaeus 1758

(GB) Goosander ((USA) Common Merganser) **(F) Harle bièvre** **(E) Serreta Grande**

Taxonomie. Drei disjunkt verbreitete UA: *merganser* Linnaeus 1758 (nördliches Eurasien); *comatus* Gould 1849 (Pamir, Tibet) und *americanus* Cassin 1852 (N-Amerika).

Kennzeichen. Sexualdimorph [221,3772,2418,1784, 3615,1369,408; UA *americanus* unterscheidet sich von paläarkt. Formen vor allem in ausgedehnterer nackter Schnabelbasis und der anders verlauf. Grenze der Befiederg.: **Fotos** in 2862, Bird. W. **12**, 31-32].

Maße. Gr.: 58-66 cm. Gew.: 898-2160 g, ♂ Ø: 1671 g, ♀ Ø: 1406 g. Fl.spw.: 82-97 cm. Fl.l.: ♂ 275-

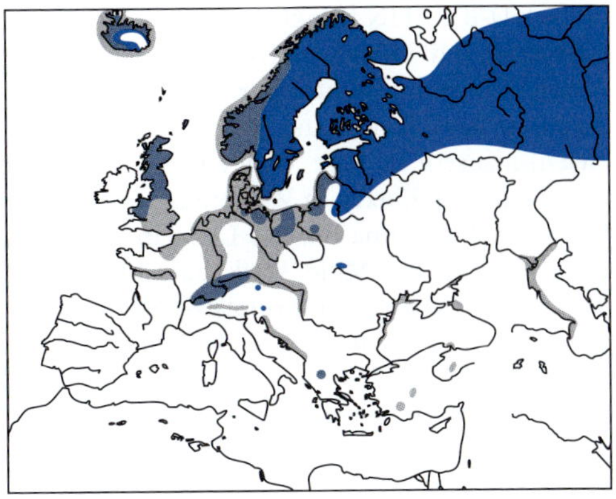

Mergus merganser – **Gänsesäger**

295 mm, Ø: 285 mm, ♀ 255-270 mm, Ø: 262 mm [1369,2418,3615].

Status. Verbreiteter, wenig häufiger Brut- und Jahresvogel, Teilzieher. Regelm. Mauser- und Zuggast in geeig. Gewässern; häuf. Überwinterer. Wichtigstes Mausergebiet in Europa ist Tana-Mündungsgebiet N. mit bis zu 30.000 Ind., im Winter am IJsselmeer max. 20.000 Ind., im Binnenland nur an großen Seen Trupps von Hunderten [196,337,1507].

Verbreitung und Bestand. Holarktisch verbreitet. Nominatform von IS bis E-Sibirien, NE-China und N-JAP, nach S bis ME; die anderen UA bewohnen Innerasien und N-Amerika. Gesamtbestand etwa 0.4-1.4 Mio. Ind. [823]. In ME zum einen an Küste (ohne B, NL), zum anderen im Alpenraum mit Brutansiedlungen in D-BY, -BW, CH, A und SK. (gelegentlich CZ) sowie im Balkan. Geschlossenes Verbreitungsgebiet NE-Europas weitgehend davon getrennt. Gesamtbestand in Europa 47.000-74.000 BP [383] mit wichtigsten Populationen in FIN, S. und RUS; in ME brüten etwa 1.600-2.000 BP [383, erg.], mit Schwerpunkten im Voralpengebiet CH und D-BY sowie an der Ostsee (insbesondere Odergebiet). Mehrere Flyway-Populationen, die größte ist die ME-/NW-europäische mit 200.000 Ind. [824], benachbarte Standvogelpopulationen in GB, IS, Balkan sind klein, die N-europäische/Schwarzmeer-Population umfasst 10.000 Ind. [824].

Wanderungen. Zugvogel, Teilzieher, Streuungswanderungen (oft Eisflucht), Kurzstreckenzieher. Winterquartier S- und mittlere Ostsee, Nordsee, NW-Atlantik, Binnenländer ME und F, Adria, Schwarzmeer- und Kaspigebiet. **Br. IS** überwintern an dortiger Küste; **Br. GB/IRL** bleiben ebenfalls im Land [4064]; **Br. Fennoskandien, RUS E bis Petschora** ziehen bis Nordsee, GB, NW-F (und E.); **Br. am N-Rand der Alpen** überwintern z.T. CH, F; Abmigration S D-BY – FIN [Ringfunde u.a. 1733]. Ab Juli mausernde Ind. in kleinen Trupps, z.T. schon jetzt Abzug in Richtung Winterquartier (z.B. Alpennordrand). ♂ aus GB/IRL (und ggf. angrenzenden Gebieten) mausern im Sept. wohl alle im Tana-Fjord in N-N. [2343]. Einzug in Winterquartiere ab Okt/Nov., in ME Maxima oft erst Dez./Jan., Heimzug ab Feb./März, etwa Mitte April abgeschlossen. Ab März in Umgebung der Brutplätze ME. Brutortstreue nach Ringfunden wahrscheinlich.

Bestandsentwicklung. Rückgang des Gänsesägers auf Restpopulationen bis Mitte 20. Jh. im ME Randbereich seines Verbreitungsareals durch Verbauung wichtiger Fließgewässer und anderer Eingriffe ins Bruthabitat (z.B. Verlust der Brutbäume) sowie direkte Verfolgung [309,196,3269]. Erlöschen kleinerer Brutpopulationen seit 1960er J., z.B. in D-BW (1973) durch andauernde Störungen durch Bootsverkehr und anderer Freizeitnutzung [1719,1722,337], an Havel und im Spreewald D-BB [1] sowie in CS [q3]. Andererseits schon seit 1960er (CH, D-SH) bzw. 1970er J. in verschiedenen Brutgebieten ME wieder deutlicher Populationsanstieg, Wiederbesiedlung aufgegebener Plätze und Neuansiedlungen - zu nicht geringem Teil bedingt durch ganzjährige Schonzeit [208], auch durch Zunahme von Weißfischen und lokal durch künstliche Bruthöhlen. In D-BY von 60-80 BP (1970er), > 100 BP (1980er J.) auf 250-300 BP (1990er J.) [204,1450], in D-SH seit 1960er J. um >125% auf ca. 80-120 BP [309], in D-BB (insbesondere Odertal) von wenigen Paaren auf 60-80 BP [1]; In CH seit 1976 mehr als Verdopplung auf derzeit etwa 500 BP [3393], der gesamten Alpenpopulation auf 1.000-1.400 BP (Ende 1990er J.) [1974]; starke Zunahme auch in Teilen PL [3871]. Seit Anf. 1980er J. wieder Brutvogel in A-S und A-K mit anhaltender Ausbreitungstendenz [965,1450], in Oberschwaben und Allgäu D-BW seit 1991 [1722,3381]; in CZ seit 1977 gelegentliche Bruten [2159], 1996 erste (erfolgreiche) Brut in NL [q4, vgl. aber 3638] sowie Neuansiedlungen in SW D-BW und in I [q18,892,3421], ferner in P (1997) und HR (2000) [q18]. Außerhalb des Brutareals Zunahme der Übersommerer [1589]. Zunahmen im Alpenvorland wohl von Stillgewässern ausgehend, z.T. noch nicht alle Fließgewässer erreicht; in NE-D und PL dagegen Brutbestände an einigen großen Seen zusammengebrochen, während an Fließgewässern (meist) Zunahme stattfand [196]. Im Alpenvorland scheint hohe Wassertrübung (Nährstoff-, Sedimentfracht) die Besiedlung mancher Flüsse zu erschweren [1450]. Gebietsweise durch Habitatverlust jüngst starke Verluste [z.B. Teile D-BB:q17].

	Best.	Areal	Brutbestand	Jahr	Quelle
A	⇧	+ 2	150–200	1008–2000	[383,102]
CH	↑	+ 1	450–500	1993–1996	[383]
CZ	N	N	1–3	2000	[383]
D	⇧	+ 1	490–640	1995–1999	[383]
NL	N	N	0–1	1996–1997	[q4]
PL	↑	+ 1	900–1.000	1995–2000	[383]

Wegen extremer Schwankungen, bedingt u.a. durch Winterwitterung und Nahrungsangebot [375], aus Überwinterungsbeständen kaum Rückschluss auf Entwicklung der Brutpopulationen ME möglich [3269]. An wichtigen Überwinterungsgewässern D-BW nach starken Zunahmen derzeit kein positiver Trend mehr erkennbar [1722]; in D-BY und CH seit 1980er J. Stagnation, möglicherweise bedingt durch jüngste Rückgänge in N-Europa oder durch gestiegene Bedeutung der Odermündung PL als Überwinterungsgebiet (mit bis zu 80.000 Ind. in Kältewintern) [1507,196,2332]. Trendberechnungen der Internat. Wasservogelzählungen ergaben für die ME Teilpopulation Zunahme bis Mitte 1980er J., danach bis 1996 Abnahme [824].

Siedlungsdichte. Dichten sehr variabel, an der Küste FIN hohe Dichten bis zu 3.4 BP/km^2, sonst in Europa meist deutlich geringer. Auf Seen in Fennoskandien zwischen 0.1-2.0 BP/km^2, in Flusssystemen dort im Mittel 0.2 BP/km^2 [1507].

Gefährdungsursachen [3663,309,196,1719,1722, 310,208]. Verlust des Lebensraumes durch Flussverbauung, -begradigung oder -trockenlegung sowie Abholzung der Altholzbestände bzw. Zerstörung oder Entfernung alter Brutbäume.
Verfolgung durch Menschen (derzeit oft illegal durch Abschuss trotz ganzjähriger Schonzeit, Zerstörung von Gelegen und Nistkästen etc.).
Gravierende Störungen und Beunruhigungen während der Brutzeit durch Freizeitbetrieb. Lokales Verschwinden möglich, z.B. Wutachschlucht D-BW durch Expansion des Kanusports.
Gewässerverschmutzung; Gewässertrübung. Tod durch Angelschnüre oder Netze.

SPEC	VSchRL	Bern.Konv.	Bonn.Konv.
--	Anh. II-2	Anh. III	Anh. II
Europ. RL	**RL in ME**		
--	FL: **'RE'**, CZ: 'CR', D, CH: 'VU' A:'NT'		

Natürliche Verluste: Nistplatzangebot oft Minimumfaktor (inner- und zwischenartliche Konkurrenz,vgl. auch Schellente) und Brutversuche an suboptimalen Nistplätzen, daher geringer Bruterfolg;.

Schutzmaßnahmen. Aufstellen von Nistkästen in geeigneten Gebieten führte lokal zu erheblicher Bestandssteigerung und Ausbreitung in neue Brutgebiete (z.B. D-BY, -SH; s. Schellente). Erhalt von Altholzbeständen mit natürlichen Bruthöhlen sowie von Gebäudenischen allerdings bessere Möglichkeit, Bestände zu sichern.
Einrichtung von Ruhezonen an Brut- und Mausergewässern (Verringerung der Störungen durch Freizeitbetrieb; ferner konstante Betreuung und Beobachtung der Brutpopulation in vielgestörten Gebieten. Aufklärung der Bevölkerung über ökologische Ansprüche.

Biotop. Br. an Flüssen, Seen und Küsten mit Baumbeständen und ausreichendem Nahrungsangebot. In ME z.T. auch an belebten Seeufern, an Parkanlagen oder an Campingplätzen, einzelstehenden Häusern usw. Im Winter besonders an größeren fischreichen Seen und Flüssen sowie an der Küste in Flussmündungen, Meeresbuchten usw.

Nahrung. Hauptsächlich Fische, meist < 10 cm; schlanke Fische (z. B. Aal) auch wesentlich länger. Im Süßwasser bes. Weißfische, Coregonen, Flussbarsche und Salmoniden; am Meer vielfach Stichlinge, Aale. Ferner Crustaceen und bes. Junge auch Wasserinsekten.

Stimme. ♂ bei der Balz leise »uig-a« mit nach oben gestrecktem Kopf; ferner quakend »küuurp« oder »drüüü - dro«. ♀ antwortet »aik-aik..«, hetzt laut »karr karr«; auch erregte »kokokokok...«-Reihen. Junge werden mit gutturalem »kro kro...« gelockt. Im Flug und bei Störung hartes »karrr«.

Verhalten. Überwiegend tagaktiv. Nahrungserwerb besonders früh und abends, tauchend, auch »Unter-Wasser-Spähen« (Schwimmen mit eingetauchtem Gesicht), Gruppentauchen. Größte Tauchtiefe > 10 m, doch Nahrungserwerb vorwiegend in Tiefenbereichen bis 5 m, Ø längerer Tauchserien < 30 sec. Ruhe und Übernachten auf offenen trockenen Plätzen, z.B. freie Kiesinseln, Bretter, Baumstämme im Wasser usw., aber auch im Wasser. Gesellig; in günstiger Situation liegen auch Nester relativ nahe beieinander. Gruppenbalz ab Nov/Dez., erste zusammenhaltende Paare ab Nov., doch Verpaarung auch oft erst auf dem Heimzug. ♂ verlässt ♀ zu Brutbeginn. Im Winter vielfach Begattungsaufforderung durch ♀ (Flachlegen auf dem Wasser) ohne anschließende Kopulation. ♂ schwimmen bei Gesellschaftsbalz erregt hin und her, Kopfstrecken, bis Schnabel vertikal in die Höhe weist; Knicks viel seltener als bei Mittelsäger; Sich-Flügeln, Körperschütteln. ♀ hetzen durch Seitwärtszeigen mit dem Schnabel. Außerhalb der Brutzeit

(Herbst und Winter) große Trupps (1.000-10.000 Ind.) im Frühlingszug meist kleinere Trupps.

Fortpflanzung, Brutbiologie [337,767,1784,1, 3269]. Geschlechtsreife im 2. Lebensjahr. Monogame Saisonehe, doch Polygamie vermutet. **Nest.** In alten Baumhöhlen, Kopfweiden, aber auch in Felshöhlen und -nischen, Mauerlöchern, Kaminen, Dachböden, unter Baumwurzeln, in dichter Vegetation am Boden usw. Höhlenangebot ist oft Minimumfaktor, Nistkästen werden gerne genommen. In Höhlen keine Unterlage, später Dunen. **Legebeginn.** Mitte/Ende März, April bis Anf. Juni. **Gelegegröße.** 8-12 (4-15), größere Gelege (bis 36) von 2 und mehr ♀; Ø FIN_{104} 9.2, D_{15} 10.7, D_{28} 10.0, D-SH_{16} 9.4. **Eier.** Breitoval, rahmfarben. **Brutdauer.** 30-32 (28-35) d; ♀ brütet, Bebrütung ab letztem Ei. **Nestlings-/Führungszeit.** Nach 1-2 d hüpfen Juv. von Höhle herunter, Transport auf Rücken des ♀ beobachtet (später auch zuweilen so tauchend); ♀ führt, z.T. große Distanzen. Juv. mit 60-70 d flügge, oft schon vorher selbständig. **Jahresbruten.** 1; Nachgelege. **Bruterfolg.** Schlüpferfolg in D-SH etwa 70-80%. Verlustquote in der Führungsphase oft >50%. In FIN bei Ø 10.8 Eiern (beim Schlüpfen) Ø 6.8 flügge Juv./Paar. In D-SH einwöchige Familien $Ø_{36}$ mit 7.6 Juv., über vierwöchige $Ø_{28}$ 4.8 Juv. [309].

Eimaße und -gewichte. L. 61.4-76.0 mm, B. 40.7-52.0 mm, Ø: 67.5 x 47.1 mm (n=161, S.), Ø: 66.4 x 46.4 mm (n=100, GB), Ø: 67.5 x 46.5 mm (n=125, FIN); Frischvollgew.: 69-98 g, Ø: 84 g; Schalengew. 6.54-9.32 g, $Ø_{96}$: 7.73 g.

Sterblichkeit, Alter. Ad. 40%/J. [474]. Älteste Ringvögel (CH) 14 J. 10 Monate, (S.) 13 J. 11 Monate und (N-Amerika) 13 J. 5 Monate [q1,3654]. **Generationslänge:** 4 J. [383].

Mauser. **Postjuv. Mauser** (Teilmauser) Sept.–Nov.; umfasst auch Schirm- und Steuerfedern [767,139,3050]. • **1. Pränuptialmauser** (Teilmauser) gleich anschließend, bisweilen Dez.–März unterbrochen und meist bis Frühjahr abgeschlossen [767,139,3050]. • **Postnuptialmauser** (Vollmauser) Körpergefieder bei ♂ ab (Mai) Juni, bei ♀ ab Juli; flugunfähig während ca. 1 Monat, ♂ Ende Juni/Ende Sept., erfolgreich brütende ♀ werfen Schwungfedern ab, wenn Junge 4–6 Wochen alt; ST-Mauser bis Dez. [309,1369,139,3050]. • **Pränuptialmauser** (Teilmauser) setzt kurz nach Ende des Schwingenwachstums ein, ♂ Sept.–Dez., bei ♀ z.T. bis Jan. (März); Körpergefieder und Schirmfedern [309,767,1369,139,3050].

Mergus serrator – Mittelsäger 02210

Mergus serrator Linnaeus 1758

(GB) **Red-breasted Merganser** (F) **Harle huppé** (E) **Serreta Mediana**

Taxonomie. Monotypisch. Nächstverwandt mit *M. squamatus* (Ussuriland, NE-China), mit dem er lokal sympatrisch brüten soll [2418].

Kennzeichen. Sexualdimorph [221,3772,2418, 1784,3615,1369,408; **Foto** in 827].

Maße. Gr.: 52-58 cm. Gew.: 780-1350 g, ♂ Ø: 1181 g, ♀ Ø: 944 g. Fl.spw.: 70-86 cm. Fl.l.: ♂ 235-255 mm, Ø: 247 mm, ♀ 216-239 mm, Ø: 228 mm [1369,2418,3615].

Status. Selt. Brut- und Sommer- bzw. Jahresvogel in ME; außerh. Brutgebiete regelm. Wintergast, im Binnenland nur in kl. Zahl und auch an großen Seen nicht immer regelm. [337]. Mehrere Flyway-Popul., in ME die ME-/NW-europ. mit etwa 125.000-170.000 Ind., davon im Winter viele Offshore [824,823].

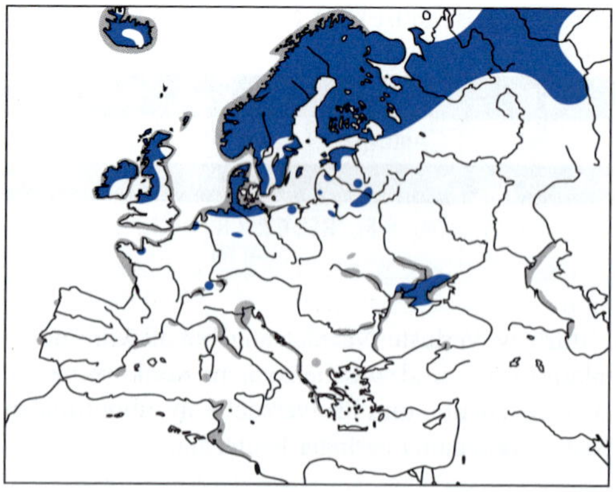

Mergus serrator – Mittelsäger

Verbreitung und Bestand. Zirkumpolares Brutareal von GRÖ und IS bis E-Sibirien und N-Amerika mit Südgrenze in N-ME, S-Ural und Transbaikalien. Gesamtbestand 0.5-0.6 Mio. Ind. [823]; in Europa 73.000-120.000 BP [383], der überwieg. Teil davon in Fennoskandien und RUS. In ME überwiegend an Küste verbreitet, Binnenlandvogel fast nur von PL ostwärts; Brutpopulation etwa 390-470 BP [204,375,3393,310,383]; Nichtbrüterbestand außergewöhnlich hoch [309].

Wanderungen. Zieher, Teilzieher und Standvogel; Streuungswanderungen. Einige Br. IS, E-GRÖ, GB, IRL zeigen lediglich kleinräumigere Streuungswanderungen nach der Brutzeit im Binnenland, während andere die Küstengewässer vor IS, GB und IRL aufsuchen. Beringungsergebnisse weisen auf Austausch dieser Vögel mit Br. aus übrigem NW- und Zentral-Europa [3219]. Weitere Überwinterungsgebiete Nord- und Ostsee, Mittelmeer- und Schwarzmeergebiet, Vorderasien, Kaspigebiet; in kleiner Zahl an größeren Gewässern. Viele Br. Fennoskandiens überwintern im Ostseeraum und N-Atlantik [Ringfunde S.:1208], z.T. aber auch Zug (ebenso Br. RUS) WSW bis NL, GB und bis NW-F; Einzelne erreichen auch E., CZ, I, BG. ♂ verlassen Brutplätze ab Anf. Juni; Mauserquartier z.B. DK [3503], Herbstzug ab Sept., Hauptdurchzug Ostseegebiet Okt.; ♀ und Juv. wandern weiter als ad. ♂, daher z.B. im Binnenland ME mehr ♀/Immat. als ♂. Rückzug ab Feb.; Ankunft an Brutplätzen ab April, im N oft erheblich später. Brutorttreue durch Ringfunde belegt.

	Best.	Areal	Brutbestand	Jahr	Quelle
CH	N	N	0–1	1993–1999	[383]
D	+/-	=	340–410	1995–1999	[383]
NL	↑	+ 1	35–45	1998–2000	[383]
PL	⇩	- 2	15–15	1990–1999	[383]

Bestandsentwicklung. In Teilen ME bis ins 19. Jh. Brutvogel [D-BB:1]. Bis Anf. 20. Jh. waren in NE-D Tiefebene auch Binnenseen besiedelt; diese jedoch nach II. Weltkrieg verlassen [1369,3269]. Auch in W-PL erhebl. Bestandsabnahmen und Arealverluste im 20. Jh., insbes. in Pommern [1366]. Andererseits ab Ende 19. Jh. bis Mitte 20. Jh. im W des Verbreitungsareals deutl. Ausbreitungstendenz nach S, mit neuen Brutplätzen in ME (D-SH) und W-Europa (GB) [309,1343]. Seit einig. Jahrzehnten in vielen Brutgebieten Europas stabile oder positive Bestandstrends [z.B. GB (regional), FIN:196]. In D nahm Bestand von 1970 bis Mitte 1980er J. von < 400 BP auf etwa 800 BP zu, Schätzungen inzwischen aber wieder deutlich niedriger [309,1369,2031,196,3269;204]. Kleine, isolierte Brutvorkommen entstanden in D-SH an Ostseeküste (1970) und Binnenland (1980) [310], (erneut) in D-BB [1], seit 1974 im S D-NI [1587], ab 1977 im Rheindelta NL (vorher unregelm. seit 1959 im Wattenmeer) [375,3638] und seit 1993 in W-CH [3393] sowie in W-F [1507]. Trotz großräum. Zunahme in ME, anhaltend u.a. in NL [375,1507], auch heute noch langjährig besetzte Brutplätze aufgrund erhebl. Störungen aufgegeben [309]. In 1990er J. im Baltikum (auch Teile D-SH) und FIN, vor allem aber PL, z.T. starke Bestandsverluste durch Störungen/ Freizeitdruck, Wasserverschmutzung sowie geringen Bruterfolg (hoher Prädationsdruck) [1507,3615, 310,1366,3871]. Brutbestandszahlen korrespondieren trotz regional großer jährlicher Fluktuationen sehr gut mit Ergebnissen der Wintervogelzählungen. Letztere bestätigen die weitgehend stabilen, teilweise anwachsenden Bestände bis Mitte 1980er J. [196], seit 1986 aber signifikanter Rückgang bei ME-/ NW-europäischer Flyway-Population [824]. Regional allerdings z.T. anhaltend positiver Trend, z.B. bei kleinem Winterbestand CH [3393].

Siedlungsdichte. Mindestgröße von Brutgewässern in Seengebieten Fennoskandiens meist etwa 1 km^2 (im Allgem. auf allen Seen > 4-5 km^2 vorhanden), siedelt in meisten Brutgebieten weit gestreut mit Dichten an oligotrophen Seen im Mittel von 0.4-0.7 BP/km^2, in N-FIN deutl. dichter (etwa 9 BP/km^2) [1507]. An Fließgewässern in GB etwa 1 BP/17-50 Fluss-km, in N-FIN 1 BP/5-10 Fluss-km [1507].

Gefährdungsursachen [196,309,1366]. Während Brutzeit sehr störungsempfindlich!, daher vor allem intensive Freizeitnutzung (Tourismus, Camping, Badebetrieb, Wassersport).
Ferner: Illegale Verfolgung; Gewässerverschmutzung; Nistplatzmangel (an einigen Seen); Kontamination mit Bioziden, höhere Prädation.

Schutzmaßnahmen. Einrichtung von Ruhezonen an Brut- und Mausergewässern zur Verringerung von Störungen durch Freizeitbetrieb. Konstante Betreuung der Brutpopulation in vielgestörten Gebieten; konsequenter Gebietsschutz.
Aufklärung der Bevölkerung über die ökologischen Ansprüche der Art.

SPEC	VSchRL	Bern.Konv.	Bonn.Konv.
--	Anh. II-2	Anh. III	Anh. II
Europ. RL	**RL in ME**		
--	D, PL: 'EN', CH:'VU', NL: 'NT'		

Biotop. Br. an Küsten und auf Inseln an und im Flachmeer, an Binnenseen und naturnahen Fließgewässern, mitunter Fischteichen. Brut- und Aufzuchtsgewässer oft unterschiedlich (von Fließgewässer auf Stillgewässer und Teiche). Außerhalb Brutzeit an marinen Flachwasserzonen, in Brackwasserlagunen, an Flussmündungen, nur unregelm. und in kleiner Zahl auf meist größeren und oft oligotrophen Binnenseen.

Nahrung. Kleine Fische (an Binnengewässern z.B. Stichlinge wichtiges Aufzuchtfutter), kleine Crustaceen, Ringelwürmer, Insekten. Fische meist < 8–10 cm.

Stimme. Während der Balz ♂ tief, heiser »guäng», katzenähnliches Miauen o.ä., auch »orrr« usw.; ♀ heiser »rokrokrok…« z.B. beim Abflug.

Verhalten. Hauptsächlich tagaktiv. Nahrungstauchen Ø meist < 30 sec; bei der Jagd häufig »Wasserlugen« (Gesicht ins Wasser getaucht), auch Gruppenjagd. Gesellig; in günstigen Gebieten auch Nester nahe beisammen; dulden auch andere Arten als Br. in der Nähe. Gruppenbalz ab Mittwinter, Höhepunkt aber meist erst nach Ankunft am Brutplatz (bis Juni); früheste Begattungen im Dez. Viele Paare bilden sich erst im Spätwinter oder auf dem Heimzug und trennen sich wieder, wenn ♀ brütet. Bewegungen des ♂: Drohgeste mit nach vorne gestrecktem Kopf und dabei auch Durchs-Wasser-Stürzen, besonders häufig der Knicks (Kopf wird bei gestrecktem Hals zunächst nach oben gerissen, dann sinken Hinterhals und Vorderbrust unter Wasser, Hinterteil hebt sich, und rote Füße werden sichtbar; der Schnabel öffnet sich weit), Hinterkopfzudrehen, Kopfschütteln usw. ♀ hetzen durch ruckartiges Vorwärtsstoßen des Kopfes; Begattungsaufforderung durch Flachlegen. Gesellig auch außerhalb der Brutzeit (moderate Truppgrößen).

Fortpflanzung, Brutbiologie [337,767,1784,309, 3269]. Geschlechtsreife im 2. Lebensjahr. Monogame Saisonehe, aber gelegentlich Polygynie und Polyandrie. Ankunft am Brutplatz. März/April. ♀ sucht Nistplatz schon 2-3 Wochen vor Eiablage. **Nest.** Am Boden, möglichst mit Sichtschutz nach oben, z.B. in dichter Vegetation, zwischen Steinen, in Erdlöchern, am Fuß von Bäumen, meist nahe am Wasser (♀ ebnet Pfad dorthin); Wiederbenutzung alter Nistplätze. ♀ verbaut Material der nächsten Umgebung; Dunen während Eiablage. **Legebeginn.** Ende April bis Mai, oft auch Juni (im N bis Juli). **Gelegegröße.** 8-10 (5-17), Mehrfachgelege bis 56 Eier; Ø E-D$_{140}$ 9.85, D-SH$_{73}$ 9.8, FIN$_{144}$ 9.2 (20 Erstgelege 9.7, 30 »Nach«gelege 8.4), IS 100 Erstgelege 9.5, 27 Nachgelege 6.2. Legeintervall 1-2 d. **Eier.** Kurzoval, bräunlich bis olivgrün. **Brutdauer.** 31-32 (29-35) d; ♀ brütet (Eier bei Weggang mit Dunen abgedeckt). Bebrütung ab Vollgelege. **Nestlings-/Führungszeit.** ♀ führt, nicht selten Zusammenlegen von Jungschofen, bis 100 Juv. (ein ♀ führt). Juv. mit 60-65 d flügge, selbständig schon mit ca. 50 d. **Jahresbruten.** 1; Nachgelege häufig. **Bruterfolg.** In FIN$_{3110}$ Eier in 3 Jahren 1.5, 2.0 und 0.7 flügge Juv./Paar und Jahr, gemessen an abgelegten Eiern Verluste von 84%, 78% bzw. 92%. In D-SH 4.0 Juv./Paar und Jahr (n=178 Paare und 720 flügge Juv.). In IS Schlüpferfolg bei 131 Nestern 63.8% (33.1-73.5%), in D-SH aus 186 Gelegen 70%. Von 26 Nestern in DK 23% geschlüpft, 42% verlassen und 35% prädiert, 61% von 74 bebrüteten Eiern schlüpften.

Eimaße und -gewichte. L. 56.5-70.7 mm, B. 40.3-48.0 mm, Ø: 65.0 x 45.3 mm (n=100, E-D) , Ø: 65.6 x 45.1 mm (n=100, GB); Frischvollgew. Ø: 63-83 g, Ø$_{102}$: 72.6 g; Schalengew. 4.04-7.20 g, Ø$_{133}$: 5.72 g bzw. Ø$_{280}$: 5.90 g.

Sterblichkeit, Alter. Ältester Ringvogel (S.) 21 J. 3 Monate. **Generationslänge:** 4 J. [383].

Mauser. **Postjuvenile Mauser** (Teilmauser) Okt.–Jan.; Teile des Körpergefieders [767,139]. • **1. Pränuptialmauser** (Teilmauser) ab Dez.; umfasst auch variable Anzahl von Schirm- und Steuerfedern [767,139,3050]. • **Postnuptialmauser** (Vollmauser) ♂ ab Ende Mai/Anf. Juni, in N Brutgebieten z.T. erst ab Aug., ♀ einige Wochen später; Schwingenmauser bei ♂ Mitte Juli–Ende Aug., ♀ etwa 1 Monat nach ♂, ca. 1 Monat flugunfähig; ST-Mauser erst im Nov. abgeschlossen [309,767,139,3050]. • **Pränuptialmauser** (Teilmauser) beginnt vor Ende der Postnuptialmauser, bei ♂ meist bis Mitte Nov./Dez. beendet, bei ♀ bis Jan./Feb.; Körper- und Schirmfedern [309,767,1369,139,3050].

ORDNUNG Galliformes – Hühnervögel

Kleine bis große Bodenvögel (zuweilen auch in Bäumen) mit kräftigem, meist etwas gebogenem Schnabel und großen Lauf- bzw. Scharrfüßen (4 Zehen); Flügel kurz und gerundet; Schwingen gebogen; liegen beim Laufen dem Körper eng an. 10 HS, 10-20 AS, 8-32 ST. Meist Standvögel oder Streuwanderungen (Ausnahme Wachteln). Nahrung vorwiegend Samen, Früchte und grüne Pflanzenteile; Küken leben in den ersten Entwicklungsstadien weitgehend von Insekten. Eheverband monogam und polygam, mitunter aber auch fehlende Paarbindung. Bei vielen Arten ♂ auffällig gefärbt und größer als ♀. Ausgesprochene Nestflüchter; Schwingenwachstum z.T. sehr rasch, so dass schon halbwüchsige Küken fliegen können.

Die Ordnung umfasst drei basale Linien, davon die Megapodiidae (Großfußhühner) auf AUS, Neuguinea sowie angrenzende pazifische Inseln und die Cracidae (Hokkohühner) auf Süd- und Mittelamerika beschränkt, also offensichtlich mit Auftrennung des Urkontinents Gondwana entstanden. Die dritte und bei weitem artenreichste Teilgruppe, die UO Phasiani, ist weltweit verbreitet. Das Schwestergruppenverhältnis von Megapodiidae und Cracidae [3564] bedarf noch der Bestätigung durch entsprechend aussagekräftige DNA-Sequenzen. Die Phasiani gliedern sich in drei Familien: Perlhühner **Numididae** (Afrika), Zahnwachteln **Odontophoridae** (Neue Welt) sowie Glatt- und Raufußhühner **Phasianidae** (weltweite Verbreitung). Sowohl die Truthühner (Meleagridinae) als auch die Raufußhühner (Tetraoninae) sind phylogenetisch aus Phasianiden hervorgegangen [vgl. 889] und daher nicht auf Familienniveau abzutrennen.

Übersichtswerke mit Farbabbildungen aller Arten [1784,2421]; aktuelle Monographien von Teilgruppen [Fasanen:1892, sonstige Phasianiden:1893, Großfußhühner:1907].

Familie Numididae – Perlhühner

Heimisch in Afrika, in Europa mehrfacher Versuch der Einbürgerung. Hier nur eine Art mit mehreren Unterarten als Nutzgeflügel mit kurzzeitig etablierten Brutbeständen.

Numida meleagris – Helmperlhuhn 03980

Numida meleagris (Linnaeus 1758)

(GB) **Helmeted Guineafowl** (F) **Pintade de Numidie** (E) **Pintada Común**

Taxonomie. Polytypisch (s.u.).

Kennzeichen. [1784,3772,221,3615].

Maße. (*galeata*): Gr.: 60-65 cm. Gew.: 1150-1600 g. Fl.spw.: 95-100 cm. Fl.l.: ♂ 25.0-26.5 cm, ♀ 23.8-25.3 cm [1784,3615].

Status. In Europa in verschiedenen Regionen gezüchtet und zum Nutzgeflügel geworden, z.B. in F ab 16 Jh., in GB, CZ und D ab 18. Jh. [1722,3615]. Seit 18. Jh. auch ausgesetzt und – zumindest kurzzeitig Ende 19. Jh. – etabliert, u.a. in H und D (u.a. Bruten Ende 19. Jh., zuletzt 1896) [2792]. Weitere Aussetzungsaktionen (meist von domestizierten Formen), z.B. in D-BW ab 1950er J., nicht erfolgreich [1722]; derzeit keine selbsttragenden Populationen im Freiland bekannt [674], in NL einzelne Paare ohne Brutnachw. 1998-2000 [3638].

Verbreitung und Bestand. In 9 UA weit verbreitet in Steppen- und Savannenzone sowie wintertrockener Zone Afrikas S Sahara bis Kapprovinz, mit Ausnahme des Regenwaldes, ferner SW-Arabien und Reliktvorkommen im Atlas MA. In vielen Regionen weltweit erfolgreich ausgesetzt, z.B. Kapverden, Madagaskar, und Karibikinseln; auch in Europa (meist westafrikanische Form *galeata*; im antiken GR und I auch *sabyi* aus dem Atlasgebirge) [2010]. Sehr häufige Art, Gesamtbestand wohl > 1 Mio. Ind. [1784].

Wanderungen. Im Ursprungsgebiet Standvogel.

Biotop. Sehr vielseitig, vor allem Offenland (von Waldrandbereichen bis Dornbuschzone), am häufigsten in Savanne.

Nahrung. Omnivor, pflanzliche Nahrung überwiegt (besonders wichtig Samen, aber auch Knollen, Wurzeln, Beeren usw.); bei Gelegenheit werden reiche Insektenvorkommen intensiv genutzt (Termiten usw.).

Stimme. Rau, lärmend »ke-ke-kek-kek-käääää-kääa« oder ähnlich, ♀ oft zweisilbig »ga-wiij«, erste Silbe nasal, zweite höher, klarer. Harscher, einsilbiger Ruf im Paarkontext.

Mauser. **Postjuv. Mauser** (Vollmauser) im Alter von ca. 6 Monaten größtenteils beendet [767]. • **Postnuptialmauser** (Vollmauser) HS in Staffelmauser [767].

Familie Phasianidae – Glatt- und Raufußfußhühner

Vielgestaltige, große Familie. In fast allem Gruppen fehlen Federn am Lauf und über den Nasenlöchern. Meiste Arten nur 1 Jahresbrut.

Die Monophylie der Familie Phasianidae unter Einschluss der Tetraoninae und Meleagrininae ist gut gesichert. Die Verwandtschaft der Gattungen innerhalb der Phasianidae wurde bisher nur mit relativ kurzen mtDNA-Sequenzen untersucht und noch nicht verlässlich aufgelöst [1999,889]. Die Reihenfolge ist daher vorläufig. Die Monophylie der Raufußhühner (Unterfamilie Tetraoninae) ist ebenfalls gut gesichert.

Insgesamt mindestens 47 Gattungen, von denen einige (z.B. *Francolinus*) sicher nicht monophyletisch sind und weiter aufgeteilt werden müssen. Weltweite Verbreitung.

Unterfamilie Meleagrininae – Truthühner

Relativ langer Schnabel, nackter und bunter, warziger Kopf. Gefieder ± bronzeglänzend.

Unterfamilie Tetraoninae – Raufußhühner

Ganz oder überwiegend befiederter Lauf und Füße; an den Zehen entweder ebenfalls Federn oder seitliche Längsreihen stiftförmiger Gebilde (»Balzstifte«, die als Schneeschuhe wirken). Keine Sporne. Mit Federn bedeckte Nasenlöcher.

Wohl wegen des großen jagdlichen Interesses an dieser Gruppe mehrere molekulare Untersuchungen zur Phylogenie vorhanden [z.B. 1483,2387,939]. Danach stehen *Bonasa* und *Tetrastes* als ursprünglichste Linien einer gesichert monophyletischen Gruppe allen anderen Gattungen gegenüber. Innerhalb dieser gibt es vier Hauptgruppen, davon eine (*Centrocercus, Dendropagus, Tympanuchus*) auf Nordamerika, eine zweite (*Tetrao*) auf Paläarktis beschränkt; die beiden verbleibenden Gruppen (*Falcipennis, Lagopus*) sind in beiden Kontinenten vertreten.

• Gattung *Tetrastes*

Die beiden paläarktischen Haselhuhnarten wurden bisher meist zusammen mit dem nordamerikanischen Kragenhuhn *Bonasa umbellus* in die Gattung *Bonasa* gestellt. Deren Monophylie wird jedoch von mitochondrialen Sequenzen nur schwach gestützt [1483,2387], während chromosomale DNA-Sequenzen z.T. für Paraphylie der Gruppe sprechen [vgl. 939]. Die beiden Linien sind phylogenetisch ursprünglicher und genetisch divergenter als alle anderen Raufußhuhngattungen zusammen. Sie sollten daher in zwei Gattungen aufgetrennt werden, die jeweils einen eigenen Tribus innerhalb der Tetraoninae repräsentieren [1483]. *Bonasa* mit *B. umbellus* ist nunmehr monotypisch, *Tetrastes* mit zwei Arten auf die Paläarktis beschränkt.

• Gattung *Lagopus*

Die drei Schneehuhnarten sind gesichert monophyletisch, wobei *lagopus* und *muta* Schwesterarten sind [2387,939].

• Gattung *Tetrao*

Auer- und Birkhühner sind gesichert monophyletisch und untereinander nah verwandt. Eine Trennung der Birkhühner auf Gattungsebene (*Lyrurus*) - wie gelegentlich praktiziert - ist nicht erforderlich. Hybridisation zwischen Birk- und Auerhuhn kommt relativ oft vor; Hybriden werden als »Rackelhühner« bezeichnet und sind nur eingeschränkt fortpflanzungsfähig, im weiblichen Geschlecht möglicherweise steril. Natürliche Rückkreuzungen sind nur mit *T. urogallus* bekannt [2033].

Coturnix coturnix – Wachtel 03700

Coturnix [coturnix] coturnix (Linnaeus 1758)

GB Common Quail **F Caille des blés** **E Codorniz Común**

Taxonomie. Fünf UA: *coturnix* (Linnaeus 1758) (W-Paläarktis ohne Atlantische Inseln, E bis Zentralasien und Indien), *conturbans* (syn. »*confisa*«, Hartert 1917) (Azoren), *inopinata* Hartert 1917 (Kapverden), *africana* Temminck & Schlegel 1849 (S Afrika) und *erlangeri* Zedlitz 1912 (N- & E-Afrika). Bildet Superspezies mit *C. [c.] japonicus* (Ostasien); auch *C. coromandelica* (Indien), *C. pectoralis* (AUS) und *C. novaehollandiae* (NZ) gehören zur selben, eng verwandten Artengruppe.

Kennzeichen. [1784,1369,221,3772,3615,1484; Fotos in Bird. W. **6**, 244, **7**, 178].

Maße. Gr.: 16-18 cm. Gew.: ♂ 78-128 g, Ø$_{(F)}$: 94 g, ♀ 78-150 g, Ø$_{(F)}$: 116 g. Fl.spw.: 32-35 cm. Fl.l.: ♂ 10.7-11.7 cm, ♀ 10.9-11.8 cm [1369,3615].

Status. Verbreiteter Brut- und Sommervogel in ME, im E häufiger; z.T. rufende Durchzügler und hoher Nichtbrüteranteil. Extrem unstet; stark fluktuierende Bestände durch Einflüge; ungewöhnlich weite Umsiedlungen (»Zwischenzug«), sogar innerhalb einer Brutsaison. Nur ausnahmsweise Winterbeob.

Verbreitung und Bestand. Von N-Afrika bis N-Europa (N-Grenze S Taigazone) und von atlantischen Inseln bis Baikalsee und N-Indien; ferner isoliert in E- und S-Afrika sowie Madagaskar. In Europa im N spärlich verbreitete Tieflandart, nach S hin zunehmend, auch in geeigneten Biotopen der Mittelgebirgs- und Hochlagen; in den Alpen z.T. über 1800 m [1369]. Zwischen 10-25% des Weltbestandes in Europa, mit etwa 2.8-4.7 Mio. BP [383], über die Hälfte davon in E-Europa und weiteres Viertel auf Iberischer Halbinsel. ME mit vergleichsweise geringem Bestand von ca. 200.000-320.000 BP, Schwerpunkte in PL und H [383].

Wanderungen. Lang- und Kurzstreckenzieher. Winterquartier in kleiner Zahl an N-Küste des Mittelmeeres und Kaspigebiet, vereinzelt auch (nicht regelm.) im atlantischen W-Europa; in größerer Zahl in N-Afrika, der Sahelzone, Äthiopien (vereinzelt bis fast Äquator in E-Afrika), Südarabien, Iran, Indien. Zug in breiter Front (mit Verdichtungen z.B. Gibraltar, I, CY usw.) über Mittel- und Schwarzes Meer, meist nachts dicht über Wasser und früh erschöpft an jeweiligen S-Küsten einfallend. Offenbar anschließend Überquerung der Sahara meist ebenfalls im Nonstopflug. Ringfunde in N-Afrika beweisen Zugwegtreue ebenso wie möglichen Schleifenzug. Wegzug in ME ab Mitte Aug., Höhepunkt Mitte Sept., Abschluss Nov. im Mittelmeerraum je nach Gegend Höhepunkt des Dz. Sept./Okt.; größere Scharen erst im (Sept.) Okt. S Sahara. Heimzug an S-Küste Mittelmeer März/April. Vorläufer im März in ME sehr selten, meist erst ab Ende April/Anf. Mai Ankunft. Heimzug dauert Mai hindurch; Bewegungen aber noch später. Zwischenzug: April/Juni verlassen viele Ind. N-Afrika, besonders ♀ mit Brutfleck und Juv.; wie weit sie nach N gelangen, ist noch unbekannt, doch Ringfund bis PL.

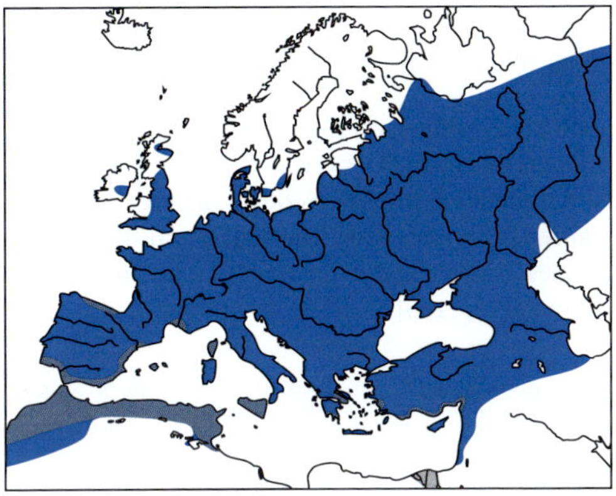

Coturnix coturnix – **Wachtel**

Bestandsentwicklung. Aufgrund extremer Bestandsfluktuationen (durch z.T. klimatisch bedingte Invasionen) und daraus resultierenden Erfassungsproblemen (kurze Rufphasen, Probleme bei der Unterscheidung von Brutvögeln und Durchzüglern) sowie unzureichend erforschtem Zugablauf im Frühjahr und Sommer sind in ME Aussagen über langfristige Bestandsentwicklungen sehr unsicher [1369,196].
Schon in früheren Jh. immer wieder lang anhaltende Tiefstände in Europa. Erst Mitte 19. Jh. größte Häufigkeit und weiteste Verbreitung in Europa erreicht [1369]. Nach Rückgang um 1890/95 und neuerlicher Erholungsphase ab etwa 1915 und 1930

schließlich nach 1960 z.T. dramatischer Bestandsrückgang fast der gesamten europäischen Population als Folge der Lebensraumzerstörung und -beeinträchtigung durch moderne Landwirtschaft (bes. Düngemittel- und Pestizideinsatz) und hohem Jagddruck [in ME: 965,1722,1369,196,3892, 3871,1998; BG und RUS: 196,1507; s. aber GB: 1343]; dabei lokales Erlöschen von Populationen [L, FL, D, A; ferner RUS: 196,1507 etc.]. Inzwischen in ME auch bei Einflügen oft nicht mehr Charakterart der offenen Feldflur [1719,196].

Abnahmen in Europa betreffen Langstreckenzieher, während Kurzstreckenzieher aufgrund der Zunahme bewässerter Landwirtschaftsflächen in NW-Afrika zulegten [196].

	Best.	Areal	Brutbestand	Jahr	Quelle
A	↑	+ 1	5.000–15.000	1998–2000	[383]
B	+/-	=	2.400–5.700	2001–2002	[383]
CH	↕	=	1.500–2.000	1993–1996	[383]
CZ	↕	=	5.000–10.000	2000–2002	[383]
D	↑	+ 1	12.000–32.000	1995–1999	[383]
FL	↕	- 1	5–20	1998–2000	[383]
H	+/-	=	70.000–94.000	1999–2002	[383]
L	↓	- 1	10–25	2001	[383]
NL	↕	=	2.000–6.500	1998–2000	[383]
PL	⇧	+ 1	100.000–150.000	2000–2002	[383]
SK	+/-	=	2.000–6.000	1990–1999	[383]

In 1990er J. vielfach wieder Bestandszunahmen [NL, CH, CZ, A-Oö, D-ST, -MV, -NW, -SH: 196,375,2159, 3393,3638,310,1484,3978,1334,2654], sicherlich begünstigt durch Extensivierung der Landwirtschaft und Flächenstillegungsprogramme. Großräumig allerdings noch keine Trendumkehr für ME erkennbar und Bestände früherer Jahrzehnte meist nicht wieder erreicht. Gute Wachteljahre in ME z.B. 1989 in NL (und DK, S., GB), 1993 in N-D, 1997 in NL, CZ und CH [1343,196,3393,3638,375,3978]. Entstehung von »Wachteljahren« nicht vollständig geklärt, für regionale Konzentrationseffekte neben Zwischenzug von Brutvögeln des Mittelmeerraumes vielleicht Suche nach geeigneten Brutplätzen bei flächendeckend ungünstigen Bedingungen verantwortlich [1331], aber wohl vor allem bedingt durch günstige klimatische Bedingungen im Mittelmeerraum und guten Bruterfolg im Vorjahr [843,1343].

Siedlungsdichte. Distanzen zwischen Paaren 0.1-1.0 km, home range eines Paares oft < 1 ha, bei unverpaarten ♂ 2-6 ha. Nichtterritorial. »Dichte« meist zw. 0.1-4.0 rufenden ♂/km² [2159,1484], in SE-PL bis 4.5 ♂/km² [3871].

Gefährdungsursachen [1369,1719,3892,196,1998]. Drei Faktoren wirksam:

(1) Klima oft Hauptursache für Arealveränderungen und Populationsschwankungen. Atlantische Klimaeinflüsse zur Brutzeit wie bei anderen Hühnervögeln sehr negativ. Langstreckenzieher zudem von anhaltender Dürre in Sahelzone betroffen;

(2) Intensivierung der Landwirtschaft mit Zerstörung kleinstrukturierter Kulturlandschaft, Verlust von Grasland und Brachflächen, früheren und häufigeren Mahdterminen, Stickstoffüberdüngung, zu dichten Saatreihen sowie Einsatz von Bioziden;

(3) Erhebliche Verluste durch menschliche Verfolgung in Durchzugsgebieten im N Mittelmeerraum und N-Afrika, früher auch ME.

Kurzstreckenzieher derzeit weniger gefährdet, da offensichtlich nur Verfolgung auf Bestand einwirkt; allerdings Straßenverkehrsopfer, Leitungsanflug etc.

Hybridisierung mit ausgesetzter Japanwachtel *Coturnix (c.) japonica*.

SPEC	VSchRL	Bern.Konv.	Bonn.Konv.
3	Anh. II-2	Anh. III	Anh. II
Europ. RL	**RL in ME**		
--	L, FL : 'CR', H : 'VU', A, CZ, SK: 'NT'		

Schutzmaßnahmen. Extensivierung der Landwirtschaft, einschließlich Wiederherstellung reich strukturierter, kleinparzelliger und großräumig vernetzter Kulturflächen, Verringerung des Einsatzes von Düngemitteln und Bioziden sowie Verlegung von Mahd und Umpflügen auf außerbrutzeitliche Perioden.

Verringerte Verfolgung in Durchzugsgebieten, vor allem Einhaltung bestehender Jagdgesetze und internationaler Übereinkommen.

Einstellung von Aussetzungsaktionen (insbesondere nichtheimischer Formen).

Aufklärung und Beeinflussung der Bevölkerung, insbesondere in den Durchzugsgebieten.

Biotop. Offene Feld- und Wiesenflächen mit hoher, Deckung gebender Krautschicht, bevorzugt tiefgründige bis etwas feuchte Böden. Fehlt in ganz trockenen oder baumbestandenen Flächen. Typische Brutbiotope Getreidefelder (bes. Winterge-

treide), Brachen, Luzerne- und Kleeschläge, auch Wiesen; später im Sommer oft Überwechseln z.B. in Hackfruchtäcker. In höheren Lagen mitunter auf einzelnen Wiesenstücken, auch mitten im Wald [z.B. 2918]

Nahrung. Mehr kleine Sämereien, dafür weniger grüne Pflanzenteile als Rebhuhn. Im Frühjahr und Sommer auch viel Insekten; Junge zunächst ausschließlich Insekten. Neben Getreidekörnern (besonders Weizen) spielen Samen von Ackerkräutern eine große Rolle.

Stimme. Geschlechter verschieden. Reviergesang ♂ »pick-werwick« (1. Silbe am lautesten, 2. deutlich leiser); meist folgen 4–7 »Schläge« aufeinander; dem 1. geht meist ein leiser gutturaler Vorschlag wie »chrau chrau« voraus. Rhythmus innerhalb eines Schlages individuell unterschiedlich. ♀ antworten dem ♂ mit weichem »gru-gru«. Viele weitere Rufe sehr leise und in Freiheit kaum zu hören. Bei erschrecktem Auffliegen »reck reck« oder »krwie krwie« o.ä.

Verhalten. Tag- und nachtaktiv; nachts vor allem Zug und im Frühsommer Reviergesang der ♂. Läuft geduckt, dann mit Flügelunterstützung Hochspringen, schleicht geschmeidig durch Deckung. In den warmen Mittagsstunden Staub- und Sonnenbad. Auf dem Zug gesellig; sonst Einzelgänger. Balz nach Ankunft im Brutgebiet; Gesang dient wohl in erster Linie Reviermarkierung. Details der Paarbildung lediglich von Gefg.beob. bekannt. Bei Gefahr suchen sie meist zu Fuß die nächste Deckung auf; fliegt meist erst im äußersten Notfall.

Fortpflanzung, Brutbiologie [337,1369,1784, 1722,1551,1484]. Extremer r-Stratege; innerhalb 12-15 Wochen geschlechtsreif, ermöglicht im zeitigen Frühjahr Geborenen eine Erstbrut noch im ersten Sommer und 2-3 Bruten innerhalb des 1. Lebensjahres (Belege dafür aus IL, E., F und MA). Verschiedene Paarungssysteme beschrieben, von strikter Monogamie bis Polygynie, Polyandrie und Promiskuität. Keine Territorien, aber Bildung von »Wachtelrufplätzen« an geeigneten Standorten; dichteunabhängige Bestandsregulierung; viele ♂ bleiben unverpaart und nomadisieren (Geschlechterverhältnis stark zu Ungunsten der ♀ verschoben). Ankunft am Brutplatz. Während Langstreckenzieher (S Sahara) im März nach N ziehen, beginnen N-afrikanische/S-mediterrane Kurzstreckenzieher und Standvögel erste Brut. Erster Schub ins ME Brutgebiet im April/Mai, zweiter Schub im Juni/Juli offenbar durch Brutvögel aus südlicheren Regionen. **Nest.** Am Boden, gut versteckt in höherer Kraut- und Grasvegetation. ♀ scharrt flache Vertiefung, spärlich mit dürren Pflanzenteilen ausgelegt. **Legebeginn.** S 40° N im März, April, in ME ab Mitte/Ende Mai bis Juli – im Gebirge etwa 1 Monat später. Spätgelege noch im Aug. und Sept. **Gelegegröße.** 7-13 (6-18), große (bis 26) wohl von 2 ♀; Ø FIN_{10} 10.3, DK_{17} 10.2, CS_{32} 10.1, D-BW_{17} 11.6, aber variabel, z.B. MA $(1994)_{19}$ 10.3 bzw. $(1992)_{19}$ 12.9; zudem Kalendereffekt. Legeintervall 1 d. Gelege von 11-12 Eiern entspricht ungefähr Körpergewicht des ♀ **Eier.** Meist breitoval, glänzend, gelblicher Grund mit dunkelbrauner bis schwarzer Zeichnung (variabel, bis hin zu Marmorierung). **Brutdauer.** 16-17 (-21) d; ♀ brütet, ♂ in Nähe; Bebrütung nach letztem Ei. **Nestlings-/Führungszeit.** Juv. schlüpfen synchron (meist innerhalb 1 h), verlassen Nest am selben Morgen; werden vom ♀ (anfangs auch ♂) geführt. Ab 11 d kurze Flüge, mit 19 d voll flugfähig; Auflösung der Familie mit 4(-7) Wochen. **Jahresbruten.** In ME 1, zuweilen 2; Ersatzgelege. **Bruterfolg.** Schlüpferfolg mit ca. 20% sehr gering. Nachwuchsziffer in ME nur etwa 2 Juv./♀ und Jahr.

Eimaße und -gewichte. L. 25.0-34.5 mm, B. 20.0-25.0 mm, Ø: 30.1 x 23.2 mm (n=94, D), 30.4 x 22.7 mm (n=100, B), 30.1 x 25.5 mm (n=128, CS); Frischvollgew. 7.9-8.9 g, $Ø_{17}$: 8.32; Schalengew. 0.52-0.90 g, $Ø_{300}$: 0.72 g.

Sterblichkeit, Alter. In I (1938-53) 69-73 %/J. [3098]. Älteste Ringvögel mind. 8 J. **Generationslänge.**: < 3.3 J. [383].

Mauser. Mauserperioden und z.T. Umfang variabel und abhängig vom Brutbeginn [1484]. **Postjuvenile Mauser** (Teilmauser) Körpergefieder ab 17–21 d, Schwungfedern ab 22 d; bei früh Geschlüpften schon vor Wegzug beendet, mehrheitlich aber Mauserunterbrechung während Zug und Abschluss erst im Winterquartier; hier ab Sept./Nov. weitere Körper-, Schwung- und Steuerfedern erneuert; 3 (4) äußere HS bleiben stehen [3298,1484]. • **Postnuptialmauser** (Vollmauser) ab Mitte Juni/Mitte Aug., ♂ beginnen vor ♀; bei Zugbeginn i.d.R. unterbrochen und im Winterquartier bis Okt./Jan. beendet [767,1814,1484]. • **Pränuptialmauser** (Teilmauser) Jan.–April; Kehle und Teile des Körpergefieders [767,1356,1484].

Alectoris rufa – Rothuhn 03580

Alectoris [rufa] rufa (Linnaeus 1758)

GB **Red-legged Partridge** F **Perdrix rouge** E **Perdiz Roja**

Taxonomie. Drei schwach differenzierte UA: *rufa* (Linnaeus 1758) (F, NW-I), *hispanica* (Seoane 1894) (NW-Iberien) und *intercedens* (A.E. Brehm 1858) (E- & S-Iberien).
Bildet Superspezies mit *A. graeca* (Alpen, Balkan), *A. chukar* (Vorderasien bis China), *A. philbyi* (SW-Arabien) und *A. magna* (Zentralchina) [vgl. 3114]. In relativ junger Kontaktzone zw. *rufa* und *graeca* im SW Alpenraum findet eingeschränkte Hybridisation in schmalem Streifen statt [3115].

Kennzeichen. Größendimorph [1784,221,3772, 3615; **Foto** in Brit. B. **93**, 287].

Maße. (*rufa*): Gr.: 32-34 (38) cm. Gew.: ♂ 480-550 g, ♀ 390-520 g. Fl.spw.: 47-50 cm. Fl.l.: ♂ 16.1-16.9 cm, ♀ 15.2-16.1 cm [1784,3615].

Status. Ehemaliger lokaler Brutvogel. Neuerdings Auftreten nur nach Aussetzungen (s.u.); z.B. in **B** in Kategorie E geführt [1677].

Wanderungen. Im Ursprungsgebiet und Eingebürgerte in GB Standvogel. Br. E. verlassen höhere Lagen (ab ca. 2000 m) im Winter [3615].

Verbreitung und Bestand. Mediterranes Faunenelement. Verbreitung nach starken Rückgängen und Arealverlusten nur noch in SW-Europa und I sowie nach Einbürgerung auf GB und einigen atlantischen Inseln, dabei in F nach N durch die 8°-März-Isotherme und nach E durch 2°-Januar-Isotherme begrenzt [4180]. Weltbestand etwa 2.0-4.5 Mio. BP, davon 1.8-3.7 Mio. in E., 0.1-0.5 Mio. in F und bis 0.2 Mio. in GB [383]. Kleine autochthone Brutvorkommen in ME spätestens im 18. Jh. (überwiegend aufgrund klimatischer Änderungen) erloschen [1722]. Kleine Hybridisationszone mit Steinhuhn (*A. graeca*) in den Alpen S-F [1507].

Bestandsentwicklung und Gefährdung. In (S)W-ME ehemals verbreiteter Brutvogel, bis 16. Jh. erloschen aber Bestände am Mittelrhein und im Rheinland (D-BW, -RP, -HE bis L) und bis 17. Jh. am Oberrhein (vor allem Elsaß) [1369,1722,1680]. In D-BY hielten sich letzte Vorkommen bis ins 18. Jh. [4175], im CH Jura bis 19. Jh. [196]. Letzte Brutvorkommen in ME erloschen vor 1920 in S-CH [1369]; seither nur nach Aussetzungsaktionen kurzzeitig ansässig [D (bis -NI), CH, B, auch Elsaß, NL: 1369,1589,1719,1722,196,337,3636]. Bis in jüngste Zeit immer wieder Versuche von Aussetzungen in ME oder benachbarten Regionen (z.B. Elsaß, NL, D-NW). Offensichtlich in letzten Jahrzehnten aber keine stabilen Brutpopulationen mehr [196], z.B. auch neu etablierte Bestände in NL von max. 25-30 BP in 1980er J. erloschen [3638]. Allerdings durch erneute Aussetzungen wiederum kleine Population in S-NL etabliert mit 3-10 BP 1998-2000 [3638], ferner einzelne Bruten in 1990er J. in D-NW [2161] und eine Brut in D-BY 2000 [1255].

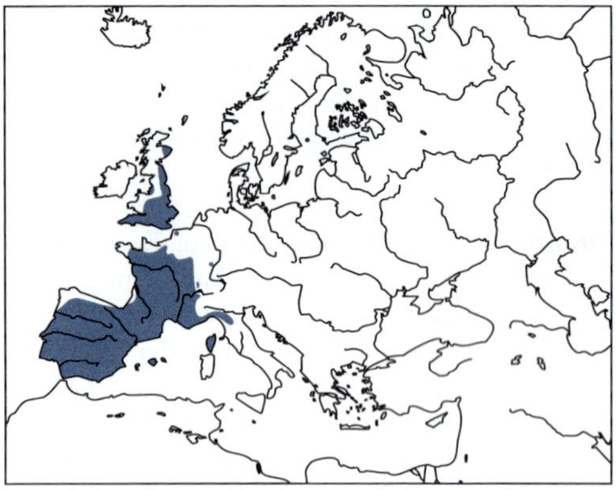

Alectoris rufa – **Rothuhn**

SPEC	VSchRL	Bern.Konv.	Bonn.Konv.
2	II-1,III-1	Anh. III	--
Europ. RL	RL in ME		
--	--		

Ursachen für Verschwinden aus ME weitgehend unklar: klimatische Ursachen denkbar, ferner intensivere landwirtschaftliche Nutzung, schließlich hoher Jagddruck [196,1722]. In weiten Teilen des Areals derzeit auffällige Bestandsrückgänge, hauptsächlich aufgrund extremer Bejagung, Intensivierung der Landwirtschaft oder Aufgabe der Landnutzung und Wiederbewaldung [1507].

Siedlungsdichte. In F nach Rückgängen derzeit großräumig < 1.0 BP/km^2 [1507]; lokal und in optimalen Gebieten bis zu 35 BP/km^2, im Mittel in reich strukturiertem Offenland 5-9 BP/km^2, in intensiv genutztem Kulturland < 5 BP/km^2 [1507].

Biotop. Weniger spezialisiert als andere *Alectoris*-Arten, von mediterranen Bereichen bis in gemäßigte, aber nicht boreale Zone. Bevorzugt in reich strukturiertem Offenland tieferer Lagen; zuweilen aber auch in höhere Regionen vordringend.

Nahrung. Sämereien, Blätter und Wurzeln, im Winter besonders Gräser und Hülsenfrüchte wichtig; bei Gelegenheit Früchte und Beeren; auch Insekten (vor allem Juv.).

Stimme. Gesang beginnt langsam mit kurzen, harten »tschok«-Elementen, deren Wiederholungsrate zunimmt und in Kombinationen aus »gotscheck-tschek-tschek-gotscheck-tscheck...« übergeht. Von beiden Geschlechtern chukarhuhnartiges »gotschok-tschok tschokorr..«. Aufgescheucht wetzend »wät-wät..« oder »dük-dük-kö-tschät«. Oft zahlreiche Wiederholungen, erinnert etwas an eine Dampfmaschine.

Fortpflanzung, Brutbiologie [337,767,1784, 1551]. Im 1. Lebensjahr geschlechtsreif (aber einjähr. Brutvögel meist ohne Erfolg). Monogame Saison- oder auch Dauerehe; sukzessive Bigamie bekannt. **Nest.** Am Boden, meist gut gedeckt unter Gebüsch oder Grasbulten. ♂ baut mehrere Nester, aus denen ♀ wählt. Flache Vertiefung mit wenig Pflanzenmaterial. **Legebeginn.** Ende Apr./Mai bis Juni. **Gelegegröße.** 10-16 (7-20, selten bis 28); Ø GB_{16} 12.7, Ø mehrerer hundert Gelege 11.2. Legeintervall 1-1.5 d, Ø 1.3 d. **Eier.** Oval, glänzend, gelb bis rahmfarben mit rotbraunen Punkten oder Flecken. **Brutdauer.** 23-25 d; ♀ brütet erstes Gelege, bei zwei Bruten wird 2. Gelege vom ♂ bebrütet; ab letztem Ei. **Nestlings-/Führungszeit.** Juv. schlüpfen synchron, verlassen Nest nach wenigen h; werden von beiden Ad. geführt oder bei 2 Bruten von jeweils einem Ad.; in ersten Tagen in extra erstellten Mulden gehudert. Ab 10 d können Juv. etwas fliegen, mit 50-60 d voll ausgewachsen, bleiben aber den Winter über bei den Eltern. **Jahresbruten.** 1 oder 2 (geschachtelt; Gelege gleich groß); Ersatzgelege. **Bruterfolg.** Aus 14 Gelegen mit 169 Eiern in GB schlüpften 154 Juv. (91%), Ø 11.8 geschlüpfte Juv./Gelege. Jungenmortalität sehr variabel und abhängig von Witterung und Nahrungsangebot (viele Gelegeaufgaben in nassen Frühjahren).

Sterblichkeit, Alter. **Generationslänge..** < 3.3 J. [383].

Mauser. Ähnlich Steinhuhn [767,1356].

Alectoris graeca – Steinhuhn 03570

Alectoris [rufa] graeca (Meisner 1804)

(GB) Rock Partridge **(F) Perdrix bartavelle** **(E) Perdiz Griega**

Taxonomie. Drei schwach differenzierte UA: *saxatilis* (Bechstein 1805) (Alpenraum, Apennin), *graeca* (Meisner 1804) (Balkan) und *whitakeri* Schiebel 1934 (Sizilien). Zur phylogeographischen Populationsstruktur [3116].

Kennzeichen. Größendimorph [1784,1369,221, 3772,3615].

Maße. (*saxatilis*): Gr.: 32-35 cm. Gew. (haupts.): ♂ 650-750 g, ♀ 500-650 g. Fl.spw.: 46-53 cm. Fl.l.: ♂ 16.7-17.4 cm, ♀ 15.7-16.7 cm [1369,3615].

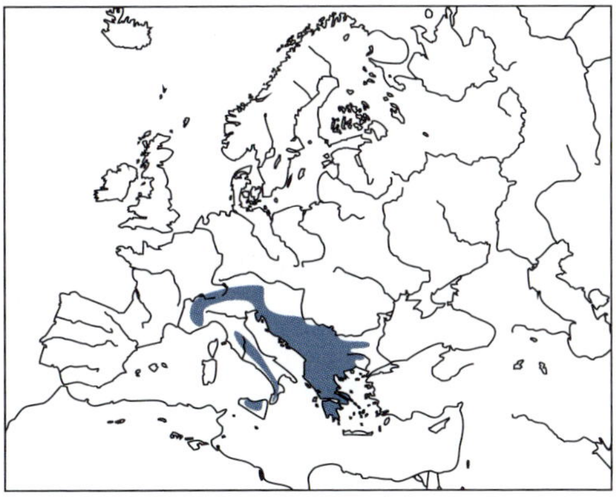

Alectoris graeca – **Steinhuhn**

Status. Wenig verbreiteter und nicht häufiger Brut- und Jahresvogel ohne weite Wanderungen (weitgehend beschränkt auf Altitudinalwanderungen). Daher außerhalb engumgrenzter Verbreitung nicht als Wildvogel nachgewiesen. Als Gefg.fl. (Kateg. E) geführt u.a. in B [1677].

Verbreitung und Bestand. Areal auf Europa beschränkt, von W-Alpen über Dinarisches Gebirge bis W-BG und von N-Alpen nach S bis Calabrien und S-Spitze Peloponnes; zudem isoliert (*whitakeri*) in Gebirgen Siziliens. In Alpen bevorzugt zw. 1600-2200m NN, seltener bis 700m oder bis 2800m. Weltbestand etwa 40.000-78.000 BP, mit größten Beständen in I (10-20 T.), GR (7-13 T.) und HR (5-10 T. BP); in ME (UA *saxatilis*) etwa 3.900-5.200 BP [383]. Kleine Hybridisierungszone mit Rothuhn (*A. rufa*) in den Alpen S-F [1507].

Wanderungen. Standvogel; geringe Vertikalwanderungen (im Sommer steigen Familien oft höher); Schneeflucht in geeignetere Bereiche ober- oder unterhalb des bevorzugten Lebensraumes. Kurze Wanderungen telemetrierter Vögel in F Alpen [s. 298].

Bestandsentwicklung. Nur wenige aussagekräftige Untersuchungen zur Bestandsdynamik vorhanden. Nach Jagdstatistiken S-CH extreme Bestandsschwankungen. Demnach Anf. 20. Jh. und erneut Mitte 1940er J. sehr hohe Bestände, seither stetige Abnahme und bis Anf. 1980er J. bei Räumung vieler subalpiner Lagen Tiefstand erreicht, daraufhin Jagdverbot [196,2399]. Ähnlich negative Entwicklung bei Beständen in A, wo ebenfalls viele Bereiche, speziell nördliche Kalkalpen, geräumt waren und Population weitgehend auf A-K beschränkt war [1502,1507]. Ab Mitte/Ende 1980er J. nach mehreren ausgesprochen warmen und trockenen Sommern deutliche Zunahme in S-Alpen (CH-TI, -VS, I) [3892,3392,3393] und erneute Ausbreitung [2399], und Stabilität in F [1507]. Auch in A-V und A-T offenbar starke Zunahme der Brutzeitbeob. [2238,1998]; Steigerung viell. durch Zuzug aus dichter besiedelten Regionen [1998]. Andererseits in CH Ende 1990er J., insbesondere nach extrem schneereichem Winter 1998/99, erneuter Rückgang [3393].

	Best.	Areal	Brutbestand	Jahr	Quelle
A	+/-	=	900–1.200	1998–2002	[383]
CH	↕	=	3.000–4.000	1993–1996	[383]

In D(-BY) schon im 19. Jh. starke Bestandsabnahme. Im 20. Jh. kaum noch Meldungen oder gar Brutnachweise [4175], zuletzt 1968 [204] bzw. 1979 [2808], Bestand gilt in D seit Anf. 1990er J. als »ausgestorben« [204], doch nach intensiven Kontrollen in geeigneten Lebensräumen seit 2001 wieder Brutzeitfeststellungen [Bauer et al.].
Aus jagdlichen Gründen vielerorts (z.B. CH-TI, A-V, A-T) Aussetzung von Chukarhühnern bis in jüngste Zeit, dadurch neben Artenschutz-Problem (s.u.) auch Fehleinschätzung der Vorkommen (Bestimmungsprobleme, Hybridisierung) [vgl. 205 für 1970er J. in D].

Siedlungsdichte. Im Tessin 1.3-4.0 Paare/km^2 [337], lokal in guten Jahren höher [3392].

Gefährdungsursachen [1502,1998,196]. Hauptursachen für Rückgang gravierende Biotopverluste aufgrund von Aufgabe und Veränderungen in Berglandwirtschaft, dadurch Wiederbewaldung bevorzugter Strukturen. Ferner Verlust von Winterlebensräumen und geeigneten Einständen.
(Über-)Erschließung der Vorkommensgebiete sowie Störungen durch Massentourismus und Freizeitsport.
Jagdliche Verfolgung (derzeit gering, da in meisten Ländern geschützt).
Aussetzung von Chukarhühnern in den Brutgebieten des Steinhuhns (Hybridisierung, Krankheitseintrag).
Natürliche Verluste durch ungünstige (feucht-kühle) Witterungsbedingungen während der Aufzuchtsperiode sowie durch Beutegreifer (an schneefreien Nahrungsplätzen im Winter, am Nest im Sommer).

SPEC	VSchRL	Bern.Konv.	Bonn.Konv.
2	I*1,II-1*2	Anh. III	--
Europ. RL	**RL in ME**		
--	D, FL: **'RE'**; A: 'VU'; CH: 'NT'		

*1 *A.g. saxatilis* und *A.g. whitakeri*, *2 *A.g. graeca*

Schutzmaßnahmen. Einrichtung von unerschlossenen Schutzgebieten von etwa 500 km^2 Größe im Bereich der Waldgrenze mit extremen Steillagen und großflächigen, licht bewaldeten Hängen. Unterstützung der traditionellen Berglandwirtschaft (Intensivierungsverbot).
Starke Kanalisierung von Tourismus und Freizeitsport.
Aussetzungsverbot von gezüchteten Steinhühnern und bes. von Chukarhühnern.

Vollständige Verschonung von der Jagd.

Biotop. Steinige, ± steile Hänge, in den Alpen vorwiegend S-Exposition, mit trockenem Boden, Rasen, Zwergsträuchern, Sträuchern, auch lichtem Wald (fehlt im dichten Wald); im Winter mitunter in tieferen Lagen (auch Ausweichen auf apere Hochlagen beob.), auch im Schutz von Siedlungen und auf extensiv genutzten Landwirtschaftsflächen.

Nahrung. Hauptsächlich pflanzlich. Im Herbst Blätter von Kräutern, Samen, fleischige Früchte; nach Wintereinbruch Gräser, immergrüne Kräuter; im Frühjahr neben Früchten auch Blüten; Junge besonders Insekten und deren Larven.

Stimme. Gesang wetzend »kaka kabi kaka kabit...« oder »tschatzibitz...«, steigert sich in Lautstärke und Tempo, klingt aus der Nähe hart und hölzern, höher als Chukarhuhn. Alpine Unterart *saxatilis* am Ende mit harschem, krähendem »ke-ke-kii-kii-kii«. Lockrufe »gack-gack...« o.ä.; beim Abflug kurz gepreßt »pitschii pitschii«.

Verhalten. Dämmerungs- und tagaktiv; Rufserien setzten im Mai/Juni noch bei Dunkelheit ein und sind bis Vormittag noch intensiv, am Nachmittag wieder Erhöhung der Intensität. Läuft gern hangaufwärts, fliegt fast immer hangabwärts. Nahrungserwerb auf dem Boden. Mai/Juni meist paarweise. Zur Brutzeit territorial. Bei der Balz steht singendes ♂ meist etwas erhöht. Paarbildung im Frühjahr und Paare bleiben meist über ein Jahr und länger zusammen. Kopulationen werden durch Rufe des ♂ eingeleitet, sind kurz (3 sec) und nicht sehr häufig. ♂ bewacht ♀ während der fertilen Phase. Hinweise auf Bigamie. Herbst-/Wintergruppen (max. 10 Ind. in den Alpen; im Herbst aber bis zu 100 in sehr günstigen Gebieten) lösen sich im Frühjahr auf.

Fortpflanzung, Brutbiologie [337,767,1784]. Im 1. Lebensjahr geschlechtsreif (aber einjähr. Brutvögel meist ohne Erfolg). Monogame Saison- oder auch Dauerehe; sukzessive Bigamie bekannt. **Nest.** Am Boden, gut versteckt, meist am Fuß eines Baumes oder Felsstückes. ♀ scharrt flache Vertiefung in Boden, wenig Material (Gras, Zweige, Laub). **Legebeginn.** Je nach Höhenlage Mai, Juni, in Hochlagen nicht vor Juli; in S-Europa früher. **Gelegegröße.** 8-14 (6-18), große (bis 39) von mehreren ♀; Ø CH_{13} 10.6. Legeintervall 1-2 d, Ø 1.3 d. **Eier.** Oval, glänzend, gelb bis lehmfarben mit spärlichen rostfarbenen Punkten oder größeren Flecken. **Brutdauer.** 24-26 d; ♀ brütet; Bebrütung ab letztem Ei. **Nestlings-/Führungszeit.** Juv. schlüpfen synchron, verlassen Nest nach wenigen Stunden; werden vom ♀ und anfangs auch ♂ zu Nahrungsstellen geführt und in ersten Tage gehudert. Ab 10-20 d können Juv. etwas fliegen, mit 50-60 d voll ausgewachsen und weitgehend selbständig. **Jahresbruten.** 1 (2. Brut, geschachtelt bekannt); Ersatzgelege.

Eimaße und -gewichte. L. 41.5-46.0 mm, B. 30.7-33.2 mm, Ø: 44.2 x 32.1 mm (n=66, CH), 43.3 x 31.7 mm (n=70, Alpen); Frischvollgew. ca. 22-24 g; Schalengew. 2.2-2.6 g, $Ø_{70}$: 2.36 g.

Sterblichkeit, Alter. Nicht bekannt. **Generationslänge:** < 3.3 J. [383].

Mauser. **Postjuvenile Mauser** (Teilmauser) Juni–Nov., aber variabel; ohne die beiden HS 9–10 und Flügeldecken [767,1369]. • **Postnuptialmauser** (Vollmauser) Mai/Juni–Aug./Nov. [767], ♀ beginnen während Eiablage und Bebrütung.

Alectoris chukar – Chukarhuhn 03550

Alectoris [rufa] chukar (J.E. Gray 1830)

(GB) **Chukar** (F) **Perdrix choukar** (E) **Perdiz Chukar**

Taxonomie. Zahlreiche UA, davon in Europa nur *kleini* (S-Balkan ostwärts) und *cypriotes* Hartert 1917 (Kreta, E Ägäis, CY, S-TR).

Kennzeichen. Größendimorph [1784,221,3772, 3615; **Foto** in Brit. B. **96**, 322].

Maße. Gr.: 32-34 cm. Gew. (*cypriotes*): ♂ 504-595 g, ♀ 462-545 g (andere UA leichter). Fl.spw.: 47-52 cm. Fl.l. (*kleini*): ♂ 16.2-17.2 cm, ♀ 14.8-16.0 cm [1784,3615].

Verbreitung, Bestand und Status. Brutvogel von SE-BG, Kreta, Ägäischen Inseln, CY, TR nach E durch Steppen- und Wüstengebiete Asiens bis Mandschurei. Aussetzung in NZ und NW-Amerika, aber auch mit verschiedenen UA und Mischformen (Chukar- x Steinhuhn) in Europa (z.B. GB, F, GR), leider auch im Verbreitungsgebiet des Steinhuhns [z. B. **A**-T und -V, **CH**-TI, -BE und -VS:3393,2238,1998]; offenbar bis jetzt ohne dauernden Ansiedlungserfolg, trotz Aussetzung in CH-TI von >500 Ind./J. von 1958-79 [4152]; wohl bedingt durch meist sehr geringen Bruterfolg [1507]. Europäischer Gesamtbestand 660.000 - 1.9 Mio. BP, über 90% davon CY und TR, stark rückläufig [383].

Wanderungen. Im Ursprungsgebiet Standvogel, verlässt im Winter jedoch höhere Gebirgslagen. In USA Eingeführte bewegten sich ca. 50 km in 2 Jahren. Tägliche Wanderungen zur Wasserstelle bis ca. 5 km [1784].

Bestandsentwicklung. Populationen in allen europäischen Brutgebieten derzeit rückläufig, Hauptursachen menschliche Verfolgung und Intensivierung der Landwirtschaft. In IL dagegen starke Zunahme nach Schaffung neuer Bewässerungssysteme in Wüstengebieten [1507].
Die Aussetzungsaktionen in ME offenbar wenig erfolgreich, allerdings fehlen eingehende avifaunistische Untersuchungen, daher rezenter Brutbestand unbekannt [196], aber Population in CH wohl erloschen [4152].

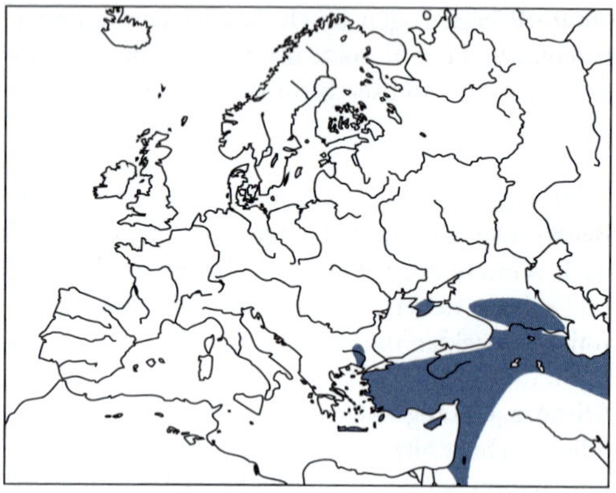

Alectoris chukar – **Chukarhuhn**

SPEC	VSchRL	Bern.Konv.	Bonn.Konv.
3	Anh. II-2	Anh. III	--
Europ. RL	**RL in ME**		
VU	--		

Biotop. Karge, steinige Hanglagen mit Grasbewuchs und niedrigen Büschen, meist in semi-ariden Gebieten oder Wüsten, von Niederungen bis > 3000 m NN.

Nahrung. Vorwiegend Knollen, Samen, Körner, Grassprösslinge usw.; auch Insekten.

Stimme. Gesang ähnelt einer gluckenden Henne, beginnt »tschuktschuk...«, steigert sich zu gutturalem »tschukarr«, tiefer als Steinhuhn. Verschiedene raue Rufe z.B. »dschedd«, bei Abfliegen hoch »pschrii« oder »wittu-wittu-wittu«.

Alter, Sterblichkeit. Generationslänge: < 3.3 J. [383].

Mauser. Ähnlich Steinhuhn [767,1814,3050].

Phasianus colchicus – Jagdfasan 03940

Phasianus [colchicus] colchicus Linnaeus 1758 syn.: Fasan

(GB) **Ring-necked Pheasant** (F) **Faisan de Colchide** (E) **Faisán Vulgar**

Taxonomie. Ca. 30 beschriebene UA; europäische Vorkommen gehen wohl hauptsächlich auf Aussetzungen der Nominatform zurück. Bildet Superspezies mit alllopatrisch verbreitetem *P. versicolor* (JAP).

Kennzeichen. Sexualdimorph [1784,1369,221, 3772,3615].

Maße. Gr.: ♂ 75-89 cm (Schwanz 42-59 cm), ♀ 53-62 cm (Schwanz 29-32 cm). Gew.: ♂ 770-1900 g, ♀ 545-1453 g. Fl.spw.: 70-90 cm. Fl.l.: ♂ 23.5-26.7 cm, ♀ 21.0-23.5 cm [1369,3615].

Status. Nach Aussetzungen Brut- und Jahresvogel, aber meist stark von Hege und anhaltenden Aussetzungen abhängig und oft nur in klimatisch begünstigten Niederungsgebieten selbsttragende Populationen.

Verbreitung und Bestand. Ursprünglich S(E)-palärktische Art in Trockengebieten von TR bis JAP mit großem zusammenhängenden Areal von Mandschurei bis S-China. Nach vielen Aussetzungen mit verschiedenen Subspezies (sowie Kreuzungen) in W-Europa und ME weit verbreiteter Brutvogel der Niederungsgebiete bis 600m NN (in S-Alpen und bei entsprechender Hege auch höher). Meiste Populationen in erheblichem Maße von weiteren Aussetzungen und Hege abhängig. Europäischer Gesamtbestand etwa bei 3.4-4.7 Mio. Hähnen (»Paaren«), mit Populationen > 1 Mio. in GB, > 200.000 in H, RO, YU und > 100.000 in D, DK, PL, F und HR [383, erg.]. In ME etwa 0.8-1.3 Mio. [383].

Wanderungen. In ME Standvogel.

Bestandsentwicklung und Einflussfaktoren. Möglicherweise schon von Römern eingebürgert. Dennoch in ME in größerer Dichte auch in günstigen Gebieten oft nur aufgrund von Winterfütterungen und Neubesatz.

Aufgrund geringer Kenntnisse über Ausmaß der Aussetzungsaktionen und Hegemaßnahmen sind Feststellungen von Bestandsveränderungen wenig aussagekräftig. Dennoch scheint Aufwand

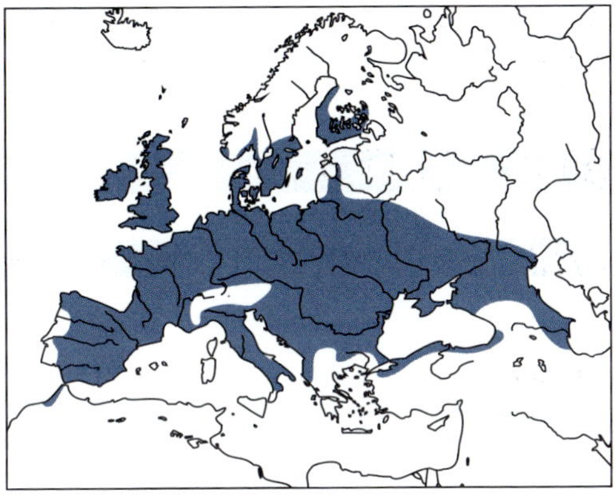

Phasanius colchicus – **Jagdfasan**

zur Erhaltung genügend großer Bestandsdichten in den letzten Jahrzehnten deutlich höher und – nicht nur bei Ausbleiben von Hege- und »Auffrischungs«maßnahmen – meist starker Bestandsrückgang, bes. seit Ende 1980er J. (z.T. weit über 50%, gebietsweise > 90%) und Arealverlust [z.B. D, CH, CZ und NL:203,1722,1507,375,3393, 2159,1585,3638,310,3163]. Andererseits Ausbreitung und Zunahme in Zentral-PL [3871], in FIN, DK seit 1950er J. und RO, BG seit 1970 [1507,1585].

	Best.	Areal	Brutbestand	Jahr	Quelle
A	↕	=	50.000–150.000	1998–2002	[383]
B	↕	=	20.000–100.000	2001–2002	[383]
CH	↓	-1	100–500	1998–2002	[383]
CZ	↓	-1	75.000–150.000	2000	[383]
D	↓	-1	120.000–210.000	1995 1999	[383]
FL	⇩	-2	2–5	1998–2000	[383]
H	↓	=	320.000–380.000	1999–2002	[383]
L	⇩	-1	80–100	2002	[383]
NL	↓	-1	50.000–60.000	1998–2000	[383]
PL	↓	-1	150.000–200.000	2000–2002	[383]
SK	↕	=	20.000–40.000	1990–1999	[383]

Hauptursache wie bei anderen Bodenbrütern des Kulturlandes Lebensraumverlust und -beeinträchtigung durch Intensivierung und Änderungen der

Landwirtschaft sowie Biozideinsatz (s. andere Kulturlandarten); ferner hohe Verluste bei Jungvögeln in nassen Sommern (wie auch bei anderen Hühnervögeln). Bei unzureichenden Deckungsmöglichkeiten starke Dezimierung durch Fressfeinde. Zudem oft erhebliche Jagdstrecken sowie strenge, schneereiche Winter als bedeutende Verlustursachen. Nicht zuletzt Abnahme der Aussetzungen (wohl auch wegen der hohen Kosten).

SPEC	VSchRL	Bern.Konv.	Bonn.Konv.
--	II-1, III-1	Anh. III	--
Europ. RL	RL in ME		
--	--		

Siedlungsdichte. Werte variieren stark (s.o.), großflächig in D-BB 0.5-3.4 Rev./km^2 [1], in PL max. bis 9 BP/km^2 [3871].

Biotop. Offene und halboffene Landschaft mit ausreichend Deckung (bes. im Winter als Wind- und Schneeschutz), meist Agrarlandschaft mit Hecken, Feldgehölzen, Schilf oder nahegelegenen lichten Wäldern (z.B. Auwälder). Höchste Dichten in wintermilder, abwechslungsreicher Kulturlandschaft, in der ein jahreszeitlicher Wechsel der Biotopwahl möglich ist.

Nahrung. Überwiegend pflanzlich, doch sehr vielseitig. Junge fressen in ersten Lebenswochen kleine Wirbellose. Größe der Objekte variabel, von kleinen Sämereien bis Eicheln, ferner Beeren, Rhizome, grüne Pflanzenteile (bes. im Frühjahr) und eine große Artenzahl von Wirbellosen (z.B. Regenwürmer, Nackt- und Gehäuseschnecken, Insekten) und gelegentlich auch kleine Wirbeltiere.

Stimme. Reviergesang ♂ (hauptsächlich Feb./Juni, auch Herbst) laut »göö-gock«, »gogock« o.ä.; meist folgt Flügelburren. Rufe des ♂ in längeren Abständen »gogok«; bei erschreckten Abflügen auch kreischende Rufe; ♀ rufen aufgescheucht »zi-zik zi-zik«. Viele weitere Rufe. Flügelburren nach Gesang und bei plötzlichem Abflug.

Verhalten. Tagaktiv. Schlafplatz wird etwa mit Sonnenaufgang verlassen. Tagesaktivität meist ± zweiphasig mit Ruhepausen um Mittag. Läuft schnell mit relativ großen Schritten; Abflug geräuschvoll. Meist sind Flugstrecken nur wenige hundert m lang. Nahrungserwerb meist am Boden; mitunter wird Nahrung freigescharrt. Nachtruhe meist auf Bäumen oder in hohen Büschen kleiner Gehölze oder im Randbereich großer Bestände. Im Winter meist kleinere Trupps; oft Trennung der Geschlechter, wobei ♂ nur zu wenigen beisammen sind. Trupps lösen sich im Frühjahr auf. ♂ grenzen durch Reviergesang Territorien ab; daneben auch nichtterritoriale ♂. Auch die winterlichen ♀-Trupps zerfallen in kleine Gruppen, wandern z.T. durch die Reviere der ♂. Kompliziertes Sozialverhalten z.T. noch unklar. Balz ab Mitte März bis Mai/Juni. Reviergesang des ♂ lockt auch ♀ an. Gegenüber dem ♀ Futterlocken und seitliches Präsentieren. Letzteres mit hochgehaltenem Kopf ist Drohhaltung, wobei aggressive ♂ nebeneinander herlaufen können. Schließlich kommt es auch zu Kämpfen, die meist unblutig verlaufen. ♀ zeigen ähnliches Imponierverhalten wie ♂.

Fortpflanzung, Brutbiologie [337,767,1784, 1722,1551]. Im 1. Lebensjahr geschlechtsreif; polygyn (Harembildung). **Nest.** Am Boden, gut gedeckt in Gras und Kräutern, auch in Hochstauden und an Baumstämmen, nicht selten an Weg-, Graben- oder Waldrändern; ausnahmsweise höher, in Heuhaufen, alten Gemäuern innerhalb Vegetation oder alten Baumnestern. ♀ scharrt flache Mulde, mit sehr wenig dürrem Pflanzenmaterial ausgelegt, später Bauchfedern des ♀. **Legebeginn.** In ME (Mitte März) Anf. April bis Anf. Juni, späte bis Aug./Sept. **Gelegegröße.** 8-12 (6-16), große (bis 23) von 2 oder mehreren ♀, Verlegen nicht selten, auch in Nester von Rebhuhn, Stockente etc.; Ø CH_{236} 11.9, GB_{210} 11.8, D-BW_{15} 11.7. Legeintervall 1 (-2) d, Ø 1.3 d. **Eier.** Breitoval, glänzend, hell braungrau bis oliv. **Brutdauer.** 23-24 (22-26) d; ♀ brütet; Bebrütung ab letztem Ei oder 2 d später. **Nestlings-/Führungszeit.** Juv. schlüpfen synchron, verlassen Nest nach wenigen h; ♀ führt, anfangs sehr kälteempfindliche Juv. werden intensiv gehudert. Ab 10-12 d können Juv. etwas fliegen, mit 3-4 Wochen baumen sie zum Schlafen auf; sie bleiben bis 70-80 d vom ♀ abhängig. **Jahresbruten.** 1; bis 2 Ersatzgelege (kleiner als Erstgelege). **Bruterfolg.** Von 345 Nestern in GB 61% mit Erfolg (Verluste durch Prädation, Mahd sowie Verlassen). Schlüpferfolg in GB bei 210 Gelegen 83%, mittlere Brutgröße 9.8 Juv. In F überleben i.d.R. nur 2 Juv./♀ bis zum Herbst. Da kaum tragfähige Populationen in Europa existieren, ist Sterblichkeit der Juv. offensichtlich generell zu hoch.

Eimaße und -gewichte. L. 39.0-50.0 mm, B. 32.1-38.4 mm, Ø: 45.0 x 35.6 mm (n=87, D), 45.6 x 35.7 mm (n=126, B); Frischvollgew. 24.5 -37.9 g, Ø: 32.5 g (n=20, B), 29.4 g (n=110, CS); Schalengew. 2.40-3.68 g, Ø$_{200}$: 2.95 g.

Sterblichkeit, Alter. Nach Berechnungen DK im 1. Lebensjahr 84 %, in späteren 58 %, doch entsprechend Jagddruck, Biotopqualität, Winterhärte sind unterschiedliche Werte zu erwarten. In Süddakota/USA Sterblichkeit ad. ♀ 54 %/J., am höchsten im Mai [2288]. Höchstalter eines freilebenden Ind. 7 J. 7 Monate. **Generationslänge:** < 3.3 J. [383].

Mauser. **Postjuvenile Mauser** (Vollmauser) beginnt noch vor vollständigem Verschwinden des Dunenkleides ab 19–26 d mit Alula und ab 24–30 d mit HS 1 [1369,3050,1688]; anschließend AS ab 37 d, ST ab 45–63 d; im Alter von 20 Wochen mehrheitlich abgeschlossen, Mitte Sept./Dez. [1369]. • **Postnuptialmauser** (Vollmauser) (Juni) Juli–Sept. (Okt.), ♂ etwas früher als ♀, die nach Schlüpfen der Jungen beginnen [767,1369,1814, 3050,1688]; Dauer ca. 3 Monate [767, 1356].

Perdix perdix – Rebhuhn 03670

Perdix [perdix] perdix (Linnaeus 1758)

(GB) **Grey Partridge** (F) **Perdrix grise** (E) **Perdiz Pardilla**

Taxonomie. 8-10 UA z.T. fraglicher Validität; in ME größtenteils Nominatform. Ursprünglich in NE-NL und W D-NI verbreitetes »Heiderebhuhn« *sphagnetorum* (Altum 1894) inzwischen durch starken Rückgang und Vermischung mit angrenzenden Populationen weitgehend verschwunden. Es handelte sich offenbar um Population mit auffälliger Häufung melanistischer Phänotypen und deren Kreuzungsprodukten mit dem Wildtyp. Bildet Superspezies mit dem Bartrebhuhn *P. dauurica* (zentrale Südpaläarktis ostwärts).

Kennzeichen. Sexualdimorph [1784,1369,221, 3772,3615; **Foto** in Brit. B. 95, 435].

Maße. Gr.: 29-31 cm. Gew.: ♂ 350-450 g, Ø: ca. 200 g, ♀ 340-420 g, Ø: ca. 230 g. Fl.spw.: 45-48 cm. Fl.l.: ♂ 15.4-16.6 cm, ♀ 15.1-16.0 cm [1369,3615].

Status. Brut- und Jahresvogel in weiten Teilen ME. Nach dramatischen Bestandsrückgängen mit Verbreitungslücken. Geringe Ausbreitungsneigung. Vielzahl von Aussetzungen zur Bestandsstützung, dabei unsinnigerweise auch Bartrebhuhn verwendet.

Verbreitung und Bestand. Ursprünglich Steppen- und Waldsteppenbewohner; Kulturfolger. Verbreiteter Brutvogel von W-Europa bis Zentralsibirien mit Lücken in S- und N-Europa; eingebürgert in N-Amerika und NZ. Verbreitungsgrenzen und Bestandszahlen aufgrund von Aussetzungen mit starken Schwankungen; oft keine unbeeinflussten Bestandsentwicklungen. Brutvogel in tieferen Lagen bis 600

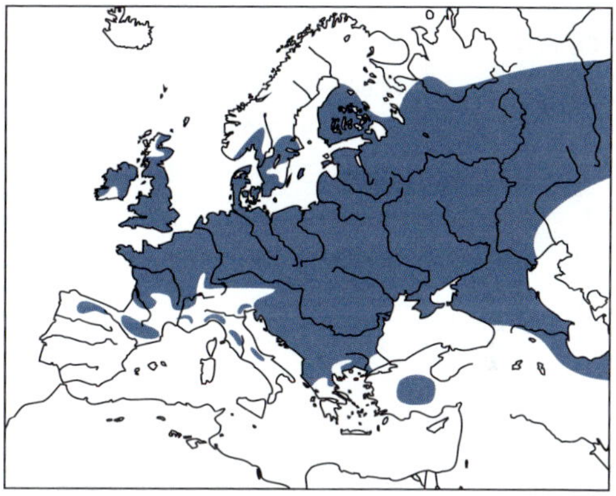

Perdix perdix – **Rebhuhn**

m NN; in Alpen und Tatra früher inselartige Vorkommen bis in subalpine Stufe [1369]; in SW-Europa und TR sehr lückig in der Alpinstufe. Weniger als Hälfte des Weltbestandes in Europa konzentriert, wo etwa 1.6-3.1 Mio. BP [383]. In ME Bestand von 410.000-800.000 BP, davon gut 2/3 in PL [383.].

Wanderungen. Überwiegend Standvogel. Ansässige Ind. verbleiben meist innerhalb weniger km^2; »Verstreichen« vor allem von ausgesetzten Ind. bekannt. In früheren Jh. als »Zughühner« beschriebene, durch ME nach W bis Normandie auftretende, wandernde Rebhühner wiesen Merkmale juv. *P.p. perdix* auf und könnten damit auf evtl. dichteabhängiges, damals wesentlich größeres Dispersionsverhalten hinweisen. Br. RUS und FIN (*P. p. lucida)* zeigen Winterfluchtbewegungen über größere Strecken S bis W.

Bestandsentwicklung. Einsetzend mit der Modernisierung der Landwirtschaft drastische Bestandseinbußen im gesamten Europa, in GB und Teilen ME ab 1950er, in E-Europa meist 1970er J. [3892,1507]. Bestände inzwischen in N. [1357] und FL vollständig und in CH [3393,3392] und IRL [1343,3892] nahezu erloschen; intensive Schutzmaßnahmen für Rebhuhn z.T. schon zu spät [CH: 1873]. In ganz ME viele Populationen extrem ausgedünnt und Größe der Gesamtpopulation oft nur 1-20% des Vorkriegsbestandes [D, A, H, CZ, NL, B, SK., PL: 1369,1507,1722,375,3892,1585, 3638,3871,636,2200; auch Elsaß, GB, I: 3892,196]. Weniger dramatisch (bisher) Verluste in weiten Bereichen PL sowie Teilen N-F [196,1585].

	Best.	Areal	Brutbestand	Jahr	Quelle
A	+/-	=	6.000–12.000	1998–2002	[383]
B	⇩	- 2	5.600–11.000	2001–2002	[383]
CH	⇩	- 2	10.000–15.000	1993–1996	[383]
CZ	↑	+ 1	12.000–24.000	2000	[383]
D	⇩	- 2	56.000–91.000	1995–1999	[383]
H	+/-	=	14.000–33.000	1999–2002	[383]
L	⇩	- 2	40–60	2001	[383]
NL	⇩	- 2	9.000–13.000	1998–2000	[383]
PL	⇩	=	300.000–600.000	2000–2002	[383]
SK	⇩	- 1	3.000–8.000	1999	[383]

Arealverluste in jüngster Zeit aus vielen Regionen bekannt [196]. Suboptimale Gebiete kaum mehr besetzt und auch ehemals dicht besiedelte Regionen nach Intensivierung der Landwirtschaft verlorengegangen [965,1722,1997,3393,1,196,636 etc.]. Bei anhaltendem Bestandsrückgang in ME großräumige Arealverluste, wie schon jetzt in GB [1343], z.B. subalpine Bereiche ME weitestgehend geräumt [1507]; gebietsweise durch Schutzmaßnahmen inzwischen auf niedrigem Niveau stabil [für PL:3871].

Siedlungsdichte. In SW-D 200 BP/1120 km^2; NL 3000–4000 BP/2680 km^2, 925-1020 BP/2000 km^2; E-D 20 BP/120 km^2 und 50-100 BP/480 km^2. Heute Dichten meist 0.2–1.7 BP/100 ha (NL, E-D usw.), in günstigen Gebieten W-ME bis 3–9 BP/100 ha [337,1507;1011,2200], in PL 5-10 BP/100 ha [3871]; Optimalgebiete in F noch mit >30 BP/100 ha [1507].

Gefährdungsursachen [1719,196,1369,1507,3892, 3061,2704,3190,3180,3906,521,1873,3155N]. Hauptursache für Bestandsrückgang ist Intensivierung und Technisierung der Landwirtschaft, dabei entscheidend:

(1) Verlust der Ackerraine und Feldhecken als Deckungsstrukturen;

(2) Übergang von kleinparzellierten, abwechslungsreichen Anbauflächen mit Fruchtwechsel/ Mehrfruchtwirtschaft sowie Winterbrachen zu großflächigen Ackersteppen (»Monokulturen«) mit Umbruch nach Ernte und zunehmendem Anbau von Wintergetreide;

(3) drastischer Verlust der Insektennahrung und der Ackerwildkräuter durch Biozideinsatz;

(4) Einbeziehung der Ackerraine in Intensivnutzung;

(5) sehr hohe Jungen- und z.T. Weibchenverluste durch Ausmähen und »Flurpflegemaßnahmen«;

(6) Jungenverluste durch Störungen oder durch Verklammung bei Feldbewässerung durch Berieselungsanlagen;

(7) Aufgabe der ursprünglichen Berglandwirtschaft in subalpinen Gebieten.

Der oft geforderte maximale Ertrag pro Flächeneinheit und die dazu erforderliche Mechanisierung, Technisierung und chemische Behandlung sind unvereinbar mit den ökologischen Ansprüchen einer naturgerechten Landwirtschaft. Notwendig ist Mittelweg zwischen ökonomisch erforderlichen Produktionssteigerungen und ökologischer Entwicklung der offenen Feldflur.

Hoher Jagddruck mit besonders großen Auswirkungen auf schon geschwächte Bestände.

Verluste und Vertreibungswirkung durch Straßenverkehr.

Aussetzung von Zuchtvögeln anderer, häufig schlecht angepasster UA (oder gar Fremdarten wie Bartrebhuhn *P. dauurica*) mit geringen Überlebenschancen und niedrigeren Reproduktionsraten, hierbei zudem Gefahr der Einschleppung von Parasiten und Krankheiten sowie der Hybridisierung.

Störungen zur Brutzeit (u.a. Flugobjekte).

Natürliche Verluste: Durch Witterung in nasskalten Brutperioden; bei Gelegen und Jungvögeln durch Prädation (vor allem Aaskrähe, Habicht, Fuchs); bestandsbedrohender Einfluss aber fraglich.

SPEC	VSchRL	Bern.Konv.	Bonn.Konv.
3	I[*1],II[*2],III[*2]	Anh. III	--
Europ. RL	**RL in ME**		
VU	CH: 'CR', D, L: 'EN', A, H, NL:'VU', CZ, SK:'NT'		

[*1] *P.p.italica* und *P.p.hispaniolensis*, [*2] alle anderen

Schutzmaßnahmen. Extensivierung der Landwirtschaft, Wiederherstellung reich strukturier-

ter, kleinparzelliger Ackerflächen mit Rainen und reichem Angebot an Ruderalflächen; Vergrößerung des Brachflächenanteils und Stilllegungsflächen (deren Ausweisung aber nur sinnvoll, wenn für mehrere Jahre kein Anbau stattfindet); Förderung von Hecken und Knicks. Managementmaßnahmen zur Verringerung der Kükensterblichkeit im Brutgebiet.
Verringerung des Einsatzes von Düngemitteln und Bioziden. Vermehrter Anbau von Sommergetreide oder höherer Anteil an Winterbrachen und spät umgepflügter Äcker.
Einschränkung der Jagd oder vollständiger Jagdverzicht bei Bestandsrückgang.
Einstellung von Aussetzungsaktionen, zumindest solchen mit nicht standorttypischen Formen und in Gebieten ohne Lebensraumaufwertung [vgl. 3906].
Schutzbezogene Ursachenforschung.
Aufklärung der ländlichen Bevölkerung über ökologische Ansprüche sowie der Jäger über die Wirkung des unsinnigen Beschießens großer Ketten »zur Inzuchtvermeidung«. Ruf nach Reduktion der Fressfeinde (u.a. Fuchs, Habicht, Rabenvögel) verlagert Problem ohne langfristige Verbesserung für betroffene Bodenbrüter der Kulturlandschaft.

Biotop. Br. der Steppen und Waldsteppen, in Europa heute offenes Ackerland, Weiden und Heidegebiete. Bevorzugt trockenen Untergrund und klimatisch milde Niederungsgebiete in ME. Ist keineswegs auf ständige und dauernde hohe Deckung angewiesen, benötigt aber zum Überleben gegliederte Ackerlandschaft, in der auch Hecken, Büsche, Staudenfluren, Feld- und Wegraine, evtl. auch Brachflächen das ganze Jahr über Nahrung und Deckung bieten.

Nahrung. Überwiegend pflanzlich, doch auch bei Ad. im Sommerhalbjahr mitunter hoher Anteil an Insekten und deren Larven. Bei Küken in 1./2. Woche Nahrung fast ausschließlich Kleintiere und meist erst ab 4. Woche tierischer Anteil < 50 %. I.d.R. je etwa 30 % im Jahresmittel grüne Pflanzenteile, Getreidekörner und kleine Sämereien von Feldkräutern und 10 % Insekten. Grünfutter, besonders Klee, Luzerne, Grasspitzen und Wintergetreide. Samen von Knöterich-Arten, Wegerich, Feldrittersporn. Grünzeug dominiert im Winter und Frühling, Getreidekörner bilden im Sommer/Herbst wichtige Bestandteile, Wildkrautsamen ebenfalls. Täglicher Bedarf 45-80 (Ø 65) g. Bis mehrere hundert Magensteinchen wurden gefunden.

Stimme. Revierruf des ♂ (vor allem früh und abends) schnarrend »girrhäk«; Kontakt- und Sammelruf »grriweck« oder »kirrik«. Beim Auffliegen »gijig gig…«, Ketten rufen beim Auffliegen durchdringend »ripriprip…«; oft schließt sich nach dem Landen »girräh« an.

Verhalten. Tag- und dämmerungsaktiv. Rennt rasch mit ± aufrechtem Hals. Auffliegen mit lautem Flügelburren, dann jeweils Serie rascher Flügelschläge und kurze Gleitflugstrecke mit leicht gesenkten Flügeln, meist niedrig über dem Boden. Ruheplätze meist auf dem Boden; besonders im Winter Windschutz sehr wichtig, auch Schlafmulden im Weichschnee. Sand- und Staubbaden vorzugsweise in Mittagsstunden. Nahrungserwerb pickend und scharrend. Paar- oder Familienverband (»Kette«). Kein eigentliches Territorialverhalten, doch kontaktscheu zu anderen Paaren, daher in deckungslosem Gelände Paarabstände viel größer als in deckungsreichem Gelände. Ketten und Völker lösen sich witterungsabhängig Jan./März auf; neue Paare bilden sich im Frühjahr. Balzende ♂ stehen aufgerichtet (sehr ähnlich Drohhaltung), laufen dann mit leicht hängenden Flügeln zum ♀, das den Kopf weit vorgestreckt hält. Schließlich stehen Partner Brust an Brust, ♀ reibt hochgestreckten Hals an den des ♂. ♂ bewachen ♀ während der fertilen Phase. Kopulationen infrequent und von kurzer Dauer (wenige sec). In dieser Zeit sehr aggressiv gegen Ind. fremder Ketten. Wiederverpaarung von Ad. meist ohne besondere Balz. Außerhalb der Brutzeit in kleinen Trupps (15–20 Ind.).

Fortpflanzung, Brutbiologie [337,767,1369, 1784,1551]. Im 1. Lebensjahr geschlechtsreif. Monogame Dauerehe. **Nest.** Am Boden, gut versteckt, z.B. Feldraine, Weg- und Grabenränder, Hecken, Gehölz- und Waldränder; ausnahmsweise an höheren Standorten wie Heuhaufen. ♀ scharrt Mulde in Boden, sorgfältig mit Material ausgekleidet (vorjährige Spross- und Blattstücke; später Gras und Federn). **Legebeginn.** Ab (Ende März) Anf./Mitte April, Hauptlegezeit Mai, Nachgelege in Teilen Europas z.T. bis Aug. (Sept.). **Gelegegröße.** 10-20 (4-29), große nicht immer von 2 ♀, doch Verlegen häufig; Gelege werden in Europa nach N und E größer. Ø W-FIN$_{167}$ 18.3 ± 0.3, S-FIN$_{116}$ 16.9 ± 0.3, DK$_{104}$ 15.9 ± 0.4, GB$_{5903}$ 14.9, SK.$_{1358}$ 15.0, D-BW$_{70}$ 15.7; Kalendereffekt (mit fortschreitender Brutzeit kleiner). Legeintervall 1-1.5 d, Ø 1.3 d. **Eier.** Zugespitzt, birn- bis kreiselförmig, glänzend, einfarbig blass olivbraun bis bräunlichgrau.

Brutdauer. 23-25 d; ♀ brütet, ♂ hält Wache; in Legephase Eier abgedeckt; Bebrütung ab letztem Ei. **Nestlings-/Führungszeit.** Juv. schlüpfen ± synchron innerhalb 1 d, ♂ führt erstgeschlüpfte Juv. vom Nest, dann folgt ♀ mit dem Rest; beide führen, ♂ wacht. Mit 10-11 d können Juv. flattern, mit 13-16 d fliegen, mit etwa 5 Wochen ausgewachsen und selbständig; Adultgewicht mit etwa 100 d; bleiben den Winter über im Familienverband (»Kette«). **Jahresbruten.** 1; Ersatzgelege, generell kleiner als Erst-. **Bruterfolg.** In GB aus 3924 Gelegen mit 57202 Eiern 90.4% geschlüpft. Kükensterblichkeit aber sehr hoch (anfangs vor allem Mahd, Nahrungsangebot, ferner Prädation), z.B. in SK. aus 1358 Nestern mit 20300 Eiern nur 18.3% voll erwachsene Ind., d.h. Ø 2.8 Juv./Paar und Jahr.

Eimaße und -gewichte. L. 30.6-40.4 mm, B. 24.0-29.6 mm, Ø: 35.5 x 26.6 mm (n=143, B), 35.2 x 26.8 mm (n=90, D), 35.0 x 26.5 mm (n=222, CS), 35.4 x 26.9 mm (n=36, PL); Frischvollgew. 10.0 -14.6 g, $Ø_{140}$: 12.7 g; Schalengew. 1.05-1.70 g, $Ø_{300}$: 1.56 g.

Sterblichkeit, Alter. Ausgesetzte in DK ab 1. April 2. KJ 84 %/J., ähnlich CS mit 80 % und I 82 %. Nach Radiotelemetrie in D-BY Ad. 53 %/J. in Gebieten mit vielen Randstrukturen und 74 % bei wenigen Randstrukturen [1939]. Sterblichkeit Pulli in PL um 44 % bis Herbst [2917]. Ältester Ringvogel 6 J. 11 Monate. **Generationslänge:** < 3.3 J. [383].

Mauser. **Postjuvenile Mauser** (Teilmauser) beginnt im Alter von ca. 24 d mit Ausfallen von HS 1, AS ab 45–50 d und ST ab 40 d; Abschluss im Alter von 16–17 Wochen, Ende Sept./Anf. Nov.; einzig HS 9–10 bleiben stehen [767,1356,1814]. • **Postnuptialmauser** (Vollmauser) Mitte Juni/Ende Juli–Sept./Okt. (Nov.), ♀ beginnen nach Schlüpfen der Jungen [767,1356,1814]; HS deszendent, bei Hälfte der Großgefiedermauser setzt Kleingefiedermauser ein [767,1814]. • **Pränuptialmauser** (Teilmauser) März–Mai bei ♀, Anf. Mai–Juni/Juli bei ♂; umfasst besonders Kopf-, Hals- und Vorderrückenfedern und einige Flügeldecken, bei ♂ weniger umfangreich [767,1369,1356].

Meleagris gallopavo – Truthuhn 03990

Meleagris gallopavo Linnaeus 1758

(GB) Wild Turkey **(F) Dindon sauvage** **(E) Guajolote Gallipavo**

Taxonomie. 6 UA; Aussetzungen in Europa mit verschiedenen Formen.

Kennzeichen. Sexualdimorph [1784,3772,767, 3566].

Maße. Gr.: ♂ um 110 cm, ♀ um 90 cm. Gew.: ♂ Ø: ca. 7400 g, ♀ Ø: ca. 4200 g. Fl.spw.: ♂ Ø: 160 cm, ♀ Ø: 125 cm [1784,767].

Status. Neozoon. Jahresvogel. Überlebensfähige Populationen nur nach Aussetzung und intensiven Hilfsmaßnahmen.

Wanderungen. Im Ursprungsgebiet sehr kurze Wanderungen (oft nur 5-20 km), im Bergland saisonale Vertikalwanderungen. Jahresgebiet (etwa 500–1000 ha) wird intensiv durchstreift, insbesondere Frühjahr. Ansiedlungsentfernung ♀ bis 50 km vom Geburtsort [1784].

Verbreitung und Bestand. Brutvogel in N-Amerika bis Mexikanisches Tafelland. Durch Schutzmaßnahmen wieder auf ursprünglich große Populationen angewachsen, Gesamtbestand etwa 3.5 Mio. Ind. [1784]. Einbürgerungsversuche in Europa seit etwa 16. Jh., in größerem Maßstab in GB, LV, A, CZ, H und D [1722,3615,1369,1589,196], erfolgreiche Ansiedlung in NZ, Hawaii und Tasmanien [1507].

In ME gelangen mehrere Jahrzehnte lange Ansiedlungen, allerdings immer durch Hilfsmaßnahmen unterstützt. In A-Nö von 1880-1940 größere Brutpopulation (mehrere hundert Ind.), doch nach Einstellung der Hege im II. Weltkrieg rascher Zusammenbruch; Neuansiedlung dort ebenso gescheitert wie in vielen Regionen D [allein 11 Versuche von 1953-93:3649].

In D-BW gegen Ende 19. Jh. erste Freibruten, doch Ansiedlung gelang im Oberrheingebiet erst 1960 mit Höchstbestand von 300 Ind. in 1970er J. (Jagdstrecken bis 78 Ind.), ab 1980er J. starke Abnahme, 1997 nur noch 12 Ind. (Bejagung seit 1995 eingestellt); Population ohne Stützungsmaßnahmen kaum überlebensfähig [1722]. Auch in D-NW kann sich Bestand nur durch dauernde Neuaussetzung halten; im Kr. Wesel in 1960er J. 200-250 Ind. freilebend, 1977 nur noch 1 ♂ und 4–5 ♀. Insgesamt in -NW Mitte 1990er J. noch 20-50 Ind. [2161]. Ebenso instabil ist Population in D-RP [3649]. In CZ dagegen größerer freilebender Bestand mindestens seit 1927 (größere Ansiedlungsversuche ab 1880); noch 1988 wurden 530 Ind. erfasst [1507]. In A besteht eine Population von 30-40 Ind. (2000) [q10]. In NL eine erfolgreiche Brut 1999 [3638].

Stimme. Anschwellendes »Blubbern« des ♂, oft mit lautem Krähen endend. Alarmruf »pit« oder hartes »put-put«. Tiefes, hühnerartiges Gackern. Henne glucksende Kontaktrufe zu Jungen.

Sterblichkeit. Im Ursprungsgebiet ad. ♀ 32 %/J.; Sterblichkeitsrisiko für ♀ in Iowa/USA erhöhte sich um 2 % je 100 m Dispersion vom Geburtsort, verringerte sich um 2 % je 10 ha home range (»Streifgebiet«) und verringerte sich um 3,5 % je % Zunahme von Gehölzdeckung im home range [1786].

Mauser [3050,1688]. **Postjuvenile Mauser** (Teilmauser). • **Postnuptialmauser** (Vollmauser) ab Frühling. • **Pränuptialmauser** (Teilmauser) im Spätherbst; ohne Schwungfedern und z.T. ST.

Tetrastes bonasia – Haselhuhn 03260

Tetrastes [bonasia] bonasia (Linnaeus 1758) syn.: *Bonasa bonasia*

(GB) Hazel Grouse **(F) Gélinotte des bois** **(E) Grévol Común**

Taxonomie. Vier gering differenzierte UA: *bonasa* (Linnaeus 1758) (E-Europa bis Ural), *sibirica* (Buturlin 1916) (Ural bis Ostsibirien), *rupestris* (C.L. Brehm 1831) (ME, SE-Europa) und *vicinitas* (Riley 1915) (SE-Sibirien, JAP). Bildet Superspezies mit ostasiatischem *Tetrastes sewerzowi.*

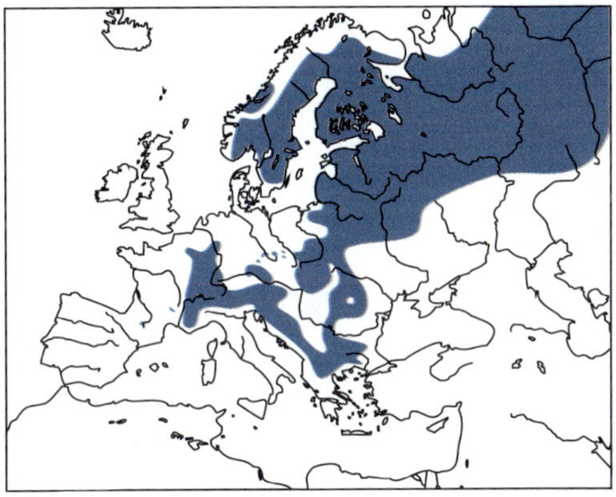

Tetrastes bonasia – **Haselhuhn**

Kennzeichen. Sexualdimorph [1784,1369,221, 3772,3615, **Fotos** in Limic. **15**, 319, Var Fag. 1997/**3**, 8].

Maße. (*rupestris*) : Gr.: 35-40 cm. Gew.: ♂ 350-490 g, ♀ 310-460 g. Fl.spw.: 48-54 cm. Fl.l.: ♀ ♂ 17.0-18.0 cm, 17.0-17.8 cm. (Nominatform etwas kleiner) [1369,3615].

Status. Brut- und Jahresvogel mit sehr geringer Ausbreitungstendenz. Aussetzungen zur Bestandsstärkung und (Wieder-)Ansiedlungsversuche in einzelnen Regionen (Harz, Frankenwald D-TH).

Verbreitung und Bestand. Über gesamte Paläarktis von ME und Skandinavien bis Ferner Osten RUS und Hokkaido JAP verbreitet, Schwerpunkt im borealen Nadelwaldgürtel. Nominatform von N-PL bis zur Wolga und Petschora, dann im E anschließend UA *sibirica*; in ME und SE-Europa UA *rupestris* weitgehend auf Mittelgebirge ab 400m NN und Alpen (bis 1400-2100 m NN) beschränkt - fehlt daher in NL. Europäischer Bestand 2.5 – 3.1 Mio. BP, davon alleine in RUS 1.9-2.2 Mio. BP, FIN 300-500 T. und S. 80-120 T. BP [383,2636]; in ME derzeit 53.000-83.000 BP mit wichtigen Populationen in PL, SK. und in Alpen A und CH [383].

Wanderungen. Standvogel, wohl das am wenigsten mobile heimische Raufußhuhn. Kleinräumige Ortsveränderungen in Abhängigkeit von Deckung (Koniferen) und Nahrungsverfügbarkeit [3615]. Jugenddispersion im Wald max. 7 km, Ø <1 km [295].

Bestandsentwicklung. Aus Tieflagen infolge Umwandlung von Laub- und Mischwäldern in Fichtenkulturen, Aufgabe der Niederwaldbewirtschaftung und Intensivierung der Waldnutzung sowie Erschließung schon früh verschwunden; in Mittelgebirgen und subalpinen Regionen ME war Haselhuhn bis 1920er J. noch weit verbreiteter Brutvogel. Seither jedoch auch dort fast überall drastische Bestandsabnahmen [D, L, B, CH, PL, H: 1369,196,3871; auch in F, I, Skandinavien und Baltikum:3892]. Häufig gleichzeitig erheblicher Arealschwund [196,1507] und viele Populationen isoliert in Reliktbiotopen oder vollständig erloschen [z.B. E-D, N-Jura und Mittelland CH, voralpine Gebiete A: 965,1369,3393,196,3392,18,401; auch Populationen in E. und W der Rhône F: 337]. Bei meisten alpinen Vorkommen allerdings unzureichende Kenntnisse über großräumige Bestandsveränderungen [1369,3393].

	Best.	Areal	Brutbestand	Jahr	Quelle
A	+/-	=	5.000–20.000	1998–2002	[383]
B	↓	- 1	50–250	1995–2002	[383]
CH	+/-	=	7.500–9.000	1993–1996	[383]
CZ	+/-	=	900–1.800	2000	[383]
D	↓	- 1	1.300–1.800	1995–1999	[383]
FL	↓	- 1	5–10	1998–2000	[383]
H	+/-	=	50–100	1998–2002	[383]
L	↓	- 1	60–100	2002	[383]
PL	+/-	=	35.000–45.000	1990–2000	[383]
SK	↓	=	3.000–5.000	1999	[383]

Nur regional kurzfristige Erholungsphasen, z.B. Nordschwarzwald nach II. Weltkrieg, als Kahlschlagflächen zu weichholzreichen Dickichten herangewachsen waren [1722] oder Karpaten PL und deren Vorland in 1960er J. durch Aufkommen unterholzreicher Mischwälder [1369,3867,3871]. Scheinbar höhere Bestandszahlen im Vergleich zu 1970er J. durch vermehrte Beobachtungstätigkeit [z.B. Aggtelek Nationalpark H:196]. Doch zumindest gebietsweise in letzten 15-30 J. Stabilisierung der Bestände, z.B. Bayerischer Wald und Teile der Alpen [18,295,2032,1527]; im Böhmerwald CZ nach Tiefstand in 1980er J. inzwischen wieder Höchststand von 1970 fast erreicht [648]. Doch in anderen Teilen ME überwiegend anhaltender Bestandsrückgang aufgrund der ungeeigneten Waldbewirtschaftung [1527,2323].

In Europa derzeit vor allem Populationen in S., RO, PL, LT und GR längerfristig stabil [1507]; regional auch Zunahmen, z.B. in SE-F [2671].

Aussetzungsaktionen aus verschiedenen Gründen (vgl. Wachtel und Rebhuhn) fragwürdig, zumindest Umsiedlung von Ind. in den Harz D-NI/-TH ab 1992 mit – vorübergehendem - Ansiedlungserfolg [2032]; offensichtlich nur Umsiedlungen (nicht aber Freisetzungen aus Zuchten) z.T. erfolgversprechend [296].

Siedlungsdichte. In CH großflächig 2-5 BP/100 ha; in PL maximale Siedlungsdichten in Laubwäldern 2.5 Ind./100 ha, in Mischwäldern 5.6 Ind. und in Nadelwäldern 18 Ind./100 ha; in LT zwischen 1.9 und 13.2 BP/100 ha in verschied. Waldtypen und in RUS sowie FIN je 10-15 BP/100 ha [1507]; kleinflächige Angaben z.T. deutlich höher [vgl. Übersicht in 295]. Paarterritorien in günstigen Gebieten ca. 10 ha; Jahreswohngebiete ca. 20-40 ha.

Gefährdungsursachen [196,1719,1722,1507,18, 2032,401,1527,2323,3155N]. Am bedeutsamsten großräumiger Verlust geeigneter Waldlebensräume oder deren Fragmentierung, auch innerhalb des Waldes (genetische Verinselung von Kleinpopulationen). Besonders negativ für Haselhuhn sind Zurückdrängen von Weichlaubhölzern, übertriebene Pflege (»Waldhygiene«) und zunehmende Erschließung der Wälder, Ausweitung großflächiger Monokulturen sowie Rückgang der Niederwaldwirtschaft und dadurch der weichholzreichen Dickichte (hoher Deckungsbedarf der Art); Art wird stark beeinträchtigt durch »naturnahen« Waldbau mit dunklen Beständen aus Schattenbaumarten.

Geringe Laubholzverjüngung und Beeinträchtigung der Diversität in der Bodenvegetation durch Schalenwild.

Störungen durch Waldarbeiten, allg. Verlärmung, motorisierten Verkehr sowie Spaziergänger mit Hunden.

Anflüge gegen forstliche Kulturzäune (Drahtgatter).

Bejagung bedrohter Restpopulationen (Jagd großräumig derzeit von geringer Bedeutung).

Natürliche Ursachen: Jungenverluste bei nasskalter Witterung zur Brutzeit.

SPEC	VSchRL	Bern.Konv.	Bonn.Konv.
--	Anh. I,II-2	Anh. III	--
Europ. RL	**RL in ME**		
--	D, L: 'EN', H: 'CR', CH, FL, CZ:'VU', A, SK: 'NT'		

Schutzmaßnahmen. Großflächige Schutz- und Managementprogramme für Populationen von > 30 BP (für langfristiges Überleben notwendig). Ziel ist enge Verzahnung von Deckung bietenden

Koniferen mit Laubhölzern (Winternahrung), gut ausgebildeter Strauchschicht für Deckung am Boden sowie mit sonnigen Blößen. Dazu Förderung von Pionierholzarten und Dickichtstrukturen mit reichem Angebot an Weichhölzern, beerentragenden Sträuchern und üppiger Bodenvegetation, Reduktion und Auflichtung einschichtiger dunkler Nadel- und Laubbaumbestände sowie Waldpflege- und Erschließungsmaßnahmen unter Beachtung der Vernetzung geeigneter Habitatstrukturen. Erhaltung von Mittelwäldern sowie insbesondere von Nichtwirtschaftswäldern (Ausgleichszahlungen). Durch Lebensraumverbesserungen auch Reduktion des Einflusses von Prädatoren.
Reduktion des Wegenetzes, besonders breiter, gerader Waldstraßen; dagegen Förderung schmaler, gewundener Waldwege (genutzt zum Sandbaden und zur Nahrungssuche). Ausweisung von Wildschutzgebieten und Einführung von Wegegeboten.
Verringerung des Wildverbisses durch ausreichende Abschusszahlen.
Verzicht auf Pestizid-Einsatz.
Wissenschaftliches Beiprogramm sowie Schulungsmaßnahmen in der Forstverwaltung; Öffentlichkeitsarbeit.
Herausnahme aus dem Jagdrecht, zumindest Einstellung der Jagd bei rückläufigen Bestandsentwicklungen und keine Frühjahrsjagd.

Biotop. Unterholzreiche Wälder mit vielseitiger Artenzusammensetzung und mit reicher horizontaler und vertikaler Gliederung. Wichtige Bestandteile: Laubbäume, reiche, aber nicht zu dichte Kraut-, Hochstauden- und Zwergstrauchschicht mit Angebot an Beeren, Dickichten (z.B. Nadelholz). Grundsätzlich kommen feuchte (z.B. Bruchwälder) bis trockene Waldtypen in Betracht, auch Misch- oder ausgesprochene Tannen- oder Fichtenwälder (Taiga, Montanwälder und besonders Übergänge zwischen unterschiedlichen Waldgesellschaften), nicht dagegen einheitlich durchforstete oder dicht geschlossene Altersklassenbestände. Im Winter werden besonders im Gebirge dichtere Teile vorgezogen. Sandige Wege und Böschungen an Forststraßen sind als Gelegenheit zum Staubbaden beliebt.

Nahrung. Hauptsächlich vegetarisch; Kleintiere (bes. Insekten und deren Larven) bilden nur Ergänzung; tierische Nahrung max. in der Aufzuchtsperiode Juni/Juli. Junge leben ca. 10 d nur von kleinen Wirbellosen und erst dann allmählich zunehmend von pflanzlicher Nahrung. Jahreszeitliche Variation: im Winter arboreal von Knospen und Kätzchen der Pioniergehölze, bei geringer Schneelage Heidelbeere, im Sommer Bodenpflanzen. Unterschiede je nach Teilareal. Im Jura CH Okt./Nov. Früchte von *Sorbus,* Triebe und Knospen von Heidelbeere, *Crataegus,* Kätzchen der Hasel; später werden *Sorbus*-Früchte durch die winterliche Hauptnahrung Heidelbeertriebe (solange zugänglich) ersetzt; bei Schnee sind Haselkätzchen Zusatznahrung, im Frühjahr besonders Knospen (im Mai z.B. Buche), später Blätter und Juli/Sept. verschiedene Sämereien sowie fleischige Früchte (z.B. Traubenholunder).

Stimme. Stimminventar reichhaltig. Viele Rufe leise (Standortlaute bis 100 m, Warn- und Kontaktlaute nur aus Nähe zu hören). Reviergesang des ♂ (50–100 m hörbar) feine Pfeifstrophen (»Spissen«) mit je 5–9 Silben (2–3 sec); Strophenintervalle >30 sec.; in Silben etwa »tsieh-tsie, tsiteritsi tsuitsi« o.ä.; Gesang von März-Mai und erneut im Sept./Okt. zu hören. ♀ drei- bis viersilbige Strophe »tititi« (Bisten). Rufe u.a. »pllorrit« (»Plittern«) bei Erregung; einsilbig glucksender Kontaktlaut »gjuk« und leise Laute auf »u«; gereihte »wid-wid-wid…« oder schnell »pitititi…« als Alarmrufe, Warnruf vor Luftfeind »piju« (grell, pfeifend), sonst rau »kirr« oder dumpf »burr«, usw. Flügelburren oft beim Abfliegen, auch Bestandteil der Balz.

Verhalten. Tagaktiv. Läuft mit kleinen Schritten sehr schnell; Schwanzwippen bei Erregung. Flug sehr wendig mit schnellem Flügelschlag (Fluggeräusch sog. »Burren«). Ruheplatz bevorzugt auf Bäumen, bes. bodennahen Ästen von Koniferen; auch Übernachtung in Schneehöhlen. Sandbaden oft an traditionellen Stellen (»Huderpfannen«) bes. bei trocken-warmen Bedingungen; dabei z.B. Kopfreiben am Boden, Flügelrudern; daneben nicht selten auch Sonnenbaden. Nahrungssuche im Sommer meist auf dem Boden, im Winter auf Bäumen. Bei Feindnäherung z.B. Erstarren, Sich-Drücken und jungeführendes ♀ Verleiten. Territorial und meist nur paarweise; im N und E des Areals aber auch Bildung von Wintergruppen (Gruppengröße dichteabhängig). Große Teile der »Balz« wohl hauptsächlich Territorialmarkierung. Revierflug mit eingeschobenen »Burrstrecken«. Im Flattersprung bis 1–2 m vom Boden wird im Auf- und Absteigen zweisilbiges Flügelgeräusch erzeugt. Die Reviere werden bereits im Herbst markiert und offenbar im Frühjahr neu bestätigt. Paarungsverhalten [s. 295]. ♂ hält während der Brutzeit locker Kontakt zum ♀ (z.T. Begleitung bei der Nahrungssuche in Brutpausen) und nach dem Schlupf zur Familie. ♀ ziehen mit Jungen herum (ohne feste Territoriumsgrenzen). Bei Jungenverlust wieder paarweise. Paarbildung bereits im Herbst. Im Winter auch in kleineren Trupps.

Fortpflanzung, Brutbiologie [337,767,1784, 1722,1369,3615,295]. Im 1. Lebensjahr geschlechtsreif. Monogam. Dauer des Paarzusammenhalts unterschiedlich, auch durch Mortalität eines Partners begrenzt; nach Trennung des Paares zur Führungszeit z.T. (Wieder-)Verpaarung oder Neuverpaarung im Spätwinter. **Nest.** Am Boden, gut versteckt, oft von überhängenden Zweigen gedeckt, am Fuß eines Baums etc. ♀ scharrt Vertiefung in Boden, wenig Material (Gras, Zweige, Laub). **Legebeginn.** In ME frühestens ab Ende März/Anf. April, meist Mitte April bis Mai. **Gelegegröße.** 7-11 (5-14); Ø CH_{15} 7.5, CS_{27} 9.7, RUS_{45} 8.2, FIN_{40} 9.4. Legeintervall 1-2 d. **Eier.** Oval, gelblich rahmfarben mit kleinen (auch größeren) braunen Flecken. **Brutdauer.** 25-27 d; ♀ brütet; Bebrütung ab letztem Ei; bei Weggang mit Nestmaterial abgedeckt. **Nestlings-/Führungszeit.** Juv. schlüpfen synchron, verlassen Nest nach wenigen Stunden; werden vom ♀ zu Nahrungsstellen geführt und in ersten Tage ausgiebig gehudert. Ab 12 d können Juv. auf Bäume fliegen, ab 14-20 d voll flugfähig. Mit 30-40 d weitgehend selbständig, halten aber als »Kette« bis 80-90 d zusammen. **Jahresbruten.** 1; Ersatzgelege möglich. Ende der Brutperiode. Mit Auflösung der Familie Ende Aug. bis Sept.

Eimaße und -gewichte. L. 35.0-44.5 mm, B. 26.4-31.2 mm, Ø: 41.4 x 29.8 mm (n=35, A/CH), Ø$_{50}$: 39.8 x 28.9 mm; Frischvollgew. 17.5 -19.6 g, Ø$_{16}$: 18.5; Schalengew. 1.24-1.85 g, Ø: 1.58 g.

Sterblichkeit, Alter. In SE-F (Alpenraum) lag Sterblichkeit ad. ♂ bei 28%, ad. ♀ bei 40%; 74% der Juv. überlebten die ersten 9 Monate (Zahlen dautlich günstiger als in Skandinavien) [2671]. Ältester Ringvogel (S.) 7 J. 3 Monate [3654]. **Generationslänge**: < 3.3 J. [383].

Mauser. **Postjuvenile Mauser** (Teilmauser) setzt im Alter von 16 d mit HS 1 ein, bis Sept./Okt. beendet; einzig HS 9–10 bleiben stehen [767,1814,295]; Dauer ca. 14 Wochen. • **Postnuptialmauser** (Vollmauser) (Mai) Juni–Sept./Okt., ♂ beginnen eher als ♀; HS deszendent, später AS und abschließend ST, Flugfähigkeit nur ausnahmsweise beeinträchtigt [1369]; Zehenstifte fallen ab April aus, durch langsames Wachstum erst im Sept. wieder in voller Länge. • **Pränuptialmauser** (Teilmauser) besonders Ende Mai; auf Kopf- und Halsfedern beschränkt, wodurch Prachtkleid abgeschwächt wird; kurz danach aber wieder ersetzt [Übersicht 295].

Lagopus lagopus – Moorschneehuhn 03290

Lagopus lagopus (Linnaeus 1758)

GB **Willow Grouse** F **Lagopède des saules** E **Lagópodo Común**

Taxonomie. In Europa UA *lagopus* (Linnaeus 1758) (kontinentale Bereiche) und *scoticus* (Latham 1787) (Brit. Inseln). Die Validität der mind. 14 weiteren beschriebenen UA ist z.T. fraglich. Die Form *scoticus* ist durch Fehlen eines weißen Winterkleides und dunkelrostbraunes Sommerkleid gut gekennzeichnet und könnte als Allospezies betrachtet werden.

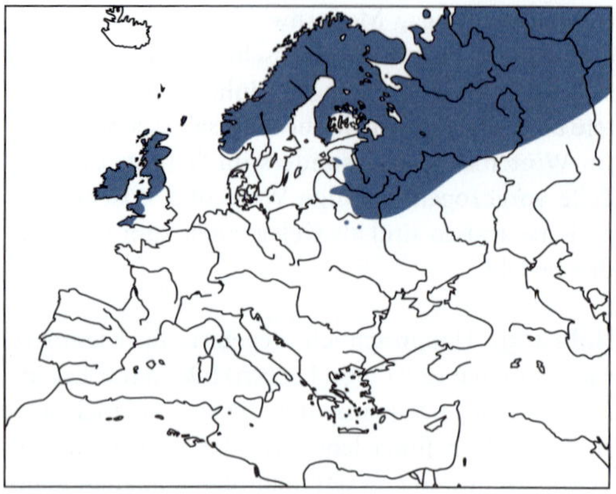

Lagopus lagopus – **Moorschneehuhn**

Kennzeichen. Sexualdimorph [1784,1369,221, 3772,3615; **Foto** (*scoticus*) in Brit. B. **94**, 232, (Moorschnee- x Birkhuhn) Bird. W. **12**, 327].

Maße. Gr.: 37-42 cm. Gew.: (450) 525-750 g. Fl.spw.: 55-66 cm. Fl.l.: ♂ 19.7-21.8 cm, ♀ 18.7-20.5 cm [1369,3615].

Status. Ehemaliger Brut- und Standvogel in NE-ME. Sehr standorttreu, außerhalb der Brutgebiete extrem selten festgestellt (s.u.). In ME UA *rossicus* bis ins 17. Jh. Brutvogel in NW-PL [1369; vgl. aber 3871]. Rezentere Brutvorkommen in ME nur nach Aussetzungsaktionen, UA *scoticus* in B, PL und D und *rossicus* in NL, PL und D; jedoch nur die Versuche mit *scoticus* im Grenzgebiet B/D (Hohes Venn) längerfristig erfolgreich [1369]. Brutbestand vielleicht Ende 1960er J. erloschen [337], aber für Anf. 1990er J. noch mit <10 Ind. angegeben [1677].

Verbreitung und Bestand. Von GB und IRL (dort eigenständige Form Schottisches Moorschneehuhn *L.[l.] scoticus*) in der arktischen und borealen Zone über N-Eurasien bis E-Sibirien und arkt. N-Amerika verbreitet. Brutbestand in Europa etwa 2.1-3.3 Mio. BP, davon > 90% in RUS (1.3-1.6 Mio.), N., S. und FIN; *scoticus* in GB mit etwa 155.000 BP [383].

Wanderungen. Standvogel, Br. der RUS Tundra bei sympatrischem Vorkommen mit Alpenschneehuhn in den tieferen Lagen Teilzieher. In Schottland wandert Teil der ♀ mehr als 5 km. Überzählige ♂ können im Spätherbst abseits der Balzgebiete auftreten. In Skandinavien im Winter umherstreifende Trupps bis 10 km oder mehr, Br. kleiner Inseln in N. verlassen diese z.T. im Sept. bis März/April, wandern aber selten > 20 km [3615].

Bestandsentwicklung. Einziges natürliches Brutvorkommen in ME (»*rossicus*«) im 17. Jh. aufgrund klimatischer Änderungen, Lebensraumverlust und jagdlicher Verfolgung erloschen [1369]. Nachweise seither wohl immer nach Aussetzungsaktionen, aber mögliche natürliche Herkunft bei 2 erlegten Ind. in D-MV 1. Hälfte 19. Jh. und 1 aus Trupp erlegten Ind. in PL 1879 [1369,337,3615].
Nach Aussetzungen im Hohen Venn B 1890 rascher Bestandsanstieg auf > 1.000 Ind., erst nach Meliorationsmaßnahmen und Wiederaufforstungen in 1930er J. kontinuierlicher und starker Rückgang. Letzter Brutnachweis offenbar 1961 und Einzelbeob. dort 1974 (in L ungesichert 1971), aber s. Angaben (zu *scoticus*) in [1677].

	Best.	Areal	Brutzeitbestand (Ind.)	Jahr	Quelle
B	↓	=	< 10 (?)	1990–1999	[1677]

Viele Populationen in Europa derzeit stark rückläufig, bes. im Baltikum (in EST auf wenige Moore reduziert); doch in N., S. und RUS offenbar langfristig stabil [1585,1507]. In Europa zyklische Bestandsschwankungen bis um eine Zehnerpotenz (3-4-Jahres-Zyklus in Skandinavien, 6-Jahres-Z. in GB), einhergehend mit Änderungen in Verfolgung, Prädation, Parasitenbefall und Verhaltensanpassungen [1507,3827].

Siedlungsdichte. Auf Inseln und in schottischen Heidegebieten – bei extremer Prädatorenbekämpfung - Höchstwerte bis 50-100 BP/km^2 bekannt, aber Bestände sehr stark von jagdlicher Nutzung abhängig. In S. und N. 5-10 BP/km^2, Werte bei moorbewohnenden Populationen in FIN und RUS deutlich geringer [1507].

Gefährdung und Schutz. Hauptfaktoren sind Lebensraumverlust durch Änderungen des Gebietsmanagements und Trockenlegung von Mooren sowie Bejagung; in gestörten Gebieten auch Prädation [1369,1507,3827]. Für Schutzmaßnahmen s. Birkhuhn (Tieflandpopulationen).

SPEC	VSchRL	Bern.Konv.	Bonn.Konv.
--	II-2	Anh. III	--
Europ. RL	**RL in ME**		
--	PL: ‚RE'		

Biotop. Vornehmlich in arktischer Tundra bzw. entsprechend niederwüchsige alpine Regionen. Bevorzugt Gebiete mit o.g. Büschen sowie beerentragenden Sträuchern. In Sibirien auch lichte Lärchentaiga mit Mooren.

Nahrung. Überwiegend Weiden (Knospen, Zweige), in Skandinavien gebietsweise Birken, ferner *Vaccinium* und Heidekraut (in GB). Im Sommer auch Arthropoden, vor allem durch Juv.

Stimme. Gesang: Fluggesang beim Balzflug der ♂ beginnt im Aufsteigen mit bellendem »kau«, dann »koar-karr-ka-wak-war«, im Absteigen schnelles, dann langsamer werdendes »ka-ka-ka-ka-...«, nach Landung »ka-weo«-Silben. Wartengesang beginnt mit tiefen, rollenden »gor« oder »kjarr«, die immer mehr zu einem Triller beschleunigt werden: »ko-ko-ko-koko-kokookokrrr«. 16 verschiedene Rufe sind beschrieben, die der ♀ sind etwas höher. ♂ ruft zur Fortpflanzungszeit durchdringende, nasale »gog«-Reihen, Kurzstrophe »go-wäh-gok« beim Drohen und Imponieren. ♀ leise Kontaktlaute bei Nahrungssuche »güig«, bei Störung am Nest durchdringende »kuä-kuä-kuä«-Reihen.

Sterblichkeit, Alter. In S. im Herbst 51 % unter Bejagung und 29 % in jagdfreiem Gebiet, Winter – Frühjahr 31 % bzw. 19 %, Sommer < 22 % [3609]. In N-GB höchste Sterblichkeit im Frühjahr [1790]. Ältester Ringvogel (FIN) 8 J. 7 Monate [3654]. **Generationslänge.**: < 3.3 J. [383].

Mauser. **Postjuvenile Mauser** (Teilmauser) ab ca. 3 Wochen; nur HS 9–10 nicht erneuert [767,1356]. • **Postnuptialmauser** (Vollmauser) bei UA *scoticus* Juni–Nov. [767,1356]. • **Pränuptialmauser** (Teilmauser) ähnlich Alpenschneehuhn [767,1356].

Lagopus muta – Alpenschneehuhn 03300

Lagopus muta (Montin 1776) früher: *mutus*

(GB) **(Rock) Ptarmigan** (F) **Lagopède alpin** (E) **Lagópodo Alpino**

Taxonomie. Zahlreiche UA beschrieben, meist aufgrund geringer Färbungsunterschiede. Alle kontinental-europäischen Formen sollten der Nominatform zugerechnet werden.

Kennzeichen. Sexualdimorph [1784,1369,221, 3772,3615, **Fotos** in Limic. **10**, 292, 293, Var Fag. 1997/**4**, 31].

Maße. (*millaisi*) : Brit. B. **92**, 119]. Gr.: 33-38 cm. Gew.: ♂ 400-600 (740) g, ♀ (350) 400-500 (700) g. Fl.spw.: 54-60 cm. Fl.l.: ♂ 19.5-21.5 cm, ♀ 18.7-19.3 cm [1369,3615].

Status. Verbreiteter bis häufiger Brut- und Jahresvogel in eng umgrenztem Brutareal der Alpinstufe. In ME nur Altitudinalwanderungen sowie größere Ansammlungen nach der Brutzeit an störungsarmen Hängen, Tälchen und Geröllhalden; in N-GB auch nomadisch.

Verbreitung und Bestand. Zirkumpolar; von IS und Schottland über äußersten N Eurasiens bis arktisches N-Amerika und GRÖ. In Sibirien nach S bis zentralasiatisches Hochgebirge; ferner isoliert in Alpen, Pyrenäen und Hochgebirge Zentraljapans. Gesamtbestand in Europa ca. 430.000-1.400.000 BP, davon Populationen > 50.000 in N., GRÖ, IS, S. und RUS [383]. In ME häufiger Brutvogel der Hochalpen mit Bestand von 20.000-30.000 BP [1585].

Wanderungen. Standvogel, der nach Brutzeit höher steigt; im Winter wieder tiefer bis zur subalpinen Stufe, doch in Alpen unterhalb Baumgrenze nur ausnahmsweise, in tieferen Stufen überhaupt nicht anzutreffen. In der Arktis Abwanderung vor Wintereinbruch möglich.

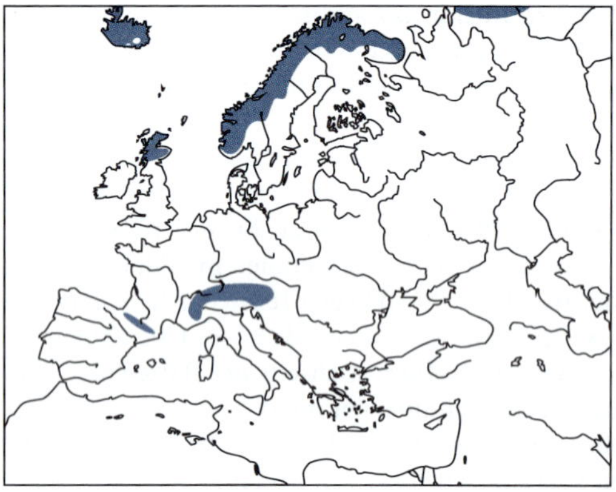

Lagopus muta – **Alpenschneehuhn**

Bestandsentwicklung. Periodische Bestandsschwankungen in Tundrenregionen [ca. 10-jähriger Zyklus, 1507]. In den Alpen in 1920er J. ein Tief und Mitte 1940er J. stark überdurchschnittliche Bestände [1369, aus Jagdstatistiken]. Gesamtbestände im Alpenraum bis in neueste Zeit weitgehend unverändert auf Niveau der 1930er J., weitgehend bestätigt durch sehr spärliche Feldstudien (erst ab 1973 regelm. Siedlungsdichteuntersuchungen aus Alpenraum) [965,1369].

	Best.	Areal	Brutbestand	Jahr	Quelle
A	+/-	=	8.000–16.000	1998–2002	[383]
CH	↕	=	12.000–15.000	1993–1996	[383]
D	+/-	=	320–620	1995–1999	[383]
FL	+/-	=	25–50	1998–2000	[383]

Im Aletschgebiet CH bis 1990 langfristig stabile Brutbestände mit wenig ausgeprägten Schwankungen [196]. Bestandsanstieg in 1980er J. mit Anwachsen der Hahnenbestände im Herbst setzte sich nicht bis 1990er J. fort. Einige Randgebiete der Ostalpen derzeit möglicherweise verwaist [965]. In Nord- und Zentralalpen CH werden seit Anf. 1990er J. die am tiefsten gelegenen Brutterritorien aufgegeben [A. Bossert]; auch in D-BY leichte Rückgänge [3615].

Siedlungsdichte. In günstigen Gebieten CH bis ca. 6.6 Paare/km^2, in A 4.4 Paare/km^2, in Aostatal I 1-4 Hähne/km^2 [337,462], in Skandinavien stark variierend 1-34 BP/km^2 [1507]. Auf Optimalflächen revieranzeigende ♂ in Abständen von 300-600 m.

Gefährdungsursachen [965,1369,,196,1823,462, 3357]. Zerstörung des Lebensraumes, Vertreibung aus Brutgebieten oder Beeinträchtigung der Reproduktion durch langanhaltenden Massentourismus bereits zu Beginn der Fortpflanzungszeit. Störungsbedingte Energieverluste und Stress durch Wanderer, Paraglider und im Winter durch Skibetrieb, neben Liftanlagen insbesondere Skifahren abseits der Pisten.
Bejagung, Jagdstrecken z.T. sehr hoch (z.B. Graubünden CH und bes. N-I).
Intensivierung der Wald- und Weidewirtschaft, bes. in F und N-I.
Natürliche Ursachen: Klimafaktoren wie extreme Winter und verspätete Schneeschmelze sowie ungünstige Witterung während Aufzuchtsperiode sowie fortschreitende Klimaerwärmung. Prädation der brütenden ♀ oder der Gelege durch Hermelin, Fuchs, Wanderfalke, Steinadler usw.
Ursachen für Bestandsfluktuationen im Alpenraum wenig erforscht.

SPEC	VSchRL	Bern.Konv.	Bonn.Konv.
--	I*,II-1,III-2	Anh. III	--
Europ. RL	RL in ME		
--	D: ‚R'		

* nur *L.m.pyrenaicus* und *L.m.helveticus*

Schutzmaßnahmen. Berücksichtigung der Störwirkungen von Touristen bei früher Schneeschmelze – Wegegebot; Leinenzwang für Hunde. Keine weitere Erschließung der Alpen (vor allem oberhalb Baumgrenze), kein weiterer Ausbau von Liftanlagen und Tourismuszentren.
Reduzierung der Jagd, bes. im Alpenraum I.

Biotop. Bruten in oberer subalpiner Stufe der Alpen; später in alpiner und subnivaler Stufe, bevorzugt in Gebieten mit stark wechselnder Hangneigung, unterschiedlichen Hangexpositionen, lebhaftem Kleinrelief mit Karen, Mulden, Schneetälchen, Buckeln, Felsblöcken usw., in denen auf engem Raum abwechslungsreiche Sonneneinstrahlung, Schnee- und Feuchtigkeitsverhältnisse sowie unterschiedliche Vegetation (vgl. Nahrung) herrscht. Im Winter schneefreie Grate, Rippen oder S-Hänge wichtig; sonst aber auch oft in Schattenhängen.

Nahrung. Vegetarisch mit saisonal unterschiedlicher Zusammensetzung. Im Winter bes. Gehalt an umsetzbarer Energie entscheidend: Triebe, Blätter und Knospen von Heidel- und Preiselbeere, *Loiseleuria* (Zentralalpen), Thymian, Alpenrose, kleinwüchsige *Salix*-Arten. Im Herbst auch vielfach Beeren, im Frühjahr und Frühsommer junge Blätter, Kräuter, Weidenkätzchen. Nahrungswahl ausgesprochen selektiv. Kükennahrung kleinste Wirbellose (Insekten, Spinnen usw.); [Sommernahrung in A:313].

Stimme. Repertoire der Geschlechter ähnlich, unterscheidet sich aber deutlich in der Klangfarbe. Gesang des ♂ tiefes Knarren, ähnlich wie wenn ein Kamm mit unterschiedlicher Geschwindigkeit über die Tischkante gezogen wird: »arr-arr-ka-karr-arr-kakar-rrrr k k k k k k «. ♂ im Balzflug laut bellend »ou-a-a-a«, nach der Landung hölzernes Knarren; auch bei der Bodenbalz knarrende Laute. Fluchtruf »arr-a-kaga« o.ä., ♂ und ♀ abflugbereit rufen »kara krrr krrr kara« und scharf »tju tju«. Kontaktruf ♀ »kiiä«, ♂ leise und tief »korr«. Flügelburren bei Abflug, Landung und im Singflug. Während des Streckenfluges Wechsel von pfeifenden Flügelschlagserien mit Brummen der HS während des Gleitfluges.

Verhalten. überwiegend morgen- und abendaktiv. Im Winter Zeit der Nahrungsaufnahme etwa 4 h (vor allem abends und morgens), im Mai 6 h. Ausdauernde Läufer; kleine Hindernisse werden im Flugsprung gemeistert; fast stets auf dem Boden. Start ohne Anlauf mit Flügelgeräusch; Flug meist tief über dem Gelände, nach kurzer Serie rascher Flügelschläge Gleitflugstrecke. Schläft im Winter vorzugsweise im Schnee; scharrt in den Schnee Schlafmulde oder gräbt Schlafhöhle. Schlafplätze im Sommer [s. 1685]. Nahrungserwerb fast ausschließlich auf dem Boden. Nach dem Schlüpfen vereinigen sich oft mehrere Familien (Truppgröße in Alpen bis > 30–50 Ind.). Ab März verteidigen ♂ Territorien. Balz Mitte April (Ende Juni;

Herbstbalz Sept.) Okt. Balzflüge der ♂ (max. bis 80 m hoch, z.T. mit Schlangenlinien) unter auffälligem Flügelgeräusch beim Start, anschließend mit gespreizten ST Gleitstrecke und Balzrufe (vgl. Stimme). Am Boden werden einzelne ♀ verfolgt. Bodenbalz mit aufgeplustertem Gefieder und sehr stark gespreizten ST; erinnert an Birkhahn. ♂ können simultan bis zu 3 ♀ haben. Paarzusammenhalt endet normalerweise mit Schlüpfen der Jungen oder später. Unverpaarte ♂ auch zur Brutzeit in Trupps. Außerhalb der Brutzeit oft in Trupps (sogar über 400 Ind.); ♂ und ♀ i.d.R. nicht getrennt. Im Winter meist in Gruppen schlafend. Gegenüber Menschen meist wenig scheu, vertraut auf Tarnung.

Fortpflanzung, Brutbiologie [337,767,1784, 1369,1722,1551,2324,3357]. Wohl im 1. Lebensjahr geschlechtsreif. Monogame Saisonehe. Polygynie in nördlichen Breiten (Spitzbergen, GRÖ) vereinzelt nachgewiesen. **Nest.** Meist in Hängen, zwischen Steinen und Zwergsträuchern versteckt, in Bodenvertiefungen oder selbst gescharrten Mulden, mit wenig Pflanzenmaterial ausgelegt. **Legebeginn.** In ME frühestens Ende Mai, meist Mitte Juni bis Juli. **Gelegegröße.** 5-8 (3-12); Ø CH_{17} 6.9, I_{15} 6.8, $Schottland_{148}$ 6.6 (dichteabhängige Variation mit 7-8 Eiern in Jahren der Bestandszunahme und -spitze, und 4-6 Eier gegen Ende des Bestandsmaximums und bei -abnahme); Ersatzgelege kleiner als Erstgelege. Legeintervall 24-36 h. **Eier.** Oval, glänzend, rahmfarben bis gelblichbraun mit zahlreichen kleinen und größeren braunen Flecken. **Brutdauer.** 20-23 (19-26) d; ♀ brütet, ♂ in Nestnähe, verlässt ♀ z.T. vor Schlüpfen der Juv. (oder einige d später); Bebrütung ab (vor-)letztem Ei; bei Weggang mit Nestmaterial abgedeckt. **Nestlings-/Führungszeit.** Juv. schlüpfen synchron innerhalb etwa 12 h, verlassen Nest nach 6-30 h; werden (bei Einzelbrut) von beiden Ad. zu Nahrungsstellen geführt und vom ♀ bis 25 d ausgiebig, danach in kalten Nächten, gehudert. Ab 7-10 d können Juv. über wenige m fliegen, mit 10-15 d über größere Strecken. Mit ca. 30-35 d ausgewachsen; mit 10-12 Wochen selbständig. Im Sommer schließen sich Mutterfamilien zu größeren Gruppen zusammen. **Jahresbruten.** 1; Ersatzgelege kommen vor. **Bruterfolg.** In Schottland von 24 Gelegen mit 147 Eiern 133 geschlüpft (90.5%); Brutgrößen von 1945-63 Ø zwischen 1.2-6.2; höchste Verluste bei Juv. im Alter von < 14-20 d. In Alaska schlüpften etwa 67% aller Gelege und die mittlere Brutgröße im Aug. lag bei Ø 4.8-6.1 Juv. pro Jahr. In I waren von 24 Gelegen nur 12 erfolgreich (11 prädiert, 1 unbefruchtet), bei letzteren wurden bei älteren Hennen gesichert mehr Juv. flügge als bei Einjährigen (6.2 flügge Juv./erfolgr. Gelege gegenüber 4.7).

Eimaße und -gewichte. L. 37.3-48.2 mm, B. 27.5-32.1 mm, $Ø_{68}$: 43.2 x 30.3 mm; Frischvollgew. ca. 20-22 g; Schalengew. 1.34-1.85 g, Ø: 1.65 g.

Sterblichkeit, Alter. In N-Amerika Sterblichkeit während Brutsaison 13% für ♀ und 22% für ♂, keine Unterschiede der Altersklassen. Jährliche Sterblichkeit min. 18% und max. 57%, Wintersterblichkeit 40% für beide Geschlechter.
Angaben über maximales Lebensalter nicht verfügbar. in N-Amerika 3 ♂ als ad. beringt und in 5 aufeinanderfolgenden J. brütend gefunden, außerdem ein ♀ ad. beringt und nach 7 J. lebend beob. [3050]. **Generationslänge**: < 3.3 J. [383].

Mauser. Mausert außer Mittwinter das ganze Jahr über. **Postjuvenile Mauser** (Teilmauser) beginnt im Alter von ca. 30–35 d mit HS 1, ab ca. 45 d ST-Mauser; ohne Teile des Körpergefieders und meiste Flügeldecken [767]; Dauer der Schwingenmauser > 2.5 Monate. Anschließend Herbstmauser wie Ad. [1369]. • **Postnuptialmauser** (fast Vollmauser) bei ♂ Juni–Ende Aug./Sept.; erfolgreich brütende ♀ beginnen 2 Wochen später, mausern rascher, aber weniger umfangreich [767,1369]; dabei als weiße Federn u.a. mittlere ST, Schwungfedern, Hand-, Unterflügeldecken, einige Unter- und Oberschwanzdecken. Allmählicher Übergang in Herbstmauser (bei »*helveticus*« Sept.–Ende Nov./ Anf. Dez.) [1369], bei der nur noch weiße Federn entstehen. • **Pränuptialmauser** (Teilmauser) »*helveticus*« (Mitte März) Mitte April–Mitte Mai [1369]; Teile der Körper- und Schirmfedern und der Flügeldecken, bei ♀ umfangreicher [767,1814]; Dauer ca. 1 Monat bei ♂ bzw. ca. 2 Wochen bei ♀ [1369]. Offenbar nur mit Einschränkungen temperaturabhängig [3814]. Beim Sandbaden z.T. Imprägnierung des Gefieders mit Bodenfarbe [287].

Tetrao tetrix – Birkhuhn 03320

Tetrao [tetrix] tetrix Linnaeus 1758 syn.: *Lyrurus tetrix*

GB Eurasian Black Grouse **F Tétras lyre** **E Gallo-lira Común**

Taxonomie. In Europa zwei gering differenzierte UA: *tetrix* Linnaeus 1758 (Kontinent) und *britannicus* (Witherby & Lönnberg 1913) (Brit. Inseln). Weitere 3-5 UA fraglicher Validität in Ostpaläarktis.
Bildet Superspezies mit Kaukasus-Birkhuhn *Tetrao mlokosiewiczi* [s. 2035].

Kennzeichen. Sexualdimorph [1784,1369,221, 3772,3615,2342].

Maße. Gr.: 32-39 cm. Gew.: ♂ 1000-1500 (1800) g, ♀ 750-1100 g. Fl.spw.: 65-80 cm. Fl.l.: ♂ 24.7-26.6 cm, ♀ 21.7-23.4 cm [1369,3615,2342].

Status. Brut- und Jahresvogel in mehreren getrennten Populationen. Tieflandpopulation inzwischen mit extrem kleinen Beständen, inzwischen vollständig von alpinen Vorkommen isoliert und stark gefährdet.

Verbreitung und Bestand. Brutvogel der borealen und subarktischen Waldzone sowie entsprechender (sub-)alpiner und postglazialer Landschaften von GB bis E-Sibirien. Ursprünglich auch weit verbreitet und häufig, inzwischen aus vielen Gebieten verschwunden. Bestand in Europa 2.5-3.2 Mio. brütende ♀ (»Paare«), davon > 95% in Fennoskandien und RUS [383]; in ME ca. 20.000-29.000 brütende ♀ [383], > 90% (sub-)alpin (CH, A) und nur kleine Population Tiefland D, NL und PL [vgl. 3084]

Wanderungen. Überwiegend Standvogel, Wanderungen von Alpen in die Talböden und ins Vorland extrem selten; Tieflandpopulationen z.T. mit größeren Strecken [2401]. Maximale Dispersionsentfernungen ca. 20 km, Ø bei 30 telemetrierten ♀ 4.4 km, ♂ noch deutlich ortsfester. Fast alle Ind. kehrten zur Fangarena zurück [S. Klaus].

Bestandsentwicklung. In N-Europa wie andere Raufußhühner mit deutlichen (zyklischen) Populationsschwankungen [ausführlich in 1369]; die Art kann wegen hoher Mobilität und durch schnelle Vermehrung neu entstehende Flächen (Waldbrand usw.) rasch besiedeln. Weit bedeutender als die Schwankungen sind jedoch erhebliche

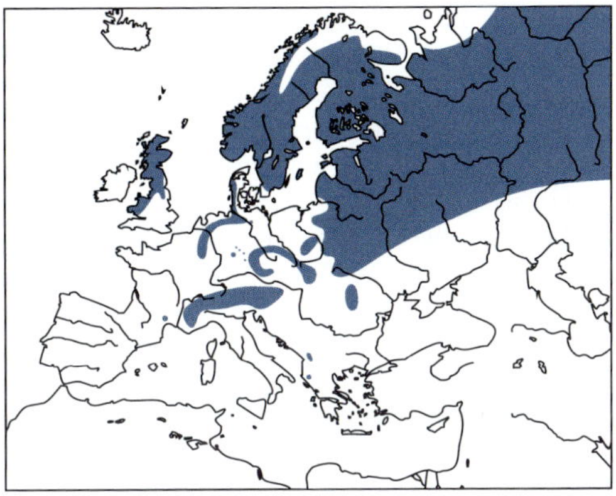

Tetrao tetrix – **Birkhuhn**

langfristige Bestandsrückgänge in ganz Europa. Tiefland. Seit Mitte 19. Jh. kontinuierlicher Rückgang vieler Moor-Populationen ME durch Moorkultivierung und andere Nutzung, schließlich meist ab 1910-30 Bestandseinbruch durch weitere Lebensraumzerstörung [1369,1589,1507]. Lokale Bestandserholungen nicht dauerhaft, negative Entwicklung im gesamten außeralpinen Raum bis in 1990er J. unvermindert, trotz Schutzmaßnahmen (und Aussetzungsaktionen) in mehreren Regionen. Seither Erlöschen vieler Populationen [L um 1960, D-MV 1966, -BW und -NW 1970er J., ferner W-PL, H, A (außerhalb der Alpen):965,1369,1719,1589,309,196, 1,3871,u.a.] sowie Reduktion auf kleine isolierte Restbestände mit geringen Überlebenschancen, z.B. in B (Hoher Venn), D (Rhön; Bayrischer, Oberpfälzer und Thüringer Wald) [843,1507,337,3667,196, 2032,2364]. Bestände in NL von ca. 3.000 BP (Ende 1950er J.) und 450 BP (1976) auf 23-32 balzende Hähne in nur einem Gebiet 1997-98 zurückgegangen [q3,277,337,3638,1667]; in D-NI von 7.760 Ind. (1964) auf 560 (1977), 220 (1980) und 157 Ind. (1985), nachfolgend Stabilisierung bei 150-250 Ind., alle in Heidegebieten, da die früher großen Populationen in den Niederungsgebieten der -NI Moorgeest (mit küstennahen Moorgebieten) in 1990er J. trotz Wiederansiedlungsversuchen vollständig erloschen [3084]; in CZ von 2.500-4.500 ♂ (1973-77) und 1.100-2.200 ♂ (1985-89) auf 800-1.000 ♂ (2000) [2447]. Noch dramatischere Verluste in PL - seit 1976 um Faktor 20 [1366,3871,1962] und in SK. sowie im Baltikum und Teilen RUS [3892,1585]. Dagegen in Fennoskandien meist geringere Abnahme [FIN: 196] oder gar regionale Zunahmen [S.: 3892,1585]. In DK allerdings seit 1930 dramatischer Einbruch von ca. 2.400 Ind. (1942) auf 1.100 (1966), 400 (1973), ca. 100 Ind. (1978), schließlich 1999 erloschen [1422,q18]. In 1990er J. in stark vom Waldsterben betroffenen Gebieten ME wie Erzgebirge zumindest vorübergehend günstige Habitatveränderung und Bestandserholung erkennbar, ebenso auf Truppenübungsplätzen und in benachbarten Heidegebieten; vielleicht auch Einfluss günstiger Sommer [vgl. 2364]; Populationen in S-PL, CZ, D-SN und -BB daher zeitweilig ansteigend [2032,533,2277], aber seit Mitte/Ende 1990er J. meist wieder starke Abnahme [S. Klaus; Rhön: 2097; vgl. 453].

In Alpen Bestandsentwicklung anders. Etwa bis 1960er J. im gesamten Bereich durchwegs stabil [965,2032] und in Alpen CH bei starken Schwankungen bis 2000er J. kein Rückgang erkennbar [C. Marti], doch neuerdings zumindest in Randbereichen der alpinen Verbreitung bei vergleichsweise hohen Beständen erhebliche Einbußen [965,1369,3393,1679,4208].

	Best.	Areal	Brutbestand	Jahr	Quelle
A	+/-	=	10.000–15.000	1998–2002	[383]
B	⇩	- 1	15–30*1	2001–2003	[383]
CH	↕	=	7.500–10.000	1993–1996	[383]
CZ	⇩	- 1	800–1.000*1	2000	[383,2447]
D	↓	- 1	1.100–1.600	1995–1999	[383]
FL	↓	- 1	40–70	1998–2000	[383]
NL	⇩	- 2	15–23	1998–2000	[383]
PL	⇩	- 2	800–900	1997–1999	[383]
SK	⇩	- 1	200–300	1999	[383]

*1 ♂

Versuche der Bestandsstützung durch Aussetzung von Zuchtvögeln in fast allen Fällen erfolglos [u.a. 1589,1719,196,2342,2078,3616]; ein Beispiel verfehlter, meist äußerst kostspieliger »Artenschutzmaßnahmen« ist Wurzacher Ried D-BW: illegale Tötung vieler Habichte zur »Sicherung« der langfristig nicht überlebensfähigen Birkhuhn-Population und auch im Nachgang Ruf nach permanenter Prädatorenbekämpfung zur Erhaltung des Bestandes [s. 57] demonstrieren Fragwürdigkeit und enge Grenzen bei solchen Projekten [289,2342].

Gefährdungsursachen [1719,3892,1507,196,3155N, 4208,2342,2277,2364,1667,3084]. Tiefland: Hauptsächlich Habitatfragmentierung oder -verlust. Rückgänge fast immer mit Trockenlegung, industriellem Torfabbau sowie Aufforstung von Mooren und Heidegebieten und Umwandlung in Ackerflächen korreliert. Erhalt der wichtigen Offenlandschaft oft nur durch traditionelle, extensive Weidewirtschaft in Verbund mit Pflegemaßnahmen; zu große Viehbestände sorgen inzwischen für Zerstörung wichtiger Birken- und Heidegebiete. Durch Intensivierung der Landwirtschaft ferner Verlust des Landschaftsmosaiks und großflächige Monokulturen. Auch: Degradierung von Moorgebieten in Grasländer durch Stickstoff-Eutrophierung aus der Luft.

Intensive Bejagung. offensichtlich keine ernsthafte Gefährdung durch Herbstjagd mit geringer Abschussquote in Skandinavien; in ME dagegen Einfluss der Jagd früher gebietsweise erheblich [196,3892,4208]. In mehreren Gebieten wurden nachweislich stark gefährdete Restpopulationen abgeschossen.

Störungen in Brutgebieten durch Massentourismus sowie Vertreibung von Balzplätzen durch touristische Erschließung; lokal durch militärische Nutzung (Flugbetrieb).

Verluste durch Anflug an Freileitungen, Skiliftkabel, Wildzäune.

Alpen: Gefährdung durch Habitatverlust nur in Gebieten, in denen Waldgrenze künstlich nach unten gedrückt wurde (z.B. CH-TI), bei nachfolgender Aufgabe der Berglandwirtschaft rasche Sukzession [A. Bossert].

Natürliche Bestandseinbußen ferner durch: Nasskalte Witterung während der Aufzuchtszeit; Fressfeinde (Habicht, Fuchs usw.); möglicherweise Konkurrenz mit (sowie Übertragung von Infektionskrankheiten durch) Fasan.

SPEC	VSchRL	Bern.Konv.	Bonn.Konv.
3	Anh. I*1,II-2*2	Anh. III	--
Europ. RL	**RL in ME**		
--	L, H:**'RE'**, D, NL:'CR', CZ, PL: 'EN', FL, SK:'VU', A, CH: 'NT'		

*1nur *tetrix*, *2alle anderen

Schutzmaßnahmen. Tiefland. Birkhuhngebiete benötigen intensive Schutzmaßnahmen zur Aufrechterhaltung eines Landschaftsmosaiks mit hohem Anteil früher Sukzessionsstadien der Waldentwicklung, dazu: (1) Förderung extensiver Landwirtschaft, (2) Beweidungswirtschaft (v.a. Schafbeweidung), (3) kleinflächiger Holzeinschlag, (4) Erhalt von Freiflächen und offenen Bachrändern in integriertem Flächensystem

und (5) Verbesserung des Nahrungsangebotes im Winter durch Förderung von Weichholzarten (Eberesche, Weide, Birke, Aspe). Oft weisen Truppenübungsplätze in Folge der Brandhäufigkeit sehr günstige Habitatkombination auf und sind letzte Schwerpunkte der Verbreitung [2032].
Strenger Schutz sowie Renaturierung der verbliebenen Moor- und Heidegebiete.
Herausnahme der Art aus dem Jagdrecht oder zumindest starke Einschränkung der Jagd und völliger Verzicht in Gebieten mit Bestandsrückgang (auch Zurückführung der Beunruhigung durch die Jagd auf andere Arten) sowie konsequente Verfolgung illegaler Jagd (bes. relevant in A, CH, F, I, Skandinavien).
Reduktion überhöhter Schalenwildbestände zur Förderung der Krautschicht.
Drastische Einschränkung des Luftverkehrs (vor allem Freizeit- und Drachenfliegen, Freiluftballons, Modellflugzeuge usw.) über günstigen Birkhuhnlebensräumen.
Verzicht auf Tollwutbekämpfung beim Fuchs (für alle Bodenbrüter relevant).
In Bergregionen Einschränkungen menschlicher Einflussnahme (Störungen, Jagd, Tourismus, Flugsport)

Biotop. Im Tiefland wie im Gebirge Bewohner der Kampfzone des Waldes wie Moor- und Heiderandgebiete oder subalpine Waldrandzone mit Zwergsträuchern und Matten. Generell nicht zu trockenes Gelände und offener (benötigt übersichtliche Arenen für die Balz) als Auerhuhn. Im Tiefland neben großen Heide- und Moorgebieten auch stark gelichtete Waldflächen. Dagegen vertreiben völlig baumfreie Flächen, dichter Kronenschluss, Vergrasung des Waldbodens, überalterte Heide und hochwachsende Hochmoorvegetation das Birkhuhn. Reiche Gliederung notwendig: Zwergsträucher (z.B. *Vaccinium, Calluna, Erica*), vielgestaltige Krautschicht als Sommernahrung; Laub- und Nadelbäume für den Winter; Pioniergehölze nach Brand, Windwurf oder Borkenkäfer; traditionelle Balzplätze flach und offen, in Alpen oft in Hanglage, in Heidegebieten auf erhöhten Kuppen; Bodendeckung für Nistplätze; Sandbadeplätze; Schlafplätze mit Nadelbaum und Büschen.

Nahrung. Vorwiegend pflanzlich, im Sommer auch kleine Wirbellose; Junge fressen in den ersten Wochen fast ausschließlich Insekten, bis Sept. mehr tierische Nahrung als Ad., doch überwiegt Pflanzennahrung. Jahreszeitliche Variation je nach Angebot, doch wird auch im Winter sehr selektiv Nahrung aufgenommen. Hauptnahrung liefert Bodenvegetation. In den Alpen z.T. Triebe von Heidelbeere, Alpenrose Hauptnahrung, in Winter Birkenkätzchen, Lärchentriebe (in Zentralalpen), Erle, Wacholder, Weide, aber auch Koniferennadeln; Frühjahr Knospen, Blüten und junge Blätter; im Sommer Kräuter und Wiesenblüten wichtige Zusatznahrung; Herbst besonders Beeren wichtig, aber gebietsweise auch Früchte von krautigen Pflanzen [337,2033]. Im Tiefland Heide- und Moorpflanzen und Wildkräuter des Grünlandes, seltener Kulturpflanzen [247,2401]. Nutzt opportunistisch jeweiliges lokales Angebot.

Stimme. Geschlechter verschieden. Balzende ♂ kontinuierliches an- und abschwellendes Kullern, dazwischen Zischen »tschuh-sch« (vgl. Balz); ferner bei Auseinandersetzungen mit Rivalen »krokraio« oder Hissen »tschu-u-u« oder »tschorrr«. Bei Störung »guk« o.ä. ♀ gackern nasal; bei starker Erregung laut bellendes »tschack-tschack..«. Junge Stimmfühlung hoch »twit«, Suchlaute »djüb« usw. Flattersprung mit zweiteiligem Flügelburren.

Verhalten. Aktivität zweiphasig, früh und nachmittags; am Höhepunkt der Balz ab frühester Dämmerung (bis 80 min vor Sonnenaufgang), in hellen Nächten auch abends und nachts. Läuft ausdauernd; Flug mit hoher Schlagfrequenz, beim Start oft mit lautem Fluggeräusch. Auch auf Bäumen, selbst auf äußersten Zweigen. Schlafplätze gern in unteren Stockwerken von Nadelbäumen; im Winter in alpinen und nordischen Verhältnissen Übernachtung in selbst gegrabenen Schneehöhlen (täglicher Wechsel). Nahrungssuche auf dem Boden oder auf Bäumen (vor allem bei Schneelage). ♂ unterschiedlich territorial, auch ganzjährig gesellig (Gruppenbildung ab Herbst, auf Arenen und im Winter); ♀ außerhalb der Brutzeit ± gesellig; ♂ balzen auf über viele Jahre feststehenden Arenen, in manchen Heidegebieten (z.B. D-NI) auch an Einzelplätzen; Aufenthaltsbereich territorialer ♂ ist oft kleiner als jener nichtterritorialer ♂ und ♀; die meisten ♂ werden erst im 2. Jahr territorial, manche erst im 3./4. ♀ führen Junge allein. ♂ verteidigen auf der Arena kleine Territorien; periphere ♂ haben geringere Chance, ♀ zu treten, wie zentrale. Arenabalz der ♂ mit vielen auffälligen Bewegungen, z.B. Flatterflug oder Flattersprung (bis 1 m hoch), Flügelschlagen mit Zischen (zweisilbig »tschu-iischt«). Besonders bekannt ist die Vorwärtspose: Schwanz und Unterschwanzdecken breit gefächert, bis 40° nach vorn geneigt, Flügel abgehoben, Rosen stark angeschwollen, Vorderkörper nach vorne gestreckt, dabei Kullern, das bei günstigen Verhältnissen mehrere km weit zu hören ist. Beim Kullern bleibt ♂ entweder am Ort oder schreitet. Frühjahrsbalz von März bis Ende Mai (Juni), Herbstbalz mit geringerer Intensität Sept./Okt.; sonst Gesang nur ausnahmsweise, völlig fehlend im Juli (Höhepunkt der Mauser) und an kalten Wintertagen. Begattungen auf den Balzarenen vor allem Mitte Apr./Anf. Mai. ♀ gehen zu Fuß in Arena. Die meisten ♀ kopulieren innerhalb von 15 Minuten nach Ankunft in der Arena; ♀ initiieren Kopulationen. Ältere ♂ mit zentralen Territorien haben höhere Kopulationschancen. Familien schließen sich im Herbst zu Scharen zusammen.

Fortpflanzung, Brutbiologie 337,767,1369, 1784,1722,1551]. Beide im 1. Lebensjahr geschlechtsreif, aber einjährige ♂ kommen nicht, zweijährige kaum zur Fortpflanzung. Promiskuität; ♂ bilden Balzarenen. **Nest.** Am Boden, gut versteckt in Zwergstrauch- und Krautschicht; ♀ scharrt Mulde, wenig Pflanzenmaterial (Gras, Moos) zur Auskleidung. **Legebeginn.** Im Flachland ME ab Ende April, in den Mittelgebirgen ab Mai, im Hochgebirge Ende Mai/Juni. **Gelegegröße.** 6-10 (3-16), größere Gelege wohl von 2 ♀; Ø FIN_{491} (60-62°N) 8.1, FIN_{637} (62-64°N) 8.3, FIN_{185} (< 64°N) 7.7, RUS_{45} 8.2, FIN_{40} 9.4. Legeintervall 1.5-2 d. **Eier.** Oval, glänzend, gelbbraun mit kleinen und größeren grauen bis dunkelbraunen Flecken und Punkten. **Brutdauer.** 25-27 d; ♀ brütet; Bebrütung ab (vor-)letztem Ei. **Nestlings-/Führungszeit.** Juv. schlüpfen synchron, verlassen Nest nach wenigen Stunden; werden vom ♀ zu Nahrungsstellen geführt und bis ca. 10 d gehudert. Ab 10-14 d können Juv. erstmals fliegen, sind mit 4 Wochen weitgehend selbständig und bleiben bis ca. Sept. im Familienverband, dann Bildung von »Winterscharen«. **Jahresbruten.** 1; Ersatzgelege mit kleinerer Eizahl. **Bruterfolg.** In FIN Schlüpferfolg 71%, Jugendsterblichkeit bis Aug. (kurz vor Selbständigkeit) um 40%; nur ca. 11% der abgelegten Eier ergeben ein Ind., das bis zum nächsten Frühjahr überlebt. In CH-TI waren 60-61% der Hennen erfolgreich (3.1-3.2 Juv.), die Ø Nachwuchsrate lag insgesamt bei 1.9-2.0 Juv./♀, dabei regionale Unterschiede (und Bezug zur jeweiligen Bestandsentwicklung) [4208].

Eimaße und -gewichte. L. 45.0-54.5 mm, B. 34.1-38.7 mm, Ø: 50.4 x 36.0 mm (n=68, D/PL), Ø$_{300}$: 50.0 x 36.4 mm; Frischvollgew. 30-35 g, Ø$_{15}$: ~32.7 g, Ø$_{12}$: 31.9 g; Schalengew. 2.02-3.17 g, Ø$_{300}$: 2.6 g.

Sterblichkeit, Alter. FIN im 1. Winter 64 % (vermutlich ♂ > ♀), in stabilen Populationen Ad. 47 % [2335]. In S. Ad. 44 %/J. (ad. territoriale ♂ 31 %, ♀ 35 % mit Max. zur Eiablagezeit; Telemetriestudie) [75]. Älteste Ringvögel (FIN) 12 J. 3 Monate und CH 8 J. 7 Monate [3654]. **Generationslänge:** 4 J. [383].

Mauser. Postjuvenile Mauser (Teilmauser) schon ab ca. 15 d; HS 9 und 10 werden nicht erneuert [767,1356,2034]; Dauer 14–16 Wochen. • **Postnuptialmauser** (Voll-, z.T. Teilmauser) ♂ und erfolglose ♀ (Ende Mai) Juni–Ende Okt. (Dez.), erfolgreiche ♀ Juli–Nov. (hier Schwingenmauser während Jungenaufzucht); ST fast gleichzeitig abgeworfen; einige Ind. mit unvollständiger AS-Mauser (bes. AS 8–10 bleiben stehen) [2488,2034]; Zehenstifte werden zu Beginn der Postnuptialmauser abgeworfen und erst im Herbst wieder ersetzt. • **Pränuptialmauser** (Teilmauser) Juni–Juli; beschränkt auf Kopf-, Hals- und z.T. Vorderrückenfedern, die nach ca. 1 Monat bereits wieder ersetzt werden [767,1369,1423,2034].

Tetrao urogallus – Auerhuhn 03350

Tetrao [urogallus] urogallus Linnaeus 1758

(GB) **(Western) Capercaillie** (F) **Grand Tétras** (E) **Urogallo Común**

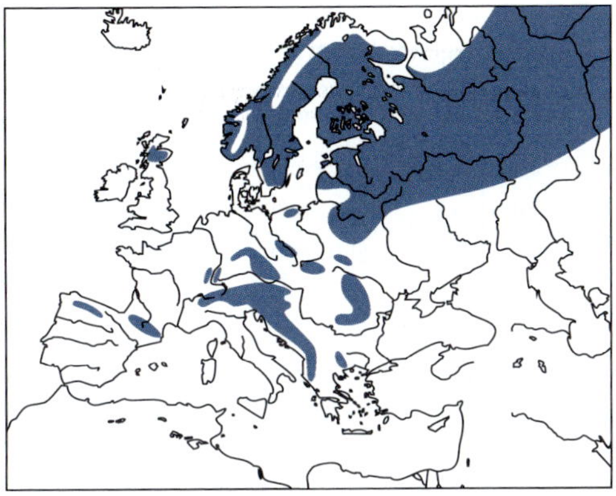

Tetrao urogallus – **Auerhuhn**

Taxonomie. Vier gering differenzierte UA: *urogallus* Linnaeus 1758 (nördliches Eurasien, inklusive »*major*« in ME), *rudolfi* Dombrowski 1912 (S- und E-Karpaten), *aquitanicus* Ingram 1915 (Pyrenäen) und *taczanowskii* Steijneger 1885 (E-Europa bis Sibirien S der Nominatform)
Bildet Superspezies mit ostasiatischem Steinauerhuhn *T. urogalloides* (Syn. *T. parvirostris*), das in Aussehen, Verhalten und Lebensweise sehr ähnlich ist [vgl. 66]. Mitunter Hybriden mit Birkhuhn, sog. Rackelhuhn.

Kennzeichen. Sexualdimorph [1784,1369,221, 3772,3615,3704; **Fotos** in Dutch B. **24**, 13-20, **26**, 212, Var Fag. 1999/**3**, 6; **Rackelhuhn**: Bird. W. **6**, 118/119, **12**, 326].

Maße. Gr.: ♂ 74-95 cm, ♀ 54-65 cm. Gew.: ♂ 3500-5000 (6500) g, ♀ 1500-2500 g. Fl.spw.: 87-125 cm. Fl.l.: ♂ 38.0-40.5 cm, ♀ 28.6-31.2 cm [1369,3615,3704]

Status. Gebietsweise verbreiteter Brut- und Jahresvogel. Sehr geringes Ausbreitungspotenzial, dadurch bei Bestandsverlust rasche Isolation von Kleinpopulationen. In ME alle Populationen rückläufig.

Verbreitung und Bestand. In Nadel-, Misch- und Laubwaldzone von Schottland über N-Europa bis E Zentralsibirien (Lena, Baikalsee). Im restlichen Europa Verbreitungsinseln in den Pyrenäen, Kantabrien, Alpen sowie einigen Mittelgebirgslagen ME (Schwarzwald, Karpaten, Bayerischer Wald, Jura etc.). Besiedelt boreale und gemäßigte Zone Europas oberhalb 1000 m NN; nur vereinzelt in tieferen Lagen, z.B. bis unter 200 m in E-PL, Niederlausitz [1369]. Gesamtpopulation Europas 760.000-1.000.000 brütende ♀ [383], davon > 95% in RUS und Fennoskandien; in ME etwa 6.300-11.300 ♀ [383].

Wanderungen. Standvogel. ♂ sind geburtsorttreu; ♀ und Juv. im 1. Winter ebenfalls nur in geringen Teilen mobil, max. 10 km (Einzelfälle von Wanderungen bis 42–120 km bekannt) [2033]; im Gebirge nur gelegentlich auch außerhalb des Brutgebietes in Tallagen. Im Schwarzwald umgesiedelte balztolle ad. Hähne kehrten z.T. am selben d, spätestens bis zur nächsten Saison, an Herkunftsort zurück.

Bestandsentwicklung. Schon seit Anf. 19. Jh. im gesamten ME Rückgänge und frühes Erlöschen von Randpopulationen, z.B. B (Ardennen) um 1820, lokal in D-NI (um 1850) [843,1369,1589]. Allerdings um 1900 weiträumig Bestandserholung und Arealausweitung in Südalpen und tieferen Lagen des N- und E-Alpenvorlands [D-BW, -BY, CH-GR, A-St, A-B, W-H etc.:1369,1719,196]. Danach, insbesondere aber seit Ende 1940er J. in ME weiträumiger drastischer Bestandsrückgang von oft > 50% und erheblicher Arealverlust mit Erlöschen vieler Populationen [z.B. W-H zuletzt 1963, D-RP und -NW 1970er J., -BB 1980er J., CH-VS und N-Jura 1990er J.:2657,2448,3704,1998,2670;965,1589,1719,196, 337]. In einigen Regionen kleine, isolierte Restbestände [PL, CZ, SK., D-SN, A:196,3871;2657], z.T. mit geringen langfristigen Überlebenschancen. Auch in ehemaligen Schwerpunktgebieten wie Vogesen und Bayerischem Wald, bei anhaltendem Rückgang auch Schwarzwald und Jura, sind Populationen keineswegs langfristig gesichert [196,2325]. Inzwischen auch erhebliche Einbußen in den Alpen, dabei in CH zudem Schrumpfen des Verbreitungsareals (fast vollständiges Verschwinden vom Nordwestrand der Alpen) und Isolierung von Teilpopulationen [965,3393,3392,196,2670]. Drasti-

sche Rückgänge ferner in anderen Populationen Europas, darunter N-GB, FIN und F [1343,1507, 1585,3393,196], in RUS um fast 90% [1507,1585]; derzeit nur S. und RO mit Zunahmen [1585].
Wiederansiedlungsversuche oder Ausbringung zur Bestandsstützung in verschiedenen Gebieten nicht oder nur kurzzeitig [Oberharz:2772] erfolgreich [2032,3364; vgl. auch Anmerkungen bei Birkhuhn und Steinhuhn].

	Best.	Areal	Brutbestand	Jahr	Quelle
A	⇩	- 1	4.000–8.000	1998–2002	[383]
CH	⇩	- 1	550–650	1999	[383]
CZ	↓	- 1	75–100	2000	[383]
D	⇩	- 1	650–970	1995–1999	[383]
FL	↓	- 1	4–8	1998–2000	[383]
PL	↓	- 1	220–400	1995–2000	[383]
SK	⇩	- 1	500–700	1999	[383]

Siedlungsdichte. Im Frühjahr meist 1-2 balzende Hähne/100 ha; in Skandinavien und N-RUS im Frühjahr um 6 Ind./100 ha, im Sommer etwa 10-15 Ind./100 ha [2033,3704]; kleinflächig in Optimalhabitaten auch mehr. Winterdichte in N-GB ebenfalls etwa 10-15 (25) Ind./100 ha in günstigen und 1-5 Ind./100 ha in weniger günstigen Lebensräumen [1507]. In den Alpen großräumig 0.12 Ind./100 ha, gebietsweise höher [635].

Gefährdungsursachen [3155N,1369,1507,1719, 196,3703,3704,2032,439,2657,2448,2323,2670]. Hauptursache in außeralpinen Gebieten Intensivierung der Forstwirtschaft mit: Förderung des einschichtigen Altersklassenwaldes, zunehmender Erschließung und Wegebau, verringerter Grenzlinienanteil, sehr dichten Waldbeständen bis ins Starkholzalter mit Verlust der Bodenvegetation (besonders Heidelbeere), Fichtenmonokulturen, Rückgang des Kiefernanteils, Düngung, Pestizideinsatz, Entwässerung von Waldmooren etc. Ferner regional Lebensraumverlust durch intensive Landnutzung (Braunkohlebergbau, Truppenübungsplätze) und durch Waldsterben.
Bejagung, vor allem Hähne in z.T. erheblicher Anzahl, dadurch Verlust der vitalsten Tiere (»Raufer«), die meist ausschließlich für Nachwuchs sorgen, ungünstiges Geschlechterverhältnis mit Auswirkungen auf Bruterfolg sowie massive Störung der Balz.
Direkte und indirekte Einwirkungen von Schadstoffimmissionen und saurem Regen.
Störungen und Beunruhigung durch Massentourismus und Freizeitsport oder andere Nutzung [z.B. 508], dadurch besonders an kurzen Wintertagen bei vergleichsweise minderwertiger Nahrung Energieengpässe.
Vertreibung von Balzplätzen durch Motorfahrzeuge (u.a. zur Loipenpflege).
Unfälle an Forstkulturzäunen und Freileitungen sowie Skiliften; Verluste auch im Straßenverkehr.
Natürliche Verluste: u.a. Klimaschwankungen, dabei trockenheiße (kontinentale) Witterung wie bei anderen Hühnerarten positiv, ozeanisches Klima dagegen negativ, da Küken sehr empfindlich gegen Nässe und Kälte. Die großräumige Bestandszunahme in ME um 1900 offensichtlich sowohl klimatisch bedingt als auch Folge drastischer Dezimierung der wichtigsten Prädatoren. Seither Verluste durch Fressfeinde (Wildschwein, Dachs, Fuchs, Marder, Habicht, Uhu) bedeutsam (z.T. begünstigt durch derzeitige Forstpraxis).
Verbiss und Verlust von Nahrungsquellen durch überhöhte Schalenwildbestände – wohl nur bei geschwächten Beständen oder in suboptimalen Lebensräumen bedeutsam.

SPEC	VSchRL	Bern.Konv.	Bonn.Konv.
--	I,II-2,III-2	Anh. II[*1], III[*2]	--
Europ. RL	**RL in ME**		
--	H, B: **'RE'**, CZ, D, PL: 'CR', CH, FL: 'EN', A, SK: 'VU'		

[*1] nur *tetrix*, [*2] alle anderen

Schutzmaßnahmen. Intensive Schutzmaßnahmen nötig zum Erhalt der Vielfalt wichtiger Habitatstrukturen auf großen Flächen (>200 km^2). Dazu gehören störungsarme, reich gegliederte Waldflächen mit Überhältern und ausgeprägter Krautschicht (Heidelbeere), sowie möglichst großer Grenzlinienanteil (s.o.). Strenge Regelung forstwirtschaftlicher Eingriffe in Auerhuhngebieten, dabei Vermeidung großflächiger Kahlschläge oder Fichtenmonokulturen, Stangenhölzer und Dickungen; starke Reduktion bei Forstwegen. Verzicht auf Forstarbeiten an Balzplätzen (März-Juni) und Brutgebieten (Mai-August); keine intensive »Waldhygiene«.
Einbringen und Pflege der Kiefer in Mittelgebirgen.
Schutz vor Störungen durch Freizeitbetrieb (Sommer u. Winter). Wege- und Loipengebot.
Überführung der Art vom Jagdrecht ins Naturschutzrecht, zumindest völlige Einstellung der Jagd bei sinkenden Bestandszahlen. Dagegen Reduktion des Schalenwildbestandes zur Minimierung von Verbiss und Schälschäden.

Nahrung. Überwiegend pflanzlich. Tierische Nahrung nur im Sommer (Insekten) und Herbst, bei Jungen in den ersten Lebenstagen überwiegend (bis 75 %). Juv. nehmen aber auch im Herbst noch mehr Kleintiere als Ad., insgesamt jedoch Trockengewicht bei Ad. < 10 %. Okt./April überwiegend, im Mittwinter fast ausschließlich Koniferennadeln, vorzugsweise Kiefer (wo vorhanden); im Herbst besonders Beeren sowie Triebe von *Vaccinium;* Frühjahr Knospen und junge Nadeln von Lärche, Blatt- und Blütenknospen von Laubbäumen, Gräsern, Kräutern, Zwergsträuchern; im Sommer vor allem grüne Teile der Bodenvegetation, keine Nadeln mehr. Aufnahme von Magensteinchen besonders im Herbst (max. > 2000; max. Gewicht > 50 g, Ø im Frühjahr ♂ ca. 30 g). Winterlicher Nahrungsbedarf (Nadelfrischmasse) bei ♂ 110 g/kg Lebendgewicht pro d, max. Kropfkapazität 46 g/kg Lebendgewicht; bei ♀ noch höher [M.LIESER].

Biotop. Ruhige Nadel- und Mischwälder (Kiefern, Buchen-Tannenwald, Berg-Fichtenwald bis Bergföhren). Vielseitiges Requisitenangebot, z.B. Bodenaufschlüsse zur Aufnahme von Magensteinchen, Möglichkeit für Staubbäder, geschlossene Krautschicht für Deckung und Ernährung im Sommer, kleinflächig dichtere Nadelholzbestände als Aufenthaltsbereiche im Winter, Schlaf- und Balzbäume: alte Laub- und Nadelbäume mit kräftigen Ästen, geeignete Bodenbalzplätze, Nestdeckung usw. Voraussetzung, daher extensiv bewirtschaftete, locker aufgebaute und stufige Wälder.

Stimme. Strophiger Balzgesang des ♂ Einleitung durch ein-, dann doppelsilbige Laute (»Knappen«), die dichter gereiht und vielsilbig (»Triller«) schließlich durch einen plötzlichen Laut (»Hauptschlag«; Knall eines Sektkorkens) abgeschlossen werden; letzte Phase rhythmisch kratzendes Schleifgeräusch (»Wetzen«, »Schleifen«). Wiedergabe etwa: »tácketácke-tácke-tácke-táck táktát t,t titók tsischéddedde schischeddedde..«; 5–6 sec Dauer. Drohruf gegenüber Rivalen guttural würgende Laute (»Worgen«) wie »kröck-öck«; aber auch zischendes Röcheln (»Kröchen«). ♀ im Frühjahr nasal gackernd »gogg...«; bei Landung und während aggressiven Aufplusterns auf der Arena leises, weinendes »ho-wa-wa«. Verschiedene leise Stimmfühlungs- und Warnrufe. Hölzernes Schnabelkleppern bei Störung.

Verhalten. Beginn der Morgenbalz vor Sonnenaufgang, Ende der Abendbalz nach Sonnenuntergang (stark witterungsabhängig). Fliegt meist nur über kurze Strecken. Schlaf meist auf kräftigen Ästen, auch in Schneehöhlen. Nahrungserwerb im Sommer am Boden, im Winter überwiegend auf Bäumen (Zweigteile und Nadeln werden abgeschnitten). Arenabalz, doch in ME heute oft kaum mehr als 2–3 ♂ an Balzplätzen; hier strenge Territoriumseinteilung. Balz am Boden und auf Singwarten. Bewegung und Gesang der ♂ dienen hauptsächlich der Reviermarkierung. Imponierhaltung beim Gesang: hochgereckter Kopf und Hals, gesträubter Kehlbart, leicht abgestellte hängende Flügel, gefächerter max. bis zur Vertikalen angehobener Schwanz; beim Schleifen bewegt sich Kopf vor und zurück, das ♂ hört währenddessen nichts. Ferner Flattersprung. Werbeverhalten, wenn ♀ erscheinen; sie werden von den ♂ umkreist; durch Niederlegen mit abgespreizten Flügeln fordert das ♀ zur Begattung auf. Balzbeginn je nach Witterung ab Ende März; ♂ und ♀ treffen sich meist nur zur Kopulation, »Hochsaison« nur 7-10 d (letzte April- und erste Maiwoche); Herbstbalz (nicht immer an feste Balzplätze gebunden) (Sept.) Okt/Mitte Nov. (Dez.). Aggressivverhalten der ♂ mit verschiedenen Drohhaltungen, gespreiztem Halsgefieder sowie »Worgen« und »Kröchen«. Etwa 1% der ♂ »balztoll«: aggressiv gegenüber Menschen, Pkws usw.; suchen belebte Plätze auf. Ab Spätherbst und Winter dichteabhängig oft in kleinen Trupps (2-10 Ind.).

Fortpflanzung, Brutbiologie [337,767,1784, 1722,1369,1551]. Im 1. Lebensjahr geschlechtsreif, doch ♂ kommen vor 3. Lebensjahr kaum zur Begattung. Promiskuität; Arenabalz. **Nest.** Am Boden, gut versteckt, von Pflanzen gedeckt oder am Fuß eines Baums, Holzstapels, in Zwergsträuchern, hohem Gras oder in Kulturen. ♀ scharrt Mulde in Boden während der Bebrütungszeit, wenig Material (Gras, Kiefernnadeln, Laub, Rinde, Moos). **Legebeginn.** Witterungsabhängig frühestens ab Mitte April, meist erst Mai (Juni); nach N später. **Gelegegröße.** 5-11, meist 7-8, größere Gelege wohl von 2 ♀; Ø HR_{37} 8.43, $W\text{-}RUS_{34}$ 8.0, $N\text{-}RUS_{265}$ 6.2, CS_{40} 7.6, CH_{21} 7.4. Legeintervall 1-2 d. **Eier.** Breitoval, glänzend, blassgelb bis hellbraun, meist mit kleinen und größeren dunklen Flecken. **Brutdauer.** 24-26 d; ♀ brütet; Bebrütung ab (vor-)letztem Ei; bei Weggang mit Nestmaterial abgedeckt. **Nestlings-/Führungszeit.** Juv. schlüpfen synchron, verlassen Nest am ersten, spätestens zweiten Tag; werden vom ♀ zu Nahrungsstellen geführt und bis 20 d ausgiebig gehudert (da sie bis dahin Körpertemperatur nicht aufrechterhalten können). Erste Flüge mit 2-3 Wochen, ab ca. 2-3 Monaten ausgewachsen und bald darauf selbständig (meist Ende

Aug./Sept.). **Jahresbruten.** 1; Nachgelege. **Bruterfolg.** Schlüpferfolg bei Gelegen in FIN_{1247} (1946-52) 84-94%, ¾ der Verluste durch Menschen und Prädatoren; in FIN/S. in 1970er J. Schlüpferfolg 60-80% der Eier, mitunter auch >90%, aber Jungensterblichkeit sehr hoch (neben Prädation vor allem Wetterbedingungen), z.B. ergaben in FIN_{100} 10% der abgelegten Eier Juv., die bis zum Frühjahr überlebten.

Eimaße und -gewichte. L. 53.7-64.2 mm, B. 39.6-43.0 mm, Ø: 57.6 x 41.2 mm (n=93, D), $Ø_{50}$: 57.2x41.6 mm; Frischvollgew. 43-52 g, $Ø_{31}$: 47.8 g; Schalengew. 3.45-4.80 g, $Ø_{50}$: 4.05 g.

Sterblichkeit, Alter. RUS Ad. ca. 54–59 %/J., in FIN geschätzt für Ad. 29 % und für Juv. 76 %/J. [2335]. In Alpen D-BY Sterblichkeit der Pulli bis Herbst 80 % [3703]. Sehr hohe Sterblichkeit bei Aussetzungen [z.B. Nordschwarzwald 1984-89:3465]. Ältester Ringvogel (S.) 9 J. 4 Monate [3654]. **Generationslänge:** 4 J. [383].

Mauser. **Postjuvenile Mauser** (Teilmauser) ab 15-20 d [2033], Abschluss im Alter von ca. 3 Monaten; nur HS 9–10 bleiben stehen [767,1814,2033]. • **Postnuptialmauser** (Voll-, selten Teilmauser) setzt mit HS 1 ein, bei ♂ ab Mai, bei ♀ ab Ende Mai/Mitte Juli (hier Schwingenmauser erst nach Schlüpfen der Jungen), Vorj. z.T. bereits ab März; Körpergefieder Juli–Sept./Nov. [767,1369,2033]; bei mehrjährigen Ind. und spät brütenden ♀ selten unvollständige Schwingenmauser [2033]; Zehenstifte fallen Mitte Mai ab und sind bis Mitte Sept. nachgewachsen. • **Pränuptialmauser** (Teilmauser) Mai–Juni; umfasst nur Kopf- und Halsfedern, die nach ca. 6 Wochen wieder ersetzt werden.

Neoaves

Obwohl diese Gruppe nach molekularen Daten eindeutig monophyletisch ist [z.B. 764], gibt es nur eine kleine Zahl eindeutiger anatomischer Merkmale, die diese Gruppe eindeutig kennzeichnen, darunter der dreigelenkige Ansatz des Quadratbeines (Quadratum) mit dem Unterkiefer [Details bei 2608].

ÜBERORDNUNG NN

Nach übereinstimmenden Befunden sowohl nach DNA-Hybridisierungs- als auch DNA-Sequenzdaten [3895] sowie nach der Zusammensetzung der Endoparasitenfauna [3706] und bisher übersehenen morphologischen Merkmalen [2524,2525] sind Flamingos (Phoenicopteriformes) und Lappentaucher (Podicipediformes) Schwestergruppen. Ein Name für die Überordnung wurde bisher nicht vorgeschlagen. Zumindest nach den DNA-Hybridisationsergebnissen [3895] steht die Flamingo-/Lappentaucher-Gruppe außerhalb der »Ciconiiformes sensu lato« (vgl. unten) und wird vor ihnen geführt.

ORDNUNG Phoenicopteriformes – Flamingos

Familie Phoenicopteridae – Flamingos

Große Vögel (90-115 cm) mit kleinem Kopf, sehr langem Hals (im Flug gestreckt), langen Beinen; zwischen den Vorderzehen Schwimmhäute, Hinterzehe reduziert oder fehlend, Tibien fast vollständig nackt, dadurch Waten in tiefem Wasser erleichtert. Schnabel in der Mitte fast rechtwinklig abgebogen mit Seihapparat zum Ausfiltern feiner Nahrungspartikel aus dem Wasser, Oberschnabel deutlich kleiner als Unterschnabel (deckelartig), Zunge dick und fleischig, mit Borsten. Unbefiederte Partien meist sehr farbig. Mauserzyklus extrem unregelmäßig. Geschlechter weitgehend gleich, ♂ oft etwas größer.

Sechs Arten, davon eine Superspezies bestehend aus Rosaflamingo *Phoenicopterus roseus* (Paläarktis, Afrika), Kubaflamingo *P. ruber* (Mittelamerika, Karibik) und Chileflamingo *P. chilensis* (S-Amerika). Nicht sicher bekannt, ob *ruber* und *roseus* tatsächlich nächstverwandt sind (werden sogar oft nur auf Unterartniveau getrennt), daher sollten besser alle drei Formen in einer Superspezies zusammengefasst werden. Das Balzverhalten ist innerhalb der ganzen Gattung sehr konservativ und kaum zur Artabgrenzung geeignet [3729]. Näheres zum Artstatus der drei Formen [3323; **Fotos:** 3323; (*roseus* und *chilensis* PK, Balz) Limic. **16**, 241, (alle drei Taxa) **17**, 214].

Phoenicopterus ruber – Kubaflamingo 01470

Phoenicopterus [ruber] ruber Linnaeus 1758

(GB) Caribbean Flamingo **(F) Flamant des Caraïbes** **(E) Flamenco Americano Tococo del Caribe**

Taxonomie. s. Gruppeneinführung.

Kennzeichen. Ad. PK: Gefieder im PK insgesamt stärker und einheitlicher rosa als bei *Ph. roseus*. Gesamte distale Schnabelhälfte schwarz (wie bei *chilensis*), proximale Hälfte gelblich-rosa, Beine einheitlich rosa-fleischfarben [221,1784; **Foto** in Dutch B. **19**, 195].

Status. Sporadischer Brutvogel in D-NW, s. genauere Angaben bei Rosaflamingo.

Phoenicopterus roseus – Rosaflamingo 01472

Phoenicopterus [ruber] roseus Pallas 1811

GB Greater Flamingo **F Flamant rose** **E Flamenco Común**

Taxonomie. Monotypisch.

Kennzeichen. Ad. PK: Proximale 2/3 des Schnabels intensiv rosa (bei Juv. grau), Schnabelspitze schwarz (weniger Schwarz als bei beiden anderen Allospezies). Beine rosafarben. JK bräunlich mit schmutzig-weißlicher Unterseite, 2. KJ schmutzig weißlich, danach zunehmender Rosaanteil [221, 1369,1784,3615,3772, **Fotos** in Dutch B. **19**, 195-96, (versch. Arten) Limic. **16**, 241, **17**, 214].

Maße. Gr.: 120-145 cm. Gew.: 2100-4100 g. Fl.spw.: 140-165 cm. Fl.l.: ♂ 40.6-46.4 cm, ♀ 36.0-39.6 cm [221,1369,1784].

Status. In ME zwar in fast allen Regionen beobachtet, aber Herkunft meist unsicher; viele nachweisliche Gefg.fl. Mit Ausbreitung und Zunahme der Mittelmeerpopulation nehmen Beob. von *roseus* in ME stark zu; aber auch Kubaflamingo durch verstärkte Haltung. Einziger ME Brutplatz von Flamingos in **D**-NW (Zwillbrocker Venn) mit 0-3 BP Rosa- (sowie Mischbruten mit Chileflamingo) und 0-1 Kubaflamingo seit 1986 geht auf Vögel aus Haltungen zurück; Überwinterungsgebiete dieser Vögel in **NL** [z.B. 2298,2161,2821].
In **D**-NW und **NL** seit 1980er J. allj. und regelm. nachgewiesen, in anderen Regionen ME unreg., z.B.
• **CH**: etwa 7 Nachw. von Wildvögeln bis 2003, ca. 35 weitere mit unsicherer Zuordnung, z.T. auch *ruber*, darunter ein beringtes Ind. (1998-2003) [q14].
• **B** und • **CZ:** mehrere Beob. (auch *ruber*), aber bisher keine sicheren Wildvogel-Nachw. [1677,2159]. Beob. auch in **L**, **SK.**, **PL** und **A** und vielen anderen europäischen Ländern.

Verbreitung und Bestand. Kubaflamingo *Phoenicopterus [ruber] ruber* Brutvogel in Mittel- und N S-Amerika. Rosaflamingo *Phoenicopterus [ruber] roseus* mit Brutkolonien in S-F (Camargue), S-E., Mauretanien, MA, TN, TR, EGY; ferner Afrika S-Sahara, Vorder- und Innerasien, Pakistan. Europäischer Brutbestand (*roseus*) (um 2000) 56.000-58.000 BP, davon in F 15.300 BP, in I 2.900-3.300 BP, in E. 23.000 BP und in TR 15.000-16.000 BP, kleine Populationen ferner in AZ und CY [383]; Bestände in F, I und CY immer noch stark anwachsend.

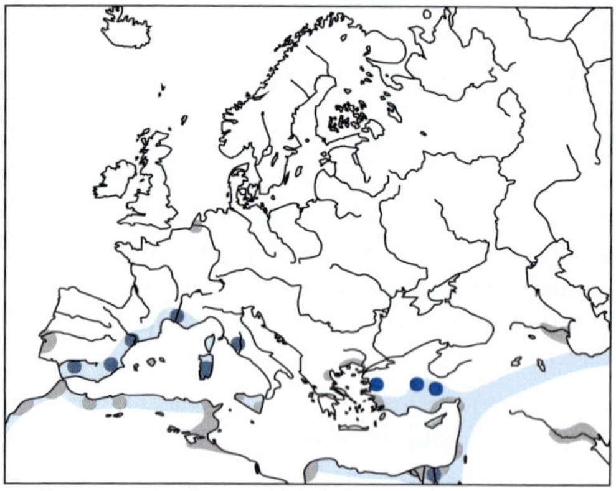

Phoenicopterus roseus – **Rosaflamingo**

Wanderungen. Zieher, Teilzieher, Streuungswanderungen, z.T. unberechenbar. Br. W Mittelmeergebiet überwintern Camargue (Minderheit, witterungsabhängig), E. und NW-Afrika. Teilweise Abwanderung aus Camargue bereits ab Juli–Oktober oder später, Rückkehr ca. März. Herkunft Wintergäste im E Mittelmeerraum vermutlich Libyen, CY, EGY, TR, und E davon. Überwinterung kleiner Gruppen auch in N-I [2941]. Da Immat. wanderfreudiger sind, in D aber überwiegend Ad. auftreten, hier wohl zumeist Gefg.fl. Einflüge von Wildvögeln bekannt, z.B. 1935 60 Immat CH, 11 Ind. 2003 (darunter beringte Vögel mit Zugstrecke von 1.100 km aus TN) [q14]; etliche D [3615]. Br. der wohl aus Gefg.fl. rekrutierten Kolonie in D-NW überwintern im NL Rheindelta, dabei gerichtete Wanderungen [3877].

Bestandsentwicklung. Brutbestände im Mittelmeerraum (E., S-F) nehmen derzeit stark zu; inzwischen Ausbreitung nach I., wo seit frühen 1990er J. Sizilien und Sardinien mit jew. großen Kolonien besetzt [3615,382]. Da direkte Verfolgung weitaus geringer als früher, ist von weiterer Ausbreitung auszugehen, insbesondere im E-Mittelmeergebiet, wo die Art auch schon brütet (TR, GR, EGY) [1585,1507].

SPEC	VSchRL	Bern.Konv.	Bonn.Konv.
3	Anh. I	Anh. II	Anh. II
Europ. RL	RL in ME		
--	--		

Biotop. Flachwasser an Küste, Brackwasserlagunen, ± salzhaltige Binnenseen.

Nahrung. Kleine Crustaceen, Insektenlarven, Würmer, Algen, Pflanzensamen, kleine Mollusken.

Stimme. Klingt sehr gänseähnlich. Graugansähnliche, zweisilbige Flugrufe, schnatterndes »ke-kä-kä-kä..« bei der Nahrungssuche.

Fortpflanzung, Brutbiologie [1369,337,1784, 3615,1896]. Geschlechtsreife mit 5-6, seltener 4 oder sogar 3 Jahren. **Nest.** In Wassernähe auf vegetationsfreien Stellen; Plattform aus Schlamm mit recht kleiner Nestmulde. Kolonial, Nestentfernungen meist 20-50 cm. **Legebeginn.** (Ende März) Mitte April, Mai; abhängig von Temperatur und Wasserstand. **Gelegegröße.** 1, selten 2 (in Camargue 2%). **Eier.** Oval, weißlich mit Kalküberzug. **Brutdauer.** 28-31 (27-36) d; beide brüten. **Nestlings-/Führungszeit.** Fütterung mit Kropfmilch. Etwa 10 d am Nest, dann in »Kindergarten«, beide führen; ab ca. 30 d auch selbständige Nahrungsaufnahme. Juv. nach 70-75 (65-90) d flügge; bleiben meistens in Jungengruppen bis Alter von 100 d; dann Dispersion. **Jahresbruten.** 1, Nachgelege bei frühem Eiverlust. Bruterfolg. In F von 1947-95 Ø 50.5% der Brutpaare (0-87.5%) erfolgreich. Hauptverluste durch Prädation, Witterung und Mensch.

Sterblichkeit, Alter. Jährliche Überlebensrate Ad. in S-F 93% in normalen Jahren, fallend bis 76% in Kältejahren [649]. Älteste Ringvögel über 27 J. 6 Monate, mehrfach >20 J. **Generationslänge:** 16 J. [383].

Mauser. **Postjuvenile Mauser** (Teilmauser) Sept.–März; Körpergefieder [1896]. • **Postnuptialmauser** (Vollmauser) sehr variabel und wenig bekannt: Schwungfedern mausern unregelm., bei einigen Ind. fallen im Juli/Aug. alle gleichzeitig; Körpergefiedermauser wohl während des ganzen Jahres [1896].

Phoenicopterus chilensis – Chileflamingo 20230

Phoenicopterus [ruber] chilensis Molina 1782

(GB) Chilean Flamingo (F) Flamant du Chili (E) Flamenco Chileno

Taxonomie. Monotypisch.

Kennzeichen. Gefieder im PK stärker rötlicher überflogen als bei *Ph. roseus.* Proximale Schnabelhälfte weißlich (nicht rosa), gesamte distale Hälfte schwarz. Beine gelblichgrau bis grau mit roten Gelenken und Schwimmhäuten [**Foto** in Dutch B. **19**, 195].

Maße. Gr.: ca. 105 cm. Gew.: ca. 2300 g [1784].

Status. In meisten Regionen ME gelegentliche Beob. von freigesetzten oder entflohenen Volierenvögeln (dabei viele Flamingos nicht auf Art- oder Subspeziesniveau bestimmt). Einziger Brutplatz in ME seit 1983 in **D**-NW (Zwillbrocker Venn) mit bis zu 6 BP sowie weitere Mischpaare mit beiden anderen Allospezies (ebenfalls Gefg.fl.) [2161,2821]; Hybriden überlebten bisher nicht [2821]. Überwinterungsgebiet der Brutvögel in **NL**, wo noch keine Bruten nachgewiesen [196, 2298]. Bruten in Europa sonst nur noch aus S-**F** bekannt [1988, 1990, 1994 je 1 BP, 3615]. Gefg.fl. treten auch in anderen Regionen ME gelegentl. auf, z.B. D-BB Juni 1980, Dez. 1982 [1], in B seit 1969 mind. 30 Nachw. [1677], in PL 7 Beob. von 1978-98 [3871].

Verbreitung und Bestand. Dritte Form der Superspezies *ruber.* Verbreitet von Zentral-Peru südwärts entlang Anden bis Feuerland und ostwärts bis S-Brasilien und Uruguay. In Europa ausschließlich in Folge von Freisetzung und Gefg.flucht. Globaler Bestand trotz starkem Rückgang auf 80.000-90.000 Ind. nicht gefährdet [1784].

Wanderungen. Im Herkunftsgebiet Teilzieher (v.a. aus den Hochlagen und dem extremen Süden); umherstreifend [1784].

Biotop. In Herkunftsgebieten Küstenwattgeb., Ästuare, Lagunen und Salzseen, von Meereshöhe bis 4500m NN. Fehlt weitg. an Seen mit vielen Fischen.

Nahrung. Aquatische Invertebraten, vor allem Crustaceen und Dipteren (Larven und Puppen), auch Schnecken.

Mauser. Vermutlich ähnlich Rosaflamingo.

ORDNUNG Podicipediformes – Lappentaucher

Familie Podicipedidae – Lappentaucher

Tauchvögel mit weit hinten ansetzenden Beinen und Zehenlappen anstelle geschlossener Schwimmhäute; weiches und pelzartiges Kleingefieder. Dunenkleid der Jungen mit auffälligem schwarzweißem Streifenmuster; bei den Ad. Brutkleid (Pracht-) und Schlichtkleid (Ruhe-). Geschlechter gleich gefärbt, ♂ meist etwas größer. 12 HS (12. winzig), 17-22 AS. Schwanz kurz, ohne typische Schwanzfedern. Brutvogel an Binnengewässern. Nahrung Fische und aquatische Arthropoden. Meist auffällige Balz. Nester meist im Wasser aus altem Pflanzenmaterial. Junge keine vollkommenen Nestflüchter, gehen zwar schon vom 1. Tag an aufs Wasser, werden jedoch am Anfang in Flügeltaschen der Ad. gewärmt und sehr lange gefüttert.

6 Gattungen, 22 Arten, weltweit verbreitet. In ME 5 Arten sowie eine weitere nearktische Art als Ausnahmeerscheinung. Verwandtschaft der Gattungen untereinander bisher unbekannt. **Fotos** aller Arten [2104; zur Bestimmung im Flug:408].

Podilymbus podiceps – Bindentaucher 00060

Podilymbus [podiceps] podiceps (Linnaeus 1758)

GB Pied-billed Grebe **F Grèbe à bec bigarré** **E Zampullín Picogrueso**

Taxonomie. Polytypisch, 3 UA; bildet Superspezies mit dem in 1980er J. ausgestorbenen, flugunfähigen Atitlantaucher *P. gigas*, mit dem es nach Besiedlung des Atitlansees (Guatemala) durch den Bindentaucher zu Hybridisation kam.

Kennzeichen. Bestimmung und Auftreten in Europa [486;221,1369,1784,3615,3772,3566; **Fotos** in Dutch B. **20**, 272, 309, Bird. W. **10**, 45, 469, Brit. B. **91**, 483, Limic. **16**, 259-265; Hybride Binden- x Zwergtaucher Bird. W. 7, 304].

Maße. Gr.: 30-38 cm. Gew.: 339-458 g. Fl.spw.: 56-64 cm. Fl.l.: ♂ 124-135 mm, ♀ 115-126 mm [221,1784,3615].

Status. In SW- und W-Europa (vor allem IS, GB, Azoren) Ausnahmegast [z.B. 3615]. Bis 2000 in Europa (W-Paläarktis) 50 Nachw., davon Azoren 5, GB/IRL 36, F 5 (seit 1985), E., N. und IS je 1 (1991, 2000 bzw. 1976); in GB 1994 und N. 2002 erfolgr. Mischbruten mit Zwergtaucher; kleine Einflüge 1997 mit 3 Beob. GB, 2 IRL und 1 F [4035] und 2000 mit Nachw. in GB, IRL, F, N. und PL [q13,q23,486].
In ME nur in jüngster Zeit nachgewiesen, bisher anerkannt: **NL:** Apr.1997, Dez./Jan.1997/98 [277]. **PL:** Apr. 2000 [3871] und **D:** Juli-Aug. 2002 [486].
Nicht anerkannt NL 1999 und 2001 [q3].

Wanderungen. Überwiegend Standvogel. Nur Brutvögel aus nördlichstem N Amerika ziehen im Winter südwärts [1784].

Verbreitung. Nearktisch verbreitet von Zentral- und S-CDN südwärts bis S-Argentinien und S-Chile.

Biotop. An reichlich bewachsenen, seichten (stehenden oder langsam fließenden) Binnengewässern.

Nahrung [1784]. Opportunistisch. Weites Spektrum aquatischer Invertebraten, mitunter Egel als Hauptnahrung; ferner Amphibien und Fische (bis 12 cm Länge). I.d.R. kurze Tauchzeiten (Ø 7.6 sec).

Stimme. Außerhalb der Brutzeit schweigsam. Im Frühjahr und Sommer schleifende, in der Tonhöhe ansteigende Rufe, die an Lautstärke und Geschwindigkeit zunehmen, bevor sie abfallen oder mit laut klagenden Sequenzen enden.

Mauser. **Postjuvenile Mauser** (Teilmauser) bis Dez. abgeschlossen [767,3050]. • **Postnuptialmauser** (Vollmauser) (Juli) Aug.-Nov.; Schwungfedern synchron [767,3050,486]. • **Pränuptialmauser** (Teilmauser) März-Mai [767,3050].

Tachybaptus ruficollis – Zwergtaucher 00070

Tachybaptus [ruficollis] ruficollis (Pallas 1764)

GB **Little Grebe** F **Grèbe castagneux** E **Zampullín Común**

Taxonomie. 9 UA, in Europa *ruficollis* (Pallas 1764) (größter Teil der W-Paläarktis; Iris dunkelbraun), ferner in Asien und Afrika *iraquensis* (Ticehurst 1923), *capensis* (Salvadori 1884), *poggei* (Reichenow 1902), *philippensis* (Bonnaterre 1791), *cotabato* (Rand 1948), *tricolor* (G.R. Gray 1861), *vulcanorum* (Rensch 1929) und *collaris* (Mayr 1945). Bildet Superspezies mit *T. novaehollandiae* (Australasien; weniger Rotbraun an Kopf-/Halsseiten, Iris leuchtend gelb).

Kennzeichen. [Bestimmung: 221,1369,1784,3615, 3772,408; Irisfarbe der verschiedenen Taxa dieser Superspezies unzureichend geklärt, vgl. Diskussion in 3782].

Maße. Gr.: 25-29 cm (davon Körper 14-16 cm). Gew.: 130-236 g, ♂ Ø 140 g (mit Fettreserven 193 g), ♀ Ø 130 g (mit Fettres. 187 g). Fl.spw.: 40-45 mm. Fl.l.: ♂ 95-106 mm, ♀ 90-102 mm [1369,3615].

Status. Verbreiteter Brutvogel ME bis in mittlere Höhenlagen, häufiger und regelmäßiger Gastvogel.

Verbreitung und Bestand. Das Areal umfasst mittleres und südliches Eurasien nach E bis Smolensk, ferner Afrika und Madagaskar, einige indoaustralische Inseln (AUS, NZ nah verwandte Form, s.o.) [1369]. In ME weit verbreiteter Brutvogel - höchste Brutplätze deutlich höher als früher: A 1660 m, CH 1810 m, D 980 m [3392,196,456]. Europäischer Bestand 99.000-170.000 BP, mit Beständen > 5.000 BP in HR, F, H, PL, RO, YU, E., TR und GB; in ME ca. 30.000-44.000 BP [383, erg.], mit Schwerpunkten in D, H und PL.

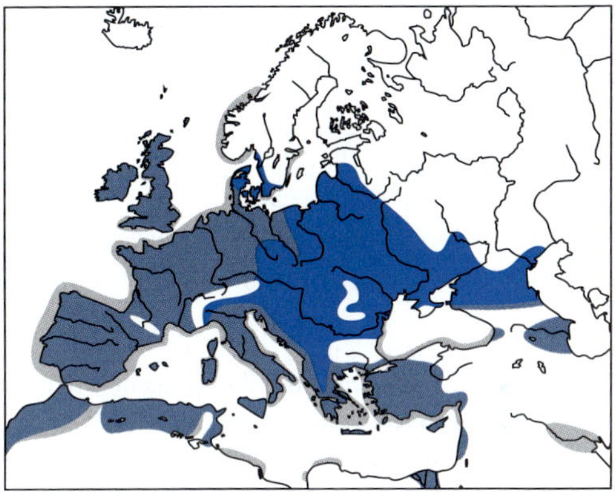

Tachybaptus ruficollis – **Zwergtaucher**

Wanderungen. Standvogel, Teilzieher, Kurzstreckenzieher. Winterquartier s. Verbreitungskarte; überwiegend Zugvogel wohl von N-Europa und Zentral-RUS bis PL, N-D; weiteste Ringfunde bis S-F und S-I (z.B. CS–I 930 km, CH–H 940 km), Abzugsrichtung vorwiegend W-SW, ab CS nach E und S. Ausweichbewegungen auf küstennahe Gewässer und große Binnengewässer, aber auch auf Flüsse oder auf Parkgewässer in Großstädten. Abwanderung von Brutplätzen in ME oft schon ab Ende Juni/Anf. Juli, Mauserkonzentrationen ab Hochsommer auch abseits der Brutplätze [ausführlich 3976]. »Sommerzug« geht ± fließend in Herbstzug über, etwa ab Mitte/Ende Aug.; Wegzug der Zugvögel wohl im Nov. abgeschlossen. Ausgesprochene Standvögel in ME selten (Vereisung von Kleingewässern bzw. Uferpartien); Wanderungen bzw. Ausweichbewegungen auch noch im Mittwinter. Ab Feb. Einwanderung in Brutplätze. Hauptdurchzug ME März bis Mitte April. Geburtsortstreue nachgewiesen [ausführlich z.B. 155,4175]; Winterquartiertreue [Ringfunde:1354].

Bestandsentwicklung. Neben Populationseinbrüchen infolge kalter Winter in vielen Regionen ME ab 1970er J. auffälliger Bestandsrückgang, nach Brutzeitdaten [196 mit Angaben für A, CH, D, NL, ferner 644 für CZ] und Zählungen an Rast- und Überwinterungsplätzen [196]. Besonders deutliche Rückgänge z.B. am südlichen Oberrhein, Innstauseen, Oberpfalz und D-TH, sowie Waldviertel A, Teile NL und CZ [1507,196;644,1727]. Rückgang hält regional z.T. noch an, doch meist ab Ende 1980er J. deutliche Erholung, und besonders in W-ME (B,L,NL) erneute starke Zunahme [3638,2407,1677,1585].
Bei günstiger Habitatentwicklung sind auch Brutbestände in anderen Regionen ME z.T. stabil oder nehmen zu, z.B. Bod. [1617], D-SH, Ismaninger Teichgebiet [196,3638]. Bestandsschwankungen haben möglicherweise zyklischen Verlauf [D-BY: 3416]

	Best.	Areal	Brutbestand	Jahr	Quelle
A	↓	=	1.200–2.000	1998–2002	[383]
B	+/-	=	1.000–1.600	1995–2002	[383]
CH	+/-	=	600–800	1993–1996	[383]
CZ	⇩	- 1	2.000–4.000	2000	[383]
D	+/-	=	6.000–9.800	1995–1999	[383]
FL	+/-	=	3–5	1998–2000	[383]
H	+/-	=	9.000–10.000	1998	[383]
L	↑	+ 1	60–70	2001–2002	[383]
NL	↕	=	1.800–2.500	1998–2000	[383]
PL	+/-	=	7.500– 10.000	1990–2000	[383]
SK	+/-	=	1.000–3.000	1990–1999	[383]

In jüngster Zeit Tendenz zu höhergelegenen Brutarealen, z.B. Karseen im Schwarzwald [458]; in 1990er J. überhaupt bisher höchstgelegene Brutnachweise in ME: 1660m in Vorarlberg und 1810m NN in Graubünden [196].

Gefährdungsursachen [196,1507,1369]. Hauptursachen für längerfristige Bestandsabnahmen sind der Verlust geeigneter Brutgewässer (durch: Verfüllung, Drainage, Grundwasserabsenkung, Flussausbau; erhebliche Beeinträchtigungen) und die Verschlechterungen der Habitatqualität (durch: Intensivierung der Fischereiwirtschaft, Eutrophierung und Verschmutzung der Gewässer, Schilfsterben und Zusammenbruch der Weißfischbestände, sowie Störeinwirkungen stark zunehmender Freizeitaktivitäten wie z.B. Paddler, Surfer, Motorboote, Badebetrieb, Angler).
Wichtige Verlustursachen sind Kältewinter, ferner auch Wasserstandsschwankungen (geringer Bruterfolg). Durch Brutplatzkonkurrenz, u.a. mit Rothals- und Haubentauchern, und Nahrungskonkurrenz mit bestimmten Fischarten, Rückgang lokaler Brutbestände.

SPEC	VSchRL	Bern.Konv.	Bonn.Konv.
--	--	Anh. II	--
Europ. RL	**RL in ME**		
--	L:'EN', CZ:'VU', FL:'R', A, D: 'NT'		

Schutzmaßnahmen. Sicherung und Verbesserung geeigneter (Brut-)Gewässer (überwiegend natürliche Schilfufer- und Flachwasserbereiche sowie vegetationsreiche Kleingewässer); Renaturierung von Flusssystemen, Extensivierung von Teichwirtschaften. Reduktion der Störeinwirkungen in den Brut-, Mauser-, Rast- und Wintergebieten.

Biotop. Br. an stehenden Binnengewässern mit dichten Pflanzen im Verlandungsbereich, vorzugsweise geringer Wassertiefe, mit schlammigem Untergrund, aber klarem Wasser und ausreichendem Kleintierleben. Brutgewässer vielfach kleiner als bei anderen Lappentauchern; bevorzugt werden kleine verlandende Teiche oder Weiher; mitunter mit sehr geringer freier Wasserfläche. Kleinste besiedelte Gewässer mitunter nur ± 100 m^2; gelegentlich auch an fast vegetationsfreien Wasserflächen. Die Struktur der Umgebung spielt eine geringe Rolle; daher Gewässer im offenen Land ebenso besiedelt wie im geschlossenen Wald oder auch in Siedlungen. Außerhalb der Brutzeit auch auf vegetationsfreien Gewässern und Flüssen.

Nahrung. Hauptsächlich Insekten und deren Larven, ferner kleine Mollusken, Crustaceen, Kaulquappen und (vor allem im Winterhalbjahr) kleine Fischchen. Pflanzenteile finden sich im Magen und werden auch an Junge verfüttert; ferner Magensteinchen (wenige) und einzelne Federn.

Stimme. Grundbestandteil ist ein kurzes »bib«; im Winterhalbjahr als Stimmfühlungsruf ein 2-4-silbiges »bii-ib« oder »ididüd« u.a., weit zu hören. Alarmruf scharf »pit«. Balztrillern mit langsamen einsilbigen Einleitungselementen im Stakkato, dann rasche Tonfolge, leicht an- und abschwellend, entweder von einem Ind. allein oder als Trillerduett zweier Partner, bei dem einer anfängt und der andere im exakten Rhythmus einfällt. Triller sind zu allen Jahreszeiten, am häufigsten April – Juni (»Balztriller«) zu hören. Neben dem Erregungstriller noch ein härter schnurrend klingender Kampftriller usw. Im dichten Pflanzenwuchs ist der Triller zur Brutzeit ein wichtiges Indiz für die Anwesenheit der versteckt lebenden Art.

Verhalten. Tag- und nachtaktiv; vielfach Nachtzieher. Taucht meist < 1 m, im Winter bis 2 (extrem 6) m; Tauchzeiten im Mittel meist < 20 sec (max. ca. 30-40 sec). Bei Gefahr längere Tauchzeiten; in dichten Pflanzen wird oft nur obere Kopfhälfte aus dem Wasser gestreckt; oft Spritztauchen (Warnen vor Artgenossen?). Tauchschwimmen mit beiden Beinen gleichzeitig, beim Oberflächenschwimmen alternierend. Beim Auffliegen oder auch als Drohanflug Fluglauf mit erhobenem Körper und hastigen Flügelschlägen. Nahrungserwerb durch Tauchen (am häufigsten) oder »Wasserlugen« (Kopf und Vorderhals werden unter Wasser gehalten), doch werden auch Pflanzen und Insekten von Wasseroberfläche abgelesen bzw. aus der Luft nahe der Wasseroberfläche gepickt. Territorial. Sexualverhalten mit Trillerbalz (bis 80 Duette/h), Zueinanderschwimmen, Balzfüttern (offenbar selten), verschiedene Beschwichtigungs- und Imponierzeremonien, Materialpräsentieren, Parallel- und Hintereinanderschwimmen. Kopulationen auf einer tragfähigen Nestunterlage, Paarbildung wohl meist im Herbst/Winterquartier, seltener am Brutplatz. Paare bleiben während der Brutzeit und darüber hinaus zusammen. Im Winter meist einzeln aber auch in Trupps. Oft Winterterritorien.

Fortpflanzung, Brutbiologie [1369,337,1784, 3615]. Nach 1 Jahr geschlechtsreif; monogam. **Nest.** Beide bauen. Nestplattform freischwimmend, auf untergetauchten oder schwimmenden Pflanzen (tote Äste, Algenwatten), mitunter auf festem Untergrund direkt am Wasser (< 1m), immer von dichter Vegetation gedeckt (aber vom Wasser aus ± leicht zu sehen); zuweilen innerhalb lückiger Röhrichtbestände mit mind. 40 cm Wassertiefe. Ø 40-50 cm, Mulde Ø 8-14 cm. 1-3 Paarungsnester sowie Ruheplattformen im Revier. **Legebeginn.** In ME frühestens März/Anf. April, doch meist Ende April/Mai bis Ende Juni (Juli/Aug.), in W-Europa früher. Legefolge täglich oder mit 1 d Intervall. **Gelegegröße.** (4) 5-6 (7-8, selten 9 oder 10); in ME Erstbruten $Ø_{17}$ 5.86; in A Erstgelege_7 4.0 ± 1.3, Zweitgelege_5 5.2 ± 1, Drittgelege_4 4.3 ± 1. **Eier.** Spitzoval, weiß oder cremefarben, rotbraun nachdunkelnd. **Brutdauer.** 20-21 d, bei Störung länger; Beginn nach 2. Ei oder später. **Schlüpftermine.** Alle Juv. innerhalb 3-6 d, ab Ende April. bis Ende Aug. (z.T. Sept.). **Nestlings-/Führungszeit.** Beide brüten, füttern und führen (bis 7. d auf Rücken). Juv. ab 1. d tauchfähig, ab ca. 42 d selbst Nahrung suchend, mit 44-48 d flügge. Familien gebietsweise bis Okt./Nov. **Jahresbruten.** 2, unter günstigen Bedingungen 3, dann stark verschachtelt. **Bruterfolg.** In D-BY Erstbruten_{49} 2.0, Zweitbruten_{18} 1.17 flügge Juv./Brut.

Eimaße und -gewichte. L. 32.5-43.0 mm, B. 23.5-28.3 mm, Ø: 37.5 x 26.1 mm (n=126, D), 37.5 x 26.2 mm (n=100, B), 37.8 x 26.2 mm (n=100, GB), Frischvollgew. Ø: 12.9 g bzw. 13-14 g; Schalengew. 0.83-1.43 g, Ø: 1.10-1.17 g.

Sterblichkeit, Alter. Älteste Ringvögel (Wintergäste) mind. 17 J. und 5 Monate [1354]. **Generationslänge:** 4 J. [383].

Mauser. **Postjuvenile Mauser** (Teilmauser) bis Sept./Dez. beendet, abhängig vom Schlüpfdatum; Körpergefieder und ST [767,139]. • **Postnuptialmauser** (Vollmauser) Schwingenmauser synchron, (Ende Juni) Aug.–Okt.; Kleingefiedermauser langsam, oft bis Nov./Dez. • **Pränuptialmauser** (Teilmauser) Jan.–Mai (Juli); erste Prachtkleider ab Anf. März, in strengen Wintern später; einschließlich Steuer-, einigen Schirmfedern und inneren Flügeldecken [767,139].

Podiceps cristatus – Haubentaucher 00090

Podiceps cristatus (Linnaeus 1758)

GB Great Crested Grebe **F Grèbe huppé** **E Somomujo Lavanco**

Taxonomie. 3 UA: *cristatus* (Linnaeus 1758) (Paläarktis), *infuscatus* Salvadori 1884 (Afrika) und *australis* Gould 1844 (AUS, NZ).

Kennzeichen. [221,1369,1784,3615,3772,408].

Maße. Gr.: 46-61 cm. Gew.: ♂ 596-1490 g, ♀ 568-1380 g. Fl.spw.: 85-90 cm. Fl.l.: ♂ 175-209 mm, ♀ 169-199 mm [1369,3615].

Status. Verbreiteter Brut- und Jahresvogel im gesamten Raum, zusätzlich Durchzügler und Wintergast aus N- und NE-Europa.

Verbreitung und Bestand. Weit verbreitet in mittleren Breiten und Subtropen von SW-Europa und Nordafrika bis nach China, z.T. auch S der Sahara (bis S-Afrika) und S- und E-AUS, S-Insel NZ. In ME in gewässerreichen Gebieten bis in Mittelgebirgslagen recht häufig (höchste Brutplätze CH 1050 m, A 985 m, D 810 m). Europäischer Bestand zw. 300.000-450.000 BP [383], größter Bestand in RUS (90.000-150.000), > 15.000 BP ferner in FIN, LT, PL, RO, S. und UA. [383]. In ME 63.000-90.000 BP [383, erg.]; Sommerbestände enthalten allerdings viele Nichtbrüter!

Wanderungen. Teil- und Kurzstreckenzieher, Streuungswanderungen. Winterquartier s. Verbreitungskarte. Wohl keine reinen Nichtzieherpopulationen, aber nichtziehende Ind. Abzug ins Winterquartier von östlichen (z.B. PL, FIN, Baltikum) Populationen SE bis E, von westlichen (einschl. DK) W–SW; z.T. auch typischer Winterflüchter [335]. Große Überwinterungszentren in ME Nordseeraum, Bod. [1617] und CH [4152]. Abzug von Brut- (bzw. Sommer-)plätzen bereits ab Juli z.T. als Mauserzug [3976]. Im Spätherbst z.T. Zuzug aus N und E. Weiteste Ringfunde vor allem von Br. im E bis 2000 km. Winterquartier- und Brutortstreue nachgewiesen.

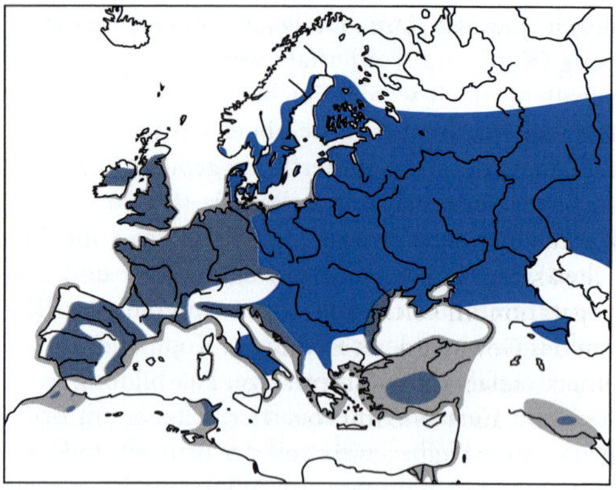

Podiceps cristatus – **Haubentaucher**

Bestandsentwicklung. Nach ehemals deutlichen Verlusten durch jagdliche Eingriffe und Beeinträchtigungen des Lebensraumes in ME seit den späten 1960er und frühen 70er J., in anderen Teilen Europas deutlich früher, starke Bestandszunahme mit Arealausweitung, häufig aufgrund Gewässereutrophierung oder der Anlage von Fischteichen und Stauseen [1507, 1585, 196, 337, 2832].

	Pop.	Areal	Brutbestand	Jahr	Quelle
A	↑	+ 1	1.000–1.200	1998–2002	[383]
B	↑	+ 1	1.400–1.900	1995–2002	[383]
CH	+/-	=	4.500–5.500	1993 1996	[383]
CZ	↓	=	2.500–5.000	2000–2002	[383]
D	+/-	=	16.000–26.000	1995–1996	[383]
H	+/-	=	7.000–9.000	1993	[383]
L	+/-	+ 1	15–20	2001–2002	[383]
NL	↑	+ 1	13.000–16.000	1998–2000	[383]
PL	↓	=	15.000–25.000	1990–2000	[383]
SK	↑	=	500–1.000	1999	[383]

Vielerorts ist diese Entwicklung inzwischen gestoppt und die Brutpaarzahlen stagnieren seit einigen Jahren oder sind rückläufig [CH, NL, PL, CZ: 196; D-BY: 2285]. Der Bruterfolg an großen natürlichen Seen ist z.T. deutlich reduziert, der Nichtbrüteranteil erhöht, und Haubentaucher weichen häufiger auf Kleingewässer mit z.T. ungeeigneter Uferstruktur aus [337], haben aber bei günstiger Bewirtschaftung positive Entwicklung [D-BY: 3416]. Dagegen halten die Zunahmen u.a. in D-SH, -HE, in CH-LU und -TI an [3393, 196]. Regional oder lokal ist Bild der Bestandsentwicklung daher sehr uneinheitlich.
Die Winterbestände spiegeln das Bild der Brutpaarzahlen übereinstimmend wider. Nach erheblichen Bestandszunahmen bis in die späten 1970er J. (z.T. noch danach) regional starke Abnahmen bei großen Schwankungen, insbesondere im Nordalpenraum mit Bod. als herausragendem Überwinterungsgebiet [1617, 3393, 196]. Dort Winterbestände in 1980er J. nur bei 25% der 1970er J. [1617]. Aber an Ostseeküste D-SH deutliche Zunahme, ebenso in PL [3871].

Gefährdungsursachen [1585, 196, 1507, 2285, 2496]. Zunahmen an lange bestehenden Gewässern fast immer durch Erhöhung des Nährstoffeintrages und dadurch – zumindest anfänglich – besserem Nahrungsangebot (Weißfische). Mangel an geeigneten ungestörten Brutplätzen wohl Grund für viele Nichtbrüter in unserem Raum. Ursachen hierfür vor allem Zunahme der Störungseinwirkung durch Bade- und Erholungsbetrieb, Angelsport usw., zum anderen Verlust der Ufervegetation (Schilfbestände, Pflanzen der Verlandungszone etc.) durch Beseitigung, Wellenschlag und Hypertrophierung.
Bedeutende Verluste ferner durch Anreicherung von Pestiziden und anderen Umweltchemikalien, Verölung in marinen Überwinterungsgebieten, direkte Verfolgung [Belege u.a. für D-BW, Bod.], sowie Ertrinken in Fischernetzen.

SPEC	VSchRL	Bern.Konv.	Bonn.Konv.
--	--	Anh. III	--
Europ. RL	**RL in ME**		
--	L:'EN', CZ:'VU', A:'NT'		

Schutzmaßnahmen. Sicherung geeigneter Lebensräume mit störungsfreien Ruhezonen ohne menschliche Nutzung (auch an größeren, neugeschaffenen Gewässern). Ferner u.a. Maßnahmen gegen Schadstoffbelastungen und Hypertrophierung.

Biotop. Stehende Gewässer mit Uferbewuchs, meist Binnengewässer. Vorzugsweise größere Seen, doch vielfach in neuester Zeit dort Abnahme des Bestandes und Besiedlung kleinerer Gewässer bzw. künstliche Seen, auch ohne Ufervegetation. In solchen Fällen oft Brut ± frei inmitten des Gewässers. In E- und S-Europa auch Br. an Brackwasser und Küstenlagunen. Außerhalb der Brutzeit auch Nichtbrüter vorzugsweise auf größeren Binnengewässern, aber auch an der Küste und auf Fließgewässern.

Nahrung. Hauptbeute Fische, vor allem Oberflächenformen (mittlere Länge 10–15 cm, max. bis ca. 25 cm); daneben Insekten und deren Larven, Crustaceen, Kaulquappen, Frösche. Täglicher Bedarf ca. 200 g. Junge werden zunächst mit Insekten gefüttert. Magen oft ± ausgefüllt mit Federn; werden auch an Junge verfüttert.

Stimme. Laut »gröck gröck« o. ä., ferner »orr« oder »rrra«; bei der Balz (Kopfschüttelpose) »ktik«; fast trompetend, zweiteilig »äw «, mehrfach wiederholt und ausklingend mit »kwää-ää-äh« abgeschlossen. Junge betteln laut »bili bili ...«.

Verhalten. Tag- und nachtaktiv (z.B. Nachtzieher). Meist nur auf Wasser. Nahrungstauchen meist < 45 sec, normalerweise 2–4 m; max. bis 40 m nachgewiesen. Flug schnell mit raschem Flügelschlag, kurzer Startlauf. Daneben Nahrungssuche durch Auflesen von der Wasseroberfläche; Insekten werden auch aus der Luft geschnappt. Bei unruhiger Oberfläche wird Kopf bis über die Augen ins Wasser gehalten. ♂ (meist mehr) und ♀ territorial, doch Koloniebildung bei Mangel an Nistvegetation, mit kleinen Nestterritorien; Zusammenhalt in größeren Verbänden auf Rastgewässern meist nur locker. Balz- und Paarbildungsverhalten bei ♂ und ♀ fast gleich. Auffälligste Zeremonien: Kopfschütteln, Scheinputzen, Material-Präsentieren (mit Pflanzenmaterial im Schnabel schwimmen Partner aufeinander zu), Pinguin-Pose (durch rasches Paddeln mit den Füßen erheben sich die Körper fast senkrecht aus dem Wasser, Partner stehen sich Brust an Brust gegenüber), Geister-Pose (ein Partner taucht unmittelbar vor dem anderen ± senkrecht auf), Katzen-Pose (Kopf wird mit gesträubtem Kragen zwischen die Schultern gezogen, Flügel halb gestreckt rechtwinklig vom Körper abgehalten) etc. Paarungsaufforderung auf der Nestplattform in gestreckter Hals- und Körperhaltung. Drohen gegen Partner und zur Verteidigung von Nest und Jungen vorwärts mit gestrecktem Hals; Scheinangriff bzw. Katzenpose oder Angriff unter bzw. über Wasser. Kurze Kopulationen folgen auf Balzzeremonie (meist erst später in der Verpaarungsphase). Paare bleiben oft das ganze Jahr in den Territorien. Paare teilen sich oft die Brut und trennen sich dann. Nichtbrüter bleiben oft in lockeren Gruppen außerhalb der Territorien. Es gibt dort gleichgeschlechtliche Paare (meist ♂). Soziale Aktivitäten außerhalb der Brutzeit reduziert.

Fortpflanzung, Brutbiologie [1369,337,1784, 3615,2496]. Geschlechtsreife frühestens Ende 1. KJ, aber im 2. Jahr meist noch nicht erfolgreich (da spät) brütend. Monogame Saisonehe. **Ankunft am Brutplatz.** März/April. **Nest.** In der Ufervegetation gedeckt, vorzugsweise am Außenrand des Verlandungsgebiets (Binsen oder Schilf) am Boden oder an submersen Pflanzen verankert, z.T. Schwimmnester völlig offen, mitten in kleinen oder flachen Gewässern, (Kunstnester möglich), in der Schwimmblattzone, aber auch auf festem Grund (Felsinseln, Wasserbauten usw.). Nestbau (beide) 6-8 d, max. bis 28 d, während Bebrütung noch Ergänzungen; zusätzliche Paarungsnester. **Legebeginn.** Abhängig vom Vereisungsgrad, frühestens März [aber einzelne Winterbruten, z.B. D-BE 1], in ME aber meist April bis Ende Juni, gebietsweise verzögert bis Okt. Legeintervall 2 d. **Gelegegröße.** 2-6 (oder mehr), meist 4, z.B. NL_{3212} 3.11, CH_{207} 4.3, CS_{38} 3.5, D_{130} 3.3, $E\text{-}D_{67}$ 4.7, D-BB 3.5-3.9, EST 3.8; Nach- und Zweitgelege offenbar nur gebietsweise kleiner, z.B. D-BB [1]. **Eier.** Länglich, frisch weißlich, braun nachdunkelnd (durch Pflanzenmaterial im Nest). **Brutdauer.** 27-29 d. Bebrütung ab 1. oder 2. Ei. Schlupfzeit ab (Mitte) Ende April. **Nestlings-/Führungszeit.** Juv. können ab 1. d schwimmen und tauchen, etwa bis 20. d in Flügeltaschen oder am Rücken der Ad. geführt, bei größeren Bruten unter Eltern aufgeteilt. 10-11 Wochen von Eltern abhängig. **Jahresbruten.** 1, zuweilen 2 (in N-D und GB etwa 5%, max. 10%, Zweitbruten, durch zunehmende Eutrophierung (?) Anteil viell. zunehmend); erfolgreiche Drittbruten nachgewiesen [337]; Mehrfachbruten mitunter verschachtelt. **Ende der Brutperiode.** Meist Aug., aber regional bis Okt. oder Nov., ausnahmsweise Dez. **Bruterfolg.** Bei Koloniebrütern geringer als bei Einzelbrütern; in dichter

Vegetation größer (Schutz vor Nestfeinden und Wellenschlag). Anzahl Juv./erfolgr. Bruten 1.5-2.8 [337,1], z.B. D-BE$_{28}$ 1.91, D-BY$_{37}$ 1.10, N-D$_{34}$ 1.12 flügge Juv./Paar mit Gelege und Jahr; in N-D$_{20}$ 1. Brut 2.35, 2. Brut 1.65 flügge Juv./Gelege (= 4 flügge Juv./BP und J.); nach Auszählung von Familien GB$_{431}$ 1.3, NL$_{2067}$ 1.21, PL$_{2550}$ 1.28, D-SH$_{2136}$ 1.3, D-BY$_{591}$ 1.43, D-BY$_{753}$ 1.37 flügge Juv./BP und J.; Jungensterblichkeit stark vom Nahrungserwerb der Ad. abhängig [3908].

Eimaße und -gewichte. L. 46.5-66.6 mm, B. 32.5-41.0 mm, Ø: 55.2 x 36.4 mm (n=109, ME), 53.4 x 36.1 mm (n=83, SE-Eur.), 54.8 x 36.7 mm (n=100, GB); Frischvollgew. Ø: 36.4 g bzw. 38.3 g; Schalengew. 2.75-4.77 g, Ø: 3.62 g (D), 3.63 g (B), 3.47 g (GB).

Sterblichkeit, Alter. Nach kleinem Material 1. Jahr 47 %, Folgejahre 25–35 % berechnet [CH:1253]. M. & A. Konter berechnen auf Basis europ. Ringfunde 35.8% im 1. Jahr und 28.5% im 2. Jahr; 10.3% erreichen das 5. und 2% das 10. Lebensjahr; Durchschnittsalter 843 d, entspr. 2 Brutsaisons als Ad.; Höchstalter Ringvögel mind. 14 J. 6 Monate, 10 J. 4 Monate, 5 mal > 9 J. **Generationslänge:** 5 J. [383].

Mauser. **Postjuvenile Mauser** (Teilmauser) ab Juli; Körpergefieder und Teil der Flügeldecken [139]. • **Postnuptialmauser** (Vollmauser) Juli–Dez.; Schwungfedern synchron, meist Aug.-Okt., flugunfähig für 2–3 Wochen [3017]. • **Pränuptialmauser** (Teilmauser) Dez.–Juni, Einj. etwas später als Ad. [139]; nur Körpergefieder [767,1369]. Mauserperioden des Kleingefieders gehen aber oft ineinander über (besonders an Flanken) [3017].

Podiceps grisegena – Rothalstaucher 00100

Podiceps grisegena (Boddaert 1783)

(GB) **Red-necked Grebe** (F) **Grèbe jougris** (E) **Somormujo Cuellirrojo**

Taxonomie. 2 disjunkte UA: *grisegena* (Boddaert 1783) (W-Paläarktis) und *holboellii* Reinhardt 1854 (E-Paläarktis, N-Amerika).

Kennzeichen. JK bereits mit ± rötlich-braunem Hals und weißlichen, dunkel längsgestreifte Wangen (oft bis ins 2. KJ sichtbar). Iris mit gelblichweißem Ring, der sich erst im Lauf des 1. Sommers (2. KJ) verdunkelt und Altersbestimmung der vorj. Ind. ermöglicht [4015;221,1369,1784,3615,3772, 408; **Fotos** in Limic. **8**, 101-118, Dutch B. **26**, 140].

Maße. Gr.: 40-50 cm. Gew.: ♂ 806-925 g, ♀ 692-873 g. Fl.spw.: 77-85 cm. Fl.l.: ♂ 164-193 mm, ♀ 153-182 mm [3615,1369].

Status. Lückig verbreiteter, wenig häufiger Brut- und Jahresvogel in Teilen ME; regelm., im Binnenland seltener, an Küsten häufiger Durchzügler und Wintergast.

Verbreitung und Bestand. Geschlossenes Verbreitungsgebiet von E-ME bis W-Sibirien, S-Grenze Kleinasien, Kaspigebiet, Aralsee; ferner Brutvogel in Ostsibirien, N-JAP und N-Amerika von Alaska bis Labrador. Einzelne Bruten und gelegentliche

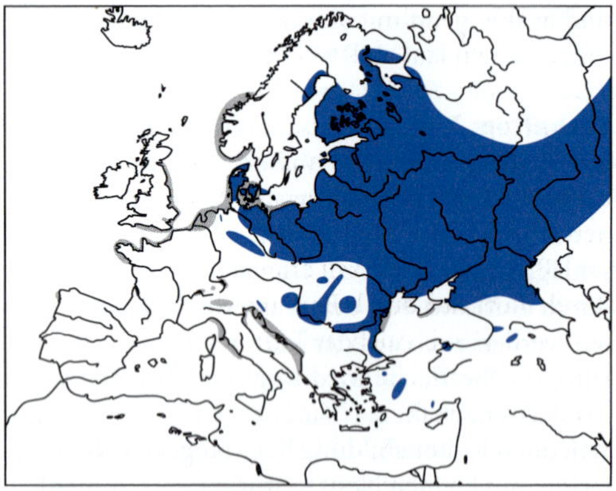

Podiceps grisegena – **Rothalstaucher**

Übersommerungen außerhalb des regelmäßig besiedelten Areals in W-Europa (bis GB und F). Europäischer Gesamtbestand 32.000-56.000 BP [383], davon 12.000-25.000 in RUS, Bestände > 5.000 ferner in FIN und UA. [383]; in ME um 4.600-6.700 BP mit Schwerpunkten in der N-D/PL-Tiefebene [383].

Wanderungen. Kurzstreckenzieher, Streuungswanderungen. Bedeutende Wintergebiete S. Ostsee, Wattenmeer, Nordsee, Atlantikküste von S und

Mittel-N. [Übersicht 3976]. In ME regelm. überwinternd auf einigen Seen des Alpenvorlandes in kleiner Zahl, außer hier und in NL im Winter überwiegend in Salzwasser. Abzug von Brutplätzen Ende Juli/Anf. Aug.; bis Okt./Nov. Dz. in S- und W-ME, Mausergebiete auf dem Meer, insbesondere S Ostsee. Rückkehr an ME Brutplätzen ab März, in S-S. April [Ringfunde z.B. 2020].

Bestandsentwicklung. Im 19. Jh. in ME offensichtlich weiter verbreitet als heute, dann starke Bestandsverluste und Erlöschen einiger Vorkommen [196].

	Pop.	Areal	Brutbestand	Jahr	Quelle
A	+/-	=	0–1	1996	[q6]
CZ	↕	F	1–5	2000–2002	[383]
D	↑	=	1.500–2.600	1995–1999	[383]
H	+/-	=	80–150	1998	[383]
NL	↑	+ 1	5–10	1998–2000	[383]
PL	+/-	=	3.000–4.000	1990–2000	[383]
SK	↑	+ 1	5–20	1999	[383]

Entwicklung etwa seit Mitte 1960er J. überwiegend positiv, mit Zunahmen und Neuansiedlungen (sowie einzelnen Brutversuchen) zumindest in Randarealen, - sehr auffällig war Zunahme in D-SH bis Anf. 1990er J. [3977], doch seither regional wieder rückläufig [310] – und die (Wieder-)besiedlung lange verwaister oder unregelmäßig besetzter Gebiete, z.B. in D und NL [196,2205N,3746,3977; 886]. Brutbestand derzeit offenbar vielerorts zunehmend, nicht nur durch Besiedlung neugeschaffener Gewässer [196]. Auch in Fennoskandien überwiegen Zunahmen, z.B. in DK von 1960er auf 1990er J. verfünffacht [DK:1422, FIN:3930], dabei Gründe für Zunahme bisher unklar [3977]; in PL allerdings gebietsweise abnehmend [3871].
Die überwiegend kleinen Überwinterungszahlen zeigen meist keine gesicherten Bestandstrends, sie sind im Binnenland z.T. gegenläufig oder schwanken stark, vielfach nehmen sie aber deutlich zu [CH:3393, Bod.:1617].

Gefährdungsursachen [1585,196,310,3977]. Hauptfaktor ist die Intensivierung der Binnenfischerei und Fischzucht, mit Verschlechterung der Wasserqualität (u.a. Eutrophierung) und Verlust der Ufer- und Wasservegetation (»Entkrauten«) sowie erhöhter Nahrungskonkurrenz mit (überhöhtem Bestand an) Karpfen.

SPEC	VSchRL	Bern.Konv.	Bonn.Konv.
--	--	Anh. II	Anh. II
Europ. RL	**RL in ME**		
--	A :'**RE**', CZ:'CR', SK, H:'VU', NL:'R', D :'NT'		

Wichtige Verlustursachen sind Brutverluste bei kurzzeitigem Ablassen der Satzteiche im Frühjahr oder aufgrund von Störeinwirkungen durch Freizeitnutzung.
Natürl. Verluste: Einfluss von Kältewintern strittig.

Schutzmaßnahmen. Prinzipiell wie bei Zwerg- und Haubentaucher (vgl. dort). Besonders wichtig: Extensivierung von Fischteichen.

Biotop. Im Unterschied zum Haubentaucher meist flachere und kleinere Gewässer mit sehr stark ausgedehnter Verlandungszone und oft relativ kleiner Wasserfläche, in ME großenteils Fischteiche, ferner Klarseen, Flachgewässer in Mooren und Wiedervernässungsflächen. Brutplätze können auch im Wald liegen; Untergrenze isolierter Brutgewässer ca. 1.5 ha. Zur Zugzeit und im Winter auch auf tiefen Seen ohne Vegetation, an Meeresküsten und auf Fließgewässern.

Nahrung. Fische, Wasserinsekten und deren Larven, Mollusken, Crustaceen und Frösche. Fischanteil im Sommer offenbar relativ gering, doch z.B. auch im Winter am Meer großer Anteil von Ringelwürmern und Crustaceen. Federn im Magen wie bei anderen Lappentauchern.

Stimme. Im Herbst und Winter schweigsam. Während Paarbildungszeit Gackern (Keckern) mit längeren Serien einzelner »ga« oder »keck« bei allgemeiner Erregung; ferner stockentenartiges »aak« in kurzen bis längeren Reihen (1. Element oft länger). Durchdringendes Wiehern »uööh …«, auch nachts und im Duett, das in schweineartiges Quieken übergehen kann. Junge betteln »bibibi …«.

Verhalten. Tag- und nachtaktiv. Tauchzeiten abhängig von Wassertiefe 10-40 (Ø meist < 30) sec, doch auch bis > 90 sec; größte Wassertiefe, die dabei offenbar noch ausgebeutet werden kann, 16–19 m (nachgewiesen 10 m); bevorzugt aber offenbar Tiefen < 8 m. Wenig gesellig, territorial; auch zur Nahrungssuche; mitunter aber auch in kleinen Kolonien, wie Haubentaucher nahe Blässhühnern oder in Lachmöwenkolonien. Balz ähnliche Elemente wie Haubentaucher, z.B. Kopfschütteln, Material-Präsentieren, Pinguin-Tanz. Kopulation auf zusammengetragener Plattform aus Pflanzenmaterial. Paare kehren z.T. schon gepaart ins Brutgebiet zurück und bleiben während der Saison zusammen. Im Winter einzeln oder in kleinen Gruppen (nur ausnahmsweise größere Aggregationen).

Fortpflanzung, Brutbiologie [1369,337,1784, 3615]. Geschlechtsreife wohl meist im 2. Jahr, doch Einjährige zuweilen brütend [2111]. Monogame Saisonehe. **Nest.** Nest in Vegetation versteckt oder z.T. offen im Wasser, meist durch Halme etc. verankert. Beide bauen. Vor Brutnest meist noch 1-3 Begattungsplattformen. **Legebeginn.** Ab Mitte Apr. bis Mai/Juni, regional auch später (bis Sept.), sehr selten schon Ende März [z.B. 1]. Legeintervall 2 d. **Gelegegröße.** 3-5 Eier, selten 1-2 bzw. bis 7; z.B. E-D_{82} 3.86, D-BB_{193} 3.4, EST_{44} 3.55; im Verlaufe der Saison abnehmend. **Eier.** Wie Haubentaucher. **Brutdauer.** 20-23 d, mitunter länger. Bebrütung wohl ab 1. Ei; beide brüten. **Nestlings-/Führungszeit.** Juv. werden etwa 1 Woche auf Rücken getragen. Familienauflösung nach 8-10 Wochen. Ende der Brutsaison meist Sept., zuweilen auch Okt. **Jahresbruten.** 1, mitunter 2; Nachgelege häufig. **Bruterfolg.** In D-BB aus 612 Eiern (ohne Totalverluste) Rate von 63.6% flügge Juv. [1]. E-D_{245} 1.08 Juv./Paar und Jahr, D-BB_{545} 2.1 Juv./Paar [1,337].

Eimaße und -gewichte. L. 44.4-58.0 mm, B. 30.0-37.5 mm, Ø: 50.5 x 34.0 mm (n=80, ME), 52.3 x 34.6 mm (n=99, S.), 50.2 x 34.5 mm (n=162, E-D); Frischvollgew. 31-35 g; Schalengew. 2.15-4.12 g, Ø: 2.95 g (ME), 2.90 (E-D), 3.20 (S.).

Sterblichkeit, Alter. **Generationslänge:** 5 J. [383].

Mauser. **Postjuvenile Mauser** (Teilmauser) Sept.–Ende Jan., aber variabel; auf Körpergefieder beschränkt [767,139]. • **Postnuptialmauser** (Vollmauser) Juli–Sept. [767,139,3050,3976], Nichtbrüter bisweilen bereits ab April [4150]; Schwungfedern synchron. • **Pränuptialmauser** (Teilmauser) Ad. Dez.–März/Mai, Einj. (Jan.) Feb.–Mai/Juni (Juli) [139,3050,4015]; Körpergefieder, ST, innere Schirmfedern und Flügeldecken [767,139,3050].

Podiceps auritus – Ohrentaucher 00110

Podiceps auritus (Linnaeus 1758)

(GB) **Slavonian Grebe** (F) **Grèbe esclavon** (E) **Zampullín Cuellirrojo**

Taxonomie. Monotypisch.

Kennzeichen. Halsvorderseite im PK dunkel rotbraun, ausnahmsweise schwarz. Goldgelbe Ohrbüschel sind oft noch bei weit vorangeschrittener Mauser ins SK erkennbar (Hoch- und Spätsommer) [221,1369,1784,3615,3772,408,3566; **Fotos** in Limic. **13**, 93, **14**, 251, Dutch B. **26**, 210, Bird. W. **6**, 137].

Maße. Gr.: 31-38 cm. Gew.: 300-470 g, Ø 364 bis 449 g. Fl.spw.: 59-65 cm. Fl.l.: ♂ 132-159 mm, ♀ 131-153 mm [1369,3615].

Status. Unreg. bis regelm. Brutvogel in N-D und PL, sonst regelm., allj. Durchzügler und Wintergast an der Küste, lokal auch im Binnenland, in kleiner Zahl z.B. Bod.

Verbreitung und Bestand. Von N-Europa (einschließlich Schottland) bis Kamtschatka und von Alaska bis Neufundland verbreitet. Nur vereinzelte Bruten in den Randbereichen N-ME, mit einiger Regelmäßigkeit z.B. bei Białystok/PL [3867] und seit 1983 regelmäßig in D-SH [196,310]. In Europa brüten zw. 6.300-11.000 BP, mit Schwerpunkten

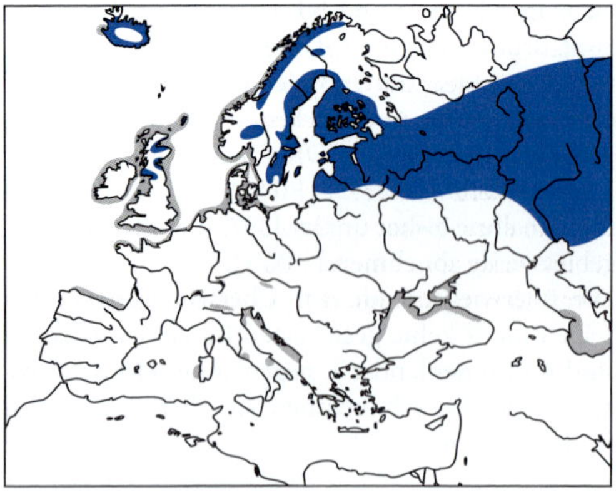

Podiceps auritus – Ohrentaucher

in RUS (1.500-3.000) und Fennoskandien (3.900-6.700) [383]. Sommerbestand in ME wenige Paare [1585,3638,310].

Wanderungen. Überwiegend Kurzstreckenzieher (und in GB wohl Teilzieher). Winterquartier von Atlantikküste N., W der Ostsee bis Küstengewässer GB/IRL und NW-F, Nordseeküste, N Mittelmeer, Schwarzmeer, Kaspigebiet. Vögel von S. ostwärts ziehen weiter S und überwintern weiter E [3615]. Im Binnenland ME regelm., aber selten und jeweils nur in wenigen Ind. Von den ME Lappentauchern am ehesten im Küstenbereich zu finden.

In ME die frühesten ab Ende Aug. (Küste), im Binnenland kaum vor Mitte Sept./Okt.; Maxima der Daten meist Nov.; Abzug meist im März, einzelne (dann bereits im Brutkleid) bis Mai, ausnahmsweise im Sommer. Ankunft an Brutplätzen GB März, in Skandinavien im S April, im N Mai [Ringfunde 2020].

Bestandsentwicklung. Brutbestandsentwicklung in Europa regional sehr unterschiedlich von Zunahmen (GB, MOL, N.) über Stabilität (LV, LT, RUS) bis Abnahmen (S., FIN, IS) [1507,1585,196]. Seit Ende 1970er J. Zunahme der Sommerbeob. in D-SH, schließlich 1981 Brutansiedlung, ein Paar bis 1987 zweimal erfolgreich, nach Standortwechsel bei alljährlichen Brutversuchen zwischen 1988-99 dann 7 mal erfolgreich (insges. 16 Juv.). Seit 1999 zweites Vorkommen mit 1-2 BP bekannt sowie Übersommerung und Balz an einer dritten Stelle [310]. Bruten in NE-PL nur unreg., auch in DK noch keine feste Ansiedlung [1422,3867,310,3871]; im Jahr 2000 Brutnachweis in Flevoland NL [277,3638, R. Hofland].

Eine stärkere Ausbreitung in ME ist auf Basis momentan eher negativer Entwicklungen im baltischen Raum kaum zu erwarten, besonders die wichtigen Populationen in S. und FIN z.T. mit deutlichen Abnahmen [1507,3930,1585], doch scheint derzeitiger Bruterfolg ausreichend, um Vorkommen in D-SH zu stabilisieren [310].

	Pop.	Areal	Brutbestand	Jahr	Quelle
D	N	N	1–2	1995–1999	[383]
NL	N	N	0–2	1998–2000	[383]
PL	+/-	=	0–1	1990–1999	[383]

Gefährdungsursachen [310,1343,1507]. Hauptfaktor ist Lebensraumbeeinträchtigung an den Brutgewässern, insbesondere intensive Fischwirtschaft (Wassertrübung durch Wühltätigkeit der Fische), Eutrophierung, in N-Europa auch Versauerung der Seen sowie andere menschliche Eingriffe (Uferverbauung, Aufforstungen).

Störereignisse zur Brutzeit ebenfalls mit stark negativer Auswirkung, besonders bei unregelmäßigem Auftreten (keine Gewöhnung).

Natürliche Verluste in Kältewintern.

SPEC	VSchRL	Bern.Konv.	Bonn.Konv.
3	Anh. I	Anh. II	Anh. II
Europ. RL	**RL in ME**		
--	D: ‚R'		

Schutzmaßnahmen. Wie bei anderen Lappentauchern Sicherung störungsfreier Flachwasserzonen mit Verlandungsbereichen für Brutansiedlungen. Extensivierung der Nutzung (Fischerei, Freizeitsport).

Biotop. Eutrophe Seen und Teiche, aber auch vegetationslose Krater- und Hochmoorseen, mitunter Kolonien (minimal 3 m Nestabstand) und ± eng an Lachmöwe gebunden. Zur Zugzeit besonders an Küsten und auf großen Binnenseen.

Nahrung. Insekten und deren Larven, Crustaceen, kleine Fische usw.

Stimme. Außerhalb Brutzeit schweigsam. Am Brutplatz z.B. laut nasal »jaorrr…«, »greíjär« o.ä., Alarmruf »kouie«, lautes Trillern im Duett, an Zwergtaucher erinnernd usw.

Verhalten. Tag- und nachtaktiv. Schlafen am Wasser. Nahrungstauchen im Mittel höchstens 30 sec, aber max. auch 1 min; taucht meist im Seichtwasser, doch bis 25 m gemeldet; Insekten werden auch von der Wasseroberfläche aufgelesen oder aus der Luft geschnappt. Paarbildung bereits im Winterquartier und Frühjahrszug. Paarbindung meist bis zum Ende der Jungenaufzucht. Sexualverhalten ähnlich anderen Lappentauchern. Einzeln oder in kleinen Trupps im Herbst und Winter. Größere Trupps bei Frühlingszug und der Ankunft im Brutrevier.

Fortpflanzung, Brutbiologie [1369,337,1784, 3615]. Geschlechtsreife im 2. Jahr. Monogame Saisonehe. **Ankunft am Brutplatz.** Ab April. **Nest.** Meist in geschützten Buchten in Vegetation versteckt auf fester Unterlage, aber auch frei schwimmend. Kopulationsplattformen. Material faulende Pflanzen oder grüne Blätter. Beide bauen. **Legebeginn.** Mai/Juni, Nachgelege bis Aug. Eiablage täglich, zuweilen Intervalle von 1 d. **Gelegegröße.** 3-6 (meist 4-5) Eier, im Extrem 1-7; Ø IS$_{507}$ 3.75, FIN$_{46}$ 4.5. **Eier.** Länglich oval, anfangs kalkweiß, rasch rotbraun nachdunkelnd. **Brutdauer.** 22-25 d. Beide brüten, meist ab Vollständigkeit des Geleges. **Nestlings-/Führungszeit.** Anfangs auf Rücken der Ad. getragen sind Juv. oft schon nach 45 d unabhängig, mit 55-60 d flügge. **Jahresbruten.** 1, in GB gelegentlich 2; Nachgelege. **Bruterfolg.** In IS von 721 Nestern 24.5% Totalverlust. Bei 339 Nestern schlüpften in 63% Junge, von 3.58 geschlüpften Juv. überlebten 53% bis 20 d [337]

Eimaße und -gewichte. L. 39.7-50.0 mm, B. 28.0-33.6 mm, Ø: 44.3 x 29.9 mm (n=104, FIN), 43.7 x 30.6 mm (n=107, S.); Frischvollgew. ca. 21-22 g; Schalengew. 1.31-2.90 g, Ø: 2.0-2.15 g.

Sterblichkeit, Alter. **Generationslänge:** 5 J. [383].

Mauser. **Postjuvenile Mauser** (Teilmauser) Sept./Okt.–Jan.; Körpergefieder und einigeRanddecken [767]. • **Postnuptialmauser** (Vollmauser) Juni–Sept./Nov., ♀ beginnen etwa 1 Monat vor ♂; Schwungfedermauser synchron [767,139]. • **Pränuptialmauser** (Teilmauser) (Nov./Dez.) Feb.–April, Einj. später als Ad.; Körpergefieder [767,139].

Podiceps nigricollis – Schwarzhalstaucher 00120

Podiceps [nigricollis] nigricollis (C.L. Brehm 1831)

(GB) **Black-necked Grebe** (F) **Grèbe à cou noir** (E) **Zampullín Cuellinegro**

Taxonomie. Bildet Superspezies mit südamerikanischen *P. andinus* und eventuell *P. occipitalis*. 3 UA: *nigricollis* C.L. Brehm 1831 (Paläarktis), *gurneyi* (Roberts 1919) (Afrika) und *californicus* Heermann 1854 (N-Amerika).

Kennzeichen. [221,1369,1784,3615,3772,408,2113; Fotos in Limic. **17**, 218, Bird. W. **10**, 397].

Maße. Gr.: 28-34 cm. Gew.: ♂ 265-450 g, ♀ 213-298 g (in USA noch größere Spannen). Fl.spw.: 56-60 cm. Fl.l.: ♂ 127-144 mm, ♀ 123-141 mm, *californicus* und *gurneyi* kurzflügeliger [1369,3615, 2113].

Status. Brutvogel und Teilzieher im gesamten ME, ferner Durchzügler und Wintergast an geeigneten Standorten. Größerer Teil der Population überwintert im Mittelmeerraum.

Verbreitung und Bestand. Lückenhaft von W-Europa und ME bis Mittelasien verbreitet, isoliert in E- und S-Afrika sowie nördliches E-Asien und N-Amerika. Regional häufiger Brutvogel des Betrachtungsgebietes mit Schwerpunkten im S und E. Brutbestand in Europa 53.000-96.000 BP, davon >75% in SW-RUS und UA. [383]; in ME ca. 7.100-10.000 [383, erg.] mit Schwerpunkten in D und PL, vormals auch in CZ, wo starker Rückgang [644].

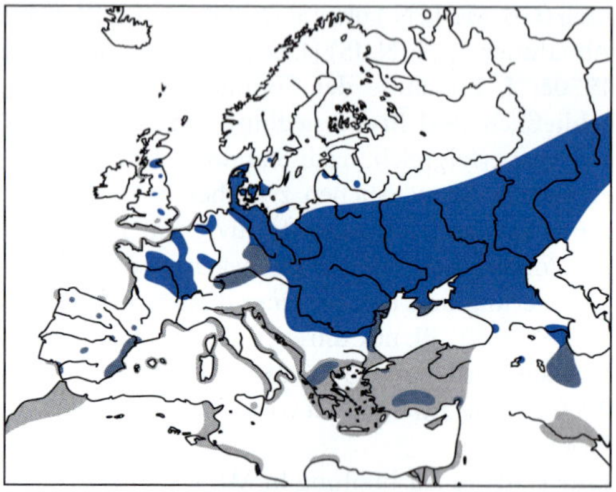

Podiceps nigricollis – **Schwarzhalstaucher**

Größere Population in Amerika mit ca. 1.5 Mio. BP bzw. 3.7 Mio. Ind. [2113].

Wanderungen. Kurzstreckenzieher, Streuungswanderungen, im S wohl auch Standvögel. Winterquartier Küsten- und Binnengewässer im S-GB, NL bis Biskaya, Mittelmeergebiet und N-Afrika (einschließlich Nil), Vorderasien (vor allem Seen TR, Iran, Kaspigebiet). In ME vor allem Genfer See und Bod. [4152,1617]. Abzug SW bis SE. Nichtbrüter verlassen bereits im Sommer, Großteil der Ad. oft noch vor der Mauser Juli bis Mitte Aug. die Brutgewässer; Juv. meist einen Monat später als Ad.

[Details z.B. 3078]. Ad. oft mit Mauserzug [3976]; Konzentrationen an einigen Gewässern des Alpenvorlandes mehrere 100, z.B. Bod., Ismaninger Teichgebiet, Kochelsee [1617,4175]. Dz.-Höhepunkt in S-D. Aug./Sept. und Anf. Mai, Rückkehr ins Brutgebiet ab Anf. April [1627; Ringfunde: 2020].

Bestandsentwicklung. Neben langjährigen großräumigen Veränderungen und häufigen Brutplatzwechseln lokal sehr erhebliche Fluktuationen. Synchronisiertes Brüten in Kolonien führt zuweilen zu »Massenvermehrungen«, aber in schlechten Jahren (Wasserstand!) oder aufgrund von Abwanderungen an attraktive - vor allem neu entstandene - Brutplätze auch plötzliche Einbrüche an etablierten Brutstandorten [965,196,3078; »r-Strategie«: 2112]. Neuansiedlungen oft in Kolonien von Lachmöwen (s. dort) oder Sumpfseeschwalben.

Ende 19. Jh. bis etwa 1930 erste Ausbreitungswelle, dabei viele Regionen ME neu besiedelt [1369,337]. Nach erneuten Einbußen in letzten Jahrzehnten deutliche Verlagerung der Brutverbreitung. Während S-Europa und N-Afrika weitestgehend geräumt wurden, war in N- und W-Europa Bestandsanstieg und Arealausweitung zu beobachten [196].

	Pop.	Areal	Brutbestand	Jahr	Quelle
A	⇩	- 1	20–60	1998–2002	[383]
B	⇧	+ 2	204–243	1995–2002	[383]
CH	↕	=	2–10	1993–1996	[383]
CZ	⇩	- 1	400–800	2000–2002	[383]
D	⇧	+ 1	1.500–2.000	1995–1999	[383]
H	↓	=	600–1.000	1993	[383]
NL	⇧	+ 2	300–500	1998–2000	[383]
PL	↕	+ 1	4.000–5.000	1995–2000	[383]
SK	↕	=	100–250	1999	[383]

Brutbestände im östlichen ME trotz einiger Neuansiedlungen lange Zeit rückläufig und vormals wichtige Brutgebiete mit starken Einbußen, u.a. in A, PL, CZ, H und KZ [1585,2112], in CZ um etwa 80% in 1980er und 1990er J. [644]. In N- und E-D lange kein eindeutiger Trend, doch seit etwa Mitte 1980er J. in D oft spektakuläre Bestandszunahme z.B. in D-SH, -MV (insbesondere durch Entstehung neuer Überschwemmungsflächen nach Eindeichung), -BW und Bod., regional auch in D-BY und D-BB sowie in S-PL [196,1617,3871,3276,2112, F. Tessendorf]. Mitte 1980er J. Wiederbesiedlung D-HE [1680], wo Bestand Anf. 1960er J. erloschen war. In NL in 1970er J. mit maximal 70 BP Tiefstand erreicht; seit 1983 wieder ansteigende Bestände, in guten Brutjahren jetzt bis 500 BP [1093,375,3638]; in B Zunahme seit etwa 1980 [2746]. Auch in DK neue Areale besiedelt; Zunahme der Brutnachweise zudem in CH [3393], und in SLN 1996 erste Brut [684].

Große Konzentrationen im Winter in TK legen nahe, dass europ. Brutbestand eher am oberen Limit der angegeben Spanne liegt; langfristig stabil [2113].

Gefährdungsursachen [1719,196,1617,1971,644, 2113]. Entscheidend im Brutgebiet (vor allem zu Brutbeginn) und in wichtigen Mausergebieten sind Störereignisse (wirken oft rasch und gravierend) bei intensivem Freizeitbetrieb sowie Zerstörung (Campingplätze etc.) oder Beeinträchtigung (hauptsächlich Sportangler) der für Bruten geeigneten Flachwasser- und Uferbereiche, vor allem der Schilfröhrichte.

SPEC	VSchRL	Bern.Konv.	Bonn.Konv.
--	--	Anh. II	--
Europ. RL	**RL in ME**		
--	A, CZ :'EN', CH :'VU', D, SK:'NT'		

Ebenso bedeutsam Gewässerverschmutzung und Intensivfischzucht (reduzierter Fangerfolg durch Nahrungskonkurrenz) sowie Mangel an neu entstehenden temporären Gewässern.

Regional Abhängigkeit vom Schutz durch Lachmöwenkolonien; viele Gebietsaufgaben nach Zusammenbruch dieser Kolonien.

Ölunfälle, Verluste an Strommasten und Windkraftanlagen.

Natürliche Verluste bei Jungvögeln lokal durch Witterung, Raubfische und Großmöwen.

Schutzmaßnahmen. Intensive Maßnahmen zur Minderung von Störeinwirkungen wie Verbauungsverbot noch naturnaher Uferbereiche, Schutz von Teilbereichen intensiv für Freizeitbetrieb genutzter Seen, Vollschutz ökologisch wertvoller Seen - zumindest in der Brut- und Mauserzeit, und Verbot (sowie Verfolgung) des Ausbringens von Chemikalien jeglicher Art.

Ferner von Bedeutung ist störungsfreie Erhaltung großer Lachmöwenkolonien (bzw. geeigneter Habitate) im Brutareal.

Biotop. Eutrophe Seen und Teiche mit Randvegetation und submersen Pflanzen, auch schwimmenden Algenteppichen; in ME bes. auf flachgründigen Fischteichen und anderen kleineren stehenden Gewässern (kleinste bis ca. 0.3 ha), auch an Industriestandorten [2746]. Oft zusammen mit Zwergtaucher; auffallend ist die starke Bindung an Lachmöwen-, seltener Seeschwalbenkolonien; auch selbst Koloniebrüter. Konkurrenz zu anderen Lappentauchern, besonders Ohrentaucher [2113]. Außerhalb Brutzeit offene Wasserfläche größerer Seen sehr unterschiedlichen Charakters, auch Brack- und Salzwasser.

Nahrung. Vor allem Insekten und deren Larven, kleine Crustaceen (z.B. *Daphnia*), Mollusken; geringe Rolle spielen kleine Fische.

Stimme. Nicht selten ansteigend »huit« (aus der Nähe 3-silbig) bzw. »pu-ii« o.ä.; während der Kopulation ♂ trillernd »irrr…«; ♀ rufen gereiht »goah«.

Verhalten. Tag- und nachtaktiv. Schlafen am Wasser. Nahrungserwerb hauptsächlich durch Tauchen; Tauchdauer Ø meist > 30 sec (Ad. länger als Juv.), in längeren Serien oft mit geringer Streuung; bei Gefahr Tauchzeiten bis > 60 sec. Tauchtiefe wohl meist < 2.5 m; nachgewiesen bis 5.5 m. Beobachtung der Nahrung unter Wasser durch Einstecken des Kopfes ins Wasser bis knapp über die Augen. Relativ selten Nahrungspicken von Wasseroberfläche und »Schnattern« in obersten Wasserschichten. Spritztauchen. Sehr gesellig (Koloniebrüten, Schlafplatzgesellschaften, Gruppenverhalten außerhalb Brutzeit). Gemeinsamer Nahrungsbezirk der Br. eines Gewässers. Nestreviere werden jedoch verteidigt (♂ und ♀). Paarbildung meist am Frühjahrszug. Balzverhalten mit Kopfschütteln, Scheinputzen, Schnäbeln, Katzenpose, Geisterpose, Materialpräsentieren, Pinguintanz, Parallelschwimmen, Fluglauf usw. (vgl. Haubentaucher). Kurze Kopulation auf Nestplattform mit Kopulationsduett. Paare bleiben während Brutsaison zusammen; manchmal auch im Winter. Außerhalb der Brutzeit meist in größeren Trupps. Größere Trupps auch bei der Ankunft im Brutgebiet.

Fortpflanzung, Brutbiologie [1369,337,1784, 3615,2113]. Schon im 1. Jahr geschlechtsreif; in D-SH stellen Einjährige 20% der Brutpopulation. Monogame Saisonehe. **Ankunft am Brutplatz.** März/April. **Nest.** Beide bauen aus Pflanzenmaterial, bevorzugt in dichtem Binsen-, Schilf- oder Seggenbestand, schwimmend oder auf Bülten, auf Inseln oder am Ufer direkt am Wasser. Oft in enger Nachbarschaft zu Lachmöwen-Kolonien. Geringe innerartliche Nestabstände (z.B. Ø in D-BB$_{60}$ 0.7 m). **Legebeginn.** Ab Mitte April/Anf. Mai bis Juni, bei Zweit- und Ersatzbruten bis Ende Aug. Legeabstand 1 d (meist aber kurze Pause in Legefolge von 1-2 d). **Gelegegröße.** (1-2) 3-4 (5-6, 7) Eier, 8er-Gelege wohl von 2 ♀; Ø D$_{43}$ 3.5, D$_{29}$ 3.86, CS$_{54}$ 3.31, PL$_{31}$ 3.43, USA$_{293}$ 3.48. **Eier.** Kalkweiß, oval, dunkeln rasch rot/braun nach. **Brutdauer.** 20-22 d; Bebrütung ab 1. bzw. 2. Ei, beide brüten. Schlupf erfolgt meist zwischen Anf./Mitte Mai und Anf. Aug., bei Erstbrut Ø 2. Maihälfte, bei Zweitbruten und Nachgelegen Mitte Juli. **Nestlings-/Führungszeit.** Erste ca. 8 d auf Rücken der Ad., nach 7 d tauchen Juv. recht gut, zuweilen nach ca. 2 Wochen getrennte Führung durch ♂ und ♀; nach 25-30 d sind Juv. kleiner Familien selbständig, bei 3-4 Juv. erst nach 30-33 d. **Jahresbruten.** 1, mitunter 2; bei Zweitbruten geschachtelt. 1-3 Nachgelege. **Ende der Brutperiode.** Flügge Juv. zwischen Ende Juni und Ende Aug. **Bruterfolg.** D$_{47}$ ca. 1.13, D$_{26}$ ca. 1.08, CS$_{47}$ 2.0, Europa 0.3-1.67 flügge Juv./Paar und Jahr (Spanne: 0.2-2.1 Juv./BP in D-SH). Schlupfrate in D-BB$_{495}$ bei positivem Brutverlauf 87% [1]. Reproduktion in D-BB$_{402,72}$ bei 1.69 bzw. 1.65 Juv./ kontrolliertes BP.

Eimaße und -gewichte. L. 39.2-50.2 mm, B. 27.5-32.0, Ø: 43.5 x 29.8 mm (n=96, D), 43.9 x 30.2 mm (n=87, D), 44 x 33 mm (n=250, D), 43.7 x 30.2 mm (n=107, S.); Frischvollgew. 17-23 g, Ø: 20 g bzw. 21 g; Schalengew. 1.44-2.90 g, Ø: ca. 1.9 g.

Sterblichkeit, Alter. Bisher ältester Vogel war brütendes ♀ (USA) mit 12 J. [2113]. 34% der Juv. erreichen in USA Alter von 14 d, danach höhere Überlebenswahrscheinlichkeit; in D-SH 63% der Geschlüpften mit 35 d noch am Leben [2113]. **Generationslänge:** 5 J. [383].

Mauser. **Postjuvenile Mauser** (Teilmauser) bis Dez. beendet; Körpergefieder und Steuerfedern [767,139]. • **Postnuptialmauser** (Vollmauser) Juni–Okt./Nov.; synchrone Schwingenmauser, Mitte Aug.–Sept. [139,1814] oder erst im Feb. [3078]. • **Pränuptialmauser** (Teilmauser) Feb.–März/April (Mai), Einj. unregelm. noch bis Juni; einschließlich ST [767,139,3050,3078].

Überordnung Ciconiimorpha – Storchenverwandte im weitesten Sinne (»Ciconiiformes« sensu lato)

Die Seetaucher, Röhrennasen, Pinguine, Fregatt- und Tropikvögel, Tölpel, Kormorane, Pelikane, Ibisse, Reiher und Störche sind untereinander wahrscheinlich näher verwandt als mit anderen Vogelgruppen [3895]. Sie entsprechen einer Kerngruppe der erweiterten Ordnung »**Ciconiiformes**« (Storchenverwandte im weiteren Sinne) [*s.* 3564] und werden daher in einer Überordnung zusammengefasst. Ordnungsrang wird für die Teilgruppen nur aus Traditionsgründen beibehalten. Nach dem Grad genetischer Divergenz [vgl. 3564] müssten mehrere Ordnungen zusammengefasst werden, doch sind die genauen verwandtschaftlichen Beziehungen noch nicht geklärt.

Die Seetaucher (**Gaviiformes**) scheinen mit Pinguinen und Röhrennasen nah verwandt zu sein [3895] und werden deshalb vor den **Procellariiformes** aufgelistet. Alle drei Gruppen sollten zukünftig eventuell in einer Ordnung vereinigt werden.

ORDNUNG Gaviiformes – Seetaucher

Familie Gaviidae – Seetaucher

Mittelgroße bis große, schlanke Tauchvögel mit weit hinten eingelenkten Beinen. Im Unterschied zu Lappentauchern Vorderzehen durch Schwimmhäute vollständig verbunden, Hinterzehe kurz und erhöht; deutlicher, aber kurzer Schwanz (16-20 ST). Prachtkleid (voll erst ab 3. KJ) und Ruhekleid; ad. Seetaucher mit Vollmauser, dadurch mehrere Wochen flugunfähig. Bedeutende alters- und saisonabhängige Gefiedervariation. Geschlechter gleich gefärbt, ♂ größer als ♀; kein Flügelspiegel; Flugbild von der Seite durch gesenkten Hals bucklig wirkend; Bewegung an Land unbeholfen (auf der Brust rutschend); hervorragende Taucher, max. Tauchtiefen bis 75 m, max. -dauer bis 8 min. (meist nur 2-10 m tief und 1 min.). Als Anpassung an Tauchen Nasenlöcher länglich und schmal. Weitgehend Fischfresser. Gesang und Rufe weit tragend und melodisch (nur zur Brutzeit; auch nachts). Meist 2 Eier mit brauner Grundfarbe; Dunenjunge ohne Zeichnung; Nestflüchter. Bei Großgefiedermauser werden alle Schwingen gleichzeitig abgeworfen. Feldbestimmung [81,182,861,1913,408].

Weltweit (in Holarktis) 5 Arten in einer Gattung. Seetaucher offenbar Schwestergruppe der Pinguine und Röhrennasen [3895]. Anatomie deutet auf Vorfahren, die sich unter Wasser mit Flügelschlag fortbewegten (wie Pinguine und Röhrennasen), obwohl sich Seetaucher unter Wasser nur mit den Füßen antreiben [428,2534].

Prachttaucher (*Gavia arctica*) und Pazifiktaucher (*G. pacifica*) sowie Eistaucher (*G. immer*) und Gelbschnabeltaucher (*G. adamsii*) bilden je eine Superspezies, da sich die jeweiligen Brutgebiete kaum überlappen und große Ähnlichkeiten in Verhalten, Rufen und Körperbau bestehen. Der Sterntaucher ist Schwesterart der anderen vier Arten [4126].

Gavia stellata – Sterntaucher 00020

Gavia stellata (Pontoppidan 1763)

(GB) Red-throated Diver **(F) Plongeon catmarin** **(E) Colimbo Chico**

Taxonomie. Monotypisch.

Kennzeichen. Jungvögel bis Frühjahr des 2. KJ an graueren Halsseiten (ohne Kontrast zwischen weißer Halsvorder- und grauer Nackenseite) zu erkennen. Volles PK wird erst ab 3. KJ ausgebildet. Iris bei Juv. rot bis braun, Ad. rosa bis rot [221,1369, 3772,1784,3615,408; **Fotos** in Limic. **11**, 37, **15**, 46, **17**, 33, Var Fag. 1997/**3**, 13].

Maße. Gr.: 53-69 cm. Gew.: ♂ (Winter) 1170-1456 g, (Sommer) 1370-1900 g, ♀ (Winter) 988-1302 g,

(Sommer) 1410-1613 g. Fl.spw.: 106-116 cm. Fl.l.: ♂ 265-310 mm, ♀ 257-308 mm [1784,1369,3615].

Status. In ME regelmäßiger Durchzügler und Wintergast, vor allem an Küste, regelm. aber auch in allen Teilen des Binnenlandes, hier meist einzeln, nur ausnahmsweise > 100 Ind. Durchzügler an Ostseeküste ab Sept., im Binnenland meist erst ab Nov.; Abzug März/April; im Mittwinter im Binnenland meist wenige. Rückzugsgipfel Ostseeküste Feb./März. Einzelne Übersommerer [337].

Verbreitung und Bestand. Zirkumpolar von IS über N-GB (IRL), Fennoskandien, Sibirien (S-Grenze bis 55° N), arktisches Amerika (S-Grenze bis 50° N). Europäischer Brutbestand etwa 32.000-92.000 BP, davon >50% in RUS, Populationen > 1.000 BP ferner in GRÖ (5.000-30.000), IS, N., S. und GB; langfristig stabil [383]; europäischer Winterbestand ca. 51.000-115.000 Ind. [383].

Wanderungen. Standvogel und Teilzieher, Kurzstreckenzieher. Wichtigste Winterquartiere in Europa Küstengewässer der W Ostsee, Nordsee und Atlantik von N. bis Biskaya, in kalten Wintern auch N-Küste des Mittelmeeres; östliche Population Schwarzmeer- und Kaspigebiet. Im Binnenland geringe Zahlen. Abzug von Brutplätzen schon ab Aug./Sept. bis zum Zufrieren der Gewässer; Hauptwegzugsrichtung S–SW [z.B. 2569,2865]; Ankunft im Brutgebiet April bis Juni; Nichtbrüter auch Frühsommerwanderungen.

Bestandsentwicklung. Bestandsrückgänge gegenwärtig nur noch gebietsweise in Fennoskandien [3892], sonst stabil oder - in GB - Zunahme und leichte Arealausweitung [3892,1585,2536]. Gegenüber Anf. 19. Jh. aber deutlich niedrigere Brutbestände, die sich trotz Reduktion der Jagd nicht stärker erholten.

Gefährdungsursachen [1507,196,1049,1307]. Vor allem Habitatverschlechterungen (auch Rückgang der Beutefische) durch Versauerung, Eutrophierung, Schadstoffbelastung (z.B. Quecksilber) oder Verbauung von Gewässern sowie Störungen während der Brutzeit (vgl. Prachttaucher).

SPEC	VSchRL	Bern.Konv.	Bonn.Konv.
3	Anh. I	Anh. II	Anh. II
Europ. RL	RL in ME		
--	--		

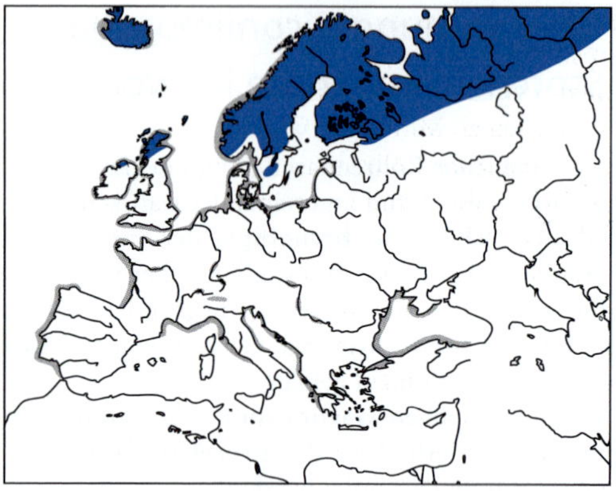

Gavia stellata – **Sterntaucher**

Wichtige Verlustursachen: Ölunfälle, Stellnetzfischerei (Ostsee) sowie witterungsbedingte Brutverluste.

Schutzmaßnahmen. Reduktion der Schadstoffbelastung und Eutrophierung der Umwelt in allen europäischen Staaten. Entwicklung geeigneter Methoden zur Verbesserung des pH-Gehaltes von Brutgewässern. Reduktion von Störereignissen.

Biotop. Br. an stehenden Gewässern von der Küste bis ins Gebirge, z.T. unmittelbar neben Prachttaucher, doch bevorzugt kleine Gewässer bis zu 1 ha ohne Fischnahrung (dort z.T. höherer Bruterfolg); die meisten Brutpaare fischen innerhalb eines Radius von 8 km vom Nestplatz (Meeresküste oder Binnengewässer) [990,858]. Außerhalb der Brutzeit vorwiegend auf dem Meer in Küstennähe; im Binnenland auf langsam fließenden Flüssen, Seen, Fischteichen und Stauseen.

Nahrung. Fische aus Salz- oder Süßwasser (meist kleine; bis 25 cm nachgewiesen), auch Fischlaich, daneben Frösche, Crustaceen, Mollusken, Wasserinsekten, Anneliden.

Stimme. Flugruf gänseähnlich, rhythmisch wiederholtes »gak gak«, oft in Gegenwart von Artgenossen geäußert. Warnruf krächzendes Bellen. Miauende Rufe »miao« von etwa 1 sec Dauer, bei der Balz »ok-ok-ärr«, gereiht »auua« oder »wooäär« u.ä. Beide Geschlechter rufen, z.T. im Duett.

Fortpflanzung, Brutbiologie [1369,337,1784, 3615]. Monogam, z.T. Dauerpaare aufgrund Brutortstreue.; ♂ und ♀ brüten und führen. **Ankunft am Brutplatz.** April (bis Juni). **Nest.** Nest auf

Boden nahe Wasser oder auf kleinen Inseln, max. 10 m vom Wasser; Nestplätze oft mehrjährig genutzt. **Legebeginn.** In N-GB ab 1. Maidekade, in W-Sibirien ab Mitte Juni. **Gelegegröße.** 2 Eier, selten 1 oder 3. **Eier.** oliv- bis dunkelbraun, unregelm., spärlich schwarzbraun gefleckt. Legeintervall 1-2 d, aber auch mehr. **Brutdauer.** 26-28 (24-30) d. **Schlüpftermine.** Ab Juni. **Nestlings-/Führungszeit.** In GB 43 (38-48) d. **Jahresbruten.** 1 Jahresbrut, Nachgelege möglich. **Ende der Brutperiode.** Ab August, bei Spätbruten Sept./Okt. **Bruterfolg.** GB_{104} 0.7 bzw. GB_{224} 0.35 flügge juv./Brutversuch und Jahr (an kleinen Gewässern größer als an großen); S_{24} 0.79 und FIN_{103} 1.15 flügge juv./Brut und Jahr [337].

Eimaße und -gewichte [337]. L. 62.5-86.0 mm, B. 40.5-51.0 mm, Ø: 74.4 x 47.0 mm (n=83, S.), 75.0 x 48.3 mm (n=100, GB); Frischvollgew. 73-90 g, Ø: 83 g bzw. 79 g; Schalengew. 4.8-10.8 g, Ø: 6.51 g (n=83, S.).

Sterblichkeit, Alter. Ältester Ringvogel (Ölopfer) 23 J. 7 Monate [3654]. **Generationslänge:** 7 J. [383].

Mauser. Postjuvenile Mauser (Teilmauser) Dez.–März; umfasst auch ST und Teile der Flügeldecken. • **1. Pränuptialmauser** (Teilmauser) Mai–Juli, etwas später als Ad. • **1. Postnuptialmauser** (Vollmauser) wie Ad., synchrone Schwingenmauser aber bereits von Aug.–Sept. [767,3050]. • **Postnuptialmauser** (Vollmauser) beginnt mit Ausfall der Schwungfedern ab (Aug.) Ende Sept./Okt., bis Dez. beendet [309,139,3050]; Höhepunkt der Schwingenmauser in D-SH Anf. Okt./Anf. Nov. mit Gipfelpunkt Ende Okt. • **Pränuptialmauser** (Teilmauser) Feb.–April/Mai; Körpergefieder, ST und einige Randdecken [309,767].

Gavia arctica – Prachttaucher 00030

Gavia [arctica] arctica (Linnaeus 1758)

(GB) **Black-throated Diver** (F) **Plongeon arctique** (E) **Colimbo Artico**

Taxonomie. 2 UA oder Semispezies: *arctica* (Linnaeus 1758) brütet ostwärts bis Lena und Baikalsee; *viridigularis* Dwight 1918 E angrenzend bis W-Alaska. Beide Formen möglicherweise mit relativ enger Hybridzone in Zentralsibirien, Ausmaß der Hybridisation nicht genau bekannt.
Bildet zus. mit dem in Europa bisher nicht nachgewiesenen Pazifiktaucher *G. pacifica* (arktisches NE-Sibirien, westliches N-Amerika) eine Superspezies. Lokal sympatrische Brutvorkommen existieren in NE-Sibirien und W-Alaska [931,80a], gelegentliche Hybridisation kommt vor [3705].

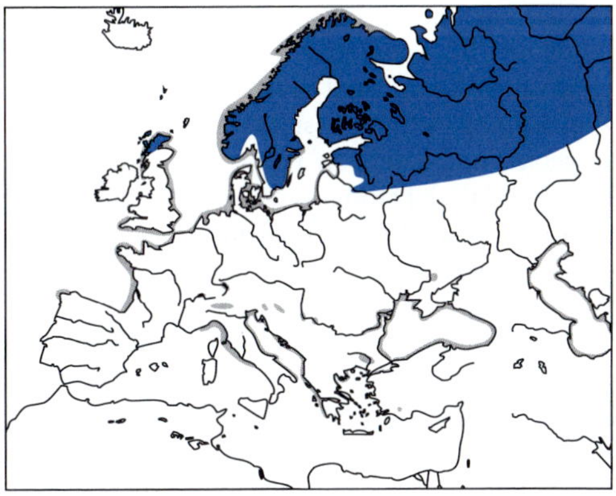

Gavia arctica – Prachttaucher

Kennzeichen. Beträchtliche individuelle Größenunterschiede, Verwechslungsgefahr mit Eistaucher! Zur Unterscheidung *artica/pacifica* [1906,380; mit **Fotos** in Bird. W. **8**, 459 (z), 461-465, Var Fag. 1996/**2**, 9-14, 11 (z)]. Im Sommer 2. KJ ähnlich SK (ohne weiße »Fensterung« der Schulterfedern), Adult-PK ab 3. KJ; Iris Juv. braun, Ad. rot. Schwarzweiße Längsstreifung der Halsseiten im ad. PK variiert stark und erlaubt individuelle Unterscheidung [2280]. - Die beiden UA unterscheiden sich in Färbung des Kehlflecks im PK, bei *arctica* bläulich, bei *viridigularis* grünlich schillernd. Unterschiede im SK nicht bekannt [221,1369,3772,3615,1784, 408; weitere **Fotos** in Limic. **16**, 35, **17**, 33, Dutch B. **26**, 70, 282].

Maße. Gr.: 58-73 cm. Gew.: ♂ (Winter) 1316-2607 g, (Sommer) 3310-3400 g, ♀ (Winter) 1688 g, (Sommer) 2037-2471 g. Fl.spw.: 110-130 cm. Fl.l.: ♂ 294-343 mm, ♀ 282-337 mm [221,1369,3615].

Verbreitung und Bestand. Von NW-Europa bis NE-Sibirien und NW-Alaska; im W in N-GB, Fennoskandien, Baltikum und RUS N 50°N in Sibirien. Europäischer Brutbestand etwa 51.000-92.000 BP (abnehmend) [383], davon in RUS 35-70 T. und in Fennoskandien 15-22 T.; kleine Populationen in GB, BY und Baltikstaaten [383].

Status. In ME Nominatform besonders im Ostseeraum regelm. Übersommerungen von Nichtbrütern (nicht nur Immat.) und sporadische Bruthinweise oder Feststellungen jungeführender Altvögel im Juli [196], u.a. in D-BB und -BY [1,122], doch offensichtlich kein sicherer Brutbeleg [2230]; sonst regelm. Durchzügler und Wintergast, in kleiner Zahl auch im Binnenland. *G.a.viridigularis* sehr selten im äußersten NE.

Wanderungen. Zugvogel und Teilzieher; wichtigste Winterquartiere Küstengewässer W Ostsee, Nordsee, Atlantik von N. bis Biskaya, Teil des N-Mittelmeeres (z.B. Adria, N-Ägäis), Schwarzmeer und Kaspigebiet; in geringerer Zahl auch größere Binnengewässer ME und SE-Europas. Möglicherweise ziehen viele Br. im W nicht weit, Br. Fennoskandiens und weiter E jedoch mit Hauptwegzugsrichtung S–SE zur UA. und ins Schwarzmeer, Mittelsibirien bis Lena (darunter auch *viridigularis*) zunächst (z.T. schwimmend) entlang der Eismeerküste nach W und anschließend vielleicht Richtung S. Ringfunde von Br. S. außer in Richtung Schwarzmeer einige auch Adria, 1mal Bretagne F [1208]. Heimzugsrichtung mehr NW (starker Durchzug im Ostseegebiet) und dann von W her dem aufgehenden Eis folgend nach E; Ringfunde von Beringungen bei Rossitten (heute W-RUS) bis zur Lena-Mündung. Im Ostseebereich schon ab Mitte Juli Frühwegzug von offensichtlichen Nichtbrütern; eigentlicher Wegzug offenbar etwas früher als Sterntaucher; an Küsten ME Ad. ab Sept., meist Okt., Höhepunkt Nov., Heimzug Mitte April/Mai (letzte Anf. Juni). Im Binnenland meist Nov. bis Feb.; Details des offenbar sehr unterschiedlichen Zugverhaltens einzelner Populationen [z.B. 2020].

Bestandsentwicklung. Wenig verlässliche Angaben, da vollständige Erfassung unmöglich. Jüngste Trends in Hauptbrutgebieten Europas stimmen aber weitgehend überein. In Fennoskandien, einigen Baltikstaaten und RUS in letzten 20-30 J. anhaltende leichte Bestandsabnahme, in GB stabile Population [1585,2536,633]. Gebiete am Verbreitungsrand teilweise geräumt, Verbreitungszentrum aber weiterhin gut besetzt. Brutbestände in ME 1938 erloschen (PL). Potenzielle Brutgebiete in NE-PL (den Brutvorkommen in LT und BY benachbart) unzureichend untersucht; Bruten im Seengebiet Masurens möglich [1365], aber nur Übersommerungen belegt [3871]; Anf. 21. Jh. wahrscheinl. Brut in CZ [K. Stastny], auch erste Brut in IRL [2536].

Gefährdungsursachen [3892,1507,2701, »Projekt Lom«, s. 633]. Bestandseinbruch Anf. 20. Jh. wegen menschlicher Verfolgung (Eiersammeln, Gelegezerstörung und Abschuss) und Ertrinken in Fischernetzen. Jüngste Bestandsabnahmen dagegen in erster Linie durch geringen Bruterfolg bzw. unzureichende Rekrutierung. Hauptursachen sind Gewässerveränderungen (Versauerung, Eutrophierung, Regulierung, Verbauung), Gelegezerstörungen (meist Angler) und Störungen an den Brutplätzen. In S. wird zudem von Konkurrenz mit der Kanadagans berichtet.
Große Verluste durch Ölverschmutzungen in den Wintergebieten.

SPEC	VSchRL	Bern.Konv.	Bonn.Konv.
3	Anh. I	Anh. II	Anh. II
Europ. RL	RL in ME:		
VU	PL: 'RE'		

Schutzmaßnahmen. Abwendung der Habitatzerstörung durch Stopp der Seenverbauung und Verringerung der Eutrophierung und des Schadstoffausstoßes (auch in ME !), ferner Besucherlenkung und Reduktion des Angel- und Fischereibetriebs an Brutseen.
Maßnahmen zur Verringerung des Schadstoff- und Öleintrags in Nord- und Ostsee.

Biotop. Stehende Binnengewässer, meist größer und tiefer als bei Sterntaucher, aber auch kleine und flache Gewässer, meist in Tundra oder Hochmoorgebieten sowie in Koniferenbeständen. Bevorzugt geschützte und ungestörte Gebiete mit guter Nestdeckung bzw. Nestanlage in tiefem Wasser und kleinen Inseln bzw. Ufervorsprüngen. Außerhalb der Brutzeit vor allem auf dem Meer in Küstennähe, auch regelm. auf Binnengewässern.

Nahrung. Hauptsächlich Fische (bis 25 cm, meist jedoch kleiner), daneben vor allem zur Brutzeit Crustaceen, Mollusken.

Stimme. Zur Brutzeit bellende und/oder klangvolle Rufe, tiefer als ähnliche Rufe des Sterntauchers »waua«, ansteigendes Jammersn »uu-luu-lii«

(ähnlich Brachvogel) usw. Flugruf gänseartig »ga-gaga« oder »gewok«. Außerhalb Brutzeit wenig ruffreudig.

Verhalten. Tag- und nachtaktiv. Tauchtiefen meist 2–6 m, max. bis 46 m. Tauchzeiten 5–63 sec (max. bis 2 min) gemessen; nicht selten nur Kopf unter Wasser (»Wasserlugen«). Brütet meist einzeln; Balz sehr unauffällig und oft nicht zu beob.; verschiedene, z.T. sehr auffällige Schwimmbewegungen (z.B. »Nickschwimmen«, »Fechterstellung«, »Wasserrennen«, »Kreistanz« usw.) dienen vor allem Reviermarkierung und -verteidigung. ♂ bewachen die ♀ während der fertilen Phase. Balz und Kopulationen beginnen gleich nach Ankunft im Territorium. Kopulationen (ca. 3-5 täglich) hauptsächlich bei Sonnenaufgang, bis Ende Legebeginn normalerweise im Territorium. Junge sehr aggressiv im Nest, oft Tod eines Jungen. Auf Zug und im Winter meist kleine Trupps.

Fortpflanzung, Brutbiologie [1369,337,1784, 3615]. Geschlechtsreife nach 2-3 Jahren; monogame Dauerehe. **Ankunft am Brutplatz.** Paarweise, ab April. **Nest.** Auf kleinen Inseln oder am Ufer, in Flachwasser bis 10 m, sonst max. 120 cm vom Ufer. Nestbau durch ♀. **Legebeginn.** Ende April bis Juni, je nach Lage, Legeabstand 2(-4) d, Bebrütung ab 1. Ei. **Gelegegröße.** 2 (selten 1 oder 3). **Eier.** Wie Sterntaucher. **Brutdauer.** 27-30 d. **Nestlings-/Führungszeit.** Junge wechseln nach 2-3 d im Nest auf das Wasser; dort noch 60-65 d von Altvögeln abhängig. **Jahresbruten.** 1 Brut, bei frühem Verlust Ersatzgelege. Beide brüten und füttern. **Ende der Brutperiode.** Sept./Okt. **Bruterfolg.** An Kleingewässern ohne Störungen größer als an großen, z.B. FIN$_{109}$ 0.41, GB$_{106}$ 0.27 und S.$_{598}$ 0.37 flügge juv./Brutversuch und Jahr.

Eimaße und -gewichte (Nominatform). L. 75.0-97.3 mm, B. 45.4-59.0 mm, Ø: 80.7 x 52.4 mm (n=190, S.), 83.7 x 52.6 mm (n=100, GB); Frischvollgew. 92-134 g, Ø$_{15}$: 120 g; Schalengew. 9.1-19.0 g, Ø: 10.5-11.3 g.

Sterblichkeit, Alter. Von Heimzüglern (April/Mai) auf der Kurischen Nehrung beringt wurden 19 Ind. mind. 15 J., 11 mind. 20 J.; Höchstalter 2 x mind. 28, 1 x mind. 27 J. Jährl. Sterblichkeit der Ad. 11% [2801]. **Generationslänge:** 7 J. [383].

Mauser. **Postjuvenile Mauser** (Teilmauser) (Dez.) Jan.–Mai; Teile von Körpergefieder und ST *[767,139]*. Kleingefieder von Juni–Juli im 2. KJ nochmals ersetzt; Schwungfedern Juni–Aug. [1913]. • **Postnuptialmauser** (Teilmauser, selten fehlend) Sept.–Dez. (März), Nichtbrüter und Immat. etwas früher [1913]; Körpergefieder, ST und einige Flügeldecken, bei einem kleinen Teil aber unterdrückt *[767,139]*. • **Pränuptialmauser** (Vollmauser) Jan.–Mai, Schwungfedern Feb.–April.

Gavia immer – Eistaucher 00040

Gavia [immer] immer (Brünnich 1764)

GB **Great Northern Diver** F **Plongeon imbrin** E **Colimbo Grande**

Taxonomie. Monotypisch. Mischpaare oder Hybriden zwischen Eis- und Gelbschnabeltaucher extrem selten [2533], die Brutgebiete beider Arten schließen einander weitgehend aus.

Kennzeichen. Adult-PK wird, anders als bei Pracht- und Sterntaucher, frühestens im 4. KJ erreicht [2533]. Kleingefieder des PK im 2.-3. KJ enthält zunehmend mehr Federn des Adult-PK; weiße »Fensterung« auf Oberseite erst ab 3. KJ ausgebildet, daher ähneln Vögel im Sommer des 2. KJ dem Schlichtkleid. Iris Juv. rotbraun, Ad. weinrot [221,1369,1784, 3615,3772,408,3566; **Fotos** in Limic. **12**, 329, **15**, 45, Dutch B. **20**, 315, **21**, 122, **22**, 49, **25**, 67, **26**, 141, Bird. W. **14**, 3, Brit. B. **92**, 356].

Maße. Gr.: 69-91 cm. Gew.: 2780-4480 g. Fl.spw.: 127-147 cm. Fl.l.: ♀/♂ 331-400 mm [1369,3615].

Status. An Küste regelm. in kleiner Zahl als Durchzügler und Wintergast, im Binnenland meist unregelm. und nicht alljährlich, vorwiegend Nov.–März, ausnahmsweise Sommer. Abnahme der Nachweise von Küste ins Binnenland und von W nach E, z.B: **NL:** ca. 290 Nachw. bis 1989, meist Okt.-Feb., allj. Ø 10-20 Ind. [375]. • **B:** 22mal bis 1971. • **CH:** seit ca. 1970 fast regelm. einzeln Genfer See und Bod.

[z.B. 1617,4152]. • **D:** 15 Ind. 19. Jh.; -NI 16 Ind. bis 1978; -NW mind. 21 Ind. bis 1978; -MV 12 Daten/14 Ind. bis ca. 1975; -BB 6 Nachw. von 1984-98 [1,337]; D von 1977-98 insges. 79 Ind., davon 24 in -BY, im Winter 1998/99 ungewöhnlich viele (17 anerkannt) [2245]. • **PL:** 41 mal bis 2000 [3871]. • **CZ:** bis 1970 > 10 Nachw. • **L:** erstmals 1996. • **H:** 4 anerkannte Nachw., zuletzt 1935 [2438]. Zum Vergleich: **S.** bis 1982 ca. 91 Ind., **FIN** bis 1981 6 Nachw. überhaupt [337].

Verbreitung und Bestand. N-Amerika ab 40° N bis in Arktis, Küsten GRÖ, IS; früher wohl auch Bären-Insel und Jan Meyen, im 18. Jh. noch auf Färöer [1507]; 1997 erfolgreiches BP in Schottland, dort 1970 und 1986 Mischpaar mit Prachttaucher [2536]. Gesamtbestand in Europa (nur GRÖ, IS, unregelm. Spitzbergen) etwa 700-2.300 BP [383]. Brutbestand seit 1950er J. weitgehend stabil (aber Entwicklung schlecht untersucht); zeitweilig Arealausweitung auf GRÖ [1507,1585]. Vereinzelte Bruten außerhalb des bekannten Areals. Insgesamt Kenntnis unzureichend.

Wanderungen. Überwiegend Teilzieher, Winterquartier von Br. GRÖ und IS in Küstengewässern IS, IRL, GB, N-F., N., DK, sonst Küstengewässer N-Amerikas; Binnengewässer wenige. Abzug von Brutgebieten ab Spätsommer (Nichtbrüter?), sonst bis Okt. Ankunft Mai/Juni, je nach Eisverhältnissen. Nicht geschlechtsreife Ind. übersommern in N Küstengewässern, jedoch selten Nordsee [3615].

Gefährdungsursachen. Weitgehend unbekannt; Gefährdung nicht erkennbar.

SPEC	VSchRL	Bern.Konv.	Bonn.Konv.
--	Anh. I	Anh. II	Anh. II
Europ. RL	**RL in ME**		
--	--		

Schutzmaßnahmen. Verbesserung des Kenntnisstandes.

Biotop. Br. an großen und tiefen Süßwasserseen bis ins Hochland; Dz. und Winterg. besonders in Küstennähe auf dem Meer.

Nahrung. Fische (bis 28 cm), daneben Amphibien, Mollusken, Crustaceen u.a. Wirbellose; wie bei anderen Seetauchern in Mägen auch Pflanzenmaterial.

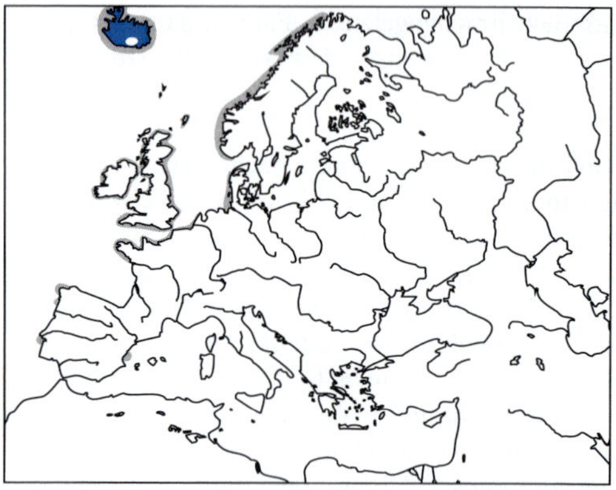

Gavia immer – **Eistaucher**

Stimme. Im Winter so gut wie stumm. Flugrufe »gek« oder »quak quak quak«. Am Brutplatz vielseitig, z.B. lachendes »ho-wüwüwüwüwüa« oder klagende Rufe.

Verhalten. Tag- und nachtaktiv. Braucht zum Auffliegen längere Anlaufstrecke als z.B. Prachttaucher. Tauchtiefen meist 3–10 m (max. 60–70 m nachgewiesen); Tauchdauer je nach Tiefe 20–90 (bis 130) sec, auf Flucht bis 8 min nachgewiesen. Kopfeintauchen zur Nahrungssuche (»Wasserlugen«) wie bei anderen Seetauchern. Territorial. Paare besetzten Territorien bereits verpaart. Balz zeremonielles Schnabeleintauchen; viele auffällige Verhaltensweisen dienen wie bei anderen Arten in erster Linie wohl Revierverteidigung und -markierung. Kopulationen einige Male pro d von Ankunft bis Legebeginn. ♂ und ♀ wahrscheinlich mit lebenslanger Paarbindung. Im Winter werden auch Nahrungsterritorien verteidigt, soziale Interaktionen das ganze Jahr über.

Fortpflanzung, Brutbiologie [1369,337,1784, 3615]. Geschlechtsreife nach (2-)3 Jahren; wohl oft Dauerpaare. **Ankunft am Brutplatz.** Verpaart, ab Ende April. **Nest.** Sehr nahe am Wasser [vgl. 3975], z.T. »Burgen« aus Pflanzenmaterial; oft Standort beibehalten. **Legebeginn.** Ende Mai/ Juni; Legeabstand mind. 2 d. **Gelegegröße.** 2, selten 1 oder 3. **Eier.** Wie Sterntaucher. **Brutdauer.** 24-25(-29) d. **Schlüpftermine. Nestlings-/Führungszeit.** Beide Partner brüten, füttern und führen. Führungszeit 70-77 d; Fam.-Zusammenhalt insgesamt 10-11 Wochen. **Jahresbruten.** 1; 1-2 Ersatzgelege. **Bruterfolg.** USA/CND_{386} 0.61 flügge juv./Brutpaar und Jahr.

Eimaße und -gewichte. L. 85.0-101.5 mm, B. 54.3-62.5 mm, $Ø_{100}$: 89.8 x 57.6 mm; Frischvollgew. ca. 167-170 g; Schalengew. 15.1-20.2 g, Ø: 17.5-18.0 g.

Sterblichkeit, Alter. Ältester Ringvogel 7 J. 10 Monate. **Generationslänge:** 7 J. [383].

Mauser. Postjuvenile Mauser (Teilmauser) Mitte Jan./Feb.-Juni/Aug. im 2. KJ; Körpergefieder, ST und innere Flügeldecken. Schwungfedern Juni–Aug.; im 2. KJ aber fast ständig mausernd. Ab Frühling des 3. KJ der Ad. Pränuptialmauser entsprechende Mauser [767,139,3050]. • **Postnuptialmauser** (Vollmauser) beginnt Ende Juli/Anf. Okt. im Brutgebiet; synchrone Schwungfedermauser unregelm. bereits im Herbst, oft Ende Jan.–März im Winterquartier [767,139,3050]. • **Pränuptialmauser** (Teilmauser) Jan.–April/Mai; Körpergefieder und einige ST [3050].

Gavia adamsii – Gelbschnabeltaucher 00050

Gavia [immer] adamsii (G.R. Gray 1859) syn.: Gelbschnabel-Eistaucher

(GB) White-billed Diver **(F) Plongeon à bec blanc** **(E) Colimbo de Adams**

Taxonomie. Monotypisch.

Kennzeichen. Altersabhängige Gefiederprogression ähnlich Eistaucher (obwohl weniger gut belegt). Schnabel immer mit heller, meist gelblicher Spitze, bei Juv. und im SK Oberschnabel mit grauer Basis, im PK einfarbig gelblich-weiß [221,1369,1784, 3615,3772,408; **Fotos** in Limic. **15**, 329, **16**, 36, **17**, 32, 90, Dutch B. **18**, 42, **19**, 98, **25**, 133, **26**, 216, 218, Bird. W. **9**, 11, 85, **15**, 239, **16**, 458, Var Fag. 2000/**6**, 7-13].

Maße. Gr.: 76-91 cm. Gew.: (Sommer) ♂ 5000-5800 g, ♀ 4050-6400 g. Fl.spw.: 137-152 cm. Fl.l.: ♂/♀ 376-402 mm [1369,3615].

Status. Sehr seltener, unregelm. Wintergast an den Küsten und im Binnenland (Okt.– April, meist Dez./Feb., ausnahmsweise Sommer). »Zunahme« in neuester Zeit wohl durch verbesserte Bestimmung. **CH:** 4 mal bis 1999 [4152,3393]. • **B:** 2 mal bis 2000 [1677]. • **NL:** 32 mal bis 1997 [277]. • **D:** bis 1999 mind. 20 Nachw., davon > 11 Küste [337,575], seither weitere, z.B. erstmals -BB Okt./Nov. 2001 [328]; 1996 Sommernachw. am Bod. [1617]. • **PL:** 20 mal bis 2000 [3871]. • **CZ:** 5 mal bis 1996 [2159]. • **A:** 6 mal bis 1996 [3129]. • **H:** Erstmals 1977 [337].

Verbreitung und Bestand. Brütet ± isoliert W-Murman, Insel Kolgujew, Nowaja Semlja; von Jamal- bis Tschuktschen-Halbinsel (im Detail Grenzen noch unklar); arktische Küstengebiete N-Amerikas. In Europa nur seltener Gastvogel. Brutvorkommen innerhalb Europas (RUS) früher mit ca. 50-100 BP angegeben [1585], doch wohl Fehleinschätzung [383,2636], da kein sicherer Brutplatz bekannt. Brutverbreitung ebenso wie Bestandsentwicklung unzureichend untersucht. Winterbestand in Europa etwa 500-1.000 Ind., weitgehend auf N. konzentriert; derzeit wohl eher stabil [1507,383].

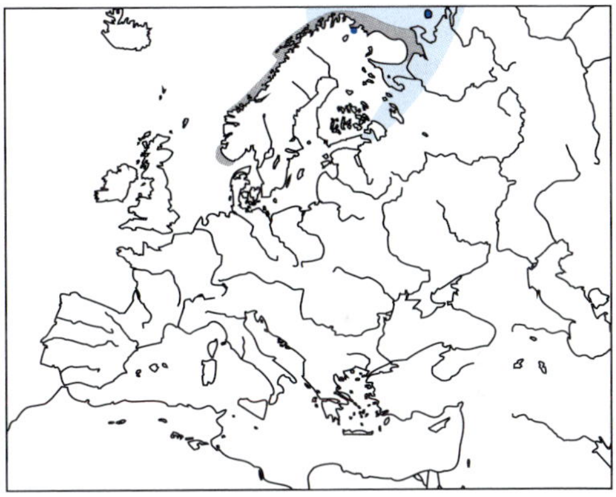

Gavia adamsii – **Gelbschnabeltaucher**

Wanderungen. Zugvogel, Winterquartiere Küstengewässer N-Amerika bzw. Pazifikküste Asiens, sowie Atlantikküste vor N., offenbar auch regelm. im N-Teil der Ostsee. Auf dem Meer Okt. bis Mai, je nach Eislage in den Brutgebieten bis Juni [3615].

Gefährdungsursachen, Schutz [1507]. Weitgehend unbekannt. Viele geeignet erscheinende Bruthabitate sind nicht besetzt.
Verbesserung des Kenntnisstandes.

SPEC	VSchRL	Bern.Konv.	Bonn.Konv.
--	--	Anh. II	Anh. II
Europ. RL	RL in ME		
--	--		

Nahrung. Wie Eistaucher.

Biotop. Br. an Binnengewässern im Tundrenbereich, meist Tiefland. Außerhalb Brutzeit vor allem Meer in Küstennähe.

Verhalten. Nahrungstauchen von der Wasseroberfläche. Territorial, meist Einzelgänger. Ähnlich Eistaucher, kompliziertes Revierverhalten. Balzverhalten und Sexualverhalten ähnlich anderen Seetauchern. Paare verbringen Sommer im Territorium (außer zur Nahrungsaufnahme). Im Herbst und Winter auch in kleineren Trupps.

Stimme. Flugrufe gänseartig. Am Brutplatz ähnlich Eistaucher.

Fortpflanzung, Brutbiologie [337,1784,3615, 1551]. Wohl wie Eistaucher. Wahrscheinlich monogame Dauerehe. Beide brüten, füttern und führen. **Legebeginn.** Abhängig von Tauwetter, Juni bis Anf. Juli. **Gelegegröße.** 2. **Eier.** Wie Eistaucher, zuweilen heller. **Brutdauer.** 27-29 d; beide brüten. **Nestlings-/Führungszeit.** In ersten d werden Juv. auf Nest oder am Ufer gehudert. Beide Eltern versorgen Juv. Familien bis Herbst zusammen. **Jahresbruten.**: 1.

Sterblichkeit, Alter. **Generationslänge:** 7 J. [383].

Mauser. **Postjuvenile Mauser** (Teilmauser) ab Mittwinter; Körpergefieder, ST und einige Randdecken. Schwungfedern folgen später, Ende Frühjahr/Anf. Sommer. Im 2. KJ bis Sept. aber nochmals Körpergefiedermauser. Danach der ad. Postnuptialmauser entsprechende Mauser [3050].
• **Postnuptialmauser** (Vollmauser) und **Pränuptialmauser** (Teilmauser) ähnlich Eistaucher [3050].

ORDNUNG Procellariiformes – Röhrennasen (früher Sturmvögel)

Hochseevögel, die nur zur Brutzeit an Land kommen. Äußere Nasenöffnungen röhrenförmig verlängert. Schnabelscheide aus mehreren, ± deutlich voneinander abgegrenzten Stücken bestehend; Oberschnabel an der Spitze meist hakenförmig nach unten gebogen. Salzdrüsen oberhalb der Augen scheiden überschüssiges Salz über den Schnabel aus. Guter Geruchssinn (sonst bei Vögeln selten). Die 3 Vorderzehen durch Schwimmhäute miteinander verbunden; Hinterzehe rückgebildet oder fehlend. An Land unbeholfen. Flügel lang und schmal. Kleinste Arten etwa Mauerseglergröße, größte (Albatrosse) mit 2-3.5 m Flügelspannweite. Geschlechter gleich gefärbt, ♂ meist größer. Bei mehreren Arten helle und dunkle Morphen. Geruchsintensives Magenöl mit moschusartigem Duft. Nur 1 Ei auf Boden oder in Erdgängen; sehr lange Brutdauer; Junge entwickeln sich langsam. Meiste Arten hervorragende Gleitflieger über dem Meer. Vergrößerter Vormagen produziert ölige Substanz, die u.a. von den Jungen zur Verteidigung ausgespien wird, viell. auch zur Jungenernährung dient.

Die Röhrennasen umfassen drei distinkte Gruppen, darunter die Diomedeidae (Albatrosse; 15 Arten) und Procellariidae (Sturmvögel; mind. 60 Arten) jeweils gesichert monophyletisch und Schwestergruppen [3564]. Die behauptete Schwesterbeziehung zw. Sturmschwalben und Albatrossen [2977] wird von den dort präsentierten Daten nicht gestützt. Hydrobatidae (Sturmschwalben) möglicherweise paraphyletisch, ihre beiden bisher als Unterfamilien geführten Teilgruppen (Hydrobatinae, Oceanitinae) sind aber jeweils gesichert monophyletisch [2840N], daher letztere hier im Familienrang geführt.

Phänotypische und genetische Differenzierung der meisten Röhrennasen bisher sehr unzureichend dokumentiert, daher Art- und Superspeziesgrenzen vielfach unklar. Hohe Geburts- und Brutortstreue können zu starker genetischer Differenzierung auch nah benachbart brütender Formen führen, die geringe Differenzierung im Gefieder v.a. kleiner Arten liegt in ähnlicher Lebensweise begründet (z.B. nächtliche Landaktivität).

Aktuelle monographische Bearbeitungen der Procellariiformes [1784,4029; für die südhemisphärischen Arten:2470; wichtigste Werke zur Bestimmung: 1553,1554,1033,3553,408].

Familie Oceanitidae – Südsturmschwalben

(zuweilen auch als Langbein-Sturmschwalben bezeichnet)
8 Arten in 5 Gattungen, überwiegend südhemisphärische Brutverbreitung.

Oceanites oceanicus – Buntfuß-Sturmschwalbe 00500

Oceanites oceanicus (Kuhl 1820) syn.: Buntfüßige Sturmschwalbe

GB Wilson's Storm-petrel **F Océanite de Wilson** **E Paíño de Wilson**

Taxonomie. Zwei UA, die sich nur in Körperproportionen unterscheiden: *oceanicus* (Kuhl 1820) (N der antarktischen Konvergenzzone) und *exasperatus* Mathews 1912 (S der Konvergenzzone). Beide UA erscheinen in nördlichen Ozeanen. Ehemals dritte UA (*maorianus*, NZ) bisher nur von drei Belegstücken bekannt, kürzlich wiederentdeckt [1152] und eindeutig eigenständige Art.

Kennzeichen. [221,1369,3615,1784,3772,408; weitere **Fotos** in Dutch B. **23**, 122, **25**, 337, Bird. W. **7**, 304, **13**, 153, **14**, 267, **16**, 210-211, 216, 217 (z), Brit. B. **92**, 306, Var Fag. 1997/**7**, 20].

Maße. Gr.: 15-19 cm. Gew.: 34-45 g (außerh. Brutzeit deutlich leichter). Fl.spw.: 38-42 cm. Fl.l.: (Nominatf.) 133-150 mm, (*exasperatus*) 147-163 mm [1369,3615].

Status. In Europa überwiegend Ausnahmegast, in **GB/IRL** bis 1971 8 mal, danach fast regelm. in SW und W Küstengeb., aber nur 1 mal an Nordsee [2023], ferner in **F** 2mal 19. Jh., **I** (Sardinien vor 1863, 1956) sowie **N.** und **IS** [337]. Beob. in DK inzwischen gestrichen [2023]. In ME Irrgast, bisher nur in • **D:** -HH Okt. 1963 [1369]; -BW Okt. 1984 (wahrschl. UA *exasperatus*) [575], • **NL:** Nov. 2002 [q16] und in • **PL:** Danziger Bucht Okt.1997 [3871].

Verbreitung und Bestand. Brutvogel der Antarktis auf Inseln und an der Küste. Eine der weltweit häufigsten Seevogelarten mit mehreren Mio. BP [1784].

Wanderungen. Zugvogel; von Nov. bis April im Bereich der Brutplätze, Nichtbrüter z.T. in den Tropen vor S-Amerika und S-Afrika. N-Wanderung beginnt Ende Feb./Anf. März, im Atlantik vor allem auf W-Seite, an N-amerikanischer Küste ab April; weniger zahlreich vor NW-Afrika. Vor iberischer Küste etwa Ende Mai bis Sept., wird aber selten an Küsten N-Amerikas und Europas verschlagen. Nichtbrüter einzeln auch nach dem Abzug im Sept, im Bereich des N-Atlantik [3615].

Biotop. Kalte Meere bis an die Packeisgrenze; im Winter vor allem subtropische Meere an planktonreichen Gebieten des Schelfbereiches.

Nahrung. Antarktis vor allem Krill, daneben andere kleine Crustaceen, kleine Cephalopoden; Abfälle. N-Atlantik u.a. kleine Fische, Abfälle, kleine Crustaceen, Mollusken.

Stimme. Auf See meist stumm. Bei der Nahrungssuche weiche piepende Rufe. Am Brutplatz melodisch pfeifende, zwitschernde, aber auch schrille Lautäußerungen.

Verhalten. Flugweise ähnlich Sturmschwalbe. Schwimmt hoch; kann auch kurz untertauchen.

Mauser. **Postjuvenile Mauser** (Vollmauser) vermutlich Okt.–Mai in tropischen Gewässern [767,1688]. • **Postnuptialmauser** (Vollmauser) Feb./März–Okt.; Schwingenmauser Mai–Aug./Sept. im Winterquartier im Pazifik und Atlantik [767,1688,1329].

Pelagodroma marina – Weißgesicht-Sturmschwalbe 00510

Pelagodroma marina (Latham 1790)

GB **White-faced Storm-petrel** F **Océanite frégate** E **Paíño Pechialbo**

Taxonomie. 6 UA, davon 2 in W-Paläarktis: *hypoleuca* (Moquin-Tandon 1841) (Selvagen im Madeira-Archipel) und *eadesi* Bourne 1953 (Kapverden, Montana Clara bei Lanzarote, Kanaren); ferner auf Südhalbkugel *marina* (Latham 1790), *dulciae* Mathews 1912, *maoriana* Mathews 1912 und *albiclunis* Murphy & Irving 1951.

Kennzeichen. [221,1369,3615,1784,3772,408; weitere **Fotos** in Dutch B. **26**, 130, Bird. W. **9**, 232, **13**, 318].

Maße. Gr.: 20-21 cm. Gew.: (Brutzeit) 42-60 g. Fl.spw.: 41-43 cm. Fl.l.: 153-171 mm [1369,1784,3615].

Status. In Europa außerhalb der Brutregionen Irrgast, u.a. **GB** Innere Hebriden Jan. 1897; Aug. 1963; **F** Biskaya Aug. 1963, **P** 1962, 1989, 1994 [337,q3,q23].
In ME bisher nur ein anerkannter Nachweis: **NL:** Nov. 1974 ad. ♀ angeschwemmt [277,q23]. (weitere Beob., z.B. D-Helgol. und B (3mal) von Seltenheitenkommissionen abgelehnt [575,1677].)

Verbreitung und Bestand. Brutvogel der Kanaren, Salvage-Inseln, Kapverden; im S-Atlantik Tristan da Cunha und Gough; vor W- und S-AUS und weiteren Stellen im Pazifik. Weltpopulation sehr groß, mehrere Mio. Ind. [1784]; Brutbestand Madeira-Archipel 61.000 BP, Kanaren 50-60 BP, jew. stabil [383].

SPEC	VSchRL	Bern.Konv.	Bonn.Konv.
3	Anh. I	Anh. II	--
Europ. RL	RL in ME		
VU	--		

Wanderungen. Verhalten der N-atlantischen Populationen wenig bekannt. *Hypoleuca* (Selvagens-Inseln) von Feb. bis Sept. an den Brutplätzen; *eadesi* (Kapverden) brütet im N-Winter ab Nov.; mehrere Beob. vor MA und Mauretanien.

Biotop. In W-Paläarktis weitgehend auf warme und tiefe (also küstenferne) Meeresbereiche beschränkt, zuweilen aber, vor allem nach Stürmen, auch küstennah. Als Schiffsfolger. sehr selten. Brutkolonien auf ariden kleinen, auch vulkanischen Inseln bis > 100 m NN mit genügend Erdreich, um Graben zu ermöglichen; auch unter niedriger Vegetation.

Nahrung. Crustaceen, wohl überwiegend planktontische.

Stimme. Auf See stumm. Nächtliche Rufe erinnern an Rotschenkel aus weiter Entfernung, daneben ein wiederholtes, klagendes uuu-uuuu-uuuu (zwei oder mehr Einheiten pro sec), leise zwitschernde Laute und ein tiefer, kratzender Ruf ähnlich dem Ton einer rostigen Feder.

Verhalten. Tag- und nachtaktiv. Kreist nachts über das Nahrungsgebiet. Brütet in Kolonien; Außerhalb der Brutzeit oft einzeln. Bei der Nahrungssuche in Trupps. ♂ und ♀ dürften über zwei Saisons zusammenbleiben.

Sterblichkeit, Alter. Generationslänge: 16 J. [383].

Mauser. Postjuvenile Mauser unbekannt. • Postnuptialmauser (Vollmauser) im Winterquartier beendet [767,1688].

Familie Hydrobatidae – Sturmschwalben

(früher zuweilen Kurzbein-Sturmschwalben)

14 Arten in 2 Gattungen, nordhemisphärische Brutverbreitung. Eine dritte Gattung, *Halocyptena* (*microsoma*), wird nicht mehr anerkannt [80a]. Die Gattung *Oceanodroma* könnte paraphyletisch sein und *Hydrobates* einschließen [vgl. 2840N], doch steht eine detaillierte molekulare Bearbeitung dieser Gruppe noch aus.

Hydrobates pelagicus – Sturmschwalbe 00520

Hydrobates pelagicus (Linnaeus 1758)

(GB) **European Storm-petrel** (F) **Océanite tempête** (E) **Paíño Europeo**

Taxonomie. Monotypisch (manchmal mediterrane Form *melitensis* als eigenständig angesehen).

Kennzeichen. [221,1369,3615,1784,3772,408; weitere **Fotos** in Limic. **14**, 64, Dutch B. **23**, 121, Brit. B. **94**, 450, Bird. W. **12**, 336, **15**, 332-333, (alle Hydrobatiden im Atlantik) **6**, 283 (z)].

Maße. Gr.: 14-18 cm. Gew.: 23-30 g. Fl.spw.: 36-39 cm. Fl.l.: 116-127 mm [1369,3615].

Status. In ME an Nordseeküste (NL, B, D-SH) fast regelm., zur Ostsee hin seltener, im Binnenland Ausnahmegast. • **NL:** > 100 Nachweise von 1900-1999, meist Sept.-Nov., kleinere Einflüge 1990 und 1998 [277,q23]. • **CH:** 1948, 1984; 1999 Einflug von ca. 40 Ind. nach Sturm [4152,q1]. • **D:** -NI mehrfach; -NW 3 mal 19. Jh., 5 mal 20. Jh.; -BY 1912, 1952; -BW 1 mal vor 1950; -MV >15 Nachweise; -BB > 10 Nachw.; -TH 3 mal usw. [1369,337,575]. • **PL:** 3-4 mal 19. Jh., 3 mal 20. Jh. (zuletzt 1975) [3871]. • **CZ:** 2 mal 19. Jh., 4 mal 20. Jh. [2159]. • **A:** 4 mal 20. Jh., davon 2 mal 1999 (s. CH) [q18]. • **H, SK.:** 0.

Verbreitung und Bestand. Inseln und Küste des Mittelmeeres von Adria nach W; N-Atlantik entlang Küsten NE-E., F, GB/IRL sowie Färöer und Westmänner Inseln S IS; in N. auf Lofoten; möglicherweise noch an Küste N-Afrikas. Europäischer Gesamtbestand etwa 430.000-510.000 (max. 680.000) BP, davon ca. 50 % auf Färöer, ferner in IS 50-100 T., GB 21-34 T. BP, regional rückläufig, IRL 73-128 T. BP, stabil, und mehrere Inselpopulationen (E., M, I, N. etc.) mit >1.000 BP; in F 750-810 BP [383, 2640].

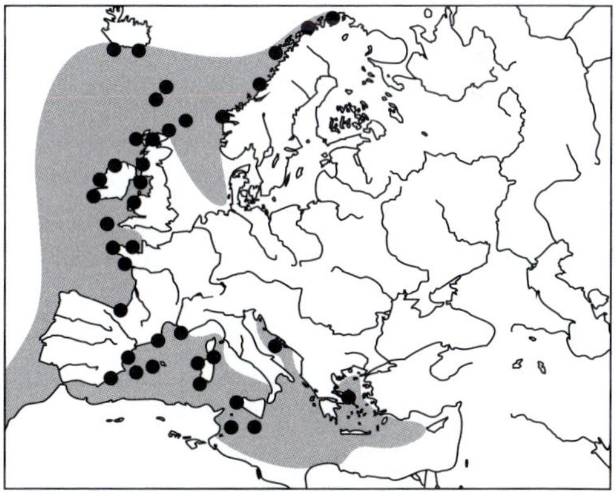

Hydrobates pelagicus – **Sturmschwalbe**

SPEC	VSchRL	Bern.Konv.	Bonn.Konv.
E	Anh. I	Anh. II	--
Europ. RL	**RL in ME**		
--	--		

Wanderungen. Zugvogel, Streuungswanderungen. Winterquartier reicht von IS und N-N. entlang W-Küste Europas und Afrikas bis S-Afrika einschließlich vorgelagerter Meeresteile sowie W-Mittelmeer. Ad. von Okt.–April auf dem Meer abseits der Brutplätze. Ringfunde der Br. GB/IRL im Winter überwiegend vor den Küsten Namibias, S-Afrikas [4064]. Von Mittelmeerpopulationen einzelne im E-Mittelmeer und Schwarzmeer; Atlantische Brutvögel ziehen bis S-Afrika; ab Nov. vor der Küste Afrikas; die meisten halten sich von Dez.–April in kühlen Meeresteilen jenseits des Äquators auf. März/April N-Wanderung. Im Herbst vor Gibraltar 6-10mal mehr Vögel ins Mittelmeer einfliegend als umgekehrt [1559]. Einmal sicherer Nachweis E-Küste N-Amerikas. Hohe Geburts- und Brutortstreue.

Stimme. Auf dem Meer stumm. Am Brutplatz u.a. schnurrendes Reihen mit abruptem »tschika« abgeschlossen (»Purr-call«); bei Balzflügen, wie »ti-ti-tihk-ti-ti-tihk…«, »quick-arr quick-arr…« u.ä.

Biotop. Außerhalb Brutzeit offenes Meer; Brutplätze abgelegene felsige, mit Rasen oder Steinblöcken bedeckte Inseln.

Nahrung. Cephalopoden, Crustaceen, Quallen, kleine Fische, auf dem Wasser treibende Rückstände und Abfälle.

Verhalten. Am Brutplatz nachtaktiv. Flug flatternd und rüttelnd und sprunghaft über der Wasseroberfläche; nimmt Nahrung auf ohne zu wassern, läuft regelrecht über die Oberfläche; hängt sich auch an Schiffe an. Balzflüge unter anhaltendem Rufen nachts über den Brutkolonien, vor allem in dunklen Nächten. ♂ und ♀ wahrscheinlich lebenslang zusammen, Trennungen kommen aber vor. Außerhalb der Brutzeit einzeln oder Trupps unterschiedlicher Größe.

Fortpflanzung, Brutbiologie [1369,337,1784, 3615]. Brutreife mit 4-5 Jahren. Monogam, meist Dauerehe (jeweils am Brutplatz erneuert). **Ankunft am Brutplatz.** Ab April. **Nest.** Bruthöhle unter Fels, in Spalten, unter Mauern oder in alten Kaninchen- oder Sturm-/Papageitaucher-Höhlen (0.1-3 m tief); selten selbstgegraben (beide). Koloniebrüter, z.T. mehrere Nestkammern über gemeinsamen Eingang. Kaum Material. **Legebeginn.** In GB und N-Europa (Ende Mai) Juni bis Mitte Juli (extrem: Ende Aug.). **Gelegegröße.** 1. **Eier.** Kurzoval, weiß (zuweilen mit einigen rotbraunen Punkten). **Brutdauer.** 40-41 (38-50) d. Beide brüten, ♂ zuerst, Ablösung alle 3 (1-5) d. **Nestlings-/Führungszeit.** Juv. schlüpfen blind, Augen ab 5 d offen. Beide Ad. füttern (nachts) anverdauten Nahrungsbrei. Ab 6.-7. werden Juv. allein gelassen. Fütterungen bis ca. 50 d (nicht täglich), 2 (0-7) d vor Ausfliegen dann nicht mehr. Zeit zum Flüggewerden sehr variabel, meist 63-70 d (Spanne 56-86 d). **Jahresbruten.** 1; vereinzelt Nachgelege. **Bruterfolg.** 0.27-0.46 flügge Juv./ Ei und Jahr.

Sterblichkeit, Alter. Sterblichkeit der Ad. 10-20% [3502]. Ältester Ringvogel mind. 33 J. 9 Monate [3654]. **Generationslänge:** 14 J. [383].

Mauser. **Postjuvenile Mauser** (Vollmauser) Körpergefieder ab Mittwinter; Schwungfedern etwa Juni-Okt./Nov. im 2. KJ. • **Postnuptialmauser** (Vollmauser) Großgefiedermauser setzt in 2. Hälfte der Bebrütung ein, Höhepunkt der Schwingenmauser etwa beim Schlüpftermin; Mittelmeer-Population, Nichtbrüter und erfolglose Brutvögel beginnen vermutlich früher [2634,56]; meist wird Großgefiedermauser im Winterquartier langsam fortgesetzt und bis Feb. (Mai/Juni) beendet [767,435,4154]; bei Ankunft am Brutplatz bisweilen noch wachsende äußere HS und bei manchen AS-Mauser nicht abgeschlossen [767]; Körpergefiedermauser erfolgt langsam, dabei bleiben stets einzelne Federn stehen; Dauer ca. 6–7 Monate [435,4154].

Oceanodroma leucorhoa – Wellenläufer 00550

Oceanodroma leucorhoa (Vieillot 1818)

(GB) **Leach's Storm-petrel** (F) **Océanite culblanc** (E) **Paíño Boreal**

Taxonomie. 4 UA, davon in Europa nur Nominatform: *leucorhoa* (Vieillot 1818) (N-Pazifik, N-Atlantik), *chapmani* Berlepsch 1906 (Baja California), *socorroensis* C.H. Townsend 1890 (Guadelupe, W-MEX, Winterbrüter) und *cheimomnestes* Ainley 1980 (ebenfalls Guadeloupe). Letztere viell. eigene Art, da mit *socorroensis* sympatrisch brütend (allerdings zu anderer Jahreszeit) und in Rufen und Anteil weißbürzeliger Ind. unterschieden. *Oceanodroma leucorhoa* und *O. monorhis* gelegentlich als Allospezies betrachtet [3565,995N], doch ist Abgrenzung einer solchen Superspezies gegenüber weiteren *Oceanodroma*-Taxa unklar (weitere genetische Untersuchungen nötig).

Kennzeichen. [221,1369,1784,3615,3772,408; weitere **Fotos** in Alula 2004/**10**, 90, Dutch B. **23**, 121, Bird. W. **14**, 357, **6**, 283 (z), Var Fag. 1997/**7**, 21, 27]. Pazifische Populationen z.T. mit völlig dunklem Bürzel und polymorph. Ganz dunkelbürzelige Ind. sind in atlantischer *leucorhoa*-Population nicht bekannt, jedoch mehrfach in Europa aufgetreten, z.B. in E. [2003; Fotos], England [783N; Fotos], in N. und Bretagne F. Sie werden dem asiatischen Swinhoe-Wellenläufer *O. monorhis* zugeschrieben, der sich ferner durch deutliche weiße HS-Schäfte von *leucorhoa* unterscheidet. Bestimmung solcher Vögel als *O. monorhis* für Ind. von den Selvagen und von Tynemouth GB durch DNA-Untersuchungen belegt [816]. Auftreten dieser Art als Ausnahmeerscheinung auch in ME möglich.

Maße. Gr.: 19-22 cm. Gew.: 40-50 g. Fl.spw.: 45-48 cm. Fl.l.: 148-166 mm [1369,3615].

Status. In W-Europa Brut- und Jahresvogel; in ME regelm. Gastvogel an Nordseeküste, in Ostsee und im Binnenland Ausnahmegast. **CH:** -BS ad. ♂ Nov. 1952 [4152]. • **B:** Von 1900–1970 in 25 J. nachgew., seither wohl allj. zwischen Aug. und März [1369,1677]; > 70 Totfunde 1952. • **L:** Nov. 1972 Totfund [1610]. • **NL:** 63 Nachweise 1900-1981, danach alljährlich; Einflug 1990 [1369,277]. • **D:** 83mal von 1977-97, z.B. Helgoland 1900-79 29 Ind. in 19 J.; -NI 1882-1969 13 Binnenlandnachw.; -NW 3mal 19. Jh., 6mal 20. Jh; -BY 1912; -TH 1921; -BB 4 Nachw., zuletzt Sept.1997 [1]; -MV

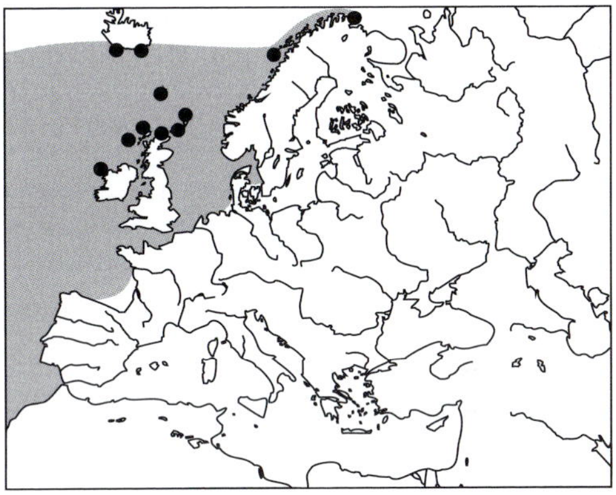

Oceanodroma leucorhoa – **Wellenläufer**

12 Nachw. bis 1978 [337]. • **PL:** > 6 mal im 19. Jh., 14 mal im 20. Jh., davon mind. 5 nach 1977, zuletzt 1997 [1369,3871]. • **A:** -Oö Nov.1921 [1369]. • **CZ, SK.**, **H:** 0.

SPEC	VSchRL	Bern.Konv.	Bonn.Konv.
3	Anh. I	Anh. II	--
Europ. RL	RL in ME		
--	--		

Verbreitung und Bestand. Inseln des N-Pazifik und Küste Alaskas, ferner Küsten NE-Amerikas (Population 4.7 Mio.), S-IS (80.000-150.000 BP), Färöer (4–5 BP 1934; 500–1.000 BP 1969 und 1.000 BP 1995); GB/IRL heute nur 4 sichere Kolonien in N-Schottland (Orkneys, Inseln im NW; gesamt 36.400-64.900 BP 1999-2001); IRL Anf. 20. Jh. erloschen, inzwischen wieder 310 BP 1999-2002; kleiner Brutplatz Lofoten (100-1.000 BP 1990-2002); Gesamtbestand Europas derzeit 120.000-220.000 BP [383], im N-Atlantik 4.9-5.0 Mio., global 9.0-10.6 Mio. [2640].

Wanderungen. Zugvogel. Populationen des N-Atlantik ziehen in die Tropen; nur wenige bleiben im N-Winter im N-Atlantik. Nichtbrüter ziehen ab Juli/Aug., Brutvogel ab Sept. Zunächst sammeln sie sich im Atlantik etwa auf Breite der Brutkolonien, dann ab Okt. Zug nach S. Im Golf von Biscaya Sept.–Feb. anwesend (haupts. Nov./Dez.: mehrere hunderttausend bis 2 Mio., also mehr als europäische Brutpopulation), zusammen mit Ringfund aus New Brunswick (CDN) Hinweis auf regelmäßiges Auftreten immat. Vögel aus W-Atlantik [1651]. Ab Ende Nov. z.B. vor Küste des tropischen W-Afrika, Vorstoß bis in S-Atlantik. Ankunft an Brutkolonien GB Ende April, N N-Amerika Mai. Geburts- und Brutplatztreue (66–75% der Ind. als Rückkehrer nachgewiesen). 2 in GB ausgelassene Ind. waren in 13.7 d wieder in ihrer Kolonie in CDN 4800 km W.

Biotop. Offenes Meer; Brutplätze felsige Inseln nahe der Küste.

Nahrung. Crustaceen, Mollusken, kleine Fische, fett- und ölhaltige Abfälle.

Stimme. Auf dem Meer stumm; nachts am Brutplatz 2 Ruftypen: »Purr-call« etwa »r-r-r-r-unuitschurr« mit ansteigender Tonhöhe, langsamer und länger als bei Sturmschwalbe, und Reihe von Stakkato-Elementen, die in einem Triller enden.

Verhalten. Am Brutplatz nachtaktiv. Flug weniger flatternd und mehr gleitend als andere Sturmschwalben; ändert dabei sprunghaft dauernd die Richtung; »läuft« ebenfalls auf Wasseroberfläche. Nahrungsaufnahme im Flug von der Wasseroberfläche. Soziale »Singflüge« in dunklen Nächten am Brutplatz. Am Brutplatz Kolonien, auf See meist ± Einzelgänger, nur bei entsprechendem Nahrungsangebot Gruppierungen. ♂ und ♀ bleiben lebenslang zusammen. Vaterschaftsanalysen zeigen, dass ♀ dieser Art nicht fremdgehen. Kopulationen finden wahrscheinlich in der Höhle statt. Außerhalb der Brutzeit einzeln aber auch in unterschiedlich großen Trupps.

Fortpflanzung, Brutbiologie [1369,337,1784, 3615]. Brutreife mit 4-5 Jahren. Monogame Dauerehe, jährlich am Brutplatz erneuert; Nestplatztreue. **Ankunft am Brutplatz.** Bruthöhlen schon Wochen vor Eiablage besetzt. **Nest.** In Felsspalten oder (nur vom ♂?) selbstgegrabenen Erdhöhlen (< 1 – max. 1.8 m), Nestkammer selten mit Pflanzenmaterial. Kolonial. **Legebeginn.** (Ende Mai) Juni bis Mitte Juli (August). **Gelegegröße.** 1. **Eier.** Breitoval, weiß, manchmal rötlichbraune Flecken am stumpfen Ende. **Brutdauer.** 41-42 d. Beide brüten, ♂ beginnt, jede Brutphase ca. 3 (1-6) d. Hudern bis 5 d. **Nestlingszeit.** Beide füttern; insgesamt 63-70 d zum Flüggewerden. **Jahresbruten.** 1, Nachgelege selten. **Bruterfolg.** In vier Sommern ergaben 66-82% der abgelegten Eier flügge Jungvögel.

Eimaße und –gewichte [196]: L. 30.0-36.0 mm, B. 23.3-26.0 mm, Ø 32.8 x 23.8 mm (n=91, GB), 32.5 x 24.0 mm (n=55, USA); Frischvollgew. 9.7 g; Schalengew. ca. 0.5 g.

Sterblichkeit, Alter. Bei Ad. jährliche Mortalität höchstens 20%. Älteste Brutvögel sicher > 20 Jahre; ältester Ringvogel (lebend kontrolliert) mindestens 22 J. 10 Monate [3654]. **Generationslänge:** 9 J. [383].

Mauser. **Postjuvenile Mauser** (Vollmauser) ab April des 2. KJ mit Schwungfedern, Abschluss im Okt./Dez. Folgende Mauserperioden nähern sich dem Mauerzeitpunkt der Ad. an [767]. • **Postnuptialmauser** (Vollmauser) Körpergefieder gegen Brutende (Aug./Sept.); Großgefiedermauser beginnt mit inneren HS und einigen ST ab Okt., wird jedoch unterbrochen und Mauser größtenteils erst im Winterquartier, Nov.–Feb. (März) [139,3050,3807]; Nichtbrüter erneuern Körpergefieder schon ab Mai/Juni, Schwungfedern ab Aug./ Sept. [767,139,3050].

Oceanodroma castro – Madeirawellenläufer 00580

Oceanodroma castro (Harcourt 1851)

(GB) **Madeiran/Band-rumped Storm-petrel** (F) **Océanite de Castro** (E) **Paíño de Madeira**

Taxonomie. Monotypisch.

Kennzeichen. [221,1369,3772,1784,3615,408; **Fotos** in Dutch B. **15**, 83, Bird. W. **11**, 422, (alle Hydrobatiden Atlantik) **6**, 283 (z)].

Maße. Gr.: 19-21 cm. Gew.: 29-56 g. Fl.spw.: 44-46 cm. Fl.l.: ♂ 142-154 mm, ♀ 149-161 mm [1369,3615].

Status. In W-Europa Ausnahmegast mit wenigen Nachweisen in GB/IRL, F und E., ferner IL, MA

[3615]. In ME überhaupt nur einmal nachgewiesen: **CH:** -VS lebend gefunden 29. Dez. 1999, durch starken Sturm verdriftet (vgl. Einflug der Sturmschwalbe im selben Jahr) [q14,2385].

Verbreitung und Bestand. Atlantik-Inseln vor P (Azoren, Madeira) S bis Ascension und St. Helena, ferner im Pazifik östlich JAP, auf Kauai (Hawaii) sowie Galapagos-Inseln. In Europa größte Bestände auf Azoren und Madeira mit 900-1.250 (1997) bzw. 2.000-2.500 BP (1994), ferner P 200-400 BP und Kanaren 550-600 BP [383]; europäischer Gesamtbestand nur 3.700-4.800 BP, stabil [383]; unbedeutender Anteil am Weltbestand; global nicht gefährdet [1784].

SPEC	VSchRL	Bern.Konv.	Bonn.Konv.
3	Anh. I	Anh. II	--
Europ. RL	RL in ME		
--	--		

Biotop. Ganzjährig in warmen, tiefen pelagischen Bereichen. Br. auf kleinen unbewohnten Inseln, oft in Nachbarschaft zu Weißgesicht-Sturmschwalbe.

Nahrung. Überwiegend Crustaceen, Fisch, ölige Abfälle, von der Nahrungsoberfläche genommen. Kein regelmäßiger Schiffsfolger.

Sterblichkeit, Alter. Generationslänge: 16 J. [383].

Familie Diomedeidae – Albatrosse

Hier Arten mit größten Flügelspannweiten aller rezenten Vögel (z.T. >350 cm); Schlagflug zu energieaufwändig, daher bei Windstärken < 18 km/h gezwungen, auf Meer zu rasten; Starten gegen den Wind; Flug dynamisches Segeln mit steifen Flügeln (auch bei Sturmvögeln).

Die frühere Gattung *Diomedea* ist kein gesichertes Monophylum, besteht aber aus vier gut gesicherten Untergruppen [2841], denen hier Gattungsrang zuerkannt wird [vgl. 3217,3330]. Neben den hier behandelten Arten ist auch der Gelbnasen-Albatros *Thalassarche chlororhynchos* in Europa nachgewiesen [Foto:2638]. Aktuelle Übersichten zur Biologie, Taxonomie und Bestandssituation der Albatrosse [3218,3848].

Diomedea exulans – Wanderalbatros 00200

Diomedea exulans (Linnaeus 1758)

(GB) **Wandering Albatross** (F) **Albatros hurleur** (E) **Albatros Viajero**

Taxonomie. Polytypisch, derzeit 2 UA anerkannt, *exulans* Linnaeus 1758 und *dabbenena* Mathews 1929 [1784].

Kennzeichen. [221,1369,3615,1784,3772; **Fotos** in Bird. W. **7**, 244, **9**, 406, **16**, 165-166, Brit. B. **93**, 261, Dutch B. **19**, 240].

Maße. Gr.: 107-135 cm. Gew.: 6250-11300 g. Fl.spw.: 254-351 cm. Fl.l.: ♂ 655-710 mm, ♀ 630-680 mm [1369,1784,3615].

Status. In Europa extrem seltener Gastvogel mit je 1 Nachw. in **I** (Sizilien) 1957, **P** 1963 und **F** ca.1830 [337]. In ME Irrgast mit bisher 2 (unsicheren) Nachw.: **B:** Totfunde bei Antwerpen 1833 und Blankenberge 1887 [3615, vgl. aber 1677].

Verbreitung. Zirkumpolar in den S-Meeren etwa 65°-25° S, an W-Küste S-Amerikas bis 20° S, W-Küste Afrikas bis etwa 10° S. Brütet von Südgeorgien nach E bis Antipoden-Inseln, auf Tristan da Cunha und Gough-Inseln [337].

Wanderungen. Nach der Brutzeit ausgedehnte Streuungswanderungen auf der S-Halbkugel, möglicherweise überwiegend zirkumpolar in E Richtung orientiert [1784].

Biotop. Bevorzugt kühlere oder kalte Meeresbereiche und frische bis starke Windverhältnisse. Br. abgelegener Plätze, meist an Abbruchkanten oder an Hängen mit guten Windverhältn. zum raschen Aufsteigen. Versierter Schiffsfolger; nutzt Walfangaktivitäten, sonst aber kaum mit Menschen assoziiert.

Mauser. Ähnlich Schwarzbrauenalbatros [1688, 3077].

Thalassarche melanophris – Schwarzbrauenalbatros 00140

Thalassarche melanophris (Temminck 1828) syn.: *Diomedea melanophrys;* Mollymauk

GB Black-browed Albatross **F Albatros à sourcils noirs** **E Albatros Ojeroso**

Taxonomie. Zwei deutlich differenzierte UA: *melanophris* Temminck 1828 (südliche Ozeane) und *impavida* (Mathews 1912) (Campbell-Inseln), die sich in Irisfarbe der Ad. (dunkelbraun bei *melanophris*, gelb bei *impavida*) und Unterflügelfärbung unterscheiden. Für beide wurde Artstatus diskutiert, Hybridisation auf Campbell-Inseln jedoch die Regel [579], dabei Ausmaß des tatsächlichen Genflusses unzureichend bekannt.

Kennzeichen. [221,1369,3772,1784,3615,408,1876; weitere **Fotos** in Bird. W. **7**, 241-242, **12**, 271, Dutch B. **19**, 238, (beide UA) 3266].

Maße. Gr.: 80-95 cm. Gew.: 3000-5000 g. Fl.spw.: 213-246 cm. Fl.l.: ♂/♀ 462-543 mm [1369,1784,3615].

Status. Zahlreiche Nachweise im atlantischen W-Europa, z.B. GB 24mal bis 2001, IS (2), DK (3), Färöer (2) usw. [3615,q23]; in ME dagegen sehr seltener Ausnahmegast, folgende Beob. anerkannt: • **D:** -NI Okt.1988 [575]. • **B:** Dez. 1980 Zeebrugge (*Thalassarche chlororhynchos* nicht ausgeschlossen) [1677]. • **NL:** kein anerkannter Nachw. mehr [277], aber erneute Beob. 2001, noch nicht homologiert [q4].

Verbreitung. Zirkumpolar in den S-Meeren etwa 65° – 23° S, an W-Küste S-Amerikas bis 10° S, an W-Küste Afrikas bis 20° S; Brütet z.B. auf Falklands, S-Georgia, Kerguelen, Campbell-Inseln, Antipoden-Inseln usw. [337].

Wanderungen. Von Brutplätzen aus deutliche N-Wanderungen; Muster trotz hoher Beringungszahlen noch unklar. Unter allen Albatrossen am häufigsten im N Atlantik, auch vor N. und IS [1784].

Biotop. Offenes Meer der Südhalbkugel vom Packeis bis in die Subtropen; bei Sturm auch in Küstennähe. Schiffsbegleiter. Br. auf möglichst hohen kleinen Meeresinseln; in Europa Aufenthalt oft im Anschluss an Basstölpel-Kolonien.

Nahrung. Fische, Crustaceen, Mollusken, auch Abfälle von Schiffen.

Mauser. **Postjuvenile Mauser** (Vollmauser) ab Feb.; HS 8–10 (selten auch 1–4) im 2. KJ gewechselt (einschließlich Körpergefieder, z.T. ST), die restlichen erst im 3. KJ [3076]. • **Postnuptialmauser** (Vollmauser) ab Jan./März, erfolglose Brutvögel beginnen früher; Schwungfedern (Staffelmauser) im Zweijahresrhythmus ersetzt [1688, 3075].

Anmerkung. Auch andere Albatros-Arten wurden einzeln im Nordatlantik nachgewiesen [3615]. In ME meist aus älterer Zeit mehrere – zumindest der Art nach – unsichere Meldungen [1369].

Familie Procellariidae – Sturmvögel

• Gattung *Pterodroma*

Mindestens 29 Arten, weltweite ozeanische Verbreitung. Viele Arten als Brutvögel auf einzelnen Inseln oder kleinen Inselgruppen endemisch und daher mit kleinen Weltpopulationen, was insbesondere auch für die beiden westpaläarktischen Arten gilt.

• Gattung *Puffinus*

Mindestens 25 Arten, weltweite Verbreitung. Nach mtDNA-Befunden sind die 3 *Calonectris*-Arten (*diomedea, edwardsi, leucomelas*) mit der Gruppe der kleinen *Puffinus*-Arten (um *P. puffinus, P. lherminieri*) nächstverwandt [1608,2840N], wodurch *Puffinus* in der bisherigen Abgrenzung paraphyletisch wird. Deshalb muss »*Puffinus*« entweder in 3 Gattungen aufgespalten oder »*Calonectris*« mit *Puffinus* vereinigt werden. Ersteres bedürfte einer umfassenderen phylogenetischen Analyse, möglichst unter Einbeziehung auch nuklearer Sequenzen, die bisher fehlt. Deshalb wird hier (vorläufig) der zweiten Alternative Vorrang eingeräumt.

Pterodroma feae – Fea-/Kapverden-Sturmvogel 00262

Pterodroma feae (Salvadori 1899)

(GB) Fea's Petrel (Gon-Gon) **(F) Pétrel gongon** **(E) Petrel Gon-gon**

Taxonomie. Bildet Superspezies mit Madeirasturmvogel *P. madeira* (Hauptinsel Madeira). Früher mit südhemisphärischem Weichfeder-Sturmvogel *P. mollis* in einer Superspezies vereinigt [3565], doch möglicherweise sind *feae/madeira* näher mit dem karibischen Bermuda-Sturmvogel *P. cahow* als mit *P. mollis* verwandt [510, Nunn & Zino, unveröff., zit. in 1558]. Eine (eventuell sinnvolle) weiter gefasste Abgrenzung dieser Superspezies erst möglich, wenn Verwandtschaftsverhältnisse des Komplexes genauer untersucht sind.
2 UA: *feae* (Kapverden) und *deserta* (Bugio, Madeira-Archipel).

Kennzeichen. [1033,3875,3876,1274,516,1558,1784, 3615,3772; **Fotos** in Bird. W. **2**, 284, **10**, 455, **11**, 342, 349, 353 (z), **12**, 363, **14**, 326-328, alle Formen **14**, 285-287 (z), 290-292].

Maße. Gr. 33-36 cm. Fl.spw.: 84-91cm. Fl.l.: ♂/♀ 255-272 mm.

Status. Eine der beiden Semispezies in Europa mehrfach nachgewiesen, sehr wahrscheinlich handelt es sich bei den Beob. generell um Kapverdensturmvogel.

Nachweise in Europa bisher meist Aug.-Sept., selten auch Juni oder Okt., u.a. in **GB** (1989, 1991, 1996 etc.), **IRL** (1990, 1991, 1993, 1994 2mal), **P** (1992) und Kanaren (5mal in 1970er J.), seither allj. mehrere [3615,277].
In ME nur eine Beob. eines Vogels dieser Superspezies, die dieser Art (1) zugeschrieben wird (da *P. [f.] madeira* extrem selten und *P. mollis* im Nordatlantik nicht sicher nachgewiesen ist): **NL:** vor der Küste, Okt. 1992 [277,3615,3669].

Verbreitung und Bestand. Seltener Brutvogel im Ostatlantik auf Kapverden, den Desertas-Inseln (Bugio) vor Madeira und vielleicht auf Azoren. Europäischer Bestand 170-260 BP (auf Madeira 2001), Bestand unverändert; auf Azoren nur gelegentl. Br. (z.B. 1 BP 2002) [383]. Gilt derzeit global als »NT« (Vorwarnliste) [382].

SPEC	VSchRL	Bern.Konv.	Bonn.Konv.
1	Anh. I	Anh. II	--
Europ. RL	**Globale RL**	**RL in ME**	
VU	NT	--	

Pterodroma madeira – Madeirasturmvogel 00263

Pterodroma [feae] madeira (Mathews 1934)

GB Zino's Petrel **F Pétrel de Madère** **E Petrel Freira**

Kennzeichen. s. (1) [Fotos in Bird. W. **14**, 285-287 (z), 290-292, **17**, 170].

Status. Kein sicherer Beleg. Vgl. Kapverden-Sturmvogel.

SPEC	VSchRL	Bern.Konv.	Bonn.Konv.
1	Anh. I	Anh. II	--
Europ. RL	**Globale RL**	**RL in ME**	
CR	'CR'	--	

Verbreitung, Bestand. Monotypisch. Seltener Brutvogel im Ostatlantik auf Madeira. Europäischer und globaler Bestand nur 30-40 BP (auf Madeira 2000), nach leichtem Anstieg gegenüber 1980er J. derzeit konstant [383]. Gilt global als vom Aussterben bedroht **'CR'** [382].

Stimme. Auf dem Wasser vermutlich schweigsam. Nächtliche Rufe in Nestnähe u.a. ähnlich Waldkauz, jammerndes Klagen oder Winseln.

Pterodroma mollis – Weichfeder-Sturmvogel 00261

Pterodroma mollis (Gould 1844)

GB Soft-plumaged Petrel **F Pétrel soyeux** **E Petrel Suave**

Maße. (*mollis*): Gr. 32-37 cm. Gew.: 25-380 g. Fl.spw.: 83-95 cm. Fl.l.: ♂/♀ 239-268 mm [3615].

Verbreitung. In den Südmeeren verbreitet; Brutvogel u.a. auf Tristan da Cunha, Antipoden-Inseln, Kerguelen. 2 UA: *mollis* (Gould 1844) und *dubia* Clancey et al. 1981. Früher mit *Pt. feae* und *Pt. madeira* als konspezifisch betrachtet (und daher hier mit aufgeführt). Global nicht bedroht, Brutbestand mehrere zehntausend BP [1784].

Status. Bisher im N-Atlantik kein sicherer Beleg.

Wanderungen. Br. Madeiras nur zur Brutzeit in inselnahen Gewässern (April-Ende Okt.), Aufenthalt ansonsten unbekannt. Br. Kapverden Ende Mai-Jan., die meisten verlassen die inselnahen Gewässer Mai–Sept. in S-Richtung. Br. der Südhalbkugel führen weite Streuungswanderungen zwischen 60°S und 25°S durch [3615].

Sterblichkeit, Alter. Generationslänge: 16 J. [383].

Mauser. Postjuvenile Mauser (Vollmauser). • Postnuptialmauser (Vollmauser) bei *P. mollis* vor Brutbeginn abgeschlossen [767,1688].

Fulmarus glacialis – Eissturmvogel 00220

Fulmarus [glacialis] glacialis (Linnaeus 1761)

GB Northern Fulmar **F Fulmar boréal** **E Fulmar Boreal**

Taxonomie. Zwei UA: *glacialis* (Linnaeus 1761) (Nordatlantik) und *rodgersii* Cassin 1862 (Nordpazifik). Bildet Superspezies mit Antarktis-Eissturmvogel *F. glacialoides*.

Kennzeichen. 2 Morphen. Schwach sexualdimorph (Größe) [221,1369,3772,1784,3615,408; weitere Fotos in Dutch B. **20**, 67, Bird. W. **16**, 84].

Maße. Gr.: 45-50 cm. Gew.: ♂ 760-1000 g, Ø ca. 835 g, ♀ 610-855 g, Ø ca. 700 g. Fl.spw.: 102-112 cm. Fl.l.: ♂ 324-356 mm, ♀ 309-337 mm [1369,3615].

Status. An Nordseeküste ME heute jährlicher Br. Helgoland, Gastvogel in allen Monaten (Häufung im Frühjahr und Herbst), starke Zunahme seit ca. 1950; an Ostsee D seltener, doch offenbar auch Zunahme in neuester Zeit; in PL dagegen erst 4 Nachw. bis 2002 [3871]. Im Binnenland Ausnahmegast (durch Stürme verschlagen), die meisten Einflüge nach 1950 im Frühjahr 1962 [337].

Verbreitung und Bestand. Brutvogel im Nordatlantik sowie Nordpazifik in z.T. sehr großen Kolonien. ME am äußersten Ostrand der Verbreitung weist nur einen Brutplatz auf (Helgoland). Gesamtbestand Europas 2.8 - 4.4 Mio. BP [383], größte Bestände in IS 1-2 Mio., Svalbard N. 0.5-1 Mio., Färöer 600 T. und GB 506 T. BP (jew. 1990er J.). Die atlantische Population wird auf 2.7 (2.8)-4.1 (4.4) Mio., die Weltpopulation auf 5.4-7.1 Mio. BP beziffert [2640, erg. durch 1585]. Neuansiedlung in DK 1998 [383,q3].

Wanderungen. Streuungswanderungen außerhalb der Brutzeit auf der N-Halbkugel; im Atlantik vom Eisrand S bis etwa 43°N. Nur ausnahmsweise in Mittelmeer und Ostsee. In gemäßigten Breiten Ad. ganzjährig im weiteren Umkreis der Brutkolonien, die auch im Winterhalbjahr gelegentlich besucht werden; hocharktische Br. verlassen von Nov. bis Feb. die vereisten Brutgewässer. Erstankunft an Brutkolonien in GB von 1940 bis in 1970er J. kontinuierlich vorverschoben von Mai bis Nov., dann konstant [3599]. Br. verlassen auch zur Brutzeit die Kolonie bis mehrere 100 km. Juv. wandern nach Flüggewerden z.T. weit ab und verteilen sich über große Meeresgebiete. Junge haben Kolonien GB/IRL Anf. Okt. verlassen; Atlantiküberquerung von E nach W durch Ringfunde belegt. Hohe Brut- und z.T. wenig ausgeprägte Geburtsortstreue [Ringfunde z.B. 2412,813,961,4064].

Bestandsentwicklung. Seit etwa 200-250 J. starke Bestandszunahme und Arealausweitung der ursprünglich im Ostatlantik auf IS und Färöer beschränkten Art, Ursachen nicht völlig geklärt; diskutiert werden z.B. Klimaänderung mit Veränderung von kalten bzw. warmen Meeresströmungen, Zunahme und Verlagerung der Hochseefischerei, Anpassung an neues und umfangreicheres Nahrungsangebot – durch Überfischung von größeren Raubfischen sowie durch erhebliche Mengen anfallenden Beifangs und anderer Fischabfälle, die auf See »entsorgt« werden [1297], zunehmende Eutrophierung der Nordsee [3943] oder Änderung des Genotyps [1507,337]. Durch Arealausweitung im Ostatlantik 1960 Besiedlung der Bretagne und 1972 erste Bruten in Normandie und – erstmals in ME – auf Helgoland. In 1980er J. dort 20-30 BP, 1999 erstmals über 100 BP [204], Max. bisher 113 BP (2003) [869]. In GB von 1939 bis 1990er J. durchschnittliches Wachstum 7-8 %/J. [1343], auf Shetland nahm Brutbestand zwischen 1977-93 um 50% zu [1507]; doch in jüngster Zeit in GB Rückgang [2640]. Ausbreitung hält weiter an; erste Bruten 1998 in DK (NW-Jütland) [3620] und inzwischen auch Häufung der Brutzeitbeob. an Ostsee.

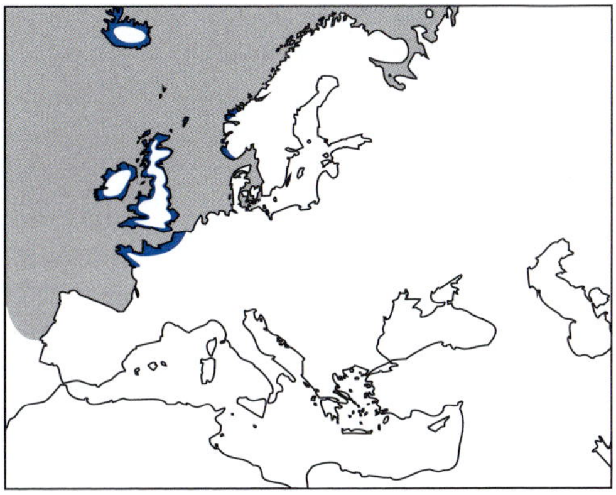

Fulmarus glacialis – **Eissturmvogel**

	Pop.	Areal	Brutbestand	Jahr	Quelle
D	↑	=	102–113	1999–2003	[869]

Gefährdungsfaktoren: [1343,196,2360]. Überfischung der Sandaale in Nordsee, dadurch Reduktion einer wichtigen Nahrungsgrundlage zur Brutzeit (für Shetland belegt).
Anthropogen bedingte wichtige Verlustursachen sind Ölverschmutzung, Müllbelastung und vor allem die N-atlantische Langleinenfischerei, zudem - früher bedeutsamer - das Absammeln von Eiern oder Nestlingen (vgl. auch Basstölpel).

SPEC	VSchRL	Bern.Konv.	Bonn.Konv.
--	--	Anh. III	--
Europ. RL	RL in ME		
--	D: 'R'		

Schutzmaßnahmen. Schutz der Sandaalbestände der Nordsee vor Überfischung. Bessere Vorsorge gegen Havarien.

Biotop. Außerhalb der Brutzeit Hochseevogel; auch zur Brutzeit oft weitab von der Küste auf dem Meer. Brutplätze felsige Inseln und Küsten, aber auch »Binnenland«-Brutplätze (in Spitzbergen bis 10 km landeinwärts 1300 m hoch).

Nahrung. Mollusken (bes. Cephalopoden), Fische, planktontische Crustaceen, Medusen, vielfach Abfälle von Fischerei, Eingeweide toter Fische, Öl und Fett.

Stimme. Abseits der Brutplätze manchmal tiefe Rufe. An den Kolonien variable schnatternde, gackernde oder schnurrende zu Reihen angeordnete Rufe.

Verhalten. Tag- und nachtaktiv; an Kolonien vorwiegend tagaktiv. Schlafen auf hoher See (außer zur Brutzeit). Im Gleitflug Flügel steif ausgestreckt, dazwischen ein paar langsame Flügelschläge. Folgt Schiffen. Nahrung wird überwiegend von Wasseroberfläche aufgenommen, kann aber auch bis zu 2.6 m tief tauchen [1300]. Großen treibenden Fischen wird der Bauch aufgerissen, um zu Eingeweiden zu gelangen. Koloniebrüter; im Flug meist einzeln; im Wasser besonders bei ergiebigen Nahrungsquellen mitunter zu Tausenden. Bei plötzlicher Störung wird vom Ad. und Juv. Öl ausgespien, auch außerhalb der Brutzeit; selbst Seeadler sind davon betroffen. Balz schließt gegenseitiges Schnäbeln ein. Kopulationen meist abrupt (ohne viel Vor- und Nachspiel). ♀ passiv bei Kopulation. Paare bleiben meist über mehrere Jahre zusammen. Nester oft nur einen Meter voneinander entfernt. Verteidigen die Nestterritorien. Außerhalb der Brutzeit gesellig aber auch einzeln oder zu zweit.

Fortpflanzung, Brutbiologie [1369,337,1784, 3 615]. Erste Brut mit 6-12 (Ø$_{19}$ 9.2) Jahren. Monogam, längere Partnertreue nachgewiesen. **Ankunft am Brutplatz.** Schon im Winter, lange vor Eiablage. **Nest.** Auf Felsklippen, in Meeresnähe, oft im oberen Bereich; Ei liegt auf Felsbändern, in seichten Mulden, in der Vegetation. **Legebeginn.** Anf./Mitte Mai bis Juni. **Gelegegröße.** 1; Zweiergelege (immer?) von 2 ♀. **Eier.** Langoval, weiß, dünn- und rauschalig. **Brutdauer.** 49-53 (41-57) d; beide brüten, ♀ beginnt meist. **Schlüpftermine.** Ab Ende Juni bis Mitte Juli. **Nestlings-/Führungszeit.** Beide füttern, dauernde Aufsicht durch 1 Ad. bis 2 Wochen. Nestlingsdauer (41) 46-51 d. **Jahresbruten.** 1, keine Nachgelege bekannt. **Ende der Brutperiode.** Meist Aug., letzte Juv. fliegen Mitte Sept. aus. **Bruterfolg.** Nach Teilergebnissen 45% Ei- und ca. 15% Jungenverluste. Flügge Juv./Paar sehr variabel zwischen 0.16-0.52 pro Jahr.

Eimaße und -gewichte. L. 65.5-81.5 mm, B. 43.2-54.1 mm, Ø: 74.0 x 50.6 mm (n=100, GB); Frischvollgew. 98-104 g; Schalengew. 7.8-10.1 g, Ø: 8.5 g.

Sterblichkeit, Alter. Überlebensrate ad. ♂ 97.1%, ♀ 97.2% (Lebenserwartung ♂ Ø ca. 34 J., ♀ ca. 35.5 J.). Ältester Ringvogel (lebend kontrolliert) mind. 43 J. 10 Monate [3654]. **Generationslänge:** 31 J. [383].

Mauser. **Postjuvenile Mauser** (Vollmauser) Mai–Sept. im 2. KJ. Folgende Mauserperioden nähern sich dem Mauerzeitpunkt der Ad. an [767,3050].
• **Postnuptialmauser** (Vollmauser) Juni/Juli–Feb., beginnt noch während Jungenaufzucht [139,3050]; Großgefiedermauser setzt ab Mitte Aug. ein, bei erfolglosen Brutvögeln und Nichtbrütern bereits ab Juni/Juli; verläuft zuerst rasch (meist 4–5 HS gleichzeitig), äußere HS wachsen indes langsamer [767,1369,139,3050].

Bulweria bulwerii – Bulwersturmvogel 00340

Bulweria [bulwerii] bulwerii (Jardine & Selby 1828)

(GB) **Bulwer's Petrel** (F) **Pétrel de Bulwer** (E) **Petrel de Bulwer**

Taxonomie. Monotypisch. Bildet Superspezies mit *B. fallax* Jouanin 1955 (Arabische Halbinsel).

Kennzeichen. [221,1369,3772,1784,3615,408; weitere **Fotos** in Bird. W. **9**, 232, **17**, 175].

Maße. Gr.: 26-28 cm. Gew.: 78-130 g. Fl.spw.: 68-73 cm. Fl.l.: ♂/♀ 191-209 mm [1369,3615].

Status. Sehr seltener Gastvogel an Küsten Europas mit Nachweisen in GB (3mal bis 2001), IRL, F, I, E und P [3615,q23].
In ME bisher nur in **NL** Aug. 1995 sicher nachgewiesen [3348, Fotos], ein weiterer »schiffsassistierter« Gastvogel 1993 in NL offiziell ebenso wenig anerkannt wie in **B** Nov. 1990 [277,1677].

Verbreitung, Bestand. Pantropisch verbreitet mit Brutgebieten in W-Paläarktis (Azoren, Madeira und Kanaren; Kapverden) sowie im Pazifik von E-China und Bonin-Inseln E bis Hawaii und Marquesas-Inseln. Europäischer Brutbestand ca. 7.000-9.000 BP, stabil [383].

SPEC	VSchRL	Bern.Konv.	Bonn.Konv.
3	Anh. I	Anh. II	--
Europ. RL	RL in ME		
--	--		

Wanderungen. Am Brutplatz April–Aug.; Streuungswanderungen in allen Ozeanen der tropischen und subtropischen Zonen, erreicht regelm. Azoren und Kapverden [1784].

Biotop. In wärmeren Regionen des Atlantik; Br. oft unweit Meereshöhe in kleinen Höhlungen unter Felsblöcken oder Wänden oder in Höhlen. Anhand der Konkurrenz mit Sepiasturmtaucher oft auf Brutplätze mit recht kleinem Eingang reduziert.

Nahrung. Hauptsächlich Plankton wie Fischrogen, Kammquallen, Polychäten usw.; dabei fast ausschließlich nachtaktiv.

Stimme. Auf See schweigsam. Ruffreudig bei nächtlichen Besuchen der Brutkolonie. Bellende Rufe, oftmals wiederholt. Taubenähnliches, tiefes »huo-huo« bei Störung.

Sterblichkeit, Alter. Generationslänge: 24 J. [383].

Mauser. Postjuvenile Mauser (Vollmauser) [221]. • Postnuptialmauser (Vollmauser) setzt nach Brutende ein, vermutlich Aug./Okt.–April [3050,1688, 2673].

Puffinus gravis – Großer Sturmtaucher 00400

Puffinus gravis (O'Reilly 1818) syn.: Kappensturmtaucher

(GB) **Great Shearwater** (F) **Puffin majeur** (E) **Pardela Capirotada**

Taxonomie. Monotypisch.

Kennzeichen. [221,3772,1784,1369,3615,408; zur Unterscheidung von *P. gravis/calonectris* auf See: 381, mit Fotos und Farbtafel; weitere **Fotos** in Dutch B. **23**, 126, **24**, 370, Bird. W. **7**, 279, 282, 281 (z), 341, **11**, 290, **12**, 315, **13**, 153, **15**, 401, Limic. **13**, 86].

Maße. Gr.: 43-51 cm. Gew.: 715-950 g. Fl.spw.: 100-118 cm. Fl.l.: ♂ 318-348 mm, ♀ 301-334 mm [1369,3615].

Status. Regelm., aber seltener Gast an Küsten des S- und W-Atlantik (aber auch in DK, N. und S.) von (April) Juni-Nov. (teilw. später).
In ME vor allem in • **NL** mehrfach nachgewiesen (14 mal von 1800-2003, weitere nicht anerkannt) [277,q16]. Ferner belegt in • **B** Jan. 1984, Sept. 1998 [1677]. • **D:** u.a. -SH Helgol. um 1840, Nov. 1879, Aug. 1896 und Okt.1986, Sylt Okt.1983, Nordfriesl. Jan. 1988 Totfund [1369,575].

Verbreitung und Bestand. Brutvogel der Tristan-da-Cunha-Gruppe und der Gough-Insel im S-Atlantik. Bestand auf > 2.8 Mio. BP geschätzt [1784]. Sommerbestand (Nichtbrutsaison) in N-Atlantik (GRÖ) ca. 100.000-500.000 Ind. [383].

Wanderungen. Zugvogel; zieht nach der Brutzeit NW Richtung NE-CDN, dann E Richtung GB, E., P (Aug.–Okt.), und S zurück [1784]. Wenige bleiben auf der S Halbkugel; von Dez.–April nur wenige auf N Halbkugel.

Biotop. Offenes Meer, besonders nahrungsreiche Gebiete bis an die Packeisgrenze. Weniger häufig in Küstennähe oder Nebenmeeren als *griseus.* Zur Brut Gelände mit Möglichkeiten zum Ausgraben einer Höhle erforderlich.

Nahrung. Cephalapoden, Fische, Fischabfälle.

Stimme. Hohes, harsches Quieken bei Futterstreit, meist schweigsam auf See.

Verhalten. Tag- und nachtaktiv. Verfolgt Fische, die an der Oberfläche schwimmen, taucht nicht tief. Koloniebrüter; auf See oft einzeln, gelegentlich Gruppen bildend.

Alter. Ältester Ringvogel 5 J. 8 Monate.

Mauser. **Postjuvenile Mauser** (Teilmauser) Juli–Aug.; nur Körpergefieder. • **1. Postnuptialmauser** (Vollmauser) früher als bei Ad., beginnt noch im S-Atlantik im März/April, Ende im Juni. • **Postnuptialmauser** (Vollmauser) Mai–Juli/Mitte Aug., Subad. noch bis Nov., größtenteils im Winterquartier [529,530]; trotz großer Mauserlücken (bis 6 innere HS können fehlen) flugfähig; Dauer ca. 90 d.

Puffinus diomedea – Sepiasturmtaucher 00360

Puffinus [diomedea] diomedea (Scopoli 1769) syn.: *Calonectris diomedea, C. borealis,* Gelbschnabel-Sturmtaucher

(GB) Cory's Shearwater **(F) Puffin cendré** **(E) Pardela Cenicienta**

Taxonomie. Zwei deutlich differenzierte UA, *diomedea* (Scopoli 1769) im Mittelmeer und *borealis* (Cory 1881) im Atlantik, sind feldornithologisch unterscheidbar [1480], jedoch genetisch gering differenziert und hybridisieren zumindest im W Mittelmeer [3819]. Bildet Superspezies mit dem (früher als konspezifisch betrachteten) Kapverden-Sturmtaucher *P. [d.] edwardsii* [zu dessen Bestimmung:3056, Fotos in Bird. W. **10**, 223-228]. Zuweilen auch pazifischer *P. (Calonectris) leucomelas* in diese Superspezies eingeschlossen [1694].

Kennzeichen. [1369,221,3772,1784,3615,408, 3820; weitere **Fotos** in Dutch B. **20**, 217-221, **26**, 60, Bird. W. **7**, 280-282, 281 (z), **10**, 228, *diomedea* **17**, 335-336, *borealis* **17**, 175].

Maße. *diomedea:* Gr.: 45-46 cm. Gew.- Ø: 545-738 g. Fl.spw.: 100-125 cm. Fl.l.: von 33.7 + 6.1 cm (I) bis 36.0 + 1.6 cm (F); *borealis:* Gr.: 45-48 cm. Gew.- Ø: 710-1040 g. Fl.spw.: 105-125 cm. Fl.l.: 36.0 + 7.5 cm (P) bzw. 37.5 + 7.4 cm (Azoren) [1369,3615].

Status. Herbstzug aus dem Mittelmeer 1977 >161.000 Ind. (ad. + juv.) [337]. In ME auch an Küsten selten und sehr unregelm., anerkannte Nachweise dieser Formen betreffen:
CH: 2 *diomedea* am 15.5.1865 + 1 *borealis* 1931 [4152]. • **NL:** 3 mal *borealis/diomedea:* Okt. 1986, Sept.1990, Mai 1991; 4 mal *borealis*: Okt. 1947, Nov. 1966, Nov. 1981, Sept. 1996 [277,q16]. • **B:** 2 mal 1965, seither häufiger, insges. 14 Nachw. mit 22 Ind. bis 1996 [1677,q15]. • **D:** < 10mal, meist Nordsee (Aug.-Nov.): im Binnenland z.B. -BW 1 *diomedea* 1891, 1 *borealis* 1933 [1722]; 1996 [575]. • **PL:** 2 mal: erl. Sept. 1912, Ind. Sept. 1998 [q13,3871]. • **CZ:** Mai 1936 [2159]. • **A:** 1858 [337].
Kapverden-Sturmtaucher *Puffinus [diomedea] edwardsii* Oustalet 1883 (syn.: *Calonectris edwardsii*)

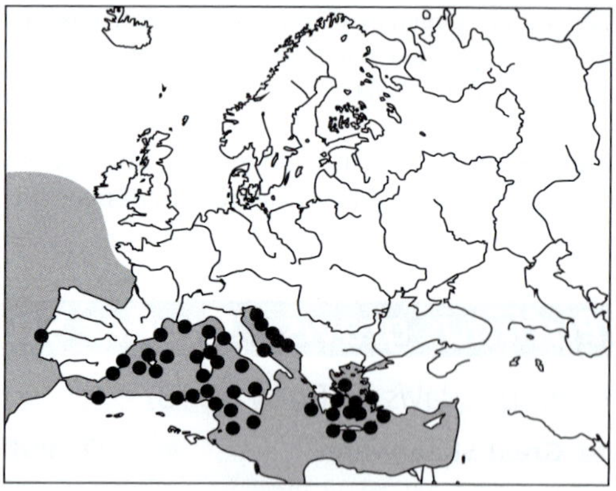

Puffinus diomedea – **Sepiasturmtaucher**

Brutvogel der Kapverden mit Gesamtbestand von ca. 10.000 BP (1988-93). Bestandsverluste aufgrund intensiver Nachstellungen [3615]. Keine Nachweise in ME.

Verbreitung. Brütet an Küsten und auf Inseln des Mittelmeeres *(diomedea)* sowie auf Inseln des östlichen Nordatlantik (Azoren bis Kanarische Inseln und Madeira: *borealis*).

SPEC	VSchRL	Bern.Konv.	Bonn.Konv.
2	Anh. I	Anh. II	--
Europ. RL	RL in ME		
VU	--		

Bestand und Bestandsentwicklung. Teilweise starke Bestandsabnahme, z.B. auf den Selvagens-Inseln um 1970 mind. 20.000, um 1980 geschätzt 7.000 BP; Folgen intensiver Jungennutzung; Bestandsangaben für 1995-2000 bei insgesamt 270.000-290.000 BP, mit größten Populationen auf Azoren (188 T. BP), Kanaren (30 T.), Madeira

(16-25 T.), in TN (etwa 20 T.), in I (15-18 T.) in E (11.000 BP) und M (6-7 T. BP) [3820;383].

Wanderungen. Zugvogel; die meisten Br. verlassen das Mittelmeer und wandern rasch S, Rückkehr zu den Kolonien Ende Feb., dann deutliche E-Bewegungen; flügge Juv. scheinen später abzuwandern als Ad. (z.B. Gibraltar 2 Zuggipfel letztes Okt.– 1./2. Nov.drittel). Winterquartier im Atlantik zwischen 50° N und 40° S, einige bis SW Indischer Ozean. Nur ausnahmsweise Dez./Jan.-Daten im N-Atlantik und Mittelmeer. Von April / Mai bis Okt. vor allem Nichtbrüter auch im N-Atlantik (bis ca. 45° N, regelm. in Europa bis SW-Küste IRL/GB, dort gelegentlich große Anzahlen zwischen Juli und Sept.) weit umherstreifend, ausnahmsweise Ärmelkanal. Br. i. Allg. Ende Feb. (N-Atlantik Ende März) bis Okt./Nov. an den Brutplätzen; oft Mai/Juni noch Zuwanderung von jüngeren Ind. (Nichtbrüter, fakultative Brüter). Übersicht [2696]; Orts-, Nistplatztreue [z.B. 440]; Geburtsortstreue bei ♂ > ♀ [2694]. Satellitentelemetrie [3209].

Biotop. Warme und milde Meeresgewässer von den Tropen bis in milde Bereiche der gemäßigten Zone sowohl in Küstennähe als auch auf offener See; Brutplätze auf unbewohnten oder felsigen Meeresinseln und an entsprechenden Küstenpunkten der Subtropen und N Tropen. Brütet in kleinen bis sehr großen Kolonien.

Nahrung. Cephalopoden, kleine Fische, Crustaceen, Abfälle auf der Wasseroberfläche.

Stimme. Im Flug über dem Wasser stumm; lärmend an den Brutplätzen, z.B. Flugrufe in dunklen Nächten wie »kaa-o« o.ä. (♀ tiefer als ♂). Ferner gereihte »ka-ka-ka« usw.

Verhalten. Tagsüber auf Nahrungssuche über dem Wasser; kommt meist erst nach Einbruch der Dunkelheit an die Brutplätze. Gleitet niedrig über den Wellenkämmen; geringere Schlagfrequenz als Großer Sturmtaucher (3–4 Flügelschläge/2–3 sec, 6–7 sec anschließendes Gleiten). Im Gleiten Flügel etwas gewinkelt. Fliegt auch längere Zeit im Ruderflug. Nahrungserwerb im Fliegen und Schwimmen, gelegentlich Stoßtauchen. Folgt mitunter Schiffen (z.B. regelm. in der Ägäis). Zur Brutzeit gesellig aber auch bei der Nahrungssuche. Oft riesige Brutkolonien. Kein Territorialverhalten beobachtet.

Fortpflanzung, Brutbiologie [1369,337,1784, 3615,3820]. Erste Brut zuweilen ab 7, die meisten ab 11 J. Monogam, langjährige Partnertreue nachgewiesen. **Ankunft am Brutplatz.** Ab Ende Feb. **Nest.** Meist in Höhlen bis 1 m, zuweilen mehrere Nester durch einen Eingang zu erreichen; auch unter Steinen und Vorsprüngen. Beide graben und tragen Material ein. **Legebeginn.** Ende Mai, Juni, meist sehr synchron innerhalb Kolonie. **Gelegegröße.** 1 Ei. **Eier.** Oval bis elliptisch, weiß, glanzlos. **Brutdauer.** 54 (51-58) d; zuerst brütet ♂, Ablösung alle 6-8 d; Gewichtsverlust dabei 15 g/d beim ♂ und 13 g/d beim ♀. **Nestlings-/Führungszeit.** Nur 1-5 d Hudern; Fütterungen in jeder 2. Nacht (♂ füttert mehr). Letzte Fütterung 1-11 (Ø 5) d vor Flüggewerden. Gewichtsmax. im Alter von ca. 50-55 d. Ausfliegen nach etwa 83-98 (Ø 90-94) d. **Jahresbruten.** 1. **Ende der Brutperiode.** Meist Okt. (Nov.). **Bruterfolg.** Von 42 Eiern 12 ohne Ergebnis; von 30 geschlüpften Juv. lebten nach 9 Wochen noch 29 [337]; verschiedene Studien ergaben (meist) > 50% (max. 85%) flügge Juv. in Bezug zu gelegten Eiern.

Eimaße und -gewichte. *diomedea:* L. 63.0-82.5 mm, B. 41.0-52.9 mm, $Ø_{70}$: 68.1 x 45.4 mm; Frischvollgew. 73-75 g; Schalengew. 4.0-7.5 g, $Ø_{85}$: 5.25 g. *borealis:* L. 68.6-83.0 mm, B. 45.0-55.0, Ø: 73.3 x 50.0 mm (n=70, GB); Schalengew. 5.4-8.1 g, Ø: 7.32 g.

Sterblichkeit, Alter. Schätzungen der jährlichen Mortalitätsrate für Ad. 5-9 %, errechnete Lebenserwartung knapp 20 J. [2695]. Ältester Ringvogel mit 26 J. lebend wiedergefangen (Balearen) [3228]. **Generationslänge:** 18 J. [383].

Mauser. **Postjuvenile Mauser** (Vollmauser) beginnt im Sommer des 2. KJ [139]. • **Postnuptialmauser** (Vollmauser) Körpergefieder ab Juli während Bebrütung; HS-Mauser nach Brutende, Aug.–Feb./März; ST-Mauser setzt im Winterquartier ein, Unterbrechung während Brutsaison und Abschluss erst im Sept. [530,622,2672,3820].

Puffinus griseus – Dunkler Sturmtaucher 00430

Puffinus griseus (J.F. Gmelin 1789) syn.: Dunkelsturmtaucher, Rußsturmtaucher

(GB) Sooty Shearwater **(F) Puffin fuligineux** **(E) Pardela Sombría**

Taxonomie. Monotypisch.

Kennzeichen. [221, 1369, 3772, 1784, 3615, 408; weitere **Fotos** in Bird. W. **16**, 219, **17**, 313, Dutch B. **23**, 122, **24**, 383, **25**, 423].

Maße. Gr.: 40-51 cm. Gew.: 650-978 g. Fl.spw.: 94-109 cm. Fl.l.: ♂/♀ 283-323 mm [1369, 3615].

Status. In ME an Nordseeküste regelmäßiger Durchzügler (meist Aug.-Nov.), sonst Ausnahmegast. Ab ca. 1970 starke Zunahme in Nordsee, möglicherweise als Folge veränderten Nahrungsangebots durch Zunahme der Sprotte, Veränderung der Verbreitung von Jungheringsschwärmen, Eutrophierung (?) usw. [337]. • **B:** bis 1970 8 mal, seither häufiger [337, 1677]. • **NL:** bis 1971 7 mal, seither allj. mit bis zu 100 Ind./J. [337, 277]. • **D:** bis 1970er J. < 20 Meldungen, seither regelm. Gastvogel [575], von 1977-97 insges. 209 Nachw., vor allem -SH, -HH und -NI, ganz selten -MV (z.B. Sept. und Okt. 1997) [575]; im küstenfernen Binnenland nur -BY Okt. 1959 [4175]. • **PL:** Totfund Apr. 1990 [3871]. • **CH:** Okt. 2003 [q14].

Verbreitung. Brutvogel der Südhalbkugel in 2 Gebieten, zum einen Südchile, Feuerland, Falklands, zum anderen S Pazifik (Tasmanien, NZ, E-AUS und einige weitere Inseln) [337].

Wanderungen. Zugvogel, der von kalten Meeresteilen der Subantarktis rasch über Äquator in gemäßigte Zonen des N-Atlantik und N-Pazifik wandert. Ad. sind Anf. Okt. bis April an Brutkolonien, Juv. werden bis Ende Mai flügge. Offenbare Nichtbrüter halten sich Feb./März in Südozeanen bis zur Packeisgrenze auf. Zug nach N ab Ende März, meist April/Mai. Im Atlantik vor allem Br. der Falklands; im Pazifik zahlreicher als im Atlantik. Einige bleiben auch im S-Winter vor S-Afrika und S S-Amerika. Die ersten im Mai vor E-Küste CDN (dort Zunahme bis Juli, dann Abnahme bis Okt.) [531]. Ab Juli im N-Atlantik. Wanderung nach E bis an Atlantikküste N. und GB/IRL. Seit 1970er J. zunehmende Sichtungen vor W-Küste DK [3132]. Beob. Helgoland v.a. Aug.-Nov. mit Max. Sept./1. Okt.hälfte, seit Mitte 1980er J. deutlich zunehmend [869]. Rückzug beginnt ab Aug., doch zur gleichen Zeit noch E-Wanderung (Zunahme Färöer, W-Küste GB/IRL). Zug SW bis W bei Winden in W-Richtung mit max. Sept./Okt., Nachzügler bis Dez. [623]. Von Nov.–März nur einzelne im N-Atlantik. Wahrscheinlich sind E-Atlantikwanderer in erster Linie Nichtbrüter, da Massenzug nach S vor S-Afrika bereits Ende Aug. stattfindet; Nachzügler vor W-Afrika Sept./Nov. wohl ebenfalls Nichtbrüter. Im Mittelmeer regelm. nur IL.

Biotop. Kalte Meere; neigt dazu, warme Meere möglichst zu vermeiden, sogar Golfstrom. Brutkolonien bis 1500 m hoch gelegen.

Nahrung. Cephalopoden, Crustaceen, Fische, Abfälle. Nahrung wird von der Oberfläche aufgenommen oder aus den oberflächennahen Wasserschichten ertaucht. Folgt oft Walen.

Stimme. Auf See schweigsam.

Alter. Älteste Ringvögel 10 und > 8 J.

Mauser. **Postjuvenile Mauser** (Vollmauser) ab Feb. [1688]. • **Postnuptialmauser** (Vollmauser) Mai-Aug./Sept., Subad. und erfolglos brütende Ind. bereits ab Dez.; vermutlich hauptsächlich im Winterquartier im NW-Pazifik [767, 1688, 529, 735].

Puffinus puffinus – Atlantiksturmtaucher 00460

Puffinus [puffinus] puffinus (Brünnich 1764) syn.: Schwarzschnabel-Sturmtaucher

(GB) Manx Shearwater **(F) Puffin des Anglais** **(E) Pardela Pichoneta**

Taxonomie. Monotypisch. Bildet Superspezies (»Schwarzschnabel-Sturmtaucher«) mit *P. mauretanicus* (Balearen) und *yelkouan* (E Mittelmeer), mit denen er früher als konspezifisch galt. Zur Taxonomie der Gruppe [468,3330,112].

Kennzeichen. [221,1369,1784,3615,3772,408, 519,1482; weitere **Fotos** in Bird. W. **13**, 302, Dutch B. **23**, 126, Var Fag. 1998/**5**, 33].

Maße. Gr.: 20-38 cm. Gew.: ♂ 395-459 g, ♀ 375-447 g; Extreme 350-575 g. Fl.spw.: 76-89 cm. Fl.l.: ♂ 231-243 mm, ♀ 226-242 mm [1369,3615,1519].

Status. Regelm. Gastvogel an Nordseeküste ME. Auch im Binnenland mehrfach nachgewiesen: In • **B** und • **NL** seit 1961 regelm. [1369,277]. • **D:** -SH früher auf Helgoland »gewöhnliche Erscheinung« [408], heute in -SH und -NI unregelm. Gastvogel; ferner in -RP 1922; -HE 1934; -BW 1908, 1976, 2mal 1983; -BY 1876, 1970; -SN 1922; -TH 1973. Insgesamt von 1977-97 mind. 57 Nachw. [575]. • **CH:** 8 mal zw. 1866-1990 [4152]. • **A** Aug. 1985 [3129]. In PL, CZ, SK., H, L keine Belege.

Verbreitung und Bestand. Brutvogel im E N-Atlantik, der Westmännerinseln bei IS (7-10 T. BP, 1991), Färöer (ca. 25 T. BP, 1995), viele Inseln der N- und W-Küste GB/IRL (281-320 T. BP, 1998-2002), ferner kleinen Populationen auf Azoren, Madeira, Salvages Inseln, Kanaren und Inseln vor der Bretagne (140-200 BP), (bis 1905 Bermuda); N-Amerika nur Massachusetts seit 1973. Europäische Gesamtpopulation 350-390 T. BP [383], 340-410 T. [2640] oder 400-500 T. BP [1519], weitgehend stabil [383].

SPEC	VSchRL	Bern.Konv.	Bonn.Konv.
2	--	Anh. II	--
Europ. RL	**RL in ME**		
--	--		

Gefährdung [1519]. Direkte Verfolgung früher im gesamten Verbreitungsgebiet, heute regional.

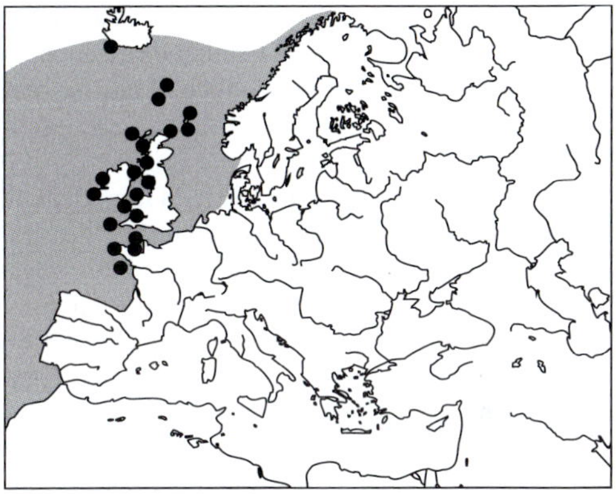

Puffinus puffinus – **Atlantiksturmtaucher**

Verluste in Fischereinetzen und Überfischung von Sandaalen.
Prädation durch eingeführte Fremdarten. Weitere natürliche Verlustursachen u.a. Krankheiten wie Puffinosis.

Wanderungen. Insbesondere im nördlichen Brutgebiet fast reiner Zugvogel, regelm. nachbrutzeitliche Wanderungen von Europa nach S Amerika. In GB/IRL nur selten von Nov.-Jan. in Umgebung der Brutplätze, Ringfunde GB/IRL im Winter N-Atlantik und Karibik, v.a. jedoch entlang der E-Küste Südamerikas [4064]. Ad. ziehen ab Juli weg, Juv. folgen im Sept.; Rückkehr Ende Feb. bis Anf. April (ältere Immat. erst im Mai). Möglicherweise Schleifenzug gegen Uhrzeigersinn im S-Atlantik, doch scheint auch ein kleiner Teil vor Küsten S-Afrikas zu überwintern. Im 2. KJ kommen Immat. noch nicht in Kolonien. Kleine Anzahl von März–Sept. vor den Küsten der Neuenglandstaaten bis GRÖ [531], wohl z.T. Vögel im 2. KJ [2987]. Ausnahmefunde (Br. Wales): Trinidad und Grenada (Nov.), S-AUS (Nov.). Wanderung der subtropischen Population unbekannt, doch ebenfalls von Nov.–Feb. abwesend.

Biotop. Außerh. der Brutzeit offenes Meer, meist im Schelfbereich. Brutplätze sind begraste Felsklippen, auch in größeren Höhen weiter vom Meer entfernt.

Nahrung. Kleine Fische, Cephalopoden, Crustaceen, Mollusken; auf der Oberfläche des Meeres treibende Abfälle.

Stimme. Auf See stumm. An den Brutplätzen vor allem nachts krähende und gutturale, quakende oder winselnde Rufe, z.B. »kak kak kak karr-huu« oder »guch-uch-ark-ä-ö«; in Höhlen Paare auch im Duett. Geschlechter unterschiedlich, ♀ nur harsche Rufe.

Verhalten. Tag- und nachtaktiv. Flug gleitend knapp über der Wasseroberfläche ähnlich den anderen Arten. Koloniebrüter; auch auf Nahrungssuche oft in Trupps. Wie alle *Puffinus*-Arten guter Schwimmer; mitunter Stoßtauchen. Paare bleiben wahrscheinlich lebenslang zusammen, aber Trennung kommt vor. Verteidigen nur den Nesteingang. Nest wird einige Wochen vor Brutbeginn besetzt. Kopulationen in der Nacht in oder in Nähe der Nesthöhle. ♂ packt ♀ an den Nackenfedern und beide Rufen dabei. Kolonien oft sehr groß. Aggregationen auch außerhalb der Brutzeit.

Fortpflanzung, Brutbiologie [1369,337,1784, 3615,1519]. Brutreife mit 5-6 Jahren, aber einzelne Brutversuche im 3. oder 4. Jahr; manche erst ab 8. Jahr brütend; Die meisten haben bis zum 9. Lebensjahr mit Brüten begonnen. Monogame Dauerehe (aber bei Brutverlust höhere Trennungsrate); Nestplatztreue. **Ankunft am Brutplatz.** Bruthöhlen schon Wochen vor Eiablage besetzt. **Nest.** Nest in (von beiden Partnern) selbstgegrabenen Höhlen (1-2 m, Nestkammer mit Pflanzenmaterial hat Ø von ca. 15 cm) meist in Meeresnähe (aber auch bis 2 km entfernt). **Legebeginn.** Ende April/Ende Mai. **Gelegegröße.** 1. **Eier.** Breitoval, weiß, matt. **Brutdauer.** 51 (47-55, max. 66) d. Beide brüten, meist beginnt ♂, jede Brutphase ca. 6 (1-26) d, pro Brutsaison 6-12 Ablösungen. Ab etwa 8-10 d Hudern untertags nicht mehr nötig. **Nestlings-/Führungszeit.** Fütterungen nachts im Abstand von ca. 1.5-2.2 d. Nach ca. 60 d werden Juv. von Ad. verlassen, dann starker Gewichtsverlust und nach weiteren 8-9 (2-15) d Ausfliegen (insgesamt 62-76 d zum Flüggewerden). **Jahresbruten.** 1, Nachgelege mitunter bei frühem Verlust. **Bruterfolg.** In kleiner Stichprobe Schlupferfolg 78%, von 44 geschlüpften Jungen wurden 42 flügge, demnach ca. 0.75 flügge Juv./Brutpaar und Jahr; in Wales von 288 Eiern 72.9% geschlüpft, davon 96% ausgeflogen, Gesamterfolg 70%; in Schottland Schlüpferfolg von 84 Eiern 61.9%, Ausfliegeerfolg (52 Juv.) 84.6%, Bruterfolg insgesamt 52.4%. Ältere BP höherer Bruterfolg als Erstbrüter.

Eimaße und -gewichte [196]: L. 58.7-65.7 mm, B. 39.2-45.1 mm, 60.9 x 41.9 mm (n=100, GB). Frischvollgew. 52-63 g, Ø 58.4 g (n=10, GB); Schalengew. 3.3-6.3 g, Ø: 4.2 g.

Sterblichkeit, Alter. In GB erreichten ca. 27 % der Jungen, vor Flüggewerden beringt, Alter von 2 oder mehr J.; 33% der beringten Juv. erreichten Brutalter. Sterblichkeit ab 4 Jahren ca. 10 %/J. [2987]. Jährliche Überlebensrate der Ad. ca. 90% (79-97%) [1519]. Ältester Ringvogel und damit einer der ältesten durch Ringfunde belegten Vögel überhaupt (in N-IRL) > 52 J. [1519], ferner festgestellt 50 J. (W-GB, am Brutplatz kontrolliert) [q1], 41 J. [q1] und (lebend eingefangen) 37 J. 8 Monate [3654]. **Generationslänge:** 18 J. [383].

Mauser. **Postjuvenile Mauser** (Teilmauser) Dez.–März; Körpergefieder und ST [3050]. • **Postnuptialmauser** (Vollmauser) Körpergefieder ab Juli/Sept., anschließend Schwungfedern; im Jan./März abgeschlossen, Nichtbrüter und Vorj. früher; meist im Winterquartier im S-Atlantik [767,139,3050].

Puffinus mauretanicus – Balearensturmtaucher 00463

Puffinus [puffinus] mauretanicus (P.R. Lowe 1921)

(GB) **Balearic Shearwater** (F) **Puffin des Baléares** (E) **Pardela Balear**

Taxonomie. Monotypisch. Die beiden mediterranen Allospezies *mauretanicus* und *yelkouan* sind trotz benachbarter Brutgebiete und lokal sympatrischen Brütens auf Menorca morphologisch, bioakustisch und genetisch deutlich differenziert [2519,1608,1482]. Nur ersterer wandert im Spätsommer regelm. mit Großteil der Population zum NE-Atlantik, wobei allj. bis zu mehrere hundert Ind. in Nordsee gelangen.

Kennzeichen. Zur Bestimmung [221,3772,3615, 408,4189,4188,1519,1482; weitere **Fotos** in Dutch B. **23**, 125, Bird. W. **16**, 262-263, **17**, 267].

Maße. Gr.: 30-40 cm. Gew.: 472-565 g. Fl.spw.: 76-93 cm. Fl.l.: 234-256 mm [1369,3615,1519].

Status. Beob. in ME betreffen wohl nicht selten diese Form. An W Nordseeküste regelm. Gast, im Binnenland Ausnahmeerscheinung: in • **NL** vor 1978 nur 3 mal registriert, seit 1987 aber allj. [277]; mehrfach in • **B** [q15] sowie in • **D** 20mal von 1977-99 [575] bzw. 22 mal auf Helgol. von 1992-2001 [869]. In • **PL** 1 Ind. Aug 1993 [3871]. Nachw. nach N bis **DK** und **N.** [337]. In • **A** bisher nur *yelkouan* (s. dort).

Verbreitung und Bestand. Brutvogel im Mittelmeer auf den Balearen und Pityusen E.; wohl auch Inseln vor MA. Europäischer (weitgehend auch globaler) Bestand 3.300-5.000 BP (E.) [1585], stark gefährdet und abnehmend [1481].

Wanderungen. Wohl überwiegend Zugvogel. Nach Streuungswanderungen im W und zentralen Mittelmeer verlassen die Meisten das Mittelmeer ab Mai (Durchzugsgipfel vor Gibraltar Juni) und werden dann Juli–Okt. vor den Küsten von MA bis S-N. beobachtet (Tausende mausernd vor Küsten F und NE-GB). Juv. möglicherweise auch vor W-Afrika, vereinzelt bis S-Afrika [2415]. Rückkehr der Br. ins Mittelmeergebiet Sept.–Nov., einige auch später noch [3615].

Gefährdungsursachen [1481]. Rückgang der Kleinfischbestände im Mittelmeer, u.a. durch Überfischung. Störungen an den (oft ungeschützten) Bruthöhlen. Illegale Verfolgung durch Menschen. Ölunfälle
Prädation durch Basstölpel und eingeführte Säugetiere, Ratten.

SPEC	VSchRL	Bern.Konv.	Bonn.Konv.
1	Anh. I	Anh. II	--
Europ. RL	Globale RL	RL in ME	
CR	**CR**	--	

Schutzmaßnahmen. Schutz der Brutplätze; Eindämmung eingeführter Prädatoren auf den Brutinseln; Verhinderung von Ölunfällen und Reduzierung der allg. Meeresverschmutzung; Monitoring des Brutbiologie, Bestandsdynamik und Gefährdungsfaktoren.

Biotop. Marin, überwiegend küstennah; Br. felsiger vorgelagerter Inseln, z.B. auf Klippen. Außerhalb der Brutzeit pelagisch von tropischen über temperat warmen bis zu kühlen Meeresbereichen. Bleibt meist < 10 m über Meeresoberfläche.

Nahrung. Meist kl. Schwarmfische und Tintenfisch, z.T. in großen Trupps gejagt; folgt auch Schiffen.

Stimme. Auf See überwiegend stumm. Rufe ähnlich Mittelmeer-Sturmtaucher. Im Vergleich zu Schwarzschnabel-Sturmtaucher zweisilbige Rufe mit verschiedenen Tonhöhen zu unterscheiden.

Sterblichkeit, Alter. Generationslänge: 18 J. [383].

Mauser. Ähnlich Schwarzschnabel-Sturmtaucher, aber **Postnuptialmauser** (Vollmauser) Ende Mai–Okt. vor europäischer Atlantikküste; zuerst HS, danach AS; Dauer der Schwingenmauser ca. 3 Monate [767,4182].

Puffinus yelkouan – Mittelmeer-Sturmtaucher 00462

Puffinus [puffinus] yelkouan (Acerbi 1827)

GB Yelkouan Shearwater **F Puffin de Méditerranée** **E Pardela Mediterránea**

Taxonomie. Monotypisch. Früher vereint mit *P. mauretanicus* und *P. puffinus* unter Schwarzschnabel-Sturmtaucher.

Kennzeichen. [221,1369,3615,3772,408,1519,1482].

Maße. Gr.: 30-40 cm. Gew.: 330-485 g. Fl.spw.: 76-93 cm. Fl.l.: 220-245 mm [3615,1369,1519].

Status. In ME ist *P. yelkouan* echte Ausnahmeerscheinung, nur ein Nachweis könnte diese Form betreffen: • **A:** Mitte 19. Jh. bei Wien [1369,3129]. Meldung für **PL** 1993 nicht mehr geführt [3871]. Sturmtaucher-Belege in **D**, **B** und **NL** bisher wohl ausschließlich *P. mauretanicus* [575,277].

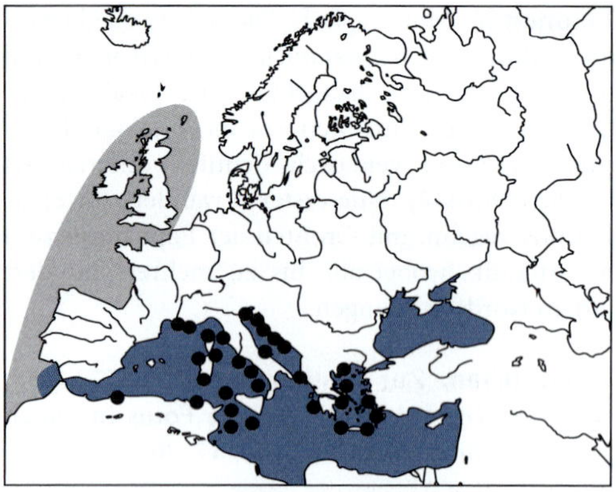

Puffinus yelkouan – **Mittelmeer-Sturmtaucher**

Verbreitung und Bestand. Brutvogel im Mittelmeer von S-F nach E bis Ägäis und Marmarameer. Europäischer Brutbestand 13.000-33.000 BP, stabil; größte Populationen in I (7-14 T.), GR (4-7 T.), TR (bis 10 T.) und M (um 1.500 BP) [383].

SPEC	VSchRL	Bern.Konv.	Bonn.Konv.
E	Anh. I	Anh. II	--
Europ. RL	**RL in ME**		
--	--		

Wanderungen. Streuungswanderungen innerhalb des Mittelmeergebietes, Schwarzmeeres und W Gibraltar, von den Brutplätzen zunächst offenbar nach E und N gerichtet. Nichtbrüter ganzjährig in diesem Gebiet anzutreffen. Innerhalb des Schwarzmeeres Wanderung im Uhrzeigersinn. Ankunft an Brutkolonien ab Nov., nahe Sizilianischer Kolonien wahrscheinlich auch Nichtzieher [3615,468].

Biotop. Marine, aber meist küstennah; Br. auf felsigen, vorgelagerten Inseln oder abgelegenen Festlandsgebieten. Außerhalb der Brutsaison auch in recht warmen Meeresteilen. Meist nicht höher als 10 m über der Wasseroberfläche; zuweilen sehr große Ansammlungen bei Kleinfischschwärmen.

Stimme. Schleppender als Atlantiksturmtaucher, mit langgezogenem »aüü-ah-eech«. Ähnlich Balearensturmtaucher.

Sterblichkeit, Alter. **Generationslänge:** 18 J. [383].

Mauser. **Postnuptialmauser** (Vollmauser) wohl ähnlich Balearensturmtaucher [1814].

Puffinus baroli – Kleiner Sturmtaucher 00482

Puffinus [lherminieri] baroli (Bonaparte 1857) syn.: *Puffinus assimilis*

(GB) Little Shearwater **(F) Puffin semblable** **(E) Pardela Chica**

Taxonomie. Zwei UA: *baroli* (Bonaparte 1857) (Kanaren, Madeira, Azoren, Selvagen) und *boydi* Mathews 1912 (Kapverden). Molekulare Daten zeigen, dass die »Kleinen Sturmtaucher« des NE-Atlantiks (*baroli* und *boydi*) nicht mit *P. assimilis* (Südhemisphäre), sondern mit *P. lherminieri* (Indischer Ozean, Südpazifik, Karibik) nächstverwandt sind [111,112]. Da nach denselben Untersuchungen diese Dreiergruppe mit *P. assimilis* kein gesichertes Monophylum bildet, ist eine Zusammenfassung in einer weit gefassten Superspezies *P. [assimilis]* [z.B. 3565] nicht gerechtfertigt. Vielmehr ist der nordostatlantische Kleine Sturmtaucher als eigenständige Allospezies der Superspezies *P. [lherminieri]* zuzuordnen.

Kennzeichen. [221,1369,3772,3615,1784; **Fotos** in Dutch B. **26**, 130, Bird. W. **17**, 169].

Maße. Gr.: 25-30 cm. Gew.: (Gough) 170-275 g. Fl.spw.: 58-67 cm. Fl.l.: 170-193 mm [1369,3615].

Status. In GB/IRL fast regelmäßig, bis 1981 schon 58 Nachw., meist W-Küste IRL; im restlichen Europa dagegen Irrgast, einzeln Sardinien, N-l, F, Skagerrak. In ME bisher nur wenige Nachweise (immer *baroli*?): • **B:** 2 mal im Sept. 1990 sowie Okt. 1999 [1677]. • **D:** -BW (Bod.) Apr. 1962 Totfund [3489]; -SH Helgol. Sept. 1988 und Aug. 1996 [575]. • **A:** -V (Bod.) Sept. 1978 und Aug. 1988 [1617,3129].

Verbreitung, Bestand. *baroli* Brutvogel der Azoren, Madeira, Selvagen-Inseln und Kanaren, *boydi* brütet auf Kapverden. Europäischer Brutbestand 5.200-6.900 BP, stabil; größte Population (4-5 T.) im Madeira-Archipel [383].

SPEC	VSchRL	Bern.Konv.	Bonn.Konv.
3	Anh. I	Anh. II*	--
Europ. RL	**RL in ME**		
--	--		

* nur UA *baroli*

Wanderungen. Keine normalen Langstreckenwanderungen bekannt; auch außerhalb der Brutzeit in der weiteren Umgebung der Brutinseln.

Biotop. Weitgehend auf tropische und subtropische und andere recht warme Meeresbereiche beschränkt. Regelm. Besucher an den Brutkolonien, die z.T. bis 15 km im Landesinneren und bis in 500m ü.M., in Spalten, Höhlungen, auch unbesetzten Erdbauten in felsigen Hängen oder Geröllhalden; auch unter dichten Grasbüscheln.

Nahrung. Überwiegend Fische und Cephalopoden, weitgehend von der Meeresoberfläche bzw. oberflächennah gefischt.

Stimme. Auf See stumm. An den Kolonien bes. in mondlosen Nächten sehr ruffreudig, rhythmisch lachende oder kreischende Rufreihen »kaki-kükükür-kaa« o.ä.

Sterblichkeit, Alter. Generationslänge: 18 J. [383].

Mauser. Postjuvenile Mauser wenig bekannt [1688]. • Postnuptialmauser (Vollmauser) setzt mit Kleingefiedermauser ein, März–Okt.; HS Mai–Aug. nach Brutende [767,1688,2673].

Anmerkung zu der taxonomischen Neuordnung der früheren Ordnung der »Pelecaniformes«

Die Monophylie der **Pelecaniformes** [*sensu* 4078] ist durch molekulare Untersuchungen in Frage gestellt worden [3564,3895], so dass sie hier in mehrere Ordnungen aufgelöst werden. Eine Kerngruppe aus Kormoranen, Schlangenhalsvögeln und Tölpeln (**Phalacrocoraciformes**) ist gesichert monophyletisch [1593,3895,2527]. Ob diese mit den anderen »pelecaniformen« Familien Fregattvögel (**Fregatidae**), Tropikvögel (**Phaethontidae**) und Pelikane (**Pelecanidae**) nächstverwandt sind oder letztere den Reihern und Ibissen näher stehen [3895], lässt sich derzeit nicht abschließend beurteilen. Die Zugehörigkeit der drei folgenden Familien auf dem Ordnungsniveau muss daher zunächst offen bleiben. Zur intragenerischen Phylogenie von Fregatt- und Tropikvögeln [s. 1980].

Incertae sedis

Familie Phaethontidae – Tropikvögel

Abweichend von anderen »Pelecaniden« ist der Kehlsack befiedert und die Nestjungen sind bedunt; auch Skelettmerkmale anders. Alle 4 Zehen durch Schwimmhäute verbunden. Schwimmen und laufen schlecht. Eine Gattung, 3 nah verwandte Arten; weltweite Verbreitung in tropischen Meeren.

Phaeton aethereus – Rotschnabel-Tropikvogel 00640

Phaeton aethereus (Linnaeus 1758)

GB **Red-billed Tropicbird** F **Phaéton à bec rouge** E **Rabijunco Etéreo**

Taxonomie. Drei schwach differenzierte UA: *mesonauta* Peters 1930 (W-Afrika nach N bis Kapverden, Karibik, E-Pazifik), *indicus* Hume 1876 (Indischer Ozean, Rotes Meer) und *aethereus* Linnaeus 1758 (zentraler Atlantik) [1784].

Kennzeichen. [3772,1784,3615,408; weitere **Fotos** in Bird. W. **7**, 153-154, **11**, 426, Brit. B. **97**, 232, 235].

Maße. Gr.: 90-105 cm, davon 46-56 cm Schwanzspieße. Gew.: 650-700 g. Fl.spw.: 99-106 cm. Fl.l.: ♂ 296-330 mm, ♀ 307-319 mm [3615,1784].

Status. In W-Paläarktis abseits der Brutgebiete Ausnahmegast, mit Nachw. in P (1988), GB (1854 und 1993 unsicher; 2001, 2002), Kanalinseln (2001), IL, Kuweit, Madeira sowie, nicht sicher bestimmt, MA und Mauretanien [395].
In ME bisher nur Nachweis eines frischtoten immat. Ind. in **NL** Jan. 1985, wird aber als »schiffsassistiert« betrachtet und nicht mehr als Wildvogel anerkannt [277].

Verbreitung und Bestand. Seltenste der 3 Tropikvogelarten, mit Weltbestand von etwa 10.000 BP, die meisten an zentralamerikan. Küsten, größere Populationen auf Galapagos und in Karibik [395]; global nicht gefährdet [1784]. In W-Paläarktis seltener Brutvogel auf Kapverden (100-125 BP, 1988-93) [3615] und auf Inseln im Roten Meer EGY; einzelner Brutnachw. auf Azoren (1993) und Brutverdacht auf Kanaren (1988) [395].

Wanderungen. Einige Ad. Standvögel; Juv. mit weiten, ungerichteten Streuungswanderungen [1784,3615].

Biotop. In warmen Meeresgebieten, weitestgehend pelagisch; Br. in felsigem Gelände oder Klippen auf bevorzugt unbewohnten Inseln, auch weit entfernt von Küste.

Nahrung. Hauptsächlich Fische und Tintenfische, die durch Stoßtauchen gefangen werden; auch fliegende Fische.

Stimme. Sehr viele Lautäußerungen, alle von schriller, krächzender Qualität.

Familie Fregatidae – Fregattvögel

Große Seevögel warmer Meere mit extremer Anpassung an Leben in der Luft. Nahrung wird von Oberfläche des Meeres genommen oder anderen Seevögeln abgejagt. Gemeinsames Kennzeichen: lange, schmale Flügel; sehr große Flügelfläche im Vergleich zur Körpergröße; langer und tief gegabelter Schwanz; langer, schlanker Schnabel mit kräftiger Hakenspitze; Gefieder überwiegend schwarz mit Metallglanz, ♀ Unterseite + weiß. ♂ besitzen aufblasbaren nackten, roten Kehlsack. Schwimmen und laufen nicht, Füße sehr klein. Uropygialdrüse klein, daher kaum wasserdichtes Gefieder (auch bei Kormoranen); durch hohen Pneumatisationsgrad sehr leicht; ♀ bis 25% schwerer als ♂. Brustmuskel extrem groß, zus. mit Federn halbes Körpergewicht. Zur Unterscheidung der atlantischen Arten [4010].

Eine Gattung mit 5 Arten, weltweite Verbreitung in tropischen Meeren. Die Beob. des Adlerfregattvogels (*F. aquila*) in GB [4010] zeigt, dass keineswegs nur mit einer einzigen Art in Europa zu rechnen ist.

Fregata magnificens – Prachtfregattvogel 00930

Fregata magnificens Mathews 1914

(GB) Magnificent Frigatebird **(F) Frégate superbe** **(E) Rabihorcado Magnífico**

Taxonomie. Monotypisch.

Kennzeichen. Zur Brutzeit auffällig sexualdimorph [221, 1369, 1784, 3615, 3772, 408; weitere **Fotos** in Bird. W. **12**, 101, 458-459].

Maße. Gr.: 89-114 cm. Gew.: 1100-1587 g. Fl.spw.: 215-245 cm. Fl.l.: ♂ 611-661 mm, ♀ 628-674 mm [1369, 1784].

Status. In Europa sehr seltener Ausnahmegast, aber mehrfach nachgewiesen, u.a. in F 1852, 1902, Azoren vor 1903, GB 1953 und 1998 [q23], DK 1968 und E. 1985 sowie mehrere Beob. in RUS (Barentssee und Weißes Meer). Viele Individuen nicht bestimmbar, die meisten dürften ebenfalls o.g. Art angehört haben:
Fregata spec. in Europa einzelne Individuen in GB 1960, IRL 1973, 1988, 1989, E. 1983, S. 1983 und N. 1983, 1989 und UA. 1980er J. [3615, 337]. In ME Nachweis eines erlegten Ind. in • **D**-NI 1792 (Beleg nicht mehr vorhanden), sowie drei Beob. in • **B** 1973, 1988 (2 mal) [3615, 1677]. Meldung in • **NL** 1968 inzwischen gestrichen [277].

Verbreitung und Bestand. Pazifik- und Atlantikküste Amerikas; ferner westpaläarktische Reliktpopulation auf vorgelagerten Inseln um Boavista (Kapverden) mit Restbestand von vielleicht 10 Ind. [1784]. Die Europa an nächsten gelegenen Brutvorkommen sind auf Kapverden, doch karibische Population wesentlich größer und transatlantische Verfrachtung mit Hurricane-Ausläufern denkbar.

Wanderungen. Alle Arten Nichtzieher; Juv. und Nichtbrüter jedoch mit weiten Streuungswanderungen (i.d.R. in den Weltmeeren zwischen N und S Wendekreis) [1784].

Stimme. Gewöhnlich schweigsam. Kolonien anfliegende Vögel sowie balzende ♂ mit verschiedenen klappernden, ratternden Rufen; Bettelrufe der Jungvögel harsch, durchdringend quiekend.

Nahrung. Hauptsächlich Fisch, zudem Tintenfische, Quallen und größeres Plankton. Auch Kleptoparasit.

Biotop. In warmen Meeresgebieten, küstennah und pelagisch; Br. auf kargem Boden auf Inseln.

Mauser. Komplex und wenig bekannt: HS mit bis zu 3 aktiven Mauserzentren, während Brutgeschäft unterbrochen; Körpergefiedermauser während Großteil des Jahres [221, 767, 3050, 1688].

ORDNUNG »Pelecaniformes« – Pelikanvögel

Familie Pelecanidae – Pelikane

Besonders geformte Luftsäcke im vorderen Bereich der Vögel (Kopf, Schulter) als Schutz vor Aufprall beim Stoßtauchen. Alle vier Zehen durch Schwimmhaut verbunden. Sehr kleine Zunge, aber Zungenmuskel für Kontrolle des Kehlsacks. Aufgrund der Größe Knochen hohl und sehr leicht (insgesamt nur max. 1 kg), dadurch aber großer Auftrieb und Tieftauchen unmöglich. Zur Brutzeit z.T. deutlich sexualdimorph, sonst nur Größe. Zur Unterscheidung aller Arten [178].

7 Arten in einer Gattung. Schwesterart der Pelikane ist der afrikanische Schuhschnabel (*Balaeniceps rex*), nach übereinstimmenden molekularen Befunden der DNA-Hybridisierung [3564] sowie mitochondrialen und nuklearen Sequenzdaten [1593,3895].

Pelecanus onocrotalus – Rosapelikan 00880

Pelecanus onocrotalus Linnaeus 1758

GB Great White Pelican **F Pélican blanc** **E Pelícano Común**

Taxonomie. Monotypisch.

Kennzeichen. Sexualdimorph [1369,221,3772, 1784,3615,774,178; weitere **Fotos** in Limic. **15**, 232, Dutch B. **19**, 137, **21**, 287, Bird. W. **12**, 310].

Maße. Gr.: 140-175 cm. Fl.spw.: (226) 270-360 cm. ♂: Gew.: 9.0-15.0 kg, Ø =11.5 kg. Schnabel: 347-471 mm. Fl.l.: 640-772 mm. ♀: Gew.: 5.4-9.0 kg, Ø =7.6 kg. Schnabel: 289-400 mm. Fl.l.: 586-690 mm [1369,3615,774,178].

Status. In Europa abseits der Brutgebiete seltener Gastvogel (auch in meisten Ländern ME nachgewiesen). In ME Beob. im 18./19. Jh. häufiger als heute, auch gelegentliche größere Trupps. In **A** bis Mitte 19. Jh. regelm. Gastvogel. In neuerer Zeit Einzelvögel gelegentlich in A, B, D, PL, NL, CH, doch zumindest in W-ME sehr häufig Gefg.fl. [196, 1677,277,4152,3871,q16].

Verbreitung und Bestand. Brutvogel in SE-Europa, Schwarzmeergebiet, Kleinasien, Kaspigebiet, Steppenseen vom Aralsee nach E, NW-Indien in meist relativ kleinen, eng umgrenzten Gebieten; ferner an verschiedenen Stellen des tropischen und südlichen Afrika. Im gesamten Europa Mitte 1990er J. kaum 15 Brutkolonien [774], seither leichte Erholung und Gesamtbestand max. 4.100-5.100 BP [383]. Sehr viel größere Bestände in Irak, Pakistan und afrikanischen Brutgebieten, daher global nicht gefährdet [382]. Europäischer Winterbestand (fast nur AZ und TR) 200-1.000 Ind. [383].

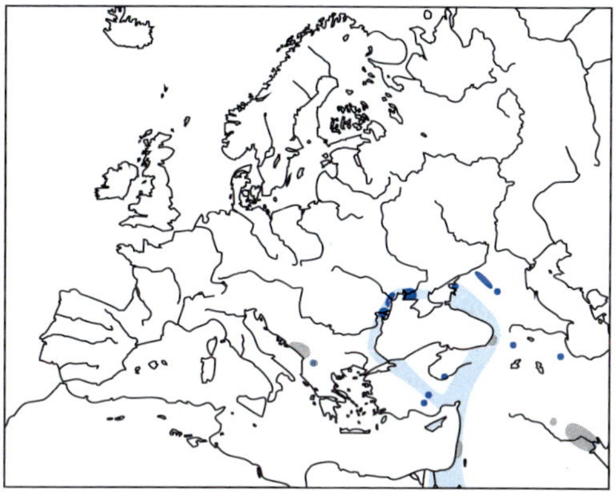

Pelecanus onocrotalus – **Rosapelikan**

Wanderungen. Europäische Br. Zugvögel, da nur wenige in SE-Europa und TR überwintern, dagegen Winterkonzentrationen in EGY (dort auch S-gerichteter Zug) und IL (Satellitentelemetrie) [3560]; ebenso Zugbewegungen im Irak. Abzug der Br. aus Donaudelta Sept./Anf. Nov., Rückkehr März/April. Nichtbrüter oft in großen Trupps fernab von Brutplätzen.

Bestandsentwicklung. In Europa und Vorderasien dramatischer Bestandsrückgang und Arealverlust seit 19. Jh., vornehmlich durch Zerstörung von Brutgewässern [1369;774]. Letzte Brut in ME in H 1858. In BG letztes Brutvorkommen 1932 erloschen, aber 1 BP 1967; in YU Bestand schon 1868 erloschen, in MK noch bis ca. 1940. Rezent in RO Bestandserholung auf 3.000-3.500 BP (1989-93) nach drastischem Einbruch von ca. 4.000 BP 1961 auf ca. 1.200 BP 1971); doch inzwischen wieder Rückgang auf 1.100 BP (1996); in GR nach Abnahmen nur noch 40-100 BP (1990-93); im europäischen RUS neuerdings Zunahme auf 303-350 BP; in TR anhaltende starke Abnahme von ca. 2.500 BP (1969) auf 250-400 (1990er J.) [337,1585].

Gefährdung [3892,1507,196]. Habitatzerstörung, Erschöpfung der Nahrungsressourcen, direkte Verfolgung und Störungen an den Brutplätzen. Größere Verluste ferner durch Umweltgifte.
Natürliche Verluste: Überschwemmungen zur Brutzeit und Krankheiten in den Kolonien.

SPEC	VSchRL	Bern.Konv.	Bonn.Konv.
3	Anh. I	Anh. II	Anh. I,II*
Europ. RL	RL in ME		
--	--		

* in W-Paläarktis

Schutzmaßnahmen. Gebietsschutz. Wiederherstellung naturnaher Flussauen. Einschränkung fischereiwirtschaftlicher Nutzung in (potenziellen) Brutgebieten). Verhinderung von direkter Verfolgung oder Störeinwirkungen.

Biotop. Br. in vegetationsreichen Binnengewässern, aber auch an kahlen Steppenseen oder in Afrika in Flussdelten und auf Küsteninseln. Nahrungserwerb auf offenen Binnen- oder geschützten Küstengewässern.

Nahrung. Fische (vor allem Schwarmfische seichter Gewässer), Tagesbedarf ca. 1.000–1.500 g/Ad.

Stimme. Knurrende und grunzende Laute, z.B. »orrh-orrh…«, abseits der Brutplätze schweigsam.

Verhalten. Tagaktiv. Sehr guter Segelflieger; liegt beim Schwimmen hoch im Wasser; kann tauchen. Fische werden mit dem Unterschnabel und Kehlsack aus dem Wasser geschöpft; Oberschnabel ist nur flacher Verschlussdeckel. Gemeinsames Fischen: Ind. schwimmen in Reihen nebeneinander, drängen Fische in seichtes Wasser oder kreisen sie ein. Nahrungsgebiete liegen oft weitab einer Brutkolonie. Gesellig, brütet auch in sehr großen Kolonien; Paare bleiben während der Brutsaison zusammen. ♂ und ♀ verteidigen Nestterritorien. ♂ aggressiver als ♀. Kopulieren auch am/im Nest. Mehrere ♂ nähern sich oft rezeptiven ♀. Dominantes ♂ versucht, die anderen aggressiv abzuschütteln. ♂ schwimmt hinter ♀ her und versucht oft gewaltsame Kopulation und drückt sie dabei unter Wasser. Erfolgreiche Kopulationen finden nur an Land statt (3-5 sec); Kopulieren sehr häufig pro Tag. Unverpaarte ♂ veranstalten oft Gruppenbalz. ♀ nähern sich diesen Gruppen und wählen ein ♂ aus. Außerhalb der Brutzeit, auf dem Zug und an den Nahrungsplätze in Trupps und größeren Scharen. Verteidigen keine Nahrungsplätze.

Fortpflanzung, Brutbiologie [1369,337,1784, 3615,774]. Brutreife wohl mit 3-4 Jahren. Wahrschl. monogame Saisonehe. **Nest.** Auf schwimmender Schilf- oder Pflanzendecke, in Afrika auf Kies- und Sandbänken, Felsen. Kolonien mit oft sehr dicht stehenden Nestern (Pflanzenhaufen oder einfache Mulden). **Legebeginn.** In Europa Mitte April bis Ende Juni (Aug.). **Gelegegröße.** 2 (1-3). **Eier.** Gestreckt oval, rau, weiß. **Brutdauer.** 29-32 d, auch 35-36 d; beide brüten, Ablösung alle 2 d. **Nestlings-/Führungszeit.** Beide Ad. füttern; nach 20-30 d verlassen Juv. oft das Nest und bilden Gruppen, mit etwa 55 d können sie schwimmen und fischen. Flügge mit ca. (65-)80 d, verlassen Brutgebiet etwa 2 Wochen später. **Jahresbruten.** 1, Nachgelege. **Bruterfolg.** In Afrika 0.8-0.9 flügge Junge/Paar und Jahr; 0.64 flügge Junge/Brutversuch. Am Prespa-See von 1986-96 Ø 0.65 ± 0.11 flügge Juv./Nest.

Eimaße und -gewichte. L. 80.0-102.0 mm, B. 53.3-64.5 mm, Ø: 95.2 x 60.2 mm (n=100, RO); Frischvollgew. 174-180 g; Schalengew. 16.7-27.0 g, Ø: 22.0 g.

Sterblichkeit, Alter. **Generationslänge:** 11 J. [383].

Mauser. **Postjuvenile Mauser** wenig bekannt, vermutlich ab Herbst des 2. KJ [221,767]. • **Postnuptialmauser** (Vollmauser) setzt während Brutgeschäft ein, Abschluss mit folgender Brutsaison; HS in Staffelmauser mit bis zu 3 aktiven Mauserzentren [221,767,1369]. • **Pränuptialmauser** (Teilmauser) vor Brutbeginn; umfasst Nackenschopf und einige weitere Bereiche des Kleingefieders [221,767].

Pelecanus crispus – Krauskopfpelikan 00890

Pelecanus crispus Bruch 1832

(GB) **Dalmatian Pelican** (F) **Pélican frisé** (E) **Pelícano Ceñudo**

Taxonomie. Monotypisch. Zuweilen mit *P. philippensis* zu einer Superspezies zusammengefasst [3565,995N].

Kennzeichen [221,1369,3615,1784,3772,178; weitere **Fotos** in Dutch B. **25**, 261, Bird. W. **12**, 72, **16**, 89].

Maße. Gr.: 160-180 cm. Gew.: 7.3-13.0 kg. Fl.spw.: 310-345 cm. Schnabel: ♂ 370-450 mm, ♀ 350-430 mm. Fl.l.: ♂ 690-800 mm, ♀ 660-780 mm [1369,3615,178].

Status. In den Brutgebieten Europas Teilzieher, bei wenig deutlichem Dismigrationsverhalten, in Asien Zugvogel. In **H** vormals Brutvogel, im 20. Jh. sehr seltener Ausnahmegast mit 10 anerkannten Nachweisen bis 1998 [2438]. In ME ferner einzelne ältere Hinweise 18./19. Jh. Neuerdings gelegentlich als Gefg.fl. (auch Wildvögel?) nachgewiesen, z.B. 1975 Bod., ferner **D**-BY, -HH, -NI, -BB 1974 (und 1976), -MV 1976; **B** Sept. 1979, Nov. 1993; **PL** 2 mal 1990 sowie 1996 [q4,337,1,1677,1617,3871]. In **NL** Jun. - Nov. 1975 und Jan. 1976 (selbes Ind.) als Wildvogel anerkannt [q16]

Verbreitung und Bestand. Brutvogel lokal von S-Europa nach E bis Mongolei, (China) zwischen 30°-50° N. 1991 wurde Weltpopulation auf nur 1.926–2.710 BP in 21–22 Kolonien geschätzt, Ende 1990er J. sind es wohl 4.000-5.000 BP, davon 2/3 in RUS (N-Ufer des Schwarzmeeres bis Steppengebiete Innerasiens) und Mongolei [1784,382]. In Europa nach dramat. Bestandseinbrüchen bis 1970er J. und seither leichter Erholung nur 1.600-2.000 BP, mit größten Populationen in GR (500-550), RO (450-550), RUS (350-450) und TR (220-250), kleine Bestände ferner in BG, YU, UA., AL, AZ und AR [383]. Im Winter in Europa etwa 3.000-4.600 Ind. [383].

Wanderungen. Kurzstreckenzieher und Teilzieher. Winterquartiere E-Mittelmeer und Irak. Europäische Br. etwa von Aug. bis März abwesend. Ankunft in Dalmatischen Brutkolonien zw. Mitte Feb. und Mitte März [775]. Juv. offenbar nur selten in den Brutkolonien.

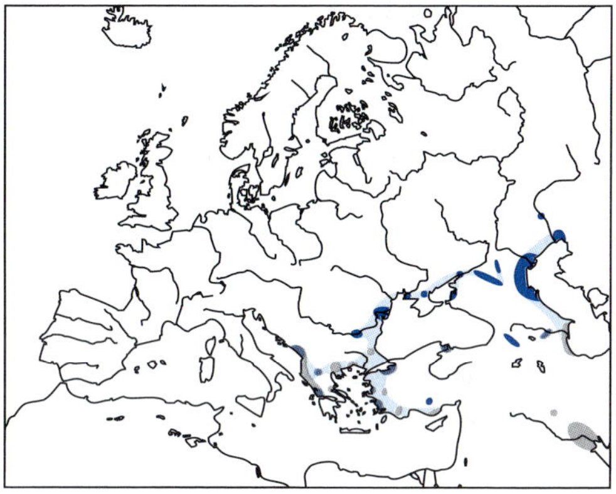

Pelecanus crispus – **Krauskopfpelikan**

Bestandsentwicklung. Im gesamten Europa auf Restbestände zurückgegangen. In ME nur in H (Theiß) Brutvogel bis frühes 19. Jh. [2438]; nachfolgend auch Bestände in Vojvodina YU sowie Kolonien in GR (Evros), RO (Calafat), UA. (Dnjestr-Delta) und RUS (Azovsee) erloschen; im Wolga-Delta noch große Nichtbrüterbestände und in AL nur noch eine, gefährdete Kolonie vorhanden [1507,3892].

Aufgrund von Schutzmaßnahmen Bestand in verbliebenen Kolonien meist stabil, z.B. in MN (Skadarsee) bei 10-20 BP [1507], in BG bei jetzt 80-90 BP (1998) und in TR bei 150-200 BP. Population im Donaudelta RO nach Einbruch von 1.300 (1939) auf ca. 60 (1971) inzwischen wieder bei 100-150 BP (1986-96). Auch in GR (Mikri Prespa-See) Bestandsentwicklung neuerdings sehr positiv von 75 BP (1969) und 150 BP (1973) auf 500-550 BP (1999). Zunahmen zudem in RUS. Wiederbesiedlung von UA. Anf. 1990er J. [1507].

Gefährdung [3892,1507,382,1270]. Gründe für dramatische Abnahme sind direkte Verfolgung (vor allem durch Fischer, in Mongolei durch Tierhüter) sowie Zerstörung oder Beeinträchtigung von Brutgewässern durch Verbauung, Änderung des Wasserregimes, Eutrophierung, Verschmutzung, gelegte Schilfbrände, Zerstörung von Auengebieten usw. Jagdliche Verfolgung. Menschliche Störeinwirkungen zur Brutzeit. Verluste durch Anflüge an Freileitungen.

SPEC	VSchRL	Bern.Konv.	Bonn.Konv.
1	Anh. I	Anh. II	Anh. I,II
Europ. RL	Globale RL	RL in ME	
--	VU	--	

Schutzmaßnahmen. Gilt global als schutzabhängig (VU, s. Tab.). In den meisten verbliebenen Brutgebieten sind die Kolonien inzwischen zwar geschützt, aber strenge Durchsetzung entwickelter Schutzmaßnahmen und Aktionspläne meist noch nicht gewährleistet (z.B. AL, BG, RUS, ehem. YU). Hauptaktivitäten müssen sich - neben restriktivem Schutz bestehender Brutkolonien vor wasserbaulichen oder sonstigen Veränderungen - auf Errichtung von Brutplattformen und -flößen, Entschärfung von Freileitungen und geeignetes Gewässermanagement sowie Renaturierung von Auengebieten und naturnahen Flachwassern richten.
Überwachung der Brutgebiete, drastische Reduktion der Jagd, Öffentlichkeitsarbeit.

Biotop. Ähnlich *P. onocrotalus.*

Nahrung. Fische. Tagesbedarf 1000 g/Ad.

Stimme. Ähnlich *P. anocrotalus* grunzende und fauchende Laute. Begrüßungslaut hoch »hch-hch…«, Erregung »wawawa«; Alarm »wo-wo-wo«; Schnabelklappern.

Verhalten. Tagaktiv. Flug wie *onocrotalus.* Gesellig das ganze Jahr über, jedoch keine so großen Ansammlungen wie bei *onocrotalus.* In gemischten Brutkolonien getrennte Gruppen. Paare bleiben zumindest für eine Brutsaison zusammen. ♀ wählen Nistplatz. Kopulation oft mehr als 10 pro Tag am Nest, werden vom ♂ initiiert. ♂ packt ♀ in den Nackenfedern und kopuliert flügelschlagend. Nahrungserwerb wie *onocrotalus.* Wintertrupps oft sehr groß.

Fortpflanzung, Brutbiologie [1369,337,1784, 3615,775]. Nach 2, oder 3-4 Jahren geschlechtsreif. Monogame Saisonehe. **Nest.** Große Haufen (Ø 1-1.5 m) aus Pflanzenmaterial (mit Kot verbunden) direkt am Wasser, meist kolonial; beide bauen, meist trägt ♂ ein. **Legebeginn.** In SE-Europa Feb./April bis Juni (Aug.). **Gelegegröße.** 1-2 (selten 3). **Eier.** Oval, rau, weiß, später fleckig. **Brutdauer.** 30-32 (34) d; beide brüten (mit Füßen). **Nestlings-/Führungszeit.** Beide füttern; Juv. mit 80-85 d flügge, doch schon ab 6-7 Wochen (vor allem bei Gefahr) Verlassen des Nestes und Gruppenbildung. Nach 100-105 d selbständig. **Jahresbruten.** 1, Nachgelege. **Bruterfolg.** Etwa 0.67 flügge Juv. pro Brutversuch in AL und TR und 1.07 am Prespa-See.

Sterblichkeit, Alter: Generationslänge: 11 J. [383].

Mauser. Ähnlich Rosapelikan [221,767,1369].

Pelecanus rufescens – Rötelpelikan 00900

Pelecanus rufescens J.F. Gmelin 1789

GB Pink-backed Pelican **F Pélican gris** **E Pelícano Rosado**

Taxonomie. Monotypisch.

Kennzeichen. [1369,1784,221,3772,3615,178; weitere **Fotos** in Bird. W. **13**, 230, **14**, 27, (ad. SK) Ornithos **1**, 22].

Maße. Gr.: 125-138 cm. Gew.: 3.9-7.0 kg (bzw. ♂ 5.97 + 0.78 kg, ♀ 4.92 + 0.63 kg). Fl.spw.: 216-290 cm. Schnabel 290-380 mm. Fl.l.: ♂ 595-620 mm, ♀ 545-580 mm [1369,1784,3615,773,178].

Status. In IL mehrfach als Ausnahmegast aufgetreten. In ME wohl kein sicherer Nachw. eines Wildvogels; Belege von (möglichen) Gefg.vögeln u.a. in **D** -NI Feb. 1990 [575]; -SH ad. ♀ Totfund (mit Pfeilspitze? in Muskulatur) Nov. 1990 [575]; -BB 1997 [1], ferner in **A** 1990, **CH** 1992, **B** 4mal 1979-2000 und in **PL** [3615,q4,1677].

Verbreitung, Bestand. Brutvogel Afrikas S der Sahara bis Natal und Botswana, und an Küste des Roten Meeres nach N bis 23°N. Gebietsweise häufig und verbreitet; global nicht bedroht [1784].

Wanderungen. Zumindest Teilzieher. Komplexes Muster v.a. durch die hohe Variabilität in den Brutzeiten zw. Kolonien. Wanderungen nach N in der kleinen Regenzeit können auch zu unbekannten

Kolonien führen oder Nichtbrüter betreffen [3615]. Regelm. umherstreifend bis EGY und IL.

Biotop und Nahrung. Sehr ähnlich Rosapelikan.

Stimme. Verschiedene krächzende Rufe in den Brutkolonien. Sonst schweigsam.

Mauser. Vermutlich ähnlich Rosapelikan [773].

ORDNUNG Phalacrocoraciformes – Kormoranvögel

Mittelgroße bis sehr große Wasservögel (meist Meeresbewohner), bei denen alle 4 Zehen durch Schwimmhäute miteinander verbunden sind. Kehlsack stark entwickelt (Thermoregulation, Balz, Nahrungsreservoir). Geschlechter gleich, ♂ aber größer als ♀ (und Schnabel breiter). Äußere Nasenlöcher vollständig verschlossen. Zu Beginn der Brutzeit meist Wechsel in auffälliges Prachtkleid. Nahrung fast ausschließlich Fische, doch sehr unterschiedliche Formen des Nahrungserwerbs. Junge sind Nesthocker, zunächst nackt, später mit Dunenkleid bedeckt.

Drei Familien, davon Phalacrocoracidae (Kormorane) und Anhingidae (Schlangenhalsvögel) nächstverwandt, Schwestergruppe Sulidae (Tölpel).

Familie Sulidae – Tölpel

Ausgedehnte Luftsäcke im Vorderbereich des Körpers zum Auffangen des Aufpralldrucks. Kein Haken am Schnabel. Äußere Nasenlöcher geschlossen, sekundäre Nasenlöcher am Mundwinkel verschließbar.
10 Arten in einer Gattung, von denen die drei Basstölpel *S. [bassana]* und die beiden Maskentölpel *S. [dactylatra]* [3033] je eine Superspezies bilden. Die Abtrennung der Basstölpel-Gruppe in eine eigene Gattung *Morus* [z.B. 3565] ist nicht sinnvoll, weil die verbleibenden *Sula*-Arten dann nicht monophyletisch wären [1242].

Sula bassana – Basstölpel 00710

Sula [bassana] bassana (Linnaeus 1758) syn.: *Morus bassanus*

(GB) **Northern Gannet** (F) **Fou de Bassan** (E) **Alcatraz Atlántico**

Taxonomie. Monotypisch. Bildet Superspezies mit Kaptölpel *S. capensis* (S Afrikas) und Australtölpel *S. serrator* (AUS, NZ).

Kennzeichen. Ad. Kaptölpel von ad. Basstölpeln u.a. darin unterschieden, dass auch AS und ST schwarz. Vögel dieses Phänotyps wurden mehrfach in Europa gesehen, doch bisher nicht sicher geklärt, ob es auch bei ad. Basstölpeln eine solche (sehr seltene) Gefiedermorphe gibt oder möglicherweise Verwechslungen mit subad. Basstölpeln vorliegen. Bestimmung [3615,1784,221,3772,1369,408; **Fotos** in Limic. **13**, 263, **17**, 91].

Maße. Gr.: 87-100 cm. Gew.: 2300-3600 g. Fl.spw.: 165-180 cm. Fl.l.: 460-520 mm [221,1369,767].

Status. Regelm. Durchzügler und Gast an Nordseeküste, selten - aber zunehmend - im Binnenland

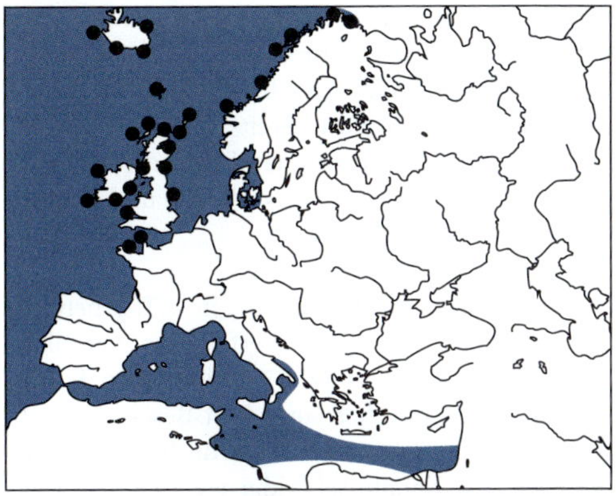

Sula bassana – **Basstölpel**

ME mit einzelnen Nachw. in • **A**, • **CZ**, • **L** [2752] sowie • **CH** 1998, 2000, 2001, 2003 [q14] und • **PL** (1 Nachw. 1948) [3871]; in • **D** abseits der Küste 19

Beob. von 1977-97 [575]. An Ostseeküste PL bisher 10 Nachw., allein 7 seit Aug. 1987 [q23,3871]; seit 1991 Brutvogel auf Helgoland.

Verbreitung und Bestand. Brutvogel an Küsten und Inseln des Nordatlantik; in Europa lange auf Nordseeraum beschränkt, doch 1996 erste Brut in Barentssee (Charlow-Insel) RUS [3615]; anhaltende Ausbreitungstendenz. Brutgebiet umfasst über 50 Breitengrade von der nördlichsten Kolonie in N-N. zur südlichsten (F Mittelmeer). Bestand derzeit weltweit etwa 390.000 BP (2640], davon knapp 70 % in GB und IRL [1343, veränd.] und Populationen > 10.000 in F und IS; insgesamt in Europa 300.000-310.000 BP, stark zunehmend [383]. In ME erst seit 1991 Brutvogel (Helgoland), mit inzwischen (2003) 145 BP [q7,869].

Wanderungen. Teilzieher, weite Streuungswanderungen. Ad. bleiben im E-Atlantik meist das ganze Jahr über in den Breiten ihrer Brutplätze. Juv. ziehen nach Flüggewerden meist rasch nach S und verbringen im E-Atlantik bis vor Küsten des tropischen W-Afrika mind. 2 Winter [Ringfunde N. Kolonievögel:160, für GB/IRL:4064]; auch einige Ad. ziehen etwa bis Senegal. Einige am Ende des 1. Lebensjahres, viele im 2., wahrscheinlich die meisten im 3. und nahezu alle im 4. ziehen ganz oder z.T. nach N zurück. Kleine Trupps und einzelne Ind. geraten auch in Ostsee und ins Mittelmeer [1228]. Einzelne Juv. bzw. Immat. halten sich auch im Winter in Nordsee und N-Atlantik auf. I.d.R. ziehen zunächst Immat., dann die Juv. des Jahres und zuletzt die Ad. nach S. Bei Br. CDN bleiben keine Juv. in Brutgewässern und Ad. zeigen auch größere Zugtendenz. Br. führen während der Fortpflanzungszeit Nahrungsflüge bis ca. 500 km aus. Noch nicht flügge Juv. können Nest bereits verlassen und bewegen sich dann schwimmend davon (Distanzen bis zu 72 km belegt) [3615]. Geburts- und Brutortstreue vielfach nachgewiesen.

Bestandsentwicklung. Im 19. Jh. z.T. erhebliche Bestandseinbrüche durch Verfolgung, vor allem im W-Atlantik. Um 1900 13 Kolonien in Europa [1507]. Im 20. Jh. über lange Zeit Bestandszunahmen um ca. 3 % pro Jahr. F wurde 1939 (wieder-) besiedelt, die Kanalinsel Alderney 1940, N. 1946, viele Kolonien entstanden neu [3615]. Um 1988 gab es 36 Kolonien [1507]. In fast allen (bes. den kleineren) Brutkolonien, vor allem in GB [1343] und IS [1283] weiterhin kontinuierlicher Anstieg der Brutpaarzahlen. In 1990er J. Besiedlung Helgolands (erste Brut 1991), der Mittelmeerküste F (1995) und der Barentssee RUS (1996). Bestand jetzt wohl größer als vor starker Verfolgung im 19. Jh. [vgl. 2752]. Auf Helgol. Bestand kontinuierlich angewachsen auf 145 BP (2003) [869]. Weitere Neuansiedlungen sind denkbar.
Wie beim Eissturmvogel werden günstige Nahrungsbedingungen (bedingt durch Fischereiabfälle und Folgen der Überfischung von Raubfischen) als Hauptursache der positiven Entwicklung gesehen [1297,310], vielleicht auch zunehmende Eutrophierung und sicher der Rückgang menschlicher Verfolgung [2707].

	Pop.	Areal	Brutbestand	Jahr	Quelle
D	↑	=	114–145	2001–2003	[869]

Gefährdungsfaktoren [196,310]. Nur Ölverschmutzung, Müll und Überfischung erscheinen derzeit als Gefährdungsfaktoren denkbar, die meisten Kolonien unterliegen strengen Schutzmaßnahmen. Das Sammeln von Eiern und Jungvögeln spielt derzeit keine Rolle mehr (mit Ausnahme einiger Kolonien auf Färöer, IS und Sula Sgeir in GB).

SPEC	VSchRL	Bern.Konv.	Bonn.Konv.
E	--	Anh. III	--
Europ. RL	**RL in ME**		
--	D: ‚R'		

Schutzmaßnahmen. Weitere Schutzmaßnahmen nicht dringend erforderlich. Überfischung der Nordsee ist jedoch zu verhindern, um wichtigste Brutkolonien vor Brutausfällen zu bewahren.

Biotop. Br. auf Felsinseln in Küstennähe oder an Steilküsten; wichtig ist Windexposition und günstige Lage zu Nahrungsgründen. Nahrungsflüge vor allem im Bereich des Kontinentalschelfs; weniger ein ausgesprochener Hochseevogel.

Nahrung. Fische zw. 2.5 und 45 cm Länge [624], besonders Schellfische, Heringe, Makrelen, Sandaale, Sprotten, Dorschartige usw. Durch Stoßtauchen aus wenigen bis max. 40 m oder Verfolgung von Wasseroberfläche aus.

Stimme. In der Kolonie lärmend, am häufigsten raue »arrah-arrah«-Rufe, daneben weicher, rabenähnlich »krok-krok«; vor Start oft »u-ah«, aufgeregte »urrah«-Rufe beim gemeinschaftlichen

Stoßtauchen oder bei Streitigkeiten um Fischabfälle an Kuttern.

Verhalten. Tagaktiv [Aktivitätsmuster:1308]. Rascher Flügelschlag, mitunter Gleitflugstrecken; schwimmt mit angehobenem Schwanz, liegt hoch auf dem Wasser. Stoßtaucher: Steilstoß aus 30–40 m, erreicht kurz vor Eintauchen etwa 100 km/h und etwa 3.5 m Wassertiefe; 12 – >20 m können durch zusätzliches Schwimmen mit Flügeln und Füßen erreicht werden [1306]. Meist nur 5–7 sec unter Wasser (max. > 30 sec). Daneben auch Fischen aus dem Schwimmen und sogar zu Fuß im Seichtwasser (z.B. Sandaale). Oft große Ansammlungen bei umfangreichem Nahrungsangebot. Häufig aber einzeln oder in kleinen Gruppen jagend. Ausgesprochener Koloniebrüter; Koloniegröße sehr unterschiedlich, doch Nestdichte konstant. Auseinandersetzungen um Nistterritorium sehr häufig; komplexes Territorialverhalten (u.a. Verbeugung). Beide Partner verteidigen. Paarbildungsverhalten mit Kopfschütteln, Nackenbeißen, Wegsehen, Grußzeremonie, gegenseitiges Gefiedersträuben an Kopf und Hals usw. Kopulieren sehr häufig. ♂ bewachen die ♀ nicht während der fertilen Phase. Paare bleiben lebenslang zusammen meist am selben Neststandort. Junge ♀ besuchen oft mehrere ♂ bevor sie Partner wählen. Paare brechen öfters auseinander, häufiger zu Beginn der Verpaarung.

Fortpflanzung, Brutbiologie [1369,337,1784, 3615,2752]. Brutreife im (4.) 5.-6. Lebensjahr, einzelne schon im 3. Jahr an Kolonie; Nistplatzwahl der ♂ im 5./6. Jahr. Monogam, »partnertreu« (64% Wiederverpaarung). **Nest.** Kolonien auf Felsen in unmittelbarer Meeresnähe mit dicht beieinander stehenden Nestmulden; Pflanzeneintrag über gesamte Brutzeit. **Legebeginn.** Frühestens Ende März/Anf. April, Median April/Mai, bis Juni (Juli), in Kolonie nicht synchron. **Gelegegröße.** 1, selten 2. **Eier.** Oval, bläulichgrün mit weißem Kalküberzug. **Brutdauer.** 44 (42-45) d; beide brüten, Ablösung meist nach > 24 h. **Nestlings-/Führungszeit.** Wenige Tage werden Juv. auf Schwimmhäuten gehudert. Nestlingsdauer 84-97 (Ø 90) d, bis dahin Fütterung. Bei Ausfliegen (in GB meist Sept.) selbständig. **Jahresbruten.** 1, bis zu 2 Nachgelege. **Bruterfolg.** In GB führten 74-77%, 82% bzw. >85% der abgelegten Eier zu flüggen Juv., bei Erstbrütern nur 62.5%; Nachgelege nur zu 37% erfolgreich; z.B. 0.75 Juv./Paar und Jahr. Juv.-Mortalität bis zum Flüggewerden 6-8%.

Eimaße und -gewichte. L. 62.5-87.5 mm, B. 43.1-53.7 mm, Ø: 78.1 x 49.1 mm (n=100, GB), 77.6 x 47.0 mm (n=44, USA); Frischvollgew. 70-118 g, Ø: 98.1 (n=57, GB); Schalengew. 8.0-13.3 g, Ø$_{100}$: 11.6 g.

Sterblichkeit, Alter. Im 1. Lebensjahr über 60%; etwa 25% überleben bis zum Brutalter mit 5 J.; Adultmortalität ca. 6-9%, Lebenserwartung ca. 16 J. (0.5% der Ad. und Immat. sterben im Sommer an der Kolonie [2753,337]. Ältester Ringvögel 32 J. 4 Monate [3654]. **Generationslänge:** 21 J. [383].

Mauser. **Postjuvenile Mauser** beginnt mit Körpergefieder ab (Nov.) Jan. [139]; HS-Mauser setzt 6–7 Monate nach Ausfliegen ein (Feb.–Mai); im Alter von 1 Jahr sind HS 1–6 ersetzt, gleichzeitig beginnt bereits ein 2. Mauserzyklus bei den inneren HS [139,2752]. Danach Mauserperiode ähnlich Ad. [139]. • **Postnuptialmauser** (Vollmauser) HS Juni/Juli–Dez./Jan. (Feb.) mit 3 aktiven Mauserzentren (Staffelmauser), meist Unterbrechung zwischen Rückkehr an Brutplatz und Eiablage; AS und ST ab Mitte April gewechselt; Körpergefieder besonders im Mai [139,1356,2752].

Familie Phalacrocoracidae – Kormorane

Kein Flügelschlagen beim Tauchen, Vorwärtsbewegung durch kräftige Füße (mit Schwimmhäuten). Geschlechter sehr ähnlich, aber ♂ meist größer und zuweilen mit breiterem Schnabel. Öldrüse an Schwanzbasis befiedert. Gute Tauchfähigkeit durch Vollsaugen der Federn, isolierende Luftschicht um Körper reduziert Wärmeverlust; Knochen wenig stark pneumatisiert, dadurch schwerer und gute Tieftauchfähigkeit.

Eine Gattung (*Phalacrocorax*) mit etwa 36 Arten, darunter mehrere Superspezies. Weltweite Verbreitung in marinen und limnischen Lebensräumen. Die aufgrund einer morphologisch-kladistischen Analyse [3572N.] vorgeschlagene Auftrennung in mehrere Gattungen (z.B. »*Stictocarbo*« für Krähenscharbe, »*Microcarbo*« für Zwergscharbe) ist verfrüht, da die tatsächlichen Verwandtschaftsverhältnisse noch unzureichend geklärt sind und eine gesicherte Abgrenzung dieser Gattungen derzeit unmöglich ist [1980N].

Phalacrocorax carbo – Kormoran 00720

Phalacrocorax [carbo] carbo (Linnaeus 1758)

GB Great Cormorant **F Grand cormoran** **E Cormorán Grande**

Taxonomie. Sechs UA: *carbo* (Linnaeus 1758) (N-Atlantik), *sinensis* (Blumenbach 1798) (Binnenland der Paläarktis und Orientalis), *maroccanus* Hartert 1906 (NW-Afrika), *lucidus* (Lichtenstein 1823) (Küsten W- und S-Afrikas, Binnenland E-Afrika), *hanedae* Nagamichi Kuroda 1925 (JAP) sowie *novaehollandiae* Stephens 1826 (Australasien). Die Abtrennung des afrikanischen *lucidus* auf Allospeziesniveau [z.B. 3565] ist nicht zwingend, da diese Form polymorph ist (weißbäuchige Ad. überwiegen bei weitem, doch ganz schwarze Ind. kommen vor). Bildet Superspezies mit *P. capillatus* (Küsten Ostasiens).

Kennzeichen. Die UA *carbo* und *sinensis* unterscheiden sich u.a. in Körpergröße, Schnabellänge (*carbo* größer, langschnäbeliger), dem Verlauf der Befiederungsgrenze am nackten Kehlsack, dem Strukturfarbton des Gefieders (metallisches Schillern) und dem Anteil weißer Schmuckfedern (auch altersabhängig!) an Kopf und Hals im PK [2628N, 2765N] Deutliche phänotypische und Habitatdifferenzierung lässt auf relativ lange allopatrische Trennung schließen. Subfossile Reste zeigen, dass *sinensis* erst vor 200-500 J. in westliche Ostsee eingewandert ist und Areale von *carbo* übernommen hat [1044]. Inzwischen *sinensis* bis S-England verbreitet, wo (aufgrund unterschiedlicher Habitatansprüche) eingeschränkter Genaustausch mit *carbo* stattfindet [1390], doch liegt keine Sympatrie vor [vgl. 3325], da Binnenland-Population in S-GB wohl genetisch und phänotypisch intermediär [1390] und klare Kosegregation phänotypischer und genetischer Merkmale nicht nachgewiesen ist. Je nach Umfang des Genaustausches wären die Formen eventuell als Semispezies einzustufen. [221, 1369,1784,3615,3772,408; weitere Abbildungen beider UA in Bird. W. **4**, 13 (z), Dutch B. **20**, 175].

Maße. Gr.: 80-100 cm. Gew.: ♂ 2000-3000 g, ♀ 1700-2500 g. Fl.spw.: 130-160 cm. Fl.l.: ♂ 330-364 mm, ♀ 311-351 mm [1369,3615].

Status. Verbreiteter, an den Küsten häufiger Brut- und Jahresvogel. Im Binnenland nach starker Ausbreitung lokaler Brutvogel sowie regelm., wenig häufiger Durchzügler und Wintergast.

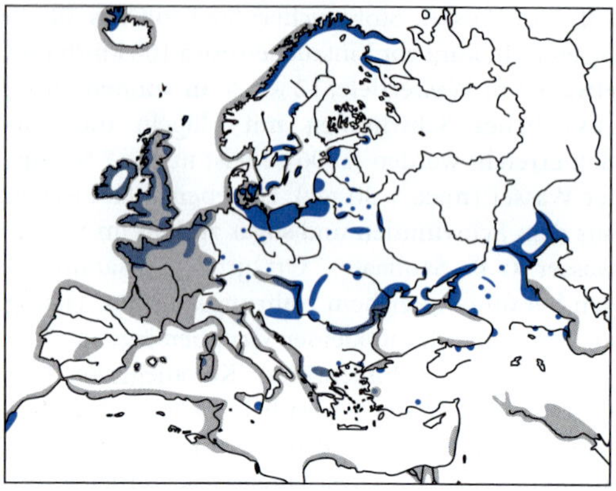

Phalacrocorax carbo – **Kormoran**

Verbreitung und Bestand. Brutvogel in Europa, Asien, AUS, NZ, Afrika, E N-Amerika und GRÖ. In ME verbreitet sind atlantische UA ***carbo*** (vorwiegend Klippenbrüter, Küstenvogel) im Küstenbereich W- und N-Europas (F, GB, IS, N., RUS etc.), und »Festlandsrasse« ***sinensis*** (überwiegend Baumbrüter, zuweilen in/bei Graureiherkolonien) von den Tiefebenen NL bis ins Baltikum (NL, D, DK, S-S. etc., sowie SE-GB !) und in einem zweiten Verbreitungsgebiet lückig in SE-Europa mit Schwerpunkt in UA. und den Donauniederungen. Das derzeitige Verbreitungsareal entspricht wohl weitgehend dem Zustand zu Anf. 19. Jh., der Bestand dürfte jedoch ursprüngliche Zahlen übertreffen [196]. Insgesamt brüten in Europa > 200 T. BP der UA *sinensis*, mit größten Vorkommen in UA. (65-75 T.), DK und S.; der Brutbestand von *carbo* in W- und N-Europa liegt gleichzeitig bei > 100 T. BP [vgl. 383], insgesamt in Europa (um 2000) etwa 310-370 T. BP [383]; davon in ME 50-55 T. BP [383, erg.].

Wanderungen. Teilzieher, Zugvogel. Population von ***carbo*** aus IRL/GB meist nur Streuungswanderungen, vor allem nach N und S (Atlantikküste max. bis N.-P) [Ringfunde ausführlich in 4064], i.d.R. nicht nach E. Zunahme der Winterzahlen in S. wohl von Kolonien der Kola-Halbinsel und aus N.; Ringfunde belegen *carbo* auch aus Zentral-F, CH und S-D [z.B. 4152,1113].

E-Populationen von ***sinensis*** (z.B. Ostsee) ziehen

SSW-SE (im Unterschied zu *carbo* wandert *sinensis* regelm. über Land); Abzugsrichtung der **Br. in W-ME** S bis SW; in NL nur Teilzieher; nach E wohl alle Zugvögel, zumindest über kurze Strecken. Winterquartier der Br. ME reicht bis N-Afrika, GB, E-Mittelmeer [Ringfunde ausführlich z.B. NL:500; E-D:2083; CH:3183; DK:500; S-D:1113]. Bereits ab Juni/Juli zerstreuen sich Juv. meist ungerichtet in weiterer Umgebung. Hauptwegzug durch ME im Okt./Nov.; dann z.T. Winterflucht. Nennenswerte Winterkonzentrationen im Binnenland erst ab S-D (Bod., Chiemsee, Seen CH). Winternachw. im Binnenland in 1980er und teilweise 1990er J. stark angestiegen [1617,4152,3761].

Rückkehr an Brutkolonien NL ab Jan./Feb., weiter E März (und später) [934]; Dz. im Binnenland März/April. Ortstreue von Ad. und Immat. nachgewiesen, auch Wintergebietstreue [4185], bis hin zu Sitzplatztreue [3517].

Bestandsentwicklung. Nach drastischen Bestandseinbußen aufgrund unerbittlicher menschlicher Verfolgung zu Beginn des 20. Jh. in NL und PL Bestände von etwa 1.500 BP bzw. 150 BP [3763,3871]. Nach kurzer Erholungsphase mit Wiederausbreitung [z.B. 309,2060] erneute starke Dezimierung ab Mitte 20. Jh. durch Verfolgung (wohl auch Belastung mit Umweltgiften). Letzte Brutkolonie in A erlosch 1971. 1980 lag Gesamtbestand ME bei etwa 5.000 BP, davon in E-D noch einige hundert BP, in W-D aber weniger als 100 Paare [196].

Ab Anf. 1980er J. sehr rasche Zunahme und Arealausweitung der UA ***sinensis*** mit Wiederbesiedlung vieler verwaister Brutplätze [1507,3615,196], in Teilen E- und S-Europas aber sehr langsam; binnenländische Brutnachweise in S-ME weiterhin recht selten. So fehlte die Art bis Ende 1990er J. noch als regelm. Brutvogel in CH, FL und A; Anf. 21. Jh. dann allerdings erste Ansiedlungen in A und CH (2001) [q3].

Trend bei UA ***carbo*** zwar ebenfalls positiv, aber deutlich schwächer [1507] und regional sehr unterschiedlich [z.B. Rückgang in Schottland aufgrund von Verfolgung, 3615]. Seit 1990er J. verflacht Kurve der Bestandszunahme zusehends. Vor allem die großen Kolonien in NL (z.B. IJsselmeer ab 1992) und PL (sowie in DK) zeigten nach 1992 wieder Stagnationsphasen und kurzzeitige Abnahmen. Spätestens ab 2000 jedoch wieder generelle Zunahme und z.B. neuer Höchststand 2001 in D (> 20.000 BP in 105 Kolonien) [4215,453].

Bestandszunahme vornehmlich durch europaweiten Schutz (EG-Vogelschutzrichtlinie), zudem Eutrophierung der Gewässer mit Zunahme der für den Kormoran bedeutsamen (Weiß-)Fischarten. Schließlich Ausweitung des Überwinterungsareals mit sicheren Nahrungs- und Schlafplätzen (keine Verfolgung). Rast- und Überwinterungszahlen in ME nahmen in 1980er und 90er J. zuerst langsam, schließlich aber exponentiell zu [196], einhergehend mit schrittweiser Ausweitung des Überwinterungsareals. Kapazitätsgrenze scheint an vielen Überwinterungsgewässern inzwischen erreicht. Stagnierende Winterbestände seit einigen Jahren in D-BY, Bod. und vielen Gewässern in CH und A [196,1970]; am Hoch- (CH) und Oberrhein (D) sogar deutliche Abnahmen.

Obwohl bei vielen wissenschaftlichen Untersuchungen nicht als Hauptursache für geringere Fischerträge ermittelt [196], dient der Kormoran dennoch oft als Sündenbock für Fehler in der Fischereiwirtschaft und negative Auswirkungen des Wasserbaus [196]. Inzwischen erneut intensive Verfolgung der Kormorane (auch Jungtiere) - entgegen geltendem EU-Recht sogar während der Brutzeit (u.a. in D-MV und D-BY, PL) und in Schutzgebieten [2331N]. In CZ dadurch in letzten Jahren offenbar drastische Verringerung der Brutbestände auf 180-200 BP (nicht in Tab. übernommen) [2736], ein »Vorgeschmack« auf mögliche Entwicklungen in anderen Regionen ME mit ähnlicher Verfolgungspraxis. Von längerfristig negativen Auswirkungen auf die Brutbestände in Europa ist auszugehen.

	Pop.	Areal	Brutbestand	Jahr	Quelle
A	N	N	33–33	2002	[383]
B	⇧	+ 2	975–1.016	2001–2002	[383]
CH	N	N	2–2	2001	[q1]
CZ	⇩	- 2	170–190	2000–2002	[383]
D	⇧	+ 2	16.800–18.200	1999–2000	[*]
H	⇧	+ 2	1.800–3.000	1995–2002	[383]
NL	⇧	+ 1	18.400–19.500	1998–2000	[383]
PL	⇧	+ 2	12.500–12.500	2000	[383]
SK	⇧	+ 2	50–250	1990–1999	[383]

* W. Knief und T. Bregnballe

Gefährdungsursachen [196,741,82,1959,2331N]. Bestandseinbruch bis Anf. 20. Jh. fast ausschließlich auf menschliche Verfolgung (Abschuss, Zerstörung der Horste etc.) zurückzuführen. Auch in unseren Tagen sind Binnenlandbrutplätze von menschlicher Duldung abhängig und werden nicht selten vernichtet. Häufig sind Verfolgung und Störung illegal, wie z.B. das Fällen von Horstbäumen in NSGs.

Im Winter bedeutendste Gefährdung durch Störungen an Ruhe- und Schlafplätzen sowie Vertreibung und Abschuss an Nahrungsplätzen.

SPEC	VSchRL	Bern.Konv.	Bonn.Konv.
--	--	Anh. III	--
Europ. RL	RL in ME		
--	A:'RE', CZ:'CR', D:'NT'		

Schutzmaßnahmen. Überwachung der gesetzlichen Regelungen gegen illegale Verfolgung; wirksamerer Schutz vor Störungen in Brutkolonien und Überwinterungsgebieten.
Ausgleichszahlungen für gut belegte, erhebliche wirtschaftliche Schäden und Ertragseinbußen an Fischteichen. Aus Naturschutzsicht geeigneter sind allerdings Abdeckungen der Fischteiche sowie Ablenkfütterungen mit Weißfischen.
Förderung weiterführender wissenschaftlicher Untersuchungen und Lösung bestehender und zunehmender Konflikte durch weite Verbreitung wissenschaftlicher Erkenntnisse über Nahrungserwerb und tatsächlichen wirtschaftlichen Schaden.
Einvernehmliche Lösungen des Kormoran-»Problems« könnten u.a. folgende Maßnahmen enthalten [vgl. auch 741,82]:

- Verhinderung von Kolonieneugründungen (außerhalb von Schutzgebieten),
- Besatz stark vom Kormoran frequentierter Teiche mit großen (mehrjährigen) Fischen, in den Überwinterungsgebieten die Verlegung der Besatzzeit ins Frühjahr,
- Abdeckung von Fischteichen
- finanzielle Unterstützung von Extensivierungsprogrammen.

Naturschutzpolitisch äußerst bedenkliche Maßnahmen wie Fällen von Horstbäumen oder Vergrämung ohne geeignete Ausweichflächen sind dagegen einzustellen. Abschuss einzelner Vögel oder »Beschuss« mit Lasergewehren hat zudem nur psychologischen Effekt – die Beruhigung der Fischer und Angler –, ist aus Tierschutzaspekten problematisch und ohne langfristige Auswirkungen auf Gesamtbestand. Der Kormoran ist »Parade«-Beispiel für Arten, deren Bestandszusammenbruch ausschließlich auf erheblichen Jagddruck zurückging. Ähnliche Folgen sind erneut zu befürchten.

Biotop. *carbo* vorwiegend Küstenvogel (brütet auf Klippen), fischt im Salz- und Brackwasser oder auf küstennahen Binnengewässern. ***sinensis*** Br. an Binnenseen auf Bäumen; Nahrungssuche auf fischreichen Binnengewässern und im Meer in Küstennähe (Ostsee, Mittelmeer).

Nahrung. Fische, vorwiegend offenbar 10–20 cm Länge; ausnahmsweise am Meer größere Crustaceen; auch Vögel nachgewiesen.

Stimme. Abseits der Brutplätze still. In der Kolonie z.B. »chroho-chroho-chro-ho«, in vielen Abwandlungen; Drohruf z.B. -agock-kock-kock« (o), hoch »flii-flii-flii« (Y); rollende Rufe vor Start und ähnlich nach der Landung.

Verhalten. Tagaktiv. Ziemlich rasche Flügelschläge; Gleitflugstrecken. Tauchen mit kleinem Sprung oder auch ohne sichtbare Vorbereitung. Unterwasserschwimmen unter Einsatz der Füße. Normale Tauchdauer 15–60 (max. > 70) sec, Tiefe im Binnenland 1–3 m, bis 16 m nachgewiesen, im Meer bis > 30 m belegt. Nach Wasseraufenthalt Trocknen des Gefieders: Ind. sitzen oft auf Pfählen usw. mit ganz oder halb ausgestreckten Flügeln (dabei auch Fächelbewegungen); manchmal wird auch im Schwimmen der Flügel ausgestreckt. Beim Nahrungserwerb auch »Wasserlugen«. Gesellig; Kolonien können Tausende von Paaren umfassen. Auch bei der Nahrungssuche oft Trupps (soziales Fischen). Mit Reihern zur Nestbauzeit oft Auseinandersetzungen um Nistmaterial; dann aber friedliches Nebeneinander. Balz der ♂ »Flaggen« (sitzt im Nest, hebt den gefächerten Schwanz nach oben, hält Kopf und Hals senkrecht, schlägt mit den halbentfalteten Flügeln) und »Gurgeln« (Kopf wird aus dem Flaggen heraus nach hinten geworfen und unter »kirr-ooohr…«-Rufen hin- und hergeschleudert). Balz und Paarbildung ab Jan. (NL), meist März/April. Kopulationen relativ häufig ohne bestimmte Ein- oder Ausleitungs-Rituale. ♂ legt dabei die Flügel an und hält ♀ am Nacken fest. ♂ und ♀ bleiben manchmal über eine Brutsaison zusammen. Außerhalb der Brutzeit lockere, oft nur temporäre Trupps (z.B. an guten Nahrungsplätzen). Generell nicht territorial. Manchmal verteidigen einige Vögel bevorzugte Schlaf- oder Nahrungsplätze.

Fortpflanzung, Brutbiologie. Ende 3. bzw. im 4. Lebensjahr geschlechtsreif; Brutversuche aber auch von 2-3-Jährigen. Wohl monogame Saisonehe. **Nest.** *sinensis* auf Bäumen (gelegentlich in Büschen oder auf Boden), *carbo* auf Klippen an Küste (bis 100m ü.M.); Baumaterial Äste, Mulde mit feinem Material ausgefüttert (an Küste Tang). Besetzen älterer Nester (auch Krähen-, Reiher-) oder Neubau. Kolonial. **Legebeginn.** In NL, D-BB, GB und Baltikum z.T. schon (Feb.) März, sonst zw. Ende April und Juni, ausnahmsweise Juli. **Gelegegröße.** 3-4 (5, ganz selten 6). Legeabstand 2-3 d. **Eier.** Länglichoval, an Polen zugespitzt, hellblau, mit starkem weißem Überzug. **Brutdauer.** (23) 28-31 d; beide brüten. **Schlüpftermine.** Meist Anf. Mai bis Juni; Junge schlüpfen meist asynchron. **Nestlings-/ Führungszeit.** Juv. werden zunächst viel gehudert; beide Ad. füttern; ca. 50 d im Nest, aber erst mit ca. 2 Monaten voll flugfähig und noch weitere 12-13 Wochen von Ad. abhängig. **Jahresbruten.** 1, Nachgelege, viell. auch gelegentlich Zweitbruten.

Eimaße und -gewichte. (*carbo*) L. 57.5-74.0 mm, B. 38.0-44.0 mm, Ø: 65.8 x 40.7 mm (n=100, GB); Frischvollgew. ca. 56 g; Schalengew. 6.0-6.5 g. (***sinensis***) L. 55.5-66.5 mm, B. 36.1-41.5 mm, Ø: 62.0 x 39.5 mm (n=217, E-D); Frischvollgew. 50-57 g; Schalengew. ca. 6.0 g.

Sterblichkeit, Alter. Schätzungen NL für ♀ 36% im 1., 22% im 2., 16% im 3., 9–14% in folgenden Jahren; ♂ ähnlich, jedoch 7–12% nach dem 3. J.; GB 70% im 1., 28–46% in den Folgejahren bei hoher Abschussquote (durch Ringverluste möglicherweise alle Werte zu hoch). Ältester Ringvogel 21 J. 6 Monate [3654], zahlreiche Nachweise > 15 J. **Generationslänge:** 11 J. [383].

Mauser. **Postjuvenile Mauser** (Teilmauser) Aug.–Dez.; Teile des Körpergefieders, aber variabel; bei ***sinensis*** Großgefiedermauser meist bereits ab Aug./Sept. [139,4151]. UA ***carbo*** durchläuft im 2. KJ eine Vollmauser (Feb.–Dez.), zuerst Körper-, ab Juni auch Großgefieder; bis Unterbrechung im Dez. bleiben äußere HS und einige ST stehen; im Frühjahr des 3. KJ restliches Großgefieder gewechselt, gleichzeitig beginnt ein 2. Mauserzyklus bei den inneren HS (2 aktive Mauserzentren); ab 4. KJ Mauser wie Ad. [767,139,3050]. Bei ***sinensis*** setzt 2. Mauserzyklus z.T. schon im 2. KJ ein, während andere den 1. Mauserzyklus erst im Verlauf des 3. KJ abschließen [4151]. • **Postnuptialmauser** (Vollmauser) Körpergefieder Juni–Dez.; Großgefiedermauser Juli–Dez., Schwungfedern meist mit 2 (3) aktiven Mauserzentren (Staffelmauser); ST-Mauser mit Unregelmäßigkeiten [767,139,3050]. • **Pränuptialmauser** (Teilmauser) Jan.–April; Kopf-, Hals- und einige Körperfedern [767,139,3050].

Phalacrocorax aristotelis – Krähenscharbe 00800

Phalacrocorax aristotelis (Linnaeus 1761) syn.: *Stictocarbo aristotelis*

(GB) **European Shag** (F) **Cormoran huppé** (E) **Cormorán Moñudo**

Taxonomie. Drei gering differenzierte UA: *aristotelis* (Linnaeus 1761) (N- & W-Europa), *riggenbachi* Hartert 1923 (NW-Afrika) und *desmarestii* (Payraudeau 1826) (Mittelmeer und Schwarzmeer).

Kennzeichen. Zur Bestimmung [40,221,1369,3772, 3615,1784,408; weitere **Fotos** in Limic. **15**, 175, **16**, 149, Dutch B. **20**, 315, **21**, 122, 181, **26**, 140, Brit. B. **96**, 31-32, *desmarestii*, Bird. W. **11**, 223, (beide UA) Bird. W. **4**, 13 (z)].

Maße. Gr.: 65-80 cm. Gew.: 1360-2300 g. Fl.spw.: 90-115 cm. Fl.l.: ♂ 261-278 mm, ♀ 251-269 mm [767,1369,3615,4026].

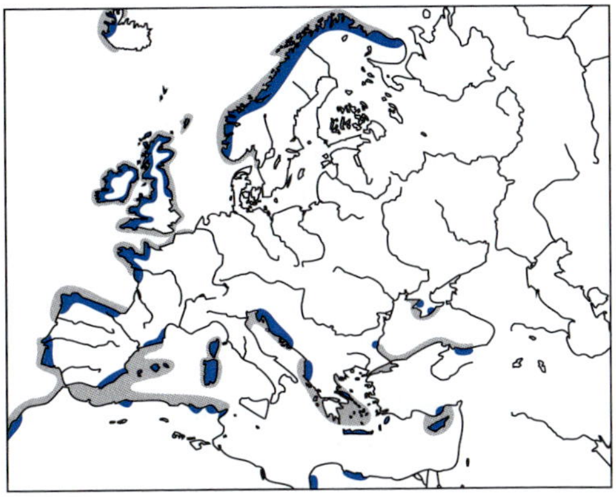

Phalacrocorax aristotelis – **Krähenscharbe**

Status. In ME ***aristotelis*** alljährlicher und ***desmarestii*** gelegentlicher Gastvogel, einzeln oder in kleinerer Zahl, an Nordseeküste (B, NL, D) und in Deutscher Bucht (z.B. Helgoland bis 1970 30 Nachw., 4 Ringvögel britischer Herkunft [337], seither allj. und deutlich häufiger, max. 13 Ind. (2001) [869]; ferner -SH (Nordsee) bis 1973 15 Nachw.).

Im Binnenland Ausnahmegast, Abnahme nach E und S. In • **D:** 6 mal -SH Ostsee; -NI bis 1977 ca. 8 mal Binnenland; -NW bis 1980 9 mal; -BY bis 1982 ca. 5 mal, BW 2 mal; -MV bis 1975 nur 1 mal [1369,337]; -BB kein sicherer Nachw. [1]. • **CH** bis 1994 5 mal [weitere Nachw. gestrichen, 4152]. • **A:** mind. 3 mal +1 mal *desmarestii*. • **PL**: 9 mal von 1979-2001, 2000 erstmals Inland [3871,q4]. • **CZ:** mind. 4 mal [2159]. • **H**: 0.

Verbreitung und Bestand. Westpaläarktisch verbreitete Art der Küstengebiete Europas von IS, N. (bis 71° N) und der Kola-Halbinsel RUS über GB/IRL und Kanalinseln bis Iberien und MA, ferner lokal an Mittelmeer und Schwarzmeerküste. Europäischer Gesamtbestand bei 75.000-81.000 BP, leicht rückläufig, mit größten Populationen in GB (28.900) und N. (15.500-16.500) und weiteren Vorkommen > 3.000 BP in IS, F, E. und IRL (jew. Ende 1990er/Anf. 2000er J.) [383].

Wanderungen. Standvogel, Teilzieher; im wesentlichen Streuungswanderungen (weiteste Ringfunde Br. N. bis 1300km), unterschiedlich weit zwischen verschiedenen Kolonien, Altersgruppen (im 1. Winter stärker als später) und Jahren. Ringfunde der Br. GB/IRL ganzjährig an dortigen Küsten, Immat. außerhalb Brutzeit auch an gegenüberliegenden Küsten (N., DK, D, F, E.) [4064]. Größere jährliche Variation im Dispersionsverhalten bei exponierten Kolonien in N Europa vermutlich durch verstärkte Nahrungs- und Witterungseinflüsse. Mittlere Entfernungen der Winterbewegungen < 100 km in verhältnismäßig gut abgrenzbarem Gebiet. Bei Populationen N-N. eventuell eher Zug- als Streubewegungen, aber Datenlage unsicher [1266]. Weiteste S-Funde bis E.; Nordsee wird i.d.R. nicht nach E überflogen. Juv. zerstreuen sich bis Mitte Okt.; Nahrungsengpässe können massierte Abwanderung hervorrufen mit hoher Mortalität [3059]. Wird mitunter von Stürmen verschlagen. Geburtsortstreue nachgewiesen; ein geringer Teil der Juv. siedelt sich jedoch in anderen Kolonien an.

Bestandsentwicklung. W-europäische Brut- und Nichtbrüterbestände (z.T. stark) zunehmend oder stabil [196], nur N., NW-Schottland, Orkneys mit Abnahmen [4026]; dadurch auch in ME immer häufiger zu beob., insbesondere an Nordsee. Zunehmend längere Aufenthalte und Übersommerungen in ME [NL:3636, D-SH, Helgol.:869,869], aber noch keine Brutnachw. In anderen Regionen unterschiedliche Entwicklung, Abnahmen z.B. auch in MA und UA. [4026].

Gefährdung [4026,1507]. Hauptgefährdung direkte Verfolgung, derzeit aber von geringerer Bedeutung. Dagegen ernorme Verluste bei Jungvögeln durch Fischernetze, ferner Ölverschmutzung und Umweltgifte.
Natürliche Verlustursachen: Prädation, vor allem durch Mink (nicht aber Ratte).

SPEC	VSchRL	Bern.Konv.	Bonn.Konv.
E	Anh. I*	Anh. II*·III*2	--
Europ. RL	**RL in ME**		
--	--		

*nur UA *desmarestii*, *2 alle anderen

Schutzmaßnahmen. Neben gesetzlicher Einschränkung jeglicher Jagd auch Monitoring von Bestandsentwicklung und Überlebensrate sowie Auflagen für Fischerei.

Biotop. Br. an Klippen und Wänden an Steilküsten. Fischt fast ausschließlich auf dem Meer.

Nahrung. Fische des freien Meereswassers. Nahrungsbedarf ca. 250 g/d.

Stimme. Außerhalb Kolonie schweigsam. ♂ gurrende »ark ...« (in Reihen, mit »ik«-Lauten unterbrochen), auf Brutzeit beschränkt, »klick«-Laute, sonst aber schweigsam.

Verhalten. I.d.R. tagaktiv. Flug mit rascheren Flügelschlägen als Kormoran. Tauchen häufig aus kleinem Sprung fast ganz aus dem Wasser. Tauchdauer z.B. 5–100 (Ø 40) sec, aber auch bis 170 sec; bis > 40 m tief [4027]. Ruht gern auf Felsen (weniger gern als Kormoran auf Pfählen); beim Flügeltrocknen Körper oft weniger steil aufgerichtet als Kormoran. Koloniebrüter. In der Kolonie Grußzeremonie, Aufrechtlaufen; Balz des ♂ mit Kopf-auf-den-Rücken-werfen (ohne Flügelabspreizen) und Kopfbeugen usw. Kopulieren häufig am Nest. Brutpaare bleiben oft über Brutsaison zusammen (wenn die Brut erfolgreich war). ♂ haben selten mehrere ♀ (bis 5%). Im Winter oft einzeln.

Fortpflanzung, Brutbiologie [1369,337,1784, 3615,4026]. ♂ brüten erstmals mit 3, ♀ mit 4 Jahren. Monogame Saisonehe; bei Brutverlust eher Wechsel. Zuweilen Polygynie, vor allem bei Nistplatzmangel. **Nest.** Felsige Küstenbereiche. Kolonial, aber größere Nestabstände als Kormoran. Nest aus Pflanzenmaterial (Tang etc.), ♂ trägt meist ein, beide bauen. **Legebeginn.** (Ende Feb.) März/April (GB, N.) bis Mai/Juni (RUS). **Gelegegröße.** 1-6 (8) Eier (größere durch 2 ♀); in GB_{447} 76% 3er-Gelege, Ø 3.07. Legeintervall 3 (4-5) d. **Eier.** Ähnlich Kormoran. **Brutdauer.** 30-33 d/Ei, Beginn nach 2. Ei; beide brüten, Ablösung ca. 2 mal/d. **Nestlings-/Führungszeit.** Beide Ad. füttern, Nestlingsdauer 48-58 (Ø 53) d; Juv. werden noch mind. weitere 20 (bis 50) d gefüttert. **Jahresbruten.** 1, Nachgelege (manchmal noch bei Jungenverlust). **Bruterfolg.** Auf Lundy GB von 893 gelegten Eiern 71% geschlüpft, davon 87% flügge Juv., d.h. Ø 1.87 (1.32-2.25) flügge Juv./Nest und Jahr; dabei Neststandort wichtig. In N. Brutgrößen von 0.9-2.0 Juv./Paar in verschiedenen Regionen.

Eimaße und -gewichte [337]: L. 56.6-74.6 mm, B. 34.9-42.2 mm, Ø: 62.9 x 38.4 mm (n=100, Gb); Frischvollgew. 37.3-62.6 g, Ø: 50.1 g (n=100, GB); Schalengew. 5.1 g.

Sterblichkeit, Alter. Überlebensrate GB 1. Jahr 51%, in späteren Jahren 84% mit großer jährlicher Variation, bei ♂ > ♀ [3059,3062]. Vergleichswerte aus AUS liegen im selben Bereich: 1. Jahr 54% (jedoch große Variation zw. verschiedenen J.), 2./3. Jahr 30% und Br. 13% [638]. In Schottland 30% Überlebenswahrscheinlichkeit für ein Küken bis zur Brutreife (höhere Chancen für Nestlinge aus früheren und größeren Bruten) [1545]. Ältester Ringvogel 20 J. 7 Monate. **Generationslänge:** 10 J. [383].

Mauser. **Postjuvenile Mauser** (Teilmauser) Körpergefiedermauser mit Kopf- und Halsfedern ab Sept., nach Unterbrechung im Winter bis Spätherbst des 2. KJ beendet. HS-Mauser ab Mai des 2. KJ (selten früher), meist im Dez. unterbrochen; ST-Mauser mit Unregelmäßigkeiten. Im 3. KJ Schwingenmauser wie Ad.; Körpergefieder ab Juli, bis Nov. des 4. KJ beendet [767,139]. • **Postnuptialmauser** (Vollmauser) Körpergefieder Juni–Jan.; HS ab Juni/Aug., Mauserunterbrechung im Winter (Nov.–Feb.), danach langsame Fortsetzung; nach Brutende wieder rascher, gleichzeitig beginnt ein neuer Mauerzyklus, daher 2 (3) aktive Mauserzentren (Staffelmauser) [767,139]. • **Pränuptialmauser** (Teilmauser) Nov.–Feb., mit Postnuptialmauser überlappend; Kopf- und z.T. Körpergefieder [767,139].

Phalacrocorax pygmeus – Zwergscharbe 00820

Phalacrocorax [pygmeus] pygmeus (Pallas 1773) syn.: *Microcarbo pygmeus*

(GB) **Pygmy Cormorant** (F) **Cormoran pygmée** (E) **Cormorán Pigmeo**

Taxonomie. Bildet Superspezies mit *P. niger* (Indien, SE-Asien).

Kennzeichen. [221,1369,3772,3615,1784; vgl. **Fotos** in Limic. **16**, 237, Dutch B. **25**, 131, 151, Bird. W. **5**, 190, **14**, 465-474, **16**, 103].

Maße. Gr.: 45-55 cm. Gew.: ♂ 650-870 g, ♀ 565-640 g. Fl.spw.: 80-90 cm. Fl.l.: ♂ 195-217 mm, ♀ 193-208 mm [1369,3615].

Status. In Brutgebieten meist Jahresvogel, abseits der Brutgebiete im 19. und 20. Jh. sehr seltener Gastvogel bei vereinzelten Einflügen, z.B. 1856 oder 1957/58. Hohes Dispersionspotenzial und Bildung von Überwinterungstraditionen fernab von Brutplätzen, z.B. seit 1988 in **A**-Nö. Nach Zunahme der Brutbestände vermehrt nachgewiesen, dabei in **PL** nach 6-8 Nachw. im 19. Jh. erstmals wieder

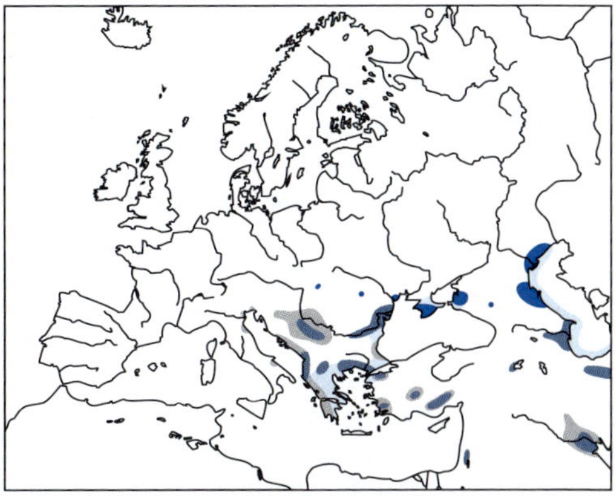

Phalacrocorax pygmeus – **Zwergscharbe**

1992, bis 2001 mind. 15 weitere Nachw. (17 Ind.) [628,3871]. • **CZ:** 3 mal 19. Jh., Sept. 1951, Mai 1959, Juli 1981, Okt. 1998 und Okt. 2000 [628].

• **CH:** 2000/01 insges. 8 Nachw. mit 11 Ind. (vorher nur 1856), ferner 2003 [q14]. Erstbeob. in • **NL** Jan. 1999 und Juni 1999, Mai 2000 und März 2003 [986,q16], (**DK** 1999) und • **B** 2000 [q4]. Weitere Beob. ab 2000 u.a. in **D**-HE, -RP, -BB, -ST und –SH; in D-BW (Bod.) erstmals Übersommerung (und Nestbau) eines einzelnen Ind. 2001/02 [q2]. In **A**: 9 mal (12 Ind.) von 1991-95 [3129], ferner mehrfach 2000 und 2001 [628]; in **A**-B schließlich 2003 erstmals Brutvogel [B. Leisler].

Verbreitung und Bestand. Vom E Mittelmeergebiet über Kleinasien bis Usbekistan, in N-Afrika dagegen verschwunden. Europäischer Gesamtbestand 28.000-39.000 BP, mit Schwerpunkten in RO und AZ, und weiteren Populationen > 1.000 BP in RUS, YU, GR und TR [383]. ME liegt am NW-Rand des Verbreitungsareals, die Zwergscharbe ist hier Brutvogel in rasch wachsender Zahl in H (ferner Neuansiedlung in SK.). Europäischer Winterbestand 63.000-115.000 Ind. [383].

Wanderungen. Teilzieher, Strich- und Standvogel. **Balkan-Br.** überwintern im Inland und E Mittelmeerraum; **Br. Schwarzmeer** zeigen höhere Wanderneigung und verlassen den N des Verbreitungsgebietes weitgehend Aug./Sept. bis März/April. Auftreten W und N des Brutareals zahlreich belegt [3615]. Ringfunde [2020].

Bestandsentwicklung. In weiten Teilen des Areals lange Zeit kontinuierliche Bestandsabnahme. So verschwand die Zwergscharbe Anf. 20. Jh. aus H und schließlich aus N-Afrika und IL [1369]. Starke Abnahme zudem im ehemaligen YU und bis Anf. 1990er J. in RO und TR [3892].
Doch in jüngster Zeit auffällige Bestandserholung und Wiederausbreitung. Seit Anf. 1990er J. markante Zunahme der Meldungen in A, H und RO, in RUS sowie an Adriaküste I. Nach mehrfachem Brutverdacht (1960er J.) erster Brutnachw. in H 1988 an einem Theiß-Stausee; mit Besiedlung der Großen Fischteiche der Hortobágy Bestandsanstieg auf 6-8 BP 1993, 100 BP in 6 größeren Kolonien 1999 [196,812] und > 200 BP 2001 [q4,628]. Erste Bruten in SK. 1991 und '92 (aufgrund erheblicher Störungen aufgegeben); doch auch hier inzwischen (erneute) Etablierung [1507]. Derzeit Ausbreitung insbesondere entlang Theiß und Donau nach N; profitiert möglicherweise von Eutrophierung und Zunahme der Weißfischbestände in diesem Raum [1507]. In BG im Jahr 2000 nicht nur höchste Wintersumme aller Zeiten (11.905 Ind.) sondern auch ungewöhnlich hohe Brutbestände (250 BP bei Srebarna unweit Donau) [812]. Bestandsschätzungen für GR inzwischen bei über 27.000 Ind. Auch Brutbestand in I nach Neuansiedlung 1981 stark angewachsen auf 30-40 BP (1999/2000) [628]. Erste Brutansiedlung 2003 in A-B [B. Leisler], weitere Arealausweitungen sehr wahrscheinlich.

	Pop.	Areal	Brutbestand	Jahr	Quelle
H	⇧	+ 2	200 – 250	2002	[q4]
SK	N	N	0 – 1	1997 – 1999	[383]

Gefährdungsursachen [3892,196,1507,1270]. Früher meist Verlust geeigneter Brut- und Nahrungshabitate durch Trockenlegung.
Starke Einbußen seit 1970er J. durch direkte Verfolgung, Kormoranjagd.

SPEC	VSchRL	Bern.Konv.	Bonn.Konv.
1	Anh. I	Anh. II	Anh. II
Europ. RL	**Globale RL**	**RL in ME**	
--	**NT**	H: 'CR'	

Schutzmaßnahmen. Schaffung und Erhalt geeigneter, vor Störungen gut geschützter Brut-, Nahrungs- und Überwinterungshabitate. Monitoring der Wasserqualität und Vegetationsmanagement in Brutgebieten.
Mehreren wichtigen Vorkommensgebieten fehlt der rechtliche Schutz; zudem strengere Überwachung bestehender Schutzeinrichtungen.
Einstellung der Kormoranjagd;
Verbot des Abschusses der Zwergscharben an der Donau und den Fischteichen in RO; es besteht offensichtlich Gefahr der Verwechslung mit dem Kormoran.

Biotop. Binnengewässer mit dichtem Uferbewuchs (Schilf, Auwald usw.), z.B. Seen, Altwasserarme, Sümpfe, flache Steppenseen. Außerhalb der Brutzeit auch an Brackwasser und im küstennahen Meer.

Nahrung. Hauptsächlich Fische; aber auch andere Wirbeltiere (z.B. junge Schermäuse) und Wirbellose wie Crustaceen; wenig quantitative Daten.

Stimme. Außerhalb Brutzeit schweigsam. In der Kolonie strophenartig abwechselnd tiefe, kurze Grunz- und höhere, längere Krächzlaute.

Verhalten. Raschere Flügelschläge als Kormoran. Koloniebrüter, auch mit Reihern. Paare bleiben wahrscheinlich oft über eine Brutsaison stabil. Im Herbst normalerweise in kleineren Trupps. Im Winter aber in meist größeren Ansammlungen. Haben gemeinsame Schlafplätze im Schilf.

Fortpflanzung, Brutbiologie [1369,337,1784, 3615]. Viele Fragen ungeklärt. **Nest.** Meist auf Sträuchern und kl. Bäumen, auch in dichtem Schilf nur 1-1.5 m über Wasser. Aus Zweigen, mit feinerem Material ausgelegt; beide bauen. **Legebeginn.** Ende April/Mai bis Juni, z.T. Juli. **Gelegegröße.** (3) 4-6 (7). **Eier.** Oval, grünlich mit kalkweißem Überzug. **Brutdauer.** 27-30 d, beide brüten. **Nestlings-/Führungszeit.** Beide füttern, Dauer etwa 70 d. **Jahresbruten.** 1.

Eimaße und -gewichte. L. 39.7-51.9 mm, B. 27.6-32.8 mm, $Ø_{90}$: 46.9 x 30.3 mm; Frischvollgew. 21-22 g; Schalengew. 1.62-2.15 g, Ø: 1.97 g.

Sterblichkeit, Alter. **Generationslänge:** 5 J. [383].

Mauser. **Postjuv. Mauser** (Teilmauser) im Herbst. Weiterer Verlauf unbekannt, aber vermutlich ab 3. KJ wie Ad. [767,1369]. • **Postnuptialmauser** (Vollmauser) Juni–Okt./Nov.; HS in Staffelmauser [767]. • **Pränuptialmauser** (Teilmauser) Dez.–März; Kopf-, Hals- und Teile des Körpergefieders [767].

Phalacrocorax auritus – Ohrenscharbe 00780

Phalacrocorax auritus (Lesson 1831) syn.: *Hypoleucos auritus*

(GB) **Double-crested Cormorant** (F) **Cormoran à aigrettes** (E) **Cormorán Orejudo**

Taxonomie. Vier UA: *cincinatus* (Brandt 1837) (Aleuten bis Alexanderarchipel (W-CDN), *albociliatus* Ridgway 1884 (Vancouver Isl. bis Golf von Kalifornien), *auritus* (Lesson 1831) (Zentrales N-Amerika) und *floridanus* (Audubon 1835) (N-Carolina und Florida bis Cuba) [1784].

Kennzeichen. [221,1369,3772,3615,1784,408,39; weitere **Fotos** in Bird. W. **4**, 13 (z), **8**, 72, 448, **12**, 406, **15**, 421].

Maße. Gr.: 75-91 cm. Gew.: 1670->2100 g. Fl.spw.: 115-140 cm. Fl.l.: 260-349 mm [1369,3615].

Status. In Europa Ausnahmegast mit vereinzelten Nachweisen in **GB** (Jan.-Apr. 1989), Azoren und Kanaren. In ME kein sicherer Nachweis eines Wildvogels, aber Beleg eines Gefg.fl. 1970/71 in **D**-BB [3268,1].

Verbreitung und Bestand. Brutvogel Nordamerikas von Alaska bis Golf von Kalifornien und im E von Neufundland bis Cape Cod. Global nicht bedroht, Bestände regional aber stark eingebrochen [1784].

Wanderungen. Zugvogel im N und Binnenland des Verbreitungsgebietes. Vögel des N- amerikan. Binnenlandes ziehen entlang Küsten und Flusstälern bis Golf von Mexico, Florida; W-kanadische Populationen überwintern an Küsten Britisch Kolumbien, Vögel der Westküste schwach ausgeprägte Zieher in Tieflagen des Binnenlandes und an Pazifikküste, Standvögel im SE der USA und Kuba [1784].

Biotop. An kühlen, subtropischen Küsten in geschützten Ästuaren oder Buchten sowie Mangrovensümpfen, Felsküsten und Küsteninseln; im Landesinneren an Seen, Flüssen, Stauseen und Überschwemmungsflächen. Kolonien auf Felsen, Bäumen, Inseln usw.

Stimme. Außerhalb der Brutkolonien schweigsam. Schweineähnliches Grunzen am Brutplatz.

Mauser. **Postjuvenile Mauser** (Teilmauser) ab Aug., vermutlich ähnlich Kormoran und Krähenscharbe [3050,1695]. • **Postnuptialmauser** (Vollmauser) Staffelmauser ab Brutende bis Spätwinter/Frühjahr [3050,1695]. • **Pränuptialmauser** (Teilmauser) März–Mai [3050,1695].

ORDNUNG Threskiornithiformes – Ibisse

Stelzvögel mit langem gebogenem (Ibisse) oder gerade abgeplattetem (Löffler) Schnabel. Schwanz kurz. Variabler Anteil nackter Haut am Kopf, Gesicht oder Kehle, bei *Threskiornis* auch am Hals. Hinterzehe erhöht (Hallux), Vorderzehen durch kleine Membran verbunden. Koloniebrüter auf Bäumen, an Felsen oder in Sumpfvegetation. Gutes binokulares Sehen. Geschlechter (weitgehend) gleich, aber Größenunterschiede möglich (♂ etwas größer).

Familie Threskiornithidae – Ibisse

Nasenlöcher direkt an Schnabelbasis (dadurch Atmung beim Nahrungsstochern möglich). Flügel mit 11 HS und gut 20 AS; 12 ST. Geschlechter gleich. 12 Gattungen; 34 Arten [3671,1524].

• Gattung *Platalea*

5 Arten. Manche Autoren vereinen *P. leucorodia* und *P. regia* (AUS) in einer Superspezies [z.B. 3565] oder gar einer Art [3671]. Beides erscheint nicht gerechtfertigt, da die beiden Taxa deutlich verschieden und die Verwandtschaftsverhältnisse innerhalb der Gattung ungeklärt sind. Aus demselben Grund ist eine Abtrennung des Rosalöfflers (Neue Welt) auf Gattungsniveau (*Ajaja*) nicht ratsam [vgl. auch 4170,3671,1524].

Plegadis falcinellus – Sichler 01360

Plegadis [falcinellus] falcinellus (Linnaeus 1766)

GB Glossy Ibis **F Ibis falcinelle** **E Morito Común**

Taxonomie. 2 wenig differenzierte UA: *falcinellus* (östliches N-Amerika, Paläarktis, Afrika) und *peregrinus* (AUS). Bildet Superspezies mit dem Brillensichler *P. chihi* (Neue Welt).

Kennzeichen. [221,1369,3772,1784,3615; **Fotos** in Dutch B. **22**, 254, **24**, 385, Bird. W. **15**, 357, Brit., B. **95**, 248]. Unterscheidet sich vom Brillensichler durch folgende Merkmale im ad. PK [1964,3566,4113 mit Fotos beider Arten nebeneinander]: nackte Zügelhaut im PK bläulich-grau (bei *chihi* rot), weiße Zügelumrandung reicht bis zum Auge, nicht um Auge herum (bei *chihi* hinter Auge durchgehend) und ist auch im SK mindestens teilweise vorhanden (fehlt bei *chihi* im SK), Beine rötlich-olivbraun (*chihi* rot). Nestlinge (und eben flügge Juv.) haben auffällig hell fleischfarbenen Schnabel mit schwarzer Bänderung [vgl. 1524, p. 162].

Maße. Gr.: 48.5-66 cm. Gew.: 485-580 g. Fl.spw.: 80-95 cm. Fl.l.: ♂ 28.0-30.6 cm, ♀ 26.7-28.1 cm [1369,3615].

Status. In ME sehr seltener und lokaler Brutvogel in **H**, Sommervogel. Brutnachw. bis 1930er J. auch Neusiedlersee **A**, dort erneut 1958 und 1983. Sehr unstet; Übersommerungen wieder regelmäßig

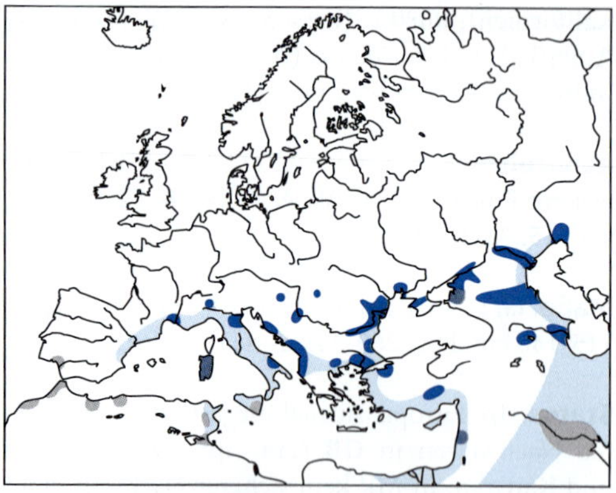

Plegadis falcinellus – Sichler

in **SK.**, in anderen Ländern ME dagegen seltener, z.T. allj., nach N stark abnehmender Gastvogel im (Früh-)Sommer und Herbst; gelegentliche Einflüge, z.B. nach NL 1994 [3613]. Außerhalb des Brutareals u.a. in • **NL:** ca. 110 Nachw. bis 1999, seither nicht mehr meldepflichtig [277,375]. • **L:** Mai 1996 [q23]. • **D:** 27 Nachw. 1977-97 [575]. • **PL:** 2mal 1945-78 [337]. • **CZ:** 28 Nachw. 1966-84 [2159]. In E. bis Anf. 20. Jh., danach 1909, 1930, 1935; F 1961; I seit 1971 unreg. Brutvogel, doch ab Anf. 1990 J. zunehmend [1585].

Verbreitung und Bestand. Verbreitet von S-Europa bis Vorder- und Zentralasien und Indien; ferner S- und E-Afrika, Madagaskar, Teile USA und Karibikinseln; AUS. Ursprünglich über Kontinentaleuropa weiter verbreitet, inzwischen nur noch vereinzelter Brutvogel, vornehmlich im SE [3615,3892,196]. Brutbestand in Europa 16.000-22.000 BP mit Schwerpunkten in RUS (7-8 T.), AZ (4-6 T.), UA. (1.7-3.6 T.) und RO (2.5-2.8 T.) [383]. In ME auf H beschränkt, wo Bestand max. 20 BP; in SW-Europa lange Zeit sporadischer Brutvogel, inzwischen sehr starke Zunahme in E. (393-423 BP in 2002) und regelm. Br. in I (11-15 BP 2001) [383].

Wanderungen. **Br. Europa** Kurz- und Langstreckenzieher, Streuungswanderungen, Nomadisieren. Nachbrutzeitliche Trupps (Ad. und Juv. oft getrennt) dispergieren in alle Richtungen, ab Sept. Schwerpunkt in S Richtungen und Beginn Wegzug. Überwintert in kleinen Zahlen im Mittelmeerraum, überwiegend aber Afrika S Sahara (bis S-Afrika?). Ringfunde H bis DZ, E., W-N., NL und einmal 2600 km N-RUS. **Br. vom Asowschen Meer** bis I und Niger, **Br. vom Wolgadelta** bis EGY, Indien [2020,3456]. Einzelne gelangen bis IS, IRL, Madeira. Ankunft Br. April. Durch Zugprolongation selten April/Mai in D und GB.

Bestandsentwicklung. In letzten 150 J. sehr starke Bestands- und Arealverluste in Europa, seit etwa 1960er J. verschärft [196]. Brutvorkommen in A (Neusiedlersee) erlosch 1934 mit Absinken des Wasserstands, seither 3 mal Brutversuch (1938,1958,1983) [1369]. Wichtige Brutgebiete SE-Europas (YU, HR, RO, BG) ab 1950er J. mit Verlusten von 50-100% [1507,3427]. Auch in H dramatischer Einbruch (Kis Balaton 1.000 BP 1922/26, 2–3 BP 1953, 0 1954).

	Best.	Areal	Brutbestand	Jahr	Quelle
H	F	=	5–20	1998–2001	[383]

Erst in jüngster Zeit Anzeichen für Bestandserholung, vor allem in E. (s.o.), positive Tendenz auch in H sowie in I und F, wobei insbesondere Sekundärbiotope wie Fischteiche wichtige Rolle spielen. Auch Zunahme an Brutzeitbeob. in entsprechenden Biotopen in SK. [196]. Aufgrund der Unstetigkeit der Art vereinzelt Vorstöße in längst geräumte Gebiete.

Gefährdungsursachen [196,1507,3892,3427]. Erheblicher Bestandsrückgang vornehmlich durch Verlust der Brut- und Nahrungsgebiete durch Trockenlegung von Feuchtgebieten, Verlust der Weiden (vor allem Hutweidegebiete) sowie Intensivierung des Ackerbaues in Flussniederungen und Überschwemmungsflächen.
Starke Gefährdung durch Ausbreitung privater Fischteichbetriebe in ehemaligen Brutgebieten, da die vermeintlichen Konkurrenten direkt verfolgt werden - vor allem im Donaudelta (vgl. Kormoran, Zwergscharbe), neuerdings auch in H.
Hohe Störanfälligkeit in Brutgebieten.

SPEC	VSchRL	Bern.Konv.	Bonn.Konv.
3	Anh. I	Anh. II	Anh. II
Europ. RL	**RL in ME**		
--	A: **'RE'**, H: 'CR'		

Schutzmaßnahmen. Vollständiger Schutz aller Brutkolonien sowie der letzten noch vorhandenen großflächigen Feuchtgebiete. Schaffung eines internationalen Netzwerkes geschützter Feuchtgebiete, um ausreichende Lebensbedingungen auf dem Durchzug und im Winterquartier zu schaffen.
Extensive Nutzung und Wiederherstellung teilweise zerstörter Uferbereiche von Flachwasserseen und Mündungsbereichen großer Flüsse. Extensivierung von Fischteichen.
Sofortige Einstellung jeglicher jagdlicher Verfolgung.

Biotop. Flachwasser im Binnenland und an der Küste, z.B. überflutete Wiesen und Weiden, Lagunen, Reisfelder, See-Ufer. Br. in dichtem Röhricht u.a. Pflanzengesellschaften der Verlandungszonen.

Nahrung. Insekten und deren Larven, Mollusken, Würmer, Crustaceen und nur kleine Amphibien.

Stimme. Wenig ruffreudig; im Flug heiser »rraa«, krähenähnliches »kra-ra-ra« o.ä. Am Brutplatz grunzende und blökende Rufe.

Verhalten. Tag- und dämmerungsaktiv. Watet besonders im Seichtwasser. Nahrungssuche in kleineren Trupps. Ruderflug mit höherer Schlagfrequenz als bei Reihern; Gleitflug. Brüten sehr dicht oft gemeinsam mit anderen Arten. Paare bleiben mindestens für eine Brutzeit zusammen. Balz schließt gegenseitiges Putzen und Schnäbeln ein. Kopulieren auf Zweigen in der Nähe des Nests. Das ganze Jahr über gesellig. Im Flug oft Querreihen.

Fortpflanzung, Brutbiologie [1369,337,1784, 3615]. Wohl monogame Saisonehe. **Nest.** Meist im Schilf oder auf wasserständigem Weidengebüsch bzw. Bäumen (meist 1 m, aber bis 5-7 m über Wasser); Koloniebrüter, oft zusammen mit Zwergscharben, Reihern und Löfflern; Nest aus Schilfhalmen und Zweigen, ausgelegt mit grünem Pflanzenmaterial; beide bauen. **Legebeginn.** (Mitte) Mai bis Juni. **Gelegegröße.** 3-4 (2-6). **Eier.** Regelmäßig oval, blaugrün, dunkler als alle Reiherarten. **Brutdauer.** 21 (20-23) d; beide brüten. **Nestlings-/Führungszeit.** Beide füttern; Juv. klettern ab 14 d in der Nestumgebung, sind mit 25-28 d flugfähig, bleiben aber bis 50 d in Nestumgebung. **Jahresbruten.** 1. **Bruterfolg.** In AUS bei 64 Bruten Ø 1.0 Juv./Nest (im Alter von 15 d).

Eimaße und -gewichte. L. 46.2-57.8 mm, B. 32.5-43.0 mm, Ø: 67.6 x 45.9 mm (n=250, YU); Frischvollgew. 75-76 g; Schalengew. 4.36-8.79 g, Ø$_{176}$: 6.95 g.

Alter. Ältester Ringvogel 19 J. 10 Monate. **Generationslänge:** 5 J. [383].

Mauser. **Postjuvenile Mauser** (Teilmauser) ab Aug./Sept.; Kleingefieder und einige Flügeldecken. Großgefieder erst ab Mittwinter, bis Heimzugbeginn beendet, aber gelegentlich einzelne juvenile HS und ST nicht erneuert [767,3050].
• **Postnuptialmauser** (Vollmauser) Körpergefieder bereits während Jungenaufzucht; bei Zugbeginn bis auf 3-4 äußere HS beendet, die erst im Winterquartier gemausert werden [767,3050].
• **Pränuptialmauser** (Teilmauser) (Nov.) Feb.–April/Mai, Immat. Jan.–Mai; Teile des Körpergefieders, einzelne Flügeldecken und ST [767,3050].

Geronticus eremita – Waldrapp 01400

Geronticus eremita (Linnaeus 1758)

(GB) **Northern Bald Ibis** (F) **Ibis chauve** (E) **Ibis Eremita**

Taxonomie. Monotypisch. Die erst seit historischer Zeit allopatrischen Waldrapp-Populationen im Nahen Osten und in MA sind phänotypisch und genetisch sehr gering differenziert [vgl. 2973]. Die zweite Art dieser Gattung, *G. calvus* in S-Afrika, weicht vom Waldrapp so stark ab, dass die Zusammenfassung zu einer Superspezies [z.B. 3565] nicht sinnvoll erscheint.

Kennzeichen. [221,1369,1784,3615,3772; vgl. **Fotos** in Bird. W. **15**, 280, **17**, 77].

Maße. Gr.: 70-80 cm. Gew.: (Juv. in Gefg.) 1080-1230 g. Fl.spw.: 125-135 cm. Fl.l.: ♂ 403-420 mm, ♀ 390-408 mm [1369,3615].

Status. Ehemaliger Brutvogel. Brutvorkommen nur noch außerhalb Europas. Außerhalb bestehender Brutgebiete nur extrem seltene Einzelbeob., z.B. in E. (1958), EGY, Irak, Azoren, Kapverden; als Durchzügler auch Saudi-Arabien, Yemen und Eritrea. In jüngster Zeit Vorbereitungen für Wiederaussetzungsaktionen in **A**. Beob. entflohener Gefg.fl. jüngst 2mal in **D** (u.a. Aug. 1997 in -BB), **CH** sowie in **A** und **PL** [q13,575,3129,1,q14, 3871].

Verbreitung und Bestand. Ehemals bis S-ME verbreitet. Sichere Nachweise für ME, meist aus 16. Jh., aus CH, D-BW, -BY, A-S und A-St sowie YU [1369,1722]; für H Vorkommen wahrscheinlich. Heute nur noch Brutvogel in MA, DZ (1 kleine Kolonie, möglicherweise schon erloschen) und TR (kleiner, z.T. halbzahmer, Restbestand von 15 BP in Birecik, stabil) sowie kürzlich entdecktes kleines Brutvorkommen (ca. 3 BP) in SYR [3615,382,q4,383]. Der Waldrapp zählt global zu den am stärksten gefährdeten Vogelarten [»CR«: 382].

Wanderungen. Standvogel in MA mit Streuungswanderungen entlang der Küste. Br. TR zogen nach NE Afrika (Dez. Äthiopien) und kehrten Feb./März zu den Kolonien zurück [3615].

Bestandsentwicklung. Erlöschen der Bestände in ME, wo Brutvorkommen an kahlen unzugänglichen Felswänden oder an Bauwerken, schon im 16. oder 17. Jh. Grund für Aussterben möglicherweise Klimaveränderung, sicher auch Verfolgung durch Menschen (Jagd, Aushorstung) [196]. Aufgrund intensiven Pestizideinsatzes (Birecik!), Störungen zur Brutzeit und Verfolgung inzwischen auch verbliebene Bestände in N-Afrika, S-Europa und Vorderasien vollständig erloschen oder mit drast. Abnahme z.B. MA 1975 ca. 250 BP, 1994 nur noch 60 BP (300 Ind.) in 4 Kolonien, 1998 nur noch 200 Ind., nachdem 1996 mind. 40 Ind. aus unbekannten Gründen umkamen; 1999 wieder ca. 220 Ind. [382]. Brutgeb. in MA neuerdings durch Bauplanungen gefährdet. In Birecik TR seit 1989 keine Wildvögel mehr, aber Bruten freiflieg. Volierenvögel [3615,382,196]. Seit 2002 sehr kleine Brutpopul. in SYR bekannt [q4].

Gefährdungsursachen [382,196]. Neben klimatischen Bedingungen vor allem direkte Verfolgung (Jagd, Aushorstung – vormals auch zum Verzehr) sowie Nahrungsmangel zur Brutzeit infolge Pestizideinsatz, Verlust extensiver Landwirtschaftsflächen und Dammbauten, ferner Störungen in den Brutgebieten.

SPEC	VSchRL	Bern.Konv.	Bonn.Konv.
1	--	Anh. II	Anh. I,II
Europ. RL	Globale RL	RL in ME	
CR	**CR**	D, CH, A: **'RE'**	

Schutzmaßnahmen. Schutz und Erhaltung extensiv genutzter Grassteppen und Kulturlandflächen. Strenge Maßnahmen gegen illeg. Verfolgung. Sicherung aller Brut- und Rastplätze vor Eingriffen und Störungen.
Monitoring von Brutbest. und Reproduktionserfolg. Genauere Untersuchungen über Nahrungsansprüche, Brutbiologie und Gefährdungsursachen. Eventuell Aussetzung in geeignete Brutgebiete nach genauer Untersuchung der ökologischen Ansprüche und erforderlichen Bedingungen.

Biotop. Erreichte auch gemäßigte Zone, meist aber in ariden Bereichen mit klippenartigen Felsabbrüchen; Brutkolonien auf Simsen, in Nischen oder Höhlen, auch zwischen Felsblöcken; historisch auch stärker mit Menschen vergesellschaftet und in Ruinen, Schlössern, auf Mauern etc. Heute überwiegend in Halbwüstengebieten, in trockenen Wadis, felsigen Hügeln mit spärlicher Vegetation, aber auch, besonders außerhalb der Brutzeit, in Wiesen- und Weidengebieten, in Bergflusstälern und an der Küste.

Nahrung. Überwiegend Invertebraten, vor allem Heuschrecken, Grillen usw., auch kleine Reptilien, Schnecken, Regenwürmer, Frösche und Fische, gelegentlich Kleinsäuger und brüt. Vögel; auch vegetabilische Kost, z.B. Rhizome aquatischer Pflanzen.

Stimme. Außerhalb der Kolonien schweigsam. Alarmruf harsches »gru«, gutturales Krächzen an den Winterschlafplätzen.

Sterblichkeit, Alter. Generationslänge: 8 J. [383].

Mauser. Postjuvenile Mauser wenig bekannt; HS-Mauser ab Frühling des 2. KJ (Volierenvögel) [767].
• **Postnuptialmauser** (Vollmauser) [767].

Platalea leucorodia – Löffler 01440

Platalea leucorodia Linnaeus 1758

(GB) **Eurasian Spoonbill** (F) **Spatule blanche** (E) **Espátula Común**

Taxonomie. Die 3 UA *leucorodia* Linnaeus 1758 (Eurasien, Indien), *balsaci* de Naurois & Roux 1974 (Mauretanien) und *archeri* Neumann 1928 (Rotes Meer) stehen nicht in geographischem Kontakt und unterscheiden sich recht deutlich in Größe, Schnabelfarbe und Struktur der Schnabelrunzelung

Kennzeichen. Verwechslungen mit Afrikanischem Löffler *P. alba* möglich, Altvögel haben rote nackte Gesichtshaut und Beine (*leucorodia* Beine schwarz, Gesichtshaut gelb) [221,1369,3615,1784,3772].

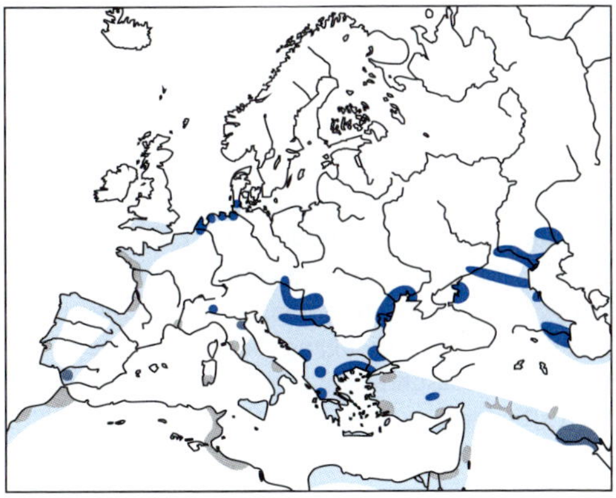

Platalea leucorodia – **Löffler**

Maße. Gr.: 70-95 cm. Gew.: 1130-1960 g. Fl.spw.: 115-135 cm. Fl.l.: ♂ 386-412 mm, ♀ 360-377 mm [1369,3615].

Status. Lokaler Brut- und Sommervogel in stark zunehmenden Populationen; derzeit anhaltende Arealausweitung in NW-ME. Abseits der Brutgebiete seltener Durchzügler.

Verbreitung und Bestand. Früher weit, inzwischen jedoch sehr lückig verbreitet von S-, W- und M-Europa, Vorderasien, NE-Afrika und Kaspigebiet über Vorderindien bis E-Asien. Bis zu 3/4 des Weltbestandes brüten in W-Paläarktis. In ME war Löffler lange auf Kolonien in NL, H und SK. beschränkt (benachbartes Vorkommen u.a. in HR); seit 1990er J. aber Ausbreitung in früher besetzte Regionen E-A und CZ sowie Neuansiedlung in D und Teilen W-Europas. Europäischer Gesamtbestand (um 2000) ca. 8.900-15.000 BP mit Populationen > 1.000 BP in RUS, NL, E., AZ und RO [383]; in ME etwa 2.000-2.800 BP [383,1584, erg.].

Wanderungen. Zugvogel, Winterquartiere Mittelmeerraum (E., TR, N-Afrika) bis Sahelzone, Sudan, Äthiopien. Zerstreuungswanderungen der Juv. Juli/Aug., bei der Br. aus NL bereits S-E. erreichen können. Brutvögel D-NI ziehen ab Aug./Sept. von Inseln ans Festland. Hauptwegzug Sept./Okt./Nov. **Br. NL/D-NI** ziehen über W-F zur Atlantikküste, über Biskaya, E., Straße von Gibraltar nach W-Afrika. Winterquartier der Br. NL und E. Küste Mauretaniens, Senegaldelta und wohl noch weiter S. Die meisten 1-2-jährigen Nichtbrüter aus E. übersommern S Sahara. Früheste Rückwanderer ab Jan. in E., Ankunft in NL meist Ende März [3051]. Abzug **Br. A/H** über I nach TN oder über GR ins Nildelta, dort Mischung mit E Populationen, nicht jedoch mit NL Vögeln. Ankunft am Neusiedlersee meist April. **Br. TR** Funde von EGY bis Pakistan. Nichtbrüter oft bei Kolonien. Fernansiedlungen von **Br. aus E.** in NL, F, P [Ringfunde E.: 760, A/H: 2703, NL: 3642].

Bestandsentwicklung. In Europa stets auf einzelne, z.T. weit auseinander liegende Plätze beschränkt, dann im Laufe des 20. Jh. dramatischer Bestandsrückgang der gesamten europäischen Brutpopulation als Folge von Entwässerungen und Verfolgung. Der Rückgang hält gebietsweise bis heute an, insbesondere in bedeutenden Populationen (S)E-Europas (GR, AL, RO, UA., RUS) [1585]. Am Neusiedlersee A nach starken Schwankungen in Abhängigkeit vom Wasserstand kontinuierliche Verluste seit 1950er J. (damals 200-250 BP), 1990/91 vorübergehendes Erlöschen der Brutkolonie, aber Wiederbesiedlung nach Wasserstandsanstieg schon 1992, inzwischen rasche Zunahme auf ca. 80 BP 1998 [1109]. Auch in anderen Gebieten ME Bestandsentwicklung neuerdings sehr positiv. In H profitierte der Löffler offenbar von Zunahme der Fischteiche, insbesondere deren Trockenlegung im Frühjahr (Nahrungsangebot); nach Zunahme lagen Bestände 1980 wieder über denen der 1950er J. (220 BP 1951; 460 BP in 18 Kolonien 1981), und trotz deutlicher Verluste in einigen Kolonien hält Zuwachs weiter an [196]; Ende 1990er J. auch im benachbarten SK. rascher Anstieg auf mind. 35 BP [383]. In NL anhaltender Rückgang bis 1970 (ca. 450 BP 1925, 400–500 BP 1941-54, 150 BP 1968/69), dann Erholung auf Zahlen der 1920er J., seit 1990er J. fast exponentielle Zunahme sowie rasche Arealausweitung [2902,3638], u.a. nach E entlang Nordsee nach Vlieland (1982), Schiermonnikoog (1991), Ameland und Rottumerplaat (1994) [4103]. Nach weiterer Ausbreitung 1996 Besiedlung D-NI (Mellum, Memmert) [4103], sowie DK 1996 (ab 2002 weitere Kolonie) und D-SH ab 1999 [310,q7]. Seither in D Bestandsanstieg auf 85 BP (2002) und 103 BP (2003), bei Bildung weiterer Kolonien [P. Südbeck, 453]. In Verbindung mit wachsender Population NL auch starke Zunahme in F [dort wohl schon 1973 erstmals brütend, 4180], Ansiedlung in B (1999 erstmals Brutverdacht, erste Brut 2002) [1677] und Wiederbesiedlung GB 2001 [q3,q18], Bestandsanstieg zudem in E., dagegen Abnahme in TR und UA. und Bestand in AL erloschen [383].

	Best.	Areal	Brutbestand	Jahr	Quelle
A	⇧	+ 2	40–77	1998 2002	[383,1109]
B	N	N	3–5	2000–2002	[383]
CZ	+/-	=	3–5	2000	[383]
D	⇧	+ 2	85–103	2002–2003	[453*1]
H	↑	+ 1	850–1.200	1998–2002	[383]
NL	⇧	+ 2	1.008–1.425	1998–2002	[383,q4]
SK	↑	+ 1	10–35	1998–1999	[383]

*1 erg. P. Südbeck

Gefährdungsursachen [965,1507,3892,196,1144, 3995,1109,3428]. Hauptgründe für Niedergang der Population E-Europas sind Verlust von Brutgebieten und günstigen Nahrungshabitaten durch Drainage, Verbauung und Störungen. Am Neusiedlersee Aufgabe der Beweidung und Austrocknung der La-

cken (Nahrungssuche) entscheidend, in NL Pestizidbelastung der Küstengewässer; im Wolgadelta Verschmutzung der Nahrungsgewässer und fehlende Wasserzufuhr, in HR Gewässermelioration, Verlust von Fischfarmen und zu hohe Wasserstände.
Ferner von Bedeutung Brutplatzverlust durch Erosion und Überflutungen, Störungen in den Brutgebieten, Schilfbrände und Schilfmahd - in früheren Jahrzehnten, in E-Europa heute noch. In den küstennahen Überwinterungsgebieten zunehmend Verbauung, Verschmutzung und Störungen. Viele Überwinterungsgebiete, auch in S-Europa, sind langfristig gefährdet.
Natürliche Verluste: durch Prädation (meist Fuchs, auch Hermelin) in NL und D Kolonieverlagerungen auf Inseln.

SPEC	VSchRL	Bern.Konv.	Bonn.Konv.
2	Anh. I	Anh. II	Anh. II
Europ. RL	RL in ME		
--	A, CZ:'CR', SK:'EN', NL, H:'VU', D:'R'		

Schutzmaßnahmen. Strikter Schutz aller existierenden Kolonien sowie Renaturierung geeigneter Standorte. Erhaltung und Sicherung wichtiger Nahrungsplätze (fischreicher Flachwassergebiete), extensive Beweidung, wo erforderlich. Gewässermanagement; Erhalt natürlicher Wasserstandsschwankungen.
Schutz aller bedeutenden Rast- und Nahrungsareale auf dem Zugweg und im Überwinterungsgebiet durch internationale Konventionen.

Biotop. Br. in Sümpfen und Verlandungszonen mit Schilf, Auenvegetation, einzelnen Büschen. Nahrungssuche im Seichtwasser, besonders außerhalb der Brutzeit auch an Meeresküste, in Dünen und Salzwiesen.

Nahrung. Wasserinsekten, kleine Fische, Mollusken, Crustaceen, Amphibien (auch Kaulquappen und Laich); auch einzelne Landtiere.

Stimme. Wenig ruffreudig. Am Brutplatz tiefe grunzende, jaulende Rufe; in Erregung Schnabelklappern, Ad. tiefes »tschock«.

Verhalten. Tag- und dämmerungsaktiv; vor allem Nahrungssuche in Dämmerung. Langsames Schreiten; Ruderflug mit relativ raschen Flügelschlägen; Gleitflug und Thermiksegeln. Wasser und Schlamm werden mit seitlich auspendelnden Kopfbewegungen durchschnattert. Koloniebrüter, auch mit anderen Arten (z.B. Silberreiher) zusammen. Paare verteidigen Nester gemeinsam, tolerieren aber nächsten Nachbarn. Nachbarn vertreiben Eindringlinge oft gemeinsam. Paare bleiben während einer Brutsaison zusammen. Kopulieren sehr häufig. Verpaarte ♂ kopulieren aber auch mit anderen ♀. Nichtbrüter halten sich außerhalb der Kolonie auf. Auch außerhalb Brutzeit gesellig.

Fortpflanzung, Brutbiologie [1369,337,1784, 3615]. Geschlechtsreife mit 3-4 Jahren (?). Wohl monogame Saisonehe. **Ankunft am Brutplatz.** (März) April. **Nest.** Auf umgebrochenem Altschilf über dem Wasser, auch auf Bäumen (z.B. in alten Reihernestern), auf dem Boden oder in Felsbändern; beide bauen. Kolonien an Nordsee oft in Nähe von Möwenkolonien, Nestabstände sehr klein. **Legebeginn.** Wasserstands- und temperaturabhängig; ab Anf./ Ende April bis Juni. **Gelegegröße.** 3-5 (-7); Ø in GR/ YU_{54} 3.53, R_{415} 3.5; Legeabstand 2-3 d. **Eier.** Länglichoval, mattweiß, spärlich bis stärker rotbraun gefleckt. **Brutdauer.** (21) 24-25 d, Beginn vor Ablage des letztes Eies, beide brüten. **Nestlings-/Führungszeit.** Beide füttern; Juv. mit 45-50 d flügge, verlassen aber Nest schon vorher. **Jahresbruten.** 1; Nachgelege. **Bruterfolg.** Nicht selten Totalverlust durch rasche Wasserstandsänderung; in guten Jahren Nestlingsverluste sehr gering, z.B. 17.2% [1784].

Eimaße und -gewichte. L. 58.2-76.4 mm, B. 40.8-49.2 mm, Ø: 67.6 x 45.9 mm (n=250, YU); Frischvollgew. 75-76 g; Schalengew. 4.36-8.79 g, $Ø_{176}$: 6.95 g.

Sterblichkeit, Alter. Ältester Ringvogel 19 J. 10 Monate. **Generationslänge:** 9 J. [383].

Mauser. **Postjuvenile Mauser** (Vollmauser) (Okt.) Dez.–Mai [767]. • **Postnuptialmauser** (Vollmauser) Aug.–März, Schwingenmauser vermutlich z.T. erst im Winterquartier beendet [767]. • **Pränuptialmauser** (Teilmauser) Jan.–März; besonders Kopf- und Halsgefieder [767].

ORDNUNG Ardeiformes – Reiher

Langbeinige, meist sehr große Stelzvögel, die langsam schreitend am Boden oder im Wasser tierische Nahrung suchen. Flügel lang und breit, mit 10-11 HS und 15-20 AS; bei Dommeln 10 ST, sonst 12; Unterschwanzfedern lang (meist wie ST). Junge sind Nesthocker.
Die Schwestergruppe der Reiher (Ardeidae) ist unbekannt, weshalb die Gruppe hier vorläufig im Ordnungsrang geführt wird.

Familie Ardeidae – Reiher

Stelzvögel mit S-förmig geknicktem Hals (Knick am 6., verlängerten Wirbel); kräftiger, gerader und spitzer Schnabel. Kralle der Mittelzehe innen gekämmt (»Putzkralle«). Bei vielen Arten zur Brutzeit Schmuckfedern an Kopf, Halsansatz oder Rücken; Puderdaunen bei meisten Arten ausgebildet. ♂ nur wenig größer als ♀ (bei Skelettelementen nur 2-4%), Gefieder sehr ähnlich (Ausnahme: kleine Dommeln). Im Flug durch Krümmung des Halses Kopf zwischen den Schultern. Unterschwanzdecken fast so lange wie Schwanz. Beine lang, unterer Teil der Tibia nackt. Färbung der unbefiederten Körperteile, insbes. Zügelregion, unterliegt bedeutender saisonaler Variation und dürfte als Signal bei der Paarung von Bedeutung sein. Monographien mit Fotos/Farbtafeln aller Arten [1523,1784].

Nach Ergebnissen von DNA-DNA-Hybridisation sowie mtDNA-Sequenzen gehören europäische Reiherarten zwei Unterfamilien an, deren jeweilige Monophylie gut gesichert ist [3549], nämlich den **Botaurinae** (*Botaurus, Ixobrychus*) und den **Ardeinae** (alle anderen Gattungen). Gattungen *Botaurus* und *Ixobrychus* sind Schwestergruppen und unter den paläarktischen Arten die ursprünglichste Linie der Reiher [3549]. *Ardeola* (Rallenreiher) steht *Butorides* (Mangrovereiher) sehr nahe. Der Silberreiher (*Casmerodius alba*) ist genetisch mit *Ardea* und *Bubulcus* etwa gleich nah verwandt – *Egretta* steht ferner [3549] –, lässt sich also keiner dieser Gattungen zuordnen und wird daher als monotypische Gattung *Casmerodius* beibehalten. Die Verwandtschaft des Mittelreihers *Mesophoyx (Egretta?) intermedia* ist nicht bekannt, wird aufgrund von Skelettunterschieden [2953] zunächst als monotypische Gattung beibehalten.

Sowohl bei *Ardea* als auch bei *Egretta* auf Gattungs- und Artniveau häufig deutlicher Farbdimorphismus (dunkelgraue/schwarze und weiße Morphe); wahrscheinlich einfacher genetischer Mechanismus. Artabgrenzung innerhalb Gattung *Egretta* bisher sehr unsicher.

• Gattung *Ardea*

Elf Arten, darunter mehrere Superspezies. Die Monophylie der Gattung gegenüber *Casmerodius* und *Bubulcus* ist noch unzureichend gesichert, da molekulare Studien bisher nur eine *Ardea*-Art (*herodias*) einschlossen.

• Gattung *Egretta*

12 Arten. Der Seidenreiher *E. garzetta* wird oft mit dem Schmuckreiher *E. thula* (N- und S-Amerika), *E. (g.) dimorpha* (tropisches E-Afrika), westlichem *E. (g.) gularis* (W-Afrika) und östlichem Küstenreiher *E. schistacea*, jedoch unter Ausschluss des amerikanischen Blaureihers *E. caerulea* und des ostasiatischen Schneereihers *E. eulophotes*, in eine Superspezies gestellt [3565]. Die Abgrenzung einer solchen Superspezies erscheint angesichts des Fehlens einer umfassenden phylogenetischen Analyse sehr unsicher.

Botaurus lentiginosus – Nordamerik. Rohrdommel 00960

Botaurus lentiginosus (Rackett 1813)

GB North American Bittern **F Butor d'Amérique** **E Avetoro Lentiginoso**

Taxonomie. Monotypisch.

Kennzeichen. [221,1369,3615,1784,3772]. **Fotos** in Brit. B. 84, 322/323, Dutch B. 13, 113 und [827].

Maße. Gr.: 56-85 cm. Gew.: 372-571 g. Fl.spw.: 105-125 cm. Fl.l.: ♂ 26.7-29.1 cm, ♀ 23.8-25.5 cm [1369,3615,1784].

Status. In Europa Ausnahmegast, mit meisten Nachweisen auf britischen Inseln, in IRL und IS sowie Einzelvögeln in N., DK, Färöer, E., Azoren und Kanaren [q4,3615,q23]. In ME kein sicherer Nachweis, nur unbestätigter Bericht für **D**-SN aus 19. Jh. [1369; vgl. aber 3667].

Verbreitung und Bestand. Verbreitet in Nord- und Mittelamerika von 55-60° N in CDN nach S lokal bis Texas und Florida, mit Überwinterungsgebieten bis Panama und Karibische Inseln. Zwar kein häufiger Vogel und deutlich abnehmend, aber global nicht gefährdet [1784].

Wanderungen. N Populationen Zieher (Wegzug Sept.–Nov., Heimzug Feb.–März, im extremen N bis Mai), in gemäßigten Breiten Standvogel. Ausgedehnte nachbrutzeitliche Streuungswanderungen. Gelegentlich GRÖ, Bermudas, S-Amerika, mehrfach Europa S bis zu den Kanaren [1784].

Nahrung. Wie Rohrdommel; in den Wiesengebieten auch Großinsekten.

Biotop. Wie Rohrdommel, dringt aber weiter in feuchte Wiesen- und Weidegebiete vor.

Stimme. Gesang ♂ langsames, tiefes »uung-kaunk«. Bei Störung nasal »aink« oder »kok-kok-kok«.

Mauser. **Postjuvenile Mauser** (Teilmauser) Aug.–Nov.; Körpergefieder [767,3050]. • **Postnuptialmauser** (Vollmauser) Aug.–Nov. [767,3050]. • **Pränuptialmauser** (Teilmauser) Feb.–Mai; vermutlich Körpergefieder [767,3050].

Botaurus stellaris – Rohrdommel 00950

Botaurus [stellaris] stellaris (Linnaeus 1758)

GB Eurasian Bittern **F Butor étoilé** **E Avetoro Común**

Taxonomie. Zwei UA: *stellaris* (Linnaeus 1758) (Paläarktis) und *capensis* (Schlegel 1863) (südl. Afrika). Bildet Superspezies mit *B. poiciloptilus* (AUS, NZ), nicht aber mit den beiden Neuweltarten *B. lentiginosus* und *B. pinnatus*, die in Skelettmerkmalen und Revierrufen deutlich abweichen [2953].

Kennzeichen. [221,1369,1784,3772,3615; vgl. **Fotos** in Limic. **10**, 115-119, **17**, 84, Var Fag. 1996/**2**, 2-3, 2004/**6**, 2-3]. Nordamerikanische Rohrdommel *B. lentiginosus* kleiner, mit braunem (statt schwärzlichem) Scheitel, braun (statt schwarz) gestricheltem Hals und ungebänderten Schwungfedern.

Maße. Gr.: 64-80 cm. Gew.: ♂ 966-1940 g, ♀ 867-1150 g. Fl.spw.: 125-135 cm. Fl.l.: ♂ 335-357, ♀ 296-327 mm [1369,3615].

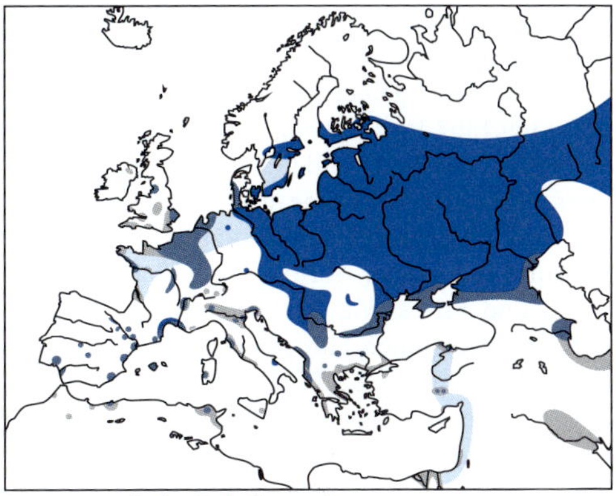

Botaurus stellaris – **Rohrdommel**

Status. Lokaler Brut- und Sommer- oder Jahresvogel. Regelm., aber seltener Gastvogel; gebietsweise (besonders S- und W-ME) regelm. und nicht seltener Wintergast.

Verbreitung und Bestand. Lückig von Europa und mittleren Breiten Asiens bis Pazifik einschließlich N-JAP verbreitet; kleine isolierte Populationen ferner in N-Afrika sowie S-Afrika *(capensis)* [1784]. Bestand in Europa 34.000-54.000 ruf. ♂, mit größten Vorkommen in RUS (13-25 T.) und UA. (10-15 T.); in ME ca. 5.500-7.000 ruf. ♂ [383], mit wichtigen Brutvorkommen in den Niederungsgebieten N-D/PL, in NL, A und H [1369].

Wanderungen. Teilzieher. Wintergebiet der W-paläarktischen Br. ME, W- und S-Europa, Vorderasien, N-Afrika; Winterplätze z.T. traditionell besetzt [z.B. CH:4177]. Abzug ME Br. SSW bis WSW (weiteste Ringfunde: S.–E. ca. 2000 km, LT–F ca. 1800 km, PL–E. >1500 km [Ringfundkarte NL:3642;1208]. Einzelne überwintern auch in S., PL; weiteste Beob. reichen bis N Zentralafrikas. Teilweise wohl auch nur Kältefluchtbewegungen. In NL, B und W-Europa ziehen Br. wohl großenteils nicht oder nur über kurze Entfernungen. In GB zu den meist nicht wegziehenden Br. Zuzug in Abhängigkeit von Winterhärte [ausführlich 362]. Unter Winterausharrern ME in kalten Wintern hohe Verluste, auch in GB. Zerstreuungswanderung der Juv. schon ab Juli, Abzug der Ad. Sept.-Nov. (Dez.); Rückkehr an Brutplätze (soweit nicht überwinternd) Mitte Feb.–Ende April. In Mittel-I Küstenmarschen gerichtete Abflüge (abends in später Dämmerung) am häufigsten im März [3097], in D-BW Feb./März [2439]. Nichtbrüter auch während des Sommers weit umherstreichend.

Bestandsentwicklung. Im gesamten ME und in W-Europa erhebliche Bestandsabnahme der bis Ende 19. Jh. gebietsweise recht häufigen Art [309,1369,1507,196; F:3990; GB:3615,2536]. Die Populationen in W-D und GB erloschen im 19. Jh. Einer Phase der Zunahme und Arealausweitung aufgrund verringerter Schilfnutzung, Eutrophierung und reduzierter Verfolgung, mit Besiedlung von S. und FIN sowie Rückkehr nach GB, folgte in vielen Regionen Europas ab 1950er J. ein erneuter Einbruch (in E., NL, D und GB über 50 %) [1507], in dessen Folge viele Brutgebiete aufgegeben wurden [1507,1784,2560,196]. Dagegen in N- und E-Europa, vor allem aber in S-FIN, DK, S-S. und EST, seit Ende 1960er J. - nicht selten aufgrund von Schutzmaßnahmen - stabil oder zunehmend [1507,196]. Positive Trends neuerdings auch in ME, z.B. in D-SH mit max. 190 ruf. ♂ (1995) und Besiedlung neuer Standorte, ferner in H und zeitweise in NL [196,q22]; in PL Bestand früher unterschätzt, »Zunahme« wohl nur aufgrund besserer Kenntnisse [3871,q22]. In D-BB [3277] sowie in DK [q4] lokale Wiederansiedlungen und Bestandszunahmen, die aber den allgemeinen Rückgang nicht kompensieren können, Zahlen in -MV konstant [453]; am Bod. 1994 erste erfolgreiche Brut nach > 60 J. [1617]. In -SH durch Kältewinter wieder Rückgang, doch bis 2001 erneute Erholung [306].

	Best.	Areal	Brutbestand	Jahr	Quelle
A	+/-	=	100–130	1998–2002	[383]
B	↑	=	12–20	1995–2002	[383]
CZ	↑	=	30–40	2000–2002	[383]
D	↓	- 1	360–620	1995–1999	[383]
H	+/-	=	700–1.000	1998–2001	[383]
NL	⇩	- 2	200–250	1998–2000	[383]
PL	+/-	=	4.100–4.800	2002–2003	[383]
SK	↓	- 1	50–100	1990–1999	[383]

Gefährdungsursachen [309,1343,1719,196,3990, 856,2192,2175, T. Ryslavy]. Verlust oder Zerstörung geeigneter Lebensräume, entweder direkt durch Verbauung, Gewässerausbau und Entwässerung von Niederungsfeuchtgebieten, dadurch stärkere Verlandung, Austrocknung und Verlust der Nahrungstiere; indirekt durch intensivere Nutzung, Gewässerverschmutzung, starke Grundwasserschwankungen sowie Schilf- und Fischsterben durch Eutrophierung. Zumindest in GB auch Gefährdung durch Umweltgifte in Diskussion. In ME können häufige Mahd, Herbizideinsatz in schilfbestandenen Teichgebieten und Abbrennen des Schilfes sowie das Aufkommen von Wasserschwadenröhricht den Lebensraum für die Rohrdommel ungeeignet machen.
Weitere Faktoren sind: Zunehmende Störungen in den Brutgebieten durch Übererschließung und Freizeitdruck (Angelsport, Motorboote etc.) sowie direkte Verfolgung - vor allem in Überwinterungsgebieten.
Natürliche Verluste in Kältewintern (da in ME häufig im Brutgebiet überwinternd), dadurch Rückkehr an Brutgewässer in erheblich verminderter Zahl. Reduktion nach Winter 1978/79 z.B. um 30-50% in NL, N-D und S. [1507]. Verluste in geeigneten Lebensräumen meist nach wenigen J. wieder ausgeglichen [1343].

SPEC	VSchRL	Bern.Konv.	Bonn.Konv.
3	Anh. I	Anh. II	Anh. II
Europ. RL	RL in ME		
--	CZ, D: 'CR', NL: 'EN', A, SK: 'VU'		

Schutzmaßnahmen. Besonderer Schutz bestehender Brut-, Durchzugs- und Überwinterungsgebiete durch Ruhe- und Tabuzonen; Vermeidung weiterer Lebensraumverluste; Gebietsankauf; Schaffung geeigneter Flachwasser- und Verlandungszonen, z.B. durch Rückbau verbauter Uferbereiche oder durch Wiedervernässung; Einhaltung und Wiederherstellung natürlicher Wasserverhältnisse mit Ausuferungen im Frühjahr und langsamem Absinken der Wasserstände bis weit in den Mai; Rückhaltung von Niederschlagswasser in der Landschaft. In N-D Erhaltung von Knickzonen.
Weitere spezifische Maßnahmen: Einrichtung von Fisch-Schongebieten und Förderung natürlicher Entwicklungen (reiches Angebot an Kleinfischarten); Verhinderung von Grundwasserabsenkungen oder Drainagen; deutliche Verringerung der Schilfmahd auf Orte, wo Schilfbestand für Ansiedlungen zu dicht geworden ist; Reduzierung des Eintrages von ungeklärten Abwässern, Umweltgiften oder Stickstoffverbindungen der Landwirtschaft; Schutz des Schilfes vor starkem Wellenschlag (Boote); Reduzierung der Störeinwirkungen; Verhinderung illegaler Verfolgung.

Biotop. Br. in ausgedehnten, wasserständigen Schilf- und Rohrbeständen; mehr- bzw. vorjährige Schilf- und Rohrkolbenbestände als Deckung nötig. Pflanzen dürfen nicht zu dichtes und daher undurchdringliches Gewirr bilden (daher gelegentlicher Schilfschnitt vorteilhaft); bei Trockenfallen ungeeignet, daher stärkere Wasserstandsschwankungen zur Brutzeit oft ungünstig. Innerhalb größerer Gewässerkomplexe auch in kleinen Beständen (z.B. an künstlichen Fischteichen), in N-ME z.T. auch an Ton- und Torfstichen, Brüchen, Flussaltarmen, Schilfflächen in Niedermooren und Kiesgruben. Zur Zugzeit und im Winter auch in kleinen, lichten oder lückigen Schilfbeständen oder ± offen an Gräben oder Ufern.

Nahrung. Fische, auch fast ausschließlich als Nestlingsnahrung [1350], Frösche; daneben auch Molche, Wasserinsekten, Würmer, Crustaceen, mitunter auch Kleinsäuger und Kleinvögel oder Reptilien.

Stimme. ♂ Reviergesang Mitte Feb./Juni (selten auch später) tief, nicht laut, aber weithin hörbar, nebelhornartig »ü-humb« (1. Silbe aus Entfernung kaum zu hören), 3–5 mal wiederholt (größte Rufintensität abends); Flugruf nasal »kau« oder »quouk« u.ä.; Warnruf rasch »kokoko« (gedämpft); ferner »chra« (Drohruf?).

Verhalten. Dämmerungs- und nachtaktiv. Bewegungen am Boden langsam; fliegt meist niedrig über das Schilf. Nahrungserwerb tags, langsam pirschend zu Land oder im Seichtwasser, auch vom Ansitz aus. Der Kopf nähert sich meist ganz langsam der Beute und stößt dann plötzlich zu. Einzelgänger; ♂ territorial, verteidigen oft große Gebiete. Balz weitgehend unbekannt. Pfahlstellung bei Gefahr mit nach oben weisendem Schnabel, wird oft sehr lange beibehalten; Abwehrpose mit gespreizten Flügeln und Brustfedern auf dem Intertarsalgelenk eingeknickt (»Uhupose«). ♂ verpaaren sich oft mit mehreren (bis zu 5) ♀.

Fortpflanzung, Brutbiologie [1369,337,1784, 3615]. Geschlechtsreife wohl meist im 2. Jahr. Monogame und polygame (bis 5 ♀) ♂ bekannt, in Gebieten mit mehreren rufenden ♂ kann Anzahl brütender ♀- offenbar mehr als doppelt so hoch sein wie ♂-Zahl. Nichtbrütende Revierinhaber nicht selten. **Nest.** Im dichten Röhricht, über Wasser, Nestplattform (anfangs Umfang 30-40 cm, Tiefe 10-15 cm, aber konstanter Ausbau) aus Pflanzenmaterial der Umgebung; bei Polygynie sehr geringe Nestabstände (z.B. 15-20 m); Nester nicht immer mit Rufstellen der ♂ korreliert. ♀ baut. **Legebeginn.** Ende März/April bis Juni; Legeintervall 1-3 d. **Gelegegröße.** 5-6 (3-7); Ø in DK_{31} 5.25, $E\text{-}D_{47}$ 4.76. **Eier.** Stumpfoval, olivbraun, glanzlos. **Brutdauer.** 25-26 d; ♀ brütet; Beginn nach ersten Eiern. **Schlüpftermine.** Asynchron innerhalb 7 (-12) d. **Nestlings-/Führungszeit.** ♀ füttert, bei monogamen Paaren auch ♂ zuweilen am Nest. Nach 15-20 d sind Juv. z.T. schon neben Nest, ab 4-5 Wochen auch weiter entfernt, mit 50-55 d flügge, bald darauf selbständig. **Jahresbruten.** 1, Nachgelege. **Ende der Brutperiode.** Bei frühen Bruten schon im Juni, sonst bis Sept. **Bruterfolg.** Hohe Verluste durch Prädatoren und menschliche Einwirkungen, in D-BB z.B. von 85 Eiern 54 verloren (63.5%) [1]; in D nur 12 von 21 Bruten erfolgreich (57%); aus 13 Gelegen mit 66 Eiern schlüpften 42 Junge (36.6%) [3990].

Eimaße und -gewichte. L. 47.0-59.4 mm, B. 35.5-41.5 mm, Ø: 52.6 x 36.5 mm (n=100, ME), 52.5 x

38.7 mm (n=116, ME); Frischvollgew. 36-46 g, Ø: 40.6 g; Schalengew. 1.75-3.74 g, Ø: 2.58 g bzw. 2.7.

Sterblichkeit, Alter. In GB bei ad. ♂ anhand individueller Rufcharakteristika ca. 30%/J. [1349]. Ältester Ringvogel mindestens 11 J. 3 Monate [3654]; mehrfach > 8 J. **Generationslänge:** 4 J. [383].

Mauser. **Postjuvenile Mauser** (Teilmauser) Juli–Nov.; Körpergefieder und ST. Kopfgefieder vermutlich nochmals im Mittwinter/Vorfrühling erneuert [767,139]. • **Postnuptialmauser** (Vollmauser) (Juni) Aug.–Nov. (Jan./März); HS-Mauser mit Unregelmäßigkeiten [309,767,139,1356]. • **Pränuptialmauser** unzureichend bekannt [139].

Ixobrychus minutus – Zwergdommel 00980

Ixobrychus [minutus] minutus (Linnaeus 1766)

(GB) **Little Bittern** (F) **Blongios nain** (E) **Avetorillo Común**

Taxonomie. Mitglied einer kosmopolitischen Superspezies mit *I. exilis* (N- und S-Amerika), *I. sinensis* (Asien) und *I. dubius* (Neuguinea, AUS). *I. [m.] minutus* besteht selbst aus 2 deutlich differenzierten UA(gruppen), denen Allospeziesstatus zukommen könnte: *minutus* (Paläarktis) sowie *payesii* und *podiceps* (Afrika S Sahara). Vergleichende Untersuchungen, vor allem zu Rufen/Balzverhalten und Genetik, fehlen.

Kennzeichen. Schnabelbasis und nackte Haut des Zügels zur Hochbalz kurzzeitig tief orangerot, zu anderen Zeiten gelblich [Bestimmung: 221,1369,3772,1784,3615; vgl. **Fotos** in Limic. **13**, 264, **17**, 336, Dutch B. **24**, 221/222, Bird. W. **7**, 481, **10**, 125, Brit. B. **97**, 387].

Maße. Gr.: (27-) 33-38 cm. Gew.: (59-) 100-150 g. Fl.spw.: 52-58 cm. Fl.l.: ♂ 149-157 mm, ♀ 142-153 mm [1369,3615].

Status. Lokaler Brut- und Sommervogel, auf Durchzug extrem unauffällig, daher abseits der Brutgebiete nur wenige Nachweise.

Verbreitung und Bestand. Früher weit, inzwischen lückig verbreiteter Brutvogel der Niederungen, vereinzelt bis Mittelgebirgslage, von Europa (ohne regelm. Bruten in GB, IRL oder Skandinavien) nach W-Sibirien bis 56° N; außerdem N-Afrika und S-Iran sowie S der Sahara bis S-Afrika. Isolierte Populationen zudem in Madagaskar und AUS [3990,1784]. Gesamtbestands Europas etwa 60.000-120.000 BP, mit Vorkommen > 5.000 BP in RUS, UA., RO und TR [383]; in ME (um 2000) etwa 5.300-7.800 BP, der größte Teil davon in H; ehemals großer Bestand in D auf nur noch gut 100 BP zurückgegangen [204]. Allerdings sind Be-

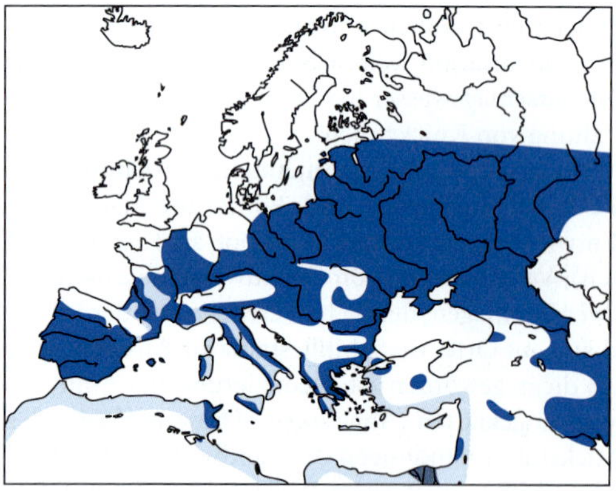

Ixobrychus minutus – **Zwergdommel**

standsangaben bei dieser sehr heimlichen Art bes. unzuverlässig [z.B. 3281].

Wanderungen. Langstreckenzieher; Winterquartier Afrika S Sahara, bes. E-und S-Afrika; einzelne auch N Sahara (z.B. Nildelta), Durchzügler auf Iberischer Halbinsel und Beob. NW-Afrika weisen auf Überwinterungen auch in W-Afrika hin [3615]; wenige Winternachw. S- und W-Europa nach N und E bis GB/IRL, NL, B und H. Abzug von ME und W-Europa SSW bis SE; weiteste Ringfunde 6500 km (CH bzw. CZ/SK. – Kongogebiet). Streuungswanderungen der Juv. Juli/Anf. Sept. in verschiedene Richtungen; Abzug Aug./Sept. (Okt.; selten Nov.), Ad. meist eher abgezogen als Juv.; Heimzug durch Mittelmeerraum ab Mitte März, Ankunft Brutgebiete April–Anf. Mai. Nichtbrüter scheinen teilweise umherzustreifen (Extrem Juli W-F, Mai Folgejahr Don/RUS).

Bestandsentwicklung. Generell große Bestandsschwankungen, über deren Ursache wenig bekannt

ist. Unabhängig davon Anf. 20. Jh. starker Rückgang, verursacht u.a. durch Lebensraumverlust und direkte Verfolgung. Seit 1950er J. weiterer dramatischer Bestandseinbruch im gesamten europäischen Verbreitungsgebiet von weit über 50% in den meisten mittel- und westeuropäischen Regionen [3990;1507,375,196], gebietsweise weiter anhaltend. Viele Brutgebiete seit Ende 1960er J. vollständig geräumt [196,2192], auch ohne erkennbare Habitatveränderungen [3871]; andernorts nach Lebensraumbeeinträchtigung drastische Einbrüche bei Lokalpopulationen und Konzentration auf günstige Biotope [196,2175]. Allerdings in 1990er J. regionale Bestände auf niederem Niveau stabil oder leicht anwachsend [z.B. NL, A, CH: 3393,375,3281,1998], gebietsweise auch stärkere Zunahmen (D-ST, N - BY) und (mögl.) Wiederbesiedlung (D-TH 2002) [2155,3246,453].

	Best.	Areal	Brutbestand	Jahr	Quelle
A	+/-	=	150–300	1998–2002	[383]
B	↑	=	22–31	1995–2002	[383]
CH	↕	=	80–120	1993–1996	[383]
CZ	↓	-1	60–80	2000–2002	[383]
D	⇩	-2	90–120	1995–1999	[383]
H	↓	=	4.000–6.000	1998	[383]
L	↑	+1	2–4	2002	[383]
NL	↓	-1	10–30	1998–2000	[383]
PL	↓	-1	700–700	1995–2000	[383]
SK	⇩	-2	200–400	1990–1999	[383]

Gefährdungsursachen [196,1507,1719,3892,643, 2192,2175,1998]. Bestandseinbruch seit 1950er J. nicht vollständig geklärt, doch Ursachen sowohl in Brut- als auch in Rast- und Überwinterungsgebieten zu suchen; Bestandsrückgang jedenfalls im gesamten ME.
In Übereinstimmung mit anderen Langstreckenziehern, die große Wüstenflächen überqueren und in Sahelzone rasten oder überwintern (z.B. Purpur- und Nachtreiher, Uferschwalbe, Gartenrotschwanz), traten größte Bestandseinbußen in ME nach 1968 auf. Daher Verdacht stark zunehmender Mortalität an Rast- und Überwinterungsplätzen als Folge der großen Dürre, z.B. Austrocknung des Tschadsees [1437]. In Afrika zudem wie in Europa enormer Habitatverlust durch Intensivierung der Landwirtschaft und andere Landnutzung. Dazu massiver Einsatz von Pestiziden, insbesondere bei Kalamitäten der Wanderheuschrecke. Wichtigster Gefährdungsfaktor im Brutgebiet ist Lebensraumverlust, (1) durch Zerstörung bzw. Rückgang der Ufervegetation infolge Verbauung, Angel- und Badebetrieb, (2) durch intensivere Nutzung wie häufige Schilfmahd, veränderte Fischbewirtschaftung u.a., (3) durch Verlandung von Flachwasserzonen, z.B. aufgrund von Entwässerung, Grundwasserabsenkung oder Flussbegradigung, (4) durch Eutrophierung (Wassertrübung durch Algenblüten; Veränderung des Nahrungsangebotes).
Fehlen geeigneter Brutplätze im Schilfröhricht.
Mögliche Nahrungsengpässe (vgl. Rohrdommel) durch Besatz mit ungeeigneten Altersklassen von Fischen.
Natürliche Ursachen: Erheblich geringerer Bruterfolg in Trockenjahren, z.B. Bod. 1972.

SPEC	VSchRL	Bern.Konv.	Bonn.Konv.
3	Anh. I	Anh. II	Anh. II
Europ. RL	**RL in ME**		
--	NL, CZ, D, L: ‚CR', CH, A: 'EN', PL, SK: 'VU'		

Schutzmaßnahmen. In Durchzugs- und Überwinterungsgebieten muss Einsatz von Pestiziden ebenso wie Jagd stark eingeschränkt oder gestoppt werden.
Im Brutgebiet Erhaltung und Neugestaltung geeigneter Lebensräume mit Sicherung eines Mindestwasserstandes. Wichtig zudem reich gegliederte Altschilfbestände mit freien Wasserflächen und Schaffung ganzjährig geschützter Uferabschnitte als Ruhezonen (Betretungsverbot!), um Beunruhigung an Brutplätzen sowie Schilfzerstörung zu verringern.
Schutz aller noch besetzten und früheren Brutplätze vor weiterer Zerstörung und Qualitätsminderung, z.B. dem Eintrag von Umweltgiften bzw. Abwässern.

Biotop. Verlandungszonen größerer und kleinerer Gewässer, nicht nur Seen, sondern auch Altwässer, schilfreiche Flussufer, Auwald, Sümpfe, auch Dorf- und Fischteiche, manchmal auch in sehr kleinen Schilfstücken.

Nahrung. Fische, Insekten und deren Larven, Frösche, Kaulquappen, Würmer, Mollusken, auch Jungvögel.

Stimme. ♂ ruft zur Brutzeit gedämpft »wru« oder »rru«, besonders nachts und abends, oft in regelm. Abständen; Flugruf »ker« oder »kö«; Alarmruf kurz »gäck« usw.

Verhalten. Tag- und nacht-, besonders dämmerungsaktiv; Zug vor allem nachts. Flug mit schnellen Flügelschlägen, oft niedrig über dem Schilf, lässt sich in Deckung fallen; klettert im Gebüsch und Schilf. Bei Gefahr Pfahlstellung (auch bereits Dunenjunge). Beutejagd vom Ansitz aus (oft auf Halmen oder Ästen sitzend). ♂ und ♀ bleiben zumindest während einer Brutsaison zusammen. ♂ etablieren Territorium und bestimmen Neststandort und locken damit ♀ an. Einzelgänger; auch in lockeren Kolonien Territorien. Abwehrstellung mit abgespreizten Flügeln. Auf Zug oft kleine Trupps von bis zu 15 Ind.

Fortpflanzung, Brutbiologie [1369,337,1784, 3615,3990]. Geschlechtsreife wohl überwiegend erst im 3. Jahr. Monogame Saisonehe (soweit bekannt). **Ankunft am Brutplatz.** Ab Anf. Mai; ♂ wählt Revier und Nistplatz. **Nest.** Nest gut versteckt im Schilf, aber auch in Gebüsch oder Kopfweiden (bis 3.5 m Höhe), über Wasser oder über feuchtem Boden 5-10 m vom Ufer. Nest aus dürren Zweigen und Halmen, wirkt sperrig, nach unten spitzer »Kegel«, Ø ca. 18-35 cm (sehr variabel). ♂ baut Unterlage, dann beide, Auskleidung durch ♀. Bei Nestbau extrem störungsanfällig. An günstigen Plätzen lockere Kolonien. **Legebeginn.** Ab Mai bis Juli; Legeintervall 1-2 d. **Gelegegröße.** (4) 5-6 (-9) Eier, Ø u.a. E-D$_{25}$ 5.6, CH Mai$_{17}$ 5.6, Juni$_{41}$ 5.66, Juli$_{15}$ 5.2. **Eier.** Oval, weiß (gelegentlich grünlich), glanzlos. **Brutdauer.** 17-19 (-24) d; Beginn ab 2.-3. Ei; beide brüten. **Nestlings-/Führungszeit.** Junge können meist mit 5-7 d Nest verlassen und mit 8-10 d klettern; Verlassen des Nestes mit 17-18 d, flügge mit 25-30 d. **Jahresbruten.** 1, selten 2 (dann vielleicht verschachtelt; bei UA *payesii* im Ø 16.8 d nach Ausflug der ersten Brut); Nachgelege. **Ende der Brutperiode.** Bei 1 Gelege zw. Juli und Sept., sonst bis Okt. (Nov.). **Bruterfolg.** Schlüpferfolg z.T. gering (z.B. in D-BB nur 10 von 17 Eiern) [1].

Eimaße und -gewichte. L. 30.1-40.0 mm, B. 23.5-28.6 mm, Ø: 36.2 x 26.5 mm (n=111, CH), 35.4 x 26.2 mm (n=40, E-D); Frischvollgew. 10.4-14.4 g; Schalengew. 0.5-0.8 g, Ø: 0.65 g.

Sterblichkeit, Alter. Ältester Ringvogel mind. 6 J. [3654]. **Generationslänge:** < 3.3 J. [383].

Mauser. **Postjuvenile Mauser** (Teilmauser) Nov.–Jan. im Winterquartier; Körpergefieder [767,139].
• **Postnuptialmauser** (Vollmauser) Körpergefieder ab Juli; Schwingenmauser z.T. bereits ab Ende Juli/Aug. vor Zugbeginn, Unterbrechung während Wegzug und wie bei anderen im Winterquartier beendet [139].

Nycticorax nycticorax – Nachtreiher 01040

Nycticorax [nycticorax] nycticorax (Linnaeus 1758)

GB **Black-crowned Night-heron** F **Bihoreau gris** E **Martinete Común**

Taxonomie. 2 UA (gering differenziert): *nycticorax* (Linnaeus 1758) (fast weltweit) und *obscurus* Bonaparte 1855 (S S-Amerika). Bildet Superspezies mit australischem *N. caledonicus*.

Kennzeichen. [221,1369,1784,3772,3615].

Maße. Gr.: 56-65 cm. Gew.: 500-800 g. Fl.spw.: 105-112 cm. Fl.l.: 278-308 mm [1369].

Status. In E- und SE-ME recht häufiger Brut- und Sommervogel; in CH, D, B, L nur sehr lokaler oder unregelm. Brutvogel, im S des Gebietes regelm. Gast und Übersommerer (Mitte April bis Mitte Okt.), im N unreg., z.T. zunehmend. In W- und S-Europa Jahresvogel, sonst Zuzug im zeitigen Frühjahr und Abzug im Spätherbst.

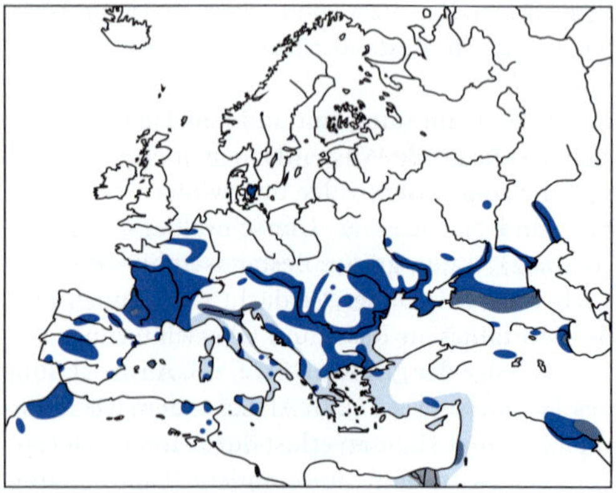

Nycticorax nycticorax – **Nachtreiher**

Verbreitung und Bestand. Nominatform *nycticorax* von W-Europa bis 50° N über RUS bis 53° N, auch S Himalaya, bis JAP verbreitet. Brütet ferner in N-Afrika, einzelnen Gebieten S der Sahara und auf Madagaskar sowie in N- und S-Amerika [1784]. Bestand von *nycticorax* in Europa 63.000-87.000 BP [383], mit Vorkommen > 10.000 BP in I, RUS und UA., > 4.000 BP ferner in F, RO und TR; in ME ca. 3.600-5.100 BP [383, veränd.].

Wanderungen. Zugvogel; meist Langstreckenzieher. Winterquartier N-Afrika (Nil) und vor allem Afrika S Sahara mind. bis Äquator. In W-Europa zunehmende Überwinterungstendenz (z.B. F) [2305], ebenso in I [156]. Juli/Aug. Zerstreuungswanderung der Juv. in alle Richtungen, meist > 800 km (max. 1200 km F–D-MV); Wegzug Sept./Okt. Im Winterquartier Ringfunde in Nigeria (H, RUS) und Kamerun (RUS), Guinea (H, CS) sowie von F–Mali, Gambia, Sierra Leone (2), E.–Senegal; Vögel aus RUS auch in E-Afrika. Rückkehr zum Brutplatz frühestens ab Mitte März (z.B. CS) bis Mitte April. Zahlreiche Funde N des Brutgebietes werden als Zugprolongation gedeutet; Immat. bleiben meist abseits der Kolonien oder im Winterquartier. Außergewöhnliche Funde z.B. H–Br. Wolgadelta, F–Br. RO, F – nach 6 Jahren N Moskau [2020].

Bestandsentwicklung. Ursprünglich in ME weit verbreitet, aber im 18. und 19. Jh. großflächiger Bestandseinbruch aufgrund direkter Verfolgung und Habitatzerstörung. Erst in 2. Hälfte des 20. Jh. Bestandserholung und Ausbreitung in heute bekanntes Areal [3990]. Nach erneutem Niedergang aufgrund direkter Verfolgung und offenbar hoher Mortalität in den Überwinterungsgebieten [1507] nahm Bestand z.B. in F (Unterschutzstellung 1975) sowie in I (Reisfelder) stark zu [1507,196]. Sehr kleine und z.T. isolierte Populationen in NL, B, D, (CH) mit großen Bestandsfluktuationen und neuerdings leicht ansteigenden Populationen, z.T. aussetzungsbedingt [z.B. 1043]. Große Kolonien in PL, SK. und CZ – neuerdings auch A und H - wieder mit starken Zunahmen [1585,196,q22,q22,3871], in D-BY nur kurzzeitig [2286,2377], inzwischen wieder Rückgang (durch gezielte Störaktionen?) auf 15-20 BP (um 2003) [453]. Mit neuen Brutansiedlungen ist immer wieder zu rechnen, auch weil mehrere große europäische Kolonien, z.B. in NW-I, derzeit stark anwachsen (neben großem Nahrungsangebot in Reisfeldern vor allem aufgrund gezielter Schutzmaßnahmen) [1089]; die Zerstörung von Bruthabitaten führt andererseits häufiger zu regionalen Bestandsrückgängen [u.a. in E. und GR:1507,1089].

	Best.	Areal	Brutbestand	Jahr	Quelle
A	↓	-1	40–70	1998–2002	[383]
B	↑	=	13–14	2000–2002	[383]
CH	+/-	=	0–1	1993–1996	[383]
CZ	⇧	=	480–500	2000–2002	[383]
D	↓	- 1	35–35	1995–1999	[383]
H	↑	=	2.400–3.600	1995–2002	[383]
NL	⇩	- 2	1–6	1998–2000	[383]
PL	↑	+ 1	513–513	2002	[383]
SK	+/-	=	100–400	1994–1999	[383]

Gefährdungsursachen [1507,3867,196,3990,3823, 1089,2286]. Wichtigster Faktor derzeit Zerstörung der Lebensräume - sowohl im Brutgebiet und auch in Rast- und Überwinterungsgebieten. Starke Abhängigkeit von lokalen hydrologischen Bedingungen und ausreichenden Nistgelegenheiten (Koloniebrüter). Die Dürre im Rastgebiet der Sahel kann sich (wie beim Purpurreiher, s. dort) direkt auf Teilpopulationen des Nachtreihers auswirken, doch erklärt dies nur einen Teil der Bestandseinbrüche.
Weitere anthropogen bedingte Verlustursachen derzeit nur regional bedeutsam und abnehmend: Direkte Verfolgung (Jagd, Sammlung zu Ernährungszwecken, Vernichtung der Altvögel oder Nester durch Fischer), Störungen an den Brutplätzen durch Freizeitbetrieb; Belastung mit Bioziden.

SPEC	VSchRL	Bern.Konv.	Bonn.Konv.
3	Anh. I	Anh. II	--
Europ. RL	**RL in ME**		
--	NL:'**EW**', A :'CR', CH, CZ, D:'EN', SK:'VU'		

Schutzmaßnahmen. Schutz bzw. Schaffung geeigneter Koloniestandorte; Habitatmanagement, z.B. Erhalt reich strukturierter natürlicher Lebensräume in nahrungsreichen, überschwemmten Niederungsgebieten. Erhalt verbliebener Flussauen sowohl in Brut- als auch in Rastgebieten. Kein weiterer Ausbau des europäischen Wasserstraßennetzes.

Biotop. Brutplätze in dichter Vegetation am Wasser mit Büschen und Bäumen, z.B. Verlandungszonen von Seen, Auwälder, Busch- und Baumgruppen in Sumpfgebieten; bes. im S und SE auch baumlose hohe Schilfbestände. Koloniebrüter, auch mit anderen Reihen gemischt. Auf dem Zug auch einzeln an Kleingewässern oder in Büschen und Bäumen fernab vom Wasser.

Nahrung. Amphibien (bes. Frösche), Fische, Insekten und deren Larven, Kaulquappen, Würmer; gelegentlich auch z.B. Mäuse.

Stimme. Im Sitzen und im Flug rauh »quack« oder »wack«, vor allem bei Dämmerung. In Brutkolonien viele heisere und gutturale Rufe, z.B. »guwock guwock«, kurz »quäck« bei Erregung usw.

Verhalten. Vorwiegend dämmerungs- und nachtaktiv. Langsame Schrittbewegungen; klettert gut in Vegetation. Sitzt tagsüber oft gedeckt. Koloniebrüter; mitunter Einzelbruten. Außerhalb der Brutzeit oft Einzelgänger. Verwendung von Schreckrufen zur phono-akustischen Abwehr an Fischteichen. In den Kolonien Nester mind. im Hackabstand. Nahrungsflüge bis 10–20 km von Kolonie entfernt. Sexualverhalten: ♂ warten an ausgewählten Plätzen in der Kolonie auf provisorischer Nestunterlage auf ♀. ♀ nähern sich vorsichtig (ambivalentes Verhalten der ♂). ♀-Ruf des ♂ (Pfiff) mit gesenktem Kopf und hängenden Flügeln und »Tanz«, Bewegen des Kopfes und Präsentation der weißen Nackenfedern (Grußzeremonie), auch Präsentation eines Zweiges, Scheinputzen usw. Kopulationen beginnen am Tag nach der Paarbindung. Außerhalb der Brutzeit und am Zug in nur lockeren Aggregationen.

Fortpflanzung, Brutbiologie [1369,337,1784, 3615,3990,1089]. Geschlechtsreife meist im 2. (oder 3.) Jahr (schon im 1. Jahr?), Erstbrut ab 2 Jahren. Monogame Saisonehe. **Nest.** ♂ wählt Nestplatz, Neststand in Gebüsch oder in (z.T. hohen) Bäumen - im S auch im hohen Röhricht. Kolonial. Recht kleines Nest mit Ø 30-40 cm. Meist bringt ♂ Material und ♀ baut (in 2-5 d). Alte Nester werden wiederverwendet. **Legebeginn.** Ab Mitte April (bis Juli). **Gelegegröße.** 3-5 (1-8); im Ø z.B. F_{104} 3.6, D-BY_{60} 3.9, USA_{399} 3.6; Legeintervall 2 (selten 3) d. **Eier.** Langoval, bläulichgrün. **Brutdauer.** 21-23 (28) d, Bebrütung ab 1. Ei; beide brüten; Juv. schlüpfen asynchron mit 2 d Abstand. **Nestlings-/Führungszeit.** Beide füttern; nach ca. 20-30 d Juv. aus dem Nest, kommen zur Fütterung zurück; mit 40-50 d flügge, wenig später selbständig. **Jahresbruten.** 1, mitunter 2; Nachgelege (2-3 Eier). **Bruterfolg.** Schlüpferfolg z.B. in F 86.6%, in USA 77.2% bzw. 91.7%; Brutgrößen in $F_{100,244}$ 2.5 bzw. 2.2 Juv./Nest und Jahr, in I_{114} nach 20-25 d 2.0.

Eimaße und -gewichte. L. 43.4-58.3 mm, B. 30.7-39.1 mm, Ø: 49.7 x 35.6 mm (n=276, CS), 48.9 x 35.3 mm (n=209, YU); Frischvollgew. 31-35 g; Schalengew. 1.73-2.92 g, Ø: 2.1 g, 2.2.g bzw. 3.0 g.

Sterblichkeit, Alter. In IL Sterblichkeit der Küken bis zum 28. Tag 43%. Mehrfach Br. mind. im 8. Lebensjahr durch Farbberingung nachgewiesen [97]. Ältester Ringvogel 16 J. 4 Monate (CH) [3654]. **Generationslänge:** 5 J. [383].

Mauser. **Postjuvenile Mauser.** (Teilmauser) Aug.–Nov. (Jan.); umfasst auch Schirmfedern und einige Flügeldecken [767,1369]. • **1. Pränuptialmauser** (Teilmauser) (Jan.) März–April/Mai; einschließlich ST [1369,3050]. • **Postnuptialmauser** (Vollmauser) Aug.–Nov., Nichtbrüter und Vorj. bereits Juli–Sept.; HS in Staffelmauser mit bis zu 2 aktiven Mauserzentren [767,1369,3050,3563]. • **Pränuptialmauser** (Teilmauser) Jan.–März/April; Körpergefieder [1369,3050].

Ardeola ralloides – Rallenreiher 01080

Ardeola ralloides (Scopoli 1769)

GB Squacco Heron **F Crabier chevelu** **E Garcilla Cangrejera**

Taxonomie. Monotypisch. Fünf der weltweit 6 *Ardeola*-Arten sind sehr nah verwandt, im SK kaum unterscheidbar, weitgehend allopatrisch verbreitet und könnten zu einer Superspezies zusammengefasst werden [3565]: *ralloides* (W-Paläarktis, Afrika), *idae* (Madagaskar), *grayii* (Indien), *bacchus* (Assam-China) und *speciosa* (SE-Asien). Eine solche Superspezies unter Ausschluss von *idae*, die in Madagaskar lokal mit *ralloides* sympatrisch brütet, wäre nicht mehr gesichert monophyletisch, daher wird hier auf Superspeziesgliederung verzichtet [vgl. auch 995N].

Kennzeichen. Die verlängerten PK-Schmuckfedern am Nacken im Unterschied zu allen anderen *Ardeola*-Arten schwarz-weiß gestreift. Nackter Zügel und Augenumgebung zur Hochbalz leuchtend blau, sonst gelbgrün bis gelb. [221,1369,1784,3615, 3772; vgl. **Fotos** in Dutch B. **23**, 232, **24**, 312, **25**, 261, 349, 365/366, Bird. W. **7**, 178, **10**, 194].

Maße. Gr.: 42-47 cm. Gew.: 230-370 g. Fl.spw.: 80-92 cm. Fl.l.: ♂ 208-234 mm, ♀ 209-228 mm [1369,1784,3615].

Status. In Gebieten außerhalb des Brutareals nur sehr seltener Durchzügler und Gastvogel, besonders im Süden. In • **D** 35 Belege von 1977-97 [575], aber noch kein Brutnachweis [337]. • **NL:** vor 1860 Brutvogel bei Rotterdam; seither 40 Nachw. bis 2001, nur fünf seit 1990 [277,q23]. • **B:** >10 Nachw. [1369,1677]. • **L:** jew. Totfunde 1865 und 1930 [q23]. • **CH** allj. etwa 6 Beob. [4152]. • **PL**: 18mal bis Mitte 20. Jh., danach sporadisch, seit 1990er J. wieder fast allj., insgesamt 53 Nachw. [3871].

Verbreitung und Bestand. Brutvogel von S-Europa bis Vorderasien sowie lokal in N-Afrika und S der Sahara. Brütet in ME ausschließlich in H und, bei stark schwankendem Bestand, in SK.; allj. Sommernachw. mit Brutverdacht in A und CH, selten in S-D. Keine Daten fossiler Rallenreiher aus nördlichen Regionen Europas bekannt [416]; aber wohl Brutvorkommen in NL bis ca. 1860 [277]. Gesamtbestand Europas 18.000-27.000 BP (leichter Rückgang), mit größten Populationen in RO (5.5-6.5 T.), TR (4-6 T.), AZ (2.5-5 T.) und RUS (1.5-2 T.); in ME brüten nur 300-415 BP [383].

Wanderungen. Kurz- bis Langstreckenzieher. Überwinterung einzelner bereits im Mittelmeerraum [Übersicht 438], regelm. Nildelta und S Vorderasien; nach S bis mind. ins tropische Afrika (weiteste Funde F-Guinea, Sierra Leone; 51 Ind. YU/ BG – Nigeria). Ab Juli Streuungswanderungen der Juv.; Ad. verlassen Kolonien Aug./Anf. Sept., doch ausgesprochene S-Wanderung bis Okt.; Heimzug ab März; April/Anf. Mai Einzug in Kolonien. Wie andere S-europäische Reiher Neigung zur Zugprolongation im Frühjahr bis in Nordseeraum [Ringfunde 2020].

Bestandsentwicklung. Drastischer Bestandseinbruch infolge menschlicher Verfolgung Mitte bis Ende 19. Jh. im gesamten Europa. Die Abnahme und Koloniezersplitterung hielt bis in 1940er J. an;

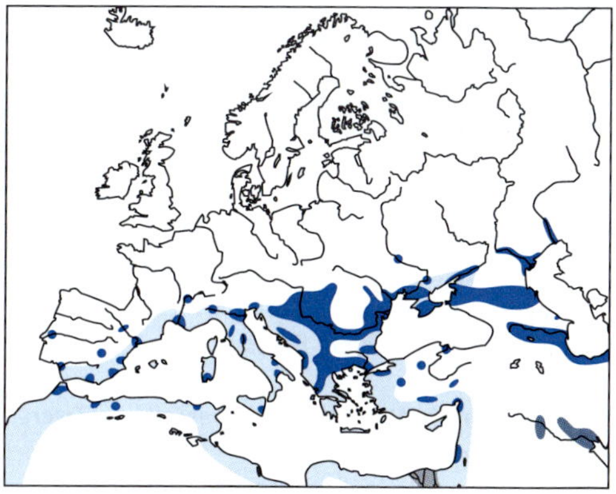

Ardeola ralloides – **Rallenreiher**

durch Schutzmaßnahmen anschließend leichte Bestandserholung [196]. In letzten drei Jahrzehnten nur wenige Hinweise auf Zunahmen und erneute Ausbreitung. Vielmehr nehmen meiste mittel- und südeuropäischen Populationen, bei erheblichen Bestandsfluktuationen, kontinuierlich ab [196,337, 1507,1585,3990]. Außerhalb bekannter Brutgebiete tritt Rallenreiher meist nur sporadisch und unregelm. auf, in A, CH, CZ sowie in PL in jüngerer Zeit aber allj. Anhaltender Rückgang ist besorgniserregend, insbesondere da regional oft keine Kenntnisse hinsichtlich Brutbestand und -entwicklung vorliegen. Intensive Schutzmaßnahmen für Fortbestand der europäischen Populationen nötig.

	Best.	Areal	Brutbestand	Jahr	Quelle
H	↓	-1	300–410	1995–2002	[383]
SK	↕	=	0–5	1990–1999	[383]

Gefährdungsursachen [3892,196,1503]. Derzeit vor allem Vernichtung oder starke Beeinträchtigung von Feuchtgebieten, und zwar Verlust der Röhrichtbestände und Zerstörung der Schwimmpflanzen-Gesellschaften sowie der Altholzbestände oder Überhälter als bevorzugte Neststandorte (in gemischten Kolonien).
Warum Bestand im Gegensatz zu anderen Reiherarten weiterhin zurückgeht, ist nicht mit Sicherheit geklärt: möglicherweise fortschreitender Habitatverlust, da die Art zur Bildung größerer Kolonien eine Mindestgröße der Nahrungsgebiete an Gewässern von 800 ha beansprucht. Vielleicht Dürre in Sahelzone wie bei Zwergdommel negativ für Überlebenschancen in Rast- und Überwinterungsgebieten.

SPEC	VSchRL	Bern.Konv.	Bonn.Konv.
3	Anh. I	Anh. II	--
Europ. RL	RL in ME		
--	SK:'EN', H:'VU'		

Bestandseinbruch in »viktorianischer Zeit« fast ausschließlich auf direkte Verfolgung zurückzuführen (Jagd nach Schmuckfedern) sowie auf Vernichtung großer (gemischter) Brutkolonien.

Schutzmaßnahmen. Vgl. Purpurreiher, Zwerg- und Rohrdommel.
Entschiedene Bekämpfung des Habitatverlustes in Hauptbrutgebieten Europas; Schaffung von größeren Schutzgebieten mit ausreichendem Brutplatzangebot.
Erhaltung wichtiger Nahrungsgebiete, einschließlich des naturgerechten Managements von Reisfeldern in S-Europa [1503].

Biotop. Im allgemeinen vegetationsbestandene Feuchtgebiete warmer Klimate; Nahrungssuche im Seichtwasser (Seeufer, Reisfelder, Sümpfe, Fischteiche usw.). Schließt sich gern gemischten Brutkolonien anderer Reiher, Sichler, Zwergscharben usw. an.

Nahrung. Hauptsächlich Insekten und deren Larven, Frösche, kleine Fische (bis 10 cm).

Stimme. Schweigsam. Zur Brutzeit rauhes, schrilles »charr«; aggressiv »kek-kek-kek...«, Alarmruf »crr crr crr« (guttural).

Verhalten. Vorwiegend dämmerungsaktiv; Fütterung oft in Morgen- und Abenddämmerung. Bei Nahrungssuche Deckung bevorzugt; Beuteerwerb in Seichtwasser watend, aber auch von Zweigen oder Schilfhalmen aus; wartet unbeweglich. Drückt sich bei Gefahr mit ± horizontaler Körperachse in die Bodenvegetation, macht sich aber in höherer Vegetation auch schlank. Bei Nahrungssuche Einzelgänger (Nahrungsterritorien werden verteidigt); mit seiner Jagdtechnik einzeln größere Erfolge als in Gruppen. Brütet vorzugsweise in gemischten Kolonien, oft nur in kleinen Gruppen. ♂ und ♀ verteidigen kleines Revier um das Nest. Drohhaltung mit Schnabel gegen Eindringling, nach oben gesträubten Nackenfedern, gesträubten Schmuck- und Brustfedern; Grußzeremonie mit Kopfbeugen und Präsentation der Nackenfedern usw. ♂ wählt Nestplatz und baut kleine Balzplattform. Kopulieren am Nest oft begleitet von Schnäbeln und gegenseitigen Putzen, aber meist ohne einleitendes Verhalten. ♀ initiiert Kopulation oft mit Streckbewegung. Paare für eine Brutsaison stabil. Sucht auch außerhalb der Brutzeit oft gemeinschaftliche Schlafplätze auf.

Fortpflanzung, Brutbiologie [1369, 337, 1784, 3615, 3990, 1503]. Erstbrut mit 1 Jahr belegt; monogame Saisonehe. **Nest.** In reinen Kolonien oder, häufiger, vereinzelt in Reiherkolonien auf halbhohen Bäumen, in Büschen oder auch im Röhricht (meist niedrig und besser versteckt als bei anderen Reihern); Material aus der Umgebung (Äste, Zweige oder Schilf), ♂ trägt ein, ♀ baut (6-8 d). **Legebeginn.** Ab Ende Apr./Mitte Mai (bis Juli). **Gelegegröße.** 4-6 (3-7); im Ø F_{137} 4.7, E. 4.4; Legeintervall 1, seltener 2 d. **Eier.** Langoval, grünblau. **Brutdauer.** 22-24 d, beide brüten, bevor Gelege vollständig; Juv. schlüpfen oft asynchron, zuweilen synchron. **Nestlings-/Führungszeit.** Beide füttern; Juv. verlassen das Nest mit 15-20 d kurz, mit 30-35 d dauerhaft, können als Ästlinge kurze Strecken fliegen und sind mit ca. 45 d flügge und bald darauf selbständig. **Jahresbruten.** 1. **Bruterfolg.** In F_{103} Bruterfolg 79.2% mit 3.8 flüggen Juv./Nest und J.; weitere Brutgrößen in der Camargue F $(1970\text{-}72)_{172}$ 3.3 ± 0.52 bzw. $(1995\text{-}96)_{66}$ 3.2 ± 0.81 Juv.

Eimaße und -gewichte. L. 35.0-41.8 mm, B. 26.9-31.5 mm, Ø: 38.6 x 28.5 mm (n=40, YU), 38.9 x 28.7 mm (n=47, H); Frischvollgew. 16-17 g; Schalengew. 0.78-1.20 g, Ø: 1.01 g.

Sterblichkeit, Alter. Ältester Ringvogel > 8 J. **Generationslänge:** 5 J. [383].

Mauser. Postjuvenile Mauser (Teilmauser) Juli–Dez.; nur Körpergefieder. • **Postnuptialmauser** (Vollmauser) Juni–Dez.; Schwingenmauser möglicherweise während Wegzug unterbrochen oder Beginn erst im Winterquartier [767]. • **Pränuptialmauser** (Teilmauser) Jan.–Mai; Körpergefieder, Flügeldecken und Schirmfedern [767, 1369].

Bubulcus ibis – Kuhreiher 01110

Bubulcus ibis (Linnaeus 1758)

(GB) **Cattle Egret** (F) **Héron garde-boeuf** (E) **Garcilla Bueyera**

Taxonomie. Gattung monotypisch. 2 UA: *ibis* (Linnaeus 1758) (W-Paläarktis, Afrika, Neue Welt) und *coromandus* (Boddaert 1783) (Indien - AUS), zuweilen im Artrang geführt [3136N], doch sind entsprechende Belege nicht publiziert.

Kennzeichen. Schnabel und Zügel zur Hochbalz rötlich (sonst gelb), Augenumgebung dann blau, sonst grünlich bis gelb. Bei der gelegentlich aus Gefg. entfliegenden, größeren UA *coromandus* sind Kopf und Hals im Brutkleid fast komplett orange (vgl. **Foto** in Bird. W. **11**, 151). [221,1369,1784, 3615,3772; **weitere Fotos** in Limic. **13**, 133, **15**, 233, Dutch B. **25**, 65, Bird. W. **8**, 166, **9**, 377, **12**, 271, Brit. B. **90**, 233].

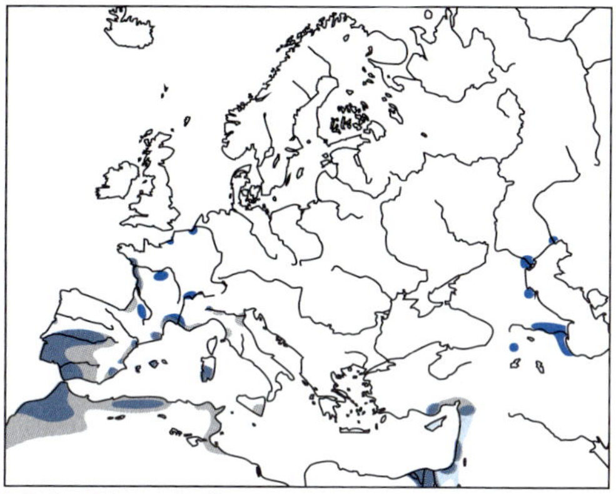

Bubulcus ibis – **Kuhreiher**

Maße. Gr.: 46-56 cm. Gew.: 300-400 g. Fl.spw.: 88-96 cm. Fl.l.: ♂ 24.1-26.6 cm, ♀ 24.0-25.8 cm [1369,1784,3615].

Status. Nominatform Brutvogel sowie Gastvogel in Europa, nach N bis IS (1956), DK (8mal von 1903-1999) und S. (1987) [q23]. In ME Brut- und Jahresvogel in B und NL, in anderen Ländern Einzelnachweise durch Einflüge aus zunehmender Population SW-Europas, »verwilderter« Vögel oder Gefg.fl. (s.u.). • **CH:** erstmals 1974, seither fast allj., 188 Nachw. bis 1996 [4152]. • **NL:** Beob. erstmals 1964 (viell. schon 1961), seit 1973 allj., 88 Nachw. bis 1996 (seither nicht mehr meldepflichtig), seit 1998 Bruten [277,q23]. • **B:** erstmals 1969, ab 1990er J. allj., erste Bruten 1998, im Jahr 2000 schon 9 Nester [1677]. • **D:** 42 anerkannte Nachw. 1977-97; frei fliegende Zoo-Brutkolonien u.a. in Hannover -NI und Nürnberg -BY [575]. • **H:** 12 Nachw. bis 1998 [2438]. • **PL:** 6 Nachw. 1994-2000 [3871]. • **CZ:** 6 Nachw. bis 2000 [q3]. • **A:** 8 Nachw. bis 2000 [q3].

Verbreitung und Bestand. Nominatform Brutvogel in S-Europa, N-Afrika, tropisches Afrika, Madagaskar und andere Inseln im Indischen Ozean, SW-Asien bis S-TR, lokal in S-RUS, UA *coromandus* verbreitet von Vorderindien über S-China bis S-JAP, Korea, Sundainseln. Gewaltige Ausbreitung in viele Teile der Welt im 20. Jh., u.a. nach S- und N-Amerika, Hawaii, AUS und NZ. Ausbreitung und Zunahme auch in S-Afrika. Brütet in ME bisher nur in B und NL in wenigen BP (3-12 BP 1998-2000). Gesamtbestand in Europa 54.000-150.000 BP, davon 3/4 in Iberien; stark anwachsender Bestand auch in F (4.5-5.5 T. BP 1998-2002) [383].

Wanderungen. Kurzstrecken- bzw. Teilzieher. Br. in E. dispergieren offenbar ungerichtet mit unklarer Trennung zw. nachbrutzeitlicher Streuungswanderung und Wegzug, max. bis S. [Ringfunde 3700]. In N-Afrika z.T. weitere Flüge zu Nahrungsgründen, aber kein Zug. In S-F auch Überwinterer. Möglicherweise Br. am N-Rand des Areals in Asien mit größerem Anteil an Zugvögeln. Transäquatorialwanderungen von S-Afrika (max. 3500 km) nachgewiesen; doch auch hier wohl mehr Expansion bzw. Zerstreuungswanderungen als regelrechter Zug.

Bestandsentwicklung. Im 20. Jh. beträchtliche Arealausweitung sowohl innerhalb Europas als auch weltweit, z.T. mit menschlicher Hilfe, z.T. durch Entwaldung und Ausdehnung der Viehzucht. Von Afrika aus einzelne in S-Amerika von 1877 bis ca. 1930, ab 1930 Ausbreitung von Guyana nach N über M-Amerika bis CDN (Einwanderung USA ab 1940) und nach SW bis Chile; eingeführt auf Hawaii 1949. In Amerika inzwischen eine der häufigsten Reiherarten warm-gemäßigter Regionen [1784]. Auch in AUS und NZ verbreitet (wohl z.T. durch Einführung unterstützt).
In S-Europa starke Zunahme, insbesondere seit 1970er J. (damals europ. Gesamtbestand 50.000 BP),

seit 1990 über 80.000 BP allein auf iberischer Halbinsel. Auftreten in ME allerdings bisher oft infolge Gefg.fl. und Freiflughaltung. Erst in jüngster Zeit Anzeichen für Zunahme der Einflüge von Wildvögeln, z.B. aus F, wo Bestände ebenfalls stark anwachsen [4180]. In B Brutvogel seit 1997 in wachsender Zahl, in NL Bruten seit 1998 [2578,3638]. In allen Ländern vermehrt Beob. seit 1990er J., wobei Anteil Wildvögel (bis auf B, NL und CH) wohl meist noch gering.

	Best.	Areal	Brutbestand	Jahr	Quelle
NL	N	N	0–3	1998–2000	[383]
B	N	N	2–9	1998–2000	[383]

Gefährdung und Schutz. In Anbetracht der positiven Entwicklungen keine starken Gefährdungen oder notwendige Schutzmaßnahmen erkennbar.

SPEC	VSchRL	Bern.Konv.	Bonn.Konv.
--	--	Anh. II	--
Europ. RL	**RL in ME**		
--	--		

Biotop. Von paläarktischen Reihern am wenigsten von Wasser abhängig. Nahrungssuche hauptsächlich auf Weiden, Wiesen, Feldern, aber auch sumpfige Gebiete, Überschwemmungsflächen usw., fehlt am Meer und im Tiefwasser. Schließt sich pflanzenfressenden Großsäugern oder pflügenden Bauern an. Br. auf Bäumen, in gemischten Reiherkolonien, aber auch mitten in Dörfern und sogar Großstadtparks.

Nahrung. Hauptsächlich Insekten; daneben auch Würmer, Mollusken, Amphibien, Reptilien und Kleinsäuger.

Stimme. Außerhalb Kolonien schweigsam. Am Brutplatz z.B. »rick-rack« (1. Silbe höher) oder dumpfer »ruck-rack«; kurz und rauh »raa«, »kok« bzw. hühnerartiges »kaka-kaka« u.ä.

Verhalten. Tagaktiv. Gesellig auf Nahrungssuche. Schlafplatz und in Brutkolonie; individuelle Kleinstterritorien werden verteidigt. Aktiver Jäger. Marschieren gemächlich hinter Tieren her, häufig weidenden Großsäuger (Haustiere bzw. wildlebende Arten und sogar Traktoren); Gruppenjagd erhöht Effizienz der Nahrungssuche. Sehr sozial. Brütet oft in gemischten Kolonien; Sexualverhalten z.T. ähnlich Nacht- und Rallenreiher, z.B. Grußzeremonie, Präsentation eines Zweiges, gegenseitiges Gefiederkraulen usw. Hinweise auf Polygynie. ♀ gehen relativ häufig fremd (>10% der Jungen). Kopulieren häufig während der Nestbauphase, betreiben aber keine Partnerbewachung. Am Schlafplatz oft Anschluss an andere Wasservögel; mitunter weite Schlafplatzflüge.

Fortpflanzung, Brutbiologie [1369,337,1784, 3615,3990]. Geschlechtsreife im 2. Jahr (selten schon im 1.). Monogame Saisonehe, Bigynie aber beobachtet. **Nest.** Auf Bäumen (bis 20 m) oder Büschen, aber auch im Röhricht; artreine oder gemischte Kolonien. Nest aus Zweigen oder Schilf, meist trägt ♂ ein und ♀ baut im Ø 6-7 d. **Legebeginn.** Im April (bis Juni). **Gelegegröße.** (3) 4-5 (-9), Ø in F_{66} 4.6; Legeabstand 1-2 d. **Eier.** Breitoval, weiß bis blassgrün oder -blau. **Brutdauer.** 22-26 (Ø 23.7; 22.9) d; beide brüten ab 1. oder 2. Ei. **Nestlings-/Führungszeit.** Asynchrones Schlüpfen. Beide füttern; Juv. werden erst ab ca. 10 d allein gelassen, verlassen ab etwa 20 d das Nest, sind mit 25-35 d flügge und etwa 15 d später selbständig. **Jahresbruten.** Normalerweise 1, aber auch 2 oder sogar 3 nachgewiesen; Nachgelege. **Bruterfolg.** In F_{56} 3.9 flügge Juv./Nest und Jahr.

Eimaße und -gewichte. L. 40.0-49.9 mm, B. 30.0-36.0 mm, $Ø_{61}$: 45.7 x 34.2 mm; 43.4 x 33.4, 46.6 x 33.7; Frischvollgew. ca. 28 g; Schalengew. 1.45-2.20 g, Ø: 1.75 g bzw. 1.82 g.

Sterblichkeit, Alter. In S-Afrika 1. Jahr 37%, ältere Ind. 25%/J. (Erstjahressterblichkeit auffallend gering) [z.B. 3573]. Ältester Ringvogel 18 J. 5 Monate [3654]. **Generationslänge:** 5 J. [383].

Mauser. **Postjuvenile Mauser** (Teilmauser) beginnt ab ca. 6 Monaten (S-Afrika); Körpergefieder. Großgefiedermauser im Frühjahr des 2. KJ, wird möglicherweise während Brutperiode unterbrochen. Im folgenden Herbst und Winter erneute Schwingenmauser, auch wenn Juv. Schwungfedern z.T. noch nicht vollständig gewechselt [767,3050].
• **Postnuptialmauser** (Vollmauser) Juli–Nov. (Dez.); z.T. Unregelmäßigkeiten bei HS-Mauser [767].
• **Pränuptialmauser** (Teilmauser) Feb.–Mai; umfasst Ausbildung der Schmuckfedern und wohl Teile des Körpergefieders [767,3050,1688,4057].

Casmerodius albus – Silberreiher 01210

Casmerodius albus (Linnaeus 1758) syn.: *Egretta alba, Ardea alba*

(GB) **Great White Egret** (F) **Grande aigrette** (E) **Garcetta Grande**

Taxonomie. 4 UA: *albus* (Linnaeus 1758) (Europa, temperates Asien), *modesta* (J.E. Gray 1831) (trop. Asien bis AUS, NZ), *melanorhynchos* (Wagler 1827) (Afrika S Sahara) und *egretta* (J.F. Gmelin 1789) (N- und S-Amerika).

Kennzeichen. Im Gegensatz zu *Ardea*- und *Egretta*-Arten fehlen Schmuckfedern am Hinterkopf. Zur Brutzeit lange, lockere Schulterfedern mit langen Rami (Seitenästen), zur Balz radförmig gespreizt [**Fotos** in 1784,1523]. Nominatform: Beine dunkel grünlichgrau oder schwarz, Tibia zur Brutzeit blass gelb bis rötlich; Iris gelb; Schnabel zur Brutzeit schwarz mit gelber Basis, außerhalb der Brutzeit (blass-)gelb bis orange-gelb, meist mit etwas dunklerer Spitze; nackter Zügel und Orbitalring grünlich-gelb, zur Brutzeit hell smaragdgrün. Hybriden mit Graureiher sind selten [210, **Foto** in Dutch B. **6**, 93]. Andere UA z.T. deutlich verschieden in Körpergröße, Bein-, Schnabel- und Zügelfärbung zur Balzzeit, viell. auch im Balzverhalten [1522]. Amerikanische UA *egretta* (Auftreten in Europa möglich): Tibia ganzjährig schwarz, Schnabel zur Brutzeit orangegelb mit dunkler Oberkante, Zügelbereich zur Hochbalz wie bei *albus* smaragdgrün. [221,1369,3615,1784,3772].

Maße. Gr.: 80-104 cm. Gew.: 700-1500 g, Ø (Winter) ♂ 1030 g, ♀ 960 g. Fl.spw.: 140-170 cm. Fl.l.: ♂ 410-485 mm, ♀ 400-450 mm [1369,3615].

Status. Lokal verbreiteter und häufiger Brut- und Jahresvogel; große Neigung zu (offenbar ungerichteten) Wanderungen; in allen Regionen ME in rasch zunehmender Zahl festgestellt; stark zunehmende Winternachweise in vielen Regionen.

Verbreitung und Bestand. Das sehr große Verbreitungsgebiet umschließt weite Teile E- und S-Europas, Amerikas, Asiens und Afrikas. Europäischer Bestand (Nominatform) bei 11.000-24.000 BP [383], mit Schwerpunkten in RUS (3-10 T.) und UA. (4.5-7.3 T.) und H. In ME regelm. Brutvogel in A und H, rasch zunehmend, gelegentlich in fast allen Ländern, Anf. 2000er J. insgesamt 2.500-3.900 BP [383]. Außerhalb Europas weit verbreitet und z.T. häufig. Europäischer Winterbestand bis 20.000 Ind. [383].

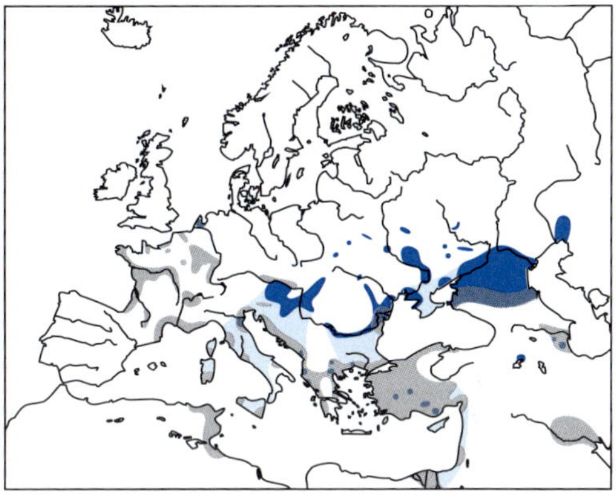

Casmerodius albus – **Silberreiher**

Wanderungen. Teilzieher, ab Juli ungerichtete Zerstreuungswanderung der Juv.; Abzug der Ad. Sept./Nov., bes. in milden Wintern bleiben Vögel in Nähe der Brutgebiete oder führen spätere Winterfluchtbewegungen durch. Überwinterung bereits am N-Rand des Mittelmeergebiets, Schwarzmeerküste, deutlich zunehmend auch in ME (z.B. Bod., D-BW, -SN) [1617,3667,203], evtl. in Zusammenhang mit verstärkter Aufnahme von Mäusen und Würmern, was den Wintervögeln Ackerflächen und Wiesen erschließt. Zug nach Afrika S Sahara noch unklar. Ende Feb./Anf. April Rückkehr an Brutkolonien. Immat. scheinen meist nicht zurückzukehren [Ringfunde: 2020].

Bestandsentwicklung. Um Jahrhundertwende 19./20. in vielen Brutgebieten Europas fast ausgerottet, danach mehrere Phasen der Erholung sowie erneute Bestandsrückgänge [1369,3990], z.T. wasserstandsbedingt [Neusiedler See:1109]. Seit Mitte 1970er J., spätestens ab Ende 1980er J., kontinuierliche, fast exponentielle Zunahme vieler Brutbestände [196]. In H Bildung vieler neuer Kolonien seit 1970 (ab 1990 auch in SK.). Am Neusiedlersee bei jährlichen Schwankungen Bestandszunahme von >100 (1932; 1946) auf 200 (1959), 327 (1972) und 737 (1997, bisheriges Maximum) bzw. 660 BP (1998) [196,q3,q4,1109]. Massive Zunahme der Einzelbeob., auch großer Trupps, in W-ME als Hinweis auf anhaltende Arealausdehnung. In NL erste Brut 1978, seit 1992 regelm. Brutvogel (1995

5 BP, 2000 10 BP, 2002 45 BP) [277,3638,q4]. Erste Bruten in PL (nach 1863) im Jahr 1997, seither allj., und in mehreren Regionen [q4,3871]; starke Zunahme der Bruten am einzig bedeutenden Brutplatz in SK. (Senné-Fischteiche) seit Mitte 1990er J. [1584]; Ansiedlungen in anderen Regionen ME abzusehen.

	Best.	Areal	Brutbestand	Jahr	Quelle
A	⇧	+1	580–720	1997–1998	[383]
H	↑	+1	1.800–3.000	1997–2002	[383]
NL	⇧	+1	11–45	2000–2002	[383,q3,q4]
PL	N	N	20–25	2002	[383]
SK	⇧	+1	35–80	1997–1999	[383]

Positive Entwicklungssituation in Europa spiegelt sich auch in enormen Arealausweitung in UA. seit Mitte 1990er J. wider, sowie in ersten Brutansiedlungen in I (1992; 1997 schon 23-27 BP), BY (1994; 1998 schon 28 BP), F (1994, ab 1996 Camargue) und E. (1997, Ebrodelta) [q3,q4], schließlich in starker Zunahme der Durchzügler- und Überwintererzahlen in weiten Teilen ME und in S-Europa [u.a. GR, I, F; 2107].

Gefährdungsursachen [196,1109]. Wichtigste Gefährdungsursache neben direkter Verfolgung vor allem Verlust oder Fehlen geeigneter, ungestörter Altschilfbestände durch Verbauung, Schilfbrände, Vertreibung an Fischteichen, Störungen durch Freizeitbetrieb etc. Neuerliche Gefährdung durch Privatisierung der Teichwirtschaften (mit nachfolgender Intensivierung) in osteuropäischen Ländern.
Generell starke Bestandsschwankungen (z.B. Neusiedlersee) in Anhängigkeit vom Wasserstand, deutliche Abnahmen in trockeneren Perioden, Überflutung offensichtlich wichtig.

SPEC	VSchRL	Bern.Konv.	Bonn.Konv.
--	Anh. I	Anh. II	II*
Europ. RL	**RL in ME**		
--	SK: 'EN', H:'VU', NL:'R'		

* nur UA *albus*

Schutzmaßnahmen. Intensiver Schutz ungestörter Schilfröhrichte mit größeren Altschilfgürteln. Im pannonischen Raum zusätzliche Managementmaßnahmen an Fischteichen, um neue Brutmöglichkeiten zu schaffen.

Biotop. Br. in großen Schilfgebieten; Nahrungserwerb am Schilfrand, auch in vegetationsfreien Flachwasserstellen, überschwemmten Wiesen usw., auch am Meer. In manchen Teilen des Areals auch Baumbrüter.

Nahrung. Meist Fische, aber auch Amphibien, Wasserinsekten usw.; auf dem Land Reptilien, Kleinsäuger, Landinsekten.

Stimme. Schweigsam; am Brutplatz tief und heiser »rha«; Begrüßungslaut »rroool rrrooo« usw.

Verhalten. Tagaktiv. Nahrungserwerb hauptsächlich passiv aber auch aktiv z.B. durch langsames Waten im Seichtwasser mit ± horizontal gehaltenem Körper oder durch Beobachtung aus steifer Haltung heraus. Verteidigung von Nahrungsterritorien, wenn Nahrung häufig auch in größeren Trupps. Hält sich oft einzeln; brütet einzeln oder in Kolonien; oft gemeinsam mit anderen Arten; in Europa Nestabstände oft bis > 100 m; aber Nester auch dicht beisammen. ♂ bauen zunächst Plattform für die Balz; Balz am Beginn oft aggressiv. Kopulieren sehr häufig während dem Nestbau, es gibt aber keine Partnerbewachung während dieser Zeit. Begrüßungszeremonie mit vorgebeugtem Kopf.

Fortpflanzung, Brutbiologie [1369,337,1784, 3615,3990]. Wohl erst im 2. Jahr geschlechtsreif. Monogame Saisonehe. **Nest.** In Europa meist in hohem Röhricht (selten in niederen Kiefern oder Weidichten, bis 5 m Höhe), kolonial, Nester z.T. einander berührend; Ø ca. 100 cm (80-120 cm), kleiner als bei Graureiher; Material alte Schilfhalme oder Zweige; beide bauen. **Legebeginn.** Ab Anf./Mitte April (bis Juni/Juli). **Gelegegröße.** (2) 3-5 (6); Legeabstand wohl 2 d. **Eier.** Meist oval, blassblau. **Brutdauer.** 25-26 d, Beginn meist nach 1. Ei; beide brüten. **Nestlings-/Führungszeit.** Beide füttern; Juv. können Nest nach 20 d verlassen, sind mit 40-50 d flügge, können mit 50-60 d die Kolonie verlassen; Fam. bleibt aber oft länger zusammen. **Jahresbruten.** 1, Nachgelege. **Bruterfolg.** Schlüpferfolg z.B. 77.6% und 88%. In H_{80} von 1.13 in schlechten bis 3.06 flügge Juv./Nest in guten Jahren.

Eimaße und -gewichte. L. 53.9-68.8 mm, B. 40.0-45.6 mm, Ø: 61.5 x 42.2 mm (n=91, Europa); Frischvollgew. 44-52 g bzw. 59 g; Schalengew. 3.7-5.8 g, Ø: 4.54 g.

Sterblichkeit, Alter. USA Schätzung 76% im 1. Jahr, 26%/J. in späteren Jahren. Ältester Ringvogel USA 22 J. 9 Monate. **Generationslänge:** 5 J. [383].

Mauser. **Postjuvenile Mauser** (Teilmauser) August–November; Körpergefieder. Schwungfedermauser im Frühling des 2. KJ [767,1688]. • **Postnuptialmauser** (Vollmauser) August–November • **Pränuptialmauser** (Teilmauser) im Frühjahr; Ausbildung der Schmuckfedern, weiterer Umfang der Körpergefiedermauser unbekannt [767,3050,1688].

Ardea cinerea – Graureiher 01220

Ardea [cinerea] cinerea Linnaeus 1758

(GB) **Grey Heron** (F) **Héron cendré** (E) **Garca Real**

Taxonomie. Vier UA (schwach differenziert): *cinerea* Linnaeus 1758 (Eurasien, Afrika), *monicae* Jouanin & Roux 1963 (Mauretanien), *jouyi* Clark 1907 (E-, SE-Asien) und *firasa* Hartert 1917 (Madagaskar). Bildet Superspezies mit *A. herodias* (N- und Mittelamerika) und *A. cocoi* (Südamerika).

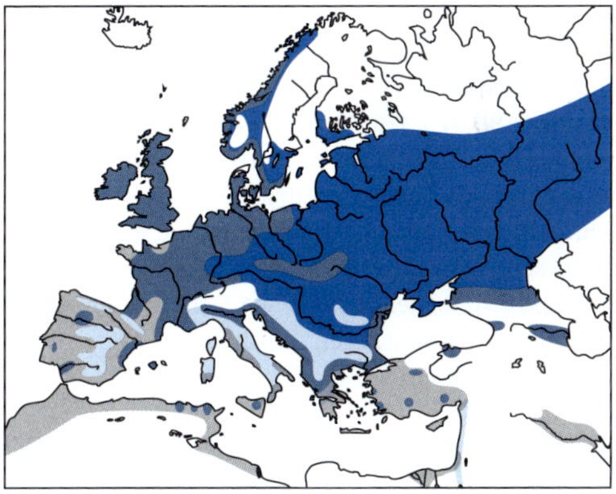

Ardea cinerea – **Graureiher**

Kennzeichen. Schnabel zur Hochbalz leuchtend orangegelb mit rötlicher Basis, sonst gelblich-hornfarben. Nackter Zügel gelb, Orbitalring grünlich, beides zur Hochbalz rot-orange. Juv. Scheitel dunkelgrau (statt weiß); schwarze Scheitelseitenstreifen und verlängerte Nackenschmuckfedern werden im Lauf des ersten Winters ausgebildet. [221,1369, 1784,3772,3615; Abgrenzung zum Kanadareiher s. Bird. W. **11**, 12-20].

Maße. Gr.: 90-98 cm. Gew.: 1020-2073 g. Fl.spw.: 175-195 cm. Fl.l.: ♂ 440-485 mm, ♀ 428-463 mm [1369].

Status. Verbreiteter Brut- und Jahresvogel im gesamten Gebiet; Standvogel und Teilzieher.

Verbreitung und Bestand. Im gesamten Eurasien von W-Europa bis JAP und Java mit Ausnahme der Tundren, Wüsten, Steppen und Hochgebirge; ferner E- und S-Afrika. Häufiger Brutvogel in ME mit höchsten Dichten in wasserreichen Tieflandgebieten [196]; höchste Brutplätze CH 900-1230 m, D 800-1060 m, CZ 700 m. Gesamtbestand Europas etwa 210.000-290.000 BP, leicht anwachsend [383], mit Populationen > 20.000 in F, D, RUS, UA. und > 10.000 in I, NL und GB; in ME etwa 53.000-63.000 BP [383].

Wanderungen. Kurzstreckenzieher, Teilzieher, Einzelvögel aber weit wandernd. Nachbrutzeitliche Streuungswanderungen der Juv. unmittelbar nach Flüggewerden bis Mitte Sept. in allen Richtungen bei leichter Dominanz von SW und bis mehrere 100 km; Konzentrationen in günstigen Nahrungsgebieten. GB/IRL größtenteils Standvögel mit sehr wenigen Langstreckenfunden (IL, Senegal). Im restlichen Europa Zieher mit dominierender Wegzugrichtung S–SW, ab PL nach E vorzugsweise S–SE; nur die Brutgebiete im extremen N und E werden vollständig und die Hochlagen weitgehend geräumt. In harten Wintern Ausweichbewegungen. Zugneigung nimmt in ME nach NE zu, ebenso mittlere Entfernung der Winterfunde. Weiteste Ringfunde aus ME und N-Europa bis W-Afrika S Sahara (z.B. S.–Sierra Leone 5865 km). Ab Sept. Zug ins Winterquartier; Juv. oft stärkere Zugneigung als Ad. Ankunft im Brutgebiet Ende Feb./Anf. März. Brut- und Geburtsortstreue, aber auch Umsiedlung nachgewiesen [Zusammenfassung 768; Ringfunde CH:576, D:3925,3926, CS:149, GB, IRL:4064, NL:3642, S.:1208].

Bestandsentwicklung. Entwicklung einiger großer Kolonien ME schon im letzten Drittel 19.

Jh. mit Bestandsrückgang, bei Tiefstand Anf. 20. Jh.; mit wenigen Ausnahmen (in CH Schutz ab 1925) Rückgang bis in 1940er J. [196]. Kriegsbedingte Einstellung der Verfolgung erlaubte kurzfristige Bestandserholungen. Danach in ganz ME dramatischer Einbruch bis Ende 1960er J. mit absoluten Tiefstständen und Gefährdung oder Aufgabe vieler Kolonien sowie Verkleinerung des Verbreitungsareals [196]. Durch Einschränkung oder Verbot der Verfolgung sowie günstigere Witterungsbedingungen seit 1970er J. Zunahme und Wiederbesiedlungen [u.a. B, D, NL, PL, L, A:196,3615]. Zunahme gebietsweise bis heute, viele Koloniеneugründungen [u.a. in D, A, CH-TI, SK., L, PL:196,q3] und größte je festgestellte Koloniezahlen und Brutbestände [196,3393,375,310]. Unterbrochen wird Zunahme nur durch Kältewinter [196,375,310,887] sowie durch neuerlich genehmigte Abschüsse [z.B. 101], möglicherweise auch durch Erreichen der Kapazitätsgrenze in Brutgebieten [196]. Jahrzehntelange gut dokumentierte Bestandsentwicklungen z.B. aus D-BW [1722,3263], ferner aus GB, wo Kältewinter offenbar wesentlich stärkeren Einfluss auf Gesamtbestand haben als in ME.

	Best.	Areal	Brutbestand	Jahr	Quelle
A	↑	+1	1.300–1.500	1998–2002	[383]
B	⇧	+1	3.156–3.615	2000–2002	[383]
CH	+/-	=	1.300–1.400	1993–1996	[383]
CZ	⇧	+1	1.900–2.300	2000–2002	[383]
D	⇧	=	24.000–27.500	1995–1999	[383]
FL	↑	+1	10–20	1998–2000	[383]
H	+/-	=	2.500–3.500	1997–2002	[383]
L	↑	+1	50–70	2000–2002	[383]
NL	↑	+1	10.000–12.750	1998–2000	[383]
PL	+/-	=	9.000–10.000	1990–2000	[383]
SK	↑	+1	300–700	1990–1999	[383]

Gefährdungsursachen [196,1719,1507]. Hauptursache für z.T. erhebliche Bestandsrückgänge Verluste durch jagdliche Verfolgung; neuerdings erneut Abschussgenehmigungen sowie illegale Verfolgung.
Störungen in Brutgebieten, z.B. durch Forstarbeiten, Wegebau, Freizeitnutzung, z.T. auch gezielte Horstzerstörungen. Regional zudem Verlust wichtiger Nahrungsbiotope, insbesondere durch Gewässerausbau, Zerstörung von Kleingewässern und geeigneten Überschwemmungsfächen.
Giftbelastungen (Pestizide, Schwermetalle), dadurch geringere Reproduktion.
Wichtige natürliche Verlustursache Kältewinter, vor allem für Standvögel, jedoch recht schneller Ausgleich. Nur Jahrhundertwinter 1962/63 mit länger wirkendem Effekt.

SPEC	VSchRL	Bern.Konv.	Bonn.Konv.
--	--	Anh. III	--
Europ. RL	**RL in ME**		
--	L: ‚EN'; FL:'VU', SK, A, CZ: ‚NT'		

Schutzmaßnahmen. Ganzjährige Schonzeit sowie wirksamer Schutz der Brutkolonien vor Störungen aller Art von Februar bis Ende Juli. Sicherstellung bestehender Kolonien und Ausweisung aller bedeutenden Kolonien als Schutzgebiete; allenfalls im Bereich von Fischereibetrieben Vergrämung denkbar, z.B. um Kolonieneugründungen zu verhindern.
Bessere Aufklärung der Bevölkerung über Stellung des Graureihers im Ökosystem und großräumige Sammlung von Bestandsdaten zum Schutz vor illegaler Verfolgung und überzogenen Forderungen nach Verfolgung.
Anlegung bzw. Wiedererstellung von Flachwasser- und Überschwemmungsgebieten und generelle Verbesserungen im Ökosystem Fließgewässer (auch für andere Arten positiv).

Biotop. Nahrungssuche im Seichtbereich bis etwa 0.6 m verschiedenster Gewässertypen, auch im Salz- und Brackwasser. Brutkolonien in ME auf Bäumen, meist in Waldrandnähe, Hangwäldern oder ± großen Gehölzgruppen, oft nah am Wasser oder auf Inseln, aber auch bis 30 km von größeren Gewässern entfernt, mitunter im Siedlungsbereich; Einzelbruten oder Kolonien seltener auch innerhalb großer Schilfbereiche, gelegentliche Bodenbruten. Vor allem im Spätsommer/Herbst nicht selten auf Feldern und Wiesen (Mäusefang).

Nahrung. Hauptsächlich Fische, ferner Amphibien, Kleinsäuger, Reptilien, Jungvögel, Insekten u. a. Wirbellose. Nahrungsbedarf ad. 330-500 g/d. Starke regionale und saisonale Variation; Vorzugsgröße bei Cypriniden, Barschen usw. 10-15 cm; max. 20-30 cm (z. B. Rotaugen). Im Frühjahr, Herbst und Winter häufig Wühlmäuse; zur Jungenaufzucht bei Wahlmöglichkeit viele Weißfische.

Stimme. Im Flug rauh »kräick«; viele Rufe in Brutkolonie z.B. Begrüßung »arre-arre-arr-arr-ar-ar«,

Drohruf laut »gooo«; Erregung nasal »go-go-go«. Nestjunge keckern laut.

Verhalten. Tag- und dämmerungsaktiv, jagt aber auch nachts (an Fischteichen bes. bei Verfolgung); Nachtzieher. Schnelles Gehen mit balancierenden Halsbewegungen; bei Jagd langsames Schreiten mit niedrig gehaltenem Hals. Abflug oft mit einigen Sprüngen, schaufelnder Ruderflug, gelegentlich Gleiten und Aufwindsegeln. Hals zurückgelegt, nur bei Landung und Abflug vorgestreckt. Kann auch schwimmen. Nahrungserwerb in langsamer Pirsch am Boden oder im Seichtwasser, auch als passiver Jäger in oft stundenlangem Ansitz; mitunter auch aus der Luft (Fische, Jungvögel). Bei Ansitzjagd zunächst langsames Vorbeugen, dann rasches Zustoßen (max. bis knapp 20 cm Wassertiefe). Große Fische (z B. Karpfen) werden vor dem Verschlingen oft ans Ufer gebracht. Kleinere Beute wird lebend verschluckt; Ad. jagen erfolgreicher als Juv. Auch bei Nahrungssuche oft in lockeren Trupps, doch auch Verteidigung kleiner Nahrungsterritorien. Fliegen zur Nahrungsaufnahme oft 40 km weit von der Kolonie. Brütet gesellig; Kleinkolonien und Einzelhorste sind instabil und charakteristisch für suboptimale Bedingungen. Beginn der Verpaarung oft aggressiv, ändert sich im Lauf der Zeit. ♂ Paarlockruf; Reckbewegung; Schnappbewegung (vorgestreckter Hals, gesträubte Nackenfedern), mit der das ♀ festgehalten werden soll. Am Nest Begrüßung; ferner mehrere Abwehr- und Drohhaltungen. Zu Beginn der Verpaarung sieht man oft ein »Tanzbalz« ähnlich bei Kranichen. ♂ bringen Nistmaterial zum Nest. ♀ bauen das Material ins Nest ein. Paare kopulieren sehr häufig zu dieser Zeit. ♂ haben manchmal mehrere ♀. Kolonien sind oft gemischt mit anderen Arten. Größte europäische Kolonie in der Bretagne ca. 1.000-1.900 BP. Gemeinsame Schlafplätze meist auf hohen Bäumen.

Fortpflanzung, Brutbiologie [1369,337,1784, 3615,463,3990]. Wohl meist im 2. Jahr geschlechtsreif, zuweilen (besonders ♀) schon im 1. Jahr. Monogam, selten auch Bigamie bzw. Polygynie. **Ankunft am Brutplatz.** Koloniebesetzung ab (Mitte Dez./Anf. Jan.) Mitte Jan. bis Anf. März. **Nest.** In ME meist hoch auf Laub- oder Nadelbäumen, selten im Schilf. Unterbau aus kräftigen Ästen und Zweigen, innen feiner ausgekleidet; Röhrichtnester aus Schilf; beide bauen, ♂ trägt meist ein; konstante Ausbesserung. Alte Nester regelm. wiederverwendet. **Legebeginn.** (Ende Jan.) Feb./Anf. März (in N-ME etwas später) bis Anf. Juni. **Gelegegröße.** 3-5 (-8), Ø in GB_{222} 3.95, CH_{85} 3.83, E-D_{484} 4.3, PL_{461} 4.1. Legeabstand 2 (1-3, selten 4) d. **Eier.** Stumpfoval, hell blaugrün, glanzlos. **Brutdauer.** 25-26 (-28) d, für das gesamte Gelege 32 d, da asynchrones Schlüpfen; Bebrütung z.T. ab 1. Ei, oft später; beide brüten. **Schlüpftermine.** Erstbruten ab Ende Feb./ März bis Juni. **Nestlings-/Führungszeit.** Beide füttern; Hudern bis mind. 14 d, erst ab ca. 20 d werden Juv. alleingelassen, ab ca. 30 d klettern Juv. auf Nachbaräste, mit ca. 50 (42-55) d flugfähig, kehren aber noch ca. 10-20 d ins Nest zurück. **Jahresbruten.** 1, selten 2; Nachgelege bis zu 3 mal, sogar bei Jungenverlust. **Ende der Brutperiode.** Bei nur 1 Brut frühestens (Anf.) Mitte Mai; letzte ausfliegende Juv. meist Aug. **Bruterfolg.** In GB_{125} 2.94, in E-D_{484} 3.07 flügge Juv./Vollgelege und J. = 71.3% der abgelegten Eier; in E-D Schlüpferfolg von 53% bei 708 Eiern.

Eimaße und -gewichte. L. 53.5-68.4 mm, B. 39.4-49.7 mm, Ø: 60.6 x 43.0 mm (n=150, ME), 59.9 x 43.2 mm (n=100, GB), 59.9 x 42.0 mm (n=215, GR,YU); Frischvollgew. 48.2-68.5 g, Ø: 60 g; Schalengew. 3.18-6.04 g, Ø: 4.49-4.69 g.

Sterblichkeit, Alter. CS im 1. Jahr 63%; 25% überlebten bis Ende des 2. Lebensjahres [149]; vor Einführung der Schonzeit D 68% 1. Jahr, 45% 2., 20.5% ab 3. Jahr; GB 1. Lebensjahr ca. 70% (1909-41), ca. 73% (1942-54), ca. 56% (1955-75), 2. Lebensjahr 31% bzw. 32% bzw. 47%, 3. 36% bzw. 33% bzw. 34%, in späteren 26% bzw. 32% bzw. 27% [ausführlich 2537; Wintersterblichkeit und weitere Diskussion z.B. 2475,3926]. Ältester Ringvogel 35 J. 1 Monat [3654], mehrere Nachweise > 18 J. **Generationslänge:** 5 J. [383].

Mauser. **Postjuvenile Mauser** (Teilmauser) Sept.–Feb.; Großteil des Körpergefieders, selten einige Oberflügeldecken [767]. • **Postnuptialmauser** (Vollmauser) setzt vor Ausfliegen der Jungen ein, Mai/Juni–Nov./März, Nichtbrüter und Vorj. vermutlich früher; Körpergefiedermauser oft erst im Spätwinter beendet [309,767,1369,139].

Ardea purpurea – Purpurreiher 01240

Ardea purpurea Linnaeus 1766

(GB) **Purple Heron** (F) **Héron pourpré** (E) **Garza Imperial**

Taxonomie. Vier UA: *purpurea* Linnaeus 1766 (W-Paläarktis, Afrika), *bournei* (Kapverden), *madagascariensis* Oort 1910 (Madagaskar) und *manilensis* Meyen 1834 (S- und E-Asien). Form der Kapverden am deutlichsten differenziert (ad. PK ähnlich Juv. der anderen UA; **Fotos:** Birding World **15**, 103 und Durch Birding **24**, 172) und viell. separate Allospezies [vgl. 1581].

Kennzeichen. [221,1369,1784,3615,3772; weitere **Fotos** in Limic. **17**, 283, Alula **10**, 121, Bird. W. 7, 302].

Maße. Gr.: 78-90 cm. Gew.: ♂ 617-1218 (1345) g, ♀ 525-1135 g. Fl.spw.: 120-150 cm. Fl.l.: ♂ 357-383 mm, ♀ 337-372 mm [1369]

Status. Lokaler Brut- und Sommervogel. Außerhalb der Brutgebiete seltener Durchzügler und gelegentlicher Sommergast in geeigneten Lebensräumen.

Verbreitung und Bestand. Nominatform Brutvogel in W-Europa und ME, mit N Verbreitungsgrenze bei 52° N in NL und PL; Areal reicht nach E bis UA. und nach S bis IL, TR und Irak. Weitere UA in Afrika, Kapverden, Madagaskar und (S)E-Asien. Bestand Europas 29.000-42.000 BP, mit wichtigsten Vorkommen in RUS (10-15 T.), UA. (6.7-11.9 T.), F und E. (jew. um 2.000); in ME ca. 1.500-2.300 BP [383].

Wanderungen. Zugvogel, hauptsächlich Langstreckenzieher, Streuungswanderungen. Juv. wandern unmittelbar nach Flüggewerden ohne Vorzugsrichtung ab, streifen mindestens bis Ende Aug. umher und erscheinen regelm. auch außerhalb der Brutgebiete. Gerichteter Abzug etwa von Aug. bis Okt. mit Nachzüglern bis Dez. Winterquartier in Steppengebieten W-, E- und S-Afrikas; einzelne überwintern in S- und SE-Europa und vor allem in EGY. Ringfunde aus allen Teilen Europas konzentrieren sich in Sahelzone W-Afrikas bis in Bereich der Feuchtsavanne und insbesondere in Küstennähe [Einzeldaten z.B. 1638; Ringfunde NL:3642; F:3991]. Hauptwegzugsrichtung offenbar aus allen Teilen Europas SW–SSW, einzelne (z.B. NL, E-F) auch zu-

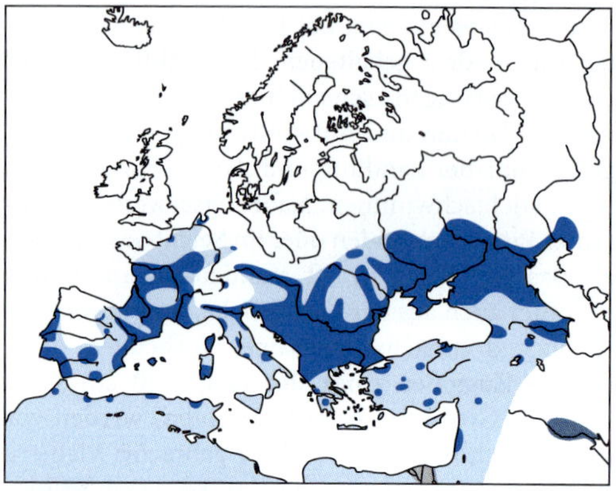

Ardea purpurea – **Purpurreiher**

nächst SSE; überquert Sahara z.T. direkt, viele über I kommende Vögel folgen aber Küste Afrikas nach W, dann nach S. Rückkehr nach Europa ab März (ausnahmsweise in NL Ende Feb.), meist April; Heimzugsende Mai. Beim Heimzug queren viele westliche Vögel I, auch aus solchen Populationen, die normalerweise über Iberien wegziehen (Schleifenzug) [Details 3991]. Zugprolongationen führen oft einzelne Ind. über die Brutgrenze nach N.

Bestandsentwicklung. Generell starke Populationsschwankungen, möglicherweise in Zusammenhang mit Niederschlagsverhältnissen in W-Afrika [337]. Nach Zunahme des ME Bestandes mit Beginn der 1940er J. [1369] Bestandseinbruch zwischen 1968 und 1975 vor allem in W-ME, z.B. in NL von 900 BP 1977 auf ca. 300 BP 1985 und < 250 BP 1990 [196], in B letzte Brut 1982. In E-ME ab Anf. 1980er J. ebenfalls zeitweiliger Rückgang [H, A: 196]. In CH 55 BP (1955), ab 1960er J. Rückgang: 40–45 (1961), 8–10 (1972), < 5 (1976), 3 (1979), 2 (1980); 1981/82 Bestand erloschen, 1989 letzter Brutverdacht [337,3393]. Verluste halten in anderen Regionen Europas an [GR, BG, RO, KZ:3615]. Andererseits seit ca. 1940 immer wieder Tendenz zur Bildung neuer kleiner Kolonien, die aber häufig nicht lange bestehen.

In 1990er J. in ME Bestände regional auf niedrigem Niveau stabil, z.B. D, A [3615,1109], z.T. aber auch wieder anwachsend, in NL von 370 (1998) und 395 (1999) auf 445 BP (2000) [2106,3638; vgl.

auch 453]. Anf. 1990er J. auftretende Verluste waren z.B. auch in S-F gegen Ende 1990er J. wieder ausgeglichen [819]. Jüngst kleine Neuansiedlungen in PL [196,3871] und RUS [3615].

	Best.	Areal	Brutbestand	Jahr	Quelle
A	+/-	=	200–300	1998–2002	[383]
CZ	↓	=	1–5	2000–2002	[383]
D	+/-	=	21–34	1995–1999	[383]
H	+/-	=	900–1.500	1998–2001	[383]
NL	↑	=	370–445	1998–2000	[383,2106]
PL	+/-	+ 1	0–3	1990–2000	[383]
SK	↓	- 1	20–60	1997–1999	[383]

Gefährdungsursachen [196,1507,1369,3892,1638, 2105,2106,819]. Wichtige Faktoren in europäischen Brutgebieten:
Störungen am Brutplatz (Vertreibung der Altvögel durch Freizeitnutzung). Absenkungen des Wasserspiegels, dadurch fehlende Überflutung und geringer oder fehlender Bruterfolg. Zerstörung/Verlust von Schilfgebieten. Eutrophierung der Gewässer mit resultierender Wassertrübung durch Algenblüten. Abschuss nach Verwechslung mit Graureihern. Opfer an Freileitungen.
Natürliche Ursachen: vor allem direkter Einfluss der Saheldürre. In NL positive Korrelation zwischen Größe der Brutpopulation und Niederschlagsmenge im Sahel. Aufgrund ausgetrockneter Flüsse und Seen in früheren Rastgebieten zogen Reiher in Dürrejahren weiter nach S, dort aber offenbar höhere Mortalität. Dürrebedingte Nahrungsverknappung macht ausreichende Depotfettbildung für langen Zugweg unmöglich (vgl. auch Dorngrasmücke).
Verluste durch Prädation (vor allem Fuchs) nicht entscheidend.

SPEC	VSchRL	Bern.Konv.	Bonn.Konv.
3	Anh. I	Anh. II	Anh. II
Europ. RL	RL in ME		
--	CZ: 'CR', D, NL, SK: 'EN', A:'VU'		

Schutzmaßnahmen. Hebung des Wasserspiegels in trockengefallenen Gebieten. Erhaltung oder Neuschaffung von Brutgebieten mit störungsfreien Flachwasserzonen.
Keine Zerstörung oder Beeinträchtigung der verbliebenen Feuchtgebiete im Brut- und Überwinterungsgebiet.
Starke Einschränkung des Pestizideinsatzes sowie der Abwassereinleitung.
Keine Aufhebung der Schonzeit für den Graureiher.

Biotop. Ausgedehnte Schilf- und Rohrdickichte zu allen Jahreszeiten; Nester vorzugsweise in reinem Schilf, aber auch in Büschen im Schilf bzw. in anderen Ufervegetationen, z.T. auf Bäumen (Pappeln).

Nahrung. Hauptnahrung Fische (bis 10-20 cm Länge), viele Insekten und deren Larven; weniger regelm. Amphibien, Reptilien, Kleinsäuger, Vögel, Crustaceen, Mollusken. Bedarf Ad. ca. 200 g/d.

Verhalten. Tag- und nachtaktiv; Nahrungssuche besonders abends und morgens. Hält sich stärker in Deckung als Graureiher; selbst Brutplätze sind oft schwer zu entdecken. Bei Gefahr nicht selten Pfahlstellung wie Rohrdommel. Flug mit höherer Schlagfrequenz als Graureiher. Passiver Jäger; Jagd meist an kleinen Gewässern oder in Deckung der Verlandungszone; auf Nahrungssuche oft gesellig. Vorzugsweise Koloniebrüter; Einzelbruten und Kleinkolonien oft nur kurzfristig. In gemischten Reihergesellschaften wegen seiner Vorliebe für Deckung oft etwas abseits. Sexualverhalten mit ähnlichen Posen und Bewegungen wie Graureiher.

Stimme. Ähnlich Graureiher, aber weniger ruffreudig. Flugruf höher etwa »krreck« oder »rrhe«. Ähnlich Graureiher verschiedene Rufe am Brutplatz, z.B. krächzend »quärr« (Angstruf) oder scharfe »quäck«; Begrüßungsrufe usw.

Fortpflanzung, Brutbiologie [1369,337,1784, 3615,3990]. Meist schon im 1. Lebensjahr geschlechtsreif. Monogame Saisonehe (auch Polygamie?). **Ankunft am Brutplatz.** Im April (Mai). **Nest.** Nest meist 0.8-2.3 m über Grund und 0.5-1.6 m über Wasser auf umgebrochenen Pflanzen, selten auf Büschen oder Bäumen, immer im Bereich offener Wasserflächen (Brutaufg abe bei Trockenfallen); Nest kleiner als Graureihernest. Kolonien, aber Nester meist 5-20 m auseinander; beide bauen. **Legebeginn.** In ME (Mitte) Ende Apr./Anf. Mai (bis Anf. Juli). **Gelegegröße.** 4-5 (2-8), im Ø CH_{151} 4.16, $E._{300}$ 4.21, F_{27} 3.3, F_{92} 4.4; Legeabstand 1-3 d. **Eier.** Langoval, blaugrün, glanzlos. **Brutdauer.** Ø 26 (25-30) d; Bebrütung nach 1. Ei; beide brüten. **Nestlings-/Führungszeit.** Beide füttern; Juv. werden bis 10 d (mitunter länger) gehudert bzw. später beschattet; mit 15-20 d klettern Juv. im Schilf in Nestnähe, mit 45-50 d flügge, ca. 10 d später selbständig. **Jahresbruten.** 1, Nachgelege. **Bruterfolg.** Schlüpferfolg in F aus 13 Nestern mit 49 Eiern 93.3%; in Afrika in 35 Nestern 31 Junge bis ca. 20/24 d.

Eimaße und -gewichte. L. 47.9-61.1 mm, B. 36.5-44.7 mm, Ø: 54.7 x 40.0 mm (n=200, YU+GR), 56.4 x 40.6 mm (n=126, CZ+SK.); Frischvollgew. 37-63 g, Ø: 50.1 g (n=42, CZ+SK.); Schalengew. 2.24-3.97 g, Ø: 3.15 g.

Sterblichkeit, Alter. NL Sterblichkeit 59% bei Juv. und 26% bei Ad., beide Werte höher in trocken Jahren und niedriger in feuchten Jahren in den Wintergebieten in W Afrika [640]. Ältester Ringvogel 25 J. 55 Monate [3654], mind. 10mal >20 J. belegt. **Generationslänge:** 5 J. [383].

Mauser. Postjuvenile Mauser (Teilmauser) Nov.–April; Körpergefieder und einige Flügeldecken [767,1369]. • **Postnuptialmauser** (Vollmauser) beginnt während der Brutzeit, Juni–Nov. (Feb.), Vorj. bereits ab Mai [767]. • **Pränuptialmauser** (Teilmauser) März–April; Umfang unbekannt, aber zumindest Ausbildung einiger Schmuckfedern [767,1369].

Egretta garzetta – Seidenreiher 01190

Egretta [garzetta] garzetta (Linnaeus 1766)

(GB) **Little Egret** (F) **Aigrette garzette** (E) **Garceta Común**

Taxonomie. Vier UA: *garzetta* (Linnaeus 1766) (West-Paläarktis, Afrika), *nigripes* (Temminck 1840) (SE-Asien), *immaculata* (Gould 1846) (AUS) und *gularis* (Bosc 1792) (Küste W-Afrika).
Die genaue Abgrenzung der Superspezies *Egretta [garzetta]* ist noch ungeklärt. Die tropischen Formen *gularis, schistacea* und *dimorpha* sind im Gegensatz zur Nominatform dimorph, mit weißer und schiefergrauer Morphe. Die Ausgliederung des »Küstenreihers *E. gularis*« mit den UA *schistacea* (Rotes Meer bis Indien) und *gularis* (W-Afrika) [z.B. 3615] erscheint nicht gerechtfertigt, da ungesichert ist, ob die beiden Formen nächstverwandt sind. Artrang der östlichen Form *E. schistacea* gegenüber *E. garzetta* aufgrund deutlicher struktureller Unterschiede (Schnabel, Größe) ist dagegen gerechtfertigt; dagegen W-afrikanischer Küstenreiher *(gularis)* vom Seidenreiher strukturell kaum unterscheidbar, wenngleich dunkle Morphe bei weitem vorherrscht. Vögel dieser Morphe wurden mehrfach in Seidenreiher-Kolonien in SW-Europa (bis Camargue) festgestellt. Die Form *gularis* daher eher eine südl. UA des Seidenreihers, in der die dunkle Morphe vorherrscht (vergleichbar dunkler und weißer Schneegans, die ursprüngl. auch geograph. getrennte Populationen waren). Assortative Verpaarung der Farbmorphen in gemischten Kolonien W-Afrikas ist nicht als sympatrisches Brüten zweier Arten zu interpretieren! *E. [g.] dimorpha* (E-Afrika, Madagaskar) ist am besten als eigenständige Allospezies anzusehen.

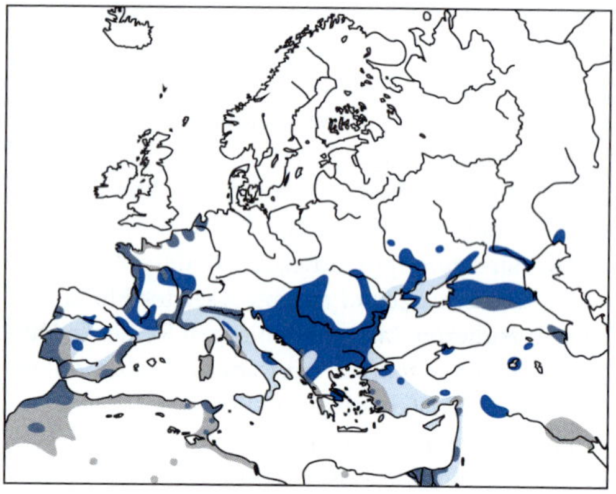

Egretta garzetta – Seidenreiher

Kennzeichen. [221,1369,1784,3772,1505]. Nackte Haut des Zügels grau bis grau-grünlich, zur Hochbalz kurzzeitig leuchtend purpurrot [3990]. Beine schwarz, Füße gelb, zur Brutzeit kurzzeitig leuchtend orangerot, scharf abgesetzt von schwarzem Tarsus. Nominatform monomorph (weißes Gefieder). Gelegentlich in Europa auftretende Vögel der schiefergrauen Morphe (in ME extrem selten, wohl nur aus Gefg.), wohl durchweg *gularis* zuzuordnen [2437]; diese im vollen PK mit violetter Zügelhaut, roten Füßen, gelber oder ganz dunkler Iris [Fotos in Dutch B. **22**, 165, Bird. W. **7**, 225, **13**, 227, **14**, 242, Brit. B. **94**, 383-386; zur Abgrenzung vom Schmuckreiher *E. thula*:2505,2649; **Fotos** in Bird. W. **9**, 434-444].

Maße. Gr.: 55-65 cm. Gew.: 280-710 g, in H: ♂: 496-614 g, ♀ 490-530 g; Ø (am Nest in S-F): 507 g. Fl.spw.: 86-95 (104) cm. Fl.l.: 245-303 mm; *gularis*: 244-285 mm [1369, 3615, 1505].

Status. ***garzetta*** Brutvogel in meisten Ländern ME. Als Durchzügler von April bis Sept. (Extremdaten Ende März-Nov.), kleiner Standvogelanteil; sporadische Überwinterungen [z.B. CH:3393], sonst Kurz- bis Mittelstreckenzieher; heute in S-ME regelmäßiger einzelner Gast (bisher meist < 10 Ind./J.); deutliche Zunahme in letzten Jahrzehnten, im N und E selten (ebenfalls zunehmend). UA ***gularis*** mit einzelnen Nachw., viell. auch Wildvögel, bis D und CH [575, 4152]; meist als Gefg.fl. geführt. Als solcher auch *E. thula* in ME möglich.

Verbreitung und Bestand. Brutvogel in S-Europa, N-, W- und S-Afrika sowie Madagaskar, über Kleinasien bis JAP, ferner in SE-Asien, Neuguinea und AUS. Europäischer Gesamtbestand bei 68.000-94.000 BP [383], mit Populationen > 10.000 BP in I, F und E., > 4.000 BP in AZ, RO, UA. und RUS, leichte Zunahme [383]. In ME weitgehend konzentriert auf H, aber kleine lokale Ansiedlungen in meisten anderen Ländern; insgesamt etwa 630-1.080 BP, bei anhaltend starker Bestandszunahme und Arealausweitung [383].

Wanderungen. In Europa überwiegend Zugvogel mit Streuungswanderungen, jedoch wechselnder Standvogelanteil wo immer das Klima es erlaubt. Seit 1950er J. regelm. im Mittelmeerraum überwinternd (mit Bestandseinbrüchen in ungewöhnlich kalten Wintern); ansonsten Zug bis in N-Tropen Afrikas bis Äquatorgebiet. Weiteste Ringfunde YU-Nigeria, Camargue-Mali, Gambia, Ghana, E.-Guinea, H-Sierra Leone, RUS (Asowsches Meer) – 2 mal Nigeria; dazu 2 Transatlantikflüge von E. nach Trinidad und Martinique. Juv. Juli/Sept. Streuungswanderung der Juv in alle Richtungen Juli–Sept.; gerichteter Wegzug S und SW (seltener SE) von Ad. und Juv. Aug.–1. Hälfte Dez.; Heimzug besonders März; Zugvögel an europäischen Brutkolonien etwa ab April; Neigung zur Zugprolongation auf Heimzug und daher im Frühjahr und Sommer oft einzelne Ind. N des Brutareals [Ringfunde:2020].

Bestandsentwicklung. In »viktorianischer Zeit« dramatischer Bestandseinbruch aufgrund direkter Verfolgung (wie Rallenreiher). Erst nach 1910 Erholungsphase, mit Wiederbesiedlung von H 1928 und F 1931 [1369]. Seit 1950er J. aufgrund intensiver Schutzmaßnahmen und z.T. Anpassung an neue Bruthabitate (z.B. Nähe von Siedlungsbereichen) verstärkte Zunahme und Ausbreitung in allen Brutgebieten Europas [196]. Inzwischen viele Ansiedlungen außerhalb geschlossenen Verbreitungsareals, insbesondere in ME: CZ 1963 und 1988 Einzelbruten, seit 1997 regelm. [K. STASTNY]; SK. erste Bruten 1953 (2 BP) und 1959, seit 1989 regelm. [q3]; D-BY Brutversuch 1981, Bruten 1992 und 1996 [2287]. NL erste Brut 1979, regelm. Brutvogel seit 1995 [277, 3638]; in B Brutvogel seit 1995 [78, 583], A seit 1998 [3486] und PL seit 1998 [q3]. In vielen Bereichen ME seit Mitte 1980er J. deutliche Zunahme der Brutzeitbeob. [z.B. in CH:q1, Bod.:1617, D-BW:1722]. Ausbreitung schreitet weiter fort, mit Brutansiedlungen und rascher Ausweitung in GB ab 1996 und IRL ab 1997 [2352].

	Best.	Areal	Brutbestand	Jahr	Quelle
A	N	N	3–5	1998–2002	[383,3486]
B	N	N	17–17	2001–2003	[383]
CZ	N	N	1–4	2000–2002	[383]
D	N	N	0–2	1994–1999	[383]
H	↑	+1	600–1.000	1998–2001	[383]
NL	N	N	5–20	1998–2000	[383]
PL	N	N	1–1	2003	[383]
SK	↑	+1	0–30	1990 1999	[383]

Gefährdungsursachen [4180, 1507, 196, 3990, 1505]. Wie bei Rallenreiher historischer Bestandseinbruch fast ausschließlich durch direkte Verfolgung bei Jagd nach Schmuckfedern. Zusätzlich wie bei anderen Reiherarten großräumige Habitatverluste.
In jüngerer Zeit auch illegale Verfolgung und Fang in Winterquartieren bedeutend.
Wichtiger Mortalitätsfaktor zudem Kältewinter in S-Europa, vor allem für Standvogelanteil und Kurzstreckenzieher unter ME Brutvögeln.

SPEC	VSchRL	Bern.Konv.	Bonn.Konv.
--	Anh. I	Anh. II	--
Europ. RL	RL in ME		
--	CZ:'CR', H: 'VU', NL:'R'		

Schutzmaßnahmen. Vgl. Purpurreiher, Zwerg- und Rohrdommel. Für Seidenreiher zusätzlich wichtig die Erhaltung ausgedehnter offener Flachwasserbereiche, bes. naturnahe Überschwemmungsgebiete. Ferner extensive Nutzung von Fischteichen (unter Vermeidung gravierender Eingriffe).

Biotop. Sümpfe und Verlandungszonen mit Büschen und Bäumen; Nahrungssuche bevorzugt im Seichtwasser. Daher heute auch häufig in Reisfeldern oder an flachen Fischteichen; mitunter auch an Meeresküsten. Gelegentlich auch auf trockenem Boden und ähnlich Kuhreiher Anschluss an weidende Großsäuger.

Nahrung. Kleine Fische, Frösche, Eidechsen, Würmer, Mollusken, Crustaceen und Wasserinsekten.

Stimme. In Kolonien raue und gutturale Rufe, wie »ärk«, »kark« oder Reihen wie »kre-kre-kre«, gurgelndes »wallala.« usw. (8 Ruftypen werden unterschieden).

Verhalten. Tagaktiv. Gesellig, auch am Schlafplatz und während der Nahrungssuche. Hierbei laufen Seidenreiher viel und rasch durchs Seichtwasser oder in Sumpfwiesen; Erfolg bei Nahrungssuche in Gruppen höher (anders Rallenreiher). Aktiver Jäger, aber Nahrungssuche auch einzeln durch unbewegliches Lauern; durch vibrierende Fußbewegungen Aufscheuchen von Beutetieren. In Kolonie gewisse soziale Hierarchie. Brut oft (oder meist?) in gemischten Kolonien. ♂ verteidigt kleines Territorium erst nach Anpaarung mit einem ♀. Im Sexualverhalten spielen vor allem Schmuckfedern an den Schultern eine Rolle; jene an Kopf und Nacken für abgestuftes Drohverhalten.

Fortpflanzung, Brutbiologie [1369,337,1784,3615,3990]. Geschlechtsreife im 1. Jahr (immer?). Wohl monogame Saisonehe. **Nest.** Bevorzugt in gemischten Reiherkolonien (z.T. Nestabstände < 2 m); auf hohen Bäumen (bis 20 m), in Büschen oder im hohen Schilf; Nest meist ziemlich dürftig, ♂ trägt (Zweige, Äste) ein, ♀ verbaut. **Legebeginn.** Ab Mitte/Ende April (bis Juli, in H sogar Aug.). **Gelegegröße.** 3-5 (-8) Eier, Ø in F_{429} 4.3, H_{60} 4.3, SW-Europa 4.2-4.5; Legeintervall 1-2 d. **Eier.** Langoval, grünlichblau (ausbleichend). **Brutdauer.** 21-22 (25) d, Bebrütung ab 1. Ei (beide brüten). **Nestlings-/Führungszeit.** Beide füttern; nach 30 d Ausweichen auf benachbarte Äste; nach 40-45 d flügge. **Jahresbruten.** 1, Nachgelege. **Bruterfolg.** Schlüpferfolg z.B. 91.6% in F. In F_{429} 2.86 flügge Juv./Nest und J.

Eimaße und -gewichte [337,1505]. L. 39.8-55.0 mm, B. 30.6-36.8 mm, Ø: 45.8 x 33.8 mm (n=160, YU), 45.4 x 33.0 mm (n=503, I), 46.6 x 33.8 mm (n=100, Europa); Frischvollgew. 20-30 g, $Ø_{40}$: 25.1 g; Schalengew. 1.44-2.36 g, Ø: 1.90 g.

Sterblichkeit, Alter. Überlebensrate im 1 Jahr in S-F stark variierend 6.5–55.2%, bei Ad. konstant 71.4% [1504]. Ältester Ringvogel 22 J. 4 Monate [3654]. **Generationslänge:.** 5 J. [383].

Mauser. **Postjuvenile Mauser** (Teilmauser) Aug.–Nov. nach Wegzug vom Brutplatz; Körpergefieder. • **Postnuptialmauser** (Vollmauser) Juni–Nov./Dez., Vorj. bereits ab Frühling [1505]; Schwingenmauser vermutlich besonders im Winterquartier. • **Pränuptialmauser** (Teilmauser) Jan.–April (Mai); Ausbildung der Schmuckfedern, weiterer Umfang der Körpergefiedermauser unbekannt [1688,4057,1505].

Egretta schistacea – Küstenreiher 01182

Egretta schistacea (Hemprich & Ehrenberg 1828) syn.: *Egretta gularis schistacea*

(GB) Western/Eastern Reef Heron **(F) Aigrette des récifs** **(E) Garceta Dimorfa**

Taxonomie. Monotypisch. Küstenreiher *E. schistacea* ist so stark vom Seidenreiher differenziert, dass ihm Artrang zukommt (keine Allo- oder Paraspezies von [*garzetta*], daher nicht als *E. [g.] schistacea* geführt). Die W-afrikanische Form *gularis* ist keine UA des Küstenreihers, sondern steht offensichtlich dem Seidenreiher näher (s. dort).

Kennzeichen. Dimorph: Ad. entweder rein weiß oder schwärzlich schiefergrau mit weißer Kehle. Schnabel gelblich-hornfarben. Nackter Zügel zur Hochbalz leuchtend rosa-fleischfarben (nicht orange), sonst gelblich-hornfarben (wie Schnabel) bis grünlich-gelb [221,1369,1784,3615,3772].

Maße. Gr.: 55-67 cm. Gew.: ca. 350-450 g. Fl.spw.: 86-110 cm. Fl.l. 27.2-31.1 cm [1369,3615,1784].

Status. Sehr seltener Gast in SE-Europa, in ME wohl nur als Gefg.fl., u.a. **D:** [575], **CH:** [4152]. **H:** Aug. 1964 [2438], **B:** Sept. 1995 [1677].

Wanderungen. Im ursprünglichen Verbreitungsgebiet Standvogel, Streuungswanderungen.

Verbreitung und Bestand. Verbreitet vom Roten Meer E bis SE-Indien. Nirgends häufig, z.B. EGY 130-200 BP (1980er J.) [3615]; Trends unbekannt; global aber nicht gefährdet [1784].

Biotop. In tropischen Küstenbereichen, bevorzugt in felsigen und sandigen Gebieten oder Riffen, mitunter auch in Sumpfgebieten, Ästuaren, Lagunen usw.

Nahrung. Wohl weitestgehend Fische, Crustaceen und Mollusken.

Stimme. Bei Störung kehliger Krächzlaut, bei Begrüßung am Nest Schnabelklappen.

Sterblichkeit, Alter. Generationslänge: 5 J. [383].

Mauser. Vermutlich ähnlich Seidenreiher [767].

Egretta thula – Schmuckreiher 01150

Egretta thula (Molina 1782)

(GB) **Snowy Egret** (F) **Aigrette neigeuse** (E) **Garceta Nívea**

Status. Auf Grund eines in einer Sammlung entdeckten Beleges aus dem frühen 20. Jh. wird diese nordamerikanische Art inzwischen in der offiziellen Artenliste **D** geführt [s. 180N].

ORDNUNG Ciconiiformes – Storchenvögel
Familie Ciconiidae – Störche

Stelzvögel mit langem, gerade getragenem Hals und spitzem, langem, ± konischem Schnabel; Kopf groß. Geschlechter gleich, aber ♂ meist größer als ♀. Nahrung wird im Schreiten aufgelesen an Land oder im Seichtwasser. Im Flug Hals ausgestreckt; gute Segelflieger. Große Luftsäcke unter der Haut im Halsbereich. Zehen vergleichsweise kurz (anders Ardeidae). Unbefiederte Körperpartien meist sehr auffällig gefärbt.
6 Gattungen, 18 Arten. In Europa nur *Ciconia* (2 Arten), im Nahen Osten ausnahmsweise auch Nimmersatt *(Mycteria ibis)* und Marabu (*Leptoptilos crumeniferus*), die beide in ME gelegentlich als Gefg.fl. auftreten. Die Gattung *Ciconia* (7 Arten) ist gut gesichertes Monophylum, darin *Ciconia [ciconia]* nächstverwandt mit S-amerikanischem Maguaristorch *C. maguari* [3600].

Ciconia nigra – Schwarzstorch 01310

Ciconia nigra (Linnaeus 1758)

(GB) **Black Stork** (F) **Cigogne noire** (E) **Cigüeña Negra**

Taxonomie. Monotypisch.

Kennzeichen. [221,1369,1784,3615,3772; vgl. **Fotos** in Bird. W. **5**, 76, **8**, 147, **11**, 197-199, Brit. B. **96**, 324, Limic. **8**, 321, **13**, 202].

Maße. Gr.: 95-100 cm. Gew.: Ø ca. 3000 g. Fl.spw.: 144-155 cm. Fl.l.: 520-600 mm [1369,3615].

Status. Lokaler, seltener Brut- und Sommervogel in weiten Teilen ME; starke Ausbreitung und Bestandszunahme nach W-ME; zunehmende Zahl von Übersommerungen. Auf dem Durchzug in allen Teilen ME allj. in kleiner, wachsender Zahl.

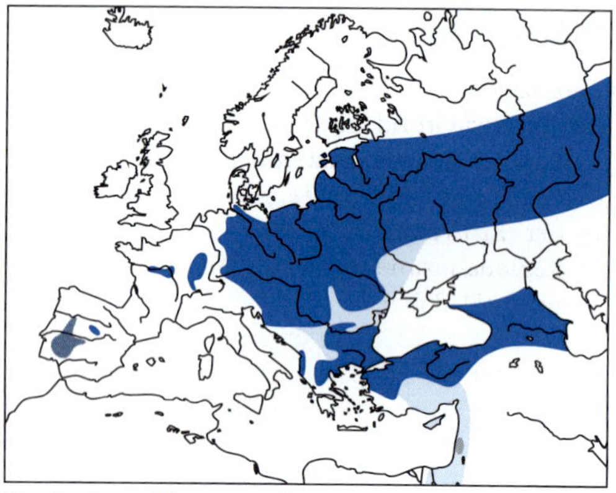

Ciconia nigra – **Schwarzstorch**

Verbreitung und Bestand. Lückig verbreitet von W- und S-Europa über Vorderasien bis Ussuriland sowie isoliert in S-Afrika, vom Tiefland bis in Mittelgebirgslagen; höchste Brutplätze in Europa bei 900-1300 m [1507]. Mit 7.800-12.000 BP weit über Hälfte des Weltbestandes von etwa 12.000 BP auf Europa konzentriert; Populationen > 1.000 BP nur in PL, TR und BY; in ME derzeit 2.500-3.200 BP [383, M. Strazds, 3278].

Wanderungen. Überwiegend Langstreckenzieher, Streuungswanderungen; auf Iberischer Halbinsel und in SE-Europa Teilzieher, ansonsten Winterquartiere in E-Afrika und im tropischen W-Afrika; Schmalfrontzug, doch weniger extrem als bei Weißstorch, zieht auch über mittleres und E-Mittelmeer. Zugscheide weiter E als Weißstorch (Odergebiet) und noch weniger prägnant: **Br. PL** sind überwiegend E-Zieher, **Br. CZ/SK.** überwiegend W-Zieher. Einhergehend mit Bestandszunahmen im W und Arealausweitung nach W steigende Anzahlen in E. registrierter Westzieher [2422]. Rückkehr etwas später als Weißstorch Mitte März/April, im N nicht vor April. Durchzug E. März-Mai und Ende Aug.-Anf. Nov.; Pyrenäen werden meist umflogen [2422]. Durchzugsgipfel Bosporus Ende Sept./Anf. Okt., 1 Monat nach Weißstorch [3615]. Ringfunde [2020]; Satellitentelemetrie [2312,2990].

Bestandsentwicklung. Nach Phase der Ausbreitung Richtung SW-ME im frühen 19. Jh. erheblicher Bestandsrückgang in weiten Teilen Europas ab Mitte 19. Jh., zumindest in W- und S-ME und in Skandinavien bis in 1930er bzw. 1950er J. anhaltend, dabei Erlöschen der Bestände in CS und D-

BY im 19. Jh., in -HE 1909, -NW 1910, -SH 1916, -BW 1925, sowie in DK 1951 und in S. 1953, sowie drastischer Rückgang in anderen Teilen ME (E-D, SK. und W-PL) [196,3615,3006,3278]. Andererseits schon ab Anf. 20. Jh. im Baltikum Zunahmen und Arealausweitung, die nach II. Weltkrieg auch Zentral- und SW-PL erfassten. Entwicklung in PL von ca. 500 BP (1966) über ca. 600 (1981/82) auf inzwischen 950-1.100 BP (1990er) [1585]. Vom Baltikum und E-Europa erneute Expansion nach ME, seit 1950er J. auch Wiederbesiedlung verlassener Brutgebiete in D (regelm. in -SN und -SH ab 1974, -NW 1978, -HE 1982, -RP 1983, -TH 1984, -BW erst 2000), DK (1981), L (1993) u.a. [196,1856]. Inzwischen wieder Brutvogel in allen Teilen D, wobei sich Bestand z.T. erst in 1980er J. festigte oder sich noch in starker Wachstumsphase befindet [196], z.B. in D-BY von 5 BP 1983 auf 70-80 BP 1999 und in -HE von 1 BP 1982 auf 33 BP 1995 [1680,3006]; bis 1999 Bestand bei 330-390 BP (s. Tab.), bis 2003 auf etwa 450 BP angewachsen [1323,453]. Im Zuge der W-Ausbreitung Brutansiedlungen in B ab 1989, I 1994, F ab 1976, MOL ab 1976 sowie in A (seit 1951 regelm.) [3615,196]. In von jeher nicht besetzten Ländern NL und CH zwar noch keine Brutpaare, jedoch starke Zunahme der Brutzeitbeob. [196,3393,375]; in anderen Regionen zunehmend als Durchzügler (z.B. Pyrenäen, D-BY, NL) oder Gastvogel (GB) festgestellt [196,375,3006]. Ausbreitung hält gebietsweise weiter an, z.B. in H [1946].
Dagegen in Teilen E- und S-Europas in 1990er J. anhaltende oder erneute Bestandsabnahme (z.B. RO, P, DK, GR, AL, HR, EST, LT), Rückgang in LV sogar dramatisch [M. Strazds; 3615,1585]; Rückgänge in 1990er J. auch weiter W, z.B. D-MV, -ST und -BB [3236,923,3278,q17,q7]. In RUS pos. Bestandstrend erst seit wenigen J. erkennbar [196]. Zudem einige Populationen mit unzureichendem Reproduktionserfolg [3235], daher in Europa weiterhin bedroht.

	Best.	Areal	Brutbestand	Jahr	Quelle
A	↑	+ 1	200 – 300	1998 – 2002	[383]
B	⇧	+ 2	31 – 41	2000 – 2002	[383]
CZ	⇧	+ 2	300 – 400	2000 – 2002	[383]
D	↑	+ 2	330 – 390	1995 – 1999	[383]
H	↑	+ 1	240 – 250	2001	[383,1946]
L	↑	+ 1	4 – 7	2002	[383]
PL	↑	+ 1	1.100 – 1.200	2000 – 2001	[383]
SK	↑	+ 1	400 – 600	1994 – 1999	[383]

Siedlungsdichte. Großflächig in D-BB nur etwa 0.13-0.19 BP/100 km² [3278], in Teilgebieten 0.6 BP/100 km² [4052]; im gesamten NE-D-Tiefland etwa 0.4 BP/100 km² [1137]. In Wirtschaftswäldern CZ und A zwischen 0.2-1.7 BP/100 km²; in ungestörten großen Wälder E-ME und E-Europas noch höhere Werte, z.B. 1.3 und 1.8 BP/100 km² in BY (höher in N-UA.), im Max. bis 8.4 BP/100 km² in E-PL [1507]; hohe Dichten auch in E. (Monfragüe) mit 5 BP/100 km² [M. Dornbusch].

Gefährdungsursachen [196,1507,3615,1585,3892, 3235,2663,3278]. Bestandseinbruch ab Mitte 19. Jh. vor allem durch Jagd, Eierraub und -zerstörung sowie intensivierte Waldwirtschaft und Landnutzung. Insbesondere durch Verlust bevorzugter Horstbäume sowie Entwässerung von Bruchwäldern und waldnaher Feuchtgebiete erhebliche Verringerung geeigneter Brut- und Nahrungshabitate.
Erhebliche Brutverluste durch Störungen an Horstplätzen (Forstbetrieb, Freizeitnutzung; dabei massive Störwirkung durch Personen in < 100 m Entfernung vom Horst oder forstliche Maschinen in < 500 m); auch anhaltender Schwund intakter Nahrungshabitate (durch Intensivierung der Landwirtschaft sowie Verschmutzung oder Begradigung von Fließgewässern). Pestizidkontamination der Beutetiere.
Kollision mit Mittel- und Niederspannungsleitungen; Stromschlag.
Abschuss oder Fang auf dem Zug und im Winterquartier in S-Europa und Afrika.

SPEC	VSchRL	Bern.Konv.	Bonn.Konv.
2	Anh. I	Anh. II	Anh. II
Europ. RL	**RL in ME**		
--	H:'CR', CZ, D: 'VU', A, SK:'NT'		

Schutzmaßnahmen. Wichtigste Maßnahme ist Erhaltung und Schutz langsam fließender Gewässer innerhalb störungsarmer Wälder sowie Erhaltung aller naturnahen Wald- und Grünlandfeuchtgebiete. Gute Zusammenarbeit mit der Forstverwaltung entscheidend, um Schutz der Horstbäume, der Horstumgebung sowie potenzieller Horstbäume zu gewährleisten. Fällen von Bäumen und jegliche andere Veränderung im Horstbereich (Umkreis von > 300 m) muss untersagt sein. Während Brutzeit zudem keine forstlichen Aktivitäten innerhalb 1 km Entfernung zum Horst. In stark frequentierten Gebieten Lenkung des Freizeitbetriebs, z.B. in Form eines Wegege-

botes. Ausweisung von Schon- und Bannwaldgebieten. Schaffung eines Netzwerkes geeigneter Brut- und Nahrungsgebiete mit strengem Schutz vor Störungen und Verfolgung durch Menschen. Horstüberwachung.
Entschärfung von Stromleitungen, bessere Isolation oder Erdverkabelung.
Anlage von künstlichen, flachen Teichen als Nahrungshabitat, Fließgewässerrenaturierung; Schaffung von Freiflächen an Forstwegen.
Starke Einschränkung des Pestizideinsatzes in Gewässereinzugsbereichen sowie in Durchzugs- und Überwinterungsgebieten.
Angebot von Kunsthorsten bei ungenügend vorhandenen geeigneten Nistbäumen.
Langfristige Untersuchung der Bestandsdynamik und -struktur mit Überwachung der Reproduktion.
Öffentlichkeitsarbeit, Information.

Biotop. In ME Br. in naturnahen Laub- und Mischwäldern mit Feuchtwiesen, Sümpfen, Waldteichen, Altwässern, Bächen usw. Stärker an Wasser und Feuchtigkeit gebunden als Weißstorch; gegen Störung z.T. empfindlich. Im E und S auch Felsbrüter im Gebirge oder Steilwänden; in Asien auch in waldlosen Landschaften und im Hochgebirge. Auf dem Zug auch in Trockengebieten.

Nahrung. Hauptsächlich Wasserinsekten, Fische (bis 25 cm), Frösche und Molche; Landtiere treten meist zurück (z.B. Insekten, Mäuse, Reptilien); in Transkaukasien aber auch Nahrungsaufnahme im Kulturland (dort zuweilen Bruten nahe einzelner Gehöfte oder Weilern) [M. Dornbusch].

Stimme. Melodischer Flugruf im Kreisen »fuo«; am Horst leise »huji-ji« o.ä., bei Störung lauter »hahi« und langgezogene pfeifend-fauchende Rufe. Junge betteln anhaltend etwa »ha-chi-chi …« Klappern offenbar sehr selten.

Verhalten. Grundsätzlich tagaktiv. Segelflieger, doch weniger stark von Thermiken abhängig als Weißstorch, Ruderflug mit etwas raschen Flügelschlägen. Nahrungssuche vorzugsweise im seichten Wasser, oft weitab vom Nest. Stochert nach Nahrung und stößt schnell zu. Zur Brutzeit ausgesprochen territorial; Paare begrüßen sich mit typischer Zeremonie. Kopulationen sind häufig während der Nestbauphase (oft am Nest selbst): Paare scheinen über die Brutsaison hinaus stabil. Auf dem Zug oft kleinere Trupps.

Fortpflanzung, Brutbiologie [1369,337,1784, 3615]. Mit ca. 3 Jahren geschlechtsreif. Monogame Saisonehe, wohl durch hohe Ortstreue oft partnertreu. **Ankunft am Brutplatz.** (Ende März) April. **Nest.** Meist auf (hohen) Bäumen im Wald, oft auf stehenden Seitenästen, in E- und SE-ME auch in Felsen. Großer Bau aus Ästen mit feinerem Polstermaterial (oft Moos); mehrjährig besetzte Nester z.T. sehr groß (aber niedriger als bei Weißstorch); beide bauen. Auch Greifvogelhorste und Kunsthorste werden angenommen. Nicht kolonial, nur sehr selten Horstabstände < 1.000 m [M. Dornbusch *versus* 1369]. **Legebeginn.** Ab Mitte April, meist Mai. **Gelegegröße.** 3-5 (2-6), Ø in PL_{82} 3.2, CS_{20} 3.6. **Eier.** Stumpfoval, weiß (nachfärbend). **Brutdauer.** 35-36 (32-40) d, Bebrütung ab Vollständigkeit des Geleges; beide brüten. **Nestlings-/Führungszeit.** Beide füttern, bis 10-15 d immer ein Ad. am Nest; mit 63-71 d flügge, nach erstem Ausfliegen oft bis 14 d Rückkehr zum Nest (Fütterung, Übernachtung). **Jahresbruten.** 1. **Bruterfolg.** In D_{165} ca. 2.6, E-D_{163} ca. 2.2 flügge Juv./BP und Jahr; in D-$BB_{25,26}$ 2.52 bzw. 3.04 flügge Juv./erfolgr. BP; in H 1.63 flügge Juv./Brutversuch bzw. 3.04 flügge Juv./erfolgr. Paar [1772,1947]. Geringe Jungenzahlen in Jahren mit Kälteperioden zur Brutzeit [1].

Eimaße und -gewichte. L. 60.3-74.3 mm, B. 45.2-51.7 mm, Ø: 65.6 x 48.7 mm (n=96, ME); Frischvollgew. ca. 86 g; Schalengew. 7.9-9.7 g, Ø: 8.5 g.

Sterblichkeit, Alter. Ältester Ringvogel 18 J. 7 Monate [3654]. **Generationslänge:** 8 J. [383].

Mauser. **Postjuv. Mauser** (Vollmauser) Kleingefieder meist ab Feb. des 2. KJ; Schwungfedern ab Mai/ Juni (Sept.) mit bis zu 4 aktiven Mauserzentren (Volierenvögel). Im 3. KJ ist 1. Mauserzyklus beendet, etwa gleichzeitig beginnt ein nächster Mauserzyklus, der aber länger dauert (ca. 3.5 J.), wodurch sich Federgenerationen zunehmend vermischen. Ab 6. KJ Mauser etwa wie Ad. [407,460]. • **Postnuptialmauser** (Vollmauser) bes. ab Mai/Juni, Mauserunterbrech. im Winter und während Heimzug; Schwingenmauser mit mehreren aktiven Mauserzentren (Staffelmauser), von denen im Abstand von 1–2 J. ein neuer Mauserzyklus ausgeht; Großgefieder insgesamt im Ø nur zu 55 %/J. erneuert (Volierenvögel) [407].

Ciconia ciconia – Weißstorch 01340

Ciconia [ciconia] ciconia (Linnaeus 1758)

GB European White Stork **F Cigogne blanche** **E Cigüeña Blanca**

Taxonomie. Zwei UA: *ciconia* (Linnaeus 1758) (W-Paläarktis) und *asiatica* Severtsov 1873 (Zentralasien). Bildet Superspezies mit E-paläarktischem Schwarzschnabelstorch *C. boyciana.*

Kennzeichen. [221,1369,1784,3615,3772].

Maße. Gr.: 100-102 cm. Gew.: ♂ 2610-4400 g, ♀ 2275-3900 g. Fl.spw.: 155-165 cm. Fl.l.: 530-630 mm [1369,1784].

Status. Ehemals verbreiteter Brut- und Sommervogel im gesamten ME, unterschiedliche Entwicklungen bei Ost- und Westziehern, nur erstere mit stabilen Populationen. »Weststörche« auf lokale Restbestände eingebrochen und durch Aussetzung von (»Zucht«-)Störchen gestützt. Dadurch in W-ME zunehmend Standvögel, diese meist von Fütterungen des Menschen und derzeitiger Landwirtschaftspolitik abhängig und z.T. noch keine selbst tragenden Bestände.

Verbreitung und Bestand. Nominatform von N-Afrika, Europa und Vorderasien bis W-Iran und Kaspigebiet, sowie isoliert in S-Afrika; in Asien *asiatica* und global bedrohte, sehr nahe verwandte Art *C.[c.] boyciana* [letztere mit Weltbestand von 2.500 Ind., 382]. Weltbestand 1974 um 146 T. BP, 1984 um 140 T. BP [337] und 1994/5 ca. 168 T. BP [3474], seither weiter angewachsen; um Jahrtausendwende allein in Europa 180-220 T. BP, entsprechend 75-94% der Weltpopulation [383]. Größte Vorkommen (jew. > 10.000 BP) bei »Oststörchen« (s.u.) in PL und E-Europa (BY, UA., LT, LV) sowie TR, bei »Weststörchen« in MA und E. Höchstgelegene Nester in ME bei 850-900 m (CS, CH, D-BW), doch meist < 500 m. Bestand in ME 56-59 T. BP [383], d.h. etwa 20% des Weltbestandes, davon über 3/4 in PL. Hoher Anteil ausgesetzter »Zuchtstörche« in ME [196].

Wanderungen. Zugvogel, i.d.R. Langstreckenzieher. Populationen Iberische Halbinsel, Maghreb und SE-Teil des Verbreitungsgebietes überwiegend Kurz- und Mittelstreckenzieher. Zunehmend Überwinterungen im S-Teil des Brutgebietes, regelm. in ME (vor allem in 1980er und 90er J. teilweise bedingt durch Zufütterung und künstliche Ansiedlung von

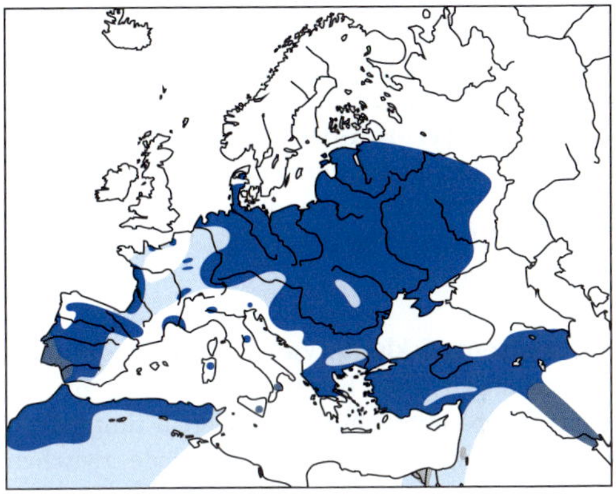

Ciconia ciconia – **Weißstorch**

Maghreb-Vögeln) [1868], aber auch früher schon vorkommend (von 1909-44 z.B. 25 Rossitten-Ringfunde in ME, frischtot oder lebend, zw. Nov. und März) [3652]. Die meisten ziehen ins tropische Afrika (bzw. Asien) bis S-Afrika. Zug z.T. in Schmalfront mit Hauptrichtung SW bzw. SE. Eine **NS-Zugscheide** zieht vom Alpennordrand über Lech, Regnitz, Kyffhäuser, SW-Harz, Osnabrück bis IJsselmeer, ist aber nur als Grat eines breiten Zugscheiden-Mischgebietes aufzufassen, das von NL bis D-MV reicht (E-Grenze ca. E-Rügen, obere Havel, mittlere Elbe bis Fichtelgebirge). Umsiedlung über Zugscheidengrat bekannt [z.B. 771]. **SW-Route:** Br. P/E., Maghreb (Zugscheide in E-MA teilt eine W- und Mittelsahara-Schmalfront), Oberrheingraben (Abzugsrichtung SW) und NL (Abzug SSW); Mittelmeer wird besonders bei Gibraltar nach S überquert; Winterquartier W-Afrika S Sahara [132].
SE-Route: Br. ab E des Zugscheidegebietes; Schmalfront über Bosporus, am Golf von Iskenderun Umschwenken nach S, W-SYR, Jordantal, E-Sinai [337], über Golf von Suez, Niltal. Zumindest Vögel aus E-D, PL und angrenzenden Gebieten regelm. zunächst W-Sudan/Tschad, oft dann E-Afrika und S-Afrika (Ringfunde und Satellitentelemetrie) [326]; einige überwintern Äthiopien, Sudan, die meisten jedoch in Savanne von Kenia/Uganda bis E Kapprovinz. Dieselben Ind. können in einigen J. im östlichen Afrika bleiben, in anderen ab Nov. noch bis S-Afrika weiterwandern (Satellitentelemetrie) [324,325;1116]. Abzug aus ME Mitte Aug./Sept. (Juv. meist vor Ad.)

erfolgt sehr rasch und mit kurzen Zwischenstopps [327]. Erstankunft in ME Ende Feb. (Oberrhein Nestbesetzung Ø 10.–19.3., in D-BY jedoch z.B. erst April), bis Anf. April (N-PL). In »Störungsjahren« Ankunft vieler Br. verspätet. Einjährige verbringen den 2. Sommer regelm. als Nichtbrüter S der Brutgebiete (teilw. S der Sahara); erst im 2./3. Lebensjahr Rückbewegung Richtung Brutplatz. Seit 1970er J. im Ø Sommerfunde Einjähriger deutlich näher an Brutgebieten [1114]. Über Ortstreue und Umsiedlung viele Details bekannt; Erstbrüter relativ wenig geburtsorttreu. Ringfunde [Gesamtgebiet:1114, IL:4192, CH:1868, SW-D:132, PL:1950, östliche Populationen:2020].

Bestandsentwicklung. Viele ausführliche Zusammenstellungen über Bestandsentwicklung im 20. Jh. in Europa mit nicht immer übereinstimmenden Aussagen [vgl. 196,3474]; Unterschiede zwischen »Weststörchen« (W-Afrika-Zieher) und »Oststörchen« (Zug über IL nach E- und S-Afrika). Für Ursachen der Bestandsveränderungen s. »Gefährdung«.

	Best.	Areal	Brutbestand	Jahr	Quelle
A	⇧	+ 1	365–414	1998–2002	[383]
B	⇧	+ 1	45–46	1995–2002	[383]
CH	↑	=	167–182	1997–2001	[383]
CZ	⇧	=	931–954	2000–2002	[383]
D	↑	+ 1	4.325–4.440	1995–1999	[383]
H	+/-	=	4.800–5.600	1998–2002	[383]
NL	+/-	=	330–396	1998–2000	[383]
PL	↑	=	44.000–46.000	2000–2001	[383]
SK	+/-	=	1.000–1.350	1990–1999	[383]

Weststörche: Ab Ende 19. Jh. erheblicher Bestandsrückgang in W-ME und im gesamten S- und W-Europa einschließlich N-D und DK (also z.T. Ostzieher), mit mehreren kurzen Erholungsphasen [196,3474]. Regional Erlöschen der Bestände, z.B. B 1895, FL, CH 1949, auch S. 1957, oder Rückgang (>80% oder >90%) auf sehr kleine Restpopulationen, z.B. D-BW, DK, F [196,1722,4180,3474]. Bis Mitte 1980er J. anhaltender Rückgang in vielen Regionen W-ME, Anf. 1990er J. oft keine reinen »Wildpaare« mehr vorhanden [196]. In DK 1997 nur noch 1 erfolgr. BP, ehemaliger Bestand von 8.000-10.000 BP (1856) vollständig erloschen [3474]. Seit 1948 in CH, 1957 in B, 1968 in NL (I 1985, S. 1989) Volierenzuchten und erfolgreiche Ausbringung von Zuchtstörchen [366]. Seither starke Zunahme der Brutbestände, wobei auch Anteil »Wildpaare« aufgrund besserer Überwinterungsbedingungen anwächst. In SW-Europa (E., auch P, F) seit 1980er J. starke Zunahme aufgrund verbesserter Nahrungssituation in SW-Europa und W-Afrika (s.u.). Bruterfolg in ME z.T. sehr gering, Zunahmen meist aufgrund geringerer Verluste.
Oststörche: Bestände in einigen Ländern (A, E-D; SLN, UA.) bis in jüngere Zeit stabil (oder fluktuierend) [196,3474] oder Bestandszunahmen [CZ; Baltikum, besonders LV, EST: 196,3474]. In anderen Ländern, z.B. H, SK. (auch BiH, AL, MN, GR, MOL, TR) regional erhebliche Abnahmen bis etwa 1970er J., danach stabil auf niedrigem Niveau oder erneute Zunahme [2438,3474]. In 1970er J. in PL geringe Bestandsverluste, doch in 1990er J. – wie in Regionen E-Europas – positive Entwicklungen. In RUS Arealausweitung nach N und NE [z.B. 1,3474]. Nach 2000 allerdings z.B. in E-D leichter Rückgang [1323,453].

Siedlungsdichte. In optimalen Lebensräumen z.T. semikoloniales Brüten mit Horstabständen < 5 m. Großflächige Dichten stark unterschiedlich, typischerweise zwischen 0.4-5.1 Horstpaare/100 km^2 [A-St, 3291] und 0.9-12.0 HPa/100 km^2 [D-BB, 1]

Gefährdungsursachen [196,1719,1,1507,135,3423, 125]. Starke Gefährdung durch Verschlechterung der Lebensräume in Brutgebieten (vgl. erheblichen Unterschied in Bestandsentwicklung W-D und E-D) aufgrund Intensivierung und Technisierung der Landwirtschaft mit Entwässerungen und Grundwasserabsenkungen, Verbauung und Zerstückelung von Freiflächen, Umwandlung von Grünland in Ackerflächen, Beseitigung »störender« Strukturen sowie Einsatz großer Mengen von Agrochemikalien und Pestiziden. In E-ME noch genügend Grenzertragsflächen mit extensiver Bewirtschaftung. In dortigen Flussauen, Restmooren, Feuchtwiesen etc. war Überleben in größerer Anzahl möglich; dabei direkter Zusammenhang zwischen Größe der Nahrungsgebiete und Bruterfolg. In W-ME praktisch jeder Quadratmeter intensiv genutzt, dadurch Verlust entscheidend wichtiger Nahrungsgebiete.
Ausdehnung der Sahelzone durch Dürre sowie Nahrungsmangel durch Regulierg. der Wanderheuschrecke verstärkt Auswirkungen des Lebensraumverlustes im Brutgebiet der Weststörche (neuerdings allerdings Erschließung neuer Nahrungsquellen in SW-Europa, besonders eingeschleppter Krebs *Procambarus clarkii* mit explosionsartiger Vermehrung in Reis- und Luzernefeldern; ferner Mülldeponien).
Jagd und andere direkte Verfolgung (vor allem in W-Afrika).

Kollision mit Freileitungen, Fahrzeugen oder Schornsteinen.
Brutverluste durch Biozide und Mülleintrag.
Natürliche Verlustursachen: witterungsbedingte Jungenverluste, z.B. durch Verklammung im Horst.

SPEC	VSchRL	Bern.Konv.	Bonn.Konv.
2	Anh. I	Anh. II	Anh. II
Europ. RL	**RL in ME**		
--	FL:'**RE**', D, H, CH: 'VU', A, CZ, SK: 'NT'		

Schutzmaßnahmen. Erhalt oder Wiederherstellung geeigneter, großflächiger Lebensräume wie Flussauen, Feuchtgrünland, extensiv genutzte Wiesen und Weiden mit ausreichenden Nahrungsressourcen. Rückbau von Entwässerungs- und Regulierungsmaßnahmen. Verhinderung entsprechender Habitatzerstörung in den Ländern E-ME/E-Europas.
Starke Einschränkung des Pestizideinsatzes in Brut-, Durchzugs- und Überwinterungsgebieten.
Einstellung der Jagd in den westafrikanischen Überwinterungsgebieten.
Absicherung und Bündelung von Freileitungen; Umrüstung gefährlicher Mastenkonstruktionen; Erdverkabelung.
Sicherung und Neuanlage von Horsten.
Öffentlichkeitsarbeit zur breiten Unterstützung der Schutzmaßnahmen.
Wissenschaftlich fundierte Monitoringprojekte.

Biotop. Offenes Land mit nicht zu hoher Vegetation, in ME bevorzugt feuchte Niederungen mit Feuchtwiesen, Teichen, aber auch landwirtschaftlich extensiv genutztes Grünland, Viehweiden und Luzerneäcker in Horstnähe von Bedeutung. Im S auch Steppengebiete. Brutplätze ländliche Siedlungen, einzelstehende Bäume, Auwälder. Günstige An- und Abflugmöglichkeiten entscheidend. Im Winterquartier und auf dem Zug auch Steppen- und Savannengebiete.

Nahrung. Mäuse, Insekten (bes. Heuschrecken) und deren Larven, Regenwürmer (vor allem in der Kulturlandschaft wichtige Frühsommernahrung); Frösche keineswegs vorherrschend. Ferner gelegentlich Maulwürfe, Hamster, Fische, Reptilien, auch als Aas oder tot angeschwemmt (z. B. Fische).

Stimme. Ad. zuweilen mit zischenden Lauten; Schnabelklappern bei Erregung.

Verhalten. Überwiegend tagaktiv. Ruderflug schwerfällig; segelt nach Möglichkeit; kann schwimmen. Nahrungserwerb im Gehen auf Flächen mit kurzer oder lückenhafter Vegetation; auch im Seichtwasser. Zur Brutzeit Nestterritorium, doch bei günstigen Nistgelegenheiten auch Koloniebildung; oft heftige Kämpfe mit fremden Besetzern vorjähriger Nester. Nichtbrüter können als »Störenfriede« auftreten. ♂ trifft meist zuerst ein und besetzt (möglichst vorjährigen) Nestplatz. Begrüßung des Partners am Nest durch Klapperzeremonie, wobei der Kopf zurückgeworfen wird. Begattung am Nest. Abwehrklappern gegenüber fremden Artgenossen mit pumpenden Flügelbewegungen. Paare brüten oft mehrere J. zusammen, Grund wahrscheinlich Neststandorttreue. ♂ kommen meist zuerst an und akzeptieren wahrscheinlich das erstbeste ♀. Kopulationen werden von ♂ eingeleitet: Aufstieg wird vom ♀ unterstützt, indem sie die Flügel abspreizt. ♂ während der Kopulation auch Schnabelklappern. Kopulationen finden auch statt, wenn ♀ im Nest sitzt oder liegt. Selten auch umgekehrte Kopulationen (wenn ♂ sitzt); Kopulieren relativ häufig. ♀ werden in der fertilen Phase nicht bewacht. Außerhalb der Brutzeit kleinere und größere Verbände; auf dem Zug oder im Winterquartier bis Tausende.

Fortpflanzung, Brutbiologie [1369,337,1784, 3615,3474]. Mit 3-4 J. geschlechtsreif, Ø in SW-D 3.67 ± 0.96, im Elsaß 3.53, in N-D 5.61 J., dabei Anteil 2- und 3-jähriger Erstbrüter 52.5, 53.7 bzw. 13.3% (in NW-D 41.1% 6-7-jährige). Monogame Saisonehe, als Folge ausgeprägter Nistplatztreue oft partnertreu; Nachweise für Bigamie. **Nest.** Möglichst frei auf hohen Strukturen (Gebäudedächer, Schornsteine, Kirchtürme, Masten), auf Bäumen (nach S- und E-ME häufiger), selten auf Holzstöcken oder am Boden. Großer Bau, z.T. durch Wiederverwendung Nestburgen bis > 2 m Höhe, aus Ästen mit feinerem Polstermaterial (Reisig, Grasbüschel etc.); an Gebäuden und Masten oft künstliche Nestunterlage nötig; beide bauen, völliger Neubau etwa 8 d. **Legebeginn.** Mitte März/Anf. April bis Mai (Juni); im S früher. **Gelegegröße.** 3-5 (1-7), Ø EST_{46} 3.91, D-BW_{104} 4.38, MV_{199} 3.94, -SH_{102} 4.34, NL_{80} 3.89, E-PL_{236} 3.56, SW-$PL_{17,128}$ 4.18 bzw. 4.07, CS_{38} 3.74, BG_{14} 4.07; Kalendereffekt (Abnahme der Gelegegröße mit fortschreitender Brutzeit um ca. 0.3 Eier/Dekade); Erstbrut-♀ mit kleineren Gelegen als erfahrene ♀; Legeabstand 2 (1-4) d. **Eier.** Stumpfoval, weiß, wenig glänzend, feinkörnig. **Brutdauer.** 32 (29-34) d,

Bebrütung ab 2. oder 3. Ei; beide brüten. **Nestlings-/Führungszeit.** Juv. schlüpfen asynchron innerhalb 6 h bis 2.5 d. Beide füttern; bis 5-10 d immer ein Ad. am Nest, nach 10 d meist nur als Wache; Juv. mit 22 d Fähigkeit zu stehen, mit 55-60 (54-68) d flügge, nach weiteren 7-20 d, im Alter von ca. 90 d (80-105 d), unabhängig. **Jahresbruten.** 1, im Freiland nur ausnahmsweise Nachgelege. **Ende der Brutperiode.** Ab Mitte Juli; letzte Juv. werden im September flügge. **Bruterfolg.** Stark variierend, oft bedingt durch wechselnden Anteil BP ohne Erfolg; Zunahme der Brutgröße mit dem Alter, z.B. 3-jährige Vögel Ø 1.14, 4-jährige 1.74, 5-jährige 1.83, 6-jährige 2.26, 7-jährige 2.44, 8-jährige 2.67, 9-jährige 2.86, und 10-jährige 3.0 Juv./BP und J.; Bruterfolg in ME bei erfolgreichen Paaren im Ø zw. 2.22-3.60 flügge Juv./BP und J., für alle Paare Bruterfolg in NL (1934-45) Ø 2.0 (1.3-2.6) flügge Juv./BP und J., in DK (1952-71) Ø 1.9 (1.3-2.9), in D-MV (1984-97) Ø 1.84 (1.2-2.3), in -SH Ø 1.58 (0.63-2.34); in ME selten 5, im Extremfall sogar 6 flügge Juv. bei einer Brut. Bei kalter und nasser Witterung hohe Sterblichkeit der Nestlinge; bei hoher Populationsdichte, z.B. in PL, Bruterfolg bis 0.5 Juv. geringer als in weniger dicht besiedelten Regionen.

Eimaße und -gewichte. L. 63.7-81.5 mm, B. 47.1-55.9 mm, Ø: 70.7 x 51.3 mm (n=25, ME), 71.9 x 51.7 mm (n=105, SE-Europa); Frischvollgew. 95.5-129.3 g, Ø: 111.5 g; Schalengew. 8.45-13.23 g, Ø: 10.99 g bzw. 5.90-12.12 g, Ø$_{114}$: 10.20 g.

Sterblichkeit, Alter. Überlebensraten nach dem 1. Jahr (mit 95 %-Konfidenzintervall): Elsaß 1956-70: 58% (52-65), 1971-85: 63% (51-75); D-BW 1956-70: 68% (65-71), 1971-85: 71% (63-78); D-RP 1956-70: 71% (64-76); D-BY 1956-70: 75% (61-79); nur im Elsaß Alterseffekt nachweisbar; keine Geschlechtsunterschiede; Überlebenswahrscheinlichkeiten bei Sahel-Überwinterern höher in Jahren mit höherem Niederschlagsindex im Wintergebiet; kein entsprechender Zusammenhang bei Ostafrika-Überwinterern [1952]. Im ersten Lebensjahr in SW-D 1950-59 40% und 1970-76 25% Überlebensrate [136]. Älteste Ringvögel 39 J. (CH), 34 J. 10 Monate (F), > 30 J. (D, brütend) [3654]. In D-BY 2 mal 20-, je 1 mal 21-, 22-, 23-jährige Brutstörche. Durchschnittsalter von Brutpopulationen mit 8–10 J. berechnet. Freifliegend zahme ♀ bis 30 J. fortpflanzungsfähig. **Generationslänge:** 8 J. [383].

Mauser. **Postjuvenile Mauser** (Vollmauser) ab (Dez.) März/April (Mai) des 2. KJ; Schwungfedern in Staffelmauser mit 2–3 (4) aktiven Mauserzentren. Kurz vor Ende des 1. Mauserzyklus im 3. KJ beginnt bereits der nächste, so dass sich Federgenerationen immer mehr vermischen (Volierenvögel). Ab 4. KJ Mauser etwa wie Ad. [406,1512,460]. • **Postnuptialmauser** (Vollmauser) April/Mai–Okt./Nov., größtenteils während der Brutzeit; durch Staffelmauser werden Schwungfedern im Ø nur zu 57 %/J. gewechselt, Tragzeit einer Schwungfeder daher Ø 1.5–2 J. (Volierenvögel) [406,1512].

ORDNUNG Accipitriformes – Greifvögel

Meist tagaktive Wirbeltierjäger (und Insektenjäger) von sehr unterschiedlicher Größe, die ihre Beute mit den Fängen greifen. Einige obligatorische und viele fakultative Aasfresser. Schnabel meist kräftig, mit scharfen Schneidekanten und stark nach unten gebogener Reißhakenspitze. Schnabelbasis mit einer bis über die Nasenlöcher reichenden, weichen, oft auffallend gefärbten Wachshaut. Füße meist mit spitzen und stark gebogenen Krallen. Junge sind Nesthocker mit meist 2 Dunenkleidern. ♀ oft deutlich größer als ♂. Vor allem größere Arten brüten oft in sehr geringer Dichte.
Die Phylogenie der Accipitriden ist anhand von mitochondrialen und nuklearen DNA-Sequenzen recht umfassend untersucht [Helbig & Braun]. Obwohl diese Ergebnisse erst zum Teil publiziert sind, dienen sie mangels Alternative als Grundlage für die systematische Gliederung dieser Familie.

Familie Pandionidae – Fischadler

Geschlechter sehr ähnlich, ♀ aber meist dunkler (Brust, Kopf) und bis zu 20% schwerer als ♂. Einzel- oder Koloniebrüter (ungewöhnlich für Greifvögel, aber nicht selten bei Fischfressern).
Der Fischadler (*Pandion*) ist die Schwesterart aller anderen Accipitriden, denen er in einer eigenen Familie (Pandionidae) gegenübergestellt wird.

Pandion haliaetus – Fischadler 03010

Pandion haliaetus (Linnaeus 1758)

GB Osprey **F Balbuzard pêcheur** **E Aguila Pescadora**

Taxonomie. Gattung monotypisch. Die drei allopatrischen UA-Gruppen des Fischadlers sind genetisch sehr divergent (entsprechend Artniveau bei anderen Greifvögeln) [1634], morphol. aber gering differenziert: *haliaetus* (Linnaeus 1758) (Paläarktis), *carolinensis* (Gmelin 1788) sowie *ridgwayi* Maynard 1887 (N- und Mittelamerika) und *cristatus* (Vieillot 1816) (incl. »*melvillensis*«, Australasien, Wallacea). Den drei Gruppen könnte Allospeziesstatus zukommen.

Kennzeichen. Größendimorph. [1784,221,3772, 1369,2540,3615,696,1189].

Maße. Gr.: 55-58 cm. Gew.: ♂ 1120-1740 g, Ø$_{17}$ 1450 g (D), ♀ (1208) 1500-2100 g, Ø$_{28}$ 1812 g (D). Fl.spw.: 145-170 cm. Fl.l.: ♂ 44.8-49.4 cm, ♀ 47.6-51.8 cm [1369,337,3402].

Status. Brut- und Sommervogel in NE-ME; sonst in ME deutliche Zunahme der Übersommerungen in mehreren Regionen (meist ohne rezente Brutnachweise). Regelm., aber wenig häufiger Durchzügler im gesamten Gebiet.

Verbreitung und Bestand. Annähernd kosmopolitisch verbreitet (Nordhalbkugel, Afrika (wenige Stellen), Neuguinea, AUS u.a.); nur etwa 1/10 des Verbreitungsareals in Europa [3892]. Nach starkem Rückgang und Erlöschen vieler Populationen im 20. Jh. europäisches Brutareal weitgehend auf tiefere Lagen des N beschränkt (von Schottland über Skandinavien und NE-D ostwärts, mit kleinen Beständen in P, E., F). Gesamtbestand in Europa etwa 7.600-11.000 BP, mit größten Populationen (jew. > 1.000 BP) in S., RUS und FIN [383]; in ME brüten 510-520 BP, bisher fast nur PL-/NE-D-Tiefebene [1369,3892,2540, D. Schmidt].

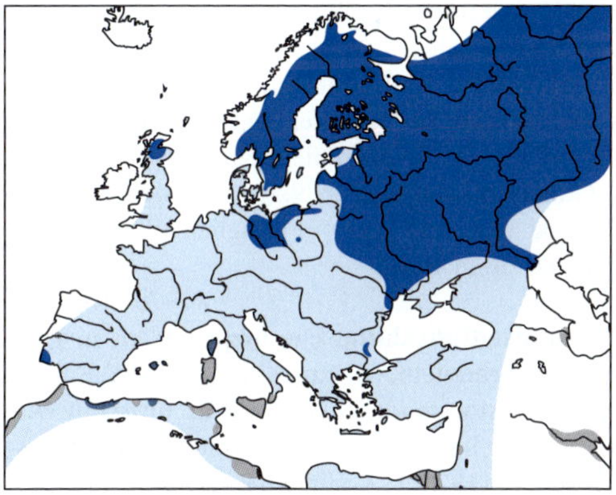

Pandion haliaetus – **Fischadler**

Wanderungen. Zugvogel; ausnahmsweise im Winter in ME, nicht selten einzelne im Mittelmeerraum; in der Provence seit Mitte 1990er J. Winternachweise zunehmend [1928]. Hauptwinterquartier Afrika S Sahara, nur selten S Äquator, Br. Europas vor allem tropisches W-Afrika [Ringfunde D:3400, S.:1208, GB/IRL:4064]. Hauptwegzugsrichtung ME und W-Europa SSW-SW, in Zentral-S. zunehmend und ab FIN hauptsächlich SSE. Ab Anf. (D) bzw. Mitte Aug. (FIN, N., S.) Abzug vom Brutplatz; i.d.R. starten ad. ♀ eher als Juv. und wandern schneller südwärts, ad. ♂ ziehen zuletzt ab (»Verteidigung« des Horstes?), Sept/Okt. sind die meisten im Mittelmeerraum, ab Ende Sept./Anf. Okt. Senegal bis Nigeria (Br. S.) bzw. bis Gabun, Zaire (Br. FIN), ausnahmsweise E-Afrika. Die meisten Immat. bleiben 1. Sommer in Afrika oder ziehen zum Mittelmeer, auch einige im 2. Sommer. Ad. starten im März, ab Mitte März Mittelmeer, Dz. ME ca. 2. März- bis 2. Aprildekade. Ankunft Brutplatz meist April; Erstbrüter bis 1 Monat später. Brutortstreue und Umsiedlung nachgewiesen [3401]. Satellitentelemetrie [z.B. bei Br. S.:1510,2028, bei Br. D:3399, auf Menorca: 3879]. ♀ verließen Nest generell 2-3 Wochen vor ♂, Wandergeschwindigkeit über Land 18–47 km/h (Wanderleistung Ø 174 km/d, an reinen Wandertagen im Mittel 257 km, Extremwert 746 km/d nach E.), Wintergebiete meist Gambia, Elfenbeinküste und Umgebung, die in Ø 45 d erreicht werden. In N Breiten legten ♀ mehr Rasttage ein als ♂. Br. mit Satellitensender Schottland – Guinea-Bissau 21.8.–29.9. (ad. ♀) und England – Senegal 30.8.–19.9. (juv. ♀) [Anglian Water Osprey Project, zit. in 4064].

Bestandsentwicklung. Die ursprünglich in ganz Europa verbreitete Art wurde in ME und W-Europa bis auf Restbestände in E-D und PL durch direkte Verfolgung im 19. und Anf. 20. Jh. weitgehend ausgerottet (B (19. Jh.?), CS Ende 19. Jh., CH bis 1911, A bis 1932, NL, weite Teile D und auch F bis 1939 (außer Korsika), GR bis 1966, I bis ca. 1965, DK, GB) [1369,196,3892,3871]. Europaweit war Bestandstief zwischen 1930-50 erreicht, erst durch erneute Bestandsverluste in 1960er J. vollständiges Erlöschen der Restpopulation in W-D 1963 [1589].
Nach Unterschutzstellung des Fischadlers fast im gesamten Europa deutliche Bestandszunahmen ab 1970er J., außer PL, wo noch auf wenige Standorte beschränkt (wohl durch anhaltende Verfolgung) [3871]. Besonders steiler Populationsanstieg im erst 1954 wieder besiedelten Schottland [196,1507], dort 1998 mind. 130 BP und 2003 etwa 160 BP, davon ausgehend Wiedereinbürgerung in England [832], sowie in D-BB, wo Bestand von 1980-1998 etwa vervierfacht [1,2125]. In anderen durchgehend besiedelten Gebieten geringerer, aber ebenfalls stetiger Zuwachs, z.B. S., FIN oder USA [196,2852]. In einigen Regionen trotz Bestandszunahmen aber Arealschrumpfungen, z.B. D-MV, wo Ostseeküste ab 1992 ohne Brutvorkommen (wohl aufgrund Gewässerverschmutzung und Biozideinsatz) [2125], jedoch Wiederbesiedlung anstehend [D. Schmidt].
Obwohl ausgesprochen standorttreu und daher spontane Neubesiedlungen verlorener Brutgebiete selten, dennoch Brutansiedlungen in jüngerer Zeit im Festland F (insges. inkl. Korsika 40 BP 2003) [4180,q18,3826, Thibault], in DK (6-8 BP 1999) [q18] sowie in mehreren Bundesländern D (-NI, -ST, -SN, -TH, -BY; ferner erste Brutzeitbeob. in -HE und -SH), seit 2002 auch in NL (erfolgloser Brutversuch) [q4]; demnach deutliche Arealausweitung nach S und W [196]. Aussetzungsaktionen zwar erfolgreich (GB, USA) und (Wieder)-besiedlung beschleunigt, doch derzeitige Arealausweitung in D und hohe Produktivität in fast ganz Europa zeigen, dass auch ohne solche Hilfe Ausbreitung möglich, wenn Lebensräume gesichert sind [196].
Zunahme ME und NE-europäischer Bestände wird auch aus Ergebnissen von Zugplanbeob. in S-D deutlich [1315].

	Best.	Areal	Brutbestand	Jahr	Quelle
D	⇧	+ 1	440–450	2002–2003	[2540*]
PL	↑	+ 1	70–75	2001	[2540]

* erg. D. Schmidt

Siedlungsdichte. Lokal hohe Siedlungsdichten von 10.3-15.9 BP/100 km² und kolonieartiges Brüten (besonders SW-USA), z.B. in D-MV 5 Horste an aufeinanderfolgenden Hochspannungsmasten auf 1250m Länge [1507]. Mittlere Dichte im N von D-BB 2.8 BP/100 km² [3618], in -BB insges. (2001) 0.87 BP/100 km² [3277], sonst in Europa großflächig etwa 1-4 BP/100 km² [1507].

Gefährdungsursachen [1719,309,1507,3892,196, 831,2251,3665,4039]. Direkte Verfolgung führte zu starkem Rückgang und gebietsweise Ausrottung [z.B. 3397,3665], insbesondere Jagd und Wilderei (derzeit wohl entscheidender Grund für Bestandsstagnation in PL, und umgekehrt nachlassender Jagddruck als Grund für Zunahme in D vermutet) [3398], mutwillige Horstzerstörung sowie Eierraub

durch Sammler. Verluste ferner in Fischanlagen durch Verfangen in Abspannungsleinen, früher durch Fang mit Tellereisen o.ä.
Tod an Stromleitungsmasten.
Störungen der Brutplätze du. Freizeit und Erholung.
Belastung durch Biozide und Schwermetalle (früher noch bedeutender).
Verringertes Nahrungsangebot durch Gewässerverschmutzung.
Unzureichendes Angebot geeigneter Nistbäume in Wirtschaftswäldern oder Verlust durch Kahlschlag und Fällen von Überhältern.

SPEC	VSchRL	Bern.Konv.	Bonn.Konv.
3	Anh. I	Anh. II	Anh. II
Europ. RL	RL in ME		
--	CH, A, H: **'RE'**, PL, D: 'VU'		

Schutzmaßnahmen. Sowohl in Brutgebieten (besonders in PL) als auch auf Zug und in Überwinterungsgebieten ist Jagddruck immer noch sehr hoch, daher nur Aufklärung der Bevölkerung und verbesserter gesetzlicher Schutz der wichtigen Gebiete erfolgversprechend.
Drastische Einschränkung des Biozideinsatzes; u.a. weltweites Verbot von DDT.
In Brutgebieten (z.B. GB) durchgehende Horstbewachungen sehr effizient. Artgerechte, störungsfreie Horststandorte und Nisthilfen, die Brutansiedlung fördern und Bruterfolg erheblich steigern helfen. Dazu Besucherlenkung und Wegerückbau, Horstschutzzonen, Beschränkung der jagdbaren Flächen und Schaffung großer, beruhigter Flachwasserbereiche, sowie Erhaltung großer Totholzstämme oder Überhälter als mögliche Horststandorte.
Keinerlei Abschussgenehmigungen an Fischteichen, im äußersten Falle Vergrämungsaktionen.

Biotop. Produktive, fischreiche Gewässer (Klarheit keineswegs obligatorisch) sowie meist hohe Bäume zum Nestbau, z.B. waldreiche Seen, Flussauen, Küste, im Mittelmeerraum und Mittleren Osten vermehrt in Meereshabitaten; Nest mitunter weit vom Wasser entfernt. Zur Zugzeit fischreiche Gewässer aller Art (z.B. auch Fischteiche).

Nahrung. Fast nur Fische, Vorzugsgewicht 150–350 g (max. bis 700 g) [D. Schmidt] jedoch auch ca. 300-500 g. Länge Ø 20-35 cm (max. ca. 60 cm). Arten je nach Angebot, z.B. Cypriniden, Hecht, Barsch, Coregonen, in Skandinavien auch Salmoniden, in warmen Meeren des Nahen Ostens starke lokale Variation und Bevorzugung hoher Beutediversität [1123]. In FIN wurden täglich ca. 5 Fische zum Horst gebracht; Bedarf einer Familie ca. 79 kg/Brutperiode; andere Schätzungen für 2 Ad. + 3 Juv. ca. 800 g/d. Nahrungsbedarf eines Ad./d ca. 380 g oder ca. 2 größere Fische. Bei Engpässen auch Kleinsäuger, Vögel, Reptilien.

Stimme. Reiches Rufrepertoire am Horstplatz, z.B. Bettelrufe von ♀ und Juv. »tjipp-tjipp-tjipp…« (4–8 Rufe, Stakkato). Warnrufe gegen Feinde klingen wie »kju-kju-kju«, bei der Horstverteidigung einzelne scharfe Pfiffe wie »pjüpp«, zuweilen gesteigert und in Überschlag mündend (»dibijü«); Balzflüge des ♂ mit »ü-iilp-ü-iilp«-Lauten. In Extremsituationen heisere Krächzlaute etc.

Verhalten. Tagaktiv. Fische werden im Sturzflug aus langsamem Suchflug, Rüttelflug oder direkt von einem Baumast erbeutet. Mit 30–70 km/h tauchen die Adler ein, bleiben bis 1 sec unter Wasser. Große Fische bereiten mitunter Schwierigkeiten; durch Zehenspreizen kann Beute unter Wasser losgelassen werden; Fangversuche werden auch dicht über dem Wasser abgebrochen (z.B. Erfolgsrate ca. 19 %). Fische werden kopfvoran abtransportiert; durch Schütteln wird Wasser im Flug aus dem Gefieder entfernt; Kröpfen schon auf dem Transport, doch meist auf Warte. Territorial; meist Einzelgänger. Durch »Balzflüge« z.T. Markierung des Horstreviers. Kopulieren häufig; meist nach Rückkehr von ♂; ♀ initiieren Kopulationen, Balzfüttern korreliert nicht mit Kopulationshäufigkeit, aber offenbar Anzeichen für ♂-Qualität [1415]. Paare zumindest zur Brutzeit stabil, z.T. auch länger, bis 3 Jahre nachgewiesen [3401]. Auf dem Zug und im Winter meist einzeln oder kleinen Trupps.

Fortpflanzung, Brutbiologie [337,767,1369,1784,2125,2540]. Erstbrutalter mit 3-4 Jahren. Monogame Saisonehe, durch Brutplatztreue aber Wiederverpaarungen. Bigynie selten. **Nest.** Auf dem Wipfel hoher, einzeln stehender Bäume oder am Waldrand (oft Kiefer) in 10-30 m, im S auch Felshorste, ferner zunehmend künstliche Standorte wie Mittel- und Hochspannungsmasten, auch Ruinen; Kunsthorste werden angenommen; Nest aus dürren Reisern und Knüppeln sowie weichem Pflanzenmaterial. Alte Horste lange genutzt, neue von Grund auf gebaut, Bautätigkeit bis Ende der Brutsaison, ♂ baut mehr als ♀; Beginn 2-3 Wochen vor Eiablage. Solitär, gebietsweise lockere Kolonien. Nester Ø 30-60 cm hoch, Durchmesser Ø 120-150 cm, alte Horste deutlich größer. **Legebeginn.** In ME ab Anf. April, mitunter bis 7-8 Wochen später, im N-Europa auch Mai (Juni), in S-Europa schon März. **Gelegegröße.** 3 (1-4), 4 Nestlinge kommen vor; Ø FIN$_{172}$ 2.63. In GB erstlegende ♀ meist nur 2 Eier, später 3. Legeintervall 2 (1-3) d. **Eier.** Länglichoval, (gelblich)weiß mit rotbraunen, braunen oder aschgrauen Flecken. **Brutdauer.** 34-41 (Ø$_{13}$ 37) d; ♀ brütet überwiegend und hudert bis etwa 10 d, ♂ bewacht und schafft Nahrung bis Flüggewerden der Juv. (z.T. bis kurz vor Verlassen des Gebietes) herbei; Bebrütung ab 1./2. Ei. **Schlüpftermine.** Asynchron (zumindest für Teil des Geleges), im Juni. **Nestlings-/Führungszeit.** ♀ füttert (♂ manchmal), hudert 10-15 d, ♂ trägt Futter ein. Nestlingsdauer 50-54 (44-60) d, (Ø 51, 53 bzw. 54 d), mit 54-60 d voll flugfähig; Familienzusammenhalt noch 1-2 Monate, dabei Rückkehr zum Horst als Beuteübergabeplatz [607]. **Jahresbruten.** 1; keine Ersatzgelege bekannt in ME und N-Europa. **Bruterfolg.** In S. (1960-64)$_{110}$ 1.83, (1965-69)$_{105}$ 1.49, (1971-73)$_{204}$ 1.48 4-5wöchige pull./Nest; Brutgröße in erfolgreichen Nestern in S. (1938-46)$_{187}$ 2.2 ± 0.06, (1971-73)$_{100}$ 2.05 ± 0.05; in FIN (1970-78)$_{76}$ 1.34 flügge Juv./begonnene Brut, (1971-76)$_{3171}$ 1.3 Juv./besetztes Revier bzw. ca. 2.07 Juv./erfolgreiches Nest; Korsika (1977-79)$_{25}$ 1.87 flügge Juv./Gelege bzw. Ø$_{28}$ 1.66 flügge Juv./Revierpaar und J.; in GB (1954-73)$_{18}$ 1.94 flügge Juv./BP und J., bzw. 2.69 flügge Juv./erfolgreiches Paar, in GB (1973-81)$_{13}$ 1.27 flügge Juv./BP und J., in D-MV (1973-75) 1.55 Juv./Brutbeginn und am SW-Rand des Areals in -BB und -SN 1.37 flügge Juv./BP und J. [3259]. Langjähriger Ø in ME etwa 1.8 flügge Juv./BP und J. - anwachsend von 1.74 (1987-90), über 1.78 (1991-94) auf 1.82 (1995-98) [2460]. Starker Rückgang des Bruterfolgs durch Einfluss von Pestiziden in 1960er-70er J., in D-MV sank Bruterfolg von Ø 2.2 (1959) auf 0.9 (1966) Juv./Paar und der Anteil abgebrochener Bruten war 1956-75 deutlich erhöht. Durch 1-2 taube Eier pro Gelege Bruterfolg insgesamt 1956-75 um Ø 0.8 Juv./Brut geringer als 1932-37 oder 1976-90.

Eimaße und -gewichte. L. 48.3-69.0 mm, B. 40.2-50.3 mm, Ø: 63.0 x 46.7 mm (n=147, S.), Ø$_{100}$: 61.6 x 46.4 mm; Frischvollgew. 63.5 - 77.8 g, Ø: 72.7 bzw. 70 g; Schalengew. 6.23-9.00 g, Ø: 7.2 g.

Sterblichkeit, Alter. In S. im 1. Jahr 35%, später 19%/J. [3279], in N-Amerika 54% für Juv. und 19%/J. für Ad. [1656]. Älteste Ringvögel 32 J. (USA) [523] und 26 J. 1 Monat (FIN) [3654]. **Generationslänge:** 9 J. [383].

Mauser. **Postjuvenile Mauser** (Vollmauser) HS bereits ab Nov./Dez. im Alter von ca. 6 Monaten, AS 1–3 Monate später; wird ohne Unterbrechung bis zum 1. Heimzug (im Frühjahr des 3. oder 4. KJ) fortgesetzt und dabei Aufbau der Staffelmauser [1189]. • **Postnuptialmauser** (Vollmauser) besonders Juni/Juli–Aug./Sept. und Okt./Nov.–Feb./März [1369], während beiden Zugzeiten unterbrochen; HS mit 2–4 aktiven Mauserzentren, sodass jährlich alle Schwungfedern ersetzt werden [1189].

Familie Accipitridae – Habichtverwandte

Bei Geiern ♂ größer als ♀, bei meisten anderen Gattungen ♀ größer, vereinzelt Geschlechter auch gleich. Flügelform und Größe, Schwanzlänge und Körperhaltung der Arten stark von Nahrungserwerb und Zugverhalten bestimmt. Schnabel hakenförmig, Zehen mit starken Krallen (innere und hintere am größten). Federn an den Tibien verlängert. Augen verhältnismäßig groß, Sehvermögen sehr gut (größte Zahl an Zapfen pro cm^2 in der Retina unter allen Wirbeltieren), dagegen Geruchssinn schwach (auch bei Altweltgeiern!). Geschlechtsreife nach einem bis mehreren Jahren.

Die weltweit verbreitete Familie umfasst über 240 Arten in 65 Gattungen [1101]. Schwestergruppe sind die Sagittariidae mit nur einer Art, dem Sekretär *Sagittarius serpentarius* (Afrika). Ob die Falconidae mit den Greifvögeln (inkl. Sekretär) nächstverwandt sind, ist nicht sicher, weshalb die beiden Gruppen hier - anders als z.T. früher - nicht in einer Ordnung vereinigt werden. Zwar scheinen DNA-Hybridisationsdaten eine Schwestergruppierung der beiden zu stützen [3564], doch lässt sich dies weder mit mtDNA- noch mit bisher vorliegenden chromosomalen DNA-Sequenzen bestätigen [Helbig & Braun]. Es ist deshalb ratsam, beide Gruppen als eigenständige Ordnungen (in der bisherigen Reihenfolge) zu führen, deren jeweilige Schwestergruppen zunächst offen bleiben müssen.

Innerhalb der Accipitrinae repräsentieren Gleitaar (*Elanus*), Bartgeier (*Gypaetus*), Schmutzgeier (*Neophron*) und Wespenbussard (*Pernis*) relativ ursprüngliche Evolutionslinien, weshalb sie zuerst aufgeführt werden.

Standardwerke zur Identifizierung europäischer Greifvögel jeweils mit umfassender Primärliteratur [3055,693,1189; weltweiter Überblick:1101]. Die in den beiden letztgenannten Werken sehr umfassend zitierte Primärliteratur zur Bestimmung wird hier nicht im Einzelnen aufgeführt.

• Gattung *Aquila*

In ihrer bisherigen Abgrenzung ist die Gattung *Aquila* nicht monophyletisch, weil *A. clanga* und *pomarina* die Schwestergruppe des afrikanischen Haubenadlers *Lophaetus occipitalis* sind, die Habichtsadler *H. fasciatus/spilogaster* mit dem Kaffernadler *A. verreauxii* nächstverwandt und die kleinen *Hieraaetus*-Arten (z.B. Zwergadler) ebenfalls Teil dieses Gesamtkomplexes sind [1637]. Der z.Zt. sinnvollste Weg, paraphyletische Gruppen zu vermeiden ist, alle genannten Arten in *Aquila* einzuschließen. Schwesterart dieser erweiterten, nun gesichert monophyletischen Gattung ist der afrikanische Kampfadler *Polemaetus bellicosus* [1637]. Innerhalb der erweiterten Gattung *Aquila* sind folgende Gruppen gesichert als nächstverwandte Arten abgrenzbar; in Klammern verfügbare (Unter-)Gattungsnamen:

- *occipitalis, clanga, pomarina, hastata (Lophaetus)*
- *wahlbergi, ayresii, kienerii, pennata, morphnoides (Hieraaetus)*
- *nipalensis, rapax, heliaca, adalberti* (N.N.)
- *chrysaetos, audax, verreauxii, fasciata, spilogaster* (*Aquila*)

Die restlichen Arten lassen sich bisher keiner dieser Gruppen sicher zuordnen.

• Gattung *Circus*

Weltweit 16 Arten, wovon 6 auf die Superspezies *C. [aeruginosus]* und 2 auf *C. [cyaneus]* entfallen. Wie jüngste molekulare Untersuchungen zeigen, ist *Circus* nächstverwandt mit (eventuell einer Teilgruppe von) *Accipiter* [A. J. Helbig]. Verwandtschaftsverhältnisse innerhalb der Gattung sind - bis auf die Superspeziesgrenzen - unzureichend bekannt [vgl. mitochondrialen Stammbaum ohne Bootstrap-Werte bei 3586]. Ausführliche Bestimmung der paläarktischen Arten [2365].

• Gattung *Accipiter*

In ihrer bisherigen Abgrenzung ist die Gattung mit weltweit mindestens 47 Arten die größte der Accipitriden. Allerdings ist *Accipiter* wahrscheinlich nicht monophyletisch und besteht aus mindestens vier sehr divergenten Artengruppen [A. J. Helbig]. Bisher fehlen jedoch ausreichende molekulare Daten, um eine Neugliederung vornehmen zu können.

• Gattung *Milvus*

Die Gattung besteht nur aus der Schwarzmilan-Superspezies *M. [migrans]* mit wahrscheinlich 3 Allospezies und dem monotypischen Rotmilan *M. milvus*. Alle Taxa sind sehr nah verwandt, gelegentliche Hybridisation kommt auch zwischen Rot- und Schwarzmilan in Europa vor. *Milvus* ist nächstverwandt mit *Haliastur* (AUS, Orientalis), *Lophoictinia* und wahrscheinlich *Hamirostra* (beide AUS), was auf einen orientalisch-australasiatischen Ursprung der Gruppe hindeutet.

• Gattung *Haliaeetus*

Weltweit 8 Arten, wovon die vier paläarktischen (*leucorhyphus, pelagicus, albicilla, leucocephalus*) nächstverwandt sind und die vier paläotropischen zwei Superspezies mit je 2 Allospezies bilden (*vocifer-vociferoides* in Afrika bzw. Madagaskar; *leucogaster-sanfordi* in SE-Asien/AUS bzw. den Salomonen) [vgl. 3513].

• Gattung *Buteo*

Die *Buteo*-Taxa der Alten Welt sowie *B. regalis* in N-Amerika bilden einen Komplex sehr nah verwandter Formen, innerhalb dessen Artgrenzen z.T. sehr unsicher sind. Entgegen früherer Vermutungen [z.B. 2520N] steht *B. jamaicensis* (inkl. *ventralis*) phylogenetisch ferner und gehört nicht zu dem hier umrissenen Komplex. Mitochondrien-DNA ist aufgrund anzestraler Polymorphismen (ein Zeichen relativ junger Differenzierung innerhalb des Komplexes) nur mit Einschränkungen geeignet, die Verwandtschaftsverhältnisse zu erhellen; dabei ergeben verschiedene Abschnitte des mitochondrialen Genoms unterschiedliche Genstammbäume [vgl. 1533,3197]. Mäusebussard *B. buteo*, Adlerbussard *B. rufinus* und Mongolenbussard *B. hemilasius* sind aufgrund ihrer unterschiedlichen Habitatansprüche weitgehend parapatrisch verbreitet, stehen sich genetisch sehr nahe und bilden zusammen mit afrikanischem Bergbussard *B. oereophilus* ein gut gesichertes Monophylum. Sie werden deshalb hier in einer Superspezies *B. [buteo]* vereinigt. Der Raufußbussard *B. lagopus* steht dagegen dem nearktischen Königsbussard *B. regalis* näher. Diese beiden Arten mit *B. hemilasius* und *B. rufinus* unter Ausschluss von *B. buteo* in einer Superspezies zu vereinigen [vgl. 992] würde den molekularen Befunden widersprechen. Auch die Abtrennung von *rufinus* und *hemilasius* in einer eigenen Superspezies [vgl. 3565] ist beim momentanen Kenntnisstand nicht ratsam, da die dann verbleibende *B. [buteo]*-Gruppe nicht gesichert monophyletisch wäre. Die weiteren afrikanischen Formen *auguralis, archeri, augur* und *rufofuscus* sind untereinander sicher monophyletisch und phylogenetisch von der *B. [buteo]*-Superspezies getrennt.

Elanus caeruleus – Gleitaar 02350

Elanus [caeruleus] caeruleus (Desfontaines 1789)

GB Black-shouldered Kite **F Élanion blanc** **E Elanio Común**

Taxonomie. Fünf UA, davon *caeruleus* (Desfontaines 1789) in Europa. Die Superspezies umfasst die drei Allospezies *caeruleus* (Afrika, Iberien, Indien, SE-Asien), *axillaris* (AUS) und *leucurus* (N- und S-Amerika), die auch morphologisch deutlich differenziert sind [vgl. 694]. Bisher ist ungeklärt, ob *E. scriptus* (AUS) den anderen drei Formen phylogenetisch ferner steht oder möglicherweise zur selben Superspezies gehört (Brutgebiete von *scriptus* und *axillaris* überlappen marginal, doch ist *scriptus* überwiegend nachtaktiv).

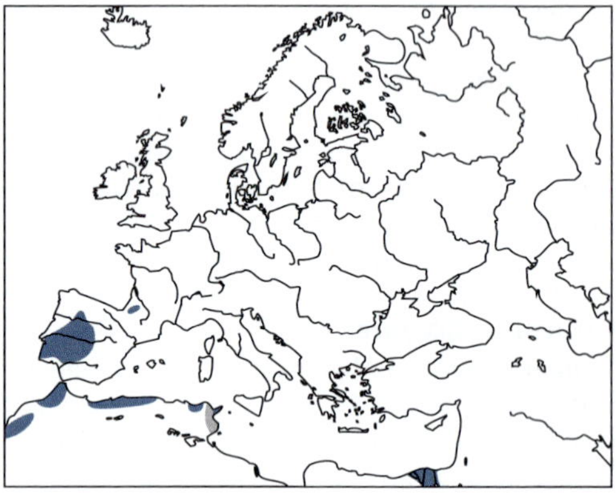

Elanus caeruleus – **Gleitaar**

Kennzeichen. [1784,3615,221,3772,696,1189; vgl. **Fotos** in Limic. **17**, 327, Dutch B. **24**, 75-77, Bird. W. **8**, 106, **17**, 11].

Maße. Gr.: 31-35 cm. Gew.: 197-343 g, ♂ Ø: 230 g, ♀ Ø: 235 g. Fl.spw.: 75-87 cm. Fl.l.: ♂ 24.9-29.2 cm, ♀ 26.2-29.7 cm [1784,3615].

Status. Seltener Gastvogel in ME, vor allem in W- und S-ME, seit Anf. 1980er J. gehäuft; anerkannte Nachw. betreffen: • **B:** Apr. 1992, 1998 (1847 und 1933 nicht mehr anerk.) [1677]. • **NL:** Mai 1971, März 1998, Juni 2000 [277,4162]. • **D:** u.a. -HE 1828, 1884, 1987, ferner 1975 Gefg.fl. [1680]; -SH Apr. 1996 [575]; -NI 1967,1989, weitere wohl Gefg. fl. [1589,575]; -SL 1984 wohl Gefg.fl. [575]; -BY 1994 [575]; -BB 1995 [1]. • **CZ:** 1938 [2159]. • **CH:** Apr. 1990, Okt. 1994, Juli 2003 (1903 gestrichen) [4152,q14,q23]. • **PL:** Ad. Mai 1984 [973,3871]. • **A:** 1986 [q4]. Nördlichster Nachw. in Europa bisher in DK März 1998 [4162].

Verbreitung und Bestand. Afrika S Sahara über Südasien bis Neuguinea, ferner N der Sahara begrenzte Areale, in Mittel- und Ober-EGY, MA, DZ und TN sowie in Europa in S-P, E. und neuerdings S-F. In N-Amerika nahe verwandte Form *E. leucurus*, früher als konspezifisch betrachtet [1784,3615]. Gesamtbestand Europas 810-2.000 BP (leichte Zunahme) [383]. In ME nur seltener Gastvogel, z.T. auch Gefg.vögel.

Wanderungen. In der W-Paläarktis Standvogel mit Streuungswanderungen. In W-Afrika saisonale Wanderungen, in E-Afrika eher nomadisierend (Auftreten in Abhängigkeit von Insekten und Nagern), eruptive Wanderungen, z.T. in großem Stil, auch in Indien und USA [3615,3508].

Bestandsentwicklung. In Europa seit etwa 1970er J. Bestandszunahmen in P und E. und starke Arealausdehnung nach N [1507,3615]; Brutansiedlung in S-F ab 1990 (vorher schon zur Brutzeit anwesend) [4180]. Seither auch Zunahmen der Beobachtungen in ME, dort aber noch sehr unreg.

SPEC	VSchRL	Bern.Konv.	Bonn.Konv.
3	Anh. I	Anh. II	Anh. II
Europ. RL	**RL in ME**		
--	--		

Biotop. Savannen, Steppen- und Halbwüstenlandschaften oder Kulturland mit sehr lockerem Baumbestand.

Nahrung. Kleinsäuger, Kleinvögel, kleine Reptilien (Eidechsen, Skinke), in geringen Anteilen auch Großinsekten.

Stimme. Wenig ruffreudig. Am Horst mind. 5 verschiedene Rufe, z.B. miauend »pii-ü«, bei Erregung heiser »kriä kriä« (auch 3-silbig), auch an Seeschwalbenrufe erinnernd etc.

Verhalten. Tag- und dämmerungsaktiv. Ruderflug von kurzen Gleitstrecken unterbrochen; bei Thermik Schweben mit V-förmig gehaltenen Flügeln (ähnlich Weihen). Rüttelt gegen den Wind, langsamer als Turmfalke; i.d.R. kein Stoßflug, sondern stufenweises Absinken, von Rüttelflügen unterbrochen. Sitzt gern auf hohen Warten, Drähten etc. Jagd im Suchflug oder vom Ansitz. Kleinere Beutetiere oft im Flug verzehrt. Lebt solitär oder in Paaren. Bei Nahrungsüberschuss oft größere Ansammlungen. Paare sind auch oft außerhalb der Brutzeit zusammen. Kopulationen häufig und kurz (ca. 2-3 sec). ♂ füttern ♀ während und vor der Legephase.

Fortpflanzung, Brutbiologie [337,767,2540]. Geschlechtsreife ? Monogame Brut- oder Dauerehe. **Ankunft am Brutplatz.** Ab Mitte Feb./März in SW-Europa. **Nest.** Auf Bäumen, meist > 10 m, jährlich neu; beide bauen (♂ viell. mehr); grünes Pflanzenmaterial laufend ergänzt. **Legebeginn.** In Europa (Ende Feb.) März-Mai, in N-Afrika April-Juli bzw. Sept.-April. **Gelegegröße.** 3-5 (2-6). Legeintervall 2-3 d. **Eier.** Rundlich, heller Grund, dicht mit kräftig braunen bis roten Sprenkeln und Flecken versetzt (fehlen mitunter). **Brutdauer.** 26 (25-28) d; ab erstem Ei; meist nur ♀. Schlüpfabstand 2-3 d. **Nestlings-/Führungszeit.** Beide besorgen Nahrung (anfangs nur ♂), ♀ füttert. Juv. nach 30-35 d flügge (in schlechten Jahren bis 40 d). Familie noch wenige Wochen zusammen. **Jahresbruten.** 1; Ersatzgelege.

Eimaße und -gewichte. L: 35-43 mm, B: 28.5-33 mm, $Ø_{100}$ 39.4 x 30.9 mm (wohl meist N-Afrika). Frischvollgew.: errechnet 21 g. Schalengew.: 1.25-1.80 g, $Ø_{120}$ 1.57 g.

Sterblichkeit, Alter. **Generationslänge:** 5 J. [383].

Mauser. **Postjuvenile Mauser** (Teil-, selten Vollmauser) ab 3.5 Monaten werden Körpergefieder und Flügeldecken gewechselt; selten auch vollständige Großgefiedermauser [1369,1189,1675]. • **Postnuptialmauser** (Vollmauser) April-Okt.; HS bisweilen auch in Staffelmauser ersetzt [4057,1189,1675].

Gypaetus barbatus – Bartgeier 02460

Gypaetus barbatus (Linnaeus 1758)

GB Bearded Vulture, Lammergeier **F Gypaète barbu** **E Quebrantahuesos**

Taxonomie. Gattung monotypisch. Drei gering differenzierte UA: *barbatus* (Linnaeus 1758) (NW-Afrika); *aureus* (Hablizl 1788) (S-Europa bis Zentralasien) und *meridionalis* Keyserling & J.H. Blasius 1840 (SW-Arabien, E- und S-Afrika). Zur mitochondriengenetischen Populationsstruktur [1378].

Kennzeichen. [1784,3615,221,1369,3772,696,1189; **Fotos** in Limic. **13**, 51-72, Dutch B. **20**, 128, 136, **23**, 221, **24**, 235, 246, Bird. W. **12**, 35-37, **14**, 236].

Maße. Gr.: 100-115 cm. Gew.: 4500-7100 g. Fl.spw.: 250-282 cm. Fl.l.: ♀ 71.5-87.5 cm, ♂ 72.5-86.0 cm [1784,3615].

Status. Ehemaliger Brut- und Jahresvogel in ME; im 19. Jh. Einzelbelege, z.B. **PL** 1831 und 1885 [q23]. Nach Aussetzungsaktionen im Alpenraum in angrenzenden Regionen ME wieder ansässig und erfolgreich brütend, in S-ME auf Wege der Paarbildung und Etablierung; im Alpenraum starke Zunahme der Beob. [z.B. 4222]. In anderen

Regionen ME im 20./21. Jh. extrem seltener Gastvogel, mit Einzelbeob. (wohl nicht nur Ind. aus den Freilassungsprogrammen) in **D**, **B** und **NL** [q4,575,q16].

Verbreitung und Bestand. In Gebirgen N-Afrikas, S-E., Pyrenäen, Korsika, GR sowie von TR bis Zentralasien (Himalaya), IL, EGY, SW-Arabien; zweite Form *meridionalis* in E-/S-Afrika; meist oberhalb 1000m NN (max. 4500 m NN) [3615]. Ursprünglich in Europa weiter verbreitet, aber Bestände erloschen. Seither nur noch Gelegenheitsnachw. in ME. Wiedereinbürgerungsversuche in den Alpen seit 1986, z.T. erfolgreich, mit ersten Brutansiedlungen in F und I. Brutbestand in Europa 610-1.000 BP (insgesamt leicht rückläufig), mit größter Population in TR (400-700 BP) und Beständen > 40 BP in S-RUS, E. und F [383].

Wanderungen. Standvogel, Streuungswanderungen; nur ausnahmsweise außerhalb der Gebirge. Die Vögel aus den Wiedereinbürgerungsprojekten in den Alpen streifen innerhalb der Alpen z.T. weit umher und verlassen diese gelegentlich (Sichtungen in NL, Triest/I, Rochefort/F) [4221].

Bestandsentwicklung. Im Laufe des 19. Jh. und bis Anf. 20. Jh. aufgrund menschlicher Verfolgung (Abschuss, Gelegezerstörung, Vergiftung mit Ködern etc.) sowie Verlust der Nahrungsgrundlagen aus vielen Regionen Europas verschwunden [2633]. In ME seit Erlöschen der Bestände in D-BY 1855, L 1863, CH 1885, A 1906 und CS 1942 kein Brutvogel mehr; fehlt inzwischen auch in I (Sardinien bis ca. 1965), BiH (bis 1893), RO (bis 1935 oder 1940), BG (bis 1955), YU (bis 1956) und MK (bis 1986) sowie in Vorderasien (IL, JOR, SYR) [196,1507, 3615,2125,2540]. In S-Europa anhaltender Rückgang (GR, AL), dagegen in RUS und TR stabil und in Pyrenäen E. und F sowie auf Korsika Zunahme [3892,1507,1585,196,q3].
Wiedereinbürgerungsprojekt in den Alpen ab 1986 an vier Auflassungsorten (Hohe Tauern A, Engadin CH, Hoch-Savoyen F und Argentera/Mercantour I/F) mit 96 freigelassenen Vögeln bis 2000 führte zu mehreren Brutansiedlungen. Erste Freibrut 1997 in F, 1998 auch in I; in 2000 je 2 Bruten in F und I sowie 1-2 (nichtbrütende) Revierpaare in A und CH [3393,196,2540,1869,2398], 2004 schließlich mind. 13 Revierpaare in F, I, A und CH (z.T. nicht brütend)[3155N]. Zunahme der Beob. in anderen Regionen ME (B, NL, N-D, S-CH) ab 1990er J. auffällig [277,3393,q3].

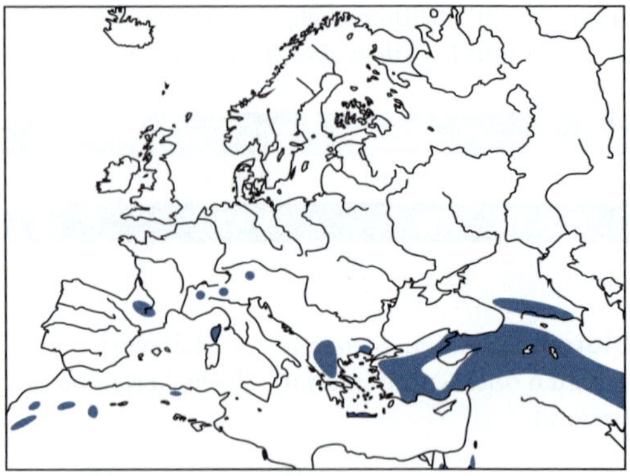
Gypaetus barbatus – **Bartgeier**

Siedlungsdichte. In den Pyrenäen Reviergrößen im Mittel 300 km² [2540]; höchste Brutdichte dort 1.9 BP/100 km², großflächig aber nur 0.3-0.53 BP/100 km² [2473].

Gefährdung und Schutz [196,1507,3892,1664, 3155N]. Hauptursachen des Rückgangs sind direkte Verfolgung (Abschuss, Vergiftung), Verluste durch Kollision mit Stromleitungen und Umweltgifte sowie Lebensraumbeeinträchtigungen (einschl. Nahrungsmangel, z.B. Kadaverbeseitigung) und Störungen in den Brutgebieten. Derzeit nur durch intensive Schutz- und Betreuungsmaßnahmen in weiten Teilen Europas zu halten.
Schutzpriorität haben Monitoringprogramme, z.B. von Vergiftungsvorfällen, Anti-Vergiftungs-Kampagnen, Lebensraum-/Gebietsschutz, Zugangsbeschränk. in sensibl. Gebieten, Winterfütterungen, Entschärf. gefährl. Freileitungen, Horstüberwachung.

SPEC	VSchRL	Bern.Konv.	Bonn.Konv.
3	Anh. I	Anh. II	Anh. II
Europ. RL	RL in ME		
VU	SK, FL, L, CH, A, D: **'RE'**		

Biotop. Felsige und schluchtenreiche Gebiete, vor allem Hochgebirge und hier bes. montane und alpine Stufe. Früher auch in S-Europa in Mittelgebirgslandschaften. Als Nahrungsbasis ist entsprechende Dichte wild lebender größerer Säuger oder Haustiere (z.B. Schafe) wichtig.

Nahrung. Meist Fleisch und Knochen frisch toter Säugetiere, Schildkröten und Vögel, auch alte Knochen, Abfälle und Aas. Selbst massive Knochenstücke werden im Magen verdaut. Knochenkot trocken, erinnert an Gewölle.

Stimme. Wenig ruffr a »pie«; Erregungslaut hoch pfeifend »fiiij«, auch Triller.

Verhalten. Weniger thermikabhängig als andere Geier, daher auch früher unterwegs und auch bei trübem Wetter. Übernachtung an geschützten Stellen. Im Ruderflug kräftige und tiefe Flügelschläge; häufig Gleitflug, kann in Thermik sehr rasch aufsteigen. Flügel im Gleitflug oft gesenkt, HS aufgebogen. Suchflug oft dicht an einer Wand entlang und mitunter niedrig über dem Boden; dabei wird der Kopf hin- und hergewendet. Fliegt auch oft niedrig üb er rastende Menschen. Nahrungssuche im Flug (oft konstante Routen). Schlagen kleiner Wirbeltiere mehrfach beobachtet, ebenso Angriff im Stoßflug, um Beutetier zum Absturz zu bringen. Angriff auf Menschen mehrfach verbürgt. Schwächere Knochen werden durchgebissen; große Knochen und Schildkrötenpanzer werden zertrümmert durch Fallenlassen aus etwa 40–80 m. Territorial; außerhalb der Brutzeit mitunter mehrere beisammen. Balzflüge (mit Überschlägen). Paare bleiben oft lebenslang zusammen. Kopulationen am Nestrand unter lauten Rufen.

Fortpflanzung, Brutbiologie [337,767,1784,2540, 2473]. Geschlechtsreife ab 5-7 Jahren. Monogame Dauerehe. **Nest.** In ± hohen Felswänden solitär in meist nach oben geschützten Nischen oder Halbhöhlen; bis zu 5 alternative Nestplätze pro Paar. Nestbauten sehr umfangreich, Unterbau aus kräftigen Knüppeln und Ästen, Mulde mit Wolle, Dung, Federn oder Heu ausgepolstert, dazu Nahrungsreste, Knochen etc. Meiste Nester Ø 150-250 cm, 70-100 cm hoch, mehrjährige größer. Beide bauen, in etwa 10-15 d. **Legebeginn.** In S-Europa ab Mitte Dez. bis Mitte Feb. (März). **Gelegegröße.** 1-2. **Eier.** Elliptisch, gelblich bis rostbraun, matt, an einem Ende oft dunkle Spritzer oder Flecken. **Brutdauer.** 52-60 (Ø 54) d; Legeintervall 3-5 d; meist brüten beide (♀ mehr). Bebrütung ab 1. Ei. **Nestlings-/Führungszeit.** ♀ hudert bis etwa 3 Wochen, dann Nahrung vom ♂ (anfangs Fleisch), später von beiden (dann auch Knochen). Nestlingsdauer 103-133 d ($Ø_{20}$: 123 d), also frühestens Ende Mai (bis 2. Julihälfte), danach noch mehrere Wochen Nahrungssuche für Juv. **Jahresbruten.** 1; Nachgelege? **Bruterfolg.** Nur 1 Junges überlebt. In F_{58} 0.81 flügge Juv./Paar und Jahr; $E._{90}$ 0.57 Juv./Paar mit Brutbeginn und Jahr [2473, Tab.3 ausgewertet].

Eimaße und -gewichte. L. 75.0-92.2 mm, B. 65.0-70.0 mm, Ø: 82.8 x 65.5 mm (n=71, Europa), $Ø_{100}$: 84 x 66 mm; Frischvollgew. Ø: 235 -250 g; Schalengew. 17.3-28.0 g, $Ø_{100}$: 22.1 g.

Sterblichkeit, Alter. Höchstalter (Gefg.) 43 J. **Generationslänge:** 15 J. [383].

Mauser. **Postjuvenile Mauser** (Vollmauser) beginnt nach 12–13 Monaten ab April des 2. KJ [696,1189]; umfasst nur 3–4 Hand-, selten AS und ST. Im 4. KJ sind die meisten juv. Schwungfedern gewechselt; aber erst ab 6. oder 7. KJ im vollständigen Alterskleid [1189]. • **Postnuptialmauser** (Vollmauser) besonders Mai–Nov.; Großgefieder in Staffelmauser; Gesamtdauer ca. 2.5–3 J. [767,1189].

Neophron percnopterus – Schmutzgeier 02470

Neophron percnopterus (Linnaeus 1758)

(GB) **Egyptian Vulture** (F) **Vautour percnoptère** (E) **Alimoche Común**

Taxonomie. Gattung monotypisch. Zwei gering differenzierte UA (Größe, Schnabelfärbung, Jugendgefieder): *percnopterus* (Linnaeus 1758) (Afrika, Paläarktis) und *ginginianus* (Latham 1790) (Indien).

Kennzeichen. [1784,3615,221,1369,3772,696,1189; zur altersabhäng. Gefiedervariat.: 695; weitere **Fotos** in Limic. **14**, 185-188, Dutch B. **23**, 241, **25**, 165-166].

Maße. Gr.: 58-70 cm. Gew.: 1600-2400 g. Fl.spw.: 155-180 cm. Fl.l.: ♂ 48.6-51.6 cm, ♀ 48.0-51.4 cm [3615,1369].

Status. In ME nur gelegentlicher Gastvogel, durch starken Rückgang der europ. Bestände immer seltener beobachtet; zuweilen auch Gefg.fl. (?). Anerkannte Nachw.: **CH:** 13 Nachw. von 1947-1998; bis ca. 1890 noch Brutvogel bei Genf (aber in F), im 19. Jh. daher regelm. beob. [4152]. • **PL:** im 19. Jh.

viell. Brutvogel in Grenzgebirge zu SK., außerhalb davon 4-5 mal bis 1936 beob. [1369], jüngst 2mal: Ad. Juni 1991, 2 Ad. Mai 1993 [3871]. • **A:** bis 1970 11mal, ferner 1995 [q18]. • **B:** 1993,1994 [1677]. • **NL:** erstmals Mai 2001 [q23]. • **H:** 1936/37 bis 5 Ex. [1369], ferner 1963,1972,1987,1998 [2438,q18]. • **CZ:** 1988,1991,1994 [2159]. • **D:** u.a. -BY 1871,1976 [4175], -ST 1972, -SH 1950 [309], -NI 1964 [1589], -SN 1986 [3667], -BW 1968,1974,1976,1994 [1722], -BB 1984,1992 [1].

Verbreitung und Bestand. Nordafrika, punktuell in Sahara und nach S bis Sahelzone sowie E-Afrika; S-Europa (Verbreitungsschwerpunkte E. und TR), Vorderasien bis Turkmenien, Zentralasien und Indien, ferner S Arabische Halbinsel. Europäischer Gesamtbestand 3.500-5.600 BP (starke Abnahme), mit wichtigsten Vorkommen in E. (1.300-1.500) und TR (1.500-3.000) [383].

Wanderungen. In Europa, N-Afrika Zugvogel; Winterquartier Afrika S Sahara, Arabien, Indien (einzelne Überwinterungsversuche S-Europa). Br. Vorderasiens meist Teilzieher, in Afrika und auf atlantischen Inseln Standvogel. Als Thermiksegler Zugverdichtungen an Meerengen und Küsten. Maxima Herbst Gibraltar > 6000, Bosporus > 500, SE-TR > 850, Frühjahr Cap Bon > 600, Eilat > 800 Ind. Abzug Europa ab Ende Aug.; Höhepunkt Anf. Sept., Nachzügler bis Okt.; Heimzug ab Feb. (Erstankunft E. nach Mitte Feb., S-F Anf. März), Dz. jedoch bis Mai. Bei Zugvogelpopulationen Anteil der Immat. gering, die wohl großenteils im Winterquartier bleiben; der Anteil immat. Vögel auf Heimzug über IL nach Ausweitung der Zählungen allerdings höher als zunächst geglaubt [4193].

SPEC	VSchRL	Bern.Konv.	Bonn.Konv.
3	Anh. I	Anh. II	Anh. II
Europ. RL	**RL in ME**		
EN	--		

Bestandsentwicklung, Gefährdung. Länger anhaltende dramatische Bestandrückgänge im gesamten Verbreitungsgebiet, vor allem aufgrund direkter Verfolgung (Abschuss, Vergiftung) - und dadurch Erlöschen regionaler Bestände in E., I, MN und GR -, ferner durch Verluste auf dem Zug und im Winter (u.a. Freileitungen) [1507,2540]. Oft nur noch kleine Restpopulationen vorhanden; von allen Geierarten Europas daher am stärksten gefährdet.

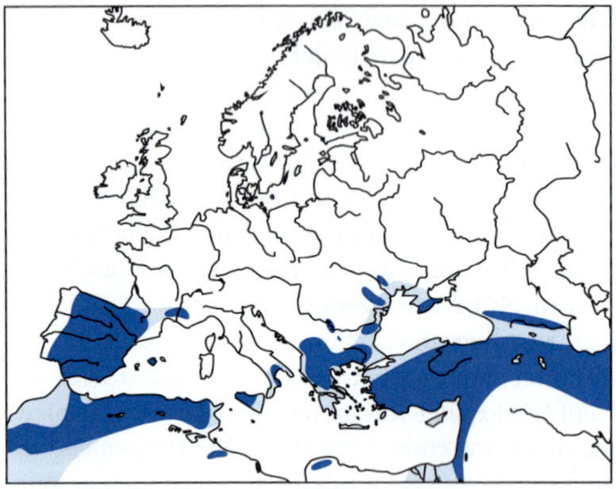

Neophron percnopterus – **Schmutzgeier**

Siedlungsdichte. Einzelbrüter, Brutabstände mind. 1.5 km, mitunter Koloniebrüter; Nahrungsfläche eines BP um 50 km^2, Tagesflüge bis 40 km vom Nest mit Jungen. Höchste bekannte Dichten in E. (Ebroniederung; Menorca) bei 1 BP/km^2 [1507].

Biotop. Horste in Felswänden; übersichtliche, offene, vorzugsweise nicht mit Bäumen bestandene Landschaften, auch in Wüsten und Halbwüsten. Liebt die Nähe von Wasser; auch im Kulturland und vor allem an Abfallhaufen am Rand von Städten.

Nahrung. Abfälle aller Art, auch Kot, daneben auch Kleintiere, faulendes Obst, Großinsekten und Reptilien/Amphibien. Reste von Großtierkadavern; überfahrene kleinere Wirbeltiere.

Stimme. Ruft sehr wenig; bei Erregung miauende, zischende oder grunzende Rufe. Bei hoher Erregung trillernde »gigi ...« oder entenähnlich »gegege...«.

Verhalten. Suchflüge ab frühem Vormittag, auch in großer Mittagshitze. Guter Segelflieger; läuft auch längere Strecken. Im Suchflug oder von Warten aus Absuchen des Bodens. An großen Kadavern nur an Augen, Zunge oder After Möglichkeiten zu picken. Zerkleinerung durch größere Geier nötig. In Europa vielfach Nahrungssuche an Straßen. Aufwerfen von Straußeneiern mit Steinen in E-Afrika. Oft Einzelgänger, bei Abfallhaufen aber auch große Konzentrationen > 100. Balzflüge von ♂ und ♀ im Horstrevier. Am Kadaver über Krähen und Milane dominant, wird jedoch von größeren Geiern verdrängt. Paare sind mindestens während einer Brutsaison meist aber länger zusammen. Kopulationen begleitet von Rufen oft auf Hausdächern über den Nestern; dauern bis zu 30 sec; kein Kopulationsvorspiel. ♀ werden vom ♂ versorgt. Beim Zug oft einzeln oder in kleinen Trupps.

Fortpflanzung, Brutbiologie [337,767,1784, 2540]. Geschlechtsreife im 4.-5. Lebensjahr (PK erst im 5. J.). Monogame Dauerehe (?). Nicht selten Nistplatztreue. **Nest.** In Fels- oder Erdwänden, bevorzugt in sonnengeschützten Nischen oder Halbhöhlen mit Rundblick. In Asien auch Gebäudebrüter; Baumnester selten. Nestbau durch Anhäufung von Zweigen, daneben Wolle, Tierhäute, Nahrungsreste aller Art; beide bauen. Nester meist Ø 70-150 cm, 20-70 cm hoch, mehrjährige größer. **Legebeginn.** Im Mittelmeerraum (Mitte Feb.) Anf./Mitte März. **Gelegegröße.** 2 (1-3), z.B. F_{35} Ø 1.91, N-$Afrika_{41}$ 1.85. **Eier.** Breitoval bis elliptisch, glanzlos, heller Grund mit braunen bis dunkelgrauen Flecken; Legeintervall 2-4 d. **Brutdauer.** 42 d; beide brüten. Bebrütung ab 1. Ei. **Nestlings-/Führungszeit.** Lange Huderzeit; beide bringen Nahrung. Nestlingsdauer 70-90 d; danach noch mehrere Wochen Nahrungssuche für Juv. **Jahresbruten.** 1; Nachgelege nach Verlust der Eier. **Bruterfolg.** In $Provence_{55}$ 1.4 flügge Juv./Paar und Jahr, in $Pyrenäen_{117}$ 1.06.

Eimaße und -gewichte [337]: L. 58.2-76.4 mm, B. 43.0-56.1 mm, Ø: 66.2 x 50.0 mm (n=100, N-Afrika, S-Europa); Frischvollgew. 81.5-97.0 g, Ø: 94 g; Schalengew. 6.7-12.2 g, Ø: 8.9 g.

Sterblichkeit, Alter. Höchstalter (Gefg.) > 37 J. (noch brütend, Zoo Tel Aviv IL) [216]. **Generationslänge:** 14 J. [383].

Mauser. **Postjuvenile Mauser** (Vollmauser) (März) April–Nov. im 2. KJ; 2–4 HS und ca. 7 AS werden erst im 3. KJ (Mitte Feb./März–Okt./Nov.) erneuert, im Sommer beginnt schon der 2. Mauserzyklus bei HS 1 [1189]. Ab 5. KJ im vollständigen Alterskleid. • **Postnuptialmauser** (Vollmauser) Körper- und Steuerfedern besonders Juni–Sept. [767], HS (Staffelmauser) möglicherweise auch im Winterquartier [1189]; einige Schwungfedern erst im nächsten Mauserzyklus ersetzt.

Pernis apivorus – Wespenbussard 02310

Pernis apivorus (Linnaeus 1758)

(GB) **(Western) Honey Buzzard** (F) **Bondrée apivore** (E) **Abejero Europeo**

Taxonomie. Monotypisch. Wird von manchen Autoren mit *Pernis ptilorhyncus* (Ost-Asien, Orientalis), aber unter Ausschluss von *P. celebensis* (Philippinen, Sulawesi), zu einer Superspezies zusammengefasst [3565]. Dies ist nicht gerechtfertigt, da die Taxa *steerei* (Philippinen) und *celebensis* (Sulawesi) mit *P. ptilorhyncus* nächstverwandt und als eigenständige Allospezies anzusehen sind [1273; vgl. auch 1101, S. 345-46].

Kennzeichen. [1784,2125,3615,221,3772,1369, 696,1189; Abgrenzung zum Schopfwespenbussard: Bird. W. **7**, 396-403; weitere **Fotos** in Ornis 2004/**5**, 26, Dutch B. **19**, 2-7, **20**, 282, Brit. B. **94**, 434-435, Var Fag. 2003/**3**, 20-21].

Maße. Gr.: 52-60 cm. Gew.: 360-1050 g, Sommer: ♂ 632-836 g, ♀ 620-962 g. Fl.spw.: 130-150 cm. Fl.l.: ♂ 38.6-43.4 cm, ♀ 39.8-43.9 cm [1784,1369,3615].

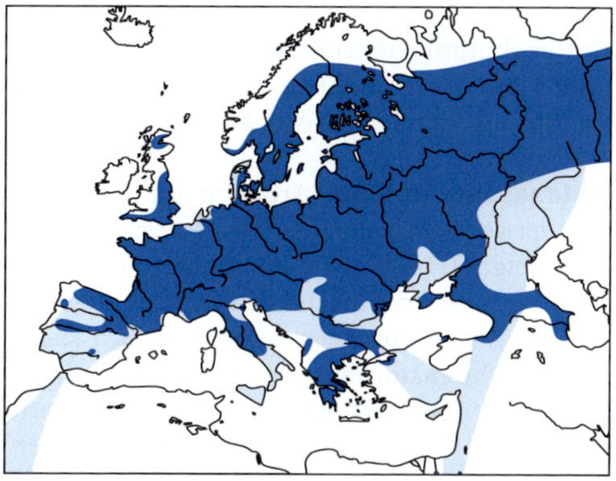

Pernis apivorus – **Wespenbussard**

Status. Lückig verbreiteter, nicht häufiger Brut- und Sommervogel. Regelmäßiger, teilweise häufiger Durchzügler (Langstreckenzieher mit differierenden Zugstrategien Juv./Ad.) [3388].

Verbreitung und Bestand. In sommerwarmen und niederschlagsarmen Bereichen mittlerer bis höherer Breiten von SW-Europa bis W-Sibirien. Europäischer Gesamtbestand 110.000-160.000 BP (stabil) [383]; Schwerpunkte in RUS (60-80 T.), F (10-15 T.), BY, S. und D (jew. > 4.000 BP). In ME kommt Nominatform z.T. lückenhaft von Tieflagen bis in Vorbergzone, in günstigen Gebieten auch bis in Hochlagen (CH und A bis 1500 m) vor. Gesamter Brutbestand ME etwa 11.000-17.000 BP [383, erg.].

Wanderungen. Langstreckenzieher; Winterquartier Äquatorial- und S-Afrika (Kapland nur selten). Zugwege vor allem über Meerengen (zwar Segelflug, jedoch eher bereit, Wasserflächen zu überfliegen als andere Greifvögel) [3615] und entlang von Küsten, z.B. Falsterbo/S-S., seit 1980er J. meist < 5000 Ind. [Details 2027]; Fehmarnsund, Gibraltar, Malta [21]; zur Querung der zentralen Adria [3425], Cap Bon/TN, Bosporus, TR, IL (von 1988-90 Ø 361.000 Ind. im Herbst, 345.000 im Frühjahr), Frühjahrszug über Eilat viel stärker als Herbstzug [2304]. Vögel von ME bis S. ziehen meist SW-S ab; FIN, N-S. und E-Europa S-SSE. Weiteste Ringfunde 6500–7000 km (z.B. S. – Kongo Brazzaville 6899 km [Ringfunde S.:1208]. Juv. ziehen später als Ad. und wählen mehr S Routen, dadurch im Mittelmeerraum proportional stärker vertreten [3388]. Satellitentelemetrie [s. 1510]. Vereinzelt Winterfunde (meist im 1. J.) in Europa. Abzug ME ab Mitte Aug., Höhepunkt des Dz. 1. Sept.hälfte, Ende ca. Mitte Okt., später einzelne Nachzügler (Dez. in B). Zuggipfel Gibraltar und Bosporus Ende Aug./Anf. Sept., NE-TR Anf./Mitte Sept. Rückkehr Mittelmeer ab April (Höhepunkt Eilat z.B. Ende April/Mitte Mai); in D frühestens ab Mitte April, meist erst Mai, im N Ende Mai/Anf. Juni.

Bestandsentwicklung. Art wird oft übersehen oder verwechselt, zudem schwer zu erfassen und demzufolge oft im Bestand unterschätzt; insgesamt wenige genaue Brutbestandszahlen oder Angaben zu langfristigen Trends in ME; schließlich starke Bestandsschwankungen typisch, daher sehr lange Zeitreihen erforderlich. Oft werden »unveränderte Bestände« in ME vermutet [1369]; dies bei unterschiedlichen lokalen Entwicklungen in vielen Regionen wohl tatsächlich der Fall [z.B. in Teilen B, L, CZ, A, D-SH, -HH, -NW, E-D:196, 2125, 2459]. Gebietsweise aber auch Zunahmen, z.B. in B von 125-175 (1967), ± 130 (1972), 200–400 (bis 1980) auf 300-400 BP (bis 1990), ferner in NL, H, CZ, SK., A-Oö [196, 2125]. »Zunahme« z.T. aufgrund vormaliger Unterschätzung [z.B. D-BB:1].
Mindestens in einigen Gebiete aber langfristig stärkerer Rückgang, in D-BW von 1970-80 um 25% (lokal sogar um 75%) [1722], in -NW von 1972-97 um 40-50% [2125, 717], ferner in -BY [196]. In D-NI von 1955-68 regional Abnahmen bis etwa 50%, doch landesweit keine ausreichenden Belege für Gesamtrückgang [1589]. Im Bod. Bestandseinbußen ebenfalls sehr groß sowie Arealverlust [3489, 1617]. In PL um 1970 noch 2.500–5.000 BP, jetzt fast halbiert. In 1990er J. regional in NL und D-SH wieder leicht rückläufig, viell. durch Prädation von Habicht und Uhu [3638, 310].

	Best.	Areal	Brutbestand	Jahr	Quelle
A	+/-	=	1.400–2.500	1998–2002	[383]
B	+/-	=	464–702	2001–2002	[383]
CH	+/-	=	400–600	1993–1996	[383]
CZ	↑	+ 1	800–1.200	2000	[383]
D	+/-	=	3.800–5.200	1995–1999	[383]
FL	+/-	=	2–5	1998–2000	[383]
H	⇧	+ 1	500–650	1998–2001	[383]
L	+/-	=	100–150	2001	[383]
NL	↑	+ 1	500–650	1998–2000	[383]
PL	+/-	=	2.000–4.000	1990–2000	[383]
SK	+/-	=	900–1.300	1995–2000	[383]

Insgesamt in ME trotz vieler Gefährdungsfaktoren Bestand gehalten. Profitiert aber nicht in gleichem Maße wie andere Greifvogelarten (z.B. Habicht, Sperber) von Jagdverschonung und Schutzmaßnahmen, da viel stärker von Nahrungsangebot abhängig [1272, 3673] und große Verluste auf Zug. Durchzugszahlen deuten Rückgänge in N-Europa an [1507], aber nur für FIN belegt [1585].

Siedlungsdichte. Stark abhängig von Probeflächengröße, entspr. korrigierter Dichtewert ca. 1 BP/100 km^2 [2125], Median aber 2.6 BP und Ø bei 4.5 BP/100 km^2 [2125; vgl. auch Angaben in 310, 1722, 1137, 717]; auch abhängig von Hymenopterendichte, Jagd bis 7 km vom Nest entfernt [1272, 4212, 4213]. Aktionsräume besenderter Brutvögel in D-SH zwischen 17-45 km^2 [310].

Gefährdungsursachen [196, 1589, 1507, 1719, 2125, 2124, 3673, K. Westermann]. Hauptfaktor ist Jagd, besonders schwerwiegend bei Durchzüglern im Mittelmeerraum (Jungvögel stark betroffen); häufig

Verwechslung mit (oft illegal) geschossenen Mäusebussarden auch in ME.
Brutausfälle durch Nahrungsmangel in verregneten oder kalten, »atlantischen« Sommern; verringertes Nahrungsangebot zudem durch Ausräumung der Landschaft, Zerstörung und Eutrophierung ursprünglich insektenreicher Kulturlandschaften (besonders drastische Auswirkungen in Wiesengebieten); auch Verlust wichtiger Ersatz-Nahrungsbiotope (in Schlechtwetterphasen) durch Zerstörung von Kleingewässern.

SPEC	VSchRL	Bern.Konv.	Bonn.Konv.
E	Anh. I	Anh. II	Anh. II
Europ. RL	**RL in ME**		
--	CZ: 'EN', FL,H:'VU', A, CH, L, SK: 'NT'		

Lebensraumzerstörung durch Eingriffe in Altholzbestände, zu kurze Umtriebszeiten, Abnahme des Laubholzanteils, Fragmentierung zusammenhängender Waldgebiete, Umbruch von Wiesen, Ausräumung der Landschaft; Zerstörung W-afrikan. Regenwälder.
Störungen an den Brutplätzen; bei Forstarbeiten gefällte Horstbäume; auch mutwillige Zerstörung der Horste.
Einsatz von Pestiziden (Nahrungsspezialist !).
Horstkonkurrenz mit anderen Greifvogelarten.

Schutzmaßnahmen. In Durchzugsgebieten Einstellung der Jagd auf Greifvögel. Zudem in ME keine Ausnahmegenehmigungen für Jagd auf Mäusebussard und Habicht.
Erhaltung aller größeren Altholzbestände; Erhöhung der Umtriebszeit besonders bei Buche und Eiche; keine weitere Zerstückelung von weiten Waldgebieten.
Erhöhung des Nahrungsangebotes durch (1) Reduktion des Einsatzes von Umweltchemikalien, (2) Erhaltung reich strukturierter, extensiv bewirtschafteter Wiesenlandschaften sowie (3) erhebliche Reduktion des Düngemitteleinsatzes.
Langfristige Bestandsaufnahmen auf genügend großen Probeflächen (> 500 km^2).
Aufklärung der Bevölkerung über ökologischen Ansprüche der Art und über Verwechslungsmöglichkeiten mit Mäusebussard.

Biotop. Reich strukturierte Landschaften mit Horstmöglichkeiten im Randbereich von Laub- und Nadelwäldern, Feldgehölzen und Auwäldern. Nahrungssuche in überwiegend offenen Gebieten, z.B. Wiesen, an Waldrändern, aber auch Waldlichtungen und Kahlschlägen etc. Im afrikanischen Winterquartier vor allem Tieflandregenwälder [372].

Nahrung. Larven, Puppen, Imagines von sozialen Wespen, seltener Hummeln; daneben andere Insekten, Würmer, Amphibien (vor allem Frösche), Reptilien (besonders Eidechsen), (überwiegend Jung-)Vögel, Kleinsäuger (meist nur ausnahmsweise); im Spätsommer auch Steinfrüchte und Beeren.

Stimme. Ad. i.d.R. wenig, flügge Juv. ab Juli (und Ad. ohne Brut) ausgesprochen ruffreudig. Durchzügler stumm. Im Flug bis 3-silbig etwa »düdlilü« (hell) oder deutlich kürzer »wühe« (fast einsilbig »düh«); mit Rufen flügger Sperber/Habichte zu verwechseln. Bei Erregung »kikiki...«, waldkauzähnliches »küwitt« beim Ansitz u.a. Viele weitere Rufe.

Verhalten. Rüttelt nur ausnahmsweise. Flügelschlag etwas langsamer, weicher und ausholender als bei Mäusebussard; beim Abschlag Kopf etwas angehoben (»Kuckuckshaltung«). Beim Segeln werden Flügel i.d.R. flach gehalten (nur selten wie oft bei Mäusebussard aus der Horizontalen nach oben gehoben), im Gleitflug auf dem Zug jedoch Flügel z.T. angewinkelt. Ausnützen von Thermiken. Beutesuche im niedrigen Flug oder vom Ansitz. Wespennester werden durch Fußscharren aufgegraben, Funde wiederholt angeflogen und ausgebeutet. Beutezüge zu Fuß auf größere Insekten. Extrem territoriales Verhalten, Reviermarkierung durch »Treppenflüge« [4212]. Paarbildung und Reviergründung rasch nach oder noch vor der späten Heimkehr. Paare bleiben zur Brutzeit stabil. Neststandorttreue ist öfters Ursache für Paarzusammenhalt über mehrere Saisons. Balzflüge bis 30 min. Kopulieren sehr häufig mit bis 5 Kopulationen/d über ca. 2 Wochen (hauptsächlich Morgenstunden), meist am Nest oder in Nestnähe (Dauer ca. 5-10 sec). Zug oft in großen Gruppen mit Sichtkontakt untereinander. Im Winterquartier einzeln.

Fortpflanzung, Brutbiologie [337,767,1784, 2125,2540,2124,717]. Geschlechtsreife mit 1-2 Jahren, Erstbruten im 2. Lebensjahr (immatures Kleid) aber selten. Monogame Saisonehe, als Folge von hoher Reviertreue viele Wiederverpaarungen. **Ankunft am Brutplatz.** Ab (Ende April) Mai. **Nest.** Oft nicht weit vom Waldrand am Stamm oder auf starken Seitenästen hoher Bäume. Nimmt auch alte Greifvogel-, Krähen- oder Kolkrabennester an. Bodenhöhe meist 15-20 (4-27) m. Neugebaute Nester Ø 65-90 cm, 25-40 cm hoch, mehrjährige größer. Mit grünen Blättern ausgepolstert, laufend mit frischen, belaubten Zweigen ausgebessert, die von Bäumen gebrochen werden (»Begrünung« zu Tarnung und Hygiene). Beide bauen, in etwa 10-15 d. **Legebeginn.** (Mitte) Ende Mai bis Mitte Juni. **Gelegegröße.** 2 (1-3), $Ø_{77}$ 1.97; Legeintervall (2) 3-5 d. **Eier.** Rundlich, Grund hellbräunlich bis weiß, matt, fast komplett bedeckt mit roten bis kastanienbraunen (z.T. schwärzlichen) Flecken und Wischern. Oberflächenfärbung nässeempfindlich. **Brutdauer.** 30-35 d/Ei, 2 Eier bis 37 d; meist brüten beide; zu Beginn der Bebrütung am Horstbereich sehr empfindlich. Bebrütung ab erstem Ei. **Schlüpftermine.** Innerhalb 2-4 d, ab (Ende Juni) Anf. Juli. **Nestlings-/Führungszeit.** Anfangs füttern beide Ad. mit Wespen- und Hummellarven, erst ab etwa 6 d mit Fleisch; ♂ trägt ein, ab etwa 3 Wochen auch ♀. Juv. stehen ab 16-20 d und nehmen dann Nahrung selbständig auf, scharren ab 4 Wochen am Nestboden. Nestlingsdauer 35-48 d, erste Flüge ab 40-44 d, Rückkehr zum Nest bis etwa 55 d. Dauer des Familienzusammenhalts unterschiedlich, Juv. meist mit 75-100 d selbständig; Ad. ziehen aber vor Juv. weg, verbleibende Ad. versorgen Juv. noch einige d [4212]. **Jahresbruten.** 1; zuweilen Nachgelege (sogar 2 bekannt). **Ende der Brutperiode.** Spätestes Ausfliegedatum 5.9 in CH. Erfolgreiche Brutvögel und Junge ziehen im Sept. ab, Nichtbrüter und erfolglose Paare schon im Aug. **Bruterfolg.** Bei schlechtem Nahrungsangebot oder nasskaltem Wetter zur Brutzeit regionale Populationen z.T. völlig ohne Erfolg. In D_{24} 1.3 flügge Juv./Paar und Jahr, in B_{21} 1.3, und in CH_{31} nur 0.6 flügge Juv./BP und J. bei 2 Ausfalljahren. In ME insgesamt pro begonnene $Brut_{442}$ 0.89 flügge Juv./Paar (0.7-1.21) und pro erfolgreiche $Brut_{335}$ 1.56 Juv./BP und J. (1.1-1.73). In D-NW von 1228 kontrollierten BP (in 27 J.) 884 erfolgr. (72%), dabei 1.15 Juv./kontroll. BP und 1.6 pro erfolgr. BP [entsprechend weniger, wenn nur jedes 2. Revierpaar brütet, vgl. NL:371], in ME um 1.17 von 1987-94, aber von 1995-98 nur 1.01 flügge Juv./BP und J. [2459].

Eimaße und -gewichte. L. 46.4-50.0 mm, B. 36.4-44.0 mm, Ø: 47.8 x 40.8 mm (n=97, ME), 52.0 x 41.0 mm (n=150, Europa); Frischvollgew. 40-50 g, $Ø_{10}$: 45.2 g; Schalengew. 2.90-4.38 g, Ø: 3.58 g.

Sterblichkeit, Alter. In S. bei Vögeln im 1. J. 51%, in Folgejahren 14%/J. [3855]. Ältester Ringvogel (D) 29 J. **Generationslänge:** 9 J. [383].

Mauser. Postjuvenile Mauser (Vollmauser) ab Frühjahr des 2. KJ im Winterquartier; Großgefiedermauser setzt im Sommer ein [139,696,1189]. • **Postnuptialmauser** (Vollmauser) ♀ ab Juni, ♂ später; bei Zugbeginn haben ♀ meist 3–4, ♂ nur 0–2 innere HS erneuert, danach Unterbrechung; Abschluss im Winterquartier bis vor Heimzug [139,696,1189].

Circaetus gallicus – Schlangenadler 02560

Circaetus [gallicus] gallicus (J.F. Gmelin 1788)

(GB) Short-toed Eagle (Snake-eagle) **(F) Circaète Jean-le-Blanc** **(E) Culebrera Europea**

Taxonomie. Monotypisch. Bildet Superspezies mit *beaudouini* (W- & Zentral-Afrika) und *pectoralis* (E- und S-Afrika). Alle drei Allospezies sind in Jugend- und Adultgefieder deutlich voneinander unterschieden [692].

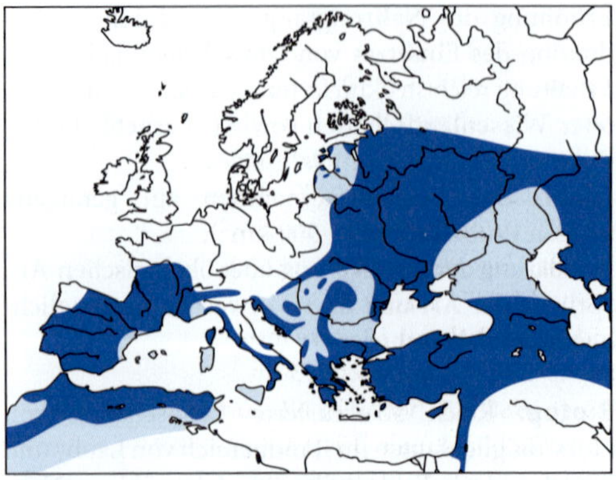
Circaetus gallicus – Schlangenadler

Kennzeichen. [1784,221,3772,1369,2540,3615, 696,1189; **Fotos** in Dutch B. **21**, 287, **25**, 275, 345-346, Bird. W. **12**, 408-411, Brit. B. **97**, 27-29].

Maße. Gr.: 62-67 cm. Gew.: ♂ 1.200-2.000 g, Ø: 1750 g, ♀ 1.300-2.300 g, Ø: 1860 g. Fl.spw.: 170-185 (195?) cm. Fl.l.: ♂ 50.5-55.1 cm, ♀ 51.2-55.7 cm [1369,2540,3615].

Status. Brut- und Sommervogel in E-ME; in D, CH und A ehemals Brutvogel, gelegentlich dort Sommervögel mit Brutverdacht, nach NW hin zunehmend seltener Gastvogel, regional aber wohl allj. (s.u.).

Verbreitung und Bestand. Verbreitet von NW-Afrika über S- und E-Europa bis N-Mongolei und im S über Iran bis Indien, bevorzugt in sommerwarmen und -trockenen Klimaten mit reichem Reptilienangebot. In Europa Gesamtbestand 8.400-13.000 BP, mit Beständen > 1.000 BP in F, E. und TR (geringe Abnahme) [383]. In ME nach starkem Bestands- und Arealverlust noch regelm. Brutvogel in SE-PL, E-SK. und H, mit nur 60-90 BP [3892,1585,2125].

Wanderungen. Langstreckenzieher; Winterquartier S Sahara (Sahelzone) und wenige weiter S bis ca. 10°N; östl. Populationen Iran, Indien etc. Dz. Gibraltar max. 9.000 Ind., Bosporus max. 2.300, Suez > 9.400 (Herbst), IL > 7.000 [2304]. Ab Anf. Aug. wenig gerichtete Abwanderung aus dem Brutgebiet, gerichteter Wegzug Ende Aug./Anf. Sept., Höhepunkt bis Mitte Okt., Nachzügler PL/D selten, CH/F öfter bis Mitte Nov.; Dez.daten im Mittelmeerraum Ausnahmen. Im Winterquartier Sept/Okt. bis Ende Feb./März; Dz. Mittelmeer März/Mai, Ankunft F Ende Feb., meist März, H Ende März/Anf. April. Satelliten-Telemetrie [2592].

Bestandsentwicklung. Nach drastischen Bestandseinbrüchen infolge menschlicher Verfolgung und Lebensraumverlust meist schon im 19. Jh. als Brutvogel aus W- und N-ME (NL, D, B, L, CH, A) sowie DK und N-F verschwunden. Seither in vielen Regionen nur noch vereinzelter und unregelm. Sommergast [z.B. CZ: 2159], FIN neuerdings allj. [3615]; Brutversuche oder Brutverdacht in ME selten [z.B. D-BB 1969, -NI 1996:1,q4]. In letzten Jahrzehnten abgesehen von großen Populationen in S- und E-Europa (RUS, BY; E.,TR, F) nur Bestände in H einigermaßen stabil, bis 1980er J. auch in SK., nur in P derzeit Zunahmen [1585]. In PL und benachbartem E-Europa sowie in I dagegen weiterer Rückgang und Arealverlust zwischen 1970-99 [3871,1507]. In Teilen ME vermehrt Sommernachw., überwiegend von immat. Vögeln [3393], z.B. in CH-VS von 1900-1993 immerhin 371 Nachw. von etwa 260 verschiedenen Ind., in D-BW von 1950-99 insges. 59 Nachw. (meist Frühj. und Herbst sowie 13 im Sommer) [1164], in B seit 1988 allj. beob., in NL ebenfalls zunehmend, schließlich erstmals 1999 in GB [3967]; dagegen Zahl der Beob. in CH-GE und -TI stark rückläufig nach Verlust der Brutvorkommen in benachbarten Regionen F und I [1987].

	Best.	Areal	Brutbestand	Jahr	Quelle
H	↓	- 1	30–50	1997–2002	[383]
PL	↓	- 1	10–15	1999–2000	[383]
SK	↓	- 1	20–25	1999–2000	[383]

Siedlungsdichte. In Optimallebensräumen Siedlungsdichten (in BP/100 km^2) von 2.0 (in I) bis 15.7 (in GR). Horstentfernungen in S-F 2-10 km, in BY mind. 6 km; Reviergrößen etwa 40 km^2, Nahrungsflüge bis 10 km vom Horst [2540,1507].

Gefährdungsursachen [3892,309,1719,1507,1366].
Hauptursache für Verschwinden aus weiten Teilen Europas war Verlust geeigneter Lebensräume durch veränderte Landnutzung (u.a. Aufgabe traditioneller Beweidung) und Intensivierung von Forst- und Landwirtschaft. Besonders nachteilig für Nahrungsangebot war Flurbereinigung mit Verlust kleinparzelliger Strukturen und Hecken, zunehmende Eutrophierung ehemaliger Magerflächen sowie Pestizideinsatz.
Direkte Verfolgung (Jagd, Eierräuber, Nestzerstörung, Aushorstung und Vergiftung - in S-Europa immer noch bedeutend).
Fragmentierung der Wälder (Wegebau), dadurch Zunahme von Störungen an Brutplätzen.
Tod an Freileitungen und Strommasten.

SPEC	VSchRL	Bern.Konv.	Bonn.Konv.
3	Anh. I	Anh. II	Anh. II
Europ. RL	**RL in ME**		
--	D, A, CH: **'RE'**, PL,H:'CR', SK:'EN'		

Schutzmaßnahmen. Schutz und Erhaltung extensiv genutzter Kulturlandflächen mit reichem Heckenbesatz und umgebenden Altholzbeständen.
Erhebliche Verringerung des Pestizideinsatzes.
Schutz des Nestbereiches vor Störungen.
Aufklärung der Jägerschaft, um illegale Verfolgung zu verringern.
Sicherung der Strommasten und Freileitungen.

Biotop. Wälder, Macchie mit einzelnen höheren Bäumen als Brutplatz; offenes, reptilienreiches Gelände als Jagdgebiet. Im N vor allem Niederungsgebiete, im S auch Gebirgsgegenden. Sehr von Wind- und Thermikverhältnissen abhängig.

Nahrung. Hauptsächlich Reptilien (in Europa < 1 m), besonders Schlangen, wie *Coluber, Elaphe, Natrix, Malpolon;* weniger zahlreich *Coronella* und Ottern *(Vipera),* Blindschleichen, Eidechsen. Amphibien, Kleinsäuger und Vögel (bis Drossel- und Hähergröße) selten. Täglicher Nahrungsbedarf 1 Ad. ca. 1–2, während der Jungenaufzucht mind. 3–5 mittelgroße Schlangen. 1 Nestling insgesamt ca. 200–270 Schlangen (8–11 kg).

Stimme. Häufigste Rufe des ♂ bestehen aus 2 Teilen, hoch »iii« oder »hii…« und tiefer »jo« oder »jiuh« ähneln in Zusammensetzung etwas dem Beginn des Pirolgesangs. Vielfache Variation; bei der Balz in langen Reihen. Einzelrufe wurden auch mit Schwarzspecht oder Waldkauz verglichen. ♀ offenbar weniger ruffreudig; Rufe weniger klangvoll.

Verhalten. Tagaktiv, Zug und Flugspiele am Brutplatz relativ spät am Tag (Thermik!). Sehr guter Segelflieger, nützt im Unterschied zu Bussard oft Hangwinde aus, schwebt oft relativ niedrig über dem Boden. Rüttelt mit herabhängenden Füßen. Rasche Steilabstürze. Warten- und Suchflugjäger; jagt mitunter auch zu Fuß. Ausgeprägtes Territorialverhalten. Auffällige Flugspiele (z.B. »Girlandenflug«) in ihrer Bedeutung offenbar noch nicht ganz geklärt. Paarmitglieder kommen oft wieder zum selben Brutplatz. ♂ versorgen die ♀. Balzflüge im Territorium. Kopulieren 2-5 mal täglich meist auf Ast in Nestnähe. Außerhalb der Brutzeit meist nur einzeln, zu zweit oder kleinen Trupps.

Fortpflanzung, Brutbiologie [337,767,1784, 2125,2540]. Geschlechtsreife mit 3 oder 4 J. Monogame Saisonehe, durch hohe Reviertreue auch Wiederverpaarungen. **Ankunft am Brutplatz.** Ab Mitte April bis Mai. **Nest.** In der Krone von Ø 3-7 m hohen Bäumen (Spanne 2-25 m), in Trockengebieten auch auf Krüppelbäumen und in Felswänden. Nest nur 50-100 cm Ø und 20-30 cm hoch, mehrjährige größer; nach unten gut gedeckt. Nimmt auch alte Nester anderer Arten an. Mulde mit frischen, belaubten Zweigen. ♀ baut mehr, ♂ trägt mehr ein (im Schnabel). **Legebeginn.** S-Europa ab Ende März/Anf. Apr., ME Mitte Apr./Anf. Mai. **Gelegegröße.** 1. **Eier.** Kurzelliptisch, weiß. **Brutdauer.** 45-47 d; meist brütet ♀ und wird vom ♂ versorgt. **Nestlings-/Führungszeit.** ♀ hudert meist; ab etwa 3 Wochen selbständiges Kröpfen des Juv. Nestlingsdauer 70-75 d, aber schon ab 60 d erste Ausflüge. Nach mehreren Wochen Führungszeit erst selbständig. **Jahresbruten.** 1; zuweilen Nachgelege.

Eimaße und -gewichte. L. 62-83 mm, B. 50.0-63.2 mm, Ø: 72.9 x 57.8 mm (n=86, Europa), $Ø_{100}$: 74 x 58 mm; Frischvollgew. ca. 150 g; Schalengew. 9.0-13.4 g, Ø: 11.1 g.

Sterblichkeit, Alter. Ältester Ringvogel > 17 J. **Generationslänge:.** 13 J. [383].

Mauser. Postjuvenile Mauser (Vollmauser) ab März/April (Mai) des 2. KJ; bis zur Mauserunterbrechung im September/Oktober einige äußere HS und mittlere AS noch nicht erneuert [1189]. • **Postnuptialmauser** (Vollmauser) April/Mai–Okt./Nov. [1189]; trotz Staffelmauser nicht alle Schwungfedern in einer Mauserperiode gewechselt.

Aegypius monachus – Mönchsgeier 02550

Aegypius monachus (Linnaeus 1766) syn.: Kuttengeier

(GB) (Eurasian) Black Vulture, Cinereous Vulture (F) Vautour moine (E) Buitre Negro

Taxonomie. Gattung und Art sind monotypisch. Nah verwandt mit dem Ohrengeier *Torgos tracheliotus* [Arabien, Afrika; vgl. 3512], der von manchen Autoren in dieselbe Gattung gestellt wird [s. 3715].

Kennzeichen. [1784,221,3772,3615,1369,696,1189; Fotos in Dutch B. **26**, 88-93, Brit. B. **95**, 180].

Maße. Gr.: 98-107 cm. Gew.: 7.000-12.500 g, ♂ 7.0-11.5 kg, ♀ 7.5-12.5 kg. Fl.spw.: 250-295 cm. Fl.l.: ♂ 73.5-82.0 cm, ♀ 75.0-84.5 cm [1784,3615,1369].

Status. In Karpaten SK. im 19. Jh. noch Brutvogel. Extrem seltener Gastvogel in 2. Hälfte 20. Jh., doch aufgrund erfolgreicher Wiedereinbürgerungsversuche in F jüngst in W-ME wieder beob. In E-ME im 19. Jh. auch abseits Brutgebiete gebietsweise regelm. beob., doch im 20. Jh. selten, und wohl z.T. Gefg.fl.; anerkannte Nachw. seit 1900: **PL:** Außerhalb der Karpaten 11 mal im 19. und 11 mal im 20. Jh., zuletzt Immat. Aug. 1982 [3871]. • **A:** mind. 9 mal 1900-70 [1369]. • **D:** u.a. -HH/-SH 1917 [1369]; -BY 3mal 1921-26 [4175]; -SN 1953,1970

(Gefg.fl.?) [3667]; -MV 1956 [1369]; -BW zuletzt 2001 mit Flügelmarke aus Wiedereinbürgerungsprogramm Cevennen F [C. Münch]. • **CH:** 1912 (2mal), 1928, 1938 [4152]. • **NL:** Okt. 1948, Juli/Aug. 2000 [q13]. • **B:** März 1977, Okt. 1990 (Status D?); 1975 Gefg.fl. mit Züchterring [1677]. • **H:** 1923,1932 [2438]. In **CS** von 1800-1975 25 Nachw. mit 60 Ind. [2159].

Verbreitung und Bestand. Paläarktische Brutvogelart niederer bis mittelhoher Berglandschaften mit Waldbedeckung in schmalem Band (um 40° N) von E. und Balkan über Vorderasien, Krim, Kaukasus bis Zentral- und E-Asien (u.a. N-Indien, Tibet, Mongolei, Mittelchina). Gesamtbestand in Europa 1.800-1.900 BP, weitgehend konzentriert auf E. (1.400 BP) und TR (300-400), Bestand zunehmend [383]. In E-ME bis ins 19. Jh. Brutvogel, Populationen in A, SK., H und Tatra PL aber erloschen [3615,965,337].

Wanderungen. Standvogel, Streuungswanderungen; in Asien auch z.T. Kurzstreckenzieher. In E. bleiben ad Br. regelm. ganzjährig in Brutplatznähe (gelegentlich bis > 200 km vom Brutplatz entfernt umherstreifend), Immat. zeigen ungerichtete Streuungswanderungen und belegen z.T. Rastplätze außerhalb des Brutgebietes. Umherstreifende (überw. 18. Jh.) April–Sept. bis DK, EST, Ural [3615].

SPEC	VSchRL	Bern.Konv.	Bonn.Konv.
1	Anh. I	Anh. II	Anh. II
Europ. RL	Globale RL	RL in ME	
--	**NT**	A, SK, H: **'RE'**	

Bestandsentwicklung, Gefährdung und Schutz. Wie bei anderen Geierarten durch Nahrungsmangel, vor allem aber direkte Verfolgung sowie Habitatzerstörung (Altholzbestände bei diesem Baumbrüter bedeutsam) und Vergiftung dramatische Bestandseinbrüche im gesamten Europa (außer E.) [3615,196,1507]. Kein Brutvogel mehr in P, F, I, Karpaten SK., A, YU, AL, RO, MOL und CY, ferner MA [1507,337]. In E. allerdings eindrucksvolle Zunahme von 200 BP (1970) auf 1.027 BP (1994) durch intensive Schutzmaßnahmen (Gebiets- und Artenschutzmaßnahmen; Aufgabe der Giftbeköderung, Monitoring, Öffentlichkeitsarbeit); entsprechende Maßnahmen auch in anderen Regionen Europas dringend erforderlich [1507]. Wiederaussetzungsaktionen in F und I. Erste Bruten in Cevennen F ab 1996 [q18].

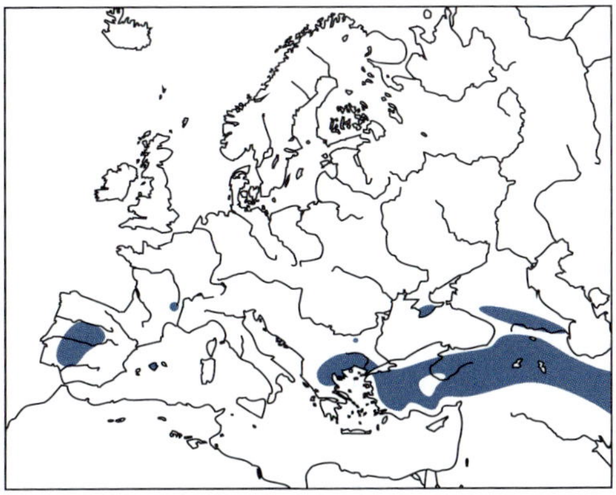

Aegypius monachus – **Mönchsgeier**

Siedlungsdichte. Einzeln oder in lockeren Kolonien brütend, Brutabstände dann nur 100-400 m. Nahrungsflüge bei Brutpaar bis 20 km [2540,1507].

Biotop. Niedrige bis mittelhohe Gebirgslandschaften mit Waldbedeckung; Horstbäume bevorzugt in Hanglagen (Aufwinde!). Angebot an Großtieren notwendig.

Nahrung. Tote Tiere aller Art; schlägt aber gelegentlich selbst kleine und möglicherweise kranke/behinderte Säugetiere (z.B. Kaninchen ± regelm. in E.).

Stimme. Wenig zu hören; am Kadaver gelegentlich grunzende Laute; mehrere Ruftypen von Ad. unter besonderen Umständen wurden beschrieben.

Verhalten. Nahrungserwerb meist im niedrigen Suchflug; auch kleine Stücke werden angenommen. Am Kadaver mitunter Konkurrenz mit Gänsegeier, Dominanz des Mönchsgeiers nicht von vorneherein. Während Gänsegeier wühlt und zerrt, reißen Mönchsgeier Stücke ab. Weniger gesellig als Gänsegeier, doch auch kleine Gruppen an einem Kadaver. Paare sind meist über eine Brutsaison zusammen. Balzflüge im Brutrevier. Normalerweise Einzelbrüter; manchmal aber auch in losen Kolonien mit Nestabständen von mindestens 100 m. Kopulation häufig am frühen Morgen; dauern ca. 30-60 sec; eingeleitet durch Kopfschütteln oder Übergabe von Nistmaterial. Im Winter oft einzeln aber auch in größeren Trupps.

Fortpflanzung, Brutbiologie [337,767,1784,2540]. Geschlechtsreife mit 5-6 J. Monogame Dauerehe.

Nest. Baumnest, in 10-20 m, mitunter auch in geringer Höhe; Boden- und Felsnester seltener; locker kolonial bis solitär. Bau aus kräftigen Zweigen, Mulde mit Gras, Wolle, Zweigen etc. ausgelegt; beide bauen. Nester Ø 140-200 cm, 70-100 cm hoch, mehrjährige größer. **Legebeginn.** Ab (Ende Februar) März bis Anfang April. **Gelegegröße.** 1. **Eier.** Rundlich oval bis elliptisch, weiß, meist mit kleinen bis starken rostbraunen Flecken. **Brutdauer.** 50-55; beide brüten (♀ mehr). Bebrütung ab 1. Ei. **Nestlings-/Führungszeit.** Fütterung durch beide Ad. mit ausgewürgten, z.T. halbverdauten Futterbrocken; anfangs intensive Huderzeit. Nestlingsdauer (100-)120 d, zuweilen schon ab 80-90 d kurze Ausflüge; nach Ausfliegen noch mehrere Wochen von Ad. geführt. **Jahresbruten.** 1; Nachgelege nach Verlust des Eies wahrscheinlich. **Bruterfolg.** In Mallorca$_{32}$ 1972-80 0.38 flügge Juv./Nest mit Ei.

Eimaße und -gewichte [337]: L. 83.4-107 mm, B. 56-76 mm, Ø: 91.7 x 68.7 mm (n=93, E.), Ø: 89.0 x 66.5 mm (n=80, R), Ø$_{166}$: 90.3 x 70.2 mm; Frischvollgew. 210.5-271 g, Ø$_{9}$: 244 g; Schalengew. 21.4-31.0 g, Ø 24.8 g (n=80, R), Ø$_{150}$ 25.5 g.

Sterblichkeit, Alter. Generationslänge: 16 J. [383].

Mauser. Postjuv. Mauser (Vollmauser) ab Mai/Juni des 2. KJ. Letzte juv. Schwungfedern erst im 4. (5.) KJ erneuert [1189]. • **Postnuptialmauser** (Vollmauser) Jan./Feb.–Okt./Nov.; Schwungfedern mit mehreren aktiven Mauserzentren (Staffelmauser); Gesamtdauer > 2 Jahre [1189].

Gyps fulvus – Gänsegeier 02510

Gyps fulvus (Hablizl 1783)

(GB) **Eurasian Griffon Vulture** (F) **Vautour fauve** (E) **Buitre Leonado**

Taxonomie. Zwei gering differenzierte UA: *fulvus* (Hablizl 1783) (Africa, Paläarktis) und *fulvescens* Hume 1869 (Indien). *G. fulvus* wurde in eine Superspezies mit *G. coprotheres* (S-Afrika) gestellt [3565], doch scheint *fulvus* mit dem Sperbergeier *G. rueppellii* nächstverwandt zu sein [A.J. Helbig], weshalb von einer solchen Gruppierung hier abgesehen wird.

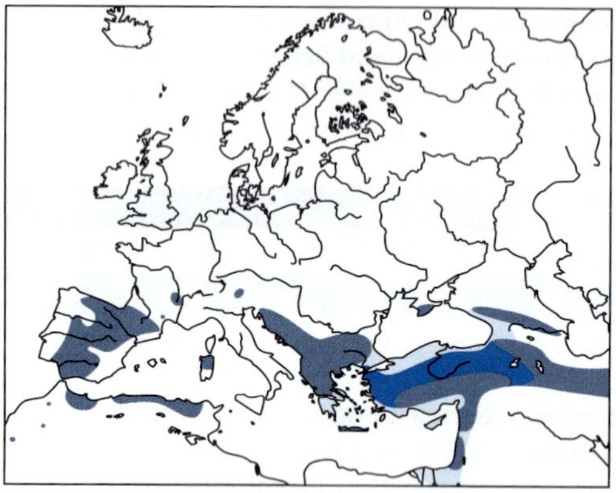

Gyps fulvus – Gänsegeier

Kennzeichen. [1784,3615,221,1369,3772,696, 1189; **Fotos** in Dutch B. **17**, 135, 138, **23**, 245, 297, **24**, 253, **25**, 273].

Maße. Gr.: 95-105 cm. Gew.: 6.000-11.000 g. Fl.spw.: 240-280 cm. Fl.l.: ♂ 68.5-75.0 cm, ♀ 72.5-77.5 cm [1784,1369,3615].

Status. Im 19. Jh. in weiten Teilen ME regelm. Gastvogel, heute meist sehr seltener Ausnahmegast, in **NL** und **B** neuerdings aber deutlich zunehmend und in großen Trupps bis 18 Ind., wohl meist aus Auswilderungsprojekt in F; z.T. beringte Vögel beob. [1711,3871]; in Ostalpen **A** Sommervogel (Nichtbrüter) und gelegentliche Bruten von Gefg.fl. (s.u.).

Verbreitung und Bestand. Trockengebiete in S-Europa, N-Afrika, Vorder- bis Zentralasien bis NW-Mongolei sowie Nordindien und Bangla Desh, in atlantischen und hochalpinen Regionen vergleichsweise selten [3615]. In Europa ursprünglich weiter verbreitet, aus ME aber weitestgehend verschwunden, allerdings vereinzelte Bruten von Gefg. fl. [965]. Gesamtbestand in Europa 19.000-21.000 BP (zunehmend), davon alleine in E. 17.300-18.100 BP, größere Bestände (> 200 BP) ferner in TR, F, P und RUS [383,2540].

Wanderungen. Standvogel und Teilzieher, Streuungswanderungen. Am N-Rand des Areals nicht überwinternd (nur einzelne Winterbeob.). Winterquartier ab S der Pyrenäen und Balkangebiet, S Kaukasus und Elburs. Als Segelflieger über Meerengen; Zugkonzentration pro Saison nur ausnahmsweise > 100 Ind. (z.B. Bosporus max. > 160, S-E. > 400). Ringfunde in E. bis 600 km in S Richtungen, ausnahmsweise bis MA. Wegzug Sept./Nov., Heimzug Feb. Nichtbrüter im Sommer N des Areals, z.B. RUS und Alpen in A (Mai–Mitte Sept.). Satelliten-Telemetrie [vgl. 1429].

Bestandsentwicklung. Seit Mitte 19. Jh. in vielen Teilen Europas drastische Bestandseinbußen und Arealverluste durch direkte Verfolgung (Abschuss, Vergiftung) sowie aufgrund versiegender Nahrungsressourcen (z.B. starker Rückgang der Schafhaltung, Verbesserung der Hygiene); z.B. Aufgabe der Brutvorkommen in Karpaten PL sowie in Dobrudscha, Sizilien, S-Alpen und Teile Balkans und Iberiens [3615,3871].
Erst seit 1970er J. aufgrund nachlassender Verfolgung und eingeleiteter Artenschutzmaßnahmen in S-Europa regionale Umkehr des Trends und Zunahmen in F, Serbien und BG sowie in E., wo Bestand von 2761±478 BP (1979) und 7808±279 BP (1989) auf > 10.000 BP (2000) anwuchs [1585,3615,2540]. In anderen Brutregionen (z.B. UA., I, AL, TR) dagegen anhaltend rückläufige Bestände. Wiedereinbürgerungsversuche im Massif Central F und in NE-I offensichtlich erfolgreich [4180,3615,3335].
Der übersommernde Nichtbrüterbestand in A sank infolge geringen Nahrungsangebotes von 150-200 (1950) auf 20-30 Ind. (1975), danach folgte wieder Anstieg auf 30-50 Ind. (1980er) und ca. 80 Ind. (1990er), die meist aus Brutgebieten HR allj. zuwandern [337,2540]. Brutnachweise in A von freifliegenden Volierenvögel (bis 200 Ind.) des Salzburger Tiergartens [965,2540].

Siedlungsdichte. Ausgesprochener Koloniebrüter (bis 100 BP, z.B. E.). Aktionsraum einer Kolonie bis ca. 60 km Radius.

Gefährdung und Schutz [3892,1585,196]. Bedeutendste Gefährdung durch direkte Verfolgung (Abschuss, Giftanwendung gegen Raubsäuger wie Wolf), ferner durch Rückgang des Nahrungsangebots durch Rationalisierung und Abkehr von traditioneller Vieh-/Weidewirtschaft, durch Kadaverbeseitigung, zunehmende Hygiene, Umweltgifte, Leitungsanflug.
Neuerdings auch Störung von Brutplätzen durch Tourismus.

SPEC	VSchRL	Bern.Konv.	Bonn.Konv.
--	Anh. I	Anh. II	Anh. II
Europ. RL	RL in ME		
--	A, CH, D, PL: **‚RE'**		

Durch nachlassenden Pestizid- und Giftködereinsatz (problematisch noch in YU, E., GR), verstärkte Artenschutzmaßnahmen und fortschreitenden Sinneswandel in der Bevölkerung Erholung von Teilpopulationen. Stetige Hilfsmaßnahmen zur Steigerung der Bestände aber weiterhin erforderlich.

Biotop. Felsbrüter und sehr von Thermik abhängig, daher Landschaften mit hoher Reliefenergie bevorzugt, vor allem aride Gebiete mit Karstgebirgen und steppenartigen Ebenen. Im N auch Flächen mit extensiver Weidewirtschaft. Zug wohl vor allem durch Nahrungsmangel im Winter bedingt.

Nahrung. Ausschließlich tote Tiere, vor allem mittelgroße und große Säugetiere, frisch und bereits in Verwesung übergegangen. Aufgenommen werden Eingeweide und Muskelfleisch, dagegen nicht Sehnen, Haut und selbst kleine Knochen. Angriffe auf lebende Tiere (z.B. neugeborene Lämmer) nicht erwiesen.

Stimme. Vor allem am Schlafplatz und am Aas zu hören, im Flug schweigsam. Bei Streitigkeiten Kreischlaute oder gänseartiges Schreien, keckernde »gegegeg…« o.ä. Am Kadaver auch Fauchen, Röhren, Schluchzen und kurze quiekende Rufe.

Verhalten. Schlafplätze werden bei beginnender Erwärmung verlassen (Thermik!); Nichtbrüter bei Schlechtwetter oft tagelang an Ruheplätzen. Fortbewegung am Boden Schreiten, hopsender Gang oder weite Sprünge. Abfliegen vom Boden mit Anlauf und einigen kräftigen Flügelschlägen. Hervorragende Segel- und Gleitflieger; Ruderflug nicht schwerfällig, Flügel werden langsam und tief durchgeschlagen. Gemeinsame, vielfach traditionelle Übernachtungsplätze in Felswänden; bei Möglichkeit ausgedehnte Sonnenbäder. Zum Nahrungserwerb werden hoch kreisend Gebiete abgesucht. Dabei wird das Verhalten von Artgenossen mit verwertet. Größere Kadaver werden optisch auch ohne Anwesenheit kleinerer Aasfresser gefunden, oft schon nach 1–2 d. Aus über 3000 m Höhe können noch Objekte > 1 m Durchmesser erkannt werden. Annahme eines Kadavers erst unter besonderen Sicherheitsvorkehrungen. Nur unmittelbare Nestumgebung wird verteidigt. Auch an Aas gesellig. Intraspezifische Rangordnung scheint nicht festgelegt, sondern durch den Hunger geregelt, wobei verschiedene Ausdrucksbewegungen eine Rolle spielen. Paare bleiben zumindest während einer Brutperiode zusammen, oft aber auch länger. Kopulationen meist in Nestnähe am Boden, dauern ca. 1 min, begleitet von Rufen. ♂ umkreist ♀ vorher mit leicht gespreizten Flügeln und vorgestrecktem Kopf. Brüten in Kolonien und verteidigen keine Territorien. Auf dem Zug meist in kleineren Trupps oft auch mit anderen segelnden Greifen.

Fortpflanzung, Brutbiologie [337,767,1784,2540]. Geschlechtsreife im 4.-5. Lebensjahr, aber mitunter schon Subadulte mit Gelegen [396]. Monogame Dauerehe (?). **Nest.** In überdachten Nischen oder Halbhöhlen im Fels, auch auf offenen Felsbändern; kolonial. Bau aus dünnen Zweigen, Mulde oft mit Grün ausgelegt; beide bauen. Nester Ø 60-100 cm, 20-30 cm hoch, mehrjährige größer. **Legebeginn.** Ab Anf. Jan. bis Feb., in rauen Lagen März. **Gelegegröße.** 1; sehr selten 2 (dann wohl 2 ♀). **Eier.** Breitoval bis rundlich elliptisch, meist weiß, zuweilen mit kleinen bis starken rostbraunen Flecken. **Brutdauer.** 48-54, Ø 52 d; beide brüten abwechselnd. Bebrütung ab 1. Ei. **Nestlings-/Führungszeit.** Fütterung durch beide Ad. mit unverdautem Futterbrei aus dem Kropf; anfangs intensive Huderzeit. Nestlingsdauer 110-115 (bis 130) d, zuweilen schon ab 80-90 d kurze Ausflüge; nach Ausfliegen noch mehrere Wochen von Ad. geführt (bis Sept.). **Jahresbruten.** 1; Nachgelege bei 39% der Eiverluste [3335]. **Bruterfolg.** In $E._{27}$ 1980 0.67 flügge Juv./Nest, in F $Wiedereinigebürgerte_{122}$ 0.54 flügge Juv./Nest, abnehmend für Paare mit höherem Freilassungsalter [3335, errechnet aus Tab. 2].

Eimaße und -gewichte [337]: L. 81.5-101 mm, B. 64.5-75.0 mm, Ø: 92.0 x 70.1 mm (n=60, E.); Frischvollgew. ca. 252 g; Schalengew. 21.0-30.0 g, $Ø_{100}$: 24.3 g.

Sterblichkeit, Alter. Wiedereingebürgerte ad. Vögel im Massif Central F 26% im ersten J. nach Auswilderung, 2%/J. über längeren Zeitraum, in Freiheit erbrütete Juv. in den ersten 3 Jahren 14%/J. [3334]. Ältester Ringvogel (E.) 9 J. 11 Monate [3654]. In Gefg. Höchstalter 6 mal 34–37, 1 mal 55 J. **Generationslänge:** 16 J. [383].

Mauser. Postjuvenile Mauser (Vollmauser) ab April/Juni des 2. KJ, bis Mauserunterbrechung (Okt./Nov.) meist nur 2–3 HS, selten einige AS und ST erneuert. Letzte juv. Schwungfedern im 4. KJ gewechselt [1189]. • **Postnuptialmauser** (Vollmauser) Jan./Feb.-Nov.; Schwungfedern in Staffelmauser, HS mit 3 aktiven Mauserzentren; Gesamtdauer ca. 2 J. [767,1189].

Aquila clanga – Schelladler 02930

Aquila [clanga] clanga Pallas 1811

(GB) Greater Spotted Eagle **(F) Aigle criard** **(E) Aguila Moteada**

Taxonomie. Schell- und Schreiadler bilden eine Superspezies mit regelm. Hybridisation in einer breiten Kontaktzone [4211,2362,284]. Sie stehen dem afrikanischen Haubenadler *Lophaetus occipitalis* (Daudin 1800) eindeutig näher als den anderen *Aquila*- und *Hieraaetus-Arten*, was sowohl in molekularen [1637N] als auch morphologischen Merkmalen [S. Parry] deutlich zum Ausdruck kommt.

Kennzeichen. Größendimorph [1784,2540, 3615,696,1189; zur Unterscheidung von Schrei- und Schelladler:1186,1189; weitere **Fotos** in Limic. **11**, 85, Dutch B. **23**, 115, 321, **24**, 332, Bird. W. **8**, 9, **13**, 102, Brit B. **96**, 321, **97**, 386, 394].

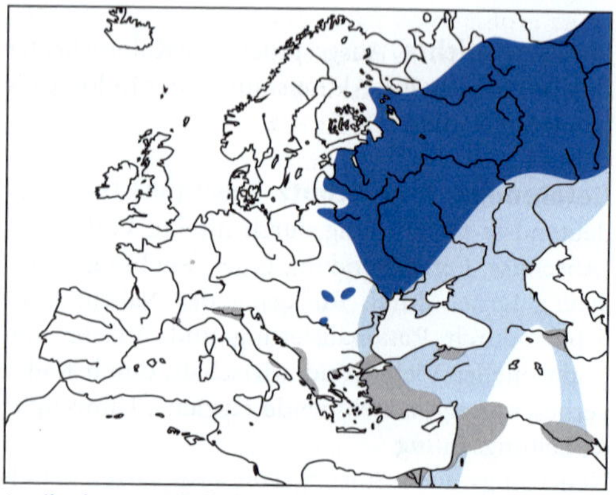

Aquila clanga – **Schelladler**

Maße. Gr.: 62-75 cm. Gew.: ♂ 1500-2000 g, Ø: 1700 g, ♀ 1800-3000 g, Ø: 2300 g. Fl.spw.: 155-182 cm. Fl.l.: ♂ 47.7-51.7 cm, ♀ 50.7-54.2 cm [1784,1369,3615,767].

Status. Brut- und Sommervogel in **PL**, ehemals auch in **SK.** und **H**; einzelne Winternachw. [z.B. 7 mal PL: 3871]. Außerhalb Brutgebiete seltener Sommergast bzw. in W-ME extrem seltener Durchzügler, Gastvogel oder sehr vereinzelter Wintergast [in CH: 4152; H: 2438]. Anerkannte Beob. betreffen: • **NL:** mind. 16 Nachw. 1891-1997 [375,277], ab 1999 mehrfach [q3,q16]. • **D:** u.a. 31 Nachw. von 1977-97 [575]; in -BB 2003 Mischbrut mit Schreiadler [T. Langgemach]. • **B:** mehrf., erstmals 1907 [1677]. • **L:** [3615]. • **CZ:** ein Brutnachw. 1847; heute seltener, nicht allj. Durchzügler und Gastvogel, einzelne Sommerbeob. [2159].

Verbreitung und Bestand. Großes Verbreitungsareal von FIN und E-PL über RUS bis Pazifik, erreicht im N Taigazone und endet im S mit Steppenzone, wobei Dichte im gesamten Areal sehr gering. In Europa auf E beschränkt (von RO nach N), bei Gesamtbestand von 810-1.100 BP (starker Rückgang); wichtigste Populationen in RUS (600-800) und BY (150-200) [383]. In ME ein sehr seltener, auf E-PL beschränkter Brutvogel mit ca. 15 BP [1366]. In H und SK. bis ins 20. Jh. Brutvogel, inzwischen meist nur noch gelegentlicher Sommergast mit vereinzelten Brutnachw. (s.u.).

Wanderungen. Kurzstreckenzieher, einzeln im Winter in ME und S-Europa (z.B. 1 Ind. überwinternd Niederriedstausee CH-BE 1996/97–2000/01 u.a.) [4152]; Hauptwintergebiet im E Nordafrikas, Klein- und Vorderasien, Indien; S der Sahara einzeln bis Kenia. Entlang E-Mittelmeer und Sinai keine großen Konzentrationen bekannt (doch Bestimmungsschwierigkeiten!). Abzug aus Brutgebiet Sept./Ende Okt., Rückkehr ab Mitte März/April. Mittlere Zuggeschwindigkeit nach Ergebnissen Satelliten-Telemetrie 150 km/d [1590; zur Satellitentelemetrie auch 2593].

Bestandsentwicklung. Trends schwer abzuschätzen, da ausgesprochen zerstreut siedelnd und zudem häufig Verwechslungen mit Schreiadler [1369,3892].
Seit 19. Jh. Teil des ursprünglich größeren Brutareals in ME aufgegeben [auch in N- und E-Europa, z.B. FIN, LT:2590]. Bestandsrückgänge und Arealverluste sowohl in PL und in SK., wo letzter gesicherter Brutnachweis 1877, aber noch 1956 und 1962 Brutverdacht [1369,3663], als auch in H, wo mindestens bis 1951 Bruten im Hanság [1369]. Inzwischen einzige regelm. besetzte Brutgebiete ME in Tiefländern E-PL (Biebrza), wo seit 10 J. rückläufiger Brutbestand von etwa 15 BP in 2000 [1366,3871], und einige Areale in E-PL inzwischen verwaist. Einziger weiterer »Schwerpunkt« europäischer Verbreitung in Region Ryazan RUS mit 7-9 BP [1507], sonst nur kleine, verstreute Vorkommen. In 2000 offenbar 3 BP in SK. [q18].
Kontinuierliche Abnahme kann durch intensive Schutzmaßnahmen aufgehalten werden, Erfolge lokal in RUS [3892], dort aber insgesamt anhaltend rückläufig [382,1507,3615].

	Best.	Areal	Brutbestand	Jahr	Quelle
PL	+/-	=	15–15	2000	[383]

Siedlungsdichte. In NE-PL 0.55 BP/100 km^2 auf Probefläche von 2000 km^2, in europ. RUS großflächig max. 0.04 BP/100 km^2 [1507].

Gefährdungsursachen [382,196,3892,1507,2590, 3931]. Zwei Ursachen für Bestandsrückgang und Arealverluste in Europa ausschlaggebend: Lebensraumverlust durch Habitatzerstörung nach Absenkung des Grundwasserspiegels oder Austrocknung von wasserreichen Waldgebieten sowie durch Vernichtung altholzreicher Waldgebiete und Auenlandschaften. Direkte Verfolgung (Abschuss, Eierraub, Nestzerstörung, Vergiftung).
Störungen an den Brutplätzen; reagiert sehr empfindlich auf Anwesenheit des Menschen in den Brut- und Jagdgebieten.
Aufgrund des kleinen Weltbestandes von viell. nur 3.000 BP und anhaltend negativen Bestandstrends global bedroht.

SPEC	VSchRL	Bern.Konv.	Bonn.Konv.
1	Anh. I	Anh. II	Anh. I,II
Europ. RL	Globale RL	RL in ME	
EN	VU	H: **'RE'**, PL: 'CR'	

Schutzmaßnahmen. Wie beim Schreiadler großräumiger Schutz und Erhaltung gewässerreicher Waldgebiete, Feuchtwiesenlandschaften und Waldbrüchen als Nahrungsgebiete, sowie von Altholzbeständen, Überhältern und naturnahen Auwäldern als Brutgebiete. Förderung traditioneller Bewirtschaftungsformen.

Völlige Vermeidung von Störungen in Brutgebieten durch Ausweisung breiter Horstschutzzonen (etwa 500 m) und Betretungsverbot der wichtigen Nahrungsgebiete.
Verhinderung der illegalen Verfolgung; Bewachung bekannter Neststandorte. Aufklärung der Bevölkerung.
Maßnahmen zur Erhöhung der Beutetierdichte.

Biotop. Waldbewohner des Tieflandes; ähnlich Schreiadler, doch stärker an Wasser gebunden, auch auf Zug und im Winterquartier.

Nahrung. Ähnlich Schreiadler, aber auch größere Vögel (vor allem Wasservögel). Hauptnahrung Kleinsäuger, Vögel, Amphibien, Reptilien; gelegentlich Fische, Großinsekten, Aas.

Stimme. Sehr ähnlich Schreiadler. Längere, kläffende Rufserien »jib-jib..chäb-chäb«. Außerdem heisere Rufreihen »chro-chro-chrüo.«.

Verhalten. Tagaktiv; Verhalten ähnlich Schreiadler; jagt auch über offenem Wasser. Brütet einzeln; Paare bleiben während der Brutsaison zusammen. Auf dem Zug einzeln oder in kleineren Trupps.

Fortpflanzung, Brutbiologie [337,767,2540]. Geschlechtsreife wohl mit 4 J. Monogam (Dauerehe?). **Nest.** Auf großen Laub- oder Nadelbäumen, gebietsweise auf Büschen, 3-25 m über Grund; alte Nester oder Neubau, Durchmesser um 110 cm, bis 100 cm hoch, Mulde immer mit grünen Zweigen ausgelegt. Beide bauen. **Legebeginn.** Ab Ende April, meist im Mai. **Gelegegröße.** 2 (1-3); Ø RUS_{35} 1.37. Legeintervall 3-4 d. **Eier.** Breitoval, (grau)weiß, zuweilen blassbraun gefleckt. **Brutdauer.** 42-44 d pro Ei; ♀ brütet; Bebrütung ab 1. Ei. **Schlüpftermine.** Im Abstand von 3-4 d. **Nestlings-/Führungszeit.** ♀ füttert, hudert bis 14 d, ♂ trägt Futter ein. Nestlingsdauer 60-65 d; Juv. noch 25-30 d abhängig. **Jahresbruten.** 1; Nachgelege bekannt. **Bruterfolg.** Zweites Juv. fliegt im Unterschied zum Schreiadler nicht selten aus. In RUS_{43} 0.67 flügge Juv./Paar und Jahr.

Eimaße und -gewichte. L. 60.5-74.6 mm, B. 51.1-56.0 mm, $Ø_{72}$: 68.3 x 54.1 mm, $Ø_{56}$: 68.23 x 54.14 mm; Frischvollgew. 88 - 123 g; Schalengew. 8.0-13.3 g, Ø: 11.0 g.

Sterblichkeit, Alter. **Generationslänge:** 11 J. [383].

Mauser. **Postjuvenile Mauser** (Vollmauser) ab Mai/Juni des 2. KJ; letzte juv. Schwung- und Steuerfedern im 3. KJ ersetzt [1189]. • **Postnuptialmauser** (Vollmauser) beginnt während Brutzeit, im Okt./Nov. unterbrochen und bis Feb. im Winterquartier fortgesetzt; durch Staffelmauser die meisten (alle) Schwung- und Steuerfedern in einer Mauserperiode gewechselt [1189].

Aquila pomarina – Schreiadler 02920

Aquila [clanga] pomarina C.L. Brehm 1831

GB Lesser Spotted Eagle **F Aigle pomarin** **E Aguila Pomerana**

Taxonomie. Monotypisch. Die früher als UA (zuweilen auch des Schelladlers) betrachtete Form *hastata* in N-Indien und benachbarten Ländern wird inzwischen als eigene Art geführt: Indischer Schelladler *Aquila hastata* (Lesson 1834) [2937].

Kennzeichen. Größendimorph [1784,2125,2540, 3615,696,1189; **Fotos** in Limic. **17**, 323, Brit. B. **95**, 372, 374].

Maße. Gr.: 57-66 cm. Gew.: ♂ 1100-1500 g, ♀ 1300-2100 g. Fl.spw.: 134-170 cm, ♂ Ø: 145 cm, ♀ Ø: 160 cm. Fl.l.: ♂ 44.6-47.8 cm, ♀ 46.9-50.5 cm [1784,1369,3615,2937].

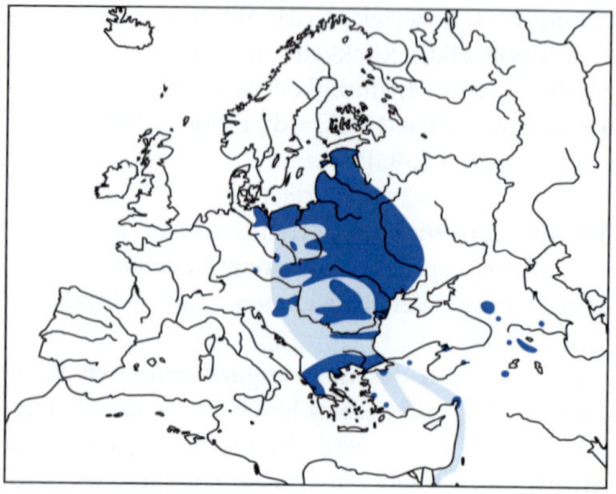

Aquila pomarina – Schreiadler

Status. Brut- und Sommervogel in Teilen ME; zunehmender Trend zum längerem Aufenthalt im Brutgebiet (z.B. in PL) [3871]. Außerhalb der Brutgebiete in W-ME sehr seltener Gastvogel. Einzelnachweise (mit Häufung im Mai/Juni) bis Ende 1990er J. in **NL** 6 mal (3 mal 19.Jh., 1912, 1984, 1994), **B** 5 mal (1903, 1927, 1950, 1967, 1992) und **CH** 8 mal (4 mal 19.Jh., 1936, 1945, 1986, 2003) [277,1677,4152,q14]; in **A** häufiger, da fast regelm. streuende Ind. aus Brutgebieten in H; in **D** abseits Brutgebiete 45 Nachw. von 1977-97 [575]. Viele weitere Beob. durch Verwechslungsmöglichkeit mit Schelladler nicht artspezifisch zugeordnet, Meldungen vom Nov. generell fragwürdig [vgl. 2247].

Verbreitung und Bestand. Kleines Areal in W-Paläarktis von ME bis W-RUS (etwa 35°E) und im S bis GR. E-Grenze der Verbreitung nur näherungsweise bekannt. Gesamtbestand Europas (entspr. > 95% des Weltbestands) 14.000-19.000 BP (rückläufig), mit Populationen > 1.000 BP in BY, LT, LV, PL und RO [383,2540,2591, *contra* 1585]. Aufgrund der Durchzüglerzahlen in IL möglicherweise weitere bisher unbekannte Brutpopulationen [196]. Brutbestand in ME etwa 2.600-3.000 Paare [383].

Wanderungen. Langstreckenzieher; Winterquartier in E-Afrika vom Äquator bis S-Afrika, nach W bis Tschad. Ausnahmsweise Winterbeob. Mittelmeer. Hauptwegzug SE bis S, daher Dz. hauptsächlich im E-Mittelmeer zu beob. (70.000–100.000 in N-IL 1982-90 [2304]; 1.500-2.000 über W-GO [4]; Heimzug vor allem über Sinai/Negev (Hunderte im Frühjahr), auch > 1.500 Bosporus. ME Abzug Mitte Aug./Mitte Sept.; Dz. Bosporus Maximum Sept., Frühjahr Ende März/Anf. April. Ankunft Brutplätze ME Mitte/Ende April. Mittlere Zuggeschwindigkeit nach Ergebnissen Satelliten-Telemetrie 139 km/d und 178 km, Höchstleistung 1650 km in 4 d [1590,2594; s. auch 2588]. Auf Heimzug Tagesstrecken geringfügig größer als auf Wegzug [2594].

Bestandsentwicklung. Brutpopulationen sehr starken Schwankungen unterworfen, da z.T. zu spät aus Winterquartieren zurückkehrend und - in Abhängigkeit vom Nahrungsangebot (Kleinsäuger) - erheblich variierender Anteil brütender Paare sowie schwankender Bruterfolg.

Aufgrund menschlicher Verfolgung (Abschuss, Eiersammler) und Habitatverlust ab 19. Jh. in W-ME stark zurückgegangen und schließlich aus A 1853, D-SH 1885, CH-ZH 1891, D-BW 1896, Böhmen und Teilen Mährens CZ um 1900 sowie aus Bayerischem Wald 1912 und Lüneburger Heide D-NI in 1920er J. als Brutvogel verschwunden [1369,1719,196,2125,q3]; dies gilt auch für weite Teile YU und GR [2591]. In D-NI erlosch letztes Reliktvorkommen 1937 (danach noch mehrmals Brutverdacht) [1369,1589]; in PL zur selben Zeit erhebliche Bestandseinbußen [1366].

Nach II. Weltkrieg zunächst Phase der Erholung fast im gesamten Restareal [D-BB: 3268, -MV: 2031, PL: 1369], aber kaum Ausbreitung in verwaiste Brutgebiete. Seit etwa 1970er J. Bestände in NE-D, PL und SK. zahlenmäßig stabil, allerdings bei erhöhtem Erfassungsgrad, daher insgesamt vielleicht rückläufig [1,2125,3871]. Wiederbesiedlung von Brutgebieten W des geschlossenen Brutareals ab 1979 im Harzvorland (Hakel) [3727] (und an Mittlerer Elbe) [2772] bei gleichzeitigem Rückgang in anderen Regionen [1,q22], lässt keine Ausbreitung nach W erkennen [2125]. Instabilität der Bestände aber erkennbar durch regelm. geringen Bruterfolg bei Teil der BP, Aufgabe langjährig besetzter Reviere und Zunahme der Umzüge, Häufung unregelm. besetzter Brutgebiete und Zersplitterung des Areals [2125,2251,3356,4038]; bes. drastische Abnahme in D-ST u.a. aufgrund von Störungen durch intensive Waldnutzung, 2003 dort keine erfolgr. Brut mehr [453]. Jüngst ermittelte Bestandszunahmen und leichte Arealausweitungen in SK. entsprechen aber wohl realen Zunahmen; doch gehen Bestände in SE-Europa wohl meist zurück [1585] (Kenntnisstand zuweilen aber ungenügend). Zahlen in IL, wo gesamte Population durchzieht, seit 1984 um etwa 30% verringert [2125], neuerdings aber wieder anwachsend [T. Langgemach].

	Best.	Areal	Brutbestand	Jahr	Quelle
CZ	⇩	- 2	0–1	2000–2002	[383]
D	+/-	=	134–143	1995–1999	[383]
H	⇩	- 1	30–60	1995–2002	[383]
PL	+/-	=	1.700–1.900	2000	[383]
SK	+/-	=	800–900	1990–1999	[383]

Siedlungsdichte. In günstigen Lebensräumen lokal bis zu 11.5-16.0 BP/100 km^2 [LV, LT, E-PL: 3871,4038,2460N], dabei Horstabstände von nur 400m bekannt [2540]. Großräumig 1.3-1.4 BP/100 km^2 in D, darunter Teilgebiete in -MV mit 2.0-8.0 BP/100 km^2 [2591,3355]; in D-BB nur 0.52 BP/100 km^2 [2125]. Hohe Dichtewerte in NE-PL mit 1.6-8.2 BP BP/100 km^2, in LV mit 3.1-4.3 BP sowie in N-SK. mit 4 - 8 BP/100 km^2 [2125,1507,3871,4038].

Home range-Größen in D-MV zw. 21-34 km^2, Jagdflüge regelm. 2-3 km, oft deutlich weiter, vom Horst entfernt [3355].

Gefährdungsursachen [3892,1369,1719,196,2589, 2591,2254]. Hauptursache für hohe Verluste ist Jagd in Durchzugsgebieten, insbesondere SYR und Libanon. In früheren Jahrzehnten Verfolgung (Jagd, Zerstörung der Horste, Eiersammeln) auch in ME von großer Bedeutung und Hauptursache für Erlöschen der westlichsten Populationen und Vorposten.
Verlust oder Beeinträchtigung geeigneter (1) Bruthabitate durch Abholzen von Altholzbeständen und Verlust von Auwäldern sowie starke Fragmentierung geeigneter Lebensräume und (2) Nahrungshabitate durch Rückgang von kurzgrasigen Waldwiesen und Waldbrüchen sowie Intensivierung der Landwirtschaft, Drainage und Wiesenumbruch.
Störungen an den Brutplätzen (Erholungsbetrieb, Forstarbeiten etc.).
Brutausfall oder -aufgabe durch Nahrungsengpässe bei einseitiger Nahrungsbasis, z.B. bei Ausbleiben von Mäusegradationen.

SPEC	VSchRL	Bern.Konv.	Bonn.Konv.
2	Anh. I	Anh. II	Anh. II
Europ. RL	**RL in ME**		
--	A: **'RE'**, CZ, H :'CR', D: 'EN'		

Schutzmaßnahmen. Intensiver großräumiger Schutz und nachhaltige Sicherung von (1) extensiv genutzten Feuchtwiesenlandschaften, Waldbrüchen sowie kurzrasigen Waldwiesen als Nahrungsgebiete, und von (2) Altholzbeständen und Überhältern sowie naturnahen Auwäldern als Brutgebiete. Dabei Augenmerk auf ganzheitliche Sicherung der Brut- und Nahrungsgebiete und Vermeidung jeglicher (weiterer) Revierzerschneidungen.
Verminderung von Störungen in Brutgebieten (durch Ausweisung von Horstschutzzonen von 100-300 m) und in wichtigen Nahrungsgebieten.
Besserer Schutz vor Verfolgung in Durchzugs- und Überwinterungsgebieten.
Intensivierung der Untersuchungen in nicht oder wenig bekannten Brutgebieten RUS.
Brutbestands- und Bruterfolgsmonitoring in allen Brutgebieten.
Erhöhung der Nachwuchsrate möglich durch Adoptionsversuche des 2. Jungen (bei Mäusebussard, Schwarzmilan) und Rückführung kurz vor Ausfliegen [337].

Biotop. Waldbrüter, vor allem naturnahe feuchte Niederungswälder im E der N-D Tiefebene, aber auch naturnahe Bergwälder (z.B. Karpaten). Jagdgebiete Waldrandflächen oder Waldlichtungen, in ME auch im offenen Kulturland. Im Unterschied zu Schelladler kaum über dem offenen Wasser.

Nahrung. Ähnlich Mäusebussard vor allem Kleinsäuger, doch ± konstanter Vogelanteil; gelegentlich Reptilien, Amphibien (Frösche), Großinsekten (vor allem im Winterquartier), Aas; auch Kleptoparasitismus bei anderen Greifvögeln. Hauptnahrung Wühlmäuse, ferner Waldmäuse, Maulwurf, Spitzmäuse, Ratten, Ziesel, Hamster bis Junghase, Kaninchen. Unter Vögeln vor allem schlecht fliegende Jungvögel und Bodenbrüter.

Stimme. Im Brutgebiet beide Geschlechter ruffreudig, z.B. kräftige, klangvolle »tjück« o.ä., einzeln oder meist 2–3 mal, mitunter länger gereiht, am Ende höher und Übergang zu längeren »wijük«; bei Sichtung von Flugfeinden langgezogener Pfiff »wiik«. Juv. bettelt haushuhnähnlich »psip«. Ab 20 d ruft Juv. wie Ad.

Verhalten. Tagaktiv. Im Segeln wie Schelladler Flügel in den Carpalgelenken leicht nach unten durchgebogen, Handflügel dadurch herabhängend. Im Ruderflug werden Flügel nach unten kräftig durchgeschlagen. Jagt vom Ansitz (Bäume, niedrige Warten) und aus gleitendem Suchflug, ferner Bodenjagd zu Fuß (relativ langbeinig). Zur Brutzeit territorial. Balzflug im Brutgebiet, bei dem sich ♂ im Bogen abwärts fallen lässt und mit geschlossenen Flügeln wieder hochsteigt (»Girlandenflug«); in Horstnähe auch »Flügelzittern«. Kopulationen werden von ♀ initiiert und finden auch entfernt vom Nest statt. Außerhalb der Brutzeit geselliger.

Fortpflanzung, Brutbiologie [337,767,1369,1784, 2125,2540,2460N]. Geschlechtsreife wohl im 3./4. Lebensjahr. Monogam (Dauerehe?). **Nest.** In großen Laub- oder Nadelbäumen, oft alte Bussardnester, in $SK._{14}$ Ø 14.8 m über Grund (6.5-21 m); großer Bau aus Ästen und Zweigen, Durchmesser 120-150 cm, bis 110 cm hoch, immer mit grünen Zweigen ausgelegt bzw. verarbeitet. Beide bauen. Kunstnester werden angenommen. **Legebeginn.** In ME ab Ende April, meist Anf. Mai. **Gelegegröße.** 1-2 (selten 3); Ø $SK._{178}$ 1.78. Legeintervall 3-4 d. **Eier.** Breitoval, weiß, braun und violett gefleckt. **Brutdauer.** 38-41 (43) d pro Ei; ♀ brütet, ♂ deckt nur in Pausen, versorgt ♀ mit Nahrung (schon bis 2 Wochen vor Eiablage); Bebrütung ab 1. Ei. **Schlüpftermine.** Asynchron wie Gelege. **Nestlings-/Führungszeit.** ♀ füttert, hudert bis 14 d, ♂ trägt Futter ein; Juv. können Nest vor Flüggewerden verlassen (Ästlinge). Nestlingsdauer ca. 58 d; Juv. noch 3-4 Wochen abhängig, werden erst auf dem Zug selbständig. **Jahresbruten.** 1; Nachgelege sehr selten. **Bruterfolg.** Zweites Juv. geht (fast) immer ein (direkte oder indirekte Folge des älteren Nestgeschwisters), anders als bei Schelladler. In $SK._{65}$ 0.53 flügge Juv./Paar und Jahr, PL_{71} 0.69, H_{77} 0.67, RUS_{35} 0.6 flügge Juv./Paar und Jahr. Schwankungen in Abhängigkeit von Witterung und Nahrungsdichte, in $D\text{-}MV_{265}$ zw. 0.47-0.91 Juv./BP und J., Ø 0.69. In D-BB $(1929\text{-}31)_{12}$ 0.66, $(1965\text{-}72)_{40}$ 0.73, $(1970\text{-}72)_{36}$ 0.52 und $(1993\text{-}97)_{74}$ 0.65 Juv./BP und J.; in ME $(1987\text{-}90)_{95}$ 0.76, $(1991\text{-}94)_{187}$ 0.56 und $(1995\text{-}98)_{203}$ 0.57 Juv./BP und J. Allerdings oftmals hohe Zahl der Nichtbrüter, in D-MV Ø 25% (max. 50.8%!) nicht berücksichtigt.

Eimaße und -gewichte. L. 57.0-70.0 mm, B. 46.6-59.1 mm, Ø: 62.94 x 50.65 mm (n=100, ME), erste $Eier_{46}$: 64.1 x 51.6 mm, zweite $Eier_{48}$: 61.8 x 49.8 mm; Frischvollgew. 72.2-87.0 g; Schalengew. 5.60-12.46 g, Ø: 7.35 g.

Sterblichkeit, Alter. **Generationslänge:** 11 J. [383].

Mauser. **Postjuvenile Mauser** (Vollmauser) Körpergefieder ab Frühjahr des 2. KJ, Schwungfedern oft ab Juni/Juli; während Wegzug unterbrochen und im Winterquartier bis Jan. fortgesetzt. 1–4 äußere HS aber erst im Sommer des 3. KJ ersetzt, zusammen mit nächstem Mauserzyklus (Staffelmauser) [1189]. • **Postnuptialmauser** (Vollmauser) setzt während Brutsaison im Juni/Juli ein, ♀ früher als ♂, aber Mauserperiode variabel; erst von Nov.–Feb. im Winterquartier abgeschlossen [1189]; wohl nicht alle Schwungfedern jährlich ersetzt [767,696].

Aquila pennata – Zwergadler 02980

Aquila pennata (J.F. Gmelin 1788) syn.: *Hieraaetus pennatus*

(GB) **Booted Eagle** (F) **Aigle botté** (E) **Aguillila Calzada**

Taxonomie. Zählt nach genetischen Befunden zur Gattung *Aquila* (s. Einleitungstext zur Gattung). Zwei UA: *pennata* J.F. Gmelin 1788 (NW-Afrika, Paläarktis) und *dubia* (Smith 1830) (S-Afrika). Die südafrikanische Form wurde bisher nicht auf UA-Niveau getrennt, ist aber deutlich kleiner als der paläarktische *pennata* [4193N]. Priorität für die südafrikanische Form hat der Name *dubia* [524, vgl. anders lautenden Vorschlag von 4193N].

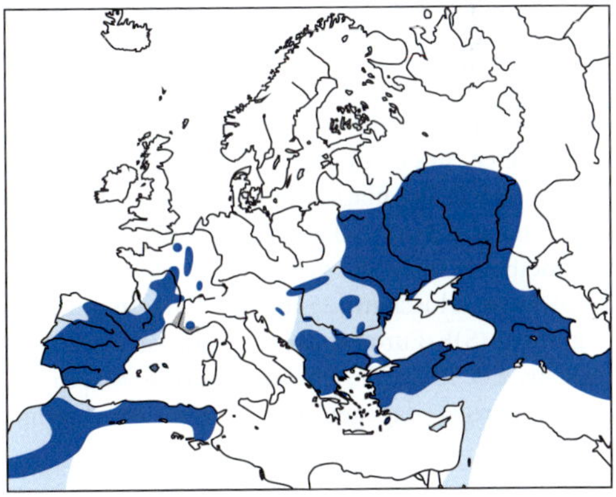

Aquila pennata – **Zwergadler**

Kennzeichen. Größendimorph, 2 Farbmorphen [696,1189,2540,3615,3772,1369; zu Verwechslungsgefahren: 730; weitere **Fotos** in Limic. **10**, 158-167, Dutch B. **21**, 62, **23**, 239, 373, **24**, 332, **25**, 275, Bird. W. **12**, 103-105, 444-447].

Maße. Gr.: 45-53 cm. Gew.: ♂ 510-770 g, Ø: ~ 700 g, ♀ 840-1250 g, Ø: ~ 960 g. Fl.spw.: 100-121 cm. Fl.l.: ♂ 34.2-37.8 cm, ♀ 37.4-42.5 cm [1784,1369,3615].

Status. In E-ME Brut- und Sommervogel in sehr kleinen Populationen, in D Gastvogel, zuweilen Übersommerungen und neuerdings Brutnachweis, sonst in ME seltener Gastvogel, mit 20 anerkannten (und 18 unsicheren) Nachw. in **CH** bis 1996 [4152], 2 Nachw. in **L** (zuletzt 1996) und 5 Belegen in **B** (von 1950-77) [1677]. In **NL** u. a. Mai 1992, Apr. 1993, Juli 1995, Juli/Aug. 1996, 3 mal 2000 sowie 2 mal 2001 (4mal helle, 5mal dunkle Morphe) [277,q16]. Vereinzelte Winterbeob. in PL [3871].

Verbreitung und Bestand. Lückenhaft von N-Afrika und S-Europa (Schwerpunkt E.) in schmalem Band (zwischen 56° N und 30° N) nach E bis

Zentralsibirien und N-Mongolei verbreitet, mit S-Grenze von N-Iran bis N-Indien; ferner kleine Population in S-Afrika. Brutbestand in Europa etwa 4.400-8.900 BP (stabil), mit Populationen > 300 BP in F, P, RUS, E. TR und UA. [383]. ME liegt am W-Rand des Verbreitungsareals, mit sehr kleinen (instabilen) Vorkommen in E-PL, E-SK. und H bei derzeit < 20 BP [2540,383]. Neuerdings vermehrt Sommerbeob. in (CZ), A und D, wo inzwischen auch Brutnachweise erfolgten [s.u.; 3892].

Wanderungen. Langstreckenzieher; nur ausnahmsweise überwinternd in S-Europa und Mittelmeergebiet (z.B. aber in P) [755], Hauptwinterquartier Afrika S Sahara bis S-Afrika. Zugkonzentrationen Gibraltar (Herbstmaximum > 15.000 Ind.), je Hunderte Bosporus, NE- und SE-TR. Abzug vom Brutgebiet Aug./Sept., Höhepunkt Dz. im Mittelmeergebiet Mitte Sept./Okt. (Pyrenäen) [3923]; Rückzug ab März (Feb.), Ankunft in Europa meist ab Ende März/April.

Bestandsentwicklung. Während von jeher recht kleine, lückige Bestände in SE-Europa seit längerer Zeit negative Bestandsentwicklung aufweisen (Bestände in PL und A im 19. Jh. vorübergehend erloschen), sind bedeutendere Populationen in E., F und RUS nach erheblichen Rückgängen und Arealverlusten im frühen 20. Jh. [1369] inzwischen weitgehend stabil [3892,1585].
Die nie großen Bestände PL dank strengem Schutz ebenfalls seit ca. 1960er J. unverändert [1366], doch dort bisher noch nie Bruterfolg dokumentiert [3871]; stabile Population lange auch in H mit 10 BP, doch Zahlen in 1990er J. stark rückläufig [2540], und Bestände in E-SK. gegen Ende 1990er J. vielleicht sogar erloschen [2540, vgl. 806]. In anderen Regionen (S)E-Europas derzeit starke Bestandsverluste, z.B. RO, UA., BY, MOL, GR [3615,1585], in SW-Europa dagegen stabil oder zunehmend [1507].

	Best.	Areal	Brutbestand	Jahr	Quelle
A	N	N	1–2	1998–2002	[383]
D	N	N	0–1	1995–1999	[383]
H	↓	- 1	0–4	1998–2002	[383]
PL	+/-	=	1–5	1995–2000	[383]
SK	↓	- 1	0–6	1990–1999	[383]

Vereinzelt werden zur Brutzeit Vögel in A, W-SK., den Ardennen (L und B) [1369], in CH [4152] und in D [2031,4175] festgestellt; schließlich in D-ST 1994 Brutverdacht und 1995 erfolgreiche Brut [3728]. Gelegentliche Vorstöße wahrscheinlich häufiger als bisher vermutet, da Art wohl oft übersehen oder mit Mäusebussard verwechselt wird. Für europäische Population haben diese Vorstöße jedoch derzeit keine Bedeutung.

Siedlungsdichte. Angaben aus RUS schwanken zwischen 0.05 und 0,5 BP/100 km^2, bei einer mittleren Dichte von 0.1 BP/100 km^2 in der Waldsteppe [1507].

Gefährdungsursachen [3892,1507]. Lebensraumverlust, z.B. durch Kahlschlag von Altholzbeständen, zunehmende Erschließung von Wäldern sowie Anlage von Baumplantagen mit schnellwüchsigen Neophyten, entsprechende Verschlechterungen in Überwinterungsgebieten (auch durch Ausbreitung vegetationsarmer Zonen in der Sahel durch Überbevölkerung, Überweidung etc.).
Stromtod an Masten und Freileitungen.
Direkte Verfolgung durch Abschuss in Durchzugsgebieten sowie Aushorstung, vor allem in S-Europa.
Verringerte Reproduktion durch Einwirkung von Umweltchemikalien in Überwinterungsgebieten.
Störungen an den Brutplätzen.

SPEC	VSchRL	Bern.Konv.	Bonn.Konv.
3	Anh. I	Anh. II	Anh. II
Europ. RL	**RL in ME**		
--	PL, H, SK: 'CR'; A: 'DD'		

Schutzmaßnahmen. In Durchzugs- und Überwinterungsgebieten muss Verfolgung eingestellt werden.
Starke Reduzierung des Biozideinsatzes in Überwinterungsgebieten.
Schutz und Erhalt von Altholzbeständen und Überhältern. Verzicht auf Kahlschläge in Brutgebieten des Zwergadlers; Forstarbeiten nur außerhalb der Brutzeit.
Aufklärung der Bevölkerung, um illegale Verfolgung zu verringern.
Sicherung der Strommasten und Freileitungen.
Intensive Untersuchungen zu Ökologie, Gefährdung und Bestandsdynamik der Brutvögel ME. Neubesetzte Brutreviere müssen streng geschützt und eingehend beobachtet werden.

Biotop. Abwechslungsreiche und lückige Waldlandschaften, die mit Buschflächen oder offenem

Gelände abwechseln; Niederungs- und Berggebiete, z.T. auch in höheren Lagen.

Nahrung. Säugetiere, Vögel, Reptilien; besonders Ziesel, Hamster, Ratten, Wühlmäuse, junge Kaninchen; Vögel von Singvogel- bis knapp Hühnergröße; Eidechsen, auch mitunter Nesträuber; gelegentlich Großinsekten, auch in größeren Mengen.

Stimme. Ruffreudig mit vielseitigem Repertoire, auch als »Singadler« bekannt. Am Brutplatz lange, an- und abschwellende Rufreihen »wi-wi-wiu u u u u…«, erinnern aus der Ferne an Rotschenkel, oder »wi-wi-jug jug…« u.ä.; Erregungsruf bussardähnlich, ♂ bei Beuteübergabe »kli-kli-kli..«, ♀ »kiak-kiak-kiak.«.

Verhalten. Tagaktiv; Ausgeprägter Thermikflieger. Beuteerwerb am Ansitz oder Suchflug; Stoß entweder mit angelegten Flügeln aus großer Höhe herunter oder lässt sich zunächst langsam mit ± ausgebreiteten Schwingen fallen. Rüttelt selten, kann sich aber im Gegenwind ohne Flügelschlag halten. Flugspiele am Brutplatz mit steilem Herunterstoßen und Wiederaufsteigen. Paarbildung am Brutplatz und stabil während einer Brutsaison. Auf dem Zug und außerhalb der Brutzeit einzeln oder paarweise.

Fortpflanzung, Brutbiologie [337,767,2540]. Geschlechtsreife? Monogame Dauerehe wahrscheinlich. **Nest.** Überwiegend gut gedeckte Baumnester in 6-16 m Höhe, aber wo passende Bäume fehlen auch in Felswänden. Aus Ästen und Zweigen, innen mit vielen grünen Zweigen; alte Nester wiederholt genutzt, Nester anderer Arten besetzt und ausgebaut; 40-60 cm hoch und 100-120 cm Durchmesser. Beide bauen (♀ mehr). **Legebeginn.** Mitte bis Ende April, in ME meist Anf. Mai. **Gelegegröße.** 2 (1-3). Legeintervall 2-4 d. **Eier.** Rundoval, mattweiß, oft mit gelblichbrauner Fleckung bei Bebrütung. **Brutdauer.** 35-39 d; ♀ brütet (vom ♂ zuweilen abgelöst); Bebrütung ab 1. Ei. **Nestlings-/Führungszeit.** ♀ füttert bis 6 Wochen alleine, hudert bis > 14 d, ♂ trägt Futter bis 4 Wochen alleine ein, dann auch ♀. Nestlingsdauer 50-55(-63) d; Juv. etwa 2 Wochen später selbständig. **Jahresbruten.** 1; Nachgelege ? **Bruterfolg.** Mitunter werden beide Juv. flügge, Nesthäkchen werden aber oft vom Erstgeschlüpften getötet.

Eimaße und -gewichte. L. 50.0-62.2 mm, B. 39.6-48.6 mm, Ø: 54.3 x 44.1 mm (n=65, E./MA); Frischvollgew. 51.3 - 66.0 g, Ø$_{6}$: 58.5 g; Schalengew. 4.26-7.06 g, Ø$_{150}$: 5.0 g.

Sterblichkeit, Alter. (Gefg.) > 12 J. **Generationslänge:** 11 J. [383].

Mauser. **Postjuvenile Mauser** (Vollmauser) ab Ende Mai/Anf. Juni des 2. KJ, während Wegzug unterbrochen; umfasst (viele) alle Schwung- und Steuerfedern [1189]. • **Postnuptialmauser** (Vollmauser) beginnt meist im Mai/Juni, aber variabel, im Winterquartier beendet; vermutlich gesamtes Gefieder in einer Mauserperiode ersetzt [1189].

Aquila chrysaetos – Steinadler 02960

Aquila chrysaetos (Linnaeus 1758)

(GB) **Golden Eagle** (F) **Aigle royal** (E) **Aguila Real**

Taxonomie. Fünf klinal variierende UA, wovon eine (*canadensis*, N-Amerika) genetisch deutlich (phänotypisch weniger) differenziert ist [A. J. Helbig]. In Europa: UA *chrysaetos* (Linnaeus 1758) im N und ME und *homeyeri* Severtsov 1888 im Mittelmeerraum (und ostwärts).

Kennzeichen. Größendimorph [1784,2540,696, 1189,3772,221,1369; **Fotos** in Dutch B. **24**, 182, **25**, 366].

Maße. Gr.: 77-90 cm. Gew.: ♂ 2840-4450 g, Ø: 3700 g, ♀ 3630-6665 g, Ø: 5000 g. Fl.spw.: ♂ 190-210 cm, ♀ 215-230 cm. Fl.l.: ♂ 56.5-63.0 cm, ♀ 63.7-68.5 cm [1369,2540,3615].

Status. Brut- und Jahresvogel in S- und E-ME, (vormals auch in N-ME); z.T. hoher Nichtbrüteranteil; umherstreifende Jungvögel zuweilen auch außerhalb Brutgebieten ortsansässig [z.B. D-BW: 1722]. Weitab von Brutgebieten sonst sehr seltener Gastvogel, z.B. in **NL** 16 Nachw. von 1800-1997 [277], in **B** 12 Ind. bis 1997 [q15].

Verbreitung und Bestand. In Hochlagen und abgelegenen Gebieten Europas E bis JAP und Korea verbreitet, ferner in N-Afrika bis zur Sahara und N-Amerika von Alaska bis MEX. In Tieflagen der USA und Europas weitgehend ausgerottet. Bestand in Europa 8.400-11.000 BP (stabil), mit Schwerpunkten in E., TR, RUS und Skandinavien (zus. fast 2/3 des Bestandes) [383]. In ME nur 730-860 BP, überwiegend in den Alpen [383,2540].

Wanderungen. Standvogel, Streuungswanderungen, vor allem Juv. auch Kurzstreckenzieher. Ad. meist das ganze Jahr über in Nähe des Brutplatzes (sogar z.T. in Lappland) [3615]; **Juv. der Alpen** mitunter im Vorland, Juv. aus Skandinavien können N-D Tiefebene erreichen [933], ausnahmsweise Alpenregion [3380], **Br. aus N-S.** wandern nach Zentral- und S-S. und Küste N. [1208]. **Br. von Karelien** nach E, in Alaska und (NE-)CDN sind Zugvögel [1784].; **Br. aus FIN** ziehen Richtung Schwarzmeer. Weiteste Funde aus FIN bis UA. 1540 km und H 2100 km. Ringfunde Br. Alpen [1516].

Bestandsentwicklung. Genaue Erfassungsdaten überwiegend erst aus neuester Zeit, daher Einschätzung langfristiger Bestandsentwicklungen unsicher. Aufgrund von Erfassungsproblemen auch derzeit für größere Regionen ME kaum lückenlose Bestandsaufnahmen aller regelm. besetzten Reviere [965,196].

Wie andere große Greifvogelarten über Jh. in ME sehr intensiver Verfolgung ausgesetzt. Folglich aus meisten Regionen der Tiefebene und Mittelgebirge verschwunden und bis weit ins 20. Jh. weitestgehend auf Alpen und Karpaten beschränkt [1369,196,2540].

Schon im 17. Jh. Bestände im Erzgebirge und Thüringer Wald erloschen [1369], im Harz 1759, in D-SH um 1840; in D-BW und Eifel letzte Bruten 1816 [1719], im Schweizer Jura und Mittelland ebenfalls Anf. 19. Jh. [4152], in D-NI 1858 [1589], in -MV 1865. In H im 19. und bis Ende 20. Jh. keine Bruten mehr, in Böhmen erlosch Population 1864, in Mähren 1893 [1369].

Im Alpenraum und Karpaten nahmen Bestände zwar ebenfalls drastisch ab, einige Brutplätze blieben jedoch erhalten [D-BY, CH, A, PL:196] und bildeten Ausgangsbasis für erneute Ausbreitung nach Einschränkung der Verfolgung.

Bis Ende 20. Jh. fast im gesamten Areal wieder Bestanderholung durch Rückgang von Pestiziden, gesetzlichen Schutz und besondere Artenschutzprogramme. In CH Alpen 40-50 BP (um 1950), ca. 72

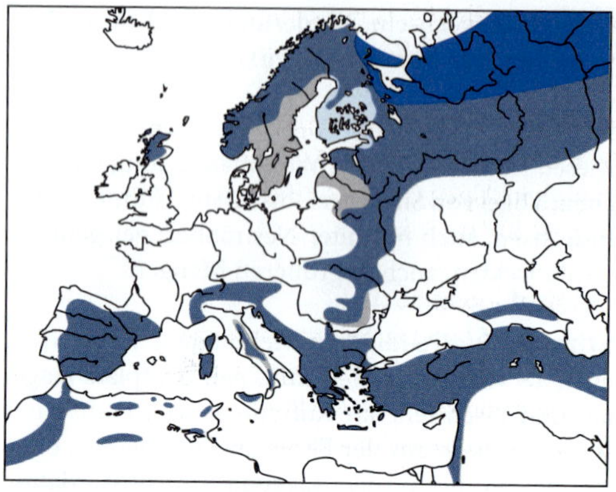

Aquila chrysaetos – **Steinadler**

BP (1964), 200-250 BP (Ende 1980er J.), und 300-310 BP und viele unverpaarte Einzelvögel (1990er J.), dabei in weiten Teilen wieder »Sättigung« erreicht [3392,3393,q3], Zunahme in E-CH aber anhaltend. Seit 1970er J. zögerliche Ausbreitung ins Alpenvorland, doch u.a. Jura noch nicht dauerhaft wiederbesiedelt [2444] und Ansiedlung im Schwarzwald offenbar verhindert [196,3393,1722; vgl. auch Angaben zu A-Oö:3672]. Ungeachtet regional anhaltender Nachstellungen [2532] Bestandssituation in weiten Teilen A und SK. ebenfalls positiv. In CZ jedoch noch nicht wieder Brutvogel. Ende 1980er J. Neubesiedlung von H [2438,q18]. Bestände der Alpen D-BY seit über 20 J. weitgehend unverändert bei ca. 50 BP, dabei bislang offensichtlich auf Zuzug aus produktiveren Brutgebieten angewiesen [196,2051], neuerdings aber Bruterfolg wieder höher [vgl. 453].

	Best.	Areal	Brutbestand	Jahr	Quelle
A	↓	=	260–360	1998–2002	[383]
CH	+/-	=	300–310	1993–1996	[383]
D	↑	=	45–50	1995–1999	[383]
FL	+/-	=	1–2	1998–2000	[383]
H	N	N	3–5	1998–2002	[2540]
PL	↑	+ 1	35–40	1998	[383]
SK	↑	+ 1	90–95	2000	[2540]

In PL Bestand nach vorübergehender Erholung ab 1960er J. wieder rückläufig und im Tiefland fast erloschen; in Karpaten seither dank intensiver Schutzmaßnahmen auf niedrigem Niveau stabil [3871]. Abnahmen derzeit vor allem in E- und SE-Europa aufgrund anhaltender Verfolgung und Habitatzerstörung [3892,1507,1585]; gradueller Arealzuwachs in S-S. [1507].

Siedlungsdichte. Streifgebiete einzelner Paare in D-BY 35-70 km^2 (Ø 53 km^2; in A ebenfalls 53 km^2) [2125, weitere Angaben in 2532]. Siedlungsdichte (Revierpaare) in A-Nö 0.67 BP/100 km^2, in A-St 0.76 BP/100 km^2 und in D-BY ca. 1.47 BP/100 km^2 [2125]; in Alpen CH 0.92 BP/100 km^2 [2540]; in S-E. ca. 0.42 BP/100 km^2 [3317].

Gefährdungsursachen [3892, 1719, 1507, 1343, 1369, 196, 1516, 503]. Seit mehreren Jh. und bis weit ins 20. Jh. direkte Verfolgung durch Abschuss, Ausschießen von Horsten, Aushorstung von Jungvögeln, Gelegezerstörung, Vergiftung, Fang in Fuchseisen etc. bei weitem wichtigster Faktor für Bestandsrückgänge. In S-Europa, Skandinavien sowie regional ME auch heute noch.
Lange Horstabwesenheiten, z.T. auch Brutabbrüche aufgrund Störung und Beunruhigung durch Erholungssuchende, Hubschrauber, militärischer Übungen, intensiver Waldbewirtschaftung und weiterer Eingriffe des Menschen.
Zerstörung des Lebensraumes durch Kahlhieb von Altholzbeständen, Fällen von Horstbäumen, Übererschließung der Wälder und Verkleinerung der Jagdflächen durch Aufforstung [2972], sowie Trockenlegung von Mooren und feuchten Niederungslandschaften in NE-ME. In GB auch durch großräumige Aufforstung.
Nahrungsmangel durch veränderte Landnutzung, hohe Abschusszahlen bei Gämsen (zum Schutz des Bergwaldes vor Verbiss), Myxomatose; in milden Wintern weniger Fallwild (betrifft vor allem Jungadler).
Früher im ME Tiefland auch verringerte Reproduktion durch hohe Biozidbelastung.
Bleivergiftung durch Aufnahme von Schrot an Luderplätzen sehr selten dokumentiert.
Brutausfälle und geringe Produktivität durch Interferenz, sozialen Stress bei häufiger Revierverteidigung und hohe vorbrutzeitliche Revieraktivitäten (z.T. beachtlicher Brutreserven).

SPEC	VSchRL	Bern.Konv.	Bonn.Konv.
3	Anh. I	Anh. II	Anh. II
Europ. RL	**RL in ME**		
--	D, PL:'EN', CH, SK:'VU', FL, H:'R', A:'NT'		

Schutzmaßnahmen. Beachtung des Schutzstatus im gesamten Betrachtungsgebiet.
Verhinderung illegaler Verfolgung großer Greifvogelarten sowie Verbot des Eiersammelns. Keine Ausstellung von Sondergenehmigungen zur Aushorstung.
Erhalt bewaldeter Moore in NE-ME.
Schutz des Horstbereiches vor Störungen durch Freizeitnutzung, Forstbetrieb und Jagd.
Aufklärung der Bevölkerung über Ansprüche der Art und ökologischen Zusammenhänge.
Weitere Reduzierung des Einsatzes von Umweltchemikalien.
Verbot von bleihaltiger Munition.
Ggf. Errichtung von Kunstnestern [1837].

Biotop. Im Hochgebirge an Hängen und Wänden, jagt vorzugsweise über der Waldgrenze, im Winter auch tiefer. Horstwände mit freiem Anflug. In N-Europa in Hügel- und Gebirgslandschaften mit offenen Flächen oder auch ± bewaldet.

Nahrung. Vor allem Säuger und Vögel; Grundlage bilden je nach Biotop z.B. Murmeltier, Ziesel, Raufußhühner, Hase und junge Paarhufer, wie Gämse, Reh, Hirsch, Schaf. Schäden an Weidetieren (z.B. Schafen) meist übertrieben und unbewiesen; bei exakter Nachprüfung i.d.R. nur wenige Fälle nachweisbar, in denen z.B. gesunde Lämmer geschlagen werden. Oft haben kleinere Beutetiere (< 600 g) der Zahl nach den größten Anteil; Gros der Biomasse aber durch größere Tiere. Im Einzelnen Nahrungslisten sehr vielseitig, auch gelegentlich Reptilien und (vor allem im Winter nicht selten) Aas, z.B. in N. Konkurrenz mit Seeadler [1517]. Nahrungsverbrauch berechnet 230 g Fleisch/Ad. und d, also 1968 kg/Paar und J.

Stimme. Im Freien wenig zu hören, z.B. helle »klijak« oder bussardähnliches »hiäh«, ferner kläffende oder keckernde Rufreihen »kjekjeckjeck...« oder »klüklüklük...« u.a. Nestlinge betteln mit »jjagg jjagg...« oder ± zweisilbig »ki-üp«, »tschi-up« u.ä.

Verhalten. Tagaktiv. Meist im Segel- oder Gleitflug zu beobachten, Ruderflug relativ selten. Beim Gleiten Flügel oft halb gefaltet; bei Segeln HS aufgebogen (stärker als bei Bussard). Nahrungserwerb unter Ausnutzung von Überraschungsmöglichkeiten. Niedriger Suchflug oder Ansitz, Griff der Beute im raschen Stoßflug niedrig über oder am Boden; Verfolgung meist nur wenige sec. Erfolgsrate bei Anstandsjagd mit langem Anflug gering (z.B. ca. 6 %), bei kurzem Stoßflug aus dem Suchflug wesentlich höher (z.B. 25 %), doch ermöglicht Ansitz Kontrolle eines großen Gebietes mit sehr geringem Energieaufwand. Erfolg erhöht sich bei Gemeinschaftsjagd von 2 Ind. Beute ab Eigengewicht kann i.d.R. nicht mehr im Flug transportiert werden. Girlandenflug (zu allen Jahreszeiten, besonders häufig Winter bis Mai) wohl in erster Linie Markierung des Reviers (= Aktionsraum ohne starre Grenzen) eines Paares. Eindringende Fremdadler werden angegriffen. ♂ und ♀ bleiben meist mehrere Jahre (lebenslang) zusammen. Einzeladler, die als unverpaarte Vögel einen Teil der Population bilden, halten sich hauptsächlich außerhalb der Paarreviere auf. Außerhalb der Brutzeit meist einzeln oder paarweise.

Fortpflanzung, Brutbiologie [337,767,2125,2540, 1516,2532]. Geschlechtsreife mit 4-5 Jahren, manche brüten aber vor Erreichen des Adultkleides [z.B. in GB_{359} 5.8%, 1416]. Monogame Dauerehe, extreme Standorttreue. Bigynie äußerst selten. **Nest.** In Alpen überwiegend Felswände, meist auf Bändern und Vorsprüngen, z.T. gut geschützt; in CH um 11% Baumbruten; in waldreichen Mittelgebirgen (PL, SK.) Baumbrüter. Alte Horste wiederholt genutzt, dann bis > 2 m hoch und 3 m Durchmesser (Baumnester noch größer). Mulde mit grünen Zweigen und Grasbüscheln ausgelegt. Nestbau ab Feb.; meist mehrere (bis 12) Wechselhorste pro Paar. Beide bauen. In Horstnähe extrem störungsempfindlich (z.T. Einfluss auf Horstwahl im Folgejahr). **Legebeginn.** Ab Ende Feb., meist März, gelegentlich bis Anf. Mai. **Gelegegröße.** 2 (1-3); Ø $E._{42}$ 1.95, CH_{26} 1.88, GB_{82} 1.91, FIN_{125} 1.95. Legeintervall 3-5 d. **Eier.** Rundoval, glanzlos schmutzigweiß, violett und braun gefleckt. **Brutdauer.** 43-45 d pro Ei; ♀ brütet überwiegend; Bebrütung ab 1. Ei. **Schlüpftermine.** Im Abstand von 3-4 d. **Nestlings-/Führungszeit.** ♀ füttert, hudert bis > 14 d, ♂ trägt Futter ein, nach 3 Wochen auch ♀; ab 5. Woche wird Beute ungerupft eingebracht. Juv. mit Flugübungen ab 6. Wochen, Herumklettern in Nestumgebung ab 8. Woche. Nestlingsdauer 65-80 d; Juv. noch längere Zeit (in GB > 3 Monate) abhängig, in Alpen z.T. im Spätherbst aus Revier vertrieben, zuweilen aber noch bis Jan. (Feb., bei Brutverzicht der Ad. bis Sommer) im Gebiet. **Jahresbruten.** 1; Nachgelege selten, dann in anderem Horst mit 1 (2) Eiern. **Bruterfolg.** In CH_{141} 0.97 flügge Juv./Paar mit Nestbau und J., CH_{76} 0.43, F_{79} 0.48, GB_{120} 0.59, I_{146} 0.65, D-BY_{165} 0.22/Revierpaar und 0.44/BP mit Eiablage. In GB_{424} 0.52 flügge Juv./Revierpaar und J.; Bruterfolg in Alpen (mit zunehmender Dichte) rückläufig und sehr niedrig, z.B. CH $(1975\text{-}84)_{120}$ 0.51, $(1973\text{-}82)_{121}$ 0.43, $(1987\text{-}91)_{165}$ 0.38 sowie A $(1992\text{-}95)_{52}$ 0.35, $(1987\text{-}98)_{62}$ 0.54 Junge/Paar. Von 1983-99 in D-BY in 10 von 11 Revieren wenigstens 1 Juv. flügge, ein Paar bei 14 Bruten immer erfolglos. Nur in ca. 30% der Horste (gebietsweise weniger, z.B. GB) werden 2 Juv. flügge (3 nur ausnahmsweise). Erfolg abhängig von Nahrung, Adlerdichte, Beteiligung von subadulten Individuen [3317], Witterung, Bioziden und menschlichen Störungen.

Eimaße und -gewichte. L. 68.5-88.9 mm, B. 56.0-66.0 mm, Ø: 76.7 x 59.4 mm (n=100, GB), 73.5 x 58.4 mm (n=70, S.); Frischvollgew. 113 -176 g, Ø: 152 g; Schalengew. 11.46-18.95 g, Ø: 14.0 g (n=106, GB).

Sterblichkeit, Alter. Todesursachen [z.B. 1516]. Geschätzte Sterblichkeit bis zum Eintritt der Geschlechtsreife 65–70% bzw. ca. 75%, Adultmortalität in D-BY geschätzt 7.5%/J. [2051]. Älteste Ringvögel (CH und S.) 32 J. [3654]; in Gefg. > 40 J. **Generationslänge:** 11 J. [383].

Mauser. Postjuvenile Mauser (Vollmauser) März–Sept./Okt. im 2. KJ; zunächst Teile des Kleingefieders, ab Juni ca. 30% des Großgefieders; im 3. und 4. KJ fortgesetzt. 2. Mauserzyklus setzt im 4. KJ ein, aber meist bleiben juv. HS 9–10 und AS 9 bis ins 5. KJ stehen [139,1189]. • **Postnuptialmauser** (Vollmauser) März–Sept./Okt. [1189]; durch mehrere aktive Mauserzentren (Staffelmauser) wird innerhalb von 2 Mauserperioden gesamtes Gefieder erneuert (umfasst jährlich > 50% des Gefieders) [139,1189,2532]. Nichtziehende Populationen in den Alpen und GB mausern vermutlich langsamer [1189,2532].

Aquila fasciata – Habichtsadler 02990

Aquila [fasciata] fasciata (Vieillot 1822) syn.: *Hieraaetus fasciatus*

(GB) **Bonelli's Eagle** (F) **Aigle de Bonelli** (E) **Aguila-azor Perdicera**

Taxonomie. Zwei UA: *fasciata* Vieillot 1822 (NW-Afrika, S-Europa, Indien bis S-China) und *renschi* (Stresemann 1932) (Wallacea). Bildet Superspezies mit *H. spilogaster* (Afrika S Sahara). *A. [fasciata]* ist mit dem Kaffernadler *Aquila verreauxii* nächstverwandt und sollte deshalb auch in die Gattung *Aquila* gestellt werden [A. J. HELBIG].

Kennzeichen. Größendimorph [1784,2540,1369, 696,1189,3772,221,3615; weitere **Fotos** in Limic. **6**, 195, **10**, 162, Bird. W. **6**, 448, **9**, 101].

Maße. Gr.: 65-74 cm. Gew.: 1600-2500 g, ♂ Ø: ca. 1700 g, ♀ Ø: ca. 2000 g. Fl.spw.: ♂ 150-160, ♀ 165-180 cm. Fl.l.: ♂ 46.5-50.7 cm, ♀ 47.8-52.3 cm [1369,3615].

Status. In ME nur gelegentlicher Gastvogel; nächstgelegene Brutplätze in S-F. Nachw. betreffen: • **CZ:** 6 Nachw. von 1862-1978 [2159]. (• **CH:** 3 alte Belege inzwischen gestrichen [4152].) • **B:** nur 1926, 1955, 1972 [1677]. • **NL:** Jan. 1958, Sept. 1995 und Aug. 2002 (alle Juv.) [277,q16]. • **D:** wenige Nachw., u.a. 1965, 1976, 1977, 1981 -BY, -BW [337]. • **A:** bis 1970 7 mal [337]. • **H:** nur 1906, 1943, 1949 [2438]. • **SK.:** [3615].

Verbreitung und Bestand. Lückig verbreitet in Nordafrika, Mittelmeerraum und Vorderasien; größeres zusammenhängendes Areal von Vorderindien und Burma bis S-China; isoliert Kleine Sundainseln. Europäischer Bestand (max. 24% des Weltbestands) 920-1.100 BP, stark rückläufig [383]; weitaus größtes Vorkommen in E. (650-713 BP); Populationen > 50 BP ferner in GR und P [383].

Wanderungen. Standvogel, Streuungswanderungen, wohl nur selten Zugvogel. Juv. neigen dazu, Brutgebiet zu verlassen. Rückmeldungen von Vögeln mit Flügelmarken in E. ergaben Funde bis 1000 km vom Geburtsort, allerdings 57% im 100 km-Radius [3149]. Nur vereinzelt an Konzentrationspunkten der Thermikzieher des Mittelmeeres und Vorderasiens.

Bestandsentwicklung. Bestände meist nicht regelm. erfasst, dennoch fast generelle Abnahmen in allen Populationen Europas seit etwa 2-3 Jahrzehnten erkennbar [1585,1507,3148], und gebietsweise starker Arealverlust; seit 1980 in E. aus 27 von 40 Provinzen verschwunden [1507].

Siedlungsdichte. Jagdgebiet eines Paares in F 24-47 (Ø 31) km^2 [337]. Im relativ dicht besiedelten E. maximale Dichten von 0.5-1.0 BP/100 km^2 (auf kleineren Probeflächen auch mehr), mit Horstabständen von nur 1-3 km, doch nach starkem Rückgang inzwischen Abstände von im Mittel 17 km [1507].

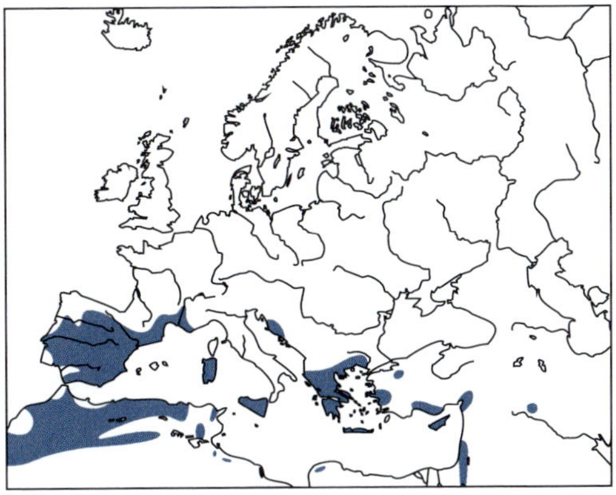

Aquila fasciata – **Habichtsadler**

Gefährdung und Schutz. Hauptgefährdung ist direkte Verfolgung (Jäger, Taubenzüchter). Ferner enorme Verluste an Freileitungen und Strommasten (zudem Nahrungsmangel, u.a. durch Kaninchen-Myxomatose) [3150].
Die wichtigen Mortalitätsfaktoren müssen ausgeschaltet werden; die verbliebenen Populationen bedürfen zudem eines Brutbestands- und -erfolgsmonitorings sowie der rechtlichen Sicherstellung der Brutstandorte [1507,3148], ferner Gebietsbetreuung (insbesondere Störungsfreiheit während Brutzeit).

SPEC	VSchRL	Bern.Konv.	Bonn.Konv.
3	Anh. I	Anh. II	Anh. II
Europ. RL	**RL in ME**		
EN	--		

Biotop. In der Westpaläarktis hauptsächlich in der typischen Mediterranzone; Jagdgebiet Kulturlandschaft, Strauch- und Steppenflächen, aber auch Halbwüsten und entlegene Gebirgstäler, mitunter auch bewaldete Gebiete. Horst oft hoch in Felsen, auch in schluchtartigen Taleinschnitten und Wadis [zur Auswahl:2877]. Jagdgebiete mitunter weit vom Horst entfernt.

Nahrung. Im Mediterrangebiet Mai/Juli großenteils Säuger (bes. junge Kaninchen) und oft relativ artenarme Beutelisten. In der übrigen Zeit dominieren Vögel (vor allem *Alectoris-Arten*, kaum Kleinvögel) [1348], Artenzahl meist größer als zur Brutzeit. Reptilien mitunter in nennenswerten Anteilen.

Stimme. Nicht sehr ruffreudig. Bei Schauflügen und am Brutplatz, auch bei Beuteübergabe jauchzende »jjiiöh«, dabei Tonhöhe am Ende jäh abnehmend;, auch hohe »jibjibjib...«-Reihen; kurze »ijük«.

Verhalten. Tagaktiv mit langen Ruhepausen, vor allem über Mittag. Kreist viel, oft sehr hoch. Stößt aus großer Höhe mit angelegten Flügeln sehr schnell in die Tiefe, aber auch Suchflug dicht an Felswänden entlang und Ansitzjagd. Rüttelt auch, steht bei Gegenwind ruhig in der Luft. Verfolgung der Beute am Boden auch zwischen Büschen und Bäumen. Schauflüge im Horstgebiet mit rasanten Stürzen bei angelegten Flügeln und anschließendem Aufsteigen schon ab Nov./Dez. Kopulieren häufig; beginnen bereits 2 Wochen vor Legebeginn; Dauer ca. 30 sec. Paare bleiben länger stabil (lebenslang). Außerhalb der Brutzeit einzeln.

Fortpflanzung, Brutbiologie [337,767,2540]. Geschlechtsreife ? Monogame Dauerehe wahrscheinlich. **Nest.** In oberen Partien von Felswänden in Nischen oder an Sträuchern bzw. Büschen; auch Baumnester in (5) 10-40 m Höhe; selten an Gebäuden. Aus Ästen und Zweigen, innen mit grünen Zweigen; alte Horste wiederholt genutzt, alte Greifvogelhorste übernommen und ausgebaut; neu bis 100 cm hoch und 3 m Durchmesser, ältere bis 180 cm hoch. Nestbau schon ab Dez.; meist 2-6 Wechselhorste pro Paar. Beide bauen. **Legebeginn.** S-Europa ab Ab Anf. Feb., meist Mitte Feb., bis Mitte März, spätestens April. **Gelegegröße.** 2 (1-3); Ø Algerien$_{53}$ 1.96. Legeintervall 2(-3) d. **Eier.** Rundoval, weiß, mit violetter oder gelblichbrauner Fleckung bei Bebrütung. **Brutdauer.** 37-40 d; ♀ brütet mehr als ♂; Bebrütung ab 1. Ei. **Schlüpftermine.** Etwa im Abstand von 2 d. **Nestlings-/Führungszeit.** ♀ füttert bis 6 Wochen alleine, hudert bis > 14 d, ♂ trägt Futter bis 4 Wochen alleine ein, dann auch ♀. Nestlingsdauer 60-65 d; Juv. noch etwa 8 Wochen von Ad. betreut. **Jahresbruten.** 1; Nachgelege ? **Bruterfolg.** In F$_{124}$ 1.14 flügge Juv./BP und J. Meist überlebt nur 1 Juv., selten 2 (3?). Nesthäkchen von ältestem Juv. oft getötet.

Sterblichkeit, Alter. Höchstalter (Gefg.) 18 J. **Generationslänge:** 11 J. [383].

Mauser. Postjuvenile Mauser (Vollmauser) März–Sept./Okt. im 2. KJ; mehrere Schwung- und selten einzelne ST noch nicht ersetzt [696,1189]. • **Postnuptialmauser** (Vollmauser) Juli/Aug.–Jan.; HS in Staffelmauser [1189].

Aquila nipalensis – Steppenadler 02942

Aquila nipalensis Hodgson 1833

(GB) **Steppe Eagle** (F) **Aigle des steppes** (E) **Aguila Esteparia**

Taxonomie. Zwei klinal variierende UA: *orientalis* Cabanis 1854 (E-Europa bis Zentral-Asien) und *nipalensis* Hodgson 1833 (E Teile Zentral-Asiens). Steppenadler früher oft als konspezifisch mit Savannenadler *A. rapax* (Afrika, Indien) angesehen [z.B. 767], doch ist *A. rapax* näher mit *A. [heliaca]* verwandt [A. J. Helbig], so dass auch Zusammenschluss von *nipalensis* und *rapax* in einer Superspezies [vgl. 3565] nicht in Frage kommt [u.a. 690].

Kennzeichen. Größendimorph [1784,696,1189, 2540,3615,221,3772; vgl. **Fotos** in Limic. **11**, 231-233, Dutch B. **24**, 314, **25**, 367, 405, Bird. W. **9**, 269-274, Brit. B. **93**, 284, Var Fag. 1998/**2**, 4-5].

Maße. Gr.: 66-86 cm. Gew.: ♂ 1950-3110 g, Ø: ca. 2500 g, ♀ 2270-4850 g, Ø: ca. 3000 g. Fl.spw.: 165-200 (230) cm. Fl.l.: ♂ 51.0-56.8 cm, ♀ 52.5-60.5 cm [1784,2540,3615].

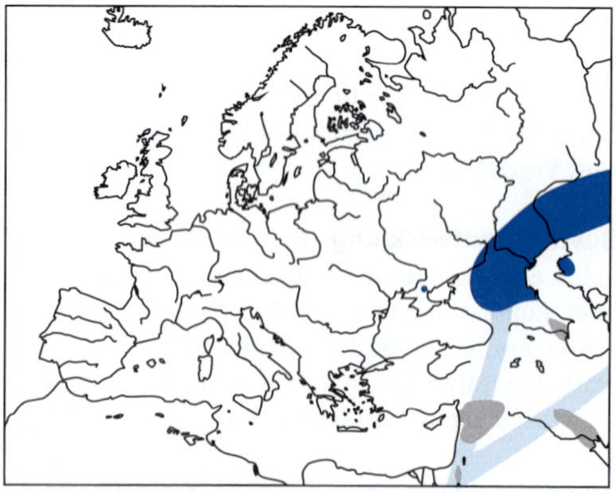

Aquila nipalensis – **Steppenadler**

Status. In ME sehr seltener Gastvogel, dabei wohl öfter Beob. von Gefg.fl. Anerkannte Nachw. in ME betreffen: • **H:** 10 Nachw. von 1929-97 [2438].

• **PL:** 14 Nachw. bis 2000, meiste in 1990er J. in Biebrza-Gebiet [3871]. • **CZ:** 5 anerkannte Nachw. von 1914-97, (3 weitere gestrichen) [2159]. • **NL:** Mai 1967 und Jan./Feb. 1984, letzterer auch in B, wo nicht als Wildvogel anerkannt, ferner Mai 1998 und Juni 2002 [277,q16]. • **D:** mehrere Nachw., doch wohl oft Gefg.fl. [1369,337,1]. • **B:** Bisher Status E (Gefg.fl.): 6 Beob. von 1976-93, ferner 1998 [1677]; allerdings Nachw. von 1983 viell. doch Wildvogel [vgl. NL: 277]. Einzelne Nachw. ferner in **SK.** [2159] sowie in allen skandinavischen Ländern, z.B. DK 16mal bis 2000 [3615,q23].

Verbreitung und Bestand. In W Paläarktis nur *orientalis*. Kleines Verbreitungsareal von 42° E im europ. RUS (Astrachan und Schwarzmeer-Vorland) nach E über Halbwüsten- und Steppengebiete bis W-Mandschurei (110°E) und W-Tibet. Europäischer Bestand 5.000-20.000 BP (starker Rückgang) [383], außerhalb RUS nur sehr kleine Population in TR (3-10 BP); Vorkommen in UA. inzwischen erloschen [383].

Wanderungen. Zugvogel. W Br. überwintern im Iran, Irak, in kleiner Menge IL, S-Arabien und E-Hälfte Afrikas bis S-Afrika (Immat. weiter S). Durchzug IL Ende Sept./Ende Nov., max. Mitte Okt./Mitte Nov. In milden Wintern bleiben einige in SE-Europa. Heimzug Feb. bis Ende Mai, Maximum Ende Feb./Ende März (Eilat um 20.000 Ind.) [2304]. Br. im E mit Teilzug nach S-Asien, Indien, Pakistan [3615].

Bestandsentwicklung. Im W des Areals seit etwa 1900 sehr starker Rückgang. Populationen in MOL und RO schon Anf. 20. Jh. erloschen, Rückzug in UA. auf zentrale und E Regionen bis 1950er J., dort anhaltender Rückgang und jetzt wohl nur noch unregelm. Brutvogel in SE-UA. [1507]. Aufgrund von Habitatzerstörung (u.a. natürliche Steppenlandschaften einschl. Bergsteppen mit hohem Zieselreichtum) Verschiebung des Brutareals um 1000 km nach E innerhalb letzter 100 J. [1507].

Siedlungsdichte. Im Verbreitungszentrum bei hoher Nahrungsdichte Horstabstände von nur 500 m bekannt [1507], Siedlungsdichtewerte von 3-5 BP/100 km^2 [2540].

Gefährdung [1507,2540]. Wichtigste Faktoren sind Habitatzerstörung durch Kultivierung und Intensivierung der Weidenutzung (Verlust wichtiger Nahrungsquellen), sowie direkte Verfolgung. Daneben auch Verluste an Freileitungen und Strommasten.

SPEC	VSchRL	Bern.Konv.	Bonn.Konv.
3	--	Anh. II	Anh. II
Europ. RL	**RL in ME**		
EN	--		

Biotop. Steppen und Halbwüsten, Nominatform in höheren Lagen bis 2300m NN, *orientalis* im Tiefland und Hügelland. Ursprüngliche Horste am Boden, in jüngerer Zeit zunehmend auf Büschen, Bäumen oder künstlichen Strukturen.

Nahrung. *orientalis* in der Brutzeit stark auf Ziesel spezialisiert (bis 98.5% der Nahrungsmenge), daneben andere Kleinsäuger, Vögel, Reptilien und Insekten. Nominatform in Transbaikalien vor allem Steppenmurmeltier und Pfeifhasen. In Rastgebieten und Winter viel Aas, besonders durch Immature; in Afrika auch Termiten und Blutschnabelweber.

Stimme. Ähnlich Kaiseradler, aber leiser. Tiefes, bellendes »kiau-kiau.«, daneben rabenähnliches Krächzen.

Fortpflanzung, Brutbiologie [337,767,2540]. Geschlechtsreife wohl mit 4 J. Monogam. **Nest.** Auf erhöhtem Platz, selten auf Strauch oder kleinem Baum; oft relativ dürftig mit wenig Material; oft alte Nester wiederverwendet. **Legebeginn.** Ab April bis Anf. Mai. **Gelegegröße.** 2 (1-3); Ø RUS$_{35}$ 1.37. Legeintervall 3 d. **Eier.** Breitoval, (grau)weiß, zuweilen blassbraun gefleckt. **Brutdauer.** ca. 45 d; ♀ brütet; Bebrütung ab 1. Ei. **Schlüpftermine.** Im Abstand von 3-4 d. **Nestlings-/Führungszeit.** ♀ füttert, hudert. Nestlingsdauer > 60 d; Juv. noch längere Zeit abhängig. **Jahresbruten.** 1; Nachgelege. **Bruterfolg.** Zweites (auch drittes) Juv. fliegt nicht selten aus, doch viele Totalverluste (18 von 21 Nestern in RUS). In RUS$_{43}$ 0.67 flügge Juv./BP und J.

Sterblichkeit, Alter. **Generationslänge:** 11 J. [383].

Mauser. **Postjuvenile Mauser** (Vollmauser) ähnlich Schelladler, aber einzelne juv. Schwung- und Steuerfedern meist erst im 4. KJ erneuert [1189]. • **Postnuptialmauser** (Vollmauser) ähnlich Schelladler; einige Körper- und Schwungfedern indes nicht jedes Jahr gemausert [696,1189].

Aquila rapax – Savannenadler 02941

Aquila rapax (Temminck 1828) syn.: Raubadler

GB **Tawny Eagle** F **Aigle ravisseur** E **Aguila Rapaz**

Taxonomie. Drei UA: *vindhiana* Franklin 1831 (Pakistan, Indien, Nepal), *belisarius* (Levaillant 1850) (NW- und Zentral-Afrika, S-Arabien) und *rapax* (Temminck 1828) (S Zentralafrika bis S-Afrika).

Kennzeichen. Größendimorph [1784,3615,696, 1189; vgl. **Fotos** in Dutch B. **23**, 158, Var Fag. 1998/2, 4-5].

Maße. (Nordafr. UA *belisarius*): Gr.: 65-77 cm. Gew.: 1600-3100, ♂ Ø: ca.2000 g, ♀ 1942-3100 g. Fl.spw.: 172-185 cm. Fl.l.: ♂ 49.5-53.5 cm, ♀ 50.0-56.2 cm [1784,3615].

Status. Irrgast in S-Europa (E., I), sowie in IL und EGY. In ME wohl keine natürlichen Vorkommen. Nachw. betreffen: • **B:** Status E, Nachw. von Gefg.fl. 1987,1997 [1677].

Verbreitung. Drei getrennte Populationen; in Afrika von Sahelzone bis Kapland (ohne tropischen Regenwald); kleines Vorkommen im Maghreb (MA, DZ); ferner SW-Teil Arab. Halbinsel, Vorder- und Hinterindien nach W bis S-Iran, nach E bis W-Burma [3615]. Kein Brutvorkommen in Europa.

Wanderungen. Br. Nordafrikas (und Indiens) sind Standvögel. In anderen Teilen Afrikas saisonale Wanderungen und Nomadismus in Abhängigkeit von der Regenzeit [3615].

Bestandsentwicklung. Im NW des Areals (Maghreb) z.T. starke Rückgänge. In MA auf kleinen Bestand zurückgegangen, wohl ebenso in DZ.

Gefährdung. Vor allem direkte Verfolgung, vielleicht auch Habitatzerstörung. Im S und E Afrikas auch Vergiftung [1784].

Biotop. Offene baumbestandene Gebiete, Savannen und Trockensteppen; fehlt nur in geschlossenen Wäldern und echter Wüste.

Nahrung. Vornehmlich Säugetiere (bis Hasengröße), Vögel und Eidechsen. Daneben zuweilen Aas, Insekten, Amphibien und Fische. Auch Kleptoparasit.

Stimme. Außerhalb des Brutplatzes wenig zu hören. Ad. z.B. relativ hoch »kau kau«, bellend; bei der Balz Pfiff wie Schrei- und Schelladler.

Verhalten. Tagaktiv; Flügel horizontal durchgestreckt ähnlich Kaiseradler. Jagt von niedrigen Warten aus, aber auch zu Fuß. Geselliger als andere Adler; Paare sind während einer Brutzeit stabil. Zur Zugzeit oft Rast- und Wandertrupps.

Mauser. **Postjuvenile Mauser** (Vollmauser) ähnlich Steppenadler [696]. • **Postnuptialmauser** (Vollmauser) erstreckt sich wohl über ganzes Jahr; einzelne AS bleiben stehen [696].

Aquila heliaca – Kaiseradler 02951

Aquila [heliaca] heliaca Savigny 1809

GB **(Eastern) Imperial Eagle** F **Aigle impérial** E **Aguila Imperial Oriental**

Taxonomie. Bildet Superspezies mit Spanischem Kaiseradler *A. [h.] adalberti* C.L. Brehm 1861, von dem er genetisch [3515] und im Gefieder, vor allem im Jugendkleid [1189,1105], deutlich differenziert ist.

Kennzeichen. Größendimorph [1784,696,1189, 2540,3615,221,1189,1105; weitere **Fotos** in Limic. **8**, 81, **17**, 328, Dutch B. **19**, 31, **21**, 150, Bird. W. **6**, 240-242, **10**, 53].

Maße. Gr.: 72-84 cm. Gew.: ♂ 2450-3950 g, Ø: 2700 g, ♀ 2800-4530 g, Ø: 3500 g. Fl.spw.: 185-220 cm. Fl.l.: ♂ 53.4-62.2 cm, ♀ 56.5-66.5 cm [1369,2540].

Status. Brut- und Sommervogel in SE-ME; hoher Nichtbrüteranteil; außerhalb der Brutgebiete in ME seltener Gastvogel, z.T. auch Gefg.fl., mit wenigen anerkannten Nachw.: • **D:** vor 1800 1 mal D-ST [1369,927], zwei Nachw. 19. Jh. (-BY, -NW), ferner -ST erl. Aug. 1930, Ind. beob. Juni 1986, dann 1 Ad. von 1990-94 jew. längere Zeit im Sommer, 1993 und 1994 1 Ad. zeitweilig auch in -SN [927]; -TH 1991. • **PL:** 20 Nachw. bis 1999 (davon 11 Belege), vorwiegend Immat., meist in S-PL [3871]. In **CH, B, L** und **NL** keine anerkannten Nachw. (mehr), NL 1963 gestrichen [277,4152,375,1677].

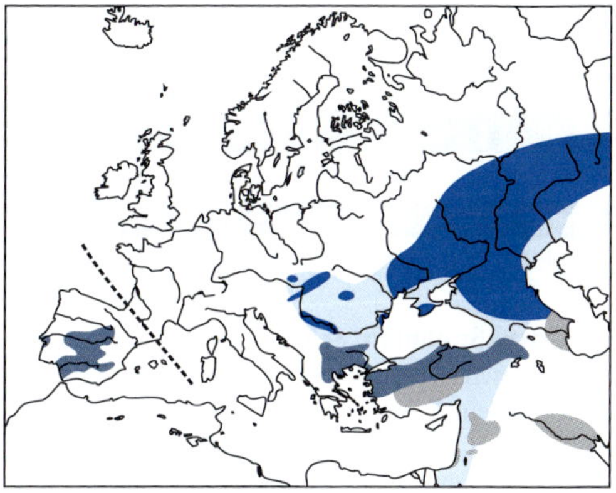

Aquila heliaca – **Kaiseradler** und
A. adalberti – **Spanischer Kaiseradler**

Verbreitung und Bestand. Ursprünglich als konspezifisch mit *A. adalberti* (Spanischer Kaiseradler) betrachtet, neuerdings aber als getrennte, monotypische Arten geführt. Verbreitungsgebiet des Kaiseradlers reicht von Steppengebieten E-ME und SE-Europas bis Zentralsibirien. Europäischer Gesamtbestand nach neuesten Zahlen 850-1.400 BP, die meisten im europ. RUS (600-900 BP), daneben nur Populationen in H, MN, TR, europ. KZ, AZ und UA. (jew. >30 BP) bedeutsam [1772,383]. In ME nur Brutvogel im SE, vor allem H und SK., bei insges. 85-105 BP [383,2540]; in CZ und A nach mehreren Übersommerungen nicht geschlechtsreifer Vögel und Sommernachw. mit Brutverdacht schließlich erstmals ab 1998 und 1999 Bruten [q3,q18,1772].

Wanderungen. Zugvogel, Streuungswanderungen. Juv. zeigen größere Zugneigung als Ad. Winterquartier innerhalb des Brutareals bis EGY, Sudan (ausnahmsweise weiter S). Wegzug Sept./Okt., Ankunft am Brutplatz ab Mitte Feb./März. Weiteste Ringfunde 840 km SSE. *A. adalberti* in E. Standvogel mit Streuungswanderungen (bis 160 km nachgewiesen). Satelliten-Telemetrie [vgl. 2586].

	Best.	Areal	Brutbestand	Jahr	Quelle
A	N	N	1–1	1998–2002	[383]
CZ	N	N	1–2	1998–2001	[2540]
H	⇧	+1	50–65	1998–2002	[383]
SK	⇧	+1	35–40	1990–1999	[383]

Bestandsentwicklung. Fast im gesamten SE-europäischen Raum nach II. Weltkrieg kontinuierlicher, starker Bestandsrückgang und Arealverlust, dadurch Rückzug auf einige Kerngebiete in E-Europa mit relativ stabilem Bestand [3892], dagegen Populationen auf Balkan, RO und TR auf isolierte Restbestände zurückgegangen, aber meist nicht vollständig erloschen (Ausnahmen HR, YU, AL?, CY) [1772].

In ME andererseits ab 1950er J. Bestandszunahmen und Neuansiedlungen, z.B. S-SK. 1945, E-SK. 1952 [1369,3615]; positiver Trend kehrte sich jedoch in 1960er J. um, und Mitte 1970er J. viele Vorkommen auf sehr niedrigem Stand. Durch intensive Schutzmaßnahmen aber Bestandssicherung und erneut starke Bestandszunahmen und Arealausdehnung (auch wieder in die Tieflandregionen), in H von 15-25 BP 1980 auf 55-60 BP 2000, in SK. Verdopplung seit Ende 1980er J., - bei erheblich gesteigertem Bruterfolg [1507,128; allerdings viele nichtbrütende Paare, q4]. 1998 Brutansiedlung in CZ, 1999 auch in A, wo erstmals seit 190 J. [1810 und 1818 in Lobau bei A-W:1369] wieder brütend [q3]; möglicherweise auch Bruten in PL [1772]. Positiver Trend neuerdings zudem wieder in E-Europa, z.B. RUS, UA. und BY [254,q18].

Siedlungsdichte. Raumanspruch eines Paares etwa 50 km^2 [2540]. Großräumige Siedlungsdichte in SK. 0.68 BP/100 km^2 [1507]. Kürzeste Horstabstände 1.6 km, Ø 10 km [1507].

Gefährdungsursachen [3892,382,196,1663,128]. Katastrophale Bestands- und Arealverluste in Europa vor allem bedingt durch (1) Lebensraumverlust und Habitatzerstörung infolge der Umwandlung von Steppengebieten in Ackerland und Vernichtung von Horstbäumen und größeren Altholzbeständen, sowie durch (2) starken Rückgang des Nahrungsangebotes (vor allem Ziesel) infolge Biozideinsatzes, Nachstellungen und intensivierter Landwirtschaft.
Direkte Verfolgung an Brutplätzen sowie in Durchzugs- und Überwinterungsgebieten. Handel mit Vögeln aus RUS. Giftköder.

Kollisionen mit Freileitungen und Stromschlag. Störungen an den Brutplätzen.

SPEC	VSchRL	Bern.Konv.	Bonn.Konv.
1	Anh. I	Anh. II	Anh. I,II
Europ. RL	Globale RL	RL in ME	
EN	VU	A, CZ, H:'**CR**', SK: '**EN**'	

Schutzmaßnahmen. Schutz und Erhaltung traditionell bewirtschafteter Steppengebiete. Reduktion des Biozideinsatzes.
Ausweisung breiter Nestschutzzonen (> 500 m). Keine Kahlschläge im Brutgebiet oder gar in Nestnähe, Belassen von Überhältern. Bewachung bekannter Neststandorte, insbesondere bei einzeln stehenden Bäumen. Sicherung alter Nester und Bereitstellung von Kunstnestern in ausgeräumten Landschaften.
Verhinderung illegaler Verfolgung, vor allem in SYR, TR etc.
Schutz und Wiederansiedlung der wichtigsten Beutetierart (Ziesel).
Öffentlichkeitsarbeit.

Biotop. Waldsteppen und z.T. auch ± offene Kultursteppe; im Winter auch an Gewässern. Jagt mehr als Steinadler in offenen Niederungslandschaften, weniger in Trockensteppe als *A. rapax*.

Nahrung. Steppenbewohnende Säuger, wie Ziesel und Hamster; ferner Wühlmäuse bis halbwüchsige Hasen. Vogelnahrung meist geringer, zur Brutzeit z.B. Jungvögel verschiedener Arten, auch Wasservögel (vor allem Winter). Seltener Amphibien, Reptilien, Aas.

Stimme. Bei der Balz bellende Rufreihen, rauer und tiefer als Steinadler. Einzelrufe »grrr-grrr-grrr« können an Kolkraben erinnern. Warnruf »ko-gok ok ok«. Bei Erregung schrille auf- und absteigende Triller. Ruft auch im Winterquartier.

Verhalten. Im Segelflug Flügel horizontal im Unterschied zu Stein-, Schrei- und Schelladler. Ansitzjagd oder Stoßflug aus kreisendem Suchflug; auch Jagd zu Fuß. Zur Brutzeit territorial; Balzflüge am Brutplatz oft schon im Herbst und Winter. Kopulieren häufig, oft über Legephase hinaus. Kopulationen kurz (bis 10 sec). Paare meist über längere Zeit (mehrere Jahre) stabil. Keine größeren Zugmassierungen bekannt, gelegentlich aber > 10 Ind. zusammen.

Fortpflanzung, Brutbiologie [337,767,2540,128]. Geschlechtsreife wohl mit 4-5 J., manche brüten aber vor Erreichen des Adultkleides. Wahrscheinlich monogame Dauerehe. **Ankunft am Brutplatz.** Bei günstiger Witterung Balz und Nestbau in H schon Ende Jan. **Nest.** Auf meist einzeln stehenden Bäumen, 3-25 m über Grund; alte Nester oder Neubau, umfangreicher Bau, Durchmesser neu 120-150 cm, alt bis 240 cm, Höhe alt bis 180 cm. Beide bauen. **Legebeginn.** (Mitte) Ende März bis Ende April (Mitte Mai). **Gelegegröße.** (1) 2-3 (ganz selten 4); Ø H_{23} 2.61, $SK._{13}$ 2.46. Legeintervall 2-3 d. **Eier.** Breitoval, weißlich, blassviolett und braun gefleckt. **Brutdauer.** 42-45 d (~43 d pro Ei); ♀ brütet mehr als ♂; Bebrütung ab 1. Ei. **Schlüpftermine.** Im Abstand von 3-4 d. **Nestlings-/Führungszeit.** ♀ füttert mehr, hudert bis > 10 d, ♂ trägt Futter ein. Nestlingsdauer 55-63 (-77) d; Juv. noch einige Zeit abhängig, Familie bleibt zusammen bis zum Wegzug der Juv. [schon nach 30 d beob.:2589]. **Jahresbruten.** 1; Nachgelege in anderen Horst mit 1 (2) Eiern. **Bruterfolg.** In $SK._{27}$ 0.76 flügge Juv./BP und J. (= 1.6/erfolgreiche Brut). In H in 21 J. 605 Reviere beob., dabei in 473 Fällen (78%) aktive Nester, von diesen waren 348 (73.6%) erfolgreich; Ø 1.11 flügge Juv./Brutversuch und 1.51 Juv./erfolgr. Brut; Bruten mit 3 flüggen Juv. in 4.9% der Fälle.

Eimaße und -gewichte. L. 63.0-82.5 mm, B. 52.5-62.5 mm, Ø: 72.6 x 56.3 mm (n=32, GR, BG); Frischvollgew. 104 -143 g; Schalengew. 11.1-16.0 g, Ø: 13.8 g.

Sterblichkeit, Alter. ?; Gefg. *adalberti* > 44 J., 27 J. **Generationslänge:** 11 J. [383].

Mauser. Postjuvenile Mauser (Vollmauser) umfasst im 2. KJ knapp die Hälfte des Großgefieders; im 3. KJ meist alle juv. Schwungfedern ersetzt und ein 2. Mauserzyklus setzt ein [1189]. • **Postnuptialmauser** (Vollmauser) März/April–Okt./Nov., Schwungfedern z.T. auch noch im Winterquartier; 2 Mauserperioden zur Gesamterneuerung des Gefieders nötig [696,1189].

Circus macrourus – Steppenweihe 02620

Circus macrourus (S.G. Gmelin 1770)

GB Pallid Harrier **F Busard pâle** **E Aguilucho Papialbo**

Taxonomie. Monotypisch.

Kennzeichen. Sexualdimorph [1784,221,3772, 1369,696,1189,3615; zur Unterscheidung von Wiesen- und Steppenweihe: u.a. 1187,1189; **Fotos** auch in Limic. **7**, 157, **9**, 101, 235-268, **17**, 273, Dutch B. **17**, 44-47, **23**, 354-355, 371, 373, 391, **24**, 332, **25**, 193, 196, Bird. W. **6**, 228, **8**, 25, 421, **10**, 53, 268-269, **16**, 96, **17**, 359; Hybride Steppen- x Wiesenweihe Bird. W. **6**, 313, Dutch B, **17**, 103-105].

Maße. Gr.: 40-48 cm. Gew.: 250-550 g, ♂ Ø: 315 g, ♀ Ø: 445 g. Fl.spw.: 95-120 cm. Fl.l.: ♂ 32.7-35.5 cm, ♀ 35.0-39.5 cm [1369,3615].

Status. Seltener, zunehmend regelm. (z.T. durch bessere Bestimmungskenntnisse) Durchzügler und Gastvogel, manchmal Einflüge, zuletzt 2001 in I (125 Ind.) und FIN (78 Ind.) [1369,2159,2031,q3]. Erfassungsfehler erkennbar an erheblichem ♂-Überhang bei Beob. [3871]. Gelegentlicher Brutvogel. Nachw. in fast allen Ländern ME, darunter: • **NL** 8 anerkannte Nachw. 1866-1991, weitere 9 bis 2001 [277,q23]. • **D:** nicht allj. nachgewiesen, ferner Bruten in -NI 1952, -BY 1901 und 1933, -MV 1952 2 BP, -SH 1953 Paar im Sommer [1369]. • **A:** unreg.; wiederholt einzelne Sommerbeob. [3129,1369]. • **CZ:** nicht allj. Gastvogel [2159]. • **B:** 11 Nachw. 1923-66 [1677,1369]. • **L:** 4 Nachw. bis 1994 [q18]. • **H:** allj. beobachtet, Brutnachw. fehlt [2438]. • **PL:** wohl allj. beob., vor allem im E, aber im 19. Jh. häufiger [3871]. • **CH:** 15 Nachw. im 20. Jh. (bis 1998), 14 weitere im 19. Jh. [4152].

Verbreitung und Bestand. Geschlossenes Areal in Steppen und Halbwüsten von RO und MOL über RUS, UA., Schwarzmeer, TR bis Altai und Mongolei; N-Grenze ca. 56°/57° N, im S bis N-Iran [1369]. Europäischer Gesamtbestand 310-1.200 BP (entspr. 25-49% der Weltpopulation), stark abnehmend; in Europa fast alle RUS, sehr kleine Bestände in AZ (0-20 BP) und TR (5-25 BP) [383]. In ME und N-Europa nur gelegentlicher Brutvogel, dann oft Mischpaare mit Wiesenweihe.

Wanderungen. Zugvogel, Winterquartier in S-Asien und in Steppenlandschaften Afrikas S

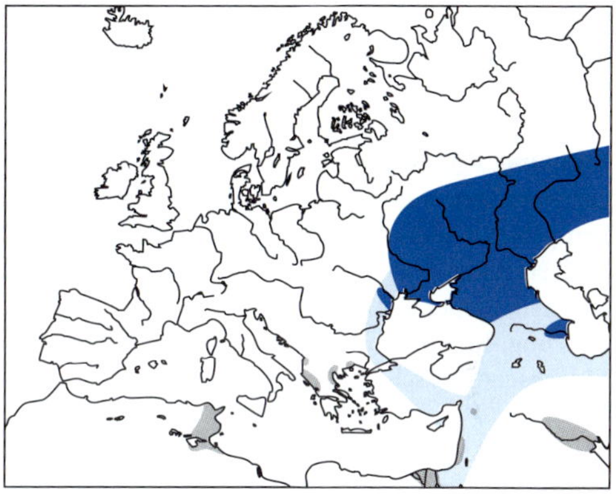

Circus macrourus – **Steppenweihe**

Sahara; einzelne überwintern S-Europa, Winterbeob. auch in ME. Weitester Ringfund ca. 4300 km innerhalb RUS. Hauptwegzug über E Mittelmeer und Mittlerer Osten, Wintergebiet jedoch W bis Senegal, dorthin vermutlich quer durch Sahara [3615]. Wegzug ab Sept., Dz.-Gipfel im E-Mittelmeer Mitte Sept./Anf. Okt.; schon im Sept. die ersten in Afrika. Abzug vom Winterquartier März/Anf. April; Dz. im Mittelmeer Mitte März/ Mitte April.

Bestandsentwicklung. Bestandsrückgang in Europa im 20. Jh. dramatisch; aus vielen Regionen verschwunden (z.B. BY, S., Balkan); nur in RUS noch zahlreich, gebietsweise (z.B. KZ) auch zunehmend [1507].

In ME gelegentliche größere Einflüge mit nachfolgender Brutansiedlung, z.B. D-NI und -MV 1952, auch jüngst einzelne Übersommerungen und Bruthinweise in D-HB, NL, A, SK. und vor allem H [1507,337,q3], dabei häufig Mischverpaarungen mit Korn- oder Wiesenweihe [z.B. in GB 1995, NL 1985, D 1993f., FIN, dort 1993 erfolgreich:1185;196,1507].

SPEC	VSchRL	Bern.Konv.	Bonn.Konv.
1	Anh. I	Anh. II	Anh. II
Europ. RL	Globale RL	RL in ME	
EN	NT	--	

Gefährdung und Schutz. Vgl. Kornweihe; zusätzlich durch Kultivierung von Steppengebieten gefährdet.

Biotop. Trockene offene Landschaften; bes. starke Überschneidung mit Wiesenweihe. Beide Arten können dicht nebeneinander brüten. Verteilung der Brutvögel meist recht unstet. Im Winterquartier Steppen- und Savannenlandschaften.

Nahrung. Kleinsäuger und bodenbewohnende Vögel; Reptilien und Insekten wenig. Hauptmasse im Brutgebiet bilden Wühlmäuse, Lemminge; Ziesel und Hamster etwa Obergrenze. Vögel (vor allem Lerchen, Pieper, junge Hühner) bilden eher Ersatznahrung. In Afrika offenbar vor allem Kleinvögel, Eidechsen, Heuschrecken etc.

Stimme. Am Brutplatz ähnlich wie andere Arten »kiek«, z.B. bei Erregung »kikiki..« o.ä.; ♀ »krija-krija-kir-kiki..«, Bettelruf einsilbiges Pfeifen.

Verhalten. Tagaktiv; Einzelgänger; Offenbar wie Kornweihe und stärker als Wiesenweihe Überraschungsjäger. Paarbildung offenbar schon im Winterquartier; im Brutgebiet balzt ♂ noch zur Eiablage. ♂ versorgt ♀ mit Futter. Paare sind für eine Brutsaison stabil. Am Zug einzeln oder mehrere ♀. Im Winterquartier (Afrika) meist einzeln aber auch Schlafplatzgemeinschaften.

Fortpflanzung, Brutbiologie [337,767,2540]. Geschlechtsreife wahrscheinlich 2. bis 3. Lebensjahr. Keine Beob. über Polygynie. **Nest.** Am Boden in hoher Vegetation; seltener in niederen Büschen oder in Sumpfgelände; Nest variabel von purer Plattform bis Bau von 50 cm Durchmesser. ♀ baut überwiegend. **Legebeginn.** Ab Anf. Mai bis Juni. **Gelegegröße.** 4-5 (3-6); Legeabstand 2-3 d. **Eier.** Wie Korn- und Wiesenweihe. **Brutdauer.** 29-30 d pro Ei; nur ♀ brütet, ab 1. Ei. **Nestlings-/Führungszeit.** Juv. schlüpfen asynchron, werden 7-10 d gehudert, nur vom ♀ gefüttert, anfangs bringt nur ♂ Nahrung, später beide. Nestlingsdauer 35-45 d (z.T. weniger); Familie dann noch bis 20 d zusammen. **Jahresbruten.** 1; Ersatzgelege. **Ende der Brutperiode.** Ab Ende Juli/Anf. Aug. **Bruterfolg.** Große Verluste wie bei anderen Weihenarten, im Ø etwa 1-2 flügge Juv./BP und J.

Eimaße und -gewichte. L. 40.0-47.5 mm, B. 32.0-37.0 mm, Ø: 43.5 x 34.0 mm (n=40, RO), Ø$_{90}$: 45 x 35 mm; Frischvollgew. 26.6-29.0 g, Ø$_{7}$: 27.8 g; Schalengew. 1.85-3.30 g, Ø$_{90}$: 2.38 g.

Sterblichkeit, Alter. Ältester Ringvogel 13 J. 5 Monate [3654]. **Generationslänge:** 6 J. [383].

Mauser. **Postjuvenile Mauser** (Teilmauser) im Winter; auf Nacken- und Brustgefieder beschränkt [1189]. • **Postnuptialmauser** (Voll-, z.T. Teilmauser) Mai/Juni–Sept./Okt., einige Körper- und Steuerfedern gelegentlich noch im Winterquartier [696,1189]; mitunter einzelne AS nicht ersetzt [1189].

Circus cyaneus – Kornweihe 02610

Circus [cyaneus] cyaneus (Linnaeus 1766)

(GB) **Hen harrier** (F) **Busard Saint-Martin** (E) **Aguilucho Pálido**

Taxonomie. Monotypisch. Bildet Superspezies mit *C. [c.] hudsonius* (N-Amerika), nicht aber mit *C. cinereus* (S-Amerika) [3715,3586, *contra* 2520N,767,3565].

Kennzeichen. Sexualdimorph [1784,3615,3772,221, 1369,696,1189,221; **Fotos** in Limic. **9**, 235-268, (Abgrenzung zu *hudsonius*) Bird. W. **11**, 455 (z), 456].

Maße. Gr.: 43-52 cm. Gew.: 290-600 g, ♂ Ø: 350 g, ♀ Ø: 530 g. Fl.spw.: 99-121 cm. Fl.l.: ♂ 32.3-35.1 cm, ♀ 35.8-39.2 cm [1369,3615].

Status. In weiten Teilen ME seltener Brut- und Sommer- oder auch Jahresvogel; Teilzieher; ferner auffälliger Durchzügler sowie regelm., teilweise häufiger Wintergast von Ind. aus N(E)-europäischen Brutgebieten.

Verbreitung und Bestand. Zusammenhängendes Verbreitungsareal von E- und N-Europa bis zum Pazifik [ausführlich:3060]. Tieflagen W-Europas und ME lückig besetzt; europäische Schwerpunkte in RUS (20-40 T.), FIN (1.5-3.5 T.) sowie F (8-11 T.), mit zusammen >90% des Gesamtbestandes von

32.000-59.000 BP (leicht rückläufiger Trend) [383]. In GB potenzieller Bestand auf etwa 1.600 BP zu errechnen, durch anhaltende Verfolgung aber weniger als halb so groß [3060]. In ME nach starkem Rückgang nur 170-260 BP [383, erg.]. Europäischer Winterbestand max. 16.000 Ind. [383].

Wanderungen. Kurzstreckenzieher in N und NE-Europa, sonst weitgehend Standvogel mit Streuungswanderungen. Wintergebiet umfasst W-, Mittel- und S-Europa einschließlich N-Afrika und S-S. In E-Europa Wintergebiet am N-Rand des Schwarzmeeres. **Skandinavier** ziehen nach W-Europa und ME, z.T. auch I (weitester Ringfund > 2400 km, FIN–F); Ringfunde S. [1208], **Br. ME** z.T. bis F (und E.). **Br. Schottland** im Winter meist < 100 km vom Brutgebiet, in anderen Teilen GB/IRL mobiler. ♂ letzterer Br. im Winter mobiler als ♀, erreichen auch Festland F, E., P [4064]. Bis zu 200 Ind. im Herbst über Gibraltar ziehend, jedoch wie andere Weihen nicht stark an Meerengen konzentriert, sondern offene Wasserflächen (Nordsee, Mittelmeer) überquerend [3615]. Wegzug vom Brutplatz ab Aug., Dz.-Höhepunkt meist Okt., im Mittelmeer Ankunft nordischer Br. bis Nov. In ME noch Winterflucht Jan./Feb.; ab Ende Feb. Heimzug, doch Winterschlafplätze z.T. bis April besetzt [1617]. In ME und W-Europa ab Ende März meist am Brutplatz. Ortstreue nachgewiesen.

Bestandsentwicklung. Dramatischer Bestandseinbruch fast im gesamten europäischen Raum seit Ende 19. Jh. mit entsprechendem erheblichen Arealverlust [3892,1585,196]. Ehemaliger ME Verbreitungsschwerpunkt der N-D/PL-Tiefebene nach Abnahmen bis 1990er J. jetzt in weiten Bereichen geräumt [1369]. Früher relativ große Bestände PL bis in jüngste Zeit rückläufig [1366,3871]; ebenso drastische Bestandseinbußen in D-BB, -MV und benachbarten Regionen D trotz frühzeitig eingeleiteter Schutzmaßnahmen, z.B. in -BB von 45-50 BP (1970) auf 0 BP (1994) [1]. Im von jeher spärlich besiedelten D-SH sowie in S- und W-ME nur noch verstreute Vorkommen (z.B. SE-NL, B, D-BW) oder Bestand vollständig erloschen (D-BY 1956 und einzelne BP nach 2000, -HE 1935, -RP, L). In CH (3mal bis 2000), H, SK. und A seit 1950er J. nur noch vereinzelte oder fehlende Brutnachw. [196,650]. In meisten Regionen CZ zwar Abnahmen, in S-Böhmen jedoch seit 1970er J. Bestandszunahmen und Ausbreitungstendenz nach W [196]. In Fennoskandien starke Schwankungen in Abhängigkeit von Mäusegradationen, dagegen in F Ausbreitung nach

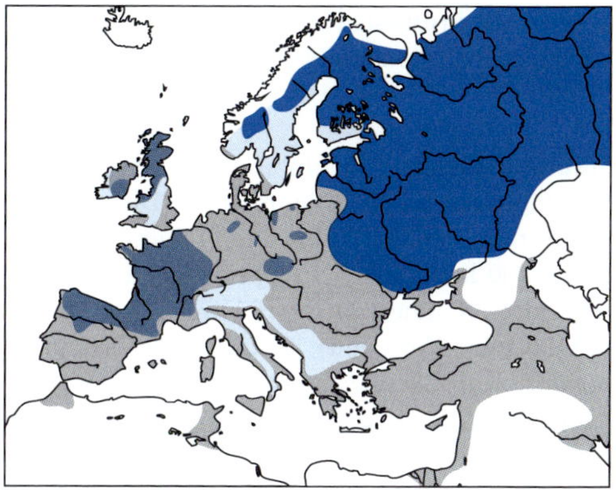

Circus cyaneus – **Kornweihe**

NW und in GB gebietsweise zunehmend und z.T. Wiederbesiedlungen [1507].

	Best.	Areal	Brutbestand	Jahr	Quelle
A	↕	-1	0–1	2001	[2540]
B	↕	=	0–1	1995–2002	[383]
CZ	⇧	=	30–50	2000	[383]
D	↕	=	48–76	1995–1999	[383]
L	+/-	=	0–1	2001	[2540]
NL	↕	=	85–105	1998–2000	[383]
PL	+/-	=	10–30	1995–2000	[383]

In N-NL und D-NI vom restlichen ME weitgehend abweichende Bestandsentwicklung [375,196]. Ursprünglich seltener Brutvogel der Moore und Heidegebiete, ab 1940er J. Ausbreitung auf friesische Inseln Ameland und Terschelling, wo Bestand rasch anwuchs (Entstehung neuer Bruthabitate, ausreichendes Nahrungsangebot, fehlende Fuchsprädation; großer Bruterfolg). Ab 1970er J. auch auf anderen westfriesischen Inseln, Bestandszuwachs (aufgrund zunehmender Bewirtschaftung, Überweidung und anderer Biotopveränderungen der Polder) aber auf Inseln beschränkt. Binnenlandpopulation in SE-NL dagegen in 1980er J. erloschen [2125,3638]. Schließlich in neuentstandenen IJssel-Poldern in 1970er J. exponentieller Bestandsanstieg, doch in 1980er J. ebenso schneller Rückgang; insgesamt in NL dennoch positive Bestandsentwicklung [375]. Ausbreitung von westfriesischen (NL) auf ostfriesische Inseln (D-NI) seit 1960er J. [1589]; dort seither Ausbreitung entlang Küste und starke Zunahme auf > 40 (um 1995) bis max. 60 BP (1997/98) bzw. um 50 BP (2003) [453]. Seit 1989 wieder regelm. in kleiner Zahl in D-SH (Sylt). Etwa

2/3 des ME Brutbestandes jetzt auf friesischen Inseln, allerdings Bruterfolg gebietsweise sehr gering [3638].

Siedlungsdichte. In inzwischen erloschenen Brutpopulationen D-BB und -MV Dichten von 0.5 bis max. 8.0 BP/100 km^2, in FIN und N-GB 5-10 BP/100 km^2 [1507]. In Optimalgebieten Westfrieslands NL jüngst 11 BP/100 km^2 (Texel) bis 45 BP/100 km^2 (Ameland) [2125]. Jagdgebiet meist mehrere Km^2. Nestabstände in bevorzugten Bruthabitaten z.T. sehr gering (50m), dann Polygynie nicht selten [2540].

Gefährdungsursachen [1719,2125,1369,309,3892, 1507,196,3060,4005]. Hauptfaktoren wie bei Wiesenweihe Lebensraumveränderungen und -verlust durch großräumige Zerstörung der Moor- und Heidegebiete und Auenlandschaften, Intensivierung der Landwirtschaft, Flurbereinigung, Entwässerung und Verlust von Grünland-Feuchtgebieten, Straßenbau, Torfabbau, Überweidung sowie Aufforstungen von Mooren und anderen Offenlandgebieten (mit anfänglich positiver Auswirkung).
Große Zahl an Brutausfällen durch Einsatz von Bioziden, Übererschließung, Zerstörung von Nestern, sowie Verluste durch Prädatoren; lokal auch Nistplatzkonkurrenz mit Wiesen- und Rohrweihen. Ferner Störungen an den Brutplätzen durch Freizeitnutzung, Straßenverkehr, Landarbeiten. Zunahme der Anzahl unbefruchteter Eier.
Rückgang der Nahrungsgrundlagen durch Ausbleiben der Mäusegradationen, verregnete Frühjahre.
Direkte Verfolgung; inzwischen in ME zwar illegal, aber vor allem in PL noch gängige Praxis (sowie vor allem in GB). Zudem Verluste auf dem Zug und in Winterquartieren.

SPEC	VSchRL	Bern.Konv.	Bonn.Konv.
3	Anh. I	Anh. II	Anh. II
Europ. RL	RL in ME		
--	A :'**RE**', CZ, D, L:'CR', PL :'VU', NL:'R'		

Schutzmaßnahmen. Weitgehend wie bei Wiesenweihe: Erhaltung und Schutz der Lebensräume. Einrichtung zusätzlicher Brachflächen und feuchter Grünländer.
Schutz und Überwachung bekannter Brutstandorte, Absprache mit Landbesitzern. Ferner Verringerung der Zugangsmöglichkeiten, Einschränkung der Freizeitnutzung in Brutgebieten.
Keine Jagdfreigabe auf verwechselbare Arten wie Habicht und Mäusebussard.
Einschränkung der Anwendung von Pestiziden und anderen Umweltgiften, genereller Verzicht auf Mäusebekämpfung.

Biotop. In ME Br. in Heidegebieten, Mooren, Dünen, z.T. auf Flächen mit hohem Grundwasserspiegel; in W- und N-Europa in jungen Aufforstungen und Waldlichtungen. Weniger häufig als Wiesenweihe im Kulturland (Wiesen, Äcker). In Verlandungszonen meist über trockenem Untergrund. Jagdgebiete auf Grünland, Mooren, Salzwiesen und Äckern; winterliche Schlafplätze in Streuwiesen, Schilfbeständen und anderer höherer Vegetation (ausnahmsweise Baumwipfel), die vor allem gute Deckung bietet [2220].

Nahrung. Spezialisierterer Vögel- und Kleinsäugerjäger als Wiesen- und Rohrweihe; bei Angebot dominieren vor allem im Winterhalbjahr in ME Feldmäuse, in W-Europa ♂ allerdings auch dann oft eher Kleinvögel [698]. Vogelnahrung besonders aus bodenlebenden Kleinvögeln, aber auch Limikolen, junge Hühner etc., vor allem ♀ in Schottland überwiegend Kaninchen, ♂ mehr Wühlmäuse. Nestraub und Annahme von Aas offenbar selten. Im Winter tägliche Nahrungsmenge 10.5 Wühlmäuse/Ind.

Stimme. Vor allem während des Schaufluges spechtähnliche Reihen »kekekeke« o.ä., ♀ höher; ähnlich auch bei Hassen auf Eindringling oder anderer Erregung, mit vielen Abwandlungen. Zwischen den Kecker-Reihen im Schauflug auch pfeifend »piju« o.ä. (♂), auch als Bettelruf des ♀; etwas an Pfeifente erinnernd. ♂ mit Beute (auch bei Beuteübergabe in der Luft) etwa »djukuh« oder frosch- bzw. teichhuhnähnliche Rufe. Juv. u.a. gedehnt »psiiö«.

Verhalten. Tagaktiv; im Winter schon am Nachmittag zum Übernachtungsplatz fliegend [z.B. 3741]. Beuteerwerb im niedrigen Suchflug mit überraschenden Wendungen und Haken; vor allem im Winter gezielte Ausnutzung von Deckung, Überraschungseffekt. Beute kann mit hoher Genauigkeit akustisch lokalisiert werden. Zur Brutzeit und bei der Jagd ± Einzelgänger; Schlafplatzgesellschaften bis > 60 Ind. Manchmal Nester dichter beisammen, auch in der Nähe anderer Weihen. Bei der Balz Schauflüge des ♂ in Girlandenform mit ± senkrechten Abstürzen, Auffangen und erneutem Hochsteigen (dabei gelegentlich Körperrollen, seitliches Abkippen etc.). ♀ sitzt oder fliegt unter dem

♂. Scheinangriffe des ♂. ♂ scheint Territorium, ♀ Nistplatz zu wählen. Vor Eiablage auch Beuteübergabe in der Luft. Angriffe auf Menschen in Nestnähe kommen vor. ♂ haben manchmal mehrere ♀, ältere ♂ erfolgreicher. Kopulationen (meist am Boden) beginnen mit dem Balzfüttern und gehen oft über die Legeperiode hinaus (ca. 1 Woche). ♀ fordert ♂ häufig zum Kopulieren auf. Im Winter Jagdterritorien.

Fortpflanzung, Brutbiologie [337,767,1369, 1784,2125,2540]. Erstbrutalter mit 1 bis 3 J. Monogame Saisonehe, doch in dichteren Populationen bei älteren ♂ Polygynie verbreitet. **Nest.** Auf trockenem bis feuchtem Untergrund am Boden; Nest aus trockenem Pflanzenmaterial, ♀ baut, ♂ hilft mit und legt vorher oft mehrere »Wahlnester« an. Solitär, aber lockere Gruppen möglich. Nester Ø 30-50 cm (an feuchten Stellen bis 90 cm an Basis), 5-7 cm hoch, an feuchten Stellen bis 45 cm. **Legebeginn.** In ME ab Mitte/Ende April, meist im Mai, letzte bis Anf. Juni. **Gelegegröße.** 4-6 (3-7, Gelege bis 12 wohl von 2 ♀, aber auch durch Nachgelege desselben ♀ 10 d nach Komplettierung des Erstgeleges); Ø D$_{53}$ 4.7, GB$_{29}$ 4.7, Orkneys$_{200}$ 4.5 (1946-56: 3.8-5.2 Ø/a), Schwankungen je nach Nahrungsangebot und Brutzeit, z.B. in N. in Mäusejahren Ø$_{43}$ 4.7, in Latenzjahren Ø$_{15}$ 3.4. Polygynie: einjähr. ♂ mit 1 ♀$_{21}$ 4.8, mind. 2jähr. ♂ mit 1 ♀$_{25}$ 4.6, mit 2-4 ♀$_{179}$ 4.7, mit 5-6 ♀$_{13}$ 4.5. Legeintervall 1-3 d (sogar 8 d). **Eier.** Rundoval, rau, mattweiß bis bläulich, gelegentlich rostrot gefleckt. **Brutdauer.** 29-31 d pro Ei, 29-39 pro Gelege; ♀ brütet, wird vom ♂ versorgt (bei Polygynie nur unvollkommen); Bebrütung ab 1./2.(-4.) Ei. **Schlüpftermine.** Asynchron (zumindest für Teil des Geleges), im Juni. **Nestlings-/Führungszeit.** ♀ füttert, hudert 10-15 d, ♂ trägt Futter ein; Juv. können Nest ab 15 d kurzzeitig verlassen. Nestlingsdauer 31-42 d (♂ meist mit 31-35 d und ♀ mit 35-38 d); ♀ versorgt Juv. noch 2-3 Wochen, dann diese erst voll flugfähig und selbständig. **Jahresbruten.** 1; Ersatzgelege (zuweilen auch zweites). **Bruterfolg.** Orkneys einj. ♂ mit 1 ♀$_{27}$ 1.56 flügge Juv./Nest, ältere ♂ mit 1 ♀$_{28}$ 2.29, mit 2 ♀$_{92}$ 1.53, mit 3 ♀$_{84}$ 1.30, mit 4 ♀$_{26}$ 1.00, mit 5 ♀$_{13}$ 1.31 flügge Juv./Nest, in Schottland ohne Polygynie 1.68 flügge Juv./Nest, in N.$_{58}$ 2.13 flügge Juv./Nest.
Von 999 Eiern in 299 Nestern auf Orkneys 1946-56 schlüpften nur 421 (42.1%, Spanne 31-67%), und 277 (27.7%) ergaben flügge Juv. (Hauptursachen Gelegeaufgabe durch Polygynie, menschliche Störeinwirkung und Infertilität – bis 36% in manchen J.). In D-BB Bruterfolg drastisch reduziert, von 1964-69 noch 3.1 Juv./BP und J., nach 1982 nur noch 1.0.

Eimaße und -gewichte. L. 40.0-52.0 mm, B. 32.0-40.0 mm, Ø: 45.3 x 35.5 mm (n=80, D) , Ø: 46.3 x 34.6 mm (n=901, GB); Frischvollgew. Ø: 28 - 39 g; Schalengew. 2.1-3.2 g, Ø: 2.45 g (n=160, Europa).

Sterblichkeit, Alter. GB nach Ringfunden ca. 62% im 1. J., ca. 28% in späteren [4033], auf den Orkneys bei 2-6jährigen ♂ 28%, bei ♀ 10%/J. [3013]. Ältester Ringvogel (NL) mind. 17 J. 1 Monat [3654]. **Generationslänge:** 6 J. [383].

Mauser. **Postjuvenile Mauser** (Teilmauser) im Spätwinter; einzelne Körper- und Steuerfedern, weniger umfangreich als bei Rohrweihe [139,1189]. Großgefiedermauser beginnt früher als bei Ad. [1189]. • **Postnuptialmauser** (Voll-, z.T. Teilmauser) Mai/Juni–Sept./Okt., ♀ beginnen bei Eiablage, ♂ mehrere Wochen später [139,3050,1189]; gelegentlich bleiben einzelne AS stehen [1189].

Circus pygargus – Wiesenweihe 02630

Circus pygargus (Linnaeus 1758)

GB Montagu's Harrier **F Busard cendré** **E Aguilucho Cenizo**

Taxonomie. Monotypisch.

Kennzeichen. Sexualdimorph [1784,221,3772, 2125,3615,696,1189,1369; weitere **Fotos** in Limic. **9**, 235-268, Dutch B. **17**, 44-47, **21**, 190-191, 233, **25**, 184, Brit. B. **93**, 281, Bird. W. **10**, 267, 269, (dunkle Morphe) **15**, 253, **16**, 258-259; Hybride Steppen- x Wiesenweihe Bird. W. **6**, 313, Dutch B, **17**, 103-105].

Maße. Gr.: 43-47 cm. Gew.: ♂ 230-305 g, ♀ 319-445 g. Fl.spw.: 105-120 cm. Fl.l.: ♂ 34.6-39.3 cm, ♀ 35.5-39.1 cm [1369,2125,3615].

Status. Seltener, lokaler Brut- und Sommervogel; seltener, gebietsweise regelm. Durchzügler und/oder Sommergast.

Verbreitung und Bestand. In Europa lückenhaft verbreitet. Im N bis an nordische Waldzone ostwärts bis Zentralsibirien. Im S bis in Steppengebiete und Altai-Vorland [1369]. Gesamtbestand in Europa etwa 35.000-65.000 BP (leichte Zunahme) [383], davon 20-35 T. BP in RUS, wichtige Populationen zudem in E. (2.5-10 T.), F (3.8-5.1 T. BP) und BY (3-5 T.) sowie in PL und UA. (jew. um 2.000) [383]. In ME etwa 2.000-3.400 Paare [383, erg.], mit Schwerpunkten in der N-D/PL-Tiefebene und zunehmend in offenen Agrarlandschaften.

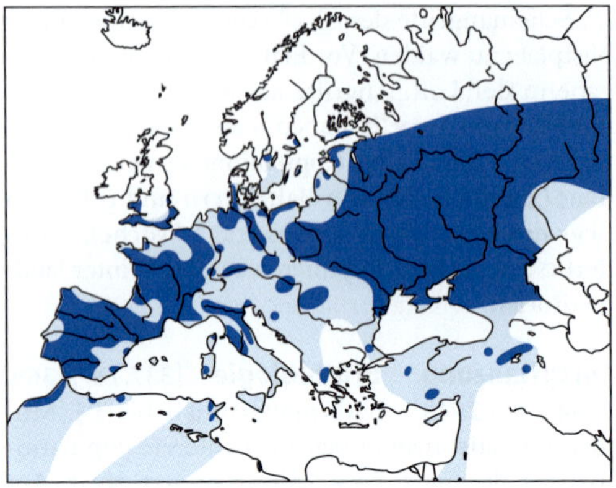

Circus pygargus – **Wiesenweihe**

Wanderungen. Langstreckenzieher; Winterquartier Afrika S Sahara bis S-Afrika, S-Asien (etwa ab Irak, N-Indien). Abzugsrichtung in Europa hauptsächlich S bis SW. **Br. aus S.** ziehen über I (keine Ringfunde von E./P) bis ins zentrale Afrika [1208], **Br. GB/IRL** über F südwärts (nur 1 Fernfund Senegal) [4064]. Breitfrontzug, doch an Meerengen z.T. Konzentrationen, bes. Gibraltar (Abzug der großen Population in E. max. Herbst > 1.700 Ind.), doch geringe Zahlen an Konzentrationspunkten im E; im Frühjahr wohl bis 200 Ind. Cap Bon/TN. Weiteste Ringfunde europäischer Br. in Tschad und Nigeria. In W-Afrika bisweilen große Konzentrationen im Zusammenhang mit Wanderheuschreckenvorkommen (Schlafplatz > 1.000 Ind. im Senegal 1988/89) [740].

Abzug ab Ende Juli/Aug. bis Okt., Gipfel in ME meist Ende Aug./Anf. Sept. Nachzügler bis Anf. Nov. Winterfunde in I und F und einzelne offenbar sichere Beob. in B und N-D. Ab Mitte März Rückzug im S des Mittelmeers, Dz. bis Anf. Mai. Ankunft in ME frühestens Ende März (z.B. CH, B) bzw. Anf. April, meist aber erst ab Mitte April bis 2. Maihälfte. Mittlere Erstankunft S-D z.B. 16. bzw. 21.4., N-D z.B. 21.4., NE-D z.B. 27.4.

Bestandsentwicklung. Während des 19. Jh. in vielen Regionen E-Europas Bestandsrückgänge, aber in erster Hälfte 20. Jh. meist wieder ausgeglichen. Im Zuge einer Ausbreitungswelle um Jh.-Wende Besiedlung NW-ME [309].

Etwa ab 1940er J. in ME drastische Bestandsabnahmen und Arealverluste durch Lebensraumverlust, hohe Brutausfälle und direkte Verfolgung, z.B. in NL von 500-1.000 BP (1900-30), 250 BP (1950), 150 BP (ca. 1955), auf 15-25 BP (1979) und 6-12 BP (1991) [1507,196,337,2095]; in D-BB von 46-54 BP (1970) auf 3-8 BP (1992), 1996 erstmals keine Brut mehr, doch ab 1997 Neubesiedlung [2125,1]. Erlöschen vieler Populationen auch in anderen Teilen N- und E-D sowie in B, A und H [196,2125; G. de Smet], und starker Rückgang an Biebrza PL [3871]. Weniger betroffen einige schon immer sehr kleine Bestände in D-BW, -SL, -BY und -HE. Seit Anf. 1970er J. zunehmende Ansiedlung der Wiesenweihe auf nahrungsreichen, trockenwarmen Landwirtschaftsflächen. In der Folge sowohl in wichtigen europäischen Brutgebieten (RUS und F) als auch in kleinen, isolierten Populationen ME Bestandszunahmen oder Neuansiedlungen in »Agrarsteppen«, z.B. L, PL, D-HE, -RP und -SL, -BY, -NW sowie Elsaß (meist nach 1979) [337], wohl ausgehend von der »Getreidebrüterpopulation« in Lothringen F [vgl. 1992]. Dagegen Anteil Bruten in »naturnahen« Habitaten dort generell stark rückläufig [2125].

	Best.	Areal	Brutbestand	Jahr	Quelle
A	↑	+ 1	15–25	1998–2002	[383]
B	+/-	=	6–12	1995–2002	[383]
CZ	⇧	=	80–120	1991–2001	[383]
D	↑	+ 1	234–283	1995–1999	[383]
H	↑	+ 1	250–300	2002	[383,3874]
NL	+/-	- 1	29–45	1998–2000	[383]
PL	⇧	+ 2	1.300–2.500	2000–2002	[383,2024]
SK	↕	=	30–80	1995–1999	[383]

In H 1989 Bestand 100 BP, weit höher als in 1960er und 70er J., seither nochmals verdoppelt [3874]. Im Neusiedlerseegebiet A-B Ende 1990er J. wieder 18 BP [q3]. In D-SH in 1980er J. starke Abnahme in trockeneren Niederungsgebieten, aber Zunahme in den Marschen [Getreidebrüter, 2063]. Erheblicher Zuwachs bei der erst 1990 entstandenen Population in Groningen/NL [q3], doch insgesamt in NL Trend negativ und Bestand stark schutzbedürftig [2096]. In PL in 1990er J. 50 neue Brutplätze entdeckt, Bestand seit 1980er J. mehr als verdoppelt (allerdings frühere Bestände unterschätzt) sowie erhebliche Arealausweitung [2024,q22,3871], inzwischen in PL nicht mehr gefährdet [1366]. Auch in D lokale Neuansiedlungen, z.B. in D-ST [1992] und -SN [2057,3181], auch bedingt durch größeres Nahrungsangebot durch EU-Stilllegungsflächen [2125], und schließlich starke, z.T. exponentielle Bestandszunahmen in 1990er J. bei neu entstandenen Getreidebrüterpopulationen, z.B. in Hellwegbörde D-NW und in Mainfranken D-BY [2181,3,1361,1716]. Dabei stieg Bestand in Mainfranken von 2 BP (1994) auf 70 BP (2001) und 91 BP (2002) [264,453]. Viele Gebiete in ME dagegen nicht wiederbesiedelt. In CZ und SK. jährliche Fluktuationen so groß, dass langfristiger Trend derzeit nicht erkennbar [3663,806,2700], auch lokale Neuansiedlungen [2668].

Siedlungsdichte. Bei optimalen Bedingungen kolonieartiges Brüten, z.B. in D-NI je 8 BP auf 0.05 km^2 und 0.06 km^2, in F 28 BP auf 0.22 km^2 und in PL 22 BP auf 2.1 km^2 festgestellt [1589,1507], Nestabstände dabei z.T. < 20m. Auf westfriesischen Inseln Siedlungsdichten von 2.7-20.7 BP/100 km^2; in guten Mäusejahren im Marais de l'Ouest (F) 27-43 BP/100 km^2 [2125].

Gefährdungsursachen [3892,1507,1719,309,1589,196,2125,3181,3,89,2024,2095,3874]. Hauptgründe in ME Lebensraumveränderungen und -verlust durch Intensivierung der Landwirtschaft, Flurbereinigung, Entwässerungen von Grünland- und Feuchtgebieten, Zerstörung von Hochmooren, Torfabbau, Beseitigung von Großseggen- und Röhrichtbeständen, Straßenbau, Aufforstungen, Windparks sowie Überweidung.
Hohe Brutverluste durch Übererschließung, Landarbeiten, frühe Mahdtermine sowie Biozideinsatz; ferner Störungen an Brutplätzen, vor allem Straßenverkehr, wirtschaftliche Nutzung und Erholungsbetrieb.
Direkte Verfolgung; in früheren Jahrzehnten bedeutsamer als heute.
Lebensraumverschlechterungen in Überwinterungsgebieten; dort auch Verluste durch intensiven Pestizideinsatz bei der Heuschreckenbekämpfung.
Geringeres Nahrungsangebot, z.B. durch Ausbleiben von Feldmausgradationen.

SPEC	VSchRL	Bern.Konv.	Bonn.Konv.
E	Anh. I	Anh. II	Anh. II
Europ. RL	RL in ME		
--	A, L: 'CR', CZ: 'EN', D, CH, H, SK: 'VU', NL:'R'		

Schutzmaßnahmen. Erhaltung und Schutz der ursprünglichen Nisthabitate in Feuchtgebieten, Mooren und Streuwiesen. Schaffung großer störungsarmer, extensiv bewirtschafteter Grünlandflächen, zunehmende Ausweisung von Brachflächen. Verzicht auf weiteren Grünlandumbruch, Wiedervernässung von Grenzertragsböden. Aufforstungsstopp in extensiv bewirtschafteten Wiesen und Brachland. Einrichtung zusätzlicher Brachflächen.
In Getreidegebieten Feststellung der Neststandorte und deren Schutz durch Vereinbarungen mit Landwirten zur Verlegung der Erntetermine oder Aussparung der Umgebung der Neststandorte (ca. 50 x 50m); Ausgleichszahlungen.
Verzicht auf Mäusebekämpfung.
Verringerung der Zugangsmöglichkeiten, Einschränkung der Freizeitnutzung in naturnahen Brutgebieten. Verbot von Modellflug-Betrieb in Wiesenlandschaften und Moorgebieten.

Biotop. Brutplätze von Verlandungsgesellschaften und sehr feuchten Mooren bis trockenes Wiesen- und Ackerland; Neststand zwischen Schilfröhricht, niedrigen Büschen, Hochstauden, Seggen und Gräsern, Getreide. Jagdgebiet über ähnlichen offenen Flächen. Im Vergleich zur Kornweihe offenbar in Europa häufiger in Nähe oder neuerdings in intensiv genutzten Kulturflächen brütend und über Agrarland jagend; i.d.R. offene und vegetationsärmere Fläche als Jagdgebiet bevorzugt.

Nahrung. Beutetiere i.d.R. kleiner als bei den anderen Weihen; Insekten, Reptilien spielen größere Rolle (vor allem in S-Europa). Meiste Beutetiere wiegen max. 60 g. Der Masse nach dominieren Kleinvögel bis höchstens Drosselgröße und Kleinsäuger wie Schermaus, Hamster (und junge Kaninchen). Insekten (vor allem große Käfer, Heuschrecken etc.) können vor allem in Trockengebieten vorübergehend der Zahl nach an der Spitze stehen.

Stimme. ♂ bei Schauflug »käkäkä…«; ähnliche Rufe bei verschiedenen Anlässen der Erregung. I.d.R. am Brutplatz stiller als Kornweihe. Alarmrufe ♂ und ♀ rasch »jikjikjik…«. Hohe, durchdringende Bettelrufe von ♂ und Juv.

Verhalten. Tagaktiv, früheste Beuteanflüge des ♂ mitunter schon vor Sonnenaufgang. Geselliger als Kornweihe; Konzentration mehrerer Nester auf engem Raum nicht außergewöhnlich; dann wird nur die unmittelbare Nestumgebung verteidigt. Gemeinsame Feindabwehr und auch während der Brutzeit z.T. gemeinsame Übernachtungsplätze. Schauflüge von ♂ und ♀, oft als Wellenflüge in größerer Höhe, ♂ fliegen auch noch nach Legebeginn. Paare und andere Formen der Partnerbindung sind während einer Brutsaison stabil. Kopulationen beginnen gleich nach der Verpaarung und werden vom ♀ initiiert. Im Winterquartier oft größere Ansammlungen, z.T. mit anderen Weihen. Zuggeselligkeit jedoch offenbar nicht die Regel.

Fortpflanzung, Brutbiologie [337, 767, 1784, 2125, 2540]. Geschlechtsreife i.d.R. mit 2-3 Jahren, aber mitunter schon einjährig brütend. Monogame Saisonehe, doch Bigynie verbreitet, ausnahmsweise auch Biandrie. **Nest.** Auf trockenem bis feuchtem Untergrund am Boden (selten bis 50 cm über Grund), geschützt von Vegetation (meist nur bis 1 m hoch), ganz selten offen, z.B. in Dünengebieten; Nest meist recht klein und vor Eiablage dürftig, aus trockenem Pflanzenmaterial; ♀ baut. Nester Ø 20-30 cm (selten bis 80 cm), 5-10 cm hoch. **Legebeginn.** In ME frühestens Anf. Mai, meist ab Mitte Mai bis Juni. **Gelegegröße.** 3-5 (2-6, Gelege bis 10 wohl von 2 ♀ oder Doppelgelege eines ♀); Ø D_{44} 4.4, D_{92} 4.2, GB_{42} 4.0, NL_{52} 3.8; Ersatzgelege meist kleiner. Legeintervall 1.5-3 (4) d. **Eier.** Rundoval, rau, bläulichweiß, gelegentlich rostrot gefleckt. **Brutdauer.** 27-30 d pro Ei, 28-35 (40) pro Gelege; ♀ brütet, wird vom ♂ versorgt; Bebrütung ab 1. Ei. **Schlüpftermine.** Asynchron, ab Juni. **Nestlings-/Führungszeit.** ♀ füttert, hudert bis 14 d, ♂ trägt bis dahin Futter ein; Juv. können Nest ab 3 Wochen zu Fuß verlassen und Beutestücke selbst zerlegen. Zur Not ab 28 d flugfähig, doch Nestlingsdauer 35-40 d (Nesthäkchen bis 44 d); ♀ versorgt Juv. noch 10-14 d, dann diese erst selbständig. In kolonieähnlichen Vorkommen Fütterung von flüggen Juv. durch fremde Ad. und Kleptoparasitismus der Juv. nicht außergewöhnlich [88]. **Jahresbruten.** 1; Ersatzgelege (zuweilen auch zweites). **Bruterfolg.** D_{235} 2.3 flügge Juv./Nest [264], nach verschied. Studien in D 0.53-2.20 Juv./BP, in ME Abnahme von 1.70 $(1987\text{-}90)_{61}$ auf 1.34 $(1991\text{-}94)_{293}$ und 1.16 flügge Juv./BP $(1995\text{-}98)_{174}$ [2459]; in F_{124} 1.51 flügge Juv./Nest. Von 314 Eiern in 74 Nestern in D schlüpften 243 (77.3%), in GB Schlüpferfolg bei 13 Nestern 67%.

Eimaße und -gewichte. L. 30-46 mm, B. 30-36 mm, Ø: 41.3 x 33.3 mm (n=77, D), Ø: 41.8 x 33.5 mm (n=101, B), Ø: 41.1 x 32.5 mm (n=82, NL); Frischvollgew. 19.7-28.6 g, Ø: 24.7 g (n=47, B), 24.4 g (n=6, D); Schalengew. 1.76-2.52 g, $Ø_{200}$: 2.0 g.

Sterblichkeit, Alter. Ältester Ringvogel (D) 16 J. 1 Monat. **Generationslänge:** 6 J. [383].

Mauser. **Postjuvenile Mauser** (Teilmauser) im Winter; variabler Anteil des Körpergefieders und einzelne ST [767, 696, 1189]. Großgefiedermauser ab Mitte Mai/Anf. Juni [1189]. • **Postnuptialmauser** (Vollmauser) ab Ende Juni/Anf. Juli, ♀ vor ♂, aber variabel; bei Wegzug bis 6 HS erneuert und Unterbrechung; im Winterquartier fortgesetzt und bis Feb. beendet [1189].

Circus aeruginosus – Rohrweihe 02600

Circus [aeruginosus] aeruginosus (Linnaeus 1758)

(GB) Western/Eurasian Marsh Harrier **(F) Busard des Roseaux** **(E) Aguilucho Lagunero Occidental**

Taxonomie. Zwei gering differenzierte UA: *harterti* Zedlitz 1914 (NW-Afrika) und *aeruginosus* (Linnaeus 1758) (Europa bis Mongolei, Baikalsee). Rohrweihe ist Teil einer in der Alten Welt weit verbreiteten Superspezies mit 6 Allospezies [3586]: *aeruginosus* (s.o.), *ranivorus* (Afrika S Sahara), *macrosceles* (Madagaskar), *maillardi* (Réunion), *spilonotus* (E-Asien) und *approximans* (Autralasien). Nur *aeruginosus* und *spilonotus* sind in geographischem Kontakt und bilden eine ausgeprägte Hybridzone [1094].

Kennzeichen. Sexualdimorph [1784, 1369, 221, 3772, 696, 1189, 3615; **Foto** in Limic. **10**, 163].

Maße. (Nominatform): Gr.: 48-56 cm. Gew.: ♂ 405-667 g, ♀ 540-800 g. Fl.spw.: 110-130 cm. Fl.l.: ♂ 37.2-41.8 cm, ♀ 40.4-42.6 cm [1369, 3615].

Status. Brut- und Sommervogel in weiten Teilen ME. Gebietsweise nur nichtbrütende Sommergäste und Durchzügler.

Verbreitung und Bestand. Nominatform in gemäßigter und subtropischer Zone Eurasiens von W Mittelmeerländern (und NW-Afrika) im S und S-Fennoskandien im N in breitem Gürtel nach E bis NW-Mongolei und Baikalsee. Schwerpunkte in Europa in Niederungsgebieten von RUS (40-60 T. BP), UA. (14-24 T.), BY (6-9 T.) und NE-ME (PL, D, s. Tab.), bei einem Gesamtbestand von 93.000-140.000 BP (zunehmend) [383]. In ME insgesamt ca. 20-25 T. BP [383,3638,2540, erg.].

Wanderungen. Kurz- und Langstreckenzieher; Winterquartier SW-Europa und Mittelmeer, S der Sahara bis N-Angola, Kongobecken, Tanzania, Sambia, Simbabwe; ferner RO, S-UA. bis Arabien, Vorder- und Hinterindien, Sri Lanka, Sumatra. N-, W- und Mitteleuropäer i.d.R. im W des tropischen Afrika, ± regelm. in E., S-F, NL. Ringfunde bis > 6000 km (S. – Liberia). Hauptwegzugsrichtung (Breitfront) Europa S-SW; Juv. streuen zunächst auch in andere Richtungen. Ortstreue für Ad. nachgewiesen, aber auch Umsiedlungen bis ca. 100 km [Ringfunde ME und E-Europa:2637,2084, S.:1208, GB/IRL:4064]. Abzug vom Brutplatz ab Ende Juli/Anf. Aug., ad. ♂ i.d.R. vor ♀ und Juv.; gerichteter Wegzug ab Mitte Aug. Höhepunkt des Durchzuges ME 1. Sept.hälfte, im SW später. D die Letzten ca. 2. Okt.hälfte (Nov.). 1970–97 Medianverschiebung nach vorne um 2.5 d pro 10 J. während des Wegzuges am Randecker Maar (D-BW) [1315]. Außer NL in ME keine regelm. Überwinterung (Jan., Feb. nur ausnahmsweise). Feb./April Aufbruch von den Tropen; in ME offenbar ad. ♂ zunächst etwas häufiger. Ankunft D Mitte/Ende März, Fennoskandien Anf./Mitte April. Immat. im 2. Sommer ziehen zwar ebenfalls N, aber übersommern oft S der Brutgebiete. Offenbar höhere Bereitschaft zum Überqueren von offenem Wasser, daher weniger konzentriert an Meerengen als andere Greife [Durchzug I:20,22; Balearen:3151].

Bestandsentwicklung. Im 19. Jh. weit verbreitet, um Jh.-Wende Bestandsrückgang und Arealverlust bis 1930er J. durch Verfolgung und Biotopzerstörung, dann kurze Erholungsphase. Erneuter Rückgang ab Mitte 1950er J., regional bis in 1970er J. [z.B. CS, D-BY:1369,196]. In NW-ME schon früher positive Entwicklung nach vollständiger Unterschutzstellung, allerdings zwischenzeitlich Bestandsrückgänge wegen Lebensraumverlusten [D-NI, -SH, NL:309,196].
Ab Anf./Mitte 1970er J. deutliche Zunahme und Arealausweitung in ganz ME und z.B. DK, S-

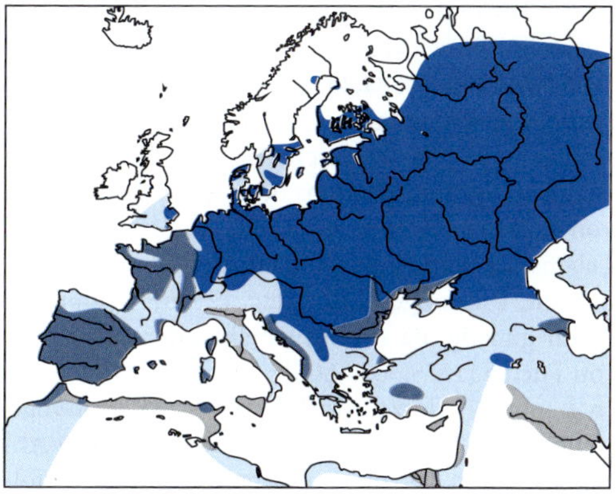

Circus aeruginosus – **Rohrweihe**

S., Elsaß als Folge von Jagdverbot, Rückgang der Pestizidbelastung und Gebietsschutz [196,310]. Ausbreitung in Skandinavien nach N. In ME in Folge offensichtlich hohen Populationsdrucks Besiedlung von landwirtschaftlichen Flächen, Trockengebieten und von Mittelgebirgslagen bis 750m NN [3638,806,1717,2203]. Allerdings in 1980er J. auch Bestandsrückgang in Teilen D-NI und -SH, wo Biotopkapazität offensichtlich überschritten war und Selbstregulation einsetzte; Bestandszu- oder -abnahmen dort nur bei Feld- oder Nichtbrütern, dagegen Schilfbrüter weitgehend konstant [1589].

	Best.	Areal	Brutbestand	Jahr	Quelle
A	↑	+1	300–400	1998–2002	[383]
B	↑	+1	169–208	1995–2002	[383]
CZ	⇧	+2	1.300–1.700	2000	[383]
D	↑	=	5.500–6.630	1999–2000	[383,2540]
H	↑	+1	5.200–6.700	1999–2002	[383]
NL	⇧	+2	1.300–1.450	1998–2000	[383]
PL	↑	+1	6.500–8.000	2002–2003	[383]
SK	⇧	+2	400–500	2000	[2540]

Nach Zunahme und Arealausweitung 1992 Bruten in Hortobágy H [196]. Neu- und Wiederbesiedlungen in A, D-SN, -TH und -NW [196,3675,3765]. In B, NL, CZ, PL und weiten Teilen D Ende 1990er J. höchste Brutbestände der letzten Jahrzehnte [196,3871,3638], z.B. in -HE von 2-4 (1976) und 27 (1982) auf 40 BP (2000), in -BY von 15 (1967), mind. 30 (1977), < 45 (1980) auf ca. 300 BP (2000), in NL 1973-98 Bestandsverdopplung [2540], aber auch regionaler Rückgang und Verlagerung [3638]. In schon immer dicht besiedelten Regionen ME,

u.a. D-BB und -MV, lokal unterschiedliche (auch negative) Entwicklungen, langfristig wohl stabil [196,337,2540,1,1589,2031]. Art profitiert nicht selten von Umgestaltung der Landschaft, z.B. der Anlage von Wasserspeichern in Tieflagen, von Bergbaufolgelandschaften oder der Eindeichung von Küstengebieten [1589,1507,2772]; andererseits Lebensraumverlust durch Schilfsterben, Flussmelioration, Uferumgestaltung etc. [2540]. Feldbruten kaum günstig, da oft ausgemäht oder ausgeraubt (oft Fuchs) [1589,3638,806].
In L und CH derzeit noch kein regelm. Brutvogel [3393]. In S-Europa schließlich fast generelle Abnahme durch Lebensraumzerstörung und Verfolgung [1585,2125,1507].

Siedlungsdichte. Nur wenige großflächige Untersuchungen (>1.000 km^2), dabei Werte von 0.7-5.2 BP/100 km^2 (n=10, D-BB, -NI, PL); kleinflächig weit höher, von 14.5 BP/100 km^2 (NL), 30 BP (PL) [3871] bis max. >130 BP/100 km^2 (Neusiedlersee A) [2540]. In CZ großflächig von 0.5 BP/100 km^2 (1988) auf 2.3 BP/100 km^2 (1998) angewachsen [2203]. Jagdgebiete einzelner Paare bei sehr günstigen Verhältnissen <100 ha, in ME aber meist bis 900 (zuweilen 1500) ha; bei Überlappung Jagdgebiet kleiner als bei Wiesen- und Kornweihe. Lokale Nestkonzentrationen bei entsprechendem Angebot, in ungestörten Gebieten (z.B. Truppenübungsplätzen) kolonieartiges Brüten möglich [196].

Gefährdungsursachen [1589,196,1719,2125, 1369,310,806, M. Jöbges]. Wie bei anderen Weihen Veränderung und Verlust des Lebensraumes durch Regulierung von Fließgewässern, Grundwasserabsenkung und Entwässerung, dadurch Trockenfallen und Verlust der Schilfgebiete und Flussauenlandschaften; Kiesabbau; Meliorationen, radikaler Schilfschnitt.
Zerstörung von Nestern durch frühes Ernten oder Mahd; Verluste durch Wildschweine.
Rückgang der Nahrungsgrundlagen durch Umweltchemikalien und intensivierte Landwirtschaft.
Übererschließung, Störungen an den Brut- und Nahrungsplätzen durch Freizeitnutzung, Hunde, Straßenverkehr, Landarbeiten.
Direkte Verfolgung; früher wohl bedeutsamster Faktor, inzwischen nur lokale Bedeutung, aber möglicherweise wieder zunehmend. Illegaler Einsatz von Gifteiern, Aushorstungen; Verluste auf Zug und in Winterquartieren.

SPEC	VSchRL	Bern.Konv.	Bonn.Konv.
--	Anh. I	Anh. II	Anh. II
Europ. RL	**RL in ME**		
--	FL,L: **'RE'**, CH, CZ: 'VU', A, SK: 'NT'		

Schutzmaßnahmen. Wiedervernässung trockengefallener Schilfgebiete und Neuschaffung geeigneter Lebensräume, z.B. in ehemaligen Abbaugebieten. Neuanlage von Ackerrainen, Tümpeln mit Schilfbestand etc.
Nachhaltiger Schutz und Erhalt von Flussniederungen, Schilfgebieten und extensiv genutztem Feuchtgrünland. Schaffung von Ruhezonen und störungsfreien Jagdflächen in den Brutgebieten.
Nestplatzmonitoring, Information der Landwirte, Schutzzonen (Ausgleichszahlungen).
Reduktion des Einsatzes von Umweltgiften.
Kein Abschuss in Durchzugs- und Überwinterungsgebieten. Keine Abschussfreigabe von Greifvögeln in ME (nachhaltige Zunahme der Rohrweihe erst seit Bejagungsverbot auf alle Greifvögel).

Biotop. Offene Landschaften; viel enger an Rohr gebunden als andere Weihen. Nester häufig in dichtesten und höchsten Schilfkomplexen über Wasser; in letzten Jahrzehnter allj. in Getreide- und Rapsfeldern, mitunter auch in Wiesen, Sümpfen etc.; vereinzelt in Weiden. Jagdgebiet zur Brutzeit Rohrgürtel und anschließende Verlandungsgesellschaften, Dünen, Wiesen, in fruchtbaren Bördegebieten fast ausschließlich Ackerflächen etc. Auf der Zugrast meist in Feuchtgebieten, regelm. aber auch auf Agrarflächen.

Nahrung. Kleine Vögel und Säuger, zur Brutzeit vor allem Küken und Nestlinge; mit gewisser Regelmäßigkeit auch Eier (meist ab Elsterneiergröße). Beutegröße bis Wanderratte, Ziesel, junge Kaninchen, Hasen, Bisamratten und halbwüchsige Teich-, Blässhühner und Rebhühner, junge Möwen, Fasanen und Enten; äußerstenfalls erwachsene Blässhühner, ausnahmsweise Enten. Gelegentlich Schlangen, Eidechsen, nicht selten Frösche, einzeln auch Fische, Großinsekten. Auch tote bzw. von anderen Greifvögeln geschlagene Tiere. Nahrungszusammensetzung abhängig von Feldmausgradation; bei geringem Kleinsäugerangebot Vogelnahrung zur Brutzeit bis > 70 bzw. 80 %. Im selben Gebiet NL schlugen Rohrweihen zur Brutzeit mehr aquatische Tiere und Vögel der Verlandungszone sowie Kaninchen der Dünen, Kornweihen ähnlich, doch bereits mehr Feldbrüter (z.B. Lerchen); Wiesenweihen waren noch stärker an

Felder gebunden. Gleichzeitig jagten bei allen 3 Arten ♀ näher in Nestumgebung und in höherer Vegetation. Interspezifische Unterschiede in Beutegröße bei ♀ stärker als bei ♂. Im Herbst/Winter in Europa offenbar stärker auf Wasservögel konzentriert.

Stimme. ♂ bei Balzflügen quäkend, nasal »quiä«, »kjä« o.ä., mitunter locker gereiht. ♂ bei Revierverteidigung »kuik« o.ä.; Warnrufe ♂ und ♀ »kekeke..« (ähnlich Turmfalke). Durchdringende Bettelrufe der Jungen »piejäh«. Bei Beuteübernahme ruft ♀ leise »psiiä«.

Verhalten. Tagaktiv. Typischer Weihenflug mit Seitwärtskippen des Körpers ohne Flügelschlag. Ruderflug mit weichem Flügelschlag, mitunter kurze Gleitflugstrecken. Ruhen und Übernachten gern im Schilfrohr; Schlafplatzgesellschaft bis 30 Ind. Beute wird gewöhnlich im niedrigen Suchflug geschlagen; im Vergleich zu Korn- und Wiesenweihe mit besserer Manövrierfähigkeit spielen Überraschungseffekte eine etwas größere Rolle; vor allem ♀ suchen Stellen mit höherer Vegetation sorgfältig ab. Unterschiede in der Jagdtechnik zwischen ♂ und ♀ bei allen Arten. Längere Verfolgung eines Beutetieres über dem Wasser häufiger als über Land. Vorzugsweise Einzelgänger, territorial, jedoch gelegentlich geringer Nestabstand, Polygynie, ferner gemeinsam Flugspiele über Brutgebiet und Abwehr von Feinden. Flugspiele mit Abkippen aus großer Höhe, Überschlagen und Rollen um Längsachse, Scheinangriffe auf ♀ und Beuteübergabe in der Luft von ♂ zu ♀. Balz gleich nach Ankunft am Brutplatz, bei ♂ auch noch nach Eiablage. Flugspiele dienen Balz und Reviermarkierung. Außerhalb der Brutzeit und während des Zuges meist Einzelgänger, an Schlafplätzen oft mehrere.

Fortpflanzung, Brutbiologie [337,767,1369, 1784,2125,2540]. Erstbrutalter mit 2 oder 3 J. (auch ♂ im immat. Kleid brüten gelegentlich). Monogame Saisonehe, doch zuweilen auch Bigynie, mit größerem Bruterfolg für die ♂. **Nest.** Im dichten Röhricht über Wasser, auch zwischen anderen Sumpfpflanzen, seltener über festem Grund in Wiesen, Raps- oder Getreidefeldern (sofern hoch genug gewachsen), in Agrargebieten D-SH auch in verschilften Gräben von ca. 1 m Breite; in Weidenbüschen bis mehrere Meter über Boden. Unterbau vor allem Altschilf, Reisig, Mulde mit feinerem Material. Oft umfangreich, im Laufe der Jungenaufzucht noch vergrößert, aber auch flachgetreten. ♀ baut hauptsächlich, ♂ beginnt oft mit mehreren Plattformen und trägt Material ein. Solitär oder locker semi-kolonial. Nester Ø 50-80 cm, 25-30 cm hoch, im Wasser höher (bis 70 cm). **Legebeginn.** In NL ab Anf. April, sonst ab Mitte/Ende April, Hauptlegezeit Mai, letzte bis Mitte Juni. **Gelegegröße.** 4-5 (2-8, sehr selten bis 12), Ø E-D_{120} 4.4, D_{123} 4.35, NL_{90} 4.33, FIN_{73} 4.7; in NL geringe Schwankungen je nach Mäuseangebot. **Eier.** Rundlich oval, glanzlos weiß bis bläulich weiß, selten rötlich gefleckt; klein. **Brutdauer.** 31-36 (38) d pro Ei; Legeintervall 2-3 (4) d; ♀ brütet; Bebrütung ab 1./2. Ei. **Schlüpftermine.** Asynchron, max. innerhalb 3-8 d, aber erste 3 manchmal gleichzeitig, ab Ende Mai/Anf. Juni. **Nestlings-/Führungszeit.** Anfangs füttert ♀ und ♂ bringt Nahrung, später auch ♀ auf Nahrungsflügen. Ab 26-30 d sind Juv. im Schilf in Nestnähe, ab 30 d erste Flugversuche, frühestens ab 38-40 d erste Flüge, dann Bettelflugphase von bis zu 3 Wochen (15-25 d); aber erst ab etwa 56 d voll flugfähig und selbständig. ♂ verlässt Familie unmittelbar nach dem Ausfliegen. **Jahresbruten.** 1; Nachgelege (bis 5 Eier). **Bruterfolg.** In D_{124} 1.86 flügge Juv./BP und J., D_{46} 2.17, E-D_{75} 2.3 und in FIN_{51} 2.29 flügge Juv./Paar (negativer Effekt von Pestiziden und Schwermetallen), in ME max. 2.83 flügge Juv./begonnener Brut, im Ø schwankend von 2.38 (1987-$90)_{704}$ auf 1.89 $(1991\text{-}94)_{814}$ und 2.06 flügge Juv./BP $(1995\text{-}98)_{949}$ [2459]. Von 233 gelegten Eiern in FIN schlüpften nur 131 (56%), und 117 (50%) ergaben flügge Juv., Schlüpferfolg in D-SH nur 43% (Hauptursachen sind menschliche Eingriffe, weitere etwa 10% der Verluste durch Prädation).

Eimaße und -gewichte. L. 47.0-58.5 mm, B. 26.6-42.5 mm, $Ø_{130}$: 50.0 x 38.8 mm, $Ø_{100}$: 50.8 x 39.2 mm; Frischvollgew. Ø: 31.5-48.5 g, $Ø_{32}$: 40.4 g; Schalengew. 2.71-4.0 g, $Ø_{50}$: 3.4 g bzw. $Ø_{350}$: 3.4 g.

Sterblichkeit, Alter. Nach Ringvögeln Mortalität im 1. Jahr 48–54%; in späteren J. 22–38%. Ältester Ringvogel (D) mindestens 16 J. 8 Monate [3654]. **Generationslänge:** 6 J. [383].

Mauser. **Postjuvenile Mauser** (Teilmauser) im Winter; variabler Anteil des Körpergefieders und einige ST. Großgefiedermauser früher als Ad., Mai/Anf. Juni–Ende Sept./Anf. Okt. [1189]. • **Postnuptialmauser** (Vollmauser) bei ♀ ab Mai/Anf. Juni während Eiablage, ♂ bis 6 Wochen später; während Jungenaufzucht bisweilen unterbrochen und meist bis Ende Okt./Anf. Nov. beendet [4057,1189]; AS nach HS und mit mind. 3 aktiven Mauserzentren; selten einige mittlere AS erst in folgender Mauserperiode erneuert [139,1189].

Accipiter gentilis – Habicht 02670

Accipiter [gentilis] gentilis (Linnaeus 1758)

GB Northern Goshawk **F Autour des palombes** **E Azor Común**

Taxonomie. Je nach Autor bis zu 10 UA [3715], wovon die *atricapillus*-Gruppe (N-Amerika) genetisch und phänotypisch (Zeichnung des ventralen Kleingefieders, Irisfarbe) deutlich differenziert ist und hier als getrennte Allospezies aufgefasst wird, während alle paläarktischen Formen klinal variieren. Die östlichen Populationen der nordpaläarktischen UA *buteoides* (N-Skandinavien nach E) und *albidus* (NE-Sibirien, Kamtschatka) können extrem hell, fast weiß sein [2158].
Der Habicht bildet Superspezies mit *A. atricapillus* (N-Amerika) und ist nah verwandt mit *A. henstii* (Madagascar) sowie wahrscheinlich *A. meyerianus* (Neu-Guinea) und *A. melanoleucus* (Afrika S Sahara), die manche Autoren in dieselbe Superspezies einschließen [3715].

Kennzeichen. Sexualdimorph [1784,1369,221, 3772,696,1189,2540,3615; **Fotos** in Brit. B. **90**, 234, Bird. W. **17**, 15-18]. Nach N deutlich größer und schwerer.

Maße. Gr.: 48-62 cm. Gew.: ♂ 580-1100, Ø: 720 g, ♀ 880-1320 (bis 2200 in Skandinavien) g, Ø: 1130 g. Fl.spw.: 135-165 cm. Fl.l.: ♂ 30.0-34.2 cm, ♀ 33.6-38.5 cm [1369,2540,3615].

Status. Verbreiteter Brut- und Jahresvogel im gesamten ME. Unauffälliger Durchzug.

Verbreitung und Bestand. In N-Nadelwaldzone von W-Europa bis Pazifik, im N bis etwa 70°N, im S bis Mittelmeergebiet (35° N), über Vorderasien und Steppengebiete Innerasiens. In Europa liegen Schwerpunkte in RUS (90-110 T. BP), D (11-15 T.), UA. (7-10 T.) und Fennoskandien (9-13 T. BP); Gesamtbestand etwa 160.000-210.000 BP (zunehmend) [383]. ME fast flächendeckend besiedelt, Bestand ca. 26.000-38.000 BP [383,2540].

Wanderungen. **Br. ME** nur ausnahmsweise weitere Wanderungen (D wenige Funde > 100 km; weitester > 320 km; Ringvögel aus D nur je ca. 4 % im 1. bzw. in späteren J. über 50 km gefunden, n=385 bzw. 253; Ausnahme: CS 850 km SW) [Ringfundanalyse und Verfrachtungsexperiment CH s. 561]. **Br. N-Fennoskandiens und RUS** wandern z.T. weite Strecken mit erheblicher Streuung aber leichter Bevorzugung der S-Richtungen, z.B. Juv. Skane (S.) wandern SW, ♂ weiter als ♀ [2751], in S-S. jedoch nur kurze Wanderungen bis höchstens DK. Von beringten **Br. auf Gotland** verließen nur 2,5% die Insel [Ringfundanalyse S. 1208]. **Br. GB/IRL** sind Standvögel mit wenig Dispersion innerhalb der Brit. Inseln [4064]. Mittlere und maximale Wanderstrecke in Europa nimmt von N nach S ab (weiteste Entfernung S.– B 1727 km). In ME nur sehr selten Skandinavier und keine Briten. Südlichste Winterbeob. N-Afrika bzw. S-Mittelmeer, N-Grenze zumindest einzelner Überwinterer in Skandinavien und RUS > 66°N. Ungerichtetes Dispersal der Juv. nach der Brutzeit über kurze Entfernungen [309]. Heimkehr nach Verfrachtung bis aus 600 km nachgewiesen.

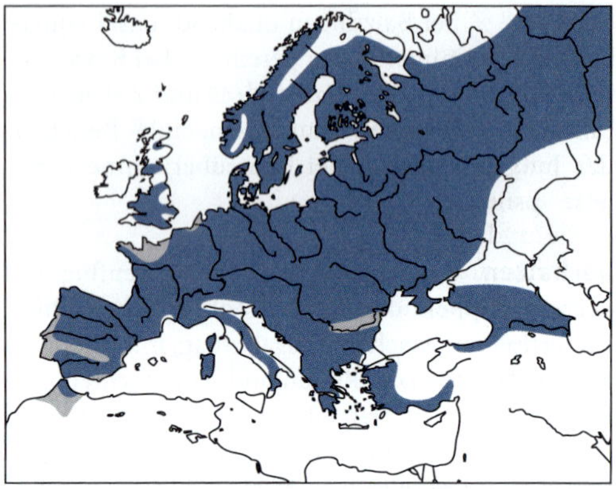

Accipiter gentilis – **Habicht**

Bestandsentwicklung. In weiten Teilen ME gegen Ende 19. Jh. großräumig Bestandsverluste [1343,1589,196], aber erst im 20. Jh. nach schonungsloser Verfolgung weithin erkennbar. Nach Erholungsphase in 1940er und 50er J. (Entstehung neuer Lebensräume, Schutz) erneute Bestandseinbrüche und Arealverluste in vielen Regionen [NL, B, CH, A, PL, D-BW, -BY, -NW, -SH, -NI etc.:196] bis zur kritischen Untergrenze durch Pestizidbelastung (vgl. auch Sperber und Wanderfalke).
Regional unterschiedlich schnelle Erholung erst durch Verbot bestimmter Biozide sowie europaweiten Schutzstatus mit ganzjähriger Schonzeit ab

1970er J. [ME:196,2125; auch DK:1422]. Teilweise auch Ausbreitung in vorher ungenutzte städtische Lebensräume; gebietsweise in Folgejahren Bestands»optimum« erreicht und Selbstregulierung der Populationen [2125,2790,1477]. In 1990er J. Bestände regional stabil, z.B. überwiegend E-D, Teile W-D und NL [2540,3638,2459]. Es wird jedoch weiterhin stark in Bestände eingegriffen, und »Ausnahmegenehmigungen« bereitwillig erteilt, z.B. in D-BY und -SH; auch in CZ und SK. entsprechende Verluste [1589,196,3110,3267, 602]. Erneuter Rückgang einiger Populationen in D-SH und -BY auch durch z.T. deutlich reduzierten Bruterfolg [2125,310,3110] sowie z.T. bedingt durch Lebensraumverluste, geringere Habitatqualität, abnehmendes Nahrungsangebot sowie Störungen an Brutplätzen [196,3638; vgl. Übersicht der unterschiedlichen Trends in D in 2125]. Besorgniserregend der hohe (und wachsende) Anteil junger Brutvögel bzw. »Einmalbrütern« mit geringem Bruterfolg, der nur durch menschliche Eingriffe erklärbar ist [z.B. 359,2791; vgl. gegenteilige Entwicklung in D-NW:1477].
Regional weiter anhaltende Zunahme z.B. in A-T und D-BE [2238,2896].

	Best.	Areal	Brutbestand	Jahr	Quelle
A	↓	=	1.400–2.200	1998–2002	[383]
B	↑	+1	476–820	2001–2002	[383]
CH	↑	+1	1.400–1.600	1993–1996	[383]
CZ	+/-	=	1.800–2.500	2000	[383]
D	↑	+1	11.500–15.000*1	1995–1999	[383]
FL	+/-	=	2–4	1998–2000	[383]
H	↑	+1	1.200–3.100	1999–2002	[383]
L	+/-	=	50–60	2001	[383]
NL	⇧	+2	1.800–2.000	1998–2000	[383]
PL	↑	=	5.000–10.000	1990–2000	[383]
SK	↓	=	1.600–1.800	2000	[383]

*1 geom. Ø von 13.100 BP; Bestand aber vielleicht geringer, geometr. Ø: 8.500 BP [2125]

Siedlungsdichte. In großen Flächen mit hohem Waldanteil in ME schwankend von 0.5–7.0 BP/100 km^2, in günstigen Fällen (meist nur Brutgebiete berücksichtigt) max. 7.5-16 BP/100 km^2 [in W-Europa z.T. bis 50 BP!, 1507]; in großen Landschaftsausschnitten (> 500 km^2) nur etwa 2 BP/100 km^2 [2125] bzw. 1.8-3.13 BP/100 km^2 [359], in D-NW nach Zunahme bei 4-5 Rev./100 km^2 [2126]; in FIN 3-6 (max. 10) BP/100 km^2 [1507]. Horstabstände z.B. D Ø 2 km, in NL 1.2 km und in CH (Bergwälder) 3-4 km [337,1507]; Lebensraum eines BP ca. 18–80 km^2 (Ø etwa 30–50 km^2); Jagdgebiete einzelner Paare z.B. D-SH 5–64 km^2 [337,2125]; einzelne Vögel in ME 2–64 km^2 [4213], Winter-Home-Ranges bis fast 100 km^2 in FIN [3873]. Ausgeräumte Agrarsteppen großräumig habichtfrei [2125].

Gefährdungsursachen [309,1369,1589,1719,196, 310,26,1477]. Ganz offensichtlich bei weitem wichtigster Faktor ist direkte Verfolgung (Abschuss, Ausschießen von Nestern, Aushorstung von Jungvögeln, Gelegezerstörung, Fang mit »Habichtskörben« etc.
Biozidbelastung, dadurch verringerte Reproduktionsrate.
Zerstörung des Lebensraumes durch Kahlhieb von Altholzbeständen, Fällen von Horstbäumen, Übererschließung der Wälder (Wegenetz), intensive Waldbewirtschaftung, Verinselung.
Störungen in Brutrevieren durch Forstarbeiten, Erholungsverkehr, Biotopveränderungen.
Landschaftsverbrauch durch Flurbereinigung, Verbauung, Zersiedelung.
Geringeres Nahrungsangebot durch Intensivierung der Landwirtschaft mit Zerstörung von Hecken und kleinparzelligen Strukturen sowie Biozideinsatz.
Unfälle (Straßenverkehr, Freileitungen etc.).
Natürliche Ursachen: Prädation bzw. Vertreibung durch Uhu.

SPEC	VSchRL	Bern.Konv.	Bonn.Konv.
--	--	Anh. II	Anh. II
Europ. RL	**RL in ME**		
--	FL, CZ, L: 'VU', A, SK: 'NT'		

Schutzmaßnahmen. Ganzjährige Schonzeit und Schutz. Strikte Ahndung illegaler Tötungen. Keine Opferung für Freizeitsport (Brieftaubenzüchten) oder für Hege und Schutz ausgesetzter Zuchttiere (z.B. Fasan, Birkhuhn) mit geringer Überlebenschance im Freiland.
Stärkere Reduzierung des Biozideinsatzes.
Schutz der Nestumgebung vor Störungen durch Freizeitnutzung und Forstarbeiten zur Brutzeit.
Erhalt oder Schaffung reich strukturierter Feldfluren und Altholzbeständen. Verbesserung der Umweltbedingungen zur Erhöhung der Bestandszahlen potentieller Beutetiere, schonende Abwehrmaßnahmen in Kleintierhaltung
Aufklärung der Bevölkerung sowie der Jäger.

Biotop. Jagdgebiete möglichst abwechslungsreiche Landschaften, Brutplätze in Hochwäldern mit alten Baumbeständen. Bevorzugter Aufenthalt vor allem Waldrandzone mit deckungsreicher und vielgestaltiger Feldmark [2180]; völlig offene Flächen werden nach Möglichkeit gemieden. Jagt bis 8 km Nestentfernung. In Wäldern Anflugschneisen zum Horst wichtig; im Inneren großer, dicht geschlossener Bestände meist fehlend. Brütet auch häufig in Stadtnähe oder in locker bebauten Stadtbereichen [z.B. 4174].

Nahrung. Vielseitige Vogelnahrung, Säugetiere treten zurück (doch häufiger als bei Sperber). ♂ etwa Maus bis Kaninchen, Kleinvögel bis knapp Hühnergröße; ♀ bis große Hühner, Hasen etc. Nordische Habichte (größer als in ME) durchschnittlich größere Beute. In ME meist Tauben an der Spitze, ferner Eichelhäher, Rebhuhn, Drosseln, Star, weniger häufig Krähen, Elster. Mäuse, Spitzmäuse wenig, Hase, Kaninchen, Eichhorn meist häufiger. Jahreszeitliche Anpassungen und regionale Unterschiede. Beutebedarf einer mittelgroßen Familie während Nestlingszeit 50–60 kg (50 d), bis zum Selbständigwerden der Jungen > 70 kg. I.d.R. kein Rückgang von Niederwildpopulationen durch Habicht, Ausnahme frisch ausgesetzte Fasanen. Haustaubenmenge sehr unterschiedlich je nach Erreichbarkeit. Im Winter können Säugetiere überwiegen [3873].

Stimme. Am Nest stärker, sonst wenig ruffreudig. Bei Störung lange Reihen »gik gik gik…« oder »jik jik…« (»Kirren«). Kontaktruf der Partner »gii-ah«, »hiäh« oder »jülüja«, ähnlich Mäusebussard, doch 1. Silbe betont, 2. kürzer. Rufe lauter, rauer und tiefer als Sperber. Ferner kurze Laute, z.B. im Abflug »tsitt« o.ä. Betteln der Jungen piepende »bwui« Reihen. Kurz vor oder nach dem Flüggewerden Standortlaute der Jungen wie »klijäh«, Ind. erkennbar.

Verhalten. Tagaktiv. Typischer Streckenflug, in Thermikschläuchen ausgesprochener Segelflieger. Beutefang aus einem sehr schnellen und wendigen Jagdflug heraus unter Ausnutzung von Deckung; meist Anflug niedrig über dem Boden. Verfolgung (auch fliegender Vögel) meist nur kurz; in einem Schwarm wird meist ein Ind. verfolgt. Rupf- und Kröpfplätze meist im Versteck am Boden, auch auf Bäumen. Größere Beutetiere werden i.d.R. nicht weit transportiert. Auch in unmittelbarer Nähe des Nestes wird gejagt. Das ganze Jahr über Einzelgänger. Balzflüge des ♂ (unter Beteiligung des ♀) über dem Brutrevier mit steilem Aufsteigen und Abstürzen ab Spätwinter, März/April. In Nestnähe oft sehr heimlich, besonders in oft gestörten Revieren; doch wird auch an stark gestörten Nestplätzen mitunter festgehalten. Paare sind während einer Brutzeit stabil. Kopulationen sehr häufig; werden von ♀ initiiert. ♀ gehen selten fremd (weniger als 4% der Jungen sind nicht von sozialen Vater). Außerhalb der Brutzeit meist einzeln. ♀ bleiben in der Nähe des Brutrevieres; ♂ ziehen weiter weg.

Fortpflanzung, Brutbiologie [337,767,309,1369, 1784,2125,2540,2126,1477]. Geschlechtsreife in ME und S-Europa schon Ende des 1 Lebensjahres, doch z.B. in D-SH >50% der Erstbruten erst im 3. Lebensjahr (im 1. Jahr bei günstigem Nahrungsangebot), in D-NW Brutvogelanteil einj. ♂ 7.1%, einj. ♀ 9.2%. Monogam, hohe Revier- und auch Partnertreue. **Nest.** ♂ bietet mehrere Nistplätze an, ♀ wählt durch Eiablage; bis 8 Wechselnester im Revier. Neststand in Krone oder auf starken Ästen hoher Waldbäume (Nadel- oder Laub-), meist > 10 m über Grund; übernimmt auch Greifvogelnester; neue Nester < 30 cm hoch, ältere bis > 1 m, Durchmesser Ø 100 x 80 cm; beide bauen (ab Spätwinter, bis > 40 d vor Eiablage), Basis meist vom ♂. Während Bebrütung und Fütterung noch Eintrag (grüner) Zweige. **Legebeginn.** In ME Ende März bis Ende April, Mitte Mai. **Gelegegröße.** 2-5 (1-6); Ø D_{398} 3.65 (davon vorjährige $♀_{28}$ 3.28), CS_{49} 3.51, GB_{97} 3.79, $Fennoskandien_{125}$ 3.51; Legeintervall 2-4 d. **Eier.** Oval, glanzlos, weißlich bis hellbraun. **Brutdauer.** 35-40 (42) d; ♀ brütet meist, wird vom ♂ versorgt; Bebrütung ab 1./2. Ei, aber intensiv ab Vollgelege. **Schlüpftermine.** Innerhalb max. 2-3 d, im Mai (Juni). **Nestlings-/Führungszeit.** ♀ füttert, hudert 8-10 d, sitzt bis 20 d als Wache am Nestrand; ♂ überbringt Futter (oft in der Luft); ab 3 Wochen jagen beide; Juv. können ab > 16 d stehen, mit 27-29 d erste Flugsprünge, mit 34-36 voll befiedert. Nestlingsdauer 35-42 d (♂ mit 35-36 d, ♀ mit 40-42 d), dann als »Ästlinge« in Nestumgebung; Juv. mit 40-43 d gut flugfähig, bleiben wenige d bis mehrere Wochen in Nestnähe. **Jahresbruten.** 1; Ersatzgelege 15-30 d nach Verlust. **Bruterfolg.** In D (nach $1965)_{76}$ ca. 1.2, $(1957\text{-}69)_{98}$ 1.56, in E-D $(1937\text{-}68)_{101}$ 2.09, $(1952\text{-}72)_{59}$ 1.86, $(1966\text{-}74)_{71}$ 1.21, in NL $(1964\text{-}67)_{42}$ 1.65 Juv./besetztes Nest; aber 1977-79 in $E\text{-}D_{234}$ nur 0.85 Juv./besetztes Nest; sonst in ME kaum Unterschiede bei 1.25-2.25 Juv./BP und J. (bzw. zw. 1.5-2.5 Juv./ erfolgr. BP) [1507,17], in jüngerer Zeit schwankend von 1.80 $(1987\text{-}90)_{1020}$ auf 1.69 $(1991\text{-}94)_{1467}$ und 1.77 $(1995\text{-}98)_{1316}$ [2459]. Anteil erfolgloser Bruten etwa 20%, regional in jüngerer Zeit gestiegen, z.B.

bis > 40% in D-SH (bei geringer Habitatqualität in -NW auch weniger), bzw. gesunken in D-NW von 26% (1972-85) auf 18% (1986-2001). Bruterfolg in D-NW vom Anteil an und Abstand zum Offenland im Revier beeinflusst, ebenso von Nesthöhe, vor allem aber von Witterung; Bruterfolg altersabhängig, Zunahme bei ♀ bis 7 J., dann Abnahme [2791]. Geschlechterverhältnis der Juv. in D_{813} ♂:♀ = 1.27.

Eimaße und -gewichte. L. 41.0-50.1 mm, B. 31.0-35.4 mm, Ø: 45.6 x 32.9 mm (n=100, NL); Frischvollgew. Ø: 25.5 - 27.7 g; Schalengew. 1.64-2.16 g, Ø: 1.9 g (n=100, NL).

Sterblichkeit, Alter. Unter 101 BP erreichten ca. 0.62 Juv./BP das 2. Lebensjahr (D). Sterblichkeit in D ca. 57% im 1., 30–35%/J. in folgenden J.; in FIN 74% im 1., 64% im 2., 56% im 3. Lebensjahr; neuere Berechnungen D-SH ca. 40% Mortalität für einjährige, > 30% mehrjährige [309 mit Kritik]. In Gotland (S.) Sterblichkeit von ♂ 46-51% im 1. J., für ♀ 29-31% im selben Zeitraum [1984].
Nach Mauserfedern zu urteilen Durchschnittsalter der ♀ in D-SH ca. 5.5 J. (älteste Brut-♀ 2mal 15 J.), in S D-BY brüten ♀ im Mittel 4mal bis sie ersetzt werden (ältestes Brut-♀ 12 J.). Ältester Ringvogel (D) 19 J. 9 Monate [3654]; in Gefg. > 20 J. **Generationslänge:** 6 J. [383].

Mauser. **Postjuvenile Mauser** (Vollmauser) Mai–Aug./Sept. im 2. KJ; wie bei Ad. bisweilen nicht ganz vollständig [1189]. • **Postnuptialmauser** (Vollmauser) April–Sept.; ♀ beginnen zur Zeit der Eiablage oder Bebrütung, ♂ ca. 2–3 Wochen später; vermutlich Unterbrechung während Nestlingszeit bis zum Ausfliegen der Jungen; letzte AS und ST z.T. erst in folgender Mauserperiode ersetzt [139,3050,1189].

Accipiter nisus – Sperber 02690

Accipiter [nisus] nisus (Linnaeus 1758)

(GB) **Eurasian Sparrowhawk** (F) **Épervier d'Europe** (E) **Gavilán Común**

Taxonomie. Sechs gering differenzierte, klinal variierende UA, davon in Europa *nisus* Linnaeus 1758 (Festland), *granti* Sharpe 1890 (Madeira, Kanaren) und *wolterstorffi* Kleinschmidt 1901 (Korsika, Sardinien). Bildet Superspezies mit *A. rufiventris* (Afrika S Sahara) und ist nah verwandt mit *A. striatus* (N- und S-Amerika), den manche Autoren derselben Superspezies zuordnen [2520N,3715].

Kennzeichen. Sexualdimorph [1784,1369,221, 3772,696,1189,2540,3615]. Gr.: 28-38 cm. Gew.: ♂ 110-196 g Ø: 150 g, ♀ 185-342 g (zur Brutzeit höhere Werte), $Ø_{Jahr}$: 290 g. Fl.spw.: 55-70 (75) cm. Fl.l.: ♂ 19.6-21.2 cm, ♀ 23.1-25.6 cm [1369,2540,3615].

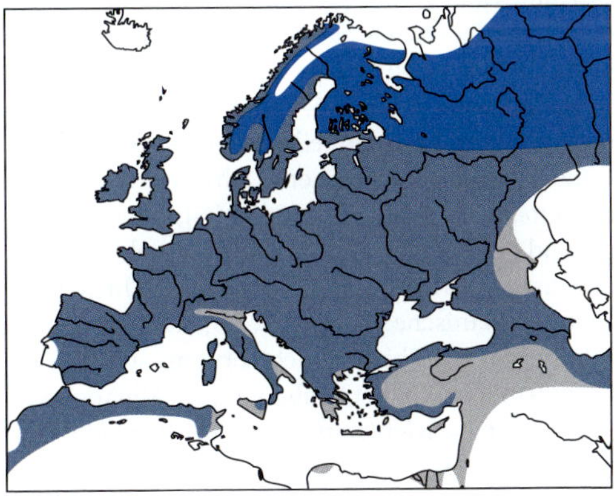
Accipiter nisus – **Sperber**

Status. Verbreiteter und recht häufiger Brut- und Jahresvogel. Ferner Zuzügler und Wintergast aus nordischen Brutgebieten. Gebietsweise hoher Nichtbrüterbestand.

Verbreitung und Bestand. Eurasien von W-Europa (ohne IS; aber Madeira) und N-Afrika bis Kamtschatka und N-JAP; im S bis Mittelmeergebiet und Vorderasien sowie S Zentralasien, und im N bis Waldgrenze [1369]. In Europa Schwerpunkte in RUS (160-180 T.), GB (40 T.), Fennoskandien (34-45 T.) und F (27-43 T.), Gesamtbestand etwa 340.000-450.000 BP (zunehmend) [383]. ME flächendeckend (aber in NE-D und SW-PL nur lückig) lokal bis fast zur Baumgrenze besiedelt, Gesamtbestand 39.000-61.000 BP [383,2540, erg.].

Wanderungen. Stand-, und Zugvogel, Streuungswanderungen; Wintergebiet von Mittelskandinavien, S-FIN, mittleres RUS bis N-Afrika, Sudan,

Äthiopien, Arabien etc. Generell nach N und E stärkere Wanderneigung und größere Entfernungen; Juv. ziehen häufiger und weiter als Ad., ebenso ♂ im Vergleich zu ♀ [Ringfunde s. auch 3391,1170,1955,1208]. Abzugsrichtung in **Br. ME und N-Europa** S-SW; weiteste Ringfunde aus E./P. **Br. aus GB/IRL** sind Standvögel [4064]. **Br. aus Fennoskandien** überwintern auch in W-ME (NL, B bis S-F). Abzug aus Brutgebiet ab Mitte Aug., Dz. S-S. Maximum Ende Sept./Mitte Okt., Helgoland Gipfel Juv. Anf. Okt., Ad. etwas später. Ad. aus S. rücken schneller südwärts vor als Juv.; Zuggeschwindigkeiten Br. S. Ø 27 km/d und FIN 46 km/d.

Bestandsentwicklung. Ursprünglich überall sehr häufig, durch direkte Verfolgung erste Abnahmen bis in 1920er J. [z.B. D-SH, -NW, -MV: 196]. Bestandserholung etwa 1940-50, doch in 1950er J. im gesamten ME, insbesondere in Agrarlandschaften, sehr starker Rückgang von 20% bis 80% [309, 1369,1589,1719,196], mit Tiefststand meist Anf. 1970er J.; lokal auch Erlöschen der Vorkommen [z.B. D-MV, -TH:196]; alpine Bereiche, z.B. CH, dagegen wenig betroffen [1507].
Durch Reduktion des toxischen Biozideinsatzes (zwischen 1968-74 Verbot von DDT, Dieldrin etc) und Einführung ganzjähriger Schonzeit regional unterschiedlich rasche Bestandserholung ab Mitte 1970er J., allerdings z.B. in E-D vergleichsweise langsam [2125,2067], dabei verlassene Teilregionen zum größten Teil wiederbesiedelt [z.B. B, L, D-NW]. Dichten früherer Jahre vielerorts aber nicht mehr erreicht [1722,3867,196], oft wegen anhaltend geringer Reproduktion bei verschlechterter Lebensraumsituation [z.B. geringes Nahrungsangebot, »chemische Altlasten«, 26], Da Sperber in suboptimalen Gebieten nicht brüten, sondern als Nichtbrüter im Gebiet bleiben, starke Abhängigkeit von (»source«-)Gebieten mit hoher Reproduktion und Gefahr des Bestandseinbruchs.
Ab Mitte 1980er J. in CZ erneut Rückgänge [905], in NL andererseits anhaltende Bestandszunahme, langfristige Entwicklung dort von > 500 BP (um 1950), 750 (Ende 1950er), 250–350 (1964), 150–200 (1970), 1200 (1978), 2.500-3.000 (1986), bis auf 3.900-5.000 BP (1995/96), inzwischen bei lokal starken Abnahmen, offenbar durch Nahrungsengpässe, stabilisiert (s. Tab.) [337,1585,375,3638,577]. Ebenso starke Zunahmen in D-NW von 800-900 BP (1980) und 2.400 (1986) auf 3.600 BP (1994, seither stabil) [2125], anhaltend in E-D und PL [3871]; sonst Zuwächse vornehmlich auf neu besiedelte Gebiete Europas beschränkt [578].

Verluste bis Anf. 1970er J. und Anwachsen der Bestände in 1980er J. auch aus Zugplanbeob. ersichtlich [1315]. Neuerdings wie Habicht mit Anpassung an städtische Bereiche, u.a. in NL, dadurch Arealausweitung [375,3638].

	Best.	Areal	Brutbestand	Jahr	Quelle
A	+/-	=	6.000–8.000	1998–2002	[383]
B	↑	+ 1	3.000–4.600	2001–2002	[383]
CH	↑	+ 1	3.000–4.000	1993–1996	[383]
CZ	+/-	=	3.500–4.500	2000	[383]
D	⇧	+ 1	14.400–21.000	1995–1999	[383]
FL	+/-	=	10–15	1998–2000	[383]
H	⇧	+ 1	1.000–2.000	2002	[383]
L	↑	=	200–300	2001	[383]
NL	⇧	+ 2	4.000–5.000	1998–2000	[383]
PL	↑	=	2.500–10.000	2000–2002	[383]
SK	↑	=	1.500–2.000	2000	[2540]

Siedlungsdichte. Mittlere Dichte in GB 14 BP/100 km², in ME 11 BP (NL) bzw. 8.7 BP (CH), im Gesamtmittel etwa 6 BP/100 km², in PL und in S-Europa deutlich weniger (etwa 1 bzw. 2 BP/100 km²) [2125,3871]; Einzelwerte (auch großflächig) bis zu 47 BP/100 km² (NL) bzw. 56-62 BP/100 km² (PL auf 80 km²) [1507,3871], bei urbanen Ansiedlungen ebenfalls z.T. extrem hoch, z.B. 82 BP auf 233 km² in Prag CZ [Peške 1990 in 1507], in D-HH 8 bzw. 16.6 BP [3205]. Jagdgebiete bis 6–7 km². In GB Nestterritorien auffallend regelm. verteilt (20 bis > 400 Rev./100 km²) [337].

Gefährdungsursachen [1589,1343,309,1719,196, 578]. Direkte Verfolgung durch Abschuss, Aushorstung von Jungvögeln, Gelegezerstörung, Ausschießen von Horsten, Fang mit beköderten Schlagfallen etc.; ursprünglich bedeutendste Gefährdungsursache, inzwischen in ME von regionaler Bedeutung, aber in Durchzugs- und Überwinterungsgebieten SW-Europas Hauptgefährdung.
Primär durch Biozide verursachte erhöhte Mortalität, sekundär durch die Umweltgifte erheblich verringerte Reproduktionsrate. Bei Vielzahl untersuchter Vogelarten Sperber mit höchsten Belastungen überhaupt. Intensivierung der Landwirtschaft und Verringerung des Nahrungsangebotes.
Lebensraumverlust durch Flurbereinigung, Verbauung, Zersiedelung; auch Waldsterben, ferner Holzeinschlag während Brutzeit; neuerdings auch Verlust oder Überalterung von Fichtenbeständen.

Unfälle (Straßenverkehr, Freileitungen, Glasfassaden, Drähte etc.).

SPEC	VSchRL	Bern.Konv.	Bonn.Konv.
--	--	Anh. II	Anh. II
Europ. RL	**RL in ME**		
--	FL,CZ:'VU', L, SK: 'NT'		

Schutzmaßnahmen. Vgl. Habicht.
Stärkere Reduzierung des Einsatzes toxischer Biozide.
Reich strukturierte Feldflur. Keine Auslichtungsarbeiten an Brutstandorten.
Ganzjährige Schonzeit.

Biotop. Abwechslungsreiche Landschaften mit ausreichendem Kleinvogelangebot. Nest in Baumbeständen, die genügend Deckung, aber auch ausreichenden Raum für An- und Abflug bieten, bevorzugt in Nadelstangenhölzern. Reine Laubwälder in ME kaum besiedelt. Jagdgebiet busch- und gehölzreiche Landschaften, besonders im Winter auch Rand- und sogar lnnenzonen geschlossener Ortschaften. ♂ bevorzugt bei Jagd mehr Deckung als ♀.

Nahrung. Bis zu 90 % Vögel, wenig Kleinsäuger. In ME vor allem Sperlinge, Finken, Goldammer, Singdrossel, Feldlerche, Meisen, Star, ferner viele weitere Kleinvogelarten. Kleinsäuger nur ausnahmsweise in größerer Zahl; selten Insekten. Beutelisten oft sehr artenreich; Unterschiede zwischen Biotopen und Jahreszeiten oft beträchtlich. Generell vor allem Arten halboffener Landschaften; Sperlinge wichtige Nahrung bei geringem Waldvogelangebot. Entnahme von Singvogelpopulationen April/Mai wohl kaum > 3 %; Brutzeit vor allem Ausflugsterminen von Singvögeln angepasst. ♀ wählen im Mittel größere Beutetiere als ♂. Nahrungsbedarf ♂ ca. 40 g, ♀ 60-70 g (1-3 Kleinvogeleinheiten)/d; Nahrungsbedarf für 31 d bis Ausfliegen pro Brut 5.900 g (< 4 Junge) bis 13.800 g (4 Junge).

Stimme. Bei Störung am Nest sehr rasche, hohe »gigigi…« (♂ höher als ♀). Gleiche Rufreihe langsamer im Paarkontakt, z.T. als Duett. Im Schauflug (offenbar ♂ und ♀) weiche, nach oben gezogenes »gjüggü…«. ♂ mit Beute anfliegend ruft »nüg…« und ♀ »nääg…« Reihen, langsam und mitunter etwas heiser vorgetragen. Nestlinge betteln hoch »kji kji…« oder »wüü…«

Verhalten. Tagaktiv. Nahrungserwerb unter Ausnutzung von Deckung als Überraschungsangriff im schnellen Vorbeifliegen. Entweder Ansitz auf Warte oder niedriger Suchflug. Im Strecken- und Suchflug meist 3–4 schnelle Flügelschläge und dann kurze Gleitstrecke. Vor allem ♂ zwischen dichten Bäumen sehr manövrierfähig. Auch Segeln in größerer Höhe unter Ausnutzung der Thermik. Vögel werden am Boden oder fliegend (Verfolgungsjagd aber meist nur kurz) geschlagen. Bei sehr schnellen Verfolgungsjagden nicht selten Aufprall an Hindernissen (besonders im Winter in Siedlungen). Bevorzugte Rupfplätze kleine Erhöhungen am Boden. Nahrungserwerb im 1. Herbst noch wenig effizient. Einzelgänger. »Balzflüge«, die auch der Reviermarkierung dienen bereits ab Ende Feb./Anf. März, meist März/April als Girlandenflüge ähnlich Habicht. Paare sind während einer Brutsaison stabil; kopulieren sehr häufig (mehrmals pro d) meist in Nestnähe; ♀ initiieren Kopulationen (dauern ca. 20 - 30 sec). ♀ sind großteils treu (ca. 5% der Jungen sind nicht vom fütternden ♂). Auf dem Zug und außerhalb der Brutzeit einzeln.

Fortpflanzung, Brutbiologie [337,767,1369, 1784,2125,2540,578]. Geschlechtsreife gegen Ende des 1. Lebensjahres, Erstbrutalter mit 1 bis 4 J. (in D_{136} 18 einjährig, 72 2-4jährig, 40 > 4jährig). Monogam, doch Bigynie nachgewiesen; hohe Partnertreue bei Standvögeln. **Nest.** Auf Bäumen, meist nahe am Stamm in Astgabeln oder auf starken horizontalen Ästen, bevorzugt Fichte; Bodenhöhe in D_{44} 4-18 (Ø 8.5) m, in DK Ø 6.7 m. Nest flach, aus dürren Ästen und Zweigen, mittlerer Durchmesser 30-80 cm, Höhe 8-30 cm. Brutplatztreue, aber fast stets neues Nest (oder Fundament von anderen Arten). Beide bauen, ♂ zuweilen mehr, Dauer ca. 14+ d; besetztes Nest auffällig durch weiße Dunen. **Legebeginn.** In ME Ende April bis Ende Mai; an Nahrungsangebot angepasst; jüngere Vögel im Ø später. **Gelegegröße.** 4-6 (2-7); in Ø D_{73} Erstgelege 4.86, DK_{152} 4.68, GB_{729} 4.9; Erstjährige Brüter im Ø 0.6 Eier weniger. Legeintervall um 2 d. **Eier.** Rundlich, bläulichweiß mit dunkelbraunen Flecken, variabel. **Brutdauer.** 33-35 d pro Ei, 37-40 d pro Vollgelege; ♀ brütet; Bebrütung etwa ab 4. Ei (bei Gelege von 5-7) bzw. ab letztem bei 3-4. **Schlüpftermine.** Asynchron, aber Schlüpfabstände kürzer als Legeabstände. **Nestlings-/Führungszeit.** ♀ füttert, hudert 10-12 d, ♂ trägt Beute ein (schon 14 d vor Eiablage); mit zunehmender Nestlingszeit jagt auch ♀; Nestlingsdauer 24-31 d (♂ mit ca. 24-27 d und ♀ mit ca. 28-31 d); Ad. versorgen Juv. noch 20-30 d, dann diese erst selbständig; in der Bettelflugperiode bringen ♂ viel häufiger Futter als ♀ [1012]. **Jahresbruten.** 1; Ersatzgelege (bis zwei) nicht die Regel und kleiner als Erstgelege. **Bruterfolg.** Generell Bruterfolg größer bei älteren Vögeln als bei Mischpaaren oder rein einjährigen Brutpaaren; bis 4 J. Bruterfolg steigend, dann absinkend; Hauptfaktoren Nahrungsangebot und Pestizide. In 1960er und 1970er J. Schlüpferfolg durch Pestizide drastisch verringert. In DK$_{37}$ (1914-23) 3.0 flügge Juv./Brut, DK$_{74}$ (1936-49) 2.8, DK$_{234}$ (1956-73) 2.6, in NL$_{113}$ (1931-43) 2.6, E-D (1945-54) 1.8, (1955-65)$_{385}$ 1.0, E-D (1968-70)$_{34}$ 1.09, D$_{86}$ (1961-69) 1.2, (1970-75)$_{245}$ 2.37, (1975-78)$_{28}$ 1.54, B (1966-71)$_{28}$ 1.52; ab 1980er J. in D mehrere Angaben von > 2.0 bis max. 3.2 flügge Juv./Brut, in ME (1987-90)$_{691}$ 2.4, (1991-94)$_{959}$ 2.27 und (1995-98)$_{1380}$ 2.51 flügge Juv./BP und J. [2459]. Frühere Gelege erfolgreicher als spätere. Geschlechterverhältnis herangewachsener Nestlinge in D 182 ♂ : 178 ♀.

Eimaße und -gewichte. L. 34.0-47.2 mm, B. 28.3-35.7 mm, Ø: 39.4 x 32.4 mm (n=212, B), 39.0 x 31.3 mm (n=524, GB), 40.1 x 32.8 mm (n=78, D); Frischvollgew. Ø: 19.0 - 29.9 g, Ø: 22.9 g (n=34, D), 23.1 g (n=45, B); Schalengew. 1.44-2.50 g, Ø: 1.75 g (n=51, NL), 1.78 g (n=400, ME).

Sterblichkeit, Alter. Nach Ringfunden ad. ♀ GB 28–41%/J., offenbar höhere Sterblichkeit bei höherer Brutpopulationsdichte [2768,908], aus GB-Ringfunden errechnet 41%/J. für ad. ♂ und 49% für ad. ♀ (Unterschied nicht statistisch signifikant), Lebenserwartung Ø 2.46 J. für ♂ und 2,02 J. für ♀. S-D/A ca. 65% im 1. J., 40–45% in späteren J., DK ca. 63% bzw. ca. 40%; S. im 1 J. 64%, später 36%/J. (abhängig von Wintertemperaturen) [3279]. Höchstalter Ringvogel (DK) 20 J. 3 Monate [3654]. **Generationslänge:** 4 J. [383].

Mauser. **Postjuvenile Mauser** (Vollmauser) größtenteils wie Ad., Juv. Körpergefieder rasch Ende Juni–Juli im 2. KJ ersetzt [1189]. • **Postnuptialmauser** (Vollmauser) Mai/Juni–Sept./Okt.; ♀ beginnen kurz vor oder nach 1. Eiablage, ♂ ca. 4 Wochen später; bei einigen Mauserunterbrechung nach Erneuerung von 2–6 HS während Fütterung der Jungen (Mitte Juni–Mitte August); HS deszendent, AS mit 3 aktiven Mauserzentren; häufigste Sequenz der Steuerfedern 1, 6, 3, 4, 5 und 2; Dauer der HS-Mauser GB ca. 100–120 d bei ♂ bzw. 110–130 d bei ♀; einzelne Körperfedern, 1–2 AS und ST werden z.T. nicht ersetzt [1189,2766].

Accipiter brevipes – Kurzfangsperber 02730

Accipiter brevipes (Severtzov 1850)

(GB) **Levant Sparrowhawk** (F) **Épervier à pieds courts** (E) **Gavilán Griego**

Taxonomie. Monotypisch. Nächstverwandt mit Schikrasperber *A. badius* [A. J. Helbig].

Kennzeichen. Sexualdimorph [696,1189,221, 3615,3772,1784; 1188, mit **Fotos**, s. auch Bird. W. **7**, 443, Var Fag. 2003 (3), 18/19].

Maße. Gr.: 32-38 cm. Gew.: ♂ 150-223 g, ♀ 232-275 g. Fl.spw.: 65-75 cm. Fl.l.: ♂ 21.0-22.8 cm, ♀ 22.6-24.4 cm [1784,3615].

Status. Zum Vorkommen in Europa [1391]. Regelm. Brut- und Sommervogel in H. In weiten Teilen ME nie aufgetreten. Als Irrgast nur in **CZ** 1958 [1369,2159] und in **PL:** ad. ♂ Mai 1989, ♂ 2.KJ Okt. 1993 [q18,3871].

Verbreitung und Bestand. Überwiegend auf Europa beschränkt, brütet in tieferen Lagen von

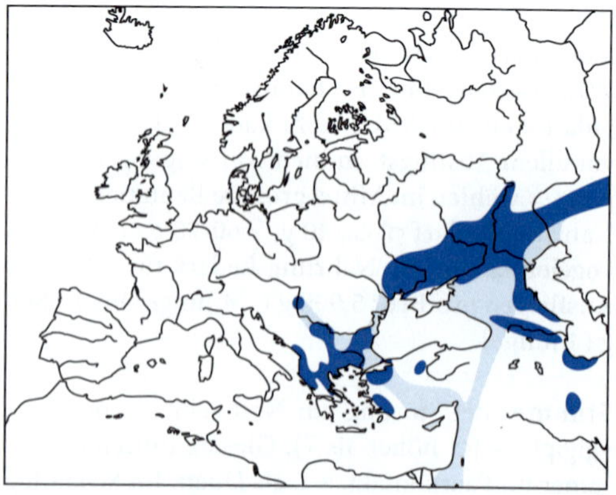

Accipiter brevipes – **Kurzfangsperber**

SE-ME über Balkanhalbinsel bis Ural und Kaspigebiet, dazu kleinere Vorkommen in KZ, AR und Iran [3892,1507]. Europäischer Brutbestand etwa

3.200-7.700 BP (entspr. 75-94% der Welpopulation), davon 1.500-3.000 in RUS, 1.000-2.000 in GR, 100-1.000 in AZ und 300-900 in TR; geringe Abnahme [383]. Angesichts der Gesamtzahl durch IL ziehender Kurzfangsperber (20.000-53.000 Ind. von 1982-91) offenbar unbekannte Brutgebiete in Europa oder unmittelbar benachbarten Regionen. In ME nur Brutvogel im östlichen H mit derzeit max. 5 BP [2438, erg.].

Wanderungen. Zugvogel; Wintergebiet vor allem Arabien, Äthiopien, Sudan. Starker Herbstzug Bosporus, SE-TA, IL Frühjahr > 16.000 Ind., Herbst bis > 40.000 Ind. [2304] und Niltal; 1 Ringfund Eilat (IL) - RO im Juni. Abzug von Brutplätzen ab Mitte Aug./Mitte Sept., später selten; Dz. im Ostmittelmeer ab Ende März/Anf. April, an den Brutplätzen meist erst ab Anf. Mai. Zieht wahrscheinlich auch nachts [3659].

Bestandsentwicklung. Nur aus wenigen Gebieten Informationen. Demnach Ende 19. Jh. leichte Arealausweitung nach NW, dabei Besiedlung Vojvodina 1904, Siebenbürgen 1904, Banat 1906 und E-H Tiefland 1934 [1369].

	Best.	Areal	Brutbestand	Jahr	Quelle
H	+/-	=	2–5	1998	[383,2540,q18]

Derzeit in kleinen Populationen RO und AL Rückgänge, sonst wohl stabile Bestände [auch auf Basis der Durchzüglerzahlen in IL, 1507]. Population in H könnte sich festigen, dort früher nur sporadisches Brüten bekannt, in 1990er J. regelmäßiger; leider wird die Art aufgrund unauffälliger Lebensweise (viell. auch wegen Bestimmungsproblemen) übersehen, Bestand unterschätzt [1507]. Bei Bestandsaufnahme in H 1989 max. 5-10 BP [3892,q3]; bis Ende 1990er J. Bestand allerdings eher geringer [q4].

Siedlungsdichte. Wenige verlässliche Untersuchungen. An der mittleren Wolga gleichmäßige Besiedlung der Laubwälder bei mittlerer Dichte von 17.3 BP/100 km^2 [1507].

Gefährdungsursachen [3892,1507,196]. Wohl zunehmende Zerstörung oder Veränderung ursprünglicher Flusstäler durch landwirtschaftliche Nutzung und Erholungsbetrieb.
Rückgang des Nahrungsangebotes, insbesondere von Reptilien.
Menschliche Verfolgung in Durchzugsgebieten.

SPEC	VSchRL	Bern.Konv.	Bonn.Konv.
2	Anh. I	Anh. II	Anh. II
Europ. RL	**RL in ME**		
VU	H: 'R'		

Schutzmaßnahmen. Schutz bevorzugter Brut- und Nahrungshabitate, z.B. Vermeidung von Kahlschlägen, Wiesenumbruch und Massentourismus. Abschussverbot in bedeutenden Durchzugsgebieten entlang E Mittelmeer.
Intensivierte Forschung zu Vorkommen, Bestandsentwicklung und Gefährdungsursachen bei dieser wenig bekannten Art.

Biotop. Laubwaldvogel (im Gegensatz zu *A. nisus*), Nest in Gehölzen und an Waldrändern in Niederungs- und Hügellandschaften.

Nahrung. Mehr Bodentiere als *A. nisus*, vor allem Kleinsäuger, Eidechsen und Großinsekten, aber auch Kleinvögel.

Stimme. Anders als *A. nisus*, ähnlich wie »ki-wih«; in Erregung auch zu Stakkatoreihen erweitert (die mit Wendehals oder Baumfalken oder Waldkauz verglichen worden sind).

Verhalten. Tagktiv; Ruderflug nicht so hastig wie *A. nisus;* regelm. Segel- und Gleitflugstrecken, kreist auch längere Zeit. Jagd im raschen Suchflug, aber auch kreisend oder von Warte aus (vor allem Bodentiere). Brütet solitär aber Nestdistanzen oft gering (z.B. 100m). Sexualverhalten ähnlich Sperber. Außerhalb der Brutzeit meist einzeln, nur auf dem Zug oft größere Ansammlungen.

Fortpflanzung, Brutbiologie [2540,337,767]. Geschlechtsreife im 1. Lebensjahr. Monogam (Saisonehe). **Nest.** Meist auf Laubbäumen (oft Eiche) im Kronenbereich bei 5-10 (4-20) m; ♀ baut meist allein; Auskleidung mit grünen Zweigen und Blättern. **Legebeginn.** Mitte Mai bis Mitte Juni. **Gelegegröße.** 3-5. **Eier.** Breitoval, blass bläulich bis grünlich oder grau, kaum gefleckt. **Brutdauer.** 29-31 d; nur ♀ brütet, ab 1. oder 2. Ei. **Nestlings-/Führungszeit.** Ähnlich Sperber; Juv. mit etwa 40-45 d flügge, nach weiteren ca. 15 d in Nestnähe selbständig. **Jahresbruten.** 1, Ersatzgelege aus 2-3 Eiern.

Eimaße und -gewichte. L. 37.0-44.4 mm, B. 29.4-33.5 mm, Ø: 40.0 x 31.7 mm (n=17, GR), 40.2 x 31.7 mm (n=54, Europa); Frischvollgew. 21.0-22.9 g; Schalengew. 1.25-2.02 g, $Ø_{94}$: 1.65 g.

Sterblichkeit, Alter. Generationslänge: 4 J. [383].

Mauser. Postjuvenile Mauser (Vollmauser) Körpergefieder vorwiegend im Winterquartier, z.T. auch mit einigen ST, sodass bei Heimzug bereits ähnlich Ad.; Großgefiedermauser Mai–Sept. im 2. KJ [1189,1395]. • Postnuptialmauser (Vollmauser) Mitte Mai–Sept., gelegentlich erst während Wegzug im Okt. oder im Winterquartier beendet [696,1189].

Milvus milvus – Rotmilan 02390

Milvus milvus (Linnaeus 1758)

(GB) **Red Kite** (F) **Milan royal** (E) **Milano Real**

Taxonomie. Monotypisch. Der Kapverden-Milan *M. fasciicauda* wurde bisher meist als UA des Rotmilans angesehen, steht aber wohl dem Schwarzmilan näher [1582, S. Hille].

Kennzeichen. [1784,1369,221,696,1189,3615,3772; vgl. **Fotos** in Limic. **17**, 165, Dutch B. **25**, 146, Brit. B. **93**, 305-319].

Maße. Gr.: 60-66 cm. Gew.: 750-1300 g, ♂ meist 800-1200 g, ♀ meist 1000-1300 g. Fl.spw.: 175-195 cm. Fl.l.: ♂ 44.8-53.2 cm, ♀ 47.8-53.5 cm [1369,3615].

Status. Brutvogel in weiten Teilen ME. Meist Zugvogel, in S-ME Teilzieher, dort regelm. lokaler Überwinterer. Im ganzen Gebiet auffälliger, z.T. häufiger Durchzügler. Lokal große Ansammlungen im Herbst.

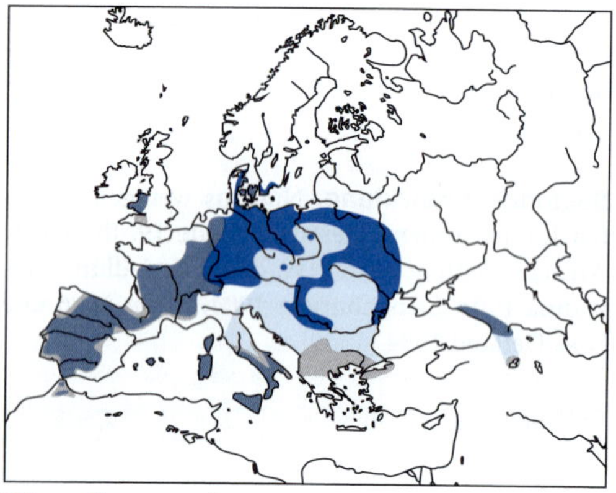

Milvus milvus – Rotmilan

Verbreitung und Bestand. Globales Brutareal fast gänzlich in Europa, von Kapverden und Kanaren bis AR; ferner kleine Populationen in MA und früher vermutlich NW-Iran [3892,1507,3615]. Fast 60% der globalen Brutpopulation von etwa 19.000-24.000 BP brütet in D, daneben Schwerpunkte in F (3-3.8 T.) und E. (1.9-2.7 T.) [383]; in ME meist im Tiefland und Mittelgebirge bis 800–1200 m (CH, A), bei etwa 11.800-14.800 BP [383, erg.]; Gesamtbestand leicht rückläufig.

Wanderungen. Kurzstreckenzieher; Winterquartier im Mittelmeergebiet, F, N-CH, dort (wie auch in wiedereingeführter Population GB) Standvogel mit Streuungswanderungen. Auch in ME zunehmend Überwinterer, z.B. CH, GB, seit 1950er J. auch in N-F, D und S-S., z.T. Überwinterungstraditionen (u.a. wohl als Folge neuer Nahrungsquellen durch Verkehrswege, Abfälle etc., ggf. Klimaerwärmung) [z.B. 1332,2026,3394] mit Ansammlungen von mehreren hundert Ind. [z.B. 1642]. **Br. aus PL, CZ/SK., H** etc. überwintern wohl auf Balkanhalbinsel und im E Mittelmeer. Sonst allg. Abzugsrichtung nach Ringfunden **ME Br.** SW in relativ schmaler Front (bis MA; 2 Ind. in E-D beringt auch später in GB). Im Harz (Zentrum des Dz.) Wegzugmedian letztes Okt.-drittel, in D-BW und Falsterbo dagegen Ende Sept. In D-BW Median des Herbstdurchzuges 4 d pro Zehnjahresintervall nach vorne verschoben (1970–97) [1315]; Anf. Nov. Einzug im Winterquartier wohl abgeschlossen. ME Wintersammelplätze sind z.T. schon ab Aug. besetzt. Heimzug im SW bereits ab Feb./März bis etwa Ende April.

Bestandsentwicklung. Seit 300-400 J. im gesamten Verbreitungsgebiet erheblicher Bestandsrückgang aufgrund von Nahrungsverknappung (»bessere Hygiene«), später direkter Verfolgung (Abschuss, Horstplünderungen) [2125]; dadurch z.B. in ME regionales Erlöschen in D-SH [auch in DK, GB: 2782], sowie in Teilen A, CH, W-PL, D-BW, -NI und -NW [196,3871]. Viele Gebiete aber meist ab 1920er J. langsam wiederbesiedelt oder Zunahme. Trotz regionaler Abnahmen in 1950er oder 60er J. [196] in meisten Regionen ab 1960er J. (spätestens Mitte 1980er J.) Bestandserholung und Wiederausbreitung aufgrund von Schutzmaßnahmen, Erweiterung des Nistplatzspektrums (offene Landschaft) und geringerer Mortalität (vor allem im Winter) [1507,2125,196,3871], bes. auffällig in F [4180], in weiten Teilen E-D sowie in CH und W-PL. In Mittelland und Voralpengebiet CH 90 BP (1969), ca. 120 (1976), ca. 1.000 BP (1996) [3392,696], in D-ST von ~1960-90 Verfünffachung (z.T. erfassungsbedingt) [2125], in D-BW (S) Zunahme und Arealausweitung [4025], ferner Anf. 1970er J. Wiederbesiedlung von B und DK [3615,1422], 1977 von NL (unstet) [375] und Mitte 1980er J. von A [965]. Auch in CZ, früher wohl unbesiedelt, in 1980er J. starke Ausbreitung und Zunahme [3663,2159]. Positive Entwicklung auch bei Zugplanbeob. und Winterbeständen [z.B. CH: 3393] erkennbar [1315]. Zum Teil halten Zunahmen noch an oder Bestände sind auf hohem Niveau stabil [196,1507;1463]. Ausbreitung in NW-Europa oft gebremst durch Verfolgung bzw. Vergiftungen [1507].

Regional in 1990er J. auch Abnahmen: z.B. im Dichtezentrum der Art im nördlichen Harzvorland D-ST [2459], in D-NW Arealrandoszillationen [1476,545,3638], in stadtnahen Bereichen D-NI [2823], in -SH [310,2993], im NE von D-BW [4025] sowie in Teilen E-D, wo Reproduktionsrate in 1990er J. abgesunken [2780,2781,2459]. Insgesamt in D von 1994-97 Abnahme um bis zu 25% [2457], in Karpaten und E-PL bis hin zum Arealverlust [3871]; in F in 1990er J. Rückgang > 50% [3081].

	Best.	Areal	Brutbestand	Jahr	Quelle
A	↑	+ 1	5–10	1998–2002	[383]
B	+/-	=	51–81	1995–2002	[383]
CH	⇧	+ 1	800–1.200	1993–1996	[383]
CZ	⇧	+ 1	70–100	2000	[383]
D	↕	=	10.296–12.658	2000	[1223]
H	↑	+ 1	4–10	1997–2002	[383]
L	↑	+ 1	35–45	1997	[383]
NL	↕	=	0–1	1998–2000	[383]
PL	↑	+ 1	650–700	1995–2001	[383]
SK	↓	- 1	15–20	1990–1999	[383]

In SW-Europa (P, E.), MA sowie Teilen E-Europas z.T. anhaltender Rückgang seit 1960er J., oft durch Habitatverlust [z.B. auf Menorca von 135 BP in 1980er J. auf 12 BP 1995, q3,3615,1507]. In H von ca. 30 BP (1955-60) auf 4–5 BP (1975), zwischenzeitlich nur noch unreg. 0-2 BP [2438]; in A offenbar bis 2000 wieder weitgehend verschwunden [s. 2125]; ebenfalls nur noch Restbestände in SK.; der seit 1980er J. rückläufige Bestand in PL in jüngster Zeit erneut mit positivem Trend [1366].

Wiederansiedlungsversuche in England und Schottland (ab 1989) waren sehr erfolgreich, inzwischen starke Ausbreitung [1343,3615].

Früher z.T. deutliche Unterschätzung der Populationsgrößen, nach neuen Bestandseinschätzungen in wichtigsten Brutgebieten nicht mehr als global bedrohte Art angesehen [382]. Dennoch besonders hohe Verantwortung ME für Erhaltung und Schutz der weitgehend auf Europa beschränkten Art [196,2125,2459,2782].

Siedlungsdichte. In Dichtezentren bis zu 37-47 BP/100 km^2 [1507], meist aber deutlich geringer, in den verschiedenen Ländern D zwischen 0.5-16.0 BP/100 km^2 [2125, erg.]. In CH Anstieg von 0.4 BP/100 km^2 (1976) auf 2.4 BP/100 km^2 (1996) für Gesamtfläche (aber nur etwa 50% wirklich besiedelbar) [3393], in PL max. 4.9 BP/100 km^2 [3871].

Gefährdungsursachen [309,1589,1719,3636,196, 2125,1700,3189]. Verluste von Lebensraum durch Landschaftsverbauung, agrarische Neuordnung und Intensivierung sowie von Brutplätzen durch Vernichtung von Auenlandschaften und Altholzbeständen, kurze Umtriebszeiten und Abnahme des Laubholzanteils. Rückgang des Nahrungsangebots und ihrer Verfügbarkeit durch intensive Landnutzung in ausgeräumter Landschaft (z.B. Einengung der Fruchtfolge, Abnahme des Hamsters, geringere Wühlmausgradationen), für Überwinterer auch durch Schließung offener Müllkippen.

Verluste durch illegale Bejagung und Verfolgung (Vergiftung, Nestplünderung) auch in ME bis heute und trotz ganzjähriger Schonzeit in E- und S-Europa durch Jagd und vergiftete Köder, ferner allgemein an Freileitungen, Windkraftanlagen, im Verkehr und durch Pestizide.

Störung an Brutplätzen durch Freizeitnutzung und Holzeinschlag in Nestnähe.

SPEC	VSchRL	Bern.Konv.	Bonn.Konv.
2	Anh. I	Anh. II	Anh. II
Europ. RL	RL in ME		
--	A,H, CZ:'CR', L, SK:'EN', FL:'R', D, PL: 'NT'		

Schutzmaßnahmen. Zu fördern und erhalten sind traditionelle extensive Nutztierhaltung und Bodenbewirtschaftung (Einschließlich Reduktion von Pestiziden, des Rapsanbaus zugunsten von Feldfutter, Erhöhung der Anbauvielfalt, (Wieder-)Einrichtung von Feldrainen), naturnahe Auwälder und Waldinseln, Altholzbestände (Nestbäume). Keine Störung in Brutrevieren.
Vor allem in Überwinterungsgebieten nach Möglichkeit Beibehaltung traditioneller Kadaverbeseitigung, evtl. Futterplätze.
Bekämpfung illegaler Verfolgung, Beseitigung von Tötungs- und Unfallursachen an Freileitungen, durch Giftköder, Pestizide; Reduktion der Eutrophierung. Information der Öffentlichkeit (Waldbesucher), gezielte Untersuchung regionaler Gefährdungsfaktoren, Bestandsmonitoring.

Biotop. Reich gegliederte Landschaft mit Wald; nicht wie Schwarzmilan an Gewässer gebunden. Nest in lichten Altholzbeständen, zuweilen auch Feldgehölze, Baumreihen, Alleen; Jagdgebiet freie Flächen; Schlafplätze in Gehölzen.

Nahrung. Ähnlich Schwarzmilan, doch meist etwas weniger Fische und selbstgeschlagene Beutetiere größer (Vögel bis Hühnergröße, Säugetiere optimal: Hamster; Hasen wohl nur als Aas), auch viele Kleinsäuger sowie Regenwürmer; Aas bedeutend, ferner Schlachtabfälle und Wildaufbrüche.

Stimme. Gedehnt pfeifend etwa »wiiuu« oder »piö«, oft mehrfach in der Tonhöhe auf- und absteigend; besonders im Frühjahr langsame Trillerstrophe, ähnlich Schwarzmilan, z.B. »uuu–wiuwiuwiu – wiuuuuu« oder »gliü hu hu hu u…« etc. Während der Brutzeit besonders am frühen Morgen zu hören, außerhalb des Brutplatzes recht schweigsam. Standvögel (vor allem Juv.) rufen im Herbst/Winter, Ad. bereits im Jan., auch nachts nahe Schlafplätzen.

Verhalten. Nahrungserwerb ähnlich Schwarzmilan; nimmt gerne Aas, schmarotzt auch bei anderen Greifvögeln. Am Nest territorial; Paare zur Brutzeit stabil aber auch Wiederverpaarung aufgrund von Neststandorttreue. Kopulieren häufig; meist am Nest oder in Nestnähe; oft nach Futterübergabe des ♂. Nach Ausfliegen der Jungen gern gesellig, z.B. Schlafplatzgesellschaften bis > 100 Ind. Im Winter Familiengruppen und in größeren Ansammlungen.

Fortpflanzung, Brutbiologie [337,767,1784, 2125,2540]. Erstbruten mit 2 (bis 3) Jahren, selten schon mit 1. Monogam (Saison- oder Dauerehe); hohe Nestreviertreue. **Ankunft am Brutplatz.** Meist schon verpaart, ab Mitte Feb. bis April. **Nest.** Nicht weit vom Waldrand, am Stamm oder auf starken Seitenästen hoher (Hartholz-)Bäume. Erfolgreiche Nester des Vorjahres gerne wiederverwendet (bis 17 mal bekannt), erfolglose seltener; auch Nutzung von Krähen- und Bussardnestern. Brütet oft höher als Schwarzmilan, meist 12-20 (4-30) m. Neugebaute Nester Ø 45-60 cm, bis 30 cm hoch, mehrjährige größer (Durchmesser bis 100 cm). Mit Müll und Papier meist erst nach Eiablage ausgelegt. Oftmals (bis 5) Ausweichnester vorhanden. Beide bauen. **Legebeginn.** (Mitte März) Anf. April bis Anf. Mai. **Gelegegröße.** 2-3 (1-4, selten 5), Ø GB$_{365}$ 2.20, E-D$_{83}$ 2.55; D$_{109}$ Erstgelege Ø 2.14, Nachgelege 1.65. **Eier.** Rundlichoval, matt, Grund weiß, bedeckt mit rotbraunen Flecken. **Brutdauer.** 31-32 d/Ei, bis 38 d für Dreiergelege; Legeintervall 3 (2-4) d; ♀ brütet, ♂ bedeckt nur Eier bei deren Abwesenheit. Bebrütung ab erstem Ei. **Schlüpftermine.** Innerhalb 2-4 d, ab Mitte Mai bis Anf. Juni. **Nestlings-/Führungszeit.** ♀ hudert bis 14 d, ♂ bringt Nahrung; später tragen beide Ad. Nahrung ein. Nestlingsdauer nahrungsabhängig, ab 45 d, meist 48-50 d, mitunter bis 60-70 d. Dauer des Familienzusammenhalts unterschiedlich, oft weitere 15-20 d. **Jahresbruten.** 1; Ersatz bei Gelege-, nicht bei Jungenverlust. **Ende der Brutperiode.** Spätestes Ausfliegedatum 5.9. in CH. Erfolgreiche Brutvögel und Junge ziehen im Sept. ab, Nichtbrüter und erfolglose Paare schon im Aug. **Bruterfolg.** In D$_{109}$ 1.65 bzw. D$_{96}$ 1.25 flügge Juv./Paar mit Nest, in E-D$_{463}$ 2.2 flügge Juv./erfolgreich bebrütetes Gelege, in ME (1987-90)$_{1692}$ 1.84, (1991-94)$_{2238}$ 1.58 und (1995-98)$_{1853}$ 1.64 flügge Juv./BP und J. [2459]. In GB$_{676}$ 0.54 flügge Juv./Revierpaar, Ø$_{608}$ 0.60 flügge Juv./pro Brutpaar mit Gelege bzw. Ø$_{272}$ 1.34 Juv./erfolgreiches BP und J. In S.$_{267}$ 1.44 flügge Juv./Brutversuch.

Eimaße und -gewichte. L. 52.0-63.4 mm, B. 40.0-49.1 mm, Ø$_{91}$: 56.7 x 44.5 mm, Ø$_{48}$: 57.4 x 45.1 mm; Frischvollgew. 54.8 - 71.3 g, Ø$_{20}$: 60.6 g; Schalengew. 3.8-6.4 g, Ø: 5.2 g.

Alte und neue taxonomische Reihenfolge

Taxonomische Klassifizierung der Vögel. Links nach dem bisher vorwiegend verwendeten System, rechts die neue, in dieser Auflage verwendete taxonomische Listung.
Die Nummer gibt jeweils die Nummer der früheren taxonomischen Klassifizierung an, wobei bei einer Aufspaltung der alten Ordnung oder Familien in unterschiedliche neue taxonomische Einheiten die neue Kategorie mit der entsprechenden »alten« Nummer in Klammern angegeben ist.
[In Blau sind die Ordnungen gesetzt, von denen in Mitteleuropa keine natürlicherweise auftretenden Vertreter nachgewiesen sind und die deshalb in diesem Werk allenfalls im Abschnitt Neozoen behandelt werden.]

Nichtsperlingsvögel – »Non-Passeriformes«, Ordnungen

Frühere taxonomische Klassifizierung		**Neue taxonomische Klassifizierung**	
			UK Palaeognathae
1.	Struthioniformes – Straußenartige	1.	Struthioniformes – Straußenvögel
2.	Tinamiformes – Tinamus	2.	Tinamiformes – Tinamus (Steißhühner)
3.	Sphenisciformes – Pinguine		UK Galloanserae
4.	Gaviiformes – Seetaucher	10.	Anseriformes – Entenvögel
5.	Podicipediformes – Lappentaucher	13.	Galliformes – Hühnervögel
6.	Procellariiformes – Röhrennasen		UK Neoaves
7.	Pelecaniformes – Pelikanverwandte	9.	Phoenicopteriformes – Flamingos
8.	Ciconiiformes – Storchenartige (inkl. Ibisse und Reiher)	5.	Podicipediformes – Lappentaucher
9.	Phoenicopteriformes – Flamingos	3.	Sphenisciformes – Pinguine
10.	Anseriformes – Entenartige	4.	Gaviiformes – Seetaucher
11.	Cathartiformes – Neuweltgeier	6.	Procellariiformes – Röhrennasen
12.	Falconiformes – Falken und Greifvögel	7.	Pelecaniformes – Pelikanvögel
13.	Galliformes – Hühnervögel	(7.)	Phalacrocoraciformes – Kormoranvögel
14.	Gruiformes – Kranichvögel	(8.)	Threskiornithiformes – Ibisse
15.	Charadriiformes – Schnepfen-, Möwen- und Alkenvögel	(8.)	Ardeiformes – Reiher
16.	Columbiformes – Tauben	8.	Ciconiiformes – Storchenvögel
17.	Psittaciformes – Papageien	(12.)	Cathartiformes – Neuweltgeier
18.	Cuculiformes – Kuckucke	(12.)	Accipitriformes – Greifvögel
19.	Strigiformes – Eulen	12.	Falconiformes – Falken
20.	Caprimulgiformes – Schwalmvögel	14.	Gruiformes – Kranichvögel
21.	Apodiformes inkl. Kolibris – Segler	15.	Charadriiformes – Wat-, Alken- und Möwenvögel
22.	Coliiformes- Mausvögel	(16.)	Pterocliformes – Flughühner
23.	Trogoniformes – Trogons	16.	Columbiformes – Tauben
24.	Coraciiformes – Rackenverwandte	17.	Psittaciformes – Papageien
25.	Piciformes – Spechte	18.	Cuculiformes – Kuckucke
		19.	Strigiformes – Eulen
		20.	Caprimulgiformes – Schwalmvögel
		21.	Apodiformes – Segler
		(21.)	Trochiliformes – Kolibris
		22.	Coliiformes – Mausvögel
		23.	Trogoniformes – Trogone
		24.	Coraciiformes – Rackenvögel
		(24.)	Upupiformes – Hopf- und Hornvögel
		25.	Piciformes – Spechtvögel

Sperlingsvögel – Passeriformes, Familien und Überfamilien

Frühere taxonomische Klassifizierung		Neue taxonomische Klassifizierung	
			Parvorder Corvida s. str.
			ÜF Corvoidea
1.	Alaudidae – Lerchen	18.	Vireonidae – Vireos
2.	Hirundinidae – Schwalben	24.	Oriolidae – Pirole
3.	Motacillidae – Stelzen	4.	Laniidae – Würger
4.	Laniidae – Würger	25.	Corvidae – Krähenverwandte
5.	Bombycillidae – Seidenschwänze		Parvorder Passerida
6.	Cinclidae – Wasseramseln		ÜF Paroidea
7.	Troglodytidae – Zaunkönige	12.	Remizidae – Beutelmeisen
8.	Mimidae – Spottdrosseln	13.	Paridae – Meisen
9.	Prunellidae – Braunellen		
10.	Muscicapidae – Fliegenschnäpper (mit Drosseln, Grasmücken usw.)		ÜF Sylvioidea
11.	Aegithalidae – Schwanzmeisen	1.	Alaudidae – Lerchen
12.	Remizidae – Beutelmeisen	2.	Hirundinidae – Schwalben
13.	Paridae – Meisen	(10.)	Panuridae – Bartmeisen
14.	Sittidae – Kleiber	11.	Aegithalidae – Schwanzmeisen
15.	Certhiidae – Baumläufer	(10.)	Cettiidae – Buschsänger
16.	Emberizidae – Ammern	(10.)	Phylloscopidae – Laubsänger
17.	Parulidae – Waldsänger	(10.)	Megaluridae – Grassänger
18.	Vireonidae- Vireos	(10.)	Acrocephalidae – Rohrsängerverwandte
19.	Icteridae – Stärlinge	(10.)	Cisticolidae – Halmsänger
20.	Fringillidae – Carduelidae	(10.)	Sylviidae (inkl. Timalien) – Grasmücken
21.	Estrildidae – Prachtfinken		
22.	Ploceidae – Webervögel (mit Sperlingen)		NN – incertae sedis (unsichere Zuordnung)
23.	Sturnidae – Stare	(10.)	Regulidae – Goldhähnchen
24.	Oriolidae – Pirole	5.	Bombycillidae – Seidenschwänze
25.	Corvidae – Rabenvögel		
			ÜF Certhioidea
		(14.)	Tichodromidae – Mauerläufer
		14.	Sittidae – Kleiber
		15.	Certhiidae – Baumläufer
		7.	Troglodytidae – Zaunkönige
			ÜF Muscicapoidea
		8.	Mimidae – Spottdrosseln
		23.	Sturnidae – Stare
		6.	Cinclidae – Wasseramseln
		(10.)	Turdidae – Drosseln
		10.	Muscicapidae – Schnäpperverwandte
			ÜF Passeroidea
		9.	Prunellidae – Braunellen
		22.	Ploceidae – Webervögel
		(22.)	Passeridae – Sperlinge
		21.	Estrildidae – Prachtfinken
		3.	Motacillidae – Stelzenverwandte
		20.	Fringillidae – Finken
		16.	Emberizidae (inkl. Parulinae, Icterinae und Cardinalinae) – Ammernverwandte

Für Staaten verwendete Abkürzungen

A	Österreich	**F**	Frankreich	**MA**	Marokko
AL	Albanien	**FIN**	Finnland	**MN**	Mazedonien
AR	Armenien	**FL**	Liechtenstein	**MOL**	Moldawien
AUS	Australien	**GB**	Großbritannien	**N.**	Norwegen
AZ	Aserbeidschan	**GO**	Georgien	**NL**	Niederlande
B	Belgien	**GR**	Griechenland	**NZ**	Neuseeland
BiH	Bosnien und Herzegowina	**GRÖ**	Grönland	**P**	Portugal
BG	Bulgarien	**H**	Ungarn	**PL**	Polen
BY	Weißrussland	**HR**	Kroatien	**RO**	Rumänien
CDN	Kanada	**I**	Italien	**RUS**	Russland
CH	Schweiz	**IL**	Israel	**S.**	Schweden
CS	ehem. Tschechoslowakei	**IRL**	Irland	**SK.**	Slowakei
CZ	Tschechien	**IS**	Island	**SLO**	Slowenien
CY	Zypern	**JAP**	Japan	**SM**	Serbien/Montenegro
D	Deutschland	**JOR**	Jordanien	**SYR**	Syrien
DK	Dänemark	**KZ**	Kasachstan	**TN**	Tunesien
DZ	Algerien	**L**	Luxemburg	**TR**	Türkei
E.	Spanien	**LT**	Litauen	**UA.**	Ukraine
EGY	Ägypten	**LV**	Lettland	**USA**	Vereinigte Staaten v. Amerika
EST	Estland	**M**	Malta	**YU**	Jugoslawien

Für Länder, Kantone usw. oder Großräume (in der Regel politische Einheiten) in Mitteleuropa verwendete Abkürzungen

D-BB	Brandenburg	**A-B**	Burgenland	**CH-GL**	Glarus
D-BE	Berlin	**A-K**	Kärnten	**CH-GR**	Graubünden
D-BW	Baden-Württemberg	**A-Nö**	Niederösterreich	**CH-JU**	Jura
D-BY	Bayern	**A-Oö**	Oberösterreich	**CH-LU**	Luzern
D-HB	Bremen	**A-S**	Salzburg	**CH-NE**	Neuchatel
D-HE	Hessen	**A-St**	Steiermark	**CH-NW**	Nidwalden
D-HH	Hamburg	**A-T**	Tirol	**CH-OW**	Obwalden
D-MV	Mecklenburg-Vorpommern	**A-V**	Vorarlberg	**CH-SG**	St. Gallen
D-NI	Niedersachsen	**A-W**	Wien	**CH-SH**	Schaffhausen
D-NW	Nordrhein-Westfalen			**CH-SO**	Solothurn
D-RP	Rheinland-Pfalz	**CH-AG**	Aargau	**CH-SZ**	Schwyz
D-SH	Schleswig-Holstein	**CH-AI**	Appenzell Innerrhoden	**CH-TG**	Thurgau
D-SL	Saarland	**CH-AR**	Appenzell Ausserrhoden	**CH-TI**	Tessin
D-SN	Sachsen	**CH-BE**	Bern	**CH-UR**	Uri
D-ST	Sachsen-Anhalt	**CH-BL**	Basel-Landschaft	**CH-VD**	Waadt
D-TH	Thüringen	**CH-BS**	Basel-Stadt	**CH-VS**	Wallis
		CH-FR	Freiburg	**CH-ZG**	Zug
		CH-GE	Genf	**CH-ZH**	Zürich

Weitere gelegentlich verwendete Kürzel geographischer Begriffe:

Bod. = Bodenseegebiet mit Teilgebieten in CH (SG, TG, SH), A (V) und D (BW, BY)
Helgol. = Helgoland
Nrh. = Niederrhein
Rhl. = Rheinland
Watt. = Wattenmeer
Westf. = Westfalen

Allgemeine Abkürzungen

a	Jahr
Abb.	Abbildung(en)
Ad./ad.	Altvogel; adult
allj.	alljährlich
Anh.	Anhang – in Tabellen
AS	Armschwinge(n)
Beob.	Beobachtung(en)
bes.	besonders
BP	Brutpaar(e)
Br.	Brutvogel, Brut- (und Pluralformen)
bzw.	beziehungsweise
ca.	etwa
cm	Zentimeter
d	Tag(e)
dj., Dj.	diesjährig; Diesjährige(r)
Dz.	Durchzug, Durchzügler
E	Osten, Ost-, östlich, auch vermischt, z.B. NE = Nordost
einj.	einjährig(e,er,es)
erg.	ergänzt
erl.	erlegt
erfolgr.	erfolgreich
etc.	et cetera (usw. fällt wegen weniger guter internationaler Verständlichkeit weg)
europ.	europäisch
Ex.	Exemplar (nur bei Erlegungsdaten, Totfunden oder Sammlungspräparaten)
Fl.	Flügel
Fl.l.	Flügellänge
Fl.spw.	Flügelspannweite
g	Gramm
Gefg.	Gefangenschaft, Zoo-, Volierenhaltung
Gefg.fl.	Gefangenschaftsflüchtling
Gew.	Gewicht (Masse) – in Tabelle/Auflistg.
ggf.	gegebenenfalls
Gr.	Größe – in Tabelle/Auflistung
h	Stunde
ha	Hektar
HS	Handschwinge
i.d.R.	in der Regel
im Allg.	im Allgemeinen (auch i.A.)
immat.	immatur(e,es,er)
Ind.	Individuum (-en)
J.	Jahr(e)
Jh.	Jahrhundert
Juv., juv.	Jungvogel, juvenil und Pluralformen
KJ	Kalenderjahr
km	Kilometer
km^2	Quadratkilometer

m	Meter
max.	maximal, Maximum
ME	Mitteleuropa
min.	minimal, Minimum
mind.	mindestens
Mio.	Million
mm	Millimeter
N	Norden, Nord-, nördlich
Nachw.	Nachweis(e)
o. ä.	oder ähnlich
o. g.	oben genannt
PK	Prachtkleid
regelm.	regelmäßig
RL	Rote Liste
ruf.	rufend(e,er,es)
sec	Sekunde
S	Süden, Süd-, südlich
sing.	singend
SK	Schlichtkleid
s.o.	siehe oben
sog.	sogenannte(r)
SPEC	Species of European Concern
s. str.	sensu strictu (im eigentl. Sinne)
ST	Steuerfeder
s.u.	siehe unten
T.	Tausend (e)
Tab.	Tabelle
UA	Unterart/Subspezies
ü.M.	über dem Meeresspiegel
unpubl.	unveröffentlicht
unreg.	unregelmäßig (auch: unregelm., unr.)
var.	verschiedene Quellen
veränd.	verändert
vgl.	vergleiche
viell.	vielleicht
vorj.	vorjährig(e)
vorm.	vormals
VSchRL	Vogelschutzrichtlinie – in Tabellen
W	Westen, West-, westlich
(z)	Bestimmungstafel (bei Fotohinweisen)
z.B.	Zum Beispiel
z.T.	zum Teil
zus.	zusammen
Monate	Jan., Feb., März, Apr., Mai, Juni, Juli, Aug., Sept., Okt., Nov., Dez.
Vogelnamen	E. = englisch; Fr. = französisch; Sp. = spanisch
Ø	arithmetisches Mittel
> ; <	größer/mehr als...; kleiner/weniger als...

Sterblichkeit, Alter. Für ME Juv. 50% und Ad. 39%/J. [3441] bzw. für Ad. in Wales 1950/60 22% und 1961/80 13%/J. [815]. Ältester Ringvogel (D) 29 J. 10 Monate [1337]; in Gefg. 33 J. **Generationslänge:** 6 J. [383].

Mauser. **Postjuvenile Mauser** (Teilmauser) z.T. schon ab Sept./Okt., meist ab April des 2. KJ; Teile des Körpergefieders [767,139,1189]. Großgefiedermauser etwas früher als Ad. [1189,544]. • **Postnuptialmauser** (Vollmauser) Schwungfedern ab (April) Mai, ♂ z.T. später als ♀; ST-Mauser setzt nach Ausfall von HS 1 ein [1369]; einige HS und AS werden erst bis Sept./Okt. im Winterquartier gewechselt; selten bleiben einzelne AS stehen [139,1189,544].

Milvus migrans – Schwarzmilan 02380

Milvus [migrans] migrans (Boddaert 1783)

(GB) **Black Kite** (F) **Milan noir** (E) **Milano Negro**

Taxonomie. Fünf UA, davon in Europa nur *migrans* (Boddaert 1783), die klinal in ostpaläarktische Form *lineatus* (J. E. Gray 1831) übergeht und deshalb nicht auf Allospezies-Niveau getrennt werden sollte [*contra* 3565]. Bildet Superspezies mit afrikanischem *M. aegyptius* (incl. »*parasitus*«) und wahrscheinlich mit *M. fasciicauda* (W Kapverden).

Kennzeichen. [1784,221,1369,696,1189,3772,3615; altersabhängige Variation des Gefieders: u.a. 2886; Aussehen zweier offensichtlicher Hybriden mit *Buteo buteo*:752; weitere **Fotos** in Limic. **10**, 106-113, 162, **14**, 341, **17**, 165, Dutch B. **22**, 176, **25**, 185, (verschiedene Formen) Bird. W. **15**, 248-252, (UA *lineatus*) **16**, 156-160].

Maße. Gr.: 55-60 cm. Gew.: ♀ 750-941 g, ♂ 630-928 g. Fl.spw.: 160-180 cm. Fl.l.:♀ 44.8-48.2 cm, ♂ 42.6-46.3 cm [1369,3615].

Status. Brut- und Sommervogel, Zugvogel. Auffälliger Durchzügler im weiten Teilen ME (außer NW). Winternachweise aus allen Regionen ME, aber extrem selten.

Verbreitung und Bestand. In gemäßigten, subtropischen und tropischen Regionen Eurasiens ohne NW-Europa, ferner in Afrika ohne Sahara, Teilen SE-Asiens sowie Neuguinea und AUS. Gesamtbestand in Europa 64.000-100.000 BP, stark rückläufig, mit Schwerpunkten in RUS (30-50 T.), F (22-26 T.) und E. (2.5-10 T.) [383]. In ME brütet Nominatform mit etwa 4.400-6.400 BP [383, verändert] von seenreichen Tieflagen bis Mittelgebirge und Alpenvorland, insbesondere in CH und S-D. Meidet weitgehend maritime Regionen [1507], daher u.a. in NW-ME (NL, B, D-NW) sehr seltener Brutvogel.

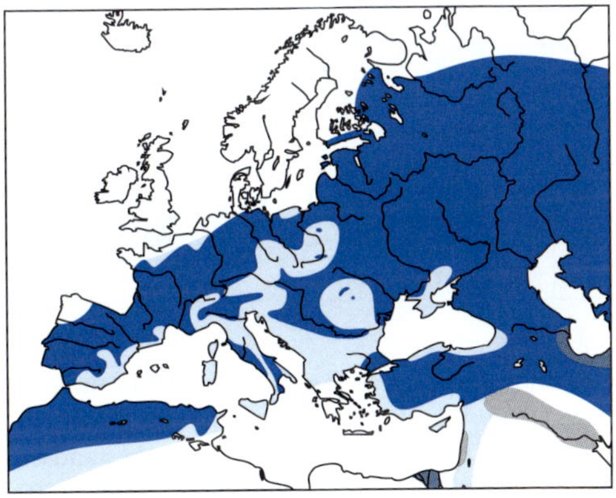

Milvus migrans – **Schwarzmilan**

Wanderungen. In ME Langstreckenzieher, einige S-eurasische Populationen sind jedoch weitgehend Standvögel. Winterquartier Afrika von Senegal und Sudan bis S-Afrika. Winterbeob. selten aus S-F, I, GR, BG (echte Überwinterung?), in ME sehr seltene Ausnahmen. Herbstzug über Gibraltar, Sizilien [19], Bosporus, NE-TR, IL (< 1500 Ind.) [2304] und Frühjahr Cap Bon/TN (> 15.000), Eilat (1977–88 Ø 28.000 Ind./J.) [2304]. Ringfunde im Winter: D – Elfenbeinküste, Togo, Nigeria, Uganda; CH – Senegal, Gambia, Guinea, Mali, Elfenbeinküste, W-Nigeria. Nach Flüggewerden (Ende Juni/Juli) Umherstreifen (Dispersal), Abzug Aug., Ad. vor den Juv.; Nachzügler Sept., ausnahmsweise Okt./Nov. Hauptdurchzug Mittelmeer Mitte Aug./Sept. Ab Feb. Heimzug von Afrika, Gros aber erst März. Extremdaten ME 2. Feb.-Hälfte, normalerweise ab Anf. März in CH, Ende März/April in D.

Bestandsentwicklung. In mehreren Regionen ME zum Ende des 19. Jh. drastische Bestandsabnahme bei direkter Verfolgung und Habitatverschlechterungen. Völliges Erlöschen der Brutbestände in D-SH [309] und -HH [1302], Restbestände in D-NI [1589] und -SN [1369] sowie Fennoskandien [3892]; auch in A massiver Rückgang [965]. Etwa ab 1930er J., in D-NI ab 1950er J., Wiederbesiedlungen und Zunahmen, u.a. bei abnehmender Verfolgung und Gewässereutrophierung (Zunahme von Weißfischen) [A, D-BW, -SN, -SH:196].

	Best.	Areal	Brutbestand	Jahr	Quelle
A	+/-	=	50–100	1998–2002	[383]
B	⇧	+ 2	18–28	1995–2002	[2540]
CH	↓	=	1.200–1.500	1993–1996	[383]
CZ	↓	=	40–60	2000	[383]
D	+/-	=	2.700–4.100	1995–1999	[383]
FL	+/-	=	3–4	1998–2000	[383]
H	⇩	- 1	90–120	1998–2001	[383]
L	↑	+ 1	35–45	1997–2001	[383]
NL	N	N	0–1	1998–2000	[383]
PL	↓	- 1	300–400	1998	[383]
SK	↓	- 1	40–60	1990–2000	[383]

Seit Ende 1960er J. (z.T. später) vor allem in E-Europa (RUS, UA., RO) sowie in E- und N-ME (PL, SK., H, D-NI, -MV, -BB) erhebliche Brutbestandsabnahme und z.T. Arealschwund [in UA. > 50%, 1507] durch Lebensraumverlust, z.B. Auwaldvernichtung sowie Entzug von Nahrungsgrundlagen durch Industrieabwässer und frühzeitige Bedeckung von Mülldeponien (auch Einsatz von Kompostwerken) sowie Vergiftungen [1585,196,1507,2125,3871]. Bestände in anderen Regionen ME stabil, z.B. in W-PL, L und D-HE [196,3871] oder zunehmend, wie in B, CZ, D-TH, -ST, -BW, -BY, -SL (Wiederbesiedlung 1986), Bod., NL (Brutversuche 1984, 1996 erfolgreich, 2000) und A, nicht zuletzt auch nach Rückgang der Pestizidbelastungen [196,3638,2125,1507, 2459, 4025]. In CH seit Mitte 19. Jh. fast kontinuierliche Zunahme [1369,3393], ebenso in F etwa seit Anf. 20. Jh. mit massiver Arealausweitung nach N (>100 km in 1970er und 80er J.) [4180,1507], die Zunahmen und Neuansiedlungen in B und L (auch NL) ermöglichten.
In 1990er J. in E-ME (CZ, SK., PL, H) meist negative Bestandstrends bei Brut- und Durchzüglerzahlen [2159,1585,1507]. In D-SH brach Bestand von 50 BP (1960er J.) auf 0-5 BP (Anf. 1990er J.) zusammen [2063,310]. Allerdings Ausnahmen, z.B. E-D und A [196], und in D-NI Zunahme auf 100 BP [3747].

Siedlungsdichte. In weiten Teilen ME Einzelbrüter, mitunter aber kolonieartig; Maxima in ME an Konzentrationspunkten 104–326 BP/100 km^2, bei sehr großen Probeflächen dagegen 0.4–10.4 BP/100 km^2 (in S-D und CH regional allerdings auch höher). In D durchschnittlich wohl 1 BP/100 km^2 [2125], das entspricht etwa 3.500-4.000 BP [2887] oder 2.700-4.100 BP [204].

Gefährdungsursachen [3892,196,3615,1719,1589, 1507,4025]. Lebensraumverlust durch Entwässerung oder Zerstörung natürlicher Auenlandschaften und Auwälder, Umbruch von Grün- in Ackerland, Umwandlung von Laub- in Nadelwälder, kurze Umtriebszeiten sowie Intensivierung der Landnutzung. Verringerung des Nahrungsangebots nach Änderungen der Viehhaltung (vor allem Freilandhaltung Geflügel, Schweine etc.), an Mülldeponien, Schlachthöfen und Luderplätzen, sowie verbesserte Gewässerreinigung.
Belastung der Nahrung und Gewässer mit Umweltgiften (zunehmend in afrikan. Winterquartieren).
Direkte Verfolgung, vor allem in Durchzugs- und Überwinterungsgebieten.
Fällen von Nestbäumen, insbesondere zur Brutzeit (z.B. durch sonst unrentable Holzerntemaschinen).
Tod an Freileitungen.
Störungen an Brutplätzen, insbesondere in sensibler Phase am Anfang der Brutzeit.
Hohe Anzahl von Totalausfällen bei Bruten (unterschiedliche Ursachen).

SPEC	VSchRL	Bern.Konv.	Bonn.Konv.
3	Anh. I	Anh. II	Anh. II
Europ. RL	**RL in ME**		
VU	CZ:'CR', A, L:'EN', SK:'VU', PL:'NT', H:'VU'		

Schutzmaßnahmen. Erhaltung und Wiederherstellung naturnaher Auwälder, von Altholzbeständen, insbesondere Eichen.
Förderung traditioneller Tierhaltungs- und Bewirtschaftungsformen, insbesondere extensiver Grünlandflächen.
Jagdverschonung. Intensive behördliche Verfolgung illegaler Tötungen (Abschuss, Giftköder etc.)
Entschärfung gefährlicher Strommasten und Freileitungen.
Drastische Reduktion der forstlichen Tätigkeiten während der Brutzeit.

Biotop. Br. in Wäldern und größeren Feldgehölzen, oft in der Nähe von Wasser (Fließ- und Stillgewässer), oft an Waldrändern, in lückigen Beständen, im Bergland gern an steilen Hängen oder auch in schmalen Auwaldstreifen. In N-Afrika, Asien etc. auch in Städten. Nahrungssuche in ME oft an Gewässern oder im offenen Land.

Nahrung. In ME vor allem tote oder kranke (aber regelm. auch gesunde) Fische, die von der Wasseroberfläche aufgelesen werden; selbsterjagte, tot oder verletzt gefundene (und anderen Greifvögeln abgejagte) Vögel und Säuger (vor allem Straßenopfer). Kleinsäugerjagd abseits vom Wasser. Daneben auch Amphibien, Reptilien (vor allem im S) und Insekten, Regenwürmer. Je nach Situation (vor allem im S) Abfälle, Aas etc.

Stimme. Gedehnte, pfeifende Rufe, die mit einem tieferen Triller enden, z.B. »hüiijihrr…« oder »wuhihihihi…«; am Horst duettartiges Rufen beider Partner, bei Erregung offenbar mehr abgehackt. Einzelrufe bussardähnlich »hüiih« oder »glihüh«.

Verhalten. Tagaktiv. Segelt viel, Flügel dabei horizontal gestreckt (nicht V-förmig angehoben); Schwanz mit auffallenden seitlichen Steuerbewegungen. Ruderflug mit weichen Flügelschlägen, langsamer als Bussard. Flügel meist + stark gewinkelt. Kann sich mit ± geschlossenen Flügeln aus dem Segel- oder Gleitflug senkrecht nach unten fallen lassen. Wendiger Flug zwischen Bäumen. Nahrungserwerb im langsamen, niedrigen Suchflug (10–60 m) über Wasser oder offenem Gelände; sucht auch Verkehrstrassen nach Unfallopfern ab. Nahrungssuche auch zu Fuß. Mitunter wird auch Reihern u.a. Greifvögeln Nahrung abgejagt. Am Aas oft eher als Geier. Gesellig, nur engeres Horstrevier wird verteidigt (z.B. Brutnachbarschaft mit Ringeltaube). Im Brutgebiet größere Ansammlungen besonders beim Nahrungserwerb und als Schlafgemeinschaften (meist ab Ende Juni/Juli) mit flüggen Jungen. Paare zur Brutzeit stabil. Manchmal auch Wiederverpaarung in aufeinanderfolgenden Jahren. Kopulationen beginnen sofort nach Ankunft im Brutgebiet; meist über den ganzen Tag verteilt bis zu 14 mal. Nichtbrütende Übersommerer bilden oft während Brut- und Aufzuchtsperiode Schwärme. Flugspiele über dem Brutplatz. Nomadisch und oft in größeren Ansammlungen im Winter.

Fortpflanzung, Brutbiologie [337,767,1784, 2125,2540]. Geschlechtsreife gegen Ende des 3. bzw. im 4. Lebensjahr. Neben monogamer Saison- auch Dauerehen (wohl wegen hoher Reviertreue). **Ankunft am Brutplatz.** Ende März/Anf. April. **Nest.** Solitär oder in Gruppen bis 30 BP auf Bäumen mit freiem Anflug (Waldrand), meist 8-15 (5-30) m hoch; nimmt auch alte Greifvogelnester an; bevorzugt alte Nester, gern in Nähe von Reihern oder Kormoranen. Je nach Alter Nest-Ø 45-110 cm, 25-80 cm hoch. Aus dürren Zweigen, grünes Laub fehlt. Nestmulde mit Papier, Plastikfetzen, anderer Müll, Gras, Laub etc. ausgelegt. Beide bauen (♂ mehr), neue Nester in etwa 3-5 d. **Legebeginn.** (Ende März) Mitte April bis Mitte Mai. **Gelegegröße.** 2-3 (1-4, im Extrem 5), Ø CH April$_{76}$ 2.57, Mai$_{12}$ 2.41. **Eier.** Rundlich, Grund weiß bis grünlich, mit verschieden großen und dichten braunen Flecken bedeckt (sehr ähnlich Mäusebussard). **Brutdauer.** 26-38 (Ø 32) d (je nach Gelege); Legeintervall mind. 24 h (bis 3 d); meist brütet ♀ und wird vom ♂ versorgt; Beginn der Bebrütung ab 1. Ei. **Schlüpftermine.** Kürzer als Eiablagezeit, letzte Eier schlüpfen also schneller; Schlüpfabstände von > 24 h, ab Mai. **Nestlings-/Führungszeit.** Anfangs bringt ♂ Nahrung, ♀ füttert, ab etwa 14-30 d kröpfen Juv. selbständig. Nestlingsdauer 42-45 (35-52) d; werden noch weitere 40-50 d versorgt. **Jahresbruten.** 1; Ersatzgelege selten. **Ende der Brutperiode.** Auflösung der Familien ab Ende Juli bis Anf. Sept. **Bruterfolg.** In D-BE 1940-51$_{39}$ 1.23 flügge Juv./BP und J., 1952-67$_{134}$ auch 1.23 und 1968-79$_{29}$ 1.07 flügge Juv./BP und J., dabei 62-64% der Brutpaare erfolgreich; in CH (1958-69) 0.71-1.99, Ø$_{1477}$ 1.48 flügge Juv./BP und J., in D-SH$_{70}$ 1.7. In D-BB Bruterfolg seit 1980er J. deutlich höher als vorher. In ME neuerdings aber rückläufig von (1987-90)$_{452}$ 2.04 auf (1991-94)$_{613}$ 1.57 und (1995-98)$_{645}$ 1.79 flügge Juv./BP und J. [2459]. Bruterfolg z.T. stark wetterabhängig.

Eimaße und -gewichte. L. 47.0-63.4 mm, B. 39.4-48.4 mm, Ø$_{116}$: 53.6 x 42.1 mm, Ø$_{300}$: 54 x 43 mm; Frischvollgew. 45-62 g, Ø: 54.6 g (n=53, CH); Schalengew. 1.25-1.80 g, Ø$_{120}$: 1.57 g.

Sterblichkeit. Alter. D Ø ca. 30–35%/J. [1132]. Höchstalter 23 J. 9 Monate [1369] und 23 J. 1 Monat; in Gefg. 28 J. [1337]. **Generationslänge:** 6 J. [383].

Mauser. **Postjuvenile Mauser** (Teilmauser) im Winterquartier; Teile des Körpergefieders [139,1189]. Schwingenmauser ab Mitte April des 2. KJ, zumeist etwas schneller als bei Ad. [139,1189]. • **Postnuptialmauser** (Vollmauser) beginnt bei ♀ während Eiablage (April/Mai), bei ♂ später; während Wegzug unterbrochen und verbleibende 3–5 Hand- und einige AS bis Jan./Anf. Feb. erneuert [139,1189,2887].

Haliaeetus leucoryphus – Bindenseeadler 02420

Haliaeetus leucoryphus (Pallas 1771)

GB Pallas's Fish-eagle **F Pygargue de Pallas** **E Pigargo de Pallas**

Taxonomie. Monotypisch.

Kennzeichen. [2081,221,1369,696,1189,1784,3615, 3772; weit. **Foto** in Bird. W. **10**, 189]. Gr.: 74-84 cm. Gew.: 2040-3700 g. Fl.spw.: 180-205 cm [bis 250 cm nach 3615]. Fl.l.: ♂ 54.5-57.9 cm, ♀ 58.0-62.4 cm [1369,3615].

Status und Verbreitung. Brutareal von SE-RUS [E Kaspiregion und KZ, dort wohl Bestand erloschen, 1784,382] nach Innerasien bis Mandschurei (bis 50° N) und nach S bis Pakistan, N-Indien, Burma und Sichuan (China). In Westpaläarktis Ausnahmegast, erste Hälfte 20. J. noch weiter W verbreitet und daher Auftreten etwas häufiger.
Einzelnachweise von meist vorj. Ind. in N- und E-Europa, z.B. UA. 1910, 1964, FIN 1910,1926 und N. 1949 [3615,337]. Ein gesicherter Nachw. eines Wildvogels in ME: • **PL:** Immat. erl. Juni 1943 [3871]. Altvogel Okt. 1976 in **NL**, DK und **D** (-SH,-NI) entstammte viell. aus Gefg. [3615,277; aber q23].

Wanderungen. Im N Zugvogel (Winterquartier Indien, Iran, Irak etc.), im S Standvogel. Übersommerer im Hochland von Tibet.

Bestand und Gefährdung. Weltweit wohl nur <10.000 Ind., im W abnehmend und Arealverlust; global gefährdet (VU) aufgrund von Habitatzerstörung, Nahrungsrückgang und Störungen in den Brutgebieten sowie durch Zerstörung von wassernahen Althölzern und durch Umweltgifte [382].

Biotop. Binnenseen und Flüsse, nicht selten in ariden Gebieten oder Steppen. Erreicht auf Hochplateaus >5000m NN. Im Winter auch an Binnenmeeren.

Nahrung. Ähnlich Seeadler, daneben Frösche, Schlangen, Wasserschildkröten.

Stimme. Heiseres, bellendes »kwok-kwok-kwok«.

Mauser. **Postjuvenile Mauser** (Vollmauser) ab März/April des 2. KJ, ähnlich Seeadler [767,696].
• **Postnuptialmauser** (Vollmauser) besonders Juni–Sept.; HS in Staffelmauser und Großgefieder nicht vollständig in einem Jahr erneuert [767,696].

Haliaeetus albicilla – Seeadler 02430

Haliaeetus albicilla (Linnaeus 1758)

GB White-tailed Eagle **F Pygargue à queue blanche** **E Pigargo Europeo**

Taxonomie. Monotypisch. Nah verwandt mit dem nordamerikanischen Weißkopfseeadler *H. leucocephalus*, mit dem gelegentlich zu Superspezies zusammengefasst [3715].

Kennzeichen. [1784,221,1369,696,1189,3615, 3772; **Fotos** in Dutch B. **21**, 125, **23**, 108, Limic. **16**, 105, Brit. B. **96**, 322].

Maße. Gr.: 69-92 cm. Gew.: ♀ 4080-6920 g, Ø: 5500 g, ♂ 3075-5430 g, Ø: 4100 g. Fl.spw.: 200-245 cm. Fl.l.: ♂ 55.2-64.0 cm, ♀ 61.1-71.5 cm [1369,3615].

Status. Brut- und Jahresvogel in N(E)-ME, Teilzieher. Außerhalb Brutgebieten seltener bis regelm.

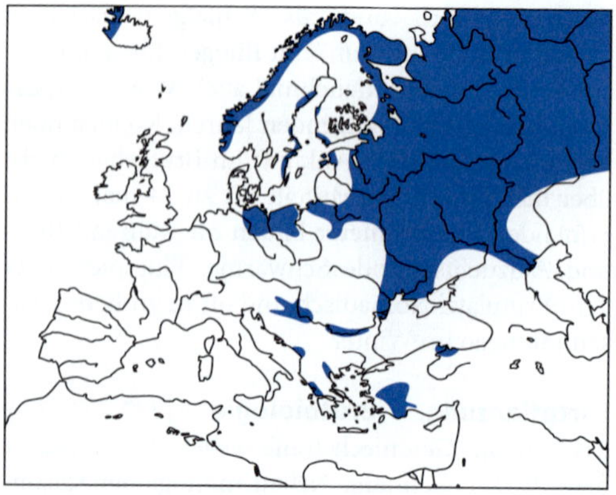

Haliaeetus albicilla – **Seeadler**

Durchzügler, in seenreichen Gebieten ME regelm. Wintergast (z.B. NL, B, D-NW, -BY).

Verbreitung und Bestand. Lückig verbreitet über gesamte N-Paläarktis von S-GRÖ und NW-Europa bis E-Asien (Kamtschatka, JAP) im N entlang 70° N, im S zwischen 30° und 40° N. In Europa viele historische Vorkommen erloschen, Schwerpunkte rezenter Verbreitung in Skandinavien, vor allem N. (derzeit 1.900-2.200 BP), und RUS (1.000-2.000 BP); europ. Gesamtbestand 5.000-6.600 BP, starke Zunahme [383]. In ME weitgehend auf den N und E beschränkt, Brutbestand etwa 1.000-1.100 Paare [2540,383,1323, erg.].

Wanderungen. Standvogel, Streuungswanderungen; Br. in N-RUS und N-Asien größtenteils Zugvögel. In Fennoskandien und im Ostseebereich wandern meist nur Jungvögel und Immat. (bis 5. KJ) weitere Strecken nach S/SW, in ME und NW-Europa zieht nur ein Teil der Jungvögel. Weiteste Entfernung nach Ringfunden z.B. FIN–D, Kandalakscha-Bucht–Nordadria (und H im 2. Jahr), Ostsee–Italien etc. [Übersicht 2170]. Juv. wandern rasch nach Brutzeit ab (oft ungerichtet). Eigentlicher Wegzug beginnt im N ab Ende Aug.; im Winterquartier Sept/Okt. bis März/April. Wanderungen z.T. durch Rastbestände von Wasservögeln beeinflusst. [Satelliten-Telemetrie s. 2587].

Bestandsentwicklung. Ursprünglich in Europa wesentlich weiter verbreitet als derzeit ersichtlich [3892], überall jedoch dramatische Bestandseinbußen und Arealverluste durch Verfolgung, Erholungsbetrieb und, später, Belastung mit Umweltgiften (s.u.). Am SW- und W-Rand des geschlossenen Areals viele Populationen erloschen, z.B. IRL und Iberien bis Anf. 20. Jh., GB 1916, Korsika 1940er J., Sardinien 1956 und AL 1963 (?) [196,3615,2645]. In ME betroffen z.B. W-SK., Slask PL, A (um 1946) und Teile D (-NI um 1800, -BW im 19. Jh., -SH um 1900, -BB fast vollständig zwischen 1910 und 1920) [196,2125]. Erst bis Mitte 20. Jh. Wiederbesiedlung von Slask, D-ST (1932), -SN (1939) und D-SH (1947) von benachbarten Populationen [973,2102], nachfolgend Bestand lange nur durch intensive Schutzmaßnahmen auf niedrigem Niveau zu halten [309,1565].
Etwa seit 1970er J. in Skandinavien, Baltikum sowie in NE-ME (PL, E-D) anfangs zögerliche, dann rasche Bestandszunahme und Arealausweitung [196,2125], Wiederbesiedlung von CZ 1984 und D-NI 1987. Bestand in D in 1950er J. etwa 130-140 BP, bis Ende 1970er J. Stagnation oder leichter Rückgang (max. 120 BP), vor allem wegen Reproduktionsstörungen durch DDT, seit 1980 erst deutliche Steigerung - auch des Bruterfolgs - mit sehr starker Bestandszunahme seit 1990, auf 185 BP (1991), 267 BP (1995) und 343 BP (1999). Ähnliche Entwicklung in PL, von > 50 BP (1970), >70 BP (1980) auf 500 BP (1999) [337,2125,3871,2645,2646; auch in S. und FIN], nicht zuletzt durch Erhöhung der Produktivität. Besiedelbarer Lebensraum aber dort noch nicht vollständig besetzt, z.B. anhaltende Bestandszunahme in D-MV und PL bis in jüngste Zeit, wenn auch weniger rasch als in SW angrenzenden Gebieten [2102]. Viele Seengebiete ME mit intensiver Freizeitnutzung und ohne großflächig beruhigte Zonen kaum zur Ansiedlung geeignet. Anhaltende Ausbreitung nach SW, in 1990er J. bis D-BB, -ST, -NI und -SN, erheblicher Zuwachs bei recht hohem Bruterfolg zudem in -SH; neuerdings Brutzeitvorstöße bis -BY und -TH [204] sowie NL [3638]; Gesamtbestand in D 2002 erstmals > 400 BP [1323,453]. In A vereinzelte Ansiedlungsversuche [965], erst ab 1999 erfolgreich [2125]; Neuansiedlung in D-BE 1999 [2896]. DK 1995 wiederbesiedelt, im Folgejahr dort schon 3 BP [3864]. Aussetzungsaktionen in CZ sowie in GB erfolgreich [1343,196,2125, 806].
In SE-Europa (BG, RO, GR, TR) Rückgang länger anhaltend auf sehr niedrige Brutbestände [3892,196,1507], doch in jüngster Zeit Trendumkehr, und auch in Pannonischer Tiefebene (HR, YU, H) zunehmender Brutbestand auf etwa 190-200 BP [3429].

	Best.	Areal	Brutbestand	Jahr	Quelle
A	N	N	4–4	1998–2003	[383]
CZ	⇧	+ 2	21–28	1998–2001	[383]
D	⇧	+ 2	470–470	2004	[1323]
H	⇧	+ 1	60–100	1997–2002	[383]
PL	↑	+ 1	480–500	1997–2001	[2540]
SK	N	N	2–5	1998–2000	[383]

Siedlungsdichte. Im geschlossenen Verbreitungsgebiet mittlere Dichte bei 0.6 BP/100 km^2, mit höchsten Werten in Pommern PL mit 5.4 BP/100 km^2, Seenplatte D-MV mit 4.1 BP/100 km^2 sowie Oberlausitzer Teichen D-SN mit 2.2 BP/100 km^2 [2125]; in PL großräumig 2.0-3.3 BP/100 km^2 [3871]. Nestabstände in optimalen Lebensräumen mind. 1-2 km [in PL ab 280 m, 2645], im Mittel ca. 4 km [1507]. Reviergröße (Brutpaar) mind. 25-45 km^2 [2540], in D-SH Ø 62.0 + 34.9 km^2 [3722].

Gefährdungsursachen [196,309,1507,2031,3892, 2125,q17,2251,2645,3725,1983,2102,2172,2248]. Wichtigster Faktor war Verfolgung durch Menschen, dabei Abschuss, Vergiftung (Giftköder), Fallen, Eierraub sowie mutwillige Nestzerstörungen im Laufe der Zeit mit unterschiedlich hohem Gewicht.

Tod an Freileitungen und Strommasten sowie andere »zivilisationsbedingte Todesfälle« (Bleivergiftungen, Bahn, Straßenverkehr, neuerdings Windkraftanlagen).

Lebensraumverlust durch Vernichtung von Altholzbeständen mit Nestbäumen und Zerstörung großräumiger Feuchtgebiete.

Umweltgiftbelastungen, dadurch Individualverluste sowie verringerter Bruterfolg; Bestandseinbruch nach 1950er J. bedingt durch DDT.

Störungen in den Brutgebieten durch Freizeitnutzung, Flugverkehr, Holzeinschlag in Nestnähe und durch zunehmende Nutzung von Uferzonen.

SPEC	VSchRL	Bern.Konv.	Bonn.Konv.
1	Anh. I	Anh. II	Anh. I,II
Europ. RL	Globale RL	RL in ME	
--	NT	A, H, CZ, SK:'CR', D: 'VU'	

Schutzmaßnahmen. Erhaltung von Altholzbeständen, Verlängerung der Umtriebszeiten, Unterschutzstellung wichtiger Nahrungs- und Brutbiotope.

Konsequenter Nestschutz durch staatliche Richtlinien mit Verbot forstlicher Arbeiten und Freizeitnutzung in Umgebung der Brutplätze (ständig 100-200 m, zur Brutzeit 300-500 m); Horstbetreuung.

Nach BJagdG besteht völlige Jagdverschonung, hohe Bestrafung bei Zuwiderhandlungen.

In Ausnahmefällen unkontaminiertes Futter im Winter, um Überlebensrate der Jungvögel zu erhöhen (u.a. in FIN erfolgreich praktiziert).

Reduzierung anthropogener Verluste, z.B. an Freileitungen und Bahnstrecken. Verbot von Bleischrot und Anglerblei.

Öffentlichkeitsarbeit; Einbeziehung der Waldeigentümer und Jagdausübungsberechtigten in das Schutzkonzept.

Monitoring (auch Schadstoffe).

Biotop. Verschiedene Landschaftsformen in Wassernähe, z.B. Tundra, Felsküste, Meeresbuchten, z.T. auch Gebirge (Asien), doch Baumwuchs im allgemeinen Bedingung. In ME Nester am Waldrand oder im Wald; Nahrungsbiotope vor allem eutrophe fisch- und vogelreiche Binnengewässer. Bei Vereisung Jagd auf dem Land und an der Küste.

Nahrung. Sehr vielseitig, mittelgroße bis große Wirbeltiere. See- und Süßwasserfische ab 10–15 cm bis mehrere kg; Vögel von Nestflüchterküken bis Gänse- und Weißstorchgröße [2250]; Säuger von Mäusen bis Fuchs, Reh. Gewicht selbstgeschlagener Beute meist 500-3000 g. Große Tiere aber meist nur in Ausnahmesituationen oder als Aas. Jahreszeitlicher Wechsel, z.B. Frühjahr viele Fische, in der Brutzeit Wasservögel (vor allem juv.), Herbst/Winter Wasservögel (vor allem Blässhuhn, Enten). Tagesbedarf ca. 500 g reines Fleisch bzw. ca. 700 g Beutegewicht.

Stimme. Ruffreudig zur Balzzeit, Geschlechter unterschiedlich, individuell erkennbar. ♂ hoch und gellend, ♀ etwas tiefer und rauer. Häufig ♂ »krick-rick-rick-rick« u.ä., ♀ etwa eine Oktave tiefer »rarack-rack-rack«; bei der Balz oft im Duett, alternierend aufeinander abgestimmt. Rufreihen aus 15-30 Silben »kjau« oder »jahk« in kürzer werdenden Abständen bei ansteigender Tonhöhe und Tempo. Bei Störung kurze, gedämpfte »ka-ka-ka« oder tiefes »kra«.

Verhalten. Tagaktiv. Segelflug mit horizontalen Flügeln, weit gespreizten HS, ausgebreiteten ST. Ruderflug mit tief durchgeschlagenen Flügeln; fliegt auch vom Wasser auf. Vielseitiger Jäger. Ansitzjagd, Suchflug niedrig über Grund (mitunter kurz rüttelnd), steile Stoßflüge aus größerer Höhe. Weiträumige Suchflüge dienen dem Aufspüren von Aas, dabei mitunter Orientierung an Kolkraben. Oft werden Wasservögel durch mehrmalige Angriffe zum Tauchen gezwungen und ermüdet. Auch Kükenraub im Nest (z.B. Vogelfelsen, -kolonien) und Abjagen von Beute bei Greifvögeln und Großmöwen; besucht Abfallstellen und Aas. Territorialverhalten nur in der Nestumgebung; Juv./Immat. im Herbst und Winter mitunter gesellig. Balzflug hoch über dem Brutplatz; Balz ab Mitte Nov., Höhepunkt Ende Jan./Mitte März.

Fortpflanzung, Brutbiologie [337,767,1784, 2125,2540,1563N]. Geschlechtsreife etwa im (3.) 4. (5.) Lebensjahr, vor 5. J. erfolgreiche Bruten selten. Monogam, Dauerehe mit ± ganzjähriger Revierbindung. **Nest.** Meist auf alten, hohen Bäumen (selten < 10 m), vornehmlich Waldrand oder -lichtungen, Abstand zum Wasser bis zu > 10 km; solitär. In Skandinavien häufig auf Krüppelbäumen

in der Felswand. Nest meist selbst erbaut (von beiden, ♀ baut mehr, ♂ trägt mehr ein), Neubauten > 1 m Durchmesser und > 0.5 m hoch, ältere Nester größer. Unterbau aus kräftigen Knüppeln, Mulde mit Grasbüscheln etc. ausgepolstert. Oft mehrere Nester pro Revier (in N. Ø 2.5, max. 11); langjährige Nesttreue bekannt. **Legebeginn.** Mitte Feb. bis Mitte März (April); im S früher. Während Eiablage am Nest sehr empfindlich; ♀ geben Brut leicht auf (Nestschutzzonen sehr erfolgreich). **Gelegegröße.** 2 (1-3), z.B. N.$_{57}$ 2.12. **Eier.** Breitoval, matt kalkweiß, selten einzelne braune Flecken. **Brutdauer.** (34) 38-42 (46) d bzw. 38 d pro Ei; Legeintervall 2-5 d; meist brüten beide, ♀ mehr (und immer nachts); Bebrütung ab erstem Ei. **Nestlings-/Führungszeit.** Anfangs füttert ♀ überwiegend und ♂ jagt, bis etwa 4 Wochen immer 1 Ad. am/beim Horst, dann vermehrt auch ♀ auf Nahrungssuche; Juv. kröpfen ab 5. Woche selbständig. Erste Flugübungen mit 6-7 Wochen, ab etwa 10 Wochen schon erste kurze Flüge, Nestlingsdauer aber insges. 80-90 d. Noch weitere mind. 3-4 Wochen mit Eltern zusammen, mit 15-17 Wochen selbständig. **Jahresbruten.** 1; Nachgelege selten. **Bruterfolg.** In D-MV$_{26}$ 1953-54 1.08 flügge Juv./BP und J., von 1965-77 0.33 flügge Juv./Brutversuch, in -SH 1949-74 0.4 ± 0.23 flügge Juv./BP und J. (darin u.a. Einflüsse von Pestizideinsatz bis Mitte 1970er J. und Nestschutz ab 1973), von 1975-99 dagegen 1.25 ± 0.37 flügge Juv./BP [3723]. Tiefstand der Reproduktion in D$_{110}$ 1973 mit 0.15 Junge/BP, seither Zunahme auf 0.5 (Mitte 1980er J., n=126) und 0.65 (1990, n=100) bzw. 1.09 (1999), ähnliche Werte für ME mit 0.62 (1987-91)$_{140}$, 0.76 (1991-94)$_{558}$ und 0.95 (1995-98)$_{679}$ [2459]; von 1993-2000 Ø 64% der Bruten erfolgreich (54-70%). In PL 1980-82 0.71 pro Brutversuch, 1992-97 0.83 Juv./BP und 1.43 Juv./erfolgr. BP [2646]; S- und Mittel-S.$_{473}$ (1964-75) 0.73 und N-S. (1965-75) 0.86 pro BP und J. In N.$_{40}$ 1.2 Juv./Revierpaar, 1.6 Juv./Brutversuch und 2.0 Juv./erfolgreiches Paar.

Eimaße und -gewichte. L. 65-89 mm, B. 53-64 mm, Ø$_{24}$: 74.8 x 58.3 mm, 76 x 59 mm (n=51, N.), 76 x 59 mm (n=54, GB); Frischvollgew. 140-145 g (Europa); Schalengew. 10.1-18.0 g, Ø$_{100}$: 13.1 g, Ø$_{150}$: 14.0 g.

Sterblichkeit, Alter. Ad. pro J. ca. 30% (geschätzt) [337]. Von 194 (D-MV 1946-72) tot gefundenen wurden 39% durch Abschuss, 6% durch Fallen, 20% durch Leitungen, 13% durch Vergiftung getötet (47 unbekannt) [1131], in 1990er J. Abschuss als Todesursache stark rückläufig, Vergiftung ± gleich geblieben, Zivilisationsfolgen drastisch steigend [vgl. 3725,1983,2172,2248]. Mittlere Lebensdauer von 30 Brutvögeln in D-SH 17 ± 10 J. [3723]. Höchstalter Gefg. 3mal > 30, 1mal 42 J.; ältester belegter Ringvogel (S.) 22 J. [3654], nach Mauserfederstudien in Brutgebieten D-SH 6mal >30 J. [3723]. **Generationslänge:** 16 J. [383].

Mauser. **Postjuvenile Mauser** (Vollmauser) ab Mai/Juni des 2. KJ mit Körpergefieder; kurz darauf Großgefieder bis Sept./Okt., danach Unterbrechung; 1. Mauserzyklus dauert bis ins 4. KJ (bes. Schwungfedern). • **Postnuptialmauser** (Vollmauser) meist Apr./Mai–Nov.; Kleingefiedermauser im Sommer, einzelne Schwungfedern mitunter auch im Winter [696,1189]; Schwungfedern werden im 2(-3)-Jahresrhythmus ersetzt (vereinzelt gibt es Federn aus 4 Generationen am Flügel), HS mit 2–3, AS mit 3–4 Mauserzentren (Staffelmauser); ST werden im Jugendkleid fast vollständig allj. erneuert [1189] und im Adultkleid im Laufe von 2 J. in der Reihenfolge 1-6-3-4-2-5 [3726].

Buteo lagopus – Raufußbussard 02900

Buteo lagopus (Pontoppidan 1763)

(GB) Rough-legged Buzzard **(F) Buse pattue** **(E) Busardo Calzado**

Taxonomie. Vier gering differenzierte UA, wovon die drei paläarktischen klinal ineinander übergehen: *lagopus* (Pontoppidan 1763) (Skandinavien bis Jenissej), *menzbieri* Dementiev 1951 (Jenissej bis NE-Sibirien), *kamtschatkensis* Dementiev 1931 (Kamtschatka) und *sanctijohannis* (J.F. Gmelin 1788) (N-Amerika).

Kennzeichen. Größendimorph [1784,2540, 3615,221,1369,696,1189; Alters- und Geschlechtsbestimmung: 906; **Fotos** in Limic. **14**, 49, **16**, 39, 286, Dutch B. **23**, 363, Bird. W. **7**, 423, Brit. B. **94**, 568, (UA *sanctjohannis*) Bird. W. **14**, 439/440].

Maße. Gr.: 50-61 cm. Gew.: ♂ 600-1377 g, Ø: 850 g, ♀ 783-1660 g, Ø: 1000 g. Fl.spw.: 120-150 cm. Fl.l.: ♂ 40.3-43.0 cm, ♀ 43.0-45.4 cm [1369,2540,3615].

Status. In ME regelm. Durchzügler und Wintergast, meist ab (Sept.) Anf. Okt., bes. im E (N-D, PL, CZ, SK., H), im W seltener, aber regelm. in NW-D und NL. In S-D, CH selten und unregelm.; ausnahmsweise bis IS, E., GR und N-Afrika. Übergangsindividuen zur ostsibir. UA *menzbieri* in PL, CS, A, H nachgewiesen oder gemeldet. Nach invasionsartigen Einflügen zeitweise Übersommerungen in ME (vor allem PL, D-SH, -NI), aber keine dauerhaften Ansiedlungen [309,1589].

Verbreitung und Bestand. In Tundren und Waldtundrengebiete von Skandinavien über Sibirien und Alaska bis Labrador/Neufundland (fehlt IS, GRÖ, Spitzbergen). In N. nach S bis S-Küste (59° N), sonst in Fennoskandien nach S bis Mittel-S. (60° N) und mittleres FIN (63° N), in RUS fast nur nördlich 65° N [1507]. Nach Kältewintern mitunter Einzelansiedlungen S geschlossenen Areals [337]. Europäischer Gesamtbestand 38.000-79.000 BP (fluktuierend), davon 30-60 T. in RUS, 5-10 T. in N., 2-5 T. BP in S. und 0.5-4 T. in FIN [383].

Wanderungen. Überwiegend Kurz- und Mittelstreckenzieher; in S-Fennoskandien bis E-GB, NL, B, D, N-I, YU, A, BG, N-Küste Schwarzmeer, Kaukasus, einzeln auch N-TR; Ringfunde von Br. Fennoskandiens im Wintergebiet ganz überwiegend in S-Richtung zw. E-D, RUS und H [907, dort auch Invasion D-BW 1986/87 detailliert, für CH:3384; vgl. auch 1208]. In Kältewintern auch weiter S. Weiteste Ringfunde bis 2700 km (Br. aus RUS). Wegzug beginnt ab Aug./Sept., Höhepunkt des Dz. im Ostseeraum etwa 2. Okt.-Hälfte; Heimzug ab Feb. Die meisten haben ME im April verlassen; Nachzügler bis Mai (z.B. GB). Winterquartiertreue nachgewiesen.

Bestandsentwicklung. Starke Schwankungen in Abhängigkeit vom Nahrungsangebot, z.B. in Skandinavien oder RUS, dabei langfristig offensichtlich stabil [3615]; allerdings deutet Zunahme der Durch- und Wegzügler in S. [337,2540] auf Bestandszunahmen. Seit Anf. 20. Jh. Arealverschiebung in FIN nach N sowie in N. (und S.) Ausweitung nach S [1507]. Trotz gelegentlicher starker Einflüge und nachfolgender Übersommerungen keine Brutansiedlungen in ME bekannt; erst ein Brutnachweis: 1988 (erfolglos) in D-NI [1589,1507].

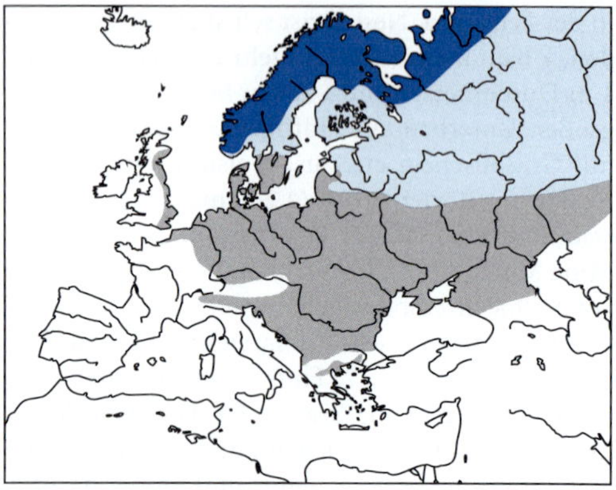

Buteo lagopus – **Raufußbussard**

Siedlungsdichte. In N-FIN 8-12 BP/100 km^2, bei Jagdgebieten Bedarf von 3-8 km^2 [2540].

SPEC	VSchRL	Bern.Konv.	Bonn.Konv.
--	--	Anh. II	Anh. II
Europ. RL	RL in ME		
--	--		

Gefährdung und Schutz. Bedeutende Gefährdungsursachen derzeit nicht erkennbar.

Biotop. Br. und Wintergäste stärker auf offenes Land beschränkt als Mäusebussard; Br. z.B. in baumloser Tundra. Im Winter offene Kulturlandschaft, vor allem Niederungswiesen, Moore, Brachflächen, Heiden etc. Jagdgebiet eines BP in FIN bis 10 km^2; 4–6 BP/200 km^2.

Nahrung. Ähnlich Mäusebussard vor allem Kleinsäuger (Wühlmäuse; Lemminge). Im Winterquartier vor allem Feldmäuse. Größere Säuger zwar regelm., doch nur in geringer Zahl nachzuweisen. Vögel i.d.R. nur zur Brutzeit geringe Anteile. Nahrungsbedarf Ad. + 2 Nestlinge ca. 35 kg pro Saison (in FIN).

Stimme. Im Winter selten zu hören. Am Brutplatz langgezogene vibrierende »piiiää«, länger und geringfügig tiefer als Mäusebussard, größere Abstände. Laute Alarmrufe.

Verhalten. Offenbar größere Dämmerungsaktivität als Mäusebussard (M.). Fliegt oft weihenähnlich niedrig über dem Boden, rüttelt häufiger als M.; Handteil im Gleitflug im Unterschied zu M. horizontal gehalten, nicht angehoben. Im Brutgebiet territorial; Paare über die Brutsaison hinaus stabil. Im Winter auch gesellig, doch auch Revierverteidigung gegenüber M. Auf dem Zug einzeln, zu zweit oder größeren Trupps.

Fortpflanzung, Brutbiologie [337,1784,767]. Brutreife wohl mit 2-3 J. Monogam. Balz und Paarbildung z.T. im Winterquartier (ab Ende März). **Nest.** Am Boden (offene Tundra), auf Felsbändern (skandinav. Fjälls) oder ± einzelstehenden Bäumen (Waldtundra, Taiga); Fels- und Baumnester oft große Bauten, vor allem bei Wiederverwendung. Nest aus starken Zweigen, tiefe Mulde mit Moos, Gras (bis 7 cm dick in ungetauter Tundra) etc.; Durchmesser Ø 70 cm, Höhe 30-60 cm. Beide bauen. **Legebeginn.** In Skandinavien Mitte/Ende Mai bis Juni, gelegentlich Spätbruten. **Gelegegröße.** 3-5 (2-7); Ø $N._{64}$ 3.8, RUS_{29} 4.0; nahrungsabhängig, in Lemmingjahren bis 7, in Latenzjahren nur 2-3. Legeabstand 2 d. **Eier.** Rundoval, weißlich mit rötlichbraunen oder braunen Flecken und Wischern. **Brutdauer.** 28-31 d pro Ei; nur ♀; Beginn ab 1. Ei, Schlupf asynchron. **Nestlings-/Führungszeit.** ♀ füttert, ♂ jagt, Juv. zerlegen ab 15-20 d Nahrung selbst; Nestlingszeit 35-43 d, ♂ etwas kürzer als ♀, vollflügge etwa 2-3 d später. Familie noch weitere 20-35 d zusammen. **Jahresbruten.** 1, Ersatz wahrscheinlich. **Bruterfolg.** Nahrungsabhängig. Bei geringem Kleinsäugerangebot weniger >Brutpaare, kleinere Gelege, geringerer Bruterfolg; in $N._{43}$ 1.76 flügge Juv./Gelege und J.; Schlüpferfolg in N. bei 152 Eiern 82%.

Eimaße- u. -gewichte: L: 50-60 mm, B: 40-47 mm, Ø 55 x 44 mm (n=160). Frischvollgew.: 58-60 g, $Ø_5$ 59 g.

Sterblichkeit, Alter. Ältester Ringvogel (FIN) 17 J. 7 Monate [3654]. **Generationslänge:** 8 J. [383].

Mauser. Postjuvenile Mauser (Teilmauser) ab April/Mai des 2. KJ, beginnt z.T. noch vor Heimzug und früher als bei Ad.; bis Mauserabbruch im Sept. werden einige Juv. Schwung- und Steuerfedern nicht erneuert [1189]. • **Postnuptialmauser** (Vollmauser) Mai/Juni–Sept./Okt., ♀ während Eiablage, ♂ kurz danach [1189]; bei Zugbeginn meist noch letzte Schwungfedern auswachsend und Ende gelegentlich erst im Winterquartier; HS mit 1–3 Mauserzentren (Staffelmauser); nicht in jedem Jahr alle Schwungfedern ersetzt [767,696,1189].

Buteo buteo – Mäusebussard 02870

Buteo [buteo] buteo (Linnaeus 1758)

(GB) Eurasian Buzzard **(F) Buse variable** **(E) Busardo Ratonero**

Taxonomie. Bildet Superspezies mit *B. rufinus* (N-Afrika bis Zentralasien), *B. hemilasius* (zentralasiatisches Bergland), *B. oreophilus* (Afrika S Sahara) und möglicherweise *B. brachypterus* (Madagaskar). In ME *buteo* (Linnaeus 1758); weitere ca. 10 UA, von denen einige möglicherweise Allospezies-Status erreicht haben, z.B. *burmanicus* (incl. *refectus)* (Indien bis S-China) und *japonicus* (E-Asien, JAP). Deren Ausgrenzung aus der *B.* [*buteo*]-Superspezies [vgl. 2179] ist bei der extrem engen Verwandtschaft nicht gerechtfertigt. Die Formen *B. bannermani* (Kapverden) und »*socotrae*« (Sokotra; bisher nicht gültig beschrieben) stehen möglicherweise *B. rufinus* näher [vgl. 1582,715,2179].

Kennzeichen. [1784,1369,3772,221,696,1189,2540, 3615; weitere **Fotos** (*vulpinus*) in Bird. W. **3**, 12-13, Dutch B. **13**, 198-206, 207 (z)].

Maße. Gr.: 50-57 cm. Gew.: ♂ 525-1183 (600-900) g, ♀ 625-1364 (800-1200) g. Fl.spw.: 113-128 cm. Fl.l.: ♂ 36.8-40.4 cm, ♀ 37.4-41.9 cm [1369,3615].

Status. Verbreiteter und häufiger Brut- und Jahresvogel, Teilzieher, Winterflüchter. Die in N-S., FIN und RUS brütende UA *vulpinus* (Gloger 1833) ist in ME Durchzügler und Überwinterer, mit einzelnen Übersommerungen in PL (dort wohl im 19. Jh. Brutvogel) [3871]. Der »Falkenbussard« *B.b.menetriesi* Bogdanov 1879 ist seltener Gastvogel, vor allem in SE-ME.

Verbreitung und Bestand. Das Areal umfasst die Wald- und Waldsteppenzone der gesamten Paläarktis von Kapverden und Azoren bis Sachalin und JAP. Fast im gesamten Europa weit verbreitet vom Tiefland bis ins Hochgebirge und im Kulturland häufigste Greifvogelart, nur in NW-Europa selten oder fehlend (IS). Gesamtbestand etwa 0.7-1.0 Mio. BP, mit größten Populationen in RUS (200-500 T.), F (125-163 T.), D und PL (s. Tab.); leichte Zunahme [383]. In ME vom Tiefland bis in Hochgebirgslagen [1369], mit Schwerpunkten in PL, D und CH. Mit 185.000-285.000 BP in ME etwa 1/4 des europäischen Bestandes.

Wanderungen. ***buteo*** Standvogel, Kurzstreckenzieher, Streuungswanderungen; Überwinterungsgebiet von S-Skandinavien bis Mittelmeer. ***vulpinus*** Kurz- und Langstreckenzieher, ausnahmsweise in S-Skandinavien, selten in ME und S-Europa, meist im tropischen Afrika bis S-Afrika überwinternd. Hauptwinterquartier für **Br. ME, W- und N-Europas** *(buteo)* südliches ME bis S-F; Anteil der Zugvögel N-S bzw. E-W abnehmend (D ca. 30-40% Einj., ca. 50% Mehrj. nichtziehend). Zugverhalten jedoch vom Wetter stark beeinflusst. **Br. GB/IRL** sind Standvögel [4064]. Weiteste Wege von Skandinavien (***buteo:*** N.-E. 2500 km SSW, N.-MA 2850 km SSW; Br. aus D bis > 1200 km SW; ***vulpinus:*** N-Europa bis S-Afrika > 9600 km bzw. > 8800 km nach S, in S-Afrika beringte in RUS bis ca. 10700 km nach N). Bei **Br. FIN** Zugscheide für Abzug SW/SE bei etwa 25°E. Als Segelflieger Zugmassierungen an Meerengen und Landzungen; N-IL < 2.000 Ind. im Frühjahr, Eilat > 300.000 Ind. im Herbst [2304]. In ME zeigen Juv. bereits ab Aug. ungerichtete Wanderungen (Zentral-F Dispersionsentfernung Juv. Ø 41 km) [2822], erst ab Okt. Wegzugrichtung vorherrschend. In ME und S-Europa Hauptdurchzug im Okt., in SW-Europa etwas früher als in ME (unterschiedl. Herkunft der Durchzügler) [Details in 3391]. Herbstdurchzugsmedian in D-BW 5 d pro 10-Jahresintervall verspätet (1970–97) [1315]. Winterflucht als Folge von Schnee- und Kälteeinbrüchen bis Jan. Heimzug setzt ab Feb. ein. Juv. kehren i.d.R. im 2. KJ nicht in Brutheimat zurück, Ortstreue der Ad. ausgeprägt [z.B. 2822].

Bestandsentwicklung. (Nominatform). Starke Bestandsschwankungen, zum großen Teil bedingt durch Gradationen von Kleinsäugern, überwiegend Feldmaus (heute geringer?), durch Kaninchen-Myxomatose [z.B. SW-GB:1343,1369] zuweilen auch durch Witterungseinflüsse und Jagddruck [196,1507].
Nur wenige langjährige, großräumige Bestandsaufnahmen. Offenbar ab Mitte 19. Jh. in weiten Teilen Europas Rückgänge bei direkter Verfolgung [NL,GB:1369], dabei Population z.B. in IRL erloschen. Nach Erholungsphase gegen Mitte 20. Jh.

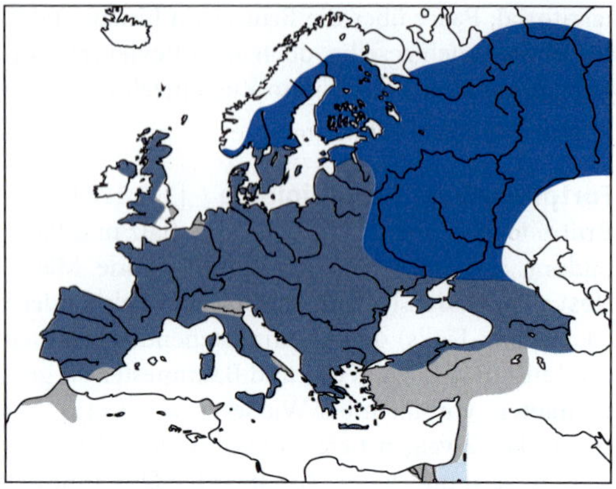

Buteo buteo – **Mäusebussard**

(mit Wiederbesiedlung IRL) ab Mitte 1950er J. regional erneut Abnahme mit Tiefständen in 1960er J. [NL, L, W-CH, D:1369,1719,375,196,2125; auch F, GB:3615]. In andere Regionen zu dieser Zeit stabile (fluktuierende) Bestände oder Zunahmen infolge Unterschutzstellung [PL:3615].

	Best.	Areal	Brutbestand	Jahr	Quelle
A	+/-	=	8.000–12.000	1998–2002	[383]
B	+/-	=	5.300–7.900	2001–2002	[383]
CH	+/-	=	20.000–25.000	1993–1996	[383]
CZ	+/-	=	10.000–13.000	2000	[383]
D	+/-	=	67.000–110.000	1995–1999	[383]
FL	+/-	=	15–20	1998–2000	[383]
H	⇧	+ 1	10.000–20.000	1999–2002	[383]
L	+/-	=	900–1.000	2001	[2540]
NL	⇧	+ 2	8.000–10.000	1998–2000	[383]
PL	↑	=	50.000–80.000	2000	[383]
SK	+/-	=	5.000–7.000	2000	[383]

Hauptsächlich wegen nachlassender Verfolgung, zudem durch großflächige Aufforstung von Niederungsgebieten mit hohem Agraranteil, schließlich durch stark zunehmende Brutansiedlungen im Offenland Bestandsentwicklungen seit (1960er) 1970er J. positiv [196, NL:375, D-SH: 310,2125]. So z.B. in NL <1.000 BP (1960), 2.000-2.500 (1970-75), 3.500-4.500 (1979-85), 5.000-6.000 (1989-92), 8.000-10.000 BP (1995-99) [375], oder in B von 600–800 (1962), 1.000 (1967), 1.200-2.000 (1980) auf 3.300-5.500 BP (1990-96) [vgl. auch CZ, D, Bod.:196,2458,2459; ferner F, GB, IRL:3615,1343,2536]. Regional anhaltender starker Bestandszuwachs und Arealausdehnung bis

in jüngste Zeit [NL: 3615,3636,375, B: 843, D-SH: 196,2125,3110, PL: 3871; auch DK: 1422,1507]. In anderen Regionen (vor allem in Waldgebieten) nach längeren Bestandszunahmen jetzt stabil (fluktuierend) [A, NL, S-CH, D-HE, -NW, -BW, E-D: 2772, 196,3393,965,1507,3638,3490,4038].
Einige Populationen seit Jagdverschonung wieder nahe der (jahrweise unterschiedlichen) Tragekapazität [2459]. Bei schlechter Nahrungsverfügbarkeit brüten viele Revierpaare nicht und Nichtbrüterbestand steigt auf 40% [1739], 50% [1464] oder 75% [1985]. Jüngste Bestände aber wohl nur in wenigen Fällen über denen des 19. Jh.

Siedlungsdichte. Nestdichte am höchsten in Waldrandnähe und Landschaften mit ca. 30–40 % Waldanteil [337]; generell stark vom Nahrungsangebot abhängig. Mittlere Siedlungsdichte in ME 11-28 BP/100 km^2 [1507], in D ca. 14-22 BP/100 km^2 [2125], in NL 16 BP/100 km^2 [1507]; regional aber deutlich höher, z.B. in D-BW großflächig 40 BP/100 km^2 [1722], Bod. 36 BP/100 km^2 [3489], in Teilgebiet -SH 36-71 BP/100 km^2 [310], in Oberfranken 41-55 BP/100 km^2 [3489], in Pálava CZ sogar 32-51 BP auf 22 km^2 (entspr. max. 232 BP/100 km^2) [3993] und in stark fragmentierten Regionen mit hohem Agraranteil in NL 46-185 BP/100 km^2 [1507]; in PL 10-87 (max. 186) BP/100 km^2 auf Flächen von >80->500 km^2 [3871]. Auf mehreren Probeflächen in D in guten Mäusejahren >70 BP/100 km^2 [2459; vgl. auch 3392 für N-CH], in FIN dagegen niedriger [3-6 BP/100 km^2:1507]. Individuendichte im Winterhalbjahr stark schwankend in Abhängigkeit von Witterung und Nahrungsangebot [z.B. 3490].

Gefährdungsursachen [1343,1369,1589,1719, 2560,3615,196,310,2127]. Erhebliche Bestandsverluste durch Abschuss und Verfolgung (auch Giftköder, Nestzerstörung, Aushorstung etc.). Abschuss heute noch besonders in Durchzugs- und Überwinterungsgebieten, regional auch in ME durch allzu bereitwillig erteilte »Ausnahmegenehmigungen«. Auch illegale Verfolgung bis in heutige Zeit.
Lokaler Einfluss von Bioziden (z.B. H, NL), z.T. auch indirekte Auswirkungen über Verringerung des Nahrungsangebotes.

SPEC	VSchRL	Bern.Konv.	Bonn.Konv.
--	--	Anh. II	Anh. II
Europ. RL	RL in ME		
--	SK: 'NT'		

Unfälle an Strommasten, Freileitungen, Bahn, Straßen etc.
Holzeinschlag in unmittelbarer Nestumgebung zur Brutzeit.

Schutzmaßnahmen. Ganzjährige Schonzeit gemäß EU-Vogelschutzrichtlinie.
Aufklärung der Bevölkerung über Ernährung und Lebensweise: Von Jagdkreisen behauptete negative Einwirkungen auf »Niederwild« (Fasan, Rebhuhn und Feldhase) sind nachweislich völlig unbegründet.
Verbot von Altholzeinschlag während der Brutzeit.

Biotop. Benötigt Wald als Brutplatz und offenes Land als Jagdgebiet. Nester in größeren geschlossenen Baumbeständen (Laub- und Nadelhochwälder, bevorzugt Waldrandzone), aber auch in Feldgehölzen bis hin zu Baumgruppen und Einzelbäumen (großräumig bis zu 43% aller Neststände) [G. Busche]. Jagdgebiet offene Flächen in der weiteren Umgebung der Nester, kahler Boden oder kurze Vegetation bei entsprechendem Nahrungsangebot bevorzugt. Im Winter außerhalb des Waldes, auch in baumfreien Gebieten. Bei Frost und Schnee vor allem feuchte Niederungsgebiete, aber auch Graben- und Straßenböschungen oder andere apere Stellen von Bedeutung. Häufig auch an stark befahrenen Verkehrswegen. In milderen Gebieten scheint die Winterverteilung allerdings nicht nur durch das Beuteangebot bestimmt zu werden, sondern z.B. auch durch die Verteilung geeigneter Schlafplätze.

Nahrung. Bodenbewohnende tagaktive Kleintiere, vor allem Wühlmäuse, daneben auch Spitzmäuse, Langschwanzmäuse (Murinae), Hamster, Maulwurf etc. Kaninchen in NL/GB von Bedeutung, auch Junghasen. Erwachsene Kaninchen und Hasen nur wenn verletzt oder als Aas (Straßenopfer!). Vögel spielen i.d.R. untergeordnete Rolle (z.B. Jungvögel, häufig Star, aber auch verletzte größere Ind.). Mitunter auch Frösche (Kröten) häufiger, ausnahmsweise Fische; kurzfristig auch Großinsekten, Regenwürmer von Bedeutung; daneben weitere Wirbellose. Für quantitative Analysen nur Magenuntersuchungen geeignet. Im Winter nicht selten an Aas.

Stimme. Bekanntester Ruf »hiää«, am häufigsten zu Beginn der Brutzeit, aber auch zu anderen Jahreszeiten (von Eichelhäher täuschend imitiert). Nicht geschlechtsspezifisch, aber individuelle Unterschiede. Bei Alarm mit betontem Anfang.

Verhalten. Tagaktiv; als Segelflieger von Thermik abhängig, daher an kalten Tagen vor allem in den Mittagsstunden fliegend, ebenso auf dem Zug. Segelt mit ganz leicht V-förmig angehobenen Flügeln und aufgebogenen Flügelspitzen. Beim Gleit- und Sturzflug werden Flügel angewinkelt. Sitzt gern (oft stundenlang) auf niedrigen bis mittelhohen Warten. Beute wird aus dem Gleitflug am Boden gegriffen; Stoß meist schräg, Geschwindigkeit nicht hoch. Jagderfolg z.B. 50 %. Zur Brutzeit territorial (Nestterritorien und größere Jagdbereiche). An Beute oft heftige Auseinandersetzungen. Bereits ab Mitte Feb. Balzflüge; ♂ und ♀ kreisen gemeinsam höher und stürzen dann gemeinsam oder einzeln herunter. Paare bleiben meist über die Brutsaison hinaus stabil. Kopulationen sehr häufig, ♂ landet direkt aus dem Flug am ♀ (dauern ca. 15 sec); werden von ♀ initiiert. Auf dem Zug nutzen oft größere Mengen gemeinsam günstige Luftverhältnisse aus. Außerhalb der Brutzeit meist einzeln oder zu zweit.

Fortpflanzung, Brutbiologie [337,767,1369,1784,2125,2540,2127]. Geschlechtsreife wohl selten schon im 2., meist im 3. Lebensjahr. Monogame Saisonehe, doch z.T. Dauerehe durch hohe Reviertreue. Revierbestzung in günstigen Lagen ab Januar, in höheren Lagen ab März. **Nest.** Auf Nadel- bzw. Laubbäumen auf 2-30 m Höhe, Ø D_{358} 18.3 m, GB_{50} 11 m nicht weit vom Waldrand oder in Feldgehölzen; selten auf Büschen, Gittermasten, Hochsitzen, Felswänden u.a.; Bodenbruten nachgewiesen [796,1465]. Bau meist umfangreich und alte Nester groß. Unterbau aus groben Ästen und Zweigen, Mulde mit feinerem Material. Beide bauen, oft schon 2 Monate vor Legebeginn. Neue Nester Durchmesser bis 1 m, 60 cm hoch, alte Nester bis 1.5 m. **Legebeginn.** Mitte März bis Mitte Mai (nach N später), regionale und jährliche Unterschiede. **Gelegegröße.** 2-3 (1-4, ausnahmsweise 5 oder gar 6); Ø D_{538} 2.51, D_{130} 2.53, D_{114} 2.40, E-D_{108} 2.42, GB_{874} 2.56, bis max. 3.13; Schwankungen je nach Nahrungsangebot und Revierdichte (Gelege größer mit zunehmender Dichte). Legeintervall 2-3 d. **Eier.** Kurzoval, Grund weiß, variable violettgraue Unter- und bräunliche Oberfleckung. **Brutdauer.** 32-36 (meist 33) d; ♀ brütet (nicht immer ♂, zu geringerem Anteil); Bebrütung nach 1./2. Ei, je nach Gelegegröße. **Schlüpftermine.** Asynchron (in 2-tägigen Abständen). **Nestlings-/Führungszeit.** ♀ füttert, bleibt bis 14 d am Nest, hält danach in Nestnähe Wache, jagt auch ab ca. 3 Wochen. Nestlingsdauer 42-49, mitunter 50-55 (62) d, oft über mehrere d gestreckt; Fam. noch 40-55 d zusammen, dann Juv. selbständig. **Jahresbruten.** 1; Ersatzgelege (immer kleiner als Erst-). **Bruterfolg.** Bei günstiger Ernährungssituation und Witterung mehr Nachwuchs sowie mehr Brutpaare, daher große Schwankungen bei Juv./Jahr, in D-BW in 12 J. auf 400 km^2 um Faktor 6.5. In D_{258} 1.06 flügge Juv./Brut und J. (12 J.), D_{233} 1.67 (9), D_{95} 1.66 (6), D_{133} 1.6 (6), E-D_{122} 1.44 (11), A_{47} 1.81 flügge Juv./Brut (6 J.), ME $(1987\text{-}90)_{3627}$ 1.66, $(1991\text{-}94)_{5473}$ 1.44, $(1995\text{-}98)_{5002}$ 1.39 flügge Juv./BP [2459; vgl. aber 2127]; in DK_{228} 1.7 (18), GB_{645} 1.37 (>24), GB_{135} 1.52 (4). In D-NW jährl. zw. 46-79% der Revierpaare erfolgeich.

Eimaße und -gewichte. (Nominatform). L. 48.3-63.3 mm, B. 39.1-49.4 mm, Ø: 56.0 x 44.6 mm (n=137, D), 56.0 x 44.2 mm (n=220, B); Frischvollgew. 46.3-75.0 g, Ø: 68 g (n=65, F), 61.2 g (n=26, D), 55.3 g (n=32, B), 55.1 g (n=56, CS); Schalengew. 3.34-6.10 g, Ø: 4.76 g (n=326, Europa), $Ø_{600}$: 4.87 g.

Sterblichkeit, Alter. Nach Ringvögeln Nordhälfte D im 1. Lebensjahr ca. 46%, im 2. und 3. 27–30%, im 4. und 5. 15–20%/J., saisonaler Höhepunkt Jan./Feb., in strengen Wintern besonders hoch. Für S. im 1. J. ca. 52%, später 24% [3279]. Lebenserwartung nach dem 1. J. ca. 5.4, nach dem 2. Jahr 3.5 J. (berechnet aus verschiedenen Populationen). Überlebensrate DK stieg, v.a. im 1. J., nach Einführung des ganzjährigen Bejagungsverbots 1967 deutlich an und wurde mit abflachender Wachstumskurve der Population Ende 1970er J. wieder geringer [2812]. Ältester Ringvogel (DK) 28 J. 9 Monate [3654]. **Generationslänge:** 8 J. [383].

Mauser. **Postjuvenile Mauser** (Voll- oder Teilmauser) Körpergefieder ab Nov./Dez.; Großgefieder (März) April/Mai–Sept. im 2. KJ; oft einige juv. Hand- und AS erst im folgenden Mauserzyklus ersetzt [139,1189]; bei UA *vulpinus* ähnlich, Beginn aber erst Jan./Feb. oder noch später, daher Abschluss im Winterquartier oder auf dem Heimzug [139,696,1189,1395]. • **Postnuptialmauser** (Vollmauser) Körpergefieder ab März/April; Schwungfedern April/Mai–Sept./Nov.; ♀ beginnen während Brüten, ♂ einige Wochen später; HS mit 2, AS mit bis zu 4–5 aktiven Mauserzentren (Staffelmauser) [139,1189]; ST gleichzeitig wie Schwingenmauser [767]; bei UA *vulpinus* vor Wegzug nur wenige Körper- und Schwungfedern gewechselt und Mauser überwiegend erst im Winterquartier bis Feb.; Schwungfedern werden aber nicht vollständig erneuert (z.B. nur 7–8 HS) [139,1189,1676,1395].

Buteo rufinus – Adlerbussard 02880

Buteo [buteo] rufinus (Cretzschmar 1827)

(GB) Long-legged Buzzard **(F) Buse féroce** **(E) Busardo Moro**

Taxonomie. Zwei UA: *cirtensis* (Levaillant 1850) (N-Afrika) und *rufinus* (Cretzschmar 1827) (SE-Europa bis Zentralasien). *B. rufinus* und *B. hemilasius* sind weitgehend altitudinal getrennt, hybridisieren aber z.T. in Kontaktzonen [3002].

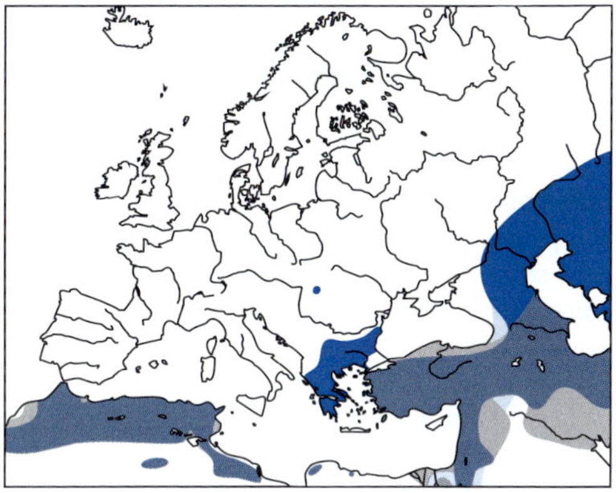

Buteo rufinus – **Adlerbussard**

Kennzeichen. Größendimorph [1784,2540,3615, 1369,696,1189,3772,221; vgl. **Fotos** in Limic. **7**, 145, **16**, 148/149, Alula **10**, 104, Dutch B. **13**, 202-206, 207 (z), **23**, 285, 321, Bird. W. **9**, 346].

Maße. Gr.: 50-65 cm. Gew.: ♂ 590-1281 g, Ø: 1100 g, ♀ 945-1760 g, Ø: 1300 g. Fl.spw.: 126-148 cm. Fl.l.: ♂ 42.5-45.9 cm, ♀ 44.8-49.6 cm [1369,3615].

Status. In Brutgebieten Sommervogel und Teilzieher oder Standvogel; sehr seltener Wintergast. In ME außerhalb H (und A) nur Einzelnachw., z.B.: • **CH:** 15 mal bis 2001, Apr./Mai (Juni) bzw. Aug.-Okt. [4152,q14]. • **NL:** anerkannt nur 1905 und Sept. 2000 [277,3872]. • **D:** vor 1970 8 sichere und 7 fragliche Nachw., bis 1999 weitere 5 [575]. • **A:** seit Anf. 1990er J. allj. beob., auch einzelne Winternachw. [q18]. • **PL:** nur 8mal von 1895-1981, seit 1984 Zunahme der Beob., ab 1990er J. wohl allj., zuletzt Häufung der Nachw., 2001 2mal; meist Apr.-Aug., 2 Winternachw. (1979, 1995) [q3,3871]. • **CZ:** (noch) nicht allj., aber zunehmend beob. [2159]. In N-Europa einzelne in FIN (1), N. (1) und S. (4) [3872].

Verbreitung und Bestand. Verbreitet von Trockengebieten N-Afrikas (MA, TN, DZ, Libyen) und SE-Europas (SE-YU, GR, BG) über Kleinasien, Libanon, IL, Iran nach E bis Zentralasien. Etwa 5-24% der Weltverbreitung in Europa konzentriert, bei Brutbestand von 8.700-15.000 BP, stark abnehmend; wichtigste Vorkommen in TR (6-9 T.), AZ (1-2.5 T.) und RUS (1-2 T.) [383]. In ME inzwischen regelm. Brutvogel in H [2438,196], und Zunahme der Sommerbeob. in A (auch SK. und PL) [337,3892,q3].

Wanderungen. Nominatform Zugvogel; Winterquartier Indien, Arabien, Sahelzone bis tropisches E-Afrika. Abzug Anf./Mitte Sept.; Eintreffen am Brutplatz TR ab Mitte März. Zahlen an Konzentrationspunkten wegen Verwechslungsmöglichkeit mit *B.b. vulpinus* unsicher (z.B. 1800 Ind. Suez im Herbst).

Bestandsentwicklung. Europäisches Brutareal, vor allem in RUS und UA., nach Lebensraumzerstörung im 20. Jh. erheblich verkleinert. Seit etwa 1970er J. dort zwar kaum noch Arealverluste, doch in RUS anhaltende Abnahme [3892,1507]. E der Wolga und am SW-Rand der Brutverbreitung - insbesondere BG - dagegen starke Zunahme und Expansion [3892]. Nach langer Phase zunehmender Sommerbeob. 1992 erster Brutnachw. ME in Hortobágy H [2438,q3]. Brutvorkommen ab 1994 regelm. besetzt sowie Ausdehnung in benachbarte Regionen (Bihar, Theiß-Donau-Niederung) seit 1996 [2438]; auch in anderen Teilen E-ME (A, SK. und PL) Zunahme der Sommerbeob., weitere Expansion möglich [q18,q3]; erste Brut in SM 1990, in CY 1992 [3615].

	Best.	Areal	Brutbestand	Jahr	Quelle
H	N	N	2–7	1998–2002	[383]

Gefährdungsursachen [3892,196,1507]. Lebensraumzerstörung, insbesondere durch Intensivierung der Landnutzung und Vernichtung der wenigen, geeigneten Neststandorte in offener Landschaft E-Europas.

Hohe Verluste an Freileitungen und ungesicherten Leitungsmasten in E-europäischen Brutgebieten.
Störungen an den Brutplätzen.
Jagdliche Verfolgung.

SPEC	VSchRL	Bern.Konv.	Bonn.Konv.
3	Anh. I	Anh. II	Anh. II
Europ. RL	RL in ME		
VU	--		

Schutzmaßnahmen. Erhalt extensiv genutzter Steppenlandschaften und Schaffung von Schutzgebieten mit traditioneller Weidewirtschaft. Unterschutzstellung aller Brutgebiete am Verbreitungsrand.
Erhaltung geeigneter Neststandorte.
Sicherung von Freileitungen und Mastanlagen mit geeigneten Isolatoren [vgl. ausführliche Beschreibung in 1719, S. 202ff.].
Information der Bevölkerung über ökologische Ansprüche der Art.

Siedlungsdichte. Starke Schwankungen in Abhängigkeit vom Nahrungsangebot. In H Jagdgebiete von 20-30 km^2 [2540]. Geringster bekannter Nestabstand ca. 500m (W-Balkan) [1507].

Biotop. Trockensteppen, Halbwüsten und zumindest Randbezirke von Wüsten in Europa und Kleinasien z.T. auch felsige und teilweise bewaldete Hügel- und Gebirgslandschaften.

Nahrung. Kleine und mittelgroße Säuger (z.B. Wühlmäuse, Hamster, Ziesel); weniger Reptilien, im Herbst auch Großinsekten; ferner Aas; Vogelnahrung unbedeutend.

Stimme. Ähnlich Mäusebussard, aber weicher und tiefer, im Schauflug 4-11 Elemente »aa-aa-aa..«. Wenig ruffreudig.

Verhalten. Tagaktiv; Suchflug (Segeln) oder Wartenjagd; rüttelt so gut wie nicht. Einzelgänger. Balzflüge ähnlich Mäusebussard. Paare meist über die Brutsaison hinaus stabil. Am Zug in Familien und Winter oft größeren Trupps.

Fortpflanzung, Brutbiologie [337,1784,767]. Brutreife vermutlich mit 2 oder 3 J. Monogam. **Nest.** Meist in Felswänden, seltener auf Büschen und Bäumen oder auf erhöhten Stellen am Boden. Nest aus starken Zweigen, Durchmesser Ø 70 cm, Höhe 30-55 cm. **Legebeginn.** Ab Ende März/Anf. April. **Gelegegröße.** 3-4 (2-5). **Eier.** Ähnlich Mäusebussard. **Brutdauer.** (mind. 28) 33-35 d; Beginn vor letztem Ei, da Schlupf asynchron. **Nestlings-/Führungszeit.** Beide Ad. beteiligt, genaue Studien? Nestlingszeit ca. 40-42 d oder mehr (bzw. 6-7 Wochen). **Jahresbruten.** 1, Ersatz wahrscheinlich.

Eimaße und -gewichte. L. 55.6-63.4 mm, B. 42.3-50.1 mm, $Ø_{100}$: 59.7 x 46.9 mm, 61.7 x 48.0 mm (n=17, GR), 59.6 x 46.4 mm (n=38, SYR); Frischvollgew. errechn. 73 g [337]; Schalengew. 4.83-7.87 g, $Ø_{150}$: 6.7 g.

Sterblichkeit, Alter. Ältester Ringvogel (IL) 8 J. 6 Monate [3654]. **Generationslänge:** 8 J. [383].

Mauser. **Postjuvenile Mauser** (Voll- oder Teilmauser) setzt oft vor Heimzug ein, Abschluss im Sept./Okt. des 2. KJ; 1–4 äußere HS und bes. einige AS bleiben stehen [1189]. • **Postnuptialmauser** (Voll-, z.T. Teilmauser) beginnt bei ♀ während Eiablage ab Mai [767], im (Sept.) Okt. beendet; HS oft mit 2 aktiven Mauserzentren; mitunter einzelne Schwungfedern nicht gemausert [1189].

ORDNUNG Falconiformes – Falken

Kleine bis mittelgroße meist tagaktive Wirbeltier- und Insektenjäger; spitze Flügel, runder Kopf mit großen dunklen Augen. Schnabel meist relativ kurz, meist mit einer Ausbuchtung (»Falkenzahn«) im Oberschnabel und korrespondierender Kerbe im Unterschnabel; Beute wird oft durch Bisse getötet. Nasenlöcher rund. Im Gegensatz zu vielen Accipitriformes wird kein Nestmaterial eingetragen.

Familie Falconidae – Falken

Alle falkenartigen Greifvögel werden in einer Familie Falconidae mit den drei Unterfamilien Micrasturinae (inkl. *Herpetotheres*) [*contra* 80a], Caracarinae und Falconinae vereinigt. Letztere umfasst drei Gattungen: *Polihierax* (2 Arten, Alte Welt), *Microhierax* (5 Arten, S-Asien) und *Falco* (38 Arten, weltweit), wobei *Falco* die Schwestergruppe der beiden anderen ist. Es liegen umfangreiche molekulare Daten zur Phylogenie vor, die diese Einteilung stützen [1433, Braun et al.; vgl. auch 1432].

• Gattung *Falco*

Die Gattung ist morphologisch sehr einheitlich und stammesgeschichtlich offenbar relativ jung, weshalb die Verwandtschaftsverhältnisse – abgesehen von einigen klar abgrenzbaren Superspezies und Artengruppen – bisher kaum aufzulösen sind [2872,3514]. In Gefangenschaft wurden verschiedenste Hybridkombinationen erzeugt [1606], die immer wieder in die Freiheit gelangen und nicht nur erhebliche Bestimmungsprobleme verursachen, sondern auch die ohnehin dezimierten Bestände einiger Arten genetisch negativ beeinflussen könnten [108].
Monographie der Gattung [617; Feldbestimmung: 3557,1189,1101].

Falco columbarius – Merlin 03090

Falco columbarius Linnaeus 1758

(GB) **Merlin** (F) **Faucon émerillon** (E) **Esmerejón**

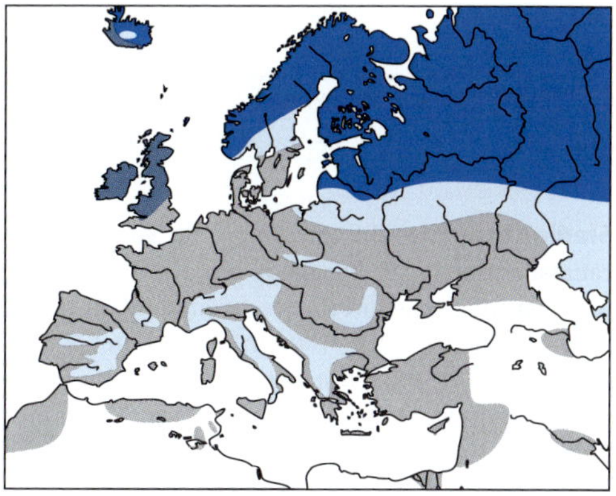

Falco columbarius – **Merlin**

Taxonomie. 8 UA, in Größe und Färbung recht deutlich variierend aber auf jeweiligen Kontinenten teils klinal ineinander übergehend: *columbarius* Linnaeus 1758 (NE N-Amerika), *richardsoni* Ridgway 1871 (zentrales N-Amerika), *suckleyi* Ridgway 1873 (NW N-Amerika), *aesalon* Tunstall 1771 (N-Europa bis Zentralsibirien), *subaesalon* C.L. Brehm 1827 (IS), *insignis* (Clark 1907) (inkl. «*pacificus*», Sibirien), *pallidus* (Suschkin 1900) (SW-Sibirien, Innerasien) und *lymani* (Altai, Mongolei).

Kennzeichen. Sexualdimorph [1784,221,3772, 1369,696,1189,2540,3615; **Fotos** in Brit. B. **96**, 498, (amerik. Formen) Bird. W. **15**, 468-480].

Maße. (*aesalon*): Gr.: 25-30 cm. Gew.: ♂ 125-234 g, Ø: ca. 165 g, ♀ 164-300 g, Ø: ca. 210 g. Fl.spw.: 50-67 cm. Fl.l.: ♂ 19.1-20.6 cm, ♀ 20.9-22.2 cm [1369,3615].

Status. In ME (*aesalon*) im Tiefland (spärlich auch im Alpenraum) regelm. Durchzügler und Wintergast, doch nirgends häufig; im Binnenland S-ME z.T. unregelm. und zunehmend seltener. Im Riesengebirge CZ/PL sehr seltener Sommervogel mit Brutverdacht [2159,3871,1159], möglicherweise auch in Alpen A [Gressel & Festetics]. UA *subaesalon* im 20. Jh. mehrfach in ME nachgewiesen, z.B. **NL:** 6 mal von 1854-1996 [277]. **B:** erstmals 1980 [1677]. **D:** Helgoland 1 mal [337].

Verbreitung und Bestand. Brutvogel der Taiga und Waldtundrenzone Eurasiens und N-Amerikas, von IS (*subaesalon*) und GB bis E-Sibirien, Alaska, CDN und N-USA; S-Grenze in Europa durch Färöer, Baltikumstaaten und BY. Brutbestand in Europa 31.000-49.000 BP, davon allein 20-30 T. in RUS und 9-17 T. in Fennoskandien, insgesamt stabil [383].

Wanderungen. In GB Ad. geringe Zugneigung, Juv. z.T. S-gerichteter Zug (bis E.) [4064], sonst Zugvogel. Winterquartier von GB und S-Skandinavien bis S-Europa, N-Afrika, Vorderasien [Details P:756; E.:3758]; Einzelne bis N-Sudan. Br. N./S. überwintern von S-Skandinavien bis E.; Br. FIN von B/F bis I, YU und W-RUS, UA., BY; Br. RUS in Mittelmeergebiet und Vorderasien. Ringfunde von Br. IS im Winter regelm. in GB/IRL. Weiteste Ringfunde > 3000 km (z.B. N.-E.) [Ringfunde GB/IRL:4064, NL:3642, S.:1208]. Im N des Brutgebietes Abzug bis Mitte Sept., Dz. Ostseeraum Ende Sept./Anf. Okt. In ME früheste Vorläufer Aug./Sept., Hauptdurchzug Okt./Nov.; Abzug der Wintergäste ab Feb. bis Ende März, Nachzügler bis Ende April/Mai.

Bestandsentwicklung. Infolge Pestizidbelastung starke Abnahme von 1950-70, nach Verbot letaler Biozide auffällige Bestandserholung [1784,2540]; neuerdings in Brutgebieten NE-Europas (FIN, Baltikum, DK) sowie in GB erneut rückläufige Bestände [1585].

	Best.	Areal	Brutbestand	Jahr	Quelle
CZ	N	N	0–1	1991–1994	[1159]

Siedlungsdichte. In Abhängigkeit von Lebensraumsituation (z.B. Angebot an Krähennestern) und Nahrungsangebot stark schwankend, in N-Europa zwischen 2-12 BP/100 km^2 [2540], in GB 5-16 BP/100 km^2 [1507]. Nestabstand mind. 1 km; Größe des Jagdrevieres stark abhängig vom Nahrungsangebot.

Gefährdungsursachen [3892,1507,1837]. Hauptursache für Bestandsabnahmen ist Belastung mit Pestiziden (geringere Eischalendicke, reduzierter Bruterfolg).
Drastischer Rückgang im Angebot von Nebelkrähennestern in Hochmoorgebieten.
Menschliche Störung in Brutgebieten.

SPEC	VSchRL	Bern.Konv.	Bonn.Konv.
--	Anh. I	Anh. II	Anh. II
Europ. RL	**RL in ME**		
--	--		

Schutzmaßnahmen. Durch vollständiges Verbot letaler Biozide ist Bruterfolg gebietsweise sicherbar. In Hochmoorgebieten bietet sich Ausbringung künstlicher Nisthilfen an (> 2 Nester/1500 ha).

Biotop. Offenes, baumarmes Gelände. Brutgebiete Heiden, Hochmoore, Randzonen von lichten Wäldern (Birke, Kiefer), Zwergstrauchflächen. In ME Jagdgebiete offene Marschlandschaften, Wiesen- und Ackerflächen mit einzelnen Gehölzen und Hecken, oft an Gewässern und vor allem an Aufenthaltsorten von Kleinvogelschwärmen.

Nahrung. Hauptsächlich Vögel bis Drosselgröße, zur Brutzeit auch Kleinsäuger (Mäuse, Lemminge). Unter Vögeln vor allem Arten offener und halboffener Flächen (z.B. Finken, Pieper, Ammern, Drosseln; zur Brutzeit auch junge Limikolen und Hühner, zur Zugzeit auch Jagd an Schlafplätzen und vor allem auf Finken, Sperlinge, Ammern an Ruderalflächen usw.). Vereinzelt größere Insekten.

Stimme. Am Nest ruffreudig. Alarmruf »jiji...« und ähnliche Rufreihe, ♂ ähnlich Turmfalke, ♀ rauer und tiefer »kek-kek-kek..«.

Verhalten. Tagaktiv; im Mittwinter auch Dämmerungsjagd. Beute hauptsächlich in der Luft geschlagen, häufig aus niedrigem Flug, oft Anflug in Deckung und dann Überraschungsangriff. Paare sind für eine Brutsaison stabil. Balzfüttern; Plätze von Kleinvogelschwärmen im Winter oft regelm. über längere Zeit bejagt. Einzeljäger, am Schlafplatz u.U. mehrere. Im Winter meist einzeln.

Fortpflanzung, Brutbiologie [337,767,1784, 2540]. Erstbrutalter mit 1 (♀) bzw. (1-) 2 (♂) J., gegen Ende des 1. Lebensjahr geschlechtsreif. Monogam. **Nest.** In GB meist gut versteckte Bodennester unweit Offenstellen oder Wegen, in Skandinavien vor allem auf Bäumen und in Felswänden. Bodennester einfache Mulde, am Rand mit Zweigen befestigt; Baumnester von Krähen, Greifvögeln in 5-12 m. **Legebeginn.** (Ende Apr.) Mitte/Ende Mai, Juni. **Gelegegröße.** 3-5 (1-7); Ø GB$_{109}$ 3.96, GB$_{106}$ 4.40, S.$_{26}$ 4.27, N.$_{63}$ 4.25, FIN$_{22}$ 4.27. Legeintervall 1-2 d. **Eier.** Breitoval, auf gelblichem Grund ± komplett rotbraun gefleckt. **Brutdauer.** 28-32 d (etwa 26 d pro Ei); beide brüten, ♀ mehr; Bebrütung ab (vor-)letztem Ei; Juv. schlüpfen synchron. **Nestlings-/Führungszeit.** ♀ füttert anfangs, ♂ jagt, kurz vor Ausfliegen beide. ♀ hudert bis 10 d. Nestlingsdauer 25-27 d, auch 28-32 d; bei Bodennestern Juv. schon ab 18-20 d in Nestumgebung; nach etwa 1 Monat (Bettelflugperiode) selbständig. **Jahresbruten.** 1; Ersatzgelege nach frühem Verlust. **Bruterfolg.** In N. Abhängigkeit von Mäusezyklus gesichert, in 4 guten Jahren 28 BP mit 120 Eiern (Ø 4.28), davon 85% geschlüpft und 91 (76%) ausgeflogen, Ø 3.25 flügge Juv./BP; in 5 schlechten J. 15 BP mit 79 Eiern (Ø 3.93), davon 59% geschlüpft und 30 ausgeflogen, Ø 2.0 flügge Juv./BP. In GB$_{37}$ 1.95 flügge Juv./BP und J., in GB$_{143}$ Brutgröße vor Ausfliegen 3.30, Einfluss von Wetter, Mensch, Pestiziden. In GB$_{48}$ 2.08 flügge Juv./Vollgelege; in S$_{36}$ 2.69 flügge Juv./BP und J.; Bruterfolg in Kolonien der Wacholderdrossel am größten.

Eimaße und -gewichte. L. 36.3-44.0 mm, B. 27.5-33.8 mm, Ø: 40.0 x 31.3 mm (n=100, GB), 40.0 x 31.0 mm (n=200, N-Europa); Frischvollgew. 20.0-23.5 g, Ø$_{20}$ 22.0 g; Schalengew. 1.13-1.85 g, Ø: 1.58 g.

Sterblichkeit, Alter. In CDN bei siedlungsnah Brütenden nach Ringfunden: Ad. 38 % (steigt mit Populationsdichte) und Juv. ca. 77 %/J. (Geschlechtsunterschiede bei Juv. wohl in unterschiedlich starker Dispersion und damit Wiederfundwahrscheinlichkeit begründet) [2326]. Ältester Ringvogel (GB) 12 J. 8 Monate [3654]. **Generationslänge:** < 3.3 J. [383].

Mauser. **Postjuvenile Mauser** (Teilmauser) (Sept.) Feb.–Mai im 2. KJ; Teile des Körpergefieders, selten ST 1 [139,696,1189]. • **Postnuptialmauser** (Vollmauser) Mai/Juni–Sept./Okt. (Nov.), ♀ etwas früher als ♂ [139,3050,1189]; besonders ♂ unterbrechen Mauser während Jungenaufzucht [1061]; Dauer der Schwingenmauser ca. 4 Monate [1189].

Falco vespertinus – Rotfußfalke 03070

Falco [vespertinus] vespertinus Linnaeus 1766

(GB) **Red-footed Falcon** (F) **Faucon kobez** (E) **Cernícalo Patirrojo**

Taxonomie. Monotypisch. Bildet Superspezies mit ostasiatischem Amurfalken *F. amurensis*, der in Europa (I) nachgewiesen ist.

Kennzeichen. Sexualdimorph [1369,221,3772,696, 1189; Unterscheidung juv. *vespertinus* von *subbuteo*:1188,751; teilalbinotische *F. vespertinus* können *F. amurensis* ähneln:746; weitere **Fotos** in Limic. **9**, 329, **13**, 136/137, **17**, 155, Dutch B. **19**, 275, **23**, 88, **24**, 313, 386, **25**, 153, 155, 202, 346, Bird. W. **8**, 167, **10**, 166, **16**, 312].

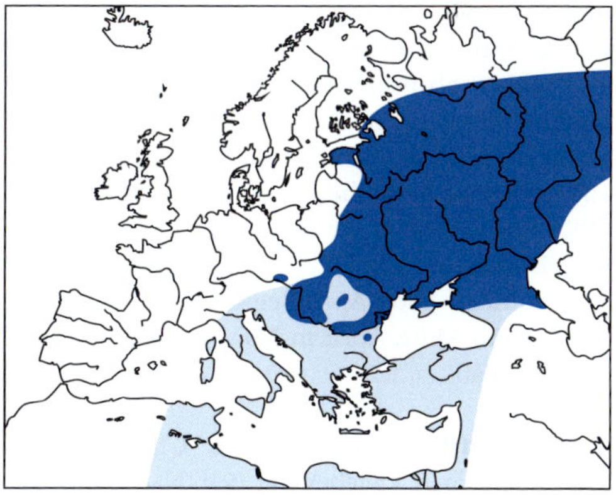

Falco verspertinus – **Rotfußfalke**

Maße. Gr.: 28-31 cm. Gew.: ♂ 130-164 g, Ø: ca. 150 g, ♀ 130-197 g, Ø: ca. 170 g. Fl.spw.: 65-78 cm. Fl.l.: ♂ 23.7-25.2 cm, ♀ 24.0-26.4 cm [1369,2540,3615].

Status. Brut- und Sommervogel in SE-ME; als Durchzügler und Gastvogel in ganz ME mit abnehmender Regelmäßigkeit von S nach N und von E nach W. In unreg. Abständen »Invasionen« (z.B. 1968; 1975 ca. 650, 1979 ca. 750 Ind. im Ostseeraum, 1992 ca. 5.000 Ind. in Straße von Messina, 1.500-2.000 Ind. in NL und 780 in DK). Einzelbruten in • **D:** 1901, 1902, 1911-13, 1928, 1954, 1956, (1957/59 Brutverd.), 1965; Brutvers. 1969, 1974, 1975, 1976, 1978, 1999 (u.a. -BY, -BW, -BB, -MV, -ST) [1369,337,575]. • **PL:** unregelm. Brutvogel, vor allem im SE, zuletzt 1989 Brutverdacht; fast allj. Gastvogel, vor allem Mai/Juni und Aug./Sept. [1366,3871,q13]. • **CH:** Zwei alte Brutnachw. unsicher, aber 2 Bruten grenznah in **A**-V 1956, 1977 [4152]. • **CZ:** seit jeher nur Einzelbruten, zuletzt

1989 [2159]. In F erstmals 1993 und 1994 Bruten [q18, 1507].

Verbreitung und Bestand. Verbreitungsschwerpunkt in Steppen- und Waldsteppenzone RUS. Geschlossenes Areal von Zentralsibirien und Baikalgebirge bis E-Europa mit Ausläufern an SE-Rand von ME; westlichste regelm. besetzte Brutplätze in SK., E-A und H [3892, 337]. W und N davon in unregelm. Abständen vereinzelte Bruten und gebietsweise fast allj. Übersommerungen. Gesamtbestand in Europa 26.000-39.000 BP, stark rückläufig, davon 20-30 T. in RUS, 3-5 T. in UA. und 1.3-1.6 T. in RO [383]; in ME (2002) ca. 800-1.600 BP [383, q4].

Wanderungen. Langstreckenzieher; Winterquartier S- und E-Afrika (nach N bis S-Sudan, Somalia), ausnahmsweise Winterbeob. Mittelmeerraum. Starker Dz. im E-Mittelmeer, da sibirische Br. zunächst nach W ziehen und erst in W-RUS, BY, UA. nach S abschwenken. Westliche Ausläufer erreichen E-ME, gelegentlich weiter W bis GB (»Invasionen« mit sehr vielen Jungvögeln). Im Frühjahr Zugschwerpunkt zunächst weiter W über W-Afrika; Mittelmeer wird von DZ ostwärts überflogen; mehr Frühjahrs- als Herbstbeob. in Korsika und I [3244], im E-Mittelmeer dagegen kaum nennenswerter Zug. Ringfunde bestätigen diesen »Schleifenzug«, z.B. Mai CH - Sept. RUS 2400 km ENE; Heimzügler Cap Bon/TN im Sommer und Herbst z.B. CS, RO, RUS. In F, I, GB, W-D, CH werden mehr Ind. im Frühjahr als im Herbst beob. (auch hier »Invasionen« möglich, z.B. Mai/ Juni 1992) [GB:2794]; weiter E meist mehr im Herbst. Ab Juli Nichtbrüter und erfolglose Br. umherstreifend; Wegzug beginnt Mitte Aug., Höhepunkt Sept., Ende ca. Mitte Okt., Nov./Dez.-Beob. z.B. NL, N-D, frühester Heimzug ab Anf. März, Mitte April Beginn Dz. in ME, Ende im Mai. Ab Mitte April in ME, späteste am Brutplatz im Mai.

Bestandsentwicklung. In ME Charaktervogel der Ungarischen Tiefebene [1369]. Nach lange anhaltenden Rückgängen und Arealverlusten [im gesamten Europa, 3892] sind inzwischen auch in H größere Kolonien mit > 20 BP sehr selten. In H 1989 nur noch etwa 1.500 BP, entspricht Rückgang von > 30% seit 1960er J. [q3;806], nach neueste Zahlen Bestand seither nochmals halbiert [2540; vgl. allerdings 2438, 1585 mit Angaben von 2.000-2.200 BP]. Derselbe Trend auch sonst in ME. In SK. bis Ende 1970er J. häufig, mit größeren Ansiedlungen innerhalb von Saatkrähen-Kolonien. Inzwischen in meisten Gebieten nicht mehr allj. Bruten [806]. In SE-PL Brutpopulation wohl schon in 1960er J. erloschen [1366]. Im ehemals regelmäßig besiedelten E-A letzte Brut 1982 [965]. Nach vereinzelten Übersommerungen (auch in A-V) ab 1993 erneute Brutnachw., in 2000 z.B. 4 Bruten [q18]. Auch in E-Europa fast durchwegs starke Rückgänge [1585], Ausnahme BG [3615], und massive Arealverluste [1507].

	Best.	Areal	Brutbestand	Jahr	Quelle
A	N	N	1–5	1998–2002	[383]
CZ	↓	- 2	0–5	2001	[2540]
D	↕	=	0–1	1995–1999	[383]
H	↓	- 2	800–1.500	1995–2002	[383]
SK	↓	- 2	20–100	1990–1999	[2540]

Siedlungsdichte. Kein Territorialverhalten. Lockere Brutkolonien mit bis zu 200 BP, auch Einzelbruten, aber deren Bruterfolg geringer [1507]. In Region Sivash UA. etwa 250-500 BP auf 4000 km^2 (=> 6-12 BP/100 km^2) [1507].

Gefährdungsursachen [965, 1507, 1719, 3892, 196, 806, 3099, 3949]. In den Brutgebieten besonders gravierend Lebensraumverluste durch Umbruch von Dauergrünland und Niedermooren in Ackerflächen sowie Zerstörung von Feuchtwiesen und Hutweiden.
Erheblicher Rückgang der Beutetiere durch Lebensraumveränderungen und zunehmender Biozidbekämpfung in Brut- (Schildwanzen *Eurigaster*), Durchzugs-, und vor allem in Überwinterungsgebieten (Wanderheuschrecken).
Verlust von Feldgehölzen und -hecken als potentielle Nisthabitate.
Direkte Verfolgung, vor allem auf dem Zug.
Verluste im Straßenverkehr.
Natürliche Ursachen: z.B. Zerstörung einer großen Kolonie durch Sturmschäden; ungünstige Witterung bei Aufzucht.

SPEC	VSchRL	Bern.Konv.	Bonn.Konv.
3	Anh. I	Anh. II	Anh. II
Europ. RL	**RL in ME**		
VU	A, CZ, PL: **'RE'**, SK:'EN'		

Schutzmaßnahmen. Extensivierung der Landwirtschaft. Aufgabe des Umbruchs von Wiesen, Weiden oder Mooren in Ackerland.

Verringerung des Einsatzes von Düngemitteln und Bioziden.
Anbringung von Nisthilfen in ausgeräumten Landschaften oder bei geringem Angebot an Saatkrähen- oder Elsternestern (diese möglichst erhalten).
Eindämmung der Verfolgung in den Durchzugsgebieten.
Keine Verfolgung der wichtigen Horstlieferanten (Krähenvögel).
Genauere Untersuchungen zu ökologischen Ansprüchen und Gefährdungsfaktoren in den Überwinterungsgebieten.

Biotop. Offene, aber nicht baumlose Landschaften. In ME vor allem offene Moore, Wiesen, Weidegebiete; Nester in kleinen Baumgruppen, lichten Auwäldern, Alleen usw., nicht auf Einzelbäumen. Elster und Saatkrähe wichtiger Horstlieferant. N Alpen bevorzugte Jagdgebiete insektenreiche Hoch- und Niederungsmoore, Feuchtwiesen, Altwässer und Verlandungszonen stehender Binnengewässer.

Nahrung. Vor allem Insekten, z.B. Heuschrecken, Käfer, Ameisen, Schmetterlinge (im Winterquartier auch Termiten); daneben auch Raupen, Dipteren, Zikaden, Hymenopteren und vor allem Kleinsäuger (Mäuse, Spitzmäuse bis Zieselgröße), Reptilien (Eidechsen) und Amphibien (Frösche).

Stimme. In Kolonien ruffreudig, Einzelpaare still. Leise Stimmfühlung »giu giu giu…« (ähnlich Wendehals); Erregungsrufe ♂ schnell durchdringend »kikiki…« oder »klu…«; ♀ langsamer »gij-giji«, Tonhöhe am Ende ansteigend. »Lahnen« gezogen »tschuhtrrih–trrih..«.

Verhalten. Tagaktiv; Jagd oft noch in tiefer Dämmerung. Flug wendiger als Turmfalke, weniger hastig, viele Gleitphasen; weniger reißend als Baumfalke; rüttelt auch, meist relativ niedrig über dem Boden. Beliebte Sitzwarten sind Leitungsdrähte. Jagd vom Ansitz (z.B. Draht) auf Fluginsekten (kehrt nach Fang wieder zurück) oder Kleinsäuger; Flugjagd auf Insekten im »Wellenflug« (Aufsteigen mit raschen Flügelschlägen, Fang im Herabgleiten) oder im ± ruhigen Kreisen, ferner Rütteln und Ablesen von Insekten zu Fuß am Boden. Nahrungsschmarotzer (z.B. beim Turmfalken). Gesellig bei Jagd und häufig Koloniebrüter mit gemeinsamen Flugspielen. Wenn möglich zwischen den Nestern einer Brutkolonie gewisse Abstände (15-20 m). Brutnachbarschaft z.B. mit Saatkrähe, Elster, Turmfalke, Baumfalke. Auch Jagd gemeinsam mit Turm-, Baum- oder Rötelfalken. Balzflüge ähnlich Turmfalke. Kopulieren sehr häufig; nicht an Balzfüttern gebunden. Paare bleiben während einer Saison stabil. Am Zug oft große Trupps (oft mehrere 100 Ind.). Im Herbst oft Trupps von 15-20 Ind.

Fortpflanzung, Brutbiologie [337,767,1784, 2540]. Erstbrutalter mit 1(-2) J., im 1. Lebensjahr schon geschlechtsreif. Monogame Saisonehe. **Nest.** Beide suchen freie Nester oder (selten) vertreiben Eigentümer. Baumnester von Rabenvögeln in 13-20 m Höhe, mitunter Halbhöhlen in alten Bäumen oder Felsnischen, selten in Erdhöhlen. Am N-Rand des Areals meist Einzelbrüter, im S Kolonien (vor allem in freien Saatkrähennestern) bis mehrere 100 BP. Kein Nestbau. **Legebeginn.** Ab Mitte Mai. **Gelegegröße.** 3-4 (2-6); Ø H_{68} 3.48, dabei aber hoher Anteil junger ♀, sonst Ø höher. Legeintervall 2 d. **Eier.** Breitoval, auf gelblichem Grund ± stark rotbraun gefleckt. Variabel. **Brutdauer.** 22-23 (-27) d; beide brüten (Anteil variabel); Bebrütung ab 1./2. Ei; Juv. schlüpfen asynchron, spätester Termin 4.8. **Nestlings-/Führungszeit.** Anfangs füttert ♀, bis 12 d bringt ♂ Futter, dann beide. Nestlingsdauer 26-28 d; nach weiteren etwa 7-10 d selbständig. **Jahresbruten.** 1. **Bruterfolg.** In H_{20} 1.6 flügge Juv./BP und J.; in H von 105 Eiern aus 30 Gelegen 67.7% geschlüpft und 45.7% ausgeflogen. Schlüpferfolg bei 6 Gelegen in BG 76.2%.

Eimaße und -gewichte. L. 32.0-41.5 mm, B. 25.5-33.9 mm, Ø: 37.0 x 29.6 mm (n=100, H), 36.5 x 29.4 mm (n=108, RUS); Frischvollgew. 15 -24 g, Ø: 20.9 g; Schalengew. 1.00-1.51 g, $Ø_{200}$: 1.3 g.

Sterblichkeit, Alter. Ältester Ringvogel (F) 13 J. 3 Monate [3654]. **Generationslänge:** < 3.3 J. [383].

Mauser. **Postjuvenile Mauser** (Teilmauser) Spätherbst–Frühjahr; Körpergefieder; einschließlich mehreren Flügeldecken und ST, bei ♀ weniger umfangreich [1189]. • **Postnuptialmauser** (Vollmauser) ab Juli/Aug. [767,1189], Vorj. beginnen vor Ad.; während Wegzug unterbrochen und Großgefieder hauptsächlich erst im Winterquartier bis Feb./Anf. März erneuert [1189].

Falco subbuteo – Baumfalke 03100

Falco subbuteo Linnaeus 1758

(GB) **Eurasian Hobby** (F) **Faucon hobereau** (E) **Alcotán Europeo**

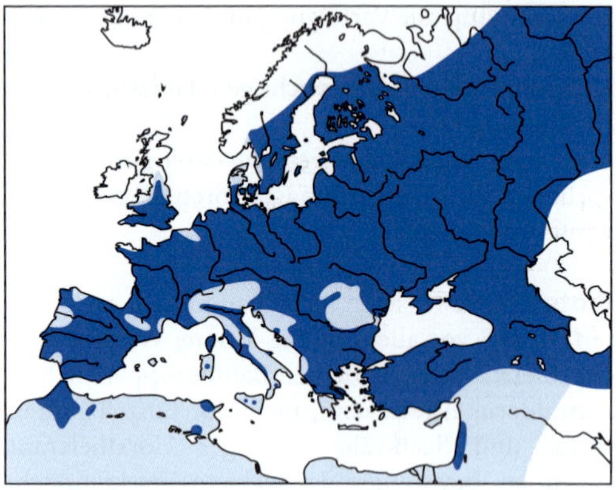

Falco subbuteo – **Baumfalke**

Taxonomie. Zwei gering differenzierte UA: *subbuteo* Linnaeus 1758 (Paläarktis außer S-China) und *streichi* Hartert & Neumann 1907 (S-China). Bildet eine Artengruppe mit *F. cuvieri* (trop. Afrika), *F. severus* (SE-Asien bis Neuguinea) und *F. longipennis* (AUS), die von manchen Autoren als Superspezies aufgefasst wird [vgl. 3565]. Zuweilen *subbuteo* und *cuvieri* als konspezifisch erachtet [s. 993].

Kennzeichen. Sexualdimorph [221,1369,696,1189, 3772,1784,3615; Unterscheidung der seltenen melanistischen Baumfalken-Variante vom Eleonorenfalken:753; weitere **Fotos** in Dutch B. **20**, 41, Brit. B. **94**, 403-408].

Maße. Gr.: 28-36 cm. Gew.: ♂ 131-232 g, Ø: 193 g, ♀ 141-340 g, Ø: 237 g. Fl.spw.: 74-84 (92) cm, Ø: 78 cm. Fl.l.: ♂ 23.7-27.9 cm, ♀ 24.8-28.2 cm [1369,3615,3533].

Status. Verbreiteter, wenig häufiger Brut- und Sommervogel; Nichtbrüteranteil jahrweise recht hoch. Gebietsweise auffälliger Durchzügler in z.T. größeren Gruppen. Winterbeob. in ME selten, allerdings in W-PL seit 1980er J. 28 mal [3871].

Verbreitung und Bestand. Von SW-Europa und N-Afrika ostwärts bis N-JAP, Sachalin, Kamtschatka; im S bis IL und Iran, im N gebietsweise bis 68° N. In Europa (Nominatform) schwerpunktmäßig im Tiefland, vereinzelt bis etwa 1100m NN verbreitet, aber nirgends häufig; Gesamtbestand 71.000-120.000 BP (stabil), mit Beständen > 5.000 in RUS (30-60 T.), F, und TR, > 2.000 BP in BY, FIN, D, PL, E., RO, UA. und GB [1585]; fehlt nur in NW-Europa und N-Skandinavien. In ME in allen Ländern, Bestand etwa 10.000-15.500 BP [383,2540].

Wanderungen. Langstreckenzieher; Winterquartier in Afrika S Äquator bzw. S-Asien; nur ganz ausnahmsweise Dez.-Feb. Europa (z.B. je 1mal NL, B, I, ehem. YU, 2mal CS, mehrfach PL). Abzug der Br. aus Skandinavien, W-Europa und ME in SSW- bis S-Richtung, bisher keine Ringfunde S Äquator, vermutlich Hauptwintergebiet Zambezi-Becken (10–20°S) [658; [Zusammenstellung Ringfunde in 4064]. Beginn des Wegzuges ab Mitte Aug.; Höhepunkt des Dz. in ME Sept., letzte Nachzügler bis Ende Okt.; Nov. nur einzelne A, CH, D, B, NL nachgewiesen, ausnahmsweise F Jan. [3999]. Ankunft S Sahara ab Sept., meist Okt. Heimzug ab Ende Feb.; früheste Erstbeob. ME 2. Märzhälfte, jedoch mittlere Erstankunftsdaten meist Mitte/Ende April bzw. Anf. Mai; Heimzug noch ganzen Mai hindurch. Brutortstreue bei ♂ z.T. sehr ausgeprägt, bei ♀ schwächer; hohe Geburtsortstreue der Juv., aber auch Fremdansiedlung nachgewiesen. Mittlere Ansiedlungsentfernungen vom Geburtsort GB/IRL 25 km, RUS 39 km.

Bestandsentwicklung. Oft starke, z.T. witterungsbedingte, Schwankungen im Brutbestand, Probleme der Überschätzung aufgrund großer home ranges, aber auch der Unterschätzung aufgrund der Unauffälligkeit im Brutgebiet. Aus früheren Jahrzehnten kaum Bestandsdaten.
Bestände in ME im Laufe 20. Jh. abgesehen von größeren klimabedingten Schwankungen wohl weitgehend stabil. Seit Mitte 1950er J., gebietsweise etwas später, regional mehr oder weniger starke Abnahmen [CZ, SK., H, D, A:1369,196,1; auch FIN, DK, F], und z.T. zum Erlöschen früher besiedelter Gebiete [196]. Doch Rückgänge nicht überall erkennbar [vgl. D-BY, B, A, CH; auch GB:196], gebietsweise sogar Zunahmen und Arealausweitungen [z.B. Teile NL, D-NW, -SN:3636,1507,2125, 2784].
In 1980er J. in vielen Regionen meist klimabedingte Erholung und Stabilisierung [SK., D-MV, -NW, -NI, -SH:196,2125]. In neuester Zeit Trend regional uneinheitlich, z.B. negativ in H, D-BB und -BE

[1,2896] sowie Teilen NE-Europas [2125,1507]; stabil in D-NW und D-TH, -SN [1475 2459]; positiv in GB und F [1507]. In NL Zunahme von 1.400-1.900 BP (1979-85) auf 1.700-2.100 BP (1985-92), dann Rückgang auf 750-1.000 BP (1998-2000), vor allem durch starke Verluste in E-NL Verbreitungszentren [375,3638,1507,3533]; gleichzeitig in NW-NL aber Arealausweitung [3638].

	Best.	Areal	Brutbestand	Jahr	Quelle
A	↑	=	800-1.200	1998-2002	[383]
B	⇧	+ 1	593-991	2001-2002	[383]
CH	+/-	=	400-600	1993-1996	[383]
CZ	↑	+ 1	200-300	2000	[383]
D	↓	- 1	2.700-3.600	1995-1999	[383]
FL	↓	- 1	1-3	1998-2000	[383]
H	↑	+ 1	900-1.900	1999-2002	[383]
L	↑	+ 1	20-25	2001	[2540]
NL	↓	=	750-1.000	1998-2000	[383]
PL	+/-	=	3.000-5.000	2000-2002	[383]
SK	+/-	=	600-800	1990-1999	[383]

Verminderte Reproduktion bewirkt oft Aufgabe langjähriger Brutplätze, dann weitere Gefährdungsfaktoren (s.u.) wirksam [2125]. Im stadtnahen Bereich Bestandseinbußen offensichtlich geringer, da weniger starke Gefährdung durch Lebensraumverlust, Verfolgung oder Ausschießen von Nestern sowie Verlust von Nistbäumen [1134]. Bejagung und Verfolgung der Rabenvögel hat erhebliche negative Auswirkungen auf Baumfalkenbestand (Krähen und Kolkrabe sehr wichtige Nestlieferanten), Bestandsrückgang daher regional in ursächlichem Zusammenhang mit Bejagung der Rabenvögel [196].

Siedlungsdichte. In sehr günstigen Gebieten (z.B. NL, RO, I) 7-13 BP/100 km^2, sonst nur 1-5 BP/100 km^2, bei Schwankungsbereich von 0.5-29 BP/100 km^2 [1507,3533]; in D großräumig um 1 BP/100 km^2 [2125]. Benachbarte Brutplätze im Mittel 1.5-8.8 km entfernt, aber auch nur 370m.

Gefährdungsursachen [196,1369,1589,1507,1719, 3638,2125,3533]. Lebensraumzerstörung (**Brutplatz**) durch Verlust von isolierten Altholzbeständen und Überhältern in der Offenlandschaft, durch Fällen von Nistbäumen, durch »Verwaldung« von Koniferenpflanzungen, sowie (**Nahrungsgebiet**) durch Entwässerungsmaßnahmen, Umbruch von Feuchtwiesen und Grünland in Ackerland, vollständige Ausräumung der Landschaft, Flurbereinigung, Intensivierung und Monotonisierung der Landwirtschaft.

Verknappung der Beutetiere, sowohl Großinsekten als auch Kleinvögel wie Lerchen und Schwalben, durch Biozideinsatz, Lebensraumzerstörung und Landwirtschaftspraxis.

Verfolgung; in ME beim Ausschießen von Krähennestern, in W- und S-Europa sowie N-Afrika durch Abschuss und Fang. Verschwinden von Nebelkrähe u.a. als Nestlieferant.

Vergiftung durch Umweltchemikalien; wahrscheinlich vor allem in Überwinterungsgebieten bedeutsam (Daten fehlen); in ME einige Belege. Verluste durch Ernte-Bindegarn.

Störungen zur Brutzeit im Nestbereich u.a. durch Forstarbeiten, Jagd (z.B. in E.).

Natürliche Verluste: auf Grund der Bevorzugung von Großinsekten empfindlich gegenüber atlantischen Klimabedingungen im Sommer. Ferner Prädation durch Habicht u.a.

SPEC	VSchRL	Bern.Konv.	Bonn.Konv.
--	--	Anh. II	Anh. II
Europ. RL	**RL in ME**		
--	CZ, FL:'EN', D, NL: 'VU', A, CH, SK: 'NT'		

Schutzmaßnahmen. Erhaltung der Lebensräume, insbesondere von Altholzbeständen, Überhältern sowie extensiv genutzten Wiesen- und Moorlandschaften. Wiedervernässung trockengelegter oder -gefallener, ehemaliger Feuchtgebiete.

Erhebliche Reduzierung des Einsatzes von Umweltchemikalien; Entsorgung von Ernte-Bindegarn.

Keine Bejagung der Nestlieferanten, strikte Verfolgung des illegalen Ausschießens von Nestern. Drastische Reduktion der Jagd in den Mittelmeerländern.

Vermeidung von Störungen in der Nestumgebung (keine Waldarbeiten).

Erstellung von Neststandort-Kataster, ggf. Anbringung von Kunstnestern.

Biotop. Jagdgebiete vor allem über Verlandungszonen von Gewässern, Feuchtwiesen, Mooren, Ödflächen; auch nahe menschlichen Siedlungen. Nester in lichten Wäldern, Gehölzen, auch auf einzelstehenden Bäumen und Gittermasten, mitunter auch in Parkanlagen, Alleen, Villengärten. Fehlt in geschlossenen Bergwäldern oder engen Hochgebirgstälern.

Nahrung. Hauptsächlich Vögel und Insekten; meist unbedeutend oder Ausnahmebeute Kleinsäuger, vor allem Fiedermäuse und Reptilien (wohl überwiegend durch Kleptoparasitismus). Zur Brutzeit bilden Kleinvögel Hauptmenge; in Europa mind. 70 Arten nachgewiesen, besonders Schwalben, Segler, Feldlerche, Sperlinge, Finken usw. Insekten z.T. der Anzahl nach stark vertreten, aber geringe Biomasse (z.B. schwärmende Käfer, Libellen, Schmetterlinge, Heuschrecken); im Winterquartier oft Hauptbeute.

Stimme. Außerhalb der Brutzeit schweigsam. Rufreihen zur Balzzeit wie »gje gje gje…« (oft auch gegen Ende stärker gedehnt; »Lahnen«); von ♂ und ♀ auch im Duett, ♂ höher und dünner als ♀, individuelle Variabilität. Bei allgemeiner Erregung metallisch klingend »kikiki…« (Ähnlichkeit mit Wendehals oder Turmfalke); auch trillernde »a-kjirr«.

Verhalten. Tagaktiv, auch Dämmerungsjäger. Schneller Flug mit raschen Schlägen, kurze Gleitstrecken. Stöße auf fliegende Beute im freien Luftraum aus Segel-, Gleit- oder Ruderflug von oben oder flach von hinten. Auch Überraschungsjagd niedrig über dem Boden oder der Vegetation. Mitunter auch Gemeinschaftsjagd. Insekten werden im Flug oder von der Sitzwarte aus gefangen und oft in der Luft verzehrt. Manche Beute (z.B. Kleinsäuger) auch anderen Greifvögeln (z.B. Turmfalke) abgejagt. Territorial; bei hoher Beutedichte (z.B. schwärmende Insekten) jagen mehrere Ind. gleichzeitig. Flugspiele von ♂ und ♀ am Nest meist stumm; ♂ Balzflug ähnlich Turmfalke, stößt auf sitzendes oder fliegendes ♀ herunter. Beuteübergabe an ♀. Paare bleiben zumindest während der Brutzeit zusammen. Aggressives Verhalten am Brutplatz gegenüber Beutefeinden, Menschen und Reviereindringlingen der eigenen Art. Außerhalb der Brutzeit meist in kleineren Trupps.

Fortpflanzung, Brutbiologie [337,767,1784,2540,3533,3960]. Viele schon im 1. Lebensjahr geschlechtsreif, Erstbrutalter bei ♀ z.T. mit 1 (selten erfolgreich), bei ♂ nicht vor 2 Jahren. Monogame Saisonehe, aber durch Brutplatztreue Wiederverpaarungen. **Ankunft am Brutplatz.** Meist Anf. April bis Anf. Mai. **Nest.** Alte (aber auch diesjährige) Nester, am weitaus häufigsten von Krähenvögeln, vorzugsweise auf Nadel- (Kiefer, Fichte), aber auch auf Laubbäumen (z.B. Pappel), ferner zunehmend auf Gittermasten. Kunstnester werden angenommen, Nester wiederverwendet. Kein Nestbau. **Legebeginn.** Ab Mitte/Ende Mai, Juni, bei Übernahme diesjähr. Nester frühestens A nf. Juni. **Gelegegröße.** (1) 2-4 (5); Ø GB$_{514}$ 2.9 (84% 3 Eier), D-BE$_{269}$ 2.7 (62% 3 Eier), max. 3.3. Legeintervall 2 (-3) d. **Eier.** Rundoval, auf weißlichem Grund rotbraun gefleckt. **Brutdauer.** 28-32 (34) d, variiert mit Gelegegröße; ♀ brütet überwiegend allein; Bebrütung ab 2. Ei; Juv. schlüpfen leicht asynchron über 1-2 d. **Nestlings-/Führungszeit.** ♀ füttert, ♂ bringt Nahrung, ab ca. 14 d auch beide möglich; ♀ hudert bis 8-13 d. Nestlingsdauer 28-34 d; noch etwa 30-42 d Bettelflugphase (auch fremde Juv. werden mitgefüttert), meist im Aug./Sept. erst selbständig. **Jahresbruten.** 1; Nachgelege bei frühen Verlusten (kleiner als Erst-, Ø 2.1 bzw. 2.2). **Bruterfolg.** In D-BE (1940-51)$_{32}$ 1.09 und (1956-78)$_{391}$ 1.86 flügge Juv./Paar und Jahr. In GB aus 47 Gelegen mit 138 Eiern 122 geschlüpft (88.4%) und 109 ausgeflogen (78.9%), bei Ø 2.3 Juv./erfolgr. Paar. In D-BE (1956-72) von 358 Paaren 277 erfolgreich (77.4%) mit 666 Juv., Ø 2.4 Juv./erfolgr. Paar bzw. 1.9 Juv./begonnene Brut; Bruterfolg inzwischen gesunken, von 1977-99 nur noch 61% erfolgreich mit Ø 2.4 Juv./erfolgr. Paar bzw. 1.5 Juv./begonnene Brut. In CH-FR in 10 J. 58% der Bruten erfolgr., Hauptursache für Verluste ungünstige Witterung.

Eimaße und -gewichte. L. 30.8-46.8 mm, B. 29.0-36.0 mm, Ø: 42.1 x 33.0 mm (n=69, B), 41.4 x 32.9 mm (n=102, D/PL); Frischvollgew. 23.1-27.8 g, Ø$_6$: 25.3 g; Schalengew. 1.47-2.32 g, Ø$_{48}$: 1.92 g.

Sterblichkeit, Alter. D-BE 1. Lebensjahr 67 %, spätere J. ca. 17–27 %. Anteil geschossen gemeldeter Ringvögel aus S-Europa und N-Afrika: 27 % für Vögel aus GB/IRL [4064] und 44 % für Vögel aus S. [1208]. Höchstalter Ringvögel 15, 13 und 11 J. 10 Monate, 9 J. 10 Monate. **Generationslänge:** 5 J. [383].

Mauser. **Postjuvenile Mauser** (Teilmauser) März–April im Winterquartier; Umfang variabel, meist Teile des Körpergefieders, z.T. Flügeldecken und einzelne ST [139,1189]. • **Postnuptialmauser** (Vollmauser) Körpergefieder ab Aug./Sept., Ad. beginnen später als Vorj.; HS-Mauser setzt z.T. im Sept./Okt. ein und während Wegzug unterbrochen, i.d.R. aber beginnt Großgefiedermauser erst im Winterquartier; bis Feb./März beendet [139,1189].

Falco eleonorae – Eleonorenfalke 03110

Falco eleonorae Géné 1839

(GB) **Eleonora's Falcon** (F) **Faucon d'Éléonore** (E) **Halcón de Eleonora**

Taxonomie. Monotypisch. Nächstverwandt mit Schieferfalken *F. concolor*, mit dem von manchen Autoren in einer Superspezies vereinigt [z.B. 995N], doch genetische Divergenz ist deutlich größer als zwischen den Allospezies von *F. [rusticolus]* oder *F. [tinnunculus]* [A. J. HELBIG].

Kennzeichen. Größendimorph [1190,731,221, 1369,3615,1784,3772,696,1189; zur Häufigkeit der hellen und dunklen Morphe in der ostmediterranen Population:3208; **Fotos** in Limic. **14**, 162-169, Dutch B. **24**, 373, Brit. B. **97**, 407, Sandgr. **20**, 57-64].

Maße. Gr.: 36-42 cm. Gew.: ♂ um 350 g, ♀ 340-450 g, Ø: 388 g. Fl.spw.: 110-130 cm. Fl.l.: ♂ 30.0-32.3 cm, ♀ 31.2-34.7 cm [1369,1784,3615].

Status. In ME sehr seltener Gastvogel, aber zunehmend beobachtet (aufgrund besserer Kenntnisse ?), Zunahme in Balearen sowie freifliegenden Vögeln aus Gefg.haltung [z.B. **B:** 1988, 1997:1677], mit anerkannten Nachw. in: • **PL:** 10 Nachw., alle seit 1982, darunter nur 2 mal Frühjahr (Mai); zuletzt Okt.1999, Sept. 2000 [q13,3871]. • **CZ:** 2000 [q3]. • **D:** Erstmeldung 1998 nicht anerkannt, seither aber mehrmals beob., z.B. Helgol. und -NI Sept. 1999 [575]; Homologierung von Beob. 2000 in -NW (Mai, Aug.) und -SH (Aug.) steht noch aus [869,575]. • **H:** Aug. 1968, Sept. 1987 [2438]. Auch in anderen Regionen W- und N-Europas Zunahme der Nachweise, z.B. DK 6 mal , S. 5 mal und GB 4 mal bis 2001 [q23].

Verbreitung und Bestand. Inseln und Felsküsten W-Paläarktis von Kanaren bis E-Mittelmeer (CY, GR). Europäischer Brutbestand insgesamt 5.900-6.200 BP in etwa 100 Kolonien [383,1784], leicht rückläufig, global aber nicht gefährdet [1784,382]; größte Vorkommen in Europa in GR (4.500 BP), I (500-600 BP) und E. (485-535 BP) [383].

Wanderungen. Zugvogel. Abwesend von Brutkolonien Nov.–März. Abwanderung ins Wintergebiet nach Madagaskar (und möglicherweise weiteren Orten in Afrika S Sahara), nach neuen Erkenntnissen aus der Satelliten-Telemetrie im Gegensatz

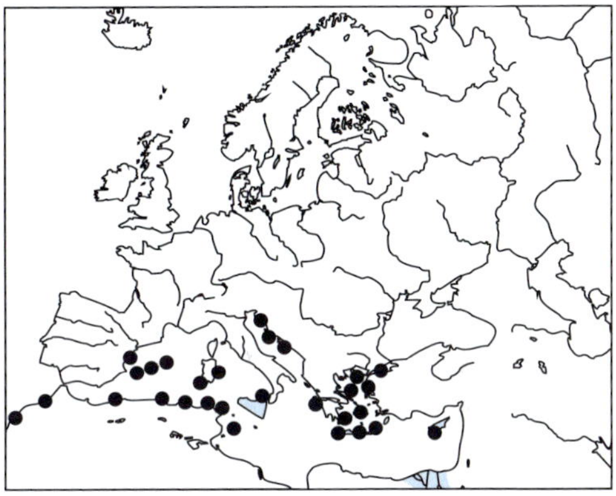

Falco eleonorae – **Eleonorenfalke**

zur traditionellen Lehrbuchmeinung nicht regelm. über Rotes Meer/Somalia sondern auf direkteren Routen über Festland (Daten Vogelwarte Radolfzell, M. GSCHWENG); bisherige Einzelfunde im Innern Afrikas, z.B. Mali [s. 826]. Wenige Märznachweise im Mittelmeerraum, Ankunft normalerweise ab 2. Aprilhälfte, hauptsächlich Mai/Anf. Juni. Junge werden Ende Sept./1. Okt.hälfte flügge, Wegzug sofort anschließend, späteste Daten CY Ende Okt./Anf. Nov [3615].

Bestandsentwicklung und Gefährdung. Starke Schwankungen, aber die meisten Bestände langfristig offenbar stabil; in den Balearen Zunahme seit 1980er J. [1784], in MA und CY Abnahme [1507]. Gefährdet durch intensive Verfolgung (Eiersammlung während der innerhalb der Populationen stark synchronisierten Legeperiode im Spätsommer; Jagd) [1507], durch Arealverlust bedingt durch Verbauung und Erholungsdruck, durch Prädation (vor allem Ratten) [1784,3615].

SPEC	VSchRL	Bern.Konv.	Bonn.Konv.
2	Anh. I	Anh. II	Anh. II
Europ. RL	RL in ME		
--	--		

Schutzmaßnahmen. Einstellung jeglicher Verfolgung; Rechtlicher Schutzstatus für wichtige Brutkolonien (»Entwicklungs«verbot).

Biotop. Br. kleiner, abgeschiedener Inseln oder Halbinseln in Zuglinie von Kleinvögeln im Mittelmeerraum. Im Winter in offenen oder geschlossenen Waldgebieten Madagaskars.

Nahrung. Großinsekten (vor allem außerhalb Brutzeit und im Winter) und Vögel bis Wiedehopfgröße; zuweilen auch Segler, vor allem dj.; Brutzeit an individuenreichen Herbstzug europäischer Zugvögel angepasst; z.T. Gemeinschaftsjagden mehrerer Falken über dem Meer.

Stimme. Vielfältige und variable Rufe. Besonders in den Kolonien ruffreudig. Häufigster Ruf gereihtes »kjäär-kjäär-kjäär« oder »gäk-gäk-gäk.«, nicht so kräftig wie bei Großfalken, tiefer und weniger klangvoll als Baumfalke. Bei Störung am Nest lautes Keckern, bei Ankunft am Nest hohes »kli-kli-kli..« o.ä.

Fortpflanzung, Brutbiologie [767,1784,2540]. Erstbrutalter bei ♀ 2, bei ♂ meist 3 Jahre. Monogam, Wiederverpaarung durch hohe Brutplatztreue. **Nest.** In Felsspalten, Höhlungen und Nischen in Steilküsten, oder unter Steinbrocken und Büschen, auch an offenen Stellen. Koloniebrüter. Kein Nestbau. **Legebeginn.** Ab Mitte Juli, Aug. wegen Hauptbeute (Zugvögel). **Gelegegröße.** 2-3 (1-4). Legeintervall 2-3 d. **Eier.** Breitoval, auf hellem Grund dicht rötlichbraun gefleckt. **Brutdauer.** 28-30 d; Bebrütung ab 1. Ei; Juv. schlüpfen asynchron; beide brüten, ♀ mehr, ♂ bringt Beute, nach Wochen auch ♀. **Nestlings-/Führungszeit.** ♀ füttert. Nestlingsdauer ca. 37 d; nach weiteren etwa 3 Wochen selbständig. **Jahresbruten.** 1. **Bruterfolg.** 1.3 bis 2.3 flügge Juv./BP und J. bzw. 1.6-2.6 flügge Juv./erfolgreiches Paar.

Sterblichkeit, Alter. Ältester Ringvogel 11 J. 2 Monate [3654]. **Generationslänge:** 5 J. [383].

Mauser. **Postjuvenile Mauser** (Teilmauser) ähnlich Baumfalke [1189]. • **Postnuptialmauser** (Vollmauser) Großgefiedermauser setzt bei Ad. i.d.R. erst im Winterquartier ein, Vorj. beginnen dagegen regelm. noch im Brutgebiet; bis März/April beendet [1189].

Falco peregrinus – Wanderfalke 03200

Falco [peregrinus] peregrinus Tunstall 1771

(GB) **Peregrine Falcon** (F) **Faucon pèlerin** (E) **Halcón Peregrino**

Taxonomie. Ca. 16 UA, davon in Europa *peregrinus* Tunstall 1771 (mittlere Breiten), *calidus* Latham 1790 (N-Europa bis N-Sibirien), *brookei* Sharpe 1873 (Mittelmeerraum bis Iran). Ausführliche Diskussionen der geographischen Variation [3945,4051]. Bildet Superspezies mit Wüstenfalken *F. pelegrinoides*, der zumindest in MA mit zwei UA des Wanderfalken (*brookei, minor*) regional sympatrisch vorkommt [3459]. Diese und andere mögliche Kontaktzonen jedoch unzureichend untersucht. Dass Wander- und Wüstenfalke auf mtDNA-Niveau nicht differenziert sind [4124N], spricht nicht gegen ihren Artstatus. Ausnahmsweise natürliche Hybridisation zw. Wander- und Präriefalke in Nordamerika nachgewiesen [2870]. Mehrfach wurden in ME Mischbruten zw. Wanderfalken-♀ und Hybrid-♂ (meist *peregrinus x rusticolus*) beob., die lebensfähige Junge erbrachten [108]. Dies zeigt, dass zumindest Hybrid-♂ fertil sind. Hybrid-♀ zwischen Vertretern der *peregrinus*- und der *rusticolus*-Superspezies scheinen dagegen eine deutlich geringe Fertilität aufzuweisen [1606] und bisher nicht in Freiheit brütend angetroffen.

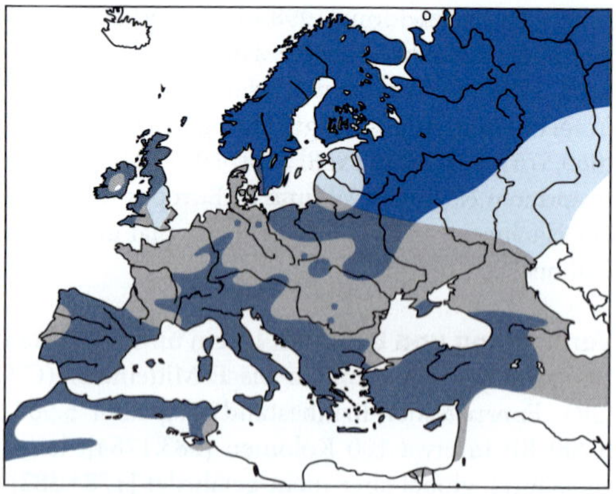

Falco peregrinus – Wanderfalke

Kennzeichen. Sexualdimorph [221,1369,3772, 1784,3615,696,1189]; zur Abgrenzung Wander- gegen Wüstenfalke: 697,3557,749; weitere **Fotos** in Dutch B. **25**, 144, Brit. B. **97**, 389, Limic. **15**, 145, (*brookei*) Limic. **6**, 194].

Maße. (Nominatform) Gr.: 36-48 (34-50) cm. Gew.: 550-1300 (1500) g; ♂ 550-750 g, Ø: ca. 610 g, ♀ 860-1300 g, Ø: ca. 940 g. Fl.spw.: 80-120 cm. Fl.l.: ♂ 29.1-32.0 cm, ♀ 34.8-36.7 cm [1784,2540,3615].

Status. Nominatform seltener, verstreuter Brut- und Jahresvogel in weiten Teilen ME; auch starke Zunahme der Einzelbeob. seit 1980/1990er J. UA *calidus* aus Tundrengebieten Eurasiens in ME seltener Durchzügler und Wintergast von E nach W abnehmend, Nachweise aus allen Ländern, ausgenommen L, B, NL [337].

Verbreitung und Bestand. Ursprünglich weitgehend kosmopolitisch verbreitet (fehlt aber in Wüsten und Beckenlandschaften von W-Sahara über Arabien bis Mongolei und China, in Urwaldgebieten Afrikas und S-Asiens, in Teilen S-Amerikas, in AUS und NZ, vielen pazifischen Inseln sowie Antarktis). Nach starker Verfolgung und Verlusten durch Umweltgifte besiedeltes Areal aber sehr lückenhaft. In Europa mehrere Vorkommen mit > 1.000 BP: E. (2.4-2.7 T.), TR (1.5-3 T.), F (1.1-1.4 T.), GB (1.400) und RUS (1-1.1 T. BP) sowie GRÖ (1-10 T.); Gesamtbestand 12.000-25.000 BP, zunehmend [383]; in ME (Nominatform) etwa 1.150-1.270 BP [383,2540].

Wanderungen. Nominatform wohl meist Standvogel mit Streuungswanderungen; nach N und E zunehmend Zugvogel (besonders Juv). Winterquartier von S-Skandinavien bis Mittelmeergebiet. Br. Fennoskandiens und RUS inkl. angrenzender Gebiete größtenteils Zugvögel; Winterfunde reichen von DK, NL, D und GB bis E./P (für Br. S.: hauptsächlich W-F, maximal Senegal in 6547 km) [1208], von FIN auch nach CZ/SK., ehem. YU. Einjährige Nichtbrüter regelm. auch abseits der Brutgebiete. Br. GB/IRL sind Standvögel und verlassen die Brit. Inseln nur ausnahmsweise, 2 Ringfunde in S-Richtung (P, F) [1208]. In ME ziehen vor allem Juv. maximal bis F (auch einmal E.-D bis P). [Ausführliche Besprechung der Ringfunde D-BW: 3226; Satelliten-Telemetrie in USA (dort ausgeprägt ziehend) s. 1260].

Bestandsentwicklung. Im 19. und bis Mitte 20. Jh. kaum Hinweise auf gravierende Bestandsveränderungen in ME. Ab Mitte 1950er J. katastrophale Bestandsabnahme in fast ganz Europa (außer S-) [1369.3615,3892,196], z.B. in A bis 1970er J. auf etwa 10% des ursprünglichen Bestandes, bei starkem Arealverlust [965]. Ähnliche Entwicklung in W-D, wo 1937 über 800 BP und 1950 noch etwa 430 BP brüteten. In 1970er J. Bestände in fast allen Bundesländern erloschen, nur in D-BW, (-HE) und -BY noch etwa 40-50 BP [1369,196,2125,3368]. In anderen europäischen Ländern Rückgang ebenso dramatisch [z.B. CH 3393,3392], aus B, L, CZ und SK. vollständig verschwunden; ebenso erloschen alle Baumbrüterpopulationen N- und E-D sowie PL [1369,3615,196,337,2125].
Durch erhebliche naturschutzpolitische Anstrengungen und intensive Schutzmaßnahmen in Rückzugsgebieten (Kunstnestbau, Prädatorenabwehr, Zeckenbekämpfung, vor allem aber Brutplatzüberwachung), z.T. durch Aussetzungen, Erholung der Bestände seit Mitte 1970er J. und erneute Ausbreitung. Gebietsweise Bestandsgrößen der 1950er J. wieder erreicht oder überschritten [CH, A, D-NW, -BW:3393,965,196,2125,1585,2255; auch GB:1343]. Vielerorts werden jetzt auch hohe Gebäude und Bauwerke innerhalb menschlicher Ballungsräume vom Wanderfalken besetzt [196]; in CH auch Besiedlung alpiner Regionen [3393,3392,2054]. In B, NL, L (seit 1998), sowie CZ, SK., PL und H (seit 1997) brütet Wanderfalke erst in sehr kleinen Beständen [1585,2125,2540,3871,q3].

	Best.	Areal	Brutbestand	Jahr	Quelle
A	↑	+ 2	200–250	1998–2002	[383]
B	⇧	+ 2	24–26	2001–2002	[383]
CH	⇧	+ 2	250–250	2000	[2540]
CZ	↑	+ 1	17–20	2000–2001	[2540]
D	⇧	+ 2	620–663	1999–2001	[383,2540]
FL	N	N	2–4	1998–2000	[383]
H	N	N	4–7	2001–2002	[383,2540]
L	↑	+ 1	8–15	2000–2002	[383]
NL	↑	+ 1	5–7	1998–2000	[383]
PL	↑	+ 1	5–8	2000	[383]
SK	+/-	=	20–24	2000	[2540]

Andererseits starke Ausbreitung der Baumbrüterpopulationen in NE-ME kaum denkbar ohne Eingriffe wie Aussetzungen orts- und habitatgeprägter Individuen [2647]. Neuansiedlungen in E-D, erneute Baumbruten in D ab 1996 [2125,2252], Bruten in D-HE, Wattenmeergebiet D-NI und in PL überwiegend in Folge von Wiedereinbürgerungsaktionen [196,2125,1520]. Dagegen in E-Europa (UA., RO, RUS) und Iberien von 1970-1995 anhaltende Rückgänge [3892,1585].

Gefährdungsursachen [3892,1369,1589,1719, 196,3369,2255,2256]. Hauptursachen für katastrophale Rückgänge seit 1950er J. zum einen Aufnahme von chlorierten Kohlenwasserstoffen wie DDT, HCB und PCB über Beutetiere, dadurch stark reduzierter Bruterfolg (Dünnschaligkeit der Eier, Absterben der Embryonen etc.), zuweilen auch direkte Mortalität unter Altvögeln. Am stärksten hiervon betroffen ziehende Populationen und Individuen mit hohem Beuteanteil an Wasservögeln.
Zum anderen gebietsweise direkte Verfolgung wesentlichster Gefährdungsfaktor, einerseits illegaler Abschuss (auch Nistplatz-, Gelege- und Jungvogelvernichtung) durch Tauben- und Kleintierzüchter sowie Jäger, andererseits illegales Aushorsten und Fallenfang zu Aufzuchts- und Handelszwecken durch Falkner, Vogelhalter und -händler.
Störungen am Brutplatz durch Freizeitaktivitäten (Wandern, Klettern etc.) und Forstarbeit.
Verluste an Freileitungen und Strommasten sowie an Industrieanlagen.
Lebensraumverlust durch Zersiedelung, Ausbau des Straßennetzes, Verdrahtung etc.
Natürliche Verluste durch ungünstige Witterung zur Brutzeit sowie durch Steinmarder, Uhu, Krankheiten, Zeckenbefall etc.

SPEC	VSchRL	Bern.Konv.	Bonn.Konv.
--	Anh. I	Anh. II	Anh. II
Europ. RL	**RL in ME**		
--	(H: **'RE'**), L,CZ,PL:'CR', SK: 'EN', D, CH:'VU', A: 'NT', FL: 'R'		

Schutzmaßnahmen. Eliminierung und Verbot (auch Herstellung und Export !) aller chlorierten Kohlenwasserstoffe und quecksilberhaltigen Biozide mit letaler Langzeitwirkung. Reduzierung des Einsatzes anderer Biozide in der Land- und Forstwirtschaft.
Ausweisung der Brutfelsen als flächenhafte Naturdenkmale oder Schutzgebiete; Brutplatzbewachung wegen illegaler Nachstellung (gebietsweise nicht mehr vorrangig) und Störungen (Klettern, andere Freizeitbetätigung, Forstarbeiten zur Brutzeit usw.). Ausweisung von Nestschutzzonen.
Instandsetzung sowie Neuschaffung von witterungsgeschützten und mardersicheren Brutnischen und Horstplattformen; Ausarbeitung von Rekultivierungsplänen für geeignete Sekundärbiotope wie Steinbrüche in felsarmen Gebieten, sowie deren Schutz.
Schwere Strafen für illegale Gelege- oder Jungvogelentnahmen und Abschüsse. Gesetzliche Einschränkung der Haltung von und Beizjagd mit Großfalken. Genetische Kontrolle aller in Haltung befindlichen Falken zur Klärung der Herkunft.
Monitoring der Bestandsentwicklung sowie der potenziellen weiteren Einwirkung der genannten Gefährdungsfaktoren (insbesondere auch der PCBs).

Siedlungsdichte. In optimalen Lebensräumen Horstabstände von nur 1-2 km bekannt; nur Horstrevier von wenigen hundert Metern wird wirklich verteidigt. Jahreslebensraum eines Paares etwa 30 km^2 [2540]. Großflächige Siedlungsdichten in ME von 0.15-8.55 BP/100 km^2 [2125], z.T. bei Inselpopulationen in GB/IRL und auf Gibraltar noch höher [1507].

Biotop. Sehr vielseitig. Br. an Steilküsten, auf Inseln, in Tiefebenen und Mittelgebirgslandschaften sowie in unteren Stufen der Alpen. Gemieden werden große geschlossene Waldlandschaften (Ausnahme: Baumbrüterpopulation in NE-ME) und die hohen Stufen der Alpen (geringe Vogeldichte). Felsbrüter an steilen Felswänden in Flusstälern, Waldgebirgen, Steilküsten, Steinbrüchen. Baumbrüter in lichten Althölzern, an Waldrändern usw. Jagdgebiet in offener Landschaft; im Einzelnen Jagdbiotope sehr vielseitig, nicht selten auch am Wasser.

Nahrung. Fast ausschließlich Vögel; insgesamt in Europa über 210 Arten nachgewiesen. Meist spielen aber nur wenige Arten die Hauptrolle, in ME z.B. je nach Gebiet Haustaube, ferner Star, Drosseln, Kiebitz (u. a. Limikolen), Rabenvögel, Feldlerche, Buchfink, Lachmöwe; in Fennoskandien und Schottland z.B. auch Sumpf- und Wasservögel, Raufußhühner. Insgesamt überwiegen Arten der offenen Landschaft. Beutegewicht 10– ca. 1200/1800 g. Säugetiere sehr selten (dann vor allem Fledermäuse); andere Gruppen (z.B. Fische, Insekten) Ausnahmebeute und viell. durch Kleptoparasitismus. Außerhalb der Brutzeit Nahrung meist vielseitiger.

Stimme. Bei Störung am Brutplatz raue »grägrä…« oder »kekekek…«, schnell gereiht, ♀ tiefer, rauer. »Lahnen« klagende »Wet…« oder länger und etwas gepresst »grräääi« (Erregungslaut, Bettellaut des ♀ und der Juv.). Bei Beuteübergabe, Balz und Brutablösung laut »kazick«, bei stärkerer Erregung kürzer »zjuck zjuck…« (auch Warnruf). Herangewachsene Nestlinge betteln vibrierend »jiii« u.a.

Verhalten. Tagaktiv (in hell beleuchteten Großstadtgebieten aber auch dämmerungs- und nachtaktiv!). Streckenflug mit kräftigen Flügelschlägen und kurzen Gleitstrecken; Segelflug in Thermik. Vor dem Stoß auf die Beute entweder Beschleunigung durch rasche Flügelschläge oder durch Herabstürzen aus großer Höhe mit angelegten Flügeln; sehr hohe Stoßgeschwindigkeiten (kurzfristig > 200 km/h). Angriff aus Spähflug oder möglichst hohem Ansitz aus; vielseitige Ausnutzung von Überraschungseffekten; Stoß steil oder flach, oft mit hörbarem Aufprall. Bei geringer Bodenhöhe fällt die Beute oft (verletzt oder tot) herunter. Rupfungen am Boden oft halbkreisförmig; bei größeren Vögeln hängen ungerupfte Flügel vielfach noch mit den Sehnen zusammen. Felsbrüter übernachten großenteils in Schlafnischen in Felswänden. Territorial; bei Standvögeln häufig auch im Winter mind. Einzelne im Brutrevier; Einzelgänger. Balzflüge: ♂ und ♀ kreisen oft in großer Höhe, ♂ stößt auf ♀, das sich auf den Rücken wirft. Ferner Schnäbeln, Balzfüttern, Muldenscharren. Paarungsverhalten oft schon ab Spätwinter. Kopulieren sehr häufig. Außerhalb der Brutzeit einzeln oder in Paaren.

Fortpflanzung, Brutbiologie [337,767,1784, 2125,2540]. Im 2. oder 3. (♀) Lebensjahr geschlechtsreif; Erstbrutalter mit 1 J. bekannt. Monogame Saison-, oft Dauerehe. **Nest.** In ME überwiegend in Felsnischen und -bändern, zunehmend an hohen Bauwerken, auf Masten; ferner Baum- und regional auch Bodenbrüter (in Hochmooren Fennoskandiens). Nistplatztreue, aber auch Wahlmöglichkeiten für ein Paar; Nisthilfen werden angenommen. Solitär. Nest einfache Plattform, nach Möglichkeit lockeres Material mit Mulde durch Scharren des ♀; kein Nestbau, (Reste von) Nestern anderer Arten. **Legebeginn.** Ab Mitte März, Anf. April. **Gelegegröße.** 3-4 (2-5, selten 1, 6); Ø N-D_{197} (Baumbrüter vor 1940) 3.26, S-D_{56} (1940-59) 3.0, S-D_{52} (1960-69) 2.88, F_{52} (1950-64) 2.96, GB_{479} (20. Jh.) 3.66, FIN_{130} (1850-1949) 3.1, FIN_{96} (1950-70) 2.67. Legeintervall 1.5-2 d. **Eier.** Breitoval, auf gelblichweißem Grund ± komplett braun bis rotbraun gefleckt. **Brutdauer.** 29-32 d/Ei; beide brüten, ♀ mehr; Bebrütung ab (vor-)letztem Ei; Juv. schlüpfen ± synchron. **Nestlings-/Führungszeit.** ♀ füttert anfangs, ♂ bringt Beute, ab 3 Wochen beide; Juv. werden ca. 10 d gehudert. Helfer bei Aufzucht meist einjähr. ♀. Nestlingsdauer 35-42 d; danach 3-4 Wochen Bettelflugperiode; Auflösung des Familienverbandes erst Ende Juli/Anf. Aug. **Jahresbruten.** 1; nicht immer Ersatzgelege. **Bruterfolg.** Abnahme der Gelege- und Brutgröße, Zunahme der Totalausfälle, zunehmend Paare ohne Eiablage durch Einfluss von Pestiziden und Schwermetallen, menschliche Störungen etc., besonders augenfällig in 1960-70er J. in N- und W-Europa, z.B. von 1961-66 in GB von 881 BP 40% ohne Brutversuch. In D/PL (Baumbrüter) 1945-59_{61} 1.03 und 1960-69_{56} 0.99 flügge Juv./begonnene Brut und J.; in Mittelgebirgen D (Felsbrüter) 1945-59_{84} 1.0 und 1960-68_{65} 0.4, in D-BW 1966-79_{293} 1.21, CH 1951-60_{49} 1.54, 1961-68_{27} 1.22, in F 1950-63_{55} 1.96, 1964-65_{101} 1.1, in GB 1961-65_{428} 1.27, 1966-70_{380} 1.4, 1971-75_{600} 1.63, 1976-79_{803} 1.57. Seit etwa 1980 steigt Bruterfolg wieder an, derzeit in ME 1.4-2.5 (Ø etwa 1.5) Juv./BP und J.

Eimaße und -gewichte. L. 46.0-58.9 mm, B. 36.0-44.7 mm, Ø: 51.5 x 40.5 mm (n=165, D/PL), 51.1 x 40.2 mm (n=91, B), 51.8 x 41.0 mm (n=100, GB); Frischvollgew. 39.2-46.4 g; Schalengew. 3.25-4.79 g, $Ø_{100}$: 3.84 g.

Sterblichkeit, Alter. Schätzungen und Kalkulationen (0–1. Jahr, 2.–6. Jahr, kritische Nachwuchsgröße Juv./BP und J.) z.B. S. 59 %, 32 %, 2.3; USA 70 %, 25 %, 2.3; D 56 %, 28 %, 1.8; FIN 71 %, 19 %, 1.6. In S-Schottland durch Brutpopulationsstudie mit 11 %/J. für Ad. (7-9 % für ♀) allerdings niedrigerer Wert ermittelt [2538]. Für D-BW errechnet: 40 % der ♂ und 47 % der ♀ starben im 1. J. ab Verlassen des Nestes [3226]. Altersstruktur in farbberingter Populationen E-D 2x1-, 5x2-, 7x3-, 10x4-, 2x5-, 1x6-, 1x7-, 1x10-, 1x13-jährig. Reviervögel (Muster nach oben durch Laufzeit der Studie viell. beschnitten) [2043]. In Minnesota/USA Sterblichkeit ehemaliger Pfleglinge nicht höher als bei normalen Wildvögeln [3780]. Ältester Ringvogel (CH) 17 J. 4 Monate [3654], Gefg. bis 20, ausnahmsweise 30 J. **Generationslänge.** 5 J. [383].

Mauser. **Postjuvenile Mauser** (Vollmauser) Körpergefieder ab Spätwinter, Schwungfedern ab März des 2. KJ (früher als Ad.); variiert aber je nach Ind. und geografischer Lage [139,1189]. • **Postnuptialmauser** (Vollmauser) in ME April/Mai–Scpt./Okt. (Nov.) [1189], ♀ beginnt mit HS 4 nach Eiablage, ♂ nach dem Schlüpfen der Jungen; ST-Mauser setzt ca. 10–50 d nach Ausfall der HS 4 ein; Dauer Ø 150 d (Volierenvögel) [1369]. Bei UA *calidus* (und Nominatform im N) beginnt Mauser erst im Juni/Juli, wird während Wegzug unterbrochen und bis Feb./April im Winterquartier beendet [139,1189].

Falco rusticolus – Gerfalke 03180

Falco [rusticolus] rusticolus Linnaeus 1758 syn.: Jagdfalke

(GB) **Gyrfalcon** (F) **Faucon gerfaut** (E) **Halcón Gerifalte**

Taxonomie. Monotypisch. Bildet Superspezies mit *F. biarmicus, F. cherrug* und *F. jugger* (Pakistan, Indien). In Gefg. erzeugte Hybriden beiderlei Geschlechts zwischen Saker- bzw. Lanner- und Gerfalke sind größtenteils fertil [1606]. Die von manchen Autoren ebenfalls dieser Superspezies zugerechneten Arten F. *mexicanus* (N-Amerika) und *F. berigora* (AUS) stehen verwandtschaftlich viel ferner [A. J. Helbig].

Kennzeichen. Größendimorph; versch. Farbvarianten [221,3772,1369,3503,696,1189; weitere **Fotos** in Limic. **10**, 197, **12**, 181, Dutch B. **22**, 30, **26**, 247, Bird. W. **5**, 101-104, **6**, 67-72, **13**, 104-107; in Gefg. erzeugte Hybriden zw. Wander- und Gerfalke sind z.T. nur äußerst schwierig von reinen Gerfalken zu unterscheiden: vgl. 108].

Maße. Gr.: 48-60 cm. Gew.: ♂ (800) 1000-1400 g, ♀ 1250-2100 g. Fl.spw.: 130-160 cm. Fl.l.: ♂ 35.2-38.0 cm, ♀ 38.2-41.5 cm (in IS größer) [1784,3615,618].

Status. Vor allem küstennah in N-ME in früheren Jh. viell. regelm., inzwischen nicht allj. Gastvogel im Winter, gelegentlich sogar in tiefem Binnenland [z.B. D-BW und D-BY:1722,4175, CH:4152]. Bisher folgende Nachw. (darunter möglicherw. einige Gefg.fl. oder sogar Hybride – bes. Nachweise im Sommer kritisch): • **PL:** 20 mal (davon 7 erlegt), seit 1980 nur 5 mal, zuletzt Sept.1998 [q13,3871]. • **B:** 4-5 mal: vor 1842, 1873, Apr. 1900, Jan. 1964, Mai 1965 [337,1369,1677]. • **NL:** Okt. 1849, Dez. 1864, Dez. 1900, Dez. 1909, Jan. 1987, März 1998 [277]. • **CZ:** Frühj. 1926 [2159]. • **D:** über 50 Nachw. aus 19. Jh. und 20. Jh. [1369,337], von 1977-95: -NI Jan. 1981, -SH seit 1988 fast allj. Einzelvögel in Monaten Okt. bis März 1989 [575]. • **CH:** 19. Jh. unsichere Belege, im 20 Jh. (1955), Dez./Jan. 1962/63 und Nov./Feb. 1984/85 [4152]. • **A:** mehrere 19. Jh., im 20. Jh. mehrere Beob. [337], zuletzt A-V Nov. 1984 und Feb. 1988, A-B Okt. 1994 [3129].

Verbreitung und Bestand. Zirkumpolar in Tundrenzone und im N der borealen Waldzone von IS, M- und N-N., N-S. und N-FIN bis Kamtschatka, N-CDN und Alaska. Brutbestand in Europa 1.300-2.300 BP, stabil, mit größten Vorkommen (> 300 BP) in GRÖ, IS und N. [383].

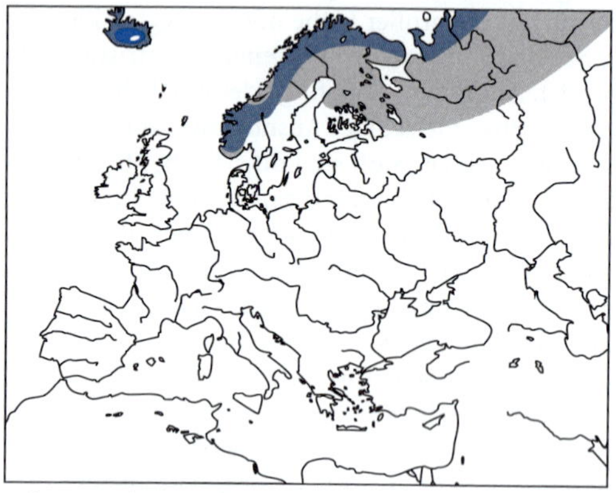

Falco rusticolus – **Gerfalke**

Wanderungen. Standvogel, Streuungswanderungen, Kurzstrecken- und Teilzieher. Ad. aus Skandinavien/IS bleiben nahe der Brutgebiete, Juv. ziehen weiter weg (Juv. aus N-S. im Winter an Atlantikküste N.) [1208]. Br. RUS ziehen oft 1000-2000 km S; manchmal Irruptionen im Gebiet S des normalen Wintergebietes.

Bestandsentwicklung und Gefährdung. Starke zyklische Bestandsschwankungen (vor allem abhängig von Beutetiergradationen), Bestände langfristig überwiegend konstant, aber im RUS (zeitweise auch Teile Fennoskandiens) Abnahme durch Verfolgung (Jagd, Eierraub, Fang für Handel), Lebensraumbeeinträchtigung und Störungen im Brutgebiet sowie Rückgang der Nahrung (durch Bejagung, Habitatveränderung); viell. auch Klimaeinflüsse [337,3615,1507,1784,618]; in IS dagegen neuerdings leichte Zunahme [1507,1585].

SPEC	VSchRL	Bern.Konv.	Bonn.Konv.
3	Anh. I	Anh. II	Anh. II
Europ. RL	RL in ME		
--	--		

Siedlungsdichte. In IS Territorien Ø 5.8 km auseinander (0.3-12.5 km), entspricht Reviergrößen von 63 km^2, bei dünner Besiedlung 90-137 km^2; in N. 12-33 km^2 (618). Siedlungsdichteangaben in Fennoskandien meist zwischen 0.2-1.0 BP/100 km^2, in GRÖ sowie Uralgebiet RUS z.T. deutlich niedriger (aber in RUS mit Maximum von 4 BP/100 km^2) [618].

Schutzmaßnahmen. Gebietsschutz; Einstellung jeglicher Verfolgung [1784,618]. Ferner Bestandsmonitoring, Untersuchung der Gefährdungen [1507]. Ggf. Habitatmanagement für Raufußhühner, da meist Hauptnahrung [618].

Biotop. Br. in Tundrengebieten oder an der Küste, oft über der Baumgrenze im Bergland; bevorzugtes Jagdgebiet die offene Tundra, aber auch am Wasser. Im Winterquartier besonders in offenen deckungsarmen Landschaften.

Nahrung. Vögel von Sperlingsgröße bis zu Raufußhühnern, Enten, Großmöwen; Säugetiere von Mäuse- bis etwa Hasengröße; gelegentlich Aas. Bei Küstenbewohnern vorwiegend Seevögel, bei Binnenlandbrütern wichtigste Nahrungstiere Schneehühner, ferner Lemminge (deutliche Unterschiede der Nahrung zu tundrenbewohnenden Wanderfalken). Da Beutetiere z.T. zyklische Massenwechsel zeigen, von Jahr zu Jahr unterschiedliche Wanderneigung und Bruterfolg.

Stimme. Am Brutplatz bei Erregung durchdringend »kjak kjak…«, tiefer als Wanderfalke, auch nasal »gehä-gehä..«; raue, gackernde Warnrufe; hohe Triller.

Verhalten. Tag- und dämmerungsaktiv. Im Flug geringe Schlagfrequenz, doch hohe Geschwindigkeit. Stößt aus kreisendem Spähflug, aber auch aus z.T. niedrig über dem Boden angesetzten Pirschflug; daneben auch Überraschungs- und Ansitzjagd. Beute wird oft nicht fest gehalten, sondern zu Boden geschlagen. Auf dem Zug gelegentlich in kleinen Trupps. An den Brutplätzen z.T. sehr scheu. Außerhalb der Brutzeit meist einzeln.

Fortpflanzung, Brutbiologie [337,767,1784,2540, 618]. Im Alter von 2 J. geschlechtsreif. Monogame Dauerehe. **Nest.** In windgeschützten Felsnischen unter Überhängen, in der Waldtundra auch Baumbrüter; vor allem Nester von Raufußbussard und Kolkrabe. Horste oft wiederverwendet. Kein Nestbau; aber Ausbesserungen bei Baumnestern bekannt. **Legebeginn.** In N-Europa ab Anf. April bis Mai (relativ früh !). **Gelegegröße.** 3-4 (1-5, sehr selten 6/7); abhängig vom Beuteangebot; Ø FIN$_{60}$ 3.53 (nicht alle vollständig?). Legeintervall 2-3 d. **Eier.** Breitoval, auf hellgelblichem Grund ± rot gefleckt. **Brutdauer.** 34-36 d; beide brüten, ♀ mehr; Bebrütung ab 3. (4.) Ei; Juv. schlüpfen nur bei großen Gelegen asynchron. **Nestlings-/Führungszeit.** Beide füttern. Nestlingsdauer 46-49 (45-50) d; nach weiteren etwa 30 d (manchmal mehr) selbständig. **Jahresbruten.** 1; Ersatzgelege. **Bruterfolg.** Abhängigkeit von Nahrung, in Alaska aus 35 Nestern mit 133 Eiern 82 flügge Juv. (62%). In IS von 1981-96 Ø 46% (22-67%) der Revierpaare mit Juv., dabei Ø 1.3 flügge Juv./BP und J. bzw. 2.78 flügge Juv./erfolgreiches Paar. In N.$_{52}$ Ø 1.91 Flügge Juv./Brutversuch und 2.15 pro erfolgr. Paar; in N-S.$_{99}$ mittlere Produktivität seit Mitte 1960er J. unverändert bei 2.6 Juv./erfolgr. Paar, in Norrbotten (N-S.) 0.95 Juv./Paar und 2.2 Juv./erfolgr. Paar; im Ural in 1980er J. 2.0 Juv./BP und J.

Sterblichkeit, Alter. Gefg. mind. 19 und 15 J. bzw. 13 J. 9 Monate. **Generationslänge:** 5 J. [383].

Mauser. **Postjuvenile Mauser** (Teilmauser) im Winter; auf Mantel-, Bürzel- und Schulterfedern beschränkt [1189]. • **Postnuptialmauser** (Vollmauser) Apr./Anf. Mai–Okt./Nov.; ♀ beginnt während Eiablage und Bebrütung, ♂ ca. 2 Wochen später, Vorj. mausern früher als Ad.; vermutlich Unterbrechung während Jungenaufzucht [1189,618].

Falco biarmicus – Lannerfalke 03140

Falco [rusticolus] biarmicus Temminck 1825

(GB) **Lanner Falcon** (F) **Faucon lanier** (E) **Halcón Borní**

Taxonomie. 4 UA: *feldeggii* Schlegel 1843 (S-I - TR), *tanypterus* Schlegel 1843 (Libyen - Naher Osten), *erlangeri* Kleinschmidt 1901 (NW-Afrika) und *abyssinicus* Neumann 1904 (trop. Afrika).

Kennzeichen. Größendimorph [221,3772,1369, 1784,3615,696,1189,3557,2303; zur Unterscheidung der Alterskleider und UA sowie Abgrenzung von anderen Arten im Freiland: 748; **Fotos** in Limic. **15**, 3-40, Bird. W. **13**, 200-213, 202-204 (z), Var Fag. 2003/**4**, 2-3, (*erlangeri*) Limic. **6**, 194].

Maße. Gr.: 35-50 cm. Gew.: ♂ 450-650 g, ♀ 550-825 g. Fl.spw.: 90-115 cm. Fl.l.: ♂ 31.0-33.0 cm, ♀ 32.5-35.5 cm [3615,1369,2303].

Status. In ME sehr seltener Gastvogel der S-europäischen UA *feldeggii*, z.T. aber entkommene Gefg.vögel z.B. in **B**, **CH**, **D**, **PL** [1677,4152,575,1,3871]. Die beiden anerkannten Nachw. betreffen: • **CZ:** 1906; (zwei weitere gestrichen) [2159]. • **SK.:** 1931 [1369].

Verbreitung und Bestand. Brutvogel in Afrika mit Ausnahme des Regenwaldes, lokal Vorderasien sowie in trockenen Gebieten S-Europas S 45° N (HR/YU, GR und hauptsächlich Sizilien I). In Europa Bestand nur 480-900 BP (< 5% des Weltbestandes), davon 300-600 BP in TR (rückläufig) und 100-140 BP in I [383]; global nicht gefährdet [1784,382].

Wanderungen. Standvogel, Streuungswanderungen; insgesamt wenig bekannt. Vertikalwanderung in tiefere Lagen im Winter und vermutlich Abwanderung der Wüstenbewohner bei Abwesenheit durchziehender Beutevögel [3615].

Bestandsentwicklung und Gefährdungsursachen. Bestandstrend unzureichend bekannt. Vielleicht aus klimatischen Gründen (aber wohl auch Verfolgung) starker Arealverlust im 19. Jh., dann aus E. und F verschwunden. Im 20. Jh. lange stabil (?), aber ± starker Rückgang ab 1950er J. durch Verfolgung (neben Abschuss vor allem Fang (Handel!) und Eiersammler) sowie Biozidbelastung und Verluste an Freileitungen [1507,2303]. Bestände in GR und HR wohl weitgehend stabil [1585,1507].

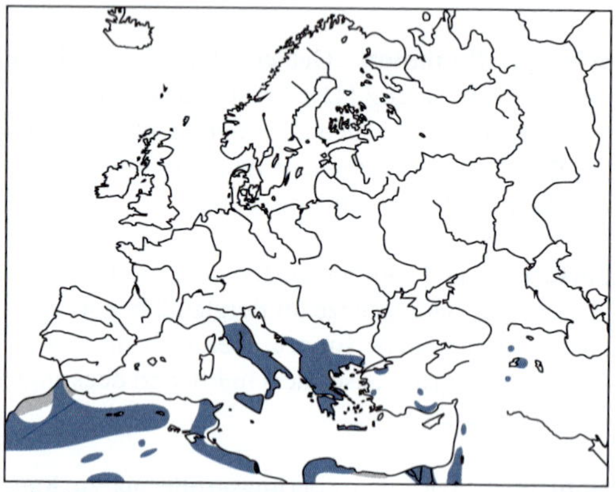

Falco biarmicus – Lannerfalke

SPEC	VSchRL	Bern.Konv.	Bonn.Konv.
3	Anh. I	Anh. II	Anh. II
Europ. RL	RL in ME		
VU	--		

Schutzmaßnahmen. Strenge Ahndung illegaler Verfolgung; Nestbewachung; Reduktion des Biozideinsatzes; Entschärfung von Freileitungen und Mastkonstruktionen.

Biotop. Felsbrüter; jagt in Fels-, Karst- und trockenen extensiv bewirtschafteten Kulturlandschaften, auch im Hochgebirge und in der Wüste.

Nahrung. Vogeljäger, vorwiegend Tauben, Dohle, Hühner, aber auch Vögel von Lerchen- bis etwa Entengröße; in Trockengebieten auch Großinsekten; ferner gelegentlich kleine bis mittelgroße Säuger, Reptilien.

Stimme. Selten zu hören; Rufreihen wie »kre-kre…« oder »kjeck«; Lahnen schrill »quir qui…«; häufig in Horstnähe unrein, geräuschhaft »kwäh…«.

Verhalten. Segelt in Thermik, schlägt langsamer mit den Flügeln als Wanderfalke. Jagt fliegende Beute, schlägt aber auch vom Boden. Gemeinschaftsjagd offenbar nicht selten; Überraschungsjagd z.B. entlang von steilen Felsen. Jagd auf Eidechsen zu Fuß. Kopulieren bereits sehr früh vor Legebeginn an den unterschiedlichsten Plätzen. Paar hält eng zusammen und jagt das ganze Jahr über gemeinsam.

Fortpflanzung, Brutbiologie [337,767,1784, 2540,2303]. Brutreife mit 2 oder 3 J. Meist Dauerehe. **Nest.** In Felsnischen und Höhlungen; zuweilen auch alte Nester anderer Arten in Bäumen. Solitär. Mulde durch Scharren des ♀, kein Nestbau. **Legebeginn.** Ab Mitte Feb./März bis April. **Gelegegröße.** 3-4 (2-6); Ø NW-Afrika$_{30}$ 3.43, I_{27} 3.5. Legeintervall (1-) 2 d. **Eier.** Breitoval, auf weißlichem Grund ± komplett rötlichbraun gefleckt. Variabel. **Brutdauer.** 32-35 (28-38) d; beide brüten, ♀ mehr; anfangs bringt ♂ Beute, bald auch ♀; Bebrütung ab (vor-)letztem Ei; Juv. schlüpfen synchron. **Nestlings-/Führungszeit.** Beide füttern, erste d aber nur ♀, ab 30 d wird Nahrung am Nest abgelegt. Nestlingsdauer 42-45 (35-50) d; Juv. nach etwa 4-6 weiteren Wochen selbständig. **Jahresbruten.** 1. **Bruterfolg.** Schlüpferfolg in I bei 5 Gelegen mit 18 Eiern 77.8%, in IL 95.2%, in MA 97.6%. Brutgrößen in I von 2.1-2.5, in IL 3.6 und in MA 2.9; mittlerer Erfolg pro Brutversuch insgesamt > 50%, bei niedriger Dichte größer, bis 80% in Mittel-I, 70% in N-I und 90% in IL.

Sterblichkeit, Alter. **Generationslänge:** 5 J. [383].

Mauser. **Postjuvenile Mauser** (Teilmauser) ab Anf. Nov.; Teile von Körpergefieder und Flügeldecken, aber variabel [1189,745]. • **Postnuptialmauser** (Vollmauser) Mai–Sept., Vorj. bereits ab Ende März [1189,745]; Dauer der HS-Mauser ca. 120 d (Volierenvögel).

Falco cherrug – Würgfalke 03160

Falco [rusticolus] cherrug J.E. Gray 1834 — syn.: Sakerfalke, Saker

(GB) **Saker Falcon** (F) **Faucon sacre** (E) **Halcón Sacre**

Taxonomie. Drei UA, in Färbung recht deutlich differenziert und in Höhenverbreitung unterschieden, aber durch intermediäre Populationen verbunden: *cherrug* J.E. Gray 1834 (SE-Europa bis W-Asien), *milvipes* (zentralasiatisches Bergland), *altaicus* (W-Teil zentralasiatischer Hochgebirge). Eine Abtrennung des »Altaifalken« (*altaicus*) auf Artniveau [z.B. 3565,1101] ist unzureichend begründet, da Färbungsunterschiede größtenteils intrapopularen Polymorphismus widerspiegeln und eine klare Trennung von *milvipes* nicht möglich ist [978].

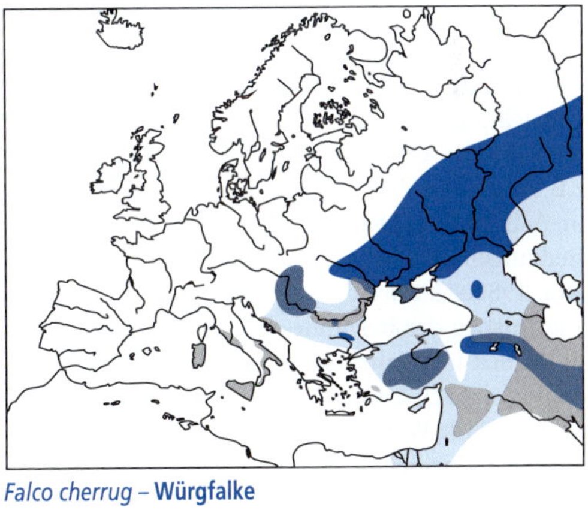
Falco cherrug – Würgfalke

Kennzeichen. Größendimorph [1784,221,3772, 1369,696,1189,3615,3557; **Fotos** in Limic. **11**, 170, **12**, 221, 297-311, **15**, 138-144, Bird. W. **5**, 103].

Maße. Gr.: 45-55 cm. Gew.: ♂ 730-950 g, ♀ 970-1300 g. Fl.spw.: 102-129 cm. Fl.l.: ♂ 34.7-37.0 cm, ♀ 38.6-41.2 cm [1369,3615].

Status. Sehr seltener Brut- und Sommervogel in E-ME (nach NW bis D-SN). Außerhalb Brutgebiete seltener Gastvogel sowie entkommene Gefg.vögel, u.a. **D:** -BY (> 10 mal), -BW, -RP, -SH, -NW; seit 1977 in D 18 anerkannte Nachw. [575]; • **A:** einzelne Nachw. auch abseits der Brutgebiete, darunter ein in H beringter in A-K 1991 [3129]; • **PL:** ca. 12 mal bis 1970 [337], danach (fast) allj. einzelne Beob. (insgesamt ca. 60 Meldungen) [q13,3871]. • **B:** 20 mal zw. 1979-99 (derzeit in Kateg. E geführt) [1677].

Verbreitung und Bestand. In Waldsteppen- und Steppenzonen von SE-ME bis NW-China, im S bis Himalaya und Iran sowie TR, im N etwa bis 56° N.

Nominatform in Europa mit Brutbestand von nur 360-540 BP [383, erg.], d.h. etwa 1% des Weltbestandes [1507], mit Populationen > 50 BP in H, UA., YU und TR; drastische Abnahme [383]. In SE-ME, vor allem SK. und H (auch CZ, A und E-D), Brutvogel in kleinen Populationen, bei Gesamtbestand von 160-220 BP [383].

Wanderungen. Langstreckenzieher in RUS, UA.; Teilzieher weiter W. Zugvögel erscheinen einzeln im Mittelmeergebiet; Br. an W-Grenze des Areals z.T. auch in Wintermonaten in Brutplatznähe, z.T. bis ca. 2 Monate verschwunden. Br. RUS und angrenzender Gebiete ziehen über E-Mittelmeer und Vorderasien (weitester Ringfund 2050 km WSW) bis E-Afrika.

Bestandsentwicklung. Katastrophaler Bestandsrückgang von über 90% im 20. Jh. im gesamten europäischen Verbreitungsgebiet [3892,196]. Erholungsphase nach II. Weltkrieg, dann erneute deutliche Verluste aufgrund Zusammenbruch der Zieselpopulation sowie vermehrter Aushorstung [1369,3615,1507,3892,806]. Bestände in Teilen A-Nö sowie A-B bis Anf. 1980er J. erloschen [965,2540].
Erst seit 1980er J. Umkehrung des Bestandstrends. Starkes Anwachsen der Population in H durch intensive Schutzmaßnahmen (>30% aller Jungvögel in Kunstnestern; Horstbewachung) und z.T. Umstellung auf (Haus-)Tauben als Ersatznahrung [196,1507]. Offensichtliche Wiederausbreitung, z.B. Brutbestand in A-Nö angewachsen [vgl. 3710], in A-B 1990 erneut Brutnachweis [965], Neuansiedlungen und Arealausweitung in Mähren CZ ab Anf. 1980er J. durch Aussetzungen [105,1763], sowie Anstieg des Bestandes der Tieflandpopulation in SK. Seit 1997 jährliche Brut in D-SN, bis 1999 erfolglos, danach erfolgreich [107]; 1998 erster Brutnachw. Slask W-PL, seither dort 2 BP [2540,q18]. Durch künstliche Horstanlagen und weitere Schutzmaßnahmen Steigerung der Reproduktion in CZ [1763].

	Best.	Areal	Brutbestand	Jahr	Quelle
A	+/-	=	15–20	1998–2002	[383]
CZ	↑	+ 1	8–15	2001	[2540]
D	N	N	1–1	1995–1999	[383]
H	⇧	+ 2	130–150	2001	[2540]
PL	N	N	2–2	2001	[2540]
SK	+/-	=	10–40	1990–1999	[383]

Siedlungsdichte. Jagdgebiete bis zu 20 km weit vom Nest. Nestabstände in günstigen Gebieten wenige km [2540].

Gefährdungsursachen [965,3892,1369,196,2125, 214,806,105,1763]. Direkte Verfolgung wesentlich bei Bestandsrückgängen. Dabei neben Bejagung vor allem Aushorstung von Jungvögeln.
Starker Populationsrückgang der wichtigen Beutetiere (Ziesel, Hamster) durch Lebensraumzerstörung (Umbruch extensiver Weideflächen in Ackerland).
Lebensraumverlust durch Intensivierung der Landnutzung Umbruch oder Aufforstung ehemaliger Steppengebiete sowie Grasländer/Weiden, Abholzung von Altholzbeständen.
Störungen an Brutplätzen durch Freizeitnutzung.
Tod an Freileitungen.
Geringer oder ausbleibender Bruterfolg aus verschied. Ursachen, u.a. Prädation (Uhu, Marder), Nistplatzkonkurrenz (u.a. Weißstorch) oder Instabilität des Nestes.

SPEC	VSchRL	Bern.Konv.	Bonn.Konv.
1	Anh. I	Anh. II	Anh. II
Europ. RL	**Globale RL**	**RL in ME**	
EN	EN	A, CZ, SK: **'CR'**, H: 'EN'	

Schutzmaßnahmen. Schutz der Brutplätze vor Aushorstung durch Nestüberwachung.
Rückkehr zu extensiven Landnutzungsformen.
Strenges Verbot des illegalen Handels mit Greifvögeln.
Absicherung von Freileitungen und Strommasten (Großteil der Brutplätze im Tiefland).
Künstliches Nistplatzangebot.

Biotop. Im E Steppen und Halbwüsten, z.T. in Hochlagen. Im W stark aufgelockerte Wald- oder extensiv genutzte Kulturlandschaften; Fels- und Baumbrüter. Außerhalb der Brutzeit auch an Gewässern und Küsten.

Nahrung. Säugetiere bis etwa knapp Hasengröße, Vögel von Singvogel- bis knapp Reihergröße; Säugetiere überwiegen i.d.R. (am häufigsten meist Ziesel, Hamster, Wühlmäuse usw.), aber am W-Rand des Areals auch Rebhuhn, Tauben; selten Reptilien [vgl. 4034].

Stimme. Rufaktivität unterschiedlich. Rufreihen »krijäck krijäck …«, rauer als Wanderfalke; ♂ bei

Balz anschwellend »bäck-bäck.«, ferner schäckernde Reihen am Brutplatz, wie »kek kek…« u.a., kurze Stimmfühlungsrufe, langgezogenes Lahnen »ijäääh«.

Verhalten. Tagaktiv. Im Streckenflug rel. langsamer Flügelschlag, in Aufwinden Gleit- und Segelflug. Jagdflug oft niedrig über Boden bzw. Baumwipfeln, oft kurz und als Überraschungsjagd angesetzt. Jagd auf Bodentiere von Warten oder relativ langsamem Suchflug aus. Geländestruktur wird dabei geschickt ausgenützt. Paare jagen wie bei Lanner oft gemeinsam. Flugspiele des Paares mit Sturzflügen und oft lauten Rufen vor Eiablage; Paare bleiben meist über Saison zusammen. Kopulationen häufig meist am Boden oder Felsen. Später verhält sich Paar oft still und heimlich. Außerhalb der Brutzeit einzeln oder paarweise.

Fortpflanzung, Brutbiologie [337,767,1784, 2540]. Erstbrutalter meist mit 2 J., im 2. Lebensjahr geschlechtsreif. Monogame Saison-, oft Dauerehe (hohe Reviertreue). **Nest.** Kein eigener Nestbau. In ME meist hoch auf Bäumen in Nestern anderer Arten, regional Felsnester häufiger. Baumnester in relativ dichten Beständen, oft im Anschluss an Reiher- oder Kormorankolonie. 2-3 Brutplätze pro Revier; oft Nester wieder verwendet. **Legebeginn.** In ME ab Mitte März/Anf. April. **Gelegegröße.** 3-5 (2-6). Legeintervall 2 (-3) d. **Eier.** Breitoval, auf gelblichem Grund fein rot, schwarz und gelbbraun gefleckt. **Brutdauer.** 28-30 d; ♀ brütet mehr; Bebrütung ab 1. Ei; Juv. schlüpfen asynchron. **Nestlings-/Führungszeit.** ♀ füttert anfangs, ♂ bringt Beute, in 2. Hälfte Brutperiode beide. Nestlingsdauer 40-45 d; nach etwa 30-45 d Bettelflugphase selbständig. **Jahresbruten.** 1; kleineres Ersatzgelege (nach etwa 1 Monat). **Bruterfolg.** In BG_7 2.0 flügge Juv./erfolgr. Paar und J.

Eimaße und -gewichte. L. 50.1-58.7 mm, B. 38.8-44.9 mm, Ø: 53.7 x 41.1 mm (n=61, RO); Frischvollgew. 44.96 -54.15 g; Schalengew. 3.81-5.51 g, $Ø_{160}$: 4.75 g.

Sterblichkeit, Alter. In KZ indirekt über DNA-Fingerprinting ermittelt: Ad. höchstens 18 %/J. [4124]. **Generationslänge:** 5 J. [383].

Mauser. **Postjuvenile Mauser** (Teilmauser) ähnlich Lannerfalke [696,1189]. • **Postnuptialmauser** (Vollmauser) April/Mitte Mai–Ende Sept./Okt.; ♀ beginnt kurz nach Eiablage, ♂ bis 1 Monat später; Dauer der HS-Mauser 110–128 d (Volierenvögel) [1189].

Falco tinnunculus – Turmfalke 03040

Falco [tinnunculus] tinnunculus Linnaeus 1758

(GB) **Common Kestrel** (F) **Faucon crécerelle** (E) **Cernícalo Vulgar**

Taxonomie. 10 UA: *tinnunculus* Linnaeus 1758 (größter Teil der Paläarktis) *canariensis* (Koenig 1890) (W-Kanaren), *dacotiae* Hartert 1913 (E-Kanaren), *alexandri* Bourne 1955 (SE-Kapverden), *neglectus* Schlegel 1873 (NW-Kapverden), *rupicolaeformis* (EGY-Sudan), *rufescens* (W- & Zentralafrika), *archeri* (Horn von Afrika), *interstinctus* (SE-Asien) und *objugatus* (S-Indien, Sri Lanka). Insbesondere kapverdische Form *neglectus* in Körpergröße und fehlendem Geschlechtsdimorphismus deutlich differenziert, aber genetisch nur minimal von Nominatform abweichend [A. J. Helbig].

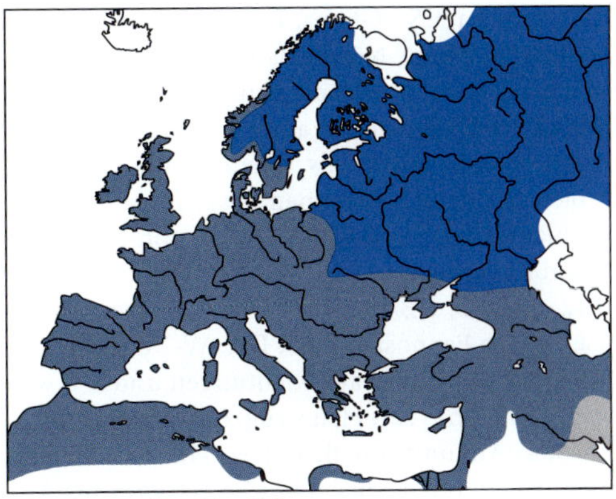

Falco tinnunculus – Turmfalke

Bildet Superspezies mit *F. cenchroides* (AUS), *F. moluccensis* (Sunda-Archipel), *F. rupicolus* (S-Afrika), *F. newtoni* (Madagaskar), *F. araea* (Seychellen) und *F. punctatus* (Mauritius). Die anderen rotrückigen Arten (*rupicoloides, alopex, naumanni*) stehen verwandtschaftlich ferner. Der neuweltliche Buntfalke *F. sparverius* gehört, anders als bisher angenommen, nicht in die nähere Verwandtschaft der altweltlichen Turmfalkengruppe [1447] und sollte keinesfalls in eine Superspezies *F. [tinnunculus]* eingeschlossen werden [*contra* 3565].

Kennzeichen. Sexualdimorph [1784,221,3772, 1369,696,1189,2125,3615; **Fotos** in Limic. **10**, 59-70, **12**, 85, 265].

Maße. Gr.: 32-39 cm. Gew.: ♂ 136-252 g, Ø: ca. 200 g, ♀ 154-314 g, Ø: ca. 260 g. Fl.spw.: 65-82 cm. Fl.l.: ♂ 23.3-25.8 cm, ♀ 22.9-27.2 cm [1369,3615].

Status. Weit verbreiteter Brut- und Jahresvogel im gesamten Gebiet; Teilzieher; regional Durchzügler.

Verbreitung und Bestand. Verbreitung über Gesamteuropa einschließlich IS und N-Afrika nach E bis E-Asien; ferner Afrika S der Sahara. Nominatform Brutvogel in Europa mit Schwerpunkten in GB (37 T.), E. (25-30 T.), F (72-101 T.), D (42-68 T.) und RUS (40-60 T. BP), bei Gesamtbestand von 330.000-500.000 BP (rückläufig) [383]. In ME in allen Regionen vom Tiefland bis Hochalpen verbreitet, mit Lücken in stark bewaldeten Gebieten. Bestand in ME etwa 80.000-130.000 BP [383,2540].

Wanderungen. In N-Europa Langstreckenzieher, nach S und W zunehmend Teilzieher und Standvogel. Im allg. Wanderneigung der Juv. größer (nach N zu Unterschiede evtl. schwächer). Winterquartier von S-Fennoskandien (bis Mittel-S.), GB, fast allen Gebieten ME bis Mittelmeergebiet, S-RUS und Savannen S Sahara, Zentral- und E-Afrika. Weiteste Funde z.B. NL - Mauretanien, CH - Liberia, CS - Ghana, D – Nigeria, S. – Sierra Leone (6440 km). Nördlichste Br. in S. ziehen am weitesten nach S. (»Übersprung-Zug«). Anteil in Afrika Überwinternder auch in Teilzieherpopulationen wohl größer als Wiederfunde (im Brutgebiet beringter) erkennen lassen, da beringte Frühjahrszügler von Cap Bon/TN von N-I, D bis F und RUS (bis Ural) reichen [Ringfunde D:1369; B:12, S.:1208, GB/IRL:4064]. In ME überwintern u.a. Br. aus Fennoskandien, DK, W-RUS, BY, UA. Dispersal der Juv. in alle Richtungen und z.T. weit (bis > 500 km) [12]; Hauptzugzeiten Sept./Okt. in Europa. Ankunft am Brutplatz ME z.T. ab Feb., meist März, im N April. Dz. Cap Bon/TN bis Anf. Mai. Brutorttreue Ad. D > 50 %, dagegen < 1 % der Juv. am Geburtsort brütend [Ansiedlungsentfernungen:3383,1930].

Bestandsentwicklung. Populationen über viele Jahrzehnte weitgehend stabil; nur nach Kältewintern oder schlechten Mäusejahren kurzzeitige Bestandseinbußen [1369,3892,196], die (nur) nach guten Mäusejahren wieder rasch ausgeglichen werden [3110]. Erst ab 1960er J. in weiten Teilen ME sowie angrenzenden Ländern gebietsweise erheblicher Bestandsrückgang [3615,3892]. Während in N- und W-Europa [lokal auch ME:196] Erholung eintrat, nahmen Bestände in S- und NE-Europa sowie in Teilen ME nach 1970 weiter ab, dabei bemerkenswerteste Rückgänge und geringste Brutdichte in sehr intensiv bewirtschafteter, ausgeräumter Kulturlandschaft (ohne Nisthilfen) [1997,843,965, 2068,1,375,3871,806; auch DK:1422].

	Best.	Areal	Brutbestand	Jahr	Quelle
A	+/-	=	5.000–10.000	1998–2002	[383]
B	+/-	=	3.800–6.000	2001–2002	[383]
CH	↓	=	3.000–5.000	1993–1996	[383]
CZ	+/-	=	9.000–13.000	2000	[383]
D	+/-	=	41.500–68.000	1995–1999	[383]
FL	+/-	=	20–30	1998–2000	[383]
H	+/-	=	3.500–5.000	1999–2002	[383]
L	+/-	=	500–700	2000–2002	[383]
NL	+/-	+ 1	5.000–7.500	1998–2001	[383]
PL	+/-	=	5.000–10.000	2000–2003	[383]
SK	+/-	=	4.000–6.000	2000	[2540]

I.d.R. Tiefstand Mitte bis Ende 1980er J. erreicht [196], gebietsweise wohl auch bedingt durch ausbleibende Mäusegradationen [310]. Durch Reihe warmer, trockener Sommer und Schutz- und bestandsstützende Maßnahmen wie Nistkastenaktionen in Regionen mit Nistplatzmangel [1,196,1507,3393,2896] sowie Rückgang des Einsatzes letaler Pestizide gebietsweise wieder deutliche Erholung und z.T. Bestandsgrößen der 1970er J. [z.B. D-SH, -BB, -BE, auch E-GB:196,1507,2209,2896]. In Teilen ME Verluste weniger auffällig und geringer bzw. auf Intensivkulturland begrenzt [B, L, A, CH, D:196,1507]; besonders Bestände in extensiv genutztem Wiesen- und Weideland, Randbereichen von Siedlungen und alpinen Regionen blieben stabil oder nahmen nur geringfügig ab [auch in I, F und GB: 3615,196]. In NL von 1970er J. bis Anf. 1990er J. Zunahmen von 5-6.000 auf 6.700-7.700 BP und Arealausweitung nach Zunahme der Corviden-Populationen (Nestlieferer), nachfolgend aber wieder Rückgang durch Habitatverschlechterung und höhere Mortalität

[2125,2540,375,3638]. In manchen Regionen ME hält Rückgang nach wie vor an [z.B. Bod.:3490].
In RUS seit 1970er J. Rückgang von über 50%, in baltischen Staaten Einbruch ähnlich dramatisch [3892,1507].

Siedlungsdichte. Stark schwankend und abhängig von Winterwitterung und Mäuse-Angebot; meist zwischen (0) 3 - 90 (106.7) BP/100 km^2, im Mittel aus 71 Probeflächen ME 21.5 BP/100 km^2 [2125]. In großräumigen Landschaftsausschnitten meist um 10 BP/100 km^2, unter günstigen Ernährungsbedingungen aber höher [3963]. Bei hohem Waldanteil und im Hochgebirge niedrigere Werte. Z.T. kolonieartiges Brüten in Siedlungen und an Bauten. Winterdichten kaum über 0.7–0.9 Ind./10 km^2 [337]. Jagdreviere von 8 BP in D-SH von 0.3-1.1 in optimalen und von 0.9-3.1 km^2 in »normalen« Gebieten [310].

Gefährdungsursachen [196,3615,1589,3892,1507, 309,3562,1998]. Hauptursache für Bestandsrückgang ist Intensivierung und Technisierung der Landwirtschaft. Dabei entscheidend:
Direkte und indirekte Auswirkungen auf Reproduktion und Überlebensrate durch Einsatz von Bioziden wie DDT oder von quecksilberhaltigen Saatgut-Beizmitteln sowie durch Verwendung von Giftködern.
Erheblicher Rückgang des Beutetierangebotes, durch (1) Umbruch von Dauergrünland in Ackerflächen, (2) Umwandlung von kleinparzelligen, abwechslungsreichen Anbauflächen mit Fruchtwechsel und Mehrfruchtwirtschaft sowie Winterbrachen in großflächige Ackersteppen mit Umbruch nach Ernte, ferner (3) Bodenverdichtung und Kahlfraß durch übermäßige Beweidung und auf ungeeigneten Flächen. (4) Einbruch von Feldmausbeständen, vielleicht durch zunehmenden Gülleeinsatz.
Verlust von Feldgehölzen, Feldhecken und Altholzbeständen als potenzielle Nistplätze; zudem Fällen von Horstbäumen zur Brutzeit.
Direkte Verfolgung; illegale Jagd wohl nur noch in Mittelmeerländern Problem. In ME gelegentlich Ausschießen von Gelegen in Krähennestern und Aushorstungen.
Verluste durch Straßenverkehr, Verdrahtung, Scheibenanflug.
Natürliche Ursachen: Geringer Bruterfolg aufgrund regenreicher Sommer; Nahrungskonkurrenz, z.B. Mäusebussard und regional Prädation durch Habicht [3001].

SPEC	VSchRL	Bern.Konv.	Bonn.Konv.
3	--	Anh. II	Anh. II
Europ. RL	RL in ME		
--	CH, SK: 'NT'		

Schutzmaßnahmen. Extensivierung der Landwirtschaft, Wiederherstellung stark strukturierter, kleinparzellierter Ackerflächen mit häufigem Fruchtwechsel und vielfältigem Angebot beutetierreicher Ruderalflächen. Förderung von Brachflächen.
Verringerung des Einsatzes von Düngemitteln und Bioziden.
Reduktion der Zahl der Weidetiere pro Flächeneinheit zur Vermeidung von Bodenverdichtungen und von Einbrüchen der Mäusepopulationen.
Erhalt und besserer Schutz von Altholzinseln, Feldgehölzen und Feldhecken, insbesondere zur Brutzeit; ferner Anbringung von Nistkästen in ausgeräumten, weitgehend baumfreien Landschaften sowie in sanierten Stadtbereichen.
In N-ME haben Rabenvögel erhebliche Bedeutung als Nistplatzlieferanten für Turmfalken, Jagd auf Rabenvögel (aus biologischer Sicht ohnehin unsinnig) wegen generellen Nistplatzmangels in ausgeräumter Feldflur daher zusätzlich negativ.
Einschränkung der Freizeitnutzung in Nähe der Felsbruten (auch anderer Arten).

Biotop. Jagdgebiet freie Flächen mit niedriger oder lückiger Vegetation. Nistplätze Felswände, Kunstbauten oder Bäume. In Großstädten, aber auch im Hochgebirge, kann Jagdgebiet mehrere km vom Nestplatz entfernt sein. Br. in Kulturland aller Art, Steppen- und Dünenflächen, in geschlossenen Wäldern nur am Rand. Auch außerhalb der Brutzeit in offenen Landschaften.

Nahrung. Kleine Bodentiere, vor allem Kleinnager (Wühlmäuse, weniger zahlreich Langschwanzmäuse), daneben Spitzmäuse, Maulwurf, Reptilien, Kleinvögel (Jungvögel bis Taubengröße), aber auch Insekten (mitunter in großer Zahl, doch geringe Massenanteile der Beute), gelegentl. auch Regenwürmer; Ausnahmebeute u.a. Fledermäuse. Vögel vor allem in Großstädten und bei Kleinsäugermangel. Nahrungsbedarf 60–80 g, also ca. 2 Feldmäuse Ad./d.

Stimme. Häufig Reihen hoher »kikiki..« (stimmhafter und deutlicher auf »i« als Rötelfalke); am Brutplatz trillernd-vibrierende »zrirr« oder »wrii...« sowie kurze »zick«. ♀ tiefer, heiserer als ♂.

Verhalten. Tagaktiv, doch auch Jagd bei tiefer Dämmerung (vor allem im Winter und in Städten). Schneller, etwas hastig wirkender Flügelschlag; in Thermik auch kreisend, doch meist nur kurze Zeit und dazwischen schnelle Flügelschläge. Besonders charakteristisch ist das Rütteln mit schräggestellter Körperachse und gefächertem Schwanz. Jagd aus Spähflug (oft Rütteln) oder von Sitzwarte aus; Stoßgeschwindigkeit meist nicht sehr hoch; nicht selten wird Stoß auch kurz über dem Boden aufgefangen. Vogeljagd nur unter besonderen Umständen ähnlich erfolgreich wie auf Kleinsäuger (z.B. Witterung, Massenangebot, Jungvögel); in der Stadt auch Nestplünderer. Gelegentlich auch Jagd zu Fuß (z.B. hinter Pflug), Insektenfang im Flug, aber auch Kleptoparasitismus. Wartenjagd im Winter häufiger, Suchflug im Sommer. Erfolgsrate im Suchflug wesentlich höher als vom Ansitz, doch Jagd vom Ansitz im Winter weniger energieaufwendig pro Beutetier. Nachtjagd auf Insekten bei künstlicher Beleuchtung [3286]. Auch bei Koloniebrütern ausgesprochene Territorialität; zumindest Nestterritorium wird verteidigt, aber auch Nahrungsreviere. Vor der Brutzeit Flugjagden zwischen ♂ und ♀ mit Scheinstößen des ♂ auf das sitzende ♀. Balzflüge des ♂ in Seitwärtslage des Körpers, wobei Flügelschläge mit Gleitstrecken bei halb angelegtem Flügel abwechseln. Kopulationen am künftigen Nestplatz, auf Ast oder Gebäudevorsprung. ♂ füttert ♀ lange vor Legebeginn. Artgenossen wurden durch Luftattacken aus dem Revier vertrieben. ♀ sind meistens treu (< 2% der Jungen nicht vom fütternden ♂). Außerhalb der Brutzeit meist einzeln.

Fortpflanzung, Brutbiologie [337,767,2540, 3963]. Ende des 1. Lebensjahrs geschlechtsreif. Monogam, durch Nistplatztreue auch Wiederverpaarungen; Bigynie selten (in Kolonien), ausnahmsweise Biandrie. Hoher Nichtbrüteranteil, in GB 25% der ad. ♂, 21% der ad. ♀, 67% der einjähr. ♂ und 34% der einjähr. ♀. **Nest.** Baum-, Fels- und Gebäudebrüter, offen, häufiger in Nischen oder Halbhöhlen. Baumnester anderer Arten, oft am Waldrand, in Feldgehölzen oder einzeln stehenden Bäumen; Felsnester im Gebirge, in Steinbrüchen usw.; in Siedlungen vor allem auf herausragenden Bauten, ferner Ruinen, Mauern, Brücken, Dachböden, aber auch in Feldscheunen, auf Hochspannungsmasten, gelegentlich auch niedrig über Grund oder in (prädatorensicheren) Erdhöhlen, mitunter als »Untermieter« des Weißstorchs [517]. Nistkästen und -hilfen werden angenommen. An geeigneten Orten Koloniebrüter. Mulde durch Scharren des ♀. **Legebeginn.** In ME selten ab Mitte März, meist April, Mai (bis Mitte Juli). **Gelegegröße.** 4-6 (3-7, ausnahmsweise 1, 2 bzw. 8; 9 meist von 2 ♀); Ø GB_{534} 4.72, CH_{34} April 5.53, CH_{83} Mai 4.96, NL_{14} April 5.5, NL_{76} Mai 4.76, NL_{16} Juni 4.0, D_{73} Stadtpopulation 5.37, B_{216} 4.96, GB_{256} 4.52; starker Kalendereffekt (frühe Gelege meist 5-6, späte 3-4); Gelegegröße auch nahrungs- und altersabhängig. Legeintervall Ø 2 (1-5) d. **Eier.** Breitoval, auf gelblichweißem Grund ± stark rotbraun gefleckt, z.T. einfarbig rotbraun. **Brutdauer.** 27-32 d, ♀ brütet; Bebrütung kurz vor Vollgelege bzw. nach 3. Ei; Juv. schlüpfen innerhalb 3-5 d. **Nestlings-/Führungszeit.** ♀ füttert, hudert mind. 1 Woche, ♂ überbringt Beute; Arbeitsteilung bis 15-30 d. Juv. ab 14 d mit Stehversuchen, ab 3 Wochen selbständige Nahrungsaufnahme, ca 1 Woche vor Ausfliegen tagsüber auch außerhalb des Nestes. Nestlingsdauer 27-32 d, selten länger (♂ 27-30 d, ♀ 29-32 d); nach mind. 4 weiteren Wochen selbständig. **Jahresbruten.** 1, Zweitgelege oder Schachtelbruten selten [z.B. 2246]; Ersatzgelege. **Bruterfolg.** Abhängig von Beuteangebot und Witterung, sehr variabel [3935]. Gelege meist ± unverändert, aber Brutaufgaberate stark unterschiedlich (in NL 0-60 % in verschiedenen J.); in D_{97} (Baum-, Fels- und Gebäudebrüter) 3.4 flügge Juv./BP und J., D_{22} (Gebäude-) 2.1, D_{73} (Stadt-) 4.2, E-D_{35} (Baum-) 1.91, E-D_{150} (Brücke-) 3.2, E-D_{164} (Nistkästen) 4.0, B_{216} (Nistkästen) 4.03, GB_{233} (gemischt) 2.8 flügge Juv./BP und J.; Ø Erfolg in $D_{2954,2528}$ 1985-94 3.85 Juv./BP und J. bzw. 4.46 Juv./erfolgreiches Paar, dabei größter Erfolg an geschützten Brutplätzen mit 3.95-5.14 gegenüber offenen mit 2.89-4.15, und bei großen regionalen Unterschieden (Ø 1-1.5 Juv./erfolgr. BP und J.).

Eimaße und -gewichte. L. 33.7-47.2 mm, B. 27.5-39.2 mm, Ø: 38.7 x 31.0 mm (n=239, D/PL), 39.3 x 31.5 mm (n=184, B), 39.6 x 31.6 mm (n=200, NL), 39.4 x 31.7 mm (n=206, S.); Frischvollgew. 17.5 - 22.1 g, Ø: 19.81 (n=21, B); Schalengew. 1.34-2.11 g, Ø: 1.61 g (n=200, NL).

Sterblichkeit, Alter. Schätzungen und Berechnungen z.B. FIN 47 % 1. Halbjahr, 44 % spätere Jahre; GB 60 % 1. J., 34-39 % spätere; NL 51 % 1. J., 42 % spätere; D 55 % im 1. J., später 44 %/J.; CH 39 % 1. Halbjahr, 35 % spätere J. Mittlere Lebenserwartung ♂ 4.5 J., ♀ 2.8 J. (Unterschied signifikant) [908]. Ältester Ringvogel (GB) 23 J. 10 Monate [3654]. **Generationslänge:** < 3.3 J. [383].

Mauser. **Postjuvenile Mauser** (Teilmauser) Aug./Sept.–April; umfasst zumindest Großteil des Körpergefieders und einige Flügeldecken, selten 1–2 ST [767,1189]. • **Postnuptialmauser** (Vollmauser) Mai/Juni–Sept./Nov., ♀ beginnt mit HS 4 oder 5 kurz nach Eiablage, ♂ 1–3 Wochen später; Vorj. mausern früher als Ad. [139,1189,3963]; bei ca. 20 % der Ind. Mauserunterbrechung während Fütterungsphase; Dauer der Großgefiedermauser ca. 130 d, Gesamtdauer ca. 180 d [3963].

Falco naumanni – Rötelfalke 03030

Falco naumanni Fleischer 1818

(GB) **Lesser Kestrel** (F) **Faucon crécerellette** (E) **Cernícalo Primilla**

Taxonomie. Monotypisch.

Kennzeichen. Sexualdimorph [221,1369,3615, 3772,696,1189; Unterscheidung *naumanni* – *tinnunculus*:691; vgl. **Fotos** in Dutch B. **19**, 87, **24**, 236, Bird. W. **8**, 68, **9**, 445, **11**, 24, **15**, 201-208, Brit. B. **94**, 411-418, **95**, 241].

Maße. Gr.: 29-32 cm. Gew.: ♂ 90-172 g, Ø: 150 g, ♀ 138-208 g, Ø: 170 g. Fl.spw.: 58-72 cm. Fl.l.: ♂ 22.9-24.6 cm, ♀ 22.5-25.1 cm [1369,3615].

Status. Früher Brut- und Sommervogel in S- und E-ME; nach Bestandszusammenbruch nur noch sehr seltener Gastvogel, z.B. • **B:** Okt. 1964 [1677]. • **NL:** Nov. 2000 [375]. • **CH:** 6 Nachw. 1893-1992 [4152], ferner -VS Mai 1999 [q3]. • **PL:** > 12 Nachw. außerhalb Brutgebieten bis 2000 (nur 6 seit 1970), zuletzt Okt. 1994 und Sept. 2000 [q4,3871,q13]. • **D:** im 19. Jh. viele Nachw. [1369], im 20. sehr selten, seit 1960er J. nur -MV Mai 1968 [2031], -SH (Helgol.) Aug. 1996 [575] und -BB Juli 1997 [1,575]. Weitere Beob. unzureichend dokumentiert [z.B. D-ST:927]. Für CZ, SK., H und A s.u.

Verbreitung und Bestand. Paläarktisch S 55° N verbreitet, von NW-Afrika und Iberien lückig in Steppen und Waldsteppengebieten über Kleinasien bis Mittelsibirien und Zentralasien; isoliert NE-China. In W-Paläarktis Schwerpunkte in E. (12-20 T. BP) und TR (5-7 T.), größere Vorkommen (> 2.000 BP) ferner in GR, I und MN; europäischer Gesamtbestand 25.000-42.000 BP (leichter Rückgang) [3892,383]. Ursprünglich in PL, CZ, SK., H und A in größerer Zahl brütend, nach katastrophalen Rückgängen inzwischen jedoch in ME nur noch extrem seltener Sommergast, viell. sporadischer Brutvogel [3892,383,196].

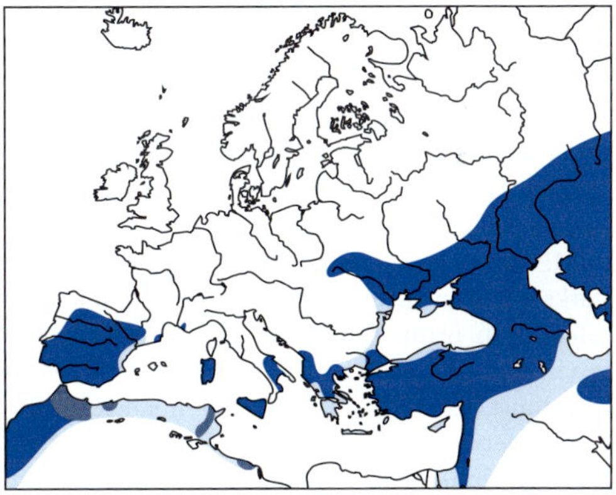

Falco naumanni – **Rötelfalke**

Wanderungen. Größtenteils Langstreckenzieher. Winterquartier (auch W- und vielleicht zentralasiatischer Br.) Afrika S Sahara mit Ausnahme des Kongobeckens bis Kapland; NW-Afrika und SE-TR. In S-Afrika zeitweise häufigster Greifvogel (Schätzungen an Schlafplätzen 1966/67 154.000 Ind.); Im Senegal Dez. 1993 während Wanderheuschreckenplage 3.200 auf 1 km Zählstrecke [3880]. Streuungswanderung der Juv. (Dispersal) in E. nach Ringfunden bis über 500 km (Median 210 km) [2867] schwerpunktmäßig in N-Richtungen. Abzug aus Europa dann S-W. In S-E. bleibt Teil der Ad. regelm. in Umgebung der Brutkolonien, Juv. ziehen immer ab [2748]. Ab Anf. Aug. Wegzug von Brutplätzen (»Zwischenzug«), ab Sept. Zug gerichtet; die Ersten in E-Afrika Ende Okt. Im Mittelmeer Rückzug März (bereits ab Feb.). Ankunft in Europa März/April.

Bestandsentwicklung. Europäische Populationen schon immer beträchtlichen Bestandsschwankungen unterworfen. Unsicherheiten in Beurteilung von Bestandsentwicklungen erschwert durch unvollständige Kenntnisse (meist beschränkt auf streng lokalisierte, oft über Jahrzehnte aufrechterhaltene Koloniebrutplätze) sowie durch plötzlich auftretende, sehr kurzzeitige Ansiedlungen einzelner Brutpaare an »neuen« Standorten [1369].

Im 19. Jh. in ME recht weit verbreitet und möglicherweise auch gelegentlicher Brutvogel in CH [1369] und S-D [-BY:4175; vgl. aber 343], wo Nachweise bis 1906. Letzte großräumige Ausbreitungsschübe in Europa etwa von 1885-1915 und 1940-55 [1369]. Danach jedoch dramatischer Bestandseinbruch im gesamten Europa, z.B. größte europäische Population in E. von ca. 100.000 BP (1960) über 50.000 BP (1980) auf 4.200-5.100 BP (1990), also über 95% Rückgang [196,2540]; in F gleichzeitig um etwa 90% [541]. Neuerdings durch intensive Schutzmaßnahmen und Einsatz von Nisthilfen lokal erneute leichte Bestandssteigerung in E. und F [q18], auch bessere Erfassung in E., wo Ende 1990er J. um 8.000 BP [1507,382].

In ME seit 1970er J. unter allen Brutvogelarten mit stärkste Bestandseinbußen überhaupt, und alle regelmäßigen Brutvorkommen erloschen [965,196]. In CZ und SK. letzten Brutplätze schon in 1940er J. verwaist [1369]. In PL im 19. Jh. noch sehr häufig [gebietsweise häufiger als Turmfalke, 1369]. Nach kontinuierlicher, dramatischer Abnahme letzte Brutzeitbeob. 1970 [3867,1366]. Alle bedeutenden Brutgebiete H in 1950er und 60er J. erloschen, danach dort noch unregelm. Brutvogel mit 0-3 BP, inzwischen seltener Gastvogel [2438]. Im letzten Schwerpunktgebiet ME, in A-St, 1960 noch 280 BP [1369], nach kontinuierlichem Rückgang auf 40 BP (1970), ca. 3–5 (1975), 4–7 (1978) letzter Brutnachweis dort 1984 [965,196]. Insgesamt in Europa Rückgang um bis zu 95% des Ausgangsbestandes der 1950er J., in den afrikan. Wintergebieten um etwa 50% seit 1971 [382].

Siedlungsdichte. Nicht territorial, kolonieartiges Brüten typisch. In Winterquartieren Schlafplätze mit bis zu 70.000 Ind. [2540].

Gefährdungsursachen [196,965,3892,1507,364, 2747,541]. In Brutgebieten bedeutsamste Faktoren (1) starker Rückgang der Hauptnahrung Großinsekten (Heuschrecken, Käfer) durch Intensivierung der Landnutzung und beträchtlich angewachsenem Biozideinsatz, (2) Mechanisierung und Ertragsorientierung in der Landwirtschaft, vor allem verstärkter Maisanbau, (3) Aufgabe oder Verringerung traditioneller Weidewirtschaft, dagegen Aufforstungen und Urbanisierung und (4) Sanierung oder Teilrenovation alter und zerstörter Gebäude; Nistplatzkonkurrenz.

In Überwinterungsgebieten übermäßiger Biozideinsatz zur Bekämpfung der Wanderheuschrecken, dortige Hauptnahrung des Rötelfalken.

Eutrophierung, dadurch verdichteter Vegetationsaufwuchs.

Einwirkung von Bioziden, z.B. verringerter Bruterfolg durch reduzierte Eischalendicke und erhöhte Mortalität der Altvögel (hierfür aber kaum Belege).

Direkte Verfolgung, insbesondere aufgrund Verwechslung mit Turmfalken.

Störungen an den Brutplätzen.

Natürliche Ursachen: viell. großräumige klimatische Veränderungen (z.B. zunehmend atlantisches Sommerklima).

SPEC	VSchRL	Bern.Konv.	Bonn.Konv.
1	Anh. I	Anh. II	Anh. I,II
Europ. RL	Globale RL	RL in ME	
--	VU	A, PL, SK: **'RE'**, H: 'R'	

Schutzmaßnahmen. In Brutgebieten Schutz und Erhalt wichtiger Nahrungsgebiete sowie besonderer Schutz der Koloniestandorte. In Brut- und Überwinterungsgebieten erhebliche Einschränkung des Biozideinsatzes und Einführung alternativer Bekämpfungsmaßnahmen.

Förderung extensiver Weidewirtschaft zur Erhöhung von Pflanzendiversität und Insektenangebot.

Schaffung von Nahrungsplätzen im Kulturland durch breite Ackerrandstreifen und Feldraine sowie durch Neupflanzung von Hecken.

Zusätzliches Brutplatzangebot durch Nistkästen oder »künstliche« Gebäudenischen.

Bestandsmonitoring und genaue Untersuchungen der Ursachen lokaler Gefährdungseinflüsse und Bestandseinbrüche.

Biotop. Offene Landschaften warmer und trockener Gebiete mit Steppen-, Waldsteppen-, aber auch Wüstencharakter sowie extensiv genutztes offenes Kulturland. In Europa nur in tiefen Lagen.

Nahrung. Hauptanteil Insekten, besonders Käfer und Heuschrecken, auch andere Gruppen (z.B. Ameisen), kleine Reptilien und vor allem bei herangewachsenen Jungen auch Kleinsäuger. Offenbar in S-Europa z.T. mehr Säuger als in ME. Beutegewicht in E. 0.01–32 g (vorzugsweise 0.1–0.5 g).

Stimme. In Kolonien ruffreudiger als Turmfalke. Rufe geräuschhafter, quietschend, scheppernd. Am häufigsten unrein »tsche-tsch« oder »xexe« u.a. (unreiner Anlaut), oft auch mehr auf »i«, wie »xik xik«. Meist 2-silbig, bei Erregung oft 3-silbig. »Lahnen« (vor allem der ♀) zitternd »dridridri« o.ä.; ♂ am Nistplatz »kschr«. Im Winterquartier an Schlafplätzen ruffreudig.

Verhalten. Tagaktiv; wegen Insektennahrung auf Erwärmung angewiesen. Flug weniger hastig als Turmfalke, mehr Schwebeabschnitte; rüttelt, aber offenbar mehr in Gegen- bzw. Aufwind und daher weniger schnell als Turmfalke. Bodenjagd aus Ansitz, Rütteln oder Gleitflug. Flugjagd auf Insekten, Griff mit den Füßen. Gesellig; brütet meist in Kolonien, mitunter > 100 BP stark; Balzflüge der ♂ ähnlich Turmfalke. Paare sind stabil für eine Brutsaison. Junge ♂ oft Bruthelfer. Kopulationen sehr häufig (Dauer ca. 8-10 sec); folgen oft Balzfüttern. Kopulieren oft an erhöhten, auffälligen Plätzen. Kopulationen beginnen meist 2 Wochen vor Legebeginn. ♀ sind meist treu (< 3% der Jungen sind nicht vom fütternden ♂). Schlafgesellschaften außerhalb der Brutzeit. Auf dem Zug oft in riesigen Trupps (mehrere 1000).

Fortpflanzung, Brutbiologie [337,767,1784, 2540,2747]. Erstbrutalter mit 1-2 Jahren, im 1. Lebensjahr schon geschlechtsreif. Monogame Saison-, z.T. Dauerehe. **Nest.** Wahl durch ♂. In Felsspalten, Höhlungen, Mauernischen und -löchern, unter Dächern usw., seltener in Baumhöhlen oder offene Nester anderer Arten; Nistkästen und -hilfen werden angenommen. Vorzugsweise Koloniebrüter. Mulde durch Scharren des ♀, kein Nestbau. **Legebeginn.** In ME ab Anf. Mai, im S ab Mitte April. **Gelegegröße.** (2-)3-6; 7 (immer?) von 2 ♀; Ø A_{233} 3.8, MK_{25} 4.56, $E._{202}$ 4.11, $E._{65}$ 3.9, P_{38} 3.87. Legeintervall 1-2 d. **Eier.** Rundoval, auf gelblichem Grund ± stark rotbraun gefleckt. Variabel. **Brutdauer.** 28-29 d; beide brüten, ♀ mehr; Bebrütung ab (vor-)letztem Ei; Juv. schlüpfen synchron. **Nestlings-/Führungszeit.** Beide füttern. Nestlingsdauer 28 d; nach etwa 4 weiteren Wochen selbständig; Wegzug mit Altvögeln. **Jahresbruten.** 1; Ersatzgelege (nur bis 3 Eier). **Bruterfolg.** In E. Schlüpferfolg Ø bei 80%. In A_{327} 2.08 flügge Juv./BP und J. (bei Schlüpferfolg von 66%), in $E._{504}$ von 1988-91 Ø 1.95 (1.53-2.31) flügge Juv./BP und J., in P_{23} 1.82, in Extremadura $E._{61}$ Schlüpfrate 62% und 2.1 flügge Juv./ BP und J.

Eimaße und -gewichte. L. 30.1-39.5 mm, B. 26.3-30.8 mm, Ø: 34.6 x 28.5 mm (n=253, A), Ø: 34.7 x 28.8 mm (GR/YU); Frischvollgew. 14.5 - 19.4 g, $Ø_{20}$: 16.2 g, $Ø_{11}$: 18.2 g; Schalengew. 0.78-1.40 g, $Ø_{100}$: 1.1 g.

Sterblichkeit, Alter. In S-E. für Juv. ca. 66 % und für Ad. ca. 29 %/J. [1701]. Älteste Ringvögel 3mal > 6 J. **Generationslänge:** < 3.3 J. [383].

Mauser. **Postjuvenile Mauser** (Teilmauser) (Okt.) Nov./Dez.–März (Mai); Großteil von Körpergefieder, Flügeldecken und ST, bei ♀ weniger umfangreich [767,1189]. • **Postnuptialmauser** (Vollmauser) ab Mai/Juni, Vorj. und ♀ früher als ♂; Mauser während Fütterungsphase und Wegzug unterbrochen [767,1189,747], Abschluss Okt.–Jan. im Winterquartier.

ORDNUNG Gruiformes – Kranichvögel

Gruppe unterschiedlicher Formen, meist relativ langbeinige und langhalsige Sumpf- oder Steppenvögel (wenige Waldformen). Küken Nestflüchter, doch nicht so extrem spezialisiert wie bei den Galliformes. Die Monophylie der Gruiformes in ihrer bisherigen Abgrenzung ist unsicher. Analysen morphologischer Datensätze liefern widersprüchliche Ergebnisse [z.B. Monophylie bei 3251, Polyphylie bei 2525], molekulare Daten sprechen eher für Monophylie [3564,1774], ausgenommen die Laufhühnchen (Turnicidae), die nach nuklearen DNA-Sequenzdaten zu den Charadiiformes gehören [2942]. Die Reihenfolge der Familien ist also angesichts unklarer Verwandtschaftsbeziehungen als vorläufig zu betrachten.

Molekulare [3895,3085] und morphologische Daten [2525] deuten auf eine relativ basale Stellung zumindest der Kraniche (Gruidae) und Rallen (Rallidae) innerhalb der Neoaves hin. Trifft dies zu, wären die Gruiformes vor allen anderen Neoaves, also nach den Galliformes einzureihen. Bisher vorliegende Daten sind jedoch zu unsicher, um diesen Schritt zu rechtfertigen.

10 Familien: **Mesitornithidae** Stelzenrallen (3 Arten; Madagaskar), **Rallidae** Rallen, **Heliornithidae** Binsenrallen (3 Arten; Tropen) **Eurypygidae** Sonnenrallen (1 Art, S-Amerika), **Psophiidae** Trompetenvögel (3 Arten; S-Amerika), **Aramidae** Rallenkraniche (1 Art, Amerika), **Gruidae** Kraniche, **Caramidae** Seriemas (2 Arten, S-Amerika), **Rhynochetidae** Kagus (1 Art, Neukaledonien), **Otididae** Trappen.

Familie Gruidae – Kraniche

Große, langbeinige Bodenvögel, die im Habitus an Störche erinnern; Schnabel jedoch viel kürzer. Kralle der Innenzehe verlängert (für Kämpfe genutzt). Die Ellenbogenfedern zu auffälligen Schmuckfedern umgebildet. Flugbild mit gerade gestrecktem Hals. Verlängerte Luftröhre in Verbindung mit lufthaltigen Hohlräumen im Brustbein ist Voraussetzung für den schmetternden Klang der Rufe. Bodennester meist in feuchten bis nassen Gebieten (Ausnahme Jungfernkranich); wohl meist Dauerehe. Außer beim Kronenkranich werden Schwingen gleichzeitig abgeworfen und Vögel daher vorübergehend flugunfähig. Geschlechter äußerlich meist identisch, aber ♂ mitunter etwas größer [1784].

Zwei (früher vier) Gattungen mit 15 Arten, weltweite Verbreitung [vgl. umfassende Monographie von 1890 sowie 1784]. Die Verwandtschaftsverhältnisse der Kraniche wurden molekular eingehend untersucht [2147,2148,2149]. Demnach sind die Kronenkraniche (*Balearica*, Unterfamilie **Balearicinae**) die Schwestergruppe aller anderen Kraniche (**Gruinae**). Innerhalb der Gruinae gibt es fünf basale Linien, deren Verwandtschaft untereinander sich nicht auflösen lässt, die sich also offenbar innerhalb kurzer Zeit aufgespaltet haben. Zwei dieser Linien bestehen jeweils aus nur einer Art (*G. leucogeranus, G. canadensis*), eine weitere umfasst die bisher auf Gattungsniveau abgetrennten Jungfernkraniche (*»Anthropoides« virgo, »A.« paradisea*) und den Klunkerkranich (*»Bugeranus« carunculatus*). Diese sind der Gattung *Grus* einzuverleiben, da deren Monophylie sonst nicht sichergestellt wäre. Der europäische Kranich (*Grus grus*) gehört zur artenreichsten der fünf Linien (mit *japonensis, americana, nigricollis, monachus*).

Grus canadensis – Kanadakranich 04360

Grus canadensis (Linnaeus 1758) syn.: Sandhügelkranich

GB Sandhill Crane **F Grue du Canada** **E Grulla Canadiense**

Taxonomie. Fünf UA, davon dürfte nur Nominatform *G.c.canadensis* (nördliches N-Amerika, NE-Sibirien) in Europa auftreten.

Kennzeichen. [1784,3615,221,3772,3566, **Fotos** in Dutch B. **15**, 3, 5].

Maße. (Nominatform) Gr.: bis 120 cm. Gew.: ♂ Ø: 3350 g, ♀ Ø: 3750 g. Fl.spw.: 160-210 cm. Fl.l.: ♂ 44.2-49.8 cm, ♀ 42.5-47.5 cm [1784,3615].

Status. In ME ein Nachweis eines Wildvogels in **NL:** Sept. 1991; bemerkenswerter Weise selbes Ind.

am 17.9. in Shetland (N-GB) entdeckt, von dort am 27.9. nach SE abziehend und 25 h später (820 km SE) in NL angetroffen; am 30.9. Abzug nach SE [277].
Nur 3 weitere Nachw. der Art in Europa: IRL Sept.1905, Färöer (DK) Okt.1980 und Shetland (GB) Apr. 1981; ferner in GRÖ Juli 1985 [277].

Verbreitung und Bestand. In mehreren UA lokaler Brutvogel im arktischen und subarktischen N-Amerika und NE-Sibirien sowie lokal in N-USA, Florida und auf Cuba [1784]. Häufigste Kranichart, Gesamtbestand > 500.000 Ind., global nicht bedroht [1784].

Wanderungen. Nördliche Br. Alaskas, N-CDN und E-Sibiriens ziehen in S-USA und MEX; nur ausnahmsweise an Ostküste USA, sehr selten bis Europa [3615].

Stimme. Ähnlich Kanadagans. Flugruf »kärrruhh«, melodischer als Kranich.

Mauser. Ähnlich Kranich [1814,3050].

Grus virgo – Jungfernkranich 04410

Grus virgo (Linnaeus 1758) syn.: *Anthropoides virgo*

GB Demoiselle Crane **F Grue demoiselle** **E Grulla Damisela**

Taxonomie. Monotypisch.

Kennzeichen. [1784,3615,3772,1369,221; **Fotos** in Bird. W. **10**, 313, **14**, 106-109].

Maße. Gr.: 90-100 cm (Körper 50-55 cm). Gew.: 2000-3000 g. Fl.spw.: 165-185 cm. Fl.l.: ♂ 46.6-51.6 cm, ♀ 44.0-49.0 cm [1369,3615].

Status. Sehr seltener Gastvogel, mit Abnahme und Arealverlust in SE-Europa zunehmend Ausnahmeerscheinung. Mehrere wahrscheinliche Wildvogelnachw. in ME, u.a.: **H:** 1858 erlegt, 1901 erl., 1993 (2 mal Ad.) [2438]. • **SK.:** 3 Ind. März 1953 [337]. • **D:** Helgol. Mai 1837 erl. • **NL:** 1 Ind. 1991-95 sowie Aug. 2000 [q23,q16]. In anderen Regionen Europas z.B. S. 9 mal 1857-1992, DK 6 mal 1901-92, N. u.a. 1966 [q23,337]; neuerdings in SE-Europa weitere Beob. (z.B. BG 10 Ind. Aug.1981).
Neuere (und einige ältere) Beob. in ME dagegen wohl überwiegend Gefg.fl., z.B. **D**-BY 1963, 1974 [4175]; -NW 1954; -NI 1957; -BW 1958 (2 mal), 1973, 1975 (2 mal); -BB 1965, 1992, 1999 [1722,337,1]. **H**: 5 Ind. unter Kranichen Okt. 1977, 40 Ind. unter Kranichen Apr. 1980 [337]. **PL**: erl. je 1 Ind. spätes 18. Jh., Aug. 1911, April 1912 [3871]. **B**: s. [1677]. **NL:** 1989, 1989-91; 1998 [277] und 2000 (entschieden ?). Ebenso z.T. als Zooflüchtlinge betrachtet Beob. in W-Europa (z.B. F 1977, 1978, 1983).

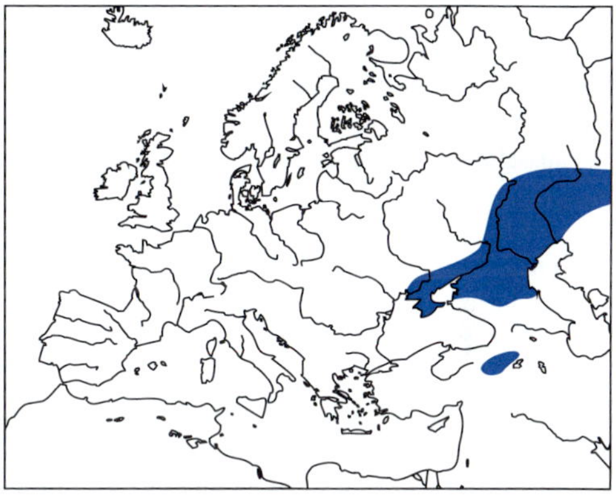

Grus virgo – **Jungfernkranich**

Verbreitung und Bestand. Lokaler Brutvogel in der borealen, Steppen- und Wüstenzone von SE-Europa (Schwarzmeerküste UA. noch?; erloschen in RO, MOL) einschl. E-TR durch Zentralasien bis NW-Mongolei und NE-China; Reliktpopulation im Maghreb erloschen (in MA bis 1985) [1784,1722,1507]. Gesamtbestand auf etwa 130.000 BP [1507] bzw. (niedriger) auf 200.000-240.000 Ind. geschätzt [1784]. In Europa etwa 20.000-25.000 BP (Bestand RUS), sehr kleine Populationen ferner in TR (10-20 BP) und UA. (200-250 BP); starke Zunahme [383].

Wanderungen. Zugvogel; Winterquartier von Nigeria, Tschad, Sudan, Äthiopien bis Indien, Bangladesh. Dz. zumeist unauffällig, TR (kleine Zahlen) und SE-Europa, regelm. Hunderte Aug./Anf. Sept. über CY, keine Beobachtungen Sinai, selten EGY [3615]. Ab Ende Juli/Anf. Aug. schließen sich Familien zu Trupps zusammen; Wegzug aus Brutgebiet Mitte Aug./Sept., also früher als Kranich. Ab Ende Sept. im Winterquartier, doch über Himalaya z.B. Zug Ende Sept./Anf. Okt. Rückzug März/Mitte April, etwas später als Kranich.

Gefährdung. Im W des Areals starke Abnahmen durch Lebensraumverlust (Umbruch von Steppengebieten in Ackerland), viele Populationen inzwischen erloschen. Dennoch bei großem Gesamtbestand und Zunahmen in anderen Regionen global nicht bedroht [1507].

SPEC	VSchRL	Bern.Konv.	Bonn.Konv.
--	--	Anh. II	Anh. II
Europ. RL	**RL in ME**		
--	--		

Biotop. Br. auf sumpfigem bis trockenem Gelände im Flachland wie in Hochtälern, mitunter z.B. in Flussweitungen.

Nahrung. Ad. überwiegend pflanzlich; im Sommer und Frühjahr daneben auch Insekten (Küken fast ausschließlich); im Herbst/Winter Getreide z.T. Hauptnahrung.

Stimme. Ähnlich Kranich, aber kürzer, höher, kratzender und harscher. Sonstige Rufe »krärr«, ♀ »krir«. ♂ lauter als ♀.

Verhalten. Tagaktiv; überwiegend Tagzieher, zieht aber auch nachts. Grasen manchmal gänseartig. Zur Brutzeit territorial, sonst gesellig. Paarbindung über ganzes Jahr, meist lebenslang. Paarbildung zu jeder Zeit. Kopulationen beginnen bereits 2 Wochen vor Legebeginn; dauern ca. 4-5 sec. Beeindruckendes Tanzverhalten (s. Kranich), koordiniertes Hüpfen, Kreisen, kurze Lauf- oder Flugpassagen eingebaut; dabei werden oft Gegenstände aufgenommen. Auch Junge können bereits tanzen. Tanz dient wahrscheinlich Paarbindung und Brutsynchronisation. Am häufigsten tanzen unverpaarte Vögel. Tanz kann auch zur Verteidigung eingesetzt werden. An Rast- und Sammelplätzen sowie im Winterquartier auch mit Kranich regelm. vergesellschaftet, halten sich jedoch innerhalb der großen Schar in artreinen Gruppen getrennt.

Fortpflanzung, Brutbiologie [337,767,1784, 1722]. Erstbrutalter 2 J.; Monogam. **Nest.** Am Boden, in kurzer Vegetation, Grasland oder auf Schotterfläche, meist in Wassernähe. Flache Mulde mit Gras ausgelegt, zuweilen auf blankem Boden. **Legebeginn.** Ende April, Mai bis Anf. Juni, in N-RUS später. **Gelegegröße.** 2 (1-3). Legeintervall 1-2 d. **Eier.** (Länglich-)oval, gelblich bis olivgrau mit (rot-)braunen Stricheln. **Brutdauer.** 27-29 d; ♀ brütet mehr; Bebrütung ab erstem Ei. **Nestlings-/Führungszeit.** Juv. schlüpfen asynchron; (vgl. Kranich). Juv. schon mit 55-65 d flügge. Familie meist bis Winter zusammen. **Jahresbruten.** 1; Ersatzgelege bei frühem Gelegeverlust.

Sterblichkeit, Alter. **Generationslänge:** 6 J. [383].

Mauser. **Postjuvenile Mauser** (Teilmauser) im Winterquartier; vermutlich ähnlich Kranich [767,1369].
• **Postnuptialmauser** (Vollmauser) Schwingenmauser Juni–Okt. nicht synchron, sondern mit Unregelmäßigkeiten; Körpergefiedermauser z.T. erst im Winterquartier beendet [767,1369,1814].

Grus grus – Kranich 04330

Grus grus (Linnaeus 1758) syn.: Grauer Kranich

(GB) **Common Crane** (F) **Grue cendrée** (E) **Grulla Común**

Taxonomie. Zwei kaum differenzierte UA fraglicher Validität: *grus* (Linnaeus 1758) (Europa bis Ural), *lilfordi* Sharpe 1894 (TR und Kaukasus ostwärts).

Kennzeichen. [1784, 221, 1369, 3772, 3615; **Fotos** in Limic. **10**, 96, **16**, 105].

Maße. Gr.: 110-120 cm (Körper 50-55 cm). Gew.: ♂ 5100-7000 g, ♀ 4500-5900 g. Fl.spw.: (180) 200-220 (245) cm. Fl.l.: ♂ 56.1-62.9 cm, ♀ 52.2-58.2 cm [1369, 3615].

Status. In N-ME Brut- und Sommervogel, mit zunehmender Tendenz zum Ausharren und Überwintern. In weiten Teilen ME regelm. und häufiger Durchzügler und Rastvogel; außerhalb der schmalen Zugkorridore nur unregelm. und meist in kleiner Zahl.

Verbreitung und Bestand. Areal der beiden UA umfasst größten Teil der Waldtundra und Wald- und Waldsteppenzone Eurasiens von N- und M-Europa bis E-Sibirien. Im S in isolierten Populationen bis Mittelmeergebiet (F und TR); im N Arealgrenze bei etwa 66° N [1814]. Schwerpunkte der in Europa verbreiteten Nominatform in RUS (25-40 T. BP), FIN und S. (jew. 15-20 T.) und PL (10-12 T.), Populationen > 1.000 BP ferner in BY, EST, LV, N. und D [383]. Gesamtbestand in Europa 74.000-110.000 BP (stark anwachsend); sehr hoher Nichtbrüteranteil; in ME derzeit etwa 13.500-15.500 BP [383,2159,1323,q22]. Zunehmender Winterbestand Europas bei 98.000-117.000 Ind. (vor allem F und E.) [383].

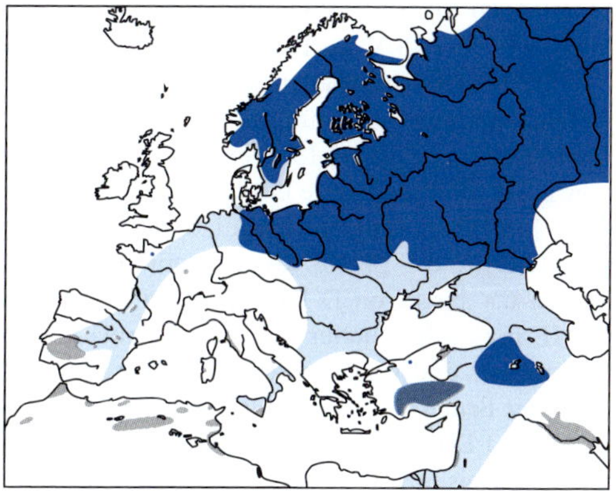

Grus grus – **Kranich**

Wanderungen. Zugvogel, im S wohl auch Standvogel; Schmalfrontzieher. Winterquartier SW-E. und P (bes. Estremadura, Andalusien, zunehmend SW-F und vor allem Maghreb) [Details E.:1102; P:33, MA:3818]; im E Äthiopien, Kleinasien, Iran und SW-Irak, ferner Vorderindien, S-China. Zunehmende Überwinterungstendenz in W-Europa und ME (u.a. durch Veränderungen in Landnutzung und Klimaänderung) [vgl. F:34; D:2583]. Abzug in einer SW- und einer S/SE-Route. **SW-Route** Br. S-S., D, PL und NE-Europa (RUS und angrenzende Länder); NW-Grenze etwa Ostseeküste, Lübeck–Antwerpen–LilIe–Rouen–Atlantikküste, SE-Grenze Weichselmündung, Kostrzyn/Frankfurt/O.–S Leipzig–mittlerer Thüringer Wald–Untermaingebiet, Breite 200–300 km (im Frühjahr aber kaum > 150-200 km); einzelne Gebiete in der Route werden im Herbst/Frühjahr ungleich häufig überquert. **S/SE-Route** z.T. Br. N-S., besonders FIN, RUS, Baltikum; W-Grenze in PL etwa Weichsel, E-SK., H bis Theiß (mind. 3 große Rastplätze), W-Karpaten RO (kleinere Rastplätze); ab E-SK. zieht ein Teil auch SSW/SW, daher Dz. in S-I, Sizilien. Allerdings keine starre geographische Zuordnung zu den Routen möglich: unter den (populationsgenetisch sicher nicht isolierten) Br. EST beträgt das aus Satellitentelemetrie und Farbberingung geschätzte Verhältnis West-/Ostzieher ca. 3:1 [2296N].
Weitere Routen E Dz. an W-Küste Schwarzmeer (Br. RUS + angrenzende Länder), weiter über GR, Ägäis, TR. Mittelmeer wird also an verschiedenen Stellen überquert. Vor Wegzug oft Aufsuchen von Sammelplätzen, zuerst nichtbrütende Übersommerer ab Juli/Mitte Aug. (wichtigste in S-Skandinavien, z.B. Hornborga See, und S-Küste Ostsee); an Sammelplätzen in NE-D ab Okt. größerer Einflug. In ME Okt. Hauptdz. bis Anf. Nov., Ausklang Mitte/Ende Nov., zuweilen aber auch Dez./Jan., oft Dz. auf wenige d zusammengedrängt oder in Wellen. In SW-E./Maghreb ab Mitte/Ende Okt. Abzug in E. Ende Feb./Anf. März; in ME Vortrupps ab Ende Feb., Hauptdz. März; Ankunft Br. ME Mitte März, später oft noch Dz. nordischer Br. Seit Mitte 1970er J. späterer Wegzug, früherer Heimzug bei Br. in NE-D, verstärkt Überwinterer in N-F und D [Details:2584, auch 3066]. Ringfunde [S.:3779; S., FIN:3201]. Zug im einzelnen wetterabhängig.

Bestandsentwicklung. Seit Mitte 19. Jh. wegen direkter Verfolgung und Lebensraumverlust (Zerstörung von Feuchtgebieten) Rückzug des Kranichs in E-Europa um 300-400 km nach N, viele Populationen im verbliebenen Areal dünnten stark aus oder erloschen gänzlich [1814,196]. In ME ebenfalls sehr starker Bestandsverlust mit Erlöschen der Populationen in A, S-Böhmen CZ und D-BY (auch I, BG) zwischen 1850 und 1910 [965,1369,4175,196], und in H letzte Brutnachweise in 1940er J. [1369], in E. 1954 [337]. Lange Zeit reichte Areal nach W kaum über mittlere und untere Elbe hinaus [1369].
Durch intensive Schutzmaßnahmen, höhere Rückkehrquoten aus Winterquartieren sowie bessere Anpassung des Kranichs an landwirtschaftliche Nutzflächen aber Trendumkehr und deutliche Bestandserholung in ME seit 1970er J. [PL, D-NI, -SH, -BB, -MV:196], und Ausbreitung nach W und S in aufgegebene oder bisher unbesiedelte Gebiete. Erneute Brutansiedlungen in D-HH 1980 [2642] und CZ 1989 [196,2159,q3], starke Ausbreitung in D-SH, -MV, -NI, -SN, -ST, -BB [1377,2031, 3666,3667,1,196], dabei Vervielfachung des Bestandes in D von 391-421 BP (vor 1977) auf 837-922 BP (1982), 1761-1909 BP (1992) und 3.040-3.110 BP (1999) [204,2583] und in PL von 800-900 (1980er

J.) auf 5.000-6.000 BP (Ende 1990er J.) [3871]. Nur lokal, z.B. in D-MV, auch kurzzeitige Abnahmen [2772], inzwischen wieder ausgeglichen [2031]. Arealausweitung bis in jüngste Zeit anhaltend [in D >150 km von 1964-95:1507, erg.], Neubesiedlung von D-BE 1997 und erste erfolgreiche Brut in NL 2001 [q3,3638]; neue Brutpopulationen ferner in GB [1343] und F [4180]. Übersommerungen von Paaren u.a. bis S von D-BY [1]. In Dichtezentren N-ME inzwischen hoher Populationsdruck durch Nichtbrüter und vagabundierende Paare und verringerter Bruterfolg [E. Henne]. Bei Populationen in N- und E-Europa (FIN, LV, BY, UA., RUS) sowie in TR bis in 1990er J. auch Abnahmen, anhaltende Schutzabhängigkeit dadurch offensichtlich [3892,1585,3064].

	Best.	Areal	Brutbestand	Jahr	Quelle
CZ	N	N	9–13	2000	[383]
D	⇧	+ 2	3.500–3.520	2004	[1323]
NL	N	N	1–1	2001	[q4]
PL	⇧	+ 2	10.000–12.000	2001–2003	[383]

Von 1960 bis 1990er J. Zahl der »Westzieher« (über D nach F, E., P und N-Afrika) von etwa 40.000 auf 80.000 Vögel angewachsen, dabei in wichtigen Rastgebieten Ansammlungen von z.T. über 20.000 Ind. [3065,3067]. Bei E-Ziehern an Rastplätzen in ME (z.B. Hortobágy H) bis zu 55.000 Ind. [3892].

Siedlungsdichte. In Baltikum im Mittel 10 BP/100 km^2 [3067], in PL und NE-D großflächig 2.0 bzw. 2.1-4.3 BP/100 km^2 [3871,1507], in besten Gebieten PL jedoch bis > 50 BP/100 km^2, in D-BB 30 BP/100 km^2 (auf 1300 km^2 Fläche), kleinflächiger Spitzenwerte von 80-100 BP/100 km^2) [E. Henne].

Gefährdungsursachen [1589,196,3892,1507,1814, 3064,3067, E. Henne]. Lebensraumzerstörung durch Entwässerung, Grundwasserabsenkung, Fließgewässerausbau, Feuchtwiesen- und Grünlandumbruch, Denaturierung von Mooren, Torfabbau, Aufforstungen sowie durch Straßenbau, Landerschließung und Industrialisierung.
Störungen, auch bedingt durch Übererschließung (z.B. Wegebau), bewirken geringeren Bruterfolg oder Brutaufgaben.
Direkte Verfolgung (Abschuss, Eiersammler); bei Westzieher inzwischen gering, in SE-Europa und Afrika aber weiterhin.
Verluste an Freileitungen, Wildzäunen, Sendemasten, (Windkraftanlagen) etc.
Natürliche Verluste: Gelege-, Jungvogelverluste vor allem bei Trockenfallen der Brutplätze, z.B. durch Prädatoren (See- und Steinadler, Wildschwein, Marderhund, Fuchs etc.).

SPEC	VSchRL	Bern.Konv.	Bonn.Konv.
2	Anh. I	Anh. II	Anh. II
Europ. RL	RL in ME		
--	A, H: **'RE'**, CZ:'CR'		

Schutzmaßnahmen. Vordringlich ist Erhalt und Schutz von großräumig halboffenen, naturnahen Bachtälern und Niederungslandschaften, Niedermooren, feuchter Senken, Feldsöllen und staunassen Bruchwäldern ohne Bauwerke. Zudem Wiederaufstauung trockengefallener Moore, Bruchwälder etc., zudem Gebietsankauf sowie Schutzgebietsmanagement mit besonderem Augenmerk auf Wasserhaushalt. Rechtlicher Schutzstatus der Lebensräume kann sehr wirksam sein.
Rückkehr zu traditionellen, extensiven Bewirtschaftungsformen und Erhaltung offener Nahrungshabitate zur Zugzeit sowie in den Überwinterungsgebieten (mit freien Korridoren zu den Schlafplätzen); besonders wichtig: dauerhafter Schutz der »dehesas« in E und anderer bedeutender Rast-, Sammel- und Überwinterungsgebiete in Europa. Als flankierende Maßnahmen gebietsweise »Ablenkfütterungen« auf Stillegungsflächen, um Schäden für Landwirtschaft zu minimieren. Bei tatsächlichen Schäden Ausgleichszahlungen aus EU-Landwirtschaftsmitteln.
Schutz der Brutplätze vor Störungen oder Eingriffen, u.a. durch Besucherlenkung und -information. Öffentlichkeitsarbeit.
Strikte Maßnahmen gegen illegale Verfolgung.

Biotop. Br. in ± feuchten bis nassen Flächen, in Europa meist Niederungsgebiete, z.B. Verlandungszonen, Nieder- und Hochmoorflächen, Waldbrüche und -seen, Feuchtwiesen, Seggenrieder; im N vor allem ± baumlose Hochmoore, Fjällgebiete; in Asien auch Subalpinstufe. Nahrungserwerb außerhalb Brutzeit häufig Felder, Wiesen und als Rastplätze weite offene Flächen, in E. Wintergebiete mit Eichen, locker bestandene Weide- und Getreideflächen; Schlafplätze oft in Seichtwasser oder Sumpfgebieten. Bes. in ME Störungsfreiheit der Biotope von Bedeutung.

Nahrung. Tierisch und pflanzlich; insgesamt Pflanzennahrung wohl überwiegend; im Sommer dage-

gen auch hoher tierischer Anteil. Artenspektrum groß; in ME besonders Erntereste, Feldpflanzen, Beeren, Getreide, Erbsen, Bohnen, im Winterquartier Oliven, Eicheln; viele grüne Pflanzenteile; im Frühjahr gerne liegen gebliebene Kartoffeln. Tierische Nahrung größere Insekten, Regenwürmer, Mollusken, auch kleine Wirbeltiere.

Stimme. Weittragendes, trompetenartiges Schmettern der Altvögel im Duett als Revierruf oder nach Balz, mehrfach wiederholt »gruu-grii«. Balzlaute sich in Lautstärke und Intensität steigerndes »gurre-gurre«. Warnruf des Paares abwechselnd, trompetenartig. Verschiedene Knurr- und Kurr-Laute (trillernd »krürr«, tonlos »krrr« etc.) als kurzer, scharfer Warnruf, Aufforderung zum Abflug, Distanzdrohlaut in der Gruppe und Kontaktlaute beim Führen. Juv. mit piepsenden Kontaktlauten, Stress- und Futterbettellauten. Individuelle Variation.

Verhalten. Überwiegend tagaktiv, doch Zug auch nachts. Meist Ruderflug, größere Entfernung in Gruppen meist in Keilform, Hufeisen oder langer Reihe; in Thermik auch Segelflug, teils mit herunterhängenden Beinen. Nahrungserwerb im Schreiten vom Boden. Zur Brutzeit territorial, aber meist in sozialen Gruppen. ♂ und ♀ verteidigen Territorien. Balz und Paarbildung nach Eintreffen im Brutgebiet. ♂ balzt mit Parade- und Prahlmarsch mit schräg aufwärts gerichtetem Schnabel. »Tanzen« wahrscheinlich keine eigentliche Balz, sondern eine Folge allgemeiner Erregung; entweder schnelles Laufen oder in höchster Stufe Hochspringen (♂ und ♀). ♂ und ♀ bleiben oft während des Jahres zusammen, doch auch Umverpaarungen, z.B. im Frühjahr bei der späteren Ankunft der ♀ sowie in der Brutsaison, wenn Paar ohne Bruterfolg. Kopulationen werden von beiden Geschlechtern initiiert; beginnen bereits 2 Wochen vor Legebeginn meist auf erhöhtem Platz. An Sammel-, Rast- und Überwinterungsplätzen oft sehr große Trupps, die gemeinsam Nahrung suchen und übernachten, doch bleibt Familienzusammenhalt erhalten. Unverpaarte Vögeln suchen Partner in Wintertrupps.

Fortpflanzung, Brutbiologie [337,767,1784,1]. Angaben zum Erstbrutalter variabel, frühestens mit 2, meist mit 4-6 J. Paarverhalten sehr variabel; sowohl monogame Dauerehe als auch mehrfacher Partnerwechsel. Brutrevier von einigen BP mehrjährig genutzt, andere mit Revierwechsel und Umsiedlungen bis 15 km [E. HENNE]. **Nest.** Am Boden, oft in sehr feuchtem bis nassen Gelände, z.B. auf kleinen Inseln, auf Schwingboden, in Sümpfen, auch im Rohrgürtel oder an Waldseen; oft umfangreicher Bau aus Pflanzenmaterial der Umgebung; beide bauen. **Legebeginn.** In ME frühestens Ende März, hauptsächlich April; im Mai (bis Juli) Nachgelege. **Gelegegröße.** 2 (1-3). Legeintervall 2 (1-4) d. **Eier.** Elliptisch oder oval, oliv bis rötlichbraun mit rötlich- bis graubraunen Flecken. **Brutdauer.** 30 (28-31) d; beide brüten; Bebrütung ab erstem Ei. **Nestlings-/Führungszeit.** Juv. schlüpfen asynchron im Abstand von bis 2 d, verlassen Nest nach max. 24 h; beide hudern und führen, zuweilen je ein Juv. pro Ad.; bis 3 d wird Futter im Schnabel vorgehalten; mit 9 Wochen (65-70 d) können Juv. kurze Strecken fliegen. Familienverband hält oft noch im Winterquartier zusammen. **Jahresbruten.** 1; Ersatzgelege bei frühem Verlust (bei etwa 50% der Paare). **Bruterfolg.** In D_{19} 0.95 Juv./BP und J.; in $S._{38}$ 0.47 bzw. $S._{37}$ 1.00 flügge Juv./BP und J., in $D\text{-}BB_{1349}$ 0.89 (0.67-1.36) flügge Juv./BP und J. bzw. 1.40 (1.27-1.55) flügge Juv./erfolgr. Paar; in D-BB deutlich zunehmender Erfolg in jüngerer Zeit, 1994-98 war Zahl der flüggen Juv./Paar generell > 1.0, dagegen 1978-93 nur einmal (1979).

Eimaße und -gewichte. L. 87.8-109.0 mm, B. 57.0-67.0 mm, $Ø_{100}$: 96.4 x 62.4 mm, $Ø_{69}$: 97.3 x 62.2 mm; Frischvollgew. 144 -211 g, $Ø_{40}$: 183 g; Schalengew. 16.7-26.0 g, $Ø_{200}$: 21.0 g.

Sterblichkeit, Alter. (Gefg.) 42 J. 10 Monate, 37 J. 4 Monate. Ältester Ringvogel (FIN) 17 J. 3 Monate [3654]. **Generationslänge:** 14 J. [383].

Mauser. **Postjuvenile Mauser** (Teilmauser) Aug.–Okt.; Kopf-, Hals- und einige Körperfedern [767,1814]. • **1. Pränuptialmauser** (Teilmauser) Dez.–Mai; Teile von Körpergefieder und Schirmfedern [767,3063]. • **1. Postnuptialmauser** (Teil-, z.T. Vollmauser) ab Mai des 2. KJ (an ausgesuchten Mauserplätzen); Verlauf ähnlich Ad., aber langsamer; Schwungfedern oft erst im 3. KJ erneuert [767]. • **Postnuptialmauser** (Vollmauser) Mai/Juni–Nov. (Feb.); Körpergefieder, Schirm- und Steuerfedern sowie selten einige AS alljährlich gewechselt [767,1369,1814,3063]; Erste Vollmauser der HS und AS i.d.R. im 3. KJ, dabei vollständiger Abwurf aller Schwungfedern innerhalb 1-3 d. Nach 5–6 Wochen sind die Federn nachgewachsen und die Vögel wieder flugfähig. Ältere Kraniche mausern Schwungfedern alle 2–4 J. (unabhängig vom Bruterfolg), Brutkraniche ausschließlich in der Führungszeit der Juv. ab Ende Mai/Anf. Juni (bei

Nachbruten später). Dabei durch begrenzten Aktionsradius und geringere Nahrungsaufnahme hohe Gewichtsverluste (bis 1/3 des Körpergewichts) [767,3063, E. Henne].

Familie Otididae – Trappen

Kleine bis sehr große Bodenvögel offener, trockener Landschaften. Fuß mit drei dicken, relativ kurzen Zehen; Hals lang (bei ♂ während der Fortpflanzungszeit oft verdickt), Kopf abgeplattet. ♂ meist erheblich größer als ♀; tragen an Kopf und Hals Schmuckfedern; auffällige Balz; eine Jahresbrut.
Mindestens 26 Arten (mehrere Superspezies) in 11 (12) Gattungen mit altweltlicher Brutverbreitung und höchster Diversität in Afrika. Die Verwandtschaftsverhältnisse innerhalb der Familie wurden anhand mitochondrialer und nuklearer DNA-Sequenzen untersucht [3035,522]. Danach sind *Chlamydotis* und *Otis* wahrscheinlich Schwestergattungen, während *Tetrax* einer relativ basalen Linie mit unklaren Beziehungen entstammt.

Tetrax tetrax – Zwergtrappe 04420

Tetrax tetrax (Linnaeus 1758) syn.: *Otis tetrax*

(GB) Little Bustard **(F) Outarde canepetière** **(E) Sisón Común**

Taxonomie. Monotypisch.

Kennzeichen. Sexualdimorph [1784,221,1369, 3772,3615; **Fotos** in Bird. W. **5**, 112, **10**, 396, Dutch B. **19**, 94].

Maße. Gr.: 40-45 cm. Gew.: ♂ 794-975 g, ♀ 680-945 g. Fl.spw.: 105-115 cm. Fl.l.: ♂ 23.8-25.9 cm, ♀ 24.0-25.0 cm [1369,3615].

Status. Ehemaliger (seltener) Brutvogel in ME. In E-ME neuerdings sehr seltener, nicht allj. Gastvogel [z.B. 2159,2438]. • **PL:** nach Erlöschen der Brutvotkommen noch 11 Meldungen bis 1945 (vor allem Nov.-Jan.), danach nur noch 1 Ind. erl. Aug. 1950 [3871]. In W-ME immer schon seltener Ausnahmegast. Wenige Nachw. **seit 1970**, z.B. • **CH:** 4 mal, zuletzt Apr. 1979, Okt. 1996 [4152]. • **NL:** 9 mal (Nov.-März), zuletzt März 1996, Feb./März 1997, Apr. 2000 [277,q23]. • **A:** 6 mal, -V (Bod.) jew. Mai 1973, 1980, 1994 [1617]; -Nö. Apr. 1984, Nov. 1995; -B Aug. 1985 [3129]. • **D:** 4 mal, -SH Nov. 1983 (erlegt); -HE März 1993; -ST Nov. 1995 [575]; -BW Juni 1971 [1722]. Auch als Durchzügler und Wintergast inzwischen in ME kaum noch vertreten [1369,3393,337,3129].

Verbreitung und Bestand. Das Areal umfasst Teile S-Europas und N-Afrikas, ferner getrennt die Grassteppengebiete von N-Schwarzmeer bis E-KZ

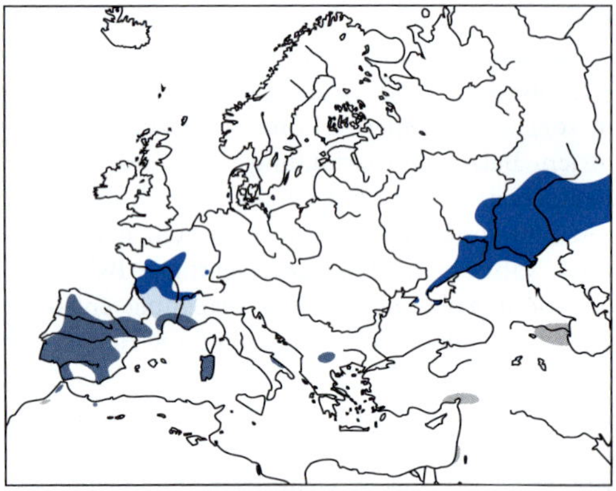

Tetrax tetrax – **Zwergtrappe**

[1814]. Nördlichste Verbreitungsgebiete etwa bei 55° N an S-Grenze des Ural. In ME ehemals in D, PL, A, CZ, SK. und H lückig verbreitet, inzwischen aber überall verschwunden; nächstgelegene Brutplätze in F (und I) [1507]. Gesamtbestand in Europa 120.000-300.000 BP (entspr. 75-94% des Weltbestandes), über 90% davon in Iberien, weitere 10-20 T. in RUS [3892,383].

Wanderungen. In F z.T. Zugvogel; im S des Areals sehr schwache Zugneigung. Winterquartier S-F, E./P, NW-Afrika; Br. Krim, S-RUS und angrenzender Gebiete im N ausgesprochener Zugvogel, Wintergebiete bis N-Afrika, S-Vorderasien, NW-Indien.

Wegzug in F Sept/Okt. (Nov.), Ankunft am Brutplatz Mitte März/April. Nomadisierende Trupps erscheinen im E auch an ehemaligen Brutplätzen.

Bestandsentwicklung. Bis ins 19. Jh. Brutvogel in allen Ländern der W-Paläarktis mit geeigneten Habitaten, seither aus vielen Regionen verschwunden. In ME vormals im SE allgemein verbreitet, mit Ausläufern bis E-D und PL [1369]. In CZ und SK. Brutbestand um 1900 oder kurz danach erloschen - mit Brutverdacht bis 1945 -, ebenso in D-MV (Einzelbruten bis 1907), -BB (1890er J.), -ST (bis 1903), -TH (Brutnachw. bis 1907) und -SN (ca. 1910), oft noch Brutzeitbeob. bis 1930er J. [1369,2068,3667,1,196,337]. Letzter Brutnachw. in PL 1909 [3871]; in A erlosch verbliebene Restpopulation im Marchfeld 1921 [965]; in W-H Brutnachw. bis 1952, E Theiß noch 1973 eine Brut; bis 1980 Übersommerungen im Hansag [196,337]. Am längsten hielt sich Zwergtrappe im Elsass, wo letzte Brutplätze in Nähe der Grenze D Mitte 1980er J. aufgegeben wurden [196]. Auch in anderen Regionen W-Paläarktis Bestände im 20. Jh. erloschen, z.B. YU 1937, ferner BG, RO, GR, Sizilien, DZ und TN [337,382].
In jüngster Zeit regional in F, P, RUS positive Trends [3892], großräumig aber anhaltend stark negative Entwicklung [1585].

Siedlungsdichte. Polygam. Mittlere Dichte aus 10 Gebeten in E. 3.5 ♂/km², höchste Dichte in P (N Alentejo) 9 ♂/km², in S Alentejo 4 ♂/km², in der Crau S-F 3.9 ♂/km², in Apulien I 1.5 ♂/km² und in Sardinien I 2.4 ♂/km². Dichten in den östlichen Populationen geringer, in RUS Steppengebieten 0.1-1.0 ♂/km²; in Luzernefeldern aber andererseits bis 10-20 ♂/km² [1507].

Gefährdungsursachen [3892,196,1507,382,1814]. Bedeutendster Faktor für katastrophale Bestandseinbußen in ME Intensivierung der Landwirtschaft, insbesondere Umbruch von Grassteppen und Extensivweiden, verstärkter Maisanbau (Monokulturen), Rückgang der Luzerne, Aufforstungen, Einsatz von Agrochemikalien und künstliche Bewässerung und Überdüngung trockener Grasländer.

SPEC	VSchRL	Bern.Konv.	Bonn.Konv.
1	Anh. I	Anh. II	--
Europ. RL	**Globale RL**	**in ME**	
VU	NT	D, A, PL, H: 'RE'	

Starke Bejagung in Brut- und Überwinterungsgebieten.
Gelegeverlust durch Störungen (dadurch auch Zugang von Nesträubern), Ausmähen sowie Zerstörung durch Weidetiere.

Schutzmaßnahmen. Schutz und Erhaltung extensiv genutzter Grassteppen und Kulturlandflächen. Erhalt eines Mosaiks verschiedener Anbauflächen. Drastische Reduktion des Dünger- und Pestizideinsatzes.
Strenge Maßnahmen gegen illegale Verfolgung in Durchzugs- und Überwinterungsgebieten.

Biotop. Offene, ± steppenartige Landschaften mit niedriger Vegetation, auch trockene Kulturflächen mit abwechslungsreicher Nutzung [z.B. 3300]. Balzplätze der ♂ oft erhöht.

Nahrung. Pflanzlich und tierisch, auch Aufnahme von Magensteinchen und Grit. Neben Invertebraten mitunter auch kleine Vertebraten.

Stimme. Balzgesang des ♂ hart »trrrt« in ca. 15 sec-Abständen wiederholt; kurze Flugrufe »dag« oder »kiak«. ♂ hohes, pfeifendes Fluggeräusch »sisisisis..«. Aufgescheuchte Vögel manchmal mit kurzen Grunzlauten.

Verhalten. Tagaktiv, zieht nachts; Balz morgens und abends. Läuft mit angezogenem Kopf; Flug mit raschen Flügelschlägen kleiner Amplitude (erinnert an Ente!). Hohes pfeifendes Fluggeräusch der ♂. Balzterritorien der ♂; bei der Balz (Frühjahr) ruft ♂ am Boden, ruckt mit dem Kopf nach oben und springt auch auf der Stelle mit 2 Flügelschlägen; daneben Imponierflug mit flussuferläuferähnlich gesenkten und vibrierenden Flügeln; ♀ werden mit vorgestrecktem Kopf und aufgeplusterter Halskrause verfolgt. Bei Feindannäherung auch Drücken in die Vegetation. Ab Spätsommer sehr gesellig; im Winter oft Trupps mit tausenden Tieren. Geschlechter sind in den Trupps nicht getrennt.

Fortpflanzung, Brutbiologie [337,767,1784]. ♀ im 1. oder 2., ♂ im 2. Lebensjahr geschlechtsreif. Monogamie, auch Polygynie beobachtet. **Nest.** Am Boden in niedriger Vegetation, z.B. in Kleeschlägen, auf Feldrainen zwischen Getreidefeldern, in Steppenbiotopen in dichtem Gras oder auch zwischen Gebüsch. Flache Mulde mit 17-20 cm Durchmesser, meist mit wenig Pflanzenmaterial ausgelegt.

Aber bei Bebrütung zieht ♀ zur besseren Deckung mitunter Pflanzen über ihren Rücken. **Legebeginn.** Ab (April) Mitte Mai; Nachgelege bis Ende Juli/Anf. Aug. **Gelegegröße.** 3-4 (2-6), größere viell. von 2 ♀; Nachgelege aus 2 Eiern. Legeintervall ca. 2 d. **Eier.** Kurzoval, glänzend, olivgrünlich bis braun, z.T. mit Schattierungen. **Brutdauer.** 20-22 d; ♀ brütet allein; Bebrütung ab vorletztem Ei. **Nestlings-/Führungszeit.** Juv. schlüpfen synchron, verlassen Nest nach wenigen Stunden; anfangs wird ihnen vom ♀ Futter im Schnabel vorgehalten, ab 5 d selbständige Nahrungssuche. Juv. mit 25-30 d flügge, Adultgröße mit 50-55 d, verbleiben mit ♀ bis zum Herbst. **Jahresbruten.** 1; Ersatzgelege.

Eimaße und -gewichte. (Nominatform) L. 50.0-57.7 mm, B. 37.4-41.2 mm, $Ø_{50}$: 52.1 x 38.1 mm; Frischvollgew. 33.5-41.0 g, $Ø_5$: 37.1 g, errechn. 41 g; Schalengew. 2.95-3.94 g, Ø: 3.43 g.

Sterblichkeit, Alter. **Generationslänge:** 5 J. [383].

Mauser. **Postjuvenile Mauser** (Teilmauser) beginnt kurz nach Flüggewerden; Umfang variabel und abhängig vom Schlüpfdatum, aber einschließlich ca. 5 HS [767,1878]. • **Postnuptialmauser** (Vollmauser) Körpergefieder und ST (Ende Mai) Juli–Aug. (Ende Sept.); HS in Staffelmauser ab Juni/Juli, Mauserunterbrechung Okt.–März [767,1814]. • **Pränuptialmauser** (Teilmauser) (Ende Dez.) März–April (Mai); bes. Kopf-, Hals- und Vorderbrustfedern [767,1814,1878].

Otis tarda – Großtrappe 04460

Otis tarda Linnaeus 1758

(GB) **Great Bustard** (F) **Grande Outarde** (E) **Avutarda Euroasiática**

Taxonomie. Zwei UA: *tarda* Linnaeus 1758 (Europa bis zentrales Sibiren) und *dybowskii* Taczanowski 1874 (Ostasien). Zur Populationsdifferenzierung innerhalb Europas [3034].

Kennzeichen. Sexualdimorph [1784,221,1369, 3772,3615].

Maße. Gr.: ♂ ca. 105 cm, ♀ ca. 75 cm. Gew.: ♀ ♂ 5.8-8.5 (18) kg, 3.3-5.3 kg. Fl.spw.: 190-260 cm. Fl.l.: ♂ 59.8-63.3 cm, ♀ 47.5-49.7 cm [1369,3615].

Status. Sehr seltener Brut- und Jahresvogel in wenigen Rückzugsgebieten. In Regionen ME ohne Brutbestand heute sehr unregelm. Gastvogel durch verstreichende Ind.; auffallende Einflüge bis W-Europa 1969/70 und 1978/79 [337].

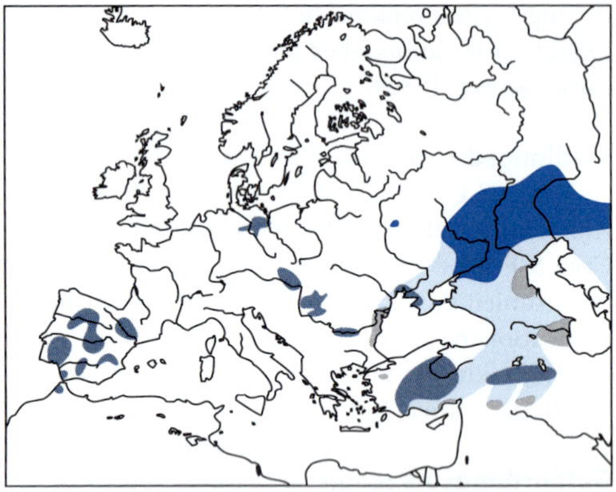

Otis tarda – **Großtrappe**

Verbreitung und Bestand. Nach starken Bestandseinbußen und Arealverlusten sehr lückenhaft besetztes Verbreitungsgebiet von SW-, M- und E-Europa über Vorderasien bis E-KZ; ferner getrennt in E-Asien vom Altai durch Mongolei bis Mandschurei und Amur. Gesamtbestand in Europa 31.000-36.000 Ind. (entspr. etwa 50-74% des Weltbestandes) [383], über 90% davon in Schwerpunktgebieten E. (23 T.) und RUS (5.5-8 T.). In ME nur noch in wenigen Rückzugsgebieten in E-D, A, SK. und H, bei insgesamt maximal 1.250-1.450 Ind., die meisten davon in H [383]. In PL (und NL) Bestände erloschen [1369].

Wanderungen. In ME Standvogel oder vereinzelt, in E-ME und E-Europa überwiegend Zugvogel (Winterquartiere von Vögeln RUS, UA., KZ bis Krim, Pakistan, Iran, Vorderasien). Früher in strengen Wintern häufiger Ausweichbewegungen nach SW-und W-D, mitunter größere Einflüge. 1969/70 wanderten ca. 300, 1978/79 ca. 400 Ind. weiter nach W, meist aus E-D und PL; Fernfunde beringter Br.

E-D dann bis 800 km [924]. Bei Br. in NE-E. bewegen sich die wandernden Ind. in Umkreis von < 20 km [♀:37, ♂:2683], ein Teil bleibt dagegen standortstreu.

Bestandsentwicklung. Aufgrund günstiger Bedingungen in ME im 18. Jh. größte Bestandszahlen und weiteste Verbreitung, dabei viele Regionen N und W des heutigen Verbreitungsgebietes besiedelt [1369,1719]. Durch Lebensraumveränderungen ab Mitte 19. Jh. dramatischer Rückgang und Erlöschen der Vorkommen in D-HE ca. 1850 [1719], -NI 1885 (Balz bis 1929), -BE vor 1900, -SH 1916 und -HH 1940, -BW zuletzt 1935 [1719] sowie -TH 1948 [2068]. Seit Anf. 20. Jh. in ME nur noch zwei getrennte, in sich zersplitterte Verbreitungsgebiete, im NE (E-D und PL) sowie im SE (A, H, CZ und SK.).
Im 20. Jh. weitere katastrophale Bestandsverluste, z.B. in PL 600-700 Ind. (1930er J.), 592 Ind. (1936), 432 (1958), 159 (1972), Vorkommen erloschen 1987 [3871]; in E-D 1940 noch 4.000 Ind., doch trotz intensiver Schutzmaßnahmen anhaltender Rückgang bis 1990er J. [z.B. -BB:q17; -MV:2031]; Frühjahrsbestand in D Mitte 1990er J. nur noch 81-98 Ind., danach noch kurzer Rückgang [q17,204,1], inzwischen leichte Erholung und durch regelm. Aussetzen handaufgezogener Juv. weitgehend stabilisiert [3277,453].

	Best.	Areal	Brutbestand (Ind.)	Jahr	Quelle
A	+/-	=	74–140	1998–2002	[383]
CZ	⇩	- 2	1–4	2000–2002	[383]
D	⇩	- 2	73–95	2000	[1323]
H	↓	- 1	1.100–1.200	1998–2002	[383]
SK	⇩	- 1	8–16	2000–2003	[383]

Ähnliche Entwicklung in Populationen S-ME. In SK. 1956 bei 1.040-1.165 Ind., 1969 nur noch 600-850 Ind. [1369,337], neueste Zahlen belegen Einbruch auf 5-15 Ind. [1585]. In CZ 2002 nur noch 1-4 Ind., darunter nur ein ♂, und keine Bruten mehr) [*144*,q3]. In H 1941 insgesamt 8.557 Trappen, Ende 1960er J. noch etwa 2.300 Ind. [1369], bis 1990er J. Bestand erneut halbiert [2438,1585], Teilpopulationen erloschen [3689]. Aus mehreren Regionen Europas im 19. oder 20. Jh. verschwunden, z.B. GB, F, S., BG, YU [1369]; kleine Population in MA mit leichtem Bestandsrückgang [35].
Regional inzwischen aufgrund intensiver Managementmaßnahmen Verbesserung der Situation. Durch Ausbringung von Zuchtvögeln in E-D und H geschwächte Bestände gestützt. Doch solche Maßnahmen auf lange Sicht kaum hilfreich, wenn Rückgangsursachen nicht ausgeräumt. Immer noch niedrige Rekrutierungsrate und hohe Weibchenverluste [2100]. Aber Stabilisierung auf niedrigem Niveau in A und in D-BB sowie in der Hortobágy (H), wo seit Ende 1970er J. sogar deutlich zunehmend [2128].

Siedlungsdichte. Höchste Dichten in Optimalgebieten E., z.B. Villafáfila 3 Ind./km^2 im Sommer und 6 Ind./km^2 im Winter [1507]. Sonst großflächig geringer, z.B. E-D 0.14 Ind./km^2 bzw. 0.3/km^2 [337].

Gefährdungsursachen [1369,1719,3892,196,382,1,1814,965,q17,1366,2100,3170,1683]. Entscheidend für starken Bestandsrückgang und zunehmende Fragmentierung der Brutgebiete in ME ist Intensivierung und Mechanisierung der Landwirtschaft (mit hoher zeitlicher Dichte der Bearbeitungsgänge). Besonders nachteilig wirken Umbruch von Grasländern, Aufgabe der Dreifelderwirtschaft, Wechsel der Anbausorten (zunehmend Mais, Rückgang der Luzerne) sowie zunehmender Einsatz von Agrochemikalien und Pestiziden. Insgesamt dichteres Wachstum der Kulturpflanzen, dadurch Erhöhung des »Raumwiderstandes« für Jungvögel und Verschlechterung des Mikroklimas in Bodennähe (sehr kühl und feucht) bei gleichzeitig verringertem Insektenangebot.
Gelegeverluste durch Eiersammler sowie Störungen (Menschen und Fahrzeuge), dadurch Zugang durch Nesträuber (u.a. Fuchs), ferner Zertreten durch Weidetiere. Henne zur Brutzeit sehr störungsempfindlich, schon geringe Beunruhigungen können zur Gelegeaufgabe führen. Gelegeverluste und hohe Jungenmortalität entscheidend für geringe Stabilität der Populationen [auch 3713].
Weibchen- und Jungenverluste u.a. durch Ausmähen, Erntemaschinen; Verluste ferner durch Kollision mit Freileitungen und Wildzäunen.

SPEC	VSchRL	Bern.Konv.	Bonn.Konv.
1	Anh. I	Anh. II	Anh. I,II
Europ. RL	**Globale RL**	**RL in ME**	
VU	**VU**	PL: 'RE', A, D, H, CZ, SK: 'CR'	

Starke Bejagung in Brut- und Überwinterungsgebieten (in E. vor 1980 bis 2.000 Ind./J.) [1507]. Besonders schädigend ist Jagd auf dominante ♂, die für Großteil des Nachwuchses sorgen. In meisten Regionen Europas wurde Jagd inzwischen eingestellt, diese Maßnahme kam jedoch häufig viel zu spät.

Hohe natürliche Verluste durch Prädation (Fuchs, Raubsäuger).

Schutzmaßnahmen. Schutz und Erhaltung extensiv genutzter Grassteppen- und Kulturlandflächen, entweder durch Schaffung großer Reservate oder (kleinräumiger) Ersatzhabitate wie »Trappenäcker«, Acker- und Grünbrachen. Managementmaßnahmen zur Verstärkung oder Erhaltung der Anbauvielfalt, bevorzugter Anbau von Raps, Luzerne und Kohl als Winternahrung, Schaffung von Dauergrünlandflächen als Brutgebiete, Reduktion von Störungen und Bewirtschaftungsmaßnahmen sowie bestimmte Mahdtermine.
Gebietsschutz sowie Ausgleichszahlungen an Landwirte für Einhaltung der Vorgaben.
Erhebliche Reduktion des Biozid- und Düngemitteleinsatzes.
Reduktion der Großvieheinheiten auf Weideflächen in Brut- und Überwinterungsgebieten.
Sicherung von Freileitungen und Sichtbarmachung durch »Warnkugeln«.
Verhinderung von Steppenbränden.
Strenge Maßnahmen gegen illegale Verfolgung in Brut-, Durchzugs- und Überwinterungsgebieten. Öffentlichkeitsarbeit. Monitoring.
»Prädatorenmanagement« und eingezäunte Bereiche zum Schutz brütender Wildtrappen in D-BB erfolgreich (Erhöhung des Bruterfolges) [aber umstritten, vgl. 3677].

Biotop. Primärbiotope Steppen auf Schwarzerdeböden; in ME früher auf Heide-, Öd- und Brachflächen mit besonders guten Böden, heute Acker- und Grünflächen in möglichst vielseitiger Kulturform. Weiträumiges, offenes Gebiet ohne allzu große Störung nötig. Klimaansprüche bei Standvogelpopulationen ME: geringe Dauer und Höhe der Schneedecke, < 600 mm Jahresniederschlag und hohen Sommertemperaturen; doch früher auch Brutpopulationen in GB und NL. In ME heute nur Tieflagen bis max. 270 m bewohnt, im E und SE auch Lagen > 1000 m. Entscheidend ist auch ausreichende Winternahrung (z.B. Raps als Zwischenfrucht, Kultur- und Wildkräuter).

Nahrung. Vielseitig; Ad. überwiegend pflanzl., doch im Sommer auch großer Anteil tierischer Nahrung (vor allem Juv. in ersten Wochen), z.B. Insekten, bes. Massenauftreten einz. Arten, Feldmäuse; ferner Regenwürmer, Mollusken, Eidechsen etc.; Pflanzennahrung z.B. Klee, Erbse, Esparsette, Luzerne, viele Kreuzblütler, Wiesen- und Ackerkräuter; auch Beeren, Rhizome, Zwiebeln.

Stimme. Balz stumm, beim Auffüllen und Entleeren des Kehlsackes dumpfes leises Geräusch »umb«; bei Aggression schnarchend-röchelnd »ä« oder »ö«; bei Erregung, Alarm kurzes Bellen »ock«. Junge hohe Triller oder Weinen.

Verhalten. Tag- und dämmerungsaktiv, Balz auch in hellen Mondnächten. Beim Auffliegen (Start gegen den Wind) zunächst einige beidbeinige Sprünge. Ruht liegend und stehend; Sonnen- und Staubbäder werden gerne genommen. Sehr gesellig; Im Frühjahr sondern sich alte ♂ zur Balz ab, junge halten sich in Trupps. ♂ suchen sich meist erhöhte Balzplätze, dominante ♂ haben beste Plätze. Verteidigen aber keine Territorien. ♀ in kleinen Trupps an den Balzplätzen. ♂ patrouillieren langsam über die Balzarena und balzen an verschiedenen Plätzen. ♀ näheren sich vorsichtig. Kopulationen werden oft von anderen ♂ gestört. Erfolgreiche ♂ verpaaren sich mit mehreren ♀. Keine Paarbindungen. Balzende ♂ tragen Schwanz gefächert und angehoben oder ungefächert auf den Rücken geklappt, sodass weiße Unterschwanzdecken sichtbar werden. Bei Vollbalz schlagartige Verwandlung des ♂: Luftbehälter an Hals und Kehle werden aufgeblasen, der ballonförmig aufgeblasene Hals präsentiert auffällig die blaugrauen Hautflächen, Kopf stark zurückgelegt. Bartfedern stehen senkrecht nach oben; dann kompliziertes Abwinkeln einer HS gegen gestreckten Unter- und Oberarm (»Flügelwenden«), Aufrichten und Verdrehen verschiedener Partien der Flügelfedern. Dabei werden Ellenbogenfedern aufgerichtet, Mittlere und Kleine Decken so weit nach vorne geklappt, dass weiße Unterseiten sichtbar werden; die Oberschwanzdecken des umgeklappten Schwanzes bilden einen weißen Büschel an der Spitze eines überwiegend weißen Federstraußes, in dem der Vogel fast verschwindet. Fluchtdistanz gegenüber dem Menschen groß (oft > 500 m), doch Anpassung an »Störungen« häufig (z.B. Straßenverkehr) und dann geringere Fluchtdistanz. Nach der Brutzeit ♀ und Junge und dann getrennt ♂ in Trupps; erst ab Spätherbst wieder größere Wintertrupps. In den oft großen Winterscharen Neigung, gleichgeschlechtliche Trupps zu bilden.

Fortpflanzung, Brutbiologie [337, 767, 1784, 1]. Geschlechtsreife bei ♀ mit 2 J., bei ♂ nicht vor 5-6 J. Keine Partnerbindung, Polygynie; Balzarenen. Geschlechterverhältnis zugunsten der ♀ verschoben (bis 2.5-fach). **Nest.** Ortswahl und Bau durch ♀. Am Boden, auf Getreide- und Hackfruchtäckern, Wiesen, Brachland, auch im lockeren

Schilfbestand. Flache Vertiefung, wenig Material. **Legebeginn.** Mitte April bis Mai, Nachgelege bis Juli. **Gelegegröße.** (1) 2-3; Ø E-D_{134} 1.93 (20 x 1, 104 x 2, 10 x 3 Eier), E-D_{670} 1.74 (darin unvollst. Gelege?); in E-D starker Rückgang der Dreiergelege von 30-50% in 1950er J. auf 3% in 1990er J. Legeintervall 2-3 d. **Eier.** Elliptisch, graugrün bis olivbraun mit z.T. verwaschenen Flecken. **Brutdauer.** 21-26 (Ø 25) d; ♀ brütet; Bebrütung ab 1., 2. oder letztem Ei. **Nestlings-/Führungszeit.** Juv. schlüpfen z.T. asynchron, verlassen Nest nach 1 d; ♀ hält ihnen anfangs Nahrung vor, doch ab 12-14 d vollständig selbständige Nahrungsaufnahme. Führende ♀ verleiten. Juv. mit ca. 5 Wochen flügge, bleiben aber beim ♀; im Herbst Zusammenschluss mit anderen Familien (oft bis in nächste Brutsaison). **Jahresbruten.** 1; Ersatzgelege. **Bruterfolg.** Großer Teil der Gelege in ME durch Landwirtschaft zerstört, z.T. auch Prädation (auch Mensch). Erstgelege in D mit Verlusten bis 80-100%. Jungensterblichkeit sehr hoch, 50-80% bei Küken im Alter > 21 d. Meist wird auch bei erfolgr. Bruten nur 1 Juv. flügge, in 1990er J. in verschiedenen Brutgebieten D jedoch nur 0.04, 0.1 bzw. 0.2 flügge Juv./BP und J. (ohne ausgewilderte Ind.). In jüngster Zeit erreicht in D aus 40 Eiern nur 1 Juv. das Ende des 1. KJ.

Eimaße und -gewichte. L. 69.0-89.5 mm, B. 50.9-60.7 mm, $Ø_{39}$: 79.2 x 55.1 mm, $Ø_{22}$: 79.7 x 55.7 mm, $Ø_{82}$: 79.2 x 56.1 mm; Frischvollgew. 111 -172 g, $Ø_{7}$: 146 g; Schalengew. 12.9-20.0 g, $Ø_{120}$: 15 g.

Sterblichkeit, Alter. (Gefg.) max. 50 und > 20 J. **Generationslänge:** 14 J. [383].

Mauser. **Postjuvenile Mauser** (Vollmauser) ab ca. 5 Wochen, nach Unterbrechung im Winter größtenteils bis Juni beendet; Großgefiedermauser besonders Sept.–Okt. und Feb.–Aug./Okt. im 2. KJ, bei ♂ letzte juv. Schwungfedern aber z.T. erst im 3. KJ gewechselt [767,1814]. • **Postnuptialmauser** (Vollmauser) Körpergefieder und ST Ende Juni–Okt., ♂ etwas früher als ♀; Schwungfedern in Staffelmauser, Mauserunterbrechung Nov.–Feb. und z.T. einzelne im Frühjahr ersetzt [767]. • **Pränuptialmauser** (Teilmauser) Dez.–März; auf Kopf-, Hals- und Vorderbrustfedern beschränkt.

Chlamydotis undulata – Saharakragentrappe 04440

Chlamydotis [undulata] undulata (Jacquin 1784)

GB **Houbara Bustard** F **Outarde houbara** E **Avutarda Hubara**

Taxonomie. Zwei UA: *undulata* (Jacquin 1784) (kontinentales N-Afrika) und *fuerteventurae* (Rothschild & Hartert 1894) (E Kanaren). Früher mit *macqueenii* zu einer Art zusammengefasst, neuerdings als zwei getrennte Allospezies angesehen. Zur Differenzeriung der beiden Allospezies [1318,3321,3331,1811], dort auch genetische Differenzierung der UA *undulata* und *fuerteventurae*.

Kennzeichen. Sexualdimorph [1784,1369,3615, 3772,221; **Foto** (*fuerteventurae*) in Bird. W. **9**, 231].

Maße. Gr.: ca. 55-70 cm. Gew.: ca. 1200-2400 g. Fl.spw.: ca. 130-160 cm. Fl.l.: ♂ 36.5-41.5 cm, ♀ 31.5-36.0 cm [1784,1369,3615].

Status. Extrem seltener Gastvogel in Europa, meist in **I** 10 mal bis 1983, davon 8mal 20. Jh. [337], sonst nur M und (viell.) E. [277]. In ME bisher nur in CH nachgewiesen: • **CH:** -ZH Mai 1839 und 1864 (letzterer vielleicht Gefg.fl.?); ferner undatiertes Präparat [3393], ursprl. als Nachw. von 1916 publiziert [vgl. 337,1369].

Verbreitung und Bestand. Von E-Kanaren (Fuerteventura, Lanzarote; auf Gran Canaria erloschen) über Hochplateaus N-Mauretanien bis TN, N-Sahara bis Niltal. Europäischer Bestand (Kanaren) 527 Ind., Trend unklar [383,1662].

Wanderungen. Br. in N-Afrika Standvogel und wenige Zieher; daher extrem seltener Gast in Europa.

Gefährdung. Vor allem intensive jagdliche Verfolgung und Wilderei. Ferner Lebensraumverlust (Landschaftsverbrauch, Intensivierung der Landwirtschaft, Überweidung), Störungen, Abnahme der Nahrung sowie Kollision mit Freileitungen. Derzeit zwar global nicht gefährdet [1784,3615], aber regional von Schutzmaßnahmen abhängig [ausführlich in 1662].

SPEC	VSchRL	Bern.Konv.	Bonn.Konv.
1	Anh. I	Anh. II	--
Europ. RL	**Globale RL**	**RL in ME**	
VU	**VU**	--	

Biotop. Trockensteppe und Halbwüste; zur Zugzeit auch in Kulturen.

Nahrung. Omnivor. Pflanzliches Material u.a. Früchte, Samen, Sprösslinge, Blätter und Blüten; sonst hauptsächlich Heuschrecken, Grillen und Käfer, weitere Arthropoden sowie Reptilien.

Stimme. Sehr schweigsam. Nur Gefg.beschreibungen: Alarmruf tiefes Krächzen, Jungvögel mit monotonen, muhenden Lauten.

Sterblichkeit, Alter. Generationslänge: 6 J. [383].

Mauser. Postjuvenile Mauser (Vollmauser) ähnlich Großtrappe, aber Abschluss oft vor Wegzug [767,1814]. • Postnuptialmauser (Vollmauser) vermutlich mit längerer Mauserperiode [767,3299]. • Pränuptialmauser (Teilmauser) ähnlich Großtrappe [767,1814].

Chlamydotis macqueenii – Steppenkragentrappe 04442

Chlamydotis [undulata] macqueenii (J.E. Gray 1832)

(GB) **Macqueen's Bustard** (F) **Outarde de Macqueen** (E) **Avutarda de Macqueen**

Taxonomie. Neuerdings als Allospezies zu *undulata* geführt (s. dort). Monotypisch.

Kennzeichen. Sexualdimorph [1369,3615,221, 3772,1784; **Fotos** in Dutch B. **14**, 96, **25**, 129, Bird. W. **16**, 18-19].

Maße. Gr.: ♂ 65-75 cm, ♀ 55-65 cm. Gew.: ♂ 1800-2400 (3100) g, ♀ 1100-1700 (2500) g. Fl.spw.: 135-170 cm. Fl.l.: ♂ 39.3-43.1 cm, ♀ 35.7-37.7 cm [1369,3615].

Status. Sehr seltener Gastvogel, aber aufgrund starken Zugverhaltens deutlich häufiger als andere Allospezies *C. [u.] undulata*. Allerdings im 19. Jh. sehr viel regelm. (>40 Nachw. in W-Europa) als im 20. Jh. (6-9 Nachw. bis 1996) [277]. In fast allen Ländern ME belegt: **CH:** -ZH und -SG Nov. 1840, -LU Nov. 1916 [4152]. • **B:** Sept. 1842, Dez. 1844, Dez. 1845 [1369]. • **NL:** Dez. 1850 [277]. • **D:** -BW Jan. 1798, vor 1822 [1722]; -HE 2 mal Okt.1822 [1369]; -SN vor 1836, -SH Nov. 1843 1 aus einem Trupp von 6 erlegt [1369]; -MV 2 Ind. Okt. 1847 [2031]; -NI Dez. 1968 [1369]; -BY Nov. 1974 [4175]. • **PL:** 4 Belege aus 19. Jh.: Nov. 1800, 1811, 1848, Dez. 1862 ; ferner erschöpftes Ind. Dez. 1977 [1369,3871]. • **SK.:** Mai 1974 [3882]. • **CZ:** Sep. 1889 [2159]. Weitere Beobachtungen in Europa u.a. in DK 1892; S. 1847, 1933, 1974; LV 1880 sowie in RO, YU, FIN, GB (5mal) und F [3615,q23,337]. Von 42 Nachweisen in Europa waren 11 Okt., 9 Nov., 8 Dez., und bis auf 2 alle Aug.-Apr. [337].

Verbreitung und Bestand. Sinai und Naher Osten bis W-Pakistan und Kaspigebiet über S Kirgisien bis Mongolei. Nur aus Teilbereichen Bestandsangaben bekannt, z.B. KZ 40.000-60.000 Ind. und Pakistan 20.000-25.000 Ind. [1784]; innerhalb Europas nur sehr kleine Vorkommen in S-RUS (1-20 Ind.) und AZ (0-10 Ind.) [383].

Wanderungen. Im S des asiatischen Areals Standvogel mit kurzen Wanderungen. Br. Mittel- und Zentralasiens Zugvögel mit Hauptrichtung SW nach NW-Indien; daher die meisten Artnachweise ME, N- und NW-Europa zur Zug- und Überwinterungszeit von *macqueenii*.

SPEC	VSchRL	Bern.Konv.	Bonn.Konv.
1	Anh. I	Anh. II	--
Europ. RL	**Globale RL**	**RL in ME**	
(VU)	**VU**	--	

Gefährdung. vgl. Saharakragentrappe. Global nicht gefährdet.

Nahrung und Biotop. s. *undulata*

Sterblichkeit, Alter. Generationslänge: 6 J. [383].

Mauser. Postnuptialmauser (Vollmauser) ähnlich Großtrappe [767,3299], ebenso • Pränuptialmauser (Teilmauser) [767,1814].

Familie Rallidae – Rallen

Gruppe unterschiedlicher Formen, meist relativ langbeinige und langhalsige Sumpfvögel. Klein bis mittelgroß, meist hühnerähnliche Gestalt, oft seitlich zusammengedrückter Körper; kurze, runde Flügel liegen dem Körper eng an; kurzer Schwanz, lange Vorderzehen. Können z.T. ausgezeichnet durch dichte Vegetation schlüpfen (Körper seitlich zusammengedrückt); viele Arten Sumpf- und Feuchtgebietsbewohner; gute Schwimmer; tauchen auch, Fortbewegung unter Wasser mit Flügelschlägen. Bei Vollmauser wird Großgefieder synchron gewechselt, dadurch vorübergehende Flugunfähigkeit. Mehrere Jahresbruten nicht selten. Küken Nestflüchter, doch zunächst sehr von Ad. abhängig und nicht so extrem spezialisiert wie bei den Galliformes. Alle Arten (mit Farbabbildungen) [3801].

Ca. 142 Arten in 34 Gattungen [3203,3565,3801], weltweite Verbreitung, darunter zahlreiche, teils flugunfähige Inselendemiten. Das Flugvermögen wurde mehrfach konvergent reduziert [3203,3601]. Die Verwandtschaftsbeziehungen innerhalb der Familie sind unzureichend bekannt - auf der Morphologie basierender Vorschlag [s. 2873]. Molekulare Untersuchungen mittels DNA-Hybridisation [3564] und mtDNA-Sequenzen [3601] stimmen darin überein, dass *Rallus* und *Gallirallus* die Schwestergruppe aller anderen Rallen sind.

• Gattung *Porzana*

Die Gattung ist in bisheriger Abgrenzung mit 16 Arten [3801] nicht monophyletisch [3601], doch gehören alle westpaläarktischen Vertreter zu einer monophyletischen Teilgruppe, für die der Gattungsname gültig bleibt. [Umfangreiche illustrierte Darstellung:228].

• Gattung *Porphyrio*

Die bisher in *Porphyrula* abgetrennten Sultanshühner stellen wahrscheinlich eine paraphyletische Gruppe dar und werden deshalb in *Porphyrio* eingeschlossen [3565,3801].

• Gattung *Gallinula*

Neun Arten, davon drei Inselendemiten (*G. pacifica* von Samoa im 20. Jh. ausgestorben), ansonsten weltweite Verbreitung. Die intragenerischen Verwandtschaftsverhältnisse sind unbekannt. Nach molekularen Sequenzen sind *Gallinula* und *Fulica* Schwestergattungen [3878].

• Gattung *Fulica*

Im Gegensatz zu anderen Rallen Füße lappenartig vergrößert, dadurch gute Schwimmer. Schwungfedermauser in ME synchron, deshalb bis zu 4 Wochen flugunfähig.

Weltweit 11 Arten mit einem klaren Diversitätszentrum in Südamerika. Zuweilen *F. atra* mit 4 der 9 neuweltlichen Arten zu einer Superspezies zusammengefasst [3565], doch dies erscheint mangels genauer Kenntnis der Verwandtschaftsverhältnisse (genetische Untersuchungen fehlen) nicht gerechtfertigt.

Rallus aquaticus – Wasserralle 04070

Rallus aquaticus Linnaeus 1758

(GB) Water Rail **(F) Râle d'eau** **(E) Rascón Europeo**

Taxonomie. Vier gering differenzierte UA: *aquaticus* Linnaeus 1758 (Europa bis W-Sibirien), *hibernicus* Salohousen 1930 (IS), *korejewi* Zarudny 1905 (Zentralasien) und *indicus* Blyth 1949 (Ostasien).

Kennzeichen. [1784,221,1369,3772,3615; **Fotos** in Dutch B. **17**, 185 (z), 186-187].

Maße. Gr.: 23-28 cm. Gew.: ♂ 88-190 g, Ø: 128 g, ♀ 74-138 g, Ø: 102 g. Fl.spw.: 38-45 cm. Fl.l.: ♂ 11.9-13.2 cm, ♀ 11.0-12.1 cm [1369,3615].

Status. Brut- und Jahres- bzw. Sommervogel in ganz ME; Teilzieher, z.T. Brutgebiete im Winter vollständig geräumt.

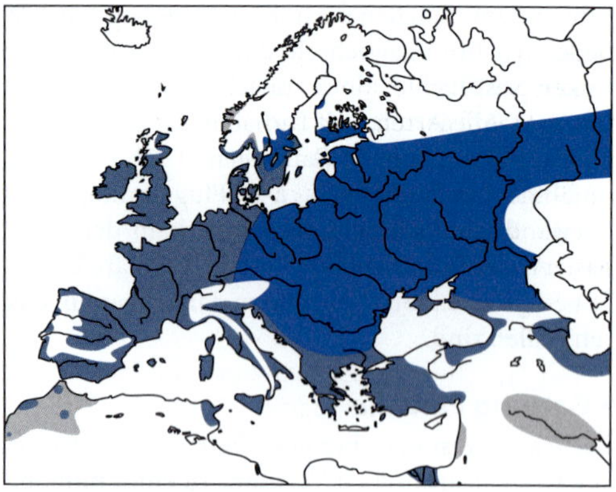

Rallus aquaticus – **Wasserralle**

Verbreitung und Bestand. In gemäßigter und subtropischer Zone von IS und SW-Europa nach E bis JAP mit größeren Verbreitungslücken in den Hochländern Innerasiens. In ME verbreiteter Brutvogel der Feuchtgebiete von Tiefland bis Mittelgebirgslagen und in N-Alpen bis 1400m. Gesamtbestand in Europa zw. 140.000-360.000 BP, mit Beständen > 10.000 BP in BY, F, D, H, PL, RUS, E., TR und UA. (leicht negativer Trend) [383]; in ME etwa 36.000-69.000 BP [383].

Wanderungen. Standvogel in W- und S-Europa, Kurzstreckenzieher. Wintergebiet umfasst W- und S-Europa sowie große Teile W-ME bis DK, S-S. und S-N. In ME auch in Kältewintern oder in höheren Lagen Überwinterungen bekannt, sofern zumindest Kleinstgewässer eisfrei bleiben. Hauptwegzugsrichtung ME WSW/SW (auch Zuflug von fennoskandischen Überwinterern), **Wegzügler aus ME** wandern vor allem nach F, aber auch S-England, B [1138]; einzelne Funde zudem I und GR [2173,2477]; **Br. GB/IRL** überwiegend Standvögel, jedoch Ausnahmen (z.B. 1mal rasche Abwanderung nach D); im Winter in GB/IRL zusätzlich **Br. aus IS** und ME, v.a. D [4064]. Wegzug im Juli/Aug. bei Ungeeignetheit der Bruthabitate (Austrocknen, Überschwemmung); dabei werden auch geeignete Mauserplätze aufgesucht (in dieser Zeit auch Beginn der Dispersion der Juv). Eigentlicher Wegzug im Aug., Höhepunkt Sept., Ende im Nov., mitunter Wanderungen erst im Dez. beendet. Heimzug ab Ende Feb., meist erst März/April (bis Mai); Besiedlung von Brutgebieten auch noch im Juni (oder Juli) möglich, wenn andere Gebiete ungeeignet.

Bestandsentwicklung. Wie bei anderen Rallenarten nur geringe Kenntnisse über Bestandstrends und -dynamik. Gezielte, langfristige Untersuchungen nur aus wenigen Regionen [1369]. Unverpaarte Männchen werden eher registriert als verpaarte, da letztere ihre Rufaktivität meist vollständig einstellen. Sehr wirksame Methode mit Klangattrappen bisher nur wenig eingesetzt (genehmigungspflichtig).
Aus vorhandenen Angaben längerfristige, großräumige Bestandsveränderungen in ME für länger zurückliegende Jahrzehnte nicht erkennbar. Bestandsfluktuationen nach schlechten Brutjahren (z.B. Trockenjahre, Überschwemmungen) meist rasch ausgeglichen [1369]. Auffällige Bestandsrückgänge und Arealverluste aber aufgrund erheblicher Lebensraumzerstörung (u.a. Verlust von Schilfgebieten) ab 1950er J. [196,337], besonders Binnenland-Gewässer in D-BY, ferner -BW, -NW, -TH [2808,4175,1719,2068,2623,3080]. Arealverluste regional auch aus anderen Regionen bekannt [D-MV, -HH, -NI, -SL: 2031,2642,1589,3248], trotz positiver Auswirkung allgemeiner Eutrophierung.
Starker Rückgang am Bod. [1617,3489] überwiegend durch sehr strenge Winter und extreme Wasserstandsveränderungen während Brutsaison. Weitere Daten aus S-ME belegen ebenfalls erhebliche Be-

standsabnahmen und Arealverluste in letzten Jahrzehnten. In CH-ZH erloschen allein von 1975-85 11 (vor allem kleine) Vorkommen [3393,196]. In B zwischen 1955-57 und Ende 1960er J. Einbruch auf etwa 1/7 des Ausgangsbestandes, danach nur teilweise Erholung [843]. In NL Rückgang ab 1970er J. gebietsweise 30-50%, insgesamt jedoch < 25% [Bestandsangaben für 1970er/80er J. wahrscheinlich zu hoch, 2889]; in 1990er J. trotz Lebensraumverlusten Stabilisierung durch Zunahme oder Neuetablierung in renaturierten Gebieten [3638]; ähnlich in D-SH [310]. Abnahmen auch in CZ und SK. [2159] sowie in weiten Teilen SE-Europas (UA., RO, AL). Vielerorts inzwischen weitgehend auf Schutzgebiete beschränkt [196].

Für A [965], PL und H Beurteilung neuerer Entwicklungstrends derzeit schwierig, vielleicht wirklich stabil. Zunahmen derzeit nur am Arealrand, z.B. FIN, DK und E. [1507].

	Best.	Areal	Brutbestand	Jahr	Quelle
A	+/-	=	3.500–7.000	1998–2002	[383]
B	+/-	=	750–1.200	1995–2002	[383]
CH	+/-	=	1.000–1.500	1993–1996	[383]
CZ	⇧	+ 1	800–1.200	2000–2002	[383]
D	+/-	=	7.500–14.700	1995–1999	[383]
FL	↓	- 1	1–2	1998–2000	[383]
H	+/-	=	10.000–20.000	1990–1993	[383]
L	+/-	=	30–40	2001	[383]
NL	+/-	=	2.500–3.200	1998–2000	[383]
PL	+/-	=	10.000–20.000	1990–2000	[383]
SK	+/-	=	300–600	1990–1999	[383]

Siedlungsdichte. In geeigneten Gebieten starke Konzentrationen, z.B. Neusiedlersee A, H 8-12.000 BP, Biebrza und Narew PL >10.000 BP etc. [1507]. Maxima in nährstoffreichen oder -überreichen Lebensräumen von 10–13.4 BP/10 ha, in großen Schilfkomplexen meist < 5 BP/10 ha, im Mittel 2.8 BP/10 ha bei Flächen > 33 ha [1507], kleinflächig aber auch deutlich höhere Werte [1507,2159, 1137,3638,310].

Gefährdungsursachen [2623,1369,1343,1589, 1719,4043,196]. Am bedeutendsten Lebensraumzerstörung durch drastische Grundwasserabsenkung sowie durch Entwässerung von Sümpfen, Niedermooren und Verlandungszonen; Flussausbau; ferner Rückgang oder Zerstörung des Schilfes und anderer Ufer- und Wasservegetation durch Gewässerverschmutzung und Eutrophierung oder überhöhten Fischbesatz, ferner großflächige Mahd; starke Verlandung und Verlust offener Wasserflächen, z.T. begünstigt durch Überdüngung des Umlandes. Lebensraumzerstörung auch in Rast- und Nahrungshabitaten auf Durchzug und im Winter. Störungen in Brutgebieten durch Angler, Bade- und Freizeitbetrieb etc. (z.T. Brutaufgabe).

Natürliche Ursachen: Brutausfälle durch starke Wasserstandsschwankungen (Flutung bzw. Trockenfallen der Brutplätze). Strenge Winter dezimieren zudem Standvogelpopulation z.T. erheblich; durch beide Faktoren gravierende Bestandsschwankungen von Jahr zu Jahr.

Direkte Verfolgung, vor allem in Durchzugs- und Überwinterungsgebieten.

Anflug an Freileitungen, Sendetürmen etc.

SPEC	VSchRL	Bern.Konv.	Bonn.Konv.
--	Anh. II-2	Anh. III	--
Europ. RL	**RL in ME**		
--	FL :'CR', CZ, L: 'EN', A: 'NT'		

Schutzmaßnahmen. Erhaltung, Schutz bzw. Wiederherstellung intakter Feuchtgebiete, Verlandungszonen und Uferbereiche aller Gewässertypen. Schaffung von land- und gewässerseitigen Pufferzonen. Schutz verbliebener Flussniederungen und -auen sowie Niedermoore. Verzicht auf großflächige Schilfmahd; ggf. Sicherung sekundärer Lebensräume (Baggerseen, Rückhaltebecken etc.) für Belange der Natur. Umverlagerung von Freileitungen.

Monitoring; Öffentlichkeitsarbeit (Lebensraumschutz).

Biotop. Br. hoher und dichter Ufervegetation, besonders dichter Röhricht- und Großseggenbestände, ferner in Röhricht- und Seggenmooren, Erlenbruchwäldern und Weidendickichten, überschwemmten Süßgraswiesen, Sumpfschachtelhalm- und Wasserschwadenbeständen, so lange Vögel zwischen der Vegetation laufen können; meist kleine offenc Wasserflächen vorhanden (schon Wildschweinsuhlen und -pfade ausreichend). Auch an Kleingewässern oder in schmalen Schilfstreifen, sofern ausreichend Deckung vorhanden. Im Winter auch an Gräben und Ufern von Fließgewässern ± frei.

Nahrung. Kleintiere, besonders Insekten und deren Larven, kleine Schnecken, auch Würmer,

Crustaceen und auch kleine Wirbeltiere (Amphibien, Fische, Kleinvögel, Kleinsäuger).

Stimme. Beide Partner ganzjährig ruffreudig und zu unterscheiden. Häufigster Ruf von ♂ und ♀ v.a. zur Brutzeit »Ferkelquieken« wie »kruieh«, meist gereiht (bei ♀ hastiger und etwas höher), bei Revierkennzeichnung auch im Duett. Partnerruf (Paarfindungsruf): ♂ »köp« oder »kep«, gereiht, schneller werdend, aber nicht abfallend (oft lange »kep«-Reihen); ♀ »kip-kip-hürrrrrr«, im Fluge oft nur weich »hiürrrrrr«; Warnruf harte, explosive »zick-zick«-Reihen. Ferner knurrende und blähende Intimlaute, nur aus geringer Entfernung zu hören [64,65].

Verhalten. Tagaktiv, doch Nachtzug und Rufaktivität nachts. Beim Laufen meist geduckte Haltung, bei Erregung Schwanz hochgestellt und ruckweise nach oben zuckend. Bewegt sich gewandt in dichter Vegetation. Schwimmt mit Kopfnicken und Schwanzzucken; Flucht meist zu Fuß; klettert gut auf Ästen von Sträuchern etc. In Revieren oft bestimmte Pfade; Nahrungserwerb bevorzugt auf festem Substrat. In weichen Boden wird Schnabel eingebohrt. Im Sommer und Winter meist territorial; zur Zugzeit meist mehrere Ind. dicht beisammen. Balz und Paarbildung nach Ankunft am Brutplatz.

Fortpflanzung, Brutbiologie [337,767,1784,1722,1]. Erstbruten mit 1 Jahr. Reviergründung und Nistplatzwahl durch ♂; z.T. ganzjährig besetzte Reviere; nach herbstlichem Abzug aus Brutgebieten in N- und E-Europa (auch in Teilen ME) sehr geringe Brutortstreue [P. Becker]. **Nest.** Meist gut versteckt in Seggenbüscheln, im Röhricht zwischen Halmen, auch auf schwimmenden Halmen oder hochwassersicher in Wiesen oder trockenem Gelände; von beiden aufgeschichtet oder ± sorgfältig geflochten aus meist vorjährigem Pflanzenmaterial (Muldendurchmesser ca. 11-12 cm); nach oben oft durch haubenartig zusammengezogenen Halmen überdeckt (»Baldachin«). **Legebeginn.** (Ende März), Hauptlegezeit von Mitte April bis Ende Juni (Mitte Juli). **Gelegegröße.** 6-11 (4-12, ausnahmsweise bis 16); Ø CH April$_{10}$ 8.8, CH Mai$_{19}$ 8.7, CH Juni$_{16}$ 7.7, B$_{43}$ 9.26, D-BW$_{9}$ 7.7, D-BB$_{50}$ 8.4. Legeintervall 1 d. **Eier.** Länglichoval, glänzend, Grund weißlich bis rahmfarben, meist am stumpfen Pol mit rotbraunen oder grauen Punkten. **Brutdauer.** 19-22 d; beide brüten (♂ weniger); ♂ füttert ♀; Bebrütung ab letztem Ei. **Nestlings-/Führungszeit.** Juv. schlüpfen synchron, verlassen Nest erst nach Tagen; mit 14 d völlig selbständige Nahrungsaufnahme, mitunter schon mit 20-30 d vom ♀ verlassen (»flügge«); mit 7-8 Wochen flugfähig und selbständig. **Jahresbruten.** (1), oft 2; Nachgelege häufig (Schachtelbruten möglich). **Bruterfolg.** Gelegeverluste in D-BB$_{50}$ bei 24%, in -BE$_{22}$ bei 32% (vor allem Überflutung, Prädation). Jungenverluste in ersten Tagen sehr hoch; beobachtete Brutgrößen in D-BW bei 30 Bruten nur Ø 2.63 Juv.

Eimaße und -gewichte. L. 31.5-40.4 mm, B. 23.0-27.4 mm, Ø: 35.8 x 25.3 mm (n=175, B), 35.8 x 25.8 mm (n=102, D/PL); Frischvollgew. ca.13 g; Schalengew. 0.68-1.04 g, Ø$_{130}$: 0.79 g.

Sterblichkeit, Alter. Ältester Ringvogel (D) 7 J. 4 Monate [3654]. **Generationslänge:** < 3.3 J. [383].

Mauser. **Postjuvenile Mauser** (Teilmauser) beginnt im Alter von 8–11 Wochen; meist vor Wegzug beendet, Mitte Juli/Anf. Okt. (Dez.) [139,2174]; Körpergefieder [767,231]. • **1. Pränuptialmauser** (Teilmauser) Nov.–April, aber wie Umfang variabel [767,1356]. • **Postnuptialmauser** (Vollmauser) Großgefieder und Flügeldecken synchron und ca. 3 Wochen flugunfähig, Anf. Juli/Anf. Sept., Zeitpunkt aber abhängig vom Brutverlauf; Körpergefieder (Juni) Juli–Ende Aug./Sept. (Dez.) [767,1369,2174]. • **Pränuptialmauser** (Teilmauser) Feb./März–April/Mai; Kopf- und einige Körperfedern [1369,1356].

Crex crex – Wachtelkönig 04210

Crex crex (Linnaeus 1758) syn.: Wiesenralle

GB **Corncrake** F **Râle des genêts** E **Guión de Codornices**

Taxonomie. Monotypisch.

Kennzeichen. Sexualdimorph [1784,221,1369,3772, 3615; **Fotos** in Limic. **9**, 281, Bird. W. **9**, 407, Var Fag, 2001/**3**, 7].

Maße. Gr.: 27-30 cm. Gew.: ♂ 129-210 g, Ø: 165.5 g, ♀ 138-158 g, Ø: 145 g. Fl.spw.: 42-53 cm. Fl.l.: ♂ 13.9-15.0 cm, ♀ 13.0-14.5 cm [1369,3615].

Status. Nach Bestandsrückgängen gebietsweise unsteter, früher häufigerer Brut- und Sommervogel. Brutzeitverlagerungen auch noch im Sommer (s.u.). Meist seltener Durchzügler und Gastvogel.

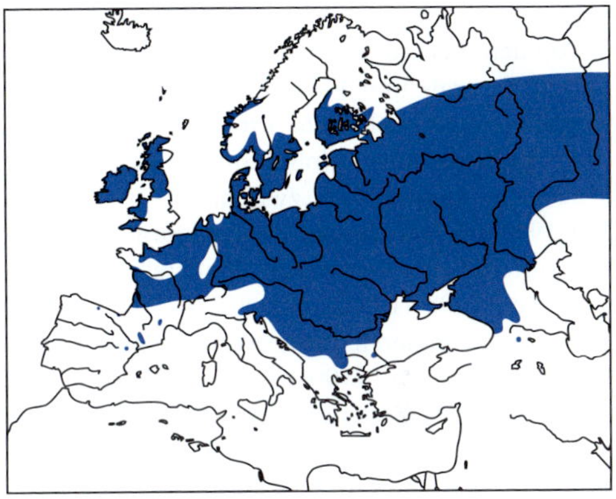

Crex crex – Wachtelkönig

Verbreitung und Bestand. Von W-Europa bis NW Baikalsee mit S-Grenze bei etwa 45° N (S-F, N-I, BG, N-Schwarzmeer) und N-Grenze zwischen 55-65° N (N-GB, S-Skandinavien, N-Jakutien). Europäischer Gesamtbestand 1.3-2.0 Mio. rufende ♂ (fluktuierend), davon etwa 1.0-1.5 Mio. in RUS [383], Populationen > 20.000 ♂ ferner in BY, EST, LV, LT, PL, RO, UA. und GO. Weltbestand etwa 1.7-3.0 Mio. rufende ♂ [382]. In ME ungleichmäßig verbreitet mit wechselnden Dichtezentren sowie unregelm. besetzten isolierten Vorkommen, Brutzeitbestand etwa 37.000-54.000 rufende ♂, der weitaus größte Teil in PL [383, erg.].

Wanderungen. Langstreckenzieher mit Winterquartier im tropischen und S E-Afrika (einschließlich Kapprovinz und Madagaskar); Nachweise auch im tropischen W-Afrika. Weiteste Ringfunde: S.–Zaire 7200 km S, Helgoland–Zaire 6850 km SSE, F–Angola [Ringfunde Angola, Zaire etc.:3707]. Br. GB/IRL ziehen über W-F, E./P; Abzugsrichtung aus W-ME und W-Skandinavien wohl hauptsächlich SW, weiter im E wohl mehr S bis SE. Wegzug aus Europa ab Aug., Höhepunkt Sept., Abschluss Okt.; im tropischen Afrika Nov/März. In ME und W-Europa einige Nov./Dez.daten bekannt. Rückzug im Mittelmeer März/Anf. Mai. Früheste Daten ME März, normalerweise aber kaum vor Mitte April, meistens Besiedlung der Brutplätze erst im Mai, Ortstreue vielfach nachgewiesen, aber wohl nicht die Regel.

Bestandsentwicklung. Siedlungsverhalten ist außerordentlich dynamisch durch Ortswechsel als Folge von Bewirtschaftungsweise, saisonalen Veränderungen im Wasserstand (Austrocknung, Überschwemmung) und durch Abwanderung von ♂ nach erfolgreicher Verpaarung. Dadurch stark wechselnde Vorkommen mit erheblichen Bestandsschwankungen. Große Ansammlungen rufender ♂ demzufolge keinesfalls identisch mit »Brutpopulation«.

Trotz erschwerter Beurteilung längerfristig dramatischer Rückgang im gesamten Areal deutlich [1369,3615,337,1814,196 u.v.a.]. Im 20. Jh. erloschen sehr viele Populationen in D, CH und A [965,1369,3392], Bestandstiefststand vielerorts in 1960er J. erreicht. Bei üblichen Schwankungen mit »guten Wachtelkönigjahren« wie 1968 (regional), 1969 und 1979, anschließend Phase positiver Bestandsentwicklungen [E-D:196]. In 1970er J. erneut starke Abnahmen [D-HH, -BW, -BY, A-V, E-D, CH: 1369,196,1722,2808,3392,4175]. Danach Brutbestände in einigen Regionen auf niedrigem Niveau stabil [z.B. D-NI, S -BY, -BW, -HH:196], in tiefer gelegenen Gebieten CH, FL und Bod. Populationen meist ganz erloschen [1997,1617,1722,3390], z.B. auch im Rheintal A-V, dem ursprünglichen Dichtezentrum SW-ME [1369] sowie in DK [3838].

Auch in L, NL und B im 20. Jh. kontinuierlicher Rückgang, verstärkt ab 1969. In 1980er J. nur noch etwa 10% des ursprünglichen Bestandes [337,843,3636], z.B. in NL von 875 (1968) auf 475

(1969) und kaum > 100 Rev. (1974/77), schließlich < 50 Rev. (um 1990). Seit 1960er J. beträchtliche Einbußen in CZ und SK., und auch in H bis 1980er J. starke Verluste [196], in Trockenjahren 1968 und 1969 zusätzlich reduziert (vgl. Angaben zu Brutortswechseln). Ab 1930er J. drastische Abnahme in PL, zuerst im W und SW. Inzwischen viele Populationen auf kleine Reste geschrumpft und nur in Zentral- und E-PL Anzahl (ruf. ♂) noch vergleichsweise hoch [3867,196]. Insgesamt in Europa katastrophaler großräumiger Bestandseinbruch von meist > 50% zwischen 1970-90 [382] Seit 1990er J. jedoch vielfach Trendumkehr, nicht nur durch bemerkenswerte »Wachtelkönigjahre« 1990 und 1998 [1997,310,3090,2702]; möglicherweise durch höheren Bruterfolg in benachbarten Regionen. Ab Mitte 1990er J. z.T. großflächig Vervielfachung des Bestandes, z.B. in NL von 20-33 ruf. ♂ 1992-96 auf >200 ♂ 1997 und 640-700 ♂ 1998 (in Folgejahren max. 550) [3638,375]; in CH 0-10 ♂ (meist <5) bis 1998, dann 1999 bis 50 ♂ [q3,337]. Ab 1998 auch in D wieder neue Bestandshochs [2461; auch 3090,2702,1,310]; schließlich in LT (25-30.000 ♂ 1996/97, vorher 2-3 T. ♂ 1985-88 bzw. 3-5 T. ♂ 1994-95), LV und EST entsprechende Bestandssteigerungen [q3]; dabei nicht mehr bewirtschaftete, wiedervernässte Niederungswiesen stellenweise neu besiedelt und Rückkehr in viele lange Zeit verwaiste Brutgebiete [Teile D, CH; A-T: 196;1597,2238]. Jedoch regional immer noch stagnierende Populationen [z.B. A-V:1998]; und bei Fehlen von »source«-Populationen sogar anhaltender Bestandsrückgang: in IRL sank Bestand von 1988-93 um 81% auf 174 rufende ♂ [196].

	Best.	Areal	Brutbestand	Jahr	Quelle
A	↑	=	150–400	1008–2002	[383]
B	↕	- 1	21–44	1995–2002	[383]
CH	↓	- 1	8–54	1999	[1597]
CZ	↑	+ 1	1.500–1.700	2000–2002	[383]
D	+/-	=	2.000–3.100	1995–1999	[383]
FL	↕	=	1–8	1999	[383,1597]
H	↕	- 1	500–1.200	1998–2002	[383]
L	↓	- 1	1–3	2001	[383]
NL	↑	+ 1	240–700	1998–2000	[383]
PL	↑	+ 1	30.000–45.000	1997–1998	[383]
SK	↑	- 1	1.400–1.700	1990–1999	[383]

Siedlungsdichte. Angaben aus D z.B. 6 ♂/634 ha, 2–12 ♂/120 ha, 10–30 ‚BP'/1.262 km^2; 3–5 ‚BP'/480 km^2, 10–20 ♂/1.947km^2; in H 15 ♂/150 ha bzw. 6 ♂/200 ha [337].

Gefährdungsursachen [3892,1343,1369,382,196, 1589,1719,3764,778,3344,3405,3090,1597]. Gleich bedeutend sind (1) Lebensraumzerstörung durch Intensivierung der Landwirtschaft mit Entwässerung, Grundwasserabsenkung und Eindeichung, auch Verbauung, sowie Grünlandumbruch mit Verlust der für Reproduktion primär bedeutenden Habitate; (2) intensivierte Bewirtschaftung (auch Überweidung) mit mehreren, bei Silage-Nutzung auch extrem frühen Mahdterminen auf Grünlandflächen sowie großflächiger Mahd in sehr kurzer Zeit. Zusätzlich Mechanisierung, Pestizideintrag und Überdüngung wirksam, durch letztere Verdichtung der Vegetation mit Auswirkungen auf Mikroklima in Bodennähe und folglich Durchlichtungsgrad, Nahrungsangebot und »Raumwiderstand«.
Verlust an Mauser- und Ausweichplätzen wie Staudensäume, Brachen und Böschungswiesen.
Direkte Verfolgung (Abschuss, Fang) in Durchzugsgebieten im Mittelmeerraum [z.B. 3707,129].
Pestizideinsatz in Überwinterungsgebieten.
Tod an Freileitungen, Masten, Sendetürmen etc.

Aufgrund dramatischer Einbrüche in W-Europa und ME und absehbaren strukturellen Veränderungen in E-Europa mit ähnlichen negativen Konsequenzen für den Wachtelkönig [vgl. 1418], wurde die Art global in Gefährdungsstatus »VU« geführt [382], aufgrund der Häufigkeit in RUS aber Abstufung in 'NT'.

SPEC	VSchRL	Bern.Konv.	Bonn.Konv.
1	Anh. I	Anh. II	Anh. II
Europ. RL	**Globale RL**	**RL in ME**	
--	**NT**	CH, A, L : 'CR', D: 'EN', CZ, H, NL:'VU', SK: 'NT'	

Schutzmaßnahmen. Erhaltung und Schutz verbliebener oder Wiedervernässung oder Renaturierung ehemaliger Niedermoore, Feuchtwiesen und Flussniederungen (Auen); Aufschüttung von Drainagegräben; Wiederherstellung intakter, extensiv genutzter, ungedüngter (oder ausgemagerter) Feuchtgrünland- und Weideflächen.
Verhinderung des Ausmähens von Bruten in Wiesengebieten durch (1) Reduktion intensiv genutzter Wiesen, (2) uneinheitliche Mähtermine und kleinparzellige Mahd (Erhalt von Ausweichflächen), (3)

Belassen größerer Randstreifen (auch kurzzeitig) sowie (4) Wahl des Mähgerätes: durch Balkenmäher und Mahd von innen nach außen soll dem Wachtelkönig genügend Zeit gelassen werden, um Wiese zu verlassen (moderne, rasch arbeitende Geräte wie Kreiselmäher führen fast immer zu Totalausfällen bei Bruten und hohen Verlusten bei Hennen; Vorrichtungen zum Aufscheuchen der Tiere erhöhen Überlebenschance der Wiesenvögel (und -säuger) beträchtlich.
Ausgleichszahlungen für betriebswirtschaftlichen Einbußen bei später oder kleinparzelliger Mahd aus Landwirtschaftsmitteln der EU; allerdings: Beibehaltung der Wiesenmahd.
Absicherung oder Reduktion der Freileitungen.
In E-Europa sowie in Durchzugs- und Überwinterungsgebieten Verbot von Jagd und Fang.
Schaffung oder Erhalt von erhöhten Vegetationsstrukturen als Rufplätze.
Genaue Bestandserfassungen (insbesondere der ♀) in geeigneten Lebensräumen; intensive Untersuchung der Frage von Habitat- und Ortswechseln während Brutzeit.
Aufgrund der geringen Ortstreue der Art sind Schutzmaßnahmen nur in großem Maßstab sinnvoll.
Stärkung von Populationen durch Aufzuchtsprogramme möglich [unter Verwendung von bei Mahd verletzten Vögeln, 1597].

Biotop. Offenes bis halboffenes Gelände, auch z.T. verbuschte Brachen und Sukzessionsflächen, vorzugsweise extensiv genutzte Wiesen, feucht bis staunass oder trocken, jedoch mit dichtem Bestand (Deckung!). In E-ME, E-Europa und W-Sibirien auch regelmäßig in großflächigen, wassergesättigten Braunmoos-Seggenmooren sowie in natürlichen Flussauen (wohl früher auch in N-D wichtiger Lebensraum, z.B. Rhinluch). Heute auch z.T. auf Getreidefeldern, Rüben- und Kartoffeläckern, Kleeschlägen. Anteil dieser Kulturlandbiotope regional sehr unterschiedlich.

Nahrung. Insbesondere Insekten und andere kleine Wirbellose, daneben auch Sämereien und grüne Pflanzenteile.

Stimme. Wissenschaftl. Name lautmalerisch. Gesang des ♂ zweisilbig, schnarrend und klangarm »rärrp rärrp«, oft in langer Folge; Aktivität Mai/Juni am stärksten. Weithin hörbar und meist einziger Hinweis auf Vorkommen. ♂ äußert während der Balz und bei aggressiven Auseinandersetzungen einen knurrend-wiehernden Ruf mit geschlossenem Schnabel. Außerdem hohes Tschilpen des ♀ sowie »uu-uu-uu..«-Rufe der Partner im Kontakt zu Jungvögeln. Bei starker Erregung/Aggression explosives »kjek-kjek-kjek« oder »k-k-k« (z.B. nach Fang in der Hand). Auf dem Zug gesangsaktiv, nicht im Winterquartier.

Verhalten. Tag- und nachtaktiv; Ruf vor allem in Dämmerung und nachts. Hält sich sehr geschickt in Deckung; fliegt meist nur über kurze Strecken. Offenbar stets Einzelgänger; zur Brutzeit streng territorial. Rufende ♂ lassen sich leicht mit Tonband provozieren. ♂ weder an der Bebrütung noch an der Küken-Aufzucht beteiligt.

Fortpflanzung, Brutbiologie [337,767,1784, 1722,1]. Erstbruten mit 1 Jahr. Sukzessive Polygamie (beide Geschlechter können sich in einer Saison mehrfach verpaaren). Paarbindung wird nach Eiablage aufgelöst. **Nest.** Gut versteckt am Boden in verschiedenen Offenlandbereichen, isoliert an Bulten oder meist in einheitlicher Vegetation, in Nähe temporär vernässter Senken, zuweilen an Hecken oder in Nähe isolierter Bäume; ± deutliche Mulde mit Pflanzenmaterial ausgelegt (Muldendurchmesser 12-15 cm). Wohl nur ♀ baut. **Legebeginn.** Ab (Ende Apr.) Mitte Mai bis Ende Juni (letzte Gelege Mitte Juli bis Aug.). **Gelegegröße.** 7-12 (6-14, bis 19 offenbar von 2 ♀); Ø S.$_{45}$ 8.9, CH$_{11}$ 9.5, CS$_{27}$ 9.8. Legeintervall 1 d. **Eier.** Kurzoval, Grund rahmfarben bis braungelb, mit blasslila Unterflecken und kleinen und größeren dunkelrotbraunen Flecken. **Brutdauer.** 16-19 d (bei Zweitbruten in GB nur 16-17 d); ♀ brütet; Bebrütung ab Vollständigkeit. **Schlüpftermine.** Juv. schlüpfen synchron, Erstbrut um Mitte Juni, Zweitbrut um Ende Juli. **Nestlings-/Führungszeit.** Nestflucht; Juv. werden vom ♀ bis 3-4 d gefüttert, danach geführt; mit 34-38 d flügge und schon vorher selbständig. **Jahresbruten.** 1, an geeigneten Standorten 2; Nachgelege. **Bruterfolg.** Erhebliche Gelege- und Jungenverluste durch Mahd und Witterung sowie Prädation. Zweitbruten oft erfolgreicher als Erstbruten [1419].

Eimaße und -gewichte. L. 31.7-45.0 mm, B. 24.1-29.0 mm, Ø: 36.3 x 26.0 mm (n=213, E-D), 37.5 x 26.6 mm (n=137, NL), 36.4 x 26.4 mm (n=114, CS); Frischvollgew. 13.0-15.3 g; Schalengew. 0.70-1.08 g, Ø$_{200}$: 0.91 g.

Sterblichkeit, Alter. Im 1. Jahr ♂ in GB/IRL um 70-80 %, ad. ♂ 81 %/J. [1417]; Ältester Ringvogel > 5 J. **Generationslänge:** < 3.3 J. [383].

Mauser. **Postjuvenile Mauser** (Teilmauser) setzt im Alter von 34–38 d ab Mitte Juli/Mitte Sept. ein [3801], noch bevor Schwingen voll ausgewachsen sind; Körpergefieder [767,139]; Dauer ca. 1 Monat. • **Postnuptialmauser** (Vollmauser) ab (Ende Juni) Mitte Juli/Ende Aug. [3801], meist vor Zugbeginn bis Aug./Sept. (Okt.) beendet, z.T. erst im Winterquartier; Schwungfedern synchron und ca. 3 Wochen flugunfähig [1814]. • **Pränuptialmauser** (Teilmauser) Dez.–März, bei Einj. etwas später; Körpergefieder, ST und einige Flügeldecken [767,139].

Porzana porzana – Tüpfelsumpfhuhn 04080

Porzana porzana (Linnaeus 1766) syn.: Tüpfelralle

(GB) **Spotted Crake** (F) **Marouette ponctuée** (E) **Polluela Pintoja**

Taxonomie. Monotypisch.

Kennzeichen. Sexualdimorph [1784,221,1369, 3772,3615; **Fotos** in Limic. **14**, 194, Dutch B. **17**, 188 (z), 191-192, **24**, 312].

Maße. Gr.: 22-24 cm. Gew.: (57) 70-110 (147) g. Fl.spw.: 37-42 cm. Fl.l.: ♂ 11.7-12.8 cm, ♀ 11.1-12.3 cm [1369,3615].

Status. Brut- und Sommervogel in geeigneten Lebensräumen; z.T. auffälliger Durchzügler und Rastvogel aus NE-Europa. Sehr seltener Wintergast.

Verbreitung und Bestand. Brütet von W-und SW-Europa über lückenhaft besetztes ME bis S-Zentralsibirien, Einzelvorkommen im S bis E., I, GR, ferner geschlossen von Krim bis Kaukasus; örtlich in Mittelasien. Im N Grenze bei 64° N. Europäischer Gesamtbestand etwa zw. 120.000-260.000 BP (fluktuierend) [383], mit Beständen > 20.000 BP in RUS, BY und UA., > 2.000 BP in EST, PL und RO. In ME zwar in allen Ländern (außer FL und inzwischen L), aber in PL eindeutiger Schwerpunkt; in SW-ME nur lokal [1369], bei variierendem Bestand von etwa 4.000-6.000 BP [383, erg.].

Wanderungen. Zugvogel. Hauptwinterquartier W-Mittelmeergebiet, EGY, Vorderasien, S-Iran bis S-Afrika und Vorderindien; vereinzelte Überwinterungen in GB und ME. Hauptwegzugsrichtung ME SSW/SW; Ringfunde I, F, E., P bzw. FIN, W-RUS und angrenzende Gebiete [Ringfunde B: 2477]. Wegzug ab Juli nur, wenn Lebensraum durch Austrocknung oder Überschwemmung ungünstig wird, sonst Sept./Okt., wird an günstigen Raststationen oft unterbrochen (Mauser). Nachzügler ME bis Nov. (einzelne Jan./Feb. D, CZ). Heimzug Mittelmeer ab Anf.

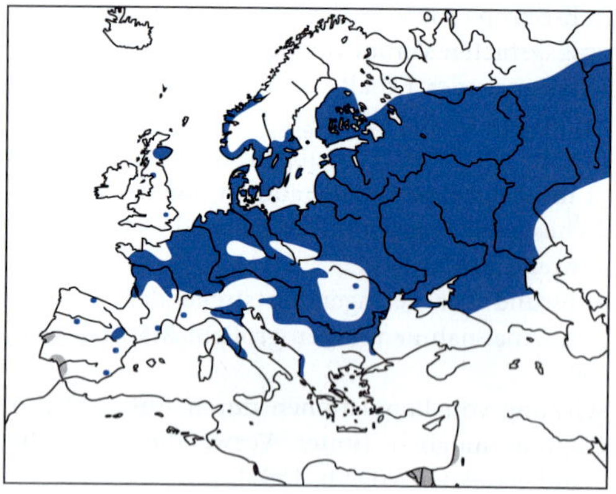

Porzana porzana – **Tüpfelsumpfhuhn**

März, in ME Ankunft selten vor Ende März, meist April. Brutplatzbesiedlung aber auch noch im Juni/Juli möglich.

Bestandsentwicklung. Kenntnisse über Brutverbreitung und Bestandsentwicklung außerordentlich schlecht. Gezielte, langfristige Untersuchungen fehlen aus meisten Regionen. Zudem Anzahl rufender ♂ nicht identisch mit Brutbestand, da unverpaarte ♂ häufiger rufen.
Kontinuierliche Bestandsabnahmen und Arealverluste seit Ende 19. Jh., gebietsweise noch länger [1369] durch Lebensraumzerstörung (Landwirtschaft und Wasserbau). Großräumig anhaltender Rückgang sowohl in ME als auch in F, S. sowie in großen Populationen E-Europas [3892]. In L letzte Brut 1959 [2560], in D-SL 1965 [337]. In W-PL und A drastische Abnahmen [3867], regional Populationen mit wenigen Ausnahmen (z.B. Neusiedlersee und Rheindelta A-V) inzwischen vollständig erloschen [196,965,3615,3871]. Andererseits Bestand in Biebrza- und Narewgebiet PL lange Zeit

erheblich unterschätzt, dort bis 1980er J. in »guten Jahren« 3-15 T. ♂ [3343], doch inzwischen Rückgang um ca. 90% [3871]. In NL offenbar von 1960-91 größere Verluste, auch in besonders günstigen Atlas-Kartierungsjahren nicht aufgefallen [3636], seither allerdings durch Renaturierung gebietsweise wieder Zunahme [3638]. Jüngere Angaben aus D aufgrund erheblicher arttypischer Schwankungen und Erfassungsproblemen sehr heterogen, z.T. allgemeine Bewertung unmöglich. Regional z.T. starke Rückgänge [D-HB, -NI, -NW, -BY, -BW, B od.:1589,1722,2623,2808,4175,196] oder gar Erlöschen der Bestände [-SL: 337]; z.T. sind Ersatzlebensräume wie Klärteiche von Zuckerfabriken oder Erzwäschen letzte Rückzugsgebiete [1589]. Ähnlich negative Entwicklung in B [843], CZ [2159] und benachbarten Regionen wie Elsaß F [196].

	Best.	Areal	Brutbestand	Jahr	Quelle
A	↕	-1	10–100	1998–2002	[383]
B	+/-	=	67–87	1995–2002	[383]
CH	↕	=	10–20	1993–1996	[383]
CZ	⇧	+ 1	40–80	2000–2002	[383]
D	↓	- 1	540–1.030	1995–1999	[383]
H	+/-	=	500–600	1990–1993	[383]
NL	↓	- 1	150–300	1998–2000	[383]
PL	+/-	=	2.500–3.500	1990–2000	[383]
SK	↓	=	60–200	1990–1999	[383]

Andererseits in intensiv geschützten Gebieten und vor allem nach Wiedervernässung Bestand stabil [D, CH:1137,1617,196,3393,3392, auch SK. und H:1585] oder, mindestens bis Anf./Mitte 1990er J., stark zunehmend [D-HE:1680, -SH:310, -BB: 1,q17, -NI und -HB:1006], z.T. sogar Wiederbesiedlung [Untere Havel bei Parey D-BB 0 auf > 30 ‚BP', Niedervieland D-HB 0 auf > 50 »BP« (1991-95), Spreewald D-BB < 5 auf >70 ruf. ♂ 1990-95:1, M. Flade].

Wie beim Wachtelkönig 1992 Einflug in W-ME möglicherweise durch Brutzeitverlagerungen.

Gefährdungsursachen [1369,196,4175,1719, 1302,1006]. Hauptursache für langfristigen und großräumigen Bestandsrückgang und Arealverlust ist Vernichtung des Lebensraumes (der Brutplätze) durch (1) Entwässerung und Drainage, (2) Melioration von Niedermooren und (3) Gewässerregulierung und -ausbau.

Brutverluste oder -ausfälle sowie Nahrungsmangel bei starken Wasserstandsschwankungen (aus natürlichen Ursachen, meist aber anthropogen bedingt). Folge: gravierende Bestandsschwankungen. Bestandsangaben in Tabelle gelten für gute Jahre. Schilfbrände zur Brutzeit; andererseits auf ehemaligen Brandflächen in BY und PL »optimale« Bestandsdichten.

Tod an Freileitungen, insbesondere auf dem Zug (Nachtzieher).

SPEC	VSchRL	Bern.Konv.	Bonn.Konv.
E	Anh. I	Anh. II	Anh. II
Europ. RL	**RL in ME**		
--	L: **'RE'**, D: 'CR', A, CZ: 'EN', CH, NL: 'VU', FL:'R', SK: 'NT'		

Schutzmaßnahmen. Schutz und langfristige Sicherung verbliebener Brutgebiete sowie Schaffung von Feuchtbiotopen mit Flachtümpeln; Wiedervernässung großflächiger, bisher intensiv genutzter oder trockengefallener (-gelegter) Feuchtgrünländer und Moore. In den Randbereichen der Flächen allenfalls extensive landwirtschaftliche Nutzung; Überstauung von Niedermoorflächen.

Vermeidung jeglicher künstlicher Veränderungen des Wasserhaushaltes zur Brutzeit.

Siedlungsdichte. Sehr wenige Angaben, z.B. Neusiedlersee A 10 rufende ♂ auf 30 ha, in SE-FIN 60-70 ♂ auf 3.6 km², in W-EST 0.5-4.0 ‚BP'/km² [1507], ferner in E- und NE-PL > 5 bzw. bis 17 'BP'/km², in BY >3 bis 46, in UA. > 4 und in W-Sibirien max. 15-65 'BP'/km² [AWCT].

Biotop. Br. auf Nassflächen mit niedrigem Wasserstand und dichter Vegetation, z.B. im landseitigen Teil von Verlandungsgesellschaften, Seggenmooren, Übergang zwischen Röhricht und Großseggenriedern, aber auch auf Nasswiesen, in verlandeten Tümpeln. Großflächig größte Dichten in weitläufigen, offenen Braunmoos-Seggenmooren (z.B. Biebrza PL, oberer Pripjet UA.). Empfindlich gegenüber Wasserstandsveränderungen, daher oft nur in großen Sumpfgebieten. Dz. an Gewässern mit Verlandungszonen und kleinen Schlickflächen.

Nahrung. Kleintiere im Seichtwasser und Schlamm, Insekten, Spinnen, Würmer, Schnecken, aber auch zarte Pflanzenteile.

Stimme. Paarfindungsrufe von beiden Geschlechtern zu hören; ähneln sich sehr, sind aber fast nie gleichzeitig zu hören; Rufe auch aus der Luft. Unverpaartes ♂ lautes, hartes »huitt huitt« in unterschiedlichen Abständen (30-120 Rufe/Minute); unverpaartes ♀ weicher und heller, etwa »üid«. Meist in später Dämmerung und nachts zu hören. Ferner kurze Warnrufe wie »ke(ä)ck« oder »tscheck«. Im Brutgebiet nur aus wenigen Metern zu hören: leise »wurrr«-Rufe und »brud brud…«- Reihen.

Verhalten. Tag- und dämmerungsaktiv, Rufe vor allem in Dämmerung und nachts; zieht nachts. Läuft geduckt, schwimmt gut. Fliegt kurze Strecken selten mit hängenden Beinen wie Wasserralle oder Kleines Sumpfhuhn. Nahrung wird vom Boden aufgelesen; hält sich dabei vorzugsweise in Deckung. Zur Brutzeit territorial; Balz und Paarbildung wohl nach Ankunft am Brutplatz, Paar bleibt während der Brutsaison stabil. Verfolgungsjagden von ♂ gehen oft in Kopulationen (ca. 3-4 sec) über. ♂ bewachen ♀ während der fertilen Phase. Zur Zugzeit i.d.R. nicht gesellig, aber oft 2-4 Ind. bei gemeinsamer Nahrungssuche in geeigneten Lebensräumen.

Fortpflanzung, Brutbiologie [337,767,1784,1722, 1]. Erstbruten mit 1 Jahr. Monogame Saisonehe. **Nest.** Meist auf sehr nassem Boden oder über Seichtwasser auf Unterlage aus alten Halmen oder in einer Seggenbülte, erst im Laufe der Eiablage zu komplettem Napf aus Blättern und Stengeln (meist vorjähriges Material); umgebende Blätter werden haubenartig zusammengezogen. **Legebeginn.** In H ab Anf. April, sonst Mitte April bis Juni (Juli), Hauptzeit Mai. **Gelegegröße.** 8-12 (6-14); Ø H_{54} 10.35, CS_{16} 9.3, B/NL_{25} 9.1. Legeintervall Ø 1.5 d. **Eier.** (Länglich-)oval, glänzend, Grund gelb- oder grünlich rahmfarben, kleine rötlichbraune Flecken. **Brutdauer.** 18-19 d/Ei, bis 24 d für Gelege; beide brüten, ♀ etwas mehr; Bebrütung vor vollständigem Gelege. **Nestlings-/Führungszeit.** Juv. schlüpfen asynchron innerhalb ca. 3 d, verlassen dann Nest innerhalb 8-10 h; dorthin mehrmals Rückkehr oder in spezielles Hudernest; ab 2-3 d selbständige Nahrungsaufnahme, mit 25 d erste Flüge, mit 35-42 voll flugfähig. Familien viell. bis Beginn des Wegzugs zusammen. **Jahresbruten.** Oft 2; Nachgelege häufig. **Bruterfolg.** In H von 48 Gelegen 25 geschlüpft, 19 prädiert oder verschwunden und 4 infertil. Von 180 Eiern in 25 Nestern schlüpften 150 (83%).

Eimaße und -gewichte. L. 29.1-37.5 mm, B. 22.1-26.8 mm, Ø: 33.2 x 23.8 mm (n=81, H), 33.1 x 23.8 mm (n=89, D), 33.0 x 23.8 mm (n=76, NL), 33.4 x 24.1 mm (n=76, CS); Frischvollgew. 11.8 -12.7 g; Schalengew. 0.62-0.96 g, $Ø_{130}$: 0.79 g.

Sterblichkeit, Alter. Ältester Ringvogel 7 J. 2 Monate. **Generationslänge:** < 3.3 J. [383].

Mauser. **Postjuvenile Mauser** (Teilmauser) setzt bald nach Selbstständigwerden ein, Ende Juli/Aug.–Mitte Sept./Mitte Okt.; Körpergefieder [139,231]. • **Postnuptialmauser** (Vollmauser) (Juni) Juli–Okt., beginnt z.T. vor Flüggewerden der Jungen und ist vor Wegzug größtenteils beendet; Großgefieder und Flügeldecken gleichzeitig abgeworfen (Vögel flugunfähig), sind in ca. 20 d nachgewachsen. • **Pränuptialmauser** (Teilmauser oder fehlend) (Dez.) Feb.–März (April); zumindest Kopf- und Vorderkörperfedern, eventuell aber ganz fehlend [231].

Porzana parva – Kleines Sumpfhuhn 04100

Porzana parva (Scopoli 1769) syn.: Kleinralle

(GB) **Little Crake** (F) **Marouette poussin** (E) **Polluela Bastarda**

Taxonomie. Monotypisch.

Kennzeichen. Sexualdimorph [1784,221,1369, 3772,3615; **Fotos** in Limic. **9**, 280, **11**, 264, **16**, 153, Dutch B. **17**, 195 (z), 196, 199/200, **20**, 126, **22**, 234, Bird. W. **8**, 417, **10**, 86-88, 471, **16**, 433].

Maße. Gr.: 18-20 cm. Gew.: ♂ 30-72 g, Ø: 50 g, ♀ 36-65 g, Ø: 49.5 g. Fl.spw.: 34-39 cm. Fl.l.: ♂ 9.9-11.1 cm, ♀ 9.9-10.9 cm [1369,3615].

Status. Verbreiteter Brut- und Sommervogel in E-ME; außerhalb geschlossenen Areals (D, NL, CH und CZ) dagegen unstet und nur sehr lokal mit vereinzelten Brutvorkommen; sonst seltener, gebietsweise regelm. Durchzügler und Gastvogel.

Verbreitung und Bestand. Kleines Verbreitungsareal, beschränkt auf Niederungsgebiete der W-Paläarktis bis etwa 430m NN von E-ME bis W-Sibirien, mit Schwerpunkten in Steppengebieten E-Europas. Im N bis Grenze der Waldsteppenzone (53-55° N), im S bis Übergang zu Halbwüsten [1369], in Oasengebieten auch weiter S. In ME weitgehend beschränkt auf Tiefebene PL und NE-D sowie pannonisches Becken (H, A, SK.), lokal isoliert auch weiter W und SW. Europäischer Gesamtbestand etwa 61.000-140.000 BP (leichter Rückgang) [383]; größte Populationen in A-B (12-22 T.), UA. (26-43 T.) und RUS (10-50 T. BP). In ME mind. 16.000-30.000 BP mit Schwerpunkt in A [965], wobei Angaben für PL wohl zu niedrig.

Wanderungen. Zugvogel; Winterquartier SW-Europa, Mittelmeerraum, N- und W-Afrika [Senegal, Nigeria:4106], nach S bis Uganda, Kenia. Wegzug Ende Aug./Sept. (Mitte Okt.); einzelne Winterdaten NL, H. Heimzug ab Anf. März, in ME Einzug meist erst ab April; Besiedlung der Brutgebiete in ME bis Juni.

Bestandsentwicklung. Über Bestandstrends wie bei anderen Kleinrallen wenige Aussagen möglich, da völlig unzureichend erfasst, z.T. auch bedingt durch frühere Unsicherheiten bei Artabgrenzung [1369,1589,4175]. Nach vorhandenen Angaben aber viel weniger von Lebensraumverlusten betroffen als andere *Porzana*-Arten [1369].

	Best.	Areal	Bestand (ruf. ♂)	Jahr	Quelle
A	+/-	=	12.000–22.000	1998–2002	[383]
CH	↓	=	0–10	1993–1996	[383]
CZ	↑	+1	15–30	2000–2002	[383]
D	↓	-1	50–100	1995–1999	[383]
H	+/-	=	3.000–5.000	1990–1993	[383]
NL	↕	=	0–10	1998–2000	[383]
PL	+/-	=	1.200–1.800	1995–2000	[383]
SK	↓	=	70–150	1990–1999	[383]

In W- und N-ME Bruthinweise und Brutzeitbeob. etwa ab 1950er J. (gebietsweise später), die sich jüngst (z.T. bedingt durch bessere Kenntnisse und vermehrte Nachsuche) zumindest zeitweise häufen [NL, CH, Bod., -NI, -HH, -SH: 3636,4043,1617, q17,1589,196,230]; in vielen Regionen aber nur gelegentliche Brutnachw., wenige längerfristigen Ansiedlungen, z.B. CH, NL, D-SH, -NW, -BW, -BY [3393,375,337]. In Europa Arealausweitung nach N mit Besiedlung EST in 1930er J., S. in 1940er und FIN in 1970er J. [1507].
In H begünstigt durch Einführung des Reisanbaues und massiver Ausweitung der Teichwirtschaft.

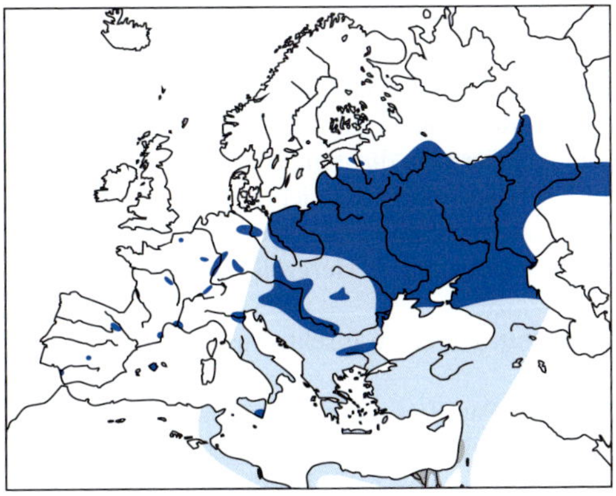

Porzana parva – **Kleines Sumpfhuhn**

Trotz Besetzung einiger neuer Teichgebiete in CZ bis 1970er/80er J. Rückgang [1369], seither allerdings Zunahme [2159]. Erlöschen von Teilpopulationen durch Lebensraumverluste in D-BB [1,902] sowie in Teilen PL (besonders in S-PL, insgesamt aber stabil) [196,1366,3871]. Großes Brutvorkommen am Neusiedlersee A derzeit stabil [965,1585].

Siedlungsdichte. An geeigneten Standorten sehr hohe Dichten, z.B. am Neusiedlersee A im Mittel 1-2 BP/ha, in Optimalhabitat sogar bis 5 BP/ha [1507]. Am N-Rand der Verbreitung viel dünner besiedelt, in EST Ø 2.5 BP/km^2, in FIN 0.3-2.0 BP/km^2 [1507].

Gefährdungsursachen [2623,1589,965,1617, 4175]. Verlust des Lebensraumes durch Grundwasserabsenkung und Entwässerung sowie Rückgang oder Zerstörung des Schilfes und anderer Ufer- und Wasservegetation durch Gewässerverschmutzung, Eutrophierung, Freizeitbetrieb und Schilfmahd. Kollision mit Freileitungen.

SPEC	VSchRL	Bern.Konv.	Bonn.Konv.
E	Anh. I	Anh. II	Anh. II
Europ. RL	**RL in ME**		
--	CZ, D: 'CR', CH: 'VU', A, SK: 'NT'		

Schutzmaßnahmen. Erhaltung oder Schaffung großer, ungestörter Schilfröhrichtbereiche mit ausgeprägter Knickschicht. Schaffung von Pufferzonen. Erhebliche Reduktion der Schilfmahd.
Intensivere Untersuchung geeigneter Biotopstrukturen unter Einsatz von Klangattrappen und/oder Prielfallenfang.

Biotop. Br. des Röhrichts und tiefer im Wasser stehender Verlandungsgesellschaften, z.B. in mehrjährigen, bultigen oder aus kleinen Inseln bestehenden Schilf-, Rohrkolben-, Binsen- oder Großseggenbeständen. Gerne in dichtem Pflanzengewirr von sich auflösenden hohen Röhrichten mit vielen kleinen Binnenwasserflächen oder an der Wasserkante von Seen und Teichen. Reviergröße z.B. 300–650 m^2.

Nahrung. Vor allem Insekten und deren Larven.

Stimme. Paarfindungsruf unverpaarter ♂ aus kurzen Einzelelementen »gak«, »beb« oder »quäck« etc.; die Reihe wird beschleunigt und tiefer, ohne in einem Triller zu enden. Unverpaarte ♀ rufen »pep perrrrr« oder nur »perrrrr« (Vokal »e« oder »ö«). Bei Erregung (Klangattrappe) zuweilen bis zu 1 sec schnelle, laute, gegen Ende tiefer werdende Triller »kikerr« u.ä. (ähnlich Zwergtaucher; Paar im Duett?). Warnruf hartes »kick« oder »kitteck«, ferner Schreckrufreihe »twutt twutt. . . « und weitere leise Intimrufe.

Verhalten. Tagaktiv; Rufe in der Dämmerung und nachts. Zur Brutzeit territorial und ♂ und ♀ bleiben während der Brutzeit zusammen. ♂ rufen im Territorium um ♀ anzulocken. ♂ bewacht ♀ während der fertilen Phase. Nach der Verpaarung dienen verschiedene Intimrufe zur Territoriumsmarkierung. Beide kümmern sich um die Jungen. Nach Brutzeit oft Familiengruppen.

Fortpflanzung, Brutbiologie [337,767,1784,1722,1]. Erstbruten mit 1 Jahr. Monogame Saisonehe. **Nest.** Variabel, gut versteckt in dichtem Pflanzenbestand, auf alten oder frischen umgeknickten Halmen, auf Wurzelstöcken oder in Seggenbülten. Nest napfförmig, Muldendurchmesser 10-16 cm, meist aus relativ breiten Blättern, mit trockenen Schilfblättern ausgekleidet; beide bauen (oder nur ♂), etwa 3-7 d. Sichtschutz nach oben durch haubenartig zusammengezogene Halme. **Legebeginn.** Anf. Mai bis Ende Juli (Anf. Aug.), meist Ende Mai bis Ende Juni. **Gelegegröße.** 4-8 (-11); Ø H_{40} 6.7, D/PL_{15} 7.4, D_{32} 6.8, D-BB_{22} 6.5. Legeintervall 1 d. **Eier.** Länglichoval, heller Grund, meist dicht lehmfarben oder braungrau gespritzt. **Brutdauer.** 21-23 d; beide brüten; Bebrütung vor Vollständigkeit. **Nestlings-/Führungszeit.** Juv. schlüpfen asynchron, werden bis 8 d im Nest gefüttert; mit 45-50 d voll flugfähig und schon vorher vom ♀ verlassen. **Jahresbruten.** 1-2 (3); (Nachgelege). **Bruterfolg.** In D-BB schlüpften bei erfolgreichen Paaren aus 152 Eiern 5.4 Juv./Paar. Gelegeverluste vor allem durch Überflutung und Prädation.

Eimaße und -gewichte. L. 28.2-34.5 mm, B. 20.7-23.1 mm, Ø: 31.2 x 21.8 mm (n=120, H), 31.5 x 21.8 mm (n=52, CS); Frischvollgew. 6.3-8.7 g, $Ø_{42}$: 8.0 g; Schalengew. 0.46-0.65 g, $Ø_{140}$: 0.53 g.

Sterblichkeit, Alter. Ältester Ringvogel mind. 6 J. **Generationslänge:** < 3.3 J. [383].

Mauser. **Postjuvenile Mauser** (Teilmauser) mitunter bereits ab Aug./Sept. [139], oft aber erst im Winterquartier, Okt./Nov.–März [231]; Kleingefieder, selten einige Schwungfedern [767]. • **Postnuptialmauser** (Vollmauser) ab Ende Mai/Juni, Ende z.T. im Okt., aber mehrheitlich Unterbrechung während Wegzug und erst im Winterquartier bis Dez. beendet [767]; Schwungfedern und Flügeldecken synchron, Juli–Aug./Sept. [231]; danach Abschluss der Körpergefiedermauser. • **Pränuptialmauser** (Teilmauser oder fehlend) im Frühjahr, aber vielleicht entsteht PK ausschließlich durch Abnützung [767].

Porzana pusilla – Zwergsumpfhuhn 04110

Porzana pusilla (Pallas 1776) syn.: Zwergralle

GB **Baillon's Crake** F **Marouette de Baillon** E **Polluela Chica**

Taxonomie. Sechs oder sieben UA: *intermedia* (Hermann 1804) (Europa, NW-Afrika), *pusilla* (Pallas 1776) (Asien), *obscura* (Neumann 1897) (E- & S-Afrika, Madagaskar) [mit *intermedia* vereinigt:713], *mira* (Riley 1938) (Borneo), *mayri* (Junge 1952) (Neuguinea), *palustris* (Gould 1843) (AUS) und *affinis* (J. E. Gray 1846) (NZ).

Kennzeichen. [1784,221,1369,3772,3615; Fotos in Limic. **11**, 171, Dutch B. **17**, 201 (z), 202-204, **21**, 228, 236, Bird. W. **2**, 172, **8**, 168, **12**, 234-235, 267].

Maße. Gr.: 17-19 cm. Gew.: ♂ 23-45 g, Ø: 35.5 g, ♀ 17-55 g, Ø: 34 g. Fl.spw.: 33-37 cm. Fl.l.: ♂ 8.9-9.7 cm, ♀ 8.7-9.6 cm [1369,3615].

Status. Sehr seltener, unregelm. brütender Sommervogel. Außerhalb bekannter Brutgebiete ME nur sehr seltener Gastvogel, in • **CH** aber 0-3 Beob./J., insges. 35 Nachw. bis 1996 [4152]. • **D:** mehrfach Brutverdacht und in -NI, -ST, -MV, -BY und -HE vereinzelter Brutvogel im 19. Jh. bzw. 1905, 1917, 1927, 1938, 1955 und 1961 [1369]; -BW 23 Beob. bis 1997 [1722], in anderen Bundesländern deutlich weniger, z.T. gar keine sicheren Belege [z.B. -BB:1]. • **CZ:** nur Mai 1881, Juni 1941, Juni 1946 [2159]. • **SK.:** 6 mal, zuletzt Aug. 1965; 1957 wahrscheinliche Brut [3882]. • **PL:** im 19. Jh. Brutvogel in Slask, seither gelegentlich Brutverdacht, z.B. 1960er J. 3 mal, ferner Einzelbeob., zuletzt Apr. 1990 [1369,1366,3871]. • **A:** mehrmals Brutverdacht bzw. Brutzeitnachw., z.B. 1871, 1922, 1955 und 1966 [1369]; zuletzt 1995 2 Beob. [3129].

Verbreitung und Bestand. Großes Verbreitungsareal von SE-Europa bis JAP; ferner in Afrika, Madagaskar, AUS und NZ. In W-Europa und ME nur sehr vereinzelte, erratische Brutvorkommen. Gesamtbestand in Europa etwa 760-3.200 BP, mit größeren Vorkommen (> 50 BP) in BG, HR, RUS (500-2.500) und YU; Trend unklar [383]. In ME *intermedia* zwar schon in allen Ländern (außer L und FL) mit Brutnachw. [1369], nach groben Schätzungen allj. aber nur max. 10-60 BP [383, erg.].

Wanderungen. Zugvogel; große Kenntnislücken; zur Zugzeit im gesamten Mittelmeerraum anzutreffen, Hinweise auf Transsaharazug durch Nachweise in Oasen Libyen, DZ März/April. S Sahara allerdings im Feld von afrikanischen Br. nicht zu unterscheiden. Wegzug Ende Aug./Sept., Nachzügler Okt. (Nov.), einzelne Dez.daten NL, GB; Ankunft S-ME Ende April, weiter N ab Mitte Mai.

Bestandsentwicklung. Kenntnisse über Bestandsentwicklung unzureichend. Kaum gezielte, langfristige Untersuchungen, Verwechslung mit Kleinem Sumpfhuhn macht Angaben aus 19. Jh. unsicher [1369].
Durch Lebensraumverluste sehr wahrscheinlich großräumiger Rückgang gegenüber 19. Jh. und Aufgabe vieler regelmäßig besetzter Brutgebiete. So fehlen Brutnachweise im 20. Jh. aus PL [allerdings Brutzeitbeob. in verschied. Gebieten, 1366], und seit 1905 in D-HE [3615], seit 1917 in -MV [2031], seit 1955 auch in -BY [4175] sowie in A [965]. Etliche weitere Bruthinweise sind unsicher. In H Bestände ab 19. Jh. stark rückläufig [1369,3615], in letzten Jahrzehnten auf niederem Niveau konstant

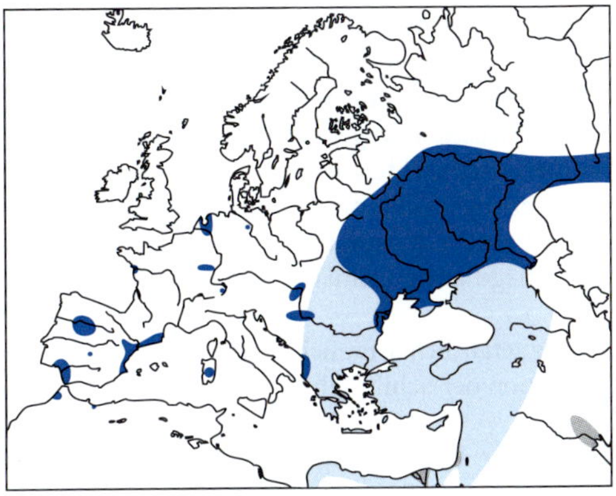

Porzana pusilla – **Zwergsumpfhuhn**

[1585,2438]. Zwischen 1970-94 in CH vereinzelte Brutnachweise oder -verdacht [3393], in D-NI -verdacht [1589]; Bestand gilt in D inzwischen als erloschen [204]. In NL trotz regelm. Auftretens, z.B. 3, 4, 8 bzw. 9 rufende ♂ 1997-2000 [q4,3638] letzter gesicherter Brutnachw. 1972 [vgl. 277], dagegen in B erfolgreiche Bruten 1999 und 2000 [1677] und bis zu 3 rufende ♂ [q4].
In jüngster Zeit weiterer Rückgang vor allem in F und SE-Europa (HR, MOL, RO) sowie durch Entwässerungsmaßnahmen und nach anhaltender Dürre auch in SW-E. [3892,1585].

	Best.	Areal	Bestand (ruf. ♂)	Jahr	Quelle
B	+/-	=	1–3	2000–2002	[383]
CH	↕	=	0–5	1993–1996	[383]
H	+/-	=	10–40	1998–2001	[383]
NL	↕	=	0–9	1998–2000	[383]

Gefährdungsursachen [3892,1369,1722,4175,1814,196]. Lebensraumzerstörung durch Grundwasserabsenkung, Entwässerung von Sümpfen und Verlandungszonen; Rückgang oder Zerstörung von Auen und Überschwemmungsgebieten (vgl. auch Wasserralle und Tüpfelsumpfhuhn). Offenbar sehr empfindlich gegenüber stärkeren Wasserstandsschwankungen.
Natürliche Ursache: Trockenfallen der Bruthabitate während Brutzeit.
Tod an Freileitungen und Hochbauten.

SPEC	VSchRL	Bern.Konv.	Bonn.Konv.
3	Anh. I	Anh. II	Anh. II
Europ. RL	**RL in ME**		
--	D, NL, PL :**'RE'**, CH: 'EN', H: 'VU', A:'DD'		

Schutzmaßnahmen. Erhaltung und Schutz sowie Wiederherstellung intakter Feuchtgebiete, Verlandungs- und Uferbereiche mit Pufferzonen, ferner der natürlichen Vegetation in Sekundärlebensräumen wie Fischteichen und Reisfeldern etc. Bei Regulierungsmaßnahmen Vermeidung extremer Wasserstandsschwankungen zur Brutzeit. Erhalt und Pflege auch kleinster Teiche und Feuchtgebiete.
Abbau gefährlicher Freileitungen.
Reduktion der Schilfmahd.

Biotop. Br. Überflutungs- bzw. Verlandungs- und Seggenwiesen, Braunmoos-Seggenmoore, seicht überflutete Süßgraswiesen; zur Brutzeit abhängig von möglichst wenig schwankendem Wasserstand (10–50 cm Wasserhöhe). Außerhalb Brutzeit an ähnlichen Stellen wie andere *Porzana*-Arten.

Nahrung. Vor allem Insekten und deren Larven.

Stimme. Rufe des unverpaarten ♂ (v.a. nachts zu hören): vokalloser schnurrend, ähnlich Knäkente oder Teichfrosch »rrr-rrr-rrr…« 0.5 bis 3 sec., manchmal an- und abschwellend. Rufe des unverpaarten ♀ kurz »schrrrr«, ähnlich Warnruf des Drosselrohrsängers. Rufe beider können (selten) auch im Flug vorgetragen werden. Warnruf grasmückenähnliches »tscheck«, Schreckrufreihe »schräschräschrä..«, dazu viele leise Intimrufe, nur aus allernächster Nähe zu hören.

Verhalten. Rufe in der Dämmerung. Sonst wenig bekannt. Zur Brutzeit territorial; Paare sind wahrscheinlich nur während einer Brutzeit zusammen. ♂- und ♀-Rufe dienen wie bei allen *Porzana*-Arten (und *Rallus*) nur zur Paarfindung. Außerhalb der Brutzeit und auf dem Zug einzeln oder Familien.

Fortpflanzung, Brutbiologie [337,767,1784]. Erstbruten mit 1 Jahr. Monogame Saisonehe. **Nest.** Immer über Wasser in dichter Vegetation oder auf Bulten, gelegentlich in oder an niedrigem Gebüsch; locker und weitgehend aus grünem Pflanzenmaterial gebaut (daher recht charakteristisch); Muldendurchmesser ca. 8-10 cm, Sichtschutz durch haubenartig zusammengezogene Halme; Anbau bei steigendem Wasser. Zuweilen benachbarte Huder-Plattform; beide bauen. **Legebeginn.** Mai bis Juni (Mitte Juli). **Gelegegröße.** 6-9 (4-11); Ø H_{32} 7.3, Europa 7.4. Legeintervall 1 d. **Eier.** Kurzoval, glänzend; variabel: Grund hellbräunlich und dunkel gewölkt, oder einheitlich dunkel olivbraun. **Brutdauer.** (16) 17-20 (21) d; beide brüten; Bebrütung vor Vollständigkeit. **Nestlings-/Führungszeit.** Juv. schlüpfen asynchron, verlassen Nest nach einigen Tagen; beide Ad. führen. Juv. mit ca. 35-45 d flugfähig und schon vorher selbständig. **Jahresbruten.** 1(-2); Nachgelege möglich.

Eimaße und -gewichte. L. 25.7-31.5 mm, B. 18.3-22.0 mm, Ø: 28.9 x 20.5 mm (n=73, H), 27.7 x 20.6 mm (n=36, D/CH); Frischvollgew. 5.5 -6.5 g, Ø$_{16}$: 6.16 g; Schalengew. 0.38-0.52 g, Ø$_{200}$: 0.91 g.

Sterblichkeit, Alter. **Generationslänge:** < 3.3 J. [383].

Mauser. **Postjuvenile Mauser** (Teilmauser) frühestens ab Aug. und Abschluss bereits im Okt.; setzt z.T. aber erst im Winterquartier ein und meist bis April beendet [3801]; einschließlich ST. • **Postnuptialmauser** (Vollmauser) bereits Juli–Sept. oder Beginn im Winterquartier; Schwungfedern synchron, z.T. erst im Jan./Feb. [3801]. • **Pränuptialmauser** (Teilmauser oder fehlend) ähnlich Kleinem Sumpfhuhn [767].

Porphyrio alleni – Bronzesultanshuhn 04250

Porphyrio alleni (Thomson 1842) syn.: *Porphyrula alleni*

(GB) **Allen's Gallinule** (F) **Talève d'Allen** (E) **Calamoncillo Africano**

Taxonomie. Monotypisch. Wird von manchen Autoren mit *P. martinicus* in einer Superspezies *P. [martinicus]* zusammengefasst [z.B. 3565].

Kennzeichen. [1784,221,3772,3615; Fotos in Bird. W. **10**, 23, **15**, 10, 57-59].

Maße. Gr.: 22-26 cm. Gew.: ♂ 132-172 g, Ø: 154 g, ♀ 112-145 g, Ø: 125 g. Fl.spw.: 48-52 cm. Fl.l.: ♂ 14.8-16.2 cm, ♀ 14.1-16.4 cm [1784,3615].

Status. In W-Paläarktis extrem seltener Gastvogel, von 19 Daten bis 1970er J. 2 mal »Herbst«, je 1mal Okt., Jan., Mai, je 2mal Nov., Feb. sowie mehr als die

Hälfte der Beob. (10 mal) im Dez.; dabei 9 immat. Vögel und 6 Ad. [337]. Beob. u.a. in EGY 1867, TN 1902, MA 1902, in Europa CY 1968, E. 1854,1975; I bis 1983 10 mal (6 x 20. Jh.); Azoren 1879, 1902, vor 1903, 1910; F 1895, 1951; GB 1902; DK 1927. Bis 1988 weitere 8 Meldungen [277], u.a. DK und FIN [3615,q23].
In ME u.a. in • **D:** -BY Feb. 1936 [4175]; -SH Dez. 1986 [575]. Beob. **CH** Juli 1998 (ad ♀) als Gefg.fl. eingestuft [4152].

Verbreitung und Bestand. Brutvogel Afrikas S Sahara (ohne arides SW-Afrika), ferner Madagaskar, Komoren und Mauritius (dort eingeführt?) [1784]. Global nicht bedroht, Bestand nicht genau bekannt [1784].

Wanderungen. S der Sahara Standvogel an permanenten Gewässern; Wanderungen bei saisonalen Schwankungen im Gewässerangebot, Regen-Folgebewegungen. Regelm. Umherstreifende, auch bis N-Afrika und W-Europa [1784].

Biotop. Tropische Niederungs- und Feuchtgebiete, an S-afrikan. Seen große Höhen erreichend.

Nahrung. Vorwiegend vegetabilisch.

Stimme. Raues, nasales »quek«. Bei Erregung durchdringendes, reiherartiges, langes »kerk«; Flugrufe schrill und kurz »kli-kli-kli«, Alarmruf »trick«.

Verhalten. Tag- und dämmerungsaktiv.

Sterblichkeit, Alter. Generationslänge: < 3.3 J. [383].

Mauser. Ähnlich Zwergsultanshuhn [3801].

Porphyrio martinicus – Zwergsultanshuhn 04260

Porphyrio martinicus (Linnaeus 1766)

syn.: *Porphyrula martinica*, Amerikanisches Sultanshuhn

(GB) **American Purple Gallinule** (F) **Talève violacée** (E) **Calamoncillo Americano**

Taxonomie. Monotypisch.

Kennzeichen. [1784,221,3615,3772,3566].

Maße. Gr.: 27-36 cm. Gew.: ♂ 203-305 g, ♀ 142-291 g. Fl.spw.: 50-55 cm. Fl.l.: ♂ 17.9-19.1 cm, ♀ 17.2-18.4 cm [1784,3615].

Status. Neuerdings fast regelm. diesseits des S-Atlantik festgestellt (z.B. South Georgia, Tristan da Cunha, S-Afrika). In W-Paläarktis allerdings extrem seltener Gastvogel, u.a. Azoren Nov. 1957, April 1961; GB Nov. 1958; N. Herbst 1883 [337], ferner in IS Sept. 1976, Juni 1983, Madeira, Kanaren [3615,q23]. Bis 1988 immerhin 10 Nachw. in Europa [277].
In ME bisher nur in **CH:** ad. ♀ Dez. 1967, Status unsicher (Gefg.fl.?) [4152].

Verbreitung. Nearktischer Brutvogel von SE-USA nach S über Mittelamerika und Karibik bis S-Amerika (S-Grenze in S-Peru und N-Argentinien) [1784]. Kenntnisse über Bestände unzureichend, global aber wohl nicht bedroht [1784].

Wanderungen. In SE-USA und im S des S-amerikanischen Verbreitungsareals Zugvogel in niedrigere Breiten, dazwischen Standvogel [1784].

Stimme. Gackerndes »Gäk-gäk-gäk« beim Auffliegen; sonst scharfes, hohes »kijick«.

Mauser. Postjuvenile Mauser (Vollmauser) im Brutgebiet oder erst im Winterquartier [767,3050,3801]. • **Postnuptialmauser** (Vollmauser) nach Brutende; Schwungfedern synchron [767,3050,3801]. • **Pränuptialmauser** (Teilmauser) ähnlich Purpurhuhn [767,3050,3801].

Porphyrio porphyrio – Purpurhuhn 04270

Porphyrio [porphyrio] porphyrio (Linnaeus 1758)

(GB) **Purple Swamphen** (F) **Talève sultane** (E) **Calamón Común**

Taxonomie. Die ca. 20 beschriebenen Taxa des Purpurhuhn-Komplexes lassen sich in 5-6 Gruppen gliedern, denen mindestens z.T. Allospezies-Status zukommen könnte [vgl. Übersicht bei 3324]. Verhältnisse in den Kontaktzonen jedoch unzureichend untersucht, eine umfassende genetische Untersuchung fehlt. Gut belegt ist nur, dass die flugunfähige Takahe *Porphyrio mantelli* in NZ mit australasiatischem Purpurhuhn *Porphyrio [porphyrio] melanotus* nächstverwandt ist, mit dem sie auf der Südinsel sympatrisch, aber altitudinal deutlich getrennt lebt [3878]. Die Takahe ist deshalb in Superspezies *P. [porphyrio]* einzuschließen (zu der auch das ausgestorbene *P. albus* gehört, ursprünglich mit *P. mantelli* zu einer eigenen Superspezies zusammengefasst) [3565]. Zu in Europa eingeführten UA siehe »Status«.

Kennzeichen. [1784,221,1369,3772,3615,3324; weitere **Fotos** in Bird. W. **6**, 243, **10**, 399, 462, 465, Brit. B. **92**, 187-191, (*poliocephalus*) Bird. W. **11**, 251].

Maße. (Nominatform) Gr.: 45-50 cm. Gew.: ♂ 720-1000 g, Ø: 869 g, ♀ 520-870 g, Ø: 724 g. Fl.spw.: 90-100 cm. Fl.l.: ♂ 25.0-27.5 cm, ♀ 24.5-26.4 cm [1784,1369,3615].

Status. Größere Zahl von Beob. in W Paläarktis (einschl. ME), aber Statuseinschätzung oft weitgehend ungeklärt. Zumindest jüngere Nachw. in ME wohl größenteils Gefg.fl., z.T. auch Ind. außereuropäischer Formen. (Unter-)Artzugehörigkeit in weiteren Fällen nicht ermittelt, z.B. viele • **NL** [277], ferner • **CH** 1933, • **B** sowie • **D** 1998 [4152,1677,575].

Grünrückige Form (*madagascariensis*): mehrfach bis YU, Sizilien, Sardinien (2 mal) und Mittel-I belegt; in ME einige Nachw. grünrückiger Purpurhühner, meist wohl Gefg.fl., z.B. • **CZ** Juli 1905, Sept. 1910 [2159]. • **D**-BW Dez.1936, Okt.1973, Sept.1974 [1722]; -MV und -SH 1909 Gefg.fl. [1369]. • **NL** u.a. Juli 1874, Feb.1959 [277] (Aug.1969 [1369] unklar).

Grauköpfige Form (*poliocephalus* u.a.): z.B. • **H:** Okt.1967 [2438]. • **NL:** Nov./Dez. 1971, aber Status und Form-Zugehörigkeit (wie bei 11 anderen Beob.

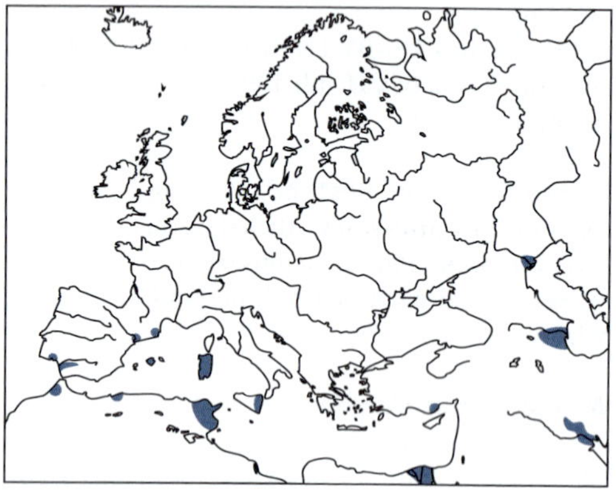

Porphyrio porphyrio – **Purpurhuhn**

bis 1997) unklar [337,277], neuerdings anerkannt: 1 Ind. Dez. 1988 [985]. • **D:** -BW Aug. 1972 [1722]; -BY Okt.1971 [337]; -SH 2mal Herbst 1923 [337]. • **B:** Sept.1982 [337]. • **CH:** Aug. 1983 [4152].

Nominatform: • **CZ:** Herbst 1884, Aug.1957 [2159; aber vgl. 1369]. • **H:** Okt. 1913 (Gefg.fl.) [1369]. • **A:** Aug.1879 [1369]. • **PL:** (UA?) Juni 1875 [3871]; • **D:** -BW Winter 1788 [1722]; -SH Nov. 1862 [1369]; -NW Aug.1983 [337]. • **NL:** s.o. [277]; • **B:** 1970, 1974, 1977, 1980, 1981 [337].

Verbreitung. Brutvogel der Tropen und Subtropen in mehreren gut getrennten Formen vom Mittelmeerraum (NW-Afrika, SW-Europa) über Eurasien, dabei lokal Vorderasien, Kaspigebiet, verbreitet Vorder- und Hinterindien über Indonesien, Philippinen nach E bis Neuguinea, viele pazifische Inseln, AUS und NZ; ferner Afrika S Sahara und Madagaskar. Komplexe Systematik der Gattung *Porphyrio* derzeit in Diskussion [vgl. 3324]. Potenziell in unserem Raum folgende Formen als Gastvögel möglich und nachgewiesen: (1) Nominatform *porphyrio* (Purpurhuhn, Western Swamp-hen) aus Mittelmeergebiet in kleinen, meist ± gefährdeten Populationen (SW-E., MA, DZ, TN, Sardinien; nach Aussetzungen weitere Vorkommen, s.u.); europ. Bestand 7.000-7.400 BP, zunehmend [383]. (2) *poliocephalus* (einschl. *caspius* und *seistanicus*, Grauköpfiges Purpurhuhn, Grey-headed Swamphen) von SE-Küste TR nach E; europ. Bestand 6.200-27.500 BP, zunehmend [383]. (3) *madagas-*

cariensis (einschl. *aegyptiacus,* Grünrückiges Purpurhuhn, African Swamp-hen) von Nildelta, Afrika S Sahara, Madagaskar.

Wanderungen. Überwiegend Standvogel. Einige Ind. wandern, aber Beob. N des Mittelmerraumes betreffen wohl kaum Wildvögel. In E. innerhalb der Marismas saisonale Wanderungen zwischen temporär wasserführenden Lagunen zu Küstenlagunen, wohl überwiegend zu Fuß, wobei offene Flächen Nachts überquert werden [3615].

Bestandsentwicklung. (Nominatform): Drastische Bestandseinbußen und weiterer Arealschwund im ohnehin sehr lückigen W-paläarktischen Verbreitungsgebiet im 20. Jh. durch Lebensraumverlust (Trockenlegung/Austrocknung von Feuchtgebieten im Mittelmeerraum, sowie durch Jagd und Pestizideinsatz bis etwa 1980er J. [1784,3615]. Bestand in Sizilien in 1950er J. erloschen [3615]. Seit 1980er J. durch intensiven Schutz, Managementmaßnahmen und Wiedereinbürgerungsversuchen (Etablierung in NE-E. ab 1990, Balearen ab 1992, SE-E. ab 1995) erneute Ausbreitung in verlassene Gebiete und Etablierung in F (Pyrenäen) 1996. Allerdings lokal beeinträchtigt durch Trockenjahre in E. ab 1992 [1507]. Im Maghreb derzeit positive Entwicklung und Besetzung neuer Brutgebiete [3615].
(*P. [p.] madagascariensis*): in jüngster Zeit Ausbreitung entlang des Niltals nach N [3615].
(*P. [p.] poliocephalus*): möglicherweise Arealausweitung im N- und W-Kaspigebiet [1507].

SPEC	VSchRL	Bern.Konv.	Bonn.Konv.
3	Anh. I	Anh. II	--
Europ. RL	**RL in ME**		
--	--		

Biotop. Dichte Verlandungsgürtel von Seen, Lagunen und langsam fließenden Gewässern; zur Nahrungssuche auch auf nahegelegenen Landflächen.

Nahrung. Omnivor, hauptsächlich (semi-)aquatische Pflanzennahrung (Sprosse, Blätter, Blüten, Knollen und Samen), daneben Invertebraten sowie Eier und Nestlinge.

Stimme. Sehr stimmfreudig und großes Repertoire. Geschlechtsspezifische Unterschiede. Gesang der ♂ ist Reihe von nasalen, klagenden »quiu quiu … krrkrrr«; manche Rufe sehr laut, z.B. schrill trompetend »krrükrrüi…«, aber auch muhendes, tiefes »múuü-múuü.«. ♀ nicht so harsch, manchmal mit Serie von »krick«-Lauten endend.

Verhalten. Tag-, dämmerungs- und nachtaktiv. Kann sich außerordentlich geschickt in Deckung halten; fliegt bei Störung oft steil auf und fällt dann mit hängenden Beinen gleich wieder in die Deckung ein. Brüten territorial; manchmal in lockeren Kolonien. Paare bleiben während eine Brutsaison zusammen. ♂ balzt mit Wasserpflanzen im Schnabel. ♀ initiieren Kopulationen (dauern ca. 2-3 sec). ♂ bleiben oft länger auf ♀ und kopulieren mehrmals. Außerhalb der Brutzeit auch in größeren Trupps (300 Ind.).

Fortpflanzung, Brutbiologie [767,1784]. Erstbrutalter 1-2 J. Monogam; z.T. Helfersystem. **Nest.** Versteckt in dichter Vegetation in Wassernähe. Großer Bau aus totem und frischem Pflanzenmaterial, 1-2 Zugangspfade (Rampen); Baldachin. Beide bauen, ♂ trägt eher ein. **Legebeginn.** Meist ab Ende März bis Juni, gebietsweise früher. **Gelegegröße.** 3-5 (2-7). Intervall 1 d. **Eier.** Oval, glänzend, rahmfarben mit dunklen Flecken und Wischern. **Brutdauer.** 23-25 d. Beide brüten, ♀ mehr. Beginn mit (vor-)letztem Ei. **Nestlings-/Führungszeit.** Juv. schlüpfen ± synchron, Nestflucht nach wenigen Tagen; von beiden Ad. geführt. Juv. ab 10-14 d auch selbst Nahrung suchend, aber meist bis 25-40 d gefüttert; nach etwa 60 d flügge, mit 6-8 Wochen selbstständig. **Jahresbruten.** 1, 2 möglich. Nachgelege.

Sterblichkeit, Alter. **Generationslänge:** < 3.3 J. [383].

Mauser. **Postjuvenile Mauser** (Teilmauser) meist im Alter von 4 Monaten beendet, z.T. erst im Frühjahr; einschließlich ST [767,1814]. • **Postnuptialmauser** (Vollmauser) besonders Juni–Aug.; Schwungfedern (und später ST) synchron [767,1814]. • **Pränuptialmauser** (Teilmauser) im Frühling; möglicherweise Teile des Körpergefieders [767,1688].

Gallinula chloropus – Teichhuhn 04240

Gallinula chloropus (Linnaeus 1758) syn.: Teichralle

(GB) **Common Moorhen/(Gallinule)** (F) **Gallinule poule-d'eau** (E) **Gallineta Común**

Taxonomie. Fünf UA, in Europa nur *chloropus*. Bildet Superspezies mit *G. galeata* in der Neuen Welt (7 UA) von denen sich das Teichhuhn in der Form des Stirnschildes und den Rufen deutlich unterscheidet [vgl. Sonagramme in 767 sowie 3050]. Beide werden gelegentlich mit der wohl nächstverwandten, größeren *G. tenebrosa* (Wallacea, Australasien) in einer Superspezies zusammengefasst [3565,995N]. *G. chloropus* und *G. tenebrosa* sind weitgehend parapatrisch verbreitet, allenfalls lokal sympatrisch im E Sunda-Archipel (hier saisonal getrennt?) [vgl. 4081]. Gelegentlich Hybridisierung mit Blässhuhn [3821].

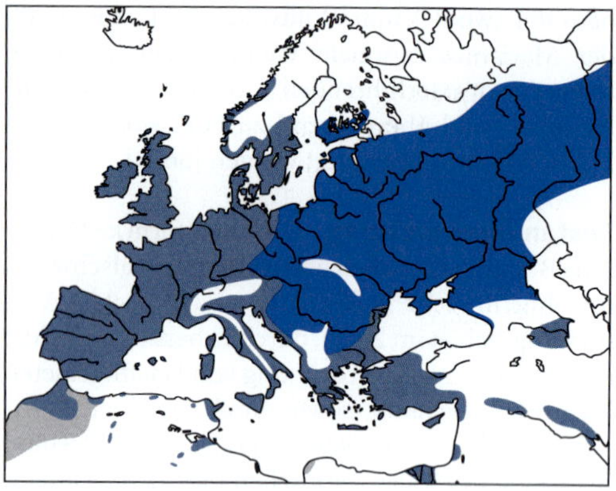

Gallinula chloropus – **Teichhuhn**

Kennzeichen. Monomorph, auch Schnabelfärbung und Stirnschild variieren bei beiden Geschlechtern gleichermaßen [1099;1784,221,1369,3772,3615; Foto in Alula **10**, 120].

Maße. Gr.: 32-35 cm. Gew.: ♂ 249-493 g, Ø: 339 g, ♀ 192-343 g, Ø: 271 g. Fl.spw.: 50-55 cm. Fl.l.: ♂ 17.8-19.4 cm, ♀ 16.9-18.4 cm [1369,3615].

Status. Brut- und Jahresvogel in weiten Teilen ME, sonst Sommervogel; in (N)E-ME überwiegend Wegzug, aber auch in PL zunehmende Neigung zu Überwinterungen.

Verbreitung und Bestand. Brutvogel in Eurasien, Afrika, N- und S-Amerika und Teilen S- und SE-Asiens bis in montane (Europa) bzw. hochalpine Regionen; Verbreitungslücken in (Halb-)Wüsten, der borealen Zone (ohne Baltikum) sowie in Zentralasien. In Europa Schwerpunkt im W und S (GB/IRL 290-370 T., NL 40-55 T., F 100-400 T., E. 90-120 T. und I 80-120 T.), weitere große Bestände in D (33-50 T.), RUS (70-150 T.) und UA. (40-66 T.); Gesamtbestand 0.9-1.7 Mio. BP [383]. In ME verbreitet im Tiefland, mit Einzelvorkommen bis in subalpine Stufe (1800m NN in CH; sonst um 950-1000m in A, D-BW und Jura CH) [1722]; meist seltener als Blässhuhn, allerdings häufiger bei reichem Angebot an Kleingewässern in N-ME. Brutbestand ME etwa 110.000-170.000 BP [383].

Wanderungen. Fakultativer Kurzstreckenzieher; Wanderneigung nimmt nach NE zu. Regelm. Überwinterer in kleiner Zahl bereits an Küsten N./S.; südlichste Nachweise Senegal, Gambia, Tschad, N-Sudan. In W-Europa wenige Zugvögel, z.B. **Br. GB/IRL** 1mal Ostfriesland, nur 10 % wandern > 10 km; **Br. DK** ziehen bis D, NL, B, GB, E., I, DZ; **Br. NL/B** bis N- und W-F, N-E., MA [Ringfunde B:2477; NL:1921; GB/IRL:4064]; **Br. D** bis F, N-E., I, NL, GB, Abzug aus D-BY auch SE (SLO, HR, BiH, YU, GR) [Ringfunde D:1030]; auch **fennoskandische Br.** erreichen den Balkan, ziehen aber auch SW (1mal Fair Isle Frühjahr - Mittel-N. Brutzeit). Wegzug von Juv. früher Bruten bereits ab Juli; Ad. müssen jedoch vorher mausern, Hauptwegzug Sept./ Nov., Kältefluchtbewegungen noch im Mittwinter. Ab Ende Feb. Heimzug bis Ende April [ME; Details z.B. 1031]. Offenbar Zugneigung der Jungvögel größer als der Älteren.

Bestandsentwicklung. Im 20. Jh. Arealausweitung nach N-Europa durch klimatische Veränderungen [1369]. Ostfriesische Inseln erst im 20. Jh. nach und nach besiedelt (zuletzt Spiekeroog 1971 und Baltrum 1979). In ME erhebliche regionale Unterschiede sowie Populationsschwankungen in Abhängigkeit von Gewässerentwicklung, menschlichen Einflussfaktoren (Bebauung, Entwässerung etc.) und Witterungseinflüssen. Zwar Verluste durch Lebensraumzerstörung aber auch Zugewinne aufgrund zunehmender Verstädterung, allgemeiner Gewässereutrophierung und geringerem Prädationsdruck (Weihen) [1369,1719,337]. Bis in

1970er J. überwog offensichtlich positiver Trend oder zumindest Stabilität [1369].
Seither zumindest regional trotz zunehmender Verstädterung z.T. katastrophaler Bestandsrückgang, regional schon ab 1950er J. [D-SN:3667], meist ab Mitte 70er J. [D, -BW, -BY (lokal), -BB, -TH, -HE, Bod.:204,1719,1722,1617,2808,2772,1,3370,1031]. Bestandsverluste z.T. > 60%, manche größeren Vorkommen vollständig erloschen [1617,196,3080]. In CZ seit 1970er J. Bestandsabnahmen um 20-50% [2159]. Negative Entwicklung geringeren Ausmaßes auch in NL [196,3638]. Tiefpunkt der Entwicklung meist Ende 1980er J. erreicht.

	Best.	Areal	Brutbestand	Jahr	Quelle
A	+/-	=	1.400–2.500	1998–2002	[383]
B	+/-	=	10.000–20.000	2001–2002	[383]
CH	↕	=	1.000–2.500	1993–1996	[383]
CZ	↓	=	4.000–8.000	2000	[383]
D	↓	=	33.000–50.000	1995–1999	[383]
FL	+/-	=	2–4	1998–2000	[383]
H	+/-	=	6.000–12.000	1995–2002	[383]
L	↓	=	400–600	2001	[383]
NL	+/-	=	40.000–55.000	1998–2000	[383]
PL	+/-	=	10.000–20.000	1990–2000	[383]
SK	+/-	=	1.000–2.500	1990–1999	[383]

Entsprechender Rückgang in W- und N-D dagegen nur lokal erkennbar [196;1031,3740], oft längerfristig stabile Bestände [1137;2896], bis in 1980er J. offensichtlich auch in B und L sowie Teilen A [843,2560,2238]. In A-V aufgrund günstiger Wasserstandsentwicklungen Zunahmen [1997]. Durch Verbesserung oder Neuschaffung von Bruthabitaten, Erholung nach Rückgang durch Kältewinter (Mitte 1980er J.) sowie zunehmender Verstädterung gebietsweise auch z.T. erhebliche Zunahmen [2623,3268]. In CH vor allem Kältewinter kurzfristig bestandsmindernd, durch Verstädterung gebietsweise überdies Zunahmen [4152,3393], doch seit 1980er J. landesweit Rückgänge [3393].

Siedlungsdichte. Sehr variabel, abhängig von Uferstruktur; am höchsten meist in künstlichen (urbanen) Lebensräumen, wo in GB bis 5 Rev./ha möglich. Mittlere Dichte in GB Kulturlandschaft 0.3 Rev./10 ha; am Neusiedlersee A 1.000-1.500 BP/103 km^2 (0.9-1.46 BP/10 ha) [1507], in D-NI (Drömling, Düpen) 0.1 bzw. 0.9 BP/10 ha [1138]. Entlang von Fließgewässern meist zw. 0.7-5.0 BP/km Uferlänge [1369,446], z.B. D-BW 0.9 BP/km Uferlänge (max. 6.9 BP) [446].

Gefährdungsursachen [1343,1369,1617,2560, 2623,196,1814,642,446,3370,3419,1031]. Vormals gebietsweise beträchtliche Verluste in beköderten Bisamrattenfallen [1369,203,2623], dank neuer Fangmethoden heute geringer [2623].
Störungen am Brutplatz (Angler, Bootsfahrer, Badegäste etc.); dadurch auch Brutaufgabe oder Gelegeverluste durch Rabenvögel, Weihen, Fuchs etc.
Lebensraumverlust und verschlechterte Ernährungsbedingungen durch Gewässerausbau und Flussbegradigung sowie Uferbefestigung, Zerstörung der Ufervegetation, Drainage, Verfüllung, z.T. erhebliche Intensivierung und »Sanierung« von Fischteichen (Veränderungen der Ufervegetation, oft Fehlen intakter Unterwasservegetation, Überdüngung mit Verschlechterung der Gewässerqualität (Algenwatten)). Besonders kritisch für Brutansiedlungen des Teichhuhns ist Ausbaggern und Säubern von Gräben und kleinen Stillgewässern.
Permanent steigender Freizeitdruck (Bootsbetrieb, Uferwegnutzung, Hunde u. a.).
Tod an Freileitungen (betrifft nur Zugvogelanteil).
Natürliche Ursachen: Hohe Verluste in Kältewintern, zuletzt 1983/84-1985/86. Geringer Bruterfolg in Trockenjahren. Verstärkte interspezifische Konkurrenz (v.a. Ausbreitung des Blässhuhns als Brutvogel auf Kleingewässer, besonders nach Ausdünnung der Ufervegetation) und Epidemien.

SPEC	VSchRL	Bern.Konv.	Bonn.Konv.
--	Anh. II-2	Anh. III	--
Europ. RL	**RL in ME**		
--	CZ: 'NT', FL: 'R'		

Schutzmaßnahmen. Schutz und Erhaltung naturnaher, schwach fließender Gewässerabschnitte mit begleitender Vegetation zur Deckung während Brutzeit und im Winter. Einschränkung der Freizeitnutzung zumindest in Teilbereichen der Brutgewässer. Rückführung begradigter oder kanalisierter Gewässerläufe in naturnahe Abschnitte. Störungsfreiheit kleinerer Stillgewässer.
Generelle Veränderung der Fangmethode auf Bisamratten (keine Beköderung, andere Fallentypen).
Reduktion der Ausräumung reichlich bewachsener Gräben, Kanäle und Fließgewässer.

Biotop. Br. der Uferzonen und Verlandungsgürtel stehender und langsam fließender nährstoffreicher Gewässer des Tieflandes, wobei weniger reine Schilf- und Rohrkolbenbestände bevorzugt werden als andere meist landseitige Pflanzenbestände bis hin zu dichtem Ufergebüsch. Besiedelt werden Seen, Teiche, Flussaltwässer, Lehm- und Kiesgruben, Dorfteiche, Parkgewässer, auch mitunter noch kleinste fast zugewachsene Tümpel oder Wasserlöcher, Kanäle, Bäche oder kleine Wiesen- und Drainagegräben. Offene Wasserfläche braucht nicht groß zu sein und kann sogar ± ganz fehlen. In städtischen Parkanlagen z.T. ganz vertraut. Zur Nahrungssuche auch auf Wiesen, Feldern, in Gärten oder an Hangböschungen.

Nahrung. Pflanzlich und tierisch, wohl mit jahreszeitlichen Unterschieden des jeweiligen Anteils. Nahrungserwerb in der Uferzone bis hinaus aufs freie Wasser bzw. in ufernahen Landteilen. Pflanzenbestandteile z.B. Samen, Früchte von Sumpf- und Wasserpflanzen, Grasspitzen und frische Schilfblätter; ferner Insekten, Mollusken u.a. kleine Wirbellose; gelegentlich auch Kaulquappen, Abfälle oder auch Aas [Zusammenstellung z.B. 1031].

Stimme. Vermutlicher Gesang des ♂ »dack-dack… rrai« oder lediglich »dak. «-Reihen. Häufigster Ruf guttural »kürrk« (♂ + ♀); bei Störung »kirreck« oder »kikeck«, ferner Serien durchdringender, scharfer »ick-ick. . . «, kurze »dack« oder im Flug »keck-keck« und bei Bodenfeind »kerr tettet«.

Verhalten. Vorwiegend tagaktiv; zur Balzzeit nachts rufaktiv, Zug vorwiegend nachts; bei Störung auch Nahrungssuche nachts. Beim Laufen werden Beine hoch angehoben; langsames Laufen über Schwimmblätter. Klettert mit langsamen Schritten, wobei Flügelschläge das Gleichgewicht halten. Beim ruhigen Schwimmen mit Kopfnicken; Vorderkörper taucht tiefer ein als Hinterkörper. Echtes Tauchen selten. Auffliegen vom Wasser häufig mit Fluglauf. Nahrung wird schwimmend von der Wasseroberfläche abgelesen, von Pflanzen abgepickt, vom Boden aufgelesen oder sogar im Hochklettern an Büschen und Stauden geholt. Zur Brutzeit streng territorial. ♂ gründen im Frühjahr Reviere, Paarbildung schon im Überwinterungsrevier, mitunter erst am Brutplatz; Partnerwahl erfolgt gewöhnlich durch ♀ [2996]. Imponierschwimmen des ♂ (»duck duck. .«) leitet Paarbildung ein; dann Balztreiben, Parallelschwimmen (selten), Scheinnisten, gegenseitige Gefiederpflege, Balzfüttern (selten) etc. ♂ bewachen ♀ während der fertilen Phase. ♀ sind treu (fremde Junge im Nest nur durch Zusammenlegen mehrerer ♀). Revierverteidigung (auch Reviermarkierung) an Land und im Wasser mit verschiedenen Drohformen: flaches und hohes Drohen (im Wasser mit stark herausgehobenem Hinterkörper); Beendigung durch Wegsehen; Kämpfe im Wasser flügelschlagend mit den Füßen. Außerhalb der Brutzeit in kleineren Trupps (bis 50 Ind.) [s. 1031].

Fortpflanzung, Brutbiologie [337,767,1784,1722, 1,1031]. Geschlechtsreife im 1. Lebensjahr. Monogame Saisonehe, in Standvogelpopulationen auch längere Partnertreue; gelegentl. Polygynie und Polyandrie [2997,1342]. **Nest.** Vor Brutnest baut ♂ »Spielnester« oder »Balzplattformen«. Brutnest meist gut versteckt in Ufervegetation in, über oder am Wasser, auch hochgelegene Nester an Kunstbauten, gelegentlich ganz ohne Deckung oder in Bäumen; beide bauen; erste Brut meist aus vorjährigem Pflanzenmaterial der näheren Umgebung, später grünes Material. Schwimmnester haben Rampe. Tiefer Napf, Muldendurchmesser ca. 15-25 cm. Während Brut wird weitergebaut. **Legebeginn.** Ab Anf./Mitte Apr. bis Ende Juli (Anf. Aug.); in W-Europa ab März. **Gelegegröße.** 5-11 (2-14, bis 26 von 2 und mehr ♀, Verlegen in Nester anderer Arten kommt vor); Ø CH Mai$_{55}$ 8.6, CH Juni$_{15}$ 7.66, NL Mai$_{34}$ 7.9, NL Juni$_{12}$ 6.2, D-BB$_{21}$ 7.2, D-BW$_{193}$ 7.38, CS$_{222}$ 7.6, GB$_{2278}$ 6.58, Drittbruten$_{37}$ 7.6 ; Abnahme mit Brutzeit. Junge Ind. legen später und kleinere Gelege. Legeintervall 1 d. **Eier.** (Lang-)oval, Grund gelbbraun bis rahmfarben, viele dunkelbraune Flecken und Punkte. **Brutdauer.** 19-22 (17-24) d; beide brüten, ♀ tagsüber mehr, ♂ nachts und bis zu 3 h tagsüber [2996,2535]; Bebrütung ab Vollständigkeit (Erstbrut) oder bei halber Eizahl (spätere). **Schlüpftermine.** Juv. schlüpfen bei Erstbrut (um Anf. Mai bis Juni) synchron, bei späteren Bruten asynchron. **Nestlings-/Führungszeit.** Dunenjunge werden bis 2 (3) d im Brutnest gefüttert, das in der Folge bis 7 d nachts aufgesucht wird; danach von beiden (bei Zweitbruten nur ♂) in Aufzuchtsrevier geführt, wo ♂ Ruhe- und Schlafnester für die Juv. baut; Fütterungen bis ca. 25 d, auch durch Juv. der Erstbrut. Frühestens mit 46-50 d (selten 70 d) flügge [1031]; Familie hält meist noch länger zusammen, selbständig ab 52-99 (Ø 72) d. **Jahresbruten.** 2 häufig, 3 selten, vor allem durch erfahrene Vögel, (4 nachgewiesen); dazu Ersatzgelege (bis 5); regelm. Schachtelbruten [1138]; Zweitgelege etwa 25-30 d nach Schlupf der ersten Brut.

Bruterfolg. Erhebliche Gelege- und Jungenverluste durch Mensch, Prädation und Überflutung; größerer Bruterfolg bei späteren Gelegen. In D_{22} 2.05 Juv./BP und J., in GB_{1766} nach Nestkarten in 1154 (65.3%) der Nester mind. 1 Juv. geschlüpft.

Eimaße und -gewichte. L. 35.5-54.0 mm, B. 26.0-34.2 mm, Ø: 43.1 x 30.9 mm (n=198, B), 43.5 x 30.8 mm (n=232, D), 41.9 x 29.7 mm (n=231, CS); Frischvollgew. 18.8 -26.3 g, $Ø_{41}$: 22.3 g, $Ø_{23}$: 23.6 g; Schalengew. 1.07-2.49 g, $Ø_{125}$: 1.85 g, $Ø_{190}$: 1.82 g.

Sterblichkeit, Alter. Übereinstimmend in D, NL um 70 % im 1. J. [1921,1031]. Ältester Ringvogel (DK) 18 J. 7 Monate [3654]. **Generationslänge:** < 3.3 J. [383].

Mauser. Postjuvenile Mauser (Teilmauser) beginnt, bevor Schwingen voll ausgewachsen, Aug./Sept.-Okt. (Dez.); Körpergefieder [767,139]. • **Postnuptialmauser** (Vollmauser) Ende Mai/Ende Juli–Ende Sept./Nov. [767,139]; Schwungfedern und Flügeldecken synchron und 3 Wochen flugunfähig [139], (unterschiedlicher Mauserbeginn beider Geschlechter), meist Ende Juni/Ende Aug. (nach Brutende). • **Pränuptialmauser** (Teilmauser oder fehlend) März–April/Juni, Einj. z.T. etwas früher; bei einigen Teile des Körpergefieders [767,139].

Fulica atra – Blässhuhn 04290

Fulica atra (Linnaeus 1758) auch: Blässralle

(GB) **Common Coot** (F) **Foulque macroule** (E) **Focha Común**

Taxonomie. Vier hauptsächlich in der Körpergröße differenzierte UA: *atra* Linnaeus 1758 (Holarktis), *lugubris* S. Müller 1847 (Sunda-Archipel bis W-Neuguinea), *novaeguineae* Rand 1940 (zentr. Neuguinea) und *australis* Gould 1845 (AUS, NZ).

Kennzeichen. [1784,221,1369,3772,3615].

Maße. (Nominatform) Gr.: 36-39 cm. Gew.: ♂ 610-1200 g, Ø: 902 g, ♀ 610-1150 g, Ø: 770 g. Fl.spw.: 70-80 cm. Fl.l.: ♂ 21.1-22.9 cm, ♀ 19.7-21.3 cm [1369,3615].

Status. Verbreiteter Brut- und Jahresvogel, Teilzieher. In gesamtem ME sehr zahlreicher Durchzügler und Wintergast, mit sehr großen Konzentrationen auf flachgründigen Seen; auch ± halbzahm an Futterstellen.

Verbreitung und Bestand. In ME nur Nominatform; über gesamtes Eurasien von atlantischen Inseln bis JAP verbreitet, ferner in Teilen N-Afrikas, in Indien, AUS, NZ und Neuguinea. Die N-Grenze variiert von 59-64° N (in S. bis 66° N). Europäischer Gesamtbestand 1.3-2.3 Mio. BP (leicht rückläufig), mit Populationen > 100.000 BP in RUS (450-850 T.), PL, D, NL, H, RO und F [383,3638]. In ME weit verbreitet und z.T. sehr häufig von Tieflagen bis 1400m NN [in CH lokal bis 1800m, 3392], fehlt aber an ausgesprochen oligotrophen Gebirgsseen); derzeit etwa 410.000-750.000 BP [383, erg.].

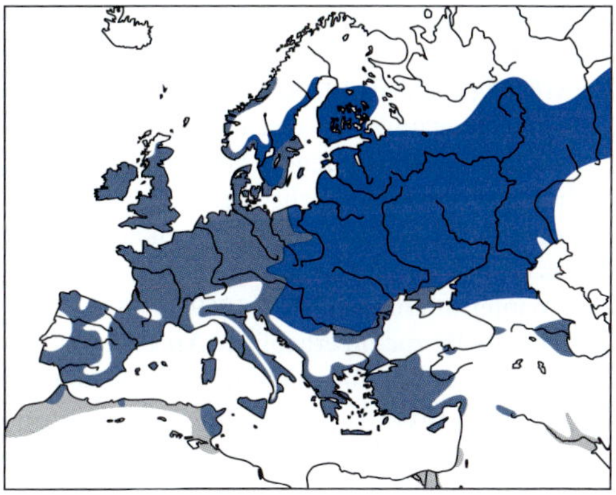

Fulica atra – **Blässhuhn**

Wanderungen. Standvogel, Kurzstreckenzieher. Winterquartier reicht von S- (und Mittel-)Skandinavien über W-Europa und ME bis N-Afrika, Vorderasien. Südlichste Nachweise Senegaldelta, Niger, Tschad, Sudan, ferner Arabien, Vorder- und Hinterindien. Allgemeine Wegzugsrichtung in ME und N-Europa SW. Nachweise Dez. bis Feb.: **Br. aus FIN** wurden gefunden in S., GB, D, CH und F. **Br. aus S.** in E., **Br. aus dem Baltikum** wurden nachgewiesen in PL, DK, GB, D, NL, B, A, CH, F, E., I, CZ, YU, RO, TN; **Br. aus RUS** in GB, **Br. aus DK** in GB, IRL, D, NL, B, CH, F, E., I, YU und TN. **Br. aus PL** in CH, **aus CS/CZ** in D, A, CH, F, E., und I. **Br. aus D** zogen nach CH, CZ, GB, F, E., TK, I, YU, **Br. aus B und NL** nach GB, F und E.; **Br. aus CH** nach F,

Br. aus F nach E., P, und I. und **Br. aus E.** nach P und MA. [Ringfunde z.B. NL:3642; B:2476, GB/IRL:4064]. Zugneigung nimmt von NE nach SW ab; Winterfluchtbewegungen häufig, auch noch in S-F. Neuerdings regelm. überwinternd auf permanent eisfreien Brauchwasserbecken in LT, BY [3767]. Geburtsortstreue und Winterquartiertreue nachgewiesen, allerdings auch weiträumige Verlagerung von Winterquartieren. Bereits im Sommer Konzentrationen von Ad., zu denen später auch Juv. kommen, möglicherweise auch regelrechter Mauserzug (z.B. DK, Ismaninger Teichgebiet/D-BY, Bod.) [1617]. Juv. wandern z.T. zunächst ungerichtet ab; Abzug ab Sept., Höhepunkt Okt./Nov. Im Einzelnen in ME jedoch Dz. und Abzug stark von örtlichen Verhältnissen (Wasserstand, Nahrungsangebot) beeinflusst, auch von Jahr zu Jahr unterschiedlich. Überall potentieller Winterausharrer. Rückkehr bzw. Besiedlung der Brutgewässer ab Feb., weiter im N Ankunft ab März.

Bestandsentwicklung. Trotz regionaler Abweichungen aufgrund Zerstörung von Ufer- und Schilfbereichen und anderer Ursachen im gesamten ME langfristig bis 1970er J. positiver Trend; z.T. aufgrund Besetzung neu geschaffener, künstlicher Gewässer und zunehmende Verstädterung, aber auch Folge erhöhten Nahrungsangebotes durch Eutrophierung, Ausbreitung der Dreikantmuschel *Dreissena polymorpha* in Europa sowie Zunahme von Winterfütterungen [965, 1369, 337, 3392, 4152, 196]. Im 20. Jh. zudem erhebliche Arealausweitung nach N-Europa aus überwiegend klimatischen Ursachen [1369, 1814].
Regional und lokal seit 1970er (80er) J. unterschiedliche Trends in Abhängigkeit von Gewässerentwicklung und menschlichen Einflussfaktoren (Bebauung, Entwässerung, Störungen, Fischbesatz, neue Schutzgebiete, Entstehung von Speicher- u. Baggerseen; Hypertrophierung, Entwicklung des Dreikantmuschelbestands). Bestandsvergrößerungen und Ausweitung des Brutareals z.B. in NL [2889], dort seit 1970er J. mehr als Verdopplung [3638]. Insgesamt positive Entwicklung auch in B [843], A und L [2560]; stabile Bestände in CH [3393, q1]. In D regional neben Zunahmen [1589, 2808, 196, 3740] oder Stabilität [1617] auch stärkere Abnahmen [3248, 3268, 196, 1], besonders in SW-D gebietsweise besorgniserregend [1722, 4073] und Aufnahme in Rote Liste D-BW [1723], auch in D-BB lokal Rückgang um bis zu 80% [1]. In CZ und H, lokal auch SK. und PL seit 1970er J. erhebliche Bestandsverluste durch Habitat- oder Nutzungsänderungen [1585, 2159, 3871, 1775], auch in RUS deutliche Bestandsabnahme aufgrund von Lebensraumverlust und intensiver Verfolgung [1814]. Ähnlich negative Entwicklung in IRL und N-GB [1343] sowie in S. [3615, 1585]. Positiv dagegen in Zentralasien durch neue Gewässer [1507].

	Best.	Areal	Brutbestand	Jahr	Quelle
A	+/-	=	2.000–3.500	1998–2002	[383]
B	↑	+ 1	5.500–8.000	2001–2002	[383]
CH	+/-	=	4.500–7.000	1993–1996	[383]
CZ	↓	=	20.000–40.000	2000	[383]
D	+/-	=	61.000–140.000	1995–1999	[383]
FL	+/-	=	8–15	1998–2000	[383]
H	↓	=	80.000–120.000	1990–1993	[383]
L	↑	+ 1	40–60	2002	[383]
NL	↑	+ 1	130.000–180.000	1998–2000	[383]
PL	↓	=	100.000–250.000	1990–2000	[383]
SK	↓	=	4.000–8.000	1990–1999	[383]

Winterbestände in einigen Regionen (Bod., CH) bis in 1980er (1990er) J. angewachsen [1617, 3489, 3393], Art profitierte von allg. Eutrophierung und Einwanderung der Dreikantmuschel. Im gesamten W-D und in international bedeutenden Gewässern S-D (auch Genfer See CH) aber seit Ende 1960er J. (bei starken Schwankungen) deutlich rückläufig oder gebietsweise konstant [196, 3503, 3393, 1722]. Mit Reduktion der Nahrung (Rückgang des Eutrophierungsgrades oder hoher Fischbesatz) in manchen Seen erhebliche Reduktion der Blässhuhnbestände oder der Aufenthaltszeit im Spätherbst und Winter [3248, 196, 1722].

Siedlungsdichte. Sehr variabel, im Wolgadelta bis 130 BP/10 ha, in MOL bis 60 BP/10 ha, in LV 70 BP/10 ha, in SW-PL (Fischteichgebiet) 1.8-10.6 BP/10 ha, in SE-PL (höhere Lagen) 2.0-2.8 BP/10 ha [1507], in D-BB großflächig meist <0.1 BP/10 ha [1], in D-BW z.B. 1.4 BP/10 ha (in jüngster Zeit meist erheblich niedriger), in A-V 1.7 BP/10 ha [1722]. Höchste Dichten generell in NL, PL und H, deutlich geringere im N, in höheren Lagen und im Mittelmeergebiet [1507].

Gefährdungsfaktoren [1369, 1814, 196, 1719, 1, 4073]. Verlust der Nistplätze durch Gewässerverbauung, Schilfbrände, Zerstörung der Ufer etc. Jagdliche Verfolgung, auch wenn regional in ME Verringerung des Jagddrucks erkennbar.

Störungen am Brutplatz durch Freizeitnutzung, z.B. Angler, Bootsfahrer, Badegäste etc.; dadurch häufig Brutaufgabe (oder Gelegeverluste durch Rabenvögel, Möwen, Fuchs etc.).
Rückgang der Nahrungsgrundlage, z.T. durch Gewässer»verbesserungen«, auch durch Konkurrenz mit Fischen (zu hoher Besatz), sowie durch Hypertrophierung.
Pestizidbelastung. Tod in Stellnetzen, Bisamratten-Fallen, an Angelhaken etc.
Natürliche Ursachen: (1) Gelegeverluste durch starke Wasserstandsschwankungen; (2) hohe Verluste in extrem kalten Wintern; (3) Massensterben durch Botulismus sowie durch Wurmbefall.

SPEC	VSchRL	Bern.Konv.	Bonn.Konv.
--	II-1, III-2	Anh. III	Anh. II*
Europ. RL	RL in ME		
--	FL: 'R', L: 'NT'		

* nur Mittelmeer- und Schwarzmeer-Populationen

Schutzmaßnahmen. Regional: Verbot der Jagd in Gebieten mit negativer Bestandsentwicklung; Schonzeit ab Zerfall der großen Verbände ab etwa Ende Dezember
Schutz und Erhaltung von Altwässern und ungestörten Uferbereichen. Einschränkung der Freizeitnutzung zumindest in Teilbereichen von Seen und anderen (Brut-)Gewässern.

Biotop. Br. an stehenden und langsam fließenden überwiegend eutrophen Gewässern; Flachufer und Ufervegetation nötig; Typen der Brutgewässer vielfältig, z.B. Seen, Teiche, langsame Flüsse mit Altwässern, Stauseen, Baggerlöcher, Kiesgruben, Tümpel, Parkteiche, Überschwemmungsflächen, Brackwasserlagunen, gelegentlich auch bei fehlender Ufervegetation, dagegen kaum in sehr oligotrophen und dystrophen Gewässern und an Meeresküsten. Mauserkonzentrationen an größeren, nahrungsreichen oder mit größeren Röhrichtgürteln umgebenen Gewässern; im Winterhalbjahr auch auf ± flachen, deckungslosen größeren Gewässern und zunehmend an Fütterungen.

Nahrung. Allesfresser mit starken saisonalen und regionalen Unterschieden. Frische und faulende Pflanzenteile (auch Abwasserpilz *Leptomitus*), Abfälle und Entenfutter, kleine Mollusken (z.B. Wandermuschel *Dreissena*, Schnecken), Insekten und deren Entwicklungsstadien; gelegentlich kleine Fischchen im Flachwasser (nur ausnahmsweise Fischlaich!), auch Vogeleier. Winternahrung CH z.B. Gras, Grünalgen, pflanzlicher Detritus und mehrere Wasserpflanzen (z.B. *Myriophyllum, Potamogeton, Elodea, Ranunculus fluitans* etc.), gebietsweise auch *Dreissena*; als Sommernahrung ist Schilf sehr beliebt (mit hohem Gehalt an Rohproteinen und Kohlehydraten). Bei reiner Schilfnahrung (Blätter, Triebe) wird knapp das Körpergewicht/d benötigt, bei *Ranunculus fluitans* wäre etwa das 3.6-fache erforderlich. Bei hoher Dichte ist eine Übernutzung des Schilfgürtels durchaus möglich. Havel/Berlin: Sommerhalbjahr Algen, Schilfknospen, alte Pflanzenteile und Laub; Winterhalbjahr Gras, Brotreste, Brot von Fütterungen, altes Laub, alte Pflanzen, Algen, an manchen Stellen vorwiegend Mollusken.

Stimme. ♂ knallend-platzend »tsk« oder »tsi« ähnlich einer auf Steinboden fallenden Kette oder wie ein knallender Sektkorken »tp«; ♀ dagegen laut »köw«. Vielfach Abwandlungen in Schärfe und Lautstärke, Warnruf ♂ scharf »pssi«. ♀ meist gereiht »ä-ö-ä-ä-ö« (tiefe und hohe Laute) etc.

Verhalten. Nahrungserwerb tagsüber; nachts vor allem Zug. Läuft geschickt, im hohen Tempo mit Flügelschlägen. Liegt beim Schwimmen hoch im Wasser, Kopfnicken; über kurze Entfernungen Schwimmlauf; Tauchen mit Kopfsprung. Tauchtiefe meist < 2 m, max. > 6 m; mittlere Tauchzeiten meist < 20 sec. Start zum Flug durch Laufen auf Wasseroberfläche oder festem Untergrund; hohe Flügelschlagfrequenz; Beine überragen weit die Schwanzspitze. Nahrungserwerb im Pflanzengürtel der Verlandungszone durch Abreißen bzw. Abzwicken von Halmen und Blättern über oder knapp unter der Wasseroberfläche, auf ufernahen Äckern und Wiesen, aber auch durch Gründeln und Tauchen unter Wasser. Nahrungsschmarotzen besonders bei Schwänen, Artgenossen und auch Enten, doch häufig auch selbst Opfer von Gründelenten, Möwen und Krähen (vor allem beim Nahrungserwerb unter Wasser). Als Brutvogel territorial, doch Brutnachbarschaft von Lappentauchern, Enten, Möwen, Teichhuhn etc. nicht selten; Nichtbrüter auch im Sommer in größeren Verbänden, im Winter oft zu Hunderten und Tausenden, oft mit Gründel- und Tauchenten vergesellschaftet. Zeitpunkt der Paarbildung wohl meist Spätwinter/Frühjahr. Nach Revierbesetzung krault ♂ das ♀ an Kopf und Hals. Vor Kopulation oft »Treiben«; Begattung meist auf festem Untergrund, auf einer Nestplattform, mitunter auch im Wasser. Drohen durch Vorweisen des Stirnschildes, ferner Strecken des Halses, Aufrichten durch Wassertreten; Imponieren im Revier mit gesenktem und vorgestrecktem Hals sowie hoch über den Rücken gewölbten Flügeln, auch jetzt oft Wassertreten. ♂ bewachen ♀ während der fertilen Phase. Bei kämpferischen Auseinandersetzungen Aufrichten und gegenseitige Bearbeitung mit Füßen. Gemeinsam Luftfeindabwehr durch enges Zusammenrücken der Ind.; gute Ausnützung der Deckung. Außerhalb der Brutzeit vor allem Winter auch in großen Trupps (mehrere 1000 Ind.).

Fortpflanzung, Brutbiologie [337,767,1784,1722, 1]. Im 1. Lebensjahr geschlechtsreif, aber Erstbrut nicht generell im 2. KJ. Monogam. Dauer des Paarzusammenhalts unterschiedlich, z.T. längere Partnertreue. **Nest.** In dichter Ufervegetation, meist in Seichtwasser an Halmen oder Ästen verankert (»Wasserburgen«), aber auch auf fester Unterlage; oft gut gedeckt; zuweilen aber völlig frei (z.B. »Schwimmburgen«). Umfangreicher Bau aus Pflanzen der Verlandungszone; nicht selten schräger Aufgang (Rampe) und »Baldachin«. Neben Brutnest auch 1-2 Ruhenester im Revier. ♂ baut Nestboden, beide die Muldenauskleidung. **Legebeginn.** In ME frühestens (Feb.) März, hauptsächlich April und Mai, doch bis Aug. **Gelegegröße.** 5-10 (3-14), Mischgelege bis 22 nicht selten; ältere Ind. mit größeren Gelegen als Einjährige; Kalendereffekt, z.B. Ø von April, Mai, Juni in CS 8.1-5.0, in D 8.6-6.7 und in CH 6.9-5.1; CS Erstgelege$_{129}$ 6.72, Nachgelege$_{35,171,30}$ 6.45, 743 bzw. 6.10, CS$_{1131}$ 7.5, D-BY$_{239}$ 7.9, D-BB$_{278}$ 6.8, D-BW$_{231}$ 6.4 ± 1.8, LV$_{916}$ 8.1. Legeintervall 1 d. **Eier.** (Längs-)oval, glanzlos, hellgrau bis gelblichweiß mit vielen feinen dunklen Punkten. **Brutdauer.** 23-24 (21-25) d; beide brüten; Bebrütung ab zweitem Ei. **Schlüpftermine.** Juv. schlüpfen asynchron, frühestens März, meist April bis Juni, spätestens Aug./Sep., ausnahmsweise Okt. **Nestlings-/Führungszeit.** Juv. verlassen Nest selten schon nach 12-15 h, meist erst nach 3-4 d; beide führen Teil der Brut und füttert bis 4-5 Wochen. Adoptionen in frühen Stadien möglich. Ab ca. 8 Wochen (55-60 d) Juv. voll flugfähig und selbständig. **Jahresbruten.** häufig 1, zu kleinen Teilen regional unterschiedlich 2 [256], ausnahmsweise 3 [1576], z.T. geschachtelt; Ersatzgelege. **Bruterfolg.** In kleinen Populationen (unter Einberechnung von Nachgelegen) CS$_{24}$ 6.4 geschlüpfte Juv./BP und J., in D-BB$_{85,50,18,64}$ Brutgrößen von 2.3, 3.54, 3.0 und 4.2; in CS$_{114}$ 2.3 flügge Juv./BP und J., GB$_{14}$ 2.0 bzw. GB 1.31, D$_{28}$ 2.85, D$_{41}$ 1.3 (Stadtpopulation) bzw. D$_{52}$ 3.9 flügge Juv./BP und J.; B$_{203}$ 2.26 geschlüpfte und 1.51 flügge Juv./BP [1915]. Von 343 Eiern aus 70 Gelegen in GB schlüpften 33.8% und 71 wurden flügge (20.7%). Verluste durch Überflutung, Prädation, Verlassen des Geleges und Störungen. In D-BB betrug Schlupfrate bei 550 Gelegen 80.1%. Bruterfolg in CS bei Erstgelegen größer als bei Nachgelegen.

Eimaße und -gewichte. L. 45.1-59.3 mm, B. 30.6-40.1 mm, Ø: 52.8 x 36.1 mm (n=665, LV), 52.4 x 36.1 mm (n=500, D-BY); Frischvollgew. 29.3-44.9 g, Ø: 39.8 g (n=280, NL) , Ø: 37.6 g (n=283, LV); Schalengew. 2.42-4.09 g, Ø: 3.22 g (n=50, NL).

Sterblichkeit, Alter. Im 1. J. 76–87 %, im 2. J. 48–72 %; NL bei erlegten 1. J. 79 %, spätere J. 25 %; tot gefunden 1. J. 32 %, spätere J. 22 % [s. auch 639]. Ältester Ringvogel (DK) 20 J. 7 Monate [3654]. **Generationslänge:** < 3.3 J. [383].

Mauser. **Postjuvenile Mauser** (Teilmauser) beginnt bevor Schwingen voll ausgewachsen, Abschluss bis Okt. (Dez.); Körpergefieder [767,139]. • **Postnuptialmauser** (Vollmauser) (Mitte Mai) Juni/Juli–Sept./Okt.; Schwungfedern und Flügeldecken (und später ST) synchron und vermutlich ca. 4 Wochen flugunfähig, Ende Juni/Anf. Sept. (sehr variabel), ♂ etwas früher als ♀ und Nichtbrüter bereits ab Mitte Juni [767,139,1688],. • **Pränuptialmauser** (Teilmauser) Dez.–Mai; bes. Kopf- und Halsgefieder [767,139,1814].

ORDNUNG Charadriiformes – Wat-, Alken- und Möwenvögel

Vielseitige Gruppe kleiner bis großer Wasser- und Sumpfvögel, aber mit Anpassungen zum Leben auf trockenem Boden bis hin zu ausgesprochener Hochsee. Gemeinsamkeiten in anatomischen Details, z.B. gut ausgebildete Nasendrüsen, Hinterzehe schwach entwickelt oder fehlend, 11 HS (11. allerdings meist stark reduziert und 10. am längsten), verschiedene Schädelmerkmale; im Allgemeinen kleine Gelege (1-4 Eier), Eier pigmentiert und ± gefleckt. Standardreferenzen für die Feldbestimmung von Möwen [1408,2454], Alken [1311] und Limikolen [hierzu:1580,3239 (mit Farbfotos aller Arten), ferner 3068 (für die Bestimmung in der Hand nach Alter, Geschlecht); aktuelle Analyse der geographischen Variation der holarktischen Arten:1026].

Neue molekulare Untersuchungen [2942,1047,3831N] sprechen für die Monophylie der Charadriiformes unter Einschluss der Laufhühnchen (Turnicidae), aber unter Ausschluss der Flughühner (Pteroclidae). Die Verwandtschaft der charadriiformen Teilgruppen untereinander wird durch die genannten Arbeiten recht gut aufgelöst. Danach gibt es vier basale Linien (Unterordnungen), deren jeweilige Monophylie gut gesichert ist: **Burhini** (Triele, Scheidenschnäbel), **Charadrii** (Austernfischer, Säbelschnäbler, Regenpfeifer), **Scolopaci** (Schnepfenartige im weiteren Sinn, mit zwei sehr divergenten Teilgruppen) und **Lari** (Laufhühnchen, Brachschwalben, Rennvögel, Raubmöwen, Alke, Möwen, Seeschwalben). In dieser Reihenfolge werden die Familien hier vorgestellt.

Unterordnung Burhini

Familie Burhinidae – Triele

Mittelgroße bis große nacht- und dämmerungsaktive Watvögel mit großen Augen, kräftigen Beinen (mit »geschwollenen« Laufgelenken) und tarnfarbigem Gefieder; Geschlechter gleich (bei einigen Arten ♀ etwas kleiner). In warmen Trockengebieten aller Kontinente; Bruten meist auf karg bewachsenen, weit offenen Flächen. Zwei Gattungen:

• Gattung *Burhinus*

mit 7 Arten, weltweit verbreitet (außer N-Amerika). *Burhinus*-Arten sind überwiegend dämmerungs- und nachtaktiv, daher in ihrem kryptischen Gefieder vergleichsweise wenig differenziert.

• Gattung *Esacus*

mit 2 Arten (Indien bis AUS).

Burhinus oedicnemus – Triel 04590

Burhinus [oedicnemus] oedicnemus (Linnaeus 1758)

(GB) Stone-curlew/Stone Curlew **(F) Oedicnème criard** **(E) Alcaraván Común**

Taxonomie. Fünf UA, zumindest teilweise in Europa: *distinctus* (Bannermann 1914) (W Kanaren), *insularum* (Sassi 1908) (E Kanaren), *saharae* (Reichenow 1894) (N-Afrika, Mittelmeerinseln, GR, TR nach E bis Iran), *oedicnemus* (Linnaeus 1758) (S-GB und Iberien über Kontinentaleuropa bis Kaukasus), *harterti* Vaurie 1963 (Wolgagebiet durch Transkaspien bis Pakistan/NW-Indien), Bildet Superspezies mit *B. [o.] indicus* (Indien, Sri Lanka bis Indochina). [1784].

Kennzeichen. [1784,221,1369,3772,3615; **Fotos** in Dutch B. **19**, 141, 22, 177].

Maße. Gr.: 40-44 cm. Gew.: 338-535 g. Fl.spw.: 77-85 cm. Fl.l.: ♀,♂ 23.4-25.2 cm [1369,3615].

Status. Seltener Brut- und Sommervogel in S- und E-ME. In B, L, CH und FL wohl nie Brutvogel [1369]. Auch als Durchzügler bzw. Gastvogel in ME heute sehr selten (aber gebietsw. allj.), am regelmäßigsten in NL und CH.

Verbreitung und Bestand. Brutvogel der Trockengebiete von W- und S-Europa über Kleinasien und E-Europa bis Hinterindien und E-KZ. Gesamtbestand der Nominatform 46.000-78.000 BP, abnehmend [383], mit größtem Bestand in E. (30-40 T.) und weiteren großen Vorkommen in RUS (3-10 T.), TR (3-6 T.) sowie F (5-9 T.); Verteilung der europ. Vögel im Winter 100-180 T. Ind. in W-Europa und 25-51 T. Ind. in ME und E-Europa [3718]. In ME von jeher auf wenige geeignete Habitatinseln beschränkt; Populationen jedoch größtenteils zusammengebrochen; derzeitiger Bestand etwa 160-270 BP, die meisten davon in H [1585].

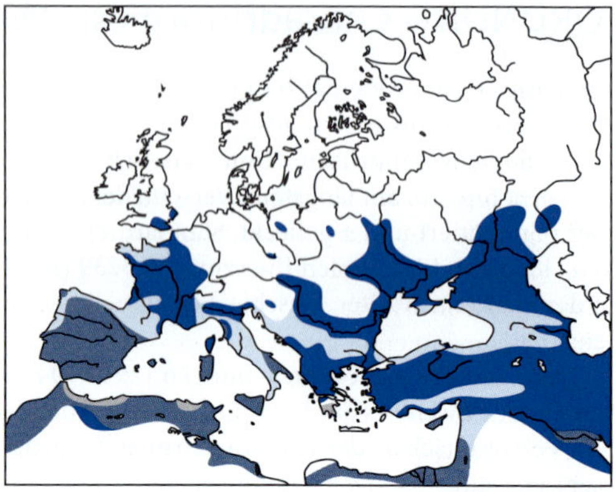

Burhinus oedicnemus – **Triel**

Wanderungen. Überwiegend Mittel- und Langstreckenzieher; Hauptwintergebiet vermutlich Mittelmeerraum und NW-Afrika; Nominatform Europas im Winter aber auch im tropischen W-Afrika, Uganda, Kenia. 1 Ringfund England – Sierra Leone belegt, dass es sich dabei um Br. aus ME handeln kann [1419,4064]. Weitere Funde der Br. GB in F, P, E., MA. Bisherige Ringfunde in W-Europa und ME deuten Abzugsrichtung in breiter Front nach SW/SSW an (Nachweise Br. aus D in N-I, Sardinien). Irrgast bis N./S. Endgültiger Abzug Sept., vorher (Juli/Aug.) Großgefiedermauser; spät geschlüpfte Junge können kaum vor Okt. wegziehen. Höhepunkt Wegzug Europa Okt.; milde Gebiete (z.B. H) werden endgültig erst im Nov. geräumt; einzelne Dez.- und Winterdaten aus ME. Rückkehr ab Anf. März; hauptsächlich April. Brutortstreue und Geburtsortstreue belegt.

Bestandsentwicklung. Niedergang der Trielpopulation in ME ab Mitte 19. Jh. [1369,3892,196]. Durch Zerstörung der Lebensräume schon früh vollständiges Erlöschen einiger Populationen [D-BW 1890er J.:1722, -TH 1912: 337, -SH Bruthinweise noch bis 1938:q7]. Besonders dramatisch waren Verluste aber erst Mitte 20. Jh. Nach und nach erloschen die meisten verbliebenen Brutbestände ME. In 1930er J. in D-BY, wo dem Verlust bedeutender Brutstandorte die Zerstörung wichtiger Nahrungsplätze folgte [2808,4175,196], 1940 in A-Oö, 1954 in D-NI und etwa 1957 in NL [1369,196]. In D-ST hielten sich einzelne Paare bis 1960er J. [337,2804], in A-B, D-SN und -BB Populationen bis Mitte 1980er J. erloschen [196,902], in Kiesgruben an der Oder (PL Seite) noch um 1990 brütend [J. Kube]. Nach katastrophalem Einbruch im 20. Jh. ist Bestand in PL etwa 2000 erloschen [q22]; die letzten Paare brüteten überwiegend auf Flussschotter- und Kiesabbauflächen [1366,3871]. Bestand in CZ und SK. (auch BY) in 1990er J. nur noch 1-5 BP [2159,1585]. In A-Nö und -St Anf. 1990er J. noch wenige Brutpaare [965], seither Bestand wieder leicht angewachsen [q3]. In D gilt der Triel als »ausgestorben«, da Brutnachweise seit 1987 fehlen [204], doch Bruten in unzugänglichen Rückzugsgebieten wie Truppenübungsplätzen denkbar [196], und nur in solchen Sekundärlebensräumen (auch Tagebaufolgelandschaften, Kiesabbaugebieten sowie Landwirtschaftsflächen auf Trockenstandorten) hat die Art in (W-)ME offenbar realistische Überlebenschance.

	Best.	Areal	Brutbestand	Jahr	Quelle
A	+/-	=	11–13	1998–2000	[383]
H	+/-	=	150–250	1995–2002	[383]
SK	↓	- 1	0–5	1990–1999	[383]

In H Bestand derzeit weitgehend stabil [1585], wobei genauere Nachsuche noch unerwartete Brutvorkommen ergab [1086], sonst auch in E-Europa fast generell Abnahmen [1585]. Auf Landwirtschaftsflächen im Elsass F Habitatstrukturen und Klima offenbar günstig, da trotz zunehmender Intensivierung lange Zeit weitgehend stabil. Seit Ende 1970er J. aber auch dort Rückgang [196], bis 1996 sogar um über 50% [3320].

Siedlungsdichte. In Landwirtschaftsgebieten mit Maisanbau F in 1990er J. meist zwischen 0.2-0.4 BP/km^2 [3320], in gemischten Kulturen im Mittel 1.1 BP/km^2; in den Trockengebieten der Crau F 1.5-3.0 BP/km^2 [1507].

Gefährdungsursachen [3892,1507,4175,196,2804]. Hauptursache für drastische Bestands- und Areal-

verluste in ME war Verlust geeigneter Lebensräume wie Heidegebiete, Ödland und Dünenlandschaften durch Kultivierung, Aufforstung, Zersiedlung und verstärkte Nutzung oder wie vegetationsarme Kies- und Sandbänke durch Flussausbau und -korrekturen. Neben Brutplatzangebot vor allem Verlust wichtiger Nahrungsgebiete entscheidend. Veränderungen der Landschaft betreffen neben Heideflächen vor allem Magerrasen und extensiv genutzte Weiden (zunehmende Eutrophierung, fehlende extensive Beweidung oder Umbruch).
Verlust der Gelege oder Jungvögel oder Brutaufgabe durch mechanisierte landwirtschaftliche Bearbeitung, Störungen, oder zu schnelles Wachstum der Vegetation durch Getreidesorten wie Mais, dadurch Zweitbruten unmöglich.
Rückgang des Nahrungsangebots und direkte Kontamination durch starken Biozideinsatz.
Erhebliche Störungen in Brut- und Überwinterungsgebieten.

SPEC	VSchRL	Bern.Konv.	Bonn.Konv.
3	Anh. I	Anh. II	Anh. II
Europ. RL	RL in ME		
VU	CZ, D, NL: **'RE'**, A, PL: 'CR', SK :'EN', H: 'VU'		

Schutzmaßnahmen. Erhaltung und Schutz extensiv genutzter Heidegebiete und von Dünenlandschaften; regional Wiederherstellung ursprünglicher Flussauengebiete.
In Überwinterungsgebieten kein weiterer Umbruch von Steppengebieten in Ackerland.
Drastische Reduktion des Biozideinsatzes.
Aufklärung der Bevölkerung über ökologische Bedeutung sog. »Un«- oder Ödlandes. Absprachen mit und Entschädigungszahlungen an Landwirte.

Biotop. Ödlandbrüter; weitgehend offene, trockene steinige, sandige oder lehmige Böden mit nicht zu hoher Vegetation, z.B. Küstendünen, lichte Pinien- und Eukalyptusbestände, Steppen, Trockenrasengesellschaften, Schotterbänke und halbtrockene Flussbetten. In warmen und vor allem trockenen Gegenden auch Kulturflächen (z.B. Getreidefelder, Maisfelder, Rebgärten etc.); meidet aber hohe und dichte Vegetation (Rundumblick wichtig); im mediterranen Raum auch in Quellerbeständen an Salzseen sowie im Bereich von Flussmündungen. Dz. ebenfalls überwiegend auf Odflächen, aber auch an Küsten.

Nahrung. Hauptsächlich tierisch, landbewohnende Wirbellose und kleine Wirbeltiere, gelegentlich auch Pflanzenteile. Viele Gruppen sind nachgewiesen, z.B. Regenwürmer, Schnecken, Spinnen, Asseln, Insekten und deren Larven; seltener kleine Amphibien, Reptilien und auch Kleinsäuger.

Stimme. Ruf vor allem in der Dämmerung und nachts, z. B. 1–2mal »chrrähit« oder »küüüit« (im Flug) bzw. wie »kiki wiik kikiwiik« (als Gesang); Rufe auch im Wechsel zweier Ind., nachts auch Chorus mehrerer Ind. bis 30 min. Am Brutplatz trillernde Pfiffe, die in Lautstärke und Tonhöhe ansteigen (»kikiwiek-kikikikiwiek-kiwiek...«) und am Höhepunkt mit klaren, lauten»küüüit«-Rufen enden.

Verhalten. Dämmerungs- und nachtaktiv; nur zur Brutzeit auch tagaktiv. Rufaktivität oft erst in den frühen Morgenstunden. Bei Beunruhigung geduckte Haltung; schleicht langsam, kann aber auch in hohem Tempo rennen. Beim Auffliegen oft Fluglauf. Flug mit kräftigen, ausholenden Flügelschlägen. Zur Brutzeit territorial. Balz und Paarbildung nach Ankunft am Brutplatz. Imponierverhalten der ♂ mit geöffneten Flügeln und hohen Sprüngen. Beide Partner bleiben hoch aufgerichtet nebeneinander stehen, Kopf wird bei steifem Hals vorgebeugt, Schnabel zeigt nach unten; Scheinnisten; Balzfüttern des ♀ durch das ♂. Brüten auch in Trios (1 ♂ u. 2 ♀). Im Allgemeinen tagsüber sehr schwer zu entdecken, da die Vögel bei Störung zunächst unter Ausnutzung der Deckung weglaufen oder sich auf den Boden drücken. Gegen kleinere Luft- und Bodenfeinde am Nest fauchende Scheinangriffe. Im Herbst, auf dem Zug und auch im Winterquartier gesellig. Nach der Brutzeit kleine Familien- oder Mausertrupps. auf dem Zug auch größere Trupps (200 Ind.).

Fortpflanzung, Brutbiologie [337,767,1784]. Erstbruten meist im 3. Lebensjahr, zuweilen schon im 2., ausnahmsweise schon im 1. balzend. Monogame Saisonehe. **Nest.** Wahl durch beide; auf trockenem Boden in meist lockerer Vegetation, nicht selten auf etwas erhöhten Stellen. Eiablage in kleiner Bodenvertiefung oder in selbst gedrehter bzw. gescharrter flachen Mulde; wenig Material. **Legebeginn.** In S-Europa ab Ende März/Anf. April, in GB einen Monat später; Hauptlegezeit bis Ende Mai, regelm. noch Juni, einzelne noch später (bis Aug.). **Gelegegröße.** 2 (1–3), 4er-Gelege von 2 ♀; Ø GB_{94} 1.9. Legeintervall meist 2 d.

Eier. Oval, nicht kreiselförmig, Grund hellbraun, dunkelbraune und hellere Flecken, Zeichnung sehr variabel. **Brutdauer.** 24-26 (27) d; beide brüten, jeweiliger Partner wacht; Bebrütung ab letztem Ei. **Nestlings-/Führungszeit.** Juv. schlüpfen synchron, laufen ab einigen h nach Schlupf, drücken sich bei Gefahr. Nahrung anfangs gebracht oder mit Schnabel vorgehalten. Juv. mit 36-42 d flügge, kurz darauf, wenn voll flugfähig, von Ad. verlassen. **Jahresbruten.** 1, Zweitbruten in S-Europa, als Schachtelbrut nachgewiesen; Ersatzgelege oft auch nach Schlüpfen der Jungen. **Bruterfolg.** In GB schlüpften 66-73% der abgelegten Eier, von den Geschlüpften überlebten 77% bis 3-4 Wochen; bei 6 Paaren 0.8 flügge Juv./BP und J., GB ca. 0.65 flügge Juv./BP und J.

Eimaße und -gewichte. L. 47.4-65.9 mm, B. 35.5-43.5 mm, Ø: 53.0 x 38.1 mm (n=40, NL), 53.4 x 38.9 mm (n=159, E-D); Frischvollgew. 34.0-44.6 g, Ø: ca. 36-39 g; Schalengew. 2.65-3.90 g, Ø 3.25 g.

Sterblichkeit, Alter. Br. England 1. J. 39 %, später 17 %/J. [1419]. Ältester Ringvogel (GB) 17 J. 10 Monate [3654]. **Generationslänge:** 9 J. [383].

Mauser. **Postjuv. Mauser** (Teilmauser) ab Sept.; einschließlich variablen Anteilen von Flügeldecken und ST [767,1369]. • **Postnuptialmauser** (Vollmauser) Mai/Mitte Juni – Sept./Nov. [767,1356]; gelegentlich 1–3 äußere HS erst im April/Mai erneuert, wobei gleichzeitig nächster Mauserzyklus startet (Staffelmauser) [767]. • **Pränuptialmauser** (Teilmauser) März – Mai; Teile des Kleingefieders [767,1369].

Unterordnung Charadrii

Sperlings- bis fast hühnergroße Bodenvögel, überwiegend langbeinig und langschnäbelig. Bewohner von Küsten- und Uferzonen, Sumpfbiotopen, kurzrasigen Flächen bis hin zu Steppen und (Halb-)Wüsten; einige Waldbewohner. Viele spitzflügelig; die meisten Kleintierjäger. Häufigste Gelegegröße 4 Eier; Junge sind Nestflüchter, meist vom 1. Lebenstag an fähig, selbst Nahrung aufzunehmen.

Familie Haematopodidae – Austernfischer

Große schwarze oder schwarzweiße Watvögel mit recht kurzen (meist roten) Beinen und sehr langem, rotem Schnabel. ♀ etwas größer als ♂, Färbung gleich. Pulli noch längere Zeit von Ad. abhängig.
Weltweit 9-11 Arten; Verwandtschaftsverhältnisse unbekannt. Formen mit völlig schwarzem Gefieder sind sicher mehrfach konvergent entstanden: *bachmani* (westl. N-Amerika), *moquini* (S-Afrika), *maedewaldoi* (Kanaren, ausgestorben), *fuliginosus* (AUS) und *ater* (S-Amerika). *H. unicolor* (NZ) ist dimorph (trotz des irreführenden Namens), was zeigt, dass dem Wechsel zwischen schwarz-weißem und ganz schwarzem Gefieder ein einfacher genetischer Mechanismus zugrunde liegt.

Haematopus ostralegus – Austernfischer 04500

Haematopus [ostralegus] ostralegus (Linnaeus 1758)

(GB) **Eurasian Oystercatcher** (F) **Huîtrier pie** (E) **Ostrero Euroasiático**

Taxonomie. Drei UA: *ostralegus* Linnaeus 1758 (W-Paläarktis), *longipes* Buturlin 1910 (E-Europa und W-Asien) und *osculans* Swinhoe 1871 (E-Paläarktis). Die Abgrenzung der Superspezies *H. [ostralegus]* ist umstritten [vgl. 3565,995N.], bisher fehlen umfassende Untersuchungen, auf die sich eine Gliederung stützen könnte.

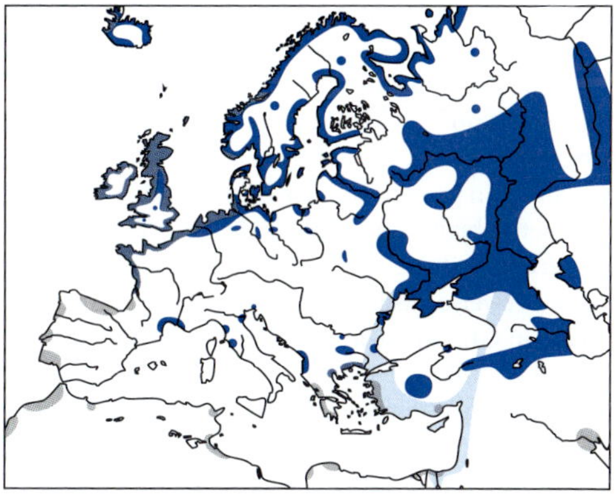

Haematopus ostralegus – **Austernfischer**

Kennzeichen. [1784,221,1369,3772,3615].

Maße. Gr.: 40-47.5 cm. Gew.: ♂ 425-805 g, ♀ 445-820 g. Fl.spw.: 80-86 cm. Fl.l.: ♂ 24.1-27.3 cm, ♀ 24.4-27.6 cm [1369,3615].

Status. Nominatform regional verbreiteter und häufiger Brut- und Jahresvogel; Teilzieher. Küstennah häufiger, regelm. Durchzügler und Rastvogel, im Binnenland dagegen nur an wenigen Stellen regelm. [z.B. Bod.:1617] und meist in kleiner Zahl. In SE-ME ist UA *longipes* (verbreitet von E-Europa nach Asien) seltener Durchzügler und Gastvogel [1369].

Verbreitung und Bestand. Von NW- und M-Europa über Vorderasien und E-Europa bis Zentralsibirien. Isolierte Brutgebiete ferner im N-Mittelmeergebiet sowie in N-China und E-Sibirien. In ME Nominatform Brutvogel der Küste und zunehmend der Niederungen im Binnenland. Wattenmeer als eindeutiger Schwerpunkt der Brutverbreitung. Brutbestand in Europa 300.000-450.000 BP (leichter Rückgang); sehr große Zahl Nichtbrüter bzw. nicht geschlechtsreifer Vögel; Vorkommen > 20.000 BP in D, NL, N. und GB. In ME brüten etwa 112.000-168.000 BP; fehlt als Brutvogel in L, CH, FL, CZ, SK., A und H [383, veränd.]. Winterbestand in Europa 0.9-1.1 Mio. Ind. [3718].

Wanderungen. Teilzieher. Winterausharrer bereits in SW-IS, Färöer und S-N.; Hauptwinterquartier

Nordseeraum und Atlantikküsten in Wattengebieten und Ästuaren bis Mauretanien, einzelne bis tropisches W-Afrika und sogar S-Afrika [1709]. **Br. IS, N-GB** überwintern IRL und W-Küste GB; viele Br. GB überwintern im Land, etliche ziehen bis F, E., P und MA; **Br. NL** mausern und überwintern großenteils im Wattenmeer, einige ziehen bis SE-England und entlang der Atlantikküste bis E./P. und NW-Afrika; **Br. N.** bis Wattenmeer D/NL sowie Küsten F/E. und W-GB; **Br. N-RUS** ziehen z.T. über FIN, DK an Nordseeküste DK/D, z.T. über S-Küste Ostsee über D-SH etc. zur Nordsee; aus S. ziehen die meisten ebenfalls an oder entlang Nordseeküste; beringte vor dem Flüggewerden in D (Nord- und Ostseeküste) wurden Dez./Feb. an Nordseeküste D, NL, B, an Küste N-F und Sept./Dez. in E. wiedergefunden [Ringfunde GB/IRL:4064; D:3167; NL:3642; Weißes Meer:2227]. Mausergebiete werden Juli/Sept. aufgesucht, Binnenlandbrüter in ME suchen die Küste sofort nach Flüggewerden der Jungen auf. Erster großer Abzug im N und E der Wattenmeerküste ab Nov.; zur selben Zeit auch Verringerung der Zahlen im W, doch hier Zuzug bis Dez./Jan. Vermutlich verlagern sich die großen Scharen langsam im einbrechenden Winter nach W. Oft noch im Mittwinter auffallende Kältefluchtbewegungen W/SW. Binnenlandzug in ME unbedeutend. Heimzug Feb./März (an Küste meist im März). Ankunft an ME Brutplätzen Ende Jan./Anf. Feb. an der Küste, Ende Feb./Anf. März/April Binnenland. Ein großer Teil der Immat. bleibt auch im Sommerhalbjahr im Bereich des Winterquartiers und erreicht Brutgebiete erst vom 4. Sommer an. Normalerweise ausgeprägte Geburts- und Brutortstreue (in GB/IRL brüteten 71% der beringten Pulli später im Umkreis von 20 km um den Geburtsort; n=121), auch Winterquartiertreue nachgewiesen.

Bestandsentwicklung. Nach drastischem Bestandsrückgang ab Mitte 19. Jh. aufgrund von Verfolgung und Störungen an Brutplätzen [1369] erneute Erholung ab 1920er J. vor allem durch Schutzmaßnahmen, in GB und NL auch durch Ausweitung der Bruthabitate [1144]. Seit 1930er J. Besiedlung des Binnenlandes entlang von Flussniederungen, D-NW schon in 1940er J. erreicht [2974], dort inzwischen weiter ausgebreitet [2623, 196].
Etwa ab 1950er J. durch Schutzmaßnahmen, Entwicklung der Grünlandwirtschaft, Anlandung und Eindeichung, durch verringerte Nutzung (Beweidung, Eiersammeln, Jagd etc.), Eutrophierung (dadurch anfangs Zunahme der Beutetiere in Wiesengebieten) [1507] sowie durch Besiedlung neuer, stark vom Menschen veränderter Bruthabitate wie Landwirtschaftsflächen (auch Gebäudedächer) z.T. exponentieller Bestandsanstieg: in NL von 8.000-12.000 (1955) auf 80.000-100.000 (1985) und 80.000-130.000 (2000), im D Wattenmeer von 1950-91 von 5.000 auf 23.550 BP, im gesamten Wattenmeer von Ende 1970er J. bis 1991 von 16.500-19.600 auf > 39.000 BP [1144]. Dabei lokal fast Verdoppelung der BP-Dichte auf Salzwiesen. Bestandszunahme in Außendeichsflächen D-NI ebenfalls stark [1369]. In B kontinuierliche Zunahme seit 1950er J. mit Vervielfachung des Brutbestandes (1956: 16-20 BP, 1981: 360-380 BP, 1990: 610-640 BP) [843, 1585]. Bis in jüngste Zeit Ausweitung des Verbreitungsareals nach E und SE, z.B. ausgehend von Küstengebieten B, dem D Wattenmeer und weiteren Küstenbereichen D-NI, -HH und -SH [1369, 196, 2642]. Andererseits Bestandsrückgänge in jüngster Zeit infolge intensivierter Grünlandnutzung und anderer Biotopveränderungen, industrialisierter Muschelfischerei und Zusammenbruch größerer Muschelbestände - vor allem in NL [196, 3638, 3236N; auch DK:1144]. Abnahmen (oder Stagnation) seit etwa Mitte 1980er J., in NL anfangs hauptsächlich in Dünengebieten, später auch in den Landwirtschaftsgebieten [375, 3638], regional auch in D-SH [593; aber 1269; 310]. In einigen dichtbesiedelten Bereichen der Küste Bruterfolg inzwischen sehr gering [196, 3638]. Im Binnenland z.T. anhaltende Zunahme [310].

	Best.	Areal	Brutbestand	Jahr	Quelle
B	⇧	+ 1	1.500–2.100	2001–2002	[383]
D	⇧	+ 1	31.000–36.000	1995–1999	[383]
NL	+/-	=	80.000–130.000	1998–2000	[383]
PL	↑	+ 1	20–30	1997–2000	[383]

Ostseeraum von jeher vergleichsweise spärlich besiedelt, sowohl D-SH als auch -MV, dort in 1980er J. nach leichten Zunahmen jeweils knapp > 200 BP. Inzwischen aber Ausbreitung ins Binnenland, entlang der großen Flüsse, aber auch vom Ostseeraum aus, und erste Brutvorkommen in -ST, -BB und jüngst -SN [2031, 2772, 204, 1]. Kleine Brutpopulation in PL erlosch Ende 1930er J., Wiederbesiedlung 1973 [1369], seither Bestand auf 23-27 BP angewachsen, mit kleiner Population im Binnenland (seit 1982) [3871].
Wattenmeer hat herausragende internationale Bedeutung als Mauser-, Durchzugs- und Überwinterungsgebiet; Mittwinterzahlen belegen langfristige Zunahme der Flyway-Population der Nominatform

(Europa, einige bis N-/W-Afrika) bei derzeit 1.020.000 Ind. und Stabilität der Population von *H. o. longipes* (Schwarzmeer, W-Sibirien nach NE-Afrika, Arab.) bei 100.000-200.000 Ind. [4077,823].

Siedlungsdichte. Dichte auf Festland binnenwärts stark abnehmend z.B. in NL höchste Dichten im Wattenmeer mit bis zu 45 BP/10 ha, auf Sanddünen der Inseln nur 1-3 BP/10 ha [25], max. z.B. 8.6 BP/10 ha [337]; Wiesenbrüter im Binnenland etwa 1.4-2.2 BP/10 ha im Umkreis von 30 km bis zur Küste, 0.3 BP/10 ha bei 100 km und 0.015 BP/10 ha bei Entfernungen bis 160 km von der Küste [1507]. Beeinflussung der Dichte durch menschliche Nutzung, Silbermöwenkolonien etc. [z.B. 1544].

Gefährdungsfaktoren [1369,196,1366,1144]. Starker Rückgang im 19. Jh. fast ausschließlich durch direkte Verfolgung und Störungen an den Brutplätzen. Hauptursache für jüngere Bestandstrends vor allem Lebensraumveränderungen, in PL auch Störungen. Verringerung des Nahrungsangebotes durch Intensivierung der Schalentiernutzung.
Natürliche Verluste: hohe Verluste in Extremwintern. Lokal erheblicher Einfluss von Prädatoren, z.B. Silbermöwe [1544].

SPEC	VSchRL	Bern.Konv.	Bonn.Konv.
E	Anh. II-2	Anh. III	Anh. II
Europ. RL	RL in ME		
--	PL : 'VU'		

Schutzmaßnahmen. Gezielter Schutz derzeit nicht erforderlich, aber Rückgang in intensiv genutzten küstennahen Landwirtschaftsbreichen und geringe Reproduktion bedenklich.

Biotop. Küstenvogel (im Unterschied zu *longipes* in Kleinasien, W-Sibirien, S Zentral-RUS). Br. in offenem Gelände, nahezu ohne Vegetation oder höchstens kurzgrasig, z.B. Fels-, Kiesel-, Sandstrände, Dünen, Wattwiesen, auch hinter den Dünen auf Wiesen- und Weideland (Flachdächer). Ähnlich auch im Binnenland, hier meistens in Wassernähe. Außerhalb der Brutzeit hauptsächlich auf sandig-schlickigen Flächen der Wattenküste oder Flussniederungen mit Hochwasserfluchtplätzen. Im Binnenland selten und meist in geringer Zahl an Flüssen, Seen, Feuchtwiesen.

Nahrung. An der Küste vor allem Mollusken, z.B. Muscheln *(Mytilus edulis, Cardium edule, Macoma balthica* u.a.), Schnecken (besonders *Patella* an Felsküsten, *Littorina* etc.), Krebse *(Carcinus maenas)* und kleinere Crustaceen, Polychaeten *(Nereis, Arenicola;* Regenwürmer im Binnenland), Stachelhäuter, Insekten (vor allem Larven, z.B. Schmetterlingsraupen, Mückenlarven); Fische nur ausnahmsweise.

Stimme. Häufig zu hörender Ruf »kwiewiep« oder »kliip« u.ä.; während Trillerzeremonie allmählich Steigerung im Tempo »kewick kewick kewick kwick kwick kwick kerirrr« o.ä. Im Singflug laut »delü...« oder »dlüa...« in längerer Folge. Warnrufe kurz »kip« oder »tjip«.

Verhalten. An der Küste tidenabhängige Aktivität Tag und Nacht; Zug vermutlich häufig nachts. Nahrungssuchtechnik variabel, richtet sich nach der Muschelart. Baltische Plattmuscheln (*Macoma baltica*) werden aus dem weichen Substrat gestochert, tagsüber optisch lokalisiert (mit höherem Öffnungserfolg), nachts taktil, wobei die Vögel mit schräg in den Sand gestrecktem etwas geöffnetem Schnabel den Boden durchpflügen (bei geringer Herzmuscheldichte auch tagsüber). Miesmuscheln (*Mytilus edulis*) werden entweder seitlich mit hämmernden Bewegungen aufgeklopft oder, wenn sie leicht geöffnet im Wasser liegen, mit dem Schnabel aufgespießt. Nach Durchtrennen des Adduktormuskels werden durch Drehung und Öffnung des Schnabels die Schalen auseinandergedrückt. Technik der Muschelgröße angepasst. Brutrevier kann lediglich ein bis zum Schlüpfen der Jungen beanspruchtes Nestterritorium sein; Nahrungsrevier liegt dann an der Küste; an Muschelbänken nahrungssuchende Ind. verteidigen kein Nahrungsterritorium. Balz und Paarbildung im Frühjahr entweder an den Sammelplätzen oder am Brutplatz. Trillern in erster Linie aggressiv motiviert; ♂ trillern häufiger als ♀. Typische Haltung dabei nach vorne abwärts gestreckter Hals bei angehobenen Schultern, Kopf und Schnabel nach unten gerichtet; geöffneter Schnabel bewegt sich vibrierend. Fremder Vogel weicht aus oder fängt ebenfalls an (»Trillerturnier«); dabei dann Nebeneinanderherlaufen, Umkreisen, Gänsemarsch etc. Auch Angriffs-, Verfolgungs- und Imponierflüge, mitunter auch als Schwirrflug. Individuen bleiben oft über mehrere Brutsaisons zusammen. Verlassen des Partners hängt vom Bruterfolg ab. ♂ bewachen ihre ♀ während der fertilen Phase. ♀ sind im größtenteils treu (< 5% der Jungen sind nicht vom sozialen Vater). Ausgesprochen gesellig, z.T. große Scharen außerhalb der Brutzeit. Nach Jungenaufzucht schließen sich Brutpaare und Junge den Nichtbrüterscharen an, doch mitunter Trennung von Jungvögeln und mausernden Ad.

Fortpflanzung, Brutbiologie [337,767,1784]. Geschlechtsreife im 3. (♀) bis 5., meist 4. Lebensjahr. Zwei Fortpflanzungsstrategien: frühes Brüten in schlechten Territorien mit geringem Erfolg oder jahrelanges Warten auf ein Top-Revier [1032]. Monogam, Bigynie aber nicht außergewöhnlich; langanhaltende, z.T. wohl lebenslange Partnertreue nachgewiesen. **Nest.** Am Boden, auf Sandstränden, in Dünen, auf kiesigem Boden, Äckern, Wiesen, Weiden, nicht selten auch erhöht (z.B. flache Hausdächer). Flache Mulde, nicht oder aus Material der Umgebung ausgekleidet (z.B. »Muschelnester«); beide machen Mulden. **Legebeginn.** In ME April, nach E Mitte/Ende April bis Mai (Juni, ausnahmsweise Juli). **Gelegegröße.** (1-) 3(-4), 5-7 wohl durch Zusammenlegen; Ø D_{3234} 2.85 (Anteil 4er-Gelege 20.7%), GB_{636} 2.78 (4er-Gelege 8%), GB_{195} 2.72 (4er-Gelege 7%), Binnenland NL_{1598} 3.5. Legeintervall 1-2 d. **Eier.** An einem Ende zugespitzt, Grund hell- bis olivbraun, blassgraue Unterflecken, braunschwarze und rotbraune schnörklige Zeichnungen. **Brutdauer.** 24-27 d; beide brüten, bei Ablösung oft Mitbringen von Nistmaterial; Bebrütung ab letztem Ei. **Nestlings-/Führungszeit.** Hudern bis 4 Wochen (beide); Juv. schlüpfen synchron, verlassen Nest nach 5-6 d, aber noch 2-3 d in Nestnähe; werden zu Nahrungsstellen geführt und anfangs durch Futtervorhalten gefüttert, später wird Futter fallen gelassen; meist ab 5-6 Wochen werden Fütterungen seltener. Juv. mit 32-35 d flugfähig, erste Versuche mit 28-31 d. Auflösung der Familie bei Flüggewerden, zuweilen auch später. **Jahresbruten.** 1; Ersatzgelege häufig. **Bruterfolg.** Auf Mellum Schlüpferfolg 35-42%, 0.36 fast flügge Juv./BP und J., abhängig vom Silbermöwenbestand; auf Norderoog Ø 0.2 flügge Juv./BP und J., in Wales 0.9. Viele Verlustursachen, am wichtigsten Hochwasser, Silbermöwe, Weidevieh, Mensch.

Eimaße und -gewichte. L. 50.0-72.0 mm, B. 33.0-48.9 mm, Ø: 56.7 x 40.9 mm (n=332, GB), 56.0 x 39.6 mm (n=296, N-D); Frischvollgew. Ø: 46.5 g; Schalengew. 2.40-3.90 g, $Ø_{200}$: 3.38 g.

Sterblichkeit, Alter. Vom Schlüpfen bis Geschlechtsreife GB 74–80 %, Ø 40 %/J. bei Immat.; D von Flüggewerden bis 5/6 J. (1. Brut) ca. 62 %; Br. in D 6 %, Wales 2-13 %/J. Wintersterblichkeit steigt mit Dichte bei den muschelfressenden Überwinterern in GB [962]. Br. Mellum Ø 14.3 J. alt. Ältester bekannter Freilandvogel nach 43 J. 6 Monaten von Sperber geschlagen [1077N]. **Generationslänge:** 11 J. [383].

Mauser. **Postjuvenile Mauser** (Teilmauser) Aug./Sept.–Dez. • **1. Pränuptialmauser** (Teilmauser) Jan.–Mai; Umfang jeweils ähnlich Pränuptialmauser [1369]. • **Postnuptialmauser** (Vollmauser) meist Anf. Juli–Mitte Sept./Dez., z.T. Beginn vor Flüggewerden der Jungen; ♀ mausern im Binnenland früher als ♂ [2117]; Nichtbrüter und Immat. bereits ab Mai/Juni, aber sehr variabel und abhängig von Brutverlauf und geografischer Lage [767,1369]; Schwingenmauser bis Nov./Mitte Dez. beendet; Dauer der HS-Mauser ca. 100–130 d [1356]. • **Pränuptialmauser** (Teilmauser) Dez.–April; umfasst auch einige Flügeldecken, Schirm- und Steuerfedern [1369].

Familie Recurvirostridae – Säbelschnäblerverwandte

Schlanke Watvögel mit sehr langen Beinen, langem, dünnen Schnabel und langem Hals. Beine überragen im Flug den Schwanz. Hinterzehe reduziert oder fehlend.
Ca. 10 Arten weltweit, davon ca. 5 in der Stelzenläufer-Superspezies.

Himantopus himantopus – Stelzenläufer 04550

Himantopus [himantopus] himantopus (Linnaeus 1758)

(GB) **Black-winged Stilt** (F) **Échasse blanche** (E) **Cigüenuela Común**

Taxonomie. Monotypisch. Die Superspezies umfasst 5 schwach differenzierte Allospezies, davon *H. [himantopus] himantopus* von Europa bis N-Afrika und Indochina.

Kennzeichen. [1784,221,1369,3772,3615; **Fotos** in Limic. **13**, 96, Dutch B. **21**, 183, Brit. B. **94**, 233].

Maße. Gr.: 35-40 cm. Gew.: 150-210 g. Fl.spw.: 67-83 cm. Fl.l.: ♂ 24.0-25.5 cm, ♀ 22.2-24.2 cm [1369,3615].

Status. Wegen Neigung zu großräumigen Ortswechseln und vorübergehenden Brutansiedlungen in vielen Teilen ME vereinzelter, unregelm. Dz., Sommergast und gelegentlicher Brutvogel [1369,196,1722].

Verbreitung und Bestand. Brutareal der Superspezies umfasst Europa und weite Teile Afrikas, Vorderasien bis Zentral- und S-Asien; ferner AUS, NZ sowie Amerika. In Europa sehr lückenhaft und in großen Konzentrationen in küstennahen Tiefländern verbreitet, zudem an einigen Steppenseen [1507,1369], Gesamtbestand für Europa: 37.000-64.000 BP [383]; größte Populationen in E., TR und RUS [383]. In ME nur in H und (neuerdings wieder) A und NL allj. Brutvogel mit etwa 200-480 BP/J. [1585, erg.]. Winterbestand in W-/SW-Europa und NW-Afrika (23-27 T. Ind.) und E-/SE-Europa (7-14 T. Ind.) [3718]

Wanderungen. Br. Europas großteils Zugvögel; Winterquartier ab S-E., Vorderasien und N-Afrika, hauptsächlich aber S Sahara; Niger-Binnendelta/Mali bis 7.000 Ind. (auch farbberingte aus I) [3852], Senegal bis 5.000, Tschad bis 10.000 [Details: 943]; gelegentliche Überwinterung in F [891]. Wegzug Ad. ab Ende Juli, Juv. ab Mitte Aug.; späteste Daten Brutplätze SW-Europa Sept., Nachzügler in Europa

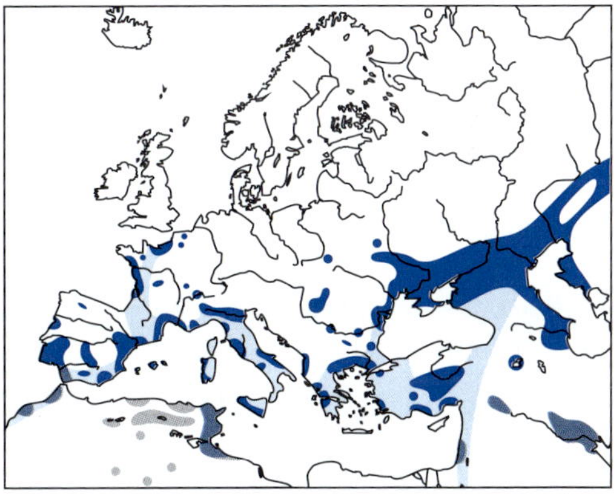

Himantopus himantopus – **Stelzenläufer**

bis Nov.; Dz. in N-Afrika Juli/Ende Okt. Heimzug N-Afrika Anf. März/Ende April, Ankunft F/I ca. ab 20. März. Einflüge nach ME meist ab Ende April/ Anf. Mai. Wintergebietstreue belegt [3852].

Bestandsentwicklung. In ME vor allem Brutvogel an Lacken der Großen ungarischen Tiefebene in stark schwankender Zahl. Nach erheblichen Arealverlusten im gesamten SE-Europa derzeit nur noch kleine Restbestände [2438] mit wieder leicht steigendem Trend.
In meisten anderen Regionen ME unregelm. Brutvogel, dabei stärkere Einflüge bei Trockenheit in S-Europa und N-Afrika mit recht großen Brutansiedlungen [1369,196]. Maximum in ME bisher beim Einflug 1965 mit 79 BP, die meisten davon in NL (> 39 BP) und B [1369]. In letzten Jahrzehnten Einflüge offenbar zunehmend, einerseits Folge des Anwachsens der Brutbestände in SW-Europa durch Anlage von Reisfeldern, Fischteichen und Spülflächen, andererseits Dürreflucht aus Mittelmeerraum (auch SE-Europa) [196]. 1989 in NL 22 Brutversuche, 1990 11 Brutpaare [q3], in nachfolgenden J. 0-14 BP [375], zuletzt 26 BP (1999) und 32

BP (2000) [3638]. Anf. 1990er J. erneute Ansiedlung am Neusiedlersee A-B, wo bis 1860 wohl regelm. Brutvogel; Bestand inzwischen wieder um 10 BP; 2001 erstmals Brut in A-Nö [q3]. In CH bisher nur Brut 1965 [3393]; In D schon in fast allen Bundesländern als Brutvogel nachgewiesen (einschl. Brutverdacht, -versuch =*): -NI 1923*, 1932*, 1958, 1965, 1986, 1994; -ST 1958*, 1965, 1979* (3 BP); -SH 1949*, 1998*; -MV 1998; -BY 1858*, 1957, 1964*, 1965*, 1967*, 1998; -HB 1965 (4 BP); -BB 1965, 1988, 1998; -HE 1975*; -TH 1981; -BW bisher nur anwesendes Paar [1722,2031,1587,1369, 4175,1,337,310,2], von 1998-2000 erneute Häufung der Nachw. [Details in 453]. In CZ und SK. vielleicht regelm. im 19. Jh., dann 1958 (4), 1965 (2), 1967* und 1997 [2159]. Häufung von Brutansiedlungen neuerdings in B (Max. bisher 21 BP 1967) mit bis 9 BP 1990-2001 [1677,q18] sowie in PL, dort erster rezenter Brutnachw. 1994, danach bis zu 3 BP 1994-2001 [3871,q18].

	Best.	Areal	Brutbestand	Jahr	Quelle
A	↑	=	10–25	1998–2002	[383]
B	+/-	=	10–13	2000–2002	[383]
CZ	↕	=	0–2	2000	[383]
D	↕	=	0–3	1995–1999	[383]
H	↑	=	180–400	1998–2002	[383]
NL	↕	=	1–32	1998–2000	[383]
PL	↕	=	0–5	1996–2000	[383]
SK	↕	=	0–5	1990–1999	[383]

Früher ausschließlich Zugvogel S Sahara; SW-europäische Winterbestände aber deutlich zunehmend (<1.300 Ind. in P 1993) [1507].

Siedlungsdichte. Brütet in lockeren Kolonien mit Nestabständen von 1-30 m in I [1507]; zuweilen aber niedrige Brutdichten, z.B. in P 0.7-3.0 BP/10 ha [1507].

SPEC	VSchRL	Bern.Konv.	Bonn.Konv.
--	Anh. I	Anh. II	Anh. II
Europ. RL	**RL in ME**		
--	A, H: 'CR', SK: 'EN', CZ:'VU'		

Gefährdungsursachen [1369,196,1507]. Lebensraumverlust durch Austrocknung der Brutgewässer sowie durch Eindeichung, Flussbegradigung und -ausbau, touristische Erschließung und Abwassereinleitung. Beunruhigung an den Brutplätzen. Direkte Verfolgung in S-Europa und N-Afrika.

Schutzmaßnahmen. Schutz der S-europäischen Feuchtgebiete vor Trockenfallen, Übernutzung und Erschließung durch Wasser- und Landwirtschaft sowie Lenkung oder Eindämmung des Tourismus in den Brutgebieten.

Biotop. Br. des offenen Landes mit relativ stabilen Wasserstandsverhältnissen im Seichtwasserbereich, an Süß- und Brackwasser, auch z.B. an Salinen. Meidet Kälte und neblige Regionen (Wind und intensive Sonneneinstrahlung werden toleriert). Nester auf festem Grund in Queller, Heide, auf Reisfeldern, überschwemmten Wiesen und Feldern, aber auch auf Schlamm- und Sandbänken mit Vegetation. Oft kolonieartige Brutsiedlungen.

Nahrung. Wasserinsekten, kleine Crustaceen, Froschlaich, Kaulquappen, sehr kleine Fischchen; unbedeutend Spinnen, Mollusken.

Stimme. Am Brutplatz sehr ruffreudig, am häufigsten raues »quät quät … «, ferner gereihte Laute auf »ü« u. ä. Warnruf eintönig »kik-kik-kik..«.

Verhalten. Tagaktiv; zieht auch nachts. Nahrung wird im Laufen aus dem Wasser oder vom Boden gepickt; geht bis zum Bauch ins Wasser, schwimmt aber relativ selten. Gesellig; brütet in lockeren Kolonien; bei Nahrungssuche ± einzeln, Familien verteidigen Nahrungsplätze. Paarbildung wohl meist nach Ankunft am Brutplatz. Balz ähnlich Säbelschnäbler. Bei Beunruhigung ruckartige Kopfbewegungen; in Brutrevieren entweder Verleiten oder Anfliegen des Eindringlings und z.T. Angriffe. Außerhalb der Brutzeit meist in kleineren Trupps (5-10 Ind.); am Zug aber oft größer (über 100 Ind.).

Fortpflanzung, Brutbiologie [337,767,1784]. Geschlechtsreife wohl im 2. Lebensjahr. Monogame Saisonehe sicher Normalfall. **Nest.** Am Boden nahe Seichtwasser oder auf kl. Inseln, oft etwas erhöht und/oder in Vegetat. gut versteckt. Im weichen Substrat flache Mulde, auf trock. Boden Andeutung durch trockenes Pflanzenmaterial; beide bauen. Einzeln oder in Kolonien. **Legebeginn.** Von Biotopverhältn. und Klima abhängig, in S-Europa ab Mitte April, oft erst Mitte/Ende Mai bis Mitte Juni; nebeneinander brüt. Paare oft wenig synchron. **Gelegegröße.** (3-)4, ausnahmsw. bis 6. Legeintervall 1-2 d. **Eier.** ± kreiselförmig, lehm- bis hell olivbraun, sehr dichte schwarzbraune Flecken. **Brutdauer.** 22-24 d; beide brüten; Bebrütung ab letztem Ei. **Nestlings-/Führungszeit.** Beide führen oder teilen Brut unterein. auf; Juv. schlüpfen synchron, verlassen Nest am Tag des Schlupfes od. kurz danach, sind mit 28-32 d flügge. **Jahresbruten.** 1; Ersatzgelege. **Bruterfolg.** Durch Hochwasser oder Trockenheit z.T. entscheidend beeinflusst. In NL/B ca. 1.4 bzw. 0.66 Juv./BP und J.

Eimaße und -gewichte. L. 41.2-47.9 mm, B. 28.0-33.0 mm, Ø: 44.7 x 31.2 mm (n=64, GR), 43.7 x 30.7 mm (n=193, E.); Frischvollgew. ca. 22 g; Schalengew. 1.17-1.65 g, Ø: 1.40 g.

Sterblichkeit, Alter. Ältester Ringvogel 12 J. 2 Monate. **Generationslänge:** 5 J. [383].

Mauser. **Postjuvenile Mauser** (Teilmauser) Juli–Dez./Jan.; Körpergefieder, einige Schirm- und Steuerfedern [767,1369]. • **Postnuptialmauser** (Vollmauser) Juli–Dez., Vorj. z.T. ab Mitte Juni [767,1369]; Unterbrechung während Wegzug [767]. • **Pränuptialmauser** (Teilmauser) oft gleich anschließend, Nov./Dez.–Ende März/Mai [767]; Teile des Körpergefieders, Schirm- und mittlere Steuerfedern, Umfang bei Einj. geringer [767,1369].

Recurvirostra avosetta – Säbelschnäbler 04560

Recurvirostra avosetta (Linnaeus 1758)

(GB) (Pied) Avocet **(F) Avocette élégante** **(E) Avoceta Común**

Taxonomie. Monotypisch.

Kennzeichen. [1784,221,3772,1369,3615; **Fotos** in Var Fag. 2003/**3**, 2-3].

Maße. Gr.: 42-45 cm. Gew.: (225) 260-290 (397) g. Fl.spw.: 77-80 cm. Fl.l.:♀, ♂ 21.9-23.1 cm [1369,3615].

Status. An Küste regional häufiger Brut- und Sommervogel; ferner regelm. und recht häufiger Durchzügler und Rastvogel. Im Binnenland ME (außer A, H) Gastvogel in kleiner Zahl, aber neuerdings regelm.; an günstigen Stellen (z.B. Bod., CH) ausnahmsweise auch im Winter. Sonst im Winter vornehmlich Atlantikküste F, Iberien, in milderen Wintern auch Nordsee [1585,4077], stark zunehmend in GB [1507].

Verbreitung und Bestand. Areal in zahlreiche Verbreitungsinseln in W-Paläarktis und afrotropischen Region zersplittert. Brütet in mehreren Küstenregionen Europas sowie in Steppen- und Halbwüstenregionen von SE-ME bis Zentralasien sowie in E- und S-Afrika. Europ. Brutbestand 38.000-57.000 BP, stabil [383]. In ME vor allem Wattenmeer (>10.000 BP), sekundär Nord- und Ostseeküste (B, D) sowie Binnenland (CZ, SK., H, A), bei Gesamtbestand von etwa 14.000-17.000 BP [383, erg.]. Winterbestand in W-Europa 73.000 Ind., in Mittelmeerregion/E-Europa 47.000 Ind. [3718], entspricht mehr als Hälfte des Weltbestandes [4077,824]

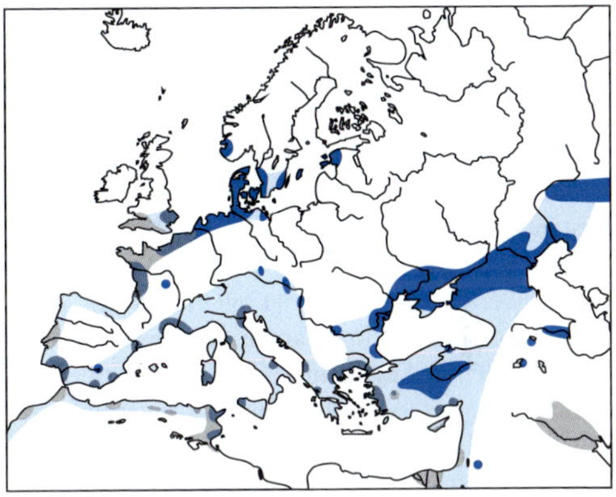

Recurvirostra avosetta – Säbelschnäbler

Wanderungen. Standvogel, Kurzstreckenzieher. Winterquartier hauptsächlich Atlantikküste von Bretagne bis Senegal/Gambia, Mittelmeer bis Sahelzone; ferner Vorderasien, Vorder- und Hinterindien. Einzelne Winterausharrer (gelegentlich Trupps > 100 Ind.), Wattenmeer von DK bis NL, ferner S-GB und ausnahmsweise im Binnenland ME; Zahl der Überwinterer in ME z.T. abhängig von Härte des Winters. Weiteste Ringfunde z.B.: GB–P, SW–E.; DK/B/NL–Senegal; D–MA, P; S-F–DZ; Br. S-E. 3 Jahre später 1550 km ENE in NL; A-E., I, TN, GR (Ringfunde Br. B) [1821N]. **Br. NW-Europa** (Juli) bleiben Aug.–Okt. im Wattenmeer DK, D, NL zur Mauser; ziehen dann einschließlich der Ostsee-Br. weiter zu Küsten W-Europas und W-Afrikas; Mauserzug in S Ostseeraum Ende Juli bis Anf. Sept. [Details:2191]. **Br.**

A/H ziehen SW/SSW über I nach TN/DZ sowie SE/SSE an W-Küste Schwarzmeer und N-Ägäis. Abzug von Brutplätzen ab Juni (Skandinavien), Juli bzw. A/H im Aug. Ab Nov. die meisten aus D abgezogen. Heimzug ab Ende Feb./Anf. März; Mitte März/April Ankunft an Brutplätzen. Ind. im 1. Lebensjahr kehren entweder an Geburtsort zurück (oft aber nur sehr wenige) [vgl. 616] oder bleiben weiter südlich; viele Nachweise von Geburtsortstreue und auch Brutortstreue; einige Nachweise für Fremdansiedlung. Umsiedlungen zumindest in manchen Gebieten wegen Unbeständigkeit der Brutplätze nötig.

Bestandsentwicklung. Ähnlich wie Austernfischer-Bestand in europäischen Küstenregionen im 19. Jh. deutlich abnehmend, wobei Populationen in GB und S. vollständig erloschen [3892], in vielen Bereichen ME kleine Restbestände [1369]. Erst ab 1920er J. aufgrund gezielter Gebietsmanagement- und Artenschutzmaßnahmen sowie Jagdverschonung, sekundär vielleicht auch durch Zunahme geeigneter Habitate (Landgewinnung) langsame Erholung und sowohl Wiederbesiedlung o.g. Regionen als auch Gründung neuer Kolonien [B:843,1369,3892, N:3892, ab 1955 D-MV:2772]. Bestand an Nordseeküste von 1.800 BP in 1920er J. und ca. 10.000 BP (1969) bis auf 16.400-19.700 BP (1980er J.) angestiegen [1369,3892,196]. Allerdings zeigt Entwicklung am Eiderdamm -SH, im Dollart oder in Leybucht sehr deutlich die Empfindlichkeit der Art bei Lebensraumveränderungen im Brutgebiet (Eutrophierung und natürliche Pflanzensukzession) [196, F. Everwien]. Inzwischen durch solche Veränderungen Stagnation der Bestände in D-SH und DK und deutlicher Rückgang in D-NI (dort Höchststand 1982) [z.B. 3745] und Ostseeküste -SH [310]. Nur in NL, auf ostfriesischen Inseln und an Ostseeküste D-MV bis Ende 1980er J. noch leichte Zugewinne [1144], aber allein in NL über 2/3 der Population von temporären Lebensräumen abhängig [196,3638]. Dennoch Ausweitung des Areals, wohl meist ausgehend von Wattenmeervögeln [H. Hötker; 3745]; seit 1990 Abnahme in D-MV [1497].
Ab 1970er J. einzelne Vorstöße auch bis tief ins Binnenland [D-BY 1971:4175, -NW 1975:2623,196]. Nach mehreren Ansiedlungsversuchen inzwischen wohl wieder regelm. Brutvogel in CZ [q3; vgl.1369]. Erste Brutnachw. in PL 1994 im Narew-Gebiet [q3], seither mehrfach und 2002 auch in Schlesien [331,3871]; 1996 und 1997 kurzzeitige Brutansiedlung in D-BB [1].

	Best.	Areal	Brutbestand	Jahr	Quelle
A	⇧	=	91–198	1998–2002	[383]
B	↑	+ 1	650–687	1995–2002	[383]
CZ	N	N	1–5	2000	[383]
D	↑	+ 1	6.100–6.500	1995–1999	[383]
H	↕	=	400–800	1998–2002	[383]
NL	↑	+ 1	7.000–9.000	1998–2000	[383]
PL	N	N	0–4	1994–2002	[383]
SK	↕	=	0–20	1990–1999	[383]

Bei pannonischer Binnenlandpopulation ME andere Entwicklung. In A (Brutareal auf Seewinkel beschränkt), Bestand seit 1930er J. bis auf Schwankungen weitgehend unverändert. Höhere Angaben aus 1980er J. spiegeln eher vollständigere Erfassung als Zunahme wieder [965,196]. Auch in H blieben Bestände von Zunahmen in NW-ME unbeeinflusst; seit 1960er J. Abnahmen und Arealverluste (um 1961 noch mind. 360 BP) [3615,1369]. Zudem in E- und SE-Europa (BG, AL, RO, UA.) seit 1970er J. z.T. starke Verluste [3892,1585].

Gefährdungsursachen [1369,3892,196,1507, 1730,1144,1302]. **An Küste:** Lebensraumverlust durch fehlende Küstendynamik, Pflanzensukzessionen und Landnutzung nach Küstenschutz-/Deichbaumaßnahmen (Leybucht) und Kanalbauten an wichtigen Konzentrationspunkten der NW-europäischen Population; ferner Störungen in Brutgebieten sowie verschlechterte Ernährungsbedingungen. Quecksilber-Kontamination.
In Mauser- und Überwinterungsgebieten [große Bedeutung des Wattenmeeres: 3892,2570]: Gefährdung seichter Küstengewässer durch Verschmutzung, Küstenfischerei, Landnutzung und Störungen. Jagdliche Verfolgung (heute vor allem in S-Europa).
Im Binnenland: Verlust des Lebensraumes durch Verschilfung der Flachwasser sowie Absenken des Wasserspiegels. Düngereintrag in Gewässer, dadurch Behind. der Nahrungsaufn. durch Ausbildung von Algenteppichen. Zudem Rückg. der Beutetiere durch Pestizideintrag. Störungen an den Brutplätzen.
Natürliche Verluste: Überflutung von Gelegen; lokal durch Prädation (Möwen, Corviden, Fuchs).

SPEC	VSchRL	Bern.Konv.	Bonn.Konv.
--	Anh. I	Anh. II	Anh. II
Europ. RL	**RL in ME**		
--	A, SK:'EN', CZ, H:'VU'		

Schutzmaßnahmen. An Brutgewässern im Binnenland neben vollständiger Unterschutzstellung aller potentiellen Brutgewässer zudem Managementmaßnahmen notwendig zur Verhinderung des vollständigen Zuwachsens der Flachwasserzonen. Anlage künstlicher Flächen mit nährstoffarmem Material begünstigt die Art.
Ausweitung der Jagdschutzzonen in S-Europa.

Biotop. Seichtwasserzonen an Küsten, in Meeresbuchten, Flussmündungen oder Binnengewässern; Brutplätze meist möglichst nah am Wasser; nicht notwendigerweise an Salz- oder Brackwasser gebunden. Außerhalb der Brutzeit vorwiegend an der Küste auf Schlammflächen (SW-Europa und Mittelmeerraum P und E.). Konzentration auf wenige Gebiete im Winter.

Nahrung. Kleine Wirbellose im Seichtwasserbereich, besonders Polychaeten, Crustaceen, Insekten; gelegentlich kleine Jungfischchen, auch Sämereien.

Stimme. Häufigster Ruf klangvoll »küt«, »plüit« o.ä., bei Erregung rasch wiederholt z.B. »kuit kuit kwit…« auch rauer auf »ä« (als Alarmruf); Warnruf auch »kriu«. Kontaktlaute weich »güg güg« etc.

Verhalten. Überwiegend tagaktiv; Nachtzug besonders im Binnenland. Laufen bevorzugt auf vegetationslosen Flächen; schwimmt im tiefen Wasser im Unterschied zu *Himantopus* (auch Pulli). Bei Ruhen oft auf einem Bein, auch auf die Seite hüpfend. Nahrungserwerb soziales und solitäres Säbeln, Rühren und horizontales Picken. Säbeln ist Seitwärtsbewegung von Kopf und Schnabel; der gebogene Teil des Schnabels wird leicht geöffnet durch den Schlick bzw. beim sozialen Säbeln rascher durchs Wasser gezogen. Während Brut meist nur sehr kleine Nestreviere und z.T. enge Nachbarschaft zu anderen Arten (z.B. Seeregenpfeifer); Nahrungsgründe außerhalb der Brutkolonien. Während der Aufzuchtsperiode werden entsprechende Reviere pro Familie verteidigt. Paarbildung vor Ankunft oder am Brutplatz. Kein auffälliges Werbeverhalten; Begattungsaufforderung des ♀ durch Senken und Vorstrecken des Halses mit Schnabelhaltung parallel knapp über dem Boden. Nach Paarbildung Scheinnisten; Gruppentanz der Angehörigen einer Kolonie; bei dem Paare meist eng zusammenhalten. Bei Beunruhigung Kopfstoßen (»Nickkoppen«). Verleiten während des Brütens und vor allem bei der Aufzucht mit auffälliger Präsentation der Schwarzweiß-Kontraste, auch Scheinangriffe. Außerhalb der Brutzeit gesellig, lediglich auf Individualabstand (ca. 0.5 m) bedacht.

Fortpflanzung, Brutbiologie [337,767,1784, 1730]. Erstbruten zuweilen erst im 3. Lebensjahr, meist im 2., ausnahmsweise schon im 1. Monogam. **Nest.** Ziemlich offen am Boden (Gras, Schlick, Sand, Spülicht, Acker), bloße oder mit wenig Material der Umgebung ausgekleidete Mulde; beide mulden und verlegen Material. **Legebeginn.** Schwankend; in ME ausnahmsweise vor 10.4., Hauptzeit (Ende April) Mai und Juni, einzelne noch später. **Gelegegröße.** 4 (2–5); Ø D_{126} 3.53, F_{71} 3.96. Legeintervall 1-2 d. **Eier.** An einem Ende zugespitzt, hellbraun, mit scharf begrenzten dunkleren Flecken. **Brutdauer.** 23-25 d; beide brüten; Bebrütung ab letztem Ei. **Nestlings-/Führungszeit.** Hudern bis 7(-10) d (beide); Juv. schlüpfen synchron, verlassen Nest rasch, können mit 1 d schwimmen; bei Warnen suchen sie Deckung auf oder drücken sich; mit 35-42 d flügge. **Jahresbruten.** 1; Ersatzgelege bis Juni/Juli. **Bruterfolg.** In GB (1944-77) ca. 1.1 flügge Juv./Paar und Jahr, in F 1.6-2.5. Größter Bruterfolg in N-D in mittelgroßen Kolonien, dagegen gering bei sehr hoher Dichte (häufig Aufgabe durch intraspezif. Aggression) oder bei einzeln stehenden Nestern (vor allem Prädation).

Eimaße und -gewichte. L. 46.3-56.7 mm, B. 33.0-38.4 mm, Ø: 50.0 x 34.9 mm (n=609, NL), 50.3 x 35.2 mm (EST); Frischvollgew. 27.7-39.5 g, Ø$_{67}$: 32.3 g; Schalengew. 1.60-2.36 g, Ø$_{100}$: 2.0 g.

Sterblichkeit, Alter. Überlebensraten für tot gefundene/erlegte Ind. NL 1. J. 41 ± 6% / 50 ± 6%, spätere J. 78 ± 5% / 72 ± 5%; Ad. Überlebensrate farbberingter Ind. GB. ca. 80%. In DK bei Einj. 57,8% und bei älteren 32%/J. [3308]; Br. B 43% im 1. J. und 22-26% während der 3 Folgejahre [1821N]. Älteste Ringvögel 24 J. 5 Monate [3654], 18 J. 2 Monate [1821N]. **Generationslänge:** 5 J. [383].

Mauser. **Postjuvenile Mauser** (Teilmauser) bis Sept./Okt.; Körpergefieder und alle (mehrere) Schirm- und Steuerfedern [767]. • **Postnuptialmauser** (Vollmauser) Anf. Juli–Okt. (Jan.) [1356,2570], setzt bisweilen während Bebrütung ein; Nichtbrüter und Vorj. ab Ende Juni. • **Pränuptialmauser** (Teilmauser) Feb.–März (April); einschließlich Teilen des Körpergefieders sowie einigen Schirm- und Steuerfedern, Umfang bei Einj. geringer [767].

Familie Charadriidae – Regenpfeiferverwandte

Kleine bis mittelgroße Limikolen; meist nur mittellange Beine und weniger als kopflange Schnäbel, deren Spitze ± verdickt ist. Stark entwickelter Tastsinn in den Zehen. Nahrungserwerb hauptsächlich pickend, weniger stochernd. Kiebitzartige und (kleiner) eigentliche Regenpfeifer. Letztere mit rundem Kopf und großen Augen, keine nackten Gesichtsteile (abgesehen von Augenringen), drei Zehen; Kiebitze meist mit 4 Zehen (4. allerdings verkümmert), mit knöchernem Knopf oder gar deutlichem Sporn am Flügelbug; häufig auch auffällige Kehllappen und nackte Gesichtsteile.

Die Gattung *Pluvialis* ist möglicherweise nicht mit den anderen Charadriidae nächstverwandt [1047], was aber unabhängiger Bestätigung bedarf. Sie wäre dann in eine eigene Familie zu stellen.

• Gattung *Pluvialis*

Vier Arten mit insgesamt holarktischer Verbreitung, wovon zwei (*dominica, fulva*) eine Superspezies bilden, deren Schwesterart *apricaria* ist. *P. squatarola* wiederum dürfte die Schwesterart der anderen drei sein [615].

• Gattung *Vanellus*

Weltweit 24 Arten. *Hoplopterus* und *Chettusia* werden mit *Vanellus* vereinigt, da mangels genauer Kenntnis der Verwandtschaftsverhältnisse die Monophylie von *Vanellus* nicht anders sicherzustellen ist.

• Gattung *Charadrius*

Weltweit mindestens 30 Arten. Mitochondriale DNA-Sequenzen [1915N], die Polyphylie der Gattung anzudeuten scheinen, sind zu kurz und enthalten zu wenig phylogenetische Information, um für diese Frage relevant zu sein. Aber auch unabhängig davon ist die Monophylie der Gattung unsicher, selbst wenn man etliche nah verwandte monotypische Gattungen (*Peltohyas, Elseyornis, Anarhynchus, Thinornis* etc.) mit einschließen würde.

Pluvialis squatarola – Kiebitzregenpfeifer 04860

Pluvialis squatarola (Linnaeus 1758)

(GB) Grey Plover ((USA) Black-bellied Plover) **(F) Pluvier argenté** **(E) Chorlito Gris**

Taxonomie. Monotypisch; doch neuerdings mitunter drei UA abgetrennt: Nominatform (E- Paläarktis bis W- und N-Alaska), *tomkovichi* (Engelmoer & Roselaar 1998) (Wrangel-I.) und *cynosurae* (Thayer & Banks 1914) (N-CDN) [1026,3718]. *P. squatarola* ist offensichtlich Schwesterart der anderen 3 *Pluvialis*-Arten, von denen *fulva* und *dominica* eine Superspezies bilden [615].

Kennzeichen. [1784,1369,221,3772,3615].

Maße. Gr.: 27-31 cm. Gew.: 174-280 g (bis 340 g in Vorzugzeit). Fl.spw.: 71-83 cm. Fl.l.:♀,♂ 19.8-21.2 cm [1369,3615].

Status. Als Durchzügler und Wintergast an allen Küsten weltweit verbreitet; in ME an Nord- und Ostseeküste häufiger Durchzügler im Herbst und Frühjahr (Zahlen an Nordsee im Frühjahr höher, an Ostsee im Herbst, vorrangig Dj.); im Binnenland ME regelm., doch geringe Zahlen (> 50 Ind. selten), Herbstzug i.d.R. stärker als Frühjahrszug [4152,2159,1617,1]; an Nordsee zudem spärlicher Sommergast. Zunehmender Trend zur Überwinterung im Wattenmeer, in NL von 9.700 Ind. (1970er J.) auf 27.000 (1990er J.), in D von 2.000 auf 9.800 Ind. sowie in GB, F und Iberien [3718]; aber Abzug bei längeren Kälteperioden.

SPEC	VSchRL	Bern.Konv.	Bonn.Konv.
--	II-2	Anh. III	Anh. II
Europ. RL	RL in ME:		
--	--		

Zunahmen der Durchzugs- und Überwinterungszahlen reflektieren Bestandszunahme und Arealausweitung in RUS ab 1950er J. [1507]; derzeit aber langfristig stabil [1585]. Gefährdungen momentan nicht erkennbar.

Verbreitung und Bestand. Brutvogel der arktischen Tundra von E-Küste des Weißen Meeres bis NE-Sibirien, sowie arktisches N-Amerika (Alaska bis Baffin-I.). Brutbestand in europ. RUS 2.100-15.000 BP (< 5% der Weltpopulation), Trend unbekannt [383]. Europäische Flyway-Population etwa 247.000 Ind. (zunehmend) [4077,823,3718].

Wanderungen. Langstreckenzieher. Überwinterung an Meeresküsten, z.B. NW-Europa, W Nordsee bis S-Afrika, Mittelmeer, außerdem S-Küsten Asiens (im E ab S-JAP); Ozeanien, AUS, NZ, N- und S-Amerika. Einzelne weite Ringfunde: N. – Dakar, S. und DK – trop. W- Afrika, PL – Ghana, RO – S-Afrika (8650 km S). Abzug vom Brutplatz etwa ab Aug., im Wattenmeer DK, D-SH/ -NI Gipfel meist Aug., in NL dagegen Sept.; GB/IRL Einzug ab Ende Juli mit hohen Werten von Sept. bis Feb. (regional unterschiedlich), hier Ringfunde bis von NW-Sibirien [4064]. Durchzug Ostsee [vgl. 2193,2207]. Juv. von S-Skandinavien bis ME und in GB/IRL ca. 5–6 Wochen nach Ad., die zumindest Teile der Brutmauser auf Zwischenquartieren absolvieren. Im Binnenland Dz. der Ad. im allg. schwach, ab Mitte Sept. jedoch Dz. der Juv. mit Gipfel 2. Oktoberhälfte/Nov. Zahlen der Überwinterer an Nordseeküste D gering; im Binnenl. Ausnahmen [z.B. Bod. 2mal:1722]. Teil der Ad. zieht rasch durch, so dass bereits ab Aug. in Mauretanien bzw. ab Sept. in S-Afrika Zuzug spürbar wird. Juv. kommen auch hier später an. Abzug S-Afrika (Ende Feb.) März/Mai, Dz. MA Anf. April/Mai, Nordseeküste (Mitte März) April mit Höhepunkt und Anf. Mai; auch im Binnenland Gipfel meist Anf. Mai, oft noch bis Mitte Juni. An verschiedenen Überwinterungsplätzen regelm. Übersommerer (vor allem Vorj.), im Wattenmeer z.T. mehrere Hundert.

Biotop. Br. in der arktischen Tundra; Nest oft etwas erhöht, da hier am frühesten schneefrei. Außerhalb der Brutzeit im Unterschied zu Goldregenpfeifer besonders an der Küste außendeichs im Watt und auf Sandflächen, im Binnenland auf möglichst offenen, weiten Flächen, z.B. Schlickufern oder sehr kurzrasigen überspülten Wiesen, an Flüssen auch im Spülsaum sowie an Kies- und Sandufern.

Nahrung. Im Brutgeb. haupts. Insekten und andere terrestrische Invertebraten (im Sommer auch Beeren); im Watt Borstenwürmer (z.B. zeitw. fast nur *Nereis*), kl. Mollusken, Crustaceen.

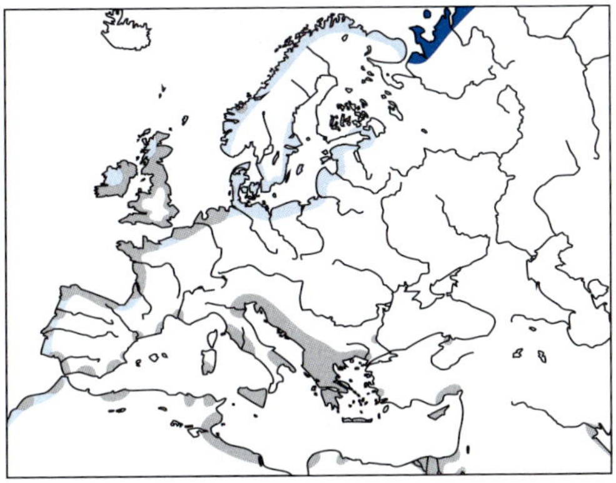

Pluvialis squatarola – **Kiebitzregenpfeifer**

Stimme. Von Dz. und Wintergästen vorwiegend im Flug dreisilbig »tli-o-ii«, nicht so melodisch wie Goldregenpfeifer, oft auch etwas rau. Während Schaubalz im Brutgebiet ähnl. Großem Brachvogel »kü-di-lüü«.

Verhalten. Tagaktiv, auch nachtaktiv - an den Küsten gezeitenabhängig. Nahrungssuche i.d.R. auf ± trockengefallenem Untergrund. Bodenklopfen mit den Füßen nicht beob., dagegen Wässern der Beutetiere. Zur Brutzeit territorial. Auf dem Zug gesellig, doch zumindest bei Nahrungssuche hohe Individualdistanz und einzeln über die Wattfläche verteilt. Im Winter aber meist solitär (oft territorial), oder nur kleinen Trupps. Auf dem Zug auch oft große Trupps (tausende Ind.).

Sterblichkeit, Alter. Ältester Ringvogel (GB) 23 J. 6 Monate [3654]. **Generationslänge:** 5 J. [383].

Mauser. **Postjuv. Mauser** (Teilmauser) (Okt.) Nov./Jan.–Feb./April im Winterquartier; Teile von Körpergefieder, Flügeldecken, Schirm- und Steuerfedern [767,1369,615]. • **Postnuptialmauser** (Vollmauser) Körpergefieder und z.T. 1–3 innere HS ab Juli im Brutgebiet, Unterbrech. bei Zugbeginn (bes. bei ♂) und Abschluss im Mauser- und Winterquartier bis Nov./Dez. (Jan.); oft aber werden letzte Schwungfedern noch März-Anf. Mai ersetzt, bisweilen erst im nächst. Mauserzyklus (dann Staffelmauser) [767,3050,1688,3537,3538,506]; Dauer der HS-Mauser 90–130 d [1356,3538,3541,148,2635]. • **Pränuptialmauser** (Teilmauser) März–Mai; umfasst bei ♂ oft ges. Körpergefieder, die meisten Flügeldecken, einige Schirm- und Steuerfedern, bei ♀ deutl. weniger [767,3050,1688,615]; nichtbrütende vorj. Übersommerer mausern meist in unvollständ. PK und anschließend früh ins 2. Winterkleid [767,3083,615].

Pluvialis apricaria – Goldregenpfeifer 04850

Pluvialis apricaria (Linnaeus 1758)

(GB) **Eurasian Golden Plover** (F) **Pluvier doré** (E) **Chorlito Dorado Europeo**

Taxonomie. Monotypisch. Früher praktizierte Trennung der UA *apricaria* (südliche Populationen Europas) und *altifrons* (restl. Brutgebiet) wohl nicht aufrecht zu erhalten, da Unterschiede (weniger Schwarz auf der Unterseite im PK bei *apricaria*) hauptsächlich auf Unterschieden im Umfang der Pränuptialmauser basieren, die auch innerhalb der Populationen variiert und außerdem geschlechtsabhängig ist [zur geographischen Variation vgl. 615; allerdings gibt es Unterschiede in Bestandsentwicklung und Zugverhalten:3718].

Kennzeichen. [1784,221,1369,3772,3615,615,1026; vgl. **Fotos** in Dutch B. **14**, 15].

Maße. Gr.: 26-29 cm. Gew.: 157-312 g. Fl.spw.: 67-76 cm. Fl.l.: ♀,♂ 18.1-20.2 cm [1369,3615].

Status. Sehr seltener Brut- und Sommervogel in kleinem, weitgehend isoliertem Rückzugsgebiet in N-D. ME aber mit herausragender internationaler Bedeutung als Durchzugs-, Rast- und Überwinterungsgebiet [2570,3718]. In Küstenregionen ME zu Zugzeiten (und in milden Wintern) etwa die Hälfte o.g. Flyway-Populationen in NL und N-D vorhanden [375,4077], in NL langfristig aufgrund Jagdverschonung zunehmend, allerdings z.T. Verlagerung von Ackerflächen auf Schlickflächen [375]. Im ME Binnenland regelm. Durchzügler und Gastvogel, mitunter größere lokale Konzentrationen [2184,1722].

Verbreitung und Bestand. Geschlossenes Areal in N-Eurasien von IS und GB/IRL bis Zentralsibirien, S-Grenze bei etwa 60° N, isoliert in Höhenlagen auch weiter S [1784]. Brutbestand in Europa etwa 460.000-740.000 BP [383], davon 250-310 T. BP in IS, 50-100 T. in N., 50-90 T. in S., 40-80 T. FIN und 24-95 T. in RUS. In ME (»Nominatform«) nur noch in D regelmäßig brütend, bei abnehmendem Bestand auf 12 BP (2003) [P. Südbeck]. Drei Flyway-Populationen in N-, W- und M-Europa bis N-Afrika mit insgesamt etwa 1.7-2.0 Mio. Ind. [4077,823,3718], >90% davon »*altifrons*« aus N-Europa, nur etwa 69.000 Ind. »apricaria« aus GB/IRL, DK und D-NI; Wegzugbestände gebietsweise zunehmend [2184,3718].

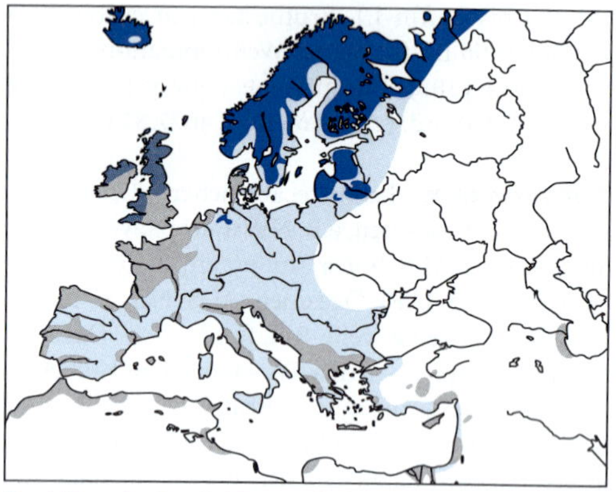

Pluvialis apricaria – **Goldregenpfeifer**

Wanderungen. In GB/IRL Teilzieher, sonst Kurzstreckenzieher. Winterquartier NW-Europa (GB/IRL) [Details:1259] sowie Küstengebiete bzw. Tiefländer von D-NI bis atlantisches F, z.T. im Binnenland E.; ferner gesamter Mittelmeerraum (einschließlich z.B. TR, Nildelta, N-Afrika) sowie Atlantikküste NW-Afrika; nach E bis Persischer Golf und NW-Indien. In milden Wintern auch größere Zahlen in NW-ME und auch im Binnenland Überwinterung; **Br. IS** überwintern von GB/IRL bis SW-Europa/MA; von den **Br. GB/IRL** verlässt ein Teil GB nicht (aber keine Winterfunde in IRL), andere ziehen bis E., P, MA; Abzug aus GB in kalten Wintern in großem Umfang [4064]. **Br. Fennoskandiens, NW-RUS** und angrenzender Länder ziehen großenteils in SW-Richtung; Hauptdurchzug an Ost- und Nordseeküsten; im Binnenland ME vor allem der spätere Jungvogeldurchzug im Herbst erkennbar. Umfassendste Beringung auf dem Dz. in NL [3642], bei frühen und langen Frösten werden Gebiete in NL früher verlassen, dann durch längeren Aufenthalt in den S Wintergebieten höhere Wintermortalität [1922]. Ab Anf. Juli z.T. Abzug von den Brutplätzen; Nordseeküste D größere Trupps ab Juli; Zuzug bis Mitte Sept/Okt., zunächst vor allem mausernde Ad., erste Juv. ab Aug., Maximalzahlen Okt/Dez. Im Binnenland meist überwiegend Jungvogeldurchzug und daher Gipfel Anf. Nov., z.B. D-BY, Bod. [1617]. Bis zum Einsetzen des Frostes Hunderte/Tausende in D-SH/-NI, dann erst erzwungener Abzug. MA Ankunft ab Nov., Maxima Jan.; Heimzug in SW-Europa ab Feb., Zuzug in NL ab Mitte Feb., Einwanderung in E-Nordsee ab März mit Gipfel Ende April/Anf. Mai; etwa zur selben Zeit auch Gipfel des Dz. im Binnenland (Bod. Mitte Apr.) [1617]. Geburtsorts- und Brutortstreue nachgewiesen. Brutplätze in GB bereits ab Ende Feb./März bezogen, im N Anf. Juni. Nichtbrüter meist in Nähe der Brutgebiete (z.T. Brutreserve); Übersommerungen im Winterquartier und Dz.-Gebiet daher selten (vgl. Kiebitzregenpfeifer).

Bestandsentwicklung. Lange anhaltender drastischer Bestandsverlust in ME [sowie in GB und N-Europa:1343,1369] sowie Arealschwund im S-Teil der Verbreitung. Als Bewohner unberührter Moorgebiete aufgrund dramatischer Lebensraumzerstörung [vgl. 1369,1137], wahrscheinlich zudem durch Klimaerwärmung, im 19. Jh. verschwunden aus PL, D-MV und L [1369,2560,2031,3867; in D-BB wohl nie regelm. Brutvogel:1], etwa 1910 aus B, 1915 aus D-NW, 1925 aus D-SH und 1937 aus NL [843,1369,2623,196,375], sowie in der Folgezeit aus weiten Teilen D-NI, wo letzte regelm. besetzte Brutplätze ME liegen [196]. Dank sehr intensiver Schutzmaßnahmen zwischenzeitlich Stabilisierung des Bestandes auf sehr niedrigem Niveau (um 20 BP) [1587,204], in jüngster Zeit aber weitere Abnahme (12 BP 2003) und zunehmende Gefahr des Erlöschens. Auch in benachbarten europäischen Brutgebieten, z.B. isolierte Vorkommen in DK, derzeit überwiegend negative Bestandstrends [3615,3892,1585,3718].
Gelegentliche Bruten in B, z.B. 1980 und 1981 in Limburg [843] sowie 1997 und 1999 im Hohen Venn [1677]. Einzelbrut auch in NL 1974 [375]. Hinweise auf vereinzelte Brutvorkommen in N-PL existieren [1366,3871].

	Best.	Areal	Brutbestand	Jahr	Quelle
B	↕	=	0–1	1997–1999	[383]
D	↓	=	12–22	1999–2003	[383*]

*erg. P. Südbeck

Siedlungsdichte. Höchste bekannte Dichte in GB 16.4 BP/km², sonst in Optimallebensräumen bis 10 BP/km², normalerweise < 0.5-4.0 BP/km²; in N-Europas Niedermooren des Tieflandes 2-5 BP/km² [1507].

Gefährdungsursachen [1369,1137,1507,196,2817]. Zerstörung des Lebensraumes durch Melioration, Entwässerung und Grundwasserabsenkung, industrieller Torfabbau (u.a. Zerstörung der Gelege durch Maschinen), Aufforstung von Mooren sowie mechanische Einwirkungen und Intensivierung der Nutzung einschließlich direkter Verfolgung: Intensive Jagd in F (auch DK, E.,P und I), Eiersammler.
Grünlandumbruch und Eutrophierung; Nahrungsmangel in Intensivgrünland und industriellen Torfabbaugebieten
Klimaerwärmung; zunehmende Prädation (Raubsäuger, Corviden), nicht zuletzt auch Folge anthropogener Lebensraumveränderungen.
Störungen der Brutgebiete durch intensive Freizeitnutzung (in D-NI nicht relevant).

SPEC	VSchRL	Bern.Konv.	Bonn.Konv.
E	I, II-2, III-2	Anh. III	Anh. II
Europ. RL	RL in ME:		
--	PL, NL: **'RE'**, D: 'CR'		

Schutzmaßnahmen. Schutz, Erhaltung und Management der erhaltenen Moorgebiete sowie Renaturierung, Pflege und Verbesserung (Wiedervernässung, Ausmagerung) potenziell besiedelbarer Bereiche.
Erhaltung und Pflege extensiv genutzten Feuchtgrünlandes in Umgebung der Brutplätze als Ausweich- und Nahrungsgebiet.
Intensive Überwachung aller bekannten Brutplätze, derzeit sogar direkter Schutz vor Gelegezerstörung und Prädation notwendig.
Reduzierung des Jagddrucks in Europa.

Biotop. Br. in N-Europa in nassen Heiden und anmoorigen Grasflächen in Niederungen und höheren Lagen (Bergtundra) von der Waldtundra bis in die Randzone der arkt. Tundra, im S in Hochmooren. Br. in D-NI inzwischen ausschließlich auf industriellen, weitgeh. strukturlosen Frästofflächen, dabei Nester auf Torf mit kurzer, sehr schütterer Vegetation. Wichtig sind Flächen mit geringer Vegetationshöhe und ohne gliedernde Elemente (Baumreihen, Hecken, Straßen). Nahrungssuche auch in angrenz. Weiden, extensiven kurzrasigen Wiesen, Äckern; Familien wandern (oft mehrere km) zu schütter bewachsenen Torfgräben oder Renaturierungsflächen. Dz. und Wintergäste auf Viehweiden und kurzrasigen Mähwiesen, abgeernteten Ackerfl. und anderen weitgehend off. Landschaften; an der Küste auch auf Sandbänken und vor allem im Spätsommer im Watt.

Nahrung. Insekten und deren Larven, Würmer, kleine Schnecken, Spinnen; auch pflanzlich, besonders Beeren. Zur Zugzeit auch im Watt (Ringelwürmer etc.).

Stimme. Häufigster Ruf weiches, weit hörbares »düh« im Flug. Stimmfühlung weich »tlüh«, manchmal etwas ansteigend »drü-diiü«, weicher als Rotschenkel; häufig auch von Dz. zu hören. Bei Gefahr im Brutgebiet oft Betonung auf der Endsilbe »plüüé«. Reviermarkierungsflug mit gereihten »flahüüi-«, synchronisiert mit schmetterlingshaft flatterndem Flug, sowie schnellere Roller, bei der Landung dann Übergang in eine Reihe von langsamen Trillern. Rastende Schwärme äußern schwirrendes »dürrje-dürrje-dürrje..«.

Verhalten. Tag- und dämmerungs-, zur Zugzeit überwiegend nachtaktiv (nächtliche Aktivitätsmaxima bei Vollmond ernährungsbedingt: Regenwürmer). Rennt sehr schnell z.B. bei Störung; im Brutgebiet oft etwas erhöhte Sitzwarte. Aufpicken der Beute oft erst nach Halt mit vorgestrecktem Kopf (»Horchpause«). Bohrt auch den Schnabel in den weichen Boden. Im Brutgebiet oft gemeinsam benutzte neutrale Zonen mehrerer Revierpaare. In Nestumgebung territorial mit Markierungsflug unter stark verlangsamten Flügelschlägen. Ein Nistplatz kann in einer Saison jedoch von mehr als 1 BP hintereinander benutzt werden, sodass »Nichtbrüter« z.T. wohl auch potenz. Br. darstellen. Balz auf dem Boden (auch in der Luft) beginnt oft bereits während des Heimzuges. ♂ lockt ♀ durch Scheinnisten an, an dem sich später auch ♀ beteiligt. Besonders dunkle ♂ sind dominant, ♀ scheinen dunklere ♂ zu bevorzugen. Brutpaare bleiben meist lebenslang zusammen (auch außerhalb der Brutzeit). Im Brutgebiet Drohimponieren gegen Reviereindringlinge. Oft geringe Fluchtdistanz gegenüber Menschen. Kurz vor dem Schlüpfen der Küken Verleiteverhalten. Außerhalb der Brutzeit sehr gesellig, oft in großen Scharen.

Fortpflanzung, Brutbiologie. Geschlechtsreife im 1. Lebensjahr. Monogame Saisonehe; durch Nistplatztreue Partnertreue bis 6 J. nachgewiesen; viell. die Regel. Bigynie beobachtet, Polyandrie in manchen Populationen möglich. **Nest.** Reviergründung meist gleich nach Ankunft. Mehrere Nestmulden (nur durch ♂?), Entscheidung über endgültigen Nistplatz durch Eiablage. Nest meist frei und offen auf trockenem Untergrund (Vegetationshöhe bis 10 cm), oft etwas erhöht auf Bülte; 3–6 cm tiefe Mulde, wenig Pflanzenmaterial, das erst durch Zurückschleudern beim Weggehen vom Nest und anschließendem Eintragen durch den brütenden Vogel dazu kommt. **Legebeginn.** Legebeginn im S (Ende März) April/Anf. Juli, im N Ende Mai/Juni; abhängig weniger von Kälte als von Zahl der Schneetage. **Gelegegröße.** (3) 4 (ausnahmsweise 5) Eier; z.B. GB_{394} 3.84 bzw. GB_{60} 3.84. **Eier.** länglich kreiselförmig, hellbraun mit kleineren und größeren dunkelbraunen bis schwärzlichen Flecken. **Brutdauer.** 27–30 d, Legeabstand 2-7 d, Ø 4,4 d. beide brüten, ♀ vorwiegend nachts. Nichtbrütender Partner z.T. wachend in der Nähe (nicht in D-NI). **Nestlings-/Führungszeit.** Bruten können bis 1 1/2 d im Nest bleiben; Hudern mind. 1, meist 2 Wochen; beide führen, oft teilt sich die Familie; Juv. mit 30-35 d flügge. **Jahresbruten.** 1 Jahresbrut; Ersatzgelege. **Bruterfolg.** Frühe Bruten in GB bessere Überlebenschancen. GB_{33} 1.58 flügge Junge/erfolgr. BP, von 89 BP 48 % erfolgreich, demnach ca. 0.76 flügge Junge/BP und J. In D-NI stark abnehmend von 0.7-1.3 flügge Juv./BP (1993-98) auf 0.2-0.6 flügge Juv./BP (1999-2003) [P. Südbeck].

Eimaße und -gewichte. L. 47.8-56.3 mm, B. 33.2-38.3 mm, Ø: 51.8 x 35.9 mm (n=100, GB), 51.9 x 35.2 mm (n=92, IS), 52.3 x 35.9 mm (n=190, S.); Frischvollgew. 27.7 -35.0 g, $Ø_{28}$: 31.4 g; Schalengew. 1. 4-1.9 g, $Ø_{140}$: 1.68 g.

Sterblichkeit, Alter. GB nach Farbringstudien Sterblichkeit im 1. Winter 41 %, im Folgewinter 22 %; nach Ringfunden NL 53 % im 1. J., 39 % in späteren J. (flügge beringt). Ältester Ringvogel (NL) 12 J. 9 Monate [3654]. **Generationslänge:** 4 J. [383].

Mauser. **Postjuv. Mauser** (Teilmauser) (Ende Aug.) Sept.–Nov. (Dez.); umfasst meist einzelne Flügeldecken, Steuer- und mehrere Schirmfedern [767,615]. • **Postnuptialmauser** (Vollmauser) an Nordsee/Atlantik ab Juni/Juli während Bebrüt. einsetzend, bis Zugbeginn 4–6 HS erneuert; während Wegzug meist nicht unterbrochen und bis Nov./Dez. im Mauser- und Winterquartier beendet; in IS indes Ende noch vor Wegzug [767,1369,615,4178], an Ostsee nur HS 8-10 [2194]; AS meist nur jedes 2. Jahr erneuert [767,1919]; Dauer der HS-Mauser NL ca. 125 d, Gesamtdauer < 4 Monate [767]. Eine partielle Supplementärmauser kurz vor Schlüpfen der Jungen umfasst Brust- und Bauchgefieder, wodurch PK abgeschwächt wird [1923]. • **Pränuptialmauser** (Teilmauser) besonders Feb./März–April während Heimzug; einschließlich inneren Schirm- und z.T. mittleren Steuerfedern und variabler Anzahl von Flügeldecken [767,1369], bei ♀ und S Populationen weniger umfangreich [767,615]; Dauer ca. 53 d, bei ♂ weniger als bei ♀ [1920].

Pluvialis dominica – Prärie-Goldregenpfeifer 04841

Pluvialis [dominica] dominica (P.L.S. Müller 1776) syn.: Amerikanischer Goldregenpfeifer, Kanadaregenpfeifer

(GB) American Golden Plover **(F) Pluvier bronzé** **(E) Chorlito Dorado Americano**

Taxonomie. Monotypisch. Bildet Superspezies mit *P. fulva* (Paläarktis, NW-Alaska).

Kennzeichen. Dem frischen Jungendkleid fehlen gelbliche oder olivfarbene Töne (**Foto** in Dutch B. **24**, 371). Erstes Sommerkleid (K2) unterseits ohne Schwarz, kann auch oberseits stark ausgeblichen sein (**Fotos**: Brit. B. **94**, 537). Ad. im PK mit ausgedehnt schwarzer Unterseite; Füße lang, steht oft stärker aufgerichtet als Goldregenpfeifer, Schnabel schlanker als dieser, Flügel länger, lange HS-Projektion [Bestimmung: 1904,1384;1369,221,1784,3615,3772; weitere **Fotos** in Alula **10**, 118, Brit. B. **92**, 571, Bird. W. **9**, 335, **10**, 369, **13**, 326, **16**, 402, Dutch B. **25**, 259, 405, **26**, 143].

Maße. Gr.: 24-28 cm. Gew.: 122-194 g. Fl.spw.: 65-72 cm. Fl.l.: ♀,♂ (15.6)17.6-19.9 cm, Ø$_{46}$ 18.4 ± 3.9 cm [1784,3615,1904].

Status. In Europa regelm. Durchzügler und Gastvogel, vor allem in GB seit 1966 alljährlich, in IRL fast allj., mehrere Beob. in F und Fennoskandien [337,3615]. In ME dagegen ausgesprochen selten, zudem Artzugehörigkeit oft nicht vollständig geklärt (*); bisher folgende Belege: • **CZ:** Sept. 1981 [2159]. • **B:** Okt. 1991* [1677]. • **D:** Helgol. Dez. 1847 2 Ind. [1369]; -HH 1998 [575]; -HB Mai 1992 [575]; -MV 1991 [575]. • **NL:** Nov. 1900, Okt. 1989, Nov.1989, Mai 1994 (2 x), Okt.1994, Okt. 1995, Okt. 1996, Juli/Aug.1997, Sept. 1998, Apr. und Nov. 1999, Okt. 2001, Juli 2002, Dez. 2003 [277,q16]. • **PL:** Juv. Nov. 2002 [3871].
Unbestimmte Zugehörigkeit (*fulva/dominica*)*: • **B:** Sept. 1991 [1677]. • **D:** -BY Nov. 1966 (2 Ind.) [4175]; -SH Juli 1992, Sept. 1995 [575], -NI Aug. 1999 [575]. • **NL:** 3 mal bis 2000 [q16].

Verbreitung und Bestand. Brutvogel im arktischen N-Amerika von W-Alaska (wo mit *P. fulva* sympatrisch) bis NE-CDN und Baffin-Insel; S-Grenze etwa Waldtundra. Winterquartiere in S-Amerika nach S bis Feuerland. Gesamtbestand etwa 50.000-100.000 Ind. (abnehmend?) [4077,823, 3718].

Wanderungen. Langstreckenzieher. Winterquartier S-Amerika mit Schleifenzug. Abzug aus dem Brutgebiet Ende Juli/Anf. Aug., Sept. im Wesentlichen abgezogen; Heimzug Feb./März, im N Dz. April.

Biotop. Trockene Tundra Nordamerikas. Dz. und Überwinterer vielseitig; an der Küste oft trockenes Kulturland, kurzrasige Flächen aller Art.

Stimme. Rufe oft etwas schärfer, höher als Goldregenpfeifer »pfü«, »pfüib«; Alarmruf meist zwei- oder mehrsilbig, etwa »kliii-i« (leicht abfallend).

Verhalten. Tag- u. dämmerungsaktiv.

Mauser. **Postjuvenile Mauser** (Teilmauser) ähnlich Tundraregenpfeifer [767,615]. • **Postnuptialmauser** (Vollmauser) Aug.–Feb., größtenteils im Winterquartier (besonders HS) [767,3050,615]. Partielle Supplementärmauser wie Goldregenpfeifer [615]. • **Pränuptialmauser** (Teilmauser) Feb.–Mai; Umfang ähnlich Tundraregenpfeifer [767,615].

Pluvialis fulva – Tundra-Goldregenpfeifer 04842

Pluvialis [dominica] fulva (J.F. Gmelin 1789) syn: Pazifischer Goldregenpfeifer

(GB) **Pacific Golden Plover** (F) **Pluvier fauve** (E) **Chorlito Dorado Siberiano**

Taxonomie. Monotypisch. Brütet in Paläarktis von Yamal-Halbinsel (70° E) ostwärts bis W-Alaska. Brutgebiet überlappt in W-Sibirien marginal mit dem von *apricaria* (Yamal, Taimyr) [615] sowie in W-Alaska ebenfalls marginal mit dem von *dominica*. Hybridisation mit *apricaria* ist nicht bekannt, mit *dominica* offenbar sehr selten [727;728].

Kennzeichen. Langbeiniger, langflügeliger und schlanker als Goldregenpfeifer, im PK ausgedehnte schwarze Unterseite, Schirmfedern gröber »gesägt« als bei jenem [1784,221,3615,3772,1384,1904; **Fotos** in Limic. **7**, 216, **12**, 185, Dutch B. **14**, 15, **18**, 108, 263, **20**, 151, 189, **24**, 314, **25**, 371, **26**, 248, Bird. W. **8**, 27, **9**, 348].

Maße. Gr.: 23-26 cm. Gew.: 100-192 g. Fl.spw.: 60-72 cm. Fl.l.: ♀,♂ 15.8-18.4 cm, Ø$_{172}$ 17.2 ± 4.1 cm, Juv. Ø$_{191}$ 16.8 ± 4.2 cm [1784,3615,1904].

Status. In Europa fast regelm. Durchzügler und Gastvogel, dabei in GB und IRL deutlich weniger häufig als *P. dominica* (von 91 Nachw. bis 1983 nach Stichprobe < 10 % *fulva*) [337,3615]. Im Herbst 1996 Einflug nach Europa mit bis zu 50 Ind. in FIN [575].

In ME, insbesondere in NL, auffällig häufiger als *P. dominica*, bisher folgende Belege (bei unsicherem Status mit * gekennzeichnet): • **B:** Sept. 1992 [1677]. • **CZ:** Okt. 1989* [2159]. • **NL:** Von 1896-1990 10 Nachw. zw. Okt.-März; von 1991-98 weitere 9 Nachw., alle zwischen Juli-Sept., ferner Feb. und Aug. 2000 sowie 3 mal Juli 2001 und 6 mal 2002 [277,q16, weitere Beob. gestrichen]. • **PL:** (Nov. 1846 [1369] unsicher, nicht mehr überprüfbar), Ad. Aug. 2000 [q13,3871]. • **D:** Helgol. Juni 1857, Juni 1860, Juli 1867, Juli/Aug.1989, Aug.1990, Juni 1993, Dez.1996 [1369,575]; -SH Aug. 1988; -MV Aug. 1973 [2031]; -NI Juli 1974, Aug. 1989, Juli 1993, Juni 1997; -BB Aug. 1997 [575]. • **CH:** -VD ad. ♂ Juli 2003 [q14]. Nachw. ab 1998 in D, H und B von Seltenheitenkommissionen bei Drucklegung noch nicht homologiert.

Zusätzliche Beob. mit unbestimmter Artzugehörigkeit s. bei *P. dominica*.

Wanderungen. Langstreckenzieher. Wintergebiet NE-Afrika, Indien, SE-Asien, Pazifische Inseln, NZ, wenige S-Kalifornien. Abzug vom Brutgebiet Ende Juli/Anf. Aug., Ankunft Afrika ab Aug., NZ Okt.; Br. erreichen Tundra erste Junihälfte. Ende des Abzuges aus dem Winterquartier April. Möglicherweise regelm. durchziehend im extremen NE-RUS [3615].

Verbreitung und Bestand. Brutvogel im arktischen Sibirien von Jamal-Halbinsel bis Beringstraße und nach S bis N Kamtschatka; ferner W-Alaska. Winterquartiere in SE-Asien, Australis sowie Küste E-Afrikas. Gesamtbestand der zwei Flyway-Populationen etwa 166.000-216.000 Ind. (stabil) [4077,823].

Biotop. Br. in Tundren Nordsibiriens. Dz. kurze Weiden, Prärie, Schlammflächen, an See- und Flussufern etc.

Stimme. Rufe schärfer, härter als Goldregenpfeifer, schnelles, pfeifendes »tschü-it«, ähnlich Dunklem Wasserläufer, gezogenes »klü-ie«, langes »tschüii-ée«. Auf dem Zug flötendes »düh« wie *apricaria*. »Zweisilbigkeit« gutes Feldkennzeichen.

Mauser. **Postjuvenile Mauser** (Teilmauser) Ende Okt./Nov.–Dez./März; Umfang ähnlich **Pränuptialmauser** [767,3050,1688,615]. • **Postnuptialmauser** (Vollmauser) Juli–Dez./Feb., dabei 1–5 HS im Brutgebiet gewechselt [767,3050,1688,615]. Partielle Supplementärmauser wie Goldregenpfeifer [615]. • **Pränuptialmauser** (Teilmauser) Feb.–April; einschließlich inneren Schirm-, einigen (allen) Steuerfedern sowie variabler Anzahl von Flügeldecken, bei ♀ weniger umfangreich [767,3050,1688,615].

Vanellus vanellus – Kiebitz 04930

Vanellus vanellus (Linnaeus 1758)

GB **Northern Lapwing** F **Vanneau huppé** E **Avefría Europea**

Taxonomie. Monotypisch.

Kennzeichen. [1784,221,1369,3615,3772].

Maße. Gr.: 28-31 cm. Gew.: 128-330 g. Fl.spw.: 82-87 cm. Fl.l.: ♂ 22.0-24.0 cm, ♀ 21.4-23.1 cm [1369,3615].

Status. Häufiger, verbreiteter Brut- und Sommervogel, häufiger Durchzügler und Rastvogel, gebietsweise regelm. Überwinterer in kleiner Zahl.

Verbreitung und Bestand. In gemäßigter und mediterraner Zone von W-Europa bis Ussuriland weit verbreitet. N-Grenze in Skandinavien bei 69-71° N, nach E hin jedoch zunehmend S (57° an der Angara); im S bis SW-E. und N-Afrika [1369]. Dichteste Vorkommen in Tiefebenen NL, N-D und PL sowie in RUS und BY; in S-ME in Flussniederungen konzentriert; dringt aber auch bis in Höhenlagen von 900m (>1.000 in Alpen, Baar, Karpaten) vor. Europäischer Brutbestand 1.7-2.8 Mio. BP (stark abnehmend), davon in RUS zw. 0.6-1.0 Mio., Populationen > 100.000 BP ferner in BY, H, PL, NL und GB [383]; in ME brüten etwa 390.000-750.000 BP [383, erg.]. Europäisch-Nordafrikanische Flyway-Population etwa 2.8-4.0 Mio. Ind., W-asiatische 1.6-2.9 Mio. Ind. [4077,823,3718].

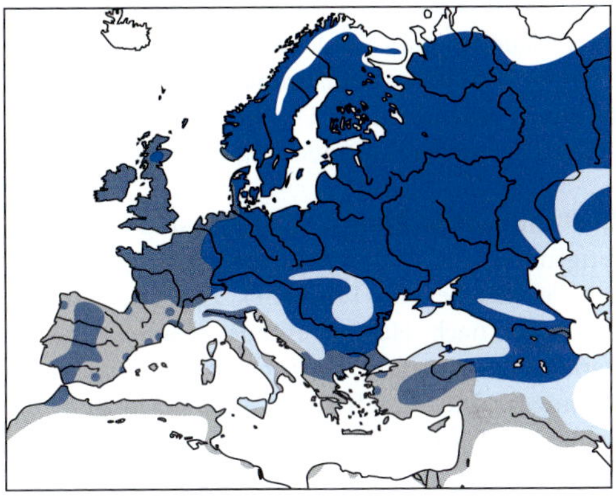

Vanellus vanellus – **Kiebitz**

Wanderungen. Kurzstreckenzieher, z.T. Standvogel. Winterareal: einzelne Nachw. in S./N. und DK; in PL, D nur in milden Wintern größere Zahlen; regelm. Überwinterungen erst W der 0° C Jan.-Isotherme; Hauptwintergebiet durch 3° C Jan.-Isotherme begrenzt, also GB (ohne N), IRL, F, P/E. nach S bis N-Afrika und wenige bis Senegal, ferner Mittelmeerbecken bis N-I, NE-GR (einzeln auch H/R) und im S unteres Niltal, Vorderasien sowie S- bzw. E-Asien. In Europa Abnahme der Zugneigung SE/SW (Sept.-März: % der Funde bis 60 km/Ø Distanz der Funde > 60 km): FIN 1.0/2531, S. 3.5/1655, N. 9.0/1357, DK 21.3/1400, N-D zwischen Weser und Oder 4.0/1390, B/NL 12.0/1146, GB 22.5/776. Im einzelnen Zugverhalten jedoch stark von Winterkälte beeinflusst. Meist Breitfrontzug, bei dem auch Meeresteile überflogen werden, in Hauptrichtung WSW/ESE. Wichtigstes Durchzugsgebiet fast aller europäischen Populationen ist N- und W-F; Winterkonzentrationen besonders an der Atlantikküste, S-E., NW-Afrika (z.B. MA Jan. bis 100.000 Ind.). Br. weiter E erreichen über I und Mittelmeerinseln NW-Afrika; Teil der lnd. von W-Populationen zieht nicht mehr entlang der Atlantikküste sondern über Sardinien, Korsika, I heim (Schleifenzug). In NW-Afrika sind Br. aller europäischen Populationen zu erwarten, doch meist nur kleine Zahlen. Im mittleren Mittelmeerraum überwintern besonders Br. CZ, SK., H, RUS und angrenzender Gebiete, bis W-Sibirien. In Winterquartieren weiter E (z.B. Nildelta Nov. > 100.000 Ind.) wohl asiatische Br. Frühwegzug: Ab April/Mai mit Höhepunkt Juni Abzug von Brutplätzen vermutlich zuerst Nichtbrüter und erfolglose Br., ♂ überwiegen; ab Juni auch Dj. und mehr ♀. Richtung SW (Br. Fennoskandien, Ostseeraum) bzw. mehr W/NW (Br. CZ, S-D, CH); Br. H nach NW bis Nordsee und SW bis Mittelmeer. Auslöser des sommerlichen Wegzuges viell. ungünstigere Biotopbedingungen; Ziel möglicherweise Mauserplatz. Eigentlicher Wegzug erreicht meist erst mit ersten Frostperioden Höhepunkt, demnach Ablauf jahrweise unterschiedlich. Typische Winterverteilung der Ringfunde in ME und W-Europa erst ab Okt.; Winterausharrer in ganz ME zu beobachten, dann mitunter massierte Winterflucht im Jan.; Ankunft in südlichsten Teilen des Winterquartiers ab Sept., Maximum meist Jan. Heimzug rascher; ab Feb. in ME; Ø der Erstankunft im SW 2. Feb.-Hälfte, in meisten Teilen ME 1. Märzhälfte; Skandinavien von S nach N März/April; jährliche Schwankungen oft groß, z.T. bedingt durch Zugstau [z.B. 1722]. Ortstreue: etwa 70 % der europäischen Funde 1. Mai/14. Juni liegen bis max. 20 km vom Beringungsplatz entfernt; einige extreme Umsiedler z.B. GB/NL – W-Sibirien 4370 km bzw. 5170 km E. Als Anpassung an Veränderungen der Kulturlandbrutplätze muss aber eine gewisse Neigung zu Umsiedlungen zumindest über kleine Entfernung vorhanden sein. Populationsstudien lassen z.T. beträchtliche Zuwanderungsraten erkennen.

Bestandsentwicklung. Hohe Bestandsdynamik aufgrund von Witterungseinflüssen (Kältewinter, Feuchtigkeit im Frühjahr), Zu- und Abwanderungen nach Habitatveränderungen und sehr variablem Bruterfolg; dadurch Beurteilung großräumiger und langfristiger Entwicklungen erschwert [1369,196,449].

	Best.	Areal	Brutbestand	Jahr	Quelle
A	+/-	=	3.000–6.000	1998–2002	[383]
B	+/-	=	17.000–24.000	2001–2002	[383]
CH	↓	- 1	400–500	1993–1996	[383]
CZ	⇩	- 2	7.000–10.000	2000–2002	[383]
D	⇩	- 1	67.000–104.000	1995–1999	[383]
FL	⇩	- 2	0–1	1998–2000	[383]
H	↓	- 1	93.000–150.000	1999–2002	[383]
L	↓	=	20–30	2001	[383]
NL	↓	- 1	200.000–300.000	1998–2000	[383]
PL	↓	- 1	100.000–150.000	2000–2002	[383]
SK	↓	- 1	2.500–5.000	1990–1999	[383]

Ab 19. Jh. erhebliche, anhaltende Bestandsverluste in weiten Teilen D und CH. Tiefpunkt in S-D und Teilen N-D und CH in 1920er und 30er J. erreicht, in NL, NE-D und PL erst später. In vielen Regionen hielt Rückgang durch Melioration und Kultivierung auch länger an, in NE-ME z.T. bis 1960er J. oder später [1369,2031,2772,3268].

Durch regional verschieden rasche Besiedlung von Agrarflächen anschließend wieder starke, gebietsweise sprunghafte Bestandszunahmen, in CH und D-NW bis 1970er J. [3393,196,1722], in B, NL, A und D regional bis 1980er J. [843,965,196]; dabei Wiederbesiedlungen L 1960, FL 1971, D-SL 1965 [2560,3248,196] und Arealausweitungen [1369,337]. Gleichzeitig Ausdehnung nach N-Europa aufgrund wärmerer Frühjahre, geringerer Verluste auf Heimzug, geringerer witterungsbedingter Gelegeverluste und hoher Rekrutierung [1369].

Durch moderne Bewirtschaftungsmethoden, Landschafts- und wasserwirtschaftliche Veränderungen sowie erheblich reduzierte Nachwuchsraten seit 1980er J. fast in allen Regionen ME drastische Bestandseinbußen mit Abnahmen bis 50% [CH: 3392,3393; A: 1997; W-PL: 3867; NL: 3955,3638; Teile D: 196,1587,1722,2772,1302,594,2749; Bod.: 1617], gebietsweise sogar > 50% oder Bestand ganz erloschen [vgl. 196,3161,2675,3668,3407,2238,1998; SLN: 3866]. Bruten auf Ackerflächen für Kiebitz langfristig wenig erfolgreich, da offenbar geringer Bruterfolg [u.a. Ernährungsprobleme: 2509]. In D-SH und -BB Ausweichen der Familien von Acker- auf Grünland, wo möglich [2089]. Bestandszunahmen oft nur durch Zuzug fremder Individuen erreicht, fast im gesamten ME sehr geringer oder z.T. völlig ausbleibender Bruterfolg auf Äckern, Silage-Wiesen und entwässerten Bereichen [196,1507]. Bruterfolg in meisten Regionen ME anhaltend zu gering zur Bestandserhaltung, gebietsweise Bestandszahlen geringer als vor der Umstellung auf Ackerbruten [196]. Auch Mauserbestände gebietsweise deutlich rückläufig [2306].

Nur einige Küstenbereiche, optimal gestaltete Schutzgebiete, unbeeinträchtigte Niederungsflächen sowie neue Eindeichungsflächen vom Bestandseinbruch lange Zeit verschont oder bis 1990er J. (noch) mit Zunahmen [196], z.T. aber auch dort neuerdings Abnahmen [z.B. 1497,1732]. In 1990er J. u.a. aufgrund unzureichenden Bruterfolgs und weiterer Lebensraumverlust durch Sukzession in NSG erhebliche Beschleunigung des Bestandsrückganges: in D bundesweit von 1975-99 um etwa 60% [204]. Lokale Erfolge bei Wiedervernässung und Extensivierung [D-BW:449]. In Teilen E-ME und in E-Europa aufgrund eher traditioneller Bewirtschaftungsformen Bestand noch weitgehend stabil [1507,1585,3871].

Siedlungsdichte. Großflächig in NL mind. 3.7 bzw. 4.8 BP/km^2 (auf 2.680 km^2 bzw. 2.000 km^2), auf optimalen Weideflächen bis 35-40 BP/km^2, auf feuchten Weiden der Hebriden (NW-GB) bis 42 BP/km^2 [1507], in D-NI 3.2 BP/km^2 (auf 1.262 km^2), -HH 2.8 BP/km^2 (98 km^2), -NW $Ø_4$ 1.38 BP/km^2 (auf 40–443 km^2 landwirtschaftlicher Nutzfläche), -BY $Ø_{29}$ 1.14 BP/km^2 (0.2–3.6 BP/km^2; auf 52–1160 km^2 verschiedener Landschaften); -RP $Ø_{10}$ 1.86 BP/km^2 (0.2–4.2 BP/km^2; Flächen von 48–1740 km^2) [337]; -BB 0.2–4.6 BP/km^2 auf Flächen von 11–56 km^2 [1], in FIN zwischen 5-13 BP/km^2 [1507]. Höchstwerte in »Naturschutzkögen« in D-SH mit bis 1 BP/ha [310].

Gefährdungsursachen [1369,196,1507,310,1302, 358,2089,258]. Ab Ende 19. Jh. Lebensraumverlust durch Trockenlegung und Zerstörung der Feuchtländer und Landschaftsverbrauch (Bebauung), seither zusätzlich Habitatverschlechterung aufgrund Umstellung auf Wintergetreide, zunehmender Mechanisierung der Landwirtschaft, Flurbereinigung, massiver Verwendung von Umweltchemikalien, intensiver Düngung (beschleunigtes Wachstum) und Vorverlegung der Mahd; ferner Rückgang extensiver Weidenutzung (auch Umbruch in Ackerland) und fehlende Frühjahrüberschwemmungen. Oft ist Familienverbänden ein Ausweichen von Ackerflächen auf benachbarte Mähwiesen wegen dichter Vegetation (durch Eutrophierung, Nutzungsaufgabe) nicht mehr möglich. In meisten Fällen Fehlen geeigneter Aufzuchtsplätze entscheidend für Bestandseinbruch.
Drastischer Verlust der Insektennahrung und der Ackerwildkräuter durch Biozideinsatz und Einbeziehung der Ackerraine in Intensivnutzung. Sehr hohe Verlustraten bei Gelegen und Jungvögeln durch Nahrungsmangel bei Jungenaufzucht, durch Fehlen von Feuchtwiesen, frühe Mahd und Viehvertritt sowie Störungen im Nestbereich (Freizeitnutzung).

SPEC	VSchRL	Bern.Konv.	Bonn.Konv.
2	Anh. II-2	Anh. III	Anh. II
Europ. RL	RL in ME		
VU	FL:'CR', D, L, CH :'EN', CZ:'VU', SK:'NT'		

Direkte Verfolgung (früher auch Eiersammeln).
Verluste auf Zug und in Überwinterungsgebieten?
Natürliche Verluste in Kältewintern und, zunehmend, aufgrund von Prädation (vor allem Belege für Raubsäuger, selten Vögel).

Schutzmaßnahmen. Ähnlich wie bei anderen Arten des Offenlandes: Extensivierung der Landwirtschaft, Wiederherstellung landwirtschaftlicher Mosaikstruktur mit ungenutzten Ackerrainen und reichem Angebot an Ruderalflächen. Wiedervernässung, Erhöhung des Grundwaserspiegels sowie extensive Nutzung von Feuchtwiesen. Verringerung des Einsatzes von Düngemitteln und Bioziden. Ausschalten von Störquellen in Brutgebieten.
Erstellung differenzierter Pflegepläne, gestaffelte Mahdtermine.
Vgl. ausführlichere Darstellung bei Großem Brachvogel.

Biotop. Br. auf flachen, weithin offenen, baumarmen und wenig strukturierten Flächen mit fehlender oder kurzer Vegetation (bzw. geringer Dichte höherer Einzelpflanzen). Heute große Vielfalt von Biotopen; Vorliebe für Bodenfeuchtigkeit ist z.T. mit geringer Vegetationshöhe im Frühjahr zu erklären. Gleicher Effekt wird oft durch Bodenbearbeitung im Kulturland erreicht, vor allem, wenn dadurch auch die Härte trockener Böden kompensiert wird. Neststandort und Nahrungsflächen können auch voneinander getrennt sein. Besiedelt werden z.B. Seggenriede, Pfeifengraswiesen, Mähwiesen, Viehweiden, Heideflächen, Flugplätze, Ackerland, aber mitunter auch Schotter- und Ruderalflächen, Rieselfelder, abgelassene Fischteiche, Materialentnahmestellen, Hochmoore. Oft unterschiedliche Besiedlung einer Fläche durch Früh- und Spätbruten. Heute in ME Mehrzahl der Bruten auf ± trockenem Untergrund; noch im 19. Jh. fast ausschließlich Feuchtbrüter. Außerhalb der Brutzeit meist kurzrasige bis kahle Flächen, z.B. frisch gemähte Wiesen, umgebrochene Äcker, Schlammufer, doch selten am Salzwasser.

Nahrung. Hauptsächlich kleine Bodentiere, aber zumindest zeitweise (Winter) auch nennenswerter vegetabilischer Anteil; sehr vielseitig. Meist dominieren Insekten und deren Larven, z.B. Käfer, Schmetterlingsraupen, Dipteren-Larven (z.B. Wiesenschnaken), Heuschrecken, Ameisen etc.; vor allem im Frühjahr hoher Anteil Regenwürmer (in Magenanalysen unterrepräsentiert). Kükennahrung von Elternnahrung verschieden. Pflanzlich u.a. Samen und Früchte von Wiesenpflanzen, mitunter auch Getreidekörner. Nahrungsbedarf etwa 11-17 g tierischer Trockensubstanz/d.

Stimme. Klagende bis weinerlich klingende Rufe. Kontaktlaut z.B. »kiärrih«; ferner lang gezogen »piii« (Alarmsignal) oder auch gereiht »piiije piie-wihwih...«. Gesang während des Ausdrucksfluges etwa »chä-chuit« (im Aufsteigen), »wit-wit-wit-wit« (Flugbahn in der Höhe), »chiu-witt« (Sturzflug); Einzelteile oft mit Pausen; wuchtelndes Fluggeräusch. Geringe Alarmbereitschaft »piewip« (1. Silbe betont); laute »wiie ir« veranlassen Küken, sich zu drücken; Entwarnung sanft »pie wi«; weitere Abwandlungen der Rufe, auch heißere Rufreihen.

Verhalten. Überwiegend tagaktiv, in hellen Nächten auch nachts. Charakteristischer Flug mit langsam schaufelnden Flügelschlägen etwas schwankend und schaukelnd. Beim Landen oft Sturzflüge und Abtrudeln. Nahrungserwerb auf dem Boden oder durch Bohren in den obersten Bodenschichten. Verharren oft kurz mit vorgestrecktem Kopf vor dem Stochern. Bodenklopfen bzw. Fußtrillern kommt vor (treibt z.B. Regenwürmer heraus). Das ganze Jahr über gesellig. Nester oft in Sichtkontakt, Neigung zu Kolonienbildung mit gemeinschaftlicher Verteidigung des Brutplatzes. Territorialverhalten erlischt nach dem Schlüpfen der Jungen. ♂ führen im Revier Ausdrucksflüge durch: am Anfang niedrig über dem Boden stumm (nur Flügelgeräusche), dann steiles Aufsteigen und kurzer Horizontalflug, nach einem kleinen Aufstieg lässt sich der Vogel in die Tiefe fallen, oft mit vollständigen Rollen (Lautäußerung vgl. oben). Dicht über dem Boden wird der Sturzflug aufgefangen; bei hastigen Flügelschlägen ist ein wuchtelndes Fluggeräusch zu hören (verlängerte innere HS!); oftmaliges Seitwärtsschwenken, so dass die weiße Unterseite aufblitzt. Balz und Paarbildung im Frühjahr, bei Standvögeln (GB) auch Herbst und Winter. Bodenbalz mit Werbezeremonien und Scheinnisten. Polygyne ♂ verwenden mehr Zeit mit »Schauflügen« (vermutlich Signal für höhere Verteidigungsbereitschaft). Kopulationen auch noch während der Brut. Drohen z.B. in aufrechter Haltung mit leicht abgestelltem Flügel. Eindringlinge ins Brutrevier werden mit lautem »chäit« umflogen; Attacken und Scheinangriffe z.B. auf Krähen, Androhen von großen Bodenfeinden. Verleiten nicht häufig. Außerhalb der Brutzeit sehr sozial. Auf Rastplätzen auch lockerer Zusammenschluss mit anderen Limikolen, Staren, Drosseln. Mitunter siedeln Rotschenkel in der Nähe von Kiebitzen.

Fortpflanzung, Brutbiologie [1719,1369,337, 2930,4232N]. Geschlechtsreife 1. Lebensjahr; viele brüten aber erst im 2. (= 3. KJ). Z.T. monogame Saisonehe, bei hohem Nachgelegeanteil wohl auch häufig nur Brutehe; Bigynie nicht selten. **Ankunft am Brutplatz.** Feb., spätestens Anf. März in D-BW. ♂ verteilen sich nach Ankunft rasch auf die Reviere, ♀ bleiben oft noch bis zu 3 Wochen im Schwarm. **Nest.** ♀ wählt eine der vom ♂ angelegten Mulden. Nest am Boden, oft geringfügig erhöht; Brutnest mit wenig trockenem Material aus der nächsten Umgebung ausgelegt oder gesäumt. **Legebeginn.** Legebeginn stark witterungsabhängig, in ME frühestens Anf. März (D-BW$_{254}$ frühestens 12.3., Mehrzahl ab Anf. April, Ø 11.4.), nach N bis Ende März, in Skandinavien April. Ende der Legeperiode meist Anf. Juni. **Gelegegröße.** 4 Eier; 3 Eier oft von Erstbrütern, in Ersatzgelegen oder 1 Ei verlegt; in großen Serien 4er-Gelege 85–94 %. In D-BW$_{574}$ 2-5 Eier, selten mehr (bis 8, dann vermutlich von 2 ♀), Ø$_{574}$ 3.89. **Eier.** Kreisel- bis birnenförmig, olivbraun; zahlreiche schwarze Flecken, mitunter ungleichmäßig verteilt und/oder zusammenfließend. **Brutdauer.** 26-29 (Ø 27) d; Eiablage täglich, max. 2 d Intervall; beide brüten. Polygyne ♂ haben z.T. recht hohen Brutanteil beim Gelege des alpha-♀ und brüten etwa doppelt soviel wie monogame ♂. **Schlüpftermine.** In D frühestens Mitte April, erster Gipfel Anf. Mai, zweiter Gipfel Ende Mai, letzte Ende Juni (-BW Ø$_{220}$ 6.5.). **Nestlings-/Führungszeit.** Nach dem Schlüpfen zunächst in der Nestumgebung; dort in günstigen Fällen bis zum Flüggewerden. Unter heutigen Kulturlandbedingungen jedoch Abwandern in günstigere Aufzuchtsgebiete meist ± erzwungen. Oft ♀ näher bei den Jungen, ♂ in einiger Entfernung Wache. Bei Spätbruten ♂ oft nicht mehr bei den Jungen. Meist hudert ♀ nachts, ca. 14/16 d. Küken drücken sich bei Warnruf zunächst an Ort und Stelle, rennen oft erst später zu einer Deckung. Mit ca. 35–40 d flügge. **Ende der Brutperiode.** Letzte Küken schlüpfen Anf. Juli und werden Mitte Aug. flügge. **Jahresbruten.** 1 Jahresbrut, gelegentlich Schachtelbruten; Ersatzgelege nach Gelegeverlust, mitunter auch nach Jungenverlust. In GB wurden Doppelbruten beschrieben, bei denen ein Gelege vom ♂, das andere vom ♀ bebrütet wird. **Bruterfolg.** Verlustursachen für Gelege u.a. Hochwasser, landwirtschaftliche Arbeiten, Weidevieh, tierische Nesträuber (z.B. Fuchs, Krähen), Störungen durch Menschen. Bei Ackerbruten zeitliche Lage der Feldarbeiten entscheidend. Durch Nachgelege gewisser Ausgleich möglich, doch auf reinen Ackerflächen verhungern die Küken z.B. bei Trockenheit. Flügge Juv./BP und J.: DK (erforderliche Nachwuchsrate ca. 1.18) auf Äckern 0.57, auf Küstenmarschen 1.24; ME (erforderliche Nachwuchsrate ca. 0.8) CH auf Äckern 0.35, Mischbiotop mit Pfeifengras 1.6; D-SH Marschland (Äcker, Wiesen) 0.79; NL Marschland 1.15; GB Schafweide 0.9. Details für D-BW [1719]. Bei hoher Anbauvielfalt in D-NI Bruterfolg deutlich erhöht [3463].

Eimaße und -gewichte. L. 40.0-58.0 mm, B. 30.2-37.2 mm, Ø: 46.4 x 33.0 mm (n=215, B), 46.9 x 33.3 mm (n=540, NL), 46.6 x 33.2 mm (n=492, D-NW), 46.2 x 33.3 mm (n=1097, CH), 46.6 x 33.3 mm (n=210, CS); Frischvollgew. 21.0 -30.2 g, Ø: 25.3 g (n=56, B), Ø: 26.0 g (n=90, NL), Ø: 24.7 g (n=158,

CH), Ø: 25.4-27.6 g (GB); Schalengew. 1.12-1.80 g, $Ø_{500}$: 1.55 g. Eivolumen in verschiedenen Regionen Europas Ø 22.8-23.6 cm^3 [261].

Sterblichkeit, Alter. In GB (1930-1988) Juv. 40 %, Ad. 29 %/J., seit 1960 gefallen auf 25 %/J.; Hauptfaktoren: mittl. Bodentemperaturen und mittl. Niederschlagsmenge im Winter [2955]; Älteste Ringvögel mind. 25, 2mal 24 J. 8 Monate, je 1mal > 24, 23 J. 7 Monate und 19 J. **Generationslänge:** 5 J. [383].

Mauser. **Postjuvenile Mauser** (Teilmauser) Juli-Dez.; einschließlich einigen Oberflügeldecken, Schirm- und Steuerfedern [767,1369]. • **Postnuptialmauser** (Vollmauser) Mai/Juni – Aug./Sept. (Nov.) [767,1356]; setzt häufig erst nach Selbstständigwerden der Jungen ein, aber bei einigen Spätbruten bis zu 14 d vor dem Schlüpftermin [1369,329,330,2306]; ST und HS 1–5 rasch abgeworfen [767,1369]; Dauer der HS-Mauser ca. 114 d. • **Pränuptialmauser** (Teilmauser) Feb.–März/April; umfasst neben Kopf-, Hals- und Vorderbrustgefieder z.T. einige Oberflügeldecken, Schulter- und Schirmfedern [767,1369].

Vanellus spinosus – Spornkiebitz 04870

Vanellus spinosus (Linnaeus 1758) syn.: *Hoplopterus spinosus*

(GB) **Spur-winged Plover (Lapwing)** (F) **Vanneau à éperons** (E) **Avefría Espinosa**

Taxonomie. Monotypisch. Der nah verwandte *V. duvaucelii* (SE-Asien) wird oft mit *spinosus* in einer Superspezies [3565] oder gar einer Art [995N] vereinigt.

Kennzeichen. [1784,221,1369,3615,3772; **Fotos** in Bird. W. **10**, 218-219, Dutch B. **24**, 51].

Maße. Gr.: 25-28 cm. Gew.: 127-177 g. Fl.spw.: 69-81 cm. Fl.l.: ♂ 20.1-22.0 cm, ♀ 19.3-20.6 cm [1369,3615].

Status. In ME extrem seltener Ausnahmegast, dabei wohl überwiegend Gefg.fl. (Art wird gerne gehalten) [575]; folgende Beob. bekannt: • **D:** -NW Apr. 1964, Mai 1971, Mai 1983 [337], wohl meist Gefg.fl.; -NI Sept.1978 (wohl Gefg.fl.) [575]; -HE Apr. 1988 Gefg.fl. [J. Kreuziger]. • **NL:** Mai 1997, Jan. 1998 (jew. Gefg.fl.) [277]. • **B:** 2 Beob. von Gefg.fl. 1983-88 [1677]. • **CZ:** Sept. 1989 [2159]. • **H:** Okt. 1993 [2438].

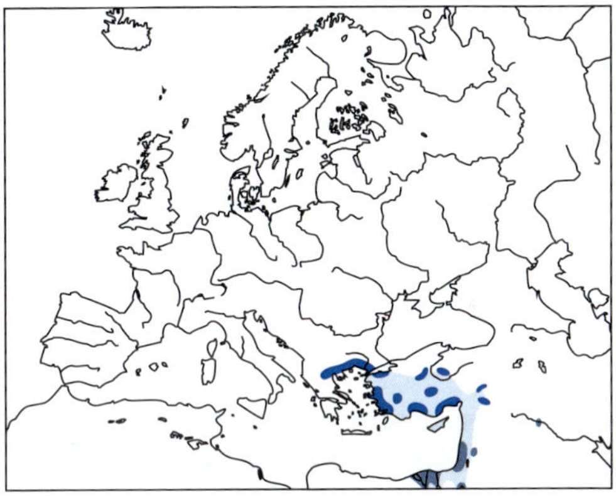

Vanellus spinosus – **Spornkiebitz**

Verbreitung und Bestand. Brutvogel der trockenen Steppen- und Savannenzone in Afrika zwischen Sahara und Feuchtsavanne bzw. Regenwald, im Hochland E-Afrikas S bis Tanzania, zudem über Niltal nach Vorderasien (besonders häufig IL; ferner SYR, Irak) bis TR, CY und NE-GR [1369]. Europäischer Brutbestand 1.000-1.600 BP, abnehmend; nur sehr kleine Bestände außerhalb TR (dort 1.000-1.500 BP) [383]; Gesamtbestand in Paläarktis wohl nur 10.000-20.000 Ind. (offenbar zunehmend), dagegen in Afrika 100.000-700.000 Ind. [3718].

Wanderungen. In Afrika Stand- und Strichvogel; Br. GR, TR, CY werden im Winter verlassen, wohl ins Nildelta oder bis zum oberen Nil. Wegzug Aug./Sept. (Dz. in CY bis Ende Okt.), Heimzug März/April.

Gefährdung. Aufgrund von Habitatzerstörung und -umwandlung, intensivierter Lagunenfischerei und zunehmender Prädation (verwilderte Hunde, Schakal, Weißkopfmöwe) Bestände in GR (wo Population erst 1959 entdeckt) stark rückläufig; über Trend in TR geringe Kenntnisse. Gefährdung in Europa offensichtlich groß, dagegen in IL (und

EGY) u.a. durch neue Bewässerungssysteme starker Zuwachs [1507].

SPEC	VSchRL	Bern.Konv.	Bonn.Konv.
3	Anh. I	Anh. II	Anh. II
Europ. RL	RL in ME		
VU	--		

Biotop. Br. in der Uferzone von Sumpfgebieten, auf Seeufern und Flussinseln, auf Flachstränden an Lagunen, aber auch in bewässertem Kulturland, an Fischteichen etc. (z.B. IL, EGY). Als Dz. und Gast in ähnlichen Biotopen, aber z.B. auch auf erhöhten Dämmen, felsigen Flussinseln (z.B. Nilkatarakte), fast immer aber in Wassernähe auf trockenem Untergrund.

Nahrung. Insekten (zuweilen andere Invertebraten); wenig Sämereien.

Stimme. Warnruf metallisch, meist 2 mal hintereinander »zick-zick«; Reviergesang krächzend »charadlio« oder wie »did-ye-do-it« (dem Aufbau nach mit Pirol vergleichbar). Käckern ähnlich Kleinspecht »tidididdi.« bei Störung, z.T. in Verbindung mit krächzenden Lauten.

Verhalten. Tag- und dämmerungsaktiv, ruft nachts. Im Gehen Hals meist ± eingezogen. Nahrungserwerb auf kahlen Stellen. Zur Brutzeit territorial, in neutralen Zonen auch während der Brutzeit oft in lockeren Trupps. Paare bleiben über das ganze Jahr und wahrscheinlich lebenslang zusammen. Kopulationen dauern nur wenige sec; ♂ rufen dabei. Außerhalb der Brutzeit meist einzeln oder paarweise. Nur nach der Brut größere Trupps.

Fortpflanzung, Brutbiologie. Monogame Saisonehe. **Nest.** Nest meist ganz frei auf trockenem Boden; meist kommt während der Eiablage etwas Material dazu. **Brutzeit.** Brutperioden in Afrika S Sahara Jan./Sept., EGY Gelege (März) April/Juni (Aug.); TR Ende April/Ende Mai Gelege. **Gelegegröße.** (2–) 4 (5) Eier. **Brutdauer.** 22–24 d. **Nestlingszeit.** Flügge mit 7–8 Wochen. **Jahresbruten.** Möglicherweise nicht selten 2 Jahresbruten.

Sterblichkeit, Alter. Ältester Ringvogel (IL) 17 J. [3654]. **Generationslänge:** 5 J. [383].

Mauser. **Postjuvenile Mauser** (Teilmauser) (Aug.) Sept.–Okt./Nov.; umfasst meist Schirmfedern und variable Anzahl von Flügeldecken und ST [767,1580]. • **Postnuptialmauser** (Vollmauser) beginnt mit inneren HS, Juni/Juli–Sept./Okt.; bisweilen Unregelmäßigkeiten bei Schwingenmauser [767]. • **Pränuptialmauser** (Teilmauser) möglicherweise im Frühjahr.

Vanellus gregarius – Steppenkiebitz 04910

Vanellus gregarius (Pallas 1771) syn.: *Chettusia gregaria*

GB Sociable Lapwing (Plover) **F Vanneau sociable** **E Avefría Sociable**

Taxonomie. Monotypisch.

Kennzeichen. [1784,221,1369,3615,3772; **Fotos** in Limic. **14**, 196, **17**, 93, Dutch B. **14**, 81, **18**, 95, 98, **25**, 258, **26**, 266, Bird. W. **8**, 133, **13**, 444].

Maße. Gr.: 27-30 cm. Gew.: ♂ 206-260 g, ♀ 150-252 g. Fl.spw.: 70-76 cm. Fl.l.: ♂ 20.0-22.0 cm, ♀ 17.9-21.0 cm [1369,3615].

Status. In ME seltener, aber allj. Gastvogel mit mind. 1–2 Ind./J. [337], seit Ende der 1970er J. sprunghafter Anstieg der Meldungen; 1986 kleiner Einflug [575]. Liste der Nachw. regional unvollständig:

• **D:** -BW 6mal 1957-96; -RP 1959, 1986; -SL 1986; -HE 6 mal 1976-93; -NW 9 mal 1963-95; -NI 6 mal 1966-89; -HB 1979; -BY 9 mal 1973-97; -SH 1986, 1994; -BB 8 mal 1974-99; -TH 1982, 1994; -SN 1995; -ST 1979?, 1994. Beob. von März bis Nov., hauptsächlich März/April und Sept./Okt. [1722,1369,4175,575]. • **A:** 5 mal 1982-97 [1722,q3]. • **CH:** 7 mal 1957-95 (5 mal Frühj.), 6 mal seit 2000 [4152,q14]. • **CZ:** 7 mal 1971-97 (4 mal Frühj.) [2159]. • **B:** 5 mal 1962-93 (Apr.-Juni) [1677]. • **NL:** 41 mal 1925-2003 (März/Apr. (max.)-Dez.) [277]. • **PL:** 12 mal 1842-2000, davon 11 nach 1975 (5 Frühj., 7 Herbst) [3871,q13]. • **SK.:** 4 mal 1963-81 [337]. • **H:** 5 mal 1900-97 (4 mal Herbst) [2438]. Weitere Beob. 2000 und 2001 u.a. in A, H, D, CZ und PL [q18].

Verbreitung und Bestand. Brutvogel in Steppengebieten N-KZ, SW-Sibiriens und SE-RUS; westlichste Brutplätze an unterer Wolga (W-Ufer), früher bis UA. [1507]. Europäischer Brutbestand in 1980er J. noch 1.000-2.100 BP [1585,382], um 2000 noch 25-80 BP (RUS) [383]; globaler Bestand nach katastrophalem Rückgang durch Klimawandel (mehr/längere Trockenzeiten) sowie agrarische Nutzung ehemaliger Steppengebiete nur 600-1.800 Ind. (200-600 BP) in 2002 [823,3718]. Art inzwischen global vom Aussterben bedroht ('**CR**') [383].

Wanderungen. Zugvogel; Winterquartier NW-Indien, Irak, S-Arabien, NEAfrika (Eritrea, Äthiopien, Sudan, EGY). Wegzug ab Aug., offenbar ähnlich Kiebitz Frühwegzug; Winterquartiere werden Sept./Okt. erreicht; Rückzug (Feb.) März (April); Dz. in Vorderasien Ende März/Mitte April.

SPEC	VSchRL	Bern.Konv.	Bonn.Konv.
1	--	Anh. III	Anh. I,II
Europ. RL	**Globale RL**	**RL in ME**	
CR	**CR**	--	

Gefährdung und Schutz [382,1507,3718]. Gründe für starke Abnahmen im gesamten Verbreitungsgebiet nicht geklärt, aber wohl klimatische Faktoren (zunehmende Trockenzeiten) entscheidend. In Brutgebieten zudem Umwandlung von Steppengebieten in Ackerland, Drainage, ferner Störungen zur Brutzeit und Prädation. Viele »geeignet« erscheinende Habitate aber unbesiedelt. Weitere Gefährdungen wohl in Durchzugs- und Wintergebieten.

Wichtigste Maßnahmen sind Untersuchungen zu Gefährdungsursachen und Schutz der verbliebenen Grassteppen sowie Überwachung der Brutgebiete.

Biotop. Br. in trockenen Steppenflächen, v.a. im Übergangsbereich zwischen *Stipa-* und *Artemisia*-Steppe [3892]; Dz. in ähnlichen Gebieten, aber auch auf feuchten Wiesen, an trockenen Ufern von Binnengewässern; im Winter meist auf trockenen Flächen.

Nahrung. Fast ausschließlich Insekten, besonders Käfer und Heuschrecken; ganz kleiner Anteil Pflanzenmaterial.

Stimme. Rufe rau, knarrend, oft dreifach wie »kretsch-kretsch-kretsch«. Schrille, kurze Pfiffe im Überwinterungsgebiet.

Verhalten. Tagaktiv; aufrechte Haltung, erinnert im Fliegen mehr an Triel als an Kiebitz. Verpaarung am Zug oder gleich nach Ankunft im Brutrevier. Brüten in lockeren Kolonien. Beide Geschlechter können Jungen führen. Außerhalb der Brutzeit gesellig.

Sterblichkeit, Alter. **Generationslänge:** 5 J. [383].

Mauser. **Postjuvenile Mauser** (Teilmauser) Sept.–Dez.; Körpergefieder ohne Rücken- und Bürzelfedern, einige Oberflügeldecken, Schirmfedern und z.T. ST [767,1369]. • **Postnuptialmauser** (Vollmauser) Juni–Nov. (Dez.), ♂ z.T. bereits ab April/Mai [767]. • **Pränuptialmauser** (Teilmauser) Dez.–(Ende Jan.) März/Anf. April, Einj. etwas später; Teile von Körpergefieder, Schirmfedern und selten einige Oberflügeldecken [767,1369].

Vanellus leucurus – Weißschwanzkiebitz 04920

Vanellus leucurus (Lichtenstein 1823) syn.: *Chettusia laucura*

(GB) **White-tailed Lapwing (Plover)** (F) **Vanneau à queue blanche** (E) **Avefría Coliblanca**

Taxonomie. Monotypisch.

Kennzeichen. [1784,221,1369,3615,3772; **Fotos** in Limic. **14**, 114-122, Dutch B. **21**, 16, 317, **22**, 233, **23**, 328, **24**, 240, **25**, 371, Bird. W. **11**, 50, **13**, 375-377].

Maße. Gr.: 26-29 cm. Gew.: 99-198 g. Fl.spw.: 67-70 cm. Fl.l.: ♂ 17.2-18.6 cm, ♀ 17.0-18.4 cm [1369,3615].

Status. In W-Europa, Mittelmeergebiet und ME sehr seltener Gastvogel, allerdings Beob. seit 1970er J. mit Arealausweitung am Schwarzmeer deutlich zunehmend; größerer Einflüge 1975, 1984, 1997 und 2000 [277,q23]. Seit 1997 in ME allj. beobachtet [q3].
Nachweise in ME betreffen: • **D:** -SN Mai 1976 [3667]; -NI Juli 1984 [337]; -BW Mai 1989 [1722];

-SH Juni 1999 [575]. • **B:** Juli 1999 [1677]. • **PL:** April 1975, 2 mal Mai 1997, Mai 2001 [3871,277]. • **H:** Mai 1975, Nov. 1987, Sept. 1997 [2438]; 2 mal 1999 [q3]. • **NL:** Juli 1975, Juni 1984, Juli 1984, Feb. 1998, Sept. 1998, Juni 1999, Aug. 2000, Juni 2001, Juni-Juli 2002 [277,q16]. • **A:** Aug. 1968, März 1975 [337].
Beob. von 1999, 2000 (D) und 2001 (CZ, D, A sowie H 3 mal) von Seltenheitskommissionen noch anhängig.

Verbreitung und Bestand. Inselartig verbreitet in Halbwüsten vom Wolgadelta und E Kaspigebiet bis Balchaschsee; ferner Brutvogel von N-Iran und (in größerer Zahl) Irak bis W-Pakistan; einzelne Brutnachw. (-versuche) in SYR, UA. (1997) und AZ. Weiter W neuerdings vereinzelte Brutvorkommen in S- und Zentral-TR sowie im Donaudelta RO (ab 2000), möglicherweise Ausweichen durch Austrocknung der Aralregion [2022]. Brutbestand in Europa in 2000 etwa 80-320 BP [383,1507,2022], davon 50-150 in AZ und 30-120 in RUS, leicht zunehmend [383]; globaler Bestand wohl < 100.000 Ind. (davon in W-Paläarktis etwa 10.000-25.000 Ind.) [1784,823,3718].

Wanderungen. Teilzieher, Br. N-Kaspiküste und JOR wohl Zugvogel. Winterquartier von S Zentralasiens bis NW-Indien, Irak, Vorderasien, Niltal. Wegzug ab Aug.; ab Sept. im Winterquartier. Heimzug März/April.

SPEC	VSchRL	Bern.Konv.	Bonn.Konv.
--	--	Anh. III	Anh. II
Europ. RL	RL in ME		
--	--		

Gefährdung. Lebensraumverlust durch Austrocknung von Feuchtgebieten in Halbwüstenregionen. Profitiert möglicherweise von Bewässerungsanlagen.

Biotop. Br. an stehendem oder langsam fließendem Flachwasser; in schlammigen Sumpfwiesen, Salzpflanzenbestände, auf Inseln oder am Ufer süßer bis salziger Gewässer, auch auf Reisfeldern. Dz. in ähnlichen Gebieten, aber auch an schlammigen Flussufern (z.B. Nil).

Nahrung. Insekten (vor allem Käfer); auch schlammbewohnende Wirbellose.

Stimme. Wenig bekannt. Kiebitzartiges hohes »kiwie-witt.«. Rau »kwett-kett« beim Auffliegen, auch zweisilbig klagend »pi-wick«.

Verhalten. Tagaktiv. Körperhaltung ziemlich aufrecht; Gang ähnlich Stelzenläufer. Verpaarung auf dem Zug oder gleich nach Ankunft. Brüten in lockeren Kolonien (oft mehr als 100 Nester). Außerhalb der Brutzeit gesellig. Hält sich auf Dz. und im Winterquartier meist etwas abseits von anderen Limikolen.

Sterblichkeit, Alter. **Generationslänge:** 5 J. [383].

Mauser. **Postjuvenile Mauser** (Teilmauser) Sept.–Nov.; einschließlich Schirmfedern und Oberflügeldecken [767]. • **Postnuptialmauser** (Vollmauser) vermutlich Juni/Juli–Dez. [767]. • **Pränuptialmauser** (Teilmauser oder fehlend) möglicherweise entsteht Prachtkleid nur durch Abnutzung [767].

Charadrius dubius – Flussregenpfeifer 04690

Charadrius dubius (Scopoli 1786)

GB Little Ringed Plover **F Pluvier petit-gravelot** **E Chorlitejo Chico**

Taxonomie. Drei gering differenzierte UA: *curonicus* Gmelin 1789 (Paläarktis), *jerdoni* (Legge 1880) (Indien, SE-Asien) und *dubius* Scopoli 1786 (Philippinen, Neuguinea).

Kennzeichen. Schwach sexualdimorph [1784,221, 1369,3772,3615; **Fotos** in Brit. B. **96**, 342-343].

Maße. Gr.: 14-17 cm. Gew.: 26-53 g. Fl.spw.: 42-48 cm. Fl.l.:♀,♂ 11.2-12.1 cm [1369,3615].

Status. Verbreiteter, wenig häufiger Brut- und Sommervogel; recht häufiger Durchzügler und Rastvogel.

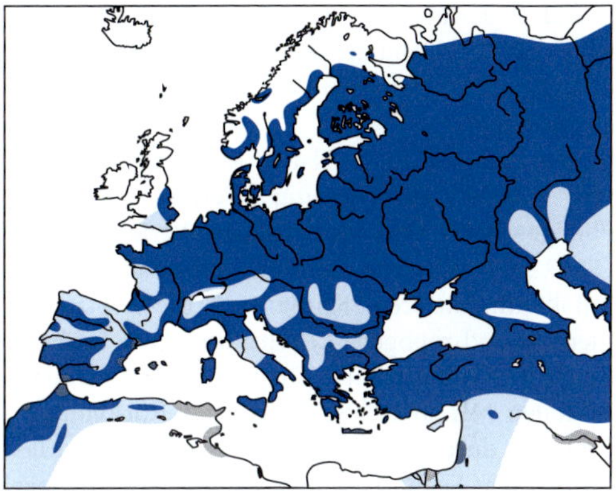

Charadrius dubius – **Spornkiebitz**

Verbreitung und Bestand. Über gesamtes Eurasien von Kanarischen Inseln bis JAP verbreitet, ferner Brutvogel in Vorder- und Hinterindien, Philippinen und Neuguinea sowie N-Afrika. Verbreitung disjunkt; erhebliche Arealverschiebungen und Bestandsfluktuationen sind charakteristisch. Gesamtbestand in Europa etwa 110.000-240.000 BP (leichter Rückgang) [383] bzw. 300-600 T. Ind. [3718], mit Populationen > 5.000 BP in RUS (40-125 T.), BY, UA., F und D [383]. In allen Ländern ME Brutvogel, in Mittelgebirgen und Alpen nur ausnahmsweise bis ca. 800/900 m, bei Gesamtbestand von etwa 13.000-19.500 BP [1585, erg.].

Wanderungen. Langstreckenzieher, im S und Vorderem Orient auch Standvögel. Winterquartier S Sahara bis Küste W-Afrikas, Zaire, Tanzania, Kenia; Schwerpunkt Sahelzone und E-Afrika; nur wenige überfliegen Äquator. N Sahara nur in EGY zahlreiche Überwinterer; einzelne auch in anderen Teilen des Mittelmeerraums. **Br. Fennoskandiens**, besonders FIN, Abzug SSE/SE mit möglichem Winterquartier E-Afrika; **Br. NW-Europa** einschließlich NW-D nach SW/SSW mit Dz. im Mittelmeer zwischen P/MA und I/TN, Zug übers Binnenland ohne Berührung der Atlantikküste F, E./P. Vor dem Zug ins tropische W-Afrika Frühsommerzug der Br. GB, F, B, NL, D in die Camargue (Mauser) und möglicherweise an anderen Mauserstationen des N-Mittelmeers (z.B. Po-Ebene). Ringfunde: Kenia – Georgien, Tschad – RO, D-SH – Nigeria, B – Senegal. Weg- und Heimzug über Sahara, Mittelmeer und Europa offenbar in breiter Front [Ringfunde z.B. NL:3642, GB:4064]. Abzug von Brutplätzen bereits ab Ende Juni/Juli; Junge z.T. noch ungerichtet; Dz.-Höhepunkt in ME meist Aug./Sept., im S oft zweigipfelig (zunächst überwiegend Ad., später hauptsächlich Juv.), Nachzügler Ende Okt./Anf. Nov.; wenige Einzeldaten Dez.-Feb. Am N-Rand des Mittelmeers ab Ende Juli, N-Afrika ab Mitte, Senegal ab Ende Aug.; Heimzug in Afrika ab Feb.; Dz. in ME oft unauffällig, Gipfel meist April. Geburtsortstreue häufig, doch Umsiedlung bis 250 km belegt.

	Best.	Areal	Brutbestand	Jahr	Quelle
A	+/-	=	300–550	1998–2002	[383]
B	+/-	=	370–500	1995–2002	[383]
CH	↑	=	100–120	1993–1996	[383]
CZ	+/-	=	800–1.400	2000	[383]
D	+/-	=	4.300–6.800	1995–1999	[383]
FL	+/-	=	15–20	1998–2000	[383]
H	↑	+ 1	1.600–2.300	1995–2002	[383]
L	↑	+ 1	20–30	2001	[383]
NL	+/-	+ 1	750–1.100	1998–2000	[383]
PL	+/-	=	3.000–4.000	1997–2000	[383]
SK	+/-	=	2.000–3.000	1990–1999	[383]

Bestandsentwicklung. Erhebliche regionale Bestandsschwankungen aufgrund Kurzlebigkeit vieler Brutplätze (früher durch Hochwasser, heute

Mensch), hohem Nichtbrüteranteil und hoher Vagilität. Verlässliche Angaben zu Bestandsentwicklungen nur aus Teilbereichen ME [1369, 2890], sie sind generell nur für sehr große Untersuchungsflächen bei möglichst vollständiger Erfassung sinnvoll zu beurteilen. Lokale und regionale Angaben aufgrund gegensätzlicher Entwicklungen und Kurzlebigkeit der Habitate oft nicht für Beurteilung überregionaler, langfristiger Bestandsentwicklungen geeignet.

Gegen Ende 19. Jh. in N-ME Rückgang aufgrund von Lebensraumzerstörung (Verlust natürlicher Fließgewässer) und klimatischen Veränderungen [1369, 337]. Während Erholungsphase in 1930er J. mit kontinentalerem Klima wich die Art zunehmend in anthropogene Lebensräume aus. In dieser Zeit z.B. Neubesiedlung GB [3615, 1369]. Danach in Teilen ME ab 1950er J. erneuter Rückgang. In 1960er J. durch zunehmendes Angebot von Kiesgruben u.a. Sekundärlebensräumen nahezu überall erneute Phase der Zunahme und Ausbreitung [3615, 965, 1369, 1722, 196 etc.], gebietsweise bis heute [CH: 3393, B: 843, 1585, NL: 3638, D-HE: 1765; auch GB: 1343], neuerdings zunehmende Tendenz zu Ansiedlungen in Mais-, Getreidefeldern und Stilllegungsflächen [2879]. Im Tiefland ME daher heute nur etwa 6 % in natürlichen Habitaten [337, 1507]. Nach 1970 sehr unterschiedliche Trends von positiv über fluktuierend oder stabil bis negativ - in Abhängigkeit von Stabilität oder Vergänglichkeit der jeweiligen Lebensräume [196, 3615, 1507, 3871, 2879, 1613, 2238, 2896].

Gefährdungsursachen [965, 1369, 196, 2890, 3126, 2879]. Hauptursache für starken Bestandseinbruch ab Ende 19. Jh. war (ist) Verlust ursprünglicher Lebensräume durch (1) wasserbauliche Maßnahmen sowie (2) Eutrophierung ehemals oligo- bis dystropher Bruthabitate, z.B. Verschilfung oder Verkrautung infolge Ablagerung organischen Materials.

Erhebliche Störungen an Brutplätzen durch Freizeitnutzung (geringer Bruterfolg).

Starke Abhängigkeit von (temporären) Sekundärlebensräumen mit häufig schneller Pflanzensukzession, Auffüllung oder »Rekultivierung«.

Direkte Verfolgung (meist Abschuss) in Rast- und Winterquartieren.

Natürliche Ursachen: in W-ME zunehmend ozeanisches Klima mit nasskalten, regenreichen Sommern beschränkt Angebot besiedelbarer Uferabschnitte; durch Hochwasser und Verdichtung der Vegetation Gelegeverluste und Jungensterblichkeit erhöht.

Schutzmaßnahmen. Da die bevorzugten Bruthabitate oft raschen Veränderungen unterliegen, sind Maßnahmen wie z.B. Kiesaufschüttungen nur lokal geeignet. Viel bedeutsamer sind Wiederherstellung, Schutz und Renaturierung natürlicher Fließgewässersysteme, ferner Verhinderung weiterer Regulierung und Verbauung verbliebener naturnaher Flüsse, Beschränkung von Entwässerungsmaßnahmen und Wasserverbrauch (Einfluss auf ursprüngliches Wasserregime) sowie Erhaltung von Brach- und Ödlandflächen. Die Folgenutzung in Abbaugebieten muss zu erheblichem Teil den Naturschutzbelangen gerecht werden, daher regelm. Pflegeeinsätze notwendig.

SPEC	VSchRL	Bern.Konv.	Bonn.Konv.
--	--	Anh. II	Anh. II
Europ. RL	**RL in ME**		
--	CZ, L: 'EN', CH, A: 'VU'		

Reduktion menschlicher Störungen (intensive Freizeitnutzung) in Fluss- und Auengebieten, aber auch in Sekundärlebensräumen, durch Ausweisung von Schutzzonen und vollständiger Sperrung sensibler Kernbereiche bzw. Besucherlenkung im Brutgebiet.

Öffentlichkeitsarbeit und Erziehung im Hinblick auf Bedeutung sekundärer Lebensräume für die Tierwelt.

Siedlungsdichte. Abschätzung schwierig. In optimalen Flusshabitaten z.B. 31 BP auf 60 km Warta PL, 60–80 BP auf ca. 70 km Rhein D-NW bzw. bis 2 BP pro km Hernád H [1507, 337, 3787]. Kleinste besetzte Kiesgrube nur 0,2 ha [337]; in größeren Kiesgruben 1-2 BP/ha, an Kläranlagen deutlich weniger, z.B. 12–14 BP auf 98 ha. An Spülfläche in D-SH bis 25 BP auf 7 ha [1613]. Kolonieartiges Nisten belegt, z.B. 5 BP auf 0,12 ha Schlamminsel [337], 5 BP auf 0.5 ha Industrieanlage [1507] oder 4 BP auf 0.4 ha wasserreicher Grube [1613].

Biotop. Vorzugsweise Süßwasser, am Meer meist binnendeichs oder an Flussmündungen, doch werden auch binnenländische Salzgebiete besiedelt. Br. auf vegetationsarmen Flächen mit ± grober Bodenstruktur, nicht zu weit von flachgründigem Wasser entfernt (max. 4–5 km). Ursprüngliche Brutplätze Schotter-, Kies- und Sandufer bzw. -inseln an Flüssen und entsprechende Aufschüttungen. In ME und W-Europa Mehrzahl heute an künstlichen Erdaufschlüssen, z.B. Kies- und Sandgruben, Steinbrüche,

Halden, Tagebaue, abgelassene Fischteiche und Stauseen, Ödflächen, Kiesaufschüttungen, Klärbecken und andere kahle Flächen (selbst Flachdächer), lokal auch Ackerbrüter [2772,1722] sowie auf kleinen vom Wasser umgebenen Inseln. Viele dieser oft nur kurzlebigen Biotope werden mitunter sehr rasch besiedelt. Auf dem Zug an kahlen Ufern, besonders Stauseen, Klärbecken etc.

Nahrung. Insekten und Spinnen, vor allem schnell bewegliche Formen, aber auch Larvenstadien; von untergeordneter Rolle sind kleine Mollusken, Krebse (vor allem Gammariden), Tubificiden und Regenwürmer und Sämereien (Sauer- und Süßgräser, Binsengewächse, Korbblütler, Knöteriche). Bei schlechten Ernährungsbedingungen auch Nahrungsflüge von mehreren km.

Stimme. Häufigster Ruf bei Erregung »piu«, einzeln oder in Abständen gereiht, Betonung auf der 1. Silbe. Durchdringender bei stärkerer Erregung und dann auch Einleitung mit »pi pi piu«. Im fledermausartigen Singflug »griä-griä-griä...« und oft mit »gri gri gri...« eingeleitet. Aggressiv (z.B. gegen Eindringlinge) »gri gri gri...« u.a. Beim Scheinnisten »grüp grüp grüp ...« und schneller werdende »dik dik dik...« überwiegend von ♂. Noch viele weitere Laute zwischen ♂ und ♀ bzw. Ad. und Jungen.

Verhalten. Überwiegend tagaktiv; zieht nachts; auch Singflüge mitunter in hellen Nächten. Läuft mit sehr schnellen Schritten (»Rollen«) ein kurzes Stück und stoppt jäh ab. Rennt hinter Beutetieren her. Wassertransport im Brustgefieder zur Kühlung kleiner Küken beob. Zur Brutzeit territorial; Brutreviere bei entsprechenden Umweltbedingungen aber oft sehr klein. Nahrungs- und Brutrevier können getrennt sein. Beim Jungeführen kommt Adoption vor. Balz ist mit Nestgründung eng gekoppelt. Singflug des ♂ (wohl hauptsächlich Reviermarkierung); Imponierlaufen und Scheinnisten des ♂ mit scharrenden Beinbewegungen, Gefiederspreizen, Materialzurückschleudem etc. Ausgeprägtes Aggressivverhalten, z.B. Landen mit hochgehaltenen Flügeln, Buckeldrohen mit gespreizten Flankenfedern, Verfolgungs- und Flugdrohen. Verleiten ab Schlüpfen der Jungen. Außerhalb der Brutzeit gewöhnlich nur in kleinen Trupps; auch Vergesellschaftung z.B. mit Sandregenpfeifer. Im Winter kaum territorial.

Fortpflanzung, Brutbiologie [3451,1369,1719]. Geschlechtsreife im 1., aber oft auch Erstbrut im 2. Lebensjahr. Saisonehe, z.T. Partnertreue als Folge von Brutplatztreue, nicht selten Bigynie. **Ankunft am Brutplatz.** Meist ab Ende März, in S-D früher (D-BW$_{42}$ 18.3.), am N-Rand des Brutgebietes Ende Mai/Anf. Juni. **Nest.** Revier wird oft vom ♂ gewählt. Nest bevorzugt auf kiesigem oder grobkörnigem Untergrund, meist auf nicht oder wenig bewachsenen Stellen an kleinen Steingruppen oder Grasbüscheln (oft in Gewässernähe); flache Mulde, meist nicht ausgekleidet oder mit kleinen Steinchen ausgelegt. **Legebeginn.** (Anf.) Ende April/Mai bis ausnahmsweise Juli/Aug. D-BW$_{344}$ frühester Termin 2.4., Ø 16.5., früheste Zweitgelege ab 5.6. **Gelegegröße.** Meist 4 Eier, seltener 3 und sehr selten 5 (vielleicht immer von 2 ♀); auch Zweitgelege öfter 4 als 3 Eier. Ø D$_{209}$ 3.96 Eier. **Eier.** Kreiselförmig, Grundfarbe grau bis sandfarben, mit vielen heller grauen und schwarzbraunen Punkten und Flecken besetzt; oft hervorragend getarnt. **Brutdauer.** 22–28 (Ø$_{290}$ ca. 25) d. Legeintervall ca. 36 h; beide brüten. **Schlüpftermine.** Früheste ab (Anf.) Mitte Mai, Ø$_{311}$ 6.6., Zweitbruten frühestens 2.7., spätester Termin 28.7. **Nestlings-/Führungszeit.** Junge verlassen nach Trockenwerden das Nest; beide Ad. führen; nach 3 d suchen Junge vor dem Drücken auf Warnung meist zielgerichtet Deckung auf. Oft bleibt ♂ länger bei den Jungen als ♀, meist bis ein paar d nach Flüggewerden mit 24–29 d. **Jahresbruten.** 1 Jahresbrut in N-Europa; in ME in allen Gebieten auch Zweitbruten (D-BW$_{134}$ 9.7 % Zweitbruten, 13.4 % Nachgelege). Anteil aber abhängig von Zahl gestörter Erstbruten. Mitunter Schachtelbruten; nach Störung Ersatzgelege, aber auch Verlassen des Brutplatzes. Ende der Brutperiode meist Mitte Juli bis Ende Aug., bei späten Zweitbruten bisweilen Anf. Sept. **Bruterfolg.** Schlüpferfolg regional sehr verschieden, in guten Gebieten Gelege 60–80 %, Eier 40–60 %; Aufzuchterfolg 30–40 %; D-BW$_{184}$ 77.3 % Schlüpferfolg. GB ca. 2.2 flügge Junge/BP und J.

Eimaße und -gewichte (*curonicus*). L. 27.0-33.8 mm, B. 18.9-23.7 mm, Ø: 30.0 x 22.3 mm (n=3254, NL), 29.9 x 22.1 mm (n=352, D/PL), 29.8 x 22.2 mm (n=203, CS); Frischvollgew. 7.3 -7.8 g (im Laufe der Brutsaison abnehmend); Schalengew. 0.35-0.59 g, Ø: 0.43 g bzw. 0.48 g.

Sterblichkeit, Alter. Im 1. Lebensjahr wohl > 50 %; jährlich 35–50 % ermittelt an meist geringem Datenmaterial. Ältester Ringvogel (FIN) 12 J. 11 Monate [3654]. **Generationslänge:** < 3.3 J. [383].

Mauser. **Postjuvenile Mauser** (Teilmauser) Aug.–Dez.; meist ohne Schwungfedern [767,1369]. • **Postnuptialmauser** (Vollmauser) Juni/Juli–Nov./Dez., ♂ offenbar eher als ♀; beginnt bei später Eiablage z.T. schon während Bebrütung [4021]; nur mehrere Körperfedern und 1–2 (3) HS im Brutgebiet erneuert, danach Unterbrechung und im Mausergebiet und Winterquartier beendet [767,1369,4057]. • **Pränuptialmauser** (Teilmauser) Jan./Feb.–März/April; umfasst auch die meisten (alle) Flügeldecken und Schirmfedern [767].

Charadrius hiaticula – Sandregenpfeifer 04700

Charadrius [hiaticula] hiaticula (Linnaeus 1758)

GB (Common) Ringed Plover **F Pluvier grand-gravelot** **E Chorlitejo Grande**

Taxonomie. Zwei gering differenzierte UA, die sich im Mauserrhythmus unterscheiden: *hiaticula* Linnaeus 1758 (S-Skandinavien über IS, GRÖ bis NE-CDN) und *tundrae* (Löwe 1915) (N-Skandinavien - Sibirien). Nur *tundrae*, nicht aber *hiaticula*, führt eine (nahezu) vollständige pränuptiale Kleingefiedermauser durch, was zur (im Frühjahr) deutlich dunkler erscheinenden Oberseite beitragen dürfte. Zuweilen wird dritte UA *psammodroma* (CDN, GRÖ, IS) anerkannt [vgl. 3718]. Bildet Superspezies mit *C. semipalmatus* (N-Amerika) und möglicherweise dem etwas größeren *C. placidus* (E-Asien).

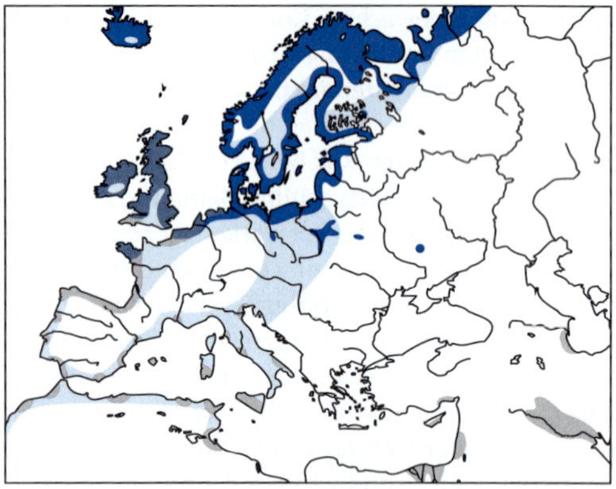

Charadrius hiaticula – **Sandregenpfeifer**

Kennzeichen. Zur Unterscheidung von *hiaticula* and *semipalmatus* [957,959; ferner 1784,3615,221,1369,3772; Sonagramme der Lautäußerungen dieser beiden Arten:2624; **Foto** in Dutch B. **24**, 238].

Maße. Gr.: 18-20 cm. Gew.: 42-78 g. Fl.spw.: 48-57 cm. Fl.l.: ♀, ♂ 12.4-14.4 cm [1369,3615].

Status. Brut- und Sommervogel im Bereich der Nord- und Ostseeküste. Abseits der Brutgebiete Nominatform an Küste regelm., z.T. häufiger Durchzügler und Rastvogel, im Binnenland nach S hin zunehmend unregelm. und seltener; UA *tundrae* regelm., häufiger Durchzügler und Gastvogel. Gelegentliche Winternachw. oder Überwinterungen.

Verbreitung und Bestand. Verbreitet von GRÖ und IS über Tundren-, boreale und N gemäßigte Zone Eurasiens bis W-Küste arktisches N-Amerika. In weiten Teilen Europas Nominatform, in N-Fennoskandien bis etwa Nowaja Semlja Mischformen mit östlicher UA *tundrae*. Europäischer Brutbestand 120.000-220.000 BP, leicht rückläufig; mit Populationen > 10.000 BP in GRÖ, IS, N., RUS und S. [383]. In ME Brutvogel der Küsten und binnenländischen Tiefebenen von B, NL, D und PL mit insgesamt etwa 1.800-2.600 BP [383]. Gesamtbestände: europäisch/N-afrikanische Flyway-Population (*hiaticula*) 73.000 Ind., SW-asiatisch/afrikanischer Flyway (*tundrae*) 145.000-280.000 Ind., atlantischer Flyway (»*psammodroma*«) weitere 190.000 Ind. [4077,823,3718].

Wanderungen. Kurz- bis Langstreckenzieher. Nach E bis Vorderasien/Arabien sind 8 Winterquartiere unterscheidbar: NW-Europa, NW-Afrika, S-Afrika (W und E), E-Afrika, Schwarzmeer, E-Mittelmeer, Arabien ± Persischer Golf. **Br. GRÖ/IS** ziehen SE über GB, Küsten F und P/E. nach W- und S-Afrika; **Br. aus S- und E-GB** wandern i.d.R. nur bis höchstens IRL und F, **Br. aus N-GB** nach S bis W-Afrika; jedoch Muster nicht eindeutig und Vögel vom selben Brutort können an weit auseinander liegenden Stellen überwintern [4064]; **Br. NL** ziehen entweder nach SW bis NW-Afrika oder auch etwa W nach GB; **Br. DK** überwintern an Atlantikküste W-Europas von GB bis E.; **Br. D** ziehen an Atlantikküste F–P/E., das Gros überwintert wohl in NW-F; von **Br. S.** wurde je 1 auf Sardinien und in CH nachgewiesen, was Dz. durch ME belegt, nach W reicht das Winterquartier ebenfalls bis an Atlantik; Br. von N-Skandinavien, N-RUS und angrenzender Gebiete ziehen ebenfalls durch ME und erreichen wohl von F entlang der Mittelmeerküste die Küsten NW-Afrikas; Br. N. wurden von GB bis Senegal nachgewiesen; Br. FIN scheinen z.T. nach SW über DK und dann entlang der Küste zu ziehen, z.T. aber auch über den Kontinent (Italienfund), Br. NW-RUS ziehen z.T. durch S-FIN. Br. des arktischen W-RUS ziehen bis S-Afrika. Winterquartier für Br. Sibiriens ist E-Afrika, Arabien, Vorderasien etc. Der Durchzugsbereich N-, W-Europa und ME nimmt Br. nach E bis etwa Nowaja Semlja auf; dadurch *tundrae* in ME meist häufigste Form. Zugbewegungen beginnen im Wattenmeer im Juli, Gipfel werden ab Aug./Sept. erreicht (z.B. D-SH, D-NI), Abzug bis Mitte/Ende Okt. meist abgeschlossen, mit Nachzüglern bis Nov.; der Anteil der Juv. nimmt in 2. Zughälfte zu; meist ist Zweigipfligkeit durch unterschiedliche Phänologie der beiden Formen gut erkennbar: zuerst Ind. der Nominatform, *tundrae* quert ME in breiter Front mit späterem Gipfel etwa ab Ende Sept. Rückzug im Binnenland ME und z.T. auch im Wattenmeer in zwei Wellen mit erstem Gipfel Ende März (Ankunft der Br. NW-D im März); der zweite von CH bis N-PL einheitlich in 2. Maihälfte betrifft *tundrae*. Winterquartiertreue [3569], hohe Brutortstreue (GB: 80 % der Ad. brüten im Folgejahr am selben Ort), Geburtsortstreue, jedoch auch Umsiedlung nachgewiesen.

Bestandsentwicklung. Erhebliche lokale Bestandsschwankungen durch Habitat- und klimabedingte Veränderungen der Brutgebiete möglich [196]. Auf Basis kleiner Zahl gründlicher Bestanderfassungen offenbar in D-SH auch im 19. Jh. schon recht häufig. Nach deutlichen Bestandszunahmen im gesamten Raum ab 1920er und 30er J. Ausbreitung an Nordseeküste D-NI und NL sowie Erstbesiedlung von B (1922) und D-HB [1369,196].
Ab 1960er J. durch Vermehrung der Nahrung infolge Eutrophierung der Nordsee [1589], möglicherweise auch durch Landschaftsveränderungen an Nordseeküste D-NI deutlicher Bestandszuwachs [196]. Zu dieser Zeit regional sehr unterschiedliche Entwicklungen: durch Küstenschutzmaßnahmen und Vordeichbau Verlust vieler Bruthabitate an Küste, Gesamtbestände in D-SH und DK Anf. 1990er J. noch weitgehend unvermindert [196], doch nachfolgend starke Verluste (z.T. sukzessionsbedingt). In NL in 1990er J. leicht rückläufig [2889,3638], in den Kögen D-SH oft Halbierung der Bestände [310], auf Sylt Rückgang um >90% [1144,310] und in D-HH um 50% [1302], dort in 1990er J. aber stabil [2642]. In D-SH Anf. 1990er J. ca. 43% der Bruten in künstlichen Habitaten [310]. In D Gesamtbestand nur noch 1.000-1.700 BP, noch 1970 allein in -SH 1.100-1.200 BP [196,1507].
An Ostseeküste ab 1920er J. deutliche Bestandsrückgänge und Arealverluste [1369]. Nach Zunahmen zwischen 1940-55 und erneutem Rückgang infolge von Lebensraumveränderungen ab 1960er J. Bestand nachfolgend auf niedrigem Niveau stabilisiert. In jüngster Zeit aber in vielen Regionen dramatische Verluste [204,1585], durch Entwertung potenzieller Strandlebensräume (Störeinwirkungen zur Brutzeit, Sukzession) und geringe Zugewinne an neu entstandenen Bruthabitaten [310,196,3871].
Im Binnenland ME oft noch stärkerer Lebensraumverlust als an Küste, und an Binnengewässern kaum Ausgleich für verlorene Bruthabitate möglich. Demzufolge in Teilen PL beträchtlicher Rückgang gegenüber 19. Jh., an Warta bis in jüngste Zeit anhaltend [3086], andererseits gebietsweise auch Zunahmen [3871]; im tiefen Binnenland D viele Vorkommen erloschen [z.B. -NI, -NW: 1369]; in 1950er J. letzte Vorkommen an Binnenseen -MV aufgegeben [2031]. Auch in NL starke Abnahme der Binnenlandbruten [3638]. Andererseits in E-D seit 1960er J. vermehrt Ackerbrüter im Binnenland, deren Anteil bei 800-1.100 BP in E-D (1980-85) viell. > 50% [2031,2772]; ferner in GB bedeutende Ansiedlungen in Agrarlandschaften [1343]; zudem erste Bruten in UA. (Pripjet) 1995 [q3]. In CZ gelegentliche Übersommerungen und Bruten (-versuche), z.B. Gelege 1952, Brutverdacht 1955 [2159,337].

	Best.	Areal	Brutbestand	Jahr	Quelle
B	+/-	=	19–21	2000–2002	[383]
D	↓	- 1	1.000–1.700	1995–1999	[383]
NL	+/-	=	430–470	1998–2002	[383]
PL	↓	=	350–400	1997–2000	[383]

Siedlungsdichte. In optimalen Küstenhabitaten sehr hohe Dichten (fast kolonieartiges Brüten) mit > 40 BP auf 13 ha in D-MV; großräumig an Ostsee 2-3 BP/10 km bzw. 4-8 BP/10 km an Kiessstränden. An Binnenlandflüssen (z.B. PL) 2-5 BP/10 km, mit Maxima bis 15 BP. Auf Ackerflächen in D-MV großräumig etwa 0.5-1.5 BP/10 km^2 [1507].

Gefährdungsursachen [1369,196,3867,2031,310, 3871,1144]. An Nord- und Ostsee Zerstörung der Bruthabitate durch Küstenschutzmaßnahmen und Landschaftsverbrauch. Im Binnenland Brutplatzverlust an Fließgewässern durch wasserbauliche Maßnahmen und Eutrophierung der Flusstäler in Folge Intensivierung der Landwirtschaft. Beschleunigung der Sukzession in neu entstandenen Habitaten durch Pflanzungen.
Störungen in Brutgebieten durch intensive Freizeitnutzung und Tourismus.
Vergiftung durch Umweltchemikalien, z.B. Lindan.
Natürliche Ursachen. Klimatische Einflüsse sowie Pflanzensukzession, letztere im Ostseeraum D-MV z.T. bedingt durch weitgehend fehlende Beweidung. Einfluss von Möwen und anderen Prädatoren entgegen früherer Ansichten meist gering.

SPEC	VSchRL	Bern.Konv.	Bonn.Konv.
E	--	Anh. II	Anh. II
Europ. RL	RL in ME		
--	D: 'EN', PL, NL:'VU'		

Schutzmaßnahmen. Wenig sinnvoll in Anbetracht der schnellen Sukzession sind direkte Maßnahmen zum Erhalt und Schutz der von Eindeichung beeinflussten Bruthabitate. Bessere Langzeitwirkung an Küste durch Zulassung natürlicher Dynamik der Strandentwicklung (durch Rückschrauben des Küstenschutzes) und im Binnenland durch Wiederherstellung, Schutz und Renaturierung natürlicher Fließgewässersysteme sowie Verhinderung weiterer Regulierung und Verbauung verbliebener Flüsse.
Reduktion menschlicher Störungen (intensive Freizeitnutzung) in Brutgebieten - zunehmend auch in Sekundärlebensräumen - durch Ausweisung von Schutzzonen und vollständiger Sperrung (oder zumindest Besucherlenkung) sensibler Bereiche. Ausweitung geeigneter Schutzgebiete.

Biotop. Br. auf offenen ± vegetationslosen Flächen sehr ähnlich Flussregenpfeifer, doch bevorzugt an Küsten bzw. Salzwasser; im N *(tundrae)* Br. der Zwergstrauchtundra, auch an Küsten bzw. in sumpfigen Stellen. Nest auf Sand- und Kiesböden, an Dünenrändern, in kurzrasigen Strauchwiesen, Spülflächen, im Binnenland auch an kahlen See- und Flussufern, abgelassenen Fischteichen, Kiesgruben etc., auch auf sandigen Äckern und auf Abtorfungsflächen. Nahrungssuche auf ± festen Böden, kurzrasigen Wiesen; als Dz. auf Schlamm- und Sandufern an Binnengewässern aller Art.

Nahrung. Kleine, bewegliche Beutetiere, zur Brutzeit im Binnenland vorzugsweise Insekten (und Spinnen), an der Küste andere Arthropoden, außerhalb der Brutzeit vor allem Polychaeten, Crustaceen und Mollusken.

Stimme. Am häufigsten ein weiches »tü-ip«, oft nur als »dü-i« zu hören (im Gegensatz zum Flussregenpfeifer 2. Silbe betont und nach oben gezogen). Gesang kehligheiser klingende Reihen wie »duije duije duije...« auch komplizierter z.B. »djuwilu...« u.ä. Reihen einsilbiger Laute z.B. beim Scheinnisten. Gesang wird im Singflug vorgetragen, bei dem sich der Vogel oft von einer Seite auf die andere wirft.

Verhalten. Tag- und nachtaktiv; Zug nachts, Singflüge bis in die tiefe Dämmerung. Läuft wie alle Regenpfeifer sehr schnell, stoppt plötzlich. Bei Erregung Kopfstoßen (»Nickkoppen«). Beutetiere werden auf fester Unterlage aufgepickt oder rasch verfolgt. Fußstrampeln zum Aufscheuchen im Schlammfilm ruhender Organismen. Erfolgsrate steigt generell mit der Beweglichkeit der Beute; auch die Vorzugswahl von Beutegrößen hängt davon ab. Zur Brutzeit territorial; Singflug (nur ♂) dient in erster Linie Revierverteidigung; ♀ verteidigt Revier am Boden. Reviergröße z.B. 0.22 ha, kann aber noch kleiner sein, auch enge Nachbarschaft zu anderen Limikolen. Paarbildung z.T. schon im Winterquartier; Ankunft am Brutplatz gepaart oder einzeln. Imponierverhalten des ♂ am Boden; ritualisiertes Scheinnisten Bestandteil der Balz. ♂ bewachen ♀ während der fertilen Phase. ♀ sind großteils treu (< 5% Junge sind nicht vom sozialen Vater). Vielseitiges Aggressivverhalten ähnlich Flussregenpfeifer. Im Brutrevier Flucht oft zunächst als geducktes Laufen. Verleiten als Vortäuschen von Fluchtunfähigkeit und als Beutetierimitation schon während der Bebrütung. Zieht meist einzeln oder nur in kleinen Trupps; nur ausnahmsweise Zusammenschluss von Tausenden. Ind. verteilen sich mehr über die Nahrungsfläche als z.B. Strandläufer (Augenjäger!). Neigung zur Truppbildung aber größer als bei Flussregenpfeifer.

Fortpflanzung, Brutbiologie [3015,3016,1369, 1719]. Geschlechtsreife wohl regelm. im 1. Lebensjahr. Monogame Saisonehe; mehrjährige Gattentreue (bis 8 J. nachgewiesen), aber auch Umpaarungen; in Einzelfällen Bigynie. **Nest.** Reviergründung durch ♂ oder ♀. Nest meist sehr flache Mulde in weichem Substrat; auch viele abweichende Neststandorte bekannt, z.B. in Anlehnung an Deichbauten etc. **Legebeginn.** GB ab Mitte März, ME frühestens Ende März/Anf. April, Hauptlegezeit Anf. Mai. **Gelegegröße.** Gelege normalerweise 4, seltener 3 (und 2), ausnahmsweise 5 Eier (letztere meist von 2 ♀), Unterschiede Küste/Binnenland [514]. **Eier.** kreiselförmig; Grund sandfarben, viele schwarze und einige graue scharf begrenzte Flecken und Punkte. **Nestlings-/Führungszeit.** Brutdauer 21–28 (meist 23/25) d; Legeintervall am häufigsten 1 bzw. 2 d. ♂ und ♀ brüten, teilen sich auch in der Jungenführung; Küken laufen nach wenigen h, drücken sich in den ersten 14 d auf die Warnrufe der Ad.; später laufen sie weg. Mit etwa 24 d flügge; meist etwas später Auflösung der Familie, jedenfalls noch vor dem Abzug. **Ende der Brutperiode.** Letzte Bruten schlüpfen oft erst nach dem Abzug des Gros im Aug. **Jahresbruten.** 1-2 (3); Zweitbruten häufig, doch genauer Anteil, insbesondere geographische Variation unbekannt; in manchen Populationen überhaupt keine Zweitbruten; Ersatzgelege. Drittbruten zumindest vermutet. **Bruterfolg.** Daten sehr unterschiedlich, lokal 75–85 % erfolgreiche Nester, aber auch Werte um 40 %; Bruterfolg hängt auch sehr von der Zahl der Gelege/BP ab. Berechnung für NW-GB: 2.6 Gelege/BP und J., 3.86 Eier/Gelege, 92 % der Eier ergeben 1 frisch geschlüpftes Junges, 45 % der Jungen werden flügge, 57 % der flüggen Jungen werden 1 Jahr alt; Schätzung GB 1.28 flügge Junge/BP und J. An Ostsee Bruterfolg neuerdings drastisch erniedrig (vor allem Prädation, Massentourismus).

Eimaße und -gewichte. L. 31.8-39.0 mm, B. 24.0-28.5 mm, Ø: 34.8 x 25.4 mm (n=194, NL), 33.8 x 26.0 mm (n=100, GB); Frischvollgew. 9.8 -13.6 g, Ø$_{104}$: 11.5 g; Schalengew. 0.57-0.80 g, Ø$_{200}$: 0.65 g.

Sterblichkeit, Alter. GB: Pulli 40-60 %, Immat. ca. 41 %, Ad. ca. 20 % [3015]. Ältester Ringvogel (GB) 16 J. 11 Monate [3654]. **Generationslänge:** < 3.3 J. [383].

Mauser. **Postjuvenile Mauser** (Teil- oder Vollmauser) UA *hiaticula* Aug.-Jan., ohne Schwungfedern und mehrere Flügeldecken [767]; bei UA *tundrae* Vollmauser im Winterquartier. • **Postnuptialmauser** (Vollmauser) beginnt in ME ab (Mitte Juni) Juli mit HS 1 im Brutgebiet, nicht selten schon während Bebrütung [767,1369,1103,4021]; Schwingenmauser bis Okt.; Dauer der HS-Mauser ca. 100 d [767]; UA *tundrae* erst Nov.-April im Winterquartier [767,1704]. • **Pränuptialmauser** (Teilmauser) bei UA *hiaticula* nur wenige Federn umfassend; UA *tundrae* Feb.-April [4234], neben Körpergefieder z.T. einige Flügeldecken, Schirm- und Steuerfedern ersetzt.

Charadrius semipalmatus – Am. Sandregenpfeifer 04710

Charadrius [hiaticula] semipalmatus (Bonaparte 1825)

GB Semipalmated Plover **F Gravelot (Pluvier) semipalmé** **E Chorlitejo Semipalmeado**

Taxonomie. Bildet Superspezies mit *C. hiaticula*.

Kennzeichen. [1784,221,3615,3772,3566; weitere **Fotos** in Alula **10**, 118, Dutch B. **21**, 201, **24**, 52, **25**, 401, **26**, 200, Bird. W. **6**, 289, **8**, 347-348, **10**, 212-216, **17**, 204-205].

Maße. Gr.: 17-19 cm. Gew.: 28-69 g. Fl.spw.: 43-52 cm. Fl.l.: ♂ 12.0-12.8 cm, ♀ 12.4-13.1 cm [1784,3615].

Status. In W-Paläarktis extrem seltener Gastvogel (wohl auch teilw. bedingt durch Bestimmungsprobleme), bisher vor allem in Regionen am E-Atlantik, z.B. in GB 2mal (Okt./Nov. 1978 sowie Apr.-Sept. 1997/März-Mai 1998) [q23], ferner in E. und Azoren; erstmals 1972 [3615].
In ME nur in • **PL** 2 Beob. 2000 [q18], doch wohl nicht anerkannt [3871,q23].

Wanderungen. Zugvogel. Br. N-Amerikas, Kanadas und Alaskas überwintern entlang der Küsten N- und S-Amerikas S einer Linie Kalifornien - North-Carolina.

Verbreitung und Bestand. Brutvogel Alaskas und Nordhälfte CDN einschl. Neuschottland, ersetzt dort paläarktischen Sandregenpfeifer. Zugvogel, überwintert Küsten vom südlichsten N-Amerika bis Feuerland (hauptsächlich Surinam und Franz.

Guiana). Gesamtbestand der Art etwa 150.000 Ind. [4077,823], global nicht gefährdet [1784].

Biotop. Br. wenig bewachsener Kiesbänke, kiesiger Ebenen und Dünen Nordamerikas; besiedelt v.a. nördliche Primärhabitate wie Schlammflächen an Süß- und Salzwasser, Strände, Seeufer etc.

Stimme. Weniger flötend als Sandregenpfeifer, deutlich zweisilbig und an Dunklen Wasserläufer erinnernd. Klares, klagendes »tu-wie«, auf der zweiten Silbe betont.

Sterblichkeit, Alter. **Generationslänge:** < 3.3 J. [383].

Mauser. **Postjuvenile Mauser** (Teilmauser) im Spätherbst; vermutlich einschließlich der meisten ST und Flügeldecken [767,3050]. • **Postnuptialmauser** (Vollmauser) Ende Juli/Okt.-Dez./Jan. [767,3050]. • **Pränuptialmauser** (Teilmauser) ähnlich Sandregenpfeifer, UA *tundrae* [767,3050].

Charadrius vociferus – Keilschwanz-Regenpfeifer 04740

Charadrius vociferus (Linnaeus 1758)

(GB) **Killdeer** (F) **Gravelot (Pluvier) kildir** (E) **Chorlitejo Culirrojo**

Taxonomie. Drei UA in N- und S-Amerika, wovon nur *vociferus* als einzig ziehende Form in Europa erscheinen dürfte.

Kennzeichen. [1784,221,1369,3615,3772,3566; **Fotos** in Dutch B. **24**, 374, Bird. W. **6**, 8, **7**, 58-60, **15**, 464-465].

Maße. (Nominatform) Gr.: 23-26 cm. Gew.: 72-93 g. Fl.spw.: 59-63 cm. Fl.l.: ♀,♂ meist 16.2-17.8 cm [1369,3615].

Status. In W-Paläarktis seltener Gastvogel, vor allem an Küsten des E-Atlantik (IRL, GB (39mal bis 2001), Kanalinseln, IS, Färöer, F, N.), ferner in S., bes. von Nov.-März [3615,1369], daher anders als bei anderen Limikolen wohl auch Beob. in Skandinavien, meist Folge der Verdriftung durch Herbst-(Winter-)Stürme [3615].
In ME bisher nur in • **CH:** -FR/-AG Mai 1974, -OW Dez. 1977 [4152].

Wanderungen. Im N Zugvogel; Winterquartier an Pazifik- und Atlantikküste N-Amerika sowie N Südamerika.

Verbreitung und Bestand. Brutvogel von N- bis Mittelamerika sowie getrennt an Küsten Perus und Chiles. UA *vociferus* Zugvogel, überwintert vom S-Teil des Brutgebiets bis Nordteil S-Amerikas. Gesamtbestand der Art wohl > 1.000.000 Ind. [4077,823], global nicht gefährdet [1784].

Biotop. Br. auf trockenen kurzgrasigen oder wenig bewachsenen Flächen, Flussufer, Kiesflächen, Flughäfen, ausgedehnte Rasenflächen. Dz. an Ufern und an der Küste.

Stimme. Laute und durchdringende Rufe; im Singflug »killdier« (engl. Name killdeer), zweite Silbe auch wiederholt; einzeln auch sonst vor allem im Fliegen zu hören. Warnruf »kii kii kii-ii Lill-dii diiii. z.T. überschlagend.

Mauser. **Postjuvenile Mauser** (Teilmauser) Juli/Aug.–Mitte Sept./Nov.; umfasst Flügeldecken, Steuer- und wohl einzelne Schirmfedern [767,3050]. • **Postnuptialmauser** (Vollmauser) (Juni) Juli–Okt. (Anf. Nov.) [767,3050]. • **Pränuptialmauser** (Teilmauser oder fehlend) Mittwinter–Mai; Umfang variabel [767,3050].

Charadrius alexandrinus – Seeregenpfeifer 04770

Charadrius [alexandrinus] alexandrinus Linnaeus 1758

(GB) Kentish Plover ((USA) Snowy Plover)

(F) Pluvier à collier interrompu
(E) Chorlitejo Patinegro

Taxonomie. Drei UA in Alter Welt: *alexandrinus* Linnaeus 1758 (N-Afrika, Europa bis E- Paläarktis), *dealbatus* (Swinhoe 1879) (E-China, JAP) und *seebohmi* Hartert & Jackson 1915 (Sri Lanka, SE-Indien). Bildet Superspezies mit *C. nivosus* (*nivosus, tenuirostris, occidentalis*, N- und S-Amerika), *C. marginatus* (Afrika S Sahara) und *C. ruficapillus* (AUS), doch sind auch *C. peronii* (inkl. *javanicus*; SE-Asien) und vielleicht *C. pallidus* (S-Afrika) nah verwandt.

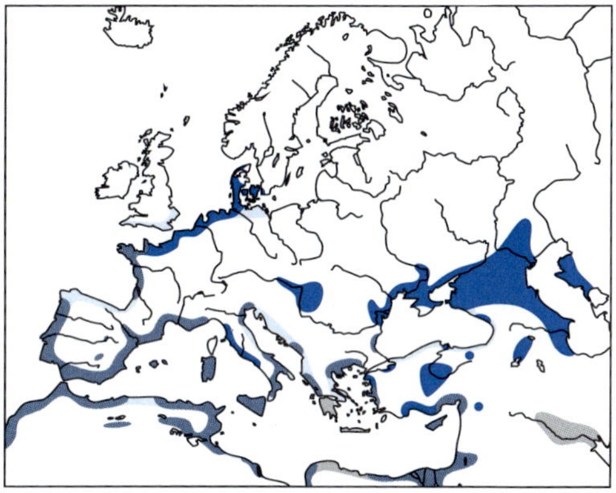

Charadrius alexandrinus – **Seeregenpfeifer**

Kennzeichen. [1784,3615,221,1369,3772; **Fotos** in Bird. W. **10**, 47, **17**, 279].

Maße. Gr.: 15-17.5 cm. Gew.: 32-56 g. Fl.spw.: 42-45 cm. Fl.l.: ♀,♂ 10.8-11.7 cm [1369,3615].

Status. Nominatform Brut- und Sommervogel in Küstenregionen sowie in SE-ME, in PL selten. Abseits der Brutgebiete sehr seltener, meist unregelm. Durchzügler und Rastvogel.

Verbreitung und Bestand. Areal umfasst Küsten- und Steppenregionen Eurasiens von Kapverden bis JAP, ferner N-Afrika bis etwa Somalia, Teile S-Asiens (Persischer Golf, N-Indien, Sri Lanka, SE-China), sowie den W und S N-Amerikas, Teile M-Amerikas und W-Küste S-Amerikas [1784]. Europäischer Gesamtbestand etwa 22.000-35.000 BP (leichter Rückgang) [383], mit Populationen > 1.000 BP in TR (8-11 T.), E. (5.2-5.7 T.), UA. (1.6-2 T.), P (1.5-5 T.), GR (1-2 T.), I (1.4-2 T.) und F (1.2-1.5 T.) [383]. In ME Nominatform fast ausschließlich im Bereich der Nordsee; kleinere Vorkommen in Steppengebieten SE-ME, bei insgesamt 770-870 BP [383]. Größe der Flyway-Population der Nominatform in Europa etwa 62.000-70.000 Ind. (rückläufig) [823].

Wanderungen. Im N Zugvogel, im S Standvogel. Winterquartier vom Mittelmeer (etwa ab Valencia, Sardinien, S-I, S-Küste TR) bis Golf von Guinea, Somalia, Persischer Golf; ferner S-Asien. Einzelne Winterbeob. z.B. GB, B, NL, Bod., doch nur sehr selten echte Überwinterungen, z.B. Bod. [1617]. Wegzug aus Ost- und Nordsee fast nur entlang der Küste, Mauserplätze im Wattenmeer DK, D, NL; auf dem Heimzug offenbar z.T. von W Mittelmeer durchs Binnenland direkt an Brutplätze. Br. H/A, I ziehen SW; ein Teil zieht im Frühjahr durch Sahara über TN. Mausergruppen ab Juni/Juli. Im Wattenmeer D größte Zahlen Aug., in NL Aug./Sept.; im Sept. größtenteils Juv.; ab Ende Sept. fast schlagartig auf wenige Nachzügler reduziert. Heimzug in N-F ab Anf. März, Nordsee (Mitte) Ende März; bis Mitte April die meisten Br. angekommen. Brutortstreue sehr ausgeprägt (bis 11 J. nachgewiesen); Geburtsortstreue weniger stark (nach Stichproben 50–60 %).

Bestandsentwicklung. Im gesamten ME und NW-Europa Bestandsentwicklung im 20. Jh. negativ [1369]. Schon Ende 19. Jh. aus N. verschwunden, nach 1929 auch an Ostsee D-SH keine Bruten mehr [1369,2063], in -MV nur noch vereinzelt (z.B. 1975, 1979, 2002). Seit 1930er J. keine regelm. Bruten in GB [2536] und letzte Vorkommen auf Kanalinseln um 1975 erloschen [1343,2536]. Starke Arealverluste auch in DK und S. [3892,1144], dagegen neuerdings Umkehrung des Trends in F nach lang anhaltender Abnahme [4180].
In ME zum einen Abnahmen aufgrund Biotopveränderungen und menschlicher Nutzung zum anderen lange Zeit entsprechende Zunahmen und Neuansiedlungen auf Spülflächen und Aufschüttungen [1369]. Seit 1950er/60er J. starker Biotopverlust und drastische Bestandsabnahme um bis zu 90% [1369,1507,3892,1497], z.B. in NL von 1.000-

1.400 BP (1965-67) und 750-1.100 (1978-79) auf 270-320 BP (1998-2000), dabei bes. stark betroffen die Wattenmeer- und IJsselmeer-Populationen [1585,337,3638,2550], in D-NI von > 700 BP auf 60-70 BP (1995) [1153]. Ähnliche Entwicklung in B und Wattenmeer sowie Ostseeküste DK [1507,1585,196,310]. In D-HH Brutbestand 1975 erloschen [2642]. In D-NI Ende 1970er J. nach Aufspülung der Insel Oldeoog und ab 1987 nach Landgewinnungsmaßnahmen im Beltringharder Koog -SH kurzzeitig positiver Trend [1144,1731], viell. zusätzlich begünstigt durch einige sehr warme Sommer Ende 1980er/Anf. 90er J. Diese auch einzig plausible Erklärung für vorübergehende Ansiedlungen in PL 1992 [q18,3871] und SK. [q3]. In -SH bis Mitte 1980er J. und erneut seit 1996 kontinuierlicher, drastischer Bestandsrückgang [1497,310]; weitere Bestandsabnahme wohl unabwendbar, da günstige Habitatstrukturen in neuen Eindeichungsflächen durch Sukzession rasch wieder verloren gehen (z.B. Katinger Watt) und zunehmend kühlere und feuchtere Sommer den Bruterfolg erheblich einschränken. Wattenmeer und NL Rheindelta sind letzte international bedeutende Brut- und Mausergebiete in ME.

	Best.	Areal	Brutbestand	Jahr	Quelle
A	+/-	=	25–37	1998–2002	[383]
B	↓	- 1	80–85	2000–2002	[383]
D	⇩	- 1	380–400	1995–1999	[383]
H	⇩	- 2	15–30	1998–2002	[383]
NL	⇩	- 1	270–320	1998–2000	[383]
PL	N	N	0–1	1990–2003	[383]
SK	N	N	0–1	1990–1999	[383]

Das binnenländische Brutvorkommen in A-B umfasste in 1940er und 50er J. 60-80 BP [965,1369]. Danach kontinuierliche Abnahme bis auf Tiefstand von 15-20 Paaren in 1980er J. [965], seither stabil [1585]. Auch in H Brutbestand stark rückläufig [2438,1585,3788] und erheblicher Arealverlust [3688]. Sonst im Binnenland ME nur einzelne Durchzügler, an manchen Stellen aber regelm., besonders auf dem Heimzug; auffällig ist Seltenheit im küstennahen Binnenland [337].

Siedlungsdichte. Brütet in Einzelpaaren oder lockeren Kolonien von bis zu 300-400 BP (in UA.). An der Küste Dichten von 5-16 BP/ha (in P), binnenländisch deutlich geringer mit 0.2-1.2 BP/ha [1507].

Gefährdungsursachen [3892,3615,1369,196,310, 1144,3788,3688]. Wie bei anderen *Charadrius*-Arten Verlust und Entwertung geeigneter Lebensräume. Durch starke Bindung an bestimmte Bruthabitate (dort in hoher Dichte brütend) besonders betroffen von Störungen zur Brutzeit (verringerter Bruterfolg) sowie Habitatveränderungen wie natürliche Sukzession, Aussüßen des Wassers, veränderter Wasserhaushalt, Verschilfung, verstärktes Pflanzenwachstum durch Einstellen des Weidebetriebes [im Wattenmeer nur 0.5% der Küstenfläche noch vom Seeregenpfeifer besiedelbar, 310]; an binnenländischen Lacken zudem Eutrophierung, Pestizideinsatz, Neophyten, und Verlust der Hutweidengebiete. Direkte Verfolgung (in Durchzugs- und Überwinterungsgebieten).
Natürliche Verluste: bei Gelegen vor allem Prädatoren (z.T. begünstigt durch Wohlstandsmüll), vor allem Fuchs, Mink, auch Corviden.
Weitere Ursachen (Klima, Umweltchemikalien etc.) s. Sandregenpfeifer.

SPEC	VSchRL	Bern.Konv.	Bonn.Konv.
3	Anh. I	Anh. II	Anh. II
Europ. RL	**RL in ME**		
--	A, H, D: 'CR'; NL: 'EN'		

Schutzmaßnahmen. Die z.T. katastrophale Entwicklung macht sehr intensive Schutzmaßnahmen erforderlich. Vorrangig: Erhalt und Schutz aller bedeutenden Brutgebiete, insbesondere durch (1) Zulassung natürlicher Küstendynamik (Neuschaffung von Brutinseln steht dagegen im Widerspruch zu sonstigen Schutzbestrebungen), (2) Biotopschutz in vegetationsfreien Küstenbereichen und Lacken, lückigen Halophytenbeständen, Hutweidengebieten, (3) Verring. des künstl. Nährstoffeintrages an Brutgewässern, (4) Wiedereinführung der Beweidung.
Schaffung von Schutzgebieten mit Betretungsverbot (Einzäunung der Brutplätze) sowie entsprechend großen Pufferzonen zur Vermeidung von Störungen.
Wiedereinführung traditioneller Weidewirtschaft auf salzhaltigen und alkalinen Grasländern des Binnenlandes.
Schutz und Verbot intensiver Nutzung oder Jagd in bedeutenden Durchzugs- und Überwinterungsgebieten.

Biotop. Br. vegetationsarmer Böden am Salzwasser, sowohl an der Küste als auch in ± abflusslosen und daher salzhaltigen Binnengewässern; Muschelschilfflächen, Primärdünen, Lagunen, aber auch ausgetrocknete Fischteiche (A, H). Wird durch Begrünung und Aussüßung der besiedelten Flächen vertrieben. An der Küste feuchtere Gebiete zur Nahrungssuche als z.B. Sandregenpfeifer. Außerhalb der Brutzeit an flachen Lagunen, auf Sand- und Schlickflächen. Brütet oft in lockeren Kolonien.

Nahrung. An der Küste bes. Ringelwürmer, kleine Muscheln, Schnecken, Crustaceen, daneben auch Insekten, die im Binnenland die wichtigste Nahrung bilden.

Stimme. Vor allem beim Abflug kurz »tit«, auch fast ohne Ton; bei stärkerer Erregung laubsänger- oder tüpfelrallenartig »huit«; Schreck- oder Warnruf »prrr«. Im Singflug entweder schnurrend »pit-tritritritirrrr..« (auch vom ♂ am Boden) oder ein rhythmisches »tjeke tjeke…«.

Verhalten. Tag- und z.T. nachtaktiv, an der Küste Aktivität auch gezeitenabhängig. Pickt Beute von der Oberfläche ab, stochert aber auch mit dem Schnabel in weiches Substrat. Bodenklopfen mit den Füßen (s. Sandregenpfeifer) häufig. Am Brutplatz territorial; fledermausartiger Singflug zur Revierverteidigung. Brutterritorien aber oft sehr klein; enge Brutnachbarschaft, auch mit anderen Larolimikolen. Ankunft am Brutplatz einzeln oder verpaart. Bei der Balz Scheinnisten; vor Kopulation »Parademarsch«. Drohen mit aufgerichteten Flügeln, auch Buckeldrohen, Sich-gegenseitiges-Überfliegen; wie Sand- und Flussregenpfeifer reichhaltiges Aggressivverhalten. Bodenfeinde in Nestnähe werden entweder angegriffen oder fortgelockt. Verleiten beginnt kurz vor dem Schlüpfen mit »Mausrennen« (Beutetierimitation) und Verletztstellen. Außerhalb der Brutzeit gesellig.

Fortpflanzung, Brutbiologie. Geschlechtsreife im 1. Lebensjahr. Monogame Saisonehe, aber auch Partnertreue als Folge von Nistplatztreue; Einzelfälle von Bigynie. **Nest.** Nest offen in einer flachen Mulde, mitunter aber auch regelm. Anlehnung an kleine Deckung (z.B. Pflanzenbüschel); Sichtmarken werden bevorzugt. ♂ dreht Mulde; Material kommt nur etwas durch Zurückschleudern beim Weggehen hinein. **Legebeginn.** Frühester Legebeginn ME Anf./Mitte April; Nordsee Hauptlegezeit Mitte April/Mitte Juli mit Gipfel 1. Maihälfte. **Gelegegröße.** Gelege 3 Eier; 4–6 Eier sehr selten, dürften z.T. von 2 ♀ stammen. **Eier.** glanzlos; Grundfarbe dunkler bräunlich als bei Sand- und Flussregenpfeifer, viele Flecken oder kleine Schnörkel. **Brutdauer.** 23–29 (Ø 25/26) d; Legeintervall variabel, meist 48 h; beide brüten. **Nestlings-/Führungszeit.** Beide Partner führen, Huderzeit oft sehr lang bis Junge fast flügge; ♀ tendieren dazu, Brut eher zu verlassen als ♂. Küken laufen nach wenigen h, schwimmen wenige d alt; frühestens mit ca. 27–31 d flügge, oft erst mit 40 d. Anschließend meist Familienauflösung. **Jahresbruten.** 1 Jahresbrut; verschachtelte Zweitbruten einzeln nachgewiesen. **Bruterfolg.** Gelegeverluste sehr unterschiedlich je nach Brutplatz und Witterung. Schlüpfraten liegen im Mittel >2 Junge/BP und J.; Teilergebnisse ca. 1.5 flügge Junge/BP und J.

Eimaße und -gewichte (*alexandrinus*). L. 27.0-36.7 mm, B. 20.2-25.3 mm, Ø: 32.4 x 23.3 mm (n=1035, NL); Frischvollgew. 7.6 -11.0 g, $Ø_{221}$: 9.11 g; Schalengew. 0.49-0.66 g, $Ø_{50}$: 0.57 g.

Sterblichkeit, Alter. Aus verschiedenen Quellen ca. 40–45 %/J. Unter 6.000 beringten 3mal 15, 1mal fast 14 J., 1 ♀ als Juv. beringt in S-F. und nach 17 J. 10 Monaten dort wiedergefangen [1897]. **Generationslänge:** < 3.3 J. [383].

Mauser. **Postjuvenile Mauser** (Teilmauser) bes. Mitte Juni/Aug.–Nov./Dez.; Umfang ähnlich **Pränuptialmauser** [767,3050]. • **Postnuptialmauser** (Vollmauser) in ME oft ab Mitte Juni/Mitte Juli, mitunter 1–3 (5) HS während Bebrütung ersetzt [4021]; nach Unterbrechung im Mausergebiet bis Sept./Okt. beendet [767,1369,1688,2302,1704]; Dauer der HS-Mauser ca. 95 d [1356]. Beschriebene partielle Supplementärmauser von Mai–Juni [1369] scheint nicht vorzukommen [767]. • **Pränuptialmauser** (Teilmauser) Nov./Dez.–Anf. Jan./März, z.T. deutlich früher [767,1369,4057,4234]; Großteile von Körpergefieder, Flügeldecken, Schirmfedern und ST [767,3050].

Charadrius leschenaultii – Wüstenregenpfeifer 04790

Charadrius leschenaultii Lesson 1826

GB Greater Sand Plover **F Pluvier de Leschenault** **E Chorlitejo Mongol Grande**

Taxonomie. Drei UA mit von W nach E zunehmender Schnabeldicke und -länge [1705, mit Farbillustrationen]: *columbinus* Wagler 1829 (TR, Naher Osten), *crassirostris* (Severtzov 1873) (Kaspisee bis SE-KZ) und *leschenaultii* Lesson 1826 (E-KZ ostwärts).

Kennzeichen. Sexualdimorph. [1784,221,1369, 3615,3772; **Fotos** in Limic. **15**, 116, Dutch B. **20**, 147, **21**, 175, **23**, 231, **24**, 335, Bird. W. **4**, 398, **12**, 236-237, **17**, 273].

Maße. Gr.: 22-25 cm. Gew.: 55-121 g. Fl.spw.: 53-60 cm. Fl.l.: ♀, ♂ meist 13.5-15.0 cm [1784,3615].

Status. In Europa als sehr seltener Gastvogel in vielen Ländern (z.B. GB, S., F, M, GR, DK, N., FIN..) nachgewiesen [3615,1784,337,q23]; auch in ME deutlich mehr Nachw. als von *Ch. mongolus*, meist Juli-Sept.: • **NL:** UA *crassirostris*: von 1984-2001 mind. 5 Nachw. im Aug. und Sept. [weitere gestrichen, vgl. 337]; UA *columbinus* Juli 1977, Aug. 1985 [277,q3]. • **PL** Bucht von Gdansk Sept.1961, Sept. 1978, ♀ erl. Okt. 1983, Apr. 1984, ♂ (wahrschl. *columbinus*) Mai 1995 [3871]. • **B:** Juli 1954, Juli 1972, Sept. 1975, Juli 1986, Juli 1993 [1677]. • **H:** UA *columbinus*: Mai 1997; unbest. UA: Juli 1992 [2438]. • **D:** -MV Sept. 1931, Aug. 1995; -SH Juli 1988; -BW Juli 1996 [1369,1722,575], zuletzt 2000 [q3]. • **A:** Sept. 1964 Rheindelta -V (bisher irrtümlich als Mongolenregenpfeifer geführt) [3615,1617,1369,3489; P. Barthel].

Verbreitung und Bestand. Brutvogel in Zentral- und E-TR, JOR; vom E-Kaspigebiet in schmalem Band bis SE-KZ und weiter bis Mongolei, ferner Afghanistan (Iran?). Zugvogel mit Überwinterungsgebieten in E-Afrika, Arabien, Asien und AUS. Gesamtbestand von *crassirostris* (Transkaspien bis SE-KZ) 25.000-100.000 Ind., von *columbinus* (westlichste Form, von TR bis SYR und Iran) max. 10.000 Ind. [1784,4077,823,3718]. Europäischer Brutbestand 1.000-1.800 BP, leicht rückläufig [383], davon in TR 800-1.200 BP (2001) und in RUS 200-600 BP (2000) [383]; derzeit global nicht gefährdet, aber europaweit »EN« [3892,383].

Charadrius leschenaultii – **Wüstenregenpfeifer**

SPEC	VSchRL	Bern.Konv.	Bonn.Konv.
3	--	Anh. II	Anh. II
Europ. RL	RL in ME		
EN	--		

Wanderungen. Winterquartier vom SE-Mittelmeer (Nildelta) an Küsten E-Afrikas bis SW-Afrika, ferner Küstengebiete S-Asiens, der Sundainseln, AUS einschließlich S-pazifischer Inselwelt. Mitte Juli/Sept. Abzug aus Brutgebieten; ab Aug./Sept. im E-Mittelmeer (bis Nov. TR), doch ab Aug. bereits auch im tropischen Afrika. In Anatolien an Brutplätzen ab März, im NE ab Mai.

Biotop. Br. Trockensteppen, Halbwüsten, Wüsten, aber auch kurzrasige Kuhweiden und ausgetrocknete Schlammflächen mit Halophytenflora. Dz. auf kurzrasigen Flächen oft fernab vom Wasser, z.B. Flugpisten, Viehweiden, aber auch an Schlammufern und in wattartigem Schlickboden an Flachküsten.

Nahrung. Hauptsächlich Insekten und andere Arthropoden.

Stimme. Ziemlich schweigsam. Abflugruf »prruit« oder »turnt« u.ä.; mehr Triller als *mongolus*, weiches »trrrr«, tiefer, rollender. Balzflug »piprüirr-piprüirr-pipriu«, erinnert an Goldregenpfeifer.

Sterblichkeit, Alter. **Generationslänge:** 5 J. [383].

Mauser. **Postjuvenile Mauser** (Teilmauser) UA *crassirostris* und *leschenaultii* Sept.–Ende Nov./März, UA *columbinus* Aug.–Sept.; ohne Schwung-, mehrere Steuerfedern und Flügeldecken [767,1688]. • **Postnuptialmauser** (Vollmauser) *crassirostris* und *leschenaultii* Juli–Nov./Dez. (Jan.); Großteil des Körpergefieders, 1-4 HS und 1-3 ST noch im Brutgebiet ersetzt [767,1688,4057]; *columbinus* Ende Juni/Mitte Juli–Sept., meist ohne Unterbrechung [767,1705]. • **Pränuptialmauser** (Teilmauser) *crassirostris* und *leschenaultii* Feb.–März/April [767,1688,4057], bei *columbinus* schon im Feb. beendet [767,1705]; Teile des Körpergefieders, z.T. einige Schirm- und Steuerfedern, selten Flügeldecken [767,1688].

Charadrius mongolus – Kolymaregenpfeifer 04780

Charadrius [mongolus] mongolus Pallas 1776 — syn.: Östlicher Mongolenregenpfeifer

(GB) Lesser Sand Plover **(F) Pluvier de Mongolie** **(E) Chorlitejo Mongol Chico**

Taxonomie. Zwei disjunkt verbreitete, früher als Subspeziesgruppen betrachtete Populationen im zentralasiatischen Bergmassiv (*atrifrons*-Gruppe) einerseits und in E-Sibirien (*mongolus*-Gruppe) andererseits sind zumindest in den Ad.-Kleidern beider Geschlechter feldornithol. erkennbar, unterscheiden sich auch strukturell (Schnabelbau, Beinlänge) und möglicherweise in den Lautäußerungen (unzureichend untersucht). Sie werden hier auf Allospeziesniveau getrennt [vgl. 1705 und 1294 mit aktuellen Karten und Farbillustr.]. Auf *C. mongolus* entfallen somit nur zwei gering differenzierte UA: *mongolus* Pallas 1776 (E-Sibirien W Kolyma-Gebirge) und *stegmanni* Portenko 1939 (E Kolyma-Gebirge).

Kennzeichen. Zur Unterscheidung der Allospezies [1953 mit guten **Fotos**, ferner (*mongolus*) Bird. W. **11**, 142, **16**, 283, (*stegmanni* am Brutplatz) 2178; Bestimmung 1784,3615,221,1369,3772, 1294].

Maße. (Nominatform) Gr.: 18-21 cm. Gew.: 39-110 g. Fl.spw.: 45-58 cm. Fl.l.: ♂ 13.0-13.8 cm, ♀ 13.3-14.0 cm. [1784,1369,3615].

Status. In W-Paläarktis wohl extrem selten, u.a. 2mal in GB (Aug. 1991, Juli 2003) [1294]; da die bisherigen Nachw. derzeit nicht auf Allospezies-Niveau zuzuordnen sind, werden alle weiteren Beob. vorerst bei *C. [m.] atrifrons* aufgeführt, dessen Vorkommen in W-Paläarktis wesentlich wahrscheinlicher ist.

Verbreitung und Bestand. Brutvogel in einigen inselartigen Arealen in E-Sibirien [4077,823]; Bestand im Winter etwa 25.000-100.000 Ind. (beide UA), davon ca. 20.000 in AUS; keine Gefährdung erkennbar [1784].

Wanderungen. Hauptwinterquartiere an Küsten S-Asiens bis AUS. Wegzug ab Ende Juli (meist ♀) bis Ende Sept. (meiste Juv.); auffällige Wanderungen entlang E-Küste AUS von Aug.-Nov.; Rückzug ab Ende Feb., Hauptzug April, Rückkehr in Brutgebiete (*stegmanni*) Ende Mai/Anf. Juni [1784].

Biotop. Br. Gebirgssteppen und karger Tundra. Auf Dz. und im Winter vor allem an gezeitenbeeinflussten Sand- und Schlickbänken.

Charadrius atrifrons – Tibetregenpfeifer 04783

Charadrius [mongolus] atrifrons Wagler 1829 — syn.: Westlicher Mongolenregenpfeifer

(GB) Lesser Sand Plover **(F) Pluvier de Mongolie** **(E) Chorlitejo Mongol Frentinegro**

Taxonomie. Allospezies zu Kolymaregenpfeifer (s. Ausführungen dort). Drei UA: *atrifrons* Wagler 1829 (Zentral-Himalaya), *schaeferi* Meyer de Schauensee 1938 (E Himalayagebiet) und *pamirensis* Richmond 1896 (Pamir, Tien Schan).

Kennzeichen. [Fotos und Lautäußerungen aus dem Brutgebiet:1322, weitere **Fotos** (UA/Art oft nicht differenziert) in Limic. **6**, 113-117, **12**, 235-247, **15**, 115-116, Dutch B. **24**, 177, 238, **26**, 247, Bird. W. **10**, 294-297, **15**, 212-218; Bestimmung:1953,2178,1294,3615,221,3772].

Maße. vgl. Angaben bei *C. [m.] mongolus*, UA *pamirensis* kleiner [1784,3615].

Status. UA *pamirensis* in W-Paläarktis seltener, aber regelm. Durchzügler in EGY sowie regelm. Wintergast in Kuwait [337,3615]. In Europa bisher vereinzelt als Ausnahmegast nachgewiesen, u.a. in N., S., DK, GB (2mal, Aug. 1997, Mai 2002), E. und TR [3615,q23,1294].

In ME Ausnahmegast (Allospezies- oder UA-Zuordnung nicht in jedem Fall gesichert): • **PL** Ad. der *atrifrons*-Gruppe Juni 1977 [3871]. • **B:** Aug. 1999 Nieuwpoort [1677,q3]. (• A: Sept.1964 war Wüstenregenpfeifer (s. dort) [3489,1617,1369]).

Verbreitung und Bestand. Brutvogel in Zentralasien in hochalpinen Talböden und Seebecken. Zugvogel mit Überwinterungsgebieten in S- und E-Afrika, Arabien und S-Asien. Gesamtbestand von *pamirensis* > 30.000-50.000 Ind., *schaeferi* 25.000-100.000 Ind. und *atrifrons* > 100.000 Ind. [4077,823,3718], keine Gefährdung erkennbar [1784].

Wanderungen. Winterquartier der zentralasiatischen Br. von Thailand (Sundainseln) bis Küsten Arabiens, Rotes Meer, E- bis S-Afrika [3718]. Wegzug ab Anf. Aug.; Wintergäste in Afrika Sept. bis April; Rückkehr in Brutgebiete (*atrifrons*) Mitte April bis Mitte Mai [1784].

Biotop. Br. Gebirgssteppen, karg bewachsenen Tälern oder Becken, hochalpine Tundra der zentralasiatischen Gebirgskette, oberhalb bzw. nördlich der Baumgrenze in Wassernähe. Auf Dz. und im Winter vor allem an gezeitenbeeinflussten Sand- und Schlickbänken wie typische Strandlimikole.

Nahrung. Invertebraten (Insekten, Crustaceen, Mollusken, Anneliden).

Stimme. Ruft im Abflug typisch hartes »tschitik« (ähnlich Steinwälzer).

Mauser. **Postjuvenile Mauser** (Teilmauser) Ende Sept.–März; Umfang ähnlich Wüstenregenpfeifer [767,1688]. • **Postnuptialmauser** (Vollmauser) Aug.–Okt./Dez. (Feb./April), z.T. im Winterquartier [767,1688,4057,144,146,1705]. • **Pränuptialmauser** (Teilmauser) Jan./März–April/Anf. Mai [767,1688,4057]; Umfang ähnlich Wüstenregenpfeifer [767].

Charadrius asiaticus – Wermutregenpfeifer 04800

Charadrius [asiaticus] asiaticus Pallas 1773

(GB) Caspian Plover **(F) Pluvier asiatique** **(E) Chorlitejo Asiático Chico**

Taxonomie. Monotypisch. Bildet Superspezies mit östlich angrenzendem Orientregenpfeifer *C. veredus* (kürzlich in FIN nachgewiesen: Alula **9**, 118, mit Farbfoto). Die Beziehungen der Taxa in möglichen Kontaktgebieten Innerasiens sind unbekannt.

Kennzeichen. Sexualdimorph [1784,221,1369, 3615,3772; Weitere **Fotos** in Dutch B. **13**, 23, **14**, 111, **24**, 238, Bird. W. **7**, 29, **9**, 219-220, **12**, 17, **16**, 27, Brit. B. **93**, 78].

Maße. Gr.: 18-20 cm. Gew.: 60-91 g. Fl.spw.: 55-61 cm. Fl.l.: ♀,♂ meist 14.5-15.4 cm [1369,1784,3615].

Status. In Europa noch seltener als *C. [mongolus] atrifrons* beobachtet, mit Nachweisen u.a. in GB (4mal bis 2001), F, N., M, GR, BG, RO, UA. [3615,337,q23].

In ME bisher wohl nur in • **D:** Helgol. Nov. 1850, Mai 1859 [1369].

Wanderungen. Zugvogel mit Winterquartier im Binnenland E- und S-Afrikas; N-Grenze etwa Äthiopien, Sudan. Weg- und Heimzug über Iran, Irak, SYR, Arabische Halbinsel.

Verbreitung und Bestand. Brutvogel in Trockensteppen und Halbwüsten Mittelasiens (vor

allem KZ). Westlichster Brutplatz im N Kaukasusvorland (Manytsch-Niederung), Einzelvorkommen weiter W. Zugvogel (deutlich mehr im Binnenland als Wüsten- und Mongolenregenpfeifer) mit Überwinterungsgebieten in E- und S-Afrika. Abgesehen von Brutgebieten im Kaukasus und N-Kaspi in W-Paläarktis sehr selten [3615].
Gesamtbestand der monotypischen Art etwa zw. 40.000-55.000 Ind., abnehmend [823]. Brutbestand in RUS etwa 130-500 BP, bei anhaltendem Rückgang [2636]. Global nicht gefährdet, aber europaweit 'VU' [1585].

SPEC	VSchRL	Bern.Konv.	Bonn.Konv.
3	--	Anh. III	Anh. II
Europ. RL	RL in ME		
VU	--		

Biotop. Br. auf Salzböden in Wüsten- und Halbwüsten in ± geringem Abstand zum Wasser; Dz. an feuchteren Stellen, z.B. Viehweiden mit kurzem Gras und feuchten Stellen, auch an offenen See- und Flussufern, Brachland; in Afrika Savannen- und Dornbuschflächen, fast stets im Binnenland.

Nahrung. Bevorzugt Insekten und deren Larven.

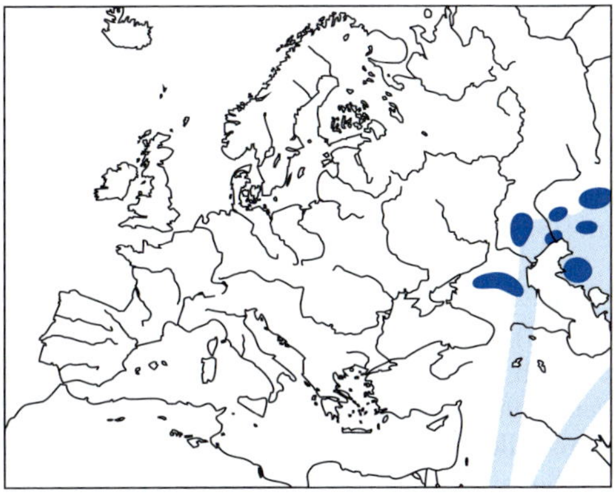

Charadrius asiaticus – **Wermutregenpfeifer**

Stimme. Stimmfühlungslaut scharf »ku-wit«, »tuk« oder »tschäp«. Singflug ♂ »tiürlie-tiürlie-tiürlie».

Mauser. **Postjuvenile Mauser** (Teilmauser) setzt kurz nach Flüggewerden ein, während Wegzug unterbrochen; Umfang ähnlich Wüstenregenpfeifer [767,1369]. • **Postnuptialmauser** (Vollmauser) Körpergefieder und Schirmfedern ab Juni; Unterbrechung nach 1–5 (8) HS (Ende Juli–Anf. Sept.) und Abschluss im Winterquartier bis Anf. Dez. [767,1369]. • **Pränuptialmauser** (Teilmauser) Dez./Jan.–März/April [767,1369]; umfasst z.T. einige Schirmfedern und Flügeldecken [767].

Charadrius morinellus – Mornellregenpfeifer 04820

Charadrius morinellus Linnaeus 1758 syn.: *Eudromias morinellus*, Mornell

(GB) (Eurasian) Dotterel **(F) Pluvier guignard** **(E) Chorlito Carambolo**

Taxonomie. Monotypisch. Fehlende Differenzierung trotz weit disjunkter Brutgebiete in subarktischen Breiten einerseits und europäisch-zentralasiatischen Hochgebirgen andererseits deutet darauf hin, dass letztere Vorkommen sehr rezente Glazialrelikte sind, die noch gelegentlichen Genaustausch mit nördlichen Populationen haben könnten. Überzeugend belegt, dass Verwendung einer monotypischen Gattung *Eudromias* [vgl. 1369,3565] für Mornellregenpfeifer nicht gerechtfertigt ist; scheint mit asiatischen Wermut- und Orientregenpfeifern (*C. asiaticus, C. veredus*) nächstverwandt zu sein.

Kennzeichen. Sexualdimorph, ♀ farbenprächtiger als ♂ [1784,221,1369,3615,3772; **Fotos** in Limic. **8**,

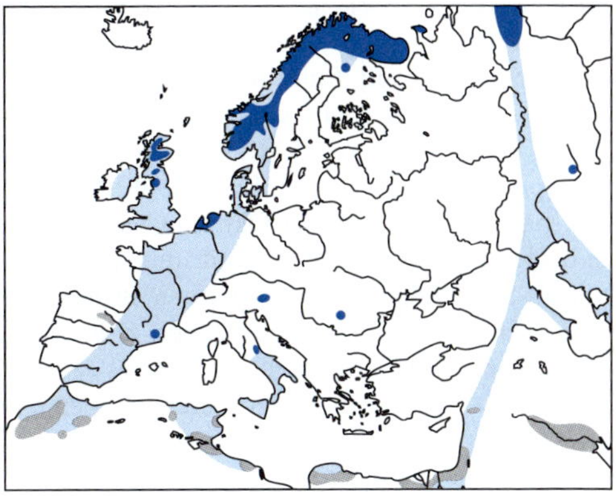

Charadrius morinellus – **Mornellregenpfeifer**

17-25, **10**, 325, **11**, 145, **14**, 195, **15**, 49, **16**, 157, 292, Dutch B. **19**, 145, **22**, 176, **23**, 375, **25**, 197, 272, 275, Bird. W. **5**, 208, **10**, 167].

Maße. Gr.: 20-22 cm. Gew.: ♂ 86-116 g, ♀ 99-142 g. Fl.spw.: 57-64 cm. Fl.l.: ♂ 14.4-15.8 cm, ♀ 14.7-16.1 cm [1369,3615].

Status. In ME außerhalb der (überwiegend sporadischen) Brutplätze lokale, aber regelm. Durchzügler-Beob. (z.B. geeignete Gipfelplateaus in Alpen, Heide- und Steppengebiete, ausgeräumte exponierte Ackerflächen in Mittelgebirgslagen). In CH von 140 Beob. in 50 Jahren 29 Tiefland, 111 über der Baumgrenze [337]. Gelegentlich Übersommerungen außerhalb bekannter Brutplätze.

Verbreitung und Bestand. N-eurasisches Verbreitungsgebiet von Tundren Skandinaviens bis E-Sibirien. Daneben disjunkte Vorkommen mit isolierten, sehr kleinen Populationen im zentralsibirischen Bergland und einigen Regionen Europas, z.T. nur zeitweise besetzt [1784]. Gesamtbestand in Europa etwa 11.000-42.000 BP bzw. 39.000-110.000 Ind., zum größten Teil in RUS (2-14 T.) und Fennoskandien (FIN 0.5-2 T.), N. (5-15 T.), S. (3-10 T.), ferner in GB (510-750 BP); leichter Rückgang [383,3718]. Unbedeutender Bestand ME nur etwa 4-9 BP [383, erg.]. Europäisch-N-afrikanische Flyway-Population mit 60.000-225.000 Ind. weitgehend stabil [4077].

Wanderungen. Langstreckenzieher. Winterquartiere im Trockengürtel N-Afrikas und Vorderasiens; relativ kleines Winterareal von MA bis W-Iran, wenige in E. In Afrika auf N-Rand der Sahara beschränkt. Von E-Sibirien Weglänge 8.000–10.000 km. Europäische Br. überwintern in N-Afrika (Nachweise aus GB, N., S., A); Br. aus N-S. und FIN ziehen z.T. auch nach S bzw. SSE (z.B. Ringfund FIN–Krim). Ab Aug. (oder früher) in Umgebung der Brutplätze Sammeln von Trupps (meist zunächst ♀). Durchzug in W-ME Aug./Anf. Okt. mit Höhepunkt Sept. [vgl. 1489, für E.:2388], im E etwas später (Höhepunkt Sept/Okt.) mit Nachzüglern in beiden Fällen bis Dez. Ankunft im Winterquartier ab Sept. Ankunft an nordischen Brutplätzen Ende Mai/Anf. Juni, in den E-Alpen z. B. 26.4.–25.5. (Median 10.5.). Rastplätze in DK bis etwa 20. Mai besetzt. Zug offenbar in größeren Etappen und regelm. Rast an wenigen besonders geeigneten Stellen. In A hohe Brutplatztreue, nach Ergebnissen aus Schottland bei ♂ >> ♀ [4064].

Bestandsentwicklung. Im Brutgebiet sehr heimlich und unauffällig, daher aus zurückliegenden Perioden nur wenige Angaben. Brutnachw. aus 19. oder frühen 20. Jh. gibt es z.B. von D-BB (1827) und -SH (1829) sowie verschiedene Stellen CS [1369,1,337,q3; Brutverdacht für D-BY:343]; zudem bekanntes Brutvorkommen im Riesengebirge (CZ, PL), das kurz nach II. Weltkrieg erlosch.
Brutansiedlungen in NL [1369] und Vogesen F [4180] bestanden nur von Anf. 1960er J. bis Anf. 1970er J. [3636,4180,375]. Weitere neuere Brutansiedlungen meist ebenfalls sporadisch, z.B. 1978 in Südtirol I [965], 1981 Pyrenäen F [337]; doch in geeigneten Gebieten mehrmals Brutnachweise, -verdacht oder Feststellung von Übersommerungen, so im Riesengebirge CZ (Brut 1985, mehrmals zur Brutzeit von 1977-93 und erneute Bruten 1999 und 2002) [2159,q3,q18, M. Vavrik], in Hoher Tatra PL (Brut 1988, whrschl. Nestbau 1995) [1366] sowie in Alpen CH-GR (Brut 1965, bis 1977 Einzelbeob. und erneute Brut 1998) [1369,4152].
Die 1949 wiederentdeckten und seither einzig regelm. Brutvorkommen in ME bestehen in E-Alpen A-St und A-K. In 1960er J. dort bis 12 BP, nach kurzzeitiger Zunahme auf 22 BP (1971) Rückgang bis 1989 auf 4-5 BP [965,196] und von 1992-95 trotz intensiver Suche nur 2-4 BP [3289,3291]. In Alpen I jüngst mehrere Brutzeitfeststellungen und Bruten, die auf isolierte inneralpine Population hindeuten [4251,3936]

	Best.	Areal	Brutbestand	Jahr	Quelle
A	↓	=	4–6	1998–2002	[383]
CH	↕	=	0–1	1998	[383]
CZ	↕	=	0–1	1999–2000	[383,1159]
PL	+/-	=	0–1	1990–2000	[383]

Siedlungsdichte. Bisher größte gefundene Dichte 17 BP/km^2 in alpinen Heidegebieten FIN (1969); in Bergregionen in GB z.T. > 10 BP/km^2; großflächig sonst generell deutlich geringere Dichten [1507].

Gefährdungsursachen [965,4180,1507,196,3291, 546]. Direkte Verfolgung (früher auch in Europa), aber vor allem massiver Biozideinsatz (Bekämpfung der Wanderheuschrecke) in afrikanischen Rast- und Winterquartieren.
Infolge der Beschränkung auf wenige, sehr kleine Brutareale starke Gefährdung durch Erschließung, Freizeitsport, Tourismus, unkontrollierte Beweidung sowie durch Aktivitäten von Ornithologen, Naturphotographen und Eiersammlern.

Natürliche Ursachen: Gelege- und Jungenverluste durch Wetterstürze sowie durch Prädatoren (besonders in Folge vorheriger Störungen am Brutplatz).

SPEC	VSchRL	Bern.Konv.	Bonn.Konv.
--	Anh. I	Anh. II	Anh. II
Europ. RL	RL in ME		
--	D: **'RE'**, CZ, PL: 'CR', A: 'R'		

Schutzmaßnahmen. Völlige Einstellung der Bejagung und drastische Reduktion des Biozideinsatzes in den Überwinterungsgebieten.
Überwachung der Brutplätze; Einrichtung von Schutzgebieten mit beschränkten Zugangsmöglichkeiten.
Genaue Untersuchungen über Bestandsdynamik und Gefährdungen.

Biotop. Br. der Tundra bzw. über der Baumgrenze oder im Bereich der Fjällflächen; in den Alpen meist > 2000 m. Brutgebiete sind auch im Hochgebirge weiträumig und offen. Niedrige Vegetationsdecke oder auch lückige Vegetation bevorzugt. Auf dem Dz. in steppenähnlichen trockenen Flächen (im Binnenland nicht selten karge, steinige Äcker auf windexponierten Hochflächen), aber mitunter auch im Küstenbereich; im Winter ferner in Halbwüste oder sogar steinigen Wüstenflächen. In ME früher auf hochmoorigen Flächen und heute auf sehr kurzrasigen Viehweiden, aber auch Äckern.

Nahrung. Vorwiegend Insekten und Spinnen; auch kleine Schnecken und Regenwürmer. Gelegentlich Pflanzenmaterial.

Stimme. Wenig ruffreudig. Kontaktrufe wie »drü drü...« oder »püe ...«; ferner gereiht »pit-pitpit«; beim Auffliegen weiches, trillerndes »wjürrr«; bei Singflügen lässt das ♀ längere »pit«-Reihen hören. Bei Bodenbalz zwitschernde z.T. abwechslungsreiche Laute. Warnruf »pit-pit-pita-pita-piü«.

Verhalten. Im S tagaktiv, in der Subarktis auch nachtaktiv. Nahrungstiere werden z.T. aus der Luft im Stehen und Schreiten gefangen. Außerhalb der Brutzeit gesellig in kleinen Trupps, die sich auf dem Zug oder an Raststellen vorübergehend zu größeren Gruppen zusammenschließen können. Zur Brutzeit territorial, aber auch außerhalb der Brutterritorien oft gemeinsam auf der Nahrungssuche. Balz zunächst in kleinen Gruppen. Bei der Balz ♀ aktiverer Teil; ♀ versuchen zunächst die Aufmerksamkeit der ♂ zu erregen. ♀ führt Singflug aus, wird mitunter vom ♂ begleitet. Scheinnisten wird von ♂ und ♀ ausgeführt, doch gegen Ende der Balzperiode übernimmt immer mehr ♂ die Initiative. Kopulationen oft von ♀ eingeleitet, meist kurz (2-3 sec) aber oft mehrmals hintereinander (3mal/5 min). ♂ haben oft mehrere ♀ gleichzeitig (bis zu 3) oder ♀ mehrere ♂ (bis zu 3); hängt vom Geschlechterverhältnis ab. Drohen mit aufrechter Haltung, Imponieren, Schwanzfächern; bei Auseinandersetzungen auch Überspringen des Gegners. Fluchtdistanz am Nest und im Brutrevier außerordentlich gering. Auffälliges Verleiteverhalten in verschiedener Form. Außerhalb der Brutzeit in kleinen Trupps (meist 3-6 Ind.); auf dem Zug oft größer (30-80 Ind.).

Fortpflanzung, Brutbiologie [1369,337]. Kann im 1. Lebensjahr brüten, doch wohl meist im 2. Lebensjahr. Paarzusammenhalt wohl i.d.R. bis zum Schlüpfen und noch z.T. darüber hinaus; daneben sukzessive Polyandrie (2 oder 3 ♂), seltener Polygynie. **Nest.** Nest meist in niedriger Vegetation, oft etwas erhöht; schwach angedeutete Mulde mit etwas Genist aus der Umgebung. **Legebeginn.** Legebeginn im N nicht vor Juni, in Schottland 2. Maihälfte, Alpen meist ab Mitte Mai, selten früher. **Gelegegröße.** (2)3(4) Eier; z.B. GB_{442} 2.92, $Fennoskandien_{167}$ 2.99. **Eier.** kreiselförmig; auf olivgrauem bis -braunem Grund dunkelbraune bis schwarze Flecken. **Brutdauer.** 24–28 (Ø 26) d; Legeabstand 24–36 h. Meist brütet ♂ allein [Brutrhythmus s. 4105], doch ♀ nicht selten beteiligt. **Nestlings-/Führungszeit.** Oft ist ♀ lediglich in Nestnähe, um sich nach dem Schlüpfen der Familie wieder (meist nur lose) anzuschließen. Küken verlassen mit 10–30 h das Nest. Mit 26/30 d flügge. **Jahresbruten.** 1; unbekannter Anteil der ♀ versorgt aber 2 (3) ♂ mit einem Gelege. **Bruterfolg.** GB aus 91 % der Eier schlüpften Junge, von denen nur 60 % 1 Woche alt wurden. Im Einzelnen sehr stark vom Wetter abhängig.

Eimaße und -gewichte. L. 37.5-46.7 mm, B. 26.0-31.5 mm, Ø: 41.1 x 28.9 mm (n=100, GB), 40.0 x 28.4 mm (n=53, Alpen); Frischvollgew. 13.0 -18.0 g, Ø: 15.1 (n=45, A); Schalengew. 0.64-0.90 g, Ø: 0.77 g (n=90).

Sterblichkeit, Alter. Ältester Ringvogel (FIN, brütendes ♂) mind. 8 J. 10 Monate [3654]. **Generationslänge:** 5 J. [383].

Mauser. **Postjuvenile Mauser** (Teilmauser) beginnt im Alter von ca. 6 Wochen, Aug./Sept. (Anf. Nov.); z.T. Abschluss erst im Frühjahr [767,547]; einschließlich einigen Flügeldecken, Schirm- und z.T. mittleren Steuerfedern [767,1356,4082]. • **Postnuptialmauser** (Vollmauser) ab Juli/Anfang Aug. im Brutgebiet; Ende in Rastgebieten oder z.T. kurz nach Ankunft im Winterquartier, Großgefiedermauser bis Ende Okt./Dez. abgeschlossen [767,1369,2946]. • **Pränuptialmauser** (Teilmauser) März–Mitte Mai; umfasst meist Teile von Körpergefieder, Flügeldecken und Schirm-, selten Steuerfedern, aber variabel, bei Vorj. weniger umfangreich [767,1369].

Unterordnung Scolopaci

Familie Scolopacidae – Schnepfenverwandte

Meist langbeinige und langschnäbelige, sperlings- bis knapp hühnergroße Vögel; spitze Flügel. Schnabelspitze mit Tastsinnesorganen, die in Gruben des knöchernen Schnabels gruppenweise gelagert sind. Schnabel hat mindestens Kopflänge, meist deutlich länger. Geschlechter meist gleich, zuweilen schwacher, beim Kampfläufer starker Dimorphismus, dabei meist ♂ mit auffälligerem Brutkleid, bei *Phalaropus* dagegen ♀. Nahrungserwerb großteils sondierend und Orientierung taktil (optische Orientierung viel weniger bedeutsam als bei Charadriidae). Bodenbrüter mit meist 4 Eiern; manche Arten mit bis zu 3 Gelegen pro Jahr (von verschiedenen ♂ betreut). Fast weltweit verbreitet, außer altweltlichen Tropen, Sahara und AUS (wo nur Gastvögel).

Die Familie ist nach molekularen Daten ein gut gesichertes Monophylum, in dem *Limosa* eine basale Stellung einnimmt [2942,1047]. Allerdings waren Brachvögel (*Numenius, Bartramia*) in diesen Untersuchungen nicht eingeschlossen. Für die Abgrenzung von Unterfamilien und Tribus fehlen bisher verlässliche phylogenetische Informationen.

• Gattung *Numenius*

Monophylie (gegenüber *Bartramia*) nicht völlig sicher. Weltweit 8 Arten, alle mit Brutgebiet in der Holarktis. Eine Art (*borealis*, N-Amerika) vielleicht ausgestorben, eine weitere (*tenuirostris*, Paläarktis) vom Aussterben bedroht. Zusätzlich zu den drei hier behandelten Arten ist auch mit Zwergbrachvogel *N. minutus* in ME zu rechnen; bisher als Ausnahmeerscheinung in FIN, N. und GB nachgewiesen [3942].

• Gattung *Limosa*

Weltweit 4 Arten, neben drei hier behandelten noch *L. fedoa* (N-Amerika), alle mit Brutgebiet in der Holarktis.

• Gattung *Limnodromus*

Drei Arten mit Brutgebieten in Zentral- und E-Paläarktis (*semipalmatus*), NE-Sibiren - NW N-Amerika (*scolopaceus*) und boreale Breiten N-Amerikas (*griseus*). Trotz äußerlicher Ähnlichkeiten zu *Limosa*, besonders zwischen *Limnodromus semipalmatus* und *Limosa lapponica*, sind die Schlammläufer nach DNA-Sequenzdaten näher mit der *Scolopax-Gallinago*-Gruppe verwandt als mit *Limosa* [2942,1047]. Die Vereinigung von *griseus* und *scolopaceus* in einer Superspezies [2520N,3565,995N] erscheint angesichts deutlicher Unterschiede in Rufen, komplexen Reviergesängen [2625,2624], Balzverhalten, Jugendkleid und genetischen Markern [1508] nicht gerechtfertigt.

Zur Unterscheidung von *scolopaceus* und *griseus* [4102; geographische Variation dieser Arten:3031; zur Bestimmung und Verbreitung des ggf. in ME zu erwartenden Steppenschlammläufers *L. semipalmatus*:2319,3487].

• Gattung *Scolopax*

Weltweit 8 Arten, davon zwei mit weiter Verbreitung in der Paläarktis (*rusticola*) bzw. Nearktis (*minor*). Die anderen sechs Arten sind Inselendemiten in SE-Asien bis Neuguinea, davon eine Art (*bukidnonensis*; Philippinen) erst jüngst beschrieben und zwei weitere (*saturatus* auf Sumatra und Java, *rosenbergii* auf Neuguinea) erst neuerdings auf Artniveau getrennt [1981]. Mögliche Superspeziesgrenzen innerhalb der Gattung bedürfen noch genauerer Untersuchung.
Die Gattungen *Scolopax, Coenocorypha* (subantarktische Inseln), *Lymnocryptes* und *Gallinago* sind höchstwahrscheinlich monophyletisch und so nah verwandt, dass sie nicht in verschiedene Unterfamilien aufgeteilt werden sollten. Ihre Schwestergruppe ist *Limnodromus* [2942], so dass die Vereinigung dieser Gattung mit *Gallinago* und *Lymnocryptes* zu Gallinagininae [z.B. 767] nicht akzeptabel ist.

• Gattungen *Lymnocryptes, Gallinago*

Ob die Trennung von *Lymnocryptes* (1 Art, Paläarktis) von *Gallinago* auf Gattungsniveau den phylogenetischen Verhältnissen gerecht wird, bedarf noch der Bestätigung. *Gallinago* besteht weltweit aus 16 Arten, wovon allein 6 in S-Amerika endemisch sind. Detaillierte Gattungsmonographie [3891; vergleichende Beob. zum Balzverhalten:3766]. Die Abgrenzung der Superspezies *G. [gallinago]* mit 6 Allospezies ist vorläufig (detaillierte Untersuchungen zur Gattungsphylogenie fehlen) [632]; zu der zwar noch nicht in ME, wohl aber anderswo in W-Paläarktis nachgewiesenen Spießbekassine *G. stenura* [Bestimmung:2268; Nachweis Sizilien:743; Lautäußerungen:614].

• Gattung *Phalaropus*

Drei Arten mit insgesamt holarktischer Verbreitung. Nach DNA-Sequenzdaten stehen die Wassertreter der *Tringa*-Gruppe (inkl. *Heteroscelus* und *Cataptrophorus*) nahe und sind deren Schwestergruppe. Der Wilsonwassertreter ist nach morphologischen und molekularen Befunden die Schwesterart von Odins- und Thorshühnchen [904N] und wird von manchen Autoren aufgrund seiner deutlichen Differenzierung in eine eigene Gattung *Steganopus* gestellt [z.B. 3565].

• Gattung *Tringa* und verwandte Gattungen

Die Gattungen *Actitis, Xenus, Cataptrophorus, Heteroscelus* und *Tringa* sind untereinander nah verwandt. Über die Verwandtschaftsverhältnisse innerhalb der Gruppe liegen noch keine gesicherten Erkenntnisse vor, so dass unklar bleibt, ob *Tringa* in der gegenwärtigen Abgrenzung monophyletisch ist. Die Einbeziehung nur von *Actitis* und ggf. *Xenus* in *Tringa* ohne umfassende Klärung der Verwandtschaftsverhältnisse löst das Problem jedoch nicht, weshalb diese Gattungen vorläufig aufrechterhalten bleiben.

• Gattung *Calidris* und verwandte Gattungen

Erste molekulare Daten [441] deuten darauf hin, dass die Gattung *Calidris* unter Ausschluss von *Philomachus, Arenaria, Aphriza, Limicola, Micropalama* und *Tryngites* nicht monophyletisch ist, reichen jedoch nicht aus, um alternative Gattungsabgrenzungen begründen zu können. Deshalb wird die bisherige Gattungstaxonomie vorläufig beibehalten. Die Abtrennung des ostpaläarktischen Löffelstrandläufers *C. pygmeus* in einer monotypischen Gattung *Eurynorhynchus* [3565,80a] basiert allein auf der Sonderbildung des Schnabel und ist sicher nicht gerechtfertigt. Grundlegende Arbeiten zur Bestimmung der kleinen *Calidris*-Arten [1409,3950].

Bartramia longicauda – Prärieläufer 05440

Bartramia longicauda (Bechstein 1812)

(GB) Upland Sandpiper **(F) Maubèche des champs** **(E) Correlimos Batitú**

Taxonomie. Gattung und Art sind monotypisch. Wahrscheinlich Schwestergattung von *Numenius*, basierend auf Dunenkleid und gewissen Ähnlichkeiten in Gefiederzeichnung und Rufen, vor allem mit *N. minutus* (molekulare Daten fehlen).

Kennzeichen. [1784,221,1369,3615,3772; **Fotos** in Dutch B. **24**, 51, Bird. W. **12**, 387, Brit. B. **93**, 533].

Maße. Gr.: 26-32 cm. Gew.: 98-226 g. Fl.spw.: 64-68 cm. Fl.l.: ♂ 15.6-17.2 cm, ♀ 16.8-17.3 cm [1369,3615].

Status. In Europa Ausnahmegast (meist Mitte Sept. bis Anf. Nov.), dabei in GB/IRL fast regelm. (mind. 48 Nachw. bis 1996), ferner u.a. in F (5 mal), IS (3 mal bis 1998), N. (Okt. 1994) und DK (Nov. 1920) sowie in YU, IRL, P, I, Azoren und M belegt [277,337,1680,3615,q23].

In ME bisher nur folgende Beob.: • **NL:** dj. Okt. 1995 [277,q23]; ferner 1 Ind. zw. 1815-19 erlegt [1369]; (Aug.1953 gestrichen). • **D:** -HE vor 1811 erlegt [1680].

Verbreitung und Bestand. Brutvogel N-Amerikas von Zentral-Alaska [stark gefährdet:1784] lückig über Great Plains und S-CDN bis NE-Küste USA. Eine Flyway-Population mit ca. 350.000 Ind. (abnehmend) [823] und Überwinterungsgebieten in S-Amerika (Surinam; ferner in Teilen Paraguays, Brasiliens und Argentiniens) [1784].

Wanderungen. Zugvogel mit Winterquartier im S S-Amerikas. Hauptwegzug Aug./Sept., Nachzügler N-Amerika bis Nov.; Heimzug in N-Amerika ab Anf. März, Ankunft am Brutplatz April (bis Mai im N).

Biotop. Br. kurzrasiges Grasland, Prärie, grasige Moore; Dz. außerdem Pampa, Savannen und offene Felder; Flughäfen, Golfplätze.

Nahrung. Tierisch, vorwiegend Insekten von und nahe der Bodenoberfläche; wenig vegetabilisch.

Stimme. Ruf melodischer Pfiff »quä-a-iii« oder »whii-di-li«; Alarm rasch trillernd »whi-whip« o.ä., erinnert an Zwergtaucher. Gesang im Singflug vorgetragen, Einleitung mit Triller (vergleichbar mit Wechselkröte), dann ansteigender und plötzlich abreißender Pfiff, mit kurzer Unterbrechung nochmaliger Pfiff und dann langer klagender Pfiff etwas abfallend.

Verhalten. Tag- und dämmerungsaktiv. Rennt nach Regenpfeiferart kurze Strecken, um dann anzuhalten (und zu picken). Läuft unauffällig durchs Gras; steht bes. im Brutgebiet gern etwas erhöht. Ganzjährig gesellig; oft wenig scheu.

Mauser. **Postjuvenile Mauser** (Teilmauser) Aug./Sept.–Jan./Anf. März [767,1369,3050]. • **Postnuptialmauser** (Vollmauser) Körpergefieder und selten innere HS ab Juli vor Wegzug; Abschluss im Winterquartier, Ende Aug./Anf. Okt.–Mitte Dez./Jan. [767,1369,3050]. • **Pränuptialmauser** (Teilmauser oder fehlend) vermutlich nur bei einem Teil der Ind. ab Jan. [767,3050].

Numenius phaeopus – Regenbrachvogel 05380

Numenius phaeopus (Linnaeus 1758)

(GB) Whimbrel **(F) Courlis corlieu** **(E) Zarapito Trinador**

Taxonomie. Vier UA [sechs UA:1026]: *phaeopus* (Linnaeus 1758) (N-Europa bis W-Sibirien), »*islandicus*« (IS, Färöer, N-Schottland; nicht allgemein anerkannt), *alboaxillaris* Löwe 1921 (Steppe im unteren Wolgagebiet), *variegatus* (Scopoli 1786) (E-Sibirien) und *hudsonicus* Latham 1790 (Nearktis). Zwar unterscheidet sich *hudsonicus* durch einfarbig dunkle Oberseite deutlich von W-paläarktischen Formen (rein weißer Rückenkeil). Aufspaltung in zwei Allospezies aber kaum gerechtfertigt, da keine Unterschiede in Verhalten und Rufen existieren und *variegatus* in E-Sibirien intermediäre Stellung einnimmt.

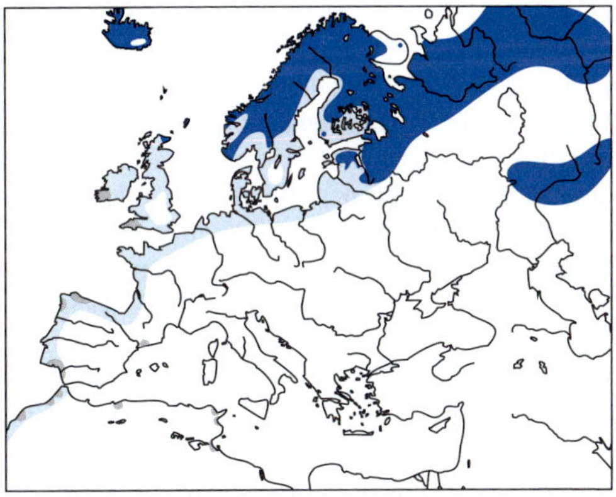

Numenius phaeopus – **Regenbrachvogel**

Kennzeichen. [1784,221,1369,3615,3772; **Foto** in Limic. **15**, 298].

Maße. Gr.: 40-46 cm. Gew.: ♂ 268-550 g, ♀ 315-600 g (Zugvögel bis 660 g). Fl.spw.: 76-89 cm. Fl.l.: ♂ 22.9-26.1 cm, ♀ 23.7-27.3 cm [1369,3615].

Status. In ME regelm. Durchzügler zu beiden Zugzeiten, in größerer Zahl an Küsten, aber regelm. auch im Binnenland. Übersommerer an Küsten NW-ME sowie in H [375,2438]; Überwinterer sehr selten [z.B. CH, Bod.:1617,4152]. Größte Konzentrationen im Frühjahr in NL, B und NW-D (bis 33.000–36.000 Ind. im Binnenland) und in H (Fehertó bis 15.000 im April), im Herbst Zahlen deutlich geringer [in NL bis 9.000 Ind.:375]. In anderen Binnenlandregionen ME max. 30–40 Ind. [337], mit positivem Trend [3393,1617].

Verbreitung und Bestand. Brutvogel in Tundra und borealer Taigazone im N Eurasiens (bis 70° N in N., nach S bis ca. 55° N in BY), mit großen Verbreitungslücken in Mittel- und E-Sibirien;

ferner W- und N-Alaska und NW-CDN. Europäische Brutpopulation zw. 160.000-360.000 BP, davon 100.000-250.000 BP in IS, Trend unbekannt; Populationen > 8.000 BP zudem in FIN, N., RUS und S. [383]. Mehrere Flyway-Populationen, davon 4 in W-Paläarktis; Nominatform N-Europas mit Überwinterungsgebieten von Küsten NW-Europas (selten) bis W-Afrika mit 160.000-300.000 Ind. (zunehmend) [4077,823], ferner westlicher Flyway von »*islandicus*« (Wintergebiete ebenfalls in W-Afrika) 610.000 Ind. und östliche Flyway-Populationen mit 0.1-1.0 Mio. (*phaeopus*) bzw. < 10.000 Ind. (*alboaxillaris*) [3718]. Meldungen über Bestandszunahmen in Teilbereichen des *phaeopus*-Areals seit 1970er J. sowie bei Überwinterungsbeständen [3615,1585,1507], Besiedlung GRÖ ab 1970 [1507].

Wanderungen. Überwiegend Langstreckenzieher. Hauptüberwinterungsgebiet Küsten Afrikas ab Mauretanien, Persischer Golf, Indischer Ozean, SE-Asien, AUS. Von W-Europa bis Maghreb und Mittelmeergebiet nur wenige Überwinterer; unregelm. einzelne an Nordseeküste überwinternd. Winterbestand an Atlantikküste Afrikas ca. 50.000 Ind. (davon z.B. 15.000 Banc d'Arguin). **Br. Shetlands** ziehen S über GB/IRL, F bis W-Afrika/N Golf von Guinea. **Br. IS** fliegen zunächst SE und erreichen Afrika über GB, vielleicht auch z.T. im Direktflug über Meer. Auch Ringfunde von **Br. Lappland und Weißmeergebiet** in GB [4064], doch wandern einige vielleicht auch direkter nach SW. Binnenrastplätze im Allg. von geringer Bedeutung (Ausnahme H und Kaspi-Gebiet). Möglicherweise im Frühjahr Breitfrontzug NE stärker über Binnenland. Zuerst ziehen ad. Nichtbrüter und ♂ vor den ♀ ab, doch auch Juv. relativ früh. IS Abzug ab Juli bis Ende Aug./Anf. Sept.; Dz. im S Fennoskandiens ab Anf. Juli; Dz.-Höhepunkte an Küsten ME und W-Europas bereits Ende Juli/Anf. Aug. mit Nachzüglern bis Okt. (ausnahmsweise bis Nov.). Auf dem Wegzug offenbar geringe Rastneigung; S Nordseeküste im Herbst nur rund 1/3 der Frühjahrsansammlungen. Im Binnenland ähnlicher Dz.-Verlauf wie an Küste. Mitte Juni/Anf. Aug. bereits Tausende in Mauretanien. Abzug im tropischen Afrika März/April, in W-ME erste Heimzügler Ende März/Anf. April, Höhepunkt Binnenland 2. Aprilhälfte, Küste Ende April/Anf. Mai (letzte bis Juni). In E-ME (H, CZ, SK.) Beginn und Höhepunkt etwas früher. Mitunter längere Rast durch Schlafplatzkontrollen nachgewiesen [3984]. Nichtbrütende Übersommerer im Bereich des Winterquartiers häufig, sonst relativ spärlich.

Siedlungsdichte. Höchste Dichten in GB bis 10-20 BP/km^2, auf Färöer bis 30 BP/km^2; sonst meist deutlich geringer, z.B. im N-borealen und subarktischen Lappland nur 0.5-0.7 BP/km^2 [1507].

Gefährdung und Schutz. Ausdehnung des Gebietsschutzes derzeit offenbar einzig notwendige Schutzmaßnahme.

SPEC	VSchRL	Bern.Konv.	Bonn.Konv.
E	Anh. II-2	Anh. III	Anh. II
Europ. RL	**RL in ME**		
--	--		

Biotop. Br. offener borealer, sub- bis arktischer Gras- und Heideflächen, feucht bis relativ trockene Tundren und Hochmoore, Strandwiesen. Dz. an sandigen, schlammigen, aber vor allem felsigen Küsten (Krebse), seltener auf Schlammflächen im Binnenland, in S-ME auch gerne auf Wiesen [z.B. in D-BW:1722]; Moor- und Heideflächen werden auch aufgesucht, an nassen Stellen hier oft Sammelschlafplätze. Im Winter an Meeresküste und -buchten mit sandigem bis schlammigem Substrat.

Nahrung. Kleintiere, doch zu verschiedenen Jahreszeiten (vor allem Brutzeit) auch vegetabilisch, z.B. Beeren (z.T. Abhängigkeit der Rastplätze von *Empetrum nigrum*). Im Binnenland besonders größere Insekten, an der Küste vor allem Krebse [4235], ferner Mollusken und Ringelwürmer. Im Binnenland u.a. Regenwürmer, Käfer, Libellenlarven [1722].

Stimme. Flugruf schnell trillernd »tititi…«, auch am Boden vor dem Abflug. Gesang mit einleitenden »uit-uit…« (flötend), die lang (bis 20mal) wiederholt werden können; anschließend oft »bibbernde« Reihe von Flötentönen und Triller wie »dürr…«, die im Gleitflugteil des Singfluges zu hören sind (kichernder, nicht so weich wie bei Großem Brachvogel).

Verhalten. Überwiegend tagaktiv, zieht oft nachts. Während der Brutzeit territorial, oder in lockeren Kolonien. Paare brüten oft über zwei oder mehrere J. zusammen. Große Schlafplatzversammlungen; auch mit Großem Brachvogel vergesellschaftet. Im Winterquartier weniger gesellig.

Fortpflanzung, Brutbiologie [767,1369]. Geschlechtsreife (wenig Daten) wohl im 2. Lebensjahr.

Monogame Saisonehe; Partnertreue über 2 J. nachgewiesen. **Nest.** Auf kahlem oder kurz bewachsenem Untergrund, mit Pflanzenteilen umgeben. **Legebeginn.** Im S ab 1. Maihälfte, sonst ab Mitte Mai/Anf. Juni, weiter im NE ab Mitte Juni. **Gelegegröße.** (2–)4 (5) Eier, durch Zusammenlegen bis 7. FIN $Ø_{52}$ 3.88. **Eier.** Oval bis birnenförmig, glatt, leicht glänzend, olivgrün bis ocker mit dunkelbraunen Spritzern und Klecksen. Größe $Ø_{160}$ 58 x 41 mm. **Brutdauer.** 27/28 d, ♂ und ♀ brüten. **Nestlings-/Führungszeit.** Junge flügge mit 35–40 d. **Jahresbruten.** 1; Ersatzbruten.

Sterblichkeit, Alter. Auf Shetland Pulli von Schlupf bis Flüggewerden 45-97 %, brütende Ad. höchstens 11 %/J. [1406]. Älteste Ringvögel (GB) 13 J. und (DK) 12 J. 2 Monate [3654]. **Generationslänge:** 5 J. [383].

Mauser. **Postjuvenile Mauser** (Teilmauser) einzelne Körperfedern bereits Juni–Aug., größtenteils erst Okt./Nov. (Dez.)–Jan./April im Winterquartier; umfasst einige Oberflügeldecken, Schirm- und mittlere Steuerfedern [767,1369,3050,1688]. • **Postnuptialmauser** (Vollmauser) Körpergefieder ab Juli; Schwingenmauser i.d.R. erst nach Ankunft im Winterquartier, Sept./Okt.–Jan./Feb. [767,3050,1688]. • **Pränuptialmauser** (Teilmauser oder fehlend) Feb.–Mai; umfasst gelegentlich einige Körper- und Schulterfedern [767,3050,1688, 4234].

Numenius tenuirostris – Dünnschnabel-Brachvogel 05400

Numenius tenuirostris Vieillot 1817

(GB) Slender-billed Curlew **(F) Courlis à bec grêle** **(E) Zarapito Fino**

Taxonomie. Monotypisch.

Kennzeichen. Wichtige Arbeiten zur Feldbestimmung (mit Fotos) und zum rezenten Vorkommen in W-Paläarktis [276,3539,703,q3,3938,3664;221, 3772,3615,1784; weitere **Fotos** in Bird. W. **8**, 298, **11**, 181-191, 187 (z), Dutch B. **13**, 113, Brit. B. **95**, 272-299, 338].

Maße. Gr.: 36-41 cm. Gew.: 255-360 g. Fl.spw.: 80-92 cm. Fl.l.: ♂ 24.2-25.9 cm, ♀ 23.7-27.3 cm [1784,3615].

Status. In ME im 19. Jh. regelm., wenn auch seltener Durchzügler und Wintergast [337,277], dabei folgende gesicherte Nachw.: • **B:** Apr. 1878, Feb. 1884, Aug. 1893 [277]. • **NL:** Dez. 1856, Dez. 1889, Feb. 1893, Sept. 1896, Jan. 1905, Nov. 1922, Jan. 1925, Jan. 1947 [277]. • **CH:** mind. 9 Feststellungen 19. Jh., aber nur 2 datiert und belegt; ferner Aug. 1973 [4152]. • **CZ:** März 1885, Sept.1899, Herbst 1934, Apr. 1974 [2159]. • **SK.:** März 1895, Aug. und Sept. 1896, Sept.1972 [2159]. • **PL:** 6 Nachw., u.a. Herbst 1883, Nov. 1935, Aug. 1973, Okt. 1976, Aug. 1978, Okt. 1995 [3871,q13]. • **D:** -TH 1 Nachw. Anf. 19. Jh. [2068]; -BW Sept. 1878, Apr. 1927 [1722]; -HE Sept. 1890 [1680]; -BY um 1891 [1369]; (-NI 1966 nach Revision abgelehnt [575]). • **A:** -B 1857, Nov. 1953 (2 Ind.), Dez. 1960, Sept. 1967, Apr. 1973, Mai 1973; -St Aug.1975; -T Jan. 1896; -V Apr. 1865 [1369] ferner s.u. Viele weitere Beob. u.a. in D, NL, B, CH, A unbestätigt, noch nicht homologiert oder gestrichen.
Vor allem in **H** auf Herbstzug (Juli-Nov.) bis in neueste Zeit ziemlich regelm. [2438], allerdings seit 1925 nur noch 3 mal im Frühjahr (März-Mai) beob. [337,2438], von 1990-99 insges. 7 Beob. mit 15 Ind.: Okt. 1990, Dez. 1990 (6 Ind.), Mai 1991, Okt. 1991, Okt. 1991 (3 Ind.), Sept. 1995, Mai 1996 [1585,2438]. Sonst ab 1980 in ME nur noch wenige Nachw. [3938], z.B. in **A** [zuletzt A-V Okt. 1980, Sep.1985: 3129] und **PL** Okt. 1995 sowie noch unbestätigte Beob. 2001 [q3,q18].
Erster Nachw. in GB 1998, ein Juv., dadurch Bruterfolg der Art für 1997 belegt [704].

Verbreitung und Bestand. Rezentes Brutgebiet nicht bekannt [1427]; ehemals in W-Sibirien in Mooren an lrtysch (Gebiet Tara) und Ob (Gebiet Barnaul) [337]. Globaler Brutbestand wenige Paare [382] und Weltpopulation Mitte 1990er J. insgesamt max. 50-270 Ind. [1784,382,3718], seit 1995 aber erneut drastischer Rückgang der Beob., letzte gesicherte Meldungen von Einzelvögeln Ende 1990er J. (I, GR) [383]; eine der seltensten Vogelarten der W-Paläarktis [1722,382]. Flyway-Population ursprünglich von Brutgebieten SW-Sibiriens zu Winterquartieren im Mittelmeergebiet und N-Afrika sowie offenbar W-ME; auch Persischer Golf (?) [4077,277].

Wanderungen. Zugvogel mit Winterquartier Irak, EGY, Maghreb; Dz. u.a. Schwarzmeerküste RO, BG, ferner I, ehem. YU, GR. Früher auch Wintergast E., und offenbar öfters F und I; zuletzt extrem selten und sporadisch.

Gefährdung und Schutz [1784,382,1426,1427]. Intensive jagdliche Verfolgung in den Rast- und Überwinterungsgebieten. Dazu offensichtlich Verlust wichtiger Steppengebiete als Rasthabitate und Feuchtgebiete im Mittelmeerraum als Winterquartier. Mögliche Brutgebiete in Waldsteppe wahrschl. durch Umbruch zerstört. Ferner: Zusammenbruch der Sozialstruktur nach Populationsrückgang.

SPEC	VSchRL	Bern.Konv.	Bonn.Konv.
1	Anh. I	Anh. II	Anh. I,II
Globale RL	**RL in ME**		
CR	--		

Notwendige Schutzmaßnahmen beinhalten international koordinierte Suche nach Brut- (Rast- und Überwinterungs-)Gebieten und intensives Monitoring der Habitatansprüche und Gefährdungsfaktoren; vollständige Jagdruhe in allen Rast- und Überwinterungsgebieten der (offensichtlich leicht zu erlegenden) Art; Ausweitung des Schutzgebietsnetzes für Feuchtgebiete im gesamten Mittelmeerraum; verstärkte Öffentlichkeitsarbeit.

Nach katastrophalem Bestandseinbruch global »vom Aussterben bedroht« (='CR') [382].

Biotop. Br. in großen Torfmooren mit Seggen, Schachtelhalmen, einzelnen Zwergbirken und wenigen kleinen Weiden (Übergangsbereich zu Wald); Dz. offenbar ähnlich anderen Brachvögeln, vor allem in Küstenregionen, Lagunen, Salzmarschen bzw. im Binnenland an Salzseen, feuchten Wiesen mit Krautschicht und offenem Wasser; saliner Beifußsteppe, sandigen Äckern oder abgelassenen Fischteichen u.a. In MA in Brackwassermarsch nahe Küstenlagune [3892].

Nahrung. Außerhalb der Brutzeit Ringelwürmer, Schnecken, Crustaceen und Insekten (Heuschrecken, Käfer, Ohrwürmer).

Stimme. Rufe höher und dünner als *N. arquata* »kür-lie« (engl. Curlew); kurzer, scharfer Warnruf »ku-i«.

Mauser. **Postjuvenile Mauser** (Teilmauser) bis Okt./Dez. beendet [767]. • **Postnuptialmauser** (Vollmauser) Juni–Aug.; Schwingenmauser z.T. unterbrochen und im Winterquartier bis Jan./Feb. abgeschlossen [767]. • **Pränuptialmauser** (Teilmauser) Ende Dez.–März; Umfang ähnlich Großer Brachvogel [767].

Numenius arquata – Großer Brachvogel 05410

Numenius arquata (Linnaeus 1758)

(GB) **Eurasian Curlew** (F) **Courlis cendrée** (E) **Zarapito Real**

Taxonomie. Zwei klinal ineinander übergehende UA: *arquata* (Linnaeus 1758) (Europa - W-Sibieren) und *orientalis* C.L. Brehm 1831 (W-Sibirien ostwärts), letzterer mit weißeren Achselfedern und Unterflügeldecken; dritte Form »*suschkini*« (Ural, KZ) nicht allgemein anerkannt. Zuweilen *N. arquata* und *N. americanus* (N-Amerika) in einer Superspezies vereinigt [2520N,3565,995N], doch keineswegs sicher, dass sie untereinander nähere Verwandtschaft zeigen als mit *N. madagascariensis* (E-Asien), dessen Brutgebiet mit *arquata* nur marginal überlappt.

Kennzeichen. [1784,221,1369,3615,3772; **Abb.** (*orientalis*) in Bird. W. **11**, 187 (z)].

Maße. Gr.: 50-60 cm (Schnabel 10-15 cm). Gew.: ♂ (410) 540-1010 g, ♀ (475) 700-1360 g. Fl.spw.: 80-100 cm. Fl.l.: ♂ 27.6-30.2 cm, ♀ 28.6-32.6 cm [1369,767].

Status. Nominatform verbreiteter, z.T. häufiger, aber zunehmend seltenerer Brut- und Sommervogel; häufiger Durchzügler und Rastvogel, gebietsweise regelm. Überwinterer. UA *orientalis* seltener Gastvogel in ME [375,1677].

Verbreitung und Bestand. Von W-Europa bis E-Sibirien in gemäßigter und borealer Zone verbreitet. In Europa vor allem im N-Teil, nach S hin lückiger. Nominatform mit Brutbestand in Europa von 220.000-360.000 BP, davon 50-80 T. BP in Fennoskandien, 48-120 T. BP in RUS und 99-125 T. BP in GB; rückläufig [383]. Brütet in ME in allen Ländern [Ausnahme L, FL:2560], bei insgesamt 11.000-13.000 BP [383, erg.]; große Zahl übersommernder Nichtbrüter, vor allem an Nordseeküste [337,2570]. Fünf Flyway-Populationen, davon ME, W- und N-Europäische Population der Nominatform mit Überwinterungsgebieten in ME und W-Europa (meist Küstenregion, aber auch H und Bod.) [1369,2438,1617] bis NW-Afrika bei 420.000 Ind. (stabil oder leichte Zunahme), und *orientalis* mit 25.000-100.000 Ind. [4077,823,3718].

Wanderungen. Überwiegend Kurzstreckenzieher (*orientalis* Langstreckenzieher), im W auch Teilzieher. Winterquartier Küsten W-Europa und W-ME, Mittelmeergebiet bis tropisches W-Afrika. Überwinterer an Küsten Afrikas bis Kapland, ferner S-Asien und weiter E wohl östliche UA *orientalis*. Einzelne und Trupps im Winter auch N., DK, Ostseeküste D und im Binnenland ME (z.B. D-BY; im Bod. inzwischen > 1.000 Ind.) [1617]. **Br. IRL** vermutlich überwiegend Standvögel; **Br. GB** ziehen nach SW-GB, IRL, einige bis F, E. [4064]. **Br. Skandinaviens** ziehen SW, Hauptwinterquartier GB/IRL, NW-F, einzelne auch DK zur Zugzeit; **Br. FIN** ebenfalls im breiten Fächer SW, Winterfunde in NL, GB/IRL, F, E./P, Zugfunde DK, D, RO. **Br. aus D, NL** überwintern hauptsächlich in W-F, E./P, einige GB/IRL, MA; Br. CH und H im Winter in I, MA, DZ nachgewiesen; möglicherw. Schleifenzug mit Heimzugrichtung mehr aus Süd. Abzugsfächer von Ad. und Juv. aus S- und NW-D reicht von GB/IRL bis MA. Breitfrontzug über Binnenland, doch starke Verdichtung an Küsten (bes. Nordsee); im E wichtige Rastplätze z.B. H, SE-Europa, Kleinasien. Ad. ohne Bruterfolg ziehen z.T. schon im Mai ab; ab Juni können bereits ♀ wegziehen, in ME halten mitunter ♂ bis Ende Juli/Anf. Aug. bei den Jungen aus. Ab Mitte Juni setzt an Küste Zuzug ein, im Juli bis 10.000 Ind. D-SH., Ende Juli bis > 89.000 NL. Mauserzentren im Wattenmeer, aber auch im Binnenland; Maxima im Wattenmeer Sept./Okt. Im Binnenland, besonders im S, oft erst Okt. oder Nov./Anf. Dez. Höhepunkt; dann oft noch Kälteflüchter bzw. Winterausharrer (Max. Bod. allerdings auch Sept./Okt.) [1617]. Juv. aus S-D können bereits im Juli in P und ab Aug. in MA sein. Rückkehr an Brutplätze ME ab (Mitte) Ende Feb./Anf. März, seit 1990 um mehrere d früher als zuvor [z.B. 452]; Erstankunftsdaten in N. bis Mitte April bei starken witterungsbedingten Schwankungen. Bis

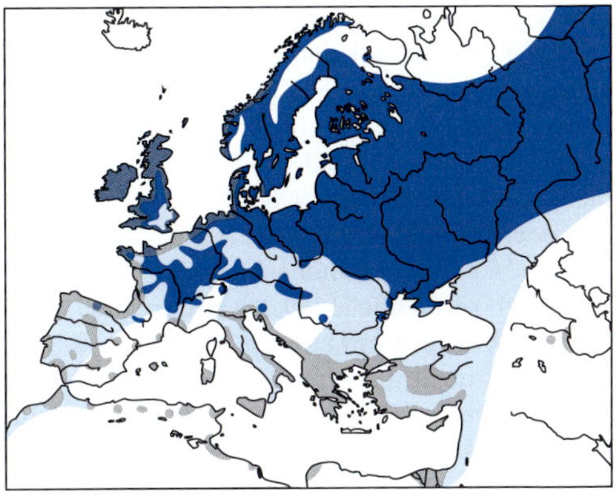

Numenius arquata – **Großer Brachvogel**

Mitte April z.B. noch > 34.000 Ind. Wattenmeer NL; an Küste auch Hunderte von Übersommerern, im Binnenland selten (Bod. <100) [1617]. Hohe Reviertreue in ME, auch Geburtsortstreue.

Bestandsentwicklung. Viele ursprüngliche Moorgebiete durch Entwässerung zerstört. Dagegen neue Brutmöglichkeiten auf extensiv genutztem Feuchtgrünland der Tiefebenen durch Rodung und Umwandlung von Auwäldern in Wiesengebiete und zunehmende Grünlandnutzung im Küstenbereich. Großräumige Neuschaffung geeigneter Bruthabitate (anfangs vergleichsweise extensiv genutzt) mit sehr günstiger Auswirkung, seit etwa Ende 19. Jh. Ausbreitung und Zunahme in weiten Teilen ME [1369,196], gebietsweise lange anhaltend [z.B. 452]

Ab (1950er) 1960er J. in weiten Teilen ME (ohne B und NL) erheblicher Bestandsrückgang durch starke Beeinträchtigungen der Lebensräume und zunehmende Störungen der Brutgebiete [1369,2772,196]. In Zwischenzeit viele Bestände stark ausgedünnt [weite Teile D, CH und A, Bod.: 965,1369,1719, 1722,1617,1680,196,1998], kleinere Populationen ganz erloschen [z.B. in D-HH, -BE, -NI, -HE, -BY, -BW, A-Nö, Elsaß F: 196,2896]. In E-D Rückgang bis Anf. 1990er J. > 50% [2772]; entsprechende Abnahmen auch in CZ und W-PL [965,3867,1366,3871]; in den Hauptbrutgebieten PL in jüngerer Zeit allerdings zunehmend [3871].

Wegen Umsiedlungen auf Grün- und Ackerland ursprüngliche Moor- und Heidebrüter in N-D und NL oft ohne auffällige Rückgänge [196,3638]. In einigen Teilregionen ME zuweilen durch günstige Habitatveränderungen sowie Pflege- und Schutzmaßnahmen in 1980er J. stabile Bestände oder gar Zunahmen ohne Umsiedlungen, besonders deutlich

in NW-ME, z.B. Wattenmeerbereich D-NI, NL [196, 3636,3638,1507,1144] und in geringerem Maße in Teilen D-SH [593] sowie in B [337,1585]. Doch seit Ende 1980er J. auch dort regional deutlicher Rückgang [1507,310,593,2063; auch DK:1422]; noch nicht in NL [3638]; seit 1990er J. entweder Stagnation oder rückläufige Bestände [vgl. 2566,453].
In H und CH Brutbestände schon seit 1930er J. kontinuierlich rückläufig [1369,3393]; dort 1960 ca. 40 BP, bis 1980 noch etwa 10 BP, 1990 noch 6-8 BP, 2000 wohl nicht mehr regelm. Brutvogel (1-5 BP, meist Brutversuche) [3392,3393]. In H Bestand nur noch 20-60 BP [2438]. In I 1996 erste Brut [q18]. In weiten Teilen S-ME in 1990er J. anhaltend starker Rückgang, auch in geschützten Gebieten [453], nur ausnahmsweise auch stabile oder zunehmende Bestände [z.B. lokal in D-BY:1027,453].

	Best.	Areal	Brutbestand	Jahr	Quelle
A	+/-	=	100–120	1998–2002	[383]
B	↑	+ 1	500 -700	2000–2002	[383]
CH	⇩	- 2	1–5	1997–2000	[383]
CZ	⇩	- 2	1–3	2000–2002	[383]
D	↓	- 1	3.200–4.000	1995–1999	[383]
H	+/-	=	20–60	1993	[383]
NL	↑	+ 1	6.400–7.400	1998–2000	[383]
PL	↑	=	650–700	1995–2000	[383]
SK	⇩	- 2	3–30	1990–1999	[383]

Bruterfolg wie bei anderen Wiesenlimikolen inzwischen vielerorts zum Erhalt der Populationen nicht mehr ausreichend [z.B. 586,452], bes. auffällig in zunehmend trockeneren, intensiver genutzten Mähwiesen und Weiden oder gar Ackerflächen [196]. Hohe Brutortstreue und hohe Lebensdauer täuschen häufig noch intakten Brutbestand vor. Weitgehend fehlender Nachwuchs führt zwangsläufig zum (plötzlichen) Zusammenbruch der Population, wenn Zuwanderung von außen fehlt.

Siedlungsdichte. Reviergrößen in D-BY 1980 ca. 10–70 ha, in Feuchtwiesen -NW 7–38 ha. Dichte in Europa zw. 0.2-12.1 BP/km^2, z.B. D-BY ca. 2–10 BP/km^2, in Feuchtwiesen -NI inzwischen max. 5–6 BP/km^2 [337] bzw. 4-5 BP/km^2 [2568], im Oberheingebiet -BW Anstieg von 0.9 (1969) auf 1.4 (1992) BP/km^2, dabei in besonders geeigneten Wässerungsgebieten 1.2-5.5 BP/km^2 (mit noch höhere Konzentrationen auf isolierten Kleinflächen) [1722]; am Notec in PL nur 0.2 BP/km^2 [1507]. In ausgedehnten Moorlandschaften Europas selten > 1-2 BP/km^2 [1507]. Außergewöhnlich hohe Dichten auf den Orkneys GB mit 14 BP/km^2 auf Niedermoorflächen und bis 60 BP/km^2 auf kleinflächigen, »halb-natürlichen« Standorten [1507].

Gefährdungsursachen [1369,196,337,3892,1719, 1722,310,2568,1998,586,452.1027]. Gefährdungsfaktoren und Rückgangsursachen vielfältig, bilden komplexes System: Flächen- und Landschaftsverluste (Kiesabbau, Industrie und Wohngebiete, Freizeit- und Sportanlagen, Kleingärten, Straßen- und Wegebau), Flächen- und Lebensraumverluste durch die Landwirtschaft (Wiesenumbruch, Entwässerung, Änderung der Nutzungsformen, Bewirtschaftungsaufgabe, Gehölzentwicklung und Aufforstung, Zerstörung von Kleinstrukturen und Mikrorelief); Freizeitaktivitäten (besonders Modellflug); Biozidbelastung etc. Auch Summationseffekte und Sekundärfolgen, z.B. durch Erschließen der Landschaft.
Durch hohe Brutortstreue nach starken Habitatveränderungen häufig erfolglose Brutversuche auf dann ungeeigneten Flächen.
Hohe Gelege- und Jungvogelverluste durch häufige und frühe Mahd (Kreiselmäher) und Ernte, maschinelle Bearbeitung (Walzen), erheblicher Viehvertritt (vgl. Uferschnepfe).

SPEC	VSchRL	Bern.Konv.	Bonn.Konv.
2	Anh. II-2	Anh. III	Anh. II
Europ. RL	**RL in ME**		
--	A, FL,CH, CZ, SK: 'CR', D: 'EN', H, PL:'VU'		

Zunehmend Leitungsdraht- und Verkehrsopfer. Direkte Verfolgung (Jagd, früher auch Eiersammeln). Lebensraumveränderungen und -verlust in Rast- und Überwinterungsgebieten durch Trockenlegung oder Dürre.
Natürliche Verluste durch Prädation, Witterungseinflüsse, Überschwemmungen und Wässerung. Beide Faktoren häufig begünstigt durch Fehlentwicklungen der Land- und Wasserwirtschaft.

Schutzmaßnahmen. Großflächiges Gebietsmanagement unter Einbeziehung von Schutzzonen, Gebietsankauf, Wiedervernässung im Winter oder zeitigem Frühjahr, Lebensraumverbesserung (Renaturierung verbliebener Flussniederungen und Restmoore, dabei Einbeziehung von benachbarten Grünlandflächen zur Sicherung von Nahrungsgrundlagen; Reduzierung der Drainage und

des Nährstoffeintrages; Aushagerung von Fettwiesen, keine Einsaat hochproduktiver Grassorten), Änderung der Bewirtschaftung (Herausnahme von Grenzertragsböden; bei Mehrfachmahd späte und gestaffelte Mähtermine; Walzen und Eggen vor Anfang März), Schutz vor Verschlechterungen (Erhaltung des Mikroreliefs, insbesondere Bodenvertiefungen).
Untersuchungen zur Prädation.
Vermeidung von Störungen in Brutgebieten, z.B. Fernhalten von Modellflugplätzen aus empfindlichen Bereichen; Wegegebot. Gelegeschutz und Jungvogelsicherung [2015, 2016].
Internationaler Schutz für (Rast-, Mauser- und Überwinterungs-)Gebiete mit sehr hohen Brachvogelkonzentrationen.
Starke Reduktion der Jagd in Europa (insbes. Frühjahrsjagd).

Biotop. Br. auf offenen, sehr feuchten bis trockenen Flächen, ursprünglich in ME wohl vor allem auf feuchten Hoch-, Übergangs- und Flachmoorgebieten. In ME bevorzugt auf Streuwiesen; Umstellung auf Fettwiesen und Mähwiesen nicht überall auf Dauer möglich, obwohl z.B. noch gedüngte 2-3-schürige Wiesen angenommen werden. Bruterfolg hier jedoch nur dann positiv, wenn Abstand der Frühjahrsarbeiten zu erster Mahd (oft witterungsbedingt) groß genug ist. »Umsiedlung« auf Ackerland durch Reviertreue bedingt; Ackerbruten können sich kaum auf Dauer halten (u.a. hohe Intensität und Frequenz der Bearbeitung; dicke Halme behindern Fortbewegung; Nahrungsmangel). Nahrungsgebiete besonders feuchte bis nasse Flächen mit fehlender oder lückiger Vegetation, z.B. Überschwemmungswiesen, Seichtwasserzonen an Binnengewässern und Flachküsten, Moorheiden und feuchte Magerwiesen. Außerhalb der Brutzeit an Meeresküste, Schlammflächen, offene Sandflächen im Watt, Salzmarsch, Flussmündungen, Auen aber auch felsige Küsten mit vielen Wasserstellen; dabei Tagesaufenthalte und gemeinschaftliche Schlafplätze z.T. bis > 50 km auseinander.

Nahrung. Altvögel: sehr vielseitig, reicht von Wirbeltieren (Kleinsäuger, Reptilien, Amphibien sowie Kleinvögel) bis Invertebraten, vor allem Insekten, auch Spinnen, Vielfüßer, Schnecken; Massenvermehrungen werden genutzt (Tipuliden, Maikäfer); zur Brutzeit animalisch, Hauptbeutegruppen sind Regenwürmer, Käfer, Heuschrecken, vor allem Grillen; Zusammensetzung wechselt je nach Angebot; außerhalb der Brutzeit an den Küsten vor allem Mollusken (*Cerastoderma*, *Mytilus* und *Mya*), Anneliden (*Arenicola*, *Nereis*) und Crustaceen (*Carcinus*); im Binnenland je nach Angebot, auch vegetabilisch (Beeren und Samen, auch Getreide). Küken und Jungvögel: Nahrungsopportunisten mit z.T. hohen Präferenzen für einzelne Gruppen, z.B. Regenwürmer, verschiedene Käferfamilien und Heuschrecken; auch Spinnen. ♂ und ♀ entsprechend unterschiedlicher Schnabellänge auch mitunter Nutzung verschiedener Angebote.

Stimme. Flugruf beider Geschlechter ansteigend melodisch flötend »tlüih« »kör-li« (engl. Name: Curlew) manchmal auch heiser beginnend wie »chrrüi«; bei Erregung auch wiederholt »tüi tüi tüi«. Am Boden bei herannahender Gefahr »güig güig«; Kükenwarnruf im Brutgebiet in schneller Stakkatofolge »gügügügüg«. Gesang im wellenförmigen Reviermarkierungsflug »guug-guug-guug«; kann vor der Landung in einen Triller übergehen, der am Ende allmählich absinkt und leiser wird, wie »trüt-trüt-türrürrü-…«. Mitunter Trillern auch außerhalb der Brutzeit.

Verhalten. Am Brutplatz vorwiegend tagaktiv; Zug oft nachts; an der Küste Aktivität oft gezeitenabhängig. Nahrung wird vom Boden aufgepickt, aus Erdlöchern und Flachwasser entnommen oder durch Sondieren und Stochern im Boden oder in weichem Substrat gewonnen; mitunter auch Schnappen nach fliegender Beute [452]. Beute wird durch ruckartige Bewegungen von der Schnabelspitze in den Schlund befördert. Zur Brutzeit ausgesprochen territorial; manchmal in lockeren Kolonien. Reviermarkierung durch wellenförmigen Flug mit »guug«-Strophen. Während des Jungeführens werden Reviergrenzen z.T. aufgegeben. Bei Nahrungssuche aber auch außerhalb der Brutzeit Territorialverhalten. Balz und Paarbildung im Brutgebiet. Paare sind meist über mehrere Jahre stabil. Bodenbalz, bei der ♂ geduckt mit abwärts weisendem Schnabel auf das ♀ zuläuft, auch seinen Schwanz fächert; Scheinnisten und Muldenzeigen durch das ♂. Attacken auf Säugetiere und Vögel in Nestnähe (z.T. über Reviergrenzen hinaus angeflogen); selten auch Ablenkung durch Weglaufen vom Nest. Außerhalb der Brutzeit gesellig, auch in Trupps zu Tausenden; bei Übernachtung mitunter sehr geringer Individualabstand.

Fortpflanzung, Brutbiologie [2014,457,452, 1027,767,1369,1719]. Geschlechtsreife bei ♀ schon im 1. Jahr festgestellt, im 2. Lebensjahr bei mehreren ♂ und ♀, aber Erstbrut auch im 3. Lebensjahr; bei späteren »Erstbrütern« z.T. nicht sicher, ob nicht schon an anderen Orten Br. gewesen. Monogame Saisonehe, Wiederverpaarung durch Brutplatztreue. **Ankunft am Brutplatz.** In D-BW Oberrhein 1977-2003$_{27}$ Ø 27.2. bzw. Federsee 1939-2003$_{59}$ 5.3., ab Mitte März meiste Paare im Brutrevier. **Nest.** Revierbesetzung durch ♂, beide oder durch einzelnes ♀. ♂ dreht mehrere Mulden, ♀ wählt aus. Nest am Boden meist in niedriger Vegetation (aber Deckung wichtig; auch höhere Vegetation wird zusammengedrückt) und bevorzugt auf trockenem, aber auch auf feuchtem bis nassem Untergrund. Flache Mulde mit 15-24 cm Durchmesser, mit trockenem Gras ausgelegt und im Laufe der Saison ergänzt (ausnahmsweise viel Material). In D-BW von 149 Nestern 132 x Wiesen, 9 x Ackerbrachen, 8 x Ackerflächen. **Legebeginn.** ME Ende März/Anf. April, Ende dritte Maidekade. GB ab Anf. April, Baltikum Ende April. D-BW Oberrhein$_{80}$ Ø 12./13.4. **Gelegegröße.** (2–)4 (5) Eier; z.B. D-BW Ø$_{46}$ 3.8 (1986-88; Erstgelege$_{33}$ 3.91, Nachgelege$_{13}$ 3.54), Rückgang (durch Lebensraumverschlechterung) auf Ø$_{57}$ 3.7 (2000-02; Erstgelege$_{13}$ 3.39, Nachgelege$_{7}$ 3.14); D-BY$_{127,38}$ 3.78 bzw. 3.89; FIN$_{239}$ 3.85. **Eier.** spitzoval bis lang kreiselförmig; Grundfarbe bräunlich, grünlich oder ± grau, kräftige hell- bis dunkelbraune Flecken, am stumpfen Pol auch gehäuft; im Detail Färbung und Zeichnung sehr variabel. **Brutdauer.** 27-39 d, Ø$_{62\ \text{Eier}}$ 28.8 d; in D-BW$_{13}$ Bruten mit 28-32 d, Ø 30.2 d höher. Legeintervall 1–4.5 (Ø$_{32}$ 1,85) d. Beide brüten, ♂ weniger. **Schlüpftermine.** D-BW$_{23}$ Ø 25.5., zweigipfelig wegen Nachgelegen. **Nestlings-/Führungszeit.** Küken können ab 1 1/2 d laufen; mit ca. 4 Wochen beginnen Flugversuche; Drücken bei Gefahr auch ohne elterlichen Warnruf; mit 32-38 d flügge, Führungszeit ebenso lang, gegen Ende mitunter nur noch ♂ anwesend. **Ende der Brutperiode.** In D-BW spätestens Ende Juli. **Jahresbruten.** 1; 2(-3) Nachgelege vor allem im intensiv bewirtschafteten Kulturland wichtig. **Bruterfolg.** In ME Kulturlandschaft gegenwärtig meist zu niedrig, um Bestand aufrechtzuerhalten. Nach neueren Untersuchungen sind 0.41 (D), 0.43 (D) bzw. 0.48-0.62 (IRL) flügge Juv./BP x Jahr erforderlich [16,1407,2014], jedoch z.B. D-Westf. Ø 0.3; Feuchtwiesen$_{44}$ 0.32, Acker$_{88}$ 0.08; D-BW$_{513}$ 0.17, Oberrhein (1990-2003) 0.16 flügge Juv./BP und J., aber stark rückläufig (in Teilbereich von Ø 0.32 1977-90 auf Ø 0.05 1990-2003); D-BY Feuchtwiesen$_{122}$ 0.36, verschiedene Biotope$_{74}$ 0.82, 1970/72$_{27}$ z.B. 1.33 und 1982 ca. 0.37, ferner D-BY 1998-2003 Ø$_{38}$ 0.31 flügge Juv./BP und J.

Eimaße und -gewichte. L. 56.2-82.6 mm, B. 41.0-55.1 mm, Ø: 68.3 x 47.2 mm (n=87, NL), Ø: 67.5 x 46.7 mm (n=271, NW-D), Ø: 67.3 x 47.2 mm (n=155, B), Ø: 67.3 x 47.7 mm (n=267, S-D); Frischvollgew. 62.7-85.0 g, Ø$_{20}$: 75.0 g, Ø$_{25}$: 76.9 g, Ø$_{159}$ 77 ± 5 g; Schalengew. 3.78-5.70 g, Ø$_{300}$: 4.75 g. Ø Eivolumen in verschiedenen Regionen Europas zw. 67.2-75.6 cm^3 [452].

Sterblichkeit, Alter. GB im 1. Jahr nach Flüggewerden 53 %, im 2. J. 37 %, danach 26 %/J.; NL im 1. J. (als pulli beringt) 66 %, im 2. bis 4. J. ca. 28 %/J.; FIN 64 % bis 31.12. des 1. J., später 55 %/J. Ältester Ringvogel (S.) 31 J. 6 Monate (erlegt), ferner >23.5, >17 und >16 J. **Generationslänge:** 5 J. [383].

Mauser. **Postjuvenile Mauser** (Teilmauser) besonders Aug./Mitte Sept.–Nov., bisweilen erst Dez.–Feb./März; Umfang ähnlich Pränuptialmauser [767,1369,1356]. • **Postnuptialmauser** (Vollmauser) setzt mitunter im Brutgebiet ab Juni/Mitte Aug. ein, oft aber erst nach Ankunft im Mausergebiet oder Winterquartier, Nichtbrüter beginnen bereits ab Mitte Mai [767,3488]; HS-Mauser anfangs rasch, daher oft flugbehindert (z.B. schnellerer Flügelschlag), bis Anf. Okt./Mitte Nov. beendet [767,1369,4022,3488]; UA *orientalis* später, Mitte Aug./Mitte Sept.–Dez. [767]. • **Pränuptialmauser** (Teilmauser) Mitte Feb.–April/Mai, UA *orientalis* ab Jan.; Umfang variabel, meist Teile des Körpergefieders, z.T. auch mehrere Flügeldecken, einzelne Schirm- und mittlere Steuerfedern [767,1369].

Limosa limosa – Uferschnepfe 05320

Limosa limosa (Linnaeus 1758)

(GB) **Black-tailed Godwit** (F) **Barge à queue noire** (E) **Aguja Colinegra**

Taxonomie. Drei im PK recht deutlich differenzierte UA: *islandica* C.L. Brehm 1831 (IS, Lofoten, Shetland, lokal N-N.); *limosa* (Linnaeus 1758) (W-Europa bis Jenissej); *melanuroides* Gould 1846 (E Jenissej, disjunkt bis E-Asien). Wird oft mit *L. haemastica* (Hudsonschnepfe) zu einer Superspezies vereinigt [z.B. 3565,995N], doch Unterschiede beträchtlich und Verwandtschaftsbeziehungen innerhalb der Gattung unklar.

Kennzeichen. [1784,221,1369,3615; **Fotos** (*islandica*) in Dutch B. **13**, 132, **17**, 57 (z), 58, **20**, 129, **25**, 51].

Maße. Gr.: 36-44 cm. Gew.: ♂ (160) 250-300 (440) g, ♀ (244) 290-390 (500) g. Fl.spw.: 70-82 cm. Fl.l.: ♂ 19.4-22.8 cm, ♀ 20.1-23.1 cm [1369,3615].

Status. Nominatform verbreiteter, nicht seltener Brut- und Sommervogel in Teilen ME; regelm., gebietsweise häufiger Durchzügler und Rastvogel, seltener Überwinterer. UA *islandica* als regelm. Durchzügler und seltener Wintergast auch an NL/B Küste, in D erstmals 1997 sicher nachgewiesen, neuerdings regelm. beob. [575]; *islandica* rastet in großer Zahl auf Heimzug im Hauptbrutgebiet der Nominatform in NL [1341]. Noch nicht untersucht, ob hier auch Brutansiedlungen von *islandica* und möglicherweise Mischpaare (Genfluss) zw. beiden UA vorkommt.

Verbreitung und Bestand. Von IS und GB nach E bis W-Sibirien, mit südlichsten Brutgebieten in I und E. Isolierte Populationen von Zentralsibirien bis China. Gesamtbestand in Europa 99.000-140.000 BP (starker Rückgang) [383], das sind ca. 2/3 des globalen Brutbestandes; größte Populationen in NL (45-50 T.), RUS (13-30 T.) und IS (15-25 T. BP). In ME vor allem in NL, in weit geringerem Maße auch N-D und PL. Im weiteren Binnenland Verbreitung lückig (fehlt in CH, L und FL) und starken Fluktuationen unterworfen; Brutbestand ME etwa 58.000-66.000 BP [383]. Sechs Flyway-Populationen, davon westlichste der Nominatform von W-Europa und ME bis NW- und W-Afrika mit etwa 148.000-183.000 Ind. (abnehmend), UA *islandica* von Brutplätzen IS bis W-N. und Winterquartieren

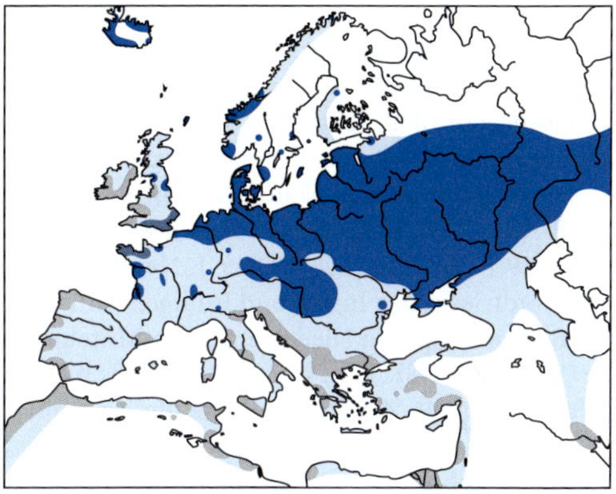

Limosa limosa – **Uferschnepfe**

in GB/IRL und W-Europa mit Gesamtbestand von etwa 35.000 Ind. (zunehmend) sowie E-Europa bis Zentral- und E-Afrika mit 93.000-173.000 Ind. (abnehmend) [4077,823,3718].

Wanderungen. Mittel- bis Langstreckenzieher; Winterquartier ab Atlantikküste F nach S, mit Schwerpunkt NW-MA und Sahelzone (bis Golf von Guinea), ferner E-Mittelmeer, Vorderasien, E-Afrika, Indien, SE-Asien, AUS. Hauptzugrichtung S/SW. **Br. IS** *(islandica)* überwintern IRL/GB, NW-F, wohl auch noch E./P, kommen nach E bis SW-N. und z.T. auch an Nordseeküste ME; **Br. W-Europas und ME** (*limosa*) ziehen wohl größtenteils bis Afrika (z.B. Br. NL Dez./Feb. NL, F, E./P, I, DZ, MA, Kanaren, Senegal/Gambia, Guinea, Sierra Leone). Ringfunde GB/IRL [4064]. In Europa Heimzug auffälliger als Wegzug; bes. jüngere Br. W-Europas führen Schleifenzug aus mit weiter E gelegenen Heimzugrouten. Nichtbrütende Übersommerer bleiben z.T. an Überwinterungsplätzen, kehren aber auch in die Nähe des Brutgebietes zurück. Bereits im Juni Abwandern von Brut- zu Rastplätzen (z.T. Beginn der Schwingenmauser), Bildung von Schlafplatzgemeinschaften Ende Mai/Ende Juli. Ab Juli meist rascher Wegzug; früheste bereits im Juli E., P, MA, ab Anf. Aug. Sahelzone. Ende Aug./Anf. Sept. möglicherweise Dz. nordischer Br. in ME; Nachzügler Nov. (Dez.). Heimzug Sahelzone bereits ab Dez./Jan.; ab Anf. Feb. beginnt Dz. Maghreb, E., F mit z.T. längeren Verweildauern an günstigen

Stellen. Einzug in Brutgebiete NW-ME Ende Feb./Anf. März. Dz. bis April/Mai z.T. von nordischen Br., letzte Nachzügler bis gegen Ende Mai. Trend zu zunehmend früherer Rückkehr. Brutplatz- und (offenbar weniger) Geburtsortstreue.

Bestandsentwicklung. In NW-ME neu entstandene feuchte Niederungswiesen hatten sehr günstige Auswirkung auf Brutbestand. Dort Nahrungsangebot offensichtlich größer als in Mooren und sumpfigen Heiden. Folglich meist deutliche Bestandszunahme in N-D und NL sowie B ab Anf. 19. Jh. [843,3615,3892,1369,196]. Ansiedlung in D-BY 1929 [1369,4175], ab 1930er J. Neubesiedlung der Nordfriesischen Inseln und Halligen (in 1940er J. GB); Vordringen in Niederungen der Mittelgebirge (S-D, CZ, W-SK.) meist erst in 1950er J., nach E-SK. 1961 [1369]. Zunächst anhaltende Zunahmen in vielen Regionen [196; aber 2031].
Zuweilen schon ab 1960er, meist ab 1970er J. deutliche, z.T. dramatische Bestandsabnahmen bedingt durch starke Lebensraumbeeinträchtigungen [1369,196]. Am Pinneberger Elbufer über 90% Rückgang von 1972-91, in D-NW zwischen 1976-86 über 60%, in -SH Rückgang zwischen 1977-91 von ca. 2.000 auf ca. 1.250 »Paare« [1369,196,594,2675]; in D viele weitere Regionen betroffen [3892,196,1722,q3]. Entsprechend drastischer Rückgang (> 80%) auch in CZ [q3] und Teilen PL (im Bzura-Tal > 95%) [3871].

	Best.	Areal	Brutbestand	Jahr	Quelle
A	↑	=	100–160	1998–2002	[383]
B	↑	=	1.100–1.300	2000–2002	[383]
CZ	⇩	- 2	10–20	2000	[383]
D	⇩	- 1	6.000–7.300	1995–1999	[383]
H	↕	=	400–1.500	1995–2002	[383]
NL	↓	- 1	45.000–50.000	1998–2000	[383]
PL	↓	- 1	5.000–6.000	1995–2000	[383]
SK	⇩	- 2	5–40	1994–1999	[383]

In manchen Gebieten mit hohem Grundwasserstand und extensiver Nutzung z.T. lange unverändert großer Brutbestand. In Randbereichen des Areals auch Zunahmen und Arealausweitung [Teile PL:3871; GB, N., DK; I:1507], durch Habitatgestaltung oder günstige Veränderungen (z.B. Vordeichungen) auch immer wieder in ME [196,1731,3720]. Doch neuerdings oft hohe Zahl an Nichtbrütern [2438,1369,196] und zu geringer Reproduktionserfolg [D-BB, -NI, A-V, NL:196,2186,3354]. Großflächig inzwischen Abnahme der Siedlungsdichte, gebietsweise einzelne Populationen schon erloschen [196,1722,1,1507, 3892,453].
In NL bis Anf. 1990er J. in verschiedenen Lebensräumen sehr unterschiedliche Trends (positiv bis stark negativ) [375,196], vor allem in extensiv und ökologisch bewirtschafteten Flächen sowie geschützten Grasländern Zunahmen [3638,1144]. Insgesamt zuerst nur leichte Abnahme bis 1989-91 [3354], bis 2000 aber Bestand um > 50% verringert und Bruterfolg zu gering [3638]. Für Wattenmeergebiet und W D-SH, besonders in »Naturschutzkögen«, ab Mitte 1980er J. positiver Trend, für Elbmarschen und E D-SH negativer [196,310,1144,1732]. In E-A seit 1970er J. deutliche Zunahmen, dagegen andere Populationen A z.T. erloschen [965;1617].

Siedlungsdichte. Kleinräumig höchste Werte in Schutzgebieten NL bis 300 BP/100 ha (auf extensiven Heuweisen in 1990er J. noch 128-152 BP/100 ha), sonst 20-100, zuletzt 11-89 BP/100 ha [337,1440], in Biebrza PL 55-160 BP/100 ha [1507]; in D-SH großflächig bis 2.5 BP/100 ha (Eider-Treene-Sorge-Niederung) [310], in Teilbereichen bis 10–15 BP/100 ha (kleinflächig noch deutlich höher) [337]. Oft kolonieartig mit unbesiedelten Teilen dazwischen, daher Angaben für kleinere Flächen wenig aussagekräftig.

Gefährdungsursachen [3892,196,1369,1589,1719, 1722,1507,1302,2186,3354,1998]. Verlust der Bruthabitate durch Grünlandumbruch, Flussausbau, Grundwasserabsenkung, Melioration mit nachhaltiger Entwässerung und Austrocknung und Verfestigung der Böden, Überbauung, Intensivierung der Landwirtschaft sowie Aufgabe der Beweidung (vor allem in E-Europa). Dazu kommen als weitere Ursachen die Aufforstung der Randbereiche von Mooren, Eindeichung, Torfabbau.
Hohe Gelege- und Jungvogelverluste wegen häufiger und früher Mahd und Ernte, maschineller Bearbeitung (Walzen, Kreiselmäher), erheblichen Viehvertritts. Zudem geringe Neigung zu Nachgelegen, da Attraktivität der Brutplätze mit fortschreitender Jahreszeit durch Austrocknung, Bodenverfestigung und hypertrophes Vegetationswachstum sinkt.
Störungen in Brutgebieten durch Freizeitnutzung und Tourismus.
Lebensraumveränderungen und -verlust in Rast- und Überwinterungsgebieten durch Trockenlegung oder Dürre.

Direkte Verfolgung (Jagd, früher auch Eiersammeln).
Natürliche Verluste durch Prädation und Witterungseinflüsse. Beide Faktoren häufig verstärkt durch Fehlentwicklungen der Land- und Wasserwirtschaft.

SPEC	VSchRL	Bern.Konv.	Bonn.Konv.
2	Anh. II-2	Anh. III	Anh. II
Europ. RL	**RL in ME**		
VU	CZ, D :'CR', SK :'EN', A :'VU', NL:'NT'		

Schutzmaßnahmen. Erhaltung sowie Pflege extensiv genutzter Feuchtgrünland- und Niedermoorgebiete. Reduzierung der Drainage und der Eutrophierung. Wiedervernässung. Einhaltung ausreichender Zeiträume bei »ordnungsgemäßer Unterhaltung« der Mähwiesen sowie gestaffelte Mahdtermine auf benachbarten Flächen; Aussparungen an Wiesenrändern und Gräben. Keine Einsaat hochproduktiver Grassorten.
Bruterfolgsmonitoring mit Nestersuche und -Markierung sowie Absprachen mit Landwirten über Aussparung der Brutplätze bei Ernte oder Mahd. Ausgleichszahlungen. Vermeidung von Störungen in Brutgebieten.
Strenger Schutz verbliebener naturnaher Flussniederungen und Moore.
Reduktion des Einsatzes von Bioziden.
Internationalen Schutz bedeutender Rast-, Mauser- und Überwinterungsgebiete.
EU-finanzierte »Ausgleichsmaßnahmen«, Extensivierung und intensive Gebietspflege.

Stimme. Außerhalb der Brutzeit kurz »wäd« oder »geg«, einzeln oder gereiht. Gesang im Ausdrucksflug »gruitugruitu..«, »grükuwiä«, »dju-u-duit dju-u-duit«, laut und durchdringend. Bei territorialen Auseinandersetzungen »witte-witte-witte..«, »tawit.«. ♂ höher und schärfer als ♀.

Biotop. Br. ursprünglich in Heide- und Moorgebieten bzw. in Steppenarealen in der Umgebung von Gewässern. In ME heute bevorzugt feuchte Wiesen, die im Frühjahr kurzrasig sind (daher besonders in feuchten, extensiv genutzten Wiesen, kaum auf gedüngten Mähwiesen mit frühem ersten Schnitt), extensive Weiden, Großseggenriede mit nahegelegenen Wasserstellen. In fortgeschrittener Brutzeit Viehweiden wegen unterschiedlicher Präferenz der Vegetationshöhe von Ad. und Pulli [3721]. Nahrungssuche vor allem nach der Brutzeit auch auf frisch gemähten Wiesen, weiten Marschen, Seeufern, Rieselfeldern und geschützten Meeresbuchten; Schlafplatz bevorzugt im Seichtwasser. Auf dem Frühjahrszug besonders in Überschwemmungsgebieten oder in schütter bewachsenen sehr flachen Verlandungszonen.

Nahrung. Vielseitig, besonders Regenwürmer, Käfer, Schnecken, aber auch Sämereien. Zur Brutzeit Regenwürmer für Ad. Hauptnahrung. Engpässe entstehen vor allem im Frühsommer bei zunehmender Austrocknung der obersten Bodenschichten. Jungvögel können in den ersten Lebenswochen noch keine Regenwürmer aus dem Boden holen und picken vorwiegend Arthropoden vom Blütenhorizont der Vegetation bei Vegetationshöhen von 15-25 cm ab [3721]. Im Winterquartier (z.B. Sahelzone) viel Sämereien.

Verhalten. Tagaktiv, Zug nachts. Geht relativ langsam mit kurzen Schritten, aber hochgehobenen Füßen. Nahrungssuche vorwiegend stochernd; oft im bauchtiefen Wasser, so dass Kopf und Hals verschwinden. Bei hartem Boden auch Sammeln. Zur Brutzeit territorial, zunächst größeres Paarbildungsrevier, später oft sehr viel kleineres Nestrevier. Ausdrucksflug des ♂ nur vor der Eiablage; Balz und Paarbildung i.d.R. am Brutplatz. Ausdrucksflug besteht aus steilem Aufstieg, Taumelflug mit z.T. senkrechten Abstürzen, Aufsteigen in größere Höhe, Pendelflug (Körper rollt um die Längsachse) in weiten Kreisen, zuletzt steilem Abstürzen und Landung. Daneben noch Zitterflug vor dem ♀; Hetzflüge bei denen Partner und andere ♂ das ♀ verfolgen. Bei der Bodenbalz auffälliges Schwanzspreizen (Imponieren); Scheinnisten des ♂. ♂ bewacht ♀ während der Legephase. Scheinangriffe gegen potentielle Nesträuber. Paare brüten oft über mehrere Jahre zusammen. Außerhalb der Brutzeit und am Zug gesellig, selten einzeln; Truppgröße variiert sehr stark.

Fortpflanzung, Brutbiologie [767,1369,1719, 337,3720,3721,1440,1906]. Geschlechtsreife meist im 2. Lebensjahr, mitunter wahrscheinlich noch später. Monogame Saisonehe; Partnertreue nachgewiesen, vielleicht sogar die Regel; Bigamie vermutet. **Ankunft am Brutplatz.** In D-BW$_{55}$ 15.3. **Nest.** ♀ wählt eine der vom ♂ angelegten Scharrstellen. Nestmaterial sehr unterschiedlich umfangreich, meist trockene Halme aus der nächsten Umgebung. Vor Eiablage baut ♂; später bauen beide Partner noch etwas. Bisweilen halbkoloniales Brüten. **Legebeginn.** In D-BW, Bod., D-HE Anf. Mai, N-D bereits Mitte April Vollgelege. NL je nach Witterung Mitte März/Mitte April; Hauptlegezeit ME 2. Apr.hälfte/Ende Mai, in IS Ende Mai. **Gelegegröße.** Meist 4 (seltener 3) Eier; Ø z.B. NL_{145} 3.86, NL_{883} 3.81; auch Nachgelege meist 4 Eier (5 oder 6–8 Eier wohl von 2 ♀). **Eier.** länglich birnenförmig; Grundfarbe olivgrün oder braun, hell- bis dunkelbraune Flecken verschwommen. **Brutdauer.** Legeintervall 1-2 d; Während Legeperiode kann Nest abgedeckt werden. Brutdauer 22–24 d. Beide brüten. **Nestlings-/Führungszeit.** Nest wird innerhalb 1 d nach dem Schlüpfen verlassen, gleichzeitig Aufgabe des Nistreviers; mitunter wandert Familie weit umher. Küken drücken sich, wenn Gefahr nahe ist. Mit 25-30(35) d flügge; Familienauflösung kurz danach. **Ende der Brutperiode.** Brutreviere werden in D-BW bereits ab Anf. Juli verlassen (letzte bis Ende Juli). **Jahresbruten.** 1; Ersatzgelege. **Bruterfolg.** NL Schlüpferfolg von 1970er-90er J. variierend zw. 41.4-74.6%, in jüngerer Zeit stark abnehmend, in D-SH 1993 bei 71% (deutlich geringer auf intensiv genutzten Mähwiesen mit 38% als auf extensiven mit 77%); Produktion in NL zw. 0.58-1.8 Juv./BP bzw. max. 3.18 pulli pro erfolgreiches Nest, ebenfalls stark rückläufig, in D-SH 0.75 Juv./BP; Eiverluste bei Weidevieh oder landwirtschaftlichen Arbeiten oft sehr hoch (s. auch unter Sterblichkeit).

Eimaße und -gewichte. L. 45.3-63.9 mm, B. 32.1-41.6 mm, Ø: 55.3 x 37.4 mm (n=100, NL), 55.1 x 37.7 mm (n=119, NL); Frischvollgew. 32.3 -47.5 g, Ø: 40.6 g; Schalengew. 1.84-2.70 g, Ø: 2.30 g.

Sterblichkeit, Alter. NL Sterblichkeit in ersten 3 J. 38, 32 bzw. 37 %, der Ad. 18.6%. Grünlandmahd tötet nach neueren Daten jedoch 38-95 % der frisch geschlüpften und 5-45 % der älteren pulli in NL [2186]; Überlebensrate der Juv. in kalten und nassen J. viel geringer (20.8%) als in normalen (44.4%) [1440]. Ältester Ringvogel (NL) 18 J. 9 Monate [3654]. **Generationslänge:** 5 J. [383].

Mauser. **Postjuvenile Mauser** (Teilmauser) Aug.–Nov.; umfasst auch einzelne Oberflügeldecken, innere Schirm- und einige (alle) Steuerfedern [767,1369,1688]. • **1. Pränuptialmauser** (Teilmauser) März–Juni; variabel, aber weniger umfangreich als Ad. [767,1688,3241]. • **Postnuptialmauser** (Vollmauser) setzt in ME meist Ende Mai mit HS 1 im Brutgebiet ein, bis Ende Juli/Aug. HS 1–5/7 (8) gewechselt, danach Mauserunterbrechung vor Zugbeginn und Ende im Winterquartier bis Okt. [767,1369,1356,3921]; Körpergefiedermauser hauptsächlich während 1. Phase der Schwingenmauser [337,4057]; Die UA *islandica* erneuert Großteil des Körpergefieders und alle Schwungfedern im Winterquartier, Aug.–Dez. [767,1369]; Dauer der HS-Mauser MA ca. 100 d [1356]. • spätere **Pränuptialmausern** (Teilmauser) Jan./Feb.–April, bei UA *islandica* Abschluss erst im Juni; Umfang variabel, bei ♂ und UA *islandica* umfangreicher [767,1369,1688,3921,3241]. Möglicherweise partielle Supplementärmauser im Brutgebiet (Mitte April–Juni), bei der einige schlichte Körperfedern nochmals durch buntere ersetzt werden, ähnlich Pfuhlschnepfe [3241,1924].

Limosa lapponica – Pfuhlschnepfe 05340

Limosa lapponica (Linnaeus 1758)

GB **Bar-tailed Godwit** F **Barge rousse** E **Aguja Colipinta**

Taxonomie. Zwei UA: *lapponica* (Linnaeus 1758) (N-Europa E bis Chatanga-Fluss in E-Sibiren) und *baueri* Naumann 1836 (E-Sibirien, W-Alaska), letztere ohne weißen Rückenkeil und mit dunkler gezeichneten Unterflügeln. Zuweilen aber fünf UA unterschieden: neben *lapponica* und *baueri* die zentral- und E-sibirischen »*taymyrensis*«, »*anadyrensis*« und »*menzbieri*« [1026].

Kennzeichen. [1784,221,1369,3615,3772].

Maße. Gr.: 37-41 cm. Gew.: ♂ (190) 230-360 (400) g, ♀ (262) 280-450 (630) g. Fl.spw.: 70-80 cm. Fl.l.: ♂ 20.3-22.4 cm, ♀ 20.4-23.0 cm [1369,3615].

Status. Regelm. und häufiger Durchzügler und Wintergast, wenig häufiger Übersommerer, vor allem an Küste; im Binnenland selten, aber gebietsweise regelm. In ME nur im Wattenmeer in großer Zahl. An Ostseeküste besonders im Herbst, aber nur Hunderte [1369].

Im Binnenland E- und S-ME spärlich [z.T. nicht allj.: CZ, H:2159,2438] und in kleinen Trupps, aber insgesamt zunehmende Durchzüglerzahlen [z.B. H:2438, Bod.:1617]; außergewöhnlicher Einflug nach ME 1991 [CH:3393].

Verbreitung und Bestand. Brutvogel der Arktis und z.T. im N der borealen Nadelwaldzone von Lappland über N-Rand Eurasiens bis W-Alaska. Europäische Brutpopulation (nur N-Fennoskandien und RUS) zw. 1.400-7.400 BP, stabil [383]. Fünf Flyway-Populationen, Nominatform N-Europas mit Überwinterungsgebieten an Küsten ME und W-Europas mit 120.000 Ind. (stabil, leicht zunehmend) sowie »*taymyrensis*«-Population von zentralsibirischen Brutgebieten über W-Europa (nur durchziehend) bis Wintergebiete in W- und SW-Afrika mit etwa 520.000 Ind. (stark abnehmend) [4077,823,3718]. Im Wattenmeer z.B. DK April bis 56.300, Mai 43.400 Ind.; D-SH Aug. und Mai bis 146.000 Ind. und Übersommerer zu Hunderten; -NI bis 46.000 zu Spitzenzeiten [2570]; NL bis 145.000 im Mai bzw. 70.000 Ind. im Juli/Aug. [375]. Etwa 90% der europ. Population nutzt Wattenmeer beim Frühjahrszug. In milden Wintern im Wattenmeer bis 43.000, sonst bis 8.500 Ind.; Gesamtbestände Wattenmeer daher: Winter bis 43.000, Frühjahr bis 341.000, Sommer 13.500 und Herbst 151.000 Ind. [2570].

Wanderungen. Langstreckenzieher; Winterquartier der Br. im W des Areals Küsten des Wattenmeeres (insbesondere NL) und W-Europa [ausführlich 100,3350,3351,3352], weiter E brütende Vögel (Nominatform in NW-RUS, »*taymyrensis*« vom Yamal- bis Anabar-Fluss) mit Übersprungzug bis Atlantikküste Afrikas (bes. Mauretanien, in kleiner Zahl bis S-Afrika) [936], ferner Küsten Maghreb bis mittleres Mittelmeer, Persischer Golf, Arabien und Rotes Meer, E-Küste Afrikas; wohl z.T. auch über Binnenland [1722]. Ringfunde von Dz. in N-, W-Europa und ME zur Brutzeit reichen bis unterer Jenissej und W-Taimyr [Ringfunde u.a. NL:3642, GB/IRL:4064]. Zug vor allem entlang den Küsten Weißes Meer, Nordsee und Atlantik; Juv. offenbar mehr über Fennoskandien. Heimzug noch stärker küstengebunden, größtenteils über Nordsee; dabei Nominatform ca. 3 Wochen vor afro-sibirischen Vögeln (»*taymyrensis*«) [3352]. Br. IS überwintern S-IRL, Ärmelkanal, und N-Golf v. Biscaya, in NL mehr im Frühjahr als im Herbst [1340]. N-RUS Wegzug ab Mitte Juli bis Anf. Okt.; Dz. der Ad. in S-S. ab Mitte Juli, Juv. erst gegen Mitte Aug.; ab

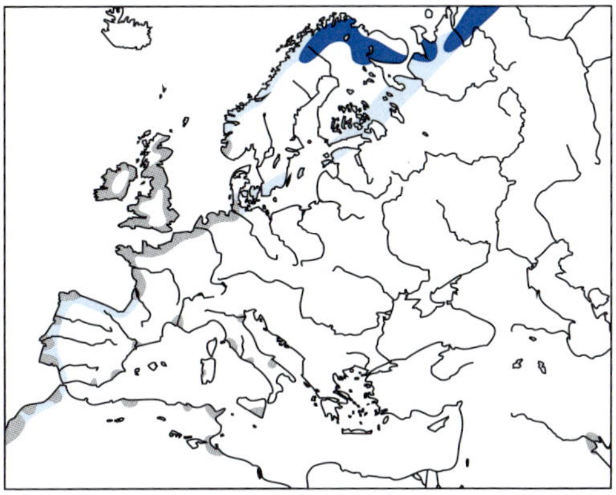

Limosa lapponica – **Pfuhlschnepfe**

Anf. Juli auch die ersten an den Mauserplätzen des nordfriesischen Wattenmeeres, Gipfel erst im Aug. Teil der Ad. mausert hier und zieht dann im Okt/Nov. weiter. Später mit der Mauser beginnende Ad. ziehen zur Mauser bis Afrika. Massenankunft in Mauretanien ab Mitte Aug. Mauserplätze auch in GB; hier Höhepunkt der Zuwanderung erst ab Okt. Abzug der Wintergäste GB (Feb.) März; im Wattenmeer Beginn je nach Witterung Anf. bis Ende März; Höhepunkt »*taymyrensis*« im W Anf., in DK Mitte Mai. Nach dem Wechsel ins Brutkleid Abzug gegen Ende Mai; Ankunft in Lappland ab Mai, weiter im NE Ende Mai/Anf. Juni. Zuweilen Übersommerungen fern der Brutgebiete an Küsten.

Gefährdung und Schutz. Große Ansammlungen an wenigen geeigneten Rast- und Überwinterungsgebieten, daher stark gefährdet durch Landschaftsverbrauch oder -beeinträchtigungen. Viele wichtige Gebiete (F, P, W-Afrika) nicht hinreichend gesetzlich geschützt [1784].

SPEC	VSchRL	Bern.Konv.	Bonn.Konv.
--	Anh. I,II-2	Anh. III	Anh. II
Europ. RL		**RL in ME**	
--		--	

Siedlungsdichte. Sehr variabel und schwankend. In RUS meist 0.1-1.0, max. 2.6 BP/km², in Lappland FIN bis 0.7 BP/km², großflächig in FIN offenbar 6 BP/100 km² (dann Brutbestand insgesamt höher als vermutet). Bei hoher Dichte (Kola-Halbinsel RUS) Nestabstände z.T. nur 270 m [1507].

Stimme. Dz. und Gäste wenig ruffreudig; Rufe wie »kewkewkew« oder tiefe »kurruk« o. ä., Flugruf nasales »gäg-gäg-gäg«, »kiwit«, auch gereiht; Gesang ähnlich Uferschnepfe, schnelle Einleitung wie »tui tui…«, dann langsamere »dowie…«, »ä-wik ä-wik.« o.a. In ME selten zu hören.

Biotop. Br. feuchter Tundra und Ränder nordischer Waldzonen nahe der Baumgrenze. Außerhalb der Brutzeit Feinsand- und Sandflächen auf den Watten, an Flachküsten, Flussmündungen, Meeresbuchten, Inseln und Halligen, auch Schlickflächen; in kleiner Zahl auch an Schlammufern von Binnengewässern.

Nahrung. Im Brutgebiet vor allem Insekten und deren Larven (auch Vegetabilien); an der Küste marine Ringelwürmer, kleine Mollusken, kleine Crustaceen.

Verhalten. Nahrungserwerb an der Küste tidenabhängig, bei Ebbe auch nachts aktiv (ebenso in Überwinterungsgebieten bei längerer Dunkelphase). Zur Brutzeit territorial. Paare kümmern sich gemeinsam um die Jungenaufzucht. Erster Brutversuch im Alter von 2 J. Nahrung wird hauptsächlich im Seichtwasser gesucht. Außerhalb der Brutzeit gesellig, doch Individualdistanz in nahrungssuchenden Schwärmen relativ groß.

Fortpflanzung, Brutbiologie. Geschlechtsreife nach 2 oder 3 J.; Nest flach ausgekratzte Mulde, umgeben von Vegetation auf trockener Erhebung in Sumpfland. Gelege (2)3-4 Eier. Eiablage in Lappland gegen Ende Mai, auf Taimyr erst im Juni. 1 Jahresbrut. Beide brüten, ♂ mehr, 20-21 d.

Sterblichkeit, Alter. Ältester Ringvogel (GB) 21 J. 8 Monate [3654]. **Generationslänge:** 5 J. [383].

Mauser. **Postjuvenile Mauser** (Teilmauser) Mitte Sept./Okt. (Dez.)–Jan./Feb.; Umfang ähnlich Pränuptialmauser [767,1369,3050,1688]. • **1. Pränuptialmauser** (Teilmauser) April–Mai; meist weniger umfangreich als Ad. [767,1369,3050,1688]. • **Postnuptialmauser** (Vollmauser) ab Juli/Aug. (Sept.) mit Ausfall von HS 1, bei ♀ früher als bei ♂; findet bes. in Mausergebieten oder im Winterquartier statt, Abschluss bis (Sept.) Okt./Nov. [767,1688,3921,100,3350], in W-Afrika 10 d später [767]; Dauer der HS-Mauser NL 100 d bei ♂ bzw. 116 d bei ♀, GB/W-Afrika 90–100 d [767,1369]. • **Pränuptialmauser** (Teilmauser) Ende Feb.–April im Winterquartier, ♂ z.T. früher als ♀ [767,3050, 1688,3921,3083,3018,3350]; einschließlich einigen Oberflügeldecken, Schirm- und Steuerfeder 1 (2–3) [767,1369,1688]. Partielle Supplementärmauser im Mai, bei der in Rastgebieten einige schlichte und gestreifte Körperfedern erneut durch intensiv gefärbtere ersetzt werden [3018,1924].

Limnodromus griseus – Kleiner Schlammläufer 05260

Limnodromus griseus (J.F. Gmelin 1789)

GB **Short-billed Dowitcher** F **Bécassin roux** E **Agujeta Gris**

Taxonomie. Drei besonders im ventralen Gefieder des PK differenzierte UA, die sich auch im Zugverhalten und Mauserzyklus unterscheiden [vgl. 3050]: *griseus* (Gmelin 1789) (Labrador); *hendersoni* Rowan 1932 (Zentral-CDN, 2 disjunkte Brutgebiete) und *caurinus* Pitelka 1950 (S-Alaska).

Kennzeichen. Sonagramme der zur Unterscheidung von *griseus/scolopaceus* wichtigen Flugrufe [3050; Gefiedermerkmale u.a.: 221,1369,1784,3615 ,3772,4102,654,3567; weitere **Fotos** in Dutch B. **21**, 285, **25**, 405, **26**, 57, 263, Bird. W. **6**, 288, **8**, 223-226, **12**, 364-370, Brit. B. **91**, 97-99].

Maße. Gr.: 25-29 cm. Gew.: 65-154 g. Fl.spw.: 45-51 cm. Fl.l.: ♂ 13.5-15.1 cm, ♀ 13.7-15.5 cm [1784,3615].

Status. In Europa extrem seltener Ausnahmegast, deutlich seltener als Großer Schlammläufer (s. dort). Sehr geringe Zahl an sicheren Nachw. allerdings nicht zuletzt bedingt durch Bestimmungsprobleme. Viele Nachw. in Europa z.T. unsicher, z.B. aus S., N., FIN, DK und E. [vgl. 337,3615]. Gesichert sind bisher wohl nur: GB Sept. 1999 2 mal, IRL Sept. 1985 [3615,3233] und N. Juli 1971 [3615], sowie in ME: **D**-NI juv. Okt. 1981 [575].

Verbreitung und Bestand. Brutvogel in 3 getrennten Arealen (und Formen) im subarktischen N-Amerika (S-Alaska bis Labrador). Drei Flyway-Populationen mit zusammen etwa 320.000 Ind.; Überwinterungsgebiete von S-USA über Mittel- bis Küsten S-Amerika (S bis Peru und Brasilien)

[4077,823]. Bestände überwiegend abnehmend; global aber nicht bedroht [4077,1784].

Wanderungen. Zugvogel; Winterquartier von S-USA bis mittleres S-Amerika.

Biotop. Br. Nadelwald und Waldmoore, in sumpfigem Gelände mit niedriger Vegetation im subarktischen Nordamerika. Dz. Prärieseen, seichte Tümpel, Reisfelder sowie Schlamm-, Schlick- und Wattflächen vorzugsweise an Salz- und Brackwasser; Salzmarsch.

Nahrung. Im Brutgebiet Bodenarthropoden, vor allem Larven und Puppen von Dipteren, ferner Schnecken, Käfer und Insektenimagines; gelegentlich auch Sämereien. An den Küsten dann Polychaeten, Mollusken und Crustaceen.

Stimme. Flugruf wichtig für Artbestimmung (Unterschied zu *L. scolopaceus*). Stimmfühlungs- und Flugruf schnelles, kurzes, metallisches »tü-tü-tü«; leiser, doch ähnlich Flugruf Steinwälzer.

Verhalten. Im Stehen Kopf gern zwischen die Schultern gezogen. Läuft ähnlich Bekassine mit langsamen Schritten; geht aber auf ganz offene Flächen. Flug nicht in Zickzackwendungen, Schnabel etwas gesenkt. Nahrungssuche kurzes Picken, aber vor allem ausgeprägtes Sondieren. Wenig scheu. ♂ kümmert sich um die Jungenaufzucht.

Mauser. **Postjuvenile Mauser** (Teilmauser) Sept.–Okt./Nov., ST-Mauser erst im Dez./Jan. (Feb.) beendet [767,1369,3050]. • **Postnuptialmauser** (Vollmauser) Mitte Juli/Aug.-(Mitte Aug.) Sept./Okt. [767,1369,3050,2946]. • **Pränuptialmauser** (Teilmauser) Feb./März–Mai/Juni [767,1369,3050]. Schwingenmauser später als Großer Schlammläufer (erst nach Wegzug).

Anmerkung. Dritte Schlammläufer-Art *Limnodromus semipalmatus* (**Steppenschlammläufer**) noch nicht in ME nachgewiesen, obwohl Brutareal bis Westsibirien reicht [2319].

Limnodromus scolopaceus – Großer Schlammläufer05270

Limnodromus scolopaceus (Say 1823)

GB Long-billed Dowitcher **F Bécassin à long bec** **E Agujeta Escolopácea**

Taxonomie. Monotypisch.

Kennzeichen. [1784,221,3615,3772,4102,654, 3566; **Fotos** in Brit. B. **91**, 99-100, Bird. W. **7**, 133, **8**, 222-228, **9**, 46, Dutch B. **21**, 202, **23**, 359, **24**, 181, **25**, 57, **26**, 145, 209].

Maße. Gr.: 24-30 cm. Gew.: 90-135 g. Fl.spw.: 46-52 cm. Fl.l.: ♂ 13.5-15.6 cm, ♀ 13.8-15.8 cm [1784,3615].

Status. Ausnahmegast in Europa, allerdings in GB und IRL allj. [3615], dort von 1958-96 insgesamt 216 Beob., vor allem Juv. im Sept. und Okt. [277,3233]. Auch viele weitere Belege in atlantischen oder anderen Küstenregionen Europas, z.B. F [8 Nachw. bis 1980er J.:337]; S. (12mal bis 2000), N., FIN, DK (10mal bis 2000), IS (3mal bis 1998) sowie E., P, I, GR, IL, MA, Kanaren [3615,q23].
In ME vor allem in • **NL:** 19 Nachw. von 1983-2003; anders als in GB/IRL nur Ad. und Mehrzahl der Beob. im Apr./Mai; zwei Winternachw. (Jan. 1990, Dez. 2003-Apr. 2004) [277,q16]; vier Nachw. an selber Stelle in aufeinanderfolgenden J. betreffen offenbar dasselbe ortstreue Ind. [277]. • **B:** Apr. 1996, Apr. 2000, Jan. 2001 [1677; vgl. auch q16]. • **D:** -BB Aug. 1996, Apr. und Mai 1999; -SH Nov. 1999; -BE Sept.1984 [1,575]; -NI Okt. 1988; -SH Okt. 1996; -MV Sept. 1996 [575]. • **H:** Apr. 1995 [2438]. Keine Nachweise von Schlammläufern aus CZ, SK. und CH.
Beide nearktischen *Limnodromus*-Arten extrem schwer zu unterscheiden, daher artspezifische Zuordnung oft nicht immer möglich. Viele Beob. betreffen daher ***Limnodromus spp.***, z.B. in GB 332 mal bis 2000 [3233], ferner mehrere in F , S., FIN etc.
Aus ME liegen ebenfalls eine Reihe von Meldungen unbest. Ind. vor, u.a.: • **NL:** Sept 1971, Juli 1986, Juli 1989, Apr./Mai 1997 [277,q16]. • **B:** Mai 1995, Apr.1996 [1677]. • **A:** -V (Bod.) Aug. 1990 [3129]. • **D:** -MV Aug.1973; -HH Juli 1988; -SH Juni 1990; -

BB Mai 1999 [575]. • **PL:** Nov. 1977, Sept. 1986, Mai 1988, Aug. 1988, Juli 1990, alle in W-PL [3871].

Verbreitung und Bestand. Brutvogel NE-Sibiriens von Lena-Delta (viell. weiter W bis 110° E) bis Tschuktschen-Halbinsel, St. Lawrence-Insel und in Küstenregion W-Alaskas; ferner isoliert lokal N Inuvik und N Yukon (CDN). Eine Flyway-Population mit Überwinterungsgebieten in W und S-USA nach S bis Guatemala. Bestand etwa 500.000 Ind., stabil oder gebietsweise zunehmend, auch Arealveränderungen [4077,823].

Wanderungen. Zugvogel. Winterquartier S-USA bis Mittelamerika. Erste Ad. treffen im Winterquartier ab Ende Juli ein, erste Juv. ab Mitte Sept. Der Gipfel des Dz. ca. 4 Wochen später als bei *L. griseus;* Heimzug beider Arten zwischen Mitte März und Mai.

Biotop. Br. in Sibirien Moos-Seggen-Tundra, in Nordamerika Gras und Seggen bestandene Gebiete in der Nähe flacher grasiger Süßwassertümpel. Im Vergleich zu *griseus* wird von Dz. Süßwasser bevorzugt.

Nahrung. Dipterenlarven, Käfer, kleine Schnecken, Crustaceen, mitunter Polychäten; auch Samen und anderes Pflanzenmaterial (Moos!).

Stimme. Ruf dünn »kiik«, höher und schriller als der meist rasch wiederholte Ruf von *griseus.* Wiederholung des Rufes bei *scolopaceus* meist in größeren Abständen.

Mauser. **Postjuvenile Mauser** (Teilmauser) Sept.–Ende Okt./Anf. Nov. (Dez.); ohne ST [767,1369,3050,2946]. • **Postnuptialmauser** (Vollmauser) Ende Juli/Aug.–Sept./Okt.; Schwingenmauser früher als Kleiner Schlammläufer, erfolgt auch während Wegzug [767,3050,2946]. • **Pränuptialmauser** (Teilmauser) Ende Feb.–Ende April [3050,2946].

Scolopax rusticola – Waldschnepfe 05290

Scolopax rusticola Linnaeus 1758

(GB) Eurasian Woodcock **(F) Bécasse des bois** **(E) Chocha Perdiz**

Taxonomie. Monotypisch.

Kennzeichen. [1784,221,1369,3615,3772].

Maße. Gr.: 33-35 cm. Gew.: ♀,♂ 144-420 g, Ø: ca. 300 g. Fl.spw.: 56-60 cm. Fl.l.: ♀, ♂ 18.2-21.8 cm [1369,3615].

Status. Brut- und Sommervogel in weiten Teilen ME. Außerhalb der Brutgebiete regelm. Durchzügler. In Teilen ME in milden Wintern auch in größerer Zahl überwinternd [375,203], einzelne sogar in PL [3871].

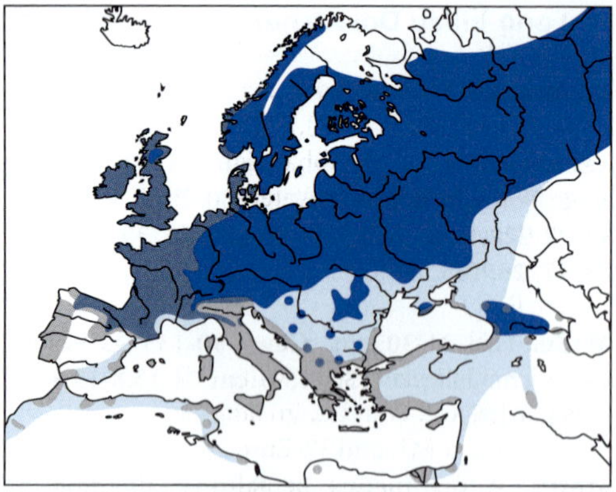

Scolopax rusticola – **Waldschnepfe**

Verbreitung und Bestand. Brutvogel der gemäßigten und borealen Zone von W- und SW-Europa bis E-Sibirien und JAP (meist zw. 50-65° N); im SW des Areals sehr lückenhaft und oft auf höhere Lagen beschränkt. In Europa abgesehen von waldarmen Gebieten ursprünglich von Niederungen bis Hochlagen (in Alpen CH bis 1900 m) verbreitet. Europäischer Gesamtbestand nach neuesten Angaben etwa 1.8-6.6 (max. 8.4) »BP« bzw. 21-25 Mio. Ind. (leicht rückläufig) [383,3718; vgl. auch 1.5-11.0 Mio. »BP« in 217]; weitaus größter Teil der europäischen Brutpopulation in RUS mit 1.2-5 Mio. und S. mit 0.25-1.0 Mio., Populationen > 100.000 »BP« ferner in BY und FIN [383]. In Asien isoliert auf Krim und im Kaukasus (Standvögel!), in Zentralasien und entlang Himalayakette. Fehlt in ME nur in waldarmen Gebieten B, NL, N-D, H; Brutbestand zw. 42.000-142.000 »Paaren« [383, erg.]. Zwei Flyway-Populationen, europäisch-afrikanische mit 21-25 Mio. Ind. von N-Europa und ME nach W- und S-Europa und NW-Afrika (stabil), asiatische mit unbekannter Größe und Entwicklung [4077,823,3718].

Wanderungen. Kurzstreckenzieher, Teilzieher und Standvogel. Anteil der Zugvögel nimmt in Europa nach NE zu. Hauptwinterquartier W- und S-Europa jenseits der 2° -Jan.-Isotherme; in Gebieten zwischen 2°- und 0°-Jan.-Isotherme wechselnder Winterbestand in Abhängigkeit von der Witterung (DK, NW-D), in kälteren Gebieten regelm. Überwinterungsversuche und einzelne Überwinterungen (z.B. W- und S-Skandinavien, Ostseeraum, SK., H); S-Grenze Atlas, N-Küste Afrikas einschließlich Nildelta, ferner Vorderasien und Schwarzmeergebiet, Vorderindien, SE-Asien. **Br. Fennoskandiens** ziehen S-WSW und erreichen GB, E./P, F, I, Balkan, E-Maghreb (hier im E mehr Br. FIN, im W mehr Br. N./S.); **Br. RUS / Balt. Saaten** ähnlich FIN verteilt auf GB, B, F, E., D, I, ehem. YU; **Br. ME** ziehen etwa in selbe Richtung bis NW-Afrika. Herkunft der Dz. und Wintergäste in W-Europa aus NE/E (östlichster Fund GB–RUS 56° 27‘ E, Ringfunde St. Petersburg-Gebiet - IRL, P. etc.) [2214]. **Br. GB/IRL** sind überwiegend Standvögel, 68 % Wiederfunde bis 30 km vom Beringungsort, etwa 4% ziehen zum Festland; Wintergäste in N-GB sind überwiegend aus Skandinavien, in S-GB aus FIN und E-Baltikum [1760,4064]. Ringfunde Überwinternder aus F in abnehmender Reihenfolge in RUS (35 %), E. (22 %), LV, GB, S., LT, DK, I und FIN u.a.; in Abhängigkeit von der Witterung stark schwankende Anteile Diesj. in verschiedenen Regionen, z.B. 2000/01 unter-Ø 59 % in F. und über-Ø 80 % im Frühwinter noch in DK [1400]. Weitere Ringfunde Europa [1653; NW-Europa:2842; F:1399]. Frühwegzug der Juv. auch nach N und NE. Eigentlicher Wegzug setzt witterungsabhängig im Sept. ein; ab Anf. Okt. Dz. im atlantischen W-Europa, Höhepunkt ME und W-Europa Ende Okt./Mitte (Ende) Nov.; Beendigung ebenfalls witterungsabhängig, oft noch Kälteflucht bis Jan. Heimzug eröffnen ad. ♂ vor juv. ♂, ad. ♀ und juv. ♀; Abzug in N-Afrika Ende Feb./Anf. März; ME Dz. ab ca. 10. März mit Höhepunkt Ende März/Anf. April; Ankunft in Skandinavien Ende März bis Anf. Mai. Verlauf und Dauer ebenfalls stark von jeweiliger Witterung beeinflusst (z.B. bei Wintereinbrüchen auch Umkehrzug). Sowohl Geburtsort- und Brutorttreue als auch Fernansiedlung nachgewiesen.

Bestandsentwicklung. Realistische Bestandsangaben wegen erheblicher Erfassungsprobleme bisher kaum vorhanden. Erfassungsgrad meist sehr gering und selten exakt. Vergleichsdaten aus früheren Jahrzehnten nur in Ausnahmefällen vorhanden [1369]. Jagdstatistiken zwar nicht geeignet zur Bestimmung von Brutbestandsentwicklungen [1369,196], aber oft einige Informationsquelle neben Ergebnissen wenig geeigneter qualitativer und halbquantitativer Rasterkartierungen [196]. Erst neuerdings in D aufwändige Methoden zur Bestandserfassung erfolgreich [2714,74; vgl. auch Methodendiskussion in 3349 und systematische Zählung in GB:1258]. Trotz sehr geringer Kenntnisse über aktuelle und frühere Bestände folgende Aussagen möglich:

	Best.	Areal	Brutbestand	Jahr	Quelle
A	+/-	=	1.500–4.500	1998–2002	[383]
B	+/-	=	1.600–2.800	2001–2002	[383]
CH	+/-	=	1.130–1.630	1993–1996	[383]
CZ	↑	=	2.000–4.000	2000	[383]
D	+/-	=	12.000–24.000	1995–1999	[383]
FL	+/-	=	3–8	1998–2000	[383]
H	↕	=	10–60	1995–2002	[383]
L	↓	=	80–100	2000–2002	[383]
NL	+/-	=	2.000–3.000	1998–2000	[383]
PL	+/-	=	20.000–100.000	190–2000	[383]
SK	+/-	=	1.300–2.500	1990–1999	[383]

Im späten 19. Jh. Zunahmen in B, NL (sowie DK und IRL) [3615,843], danach Abnahmen in vielen Teilen Europas. Neben bes. stark betroffenen Zugvögeln NE-Europas [3892,4180] auch erheblicher Rückgang der Brutvögel in S-GB [1343] und weniger deutlich in ME. Hier zwar viele Gebiete mit Bestandskonzentrationen seit Jahrzehnten ohne nennenswerte Veränderungen [1369,1589,337,1302]; doch z.T. auch erheblicher Rückgang, nicht nur bei stark veränderten Waldstrukturen, bes. in niedrigen Lagen (gelegentl. verbunden mit Erlöschen von Populationen) [D-BW, -NW, -NI, CH, A-T, PL: 2623,1719,1722, 1589,1587,3393,3392,3871,1064,2238,2717; vgl. 3615]. Nicht selten ist Habitatkapazität (u.a. infolge hohen Jagddruckes) durch Waldschnepfe nicht erschöpft [1507, 1080]. Gebietsweise auch stabile Bestände oder zyklische Fluktuationen ohne erkennbaren Trend, z.B. W-CH [1065]. Zunahmen und Arealausdehnung seit 1960er J. in NL (vor al-

lem Flevoland) sowie DK und IRL [1507,375], seit 1980er J. in NL allerdings auch deutliche Abnahmen [nach Bestandsangaben in 3636 und 3638 sogar um 33%], insbesondere im Veluwe und im Küstendünenbereich [375,3638].
Überwinterungsbestände in Kontinentaleuropa mindestens ab 1970er J. rückläufig [4181,196]. Nach Jagdstatistik in F zwischen 1976-1985 Rückgang um 3.3% pro J. [4181]. Festzustellender Rückgang der Abschusszahlen nicht allein auf Einschränkung (oder Einstellung) der Frühjahrsjagd zurückführbar [s. Angaben aus L: 2560]. Jeweilige Brutpopulationen von Abnahme nicht betroffen [2560,4180]. In B insgesamt Zunahme, wobei positive Trends überwiegend auf verringerten Jagddruck, negative auf Habitatzerstörung zurückgeführt werden [843].

Siedlungsdichte. Unter Methodenvorbehalt (s.o.): In Optimallebensräumen GB bis zu 12 'BP'/km^2, in ausgedehnten Wäldern FIN etwa 1 'Paar'/km^2 [1507]. In Lüneburger Heide D-NI großräumig 0.05-0.15 'BP'/km^2, in Solling und Harz 0.12-0.30 'BP'/km^2 [1587]. Mit sehr aufwändigen Erfassungsmethoden z.T. sehr viel höhere Dichten ermittelbar, am südlichen Oberrhein D-BW großflächig 25 ♂/km^2 (entspricht 240 ♂/km^2 reine Waldfläche), dabei Wälder meist erst ab 50 ha Größe besiedelt. Aktionsräume der ♂ etwa 50-60 ha [74], bei Balz gebietsweise bis 100 ha bzw. über 3 km Länge [s. 310]. Brutdichte der ♀ extrem variabel, max. 6-7 ♀ auf 10-12 ha Waldfläche [1369,3349].

Gefährdungsursachen [3892,1369,1719,196,4181, 3636,1507,310,1080,217,1998]. Sehr hohe Verluste durch Bejagung - überwiegend auf Zug und in Überwinterungsgebieten, teilweise immer noch in Brutgebieten (z.B. RUS, UA.). Dabei Frühjahrsjagd besonders bedenklich für Populationsstruktur (sie widerspricht zudem EU-Recht!); zudem Einfluss auch auf andere störungsempfindliche Arten in den Brutgebieten. Z.T. mehrmaliges »Abschöpfen« von Populationen (Brutplatz, Zugwege sowie Überwinterungsgebiete) und vor allem Fehlen festgelegter Obergrenzen der Jagd. Jagdstrecken von etwa 3-4 Mio. Waldschnepfen pro J. in Europa wohl oberhalb »maximaler nachhaltiger Nutzung«; jedenfalls erhöhte Reproduktion (Zweitbruten) zur Kompensation erforderlich [1943]. Wenn schon Jagd auf Waldschnepfe, dann allenfalls auf eventuellen »Jungvogelüberschuss« eines Jahres, - doch über Bruterfolg sind in wenigsten Fällen Daten oder Kenntnisse vorhanden.
Lebensraumverlust oder -veränderung durch Grundwasserabsenkung oder Entwässerung von Wäldern sowie Intensivierung der Waldbewirtschaftung mit Kahlschlag anstelle von Femel-, Hauberge- oder Plenterwirtschaft; Aufforstungen mit Schaffung dichter Fichtenmonokulturen an Laub- und Mischwaldstandorten sowie zunehmende Fragmentierung der Wälder, verstärkter Wegebau (auch in Rast- und Überwinterungsgebieten)
Verringertes Nahrungsangebot durch Wiesenumbruch und Intensivierung der Landwirtschaft mit Überdüngung und Biozideinsatz.
Störungen in Brutgebieten durch Freizeitnutzung und Forstbetrieb.
Verluste an Leitungen, Wildschutzzäunen und im Straßenverkehr.
Natürliche Verluste in Überwinterungsgebieten durch Verhungern in Kältewintern.

SPEC	VSchRL	Bern.Konv.	Bonn.Konv.
3	II-1,III-2	Anh. III	Anh. II
Europ. RL	RL in ME		
--	FL:'CR', CH, CZ, L: 'VU', A, SK: 'NT'		

Schutzmaßnahmen. Schonende Waldbewirtschaftung mit Erhalt von Nass- und Feuchtstandorten; durch Ausdünnung geeigneter Wälder bessere Entwicklung der Kraut- und Strauchschicht. Ersatz der Fichtenmonokulturen durch standorttypische Mischwälder. Verzicht auf Drainage von überschwemmten Waldflächen und auf andere Eingriffe in Wasserhaushalt der Wälder; gebietsweise Wiedereinführung traditioneller Waldwirtschaftsformen. Wiedervernässung von Bruchwäldern, Waldsenken und anderen drainierten Waldstandorten.
Starke Reglementierung und erhebliche Reduktion der Jagd in Durchzugs- und Überwinterungsgebieten ist Minimalforderung des Naturschutzes in Anbetracht abnehmender Bestände in bedeutenden Brutgebieten. Aufstellung eines internationalen Managementplanes zur Jagd [1080]. Völlige Einstellung der Frühjahrsjagd in Brutgebieten Europas.
Genauere Untersuchungen über Bestandsdynamik und Gefährdungsfaktoren.

Biotop. Br. v.a. der tieferen Lagen, aber auch über 1700m NN [3392]. Waldvogel, doch Bäume nicht zu dicht, damit Flugmöglichkeiten und Entwicklung einer Kraut- und Strauchschicht nicht behindert werden. Br. in (horizontal und vertikal) reich

gegliederten, vorzugsweise ausgedehnten Hochwäldern (>40 ha) mit weicher Humusschicht [1722]; bei Auswahl werden Laub- und Laubmischwälder vorgezogen, aber auch in reinen Nadelwäldern (z.B. Aufforstungen und in höheren Lagen). Randzonen und Lichtungen, Schneisen für Balzflug der ♂ wichtig. Nester bevorzugt an nicht zu trockenen, aber auch nicht an nassen Stellen. Dz. meist in dem Brutbiotop entsprechenden Wäldern, doch auch in kleinen Feldgehölzen u.a. Baumbeständen, im Winter auch an ± offenen Gräben, angrenzendem feuchtem Offenland, Weiden, Moore etc., solange schneefrei und Boden nicht gefroren.

Nahrung. Kleintiere. Bei Möglichkeiten des Sondierens dominieren Regenwürmer; sonst werden aus dem Laubstreu oder vom Boden viele Gliedertiere aufgelesen, z.B. Käfer, Ohrwürmer, Grillen, Tausendfüßler, Asseln etc. Regenwürmer in Magenanalysen wahrscheinlich unterrepräsentiert zugunsten hartschaliger Insekten. Anteil pflanzlicher Nahrung zwar gering, aber weit verbreitet.

Stimme. Balz des ♂ besteht aus »Quorren« (oft 4mal wiederholt) »quorrquorrquorä« und dem anschließenden sehr hohen »Pfuitzen«. Wird im Flug vorgetragen. Daneben auch höhere und tiefere Lautfolgen am Boden und kurze »ätsch« oder »dschäd« mitunter beim Abflug. Hohe Rufe, wie »ziwitz« o.ä. auch im Herbst als Flugruf.

Verhalten. Dämmerungs- und nachtaktiv; Zug nachts; Nahrungssuche aber auch untertags in Deckung. Singflüge der ♂ in der Morgen- und Abenddämmerung abhängig von der Lichtintensität. Geräuschloser Abflug; im Suchflug langsam mit kurzen fast eulenartigen Flügelschlägen. Flughöhe der singfliegenden (»streichenden«) ♂ richtet sich z.T. nach der Helligkeit, aber auch nach dem Aufenthaltsort der ♀. Einzelgänger. Nach Freilandbeob. sollen ♂ revierbesitzend sein, doch radiotelemetrische Untersuchungen ergaben für singfliegende ♂ Areale von 43-132 ha mit erheblicher gegenseitiger Überlagerung. Balzflug der ♂ schon auf Heimzug, in ME bis Mitte Juli/Anf. Aug., oft mit je einem Höhepunkt am Anfang und gegen Ende der Balzsaison. Auf Brutvorkommen kann nur geschlossen werden, wenn ♂ über Mitte April hinaus balzen; während ♀ brüten sind Balzflüge auch außerhalb der Brutplätze zu beob. Singflug der ♂ dient dem Zusammenführen der Geschlechter, aber auch der Verteilung der brutzeitlichen Aufenthaltsräume; mehrere ♀ können aber in dem von einem ♂ kontrollierten Gebiet brüten. ♂ verpaaren sich mit bis zu 4 ♀. Paarbindung schwach. März/April häufig Paarflüge zu beob., doch auch Verfolgungsflüge zweier ♂. Bodenbalz mit hochgestelltem und gespreiztem Schwanz (weiße Schwanzspitzen mit Signalfunktion). Nahrungsplätze werden im Flug oder zu Fuß aufgesucht; Nahrungserwerb durch Auflesen, Stochern im Laub oder Sondieren. Außerhalb der Brutzeit einzeln, seltener zu zweit oder kleinere Trupps (bis 6 Ind.).

Fortpflanzung, Brutbiologie [1702,767,1369, 337,1719]. Geschlechtsreife bei ♀ regelm. im 2. KJ, bei ♂ im 3.; Paarbindung wohl nicht vorhanden; Promiskuität wird angenommen bzw. sukzessive Polygynie. **Ankunft am Brutplatz.** In D-BW in milden Wintern und Tieflagen ab Anf./Mitte Feb., Ø$_{52}$ 11.3. **Balz:** Abendliche Balzflugphasendauer nimmt Anf. März bis Jun. zu, dann im Juli absinkend. 5 d vor und nach Vollmond am intensivsten. **Nest.** Nest am Boden meist am Rande eines geschlossenen Baumbestandes, z.B. an Wegschneisen, Gräben und anderen Stellen, die den Anflug nicht behindern. Flache Mulde (12-15 cm Durchmesser, 2-5 cm tief) mit Material aus der nächsten Umgebung ausgelegt. Nestbau durch ♀. **Legebeginn.** Nur ausnahmsweise vor Mitte März, meist Mitte/Ende März; Gelege im Tiefland bis Juni, im Hochgebirge bis Anf. Aug. **Gelegegröße.** 4 Eier, abweichende Gelegegrößen selten; Ø GB$_{330}$ 3.84 bzw. GB$_{132}$ 3.9; D-BW$_{41}$ 40x4, 1x3. **Eier.** Gedrungen, seitlich für Limikoleneier relativ stark gewölbt (also nicht ausgesprochen kreiselförmig); Grundfarbe hell gelbbraun bis fast weißlich; hell lehmbraune Flecke verdichten sich meist am stumpfen Pol. **Brutdauer.** Brutdauer 21–24 d (Ø$_{7}$ 22.3); Legeintervall 1–2 d. Nur ♀ brütet. **Schlüpftermine.** In D-BW früheste 14.4., späteste 13.8. **Nestlings-/Führungszeit.** Küken müssen zunächst offenbar gefüttert werden; werden nach Schlüpfen bald aus näherer Nestumgebung weggeführt. Nur ♀ führt. Lufttransport von Jungen wiederholt einwandfrei beob.: Küken wird zw. die Läufe auf den Bauch geklemmt und mit gesenktem Schwanz gestützt. Doch auch Täuschung durch schwerfälligen Verleiteflug möglich. Kurze Strecken werden von Juv. ab 10 d geflogen, mit 1 Monat voll flugfähig; Führungszeit endet erst mit 5/6 Wochen. **Ende der Brutperiode.** In D-BW Juli/Anf. Aug., bei späten Bruten Extrem bis Mitte Sept. **Jahresbruten.** Meist 1, 2 möglich und z.T. wahrscheinlich, doch kaum sicherer Beleg. **Bruterfolg.** Schlüpfquote von Eiern GB$_{453}$ 64 %, Produktion 3.5 Juv./erfolgreiches Nest. In D-BW$_{159}$ 62 % Schlupferfolg.

Eimaße und -gewichte. L. 40.0-49.0 mm, B. 31.0-36.8 mm, Ø: 44.2 x 33.5 mm (n=100, GB), 44.2 x 38.8 mm (n=217, S.), 43.3 x 33.8 mm (n=99, Europa); Frischvollgew. 23-26 g; Schalengew. 1.15-1.60 g, $\varnothing_{194}$: 1.4 g.

Sterblichkeit, Alter. Br. GB 53 % im 1. J., später 42 %/J. [1760]; europaweit ca. 64 % im 1. Lebensjahr, später ca. 39 %/J. [1940,1941]; für fennoskandische Vögel z.T. höhere Werte ermittelt. Wintermortalität in F 1984/85–97/98 zw. 74 und 83 % in Abhängigkeit von der Witterung (stärker im N); Sterblichkeit der Vögel im 1. J. durchgehend 22 % höher als bei Ad. [3799]. Ältester Ringvogel ca. 12 1/2 J. **Generationslänge:** < 3.3 J. [383].

Mauser. Postjuvenile Mauser (Teilmauser) Ende Juli–Sept./Okt.; Körpergefieder, mehrere Flügeldecken, innerste AS und alle oder einige ST [767,1369,1580,1104]. • **Postnuptialmauser** (Vollmauser) vor allem Juli-Okt./Nov. (Dez.); HS-Mauser Mitte Juli-Sept., ♂ etwas früher als ♀ [767,1369,1356]. • **Pränuptialmauser** (Teilmauser) Feb.-Mai; umfasst Teile des Körpergefieders, z.T. einige Oberflügeldecken und mittlere ST [767,1369,1356].

Lymnocryptes minimus – Zwergschnepfe 05180

Lymnocryptes minimus (Brünnich 1764)

GB Jacksnipe (Jack Snipe) **F Bécassine sourde** **E Agachadiza Chica**

Taxonomie. Monotypisch.

Kennzeichen. [1784,221,1369,3615,3772; **Fotos** in Limic. **12**, 40, **14**, 255, **15**, 356, Brit. B. **92**, 59].

Maße. Gr.: 17-19 cm. Gew.: (28) 35-73 (106) g. Fl.spw.: 38-42 cm. Fl.l.: ♂ 10.5-11.9 cm, ♀ 10.5-11.5 cm [1369,3615].

Status. In ME regelm. Durchzügler, lokal meist nur einzelne bis wenige (selten > 20 Ind.); aus allen Teilen ME Winterbeob. bekannt, regelm. Überwinterer lokal u.a. in NL, A-V, D-BW, -BY, CH, H [203,4152,2438,1617,1944]. In PL vereinzelte Brutnachw. und -hinweise bis in jüngste Zeit [3871].

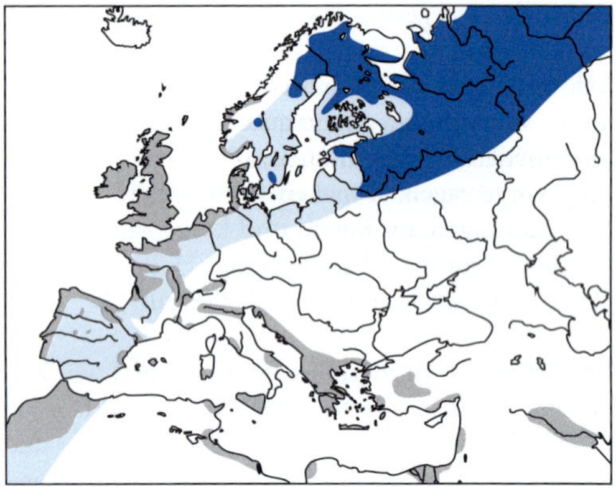

Lymnocryptes minimus – Zwergschnepfe

Verbreitung und Bestand. Boreal und subboreal verbreitet von NE-Europa bis E-Sibirien. In Europa Schwerpunkte in RUS und N-Fennoskandien; isolierte Populationen zudem in S-S., BY und baltischen Staaten. In ME möglicherweise nur noch sporadischer Brutvogel in wenigen Paaren in Biebrza-Sümpfen PL [1366], dabei Kenntnisse über dämmerungs- und nachtaktive Art in ME außerordentlich gering; einziger Brutnachw. aus neuerer Zeit in PL 1977 [1366]. (Zwei bis) vier Flyway-Populationen, westlichste von NE-europäischen Brutgebieten in Winterquartiere in W- und S-Europa sowie W- bis S-Afrika [4077]; Gesamtbrutbestand nach konservativen Schätzungen 25.000-100.000 BP [3240] bzw. 18.000-70.000 BP, leicht rückläufig [383,1507; vgl. 3718]; Populationen > 1.000 BP in FIN (10-15 T.), N. (1-5 T.), RUS (5-46 T.) und S. (2-4 T.) [383]. Schätzung des Winterbestands 12.000-74.000 Ind. [383; von Jagdseite aus Abschusszahlen hochgerechnet dagegen 2.5-3.0 Mio. Ind.: 1944].

Wanderungen. Kurz- und Langstreckenzieher. Winterquartier W- und NW-Europa, Mittelmeergebiet, Vorderasien, N-Afrika bis N-Tropen Afrikas von W-Afrika bis Sudan, Tanzania; ferner S-Asien (z.B. Vorderindien). Einzelne Winterausharrer in Gebieten zw. Jan.-Isothermen +2.5°/–2.5°. Zahlen wegen versteckter Lebensweise kaum bekannt; Ringfunde deuten Breitfrontzug WSW/SSW über Europa an, z.B. Dz. in N.–GB, F, E., P; S.–GB, IRL; FIN–DK, GB; NL, D, B–MA etc.; Funde im E z.B. GB, CS, D–RUS bis 44° E, 1mal D-RP–Senegal [1687; Ringfunde GB/IRL:4064]; auch Hinweise auf SE-Komponenten (z.B. GB–TN, D–GR). Wegzug von Brutplätzen ab (Juli) Aug.; in ME erste ab Juli, eigentlicher Wegzug frühestens ab Ende Aug., Höhepunkt meist erst im Okt.; bis Mitte Dez. Beob. noch normal; wirkliche Überwinterung wie auch Verweildauer und genauere Zeitangaben des Dz. oft schwer zu ermitteln. Rückzug mitunter bereits ab Ende Jan. in ME, Hauptdz. ab Ende Feb./ Anf. März bis etwa Anf. Mai; Verlauf stark witterungsabhängig.

Bestandsentwicklung. Zum Brutvorkommen der Zwergschnepfe in ME bisher überwiegend zweifelhafte Angaben [1369], daher über langfristige Bestandsentwicklung kaum Aussage möglich. Analog Entwicklung anderer Arten mit ähnlichen Lebensraumansprüchen starker Rückgang ab 19. Jh. [1507], damals auch weiter verbreitet als heute. Einzige bekannte regelm. Brutvorkommen in PL, D-NI (nur 2 Brutbelege 1925 und 1928), -BB (1912) und -SH jedoch spätestens in 1930er J. erloschen; Arealverschiebung nach NE [1369,337,1,q6], z.T. aus klimatischen Ursachen (?) [3253,1944]. Rezent an mehreren Standorten in PL gelegentlich Brutverdacht in den Biebrza-Sümpfen (z.B. balzende ♂ 1998-2000) sowie zwei Brutnachw. 1977 [1366,3871].

	Best.	Areal	Brut'bestand'	Jahr	Quelle
PL	↕	=	0–3	1999	[383]

Bestandsabnahmen auch aus Entwicklung regionaler Überwinterungsbestände oder Durchzüglerzahlen erkennbar, allerdings große Unsicherheiten aufgrund möglicher Verlagerungen [3892,1507,1617,2156; auch 1719]; Abnahme sicher in GB und DK [1507]. Auf Basis weniger neuerer Daten Winterbestände in Europa seit 1970er J. insgesamt möglicherweise stabil [3892,3615,823], gebietsweise auch zunehmend, z.B. einige Probeflächen in NL (und Jagdstatistiken in NL und F) [1944].

Siedlungsdichte. Wegen Erfassungsproblemen ziemlich ungenau. Für Taiga RUS Angabe von 1.6 BP/km², Übergangsmoor in S. 1.9 BP/km², nach Transektzählung 0.07 BP/km² in Niedermoor N. [1507].

Gefährdungsfaktoren [3892,1507,3615,196, T. Fox]. Vor allem Lebensraumverlust (vgl. dazu Doppelschnepfe); auch viele Rastplätze sehr gefährdet bzw. zerstört.
Direkte Verfolgung, vor allem in F [jährliche Abschusszahlen in Europa von Olivier 2001, zit. in 1944] auf 120.000-150.000 Ind. beziffert (zum Vergleich: 1.5 Mio. Bekassinen/J.).
Störungen in Brut-, Rast- und Überwinterungsgebieten.
Klimatische Ursachen.

SPEC	VSchRL	Bern.Konv.	Bonn.Konv.
3	II-1, III-2	Anh. III	Anh. II
Europ. RL	**RL in ME**		
--	PL: 'CR'		

Schutzmaßnahmen. Intensiver Habitatschutz (vgl. Doppelschnepfe). Verbesserung der Kenntnisse über Ökologie, Vorkommen und Bestandsdynamik. Reduktion der jagdlichen Verfolgung (bes. in F).

Biotop. Br. in großen Mooren oder nassen Wiesen. Rastplätze Flachmoore, feuchte bis nasse Wiesenflächen, Randgebiete von Verlandungszonen mit Seggen-, Rohrkolben- und Schilfbeständen, mehr oder weniger spärlich bewachsene Schlick-, Schwemm- oder Ruderalflächen, mitunter in Uferstreifen von Wasserläufen; im Winter oft auf sehr kleinen Flächen konzentriert, z.B. Quellsümpfe, Wiesengräben, vernässte Stellen auf Viehweiden etc., bevorzugt deutliches Mikrorelief mit Deckungsmöglichkeiten.

Nahrung. Kleintiere und Sämereien von Bodenoberfläche oder aus den obersten Bodenschichten.

Stimme. Fliegt oft stumm auf, doch auch sehr gedämpft »ätch« ähnlich Bekassine, auch kurz »gäg« o.ä. Während des Ausdrucksfluges rhythmisches »logeditokk-logetitokk«, nicht weit hörbar, ähnelt weiter entfernt galoppierendem Pferd. Wahrscheinlich ♀ summendes, fast krähenartiges »grrrrrrr«.

Verhalten. Vorwiegend dämmerungsaktiv; Zug nachts. Fledermausartiger Flug. Ruht gut versteckt in kleinen Bodenvertiefungen. Zur Brutzeit Einzelgänger. Im Brutgebiet komplizierter Ausdrucksflug: Aufstieg bis 50/60 m, horizontal geradeaus, in Kreisen oder in Bögen, Sturzgleiten (45/50°) und nicht wieder zur vollen Ausgangshöhe zurückführendes Steiggleiten, meistens anschließend kurzer Wellenflug; während Sturzgleiten Balzgesang. Auf Rastplätzen Fluchtdistanz meist sehr gering; oft fliegen Ind. erst unmittelbar vor dem Beobachter auf; bei Gefahr Sichdrücken und Kauerstellung. Außerhalb der Brutzeit üblicherweise Einzelgänger.

Fortpflanzung, Brutbiologie [767,1369,337]. Möglicherweise monogame Saisonehe. **Nest.** Nest ist bis 5 cm tiefe, spärlich ausgekleidete Mulde auf feuchtem bis nassem Boden, oft gut versteckt in niedriger Vegetation (oft Zwergsträucher). **Legebeginn.** Am S-Rand ab Ende April/Mitte Mai, Fennoskandien Mitte/Ende Mai; späteste Gelege im Juli. **Gelegegröße.** 4 (seltener 3) Eier. **Brutdauer.** Mind. 24 d; offenbar brütet nur ♀. **Jahresbruten.** 1; 2 werden gelegentl. vermutet.

Eimaße und -gewichte. L. 35.0-44.5 mm, B. 25.5-30.0 mm, Ø: 37.7 x 27.6 mm (n=213, S./FIN), Ø_{136}: 38.6 x 27.4 mm; Frischvollgew. ca. 14 g; Schalengew. 0.56-0.74 g, Ø: 0.67 g.

Sterblichkeit, Alter. Ältester Ringvogel (GB) 10 J. [3654]. **Generationslänge:** < 3.3 J. [383].

Mauser. **Postjuvenile Mauser** (Teilmauser) wenig bekannt, vermutlich Aug.–Okt. und während Wegzug beendet [1356,1580]. • **Postnuptialmauser** (Vollmauser) Großgefiedermauser meist vor Zugbeginn abgeschlossen, Juli–Aug. (Okt.); Körpergefieder bis Ende Okt. erneuert [767,1369,2048]. • **Pränuptialmauser** (Teilmauser) Jan./Feb.–Mai im Winterquartier und während Heimzug [767,1369,1356]; umfasst auch einzelne mittlere ST [2048].

Gallinago media – Doppelschnepfe 05200

Gallinago media (Latham 1787)

GB **Great Snipe** F **Bécassine double** E **Agachadiza Real**

Taxonomie. Monotypisch.

Kennzeichen. [2706,2727,221,1369,3615,3772; **Fotos** in Limic. **16**, 91-93, Dutch B. **17**, 110/111, **20**, 151, **26**, 266, Bird. W. **3**, 54-59, **7**, 309, **9**, 348, 359, **17**, 198].

Maße. Gr.: 27-29 cm. Gew.: (140) 150-225 (260) g. Fl.spw.: 47-50 cm. Fl.l.: ♀,♂ 13.9-15.1 cm [1369,3615].

Status. Brut- und Sommervogel in NE-ME. Außerhalb der Brutgebiete in ME seltener, z.T. regelm. Durchzügler in kleinen Zahlen, z.B. D-BB, CZ, SK. (viell. H) [1,2159,2438,3615], sonst (insbes. neuerdings) sehr unregelm. und Ausnahmegast [1722,1680,277]. In NL von 1977-98 nur 16 Nachw., danach 6 mal (Max. Aug-Sept.) [277], in D ohne -BB noch seltener [575; dort aber allj.:1]. Gelegentliche Frühjahrsbalz in Durchzugsgebieten, z.B. D-BB [1491]. Überwinterungen in ME wohl nur in früherer Zeit [z.B. NL:277]

Verbreitung und Bestand. Brutvogel der borealen Wald- und Tundra- (im 19. Jh. auch gemäßigte) Zone Eurasiens in Skandinavien sowie in geschlossenem Areal von Baltikum bis Zentralsibirien (Jenissej), im S an Wolga bis etwa 51° N, im N bis 70° N (in N. 70°30'N). Brutbestand in Europa etwa 62.000-170.000 BP (leichter Rückgang), weitgehend auf RUS (50-140 T.) sowie BY (4.6-6 T.) und N. (5-15 T.) konzentriert [383]. Im SW des Areals bis E-ME, wo mit 750-850 BP nur noch in Zentral- und E-PL [1585,1366]. Zwei Flyway-Populationen mit Brutgebieten in (1) Skandinavien bzw. (2) NE-Europa/W-Sibirien und Wintergebieten in Afrika S Sahara, bei Beständen von 18.000-51.000 (1, stabil) bzw. 0.1-1.0 Mio. Ind. (2, wohl abnehmend) [4077,823,3718].

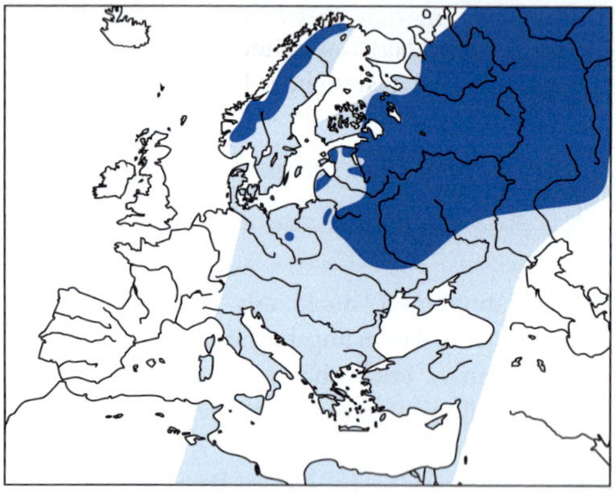

Gallinago media – **Doppelschnepfe**

Wanderungen. Langstreckenzieher; Winterquartier S Sahara bis S-Afrika. Offenbar Breitfrontzug in Hauptrichtung SW bzw. im E zunächst S, dann W; nach E-Afrika wohl vor allem über Vorderasien. Im Hochland von Äthiopien Aug./Mitte Okt. geschätzt 10 Mio. Ind. [2506]. Abzug von N Brutplätzen ab Anf. Aug.; Hauptdz. in Baltikum und E-ME Aug./Sept., Beginn ab Juli, Nachzügler bis Ende Okt., weiter im W auch einzelne Nov.-, Dez.- und in NL früher sogar Jan.-Daten; in GB auch von Dez.–Feb. festgestellt. Heimzug April/Mai, einzelne im März bekannt. Im S Ankunft an Brutplätzen Ende März/Anf. April, im N nicht vor Mai. Ringfunde z.B. RUS–Nigeria, Rep. Kongo, Zaire und Frühjahr I, RO; FIN–Namibia (Juli des Folgejahres); einige scheinen in Afrika zu übersommern; Brutplatztreue offenbar sehr hoch.

Bestandsentwicklung. Noch im 19. Jh. in N-D/PL Tiefebene sowie weiteren Gebieten ME und N-Europas weit verbreitet. Ab Mitte 19. Jh. drastischer Bestandseinbruch und schon 1902 Erlöschen der Population in DK [1369], bis 1930er J. vollständiges Erlöschen der Vorkommen in D [letzte Brutnachw. in -HB 1902, in -BB etwa 1910, in -NW 1911, in -NI 1926, in -SH 1931, in -MV in 1930er J.:1369,196,q6]. Nach anhaltendem Bestandsrückgang ab 1970er J. fast völliges Erlöschen in FIN, LT und LV, in weiten Bereichen UA. sowie in W- und S-RUS [196,3892,1507], ebenso in vielen Niederungsgebieten W-PL [1369,3892]. Nur in Biebrza und anderen noch weitgehend unzerstörten Flussniederungen M- und E-PL noch bedeutende Populationen mit insgesamt etwa 700-800 ♂, aber ebenfalls z.T. abnehmendem Trend (z.B. Narew-Gebiet) [3867,3892,1366,3871]. Rückgang in E-Europa weiterhin dramatisch [1585,382,1507].

	Best.	Areal	Brutbestand	Jahr	Quelle
PL	↓	- 1	750–850	2000–2002	[383,1366]

Siedlungsdichte. In Optimalhabitaten z.T. sehr hohe Dichten. Im Zentrum der skandinav. Brutpopulation Dichten von 70-130 balz. ♂ auf 6 km^2 beobachtet, in der Taiga beim Pechora RUS 6 Ind./km^2, großräumig dort aber nur 0.4 BP/km^2 [1507].

Gefährdungsursachen [1369,3867,3892,196,382]. Lebensraumverlust durch Trockenlegung und Zerstörung der Überschwemmungsflächen, Moore und Feuchtgebiete, Verlust und Umbruch von Extensivweiden und Wiesen sowie Ausbau und Begradigung von Flüssen oder Aufstau zu Speicherseen entscheidend. Dazu spätestens ab 1970er J. zunehmende Mechanisierung der Landwirtschaft, Überdüngung, Aufgabe extensiver Weidewirtschaft, mehrfache Mahden sowie massiver Einsatz von Umweltchemikalien.
Direkte Verfolgung durch Jagd in E-Europa und auf Zug; ehemals auch Eiersammeln.
Störungen durch Freizeitnutzung und Tourismus.

SPEC	VSchRL	Bern.Konv.	Bonn.Konv.
1	Anh. I	Anh. II	Anh. II
Europ. RL	Globale RL	RL in ME	
--	**NT**	D:'**RE**', PL:'VU'	

Schutzmaßnahmen. Intensiver Gebietsschutz in extensiv genutzten Feuchtgrünländern, Flussniederungen und Niedermooren sowie Flächenkauf. Aufgabe der Drainage von Überschwemmungsflächen; bessere Anpassung der Mahdtermine an Brutzeit. Erhebliche Einschränkung der Bejagung in E-Europa sowie in Durchzugs- und Überwinterungsgebieten. Verstärkte Schutzbemühungen auf internationaler Ebene.

Biotop. Br. überwiegend im borealen Bereich, in feuchten bis nassen Mooren und Feuchtwiesen (Balzarenen), die auch mit Büschen und Bäumen bestanden sein können, auch vernässte Kahlschläge und Lichtungen sowie über der Baumgrenze in der Fjällregion (N.). Als Dz. einzeln auch an Bekassinenrastplätzen, in Sümpfen und Marschen.

Nahrung. Überwiegend Regenwürmer, auch andere kleine, terrestrisch Wirbellose und Vegetabilien (vor allem Samen von Röhrichtpflanzen).

Stimme. Außerhalb der Brutzeit weniger ruffreudig als Bekassine; im Abflug selten gedämpft guttural »rhäb«, »schrt« o.ä. Gesang im Chor am Balzplatz aus 4 verschiedenen Lautfolgen: zunächst wie Gezwitscher, rasche Folge hoch zwitschernder »bibbelibibi…« mit Übergang zu geräuschhafteren »klick«- oder »knek«-Lauten, die sich beschleunigen (»Knebbern«), das dann tiefer wird, um erneut anzusteigen, an Geschwindigkeit und Lautstärke zunehmend. Anschließend gedämpftes Trommeln; Strophe endet mit langgezogenem »wiiie«; zwischen den Strophen auch dumpfe »orrorrorr«.

Verhalten. Dämmerungsaktiv, Zug offenbar nachts. Auf dem Zug Einzelgänger, Nester z.T. nahe beieinander. Balz auf kollektiven Arenen, auf denen einzelne ♂ sehr kleine Territorien verteidigen. Ein Teil der ♂ ist jedoch nicht territorial. Keine Paarbindung, promiskes Paarungssystem. Nur territoriale ♂ scheinen zur Kopulation zu kommen; Kopulationen meist auf gemeinsamen Balzplätzen (Balzarena). ♀ scheint ältere territoriale ♂ zu bevorzugen. Balzplätze sind meist am Abend aktiv und werden von ca. 10–20 ♂ besucht. Gesang wird am Boden unter charakteristischen Haltungen vorgetragen, mehr an die benachbarten ♂ gerichtet als an ♀. Außerhalb der Brutzeit und am Zug einzeln oder sehr kleinen Trupps.

Fortpflanzung, Brutbiologie [767,1369,337]. Eintritt Geschlechtsreife unklar. Wahrscheinlich keine Paarbindung. **Nest.** Nest bei nassem Untergrund meist erhöht, vorzugsweise gut gedeckt. **Legebeginn.** S-Rand ab Mitte Mai, im N nicht vor Ende Mai/Anf. Juni. **Gelegegröße.** 4 Eier (selten 3-5). **Brutdauer.** 22-24 d, nur ♀ brütet. **Jahresbruten.** 1 (2 Bruten nicht bewiesen). **Nestlings-/Führungszeit.** Juv. nach 21-28 d flügge.

Eimaße und -gewichte. L. 41.2-48.8 mm, B. 29.5-33.3 mm, $\varnothing_{100}$: 43.4 x 31.9 mm; Frischvollgew. Ø: 23.2 g; Schalengew. 0.90-1.32 g, Ø: 1. 51 g.

Sterblichkeit, Alter. **Generationslänge:** < 3.3 J. [383].

Mauser. **Postjuvenile Mauser** (Teilmauser) Aug./Sept.–Nov./Dez. nach Wegzug [767,1369,3253]. • **Postnuptialmauser** (Vollmauser) Körpergefieder z.T. ab Juli im Brutgebiet; Schwingenmauser bei einigen bereits im Okt. beendet (vor allem ♂), größtenteils aber Unterbrechung und Abschluss erst im Winterquartier (Jan.–April) [767,3253]. • **Pränuptialmauser** (Teilmauser) Feb.–Mai, teilweise während Heimzug; einschließlich mehreren Hand- und Mittleren Armdecken, Steuer- und einigen Schirmfedern [767,1369].

Gallinago gallinago – Bekassine 05190

Gallinago [gallinago] gallinago (Linnaeus 1758)

(GB) Common Snipe (F) Bécassine des marais (E) Agachadiza Común

Taxonomie. Zwei UA: *faeroensis* (C.L.Brehm 1831) (IS, Färoer, Orkney, Shetland) und *gallinago* (Linnaeus 1758) (restliche Paläarktis). Bildet Superspezies mit mehreren, vor allem im Balzverhalten und assoziierten Lautäußerungen und Federstrukturen, deutlich differenzierten Arten: *G. delicata* (Ord 1825) (N-Amerika), *G. paraguaiae* Vieillot 1816 (S-Amerika), *G. andina* (Taczanowski 1875) (Hochanden), *G. nigripennis* Bonaparte 1839 (E- bis S-Afrika) und *G. macrodactyla* Bonaparte 1839 (Madagaskar).

Kennzeichen. [221,1369,3615,3772,1784; **Fotos** in Dutch B. **21**, 279-282, Bird. W. **12**, 371-374; Unterscheidung *G. gallinago* und *G. delicata* (mit Fotos, Farbzeichnungen):397,398, vgl. auch Bird. W. **8**, 179-190, **11**, 382-285, **12**, 56-61, 374, Brit. B. **92**, 59].

Maße. Gr.: 25-27 cm. Gew.: (72) 80-140 (181) g. Fl.spw.: 44-47 cm. Fl.l.: ♀,♂ 12.9-14.0 cm [1369,3615].

Status. Brut- und Sommer- oder Jahresvogel, Teilzieher. In ME regelm. Durchzügler und Gastvogel

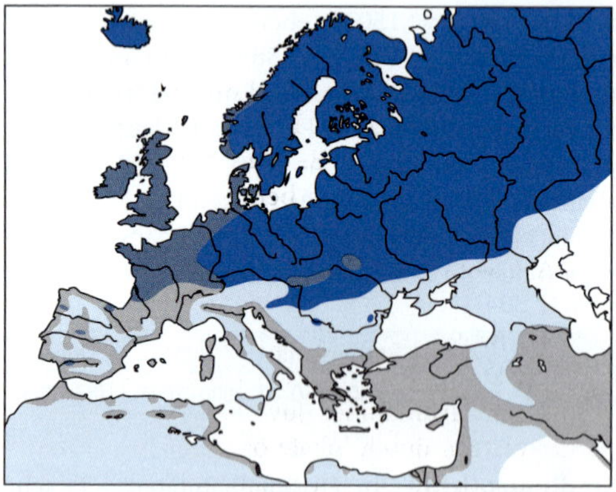

Gallinago gallinago – **Bekassine**

an geeigneten Raststellen [in NL nach Schätzungen bis 250.000 Ind.:375] und allj. lokaler Überwinterer (in milden Wintern große Zahlen, z.B. NL bis 25.000 Ind.) [375]. Im Binnenland Konzentrationen > 500 Ind. selten [337].

Verbreitung und Bestand. Über Eurasien von IS bis Kamtschatka verbreitet. In Europa Nominatform mit Gesamtbestand von etwa 0.93-1.90 Mio. BP (leicht rückläufig) [383] bzw. 2.4-3.9 Mio. Ind. [3718]; Populationen > 50.000 BP in BY, FIN, IS, N., RUS, S. und GB [383]. In ME ursprünglich flächendeckend mit Schwerpunkten in NL/D/PL-Tiefebene, Vorkommen aber bis ca. 900 m, ausnahmsweise > 1000 m. Bestand in ME etwa 24.000-45.000 BP [1585, erg.]. Mehrere Flyway-Populationen, davon Europäischer Flyway von Brutgebieten N-Europas und ME bis W- und S-Europa und W-Afrika, mit 2.4-3.9 Mio. [3718] oder > 10 Mio. oder 4.8-32.2 Mio. Ind. [4077,823].

Wanderungen. Überwiegend Kurzstrecken-, z.T. auch Langstreckenzieher; im W des Areals auch Standvogel. Winterquartier NW-, W- und S-Europa, Mittelmeergebiet, Vorder- und S-Asien, N-Tropen W-Afrikas, in E-Afrika bis S des Äquators. Winterausharrer in IS, W-N., DK und D, regelm. Bod. [1617]. Weiteste Ringfunde von Dz. D-BY–Senegal, DK–Senegal, Tschad; Juv. S.–Guinea-Bissau. Br. GB/IRL bleiben größtenteils im Land, jedoch auch Funde in F, E., P, und Fernfunde bis Azoren, MA, FIN [4064]. Auf dem Kontinent Breitfrontzug mit Verdichtung an Küsten WSW/SSW. Dz. Fennoskandiens stammen großenteils aus NE und ziehen über N. z.T. nach GB, z.T. in Nordseeraum, über FIN/S. nach DK, Nordseeküste nach NW-F und von dort über Land an Mittelmeerküste bzw. nach E./P (und wohl z.T. bis NW-Afrika). Dz. in B stammen aus N- und E-Europa (bis 48°E nachgewiesen), Weiterzug bis GB, E., MA [Details in 852]. Winterfunde durch Binnenland ME ziehender reichen von NW-F, E., Maghreb bis I; ähnlich auch DK. Als nichtflügge beringt (Nov./Feb.) z.B. FIN–DK, I, GB, F; N./S.–F; N-D–F, GB, MA; NL–F, E., MA; CS–ehem. YU, E. [Ringfunde Europa:1653; D:3042,3041,3043; S.:3701, GB/IRL:4064]. Wegzug von Brutplätzen N-Europas ab Juli, ab Mitte Juli in N-D zunehmend (z.B. an Mauserstationen), bereits sehr früh hoher Juv.-Anteil; Einzelheiten an Rastplätzen durch lokale ökologische Situation sehr unterschiedlich! Oft mehrere Dz.-Wellen bis Ende Okt./Nov., Nachzügler bis Dez. Ab Okt. Einzug im Maghreb. Heimzughöhepunkt im Mittelmeer März; in ME wegen geringerer Rastneigung Frühjahrszahlen im Allg. niedrig, ab Ende Feb./ Anf. März bis Anf. Mai. Starke zeitliche und räumliche individuelle Variation des Wegzuges; einzelne Nachweise von Geburtsortstreue.

Bestandsentwicklung. Bestandsangaben wegen Erfassungsproblemen und sehr unterschiedlichen Erfassungsgraden sowie großer Schwankungen in Abhängigkeit von Bodenfeuchtigkeit und Überschwemmung im Frühjahr unsicher [1369,196, zur Methodik:451].
In gesamten ME Binnenland im 20. Jh. z.T. drastischer Bestandsrückgang meist infolge von Entwässerung und Biotopzerstörung [843,965, 1369,3393,196,3892,3615,1507]. In der Folge lokal schon in 1970er J. über 75% des Ausgangsbestandes verschwunden [1369].

	Best.	Areal	Brutbestand	Jahr	Quelle
A	↓	- 1	80–120	1998–2002	[383]
B	⇩	- 2	58–90	1995–2002	[383]
CH	⇩	- 2	0–3	1993–1996	[383]
CZ	⇩	- 2	500–800	2000–2002	[383]
D	⇩	- 2	6.200–9.800	1995–1999	[383]
FL	⇩	- 2	0–5	1998–2000	[383]
H	+/-	=	300–500	1998	[383]
NL	⇩	- 2	1.200–1.500	1998–2000	[383]
PL	+/-	=	15.000–30.000	2000–2002	[383]
SK	↓	- 1	100–250	1990–1999	[383]

Bestandsrückgang und Arealschwund auch nach 1970er J. anhaltend und gebietsweise verstärkt. Bis Anf./Mitte 1990er J. erneut Rückgänge in weiten Teilen ME bis 50% [1719,196,1507] oder mehr [1617, 4043,196;2568,451,2811]. In D-SH (wichtigstes Brutgebiet D) von 1970-2000 Einbruch um über 90% von 10.000-15.000 BP auf ca. 1.200 BP [196,204,310]; in NL seit 1960er J. regional Rückgänge zwischen 35 und 90% [196,3638,1144], dabei Gesamtbestand von 5.500 BP (1975) bis Ende 1990er J. auf ein Viertel abgesunken [3638]. Gleichzeitig brach Mausertrad. zusammen [Verlagerung nach GB:375]. Dabei Rückgänge auch in Gebieten mit unverändert guten Lebensbedingungen.
Einige Populationen zwar bis 1980er J. stabil oder lokal – wegen Schutzmaßnahmen – wieder angewachsen [z.B. im Bereich Nordsee, am Nrh., Bod. und in A-Nö:196,310,3871,1722,1732; auch in FIN:1507], doch inzwischen auch hier oft ebenfalls (starke) Abnahmen [z.B. 1617,196,1507,310]. Nach Vernässungsmaßnahmen in manchen Schutzgebieten D-SH und -BW allerdings anhaltende Zunahmen (z.T. auf früheres Niveau) [310,2749,2432], andererseits Erlöschen der Populationen auf unbearbeiteten Kontrollflächen [310]. Immer häufiger sind stabile Populationen auf Schutzgebietsflächen konzentriert [1617,1719,4175,1507,3638,310 etc.]; nur in E-ME (H, Niederungsgebiete in Zen-

tral- und E-PL) und E-Europa (RO, RUS, BY) sowie einigen skandinavischen Regionen derzeit längerfristig stabil [1585,3615,3871]; allerdings auch Rastbestände in Teilen ME mit rückläufigem Trend [vgl. 2811].
In S-ME nach drastischem Arealverlust inzwischen regional oft nur noch isolierte Vorkommen [196], in CH seit 1992 nicht mehr regelm. Brutvogel [3393,3392], im Elsaß F seit 1988 [1722], in L seit Mitte 1990er J. verschwunden [2407].

Siedlungsdichte. In N-Fennoskandien bis zu 6-7 BP/km^2, im S meist weniger, lokal an Küste FIN aber bis zu 20-40 BP/km^2. In NL großflächig bis 10 BP/km^2, auf kleinen Optimalflächen max. 50-80 BP/km^2, ähnliche Werte in sehr feuchten Senken der Biebrza PL (59-80 BP/km^2) [1507].

Gefährdungsursachen [1722,1369,1719,196,2541, 1302,451]. Lebensraumverlust durch Grundwasserabsenkung oder Entwässerung und Zerstörung von Überschwemmungsflächen, Mooren und Verlandungszonen, Melioration und Ausräumung der Landschaft (besonders der wasserständigen Kleinlebensräume), Grünlandumbruch, Aufforstung von Mooren, Nutzungsaufgabe (dadurch »Verfilzung« der Wiesen), Folgen des Kiesabbaus, Torfabbau sowie Ausbau und Begradigung von Flüssen oder Aufstau in Speicherseen und Eindeichung. Ferner zunehmende Mechanisierung der Landwirtschaft, Verbauung, Überdüngung, Aufgabe extensiver Wiesen- und Weidebewirtschaftung (insbesondere Herbstmahd), sehr frühe Mahdtermine sowie Verwendung von Umweltchemikalien.
Direkte Verfolgung durch Jagd auf Zug und in Überwinterungsgebieten. Jährliche Abschusszahlen in Europa 1.5 Mio. Ind. [1944], davon allein in F 680.000 [2187].

SPEC	VSchRL	Bern.Konv.	Bonn.Konv.
3	II-1, III-2	Anh. III	Anh. II
Europ. RL	RL in ME		
--	CH: **'RE'**, A,D,L,FL:'CR', CZ, NL:'EN', SK:'NT'		

Gelegeverluste durch frühe Mahd und Ernte, maschinelle Bearbeitung, Viehtritt.
Lebensraumverlust in Rast- und Überwinterungsgebieten.
Freileitungs- und Verkehrsopfer; Störungen durch Freizeitnutzung.
Natürliche Ursachen: Klimaerwärmung.

Schutzmaßnahmen. Maßnahmen der Lebensraumgestaltung und -pflege bzw. Renaturierung potentieller Bruthabitate in geeigneten Bereichen gebietsweise sehr erfolgreich.
Im Binnenland: Intensiver Schutz und rechtliche Sicherung intakter, extensiv genutzter Feuchtgrünländer, Flussniederungen und Moore; Verzicht auf Drainage von Überschwemmungsflächen oder anderer Eingriffe in den Wasserhaushalt von Feuchtgebieten; Wiedervernässung ehemaliger Feuchtwiesen, Anlage von Flachteichen, Renaturierung von Hochmooren; Vernetzung von Bruträumen (Verhinderung der Isolation). Herausnahme von Grenzertragsböden und Niedermooren aus Intensivnutzung; Habitatpflege einschließlich Verhinderung von Sukzession (z.B. Entbuschung) durch extensive Nutzung und Mahd; bessere Anpassung der Mahdtermine an Brutzeit.
Erhebliche Reduktion der Jagd in Durchzugs- und Überwinterungsgebieten.
An der Küste: Förderung der Kurzgrasigkeit durch Vernässung (und Sedimentablagerung) auf küstennahen Flächen sowie Aufrechterhaltung extensiver Beweidung oder Heumahd; Reduzierung der Drainage sowie des Nährstoffeintrages.

Biotop. Br. auf ± nassen/feuchten Flächen mit z.T. dichter, Deckung spendender, aber nicht zu hoher Vegetation (Einzelbäume werden geduldet), z.B. Hoch- und Flachmoore, Feuchtwiesen, landseitige Teile von Verlandungszonen, extensiv beweidetes Marschland, kleine sumpfige Stellen im Kulturland, selten lichte Erlenbrüche, Pappelforste und nasse Kahlschläge [1137]. Nahrungsbiotop kann abseits der Brutplätze liegen. Rastplätze vor allem Schlammbänke und Seichtwasserzonen bis 10 cm Wassertiefe mit nicht zu dichter Vegetation und weichem Boden; Vegetation zur Deckung muss zumindest in der Nähe sein, einzeln auch an Wasserlöchern, Wiesengräben, vorübergehenden Feuchtstellen, auch Rieselfelder, Speicherbecken und Reisfelder. Im Winter Ausweichbewegungen an die Küste.

Nahrung. Kleintiere der oberen Bodenschichten oder der Bodenoberfläche, z.B. kleine Schnecken, Crustaceen, Regenwürmer, schlammbewohnende Insektenlarven und aufgelesene Insekten-Imagines. Pflanzlicher Anteil nicht unbedeutend, besonders Samen und Früchte von Seggen, Binsen, Kräutern.

Stimme. Beim Abflug oft nasal und gedämpft »ätch«. Gesang besonders während der Brut-

zeit ♂ und ♀ am Boden, erhöht sitzend oder im Flug im Stakkato langanhaltendes, an- und abschwellendes»tük-ke«, oft gereiht und dann in »djugg«-Reihen übergehend. Während des Fluges Instrumentallaut Meckern (»Himmelsziege«): Wellenförmige Flugbahn; in der Abgleitphase (45–90°) geraten die abgespreizten äußeren ST in Schwingungen; Kontrolle des auf die sich auch leicht drehenden ST treffenden Luftstroms besorgen die abgespreizten Flügel, die den Luftstrom öfters kurz unterbrechen und damit das tremulierende Geräusch erzeugen. ♀ meckern kürzer und wesentlich seltener als ♂. Unterschiede im Meckern zw. *gallinago* und *delicata* [Sonagramme:3829,1784,2624,3050]

Verhalten. Tag- und nachtaktiv mit Gipfel in der Dämmerung. Schneller Flug, bei Gefahr mit Zickzackwendungen. Hochspezialisierter Sondierer, der die Nahrung im Boden taktil wahrnimmt; biegsamer Oberschnabel. Zur Brutzeit territorial. ♂ kommen ca. 2 Wochen vor ♀ im Brutgebiet an. ♀ kopulieren mit mehreren ♂ nach der Ankunft im Brutgebiet. Verpaaren sich dann mit einem ♂. Beide Eltern sind für Jungenaufzucht notwendig. Der Ausdrucksflug mit »Meckern« dient der Reviermarkierung, ist aber wohl auch sexuell motiviert. Bei Gefahr Einknicken in den lntertarsalgelenken und »An-den-Boden-Drücken« unter Ausnutzung von Deckung (»Schreckstellung«). Am Nest oder bei Jungen Verleiten mit Auf- und Abklappen und gleichzeitigem Spreizen des Schwanzes. Außerhalb der Brutzeit gesellig.

Fortpflanzung, Brutbiologie [767,1369,337, 1719]. Geschlechtsreife wohl meist im 1. Lebensjahr. Monogame Saisonehe, doch offenbar nicht nur zu Beginn der Brutzeit Begattung fremder ♀. **Ankunft am Brutplatz.** Bod. Anf.–Mitte März, gelegentlich aber früh Balzende bereits ab Mitte Feb. **Nest.** Reviergründung ♂, Nistplatzwahl ♀. Nest auf ± nassem bis feuchtem Untergrund im Gras, zwischen Zwergsträuchern etc. gut versteckt, auch erhöht auf einer Bülte (GB_{518} 34 % in Binsen, 55 % in anderen Gräsern, 11 % in sonst. Vegetation); gut ausgebildete Mulde mit dürrem Pflanzenmaterial ausgekleidet; Nestbau wohl ♀. **Legebeginn.** In ME frühestens Ende März/Anf. April, Höhepunkt Ende April/Mai. Br. IS Ende Mai. **Gelegegröße.** (2–)4 (5) Eier, Ø z.B. GB_{284} und CS_{114} je 3.89; D-BW_{28} 3.7. Legeintervall 1 d. **Eier.** spitzoval; Grundfarbe grau, grünlich oder rötlichbraun; schwach sichtbare graue und deutliche rötlich- bis schwarzbraune Flecken, vorwiegend auf der dickeren Eihälfte. **Brutdauer.** 18–20 d; ♀ brütet, ♂ bleibt in Nestnähe. **Schlüpftermine.** Für D-BW errechnet 8.5.–6.8. **Nestlings-/Führungszeit.** Junge verlassen am 1. Tag das Nest, müssen zunächst gefüttert werden; mit 19/20 d etwas flugfähig, voll flügge mit 4-5 Wochen. Beide Geschlechter führen die Jungen, Teilung der Familie kommt regelm. vor. Kükentransport mit Schnabel gegen die Unterseite gedrückt ist mehrfach nachgewiesen. **Ende der Brutperiode.** In D-BW meist Juni/Juli, extrem bis Ende Aug. **Jahresbruten.** 1; Ersatzgelege. **Bruterfolg.** GB_{234} Schlüpferfolg 2.2 Junge/Gelege bei 41 % Totalverlusten. Schlupferfolg von 669 Eiern in 172 Nestern: 3.2 pro Nest und 3.5 pro erfolgreiches Nest. In D-BW_{11} Schlüpferfolg 60 %.

Eimaße und -gewichte. L. 35.0-44.0 mm, B. 25.3-30.9 mm, Ø: 39.3 x 28.6 mm (n=100, GB), 40.2 x 28.5 mm (n=92, ME); Frischvollgew. ca. 17 g; Schalengew. 0.7-1.0 g, $Ø_{250}$: 0.83 g.

Sterblichkeit, Alter. Für Dz. B ca. 52–57 %/J., DK 47 %, GB 52 % [852]. Ältester Ringvogel (GB) 18 J. 3 Monate [3654]. **Generationslänge:** < 3.3 J. [383].

Mauser. Postjuvenile Mauser (Teilmauser) Juli/Aug.–Dez. (Jan./März), im Winterquartier beendet; Körpergefieder, Rand- und Mittlere Armdecken, Schirm- und Steuerfedern [767,1369,3050,3253]. • **Postnuptialmauser** (Vollmauser) Juli–Nov./Dez.; HS 1–3 (selten auch 4–5) im Brutgebiet (beginnt z.T. schon vor Brutende), danach Unterbrechung und Abschluss in Mausergebieten oder im Winterquartier [767,1356,2512,3253]. • **Pränuptialmauser** (Teilmauser) Feb.–Mai, ♂ vermutlich etwas früher als ♀; Umfang geringer wie Postjuvenile Mauser [767,1369,3253].

Phalaropus tricolor – Wilsonwassertreter 05630

Phalaropus tricolor (Vieillot 1819) syn.: *Steganopus tricolor*

(GB) Wilson's Phalarope **(F) Phalarope de Wilson** **(E) Falaropo Tricolor**

Taxonomie. Monotypisch.

Kennzeichen. Geschlechtsdimorph, ♀ farbenprächtiger als ♂ [1784,221,1369,3615,3772,3566; **Fotos** in Alula **10**, 104, Dutch B. **24**, 315, **25**, 404, Bird. W. **7**, 343, 485, **8**, 208, **10**, 330].

Maße. Gr.: 22-24 cm. Gew.: ♂ 30-110 g, ♀ 52-128 g. Fl.spw.: 39-43 cm. Fl.l.: ♂ 12.0-12.9 cm, ♀ 12.8-14.3 cm [1369,3615].

Status. In Europa regelm. Gastvogel in kleiner Zahl, z.B. 191 Nachw. in GB/IRL von 1954-85 (Mai-Okt., überwiegend Juv.) [277]; ferner u.a. mehrmals in F, MA, I, FIN, DK (7mal bis 2000), S. (8mal bis 2000), IS. (4mal bis 1998) sowie in EST, LV, N., P, E., Azoren, Madeira; und in S-Afrika [337,3615,q23]. In NW-ME ebenfalls größere Zahl von Beob. (fast nur ad. Ind.), aber in jüngster Zeit sehr selten; anerkannt sind: • **NL:** 20 Beob. einzelner Ind. von 1966-2003 (Apr.-Okt.) [277,q16]. • **B:** 13 Beob. von 1979-96 (Mai-Sept.) [1677,277]. • **D:** -NI, Mai 1984; -SH Mai 1977 (2 mal), Mai 1978, Juli 1979, Juni 1982, Nov. 1996, Juli 1997, Juni 1999 (Beob. 1963 gestrichen) [575]; -NW Sept.1974 [337,575]. In anderen Regionen ME nicht nachgewiesen.

Verbreitung und Bestand. Brutvogel der Mittelbreiten N-Amerikas von Alberta (CDN) und N-Kalifornien bis Great Lakes, ferner mehrere isolierte, kleine Vorkommen [1784]. Eine Flyway-Population mit Überwinterungsgebieten in S-Amerika von N-Peru über Uruguay bis Feuerland, bei Gesamtbestand von 1.5 Mio. Ind. (abnehmend) [4077,823].

Wanderungen. Langstreckenzieher; Winterquartier S-Amerika. Seit 1954 regelm. Vorkommen an E-Seite des Atlantik und hier auch schon offensichtlich erfolgreiche Überwinterungen. ♀ ziehen zuerst ab Mitte/Ende Juni, ♂ und Juv. bis Ende Aug./Anf. Sept.; ab Ende Aug. bereits im N S-Amerikas, Heimzug April/Mai; in N-Afrika und Europa Mai/Nov. und Jan., Gipfel Ende Aug./Mitte Sept. Möglicherweise regelm. N-S Zug der nach E verdrifteten Ind.

Biotop. Br. im Binnenland in Prärie und Taiga an flachen Seen und in Sümpfen; als Dz. vorwiegend an Binnengewässern (Seen, Sümpfe etc.), bevorzugt in Küstennähe (Gezeitentümpel, Brackwasserlagunen).

Nahrung. Kleintiere des Flachwasserbereichs, besonders Insekten und deren Larven, auch Samen von Ufer- und Wasserpflanzen.

Stimme. Stimmfühlungsruf kurz nasal »ant«, oft auch gereiht. ♀ am Brutplatz ± heiser »wa« oder »twak«. ♂ rufen etwas tiefer; bei Werbung ♀ froschähnlich »gwuk wuk wuk«.

Verhalten. Tagaktiv, Zug nachts. Schwimmt aufrecht, so dass Hals länger wirkt als bei den beiden anderen Arten der Gattung. Kopfnicken. Läuft schnell mit hastigen Schritten und erinnert dabei an schlanke Wasserläufer. Nahrungserwerb rasch zupickend an Land, im Schwimmen auch gründelnd, im Seichtwasser auch Seitwärtsschwenken des Schnabels. Im sozialen Nahrungserwerb Kreiselschwimmen und Parallelschwimmen. Wie bei den anderen Wassertretern auch hier ♀ aktiver Teil bei der Paarbildung und Brutgeschäft durch ♂. Außerhalb der Brutzeit gesellig.

Mauser. **Postjuvenile Mauser** (wohl Teilmauser) ab Ende Juli/Anf. Aug.; unklar, ob auch Schwungfedern erneuert werden (Nov.–Jan./März) [767, 3050,1688,1580,1860]. • **Postnuptialmauser** (Vollmauser) Körpergefieder ab Mitte Juni im Mauserquartier, ♀ 1–4 Wochen vor ♂; Schwingenmauser meist unterbrochen und bis Jan./März im Winterquartier beendet [767,3050,1688,1860,2946]. • **Pränuptialmauser** (Teilmauser) besonders Ende Feb.–April [767,3050,1688].

Phalaropus lobatus – Odinshühnchen 05640

Phalaropus lobatus (Linnaeus 1758) syn.: Odinswassertreter

(GB) **Red-necked/Northern Phalarope** (F) **Phalarope à bec étroit** (E) **Falaropo Picofino**

Taxonomie. Monotypisch.

Kennzeichen. Geschlechtsdimorph, ♀ farbenprächtiger als ♂ [1784,221,1369,3615,3772; **Fotos** in Limic. **13**, 271, **15**, 357, **17**, 277, Dutch B. **23**, 233, Bird. W. **8**, 195, **9**, 349, **10**, 326].

Maße. Gr.: 18-19 cm. Gew.: ♂ 20-40 g, ♀ 28-48 g. Fl.spw.: 31-41 cm. Fl.l.: ♂ 10.4-11.4 cm, ♀ 10.9-11.7 cm [1369,3615].

Status. In ME regelm. Durchzügler in kleiner Zahl, auch im Binnenland in fast allen Teilen nachgewiesen, aber meist unregelm. oder selten, oft Einzelvögel. Meiste Beob. Aug./Okt. - im Herbst in ME um Vielfaches häufiger als im Frühjahr -, keine Nachweise aus Feb./März. Einzelne Übersommerungen an Küste; größte Einzeltrupps bis etwa 15-30 Ind. [337,375].

	Odins-hühnchen	Thors-hühnchen	Bemer-kung
NL (1989-98)	850	329	Ind.
D-SH (bis 1969)	533	64	Ind.
D-MV (bis 1975)	340 (1)	14 (1)	Ind.
D-BY (1900-78)	71 (max.4)	9 (1)	Nachw.
D-BW (1900-98)	56 (max.6)	32 (max.7)	Nachw.
D-BB (bis 1998)	132 (max.5)	9 (max.6)	Nachw.
Bod. (bis 1996)	36 (max.4)	20 (max 7)	Nachw.
CH (bis 1996)	47	32	Nachw
A (bis 1976)	108 (max.14)	9 (1)	Ind.

Tab.: Odins- und Thorshühnchen in ME: Vergleich von Nachweisen aus gleichen Zeiträumen. ( ) lokale Höchstzahl [aus: 1,337,375,4152,1722,1617]:

Verbreitung und Bestand. Brütet zirkumpolar in Subarktis und Arktis Eurasiens und N-Amerikas; in Europa S bis in boreale Zone (GB/IRL, Skandinavien) [1784]. Brutbestand Europas zwischen 85.000-220.000 BP, leichte Abnahme [383], dabei Populationen > 10.000 BP in RUS (10-70 T.), GRÖ (20-40 T.), IS (30-50 T.), FIN, N. und S. [383]. Zwei Flyway-Populationen, »westliche« von N-Europa und W-Sibirien in pelagische Überwinterungsgebiete vor Arabien mit Gesamtbestand > 1.0 Mio.

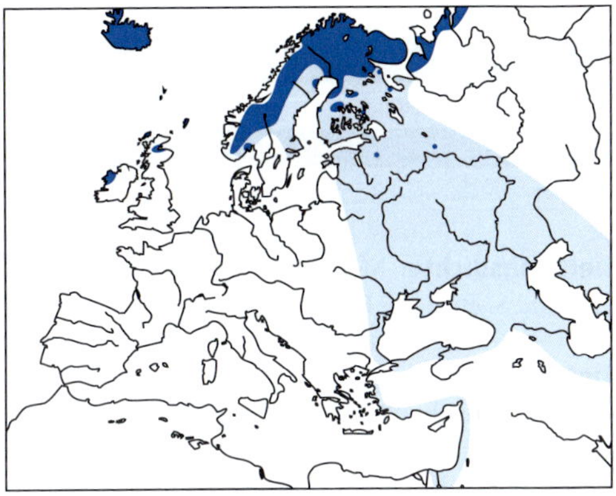

Phalaropus lobatus – **Odinshühnchen**

Ind. (stabil?) – allerdings Vögel aus IS, N-GB und Färöer mit unbekannten Wintergebieten (auch Pazifik vor S-Amerika ?) [4077,823,3718].

Wanderungen. Langstreckenzieher; Winterquartier nur z.T. bekannt, z.B. tropische Meere wie Pazifik S-Amerika (Galapagos bis N-Chile), SW-Pazifik (Ostchinesisches Meer bis Neuguinea, Einzelne bis AUS, NZ), NW des Indischen Ozean vom Golf von Aden bis NW-Indien und nach S bis E-Afrika (z.B. Teilzählungen S-Arabien > 100.000 Ind.). Br. Europas und W-Sibiriens ziehen in großer Zahl über Kaspigebiet und KZ (z.B. ca. 600.000 Tengis-See KZ, Mai 1959); Dz. SE-Europa [vgl. 2743]. Hauptwegzugrichtung Br. Fennoskandiens SE über E-Europa; Winterquartier und daher Abzugsrichtung der Br. in NW-Europa (IS, GB) unbekannt, vermutlich auch SE; bis jetzt allenfalls Irrgastvorkommen an Küsten des E-Atlantik nachgewiesen [233]. ♀ ziehen Ende Juni, ♂ Ende Juli von Brutplätzen ab, Juv. bis Aug./Anf. Sept. Dz. in den Mittelbreiten Mitte Juli/Okt., doch das Gros Aug./Sept.; Dz. KZ Juli bis 3. Nov.dekade, ♀ 15-20 d vor ♂ [1320]. Heimzug April bis Ende Mai, Ankunft an Brutplätzen 2. Maihälfte (NW-Europa) bis Ende Mai/Anf. Juni (Lappland, RUS). Wohl wenige Übersommerer im Winterquartier bzw. unterwegs. Brut- und Geburtsortstreue mehrfach nachgewiesen.

Bestandsentwicklung und Gefährdung. In randlichen Kleinstpopulationen Europas starker

Rückgang; in IS abnehmend; negativer Trend vielleicht auch klimatisch bedingt [1507]. In N. und FIN leichte Arealausdehnung nach S.
In GB Gefährdung durch Eiersammler [1784]. Sonst derzeit keine bedeutenden Gefährdungsursachen erkennbar.

SPEC	VSchRL	Bern.Konv.	Bonn.Konv.
--	Anh. I	Anh. II	Anh. II
Europ. RL	RL in ME		
--	--		

Siedlungsdichte. Meist in kleinen Kolonien. In FIN und S. etwa 1-5 BP/km^2 [1507].

Biotop. Br. im Binnenland und in Küstennähe an kleinen Tümpeln, Teichen oder geschützten Buchten größerer Seen, die von feuchten Wiesen, Tundren- oder Hochmoorflächen umgeben sind, mancherorts auch in höheren Lagen (z.B. N. bis 1300 m). Nahrungsgründe flache Süß-, Brack- und Salzgewässer. Dz. an flachen Meeresküsten oder auf Binnenseen (Flachgewässer, Klärteiche). Im Winter pelagisch in tropischen Meeren mit hohem oberflächennahem Planktonangebot.

Nahrung. Kleintiere, im Brutgebiet häufig in Massen auftretende Arten, Zooplankton; pflanzlicher Anteil (z.B. Algen, Sämereien) nur gering. Bevorzugt kleine Formen, wie Larven, Puppen und Imagines von Mücken, daneben auch viele weitere kleine Insekten, Crustaceen, weniger häufig kleine Spinnentiere, Ringelwürmer und Mollusken. An der Küste oft vielseitiger als an nordischen Binnengewässern mit höheren Anteilen an Zufallsbeute.

Stimme. Häufigster Ruf weich »bitt«, auch locker gereiht; Verschärfung bei Erregung zu »tschritt« oder »pritt«. Gesang »türri-türri .. « oder »wedü wedü… « etc.

Verhalten. Überwiegend tagaktiv, Zug nachts. Schwimmt wie die anderen Wassertreter-Arten hoch auf dem Wasser, läuft mit schnellen Schritten wie Strandläufer. Bei jedem Schwimmstoß Kopfnicken. Nahrungserwerb schwimmend, watend und laufend am Land. Schließt sich wie andere Wassertreter auch vorübergehend größeren Strandvögeln bei der Nahrungssuche an, denn kleinräumige Strömungen und Turbulenzen können Erfolg vergrößern. Wahrscheinlich ist dies auch beim Kreiselschwimmen im dichten Nahrungsangebot der Fall. Das ganze Jahr über Neigung zur Truppbildung, außerhalb der Brutzeit mitunter riesige Schwärme (bes. auf dem Meer im Winter). Alle drei Wassertreter brüten auch in lockeren Kolonien; eigentliche Reviere werden nicht verteidigt, Aggression ♀ gegen ♀ bei der Paarbildung. ♂ verteidigen Gelege. Paarbildung am Brutplatz oder während der letzten Etappe des Heimzuges. ♀ zeigen Ausdrucksflug, rütteln wenige cm über dem Wasser mit schwirrendem Fluggeräusch, fliegen niedrig über dem Wasser. ♂ werden angebalzt, fremde ♀ verjagt. Initiative zu Kopulation geht i.d.R. vom ♀ aus; Kopula findet auf dem Wasser statt. Muldendrehen durch ♀, aber auch vom ♂. ♀ verpaaren sich nacheinander mit mehreren ♂. Fluchtdistanz am Brutplatz oder bei einzelnen Dz. oft sehr gering, bei größeren Schwärmen auf See jedoch größer. Außerhalb der Brutzeit gesellig.

Fortpflanzung, Brutbiologie. Geschlechtsreife im 1. Lebensjahr. Monogame Paarbindung hält nur kurz an, daher pro Saison sukzessive Polygamie, z.B. Begattung mehrerer ♀ durch ein ♂, Paarbindung eines ♂ mit einem ♀, das gerade Eier gelegt hat, Neuverpaarung eines ♂ mit frühem Gelegeverlust mit einem 2. ♀. **Nest.** Nest fast immer in Wassernähe oder auch auf kleinen Inseln oder Bülten etc. im Wasser. Mulden meist gut in Vegetation versteckt; Auskleidung meist mit wenig Material, das nach Ablage des 1. Eies vom ♂ herangetragen wird. **Legebeginn.** Ende Mai/Ende Juni, in N. bis Mitte Juli. **Gelegegröße.** (3)4 Eier; FIN$_{71}$ 3.99. **Eier.** Stark kreiselförmig, hell- bis olivbraune Grundfarbe, unregelm. mit verschieden großen dunkelbraunen Flecken besetzt. **Brutdauer.** 17-21 d; ♂ brütet allein. **Nestlings-/Führungszeit.** ♂ führt allein; an günstigen Stellen können mehrere Familien zusammenkommen. Junge mit ca. 20 d flügge, doch nach etwa 2 Wochen vom ♂ verlassen. **Jahresbrut** 1, bei überzähligen ♂ als Folge sukzessiver Polyandrie 2 ± verschachtelte Bruten pro ♀. Ersatzgelege bei frühem Gelegeverlust. **Bruterfolg.** FIN von 89 Nestern schlüpfte bei 80 % wenigstens ein Junges.

Sterblichkeit, Alter. Älteste lebend kontrollierte ♀ mind. 5 J. **Generationslänge:** < 3.3 J. [383].

Mauser. **Postjuvenile Mauser** (Voll-, z.T. Teilmauser) mitunter schon ab Aug./Sept. oder erst im Winterquartier ab Nov.; vermutlich bei den meisten Schwingenmauser ab Dez./Jan. [767,1369,3050, 1688,145,2946]. • **Postnuptialmauser** (Vollmauser) Körpergefieder bei ♂ z.T. ab Mitte Juni während

Bebrütung, ♀ erst ab Ende Juni/Anf. Juli in Mausergebieten nahe dem Brutgebiet; bei Zugbeginn (Ende Juli/Anf. Sept.) größtenteils im Schlichtkleid; Schwingenmauser besonders im Winterquartier, (Aug.) Ende Sept./Nov.–Feb./Anf. April [767, 369,3050,1688,2946]. • **Pränuptialmauser** (Teilmauser) April–Mai; Teile des Körpergefieders, selten Schirmfedern [767,3050,1688].

Phalaropus fulicarius – Thorshühnchen 05650

Phalaropus fulicarius (Linnaeus 1758) syn.: Thorswassertreter

(GB) Red/Grey Phalarope **(F) Phalarope à bec large** **(E) Falaropo Picogrueso**

Taxonomie. Monotypisch.

Kennzeichen. Geschlechtsdimorph, ♀ farbenprächtiger als ♂ [1784,221,1369,3615,3772,3566; **Fotos** in Limic. **8**, 321, **12**, 332, **13**, 329, **14**, 256, **16**, 153, **17**, 36, 93, Dutch B. **19**, 310, **20**, 315, **23**, 375, **24**, 62, 384, **25**, 67, 424, Bird. W. **6**, 287, **7**, 45, 89, 342, **10**, 326, **13**, 329, **17**, 81-85].

Maße. Gr.: 20-22 cm. Gew.: ♂ ca. 37-60 g, ♀ ca. 50-77 g. Fl.spw.: 37-44 cm. Fl.l.: ♂ 12.4-13.5 cm, ♀ 13.0-14.3 cm [1369,3615].

Status. In ME besonders an Küste regelm. Durchzügler, oft Einzelvögel. Im Binnenland in fast allen Regionen nachgewiesen, aber sehr unregelm. und in vielen Gebieten E- und SE-ME extrem selten. Im Allgemeinen weniger Nachw. als von Odinshühnchen (vgl. Tab. dort). Beob. aus allen Monaten, aber meist später als Odinshühnchen, mit Häufung Sept./Nov. [337]. Trupps von > 10 Ind. auch an NW-Küste Ausnahme [337,375]. Einzelne Überwinterungen an Küste, max. in NL 52 Ind. 1997 und 53 Ind. 1995 [375].

Verbreitung und Bestand. Brutvogel der Arktis, lückenhaft zirkumpolar in Eurasien und N-Amerika. In Europa nur GRÖ, Spitzbergen, Bäreninsel. In Sibirien nach W bis Yamal-Halbinsel, gelegentlich bis Europ. RUS [1507]. Gesamtbestand der marginalen Vorkommen bei 390-1.700 BP, stabil [383], davon in GRÖ 150-500, IS 40-50 und Spitzbergen 200-1.000 BP [383]. Zwei Flyway-Populationen, »westliche« von N-CDN, GRÖ und IS in pelagische Überwinterungsgebiete vor W- und SW-Afrika, Gesamtbestand 920.000 Ind. [4077,3718], »östliche« von Sibirien und W-Alaska zum E-Pazifik [823].

Wanderungen. Langstreckenzieher; wichtigste Winterquartiere Meere der S-Halbkugel, z.B. entlang W-Küste S-Amerikas, W-Küste Afrikas bis ca.

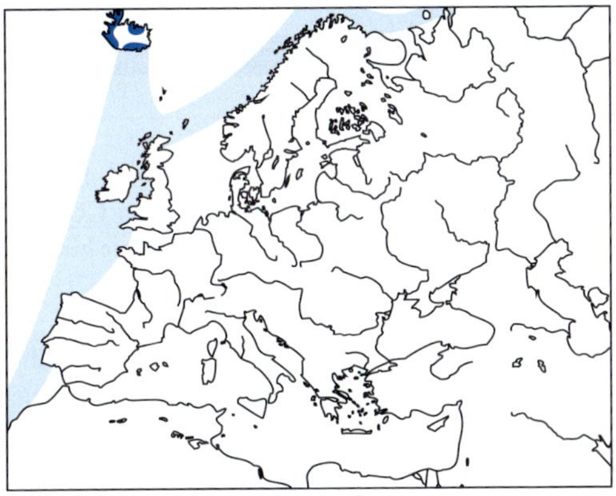

Phalaropus fulicarius – **Thorshühnchen**

210° N (also vorwiegend im Bereich kühler Meeresströme), viell. auch neben Odinshühnchen im Indischen Ozean. Br. Sibiriens ziehen hauptsächlich Küsten entlang, von Mittel- und E-Sibirien wohl in Pazifik. Br. von Nowaja Semlja und Spitzbergen ziehen SW bzw. S an Küsten Europas. Hauptzug jedoch in größerer Entfernung von der Küste; Nachweise im W-europäischen und ME Binnenland wohl durch Verdriftung, daher auch Abnahme nach E hin. Pelagische Beob. im N-Atlantik und auch gelegentl. Massenauftreten im Bereich GB/IRL (bis 1.000 im Okt.) machen wahrscheinlich, dass regelm. oder durch W-Verdriftung gefördert auch Br. der W-Atlantikküste vor der Küste W-Afrikas überwintern. Abzug der ♀ ca. ab Anf. Juli, ♂ und später Juv. Ende Juli/Aug. Doch vor dem eigentlichen Abzug meist erst pelagische Lebensweise im weiteren Bereich der Brutplätze (Mauser!). Erst Mitte Aug./Sept. Abzug aus den marinen Mausergebieten. Ab Ende Aug. Dz. an Küsten W-Europas. Späterer Gipfel im Binnenland Europas könnte mit relativ häufigerem Verdriften von Juv. zu erklären sein. Ab Anf. Sept. die ersten vor der W-Küste Afrikas (MA–Senegal [3106]; Aufbruch von dort etwa März, jedoch bis April/Anf. Mai in N-Afrika und Europa Dz. vereinzelt bis Anf. Juni. Ankunft am Brutplatz je nach Wetterlage Ende Mai/Mitte Juni.

Bestandsentwicklung und Gefährdung. Extreme Bestandsschwankungen, sehr unstet. In IS Rückgang wahrscheinlich durch Umweltgifte [1507]; sonst Trends weitgehend unbekannt [1507]. In europ. RUS nur gelegentliche Brutvorkommen. Ursachen unklar.

SPEC	VSchRL	Bern.Konv.	Bonn.Konv.
--	--	Anh. II	Anh. II
Europ. RL		RL in ME	
--		--	

Siedlungsdichte. Meist in kleinen Kolonien. Höchste bekannte Dichten im arktischen CDN 7-20 BP/km^2, in E-Sibirien und Alaska sogar bis 200 BP/km^2; in Europa wesentlich geringer [1507].

Biotop. Br. der arktischen Tundra in Küstennähe oder zumindest in der Umgebung größerer Wasserflächen; in IS trockene sandige Standorte mit Krüppelvegetation, Teiche, Salzflächen, Brackwasserlagunen. Als Dz. und Wintergast vorzugsweise auf der offenen See, seltener als Odinshühnchen auf Binnengewässern.

Nahrung. Kleintiere, doch bei Nahrungsmangel auch Vegetabilien. Auf dem Meer kleine Fischchen, Crustaceen, Nesseltiere; am Brutplatz Seichtwasser- und Landformen, vor allem kleine Insekten, aber auch Mollusken, Crustaceen, Ringelwürmer.

Stimme. Häufig »pit«, ein- oder zweisilbig (sehr ähnlich Sanderling!), weniger piepsend als Odinshühnchen. Am Brutplatz sanft zwitschernd »tschuittschuitt-twit«. Bei Gefahr langgezogener Pfeiflaut oder kurz metallisch »piet–piet«.

Verhalten. Überwiegend tagaktiv; Zug z.T. nachts. Sonst sehr ähnlich Odinshühnchen. Zur Brutzeit territorial. ♀ verpaart sich, wenn vorhanden, mit mehreren ♂ (2. Gelege mit zweitem ♂ ca. 5-6 d später). Relativ selten (ca. 6.5% aller Jungen) sind auch fremde Junge im Nest (nicht vom brutfürsorgenden ♂). Außerhalb der Brutzeit gesellig.

Fortpflanzung, Brutbiologie. Geschlechtsreife im 1. Lebensjahr. Paarbindung meist kurz, daher wohl häufig sukzessive Polyandrie und Polygynie; bei geringer Siedlungsdichte längerer Paarzusammenhalt. **Nest.** Nest in Wassernähe, oft in Vegetation gut versteckt. Muldenbau durch ♂ und ♀, Auskleidung durch ♂. **Legebeginn.** Gelege meist erst um Mitte Juni oder später. **Gelegegröße.** (2–)4, E-Sibirien$_{82}$ 3.82. **Brutdauer.** 18-19 d, Legeintervall 20-36 h. ♂ brütet allein. **Nestlings-/Führungszeit.** Junge mit 16–18 d flügge. **Jahresbruten.** 1; bei ♂-Überzahl durch sukzessive Polyandrie 2 Gelege eines ♀ mit 2 ♂.

Sterblichkeit, Alter. **Generationslänge:** < 3.3 J. [383].

Mauser. **Postjuvenile Mauser** (wohl Teilmauser) ab Aug./Sept.; Ende Okt./Nov. mehrheitl. im 1. Winterkleid; unbekannt, ob Schwingenmauser ähnlich Odinshühnchen [1369,1688,2946]. • **Postnuptialmauser** (Vollmauser) ♀ und erfolglose ♂ ab Juli in Nähe des Brutgeb., die meisten ♂ ab Anf. Aug.; HS-Mauser vor Wegzug beendet, dann unterbr. oder Beginn erst im Winterquartier; Abschluss bis spätestens März [767,1688,2946]. • **Pränuptialmauser** (Teilmauser) Mitte März/April–Mai (Juni); einschließl. Schirm- und inneren Steuerfedern [767,1688].

Actitis hypoleucos – Flussuferläufer 05560

Actitis hypoleucos (Linnaeus 1758) syn.: *Tringa hypoleucos*

(GB) **Common Sandpiper** (F) **Chevalier guignette** (E) **Andarríos Chico**

Taxonomie. Monotypisch.

Kennzeichen. [1784,1369,221,3772,3615].

Maße. Gr.: 19-21 cm. Gew.: (33) 40-60 g, Zugvögel bis 84 g. Fl.spw.: 38-41 cm. Fl.l.:♀,♂ 10.7 -11.6 cm [1369,3615].

Status. Verbreiteter, aber wenig häufiger Brut- und Sommervogel. Überall im ME Binnenland und an

Küste regelm. Durchzügler, meist in kleiner (und abnehmender) Zahl; an günstigen Stellen (z.B. in D-BW, CH und NL, selten W-PL) Winterdaten bzw. sogar regelmäßige Überwinterungen [1617, 203,375,4152,3871].

Verbreitung und Bestand. Von S- und W-Europa (E.; GB) über gesamtes Eurasien bis JAP. Gesamtbestand in Europa etwa 720.000-1.600.000 BP (leichter Rückgang), mit bedeutenden Brutbeständen in Fennoskandien (300-575 T.) und RUS N 55° N (350-900 T.) [383]. In ME und SW-Europa inzwischen nur noch sehr lückig vom Tiefland bis > 1800m NN (CH) [337]; Brutbestand max. 2.600-4.600 BP mit Schwerpunkten in Alpen, Sudeten und Karpaten mit jeweiligen Vorländern sowie Teile Rheintal [1369]. Vier Flyway-Populationen, westlichste von N-, W-Europa und ME in Winterquartiere von W-Europa und ME über W-Mittelmeer bis W-Afrika, mit 1.4-2.0 Mio. Ind. (stabil); durch E-ME auch E-europäisch/W-sibirische Population mit Wintergebieten in E- und S-Afrika, E-Mittelmeer und SW-Asien, mit > 1 Mio Ind. (stabil) [4077,823,3718].

Wanderungen. Mittel- und Langstreckenzieher. Winterquartier von maritimen Mittelbreiten bis in Subtropen der S-Halbkugel; in Europa N-Rand GB, NW-F, N-Küste Mittelmeer. In ME Überwinterungen aus verschiedenen Gebieten bekannt, aber nur an sehr günstigen Stellen mehr oder weniger regelm. (z.B. Oberrheinebene, CH, 34mal Bod. 1960-95) [1617]. Im Mittelmeergebiet einschließlich N-Afrika Winterkonzentrationen gering; Gros überwintert S der Sahara bis S-Afrika sowie SW-Arabien. Hauptwegzugsrichtung Br. W-Paläarktis WSW-SSW in breiter Front durch Binnenland. Dz. in GB/IRL stammen haupts. aus N. (und S.), Dz. in D aus S., FIN (und N.). In Europa beringte (E. bis FIN, PL, CS) wurden S Sahara in Mali, Guinea-Bissau, Guinea, Sierra Leone, Elfenbeinküste, Ghana, Nigeria gefunden. Beringte aus RUS dagegen in Zaire, Kenia, Sambia, Simbabwe. Ringfundkarten [NL:3642; S.:3200; GB/IRL:4064; PL:2556]. Im Binnenland an Vielzahl von Gewässern, doch nur selten Konzentrationen > 100 Ind. Abzug von Fennoskandien und N-RUS ab Anf. Juli (Ad.). In ME Wegzugsbeginn Ende Juni/Anf. Juli mit Gipfel der Rastbestände Ende Juli/2. Aug.-hälfte, dann auch vermehrt Juv.; Verweildauer sehr unterschiedlich, z.T. rascher Weiterzug (Ringvögel Juli E., Aug. Maghreb, Sept. N-Tropen). Rückgang der Rastzahlen bis Ende Sept., meist im Okt. Ende, doch Nachzügler besonders im SW bis Nov. Ab März Aufbruch in Afrika; Dz. in ME ab (Anf.) Mitte April, Höhepunkt Anf./Mitte Mai (meist weit unter Herbstzahlen), Ende Mai abgeschlossen. Übersommerung in Tropen häufig, auch Einzelne an ME Dz.-gebieten. Winterquartier- und Zugwegtreue nachgewiesen, ebenso aber auch weit auseinanderliegende Rastplätze in verschiedenen Jahren zur selben Zeit; Geburts- und Brutortstreue nachgewiesen, Hinweise auf mögliche Winterquartiertreue.

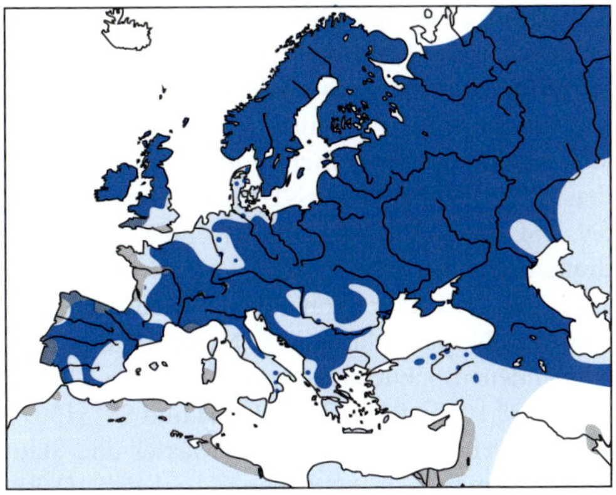

Actitis hypoleucos – **Flussuferläufer**

Bestandsentwicklung. Aufgrund Heimlichkeit im Brutgebiet schwer zu finden. Durch späten Heimzug und sehr frühen Wegzug weitere Probleme bei Bestandserfassung [1369,196]. Vorkommen in ME meist unzureichend dokumentiert, Angaben entsprechend ungenau.

	Best.	Areal	Brutbestand	Jahr	Quelle
A	+/-	=	200–300	1998–2002	[383]
B	↑	+ 1	7–8	2000–2003	[383]
CH	↓	- 1	80–100	1993–1996	[383]
CZ	⇩	- 1	200–400	2000–2002	[383]
D	↓	- 1	240–350	1995–1999	[383]
H	+/-	=	150–180	1995–2002	[383]
NL	↑	+ 1	5–10	1998–2000	[383]
PL	+/-	=	1.000–2.000	1997–2000	[383]
SK	↑	+ 1	700–1.300	1990–1999	[383]

Vor allem im Tiefland und in Mittelgebirgslagen ME seit 19. Jh. kontinuierliche Abnahme aufgrund anhaltender Lebensraumzerstörung und beträchtlicher Störungen in Brutgebieten [1369,196,3615], daher in vielen Regionen ME nur wenige Restvorkommen erhalten [z.B. D-BW: 1722, -BB: 1, CH

Mittelland: 3392, Bod.: 1617], zudem Bruterfolg in manchen weitgehend isolierten Restpopulationen zu gering zum Bestandserhalt ohne Zuwanderung [1719]. Schließlich in einigen Flachlandregionen kein regelm. Brutvogel mehr oder ganz verschwunden [B im 19.Jh.(?):843, NL: 1041, D-SH, -TH, -SN, -SL (1968): 2068,3667,3248,1302; vgl. auch dramatische Verluste in IRL: 1343; weitere Bsp.: 196]. Neuerdings regional aber wieder Zunahmen, z.B. Neuansiedlungen in NL ab 1990 in neuentstandenen Schutzgebieten entlang von Flüssen [375,3638,1042]; ferner in Teilen H und SK. [1507]; auch neu entstandene Tagebaugewässer und Staubecken wurden z.T. recht schnell besiedelt [D-BB: 3268,1].

An vergleichsweise ungestörten, naturnah erhaltenen oder gut betreuten Gewässern, vor allem in alpinen und subalpinen Bereichen, Bestand dagegen offensichtlich seit Jahrzehnten weitgehend konstant [1369,196,357,3787,2238], ebenso in Hauptverbreitung N- und E-Europa sowie E-PL [1507,1585,3871].

Siedlungsdichte. Höchste Werte in ME an naturnahen Flüssen bis 2–3 BP/km Flusslänge, bei langen Strecken 0.5–1.0 BP/km [337,1507,1998]. Im Brutgebiet Lebensraumbedarf eines Revierpaares etwa 1000m^2 (Kies-,Stein-)Fläche [1507]; Nestabstände z.T. nur 50m [1507].

Gefährdungsursachen [196,1343,1722,4175,357, 447,1998]. Zerstörung des Lebensraumes durch Flussregulierung und Kanalisierung, Schiffbarmachung und energiewirtschaftliche Nutzung mit Überstauungen und Schwellbetrieb (Hochwasserspitzen), dadurch Verlust natürlicher Brutplätze auf locker bewachsenen Kiesbänken von Inseln und Gewässerufern; ferner Sukzession an Sekundärbrutplätzen wie Kiesgruben, lokal auch Kiesabbau; Gewässerverschmutzung und -eutrophierung.

Störungen der Brutgebiete durch intensive Freizeitnutzung (Wassersport, Badebetrieb, Angler, Camper, Off-Road-Fahrer etc.), mit negativen Auswirkungen auf Brutverhalten und -erfolg.

Natürl. Ursachen: erhöhte Sterblichkeit der Altvögel bei extremen Kaltwettereinbrüchen im April, Brutverluste durch Überschwemmungen sowie Brutplatzverluste durch Zuwachsen freier Kiesflächen.

Schutzmaßnahmen. Unterschutzstellung und Erhaltung verbliebener naturnaher Fließgewässer, Flussniederungen und Auengebiete von regionaler und nationaler Bedeutung. Renaturierung ausgebauter Gewässer oder intensiv genutzter Kulturlandschaften. Verbindliche Pflege- und Entwicklungskonzepte für die Staubereiche von Wasserkraftwerken.

Erhaltung und regelmäßige Schaffung von Pionierstandorten, u.a. Habitatpflege mit Entfernen von Goldrutenbeständen (*Solidago* spp.) oder anderer Sukzessionsstadien aus Brutarealen wie Kiesflächen und (erneut überfluteten) Uferbereichen. Neuschaffung und Erweiterung von Kiesflächen und -inseln an großen Flüssen und Nebenflussmündungen.

Unterschutzstellung und Betreuung von Brutgebieten. Vermeidung von Störeinflüssen aller Art durch Nutzungseinschränkungen und Besucherlenkung zur Brutzeit. Aufklärungsarbeit, um unbewusste Störungen im Brutplatzbereich zu verhindern.

Schutz der Mangrovenwälder in Durchzugs- und Überwinterungsgebieten.

Biotop. Br. auf locker bewachsenen Flusskiesbänken, auch in steil eingeschnittenen Gebirgsflüssen, bis hin zu ± geschlossenen Gehölzbeständen an fließendem Wasser. Bevorzugt festen sandigen Untergrund mit gut ausgebildeter Krautschicht mit kleinen offenen, kiesigen Stellen; auch in lockeren Treibholzanschwemmungen. Neuerdings auch in Kies- und Sandgruben, doch nur an offenem Wasser. Nahrungshabitate z.T. räumlich abgetrennt, Mosaik aus unterschiedlich stark bewachsenen Uferpartien (auch mit gut ausgebildeter Krautschicht) an Flachwasserzonen. Als Dz. an Binnengewässern aller Art und auf den verschiedensten Ufertypen, sehr wichtig dabei naturnahe Uferbereiche (s. Schutz); kurzfristig auch an kleinsten Tümpeln und Pfützen; weniger auf offenen Schlammflächen; am Meer oft an Fels- und Kiesküsten, Prielen, Hafenanlagen. In den Tropen verschiedene Binnengewässer, Fels- und Mangroveküsten.

Nahrung. Im Unterschied zu anderen Wasserläufern meist terrestrische Bewohner der Uferbereiche, vor allem Imagines von Insekten (u.a. verschiedene Käferfamilien); ferner zu geringen Anteilen aquatische Arten (von Insektenlarven bis zu kleinen Fischen).

Stimme. Im Abflug (auch im Sitzen) »hididi« (1. Silbe betont); Abwandlung auch zu längeren Reihen z.B. beim Sammeln am Schlafplatz etc. Gesang im Flug oder im Sitzen »titihihihihititi-hihihihi«, ± rhythmisch gegliedert. Warnruf durchdringend »iet« oder »i–iht«.

Verhalten. Tag- und nachtaktiv; Zug meist nachts. Fliegt über kurze Strecken meist niedrig über dem Wasser mit zuckenden bzw. ruckweisen Flügelschlägen; dazwischen sehr kurze Gleitflugstrecken mit nach unten gehaltenen, gewölbten Flügeln. Läuft schnell, kurzes Anhalten mit Körperwippen. Sitzt gern auf etwas erhöhten Plätzen am Wasser. Nahrungserwerb i.d.R. Auflesen von regloser oder sich bewegender Beute auf festem Untergrund, auch zwischen Steinen und in kleinen Spalten. Am Brutplatz territorial. Fledermausähnliche Bahn des Singfluges des ♂ mit vibrierenden Flügelschlägen, Hin- und Herpendeln des Körpers. Ziehend und am Schlafplatz gesellig; gesteigerte Ruf- und Flugaktivität leitet meist das abendliche Sammeln ein. Balz und Paarbildung wohl meist am Brutplatz. Paarbindung nur selten über mehrere Jahre stabil. ♀ selten mit mehreren ♂ verpaart. Hetzflüge; Bodenbalz mit Scheinmulden und Materialzurücklegen. Auf dem Zug oft gesellig; im Winter einzeln; Verteidigung von Nahrungsrevieren.

Fortpflanzung, Brutbiologie [1748,767,1369, 337,1719,1551]. Geschlechtsreife im 2. Lebensjahr vermutet. Monogame Saisonehe; Paartreue und Umpaarung nachgewiesen. **Ankunft am Brutplatz.** S-D/Bod. frühestens Anf./Mitte April. Durchzügler können ebenfalls paarweise und balzend auftreten. **Nest.** Beide Geschlechter scharren Mulden, wählen eines für Gelege aus. Nest auf Kies- oder Sandbänken auf meist völlig trockenem Untergrund in Vegetation oder Schwemmmaterial gut versteckt; max. etwa 50 m vom Wasser entfernt, meist wesentlich näher. Mulde mit Material aus der nächsten Umgebung ausgekleidet. **Legebeginn.** Frühestens ab Ende April, Hauptlegezeit Mai; Nachgelege bis Anf. Juni. Fennoskandien, N-RUS (Mai) Juni. **Gelegegröße.** (3) 4 Eier (2 ♀ bis 8 Eier). In D-BW Ø$_{21}$ 3.95. **Eier.** Relativ groß, zugespitzt kreiselförmig. Grundfarbe blass-bräunlich, braune Punkte und kleine bis mittelgroße dunkel rotbraune Flecken. **Brutdauer.** 21-22 (20-23) d. Beide brüten, Beginn nach letztem Ei; Verleiten am Nest. **Schlüpftermine.** In D-BW z.B. hauptsächlich Anf. Juni. **Nestlings-/Führungszeit.** Beide führen, das ♂ hält meist Wache, ♀ verleitet. Junge suchen bei Gefahr meist Deckung auf; können ab 15. d auffliegen und sind ab 21 d voll flugfähig. Führungszeit 26-28 d. **Ende der Brutperiode.** In D-BW bei letzten Gelegen bis Aug., meist jedoch Ende Juli. In GB verlassen erste ♀ und erfolglose Paare bereits Mitte Jun., alle anderen spätestens Mitte Juli die Brutgebiete. **Jahresbruten.** 1; Ersatzgelege. **Bruterfolg.** GB von 98 Nestern 89 % geschlüpft; etwa 24-35 % der geschlüpften Jungen flügge. In RUS schlüpften aus 84 Eiern in 23 Nestern 72 juv. aus. In D-BY von 221 Brutversuchen bei 80% Juv. geschlüpft und bei 60.7% Juv. ausgeflogen, 1.04 Juv./BP [3431].

Eimaße und -gewichte. L. 31.2-40.1 mm, B. 23.8-38.3 mm, Ø: 36.3 x 26.2 mm (n=216, S.), 36.4 x 26.7 mm (n=100, GB), 35.2 x 26.0 mm (n=67, N.); Frischvollgew. 12-13 g; Schalengew. 0.40-0.72 g, Ø$_{216}$: 0.56 g.

Sterblichkeit, Alter. Ad. in einer Brutpopulation ca. 20 %, geschätzt nach Farbberingungen. Ältester Ringvogel (S.) 14 J. 6 Monate [3654]. **Generationslänge:** 5 J. [383].

Mauser. **Postjuvenile Mauser** (Voll-, z.T. Teilmauser) Körpergefieder sporadisch schon ab Juni/Juli, i.d.R. erst ab Sept./Dez. im Winterquartier; die meisten mit vollständiger Schwingenmauser Ende Okt./Dez.–Jan./Anf. April, einige erneuern nur äußere HS und einige AS [767,1369,1688, 1580,145]. • **Postnuptialmauser** (Vollmauser) Körpergefieder und selten innere HS z.T. im Brutgebiet ab Mitte Juni/Juli; meist Beginn kurz nach Ankunft im Winterquartier und bis Jan./Feb. (April) beendet [767,1369,1688,3921]; Dauer der HS-Mauser Afrika ca. 3–4 Monate [1356]. • **Pränuptialmauser** (Teilmauser) Feb.–Mai; umfasst einen Teil der Flügeldecken, Schirm- und Steuerfedern [767,1369,1688].

Actitis macularius – Drosseluferläufer 05570

Actitis macularius (Linnaeus 1766) syn.: *Tringa macularia*

(GB) Spotted Sandpiper **(F) Chevalier grivelé** **(E) Andarríos Maculado**

Taxonomie. Monotypisch. Zur generischen Zuordnung s. Gruppeneinführung »Gattung *Tringa*«. Die beiden Formen T (*A.*) *hypoleucos* und *T.* (*A.*) *macularius* sind u.a. im PK-Gefieder und Rufen deutlich differenziert [Sonagramme in 767]. Trotz des Nachweises einer Mischbrut in Schottland [4114] ist ihre genetische Divergenz so groß wie zw. anderen nächst verwandten *Tringa*-Arten [A.J. Baker], so dass die Zusammenfassung zu einer Superspezies [oder gar einer Art, vgl. 995N] nicht zwingend ist.

Kennzeichen. Die beiden Uferläuferarten unterscheiden sich neben Stimme und PK-Gefieder in Schwanzprojektion (deutlich länger bei *hypoleucos*), Zeichnung der äußeren ST sowie Flügeldecken und Schirmfedern im Jugendkleid, ferner in Bein- und Schnabelfarbe [vgl. 1580,1631,3772,221, 1369,3615,1784; **Fotos** in Limic. **10**, 228, **13**, 83, **18**, 210, 212, Dutch B. **24**, 240, Bird. W. **8**, 8, **10**, 325, **15**, 6, **17**, 360].

Maße. Gr.: 18-20 cm. Gew.: 19-64 g. Fl.spw.: 37-40 cm. Fl.l.: ♂ 10.0-11.2 cm, ♀ 10.6-11.3 cm [1369,3615].

Status. In Europa sehr seltener Ausnahmegast, z.B. S. (3 mal bis 2000), IS (4 mal bis 1998), FIN, E., F, I, GR, BG, MA, Azoren, Kanaren [3615,q23]; auch in GB nicht allj. [bis 1983 aber 70 Ind.:337]. Nachw. von z.T. langer Verweildauer; Brutversuch in Schottland 1975 [337].
In ME mehrfach aufgetreten, anerkannt sind: • **NL:** Juli 1975, Aug. 1980 [277]. • **B:** 1883, 1887 [1677]. • **D:** Helgol. um 1835-40, Mai 1847, Okt. 1990; -NW Jan.1844, (Okt.)Nov. 1994-Jan. 1995; -RP Apr. 1875; -BY (Bod.) 1884, Mai 1988; -BW Mai 1986, Mai 1997; -MV Okt. 1966; -BB Mai 1991 [1722, 4175,1617,1369,1,575]. • **A:** (Bod.) Okt. 1990 [1617]. • **CH:** Juni 1891, Mai 1970 ad. [4152]. • **PL:** Sept./Okt.1999 [q13,3871].

Verbreitung und Bestand. Monotypischer Brutvogel Nordamerikas von Alaska über CDN bis Neufundland, nach S bis Kalifornien, N-Texas und North Carolina. Zwei Flyway-Populationen mit Überwinterungsgebieten von S-USA über M-Amerika nach S bis Uruguay; Gesamtbestand etwa 150.000-250.000 Ind., regional abnehmend [4077,823].

Wanderungen. Zugvogel; Winterquartier S-USA bis Chile, Argentinien, hauptsächlich Mittelamerika. Anf. Juli/Anf. Okt. werden Brutgebiete geräumt; Ende April/Anf. Mai Rückkehr.

Biotop. In Nordamerika im Binnenland weit verbreitet an Flussufern und Kiesflächen; ähnlich Flussuferläufer.

Nahrung. Ähnlich Flussuferläufer.

Stimme. Flugrufe weniger klangvoll als bei Flussuferläufer, meist Schlusskonsonant hörbar, z.B. »pit«, »pi-wit« oder »tit-it-wit« (im Klang mit Pieperrufen verglichen), im Vergleich zu *hypoleucos* Tonhöhe ansteigend statt abfallend.

Mauser. **Postjuvenile Mauser** (Voll-, z.T. Teilmauser) meist ab (Aug.) Sept./Okt.; Verlauf ähnlich Flussuferläufer [767,3050]. • **Postnuptialmauser** (Vollmauser) setzt in Rastgebieten oder häufiger im Winterquartier ein, (Juli) Aug./Sept. (Okt.)–Feb./April [767,1369,3050]. • **Pränuptialmauser** (Teilmauser) Mitte Feb.–Anf. April (Mai) [767,3050].

Xenus cinereus – Terekwasserläufer 05550

Xenus cinereus (Güldenstädt 1774) syn.: *Tringa cinerea*

GB Terek Sandpiper **F Chevalier bargette** **E Andarríos del Terek**

Taxonomie. Monotypisch.

Kennzeichen. [1784,3615,1369,221,3772; **Fotos** in Limic. **7**, 157, Dutch B. **20**, 129, **25**, 275, **26**, 252, Bird. W. **11**, 166].

Maße. Gr.: 22-25 cm. Gew.: ♂ 50-80 g, ♀ 60-100 g, Zugvögel bis 120 g. Fl.spw.: 57-59 cm. Fl.l.: ♂ 12.8-13.5 cm, ♀ 13.3-14.0 cm [1369,3615].

Status. In NE-Europa Brutvogel, sonst seltener, aber zunehmend regelm. Gastvogel; in GB bis 1996 insges. 47 Ind. [277], in DK 28 mal bis 2000 [q23]. Früher in ME extrem seltener Ausnahmegast, mit der Arealausweitung nach W jedoch deutliche Zunahme der Beob.; dabei überwiegend Frühjahr (Ende Apr./Mai-Juni), seltener Herbst (Juli-Sept.); max. 8 Ind. an einem Ort [337,1722]. Anerkannte Nachweise: • **B:** erstmals Juni 1973, bis 2002 weitere 13 Nachw. [1677, P. Collaerts]. • **NL:** 20 Nachw. von 1979-2001, darunter 14 mal Mai, 2 mal Juni und je 1 mal Juli, Aug., Sept. und Okt., ferner 3 mal 2002 und 4 mal 2003 (alle zw. Mai-Juli) [277,q16]. • **CH:** Mai 1839, Mai 1875, 1878, Juli 1975, Aug.1987, Mai 1992, Sept.1996 [4152]. • **H:** erstmals Sept. 1934, seither weitere 18 mal [2438]. • **CZ:** Juni 1962, Mai 1979, Sept.1981, Juni 1983, Juli 1989 [2159]. • **D:** vor 1977 > 20 Nachw. [337], seither u.a. -NI 5 mal 1981-96; -NW Juni 1981, Mai 1984; -SH u.a. 10 mal 1987-97 und Helgol. Juli 1996; -BY Juli 1982, Mai 1996; -MV u.a. 5 mal 1992-95; -SN Sept. 1997; -BW 5 mal 1986-93; -BB Juli 1998 [575,1722,1]; in -SH und -MV ab Mitte 1990er J. allj. [J. Dierschke]. • **PL:** 64 Nachw. mit 69 Ind. bis 2000; seit 1960er J. gehäuft, kleine Einflüge 1970 und 1998 [q13,3871]. • **A:** A-V 6 mal 1966-81, A-B Sept. 1985, Mai 1987, A-B Herbst 1988 (Totfund), Juli 1990 [1617,1369,1722,3129].
Viele ältere Nachw. gestrichen, jüngste Beob. aus CZ (2001) und A (4 mal 2000) von den Seltenheitenkommissionen noch nicht anerkannt.

Verbreitung und Bestand. Brutvogel der borealen Zone von E-Baltikum bis E-Sibirien; einige ± isolierte Brutplätze in W-RUS (z.B. Dnjepr) sowie im N des Bottnischen Meerbusens FIN (seit 1957). Europäischer Brutbestand zw. 15.000-81.000 BP,

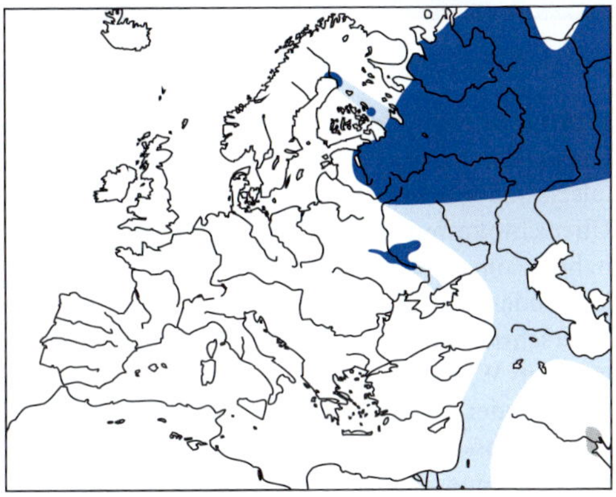

Xenus cinereus – Terekwasserläufer

weitestgehend nur RUS (15-80 T.), sehr kleine Bestände in FIN (15-20), BY (100-150), UA. (300-500) und LV (0-10 BP) [383]. Drei Flyway-Populationen, westlichste von N- und E-Europa in Überwinterungsgebiete am Persischen und Arab. Golf sowie an Küsten E-, S- und SW-Afrikas sowie Madagaskars, bei stabilem Bestand von 100.000-1.000.000 Ind. [823,4077,3718].

Wanderungen. Langstreckenzieher; Winterquartier Küsten des tropischen Afrika bis Kapland, S-Küsten Asiens von Arabien bis Hinterindien, Sundainseln, Neuguinea, AUS. Ringfunde: Br. FIN–S-F (♀ 2 mal), FIN–Rügen; S-Afrika–europ. NE-RUS (12.700 km NE). Binnenlandnachw. im Winterquartier selten, doch in Eurasien ausgesprochener Breitfrontzieher. In Europa fast überall einzeln nachgewiesen. Ab Anf. Juli bereits allmählicher Abzug von Brutplätzen; Abzug dort mit Juv. im Sept. beendet. Im Sept. treffen die Ersten bereits im S Afrikas ein. Heimzug ab Ende März bis Ende April/Anf. Mai, in den Mittelbreiten Mai wichtigster Dz.-Monat. Ankunft an Brutplätzen Ende Mai/Anf. Juni. Nachzügler auch in ME bis Juni; regelm. Übersommerungen in Afrika. Winterquartiertreue belegt.

Siedlungsdichte. Meist in kleinen Kolonien (mit z.T. winzigen Arealen von 1-2 ha), zuweilen auch einzeln brütend. In bevorzugten Habitaten RUS bis 10 Nester/km^2 [1507].

Gefährdung und Schutz. Derzeit keine gravierende Gefährdung erkennbar.

SPEC	VSchRL	Bern.Konv.	Bonn.Konv.
--	Anh. I	Anh. II	Anh. II
Europ. RL	**RL in ME**		
--	--		

Biotop. Br. v.a. in der borealen Zone in feuchtem Grasland mit dichtem Weidengebüsch, in den Flusstälern in ähnlichem Biotop wie Flussuferläufer auf Überschwemmungsflächen von Flüssen und flussnahen Zonen der Auen, aber auch auf Schwemmlandböden von Stauseen, küstennahen Inseln und Überschwemmungs- bzw. Brachflächen im Kulturland. Im Winter an Flachküsten oder Lagunen auf Schlick oder in der Mangrove, auch an flachen Teichen (besonders auf dem Dz.) und in der geröllreichen Flussaue, an Ostsee auch an Kiesstränden.

Nahrung. Brutplatz Insekten (besonders Zuckmücken), aber auch Sämereien. Im Winterquartier neben Insekten vor allem kleine Crustaceen.

Stimme. Ähnlich Rotschenkel oder Großer Brachvogel. Ruf im Fliegen wie im Stehen weich »hühühühü…«; bei Erregung härterer Anlaut und mehr »i«, etwa »güp güp güp…« oder »tititi«. Gesang trillernd und mit Pfeiflauten, oft Singflug.

Verhalten. Erinnert in der Bewegung am Boden an Flussuferläufer; jedoch rascher. Läuft auffallend vorgebeugt. Am Brutplatz territorial; Paare bleiben zumindest während einer Brutzeit zusammen. Bei Nahrungssuche auf dem Zug Einzelgänger, sonst auch Truppbildung.

Fortpflanzung, Brutbiologie [1369,1551]. Wohl monogame Saisonehe. **Nest.** Flache, mit trockenen Pflanzenteilen ausgekleidete Mulde. **Legebeginn.** Ab Ende Mai. **Gelegegröße.** (3) 4 Eier. **Eier.** Kreiselförmig; Grundfarbe hellbräunlich bis hellrostbraun; schwarzbraune bis violettgraue Flecken und kleine Spritzer. **Brutdauer.** 23-24 d. ♂ und ♀ brüten. **Nestlings-/Führungszeit.** Ad. führen zumindest zunächst gemeinsam; ♀ verlässt die Familie nach ca. 1 Woche. Juv. schon mit ca. 15 d flugfähig. **Jahresbruten.** 1.

Eimaße und -gewichte. [1369] L. 33.4-42.6 mm, B. 24.4-28.0 mm, Ø$_{80}$: 38.6 x 26.6 mm, 37.6 x 26.8 mm (n=29, FIN), 37.8 x 27.2 mm (n=16, RUS); Frischvollgew. 12.8 -13.9 g, Ø$_{12}$: 13.2 g; Schalengew. 0.60-0.84 g, Ø: 0.72 g.

Sterblichkeit, Alter. Ältester Ringvogel (FIN, ♂) 13 J. 11 Monate [3654]. **Generationslänge:** < 3.3 J. [383].

Mauser. **Postjuvenile Mauser** (Teilmauser) ab Ende Aug./Nov. in Rastgebieten oder im Winterquartier, ähnlich Ad.; ein Teil ab Ende Dez./März auch mit partieller Schwingenmauser von 3–6 äußeren HS und selten AS [767,1369,1688,4057,1580].
• **Postnuptialmauser** (Vollmauser) Ende Juli/Sept.–Ende Nov./März, aber Mauserperiode und Dauer abhängig von Mauserstrategie [767,1688,4057].
• **Pränuptialmauser** (Teilmauser) Mitte Feb.–Ende April/Mai [767,1369,1688].

Tringa erythropus – Dunkler Wasserläufer 05450

Tringa erythropus (Pallas 1764)

(GB) **Spotted Redshank** (F) **Chevalier arlequin** (E) **Archibebe Oscuro**

Taxonomie. Monotypisch.

Kennzeichen. [1784,1369,221,3772,3615].

Maße. Gr.: 29-32 cm. Gew.: (97) 120-210 (230) g. Fl.spw.: 61-67 cm. Fl.l.: ♂ 16.2-17.2 cm, ♀ 16.6-17.4 cm [1369,3615].

Status. In ME regelm. Durchzügler zu beiden Zugzeiten an Küste und Binnenland, auf Wegzug meist häufiger. Durchzugsgipfel in NL mit 5.000-10.000 Ind. im Aug. und 3.000-6.000 im Mai [375]. Maxima an Küste in einzelnen Abschnitten bis 3.000 Ind. [337]. Überwinterungen in kleiner Zahl an (N)W-ME Küste [B, NL Rheindelta, NW-D: 1677,375].
Im Binnenland Trupps > 100 sehr selten; nur ausnahmsweise überwinternd oder Überwinterungsversuche [Bod., CH, CZ, PL: 1617,4152, 2159,3871,q14]. Maximum im Herbst in H mehrere

Tausend (z.B. 6.000 Ind. Kardosküt H im Aug.1972) [337]. Einzelne Übersommerer, u.a. in H [2438].

Verbreitung und Bestand. Brutvogel der Arktis und der N borealen Nadelwaldzone von N-N. bis E-Sibirien (Anadyrgebiet, Chukotskiy-Halbinsel), mit Lücke im Taimyrgebiet. Europäischer Brutbestand 19.000-42.000 BP (leichte Abnahme), davon in FIN 10-15 T., ferner 2-6 T. in N., 2-10 T. in RUS und 5-11 T. in S. [383]. Vier Flyway-Populationen, in ME die europäisch/W- und Zentralafrikanische mit 30.000-76.000 Ind. (Bestand wahrschl. stabil), und die SW-asiatisch/E-afrikanische mit ca. 10.000-100.000 Ind. [3718,4077,823].

Wanderungen. Langstreckenzieher. Hauptwinterquartier Afrika Sahelzone bis Sudan und E-afrikanisches Hochland, S-Küste Mittelmeer und Vorderasien, ferner Vorderindien, SE-Asien; nur wenige bleiben in W- und S-Europa. Wegzug der Br. Westpaläarktis SSE/WSW; Breitfrontzug über Binnenland mit gewisser Verdichtung an Küsten. Wegzugfunde von Dz. S./FIN in UA., TR, DK, B, F, E., I; Wegzug D in GB, F, I, DZ (Winter), ehem. YU, PL. Größere Herbst- und Winterkonzentrationen außerhalb ME z.B. SE-GR 4.500 Juli; TR Okt. 2.000, Nov. 1.350; MA Jan. 500; Küsten von Ghana März 2.000 Ind. ♀ verlassen spätestens nach Schlüpfen der Jungen das Brutgebiet bzw. streifen umher. Abzug FIN bereits ab 10. Juni, ♂ und Juv. Juli/Ende Aug. Erster Wegzuggipfel in ME etwa Juli (Ad.) meist auf Küste beschränkt (Anf. Juli bis 2.000 Dollart; bis 3.000 Stade); Ende Juli/Anf. Aug. wohl mehr ♂ und später Juv.; Zahlen nehmen ab Sept. an Küste ab. Im Binnenland Wegzug ebenfalls ab Juni/Juli, doch Gipfel meist Ende Aug./Anf. Sept., also mehr zur Zeit des Wegzuges der Juv.; auch in SW-ME Mitte Okt. (Nachzügler bis Ende Nov.) abgeschlossen. Heimzug in ME frühestens ab Mitte März, meist Ende März/Anf. April mit Höhepunkt Anf. Mai; Ankunft in S-FIN auffällig konstant erste Maitage, an Brutplätzen Mitte/Ende Mai. Übersommerer z.B. an Wattenmeerküste.

Bestandsentwicklung. Bestände größeren Schwankungen unterworfen, langfristig aber stabil. In S. seit 1960er J. Ausdehnung nach S um etwa 200 km [1507]. Rastbestände gebietsweise zunehmend oder stabil [z.B. Bod., D-BB, -NI:1,1617,1589], in CH abnehmend [3393].

Siedlungsdichte. In bevorzugten Lebensräumen Skadinaviens etwa 1-3 BP/km², in Sibirien entlang

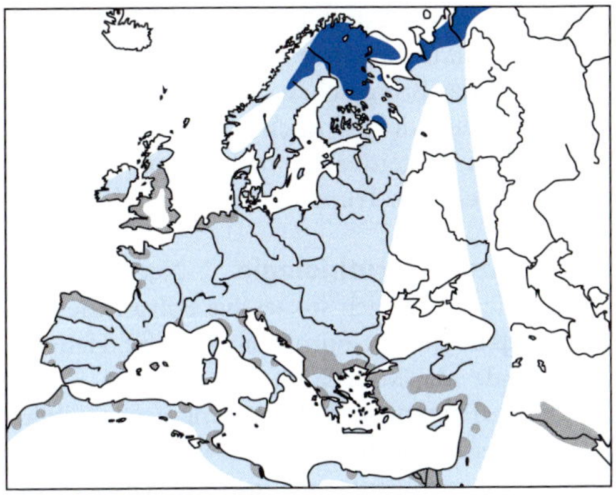

Tringa erythropus – **Dunkler Wasserläufer**

Flüssen bis 4-5 BP/km², in sumpfigen Lärchenwäldern bis 15 Vögel/km² [1507].

Gefährdung und Schutz. Abgesehen vom Verlust geeigneter Rasthabitate im Binnenland [z.B. D-BB:1] keine größeren Gefährdungen erkennbar.

SPEC	VSchRL	Bern.Konv.	Bonn.Konv.
3	Anh. II-2	Anh. III	Anh. II
Europ. RL	RL in ME		
--	--		

Biotop. Br. auf trockenem oder feuchtem, oft moorigem Boden in offener oder mit weit auseinanderstehenden Bäumen besetzten Flächen der Tundra und Taiga. Dz. und Wintergäste an Süß- oder Brackwasser auf Schlamm- und Schlickflächen; an der Wattenküste meist in landnahen Zonen, in Meeresbuchten, Salzmarschen; im Binnenland in Flachwasserzonen oder nassen bzw. überschwemmten Wiesen, Rieselfeldern.

Nahrung. Wasserlebende Insekten und deren Larven, auch fliegende Landinsekten; im Wattenmeer Crustaceen, Ringelwürmer, Mollusken.

Stimme. Häufigster Flug- und Erregungsruf scharfes »tjuit«, meist 1–2mal, schnell abfallend und wieder ansteigend, mitunter locker gereiht. Gesang rasche Folge von melodisch rollenden Silben »trrr-rü-ie…«.

Verhalten. Nahrungserwerb in der Zugzeit tags; Zug oft nachts. Schwimmt häufiger als andere *Tringa*-Arten; Nahrungserwerb hauptsächlich im Seichtwasser. Zur Brutzeit territorial. Verpaarung oft schon auf dem Heimzug. ♀ können sich aber auch mit mehreren ♂ verpaaren und überlassen den ♂ das Brutgeschäft. Singflug bei der Balz. Brüten einzeln oder in lockeren Kolonien. Auf dem Zug oder im Winterquartier meist einzeln, in Familien oder kleineren Trupps (meist <50 Ind.).

Fortpflanzung, Brutbiologie. 2 Nachweise für Polyandrie; vermutlich sukzessive Polyandrie häufiger. **Legebeginn.** N-Europa ab 20. Mai, Hauptlegezeit Ende Mai/Mitte Juni. **Gelegegröße.** 4 Eier. **Nestlings-/Führungszeit.** Bebrütung hauptsächlich oder ± ausschließlich durch ♂; ♀ haben aber Brutfleck. ♀ scheinen Brutgebiet im Allg. schon etwa 1 Woche vor Schlüpfen der Jungen zu verlassen, doch in einigen Fällen zumindest anfänglich Beteiligung an Jungenführung. **Jahresbruten.** 1.

Sterblichkeit, Alter. Ältester Ringvogel 6 J. 2 Monate [3654]. **Generationslänge:** < 3.3 J. [383].

Mauser. **Postjuv. Mauser** (Teilmauser) (Mitte Aug.) Sept.–Okt. (Feb.); Umfang ähnlich Pränuptialmauser [767,1369]. • **Postnuptialmauser** (Vollmauser) Körpergefieder ab Mitte Juni im Brutgebiet, bei frühem Brutbeginn z.T. auch 1–3 innere HS ersetzt und danach Unterbrechung; ♀ und erfolglos brütende Ind. mausern i.d.R. früher als ♂ bzw. erfolgr. Brutvögel; Prachtkleid bis Mitte Aug. mehrheitl. verschwunden [767,1369,2946]; Fortsetz. und Abschluss in Mausergebieten vor Ankunft im Winterquartier [767,3921]. • **Pränuptialmauser** (Teilmauser) März–April, Einj. bis Mitte Mai [767,1369,1688,3921]; Körpergefieder, variable Anzahl von Oberflügeldecken, innere (alle) Schirm- und z.T. mittlere Steuerfedern [767,1369].

Tringa totanus – Rotschenkel 05460

Tringa totanus (Linnaeus 1758)

(GB) **Common Redshank** (F) **Chevalier gambette** (E) **Archibebe Común**

Taxonomie. Sechs im Gefieder des PK und Größe differenzierte UA: *robusta* (Schiøler 1919) (IS, Färöer), *totanus* (Linnaeus 1758) (W-Europa bis Ural), *ussuriensis* Buturlin 1934 (Ural bis N Mandschurei); *terrignotae* Meinertzhagen 1926 (S Mandschurei, E China), *craggi* Hale 1971(China) und *eurhinus* (Oberholser 1900) (zentralasiat. Bergmassiv).

Kennzeichen. [1784,1369,221,3772,3615].

Maße. (Nominatform) Gr.: 27-29 cm. Gew.: ♀ 100-155 g, ♂ 85-130 g. Fl.spw.: 59-66 cm. Fl.l.: ♂ 14.9-16.8 cm, ♀ 15.1-17.2 cm [1369,3615].

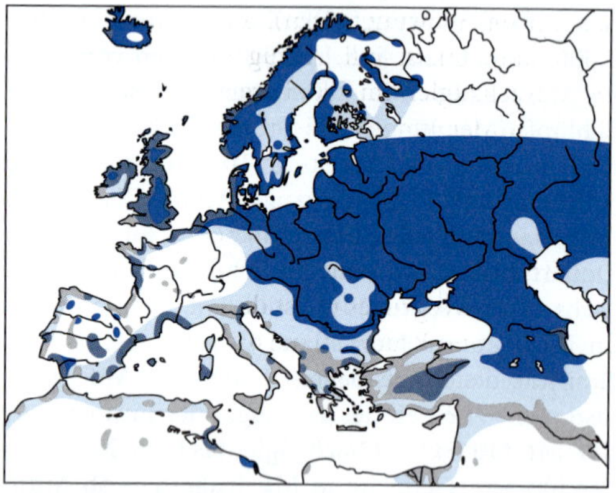

Tringa totanus – **Rotschenkel**

Status, Verbreitung und Bestand. Br. über weite Bereiche Eurasien von mediterraner bis borealer Zone (in W-Paläarktis nach N kaum über 9°-Juli-Isotherme hinaus, nach S bis W-Afrika) sowie z.T. in Steppen- und Wüstengebieten Asiens. Gesamtbrutbestand in Europa 280.000-610.000 BP (leichte Abnahme), mit Populationen > 20.000 BP in BY (40-70 T.), IS (50-140 T.), NL (20-25 T.), N. (40-80 T.), RUS (30-140 T.) und GB (31-44 T. BP) [383]. In ME Nominatform mit Schwerpunkten an Küste und küstennahem Tiefland; ursprüngl. in allen Ländern ME, küstenfern aber nur inselartig in kleinen Populat., in S-ME auf Restvorkommen reduziert. Brutbestand ME 33.000-41.000 BP, fast 2/3 davon in NL [383]. Neun Flyway-Populationen, davon ostatlantische der Nominatform mit Überwinterungsgebieten von SW-Europa bis W-Afrika bei 250.000 Ind. (Bestand rückläufig); UA *britannica* als Überwinterer der W-ME Küstenregionen (124.000-127.000 Ind., abnehmend); UA *robusta* aus IS als Durchzügler sowie Überwinterer mit bis zu 14.000 Ind. in milden Wintern allein in NL (gesamt 64.500 Ind., stabil); E-europäische (Nominatform) mit Wintergebieten von E-Mittelmeergebiet bis E-Afrika mit 223.000-464.000 Ind. (abnehmend) [1677,375,4077,823,3718].

Wanderungen. Langstrecken- bis Teilzieher. Winterquartier atlantisches Europa von IS, S-Küsten Skandinaviens, Nordseeraum bis S-Europa, Mittelmeergebiet, Vorder- und S-Asien bis SE-Asien, Afrika bis ca. 15° S. Kleinste Ind. von Fennoskandien überwintern am südlichsten, größte (IS) am weitesten im N. In Kontinentaleuropa Hauptwegzugsrichtung SW-SSW mit Bevorzugung der Küsten. **Br. IS** z.T. Standvögel, die meisten ziehen nach GB/IRL, NL (bis DK, S-N., D-I, NW-F., selten MA); **Br. aus GB/IRL** sind Teilzieher (Distanz Brutort-Wintergebiet Ø$_{125}$ 229 km), einige bis NL, F, E./P [4064]. **Br. Fennoskandien, Ostsee, DK, Nordseeküsten** überwintern F, P/E., I, NW-Afrika, einzelne bis Senegal, Sierra Leone, Elfenbeinküste (wahrscheinlich z.T. Breitfrontzug über ME). **Br. NL/B** überwintern von GB/IRL, F bis Senegal, einzelne I, ehem. YU. **Br. D** ziehen bis S-F und E./P; **Br. S-D, CS, H** lieferten Wiederfunde in S-F, I, ehem. YU, Kreta, TN, DZ. Wegzug Fennoskandien ab Ende Juni/Anf. Juli, in N-ME Juni; Br. Skandinaviens erreichen frühestens Juli F und N-Mittelmeer. Höhepunkt des Dz. an Nord- und Ostseeküste Juli; hohe Rastbestände noch bis Sept.; ab Okt. Nominatform an Nordsee so gut wie abgezogen (z.T. mit erst teilweise vermauserten Schwungfedern). Im Binnenland ME Höhepunkt meist Juli, Abzug bis Sept.; Okt. nur noch Nachzügler. Im Okt. bereits bis 100.000 Banc d'Arguin/Mauretanien. Heimzug und Ankunft an Brutplätzen in ME im März; Maxima des Dz. an Wattenküste und im Binnenland April; gegen Ende Mai klingt Dz. aus. Übersommerer in ME auch fern der Brutplätze, doch liegen Ende des Heim- und Anfang des Wegzuges meist dicht beisammen. Geburtsorts- und Brutortstreue nachgewiesen, ebenso Wintergebietstreue [584].

Bestandsentwicklung. Bestandsentwicklung in ME im 20. Jh. sehr uneinheitlich und aufgrund schwerer Erfassbarkeit teilweise unzureichend dokumentiert [1369,1507]. Schwankungen in erheblicher Größenordnung an Außendeichflächen und Marschen der Küste in Abhängigkeit von Grünlandbildung sowie in Flussniederungen vom Wasserstand [1369]. Durch rasche Besiedlung neugewonnener Polder vorübergehende Bestandssteigerungen [196].
Konstante Bestandsabnahme schon ab 1. Hälfte 20. Jh. [1369], bes. deutlich in Binnenlandpopulationen, auch am S-Rand des geschlossenen Areals der Tiefebenen NL, N-D und SW-PL [196]. Nach und nach völliges Erlöschen der Populationen im Elsaß 1894, in CH 1919, in D-BW und Bod. etwa 1935, in -SN 1959 [1369,1722,3667,3393,1617, 196] oder vieler lokaler Vorkommen in -MV, -BB, -ST, -BY [1,2031,1369,2283] sowie CZ [3301], A-V und A-S [965]; Rückgang hält meist weiter an [453], allerdings in -NW leichte Erholung seit Ende 1990er J. [3091].
Im Küstenbereich Bestandsentwicklung je nach Lebensraum sehr unterschiedlich. In NL Gesamtbrutbestand von 1962-90er auf < 50% [3892,375,1507]. Dabei starke Abnahmen in Wiesengebieten der Niederungen [3955], dagegen (meist größere) Bestände im Vorland weitgehend stabil und in Salzwiesen (bes. ohne Beweidung) ansteigend [1507,3638]. Entwicklung in Wiesengebieten B, D-SH und -NI bis 1980er J. ähnlich negativ, danach im gesamten Nordseebereich auf niedrigem Niveau stabil [843,1589,1587, 593,1302,1269,3744; Wattenmeer:1144,3135]; durch Aufgabe der Beweidung auf Salzwiesen auch Zunahmen [1497]. Kleine Populationen an Ostseeküste D-SH sowie in -MV weitgehend stabil [2772,310]. In GB Bestände anhaltend rückläufig [515].

	Best.	Areal	Brutbestand	Jahr	Quelle
A	+/-	=	120–190	1998–2002	[383]
B	↑	=	413–456	2000–2002	[383]
CZ	⇩	- 1	25–40	2000	[383]
D	↓	- 1	9.700–12.000	1995–1999	[383]
H	+/-	=	600–800	1993	[383]
NL	↓	- 1	20.000–25.000	1998–2000	[383]
PL	+/-	=	2.000–2.500	1995–2000	[383]
SK	↓	- 1	35–70	1990–1999	[383]

Trotz insgesamt starken Bestandsrückganges gelegentlich auch im Binnenland Ansiedlungen und Bestandsvermehrungen oder Stabilisierung infolge günstiger Habitatveränderungen und intensiver Schutzmaßnahmen (Wiedervernässung, Extensivierung, Reduktion der Störeinflüsse) [D-BB:1, -NI:2355, -BY:2282]. Neuansiedlungen z.B. im Rhl. -NW 1949 oder im N D-BY 1981 und 1982 [196]. Einige Binnenlandpopulationen auf lange Sicht kaum überlebensfähig [1369]. Wichtigste Brutgebiete E-PL, A und H stabil, positive Trends z.T. durch besseren Kenntnisstand [965,2438,3871].
Entwicklung der Brut- und (bedeutenden) Winter-Bestände in Europa uneinheitlich. Offensichtlich sind große Populationen in BY und RUS sowie Skandinavien konstant [3892,1585,1507]. Durchzugs- und Überwinterungszahlen der ostatlantischen Flyway-Population allerdings insgesamt rückläufig [4077,3240,824,3393].

Siedlungsdichte. In ME am höchsten in unbeweidetem Deichvorland NL/D-NW mit bis zu 80–90 BP/km^2; auf beweidetem Grasland 10-20 BP/km^2, auf Moorböden oft nur 0.5–3.0 BP/km^2 [337]; im Binnenland, z.B. D-BB, großräumig nur 0.7-1.4 BP/km^2 [1]. In Salzweiden GB sehr hohe Dichten von 122-285 BP/km^2 möglich, in NL Salzwiesen bis 107 BP/km^2 [1507], in D-SH auf langjährig unbeweideten Salzwiesen neuerdings bis 30 BP/10 ha [310]. Zuweilen kolonieartiges Brüten, z.B. Krim UA. mit bis zu 600 BP auf 15 ha Insel [1507].

Gefährdungsursachen [1369,1719,196,337,1589, 310,3638,515]. Wie bei anderen Arten des Feuchtgrünlandes Folge der Verschlechterung oder Zerstörung der Bruthabitate: Eindeichung der Vorländer, Entwässerung und Austrocknung der Salzwiesen und Niederungs-Feuchtwiesen, Grünlandumbruch, Intensivierung der Landwirtschaft und Beweidung, Grundwasserabsenkung, Torfabbau, Überbauung, Ausbau des Wegenetzes, Kiesabbau in Talauenbereichen (dabei Rotschenkel bei Veränderungen empfindlicher als z.B. Brachvogel). Lebensraumveränderungen und -verlust in Rast- und Überwinterungsgebieten durch Überbauung, Trockenlegung, Verschmutzung, Zerstörung der Mangrovenwälder, Salzgewinnung, Entwicklung, Störungen, sowie durch Ausbreitung von *Spartina* auf Schlickflächen.
Häufige Gelege- und Jungvogelverluste durch häufige und frühe Mahd und Ernte, maschinelle Bearbeitung (Walzen, Kreiselmäher), Prädation, erheblicher Viehtritt sowie Störungen (vgl. auch Uferschnepfe).
Natürliche Verluste durch kalte Winter mit eis- oder schneebedeckten Nahrungsgebieten.

SPEC	VSchRL	Bern.Konv.	Bonn.Konv.
2	Anh. II-2	Anh. III	Anh. II
Europ. RL	RL in ME		
--	CH: **'RE'**, CZ :'CR', D: 'EN', SK, A:'VU', NL:'NT'		

Schutzmaßnahmen. Erhaltung und Pflege der Brutbiotope durch Wiedervernässung, Wässerung im Winter, Reduzierung von Drainage sowie Nährstoffeintrag, Schaffung flacher Teiche; Aufgabe von Vorlandbeweidung und Entwässerungsmaßnahmen; Extensivnutzung mit kontrollierter Beweidung, Vermeidung hochproduktiver Grassorten. Gebietsankauf und Entschädigungszahlungen an Landwirte zum nachhaltigen Schutz.
Internationaler Schutz und ggf. Renaturierung wichtiger Rast- und Überwinterungsgebiete entlang Hauptzugweg (E-atlantischer Flyway), wo 90% der Rotschenkel-Population konzentriert.
Vermeidung von Störungen in Brutgebieten.

Biotop. Br. offener Flächen mit mind. feuchten Nahrungsgebieten in der Nähe und einer nicht zu hohen Vegetation, die jedoch ausreichend Nestdeckung bieten muss und möglichst höhere Warten (Pfosten, Büsche, vereinzelte Bäume etc.) aufweist. Höchste Dichte in küstennahen, unbeweideten Grasländern (gerne in Salzmarschen in Nähe windgeschützter Schlickflächen, mit Möglichkeit der Nahrungssuche in der flachen Gezeitenzone). Binnenlandbrutplätze auf Flusskiesbänken, Ödländern oder feuchteren Flächen wie Hochmooren, Überschwemmungswiesen, Verlandungszonen (letztere Typen meist nur kurzfristig), oft in der Nähe von Kiebitz oder anderen Larolimikolen. In Steppengebieten auf trockenen Böden nahe der Gewässer. Außerhalb der Brutplätze Nahrungssuche vor allem in Seichtwasserzonen.

Nahrung. Überwiegend Kleintiere; pflanzlicher Anteil unbedeutend. Im Watt Ringelwürmer, Crustaceen, Mollusken, im Binnenland häufig Insekten Hauptnahrung, ferner Land- und Süßwassermollusken, Regenwürmer.

Stimme. Häufiger Ruf vor dem Auffliegen »djühü«, »tüht« langgezogen; im Flug dann kürzer »tüt tüt«, auch in lockeren Reihen. Rufe weicher und etwas höher als bei Grünschenkel. Gesang »dahidlda-hidldahidl..« (»Jodeln«). Alarmlaute hart »chip chip...«.

Verhalten. Überwiegend tagaktiv; an der Küste auch tidenabhängig. Nahrungserwerb pickend oder sondierend, im Watt auch Durchpflügen der Oberfläche mit weit geöffnetem Schnabel, mitunter auch im tieferen Wasser »gründelnd«. Zur Brutzeit z.T. territorial (Nestreviere jedoch klein), aber meist gesellig in lockern Kolonien. Paarbindungen sind oft lebenslang stabil. Verpaarte ♂ kopulieren oft mit mehreren ♀. Reviermarkierung durch Ausdrucksflug mit Schwirr- und Gleitflugphasen bzw. auf- und absteigender Flugbahn; Jodeln meist im Gleitflug. Bodenbalz mit Jagden zw. ♂ und ♀. Scheinnisten der ♂ (bis zu 20 Muldenanfänge pro ♂ beob.). Verschiedene Drohhaltungen, in denen auffällig gefärbte Gefiederpartien präsentiert werden. Gegenüber Nestfeinden (z.B. Säugern) im

Brutgebiet oft gemeinschaftliches Abwehrverhalten. Nach der Brutzeit gesellig, Zusammenschluss oft zu großen Trupps; tritt aber auch einzeln auf (Nahrungsplätzen).

Fortpflanzung, Brutbiologie. Geschlechtsreife im 1. Lebensjahr; oft aber erste Brut erst im 2. Lebensjahr. Saisonale Monogamie; Paartreue bis 5 J. nachgewiesen (z.T. als Folge von Ortstreue interpretiert); Polygamie vermutet, ebenso Paarbindung während des Winters. **Nest.** ♀ wählt eine der vom ♂ angelegten Mulden aus. Nest am Boden, meist in Vegetation gut versteckt, in spärlich bewachsenen Flächen an einzelnen Pflanzenbüscheln. Durch Heranziehen von Halmen während des Brütens entsteht oft »Haube« über dem Nest. **Legebeginn.** im SE ab Ende März, NW-D frühestens ab Anf., meist erst ab Mitte/Ende April; Nachgelege bis 2. Junihälfte. In Fennoskandien nicht vor Mai. **Gelegegröße.** (3)4(5), größere wohl von 2 ♀; D_{379} Ø 3.95; N-Europa und ME_{1010} Ø 3.91. **Eier.** ± kreiselförmig; Grundfarbe hell-braun bis sandfarben, dunkelgraue Flecken oft am stumpfen Pol etwas gehäuft. **Brutdauer.** 22–29 d, Ø 24 d. Legeintervall Ø 38 h; beide brüten. **Nestlings-/Führungszeit.** Junge werden in Aufzuchtgebiete geführt, die sich für mehrere Paare decken können. Junge drücken sich bei Gefahr in Deckung. ♀ verlässt Familie meist vor dem ♂. Erste erfolgreiche Flugversuche 23-25 d, mitunter erst mit 35 d voll flügge. **Jahresbruten.** 1; Nachgelege. **Bruterfolg.** Schlüpfquote $D\text{-}NI_{271}$ 2.99 Junge/Nest; mittlere Nachwuchsziffern D-NI 2.8–3.2 Junge/Paar und J.

Eimaße und -gewichte. *totanus* L. 37.8-50.3 mm, B. 28.0-33.5 mm, Ø: 45.2 x 31.6 mm (n=100, GB), 45.2 x 31.3 mm (n=366, D-NI), 45.1 x 31.4 mm (n=249, NL), 44.8 x 30.8 mm (n=105, B), 44.1 x 31.0 mm (n=157, CS); *robusta* $Ø_{54}$ 45 x 32 mm. Frischvollgew. *totanus* 19.0 -26.0 g, $Ø_{80}$: 22.3 g; *robusta* $Ø_{54}$ 23.0 g. Schalengew. 0.84-1.35 g, $Ø_{400}$: 1.15 g.

Sterblichkeit, Alter. GB bei Überwinterern ca. 18 %/J. [584] bzw. Juv. variabel um 57 %, 2./3. Lebensjahr 33 %, ältere 26 %/J. (höhere Sterblichkeit in nassen Wintern) [1824]. Ebenfalls GB bei Brutvögeln ca. 26 %/J. [3834]. Ältester Ringvogel (GB) 19 J. 6 Monate [3654]. **Generationslänge:** < 3.3 J. [383].

Mauser. **Postjuvenile Mauser** (Teilmauser) (Ende Juli) Aug.–Jan.; einschließlich einigen Rand- und Mittleren Armdecken, Schirm- und (allen) Steuerfedern [767,1369]. • **Postnuptialmauser** (Vollmauser) ab Ende Juni/Aug., hauptsächlich ab Juli in Rastgebieten; Ende bei UA *totanus* im Winterquartier in NW-Afrika, bei UA *robusta* in W-Europa im Okt./Nov. (Jan.) [767,1369,1356,2302,2570]; Dauer der HS-Mauser GB 70–75 d [3918,2639]. • **Pränuptialmauser** (Teilmauser) Jan.–Mai, beginnt bei N Populationen später [767,1369,4234]; umfasst je nach UA und Population verschiedene Anteile von Körpergefieder, Flügeldecken und Schirm-, selten auch Steuerfedern [767,1369,1356,1688].

Tringa stagnatilis – Teichwasserläufer 05470

Tringa stagnatilis (Bechstein 1803)

GB **Marsh Sandpiper** F **Chevalier stagnatile** E **Archibebe Fino**

Taxonomie. Monotypisch.

Kennzeichen. [1784,3615,1369,221,3772; zur Bestimmung im Jugendkleid (gute Fotos):1954, weitere **Fotos** in Limic. **12**, 278, **13**, 96, **17**, 157, Dutch B. **20**, 44, **23**, 109, 171, Bird. W. **11**, 51, **12**, 73, **14**, 241, **15**, 311].

Maße. Gr.: 22-26 cm. Gew.: (43) 50-80 g, Zugvögel bis 120 g. Fl.spw.: 55-59 cm. Fl.l.: ♂ 13.6-14.3 cm, ♀ 13.8-14.8 cm [1784,3615].

Status. In ME sehr seltener, gelegentlicher Brut- und/oder Sommervogel in E-A, H, SK. und PL. In weiten Teilen ME einzelner Durchzügler und Gastvogel, in CH, A, Bod. und D-BY (fast) alljährlich [1617,1722,4152,4175,337]; in -BB 88 Nachw. (117 Ind.) von 1955-98 [1], in -BW 115 Nachw. (166 Ind.) von 1958-98 [1722]. In N-, NE- und W-ME dagegen lange Zeit eher unregelm., aber seit 1970er J., insbes. ab 1990er J., sehr stark zunehmend [z.B. NL, PL: 277,3871]. Meiste Daten Apr./Anf. Juni bzw. Juli/Anf. Okt. [337].

Verbreitung und Bestand. Brutvogel in Waldsteppen-, Steppen- und Südlicher Waldzone von E-Europa (UA. Schwarzmeer, BY) sowie Karpatenbecken H (bis 1950er J.; neuerdings unreg.) bis Zentralsibirien sowie lokal bis E-Asien (Ussuriland, NE-China). Brutbestand in Europa etwa 12.000-32.000 BP (schwacher Rückgang), mit 12-32 T. BP in RUS und sehr kleinen Beständen in FIN, RO, UA., LV, LT, BY [383]; in ME nur in PL mit Brutbestand 3-5 BP [q22]. Vier Flyway-Populationen, europäische von W-RUS, UA. und BY nach N-, W- und Zentralafrika mit etwa 14.000-40.000 Ind., SW-asiatische nach E- und S-Afrika mit 50.000-100.000 Ind. (Trends unbekannt) [1784,4077,823,3718].

Wanderungen. Überwiegend Langstreckenzieher; Winterquartier SE-Mittelmeer und S-Vorderasien, vor allem Afrika S Sahara bis Kapland, SW-Arabien, Vorder- und Hinterindien, Insulinde, AUS. Br. im W des Areals ziehen wohl in breiter Front SW-SSW. In W-Afrika regelm. Überwinterungen, in E. und F zunehmend Dz. und gelegentliche Wintergäste. Wegzug von Brutplätzen ab Ende Juli/Anf. Aug. bis Anf. Sept. Hauptdz. in Gebieten zwischen Brut- und Winterquartier Aug./Mitte Sept.; Oktdaten in Dz.-gebieten nicht häufig. S der Sahara wohl Haupteinflug Sept./Okt. Abzug aus Winterquartier ab März, Höhepunkt des Heimzuges April/Mai; Ankunft am Brutplatz ab Mai. Übersommerer im Winterquartier und auch aus Dz.-gebieten mehr oder weniger regelm. in kleiner Zahl.

Bestandsentwicklung. Erlöschen der kleinen E-ME Brutvorkommen im 19. Jh. durch Verfolgung und viell. Lebensraumverlust. Letzte Brutnachw. (oder -verdacht) in unregelm. besetzten Brutgebieten in PL Mitte 19. Jh. (z.T. unsicher) [1369], in E-SK. ca. 1910 und in E-A 1914 [337]. Einzig bedeutendes Brutgebiet ME in H mit größeren Beständen im 19. Jh., doch aufgrund starker Verfolgung nach 1906 nur noch unregelm. Brutvogel; letzter Brutnachw. von 1958; Brutverdacht 1959 [1369]. Danach für längere Zeit nicht mehr nachgewiesen.
In jüngerer Zeit erneute Ausbreitung nach W und N [1507,3615] sowie Häufung der Sommernachw. (brutverdächtige Ind.) in PL, E-Baltikum und FIN [337,q3]. Dann 1988 und 1989 gesicherte Brutnachw. in Narew-Gebiet PL [2217], seit Ende 1990er J. auch Bruten in Biebrza [q3] und Ausbreitung auf andere Gebiete (z.B. NE-PL) vermutet bzw. belegt [1366,3871]. Auch in H durch Schutzmaßnahmen und Ausdehnung künstlicher Flachwasserbereiche (Fischteiche, Reisfelder) erneute Zunahme der Übersommerungen [196,2438]. Sommernachw. (wohl einj. Nichtbrüter) inzwischen sogar in NL (z.B. 5 Ind. 1999) [q18].

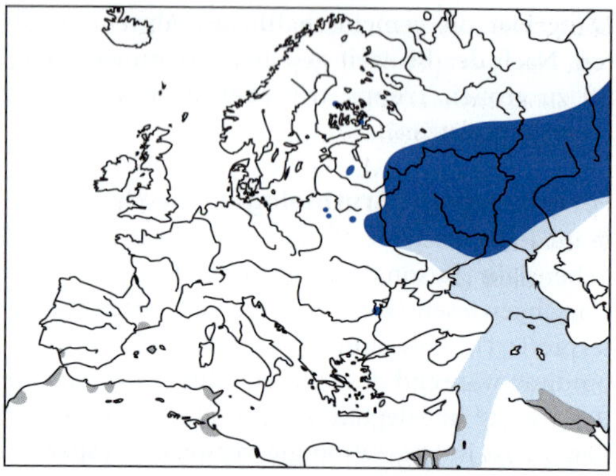
Tringa stagnatilis – Teichwasserläufer

	Best.	Areal	Brutbestand	Jahr	Quelle
PL	N	N	3–5	1995–2000	[383]

Gefährdung und Schutz. Vor allem Lebensraumverlust (Umbruch, Verbauung, Wasserstandssenkung, Austrockn.). Kleine Gesamtpopulation erhöht Bedrohung. Maßnahmen derzeit nicht notwendig.

SPEC	VSchRL	Bern.Konv.	Bonn.Konv.
--	--	Anh. II	Anh. II
Europ. RL	**RL in ME**		
--	H: **'RE'**, PL: 'EN'		

Siedlungsdichte. Stark schwankend. In Optimallebensräumen (RUS) bis zu 5.5 BP/km^2 [1507].

Biotop. Br. offener Steppengebiete mit nicht zu hoher Vegetation bei Vorhandensein flacher Wasserstellen, v.a. in Flusstälern und Niederungen. Auf dem Zug besonders an seichten Binnengewässern, Marschen, an Tümpeln, Schlammteichen, überschwemmten Reisfeldern, auch an Restpfützen abgelassener Fischteiche. An der Küste im Brandungsbereich kaum, höchstens an binnenwärts gelegenen Seichtwasserstellen.

Nahrung. Kleine Crustaceen, Mollusken, Wasserinsekten; Landinsekten offenbar nur gelegentlich.

Stimme. Rufe kurz und einzeln »tsiui«, auch »kjük« (bei Gefahr). Rufreihen z.B. »tü tü tü tü…«, weicher als Grünschenkel.

Verhalten. Nahrungserwerb vorzugsweise im Seichtwasser; bei Nahrungssuche oft großer Individualabstand oder einzeln. Paare sind während der Brutzeit stabil; beide kümmern sich um die Jungen. Balzflüge während des Heimzuges und vor Legebeginn. Brutbeginn meist schon einjährig. Im Winterquartier oft große Trupps; Anschluss an größere Limikolen (z.B. Grünschenkel) oder kleinere Reiher.

Fortpflanzung, Brutbiologie. Geschlechtsreife 1. oder 2. Lebensjahr. **Nest.** Nest auf Boden; mitunter in lockeren Kolonien brütend, nahe dem Wasser oder auf feuchtem Untergrund. **Legebeginn.** Mai, weiter NE auch Juni. **Gelegegröße.** 4 Eier; Zusammenlegen von 2 ♀ bis 7 Eier. **Jahresbruten.** 1.

Eimaße und -gewichte. L. 35.2-41.4 mm, B. 24.3-28.3 mm, $Ø_{50}$: 38.4 x 26.9 mm, $Ø_{75}$: 38.5 x 26.9 mm; Frischvollgew. (errechn.) 14.0 g; Schalengew. 0.64-0.86 g, Ø: 0.74 g.

Sterblichkeit, Alter. Ältester Ringvogel (F) 7 J. 1 Monat [3654]. **Generationslänge:** < 3.3 J. [383].

Mauser. **Postjuvenile Mauser** (Teilmauser) oft ab Mitte Aug./Anf. Sept. im Brutgebiet, bis Ende Sept./Okt. (Jan.) größtenteils beendet [767,1688]; ca. 10–15 % der Ind. ersetzen zudem äußere HS, Mitte Feb.–März [767,1369,3921]. • **Postnuptialmauser** (Vollmauser) Körpergefieder ab Mitte Juli, kurz danach innere HS; oft Mauserunterbrechung während Wegzug und vor Ankunft im Winterquartier meist nicht beendet; Abschluss je nach geografischer Lage des Winterquartiers bis Nov./Jan. (Anf. März) [767,1369,1688,4057,3921]. • **Pränuptialmauser** (Teilmauser) Mitte Dez./Ende Feb.–März/Anf. April vor Heimzug [767,1369,1688,4057, 3921]; umfasst das meiste Körpergefieder, variable Anteile von Oberflügeldecken, Schirm- und mittleren Steuerfedern [767,1369].

Tringa nebularia – Grünschenkel 05480

Tringa nebularia (Gunnerus 1767)

(GB) **Common Greenshank** (F) **Chevalier aboyeur** (E) **Archibebe Claro**

Taxonomie. Monotypisch. Wird von manchen Autoren mit *T. melanoleuca* (N-Amerika), aber unter Ausschluss von *T. guttifer* (Sachalin) in eine Superspezies gestellt [2520N,995N], was in Unkenntnis der genauen Verwandtschaftsbeziehungen nicht ratsam erscheint.

Kennzeichen. [1784,1369,221,3772,3615].

Maße. Gr.: 30-35 cm. Gew.: (125) 130-270 (290) g. Fl.spw.: 68-70 cm. Fl.l.:♀,♂ 18.5-20.0 cm [1369, 3615].

Status. An Küste und im Binnenland regelm. Durchzügler in z.T. größeren Ansammlungen (z.B. Wattenmeer NL Mai bis 3.000, Juli-Sept. 3.000-8.000, Okt. 900) [375,337].
Im Binnenland nur ausnahmsweise Konzentrationen > 100 Ind. [337]. Einzelne Junidaten in allen Teilen des Binnenlandes, selten auch Reviergesang; Brutversuche oder gar -nachw. ausgesprochene Ausnahme. In ME erst eine sichere Brut, 1997 in D-BY, ferner eine fragliche Brut aus D-BY 1905 und gefangenes ♀ mit Ei im Ovidukt in PL 1916 [vgl. 3128]; auch im Wattenmeer nur wenige Über-

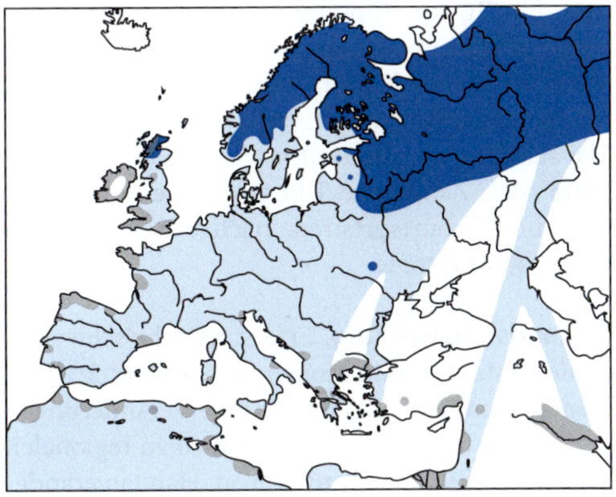

Tringa nebularia – **Grünschenkel**

sommerer. In ME Überwinterungsversuche selten, z. B. B, NL, Bod., D-BY, -BW, CH [1617,1677,4175, 375,337, q14].

Verbreitung und Bestand. Brutvogel in borealer Zone N Eurasiens von Schottland und Skandinavien bis in S Tundrenzone E-Sibiriens, Kamtschatkas. Brutbestand in Europa 75.000-160.000 BP, stabil, mit größten Populationen in FIN (30-40 T.), N.

(15-30 T.), S. (15-25 T.) und RUS (14-65 T.), ferner um 1.000 BP in GB und sehr kleine Bestände in Baltikum, UA. und BY [383]. Zwei Flyway-Populationen in W-Paläarktis, europäische von N-GB und N-Europa in Überwinterungsgebiete von W- über SW-Europa bis NW- und W-Afrika, bei Bestand von 234.000-395.000 Ind., SW-asiatische mit Wintergebieten in E- und S-Afrika (0.1-1.0 Mio. Ind.); Trends jeweils unklar [4077, 823, 3718].

Wanderungen. Überwiegend Langstreckenzieher; Winterquartier atlantisches W-Europa, Mittelmeergebiet, Vorderasien bis Kapland, Sri Lanka, Hinterindien, Sundainseln, AUS. Hauptwegzugsrichtung der W-paläarktischen Br. SSW-SW, z.B. FIN bis F, I, PL und Wintervogel MA–FIN; DK bis D, F, I, E., Ghana, Mali, Zaire; D bis Ghana, I, FIN sowie von NL bis Elfenbeinküste. Binnenland wird in breiter Front überflogen, doch Zugverdichtungen entlang Küste. Wegzug ab Ende Juni, zunächst ♀; letzte Br. ziehen bis Ende Sept. ab. In ME an Küste Beginn des Dz. Ende Juni; im Juli an geeigneten Stellen bereits Tausende im Wattenmeer; Maxima D-SH Juli, NL Aug.; Weiterzug bis Okt., bei mildem Wetter Nachzügler noch später. Im Binnenland Dz.-Beginn Anf. Juli (Ende Juni), mitunter Vorgipfel (Ad.) Ende Juli/ Anf. Aug., Höhepunkt aber Ende Aug./Anf. (Mitte) Sept., Nachzügler bis Ende Nov.; offenbar ab Anf. Aug. Einzug im tropischen Afrika. Rückzug beginnt im März, im Mittelmeerraum Dz-Höhepunkt April; ME ab (Ende März) Anf. April, Gipfel Küste wie Binnenland aber erst Anf. Mai und gegen Ende Mai ausklingend. Ankunft in Fennoskandien Anf./ Mitte Mai. Zahlreiche Übersommerer in Afrika. Brut- und Geburtsortstreue nachgewiesen, ebenso Winterquartiertreue.

Bestandsentwicklung. Erfassung sehr schwierig; große Bestandsfluktuationen [um Faktor 3: 1507]. Wenige Hinweise auf längerfristige Veränderungen [1585, 375]. In GB mehrere Angaben zu regionalen Bestandsverlusten aufgrund von Habitatveränderungen [1507]; in EST Zunahme und Arealausweitung [1585], in UA. und Kola-Halbinsel RUS starke Abnahmen [1507, 3615].

Siedlungsdichte. In Optimallebensräumen GB von 0.1-0.7 BP/km^2, kleinflächig bis 2.0 BP/km^2; in N. im S im Mittel 1.0 BP/km^2, im N 0.5 BP/km^2 [25].

Gefährdung und Schutz. Derzeit keine bedeutenden Gefährdungen erkennbar.

SPEC	VSchRL	Bern.Konv.	Bonn.Konv.
--	Anh. II-2	Anh. III	Anh. II
Europ. RL	RL in ME		
--	--		

Biotop. Br. in überwiegend offenen Gras-, Heide-, Moor- oder Tundrenlandschaften, feucht bis trocken; Vegetation darf nicht zu hoch sein. Lichte Baumbestände oder Einzelbäume können vorhanden sein (borealer Nadelwald); erhöhte Plätze bilden Ruf- und Sichtwarten. Offenes Wasser ist meist nicht sehr weit entfernt (Nahrungsgebiet). Nichtbrüter und Dz. auf Wattenflächen an der Küste, an flachen Strandlagunen, Salzmarschen, an Ufern von Binnengewässern, auch einzeln an Ufern größerer Gewässer, auf Flusskiesbänken oder auf überschwemmten Äckern und Wiesen und in Rieselfeldern; Schlammflächen und Flachwasserzonen bei Binnenlandvorkommen oft vorhanden.

Nahrung. Wirbellose des Schlamm- und Flachwasserbereichs, z.B. Ringelwürmer, Crustaceen, Insekten und deren Larven; selten auch über schnabellange Fischchen, kleinere häufiger; auch Kaulquappen, kleine Amphibien.

Stimme. Rufe ähnlich Rotschenkel, doch meist lauter und mit härteren Anlauten; Flugrufe z.B. »kjück kjück kjück«, meist 4–5-silbig, bei überraschtem Abfliegen oft auch zunächst überschlagend oder mit rauem Anlaut, wie »krii krii tjü tjü…«. Elemente gleich laut und betont (anders als *totanus*): Bei Störung im Brutgebiet in langen Reihen »tjip« oder »tschip«. Gesang sanft flötend, Reihen wie »tjui tjui…« o.ä. bei hoher Erregung auch mehrsilbig.

Verhalten. Überwiegend tagaktiv, doch Zug häufig nachts. Beutetiere werden von der Boden- oder Wasseroberfläche abgelesen, sogar aus der Luft während des Laufens geschnappt, häufig auch aus dem Seichtwasser geholt. Dabei wird nicht selten mit dem offenen Schnabel durch das Wasser gepflügt oder im raschen Rennen schnell ins Wasser gestochen. Zur Brutzeit streng territorial, Brut- und Nahrungsreviere werden verteidigt. Paarbindungen bleiben oft über mehrere J., wahrscheinlich auch lebenslang, stabil. Bei Geschlechterungleichgewicht haben ♂ mehrere ♀. Singflug meist von erhöhtem Punkt aus und wieder auf einer höheren Warte beendet. Steiles Auf- und Absteigen, dabei auch Seitwärtsrollen. Gesang wird von ♂ und ♀ eingesetzt bei der Verpaarung und zur Stärkung der Bindung.

Auf dem Zug einzeln oder kleinen Trupps. Balz und Paarbildung i.d.R. nach Ankunft am Brutplatz, aber auch schon während des Heimzuges.

Fortpflanzung, Brutbiologie [2756,767,1369, 337]. Erste Brut meist im 2. Lebensjahr, Revierverhalten schon im 1.; monogame Saisonehe; Partnertreue durch Reviertreue; Bigynie in Einzelfällen sogar über mehrere J. nachgewiesen. Reviergründung und -verteidigung durch ♂. Auch fernab vom Nest werden Nahrungsreviere beansprucht. **Nest.** Nahe einer markanten Struktur (Stein, Pfahl, Bülte) auf trockenem bis feuchtem Untergrund, max. bis zu 6 km vom Nahrungsplatz entfernt. Besteht aus flacher Mulde, ausgelegt mit kleinen Materialien aus der Umgebung, einschl. kleiner Federn. Nestbau durch ♀ allein. Nester können in 2, selten 3 aufeinanderfolgenden J. genutzt werden. **Legebeginn.** GB ab letztem Aprildrittel, meist ab Anf. Mai bis Anf. Juni, in Fennoskandien ab Mitte Mai. **Gelegegröße.** (3)4 Eier (5–8 wohl von 2 ♀). In Schottland Ø$_{389}$ 3.91; Fennoskandien Ø$_{61}$ 3.88. **Eier.** Gestreckt kreiselförmig; Grundfarbe hellbraun, unterschiedliche dunkelbraune Flecken, dazwischen sehr helle Unterflecken. **Brutdauer.** 23-26 d, Legeintervall 30–60 h. Beide brüten. **Nestlings-/Führungszeit.** Zunächst führen ♂ und ♀ (Hudern bis etwa 14 d), später entweder Teilung der Familie (oft) oder ein Partner (offenbar überwiegend ♀) verlässt die Familie. Flügge mit 25 bis 31 d. **Jahresbruten.** 1; Nachgelege. **Bruterfolg.** GB von 141 Gelegen 74.4 % erfolgreich bebrütet; von 47 geschlüpften Küken nur 32 % flügge.

Eimaße und -gewichte. L. 45.0-56.6 mm, B. 31.2-36.6 mm, Ø: 49.6 x 32.6 mm (n=118, S.), 51.4 x 34.8 mm (n=100, GB); Frischvollgew. Ø: 30.5 g; Schalengew. 1.15-1.75 g, Ø: ca.1.5 g.

Sterblichkeit, Alter. Ältester Ringvogel (NL) 24 J. 5 Monate [3654]. **Generationslänge:** 5 J. [383].

Mauser. Postjuvenile Mauser (Teilmauser) setzt ab Aug./Ende Sept. in Rastgebieten ein; ab Okt./Nov. mehrheitlich im 1. Winterkleid; Abschluss bis März im Winterquartier, dabei z.T. auch 1–4 äußere HS erneuert [767,1369,1688,3921]. • **Postnuptialmauser** (Vollmauser) Mauserperiode sehr variabel, einige beginnen im Brutgebiet ab Juni mit Körpergefieder und 1–3 inneren HS, die meisten ab Juli in Rastgebieten oder erst im Winterquartier ab Sept./Okt. [767,1369,1688]; HS-Mauser in ME oft bis Mitte Sept./Mitte Okt. beendet, in tropischen Winterquartieren bis Mitte Nov./Jan. [767, 1369,1688,4057,3921]. • **Pränuptialmauser** (Teilmauser) Jan.–April/Mai [767,1369,3921]; Großteil des Körpergefieders, einzelne Oberflügeldecken, einige (alle) Schirm- und mittlere (alle) Steuerfedern [767,1369,1688].

Tringa melanoleuca – Großer Gelbschenkel 05500

Tringa melanoleuca (J.F. Gmelin 1789)

(GB) Greater Yellowlegs

(F) Chevalier criard,Grand Chevalier
(E) Archibebe Patigualdo Grande

Taxonomie. Monotypisch.

Kennzeichen. [1784,221,3615,3772; **Fotos** in Limic. **6**, 66-70, Dutch B. **19**, 167/168, **26**, 273, Bird. W. 7, 382, 484].

Maße. Gr.: 29-33 cm. Gew.: 111-235 g. Fl.spw.: 70-74 cm. Fl.l.: ♀,♂ 18.8-21.0 cm [1784,3615].

Status. In Europa sehr viel seltener als Kl. Gelbschenkel, auch in GB/IRL nicht allj. [277]. Einzelne Beob. z.B. aus IS, F, N., DK, S., E., Azoren, Kanaren [3615]. In ME extrem seltener Gastvogel; anerkannte Nachw. betreffen: **B:** Nov. 1994, Sept. 2000 [1677]. • **NL:** Jan. 1995, Apr. 1995 [277]. • **CZ:** Aug.1964 [2159]. • **PL:** Aug. 1986, Sept. 1987 [3871,973]. Beob. in NL Mai 2004 noch nicht homologiert [q3].

Verbreitung und Bestand. Brutvogel der Taigazone N-Amerikas von S-Alaska und British Columbia über Zentral-CDN bis Labrador, Neufundland und Neuschottland. Eine Flyway-Population mit Überwinterungsgebieten von Küsten N-USA bis S S-Amerika; Bestand etwa 100.000 Ind., stabil [4077,823].

Wanderungen. Zugvogel; überwintert in N-Amerika ab ca. 35° N, an den Küsten auch nördlicher, bis S S-Amerika. Höchste Winterkonzentrationen Surinam, regelm. (evtl. Immat.) im S übersommernd [1784].

Biotop. Br. weitgehend offener Habitate mit zerstreutem Baumbestand, sumpfigen Seen und offenen Flächen am N-Rand subarktischer Nadelwälder Nordamerikas. Auf Dz. und im Winter schlammige Küsten mit Vegetation, Feuchtgebiete mit Süß- und Brackwasser und Flachwasserzonen entlang stehender Gewässer und langsamer Ströme, geflutete Reisfelder, Mangroven. Oft tief watend.

Nahrung. Kleine Crustaceen und Fische, Wasserinsekten und deren Larven, Würmer, ferner terrestrische Insekten.

Stimme. Ähnlich Grünschenkel, lauter und heller als Kleiner Gelbschenkel; deutliches, meist dreisilbiges »kju-kju-kju«, wobei die letzte Silbe tiefer wird.

Mauser. **Postjuvenile Mauser** (Teilmauser) Ende Aug./Sept.–Nov./März [767,3050]. • **Postnuptialmauser** (Vollmauser) beginnt etwas später als Kleiner Gelbschenkel, bis Ende Nov./Anf. Feb. beendet [767,3050]. • **Pränuptialmauser** (Teilmauser) Ende Feb.–Anf. Mai [767,3050].

Tringa flavipes – Kleiner Gelbschenkel 05510

Tringa flavipes (J.F. Gmelin 1789) syn.: Gelbschenkel

(GB) **Lesser Yellowlegs**

(F) **Petit Chevalier, Chevalier à pattes jaunes**

(E) **Archibebe Patigualdo Chico**

Taxonomie. Monotypisch.

Kennzeichen. [3615,1784,221,3772, zur Unterscheidung vom Großen Gelbschenkel auch 5,3566; **Fotos** in Limic. **6**, 63, 66-70, Dutch B. **21**, 175, **24**, 385, **25**, 68, 368, **26**, 273, Bird. W. **8**, 407, **10**, 326, **11**, 45, 467].

Maße. Gr.: 23-25 cm. Gew.: 48-114 g. Fl.spw.: 59-64 cm. Fl.l.: ♂ 15.5-16.2 cm, ♀ 16.0-17.0 cm [1784,3615].

Status. Eine der am häufigsten beobachteten nearktischen Limikolenarten in Europa; in GB/IRL allj. etwa 5-6 Beob., meist Juv. [277]. In mehreren Regionen einzelne Nachw., z.B. F (8mal bis 1982), N. (3mal bis 1980er J.), ferner DK (4mal bis 2000), IS (9mal bis 1998), S. (10mal bis 2000), E., P, I; GR u.v.a. [3615,q23].
In ME seltener Gastvogel vor allem im Herbst (ab Juli); Nachw. betreffen: **B:** Aug.1983, Mai 1986, Juli 1993, Aug. 1998 [1677]. • **NL:** (Meldungen von 1964, 1966, 1967, 1972, 1980 [s. 1369] gestrichen); Nov. 1979, Okt. 1991, Aug. 1995, Juli 1998, Aug. und Nov. 1999, Aug. 2000, 3 Ind. Sept. + Okt. 2002, Juni 2003 [277,q16]. • **D:** -SH Juli 1994, Aug. 1997 [575]; -NW Mai 1980 [575]; -BY Nov.1990 (Überwinterungsversuch) [575]. • **A:** -B Aug. 1975, Okt. 1978 [1369]; (sowie 1997 [q3]). • **H:** Sept. 1959 Totfund, Juni 1990 [2438]. • **PL:** Sept. 1990 [3871].

Verbreitung und Bestand. Brutvogel der Taiga- und Waldtundra N-Amerikas von Alaska bis Zentral-CDN und James Bay. Eine Flyway-Population mit Überwinterungsgebieten von S-USA bis S S-Amerika; Bestand etwa 300.000-800.000 Ind., abnehmend [823].

Wanderungen. Zugvogel; Winterquartier von Golfküste/Mittelamerika bis S S-Amerika. Dz. USA Juli/Sept., Nachzügler Nov. bzw. Ende März/Mai. Übersommerer im Winterquartier.

Biotop. Br. an Rand der Tundra in grasiger Marsch und Sümpfen mit kleinflächigem lichtem Nadelwald oder Waldbrandflächen mit liegendem Totholz. Zur Nahrungssuche an kleinen Flachteichen auf weniger großen Schlammflächen. Außerhalb der Brutzeit an Teichen, Seeufern, Staubecken, Feuchtgebieten (Schlick) der Küsten und im Inland auf überfluteten Äckern und Wiesen; manchmal trockene Wiesen.

Nahrung. Am Brutplatz verschiedene Arthopoden und -larven, außerhalb der Brutzeit Insekten, -larven, Crustaceen, Schnecken, kleine Fische etc.

Stimme. Stimmfühlungs- und Flugruf ähnlich Grünschenkel, aber kürzer, schwächer und härter »kju-kju« oder »wi-tschu«, selten mehr als 2mal hintereinander (Gr. Gelbschenkel dagegen lauter, voller Pfiff, meist 3–4 mal wiederholt).

Verhalten. Läuft rasch mit großen Schritten; bei Beunruhigung Körperwippen, Nahrungserwerb fast ausschließlich im Seichtwasser.

Mauser. Postjuv. Mauser (Teilmauser) Sept./Okt.–Ende Nov./Jan.; bis Mitte Jan./Mitte April zudem einige äußere HS gewechselt [767,3050,1688]. • Postnuptialmauser (Vollmauser) größtenteils nach Ankunft im Winterquartier, Mitte Juli/Anf. Okt.–Ende Okt./Jan. [767,3050,1688]. • Pränuptialmauser (Teilmauser) Ende Jan./Feb.–April/Mai [767,3050,1688].

Tringa ochropus – Waldwasserläufer 05530

Tringa ochropus Linnaeus 1758

(GB) **Green Sandpiper** (F) **Chevalier cul-blanc** (E) **Andarríos Grande**

Taxonomie. Monotypisch. Wohl nächstverwandt mit Einsamem Wasserläufer *T. solitaria* aus N-Amerika (Ausnahmegast in Europa).

Kennzeichen. [1784,3615,1369,221,3772; Abgrenzung zu Einsamem Wasserläufer: Dutch B. **14**, 223-224].

Maße. Gr.: 21-24 cm. Gew.: (53) 60-90 g, Zugvögel bis 119 g. Fl.spw.: 57-61 cm. Fl.l.: ♂ 14.0-14.9 cm, ♀ 14.2-15.1 cm [1369,3615].

Status. Regelm. Brut- und Sommervogel in D und E-ME; ferner Durchzügler und Rastvogel zu beiden Zugzeiten in jeweils meist kleiner Zahl, an Nordseeküste aber Tausende [375]. An einigen Stellen regelm. überwinternd (seit 1960er J. offenbar zunehmend beob.) [2438,1617,4152,2159,1722, 1680,2407,3871], insbes. in milden Wintern bis > 400 Ind. [375].

Verbreitung und Bestand. Brutvogel der borealen Nadelwaldzone Eurasiens von W-Skandinavien bis E-Sibirien mit N-Grenze bei etwa 65°(-70°) N. S-Grenze etwa bei 50° N entlang N Steppenzone [1369]. In Europa geschlossenes Areal bis N der gemäßigten Zone und damit NE-ME. Europäischer Gesamtbestand 330.000-800.000 BP (fluktuierend), mit Populationen > 10.000 BP in RUS (200-600 T.), BY, EST, FIN (70-100 T.), LV und N. [2636,383]. In ME 5.700-11.000 BP, etwa 3/4 davon in PL. Zwei Flyway-Populationen in W-Paläarktis, europäische von Brutgebieten N(E)-Europas in Überwinterungsgebiete von ME und W-Europa bis W-Afrika [4077], bei stabilem Bestand von 1.0-1.89 Mio. Ind., und SW-asiatische mit Wintergebieten in E-Afrika (0.1-1.0 Mio. Ind.) [3718,823,824].

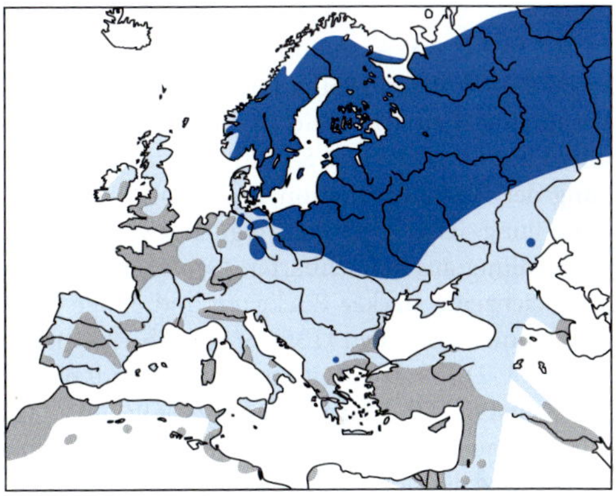

Tringa ochropus – Waldwasserläufer

Wanderungen. Kurz- bis Langstreckenzieher; Winterquartier atlantisches W-Europa, Mittelmeergebiet, Vorderasien, tropisches Afrika bis S des Äquators (Einzelne bis Kapland), Arabien, S-Asien. In ME regelm. Überwinterung NL, B, D bis ins Alpenvorland, CH und unregelm. auch weiter E. In Europa Breitfrontzug SW über Binnenland. Sommer- und Herbstfunde junger z.B. N.–E.; S.–DK, F, E.; FIN–F, W-RUS, NL, MA (Dez.); Winterfunde europäischer Dz. z.B. GB–F, E., P; B–MA; D–E., MA, Sardinien; CS–A; östlichste Funde FIN–CY, Ostsee–BG. Beringte aus E-D ergaben Wiederfunde in I, Sardinien, F, E. [2143]. Wegzug von Brutplätzen Skandinaviens ab Juni, zunächst Ad., vermutlich ♀ zuerst. In ME Einflug bereits ab Ende Juni/Anf. Juli; meist ab Ende Aug./Anf. Sept. Rückgang der Dz.-Zahlen. In Tropen Ankunft ab Anf. Aug.; Aufbruch im März, ebenso bei Überwinterern in ME März/Anf. April. Gipfel des Heimzuges in ME gegen Ende April; Mitte Mai Dz. abgeklungen. Ankunft an Brutplätzen im S Ende März/Anf. April, im N gegen Ende April. Rastplatz- und Winterquartiertreue mehrfach nachgewiesen, ebenso Reviertreue (♂), bisher jedoch nicht Brutortstreue der Juv. (methodisch bedingt?).

Bestandsentwicklung. Echte Übersommerungen und Singflüge über längere Phasen von Heimzüglern in geeigneten Lebensräumen erschweren Interpretation von Brutzeit-Beobachtungen.

	Best.	Areal	Brutbestand	Jahr	Quelle
A	N	N	0–3	1998–2002	[383]
CZ	⇧	+ 2	40–70	2000	[383]
D	↑	+ 1	650–1.050	1995–1999	[383]
PL	+/-	=	5.000–10.000	2000–2002	[383]

In ME früher mit Ausnahme von PL seltener Brutvogel [1369]. Bis in 1950er J. regelmäßige Brutvorkommen fast ausschließlich E der Oder, vereinzelt allerdings weiter W und S. Seither deutliche Änderung der Bestandssituation in ME und z.B. Neubesiedlung DK [3615], möglicherweise durch Umsiedlung aus benachbarten Gebieten in W-PL, wo gleichzeitig starker Rückgang und einige Brutvorkommen erloschen [1369,3871]. Ab 1960er J. in N- und E-D Arealausweitung und Bestandszunahme, zuerst in -MV, -NI und S-SH [1369, 2063], seit 1970er J. auch -BB, -ST und -SN. Zuerst Zunahme der Brutnachw. oder -hinweise (*), dann exponentieller Bestandsanstieg. Dabei Entwicklung mit erstaunlichen Parallelen zum Schwarzstorch. In -SH ab (1947*) 1969*, seit Mitte 1970er J. regelm. Brutvogel mit wachsenden Beständen von 5-10 BP auf jetzt 20-30 und Arealausweitung [305,3638]; -NI ab 1955*, seit 1960er J. regelm. Brutvogel, jetzt 100 BP (1999); -MV in 1970er J. Bestand > 10 BP [2031], in 1990er J. > 400 BP [204]; -BB seit 1945* und einzelne Brutnachw., wohl erst seit 1960er J. regelm., Ende 1990er J. Brutbestand 200-250 BP [204,1], doch wohl noch unterschätzt [2019]; in -SN Zunahme seit 1960er J. auf jetzt 10-20 BP [3667,204]. Schließlich ab Anf. 1980er J. weiteres Vordringen nach SW und S. Im E D-BY (erste Brut 1976) seit 1983 regelm. Brutvogel [196], bei inzwischen 20-30 BP [204]; in TH ab 1970er J. (wohl noch nicht regelm. brütend) [2772]; in -ST neuerdings 1-3 BP [1377,204]. Zunehmende Brutzeitfeststellungen und –nachw. in A-Nö und -Oö seit Mitte 1980er J. [965], sowie neue Brutansiedlungen in CZ, anfangs vor allem Böhmen, später auch Sumava-Berge bis 1000m NN und Riesengebirge bis 1400m NN [2159]. Rekrutierungsrate in neuen Brutgebieten offenbar recht groß; möglicherweise durch besseres Überleben im Winter aufgrund sehr günstigen, atlantischeren Klimas [1719,196]. Andere Regionen ME bisher mit vereinzelten Bruten, z.B. NL, D-BW und -HE [337,1369,375,1722,1680]. In DK erstmals 1956, um 1975 Zunahme auf ca. 40 BP, Mitte 1990er J. auf 50-60 BP [337,1422,1585]. In FIN Arealausweitung nach N bis 69° N (Lappland), ebenso in RUS auf Kola-Halbinsel [1507]. Erster Brutnachw. für E. (Biscaya) 1996 [q3]. Abnahmen derzeit nur in UA. und SLN (wo letzte Brut 1991) [1507].

Siedlungsdichte. Großflächig E-Europa 0.4-0.5 BP/km^2, in D max. 0.5 BP/km^2, aber in E-BB auf 70 km^2 Probefläche 0.2, im 20 km^2 Kerngebiet 0.7 BP/km^2 [2019]; in EST kleinflächig zwischen 0.1 und 6, meist 2-3 BP/km^2 [1507].

Gefährdungsursachen [3867,1680,196,1507, 3892,310]. Abhängig von ganz spezifischen Verhältnissen in moorigen Wald- und Heidelandschaften, wo häufig Zerstörungen und Veränderungen. Bestandsrückgang in PL vor allem durch Intensivierung der Waldwirtschaft. Entwässerung von Bruchwäldern und waldnaher Feuchtgebiete, dadurch erhebliche Verringerung geeigneter Nahrungshabitate. Daneben wasserbauliche Maßnahmen entscheidend, insbesondere Veränderung naturnaher Fließgewässer mit Überschwemmungsbereichen oder Austrocknung von Hochmooren durch randlichen Wasserentzug.
Störungen im Nestbereich durch Forstbetrieb und Freizeitnutzung.
Verfolgung (Abschuss, Fang) auf Zug und in Winterquartieren (S-Europa, NW-Afrika).
Verluste durch Gewässerverschmutzung und Pestizideinsatz in Brut-, Rast- und Überwinterungsgebieten.

SPEC	VSchRL	Bern.Konv.	Bonn.Konv.
--	--	Anh. II	Anh. II
Europ. RL	**RL in ME**		
--	A:'CR', CZ:'EN'		

Schutzmaßnahmen. Erhaltung und Schutz naturnaher, langsam fließender oder stehender Gewässer, insbesondere in oder am Rande störungsarmer Wälder; Verhinderung der Grundwasserabsenkung oder Entwässerung von feuchten Niederungsgebieten und Hochmooren. Schaffung periodisch überfluteter Flächen. Ausweisung von Schon- und Bannwäldern in naturnahen Moorwäldern. Verhinderung der Fragmentierung großräumiger Waldge-

biete. Hat vom Neuanstau entwässerter Senken und Bruchwälder profitiert.
Starke Einschränkung des Pestizideinsatzes in Gewässereinzugsbereichen sowie in Durchzugs- und Überwinterungsgebieten.
Schutz vor Störungen und Verfolgung durch Menschen.

Biotop. Br. in baumbestandenen Mooren, feuchten Bruch- und Auwäldern sowie waldbestandenen Ufern von stehenden und langsam fließenden Gewässern, meist in schlammigen oder vegetationsfreien/-armen Bereichen. Außerhalb der Brutzeit an einer Vielzahl von Gewässertypen des Binnenlandes, auch an Kleinstgewässern (Viehtränken, Torfstiche, Wiesengräben, Pfützen, Kanalufern), kaum jedoch an weiten offenen Schlammflächen. Süßwasser wird bevorzugt.

Nahrung. Überwiegend Insekten und im Seichtwasser auch kleine Crustaceen; im Winter auch kleine Fischchen festgestellt.

Stimme. Im Abflug sowie bei Streckenflügen »tluit« mit angehängtem »it-it- (1–3-silbig), als Warnruf ohne letztere. Am Brutplatz bei Störung »pik pik…«. Gesang aus verschiedenen Motiven im Singflug vorgetragen wie »gägjörluid gägjörluid…«. Auf Singwarten vorgetragen meist ein anderer Typ wie »deluiduid…«. Stimmfühlungsrufe »gip«, »djp«.

Verhalten. Tag- und nachtaktiv; Zug meist nachts; auf dem Dz. an Rastplätzen oft ausgesprochen dämmerungsaktiv. Bei Erregung Körperwippen. Zur Brutzeit territorial. Singflüge von ♂ und ♀ über Nestrevier und Nahrungsterritorien, aber auch in Zwischengebieten. Gesang wichtiges Element bei der Balz. ♂ haben einen Gesangtyp, um ♀ anzulocken, ein zweiter Typ wird bei Balzflügen und Kopulation eingesetzt. Paare sind bis zum Schlupf stabil. Ein Partner verlässt dann meist die Brut. Auf dem Zug überwiegend Einzelgänger, Neigung zur Mischgeselligkeit mit anderen Limikolen gering. Geselliges Übernachten kleinerer Trupps.

Fortpflanzung, Brutbiologie [2142,2143,2019, 1369,337]. Kann bereits im 1. Lebensjahr brüten, i.d.R. aber erst ab 2. J. Monogame Saisonehe. **Nest.** Sehr häufig in dichten (jungen) Nadelholzbeständen in unmittelbarer Gewässernähe (umgeben von Bruch- oder Auwaldflächen). Eiablage meist in vorjährigen Drosselnestern, aber auch in Nestern von Ringeltaube, Krähen, Eichelhäher, Eichhörnchen etc., gelegentlich auch auf oder nahe Boden, in Baumhöhlen etc. Mitunter mehrfach dieselben Nester bezogen; Nistmaterial wird nicht eingetragen. **Legebeginn.** In ME ab Mitte/Ende April, in Skandinavien meist im Mai, weiter N oft erst im Juni. **Gelegegröße.** (3)4 Eier. **Eier.** Kreiselförmig; Grundfarbe grünlich bis gelb mit kleinen rundlichen Flecken und Kritzeln dunkel- bis rotbraun. **Brutdauer.** 22-24 d., Legeintervall 1(-2) d; beide brüten, ♂ ausschließlich nachts. **Nestlings-/Führungszeit.** Schlupf aller pulli ungewöhnlich schnell (30–180 min.). Eischalen werden sofort abtransportiert. Nester können bereits nach 1 h verlassen werden, i.d.R. am Folgetag, seltener auch später. Junge werden durch Locken zum Sprung angeregt, ♂ dabei näher am Nest, ♀ in weiterer Umgebung. ♀ kann Brut bereits vor Schlupf der Jungen oder vor Flüggewerden verlassen oder beide führen später jeweils Teil der Jungen, Zusammenbleiben der ganzen Familie wohl eher Ausnahme. Mit 19 d über kurze Strecken flugfähig. Führungszeit etwa 26-28 d.

Eimaße und -gewichte. L. 33.8-43.7 mm, B. 26.2-30.1 mm, Ø: 38.7 x 28.4 mm (n=68, DK), 39.8 x 28.5 mm (n=197, S.); Frischvollgew. Ø: 15.5 g; Schalengew. 0.69-1.01 g, $Ø_{197}$: 0.84 g.

Sterblichkeit, Alter. Älteste Ringvögel > 11 J. 6 Monate, > 9 und > 8 J. **Generationslänge:** < 3.3 J. [383].

Mauser. **Postjuvenile Mauser** (Teilmauser) (Ende Juli) Aug./Anf. Okt.–Feb./April; Umfang ähnlich Pränuptialmauser [767,1369,2512]. • **Postnuptialmauser** (Vollmauser) Mauserperiode und Dauer variabel, beginnt entweder im Brutgebiet, in Rastgebieten oder erst im Winterquartier [767]; HS-Mauser in ME ab Ende Juni/Juli, z.T. bis Anf. Sept. beendet [767,1369,2512], bei anderen Unterbrechung und Abschluss im tropischen Winterquartier bis Ende Okt./Dez. [767,1369,3921]. • **Pränuptialmauser** (Teilmauser) Ende Dez./Feb.–März/April [767,3921]; umfasst auch einzelne Randdecken, einige (alle) Schirm- und selten Steuerfedern [767,1369].

Tringa glareola – Bruchwasserläufer 05540

Tringa glareola Linnaeus 1758

Ⓖⓑ **Wood Sandpiper** Ⓕ **Chevalier sylvain** Ⓔ **Andarríos Bastardo**

Taxonomie. Monotypisch.

Kennzeichen. [1784,1369,221,3772,3615].

Maße. Gr.: 19-23 cm. Gew.: (34) 50-80 g, Zugvögel bis 98 g. Fl.spw.: 56-57 cm. Fl.l.: ♂ 12.1-13.0 cm, ♀ 12.5-13.7 cm [1369,3615].

Status. Sehr seltener, lokaler Brut- und Sommervogel; gelegentliche Übersommerungen. Häufiger und regelm. Durchzügler und Rastvogel zu beiden Zugzeiten an allen geeigneten Stellen des Binnenlandes (auch gelegentl. lokale Konzentrationen > 1000 Ind.). In ME keine Überwinterungen.

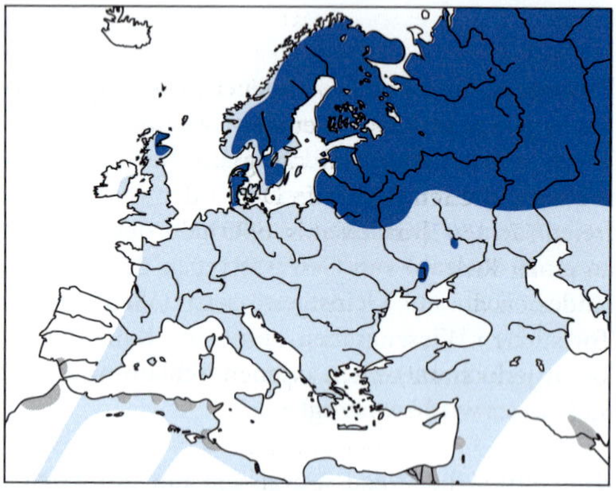

Tringa glareola – **Bruchwasserläufer**

Verbreitung und Bestand. Von gemäßigter (selten) über boreale bis subarktische Tundrenzone von NW-Europa (GB, N.) nach E bis E-Sibirien, Kamtschatka und Pribylow-Inseln, meist N von 55° N. Europäischer Brutbestand zw. 350.000-1.200.000 BP (stabil), davon 75-750 T. in RUS und 270-440 T. in Fennoskandien [383]. In ME nur in kleinem Rückzugsgebiet PL, mit insgesamt 3-5 BP [q22]. Weitere Übersommerungen in ME kommen vor. Vier Flyway-Populationen, davon in ME die W- und N-europäisch/W-afrikanische mit 0.86-1.22 Mio. Ind. sowie die NE-europäisch/W-sibirische mit Wintergebieten in E- und S-Afrika mit > 2 Mio. Ind. (Trends unklarer) [4077,823,3718].

Wanderungen. Überwiegend Langstreckenzieher; Winterquartier von Tropen bis Subtropen der S-Halbkugel. In W-Paläarktis N-Rand des Winterquartiers etwa Atlantikküste MA, S-Küste Mittelmeer (besonders Nildelta) und S-Vorderasien. In Afrika S Sahara in allen Gebieten. Breitfrontzug über ME und W-Europa SSW-S übers Binnenland. Wichtige Rastplätze am N-Rand des Mittelmeers, z.B. Po-Ebene, S-F (Camargue bis 50.000 Ind.), Ebrodelta (Mauser und wichtige Stationen zum Aufbau von Fettreserven). GB, NW-F und W-lberien dagegen größtenteils außerhalb des Zugfächers. Über Mittelmeer und Sahara offenbar Vorzugsrichtung S. Dz. (und Br.) S. z.B. Okt./Nov. in NL/B, S-F, E., I, W-Afrika, Dez./Jan. S-F, E., I, Senegal, Mali, Niger, Ghana. Dz. D ergaben Wiederfunde in Fennoskandien, B, F, E., I und einzelne BG, MA, Obervolta. Ca. 35 Funde in Europa beringter Ind. S Sahara, 2 aus FIN in Zambia, alle anderen W-Afrika; in Kenia beringte dagegen in RUS (z.B. Archangelsk, Gorkij, Komi, Sverdlovsk) [ferner Ringfunde ehem. DDR:2230N, S.:1752N]. Abzug vom Brutplatz ab Juni (zunächst wohl ♀)/Juli. Vorsprung der Ad. vor Juv. bis in Sahelzone nachzuweisen. In ME Höhepunkt des Dz. der Ad. Juli, Ende ca. Mitte Aug.; erste Juv. ab 2. Julidekade, Höhepunkt 1. Aug.dekade; Ende des Dz. 2. Sept.hälfte, danach nur noch vereinzelte Nachzügler, Nov. daten meist nur im SW bzw. NL. Im tropischen W-Afrika erste Ad. ab Mitte Juli/Anf. Aug., Juv. ab Sept.; Aufbruch Ende März/Anf. April. Dz. in ME meist relativ rasch, Vorläufer ab Mitte März möglich, doch meist ab April, Höhepunkt Anf./Mitte Mai, Beendigung Ende Mai/Anf. Juni. Ankunft am Brutplatz im S Ende April, im N bis Ende Mai/Anf. Juni. Zugweg- und Winterquartiertreue vielfach nachgewiesen.

Bestandsentwicklung. Noch bis 19. Jh. regelm. Brutvogel in Tiefebenen N-ME von NL bis PL [1369]. Durch Lebensraumverlust ab 2. Hälfte 19. Jh. starker Rückgang und Arealverlust. Schon Ende 19. Jh. aus D-MV verschwunden [2031]. Mögliche Brutvorkommen in -BB und CS wohl ebenfalls in diesem Zeitraum erloschen [1369,3268]. Erneute Rückgangsphase dann ab 1930er J., letzter Brutnachw. in Schlesien PL 1925 [1369; dortige Nachw. generell fraglich: 3871], in NL 1936 [337].

	Best.	Areal	Brutbestand	Jahr	Quelle
PL	⇩	-2	0–5	1998–2002	[383]

Ab 1960er J. brachen auch letzte Restpopulationen ME zusammen, inzwischen auch aus verbliebenen Hochmoorbereichen der N-ME Tiefebene verschwunden; zudem Renaturierung von Hochmooren ohne positive Auswirkungen. Möglicherweise wie beim Goldregenpfeifer auch klimatische Ursachen entscheidend für großräumigen Rückzug in N Breiten [1369]. In D-HH Brutvorkommen bis 1967 [1302], in -NI bis 1972 [337]; in -SH von 1968-79 Rückgang von 47 BP auf 5 BP [337], inzwischen dort höchstens gelegentlich Bruten [q6]. In PL nur noch ein Brutvorkommen erhalten (aber nicht mehr stabil), bis auf sporadische Brutversuche alle anderen Populationen erloschen [1366,q22]. Entsprechende Entwicklung auch in DK, wo um 1959 etwa 200–300 BP und 1993-96 noch 63-82 BP [1585,337,1422], in FIN (Abnahmen und Arealverluste ab 1970er J.) sowie in GB, LV und UA. [1507].
Aus neuerer Zeit (mit Häufung Anf. 1980er J.) vereinzelte Bruthinweise in ME, doch z.T. meist nur balzende Durchzügler [2772,3867,196,1589,375, 310,3638].

Siedlungsdichte. In Niedermooren N-FIN generell zwischen 7–12 BP/km^2, in Waldmooren 3.0-4.5 BP/km^2, in offenen Mooren S. aber nur 0.3 BP/km^2; an S-Küste FIN und an arktischer Küste N. nur <0.1 BP/km^2 [1507]. Andere Werte intermediär [z.B. 337]. In ME strenge Bindung an feuchte Hochmoore, daher wurden auch Kleinstflächen von 2 ha angenommen [310].

Gefährdungsursachen [1369,1137,1507,3892, 3615,196,310,1302]. In Brutgebieten ME: Zerstörung der Hochmoore durch Entwässerung, industriellen Torfabbau, Aufforstung von Mooren sowie Kultivierung und Überbauung; Eutrophierung. Störungen an Brutplätzen durch Freizeitnutzung. Folgen der Klimaerwärmung.
Zug, Winter: Verlust wichtiger Rastplätze, u.a. durch Zerstörung der Flussauen.
Offensichtlich hohe Sterblichkeit (Ursachen wenig untersucht).

Schutzmaßnahmen. Schutz und Management erhaltener Hochmoorgebiete sowie Renaturierung, Pflege und Verbesserung durch Wiedervernässung und Ausmagerung potentiell besiedelbarer Bereiche (bisherige Maßnahmen aber ohne Erfolg).
Überwachung aller bekannten Brutplätze und Schutz vor Störungen.
Intensive Studien zu Ursachen des Bestandseinbruches.
Internationaler Schutz bedeutender Rast- und Überwinterungsgebiete.

SPEC	VSchRL	Bern.Konv.	Bonn.Konv.
3	Anh. I	Anh. II	Anh. II
Europ. RL	RL in ME		
--	D: **'RE'**, PL:'CR'		

Biotop. Br. in Hochmooren mit geringem Baumbestand und offenem Wasser und Sümpfen in Taiga und Tundra; weiter im E auch in dichten Baumbeständen in Wassernähe. Auf dem Dz. und im Winterquartier sehr vielseitig, bevorzugt jedoch Süßwasser; z.B. nahrungsreiche Flachwasserzonen, Schlammflächen, überschwemmte Wiesen, Altwässer an Flüssen; oft sumpfiger Untergrund oder flaches Süßwasser und eher in offenem als bewaldetem Gelände; kaum auf offener Wattfläche.

Nahrung. Vor allem Land- und Süßwasserinsekten; ferner kleine Crustaceen, Süßwassermollusken.

Stimme. Stimmfühlung am Boden einzelne oder kurz gereihte »djib«, beim Auffliegen oder auf dem Zug mehrsilbig bis gereiht, z.B. »djip djip bi bi…«, bei Erregung kurz und hart »gip-gip gipgip..«, erinnert an Warnrufe des Rotschenkels. Gesang (im Singflug) Reihen wie »dile dile …, tjile…« oder auch ± dreisilbig »tühile tühile«.

Verhalten. Tagaktiv; Zug häufig nachts. Kann dank relativ langer Zehen auch auf flottierenden Algenrasen, Schwimmblättern etc. laufen. Zur Brutzeit territorial. Singflug (♂ und ♀) dient hauptsächlich der Reviermarkierung. Balz und Paarbildung in der letzten Phase des Heimzuges oder gleich nach Eintreffen am Brutplatz. Kopulationen bereits auf dem Zug beobachtet. Singflüge gelegentlich auch im Winterquartier oder auf dem Heimzug. Auf dem Zug und im Winterquartier gesellig; an Nahrungsplätzen meist in größeren Trupps.

Fortpflanzung, Brutbiologie [767,1369,337, 1551]. Geschlechtsreife? Wohl monogame Saisonehe. **Nest.** Am Boden meist gut in Vegetation versteckt; in Fennoskandien/RUS auch Benutzung von

Baumnestern von Drosseln u.a. Singvögeln. Bodennester mit Material aus der Umgebung ausgekleidete Mulden, oft mit Haube während der Bebrütung. **Legebeginn.** ME ab letzte Apriltage/Anf. Mai, in Fennoskandien nicht vor Mitte Mai, Hauptlegezeit Anf. Juni. **Gelegegröße.** (3) 4 Eier. **Eier.** Kreiselförmig; Grundfarbe hellbräunlich bis grünlich; dunkel- bis rotbraune Flecken und kleine Spritzer. **Brutdauer.** 22-23 d. ♂ und ♀ brüten, ♀ mehr; Beginn nach letztem Ei. **Nestlings-/Führungszeit.** Ad. führen zumindest zunächst gemeinsam; ♀ verlässt meist die Familie vor Flüggewerden der Jungen. Mit ca. 28-30 d flugfähig. **Jahresbruten.** 1.

Eimaße und -gewichte. L. 35.0-41.0 mm, B. 25.0-28.2 mm, Ø: 38.0 x 26.8 mm (n=214, S.), 37.7 x 26.4 mm (n=33, D-SH); Frischvollgew. 11.0-15.5 g; Schalengew. 0.51-0.74 g, Ø$_{214}$: 0.62 g.

Sterblichkeit, Alter. Ältester Ringvogel (S.) 11 J. 7 Monate [3654]. **Generationslänge:** < 3.3 J. [383].

Mauser. **Postjuvenile Mauser** (Teilmauser) z.T. bereits ab Aug. in Nähe des Brutgebiets, meist aber erst in Mausergebieten oder im Winterquartier ähnlich Ad.; bis Dez./Jan. im 1. Winterkleid [767,1369,1688]; mind. 40–50 % der Ind. erneuern zusätzlich 4–5 äußere HS, Ende Dez./März.–Mitte Feb./April [767,145]. • **Postnuptialmauser** (Vollmauser) Mauserperiode und Dauer variabel, z.T. Beginn in Mauserquartieren ab Juli/Ende Aug. und Unterbrechung im Sept. mit 4–9 (Ø 6) neuen HS, Abschluss im Winterquartier bis Dez./Feb. [767,1369]; andere mausern erst im Winterquartier, Aug./Ende Sept.–Dez./Jan. [767,1688,4057,3921]; Dauer der HS-Mauser S-Afrika 3.5–4 Monate [1356]. • **Pränuptialmauser** (Teilmauser) Jan./Anf. Feb.–Ende März/Mai [767,1369,1688,3921]; meist einschließlich einigen Rand- und Mittleren Armdecken sowie Schirm- und Steuerfeder 1 [767,1688].

Philomachus pugnax – Kampfläufer 05170

Philomachus pugnax (Linnaeus 1758)

(GB) Ruff (♀ Reeve) **(F) Combattant varié** **(E) Combatiente**

Taxonomie. Gattung und Art sind monotypisch.

Kennzeichen. Sexualdimorph [1784,3615,1369,221,3772].

Maße. ♂ Gr.: 26-32 cm. Gew.: 130-230, Zugvögel bis 267 g. Fl.spw.: 54-58 cm. Fl.l.: 10.8-20.0 cm. ♀ Gr.: 20-25 cm. Gew.: 70-150, Zugvögel bis 170 g. Fl.spw.: 48-52 cm. Fl.l.: 15.4-16.4 cm [1369,3615].

Status. Brut- und Sommervogel in einigen Rückzugsgebieten ME, außerhalb davon in ME häufiger Durchzügler, gebietsweise regelm. Sommergast und zunehmend regelm. Überwinterer [z.B. in NL in milden Wintern bis 2.730 Ind., davon 98% ♂:375].

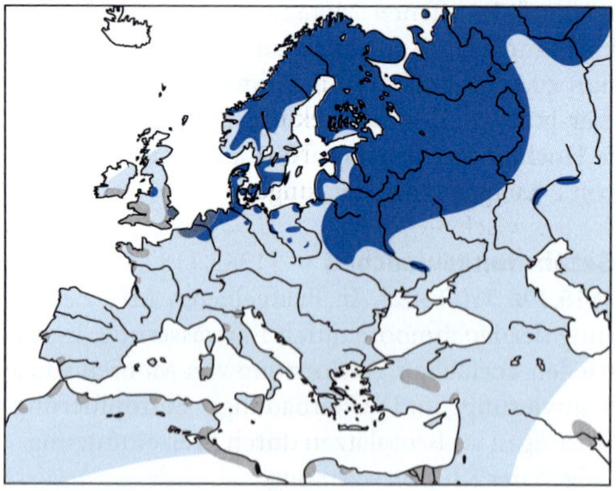

Philomachus pugnax – **Kampfläufer**

Verbreitung und Bestand. Im nördlichen Eurasien von NW-Europa und N-ME (küstennahe Tiefländer) über feuchte Taiga E-Europas bis Tundren E-Sibiriens, meist N 60° N [1784,1507]. Europäischer Gesamtbestand zw. 200.000-510.000 brütenden ♀ (rückläufig), mit Schwerpunkten in RUS (140-420 T.) und Fennoskandien (60-90 T.) [383]. In ME brüten noch etwa 210-310 ♀ in NL, D und PL (unreg. in H) [383, erg.]. Drei Flyway-Populationen, in W-Paläarktis europäisch/W-sibirische mit Wintergebieten in W-Afrika mit > 1 Mio. Ind. (stark abnehmend) und SW-asiatische (nach S-Afrika) mit > 1 Mio. Ind. (abnehmend?) [4077,1784,3718].

Wanderungen. Langstreckenzieher. Hauptwinterquartier Afrika S Sahara bis S-Afrika, S-Asien; in kleiner Zahl Vorderasien und Mittelmeergebiet und im atlantischen W-Europa (1981-98 4mal Überwinterungen Bod.) [1617]. Riesige Winterbestände in Afrika, z.B. fast 1 Mio. Feb. 1972 Senegaldelta und wohl noch mehr am Niger in Mali (Jan. 1972), > 1 Mio. zeitweise in NW-Nigeria, Yobe-Delta am Tschadsee März 1967 mind. 500.000; seit 1990er J. im Senegal stabil bis 200.000 Ind. [3883]. In W- und Zentral-Afrika geringfügig (60 %), in E- und S-Afrika erheblich (90 %) mehr ♀ als ♂ [2846], in GB im Winter hauptsächlich ♂. **Dz. in S.** (darunter auch **Br. FIN/RUS**) ziehen im Herbst SW, einige überwintern F, Mittelmeer und W-Afrika (Funde, auch Übersommerer, in Mauretanien, Senegal, Mali, Guinea-Bissau); im Frühjahr Heimzug jedoch mehr östlich; **Br. FIN** aber auch nach WSW bis GB, ebenso **Br. RUS**; viele Herbstgäste GB wandern dann S entlang Atlantikküste. Auch **Br. E-Sibiriens** wurden als Dz. in FIN, S., N., DK, NL, D und sogar GB beringt (z.T. vielleicht Fremdansiedler, mitgerissen von sibirischen Überwinterern in Afrika, vgl. unten) [alle Ringfunde GB/IRL:4064]. E- und S-Afrika hauptsächlich Winterquartier sibirischer Br., die z.T. aber auch in breiter Front nach Vorderindien ziehen. Entsprechend dem durch Ringfunde angedeuteten Schleifenzug (Herbst weiter W als im Frühjahr, z.B. NL bis D-MV) in NW-ME Herbst-Dz. stärker, während z.B. in I, CH, D-BY, CZ, E-D, PL Frühjahrszug überwiegt. Auflösung der Balzgruppen der ♂ Ende Juni/Anf. Juli; Abzug der ♂ und nichtbrütenden ♀ zu Mauserplätzen (z.B. Nordseeküste D-SH, Rieselfelder Münster, NL, GB, Kaspi-Nordufer). Wegzug der ♀ nach Flüggewerden der Jungen Juni/Juli; z.T. Mauser in Zwischenquartieren, z.T. aber weiter S. Masse der Juv. zieht Ende Juli/Ende Aug. weg. Im Ostseeraum Dz. Ad. Ende Juli/Anf. Sept., Juv. ab Ende Juli; Ausklang im Okt.
Im Binnenland ähnlich, im NW (D-NW, NL) Verzögerung des endgültigen Wegzuges bis über Mitte Nov. Der Dz. der Ad. wird in ME nach S schwächer, Höhepunkt des Dz. verschiebt sich durch die Juv. auf Ende Aug./Anf. Sept. Heimzug März/April mit Überwiegen der ♂, ab Mai dann ♀; Kleingefiedermauser und längeres Verweilen an günstigen Stellen. Früheste Rückzügler in ME ab Ende Feb.; regelm. Übersommerer in Afrika; in ME abseits der Brutplätze selten. Geburtsort-, Brutort- und Rastplatztreue durch Ringfunde belegt, aber auch Fremdansiedlungen (z.B. NL–RUS, PL; DK–RUS). Geschlechts- und Altersunterschiede im Dz. N-D [s. 2844].

Bestandsentwicklung. Aufgrund großer Zahl spät durchziehender Vögel, Anwesenheit von nichtbrütenden Sommergästen, Unzugänglichkeit der Brutplätze, Heimlichkeit der ♀ und Schwierigkeit der Erfassung sehr mobiler Satelliten-♂, sind Bestandsangaben oft ungenau [1369,1144]. Zudem z.T. erhebliche, meist witterungs- oder wasserstandsbedingte Bestandsschwankungen.

	Best.	Areal	Brutbestand (♀)	Jahr	Quelle
D	⇩	-2	109–124	1995–1999	[383]
H	↕	=	0–1	1998	[383]
NL	⇩	-2	100–140	1998–2000	[383]
PL	⇩	-2	5–50	1996–2003	[383]

Bis 19. Jh. weit verbreitet. Durch Lebensraumverlust und -zerstörung (Entwässerungen und Veränderungen der Landwirtschaft) seit 150 Jahren in ME (und anderen Regionen Europas) anhaltende, dramatische Bestandseinbußen und Arealverluste [1369,3615,3892,196,3871], beginnend in peripheren, mittelgebirgsnahen Bereichen. Von jeher spärlich besiedelte Regionen D-BW, -HE und -SN verloren Brutvorkommen zum 20. Jh. [1369,1369,1722,q3], Erlöschen der Populationen in D-BY 1930/31 [4175], in H und A in 1940er und 50er J. [1369]. Allerdings 2001 Brut in Wiesenschutzgebiet am Altmühlsee D-BY [q21].
Weiter im N hielten sich noch kleine Binnenlandvorkommen bis 1940er oder 50er J. [D-NW:2974, S-PL:1369], dabei jedoch Bestandsrückgang bis 1970er J. um 85 % und mehr [D-SH, -NI, -HB:1589,196,594]. Inzwischen größere Binnenlandvorkommen weitestgehend auf NL und PL beschränkt [1369,2063], wo aber ebenfalls stark rückläufig [2837,3871]. Population in B erlosch 1977, die der Elbniederung D-HH (in 1930er J. noch 50-100 »Paare«) spätestens 1988. Entsprechende Entwicklung in Elbmarschen -SH [1302], in Wümmewiesen -HB, wo nach 1999 keine regelm. Brutnachw. mehr [453], sowie in weiten Teilen -MV [2031] und -BB [453].
Dramatische Rückgänge auch bei meisten Populationen der Nordseeküste: in NL von ca. 10.000 ♀ (Anf. 20. Jh.) und ca. 6.000 (1950er J.) auf < 400 (um 1990) und schließlich 100-140 (1998-2000) [3392,3638]; in D-NI seit 1970er J. Rückgang weit > 50% [1589], ebenso in -SH [310]. Nur Ansiedlung in neuen Eindeichungsflächen sowie intensives Gebietsmanagement (z.B. Reduzierung der gravierendsten Lebensraumveränderungen, bes. Wasserhaushalt), verhinderten vorübergehend wei-

tere Einbrüche [196]. Gebietsweise sind Kampfläufer vollständig auf Schutzgebiete beschränkt, doch auch hier von Gebietsmanagement abhängig und durch Sukzession bedroht [310,1497,1732]; inzwischen anhaltender Rückzug aus ME Verbreitungsgebiet [4232] und Bestand seit 2000 erneut halbiert, umfasste 2003 in D insgesamt nur noch 40 brütende ♀ [2566,453]. Im 1969 entstandenen Lauwersmeer NL z.B. Anstieg auf 350-400 ♀ (1983), doch nachfolgend wieder rascher Rückgang; Bestand 1999 erloschen [375].
An der Ostseeküste anhaltend deutliche Abnahme in 1970er und 80er J. und bis 1995 Einbruch auf etwa 15 ♀ [1497], dabei Gebiete in -SH nicht mehr allj. besetzt [310], inzwischen auf 27-32 ♀ stabilisiert [1307].
Ursprünglich stabiler Bestand RUS seit 1970er J. regional ebenfalls abnehmend; Bestand in RUS wohl nur (noch) 140.000-420.000 ♀ [2636]; starker Rückgang zudem in FIN und LV [1585]. Zunahmen in jüngerer Zeit ausschließlich in N. [1585]. Erheblicher Bestandsrückgang auch in Überwinterungsgebieten W-Afrikas erkennbar [4077].

Siedlungsdichte. Brutplätze entweder geklumpt oder einzeln bei Dichten bis 5-10 ♀/10 ha, in Optimallebensräumen der Biebrza PL 7-9 'Paare'/10 ha; höchste Dichten in FIN aber nur 10-15 ♀/km^2 [1507].

Gefährdungsursachen [1369,1589,1722,3892, 196,q3]. Hauptursache für dramatischen Bestandsrückgang ist Lebensraumzerstörung durch Melioration, Grünlandumbruch, Eindeichung, Entwässerung und Grundwasserabsenkung, Aufforstung von Mooren, Torfabbau, Verbauung sowie Intensivierung der Landwirtschaft oder Aufgabe der Beweidung (geringe Bindung an stark veränderte Brutgebiete).
Hohe Gelege- und Jungvogelverluste durch frühe Mahd und Ernte, maschinelle Bearbeitung, Viehvertritt.
Störungen in Brutgebieten durch Freizeitnutzung und Tourismus.
Große Empfindlichkeit gegenüber Lebensraumveränderungen und -verlust in Rast- und Überwinterungsgebieten (aufgrund Bildung sehr großer Konzentrationen an wenigen optimalen Standorten); z.B. Entwässerung von Feuchtgebieten (u.a. Senegaldelta).
Folgen globaler Erwärmung.
Eutrophierung sowie Biozidbelastung. Direkte Verfolgung. Zunehmend Draht- und Verkehrsopfer.

SPEC	VSchRL	Bern.Konv.	Bonn.Konv.
2	Anh. I,II-2	Anh. III	Anh. II
Europ. RL	RL in ME		
--	A, B:**'RE'**, D, NL:'CR', PL:'EN', H: 'R'		

Schutzmaßnahmen. Intensiver Schutz oder Neuanlage von extensiv genutztem Feuchtgrünland, Flussniederungen und feuchten Moorwiesen. Förderung der Kurzgrasigkeit durch Vernässung und Sedimentablagerung auf küstennahen Flächen sowie Aufrechterhaltung extensiver Beweidung oder Heumahd; Reduzierung von Drainage und Nährstoffeintrag. Wiedervernässung, vor allem in verbliebenen Kernbereichen. Schutz und Erhalt von Salzgrasland, Salzweiden, Brutvorkommen in Deichvorländern.
Ausweisung von Schutzgebieten mit entsprechend großen Pufferzonen (Einschränkung von Jagd und Freizeitnutzung).
Internationaler Schutz von Rast-, Mauser- und Überwinterungsgebieten.

Biotop. Br. feuchter Niederungswiesen, Moore, Seggenwiesen, feuchter Tundra; in ME besonders küstennahe mit Tümpeln und Gräben durchsetzte Wiesen unter extensiver Nutzung, z.T. außendeichs. Neststandorte rel. trocken, Nahrungsplätze am Wasser oder auf feuchtem Untergrund. Kurze Vegetation für Fortbewegung der Küken wichtig. Dz. im Herbst auf Schlammflächen, im Frühjahr besonders auf nassen Wiesen und auf Äckern. Im Winterquartier an Süß- und Brackwasser und Sodaseen, auf Reisfeldern, vorübergehend auch auf trockenen Flächen; selten in Gezeitenzone.

Nahrung. Wasserinsekten, Schnecken, auch kleine landlebende Wirbellose. Im Winterquartier und auf dem Heimzug oftmals vegetabilisch, Mais, Getreide, Reiskörner und Sämereien bes. wichtig.

Stimme. Sehr wenig zu hören. Beim Auffliegen kurz »gä« o.ä., nächtliche Zugrufe rau »kri« oder »krü«. Warnruf »gwaga« (♂) oder heller »grägä«, »gregegäk« (♀).

Verhalten. Vorwiegend tagaktiv; Balz kann schon bei Dunkelheit beginnen; Zug tags und nachts. Nahrungssuche auf trockenem Boden und in höherem Gras, aber auch bis zum Bauch oder schwimmend im Wasser; folgt auch gelegentlich dem Pflug. Zur Brutzeit gesellig; ♀-Trupps lösen sich auf, wenn

♂ ihre Balzplätze beziehen, wo sie vorübergehend sehr kleine Territorien verteidigen. Balz (ab Mitte April, Höhepunkt Mai) auf festen, oft jahrelang besetzten Arenen. Man unterscheidet: unabhängige ♂, die als periphere ♂ beginnen und im Laufe der Jahre zu territorialen ♂ werden, aber möglicherweise wieder in die rangniedere Position der peripheren ♂ zurückkehren. Satelliten-♂ besitzen dagegen kein Territorium, besuchen ohne Aggressivverhalten zu zeigen die Territorien in Anwesenheit der Eigentümer. Das unterschiedliche Verhalten ist z.T. mit der Färbung der Kopf- und Halsfedern korreliert. Auseinandersetzungen der territorialen ♂ vor allem in Morgenstunden und wenn ♀ erscheinen, die mehrere Arenen besuchen und evtl. durch Begattungsaufforderung den Partner wählen. Auch Satelliten-♂ kommen zur Begattung. Territoriale ♂ sind an ein bestimmtes Territorium gebunden, periphere besuchen viele Arenen, Satelliten-♂ nur wenige. Bisher Zuordnung der PK-Phänotypen der ♂ zu nur zwei verschiedenen Paarungsstrategien [3187], doch nach neueren Beob. [1925] gibt es offensichtlich auch ad. ♂ mit weibchenähnlichem PK, die eine dritte Paarungsstrategie verfolgen. Ob diese ♂ das weibchenähnliche PK lebenslang beibehalten, ist nicht bekannt. Insgesamt entsteht kompliziertes System von Fortpflanzungsmöglichkeiten der Individuen. Außerhalb der Brutzeit gesellig. Bei Zug und Nahrungserwerb Geschlechter oft weitgehend getrennt.

Fortpflanzung, Brutbiologie [1369,337,767, 1551]. Geschlechtsreife ♀ 1. Lebensjahr, doch meistens wohl Brut im 2.; bei ♂ 1-jährige mit sehr geringen Kopulationschancen, da Schmuckfedern sich erst relativ spät entwickeln. Keine Partnerbindung. Von Wahl des Nistplatzes bis zum Flüggewerden der Jungen Brutpflege ausschließlich Sache der ♀. Am Nest unauffälliges Wegrennen oder bei Überraschung auch Verleiten. **Nest.** Nest meist gut gedeckt, Vegetation kann über dem Nest haubenartig zusammengezogen sein, meist auf Wiesen am Rand von Überschwemmungszonen oder nassen Stellen. ♀ trägt Material ein. **Legebeginn.** (Ende April) Mai/Anf. Juni, in Fennoskandien erst ab Ende Mai. **Gelegegröße.** (3) 4 Eier; Ø DK_{18} 3.72. **Eier.** Kreiselförmig, Grundfarbe grau bis olivgrün, aschgraue und dunkelbraune Flecken, am stumpfen Pol auch gehäuft. **Brutdauer.** 20-23 d, Legeintervall 24 (-36) h, Brutbeginn ab letztem Ei. **Nestlings-/Führungszeit.** Nur ♀ betreut Juv.; Huderzeit 7–12 d. Junge werden nur zu Anfang gefüttert, picken nach wenigen d selbst nach Nahrung. Flügge mit 25-28 d; ♀ bleiben bis zum Flüggewerden, können aber Junge auch schon mit 7–10 d verlassen. **Jahresbruten.** 1; Ersatzgelege bei frühem Verlust. **Bruterfolg.** In DK schlüpften 62 von 67 gelegten Eiern.

Eimaße und -gewichte. L. 39.2-48.3 mm, B. 28.0-32.7 mm, Ø: 44.0 x 30.8 mm (n=169, Europa), 44.1 x 31.2 mm (n=105, D), 43.8 x 30.8 mm (n=100, NL); Frischvollgew. 21.1-23.7 g, $Ø_{17}$: 22.0 g (n=21, B); Schalengew. 0.8-1.3 g, Ø: ~0.97 g.

Sterblichkeit, Alter. Nach geringem Material errechnet 47 %/J. Ältester Ringvogel (FIN) 13 J. 11 Monate [3654]. **Generationslänge:** < 3.3 J. [383].

Mauser. **Postjuvenile Mauser** (Teilmauser) (Ende Juli) Mitte Sept.–Nov. (Feb.); Umfang ähnlich Pränuptialmauser; daneben bei ca. 15–30 % (bes. ♀) 1–3 äußere HS erneuert, Jan.–März [767,1688,2567]. • **1. Pränuptialmauser** (Teilmauser) später und zumeist weniger umfangreich als Ad. [767,1369,1688]. • **Postnuptialmauser** (Vollmauser) ♂, erfolglose ♀ und Vorj. ab Juni im Brutgebiet, Ende Juli/Anf. Aug. schon größtenteils im Schlichtkleid, erfolgreich brütende ♀ beginnen erst ab Mitte Juli; HS-Mauser Ende Juni/Anf. Aug.–Ende Aug./Mitte Okt. in Rastgebieten oder im Winterquartier, bisweilen Unterbrechung (bes. bei ♀, die erst ab Aug./Sept. beginnen) und Ende bis Dez./Jan. [767,1369,1688, 2116,2845,1352,2567]; Dauer der HS-Mauser D/NL ca. 75 d [2116,2845], Afrika ca. 100–130 d [1356]. • **weitere Pränuptialmauser** (Teilmauser) bei ♂ Nov./Anf. Jan.–Feb./März, ♀ erst ab Dez./Jan. [767,1688]; umfasst auch Schirmfedern und variable Anzahl von ST sowie Oberflügeldecken [767,1688,2845]. Partielle Supplementärmauser vermutlich nur bei ♂, Mitte März–Mitte Mai [767,1688,1924]; Teile des zuvor gewechselten Gefieders werden in Rastgebieten erneut ersetzt, wobei auch bunte Halskrause und Kopfschmuck der ♂ entsteht [1924].

Arenaria interpres – Steinwälzer 05610

Arenaria interpres (Linnaeus 1758)

(GB) **Ruddy Turnstone** (F) **Tournepierre à collier** (E) **Vuelvepiedras Común**

Taxonomie. Zwei UA: *interpres* (Linnaeus 1758) (Ellesmere-Insel, GRÖ, Paläarktis bis N-Alaska) und *morinella* (Linnaeus 1766) (arktisches CDN). Die Gattung *Arenaria* umfasst zwei Arten: *A. interpres* und *A. melanocephala* (NW-Alaska); zuweilen zu einer Superspezies vereinigt [2520N,995N], doch Brutgebiete überlappen in W-Alaska, dort durch unterschiedliche Bruthabitate gut getrennt [3050]. Die Gattung scheint *Aphriza* (Gischtläufer) und *Calidris canutus/tenuirostris* nahe zu stehen.

Kennzeichen. [1784,1369,221,3772,3615; **Foto** in Brit B. **95**, 641].

Maße. Gr.: 21-26 cm. Gew.: 84-190 g. Fl.spw.: 50-57 cm. Fl.l.:♀ 15.1-16.5 cm, ♂ 14.9-16.1 cm [1369,3615].

Status. Lokaler, sehr seltener Brut- und Sommervogel, ferner bis Hunderte übersommernd (fast immer »Subad.«, brütet erst ab Alter von 3-6 J.). Regelm. Durchzügler und Rastvogel an Küsten und mehrere tausend Überwinterer in NW-ME; Wattenmeer NL z.B. April/Mai 2.000-3.500, Juli-Sept. 2.000-4.000 (in 1970er J. noch bis 6.700), Okt. ca. 900, Winter 1.000-3.000 Ind. [337,375]. Im Binnenland einzeln überall Durchzügler möglich, jedoch in meisten Gebieten unregelm. und nur einzelne [doch z.B. allj. Bod.:1617].

Verbreitung und Bestand. Polytypischer Brutvogel der Küsten zirkumpolar in Tundren-, borealer und z.T. im N gemäßigter Zone von N. über Eurasien, arktisches N-Amerika bis GRÖ; z.T. hocharktisch bis 83° N (GRÖ) bzw. > 80° N (Spitzbergen). Europäischer Brutbestand 34.000-81.000 BP, stabil, mit größten Populationen in GRÖ (20-40 T.), N. (5-15 T.), RUS (3-17 T.) und FIN (4-4.5 T. BP) [383]. In ME neuerdings wieder Brutvogel in D-SH in kleiner Zahl (4 BP 1999) [204]. Sechs Flyway-Populationen, davon drei der Nominatform mit Bezug zu ME, Vögel aus NE-CDN und GRÖ nach W-Europa (94.000 Ind., stark zunehmend), aus Fennoskandien und W-RUS nach W-Afrika (46.000-119.000 Ind., stabil) und aus W- und Zentralsibirien nach SW-Asien, E- und S-Afrika (100.000 Ind., Trend unbekannt) [823,3718].

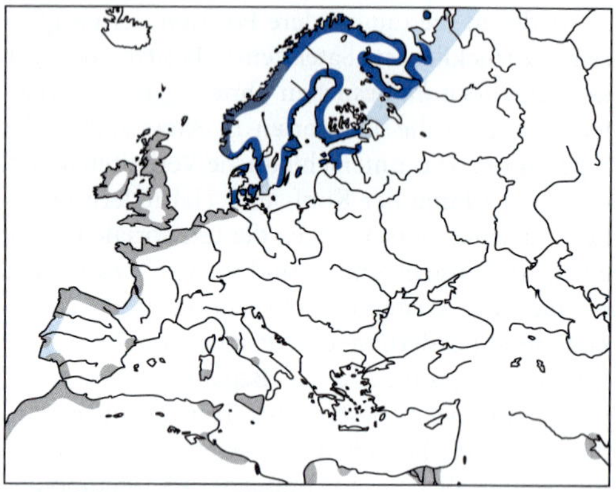

Arenaria interpres – **Steinwälzer**

Wanderungen. Langstreckenzieher. In W-Paläarktis Br. dreier Populationen zu erwarten [Ringfunde GB/IRL:4064]. **(1) NW-Population** (NE-CDN, GRÖ): Winterquartier W-Europa (GB/IRL, W-Nordsee bis E./P), am Brutplatz Ende Mai bis Anf. Aug. (Ad.) bzw. Anf. Sept. (Juv.); Abzug z.T. über IS, E-Rand erreicht SW-N., Ankunft Winterquartier W-Europa Ende Juli (Ad.), Aug. (Juv.), nach S bis MA und Mauretanien (Ringfund), Mauser meist im Winterquartier; Rückzug April/Mai. **(2) Br. Fennoskandiens und W-RUS** (Murmansk-Küste), Baltische Staaten: Abzug über Ostsee (Br. im N entlang Küste N.) und W-Europa, Winterquartier MA, W-Afrika; am Brutplatz Mai/Juni bis Aug.; Dz. (Ad. vor Juv.) Anf. Juli/Ende Sept. in S./DK, Weiterzug entlang Nordseeküste (NL max. Juli/Aug.), erreichen auch GB; Mauser nicht in Europa; rasche Fettanlage zum Weiterzug; wenige überwintern an Nordsee und im Mittelmeerraum, das Gros W-Afrika von MA bis Guinea; Rückzug Nordseeküste April/Mai. **(3) Tundrapopulation** (Weißes Meer bis Mittelsibirien, E-Grenze?): zieht wohl größtenteils über Land über KZ, Kaspigebiet, Schwarzmeer; Winterquartier E-Mittelmeer, Vorderasien, Küsten des Indischen Ozeans bis S-Afrika [dazu 3753]. Einige Ind. auch nach W »verdriftet«: S-S. Brutzeit aus Archangelsk (53° E) und Dz. aus Nowgorod (31° 5' E), aber auch GB–GR, F–Krim u.a. ME: Dz. an Küste vgl. oben; Binnenland Herbstzug Ende Juli, Höhepunkt Ende Aug./Anf. Sept., abgeschlossen Ende Sept./Anf. Okt. Heimzug Mitte April/Anf.

Juni, Höhepunkt Anf./Mitte Mai. Winterquartiertreue in nachgewiesen [z.B. GB:2580,584; Helgoland:874]; Brutortstreue belegt.

Bestandsentwicklung. Im 19. Jh. noch Brutvogel auf nordfriesischen Inseln D-SH sowie an Ostseeküste D-SH und -MV. Aufgrund Klimaänderungen, vielleicht auch Zunahme der Möwenprädation und Eiersammlern Aufgabe der Brutgebiete in Nordfriesland 1850, in E -SH noch später, auf Hiddensee -MV (noch 10-20 BP 1895) um 1919, auf Heuwiese Anf. 1920er J.; gleichzeitig in DK anhaltender Rückgang bis Mitte 20. Jh. und Rückzug aus Teilbereichen [1369].
Ab 1950er J. aus ungeklärten Gründen erhebliche Zunahme der Brutbestände in den Schären S-FIN (Verdopplung bis 1970, gebietsweise noch stärker) und in S. [1369]. Seit 1960er J. starke Zunahme in DK von 10-12 BP auf etwa 40 BP (1996) [1422,1585], aber im Wattenmeergebiet nur einzelne seit Mitte 1990er J. [3135]. In D-SH lange Zeit nur Sommerbeob., 1982 erfolgreiche Brut [337], und seit Mitte 1990er J. wieder regelm. Brutvogel mit max. 7 BP, aktuell aber nur 4-5 BP [204,310,1497]. Vereinzelte Brutversuche auch in NL, z.B. 1995 [2093,375], erneute Ansiedlung denkbar [3638]. In Fennoskandien in 1990er J. z.T. wieder Abnahmen [1507].

	Best.	Areal	Brutbestand	Jahr	Quelle
D	N	N	4–5	1999–2000	[383,310]
NL	N	N	0–1	1995–2000	[383]

Siedlungsdichte. Größte Dichten im Bottnischen Meerbusen FIN mit 40 und 60 BP auf 0.2 bzw. 0.6 km^2 Inseln. Im E-Baltikum sonst 0.15-1.5 BP/km^2. Geklumptes Vorkommen in Brutkolonien von Lariden, z.B. Küstenseeschwalbe, mit typischerweise 10-20 BP auf Flächen bis 5 ha; sonst einzeln brütend [1507].

Gefährdung und Schutz. Bedeutende Gefährdungsursachen derzeit nicht bekannt. Bedingungen in D-SH haben sich für Steinwälzer durch Schutzmaßnahmen (und Zunahme) bei Möwen- und Seeschwalbenkolonien verbessert [310].

SPEC	VSchRL	Bern.Konv.	Bonn.Konv.
--	--	Anh. II	Anh. II
Europ. RL	RL in ME		
--	D: 'R'		

Biotop. Br. an der Küste und auf vorgelagerten Inseln, doch auch ± im Landesinneren auf nasser und trockener vegetationsarmer Tundra; Brutplätze meist kahl, auf trockenem Fels, Lehm, Kies, versteckt bis offen auf schwach geneigtem bis terassenartigem Grund [3615]. Nahrungserwerb nicht nur am Wasser. Außerhalb der Brutzeit fast nur an Küste sowohl im Sand- und Schlickwatt als auch an Felsküste und künstlichen Verbauungen wie Buhnen, Wellenbrechern, Hafenanlagen bzw. an Pfützen; bevorzugt tangbedeckte Flächen, Muschelbänke, Spülsaum, aber auch höhergelegene Flächen. Im Binnenland an Soda- und Süßwasserseen.

Nahrung. Vielseitig. An der Küste Crustaceen, Mollusken, Ringelwürmer an den Brutplätzen zunächst oft Sämereien, im Sommer hauptsächlich Insekten; aber auch Küchenabfälle, Aas.

Stimme. Scharf und etwas metallisch klingend im Flug »ktrüktrüktrü...«; einzeln »kliu«; bei Nahrungssuche »kjüg« oder »kü« als Kontaktrufe. Gesang im Singflug vorgetragen »ti vit ti vit ti ti...«.

Verhalten. Tagaktiv, Zug nachts. Läuft relativ bedächtig, auch auf Riffen und geneigten Felsen. Nahrungserwerb pickend, in weicher Unterlage auch grabend. Versteckte Beute wird durch Umdrehen von Steinen, Muscheln oder Pflanzen (z.B. Tang, Moosdecken, Flechten) erreicht; Schnabel wird an den Rändern untergeschoben, ein heftiger Ruck mit Kopf und Nacken kippt die Bedeckung um. Auch festsitzende Schnecken (z.B. *Patella*) werden abgehoben. Am Brutplatz territorial. Nistplatztreue über mehrere Jahre. Singflug dient Reviermarkierung. Auf dem Zug meist in kleinen Trupps, an Rastplätzen jedoch mitunter große Ansammlungen. Balz und Paarbildung meist schon vor Ankunft am Brutplatz. ♂ bewacht ♀ vor anderen ♂ vor und während der Legephase. Paare meist über mehrere Jahre stabil (außer Brut war nicht erfolgreich). ♂ Scheinnisten. Außerhalb der Brutzeit meist gesellig.

Fortpflanzung, Brutbiologie. Geschlechtsreife frühestens im 2. Lebensjahr, Bruten nach 3-6 J. Monogame Saisonehe, Reviertreue und Gattentreue nachgewiesen. **Nest.** ♀ wählt durch Ablage des 1. Eies den Nistplatz. Nest in Pflanzenbüscheln oder in Felsspalten, zwischen größeren Steinen etc.; offene Nester auch in Laridenkolonien. Karge Auskleidung der Mulde unterschiedlich je nach Umgebung und Unterlage; ♀ baut. **Legebeginn.** Im S frühestens ab Anf./Mitte Mai, im N Ende Mai/Anf. Juni bis Juli. **Gelegegröße.** (3) 4 (selten 5), Ersatzgelege 2–4 Eier; z.B. N-Europa/GRÖ$_{484}$ 3.9. **Eier.** Stark zugespitzt, länglich oder breitoval. Grundfarbe graugrünlich bis blassbraun; Fleckung unterschiedlich dicht olivbraun; daneben noch dunklere und hellere Zeichnungen (Unterflecke). **Brutdauer.** 22-24 d. ♂ und ♀ brüten, ♂ später einsetzend und insgesamt meist weniger; Beginn ab Vollgelege. **Nestlings-/Führungszeit.** Zunächst führen beide, Hudern bzw. Bedecken der Jungen bis ca. 14 d; später führt ♂ meist allein. Juv. mit 19-21 d flügge, etwa zu dieser Zeit auch Familienauflösung. **Jahresbruten.** 1; Nachgelege offenbar selten. **Bruterfolg.** Schlüpferfolg sehr unterschiedlich, je nach Nestdeckung zwischen 35 % und fast 90 % der abgelegten Eier; in günstigen Fällen 60–70 % der abgelegten Eier flügge Junge.

Eimaße und -gewichte. *interpres* L. 35.4-47.3 mm, B. 27.0-31.2 mm, Ø: 37.8 x 29.8 mm (n=249, S.), 41.5 x 29.8 mm (n=160, N-RUS); Frischvollgew. ca. 17-18 g; Schalengew. 0.60-1.27 g.

Sterblichkeit, Alter. GB während Überwinterung 12-19 % und 12–17 % bis zur Rückkehr im nächsten Herbst [584]; ferner ad. Wintergäste < 15 %/J.[2580]. Ältester Ringvogel (FIN) 19 J. 8 Monate. **Generationslänge:** 5 J. [383].

Mauser. **Postjuvenile Mauser** (Teilmauser) Kleingefieder besonders (Ende Aug.) Ende Sept.–Nov.; Umfang ähnlich Pränuptialmauser [767,1688]; in S-Afrika daneben bei einigen ab Jan. auch 1–2 innere HS und AS ersetzt [3753]. • **Postnuptialmauser** (Vollmauser) Mauserperiode und Dauer von UA und Population abhängig; Körpergefieder z.T. schon ab Ende Juni im Brutgebiet, oft aber Beginn in Mausergebieten (dabei bisweilen auch Mauserunterbrechung) oder erst im Winterquartier [767,3050,1688,3753]; HS-Mauser in NL/GB Mitte Juli/Ende Aug.–Anf. Okt./Ende Nov., in NW-Afrika 3–6 und in S-Afrika 9 Wochen später, Abschluss spätestens im Feb.; Dauer der HS-Mauser NL/GB ca. 70–75 d, S-Afrika Ø 120 d [767,3753]. • **Pränuptialmauser** (Teilmauser) (Ende Feb.) Mitte März/Mitte April–Ende April/Mitte Mai (Juni) in W-Europa, in den Tropen bereits ab Mitte März beendet, bei Einj. später; Teile des Körpergefieders, mehrere Flügeldecken, einige Schirm- und Steuerfeder 1, bei ♀ weniger umfangreich [767,3050,1688,3753, 2946].

Limicola falcinellus – Sumpfläufer 05140

Limicola falcinellus (Pontoppidan 1763)

(GB) **Broad-billed Sandpiper** (F) **Bécasseau falcinelle** (E) **Correlimos Falcinelo**

Taxonomie. Gattung monotypisch. Zwei im PK-Gefieder gering differenzierte, klinal variierende UA: *falcinellus* (Pontoppidan 1763) (N-Europa bis Jenissej) und *sibirica* Dresser 1876 (E-Sibirien).

Kennzeichen. [1784,1369,221,3772,3615,164, 165; weitere **Fotos** in Limic. **8**, 184, **11**, 218, 227, **14**, 147/148, Dutch B. **23**, 236, **24**, 315, Bird. W. **8**, 250, **9**, 349, **12**, 190, **17**, 229, 316].

Maße. Gr.: 16-18 cm. Gew.: 28-68 g. Fl.spw.: 34-39 cm. Fl.l.: ♂ 10.3-10.9 cm, ♀ 10.7-11.4 cm [1369,3615].

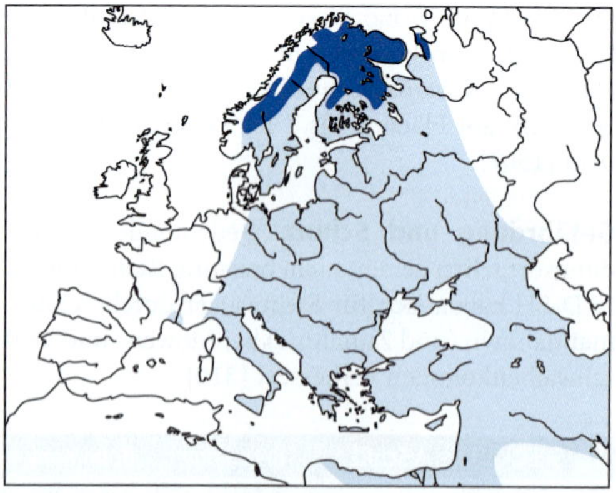

Limicola falcinellus – **Sumpfläufer**

Status. In allen Regionen ME nachgewiesen. In W-ME einschl. D und CH sehr spärlicher, aber lokal regelm. Durchzügler (auch in größeren Trupps), doch gebietsweise sehr selten, z.B. in **CH** nur 18 anerkannte Nachw. (zuletzt 1993), davon 17 von Jul.-Sept. [4152]; in **D**-BW (und Bod.) ähnliches

Muster mit 33 (+23) Nachw. vor allem Aug. (Sept.) von 1944-99 [1722]; in **NL** 112 Nachw. von 1862-2002, die weitaus meisten im Mai [277,q16].
In E-ME (Ostseeküste, Steppengebiete H) im Frühjahr selten, im Herbst regelm. Durchzügler in kleineren Trupps [1369,2438]; in PL allein in Bucht von Gdansk 382 Ind. von 1983-89, davon 113 gefangen und beringt, auch im Binnenland regelm. nachgewiesen [3871].

Verbreitung und Bestand. Von Mittel-N. über N-Fennoskandien bis Kanin-Halbinsel, ferner isolierte Brutareale im Taimyrgebiet sowie von Lena bis Kolyma in E-Sibirien. Nominatform in Europa mit Brutbestand von 9.200-22.000 BP (leichter Rückgang), dabei beschränkt auf FIN (5-15 T.), S. (3-4.5 T.), N. (1-15 T.) und RUS (200-1.200 BP) [383]. Drei Flyway-Populationen; die Zugwege einer der Populationen der Nominatform überquert E-ME in Richtung E- und S-Afrika, Arab. Halbinsel und Indien; Bestand 61.000-64.000 Ind., kurzzeitig abnehmend [4077], jetzt wohl stabil [823,3718].

Wanderungen. Langstreckenzieher. Winterquartier Küsten Rotes Meer, Persischer Golf, E-Afrika bis Kenia (auch Binnenseen) sowie Vorderindien, Sri Lanka, Hinterindien, SE-Asien, AUS. Breitfrontzug über Land S/SE durch Europa; W der Linie W Ostsee – I nur schwacher Dz (z.B. E./P bis 1974 nur 4mal; Bod. bis 1999 24mal [1617], allerdings GB bis 1983 79 Ind.), doch vielleicht regelm. (z.B. 4 Aug. in S. beringte Ind. waren Aug./Nov. DK, N-D, P und Feb. F). Auch regelm. Beob. Camargue. FIN Wegzug Anf. JuIi/Aug., späteste Daten Fennoskandien Anf. Okt.; ME Ad. ab Anf. Juli, Juv. ab Mitte Aug., Höhepunkt des Dz. bis Anf. Sept.; Mitte Sept./Okt. Nachzügler (letzte Einzeldaten bis Ende Okt.). Heimzug Mittelmeer meist Mai, in ME am häufigsten 2. Maihälfte; Einzug Brutgebiet FIN ab Mitte Mai. Übersommerungen im Winterquartier nicht selten.

Siedlungsdichte. Z.T. kolonieartig brütend mit Ansammlungen bis 8 BP auf 3 ha (RUS) bzw. 6-10 BP auf 20 ha (FIN), sonst Dichten bis 20 BP/km^2 [1507].

Gefährdung und Schutz. Vor allem Habitatverluste in Brutgebieten durch Trockenlegung oder durch Flutung (künstliche Seen in FIN). Zerstörung von Rast- und Überwinterungshabitaten in E-Europa, Arabien und Afrika durch Trockenlegung und Dürre [3892]. Schutz geeigneter Lebensräume zur Brut- und Zugzeit derzeit wichtigste Schutzmaßnahme. Genauere Untersuchungen zu Bestandsentwicklung und Gefährdungsfaktoren notwendig.

SPEC	VSchRL	Bern.Konv.	Bonn.Konv.
3	--	Anh. II	Anh. II
Europ. RL	**RL in ME**		
--	--		

Biotop. Br. in Mooren in den feuchtesten, dünn mit Seggen und Wollgras bestandenen Bereichen; Torfmoos verzahnt mit offenem Wasser; Sumpfland. Dz. bevorzugt in Brackwasserbiotopen, an Binnengewässern, Lagunen, Flussmündungen mit schlammigem Untergrund, Rieselfeldern, Flachmooren, auch locker bewachsene Flächen.

Nahrung. Kleine Mollusken, Crustaceen; Insekten; auch Sämereien.

Stimme. Leise »tjp, tjp, tjp«, im Abflug auch trillernd ähnlich Temminckstrandläufer »(d(sch)rii, d(sch)rii trii trit)«. Territorialer Singflug mit 2 Strophentypen, die synchron mit Fluggeschwindigkeit zwischen schnell und langsam wechseln: rhythmisch sirrend »trrui trrui trui« und rasch oszillierend »trirr trrirrirr…«, Klangqualität ähnlich Uferschwalbe.

Verhalten. Tagaktiv; Nachtzieher. Auch bei Nahrungssuche relativ bedächtig, oft bis zum Bauch im Wasser. Meist nur einzeln oder in kleinen Trupps, bei Nahrungssuche hoher Individualabstand. Brüten einzeln oder lockeren Kolonien. Nach der Ankunft vollführen ♂ territoriale Singflüge. ♂ wenig aggressiv gegeneinander. Paare kümmern sich anfänglich gemeinsam um die Jungen. Bei Gefahr oft Drücken. Singflug am Brutplatz. Außerhalb der Brutzeit gesellig. Trupps am Herbstzug aber meist kleiner.

Fortpflanzung, Brutbiologie. **Nest.** In Sümpfen und Mooren mit verstreuten Pflanzenhorsten, Nest in Bulte oder auf flachem Boden, Mulde mit Blättern ausgelegt; ♀ baut. **Legebeginn.** Anf./Mitte Juni. **Gelegegröße.** (3) 4. **Eier.** Kreiselförmig. Grundfarbe bräunlichgelb; sehr dicht rötlich- bis dunkelbraun gefleckt, zuweilen zusätzliche Kleckse. **Brutdauer.** Ca. 21 d; beide brüten. **Nestlings-/Führungszeit.** Zunächst führen beide, später nur ♂. **Jahresbruten.** 1.

Eimaße und -gewichte. L. 28.7-35.2 mm, B. 21.0-24.8 mm, $\varnothing_{100}$: 32.1 x 22.8 mm; Frischvollgew. errechn. 8.6 g; Schalengew. 0.32-0.45 g, Ø: 0.39 g [1369].

Sterblichkeit, Alter. Ältester Ringvogel (S.) 6 J. 10 Monate [3654]. **Generationslänge:** 5 J. [383].

Mauser. **Postjuvenile Mauser** (Teilmauser) Kleingefieder Sept./Mitte Okt.–Mitte Nov./Feb.; zudem 2–4 (5) äußere HS, Dez.–April [767,1688,4057,147]. • **Postnuptialmauser** (Vollmauser) Körpergefieder Ende Juli/Aug.–Ende Sept./Okt. während Wegzug; Schwingenmauser i.d.R. erst im Winterquartier, Mitte Aug./Sept.–Nov./Dez. (Jan.) [767,1688,4057,147]. • **Pränuptialmauser** (Teilmauser) Ende Feb.–Anf. April; einschließlich inneren Mittleren Armdecken, Schirm- und einigen (allen) Steuerfedern, bei Einj. weniger umfangreich [767,1688].

Micropalama himantopus – Bindenstrandläufer 05150

Micropalama himantopus (Bonaparte 1826) syn.: *Calidris himantopus*

(GB) **Stilt Sandpiper** (F) **Bécasseau à échasses** (E) **Correlimos Zancolín**

Taxonomie. Gattung *Micropalama* ist monotypisch und steht *Calidris* nahe, wird zuweilen mit ihr vereinigt [80a]. Art monotypisch.

Kennzeichen. [1784,3615,3772,221,1369; **Fotos** in Dutch B. **20**, 191, 195, **23**, 361, **25**, 404, Bird. W. **6**, 287, **14**, 376-377, **15**, 282-283, Brit. B. **95**, 473].

Maße. Gr.: 18-23 cm. Gew.: 40-68 g. Fl.spw.: 43-47 cm. Fl.l.: ♂ 12.8-13.6 cm, ♀ 12.9-13.8 cm [1369,3615].

Status. In W-Paläarktis extrem seltener Ausnahmegast, meist ad. Vögel im Sommer, fast ausschließlich in atlantischen Küstenregionen. Insgesamt > 25 Beob. in GB und IRL bis 1997, die meisten Juli, Aug. und Sept. [277]; ferner u.a. in IS (Juni 1985), F (4mal, 1989-91), N. (1987, Mai 1993), DK (Apr. 1998), S. (2mal Juli 1963, Mai 1996), FIN (1983), Balearen (Mai 1983) [3615,277,q23].
In ME bisher nur 4 anerkannte Nachw.: • **NL:** Juli 1998, Juli 2000 [277,q16, 4091]. • **A:** -V Aug. 1969 [3489]. • **D:** -NW Aug.1980 [3772].

Verbreitung und Bestand. Brutvogel der typischen und arktischen Tundren N-Amerikas von N-Alaska bis S Victoria-Insel (N-CDN) und W und S Hudsonbucht [1784]. Eine Flyway-Population (Wintergebiete im mittleren S-Amerika von N-Chile bis N-Argentinien mit insgesamt 200.000 Ind., Bestand weitgehend stabil [4077,823].

Wanderungen. Zugvogel; Winterquartier S-Amerika. Wegzug ab Mitte Juli; Dz. USA Mitte Juli/Ende Sept. (Okt.), Heimzug März/Mai. Herkunft europäischer Vögel über Sibirien?, Phänologie und Auftreten machen Transatlantikflüge unwahrscheinlich [277].

Nahrung. Aquatische und terrestrische Invertebraten; mitunter Sämereien.

Biotop. Dz. an Schlickufern von Binnengewässern, Lagunen etc.; offene Wattflächen werden gemieden.

Stimme. Schweigsam außerhalb Brutgebiet. Rufe tief und etwas rauer »whrug« oder tremolierend »wrru«. Flugrufe weich »drrr« oder »dirrr«.

Verhalten. Bewegt sich relativ ruhig, steht in horizontaler Körperhaltung. Flug mit raschen, ruckartigen Flügelbewegungen. Nahrungserwerb pickend und sondierend.

Mauser. **Postjuvenile Mauser** (Teilmauser) größtenteils Mitte Aug.–Ende Sept./Feb.; ab Nov./Feb. auch 1–7 äußere HS [767,1688,2946]. • **Postnuptialmauser** (Vollmauser) ab Juli im Brutgebiet, Fortsetzung Ende Aug./Anf. Okt.–Ende Dez./Feb. [767,3050,1688]. • **Pränuptialmauser** (Teilmauser) Mitte Feb./Anf. März–Ende April/Mai [767,3050,1688].

Tryngites subruficollis – Grasläufer 05160

Tryngites subruficollis (Vieillot 1819)

GB Buff-breasted Sandpiper **F Bécasseau roussâtre** **E Correlimos Canelo**

Taxonomie. Gattung und Art monotypisch; steht *Calidris* sehr nahe [3564], doch reicht Auflösungsvermögen der DNA-Hybridisation nicht aus, um genaue Verwandtschaftsverhältnisse zu klären. Das bei Limikolen seltene Arena-Balzsystem [2738,634] ähnelt dem des Kampfläufers (und fehlt bei *Calidris*), könnte aber konvergent entstanden sein.

Kennzeichen. [221,1369,1784 (mit Fotos der Balzstellung),3615,3772; weitere **Fotos** in Limic. **7**, 53, **9**, 332, **10**, 327, **12**, 188/189, **14**, 199, **17**, 276, Dutch B. **21**, 298, **22**, 305, **23**, 328, 394, **24**, 335, 374, Bird. W. **5**, 467, **6**, 357, **13**, 350, **16**, 236, **17**, 366].

Maße. Gr.: 18-20 cm. Gew.: ♂ 53-117 g, ♀ 46-81 g. Fl.spw.: 43-47 cm. Fl.l.: ♂ 13.2-14.2 cm, ♀ 12.5-13.2 cm [1369,3615].

Status. In W-Paläarktis seltener Ausnahmegast, in GB und IRL allerdings allj. und angesichts des Weltbestandes in erstaunlich großer Zahl, in GB 680 Ind. von 1958-82, meist Juv. im Frühherbst [277]; Nachweise in fast allen europ. Ländern [3615,277], u.a. DK 18 mal bis 2000 und IS 8 mal bis 1999 [q23]; möglicherweise auch sibirische Vögel involviert [3615].
In ME nicht allj., Nachweise meist in Wegzugperiode (vor allem Aug.-Okt.), sie betreffen: • **NL:** 14 mal von 1955-2000, dann allein 6 Beob. 2001 (insges. 5mal im Frühj.) [277,q16]. • **B:** 4 mal 1984-93 [1677,q4]. • **D:** mind. 5 mal bis 1973 und 18 mal von 1977-97, ferner u.a. Helgol. Sept. 1999 [575,869]. • **PL:** 12 mal bis 2000, davon einmal Frühj. (Mai 1992) und ein Überwinterungsversuch [q18,q13,3871]. • **A:** 8 mal, davon Rheindelta A-V 7 mal bis 2001 [3129,1369,1617]. • **CH:** 6 mal 1973-99 [4152,3393]. • **CZ:** Okt. 1983 [2159]. • **H:** Okt. 1993, Aug. 1995 [2438], (1999 noch nicht anerkannt [q18]).

Verbreitung und Bestand. Brutvogel der arktischen Küsten von N-Alaska (unregelm. nach N bis Devon-Insel) nach E bis Boothia-Halbinsel (N-CDN); ferner lokal in E-Sibirien Wrangel-Insel und N-Chukotskiy-Halbinsel [1784]. Eine Flyway-Population (Wintergebiete im mittleren S-Amerika von S-Bolivien über Uruguay bis N-Argentinien) mit insgesamt 15.000 Ind. [4077,823]. Bestand durch Jagd dramatisch eingebrochen (im 19. Jh. wohl > 1 Mio. Ind.), trotz Jagdverschonung weiter abnehmend (möglicherweise Zerstörung der Grasländer in den Wintergebieten); in globaler Vorwarnliste (NT) [382].

Wanderungen. Zugvogel; Winterquartier S-Amerika, regelm. Einzelne W-GB/IRL, selten restliches Europa, 4 x Afrika [3615]. Wegzug ab Mitte Juli, Juv. bis nach Mitte Aug. im Brutgebiet. Eigentliches Winterquartier wird im Okt. erreicht. Heimzug März-Mai.

Biotop. Br. trockene grasige Tundra. Dz. besonders auf Trockenrasen, Weideflächen, kurzrasigen Prärien, Golfplätzen, Flughäfen, Rieselfeldern, Brachäckern, oft in der Nähe von Seen; selten Strand und Küste [724].

Nahrung. Auf dem Zug überwiegend terrestrische Arthropoden; auch Invertebraten am Wasser; kleiner Anteil Sämereien.

Stimme. Wenig zu hören; Rufe »dschu«, bei Beunruhigung »prrrit« (tief trillernd).

Verhalten. Tagaktiv, Nachtzieher. Beim Gehen werden Füße bemerkenswert weit hochgehoben; Abflug meist niedrig über dem Boden; bei Nahrungserwerb auch schnell rennend. Fluchtdistanz oft sehr gering; bei Beunruhigung zunächst häufig starre Haltung. Gesellig. Fotos der Balzstellung [1784].

Mauser. **Postjuvenile Mauser** (vermutlich Vollmauser) Okt./Anf. Nov.–April im Winterquartier [767,3050,1688]. • **Postnuptialmauser** (Vollmauser) Körpergefieder ab Anf. Juli im Brutgebiet, nach Mauserunterbrechung im Winterquartier beendet, Okt.–Ende Feb./März [767,3050,1688]. • **Pränuptialmauser** (Teilmauser) März–April [767,3050,1688].

Calidris tenuirostris – Großer Knutt 04950

Calidris tenuirostris (Horsfield 1821) syn.: Anadyrknutt

(GB) **Great Knot** (F) **Bécasseau de l'Anadyr** (E) **Correlimos Grande**

Taxonomie. Monotypisch.

Kennzeichen. [1784,3772,3615,221,168; **Fotos** in Alula **7**, 164, Dutch B. **14**, 128, **23**, 361, **26**, 248, Bird. W. **9**, 394, 418, **11**, 143, **17**, 332-333].

Maße. Gr.: 23-25 cm. Gew.: meist (85) 110-160 g, Zugvögel bis 220 g. Fl.spw.: 45-54 cm. Fl.l.: ♂ 16.1-17.3 cm, ♀ 16.5-18.1 cm [1784,3615].

Status. In W-Paläarktis Ausnahmegast, mit einzelnen Beob. seit 1979, u.a. in GB (Sept. 1989, Okt./Nov. 1996), E., N., IL, MA (alle außer erster Beob. zwischen Aug. und Okt.) sowie folgenden Nachw. in ME: • **NL:** Sept. 1991 [277]. • **D:** -MV Aug. 1987 [2750]. • **PL:** Juv. Sept. 2001 [3871].

Verbreitung und Bestand. Arktische Tundrenzone NE-Sibiriens von Verchoyansk-Bergen bis Magadan und Tschuktschen-Halbinsel (im W bis 128° E). Zwei Flyway-Populationen, eine nach S bis SE-Asien, Australis mit 319.000 Ind., zweite nach SW bis Arab. Halbinsel und Pakistan mit 2.000-5.000 Ind. [1784,4077,823].

Wanderungen. Langstreckenzieher, überwintert nach W bis Persischer Golf und Pakistan, nach E bis S-China sowie AUS [3615].

Biotop. Br. arktisch-alpiner Gebiete im Hochland Nordostsibiriens, weniger Tundra, auf kahlen Bergrücken und flache bis schwach geneigte Bereiche mit flechtenbewachsenen Felstrümmern. Winter: Schlammflächen und Sandbänke an der Küste.

Stimme. Flugruf ähnlich Knutt »njü-ut njü-ut«, wenig melodisch. Erste Silbe länger und ansteigend, zweite tiefer, kürzer.

Mauser. **Postjuvenile Mauser** (Teilmauser) setzt oft während Wegzug ein, Ende im März/April; z.T. auch einige äußere HS gewechselt [767,1688]. • **Postnuptialmauser** (Vollmauser) besonders Ende Sept./Anf. Nov.–Ende Dez./Feb. im Winterquartier, nur wenig Kleingefiedermauser vor Wegzug [767,1688,143]. • **Pränuptialmauser** (Teilmauser) Ende Feb.–Mitte April, Einj. etwas später [767,1688].

Calidris canutus – Knutt 04960

Calidris canutus (Linnaeus 1758)

(GB) **Red Knot** (F) **Bécasseau maubèche** (E) **Correlimos Gordo**

Taxonomie. Fünf UA; trotz stark disjunkter Brutgebiete nur geringfügig in mittleren Körpermaßen und PK-Färbung unterschieden, aber mitochondriengenetisch nicht differenziert [137]: *canutus* (Linnaeus 1758) (Taimyr, Severnaya Zemlya), *rogersi* Mathews 1913 (syn. »*piersmai*«, Neusibirische Inseln), *roselaari* Tomkovich 1990 (Wrangelinsel, NE-Sibirien, NW-Alaska), *rufa* (A.Wilson 1813) (Subarktis N-Amerikas) und *islandica* (Linnaeus 1767) (NE-CDN, GRÖ, Spitzbergen).

Kennzeichen. [1784,1369,221,3772,3615, **Fotos** in Limic. **14**, 146, **15**, 296, **16**, 293].

Maße. Gr.: 23-25 cm. Gew.: meist (85) 110-160 g,

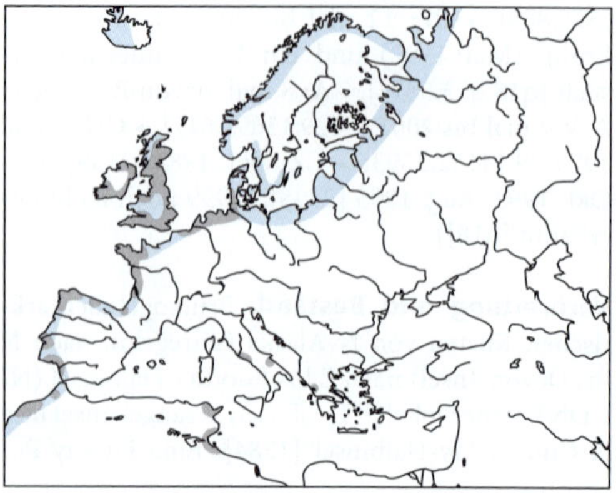

Calidris canutus – **Knutt**

Zugvögel bis 220 g. Fl.spw.: 45-54 cm. Fl.l.: ♂ 16.1-17.3 cm, ♀ 16.5-18.1 cm [1784,3615].

Status. Im Wattenmeer DK/D/NL ganzjähriger Gastvogel (Minimum Juni), zu Gipfelzeiten > 200.000 Ind., in kalten Wintern >20.000 Überwinterer, in milden > 50.000 Ind., fast nur *islandica* [2570]; in langen Kälteperioden auch Abzug nach (S)W [375].
Im Frühjahr in ME beide UA häufig, wobei Nominatform im Mittel etwa 2 Wochen später durchzieht als *islandica*, im Herbst ein gemeinsamer Durchzugsgipfel. Im Ostseebereich nur kleine Zahlen und Durchzug relativ unbedeutend [PL:3871]; im Binnenland im allg. selten, aber regelm. Durchzügler zu beiden Zugzeiten, meist einzeln oder in Trupps < 10 Ind. [337,4152,1722,2438,2159; nur ausnahmsweise > 20, z.B. Bod.:1617,3489, D-BB:1]. Im Binnenland S- und E-ME keine Überwinterungen, *islandica* generell selten [1722] oder fehlend [H:2438].

Verbreitung und Bestand. Arktische Tundrenzone N-Amerika, GRÖ, (unregelm.) Spitzbergen, N Taimyrhalbinsel, Neusibirische I., Wrangelinsel, NE-Sibirien. Europäischer Brutbestand (GRÖ, wenige Paare Spitzbergen) 15.000-30.000 BP (leichter Rückgang) [383]. Fünf Flyway-Populationen, davon in W-Europa und ME *islandica* mit 450.000 Ind. (vom hocharktischen CDN und GRÖ in Wintergebiete an S Nordsee, GB/IRL, F), stark abnehmend, und Nominatform mit 340.000 Ind. (Durchzügler von Zentralsibirien über Europa nach Afrika), abnehmend [1784,1369,4077,823,3718].

Wanderungen. Zugvogel. Zugwege und Winterquartier der Weltpopulation lassen 4 Gruppen erkennen: **1) Br. der amerikanischen Arktis** S 75° N (*rufa*) ziehen nach S-Amerika (möglicherweise ein Nachw. GB); **2) Br. der hocharktischen Inseln CDN und GRÖ** (*islandica*) überwintern in W-Europa (GB, Wattenmeer), treten im Mai in N-N. auf, das sie vermutlich im Nonstopflug erreichen [Details 811]; **3) Br. N- und Mittel-Sibiriens** (*canutus*) ziehen durch W-Europa und überwintern an Atlantikküste W-Afrikas bis Golf von Guinea und einzeln bis S-Afrika; **4) Br. NE-Sibiriens und N-Alaskas** überwintern in AUS, NZ und an Pazifikküste S-Amerikas.
Lage der Zugscheide zw. Population 3 und 4 nicht ganz klar. Zwar überschneiden sich Winterquartiere von Population 2 und 3 kaum, doch in W-Europa auf dem Zug kommen Ind. beider neben- und nacheinander vor. Zu 2: Ende Mai/Anf. Juni bis Aug. im Brutgebiet; Ad. ziehen vor Juv. ab, ♀ vor ♂; nach Zug über GRÖ und Atlantik erster Halt in IS, ca. Juli/Aug. Von dort erreicht der Zugfächer S-N./DK (Aug./Sept.), die Ad. steuern bevorzugt direkt Mausergründe in GB/IRL und im Wattenmeer D/NL an; Aufenthalt Ende Juli/Aug. (bes. Ad.) bzw. Ende Aug. (mehr Juv.; Max. Aug. Wattenmeer NL > 100.000, GB/IRL > 300 .000). Im Spätherbst und Winter offenbar innerhalb W-Europa kleinere Wanderungen und Verlagerungen, z.B. NL–GB, innerhalb GB/IRL. Ringfunde Dz. IS bis P. Kurz vor Abzug im Frühjahr März/April z.T. große Konzentrationen. Rückzugsrast Mai/Anf. Juli auf IS zum Aufbau von Fettreserven. Zu 3: Weg- und Heimzug durch Europa etwas später. Brutgebiet ab Aug.; Überlandzug S./FIN und Baltikum, Gipfel Aug./Sept. (zuletzt hauptsächlich Juv.). Dz. in Europa offenbar rascher; Mausergründe liegen z.B. in W-Afrika (Banc d'Arguin), bis Nov. kleinere Mengen bis S-Afrika. Rückzug wieder entlang Küsten mit wenigen Zwischenaufenthalten, Überwiegend Wattenmeer D (Mai/Anf. Juni), weniger Atlantikküste P, F (Mitte Mai) und NL; Etappe Wattenmeer–Zentralsibirien vermutlich Nonstopflug über FIN-Meerbusen. Vögel im 2. KJ übersommern in großer Zahl im Winterquartier bzw. an Küstenabschnitten des Dz.-Weges IS–P.; Dz. GB bis Mauretanien, Liberia, S-Afrika, Mosambik und Barbados in späterer Zugsaison; Dz. N.–E., P, I, Mauretanien, Elfenbeinküste; B–S-Afrika; S-Afrika–S., D, DK [Ringfunde D:873; GB/IRL:4064].

Bestandsentwicklung. Über lange Zeit Brut- und Überwinterungsbestände weitgehend stabil, bei gelegentlichen Bestandeinbrüchen durch ungünstiges Brutzeitklima sowie hohe Mortalität auf Durchzug und im Winterquartier, da hohe Abhängigkeit von wenigen sehr günstigen Standorten. In jüngerer Zeit aber Nominatform abnehmend (Verlust der Nahrungsgrundlagen) [3236N] und *islandica* ab 2000 mit drastischem Bestandseinbruch [823].

Gefährdungsursachen [3019,3020,138]. Verlust der Nahrungsgrundlage durch Übernutzung (z.B. Herzmuscheln in NL, Pfeilschwanzkrebse in USA) durch Fischerei.
Zerstörung von Lebensräumen, u.a. durch Küstenbaumaßnahmen.

Schutzmaßnahmen. Erhalt der Nahrungsgrundlagen durch starke Regulierung der Muschelfischerei. Internationaler Schutz aller wichtigen Brut-, Rast- und Überwinterungsgebiete.

SPEC	VSchRL	Bern.Konv.	Bonn.Konv.
3W	Anh. II-2	Anh. III	Anh. II
Europ. RL	RL in ME		
--	--		

Biotop. Br. in trockener arktischer Tundra, meist in der Nähe kleiner feuchter Stellen als Nahrungsgebiet, oft in Küstennähe. Außerhalb der Brutzeit fast ausschließlich in der Gezeitenzone auf sandigen und schlickigen Flächen, weniger häufig an der Wasserlinie wie z.B. Alpenstrandläufer, doch nicht auf begrünten Flächen. Im Binnenland an Sand- und Schlammufern größerer Seen, an Fischteichen, Rieselfeldern etc.

Nahrung. Im Brutgebiet Insektenangebot nur kurzfristig nutzbar, daher hier auch erheblich vegetabilische Anteile. Außerhalb vor allem marine Wirbellose, Mollusken wie *Littorina, Mytilus, Macoma, Cerastoderma, Hydrobia* als Hauptnahrung (Muscheln werden im Ganzen verschluckt); wichtige Zusatznahrung Crustaceen; wenig Ringelwürmer.

Stimme. Stimmfühlungslaut und Flugruf »qui-wih« oder »qui-wit-wit«. Im Nahkontakt auch tiefes, weiches »knutt« oder »wutt«, beim Abflug etwas rau »grott«, »gjug« o.ä. Gesang melancholisches Flöten (an Brachvogel erinnernd) im Singflug vorgetragen »qui-jöh«, »qui-wih«.

Verhalten. Aktivität an Meeresküsten tidenabhängig; bei Ebbe auch nachts Nahrungssuche. Rasches Sondieren mit dem Schnabel, doch Bewegungen wirken nicht so hastig wie bei kleineren Gattungsverwandten; weicher Schlick wird auch mit dem Schnabel oberflächlich durchpflügt. Vergesellschaftung mit Alpenstrandläufer u.a. Limikolen; auf Hochwasserrast schließen Schwärme sehr dicht auf. Zur Brutzeit territorial. Balz der ♂ schließt Gesang und Balzflüge ein. Kopulationen (30-60 sec) in Nestumkreis (20 m). Außerhalb der Brutzeit in großen Scharen, die auch gemeinsam Nahrung suchen, oft in geringem Individualabstand.

Fortpflanzung, Brutbiologie [1551]. **Nest.** In steinigem und felsigem Gelände auf spärlich bewachsenem Grund oder nacktem Boden, Nest zuweilen an Pflanzenhorst, Mulde dicht mit Flechten ausgelegt. **Legebeginn.** Anf./Mitte Juni. **Gelegegröße.** (3) 4. **Eier.** Oval bis kreiselförmig. Grundfarbe blassgrün bis olivgrün; kleine braune bis dunkelbraune, zuweilen auch violettgraue Flecken und Striche. **Brutdauer.** 21-23 d; beide brüten, ♂ mehr; Beginn nach Vollgelege. **Nestlings-/Führungszeit.** Juv. werden rasch nach Schlüpfen zum nächsten Feuchtgebiet geführt und (meist) vom ♂ allein betreut; ♀ verlässt Familie früh. Juv. mit 19 d flügge, mit etwa 3 Wochen selbständig. **Jahresbruten.** 1.

Sterblichkeit, Alter. Br. Nearktis: Überwinterer an Patagonischer Atlantikküste ca. 76 %, Überwinterer Golfküste Floridas (kürzerer Zugweg) ca. 24 %/J. [1539], *islandica* in GB 14-24%/J. [475]. Ältester Ringvogel (GB) 25 J. 1 Monat [3654]; mehrere Ind. *islandica* in GB > 24, 23 bzw. 22 J. [475]; ein Ind. im 2. Jahr in S-Afrika beringt und nach 17 J. in F wiedergefangen [1810]. **Generationslänge:** 5 J. [383].

Mauser. Postjuvenile Mauser (Teilmauser) Ende Aug./Okt.–Ende Okt./Dez. [767,1369]; umfasst bei Überwinterern in S-Hemisphäre zusätzlich einige äußere HS (Jan./Feb.-April) [767,3050,1688]. • **1. Pränuptialmauser** (Teilmauser) April–Juni; Umfang sehr variabel [767,3050,1688,3083]. • **1. Postnuptialmauser** (Vollmauser) beginnt Ende Mai/Mitte Juli, Abschluss ab Ende Juli [767,3050]. • **Postnuptialmauser** (Vollmauser) Körpergefieder z.T. bereits ab Juli im Brutgebiet; Schwingenmauser bei *islandica* ab Ende Juli/Aug. nach Ankunft im Winterquartier in NW-Europa, bei *canutus* größtenteils im Wattenmeer, wo Zug unterbrochen wird; Schwingenmauser hier meist Ende Juli/Mitte Aug.-Mitte Okt./Nov. [1369,2119], in W-Afrika ab Mitte Aug./Mitte Sept., in S-Afrika ab Okt./Nov. [767,2302]; Dauer der HS-Mauser NL 90–100 d [1356]. • **Pränuptialmauser** (Teilmauser) Feb./Mitte März-Mai vor letzter Heimzugetappe; Teile von Körpergefieder, Flügeldecken, Schirmfedern und 1-2 ST [767,1369,3050,4234].

Calidris alba – Sanderling 04970

Calidris alba (Pallas 1764)

(GB) **Sanderling** (F) **Bécasseau sanderling** (E) **Correlimos Tridáctilo**

Taxonomie. Monotypisch.

Kennzeichen. [1784,1369,221,3772,3615; **Fotos** in Dutch B. **21**, 350, **25**, 67, Limic. **10**, 326, **11**, 144, **16**, 294].

Maße. Gr.: 20-21 cm. Gew.: ♂ 44-70 g, ♀ 33-70 g, Zugvögel bis 110 g. Fl.spw.: 40-45 cm. Fl.l.: ♂ 12.0-12.8 cm, ♀ 12.5-13.4 cm [1369,3615].

Status. In ME an Nordseeküste zumindest in kleiner Zahl ganzjährig; Winterbestand im Wattenmeerbereich D/NL im Minimum > 3.000 Ind.; deutlich höhere Zahlen im Mai und Frühherbst. Gesamter Winterbestand Europas etwa 27.000 Ind. [1507]. Regelm. Übersommerungen in kleiner Zahl [337,375]. An Ostsee nur in kleinen Zahlen überwinternd, zu Zugzeiten höchstens Hunderte.
Im ME Binnenland regelm., aber sehr spärlicher Durchzügler und in vielen Gebieten nur sporadischer Gastvogel, da Rastneigung hier offenbar gering [337]. Truppgrößen selten >15 Ind. [1722,4152,2159,1369,1], Ausnahme Slask PL [3871].

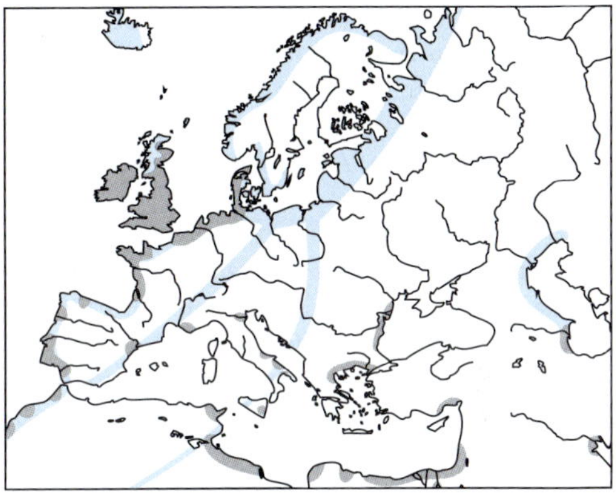

Calidris alba – **Sanderling**

Verbreitung und Bestand. Lückenhaft zirkumpolar verbreitet in Tundrenzone von Mittelsibirien über arktisches N-Amerika bis GRÖ (und Spitzbergen). Europäischer Brutbestand 25.000-50.000 BP (GRÖ, wenige Paare Spitzbergen), Trend unbekannt [383]. Fünf Flyway-Populationen mit insgesamt max. 600.000 Ind. [1784,823]; in unserem Raum Ostatlantischer Flyway (mit Brutgebieten in NE-CDN, NE-GRÖ, Spitzbergen bis W-Taimyr und Wintergebieten von NW-ME und W-Europa bis W- und S-Afrika) mit insgesamt 123.000 Ind.; Bestand stabil bis zunehmend; zweiter Flyway der W-Paläarktis von SW-Asien nach E- und S-Afrika mit 150.000 Ind. [4077,823,3718].

Wanderungen. Langstreckenzieher; Winterquartier zw. den polwärtigen Randbereichen der gemäßigten Zonen an Küsten und Inseln fast der ganzen Welt. In W-Paläarktis Dz. und Wintergäste aus GRÖ und Sibirien zu erwarten. Meiste Ringfunde beziehen sich aber auf Wanderungen innerhalb des Dz.- und Winterraumes (doch 1mal E-England – 3 J. später Juni an Lena) [Ringfunde GB/IRL:4064]; mehrere Farbringbeob. von Ind. aus GRÖ im Herbst deuten an, dass Ind. dieser Herkunft im Aug./Sept. durch W-Europa ziehen (1 Ind. 4 J. hintereinander im Herbst auf Scilly-Inseln). Beringungen in S-Afrika ergaben 1 Sommerfund im Jenissej-Delta und auch Hinweise auf Schleifenzug (Rückzug vom Golf von Guinea über Sahara ins mittlere Mittelmeer). S-Afrika wird entlang der Küsten offenbar sowohl von nearktischen wie von sibirischen Br. erreicht. Im Wattenmeer nehmen Zahlen ab Mitte Juli zu; Abzug von Brutplätzen in CDN/GRÖ Anf. Juli/Anf. Aug., Juv. einige Wochen später. Nach Gipfel Ende Aug. nehmen Zahlen im Wattenmeer ab. In MA Einzug ab Mitte Aug., ebenso auch im tropischen W-Afrika und ab Mitte Sept. in S-Afrika. Heimzug an europäischen Küsten März-Mai, mitunter 2 Gipfel erkennbar bzw. Abzug der Überwinterer und Nachrücken von Dz. aus dem S. Ankunft an Brutplätzen meist erst Anf. Juni. Nichtbrüter bleiben im Winterquartier bzw. an den Küsten des Dz.-Gebietes, mitunter in beträchtlicher Zahl. Brutorttreue und offenbar z.T. hohe Winterquartiertreue nachgewiesen. Ähnlich wie beim Knutt vor den Zugetappen große Fettdepots (bis > 60 % des fettfreien Körpergewichts) angelegt, die lange Nonstopflüge (z.B. GB – NE-GRÖ) ermöglichen [3615].

Gefährdung und Schutz. Empfindl. gegenüber Störungen an Rast- und Nahrungsgeb. [1784], davon abgesehen aber derzeit keine Gefährd. erkennbar.

SPEC	VSchRL	Bern.Konv.	Bonn.Konv.
--	--	Anh. II	Anh. II
Europ. RL	**RL in ME**		
--	--		

Biotop. Br. der Flechtentundra in Reichweite feuchter Stellen zum Nahrungserwerb. Außerhalb der Brutzeit an sandigen Küsten, vorzugsweise im Bereich der Brandungszone, daher im Wattenmeer auf der seewärtigen Außenseite. Im Binnenland meist an kahlen Ufern.

Nahrung. Am Brutplatz vor allem kleine Insekten, daneben auch pflanzliches Material. Auch auf dem Zug relativ viel Insekten; an der Küste besonders wichtig kleine Crustaceen und im Wattenmeer Polychaeten; ferner kleine Mollusken, Aas und Abfälle.

Stimme. Bei Beunruhigung kurz und wenig auffällig »pitt« ider »tiwick«, beim Abflug ± gereiht. Singflug mit trillernden Strophen, ähnlich Wendehals, beim Landen meckernd, ähnlich Ziegenmelker, aber weicher.

Verhalten. Tag- und nachtaktiv; Zug vorwiegend nachts. Nahrungssuche meist unmittelbar am Rand der ausrollenden Wellen, wobei die Vögel sehr rasch hin- und herrennen und hinter den zurücklaufenden Wellen die angespülten Beutetiere sofort aufpicken. Auch Sondieren mit leicht geöffnetem Schnabel. Nahrungssuche meist in kleineren, geschlossenen Trupps. Bei geringem Nahrungsangebot werden einzelne Stellen jedoch gegen Artgenossen verteidigt. Verpaarung gleich nach der Ankunft. Paare sind für eine Brutsaison stabil; Hinweise auf Bigamie; zur Brutzeit territorial. Aggressivverhalten ± abhängig von Menge und Verteilung der Nahrung. Außerhalb der Brutzeit und auf dem Zug sozial (meist bis zu 20 Ind.), im Winterquartier zuweilen territorial.

Sterblichkeit, Alter. Ältester Ringvogel (GB) 18 J. 6 Monate [3654]. **Generationslänge:** 5 J. [383].

Mauser. **Postjuvenile Mauser** (Teilmauser) ab Mitte Sept./Anf. Okt. während Wegzug, Abschluss im Okt./Nov. [767]; bei Überwinterern in S-Hemisphäre z.T. zusätzlich alle Schwungfedern erneuert (Jan.–April) [767,1688]. • **1. Pränuptialmauser** (Teilmauser) meist Mai–Juni, aber variabel [767,1688]. • **Postnuptialmauser** (Vollmauser) Körpergefieder bisweilen ab Mitte Juli im Brutgebiet, bis Anf. Sept. größtenteils beendet [767,1369,1688,3921]; Großgefieder im Mausergebiet oder Winterquartier, in W-Europa Ende Juli/Anf. Sept.–Mitte Sept./Okt., in W-Afrika Sept.–Nov. [767,2302]; durch rasche Mauser beinahe flugunfähig [767]; Dauer der Schwingenmauser NL ca. 50 d, S-Afrika 100 d [767,1688,3916]. • **Pränuptialmauser** (Teilmauser) (März) Mitte April–Mai im Winterquartier oder in Rastgebieten; variable Teile des Körpergefieders, einige Flügeldecken, einzelne Schirm- und Steuerfeder 1 [767,1688,3921].

Calidris pusilla – Sandstrandläufer 04980

Calidris pusilla (Linnaeus 1766)

GB Semipalmated Sandpiper **F Bécasseau semipalmé** **E Correlimos Semipalmeado**

Taxonomie. Monotypisch.

Kennzeichen. [1784,1369,221,3772,3615 ; **Fotos** in Dutch B. **19**, 127, **21**, 201, **23**, 32, 34, **25**, 340, Bird. W. **5**, 433-435, **16**, 314].

Maße. Gr.: 13-15 cm. Gew.: 20-41 g. Fl.spw.: 34-37 cm. Fl.l.: ♂ 9.4-9.8 cm, ♀ 9.8-10.2 cm [1369,3615].

Status. In W-Paläarktis Ausnahmegast (z.T. bedingt durch Bestimmungsprobleme), in GB und IRL seit 1979 fast allj. festgestellt (fast alle Beob. zwischen Aug. und Okt.) [3615,277]; sonst einzelne Beob. in IS, F, DK, N., E., P, Azoren und Madeira sowie folgende Nachw. in ME: • **NL:** Juni 1989, Juli 1996, Juli 1997 (2 mal), Aug. 1997, Aug.1998 (2 mal) [277,q23]. • **D:** -NI Sept. 1970 [337]. • **PL** Ad. Apr./Mai 2000, jew. Ad. gefang. Juli 2000 und Sept. 2000 [q13,3871].

Verbreitung und Bestand. Nearktischer Brutvogel N der Waldgrenze in W- und M-Alaska und N-CDN [gelegentlich NE-Sibirien:3615]. Drei Flyway-Populationen mit insgesamt 3.5 (2-

5) Mio. Ind. [1784,823], Bestand weitgehend stabil [4077,823].

Wanderungen. Zugvogel; Winterquartier S USA bis mittleres S-Amerika.

Biotop. Br. der Tundra Nordamerikas; außerhalb der Brutzeit auf Watt und Sandstränden, Schlammflächen, daneben Fluss- und Seeufer.

Stimme. Rufe deutlich verschieden von Zwerg- und Temminckstrandläufer; Stimmfühlung im Trupp »tscher«, im Abflug kurz »tscherk« (etwas schnarrend), bei Beunruhigung »tschip« oder zweisilbig »thip« u.ä.

Alter. Ältester Ringvogel 11 J. 11 Monate.

Mauser. **Postjuvenile Mauser** (Teilmauser) Sept. (Nov.)–Dez.; zumindest ein Teil wechselt im Winter auch einige oder alle HS [767,3050,2946]. • **Postnuptialmauser** (Vollmauser) Körpergefieder (Juni) Juli–Sept., Schwingenmauser Mitte Aug.–Dez. (Feb.) im Mausergebiet oder Winterquartier [767,3050]. • **Pränuptialmauser** (Teilmauser) Feb.–April vor Heimzug [767,3050].

Calidris minuta – Zwergstrandläufer 05010

Calidris minuta (Leisler 1812)

(GB) **Little Stint** (F) **Bécasseau minute** (E) **Correlimos Menudo**

Taxonomie. Monotypisch.

Kennzeichen. [3772,221,1369,1784,3615; für Bestimmung seltenerer kleiner *Calidris*-Arten ist Kenntnis der Variationsbreite des Zwergstrandläufers wichtig: vgl. 3396; weitere **Fotos** in Limic. **11**, 144, **13**, 322, Dutch B. **23**, 31, **24**, 361].

Maße. Gr.: 12-14 cm. Gew.: ♀,♂ 17-30 g, Zugvögel bis 44 g. Fl.spw.: 34-37 cm. Fl.l.: ♂ 9.3-10.0 cm, ♀ 9.6-10.4 cm [1784,3615].

Status. In ME sowohl an Nordseeküste als auch im Binnenland zu Zugzeiten regelmäßig, aber selbst an Küste Scharen von Hunderten nicht häufig, im Binnenland meistens bereits > 50 Ind. Ausnahmen [337; meist <15 Ind.:1722,4152,2159,1369,1], aber in Slask PL max. bis 570 Ind. [3871]. ME Rastbestände (auch im Wattenmeer) wohl nirgends größer als 3.000 Ind. [375].
An Nordsee Überwinterungen in geringer Zahl beob., an Ostsee seltener [2031]; zuweilen aber auch im Binnenland [z.B. Bod.:1617,1722, CH:4152]; meist aber nur unvollst. Datenreihen im Winter [337]. Auf Heimzug deutlich spärlicher als beim Wegzug [375,2031,4152,2159,1722], größere Frühjahrskonzentrationen vor allem im pannonischen Raum; dort auch zuweilen Übersommerungen [in H:2438], an Nordsee NL und D in sehr viel kleinerer Zahl [375] - allerdings endet Heimzug oft erst Ende Juni [337,1722]. Zuweilen auffällige Einflüge, 1990 regional [z.B. Bod.:1617, Helgol.:872], 1996 im gesamten Europa [vgl. 3393].

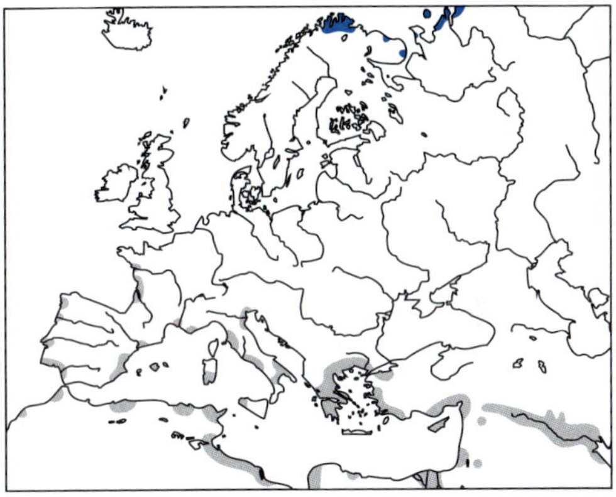

Calidris minuta – Zwergstrandläufer

Verbreitung und Bestand. N Eurasiens, von N-N. und N-S. (Einzelbruten in N-FIN) nach E bis Tschuktschen-Halbinsel; S-Grenze offenbar fluktuierend. Europäischer Brutbestand zw. 46.000-460.000 BP, stabil, fast alle RUS, in N. 500-5.000 BP [383]. Drei Flyway-Populationen mit insgesamt 1.4 Mio. Ind. [4077,823], Europäisch-W-Afrikanischer Flyway von Brutgebieten in N-Skandinavien und NW-RUS über Europa bis W-Afrika, Schwarzmeer und Mittelmeer mit etwa 200.000 Ind.; Bestand lange Zeit stabil, allerdings ab 1990er J. in einigen afrikan. Winterquartieren rückläufig; SW-asiatischer Flyway von Brutgebieten W-Sibiriens über Kaspiregion, Mittlerer Osten bis E- und S-Afrika mit etwa 1 Mio. Ind. (Trend unbekannt) [4077,3393,823,3718].

Wanderungen. Langstreckenzieher. Winterquartier ab Mittelmeer und Vorderasien, Schwerpunkt Afrika und in kleinerer Zahl Vorderindien. Einzelne Winterbeob. auch NW-Europa. Breitfrontzug mit Hauptrichtung WSW-S, auch über Binnenland (z.B. Ringfunde FIN nach S-I, S-F, TN, aber auch W-F und Nordsee; W-Afrika–zentrales Mittelmeer bis Schwarzmeer bzw. FIN bis RUS 64° E; SW-Afrika–W-Sibirien). In IL unter Überwinterern mehr ♀; hohe Fettdeposition Aug.-Okt. und sehr magere Rastvögel März-Mai lassen Nonstopflüge über Wüstengürtel N-Afrikas vermuten [4194]. Relativ geringe Zahlen im Frühjahr an Küsten W-Europas und im Binnenland W-ME legen Schleifenzug (geradlinigeren Heimzug) nahe. Nichtbrüter ziehen aus Tundra schon Ende Juni ab, Gros der Ad. ab Mitte Juli, Juv. folgen bis Ende Aug./Anf. Sept. Im Baltikum und ME tauchen rasch ziehende Ad. Mitte Juli/Aug. auf, die offenbar z.T. durch E-ME (z.B. H) schnell ins Mittelmeergebiet ziehen. Im ME Binnenland Gipfel meist Anf./Mitte Sept., wenn Juv. erscheinen; Dz. hier meist bis Mitte Okt. abgeschlossen, z.B. Bod. späteste Daten Anf. Nov., selten Überwinterungsversuche [1617]. Heimzug in ME ab Ende April/Anf. Mai (selten frühere Beob.), Höhepunkt nicht vor Mitte Mai, oft erst Anf. Juni. Ankunft im Brutgebiet meist erst ab Anf. Juni. Übersommerer im oder nahe Winterquartier, aber auch auf Zwischenstationen, besonders in Afrika [Ringfunde z.B. 2228,1208].

Siedlungsdichte. In den europäischen Brutgebieten extrem variabel mit Schwankungen von 1-59 Nestern auf Küstenprobefläche in Finnmark N.; Ortstreue der Brutvögel offensichtlich sehr gering [1507].

Gefährdung und Schutz. Derzeit keine Gefährdungen erkennbar.

SPEC	VSchRL	Bern.Konv.	Bonn.Konv.
--	--	Anh. II	Anh. II
Europ. RL	RL in ME		
--	--		

Biotop. Br. an feuchten Stellen oder an Küsten der Arktis und Subarktis, meist in Nähe von Süßwassertümpeln. Auf dem Zug und im Winter vegetationslose Schlick-, Sand- oder Schlammflächen an der Küste oder an Binnengewässern, mitunter auch an Kleingewässern.

Nahrung. Insekten, besonders Fliegen und Mücken; auch kleine Ringelwürmer und Mollusken; kleiner Anteil Sämereien und Pflanzenreste.

Stimme. Besonders beim Auffliegen und Einfallen sanft »dirrdirrdirrit…«; Stimmfühlung kurz »it«, Alarmruf »drrrit…«. Gesang im schmetterlingsartigem Singflug feiner auf- und absteigender klirrender Triller.

Verhalten. Zieht nachts, sonst tagaktiv. Nahrungssuche meist auf feuchtem bis nassem oder aufgeweichtem Untergrund (z.B. auch Spülsaum), pickt hauptsächlich, sondiert kaum. Am Brutplatz offenbar wenig territorial; ♂ und ♀ zeigen Singflug. Polygynie und Polyandrie häufig festgestellt. Außerhalb der Brutzeit meist in kleineren Trupps, die sich auch anderen Arten (besonders Alpenstrandläufern) anschließen. Sowohl auf dem Zug als auch im Brutgebiet oft sehr vertraut.

Fortpflanzung, Brutbiologie [337,1551]. Relativ wenig bekannt. Wahrscheinlich sukzessive Bigamie, ein ♀ produziert mit 2 ♂ je ein Gelege, wobei das Erste vom ersten ♂, das Zweite vom ♀ bebrütet wird. **Legebeginn.** Frühestens ab Anf. Juni, Hauptlegezeit 2. Junihälfte, Anf. Juli. **Gelegegröße.** (3) 4. **Eier.** Oval bis kreiselförmig, weißlich bis helloliv mit violettbraunen, dunkelbraunen und grauvioletten Sprenkeln und Klecksen (meist klein und dicht verteilt). **Brutdauer.** 20-21 d, Beginn mit letztem oder vorletztem Ei. [Zur Jugendentwicklung:3353].

Sterblichkeit, Alter. Ältester Ringvogel (F) 12 J. [3654]. **Generationslänge:** < 3.3 J. [383].

Mauser. **Postjuvenile Mauser** (Voll-, z.T. Teilmauser) Körpergefieder (Sept.) Okt.–Jan. in Rastgebieten oder im Winterquartier; Schwingenmauser Dez.–April [767,1688,1580], bei spät mausernden (Jan./Feb.) nur äußere HS und innere AS umfassend (ca. 10 % der Ind.); Dauer ca. 70–100 d [2959]. • **Postnuptialmauser** (Vollmauser) Mauserperiode und -dauer von geografischer Lage abhängig; Körpergefieder bei erfolglosen Ind. und Nichtbrütern ab Anf. Juli, bei Brutvögeln (Juli) Aug.–Sept./ Dez. [767,1688]; HS-Mauser (Aug.) Sept.–(Nov.) Jan./Feb. (März), dabei innere HS schneller ersetzt, bisweilen auch Mauserunterbrechung

[767,1688,2959,145,1282,1704]; Dauer E-Afrika 100–150 d [2959], S-Afrika < 100–115 d [1356,1688]. • **Pränuptialmauser** (Teilmauser) Feb.–Mai; umfasst auch Schirmfedern, einige (alle) ST und mehrere Oberflügeldecken, in S Winterquartieren bei ca. 20–30 % der Ind. zudem äußere HS (meist HS 7–9) [767,1688,2959,145].

Calidris ruficollis – Rotkehl-Strandläufer 05000

Calidris ruficollis (Pallas 1776)

(GB) **Red-necked Stint** (F) **Bécasseau à col roux** (E) **Correlimos Cuellirrojo**

Taxonomie. Monotypisch. Rotkehl- und Zwergstrandläufer werden zuweilen zu einer Superspezies zusammengefasst [3565], doch ist dies wegen Unkenntnis der Verwandtschaftsverhältnisse unter den kleinen *Calidris*-Arten nicht gerechtfertigt. *C. ruficollis* weist auch erhebliche Ähnlichkeiten mit Löffelstrandläufer *C. pygmeus* auf, der durchaus seine Schwesterart sein könnte.

Kennzeichen. [1784,1369,221,3772,3615,168 mit **Fotos**, weitere in Limic. **9**, 26, Alula **10**, 119, Dutch B. **19**, 127, **23**, 29-35, **25**, 181, **26**, 251, 263, 285, Bird. W. **5**, 297/298, **9**, 25, **11**, 249, **14**, 333, **17**, 279].

Maße. Gr.: 13-16 cm. Gew.: 18-51 g. Fl.spw.: 29-33 cm. Fl.l.: ♂ 9.8-10.7 cm, ♀ 10.2-11.2 cm [1369,3615].

Status. In W-Paläarktis sehr seltener Ausnahmegast (z.T. bedingt durch Bestimmungsprobleme, insbes. der Jungvögel), bis 1980er J. mit einzelnen Beob. (ad. Vögel) meist Juli und Aug. in GB, F, DK, N., S., FIN, und I [3615,277]; seit 1987 deutliche Zunahme der Beob. (wohl durch bessere Kenntnisse): bis 1995 z.B. 10 mal in S. und 4 mal in GB [277,q23].
In ME bisher folgende anerkannte Nachw.: • **NL:** Mai 1987, Juli 1996, Juli 1998 [277]. • **D:** -MV Juli 1979 [337]. • **B:** Aug.1988 [1677]. Beob. in **H** 1997 und **CZ** 1998 [q3] nicht anerkannt?

Verbreitung und Bestand. Brutvogel der Tundra Zentral- bis E-Sibiriens von Taimyr- bis Tschuktschen-Halbinsel und N-Kamtschatka (ca. 61° N); ferner gelegentlich (N)W-Alaska [3615]. Eine Flyway-Population (Wintergebiete von E-Indien über SE-Asien bis Australis), vormals Bestand 471.000 Ind. und rückläufig [4077], neuerdings 315.000 Ind. und zunehmend [823].

Wanderungen. Langstreckenzieher; Winterquartier SE-China bis AUS, NZ; hält sich an Küsten. Einzelnachweise auch S-Afrika, Bermudas.

Biotop. Im Küstenbereich der (sub-)arktischen Tundra, stellenweise Schotter bedeckte hügelige Tundra Ostsibiriens, oft in Nähe von Gewässern. Im Winter in der Gezeitenzone, im Watt, auf weichem Sand, Salzmarschen.

Stimme. Flugruf »kriiep«, härter und tiefer als Bergstrandläufer, höher und dünner als Sandstrandläufer. Einsilbig schnurrendes »prrrp«.

Mauser. **Postjuvenile Mauser** (Teilmauser) Mitte Okt.–Dez./Jan.; < 10 % der Ind. mausern auch einige äußere HS, Feb.–Mai [1688,4057,2946]. • **Postnuptialmauser** (Vollmauser) Körpergefieder bis Okt. größtenteils erneuert; HS-Mauser (Aug.) Okt.–Nov./Feb. (Mitte April) im Winterquartier [1688,4057,2946]. • **Pränuptialmauser** (Teilmauser) Feb.–Mai [1688,4057]; ohne Schwung- und mehrere ST sowie Oberflügeldecken [1688].

Calidris temminckii – Temminckstrandläufer 05020

Calidris temminckii (Leisler 1812)

(GB) **Temminck's Stint** (F) **Bécasseau de Temminck** (E) **Correlimos de Temminck**

Taxonomie. Monotypisch.

Kennzeichen. [1784,1369,221,3772,3615; Fotos in Limic. **11**, 144, Bird. W. **7**, 179, **12**, 176, **13**, 346, **17**, 185, Brit. B. **92**, 303].

Maße. Gr.: 13-15 cm. Gew.: ♀,♂ 15-30 g, Zugvögel bis 36 g. Fl.spw.: 34-37 cm. Fl.l.: ♂ 9.5-10.3 cm, ♀ 9.7-10.5 cm [1369,3615].

Status. In ME regelmäßiger Durchzügler zu beiden Zugzeiten, im E häufiger, im W z.T. sehr spärlich, auch an Küste; dort oft einzeln bis max. 20-25 Ind., nur ausnahmsweise > 50 Ind. [NL: 375]. Trupps von > 100 Ind. fast nur aus E-ME Binnenland (z.B. H, PL) und Greifwalder Bodden D-MV bekannt [337,3871], anders als beim Zwergstrandläufer dort in größerer Zahl auch Sommerbeob. (fehlen sonst in ME weitgehend). Dagegen keine Überwinterungen [337,1722,375,2159,4152]. In S-ME erst deutliche Zunahme der Nachw. ab 1960er J., z.T. beobachtungsbedingt [z.B. D-BW, -BY, -NI:1722,1369], inzwischen aber erneut stark verringerte Zahl an Nachw. [1617,3393].

Verbreitung und Bestand. Brutvogel der (Baum- bis typischen) Tundra am N-Rand Eurasiens von N-GB bzw. N. bis NE-Sibirien. Europäischer Brutbestand zw. 85.000-420.000 BP, stabil (nur in FIN stark abnehmend) [383]; weitestgehend beschränkt auf RUS (75-400 T.) und Fennoskandien (9.500-18.500 BP) [383], in GB einzelne [1343]. Vier Flyway-Populationen; davon zieht skandinavisch/NW-RUS Population über Kontinentaleuropa, Schwarzmeer und Mittelmeer in Überwinterungsgebiete in Afrika S Sahara mit 39.000-80.000 Ind. und SW-asiatische Population aus W-Sibirien über Mittleren Osten nach E- und S-Afrika mit 0.1-1.0 Mio. Ind. (Trends unbekannt) [4077,823,3718].

Wanderungen. Langstreckenzieher. Winterquartier Mittelmeer, N Afrotropis (auch Binnenland, z.B. Sahel), Mittlerer Osten, S-Asien bis JAP (nach S kaum über den Äquator, am ehesten im Binnenland E-Afrikas). Breitfrontzieher. Ringfunde aus Skandinavien streuen von CZ, ehem. YU, GR bis E., TN; aus FIN von England bis UA.; Winterfunde aus

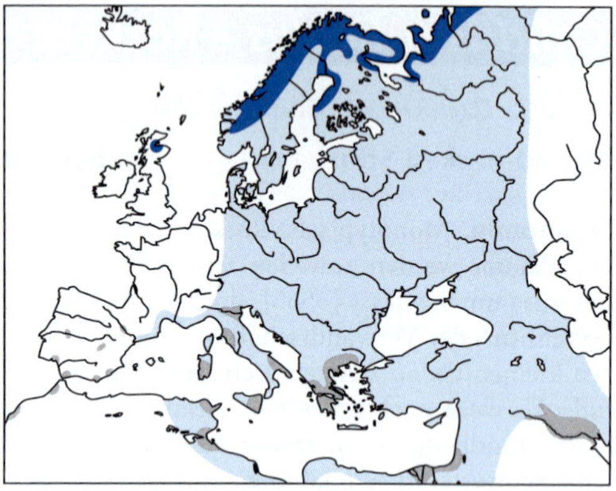

Calidris temmincki – Temminckstrandläufer

Sardinien und Dahomey. Ad. verlassen Juv. ca. 14-21 d nach dem Schlüpfen und ziehen etwa ab Anf. Juli rasch weg; Juv. folgen ca. ab Mitte Aug. Erstbeob. in ME ab Juli, bis Ende Aug. ist Gros der Ad. bereits durchgezogen; Gipfel Ende Aug./Anf. Sept. wird meist von Juv. gebildet; im Okt. meist nur noch Nachzügler. Erste Heimzügler in ME ca. ab 20. April, doch Dz.-Gipfel Mitte/Ende Mai. Brutreviertreue nachgewiesen.

Siedlungsdichte. In den europäischen Brutgebieten extrem variabel mit Schwankungen von 5.6-83.3 brüt. Ind./km^2 auf alpiner Probefläche in S-N. [1507]. Maximal bekannte Dichtewerte in Küstenregion FIN mit 25-42 Rev./10 ha [1507].

Gefährdung und Schutz. Bestandsverluste in FIN vor allem durch Habitatzerstörung und Nutzungsänderung (reduzierte Beweidung). Insgesamt aber keine Gefährdung erkennbar [1507].

SPEC	VSchRL	Bern.Konv.	Bonn.Konv.
--	--	Anh. II	Anh. II
Europ. RL	RL in ME		
--	--		

Biotop. Br. der Tundra auf relativ trockenen Flächen mit niedrigem Gebüsch im Binnenland und/oder an der Küste; auch in Siedlungsnähe. Auf dem Dz. sowohl an ± vegetationsfreien Flächen als auch Anlehnung an schütter bewachsene, deckungsreichere Zonen; hält sich daher oft etwas abseits der anderen Strandläufer. Meidet nach Möglichkeit offene sandige Küsten.

Nahrung. Insekten, vor allem Mücken und andere offen sitzende Arten; Anteil Vegetabilien unbekannt, aber regelm. nachgewiesen.

Stimme. Beim Abflug trillernd »tirr«, etwas an Girlitz erinnernd. Gesang langes Trillern, im Rhythmus steigend und fallend; lerchenartig schwirrender Singflug. Triller schneller als Zwergstrandläufer.

Verhalten. Tagaktiv, Zug nachts. ♂ zu Beginn der Brutzeit ausgesprochen territorial und beide Geschlechter haben oft mehrere Partner; ♀ legen ein Gelege für ein ♂ und 2. Gelege betreut das ♀ selbst; Trillern auf erhöhter Warte, von wo aus auch zum Singflug gestartet wird. Außerhalb der Brutzeit gesellig, doch bilden sich kaum größere eng zusammenhaltende Scharen, außer am Zug bei schlechtem Wetter.

Fortpflanzung, Brutbiologie [1689,1369,337]. Geschlechtsreife im 1. J. bei ♂, 1–3 J. bei ♀. Zuweilen ♀ nach Eiablage der Erstbrut mit 2. ♂ verpaart. Bebrütung des 1. Geleges durch 1. ♂, das 2. dann durch ♀. Aber auch 1. ♂ kann sich später mit 2. ♀ verpaaren. **Ankunft am Brutplatz.** Mitte Mai/Anf. Juni. **Nest.** Nest auf trockenem Untergrund, oft in Anlehnung an kleine Erhöhung (Stein, Holzklotz o.ä.). **Legebeginn.** Frühestens ab Ende Mai, Hauptlegezeit Juni. **Gelegegröße.** Meist 4 Eier. **Brutdauer.** 19-22 d. **Nestlingszeit.** Junge ab 15-16 d begrenzt flugfähig. **Jahresbruten.** 2 (durch ein ♀ mit einem ♂); Ersatzgelege selten.

Sterblichkeit, Alter. FIN ca. 50 % im 1., ca. 20 % in späteren J. Älteste Ringvögel 2 mal mind. 11 J. **Generationslänge:** < 3.3 J. [383].

Mauser. **Postjuvenile Mauser** (Teilmauser) Aug./Sept.–Nov. (Dez.), partielle Schwingenmauser Dez.–Mai; umfasst zudem einige Flügeldecken und z.T. mittlere ST [767,1580,2946]. • **Postnuptialmauser** (Vollmauser) Körpergefieder Juli–Okt./Nov. während Wegzug; HS-Mauser (Juli) Sept.–(Nov.) April, meist Unterbrechung im Winter (Okt.–Jan.) [767,1356]. • **Pränuptialmauser** (Teilmauser) (Feb.) April–Juni; variable Anteile von Körpergefieder und Flügeldecken, einige Schirm- und Steuerfedern [767,1369,1356].

Calidris minutilla – Wiesenstrandläufer 05040

Calidris minutilla (Vieillot 1819)

GB Least Sandpiper **F Bécasseau minuscule** **E Correlimos Menudillo**

Taxonomie. Monotypisch.

Kennzeichen. [1784,3615,3772,221,3566; **Fotos** in Dutch B. **19**, 218, 220, Bird. W. **4**, 281, **7**, 477, **9**, 299, **16**, 315, Brit. B. **96**, 538].

Maße. Gr.: 13-15 cm. Gew.: 17-33 g. Fl.spw.: 33-35 cm. Fl.l.: ♂ 8.6-9.3 cm, ♀ 8.8-9.6 cm [1784,3615].

Status. In W-Paläarktis Ausnahmegast mit einzelnen Beob., vor allem im Herbst, in IS (3 mal bis 1998), GB (28 mal bis 2001), IRL, F, E., FIN, I, Azoren und Kanaren [3615,q23].
In ME bisher folgende anerkannte Nachw.: • **D:** -NI Sept. 1985 [3772]. (Ein am 4.10.1978 in D-NI beringter Vogel [337] erwies sich als Zwergstrandläufer (am 8.10.1978 620 km WSW in F erlegt). • **B:** Aug.1996 [1677]. • **A:** Juni 1976 (2 Ind.) [337].

Verbreitung und Bestand. Brutvogel der Tundra N-Amerikas von W-Alaska über N-Kanada bis Neuschottland und Neufundland [1784]. Eine Flyway-Population (Wintergebiete von S-USA über M-Amerika nach S bis Chile und Brasilien) mit insgesamt 600.000 Ind. [4077,823], Bestand wohl stabil nach deutlichen Zunahmen infolge Jagdverschonung [1784].

Wanderungen. Zugvogel; Winterquartier an Küsten und im Binnenland USA, Mittelamerika, nördliches S-Amerika; regelm. auch Galapagos.

Stimme. Mehrere ansteigende, einsilbige Rufe, am häufigsten »kriik«, ähnlich Alpenstrandläufer, aber höher und feiner, außerdem tiefes »prrrr«.

Biotop. Br. in der Subarktis Nordamerikas an der Baumgrenze niedrig gelegen entlang der Küstenlinie. Außerhalb Brutzeit an der Küste, Wattflächen, sandigen Seeufern, am Rand von Süßwassersümpfen.

Mauser. Postjuvenile Mauser (Teilmauser) Anfang Aug.–Anf. Dez.; meist ohne Schwungfedern [3050,2946]. • Postnuptialmauser (Vollmauser) Körpergefieder Mitte Aug.–Okt./Anf. Nov.; Schwingenmauser bis Ende Okt./Mitte Dez. abgeschlossen, in N Winterquartieren indes bereits Anf. Juli–Okt./Nov. [767,3050]. • Pränuptialmauser (Teilmauser) (Jan.) Ende Feb.–Mitte April (Juni) [767,3050].

Calidris fuscicollis – Weißbürzel-Strandläufer 05050

Calidris fuscicollis (Vieillot 1819)

(GB) White-rumped Sandpiper (F) Bécasseau à croupion blanc (E) Correlimos Culiblanco

Taxonomie. Monotypisch.

Kennzeichen. [1784,3615,221,3772,1369,47,3566; **Fotos** in Dutch B. **21**, 201, **23**, 325, **24**, 308, 371, **25**, 371, **26**, 266, 276, Limic. **16**, 33, Bird. W. **7**, 310, **11**, 205, **12**, 354, **15**, 422, **17**, 315].

Maße. Gr.: 15-18 cm. Gew.: 30-60 g. Fl.spw.: 40-45 cm. Fl.l.: ♂ 11.8-12.6 cm, ♀ 12.3-12.9 cm [1369,3615].

Status. In W-Paläarktis seltener, aber regelm. Gastvogel mit allj. Beob. in GB und IRL, bei insges. 397 Ind. von 1958-96 [277]. In IS fast allj. (40 mal bis 1999); ferner u.a. in S. (13 mal bis 2000), N., DK, FIN, RUS, F, E., Azoren, Balearen und Kanaren [3615]. 1996 Einflug mit 26 Beob. in GB/IRL und weiteren 3 in NL [277] und 1 in B [1677].
In ME u.a. folgende anerkannte Nachw.: • **NL:** (alte Nachw. vom Aug. 1952, Okt. 1952, Sept. 1963 und Sept. 1966 gestrichen); seither Okt. 1977, Aug. 1994, Aug. 1996 (2mal), Sept. 1996, Aug. 1999, ferner 5 mal Aug.-Okt. 2000, 6 mal Aug.-Nov. 2001 und Aug. 2002 [277,q16,q23]. • **CH:** -ZH Okt.1860, -VD Okt. 1964, -NE Mai 1971, -AG Nov. 1981 [4152]. • **D:** -NI Mai 1985, Mai 1986, Mai 1990, (Aug.1959 gestrichen), Juli 1999, -NW Mai 1988; -SH Mai 1979, seit 1996 mehrmals im Wattenmeer; -BW (imm.) Okt. 1984; -MV Aug.1993, (imm.) Okt. 1996, Mai 1997 [337,1722,575]. • **B:** Sept. 1991, Aug. 1996, Aug. 1998 [1677]. • **H:** Mai 1997 [2438]. • **CZ:** Sept.1997 [2159]. • **A:** -B Mai 1959; -V Okt. 1959, Okt. 1986, Okt. 1987 [1369,1617]. • **PL:** Ad. Mai 1998 [q13,3871]. Weitere noch nicht homologierte Beob. aus H 2000, B 2001, D 1998, 1999, A 2000, 2001 [q3].

Verbreitung und Bestand. Brutvogel im arktischen N-Amerika von NE-Alaska über N-CDN bis S Baffin-Insel [1784]. Eine Flyway-Population (Wintergebiete im SE S-Amerikas von Brasilien bis Feuerland) mit insgesamt 400.000 Ind., Bestand stabil [4077,823].

Wanderungen. Langstreckenzieher; Winterquartier im S S-Amerikas. In den USA Wegzug Juli/Okt., Heimzug in N-Amerika Anf./Ende Mai.

Biotop. Br. der feuchten arktischen Tundra, besonders in der Eishügeltundra (Grasbüschel und Erdhügel), nahe Flüssen, Seen oder Moortümpeln. Dz. und Wintergäste an der Küste wie im Binnenland, auch an ± bewachsenen Ufern.

Nahrung. Invertebraten aller Art (überwiegend Insekten), Mollusken, Crustaceen, Egel, Poly- und Oligochaeten. Wenig Samen.

Stimme. Dünn quiekend »tzi tzi« auch länger »dziet«, häufig wiederholt (erinnert an Strand- und Bergpieper).

Mauser. Postjuvenile Mauser (Voll- oder Teilmauser) ab Ende Sept./Ende Nov. im Winterquartier; Schwingenmauser meist ab Jan. [767,3050,1688,2946]. • Postnuptialmauser (Vollmauser) Körpergefieder im Brutgebiet ab Juni, Abschluss nach Unterbrechung bis Nov./Jan.; HS-Mauser Mitte Okt./Dez.–Mitte Dez./Anf. Feb. im Winterquartier [767,3050,1688]. • Pränuptialmauser (Teilmauser) März–April [767,3050,1688].

Calidris bairdii – Bairdstrandläufer 05060

Calidris bairdii (Coues 1861)

(GB) **Baird's Sandpiper** (F) **Bécasseau de Baird** (E) **Correlimos de Baird**

Taxonomie. Monotypisch.

Kennzeichen. [1784,3615,1369,221,3772,47,3566; Fotos in Limic. **10**, 228, **13**, 269, **15**, 297, Dutch B. **20**, 184, **23**, 46, **24**, 374, **25**, 341, 348, Bird. W. **8**, 168, **10**, 25, 369, **16**, 322, **17**, 363-365].

Maße. Gr.: 14-17 cm. Gew.: 32-63 g. Fl.spw.: 40-46 cm. Fl.l.: ♂ 11.9-13.1 cm, ♀ 12.3-13.5 cm [1369,3615].

Status. In W-Paläarktis seltener, aber regelm. Gastvogel mit allj. Beob. in GB und IRL, bei insges. 196 Ind. von 1958-96 [277]; ferner u.a. in IS, Fennoskand., F, GR, E., Azoren und Kanaren [3615,q23]. In ME bisher folgende anerkannte Nachw.: • **NL:** Juv. Sept. 1980, Juv. Aug. 1981, Ad. Juli-Aug. 1993 Ad Aug. 2002 [277,q16]. • **B:** Okt. 1995 [1677]. • **CZ:** Sept. 1981 [2159]. • **D:** Helgol. Aug. 2001 [3738]; -NI Sept. 1984, Sept. 1985, Aug. 1994; -HE Mai 1991 [337,1722,1680]; (Beob. -BW 1984 gestrichen [1722]). • **H:** 1998 [q18]. • **A:** -V Okt.1988 [3129]. • **PL:** Aug.1978, Ad. Aug. 1993, Immat. Okt. 1993, alle Slask [q18,q13,3871].
Weitere Beob. anhängig, u.a.: A 1999 (2 mal), D 2000, 2001 [q3].

Verbreitung und Bestand. Brutvogel der Hocharktis N-Amerikas von N-Alaska über N-CDN bis Baffin-Insel und NW-GRÖ; ferner Wrangel-Insel und Tschuktschen-Halbinsel NE-Sibiriens [1784]. Eine Flyway-Population (Wintergebiete im W und S S-Amerikas von Ekuador und Peru bis Feuerland) mit insgesamt 300.000 Ind., Bestand stabil [4077,823].

Wanderungen. Langstreckenzieher, Winterquartier im S S-Amerikas. Möglicherweise stammen europäische Irrgäste z.T. aus E-Sibirien. Wegzug Mitte Juli/Sept., Heimzug USA April/Mai.

Biotop. Br. auf Hügeln und Flussterrassen der exponierten arktischen Tundra, vorwiegend in trockenem, steinigem, flechtendurchsetztem Gelände. Dz. an der Küste und (häufiger) im Binnenland, z.B. an Seeufern, Teichen, Flussbänken, auch auf sehr kurzrasigen Weiden.

Nahrung. Zur Brutzeit meist Insekten sowie Spinnen; auf Dz. Käfer und Dipterenlarven.

Stimme. Ruf etwas schrill »krit«, beim Auffliegen auch etwas gezogen, mitunter vibrierend, zwitschernd »tscherip«, weicher als Sichelstrandläufer, u.a.

Mauser. **Postjuvenile Mauser** (Voll- oder Teilmauser) Okt.–März; Verlauf ähnlich Weißbürzel-Strandläufer [767,1688,2946]. • **Postnuptialmauser** (Vollmauser) z.T. bereits ab Juli, hauptsächlich aber Dez.–Feb. nach Ankunft im Winterquartier [1369,1688,2946]. • **Pränuptialmauser** (Teilmauser) März–April/Anf. Mai [767,1688].

Calidris melanotos – Graubrust-Strandläufer 05070

Calidris melanotos (Vieillot 1819)

(GB) **Pectoral Sandpiper** (F) **Bécasseau à poitrine cendrée** (E) **Correlimos Pectoral**

Taxonomie. Monotypisch. Nächstverwandt mit *C. acuminata*. Der zunächst als eigene Art beschriebene *Calidris paramelanotos* [2933] ist wahrscheinlich Hybrid zw. Graubrust- und Sichelstrandläufer [676; Fotos eines juv. »*paramelanotos*« in 556].

Kennzeichen. [1784,3615,221,1369,3772,3566,1557; weitere Fotos in Limic. **9**, 27-28, 332, **12**, 277, **17**, 276, Dutch B. **21**, 71, **24**, 313, 390, **25**, 340, **26**, 249, 274, Bird. W. **8**, 381, **10**, 325, **11**, 325, Var Fag. 1996/**4**, 30].

Maße. Gr.: 19-23 cm. Gew.: ♂ 45-126 g, ♀ 31-97 g. Fl.spw.: (37) 42-49 cm. Fl.l.: ♂ 13.9-14.8 cm, ♀ 12.6-13.6 cm [1369,3615].

Status. In W-Paläarktis früher nearktische Ausnahmeerscheinung, doch zunehmend häufiger beob., z.B. in GB von 1958-85 Ø 50 Meldungen pro J. [277]. In ME Erstbeob. 1956 in D-BY; vor 1980er J. sehr seltener und unregelm. Gastvogel, seit 1981 aber gebietsweise allj., z.B. in NL 60 Nachw. mit 65 Ind. von 1980-96 (max.l 9 pro J., aber selten > 2 Ind.), vor allem Mai (Juni) und Juli-Sept. (Nov.) [277]. Zunehmend Hinweise, dass auch sibirische Vögel in ME auftreten (vor allem Juli-Sept.) [1722,277]. Seit Mitte 1990er J. gebietsweise wieder deutlich geringere Beob.zahlen, z.B. D-BW, Bod. [1722,1617]. In fast allen europäischen Ländern nachgewiesen [3615].
Bisher u.a. folgende Nachw. dokumentiert: • **NL:** 78 Nachw. von 1961-98 (jew. 7 Nachw. in 1988, 1991, 1992 und 1998), dann Einflug 1999 mit mind. 17 Beob., seither nicht mehr in Liste seltener Arten geführt [277,q16]. • **D:** insgesamt > 50 bis 1974 [1369] und mind. 62 Nachw. von 1977-97 [575], Liste aber unvollständig; regional z.B. -BW 26mal 1962-92 [1722]; -HE 6 mal 1961-94 [1680]; -BB 12 mal 1974-99 [1]. • **A:** -V max. 22 Nachw. von 1962-96 [1722, vgl. aber 3129]; im Sept. 1989 im Rheindelta A-V bis 4 Ind. gleichzeitig [1617,1722]. • **CH:** 15 mal von 1958-98 [4152]. • **B:** ca. 30 mal 1961-95 [q18]. • **H:** 8mal 1987-96 [2438]. • **CZ:** 8 mal 1973-97 [2159]. • **PL:** 26 mal 1964-99, meist im Binnenland [q13,3871].
Seither viele weitere Nachw. (von Seltenheitenkommissionen noch zu bestätigen), u.a. in H 1998 sowie im Einflugjahr 1999 etwa 8 Beob. (10 Ind.); CZ 2001 [q18,q3].

Verbreitung und Bestand. Brutvogel der Küstentundra Sibiriens von Taimyr-Halbinsel nach E bis Tschuktschen-Halbinsel, ferner W- und N-Alaska und arktisches CDN sowie W Hudsonbucht. Eine oder zwei Flyway-Populationen; N-amerikanische Brutpopulation mit etwa 400.000 Ind., stabil [823]. In RUS wahrscheinlich Ausbreitung nach W in W-Paläarktis: seit Anf. 1980er J. unregelm. Beob. balzender ♂ im E Jugorskij-Halbinsel.

Stimme. Beim Abflug rau »prrk«, »krrik«; im Flug nicht unähnlich Wellensittich »tirrrp«, »trrrik«, fast vokallos, auch mehrsilbig; im Singflug rel. dumpf gequetscht »hu-u hu-u...«.

Nahrung. Im Brutgebiet vor allem Schnaken, Zuckmücken und deren Larven, aber auch viele andere Insekten und vor allem im Frühjahr auch Samen und grüne Pflanzenteile; auch im Herbst und Winter hauptsächlich Insekten.

Biotop. Br. feuchter Tundra mit Kleinrelief, in Seggensümpfen, nassen Küstenwiesen mit trockenen Stellen etc. Dz. und Wintergäste bevorzugen sumpfige Wiesen, grasige Schlickflächen, Äcker, überschwemmte Wiesen etc.; vegetationsfreie Schlickflächen sind eher Ausweichbiotope.

Verhalten. Tagaktiv, zieht nachts. Zu Beginn der Brutzeit territorial. Außerhalb Brutzeit weniger gesellig als andere Strandläufer, doch an günstigen Stellen auch Truppbildung. Dz. haben manchmal eine Fluchtdistanz von nur wenigen m.

Wanderungen. Extremer Langstreckenzieher; Winterquartier S-Amerika. Größter Teil der Br. Sibiriens dürfte über Alaska und CDN nach S-Amerika ziehen (Strecke ca. 16.000 km; 2 Ringfunde von Herbstvögeln CDN bzw. USA in Sibirien); doch auch regelm., wenngleich seltener Dz. in E-Asien bis JAP und Korea, erreicht in sehr kleiner Zahl auch AUS und NZ sowie pazifische Inseln (z.B. Hawaii). Der Wegzug nearktischer Br. führt wohl z.T. nach SE, so dass Karibik im E-Teil erreicht wird. Gelegentlich im Winter im S der USA [3615]. Wegzug Juli/Sept., Dz. in USA bis Ende Okt. (Nov.); zuerst Nichtbrüter, dann ad. ♂ und ad. ♀ mit Gelegeverlust, erfolgreiche ad. ♀ und zuletzt Juv. Heimzug ab Anf. Feb., in USA ab Ende Feb./Anf. März, Höhepunkt April/Anf. Mai. Europäische Nachw. wohl aus starkem SE-Wegzug über CDN (mit Überschießen der CDN Küste) zu erklären, seltener aus E [3615].

Fortpflanzung, Brutbiologie. Geschlechtsreife im 3. KJ, oft noch später. Paarbildung im Winterquartier oder am Brutplatz. **Ankunft am Brutplatz.** E- und Mittelsibirien Ankunft erst in ersten beiden Juniwochen. **Legebeginn.** frühestens Anf. Juni, Hauptlegezeit Mitte Juni (bis Anf. Juli). **Gelegegröße.** 4 Eier. **Nestlingszeit.** Flügge Junge frühestens ab Mitte Juli. **Jahresbruten.** 1.

Mauser. **Postjuvenile Mauser** (Teil- oder Vollmauser) erst im Winterquartier, Ende Nov./Dez.–März/April [767,3050]; Schwingen bei einem Teil ebenfalls ersetzt, bei anderen erst in 1. Postnuptialmauser [767,3050,1688,2946]. • **Postnuptialmauser** (Vollmauser) setzt mit Körpergefieder Anf. Juli/Anf. Aug. in Nähe des Brutgebiets ein, doch Intensität vor Wegzug gering [767,1369,1688]; rest-

liches Körper- und gesamtes Großgefieder Ende Okt.–Anf. Feb. (März) [767,3050,1688]. • **Pränuptialmauser** (Teilmauser) (Mitte Jan.) Mitte Feb.–Anf. Mai vor Heimzug; umfasst auch einige (alle) Schirmfedern sowie z.T. einzelne ST und Flügeldecken [767,1688].

Calidris acuminata – Spitzschwanz-Strandläufer 05080

Calidris acuminata (Horsfield 1821)

GB Sharp-tailed Sandpiper **F Bécasseau à queue pointu** **E Correlimos Acuminado**

Taxonomie. Monotypisch.

Kennzeichen. [1369,3772,221,1784,3615,1557; weitere **Fotos** in Alula **7**, 164, Limic. **9**, 29, Dutch B. **24**, 52, 315, Bird. W. **7**, 306, 483, **10**, 286].

Maße. Gr.: 17-22 cm. Gew.: ♂ 53-114 g, ♀ 39-105 g. Fl.spw.: 42-48 cm. Fl.l.: ♂ 13.7-14.2 cm, ♀ 12.7-13.5 cm [1369,3615].

Status. In W-Paläarktis sehr seltener, unregelm. Gastvogel mit 23 Ind. in GB und IRL bis 1996, davon 19 Ad. [277]; in GB ferner Aug. 1997 und 2000 [q23]; weitere Beob. in S. (5 mal bis 2000), DK (3 mal bis 2000), N., FIN, F [3615,q23].
In ME bisher folgende anerkannte Nachw. (fast immer Ad.): • **NL:** Sept. 1989, 2 mal Aug. 1998, Aug. 2000, 2 mal Juli 2002 (alle Ad.) [277,q16]. • **B:** Sept. 1989 [1677]; (Sept. 1961 gestrichen). • **A:** -V Aug. 1983 [3129]. In D: kein gesicherter Nachw. (-BY Okt. 1972 gestrichen).

Verbreitung und Bestand. Hocharktischer Brutvogel E-Sibiriens von Lena-Delta bis Kolyma [1784]. Eine Flyway-Population (Wintergebiete hauptsächlich SE-AUS, ferner Neu-Guinea bis NZ sowie Pazifikinseln) mit insgesamt 166.000 Ind. [4077,823], Bestand wohl stabil [1784].

Wanderungen. Langstreckenzieher. Winterquartier Neuguinea, AUS, NZ, pazifische Inseln; vereinzelt Nachw. W-Küste USA; Binnenlandbeob. bis Mittelsibirien. Wegzug Juli (zunächst ♀)/Sept.; Ankunft im Winterquartier ab Ende Sept.; Heimzug April/Mai. Keine übersommernden Nichtbrüter im Winterquartier.

Biotop. Br. feuchte Tundra mit Sträuchern und Seggenmooren im Wechsel (Überschneidung mit *C. melanotos*, aber feuchtere Gebiete). Dz. an Küsten und Binnenseen; auch auf bewachsenen Flächen.

Stimme. Weiches »fiiep«, dünner als *melanotos*, oder schwalbenartig zwitschernd »prr-fiiep-fiiep«.

Mauser. **Postjuvenile Mauser** (Teil- oder Vollmauser) größtenteils erst im Winterquartier; Schwingenmauser ähnlich Graubrust-Strandläufer [767,1688,2946]. • **Postnuptialmauser** (Vollmauser) oft nach Ankunft im Winterquartier ab Aug./Sept., HS Sept./Okt.–Jan. [767,1688]. • **Pränuptialmauser** (Teilmauser) Jan.–März [767,1688].

Calidris ferruginea – Sichelstrandläufer 05090

Calidris ferruginea (Pontoppidan 1763)

GB Curlew Sandpiper **F Bécasseau cocorli** **E Correlimos Zarapitín**

Taxonomie. Monotypisch. Zur taxonomischen Stellung [1751].

Kennzeichen. [1784,3615,221,3772,1369; **Fotos** in Limic. **9**, 173, **15**, 289, **16**, 294, Dutch B. **26**, 249].

Maße. Gr.: 18-23 cm. Gew.: ♀, ♂ (44) 50-65 g, Zugvögel bis 117 g. Fl.spw.: 42-46 cm. Fl.l.: ♂ 12.9-13.5 cm, ♀ 12.9-13.9 cm [1369,3615].

Status. In ME regelm. Durchzügler, doch im Frühjahr selten und auch an Küste nur in kleiner Zahl. Auf Wegzug wesentlich häufiger, doch auch dann nur ausnahmsweise Scharen > 1.000 Ind. im Wat-

tenmeer; z.T. auffallende jährliche Fluktuationen, im Wattenmeer NL etwa zwischen 500 und 6.000 Ind. [375]. Einzelne Sommerbeob. und Übersommerungen an Küste. Hier auch vereinzelte Winterbeob., doch keine echten Überwinterungen bekannt.
Im Binnenland ME im Herbst (vor allem Aug./Sept.) regelm., meist bis 10 Ind., max. um 70 Ind. [2159,4152], ausnahmsweise mehr, z.B. Bod. bis 121 Ind. [1617,1722]; im Frühjahr seltener und unregelm. [337,2438,2159,1617,1722].

Verbreitung und Bestand. Brutvogel der typischen und arktischen Tundra N-Sibiriens von Yamal- bis N Tschuktschen-Halbinsel. Gesamtbestand etwa 1.35 Mio. Ind. [823]. Vier Flyway-Populationen (3 im eurasisch/afrikanischen Raum), davon die westlichste von Zentralsibirien über Kontinentaleuropa und Mittelmeer bis W-Afrika mit 740.000 Ind. (Bestand neuerdings zunehmend) [4077,823], aber aus Zufallsdaten nicht immer ersichtlich [z.B. Bod.: 1617], ferner zweite zentralsibirische Population über Schwarzmeer und Nahen Osten bis E- und S-Afrika mit 330.000 Ind. (stabil) [823,3718]. Zyklische Bestandsschwankungen korrelieren mit (3-jährigen) Lemmingzyklen [375,1722,3393].

SPEC	VSchRL	Bern.Konv.	Bonn.Konv.
--	--	Anh. II	Anh. II
Europ. RL	**RL in ME**		
--	--		

Wanderungen. Langstreckenzieher [Zus.fass. W-Paläarktis und Afrika: 1022; Ringfunde GB/IRL aus ganz Europa bis F und Krim: 4064]. Winterquartier Küsten und Binnenland Afrika S Sahara und Küstengewässer Mauretaniens, S Arabische Halbinsel, Indien bis Neuguinea, AUS. Durch W-Paläarktis 3 Hauptrouten: 1) Nach W entlang N-Küste RUS, dann entweder über Ostseeraum FIN oder entlang Küste N. nach NW-Europa und W-Afrika; 2) SW durch Binnenland E-Europa, über Zentralmittelmeer nach W-Afrika z.T. entlang der Maghrebküste, z.T. über Sahara zum Golf von Guinea; 3) SSW-über Binnenland RUS, UA. zum Schwarzmeer- und Kaspigebiet und von dort nach S durch Vorderasien, NE-Afrika nach E- und S-Afrika (auf dieser Route Br. bis Lenagebiet 128° E). Wichtige Raststationen sind Schwarzmeer- und Kaspigebiet, die Seen E-Afrikas, TN und Unteritalien (alle Herbst- und Frühjahr), für den Herbst S Ost- und Nordseeküste einschließlich S-GB, Camargue (nimmt offensichtlich Binnenwanderer durch W-ME auf),

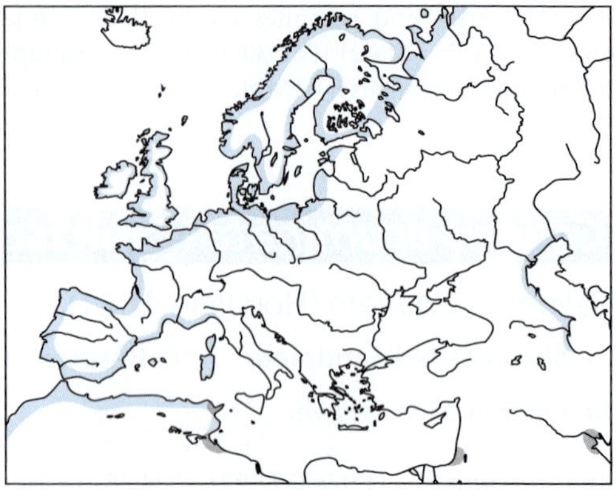

Calidris ferruginea – **Sichelstrandläufer**

W-Küste MA (auch Mauserquartier). Route 3 wird offensichtlich auf Weg- und Heimzug gleich häufig beflogen; Überwinterer in W-Afrika ziehen dagegen vorwiegend auf Route 2 zurück. Auf Route 1 ziehen normalerweise Ad./Juv. aus dem W des Brutareals weg, dazu in manchen J. offenbar durch Wetter verdriftete (hauptsächlich Juv.) in größerer Zahl; offenbar hier auch 3–4-jähriger Zyklus wirksam. Aufenthalt am Brutplatz Anf. Juni/Aug.; Dz. erfolgt relativ rasch. Ab Anf. Juli Ad. in ME, NW- und W-Europa; Aug./Sept. hauptsächlich Dz. von Juv., daher im Binnenland ME Gipfel meist Wende Aug./Sept. (z.B. Bod.) [1617]. Ab Mitte Aug. bereits die Ersten in S-Afrika, größere Zahlen ab Sept. und regionales Anwachsen der Bestände bis Feb. In E. differenzieller Zug (ad. ♂ 10 d vor ad. ♀) [1119]. Heimzug April/Mai, doch in W-Europa und ME nur schwach. Aufenthalt für Ad. im ME Binnenland meist nur kurz; Juv. etwas länger. Übersommerung im Wintergebiet vor allem von Einj.

Biotop. Br. der arktischen Küstentundra auf Dauerfrostboden, zudem Flussbänke und Küste. Auf dem Dz. bevorzugt am Meer im reinen Schlickwatt oder auf feinen Schwemmsandanlagerungen an Flussmündungen und Lagunen; im Binnenland auf Schlammbänken von Seen und Flüssen, salzhaltigen Steppenseen, aber auch in Rieselfeldern, an Klär- und Fischteichen.

Nahrung. Tierisch; Borstenwürmer, kleine Schnecken und Muscheln, Crustaceen, Insekten und deren Larven (am Brutplatz besonders Zuckmücken und Schnaken).

Stimme. Häufigster Ruf schnurrend »djürri«, »dirrit« u.ä., heller und weicher als Alpenstrandläufer. Mehrteiliger Gesang, mit »tschik«-Elementen, Doppelelementen, vierteiliger Zwischenphase und »Winseln«, oft aber nur Teile daraus am Boden und im Singflug vorgetragen.

Verhalten. Tag- und nachtaktiv, vornehmlich Nachtzieher. Im Sommer 55–65 % der Tageslichtstunden, im Winter 80 % mit Nahrungssuche an Rastplätzen beschäftigt. Bewegt sich langsamer und ruhiger als Alpenstrandläufer; ist stärker auf Sondieren spezialisiert, geht auch häufiger bis zum Bauch ins Wasser. Unterschiede in der Nahrungssuche und -aufnahme bei Ad. und Juv. und bei ♂ und ♀ (hier entsprechend der unterschiedlichen Körpergröße). Zur Brutzeit territorial; markiert Reviere mit Singflug. Außerhalb Brutzeit gesellig, bildet jedoch kaum derart große Scharen wie Alpenstrandläufer; schließt sich auch locker anderen Limikolen, bevorzugt ähnlicher Körpergröße, an.

Fortpflanzung, Brutbiologie. Geschlechtsreife im 3. KJ, oft noch später. Paarbildung im Winterquartier oder am Brutplatz. Gelege 4 Eier. Legebeginn frühestens Anf. Juni, Hauptlegezeit Mitte Juni (bis Anf. Juli), flügge Junge frühestens ab Mitte Juli. 1 Jahresbrut.

Sterblichkeit, Alter. Ältester Ringvogel (NL) 17 J. [3654]. **Generationslänge:** 5 J. [383].

Mauser. **Postjuvenile Mauser** (Teilmauser) oft ab Ende Sept./Okt. im Winterquartier, ab Nov./Dez. im 1. Winterkleid; viele Ind. erneuern zudem einige (alle) HS sowie einzelne Schirmfedern und ST, Ende Jan.–Anf. Mai [767,1688,4057,2946]. • **1. Pränuptialmauser** (Teilmauser) sehr variabel, oft Mauser in partielles Prachtkleid [221,767,1688]. • **Postnuptialmauser** (Vollmauser) Mauserperiode und -dauer von geografischer Lage und J. abhängig; Körpergefieder ab Juli im Brutgebiet, besonders Ende Juli–Anf. Sept., während Zug unterbrochen und bis Sept./Okt. beendet; Schwingenmauser setzt in NW-Europa nur unreg. ein, oft Ende Juli/Nov.–Mitte Sept./Feb. in Mausergebieten oder im Winterquartier [767,1369, 1688,4057,2570,1118], ♂ beginnen meist früher als ♀ [1688,2302,1704]; Dauer der HS-Mauser ca. 40–130 d [767,1356,1688,1118]. • **Pränuptialmauser** (Teilmauser) (Ende Jan.) Mitte Feb./März–Ende März/Anf. Mai, während Heimzug erst Teil im vollen Prachtkleid [767,1688,4057,4234]; umfasst auch einzelne Oberflügeldecken, einige (alle) Schirmfedern und mittlere ST, bei ♀ weniger umfangreich [767,1369,1688].

Calidris maritima – Meerstrandläufer 05100

Calidris maritima (Brünnich 1764)

GB Purple Sandpiper **F Bécasseau violet** **E Correlimos Oscuro**

Taxonomie. Monotypisch (früher 3 UA unterschieden, Nominatform, *littoralis* und *belcheri*). Zuweilen mit beringischem *C. ptilocnemis* in einer Superspezies vereint [2520N,3565] oder gar für konspezifisch erklärt [995N], aber wohl unangemessen, da keinerlei abgeleitete Merkmale auf eine so enge Beziehung hinweisen. Vielmehr gibt es im PK auffällige Übereinstimmungen zwischen *C. ptilocnemis* und Alpenstrandläufer, die durchaus Schwesterarten sein könnten [Fotos s. 3239].

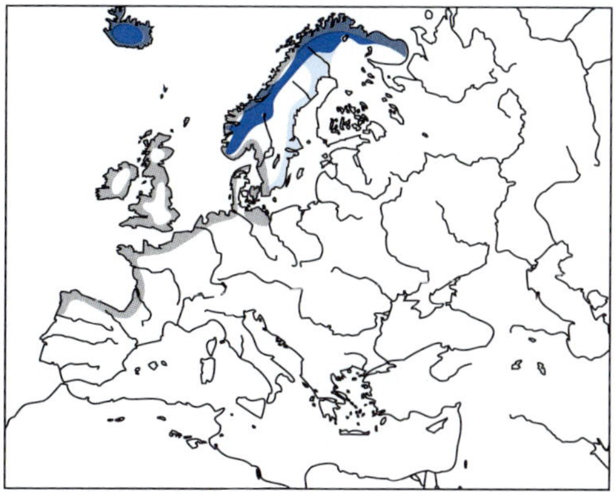

Calidris maritima – Meerstrandläufer

Kennzeichen. [1784,3615,1369,221,3772; Foto in Limic. **17**, 84].

Maße. Gr.: 20-22 cm. Gew.: ♂ 52-94 g, ♀ 60-105 g. Fl.spw.: 42-46 cm. Fl.l.: (Nominatform) ♂ 12.4-13.0 cm, ♀ 12.9-13.6 cm [1369,3615].

Status. In ME an Küsten regelm. Durchzügler und Wintergast vorwiegend an Küstenbauten; Winterbestand je mehrere hundert Ind. an Nordsee und an Ostsee (aber recht selten und unreg. in D-MV und PL). Wichtigste Überwinterungsgebiete Europas sind IS, W-N. und GB/IRL; 1.100–1.150 in Bretagne F [337]; in NL nur etwa 500 Überwinterer [375]. Einzelne Sommerbeob. und Übersommerungen an der Küste, z.B. Terschelling NL [1369]. Im Binnenland ME sehr seltener Ausnahmegast, z.B. **D**-BY Nov. 1869, Feb. 1870, Apr. 1947, Sept. 1955; -RP Nov. 1995 [4175,q18]. **CH**-VD März 1862, Nov. 1958, -GE Nov. 1882, Nov. 1926, -BE Apr. 1972 (4 Ind.) [4152]. **A**-V (Bod.) Nov. 1995 [1617], ferner A 1999 [q3]; 4 ältere Nachw. s. [1369]. Erstnachw. für **CZ** Okt. 1997 [2159]; in **H** nur 1820 [2438]; **SK.** Mai 1988 [3882]; mehrere weitere Nachw. inzwischen gestrichen oder sehr unsicher. Keine Nachw. u.a. aus D-BW, -BB, -SL, -HE, -TH, -SN [1722,2068,3667,1].

Verbreitung und Bestand. Brutvogel in NE-Amerika, GRÖ, IS, Färöer, Spitzbergen, Franz-Joseph-Land, Gebirge von S- bis N-N., NE-S. und N-SF, bis an N-Rand der Kolahalbinsel; weiter nach E mit Lücken bis Mittelsibirien. Nordischste Limikole mit Brutvorkommen bis 80° N, südlichste Brutplätze in alpinen Habitaten in S-N. und N-GB [1507]. Brutbestand in Europa 28.000-75.000 BP, Trend unbekannt; größte Populationen in IS (10-30 T.), GRÖ (10-20 T.), N. mit Spitzbergen (7-20 T.) und S. (1-3 T. BP) [383]. Vier Flyway-Populationen, die zwei atlantischen Populationen überwintern in Küstenregionen von N- bis SW-Europa (einschl. ME) bzw. in E-Amerika, mit 50.000-100.000 bzw. 15.000 Ind., Bestand weitgehend stabil bzw. zunehmend [4077,823,3718]. Population IS (»*littoralis*«) überwintert in IS und GB/IRL (90.000 Ind., stabil) [4077,823,3718].

Wanderungen. [426,3111,3752,1509,337]. Kurzstreckenzieher und Teilzieher, Ausmaß des Zuges bei Br. der S-Arktis und N Mittelbreiten unklar. **Br. W-CDN** überwintern südwärts bis W-Küste USA, SE-GRÖ und IS, evtl. bis GB; **Br. GRÖ** wandern nach IS und NW-Europa; **Br. IS** sind offenbar Standvögel. **Br. Sibiriens und Svalbards** ziehen nach N. und GB. In GB (v.a. E-Küste Aberdeenshire und Yorkshire) überwintern auch **Br. aus N.**, die wegen kürzerer Schnabellänge erkannt werden können [4064]. **Br. RUS** ziehen nach Kola/N-FIN/N. und S-S. bis GB. Dz. N-Ostsee vermutlich aus RUS. Weiter S (z.B. Mittelmeer) nur einzelne, nicht immer zweifelsfreie Nachw., auch im SE der Ostsee sehr selten. Br. der nördlichsten Gebiete müssen mind. bis in eisfreie Meeresgebiete ziehen. Abzug vom hohen N Mitte Aug./Mitte Sept.; ab Mitte Aug. die Ersten an Nordsee, ab Mitte Sept. eigentlicher Einzug der Überwinterer bis etwa Mitte Nov. (Helgoland anwesend Okt.-Apr.) [Details 875]; mitunter noch im Mittwinter Zuzug. Rückzug Mitte April/Ende Mai. Ankunft in IS und GRÖ bereits im April, weiter im N Mai/Anf. Juni, oft auch erst Mitte Juni.

Siedlungsdichte. Territorial, typisch sind geringe Dichten von etwa 1 BP/km², in Optimallebensräumen semikolonial mit Nestabständen von 20-30m und Dichten von bis 20-30 BP/km² [1507].

Gefährdung und Schutz. Größere Gefährdungen derzeit nicht erkennbar [1507].

SPEC	VSchRL	Bern.Konv.	Bonn.Konv.
E	--	Anh. II	Anh. II
Europ. RL	RL in ME		
--	--		

Biotop. Br. auf trockenen, steinigen Böden an der Küste oder in der Bergtundra; in Skandinavien i.d.R. weitab vom Meer im höheren Fjäll. Außerhalb der Brutzeit an steinigen, felsigen oder mit Steinbauwerken versehenen Küsten. Nahrungssuche in der Gezeitenzone der Felsküste; Plätze mit starkem Wellenschlag werden bevorzugt.

Nahrung. Im Winter ausschließlich tierisch, an binnenländischen Brutplätzen neben Insekten auch pflanzliche Anteile. Im Winterquartier besonders Mollusken (z.B. Strandschnecke *Littorina*), Crustaceen; Würmer spielen dagegen kaum eine Rolle.

Stimme. Im Abflug nicht laut »wiet« oder zweisilbig »twiwiet« o.ä. Gesang leicht fallende, sich beschleunigte und gegen Ende im Stakkato vorgetragene Flötenstrophe, der gezogene Elemente folgen können: z.B. meckernd-spechtähnlich schnell »gegegege.«, schirkend langgezogenes »güüiit«, greifvogelähnliches »krieek«.

Verhalten. Im Winter tagaktiv, Aktivität z.T. auch gezeitenabhängig. Läuft bei Nahrungssuche auf Felsen und Steinen und weicht Wellen geschickt aus oder lässt kleinere auch geduckt über sich ergehen. Oft mit Steinwälzer vergesellschaftet, doch Unterschiede in der Nahrungsaufnahme (Meerstrandläufer offenbar mehr taktil). Am Brutplatz territorial. Territorialmarkierung im Singflug. Im Brutgebiet Verleiteverhalten ab Eiablage. Balz und Paarbildung im Brutgebiet. ♀ sind großteils treu (< 2% der Jungen im Nest sind nicht vom verpaarten ♂). Außerhalb der Brutzeit gesellig; bei Hochwasser oft in dichten Gruppen auf einzelnen Felsen.

Fortpflanzung, Brutbiologie. Geschlechtsreife vielleicht schon im 1. Lebensjahr. Monogame Brutehe. **Nest.** Nestplatz meist auf trockenem Boden; recht tiefe Nestmulde oft mit reichlich Pflanzenmaterial ausgelegt; ♂ baut. **Legebeginn.** im S des Areals frühestens in 1. Maidekade, weiter im N früheste Vollgelege etwa ab 10. Juni, bei späten Gelegen Eiablage erst im Juli. **Eier.** ± kreiselförmig; Färbung variabel, Grundfarbe blass- oder hell olivgrün bis blaugrün, kleine Flecken hell- bis dunkelbraun. **Brutdauer.** 21-22 d, Beginn nach letztem Ei; beide brüten, ♂ mehr. **Nestlings-/Führungszeit.** Juv. werden vom ♂ betreut, sind nach 21-28 d selbständig. **Jahresbruten.** 1.

Sterblichkeit, Alter. Ältester Ringvogel (FIN) 20 J. 8 Monate [3654]. **Generationslänge:** 5 J. [383].

Mauser. **Postjuvenile Mauser** (Teilmauser) Sept./Okt.–Mitte Okt./Nov.; Körpergefieder ohne Rückenfedern [767,1369]. • **Postnuptialmauser** (Vollmauser) Juli/Aug.–Ende Sept./Mitte Okt. in Nähe des Brutgebiets oder im Winterquartier, erfolglose Brutvögel vor ♀ und ♂ [767,1369]; Dauer der HS-Mauser 40–50 d [767]. • **Pränuptialmauser** (Teilmauser) Ende März–Anf. Mai; Umfang ähnlich Alpenstrandläufer [767,3238].

Calidris alpina – Alpenstrandläufer 05120

Calidris alpina (Linnaeus 1758)

(GB) **Dunlin** (F) **Bécasseau variable** (E) **Correlimos Común**

Taxonomie. Sechs UA (zuweilen bis 10 UA anerkannt): *alpina* (Linnaeus 1758) (N-Skandinavien nach E bis Kolyma-Delta), *schinzii* (C.L. Brehm 1822) (SE-GRÖ, IS, W-Europa, ME bis S-Skandinavien), *arctica* (Schiøler 1922) (NE-GRÖ), *sakhalina* (Vieillot 1816) (NE-Sibirien), *pacifica* (Coues 1861) (W-Alaska bis NW-CDN) und *arcticola* (Todd 1953) (N-Alaska). Die UA bilden drei genetisch deutlich differenzierte UA-Gruppen in Europa, Sibirien/Alaska bzw. CDN [4061]. Dies spricht für hohe Geburtsortstreue und erlaubt grobe molekulare Herkunftsbestimmung von Vögeln auf dem Zug und im Winterquartier [4060,4062].

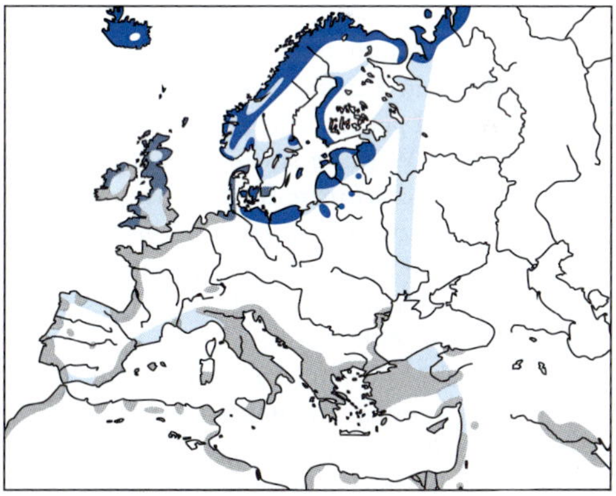

Calidris alpina – Alpenstrandläufer

Kennzeichen. [1784,1369,221,3772,3615; **Fotos** in Brit. B. **95**, 242, (*pacifica*) Dutch B. **26**, 251, (*hudsonia*) Bird. W. **11**, 226].

Maße. (*schinzii*).Gr.: 16-20 cm. Gew.: 33-85 g. Fl.spw.: 38-43 cm. Fl.l.: ♂ 10.5-12.3 cm, ♀ 10.9-12.4 cm [1369,3615].

Verbreitung, Bestand und Status. Zirkumpolar verbreitet vom N-Rand gemäßigter Breiten bis arktische Tundra. In ME drei UA aus Brutgebieten NE-GRÖ, N-Skandinavien und N-RUS (wohl bis E Ural): *alpina* als Sommer- und Wintergast sowie Durchzügler, *arctica* als weniger häufiger Durchzügler sowie *schinzii* als seltener Brutvogel (neben N-ME auch SE-GRÖ, IS, GB, S-Fennoskandien) und Durchzügler. Gesamter Brutbestand Europas etwa 350.000-570.000 BP (Trend unklar) [383], davon Mehrzahl in IS (*schinzii*, 200-300 T. BP) und RUS (*alpina*, 15-130 T. BP), große Populationen ferner in GRÖ (7-15 T.), N. (30-40 T.), S. (30-50 T.) und GB (18-33 T. BP) [383]. Brutbestand in ME nur noch etwa 50-65 BP in N-D [204] und PL [1366,q22], im benachbarten DK etwa 450 BP

[1422]. Große Zahl übersommernder Nichtbrüter (*alpina*), allein im Wattenmeer etwa 20.000 Vögel [2570]. Etwa dreizehn Flyway-Populationen, davon in W-Paläarktis sechs und in ME mind. drei, Nominatform von W-Sibirien nach W-Europa, W-Mittelmeer und NW-Afrika mit Bestand von etwa 1.33 Mio. rastenden und mausernden Ind. (stabil), Nominatform »*centralis*« von Zentralsibirien über SW-Asien nach E-Afrika mit 300.000 Ind. und *schinzii* aus Baltikum nach SW (max. bis NW-Afrika) mit 3.600-4.700 Ind. (stark abnehmend) [4077,823,3718].

Wanderungen. [Details mit Ringfunden, Zug nach Alter und Geschlecht etc. z.B. weltweit: 1420; GB/IRL: 4064; D: 505; NL: 1379; S.: 3701; PL: 1445; I: 3540]. Zugvogel; Winterquartier an Küsten und seltener Binnenland der N-Halbkugel, z.B. von NW-Europa bis W-Afrika, Mittelmeer, S-Küsten Vorderasiens; wichtige Konzentrationspunkte im Bereich GB/IRL, W Nordseeküste, Atlantikküste F und W-Afrika (bis Mauretanien). Als Folge der weiten Verbreitung unterschiedliche Zugwege und Wanderverhalten, z.B. **Br. GRÖ** *(arctica)* über IS, GB/IRL nach W-Afrika; Überlandzug **Br. W-Sibiriens** *(alpina)* in Ost- und Nordseeraum mit Überwinterung NL bis GB/IRL bzw. über RUS/UA. in Schwarzmeerraum und nach Vorderasien; **Br. Mittelsibiriens** in Kaspibecken; ferner UA *sakhalina, arctica* und *pacifica* mit Zug entlang E-Küste Asiens, E- und W-Küste sowie Mississippibecken in N-Amerika etc. ***schinzii:*** **Br. IS** ziehen durch GB JuIi/Aug. (Ad.) bzw. Aug./Sept. (Juv.) und durch F/P Aug./Sept.; die meisten mausern und überwintern in MA und Mauretanien; Heimzug besonders an W-Küste GB Mitte April/Anf. Mai. Br. FIN Abzug ♀ Juni, ♂ Mitte Juni/Anf. Juli, Juv. Juli/Aug.; erreichen zusammen mit **baltischen Br.** Nordseeraum und GB Mitte Juni/Aug. (Ad.) bzw. Mitte Juli/Okt. (Juv.); einige überwintern viell. in GB, die meisten aber ziehen nach NW-Afrika (*schinzii* erreichen auch Senegal, Gambia); Heimzug ab März, Ankunft am Brutplatz (auch in D) April; Hauptzug *schinzii* aus S-Fennoskandien und N-ME folgt der Küste. ***alpina:*** Winterquartier u.a. Arabien, NE-Afrika, Mittelmeerraum und Küsten Europas (D, NL, GB); östlichste Ringfunde aus F, GB, N., S. zur Brutzeit Jamalhalbinsel. Dz. FIN, S., D, DK Juli/Mitte Aug. (Ad.), Anf. Aug./Okt. (Juv.). Wichtigster Mauserplatz Wattenmeer D/NL sowie SE-England; regelm. mehre tausend Übersommerer. D-NI Gipfel Aug. und Okt., in NL Höchstzahlen Aug./Okt.; im Binnenland Herbstgipfel Ende Okt (z.B. Bod.) [1617]. Brutort-, Winterquartier- und Rastplatztreue auf Dz. vielfach nachgewiesen; viele Einj. kommen an die Brutplätze, doch auch Übersommerungen fernab.

Bestandsentwicklung. Ursprünglich in ME Mooren und Heidegebieten sowie an Küste und Wattenmeer recht zahlreicher Brutvogel (UA *schinzii*), seit Mitte 19. Jh. drastischer und alarmierender Bestandsrückgang und Arealverlust [2031,3892,196], davon fast alle Populationen der gemäßigten Zone betroffen [3615,3892]. Erloschen sind Binnenland-Populationen in D-NW im 19. Jh. [2974] und in -NI Ende 1950er J. [1369], an Müritz -MV letzte erfolgreiche Brut 1979 [2031,2772]. Nur in PL sind noch kleine Binnenlandvorkommen erhalten [3867,1366,3871].
Auch an Küste anhaltender Rückgang und Arealverlust bis in jüngste Zeit, seit 1960er J. sogar noch verstärkt, infolge ständig gestiegenen Landschaftsverbrauchs und Nutzungsänderungen an der Küste [1369,3867,1144,3135]. In NL schon immer selten, seit Anf. 1960er J. aber nur noch unregelm. Br. [3636,3638,1497]. In D-HB erlosch Vorkommen 1962 und an Küste -NI nur noch sporadische Bruten. Bestand in -SH von 50–70 BP (1976) auf etwa 20 BP in 1980er J. abgesunken, 1999 noch etwa 10, 2003 nur noch 5 BP [204,310,453]. In -MV Bestand von 200-250 BP in 1950er J. um > 80% auf etwa 30 BP (1999) bzw. 15 BP (2002) zurückgegangen [204,453], wobei sich »Restpopulation« immer weiter nach E verlagert [2772,1307]. In PL inzwischen nur noch Restbestand von etwa 20-30 BP [1366,3871]. Gelegentliche Neuansiedlungen, z.B. 1982 in B, wo (zumind. bis 1992) unregelm. Brutvogel in bis zu 4 Paaren [843,1677].

	Best.	Areal	Brutbestand	Jahr	Quelle
B	F	=	0–4	1982–1992	[383]
D	⇩	+ 1	39–39	1995–1999	[383]
NL	F	=	1–3	1998–2000	[383]
PL	⇩	- 1	10–20	1997–2002	[383]

Maximale Konzentrationen am Wattenmeer Hunderttausende, im Binnenland nur gelegentlich Hunderte [337]; auf Heimzug im Binnenland ME seltener, auf Wegzug regelmäßiger und recht häufiger Durchzügler, gebietsweise regelm. Überwinterer in kleinen Gruppen [z.B. Bod.:1617,3489]. Durchzugs- und Winterbestände im Wattenmeer weitgehend stabil [375], im Binnenland und S Überwinterungsgebieten bis auf UA *schinzii* gegen-

wärtig stabil, aber z.T. Rückgänge in 1980er oder 90er J. [z.B. 1617,3393].

Siedlungsdichte. In Küstenregionen N-GB fast kolonieartig bei Nestabständen z.T. <10 m mit > 300 BP/km^2, im Ostseeraum bis zu 50 BP/km^2 (aber mit abnehmender Beweidung deutlich geringer), in Tundren RUS bis zu 80 BP/km^2; im Binnenland erheblich geringere Dichten, z.B. in N-GB großräumig 1-3 BP/km^2, nur lokal bis 25 BP/km^2 [1507].

Gefährdungsursachen [3892,1369,2031,1507,310, 1144]. Wie Goldregenpfeifer Hauptursache Lebensraumzerstörung durch Melioration, Eindeichung, Entwässerung und Grundwasserabsenkung, industriellen Torfabbau, Aufforstung von Mooren sowie mechanische Einwirkungen und intensivierte Nutzung der Landwirtschaft oder Wegfall extensiver Nutzungsformen; ferner Eutrophierung (auf Inseln Oie und Kirr D-MW nach Reduktion des Nährstoffeintrages Anf. 1980er J. anhaltende Erholung des Brutbestandes).
Störungen an Brutplätzen durch Freizeit- und landwirtschaftliche Nutzung; Jungvögel der Art verklammen schnell bei Ausbleiben der Ad.
Große Empfindlichkeit gegenüber Lebensraumveränderungen bzw. -verlust in Rast- und Überwinterungsgebieten (wg. Bildung sehr großer Konzentrationen an wenigen optimalen Standorten). Folgen globaler Erwärmung.
In südlichen Regionen starke Ausbreitung von Schlickgras *Spartina* an der Küste, dadurch Sicherungsverhalten und Nahrungsaufnahme beeinträchtigt.
Natürliche Verluste: Gelege und Jungen durch Prädatoren (Greifvögel, Möwen und Corviden); Gelege durch Hochwasser.

SPEC	VSchRL	Bern.Konv.	Bonn.Konv.
3	Anh. I*	Anh. II	Anh. II
Europ. RL	RL in ME		
--	NL:'RE', D: 'CR'; PL: 'EN'		

*UA *schinzii*

Schutzmaßnahmen. Verbesserung des Schutzes von extensiv genutztem Feuchtgrünland, Flussniederungen, Niedermooren. Förderung der Kurzgrasigkeit durch Vernässung küstennaher Flächen sowie Aufrechterhaltung extensiver Beweidung oder Heumahd außerhalb der Brutzeit; Reduzierung der Drainage sowie des Nährstoffeintrages. Schutz und Erhalt von Salzgrasland und Salzweiden.
Ausweisung von Schutzgebieten mit entsprechend großen Pufferzonen.
Hoher rechtl. Schutz internat. bedeutender Rast-, Mauser- und Überwinterungskonzentrationen.

Biotop. Br. auf feuchten, sumpfigen Flächen mit niedriger Vegetation, die Deckung bietet, aber auch Nähe zu nassen Stellen oder offenen Wasserflächen, z.B. *schinzii* Strandrasen, ± trockene Weiden, im Binnenland Moore. Außerhalb der Brutzeit feste und feuchte Schlickflächen in der Gezeitenzone, an Flussmündungen, auch an Binnengewässern aller Art, auf frisch umgebrochenen Äckern oder kurzrasigen, überschwemmten Wiesen.

Nahrung. Am Brutplatz hauptsächlich kleine Insekten und deren Larven (z.B. Zuckmücken, aber auch kleine Käfer etc.); auf dem Zug Insekten meist nur Zusatznahrung an der Küste, dafür Ringelwürmer, Schnecken, Muscheln, kleine Crustaceen; an Binnengewässern vor allem Zuckmückenlarven. Pflanzliche Nahrung unbedeutend.

Stimme. Am häufigsten, vor allem beim Abflug gepresst »trrii«. Gesang im Singflug Beginn »drürr drürr«, dann Triller »dririri…« (schnurrend) und schließlich beim Heruntergleiten langsamer werdend und absinkend »triri…«; zumindest in Teilen Gesang auch vom Boden aus vorgetragen.

Verhalten. Tag- und nachtaktiv, zieht überwiegend nachts; an der Küste Nahrungssuche gezeitenabhängig. Läuft schnell; reißender Flug; exakte Flugmanöver großer Scharen. Sondiert im weichen Boden mit hoher Geschwindigkeit; pickt auch von der Oberfläche, oft verbunden mit kurzem Rennen. Am Brutplatz zumindest zu Beginn territorial; Reviermarkierung im Singflug mit steilen Spiralen aufsteigend, dann z.T. schwirrend auf der Stelle. Neigung zur Mischgeselligkeit mit anderen Strandläufern, auch vorübergehender lockerer Anschluss an andere Limikolen, Stare etc. Balz mit Hetzflügen (♂ verfolgt ♀), schnelles Rennen auf dem Boden, Scheinnisten des ♂. Verleiten oft schon ab 1. Ei bis zum Flüggewerden der Jungen. Paarbildung am Brutplatz. Partner brüten oft für mehrere Jahre gemeinsam. Es gibt keine Hinweise auf fremde Junge im Nest. Zug offenbar in kleineren Trupps und sogar einzeln. Außerhalb der Brutzeit oft sehr große Schwärme; auf Rastplätzen relativ enger Zusammenschluss auch sehr großer Schwärme.

Fortpflanzung, Brutbiologie (meist *schinzii*) [767,1369,337]. Geschlechtsreife 1., aber in manchen Populationen Br. meist erst im 2. Lebensjahr. Brutehe, ♀ kann mit einem 2. ♂ zusätzliche Brut aufziehen; Partnerbindung löst sich oft während der Jungenaufzucht. Partnertreue über mehrere J. nachgewiesen. **Nest.** Nest meist gut in Vegetation versteckt, Pflanzen werden auch nach oben über dem Nest zusammengezogen; mitunter Nest offen. ♂ scharrt einige tiefere Nestmulden, ♀ wählt aus; Schleudern und Heranziehen von Halmen. **Legebeginn.** In D-SH frühestens Mitte April, Höhepunkt Anf. Mai, letzte Gelege Juni; im N etwas später. **Gelegegröße.** Gelege 4, mitunter 3, selten 1, 2 oder bis 6 Eier; z.B. FIN_{203} 3.9, D_{295} 3.77; Nachgelege etwas kleiner. **Eier.** ± kreiselförmig; Färbung variabel (Grundfarbe hellbraun bis grünlich braun, Flecken hell- bis dunkelbraun, am stumpfen Pol fast Kappe bildend). **Brutdauer.** Brutdauer (20) 21-24 d; Legeintervall 30–36 h. Beide brüten (ab letztem Ei), ♀ offenbar bevorzugt nachts. **Nestlings-/Führungszeit.** Junge verlassen nach Trockenwerden das Nest, werden zunächst von beiden Ad. betreut und gehudert; Adoptionen kommen vor. ♀ verlässt Junge oft schon nach ca. 10 d, ♂ bleibt im Ø bis 20 d. Junge in FIN mit 19-20 d flugfähig. **Jahresbruten.** 1, bei Partnerwechsel auch 2 pro ♀; Ersatzgelege nicht selten. **Bruterfolg.** FIN_{215} 1.26 geschlüpfte Junge/Ad. anwesend im Brutgebiet; Nestverlustrate dort 40 %.

Eimaße und -gewichte. (*schinzii*) L. 31.3-38.3 mm, B. 23.1-26.0 mm, Ø: 34.8 x 27.8 mm (n=123, GB), 33.5 x 24.4 mm (n=44, NL), 34.4 x 24.6 mm (n=177, D-SH); Frischvollgew. $Ø_{16}$: 10.1 g; Schalengew. 0.38-0.65 g, Ø: 0.49 g.

Sterblichkeit, Alter. Im 1. Jahr USA, FIN, Skandinavien 70–75 %; ad. Sterblichkeit 25–30 %. Ältester Ringvogel (DK) 28 J. 10 Monate [3654]. **Generationslänge:** 5 J. [383].

Mauser. **Postjuvenile Mauser** (Teilmauser) (Mitte Juli) Aug.–Okt./Nov. (Dez.); Umfang ähnlich Pränuptialmauser [767,1369]. • **1. Pränuptialmauser** (Teilmauser) meist ähnlich Ad., Umfang bisweilen aber variabel [221,767,3050]. • **Postnuptialmauser** (Vollmauser) Mauserperiode und z.T. -dauer von Population, Mauserort, Alter, Bruterfolg und J. abhängig [3050,1688,1444,1753]; *alpina* in W-Sibirien beginnt oft bereits im Brutgebiet, während Zug manchmal Mauserunterbrechung mit einigen neuen HS; anderer Teil der UA *alpina* sowie UA *schinzii* und *arctica* erst in Mausergebieten oder im Winterquartier, dabei innere HS z.T. synchron abgeworfen [1369,1688,1951,2512,3540]; Mauserperiode ME/GB Juli/Anf. Aug.–Sept./Anf. Okt. (Anf. Nov.), wobei ♀ und Vorj. früher beginnen [767, 1369,1444,2302,1753]; Dauer der HS-Mauser 50–90 d [767,3540]. • **Pränuptialmauser** (Teilmauser) Ende Feb./Ende März–Mitte März/Ende April, *alpina* ca. 1 Monat später [767,1369,4234]; neben Großteil des Körpergefieders gelegentlich einige Schirmfedern und ST 1, selten einzelne Flügeldecken [767,1369].

Unterordnung Lari

Lerchen- bis knapp adlergroße Wasservögel der Küsten- und Binnengewässer; Fisch- und Kleintierjäger, Allesfresser oder auch z.T. Nahrungsparasiten, die anderen Vögeln Beute abjagen. Häufig Koloniebrüter; Junge meist Platzhocker.

Die Lari formen eine von vier basalen Teilgruppen der Charadriiformes [2942,1047].

Familie Glareolidae – Brachschwalbenverwandte

Kleine bis mittelgroße Limikolen, relativ kurzer Schnabel, obere Schnabelkante ± gebogen. Flügel meist sehr lang. Mehrere dämmerungs- oder nachtaktive Arten; in Warmzonen Eurasiens, Afrikas und Australiens. Geschlechter gleich.

Rennvögel und Brachschwalben sind eine ursprüngliche Evolutionslinie innerhalb der Lari. Sie sind Schwestergruppe der Raubmöwen, Möwen und Alken. Zwei deutlich getrennte Unterfamilien: **Glareolinae** (1 Gattung, 8 Arten) und **Cursoriinae** (2 Gattungen, 8 Arten) sowie die vermutlich den Cursoriinae nahestehende monotypische Gattung *Pluvianus* (Krokodilwächter). Deren Schwesterart ist nach DNA-Hybridisationsdaten der Reiherläufer (*Dromas ardeola*) [3564; Sequenzen liegen bisher nicht vor].

Cursorius cursor – Rennvogel 04640

Cursorius [cursor] cursor (Latham 1787)

(GB) **Cream-coloured Courser** (F) **Courvite isabelle** (E) **Corredor Común**

Taxonomie. Drei UA: *exsul* Hartert 1920 (Kapverden), *cursor* (Latham 1787) (Kanaren, N-Afrika, Arabien bis Irak, neuerdings S-E.) und *bogolubovi* Zarudny 1886 (von Transkaspien ostwärts). Bildet Superspezies mit afrikanischen Arten *C. somalensis* (Horn von Afrika) und *C. rufus* (südliches Afrika) [2962].

Kennzeichen. [1784,1369,221,3772,3615; **Fotos** in Limic. **6**, 190, Dutch B. **13**, 20, **22**, 20, Bird. W. **8**, 366, **9**, 240, **14**, 323-325, **17**, 361].

Maße. (Nominatform) Gr.: 22-24 cm. Gew.: 102-119 g. Fl.spw.: 51-57 cm. Fl.l.: ♂ 15.4-17.0 cm, ♀ 14.8-16.7 cm [1369,3615].

Status. In Europa sehr seltener, nach N hin zunehmend unreg. Gastvogel. In ME vereinzelte Beob., vor allem aus 19. Jh.; anerkannt sind: **CH:** bisher 6 mal (6 Ind. erlegt) Sept. 1781, Okt. 1833, Okt. 1835 (2 Ind.), 1883, Sept. 1934, Okt. 1935 [3393]. • **B:** Aug. 1881 [1677]. • **NL:** Okt. 1933, Okt. 1986 [277]. • **D:** Helgol. 1835(-36?) unsicher; -SH Sept. 1961; -NI Okt. 1924 (2 mal); -HH Okt. 1966; -NW 1833, Sept. 1868; -HE 1807, Mai 1838, Okt. 1920; -RP 1854 (?); -BW Nov. 1821, Apr. 1847, Sept.1886; -BY Ende 1820er J., Okt.1905, Nov. 1908, Okt. 1929; -SN Aug. 1889, 1889, Sept. 1891, 1894; -TH Okt.1933; -MV Okt. 1852, Mai 1941, Juni 1957 [1369]. • **A:** Okt. 1899, Sept. 1991 [1369,1722]. • **CZ:** Mai 1891, Aug. 1893, Aug. 1929 (2 weitere Meldungen gestrichen) [2159]. • **SK.:** Sept. 1882 [1369].

SPEC	VSchRL	Bern.Konv.	Bonn.Konv.
3	Anh. I	Anh. II	--
Europ. RL	RL in ME		
EN	--		

Verbreitung und Bestand. Brutvogel in Halbwüsten bzw. Wüstengürtel von Kapverden und Kanaren über Arab. Halbinsel bis Turkmenien, Afghanistan und Iran, viell. NW-Indien. Brutbestand in Europa 100-620 BP (Kanaren 99-594 BP, TR 0-20 BP, E. 2 BP), Trend unbekannt [383]. Die ME am nächsten gelegene Brutplätze liegen in E. und Sahara bzw. TR, IL, SYR und Transjordanien.

Wanderungen. Br. der Kapverden Standvögel, Br. Kanaren, N-Afrikas, IL und Arabiens wandern z.T. weit, offenbar auch saisonale Bewegungen [3100,3552]. Details wegen fehlender Beringung und unwirtlichem Lebensraum unbekannt [3615]. Wandert von Sahara nach der Brut küstenwärts und im Zusammenhang damit viell. auch gelegentl. Auftreten in Europa. Nach diesem Zwischenzug

Wegzug nach S; Winterquartier z.T. am N-Rand der Sahara, doch nach S bis Sahelzone, Äthiopien, Somalia, SE-Arabien und Pakistan. Wegzug Sept./Okt., Heimzug März/April, Zwischenzug JuIi/Aug.

Biotop. Br. Wüstensteppe und Halbwüste, Sanddünen, sandig-felsige Ebenen (besonders feste Krusten- und Kiesböden). Zur Zugzeit auch auf trockenem Weide-, Brach- oder Kulturland. Je nach Umweltverhältnissen starke lokale Bestandsschwankungen.

Nahrung. Gliederfüßler, z.B. Käfer, Heuschrecken, Raupen, Ameisen, Spinnen, gelegentlich auch Landschnecken und kleine Eidechsen.

Stimme. Im Flug wiederholt pfeifend kurzes »kwi kwit« mit angehängten tiefen knarrenden »hark«.

Verhalten. Tagaktiv. Läuft kurze Strecken sehr schnell, steht plötzlich still und sichert. Leichter Flug, erinnert etwas an Kiebitz. Zur Brutzeit kolonial; verteidigt kleine Territorien. Flieht i.d.R. laufend im weiten Abstand; nützt Bodenerhebungen als Deckung aus. Außerhalb Brutzeit meist in Trupps (Familiengruppen) mit größeren Individualabständen (hauptsächlich bei Gefahr).

Fortpflanzung, Brutbiologie [337,767,1784]. Geschlechtsreife im 1. Lebensjahr. **Nest.** Auf trockenem Boden auf freier Fläche; flache Mulde ohne Material. **Legebeginn.** Auf Kanaren und in NW-Afrika ab Feb. (März) bis Mai (Ende Juli); wenig synchron innerhalb eines Gebietes. **Gelegegröße.** 2 (selten 3). **Eier.** Rundoval, fahlbraun bis gelb, fein und gleichmäßig braun gefleckt. **Brutdauer.** 18-19 d, beide brüten. **Führungszeit.** Beide Ad. führen und füttern, verleiten bei Gefahr, z.T. durch »falsches Brüten«. Juv. mit 26-28 (30 d) flügge. **Jahresbruten.** 1, zuweilen 2.

Sterblichkeit, Alter. **Generationslänge:** 4 J. [383].

Mauser. **Postjuvenile Mauser** (Teil- oder Vollmauser) bald nach Flüggewerden, im März–Mai geschlüpfte Junge mit Vollmauer bis Aug., später geschlüpfte nur mit Teilmauser bis Nov. [767,1580]. • **Postnuptialmauser** (Vollmauser) ab Juni/Juli; Schwingenmauser setzt kurz nach Schlüpfen der Jungen ein, meist Sept.–Okt. unterbrochen und Dez.–Jan. fortgesetzt oder äußere HS erst in nächster Mauserperiode gewechselt (aber keine Staffelmauser) [767]. • **Pränuptialmauser** (Teilmauser) Dez.–März.

Glareola nordmanni – Schwarzflügel-Brachschwalbe 04670

Glareola nordmanni J.G. Fischer 1842

(GB) **Black-winged Pratincole** (F) **Glaréole à ailes noires** (E) **Canastera Alinegra**

Taxonomie. Monotypisch. Wird von manchen Autoren mit *G. pratincola* und *G. maldivarum* in Superspezies vereinigt [z.B. 3921]. Dagegen spricht, dass *nordmanni* und *pratincola* regional sympatrisch brüten, Hybridisation sehr selten ist (sicher nachgewiesen?) und *pratincola* sehr wahrscheinlich mit *maldivarum* nächstverwandt ist.

Kennzeichen. [vgl. Rotflügel-Brachschwalbe; 1784, 1369, 221, 3772, 3615; **Fotos** in Dutch B. **23**, 299, **24**, 299, 335, Bird. W. **7**, 28, **12**, 265, **14**, 269, 320, Brit. B. **95**, 649].

Maße. Gr.: 23-26 cm. Gew.: ♂ 91-105 g, ♀ 84-99 g. Fl.spw.: 60-68 cm. Fl.l.: ♂ 19.8-21.3 cm, ♀ 18.3-20.3 cm [1369, 3615].

Verbreitung und Bestand. Zentralasiatischer Brut-

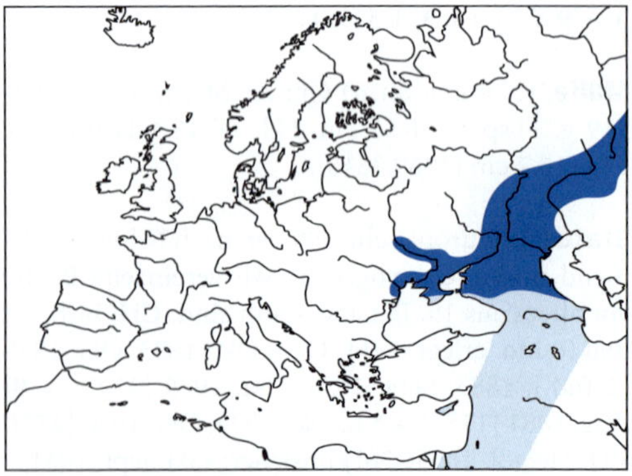

Glareola nordmanni – Alpenstrandläufer

vogel der Steppenzone (randlich auch boreale und Wüstenzone) von (Dobrudscha RO und) UA. nach E bis E-KZ. In Europa Gesamtbestand von 2.500-

5.100 BP (stark rückläufig), entspr. 25-49% des Weltbestandes [383]; nur noch in RUS regelm. Brutvogel, fluktuierend bei 0-50 BP ferner in TR und UA. und gelegentliche Bruten in RO, BG sowie in H (wo bis 19. Jh. regelm. Brutvogel) [383]. Einzige Flyway-Popul. von W- und Zentralasien nach E- und S-Afrika mit 29.000-45.000 Ind., stark abnehmend [3718].

Status und Bestandsentwicklung. Regelm. Brutvorkommen in ME und benachbarten Gebieten in RO bzw. S-F meist schon im 19. Jh. erloschen. Rückgang seither in vielen Regionen als Folge der Kultivierung von Steppenböden unvermindert stark, z.B. in UA. seit 1970er J. um etwa 90% [1507], auch im europäischen RUS [3615]. Andererseits Ausbreitung nach BY und (vorübergehend) starke Zunahmen in Kalmückensteppe sowie im N-Kaukasus durch Schaffung neuer Lebensräume [1507,3892], und vermehrt Beob. (sowie eine Mischbrut mit der Rotflügel-Brachschwalbe) in früheren Brutgebieten in S-F [4180,1722].
In ME nach 1945 nur wenige gesicherte Brutnachw., davon sechs in H (zuletzt 1995), sowie weitere Übersommerungen und Bruthinweise [337,2438,q3]; ferner ein Brutversuch in D-NI 1966 [1587]. In H abgesehen von Brutvorkommen in neuerer Zeit nur ca. 9 mal nachgewiesen [2438,q18]. Sonst in ME sehr seltener Gastvogel, meist in Sommer- und Herbstmonaten (Juni bis Nov.), mit folgenden Nachw.: • **D:** bis 1977 < 20 Nachw., bis 1999 weitere 4-7 mal , zuletzt Helgol. Mai 1998 und –NL Juni 1999 [337,869,575]. • **CH:** Juni 1974, Okt. 1995 [4152]. • **CZ:** 1951, 1970, 1996 [2159,q3]. • **A:** 5 mal, zuletzt Aug. 1998 [q3,337]. • **NL:** 31 mal (34 Ind.) bis 2003, von 1981-88 fast allj. [277,q16]. • **B:** Aug. 1949, Mai 1982 [1677]. • **PL:** 11 Nachw. bis 1999 [3871]. • **SK.:** Mai 1983 und Okt. 1990 [3882]. Viele weitere Brachschwalben blieben unbestimmt [1369,3871].

	Best.	Areal	Brutbestand	Jahr	Quelle
H	↕	F	0–1	1998–2002	[383]

Wanderungen. Langstreckenzieher; Winterquartier in Nigeria/Tschad und in S-Afrika. Der westlichste Teil der Brutpopulation zieht dabei vermutlich über Balkan nach W-Afrika, während Br. weiter aus E (bis Asov-Meer und Don) E des Schwarzmeeres nach S-Afrika fliegen. Wegzug Balkan Mitte Juli–Mitte September, Heimzug April–Mai [2744].

Siedlungsdichte. Koloniebrüter, meist in Kolonien anderer Arten mit Paarzahlen von 2-3 bis 200-300 BP [1507].

Gefährdung und Schutz. Ursachen (und Maßnahmen) ähnlich Rotflügel-Brachschwalbe (s. dort), aber sowohl Gefährdungen als auch Brutbestandszahlen unzureichend geklärt, daher global unter 'DD' (»unzureichende Datenlage«) eingestuft [382].

SPEC	VSchRL	Bern.Konv.	Bonn.Konv.
1	--	Anh. II	Anh. II
Europ. RL	**Globale RL**	**RL in ME**	
EN	DD	H: 'CR'	

Biotop. Br. spärlich bewachsener offener Steppenflächen, meist in der Nähe von Steppenseen, an Salzseen, aber auch auf Weiden und Äckern in der Nähe von Süßwasser. Offenbar in Asien weniger deutlich in wüstenhaften Gebieten als *pratincola* (höhere dichtere Vegetation).

Nahrung. Vor allem Insekten.

Stimme. Ähnlich *pratincola,* doch tiefer, härter. Stimmfühlung »kirlik« u.ä.; erregt am Brutplatz deutlicher in Einzelsilben und weniger gereiht etwa »pwik-kik-kik…« oder »kirri-kirririk-kikikik«. Tiefes kurzes »tschrr-tschrr«. Rollendes »trrrrt« als Warnruf.

Fortpflanzung, Brutbiologie [337,767,1784,1551]. Geschlechtsreife wahrscheinlich im 1. Lebensjahr. Monogame Saisonehe. **Nest.** Am Boden in seichter Mulde oder in natürlicher Vertiefung innerhalb lockerer Vegetation oder auf barem Untergrund, meist in Gewässernähe; wenig Material. Kolonien. **Legebeginn.** Frühestens ab Ende April, meist Anf.-Ende Mai. **Gelegegröße.** 3-4 (2-5). **Eier.** Kurzoval, bauchig; Grund oliv(grün), dichte dunkle Fleckung. **Brutdauer.** 17-19 d; beide brüten. **Nestlings-/Führungszeit.** Betreuung durch beide; Juv. mit 5-6 Wochen selbständig. **Jahresbruten.** 1; Nachgelege. **Bruterfolg.** Hohe Jungenverluste durch Weidevieh (bis 50% der Juv.) sowie durch Trockenheit, Überflutung, schließlich zunehmende Prädation durch Krahen.

Eimaße und -gewichte [1369]. L. 28.0-36.4 mm, B. 23.1-26.0 mm, Ø: 32.4 x 27.4 mm (n=55, RUS); Frischvollgew. errechn. 11.0 g; Schalengew. 0.58-0.75 g, $Ø_{50}$: 0.68 g.

Sterblichkeit, Alter. **Generat.länge:** < 3.3 J. [383].

Mauser. Ähnlich Rotflügel-Brachschwalbe [767, 1369,1580].

Glareola pratincola – Rotflügel-Brachschwalbe 04650

Glareola [pratincola] pratincola (Linnaeus 1766)

(GB) Collared Pratincole **(F) Glaréole à collier** **(E) Canastera Común**

Taxonomie. Drei UA: *pratincola* (Linnaeus 1766) (Eurasien), *fuelleborni* Neumann 1910 (Afrika S Sahara) und *erlangeri* Neumann 1920 (Küste Somalias und Kenias). Afrikanische Formen schwach differenziert und nicht immer unterschieden [vgl. 3921]. Bildet Superspezies mit ostasiatischer Orientbrachschwalbe *G. maldivarum*, die in Europa als Ausnahmegast erscheint und mit der auch in ME gerechnet werden muss.

Kennzeichen. Sexualdimorph. Unterscheidet sich von *G. nordmanni* und *G. maldivarum* durch helle (bei Ad. weiße, bei Juv. beigefarbene) Spitzen der AS, dadurch heller Flügelhinterrand (**Fotos** aller drei Arten: Dutch B. **24**, 299-300). Aber sowohl die verlängerten äußeren Schwanzfedern als auch die weißen Spitzen der AS können durch Abnutzung des Gefieders verloren gehen, dadurch Unterscheidung von *G. maldivarum* sehr schwierig [vgl. Fotos eines Ind. in NL:277; weitere **Fotos** in Bird. W. **7**, 266-267, **10**, 249, 368, 411, 471, Brit. B. **91**, 485, Dutch B. **24**, 250, 300, Sandgr. **22**, 102-103; 3772, 221,1369,1784,3615].

Maße. Gr.: 22-25 cm. Gew.: 60-95 g. Fl.spw.: 60-65 cm. Fl.l.: ♂ 19.0-21.1 cm, ♀ 18.4-20.1 cm [1784,3615].

Verbreitung und Bestand. Sehr lückenhaft besiedeltes Areal in Steppen- und Savannengebieten Afrikas S Sahara über Mittelmeerraum und Schwarzmeergebiet bis E-KZ und Pakistan; 3 Subspezies, in Europa Nominatform. In Europa fast ausschließlich im S bei Gesamtbestand von ca. 10.000-18.000 BP (leichter Rückgang) [383], mit Schwerpunkten in E. (um 4.700), TR (3-6 T.), P, GR, RO, UA., AZ und RUS (jew. > 500) [383]; in ME nur in H regelm. Brutvogel mit 20-90 BP [383]. Von 7 Flyway-Populationen im eurasisch-afrikanischen Raum treten drei in der W-Paläarktis in Erscheinung (alle Populationen der Nominatform ziehen nach Afrika in die Ganzjahresgebiete der anderen UA), die W-mediterrane mit 18.000-19.500 Ind. (stabil), die Schwarzmeer/E-mediterrane mit 16.000-31.000 Ind. (abnehmend) und die SW-asiatische mit ca. 10.000-100.000 Ind. (unklar) [3718].

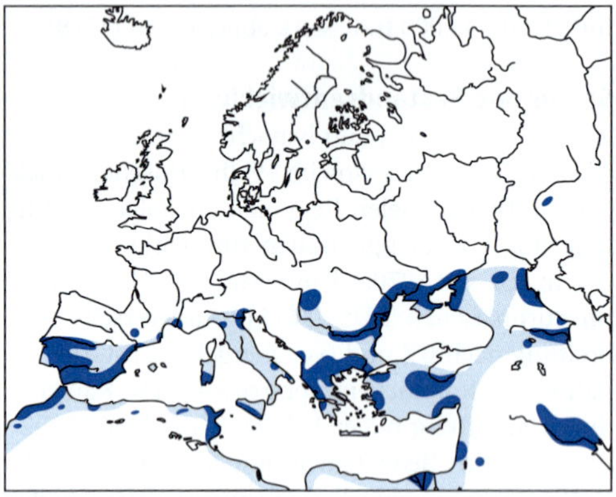

Glareola pratincola – **Rotflügel-Brachschwalbe**

Status. In H Brut- und Sommervogel, sonst in ME nicht allj. Gastvogel, besonders Mai/Juni, mit z.T. längeren Aufenthaltsdauern [337]: • **D:** um 50mal bis 1997, allein 18mal in -BW [575,1722]. • **B:** 1977, 1998 (2mal) [1677]. • **NL:** 19 Nachw. bis 2002 [277,q16]. • **PL:** 10 Nachw. bis 1998, davon 2 Präparate [3871]. • **A:** > 30 Nachw. bis 2000 [337,q18], davon 22 am Bod. [1722]. • **CZ:** mind. 10 Nachw. bis 1996 [2159]. • **CH:** 24 Nachw. bis 1997 [3393]. Eine größere Zahl weiterer Beob. von unbest. Brachschwalben dürfte auch diese Art betreffen [1369,3393,2159].

Wanderungen. Zugvogel; Winterquartier Afrika S Sahara, hauptsächlich in Sahelzone (Ringfund Juv. E.-März Senegal). Abzug von Brutplätzen mitunter ab Juli und Zuwanderung an Sammelplätzen; eigentlicher Wegzug ab Ende Aug./Sept. bis Okt., Nachzügler bis Nov. Eintreffen im Winterquartier ab (Sept.) Okt.; Heimzug Ende März/Ende April.

Bestandsentwicklung. Über frühere Bestandsentwicklung in Europa nur wenige Angaben. Belegt sind starke Rückgänge mit Arealverlusten um 1900, nach Ausbleiben der Gradationen der pannonischen Wanderheuschrecken-Populationen [1369], dabei Parallelen zur Entwicklung des Rötelfalken und weiterer Insektenfresser extensiv genutzter Steppen- und Offenlandgebiete. Nach 1960er J. regional Zunahme durch Besiedlung von Reisfeldern und unbestellten Feldern, z.B. in E., I und

(bis 1980er J.) UA. [1507]. Doch seit 1970er J. im gesamten europäischen Verbreitungsgebiet drastischer Rückgang um gebietsweise bis 75% [3892], am Guadalquivir E. über 80% [1507], sowie erhebliche Arealverluste [z.B. RO:4041] durch Lebensraumzerstörung [196,1507,3892]. In H in letzten hundert J. Rückgang von 500 BP (um 1900), 70-228 BP (1962-70), 207 (1971) und ca. 155 (1978) auf 40-90 BP (1998) [1369,2438,3892].

	Best.	Areal	Brutbestand	Jahr	Quelle
H	⇩	- 2	20–90	1998–2002	[383]

Siedlungsdichte. Koloniebrüter mit 3-50 BP pro Standort [1507].

Gefährdungsursachen [3892,1507]. Entscheidend für erheblichen Bestands- und Arealverluste ist Lebensraumverlust durch Intensivierung und Ausdehnung der Landwirtschaft, Drainage von Feuchtgebieten sowie Flussausbau und -korrektur. Die von der Art bevorzugten empfindlichen Halophytengesellschaften verschwinden bei entsprechenden Veränderungen recht schnell.
Starke klimatische Einflüsse, insbesondere durch Trockenjahre.
Rückgang der Insektennahrung durch intensivierte Landwirtschaft sowie erheblichen Pestizideinsatz (vor allem in E.).
Geringer Bruterfolg durch Störungen in den Kolonien, durch frühen Einsatz landwirtschaftlicher Maschinen, durch Überweidung, Tourismus sowie Prädation durch Corviden (vor allem in RUS, UA.)
Beeinträchtigung der Überwinterungsgebiete durch Wasserwirtschaft und intensiven Pestizideinsatz.

Schutzmaßnahmen. Vollständiger Schutz der verbliebenen Koloniestandorte sowie generelle Maßnahmen zur Erhaltung extensiv genutzter Steppengebiete; z.B. Vermeidung des Umbruchs dieser Gebiete in (zumeist) unrentable Landwirtschaftsflächen.
Erhebliche Reduktion des Pestizideinsatzes in den Überwinterungsgebieten.
Reduktion des Einflusses von Störfaktoren in den Brutkolonien.

SPEC	VSchRL	Bern.Konv.	Bonn.Konv.
3	Anh. I	Anh. II	Anh. II
Europ. RL	**RL in ME**		
--	H: 'CR'		

Biotop. Br. warmer und trockener Ebenen mit kurzer und/oder schütterer Vegetation, z.B. stark beweidete Flächen, Brachländer, Trockenrasen, Schotter- und Steppenflächen, im N (z.B. H) oft ± an Salzpfannen und -seen gebunden. Brutkolonie meist in Wassernähe auf trockenem Boden.

Nahrung. Insekten, hauptsächlich Käfer, Heuschrecken u.a.

Stimme. Im Flug vor allem am Brutplatz sehr ruffreudig, in Erregung etwa »tritirrit tirra-tirrrä« u.ä., fast seeschwalbenartig. Rufe höher als Schwarzflügel-Brachschwalbe.

Verhalten. Tag- und dämmerungsaktiv. Läuft regenpfeiferartig rasch mit plötzlichen Hals- und Kopfbewegungen; Wippen des Hinterkörpers. Im Streckenflug limikolenähnlich; im Jagdflug mehr an Schwalben oder Trauerseeschwalben erinnernd. Beute wird im Laufen vom Boden aufgelesen oder auch aus weichem Substrat gestochert, doch hauptsächlich in der Luft niedrig über dem Boden oder hoch oben erjagt. Gesellig; brütet in lockeren Kolonien bis mehrere 100 BP. Paarbildung im Winterquartier oder während des Heimzuges; Flugjagden der Partner vor dem Nestbau; Paarungseinleitung mit Futterübergabe. Eindringlinge in Brutkolonie werden z.T. angegriffen; auch ausgeprägtes Verleiteverhalten. Außerhalb der Brutzeit in oft sehr großen Trupps (5.000 Ind.); hauptsächlich bei gemeinsamen Nahrungssuche.

Fortpflanzung, Brutbiologie [337,767,1784,1551]. Geschlechtsreife wahrscheinlich im 1. Lebensjahr. Monogame Saisonehe. **Nest.** Am Boden in seichter Mulde (bis 4 cm tief) oder in Unebenheit oder Vertiefung innerhalb lockerer Vegetation oder auf hartem barem Untergrund, in Gewässernähe; wenig Material, oft erst bei Bebrütung durch «Zurücklegen« bei der Ablösung. **Legebeginn.** Frühestens ab (Mitte) Ende April/Anf. Mai bis Juni, im NE später (bis Juli). **Gelegegröße.** (2) 3, ausnahmsweise 4 (2 ♀ ?). **Eier.** Kurzoval, bauchig; Grund hellbräunlich, dichte oft ineinander übergehende dunkle Fleckung. **Brutdauer.** 17-19 d; beide brüten; Bebrütung ab letztem Ei. **Nestlings-/Führungszeit.** Juv. schlüpfen synchron, verlassen Nest wenige h nach Schlupf, werden gehudert und vor Sonne abgeschirmt. Juv. anfangs gefüttert, dann wird Nahrung gebracht, nach etwa 4-5 d selbst gesucht. Juv. mit 24 d wenig flugfähig, mit ca. 33 d flügge, mit 4-5 Wochen auch selbständig. **Jahresbruten.** 1; Nachgelege.

Eimaße und -gewichte. L. 27.8-34.0 mm, B. 21.5-26.2 mm, Ø: 31.0 x 23.9 mm (n=58, YU/GR); Frischvollgew. 8.1 -11.7 g, $Ø_{13}$: 9.9 g (n=21, B); Schalengew. 0.53-0.75 g, $Ø_{150}$: 0.65 g.

Sterblichkeit, Alter. **Generationslänge:** < 3.3 J. [383].

Mauser. **Postjuvenile Mauser** (Vollmauser) ab Aug./Anf. Sept.; verläuft ähnlich Ad., aber langsamer [767]. • **Postnuptialmauser** (Vollmauser) setzt nach Brutende ab Juli/Anf. Aug. ein, während Wegzug unterbrochen und bis Dez. (Mitte Feb.) im Winterquartier abgeschlossen [767]. • **Pränuptialmauser** (Teilmauser) beginnt nach Abschluss der Postnuptialmauser des Körpergefieders, (Ende Okt.) Nov.–Feb. (März); Teile des Körpergefieders [767].

Familie Stercorariidae – Raubmöwen

Mittelgroße bis große, vornehmlich dunkel gefärbte, möwenähnliche Vögel; Geschlechter gleich, aber ♀ etwas größer als ♂ (bei Möwen umgekehrt); Oberschnabel ähnlich wie bei den Procellariiformes mit 4 getrennten Hornplatten, doch Unterschnabel aus einem Stück; kräftige und spitze Krallen. Gefieder ganz oder z.T. braun; oft unterschiedliche Färbungstypen (»Morphen«) innerhalb einer Art; mittlere Schwanzfedern bei meisten Arten verlängert. Füße denen der Möwen ähnlich, aber mit vorstehenden Krallen. Jäger und Beuteparasiten. Gelege aus 2 Eiern. Dunenjunge ± dunkelbraun. Zahlreiche Arbeiten zur Raubmöwenbestimmung [sehr aktuell und am besten bebildert:2449,2453].

Anders als bisher angenommen sind die Raubmöwen die Schwestergruppe der Alken, nicht der Möwen [2942,1047]. Beide Familien, Stercorariidae und Alcidae, erscheinen vor den Möwen und Seeschwalben, da letztere artenreicher sind.

Die Gattung *Stercorarius* wäre ohne Einschluss der großen Raubmöwen (»*Catharacta*«) paraphyletisch, weil die Spatelraubmöwe näher mit den großen Raubmöwen als mit Schmarotzer- und Falkenraubmöwe verwandt ist [404N,719]. Anstatt *pomarinus* in *Catharacta* zu stellen, was die Verwandtschaftsbeziehungen korrekt widerspiegeln würde, wird hier der Zusammenfassung aller Arten in einer Gattung der Vorzug gegeben.

Die Gattung ***Stercorarius*** umfasst demnach 4 Arten in der Nordhemisphäre (*parasiticus, longicaudus, pomarinus, skua*) und drei der Skua sehr ähnliche große Arten (*maccormicki, antarctica, chilensis*) in der Südhemisphäre. Erstaunlicherweise ist die mtDNA der Skua (zumindest bei den wenigen bisher untersuchten Individuen) der Spatelraubmöwe ähnlicher als den südhemisphärischen großen Raubmöwen [404N,719], obwohl die weitgehende phänotypische Übereinstimmung der vier großen Skua-Arten an ihrer engen Verwandtschaft keine Zweifel zulässt. Die mtDNA-Befunde könnten auf frühe Hybridisation zurückzuführen sein, die beim ersten Kontakt zwischen *pomarinus* und den aus der Südhemisphäre nach Norden eingewanderten *skua*-Vorfahren stattgefunden haben mag [62,63], dann aber bald zu vollständiger reproduktiver Isolation führte. Die wenigen bisher vorliegenden Befunde zum nuklearen Genom scheinen diese Vorstellung zu stützen. Demnach bilden die vier großen Raubmöwenarten zwar ein Monophylum, doch bleiben ihre Verwandtschaftsverhältnisse untereinander ungeklärt. Zuweilen werden *skua* und *antarctica* (inkl. *hamiltoni* und *lonnbergi*) als konspezifisch betrachtet, *chilensis* und *maccormicki* dagegen jeweils Artstatus zuerkannt [1262]. Letztere hybridisieren jedoch lokal in Südamerika, ebenso wie *maccormicki* und *antarctica* stellenweise in der (Sub-)Antarktis [841,1262,2936]. Auch Hybriden zwischen *maccormicki* und *chilensis* wurden beschrieben [3165]. Dem gegenwärtigen Kenntnisstand wird daher am besten durch Zusammenfassung aller vier großen Raubmöwen in einer Superspezies Rechnung getragen [vgl. auch 3565].

Stercorarius parasiticus – Schmarotzerraubmöwe 05670

Stercorarius parasiticus (Linnaeus 1758)

GB Arctic Skua (USA Parasitic Jaeger) **F Labbe parasite** **E Págalo Parásito**

Taxonomie. Monotypisch.

Kennzeichen. Adult-PK dimorph, Anteile heller und dunkler Morphen sind geschlechtsunabhängig, die dunkle nimmt von N nach S zu (von <25% auf 75%) [1262]. Intermediäre Ind. kommen vor. JK: Sehr variabel, distinkte Morphen lassen sich kaum abgrenzen [vgl. 2453;3772,221,1369,1784, 3615,408; **Fotos** in Limic. **9**, 105, **12**, 281, **15**, 302, **16**, 149, 296, 331, Brit. B. **94**, 229].

Maße. Gr.: 41-46 cm (davon Schwanz bis 10.5 cm). Gew.: 330-570 (610) g, ♂ Ø (Brutsaison GB) 405.0 g, ♀ Ø (Brutsaison GB) 466.8 g. Fl.spw.: 110-125 cm. Fl.l.: ♂ 30.7-33.0 cm, Ø 32.7 cm, ♀ 31.0-33.9 cm, Ø 32.0 cm [1784,1369,3615,3012].

Status. In ME von den Raubmöwen häufigster Durchzügler an Küsten (vgl. Tab. bei Spatelraubmöwe); nach E abnehmend; im Herbst häufiger als im Frühjahr. Im Binnenland sehr unregelm., doch regional (z.B. Slask, Alpenvorland und CH) im Herbst ± allj.; gebietsweise Feststellungen deutlich zunehmend (nicht nur kenntnisbedingt) [343]. Auch einzelne Winterfunde.

Verbreitung und Bestand. Brutvogel zirkumpolar in Tundren und Küstensümpfen Eurasiens und N-Amerikas (meist in Band von 56°N-82°N) [1784,1507]; Areal reicht weiter S als bei Spatelraubmöwe, bis 14° Juli-Isotherme [3012]. Brutbestand in Europa 40.000-140.000 BP, mit wichtigen Populationen in RUS (20-100 T.), IS (5-10 T.), GRÖ (1-10 T.), N. und Spitzbergen (10-16 T.) und GB (2.100 BP) [383]. Bestand stark fluktuierend; langfristig in N. und GB abnehmend, in FIN zunehmend (Reduzierte Verfolgung, Zunahme der Seevögel) [1507,383]. Überwinterungsgebiete in Küstengebieten der Südhemisphäre.

Wanderungen. Wandert weniger weit aufs offene Meer als Spatelraubmöwe, überwintert mehr in Küsten- und Schelfgewässern. Im Atlantik Winterquartier von Maine und GB nach S bis S-Amerika bzw. S-Afrika. In S-Afrika auch an E-Küste; die Masse aller Altersklassen überwintert S des Äquators. Zug z.T. durch Atlantik (und nicht brutrei-

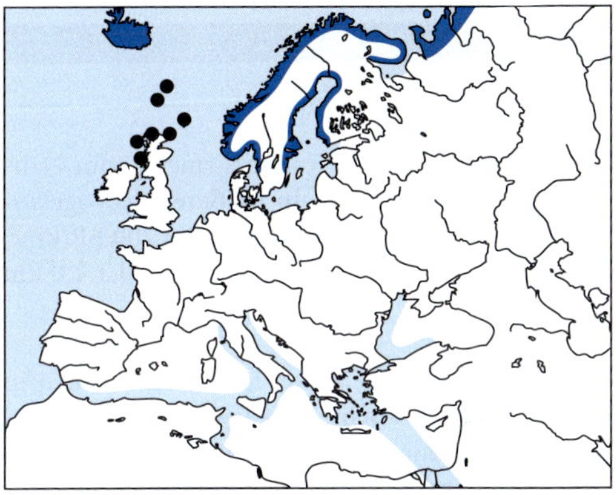

Stercorarius parasiticus – **Schmarotzerraubmöwe**

fe auch vor E-Küste Amerikas), aber auch entlang der Küsten GB/IRL, N., DK, NL; weiterer Zugweg vom Weißen Meer über Land in Ostsee, z.T. wohl Weiterzug über ME ans Mittelmeer, die meisten wohl entlang Küste. Zug auch an Schwarzmeerküsten. [Ringfunde GB/IRL:4064]: Schottland (1. Lebensjahr) – u.a. W-N., DK, D, B; Br. FIN – E-GB, F (alle 15. Aug.-Nov.); ferner GB–SW-F (Nov.), DZ (Aug.), SYR (Jan.), Zaire (Nov.), FIN – EGY (Okt.); Winterfunde Br. GB – vor W-Sahara, Ghana. 2. Lebensjahr kein Europafund, dagegen FIN – Brasilien, GB – Togo, Angola, Ghana sowie IS, GB je 1 Fund E-Küste N-Amerika. 3. Lebensjahr GB–Brasilien; GRÖ (JuIi/Aug.) 3 aus GB, 1 IS; ferner S.–Guinea, GB–MA. Ältere Vögel aus GB bis Nordsee (Aug.-Okt.), P, MA, Angola (Nov.) sowie E., Mauretanien (Jan.). Abzug ab Aug., Dz. an Nordseeküste NL Gipfel Sept. (im SW Anf. Okt.); Anf. Okt. starker Einzug Sargasso-See, Küste W-Afrika. Nachzügler Ost- und Nordsee Nov., S-Nordsee bis Dez. (Jan.). Heimzug ab Anf. März/April, Nordsee/Ostsee Ende März, Max. April (weiter N und NE Mai), Schluss Ende Mai, Ankunft Schottland Mitte/Ende April. Immat. übersommern im N- und S-Atlantik, z.T. auch in Tropen. Zumindest in Teilpopulationen hohe Brutplatztreue.

Gefährdung und Schutz. Bedeutende Gefährdungsfaktoren nach Einschränkung der Verfolgung derzeit nicht erkennbar. Bestandsdynamik hauptsächlich durch klimatische und nahrungsökologische Faktoren bestimmt, durch Nahrungsengpässe allerdings z.T. geringe Rekrutierung und langfristig Bestandsrückgänge absehbar [3012].

SPEC	VSchRL	Bern.Konv.	Bonn.Konv.
--	--	Anh. III	--
Europ. RL	RL in ME		
--	--		

Siedlungsdichte. Sehr variabel (meist vom Nahrungsangebot bestimmt). In größeren Seevogelkolonien kolonieartig brütend mit bis zu 200 BP/km^2, sonst Territorien mit Durchmesser von 0.3-1.0 km [1507].

Biotop. Br. offener Flächen feucht bis trocken in Küstennähe, auf Inseln, gebietsweise auch im Inland, z.B. auf Küsten- und Inlandmooren, nasser Tundra, feuchten Viehweiden, feuchten bis trockenen Heideflächen etc., aber auch auf wenig bewachsenen Flächen z.B. im Bereich der Schären. Im Winter pelagisch, aber stärker an Küstennähe gebunden als Spatel- und Falkenraubmöwe.

Nahrung. Außerhalb der Brutzeit Hauptnahrung Fische, die hauptsächlich anderen Seevögeln (Alken, Seeschwalben, kleinen Möwen) abgejagt werden. Am Brutplatz unterschiedlich. Mehr im Inland brütende Einzelpaare oder solche ohne Anschluss an Seevogelkolonien betreiben Kleinvogel- und Kleinsäugerjagd, leben aber auch z.T. von Fischen, Insekten, nehmen auch Vogeleier, pflanzliches Material (Beeren). Andernfalls wird so gut wie die gesamte marine Nahrung durch Beuteraub erworben. Daneben auch Aas, Abfälle etc. zu allen Jahreszeiten.

Stimme. Nasal miauend, wie »ii-jä« oder »i-jau«; mehrere Rufe gereiht. Bei Angriffen auf andere Vögel kurz »ijä« o.ä.; Angriffslaut gegen Nestfeinde »tick«, meist gereiht wie »tick a tick-tick…«.

Verhalten. Tagaktiv, Zug auch nachts. Flug möwenartig mit regelmäßigen Schlägen der meist ± stark gewinkelten Flügel; bei Attacken wendige Flugmanöver. Nahrungserwerb hauptsächlich als Beuteräuber und Kleinvogeljäger, der sich bei entsprechendem Angebot auch auf Kleinsäugerjagd umstellen kann. Bei großen Seevogelkolonien (Hauptopfer Papageitaucher, Küstenseeschwalbe, Dreizehenmöwe, aber auch andere Alken, Sturmmöwe oder Eissturmvogel und auf Zug und im Winterquartier viele weitere Arten). Territorien sehr klein, so dass sie als Nahrungsgründe nicht in Frage kommen. Kleinvogeljäger verteidigen große Reviere, aus denen sie einen wesentlichen Teil der Nahrung beziehen. Beute wird dem attackierten Opfer entweder entrissen oder nach dem Fallenlassen aufgefangen. Erfolgsquote bei Papageitauchern z.B. 20–40 %. Meist jagen Schmarotzerraubmöwen allein, doch schließen sich auch mehrere zur Jagd zusammen. Kleinvogeljagd meist aus niedrigem Suchflug. Fischen nur aus den oberflächennahen Wasserschichten, auch beim Stoß aus 2–3 m kein Untertauchen. Zug einzeln oder in lockeren, kleinen Trupps. Am Brutplatz territorial, bei Nutzungsmöglichkeiten von Seevogelkolonien auch ± kolonieartiges Brüten. Balz- und Paarbildung am Brutplatz, in hochnordischen Gebieten meist relativ kurz. Vor allem bei Koloniebrütern Attacken auf Eindringlinge, mitunter gegenseitig stimuliert, durch Sturzflüge aus größerer Höhe von hinten. Paarbindung normalerweise lebenslang stabil. Verleiteverhalten (vor allem bei Einzelpaaren) ab Eiablage. Am Zug und im Winterquartier einzeln oder in kleinen Trupps.

Fortpflanzung, Brutbiologie [2851,1369,337, 1551]. Geschlechtsreife mit 3–7, meist mit 4-5 J., helle Morphe Ø halbes J. eher als intermediäre oder dunkle, z.B. $\varnothing_{28}$ hell 4.0, $\varnothing_{53}$ intermediär 4.5, $\varnothing_{20}$ dunkle 4.6 J. Monogam, hohe Partnertreue als Folge von Brutplatztreue, ohne störungsbedingte Neuverpaarungen offenbar lebenslange Partnertreue. **Nest.** Nest einfach Mulde, meist spärlich ausgekleidet oder ± in Vegetation gedrückt; ♂ und ♀ beteiligt. **Legebeginn.** Eiablage im S des Areals in 2. Maihälfte, weiter im N nicht vor Juni. **Gelegegröße.** (1) 2 Eier. **Eier.** ± birnenförmig; Grundfarbe olivbraun in unterschiedlichen Helligkeitsabstufungen und Tönungen; sehr variable hell- bis dunkelbraune Punkt- und Fleckenzeichnung. **Brutdauer.** 24-28 d, Legeabstand 48(–72) h. ♂ und ♀ brüten, ab dem 1. Ei. **Nestlings-/Führungszeit.** ♂ und ♀ füttern, oft bewacht ein Partner die Jungen; Anteil der Geschlechter an Fütterung variabel. Junge bleiben ca. 2 d im Nest und verstecken sich dann in Vegetation des Reviers. Mit 27-30 (25-33) d flügge, werden etwa 2-5 Wochen später unabhängig. **Jahresbruten.** 1. **Bruterfolg.** Schottland bei Brutpaaren, die mind. 2 Brutperioden zusammen waren, $\varnothing_{167}$ 1.51 flügge Juv./BP und J., bei Erstbrütern dagegen $\varnothing_{60}$ 0.65. Helle BP $\varnothing_{242}$ 1.12 und dunkle BP $\varnothing_{1001}$ 1.20.

Sterblichkeit, Alter. Ad. Sterblichkeit Schottland$_{1367}$ 19 %/J. [Diskussion 2851]. Ältester

Ringvogel (GB) 25 J. 10 Monate [3654]. **Generationslänge:** 11 J. [383].

Mauser. **Postjuvenile Mauser** (Vollmauser) ab (Aug.) Nov.; HS-Mauser Ende Dez./Jan.–Juni/Juli, aber variabel. Danach ähnlich Spatelraubmöwe [767,139,3050,1688,2453]. • **Postnuptialmauser** (Vollmauser) beginnt i.d.R. im Winterquartier, selten bereits ab (Juli) Ende Aug./Okt. in N-Hemisphäre; Großgefieder (Okt.) Nov. – Mitte März/April [139,3050,1688,2453]. • **Pränuptialmauser** (Teilmauser) Feb.–März/April vor Heimzug; Großteil des Körpergefieders und vermutlich mittlere ST [139,3050,1688,2453].

Stercorarius longicaudus – Falkenraubmöwe 05680

Stercorarius longicaudus Vieillot 1819

(GB) Long-tailed Skua ((USA) Long-tailed Jaeger)

(F) Labbe à longue queue
(E) Págalo Rabero

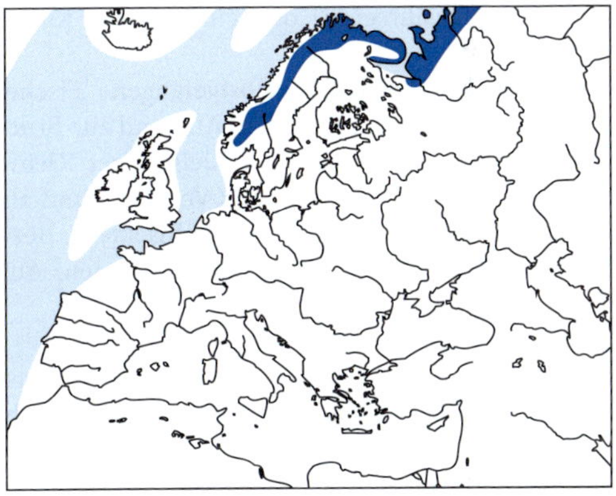

Stercorarius longicaudus – **Falkenraubmöwe**

Taxonomie. Zwei klinal variierende UA: *longicaudus* Vieillot 1819 (Skandinavien E bis Lenadelta) und *pallescens* Løppenthin 1932 (Kolyma Delta ostwärts, N-Amerika, GRÖ).

Kennzeichen. Ad. weitestgehend monomorph, dunkle Morphe im Gegensatz zu *S. parasiticus* extrem selten oder fehlt ganz. Meiste Altvögel der Nominatform im PK mit dunkler grauem Bauch als bei *pallescens*. Juv: dimorph, helle Morphe offenbar bei *pallescens* häufiger [1369,1784,3615,3772,221,408; **Fotos** in 2453, ferner Bird. W. **8**, 195, Dutch B. **20**, 248, **21**, 298, 365, **24**, 394, **26**, 254, Limic. **8**, 181, **12**, 280, **16**, 157, 295, 331, **17**, 278].

Maße. Gr.: 48-53 cm (einschl. Schwanz von bis zu 22 cm). Gew.: 230-350 g. Fl.spw.: 105-117 cm. Fl.l.: ♀,♂ 29.1-32.7 cm [1369,3615].

Verbreitung, Bestand und Trend. Zirkumpolar vom N-Rand der Waldtundra bis Hocharktis von N. bis NE-Sibirien sowie Alaska, N-CDN und GRÖ. Brutbestand in Europa (Nominatform) zw. 12.000-78.000 BP, mit größten Populationen in RUS (10.000-50.000), GRÖ (1.000-20.000), S. (500-5.000), N. (0-1.000) und FIN (100-2.000 BP) [383]. Brutbestand (und -erfolg) extrem fluktuierend, langfristig keine starken Veränderungen erkennbar [383,1507]; aber Durchzüglerzahlen - nicht nur kenntnisbedingt - zunehmend [277,3393,343]. Tendenz zu Neuansiedlungen, z.B. einzelne Bruten in GB (dort keine Lemminge!) [1507]. Überwinterungsgebiete in tropischen Meeren der Südhemisphäre.

Status. In ME seltenste der 3 kleineren *Stercorarius*-Arten (vgl. Tab. bei Spatelraubmöwe). In allen Ländern ME nachgewiesen, z.B. • **NL:** 1976-92 etwa 110 mal (130 Ind.) [277], • **B:** von 1991-96 allein 432 Ind. [de Smet zit. in 277]. Offenbar Abnahme der Binnenlandnachw. von E nach W [337]. Extrem wenige sichere Daten Dez-März [z.B. CH:4152; D-BB:1], Herbstdaten meist nur bis Okt., selten Nov. [277,4152,1677,1722].

Wanderungen. Außerhalb der Brutzeit von allen 4 Raubmöwenarten am stärksten an offene See gebunden. Im Atlantik N Äquator offenbar nur ausnahmsweise bzw. in wenigen Ind. überwinternd (z. B. Jan.daten S-GB). Hauptwinterquartiere soweit bekannt vor W- und E-Küste S-Amerikas, W-Küste S-Afrikas. Br. W-Paläarktis ziehen wahrscheinlich in N-Atlantik und von dort in größerer Entfernung der Küsten nach S, doch möglicherweise auch sehr schwacher Zug über ME Binnenland. Wegzug ab Ende Juli, im N-Atlantik Ende Aug./Anf. Sept. Höhepunkt; an Küste Namibias ab Ende Sept., Heimzug ab Ende März/Anf. April, N-Atlantik Mai. Ankunft am Brutgebiet frühestens Ende Mai, je nach Witterung Anf./Mitte Juni. Brutortstreue nachgewiesen.

Gefährdung und Schutz. Keine bedeutenden Ursachen erkennbar.

SPEC	VSchRL	Bern.Konv.	Bonn.Konv.
--	--	Anh. III	--
Europ. RL	RL in ME		
--	--		

Siedlungsdichte. In Hauptbrutgebieten Nestterritorien von etwa 1 km Durchmesser; Brutdichten variieren zwischen 0.01 und 1.7 BP/km^2 [1507].

Biotop. Außerhalb der Brutzeit ausgesprochener Meeresvogel. Br. trockene Tundra, auch in Höhen 500-1200 m (Fjällregion), oft weitab von der Küste.

Nahrung. An der Küste selbstgefangene Fische, Crustaceen und Cephalopoden. An Land zur Brutzeit Lemminge, Rötelmäuse u.a. Kleinsäuger, Kleinvögel und Limikolenjunge, auch Vogeleier und als Zusatznahrung Gliederfüßer (viele Insekten). Beeren werden in kleiner Menge aufgenommen. Auf See auch Fischereiabfall.

Stimme. Jauchzen zunächst mit »kreck« beginnend, dann »iii-oh« oder »kuiuu« (höher als Schmarotzerraubmöwe); bei Imponierflügen am Brutplatz gereihte »kja kja kja...« o.ä.; bei Feindabwehr »kliu«. Warnruf »kriek« oder »krak«. ♀ rufen etwas weicher, auch Duette kommen vor.

Verhalten. Tagaktiv. Flug wirkt fast seeschwalbenartig. Im Brutgebiet ist Beuteabjagen die Ausnahme, dagegen im Winterquartier gegenüber Seeschwalben, aber auch Tölpeln und Albatrossen verbreitet, doch wird im Stoßtauchen auch selbst gefischt. Am Brutplatz bes. Ansitzjagd auf Vögel, auch Suchflug mit relativ häufigem Rütteln. Am Brutplatz territorial, verteidigen große Territorien. Paarbindung über mehrere Jahre stabil. Balz (Balzfüttern) und Paarbildung am Brutplatz. Kopulationen dauern ca. 10 sec und beinhalten mehrmaligen Kloakenkontakt. Boden- und Luftfeinde werden in Nestnähe angegriffen. Außerhalb der Brutzeit Einzelgänger. Auf dem Zug einzeln oder in kleinen Trupps.

Fortpflanzung, Brutbiologie. Geschlechtsreife wohl mit (3)4-5 J. Monogame Dauerehe wohl die Regel. **Nest.** Nest auf offenem Boden einzeln oder in lockeren Kolonien. Flache Mulde ohne oder mit wenig Pflanzenteilen ausgelegt; wird evtl. nur vom ♀ angelegt. **Legebeginn.** Skandinavien meist Mitte Juni/Anf. Juli. **Gelegegröße.** 1–2 (3) Eier; Legeabstand 1.5-2 d. **Brutdauer.** 23-25 d, beide brüten, ab 1. Ei. **Nestlings-/Führungszeit.** Juv. schlüpfen innerhalb 1-2 d, werden von beiden Eltern betreut, können nach 2 d Nest verlassen; Nestlingsdauer bis 27 d, dann flugfähig; werden aber von Ad. noch weitere 14 d betreut. **Jahresbruten.** 1; Ersatzgelege. Vollständiger Brutausfall in hochnordischen Gebieten bei Populationstiefs von Lemmingen. **Bruterfolg.** In guten Lemmingjahren über 1 flügges Junges/BP und J., in intermediären nur 0.5–0.7, in sehr ungünstigen Jahren auch totaler Brutausfall (wenig Material).

Sterblichkeit, Alter. **Generationslänge:** 11 J. [383].

Mauser. **Postjuvenile Mauser** (Vollmauser) Körpergefieder Okt.–Feb.; Großgefieder (Nov.) Jan.–Juni (Aug.) [767,3050,1688,2453]. Folgende Mauserperioden ähnlich Spatelraubmöwe, aber **1. Pränuptialmauser** fehlend [2453] oder wenig umfangreich [767,1688]. • **Postnuptialmauser** (Vollmauser) Körpergefieder Okt.–Dez. in S-Hemisphäre, erfolglose Brutvögel und Nichtbrüter z.T. schon ab Juli; Großgefieder (Ende Juli) November–Ende Feb./März [767,1688,2453,1777]. • **Pränuptialmauser** (Teilmauser) März–April; Großteil des Körpergefieders und ST 1 [767,3050,1688,2453].

Stercorarius pomarinus – Spatelraubmöwe 05660

Stercorarius pomarinus (Temminck 1815)

(GB) **Pomarine Skua (~Jaeger)** (F) **Labbe pomarin** (E) **Págalo Pomarino**

Taxonomie. Monotypisch.

Kennzeichen. Ad-PK polymorph, aber dunkle Morphe seltener (5-20%) als bei *S. parasiticus* und ohne klinale Häufigkeitsvariation. In Europa überwiegt helle Morphe mit ca. 90-95% [221,1369,

3772,1784,3615,408; **Fotos** in Limic. **12**, 281, **14**, 101, 149, **15**, 300/301, Dutch B. **23**, 127, **25**, 424, Bird. W. **8**, 48, 194, **11**, 206, **13**, 330].

Maße. Gr.: 46-51 cm. Gew.: ♂ ca. 550-800 g, ♀ ca. 680-900 g. Fl.spw.: 125-138 cm. Fl.l.: ♂ 35.4-37.4 cm (bei Immat. kürzer), ♀ 36.3-38.2 cm [1784,3615].

Status. In ME an Nordseeküste regelm. Durchzügler im Herbst, im Frühjahr vereinzelt; an Ostseeküste selten, im Binnenland sehr selten und unregelm., oft durch wetterbedingte Einflüge oder nach guten Lemmingjahren [3-Jahres-Zyklus, in CH u.a. 1976..1985, 1988, 1991.: 3393]; Jahrhunderteinflug 1985 mit etwa 2.000 Ind. in NL [375].
Ausnahmsweise längere Verweildauern. Küsten- und Binnenlandeinflüge bei jeweils unterschiedlichen Großwetterlagen. An Küste wie im Binnenland auch im Winter Nachw. möglich (Dez.-März) [1369,3871].

Verbreitung und Bestand. Brütet zirkumpolar in arktischer Tundra von W-RUS bis NE-Sibirien und am N-Rand CDN sowie in W-GRÖ. Brutbestand in Europa zw. 20.000-50.000 BP (in guten Lemmingjahren), ausschließlich N-RUS [383]; allerdings Einzelbruten auf Spitzbergen (z.B. 1984) und Übersommerungen (ohne Brutnachw.) in N. [3615]. Bestand stark fluktuierend, langfristig wohl stabil. Wintergebiete in Küstenregionen niederer Breiten (SE-Atlantik, Australasien).

	Skua	Spatel-	Schmarotzer-	Falken-
NL-Küste 1972-93	3.460	3.855*	34.047	> 130
D-BB 1977-99	2	14	18	8
D-BY bis 1980	> 10	48	> 45	21
D-BW bis 1998	47	119	163	49
CS bis ca. 1975	10	57	53	42
CH + Bod. 1960-76	20	40	123	32
CH + Bod. 1980-99	19	30	52	45

Tab.: Ind.zahlen von Raubmöwen verschiedener Gebiete ME in vergleichbaren Zeiträumen. Meist ± große Zahl von Ind. unbestimmt und Erlegung/Totfunde mit Sichtnachweisen gleichgestellt, daher geben Zahlen nur ungefähre Häufigkeitsverhältnisse wider (BY = ohne Bod.) [aus 1,337,383,375,1722]. * = ohne Einflugjahr 1985.

Wanderungen. Außerhalb der Brutzeit pelagisch; Winterquartiere in tropischen und subtropischen Meeren (einzelne z.B. auch im N-Atlantik). Hauptwinterverbreitung etwa ab Karibik, Sargasso-See, Kapverden und Küste vor Senegal; nach S bis in

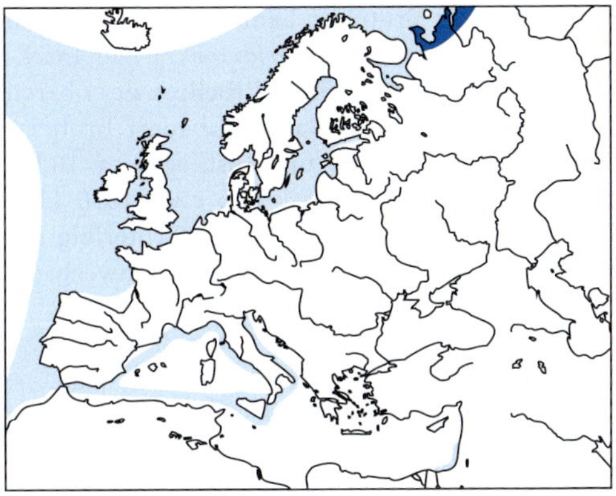

Stercorarius pomarinus – **Spatelraubmöwe**

Bereich der Antarktis. Schwerpunkte in Gebieten mit kalten Meeresströmungen und daher hohem Nahrungsangebot, z.B. vor Küsten S-Amerikas, W-Küste Afrikas, SW-Küste AUS, dringt aber auch in Indischen Ozean und seine Nebenmeere ein. Zug meist weit draußen auf See, aber wohl auch hoch über Land (z.B. über E-ME, E-Europa und Asien). Wegzug von Nichtbrütern ab Juli; im N Zug ab Aug., Dz. im N-Atlantik Sept/Okt., in Nordsee Höhepunkt meist Okt., Nachzügler bis Nov.; Ende Nov. im Winterquartier vor S-Afrika. Heimzug etwa ab April im Atlantik, bis Mitte Mai aber noch Ind. zwischen W-Afrika und N-Europa. Im Frühjahr Häufungen der Nachweise im mittleren Mittelmeer, Roten Meer und Persischen Golf (Ende April/Mitte Mai, s. Binnenlandzug oben). Ankunft an Brutplätzen N-RUS Ende Mai/Anf. Juni. Juv./Immat. übersommern einzeln im Winterareal; Übersommerung von Nichtbrütern z.B. N-Atlantik.

Gefährdung und Schutz. Bedeutende Gefährdungsfaktoren nicht erkennbar.

SPEC	VSchRL	Bern.Konv.	Bonn.Konv.
--	--	Anh. III	--

Europ. RL	RL in ME
--	--

Siedlungsdichte. Regional in RUS bis 2 BP/km^2, sonst bis 0.7 BP/km^2; in schlechten Lemmingjahren kaum Bruten [1507].

Biotop. Außerhalb der Brutzeit auf dem Meer, küstenferner als Schmarotzerraubmöwe. Br. in sumpfiger Tundra.

Nahrung. Am Brutplatz Lemminge, Wühl- und Rötelmäuse *(Microtus, Clethrionomys);* Eier, Insekten. Auf dem Meer Fische, Wirbellose der oberen Wasserschichten, Aas. Nahrungsbedarf Brutpaar 500 g/d, ein Junges bis zum Ausfliegen ca. 10 kg; ein BP mit 2 Jungen muss also etwa 1050-1100 Lemminge erbeuten. Bestand und Bruterfolg daher entscheidend von Lemming-Massenwechseln bestimmt.

Stimme. Möwenartiges Jauchzen »jauk jauk…«; Warnruf bellend »kek kek kek…«, variabel in Tonhöhe; am Brutplatz lautes, lachendes »gwär-gwär..« bis 5 sec; tiefer als Falkenraubmöwe.

Verhalten. Tagaktiv, Zug auch nachts. Wirkt im Flug schwerer als andere kleinere Arten, kreist öfters ähnlich Großfalke. Im Brutgebiet spezialisierter Lemmingjäger mit Suchflug- und Ansitzjagd. Beute wird auch ausgegraben. Fang von Oberflächenfischen; Möwen und Seeschwalben wird auch Beute abgejagt; auch erfolgreiche Vogeljagd. Brutvogel territorial, doch Siedlungsdichte mitunter so hoch, dass »Kolonien« entstehen. Luftangriff auf Eindringlinge ins Nistgebiet, auch auf Menschen. Balz (Balzfüttern) und Paarbildung am Brutplatz. Auf dem Zug und im Winterquartier einzeln oder in kleinen Trupps.

Fortpflanzung, Brutbiologie. Monogame Saisonehe. **Nest.** In sumpfigen Tundrabereichen. ♂ und ♀ bauen flache Nestmulde im Moos; wenig oder kein Nestmaterial. **Gelegegröße.** (1) 2. **Eier. Legebeginn.** Eiablage meist Juni. **Jahresbruten.** 1; Ersatzbruten offenbar selten. **Brutdauer.** 25-27 d, Beginn mit 1. Ei. ♂ und ♀ brüten und füttern. **Nestlingszeit.** Küken bleiben ca. 1 Woche in Nestnähe; flugfähig mit 28-34 (37) d, werden aber noch weitere 14 d bis zum Abzug betreut.

Sterblichkeit, Alter. **Generationslänge:** 11 J. [383].

Mauser. **Postjuvenile Mauser** (Vollmauser) Körper- und Steuerfedern Nov.–April; Schwungfedern Dez.–Juli [767,1688,2453]. Folgende Mauserperioden ähnlich Ad., aber vielfach früher, weniger umfangreich und mit Unregelmäßigkeiten [3050,1688,2453]. • **Postnuptialmauser** (Vollmauser) Körpergefieder z.T. ab Ende Aug./Sept., hauptsächlich aber erst im Winterquartier, bei erfolglosen Brutvögeln schon ab Juli; Großgefiedermauser (Sept.) Okt./Anf. Nov.–(Feb.) März/Anf. April [767,3050,1688, 2453]. • **Pränuptialmauser** (Teilmauser) Ende Feb.–April (Mai), überlappt sich mit Postnuptialmauser; einschließlich ST 1 (2) [767,3050,1688,2453].

Stercorarius skua – Skua 05690

Stercorarius [skua] skua (Brünnich 1764)

(GB) Great Skua (Northern Skua; Bonxie) **(F) Grand labbe** **(E) Págalo Grande**

Taxonomie. Monotypisch. Bildet Superspezies mit Arten der Südhemisphäre *S. antarctica* (UA *antarctica, lonnbergi, hamiltoni*), *S. chilensis* und *S. maccormicki*. Letztere überwintert regelmäßig im Nordpazifik [1262] und Nordatlantik [467,2765,2453], doch *S. antarctica* nur ausnahmsweise bis Nordatlantik [3998; auch Hybrid *maccormicki x chilensis* dort nachgewiesen: 2087N].

Kennzeichen. Farbmorphen [1369,3772,221,1784, 3615,408; zur Unterscheidung von *S. maccormicki* (mit guten Fotos) s. 1277,2765; weitere **Fotos** in Limic. **12**, 283, **14**, 50, Bird. W. **11**, 356-359, Brit. B. **95**, 244].

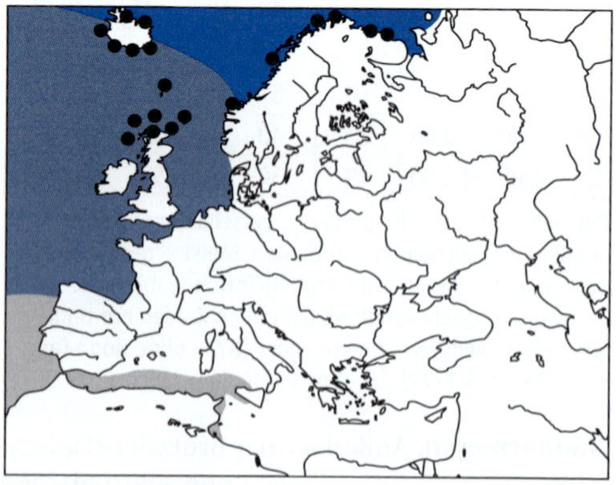

Stercorarius skua – **Skua**

Maße. Gr.: 51-56 cm. Gew. (GB): ♂ 1170-1500 g, Ø: 1364 g, ♀ 1300-1650 g, Ø: 1464 g. Fl.spw.: 145-155 cm. Fl.l.: ♂ 38.2-41.4 cm, ♀ 39.5-42.8 cm [1784,1369,3615,1518].

Verbreitung, Bestand und Trend. Brutvogel in subarktischen und arktischen Regionen W-Paläarktis von IS, Färöer und Inseln in N-GB bis Spitzbergen, Kola-Halbinsel und Nowaja Semlja [1784,3615]. Mehrere nahe verwandte Formen auf S-Halbkugel. Brutbestand in Europa nach starker Zunahme 16.000 BP [383], global nur unbedeutend höher [1784]. Wichtigste Brutgebiete sind GB (9.600 BP) und IS (5.400 BP), größere Populationen ferner auf Färöer (450 BP) und Spitzbergen (200-500 BP) [383]; langfristig in GB und auf Spitzbergen zunehmend, in N-Skandinavien und RUS anhaltende Arealausweitung [383,3892,3615,1518], dabei offenbar Vögel aus Shetland involviert [1507]. Überwinterungsgebiete an Atlantikküste vor allem E. (aber bis Brasilien und Neufundland) sowie W Mittelmeer.

Status. In meisten Regionen ME seltenste der vier Raubmöwenarten der Region (vgl. Tab. bei Spatelraubmöwe). An Küsten ME heute regelm., im Binnenland nur einzelne verschlagene Ind. [337,2159,2438]; Beob. aus allen Monaten, doch Häufung (Aug.) Sept/Okt. (Nov.) und Frühjahrsdaten selten. Einzelne Überwinterungen [z.B. NL:375]. Auftreten von 24 auf Foula (Shetland) 1970-76 beringten Ind.: 2 B, 13 NL, 9 D. Zunahme der Beob. sowie der Aufenthaltsdauern in jüngster Zeit, z.B. PL, CH (viell. bedingt durch Zunahme der Großmöwen als Nahrungs-»Lieferant«) [3393,375,3871].

Wanderungen. Zugvogel, bis zur Brutreife pelagisch. Hauptverbreitungsgebiet im Atlantik von ca. 70°N nach S, im Sommer im W bis ca. 40°N, im E bis 45°N. Im Winter liegt N-Grenze bei ca. 55°N im E-Atlantik und 45°N im W-Atlantik, bei S-Grenze bis mind. 20°N (gilt nur für N-atlantische Br.). Einzelne Ind. fliegen auch S Äquator, kommen zudem in Ostsee und ins Mittelmeer. Zugverlauf der Br. Schottlands [Ringfunde: 4064]: Juv. im Aug. einzeln bis 3000 km, andere noch am Ort bis Dez.; weiteste Funde im April bis S Äquator. Nur wenige kommen im folgenden Sommer in Bereich der Nordsee und Heimatgewässer zurück. Überwinterung der 1 ½-jährigen nach S bis 50°N (vor Iberien, im Mittelmeer, bis E-Küste USA). Im folgenden Sommer Funde zw. Shetland und MA, Mittelmeer und E-Küste N-Amerikas; in eigentlichen Sommermonaten die meisten um Shetland und N.; im Winter erneut Wanderung nach S. 3-jährige übersommern im Nordatlantik mit Schwerpunkt in Heimatgewässern, einige bleiben im Winterquartier. Ad. ziehen kaum mehr über Brutgebiet nach N, überwintern z.T. in Nordsee oder der weiteren Umgebung der Brutinseln, nach S meist kaum über Biscaya hinaus. Hauptzugraum der Br. IS weiter im W, doch Verhalten ähnlich. Wegzug ab Mitte Aug., Heimzug ab Mitte März im N-Atlantik.

Gefährdung und Schutz. Hauptfaktor ist direkte Verfolgung; nach Unterschutzstellung in GB derzeit weniger bedeutsam, aber erneut Problem in Färöer [1518]; Sandaal-Überfischung beeinträchtigt Bruterfolg in Teilen GB [1507,1518].

SPEC	VSchRL	Bern.Konv.	Bonn.Konv.
E	--	Anh. III	--
Europ. RL	RL in ME		
--	--		

Siedlungsdichte. Kolonieartiges Brüten, mittlerer Nestabstand 30-50 m [1507].

Biotop. Nichtbrüter ganzjährig, Br. außerhalb der Brutzeit auf dem Meer. Br. finden Nahrung in küstennahen Gewässern, am Strand oder auf dem Land. Brutplätze in Nachbarschaft großer Seevogelkolonien (Alken, Basstölpel, Lariden) auf nassen Moor- und Gras-, aber auch auf Kies- und Sandflächen, doch auch hier Nester ± in Vegetation angelegt.

Nahrung. Fische, besonders zur Brutzeit auch Vögel, Eier, Säugetiere; ferner Aas, Fischerei- und Küchenabfälle.

Stimme. Jauchzen wie »hä-ä hä-ä…« zu Strophen gereiht; nasal »igg«, »agg« bei Angriffsflügen, bei Sturzflügen dann auch »skiier«. Weitere Rufe am Brutplatz.

Verhalten. Tagaktiv. Flug wirkt etwas steif, doch im Verfolgungsflug sehr gewandt. Fischfang von der Oberfläche oder im schrägen Tauchstoß; vielseitige Vogeljagd, bei der die meisten Vögel in Verfolgungsflügen in der Luft erbeutet werden. Beuteabjagen auf hoher See besonders bei Sturmtauchern, im Brutgebiet bei Möwen (auch Großmöwen), Alken und Tölpeln; auch mehrere Ind. können sich an Verfolgung beteiligen. Gesellig zur Fortpflanzungszeit; Brutpaare in relativ großen Revieren, daher lockere Koloniebildung. Neben den vom Brutpaar verteidigten Revieren gemeinsam aufgesuchte Plätze, an denen sich auch Nichtbrüter aufhalten, z.B.

Badeplätze und sog. »Klubs«; an letzteren bes. noch nicht geschlechtsreife Ind. und Brutvögel, die Gelege oder Brut verloren haben. Außerhalb Brutzeit meist einzeln. Paarbildung innerhalb der Klubs; ♂ und ♀ begegnen sich mit Drohschreiten; Kopulationsrufe des ♂, Kopulationsaufforderung durch ♀. Paarbindung meist lebenslang. Erste Brutversuche mit 4-9 J. Flugangriffe am Brutplatz gegen Eindringlinge, dabei häufig unmittelbar nach Kontakt wieder steil aufsteigend. Außerhalb der Brutzeit einzeln und seltener in kleinen Trupps.

Fortpflanzung, Brutbiologie [1369,3615,1551, 1518]. Geschlechtsreife frühestens mit 4-5, meist mit 6–8 (aber auch 9) J., 3- bis 4-jährige finden sich meist im Brutgebiet ein (»Klubs«), daher bei jeder Kolonie Nichtbrüter anwesend. Monogame Saisonehe mit hoher Partnertreue, da sehr brutplatztreu. **Nest.** Nest gerne erhöht in relativ hoher Vegetation; lockere Kolonien. **Legebeginn.** Eiablage Shetland ab Ende April, Höhepunkt jedoch 2. Maihälfte; Im N Mitte Mai/Anf. Juni. **Gelegegröße.** (1) 2 , Legeabstand 2-3 d. **Eier.** Oliv bis rötlich braun mit dunkelbraunen Flecken (sowie helle Unterflecke). **Brutdauer.** 28-30 d; beide brüten, ♀ mehr. **Nestlings-/Führungszeit.** Beide Geschlechter hudern (anfangs vor allem ♀). Bis 5.-6. d hält ♀ das vom ♂ ausgewürgte Futter den Jungen vor; bis 15 d wird den Jungen von beiden Ad. Futter vorgehalten, später beim Auswürgen der Ad. aufgefangen. Mit 40–46(–56) d flügge, ca. 2-3 Wochen später selbständig [Wachstum:1261]. **Jahresbruten.** 1; Ersatzgelege. **Bruterfolg.** Shetland 93 Einergelege 0.4 flügge Junge/BP, 787 Zweiergelege 1.35 flügge Junge/BP.

Sterblichkeit, Alter. Br. Shetlands 5-jährig 27 %/J., 7 bis 22-jährig 4–15 %/J., über 22-jährig 13–25 %/J. [3139]. Ältester Ringvogel (GB) 28 J. 10 Monate [3654]. **Generationslänge:** 15 J. [383].

Mauser. **Postjuvenile Mauser** (Vollmauser) Körpergefieder Dez./Jan.–März, Großgefieder (Feb.) März/Anf. April–Juni/Ende Aug. im 2. KJ [767,139,2453]; Dauer der HS-Mauser 150–180 d [1356]. • **Postnuptialmauser** (Vollmauser) Körpergefieder ab Juni/Juli; HS Aug./Anf. Okt.–Jan./April, erfolglose Brutvögel mitunter bereits Juli–Dez./Jan., Vorj. ab Mai/Juni [767,139,2453]. • **Pränuptialmauser** (Teilmauser) ab Jan./März und im Brutgebiet beendet; umfasst zumindest Kopf- und Nackenfedern, bisweilen weitere Körperfedern [767,1369,2453].

Familie Alcidae – Alken

Drossel- bis gänsegroße Meerestauchvögel mit weit hinten eingelenkten Beinen, daher an Land ± aufrechte Körperhaltung. Kurze schmale Flügel, dadurch auch beim Tauchen gut einzusetzen; Flug sehr geradlinig und dynamisch mit sehr hoher Schlagfrequenz. Arten im Nordatlantik meist dunkle Oberseite und weiße Unterseite. Schwingenmauser bei den meisten Arten synchron, vorübergehend flugunfähig; Winterkleid oft erheblich vom Brutkleid abweichend. Meist Koloniebrüter in Meeresnähe auf oder an Felswänden, Inseln, Hängen, Blockhalden etc. Gelege 1-2 Eier, Eier relativ groß. Meist Fischfresser. Auf Nordhalbkugel beschränkt. Aktuelle Monographie der Familie, u.a. mit detaillierten aktuellen Verbreitungskarten [s. 1311; exzellente Zeichnungen aller Arten in verschiedenen Kleidern:1311; gute Fotos:1033].

Die Familie besteht aus sechs basalen Linien (meist im Rang von Tribus klassifiziert), deren jeweilige Monophylie zwar gut gesichert erscheint, deren Verwandtschaftsbeziehungen untereinander aber von den bisher vorliegenden (mitochondrialen) Sequenzdaten nicht sicher aufgelöst werden [2698,1243]. Die Reihenfolge der Gattungen ist deshalb als vorläufig zu betrachten. In Europa brüten Vertreter der **Fraterculini** (*Fratercula*), **Alcini** (*Uria, Alca, Alle,* ehemals *Penguinus*) und **Cepphini** (*Cepphus*).
Von den im Nordpazifik endemischen Alkenarten sind bereits fünf in Europa nachgewiesen worden, was auf ein erstaunliches Langstreckenflugvermögen hindeutet: neben der hier behandelten Art Langschnabelalk noch Schopflund *Fratercula cirrhata* (S-S. 1994), Papageischnabelalk *Cyclorrhynchus psittacula*, Silberalk *Synthliboramphus antiquus* (England) und Schopfalk *Aethia cristatella* (IS 1912).

• Gattung *Fratercula*

Drei Arten, davon zwei im N-Pazifik, eine im N-Atlantik. Der Schopflund *F. cirrhata* ist nah mit *F. arctica/corniculata* verwandt; eine generische Trennung (»*Lunda*«) ist unnötig. Die Schwesterart von *Fratercula* ist wahrscheinlich der pazifische Nashornalk *Cerorhinca monocerata* [1243].

• Gattung *Uria*

Weltweit nur zwei Arten, deren Schwesterbeziehung gut gesichert ist. Die Brutgebiete der beiden *Uria*-Arten überlappen teilweise im Nordmeer und Nord-Atlantik, während sie im N-Pazifik weitgehend parapatrisch sind. Hybridisation kommt offenbar vor allem im N-Pazifik vor, wo bis zu 6% der Trottellummen die mtDNA der Dickschnabellumme tragen, was auf Hybridisation und Rückkreuzung zurückzuführen ist (auch weibliche Hybriden sind mindestens teilweise fertil) [3050]. Aufgrund der großräumigen Sympatrie und erheblicher morphologisch-ökologischer Differenzierung wäre aber eine Einstufung als Semispezies nicht angebracht.

• Gattung *Cepphus*

Die Gattung umfasst drei Arten, von denen nach Untersuchungen von Allozymen und mtDNA [1243,1989,1990] die beiden pazifischen (*columba, carbo*) Schwesterarten sind. Die größere Gefiederübereinstimmung zwischen *grylle* und *columba* ist demnach ein ursprüngliches Merkmal. Die Vereinigung dieser beiden in einer Superspezies unter Ausschluss von *carbo* [z.B. 3565,995N.] ist also unzulässig. Da alle drei Arten sehr nah verwandt, ökologisch kaum differenziert und allo- bzw. parapatrisch verbreitet sind, werden sie hier zu einer Superspezies zusammengefasst.

Fratercula arctica – Papageitaucher 06540

Fratercula [arctica] arctica (Linnaeus 1758)

(GB) (Atlantic/Common) Puffin **(F) Macareux moine** **(E) Frailecillo Atlántico**

Taxonomie. Monotypisch. Die bisher allein aufgrund der Körpergröße abgegrenzten drei UA (*arctica, naumanni, grabae*) sind nicht haltbar, da keine genetische Differenzierung besteht [2664], die Maße klinal in N/S-Richtung variieren und taxonomische Abgrenzungen willkürlich wären [s. Roselaar in 767]. Bildet Superspezies mit nordpazifischem Hornlund *F. corniculata*.

Kennzeichen. [1784,1369,221,3772,3615,408].

Maße. Gr.: 26-29 (36) cm. Gew. ♀, ♂: meist 320-480 g. Fl.spw.: 47-63 cm. Fl.l. ♀, ♂: »*grabae*« 14.0-17.4 cm, »*arctica*« 15.4-17.8 cm [1369,3615].

Verbreitung und Bestand. Brutvogel in N-Atlantik und N-Polarmeer: Atlantikküste N-Amerika (Labrador bis Maine), GRÖ, IS, Jan Mayen, Spitzbergen/Bäreninsel bis Nowaja Semlja, Murmansk-Küste bis S-N., GB/IRL und unregelm. S. sowie NW-F [337]. Weltbestand grob geschätzt 8 Mio. BP, davon 60% in borealer, fast 40% in arktischer und 1% in hocharktischer Zone [1784,383]. In Europa über 90% des Weltbestandes, 5.7-7.3 Mio. BP (Trend uneinheitlich, für IS unbekannt); größte Populationen in IS (3-4 Mio.), N. und Spitzbergen (1.5-2.1 Mio.), GB (621 T. BP) und Färöer (550 T.); kleinere Vorkommen in IRL (20 T.), RUS (5-6 T.), GRÖ (1.5-3 T. BP) und F (229 BP) [383].

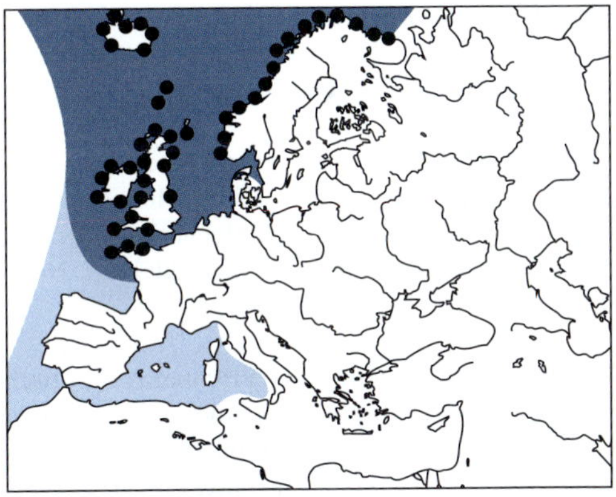

Fratercula arctica – **Papageitaucher**

Status. Auf Helgoland unregelm. übersommernd, früher Brutvogel. In NW-ME (**NL, D, B**) regelm. Durchzügler Aug.-Nov. an Nordsee-Küste in kleiner Zahl, doch selten lebend in Küstennähe; in anderen Monaten unregelm. [1369]. Auf hoher See Tausende [z.B. 7.000 in Feb./März vor NL:375]. In der Ostsee seltener Gastvogel, z.B: • **PL:** (erl.) 1850, Mai 1931, März 1963, Okt. 1964, Aug. + Okt. 1989, März 1991, Apr. 2000 [3871]. • **D:** -MV 12 mal (13 Ind.) bis 1983 nachgewiesen [2031].
Im Binnenland Ausnahmegast, bisher nur folgende Nachw.: • **H:** Dez. 1862 (Juli 1949 nicht mehr anerkannt) [2438,1369]. • **D:** -BW Juli 1841 sowie vor

1845 [1722]; -BY Nov. 1890 [4175]; -ST Jan. 1994 [575]; -NW Sep. 1996 [575]; -HE Feb. 1870, Jan. 1982 [1680]. • **B:** erster Nachw. für Wallonien Aug. 1994 [1677].

Wanderungen. Teilzieher. Winterquartier im N-Atlantik von weiterer Umgebung der Brutplätze bis W-Mittelmeer und NW-Afrika. Weiteste Ringfunde z.B. von N-Schottland nach Neufundland, S nach GRÖ, IS, Sardinien, DZ, S-MA; IRL–l, DZ, MA und Juv. S-N. und N-N. nach GB, Färöer, IS, GRÖ, Neufundland [4064]. Juv. zeigen Tendenz, weiter zu ziehen als Ad. Letzte Vögel verlassen Brutkolonie bis Ende Aug.; Rückkehr Ende März/Anf. April (Mai).

Bestandsentwicklung. Schon um 1830 (vormals 2-3 BP) vom einzigen ME Brutplatz auf Helgoland verschwunden [1369,196]. Nach langer Abwesenheit neuerdings dort wieder vermehrt Sommerbeob. (auch von Paaren), aber (noch) keine Brutversuche. Andererseits Populationsdruck derzeit gering, da Brutbestände im E-Atlantik bis Ende 1980er J. fast generell abnehmend und mit sehr geringem Bruterfolg; Bestand in S. (Soteskär) 1970 erloschen, durch Aussetzungen dort mögliche Brut 1988 [1507]. Nur in GB (sowie in Teilen N. seit Ende 1980er J.) derzeit Zunahmen [1507,1585,3615,3892].

Siedlungsdichte. Meist Höhlenbrüter, z.T. auch auf Felsen; Koloniegrößen z.T. beträchtlich mit lokal 100.000 BP oder mehr, in Hocharktis sowie in südlichsten Brutgebieten deutlich kleiner; Nestdichten bis zu 1-2 BP/m^2 [1507].

Gefährdung. Abnahme der Fischnahrung durch Überfischung, Ölpest, zunehmende Prädation (Möwen, Ratten etc.), auch klimatische Ursachen [3892,1507] - vgl. andere Alkenarten.

SPEC	VSchRL	Bern.Konv.	Bonn.Konv.
2	--	Anh. III	--
Europ. RL	**RL in ME**		
--	D: **'RE'**		

Biotop. Noch stärker Meeresvogel als Lummen und Tordalk. Br. auf der Oberkante grasbewachsener Klippen oder in Geröll- und Blockfeldern. Höhlenbrüter in Bauten von Kaninchen oder Atlantiksturmtauchern bzw. selbstgegrabenen Höhlen. Aktionsradius fütternder Ad. bis > 100 km. Im Winter in N-atlantischen bis (sub-)tropischen Gewässern auf offener See.

Nahrung. Kleine Schwarmfische (z.B. Sandaale, Sprotten, Hering oder kleinere Dorschverwandte), (7)10-15(20) cm lang, bis 33 g schwer, meistens jedoch > 2 g. Im Winterhalbjahr daneben auch Crustaceen, Mollusken, Borstenwürmer. Nahrungsbedarf von Jungen 84 g/d, insgesamt bis zum Ausfliegen > 3500 g Sprotten/d (Gefg.); ad. ca. 80-100 g Fisch/d.

Stimme. Wenig ruffreudig. Tief und knurrend oder schnarrend »orrr o-o« oder »arrr ... ha-ha«, unterschiedlich lang.

Verhalten. Vorwiegend tagaktiv. Guter Flügeltaucher (24–31 sec, Tiefe bis > 60 m, meist flacher) [580]. An Land beweglicher als Lummen und Tordalk. Start zum Flug bevorzugt von einem exponierten Punkt. Ausdrucksflug mit schnellen Flügelschlägen und tief hängendem Körper. Koloniebrüter (um die 50.000 Ind. nicht selten); ♂ verteidigt Höhleneingang. Paare sind über mehrere J. stabil. Kopulationen häufig im Wasser vor der Kolonie. Soziale Wasserspiele und gesellige Rundflüge. Oft in gemischten Seevogelkolonien; Nistplatzkonkurrent besonders Atlantiksturmtaucher. Paarbildung offenbar kurz vor Koloniebesetzung. Außerhalb der Brutzeit eher einzeln.

Fortpflanzung, Brutbiologie [1541,1369,337, 1551]. Meistens 1. Brut frühestens mit 5-6 J. Jüngere erscheinen an Kolonien (1-jährige nicht, 2-jährige erst spät in der Brutzeit), haben aber kaum Brutchance. Monogame Saisonehe mit hoher Brutplatz- und daher Partnertreue. **Nest.** Nest in selbstgegrabenen oder vorhandenen Höhlen. Höhleneingang 25–30 cm, Länge der Höhle wenige cm bis > 1 m (Durchmesser ca. 12–15 cm); Nestkammer 30–40 cm breit. Ei auf bloßem Boden oder sehr spärliche Materialunterlage. **Legebeginn.** Frühestens ab Mitte, meist ab Ende April bis Ende Mai; im N Ende Mai/Juni. **Gelegegröße.** 1. **Eier.** Kurzspindelförmig, weißlich mit sehr feiner und sparsamer hellbrauner Flecken- und Kritzelzeichnung. **Brutdauer.** 35-38 (-43) d; beide brüten, ♀ mehr. **Nestlings-/Führungszeit.** Beide füttern und hudern (bis 9 d). Nestlingszeit je nach Ernährung 37-41 d und länger. Kurz vor Flüggewerden selbständig. Gut entwickelte Junge fliegen aufs Meer, andere springen und laufen hangabwärts; Start meistens nachts. **Jahresbruten.** 1; Nachgelege selten. **Bruterfolg.** Stark schwankend von fast Totalverlusten bis > 90 % Aufzuchtserfolg durch wechselndes Nahrungsangebot, interspezifische

Höhlenkonkurrenz, direkte und indirekte Einwirkung von Möwen.

Eimaße und -gewichte. L: 55.6-66.5 mm, B: 38.9-45.3 mm; Ø 60.8 x 42.3 mm (n=100, GB). Frischvollgew.: 53-65 g; Ø$_{28}$ 59.2 g. Schalengew.: 3.58-5.62 g, Ø$_{100}$ 4.4 g.

Sterblichkeit, Alter. Hohe Jugendsterblichkeit, Ad. GB dagegen nur 4 %/J. [1542] mit einer Ausnahme (1990) von 1973-94 immer < 11 %/J. Nach Modell bis 1980 Ø 2.5 %, später 7.6 % und Einzelwert 1990 19.4 %/J. Keine Geschlechtsunterschiede; ab 20–25 J. deutlich reduzierte Reproduktion und erhöhte Sterblichkeit [1546]. Älteste Ringvögel > 20 J. (doch Ringabnutzung und -verluste hoch), mind. 18 J.; 16-jährig noch brütend. **Generationslänge:** 22 J. [383].

Mauser. **Postjuvenile Mauser** (Vollmauser) März–Juni (Juli) im 2. KJ; HS synchron abgeworfen, wenig später AS und ST. • 1. **Postnuptialmauser** (Voll- oder Teilmauser) HS Juli–März, z.T. aber erst ab Nov. [767,1541]. • 1. **Pränuptialmauser** (Teil- oder Vollmauser) ähnlich Ad. [767]. • **Postnuptialmauser** (Voll- oder Teilmauser) beginnt mit Kleingefieder meist nach Brutende, Ende Juli–Sept.; synchrone Mauser von Großgefieder und Großen Armdecken Okt.–April, meist Dez./Jan.–Feb./März, bei Immat. später und bisweilen erst während **Pränuptialmauser** erneuert [767,1369,1311]; unregelm. 1–2 HS nicht ersetzt [767,1541]. • **Pränuptialmauser** (Teil- oder Vollmauser) Ende Feb.–Ende Mai, vor Ankunft am Brutplatz beendet; umfasst zumindest Körpergefieder [767].

Alle alle – Krabbentaucher 06470

Alle alle (Linnaeus 1758)

(GB) Little Auk ((USA) Dovekie) **(F) Mergule nain** **(E) Mérgulo Atlántico**

Taxonomie. Monotypisch. Wie beim Papageitaucher ist bisher praktizierte Abgrenzung zweier UA *polaris* (Franz-Joseph-Land, viell. Severnaja Semlja) und Nominatform (restliches Verbreitungsgebiet) allein aufgrund der (klinal variierenden) Körpergröße nicht sinnvoll. Auch phänologische Unterschiede [3680] sind taxonomisch nicht relevant.

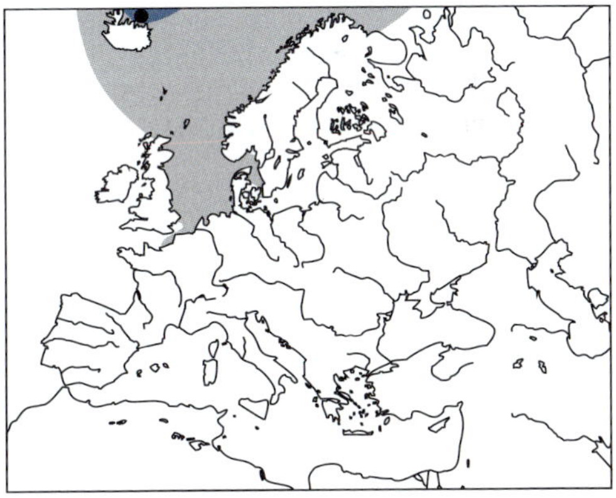

Alle alle – Krabbentaucher

Kennzeichen. [1784,3615,1369,221,3772,408; weitere **Fotos** in Limic. **9**, 337, **10**, 332, Dutch B. **24**, 62/63, **25**, 65, 144, 146, Bird. W. **8**, 409].

Maße. Gr.: 17-19 cm. Gew.: ♀, ♂ 140-192 g, Ø: 163 g (verdriftete Ind. im Binnenland leichter). Fl.spw.: 40-48 cm. Fl.l.:♀, ♂ 11.6-12.7 cm [1369,3615].

Status. In ME regelm. Gastvogel an Nordsee **B, NL, D** (Durchzügler und Wintergast, z.T. nur durch Totfunde belegt; ausnahmsweise auch im Sommer); ferner selten an Ostsee, z.B. **PL:** Nov. 1914, Mai 1936, Okt. 1963, Okt. 1982, Nov. 1985, Dez. 1988, Okt. 1993, Okt. 1996 [3871]. **D:** -MV 22 Beob. (26 Ind.) bis 1998 [1369,575], doch neuerdings regelm. Überwinterung einzelner Ind. nachgewiesen (20 Beob. in 2 Wintern); -SH 7 Beob. (> 10 Ind.) bis 1998 [575]. Ausnahmsweise einzelne Ind. im Binnenland, meist nach starken NW-Stürmen; Nachw. bisher aus **D:** -NI Juni 1952, Jan. 1989, Nov. 1990, Jan. 1995, 2 mal Nov. 1995, Okt. 1996, Nov. 1996, Okt. 1997 [1369,575]; -NW Juni 1910, Nov. 1916, Nov. 1959, März 1966, Nov. 1969, Juli 1971, März 1988, Okt. 1990 [1369,575]; -HE Okt. 1974 [1680], -BW Winter 1835/36 [1722]; -RP Jan. 1995, Nov. 1995 [575]; -BB Jan. 1891 (vgl. PL), (Monat?) 1917, Dez. 1988, Okt. 1996 [1]; -ST Nov. 1968 [927]. **PL:** An Oder bei Slubice, Feb. 1891 [3871]. **CZ:** Juni 1976 [2159]. **A:** -W Nov. 1995 [3129]. Keine Nachweise aus CH, FL, L, SK. und H.

Verbreitung und Bestand. Nördlichster Alkenvogel. Brutvogel der Hocharktis (weniger Subarktis) auf GRÖ (+ E-Küste Ellesmere Land), Spitzbergen, Bäreninsel, Jan Mayen, vor N-Küste IS, Nowaja Semlja; »*polaris*« auf Franz-Joseph-Land. Weltbestand wahrschl. > 50 Mio. BP, davon 10-40 Mio. NW-GRÖ und etwa 1-3 Mio. Spitzbergen. Sonst in Europa nur Bestand RUS bedeutsam (100-500 T. BP) [383]. Starke Bestandsfluktuationen, langfristig stabil, aber Bestände im S wegen Erwärmung abnehmend [1507]; kleine Population IS bis 1997 erloschen [383].

SPEC	VSchRL	Bern.Konv.	Bonn.Konv.
--	--	Anh. III	--
Europ. RL	RL in ME		
--	--		

Wanderungen. Überwinterung je nach Möglichkeit in S Randmeeren des Nordpolarmeeres, ziehen aber auch bis 3000 km (z.B. Spitzbergen–SW-GRÖ; NW-GRÖ–Neufundland). Wichtigstes Wintergebiet Europas ist Skagerrak mit 1 Mio. Ind. [3596]. S-Grenze des Wintergebietes im W-Atantik ca. 40°N, im E etwa Färöer, N-Nordsee; einzelne in Ostsee. Dazu S-Verdriftungen (z.B. bis Florida oder E./P) und ausnahmsweise bis W-Mittelmeer, allerdings oft mit Totfunden. Winterquartier wird ab Anf. Okt. erreicht, Heimzug vor allem März/April.

Siedlungsdichte. Koloniebrüter. Riesige Kolonien.

Biotop. Meeresvogel, besonders an Pack- und Treibeis. Br. an Berghängen oder am Felsstrand, mitunter auch > 10 km vom offenen Meer entfernt; Jagdgründe mitunter weit vom Brutplatz entfernt. Im Winter von Küstengewässern bis zur offenen See.

Nahrung. Nicht nur Ad., sondern auch Junge vorwiegend schwarmbildende Planktonkrebse; kleine Schwarmfische nur Gelegenheitsbeute.

Stimme. Am Brutplatz Trillergesang etwa »trriä, trrriiiä, dä dä dä…«; Warnrufe ± kläffende einsilbige Laute; Duett der Partner am Brutplatz weiches Glucksen; außerhalb der Brutzeit schweigsam.

Verhalten. Tag- und dämmerungsaktiv. Schneller schwirrender Flügelschlag. Nahrungserwerb im flachen Tauchen. Brütet in gemischten Seevogelkolonien in meist wenigen Paaren; bildet riesige artreine Kolonien bis mehrere 100.000 BP oft mit Subkolonien. Reviergesang (vgl. oben) kann sich zu einem mehrere Minuten dauernden Massengesang entwickeln. Paare sind über mehrere J. stabil. Kopulationen relativ lange (ca. 30 sec). Auch außerhalb der Brutzeit gesellig.

Fortpflanzung, Brutbiologie [1369,3615,1551]. Geschlechtsreife offenbar mit 2 J. Monogame Saisonehe, doch hohe Kolonie- und Partnertreue. **Nest.** Nest in Felsspalten, zw. Felstrümmern etc., ungepolsterte oder mit Pflanzenmaterial oder Steinchen ausgelegte Mulde. **Legebeginn.** Eiablage 10. Juni/Anf. Juli. Hohe Synchronisation der Eiablage und rasche Entwicklung (kurzer Sommer!). **Gelegegröße.** 1. **Eier.** Spindelförmig, grünlich blau oder hellblau bis weißlich, meist ungefleckt. **Brutdauer.** 28–31 d, ♂ und ♀ brüten in Schichten von etwa 12 h. **Nestlingszeit.** Beide Eltern versorgen Juv. und hudern (erste Woche). Nestlingsdauer 23-30 d, dann fliegen Juv. (von Eltern begleitet?) aufs Meer hinaus, meist vor Mitte Aug. **Jahresbruten.** 1; Ersatzgelege?

Alter. Ältester Ringvogel mind. 9 J. **Generationslänge:** 16 J. [383].

Mauser. **Postjuvenile Mauser** (Teilmauser) Sept.-Okt./Nov.; Teile des Körpergefieders, bisweilen wohl fehlend [767,3679]. • **Postnuptialmauser** (Vollmauser) Mitte Aug./Sept.-Okt., Beginn z.T. während der Fütterungsphase, Einj. und ♀ früher als Ad. bzw. ♂; synchrone Großgefiedermauser gleich nach Verlassen des Brutplatzes [1311,3679]. • **Pränuptialmauser** (Teilmauser) (Dez.) Jan.–März (April), bei Einj. später; Teile des Körpergefieders [767,1311,3679].

Alca torda – Tordalk 06360

Alca torda Linnaeus 1758

(GB) **Razorbill** (F) **Petit Pingouin** (E) **Alca Común**

Taxonomie. Die zwei UA *torda* Linnaeus 1758 (Arktis, Ostsee) und *islandica* C.L.Brehm 1831 (IS, Faröer, W-Europa) unterscheiden sich geringfügig in der Größe, sind aber genetisch nur wenig differenziert [2697]. Schwesterart des Tordalken ist der in historischer Zeit ausgerottete Riesenalk *Pinguinus impennis* [2698], mit ehemals ebenfalls nordatlantischer Brutverbreitung.

Kennzeichen. [1784,1369,3772,221,3615,408].

Maße. Gr.: 37-39 cm. Gew. ♀, ♂ (Nominatf.): 524-890 g, (*islandica*) 372-645 g. Fl.spw.: 63-68 cm. Fl.l. ♀, ♂ (Nominatf.): 20.1-21.6 cm, (*islandica*) 18.7-20.0 cm [1369,3615].

Status. In ME *islandica* lokaler Brut- und Sommervogel. Nominatform aus N-Fennoskandien und N-RUS regelm. Wintergast an Ost- und wohl auch Nordseeküste; an Ostsee gebietsweise regelm. (z.B. Arkonasee mit neuerdings > 1.000 Überwinterern; häufig in Bucht von Gdansk PL, besonders März/April); im Sommerhalbjahr abseits der Brutplätze NE Bornholm selten.
Im ME Binnenland sehr seltener Gastvogel, u.a. folgende Nachw.: • **D:** -HE Feb. 1940; -RP (8 Ind.) Feb. 1940; -SN *islandica* März 1891, Nominatf. Jan. 1940 und Winter 1940 [3667]; -ST Okt. 1884, Juli 1894, Feb. 1986 [927]; -BY Monat (?) 1890, (Bod.) März 1987, selbes Ind. in A-V (s.u.) [1617,4175]; -BB Jan. 1830, Nov. 1997 [1]; -HE Feb. 1940 [1680]. • **H:** Winter 1935 [1369,2438]. • **A:** -V (Bod.) März 1987 [3129].

Verbreitung und Bestand. An N-Atlantik-Küste von E-CDN, Neuengland und W-GRÖ bis NW-F, Nord- und Ostsee, ferner nach NE bis Weißmeer und nach N bis Bäreninsel. In ME atlantische bzw. NW-europäische UA *islandica* mit 11-17 BP auf Helgoland; sehr große Brutkolonie (*torda*) auf Græsholmen/Christiansø bei Bornholm DK (60 km NE Rügen) mit bis zu ca. 1.000 BP [1422, erg.]. Gesamter europ. Brutbestand 430.000-770.000 BP (Trend positiv, in IS unklar); größte Populationen in IS (247-548 T.) und GB (126 T.), weitere Bestände > 10.000 BP in IRL, N. und S. [383]. Globaler Bestand etwa 0.6-1.0 Mio. BP [1784, veränd.].

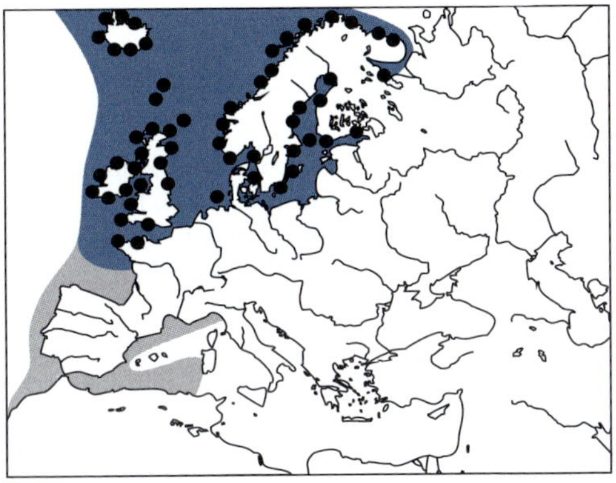

Alca torda – **Tordalk**

Wanderungen. ***islandica*** Winterquartier Küsten GB/IRL, S-Nordsee (in kleiner Zahl bis S-N. und Ostsee um DK), Atlantikküste F und E./P bis MA; im Mittelmeer einzeln bis ca. I/TN. Immat. GB/IRL außerhalb der Brutzeit entlang gesamter europ. Atlantikküste von S-N. bis S-MA, außerdem DK-Kattegat und im Mittelmeer nach E bis ca. Linie Elba – Tunis. Ad. GB/IRL meist weniger weit, Funde streuen jedoch ähnlich, allerdings keine Afrikafunde und nur 3mal Mittelmeer (2mal E., S-F) [4064]. Während der Mauser nach dem Absprung der Jungen bleiben Ad. + Juv. vor allem auf offenem Meer. Ab. 5.–15. Aug. keine mehr an Land, ab 2. Sept.hälfte Zug nach S. Ende Okt/Anf. Nov. Juv. aus GB/IRL im W Mittelmeer [weitere Ringfunde in 630; DK: 2411]. Einzelne Besuche der Küstengewässer nahe der Brutplätze schon ab Okt. Gros der Br. trifft im Mai im Brutgebiet ein. ***torda:*** Br. an eisfrei bleibenden Meeresteilen überwintern an Brutplätzen; andere (z.B. Weißes Meer) ziehen bis 2000/2700 km, so z.B. Br. N. nach S-N. und einzeln bis GB und Ärmelkanal; S-N. auch Hauptwinterquartier der Br. Murmanküste/Weißes Meer. Ostseepopulation überwintert im S und W der Ostsee, einige können aber bis GB wandern. Wegzug beginnt, sobald Junge schwimmen, also etwa ab Aug.; im Nov. dann die meisten im Winterquartier. Heimzug ab Feb./März, mit auffälligem Höhepunkt in W Ostsee im April.

Bestandsentwicklung. Exakte Bestandserfassung bereitet bei sehr großen Kolonien größere Probleme [1369,196,1507].

torda: Im 20. Jh. erhebliche, z.T. klimabedingte Schwankungen, einige Kolonien erloschen (z.T. aufgrund unerbittlicher Verfolgung) [1369,1507]; Trend inzwischen weitgehend positiv. Zwar leichte Bestandsabnahme in N., aber im restlichen Fennoskandien und Baltikum seit 1950er J. sehr starke Zunahmen, besonders auffällig erneut seit Mitte 1990er J. [1369,196,1585,1422]. Wiederbesiedlung Bornholms DK mit 3 BP 1996 (nach 96 J.!) [q3,1422].
islandica: Bis Anf. 20. Jh. deutliche Abnahmen der Bestände in Teilen W-Europas [S-GB, F: 1369]. In folgenden Jahrzehnten unterschiedliche Entwicklungen [vgl. 1343,1369,196]. Vorkommen auf Helgoland von 4-18 BP (1924-40), erlosch in 1950er J. [3615]. Danach unterbrochen durch Auswirkungen von Ölkatastrophen, fast in gesamt Europa starke Bestandszunahmen als Folge der Eutrophierung der Nordsee, auch auf IS (mit > ½ Weltbestand) [1343,196,1585,1507]. Dauerhafte Wiederansiedlung Helgolands ab 1975, dort in 1980er J. bis 4 BP , in 1990er J. 5-11 BP und 2001-03 12-17 BP [196,204,q7,453].

	Best.	Areal	Brutbestand	Jahr	Quelle
D	↑	=	11–17	1999–2002	[383,q7]

Siedlungsdichte. Koloniebrüter, oft zusammen mit Trottellumme, Kolonien aber kleiner.

Gefährdungsursachen [1369,1589,196,1507]. Derzeit größte Probleme sind hohe Verluste durch zunehmende Ölverschmutzung, Ertrinken in Fischnetzen und hohe Schadstoffbelastung.
Reduzierter Bruterfolg durch Störungen an Brutplätzen und durch Witterungseinflüsse.
Hauptgefährdung früher direkte Verfolgung, vor allem Jagd und Eierabsammeln. Einfluss der Jagd derzeit von lokaler Bedeutung.

SPEC	VSchRL	Bern.Konv.	Bonn.Konv.
E	--	Anh. III	--
Europ. RL	**RL in ME**		
--	D: 'R'		

Schutzmaßnahmen. Aufgrund derzeitig weitgehend positiver Entwicklung keine spezifischen Schutzmaßnahmen erforderlich.

Biotop. Meeresvogel, ganzjährig in Küstengewässern, im Winter offshore. Brutplätze wie Lummen, bevorzugt tiefere Brutplätze, oft auch am Rand oder abseits größerer Seevogelkolonien; Nester oft in Höhlen und Halbhöhlen.

Nahrung. Kleine pelagische Meeresfische (kleinere als Trottellumme), in Ostsee Sprotte bei weitem wichtigste Nestlingsnahrung [2409], sonst Sandaale und Gobiiden; im Winter vor allem Hering, Stichling und Gobiiden, auch bis 10% Crustaceen und Polychaeten [1307].

Stimme. Tief und rau knarrende »arr« oder »orr« in unterschiedlicher Länge und Gliederung. Wasserrufe der Jungen hoch »tüüiih«.

Verhalten. Tag und dämmerungsaktiv. Fliegt geradlinig mit raschem schwirrendem Flügelschlag; Ausdrucksflug beim Abflug von Klippen mit langsamen nach oben weit ausholenden Schlägen. Jagd einzeln; wie Lummen Flügeltaucher; Tauchtiefe meist nur wenige m. Fische (mehrere pro Anflug) für Jungvögel werden quer im Schnabel transportiert. Meist gesellig; Siedlungsdichte in Kolonien wegen der Vorliebe für ± geschützte Neststandorte geringer. Einzelne Großkolonien > 10.000 BP. Aggressive Auseinandersetzungen in den Kolonien nicht so häufig wie bei den dichter brütenden Lummen. Paare sind meist über mehrere Jahre stabil. Sehr selten fremde Junge (nicht vom fütternden ♂) im Nest. Zwischen Paarpartnern Schnäbeln, Hinabstarren und gegenseitige Gefiederpflege endet oft in Kopulationen. ♀ wirft während der Kopulation den Schnabel hoch. Gegenüber Störungen an der Kolonie vorsichtiger und empfindlicher als andere Alken. Außerhalb der Brutzeit wenig gesellig und im Winter meist nur in kleinen Trupps.

Fortpflanzung, Brutbiologie [1791,1369,337]. Erstbrüter 4–6-jährig; 3-jährige erscheinen meist erst gegen Ende der Bebrütungszeit an Kolonie. Möglicherweise geographische Unterschiede in Geschlechtsreife und auch 3-jährige Br. Monogame Saisonehe mit hoher Brutplatz- und Partnertreue. **Nest.** Nest in Höhlen, überdachten Nischen, Spalten und Kluften, Steinhaufen an höheren Felsen; selten frei auf Gesimsen. Nestbauhandlungen (vgl. Lummen), aber i.d.R. kein Material. **Legebeginn.** SW-GB schon letzte Aprildekade, meist ab Anf./Mitte Mai, in Ostsee ab Mitte Mai, FIN nicht vor Ende Mai/Anf. Juni. **Gelegegröße.** 1 Ei. **Eier.** Länglichoval, stark verjüngt, aber gewölbt, nicht geradlinig wie bei Lummen. Grundfarbe weiß (bis bräunlich, grünlich); variable Fleckenzeichnung, keine Kringel- und Wurmlinien wie bei Lummen. **Brutdauer.** 28–43 (Ø 36) d; Variation beruht auf unterschiedlicher Intensität am Anfang und wohl Wetter. ♂ und ♀ brüten und hudern; Ablösungen häufiger als bei Lummen. **Nestlings-/Führungszeit.** Beide Eltern füttern, 2-5 (1-7) Fütterungen/d. Schutz vor Fischraub durch Nachbarn nicht nötig, daher mehr (meist 5-6) Kleinfische gut sichtbar quer im Schnabel der anfliegenden Ad. aufgereiht; Absprung der Jungen nach 14-22 (Ø 17-18) d ähnlich wie bei Lummen (offenbar geographische Unterschiede im Zeitpunkt des Abspringens). Alkensprung meist Ende Juli/Anf. Aug. und später. Ad. führen dann Küken aufs Meer hinaus. **Jahresbruten.** 1; 1–2 Nachgelege. **Bruterfolg.** GB 0.71 springende Junge/BP und J., wobei 93 % der geschlüpften Jungen auch absprangen; Werte aus anderen Gebieten ± ähnlich.

Eimaße und -gewichte. (*torda*) L. 64.4-84.2 mm, B. 41.0-52.0 mm, Ø: 75.3 x 48.0 mm (n=167, S.); Frischvollgew. 80-107 g, $Ø_{42}$: 92 g; Schalengew. 6.5-12.7 g, $Ø_{250}$: 8.7 g.

Sterblichkeit, Alter. GB Ad. 8-10 %/J. Br. NW-Atlantik für Immat. 62 % und für Ad. 10 %/J. [657]. Ältester Ringvogel (GB) 30 J. 1 Monat [3654]; 3 als Ad. beringte brüteten nach 19 J. noch erfolgreich. **Generationslänge:** 16 J. [383].

Mauser. **Postjuvenile Mauser** (Teilmauser) Juli–Okt. (Nov.); Körpergefieder und einige Flügeldecken [767,139,3050]. • **1. Pränuptialmauser** (Teilmauser) Feb./März–Ende April/Mai [767,139,3050]. • **1. Postnuptialmauser** (Vollmauser) Mitte Juni–Sept. [767,139,3050,1311]. • **Postnuptialmauser** (Vollmauser) Ende Juli/Aug.-Okt. [139,1311,1543]; beginnt mit Körpergefieder und Randdecken, danach HS fast synchron abgeworfen, AS und ST etwas später. • **Pränuptialmauser** (Teilmauser) Jan.–März/April; Teile des Körpergefieders, aber variabel [767,139,3050,1311,1543].

Uria aalge – Trottellumme 06340

Uria aalge (Pontoppidan 1763)

(GB) (Common) Guillemot ((USA) Common Murre) **(F) Guillemot marmette** **(E) Arao Común**

Taxonomie. Drei UA im Atlantik und paläarktischen Nordmeer, *aalge* (Pontoppidan 1763), *albionis* Witherby 1923 und *hyperborea* Salomonsen 1932; variieren klinal in Körpermaßen und Färbung, sind aber genetisch nicht differenziert [2697]. Zwei weitere UA im Nordpazifik, *californica* (H. Bryant 1861) und *inornata* Salomonsen 1932 sind zwar nicht untereinander, aber von atlantischen Formen genetisch deutlich differenziert [1243,1245]. Anteil der Morphe mit weißem Augenring und Postokularstreif (»Ringellumme«) in allen Populationen von S nach N zunehmend und in manchen Populationen bis 50% (z.B. Nowaja Semlja) [767].

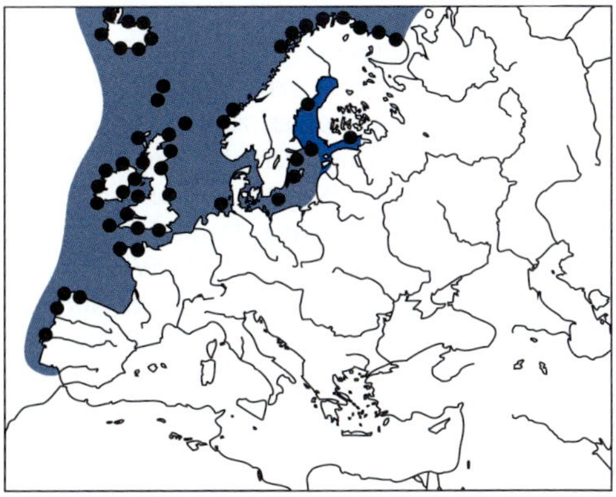

Uria aalge – Trottellumme

Kennzeichen. [1784,3615,767,1369,3772,221,408; weitere **Fotos** in Limic. **11**, 185, Dutch B. **20**, 179].

Maße. Gr.: 38-43 cm. Gew. (Nominatf.): Winter ♂ 490-844 g, ♀ 561-863 g; UA *albionis*: Brutzeit Ø: ♂ 853 g, ♀ 870 g; (Pazifische UA?): $Ø_{Ges.}$: 945-1044 g. Fl.spw.: (57) 64-71 cm. Fl.l.: ♂ 21.0-22.6 cm, ♀ 20.4-22.4 cm [1369,767].

Status. UA *albionis* in ME an Nordseeküste regelm. und meist ganzjährig; Nominatform Wintergast (meist außerhalb Sichtweite der Küste) auch an Ostsee; ferner UA *hyperborea* der Bäreninsel und N-RUS in NW-ME sehr seltener Wintergast. Im Binnenland nur ausnahmsweise Einzelne von Stürmen verschlagen, z.B. **CH:** Jan. 1836 [4152]. **D:** -

BW Nov. 1889 [1722]; -BY (Nov. 1904), Nov. 1908 [4175]; -BB Beleg zw. 1910-30, Jan. 1984 [1]; -TH Dez. 1892, März 1934, Dez. 1967 [2068]; -HE Jan. 1804 [1680]; ferner 4 Nachw. im Binnenland -NI [1589] und einer in -RP [1680]. **PL:** 2 mal Lagune der Weichsel [3871].

Verbreitung und Bestand. An Barents-See und N-Pazifik sowie Küsten N-Atlantik. Nominatform Brutvogel von Labrador und Neufundland bis IS, Schottland und N. sowie an Ostsee von DK bis S-FIN. UA *albionis* von SW-Schottland über IRL nach S bis Bretagne sowie in ME an Sandsteinfelsen Helgoland. Form «*ibericus*« (selten anerkannt) in NW-E. und P [1585,1784]. Atlantischer Gesamtbestand 2.0-2.7 Mio. BP (starke Zunahme), davon in IS 0.7-1.4 Mio. BP und in GB, IRL und Kanalinseln 1.0 Mio. BP [383], Populationen > 100.000 BP zudem auf Spitzbergen und Färöer; in ME (nur D) 2.500-2.600 BP [204,q7].

Wanderungen. Kurzstreckenzieher. Jungvögel während der beiden ersten J. in Schelfregion. Bis zum Flüggewerden Wanderungen in Begleitung mind. 1 (ebenfalls vorübergehend flugunfähigen) Ad. im Schwimmen. Verteilung der flugfähigen Jungen in Küstengewässern des Brutareals, aber auch nach N und S (z.B. bis Küsten Iberiens oder sogar W Mittelmeer). lrrgäste der europäischen Population bis E-Mittelmeer, Schwarzmeer bzw. E Küste N-Amerikas. **Ostseevögel** offenbar ± ganzjährig im Ostseeraum (W-Grenze der Verbreitung Pommersche Bucht E Rügen). Frühestens Anf. 3. Lebensjahr kommen Immat. zum Geburtsort zurück. Ad. sind meist nur während Jungenaufzucht und Brutmauser weiter von Brutkolonien entfernt. **Juv. von Helgoland** Juli/Aug. Deutsche Bucht; ab Sept. einige Ärmelkanal, Nov. viele Wiederfunde z.B. Oslofjord und S-N.; Dez. viele Funde Nordseeküste NL, B, S-GB, weiteste bis S-F (z.B. 1800 km Küstenstrecke). Dreijährige und ältere im Winter meist in Nähe Helgol. (Radius bis ca. 90 km) doch Einzelne weiter. **Juv. von GB** *(albionis)* ergaben Ringfunde entlang gesamter Atlantikküste von Lofoten bis Gibraltar, IS, Ostsee, 1mal Mittelmeerküste F. Ad. wandern weniger weit, aber Funde 2mal P, Golf von Biscaya bis Mittel-N. und 2mal Lofoten, IS [4064]. Ende Juli haben die meisten die Kolonien verlassen (Letzte 1. Aug.dekade); ab Aug./Sept. Beob. an koloniefernen Küstenteilen (z.B. F) zu erwarten. Während des Winters Ad. nur sporadisch an Kolonien. [Ringfunde DK:2411; S.:3701; Kolonieaustausch Ostsee:2408].

Bestandsentwicklung. Kontinuierliche Zunahme des Helgol. Bestandes von 1840 (etwa 300 BP) bis 1880 (etwa 2.500 BP) [1369]. Danach leichte Rückgänge bis 1930er J. (1.500-2.500 BP). Nach Wiederfreigabe der Insel in 1950er und 60er J. noch etwa 1.000 BP, dann erneute Abnahme bis 1972 auf Tiefpunkt von 800 BP [1369]. In der Folgezeit deutlicher Anstieg durch zunehmende Eutrophierung der Nordsee sowie Zunahme der Nahrungsfische (u.a. Sprotte, Sandaale) aufgrund Überfischung von Raubfischen sowie der Nahrungskonkurrenten dieser Fische (zudem verstärkt durch positive Entwicklung europäischer Brutgebieten, weniger durch größeren Bruterfolg der Helgol. Kolonie). Mitte 1980er J. wieder annähernd 2.500 BP. Koloniegröße ab 1990er J. bei erheblichen Schwankungen von J. zu J. kaum mehr verändert zwischen 2.000 und 2.600 BP [196,q7,1468,453], daher wohl durch mangelndes Nistplatzangebot limitiert. Anteil ad. Nichtbrüter in manchen J. sehr hoch.

	Best.	Areal	Brutbestand	Jahr	Quelle
D	⇧	=	2.500–2.600	1999–2001	[383,q7]

In Europa regional sehr unterschiedliche, auch kurzzeitig ändernde Trends, nach langer Phase der Zunahmen inzwischen vermehrt Rückgänge der nordischen Populationen in Färöer, N., Christiansø DK, RUS und N(E)-GB [1343,1507,196,1585,1422], dabei Einbruch der großen Population der Bäreninsel Mitte 1980er J. durch Kollaps der Fischpopulation (von *Mallotus villosus*); seither langsame Erholung [1507]. Alle Populationen in SW-Europa (F, E., P) nach Rückgängen inzwischen gefährdet [1507,1585]. In weiten Teilen Fennoskandiens, W-GB und IRL in 1990er J. dagegen erneut starke Zunahmen [1585,1507].

Siedlungsdichte. Koloniebrüter. Nestdichte meist etwa 20 BP/m^2, gelegentlich bis 50 BP/m^2 [1507].

Gefährdungsursachen [1369,196,1343,1589,310, 1468,2063]. Wichtigster Faktor heute: zunehmende, schleichende Ölverschmutzung der Nordsee und Ölpest nach Havarien (erhebliche direkte Verluste sowie indirekte Folgen für späteren Bruterfolg).
Hauptgefährdung früher kommerzielle Nutzung der Vögel, vor allem Bejagung und Eiersammeln, dadurch gebietsweise erhebliche Einbußen. Heute zwar viele Kolonien geschützt, doch drastische Eingriffe z.T. immer noch in Färöer, N., GB.

Zahlreiche Verluste in Stellnetzen sowie in treibenden Netzresten und anderem Müll.
Übernutzung der Fischbestände, insbesondere der Sandaale, Sprotten und Jungheringe.
Hohe Pestizid- und Schwermetallbelastung.
Geringer Bruterfolg durch Störungen an Brutplätzen.
Natürliche Ursachen: Nistplatzkonkurrenz mit Basstölpel (Silbermöwe) sowie Witterungseinflüsse.

SPEC	VSchRL	Bern.Konv.	Bonn.Konv.
--	Anh. I*	Anh. III	--
Europ. RL	RL in ME		
--	D: 'R'		

*nur UA *ibericus*

Schutzmaßnahmen. Aufgrund derzeit sehr günstiger Situation keine spezifischen Maßnahmen nötig. Allgemein intensive Vorbeugung zur Verhinderung von Ölunfällen und der Reduzierung der Ölverschmutzung sowie des Schadstoff-, Nährstoff- und Mülleintrages in Nordsee erforderlich.
Wegen Absturzgefahr von Teilen des Helgol. Brutfelsens Errichtung eines künstlichen Brutfelsens zur Erhöhung des Brutplatzangebots zu erwägen.
Verhinderung der Überfischung kleiner pelagischer Schwarmfischarten.

Biotop. Meeresvogel, der nur zur Fortpflanzung an Land geht. Große Kolonien vor allem an Kontaktbereichen kalter und warmer Strömungen oder an Stellen mit Turbulenzen und hohem Nahrungsangebot. Brutplätze steile Felsklippen mit schmalen Felsbändern oder kleinen Vorsprüngen (bis 600 m ü.M.), flache oder sanft geneigte Plattformen auf hohen Klippen oder ± geschützten Schären oder auf Blockhalden. Außerhalb der Brutzeit in Schelfmeeren.

Nahrung. Pelagisch lebende Schwarmfische wie Sprotte (in Ostsee bei weitem am wichtigsten, auch als Nestlingsnahrung) [2410], Hering, Sandaal, Dorsch etc.; Vorzugslänge 90-125 (Extreme 50-175) mm. In unbedeutender Menge auch marine Wirbellose.

Stimme. Unter den vielen Lauten an der Kolonie auffallend u.a. hartes »arrah« »o'orr« o.ä. (»Erregungskrähen«) und Krählaute anderer Funktionen, z.B. Begrüßung; daneben bellende Laute (2–4mal wiederholt). Ad. kennen nach einigen d ihre Jungen am Rufen, bes. am hellen Wasserruf wie »tuuii-tuuii..«, der vor allem an den dem Absprung vorausgehenden Tagen zu hören ist.

Verhalten. Tag- und dämmerungsaktiv. Schlechter Flieger mit raschen Flügelschlägen; vom Wasser erst nach längerem Anlauf Abheben (alle Alken). Aufrechte Haltung an Land; Rennen oder Schreiten auf kurzen Strecken möglich. Flügeltauchen: unter Wasser drehende und schlagende Bewegungen mit den Flügeln; Steuern durch alternierende Flügelbewegungen. Schwimmt mit alternierenden Paddelbewegungen der Füße nur relativ langsam; Flucht daher tauchend oder fliegend. Maximale Tauchtiefe ausnahmsweise bis 100-120 m, meist aber deutlich geringer. Bei der Jagd wird auch oft zunächst nur Kopf bis über die Augen ins Wasser gesteckt und der Fisch so verfolgt. Größere Fische werden oft schon unter Wasser verschlungen, kleinere meist erst nach dem Auftauchen. Geselliges Tauchen vor allem zur Brutzeit. Ausgesprochener Koloniebrüter mit engem Kontakt zu Artgenossen, doch deutliches Territorialverhalten. Jedes Paar füttert und verteidigt nur sein eigenes Junges. Enge Bindung zwischen den Brutpartnern durch gegenseitige Gefiederpflege gefördert. Brüten in dicht gedrängten Kolonien fördert Synchronisation und Bruterfolg, schafft aber z.B. auch Konflikte zw. Angriffs- und Fluchtintentionen. Gemischte Kolonien mit Dickschnabellumme; Tordalk ist in Konkurrenz um Brutplätze überlegen. Kopulation meist am Nistplatz wenn ♂ mit Futter zurück kommt. Selten fremde Junge im Nest (ca. 7.8% aller Jungen sind nicht vom fütternden ♂). Verhalten der Partner eines Paares dient in erster Linie dem Abbau der Aggression, z.B. seitliches Scheinputzen, Schnabel-Hoch-Haltung und wahrscheinlich auch das Hinabstarren. Paarbildung wohl meist am Nistplatz. Hohe Siedlungsdichte in Kolonien ist wirksamer Feindschutz. Je höher die Dichte, um so später werden bei Störung Küken oder Ei verlassen.

Fortpflanzung, Brutbiologie [1369,337]. Geschlechtsreife wohl frühestens 4-jährig, meist mit 5 J. (Gefg. auch 3 J. nachgewiesen). Monogame Saisonehe mit hoher Brutplatz- und damit auch Partnertreue. **Ankunft am Brutplatz.** Nistplatzbesuch frühestens ab Okt., zunächst aber noch selten und unreg.; ab Jan./Dez. meist häufiger, ab April dann regelm., aber erst nur am frühen Morgen. ♂ besetzt Brutterritorium. **Nest.** Nistplatz auf exponierten Gesimsen, Terrassen, Plateaus und kleinen Vorsprüngen. Große Dichte bevorzugt; beide Partner eines Paares müssen aber Platz haben. Ei wird direkt auf (oft mit Kot bedeckten) Fels gelegt. Jedoch Nestbauhandlungen, um Aufmerksamkeit des Partners auf gewählten Nistplatz zu lenken. **Legebeginn.** Eiablage meist Mai. Früheste Eier in verschiedenen Teilen des Areals ab Ende April. **Gelegegröße.** 1 Ei. **Eier.** Spitz kreiselförmig; rollen deshalb auf enger Kreisbahn. Grundfarbe weiß, grau, grünlich bis braun und dunkel grünblau. Färbung und komplizierte Flecken und Kritzelzeichnung außerordentlich variabel. **Brutdauer.** 30-35 (28-45) d. Beide brüten, stets mit Rücken zum Abgrund. Ei liegt auf den Füßen, die es gegen den Brutfleck drücken. Ablösungen oft schwierig und auf möglichst geringe Zahl beschränkt (nach 12-24 h). **Nestlings-/Führungszeit.** Junge sind extreme Platzhocker (Absturzgefahr; Trennung der Familien!); ein Ad. immer anwesend. Lange Huderzeiten; nicht gehuderte Küken suchen Kontakt zur Felswand. Lummen tragen stets nur einen Fisch beim Anflug zur Fütterung in Längsrichtung, für den Brutnachbarn möglichst unsichtbar. Beim Füttern wird durch Flügelspreizen (»Manteln«) Fischraub durch Nachbarn verhindert. Junge springen von Ende Juni bis Anf./Mitte Juli von den Brutfelsen ins Meer (»Lummensprung«). Absprung meist mit 18-24 d; Bereitschaft deutet sich bis 3 d vorher schon an durch ruheloses Umherwandern, Flügelschlagen etc. Gegenseitige Stimulation wirkt synchronisierend; Sprung meist in Abenddämmerung (noch ausreichende Sicht, potenzielle Räuber z.T. aber bereits behindert). Fall in Tiefe wird durch Flattern mit unfertigen Flügeln gebremst. Ad. fliegen zunächst mit, versammeln sich aber unten am Strand und erwarten die Küken, die oft noch auf Vorsprüngen landen und ± weit laufen müssen etc. Ad. und Juv. erkennen sich an den Rufen. Das schwimmende Junge wird von den Ad. gleich aufs Meer hinausgeführt und dann wahrscheinlich noch längere Zeit gefüttert. Flugfähig erst ca. 10 Wochen nach Verlassen des Brutplatzes; wird dann nur noch von einem Ad. (meist ♂) geführt. **Jahresbruten.** 1; bei frühem Verlust bis 2 Nachgelege. **Bruterfolg.** In ungestörten Kolonien 0.7–0.75 springende Junge/legendes BP und J. Geringer Bruterfolg nicht nur bei Störungen und ungünstigen Koloniestandorten, sondern vor allem auch durch Nahrungsmangel.

Eimaße und -gewichte (*albionis*). L. 72.5-92.7 mm, B. 44.0-53.6 mm, Ø: 81.5 x 49.7 mm (n=100, GB); Frischvollgew. ca. 105-125 g; Schalengew. 9.09-14.34 g, Ø_{100}: 12.3 g.

Sterblichkeit, Alter. Bis zur Geschlechtsreife (5. Lebensjahr) nach unterschiedlichen Methoden 60-80 % Sterblichkeit. Vögel mit mind. 1 J. Bruterfahrung 3.3–7-6 %/J. [1547]. Bei einer Überlebensrate von 91.5 %/J. müssen 24 % der flüggen Jungen Geschlechtsreife erreichen, um Population konstant zu halten. Todesursachen nach Ringfunden Juv. von Helgol. in neuerer Zeit 2 % Jagd, 42 % Fischereiopfer, 24 % Ölopfer [1795]. Sterblichkeit gereinigter Ölopfer nach Freilassung 99.4 % (GB), in USA auch mit modernen Methoden mittlere Lebenserwartung nach Freilassung < 10 d [Übersicht 2864]. Wegen Ringverlusten hohes Höchstalter nur durch wenige Funde belegt, z.B. > 32, 23 und 22 J. **Generationslänge:** 16 J. [383].

Mauser. Postjuvenile Mauser (Teilmauser) Aug./Sept.-Okt.; Körpergefieder und variable Anzahl von Flügeldecken [767,1369,139]. • **1. Pränuptialmauser** (Teilmauser) Jan./Mitte Feb.–Ende April/Mai [767,139]. • **1. Postnuptialmauser** (Vollmauser) Mitte Juni–Ende Okt./Nov. [1369,139]. • **Postnuptialmauser** (Vollmauser) Mitte Juli (Sept.)–Okt./Nov. [767,139,1311]; zuerst Kopf- und Vorderbrustfedern, nach 8–10 d alle HS innerhalb weniger d abgeworfen, ausgehend von HS 4–7; wenn HS mehr als ein Drittel nachgewachsen sind, werden AS rasch gemausert, etwas später fallen ST synchron [3832]; ca. 45–50 d flugunfähig; Dauer der HS-Mauser 25–90 d, AS-Mauser Ø < 25 d, ST-Mauser 35–86 d [1369,3832]. • **Pränuptialmauser** (Teilmauser) (Sept.) Okt./Nov.–(Ende Okt.) Nov./Jan. (März); Kopf- und Nackengefieder, bei Einj. und Zweij. umfangreicher [767,1369,139, 1311,1543].

Uria lomvia – Dickschnabellumme 06350

Uria lomvia (Linnaeus 1758)

(GB) Brünnich's Guillemot ((USA) Thick-billed Murre)

(F) Guillemot de Brünnich
(E) Arao de Brünnich

Taxonomie. Zwei deutlich in Größe unterschiedene UA, jedoch genetisch kaum differenziert [389]: *lomvia* (Linnaeus 1758) (Nord-Atlantik und paläarktischen Nordmeer) und *arra* (Pallas 1811) (N-Pazifik). Die früher zusätzlich abgegrenzten UA *eleonorae* (Taimyr) und *heckeri* (Wrangel-Insel) basieren auf minimalen Färbungsdifferenzen und sind nicht haltbar [1311].

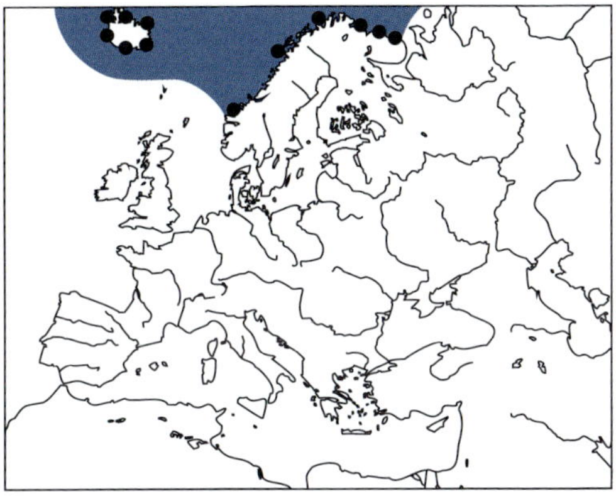

Uria lomvia – **Dickschnabellumme**

Kennzeichen. [1784,3615,1369,221,3772,408; weitere **Fotos** in Bird. W. **8**, 6, **15**, 132, Limicola **18**, 34, 36-38].

Maße. Gr.: 39-43 cm. Gew.: ♀, ♂ 750-1100 g. Fl.spw.: 65-73 cm. Fl.l.: ♀, ♂ 20.8-22.3 cm [1369,3615].

Status. Außerhalb der Küstengebiete N- und NW-Europas seltener Ausnahmegast. Großteil der Nachweise ME in NL und B (fast immer angeschwemmte Totfunde); anerkannt bisher: • **NL:** Dez. 1919, Dez. 1924, Feb. 1969, März 1974, Feb. 1979 (lebend, verölt), Jan. 1981, Apr. 1992 [277]. • **B:** Jan. 1981 (2 Totfunde), Dez. 1981 (verölt), Jan. 1995 [1677]. • **D:** -NI Nov. 1959; -MV März 1966 [1369]. • **PL:** (2 Nachw. 19. Jh. nicht mehr prüfbar), Apr. 1964 (verletzt 1948 Danziger Bucht, auf Nowaja Semlja beringt) [3871].
Einzige Binnenlandnachw. bisher: • **A:** -S Juni 1882 (Brutkleid) [1369]. • **D:** -NI Beleg eines Ind. im Brutkleid bei Wolfenbüttel, ohne Datum [1369]; (-SN Aug. 1987) [3667]. 2 Nachw. CS aus 19. Jh. nicht mehr anerkannt; Nachw. fehlen auch aus L, CH, FL und H.

SPEC	VSchRL	Bern.Konv.	Bonn.Konv.
3	--	Anh. III	--
Europ. RL	RL in ME		
VU	--		

Verbreitung und Bestand. Arktische und subarktische Küste N-Amerikas (Pazifik und Atlantik), ferner NE-Sibirien, einige Inseln im Nordmeer, Spitzbergen, IS, W- und vor allem E-GRÖ; im allg. also N als Trottellumme, z.T. decken sich die Areale. Bestand im N-Alantik ca. 6.5 Mio. BP, im Pazifik 4.5 Mio. BP [1784]. Bestände aller europäischen Populationen groß: IS 341-861 T., Spitzbergen 850 T., GRÖ 350-400 T. und N-RUS 250-500 T. BP [383]. In N-N. erste gesicherte Brut 1964, in der Folge 1.000-2.000 BP (1994) [3615,383]; Populationen auf IS und GRÖ mit starkem Rückgang, in RUS Trend unbekannt [383].

Wanderungen. Zugvogel; im N wegen ungünstiger Eisverhältnisse Brutgebiete z.T. kurzfristig oder auch länger verlassen durch z.T. weite Ausweichbewegungen. Winterquartier jedoch meist innerhalb der Treibeiszone. Ad. zeigen große Tendenz, möglichst nahe der Brutkolonien zu überwintern. In Europa S der Treibeisgrenze selten und meist Irrgast (bis NW-F). Lummensprung meist 2. Hälfte Aug./ Anf. Sept.; bis Ende Sept. Wanderung schwimmend. Br. Spitzbergens z.B. frühestens ab Ende Okt. vor SW-GRÖ, Br. N-CDN zur selben Zeit etwa vor Neufundland. Heimzug ab (Ende Feb.) März; Ein- und Zweijährige übersommern im Winterquartier. Rückkehr der Br. hängt von Eisschmelze ab.

Biotop. Wie Trottellumme, doch keine Kolonie auf ± offenen Plateaus. Nahrungssuche oft im Treibeis; bei Nahrungssuche oft weiter von Kolonien entfernt. Nichtbrüter bis > 200 km von Küste entfernt.

Nahrung. Junge werden mit kleinen Schwarmfischen gefüttert; Ad. leben aber auch zur Brutzeit oft großenteils von Makroplankton (z.B. Polychaeten, Crustaceen).

Stimme. Voller als Trottellumme; Schnarrlaute schneller, bei leichter Beunruhigung »arra-arra«; »Kontaktbellen« wie »rr-ho-ho-ho-ho«.

Verhalten. Tag- und dämmerungsaktiv. Flügeltauchen. Offenbar größere Tauchleistungen; auf Nahrungssuche meist weiter von Brutkolonie oder Küste entfernt als Trottellumme. Kann auch Bodenfische jagen. Beim Fischen Tauchtiefen bis > 70 m. Kolonien meist nicht in so großen Gruppen gegliedert wie bei Trottellumme. In gemischten Kolonien bilden beide Arten ± getrennte Einheiten. Im Verhalten beide Arten recht ähnlich. Balz ab Ankunft im Brutgebiet. Paare sind über mehrere J. stabil. Kopulationen (mit Flügelschlägen) werden von ♂ durch Rufe eingeleitet. Nach der Brutzeit in Familienverbänden mit ♂ und Jungen. ♀ ziehen später. Im Überwinterungsgebiet wenig gesellig; meist einzeln oder in lockeren Trupps.

Fortpflanzung, Brutbiologie [1369, 337, 3615, 1551]. Geschlechtsreife viell. früher als Trottellumme. Monogame Saisonehe mit hoher Nistplatz- und Partnertreue. **Nest.** Brütet auf schmalen bis 400 m ü.M. liegenden Felsbändern; begnügt sich aber auch mit sehr kleinen Brutflächen. Ei wird auf nackten Fels gelegt; Nestbauhandlungen wie bei Trottellumme. **Legebeginn.** Eiablage frühestens ab Ende Mai, meist Juni/Anf. Juli. **Gelegegröße.** 1 Ei. **Eier.** Wie Trottellumme; ebenfalls starke Variation. **Brutdauer.** Beide brüten, ca. (28) 30–35 d; Brutablösungen nach 12-24 h. **Nestlings-/Führungszeit.** Beide Ad. füttern. Junges bleibt ca. 20-25 (16-30) d auf dem Nestplatz. Lummen springen frühestens Mitte Juli (z.B. W Murman) bis ca. 20. Aug. (z.B. Nowaja Semlja) mit etwa ¼ des Endgewichts; Juv. auf Meer von Ad. (oft nur ♂) weiter versorgt; mit 50-70 d flugfähig. **Jahresbruten.** 1; bei frühem Eiverlust Nachgelege. **Bruterfolg.** N-Amerika 0.41 springende Junge/BP und J.

Eimaße und -gewichte: L: 71.6-89.5 mm, B: 46.1-55.0 mm, $Ø_{104}$ 80.1 x 50.0 mm; 78.9 x 51.1 mm (n=430, N-RUS). Frischvollgew.: 83-122 g. Schalengew.: 8.45-16.0 g, Ø 11.8 g.

Sterblichkeit, Alter. Überlebensrate von Juv. bis zum 5. Lebensjahr (Geschlechtsreife) 33–53 %. Älteste Ringvögel 22 J. 8 Monate, > 17, > 16 J. (doch Ringabnutzung sehr groß!). **Generationslänge:** 16 J. [383].

Mauser. **Postjuvenile Mauser** (Teilmauser) vermutlich ähnlich Trottellumme [767, 1369, 1311]. • **Postnuptialmauser** (Vollmauser) Ende Juli–Okt./Nov. (Dez.) [767, 1814, 1311]; Schwungfedern ab Ende Aug./Anf. Sept. abgeworfen [767]. • **Pränuptialmauser** (Teilmauser) bis (Feb.) April/Anf. Mai beendet, bei Einj. später [767, 1311].

Cepphus grylle – Gryllteiste 06380

Cepphus [grylle] grylle (Linnaeus 1758)

(GB) Black Guillemot **(F) Guillemot à miroir** **(E) Arao Aliblanco**

Taxonomie. Fünf gering differenzierte UA [Diskussion in 767]: *grylle* (Linnaeus 1758) (Ostsee), *mandtii* (Mandt 1822) (nördliche Arktis), *arcticus* (C.L. Brehm 1924) (Subarktis), *faeroeensis* (C.L. Brehm 1831) (Färöer) und *islandicus* Hørring 1937 (IS). Bildet Superspezies mit *C. columba* (Beringsee, Westküste N-Amerikas S bis Kalifornien) und *C. carbo* (Ochotskisches Meer bis JAP).

Kennzeichen. [1784, 1369, 221, 3772, 3615, 408; weitere **Fotos** in Limic. **15**, 125, Dutch B. **20**, 315, **21**, 317, **23**, 125, 384, Bird. W. **8**, 153, **14**, 50, **15**, 47, **17**, 376, Var Fag. 1999/**3**, 7].

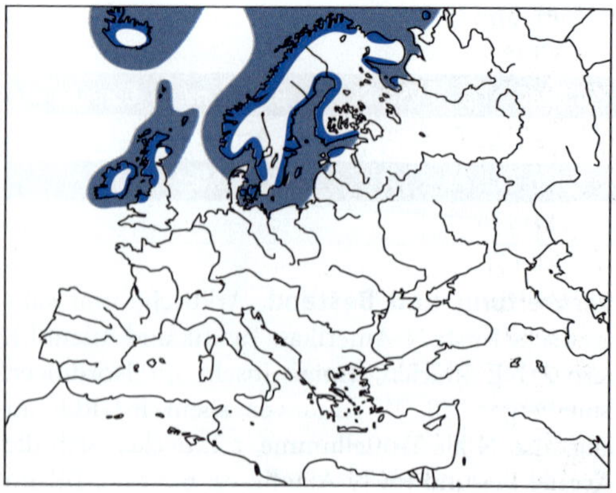

Cepphus grylle – **Gryllteiste**

Maße. Gr.: 30-32 cm. Gew. ♀, ♂: (Nominatf. ?) 450-550 g, (*arcticus*) 340-500 g. Fl.spw.: 52-58 cm. Fl.l. ♀, ♂: (Nominatf.) 16.9-18.2 cm, (*faeroeensis*) 15.3-16.2 cm [1369,3615].

Status. In ME Nominatform regelm. Gastvogel an Ostseeküste **PL, D**-MV (auch im Sommerhalbjahr) und selten -SH, aber größere Bestände im Offshore-Bereich [1307], dabei wichtigstes Überwinterungsgebiet Adlergrund mit 500-1.000 Ind.; sehr wenige Binnenlandnachw., z.B. **CZ:** Feb. 1979 (Zuordnung sicher?) [1369,2159]. **D:** -BY Jan. 1924 [4175]; -SN März 1942, Nov. 1978 [3667].
UA *atlantis (+arcticus)* unregelm. Gastvogel zu allen Jahreszeiten an Nordseeküste **B, NL** [77 Nachw. bis 2001, 277,q16], **D** vor allem als Spätsommergast auch an Ostseeküste (**D**-MV), insgesamt an Ostsee seltener als *grylle* [1369]. 1953 unbefruchtetes Gelege D-MV (UA-Zuordnung?) [337].
UA *mandtii* (zirkumpolar Nordmeere) 1 mal auf Helgoland nachgewiesen [337].
Unbestimmte UA im Binnenland: **D:** -BW März 1870 [1722]; -BB Beleg Anf. 19. Jh. [1369]; -BE Feb. 1988 [1]; -TH Winter 1913 [2068]. **CZ:** Jan. 1986 [2159]. (CH: Nachw. von Anf. 19. Jh. gestrichen [4152].)

Verbreitung und Bestand. Brutvogel an Küste N-Pazifik einschließlich Beringstraße, arktisches N-Amerika (S bis Neufundland), GRÖ, arktische Inselgruppen Eurasiens (bis Neusibirische Inseln), NW-Europa nach S bis S-IRL und S-S. [1369]. Globale Brutpopulation ungenau bekannt, geschätzt > 350.000 BP [1784,1585], europäischer Bestand (4 UA) 130.000-300.000, insgesamt stabil [383], Populationen > 10.000 BP in GRÖ, IS, N., Spitzbergen, FIN, GB und RUS [383]. Bestände derzeit in Skandinaven abnehmend, IS, GRÖ und Färöer stabil, in FIN, DK und GB zunehmend [383,1507]. Bestände in SE-Schottland im 19. Jh., in Yorkshire 1948 erloschen [3615].

Wanderungen. ***grylle*** im Winter konzentriert an W- und S-Ostsee; meist Dez/Jan. Wintergründe erreicht; April/Mai Rückkehr an Brutplätze. Br. GB/IRL bleiben in Nähe der Brutkolonien, vereinzelt Dispersion innerhalb der Brit. Inseln [4064]. ***atlantis*** überwintert im Allg. nicht weiter als 300/400 km vom Brutplatz, z.T. im Treibeis (z.B. Weißes Meer); von N. Einzelne bis Atlantikküste F (S bis Gironde) [Details 1652], Aug./Sept. Ad. + Juv. auf offener See; Rückkehr an Brutplätze auch von Eisverhältnissen abhängig, im S meist im März. Generell hohe Geburtsortstreue, jedoch auch bis 50 % Immigranten geschätzt [IS: 1232].

Siedlungsdichte. Höhlenbrüter, daher Einzelbrüter oder in kleinen Kolonien bis 20 BP [1507].

Gefährdung. Wie bei anderen Alkenarten Ölverschmutzung, menschliche Verfolgung, Ertrinken in Fischernetzen, Witterungseinflüsse. Dazu Prädation (Mink, Ratten) [1507,3892].

SPEC	VSchRL	Bern.Konv.	Bonn.Konv.
2	--	Anh. III	--
Europ. RL	RL in ME		
--	--		

Biotop. Br. meist direkt an der Küste auf Fels-, Kies- oder Sandinseln oder zwischen Felsen am Fuß steiler Böschungen, an niedrigen Klippen, aber mitunter bis 600 m über Wasserspiegel; in gemischten Kolonien aber meist in unteren Stockwerken; auch an Molenbauten. Nahrungserwerb im küstennahen Seichtwasser, aber auch weiter draußen am Packeisrand und an Eisbergen.

Nahrung. Jungennahrung überwiegend Fische der flachen Küstengewässer, z.T. auch Crustaceen. Im Winterhalbjahr Hauptnahrung Crustaceen, daneben auch Mollusken, Borstenwürmer etc. Bedarf in Gefg. 80-240 g Fisch/d [337].

Stimme. Hohes, durchdringendes Pfeifen »siiie«, gegen Ende leicht abfallend. Singvogelähnlich zwitschernd, schneller werdend »zit-zit-zit.«, zweisilbig »dü-sit dü-sit.«.

Verhalten. Vorwiegend tagaktiv. Fliegen gewandter als Lummen und oft in großer Höhe zum Brutplatz. Nahrungserwerb durch Tauchen (Flügeltaucher) im Flachwasser dicht über dem Meeresgrund, (3.5)5-18(20) m tief. Tauchzeit 30–50 (ausnahmsweise bis > 70) sec. Vor dem Tauchen häufig »Wasserlugen« (= Kopf bis über Auge ins Wasser). Brütet in Einzelpaaren oder lockeren Gruppen bis kolonieartigen Ansammlungen. Verteilung der BP in erster Linie durch Angebot geeigneter Nistplätze bestimmt. Verteidigung eines Nistplatzes und meist eines Ruheplatzes, z.B. an Küste. »Gemeinschaftsspiele« als Verfolgung im Wasser, im Fliegen und zu Land während der ganzen Brutperiode. Kopulation meist von Balzzeremonie eingeleitet. Brutpaare sind meist über mehrere Jahre stabil. Brutnachbarn oft andere Alken, Möwen, auch Entenvögel. Einzelne oft sehr zutraulich auch außerhalb der Brutkolonie. Nach der Brutzeit meist einzeln oder in lockeren kleinen Gruppen.

Fortpflanzung, Brutbiologie. Geschlechtsreife frühestens mit 2 Jahren, wohl oft Erstbrut später. Monogame Saisonehe mit sehr hoher Brutplatz- und daher Partnertreue. **Ankunft am Brutplatz.** Meist ab Anf. März, doch bei entsprechenden Verhältnissen auch erst bis Anf. Juni. **Nest.** Nest meist in Höhlen oder Halbhöhlen, in Felsspalten oder zw. Steinen, auch in Erdhöhlungen, unter Balken etc. (z.B. in ehemaligen Uferschwalbenhöhlen), Eier liegen in gescharrter Mulde auf dem Boden; oft etwas Material. **Legebeginn.** Je nach Lage in Europa frühestens ab Anf. Mai, weit im N auch erst Juni. **Gelegegröße.** Gelege 2 Eier, selten 1 oder 3, z.B. DK 328mal 2, 58mal 1. **Eier.** Kurz spindelförmig oder länglichoval, nicht so stark zugespitzt wie bei Lummen. Grundfarbe weißlich bis grünlich bzw. hellbraun; relativ große dunkelbraune Flecken in unterschiedlicher Zahl, Größe und Form. **Brutdauer.** Ca. 25–36 d. Beide brüten (♂ nachts, ♀ tagsüber), Beginn nach 1. Ei. **Nestlings-/Führungszeit.** Beide füttern und hudern in ersten Tagen. Junge verlassen den Nistplatz, wenn Schwungfedern noch nicht ganz ausgewachsen sind und ein langsames Abgleiten zulassen; Nestlingszeit mit geographischen Unterschieden 35 bis > 40 d (Juv. eines Nests im Abstand von 1-2, seltener bis 8 d); Juv. nach Ausfliegen selbständig. **Jahresbruten.** 1; Nachgelege. **Bruterfolg.** DK von 683 Eiern schlüpften 59 % und 54 % der Jungen erreichten Ausfliegealter. Ausfliegeerfolg höher bei älteren Brutpaaren und in Kolonien gegenüber Einzelbruten. IS von 935 Eiern 80 % Schlupferfolg und 89 % aller Küken überlebten bis zum Ausflug. Besondere Anfälligkeit gegen Bodenräuber (Wiesel, Ratten etc.).

Eimaße und -gewichte (*atlantis*): L: 53.0-68.0 mm, B: 32.2-43.9 mm; Ø 58.1 x 39.5 mm (n=100, GB); 57.5 x 38.8 mm (n=461, DK). Frischvollgew.: 39-57 g; Ø DK_{106} 47.9 ± 3.4 g. Schalengew.: ca. 3-5 g; (*grylle*) $Ø_{102}$ 4.24 g.

Sterblichkeit, Alter. Ad. IS 13 %/J. [1231]; DK im 1. Jahr 51 %, Ad. 14 %/J. [1230]. Ältester Ringvogel (GB) 22 J. 11 Monate [3654]. **Generationslänge:** 9 J. [383].

Mauser. **Postjuvenile Mauser** (Teilmauser) Ende Aug./Anf. Sept.–Ende Okt./Mitte Dez. • 1. **Pränuptialmauser** (Teilmauser) März/April–Mai/Juni; umfasst jeweils nur Körpergefieder [767,139,1311,1074]. • 1. **Postnuptialmauser** (Vollmauser) Juli–Sept. [139]. • **Postnuptialmauser** (Vollmauser) beginnt mit Körpergefieder während der Jungenaufzucht, (Juli) Aug.–Ende Nov./Anf. Dez. [767,1369,1311,1074]; synchrone Schwingenmauser meist ab Mitte Aug./Sept. und ca. 4–5 Wochen flugunfähig, Aug./Mitte Okt. [139,1074]; ST werden abgeworfen, wenn HS und AS wieder nachwachsen. • **Pränuptialmauser** (Teilmauser) *atlantis* (Nov.) Dez.–(Jan.) Feb./März, *grylle* März–April, abhängig von Wassertemperatur; Körpergefieder [767,1369,139,1311,1543].

Brachyramphus marmoratus – Marmelalk 06410

Brachyramphus marmoratus (J.F. Gmelin 1789)

oder *Brachyramphus perdix* – Langschnabelalk

Brachyramphus perdix (Pallas 1811)

(GB) **Marbled Murrelet oder Long-billed Murrelet**
(F) **Guillemot à long bec**
(E) **Mérgulo (Jaspeado)**

Taxonomie. Beide Arten monotypisch. Brutgebiet Kamtschatka bis Hokkaido. *B. perdix* wurde früher als UA des Marmelalks *B. marmoratus* (N-Pazifik von Aleuten bis Kalifornien) angesehen, doch dieser mit Kurzschnabelalk *B. brevirostris* (Alaska, NE-Sibirien) nächstverwandt, während *perdix* die Schwesterart der beiden ist (Befunde anhand von mtDNA und Allozymen) [1244]. Da *marmoratus* und *brevirostris* sympatrisch brüten, ist Zusammenfassung zu Superspezies nicht gerechtfertigt, wenngleich alle drei nah verwandt sind (Trennung innerhalb der letzten 2-3 Millionen Jahre).

Kennzeichen. Zur Bestimmung und zum Auftreten in N-Amerika (mehrfach bis > 10.000 km vom Brutgebiet entfernt!) [s. 2648 (mit zahlreichen Fotos); 3566; **Fotos** des bisher einzigen W-paläarktischen Nachw.:2515].

Maße. Gr.: 24-26 cm. Gew. Ø: 290 g. Fl.spw.: 47-63 cm [1784,3566].

Status. Pazifische Art. In Europa und W-Paläarktis völlig unerwarteter Irrgast, mit nur einem Nachweis, Form wahrscheinlich *perdix* (nicht gesichert, evtl *marmoratus*): • **CH:** -ZH Dez. 1997 in Fischernetz ertrunken [4152].

Verbreitung und Bestand. Brutvogel im N-Pazifik von Kamtschatka und N-JAP über Beringmeer bis Pazifikküste N-Amerika (Alaska bis Zentral-Kalifornien) [1784]. Weltbestand etwa 400.000 Ind., nicht gefährdet [1784].

Wanderungen. Zugvogel. Verlässt Brutgebiete Sept./Okt. bis Mai, überwintert im S des Ochotskischen Meeres, S-JAP [1784].

Biotop. Br. in Altholzbeständen (Koniferen) bis 60 km von Küste entfernt in Baumhöhlen, zuweilen auch auf Boden (auch an Küsteninseln mit Anhöhen); außerhalb Brutzeit weitestgehend pelagisch.

Nahrung. Leuchtkrebse und Fische dominieren zur Brutzeit; außerhalb verschiedene Crustaceen, Fische u.a.

Mauser. **Postjuvenile Mauser** (Vollmauser) bis Spätherbst beendet [1814,3050]. • **Postnuptialmauser** (Vollmauser) Juli/Aug.–Nov. (Dez.) [1814,3050,1311]; durch rasche Schwingenmauser ca. 2 Monate flugunfähig [1311]. • **Pränuptialmauser** (Teilmauser) Feb./März–Mai [3050,1311].

Möwen und Seeschwalben

Mittelgroße bis große Vögel mit überwiegend grauem oder weißem Federkleid, oft mit grauer, brauner oder schwarzer Gesichtsmaske und dunklen Schwingenspitzen. Schwanz gerade, schwach gerundet, selten ± keilförmig oder ausgeschnitten. Drei Vorderzehen mit Schwimmhäuten verbunden, Hinterzehe angehoben und stark verkürzt oder fehlend. Geschlechter im Gefieder gleich, doch ♂ meist größer (z.T. auch Schnabel). Küsten- und Binnengewässer, wenige Arten regelm. auf offener See. Suchjäger, die nur wenig oder nicht tauchen können und daher Nahrung von der Wasseroberfläche ablesen; häufig Abfallfresser. Meist Bodenbrüter, einige ± spezialisierte Felsbrüter. Dunenjunge heller oder dunkler braun mit kräftiger dunkler Oberseitenzeichnung; ± ausgeprägte Platzhocker. Zur umfassenden Bestimmung der nordhemisphärischen Arten [1408,2454] Übersicht der unterschiedlichen Mauserstrategien innerhalb der Familie [1779].

Die gegenseitige Monophylie der Familien **Laridae** und **Sternidae** ist bisher relativ schwach gestützt, doch liegen keine anders lautenden molekularen oder morphologischen Daten vor [vgl. 3564], so dass diese Abgrenzung hier beibehalten wird.

Familie *Laridae* – Möwen

Die Artenzahl der Möwen lässt sich wegen mehrerer Grenzfälle unter den »Großmöwen« (Silber-Heringsmöwen-Komplex) nicht genau angeben. Nimmt man für die nordhemisphärischen Großmöwen 17 Arten an [2454], was den vorliegenden genetischen Daten entspricht [2315,2316], sind es weltweit folglich 55 Arten [3565, veränd.]. Die Verwandtschaftsverhältnisse innerhalb der Familie sind erst in Ansätzen molekular untersucht worden, und zwar ausschließlich mittels mtDNA [1607,1608,777,2316]. Bei den vorliegenden Analysen phänotypischer Merkmale [676N] ist unklar, wie phylogenetisch informativ die Merkmale wirklich sind. Immerhin weisen Analysen phänotypischer und molekularer (mtDNA) Merkmale übereinstimmend darauf hin, dass es unter den rezenten Möwen mindestens vier basale Evolutionslinien gibt: (1) Dreizehenmöwen (*Rissa*, 2 Arten), (2) Elfenbeinmöwe (*Pagophila eburnea)*, deren Schwesterart möglicherweise die Schwalbenmöwe (*Xema sabinii*) ist, (3) Rosenmöwe (»*Rhodostethia*« *rosea*) und Zwergmöwe (»*Larus*« *minutus*), (4) alle anderen nordhemisphärischen Arten (darin »Großmöwen« als abgeleitete Teilgruppe).

Die bisher vorliegenden DNA-Sequenzen (des mitochondrialen Cytochrom b-Gens) sprechen für die Monophylie der Gattung *Larus*, wenn die drei o.g. basalen Linien, also auch die Zwergmöwe, ausgeklammert werden (aus manchen Daten nicht ablesbar wegen zu kurzer Sequenzen) [vgl. 777]. Auch Monophylie der artenreichen »weißköpfigen Großmöwen« unter Einschluss von *L. canus, delawarensis, californicus* (und ggf. weiteren) wird von diesen Sequenzen gut gestützt, weshalb diese Gruppe hier zum Schluss aufgeführt wird. Ein dunkel (schwarz) befiederter Kopf ist innerhalb der Möwen recht früh entstanden und dann mehrfach unabhängig voneinander wieder verlorengegangen. Eine graue Kopfmaske (*L. cirrocephalus*) und ein schwarzer Halsring (*H. roseus*) sind als Zwischenstufen eines solchen Reduktionsprozesses zu interpretieren. Die dunkelköpfigen Arten sind untereinander also nicht nächstverwandt.

• Gattung *Hydrocoloeus*

Schwesterbeziehung zwischen Rosen- und Zwergmöwe ist durch phänotypische Merkmale (z.B. auffällige Übereinstimmungen im Gefieder aller Altersklassen, osteologische Merkmale) sehr gut und seit langem belegt [676N,3050]. Die taxonomische Konsequenz, beide Arten in dieselbe Gattung zu stellen, hat sich jedoch bis heute nicht durchgesetzt. DNA-Sequenzen liegen bisher nur von der Zwergmöwe vor [1607, A.J. Helbig] und zeigen, dass die Art genetisch von *Larus* ebenso verschieden ist wie *Rissa*. Dies unterstreicht die Plausibilität einer Abtrennung auf Gattungsniveau. Für eine nur aus Rosen- und Zwergmöwe bestehende Gattung hat der Name *Hydrocoloeus* (Kaup 1829) Priorität.

• Gattung *Larus*

Die Gattung besteht nach ersten molekularen Untersuchungen aus vier deutlich getrennten Evolutionslinien, deren Verwandtschaft untereinander noch genauer zu klären bleibt: (i) *ridibundus*-Gruppe (u.a. mit *ridibundus, cirrocephalus, brunnicephalus, genei, philadelphia*, wahrscheinlich *saundersi*), (ii) *atricilla*-Gruppe (*atricilla, pipixcan, modestus*), (iii) *melanocephalus*-Gruppe (u.a. *melanocephalus, relictus, ichthyaetus, audouinii, hemprichii, leucophthalmus*) und (iv) Großmöwen-Gruppe (u.a. *heermanni, delawarensis, canus, californicus, crassirostris, marinus* und Silber-Heringsmöwen-Komplex).

Larus argentatus-/fuscus-/cachinnans-Komplex

Dieser evolutiv sehr junge Formenkreis war in letzten J. Gegenstand intensiver Untersuchungen im Hinblick auf Unterscheidung im Freiland sowie auf genetische Differenzierung und Verwandtschaft nach mtDNA-Sequenzen [777,2313,2314,2315,2316] und nuklearen Markern [3614,2066]. Es bleiben jedoch viele Fragen offen und etliche taxonomische Probleme können derzeit noch nicht befriedigend gelöst werden. Übersicht des aktuellen Stands der Diskussion [4187]. Da die Mantelmöwe (*L. marinus*) evolutiv nicht älter zu sein scheint als andere Linien des Silber-Heringsmöwen-Komplexes und wegen fehlender Übereinstimmung zw. dem Grad der reproduktiven Isolation und der genetischen Distanz der Taxa [2316], sollte man Superspezies sehr eng fassen, um paraphyletische Gruppierungen zu vermeiden. Hybridisation tritt zwischen Großmöwen vor allem bei neu entstandenem geographischen Kontakt auf und kann, wenn die Hybridnachteile erheblich sind, mit Dauer des Kontaktes abnehmen und ganz verschwinden. Dieser Prozess war in erster Hälfte des 20. Jh. auffällig bei Einwanderung der Heringsmöwe ins Brutgebiet der Silbermöwe an S Nordseeküste, wo es anfangs ebenfalls zu Hybridisation kam [3851].

Rissa tridactyla – Dreizehenmöwe 06020

Rissa tridactyla (Linnaeus 1758)

(GB) Black-legged Kittiwake **(F) Mouette tridactyle** **(E) Gaviota Tridáctila**

Taxonomie. Zwei gering differenzierte UA, hauptsächlich im Schwarzanteil der Flügelspitze unterschieden [vgl. 661]: *tridactyla* (Linnaeus 1758) (NE-CDN, Nordatlantik E bis Wrangelinsel) und *pollicaris* Ridgway 1884 (N-Pazifik). Schwesterart ist die im Beringmeer endemische und mit *R. tridactyla* sympatrische *Rissa brevirostris.*

Kennzeichen. [1784,1369,221,3772,3615,408; weitere **Fotos** in Limic. **16**, 100, Brit. B. **95**, 245].

Maße. Gr.: 38-40 cm. Gew.: ♂ 350-500 g, ♀ 310-470 g. Fl.spw.: 91-120 cm. Fl.l.: ♂ 29.0-32.6 cm, ♀ 27.9-31.8 cm [1369,3615].

Status. Abseits der Brutgebiete regelm., aber nicht zahlreicher Gastvogel, ganzjährig (bes. aber Winter) an Nordseeküste, in NL bei entsprechenden Wetterbedingungen auch gelegentlich > 10.000 Ind. Im Offshorebereich erheblich größere Bestände, allein in Nordsee D pro Winter 18.800 Ind. [1298]. An Ostseeküste regelm. in abnehmender Häufigkeit nach E, in PL daher relativ selten. Im Binnenland (bis Alpenraum) Juv. einzeln fast jährlich, meist Okt.-Jan., Ad. (offenbar z.T. Nichtbrüter) auch im Frühjahr einzeln. Daneben auch sturmbedingte »Einflüge« ins Binnenland meist im Vorfrühling, dabei viele Ind. ± entkräftet [337].

Verbreitung und Bestand. Zirkumpolar holarktisch in den Küstenbereichen der gemäßigten Zone (ca. 47° N) bis in Hocharktis von SW- bis NW-Europa, sowie in GRÖ, W-RUS, E-Sibirien sowie Alaska und CDN. Europäische Brutbestand 2.1-3.0 Mio. BP (leicht rückläufig), mit größten Vorkommen in IS (631 T. BP), N. (300-600 T.), GB (380 T.), Färöer (230 T.), GRÖ (150-300 T.) und Spitzbergen (265-275 T. BP) [383]. In ME lange Zeit auf Helgoland beschränkt, mit rasch wachsendem Bestand von inzwischen 8.600 BP (2001) [q7]; neuerdings auch in NL [3638].

Wanderungen. Auffällige Dispersionswanderungen, kein saisonaler Zug im engeren Sinne. Außerhalb der Brutzeit hauptsächlich auf offenem Meer, Br. aus Europa und IS im N-Atlantik von Packeiszone S bis Sargasso-Meer, Azoren, W-Mittelmeer. Weiter S meist nur relativ wenige Juv. (z.B. bis Senegal, Kapverden, einzeln bis S-Afrika), im Mittelmeer nach E bis Ägäis. Wanderungen innerhalb dieses Raums mehr oder weniger wetterabhängig (besonders Windverhältnisse). Europäische Br. bis N-Amerika, Br. GRÖ bis W-Europa. Offenbar überwintern Br. aus dem S weiter im S als solche aus dem N; gilt wohl auch für übersommernde Nichtbrüter [z.B. 161 (dort auch Ringfunde Br. N.); lrrgastfund Schottland–UA.; weitere Ringfunde GB/IRL (Br. bis CDN, GRÖ, N., FIN, Binnenland-D, Nordseeanrainer, F) bei 4064]. Nach Flüggewerden der Jungen ziehen Ad. meist ab (Ende Juli/Mitte Aug.), ab Okt. regelrechter Wegzug, jedoch besuchen Ad. in GB die Kolonieplätze z.T. bis Nov. Koloniebelegung in GB ab (Jan.) Feb., in N. ab März/April. Bis Anf. März sind südlichste Teile des

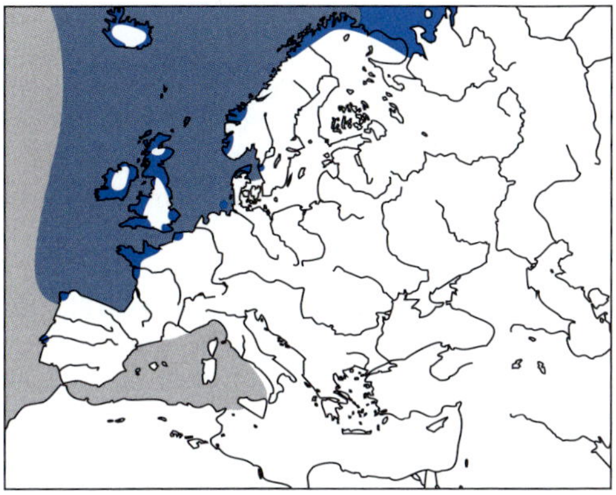

Rissa tridactyla – **Dreizehenmöwe**

Wintergebietes verlassen, im Sommer nahezu keine Hochseebeob. (Konzentrationen aller Altersklassen dann vor Kontinentalküsten und im Koloniebereich) [3615]. Geburtsorts- und Brutortstreue, aber auch Fremdansiedlungen; von 2–3jährigen tauchen meist noch sehr wenige in Geburtskolonie auf. Neugründungen von Kolonien meist durch Erstbrüter.

	Best.	Areal	Brutbestand	Jahr	Quelle
D	⇧	=	7.300–8.600	1999–2001	[383,q7]
NL	N	N	3–3	2000–2001	[383]

Bestandsentwicklung. Bis Anf. 19. Jh. aufgrund starker Verfolgung erheblicher Bestandsrückgang in Europa, dadurch u.a. Erlöschen der Helgol. Population. Erst nach Schutzmaßnahmen und Rückgang der Verfolgung ab 1900 langsame Erholung; Eutrophierung der Nordsee und derzeitige Praxis der Hochseefischerei wohl ebenfalls günstig. In ME erst durch Neubesiedlung Helgol. 1938 Br.; danach Bestand langsam, kontinuierlich anwachsend, sehr starker Anstieg ab 1970er J.: 3 BP (1938), 8 (1952), 44 (1956), 85 (1959), 390 (1971), 1.659 (1979), 2.650 (1981), 3.500 (1990) bis 8.600 BP (2001) [204,q4]. Neubesiedlung DK 1941 [1369], seither kontinuierliche Zunahme mit mehreren Konlonieneugründungen auf > 625 BP (1996) [1422]. Auch in F seit Neuansiedlung in 1970er J. fest etabliert, 1995 schon > 5.500 BP [204], kleine Kolonien inzwischen auch in E. und P [1507]. Meiste potenziellen Fels-Brutplätze im Nordseebereich inzwischen besetzt, bei ausbleibender Störung auch an marinen Bauten (Piere, Wellenbrecher) [1507]. Seit 2000 erfolgreiche Ansiedlung von mind. 3 BP an Ölplattformen vor Küste NL [3638].

Mittlere Wachstumsrate in GB bis 1980er J. jährlich 4% [1343]. Seither Bruterfolg in Teilen GB erheblich geringer und z.T. größere Umsiedlungen [zu Bestandsabnahmen: vgl. 1343,1507], aber insgesamt Zunahme anhaltend [1585]. Auch in anderen Regionen Europas fast nur Zunahmen (Abnahmen nur in N. und GRÖ) [1585].

Gefährdungsursachen [1369,1507,196,310]. Früher: starke Verfolgung, Fang und Bejagung zur Verwendung der Flügel als Modeartikel; Absammeln von Eiern oder Nestlingen.
Heute: Ölverschmutzung. Ausreichende Nahrungsmengen zur Brutzeit nicht immer gesichert (bedeutendste Nestlingsnahrung oft Sandaale).

SPEC	VSchRL	Bern.Konv.	Bonn.Konv.
--	--	Anh. III	--
Europ. RL	RL in ME		
--	D: 'R'		

Schutzmaßnahmen. Verhinderung der Überfischung von Sandaalbeständen (z.B. zur Herstellung von Fischmehl).

Biotop. Nur zur Brutzeit in Landnähe. Br. an Küsten und auf Inseln, meist auf oder an steilen Felsen am Meer (auch Gebäudebruten). Nahrungssuche zur Brutzeit (auch Nichtbrüter) im küstennahen Meer (doch auch bei Br. bis > 100 km von der Küste entfernt). Außerhalb Brutzeit auf der Hochsee; folgen auch Schiffen. Im Binnenland nur selten und meist nur kurzer Aufenthalt.

Nahrung. Kleinfische der offenen See, Mollusken und planktontische Crustaceen; auch Beifang von Fischen, ferner mitunter Küchenabfälle oder Aas. Wichtigste Nestlingsnahrung häufig Sandaale.

Stimme. Jauchzen in den Kolonien häufigste Lautäußerung wie »kiti uääh« (engl. Kittiwake), endet oft mit lachendem »ha-ha-ha.«; Alarmruf klagend »ök ök...«; im Fluge einzelne »gak«-Rufe; abseits vom Brutplatz schweigsam.

Verhalten. Tag- und nachtaktiv; an den Kolonien nachts Nahrungsflüge. Im Winterhalbjahr Nahrungssuche tagsüber einschließlich Dämmerung. Gewandter Schwimmer und Flieger, läuft keine längeren Strecken an Land. Bei starkem Wind Flugmanöver über dem Meer ähnlich Sturmtaucher. Offene Wasserfläche wird in langsamem Flug (10–25 m hoch) abgesucht. Mit etwas angewinkelten Flügeln Stoßtauchen in Wassertiefe 0.5–1 (2) m oder Aufnahme von Nahrung von der Wasseroberfläche im Bogenflug, mitunter auch im Schwimmen. Folgt regelm. Schiffen, insbesondere Fischereifahrzeugen. Beuteabjagen bei Artgenossen und Alken. Andere Arten orientieren sich an Dreizehenmöwen beim Entdecken von Fischschwärmen. Ausgesprochener Koloniebrüter (größte > 50.000 BP) mit hoher Siedlungsdichte. Territorium fast nur auf das Nest begrenzt. Mischkolonien mit Eissturmvögeln, Lummen etc. Paarbildung am Brutplatz. ♂ wirbt mit Nestlocken. Paarungswilliges ♀ kauert, zieht Kopf zwischen die Schultern und führt nickende Bewegungen aus; Futterbetteln. Paare brechen nach der Brutzeit auseinander, kommen aber in der nächsten Brut wieder zusammen (brüten wahrscheinlich lebenslang zusammen). ♀ sind treu (keine Hinweise auf fremde Junge im Nest). Drohen, kämpferische Auseinandersetzungen und Beschwichtigungsverhalten spielen wichtige Rolle. Außerhalb der Brutzeit meist einzeln oder paarweise oder auch in kleineren artreinen Trupps.

Fortpflanzung, Brutbiologie [1369,337,3615, 1551]. Mit 2–7 J. erstmals an Kolonie; Erstbruten mit 3–8, meist 4–5 J. Monogame Saisonehe; große Tendenz, sich mit vorjährigem Partner wieder zu verpaaren. Bei erfolglosen Bruten Scheidungsrate höher. **Nest.** Nest an steilen, meist relativ hohen Felswänden mit Unebenheiten, Bändern oder Vorsprüngen; Gebäudebruten seit 1928 N., 1934 GB, haben zugenommen. Nestfundament aus Erde und Schlamm; weiteres Material je nach Angebot; mitunter müssen Baustoffe aus mehreren km herbeigeholt werden. Nestbau z.T. schon lange vor Eiablage. **Legebeginn.** im Koloniezentrum einige d früher als an Peripherie, frühestens ab Anf. Mai, im N ab Ende Mai/Mitte Juni. **Gelegegröße.** 1–3, meist 2 Eier; Erstbrüter kleinere Gelege als ältere. GB $\varnothing_{149}$ 2.01. **Eier.** Spindelförmig, stärker zugespitzt als bei *Larus-Arten;* glanzlos, Grundfarbe hellgrau bis bräunlich; variable Fleckenzeichnung (auch gel. ungefleckte helle Eier). **Brutdauer.** 25–32 d; Legeintervall 48 h; beide brüten. **Nestlings-/Führungszeit.** Küken werden bis 25–34 d nach Schlüpfen von einem Ad. bewacht. Futterversorgung stark abhängig vom Nahrungsangebot, durch beide Eltern. Küken reine Nesthocker, Absturzsicherung durch die Ad. Erstgeborene oft gegenüber jüngeren Nestgeschwistern im Vorteil [Details 1264]. Nestlingsdauer 41-43 d, obwohl bereits nach 30-35 d einigermaßen flugfähig. **Jahresbruten.** 1; Nachgelege. **Bruterfolg.** Nachwuchsrate in einer Kolonie GB 1.07 flügge Juv./BP und J. bei Erstbruten, 1.62 bei erfahrenen Brutvögeln; N. Ø$_{1619}$ 0.5 [Diskussion 3831].

Eimaße und -gewichte. L. 47.1-61.5 mm, B. 34.5-44.5 mm, Ø: 54.6 x 40.1 mm (n=479, GB), 56.0 x 40.1 mm (n=145, DK), 56.6 x 40.8 mm (n=100, IS); Frischvollgew. 40.0 -63.0 g, Ø$_{176}$: 51.7 g; Schalengew. 2.33-3.68 g, Ø: 2.92 g.

Sterblichkeit, Alter. Rund 24 % gemessen an Zahl der abgelegten Eier werden 5-jährig und damit fortpflanzungsfähig; Überlebensrate ad. ♀ GB ca. 86 %, ♂ 81 %/J.; dabei nach 1. Brut 92.0 % bzw. 85.6 %, mit > 7-jähr. Bruterfahrung dagegen 80.5 % bzw. 76.7 %. 71 % der verschwindenden Ad. kommen Sept./Dez. um. Änderungen in GB 1954-1998 vermutlich im Zusammenhang mit Giftalgen [vgl. 759]. Ältester Ringvogel (GB) 28 J. 5 Monate [3654]. **Generationslänge:** 10 J. [383].

Mauser. **Postjuvenile Mauser** (Teilmauser) Aug.-Okt./Nov.; wenig umfangreich [767,1814,3050, 1408,1779]. • **1. Pränuptialmauser** (Teilmauser [139,1408] oder fehlend [1779]). • **1. Postnuptialmauser** (Vollmauser) Mai/Juni–Sept./Nov., früher als Ad. [767,1814,3050,3611, 2978]. • **Postnuptialmauser** (Vollmauser) ab (Mai) Juni (Aug.); HS-Mauser oft bis Mitte Okt./Nov. beendet [767,1408,2978,1779,2557], z.T. erst im Feb./Mai [1369,1781]; Dauer der HS-Mauser GB ca. 120-130 d [2978]. • **Pränuptialmauser** (Teilmauser) Feb./März–April/Mai; Körpergefieder [767,1814,1408].

Pagophila eburnea – Elfenbeinmöwe 06040

Pagophila eburnea (Phipps 1774)

(GB) **Ivory Gull** (F) **Mouette blanche** (E) **Gaviota Marfileña**

Taxonomie. Monotypisch.

Kennzeichen. [1784,1369,221,3772,3615,408; weitere **Fotos** in Limic. **11**, 146/147, **13**, 252-260, **18**, 29-30, Dutch B. **19**, 133, **21**, 352, **24**, 106, Bird. W. **7**, 10-14, **10**, 176, **12**, 480-482].

Maße. Gr.: 40-44 (48) cm. Gew.: ♂ 500-700 g, ♀ 448-573 g. Fl.spw.: 106-120 cm. Fl.l.: ♂ 33.2-36.0 cm, ♀ 32.0-36.2 cm [1369,3615].

Status. In Europa seltener Ausnahmegast, vor allem im N, meist nur nach Stürmen. Beobachtungen gehäuft in Fennoskandien und GB (fast allj.) sowie in NL; nur ein Nachw. weiter S in F (1984); Im Binnenland nur als Irrgast (s. CH). Bisher anerkannt sind u.a.: **NL:** Feb. 1987, Feb. 1990, Mai 1997 [277,84]. • **D:** Helgol. Jan. 1850 und Nov. 1880 unsicher; -SH Okt. 1963 (3 Beob.), Apr. 1980, Mai 1997 (identisch mit Ind. in NL) [1369,575]. • **CH:** -VD (Genfer See) März 1817 [1369,4152]. • **PL:** Ad. Sept. 1989 [3871].
Ungesicherte Meldungen: • **B:** 2 mal zwischen 1966-69 [1677]. • **NL:** vor 1815, Sept. 1963, Apr. 1965 [1369]. Bisher keine Nachw. in A, H, CZ, SK., FL und L.

Verbreitung und Bestand. Brutvogel auf Inseln der Arktis, u.a. CDN, E- und N-GRÖ, Spitzbergen, Franz-Joseph-Land bis Sewernaja Semlja (und unregelm. weiter E). Überwinterung vornehmlich in Arktis. Europäische Brutpopuation 3.100-11.000 BP (Trend unklar), weitaus die meisten in RUS (2.5-10 T.), ferner in GRÖ (500-1.000) und Spitzbergen (50-200 BP) [383], Weltpopulation etwa 25.000 BP (Schätzungen zw. 10-100 T. BP) und 75.000 Ind. [1784,823,383]. Bestand derzeit vor allem in Spitzbergen rückläufig [383].

Wanderungen. Im Sommer einzelne bis Polnähe, im Winter Nordgrenze der Verbreitung etwa Packeisgrenze; mit Treibeis Wanderungen nach S. Einzelvögel über Treibeisgrenze nach S, z.B. bis New York und New Jersey (Europa vgl. oben).

Gefährdung und Schutz [3892]. Gefährdungen unzureichend bekannt. Wichtige Verlustursache ist wohl Rückgang des Eisbären als bedeutendem Nahrungslieferanten (Aas, Kot). Ferner Kontamination mit Schwermetallen; möglicherweise Störungen und Brutaufgaben durch zunehmende touristische Nutzung.
Bessere Untersuchungen notwendig, um Schutzmaßnahmen auszuarbeiten. Auch Überwinterungsgebiete unzureichend bekannt. Besonderer Schutz größerer (> 50 BP), leicht zugänglicher Kolonien.

SPEC	VSchRL	Bern.Konv.	Bonn.Konv.
3	--	Anh. II	--
Europ. RL	RL in ME		
--	--		

Biotop. Im Sommer Packeis, Herbst Packeisgrenze, Winter Treibeis. Br. an steilen Felsküsten oder im küstennahen Inland (bis 60 km auf Nunataks).

Nahrung. Nektontiere des Eisrandes (Fische, Crustaceen, Schnecken, Kopffüßer) sowie Aas, Abfälle und Exkremente fleisch- und fischfressender Säuger.

Stimme. Stimmfühlungsruf ± zweisilbig »prii-är«; Jauchzen abfallend und langgezogene »kiiier« (oft 2–3mal), seeschwalbenähnlich; Alarmruf lang und zirpend »grimmgrii..«.

Verhalten. Tag- und dämmerungsaktiv. Flug durchaus seeschwalbenartig, schwebend; manchmal längere Gleitstrecken; schwimmt selten; Jagd am Eisrand im Suchflug oder in Ansitzjagd (Warten auf dem Eis) und dann Sturzflug auf die Beute; auch Rüttel- und Bogenflug vom Eisrand aus in geringer Höhe. Zur Brutzeit Kolonien, seltener auch Einzelbrüter. Paarbildung am Brutplatz. ♂ füttert ♀ (Nahrung wird hervorgewürgt); Partnerfütterung auch vor Kopulation. Außerhalb der Brutzeit einzeln oder in kleineren Trupps.

Fortpflanzung [337,3615,1551]. Geschlechtsreife? Monogame Saisonehe. **Nest.** Auf Kies- und Geröllstränden, Felsbändern von Klippen, auch tiefer im Binnenland, mitunter auf Bulten. Flache Vertiefung, ausgelegt mit Pflanzenmaterial, oft auch einigen Federn. **Legebeginn.** ca. Mitte/Ende Juni bis Anf./Mitte Juli. **Gelegegröße.** (1) 2 (3); z.B. Spitzbergen $Ø_{32}$ 1.69. **Eier.** Spindelförmig, Grundfarbe helloliv bis beige, mit schwarz-, oliv- und beigebraunen Punkten und Klecksen sowie grauen Markierungen. **Brutdauer.** 24-25 d, beide brüten, wahrscheinlich ab 2. Ei. **Nestlings-/Führungszeit.** Beide Eltern füttern. Nestlingsdauer (erster Flug) ca. 30 (28-35) d. **Jahresbruten.** 1; Nachgelege.

Alter. Ältester Ringvogel 13 J. **Generationslänge:** 12 J. [383].

Mauser. **Postjuvenile Mauser** (Vollmauser) April–(Ende Juli) Aug. des 2. KJ, vorher offenbar keine Mauser [767,1779,1780]. • **Postnuptialmauser** (Vollmauser) ab März/April, bis Mitte Juni/Anf. Aug. größtenteils beendet, aber HS-Mauser während Brutgeschäft oft unterbrochen und Abschluss bis Ende Aug./Sept. [767,3050,1779,1780]. • **Pränuptialmauser** vermutlich nicht vorhanden [767,1779,1780].

Xema sabini – Schwalbenmöwe 05790

Xema sabini (Sabine 1819) syn.: *Larus sabini*

(GB) Sabine's Gull **(F) Mouette de Sabine** **(E) Gaviota de Sabine**

Taxonomie. Monotypisch. Erste, kurze mtDNA-Sequenzen deuten auf Schwesterbeziehung zw. Schwalbenmöwe und Elfenbeinmöwe [776N]. Phänotypisch weist Schwalbenmöwe auffällige Ähnlichkeiten mit der im Galapagos-Archipel (und Malpelo-Insel vor Kolumbien) endemischen Gabelschwanzmöwe *Creagrus furcatus* auf, die ggf. in *Xema* zu stellen wäre [vgl. 4170,676N].

Kennzeichen. [1789,1369,221,3772,3615,408; weitere **Fotos** in Dutch B. **23**, 53, 127, 374, **25**, 259, 262, 423, **26**, 254, Limic. **10**, 230, **11**, 121-127, 314, **15**, 303-304, 358, **17**, 329, **18**, 259-260, Bird. W. **7**, 133, **9**, 419, **16**, 227].

Maße. Gr.: 27-33 cm. Gew.: ♂ 175-230 g, ♀ 135-211 g. Fl.spw.: (81) 90-100 cm. Fl.l.: ♂ 26.2-28.8 cm, ♀ 24.8-28.8 cm [1369,3615].

Status. In GB/IRL und F regelm. und z.T. in größeren Trupps beob.; auch im Bereich der Nordsee NW-ME allj., aber spärlicher Gastvogel, insbes. bei starken Westwindlagen (in jedem Monat möglich); dabei in • **NL:** bis 1988 mind. 240 Nachw. einiger Ind. (davon ~75% Juv.), vor allem Aug.-Dez. [277]; in 1990er J. allj., im Rekordjahr 1997 mehrere hundert Ind. [375]. • **B:** bis 1979 13 mal , seither fast allj. [337,q3]. • **D:** in Deutschen Bucht und nordfriesischem Wattenmeer mind. seit 1985 regelm.

im Sept./Okt. festgestellt [337,575], im Rekordjahr 1997 mind. 71 Nachw. [575]; dagegen Ostseeküste -SH bis 1981 und -MV bis 1985 jew. nur 3 mal , 1997 jew. allerdings bis 7 Nachw. [575], sowie **PL** 13 Nachw. mit 21 Ind. bis 2002 [q13,3871].
Im ME Binnenland sehr seltener Gastvogel, z.B. **D**-NI Sept. 1978; -NW 4 mal bis 1977, Okt. 1995, Okt. 1997 [337,575]; -HE vor 1835, Sept. 1985, Sept. 1996 [575,1680,1369]; -BW Sept. 1987, Aug. 1996, Okt. 1996 [1722]; -BY Okt. 1952, Okt. 1996, Sept. 1997 [4175]; -TH Mai 1975 [2068]; -SN Okt.1963 [3667]; -SL Okt. 1981 [575] ; -RP Sept. 1985, Okt. 1993 [575]. • **PL:** 1981 [337]. • **CZ:** 1985, 1990 [2159]. • **A:** 19.Jh., 1995 [337,1617]. • **H:** Dez. 1941 [2438]. • **CH:** 3 mal 19. Jh., ferner von 1910-98 13 Nachw. (nur Aug-Okt.) [4152]; im Elsaß F 1998 [1722]. In L, FL und SK. noch nicht festgestellt.
Neue Nachweise, z.B. H 1998, 2001, A 1997 [q3] noch von Seltenheitenkommissionen zu bestätigen.

Verbreitung. Brutvogel der hocharktischen Tundra Amerikas sowie einzelner ± isolierter Vorkommen Sibiriens W bis Taimyr-Halbinsel; ferner kleine Vorkommen GRÖ (auch Spitzbergen ?); europäischer (und W-paläarktischer) Brutbestand nur 100-500 BP (leichte Zunahme) [1784,383]. Globale Population auf < 100.000 BP bzw. 400.000-700.000 Ind. (in drei oder vier Flyways) geschätzt [823,1784;4231]. Brutvögel E-CDN und GRÖ ziehen über E-Atlantik bis S-Afrika, erreichen dabei z.T. NW-ME [1507].

Wanderungen. Langstreckenzieher. Winterquartier im Atlantik und Pazifik. Schwerpunkte: Benguelastrom vor S-/SW-Afrika (25°S bis 35°S) mit Randzonen, kaum in Küstennähe; Winterbeob. einzeln jedoch bis IRL/GB und W-Nordsee. Humboldtstrom vor W-Küste S-Amerikas (5°S bis 20°S); hier Br. aus Sibirien, Alaska und wohl NW-CDN. Br. NE-CDN und GRÖ ziehen ab Ende Juli/Aug. ab und überqueren Atlantik Richtung SW-Europa. Ad. bereits ab Mitte Juli zw. N-F und P, ab Mitte Sept. hier auch Juv. Ab Mitte Aug. MA bis S-Senegal (transäquatorialer Zug), ab Anf. Sept. wird Winterquartier erreicht, Diesj. ab Ende Sept.; erreichen aber meist erst Jan./Feb. die südlichsten Teile. Ad. beginnen im März/April Heimzug, nur wenige bleiben bis Mai. Im N Afrikas Hauptdz. erste beide Maidekaden. Da nur sehr wenige April/Mai vor W-Europa erscheinen, wird Atlantik wohl weiter im S nach NW überquert als im Herbst nach SE. Einzelne erreichen aber auch Nordatlantik. Ende Mai Ankunft an amerikanischer Küste, Zug im NW-Atlantik aber bis Mitte Juni. Auch Immat. verlassen Wintergebiet, sind aber in eigentlichen Brutgebieten selten. Während des Wegzuges durch starke W-Winde und Stürme Verdriftungen, daher dann auch verstärkte Einflüge in Nordseeraum (z.B. 1963), mitunter auch ins Binnenland [z.B. 1722].

Gefährdungen. In Brutgebieten sehr störungsanfällig, daher oft mit wehrhafteren Küstenseeschwalben vergesellschaftet. Generell gefährdet durch klimatische Veränderungen in arktischen Gebieten.

SPEC	VSchRL	Bern.Konv.	Bonn.Konv.
--	--	Anh. II	--
Europ. RL	RL in ME		
--	--		

Biotop. Br. in lockeren Kolonien küstennah in der arktischen Tundra mit Mooren und kleinen Teichen, in Asien auch weiter im Binnenland vorzugsweise an Flussläufen. Meist enge Bindungen an Küstenseeschwalbe. Auf dem Dz. und im Winterquartier auf offener See, meist fernab von Küsten, doch meist noch in der Schelfzone.

Nahrung. Zur Brutzeit Insekten, Crustaceen, Fischbrut; außerhalb der Brutplätze marine Organismen, wie Fische, Crustaceen und im Winterquartier Fischreste von Schiffen.

Stimme. Harsches, kratzendes »krrrr«. Jauchzen besteht aus lauten »kijär« Rufen. Alarmruf »kickickick«. Im Winterquartier von fliegenden leise »wihihi« oder ein-zweisilbig »chrier« o.ä.

Verhalten. Tagaktiv. Wirkt im Fliegen etwas seeschwalbenartig, da Körper bei jedem Flügelschlag etwas angehoben wird. Nahrungserwerb im niedrigen Suchflug über die Wasseroberfläche, auch mitunter Stoßtauchen. Am Strand Nahrungssuche im Laufen und auf dem Meer im Schwimmen. Ganzjährig sozial. Brüten einzeln oder in kleiner Kolonien (bis 15 Paare). Im Überwinterungsgebiet oft einzeln oder sehr kleinen Trupps.

Fortpflanzung [3615,1551,3681]. Monogame Saisonehe; hohe Brutortstreue. **Nest.** Auf kleinen Inseln, Erhebungen oder Bulten, z.T. gesellig (aber in CDN mitunter auch nur 7-9 Nester/km^2); Am Boden im Gras oder auf nacktem Grund; flache, mit Pflanzenmaterial, an der Küste auch mit Tang und

Federn ausgelegte Mulde. **Legebeginn.** Anf. Juni (witterungsabhängig). **Gelegegröße.** (1) 2 (3). **Eier.** Spindelförmig, Grundfarbe dunkel- bis braunoliv, variabel mit dunklen Punkten und Klecksen gezeichnet. **Brutdauer.** 23-26 d, beide brüten, wahrscheinlich ab 1. Ei. **Nestlings-/Führungszeit.** Beide Eltern füttern. Juv. nach wenigen h oder d von Ad. an Gewässer geführt und weiter gefüttert; nach 20-25 d flügge. **Jahresbruten.** 1. Bruterfolg. Schlüpferfolg in CDN in 2 J. 21 bzw. 63%, abhängig von Prädation durch Polarfuchs.

Sterblichkeit, Alter. **Generationslänge:** < 6 J. [383].

Mauser. **Postjuvenile Mauser** (Vollmauser) ab (Mitte Sept.) Nov., setzt meist nicht vor Ankunft im Winterquartier ein; Großgefieder Feb.–Mai [767,3050,1688,1408,1780]. • **1. Pränuptialmauser** (Teilmauser) im Frühjahr, mit postjuveniler Mauser deutlich überlappend [767,1780]. • **Postnuptialmauser** (Vollmauser) Körpergefieder ab Aug./Sept.; Kopfkappe Mitte Sept.–Okt. [767,4186]; Großgefieder überwiegend im Winterquartier, Ende Nov./Dez.–April [767,3050,1688,1408]. • **Pränuptialmauser** (Teilmauser) März–April (Anf. Mai) vor Heimzug; Körpergefieder [767,3050,1688,1408].

Hydrocoloeus roseus – Rosenmöwe 06010

Hydrocoloeus roseus W. MacGillivray 1842 — syn.: *Rhodostethia rosea*

(GB) **Ross's Gull** (F) **Mouette rosée** (E) **Gaviota Rosada**

Taxonomie. Monotypisch.

Kennzeichen. [1784,1369,221,3772,3615,408; weitere **Fotos** in Limic. **11**, 125-131, **13**, 3-21, **15**, 124, **17**, 37, Dutch B. **23**, 157, **24**, 107, **26**, 61, 255, Bird. W. **5**, 414, **6**, 285, 470, **7**, 219, 487, **15**, 49, 64-65].

Maße. Gr.: 29-32 cm. Gew.: ♀, ♂ 120-250 g. Fl.spw.: 90-100 cm. Fl.l.: ♂ 26.4-27.7 cm, ♀ 25.0-27.7 cm [1369,3615].

Status. In Europa generell Ausnahmegast, mit meisten Beob. in IS (33 mal bis 1998), Färöer (6 mal bis 2000), DK (9 mal bis 2000), S. (14 mal bis 2000) und N., vor allem aber GB, wo seit 1974 allj. [337,3615,277].
In ME ursprünglich extrem selten, aber neuerdings zunehmend beob., z.T. sogar im Binnenland. Anerkannte Nachw. bisher: • **B:** erstmals April 1983, seither (bis 1997) 3 Beob. (Anerkennungen stehen noch aus) [1677]. • **NL:** Juni/Juli 1958 Ad. (einziger Sommernachw.), Jan. 1981 Ad., Nov. 1992, Dez. 1993, März 1994, Okt. 1994, Nov. 1994, Nov. 1995 (2 mal), Okt. und Nov. 1997, Apr. 1998 [277,q16]. • **D:** Helgol. (Jan. 1848 ohne Beleg), Feb. 1858, Aug. 1982 (unsicher), März 1990 [1369,337,575]; -SH Dez. 1953 (ad. ♀), Sep. 1993, Okt. 1996 [1369,575]; -HE Jan. 1990 [575]; (zwei Nachw. 2001, einer in -BY, noch nicht anerkannt. • **PL:** Ad. Jan. 1994 [3871]. • **SK.:** 1 Beob. erwähnt in [3615]. Bisher keine Nachw. in A, H, CH, FL und L.

Verbreitung und Bestand. Brutvogel NE-Sibiriens von Taimyr-Halbinsel bis zum Kolyma (zwischen 105° E und 170° E), nach S bis 67° N. Unregelm. Brutvogel auf Spitzbergen, GRÖ und in Arktis CDN. Überwinterung vornehmlich in Arktis. Weltpopulation etwa 25.000 BP (Schätzungen z.Z. bis 50.000 BP) [1784,823].

SPEC	VSchRL	Bern.Konv.	Bonn.Konv.
--	--	Anh. III	--
Europ. RL	RL in ME		
--	--		

Wanderungen. Zugvogel. Wintergebiet Bering- und Ochotskisches Meer, einige nach S bis Kurilen. An NE-sibirischen Brutgebieten Ende Mai/Anf. Juni bis etwa 2. Julihälfte [3615].

Biotop. Br. von der Zwergstrauch- und Waldtundra (auch N Taiga) bis in die Dauerfrostböden der N Tundra in Gebieten mit vielen Sümpfen, Mooren, Rinnsalen, Seen etc. Nichtbrüter am Packeis und in der Treibeiszone, seltener über offenem Meer.

Nahrung. Brutzeit Insekten, außerhalb Kleinkrebse und kleine Fische; selten Aas.

Stimme. Ruf leises, hohes »ku« oder »kiau«; lange, z.T. im Stakkato vorgetragene Rufreihen am Brutplatz.

Verhalten. Flug leicht und seeschwalbenartig, häufig Rütteln, Wendungen, Bogen- oder Sturzflug. Nahrungserwerb von der Wasseroberfläche oder aus der Oberflächenschicht. Koloniebrüter, auch Einzelbrüter bekannt.

Sterblichkeit, Alter. Generationslänge: 6 J. [383].

Mauser. Postjuvenile Mauser (Teilmauser) Aug.-Sept. (Okt.) [767,1369]. • **Postnuptialmauser** (Vollmauser) Ende Juni/Juli-Sept./Okt. [767,1369,1408]. • **Pränuptialmauser** (Teilmauser) Feb.-Mai.

Hydrocoloeus minutus – Zwergmöwe 05780

Hydrocoloeus minutus Pallas 1776 syn.: *Larus minutus*

GB Little Gull F Mouette pygmée E Gaviota Enana

Taxonomie. Monotypisch.

Kennzeichen. [1784,1369,221,3772,3615,408; weitere **Fotos** in Limic. **11**, 297, **15**, 302, **17**, 284, Bird. W. **17**, 139, Brit. B. **94**, 310-312].

Maße. Gr.: 25-30 cm. Gew.: 85-162 g. Fl.spw.: 70-80 cm. Fl.l.: ♀,♂ 20.4-23.7 cm [1369,3615].

Status. Brutvogel in sehr kleiner Zahl an Nord- und Ostsee [3135,1497]; bei entsprechenden Bedingungen fast regelm. Übersommerer (NL, D, B, CH, H u.a.) in wenigen bis mehreren hundert Ind. [337]. Dz. und Gastvogel in großer Zahl an den Küsten und im Offshorebereich; aber auch im Binnenland nicht selten. Wintergast: in milden Wintern in Küstenregion NL mehrere tausend Ind. [824]; seit 1990er J. auch regelm. Überwinterungsbestände von 1.800 Ind. in küstennahen Nordseeregionen D [1298], an W Ostsee (vor allem D-SH) im Winter Ø 300 Ind. [1307].

Verbreitung und Bestand. Lückiges Verbreitungsgebiet in Eurasien von (N., S.) FIN bis Lena-Fluss E-Sibirien; Brutansiedlungen in N-Amerika seit 1962. In ME ursprünglich auf PL beschränkt, durch Übersommerungstraditionen seit 1980er J. weitere Brutansiedlungen (NL, D). Gesamtbestand in Europa etwa 24.000-58.000 BP (leichte Zunahme), mit größten Populationen in RUS (10-30 T.) und FIN (10-20 T.), ferner > 1.000 BP in EST und BY [383]. In ME brüten nur noch etwa 10-30 BP [383,204,375,q22]; für einige Regionen gibt es Brutnachweise oder -verdacht [337,2159]. Mehrere Flyway-Populationen, davon westlichste Population mit derzeit 66.000-102.000 Ind. von Brutgebieten in ME, E-Europa, Schwarzmeer und W-Asien in Überwinterungsgebiete vom Mittelmeer bis Kaspisee und von W-Europa bis Ostsee [823].

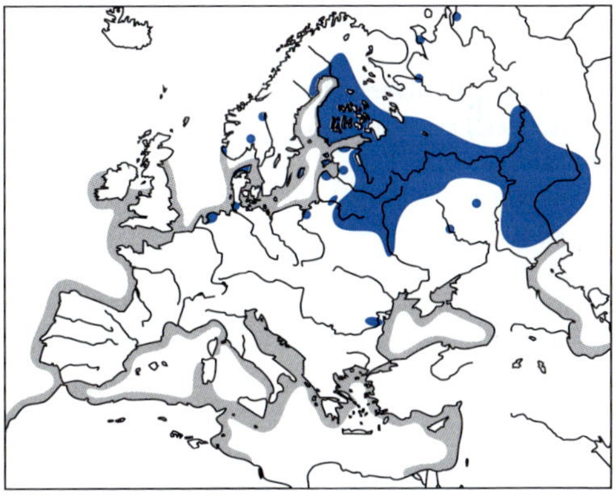

Hydrocoloeus minutus – **Zwergmöwe**

Wanderungen. Kurz- und Mittelstreckenzieher; nördlichste Winterquartiere der Art in Nordsee (küstennah auf dem Meer), sonst von IRL über Atlantikküste W-Europas bis MA (einzelne bis tropisches W-Afrika und Angola), Mittelmeer (mit Schwerpunkt im W), Schwarzes Meer (wohl nur wenige), S-Kaspi, N des Roten Meeres und Persischen Golfes (bis Seen E-Afrika). Breitfrontzug SW-WSW durch Europa mit Massierungen an Küste, z.B. Schwarzmeerküste, R, Bosporus, N-TR, Nordseeküste NL/B. Regelm. in geringerer Zahl im Binnenland, z.B. Dz Bod. Mitte April/Ende Juni und Ende Juli/Anf. Nov. [1617]. Ringfunde Br. Ostseeraum von Herbst bis Frühjahr E. (3000 km SW), GB, W-F, NL, I, ehem. YU, Schwarzmeer (2200 km SE; Frühjahr); Ausnahmefunde FIN-KZ (2400 km ESE), Dz. B-W-Sibirien. Ab Juli Abzug von Brutplätzen; in ME Wegzuggipfel Ende Aug./Anf. Sept., Nachzügler Okt. (Nov.), an Küste regelm. auch noch später; Heimzug in ME frühestens ab März, Gipfel Ende April/Anf. Mai, an Elbe und großen Seen - SH im Mai; beim Frühjahrszug z.T. in sehr großer Dichte in größerer Küstenentfernung, Vorkommen internationaler Bedeutung u.a. auch am Weser-Ästuar [S. GARTHE; Ostsee:1307]; Ankunft am Brutplatz je nach Lage Ende April/Anf. bis Mitte Mai.

Bestandsentwicklung. Ab Ende 19./Anf. 20. Jh. deutliche Zunahme der Beob. in ME; anwachsende Durchzügler- und Überwinterungszahlen – insbes. seit 1960er J. spiegeln dabei positiven Bestandstrend in N-europäischen Brutgebieten (vor allem FIN) wider [1369,1589,3615,3892,196]. Seit 1942 Brutvogel in NL mit Zunahmen bis 1980er J. und größeren Ansiedlungen in neugeschaffenen Poldern [1369,375,2549]. In E-Europa und N-PL Bestände dagegen längerfristig stark abnehmend und inzwischen z.T. sehr unstet [3892,1366,q22,3871]. Nach Übersommerungen an geeigneten Orten immer wieder Brutversuche, z.B. in D-SH etwa 10 mal Einzelpaare seit 1965, in -MV 1987, 1989 und in nachfolgenden J. bis zu 4 BP (und regelmäßiger als an Nordsee), in -BB 1996 bei Oderhochwasser 2 (erfolglose) BP [1589,2772,196,1369,1,310,1144, 1497]; zunehmende Ansiedlungsversuche begünstigt durch größeres Nahrungsangebot in Rastgebieten und vielen eutrophen Flachwasserzonen ME. Am W-Rand des Areals brüten aber vor allem subadulte Vögel mit meist sehr geringem Bruterfolg (hohe Nestlingsverluste durch Prädatoren) [196].

	Best.	Areal	Brutbestand	Jahr	Quelle
D	↕	+ 1	2–4	1996–1999	[383]
NL	↓	- 1	5–8	1998–2000	[383]
PL	⇩	- 1	0–20	1995–2000	[383]

Gegen 1991 vollständiger Zusammenbruch der Brutkolonie im NL Lauwersmeer (dort 1978 max. 61 BP); seither in NL vereinzelte Paare im Wattenmeer und Rheindelta, doch zw. 1998-2000 alle ohne Bruterfolg [375,3638]; 2001 kein Brutversuch im Wattenmeer [P. SÜDBECK]. Andererseits deutliche Zunahme des Brutbestandes in S-S. [3778].
Ab 1970er und 1980er J. markante Zunahme der Durchzüglerzahlen [375,1617,1,1722], in NL stark fluktuierend im Frühjahr zwischen 5.000-30.000 Ind., im Herbst max. 14.000 Ind. [375]; starke Zunahme der Spätsommer- und Herbstzahlen auch in Ostsee, mit Beständen bis 15.000 Ind. in Pommerscher Bucht D-MV [3371]. Gebietsweise Herbstzugzahlen in 1990er J. dagegen rückläufig [CH: 3393].

Siedlungsdichte. Koloniebrüter in stark fluktuierender Zahl, z.T. bis 2.000 BP auf 150 ha [1507].

Gefährdungsursachen [1369,3892]. In ME vor allem natürliche Ursachen wie Überflutung und hohe Verlustrate durch Prädatoren, jeweils durch menschliche Einflussnahme und Störfaktoren verstärkt.
Belastung mit Umweltgiften.
Habitatveränderung/-zerstörung.

SPEC	VSchRL	Bern.Konv.	Bonn.Konv.
3	Anh. I	Anh. II	--
Europ. RL	RL in ME		
--	NL: 'CR', D: 'R'		

Schutzmaßnahmen. Habitatmanagement zur Verhinderung zu starken Pflanzenaufwuchses und unkontrollierter Überschwemmungen.
In allen Vorkommensbereichen Reduktion der Belastung mit Umweltgiften.
Verminderung von Störeinflüssen in Brutgebieten.

Biotop. Br. an flachen, vorzugsweise eutrophen Binnengewässern, auch gelegentlich an Brackwasser, Marschen, Salzwiesen, Fischteichen, in Flussschleifen. Kolonien am Ufer von Inseln, Halbinseln, gerne umgeben von Schilf oder an anderen schwer zugänglichen Stellen, auch auf Schwimmblattbeständen meist im Anschluss an Kolonien anderer Arten. Im Winter Nahrungserwerb im Schelfmeer an planktonreichen Stellen von Nordatlantik und Mittelmeer; auf dem Dz. auch an größeren Binnengewässern und in Flusstälern, z.T. auch »über Land« jagend.

Nahrung. Zur Brutzeit Insekten aus der Luft und weniger zahlreich von der Wasseroberfläche; daneben auch Crustaceen, kleine Fischchen. Winternahrung wohl kleine Oberflächenfische.

Stimme. Gedämpft »kéh«, zu langen Strophen gereiht »keikei keikei...«, »kikä...« u.a.; Alarmruf »keck« bzw. »gegege...«.

Verhalten. Tagaktiv; aber Überlandzug hauptsächlich nachts. Bewegt sich wann immer möglich fliegend fort. Fliegt leicht und erinnert bei den Jagdflügen an *Chlidonias*-Arten. Flugjagd auch auf sehr kleine Insekten (Zuckmücken, Stechmücken) über Land und Wasser; ferner Aufpicken von der Wasseroberfläche im »Bogenflug« aus etwa 1–3 m Höhe, aber auch im Schwimmen. Brütet in kleinen bis mittelgroßen Kolonien häufig in artreinen Gruppen am Rand von Kolonien der Trauerseeschwalbe und Lachmöwe. Monogam. Zur Paarbildungszeit ritualisierte Verfolgungsflüge; am Boden Sexualverhalten ähnlich Lachmöwe; statt »Wegsehen« Seitwärtsbiegen des Kopfes, bei dem die Maske dem Partner gegenüber ebenfalls reduziert wird. Bereits in den heimziehenden Trupps setzt Paarbildung ein. Außerhalb der Brutzeit gesellig.

Fortpflanzung, Brutbiologie [767,1369,337]. Geschlechtsreife wohl mit 2-3 J. Monogame Saisonehe. Bildung einer Kolonie nach vorangegangenen Besuchen oft rasch. **Nest.** Nest meist ± vom Wasser umgeben, oft auch regelrecht schwimmend; mitunter auf trockeneren Standorten. Schwimmnester ± umfangreiche Bauten aus Ufer- und Wasserpflanzen, z.B. Schilf- und Binsenhalmen; Bodennester oft mit wenig Material ausgestattet; beide bauen. **Legebeginn.** ab Mitte Mai, Hauptlegeperiode bis Mitte Juni; im N etwas später. **Gelegegröße.** 2-3 (1-4) Eier; 5–7 wohl durch Zusammenlegen; Ø FIN_{214} 2.71, NL_{29} 2.17. **Eier.** Spindelförmig, dunkelbraun oder oliv, dunkle Oberflecke unterschiedlicher Größe. **Brutdauer.** 21-23 (-25) d, Legeintervall 40 h nach 1., 12–24 h nach 2. Ei. Beide brüten. **Nestlings-/Führungszeit.** Beide füttern; Junge etwa 1 Woche auf dem Nest; mit 21-24 d flügge und kurz danach selbständig. **Jahresbruten.** 1; Ersatzgelege bei frühzeitigem Verlust.

Eimaße und -gewichte. L. 37.0-45.8 mm, B. 28.1-32.0 mm, $Ø_{119}$: 41.5 x 30.1 mm; Frischvollgew. ca. 19-20 g; Schalengew. 0.88-1.25 g, $Ø_{180}$: 1.08 g.

Alter. Ältester Ringvogel (FIN) 20 J. 10 Monate [3654]. **Generationslänge:** 6 J. [383].

Mauser. **Postjuvenile Mauser** (Teilmauser) Aug.–Okt./Nov.; z. T. einschließlich mittleren ST [767,139,3050,1408]. • **1. Pränuptialmauser** (Teilmauser) Feb.–Mai [3050,1408]. • **1. Postnuptialmauser** (Vollmauser) Juni–Sept./Okt., HS z.T. bis Aug. ersetzt [767,139,3050,1408]. • **Postnuptialmauser** (Vollmauser) Juni/Juli – Nov.; erfolglose Brutvögel erneuern Kopfkappe schon im Juli, andere meist im Aug.; HS-Mauser bis Sept./Nov. abgeschlossen [767,139,1408]. • **Pränuptialmauser** (Teilmauser) Jan./März – Mai; nur Körpergefieder [767,139,3050,1408].

Larus philadelphia – Bonapartemöwe 05810

Larus philadelphia (Ord 1815)

(GB) **Bonaparte's Gull** (F) **Mouette de Bonaparte** (E) **Gaviota de Bonaparte**

Taxonomie. Monotypisch.

Kennzeichen. [1784,1369,221,3772,3615,408,3566; weitere **Fotos** in Dutch B. **21**, 203, **22**, 56, 168, **24**, 107, **25**, 186, Bird. W. **11**, 167, **13**, 22, 175, **14**, 49, **15**, 49].

Maße. Gr.: 28-30 cm. Gew.: 170-230 g. Fl.spw.: 90-100 cm. Fl.l.: ♀,♂ 25.2-27.4 cm [1369,3615].

Status. In Europa seltener Gastvogel mit mehreren Nachw. in GB/IRL (46 Ind. bis 1983) und IS sowie einzelne u.a. in S. und DK (je 2 mal bis 2000), IS (10mal bis 1998), N., F, E., MA, P, Azoren [3615,q23]. Aufenthaltsdauern z.T. lang (mehrere Monate) [277,1677].
In ME sehr selten, nur noch folgende anerkannte Belege: • **B:** Jan. 1982, Dez. 1999 [1677]. • **NL:** Aug. 1985, Juni 1988, Feb. 1990, Apr. 1994 [277,q23]. • **CZ:** Apr. 1988 [2438]. • **D:** -NW März/Apr. 1998 [575,3772]. Andere Beob. gestrichen [vgl. 1369,337]. Weitere Meldungen in D 2001, H 1997, B 1999, 2000 [q3] von Seltenheitenkommissionen noch zu bestätigen.

Verbreitung und Bestand. Brutvogel in N-Amerika von Alaska und S British Columbia bis Quebec sowie isoliert S Maine. Gesamtbestand etwa 85.000-175.000 BP (stabil) [1784] bzw. 255.000-525.000 Ind. [823]. Eine Flyway-Population mit Überwinterungsgebieten in Küstenregionen W- und E-USA bis MEX und Gr. Antillen, in milden Wintern auch Great Lakes bis Golfregion [1784,3615].

Wanderungen. Zugvogel; Winterquartier von den Großen Seen (CDN/USA) bis Mittelamerika.

Biotop. Br. in nasser Taiga, auf Bäumen, selten am Boden oder Schilf (Nordamerika) in kleinen Kolonien; Überwinterung an seichten Küstengewässern, auch an Binnenseen.

Nahrung. Zur Brutzeit vor allem Insekten, ferner kleine Fische, Amphipoden etc. Im Frühjahr gebietsweise fast ausschließlich Leuchtkrebse (Euphausiacea) oder Sandflöhe.

Stimme. Im Flug nasal »tscherr«; ferner hohe, seeschwalbenartige Rufe.

Verhalten. Fliegt mit rascheren Flügelschlägen als Lachmöwe, ohne die Schwenkungen der Zwergmöwe; wirkt am Boden kurzbeiniger und kurzhalsigen als Lachmöwe. Nahrungserwerb Flugjagd oder Aufpicken von der Wasseroberfläche im Schwimmen bzw. im Bogenflug.

Mauser. **Postjuvenile Mauser** (Teilmauser) Aug.–Ende Sept./Nov. [767,3050,1408]. • **1. Pränuptialmauser** (Teilmauser) Feb.–April/Mai [767,3050,1408]. • **Postnuptialmauser** (Vollmauser) Juli–Okt./Nov.; HS-Mauser bis Sept./Okt. beendet; Dauer ca. 14 Wochen [767,3050,1408,495]. • **Pränuptialmauser** (Teilmauser) Jan.–April/Mai [767,3050,1408].

Larus ridibundus – Lachmöwe 05820

Larus ridibundus Linnaeus 1766

(GB) **(Common) Black-headed Gull** (F) **Mouette rieuse** (E) **Gaviota Reidora**

Taxonomie. Monotypisch. Nah verwandt sind die südamerikanische *L. maculipennis* und die zentralasiatische *L. brunnicephalus*, letztere zuweilen mit *ridibundus* zu Superspezies zusammengefasst [995N.].

Kennzeichen. [1784,1369,221,3772,3615,408].

Maße. Gr.: 34-43 cm. Gew.: ♀ meist 195-300 g, ♂ meist 250-400 g. Fl.spw.: 94-110 cm. Fl.l.: ♂ 28.2-32.3 cm, ♀ 22.9-27.2 cm [1369,3615].

Status. Verbreiteter und häufiger Brut- und Jahresvogel, Teilzieher, häufiger Durchzügler und Rastvogel, häufiger Überwinterer, auch durch Zuzug aus NE-Europa.

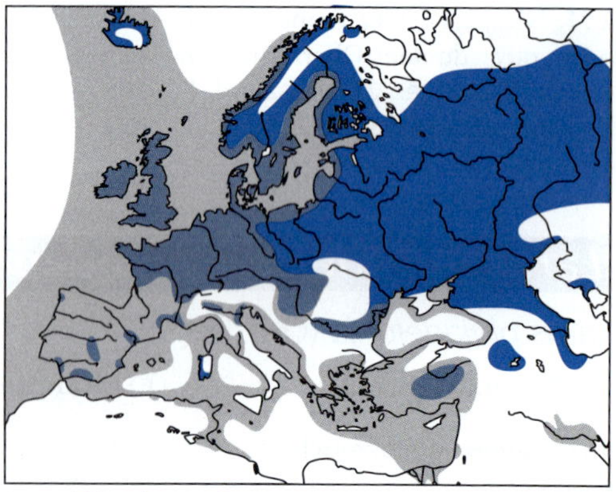

Larus ridibundus – **Lachmöwe**

Verbreitung und Bestand. In mittleren und nördlichen Breiten von NW- und S-Europa bis E-Sibirien und Kamtschatka; neuerdings Ausbreitung nach N-Amerika. In Europa etwa 1.5-2.2 Mio. BP (leichter Rückgang) [383]; Verbreitungszentren an Küste und in gewässerreichen Tiefländern [337]; Bestände > 100.000 BP in BY, CZ, D, DK, FIN, NL, PL, RUS (200-500 T.), S. und GB [383]. In ME etwa 470.000-580.000 BP [1585,204,q3]. Sechs Flyway-Populationen, NW-europäische in unserem Raum mit 5.6-7.3 Mio. Ind., Bestand regional sinkend [824], insges. aber wohl zunehmend [823].

Wanderungen. Standvogel, Teil- und Kurzstreckenzieher. In Europa Winterquartier etwa bis –2.5° Jan.-Isotherme, Hauptüberwinterungsgebiet jedoch erst ab 0° Jan.-Isotherme; zw. 0° und –2.5° große Winterbestände meist von Fütterung in Städten abhängig und bei Kälteeinbrüchen Ausweichbewegungen. S-Grenze N-Afrika, Äthiopien, S-Arabien, an W-Küste Afrikas bis Nigeria; auch in E-Afrika. Zunehmend regelm. an E-Küste N-Amerikas, Irrgäste bis M-Amerika. Streuungswanderung der Juv. oft in Vorzugsrichtungen ohne Bezug zur Wegzugsrichtung; im Allg. Breitfrontzug, doch Küstenlinien und Flusstäler mit Leitlinienwirkung. Hauptwegzugsrichtung Kontinentaleuropa W-S mit recht starker Streuung. **Br. IRL/GB** überwintern überwiegend im Inland, nur kleiner Teil (bes. Immat.) bis F, E./P und N-Afrika; hohes Dispersal bes. Ind. im 1./2. Winter; hohe Geburtsortstreue [4064]. **Br. IS** Teilzieher, Funde in GB, NL, E., P, ferner SW-GRÖ und Neufundland. **Br. Fennoskandiens** ziehen entweder an Nordsee- und Atlantikküste oder über den Kontinent bis Mittelmeergebiet; N. vor allem Nordsee, GB (einzeln bis E.); FIN durch Ostsee zur Nordsee und nach F, E. sowie Überlandzug durch ME bis S-F, I, ehem. YU, DZ (ferner auch Funde RO, BG, GR, Schwarzmeer). **Br. DK** überwintern W-/SW-Europa von DK bis Maghreb. **Br. EST** bis N-Afrika, doch Ad. allg. weniger weit. **Br. B/NL** überwintern von ME bis SW-Europa; B im 1. Winter Ø 867 km, ältere 577 km. **Br. im übrigen ME** meist mit Vorzugsrichtung SW, aber auch WNW den Flüssen folgend in Nordseebereich (bes. Binnenlandvögel E-D, S-D, CS) [Details für D-BY:1620]. **Br. S-F und E.** größtenteils Standvögel, **Br. Zentral- und E-F** ziehen bis NW-Afrika. In CH bleiben von Juli bis Feb. seit 1945 mehr im Land als vorher, Juv. ziehen langsamer ab und z.T. weniger weit als früher; dies zunehmend auch in anderen Gebieten ME als Folge besserer Nahrungsbedingungen und eisfreier Gewässer. Im Allg. wandern diesj. Ind. weiter als 3- und mehrjährige.

Phänologie: Erfolglose Br. und Nichtbrüter ziehen bereits ab Ende Mai/Juni ab; ab 2. Junihälfte/Anf. Juli auch erfolgreiche Ad., die in reinen Zieherpopulationen rasch einige 100 km zurücklegen können. Juv. verlassen bald nach Flüggewerden die Kolonien und verteilen sich je nach Nahrungsangebot. Eigentlicher Wegzug der Juv. meist erst Aug./Sept., Ad. etwas später [Details z.B. für DK in 1640]. Ankunft im Winterquartier ab Anf. Sept., meist Okt., Ende des Wegzuges oft erst Dez. (Jan.); auch Kälteflucht. Heimzug in ME ab Mitte Feb., 1-jähr. etwas später, Höhepunkt des Dz. Anf. bis Mitte März, im NE bis April. 1-2jährige Nichtbrüter übersommern zwischen Winterquartier und Geburtskolonie, oft auch abseits, erreichen aber später auch die Heimat; können auch weiter im N angetroffen werden. Hohe Winterortstreue, aber auch Wechsel zwischen einzelnen Stationen nachgewiesen. Geburtsortstreue oder Heimattreue; Fremdansiedlungen > 300 km selten.

Bestandsentwicklung. Im 19. Jh. durch Lebensraumverluste an natürlichen Verlandungszonen und Fließgewässern sowie direkte Verfolgung drastischer Bestandsrückgang [965,1589]. Seit Ende 19. Jh. aber aufgrund Erhöhung des Nahrungsangebots (Mülldeponien, Winterfütterungen, genereller Eutrophierung, Abfälle der Fisch- und Krabbenindustrie) sowie durch milderes, atlantisches Winterklima Steigerung der Lebenserwartung der Altvögel. Dadurch im gesamten Europa erhebliche Bestandszunahme und z.T. deutliche Arealausweitung (u.a. Besiedlung IS 1911 und E. 1960) [1369,1507; in D: 1722,4199], gleichzeitig aber Konzentration und Verlagerung der bedeutenden Kolonien auf verbliebene Feuchtgebiete und die Küste (ab 1940er J. in D-NI) [1369,4199]. Positiver Trend bis mindestens 1970er J. anhaltend [1369,1507,196]. Bis dahin meist Zuwachs auf Mehrfaches des Ausgangsbestandes, in ME z.B. in NL von 18.000-35.000 (1925) auf etwa 200.000 BP (1978), in A von <200 BP (1935) auf 6.000-8.000 BP (1975-81), im Zwillbrocker Venn (D-NW) nach Ansiedlung 1934 Anstieg auf 8.000 BP (1975) oder in CH von ca. 700 (1948) auf 3.300 BP (1976) [196; auch PL:3867]; allein von 1960-75 hatte sich Bestand ME erneut mindestens verdoppelt [1369].

	Best.	Areal	Brutbestand	Jahr	Quelle
A	+/-	- 1	6.000–8.000	1998–2002	[383]
B	↓	- 1	18.000–19.000	1995–2002	[383]
CH	⇩	- 1	848–1.176	1998–2000	[383]
CZ	⇩	- 1	50.000–100.000	2000–2002	[383]
D	+/-	=	136.000–167.000	1995–1999	[383]
H	+/-	=	7.000–15.000	1995–2002	[383]
NL	⇩	- 1	132.000–137.000	1998–2000	[383]
PL	⇩	- 1	110.000–120.000	1995–2000	[383]
SK	+/-	=	9.000–17.000	1990–1999	[383]

Seit 1970er oder 80er J., als höchster Brutbestand meist erreicht war, sehr unterschiedliche Trends, oft abhängig von lokalen Gegebenheiten; vielfach Verlagerung der Kolonien und Veränderung des Verteilungsmusters [1589,1719,2656]. Insgesamt in Europa großräumig z.T. drastische Abnahme, vor allem im S [1507]. In N-ME aber oft noch längere Zeit stabil (in N(E)-Europa sogar noch zunehmend) [z.B. 1507,1585,2103]; in E-D z.B. insgesamt weitgehend unveränderter Bestand bis Ende 1980er J. bei etwa 89.000-93.000 BP [1369,2772], dabei jedoch in D-MV nach starker Zunahme von 35.000 BP (1963) auf 67.000 (1978) und 77.000 BP (1983) wieder Rückgang - vor allem an Ostsee - auf 57.000 BP (1988) [1369,2031]; nicht zuletzt durch Bestandslenkung [1005], bis 1999 dann Einbruch auf 22.300 BP; auch Gesamtbestand in D von 1988 bis 1999 um >25% zurückgegangen [257]; besonders drastische Verluste in Kolonien u.a. am Dümmer von >5.000 auf <50 BP (1985-2004) oder auf Baltrum von ~9.000 auf ca. 100 BP (1998-2003) [P.Südbeck].

Andererseits überwiegend stabiler, gebietsweise positiver Trend in Küstengebieten der Nord-

see und im Wattenmeer NL, D-NI und -SH [1589, 196,310,3638,1712,1497]. Bestandszahlen des Wattenmeermonitorings 2001 (unveröff.) und die Trends für 1991-2001 belegen dies (NL ca. 62.000, stabil, D-SH ca. 35.000 und -NI ca. 42.000, jeweils leichte Zunahme, DK ca. 13.000, Zunahme). Im erst in 1940er J. besiedelten Wattenmeer ist Lachmöwe inzwischen häufigste Vogelart [1589,1144,3135].
Im Binnenland ME nur wenige stabile oder zunehmende Populationen, letztere z.B. in A (Neusiedlersee) [965], D-BB und -SN (Bergbaugewässer) [1,2656]. Oft aber starker Rückgang [D, CH, A, NL:1369,1722,196,1], z.B. in D-NW von 1980er J. bis 1996 um fast 50% [262]; nicht selten kompletter Zusammenbruch ehemals großer Brutkolonien [1369,1722,196,257]. In CZ gleichzeitig Abnahme um 32% [2734N], in CH bis 1996 um 66% [3392] in LV ca. 65% Abnahme von 1986-94 [1507], in DK von 1977-98 Halbierung des Bestandes [1639]. Neuerdings auch in PL Anzeichen für starken Bestandsrückgang [3871].
Aus Durchzugs- und Überwinterungszahlen im S- und W-ME Binnenland wird Rückgang seit Mitte 1970er J. deutlich [z.B. CZ, CH, Unterer Inn, Bod., Zürichsee, NL:196,1617,3393,375].

Siedlungsdichte. Koloniebrüter von kleinen (bis 10 BP) zu sehr großen Kolonien (bis 30.000 BP).

Gefährdungsfaktoren [1369,1589,196,1507,1997, 375,310,1727,257,1307]. Lebensraumverlust durch Melioration, Umbruch, Zerstörung oder gezielte Wasserstandsanhebung in Feuchtgebieten, Sukzession und Verlandung, Zerstörung von Verlandungszonen, Schilfsterben und verstärkte Schilfnutzung.
Direkte Verfolgung, vor allem »bestandslenkende Maßnahmen« (Schießen von Ad., in drei Schutzgebieten D-MV von 1978-83 allein 29.000 Ind.!) Gelegezerstörung, Eierlese, Jagd und Vergiftung (z.B. Chloralose).
Belastung mit Umweltgiften, vor allem Schwermetallen.
Großräumiger Rückgang der Nahrung, insbes. zur Aufzuchtszeit, vor allem wegen Intensivierung der Landwirtschaft, regional auch durch Reduktion der offenen Mülldeponien und Änderungen in der Fischereiwirtschaft.
»Natürliche« Ursachen: Botulismus; hohe Zahl von Gelege- und Jungenverlusten durch Überflutungen und Prädatoren (Großmöwen, Ratten, Füchse), erhöhte Prädationsverluste nach Störungen.

Schutzmaßnahmen. Erhaltung und effektiver Schutz von Feuchtgebieten und -wiesen, Flussniederungen, Niedermooren und Auenlandschaften; Wiedervernässung von Hochmooren.

SPEC	VSchRL	Bern.Konv.	Bonn.Konv.
E	Anh. II-2	Anh. III	--
Europ. RL	RL in ME		
--	CH:'EN', CZ:'VU', A:'NT'		

Gebietsweise praktizierter Eingriff in Brutbestände mit wenigen Ausnahmen (z.B. an Flugplätzen) sinnlos, da hinreichende Regulation der Populationen über Brutplatzkapazität und Nahrungsangebot; kaum nachhaltiger Einfluss auf Gesamtbestand, häufig nur Änderungen in Verteilung [1369,1589,196]. Reduktion und entsprechende Störung der Brutkolonien im Binnenland mit sehr negativen Auswirkungen auf gefährdete Arten wie Schwarzhalstaucher, Fluss- und Trauerseeschwalben, Schwarzkopfmöwe etc., die von Verteidigungsbereitschaft der Lachmöwen an Kolonien profitieren. Müllvermeidung, veränderte Müll- und Abwasseraufbereitung sowie verminderte Eutrophierung haben dagegen bestandsreduzierende Wirkung ohne negative (oder unbekannte) Auswirkungen direkter Eingriffe.

Biotop. Dichte Brutkolonien in Verlandungsgesellschaften auf fester im oder am Wasser liegender Unterlage mit dichter, doch nicht zu hoher Vegetation. Große Kolonien besonders in Röhricht- und Großseggengesellschaften oder auf Inseln an verschiedenen Typen langsam fließender und vor allem stehender Gewässer mit nutzbarer Wasserfläche, vorzugsweise im Binnenland. Ehemals bedeutsame Moorgebiete [4199] vielerorts weitgehend zerstört. An der Küste bevorzugt in Salzwiesen, kaum in Dünengebieten [3135]. Angebot an optimalen Brutplätzen meist beschränkt. Nahrungsplätze von Kolonien getrennt, Radius bis 20-30 km, vielfach auf Grün- und Ackerland; z.B. kurzrasige Flächen, Äcker (vorzugsweise feucht bis nass). Im Winter bes. an Müllkippen, Schlachthöfen, Kläranlagen, Hafen- und Industrieanlagen sowie an Gewässern im Stadtbereich und zunehmend auch fernab vom Wasser in Straßen und Anlagen. Ferner im Watt, an eutrophen Gewässern etc.; viele Gelegenheiten werden auch kurzfristig genutzt (z.B. Nahrungssuche hinter dem Pflug). Schlafplätze auf größeren stehenden Gewässern, auch auf Inseln oder am Ufer, auf Stegen, Uferbauten, Kanälen,

Häfen etc. Vielseitiger Nahrungsraum, doch relativ eng begrenzte Ansprüche am Brutplatz!

Nahrung. Vielseitig, bevorzugt tierische, aber ± umfangreich auch pflanzliche Anteile (abhängig vom Angebot). Hauptnahrung u.a. Regenwürmer, bodenbewohnende oder an der Wasseroberfläche lebende Insekten (z.B. Käfer, Wanzen, Larven von Schnellkäfern, Wiesenschnaken etc.); auch Jagd auf fliegende Insekten bei großem Angebot; kleine Fische, an der Küste Polychaeten und Crustaceen; zahlreiche Schiffsfolger in der Garnelenfischerei. Im Winterhalbjahr vielfach Abfälle; das ganze Jahr über auch Aas von Kleintieren. Nahrungsbedarf erwachsener Ind. ca. 142 g/d, bei 90 % Ernährung mit Regenwürmern 165-220 g Frischgewicht/d. In 88 d nutzten Ø 3500 Ind. nur 1/3 der durch Maschineneinsatz im Agrarland freigelegten Regenwürmer (mind. 1/4 wäre ohnehin durch Verletzungen bei der Bearbeitung des Bodens zugrunde gegangen).

Stimme. Jauchzen zur Brutzeit etwas abgerissene Reihe von Krächzlauten wie »rä grä grä-krää – – krrääähh – – krrääh – – krrääähh – kräh-grä«. »Kreeä« im Abfliegen; kurze »kek« deuten Beunruhigung an; bei Drohen höchster Intensität Vibrato-Ruf wie »krrääă äää…«. Im Winter Rufe meist heller und ± deutlich Stakkato, z.B. »ke ke ke« bei Streit um Futter, hohe »piiee« von 1-jährigen; aggressive »kräkräkrä« etc. Im Frühling dann oft Rufe ähnlich wie an der Brutkolonie.

Verhalten. Tag-, dämmerungs- und auch nachtaktiv. Schwimmt hoch auf dem Wasser, läuft rasch (oft mit Unterstützung durch die Flügel), fliegt sehr gewandt, bei Schlafplatzflügen im Trupp oft in Bandform, aber auch als Keil. Bei Thermik Segelflug. Nahrungserwerb im Ruder-, Rüttel-, Sturz- oder auch reißendem Verfolgungsflug. Nahrungssuche auch im Gehen am Boden oder im Seichtwasser; auf feuchtem Boden auch Fußtrampeln; Suchflug oft niedrig über Boden und Wasseroberfläche; Auch Hecken und Baumkronen werden abgesucht (Insekten und Früchte), im Winter z.T. auch Häuserfronten. Flugjagd im freien Luftraum auf Insekten. Stoßtauchen ins Wasser führt meist kaum unter die Oberfläche. Beuteraub bei anderen Wasservögeln, z.B. Tauchenten, Seeschwalben oder Alken. Ganzjährig gesellig, z.T. große Brutkolonien. Nistterritorien werden verteidigt. Verlassen die Jungen das Nest, wird ein Raum um ihren jeweiligen Standort verteidigt. Paarbildung: ♂ besetzt Paarbildungsterritorium am späteren Brutplatz, ♀ wird mit Vorwärtspose und nach oben gerichtetem Schnabel empfangen. Wichtige Bewegungen z.B. parallele Ausrichtung der Partner in Vorwärtspose, Hinterkopfzuwenden (»Wegsehen«) auch als Begrüßung mit mehrfachem Kopfdrehen, Nestzeigezeremoniell (Schnabel zeigt zum Boden), Partnerfüttern (♀ bettelt oft im Anschluss an Nestzeigen um Futter, ♂ würgt Futter hervor und übergibt). Vor Beginn des Brutgeschäfts können Partner sogar mehrfach wechseln. Begattung erst nach mehrfacher Fütterung des ♀; dabei Begattungsruf. Jauchzen in Schräghaltung ist Distanzsignal für Artgenossen, horizontale Körperhaltung mit auf den Gegner weisendem Schnabel zeigt Angriffstendenz. Paare sind zumindest während einer Brutzeit stabil; aber häufig Wiederverpaarung im folgenden J. (Niststandorttreue). An Land auch aufrechtes Drohen mit verdicktem Hals, Flügel ± angehoben; auch Drohschreiten. Bei Flugfeinden wird oft dichter Schwarm gebildet. In der Brutkolonie vermindern geschützter Nistplatz, Tarnfärbung von Eiern und Küken, Nestbewachung, geringe Nestdistanz, Verteidigung durch die Ad. etc. die Feindverluste; am Rand der Kolonie ± isoliert brütende BP haben geringen Bruterfolg, z.T. weil sie besonders unruhig sind. Außerhalb der Brutzeit gesellig.

Fortpflanzung, Brutbiologie [767,1369,337,1719, 1551]**.** Erstmaliges Brüten meist erst mit 3 J. (4. KJ); unter den Einjährigen (2. KJ) offenbar fast nur ♀. Monogame Saisonehe; Wiederverpaarung durch Ortstreue denkbar. Nistplatzwahl wird durch ♀ entschieden. **Ankunft am Brutplatz.** In S-D ab Anf. März, selten bereits 2. Feb.hälfte. Revierbelegung je nach Witterung noch Anf. April. **Nest.** Nest auf trockener, schwimmender oder im bzw. am Wasser stehender Unterlage, meist in Vegetation, auch auf ± kahlem Boden; atypische Nistplätze auf Baumstubben, Hausdächern, Bretterflößen, Kiesbänken etc. Relativ grobes Baumaterial, z.B. Stängel, Halme und Blätter der nächsten Umgebung, bei Schwimmnestern auch Bau einer Plattform. Bau zunächst besonders durch ♂; Weiterbau während des Brütens. **Legebeginn.** Erste Anzeichen von Nestbauverhalten bis 25 d vor Legebeginn. Gelege in S- und W-ME frühestens ab Anf. April, meist Mitte bis Ende April. Die meisten Eier einer Kolonie innerhalb von 14 d; in sehr großen Kolonien zw. einzelnen Sektionen mit hoch synchronisiertem Legebeginn aber ± deutliche Unterschiede. **Gelegegröße.** (1–2) 3 (4) Eier; Koloniemittel < 3, doch Anteil verschwundener Eier oft nicht genau feststellbar. S-D Ø$_{235}$ 2.66. Offenbar kommen 4er-Gelege nicht nur durch Zusammenlegen mehrerer ♀ zustande (aber wohl größere). Mischgelege mit Haubentauchern und Überbauen von Haubentauchernestern belegt. **Eier.** Oval bis kreiselförmig. Grundfarbe braun bis olivgrün mit starker Variation des Farbtons und der Helligkeit. Unterschiedlich große und geformte, verschiedenfarbige Flecke. In Erstgelegen weißlichblaue oder ± ungefleckte Eier nur selten. **Brutdauer.** Für 3. Ei 21–27, meist 22-23 d; Ø in einer Kolonie für 1. Ei ca. 25, für 2. Ei 23.6, für 3. Ei 22.8 d. Bebrütung beginnt mit 1. Ei, am Anfang jedoch wenig intensiv. Beide brüten. **Schlüpftermine.** In S-D hauptsächlich Ende Mai–Mitte Juni, spätestens 1. Juli-Dekade. **Nestlings-/Führungszeit.** Beide füttern; auf Bettellaute des Jungen wird Futter hervorgewürgt, meist auf Boden. Dann werden Brocken mit Schnabel vorgehalten. Junge zerren später auch Futter aus dem Schlund der Ad. Hudern bis 7 d ständig, später nachts. Nestlinge bleiben als Platzhocker bis zur Flugfähigkeit im ca. 1 m^2 großen Nestterritorium (jedoch auch weiteres Umherwandern ohne Störungsanlass beobachtet); flugfähig ab 26–28, selbständig ab ca. 35 d. Immat. schließen sich dann oft zur Nahrungssuche zusammen. **Jahresbruten.** 1; Nachgelege i.d.R. mit Nestverlegung. **Bruterfolg.** Mittlere Nachwuchsrate meist < 1.6 flügge Junge/BP und J., jahrweise auch deutlich < 1, bes. in ME, unter besonderen Bedingungen auch bis 2.0. Hauptverluste: Mensch durch Eierabsammeln, Säugetiere, Artgenossen, Großmöwen und andere Vögel. In S-D aus 97 Eiern in 38 Nestern in Kleinkolonien 42 Juv., davon 39 flügge (1.3 Juv./Nest).

Eimaße und -gewichte. L. 41.0-69.0 mm, B. 30.1-41.0 mm, Ø: 51.5 x 36.7 mm (n=1246, NL), 52.0 x 36.7 mm (n=1428, S-D), 51.5 x 36.6 mm (n=500, D-MV), 51.1 x 35.7 mm (n=1000, YU); Frischvollgew. 26-42 g, Ø$_{425}$: 36.1 g, Ø$_{100}$: 35.6 g, bei 1844 Erstgelegen 36.9 ± 3.65 g, bei 1613 Ersatzgelegen 34.0 ± 3.41 g; Schalengew. 1.55-2.72 g, Ø$_{500}$: 2.23 g, Ø$_{500}$: 2.08 g.

Sterblichkeit, Alter. Br. DK ca. 38 % im 1. KJ, später ca. 23 %/J. [1640], nahezu dieselben Werte für Br. GB/IRL [1145]. Zum Einfluss ungleichverteilter Wiederfundwahrscheinlichkeiten [3071]. Älteste Ringvögel > 32, > 30, 28, > 26 J. **Generationslänge:** 6 J. [383].

Mauser. **Postjuvenile Mauser** (Teilmauser) ab 75 d, Abschluss bis Ende Sept./Okt. (Dez.); umfasst z.T. auch einige Flügeldecken [767,1369,139,1408]. • **1. Pränuptialmauser** (Teilmauser) Jan./Feb.–April/Mai; mitunter auch mittlere (alle) ST ersetzt [767,1369,139,1408]. • **1. Postnuptialmauser** (Vollmauser) im Ø 3–4 Wochen früher und etwas schneller als bei Ad. [767]. • **Postnuptialmauser** (Vollmauser) (Ende Mai) Juni–Okt./Nov. [767,1369,139,1408,1779]; Kopfmauser meist ab Mitte Juli (Nov.) [1369,1754]; HS Ende Mai/Ende Juli–Ende Aug./Mitte Nov.; Dauer der HS-Mauser NL 3 Monate [767,1369,4020]. • **Pränuptialmauser** (Teilmauser) (Dez.) Jan.–März (Mai), Beginn der Kopfmauser variabel; Körpergefieder [767,1369,139,1408,1754].

Larus genei – Dünnschnabelmöwe 05850

Larus genei Brème 1839

(GB) **Slender-billed Gull** (F) **Goéland railleur** (E) **Gaviota Picofina**

Taxonomie. Monotypisch.

Kennzeichen. [1369,221,3772,1784,3615,408,744, 181 mit sehr guten **Fotos**, weitere in Limic. **9**, 18-20, **17**, 159, Dutch B. **22**, 43, **25**, 262, **26**, 131, Bird. W. **12**, 201-204, **15**, 195].

Maße. Gr.: 42-44 cm. Gew.: 223-350 g. Fl.spw.: 100-110 cm. Fl.l.: ♂ 29.4-32.1 cm, ♀ 27.9-31.6 cm [1369,3615].

Status. In ME viele frühere Nachw. gestrichen [337]. Vor 1990er J. extrem seltener Ausnahmegast, seither aber allj. und zunehmend beobachtet, bisher fast ausschließlich Binnenland, mit größeren Einflügen (z.B. 1997) und Hinweisen auf Übersommerungen. Alljährliche Nachw. offensichtlich durch Ansiedlung, Arealausweitung und Zunahme in W-mediterranen Brutgebieten bedingt [1507,1722]. • **CH:** bis 2003 insg. 16 Nachw. (72 Ind.), u.a. Mai 1988 (2 Ind.), Mai 1997 4 Nachw. (bis 7 Ind.), Mai 1998 (in F beringt), Mai 1999 (6 ad.), Apr. 2000 (2 ad.), Mai 2001 4 Nachw. (bis 11 Ind.) [4152,q14]. • **D:** -BW (Feb.1968 nicht gesichert), Mai 1997 (bis 7 Ind., 2 Paare balzend), Okt. 1997 [1722,1617]; -BY 2 Ind. Mai 1999 [575]; nachfolgende Meldungen nicht alle anerkannt: -RP Mai 1989; -NI Juli 1994; -TH Mai 1997; -SN Mai 1995 (2 Ind.); -BY Apr. 1997 (3 Ind.), Sept. 1997. • **A:** (-V,-B) Mai 1985 (2 Ind.), Mai 1993 (1-2 Ind.), Mai 1997 (4 Ind.), Apr. 1998 [3129,1617,1722]; in A-V 5 ältere Nachw. unsicher (1961-63, 1967, 1984) [1722,1369,1617]. • **H:** Mai 1992, Juni 1994, ferner 1998-2000 7 mal [2438,q3]. • **PL:** Ad. Juli 1987, Immat. Mai 1998 [3871,q13]. In NL, B, L, SK. bis 2000 noch nicht festgestellt.

Verbreitung und Bestand. Lückenhaft verbreitet von KZ, Afghanistan und Pakistan über Vorderasien in W-Mittelmeer bis S-E. und W-Afrika (dort Ansiedlungen erst in 1960er J.) [1507]. Europäischer Brutbestand 37.000-56.000 BP (stabil), mit größten Populationen in UA. (25-40 T.), RUS (2-5 T.), TR (3.8-5.5 T.) und I (3.900 BP); z.T. erhebliche Bestandszunahme, in F (2001) schon 818-877 BP [383,4180]. Drei Flyway-Populationen, westliche von Brut- und Wintergebieten im Mittelmeer und Schwarzmeer bis zum Golf von Arabien, stabil bis zunehmend, bei derzeit 123.000-237.000 Ind. [824,823].

Wanderungen. Meist Kurzstreckenzieher; Winterquartier Mittelmeerraum, Schwarzmeer und Kaspigebiet, Rotes Meer, Persischer Golf und N-Rand des Indischen Ozeans. Br. W-Afrikas scheinen nicht zu ziehen. lrrgastnachweise in GB (3 mal) und Mittel-F, sowie Indien, E-Afrika.

Gefährdung und Schutz. Derzeit keine Gefährdungen erkennbar [1507].

SPEC	VSchRL	Bern.Konv.	Bonn.Konv.
3	Anh. I	Anh. II	Anh. II
Europ. RL	RL in ME		
--	--		

Biotop. Br. in dichten Kolonien auf niedrigen Inseln an Mittelmeerküsten und Schwarzmeer, Binnenseen und Steppenseen in E-Europa mit Schlammflächen und Marschland. Zur Nahrungssuche auch auf Weiden und Grasland. Außerhalb der Brutzeit fast ausschließlich küstennah an Flachgewässern und Salzpfannen; selten in Hafengebieten und an Süßwasser.

Nahrung. Kleinfische; daneben Insekten und kleine Crustaceen.

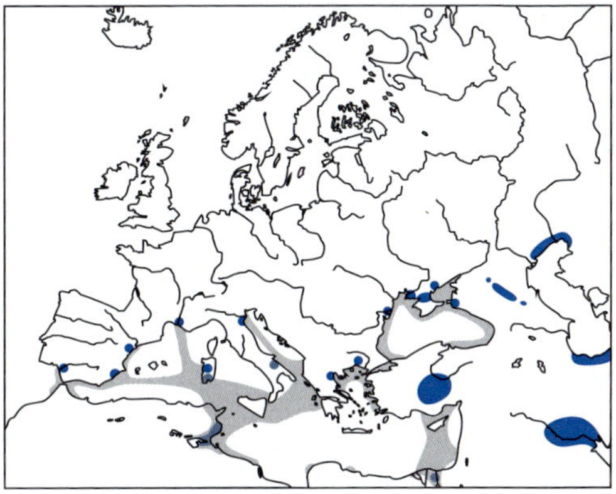

Larus genei – **Dünnschnabelmöwe**

Stimme. Dumpf, rauh »ga(k)«, ein- oder zweisilbig; ähnlich Lachmöwe, aber tiefer, nasaler und härter; Jauchzen gackernd »ga ga grragragra... a-a-a«.

Verhalten. Schwimmhaltung mit langem, schräg vorgestrecktem Hals und leicht gesenktem Schnabel; deutlich von Lachmöwe verschieden. Brüten in kleinen Kolonien. Paare sind zumindest über eine Saison stabil. Kopulation wird oft von Balzfüttern eingeleitet. Außerhalb der Brutzeit gesellig (Trupps bis zu 200 Ind.).

Fortpflanzung, Brutbiologie [1551]. **Nest.** An Süß- und Salzwasserlagunen, kleinen Küsteninseln, Feuchtwiesen mit Wasserlachen etc., in markanter Mulde mit meist erhöhtem Rand aus Exkrementen, spärlich ausgekleidet mit Pflanzenmaterial. **Legebeginn.** Ab Ende April/Anf. Mai. **Gelegegröße.** (1) 2-3. **Eier.** Spindelförmig, glanzlos, rahm- bis bläulichweiß oder andere Tönungen; kräftig mit sehr dunklen Flecken und Kritzeln gezeichnet, blassgraue Unterflecke. **Brutdauer.** ca. 22 d; beide brüten; Bebrütung nach letztem Ei. **Nestlingszeit.** Beide Ad. füttern; nach einigen d am Nest Zusammenschluss der Juv. verschiedener Nester zu (mobilen) Gruppen, bevorzugt in Gewässernähe (bei Gefahr Hinausschwimmen). **Jahresbruten.** 1.

Sterblichkeit, Alter. **Generationslänge:** 6 J. [383].

Mauser. **Postjuvenile Mauser** (Teilmauser) bis Ende Sept./Okt. beendet [767,1408]. • **Postnuptialmauser** (Vollmauser) Juni/Juli–Okt./Anf. Nov. [767,1408]. • **Pränuptialmauser** (Teilmauser) Feb./März–April/Mai [767,1408].

Larus atricilla – Aztekenmöwe 05760

Larus atricilla Linnaeus 1758

GB **Laughing Gull** F **Mouette atricille** E **Gaviota Guanaguanare**

Taxonomie. Zwei gering differenzierte UA: *atricilla* Linnaeus 1758 (Karibik, N S-Amerika) und *megalopterus* Bruch 1855 (N-Amerika).

Kennzeichen. [1784,1369,221,3772,3615,408, 3566; weitere **Fotos** in Limic. **15**, 236, **16**, 245, Dutch B. **19**, 137, 203, 213, **20**, 107-109, 127, **21**, 21, **23**, 162, 226, Bird. W. **7**, 23, **9**, 337, **11**, 206/207].

Maße. Gr.: 36-41 cm. Gew.: 240-400 g. Fl.spw.: 100-125 cm. Fl.l.: ♂ 31.8-35.0 cm, ♀ 30.6-33.9 cm [1369,3615].

Status. Mit Ausnahme von GB/IRL, wo fast regelm. (und z.T. wiederkehrende Ind.) bei insges. 81 Beob. bis 1996 [277], seltener Ausnahmegast in Europa. Einzelne Nachw. u.a. in DK (5 mal bis 2000), IS (9 mal bis 1998), S. (4 mal bis 2000), N., FIN, F, P, GR, MA [3615,277,q23].
In ME extrem selten, anerkannte Beob. bisher nur in: • **A:** -K Mai 1972 [1677]. • **B:** Okt. 1994 [1677]. • **NL:** Sept.-Okt. 1993, Aug.-Okt. 1997, Juli + Aug. 2000 sowie Okt. 2001-Apr. 2002 (beringtes Ind., wahrschl. im Zwillbrocker Venn D-NW, Juni 2001) [277,q16]. • **D:** -SH 1. KJ Nov. 1999; -NW Apr.1997, Apr.-Juli 2001 und 2002; -BW März 2002 [575]; (dagegen -NI dj. Ind. Aug. 1995 nicht als Wildvogel anerkannt) [575].

Verbreitung, Bestand. Brutvogel der Küstenregionen von Neuschottland bis SE-USA (Texas, Florida) sowie S-Kaliforniens nach S bis N S-Amerika. Gesamtbestand etwa 260.000 BP bzw. etwa 800.000 Ind. in zwei Populationen [823]; Überwinterungsgebiete von Küstenregionen MEX nach S bis Chile bzw. Brasilien [1784,823]. Brutbestände inzwischen weitgehend stabil oder zunehmend [823], aber im NE regionale Abnahme durch Konkurrenz mit Silbermöwe [1784].

Wanderungen. Zugvogel; Winterquartier S-Staaten USA bis Peru/Brasilien. Zug hauptsächlich entlang Küsten Aug./Sept. (Okt.), Rückkehr zu Brutplätzen Ende März/April.

Biotop. Hauptsächlich Küstenvogel, an Binnengewässern selten.

Nahrung. Vor allem Wirbellose der Gezeitenzone und kleine Schwarmfische seichter Küstengewässer.

Stimme. Lauter als Lachmöwe, etwas pfeifend »khau khau«; Jauchzen aus einer Reihe solcher und ähnlicher Rufe, an die sich gezogen lachendes »hä-hä-hä-häääh...« etc. anschließen (engl. Laughing Gull).

Verhalten. Im Flug deutlich größer als Lachmöwe. Fischfang im Schwimmen oder im Bogenflug über der Wasseroberfläche. Beuteabjagen bei Artgenossen, Seeschwalben, Scherenschnäbeln und Meerespelikanen. Flugjagd auf schwärmende Insekten; auch an Müll- und Abfallplätzen.

Mauser. **Postjuvenile Mauser** (Teilmauser) bis Okt./Nov. beendet; einschließlich inneren Flügeldecken [767,3050,1408]. • **Postnuptialmauser** (Vollmauser) Mai/Juni–Okt./Nov. [767,3050,1408]. • **Pränuptialmauser** (Teilmauser) Feb./März–April [767,3050,1408].

Larus pipixcan – Präriemöwe 05770

Larus pipixcan Wagler 1831

GB **Franklin's Gull** F **Mouette de Franklin** E **Gaviota Pipizcan**

Taxonomie. Monotypisch.

Kennzeichen. [1784,3615,1369,221,3772,408,2454; weitere **Fotos** in Dutch B. **22**, 52, 118, 124, **23**, 227, **25**, 372, Bird. W. **17**, 95].

Maße. Gr.: 32-38 cm. Gew.: 220-335 g. Fl.spw.: 85-95 cm. Fl.l.: ♂ 28.0-29.5 cm, ♀ 27.3-29.8 cm [1369,3615].

Status. In Europa Ausnahmegast; Reihe von Nachw. in GB/IRL (43 mal bis 2000), S. (7 mal bis 2000), IS (3 mal bis 1998), E. (6mal bis 2000), und F (12mal bis 2000) sowie Einzelne u.a. in FIN, Färöer, N., MA, Madeira, Azoren; Zuzug möglicherweise aus S-amerikan. Winterquartieren [3615,277,q23,2454]. Generell Nachw. dieser Art vor allem binnenländisch [277,575,2438].
In ME extrem selten, anerkannte Beob. bisher nur in: • **B:** Juni 1987, Feb. 2000 [1677]. • **NL:** Juni-Juli 1987, Juni 1988, Feb./März 2000 (viell. identisch mit B 2000), Juli 2002 [277,1325,q16]. • **H:** Sept. 1992 [2438]. • **D:** -NI Sept. 1986, Nov. 1993; -SN Sept.1996 ; -RP/-HE Sept. 2003 [575,1176].

Verbreitung, Bestand. Brutvogel im N-amerikanischen Binnenland von British Columbia bis Alberta und von Montana bis Minnesota sowie isolierte Kleinvorkommen. Gesamtbestand etwa 366.000 BP [823]. Überwinterungsgebiete der Flyway-Population (von etwa 0.47-1.49 Mio. Ind.) von Küstenregionen W-Mittelamerika bis Chile [1784,3615,823], an E-Küste N-Amerikas sehr selten [277]. Brutbestände inzwischen wieder anwachsend und Arealausweitung nach W; allerdings lokale Abnahmen aus verschiedenen Ursachen [1784].

Wanderungen. Langstreckenzieher; Winterquartier hauptsächlich S Äquator, vor allem an Pazifikküste zw. Guatemala und Chile, das Gros ab Ekuador; selten auf Atlantikseite. Zwischenzug von Kolonien Juli/Sept., Wegzug USA Sept./Nov., Peru ab Nov.; Ankunft an Brutgebieten frühestens Ende März/Anf. April, meist bis Anf. Mai.

Biotop. Br. an Binnengewässern; Dz. an Binnengewässern und Küsten; im Winter küstennah auf dem Meer im Bereich kalter Meeresströmungen.

Nahrung. Im Brutgebiet Insekten, Regenwürmer; im Winterquartier vor allem Fische.

Stimme. Weich »krruk«; in nahrungssuchenden Trupps schrill »kuk kuk kuk…«. Ferner quiekend »pwaii«, ähnlich auch gereiht beim Jauchzen.

Verhalten. Tagaktiv. Flug erinnert an Zwergmöwe. Flugjagd auf Insekten; Jagd auch im Kreisschwimmen auf dem Wasser oder zu Fuß auf dem Boden; folgt wie Lachmöwe dem Pflug. Fischjagd im Bogenflug ähnlich Zwergmöwe; gelegentlich Beuteabjagen bei Seeschwalben. Koloniebrüter. Außerhalb der Brutzeit gesellig.

Mauser. **Postjuvenile Mauser** (Teilmauser) Juli–Okt./Nov. [767,3050,1408]. • **1. Pränuptialmauser** (Vollmauser) Jan./Feb.–April/Mai; selten bleiben einige äußere HS stehen [221,767,3050,1408]. • **Postnuptialmauser** (Vollmauser) Juni/Juli–Okt. [767,3050,1408]. • **Pränuptialmauser** (Vollmauser) Nov./Jan.–April/Mai [767,3050,1408]; Schwingenmauser bei Ad. und Einj. in NW-Europa aber bisweilen unterbrochen, verspätet oder fehlend [1762].

Larus melanocephalus – Schwarzkopfmöwe 05750

Larus melanocephalus Temminck 1820

(GB) **Mediterranean Gull** (F) **Mouette mélanocéphale** (E) **Gaviota Cabecinegra**

Taxonomie. Monotypisch.

Kennzeichen. [1784,1369,221,3772,3615,408; weitere **Fotos** in Dutch B. **23**, 111, 307, Limic. **10**, 275, **17**, 220, Bird. W. **14**, 94].

Maße. Gr.: 36-38 cm. Gew.: 215-350 g. Fl.spw.: 92-105 cm. Fl.l.: ♂ 30.0-32.0 cm, ♀ 29.5-31.6 cm [1369,3615].

Status. Lokal verbreiteter, nicht häufiger Brut- und Sommervogel. In ganz ME Durchzügler und Gastvogel, gelegentlich Überwinterungen, bes. an W-Küste ME (und GB), erheblich zunehmend.

Verbreitung und Bestand. Verbreitungsgebiet weitgehend auf Europa beschränkt, ursprünglich nur Schwarzmeerküste und SE-Europa, nach erheblicher Arealausweitung im 20. Jh. auch Teile ME und W-Europas nach N bis Skandinavien und Baltikum. Gesamtbestand Europas 120.000-320.000 BP (insgesamt stabil) [383,2190], mit sehr großer Population an Schwarzmeerküste UA. (100-300 T. BP) und Populationen > 2.000 BP in GR, TR, I und

F [383,2190]. In ME 2.300-3.200 BP mit Schwerpunkten in NL und B, bei derzeit (fast) exponentiellem Wachstum. W-europäisch/mediterrane Flyway-Population mit Überwinterungsgebieten bis NW-Afrika derzeit bei 0.57-1.11 Mio. Ind. und stark anwachsend [824,823].

Wanderungen. Kurzstreckenzieher. Br. D, W-F fliegen W (Ringfunde GB, IRL, F, E., aber auch je 1mal SLN, N-I und W-CH) [455, M. Boschert], trifft wohl auch für übrige ME Br. zu. Ansonsten im Mittelmeerraum überwinternd und hier offensichtlich nur zum kleinen Teil in Küstennähe. Kleine Zahlen am Schwarzen Meer, Golf von Biscaya und an Küsten NW- und N-F. Ringfunde Dez./Feb. von Br. des Schwarzmeeres: 20 Schwarzmeer, 11 GR, 61 I (25 Sizilien), 3 M, 7 TN, 3 EGY, 2 MA, 1 P, 11 E., 1 F. Streuungswanderung der Juv. im Juli über weite Strecken (Ringfunde vom Schwarzen Meer Juli bis A, H, CS, PL, D, DK; Aug./Sept., A, NL, DK, S.). Dz. Aug., Höhepunkt Sept., Okt., Ad. eher als Juv. Heimzug Ad. (Feb.) März/Ende April, vorjährige April/Mai, doch Jungvögel offenbar mehr oder weniger weit entfernt vom Geburtsort übersommernd. Ringfunde dokumentieren hohe Geburtsortstreue, allerdings auch Fremdansiedlungen mehrfach belegt.

	Best.	Areal	Brutbestand	Jahr	Quelle
A	⇧	+ 1	20–40	1998–2002	[383]
B	⇧	+ 2	1.439–1.445	2000–2002	[383]
CH	↕	+ 1	0–3	1996–2000	[383]
CZ	⇧	+ 2	30–40	2000–2002	[383]
D	⇧	+ 1	140–150	2001–2002	[450]
H	↑	+ 1	110–230	1998–2002	[383]
NL	⇧	+ 2	416–1.150	1998–2001	[383]
PL	⇧	+ 2	30–50	2000–2003	[383]
SK	N	N	78–78	1998	[383,679]

Bestandsentwicklung. Seit 1960er J. generelle NW-Ausbreitung und rapide Bestandszunahme, nur in wenigen Regionen Europas auch abnehmende Bestände (GR, BG, RO). Bes. auffällige Bestandssteigerung nach intensivem Schutz an Schwarzmeerküste UA. [3892]; dort kontinuierlicher Anstieg von 20.000-40.000 BP in 1930er J. auf > 200.000 BP 1980 und 336.000 BP 1985 [1369,3615,3892,196].

Vereinzelt waren schon ab 1935 Brutzeitvorkommen in ME, anfangs häufig in Mischpaaren mit Lachmöwen (z.B. 1935 NL). Danach erste Bru-

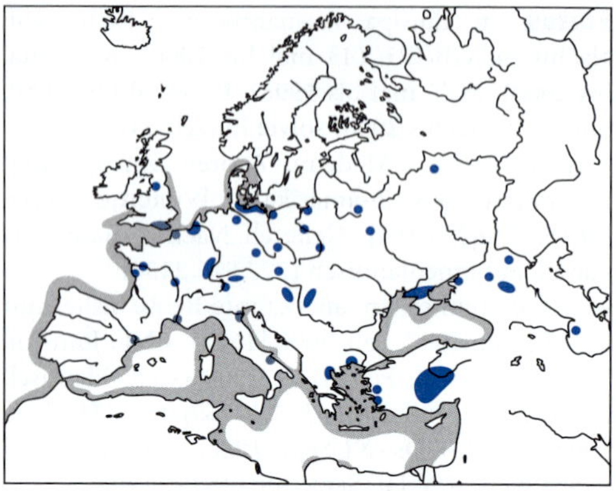

Larus melanocephalus – **Schwarzkopfmöwe**

ten und Brutversuche in H (1940), D-MV 1951, NL und A 1959, B 1964, D-SH 1965, -NI und -NW 1969 etc. [1369,1589,1507]. NW-Ausbreitung wahrscheinlich Folge des hohen Populationsdruckes am Schwarzmeer [1369]. Feste Brutansiedlungen in H ab 1953 [1369], D-MV 1963, F 1965, CZ 1967, B 1969, NL 1970, sowie GB 1976 [1343,1507] und PL um 1981 [3867]; anfangs nur einzelne Paare an wenigen Brutorten (keine Ansiedlung und Koloniegründung von großen Gruppen wie in GR und TR) [450]. Seit 1980er J. gebietsweise erhebliche Bestandssteigerung. Bes. rasche Entwicklung in NL seit Ansiedlung 1970; 10 BP 1980, Anstieg auf 92 BP 1990, bis Ende 20. Jh. nochmals Vervielfachung, mit mehreren Kolonien > 100 BP [375,3638]. Brutpopulation B in offensichtlich regem Austausch mit NL und weitgehend übereinstimmendem Anstieg, anfangs auf niedrigerem Niveau, inzwischen aber exponentieller Zuwachs [1677,2551]. Markante Zunahme an Nordseeküste (1996 auch erstmals Wattenmeer DK und Stadtgebiet D-HH) [q18,2642], Kolonieneugründungen in D-NI [1496] sowie im Mittelmeergebiet (Po-Ebene, Camargue) zeigen sehr hohes Vermehrungspotential der Art in Europa [4180,196, 2551,2190]. Andererseits in Ursprungsgebieten SE-Europas starke Abnahmen aufgrund von Lebensraumverlust, vor allem in UA., GR und RO [2190,450].

Da Bruterfolg – zumindest in Sturmmöwenkolonien – oft ausbleibt oder sehr gering (z.B. Brutversuche von 2-jährigen Vögeln) [2031], steigen Bestände in anderen Küstenregionen ME – meist bedingt durch weiteren Zuzug – oft nur langsam an, z.B. in PL [3867,3871], in D-NI, wo erfolgreiche Bruten anfangs nur Pionierinsel am Lühesand [1496], in -MV, zwar früh besiedelt, aber bis Mitte 1990er J. kaum mehr als 15 BP [2031], sowie in -SH,

wo Bestand erst seit Anf. 1990er J. deutlicher ansteigt [3744,448,1497; in Kiel inzwischen Dachbrut festgestellt: B. KOOP]. Assoziation mit Lachmöwen dagegen wesentlich erfolgreicher [450]; 1995 sogar (erfolgloser) Versuch einer Felsbrut unter Dreizehenmöwen auf Helgol. [1794],. Mit zunehmender Brutpaarzahl aber ausreichender Bruterfolg gesichert.
Auch im Binnenland S-ME Entstehung regelm. Brutvorkommen, z.B. in D-BY ab 1980, in S-Mähren ab 1983, in A-V/Bod. ab 1985, in A-B ab 1995, in SK. ab 1996, ferner im Elsaß ab 1988, mit z.T. exponentiellem Bestandszuwachs ab 1990er J. in D, CZ, A-B und F sowie I [2808,1722,q3,4180, 196,3007,679,2221,2190; Ausbreitung in D-NW und -SN:1812,1963], doch Vorkommen z.T. sehr instabil; auch in CH (sowie L, FL, D-BB) als Brutvogel noch nicht fest etabliert [3393,1, M. BOSCHERT]. Viele Vorkommen stehen durch Nichtbrüter und Austausch von Brutvögeln in Verbindung (Ringbelege) [450].

Gefährdungen [1369,1617,1722,2808,4175,1]. In ME überwiegend wie Lachmöwe (s. dort) vor allem natürliche Ursachen wie Überflutung der Brutplätze, Krankheiten, ungünstige Witterung, Verluste durch Prädatoren (Möwen, Ratten, Füchse).
Direkte Verfolgung durch Eiersammler (sowie Verwechslung beim Absammeln von Eiern in Lachmöwenkolonien) und durch andere Möwenbekämpfungsaktionen.
Todesfälle durch abgerissene Angelschnüre.
Störungen an Brutplätzen; nach Auffliegen in Kolonien häufig intra- und interspezifische Aggressionen, davon einzelne Schwarzkopfmöwen-BP besonders betroffen.
Lebensraumverlust durch Zerstörung und Entwertung von Nahrungsgebieten, z.B. wiesenreichen Niederungsflächen. Sukzession/Verbuschung von Brutplätzen.

SPEC	VSchRL	Bern.Konv.	Bonn.Konv.
E	Anh. I	Anh. II	Anh. II
Europ. RL	**RL in ME**		
--	A:'CR', CZ:'EN', D, H: 'R'; SK:'NT'		

Schutzmaßnahmen. Einstellen der »Bekämpfung« der Lachmöwe.
Schutz vor Störungen in Brutgebieten durch Freizeitnutzung (auch Fotografieren am Nest).
Im Binnenland Schaffung oder Förderung störungs- und prädatorensicherer Brutplätze sowie Maßnahmen gegen deren Verbuschung. Schutz und Erhalt wichtiger Nahrungsflächen.

Biotop. Br. auf küstennahen Inseln, an Lagunen, auf Salinendämmen, auf Inseln in Ästuaren, in Bodenabbaugebieten; in ME Anschluss an Lachmöwen- oder Sturmmöwenkolonien. Nahrungserwerb während der Brutzeit hauptsächlich über Land. Außerhalb der Brutzeit ± weit auf offener See, weniger an Küsten, Fischereiabfälle nutzend [z.B. 3052]; im Binnenland an größeren Seen und Stauseen.

Nahrung. Zur Brutzeit sehr unterschiedlich (je nach Angebot), hauptsächlich Insekten, ferner auch Ringelwürmer, im Binnenland Regenwürmer, Mollusken, Crustaceen und Kleinsäuger; außerhalb der Brutzeit Fische und als Zusatznahrung Mollusken und vielseitige Ergänzung, u.a. auch Abfälle.

Stimme. Tonlage auffallend tief, Rufe nasal, von Lachmöwe eindeutig zu unterscheiden. Häufiger Ruf »a-ön-a«, auch mit härterem Anlaut »kjää«; ähnliche Rufe werden auch als Jauchzen gereiht, variabel und mit einzelnen hinaufgezogenen oder in der Tonhöhe ansteigenden Lauten, bes. letzte drei Elemente.

Verhalten. Dämmerungs- und tagaktiv, vielleicht auch nachtaktiv [s. 3052]. Vielseitiger Jäger wie Lachmöwe. Zur Brutzeit meist große Kolonien; Paarbindung bereits vor Brutbeginn. Paare zumindest für eine Brutsaison stabil. Einzelvögel schließen sich Sturm-, Lachmöwen oder Seeschwalben an (viele Beob. dazu in ME); Mischpaare mit Lach- und (seltener) Sturmmöwe bekannt. Außerhalb der Brutzeit gesellig. Auf dem Zug meist kleinere Trupps.

Fortpflanzung, Brutbiologie. [1719,1369,337, 1551]. Geschlechtsreife mit 2–3 J. Monogame Saisonehe. **Ankunft am Brutplatz.** In D-BW ab Anf. März, Regel Ende März/Anf. April. Balz beginnt sofort nach Ankunft. **Nest.** In ME oft geklumpt innerhalb oder am Rande anderer Möwenkolonien. Nester mit viel Material gebaut (in D-BW viel Moos), ähneln eher Nestern von Großmöwen. **Legebeginn.** Hauptlegezeit am Schwarzen Meer Mai, in ME später als Lachmöwe, meist nach Mitte Mai. In D-BW erste Vollgelege Anf. Mai, Hauptlegezeit 2. Maihälfte. **Gelegegröße.** 2-3 Eier; 4 und mehr Eier können von mehreren ♀ stammen. In D-BW Ø$_{120}$ 2,7 (in 5 % der Fälle 1 bzw. 4 Eier). **Eier.** Oval, glatt, wenig glänzend; blass cremefarben, gelblich bis ocker und dunkelbraun bis schwarz bespritzt, bekritzelt oder gefleckt. Grundfarbe meist heller als bei Lachmöwe. **Brutdauer.** 23-25 (-27) d; ♂ und ♀ brüten, Beginn nach dem 2. oder letzten Ei. **Schlüpftermine.** Erste Jungvögel in D-BW Mitte Mai, Gipfel Anf. Juni. **Nestlings-/Führungszeit.** Juv. von beiden Eltern betreut, verlassen Nest z.T. schon nach wenigen d, weiteren Nestbereich aber erst nach ca. 3 Wochen. Flügge mit 35-40 d. Letzte Junge am Oberrhein Anf. Aug. flügge. **Jahresbruten.** 1; Ersatzgelege. **Bruterfolg.** Aus 324 Eiern in 120 Vollgelegen am Oberrhein (1994-99) schlüpften 230 Juv. und mind.174 wurden flügge (mind. 1.45 Juv/Nest).

Eimaße und -gewichte. L. 47.8-61.9 mm, B. 34.9-42.0 mm, $Ø_{100}$: 53.7 x 38.1 mm, $Ø_{261}$: 54.8 x 38.7 mm; Frischvollgew. ca. 42-43 g; Schalengew. 2.3-3.4 g, $Ø_{137}$: 2.76 g.

Alter. Ältester Ringvogel knapp 15 J. **Generationslänge:** 6 J. [383].

Mauser. **Postjuvenile Mauser** (Teilmauser) Aug.–Ende Sept./Nov.; Körpergefieder [767,139,1408]. • **Postnuptialmauser** (Vollmauser) Juni–Okt. (Dez.) [767,139,1408]. • **Pränuptialmauser** (Teilmauser) Dez./Jan.–März/April; Höhepunkt der Kopfmauser in F im März [1761]; umfasst z.T. auch einige innere Flügeldecken und 1-2 AS [767,139].

Larus ichthyaetus – Fischmöwe 05730

Larus ichthyaetus Pallas 1773

(GB) **Great Black-headed Gull, Pallas's Gull** (F) **Goéland ichthyaète** (E) **Gavión Cabecinegro**

Taxonomie. Monotypisch.

Kennzeichen. [1784,1369,221,3772,3615,408,173, 996; weitere Fotos in Limic. **12**, 284, **16**, 244, Dutch B. **20**, 186, **26**, 267, Bird. W. **10**, 315, **17**, 177, Var Fag. 1998/**3**, 29+31 (z)].

Maße. Gr.: 57-61 (72?) cm. Gew.: ♂ 1600-1900 g, Ø: 1671 g, ♀ 1100-1500 g, Ø: 1257 g. Fl.spw.: 149-170 cm. Fl.l.: ♂ 49.0-51.7 cm, ♀ 46.2-49.1 cm [1784,1369,3615].

Status. Bis Mitte 20. Jh. extrem seltener Ausnahmegast, seither erhebliche Zunahme an Nachw., in W-ME allerdings nur sporadisch. Bisher meist Einzelvögel von April-Dez., in H aber auch größere Trupps und seit 1992 allj. übersommernd (vor allem Hortobágy) [2438, 996].
Anerkannte Belege außerhalb H bisher: • **B:** Juni 1936, Mai 1999 [1677]. • **CZ:** Nov. 1992, Nov. 1995, Apr. 1996 [2159]. • **NL:** Juni 1946; Juni 1974 (+Juni 1975+ Aug. 1976) dasselbe Ind. [277]. • **D:** (Helgol. 19. Jh. [1369] gestrichen); 4 Nachw. 1998, davon 1 Sept./Okt. in D-NI und drei in E-D [q3]. • **PL:** 28 Nachw. bis 2000, erstmals Sept. 1978 und wohl dasselbe Ind. Aug. 1979, Juni 1988, Mai 1989; seit (1988 ±) 1995 allj. mit Nachw. im Mai, Juni, Juli, Okt. und Dez. [3871,q13]. • **A:** Sept. 1992 [1617], 1999 [q3]. In CH noch keine Beob.!
In Europa und NW-Afrika zudem einzelne Nachw.

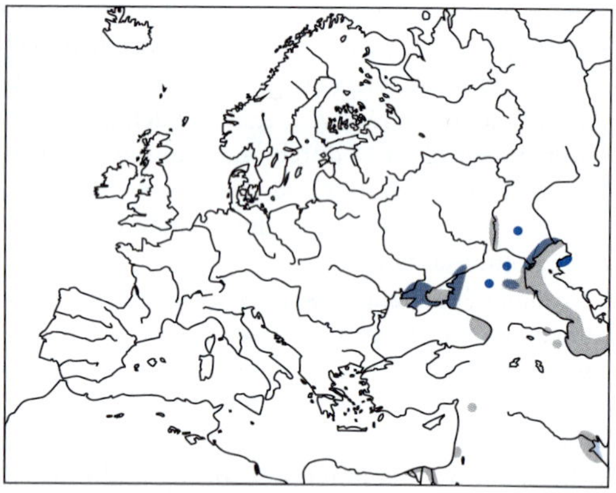

Larus ichthyaetus – Fischmöwe

aus GR, M, I, TN, S., N., DK (2 mal), GB, Madeira etc.; in RO und CY wohl allj. [3615,q23].

Verbreitung und Bestand. Brutvogel Mittelasiens von NW-China/W-Mongolei (bis etwa 110°E) nach W bis Aralsee und Kaspisee; W Kaspiregion einzelne Brutplätze W bis Dnjepr-Delta, Krim und NE Wolgograd. Europäischer Brutbestand 16.000-27.000 BP (in 1990er Jahren leichte Abnahme), davon in RUS 15-25 T. BP und in UA. 1000-1.500 BP (extrem hohe Angabe für UA. von 42.000 BP 1993 [1507] bezieht sich wohl auf Malyi Zhemchuzhnyi-Insel in der Kaspisee [3615;383]). Überwinterungsgebiete der Brutvögel W-Paläarktis von S-Kaspisee bis Indischer Ozean, Rotes Meer, E-Mittelmeer, E-afrik. Seen etc.) [1784], Gesamtwinterbestand der W Flyway-Population 72.000-120.000 Ind. [824,823]. Winterbestände kontinuierlich zunehmend, Brutbestände nur bis Anf. 1990er J. [1507,1585,824]. Brutkolonien z.T. unstet und viele Neugründungen [1507], Arealausdehnung seit 1980er J. um etwa 150 km [3615].

Wanderungen. Kurz- und Langstreckenzieher; Winterquartier Küsten W Hinter- und Vorderindiens, N-Küsten des Indischen Ozeans, Persischer Golf, Rotes Meer, regelm. Inland Äthiopiens, SE-Mittelmeer, einzeln auch Kaspisee und Schwarzmeer, Küste Kenias. Endgültiger Abzug aus Brutgebiet bis Okt., ab Nov. Persischer Golf und Arabisches Meer; Heimzug Feb./März (im N bis April), Ankunft an Brutplätzen April/Mitte Mai. Immat. auch im Bereich des Winterareals übersommernd.

Siedlungsdichte. Koloniebrüter.

<table>
<tr><th>SPEC</th><th>VSchRL</th><th>Bern.Konv.</th><th>Bonn.Konv.</th></tr>
<tr><td>--</td><td>--</td><td>Anh. III</td><td>Anh. II</td></tr>
<tr><th>Europ. RL</th><th colspan="3">RL in ME</th></tr>
<tr><td>--</td><td colspan="3">--</td></tr>
</table>

Gefährdung und Schutz. Zunahmen z.T. durch Schutzmaßnahmen bedingt, z.T. aber auch Umsiedlungen aus östlichen Regionen. Gefährdungen der Brutkolonien durch (wieder) steigenden Wasserstand (Flutung der Malyi Zhemchuzhnyi-Insel) in der Kaspiregion möglich [1507].

Biotop. Br. an Brackwasserlagunen sowie Salz- und Sodaseen der Halbwüste und Steppe. Auf dem Zug an großen Binnenseen und Flüssen und besonders an Meeresküsten.

Nahrung. Fische (vor allem Süßwasser-), in den Steppen auch Nagetiere; ferner Eier, Vögel, Reptilien, größere Insekten; seltener Aas.

Stimme. Häufigster Ruf kolkrabenähnliches »kräh-äh«; Jauchzen gereihtes Jaulen wie »kjauu-kjauu…«.

Verhalten. Tag- und nachtaktiv. Graureiherartiger Flug. Mehr Jäger als Abfallfresser im Vergleich zu Silber-, Mittelmeer- und Steppenmöwe; auch Flugjagd auf schwärmende Insekten. Koloniebrüter; außerhalb der Brutzeit oft einzeln oder in kleinen Trupps. Im Winter oft größere Trupps (hauptsächlich Erwachsene). Auf dem Zug meist einzeln oder kleinere Trupps.

Sterblichkeit, Alter. **Generationslänge:** 13 J. [383].

Mauser. **Postjuvenile Mauser** (Teilmauser) Sept.–Dez; Körpergefieder [767,1408]. • **Postnuptialmauser** (Vollmauser) Mai/Juni–Nov./Dez., Vorj. und Immat. bereits April/Mai–Okt. [767,1408]. • **Pränuptialmauser** (Teilmauser) Jan.–März/April; Körpergefieder [767,1369,1408].

Larus audouinii – Korallenmöwe 05880

Larus audouinii Payraudeau 1826

(GB) **Audouin's Gull** (F) **Goéland d'Audouin** (E) **Gaviota de Audouin**

Taxonomie. Monotypisch.

Kennzeichen [1784,3615,221,3772,408,2004,176,2884; weitere **Fotos** in Limic. **15**, 304, Dutch B. **25**, 183, **26**, 238, Bird. W. **8**, 261, 263, **15**, 21, **16**, 199-202, Brit. B. **97**, 538].

Maße. Gr.: 48-52 cm. Gewicht: ♂ 513-820 g, Ø: 580 bzw. 678 g, ♀ 451-595 g, Ø: 492 bzw. 547 g. Fl.spannweite: 115-148 cm. Fl.l.: ♂ 39.7-44.7 cm, Ø: 40.6 cm, ♀ 38.6-41.0 cm, Ø: 39.3 cm [1784,3615,2884].

Status. In ME extrem selt. (aber aufgr. Bestandszunahme neuerd. häufigerer) Ausnahmegast; bisher nur folg. anerk. Nachw.: • **CH:** -VD Jan. 1956, Dez. 1983 je 1 Ad., Sept. 1998 und Aug. 2001 je 1. KJ [4152,q14]. • **CZ:** Nov. 1993 1 ad. [2159]. • **D:** -SH Juli 1997 Ad. (bisher nördl. Nachw. in Europa) [575]. Weit. Beob. u.a. in D 2003 und NL 2003 noch nicht anerk. [q3].

Verbreitung und Bestand. Brutvogel der W-Paläarktis, brütet im Mittelmeerraum von NW-Afrika und E-E. bis TR, CY. Gesamtbrutbestand Europas 18.000-19.000 BP (starke Zunahme), entspr. > ¾ der Weltpopulation; davon 17.000 BP in E., 750-900 BP in GR und 510-982 BP in I [383]. Eine Flyway-Population von 57.600 Ind., zunehmend [824,823]; Großteil überwintert außerhalb Mittelmeer an Atlantikküste nach S bis Senegal [1784,1507]. Seit den 1960er J. exponentielle Bestandszunahme (etwa 10-11% pro J.), ausgehend von ca. 1.000 BP (1966), vornehmlich in Brutkolonien E. (auch I) aufgrund von Schutzmaßnahmen und zunehmender Nutzung von Fischereiabfällen (Beifang) [1507,2884], dennoch global in der Vorwarnliste (='NT') [382,823].

Wanderungen. Standvogel, Kurzstreckenzieher. Winterquartier vor allem W-Küste Afrikas bis Senegal und S Mittelmeer. Ringfunde (Nestjunge) TR–Libyen (930 km SW), MA–Dakar/Senegal [Details NW-Afrika:222,1916].

Gefährdung und Schutz [1507,3892,2884]. Schutzabhängige Art; Zunahmen z.T. bedingt durch intensive Gebiets- und Artenschutzmaßnahmen; Gefährdungen vor allem durch Störungen, Einfluss von Fischereiwirtschaft und Überbauung (Tourismus), früher auch direkte Verfolgung (Jäger, Eiersammler). Verluste in Fischernetzen sowie durch natürliche Prädation. Empfindlichkeit aufgrund starker Konzentration auf wenige sehr große Kolonien (70% der Weltpopulation 1989 auf nur 2 Kolonien in E. konzentriert [1507]. Relativ hoher Hg-Gehalt in Eiern und Küken offensichtlich durch Nahrung.

SPEC	VSchRL	Bern.Konv.	Bonn.Konv.
1	Anh. I	Anh. II	Anh. I,II
Europ. RL	**Globale RL**	**RL in ME**	
--	NT	--	

Nahrung. Kleine Fische (besonders Sardinen, Anchovis), Tintenfische; auch Muscheln, Schnecken, Crustaceen aus dem Meer; als Ersatznahrung auch terrestrische Tiere.

Biotop. Küstennähe und Inseln; Br. in Kolonien auf kleinen unbewohnten Fels- und Sandinseln im Mittelmeerraum; Nahrungserwerb auf dem Meer nahe der Küste, auch auf küstennahen Landflächen; gelegentlich auch weiter draußen auf dem Meer. Außerhalb der Brutzeit vor allem atlantische Küsten Afrikas.

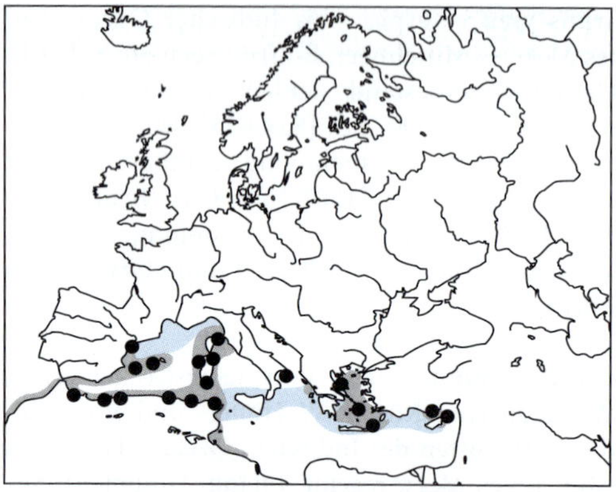

Larus audouinii – **Korallenmöwe**

Stimme. Tiefes, krächzendes, gereihtes »ärrrr«, tiefer und rauer als Silber- oder Weißkopfmöwe. Jauchzen gedehnt »go-ähk« o.ä., bis 4-mal; ein- bis mehrmals »og« vor dem Abflug; gellend »mé-o« als Warnung vor Flugfeinden.

Verhalten. Tag- und nachtaktiv. Flug schneller als Mittelmeermöwe; auf offener See meist niedrig über den Wellen gleitend. Fische nahe der Oberfläche werden im Vorbeifliegen gegriffen; segelt meist beim Fischfang. Folgt auch Fischkuttern. Zur Brutzeit Einzelbrüter oder in kleinen Kolonien (bis 20 BP). Paare während einer Brutzeit stabil. Kopulationen kurz (2-3 sec) aber mehrmals hintereinander ohne dass ♂ absteigt. Außerhalb der Brutzeit gesellig (Trupps bis 200 Ind.).

Sterblichkeit, Alter. **Generationslänge:** 13 J. [383].

Mauser. **Postjuvenile Mauser** (Teilmauser) Beginn variabel, z.T. schon ab Juni [2004]; Abschluss bis Okt./Nov. [767,1408]. • **Postnuptialmauser** (Vollmauser) Mitte Mai–Okt.; HS ab Juni [767,1408]. • **Pränuptialmauser** (Teilmauser) Feb.–Mai [767, 1408].

Larus canus – Sturmmöwe 05900

Larus [canus] canus Linnaeus 1758

GB Common Gull **F Goéland cendré** **E Gaviota Cana**

Taxonomie. Bildet Superspezies mit *L. brachyrhynchus* (N-Amerika), von der phänotypisch [2454] und genetisch [4226] deutlich differenziert. Drei UA: *canus* Linnaeus 1758 (Europa bis Weißes Meer), *heinei* Homeyer 1853 (Kanin-Halbinsel bis Lena-Delta) und *kamtschatschensis* (Bonaparte 1857) (NE-Sibirien). Letztere von beiden anderen paläarktischen Formen phänotypisch deutlich differenziert (größer, dickerer Schnabel, Ad. mit gelblicher Iris) [vgl. 631,2454] und mitunter als eigene Art aufgefasst [1886]. Unklar, ob im Kontaktgebiet zwischen *heinei* und *kamtschatkensis* in NE-Sibirien eine breite Intergradationszone [3945,842] oder schmale Hybridzone existiert.

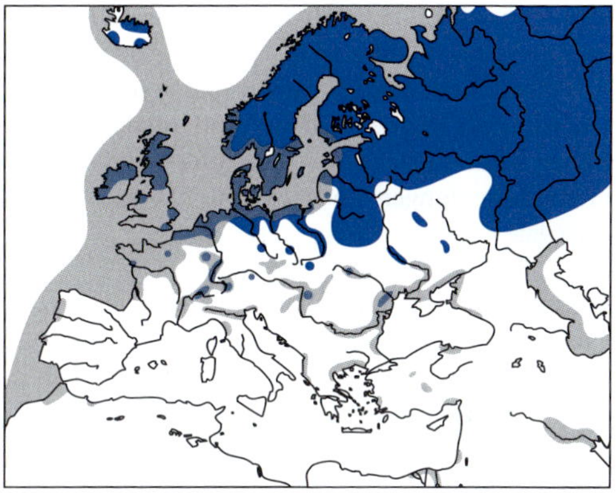

Larus canus – **Sturmmöwe**

Kennzeichen. [1784,3615,221,3772,1369,408; weitere **Fotos** in Limic. **17**, 107-120, Dutch B. **25**, 252].

Maße. Gr.: 40-46 cm. Gew.: ♂ 325-552 g, ♀ 290-480 g. Fl.spw.: 110-130 cm. Fl.l.: ♂ 34.2-38.0 cm, ♀ 32.1-35.7 cm [1369,3615].

Status. Nominatform regional häufiger, verbreiteter Brut- und Jahresvogel, Teilzieher. Häufiger Durchzügler und Rastvogel; als Wintergast an Küsten sehr häufig, ferner an allen größeren Gewässern des Binnenlandes, auch in Großstädten, jedoch viel weniger zahlreich als Lachmöwe. Als seltener Gastvogel in ME östliche Form *heinei* [z.B. NL, B:375,1677].

Verbreitung und Bestand. Über gesamtes N-Eurasien verbreitet. Gesamtbestand Europas (nur Nominatform brütet) bei etwa 590.000-1.500.000 BP (Trend uneinheitlich) [383], mit Schwerpunkten in N-RUS (0.25-1.0 Mio.), S. (100-200 T.), N. (60-120 T.), FIN (60-80 T.) und GB (50.000 BP). In ME vor allem an Nord- und Ostseeküste verbreitet und häufig, in kleinen Kolonien und Einzelbruten bis tief ins Binnenland (Alpenvorland) vorkommend; ME Brutbestand 28.000-35.000 BP [383, erg.]. Winterbestand in W- und M-Europa in jüngerer Zeit abnehmend. Zwei europäische Flyway-Populationen, NW- und M-europäische mit Überwinterung vom Atlantik bis Mittelmeer, teilweise ME Binnenland, mit 1.29-2.07 Mio. Ind., und NE-europäisch-W-sibirische (bis Schwarzmeer und Kaspi, UA *heinei*) mit Gesamtbestand von 100.000-1.000.000 Ind. [823].

Wanderungen. Standvogel und Kurzstreckenzieher. Winterquartier W des N-Atlantik (im N bis Küsten IS, N-N.) und Nebenmeeren (im E der Ostsee abhängig von Vereisung) nach S bis etwa Loire-Mündung, doch einzeln (vor allem in strengen Wintern) bis SW-E. und N-MA; im Binnenland in kleiner Zahl regelm. bis an Alpen sowie wenige auch im Mittelmeerraum. Im Ostseebereich wohl regelm. auch *heinei*, sonst vor allem vom Schwarzmeer und Kaspi-Gebiet bis S Vorderasiens überwinternd. Br. GB/IRL überwintern meist im Land, einzelne ziehen auf Kontinent (nach S bis P/E.). Auf Kontinent zunehmende Zugneigung und Wanderentfernung nach E, in D-MV bei etwa 600 km; Hauptwegzugsrichtung WSW-SW, bevorzugt entlang Küsten und im küstennahen Binnenland. Schwerpunkte W-Ostsee, S-Nordsee mit Ø 58.400 Ind. [1297], Ärmelkanal, NW-F und GB/IRL (bes. Br. N., DK, aber auch FIN, RUS, Baltik-Staaten). Im Binnenland ME und Mittelmeer wohl vor allem Br. FIN/RUS, die den Flüssen folgen. Weiteste Funde: FIN–MA (3580 km), Weißmeer–Neufundland. [Ringfunde z.B. Winter DK: 2971; NL: 2116, D: 1562, GB/IRL: 4064].

Ad. ziehen vor Juv. ab und erreichen im Allg. Winterquartier ab Okt. (Juv. Nov./Dez.); bei Juv. zunächst oft ungerichtetes Verstreichen. Fennoskandische Br. haben meist im Sept., baltische im

Okt. das weitere Brutgebiet verlassen; Wegzug kann sich aber bis in Mittwinter hinziehen. Gipfel im Winterquartier (auch im Binnenland ME) oft erst im Feb. oder zu Beginn des Heimzuges Anf. März. Ab Mitte April Wintergebiete meist geräumt; Nachzügler bis Mai. Ankunft an Brutplätzen ME frühestens ab Ende Feb./Anf. März, das Gros aber meist erst nach Mitte März; in N-Europa oft erst Anf. April. Erstbrüter kommen später an; nicht geschlechtsreife bleiben z.T. in Wintergebieten oder ziehen heim. Geburtsortstreue offenbar die Regel, Fremdansiedlungen sind bekannt, ebenso Winterortstreue.

Bestandsentwicklung. Seit Anf. 20. Jh., bes. nach 1945, starke Zunahme vor allem in W-Europa, bes. GB [1343,1369]. Auch an Nord- und Ostseeküste rasche Zunahmen nach Tiefstand um Jh.-Wende und Besiedlung des küstennahen Binnenlands wegen günstigerer Ernährungsbedingungen sowie durch besseren Schutz vor Störungen und geringere Verfolgung (meiste Kolonien inzwischen innerhalb von Schutzgebieten) [196]. Mögliche Rolle bei Umsiedlungen und Kolonieneugründungen hatten Eingriffe in Brutkolonien der Ostsee [1144] sowie milderes Winterklima und geringere Sterblichkeit [1369].

	Best.	Areal	Brutbestand	Jahr	Quelle
A	+/-	=	1–5	1998–2002	[383]
B	⇧	+ 1	66–77	2001–2002	[383]
CH	+/-	=	2–3	1998–2000	[383]
CZ	↓	- 1	2–3	2000	[383]
D	+/-	=	19.000–25.000	1995–1999	[383]
H	+/-	=	1–2	1995–2000	[383]
NL	+/-	=	5.600–6.500	1998–2000	[383]
PL	↓	- 1	3.000–3.500	1997–2000	[383]
SK	N	N	0–3	1990–1999	[383]

In D-SH Bestandshoch 1936 erreicht, »worauf Dezimierungsmaßnahmen einsetzten« [1369]. Nach dramatischem Bestandsrückgang nur langsame Erholung, aber Anf. 1970er J. in D-MV und -SH erneuter Höchststand. Danach sehr unterschiedliche Entwicklungen. Regional weitere Bestandszunahme, z.B. auf Nordseeinseln von ~1.600 BP (1982) auf 6.900 BP (1995) [2196], in binnenländischer Seenplatte weitgehend stabil von 2.200 BP (1978/79) auf 2.500 BP (1996), in Mooren und an Ostküste D-SH - auch in N. und DK seit 1970 [3892] – aus verschiedenen Gründen drastischer Rückgang und z.T. Kolonieauflösungen [3892,337,310,2196, 2197]. In D-MV nach einschneidenden Reduzierungsmaßnahmen (26.000 getötete Altvögel von 1971-84) Bestandseinbruch [1369,2772], und auch nachfolgend Trend negativ, trotz Kolonie-Neugründungen [310,2197]. Bedeutende Vorkommen in Skandinavien und Baltikum (auch GB und IRL) neuerdings stark rückläufig, u.a. bedingt durch Anwachsen der Silbermöwenbestände, ungünstigere Nahrungsbedingungen, Bestandslenkungen und Lebensraumzerstörung sowie erhöhte Verluste durch Prädation (Fuchs) [3892,196,1507, 375].

In D-NI kontinuierlicher, aufgrund von Regulierungsmaßnahmen in Großmöwenkolonien anfangs langsamer und ungleichmäßiger Bestandsanstieg seit Ende 1960er J.; bes. deutliche Zunahmen an Niederelbe und den spät besiedelten Nordseeinseln sowie einigen Kolonien im Binnenland [1587,196;1144,3135]. Ähnlich positive Entwicklung (mit Schwankungen) in D-HH, -BB und -HB seit Anf. 1980er J. [2772,1,196,q17]. In NL nach starkem Anstieg in 1970er und 80er J. [auf fast 12.000 BP:2772] erneuter Rückgang um 50% bis 2000, wohl vor allem durch Brutverluste (Prädation) [375,3638]; z.T. zunehmend Ausweichen von Brutvögeln auf Flachdächer [3638,2197]. Von 1991-2001 im gesamten Wattenmeergebiet Zunahme von 6.100 auf 13.700 BP, allerdings in letzten 3-4 J. Stagnation in D-SH und Abnahme in -NI [3135, Int. Wattenmeermonitoring, unveröff.].

Trotz einiger Bruten ab Ende 1920er J. drang Sturmmöwe erst in 1950er J. weiter ins Binnenland ME vor. Dabei bis Ende 1950er J. Besiedlung von Teilen D-NI, -NW, -BB, -SN, -ST, -BY, -BW und Bod. [1369,1589,1722,1997,4175,1,196] sowie Weichsel in PL [3867] – dort mit Abstand bedeutendstes Brutgebiet im Binnenland [3871]. Erste Bruten 1966 in CH, 1982 in SK., 1983 im Elsaß, ab 1984 in E- und N-A und 1986 in CZ [1369,965,196,1339]. In Randbereichen der Verbreitung und im Binnenland bis 1990er J. überwiegend leichte Zunahmen, doch einige Ansiedlungen nur von kurzer Dauer [965,1722,4175], andere im Bestand stagnierend [1617,3393]; in PL jüngst stärkerer Rückgang und Kolonieaufgaben [q22,3871], in CH letzte Bruten (2 BP) 2002, danach erloschen [q1,453]. Entstehung der kleinen Binnenlandkolonien in S- und E-ME wohl meist durch »verharrende« Überwinterer [1339].

Gefährdungsursachen [1369,1589,3892,196,1507, 3638,1302,3135,2196,2197,571]. Direkte Verfol-

gung, Dezimierung des Brutbestands (Eierabsammeln, Abschuss, Vergiftung u.a.).
Abnehmendes Nahrungsangebot zur Brutzeit, u.a. durch Umstellung der Landwirtschaft von Hackfruchtanbau auf Raps und Getreide (Ostsee).
Kontamination mit Umweltgiften.
Verlust der Brutstandorte durch Grundwasserabsenkung und Drainage von Feuchtgebieten, Torfabbau, Aufforstung von Mooren, natürliche Pflanzensukzession sowie Überbauung.
Störungen an den Brutplätzen (Tourismus, Industrie etc.).
Natürliche Ursachen: geringer Bruterfolg, da erhebliche Gelege- und Jungenverluste durch Prädation (vor allem Fuchs, ferner Ratte, Marderartige, Wildschwein etc.), interspezifische Nistplatzkonkurrenz mit Großmöwen; vielleicht auch verringerte Vitalität durch Nahrungsengpässe.

SPEC	VSchRL	Bern.Konv.	Bonn.Konv.
2	Anh. II-2	Anh. III	--
Europ. RL	RL in ME		
--	A:'CR', CH:'EN', CZ:'VU'		

Schutzmaßnahmen. Erhaltung und Schutz von Feuchtgebieten. Wiedervernässung von Mooren und anderen trockengelegten Bereichen. Schaffung von Inseln beim Bodenabbau.
Schutz und Erhalt bestehender Küstenkolonien.
Keine Eingriffe in die Brutbestände (vgl. Angaben bei der Lachmöwe), da kein bedeutender Einfluss auf Rückgang oder Verschwinden gefährdeter Seevogelarten besteht.
Wirksame Regulierung eingeführter Prädatoren wie Mink, Verhinderung des Zugangs für Raubsäuger an Kolonien (vor allem Ostsee).

Biotop. Br. auf trockenem Untergrund, meist auf Inseln, Landzungen oder in Sümpfen an Standorten mit kurzer Vegetation und Schutz vor Bodenfeinden, meidet dichte hohe Vegetation und kahle Stellen. Oft in der Nähe von Kulturland; in ME und W-Europa vorzugsweise an Küsten konzentriert, doch weniger küstengebunden als z.B. Silbermöwe; im Wattenmeer in Weißdünen, z.T. Primärdünen, selten in Salzwiesen. Gebietsweise auch ± ausgesprochener Binnenlandbrüter auf Seeinseln, doch immer nahe am Wasser. Nahrungssuche über Land und im Watt, weniger häufig im Seichtwasser, im Winter auch an Schuttplätzen und auf Äckern sowie auf offener See (bis mind. 30 km vor Küste in S Nordsee und W Ostsee). Anteil Juv. im Binnenland größer als an Küste.

Nahrung. Sehr vielseitig und abhängig vom jeweiligen Angebot. Hauptnahrung Regenwürmer, Ringelwürmer im Watt, ferner Insekten, Fische, Kleinnager, Vegetabilien; auch Fischabfälle etc. Zur Brutzeit in Küstenregion trotz Nutzung von Landwirtschaftsflächen benthische Nahrung sehr bedeutend [2196].

Stimme. Rufe höher als Silbermöwe, fast gellend »kiä« oder »kiau«. Jauchzen beginnt mit »kiä« und wird dann immer schriller fast überschlagend »kiiijä«, wird dann gegen Ende zu tiefer. Stimmfühlung hoch »oiiiie« (leise und weich); vor dem Abflug bellend »wu«; ferner im Stakkato gereiht »kak kak kak...«.

Verhalten. Überwiegend tagaktiv, doch Nahrungssuche auch bei Dämmerung. Nahrungserwerb zu Fuß spielt große Rolle; viel auf Acker-/Grünland (Pflugfolger). Insgesamt ähnlich Lachmöwe, doch weniger gewandt und daher z.B. Jagd nach schwärmenden Insekten weniger häufig, ebenso Nahrungserwerb im Schwimmen. Ganzjährig gesellig. Kleine bis mittelgroße Kolonien häufig; Einzelpaare oft am Rand von Silber- oder Lachmöwenkolonien. Außerhalb Brutzeit Vergesellschaftung mit anderen Lariden, besonders Lachmöwen. Paarbildung ähnlich wie bei Silber- und Lachmöwe: ♀ nähert sich ♂ in Buckelhaltung und beginnt zu betteln. Dann entweder Vertreiben des ♀ oder Nachfliegen. Selten sind auch fremde Junge (ca. 3 % aller Jungen im Nest) nicht vom brutfürsorgenden ♂. Balz mit anfänglichem Drohen und Jauchzen, dann Nestlocken, Bettelruf, Futterübergabe und Begattung (vereinfachte Abfolge). Paarbildung erst am Brutplatz, vielleicht öfters auch schon vorher. Paare meist über J. stabil (Nisttandorttreue). Außerhalb der Brutzeit gesellig.

Fortpflanzung, Brutbiologie [1719,1369,337, 1551]. Erstbrüter 2–4 J. alt. Monogame Saisonehe; Gattentreue durch Nist- oder Brutplatztreue (bis 12 J. nachgewiesen). Nistplatzwahl meist durch das ♂ (stärkere Geburtsortstreue als ♀). **Ankunft am Brutplatz.** In S-D Anf. April. **Nest.** Nest im Allg. auf dem Boden, oft etwas erhöht auf kleinem Hügel oder kleinen Inseln, Bülten, aber auch z.B. auf Baumstubben im Wasser, Kopfweiden, Büschen etc. Nest sorgfältiger verarbeitet, mit meist kleineren Materialstücken als bei Lachmöwe. Materialmenge sehr variabel; beide bauen, ♀ mehr. **Legebeginn.** Frühestens im letzten Aprildrittel, in Großkolonien meist relativ gut synchronisiert; Eiablage in Kleinkolonien später, z.B. erst Mitte Mai. Erstbrüter legen später als das Gros. **Gelegegröße.** meist 3, weniger zahlreich 2, selten 1 bzw. 4. Zweiergelege unter Nachgelegen häufiger. **Eier.** Von brauner oder oliver Grundfarbe mit schwarzen bis hellbraunen Flecken, im einzelnen sehr variabel, auch ungefleckte helle Eier. **Brutdauer.** Legeintervall zwischen 2 Eiern Ø ca. 47 h; Brutdauer 23-28, meist zw. 24.5–25.5 d. Beide brüten, oft ab letztem Ei. **Nestlings-/Führungszeit.** Ab 4 d gehen Junge aus der nächsten Nestumgebung, werden aber am Nest gefüttert. Ein Ad. meist im Nestrevier. Junge picken auf die Schnabelspitze; Ad. würgen Nahrungsbrei heraus, der entweder vom Schnabel ab- oder vom Boden aufgenommen wird. Junge bleiben auch später im Nestrevier; sind mit 28–33 d flugfähig; etwas später selbständig. **Jahresbruten.** 1; bis zu 2 Nachgelege. Bei spätem Verlust kein Nachgelege mehr. **Bruterfolg.** Großkolonien D/DDR z.B. 0.67, 0.5 bzw. 1.2 flügge Juv./territoriales BP und J., bei Kleinkolonie z.B. 0.34.

Eimaße und -gewichte. L. 48.2-67.4 mm, B. 34.7-49.0 mm, Ø: 57.2 x 41.0 mm (n=1374, N.); Frischvollgew. 37.0 -64.0 g, Ø$_{814}$: 51.9 g; Schalengew. 2.13-4.06 g, Ø$_{200}$: 3.12 g.

Sterblichkeit, Alter. EST 54 % im 1., 25 % im 2., 26 % in späteren J.; bei Korrektur (Haltbarkeit der Ringe) Ø 22 %/J. für flügge Ind.; weitere Mittelwerte z.B. 29 % FIN, 16 % ehem. DDR, 15 % N. und 34 % GB; Werte vielleicht z.T. etwas zu hoch. Sterblichkeit sinkt mind. bis zur Brutreife, dann bei Wintergästen DK 12-15 %/J. [2971]. Ältester Ringvogel (RUS) über 31 J. [3654]. **Generationslänge:** 8 J. [383].

Mauser. **Postjuvenile Mauser** (Teilmauser) ab Aug.; Großteile des Körpergefieders, selten einzelne Flügeldecken [767,1369,139,1408,1754]. • **1. Pränuptialmauser** fehlend [1779]. • **1. Postnuptialmauser** (Vollmauser) im Ø 3–4 Wochen früher als bei Ad. [767,1369]. • **Postnuptialmauser** (Vollmauser) Mitte Mai/Juni–Mitte Nov. [767,1369,139,1408,766]; HS-Mauser (Mitte Mai) Mitte Juni–Ende Okt. (Anf. Nov.), HS 1–6 bis Ende Juli erneuert; AS-Mauser beginnt mit AS 7; Dauer der HS-Mauser Ø 4.5 Monate [767,1369]. • **Pränuptialmauser** (Teilmauser) Feb./März–April/Mai; Körpergefieder [767,1369,139,1408].

Larus delawarensis – Ringschnabelmöwe 05890

Larus delawarensis Ord 1815

GB Ring-billed Gull **F Goéland à bec cerclé** **E Gaviota de Delaware**

Taxonomie. Monotypisch.

Kennzeichen. [1784,3615,221,1369,3772,408,2454; weitere **Fotos** in Limic. **17**, 105-126, Dutch B. **20**, 52, **21**, 315, **23**, 162, **24**, 53, 314, **25**, 338, **26**, 134, 144, 214, Bird. W. **5**, 7, **8**, 448, **9**, 458/459, **10**, 50, **13**, 96].

Maße. Gr.: 43-54 cm. Gew.: 580-770 g. Fl.spw.: 120-155 cm. Fl.l.: ♂ 36.9-40.1 cm, ♀ 36.0-37.7 cm [1369,3615].

Status. In Europa seltener Ausnahmegast, mit Ausnahme GB/IRL, wo 1973 erstmals, dann aber wohl in Folge der Zunahme allj. mit mehreren Ind. - aber selten an Nordseeküste! Nachw. in Europa u.a. aus P, E. (u.a. Ringvogel aus USA Jan. 1952), F, S. (9mal bis 2000), DK, Färöer (2mal), N., BG, MA, Azoren, Madeira, Kanaren [3615,q23].
In ME seltener Gastvogel mit Ankunft meist im Winter: • **B:** von 1988-97 11 Ind. (davon 9 Jan.-Mai) [277]. • **NL:** 6 meist binnenländische Nachw. von 1986-98 (Dez.-Apr., Juli), 1 Ind. von Jan. 1998-Feb. 2004 anwesend [277,q16]. • **CZ:** 6 Nachw.1994-95 (Juli; Okt./Nov.) [2159]. • **H:** Dez. 1990 [2438], ferner 1998 [q3]. • **D:** insgesamt etwa 10 mal bis 2000 [3772], u.a. in -BY Feb. 1991, Juni 1995; -NW Nov. 1994, Jan. 1995; -NI (binnenl.) Sept. 1994; -SH (Sylt) Mai 1982 [575]. • **PL:** Imm. an Küste Apr. 1984, Feb. 1985, Jan. 1987, Dez. 1988 sowie im Jan. 1998 im Binnenland [q13,3871]. • **A:** -V Apr. 1993, März 1994 [1617], sowie 1994 [q3]. Weitere Nachw. gestrichen oder anhängig.

Verbreitung und Bestand. Brutvogel der Prärien und N Bergregionen N-Amerikas von N-Kalifornien über Great Lakes bis NE-Küste. Gesamtbestand etwa 1.7 Mio. Brutvögel bzw. 2.55 Mio. Ind., nach dramatischem Einbruch im 19. Jh. wieder exponentiell anwachsend, besonders stark an Great Lakes [1784].

Wanderungen. In N-Amerika 2 unterschiedlich ziehende Populationen mit Trennlinie etwa bei 96°W. Überwintert überwiegend küstennah von Oregon und New England bis MEX, West Indies, gelegentlich bis Panama, Kolumbien. Ringfunde von Br. der Großen Seen im 1. Winter 2mal E., 1mal Azoren. Über 600 Nachw. aus GB, meist Dez./April, auch Übersommerer [3615].

Nahrung. Vielseitig, z.B. Getreide, Kleinnager, Abfall, auch kleine Fische, Insekten, Regenwürmer, Crustaceen etc.

Biotop. Br. auf Inseln an Binnengewässern, Nasswiesen und an geschützten Meeresbuchten auf ± vegetationslosen Inseln, an Salz- und Brackwasser; außerhalb Brutzeit oft Häfen, Müllkippen etc., im Winter großenteils an der Küste.

Stimme. Rufe kurz und ziemlich tief »kau(k)«. Jauchzen höher, nasaler als Silbermöwe.

Mauser. **Postjuvenile Mauser** (Teilmauser) bis Ende Sept. abgeschlossen. • **Postnuptialmauser** (Vollmauser) Mai/Juni–Okt. [767,3050,1408]. • **Pränuptialmauser** (Teilmauser) Feb./März–April [767,3050,1408].

Larus marinus – Mantelmöwe 06000

Larus marinus Linnaeus 1758

GB Greater Black-backed Gull **F Goéland marin** **E Gaviota Atlántico**

Taxonomie. Monotypisch.

Kennzeichen. [1784,1369,221,3772,3615,408].

Maße. Gr.: 64-79 cm. Gew.: ♀ 1033-2085 g, ♂ 1290-2272 g. Fl.spw.: 150-167 cm. Fl.l.: ♂ 48.1-52.1 cm, ♀ 45.3-49.1 cm [1369,3615].

Status. Abseits der Brutplätze in ME an Ost- und Nordseeküste ganzjähriger Gastvogel (im Sommer wenig), am Unterlauf großer Flüsse auch im Binnenland (hier zunehmend); im küstenfernen Binnenland selten, aber seit 1970er J. deutlich zunehmend und z.T. regelm., z.B. an großen Seen des Alpenvorlandes sowie in SE-ME [PL:3871, H:2438; Bod.:1617].

Verbreitung, Bestand. Von IS und Nordseeküste GB und N-F über Fennoskandien bis Baltikum und RUS, ferner Spitzbergen und arktische Inseln sowie NE-Küste Amerikas. 50-75% des Verbreitungsareals in Europa, mit Gesamtbestand von 110.000-180.000 BP (starke Zunahme) [383]; größte Populationen in N. (50-100 T.), IS (15-20 T.), GB (17.500) und S. (10-15 T. BP). In ME erst seit wenigen Jahren Brutvogel in den Küstenregionen (einschl. Inseln) der Nord- und Ostsee, bei 33-39 BP (1999; zunehmend); ferner regelm. Sommergast in größerer Zahl. Nordostatlantische Flyway-Population mit etwa 420.000-510.000 Ind. [823]. Rast- und Überwinterungsbestände in ME deutlich höher als

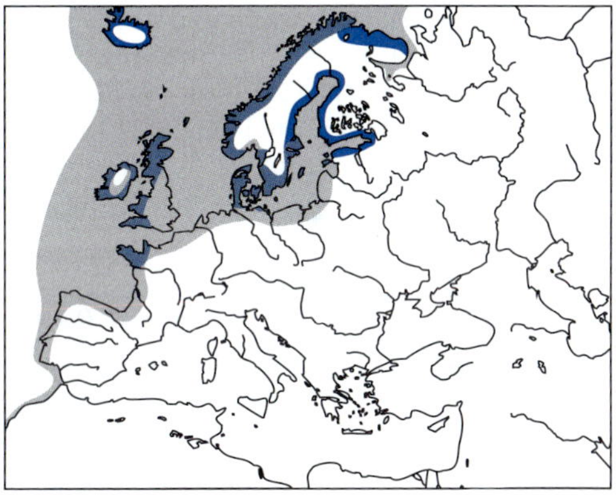

Larus marinus – **Mantelmöwe**

früher [vgl. 1369,337], z.B. in NL (Nov. bis Jan.) inzwischen 60.000-90.000 Ind. auf See sowie 4.000-16.000 Ind. entlang der Küste [375].

Wanderungen. Kurzstreckenzieher. Wintergebiet von Packeisgrenze bis S Ostsee und Nordsee, am Atlantik bis Biscaya und einzeln bis MA; Irrgast bis Kapverden, Mauretanien und einzeln auch Mittelmeerraum. Hauptlebensraum Schelfmeer. **Br. Murmanküste** ziehen entlang Küste N. bis GB [758] und einzeln bis NW-Afrika, aber auch nach SE des europäischen RUS und angrenzender Länder. **Br. FIN** überwintern von S Ostsee bis S-GB; einzelne Funde Adria und Schwarzes Meer, **Br. S. und S-N.** vor allem im Ost- und Nordseegebiet; **Br. DK**

und GB ebenfalls nur kurze Strecken (außer zahlreichen Inlandfunden und wenigen Ausnahmen: NE-GB–Nordsee, SW-GB/IRL–Golf von Biscaya [4064]. Ab (Mitte) Ende Juli, vermehrt im Aug., deutlicher Bestandsanstieg im S Nordseebereich (Deutsche Bucht), dort Max. im Nov. mit 16.700 Ind., auch Anteil Ad. im Nov. am höchsten (89%), zur Brutzeit am geringsten (bei 2.700 Ind.; 6.9%) [1299]. Abzug von Brutplätzen ab Aug., Hauptwegzug Sept./Okt. (Bestand in D Bucht 13.000 Ind.); in NL Bestandsgipfel Mitte Sept.-Nov., danach mitunter Kälteflucht. Heimzug ab Ende Feb./Anf. März. Nichtbrüter übersommern im Winterquartier oder zw. Überwinterungs- und Geburtsort. Mehrjährige Winterortstreue, aber auch Wechsel belegt.

Bestandsentwicklung. Etwa seit 1920er J. in Europa parallel zur Entwicklung anderer Möwenarten starke Bestandszunahme und Arealausweitung bedingt durch erhebliche Zunahme verfügbarer Nahrungsquellen, vor allem Beifang der Hochseefischerei [1297], sowie stark reduzierter Verfolgung. Besonders auffallender Zuwachs und Arealausweitung in GB, EST, F, sowie in DK, wo Anstieg von <10 BP (1930) über 60 BP (1950) auf 464 BP (1974) und 1.500-1.600 BP (1993-96) [1369, 1422, 1585]. In Bretagne F mit der Zunahme auch Habitatwechsel von felsigen Regionen zu flachen Inseln und menschlichen Bauten [1507].

	Best.	Areal	Brutbestand	Jahr	Quelle
D	⇧	+ 1	22 – 24	1995 – 1999	[383]
NL	N	N	11 – 15	1998 – 2000	[383,2094]

Durch Ausbreitung nach S schließlich Ansiedlung in ME, 1984 erster Brutnachw. auf dem Ruden, Greifswalder Bodden D-MV. Zeitgleich mit erster Brut auf Rügen 1985 Brutnachw. in D-NI [1589]. In -SH erste Brut 1987, an Nordsee (Trischen) 1988 und an Ostsee 1992 [310]. In -MV, -NI und -SH seit 1990er J. regelm. Brutvogel in wenigen Paaren [196], mit stärkster Zunahme in -SH [204, für Brutverbreitung gesamte Ostseeküste: 1307], Gesamtbestand D lag 1999 bei 22-24 BP [204], 2003 etwa bei 30-40 BP [453]. 1993 erste Brut in NL, doch erst ab 1994 mehrere Bruten erfolgreich [375], bis 2000 Zunahme auf 11-15 BP [2094, 3638]. Bestandstrend derzeit fast in ganz Europa positiv, bes. deutlich im benachbarten Fennoskandien [1585, 196], z.B. Bestandszunahme in DK von 1930 (erste Brut) bis 1995/96 auf 1.500 BP und seit 1970er J. Zahl der Brutstandorte verdreifacht [1422]; weitere Ausbreitung im S Nordseebereich daher zu erwarten [1305].

Siedlungsdichte. Koloniebrüter. Aufgrund größerer Nestabstände (z.B. im Vergleich zur Silbermöwe) weit geringere Koloniezahlen und Dichtewerte; z.T. sogar solitäres Brüten, insbesondere auf kleinen Ostseeinseln [1507].

Gefährdungsursachen [1507, 1589, 196, 375]. Direkte Verfolgung, vor allem Jagd.
Störungen an den Brutplätzen.
Hohe Verluste durch Verölung und Ertrinken in Fischernetzen.

SPEC	VSchRL	Bern.Konv.	Bonn.Konv.
E	Anh. II-2	--	--
Europ. RL	**RL in ME**		
--	--		

Schutzmaßnahmen. Jagdliche Eingriffe in sehr kleine Bestände des Neusiedlers sind vollständig zu unterbinden.

Biotop. Mehr an Küste gebunden als andere Großmöwen. Br. auf Küsteninseln oder an felsigen Küsten, bevorzugt höher als andere Möwen; ferner auf flachen Küstenebenen, Sandbänken an Flussmündungen, in Dünen der Sände (Memmert, Mellum), mitunter in Mooren. Außerhalb der Brutzeit vermehrt an flachen, aber möglichst tidenunabhängigen Stränden; ganzjährig auf Nord- und Ostsee weit verbreitet, Nahrungssuche überwiegend auf Hochsee, ferner auch stärker an Mülldeponien, in Fischereihäfen oder an bzw. in Seestädten. An küstenfernen Binnengewässern selten.

Nahrung. Vielseitig wie Silbermöwe, hauptsächlich tierisch, besonders Fische, aber auch hoher Abfallanteil; ferner Mollusken, Ringelwürmer, Crustaceen, Insekten, Vögel bis > Entengröße (vor allem auch Eier und Junge), Kleinsäuger; wenig Vegetabilien. Kolonien anderer Seevögel, z.B. Sturmtaucher, Papageitaucher, aber auch z.B. Eiderenten können mitunter stark gezehntet werden. Mitunter Anteil Fischnahrung >80% durch Nutzung von Fischereiabfällen [s. 1299, 1303]. Täglicher Nahrungsbedarf in Gefg. Ø ca. 400 g Fisch.

Stimme. Tiefer als alle anderen Möwen, Rufe langsamer als z.B. Silbermöwe. Hauptruf tief »kau« oder »krao«, auch im Duett bei untereinanderfliegenden Vögeln. Jauchzen langsamer und tiefer als Silbermöwe, ohne »i«-Laute; Stakkatoruf tief »gagagagag«.

Verhalten. Tag- und dämmerungsaktiv, Schiffsfolger auch stark nachtaktiv [1301]. Fliegt nicht sehr wendig. Langsamer Flug erinnert an Reiher. Kann im Stoßflug bis 1 m tief tauchen; Nahrungserwerb vielseitig. Oberflächenfischer, Sammler, Jäger von Vögeln, Beuteräuber (Kleptoparasitismus). Mülldeponien spielen eine große Rolle, nach Nahrung wird auch regelrecht gegraben. Wie bei Silbermöwe Fallenlassen von Muscheln, um die Schale zu zerschmettern. Meist Koloniebrüter, mitunter Einzelbrüter; brütet sowohl in artreinen wie in Mischkolonien. Das ganze Jahr über lockere Vergesellschaftung mit anderen Möwen. Paare während der Brutsaison stabil. Bereits im Winter schwaches Sexualverhalten. Paarbildung am Brutplatz. Außerhalb der Brutzeit einzeln oder in kleinere Trupps.

Fortpflanzung, Brutbiologie [1369,337,1551]. Geschlechtsreife frühestens mit 4-5 J. Monogame Saisonehe: Nistplatztreue häufig. **Nest.** Neststand variabel, bevorzugt auf kleinen Erhebungen oder brütet exponiert und auf spärlich oder nicht bewachsenen Stellen. Nest mit Zweigen, Tang, Gras, Heidekraut und Federn aus der Nähe ausgekleidet; beide bauen. **Legebeginn.** Ab Mitte April. Hauptlegezeit 25. April/Anf. Mai; im N etwas später. **Gelegegröße.** 3, selten 2 Eier; Ø 2.68–2.9; 4–5 Eier von 2 ♀. **Eier.** Spindelförmig, größer und Grundfarbe heller (helloliv oder grünlich) als Silbermöwe, Zeichnung im Allg. feiner und gleichmäßiger. **Brutdauer.** 26-28 (-30) d, beide brüten, Beginn vor Vollendung des Geleges. **Nestlings-/Führungszeit.** Beide Ad. betreuen Juv., füttern bis 7 Wochen; Junge in dieser Zeit mit ersten Flügen, mit > 45-50 d flügge. **Jahresbruten.** 1; 2–3 Nachgelege möglich. **Bruterfolg.** Aus 41 Eiern in 14 Nestern schlüpften in GB-Wales 76% (2.2 Juv./Nest); in FIN_{18} 2.6 Juv./Paar.

Eimaße und -gewichte. L. 67.8-87.8 mm, B. 46.6-58.0 mm, Ø: 77.3 x 52.8 mm (n=937, N.); Frischvollgew. 88.4 -143.1 g, $Ø_{244}$: 113.4 ± 9.7 g; Schalengew. 7.04-9.86 g, $Ø_{140}$: 8.22 g.

Alter. Ältester Ringvogel (FIN) 25 J. 9 Monate [3654], ferner > 23, 20 J. 5 Monate, 19 J. 11 Monate, 18 J. 9 Monate. **Generationslänge:** 13 J. [383].

Mauser. **Postjuvenile Mauser** (Teilmauser) ab Aug./Nov., aber variabel [767,139,3050,1408,1779]. • **1. Postnuptialmauser** (Vollmauser) April/Mai–Okt./Nov. [767,139,3050,1408]. • **Postnuptialmauser** (Vollmauser) Mitte Mai/Juni–Dez./Anf. Jan. [767,1408]; HS-Mauser i.d.R. nach Eiablage, Mitte Mai/Ende Juli–Okt./Dez.; Dauer der HS-Mauser GB/IS ca. 5–6 Monate [767,1369]. • **Pränuptialmauser** (Teilmauser) Jan.–April/Mai [767,1369,1408].

Larus hyperboreus – Eismöwe 05990

Larus hyperboreus Gunnerus 1767

GB Glaucous Gull **F Goéland bourgmestre** **E Gaviota Hiperbóreo**

Taxonomie. Vier UA: *hyperboreus* Gunnerus 1767 (GRÖ bis Franz-Joseph-Land), *pallidissimus* Portenko 1939 (Taimyr ostwärts bis Beringsee), *barrovianus* Ridgway 1886 (Alaska, Yukon) und *leuceretes* Schleep 1819 (restliches N-Amerika). Die geringe Differenzierung der UA in Körpergröße und Graustufe des Mantels werden von individueller Variation z.T. überlagert.
Die Eismöwe ist nach mtDNA-Befunden Teil des Silber-/Heringsmöwen-Komplexes [2316] und kommt mit mehreren anderen Taxa dieses Komplexes sympatrisch vor. Zuweilen aber Hybridisation nicht selten, z.B. mit *L. smithsonianus* in N-Amerika, mit *L. argentatus* in IS, mit *L. glaucescens* in Alaska und selten mit *L. marinus* in Neufundland [Übersicht:3050].

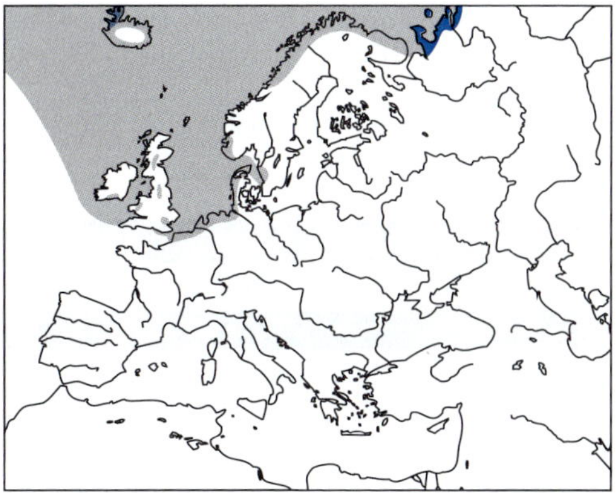

Larus hyperboreus – **Eismöwe**

Rückkreuzungshybriden beiderlei Geschlechts sind mindestens zum Teil fertil, da Eismöwen in der Paläarktis z.T. dieselben mitochondrialen Haplotypen tragen wie *L. argentatus*, in Nordamerika dieselben wie *L. glaucescens* und andere Arten [2316].

Kennzeichen [1784,1369,221,3772,3615,408; weitere **Fotos** in Limic. **10**, 227, **16**, 40, 107, **17**, 94, Dutch B. **19**, 128, **22**, 51, **24**, 118, 183, **25**, 134, 436, Bird. W. **8**, 134, **12**, 67].

Maße. (Nominatform) Gr.: 62-68 (77) cm. Gew.: ♂ 1360-2215 g, ♀ 964-1760 g. Fl.spw.: (132-) 150-165 cm. Fl.l.: ♂ 45.5-49.6 cm, ♀ 42.2-49.2 cm [1369,3615].

Status. In ME seltener, aber regelm. Wintergast, überwiegend an Nordseeküste von **D**-SH über **NL** bis **B**; aber auch unregelm. bis tief ins ME Binnenland (s.u.); meist zw. Okt.-Mai., Gipfel Dez./Jan., wenige Daten Juni/Sept., nur selten im Sommer; meist immat. Vögel [1369]; Häufung in 1970er und 80er J., seither deutlich weniger. An Ostseeküste seltener, z.B. in **PL** 3 mal 19. Jh. und weitere 12 Daten bis 1975, seit Ende 1970er J. aber regelm. und in 1990er J. allj. bis 17-24 Ind. [3871]. **D**-MV 3 Nachw. bis Mitte 1980er J. [337], danach allj. 1-2 Nachw.
Im Binnenland sehr viel mehr Nachw. als von Polarmöwe, folgende Meldungen anerkannt: • **D**: -NW 1941, 1976; -NI 1977, 1979; -SN Feb. 1979; -BW 1920er J., (Bod.)1978/79, 1996 [337,1722]; -BB je 2 Nachw. 1997 und 1998 [1]; -BY 2 Ind. vor 1889 [4175]. • **PL:** 32 Ind., davon die Hälfte im Gebiet der Weichsel; zunehmend auch Sommer-/Frühherbst [3871]. • **CZ:** 8 Daten bis 1995 [2159]. • **A:** 8 Daten bis 1981 (davon 1 Ind. Bod. s. CH). • **H:** 7 Nachw. bis 1997 [2438], 2 weitere 1998 [q3]. • **CH:** 1849 gestrichen, daher nur 1970/71, 1978/79 (Bod.) und 2002/03 [4152,q14]. Gesicherte Nachw. fehlen z.B. für D-SN, -TH und -SL; ferner für L, SK. und FL.
Mehrfach Beob. von Hybriden (Silber- x Eismöwe), z.B. D-BW [1722], -BB [1].

SPEC	VSchRL	Bern.Konv.	Bonn.Konv.
--	--	Anh. III	--
Europ. RL	**RL in ME**		
--	--		

Verbreitung und Bestand. Brütet zirkumpolar auf Inseln und an Küsten des Nordpolarmeers, im N-Atlantik S bis IS. In unserem Raum Nominatform. Globaler Brutbestand > 200.000 BP, in Europa Brutpopulation etwa 47.000-140.000 BP (stabil), davon in GRÖ 30-100 T., IS 10-15 T., Spitzbergen 4-10 T. und N-RUS 2.5-10 T. BP [383]. N-atlantische Flyway-Population mit etwa 200.000 Ind., langfristig stabil [824].

Wanderungen. Stand- und Zugvogel. Überwinterungsgebiet von S-Grenze der Arktis in eisfreien Küstengewässern nach S bis S-N., Schottland, N-IRL, in kleiner Zahl bis S-S., DK, S-Nordsee und Ärmelkanal bzw. Atlantikküste bis Gironde-Mündung (ausnahmsweise bis MA, I, M). Br. Spitzbergens in SW-N., Färöer, IS, E-GRÖ gefunden. Br. IS wohl meist in Nähe der Brutplätze überwinternd, Br. E-GRÖ überwintern meist in IS. Ad. ziehen ab Anf. Sept. weg; Juv. später, im S des Areals sogar zunächst (z.T.) nach N. Einzug Wintergäste Shetland ab Mitte Okt., Wegzug ab Jan./Anf. Feb.; früheste Ankunft an Brutplätzen meist ab April (bis Mitte Mai). Immat. kehren nicht oder nur z.T. und spät an Brutplätze zurück.

Biotop. Br. an der Küste oder in Küstennähe auf Felsinseln und -wänden, aber auch auf flachem Strand, gern geschützt in Fjorden und Buchten; i.d.R. nicht tief im Binnenland. Außerhalb der Brutzeit im Schelfgebiet oder an der Küste, selten im Binnenland.

Nahrung. Crustaceen, Fische, Vögel, Eier, Aas, Abfälle und auch Vegetabilien (z.B. Beeren).

Stimme. Relativ hoch; Jauchzen beginnt mit schrillen »hijoh...« und schließt mit tiefen »grao...«. Schriller Hauptruf etwa »kijau«. Katzenruf etwas tremolierender hoher Pfiff. Stakkatoruf »gogogo«.

Verhalten. Aktivität sehr anpassungsfähig. Vielseitiger Nahrungserwerb, mitunter Konkurrenz mit Mantelmöwe. Fischt aus dem Suchflug, jagt häufig Krabbentaucher und deren Jungen, raubt anderen Seevögeln Beute, Aasfresser; sammelt auf festem Boden und folgt auch Schiffen. Brütet einzeln oder in sehr lockeren kleinen Kolonien (seltener mehrere 100 BP), zum Teil auch Mischkolonien, Nestabstände relativ groß. Paarbildung im Territorium. Außerhalb der Brutzeit relativ geringe Tendenz zur Schwarmbildung, doch größere Ansammlungen bei günstigem Nahrungsangebot.

Fortpflanzung, Brutbiologie [3615,1369,1551]. Geschlechtsreife mit 4–5 J. Monogame Saisonehe.

Nest. Auf Felsbändern, zuweilen auch am Fuß von Felswänden, oder auf kleinen flachen Inseln. Oft in Kolonien. Nest größere Anhäufung von Pflanzenmaterial; gewöhnlich bauen beide. **Legebeginn.** Frühestens ab ca. 10. Mai, im N 2–3 Wochen später, in NE-GRÖ erst ab Mitte/Ende Juni; Junge werden meist erst im Aug. flügge. **Gelegegröße.** 2–3 (1-4). **Eier.** Wie Mantelmöwe. **Brutdauer.** 27–28 (-30) d, beide brüten, nach 1. Ei. **Nestlings-/Führungszeit.** Beide Ad. füttern; Juv. werden mit 45–50 (55) d flügge und oft noch einige d von Ad. geführt. **Jahresbruten.** 1; Nachgelege.

Alter. Ältester Ringvogel > 21 J. **Generationslänge:** 13 J. [383].

Mauser. **Postjuvenile Mauser** (Teilmauser) Beginn variabel, mitunter erst ab Jan./Feb.; wenig umfangreich [767,3050,1778]. • **Postnuptialmauser** (Vollmauser) April/Mai–Jan. (Feb.), Immat. beginnen 2 Monate früher [767,1369,3050,1408,69]; HS Mitte April/Juni–Anf. Nov./Jan., AS ab Juli/Aug., ST meist Aug.–Nov. [767,1369,1814,3050]; Dauer der HS-Mauser in IS 7 Monate. • **Pränuptialmauser** (Teilmauser) Jan./März–April/Mai; Körpergefieder [767,3050,1408].

Larus argentatus – Silbermöwe 05920

Larus argentatus Pontoppidan 1763

(GB) **Herring Gull** (F) **Goéland argenté** (E) **Gaviota Argéntea**

Taxonomie. In hier verwendeter Abgrenzung nur zwei gering differenzierte UA: *argentatus* Pontoppidan 1763 (Baltikum, Skandinavien bis Kola-Halbinsel) und *argenteus* C.L. Brehm 1822 (W-Europa einschl. S Nordseeküste). Gelbfüßige Form »*omissus*«, ursprünglich hauptsächlich im Binnenland FIN, Baltikum und W-RUS, früher als UA von *L. cachinnans* aufgefasst [1369], ist gelbfüßige Morphe der Nominatform *argentatus* [2611,678,4190,2315].

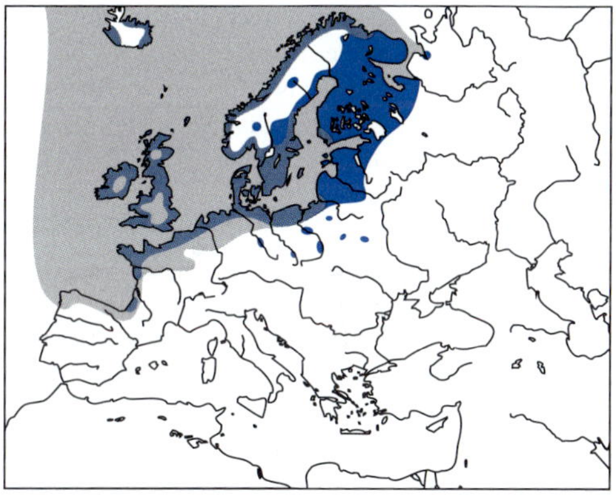

Larus argentatus – **Silbermöwe**

Kennzeichen. [1784,1369,221,3772,3615,408; weitere **Fotos** (*argentatus*) Dutch B. **24**, 44, 350, **26**, 171, Bird. W. **12**, 66, (*argenteus*) Dutch B. **24**, 277, **26**, 162, 167, Brit. B. **94**, 228, (Hybrid Silber- x Eismöwe) Bird. W. **10**, 102].

Maße. Gr.: 55-67 cm. Gew. *argentatus*: ♂ 900-1440 g, ♀ 795-1100 g, *argenteus*: ♂ 750-1150 g, ♀ 690-940 g. Fl.spw.: 138-150 cm. Fl.l. *argentatus*: ♂ 43.6-46.6 cm, ♀ 41.1-43.8 cm, *argenteus*: ♂ 39.1-46.1 cm, ♀ 38.7-42.2 cm [1369,3615].

Status. In Küstenregionen sehr häufiger Jahresvogel, im Binnenland N-ME häufiger Gastvogel und Sommer- bzw. Brutvogel in ursprünglich kleiner Zahl, inzwischen recht häufig. Im Binnenland S-ME regelm. Gastvogel in geringer Zahl.

Verbreitung und Bestand. In borealer und gemäßigter Zone Europas. Areal von *argenteus* reicht von IS über GB/IRL bis zur N-Küste F. Nominatform brütet von Küsten N., DK und S. nach N bis Spitzbergen. An Nordseeküste D, NL und B Mischpopulationen der beiden Formen. Nah verwandte Art *L. smithsonianus* in borealer und Tundrenzone N-Amerikas. Europäischer Gesamtbestand der Silbermöwe 760.000-1.400.000 BP (insgesamt leichte Zunahme) [383,823]. In ME brüten etwa 104.000-116.000 BP (Ind. mit fleischfarbenen Beinen) sowie wenige hundert BP vom *omissus*-Typ oder Mischformen in PL und D; Herkunft und Artzugehörigkeit vieler gelbfüßiger Ind. aber unsicher [vgl. auch 2038].

Wanderungen. Teilzieher, Streuungswanderungen. An Küsten bis zur Murmanküste überwinternd, doch Abzug von Binnengewässern

Skandinaviens. Hauptwinterquartier SW Ostsee bis GB/IRL und Biscaya. Gelegentlich in kleiner Zahl im Mittelmeer. Einzelne Populationen mit ± festumrissenen Überwinterungsgebieten; Dispersion offenbar im 2. Winter am stärksten. Im Nordseeraum im Winter Vögel aus Fennoskandien sowie Nordseeanrainer; an Ostsee verbleiben bis 75% der erbrüteten Vögel auch im Winter, ca. 20% ziehen ins Binnenland, ca. 5% wandern an Nordsee; ♀ offenbar zugfreudiger als ♂ [2039]. Gleich nach Flüggewerden der Jungen verlassen Ad. die Kolonien; im Wattenmeer Höchstzahl Spätsommer/Herbst. In Nov. wohl meist Winterareal erreicht; ab Mitte Jan. erscheinen Br. an Kolonien; Immat. später oder übersommern abseits der Kolonien [Wanderung Juv. in N-Amerika:581]. Ansiedlungsentfernung beringter pulli in GB/IRL in späteren J. Ø < 1km vom Geburtsort, allerdings Rückkehrraten in Brutkolonie stark variierend und z.T. nur 30 %; einzelne Ringfunde mit weiter Distanz, z.B. Wales-Rügen [4064].

Form »omissus« meist Kurzstreckenzieher mit Winterquartier im S Ostsee, Nordsee nach W bis GB und N-F, einzeln auch bis N-Mittelmeer. Abzug ab Ende Juli/Aug. (Nachzügler bis Okt.), Heimzug ab März. Nichtbrüter im Sommer meist zw. Brut- und Überwinterungsgebiet.

Bestandsentwicklung. UA ***argenteus, argentatus***: Nach starkem Bestandsrückgang im 19. Jh. durch intensive Verfolgung erneute Erholung und Wiederbesiedlung ehemaliger Brutgebiete bis in 1920er J. [196,1305]. Danach starke Bestandszunahme im gesamten ME mit Höchstständen in 1930er J. [1369], z.T. als Folge von Schutzbestimmungen. Durch abermals einsetzende »bestandslenkende Maßnahmen« bis in 1950er J. neue Bestandstiefs in NL (11.000 BP) und D (-SH 2.500 BP) [1369,310]. Nach Einstellung der Bekämpfung wiederum sprunghafter Anstieg – auch bedingt durch günstigere Ernährungsbedingungen (Synanthropie, Eutrophierung etc.) und daher geringere Wintersterblichkeit. In NL Zunahme auf 22.500 BP (1971), 61-62.000 BP (1979) und 90.000 BP (1980er J.) [375], seither Abnahme auf < 67.000 BP (1997 ff.), besonders in Dünengebieten und im Wattenmeer (dort aber seit 1997 Stabilisierung bei 39.000 BP), dagegen im Delta konstant und in Ortschaften Zunahme [3638]. In D-SH bis 1997 wieder Zunahme auf 12.750 BP (allein 12.000 im Wattenmeer 2001), seither fluktuierend [1305], im Wattenmeer D-NI von 1993-2001 erhebliche Abnahme von 38.000 auf 25.000 BP, im DK Teil gleichzeitig Zunahme auf 4.000 BP [3135, Int. Wattenmeermonitoring 2001, unveröff.].

Erste Brutansiedlung in B 1960, seither exponentieller Bestandsanstieg [843,1677]. An Nordseeküste D – trotz größerer Schwankungen und Arealveränderungen aufgrund weiterer Eingriffe – Zunahme von ~ 10.000 BP (1948/49) auf 20.900 (1964) und 41.300 BP (1983) [196]. In der Folge weitgehend konstant bei etwa 40.000 BP [196,204,1305]. Stagnation oder Bestandsverluste in W-ME häufig durch mangelndes Nahrungsangebot nach Schließung von Mülldeponien [1343,196,1144], z.T. durch starke Prädation [375]. Brutbestand In vielen Kolonien von weiter zunehmender Heringsmöwe überflügelt [1305].

An Ostsee erst nach Einführung der motorisierten Schleppnetzfischerei ab 1930er J. eingewandert; ohne diese Nahrungsquelle sowie offene Deponien wohl kaum Ausdehnung in Ostseeraum denkbar. Seit Mitte 20. Jh. Bestandszunahme und Arealausweitung, in D-SH besonders stark ab 1970 [310,1302]. In D-MV nach starkem Zuwachs und Arealausweitung Anstieg auf etwa 1.600 BP (1974), durch Reduzierungsmaßnahmen aber keine weitere Zunahme [2031]; derzeit Bestand etwa bei 2.500 BP [J. Kube]. In PL Brutansiedlung 1968 bei Leba, bis 1985 Küstenbestand schon 400 BP, inzwischen > 2.000 BP [3871].

	Best.	Areal	Brutbestand	Jahr	Quelle
B	⇧	+ 2	1.500 – 1.600	2000 – 2002	[383]
D	↑	+ 1	39.000 – 46.000	1995 – 1999	[383]
NL	⇧	=	62.000 – 67.000	1998 – 2000	[383]
PL	⇧	+ 2	1.700 – 2.000	1997 – 2000	[383]

Seit Mitte 1970er J. Ausbreitung ins Binnenland [2031,2772]. In D-BB erste Brutansiedlung 1981 [1568], bis 1993 etwa 70 BP [q17], 1998 schon über 130 BP, allerdings seit Mitte 1990er J. weitgehend auf ein wichtiges Brutgebiet (Grubenseen bei Senftenberg) konzentriert [1]. In -SN ebenfalls rascher Bestandszuwachs auf etwa 50 BP (1999), dagegen in -ST, -NI und -NW weiterhin nur Einzelpaare [2772,2623,204]. 1978 Einwanderung ins Binnenland PL (Wisla), auch hier Ausweitung auf weitere Gebiete und starke Zunahme [3871]. Rast- und Überwinterungsbestände im Binnenland ME weiterhin zunehmend [823].

In GB, und vermehrt auch in Kolonien NL und D z.T. erhebliche Bestandseinbrüche aufgrund verringerten Nahrungsangebotes [1144]; davon weiter zunehmende Heringsmöwe offenbar nicht betroffen.

Form »*omissus*«: In NE-Europa von Baltikum bis Weißmeer stark anwachsende Population ab 1920er J. und Ausbreitung nach SW von reinen *omissus* sowie Mischformen mit typischen Silbermöwen. In D-SH, -BB, -MV und -SN inzwischen Brutvorkommen in kleiner Zahl [1369,2031,2772,3667,1], in -SH in 1990er J. nur noch in Einzelpaaren [B. Koop]; an Küste -MV max. 3-4% der Brutpopulation mit *omissus*- oder Mischmerkmalen, im Binnenland -MV dagegen fast alle Vögel [2031]. In -BB nur leichter Anstieg der Brutpaarzahl dieser Form (sonst meist Mischpaare) [1].

Siedlungsdichte. Koloniebrüter. Flächenhafte Dichtebestimmung ergab für Nordseeinsel Mellum D insgesamt 126 BP/ha (Gesamtbestand > 13.000 BP), aber nur auf 1/5 der Fläche Dichten > 100 BP/ha [4104].

Gefährdungsfaktoren/Verlustursachen [1343, 1369,1589,2031,375,196,1144,2038,3839]. Direkte Verfolgung, Dezimierung des Brutbestands (Gelegezerstörung, Eierabsammeln, Abschuss, Vergiftung), in E-D bis 1990, in DK bis heute in großer Zahl.
Abnehmendes Nahrungsangebot, vor allem im Winter (Schließung von Mülldeponien).
Krankheiten, Botulismus, Schadstoffaufnahme.
Verluste durch Verölung.
Natürliche Ursachen: geringer Bruterfolg (in einigen Kolonien NL und D-SH) durch intra- und interspezifische Konkurrenz; zudem hohe Gelegeverluste durch Prädatoren (Vögel, Fuchs, Ratte, Wildschwein).

SPEC	VSchRL	Bern.Konv.	Bonn.Konv.
E	Anh. II-2	--	--
Europ. RL	RL in ME		
--	--		

Schutzmaßnahmen. Bei weiterer Erhaltung und Schutz der bedeutenden Brutgebiete sind Maßnahmen nicht erforderlich.
Eingriffe in die Brutbestände sind allerdings wie bei anderen Arten zu vermeiden (vgl. Angaben bei Lachmöwe).

Biotop. Zu allen Jahreszeiten bevorzugt Küstenvogel, im Winter viele an Mülldeponien, Abfall, Fischereihäfen, Schlachthöfen etc.; Überwinterung auf Ost- und Nordsee sowie im Binnenland. Br. in Dünen, lockerem Gras, auf Kiesstränden, Felsinseln, auch auf küstennahen Grasflächen, auf Inseln; im Binnenland (zunehmend auch an E-Küste D-SH) auf Gebäuden [1307]; in FIN auch auf mit Bäumen bestandenen Schären.

Nahrung. Sehr vielseitig (aber im direkten Vergleich weniger variabel als Sturm- und Heringsmöwe) [vgl. 2198]. Hauptnahrung Crustaceen, Mollusken, Stachelhäuter, Fische und Abfall [z.B. 1309]; Spektrum der Gelegenheits- und Ausweichnahrung sehr groß; auch Vegetabilien werden aufgenommen. Eier und Kükenraub bei Artgenossen oder anderen Arten besonders bei günstigem Angebot oder schlechten allgemeinen Ernährungsbedingungen. Täglicher Nahrungsbedarf mehrere 100 g, z.B. > 400 g Fisch, > 550 g Seesterne, > 160 g Vogelfleisch oder 160 g Brot; Fischanteil aber deutlich geringer als bei Heringsmöwe [vgl. 2198]. Große regionale Unterschiede und offenbar Fähigkeit, günstiges Angebot opportunistisch zu nutzen und dann zu fasten. Trinkt Seewasser, zieht aber Süßwasser vor.

Stimme. Hauptruf der Ad. hell bis gellend »ku«; Jauchzen wie »aau aau au kjiiiau kjau kjau«, gegen Ende langsamer und in Tonhöhe absinkend, häufig zu hören; Katzenruf langgezogenes Miauen »mää-i« (Landeruf), Stimmfühlung zwischen den Partnern; Bell-Laut tief »hau«, im Flug meist ± zweisilbig. Warnruf am Brutplatz (Stakkatoruf) »ga ga gag«. Küken mit hohen, später wie stimmbrüchig klingenden Rufen.

Verhalten. Tag- und dämmerungsaktiv, aber auch nachtaktiv [1301]. An Nordsee Nahrungserwerb tidenabhängig. Läuft und schwimmt viel; Abflug oft mit kleinem Sprung. Hervorragender Gleit- und Segelflieger. Nahrungserwerb vielseitig, bes. häufig im Schreiten aber auch z.B. von der Wasseroberfläche im Suchflug; folgt häufig Schiffen. Bevorzugte Nahrungsgründe z.B. feuchtes Watt (hier spielt Fußtrampeln wichtige Rolle) oder Müllhalden. Nahrungsbrocken können auch im Flug gefangen oder im Schwimmen von der Wasseroberfläche aufgenommen werden. Stoßtauchen selten; dagegen wird Wasservögeln Beute abgejagt. Spezialisierung auf besonderes Nahrungsangebot ist häufig und dabei das Lernen von Signalen sowie besonderen Techniken des Beuteerwerbs. So werden z.B. größere Mollusken aus 5-10 m auf eine harte Unterlage fallen gelassen; weiche Substrate werden gemieden. Zur Brutzeit in großen Kolonien; offenbar feste Dominanzabstufungen in Schwärmen. Größte Kolonien 10.000–15.000 BP; Einzel- und Koloniebrüter territorial um den Neststandort, mit dem Schlüpfen der Jungen wird Revier oft ausgeweitet. Partnerwahl durch ♀; Paarbildung im Klub oder in einem Paarbildungs- bzw. Nestterritorium eines unverpaarten ♂. ♀ nähert sich unter Wegsehen und anderen aggressionshemmenden Posen. ♂ droht zunächst, imponiert dann nur noch, bis es schließlich mit Nestlocken oder Fütterung antwortet (Balz und Balzfütterung mitunter schon im Winter). Der Begattung geht im allgemeinen Kopfwippen von ♂ und ♀ voraus. ♀ sind treu; nur wenige Junge nicht vom fütternden ♂. Paarbildungsverhalten ab Sept. möglich. Paare trennen sich für einige Monate im Winter. Jauchzen bedeutet Imponieren; ferner Aufrechtdrohen, Drohschreiten, Flügeldrohen, Grasrupfen; Buckelhaltung und Wegsehen sind aggressionshemmend. Koloniealarm mit plötzlichem Auffliegen wie bei Lachmöwe. Angriffsflüge gegen Bodenfeinde (meist nur ♂) vom Schlüpfen bis in die ersten Aufzuchtswochen am häufigsten; kaum tätliche Attacken. Außerhalb der Brutzeit gesellig.

Fortpflanzung, Brutbiologie [1369,337,3615, 1551]. Geschlechtsreife mit (3)4–7(8) J., ♀ offenbar etwas später als ♂. Monogame Saisonehe; Partnertrennung oft nur wenige Monate. Häufig Brutorts- und damit Partnertreue (auch langjährig) nachgewiesen, aber auch Umpaarungen. ♂ bestimmt i.d.R. den Nistplatz, zeigt stärkere Geburtsortstreue als ♀. **Nest.** Neststand in Dünen, zwischen Felsen, auf bewachsenen Felsbändern an Steilwänden, Blockhalden, Ruinen, auch auf Gebäuden oder häufig an auffälligen Geländemarken. Nistmaterial unterschiedlich umfangreich, mitunter nur einfache, etwas »ausgeschmückte« Sandmulde; beide bauen. **Legebeginn.** Frühestens ab Mitte April, an Nordseeküste Ø Ende April, weiter im N Anf. Mai; späteste Eiablage bis Anf. Juli. **Gelegegröße.** 2–3; Ø 2.6–2.9; Ablage eines 3er-Geleges innerhalb von Ø 4.37 d. **Eier.** Spindelförmig; Färbung variabel mit braunem bis hellolivem oder grauem Untergrund und zahlreichen variierenden dunklen Flecken und/oder Spritzern [ausführlich mit zahlreichen experimentellen Befunden:124]. Trotz Variabilität der Eifärbung und -zeichnung können Ad. im Allg. nicht zw. eigenen und fremden Eiern unterscheiden. **Brutdauer.** (25) 26-32 (33) d; beide brüten, ♀ i.d.R. mehr, Beginn ab 1. Ei. **Nestlings-/Führungszeit.** Beide Ad. kümmern sich um Pulli (Wärme- und Wetterschutz, Bewachung und Zurücklocken ins Territorium, Herbeischaffen von Futter bis mind. zum Flüggewerden). Junge werden je nach Brutgröße etc. mit 35–49 d flügge, dann aber noch häufig 19–27 d im Territorium der Eltern und lassen sich füttern. Manchmal betteln Juv. noch sehr lange. **Jahresbruten.** 1; bis mind. 2 Nachgelege nachgewiesen. **Bruterfolg.** Im Wattenmeer Nachwuchsrate 1979-90 Ø$_{326}$ 0.5–1.3 flügge Juv./BP und J. bei Schlüpferfolgen von 67-84 % [237], 1996/97 dort Ø$_{89}$ zw. 0.75-1.48 flügge Juv./BP und J. bei Schlüpferfolgen von 82-93 % [3839].

Eimaße und -gewichte *argentatus/argenteus*. L. 62.3-90.0 mm, B. 42.7-54.0 mm, Ø: 69.8 x 48.2 mm (n=100, GB), 72.2 x 49.4 mm (n=109, NL), 71.4 x 49.3 mm (n=530, D), 72.1 x 49.6 mm (n=983, N.); Frischvollgew. 65.8-116.0 g, Ø: 94.1 g (n=207, N.); Schalengew. 4.10-8.69 g, Ø: 6.23 g (n=109, NL).

Sterblichkeit, Alter. Bisher errechnete Sterblichkeitsraten für Ad. etwa um 10 %/J. und z.T. auch darunter, im 1. Lebensjahr z.T. wesentlich höher. Bei Nachwuchsrate von 0.6 würde es ausreichen, wenn nur 22 % ein Alter von 5 J. erreichen. Älteste Ringvögel mit 2 mal 32 und 2 mal 33 J. waren noch fortpflanzungsfähig. **Generationslänge:** 13 J. [383].

Mauser. Postjuvenile Mauser (Teilmauser) Aug.–März/April [767,1369,1408,1779]; i.d.R. ohne Flügeldecken [1293,1910]. • **1. Postnuptialmauser** (Vollmauser) meist ab Ende April, deutlich früher als Ad.; Abschluss im Okt./Nov. [767,1369,1408,1910]. • **Postnuptialmauser** (Vollmauser) beginnt schon während Bebrütung mit Ausfall von HS 1 ab Anf. Mai/Mitte Juli; Schwingenmauser bis Sept./Mitte Dez. beendet, bei UA *argentatus* jedoch erst im Nov./Jan. [767,1369,1408,1534]; Dauer der HS-Mauser Ø 4–6 Monate [767,1369]; Subad. mausern etwas früher und rascher [767]. • **Pränuptialmauser** (Teilmauser) Jan.–April; Körpergefieder [767,1408].

Larus michahellis – Mittelmeermöwe 05926

Larus [michahellis] michahellis J.F. Naumann 1840

GB Mediterranean Yellow-legged Gull

F Goéland leucophée/méridionale

E Gaviota Patiamarilla

Taxonomie. Zwei UA, deren räumliche Abgrenzung strittig ist: *michahellis* J.F. Naumann 1840 (Mittelmeergebiet, SW-Küste Schwarzmeer) und *atlantis* Dwight 1922 (Azoren, Madeira, Kanaren). Populationen der kontinentalen Küsten von Mittel-F bis MA wurden wechselweise *michahellis* oder *atlantis* zugeschrieben, die Form der iberischen Atlantikküste gar als eigene UA »*lusitanius*« Joirie 1978 beschrieben. In den Kontaktgebieten mit *graellsii* und *argentatus* (Atlantikküste F) und mit *cachinnans* am Schwarzmeer bestehen eindeutige Paarungsbarrieren [4184,2040], dadurch weitgehende Unterbrechung zumindest des mitochondrialen Genflusses [2315]. Offensichtlich ist Fortpflanzungsfähigkeit weiblicher *michahellis x cachinnans*-Hybriden (wenn sie auftreten) stark eingeschränkt. Andererseits hybridisieren Mittelmeermöwen in NL, wo sie neu eingewandert sind und vereinzelt in Kolonien von Silber- und Heringsmöwe brüten, sehr selten mit Silbermöwen, aber regelm. mit Heringsmöwen, wobei auch weibliche Hybriden fortpflanzungsfähig sind [3781,757].
Bildet Superspezies mit **Armenienmöwe** *L. armenicus* (Anatolien, Iran), mit der sie viel näher verwandt ist als mit *L. cachinnans* und in Zentral-TR stellenweise hybridisiert [2313].

Kennzeichen. Zur Feldbestimmung, insbes. zur Abgrenzung gegenüber *L. argentatus* und *L. cachinanns* [1453,2041,1293,3615,3772,221,408, sowie vor allem 1910 (mit sehr guten Zeichnungen), 2454; weitere **Fotos** in Limic. **14**, 200, **17**, 91, 169-183, Dutch B. **20**, 302, **24**, 289, **25**, 67, **26**, 36-42, 194, Bird. W. **12**, 63, **14**, 295-303, (*atlantis*) **14**, 293-304, (Hybride Mittelmeer- x Steppenmöwe) Brit. B. **94**, 530-533].

Maße. Gr.: 58-68 cm. Gew.: ♂ 1040-1500 g, Ø: 1275 g, ♀ 800-1400 g, Ø: 1033 g. Fl.spw.: 140-158 cm. Fl.l.: ♂ 42.8-48.5 cm, ♀ 39.5-46.2 cm [1784,3615].

Status. Brut-, Standvogel und Teilzieher S-Europas und ME, durch Dispersion und Mauserzug im Binnenland auch weit nach N und W, in zunehmender Zahl z.B. Nordsee [1369,196].

Verbreitung und Bestand. In weitgehend getrennten Verbreitungsgebieten von Atlantikküste

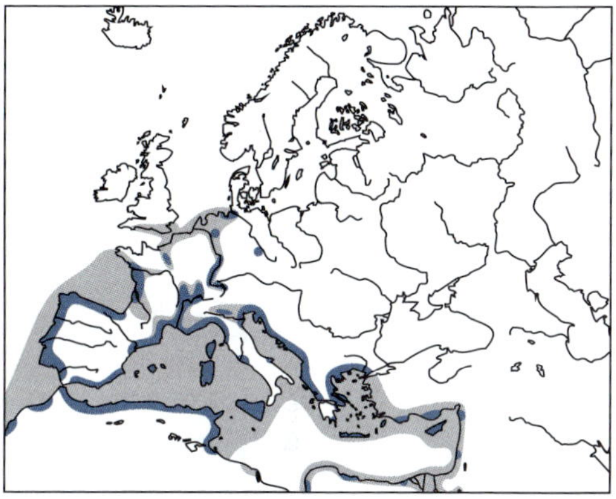

Larus michahellis – **Mittelmeermöwe**

NW-Afrikas und SW-Europas E bis ME und Teile SE-Europas; phänotypisch ähnliche, baltische »*omissus*«-Möwe s. bei Silbermöwe. Europäischer Gesamtbestand der Mittelmeermöwe etwa 250.000-480.000 BP (starke Zunahme) [383, stark veränd.]; größte Populationen dabei in HR (25-50 T.), F (40-45 T.), I (40-50 T.), P mit Madeira (25-40 T.) und Gibraltar (5-7 T.). In ME brüten nur etwa 560-760 BP (s. Tab.). Große, stark anwachsende Zahl nichtbrütender Übersommerer (Nistplatzmangel?).

Wanderungen. Früher Standvogel, mit der Ausbreitung nach N und W seit 1970er J. deutliche nachbrutzeitliche Streuungswanderungen, insbes. der Immat: [3615]. Mittelmeerraum entlang der Flüsse in Alpenraum, N Voralpenseen, regelm. bis Nordsee und SE-GB (dort deutlich zunehmend seit 1980er J.) sowie zunehmend bis S-Baltikum (insbes. Vögel aus I, CH, HR); in E-D. Juni./Dez., Max. Juli oder Aug., im Gegensatz zur Steppenmöwe aber Abzug vor dem Winter [2039]. Einige bis F Atlantikküste; dort auch Immat. aus E.; Br. Atlantikküste MA sind Standvögel. Ringfunde [z.B. 1722,2039]. Br. finden sich bereits im Feb. am Brutplatz ein.

Bestandsentwicklung. Leider fehlen über die Artzugehörigkeit mancher Großmöwen (BP oder Ind.) oft die notwendigen Kenntnisse. Folgende Aussagen sind aber wohl gesichert.
Die Form *michahellis* nahm im W-Mittelmeergebiet im 20. Jh. stark zu, zum einen durch günstige Er-

nährungsbedingungen aufgrund zunehmender Eutrophierung, zum anderen durch besser geschützte Neststandorte in sich ausweitender *Urtica*-Vegetation (Düngereffekt), schließlich aufgrund geringerer menschlichen Verfolgung [196,963]. Für die schnell angewachsene Mittelmeerpopulation war Nahrungsangebot nach Brutzeit nicht mehr ausreichend. Nachbrutzeitliche Wanderungen nach N und NW führten schnell zu traditionellen Rastplätzen und später Brutansiedlungen [196,1369]. Rasche Ausbreitung nach N, schon in 1930er J. erste Bruten in N-I. Von Ende 1940er J. bis 1988 Bestand in S-F verzehnfacht [963].

	Best.	Areal	Brutbestand	Jahr	Quelle
A	N	N	10–25	1998–2002	[383]
B	N	N	2–2	2000–2002	[383]
CH	⇧	+ 2	443–600	2000–2002	[383]
CZ	N	N	2–5	1997–2000	[383]
D	⇧	+ 1	79–89	1995–1999	[383]
H	N	N	3–9	1995–2002	[383]
NL	N	N	16–32	1998–2000	[383]
PL	N	N	0–3	1998–2001	[383]

In ME anfangs stark wachsende Zahl der Einflüge sowie der Rast-, Mauser und Überwinterungsbestände [1369,196]. Dann zunehmend Übersommerungen ad. Vögel. Schließlich nach einigen Brutversuchen erste dauerhafte Brutansiedlung in ME ab 1968 am Neuenburger See CH [3393]. Dort fast exponentieller Bestandsanstieg ab 1980er J., in der Folge Gründung weiterer (noch kleiner) Kolonien [3393,4180,963]. Viele, anfangs noch unregelm. Ansiedlungen, z.B. am Bod. seit 1978 (D-BW) bzw. 1987 (A-V) [965,1617,1997], in D-BY seit 1987, in H seit 1988 [2438], in A-O (Traunsee) und CZ ab 1990 [196,2159], in D-RP und -HE ab 1992 bzw. 1996 [1177,453]. Inzwischen dauerhafte Ansiedlungen mit beträchtlichem Bestandszuwachs auch in D-SH, -SN und -BB [1585,196,1,310], Oberrhein D-BW/Elsaß sowie in NL [3638] und B [3953]; seit 1998 auch erstmals Bruten sowie Mischbruten mit *L. cachinnans* in PL [3871]. Ausbreitung im gesamten europäischen Raum anhaltend [1585,3393,1507,453], in CH 2003 allein 649 Nester am Neuenburger See und weitere 12 Brutplätze besetzt [q1,453]; zudem starke Zunahme der Nichtbrüterzahlen [3393].
Da alle drei gelbfüßigen Großmöwen-Formen Ausbreitungstendenzen zeigen, ist Formzugehörigkeit bei jeder neuen Brutansiedlung intensiv zu prüfen.

Zudem mehrfach Bruten von Mischpaaren, z.B. 1975-77 in D-NW [2623], 1983 in W-SK. und 1990 in CZ [963], in den 1990er J. in D-BB und -SN sowie NL und PL [1,3667,204,277,3871].

Gefährdungsursachen [1369,2031,196]. Störungen an Brutplätzen bzw. Mangel an geeigneten, störungsfreien Brutplätzen.
Dezimierung des Brut- und Rastvogelbestandes, z.B. durch Abschuss.
Belastung mit Umweltgiften.
Natürliche Ursachen: Gelegeverluste durch Prädatoren oder durch Überflutungen.

SPEC	VSchRL	Bern.Konv.	Bonn.Konv.
E	Anh. II-2	Anh. III	--
Europ. RL	**RL in ME**		
--	A:'EN', CZ:'VU', D:'R', CH:'NT'		

Schutzmaßnahmen. Schutz und Erhaltung geeigneter Brutstandorte, sonst keine Maßnahmen erforderlich. Wie bei anderen Möwenarten sind Eingriffe in die Brutbestände als Artenschutzmaßnahmen wenig zielführend [vgl. 1975].

Biotop. Mediterrane und gemäßigte Lebensräume auf Fels-, Kies- oder Sandinseln, Felsküsten, kahlen Flächen an Flachküsten, an Rande von Brackwasserflächen, in Dünengebieten, Feuchtgebieten, Wirtschaftsflächen, lokal auf Dächern und Seehäfen. Im Binnenland an geeigneten Stellen auf Inseln und Flussbänken oder an Seen. Außerhalb der Brutzeit Küstenvogel mit Nahrungserwerb auf dem Meer, in Häfen etc., aber auch auf landwirtschaftlichen Nutzflächen, an Mülldeponien etc.

Nahrung. Sehr vielseitig, u.a. Fisch (im N offenbar allg. mehr als am Mittelmeer), Invertebraten, Säugetiere, Abfall (Mülldeponien wichtig), z.T. Vogeleier und Jungvögel, zunehmend auch Altvögel kleinerer Wasservogelarten; Aas. Auch Kleptoparasitismus.

Stimme. Langsamer und tiefer als Steppenmöwe. [Akustische Differenzierung der nahe verwandten Arten: A. Kocum & A.J. Helbig].

Verhalten. Sehr ähnlich Silber- und Heringsmöwe; Unterschiede in der Kopfbewegung beim Jauchzen und biotopbedingt in den Methoden des Nahrungserwerbs. Zur Brutzeit territorial. Manche verteidigen Territorien auch außerhalb der Brutzeit.

Fortpflanzung, Brutbiologie [1722,3615,1551]. Geschlechtsreife? Monogame Saisonehe. **Nest.** Nester ähnlich denjenigen anderer Großmöwen einfache Mulde oder auch umfangreichere Materialansammlung aus der nächsten Umgebung, meist auf offenem, festem Boden, frei oder an Deckung angelehnt; in S-D häufig auf künstlichen Brutinseln für Flussseeschwalben, auch Bojen, Pfähle und andere Unterlagen; Gebäudebrüter beschrieben. **Legebeginn.** Mittelmeer Mitte März bis Ende April; in S-F ab letztem Aprildrittel bzw. N der Alpen bereits ab März mit Gipfel erst Mitte/Ende Mai. **Gelegegröße.** 1-3 Eier; Ø 2.5-2.8, z.B. D-BW$_{100}$ 2.64; Legeabstand 2-3 d. **Eier.** Spindelförmig, tief oliv bis bräunlicholiv mit olivbraunen Markierungen (oft am stumpfen Pol konzentriert). **Brutdauer.** 27-31 d, Beginn nach 1. Ei; beide brüten, ♀ mehr. **Schlüpftermine.** Anf. Mai bis Mitte Juni, ausnahmsweise Ende Juni. **Nestlings-/Führungszeit.** Juv. werden in ersten d gehudert, bleiben lange im Nestterritorium, werden 6-8 Wochen von beiden Ad. versorgt, können mit 35-40 d fliegen. **Jahresbruten.** 1; Ersatzgelege. **Bruterfolg.** Wenige Angaben aus verschiedenen Gebieten, > 1 flügges Juv./BP und J.

Eimaße und -gewichte. L. 58.0-83.5 mm, B. 36.5-60.5 mm, Ø: 69.9 x 47.2 mm (n=142, MA), 68.0 x 47.3 mm (n=348, E.), 71.4 x 49.9 mm (n=123, S-F), 70.6 x 46.6 mm (n=708, YU); Frischvollgew. 75-116 g, Ø$_{123}$: 96.5 g; Schalengew. 5.02-7.60 g, Ø$_{75}$: 6.1 g.

Sterblichkeit, Alter. **Generationslänge:** 13 J. [383].

Mauser. **Postjuvenile Mauser** (Teilmauser) ab Juli, beginnt deutlich früher als Silbermöwe; einschließlich variabler Anzahl von Flügeldecken [767,1293,1910,142]. • **1. Pränuptialmauser** (Teilmauser) zu Beginn 2. KJ zumindest bei einigen Ind. einzelne Gefiederpartien nochmals ersetzt [1910]. • **1. Postnuptialmauser** (Vollmauser) schon ab April [1293]. • **Postnuptialmauser** (Vollmauser) Mai–Nov., bei Immat. mitunter schon Anf. Okt. abgeschlossen [1369]; Schwingenmauser nach Schlüpfen der Jungen [767,1369, M. Schweizer], ca. 1–2 Wochen früher als bei Silbermöwe [1293,1910]. • **Pränuptialmauser** (Teilmauser) Sept./Okt.–Dez.; Körpergefieder [767].

Larus cachinnans – Steppenmöwe 05927

Larus cachinnans Pallas 1811

(GB) **Pontic/Caspian Gull** (F) **Goéland pontique** (E) **Gaviota Patiamarilla Oriental (?)**

Taxonomie. Monotypisch; früher wurden fälschlicherweise auch die Formen »*omissus*« (Morphe der Silbermöwe), *barabensis* (nächstverwandt mit *heuglini/taimyrensis*) und *mongolicus* (genetisch klar getrennt, nächstverwandt mit pazifischen Taxa) dieser Art zugeordnet [2315,2316]. In sehr junger Kontaktzone im europäischen RUS erheblicher Genfluss zw. *cachinnans* und *argentatus* [2926]. Die Kontaktzone zw. *michahellis* und *cachinnans* am Schwarzen Meer, wo beide u.a. durch Wahl des Bruthabitats auch ökologisch getrennt sind [2040], bedarf genauerer Untersuchung. Möglicherweise existiert breitere Sympatriezone als bisher bekannt.

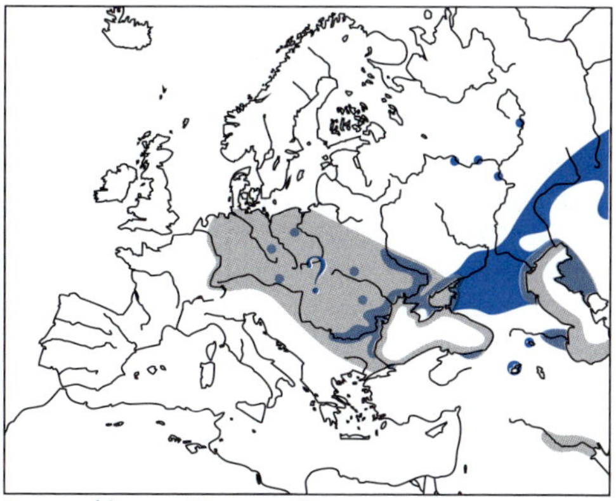

Larus cachinnans – Steppenmöwe

Kennzeichen. [2041,1293,2760,2454,3772,221,408; weitere Fotos in Limic. **14**, 256, **15**, 305, **17**, 87, Dutch B. **19**, 278, 282, **20**, 51, 317, **21**, 60, 364, **22**, 42, **24**, 286, 351, 356, 390, Bird. W. **11**, 447, **12**, 62/63, **13**, 61-74, 462-465, **14**, 385-387, (vgl. *mongolicus, vegae*) Dutch B. **23**, 65-78, **26**, 255].

Maße. Gr.: 58-67 cm. Gew.: ♂ 750-1330 g, ♀ 680-1147 g. Fl.spw.: 140-158 cm. Fl.l.: ♂ 43.5-48.2 cm, ♀ 39.5-46.0 cm [1784,3615].

Status. Standvogel und Teilzieher E-Europas, dringt aber durch Dispersion und Mauserzug im Binnenland weit nach NW vor, auch an Nord- und Ostsee offensichtlich regelm. [z.B. 375]. Immature bleiben z.T. ganzjährig in traditionellen Rastgebieten.

Verbreitung und Bestand. Verbreitet von Schwarzmeerküste bis zum Kaspiraum und E-KZ. Erste kleine Vorkommen ferner in E-ME. Europäischer Gesamtbestand der Steppenmöwe etwa 30.000-50.000 BP (zunehmend) [383, stark veränd.], größte Populationen in S-RUS, S-UA., RO und AZ. In ME brüten inzwischen schon 230-260 BP, die weitaus meisten in PL [3871]; auch Mischbrüter mit *argentatus* und *michahellis*. Nichtbrüterbestand wie bei Mittelmeermöwe groß.

	Best.	Areal	Brutbestand	Jahr	Quelle
CZ	N	N	1–1	1996	[q4]
D	N	N	1–4	1999–2000	[383]
H	N	N	1–1	1996–1997	[383]
PL	N	N	230–240	2001	[383]
SK	N	N	0–15	1997–1999	[383]

Wanderungen. Teilzieher mit Streuungswanderungen. Vom Schwarzmeer (und S-Kaspigebiet) über Nordabdachung des Karpatenraumes, viell. z.T. auch entlang großer Flüsse (doch Bedeutung früher überschätzt), nach W bis H, D und Ostseeraum, gebietsweise bis Nordseeküste (bis East Anglia GB); regelm. auch Rotes Meer und Bahrain. In vielen Regionen ME ganzjährig, z.B. D-MV und Bod., jedoch höchste Zahlen im Spätsommer und Herbst [2039,q2], gebietsweise im Winter [3676]; Jan.zahlen 1980er–Mitte 1990er J. verdreifacht [1617]. Max. der Immat. in NE-D Sept., Abzug z.T. schon im Spätherbst, meist später, einzelne aber bis Mai [weitere Ausführungen: K. Steiof]. Ankunft an Brutplätzen Schwarzmeer und Kaspigebiet Feb./Mai [3615]. Ringfunde D [2039].

Bestandsentwicklung. (vgl. auch Mittelmeermöwe). Ausbreitung und Bestandszunahme von *cachinnans* in E-ME nicht so stark wie bei Mittelmeermöwe, doch Zahl der Übersommerer und Rastvögel in E-ME ebenfalls deutlich anwachsend [196,277]. An der Weichsel in Zentral-PL sowie an Ostseeküste seit 1970er J. vermehrt (allerdings oft auch »*omissus*« anwesend: vgl. Silbermöwe), zuerst als Gastvögel im Herbst, später auch als Brutvögel [1453]. Ab 1986/87 Brutvogel mit anfangs 6 BP in Malopolska-Region PL [196,3871]; seither exponentieller Bestandsanstieg und starke Arealausweitung; inzwischen auch Kolonien in Slask und bei Wrocław [q22,3871]. Doch wie auch in anderen Regionen Europas Situation gelbfüßiger Großmöwen komplex, da auch mehrere Hybridpaare bekannt [3871, für Schwarzmeer s. 2040]. In H offenbar nur ein sicherer Brutnachweis der Steppenmöwe 1996, aber mehrere Bruten der Mittelmeermöwe [2438]. In 1989 etablierter Brutkolonie in D-BB/-SN bis 1999 wohl keine reinen Paare, sondern Mischpaare beider Arten sowie Bruten der Mittelmeermöwe [204,1]; doch seither dort auch Steppenmöwe in reinen Paaren [ABBO, unveröff., 453] und nach 2000 auch 1-2 BP in -ST [1125].
Steppenmöwe breitet sich weiterhin im ganzen E-europäischen Raum und ME aus. Vor allem in D und NL seit Mitte 1990er J. auch drastischer Anstieg der Rastbestände; regional im Winter 100% der »weißköpfigen« Großmöwen diese Art [vgl. 277].

Gefährdung und Schutz. (vgl. Mittelmeermöwe).

<table>
<tr><th>SPEC</th><th>VSchRL</th><th>Bern.Konv.</th><th>Bonn.Konv.</th></tr>
<tr><td>E</td><td>Anh. II-2</td><td>Anh. III</td><td>--</td></tr>
<tr><th>Europ. RL</th><th colspan="3">RL in ME</th></tr>
<tr><td>--</td><td colspan="3">A:'EN', CZ:'VU'</td></tr>
</table>

Biotop. Wie Mittelmeermöwe in mediterranen und temperaten Lebensräumen aber auch Steppen, oft auf felsigen, kiesigen oder sandigen Küsteninseln oder Landzungen, Salzpfannen, Brackwassermarsch, in Dünengebieten bzw. im Binnenland an Flüssen, Seen und Sümpfen. Außerhalb der Brutzeit Küstenvogel oder auf landwirtschaftlichen Nutzflächen, an Mülldeponien, Häfen, an Flüssen etc.

Nahrung. Sehr vielseitig. Zur Brutzeit regional z.T. weite Nahrungsflüge in Steppengebiete zur Jagd auf Kleinsäuger, Insekten; sonst u.a. auch Fisch, Invertebraten, Abfall (Mülldeponien), Vogeleier und Jungvögel, ferner Reptilien; Aas.

Verhalten. Ähnlich Mittelmeermöwe, aber rascher und höher; Unterschiede in der Kopfbewegung beim Jauchzen, sog. »Albatrospose« [2040], und biotopbedingt in Methoden des Nahrungserwerbs. Zur Brutzeit territorial.

Fortpflanzung, Brutbiologie. Bisher kaum Information verfügbar.

Eimaße und -gewichte. L: 65.5-82.0 mm, B: 44.1-59.0 mm; $\varnothing_{30}$ 74 x 48 mm; $\varnothing_{180}$ 73.2 x 50.7 mm. Frischvollgew.: 82-115 g, $\varnothing_{42}$ 98.6 g, $\varnothing_{23}$ 102.5 g.

Sterblichkeit, Alter. Generationslänge: 13 J. [383].

Mauser. Postjuvenile Mauser (Teilmauser) ab Aug./Anf. Sept., meist früher als Silbermöwe; Teile von Körpergefieder und Flügeldecken [1293,2041,1910,142]. • **Postnuptialmauser** (Vollmauser) und **Pränuptialmauser** (Teilmauser) vermutlich ähnlich Mittelmeermöwe [767,2041].

Larus fuscus – Heringsmöwe 05910

Larus [fuscus] fuscus Linnaeus 1758

(GB) Lesser Black-backed Gull

(F) Goéland brun (*fuscus:* de la Baltique)
(E) Gaviota Sombría

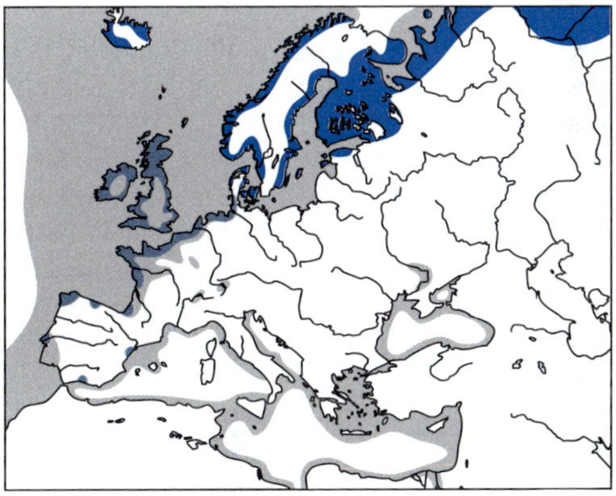

Larus fuscus – **Heringsmöwe**

Taxonomie. Drei (zwei) UA: *fuscus* Linnaeus 1758 (N-N. bis Kola-Halbinsel, W Weißes Meer), *intermedius* Schiøler 1922 (S-Skandinavien bis W-NL) und *graellsii* A.E. Brehm 1857 (IS, Brit. Inseln, kontinentale Küsten von S-NL bis N-E.), *intermedius* aber umstritten. Phänotypische Unterschiede (bis hin zum Mauserablauf) zw. *fuscus* und *graellsii* zwar erheblich, doch keine klaren Grenzen zw. den drei Formen erkennbar und keine Hinweise auf Genflussbarrieren [2314]. Eine Abtrennung nur der Nominatform als eigene Art [vgl. 375,3638,3328] ist daher nicht haltbar
Bildet Superspezies mit der östlich angrenzenden Tundramöwe *L. heuglini* [4187].

Kennzeichen. [1369,1784,3615,3772,221, detaillierte Beschreibung der Unterschiede zw. den UA:1909,1454. Zur Abgrenzung zwischen *fuscus* und *heuglini*:3143; weitere **Fotos** in Dutch B. **20**, 303, **21**, 129-145, Brit. B. **90**, 236].

Maße. Gr.: 51-64 cm. Fl.spw.: (124-127?) 135-150 cm [1784,3615]. ***graellsii:*** Gew.: ♂ 770-1000 g, ♀ 620-908 g. Fl.l.: ♂ 40.0-44.2 cm, ♀ 38.3-43.5 cm. ***fuscus:*** Gew.: ♂ 670-945 g, ♀ 545-840 g. Fl.l.: ♂ 42.0-45.7 cm, ♀ 37.7-42.9 cm.

Status. Brut- und Jahres- oder Sommervogel in Küstenregionen, Teilzieher. Sehr marine Art, als Durchzügler und Wintergast einzeln oder in kleiner Zahl auch regelm. im Binnenland, mit Häufungen zu Zugzeiten; an großen Binnengewässern Beobachtungen zu allen Jahreszeiten möglich.

Verbreitung und Bestand. Von W-Europa (IS bis E.) E bis W-Sibirien verbreitet. In Europa brütet *graellsii* an Nordsee einschließlich Küste ME, »*intermedius*« an Ostsee DK nach N (S., N.), sowie *fuscus* an Ostsee E Öresund und von D-MV nach NE; z.T. Überlappung. Europäischer Gesamtbestand 300.000-350.000 BP (stark zunehmend), mit Populationen > 10.000 BP in GB (114 T.), IS (25-35 T.), N. (30-40 T.), F (23 T.), NL (58-72 T.) und D (23-29 T.) [383]; der Bestand ME liegt bei 83.000-103.000 BP (s. Tab.). Flyway-Populationen s.u. Bestandsentwicklung.

Wanderungen. Teil-, Kurz- und Langstreckenzieher, mit zunehmender Neigung, im N des Areals zu überwintern. Winterquartier umfasst heute N-Atlantik um GB/IRL, W-Europa, N-Afrika, Ostsee + ME (wenige), Schwarzmeer, Mittelmeer, Vorderasien bis E-Afrika (und S-Afrika). Westliche Populationen (IS bis NW-F, NL bis S-Skandinavien) beginnen im Juli von Kolonien abzuwandern, etwa bis Okt. MA erreicht; einige auch ins W-Mittelmeer

(Ringfunde bis I). Nov.funde reichen bis Senegal. **Br. GB/IRL** [4064] ziehen S, Funde entlang gesamter Atlantikküste bis MA und extrem bis Sierra Leone, Nigeria (seit 1970 nur noch W 4. Längengrad, vorher vereinzelt auch E davon). Am weitesten von Br. GB ziehen offenbar Juv.; Hauptwinterquartier P, SW-E., NW-Afrika. Ab Mitte Feb. Ankunft der geschlechtsreifen Ind. in GB, Einzug bis Mitte Mai (zuletzt hauptsächlich Immat.) Teilzählungen Jan.bestand GB: > 300 (1950), 2.800 (1960), 17.700 (1973), 58.144 (1983) [472] darunter 80–90 % Ad. In GB/IRL auch Vögel von S-Fennoskandien, IS, Faeroer, 1mal GRÖ. Ringfundanalysen zeigen geringere Zugwege britischer Ad. bzw. Rückkehr von Ad. aus N-F bereits wieder im Dez.; für Juv./Immat. dagegen keine Änderung nachweisbar. **Br. S-N., SW-S., DK (ohne Bornholm), NL, NW-F** ziehen ebenfalls entlang Atlantikküste bis Senegal, überwintern aber einzeln auch in GB. ***L. c. fuscus* (Br. Bornholm, E-S., FIN, NW-RUS)** sind nach W bis NL, B, N-F, E-GB, MA nachgewiesen, doch Hauptwegzug S/SE durch ME und E-Europa mit Winterziel Schwarzes Meer, E-Mittelmeer und E-Afrika (Küste + Binnenland) bis weit S Äquator (bis Natal), Ringfunde W bis D-BY, CH, DZ, Dakar, Kinshasa und E-Angola; Einj. auch Dahomey, Nigeria, Kamerun. Immat. von *fuscus* und *graellsii* nutzen auch jeweiligen Flyway der anderen Form, Ad. nicht.

UA zeigen unterschiedl. Zugstrategie: ein Br. ♂ DK (*intermedius*) mit Satellitensender Ende Aug. Richtung SW, max. 300 km/d, Ankunft Küste MA Mitte Nov., dagegen 2 Br. ♂ FIN (*fuscus*) nach kurzer Rast FIN Meerbusen wohl nonstop ins NW-Schwarzmeergebiet, dann Ende Sept. Nildelta, von dort nonstop weiter (3500 km) zum Viktoriasee [2195]. Im tropischen Afrika Okt/April; Übersommerung von Immat. (auch im E-Mittelmeer und Schwarzmeer), doch Einj. auch Rückkehr an Geburtsort. In ME Rückkehr zu Brutplätzen ab März, doch meist im April; Heimzug (bes. Nichtbrüter) bis Ende Mai. Geburtsortstreue oft sehr groß.

Bestandsentwicklung. Wie andere Möwenarten etwa seit 1920er J. erhebliche Bestandszunahmen und Arealausweitungen in ME und benachbarten Regionen durch Schutz vor Störungen am Brutplatz, geringere Verfolgung (Eiersammeln, Vergiften und Abschuss), Verbesserung der Nahrungsbedingungen im Brut- (vor allem Fischereiabfälle) und Überwinterungsgebiet sowie zunehmende Eutrophierung [196,3135]. Allerdings Zuwachs in vielen Regionen mit etablierten Vorkommen später oder über längere Zeit weniger stark als z.B. bei Silbermöwe [1369,337], doch inzwischen umgekehrt (s.u.).

Aufgrund neuerer Erkenntnisse ist bisherige subspezifische Zuordnung NW-ME Brutvögel nicht korrekt. Einwanderungen nach ME aus unterschiedlichen Populationen. Brutkolonien in NW-ME daher zu sehr hohem Anteil aus Ind. der Form »*intermedius*« bzw. aus Mischformen mit westlicher UA *graellsii*. Feldornithologische Unterscheidung der Formen *intermedius* und *graellsii* aber problematisch, deshalb nachfolgend gemeinsam betrachtet.

	Best.	Areal	Brutbestand	Jahr	Quelle
B	⇧	+ 2	2.793–2.842	2000–2002	[383]
D	⇧	+ 2	23.000–29.000	1995–1999	[383]
NL	⇧	+ 2	58.500–72.000	1998–2000	[383]
PL	+/-	=	0–3	1990–2000	[383]

***intermedius* und *graellsii*:** Vor allem in 1920er und 30er J. Phase der Ausbreitung, mit Besiedlung von F (1920er J.), NL (1926), NW-D (1927), Kattegat DK (um 1934) und IS (1934) [1369]. Danach jeweils zuerst langsamer, ab 1950er (NL, GB) bzw. 70er J. (D) aufgrund Einstellung der Silbermöwen-»Bestandslenkung« und durch Zuwanderungswellen aus anderen Populationen (von 1978-84 und 1993-97) [1305] rasanter Bestandsanstieg [196], auf Amrum D-SH von Neuansiedlung 1966 auf 6.478 BP 1999 [310]. In D (-NI und -SH) inzwischen > 25.000 BP [204], in NL noch stärker angewachsen, allerdings Zunahmen in 1990er J. nur noch in Delta-Population, während Wattenmeer-Population stagnierte; 2001 dann erneuter Anstieg auf ca. 50.000 BP [S. Garthe]. Meiste Kolonien auf Inseln und trotz Arealausweitung und vielen Umsiedlungen nur sehr vereinzelt Bruten am Festland [196,375], offenbar wegen hoher Fuchsprädation [3638; in anderen Regionen Europas zunehmende Besiedlung urbaner Räume:1507,3638]. Dennoch Bestandsentwicklung im Gegensatz zu anderen Möwenarten im gesamten Wattenmeerbereich bis in jüngste Zeit anhaltend positiv auf ca. 80.000 BP 2001 [Dijksen et al.]; abweichende Entwicklungen zeigen sich in Färöer, N. und Teilen DK [1585]. Weitere Ausbreitung nach S (Besiedlung E. und P ab 1970er J.). In jüngster Zeit Etablierung eines Binnenlandbrutplatzes im Hamburger Hafen [q7].

***fuscus*:** Unterschiede zu anderen UA in Demographie, Mauserstrategie und Zugrichtung und -phänologie auffällig [1507]. Nach mehreren Brutversuchen in 1940er J. (wegen menschlicher Nachstellungen nicht erfolgreich), Ansiedlung 1974-79 auf Greifswalder Oie D-MV (umstritten, ob »*intermedius*«). Seit Aufgabe dieses Brutvorkommens (wegen hohen Prädatorendrucks) bis zu 4-5 Paare an anderen Orten [1369,2031,2772], doch keine Konstanz; erste Bruten an Ostsee -SH ab 2001 [1307]. In PL bisher nur einzelne Brutnachw. (z.B. 1987, 1991) von *fuscus* bekannt [3867,3871]. In benachbarten Regionen des Baltikums (FIN, S., EST, RUS) fast ausschließlich negative Bestandstrends dieser Form [1369,196,1585], Binnenland-Populationen RUS ganz erloschen. Gründe u.a. Nahrungsmangel, Vergiftung mit PCB, menschliche Verfolgung und Konkurrenz mit Silbermöwe [1507].

Neben Brutbestand auch deutliche Zunahme bei rastenden Vögeln in ME [1369,1589,196,1298], was vor allem auf Zuwachs in der Flyway-Population von *graellsii* (525.000 Ind.) zurückgeht [823]. Östliche Flyway-Population (Nominatform) dagegen bei 156.000-228.000 Ind. abnehmend [823].

Siedlungsdichte. Koloniebrüter, größte Kolonien mit > 10. 000 BP in GB; flächenbezogene Dichten bis zu 120 BP/ha in Bretagne F [1507].

Gefährdungsursachen [1369,1589,2031,196]. Direkte Verfolgung, vor allem Eierlese, z.T. auch »bestandslenkende Maßnahmen« gegen Großmöwen. Störungen an Brutplätzen.

PCB-Vergiftung (vor allem *fuscus*).

Natürliche Ursachen: Interspezifische Brutplatzkonkurrenz. Östliche Form *fuscus* kann sich offenbar weniger gut gegen Silbermöwen behaupten [1369], ferner Gelegeverluste durch Prädatoren, z.B. Ratte, Wildschwein, Mink; Nahrungsengpässe.

SPEC	VSchRL	Bern.Konv.	Bonn.Konv.
E	Anh. II-2	--	--
Europ. RL	RL in ME		
--	--		

Schutzmaßnahmen. Bei weiterer Erhaltung und Schutz der bedeutenden Brutgebiete keine spezifischen Maßnahmen erforderlich. Allerdings Abkehr von sinnlosen direkten Eingriffen auf Nester, Gelege, Jung- und Altvögel.

Eingriffe in Brutbestände allerdings wie bei anderen Arten sinnlos und daher zu vermeiden (vgl. Angaben bei Lachmöwe).

Biotop. Br. in ME vor allem in Weiß- und Braundünen, ferner an Flachküsten mit viel Vegetation oder auf vegetationsreichen Küsteninseln (z.B. Schären, Felsinseln); oft Mischkolonien mit Silbermöwe. Im Binnenland (FIN – IS) Br. in Mooren, auf flachen Inseln größerer Binnenseen. Außerhalb der Brutzeit Küste bevorzugt, doch Nahrungserwerb im Wesentlichen auf offener See (bis 30 km von Kolonie), andererseits im Inland zunehmend auf Agrarland binnendeichs (weniger an Müllplätzen als Silbermöwe). In GB brüten 23% der Population im Inland; seit 1940 zunehmend Dachbruten.

Nahrung. Auf dem Meer hauptsächlich Fische an der Wasseroberfläche und Schwimmkrabben, Fischereiabfälle (discards) auf See sehr bedeutsam [vgl. 1154,1303]; im Küstenbereich auch Regenwürmer, Insekten; Aas und Abfälle von Müllhalden weniger wichtig als bei Silber- und Mittelmeermöwe.

Stimme. Tiefer und weniger laut als Silbermöwe. Ruf bei Störung »äo« oder »eä«, bei Stoßangriff auf Bodenfeind »(a)ee'a«. Jauchzen wie »au au kwiia kwaokwaokwao…« in sehr rascher Folge; in Kolonien mit Jungen bei Bedrohung »ga ga ga…« (im Stakkato).

Verhalten. Tag- und mindestens z.T. auch nachtaktiv [1301]. Gewandter Flieger und beim Nahrungserwerb (z.B. Stoßtauchen, Abjagen von Beute, in engen Jagdgründen und hinter dem Pflug) Silber- und Weißkopfmöwe überlegen. An Müllplätzen wird eher den anderen Möwen ein Brocken abgejagt als selbst gegraben. Tauchen aus 10–12 m hohem Suchflug. Brüten in Kolonie-, seltener Einzelbrüter, in Großkolonien oft mit Silbermöwe gemischt. Paare bleiben meist mehrere J. zusammen (nicht im Winter). Kopulation oft an Balzfütterung gekoppelt. Außerhalb der Brutperiode gesellig und oft Mischgeselligkeit mit anderen Großmöwen. Auf dem Zug allein oder kleinere Trupps.

Fortpflanzung, Brutbiologie. Geschlechtsreife frühestens mit 3 J. Monogame Saisonehe; Wiederverpaarung durch Brutortstreue. **Nest.** Nest im Allg. am Boden, auch auf Gebäuden; bevorzugt im Schutz von Vegetation oder von Strandgut; variabel mit Pflanzenteilen der Umgebung oder Tang ausgelegt; beide bauen. **Legebeginn.** Frühestens ab Ende April, meist im Mai (in ME Höhepunkt Mitte Mai), im N später, im Allg. 8-14 d später als Silbermöwe. **Gelegegröße.** 2–3 Eier, Ø 2.67–2.76; Legeabstand meist 2 d. **Eier.** Wie Silbermöwe gefärbt, aber etwas kleiner. **Brutdauer.** 26–31 d; beide brüten. **Nestlings-/Führungszeit.** Beide füttern. Junge können Nest nach wenigen d verlassen, bleiben jedoch in der Nähe und sind mit 35–40 d flugfähig. **Jahresbruten.** 1; Nachgelege. **Bruterfolg.** Ø 0.75–1.5 flügge Juv./BP und J.

Eimaße und -gewichte. L. 58.6-77.1 mm, B. 43.0-52.1 mm; Ø *graellsii*: 67.7 x 47.0 mm (n=104, GB), 68.1 x 47.6 mm (n=131, D), Ø »*intermedius*«: 66.2 x 46.4 mm (n=518, S-N.), Ø *fuscus*: 64.1 x 44.9 mm (n=74, N-N.), 65.7 x 46.1 mm (n=186, DK), 67.3 x 46.6 mm (n=138, FIN); Frischvollgew. ca. 78 g; Schalengew. *graellsii*: 4.0-6.8 g, Ø$_{100}$: 5.35 g, *fuscus*: 3.6-6.5 g, Ø$_{150}$: 5.28 g.

Sterblichkeit, Alter. Ältester Ringvogel (GB) 31 J. 9 Monate [3654]. **Generationslänge:** 11 J. [383].

Mauser. ***graellsii*** und ***intermedius***: **Postjuvenile Mauser** (Teilmauser) ab Sept. [767,139,1779]. • **1. Postnuptialmauser** (Vollmauser) HS-Mauser ca. 2 Monate früher als Ad. [767,139,1909,1454]. • **Postnuptialmauser** (Vollmauser) Mitte Mai–Dez. (Jan.), erst im Winterquartier beendet; HS-Mauser je nach geografischer Lage ab Mitte Mai/Aug. [767,1369,1060,1454], wird bisweilen auch abgebrochen [139,1909]. • **Pränuptialmauser** (Teilmauser) Dez.–April; Körpergefieder, selten innere HS [767,1909]. ***fuscus***: **Postjuvenile Mauser** (Teilmauser) z.T. bereits ab Ende Aug. oder erst nach Ankunft im Winterquartier ab Nov./Dez.; Körpergefieder und meist Flügeldecken [1909,1454,3143]. • **1. Postnuptialmauser** (Vollmauser) variabel, zumeist aber schon vor Heimzug gesamtes Großgefieder erneuert [1909,3143]. • **Postnuptialmauser** (Vollmauser) HS-Mauser hauptsächlich im Winterquartier, bis 60 % der Ind. erneuern aber HS 1–2 (3) noch im Brutgebiet ab Mitte Juli [1534,1909]; Abschluss größtenteils bis März/April vor Heimzug [767,1909,1454]. • **Pränuptialmauser** (Teilmauser) Dez.–April; einige Ind. (vor allem Subad.) mausern nochmals innere HS [767,139,1909,3143].

Larus heuglinii – Tundramöwe 05922

Larus [fuscus] heuglinii Bree 1876 (besser: *Larus antelius Iredale 1913?*)

(GB) **Tundra Gull/West Siberian Gull** (F) **Goéland d'Heuglin** (E) **Gaviota Sombría**

Taxonomie. Drei UA: *heuglini* Bree 1876 (Weißes Meer bis Jenissei-Mündung), *taimyrensis* Buturlin 1913 (Taimyr-Halbinsel) und *barabensis* H. Johansen 1960 (Turgei-Senke bis Baraba- und Kulunda-Steppe, SW-Sibirien). Die Binnenlandform *barabensis* ist phänotypisch recht deutlich von den beiden nördlicher und küstennäher brütenden UA differenziert (hellerer Mantel), lässt sich aber mitochondriengenetisch nicht von *heuglini* trennen [2315] und könnte ein sehr junges Glazialrelikt sein; auch phänotypisch *heuglini* eindeutig am nächsten. Für Introgression von *cachinnans*-Genen [vgl. 2927] finden sich zumindest mitochondrial kaum Belege [2315]; *taimyrensis* dagegen eindeutig mit östlich angrenzenden, hellmanteligeren Populationen (»*birulai*«, *vegae*) im Genaustausch [2314], - kommt auch phänotypisch in großer Variationsbreite von Bein- und Mantelfärbung zum Ausdruck. Mögliche Genflussbarrieren zwischen *heuglini* und *vegae* bis heute nicht klar lokalisiert.

Kennzeichen. Größendimorph [1369,221,3772, 3615,408,3143,2927,610; Foto in Dutch B. **24**, 280].

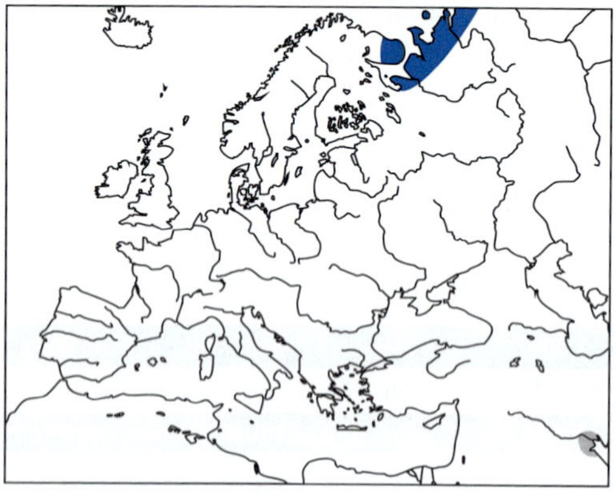

Larus heuglinii – Tundramöwe

Maße. Gew. (Kanin-Halbinsel): ♂ 900-1040 g, Ø: 997 g (z.T. bis > 1200 g), ♀ 770-900 g, Ø: 840 g. Fl.l. (Kanin-H.): ♂ 44.2-47.6 cm (weiter E z.T. größere Spanne, etwa 41.0-49.0 cm), ♀ 41.6-44.8 cm.

Status. Sehr seltener Ausnahmegast in ME. Bisher nur folgende gesicherte Nachw.: **H:** 1939

[2438]. **D:** (unsicher: *taimyrensis* auf Helgol. Okt. 1888 [1369]); Nominatform -MV 2. KJ Apr. 1999; -NW 2. KJ Mai 1999 [575]; nachfolgend mehrmals u.a. in -SN, aber noch nicht anerkannt. **PL:** (Nominatf.) Aug. 1942 [1369]. Diese und weitere Meldungen z.T. angezweifelt oder unsicher [z.B. 3871], da Bestimmung anhand von Gefieder- und Strukturmerkmalen erst neuerdings gesichert scheint [3143].

Verbreitung. Brutvogel N-Sibiriens. Überwinterungsgebiete vom Mittleren Osten bis E-Afrika bzw. bis NW-Indien [1784]. Bestandsangaben fehlen noch [823].

Wanderungen. Langstreckenzieher. Br. N-RUS ziehen über Schwarzmeer- und Kaspigebiet in E Mittelmeerraum, Nahost uns S bis E-Afrika [221].

Biotop. Br. arktische offene Tundra mit Tümpeln und Küsteninseln. Winter warme Meere von Arabischer Halbinsel bis Indien (v.a. Rotes Meer).

Stimme. Ähnlich Silber- und Heringsmöwe, aber nasaler.

Sterblichkeit, Alter. **Generationslänge:** 11 J. [383].

Mauser. **Postjuvenile Mauser** (Teilmauser) ab Ende Aug. [3143]. • **1. Postnuptialmauser** (Vollmauser) HS schon ab Ende Mai/Mitte Juni, z.T. erst nach Unterbrechung im Winterquartier beendet [3143]. • **Postnuptialmauser** (Vollmauser) HS-Mauser ab Juni/Aug., spätestens nach HS 5 unterbrochen und Abschluss im Winterquartier bis Feb./März [767,1408, 3143]. • **Pränuptialmauser** (Teilmauser) vermutlich ähnlich wie Heringsmöwe UA *graellsii* [767].

Larus smithsonianus – Kanadamöwe 26632

Larus smithsonianus Coues 1862 früher: *L. argentatus smithsonianus*

(GB) North American Herring Gull (F) Goéland hudsonien (E) Gaviota Argéntea Americana

Taxonomie. Monotypisch. Das Modell einer Ringspezies, demzufolge nordamerikanische »Silbermöwen« (*smithsonianus*) nach letzter Eiszeit nach Europa eingewandert und die unmittelbare Stammform von *argentatus* sind [2520], wird in dieser einfachen Form nicht bestätigt [2316]. Vielmehr ist *smithsonianus* phänotypisch zwar *argentatus* sehr ähnlich, aber bes. im Jugendkleid [2363] sowie genetisch [2316] durchaus unterscheidbar. Verwandtschaftsbeziehungen waren wegen des rezenten mitochondrialen Genaustausches unter den holarktischen Großmöwen bisher nicht sicher zu klären, daher bleibt unklar, welcher Superspezies *smithsonianus* zuzuordnen ist.

Kennzeichen. [944,2363,3566,2454; vgl. **Fotos** in 408, Bird. W. **3**, 97 (z), 99, **10**, 101, 329, **11**, 109-112, **14**, 62-65, 146/147, Limic. **17**, 37, Dutch B. **23**, 163, **24**, 285, **25**, 238, **26**, 131, 151-179].

Maße. s. Silbermöwe, *L. argentatus*.

Status. Seltener, nicht allj. Gastvogel in Europa (z.T. bedingt durch Bestimmungsprobleme), dabei in GB nur 6 Nachw., alle zw. 1994-98 [q23], weitere Beob. in IRL und einzelne in E., P und F [3615]. Sehr seltener Ausnahmegast in ME, bisher wohl nur folgende Nachw.: **B:** März 2000, noch nicht homologiert [1677]. **D:** -NI Okt. 1997 [q3] und Winter 2002 [P. Barthel].

Verbreitung, Bestand. Brutvogel in weiten Teilen des N von N-Amerika, von Mittelalaska über CDN bis NE-USA. Bestand in E-USA/-CDN mind. 150.000 BP [1784].

Wanderungen. Überwinterungsgebiete gesamte Pazifikküste von S-Alaska bis Panama, Atlantikküste der USA und M-Amerika, ferner einzelne Binnenlandegionen S-USA und M-Amerika. Dabei N Populationen mit Langstreckenzug (Übersprungzug).

Nahrung, Biotop, Mauser: s. Silbermöwe.

Alter. 1 mal 36 J. [688].

Larus glaucoides – Polarmöwe 05980

Larus glaucoides B. Meyer 1822

(GB) **Iceland Gull** (F) **Goéland arctique** (E) **Gaviota Groenlandesa**

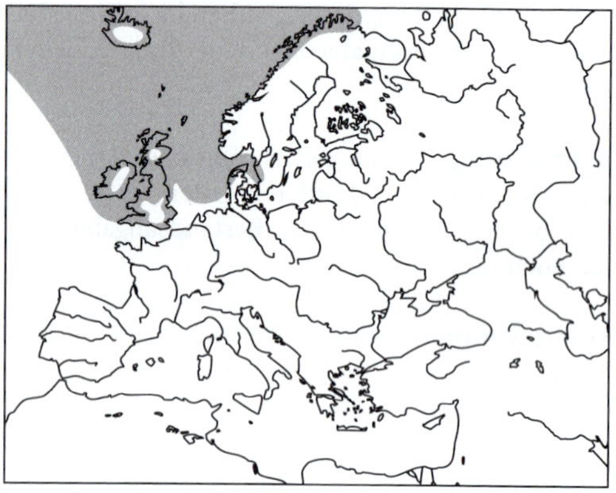

Larus glaucoides – **Polarmöwe**

Taxonomie. Drei UA: *glaucoides* B. Meyer 1822 (GRÖ), *kumlieni* Brewster 1883 (Baffin Island) und *thayeri* W.S. Brooks 1915 (zentralkanadische Arktis). Die breite Variation von deutlich schwarzen (*thayeri*) bis rein weißen (*glaucoides*) HS-Spitzen verläuft annähernd klinal, daher z.T. praktizierte Abtrennung von *thayeri* auf Artniveau [80a] schwer zu begründen [3050]. Allerdings genaue Brutherkunft vieler Museumsbälge unbekannt und daher mögliche Stufen in klinaler Variation bisher nicht geklärt. Genetische Untersuchungen zu möglichen Genflussbarrieren fehlen. Form *kumlieni* viell. sehr junge Hybridpopulation aus *glaucoides* und *thayeri*, viell. erst in letzten 200 J. in Kontakt gekommen [s. 4053].

Kennzeichen. [1369,1784,3615,3772,221,408; **Fotos** in Limic. **8**, 185, **16**, 40, **17**, 330, Dutch B. **22**, 42, 51, **24**, 53, 118, **25**, 134, **26**, 145, 210, Bird. **8**, 85, (versch. Formen) **6**, 101-106; ***thayeri***: 1782, 408; weitere **Fotos** in Bird. W. **6**, 284, **10**, 96-99, 274, **11**, 94-101, 103-106, **13**, 10-11, Dutch B. **19**, 129; ***kumlieni***: 1783;2454; weitere **Fotos** in Bird. W. **10**, 99, 101, **11**, 99, 108, **13**, 116-119].

Maße. (Nominatform) Gr.: 52-64 cm. Gew.: ♀,♂ 460-1039 g. Fl.spw.: (125-) 140-150 cm. Fl.l.: ♂ 39.5-44.3 cm, ♀ 38.5-42.8 cm. *(kumlieni)* Fl.l.: ♂ 39.6-44.0 cm, ♀ 37.2-41.7 cm [1784,3615].

Status. Nominatform in ME seltener Gastvogel, fast nur an Küste, Nordsee häufiger als Ostsee; entlang von Flüssen (z.B. Rhein) auch tiefer ins Binnenland; sehr sporadisch auch bis S-ME, z.B. • **H:** Dez. 1934 [2438]. • **A:** Feb. 1856 [1369]. • **CZ:** Juli 1990 [2159]. • **D:** in Küstenregionen -SH und -NI seit 1981 fast allj. [575], einige neuere Nachw. in -SH und -NI auch im Binnenland, meist zw. Nov.-März, aber auch Mai (1991) [575]; neuerdings verstärkt auf Müllkippen im Binnenland, z.B. in -NW 18 Nachw. 1991-98 [575] sowie in -MV u.a. März 1996, Apr. 1996, seither fast allj. [575]. In • **B:** erstmals 1914, dann 7 Daten bis 1980 (Jan.-Apr.) [337,1677]. • **NL:** nur 1 Nachw. im 19. Jh., mehrere bis 1960er J., seit 1972 fast allj. bei weit über 70 Nachw., z.T. länger verweilende Ind., max. 9 pro Winter, nicht mehr meldepflichtig [277]. • **PL:** erstmals 1974, seither 22 Nachw. einzelner Ind. bis 2001, in 1990er J. fast allj. [q13,3871]. Gesicherte Nachw. fehlen z.B. für D-SN, -TH, -BB, -SL, -ST, -BW und -BY sowie für CH, L, SK. und FL. »Thayer«möwe (*thayeri*) noch nicht sicher in Europa nachgewiesen; »Kumlien«möwe (*kumlieni*) seltener Ausnahmegast in Europa, z.B. in GB (mehrf.), IRL (fast allj.), S. sowie in DK (Feb. 1987) [3615]; in ME noch kein anerkannter Nachw.

SPEC	VSchRL	Bern.Konv.	Bonn.Konv.
E	--	Anh. III	--
Europ. RL	**RL in ME**		
--	--		

Verbreitung und Bestand. Brutvogel auf GRÖ (Nominatform) und im arktischen E-CDN (*kumlieni* auf Baffin-Inseln und *thayeri* in NE-CDN) [2531]. Standvogel bzw. Teilzieher mit Überwinterungsgebieten in Küstenregionen N- und W-Europas nach S bis SW-GB sowie an Küste und z.T. Binnenland NE-USA. Globaler Brutbestand < 100.000 BP [823], dabei allein in GRÖ etwa 30.000-100.000 BP (stabil) [383]. GRÖ/Nord-atlantische Flyway-Population etwa 90.000-300.000 Ind. [823] bzw. > 320.000 Ind. [383], langfristig stabil.

Wanderungen. S-GRÖ Standvogel, sonst Kurzstreckenzieher. Hauptüberwinterungsgebiet N-Atlantik. Ringfunde Br. W-GRÖ–Färöer, N., England,

Schottland, IS. Ab Ende Aug. Abwanderung von Brutplätzen, Heimzug beginnt März, Ankunft an GRÖ Brutplätzen Ende April/Anf. Mai; Nichtbrüter bis Mai im Wintergebiet; Sommerbeob. in GB.

Biotop. Br. an steilen Felsklippen in Fjorden, auch auf kleinen Inseln. Im Winter bes. an eisfreien Küsten- und Schelfgebieten, gelegentl. im Binnenland.

Nahrung. Fische, Crustaceen, Mollusken, Aas, Abfall; auch Vegetabilien (z.B. Beeren).

Stimme. Schriller und höher als Silbermöwe. Jauchzen wie »kiiorrh, korrh-korrh-korrh-korrh«.

Verhalten. Relativ leicht wirkender Flug mit raschem Flügelschlag. Nahrungserwerb stoßtauchend, sammelnd, hinter Schiffen, an Aas und Abfallstellen. Sexualverhalten ähnlich wie Silbermöwe. Kolonie- und selten Einzelbrüter; meist kleine Brutkolonien. Nistet immer zusammen mit anderen Seevögeln (hauptsächlich Dreizehenmöwe).

Sterblichkeit, Alter. **Generationslänge:** 11 J. [383].

Mauser. **Postjuvenile Mauser** (Teilmauser) Beginn variabel, bisweilen erst ab Jan./März [767,1778]. • **Postnuptialmauser** (Vollmauser) Mai–Nov.; Ausfall von HS 1 Ende Mai/Mitte Juni, letzte HS Mitte Sept./Anf. Nov. [767,1369]; Immat. mausern vermutlich früher und rascher [69]. • **Pränuptialmauser** (Teilmauser) Jan./März–April [767,1408].

Familie Sternidae – Seeschwalben

Kleine bis mittelgroße, schlanke Möwenvögel mit spitzem, seitlich ± zusammengedrücktem Schnabel und sehr kurzen Läufen. Geschlechter gleich, ♂ nur unwesentlich größer als ♀ (in Schnabelgröße etwas auffäliger). HS lang, daher lange spitze Flügel; HS werden z.T. zwischen 2 Brutperioden auch 2-3 mal gewechselt (Staffelmauser). Schwanz ± deutlich gegabelt oder eingeschnitten. Nahrungserwerb fast stets im Flug (Stoßtauchen); schwimmen relativ selten. Charakteristische Bestandteile der Balz Flugspiele und Balzfüttern. Europäische Arten Boden- und Felsbrüter. Sehr umfassende Dokumentation zur Feldbestimmung der holarktischen Arten [2452; Fotos aller Arten:1033, und der (potentiell) in Europa auftretenden großen *Sterna*-Arten:1275,1276 (mit sehr vielen Fotos),3937].

Elf Gattungen mit ca. 43 Arten. *Sterna* ist nach mitochondrialen Sequenzen nicht monophyletisch [Bridge et al.]. Die Sumpfseeschwalben (*Chlidonias*) sind mit *Sterna* s.str. nächstverwandt. Will man sie nicht in *Sterna* einschließen – was aufgrund der erheblichen phänotypischen, ökologischen und genetischen Differenz auch nicht sinnvoll wäre, bleibt unter der Monophylieprämisse nur die Möglichkeit, den noch basaleren Linien der Seeschwalbengruppe jeweils Gattungsrang zuzuerkennen.

• Gattung *Sterna*

Von ursprünglich ca. 33 Arten verbleiben nach der hier gewählten Abgrenzung noch 20 Arten in dieser artenreichsten Gruppe der Familie. Neben den sieben hier behandelten Arten ist ferner mit der Königsseeschwalbe *Sterna maxima* in ME zu rechnen (bisher ca. 20 Nachw. in W-Europa und 1 in N.).

Aus ***Sterna*** wurden auf Grund der fehlenden Monophylie hier die Gattungen ***Onychoprion*** (*anaethetus* und *fuscata*), ***Sternula*** (*albifrons*), ***Gelochelidon*** (*nilotica*) und ***Hydroprogne*** (*caspia*) ausgegliedert.

Anous stolidus – Noddiseeschwalbe 06300

Anous stolidus (Linnaeus 1758) syn.: Brauner Noddy

(GB) Brown Noddy **(F) Noddi brun** **(E) Tiñoza Boba**

Taxonomie. Vier UA: *stolidus* (Linnaeus 1758) (Atlantik), *pileatus* (Scopoli 1786) (Indischer Ozean, W-Pazifik); *galapagensis* Sharpe 1879 (Galapagos); *ridgewayi* Anthony 1898 (W-Küste Mittelamerika).

Kennzeichen. [1784,3772,3615; **Foto** in Bird. W. **5**, 389].

Maße. Gr.: 38-40 cm. Gew.: ♀, ♂ 150-272 g, Ø (Pazifik): 173 g, Ø (Karibik): 186 g. Fl.spw.: 77-85 cm. Fl.l.: ♂ 26.2-28.5 cm, ♀ 25.9-27.6 cm.

Status. In Europa und W-Paläarktis extrem seltener Ausnahmegast [1369,3615]. Bisher nur Beob. in N. im Aug. 1974, W-Sahara im Mai 1977 sowie ein ME Nachw. in • **D:** Okt. 1912 im Watt Nordfrieslands erlegt [1369].

Verbreitung und Bestand. Brutvogel tropischer Meeresinseln bis S und N Subtropen, im Atlantik, Indischen Ozean und Pazifik; im Atlantik z.B. Tristan da Cunha, St. Helena, Golf von Guinea, Karibik. Vielzahl kleiner bis mittlerer Kolonien (selten > 1.000 BP). Globaler Bestand etwa 300.000-500.000 BP [1784; vgl. 823], nicht gefährdet.

Wanderungen. Wenig bekannt, außerhalb Brutzeit wohl überwiegend pelagisch in tropischen Meeren zwischen Äquator und S Wendekreis [3615].

Biotop. Schelfmeere; Br. auf Meeresinseln und den Küsten vorgelagerten Klippen.

Nahrung. Fische, Tintenfische.

Stimme. Selten außerhalb der Brutplätze zu hören. Harsches, rollendes Grollen; kurze krächzende oder gackernde Rufe [3069].

Mauser [767,3050,1688,2452]. **Postjuvenile Mauser** (Vollmauser) HS-Mauser beginnt im Alter von 7-11 Monaten. • **Postnuptialmauser** (Vollmauser) setzt meist während Fütterung der Jungen ein. • **Pränuptialmauser** (Teilmauser) variabel, umfasst bisweilen auch 1–3 innere HS.

Onychoprion fuscata – Rußseeschwalbe 06230

Onychoprion fuscata Linnaeus 1766 — syn.: *Sterna fuscata*

(GB) **Sooty Tern** — (F) **Sterne fuligineuse** — (E) **Charrán Sombrío**

Taxonomie. Sieben UA: *fuscata* Linnaeus 1766 (Atlantik), *nubilosa* Sparrman 1788 (Rotes Meer, Indischer Ozean), *serrata* Wagler 1830 (Australasien, S-Pazifik), vier weitere auf diversen Inselgruppen.

Kennzeichen. [1784,1369,221,3772,3615,408].

Maße. Gr.: 33-36 cm. Gew.: ♀, ♂ 147-240 g, Ø (AUS): 173 g, Ø (Dry Tortugas): 189 g. Fl.spw.: 82-94 cm. Fl.l.: ♂ 28.0-30.4 cm, ♀ 27.6-29.7 cm [1369,3615].

Status. In Europa seltener Ausnahmegast, mit Beob. in GB (24mal (25 Ind.) bis 2001, in allen Monaten von Apr.-Okt.), IS (Juni 1969), IRL, F, DK (Juni 1989), S. (Juli 1977), E., Kanaren und I, ferner in IL und TN [3615,q23]. In ME extrem selten, bisher nur folgende anerkannte Nachw.: • **D:** -SH Sept. 1929; -NI Juli 1957; -ST Aug. 1843; -MV Aug. 1979 [1369]. Zwei Meldungen von 1988-90 in **B** nicht anerkannt [1677].

Verbreitung und Bestand. Brutvogel tropischer und subtropischer Meere, häufigster tropischer Seevogel (mit mehreren Kolonien > 1 Mio. BP). Im Atlantik S des Äquators sowie Karibik und Golf von Mexiko; ferner Rotes Meer, Teile Indischer Ozean bis Madagaskar, SE-Asien, SW-Pazifik bis AUS und Neuguinea, schließlich isolierte Kolonien vor S-Amerika [3615,1784]. Einzelne Bruten in Europa, z.B. Azoren von 1989-1995, Madeira/Selvagen 1982 [3615,1507]. Weltweiter Brutbestand wahrschl. > 25 Mio. BP [1784].

Wanderungen. Im Atlantik Winterquartier S Karibik bzw. Golf von Guinea nach S bis S-Afrika, Falkland-Inseln. Von Stürmen verschlagen auch weiter N in USA.

Biotop. Ähnlich *St. anaethetus*, fehlt meist in Gebieten mit kalten Wasserströmungen; bevorzugt in planktonreichen Gewässern. Außerhalb der Brutsaison stark pelagisch (als einzige Seeschwalbenart).

Nahrung. Vornehmlich Fische und Tintenfische, auch Crustaceen; gelegentlich Insekten und Fischereiabfälle.

Stimme. An Brutkolonien Flugruf hohes »kerwäcki-wäck« o .ä.; Alarmruf variabel, krächzend wie »skräääri«, »krarrk«.

Verhalten. Tag- und nachtaktiv. Flug ähnlich Brandseeschwalbe. Fliegt im Streckflug; stehen oft im Aufwind. Nahrungserwerb besonders durch Wegschnappen der Beute von oder über der Wasseroberfläche im Bogenflug (z.B. springende Kleinfische). Zur Brutzeit extrem gesellig, verteidigen nur kleine Nistterritorien. Jungvögel kommen später und nisten am Rand der Kolonie. Paare sind monogam und brüten oft erst mit einem Alter von 6 und mehr Jahren. Kopulationen werden oft von anderen ♂ gestört. Während der Eiablage oft Auseinandersetzungen mit Nachbarn. Außerhalb der Brutzeit sehr gesellig.

Mauser. **Postjuvenile Mauser** (Vollmauser) ab ca. 6 Monaten [767,2452]. • **Postnuptialmauser** (Vollmauser) setzt während Fütterung der Jungen ein; Dauer der HS-Mauser ca. 7.5 Monate [767,1688,2452]. • **Pränuptialmauser** (Teilmauser) beginnt nach Ende der Postnuptialmauser; einschließlich ST und variabler Anzahl innerer HS; Mauserperiode und Umfang aber von Brutzeiten abhängig [767,1369,1688,2452].

Onychoprion anaethetus – Zügelseeschwalbe 06220

Onychoprion anaethetus Scopoli 1786 syn.: *Sterna anaethetus*

(GB) **Bridled Tern** (F) **Sterne bridée** (E) **Charrán Embridado**

Taxonomie. Vier UA: *anaethetus* Scopoli 1786 (JAP bis Australasien), *melanoptera* Swainson 1837 (Karibik, W-Afrika), *antarctica* Lesson 1831 (Rotes Meer, Indischer Ozean) und *nelsoni* Ridgway 1919 (W-Mexiko, M-Amerika).

Kennzeichen. [1784,221,3772,3615,408; weitere **Fotos** in Bird. W. **7**, 221, **11**, 425, **13**, 26, Limic. **5**, 263, 267].

Maße. Gr.: 30-38 cm. Gew.: ♀,♂ 95-150 g, Ø (AUS): 131 g, Ø (Seychellen): 95.6 g. Fl.spw.: 76-81 cm. Fl.l. (*melanoptera*): ♂ 25.5-27.4 cm, ♀ 25.3-26.3 cm, (*antarctica*): ♂ 25.9-26.6 cm, ♀ 24.2-26.2 cm [1784,3615].

Status. In Europa sehr seltener Ausnahmegast, mit Beob. in GB (20 mal bis 2001, zuletzt Juni/Juli 1994), IRL (Totfund Nov. 1953), F (6mal, zuletzt Aug. 1996), DK (Juli 1987, Juli/Aug. 1999), GR (Juni 1987), S. (Juni/Juli 1999) und Azoren [3615,q23,1241].
In ME extrem selten, bisher nur folgende anerkannte Nachw.: • **NL:** 2 Ind. Juli/Aug. 1989 (wahrschl. identisch mit Vögeln in B) [277,q23]. • **B:** 2 Ind. Juli/Aug. 1989 [1677]. • **D:** Helgol. und -NI Juni 1999 selbes Ind. (Meldung 1996 nicht anerkannt) [575,1241].

Verbreitung und Bestand. Brutvogel tropischer und subtropischer Meere lückig vom Roten Meer über Arabischen Golf und W Indischen Ozean bis Madagaskar; ferner von Indonesien und SW-Pazifik bis AUS, schließlich Karibik und W-Afrika [3615,1784]. Weltweiter Brutbestand unbekannt, viell. > 200.000 BP, global nicht gefährdet [1784,823].

Wanderungen. Wenig bekannt, jedoch mindestens Streuungswanderungen. Außerhalb der Brutzeit überwiegend auf offenem Meer; im Winterhalbjahr nicht in Umgebung der Brutplätze [3615].

Biotop. An tropischen und subtropischen Küsten an Korallenküsten und felsigen oder sandigen Anhöhen. Nahrungssuche im Binnenland und oft nur bis 15 km auf freiem Meer, also weniger pelagial als *O. fuscata*.

Nahrung. Vorwiegend Schwarmfische, kleiner Anteil Tintenfisch.

Stimme. Vielzahl kurzer rauer Rufe »krarr«, »krerr« etc. Warnruf hundeartig kläffendes »wepwep«.

Mauser. **Postjuvenile Mauser** (Vollmauser) beginnt im Alter von 3–6 Monaten [767,2452]. • **Postnuptialmauser** (Vollmauser) setzt gegen Brutende ein; Dauer ca. 6–7 Monate [767,1688,3050,2452].

• **Pränuptialmauser** (Teilmauser) nach Ende der Postnuptialmauser; ohne Schwung- und einige Steuerfedern, Umfang aber von Brutzeiten abhängig [767,1688,3050,2452].

Sternula albifrons – Zwergseeschwalbe 06240

Sternula [albifrons] albifrons Pallas 1764 syn.: *Sterna albifrons*

(GB) **Little Tern** (F) **Sterne naine** (E) **Charrancito Común**

Taxonomie. Drei UA: *albifrons* Pallas 1764 (Paläarktis, Indien), *guineae* Bannerman 1931 (W-Afrika) und *sinensis* J. F. Gmelin 1789 (E- & SE-Asien, Australasien). Bildet Superspezies mit *S. antillarum* (N-Amerika, Karibik), *S. saundersi* (Rotes Meer, Indischer Ozean), *S. superciliaris* (S-Amerika E Anden), *S. lorata* (W-Küste S-Amerika) und möglicherweise *S. nereis* (AUS, NZ), obwohl letztere mit *S. albifrons* lokal sympatrisch brütet.

Kennzeichen. [1784,1369,221,3772,3615,408; s. Foto in Brit. B. **94**, 230].

Maße. Gr.: 22-28 cm. Gew.: ♀, ♂ 47-63 g, Ø (in UA): 50 g. Fl.spw.: 47-55 cm. Fl.l.: ♂ 17.6-18.7 cm, ♀ 16.7-18.0 cm [1369,3615].

Status. Nicht häufiger Brut- und Sommervogel an Küste und küstennahem Binnenland; nur noch sehr lokal in S-ME. An Küste regelm., im Binnenland bis an den Alpenfuß seltener Durchzügler (auch Sommerdaten, wohl verspätete Heim- bzw. frühe Wegzügler).

Verbreitung und Bestand. Weit verbreitet von W-Afrika bis AUS und NZ, Neuguinea, SE-Asien sowie von NW-Europa und N-Afrika nach E bis NW-Indien und Mongolei. Nominatform in Europa mit Brutbestand von 35.000-55.000 BP (leicht rückläufig), Schwerpunkte (> 2.000 BP) in TR (6-10 T.), RUS (7-14 T.), E. (5.5-6 T.), UA. (2.5-4 T.) und I (2.5-6 T. BP) [383]; in ME nach erheblichen Arealverlusten im Binnenland weitgehend auf Küstengebiete Nord- und Ostsee beschränkt, bei insgesamt 2.100-2.400 BP [383, erg.]. In unserem Raum 3 Flyway-Populationen, die ostatlantische mit 31.000-37.500 Ind. (stabil), die Schwarzmeer/E-Mittelmeer-Population mit 64.500-127.000 Ind. (abnehmend) und die Kaspische mit 10-25 T. Ind. [824,4077,823].

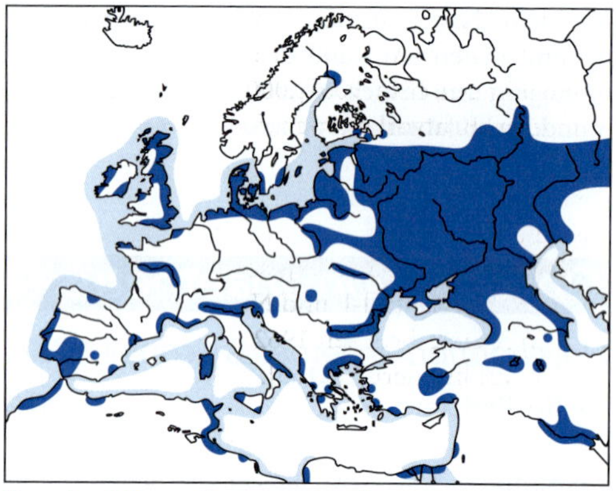

Sternula albifrons – **Zwergseeschwalbe**

Wanderungen. In Paläarktis Langstreckenzieher; Winterquartier im tropischen Afrika, im E bis Madagaskar, Mosambik und S-Afrika, im W meist nur bis Nigeria, wenige bis Kap. Hauptüberwinterungsgebiet Br. Europas Senegambien bis Ghana. In Europa in geringer Zahl durch Binnenland ziehend, in Afrika offenbar ganz an Küste gebunden. Br. ME ziehen vor allem entlang europäischer W-Küste. In NE-I zunächst Mauserzug zur Lagune von Venedig [Details 663]. Afrika-Funde z.B. Trischen–MA (Sept.); DK–Ghana (März); I–Guinea (Jan.) [vgl. auch 2733]; GB– 5mal N- und W-Afrika bis Senegal (April) [4064]; F–Elfenbeinküste (Mai). [Ringfunde D (An- und Umsiedlung): 3414]. Wegzug ab 2. Julidekade, Höhepunkt Ende Juli, Ende Aug. schon im wesentlichen abgeschlossen; Okt.beob. sind selten (ausnahmsweise Nov.). Erstankunft in S-F 1. Aprilhälfte, NL Mitte April; an Brutplätzen der Nordsee meist ab Ende April, Einzug im Mai erst abgeschlossen; Nachzügler später.

Bestandsentwicklung. Generell erhebliche Bestandsfluktuationen wegen starker Unterschiede in jährlicher Produktivität und regelm. Kolonieumsiedlungen (aus natürlichen Ursachen und anthropogen bedingt) [1369,1507].
Noch im 19. Jh. etliche bedeutende Binnenlandvorkommen in ME, meist aber in Folge großräumiger Lebensraumzerstörung erloschen, z.B. an Rhein,

Donau, Weser, Elbe und Oder und ihren Nebenflüssen sowie Genfer See CH (F) und Bod. [196]. Letzte Brutnachweise im Elsaß 1940, in -BB 1945, in CS (an Donau) 1955, in D-NW 1957 und in A (Neusiedler See) 1962 [965,1369,196]. Aber immer wieder einzelne kleine Ansiedlungen in künstlichen Lebensräumen wie Kiesabbauflächen, z.B. an Unterelbe. Größere Binnenlandvorkommen fast nur in PL verblieben; Untere Oder PL 1979 wiederbesiedelt, doch nur kleine Kolonien [3871]. In PL Bestandszunahme von 730-800 BP (1973/74) auf 1.000-1.300 BP (Anf. 1990er J.), inzwischen erneut rückläufig bei etwa 900-1.000 BP [1366,3871]. In H regelm. Brutvorkommen der Großen Tiefebene Ende 1970er J. erloschen [3892], seit Anf. 1990er J. aber Neuansiedlung an Drau [2438]. Weitere Neuansiedlungen jüngst in D-BB (Oder) ab 1991 und in Karvina CZ 1995 [q3,1], sowie in Lothringen F 1995 [2605], Zentral-F und N-I [1507], schließlich 2001 in A erste Brut seit 1962 [q4] und 2003 in D-SN seit fast hundert J. [2183].

	Best.	Areal	Brutbestand	Jahr	Quelle
B	↑	+ 1	224–224	2000–2002	[383]
CZ	N	N	0–1	1995–1998	[383]
D	+/-	=	730–770	1995–1999	[383]
H	+/-	=	5–10	1998–2001	[383]
NL	+/-	=	463–512	1998–2000	[383]
PL	↓	=	900–900	1997–1999	[383]
SK	N	N	0–5	1995–1999	[383]

Auch an Küste gegenüber Mitte 20. Jh. deutlicher Rückgang. Durch Schaffung von Schutzgebieten kurzfristige Erholung, durch Verfolgung und später Vergiftung bis 1970er J. erneut Bestandsabnahmen [1369,1153]. Wie bei Brandseeschwalbe ab Anf. 1950er J. in NL katastrophaler Einbruch infolge Biozidverseuchung der Küstengewässer [1369,3892], dabei NL Bestand von > 1.000 BP (1950) auf 100 BP (1960er J.) gesunken und Population B erloschen [1369]. B 1984 wiederbesiedelt, anfangs starke Bestandszunahme, dann bei 200-250 BP stagnierend [1677], Ende 1990er J. aber rascher Aufschwung an Kolonie in Flandern [845]; auch in NL anhaltende Erholung ab 1970er J. auf jetzt max. 515 BP, aber weit unter Beständen der 1950er J. [375]. Durch verstärkten Schutz mit erheblicher Reduzierung der Störungen in 1990er J. anhaltende Bestandssteigerung an Nordsee von 480 auf 983 BP (1996) und ca. 1.100 BP (2001) [3135,1497, B. Hälterlein]. Auch in GB und IRL durch intensiven Schutz größere Bestandssteigerungen [1343,3135]. Vorkommen an Ostsee D-MV und -SH ohne eindeutigen Trend, da Abnahmen an mehreren Standorten, aber auch Bestandssteigerungen durch gezielte Schutzmaßnahmen [246,1307]. Insgesamt fast alle größeren Kolonien in ME in Schutzgebieten konzentriert - überwiegend auf unbewohnten Inseln: 1996 an Nordsee nur noch 11% Festlandsbruten [3135].
In weiten Bereichen Europas bis 1980er J. erhebliche Abnahme [196], seither aber wieder Zunahme (neben o.g. Regionen auch FIN, I) und insgesamt deutlich erholt [1585,1507].

Siedlungsdichte. Koloniebrüter in z.T. großen Kolonien, enge Nestabstände.

Gefährdungsursachen [3892,3135,1369,1719,310, 3638,1302,246,1153,3058]. Verhinderung der Ansiedlung und Aufgabe von Brutplätzen sowie Behinderung der Nahrungssuche durch Störungen, vor allem menschliche Freizeitaktivitäten und Tourismus (Muschelsuche, Strandspaziergänge, Fahrzeuge), Weidevieh, Hunde, Flugzeuge.
Veränderungen oder Zerstörung des Lebensraumes durch Küstenschutzmaßnahmen mit Folge veränderter Sedimentations- und Überflutungsbedingungen, bes. keine Neubildung von Primärdünen, durch Überbauung (Häfen, Industriegebiete, Eindeichung) und touristische »Entwicklung«; durch natürliche Sukzession. Im Binnenland Zerstörung der Flussschotterbänke durch Begradigung und Verbauung, Bau von Stauseen sowie Gewässerverschmutzung.
Verseuchung der Küstengewässer mit Umweltgiften oder Öl, dadurch stark reduzierter Bruterfolg und direkte Verluste (NL 1950er, DK 1960er J.). Als Fischfresser bes. durch Umweltgifte gefährdet.
Direkte Verfolgung (Eiersammler).
Brutverluste wegen Prädation (vor allem Möwen, Ratten, Krähen und Fuchs) sowie durch Überflutungen (s. Küstenseeschwalbe und Seeregenpfeifer).

SPEC	VSchRL	Bern.Konv.	Bonn.Konv.
3	Anh. I	Anh. II	Anh. II
Europ. RL	**RL in ME**		
--	A, CZ, H: **'RE'**, D: 'EN',NL:'VU', PL: 'NT'		

Schutzmaßnahmen. Besucherlenkung zur Vermeidung von Störungen am Brutplatz. Öffentlichkeitsarbeit und Information; Überwachung großer

Kolonien; Umzäunung und Sperrzonen. Ferner intensive Betreuung wichtiger Brutplätze mit Förderung hochwassersicherer Dünen; lokal Errichtung von Schutzgräben oder -zäunen gegen Prädatoren. Vergrößerung der Schutzgebiete, da Art weitgehend auf diese reduziert.
An Küste Reduktion der Küstenschutzmaßnahmen [und »Vorlandmanagementkonzept«, 310], ggf. künstliche Aufspülungen; allerdings dort oft extrem hohe Brutverluste (z.B. durch Prädatoren), daher Verlust an Primärlebensräumen so nicht ausgleichbar [1144]. Im Binnenland Unterschutzstellung sowie Wiederherstellung natürlicher Flussläufe und ihrer Kies- und Schotterbänke.
Reduktion der Gewässerverschmutzung. Reduzierung von Nährstoff- und Biozideinträgen in Küstengewässer. Schutz international bedeutender, fischreicher Küstengewässer.

Biotop. Nistplätze an vegetationsarmen Stellen der Küste (z.B. Primärdünen, Strände und Muschelschillflächen) und des Binnenlandes (z.B. Schutt, Sand, Kiesbänke von Flüssen); Nahrungsgründe im Flachwasser vor der Küste, aber auch an flachen Strandseen, Ableitungsgräben und nicht zu schnell fließenden Flüssen und Strömen.

Nahrung. Kleinfische, Crustaceen; im Binnenland auch Insekten.

Stimme. Etwas heisere, hohe Rufe, z.B. einsilbig kurz »pit«, »tschich«. o.ä. und länger »pürrit pürrit«. ♂ lockt weich und hell »dirrittitit…«. Beunruhigt »wiet« oder »wäd« bzw. kürzer »wätt« (auch gereiht). Bei Verfolgung von Flugfeinden lang anhaltend »tittittit…«.

Verhalten. Tagaktiv. Rüttelt ausdauernd; rascher Flügelschlag. Stoßtauchen aus 5–6 m hohem Suchflug. Zur Brutzeit gesellig, aber kleinere meist artreine Kolonien. Verteidigt wird nur engerer Nestbereich. Brutnachbarn oft Küstenseeschwalben oder Sand- bzw. Seeregenpfeifer. Balz und Paarbildung nach Rückkehr im Brutgebiet. Fischflüge mitunter als regelrechte Verfolgungsjagden mehrerer Ind. Fischübergabe oft erst nach Kopula. In Kolonien werden Bodenfeinde mit Sturzflügen attackiert. Außerhalb der Brutzeit gesellig. Nach der Brutzeit in Familienverbänden.

Fortpflanzung, Brutbiologie [767,1369,337,1551, 246]. Brütet selten mit 1 Jahr, meist mit 2-3 Jahren erstmals. Monogame Saisonehe; Gattentreue als Folge von starker Brutortstreue; Ortswechsel (oft vor allem ♀) meist nach Gelegeverlusten; Kolonieumzug, auch innerhalb der Saison, u.a. durch Überflutung. **Ankunft am Brutplatz.** 3–4 Wochen nach Rückkehr Reviergründung und Nistplatzwahl. **Nest.** Nest auf kahlem Untergrund, mitunter zw. locker stehenden Vegetationsbüscheln; flache Mulde, meist ohne besondere Auskleidung bzw. mit nur wenig Materialstückchen, Muscheln, z.T. Strandgut. Nestanlage durch ♀ oder beide. **Legebeginn.** ME Anf. bis Ende Mai, Nachgelege Juni. **Gelegegröße.** (1)2-3 Eier; z.B. I_{492} 2.72. **Eier.** Spindelförmig, glanzlos, grauweiß bis lehmfarben; mit dunklen Punkten und kleinen Flecken fein gezeichnet. **Brutdauer.** 20-22 d, Legeintervall 1 d. Beide brüten, ♀ zuerst länger (wird vom ♂ mit Nahrung versorgt); brüten ab 3. Ei (sitzen aber z.T. schon vorher). Nestlings-/Führungszeit. Junge werden von beiden Ad. versorgt, oft sehr rasch vom ± deckungslosen Nest weggeführt; mit 15-17 d können sie flattern; mit 28 d Schwingen voll ausgewachsen. Ad. füttern Junge aber noch bis zum Wegzug. **Jahresbruten.** 1; 1–2 Ersatzgelege. **Bruterfolg.** Durch Menschen, auch Überflutung, Wind, Beutegreifer etc. Verluste oft sehr hoch oder Totalverluste von Kolonien. Bei geschützten Kolonien z.B. Nachwuchszahl oft > 1 flügges Juv./BP und Jahr. Bewachte englische Kolonien_{174} 1.15 Juv./Paar; unbewachte engl. Kolonien_{87} 0.1 Juv/Paar; Wales_{40} 1.4; Norfolk_{116} 1.63; Fife 0.03-0.04.

Eimaße und -gewichte (Nominatform). L. 29.5-36.2 mm, B. 21.0-26.0 mm, Ø: 32.0 x 23.9 mm (n=270, D), 33.0 x 23.9 mm (n=100, GB), 32.9 x 24.1 mm (n=93, B); Frischvollgew. 6.7 -10.8 g, $Ø_{43}$: 9.65 g; Schalengew. 0.40-0.73 g, $Ø_{400}$: 0.56 g.

Sterblichkeit, Alter. Mittlere Ad.-Sterblichkeit auf ca. 20 %/J. geschätzt. Ältester Ringvogel (♂; D) 23 J. 11 Monate, insgesamt 15mal als Brutvogel kontrolliert [246,3654]. **Generationslänge:** 8 J. [383].

Mauser. **Postjuvenile Mauser** (Vollmauser) ab (Ende Juli) Aug./Sept.; Kleingefieder bis Ende Aug./Anf. Nov. mehrheitlich gewechselt; HS (Mitte Aug.) Ende Sept./Anf. Dez.–April/Mai [767, 139,1688,2452,3536,1088], wird z.T. bereits nach HS 7–8 abgebrochen [2452]; 2. Mauserzyklus ab Feb./März des 2. KJ, Mitte Mai/Juni mit 3–6 neuen HS abgebrochen [767,1369,139,1688,2452, 1088]. • **1. Pränuptialmauser** (Teilmauser) Umfang variabel; 3. Mauserzyklus der HS z.T. ab Mai [767, 139,1688,2452,1088]. • **Postnuptialmauser** (Vollmauser) Körpergefieder ab Mitte Juli; HS ab Ende Juni/Aug. während Fütterung der Jungen, nach Unterbrechung bis Dez./Jan. beendet; neuer Mauserzyklus der HS (und z. T. auch ST) ab (Ende Juli) Mitte Okt./Mitte Dez., vor Heimzug mit 7–9 neuen HS abgebrochen [767,139,1688,2452,2553,663, 1088]. • **Pränuptialmauser** (Teilmauser) Ende Feb.–Anf. April; HS ab Feb./Mitte März wiederum erneuert, vor Beginn der Bebrütung mit (1) 2–4 (5) neuen HS abgebrochen; umfasst außerdem Flügeldecken und ST [767,139,1688,2452, 1088]; innere HS z.T. im Juli abermals ersetzt, dadurch im Hochsommer 4 HS-Generationen vorhanden [2452].

Gelochelidon nilotica – Lachseeschwalbe 06050

Gelochelidon nilotica J.F. Gmelin 1789 syn.: *Sterna nilotica*

(GB) **Gull-billed Tern** (F) **Sterne hansel** (E) **Pagaza Piconegra**

Taxonomie. Sechs UA, davon 2 in Paläarktis: *nilotica* J.F. Gmelin 1789 (W-Paläarktis, Afrika) und *addenda* Matthews 1912 (E-Indien bis SE-Asien), weitere 4 UA in anderen Erdteilen [1784].

Kennzeichen. [1784,221,1369,3772,3615,408; weitere **Fotos** in Limic. **13**, 211, Dutch B. **25**, 349, **26**, 267, Bird. W. **10**, 367, **12**, 266, 268, **15**, 361, Brit. B. **97**, 395].

Maße. Gr.: 33-38 (43) cm. Gew.: ♂ meist 200-245 g, ♀ 190-260 g. Fl.spw.: 100-115 cm. Fl.l.: ♂ 30.9-34.1 cm, ♀ 30.7-33.3 cm.

Status. Lokaler Brut- und Sommervogel. In weiten Teilen ME einzelner, z.T. sehr seltener und unregelm. Gastvogel [z.B. Bod., CH:4152,1617], im Binnenland E-ME vor allem an Fischteichen [2438,2159], im Küstenbereich allj. (z.T. traditionelle Rastplätze mit großen Ansammlungen), aber stark abnehmend [NL, B:1677,375,3972], in PL allerdings nur 14 Nachw., davon 10 seit 1978 [3871].

Verbreitung und Bestand. Kosmopolitisch verbreitete Art mit oft nur zerstreuten Einzelvorkommen, so an NW-Küste S-Amerikas, karibische Inseln und W- und E-Küste N-Amerikas, Atlantikküste NW-Afrikas, sowie SE-Asien und AUS. Hauptverbreitung in Halbwüsten- und Steppengebieten Zentral- und Mittelasiens nach W bis TR und nach E bis Transbaikalien und Mongolei, nach N bis S Westsibiriens, S bis N-Indien [337]. In Europa Nominatform nur an wenigen Stellen, z.T. isoliert und Aufgabe früherer Brutplätze, Schwerpunkte in E. (3-3.5 T.) und Schwarzmeer TR (2-6 T.), UA. (4-6 T.) und RUS (2-5 T. BP), Gesamtbestand 12.000-22.000 BP (rückläufig) [383]. In ME auf Küste D beschränkt, bei 60 BP [204], früher auch Bruten

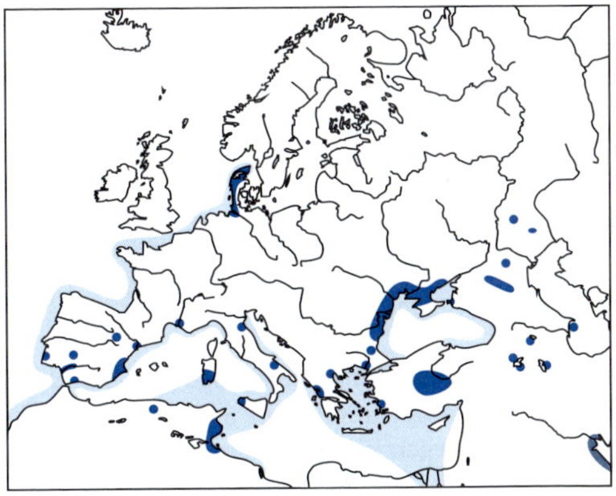

Gelochelidon nilotica – **Lachseeschwalbe**

in NL, A und H [375,2438,196]. Drei (von 10) Flyway-Populationen, vor allem W-europäisch/W-afrikanische in ME, mit derzeit 10.000-16.000 Ind. (abnehmend); ferner Schwarzmeer/E-mediterrane Population mit 14.000-39.000 Ind. (abnehmend), sowie SW-asiatische Population mit 10.000-25.000 Ind. [824,823].

Wanderungen. Langstreckenzieher; Winterquartier Tropen und Subtropen, für Br. der Paläarktis in Afrika vom Persischen Golf über S-Arabien, Äthiopien bis Sahel-Savannenzone vom Sudan bis Senegambien, und im W bis an N-Grenze des Regenwaldes, in E-Afrika S bis Botswana, Zimbabwe, Mosambik. Besondere Ringfunde z.B. DK–D-BY, 2mal Verfrachtung durch NE-Passat nach Barbados/Kleine Antillen und 1 Fund Winterquartier Senegambien. Abzug von Camargue-Vögeln ± nach SE. Abzug von Brutplätzen Juli/Aug.; Letztbeob. ME bis Ende Sept. (ausnahmsweise bis Okt.). Im Winterquartier Einzug ab Aug./Sept. Heimzug zwischen Sahel und Maghreb Anf. März/Anf. April,

Ankunft in ME frühestens ab 10./12. April bis Ende Mai. Nichtbrüter einzeln auch N der Brutplätze, die meisten bleiben in Dz.-Gebieten oder im Winterquartier.

Bestandsentwicklung. Im 19. Jh. noch mehrere ME Verbreitungsschwerpunkte: Voralpenflüsse (D-BY, -BW, A-N und benachbarte Gebiete), große pannonische Seen und Nordseeküste; allerdings Populationen in H, CS, A-Nö und D-BW schon im 19. Jh. erloschen [965,1369,1722,q3,3316], ebenso unregelmäßige Brutvorkommen in D-MV [1369,2031], und Bestände an Nordsee D-SH und DK brachen weitgehend ein. Nach Jh.-Wende drastische Abnahmen bei Küstenpopulationen sowie an großen Flüssen D-BY und an Steppenseen A-B, z.B. 1933 nur noch 2 der ursprünglich > 100 Paare am Lech. Letzte Brutversuche in D-BY 1934 [196] und in A-B 1942 [965]. Ende 1930er J. auch Nordseepopulation erloschen.

	Best.	Areal	Brutbestand	Jahr	Quelle
D	+/-	=	60–60	1995–1999	[383]

Bis etwa Mitte 20. Jh. stark rückläufiger Trend bei bedeutenden Populationen in S-Europa (z.B. Camargue). Dagegen einige isolierte Brutansiedlungen in ME, z.B. NL (1931, 1944, 1945, max. 5 BP 1948–1956, mind. 3 BP 1958) [375], D-SH (schon 1931-40 max. 3 BP; Ende 1940er J. mehrere), D-NI erstmals 1953, seit 1956 regelm., H 1955 sowie A 1955/56 Brutversuche; Vorkommen meist rasch wieder erloschen. Doch im nordfriesischen Wattenmeer D-SH Zunahme auf max. 65 BP (1975), dabei wohl aufgrund Melioration und Intensivierung der Landwirtschaft starke Verlagerung nach S und auf Festland. Bestand lange Zeit bei 43-48 BP stabil, in D-NI dagegen max. 10 BP (erstmals 1980 und nach Rückgang erneut 1990) [196]. Seither steter Wechsel mit Umsiedlungen zwischen Westküste D-SH, Festland/Inseln und Unterelbe -NI bzw. -SH aus unklaren Ursachen, evtl. Störungen, Prädation, schlechter Bruterfolg, Vegetationswandel in Kolonie-/Brutstandorten [2063], damit verbundene Wattenmeerpopulation DK bis Anf. 1990er J. weitgehend erloschen, doch seither Verlagerungen und mehrere kleine Neuansiedlungen [3134]. Bis 1996 an Nordsee wieder leicht zunehmend, aber insgesamt Situation der Region instabil; Ende 1990er J. erneut starker Rückgang [3135,310,3003,1497], Brutbestand in Tabelle [204] vielleicht zu optimistisch, Anf. 2000er J. bei ca. 45-50 BP [S. Garthe].

Gefährdungsursachen [1369,1507,1722,196,3892, 310,3135,3646,3316]. Lebensraumverlust in Brutgebieten: Veränderungen und Zerstörung nahrungsreicher Feuchtwiesen-, Heide- und Kulturflächen bei Brutkolonien durch intensivierte Landwirtschaft und Melioration, Verbauung, Überdüngung etc. Zerstörung der Flussschotterbänke durch Begradigung und Verbauung der Voralpenflüsse sowie durch Kiesentnahme. In Durchzugs- und Überwinterungsgebieten: Beeinträchtigung oder Zerstörung wichtiger Nahrungsplätze und Rückgang der Großinsekten durch Pestizideinsatz.
Hohe Brutverluste aufgrund Prädation (vor allem Ratte und Fuchs), häufig infolge Störungen in Brutgebieten, zudem durch Weidevieh, durch Drainage und Grundwasserabsenkung (dadurch Zugang zu Brutplätzen erleichtert) und durch Überflutungen.
Verfolgung durch Menschen: Abschuss, Eiersammeln.
Kontamination mit Bioziden (Einfluss auf Gelege und Nahrungsangebot).
»Natürliche« Verluste: Dürre in den Überwinterungsgebieten. Botulismus.

SPEC	VSchRL	Bern.Konv.	Bonn.Konv.
3	Anh. I	Anh. II	Anh. II*
Europ. RL	**RL in ME**		
VU	NL, H, A: **'RE'**, D: 'EN'		

* UA *nilotica*

Schutzmaßnahmen. Intensiver Schutz und Betreuung verbliebener Brutplätze und benachbarter Nahrungsräume. Langfristiges Gebietsmanagement. Sinnvolle Regelung des Weidebetriebes zur Verhinderung von Brutverlusten sowie extensive landwirtschaftliche Nutzung (in wichtigen Brutgebieten völlige Einstellung). Ggf. Geländeabsperrungen zum Schutz von Gelegen. Erhebliche Reduktion des Biozideinsatzes zum Schutz der wichtigen Großinsekten.
Unterschutzstellung sowie Wiederherstellung natürlicher Flussläufe einschließlich ihrer Umgebung (Nahrungsflächen); Schaffung oder Ermöglichung ausgedehnter Kiesbänke.
Errichtung von Schutzgräben oder -zäunen gegen Prädatoren.
Besucherlenkung zur Vermeidung von Störungen am Brutplatz.

Biotop. Br. an Flachküsten, Lagunen, Salzwiesen und benachbartem Extensiv-Grünland etc., im Binnenland an Salz- und Sodaseen, vegetationsarmen

Süßwasserseen, auf Sandbänken und im Alpenvorland ehemals auf Flussschotterbänken. Kolonie oft im Anschluss an andere Arten, z.B. Seeschwalben, Lachmöwe, Dünnschnabelmöwe; bevorzugt schwer zugängliche Standorte. Nahrungssuche in spärlich bewachsenem offenen Gelände, auch Kulturland.

Nahrung. Abweichend von anderen Seeschwalben Hauptnahrung Landtiere, wie Insekten (besonders Libellen, Ameisen, Termiten, Dipteren, Zikaden, Raupen, Käfer), Amphibien, kleine Eidechsen, Kleinsäuger; mitunter auch zahlreich Regenwürmer, am Strand Crustaceen. Wassertiere werden von der Oberfläche genommen, z.B. Wasserkäfer, kleine Fische. Durch spezielle Anpassungen oft große lokale Unterschiede (z.B. mitunter Vogeleier und -junge). Bei Nahrungssuche oft weite Strecken (Aktionsradius bis 40 km). Ad. bringen meist nur ein Beutetier ans Nest, Energieaufwand daher hoch.

Stimme. Nasaler, 2-silbiger Ruf »käwä« u.ä. sehr charakteristisch; auch kurz wiederholt »äg-äg-äg«, bei Erregung z.B. »kerre-kerre kejak«. Alarmruf lachend »hähähä…« (Name!), bei Attacken gegen Bodenfeinde »ke-keke..«.

Verhalten. Tagaktiv. Suchflug möwenähnlich; in 5-10 m Höhe werden Flächen abgesucht, Beute wird im Flug gepackt, oft kurzer Rüttelflug. Im Wasser Schrägstöße, in denen kaum der Schnabel eintaucht. Auch von niedriger Vegetation wird Beute im Suchflug abgelesen. Suchflug auch mitunter sehr niedrig über dem Wasser. Zur Brutzeit gesellig; brütet meist in kleinen Kolonien; Territorien umfassen neben dem Nest auch meist noch einen kleinen Ruheraum. In Großkolonien jedoch größere Dichte ähnlich anderen Seeschwalben. Balz schon auf dem Heimzug, doch Paarbildung erst am Brutplatz. Fisch- und Hochflüge (vgl. Flussseeschwalbe), Beuteübergabe (Insekten oder größere Beutetiere), Scheinnisten. In Nestnähe Sturzangriffe, manchmal auch mit Kotspritzen; beim Schlüpfen der Jungen auch mitunter Schnabelhiebe gegen Bodenfeinde. Auf dem Zug meist in kleinen Familien-Trupps; vorübergehende Massierungen an günstigen Rastplätzen oder bei hohem Nahrungsangebot. Außerhalb der Brutzeit gesellig.

Fortpflanzung, Brutbiologie [1369,3615,1551, 3646]. Erstbrut mit 4–5 J. Monogame Saisonehe. Revierbesetzung 1–2 d vor Legebeginn. **Nest.** Auf sandigem oder vegetationsfreiem trockenem Boden, aber auch in dichtem kurzen Rasen oder ± geschlossener Halophytenvegetation. Nest meist mit einigen dürren Halmen etc. ausgekleidet. Nestmaterial wird bis zu 1.5 m Nestentfernung aufgelesen oder abgerupft und dann zurückgelegt. **Legebeginn.** Wattenmeer Anf. Mai bis Anf. Juli mit Hauptlegezeit 1. Mai- bis 1. Junidekade; Camargue ab Anf. Mai. 1 Jahresbrut; Ersatzgelege. **Gelegegröße.** (1) 2-3 Eier, (4 oder 5 wohl durch Zusammenlegen); z.B. DK$_{235}$ 2.35, Camargue$_{61}$ 2.7. **Eier.** Kurzoval, grau bis sandfarben und mit dunkelbraunen Flecken nicht sehr dicht besetzt; oft hellere Unterflecke. **Brutdauer.** 22-23 (24) d. Beide brüten, ab 1. (oder 2.) Ei; brutfreier Vogel meist in Nestnähe. **Nestlings-/Führungszeit.** Beide füttern, ♂ anfänglich oft nicht direkt, sondern durch Übergabe von Futter an ♀. Ab 1-3 d werden Junge vom Nest weg zu deckungsreichem Aufzuchtsplatz geführt; Störungen können zu weiterem Ortswechsel veranlassen (Jugendentwicklung und Verhalten [1362]). Junge mit ca. 30 d voll flügge, bleiben noch im Familienverband und werden meist auch noch auf Wegzug gefüttert. **Bruterfolg.** DK$_{94}$ 1.63 flügge Juv./BP und J.

Eimaße und -gewichte. L. 42.2-56.6 mm, B. 31.4-39.9 mm, Ø: 48.4 x 38.1 mm (n=153, D-BY), 48.2 x 35.2 mm (n=106, DK); Frischvollgew. 27-37 g; Schalengew. 1.57-2.10 g, Ø$_{200}$: 1.88 g.

Sterblichkeit, Alter. 22 % beringter Pulli kamen in DK noch am Brutplatz um, weitere 30 % im 1. Lebensjahr; Sterblichkeit in späteren J. ca. 23 %/J. Ältester Ringvogel 15 J. 9 Monate. **Generationslänge:** 9 J. [383].

Mauser. **Postjuvenile Mauser** (Vollmauser) Kleingefieder und ST Ende Aug./Okt.–Dez./Feb. (April); Schwungfedern Dez./März–Juli/Anf. Sept. 2. Mauserzyklus des Großgefieders ab Juli/ Sept. des 2. KJ [767,2452]. • **Postnuptialmauser** (Vollmauser) HS-Mauser ab Mitte Juni/Mitte Aug., während Wegzug mit 2–5 neuen HS unterbrochen und Abschluss bis (Mitte Dez.) Jan./März [767,1369,3050,2452]; Körpergefieder Ende Juli/ Mitte Aug.–Okt./Dez. [767,2452]. • **Pränuptialmauser** (Teilmauser) Ende Dez./Feb.–März/April [767,3050,2452]; Teile des Körpergefieders, alle (mehrere) ST, bei ca. 70 % der Ind. auch (1) 2–3 (6) innere HS [767,2452].

Hydroprogne caspia – Raubseeschwalbe 06060

Hydroprogne caspia Pallas 1770 syn.: *Sterna caspia*

(GB) **Caspian Tern** (F) **Sterne caspienne** (E) **Pagaza Piquirroja**

Taxonomie. Monotypisch.

Kennzeichen. [1784,221,1369,3772,3615,408].

Maße. Gr.: 47-56 cm. Gew.: ♂ meist 600-750 g, ♀ 500-640 g. Fl.spw.: 127-145 cm. Fl.l.: ♂ 40.4-44.1 cm, ♀ 38.7-42.9 cm.

Status. In vielen Gebieten mit größeren Wasserflächen ± jährlicher Gastvogel in sehr kleiner Zahl, Wegzugdaten überwiegen bei weitem. Im Binnenland meist nur einzeln, doch bis 29 in S-D.; an Ostseeküste max. 100–200 Ind. je Schlafplatz [337]; z.B. am Bodden (Rügen) im Frühjahr max. 100 Ind., im Aug. 500-600 Ind. [J. Kube]. Sporadischer Brutvogel.

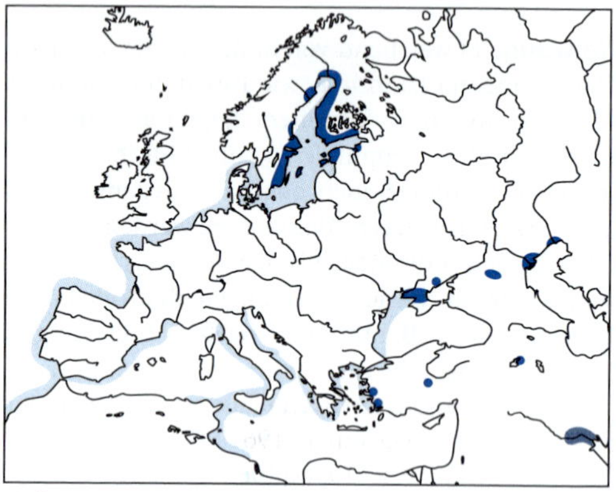

Hydroprogne caspia – **Raubseeschwalbe**

Verbreitung und Bestand. Fast kosmopolitisch verbreitet, Vorkommen in Eurasien, aber meist nur kleine Lokalpopulationen in N-Amerika, Afrika und AUS. In Europa weitgehend auf Ostseeraum (RUS, S., FIN und EST) und Schwarzmeer (UA., RUS, TR) beschränkt, bei Gesamtbestand 4.900-9.300 BP, zunehmend [1585; vgl. Angaben von 1.800-2.600 BP in 823]; größte Population in RUS mit 2.000-5.500 BP, wichtige Bestände ferner in FIN (800-900), S. (450-470), TR (300-600) und UA. (800-1.200 BP) [383]. Derzeit nur noch ein regelmäßig besetzter Brutplatz in ME (D-MV) mit 0-3 BP [204,2031]. Größere Zahl von Übersommerern, aber derzeit in ME nur etwa ein Brutversuch pro Jahr [196]. In Europa zwei (von 13) Flyway-Populationen, die europäische mit 5.400-7.800 Ind., abnehmend, und die Kaspische mit 9.000-16.500 Ind., abnehmend [824,4077].

Wanderungen. Br. ab ca. 30°N nach N Zugvögel, südlichere Standvögel oder Teilzieher. **Br. FIN und Ostsee** überwintern vom N-Rand Mittelmeer und W-Rand Schwarzmeer nach S bis Äquator (einzelne überfliegen ihn geringfügig); Hauptwinterquartier sind Mittelmeer und W-Afrika, bes. Binnengewässer der Savannenzone (z.B. Überschwemmungszone des Niger in Mali) und Küsten des Golfes von Guinea. Einzelne auch an Seen E-Afrikas. **Br. im E** überwintern Indischer Ozean, Indien und SE-Asien. Wegzugsrichtung der Ostsee-Br. S im Breitfrontzug über Europa. W-Grenze der Br. FIN etwa Linie DK–Korsika, E-Grenze Asowsches Meer-Libanon; Einzelne gelangen jedoch bereits in Europa weiter W bis Iberien. Zu den Winterquartieren in W-Afrika zumindest z.T. Transsaharaflug nötig. Ringfunde nichtflügger aus S. bis BG, TN (bereits Ende Juli 1. Lebensjahr); ferner EGY und Gao/Mali (ca. 5100 km SSW, Okt.) bzw. Niger (5000 km SSW, Okt.), Dez. 1mal Zaire (mind. 7300 km S). **Br. FIN** ziehen einzeln bis S Äquator (z.B. Kongo, Angola); Entfernungen Dez./Feb. einj. 1742–7234 km, zweij. und dreij. 2128–6178 km, > dreij. 1639 bis 6425 km [Details 3655; Ringfunde USA z.B. 1351]. Wegzug beginnt allmählich Mitte Juli (vorher nur Nichtbrüter), in ME Gipfel 2. Aug.hälfte und bei längerem Verweilen (z.B. Ostseeküste) erst Sept., ebenso oft in S-ME. Letzte Daten ME Ende Okt., einzelne Nachzügler bis 2. Nov.dekade. Hauptdurchzug Mittelmeer Sept/Okt. Ab Okt. Erste aus Ostsee im tropischen W-Afrika; ab Nov. erfolgt Einzug ins tropische Winterquartier. Heimzug rasch; ME April; Erstankunft Fennoskandien ab 1. Aprildekade, im NE später. Mai/Juli umherstreifende Nichtbrüter [für USA vgl. 1351]. Brutort- und Geburtsortstreue sowie Fremdansiedlung verbreitet. Einj. bleiben meist im Winterquartier (einzeln bereits Brutheimat), 2-3-jährige in Europa z.T. S des Brutareals, aber auch z.T. im weiteren Brutgebiet [Details 1994].

Bestandsentwicklung. Vollständiger Bestandszusammenbruch in Europa gegen Ende 19. Jh. Große Kolonie auf Sylt mit bis 600 BP (1819), um 1900 noch bei 20 BP und 1914 erloschen [1369]. Letzter Brutnachw. in D-SH 1928 [q7], in DK 1944 [1369]. Ähnlich katastrophale Entwicklung u.a. in RO [1369]; und auch an Ostsee deutliche Abnahme bis Anf. 20. Jh. In FIN und S. im 20. Jh. erneut markante Zunahme, in deren Folge Neubesiedlung EST. Bis in 1970er J. Ostseebestand auf > 2.400 BP gesteigert [196]. Seit Mitte 1970er J. an Ostsee erneut deutlicher Rückgang durch hohe Mortalität im Winterquartier (starke Konkurrenz mit Menschen in zunehmend austrocknenden Überschwemmungsgebieten der Sahelzone) sowie geringen Bruterfolg im Ostseeraum (Mangel an geeigneten ungestörten Brutplätzen und geringe Jungenproduktion) [3892,196]; um Jahrtausendwende stabil bei 1.500 BP [1307]. Neben zunehmenden Zugzeitbeob. im Binnenland auch vereinzelte Brutansiedlungen an Küste D-MV spätestens ab 1961 [2031], in PL 1969, in I 1978 und in E. 1988 [196,1507,3871]. Nur in D-MV (unregelm.) Vorkommen von 0-3 BP bis in jüngste Zeit erhalten [1307].

	Best.	Areal	Brutbestand	Jahr	Quelle
D	+/-	=	0–3	1999–2002	[383,1307]

Siedlungsdichte. Im Ostseeraum überwiegend Koloniebrüter mit 2 bis > 100 BP, aber auch Einzelbrüter [1507].

Gefährdungsursachen [1369,1507,3892,196,1814]. Direkte Verfolgung durch Eierraub und Abschuss in Brutgebieten sowie durch Abschuss auf Zug und Fang in afrikanischen Winterquartieren.
Geringer Bruterfolg durch hohe Prädationsverluste (Fuchs, Mink, Möwen, Krähen), z.T. Folge von Störungen durch Menschen, z.T. auch durch Fehlen größerer Fischbestände.
Zerstörung der Brutplätze durch menschliche Einwirkungen sowie durch natürliche Ursachen (Überflutung).
Dürre in der Sahelzone.

SPEC	VSchRL	Bern.Konv.	Bonn.Konv.
3	Anh. I	Anh. II	Anh. II
Europ. RL	**RL in ME**		
--	D: 'CR'		

Schutzmaßnahmen. In Durchzugs- und Überwinterungsgebieten erhebliche Einschränkung des Jagddruckes.
Schutz der Koloniestandorte und Brutplätze vor Zerstörung oder Beeinträchtigung. Betretungsverbot der Brutgebiete und Reduktion anderer Störeinflüsse.

Biotop. Br. an Küste und im Binnenland auf flachen Sandstränden an Küsten, Meeresbuchten, Lagunen und Salinen, auf Inseln in größeren Binnengewässern; Schutz vor Störungen wichtig. Fischfang vorwiegend im Seichtwasser. Auf dem Zug auch vorübergehend an kleineren Binnengewässern.

Nahrung. Hauptnahrung Fische (3.0-23.5 cm, meist > 8 cm lang) der Seichtwasserzonen im Meer und im Süßwasser.

Stimme. Heiserer, schnarrender Ruf, der an Reiher oder hohen Warnruf des Eichelhähers erinnert, wie »chrää(i)«, auch mehrsilbig bzw. ± gereiht; am Brutplatz auch »tschägrää«. Bei Alarm »kerrä« oder »errek«, manchmal kombiniert mit harten »ek-ek«-Rufen; bei Angriff »gga gga…«.

Verhalten. Tagaktiv. Flug seeschwalbenartig, durch langsamen Flügelschlag aber etwas an Möwen erinnernd; Aufwindsegeln. Im Streckenflug Schnabel meist horizontal, im Suchflug nach unten gerichtet. Nahrungserwerb hauptsächlich durch Stoßtauchen bis aus ca. 40 m Höhe und bis 1.5 m unter Wasser. Brüten in Kolonien, mitunter auch > 1000 BP. Koloniebrüter verteidigen nur Nestumgebung, Einzelpaare größere Flächen; Fischflug meist kurz, ♀ betteln und werden oft von ♂ gefüttert. Bei Ankunft am Brutplatz offenbar größter Teil bereits gepaart. ♂ und ♀ füttern sich oft gegenseitig (Paarfestigung). ♂ fordern zum Kopulieren auf. Kopulieren 2-3mal täglich während der Eilegephase. Außerhalb der Kolonien oder der gemeinsamen Schlafplätze meist einzeln oder zu wenigen beisammen.

Fortpflanzung, Brutbiologie [1351,1369,337, 1551]. Geschlechtsreife mit 3–4 J., ausnahmsweise versuchen auch 1–2-jährige zu brüten. Monogame Saisonehe. Vor und während der Eiablage sehr störungsempfindlich. **Nest.** Nest meist auf Plätzen mit guter Übersicht auf Sand, Kies oder zwischen Felsen. Oft fehlt Auspolsterung, mitunter mit etwas Material (auch Steinchen etc.) ausgelegt. **Legebeginn.** In S-FIN ab Anf. Mai, Hauptlegezeit 2. Maidekade, Nachgelege bis Mitte Juli; weiter im N 2-3 Wochen später. **Gelegegröße.** (1) 2–3 (4-5 Eier wohl stets von 2 ♀); Legeabstand 2-3 d. **Eier.** Spindelförmig, auf hell rahmfarbenem bis weißlichem Grund wenig dicht mit kleinen dunklen Flecken besetzt, daneben hellere Unterflecke. **Brutdauer.** 24-25 d. Beide brüten, nach dem 1. Ei; bei Ablösung wird meist ein Fisch überreicht. **Nestlings-/Führungszeit.** Beide Ad. füttern. Junge verlassen mit 3-4 d das Nest und drücken sich in Umgebung. Später wird jeweils der momentane Standort der Jungen von den Ad. verteidigt. Mit 25-28 d können Junge die Nestumgebung verlassen, voll flugfähig mit ca. 37 d; mit 46-48 begleiten sie die Ad. zur Nahrungssuche, werden aber noch länger gefüttert, zumindest von einem Ad., mitunter bis ins Winterquartier. **Jahresbruten.** 1; Ersatzgelege. **Bruterfolg.** FIN 1.5–1.6 flügge Juv./BP und J.; USA 1.6; 0.64 flügge Juv./BP ermöglicht bei beob. Sterblichkeit von 43 % der Jungen bis zum 4. Lebensjahr Populationswachstum und Arealerweiterung in USA.

Eimaße und -gewichte. L. 55.0-72.3 mm, B. 40.5-44.5 mm, Ø: 64.0 x 44.5 mm (n=100, Europa), 65.1 x 44.9 mm (n=152, S.); Frischvollgew. 59-78 g; Schalengew. 3.16-5.51 g, Ø$_{152}$: 4.34 g.

Sterblichkeit, Alter. FIN 2. Lebensjahr 12 ± 3 % (ab 1. Jan. des 1. Winters 14 ± 3 %); USA 62 % bzw. 43 % zwischen Flüggewerden und Geschlechtsreife [1351]. Älteste Ringvögel 30, 2-mal > 26 und > 23 J. **Generationslänge:** 11 J. [383].

Mauser. **Postjuvenile Mauser** (Vollmauser) Okt./Dez.–März/Mai im Winterquartier [767,3050,2452]; HS-Mauser z.T. im Mai/Juni des 2. KJ beendet, nach Unterbrechung aber oft nicht vor Aug./Okt. [2452]. 2. Mauserzyklus der HS ab März/April des 2. KJ [767,3050,2452]. • **Postnuptialmauser** (Vollmauser) ab Ende Juli/Ende Sept., dann z.T. auch 2–3 innere HS ersetzt; Abschluss bis Jan./Feb., HS oft erst bis März/Anf. April [767,3050,2452]. • **Pränuptialmauser** (Teilmauser) Feb.–März [767,2452]; Teile des Körpergefieders, alle oder mehrere ST und (0) 2–4 innere HS [767,1688,2452].

Chlidonias hybrida – Weißbart-Seeschwalbe 06260

Chlidonias hybrida (Pallas 1811) syn.: *Chlidonias hybridus*

GB **Whiskered Tern** F **Guifette moustac** E **Fumarel Cariblanco**

Taxonomie. Drei UA: *hybrida* (Pallas 1811) (Paläarktis), *delalandei* (=*sclateri* Mathews & Iredale 1912) (E- und S-Afrika, Madagascar) und *javanicus* (Horsfield 1821) (Wallacea - Australasien).

Kennzeichen. [1784,221,1369,3772,3615,408,3395; weitere Fotos in Limic. **8**, 324, **10**, 265, **11**, 42, **12**, 187, **14**, 103, 151, Dutch B. **23**, 374, Bird. W. **7**, 179].

Maße. Gr.: 23-29 cm. Gew.: <♂ 83-94 (101) g, WW> (60) 79-92 g; Ø$_{(♀,♂)}$: 84 g. Fl.spw.: 74-78 cm. Fl.l.: ♂ 23.1-25.0 cm, ♀ 22.8-23.8 cm [1369,3615].

Status. In E-ME lokal häufiger und regelm. Brut- und Sommervogel, sonst unstet und gelegentl. Brutvogel, häufigerer Sommergast. In geeigneten Gebieten S-ME früher unregelm., neuerdings aber fast regelm. und allj. Durchzügler und Rastvogel in kleiner Zahl (z.B. in CH Zahl der Beob. von 1970er bis 1990er J. fast verdoppelt) [4152]. Im N seltener Durchzügler und Sommergast.

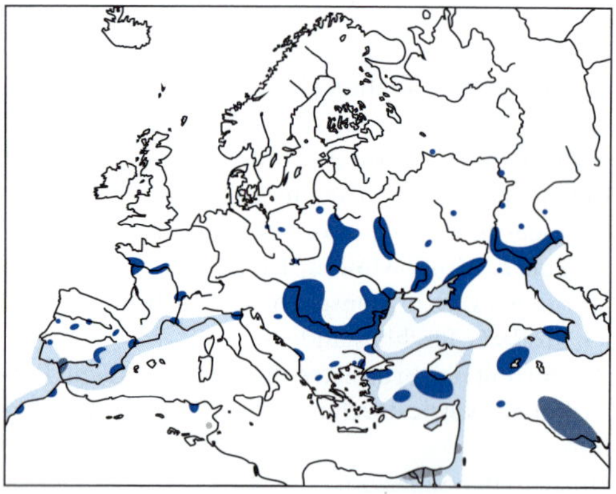

Chlidonias hybrida – **Weißbart-Seeschwalbe**

Verbreitung und Bestand. Stark aufgesplittertes Areal. Vorkommen in S- und E-Afrika, außertropisches AUS, Vorder- und NE-Asien sowie Steppengebiete RUS, SW- und SE-Europas. Gesamtbestand in Europa (Nominatform) etwa 42.000-87.000 BP, mit Hauptvorkommen in RUS (10-25 T.), UA. (5-8.5 T.), TR (4-8 T.), AZ (3-10 T.), RO (8-12 T.) sowie E. (2.5-10 T. BP) [383]. In kleinen Populationen auch in E- und SE-ME mit etwa 2.300-4.800 BP in »guten Jahren« (fluktuierend, Trend positiv)

[383]. Drei von 9 Flyway-Populationen in Europa, die W-europäisch/W-mediterran/NW-afrikanische mit 21.500-31.000 Ind. (abnehmend), die Schwarzmeer/E-mediterrane mit 80.000-120.000 Ind. (zunehmend) sowie die Kaspische mit 25.000-100.000 Ind. [824,4077,823].

Wanderungen. Kurz- und Langstreckenzieher; Winterquartier der Br. W-Paläarktis ist Afrika S Sahara und offenbar zunehmend auch Mittelmeergebiet. In Afrika von S-Sahelzone (15/16°N) bis Guineaküste und Sudan bis E-Afrika S Äquator. Seit ca. 1960 im Winter auch von Irak, TR, IL nach W bis Maghreb sowie S-E., S-F und S-Schwarzmeer; ferner bis max. 50.000 EGY (1978/80). Ringfunde z.B. nichtflügge E.–Nov. 2mal Ghana; F-MA (Dez., März), Ghana (Dez., Jan.). Wegzug relativ früh (Zuggipfel S-ME Anf. Aug. und Anf. Sept.; Nachzügler bis Okt.). Sahelzone Okt. bis März/April. Nichtbrüter übersommern dort. Heimzug SW-Europa ab Anf. April, Erstankunft S-F aber mitunter schon 2. Märzhälfte, in H um 15. Mai. Ringfunde weisen auf Umsiedlung oder Fremdansiedlung hin.

	Best.	Areal	Brutbestand	Jahr	Quelle
D	↕	F	0–6	1995–1999	[383]
H	↑	=	1.600–3.800	1995–2002	[383]
NL	↕	F	0–1	1997–2000	[383,839]
PL	⇧	+ 1	700–800	1999–2001	[383]
SK	↕	F	50–200	1990–1999	[383]

Bestandsentwicklung. Vorkommen in Europa sehr unstet, mit extremen Bestandsschwankungen; Angaben in 1970er J. schwanken zwischen 5.000 [3892] und 100.000 BP [A. Noval in 3615] und deuten auch auf Erfassungsprobleme [196]. Generell Bestandsgrößen in Europa wohl unterschätzt.
Schon in früherer Zeit mehrfach einzelne Vorstöße weit nach N [B, A, SK., NL, D-BY (Mitte 19. Jh.), -BW (Bod. 1931):1369,196,1722,1677] - wahrscheinlich meist bedingt durch Dürreflucht aus Hauptbrutgebieten, aber auch durch Lebensraumveränderungen (negativ: Vernichtung von natürlichen Brutplätzen und Veränderungen der Verlandungsvegetation durch Teichbewirtschaftung, positiv: Zunahme sekundärer Brut- und Nahrungsgebiete wie Reisfelder, neu angelegte Fischteiche, zu Jagdzwecken bewässerte Feuchtsenken sowie frisch überflutete Trockengebiete) [337]. Bis Mitte 20. Jh. aber Rückzug auf SE- und SW-europäische Hauptvorkommen.
In UA. nach Ansiedlung in 1940er J. (vorher nur Gastvogel) Gründung vieler großer Kolonien, bei insgesamt 8.000-9.000 BP, und anhaltende Zunahme und Arealausweitung [2000]. Zunahme auch in RO und E., dadurch sowie möglicherweise durch Abwanderungen nach Austrocknung wichtiger Brutgewässer, insbesondere in Steppenregionen S-RUS seit Mitte 20. Jh. mehrmals größere, oftmals nur temporäre, Einflüge und Ansiedlungen außerhalb geschlossenen Brutareals, z.B. in B 1957 (Brutversuch), in SK. und H sowie LT ab 1959 sowie in PL ab 1968 und CZ 1969, ferner in Zentral-RUS [196,337]. Kolonieneugründungen bis in 1990er J. anhaltend.
Seit 1980er J. in H starke Zunahme, insbes. an Fischteichen der Hortobágy, und mit 1700-1900 BP in H jetzt häufigste Sumpfseeschwalbe [2438]. In PL starke Zunahme und Arealausweitung; bis Mitte 1980er J. nur gelegentl. Bruten, danach allj., bis 1992 aber < 100 BP; inzwischen >12 Brutkolonien mit Zunahme auf 420 BP (1999), 685-712 (2000) und ca. 800 BP (2001) [1366,3871]. 1996 erste Brutversuche in D-BB [1,2434] sowie erneut in A-B [q3]; 1997 erste Brut seit 1962 in NL (Flevoland) [839], ferner Koloniegründungen in HR mit > 100 BP sowie in F [q3,q4]. Erfolgreiche Brut in D-MV 1998 [2], dort 31-35 BP 2002 [q19] und 55 BP 2003 [3524,453] und Etablierung größerer Kolonien an der Oder PL. Doch gleichzeitig Bestandsabnahme in I und SLN sowie Teilen RUS [1507,1585,1722]. Größter bisheriger Einflug nach ME 1999 [3393].

Siedlungsdichte. Koloniebrüter, Kolonien in ME nur selten größer als 100 BP und oft in kleine Teilkolonien aufgesplittert [1507].

Gefährdungsursachen [1369,1719,3892,196,1507, 1722]. Veränderung oder Zerstörung der Brutgebiete durch intensive Bewirtschaftung, Drainage, Grundwasserabsenkung oder -entzug, Kanalisierung, Hochwasserschutz, Zerstörung oder Beeinträchtigung der Verlandungs- oder Schwimmblattzone, Verlust natürlicher Überschwemmungsgebiete; natürliche Ursachen wie Verlandung, zunehmende Austrocknung in Steppengebieten sowie Dauerregen und Überschwemmungen.
Verlust der Brutplätze durch Land- und Teichwirtschaft: besonders betroffen sind Flachwasserteiche in H aufgrund Privatisierung (Intensivnutzung, verstärkte Jagd, Zerstörung der Wasserpflanzen).
Störungen am Brutplatz durch Freizeitnutzung; dadurch bedingt oft höhere Verluste durch Prädation. Klimatische Veränderungen.

SPEC	VSchRL	Bern.Konv.	Bonn.Konv.
3	Anh. I	Anh. II	--
Europ. RL	**RL in ME**		
--	H: 'CR', SK: 'EN', PL: 'NT'		

Schutzmaßnahmen. Aufrechterhaltung einer großen Zahl ungestörter vegetationsreicher Gewässer, Erhalt von schwimmblattreichen Gewässern sowie von Hutweiden; Ausweisung von Schutzgebieten für langfristige Sicherung und Management der Brutstandorte. Schutz vor Störungen der Brut- und Rastgebiete durch Pufferzonen.
Bereitstellung künstlicher Niststandorte an Teichen mit Intensivwirtschaft.

Biotop. Br. an eutrophen stehenden Süß-, Brack- und Sodagewässern, bevorzugte Wassertiefe 60/150 cm; Nester auf ± geschlossener Schwimmblattdecke oder gebrochenen Halmen des Röhrichts. Nahrungsgründe neben den Brutgewässern z.B. Reisfelder, Fischteiche, Kanäle und Gräben, auch über Land Flugjagd. An der Küste im Winterquartier im Unterschied zur Trauerseeschwalbe nicht über der offenen See.

Nahrung. Tiere des Seichtwassers bzw. der Oberflächenschichten, z.B. Kleinfische (bis 7 cm), Kaulquappen, Crustaceen, Insektenlarven, Egel, Wasserkäfer etc., aber auch fliegende Insekten.

Stimme. Bezeichnender Ruf knarrend und etwas gepresst »krä« oder »krek« auch kreischend und lauter als bei anderen *Chlidonias-Arten* »skr(i)äh«. Warn- und Angriffslaut klingt ähnlich Wachtelkönig »schräb« (klangarm).

Verhalten. Tagaktiv; zieht auch nachts. Flügelschlag energischer als Trauerseeschwalbe, flattert und schwebt weniger und läuft besser. Bei Nahrungserwerb werden (oft einzeln) ganz bestimmte Gewässerabschnitte regelm. abgesucht; Stoßtauchen erinnert an *Sterna*-Arten, doch Eintauchen höchstens bis zum Hals. Bogenflug mit Aufpicken der Beute von der Wasseroberfläche seltener. Ad. übergeben Futter an Juv. oft im Schwirrflug oder lassen es im Flug fallen. Zur Brutzeit gesellig; Kolonien meist klein bis mittelgroß (meist 10–100 BP, aber bis zu 2.000 BP). Nestabstand meist relativ groß. Bei geringer Nestdistanz oft aggressive Auseinandersetzung mit Nachbarn. Schließt sich i.d.R. nicht eng an andere *Chlidonias*-Arten an. Balz und Paarbildung am Brutplatz. Balz mit Hochflügen, bei denen die Vögel rufend hoch aufsteigen. Kopulationen am Nest. Ablösung oft durch aggressive Gesten begleitet; oft aber auch Halmübergabe. Paare sind über mehrere Jahre stabil. Außerhalb der Brutzeit gesellig. Während dem Zug oft einzeln aber auch kleineren Trupps (bis zu 70 Ind.). Nach der Brutzeit oft Familiengruppen.

Fortpflanzung, Brutbiologie [3647,1369,337, 1551]. Geschlechtsreife wohl mit 2 J. Monogame Saisonehe. **Ankunft am Brutplatz.** Nistplatzwahl 10–20 d nach Ankunft. **Nest.** Nest auf ± offenen Wasserflächen auf Schwimmpflanzen oder schwimmfähigern Pflanzenmaterial oder in überfluteten Rasenbeständen zwischen Halmen. Mehr Nestmaterial als alle anderen Seeschwalben, bes. bei submerser Unterlage; vorzugsweise *Scirpus, Schoenoplectus, Typha, Carex;* Transport bis zu 200 m. Während Brut- und Huderphase wird noch weitergebaut. **Legebeginn.** Variabel und oft auch innerhalb Kolonie wenig synchron; in H Vollgelege Anf. Juni/Mitte (Ende) Juli, sonst gebietsweise schon ab Ende April. **Gelegegröße.** 2-3 (4) Eier, z.B. I_{262} 2.2. **Eier.** Oval, hellgrau bis blassgrün mit grober brauner Zeichnung (schwächer als bei *Ch. leucopterus und niger).* **Brutdauer.** 18-20 (21) d. Beide brüten (♀ mehr), ab letztem Ei. **Nestlings-/Führungszeit.** Beide hudern und füttern, anfangs mehr Fütterungen durch ♂. Juv. können Nest nach Störungen schon nach wenigen h verlassen und sich schwimmend verbergen, kehren zur Fütterung zum Nest zurück; nach 4-10 d verlassen sie das Nest und wandern in Kolonie umher. Junge mit 21-26 flügge und folgen den Eltern, werden dann noch 1(–3) Wochen gefüttert. Familien verlassen gemeinsam den Brutplatz. **Jahresbruten.** 1; Ersatzgelege.

Eimaße und -gewichte. L. 34.9-44.0 mm, B. 26.3-30.0 mm, $Ø_{100}$: 39.2 x 28.5 mm; Frischvollgew. ca. 16-17 g; Schalengew. 0.73-0.95 g, $Ø_{168}$: 0.84 g.

Sterblichkeit, Alter. Älteste Ringvögel 12 J. 6 Monate, 11 J. 8 Monate. **Generationslänge:** 9 J. [383].

Mauser. **Postjuvenile Mauser** (Vollmauser) beginnt kurz nach Flüggewerden ab (Ende Juni) Juli oder erst im Okt./Anf. Nov.; Kleingefieder bis Nov./ Jan. überwiegend erneuert; Schwingenmauser ab Aug./Okt. 2. Mauserzyklus setzt im Jan./April des 2. KJ ein [767,2452]. • **Postnuptialmauser** (Vollmauser) ab Juni/Juli; im Okt./Nov. zumeist im Schlichtkleid; HS ab Ende Juli/Ende Sept., bei Wegzug mit

3–7 neuen HS unterbrochen und im Winterquartier bis Dez./Anf. März beendet; 2. Mauserzyklus ab Ende Okt./Anf. Feb., dabei meist 5–8 HS gewechselt [767,2452]. • **Postnuptialmauser** (Teilmauser) Ende Jan./Feb.–März/Mitte April; z.T. 1–4 innere HS ab Ende Dez./Anf. März erneut ersetzt; umfasst zudem Körpergefieder, Flügeldecken und meist alle ST [767,2452].

Chlidonias leucopterus – Weißflügel-Seeschwalbe 06280

Chlidonias leucopterus (Temmick 1815)

(GB) **White-winged Tern** (F) **Guifette leucoptère** (E) **Fumarel Aliblanco**

Taxonomie. Monotypisch.

Kennzeichen. [1784,1369,221,3615,3772,408; weitere **Fotos** in Limic. **10**, 150, 261, **12**, 285, **15**, 305, **16**, 296, Dutch B. **23**, 306, 374, Bird. W. **14**, 271, **17**, 186, Brit B. **93**, 539].

Maße. Gr.: 20-23 (27) cm. Gew.: ♂ 60-79 g, $Ø_{Ges.}$: 66 g (in UA.), 54 g (Winter, Transvaal), ♀ 42-65 g. Fl.spw.: (58) 63-67 cm. Fl.l.: ♂ 20.8-22.1 cm, ♀ 20.3-22.1 cm [1369,3615].

Status. Lokal regelm. und häufiger Brut- und Sommervogel in E-ME, aber zunehmend Brutnachw. auch in NW-ME; ansonsten seltener, aber meist allj. Durchzügler und Rastvogel. Zunahme der Durchzüglerzahlen in S- und SE-ME und GB, vor allem im Frühjahr; nach N und W abnehmend; selten > 100 Ind.; bei Irruptionen (z.B. 1996/97) mehrere Tausend.

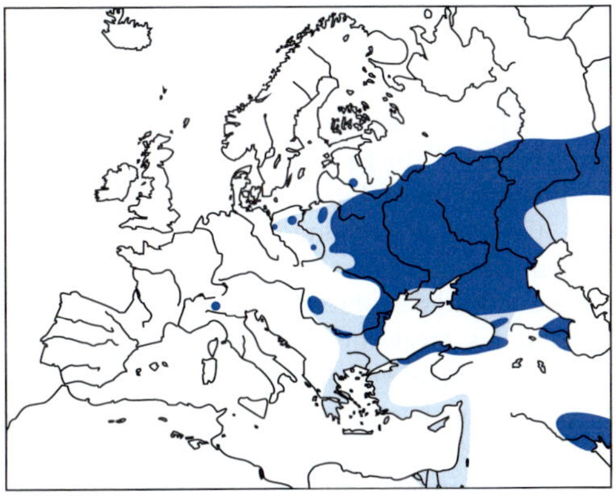

Chlidonias leucopterus – **Weißflügel-Seeschwalbe**

Verbreitung und Bestand. Areal umfasst Waldsteppen- und Steppenzone von Tiefebenen E-ME nach E bis Amur- und Ussuriland. Am W-Rand der Verbreitung Arealausweitung und Zunahme; doch Gesamtbestand in ME derzeit nur zw. 100 und maximal 6.500 BP, der größte Teil in PL [1366,q22] und jüngst wieder H [q4; 383]. Bestand in Europa zwischen 74.000 und 210.000 BP (fluktuierend, Trend positiv), davon ca. 90 % in RUS, UA. und BY [383]. In unserem Raum eine Flyway-Population (Europa/W-Asien/Afrika) mit 2.5-3.5 Mio. Ind. [824,823].

Wanderungen. Langstreckenzieher. Winterquartier W-paläarktischer Vögel Afrika S Sahara von Sahelzone und Sudan nach S bis Kap, N des Regenwaldes im W seltener als Weißbartseeschwalbe. Schleifenzug: Wegzug durch E-Europa und E-Mittelmeer, EGY und E-Sahara (bis Libyen überwiegen Herbstbeob.). Heimzug weiter W auch durch W-Sahara und Maghreb. Auch in ME und W-Europa im Frühjahr häufiger als im Herbst. Zugzeiten ähnlich Trauerseeschwalbe, z.B. in H 1. Gipfel Mitte Juli (Ad.), 2. Mitte (Ende) Aug. (überwiegend Juv.); im S des Überwinterungsgebietes ab Okt. stärkerer Zuzug (hier zahlreiche Übersommerer). Wegzug von dort Mitte Feb. bis Mitte April; Ankunft in Europa nicht vor April.

	Best.	Areal	Brutbestand	Jahr	Quelle
D	N	N	0–24	1996–1999	[383]
H	↑	=	50–2.000	1995–2002	[383,2132]
PL	↕	F	50–4.500	1990–2000	[383]
SK	↕	F	0–40	1990–1999	[383]

Bestandsentwicklung. Schon Mitte 19. Jh. mehrere Brutnachw. in ME [D-BY, A-Nö, PL: 965,1369,4175,3871], seit etwa 1930 erneut deutliche Ausbreitungstendenzen und Zunahmen am W-Rand der Verbreitung. Dabei vorübergehende Brutansiedlungen in D-NI 1935, B 1937/38 und SK. 1949/53 [1369,196]. Ab 1960er J. schließlich dauerhafte Brutvorkommen in Hortobágy H und in Biebrza-Niederung PL sowie benachbarten Regionen. Alle Vorkommen mit arttypischen extremen Fluktuationen, in schlechten J. auch völliger Brutausfall. Beide Gebiete seither mit erheblichen Bestandssteigerungen, in Biebrza von 20-27 (1966/69) auf 630 bis max. ca. 3.000 BP (1996), zuletzt oft > 1.000 BP (Ende 1990er J.) [1369, 1366, 3871, 1491], in Hortobágy und Umgebung von 2-3 BP (1961) auf max. ca. 2.000 BP (2000) [1369, 2132]. Seit 1970er J. vermehrtes Auftreten von Durchzüglern in W-ME [196], dabei weitere, meist vorübergehende Brutansiedlungen in SK. (ab 1977, mit bis zu 25–30 BP), D-BB (1979) und NL (1979 Mischpaar mit Trauerseeschwalbe) [1369, 337], sowie im Baltikum in 1980er J. [3615, 1814]. 1996 großer Einflug, dabei starke Zunahme der Brutvorkommen in PL und H, erneuter Brutversuch in D-BB [1491] sowie Zunahme in I auf 20-23 BP [q3]. Nach Masseneinflug 1997 in W-Europa und ME u.a. fast 50 Brutnachw. in D (um 30 in -SH, etwa 20 in -BB) sowie 19 BP in DK; allerdings kaum Bruterfolg [q18, q4, 204, 310, 1491]. Insgesamt starke Ausbreitungstendenz am W- und N-Rand des Areals; noch deutlicher ist dies in E-Europa (RUS), wo Verbreitungsgrenze seit 1950 um 1.500 km nach N verschoben (im Baltikum gleichzeitig um 150-250 km) [1814]. In Steppengebieten S-RUS und UA. allerdings aufgrund von Trockenjahren und Ausbau von Drainagen starke Abnahme [1585, 1507]; daher wohl eher Verlagerungen als wirkliche großräumige Zunahme.

Siedlungsdichte. Koloniebrüter. Kolonien meist < 20 BP, in feuchten Frühjahren oft größer; in E-Europa in Ausnahmen > 100 BP, aber auch > 1.000 BP in Moorkomplexen oder Niederungswiesen möglich, dann aber meist in Teilkolonien aufgesplittert [1507].

Gefährdungsursachen [1369, 3615, 196, 1814, 1507, 3423]. Lebensraumzerstörung durch Drainage, Grundwasserabsenkung oder -entzug, Flussregulierungen und Abdämmung von Überflutungsräumen; natürlicherweise durch Verlandung sowie durch zunehmende Austrocknung in Steppengebieten.

SPEC	VSchRL	Bern.Konv.	Bonn.Konv.
--	--	Anh. II	Anh. II
Europ. RL	RL in ME		
--	A: '**RE**', H: 'CR', PL: 'NT'		

Intensivierung der Landwirtschaft mit starkem Pestizideinsatz.

Störungen am Brutplatz durch Freizeitbetrieb, Haustiere, sowie durch intensive Teichwirtschaft; oft störungsbedingt höhere Verluste durch Prädatoren.

Schutzmaßnahmen. Wiederherstellung der natürlichen Überschwemmungsdynamik in Flussauen und natürlich wechselnder Wasserstände an Temporärgewässern; Verhinderung der Drainage und Austrocknung von Feucht- und Überschwemmungsgebieten; Wiedervernässung.
Langfristige Sicherung und Management der Brutstandorte; Ausweisung von Schutzgebieten sowie Abwehr von Störungen.
Förderung extensiver Weidewirtschaft.
Reduktion des Pestizideinsatzes.

Stimme. Flugruf »kweek«, auch heiser »kreck« und kurz »kick«. Erregt gereiht »kreck-kereck« oder »tschik-ä-tik-tik«; Angriffsruf »scher-scher-scher...«.

Nahrung. Zur Brutzeit hauptsächlich Egel, Mollusken und Insekten der Verlandungs- und Uferzone; mitunter (bes. Winterquartier) auch Landinsekten; Kleinfische weniger als z.B. Trauerseeschwalbe.

Biotop. Br. in sehr seichten Verlandungszonen oder verlandenden Gewässern, aber auch in zeitweilig überfluteten Wiesen bzw. Halophytengesellschaften, weniger auf Schwimmblattdecken u.ä. Im Winter ebenfalls vorzugsweise Seichtgewässer im Binnenland, auch Seichtgewässer an der Küste. Jagd über trockenem Grund nicht außergewöhnlich; gelegentlich auch in einiger Entfernung vom Festland auf dem Meer.

Verhalten. Tagaktiv. Flug flatternd mit Gleitphasen; noch weniger als Trauerseeschwalbe. Nahrungserwerb vor allem Stoßflüge aus dem Rütteln sowie im Bogenflug ± niedrig über der Wasseroberfläche. Schwalbenähnliche Flugjagd auf Insekten. Zur Brutzeit gesellig; meist artreine Brutkolonien umfassen normalerweise 100–150 BP. Bei Brut schließen sich i.d.R. nur Einzelpaare Trauerseeschwalben an (auch gelegentlich Mischpaare). Oft Mischgeselligkeit mit Trauerseeschwalbe beim Nahrungserwerb; ♂ füttert ♀ vor und während der Eiablage. Am Zug meist in kleineren Trupps; größere Rastplatzkonzentrationen; im Winterquartier sehr große Schwärme mit oft mehr als 10.000 Ind.

Fortpflanzung, Brutbiologie [767, 1369, 337, 1551]. Geschlechtsreife mit 2 J. Monogame Saisonehe. **Nest.** Nester schwimmend zwischen nicht zu dicht stehenden Halmen verankert oder auf niedrigen Erhebungen über Wasser (z.B. Bülten, Erdlöcher); Wassertiefe meist deutlich < 50 cm. Auch Nester auf Schwimmblättern kommen vor. Nest klein, aber meist besser gebaut als bei Trauerseeschwalbe. Baumaterial abgerissene oder gesammelte grüne Halme und Blätter; auch faulende Pflanzenteile. **Legebeginn.** Früheste Vollgelege meist nicht vor Mitte Mai, in manchen Jahren erst ab Anf. Juni. **Gelegegröße.** 2-3 (4). **Eier.** Wie Trauerseeschwalbe. **Brutdauer.** 18–22 d. Beide brüten. **Nestlings-/Führungszeit.** Beide füttern. Junge verlassen meist nach wenigen d das Nest und verstecken sich in umgebendem Bewuchs. Flugfähig mit 20–25 d, werden aber noch > 1 Woche gefüttert. **Jahresbruten.** 1; bis 2 Nachgelege. **Bruterfolg.** Baikalsee: Schlupferfolg in kleinen Kolonien 69-79 %, in großen Kolonien 38-62 %; 3er-Gelege mit 65 % Schlupferfolg, 2er mit 45 % und 1er mit 7 %, Kükenmortalität in ersten 3-4 d 5-20 %. Ausfliegeerfolg in manchen J. 25-35 %.

Eimaße und -gewichte. L. 29.4-37.3 mm, B. 22.7-27.0 mm, Ø$_{80}$: 34.7 x 24.9 mm; Frischvollgew. 9.66-12.10 g; Schalengew. 0.48-0.75 g, Ø$_{100}$: 0.62 g.

Sterblichkeit, Alter. **Generationslänge:** 9 J. [383].

Mauser. **Postjuvenile Mauser** (Vollmauser) beginnt im Sept./Nov., selten früher [482], bis Feb./März (Juni) überwiegend abgeschlossen; Schwingenmauser Nov./Anf. Feb.–Juni/Aug. [767,1688,2452]. 2. Mauserzyklus der HS ab Mai/Juni [767,2452]. • **Postnuptialmauser** (Vollmauser) setzt Ende Mai/Juni ein; Kleingefieder bei Ankunft im Winterquartier oft vollständig gewechselt; HS-Mauser ab (Juni) Sept., mit 1–5 (7) neuen HS während Wegzug unterbrochen und im Dez./März abgeschlossen; 2. Mauserzyklus des Großgefieders Ende Nov./Anf. Jan.–Mitte April/Anf. Mai, dabei 6–9 HS ersetzt [767,1688,2452]. • **Postnuptialmauser** (Teilmauser) Feb./Anf. März–Ende April/Anf. Mai; umfasst Kleingefieder, ST und meist 1–4 innere HS [767,1688,4057,2452].

Chlidonias niger – Trauerseeschwalbe 06270

Chlidonias niger (Linnaeus 1758)

(GB) **Black Tern** (F) **Guifette noire** (E) **Fumarel Común**

Taxonomie. Zwei deutlich differenzierte UA: *niger* (Linnaeus 1758) (Paläarktis, Afrika) und *surinamensis* (J. F. Gmelin 1789) (Neue Welt).

Kennzeichen. [1784,1369,221,3772,3615,408; weitere **Fotos** in Bird. W. **12**, 418, (*surinamensis*) **12**, 379, 416-417].

Maße. Gr.: 22-28 cm. Gew.: ♀,♂ meist 60-86 g, Ø: 64 g. Fl.spw.: (57) 64-68 cm. Fl.l.: ♂ 21.0-22.6 cm, ♀ 20.4-22.4 cm [1369,3615].

Status. Nicht häufiger, regelm. Brut- und Sommervogel in N- und E-ME. Im gesamten Gebiet regelm. Durchzügler und Rastvogel, gebietsweise häufiger Mausergast (s.o.).

Verbreitung und Bestand. In borealen, gemäßigten und Steppenzonen N-Amerikas sowie Eurasiens von SW-Europa bis E-Mongolei. Nach starkem Rückgang Gesamtbestand in Europa zw. 83.000-170.000 BP [383], mit größten Konzentrationen in BY (6-22 T.), UA. (12-26 T.) und RUS

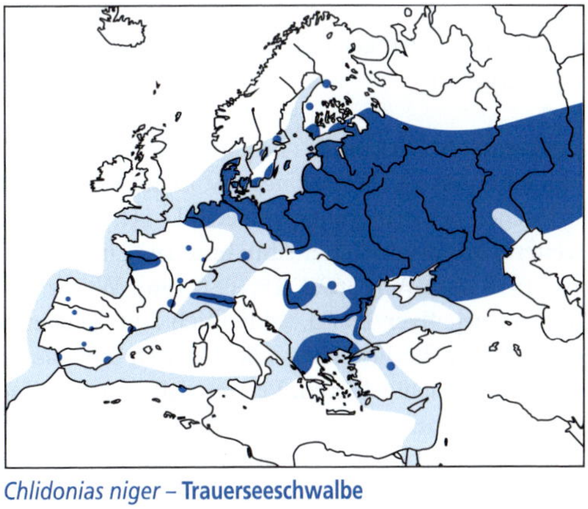

Chlidonias niger – Trauerseeschwalbe

(50-100 T. BP). Bestand ME derzeit zw. 6.300-8.400 BP, davon fast 2/3 in PL [383]. Eine Flyway-Population in Europa mit 200-500 T. Ind., abnehmend [824,823]; diese fast gesamthaft im Spätsommer 2-3 Wochen im IJsselmeer NL konzentriert (z.T. Mauser), max. dort 270.000 Ind. (1990) [1507,375].

Wanderungen. Langstreckenzieher; Winterquartier Küsten tropisches W-Afrika, vor allem Senegambien bis Golf von Guinea mit S-Ausläufern bis Angola, Namibia (neuerdings viell. Ausweitung des Areals nach S bis S-Afrika und Natal). In E-Afrika höchstens Irrgast. Schleifenzug: Wegzug GB, N- und NW-ME stärker als Heimzug (z.B. ca. 20.000 Aug. Untere Elbe; 83.500–98.000 Ijsselmeer/NL). Hauptwegzug entlang Atlantikküste F, E./P und Afrika. Im Binnenland vom Rhein bis CZ, Alpenvorland, S-F Herbst- und Frühjahr etwa gleich häufig (aber Bod. im Gegensatz zu früher seit 1981 Wegzugzahlen nur noch 50 % der Heimzugzahlen) [1617]. Z.T. Zug durch Mittelmeer nach W in Atlantik. Heimzug sowohl entlang Küste als auch zumindest über küstennahe Wüstengebiete W-Afrikas; Weiterzug entweder über W-Mittelmeer oder SW-Europa nach N/NE über F, Nordsee oder S-F–ME bzw. I–Balkanländer. Wegzug dauert in ME ca. 3 Monate; meist 2 Gipfel (Ende Aug. und Mitte/Ende Sept.), da Ad. früher als Juv. abziehen. Beginn ab Mitte Juni (Übersommerer, erfolglose Br.) bis Ende Okt., ausnahmsweise Nachzügler im Nov. (und sogar Dez.). In Mauretanien schon Mitte Aug. große Scharen (> 70.000), die bis Dez. abgezogen sind. Ab Anf. Aug. ist N des Winterquartiers erreicht, im äußersten S meist erst ab Dez. und Zuwachs bis Jan./Feb. Im März beginnt Heimzug, in ME meist erst nach Mitte April, bis Mitte Mai Zunahme, dann rasch Ende. Geburts- und Brutortstreue nachgewiesen, auch Fremdansiedlungen. Einjährige verbringen den 1. Sommer im Überwinterungsgebiet.

Bestandsentwicklung. Bestandsentwicklung in ME schon im 19. Jh. stark negativ. In der Folge 1860 Erlöschen des Brutvorkommens in D-HE und nach weiterer kontinuierlicher Abnahme 1937 in -BY sowie 1938 in -BW [1369,1719,1680,196]. Weiter anhaltend negativer Trend, schließlich Anf. 1960er J. dramatische Verluste, vor allem durch Entwässerung von Feuchtgebieten, Verunreinigung von Gewässern, Vernichtung von Verlandungsvegetation und Freizeitaktivitäten am Wasser. Seither mehrere Restvorkommen in ME (sowie in GB, IRL) vollständig erloschen, z.B. in A in 1960er J., in Westf. 1970, in D-HB 1974 und in B in 1980er J. [3892,196]; in anderen Randbereichen des Areals großer Teil der Kolonien aufgegeben und Brutpaarzahlen drastisch abgesunken (CZ, D-NW, -ST, -TH, -SN, -NI, -BB; sowie DK, F, E., UA.) [1369,3892,196,2786].
Große Verluste auch in ME Verbreitungszentren in NL, D-SH und –MV, PL [1369,310,q22]. In NL Brutbestand seit 1950 J. von 13-20 T. BP auf 2.000-3.000 BP (1975) und 1.100-1.500 BP (1985) eingebrochen, seither stagnierend [1369,3892,1585,3638, 4118]. Ähnlich katastrophale Entwicklung bei Population in D-SH von etwa 1.600 BP (1945-82) auf 1/10 des Bestandes in 1980er J. und weiterer starker Rückgang bis 2000, vor allem in Mooren der Geest, dagegen in Marschen eher stabil [196,310,3498]. In -MV Bestand bis Mitte 1970er J. um 50% verkleinert, wobei Großteil der Kolonien erlosch [1369], seither lokal Stabilisierung auf niedrigem Niveau [2031] oder erneute Zunahme [899]. In Teilen -BB und in -BE nach fast vollständigem Verschwinden der Krebsschere *Stratiotes* aufgrund von Nisthilfen Stabilisierung auf niedrigem Niveau [2896, vgl. aber 2345]; in NL Ursache der Bestandsverluste offenbar Insektenmangel zur Brutzeit [250].

	Best.	Areal	Brutbestand	Jahr	Quelle
CZ	⇩	- 1	10–20	2000	[383]
D	↓	=	860–1.000	1995–1999	[383]
H	↓	=	400–1.000	1998–2002	[383]
NL	⇩	- 2	1.000–1.250	1998–2000	[383]
PL	↓	- 1	4.000–5.000	1995–2000	[383]
SK	⇩	- 1	40–150	1990–1999	[383]

Andererseits gebietsweise Ende 1980er und Anf. 1990er J. meist schutzbedingte positive Entwicklungen [Teile NL, D-NW, -NI, -SH, -BE und -BB, Teile PL auch F: 3892,1,4180,196,3871,899,2786]. In ME mit Ausnahme PL kaum noch Bruten in natürlichen Habitaten, daher von intensiven Schutzmaßnahmen (s.u.) abhängig [196], regional bis 80% (NL) oder alle (D-BE) Bruten auf Nisthilfen [3638,2896]. Zunahmen auch in FIN und Baltikum; in E-Europa Bestände weitgehend stabil [1585,1507].

Siedlungsdichte. Koloniebrüter. Heute ME Kolonien selten > 50 BP, in E-Europa aber Kolonien > 1.000 BP bekannt (solche in 1930er J. auch in NL) [1507]; Nestabstände z.T. nur 10 cm [899].

Gefährdungsursachen [4175,196,2031,1719,1507, 3892,1369,1589,310,1302,4118,250,3498,2786, 2896,4117]. Hauptursache Lebensraumzerstörung durch Verlust oder Entwertung von Altwässern, flachen Seen, Teichen sowie Feuchtgebieten und Überschwemmungsflächen durch Entwässerung, Grundwasserabsenkung, Wasserbau, Flurbereinigung, Umbruch sowie eutrophierungsbedingte schnelle Verlandung; Verlust natürlicher Dynamik

an Fließgewässern durch Flussausbau und -korrekturen. Vielfalt verschiedener Gewässer meist verlorengegangen, dadurch auch ständiger Brutplatzwechsel (zur Feindvermeidung und Verminderung der Brutplatzkonkurrenz) unmöglich.
Einschränkung der Brutmöglichkeiten auf fischereiwirtschaftlich genutzten Teichen durch Intensivnutzung und Entfernung der Wasserpflanzen, auf naturnahen Gewässern durch Vernichtung der Verlandungsvegetation sowie durch starken Rückgang der zum Nisten geeigneten Wasserpflanzen (vor allem Krebsschere, Schwimmblattgesellschaften) infolge Gewässerverschmutzung.
Verlust wichtiger Nahrungsgebiete: neben o.g. Gewässern vor allem Feuchtgrünland, Magerrasen und extensiv genutzte Weiden durch Veränderungen der Landschaft, zunehmende Eutrophierung, Intensivierung der Landwirtschaft, Überbauung, Ausräumung von Gräben, Mähen von Grabenrändern, (in NL) Moorgewässer als »ökologische Falle« (Nahrungs- und Mineralstoffmangel); Rückgang der Insekten.
Störungen der Brutkolonien durch Landwirtschaft und Freizeitaktivitäten (Vertreibungseffekt sowie indirekter Einfluss durch erhöhte Prädation). Brutverluste auch durch Viehvertritt.
Direkte Verfolgung durch Abschuss und Zerstörung von Brutkolonien.
Auswirkungen von Pestiziden - möglicherweise auch in Überwinterungsgebieten.
Natürliche Ursachen: Überflutung; Nistplatzkonkurrenz mit und Nestplünderung durch Lach- und Sturmmöwen, ferner Rohrweihe, Krähen, Blässhühner.

SPEC	VSchRL	Bern.Konv.	Bonn.Konv.
3	Anh. I	Anh. II	Anh. II
Europ. RL	RL in ME		
--	B, A: **'RE'**, CZ, D: 'CR', NL: 'EN', SK:'VU'		

Schutzmaßnahmen. Erhaltung, Betreuung und Schutz potenzieller Brutstandorte an Flussniederungen, Sümpfen, Teichen, Niedermooren und Marschgräben sowie (Schaffung) Renaturierung von Feuchtgrünländern, Auen und Altarmen als zusätzliche Nahrungsgebiete. Wiedervernässung trockengelegter Gebiete; Aufstau von Drainagegräben; Anlage von Teichen; Zulassen großräumiger Überschwemmungsflächen; Extensivierung der landwirtschaftlichen Nutzung.
Einrichtung großer Schutzgebiete mit eigenständiger Regelung des Wasserstandes in den Zentren ehemaliger oder heutiger Brutvorkommen.
Anlage künstlicher Bruthilfen oder -inseln bei Brutplatzmangel nur in störungsarmen Gebieten mit intakter Schwimmblattvegetation und reichlichem Nahrungsangebot erfolgversprechend; daher Erhalt von Schwimmblatt- und Krebsscherenzone auf intensiv genutzten Teichen und Verringerung des Nährstoffeintrages, besonders in stark eutrophierten Gewässern.
Verhinderung von Störungen, z.B. durch Einrichtung von Schutzgebieten mit Pufferzonen sowie Besucherlenkung. Schutz der (Wiesen-)Gelege vor Viehvertritt durch Zäune.
Internationaler Schutz bedeutender Durchzugs- und Überwinterungsgebiete.

Biotop. Br. in Niederungslandschaften an ± eutrophen Gewässern mit starker Schwimmblattzone, z.B. langsam fließende Gräben oder Altwässer, flache Seen und künstliche Teiche und Kleingewässer mit entsprechender Ufer- und Seichtwasservegetation, nasse Sumpfwiesen mit stehendem Wasser. Nester werden knapp über Wasseroberfläche angelegt, freier Anflug muss gewährleistet sein. Nestunterlage Bülten oder schwimmende Pflanzenteppiche, vor allem Krebsschere oder altes Röhricht. Nahrungsgebiet meist in der näheren Umgebung der Kolonie, Suche auch über Land in Feuchtgrünland, Senken, an Kleingewässern etc. Auf dem Zug an Meeresküsten, Brack- und Süßwasser; bei entsprechendem Nahrungsangebot auch längere Verweildauer. Winterquartier am Meer, auch weiter von Küste entfernt, sogar in größeren Scharen auf offener See.

Nahrung. Zur Brutzeit vor allem Insekten und deren Larven, die im oder am Wasser leben; daneben noch andere wasserbewohnende Kleintiere, z.B. auch Kaulquappen, Garnelen, Krabben. Fische treten während der Brutzeit meist zurück, spielen aber auf dem Zug an der Küste und besonders im Winterquartier eine entscheidende Rolle.

Stimme. Im Flug häufig »kiek« oder rauer »krreik« erregt schärfer und gedehnt »kliéé…« und bei den Balzflügen »krie-erick, krie-e-rickrick«. Drohlaute in der Kolonie schrill »jä-kjäkjä..« o.ä.; Angriffsflüge auf Feinde mit kurzen Rufen wie »hi hi hi…«.

Verhalten. Tagaktiv (doch wird Dämmerung genutzt); Zug bei Tag und Nacht. Flug wendig mit tief ausholenden, aber langsam wirkenden Flügelschlägen. Trippelt mit kleinen Schritte. Nahrungserwerb meist im tiefen Bogenflug über dem Wasser mit ± abwärts gerichtetem Schnabel; auch längeres Rütteln. Luftjagd auf schwärmende Insekten. Ganzjährig gesellig; Brütet in kleinen bis mittelgroßen Kolonien (> 100 BP), selten großen (> 1.000); nur nächste Nestumgebung wird als Territorium verteidigt. Paarbildung am Brutplatz aber noch vor Nestplatzwahl. Hoch- und Fischflüge (vgl. Flussseeschwalbe) ohne wechselseitiges Überholen der Partner. ♂ übergibt dem bettelnden ♀ nach der Landung auf einer Warte einen Fisch. Meist in kleineren Trupps ziehend und nahrungssuchend, doch an günstigen Rastplätzen bis Zehntausende. Im Winter oft Ansammlungen mit bis zu 30.000 Ind.

Fortpflanzung, Brutbiologie [1369,3615,1551, 899,2786,4116]. Geschlechtsreife mit knapp 2 J., doch brüten mitunter auch 3-jährige noch nicht. Monogame Saisonehe. Nistplatzwahl in einer Kolonie oft ± synchron; wahrscheinlich wählt ♀ endgültig. **Nest.** In geschützten Winkeln der Verlandungszone auf Bülten im offenen Wasser oder auf Wasserpflanzen bzw. zusammengetriebenen Schilfhalmen, ferner auf umgeknickten Schilf- und Rohrkolbenhorsten, auf alten Schwimmnestern anderer Arten oder auf schwimmenden Brettern, Balken und Nistflößen. Nestmaterial meist aus nassen oder faulenden Wasserpflanzen; Nest wird erst während der Bebrütung fertig gestellt. **Legebeginn.** NL frühestens vor 10. Mai, meist um Mitte Mai, N-D 10. Mai/14. Juni bzw. Ende Mai/Juni, ebenso CZ und weiter NE. **Gelegegröße.** (1) 2-3 (4) Eier; z.B. D_{322} 2.81, Erstbruten Ø$_{252}$ 3.0, Nachgelege Ø$_{70}$ 2.1; NL_{496} 2.58, Ø Mai_{175} 2.42, $Juni_{73}$ 2.71. **Eier.** Oval bis kreiselförmig, hellbraun bis graugrün, grobe schwarz-braune Fleckung, die mitunter zusammenfließt. **Brutdauer.** 20-22 (23) d; Legeintervall 24–48 h. Beide brüten (♀ mehr), ab letztem Ei; anfänglich füttert der ablösende den sitzenden Vogel. **Nestlings-/Führungszeit.** Beide füttern. Nach 2–3 Wochen verlassen Küken für längere Zeit das Nest, mit 25-28 d flügge, werden auch nachher noch gefüttert und verlassen etwa mit 6 Wochen mit den Ad. die Kolonie. **Jahresbruten.** 1; Nachgelege bei frühem Gelegeverlust. **Bruterfolg.** Durch Labilität des Neststandortes stark beeinflusst; 20–50 % der Eier ergeben flügge Junge, D 0.5–2.6 flügge Juv./BP pro Jahr. In NL Bruterfolg durch künstliche Nisthilfen z.T. stark erhöht. Erheblich verringerter Bruterfolg durch Störungen an Kolonien in NL, an gestörten (Juv. verlassen Nest früh) 0.36 Juv./BP, an ungestörten 1.10 Juv./BP.

Eimaße und -gewichte. L. 30.6-39.2 mm, B. 23.1-27.1 mm, Ø: 34.6 x 25.1 mm (n=100, B), 34.0 x 25.1 mm (n=76, D), 35.0 x 25.4 mm (n=169, D), 34.5 x 24.8 mm (n=75, PL), 34.6 x 25.1 mm (n=116, NL), 35.2 x 25.1 mm (n=326, E-D), 34.8 x 25.2 mm (n=108, CS); Frischvollgew. 9.16-12.82 g, Ø$_{76}$: 11.26 g; Schalengew. 0.49-0.75 g, Ø$_{400}$: 0.61 g.

Sterblichkeit, Alter. Ältester Ringvogel (DK) 21 J. [3654]. **Generationslänge:** 9 J. [383].

Mauser. **Postjuvenile Mauser** (Vollmauser) beginnt oft erst im Winterquartier ab (Sept.) Okt./ Nov. [767,1369,1688,2452]; Kleingefieder bis März überwiegend erneuert; Schwingenmauser Dez./ Jan.–Juni/Aug. (Jan.). Einige mit 2. Mauserzyklus ab Mai/Juni des 2. KJ [767,2452]. • **1. Postnuptialmauser** (Vollmauser) ab (Mai) Juni/Juli [767,139,1688]. • Weitere **Postnuptialmausern** (Vollmauser) Kopfgefieder ab Ende Mai/Anf. Juni, aber ein Teil noch Ende Aug./Sept. (Okt.) ohne Körpergefiedermauser [2452,860]; Schwingenmauser beginnt Anf. Juli/Mitte Aug. (z.T. bereits im Brutgebiet) [4116], vor Wegzug meist (2) 3–5 (6) HS erneuert und nach Unterbrechung im Winterquartier bis Jan./März beendet [767,139,1688, 2452,4023]. • **Pränuptialmauser** (Teilmauser) Kleingefieder und ST Jan.–Feb./März [767,2452]; daneben neuer Mauserzyklus der HS Ende Nov./ Feb.–März/Anf. April, mit (2) 4–5 (6) neuen HS abgebrochen [767,139,2452,4023].

Sterna bengalensis – Rüppellseeschwalbe 06090

Sterna bengalensis Lesson 1831 syn.: *Thalasseus bengalensis*

(GB) **Lesser Crested Tern** (F) **Sterne voyageuse** (E) **Charrán Bengalés**

Taxonomie. Drei UA weltweit: *bengalensis* Lesson 1831 (Rotes Meer, W Indischer Ozean), *emigrata* Neumann 1934 (N-Afrika) und *torresii* (Gould 1843) (SE-Asien, Australasien). Hybridisation mit Brandseeschwalbe *S. sandvicensis* in E. und GB nachgewiesen (dort ♀ in gut 12 Jahren mind. viermal erfolgreiche Mischbrut mit Brandseeschwalben-♂). Rückkreuzung eines der F1-Hybriden mit Brandseeschwalben gut dokumentiert [1355].

Kennzeichen. [1276, 942, 1722,3615,3772,221,408; weitere **Fotos** in Limic. 14, 140/141, Dutch B. **24**, 308, Bird. W. **5**, 469, **10**, 298, **16**, 297-300; (F1-Hybriden mit Brandseeschwalbe) Bird. W. **7**, 312-315, **10**, 299, 427-428, (Rückkreuzungshybriden) 1355].

Maße. Gr.: 35-43 cm. Gew. (Kenia, jew. n=2): ♂ 185 bzw. 190 g, ♀ 205 bzw. 235 g. Fl.spw.: 88-105 cm. Fl.l. (Mittelmeer): ♀,♂ 30.5-32.5 cm; (Rotes Meer): ♀,♂ 29.1-30.5 cm [1784,3615].

Status. Im N-Mittelmeer bereits seltener Gastvogel (z.B. Gibraltar regelm., Camargue mehrf.), sonst Ausnahmegast mit Nachw. in GB (8 mal bis 2000), GR, SLN, TR [3615,q23]. In ME extrem seltener Gastvogel, wohl nur im S, mit folgenden anerkannten Nachw.: • **CH:** -GE Sept. 1946, Aug. 1977 [4152]. • **A:** -St Juli 1983; -V (Rheindelta) Aug.1980 (2 ad.), sowie Juli 2000 (3 bzw. 1 Ind.) (Anerkennung?) [3129]. • **D:** -BY Juni 1995 [575].
(Weitere neue Nachw. noch nicht von den Kommissionen anerkannt).

Verbreitung und Bestand. Br. im S-Mittelmeerraum (vor Küste Libyens), ferner Einzelbrut Ebrodelta/E. 1979 [337], Nominatform am Roten Meer, Horn von Afrika, NW Indischer Ozean; UA *torresii* Persischer Golf, Indien, Neuguinea, N-AUS. Weltpopulation ca. 225.000 BP, mehr als Hälfte in AUS [1784]. Vier Flyway-Populationen, in Europa nur sehr kleine S-mediterrane/NW- und W-afrikanische Population relevant, mit derzeit etwa 4.000 Ind. [824,823].

Wanderungen. Zugvogel, Teilzieher. Br. im N Indischer Ozean und Nebenmeeren überwintern z.T. Indien, Sri Lanka und E-Küste Afrikas (ausnahmsweise bis Kapland). Br. des Mittelmeers ziehen nach W durch Straße von Gibraltar bis Atlantikküste NW-Afrikas ins Winterquartier an Gambia-Mündung und Küsten von Senegal; Überwinterung im S Mittelmeer belegt.

Biotop. Nahrungserwerb vor der Küste, aber auch in der Nähe des Strandes und an Flussmündungen; im Binnenland ausnahmsweise. Br. auf kleinen Inseln vor der Küste.

Nahrung. Vorwiegend 4-10 cm lange Schwarmfische (besonders Heringe) sowie Garnelen.

Stimme. Ruf rau, kurz »krniik«, etwas tiefer als Brandseeschwalbe.

Verhalten. Tagaktiv, Etwas besser zu Fuß als andere Seeschwalben. Fischt in ruhigem Wasser aber auch bei Brandung. Stoßtauchen aus dem Rüttelflug, taucht aber auch vom Schwimmen aus. Sehr gesellig. Meist artreine Kolonien. Einzelvögel in F schlossen sich Brutkolonien der Brandseeschwalbe an. Außerhalb der Brutzeit gesellig.

Mauser. **Postjuvenile Mauser** (Vollmauser) ab Nov./Jan.; bis März/April mehrheitlich abgeschlossen, äußere HS indes frühestens bis Juli/Aug. erneuert. 2. Mauserzyklus ab Mai/Juli des 2. KJ [767,2452]. • **Postnuptialmauser** (Vollmauser) beginnt Ende Juli/Aug.; HS-Mauser bis Jan./April beendet [767,2452]. • **Pränuptialmauser** (Teilmauser) ähnlich Brandseeschwalbe [767,2452].

Sterna elegans – Schmuckseeschwalbe 06120

Sterna elegans Gambel 1849 syn.: *Thalasseus elegans*

(GB) **Elegant Tern** (F) **Sterne élégante** (E) **Charrán Elegante**

Taxonomie. Monotypisch.

Kennzeichen. Die Unterscheidung zwischen *S. bengalensis* und *S. elegans* ist schwierig und nicht in allen Fällen möglich, da auch mit Hybriden gerechnet werden muss [1276,1275,947,3772,221, 408; weitere **Fotos** in Dutch B. **20**, 2, **22**, 167, **25**, 335, Bird. W. **10**, 300, **15**, 209-211, **16**, 287-295, 386-387, Limicola **18**, 270-271].

Maße. Gr.: 38-43 cm. Gew.: ♀, ♂ 217-300 g (Brutzeit) bzw. 186-246 g (Winter, Peru). Fl.spw.: 102-110 cm. Fl.l.:♀, ♂ 30.0-33.0 cm [1784,3615].

Status. Schon im E N-Amerikas seltener Gastvogel, in Europa nur Irrgast, meist in Brandseeschwalben-

Kolonien; Nachw. in IRL (Juni und Aug. 1982), E., sowie F, wo 1974ff. verpaart mit Brandseeschwalbe, 1984 Mischbrut, ferner Beob. 1995, 1996 sowie mögl. Hybride 1987-94 [3615,1784], ferner u.a. in DK Mai/Juni 2000 [q23].
In ME noch kein anerkannter Nachw.; Beob. in • NL [vgl. 1784] und • B Juni 1988 [1677] inzwischen in Frage gestellt; zudem Gefg.fl. nicht auszuschließen [382,1479]. In • **D:** Beob. Sept./Okt. 2004 (bei Kommission anhängig) [S. Garthe], ebenso Ind. in • **NL:** Juni 2002 [q16].

Verbreitung und Bestand. Eng begrenztes Areal entlang Pazifikküste N-Amerikas von S-Kaliforonien bis Baja California [1784]. Weltpopulation 34.000-60.000 Brutvögel, großer Teil davon auf Isla Rasa (Golf von Kalifornien) [382]. Eine Flyway-Population mit 51.000-90.000 Ind., fluktuierend [823]. Global in der Vorwarnliste 'NT' [382].

Wanderungen. Streuungswanderungen nach Brutzeit (ab Aug./Sept.) entlang Pazifikküste MEX bis Peru und Chile, nach N bis Kalifornien. Rückkehr an Brutplätze März/April [3615].

Biotop. Sandstrände und flache Inseln im Küsten- und Ästuarbereich.

Nahrung. Kleinfische (bevorzugt Anchovis).

Stimme. Nasales, tiefes »karrek«.

Mauser. **Postjuvenile Mauser** (Vollmauser) ab Sept./Okt.; HS (Nov.) Jan./Feb.–Aug./Sept. (Nov.) [3050,2452]. • **Postnuptialmauser** (Vollmauser) und • **Pränuptialmauser** (Teilmauser) ähnlich Brandseeschwalbe [3050,2452].

Sterna sandvicensis – Brandseeschwalbe 06110

Sterna [sandvicensis] sandvicensis Latham 1787 syn.: *Thalasseus sandvicensis*

(GB) **Sandwich Tern** (F) **Sterne caugek** (E) **Charrán Patinegro**

Taxonomie. Zwei UA: *sandvicensis* Latham 1787 (Eurasien) und *acuflavida* Cabot 1848 (E N-Amerika, Karibik). Bildet Superspezies mit *S. eurygnatha* (Ostküste S-Amerika), mit der lokale Hybridisation vorkommt. Hybridisation mit *S. elegans* in Kalifornien nachgewiesen [721N], aber äußerst selten.

Kennzeichen. [1784,1369,221,3772,3615,408; **Foto** in Brit. B. **94**, 229].

Maße. Gr.: 36-41 (46) cm. Gew.: ♀,♂ meist 215-275 g (*sandvicensis* 130-285 g, *acuflavidus* 175-202 g, S. *eurygnatha* (Karibik) 170-210 g, (Uruguay) 250-300 g). Fl.spw.: 95-105 cm. Fl.l.: ♂ 30.2-31.7 cm, ♀ 29.4-32.0 cm [1369,3615].

Status. Häufiger und verbreiteter Brut- und Sommervogel in Küstenregion. Im tiefen Binnenland ME seltener, aber z.T. regelm. Gastvogel (einzeln oder kleine Trupps), nach E-ME Nachw. abnehmend [337,2159,2438,3393,1722]. N-amerikanische UA *acuflavida* extrem seltener Gastvogel in Europa, mit 2 Nachw. von in N-Carolina (USA) beringten Ind., Dez. 1978 in **NL** und Nov. 1984 in GB [277]. S. *[s.] eurygnatha* der Karibik und S-Amerikas aus B gemeldet (Juni/Juli 1988), aber Verwechs-

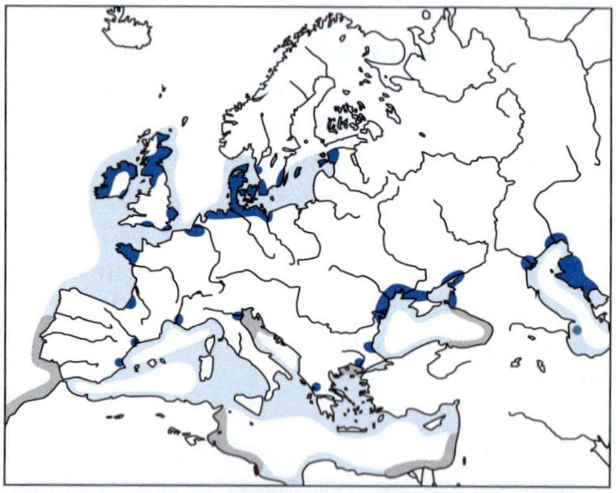

Sterna sandvicensis – **Brandseeschwalbe**

lung mit Schmuckseeschwalbe *S. elegans* nicht sicher ausgeschlossen [1677].

Verbreitung und Bestand. An Küsten von N-, M- und S-Amerika, NW-Europa, W-Mittelmeer, Schwarzmeer und Kaspigebiet. Gesamtbrutbestand (Nominatform) in Europa 82.000-130.000 BP (leicht abnehmend), mit Populationen > 10.000 BP in UA. (5-40 T.), NL, D, RUS (15-25 T.) und GB (12.500 BP) [383]. In ME 25.000-27.000 BP [204, 1677,3638,1366,383]. In Europa drei Flyway-Populationen, die W-europäisch/W-afrikanische mit 159-171 T. Ind., derzeit wieder zunehmend, die Schwarzmeer/Mittelmeer-Population mit 44-73 T. Ind., abnehmend, sowie die Kaspische Population mit 110.000 Ind. [824,4077,823].

Wanderungen. Zugvogel mit Winterquartier im Ostatlantik von E./P bis S-Afrika, weniger zahlreich an Küsten SE-Afrikas, im Mittelmeer (dort z.B. bis > 400 Ind. Jan. Küste E.) [3962], Schwarzen und Kaspischen Meer. Mittwinterverteilung der Ringfunde von Br. D z.B. Jan./Feb. D 1, DK 2, NL 1, F 1, Mauretanien 1, Senegal 10, Guinea 1, Elfenbeinküste 3, Ghana 3, Kongo 1, Angola 4, Namibia 2, S-Afrika 1. Ringfunde Br. GB/IRL entlang gesamter W-Afrikaküste und um S-Afrika bis Mozambik [4064]. Nach der Jungenaufzucht oft zuerst eine Art Zwischenzug, auch mit Richtungen N/NE. Zu Beginn des eigentlichen Wegzugs im Aug./Sept. größere Konzentrationen in Nordsee sowie GB. Weiterzug entlang Atlantikküste F, E./P, einige ins Mittelmeer (wo viele Br. vom Schwarzen Meer überwintern), sowie W-Küste Afrikas. Bes. Einj., aber auch Zweij. und Dreij. überwintern von Mauretanien bis Lagos, ältere ziehen meist weiter S. Einzelne Schwarzmeervögel gelangen durch Straße von Gibraltar ebenfalls nach W-Afrika. Eigentlicher Wegzug ab Ende Juli/Aug.; im Aug. aber bereits Ostseevögel in P und Br. ME sogar MA. Im Sept. größter Teil noch in ME, doch auch bereits bei Ghana. Bis Anf. Okt. (ausnahmsweise Nachzügler bis Nov.) ME geräumt, Dz. in W-Afrika auffällig. S-Afrika erst im Dez. erreicht; ab Jan. z.T. Wanderung um Kap an SE-Küste Afrikas. Vierj. und ältere ab Feb. Heimzug; früheste Heimkehrer F Ende Feb., GB, Nord- und Ostsee dagegen erste Vorboten 2. Märzhälfte, Hauptmenge im April. Koloniebesetzung meist Ende April/Anf. Mai. Einj. übersommern im afrik. Winterquartier, nur wenige im Sommerhalbjahr Mittelmeer bzw. Nordsee; ähnlich Zweij., von denen großer Teil verspätet (meist Juni) im Heimatgebiet eintrifft. Masse der Dreij. zieht heim, jedoch später als ältere. Schwarzmeer- und Kaspipopulation mit ähnlichem Zeitablauf. Geburtsortstreue häufig, aber auch Umsiedlungen bis 200–1000 km mit stark abnehmender Häufigkeit bei großen Entfernungen. Weiteste Strecke: 1974 nichtflügge Asowsches Meer –Juni 1977 DK 2175 km NW; auch 2 N-europäische Br. zum Schwarzen Meer umgesiedelt. So erfolgt fast ständiger Austausch zw. einzelnen Populationen; neu gegründete Kolonien können aus Br. verschiedener Populationen bestehen. 1 Ringvogel von N-Carolina (*acuflavida*) in NL.

Bestandsentwicklung. Entwicklung einzelner Kolonien sehr uneinheitlich, z.T. bedingt durch Umsiedlungen, zudem lokal starke Bestandsschwankungen von Jahr zu Jahr. Heutige Koloniegrößen allerdings nur noch Bruchteil der Größe des 19. Jh. [1369,196], mit allein in D-SH wohl 50.000 BP [3135].
Bis Ende 1950er J. 80% der europäischen Nordatlantik-Population in NL konzentriert, wo in 1940er und 50er J. etwa 45.000 BP und 1955-56 ca. 30.000-35.000 BP [196]. Bestandstief 1965 mit 875 BP nach katastrophalem Einbruch infolge Biozidverseuchung der Küstengewässer [1369,3892,3135] und Vernichtung wichtiger Brutplätze durch Verbauung [2889]. Gesamtbestand ME zu dieser Zeit bei nur 3.900 BP, starker Rückgang auch in DK (Wattenmeerpopulation schon früh erloschen), doch gleichzeitig Neuansiedlungen und Zunahmen in F, D-MV und Ostsee -SH [1369,2772].

	Best.	Areal	Brutbestand	Jahr	Quelle
B	⇧	+ 1	1.550–1.550	2000–2002	[383]
D	⇧	+ 1	9.700–10.500	1995–1999	[383]
NL	⇧	+ 1	14.400–14.600	1998–2000	[383]
PL	⇩	- 1	0–24	1990–2000	[383]

Nach Verbesserung der Situation, auch infolge intensiver Schutzmaßnahmen, und wohl aufgrund allgemeiner Eutrophierung der Nordsee (verbessertes Nahrungsangebot) kontinuierliche Bestandszunahme in NL; Ende 1970er J. 6.100 BP und bis 1990er J. erneute Verdopplung [196,1585,375], aber weitestgehend beschränkt auf drei Brutplätze (u.a. Griend mit max. 7.920 BP) [3135,3638]. In B erster Brutversuch 1988 [Verlagerung einer Kolonie aus SW-NL, 1507], seither Etablierung und exponentieller Bestandsanstieg auf 1.000-1.650 BP (1992-94) bzw. 1.550 BP (2000) [1507,1677]. Bis Ende 1980er J. deutliche Kolonieverlagerungen an D Nordseeküste durch Veränderungen an ehemals bedeutenden Brutplätzen. In 1970er J. nur 20% in -SH, um 2000 dagegen 1/3 in -NI und -HH, Rest in -SH [1587; B. Hälterlein]. Nordseepopulation D erreichte 1996 mit >10.000 BP höchsten Stand im 20. Jh. [1369,310], von 1988-99 Bestandsschwankungen zwischen 8.300-10.000 BP [196,3135,1497]. Wiederbesiedlung Wattenmeer DK 1992 [3135], dort 2001 schon > 700 BP [B. Hälterlein].
An Ostsee D-MV deutliche Bestandszunahme nach Neubesiedlung 1957 auf > 1.000 BP (1978) [2772] bzw. etwa 1.150-1.300 BP (1993) [2031,196], davon etwa 90% auf Insel Heuwiese. Ende 1990er

J. aber Rückgang auf 600-700 BP [204,1497,1307] und Kolonie der Heuwiese 2000 erloschen, dafür Neuansiedlung an Barther Oie. In PL Brutkolonie an Weichselmündung 1977 etabliert, zeitweise bis 290 BP (1982). Bruterfolg aber meist sehr gering und Kolonie 1992 erloschen [1366,3871]; gesamter Ostseebestand (2000) 1.375-1.800 BP (neben D-SH und -MV Kolonien in PL, EST und S.) [1307].

Siedlungsdichte. Koloniebrüter mit oft sehr hohen Nestdichten (in NL z.B. bis 12 Nester/m^2 und Nestabständen von 31-40 cm); sehr oft in Lachmöwenkolonien [1507], mitunter auch unter Schwarzkopfmöwen (z.B. in UA.).

Gefährdungsursachen [196,3892,196,3135,1369, 1507,310]. Lebensraumveränderungen in den Brutgebieten, z.B. durch Küstenschutzmaßnahmen, dadurch veränderte Sedimentations- und Überflutungsbedingungen und verringertes Angebot an potentiellen Brutplätzen und durch raschen Aufwuchs nach Aufgabe extensiver Beweidung (vor allem in UA.). Vernichtung der Koloniestandorte durch Überbauung (Hafen- und Industrieanlagen, NL), Tourismus und »Entwicklung« (vor allem Mittelmeergebiet), sowie aus natürlichen Gründen wie Winderosion, Sturmfluten, Sukzession.
Nahrungsmangel aufgrund von Überfischung (u.a. Sandaale; Gammelfischerei in DK).
Verseuchung der Küstengewässer mit Bioziden (in NL z.B. Telodrin, Dieldrin) oder Öl, dadurch stark reduzierter Bruterfolg und direkte Verluste. Als Fischfresser generell hoher Kontamination mit Umweltgiften ausgesetzt.
Abwanderung und Aufgabe von Brutplätzen durch Tiefflug, Störungen durch Menschen oder Hunde, - vor allem zu Brutzeitbeginn äußerst störungsempfindlich -, sowie durch Prädatoren.
Direkte Verfolgung in (Durchzugs- und) Überwinterungsgebieten (W-Afrika), vor allem Fang; früher auch massive Bejagung und Eiernutzung.
Hohe Brutverluste durch Prädation (vor allem Fuchs), häufig infolge von Störungen in Brutgebieten, aber auch durch Drainage und Grundwasserabsenkung, dadurch Zugang zu Brutplätzen erleichtert; ferner Verluste durch Überflutungen und durch Weidevieh. Koloniestandorte an Nord- und Ostsee häufig auf Inseln und besonders geschützte Gebiete konzentriert.

Schutzmaßnahmen. Intensiver Schutz und Betreuung bestehender und auch potenzieller (!) Brutplätze (regelmäßige Kolonieumzüge für die Art typisch, wohl als Anpassung an Prädation), mit Förderung kurzer Vegetation, z.B. durch Aufrechterhaltung extensiver Beweidung oder Heumahd nach Brutzeit; Errichtung von Schutzgräben gegen Prädatoren.

SPEC	VSchRL	Bern.Konv.	Bonn.Konv.
2	Anh. I	Anh. II	Anh. II
Europ. RL	RL in ME		
--	PL: 'CR', NL 'EN', D: 'NT'		

Reduzierung des Nährstoffeintrages und der Biozide in Küstengewässer. Internationaler Schutz von wichtigen, nahrungsreichen Küstengebieten. Besucherlenkung zur Vermeidung von Störungen am Brutplatz, insbesondere in früher Phase der Brutzeit. Öffentlichkeitsarbeit und Information; Überwachung großer Kolonien.

Biotop. Ganzjährig an Meeresküsten, i.d.R. auf dem Meer im Flachwasserbereich (kaum im Watt) und nicht in größerer Küstenentfernung, wenn auch Fangplätze bis > 50 km vom Brutplatz entfernt sein können. Kolonien meist auf ± vegetationslosen Inseln, Halbinseln etc. auf Sand- oder Kiesbänken, in Dünen, oft im Anschluss an andere Seeschwalben oder Lachmöwen. Im W der Ostsee im Anschluss an Lachmöwenkolonien auch auf erhöhten Bereichen in bewachsenem Gelände (Salzwiesen). Fast stets an Salz- oder Brackwasser; an süßen Binnengewässern nur ausnahmsweise kurzfristig. Hochwasser-Rastplätze v.a. am flachen Sandstrand.

Nahrung. Schlanke Schwarmfische von 5-15 (-20) cm Länge und 7-11 (ausnahmsweise > 20) g. Nahrungsbedarf wurde z.B. mit 40–65 g/d im Ø für ein Küken berechnet.

Stimme. Häufigster Ruf kratzendes »kirreck« oder »kerrick« (auf der 2. Silbe betont) erinnert etwas an Kratzen von Gabeln auf Tellern. Individuelle Unterschiede. An der Kolonie beim Auftauchen eines Feindes »wääh« oder beim Angriff auf Bodenfeind scharf »kekekek…«; und längere, raue Rufreihen. Bei der Balz ♂ »kirrit« u.ä.

Verhalten. Überwiegend tagaktiv. Ad. schwimmen kaum. Nahrungserwerb hauptsächlich durch Stoßtauchen, seltener im Bogenflug nahe über der Wasseroberfläche. Beim Aufsuchen von Fischgründen Reaktion auf Artgenossen, sodass sich Hunderte über einem großen Fischschwarm einfinden können. Bei tiefer schwimmenden Fischen wird der Stoßflug von ca. 10 m angesetzt; oberflächennahe Fische werden aus spitzerem Winkel erbeutet. Maximale Tauchtiefe etwa 1.5 m. Lokal regelm. Opfer von Beuteabjagen durch Groß- oder Raubmöwen. Sehr gesellig; brütet in extrem dichten Kolonien, die in wenigen Fällen bis > 20.000 BP erreichen können. Sehr kleine Nestreviere. Brutfreie Vögel haben daher im Inneren der Kolonie oft keinen Platz. Auch zu anderen Arten Nestdistanz oft sehr gering; bes. Anschluss an Lachmöwe in Europa häufig. Paarbildung bei älteren Vögeln wohl i.d.R. schon vor Ankunft am Brutplatz, bei Erstbrütern hauptsächlich nach Rückkehr. Paare sind über mehrere J. stabil. Luftbalz durch Rundflug des ♂ mit oder ohne Fisch, erregt Aufmerksamkeit des ♀. ♀ kann sich ♂ anschließen zum gemeinsamen Hochflug mit Verfolgungsspielen. Aus diesem Hochflug rasanter Gleitflug der beiden Partner, die an Höhe verlieren. Anschließend entweder Bodenbalz (z.B. mit Übergabe eines Fischchens) oder Aufsteigen zu einem Schauflug, bei dem sich beide Partner auch überholen. ♂ füttern ♀ von der Verpaarung bis zum Brüten. Vor der Fischübergabe Umtrippeln der Partner, ♀ bettelt dann. Anschließend Begattung (aber auch ohne einleitende Balz). Territoriale Auseinandersetzungen meist durch Drohen, wobei Ind. auf dem Nest sitzen bleiben. Küken, die in fremde Reviere geraten, können getötet werden. Außerhalb der Brutzeit gesellig. Bei guten Nahrungsplätzen und auf dem Zug oft in größeren Ansammlungen.

Fortpflanzung, Brutbiologie [1369,3615,1551]. Viele brüten mit 3, ein Teil erst mit 4 J. erstmals. Grundsätzlich wohl monogame Saisonehe, doch Partnertreue neben Umpaarungen belegt; gelegentlich auch kurzfristig Dreier- und Vierergruppen mit unterschiedlichem Anteil ♂ und ♀. **Ankunft am Brutplatz.** Bezug der Kolonie gleich nach Ankunft 2–3 Wochen vor Eiablage oder auch wesentlich später. Territorien grundsätzlich erst wenige d vor Legebeginn besetzt. **Nest.** Nest auf meist nicht bewachsenem Untergrund, der Mulden zulässt (Sand, Kies, Schilf, Torf etc.). Mulden durch ♂ und ♀. Während des Brütens wird oft noch Nestmaterial zugefügt. **Legebeginn.** ME frühestens ab Ende April, in Nordsee meist ab Anf. Mai, oft erst ab 2. Maihälfte. In neugegründeten Kolonien auch sehr unterschiedlich. In großen Kolonien ausgesprochene Synchronisation des Legens; durch Erstbrüter und Nachgelege aber Legeperiode oft über 4–5 Wochen lang. **Gelegegröße.** 1-2 (3); Ø 1.1–1.9; Legeabstand 2 d. **Eier.** Spindelförmig, weißlich bis hellbraun, sehr variable dunkle Fleckenzeichnung, hellere Unterflecke. **Brutdauer.** 22-26 d; Bebrütung nach Ablage des 1. Eies. Zunächst brütet ♀, später beide. Bei Ablösung oft Übergabe eines Fisches. **Nestlings-/Führungszeit.** Beide Ad. betreuen; Küken verlassen Nestplatz je nach Störung im unterschiedlichen Alter, werden aber mind. 1 Woche lang ständig von einem Ad. bewacht. In dichten Kolonien später (ab 2. Woche) oft Kindergärten, in denen Ad. i.d.R. aber nur ihre eigenen Jungen füttern (Helfer kommen vor) [vgl. 3694]. Flügge mit 25-35 d; Juv. bleiben bis zum Abzug ins Winterquartier von Ad. abhängig; Familienauflösung wohl meist erst im Winterquartier. **Jahresbruten.** 1; Nachgelege mitunter nach Umsiedlung. **Bruterfolg.** Nachwuchsrate Ø ca. 1.0 flügge Juv./BP und J., doch starke Schwankungen von Jahr zu Jahr (max. bis 1.9, aber auch Totalausfall); Bruterfolg u.a. durch Nestdichte, Synchronisation, Koloniegröße etc. beeinflusst; alte Ind. erfolgreicher als Erstbrüter. Überlebenschancen des 2. Kükens oft wesentlich geringer als des ersten.

Eimaße und -gewichte. L. 44.07-56.5 mm, B. 33.6-38.7 mm, Ø: 51.7 x 36.1 mm (n=100, GB), 52.3 x 36.3 mm (n=100, E-D); Frischvollgew. ca. 34-37 g; Schalengew. 1.66-2.66 g, $Ø_{250}$: 2.2 g.

Sterblichkeit, Alter. Für Juv. 45–61 %, für Ad. 25–30 %/J. [2658]. Ältester Ringvogel (GB) 29 J. 9 Monate; in Amerika Br. mit 34 J. kontrolliert [3654]. **Generationslänge:** 9 J. [383].

Mauser. Postjuvenile Mauser (Voll-, z.T. Teilmauser) beginnt kurz nach Ausfliegen ab (Ende Juli) Ende Aug./Mitte Sept. mit Kleingefieder und ST, bis Jan./Feb. größtenteils beendet [767,2452]; Schwingenmauser Dez./Feb.–Mai/Juli, bisweilen vorzeitig abgebrochen [767,139,3050,2452]. 2. Mauserzyklus ab (Mai) Juni/Juli des 2. KJ, dadurch 2 aktive Mauserzentren [767,1369,139,3050,2452]. • **Postnuptialmauser** (Vollmauser) ab Juni/Mitte Juli, Nichtbrüter vermutlich früher [767,1369,2452]; Kleingefieder- und ST-Mauser bis Ende Sept./Okt. abgeschlossen [767,2452]; HS-Mauser nach Brutende, (Juni) Mitte Juli/Ende Aug.–(Ende Okt.) Dez./Jan. [767, 1369,139,2452,4028]. • **Pränuptialmauser** (Teilmauser) Körper- und Steuerfedern Feb.–März (April) [767,3050,2452]; neuer Mauserzyklus der HS ab Nov./Dez. im Winterquartier, Ende Jan./März mit (2) 4–6 neuen HS abgebrochen [767,139,3050, 2452].

Sterna forsteri – Forsterseeschwalbe 06180

Sterna forsteri Nuttall 1834 syn.: Sumpfseeschwalbe

GB Forster's Tern **F Sterne de Forster** **E Charrán de Forster**

Taxonomie. Monotypisch.

Kennzeichen. [1784,3615,1369,221,3772,408; weitere **Fotos** in Dutch B. **19**, 107, **20**, 286, Bird. W. **5**, 470, **8**, 85, **13**, 472, **16**, 457].

Maße. Gr.: 33-36 cm. Gew.: ♀,♂ 127-193 g. Fl.spw.: 73-83 cm. Fl.l.:♀,♂ 25.8-27.2 cm.

Status. In Europa seltener Ausnahmegast und ausschließlich im W [3615], dabei nur 4 Beob. im Binnenland (E. Okt. 1987, S. Apr. 1993, P Dez. 1993 und NL Nov. 1986). Europäische Nachw. u.a. in IRL (z.T. allj. wiederkehrende Ind.), E., P, GB (15 mal (16 Ind.) bis 2001), S. (April 1993) und IS (Okt. 1959) [3615,q23]; In GB und IRL zus. insgesamt 26 Beob. von 1980-95, dabei in allen Monaten auftretend [277].
In ME anerkannte Nachweise nur in • **NL:** Nov. 1986, Jan. 1995, Nov. 1999, Juli 2003 [277,q16,2542]; ferner 4 noch nicht anerkannte Beob. in • **B** zw. 1990-96 [1677].

Verbreitung und Bestand. Lückig verbreiteter Brutvogel in N-Amerika von Pazifik bis Atlantik nach S bis NE-MEX, nach N bis SW-CDN [1784]. Weltbestand 47.000-51.500 BP; vier Flyway-Populationen, W-atlantische mit 86.600 Ind. [823]; global nicht gefährdet [1784].

Wanderungen. Br. der Prärien CDN und USA wandern zur Pazifikküste und Golf von Mexiko; Br. der S- und E-Küste USA schwach ausgeprägter Zugvogel mit Streuungswanderungen entlang der Küsten. Winterquartiere beider Populationen Kalifornien bis Guatemala, Virginia bis Florida und Golf von Mexiko W bis E-MEX [3615].

Biotop. Br. in Feuchtgebieten aller Art von Binnenseen bis Küste.

Nahrung. Überwiegend Kleinfische (5-7 cm), ferner Wasserinsekten und Crustaceen.

Stimme. Flugruf tiefes, raues, nasales »kärrr«, ähnlich Flußseeschwalbe; daneben schnelle, keckernde Rufe.

Mauser [767,3050,2452]. **Postjuvenile Mauser** (Vollmauser) beginnt im Herbst; HS ab Nov./Jan., frühestens im Juli/Aug. des 2. KJ beendet. • **Postnuptialmauser** (Vollmauser) Mitte Juni/Juli–Nov./Dez. • **Pränuptialmauser** (Teilmauser) (Jan.) Feb.–März (Mitte April); einschließlich inneren HS.

Sterna dougallii – Rosenseeschwalbe 06140

Sterna dougallii Montagu 1813

GB Roseate Tern **F Sterne de Dougall** **E Charrán Rosado**

Taxonomie. Fünf UA: *dougallii* Montagu 1813 (Atlantik), *bangsi* Matthews 1912 (N Indischer Ozean, Pazifik von JAP bis Große Sundainseln), *arideensis* Mathews 1912 (Seychellen bis Madadagaskar), *korustes* (Hume 1874) (Sri Lanka, E Indischer Ozean) und *gracilis* Gould 1845 (Molukken, AUS).

Kennzeichen. [2718,2719,167,3772,221,1369,1784, 3615,408; weitere **Fotos** in Limic. **14**, 151, **15**, 253-256, Dutch B. **25**, 281, 352, Bird. W. **12**, 220, **14**, 271, **17**, 328; Hybride Rosen- x Flussseeschwalbe: Dutch B. **19**, 61].

Maße. Gr.: 33-38 (43) cm. Gew.: ♀,♂ 92-133 g, Ø (New York): 110 g. Fl.spw.: 72-80 cm. Fl.l.: ♂ 23.0-24.2 cm, ♀ 22.8-24.2 cm [1369,3615].

Status. Heute in ME nur noch seltener Gastvogel. Seit Mitte 1970er J. an Nordseeküste mehrere Nachw. von Einzelvögeln (z.T. mit Ringen aus IRL oder N-GB): • **NL:** Juli 1977, Aug. 1978, Mai 1979, Juli 1982, Juni 1987, Juni 1989, 4 Beob. 1990, Juni+Juli 1991, Mai 1992, 3 Beob. 1993, Juni+Juli 1994, Juni 1997, Mai 2000, Juni 2001 [277,q16]. • **B:** mehrfach beob. [1369,1677]. • **D:** -SH Juni

1978, Sept.1981, Mai 1987, Brutzeit 1998 und 2000 [575,1497]; -NI Mischbrut 2000 [2396].
An Ostsee und im Binnenland ME im 20. Jh. extrem seltene Ausnahmeerscheinung, anerkannte Nachw. nur in • **D**: -BY Juli 1995 (Ammersee) [575]. • **A**: -B Mai 1954 (Neusiedlersee) [1369]. • **PL**: Ad. Okt. 1987 Puckbucht [3871]. Im 19. Jh. auch Nachw. in • **CH** (u.a. Mai 1860) [4152,1369].

Verbreitung und Bestand. Brutvogel tropischer und subtropischer Meere sowie im N-Atlantik mit sehr großen Lücken von E-Küste N-Amerikas bis N-Südamerika, GB/IRL und früher auch Nordsee ME; ferner unregelm. Mittelmeer, Rotes Meer bis S-Spitze Afrikas, Küsten und Inseln SE-Asien, Neuguinea, N- und W-AUS. Europäischer Brutbestand derzeit 1.800-1.900 BP, stabil; davon 1.000 BP auf Azoren, 719 in IRL, 70-91 in F und 56 BP in GB (jew. um 2000) [383]. Weltweiter Brutbestand < 50.000 BP, global nicht gefährdet [1784,823].

Wanderungen. Zugvogel; Br. des E-Atlantik überwintern an Küste W-Afrikas von S-Senegambien bis Nigeria (bes. Küste Ghana) [Ringfunde 4064]. Zug entlang Küste. Wegzug ab Aug./Sept., im Sept. bereits einzelne Ind. Wintergebiet erreicht (8000 km); Nachzügler noch bis Okt. etwa bei P. Heimzug April/Mai, ca. 4–5 Wochen später als Flussseeschwalbe; in GB Bezug der Brutplätze Mitte Mai/Anf. Juni. Einj. bleiben meist in Tropen, Zweij. kommen z.T. ins Brutgebiet.

Bestandsentwicklung. Im 19. Jh. Brutvogel in kleiner Zahl in NW-ME (D, B) und F [1369,1507], letzter Brutnachw. in D-SH 1904 [196]. Nach katastrophalen Verlusten Bestände in ME erloschen und dramatische Rückgänge in anderen Teilen Europas, z.B. IRL auf etwa 2.000 BP (1970er J.). Bis Ende 1980er J. weiterer Einbruch durch Habitatverlust (Brutgebiet erodiert) und durch hohe Verluste in Überwinterungsgebieten auf nur ca. 450 BP, seither durch intensive Schutzmaßnahmen wieder leichte Erholung [1507,1343,1585]. Wichtige Kolonien in F und Azoren aber derzeit mit negativen Trends [1585].
Über mehrere Jahrzehnte (bis 1970er J.) einzelne Brutzeitfeststellungen (auch Paare) auf Nordseeinseln [vgl. 1369] sowie 1965 an Ostsee D-SH (2 Paare) [1369,196]. Neuerdings in ME wieder zunehmend Übersommerungen in geeigneten Brutkolonien, balzende Ind., sowie mehrere Mischbruten, immer mit Flussseeschwalbe, z.B. in NL von 1982-85 (1982 und 1984 jew. 1 Hybride), in B von 1976-87 (in mehreren Jahren einzelne Hybride) [277,1677], 1979 sogar 2 Individuen [3615], dort schließlich auch Mischpaar aus o.g. Hybriden und Flussseeschwalbe mit Bruterfolg 1995 [277,1677], sowie in D-NI (Minsener Oldeoog) 2000 [2396].

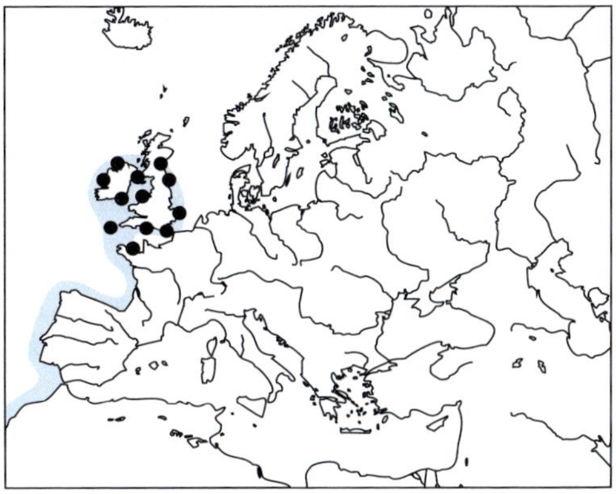

Sterna dougallii – **Rosenseeschwalbe**

SPEC	VSchRL	Bern.Konv.	Bonn.Konv.
3	Anh. I	Anh. II	Anh. II
Europ. RL	RL in ME		
--	D: 'RE'		

Gefährdung [1507,1784,3892]. Hohe Verluste durch menschliche Verfolgung (Eiersammeln) oder Störungen in den Brutkolonien, sowie durch Prädatoren (Fuchs, Musteliden, Möwen etc.). Rosenseeschwalbe in Brutkolonien besonders störungsanfällig.
Jagdliche Verfolgung (Fallen) in den Überwinterungsgebieten W-Afrikas (vor allem in Senegal und Ghana).
Verluste durch Hochseefischerei (long-line fishing).
Habitatzerstörung.

Schutzmaßnahmen. Rechtlicher Schutz in den Überwinterungsgebieten. Information der Bevölkerung und völlige Einstellung der dortigen Nachstellungen.
Vollständiger Schutz, Habitatmanagement und Besucherlenkung in europäischen Brutkolonien, einschließlich Eliminierung von Ratten, Aufstellen von prädatorensicheren Zäunen und Nisthilfen auf Brutinseln.
Monitoring der Brutpopulationen und des Bruterfolgs in allen wichtigen Kolonien.

Biotop. Br. nur an der Küste oder an küstennahen Seen; Kolonien auf Inseln, selten auf Strandabschnitten zusammen mit anderen Seeschwalben. Fischgründe 1-22 km von der Kolonie entfernt in meist etwas tieferem Wasser als z.B. Flussseeschwalbe. In den Tropen auch bis 30 km von der Küste entfernt.

Nahrung. Einseitiger als andere Seeschwalben auf Fische spezialisiert; meist (20) 40–90 (150) mm lange und bis 15 g schwere Schwarmfische.

Stimme. Anders als Fluss- und Küstenseeschwalbe rau »tschuik« oder »kräik«; Alarmruf kratzend »krerr-« oder »ääk«; im Angriff »kä kä…« klingt weicher als bei Fluss- und Küstenseeschwalbe.

Verhalten. Tagaktiv. Fliegt schneller, mit rascheren Flügelschlägen und geringerer Schlagamplitude als Fluss- und Küstenseeschwalbe. Fischt aus fast senkrechtem Stoßflug mit größerer Tauchtiefe als andere ± gleichgroße Seeschwalben. Jagt anderen Arten Beute ab. Zur Brutzeit gesellig; brütet meist in gemeinsamen Kolonien mit Fluss-, seltener mit Küstenseeschwalbe, doch dann meist artreine Unterkolonien. Balz- und Paarbildung am Brutplatz. Hochflüge der Paare mit oft mehreren Verfolgern. Außerhalb der Brutzeit gesellig.

Fortpflanzung, Brutbiologie. Brutbeginn einzelne 2-jährig, meist frühestens mit 4 J. Monogame Saisonehe. **Nest.** Nest meist zwischen relativ hoher Vegetation verborgen; am offenen Strand oft an Verstecke und Erhebungen angelehnt. Eier werden in bloße Mulde gelegt, Nistmaterial erst später eingebracht bei Ablösungen; manchmal entstehen große Nester. **Legebeginn.** Legebeginn F nach Mitte Mai, GB Ende Mai/Anf. Juni, Medianwerte z.T. erst letztes Junidrittel. **Gelegegröße.** 1–3(4) Eier; in Tropen Gelege kleiner; Abnahme der Gelegegröße im Lauf 20. Jh. (z.B. N-Amerika Ø$_{1467}$ 2.26, Ende 20. Jh. 1.7-1.8). **Eier.** Spindelförmig, schmäler als Flussseeschwalbe; matt. Grundfarbe sandfarben, grau bis bräunlich; violettgraue Unterflecke und feine dunkle Zeichnung sparsamer als bei Flussseeschwalbe. **Brutdauer.** (21) 22-26 d; Legeabstand 2-3(4) d. Beide brüten, ♀ mehr; Beginn mit 1. (oder 2.) Ei. **Nestlings-/Führungszeit.** Beide hudern und füttern. Junge suchen nach 2–3 d Versteck in Nestnähe auf; 12-18 d bleibt ein Ad. in der Nähe; kurz vor Flüggewerden führen Ad. Junge oft weiter weg. Flugfähig mit (20) 22-27 (30) d; Juv. werden aber noch mind. 6 Wochen gefüttert, mitunter noch nach Ankunft im Winterquartier. **Jahresbruten.** 1. **Bruterfolg.** Ø der Nachwuchsraten 1.0–1.5 flügge Juv./BP und J. [Details 3113].

Eimaße und -gewichte. L. 39.1-47.8 mm, B. 27.3-32.1 mm, Ø: 44.1 x 30.0 mm (n=100, GB); Frischvollgew. 16.3 -24.8 g, Ø$_{244}$ (Erstgelege): 20.62 g, Ø$_{171}$ (Zweitgelege): 19.40 g, ; Schalengew. 1.00-1.35 g, Ø$_{180}$: 1.22 g.

Sterblichkeit, Alter. Br. USA 16–26 %/J. [3644]. Älteste Ringvögel lebend kontrolliert nach 14 und 10 J.; Totfund 15 J. 11 Monate. **Generationslänge:** 9 J. [383].

Mauser. **Postjuvenile Mauser** (Vollmauser) ab Aug./Sept.; Schwingenmauser bes. im Winterquartier, Abschluss bis April/Mai des 2. KJ [767], selten erst im Frühjahr des 3. KJ [2452]. • **Postnuptialmauser** (Vollmauser) HS-Mauser setzt während Fütterung der Jungen ab Juni/Juli ein, Körperfedern und ST ab Mitte Juli; Verlauf ähnlich Flussseeschwalbe [767,3050,4057,2452]. • **Pränuptialmauser** (Teilmauser) neuer Mauserzyklus der HS beginnt i.d.R. erst im Winterquartier, wird im Frühjahr mit 5–7 (8) neuen HS abgebrochen; selten werden innere HS nochmals ersetzt (3. Mauserzyklus); restliches Gefieder Feb.–April [767,2452]; Umfang ähnlich Flussseeschwalbe [767,1688,2452].

Sterna hirundo – Flussseeschwalbe 06150

Sterna hirundo Linnaeus 1758

GB Common Tern — F Sterne pierregarin — E Charrán Común

Taxonomie. Vier UA: *hirundo* Linnaeus 1758 (Holarktis außer NE- und Innerasien), *tibetana* Saunders 1876 (tibetanisches Plateau, Tienshan), *longipennis* Nordmann 1835 (NE-Asien) und *minussensis* Sushkin 1925 (Mongolei bis Baikalsee).

Kennzeichen. [167,221,1369,1784,3615,3772,408; weitere **Fotos** in Bird. W. **13**, 379, Brit. B. **94**, 271-275, (*longipennis*) Dutch B. **26**, 246].

Maße. Gr.: 31-39 cm. Gew.: ♀,♂ 97-150 g, Ø (Brutzeit): 120-135 g, Ø (Winter): 102 g. Fl.spw.: 72-98 cm. Fl.l.: ♂ 25.7-28.7 cm, ♀ 25.9-29.0 cm [1369,3615].

Status. Verbreiteter, nicht sehr häufiger Brut- und Sommervogel, ± häufiger Durchzügler im gesamten ME. Äußerst sporadische Überwinterungsversuche.

Verbreitung und Bestand. In Eurasien von NW-Europa bis E-Sibirien (Beringmeer) und in Amerika lückig von CDN bis Karibik, ferner isoliert in NW- und N-Afrika. In ME Nominatform überwiegend Küste, dabei deutliches S-N-Gefälle (Küstenseeschwalbe gegenläufig) [3135]; ursprünglich auch an Binnengewässern weit verbreitet. Brutbestand ME derzeit etwa 35.000-39.000 BP, Gesamtbestand in Europa 270.000-570.000 BP, stabil [383] mit Schwerpunkten (> 20.000 BP) in FIN, S., BY, UA. und RUS. Hohe Anzahl Nichtbrüter. In Europa zwei (von 11) Flyway-Populationen, die S- und W-europäische mit 170-200 T. Ind. und die N- und E-europäische mit 460-820 T. Ind., beide insgesamt stabil [824,4077,823].

Wanderungen. Langstreckenzieher; Winterquartier in Tropen und gemäßigten Breiten der S-Halbkugel, Br. der Paläarktis besonders an W-, weniger an E-Küste Afrikas. **Br. GB, F, CH, E./P und I** überwintern hauptsächlich N Äquator, etwa von Senegal bis Kamerun (5 Ringfunde GB/IRL aber S Äquator) [4064]; **Br. NL, Nordseeküste D und DK** meist ebenfalls N Äquator etwa bis Togo, gelegentlich aber auch bis S-Afrika. Reguläres Wintergebiet der **Br. der Ostseeküste D** beginnt an Guineaküste und reicht bis S-Spitze Afrikas und um Kap auf SE-Küste. Noch stärker S liegt Schwerpunkt von **Br. weiter N bzw. E,** so z.B. Winterfunde aus FIN 2mal Ghana, je 1mal Nigeria, Gabun, Angola, 2mal Namibia, 17mal S-Afrika, 1mal Mosambik. NE- überwandern also z.T. SW-Populationen [2732,2757]. Auch **Br. N-RUS und Schwarzmeer** überwintern offenbar von Angola nach S. Ausnahmsweise Überwinterung F belegt [1438]. Spektakuläre Funde: nichtflügge New York–Dez. an Elfenbeinküste; nichtflügge S. – Jan. in W-AUS; Fängling IRL–Okt. in SE-AUS (Anschluss an Küstenseeschwalben?), Fehmarn – Brasilien [245]. Vorwiegend

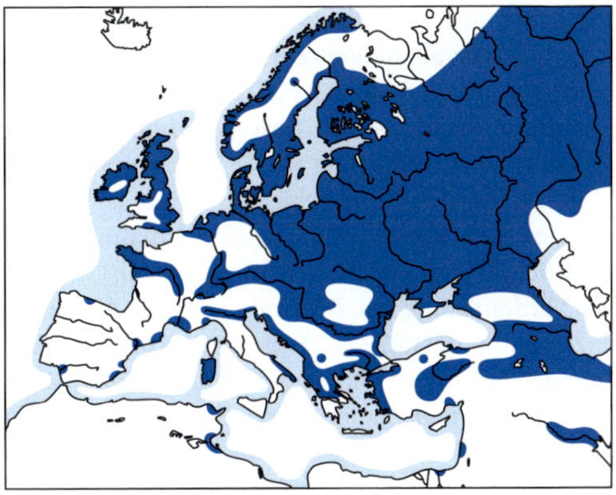

Sterna hirundo – **Flussseeschwalbe**

allerdings Küstenzieher; Br. in N-ME ziehen zunächst N zur Ost- und Nordseeküste; Binnenlandbr. folgen großen Flüssen (z.B. Donau nach E, ehe sie im Mittelmeerraum nach W ziehen). Zwischenzug nach Flüggewerden der Jungen von Familien in verschiedene Richtungen. Ad. beginnen Ende Juli mit regelrechtem Wegzug, Juv. bleiben bis 2. Aug.hälfte im Zwischenzuggebiet. Ab Ende Aug./ Sept. Wegzuggipfel in ME (vor allem an Küste), Beendigung Sept./Okt. Ab Anf. Sept. kann schon tropisches W-Afrika erreicht sein; bis Nov. dort lebhafter Dz. Heimzug in N-Afrika (Anfang) Mitte März/Anf. (Mitte) Mai; Br. in S-Europa ab Mitte März, die nördlichsten oft erst Anf. Mai erreicht. Einj. übersommern im Wintergebiet; Zweij. kommen großenteils später als Ad. an Brutplätze, meist erst im Juni und Juli [2395,904]; auch Ad. können mit Brut aussetzen und im Winterquartier bleiben. Hohe Nistplatztreue [Details zu An- und Umsiedlung Ostseeraum:2758].

Bestandsentwicklung. Wie bei Küstenseeschwalbe starke Bestandsschwankungen von Jahr zu Jahr [3135]. Zudem Unterscheidung der beiden Arten oft unterblieben und Kolonieerfassung in historischer Zeit unzureichend [1369], neuerdings aber erheblich verbessert. Wegen häufigen Kolonieumsiedlungen großräumige Bestandsüberwachung notwendig.

Küste: Nach starker Bestandsabnahme von Mitte 19. bis Anf. 20. Jh. etwa um 1910 Tiefpunkt in ME und benachbarten Gebieten [1369,196]. Nach Erholungsphase anschließend in W-Europa großräumig weiterer erheblicher Rückgang, in ME mit Einstellung direkter Verfolgung bis 1930er J. kontinuierliche Zunahme [1369,196,3615,1144]. Ab 1940er J. und erneut durch Biozidverseuchung der Küstengewässer ab 1950er J. massive Verluste in NL (vor allem Wattenmeer-Population) und Rückgang auf ca. 8.000 BP (1971), d.h. etwa 1/5 des Ausgangsbestandes [3615,196]. Mit zeitlicher Verzögerung auch Rückgang im D Nordseeraum. Ab Mitte 1970er J. an Nordseeküste B, S-NL, D-NI und -SH sowie an Ostsee -MV starke Zunahme. Von 1975-90 (bei erheblichen Schwankungen) jeweils fast Verdoppelung der Bestände [196; noch stärkere Zunahme:2031,2772]. Andererseits im NL Wattenmeer lange Zeit Stagnation, aber Zunahme in 1990er J.; in naturnahen Bereichen NL in 1990er J. insgesamt rückläufig, dagegen an künstlichen oder neugeschaffenen Standorten deutliche Zunahme [90]. An D Nord- und Ostsee dagegen bis etwa 1998/99 überwiegend starker Rückgang, z.T. Abwanderungen [196,3135,204,2759,3748,1497, 1307], seither an Nordsee Erholung [B. Hälterlein]. Küstenseeschwalbe (s. dort) an Nordsee gleichzeitig zunehmend, für unterschiedliche Entwicklung wohl abnehmendes Angebot an Kleinfischen zur Brutzeit ausschlaggebend [3135; s. auch 239].

	Best.	Areal	Brutbestand	Jahr	Quelle
A	⇧	+ 1	200–300	1998–2002	[383]
B	⇧	+ 1	2.500–2.600	2000–2002	[383]
CH	↑	+ 1	380–405	1997–2000	[383]
CZ	⇧	+ 1	400–600	2000–2002	[383]
D	+/-	=	8.900–9.600	1995–1999	[383]
H	+/-	=	700–1.200	1998–2002	[383]
NL	↑	+ 1	18.000–19.500	1998–2000	[383]
PL	↓	- 1	4.000–4.500	1997–2000	[383]
SK	⇧	+ 1	150–250	1990–1999	[383]

Binnenland: nach Lebensraumzerstörung und Gewässerverschmutzung Bestandsentwicklung negativ [965,1719,196]. Drastischer Rückgang an großen Flüssen, Erlöschen der Vorkommen in L (Mitte 19. Jh.), D-BE (1850), Westf. (1880) und -HE (1911) [1369] sowie von (Teil-)Populationen [in CH, A, D-BB, -RP, -NI, -BW, -BY, Elsaß: 196,1369,965,3393]. Nach intensiven Schutzmaßnahmen und Angebot künstlicher Nistplätze in Folgezeit Bestand gefestigt oder neu etabliert. Entwicklung seit 1970er J. mit erheblichen Bestandsfluktuationen und Umsiedlungen; stark positiver Trend in B, CZ, Teilen PL, Oberrhein, CH Mittelland und A-V; nur leichte Zunahmen in D-BY, D-BB, -SH, Bod. und CH gesamt [3393,1,310,4230,3658,454,1998]; weitere Abnahmen durch Lebensraumverlust u.a. in A-O und A-B sowie in SK. [196,1585,1507,2159]. Heute sehr viele bedeutende Brutkolonien in Schutzgebieten oder aufgrund menschlicher Einwirkungen auf störungssichere, oft künstliche Brutstandorte konzentriert [196,310,3638,1441,2710,123,3262, 2595,1998].

Siedlungsdichte. Koloniebrüter; große Kolonien, hohe Nestdichten, z.B. 2.13 Nester/m^2 in D-NW [3739]; oft vergesellschaftet mit Lachmöwen und Küstenseeschwalbe [1507].

Gefährdungsursachen [3135,1589,1617,1369,196, 1719,1722,1,310,2759,239,236,447,238,2595]. Lebensraumzerstörung durch Gewässerausbau, -begradigung, Kiesabbau an Fließgewässern, sowie an Küste durch Überbauung und touristische Entwicklung; Aufforstung. Auch durch Sturmfluten und natürliche Sukzession. Die Art war ursprünglich stark an Gebiete (Fließgewässer, Küste) mit hoher natürlichen Dynamik gebunden, die vielerorts inzwischen fehlt.
Hohe Brutverluste, auch Abwanderung und Aufgabe von Brutplätzen infolge von Störungen in Brutgebieten durch Freizeitaktivitäten (auch Hunde) und durch Bauarbeiten, durch Prädation (Möwen, Krähen, Ratte, Hermelin, Mink, Igel und Fuchs; im Binnenland meist begünstigt durch erleichterten Zugang zu Brutplätzen nach Grundwasserabsenkung), durch Überflutungen, vor allem an Fließgewässern, an Küste durch höher angelegte Brutplätze z.T. weniger betroffen als z.B. Zwerg- oder Küstenseeschwalbe, durch Nahrungsmangel sowie Nistplatzkonkurrenz.

SPEC	VSchRL	Bern.Konv.	Bonn.Konv.
--	Anh. I	Anh. II	Anh. II
Europ. RL	**RL in ME**		
--	A:'CR', CZ:'EN', NL:'VU', CH, D, SK: 'NT'		

Belastung der Gewässer mit Bioziden (vgl. auch Brandseeschwalbe), Öl oder Abwässern, sowohl in Brut- als auch in Überwinterungsgebieten.
Direkte Verfolgung, vor allem in Durchzugs- und Überwinterungsgebieten; früher massive Eiernutzung und Schmuckfederjagd, Abschuss.
An Binnengewässern Besatz mit zu großen Fischen oder fehlendes Jungfischaufkommen, dadurch geringe Reproduktion aufgrund ungenügenden Nahrungsangebotes.
Schadstoffbelastung.

Schutzmaßnahmen. Verhinderung des ausschließlich ökonomisch orientierten Flussausbaues und Renaturierung zerstörter Flusssysteme, Wiederherstellung der natürlichen Dynamik an Fließgewässern und Küste.
Schutz, Bewachung und Betreuung wichtiger Brutplätze mit Förderung kurzer Vegetation; Anlage von Schutzgräben oder -zäunen gegen Prädatoren und von hochwassersicheren künstlichen Inseln oder Nistflößen bei Brutplatzmangel - mit Ziegeln als Schutz vor Niederschlägen und Prädatoren und Plastikabdeckungen zur Verhinderung früher Besetzung durch Möwen.
Besucherlenkung und Ausweisung von Ruhezonen zur Vermeidung von Störungen am Brutplatz. Öffentlichkeitsarbeit.
Reduktion der Gewässerverschmutzung und des Biozideinsatzes in den Brutgebieten. Förderung und Schutz kleinfischreicher Gewässer.
In Durchzugs- und Überwinterungsgebieten strenge Reglementierung oder Eingestellung des Biozideinsatzes sowie Aufklärung der Bevölkerung in Afrika zur Eindämmung direkter Nachstellungen (Küste) [3693,4058].
Begleituntersuchungen einschließlich Brutbestands- und erfolgsmonitoring.

Biotop. Br. in kurzrasigen Salzwiesen an Flachküsten (Inseln und Festland), an Wattküsten, z.T. auch Dünen, ferner in Flussmündungen, an ± naturnahen Flussläufen, auch an Seen und Teichen mit wenig bewachsenen ± geschützten Brutplätzen; relativ dichte und hohe Vegetation wird zwar geduldet, doch müssen zumindest von Zeit zu Zeit beginnende Sukzessionen unterbrochen werden (z.B. durch Hochwässer). Natürliche Brutplätze im Binnenland daher nur noch selten; Br. in Kies- und Sandgruben (auf Inseln), auf künstlichen Schotterinseln, Nistflößen etc.

Nahrung. Kleine Oberflächenfische; ferner Crustaceen, wasserlebende Insektenlarven, mitunter auch nennenswerte Anteile fliegender Insekten. Hauptbeutefische z.B. Hering, Sprotte, Stichling. Flussbarsch und kleine Cypriniden, auch Kaulquappen oder Schwimmkäfer zeit- und gebietsweise häufig. An der Ostsee vor allem Meeresringelwürmer.

Stimme. In Abständen Stimmfühlungsruf »kjik« oder »kick«, Im Brutgebiet »kierr-«, ± gereiht und bei stärkerer sexueller Erregung in Reihen wie »kierr(e)kierr(e)... kerri kerriikerri...« etc. Warnruf schrill und hoch »kriiiää« (1. Teil lang gezogen und betont, etwas tiefer als Küstenseeschwalbe); bei stärkerer Beunruhigung »kekekek...« oder- »kiakiakia...«.

Verhalten. Tagaktiv. Fliegt mit weit ausholenden Flügelschlägen; Körper hebt und senkt sich dabei. Nahrungserwerb an Stellen mit Wasserturbulenzen, in Seen, Flüssen, Kolken, Prielen. Suchflug mit senkrecht nach unten, aber auch dauernd nach oben oder seitwärts gehobenem Schnabel. Gewandter Stoßtaucher in ± steilem Winkel je nach Wassertiefe (Beeinflussung des Nahrungserwerbs durch Wind). Stellenweise auch Schiffsfolger, die auch zugeworfene Kleinfische geschickt in der Luft auffangen können. Beuteraub bei Artgenossen [2394] und in Mischkolonien bei der Küstenseeschwalbe. Niedrig über dem Wasser oder dem Boden schwärmende Insekten werden in Flugjagd erbeutet. Ganzjährig gesellig. Brütet in Kolonien von wenigen bis mehreren tausend BP, nicht selten mit Küstenseeschwalbe oder auch Lachmöwe zusammen. Starkes Territorialverhalten um das Nest. Nestabstand in sehr dichten Kolonieteilen 0.2–2 m [3739], in Randgebieten bis 100 m. Randbezirke besiedeln i.d.R. Erst- und Zweitbrüter. An Schlafplätzen mitunter in großen Trupps, auch Fischfang gesellig. Paarbildung schon vor oder nach Ankunft am Brutplatz. Paare bleiben über mehrere J. stabil. Zu Beginn Fisch- oder Schaukelflüge, bei denen oft ein Fischchen im Schnabel gehalten wird. Ein Vogel schließt sich an, dabei Wegdrehen der schwarzen Kopfkappe, Überholen, Segelstrecken und auch Versuche, den Fisch zu entreißen. Am häufigsten von unverpaarten ♂, doch können Rollen von ♂ und ♀ vertauscht sein; zuweilen gleichgeschlechtliche Partner. Hochflüge meist später vom Boden oder vom Flug aus; beide Partner steigen über dem Revier auf und gleiten schließlich mit halbgeschlossenen Flügeln in zunächst steiler dann flacherer Bahn herunter. Oft Fortsetzung der Balz am Boden, z.B. Beugestellung mit schräg zu Boden weisendem Schnabel oder Reckstellung mit aufgerichtetem Schnabel. Kopulationen werden von der Balz eingeleitet. ♂ sind oft 5 Minuten auf dem ♀ und dann folgt wieder Balz. Zunächst wird meist noch nicht gefüttert, oft ohne Fisch oder auch Streit um mitgebrachten Fisch und noch nicht immer an einen bestimmten Partner adressiert. Während der Balzfütterungsphase etwa 10 d vor der Eiablage übernimmt ♂ weitgehend die Nahrungsversorgung des ♀. In den ersten d nach der Eiablage wird der jeweils brütende Vogel vom Partner gefüttert. Gemeinsame Feindabwehr in der Kolonie mit

Sturzflügen auf Bodenfeinde (Schnabelhacken und Kotspritzen), doch Menschen gegenüber meist weniger aggressiv als Küstenseeschwalbe. Auch Luftfeinde oder- Beutediebe werden angegriffen. Oft regelrechte Panikflüge einer ganzen Kolonie ohne ersichtlichen Grund. Außerhalb der Brutzeit gesellig. Nach der Brutzeit in Familientrupps und im Winterquartier in größeren Trupps mit einj. und älteren Tieren.

Fortpflanzung, Brutbiologie [2757,235,236, 1385,2395,1369,337,1719,3050,1551]. Erstbrüter meist 3–4-jährig, ♀ Ø mit 3.2 J., ♂ mit 3.6 J.; monogame Saisonehe; viell. halten einige Paare ganzjährig zusammen; Partnertreue durch Nistplatztreue. Koloniegründung meist erst einige Zeit nach Ankunft. Ältere reviertreue Ind. besetzen zuerst Territorien. Umsiedlungen von Kolonien bis Ende der Brutzeit möglich. **Ankunft am Brutplatz.** In D im Laufe des April, oft Ende April, seltener Anf. Mai. **Nest.** Am Boden, oft in Nähe auffälliger Strukturen, oft höhere Pflanzendichte in Nestumgebung; im Einzelnen sehr vielseitig auf Kies und Sand, aber auch auf Treibgut etc.; meist flache Mulde; Materialmenge vom Angebot der nächsten Umgebung abhängig, Pflanzenmaterial kann auch aus nächster Umgebung abgerissen werden. **Legebeginn.** Hauptlegezeit Mai, mitunter schon Ende April (z.B. regelm. in klimatisch günstigen Lagen Bod., Oberrhein). Nachgelege bis Anf. Juli; Spätbruten werden mitunter erst Ende Aug. flügge. **Gelegegröße.** 2-3 (4) Eier. S-D Ø$_{305}$ 2.84. **Eier.** Spindelförmig; grüne bis braune Grundfärbung in vielen Variationen und Helligkeitsabstufungen, unregelm. dunkel gefleckt, auch unpigmentierte Eier. **Brutdauer.** 20-26 d; Legeabstand 24-48 h, anfänglich auch mehr. Beide brüten, ♀ meist mehr; sitzen mitunter schon ab 1. Ei, eigentlicher Brutbeginn ab Vollgelege. Wassertransport im Bauchgefieder zur Kühlung von Eiern und Juv. nachgewiesen [2805]. **Nestlings-/Führungszeit.** In erster Lebenswoche übernimmt meist ♂ die Nahrungsversorgung, ♀ hudert und bewacht; später füttern beide. Ab 2 d suchen Junge oft Versteck in Nestnähe auf; Junge lernen Rufe der Ad. individuell. Mit 23-27 d flugfähig, werden aber noch rund 6 Wochen gefüttert, erste d noch im Revier. Junge lernen offenbar durch Nachahmung fischen und begleiten dann Ad. auf Jagdflügen. **Jahresbruten.** 1, Zweit- und Schachtelbruten bekannt; bis 2 Nachgelege. **Bruterfolg.** Oft Totalverluste in Kolonien durch Nahrungsmangel, Witterung, Prädatoren, Menschen; aber auch hohe Kükensterblichkeit in ersten d bei nasskalter Witterung. Nachwuchsraten daher sehr unterschiedlich, 0.2–2.0 flügge Junge/BP und J. in ME je nach Schutz der Kolonie. Abnahme der Nachwuchsrate z.T. auch durch Nahrungsmangel oder Pestizide. In D-BW schlüpften aus 315 Eiern in 114 Vollgelegen 247 Junge, von denen 187 flügge wurden (1.64 Juv./Vollgelege); an fünf Koloniestandorten im Wattenmeer (Jade): 2.7 Eier je Gelege, Schlüpferfolg 87%, Ausfliegeerfolg 35%, 0.8 flügge Juv./Paar und Jahr; Brutverluste zu 48% durch Witterungs- und Ernährungseinflüsse, 21% Pradation und 2% Hochwasserüberflutung.

Eimaße und -gewichte (Nominatform). L. 37.0-46.9 mm, B. 27.8-32.6 mm, Ø: 41.8 x 30.6 mm (n=416, D), 41.0 x 20.3 mm (n=114, D+A); Frischvollgew. Ø$_{61}$: 20 g (bis 21.5 g); Schalengew. 1.00-1.35 g, Ø$_{180}$: 1.22 g, 0.79-1.45 g, Ø$_{400}$ 1.1 g.

Sterblichkeit, Alter. Ad. Sterblichkeit etwa 10 %; 61% der flüggen Juv. kehrten zur Brutkolonie zurück, 27% rekrutierten [240 und unveröff. Daten Banter See]. Keine Geschlechtsunterschiede in Sterblichkeit [2806]. Ältester Ringvogel (D) 30 J. 9 Monate [3654]. **Generationslänge:** 9 J. [383].

Mauser. **Postjuvenile Mauser** (Vollmauser) beginnt unreg. bereits ab Aug., vorwiegend aber im Winterquartier ab Nov./Dez. (Feb.); Kleingefieder und ST bis Feb./März ersetzt; HS-Mauser ab (Dez.) Jan./Feb., z.T. Unterbrechung, Abschluss ab Juni/Aug. des 2. KJ [767,139,3050,1688], selten erst im April des 3. KJ [2452]. 2. Mauserzyklus der HS setzt im Mai/Juli des 2. KJ ein, aber langsam und z.T. unterbrochen, Ende im März/Juni des 3. KJ [767, 1369,139,3050,2452]; 3. Mauserzyklus ab Dez./Feb. im 2. Winter, im Mai/Juni z.T. abgebrochen oder im Aug./Okt. abgeschlossen [767,139,3050,2452]. • **Postnuptialmauser** (Vollmauser) meist ab (Mai) Juli/Aug. (Anf. Sept.) im Brut- oder Mausergebiet mit HS 1; Unterbrechung bei Zugbeginn mit (1) 3–4 (5) neuen HS [767,1369,139,3050,1688,2452, 2450,4028], restliche HS bis Jan./März gewechselt; Körpergefiedermauser vor Wegzug wenig umfangreich, besonders Okt.–Jan. [767,3050,1688,2452]. • **Pränuptialmauser** (Teilmauser) ab Dez./Feb. setzt neuer Mauserzyklus mit HS 1 und ST ein, wird im März/April mit (2) 3–5 (7) neuen HS abgebrochen [767,1369,139,1688,2452,765,2118,4028]; umfasst auch Körpergefieder, Oberflügeldecken und äußere AS [767,1688,2452, 765].

Sterna paradisaea – Küstenseeschwalbe 06160

Sterna paradisaea Pontoppidan 1763

(GB) **Arctic Tern** (F) **Sterne arctique** (E) **Charrán Artico**

Taxonomie. Monotypisch.

Kennzeichen. [167, 221,1369,3772,1784,3615,408; weitere **Fotos** in Limic. **16**, 339, Brit. B. **95**, 140]. Gr.: 33-36 cm. Gew.: ♀,♂ 86-127 g. Fl.spw.: 75-85 cm. Fl.l.: ♂ 27.0-29.0 cm, ♀ 26.1-28.8 cm [1369,3615].

Status. Brut- und Sommervogel in ME Küstenregionen. Zahlreicher Durchzügler an Nordsee, doch bereits im küstennahen Binnenland selten. Ringfunde und Erlegungen auch im küstenfernen Binnenland (u.a. D-NI, -NW, -BB, CH, CZ, A), doch hier meist selten. An Ostsee PL und im Binnenland S-ME gebietsweise zunehmend regelm. [1617,4152,2159,3871], viell. bedingt durch allg. Zunahme; früher wohl auch oft übersehen.

Verbreitung und Bestand. Zirkumpolar verbreitet, mit Vorkommen von borealer Zone bis in Hocharktis. S-Grenze in Europa in NW-F bei etwa 47°30‘ N, in N-Amerika bei 40° N. In ME vor allem Nordsee - mit deutlichem Nord-Süd-Gefälle - und in kleineren Kolonien an Ostsee. Gesamtbestand in Europa 500.000-900.000 BP (Trend unklar), mit Populationen > 50.000 BP in GRÖ, FIN, IS und GB; in ME etwa 8.000-9.000 BP [383;823 erg.]. Zwei Flyway-Populationen, davon E-atlantische mit 1.32-2.28 Mio. Ind. [823].

Wanderungen. Langstreckenzieher mit dem längsten Zugweg. Winterquartier von Küsten Chiles und Südafrikas bis an Rand der antarktischen Packeiszone (55° bis 70°S). Br. N-Pazifik ziehen entlang W-Küste N- und S-Amerikas, Br. Arktis CDN, GRÖ, Sibirien ziehen im E-Atlantik; dabei Sibirier zunächst nach N ans Eismeer und dann entlang Küste nach W in Atlantik; Br. GRÖ, CDN queren Atlantik nach E zwischen 45/55°N und treffen zw. IRL/F auf den Zugweg der Br. der Paläarktis. Weiterzug W-Küste Afrikas bis Kap; dann Querung 2000–4000 km Südmeer mit Westwinddrift nach SE. Beim Heimzug werden z.T. E-Winde ausgenutzt, um Verdriftung im Herbst zu kompensieren; einige umrunden wohl auch Antarktis nach E. Einzelheiten noch unbekannt. Bisher 1 Ringfund in Antarktis (nestjung beringt DK). Juv. ziehen meist vor juv. Flussseeschwalben desselben Gebietes ab;

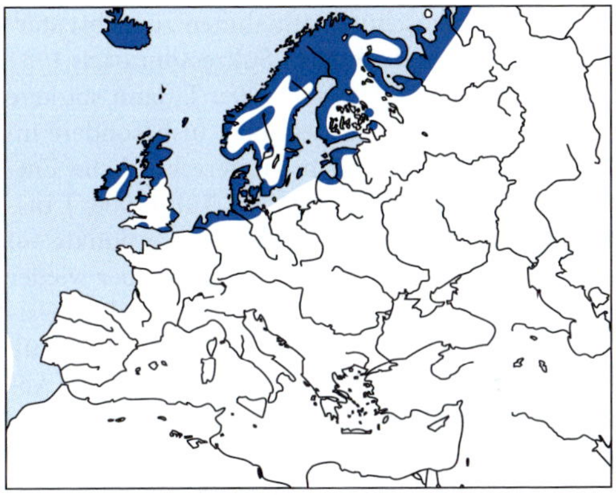

Sterna paradisaea – **Küstenseeschwalbe**

Letztbeob. in ME Nov. (Nachzügler; Dez.daten bekannt). Im Sept. bereits Golf von Guinea, ab Mitte Sept. Namibia. Heimzug entlang W-Küste Afrikas meist April. Früheste Daten NL Mitte April, ebenso Ostseeküste, IS 1. Maidekade; hoch im N erst Mitte Juni [Ringfunde Br. D:1563, GB/IRL:4064].

Bestandsentwicklung. Wegen starker natürlicher Bestandsschwankungen von Jahr zu Jahr (Witterung, Nahrung), unvorhersehbarer großräumiger Umsiedlungen, Problem der Unterscheidung von Flussseeschwalbe und ehemals sehr unzureichender Erfassung ist Einschätzung der Bestandsentwicklung schwierig [1369,196].

	Best.	Areal	Brutbestand	Jahr	Quelle
B	↕	=	0–1	1985–1996	[383,78]
D	↑	+1	6.100–6.700	1995–1999	[383]
NL	↑	=	1.900–2.300	1998–2000	[383]
PL	↕	=	0–15	1995	[383]

Starke Bestandsabnahme im 19. Jh. aufgrund direkter Verfolgung, zwischen 1900 und 1910 absoluter Tiefpunkt in ME (sowie in benachbarten Regionen) [196]. Anschließend in W-Europa großräumig weiterer erheblicher Rückgang, in weiten Teilen ME bis Mitte 20. Jh. aber anhaltende Zunahme [1369]. In dieser Zeit Bestände in NL bei 35.000-40.000 BP, in D-NI bei 700-900 und -SH bei 3.000-4.000 BP. Ab 1950er J., verstärkt durch Biozidverseuchung

der Küstengewässer NL - mit Verzögerung in D-NI und -SH erneut starke Abnahme [196]. Bis 1970er J. wieder Erholung und im Wattenmeer stärkere Zunahme als bei Flussseeschwalbe (höhere Flexibilität, da Fischanteil an Nahrung geringer), daher mit der Zeit insgesamt häufigere Art. Ab 1970er J. in D-NI durch Küstenschutzmaßnahmen zunächst stärkere Zugewinne, doch nach Sukzession nach 1981 wieder Verluste [1589], in 1990er J. dann stärkere Zunahme und Arealausdehnung, insbesondere im W [3135]. In D-SH höchst unterschiedliche Entwicklung einzelner Kolonien, bis Anf. 1990er J. insgesamt leicht abnehmend, dabei Schwerpunkte auf nordfriesischen Halligen, nachfolgend aber wieder Zunahme [3748,3135,310, B. Hälterlein], an Ostsee längerfristig abnehmend [507,1497,1307,310]. Heterogenes Bild auch in NL, wo in 1990er J. Abnahme und Verlust einiger Brutvorkommen, aber sehr starke Zunahme und Neuansiedlungen in anderen Regionen [375,3135,3638]. In B nur sporadische Brutversuche bzw. einzelne Bruten (u.a. 1976, 1982, 1996) [843,1677,78]. In PL Zahl der Beob. ab 1970er J. deutlich zunehmend und zwei Bruten an Binnenseen, dann Ansiedlung in Weichselmündung und Ostseeküste seit 1979, aber wenig stabil und nicht allj. Bruten, bisher max. 12-15 BP [1366,3871]. Großteil der Brutplätze in Schutzgebieten (vor allem Ostseeraum), z.T. störungsbedingt [3135,3748].
In jüngerer Zeit Hinweise auf verstärktes Binnenlandvorkommen, Übersommerungen und Brutversuche in S-ME, z.B. Bod. 1988 und 1995 und einige Mischbruten am Ammersee D-BY ab 1989 [196].
Die z.T. katastrophalen Verluste in GB aufgrund Überfischung der Sandaale zur Fischmehlproduktion in 1990er J. wieder kompensiert [1343]. Seit 1960er J. Ausdehnung des europäischen Brutareals nach NE, wo auch binnenländisch brütend; mögliche Ursache erhöhtes Nahrungsangebot (Chironomiden) durch Eutrophierung [1507].

Siedlungsdichte. Koloniebrüter, z.T. sehr große Kolonien, an Nordsee oft zusammen mit Flussseeschwalbe. Auf Inseln der Ostsee kleinere Kolonien von 5-50 BP [1507].

Gefährdungsursachen [1369,196,3135,3928, 3748]. Vgl. auch Flussseeschwalbe.
Abwanderung und Aufgabe von Brutplätzen nach Störungen (Menschen, Hunde) und durch Lebensraumveränderungen in Brutgebieten, z.B. Küstenschutzmaßnahmen mit veränderten Sedimentations- und Überflutungsbedingungen, durch Überbauung, touristische »Entwicklung«; auch natürliche Gründen wie Winderosion, Sturmfluten, vor allem aber Sukzession.
Verseuchung der Küstengewässer mit Bioziden, wegen geringerer Spezialisierung auf Fischnahrung aber offenbar weniger stark betroffen als z.B. Brand- oder Flussseeschwalbe.
Direkte Verfolgung in (Rast- und) Überwinterungsgebieten, vor allem Fang; früher massive Eiernutzung und Schmuckfederjagd; auch Abschuss.
Brutverluste aufgrund von Prädation (Wanderratte, Igel, Fuchs, Möwen, Krähen), häufig infolge Störungen am Brutplatz, und durch Überflutungen; hierbei stärker gefährdet als Flussseeschwalbe, da näher an Mittlerer Hochwasserlinie brütend (starke Gefährdung bei Klimaerwärmung).

SPEC	VSchRL	Bern.Konv.	Bonn.Konv.
--	Anh. I	Anh. II	Anh. II
Europ. RL	**RL in ME**		
--	--		

Schutzmaßnahmen. Besucherlenkung zur Vermeidung von Störungen am Brutplatz, insbesondere in früher Phase der Brutzeit. Öffentlichkeitsarbeit und Information; Überwachung großer Kolonien.
Strenger Schutz vorhandener Bruthabitate, da starke Abhängigkeit von überflutungssicheren und störungsarmen Primärlebensräumen. Wo erforderlich, Management zur Förderung der natürlichen Dynamik und Sedimentationsverhältnisse der Inseln, da am Brutplatz niedrige, schüttere Primärvegetation vorhanden sein muss; Errichtung von Schutzgräben oder -zäunen gegen Prädatoren.
Reduzierung des Nährstoffeintrages und der Biozide in Küstengewässer. Internationaler Schutz von nahrungsreichen Küstengebieten.
Verhinderung der Verfolgung/Nachstellung auf dem Zug/im Winterquartier.

Biotop. Im ME und NW-Europa ausgeprägter Küstenvogel; in der borealen Waldzone und den Tundren auch tief im Binnenland. Fluss- und Küstenseeschwalben nutzen gleiches Nahrungsbiotop, aber mit unterschiedlichen Präferenzen; im Wattenmeer Bruthabitat kurzrasige Salzwiesen, Primärdünen, am Rande von Weißdünen, Muschelschill- und strukturierte Strandabschnitte (einzelne Pflanzen, Holz etc.). Nahrungshabitate im Wattenmeer Priele, Flachgewässer, weniger strandnahe Nordseebereiche, z.T. Hafenbecken der Inseln. Küstenseeschwalben fischen oberflächennahe, nehmen auch Beute vom Wattboden auf (in Ostsee -MV zudem vom Strand), in Schären FIN fischen sie meist weiter vom Ufer entfernt.

Nahrung. Fische und Fischlarven, Insekten, Crustaceen, Polychaeten; Fischanteil oft kleiner als bei Flussseeschwalbe, mit Ausnahme von Plattfischen, Beutetiergröße geringer [vgl. 1240]; Crustaceen spielen z.T. wichtige Rolle.

Stimme. Stimmfühlung nasal »gib gib« oder »bitt bitt«, verschieden vom härteren und höheren »kick« der Flussseeschwalbe. Bei Erregung »ki ki kikkäriik« oder »dschri-dschädschrä...«, Warnruf nicht wie bei Flussseeschwalbe in der 1. Hälfte betont, sondern am Ende »kirr-ä«, »ki-jää«. »Rattersalven« bei Angriff i.d.R. wie »ka'ka'ka'...ooer«.

Verhalten. Tagaktiv. Nahrungserwerb; Stoßtauchen nach Fischen bis 6 m Tiefe. Fängt Insekten in der Luft oder von Wasseroberfläche. Paare sind über mehrere J. stabil. Junge Paare trennen sich öfter. Brüten meist erst mit 4 J.; Ankunft im Brutgebiet variiert altersbedingt; ältere Vögel kommen früher an. Sexualverhalten ähnlich Flussseeschwalbe. Bei Abwehr von Feinden in der Kolonie aggressiver als jene. Außerhalb der Brutzeit gesellig. Während dem Zug aber oft sogar einzeln oder sehr kleinen Truppgrößen. Im Überwinterungsgebiet in sehr großen Schwärmen.

Fortpflanzung, Brutbiologie [603,1240,1369, 3615,1551]. Geschlechtsreife mit 3–5 J., wohl meist vier. Monogame Saisonehe mit Neigung zur Partnertreue. **Nest.** Nest auf Gras- oder Felsinseln, Sandflächen oder- kurzrasigem Grünland; einfache Mulde, oft ohne jede Auskleidung. **Legebeginn.** Nordsee frühestens 1. Maidekade, meist Mitte Mai bis Anf. Juni, meist gleichzeitig oder wenig später als Flussseeschwalbe; in Arktis oft erst ab Anf. Juni. **Gelegegröße.** 1–3 Eier, 2 am häufigsten; z.B. D_{590} 1.95; GB 1.5 bis 2.0. **Eier.** Ähnlich Flussseeschwalbe, variabel gefärbt und gezeichnet. **Brutdauer.** 20-22 d. Beide brüten, Brutbeginn mit 1. oder 2. Ei. **Nestlings-/Führungszeit.** Beide Ad. versorgen Brut. Junge können mit 2 d schwimmen, sind etwas früher als Flussseeschwalbe mit 21–24 d flugfähig, werden aber noch längere Zeit gefüttert. **Jahresbruten.** 1; im S auch Nachgelege. **Bruterfolg.** Ältere Ind. brüten erfolgreicher, GB z.B. 0.24 flügge Juv./BP und J. bei Dreij., 0.4-0.6 bei zunehmend älteren; in D-NI in 2 J. 0.13 bzw. 0.71 flügge Juv./BP und J. bei Schlüpferfolg von 68% bzw. 100%.

Eimaße und -gewichte. L. 36.9-44.1 mm, B. 27.5-32.9 mm, Ø: 42.6 x 30.1 mm (n=106, D), 39.8 x 29.8 mm (n=1443, N-RUS), 41.1 x 29.7 mm (n=244, S.); Frischvollgew. 15.1 -23.4 g, $Ø_{106}$: 19.6 g; Schalengew. 0.69-1.39 g, $Ø_{244}$: 1.10 g.

Sterblichkeit, Alter. GB nach dem Flüggewerden im 1. Lebensjahr ca. 19 %; ca. 53 % der flüggen Jungen erreichen Brutreife; 2 J. und älter ca. 12-13 %/ J.; D ebenfalls 11-13 %/J. Ältester Ringvogel (USA) 34-jährig brütend kontrolliert; in Europa max. 29 J. 9 Monate (GB; [3654]). **Generationslänge:** 14 J. [383].

Mauser. **Postjuvenile Mauser** (Vollmauser) (Ende Aug.) Ende Okt.–Feb., aber vor Ankunft im Winterquartier wenig umfangreich; Schwingenmauser Dez./Jan.–April/Mai. Folgende Mauserperioden ähnlich Ad. [767,139,1688,2452,3979]. • **Postnuptialmauser** (Vollmauser) beginnt erst im Winterquartier ab (Ende Sept.) Okt./Anf. Nov., bei erfolglosen Brutvögeln und Nichtbrütern vermutlich schon im Spätsommer; Körpergefieder und ST bis Jan. gewechselt, HS bis Feb./Anf. März; Schwingenmauser deutlich schneller als bei Flussseeschwalbe [767,1356,1688,2452,3979]. • **Pränuptialmauser** (Teilmauser) Feb.–Mitte März, bei Zugbeginn größtenteils beendet; umfasst Körpergefieder, Oberflügeldecken und meist alle ST [767,1688,2452], in Anpassung an extrem langen Zugweg jedoch nur selten nochmals innere HS [2452, 3979].

Ordnung Pterocliformes – Flughühner

Etwa rebhuhngroße Bodenvögel mit kurzen Beinen und langen spitzen Flügeln; ST bei manchen Arten verlängert. Tarsi kurz, dicht befiedert; Vorderzehen stark, mit dicken beschuppten Sohlen. Geschlechter gleich, ♂ nur wenig größer als ♀. Nahrung ausschließlich vegetabil. Geselliger Bewohner von Trockengebieten mit z.T. langen und spektakulären Morgen- und Abendflügen zu Tränken; trinken saugend wie Tauben. Bodenbrüter; Junge sind Nestflüchter. Wassertransport durch die ♂ im Bauchgefieder, das dazu besonders konstruiert ist. Auf Trockengebiete (Eurasien, Afrika) beschränkt.

Flughühner (Pterocliformes, beachte Schreibweise!) [dazu: 4170,417] wurden aufgrund phänotypischer Merkmale entweder in die Nähe der Tauben gestellt oder den Charadriiformes eingegliedert [2416,1135]. DNA-DNA Hybridisation schien eine Schwesterbeziehung zu den Charadriiformes zu bestätigen [3564], doch nach DNA-Sequenzdaten stehen sie den Limikolen nicht näher als den Tauben [2942]. Ähnlichkeiten im Dunenkleid und Adultgefieder zwischen Flughühnern und manchen Limikolen scheinen ebenso konvergent entstanden zu sein wie manche Ähnlichkeiten mit Tauben. Es ist daher ratsam, die Gruppe im Ordnungsrang aufrecht zu erhalten.

Familie Pteroclidae – Flughühner

Zwei Gattungen, 16 Arten, afrikanisch-eurasiatische Verbreitung. Die Monophylie von *Pterocles* gegenüber *Syrrhaptes* ist nicht gesichert.

Pterocles exustus – Braunbauch-Flughuhn 06600

Pterocles exustus Temminck 1825

GB Chestnut-bellied Sandgrouse **F Ganga à ventre brun** **E Ganga Moruna**

Taxonomie. Sechs nur in Färbung gering differenzierte UA, davon vier in Afrika: *exustus* Temminck 1825, *floweri* Nicoll 1921, *ellioti* Bogdanow 1881 und *olivascens* (Hartert 1909), zwei in Asien: *erlangeri* (Neumann 1909) und *hindustan* R. Meinertzhagen 1923 [1784].

Kennzeichen. [1784,3615,3772].

Maße. Gr.: 31-33 cm. Gew.: ♂ ca. 170-290 g, ♀ ca. 140-240 g. Fl.spw.: 48-51 cm. Fl.l.: ♂ 17.5-19.0 cm, ♀ 16.0-18.4 cm [3615,1784].

Status. In Europa extrem seltener Ausnahmegast, mit nur einem Nachw.: • **H:** Aug. 1863 ♀ (*erlangeri*) aus Gruppe von Steppenflughühnern erlegt [3615,2438].

Verbreitung und Bestand. Br. in schmalem Band von Mauretanien bis E-Afrika, dort nach S bis Tanzania, ferner W und S Arab. Halbinsel (*erlangeri*) nach E bis Indien; zudem eingebürgert auf Hawaii. In W-Paläarktis UA *floweri* bis 19. Jh. Brutvogel in JOR und bis 1938 in EGY (auch SYR?) [3615], seither extrem selten nachgewiesen. Sehr häufige Art, Weltbestand nicht bekannt, Wintertrupps z.T. bis 50.000 Ind. (Mali); nicht gefährdet [1784].

Wanderungen. Standvogel und Teilzieher; wohl gelegentliche Wanderungen über Brutareal hinaus.

Biotop. Wüstensteppe, Halbwüste mit Dornbüschen und einzelnen Bäumen; auch in Randbereichen von Kulturland, Brachflächen usw. (Indien).

Nahrung. Vorwiegend kleine (und oft harte) Samen, ferner Hülsenfrüchte und Körner in Stoppelfeldern; gelegentlich Pflanzensprosse und Insekten.

Stimme. Charakteristischer Flugruf weithin hörbar: glucksendes »kat-err kat-err« oder »wit kat-err wit wit -ii-err kat-err«.

Sterblichkeit, Alter. Generationslänge: < 3.3 J. [383].

Mauser. Ähnlich Sandflughuhn [767,1369].

Pterocles orientalis – Sandflughuhn 06610

Pterocles orientalis (Linnaeus 1758)

(GB) Black-bellied Sandgrouse **(F) Ganga unibande** **(E) Ortega**

Taxonomie. Zwei UA mit disjunkten Arealen: *orientalis* (Linnaeus 1758) (NW-Afrika, Kanaren, Iberien) und *arenarius* (Pallas 1775) (Wolgasteppen, TR und IL ostwärts).

Kennzeichen. [1784,3615,3772,1369; **Foto** in Bird. W. **9**, 240]

Maße. Gr.: 33-35 cm. Gew.: ♂ 400-550 g, ♀ 300-465 g. Fl.spw.: 70-73 cm. Fl.l.: ♂ 22.7-24.4 cm, ♀ 22.1-24.2 cm [1369,3615].

Status. In ME extrem seltener Ausnahmegast, bisher nur folgende Nachw.: • **B:** ca. 20 Ind. Aug. 1917, (Nachw. von Mai/Juni 1961 gestrichen) [3615,1677]. • **D:** -ST Aug. 1801 [1369].

Verbreitung und Bestand. Steppen- und Halbwüstenbewohner von Iberien, Kanaren und NW-Afrika über E-Mittelmeer (CY, IL, TR), AR sowie NW-KZ bis NW-China und nach S bis Iran, Afghanistan und SW-Pakistan. Weltbestand nicht bekannt, in Europa 28.000-62.000 BP, davon Großteil in TR (25-50 T.) und in E. (2.5-10 T. BP) [383]; global nicht gefährdet, aber Bestand fast überall stark rückläufig (stabil in S-RUS) [383,3615,1784,3892].

Wanderungen. Br. im E überwiegend Zugvögel (ziehen bis N-Arabien, NW-Indien). W-Population in E. Standvögel, in N-Afrika werden die südlichsten, trockenen Gebiete nach der Brutzeit verlassen. Gelegentlich weiterreichende Flüge Einzelner, doch bisher nur in ME und M außerhalb des Brutareals nachgewiesen.

SPEC	VSchRL	Bern.Konv.	Bonn.Konv.
3	Anh. I	Anh. II	--
Europ. RL	**RL in ME**		
--	--		

Gefährdung und Schutz [3892,1507]. Hauptfaktor Habitatverlust durch Intensivierung der Landwirtschaft in Steppengebieten und andere menschliche Eingriffe (Zerstörung von Saumgesellschaften, Pestizideinsatz, Bewässerungssystem- und Dammkonstruktionen, Überweidung, aber auch Aufgabe extensiver Nutzung mit Aufforstung); ferner Jagd. Erhaltung und Management geeigneter, extensiv genutzter Steppenhabitate, einschließlich Reduzierung des Weidebetriebs. Internationale Übereinkommen zum Steppenschutz sowie naturschutzorientiertere Ausrichtung der Landwirtschaft.

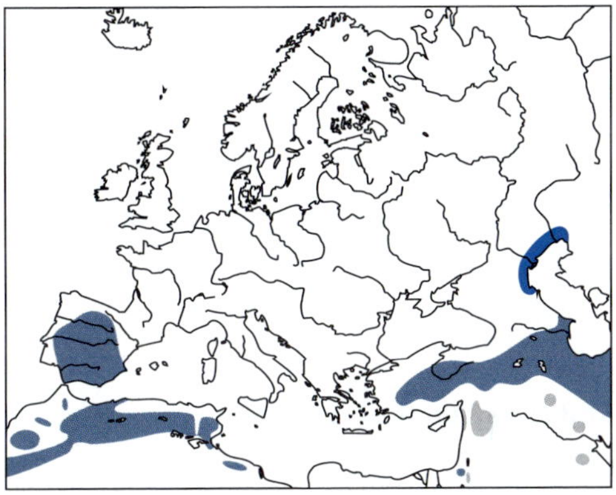

Pterocles orientalis – Sandflughuhn

Biotop. Halbwüsten mit Steppenvegetation oder mit (trockenen) Kultur- und Brachflächen. I.d.R. in weniger ariden Gebieten als andere Flughühner.

Nahrung. Sämereien, in Kulturflächen auch Getreidekörner und Hülsenfrüchte. Trinkt typischerweise ca. 3 h nach Sonnenaufgang (an sehr heißen Tagen erneut ca. 1 h vor Sonnenuntergang).

Stimme. Weit hörbarer, rollend-schnarrender, vibrierender Flugruf 2-3 silbig »djirr-irr-irr«, am Schluss langsamer werdend. Auch explosivartig einsetzend »prurr-chiu«. Daneben langgezogene Pfiffe »hu-wijä«, »hüüju«.

Sterblichkeit, Alter. **Generationslänge:** < 3.3 J. [383].

Mauser. **Postjuvenile Mauser** (Teilmauser) ab Aug.; ohne einige äußere HS [767,1369]. • **Postnuptialmauser** (Vollmauser) April/Mai–Okt. [767,1369].

Pterocles alchata – Spießflughuhn 06620

Pterocles alchata (Linnaeus 1766)

(GB) **Pin-tailed Sandgrouse** (F) **Ganga cata** (E) **Ganga Ibérica**

Taxonomie. Zwei UA, *alchata* (Linnaeus 1766) (Iberische Halbinsel, S-F) und *caudacutus* (S.G. Gmelin 1774) (NW-Afrika bis KZ).

Kennzeichen. [1784,3615,1369,3772,221; **Foto** in Bird. W. **5**, 113].

Maße. Gr.: 31-39 cm. Gew.: ♂ 250-408 g, ♀ 207-374 g. Fl.spw.: 54-65 cm. Fl.l.: ♂ 20.5-21.4 cm, ♀ 20.1-21.1 cm [3615,1369].

Status. In Europa sehr seltener Ausnahmegast, mit einzelnen Nachw. in I, M, GR, RUS, UA., CY u.a. [3615]. In ME als Wildvogel wahrscheinlich nie belegt, bisher nur: • **D:** -BW erlegt Dez. 1964, wohl Gefg.fl., da teilkupierte Schwingen [1722]. (Auftreten in D-NI 1863 und D-MV 1875 zu unsicher [1369].)

Verbreitung und Bestand. In Mittelmeer-, Steppen- und Wüstenzone der Paläarktis. Nominatform in Iberien und SW-F, *caudacutus* sehr lückig in NW-Afrika, Vorderer Orient (IL bis Mesopotamien und Persischer Golf) sowie zentralasiatisches Tiefland [1722]. In Europa 10.000-21.000 BP, fast alle in E., mit kleinen Populationen in F (115-180 BP) und TR (50-500 BP, in P unreg. (0-6 BP) [383]; global nicht gefährdet, obwohl Bestand in allen Regionen (stark) rückläufig [383,3615,3892].

Wanderungen. Standvogel mit nomadisierenden Wanderungen im W, ausgesprochener Zugvogel in Zentralasien. Br. aus E. und F eher selten abseits der normalen Brutgebiete (z.B. Crau/F), in N-Afrika jedoch insbes. als Regenfolger sehr mobil [3615].

Gefährdung und Schutz [3892,1507]. vgl. Sandflughuhn.

SPEC	VSchRL	Bern.Konv.	Bonn.Konv.
3	Anh. I	Anh. II	--
Europ. RL	**RL in ME**		
--	--		

Biotop. Vorwiegend baumfreie Halbwüsten- und Wüstengebiete bis zu trockenem Kulturland; meidet stärker verbuschte Bereiche oder hochgewachsene Felder.

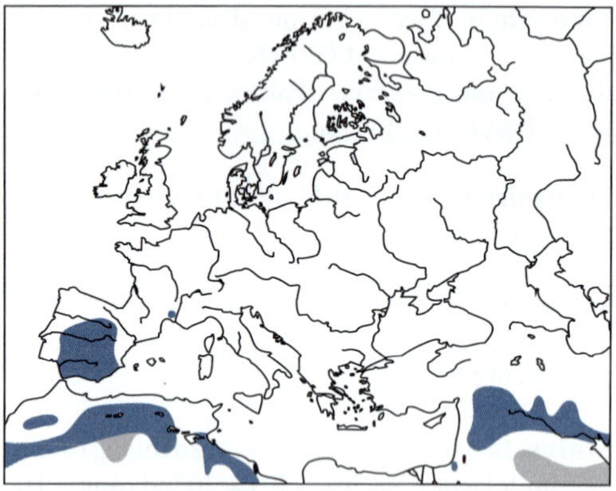

Pterocles alchata – **Spießflughuhn**

Nahrung. Hauptsächlich Sämereien, aber auch Sprosse und Blätter; in Kulturland zudem Getreide und Hülsenfrüchte. Trinkt am Morgen (an heißen Tagen auch abends).

Stimme. Am Boden eher schweigsam. Flugruf nasales »kiarrr«, »garr«, von weitem »ga-ang arr« ähnlich Dohle, oft auch gereiht.

Fortpflanzung, Brutbiologie [767,1369,1551]. **Nest.** Flache, nicht ausgekleidete Bodenmulden in offener Landschaft, gelegentlich durch kleine Gras- oder Strauchbüschel gedeckt. Evtl. manchmal auch Eiablage ohne Nestbau. **Legebeginn.** 2. Maiwoche bis Ende Juni. Erste Gelege manchmal Mitte April, meist Ende April/Anf. Mai; letzte im August. **Gelegegröße.** 3 (2-4) Eier. **Eier.** Langelliptisch, glatt und glänzend, ockergelb mit braunen und blassgrauen Klecksen, Flecken und Spritzern. **Brutdauer.** Irak 19-20 d, F 23 d, in Gefg. bis 25 d. Legeintervall 24-48 h, Bebrütung durch ♂ und ♀. Brutbeginn mit letztem Ei, ♀ kann aber vorher bereits Eier beschatten. **Nestlings-/Führungszeit.** Pulli können nach 2 h laufen und picken, verlassen am 1. d das Nest und folgen Ad.; können bereits mit 10 d selbständig werden, sind nach ca. 4 Wochen einigermaßen flugfähig, nach 6 Wochen gute Flieger. Werden von beiden Ad. geführt, bisweilen teilt sich die Brut aber auf. **Jahresbruten.** 1; Ersatzbruten nicht nachgewiesen, aufgrund Brutzeitlänge aber wahrscheinlich.

Sterblichkeit, Alter. **Generationslänge:** < 3.3 J. [383].

Mauser. **Postjuvenile Mauser** (Teilmauser) ab Aug.; ohne einige äußere HS [767,1698]. • **Postnuptialmauser** (Vollmauser) (April) Mai–Okt., z.T. aber deutlich später [767]. • **Pränuptialmauser** (Teilmauser) Nov.–April; nur Kopf- und Oberseitengefieder [767].

Syrrhaptes paradoxus – Steppenflughuhn 06630

Syrrhaptes paradoxus (Pallas 1773)

(GB) **Pallas's Sandgrouse** (F) **Syrrhapte paradoxale** (E) **Ganga de Pallas**

Taxonomie. Monotypisch.

Kennzeichen. [1784,3615,1369,3772,221; **Foto** in Bird. W. **3**, 161, Dutch B. **14**, 95].

Maße. Gr.: 30-41 cm. Gew.: ♂ 250-300 g, ♀ 200-260 (370) g. Fl.spw.: 60-78 cm. Fl.l.: ♂ 24.3-25.9 cm, ♀ 21.4-23.5 cm [1369,3615].

Status. Nach Europa im 19. Jh. mehrere kleinere Invasionen (aus Nahrungsmangel in angestammten Arealen ?) und über lange Zeit fast regelm. Einzelvorkommen (zunehmend seltener); 3 Großinvasionen: 1863/64, 1888/89, 1908, jeweils beginnend im Mai und bis ins Folgejahr anhaltend [277]. Dabei einzelne Brutversuche, z.B. 1863 und 1888 NL, 1888 PL, D-NI und -SH sowie UA. und S., 1888/89 GB und DK und 1889 B (auch A-B ?), ferner 1908 BG, RUS (bei Moskau) und UA. [1369,277,3615,q23]. Größter ME Einflug 1888 in W-PL und D mit ca. 10.000 Ind. und noch in Schottland mind. 1.500–2.000 Ind. - insgesamt in Europa wohl ca. 100.000 Ind. [1]. In Zusammenhang mit Invasionen bis 1908 in allen ME Ländern (außer L) belegt.
Nachw. nach 1908 deutlich seltener (kleiner Einflug 1969 bis GB und S.); belegt sind: **B:** Feb. 1956 (ca. 30 Ind.), Mai 1961 [1677,1369]. • **NL:** Nov. 1964, Dez. 1964 (andere Beob. nicht anerkannt), Mai 1969, Juni 1969, Sept. 1969, Dez. 1972 [277]. • **D:** -NW Nov. 1937 [1369]. • **CZ:** Nov. 1934 [2159]. • **SK.:** [3615,3882]. • **H:** nach 1908 noch mehrere Einflüge registriert, u.a. 1913, 1917, 1921, 1923 und 1944 [2438]. Jüngere Nachw. aus ME fehlen weitestgehend, nur in • **PL:** kleine Trupps 1990 (auch in GB und N.) und 1992 [3615].

Verbreitung und Bestand. Brutvogel von Halbwüsten und Steppen Zentralasiens und SW Mandschurei bis N-Kaspigebiet; Verbreitungsgrenzen im Detail wechselnd; unregelm. Brutvorstöße außerhalb des Gebietes. Großes Verbreitungsgebiet, aber meist dünne Besiedlung. Gesamtbestand unbekannt, global nicht gefährdet [1784].

Wanderungen. Teilzieher, Zugvogel; Winterquartier S-Teile des Brutareals, ferner bis Usbekistan, S-KZ und im E N- bzw. NE-China. Neben normalem Zugablauf Irruptionen im E besonders im Winter, nach W dagegen im Zusammenhang mit Heimzug ab Frühjahr. Seit 1908 Irruptionen nach Europa seltener und an Umfang wesentlich geringer.

Biotop. Steppen und Halbwüsten mit niedriger, spärlicher Vegetation (Gras, einzelne Büsche), aufgegebene Felder; meidet Wanderdünen und wasserfreie Gebiete.

Nahrung. Sämereien und z.T. Sprosse von verschiedensten Pflanzen. Gebietsweise auch in Getreidefeldern. Trinkt meist am Morgen (zw. 6-10 Uhr), aber zuweilen auch abends.

Stimme. Im Flug und am Boden ruffreudig. Tiefe, zwei- bis dreisilbige Rufe »gölück«, »gölerick« oder auch »puk-kou-ru« umschrieben. Warnruf scharfes »tschep«. Deutliches, pfeifendes Fluggeräusch.

Verhalten. Tagaktiv. Läuft mit kleinen Trippelschritten; die verlängerten mittleren ST schleifen meist am Boden. Beim Auffliegen taubenartiges Flügelklatschen; schneller Flug mit sausendem Fluggeräusch; gerne staubbadend. Paare brüten in lockeren Kolonien. Balz ähnlich wie bei Tauben. Außerhalb der Brutzeit gesellig oft größere Trupps (mehrere Tausend).

Sterblichkeit, Alter. **Generationslänge:** < 3.3 J. [383].

Mauser. **Postjuvenile Mauser** (Teilmauser) meist Juli–Aug.; nur einige äußere HS bleiben stehen [767,1369]. • **Postnuptialmauser** (Vollmauser) beginnt mit HS 1 gegen Brutende, Ende Mai/Juni-Sept./Okt. (Jan.) [767,1369].

ORDNUNG Columbiformes – Taubenvögel

Kräftige, meist kleinköpfige, lerchen- bis hühnergroße Vögel mit kurzem Schnabel und relativ kurzen Beinen. Geschlechter meist gleich. Schnabel trägt nur in der Spitzenhälfte eine harte Hornscheide; Basalhälfte des Schnabels mit einer weichen, vor allem am Oberschnabel ± geschwollenen Haut bekleidet, die meist schlitzförmige Nasenlöcher wie eine Kappe bedeckt. Auge meist umgeben von nacktem, farbigem Hautbereich. Sehr stark entwickelte Flugmuskulatur macht bei Tauben bis zu 44% des Körpergewichts aus (bei Zuchttauben wohl noch mehr). 11 HS, 12-18 AS, meist 12-14 ST. Fahnen der Konturfedern mit dunigem Abschnitt an Basis. Durch abgestoßenen feinen Puder Gefieder wachsartig bereift. Großer Kropf, dessen Wandung vor Brutende viele Epithelzellen bildet, die als »Kropfmilch« abgestoßen werden und der Jungenernährung dienen. Beim Trinken wird Wasser eingesogen. Nestbau durch ♀, 1 oder 2 fast immer reinweiße Eier; z.T. mehrere Jahresbruten. Junge sind Nesthocker. Farbabbildungen und Verbreitungskarten aller Arten [1344; zahlreiche Farbfotos:1784].

Ca. 300 Arten in 42 Gattungen, weltweite Verbreitung. Traditionell wurden zwei Familien abgegrenzt: Rhaphidae (Dodos, 3 Arten in historischer Zeit ausgestorben) und Columbidae, aber s. u.

Familie Columbidae – Tauben

Die Phylogenie der Tauben ist anhand von DNA-Sequenzen recht gut untersucht [1900,1903,3542N,1899]. DNA aus subfossilem Material zeigte, dass die Dodos nicht die Schwestergruppe aller anderen Tauben sind, sondern innerhalb der Columbidae entstanden und mit den Kronentauben (*Goura*) und der Nicobartaube (*Caloenas nicobarica*) nächstverwandt sind [3542N]. Eine Trennung in die zwei o.g. Familien ist also nicht haltbar. Auch auf Gattungsniveau entspricht die bisherige Systematik nicht den phylogenetischen Verhältnissen, da weder *Streptopelia* noch *Columba* in der herkömmlichen Abgrenzung monophyletisch sind.

• Gattung *Columba*

Die neuweltlichen Arten, die bisher dieser Gattung zugerechnet wurden, sind mit den altweltlichen nicht nächstverwandt und werden aufgrund molekularer Befunde nun in eine eigene Gattung (*Patagioenas*) gestellt. Somit verbleiben in *Columba* 44 Arten mit rein altweltlicher Verbreitung.

• Gattung *Streptopelia*

Die bisher in der Gattung vereinigten Arten repräsentieren zwei sehr divergente Linien, deren Monophylie auch anhand molekularer Sequenzen nicht gesichert ist. Mangels Alternativen muss die Abgrenzung der Gattung vorerst aufrechterhalten bleiben, wobei dann aber »*Columba*« *(Nesoenas) mayeri* (Mauritius) mit einzubeziehen ist [1903,1899].

Columba livia f. domestica – Haus-/Straßentaube 06650

Columba livia f. domestica J.F. Gmelin 1789 Urform: Felsentaube

(GB) **Feral Pigeon (Rock Dove)** (F) **Pigeon domestique (Pigeon biset)** (E) **Paloma Bravía**

Taxonomie. Felsentaube *Columba livia* mit neun UA, im größten Teil der W-Paläarktis nur Nominatform, die auch Stammform der Straßentaube und der domestizierten und sekundär verwilderten Haus-/Straßentaube sein dürfte. Oft in Superspezies gestellt mit ähnlicher *C. rupestris* (zentralasiatisches Bergland), mit der auch nach molekularen Befunden nächstverwandt [1903]. Allerdings kamen beide auch ursprünglich wohl im Himalaya-Gebiet weiträumig sympatrisch vor (altitudinal getrennt?).

Kennzeichen. [1784,1369,221,3772,3615].

Maße. Gr.: 31-34 cm. Gew.: ♀,♂ 180-370 g. Fl.spw.: 63-70 cm. Fl.l. (Nominatform): ♂ 21.9-23.5 cm, ♀ 21.3-22.7 cm [1369,3615].

Status. Brut- und Jahresvogel in urbanen Lebensräumen. Wildform wohl nie in ME heimisch (nur an Küste W-Europas).

Verbreitung und Bestand. Wahrscheinlich »verstädterter« direkter Abkömmling der Felsentaube (s.o.); Anteil verwilderter Haustauben demzufolge nicht sehr groß [1369]. Inzwischen als Brutvogel größerer Siedlungen und Städte weltweit verbreitet, mit Schwerpunkten in W-Paläarktis, N-Amerika und Indien. In Europa nach N bis 66° N in FIN, 69° N in RUS (Murmansk) bzw. über 70° N in N. [337]. Über Bestandszahlen wenige zuverlässige Angaben; nach groben Schätzungen Bestand Europas 9.3-15 Mio. »BP«, Angaben > 0.5 Mio. aus BY, CZ, LT, RUS, TR und E. [383]; in ME etwa 1.4-2.5 Mio. »BP« [383, erg.].

Wanderungen. Standvogel. In GB/IRL hochgradig ortstreu (Median der Entfernungen aller 36 Ringfunde 500m), sehr selten größere Entfernungen. Median der Ansiedlungsdistanz zum Geburtsort 1 km [4064]. In saisonal sehr ungünstigen Gebieten (z.B. Wüstengebieten) können kurze Ausweichwanderungen auftreten [1784].

Bestandsentwicklung. Über Bestandsentwicklung kaum konkrete Aussagen möglich, da von vielen Faunisten vernachlässigt oder ignoriert und großflächige Bestandsaufnahmen sehr schwierig (hohe Anzahl Nichtbrüter, freifliegende Schlag- und Zuchttauben sowie Fehlen »echter Brutzeit« oder auffälligen Territorialverhaltens) [1369,2772,196]. In Barcelona bei »genauen Bestandserfassungen« nur 28% des Brutbestandes ermittelbar [3527].
Heutige große Stadtpopulationen wohl jungen Datums, z.B. D-HH 3 »BP« 1901, ca. 3.000 »BP« vor 1938, ca. 6.000 1953, ca. 15.000–20.000 1958 und 25.000 »BP« 1990 [337,2642]; Brno um 1903 ca. 1.000, 1974 über 2.000 »BP« [337]. Wenige konkrete Angaben zur Bestandsentwicklung deuten mindestens ab 1950er J. in weiten Bereichen ME trotz Bekämpfungsmaßnahmen auf anhaltende Be-

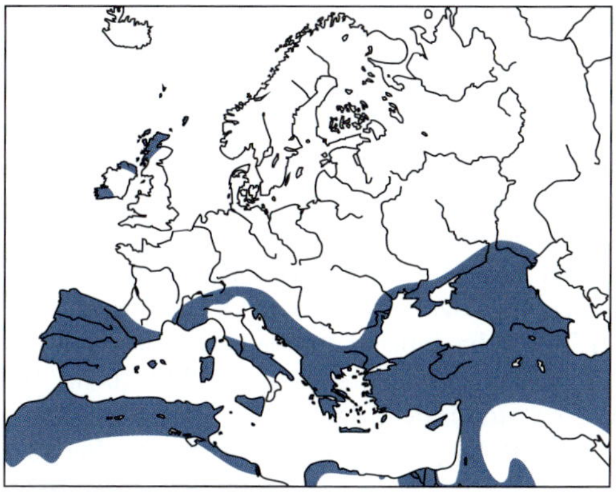

Columba livia – **Felsentaube**
Haus-/Straßentaube in fast ganz Europa (s. Text)

standszunahme bis 1990er J.; Zusammenhang mit Ausbreitung der Siedlungsfläche und zunehmender Urbanisierung [843,2031,2068,196,4043,2642, 3638; auch GB:1343]. Manche Städte dabei erst nach 1945 in größerer Zahl besiedelt, Wolfsburg z.B. erst in 1960er J. [1369]. Am Bod. von 1980-90 Verdoppelung des »Brutbestandes« ohne zunehmende Dichte in Ballungszentren [1617]; in Basel »Größe des Brutschwarmes« von 1981-87 an Stadtperipherie deutlich zunehmend, im Zentrum aber unverändert; auch Bruterfolg an Peripherie höher; große Verluste im Zentrum durch Zuzug vom Rand kompensiert [1487].

	Best.	Areal	Brutbestand	Jahr	Quelle
A	+/-	=	100.000 – 150.000	1998 – 2002	[383]
B			?? –		
CH	↑	+ 1	20.000 – 40.000	1993 – 1996	[383]
CZ	+/-	=	500.000 – 1.000.000	2000	[383]
D	+/-	=	200.000 – 330.000	1995 – 1999	[383]
FL	+/-	=	50 – 100	1998 – 2000	[383]
H	+/-	=	400.000 – 500.000	1998	[383]
L	+/-	=	5.000 – 10.000	2002	[383]
NL	↓	=	50.000 – 200.000	1998 – 2002	[383]
PL	+/-	=	100.000 – 250.000	1990 – 2000	[383]
SK			?? –		

Gebietsweise auch stärkere Bestandsabnahmen, insbes. ab (1980er) 1990er J., nach Brutplatzverlusten durch Gebäudesanierung oder (Netz-)Absperrungen, z.B. München [4175], Dresden [2839] und Berlin [1, 2896], ferner durch Rückgang der Fütterungen, z.B. in Bremen [3519] sowie Verringerung der Nahrungsverfügbarkeit, u.a. durch Veränderungen bei Lagerung von Futtermitteln, z.B. in Amsterdam [3638] oder in Teilen D-BB [501].

Siedlungsdichte. Dichte nimmt meist von Garten-, Villen- oder dörflichen Vorstadtvierteln über Industrie- und Hafengebiete sowie Altbau-Wohnviertel zu und erfährt in Großstadtzentren starke Steigerung. Hamburg (1970er J.): Gartenstadt 0.2–21 'BP'/10 ha, innerstädtische Grünanlagen 0–124 'BP'/10 ha, Wohnblock 15.3–77.0 'BP'/10 ha, Industrie- und Hafenanlagen > 6,7 'BP'/10 ha, City > 25 'BP'/10 ha [337]; mittlere Dichte 1990 bei 13.9 'BP'/10 ha; in Berlin-Kreuzberg 1979 max. 102.3 'BP'/10 ha, dort 1991 Rückgang auf 25.5 'BP'/10 ha [1,2896]. In Linz (1990er J.) in Randbereichen 37 Ind./10 ha, in City 626 Ind./10 ha [4056N], in Berlin-Kreuzberg bis 634 Ind./10 ha [1]; großflächig in Wien 12.5 Ind./10 ha in Vororten und 120 Ind./10 ha im Zentrum [q3], in Amsterdam 66 Ind./10 ha [3638], in Poznan und Wroclaw PL 30-55 'BP'/10 ha, in Warschau lokal bis 160 'BP'/10 ha [3871].

SPEC	VSchRL	Bern.Konv.	Bonn.Konv.
--	Anh. II-1	Anh. III	--
Europ. RL	**RL in ME**		
--	--		

Verlustursachen [196,1369,1,1719,2642,1487]. Bedeutendster Faktor wohl unzureichendes Nahrungsangebot; z.B. starke Bestandseinbrüche in Kriegsjahren (Lebensmittelrationierung, verringertes Angebot an Abfällen), auch weitgehendes Fehlen der Straßentaube bei starker Nahrungskonkurrenz.
Geringes Angebot oder zunehmender Verlust von Brutplätzen, z.B. durch Sanierung von Altbauten.
Tod an Freileitungen.
Natürliche Ursachen: Hohe dichteabhängige Gelegeverluste und erhöhte Sterblichkeit in Nestlingsphase und im ersten Lebensjahr; wichtigste Faktoren dabei sozialer Stress und Nahrungskonkurrenz, dadurch häufig Parasitenbefall, Krankheiten und abnehmende Brutpflege. Natürliche Regulation (vor allem Brieftauben) durch Prädatoren (Habicht, Wanderfalke und Uhu).

Maßnahmen. In Anbetracht der Brutplatzkonkurrenz mit gefährdeten Arten wie Dohle und Alpensegler, der z.T. sehr bedenklichen hygienischen Zustände und der Zerstörung von Fassaden, Bauwerken und Plätzen erscheinen Maßnahmen zur Reduktion des Brutbestandes der Haustaube zwar sinnvoll, blieben aber in meisten Fällen langfristig erfolglos [196,2839], insbesondere in Stadtzentren [1487,501]. In Basel Fortpflanzungsüberschuss vor allem in weniger dicht besiedelten, peripheren Brutkolonien; eventuelle Dezimierungsaktionen daher wohl besser dort.
Fütterungen durch die Bevölkerung aus falsch verstandener »Tierliebe« sind auf geringes Maß zu reduzieren. Verschließung von Turmöffnungen zur Verhinderung einer Brutansiedlung von Straßentauben hat dagegen sehr negative Folgen für turmbrütende Arten wie Schleiereule, Dohle, Segler, (auch Fledermäuse), und ist als Lösung des »Taubenproblems« ungeeignet. Ebenso wenig erfolgreich waren Verabreichung der »Pille«, Abschuss oder Umsiedlungen.
Die immer noch praktizierte (illegale) Verfolgung natürlicher »Feinde« zum Schutz von Rasse- und Brieftauben ist abwegig [3678] und muss streng verfolgt werden.

Biotop. Vor allem in S-ME wie Wildform auch an Felswänden, in Höhlen etc., meist jedoch an Gebäuden (Einzelgebäude, wie Burgen, Ruinen, Brücken; dominierende Gebäude in groß- oder kleinstädtischen Siedlungen), Industrieanlagen und Umschlageplätzen (z.B. Bahnhöfe, Markthallen, Lagerhäuser, Häfen). Bevorzugt sind hohe Lagen mit Mauerlöchern, Nischen oder Dunkelräumen bzw. ± reich gegliederte Fassadenstruktur (Simse, Zierbalkone etc.). Gemeinschaftliche Tagesruheplätze auf Dächern, Mauern etc. Abhängigkeit von Feldbau im Umland besteht nicht mehr. Günstiges Nahrungsangebot, Fütterung, Wasserbecken etc. machen naturferne Großstadtzentren heute zum besonders günstigen Biotop. Bildung von Futtertraditionen im Umfeld von Sehenswürdigkeiten.

Nahrung. Samen von Äckern und Grasflächen; auch Eicheln und Samen von Koniferen werden aufgelesen. Ferner Knospen, Jungpflanzen, grüne Triebe sowie Blüten von Korbblütlern, Blätter, Beeren. Wirbellose Tiere in sehr geringen Mengen. In der Stadt ist verfüttertes Brot, Weizen und Mais am wichtigsten; Zusatznahrung unterschiedlichste Zivilisationsabfälle.

Stimme. Gesang leiser als Ringeltaube. Beide Geschlechter gurren variabel »gúrr« oder »guuru-gu«. Tauber balzt tief kollernd »gang-grrruguruú-u«, auch stereotyp gereiht; verbeugt sich beim ersten Motivteil, beim letzten Element richtet er sich wieder auf. Beim Balzflug mehrmaliges, schnelles Flügelklatschen, auch Reviermarkierung. Nestruf langezogenes »ruh«; Warnruf kurz, einsilbig »ru«.

Verhalten. Tagaktiv, bei Straßenbeleuchtung auch nachts. Nahrungserwerb auf vegetationslosem oder spärlich bewachsenem Boden; in der Stadt je nach Gewöhnung an den unterschiedlichsten Stellen, auch an schmalen Simsen und Vogelfutterhäuschen. Personen, die regelm. füttern, werden von Tauben rasch wiedererkannt. ♂ verteidigen Reviere mit wechselnden Grenzen, in denen (auch fremde) Juv. bis zu einem gewissen Grad geduldet werden. Nahrungserwerb, Ruhen, Baden, Sonnen außerhalb des Reviers fast immer in Schwärmen unterschiedlicher Größe (> 1.000 Ind.). Innerhalb der Schwärme Rangordnung. Während des Brütens beginnt bei ♂ und ♀ Kropfmilchsekretion, die bis 3 Wochen nach Schlüpfen der Jungen anhält. Fütterung bis 4/5 d nur mit Kropfmilch, ab 6 d bei jeder Fütterung zunächst Milch, dann feste Nahrung. Wasser wird wie Nahrung aus Kropf abgegeben. Paare bleiben lebenslang zusammen. Balzfüttern meist ohne Futterübergabe. Kopulieren an bestimmten Stellen aber nie im Nest (während der Nestbauphase bis 7mal/d). ♀ kopulieren manchmal auch mit anderen ♂. ♂ übernimmt die Betreuung der Erstbrut, wenn ♀ zweites Gelege macht. Brüten in lockeren Kolonien, oft aber auch einzeln. ♂ verteidigen Nestumgebung (weniger ♀). Territorien werden meist auch außerhalb der Brutzeit besetzt.

Fortpflanzung [1369,337,1784,1551,1682]. Brut 6 Monate nach Schlüpfen möglich. ♀ können sich schon ab 5. Lebensmonat verpaaren; Mehrzahl der Ind. brütet im 2. KJ. Meist lebenslange Monogamie. **Ankunft im Brutrevier.** Ganzjährig im Gebiet; ♂ besetzen Nestrevier, das mehrere Nistplätze umfassen kann und meist lebenslang beibehalten wird. **Nest.** ♂ ruft ♀ zum Nistplatz auf Simsen, im Inneren von Höhlen, Löchern in Felswänden; ähnliche Stellen an Bauten, auch in geschlossenen Räumen. Nest meist aus dünner Lage von Zweigen, Wurzeln, Halmen, Federn, Papier- und Kunststoff, gelegentlich Draht etc. Eier oft ohne Unterlage auf nacktem Boden. Alte Nestplätze oft mit dicker Kotschicht. ♂ und ♀ bauen, ♂ trägt Material zu. **Legebeginn.** Ausgedehnte Brutzeit (in PL lag Ø bei erfahrenen BP_{163} bei 203 d, max. 369 d!, bei unerfahrenen BP_{79} bei 125 d, max. 266 d); Hauptbrutzeit in ME meist März bis Aug./Sept. (Okt.); Herbst- und Winterbruten in ME jedoch nicht ungewöhnlich und nach N bis FIN bekannt, in GB häufig (ca. 25% der Population). **Gelegegröße.** Fast stets 2 Eier, mitunter 1, sehr selten 3. **Eier.**: Spindelförmig, oval, weiß, leicht glänzend. **Brutdauer.** 17-18 d (16-19 d); Legeabstand < 48 h. Beide brüten; Beginn nach 1. Ei. **Nestlings-/Führungszeit.** Juv. werden anfangs ständig gehudert, von beiden Ad. gefüttert. Mit 23–25 d verlassen Junge das Nest, bleiben in nächster Umgebung. Voll flugfähig und unabhängig ab 30–35 (37) d. **Jahresbruten.** I.d.R. 2-4 Bruten, bis 6 können beendet werden; in GB von 7–9 Gelegeversuchen nur 3–6 Bruten vollendet. Bei Gelegeverlust Nachgelege in 10-14 d. **Bruterfolg.** Kaum untersucht, Verluste vor allem durch Säugetiere (Marder, Ratten) und Rabenvögel.

Eimaße und -gewichte. L. 34.2-41.8 mm, B. 26.6-30.4 mm, Ø: 38.5 x 28.6 mm (n=113, CH); Frischvollgew. 13.8 -19.8 g, $Ø_{30}$: 17.0 g; Schalengew. ?

Sterblichkeit, Alter. Generationslänge: < 3.3 J. [383].

Mauser. **Postjuvenile Mauser** (Vollmauser) meist ab Mai/Okt., abhängig vom Schlüpftermin; HS-Mauser Okt./Nov.–Feb./März, im Winter gelegentlich unterbrochen [767,3050,1905]. • **Postnuptialmauser** (Vollmauser) April/Juni (Juli)–Mitte Okt./Dez. (Feb.), aber variabel [767,1356,1905]; Mauser während Brutzeit verlangsamt oder unterbrochen [767,1369]; Dauer der HS-Mauser 5.5–8 Monate [767].

Columba oenas – Hohltaube 06680

Columba oenas Linnaeus 1758

GB Stock Dove **F Pigeon colombin** **E Paloma Zurita**

Taxonomie. Zwei UA mit disjunkten Arealen: *oenas* Linnaeus 1758 (Europa, W-Asien) und *yarkandensis* Buturlin 1909 (zentralasiatisches Bergland).

Kennzeichen. [1784,1369,221,3772,3615; Foto in Brit. B. **96**, 324].

Maße. (Nominatform) Gr.: 32-34 cm. Gew.: ♂ 290-365 g, ♀ 250-320 g. Fl.spw.: 63-69 cm. Fl.l.: ♂ 21.6-22.8 cm, ♀ 20.08-22.3 cm [1369,3615].

Status. Brut- und Sommervogel im gesamten Gebiet. Überwiegend Zugvogel und Sommergast, regional auch Stand- und Jahresvogel; zunehmende Neigung zum Ausharren auch in NE-ME. Bildung großer Schwärme ab Sommer; gebietsweise zahlreicher Durchzügler und Rastvogel.

Verbreitung und Bestand. Westpaläarktisch verbreitet von GB/IRL bis W-Sibirien und im S bis NW-Afrika und N-Iran: ferner isolierte Population (UA *yarkandensis*) von Turkestan nach E bis Tien Schan. Fehlt in ME weitgehend in waldarmen Gebieten sowie in Lagen oberhalb 1000m NN (Jura CH bis max. 1450m), brütet in SE-Europa aber bis 2000m NN [1507]. N-Grenze in Europa bei 13°-Juli-Isotherme, ausnahmsweise bis 66°N [1507]. Bestand der Nominatform in Europa 520.000-730.000 BP (zunehmend), mit Populationen > 20.000 BP in GB (309 T.), E., NL, D und F; in ME etwa 120.000-200.000 BP [383, erg.].

Wanderungen. Kurzstreckenzieher, im W Teilzieher und in S-Europa wohl überwiegend Standvogel. Überwintert in geringer Zahl in N- und W-D, in E-D neuerdings zunehmend [3394], hauptsächlich S und W der 5°-Januar-Isotherme. Hauptwinterquartier der Br. ME, W- und N-Europas von GB bis E./P; in B und NL halten viele (vor allem Ad.) im Winter aus. Juv. z.T. noch länger am Ort, z.T. auch bald ungerichtetes Abwandern. 1 Ringfund FIN-GB, 3mal GB – F/E., ansonsten in GB/IRL nur Inlandsfunde [4064]. Zug meist Mitte Sept./Mitte Nov. (Nachzügler Dez.). E. wird ab Ende Aug./Anf. Sept. erreicht, Abzug bis Ende Feb./Anf. März. Rückkehr der Br. März/April, einzeln schon Jan./Feb. Ringfunde D aus S-F und E. [1697,2652,3579], nur ein ungewöhnlicher Fund in SE-Richtung: D-BW nach Edirne/TR [2239].

Bestandsentwicklung. Bis Ende 19. Jh. in NL nur Durchzügler und Wintergast und in L und B nur lokal verbreitet. In dieser Zeit erhebliche Arealausweitung im gesamten W-Europa, gefördert zum einen von Vergrößerung landwirtschaftlicher Flächen, zum anderen von W-Ausbreitung des Schwarzspechts, ferner Erschließung neuer Überwinterungsgebiete (dadurch offensichtlich verringerte Mortalität [843,196,2650]. Zw. 1850 und 1940 Ansiedlung in N- und SW-GB, IRL, E. und weiten

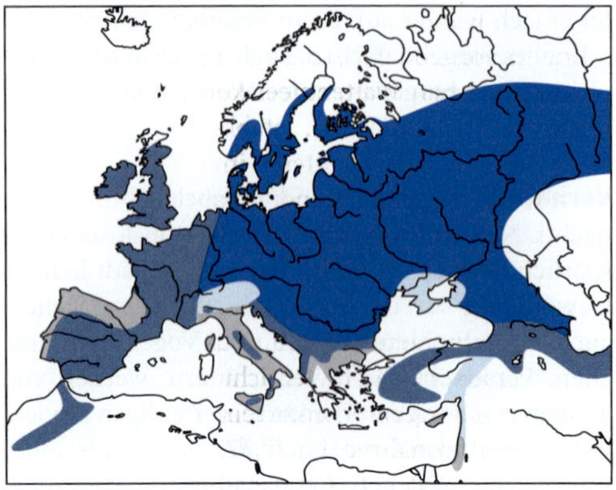

Columba oenas – **Hohltaube**

Teilen F sowie in W-B [843], aber gleichzeitig z.T. drastische Bestandseinbußen in ME durch veränderte Waldbewirtschaftung [196,3871].
Nach regionalen Zunahmen seit 1930er J. brachen Bestände in 1950er J. in weiten Bereichen Europas erneut ein [1369,196], in GB sicherlich durch Einsatz toxischer Beizmittel für Getreide [1343,1369], sonst Ursachen umstritten (s.u.).

	Best.	Areal	Brutbestand	Jahr	Quelle
A	+/-	=	2.500 – 4.500	1998 – 2002	[383]
B	↑	+ 1	10.000 – 20.000	2001 – 2002	[383]
CH	↓	- 1	1.500 – 2.500	1993 – 1996	[383]
CZ	↑	=	4.000 – 7.000	2000 – 2002	[383]
D	↑	=	34.000 – 56.000	1995 – 1999	[383]
FL	+/-	=	2 – 5	1998 – 2000	[383]
H	+/-	=	4.300 – 14.200	1999 – 2002	[383]
L	↑	=	250 – 400	2000	[383]
NL	↑	=	50.000 – 70.000	1998 – 2000	[383]
PL	+/-	=	10.000 – 20.000	2000 – 2002	[383]
SK	+/-	=	3.500 – 5.500	1990 – 1999	[383]

Seit 1970er J. in vielen Gebieten, z.B. aufgrund von Schutzmaßnahmen und Bereitstellung von Nisthilfen, aber auch durch Zunahme der Altersklasse > 120 J. bei der Buche wieder Stabilisierung und regional deutlicher Anstieg, u.a. in D-HE, -NW, -NI, -SH, -BW, -SN, Bod. [196], bes. massive Zunahmen in weiten Teilen NW-ME. In D-HH sind Rückgänge der 1960er und 1970er J. »mehr als kompensiert« [2642], -HB wurde neu besiedelt [3519], in -NI Zunahme von 120-150 BP (1973) über 250-500 BP (1976/79) und 1.500-3.000 BP (bis 1990) auf etwa 10.000 BP (1999) [1589], dabei auch Arealauswei-

tung [1302]; in -SH wuchsen Zahlen im gleichen Zeitraum von 200 BP auf 1.500 BP [196,204,310]. Im ostfriesischen Wattenmeer kontinuierliche Zunahme der in 1950er J. etablierten Population (überwiegend Bodenbrüter), inzwischen > 15% des -NI Brutbestands und anhaltende Ausbreitung [1369,196,3035N]. In NL, L und B Bestände inzwischen wieder höher als Anf. 1960er J., Bestände seit 1970er J. z.T. mehr als verdreifacht; u.a. bedingt durch hohes Nahrungsangebot in industrieller Landwirtschaft, Verzicht auf Saatbeizmittel sowie verringerte Konkurrenz mit Ringeltaube nach deren Abnahme [1677,375,3638,1585,1507, 310]. Ende 1980er J. Arealausweitung nach DK [310].
Andererseits großräumig in CH, CZ und SK. sowie regional in D-BE sowie im Voralpengebiet A, D-BW, -BY weitere, z.T. starke Bestandsabnahmen und Arealverluste, u.a. aufgrund starker Dezimierung der Althölzer (bes. Buche!) sowie Verlust wichtiger Nahrungsräume [1,2407,204,196]. Bestandsabnahme auch im Mittelmeergebiet sowie am N-Rand der Verbreitung [1507,1585].

Siedlungsdichte. Oft ungleichmäßig verteilt, je nach Angebot an Niststätten auch kolonieartige Siedlungen möglich (z.B. in Felsgebieten, an Gebäuden). Großflächig 0.02-0.4 BP/km^2, nur selten Dichten > 0.5 BP/km^2, Ausnahmen z.B. in D-BY: 25-30 BP/30 km^2 bzw. >100 BP/53 km^2 [1507,337]; in Sanddünengebieten der friesischen Inseln bis 5 BP/10 ha [1507].

Gefährdungsfaktoren [1719,1369,1507,4175,196, 2650]. Veränderungen oder Verlust der Bruthabitate durch Intensivierung (1) der Waldwirtschaft (verkürzte Umtriebszeiten, Verlust alter, höhlentragender Buchen und Eichen, Abnahme des Laubholzanteils (mehr Fichten), Entfernung kranker Bäume, Aufgabe der Waldweide, zunehmende Parzellierung der Wälder) und (2) der Landwirtschaft (Entfernung oder Reduzierung von Obstwiesen und von Kopfbaumalleen).
Verringertes Nahrungsangebot durch intensivierte Landwirtschaft, insbesondere Abnahme der Ackerwildkräuter durch Biozideinsatz (auch direkte Auswirkungen?), Verlust der Ackerraine, veränderte Aussaatzeiten, sowie durch Flurbereinigung.
In weiten Teilen ME starke Abhängigkeit von ausreichendem Höhlenangebot (daher indirekt vom Schwarzspecht). Erhöhte intra- und interspezifische Konkurrenz (meist Dohle) bei Höhlenmangel.
Direkte Verfolgung: intensive Bejagung heute vor allem in F, Iberien, GB und FIN, mit wohl erheblichem Einfluss auf Teilpopulationen.
Natürliche Verluste: Unterkühlung der Jungvögel in nasskalten Jahren (Stauwasserbildung); aufgrund geringen Bruterfolgs bei atlantisch geprägter Witterung entsprechend langfristige Einflüsse von Klimaänderungen. Ferner: Prädation durch Marder, Bilche, Greifvögel und Eulen.

SPEC	VSchRL	Bern.Konv.	Bonn.Konv.
E	II-2	Anh. II	Anh. II
Europ. RL	**RL in ME**		
--	FL:'CR', CZ, L: 'VU', A, SK :'NT'		

Schutzmaßnahmen. Erhaltung und Schutz geeigneter Lebensräume durch Änderung der Waldnutzung in Hinblick auf Erhöhung des Altholzanteils; Schaffung von Naturwaldreservaten; langfristige Erhaltung der Höhlenbäume durch Bruthöhlenkataster. Zudem kein Einsatz von Umweltgiften im Wald.
Verbesserung des Höhlenangebotes durch Nistkästen oder durch Sanierung alter Bruthöhlen; dazu auch Entfernung von Fichten oder zumindest störender Äste zur Ermöglichung ungehinderten An- und Abfluges.
Verbot toxischer Beizmittel und erhebliche Reduktion des Biozideinsatzes. Extensivierung der Landwirtschaft.

Biotop. Br. in größeren Baumbeständen in der Nähe von Freiflächen, besonders Laub-, Misch- und Kiefernwälder oder Parkanlagen. Dringt in den geschlossenen Wald kaum > 3–5 km ein. Regional in Obstplantagen, Baumgruppen, Alleen, Feldgehölzen, an und in Ortschaften; an der Küste auch im Dünengelände. Außerhalb der Brutzeit vor allem auf Ackerbauflächen, die mit Baumgruppen und Gebüsch durchsetzt sind.

Nahrung. Überwiegend Vegetabilien, meist Früchte und Samen von krautigen Pflanzen. Daneben grüne Teile und Blätter (z.B. Klee, Gemüse), Beeren, Eicheln, Bucheckern, Koniferensamen; seltener kleine Wirbellose. Keine Magensteinchen.

Stimme. Gesang bis zu 20 mal wiederholt tief gurrend »grru-rúck«, erste Silbe langgezogen, zweite Silbe höher. Aus der Nähe 4-silbig »hurúerup-hurúreup«. Schwer zu lokalisieren. Leiser Verbeugeruf brummend »hu-rúck«. Warnruf kurzes »ru«.

Verhalten. Tag- und Nachtaktiv (außerhalb der Brutzeit). Streckenflug i.d.R. schneller, mit größerer Schlagfrequenz als Ringel-, doch etwas langsamer als Straßentaube. Nahrungserwerb fast stets am Boden, meist in offenem Gelände. Kein deutlich markiertes Territorium. Wandertrupps aber meist nur 5–30 Vögel, schließen sich gerne Ringeltaubenschwärmen an; bei Nahrungssuche auch unter Straßentauben (Bestimmung sehr schwierig!). ♂ besetzt eine Höhle und lockt mit Nestruf ♀ an. Ausdrucksflug: Etwa horizontales Kreisen über dem Brutplatz mit längeren Gleitphasen (schwache V-Stellung der Flügel) und langsamen, weit ausholenden Flügelschlägen (häufig Flügelklatschen). Kurz vor Brutbeginn wird ♀ attackiert und zu Fuß oder im Flug zum Nest getrieben. Balz frühestens ab Feb., nach Ankunft am Nistplatz; dauert bis Juni/Aug. Paarbildung am Nistplatz; Paarbindung hält über eine Saison, manchmal auch über mehrere Jahre; Grund dürfte aber Niststandorttreue sein. Brüten meistens in kleineren Kolonien (4-5 Paare). Brutdichte aber von Nistplatzangebot abhängig. Zugvögel kommen z.T. schon verpaart an. Außerhalb Brutzeit gesellig. Oft lockere Gesellschaft mit anderen Taubenarten.

Fortpflanzung [1369,337,1784,1551,2655]. Geschlechtsreife anscheinend unabhängig vom Schlüpftermin spätestens gegen Ende des 1. Winters. Monogame Saisonehe; bei Standvögeln offenbar häufig Dauerehe. **Ankunft im Brutrevier**. Ad. treffen eher ein als Vorjährige, Ankunft wohl z.T. schon verpaart; Brutort- bzw. Nistplatztreue häufig. ♂ bietet Nistplatz an, Wahl trifft ♀. **Nest.** Meist Baumhöhlen, regional fast nur Schwarzspechthöhlen (oft Buche). Auch Nistkästen werden angenommen. In W-Europa auch Felshöhlen und -nischen, Bruten in Steinbrüchen und Mauern, unter Dächern etc. An der Küste auch in Bodenhöhlen; mitunter in alten Baumnestern anderer Arten und am Boden unter Stauden und Büschen. Neststoffe (Reisig, Halme, Blätter etc.) werden meist vom ♂ gesammelt und dem ♀ überreicht. Mitunter umfangreicher Bau in größeren Höhlungen. **Legebeginn.** Mitte März bis Sept., viele beginnen ab Ende März (Extreme Jan./Feb. bzw. pulli im Okt.). Von Juli bis Sept. die meisten Nestlinge. **Gelegegröße.** (1-) 2. **Eier.**: Elliptisch, weiß, leicht glänzend. **Brutdauer.** (volles Gelege bis Schlupf des 2. Jungen) 16–18 d. Legeintervall 2 (3–4) d, selten kürzer. Bebrütung meist ab 1. Ei; beide brüten; Junge schlüpfen im Abstand von 24 h, mitunter auch fast gleichzeitig. **Schlüpftermine.** In ME Erstbruten ab Mitte April, Zweitbruten ab Monatswende Mai/Juni. **Nestlings-/Führungszeit.** Hudern 5, oft 7-8 d. ♀ kann bereits auf neuem Gelege sitzen, wenn ♂ sich noch (einige d) um die flüggen Juv. kümmert. Nestlingsdauer je nach Jahreszeit (16) 18 d (Frühsommer), 23-24 d (April/Mai), 27-28 d (Aug./Sept.). Juv. rasch selbständig, schließen sich zu Trupps zusammen. **Jahresbruten.** Meist 3 (1-4); i.d.R. im selben Nest; z.T. aber verschachtelt. Ende der Brutperiode. Bei zwei Jahresbruten z.T. schon Ende Juli, meist aber Ende Sept. oder erst im Okt. **Bruterfolg.** Mittlerer Schlupferfolg in $D\text{-}BW_{121}$ 86.8% Ausfliegeerfolg 73.1%, 1.37 flügge Juv./Brut. In B (7 J.) 8.5 Eier/BP und J., 3.2 flügge Juv./BP und J.; in W-D (3 J.) 1.2 flügge Juv./Brut bzw. 3.1/BP und J.; E-D (3 J.) 1.3 flügge Juv./Brut bzw. 3.25/BP und J. Nicht alle Ad. kommen immer zur Brut (Nistplatzmangel!).

Eimaße und -gewichte. L. 33.5-43.0 mm, B. 26.2-31.0 mm, Ø: 37.9 x 29.0 mm (n=100, GB), 37.5 x 28.5 mm (n=62, B), 37.2 x 27.1 mm (n=79, S.); Frischvollgew. 14.7 -17.5 g, Ø: 16.15 g (n=6, B); Schalengew. 0.92-1.44 g, $\varnothing_{80}$: 1.20 g.

Sterblichkeit, Alter. Geschätzt 50 %/J.; GB 44-61 %. Älteste Ringvögel 12 J. 7 Monate, 12 J. 4 Monate, > 10 J. **Generationslänge:** < 3.3 J. [383].

Mauser. **Postjuvenile Mauser** (Vollmauser) beginnt bald nach Ausfliegen; HS-Mauser bei spät geschlüpften Ind. erst im folgenden Frühjahr nach Unterbrechung (Nov./Dez.-Ende Feb./März) beendet oder erst jetzt begonnen [767,139,2650]. • **Postnuptialmauser** (Voll-, z.T. Teilmauser) Mai/Mitte Juli–Mitte Okt./Dez. (Jan.), ♂ beginnen etwas früher als ♀ [767,139]; ST gleichzeitig mit HS 8–10 ersetzt; AS z.T. nicht vollständig gewechselt [767,2650].

Columba palumbus – Ringeltaube 06700

Columba palumbus Linnaeus 1758

(GB) **(Common) Woodpigeon** (F) **Pigeon ramier** (E) **Paloma Torcaz**

Taxonomie. Fünf UA, davon im kontinentalen Europa nur *palumbus* Linnaeus 1758, auf atlantischen Inseln *maderensis* Tschusi 1904 (Madeira) und *azorica* Hartert 1905 (Azoren).

Kennzeichen. [1784,1369,221,3772,3615].

Maße. (Nominatform) Gr.: 41-45 cm. Gew.: ♂ 325-690 g, ♀ 284-587 g. Fl.spw.: 75-80 cm. Fl.l.: ♂ 24.3-26.3 cm, ♀ 24.0-26.0 cm [1369,3615]

Status. Brutvogel im gesamten Gebiet. Im Tiefland überwiegend Stand- und Jahresvogel, in weiten Teilen S- und E-ME aber Zugvogel und Sommergast; in jüngerer Zeit zunehmender Standvogelanteil. Bildung großer Schwärme ab Sommer; häufiger und zahlreicher Durchzügler, besonders auffällig auf Wegzug (meist Okt.).

Verbreitung und Bestand. Verbreitung von NW-Afrika, Madeira, Azoren und W-Europa nach E bis SW-Sibirien und Tien Schan, nach S bis Kleinasien, Irak und Kaschmir. Nach N bis etwa 70°N. Europäischer Gesamtbestand etwa 9-17 Mio. BP (zunehmend), mit Populationen > 1 Mio. in D, GB, F und RUS [383]. Nominatform in ME bis in Höhen von 1.500-1.600m NN verbreitet, außerhalb der Städte häufigste Taube; Bestand etwa 3.0-5.9 Mio. BP [383].

Wanderungen. Teilzieher; Winterquartier vorwiegend in atlantischen und mediterranen Gebieten; Grenze etwa 0°- (bzw. 2.5)°-Jan.-Isotherme von Küste S-N. über ME. In NW-D, B, NL Standvogelanteil ca. 45–70 % (vorwiegend ältere); NE-Europa ausschließlich, CH fast vollständig Zugvogel; **Br. aus H** vorwiegend in I überwinternd. Die meisten Zieher aus N-Europa und ME überwintern in P/E. und F [Ringfunde E-D:2056]. **Br. GB/IRL** fliegen nur in kleinem Umfang nach W- und S-F (1 % aller Ringwiederfunde), umgekehrt nur wenige Vögel im Winter auf Brit. Inseln [nur 8 Funde aus NL, B, D, DK, N.:4064]. **Br. aus N., S., FIN, PL** ziehen in großer Zahl nach E. und P, **aus DK, B, NL und NW-D** meist nur bis F. Innerhalb Iberiens offenbar ebenfalls teilweise SW-Zug [1278]. Weitester Ringfund 3675 km SW (FIN–P). Verdichtungen des Zuges

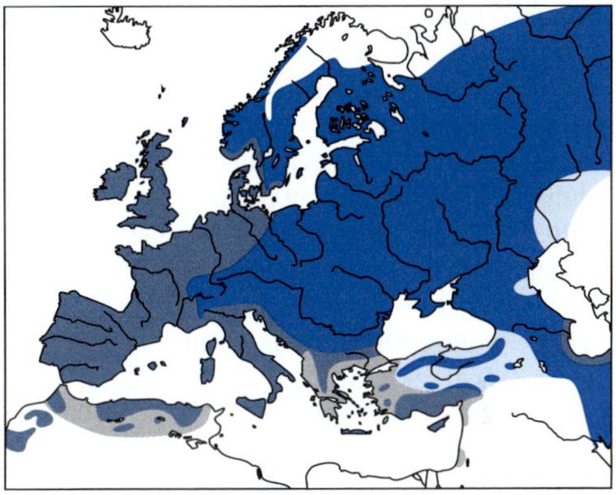

Columba palumbus – **Ringeltaube**

an Küstenlinien und in Gebirgstälern. Im Spätsommer und Herbst Schwarmbildungen an günstigen Orten; Zug in ME Mitte Sept. bis Anf. Nov., Maximum Okt. [1617]; seit 1970 in D-BW Durchzugszeitpunkt im Herbst nahezu stabil [1315]. Frühjahrszug ab (Ende Jan.) Feb., Maximum März/April. Dz.median Heimzug über Helgoland 1961-93 hochsignifikant um 16.7 d nach vorne verschoben [3987].

	Best.	Areal	Brutbestand	Jahr	Quelle
A	+/-	=	20.000 – 40.000	1998 – 2002	[383]
B	+/-	=	100.000 – 250.000	2001 – 2002	[383]
CH	+/-	=	50.000 – 60.000	1993 – 1996	[383]
CZ	↑	+ 1	150.000 – 300.000	2000	[383]
D	↑	+ 1	1.700.000 – 2.900.000	1995 – 1999	[383]
FL	+/-	=	60 – 100	1998 – 2000	[383]
H	↑	+ 1	77.000 – 110.000	1999 – 2002	[383]
L	+/-	+ 1	9.000 – 10.000	2002	[383]
NL	↓	=	400.000 – 500.000	1998 – 2000	[383]
PL	+/-	=	400.000 – 600.000	2000 – 2002	[383]
SK	+/-	=	60.000 – 120.000	1990 – 1999	[383]

Bestandsentwicklung. Im 19. oder 20. Jh., regional spätestens seit 1950er J., trotz starker Bejagung erheblicher Bestandsanstieg und Arealausweitung fast im gesamten ME sowie in Fennoskandien (in FIN im 20. Jh. um 700 km nach N expandiert)

[196,3615,1369,1507,3892]; Ursachen insbes. Ausweitung der Agrarflächen, Zunahme der Anbauflächen für Mais, Futterpflanzen und Gemüsekulturen (hohe Bedeutung in Frostperioden) sowie Koniferenpflanzungen, zudem zunehmend mildere Winter (bzw. ansteigende Jahresdurchschnitts-Temperatur) und vermehrtes Ausharren in Brutgebieten. Schließlich wachsende Urbanisierung, mit gesteigertem Bruterfolg bei gleichzeitig geringerer Mortalität [u.a. aufgrund verringerter Prädation: 1507]. Ab 1960er (70er) J. bes. starke Zunahme und Ausbreitung in Städten [N- und E-D, PL: 2031,2772,3871,973,2896], wo seither sehr hohe Dichten. Erste Bruten in IS 1964 (1963?) und Färöer 1969 [337].
Weniger positive Entwicklung anfangs in S-ME [A, CH, D-BW, -BY: 965,1719,4043,4175,3393,q1] sowie in D-TH [2068] und -BB [1]. Seit 1980er (90er) J. in NW-ME Stagnation oder erneuter Rückgang der Bestände, z.T. bedingt durch Zunahme des Maisanbaus auf Kosten von Getreide mit Folge verringerten Bruterfolgs [bes. drastischer Rückgang in E-NL: 375,3638,1507; leichte Abnahme in B: 1677]. In S-ME z.T. derzeit erst Ausbreitung in Städte [D-BW, CH: 1722,3393].
Drastische Abnahmen von Durchzüglern bei standardisierten Zugplanbeob. in S-D und CH nach 1978 [1315,3393] möglicherweise durch erhöhten Standvogelanteil im Baltikum und PL bedingt [1369,196]; doch bis 1980er J. auch deutliche Rückgänge in RUS [3615].

Siedlungsdichte. Großflächig in ME ca. 0.5–2.0 BP/10 ha, in dichten Wäldern geringere Werte, z.B. 0.5-1.5 BP/10 ha in PL, in Ackerbaugebieten dagegen häufiger. Verdichtungen in kleinen Gehölzen in Feldern oder in innerstädtischen Grünanlagen, dann semikolonial (z.B. 465 BP/36 ha); großflächig oft in Waldgebieten höhere Dichte als in bebautem Gebiet [337], doch gebietsweise umgekehrt, z.B. D-BE in verschiedenen Stadtbereichen zw. 1.3-20.2 BP/10 ha, in reinen Waldgebieten 0.9-5.4 BP/10 ha [2896]. In FIN Dichten bis 30 BP/km^2, in Wäldern NL bis 1.800 BP/km^2, in urbanen Parks PL Ø 1.500 BP/km^2 [1507] bzw. 71-226 BP/10 ha [3871], Werte in D-BB etwas niedriger [1].

Gefährdungsfaktoren [843,1343,1507,4175,196]. Sehr hohe, noch wachsende Abschusszahlen von jährlich etwa 9.5 Mio. Ind. in Europa; bei Abnahme der Reproduktion gefährdend.
Zunehmende Verwendung von Bioziden in Brut-, Rast- und Überwinterungsgebieten. Auch Vergiftung durch gebeiztes Saatgut.
Drastische Einbußen in Extremwintern, auch in südlichen Überwinterungsgebieten.

SPEC	VSchRL	Bern.Konv.	Bonn.Konv.
E	Anh. I*1, II-1*2, III-1	--	--
Europ. RL	RL in ME		
--	--		

*1 UA *C.p. azorica*, *2 alle anderen UA

Schutzmaßnahmen. Spezifische Maßnahmen nicht dringend geboten. Im Hinblick auf stärker gefährdete Arten wird aber empfohlen:
Reduktion und Limitierung der Bejagung.
Verbot toxischer Beizmittel. Erhebliche Reduktion des Einsatzes von Bioziden in der Landwirtschaft.

Biotop. Nest- und Ruheplätze in Gehölzen, Nahrungserwerb auf Flächen mit niedriger oder lückenhafter Vegetation. Meist Baumgruppen inmitten oder in der Umgebung von Feldern, z.B. Wälder, Alleen, Feldgehölze; mitunter Einzelbäume oder Gebüsch ausreichend. Im Wald werden Randpartien oder Bestände an Blößen, Lichtungen etc. bevorzugt. Brütet in vielen Gebieten ME und W-Europas heute in menschlichen Siedlungen, vor allem in Parkanlagen, Friedhöfen, Gärten, aber auch in eng bebauten Flächen. Viele Städte erst im 20. Jh. besiedelt.

Nahrung. Fast ausschließlich vegetabilisch. Hauptnahrung Eicheln, Bucheckern, Getreidesamen; wichtige Ersatznahrung sind grüne Blätter (z.B. Klee, Kohl, Raps, Hahnenfuß, Gräser, Laubbäume) und Erbsen; mitunter Beeren und viele andere Sämereien, Früchte, Blüten. Stadtpopulationen haben sich z.T. an Brot gewöhnt. Insekten und andere Wirbellose nur ausnahmsweise in größeren Mengen. Menge der Magensteinchen 0.4-8.6 g. Kropffütterungen können bis zu 70 g wiegen.

Stimme. Beide Geschlechter singen, ♂ häufiger als ♀. Gesang dumpf, rhythmisch, beginnt 4-silbig »rúhgu-gugu«, dann zwei bis drei 5-silbige Strophen, wie »rugúhgu-gugu«, ♂ endet mit »gú-gu-gu« und 1silbig »u«. Häufig wiederholt. Nestruf knurrend »húh rkúh« leiser und weicher. Viele Variationen.

Verhalten. Tagaktiv (zieht ausnahmsweise auch nachts). Auffliegen oft mit lautem Flügelklatschen. Im Flug wird Kopf weiter vorgestreckt und höher gehalten als bei Straßen- und Hohltaube. Übernachtet meist in Baumkronen oder im Gebüsch; außerhalb der Fortpflanzungszeit oft große Schlafgesellschaften. Nahrungserwerb meist auf dem Boden durch Auflesen und Abreißen von Früchten, Samen, Blättern etc. Am Nistplatz territorial; Revier kann aber sehr klein sein (z.B. ein Baum). Nahrung wird überwiegend außerhalb des Reviers gesucht. Abseits der Brutplätze gesellig, selbst während der Brutzeit außerhalb der Reviere bei Nahrungssuche. Schwärme können Tausende umfassen, sind aber meist kleiner (–100 Ind.); auch sehr umfangreiche Schlafgemeinschaften mit weitem (5-15, max. 65 km) Einzugsbereich. Zumindest bei Nahrungssuche am Boden Rangordnung erkennbar. Ausdrucksflug dient Werbung und Reviermarkierung: Von exponierter Warte steigt ♂ 20–30 m steil empor und schwebt mit horizontal gestreckten Flügeln und gespreizten ST abwärts (2–5 mal wiederholt); oft vor der Gleitphase einige klatschende Laute. ♀ zeigen offenbar keinen Ausdrucksflug. Imponieren durch Verbeugen gegen Artgenossen mit gesträubten Halsfedern. Gegenseitiges Picken und Schnäbeln (»Balzfüttern«) zwischen Partnern. Städtische Br. durch Gewöhnung oft sehr geringe Fluchtdistanz. Balz und Paarbildung meist ab März/April, in Städten oft schon im Winter. Paarbindung hält meist nur eine Brutsaison selten auch mehrere J. Außerhalb der Brutzeit meist sehr gesellig (>100.000 Ind.).

Fortpflanzung [1369,337,1784,1551]. Geschlechtsreife Mai/Juni des 2. KJ. Monogame Saisonehe (Dauerehen bei Standvögeln denkbar). **Ankunft im Brutrevier**. Reviergründung durch ♂ nach Auflösung der winterlichen Verbände März/April, inzwischen oft früher; bes. bei verstädterten Populationen schon im Winter. ♀ wählt einem vom ♂ angebotenen Nistplatz. **Nest.** Auf Bäumen und Sträuchern; bei Wahlmöglichkeit im Frühling und Herbst Nadelbäume (oder Stammnähe bei unbelaubten Laubbäumen) bevorzugt. Mitunter altes Nest anderer Arten als Unterlage. In Hecken und Büschen mitunter niedrig, wenn Bäume fehlen (hier auch Bodennester). In Städten oft auf Vorsprüngen und Nischen von Gebäuden. Nest ist Plattform aus trockenen, selten grünen Zweigen und flacher Mulde; Eier können bei frischen Bauten durchschimmern. Alte Nester werden oft wiederbenutzt. Höhe 1-15 m, häufig > 4 m. ♂ sammelt Material am Boden oder bricht Zweige ab (auch Demontage alter Nester); ♀ verankert die Zweige; Dauer des Nestbaus 6–13, mitunter nur 2 d; Bautätigkeit vor allem vormittags. **Legebeginn.** Brutperiode (März) April/Mai bis Aug./Sept., Ausnahmen Legebeginn ab Ende Feb. und Eier Okt. **Gelegegröße.** (1) 2; 3 oder 4 Eier (Nestlinge) wohl durch Zusammenlegen. **Eier.**: Elliptisch, weiß, schwach glänzend. **Brutdauer.** (Ablage 2. Ei bis Schlüpfen 2. Junge) 16-17 d; Legeabstand 1–2 d; beide brüten, ♂ meist mittags. **Schlüpftermine.** In S-ME Erstbruten ab Ende April, meist Mai, Zweitbruten ab Mitte Juni, in NW-ME zuweilen etwas früher. **Nestlings-/Führungszeit.** Normalerweise hudert ♀ 14-15 d. Augen öffnen sich mit 5 d. Fütterungen bis 26–40 d, also sehr variabel. Nestlingsdauer 28–29 (bis 33-34 d); voll flugfähig mit etwa 35 d. Juv. schließen sich anfangs zu kleinen Trupps zusammen, ab Aug. zu größeren Schwärmen. **Jahresbruten.** Häufig 2, vereinzelt 3; Erstbrüter oft nur 1; Ersatzgelege häufig. **Bruterfolg.** Schwer zu ermitteln, da Einfluss durch Kontrollen mitunter erheblich. Generell hoher Verlust vor allem bei Erstgelegen (bis 67%). Aus erfolgreichen Bruten 1.5 bis 1.7 flügge Junge/Brut. Schätzwerte für Nachwuchsrate reichen von 0.6 bis 3.5 flügge Junge/BP und J.; D Stadtpopulation unter Verzicht auf störende Nestkontrollen 1.7 flügge Junge/erfolgreiche Brut, 2.1 flügge Junge/BP und J., in NL bei sehr starkem Feinddruck 2.2 flügge Junge/BP und J. In DK reichen 1.82 Junge/BP und J. aus, um Mortalität zu kompensieren. Gelegeverluste durch Corviden u.a. Nesträubern können außerordentlich hoch sein; bedeutende regionale Unterschiede in verschiedenen Biotopen.

Eimaße und -gewichte. L. 36.2-47.8 mm, B. 25.0-33.0 mm, Ø: 41.1 x 29.8 mm (n=100, GB), 40.3 x 29.6 mm (n=66, B), 41.7 x 30.0 mm (n=108, S.); Frischvollgew. 16.0 -22.0 g, Ø: 18.5 g (n=22, B); Schalengew. 1.14-1.54 g, Ø$_{80}$: 1.33 g.

Sterblichkeit, Alter. GB schätzungsweise 35–41 %/J., Juv. vermutlich 60–70 %; DK Juv. 54.7 %, Ad. 41.3 %/J.; NL ca. 46 %/J. Älteste Ringvögel 16 J. 4 Monate, 15 J. 11 Monate, 11 J. 4 Monate. **Generationslänge:** < 3.3 J. [383].

Mauser. **Postjuvenile Mauser** (Voll-, z.T. Teilmauser) beginnt ab 6–7 Wochen; früh geschlüpfte Ind. beenden Mauser schon vor Winter, meist aber Unterbrechung mit variabler Anzahl neuer HS (Nov./Dez.–Ende Feb./Anf. April) und bis Juni/Nov. beendet [767,1369,139]; mitunter wird HS-Mauser abgebrochen, wodurch meist HS 10 stehen bleibt [767]. • **1. Postnuptialmauser** (Voll- oder Teilmauser) neuer Mauserzyklus der HS meist ab April/

Juni des 2. KJ (Staffelmauser entsteht) [767,139]. • **Postnuptialmauser** (Voll- oder Teilmauser) HS April/Mitte Mai–Nov./Dez., nur bei wenigen im Winter unterbrochen und bis April abgeschlossen [767,1369,139]; Körperfedern und ST bes. Ende Aug.–Anf. Okt. [767]; AS mit 2 aktiven Mauserzentren, oft werden aber nicht alle gewechselt [767,1369].

Streptopelia decaocto – Türkentaube 06840

Streptopelia [decaocto] decaocto (Frivaldszky 1838)

(GB) (Eurasian) Collared Dove **(F) Touterelle turque** **(E) Tórtola Turca**

Taxonomie. Drei UA: *decaocto* (Frivaldszky 1838) (größter Teil der Paläarktis), *stoliczkae* (Hume 1874) (zentralasiatisches Bergland), *xanthocyclus* (Newman 1906) (SE-Asien). Eine vierte Form, *intercedens* (Brehm 1855) (indischer Subkontinent), geht klinal in Nominatform über und wird nicht allgemein anerkannt [2835].
Bildet Superspezies mit der nah verwandten afrikanischen *S. roseogrisea* und eventuell *S. reichenowi* (NE-Afrika) [2835,1903]. Zuweilen in diese Superspezies auch *S. bitorquata* (SE-Asien) eingeschlossen [3565] oder *decaocto* und *bitorquata* als konspezifisch geführt [995N]; doch sind solche Gruppierungen nach DNA-Sequenzdaten nicht monophyletisch [1903].

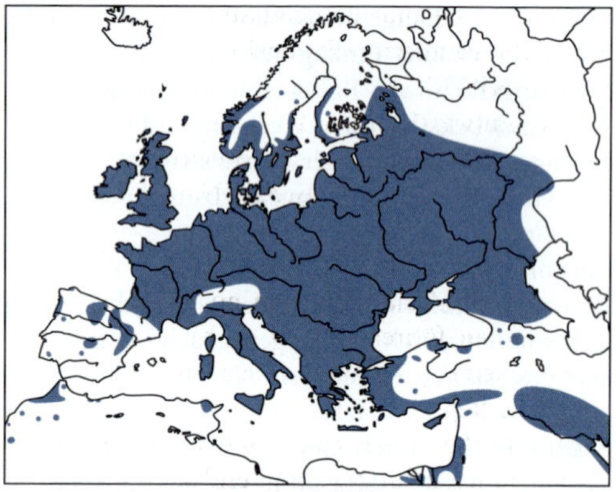

Streptopelia decaocto – Türkentaube

Kennzeichen. [1784,1369,221,3772,3615].

Maße. Gr.: 30-32 cm. Gew.: ♂ 150-196 g, ♀ 125-196 g. Fl.spw.: 47-55 cm. Fl.l.: ♂ 15.8-17.4 cm, ♀ 15.3-16.2 cm [1369,3615].

Status. Verbreiteter Brut- und Jahresvogel, ab Herbst größere Ansammlung auch abseits von Brutstandorten.

Verbreitung und Bestand. Ursprünglich von Vorderasien bis W-China und Burma (ferner E-China bis Korea, JAP) sowie nach S bis Sri Lanka und Arabien verbreitet. Bis in 1930er J. in Europa beschränkt auf Balkanhalbinsel (wo vielleicht erst seit 19. Jh.) mit Gesamtareal von ca. 192 000 km^2. Seither dramatische Arealausweitung (Nominatform) auf fast ganz Europa (Ausnahme: arktischer Norden), in 1970er J. Areal schon > 3 Mio. km^2 [337]. In ME seit 1960er J. fast flächig (meist ohne Waldgebiete) besiedelt, überwiegend unterhalb 500m NN, seit 1980er J. auch höher (in CH z.T. deutlich > 1.000m NN) [3393,3392]. Europäischer Gesamtbestand zw. 4.7-11 Mio. BP (insgesamt positiver Trend), mit Populationen > 0.5 Mio. in F, RO, RUS und TR [383]; in ME etwa 1.0-1.75 Mio. BP [383, erg.].

Wanderungen. [1961,4064]. In Europa Ad. Standvogel, weitere Wanderungen wohl stets Streuungswanderungen ohne ausgesprochene Vorzugsrichtung; generell bevorzugte Dispersionsrichtung während der Haupt-Ausbreitungsphase war NW-W. Geringe Geburtsortstreue der Juv. ermöglicht Kolonisation neuer Gebiete, jedoch gehen Entfernungen seit Erreichen von GB/IRL und Nordseeküste zurück, ebenso löst sich vormals stark vorherrschende Dispersionsrichtung NW/W auf. Weiteste Entfernungen 900-1200 km, ausnahmsweise 2020 km (Helgoland-Gebiet Archangelsk). Mehrjährige unternehmen wohl kaum weite Wanderungen (Ausnahme bis > 350 km bekannt). In Helgoland Durchzugsgipfel Mai/Juni.

Bestandsentwicklung. Aufgrund enormer Geschwindigkeit der Arealausweitung und sehr guter Kenntnis der europäischen Einwanderungswege gilt Türkentaube als Lehrbuchbeispiel für Expansion von Vogelarten. Kontinuierliche Ausbreitung vom Balkangebiet ab etwa 1930er J. über gesamtes

Europa. Brutansiedlungen in 1930er J. bis H, CZ und SK., in 40er J. bis A, CH, PL sowie in fast allen Ländern D (auch I) und in 50er J. schließlich NL, B und L (auch F). Anf. 60er J. in allen Tieflandbereichen ME Brutvogel [1369,196]. In 1950er und 60er J. Besiedlung von GB, Baltikum und Fennoskandien, in 70er J. Iberien sowie IS und Färöer, danach N-Afrika und N-Amerika (nach Aussetzungen in Florida um 1980). Ursache der Arealausweitung unklar. Entweder Dispersion und Emigration nach Überschreitung der Kapazitätsgrenze in ursprünglichen Ausbreitungszentren, z.T. bedingt durch Änderungen der Landwirtschaftsstruktur [215], oder genetische Faktoren [»Expansionsschübe« vorwiegend in NW-Richtung, nach 1961, vgl. aber 215]. Durch Entwicklungen der Landwirtschaft anfangs stark begünstigt, dabei Ausbreitung schneller in Gebieten mit größerem Nahrungsangebot in Ortsnähe und langsamer in waldreichen Regionen mit weit verstreuten, ortsfernen Kulturflächen [196]. Große Ansammlungen an günstigen Nahrungsquellen führen schnell zu herbstlichen und winterlichen Engpässen, dadurch Dispersion in unbesiedelte Regionen (mit reichlicher Nahrung) beschleunigt. Ausbreitung nach KZ, EGY und Ferner Osten kaum nahrungsbedingt erklärbar [1507].

In ersten Jahren und Jahrzehnten nach Ansiedlung meist exponentielles Anwachsen der Populationen, z.B. in NL von 1 BP (1950) über 100-130 (1955), 750-1.000 (1959), 4.000-5.300 (1963) auf 60.000-100.000 BP (1973/77) [1369,196]; bis 1983 dort weitere Bestandszunahme um über 50%, doch seit Mitte 1980er J. großräumig drastischer Rückgang [375,3638]. Je nach geographischer Lage, Angebot an Brutplätzen und reichen Nahrungsquellen, Offenlandflächen in Brutplatznähe und mikroklimatisch günstigen, geschützten Ruheplätzen, wurde Tragekapazität meist etwa 15-30 J. nach Besiedlung erreicht (z.B. in Debrecen H nach 26 J.) - wenn nicht schon vorher durch Abschüsse reguliert wurde [196].

Sehr gut dokumentiert ist dramatischer Bestandsrückgang in D-BE; inzwischen Gesamtbestand dort viel geringer als in Aufschwungphase Anf. 1960er J. [1,2894,2896]. Lokal in ME Bestände vollständig erloschen, z.B. in Wolfsburg D-NI [2261]. Die in Anfangsphase der Arealausweitung typische schubartige Zunahme inzwischen fast generell gestoppt. Bestandslimitierende Faktoren sind: (1) technische Perfektionierung der Nahrungsgüterwirtschaft [215], dadurch begrenztes Angebot ergiebiger Nahrungsressourcen sowie geschützter Sammel- und Ruheplätze im Winter (z.T. auch Herbst); (2) ursprünglich bevorzugte NW-Richtung dismigrierender Jungvögel an Küsten W- und M-Europas im Küstenbereich sehr nachteilig [1961], (3) Kapazitätsgrenze erreicht und/oder (4) Mortalität stieg über (hohe) Fortpflanzungsrate (trotz bis zu 6 Bruten/J.) - z. B. wegen drastisch verstärkter Verfolgung in GB, I, F und H [196], aber auch wegen zunehmend effizienterer Prädation [1396], ferner durch Krankheiten sowie verstärkte Nahrungskonkurrenz (u.a. mit Haus-, Ringel- und Hohltaube, Haussperling).

	Best.	Areal	Brutbestand	Jahr	Quelle
A	+/-	=	20.000 - 40.000	1998 - 2002	[383]
B	↑	+ 1	70.000 - 100.000	2001 - 2002	[383]
CH	↑	=	15.000 - 20.000	1993 - 1996	[383]
CZ	↓	=	180.000 - 360.000	2000 - 2002	[383]
D	↓	- 1	270.000 - 440.000	1995 - 1999	[383]
FL	+/-	=	5 - 10	1998 - 2000	[383]
H	+/-	=	160.000 - 220.000	1999 - 2002	[383]
L	+/-	=	2.000 - 2.000	2000	[383]
NL	↓	- 1	50.000 - 100.000	1998 - 2000	[383]
PL	↓	- 1	200.000 - 400.000	2000 - 2002	[383]
SK	↑	+ 1	40.000 - 80.000	1990 - 1999	[383]

Einige spät besiedelte Regionen zeigten z.T. auch nach 1980er J. noch positiven Trend [ME: 1997,4043,196,q1; auch F, Iberien etc.: 4180,1507]. Weitere Ausbreitungen in ME meist nur noch in suboptimale Habitate und ortsferne oder ländliche Gebiete sowie in höhere Lagen [196]; durch Siedlungserweiterungen in Städten allerdings weiterhin Ausbreitungsmöglichkeiten [1617].

Siedlungsdichte. Regional: In NL 850–1000 BP auf 1820 km^2 bzw. 1400-1600 BP auf 2680 km^2; in D 2000 BP auf 4200 km^2, 90 BP/513 km^2, 80–200 BP/316 km^2, 150–250 BP/480 km^2. Werte >1 BP/ha bisher nur in menschlichen Ballungsräumen auf meist kleinen, ± inselartigen Flächen. Kleinflächig sehr große Konzentrationen möglich, z.B. 20 BP/6.5 ha, 51 BP/4.8 ha, 54 BP/24 ha [337,1507]; in PL 70 (max. 120) BP/10 ha [3871]. Reviere oft sehr klein, z.B. 0.05–0.35 ha, aber auch 1.5–10.6 ha; minimaler Nestabstand 6-12 m [337].

Gefährdungsfaktoren [196,337,1396]. Direkte Verfolgung.

Nahrungsmangel, insbesondere in Extremwintern.

Natürliche Verluste: Prädation durch Greifvögel,

Eulen, Rabenvögel, Marder, Hauskatze; gebietsweise deutlich zunehmend. Starke Verluste in Extremwintern; viell. durch Krankheiten; ferner Einflüsse von Nahrungskonkurrenz.

SPEC	VSchRL	Bern.Konv.	Bonn.Konv.
--	Anh. II-2	Anh. III	--
Europ. RL	**RL in ME**		
--	D: ‚NT'		

Schutzmaßnahmen. Derzeit nicht erforderlich; Extensivierung der Landwirtschaft hinsichtlich geringerer »Effektivität« könnte sich gebietsweise positiv auswirken. Vgl. auch Angaben beim Haussperling.

Biotop. In S-Asien Halbwüsten, Trockensavannen, Kulturland. Nach N nimmt Bindung an den Menschen zu (in E-TR z.B. noch häufig und z.T. überwiegend außerhalb der Städte). In Europa fast ausnahmslos ganzjährig in Dörfern und Stadtgebieten, besonders Geflügelhöfe, Tiergärten, Landwirtschaftsbetriebe, Bahnstationen, Hafenviertel, aber in neuester Zeit auch Wohnblockzentren, bevorzugt Baumgruppen, meidet jedoch i.d.R. ausgesprochene Waldgebiete; Verteilung sehr unterschiedlich. Futterangebot, günstiges Winterklima sowie geeignete Brut- und Ruheplätze sind entscheidend. Möglicherweise als Folge eines Siedlungsdruckes 10-25 J. nach Erstbesiedlung zunehmend auch außerhalb von Ortschaften Br., doch z.T. werden solche suboptimalen Gebiete nach harten Wintern wieder geräumt.

Nahrung. Überwiegend pflanzlich (vor allem Produkte des Ackerbaus), meist Früchte und Samen von Gräsern, seltener einer größeren Zahl von Blumen und niedrigen krautigen Pflanzen, dagegen häufig auch Keimlinge, grüne Blätter oder reife Holunderbeeren, auch andere Samen und Früchte von Bäumen und Sträuchern. Vielfach Tierfutter (z.B. Geflügelfarmen, Tiergarten), Zivilisationsabfälle (Gebäck etc.) und Nutznießer von Fütterungen. Insektennahrung etc. offenbar i.d.R. unbedeutend. Bis zu 209 Magensteinchen wurden gezählt, meist Quarz.

Stimme. In der Brutzeit sehr gesangsfreudig, bes. am frühen Morgen und Abend. Gesang häufig wiederholtes, meist nur 2-3 silbiges, tiefes »gu-gúu gu«, Betonung individuell (auch innerhalb einer Strophenfolge) variierend. Ende abrupt. ♀ singen nur nach Partnerverlust oder bei Nestplatzsuche. Beim Abflug, Landen oder Beunruhigung heiseres, schwirrendes »chrräi« oder »chrri«, auch wiederholt. Nestruf ähnlich, doch weicher und verhalten. Warn- und Schreckruf kurz »rru«.

Verhalten. Tagaktiv; Balz beginnt während Dämmerung. Im Schnellflug 2 bis 3 rasche Flügelschläge mit Gleitphase abwechselnd, bei der sich der Körper oft ruckartig, leicht auf die linke oder rechte Seite dreht. Auch rascher gerader Gleitflug. Plötzliches Auffliegen mit Flügelklatschen; helles pfeifendes Fluggeräusch. Nahrungserwerb meist am Boden, mitunter werden Früchte (z.B. Beeren) und Samen (z.B. Mais) an der Pflanze geerntet. Anpassung an bestimmte Futterzeiten. Nahrungssuche oft weitab vom Territorium. Am Brutplatz territorial. ♂ bewacht das ♀ während und kurz vor der Legephase. Außerhalb vom Revier gesellig, nahrungssuchende Schwärme bis > 100; an Futterplätzen Rangordnung. In größeren Populationen regelrechte Gemeinschafts- oder Sammelplätze. Ausdrucksflug dient wie Revierruf der Reviermarkierung und der Werbung (♀ zeigen ihn selten). Vor Kopulation meist heftiges Prahlen und manchmal Hetzflug bzw. Schnäbeln. Kopulation teilweise in recht kurzer Aufeinanderfolge (meist 9-10 d vor Eiablage). Normalerweise Saisonehe (oft lebenslang). Balz von erhöhter Warte steiles Emporsteigen mit lautem Flügelklatschen (max. 30 m), anschließend langsames Abwärtsschweben mit gespreizten ST und horizontalen Flügeln (dabei meist lebhaftes Girren). Weitere Bestandteile des Sexualverhaltens Prahlen, Gefiederkraulen, Treiben (seltener als bei Straßentaube), Nistplatzzeigen. Balz in ME Feb. bis Aug. (Max. März/April), mitunter auch im Winter. Übernachtung meist auf Zweigen; außerhalb Brutperiode häufig Schlafplatzgemeinschaften.

Fortpflanzung [1369,337,1784,1551]. Brutbeginn mitunter schon 2.5–4 Monate nach Schlüpfen. Monogame Saisonehe (Dauerehen?). **Ankunft im Brutrevier**. Revierbesetzung durch ♂ oder beide nach Schwarmauflösung meist ab Feb./März, Reviere teilweise aber schon im Winter besetzt. **Nest.** ♀ entscheidet sich für einen vom ♂ angebotenen Nestplatz auf Bäumen und Sträuchern, gebietsweise an Gebäuden (nur selten in Innenräumen); in der Stadt sehr vielseitig. Nest ist dünne Plattform aus kleinen Zweigen (gelegentlich statt Zweige Metalldrähte). Beide bauen; ♂ sammelt und transportiert, ♀ wartet an der Niststätte und baut ein. Dauer des Nestbaus 2–4 d. **Legebeginn.** Hauptlegezeit März/April bis Aug./Sept., doch Winterbruten in ME möglich und regional in milden Wintern nicht außergewöhnlich; Brutperiode umfasst demnach ganzes Jahr. **Gelegegröße.** 2 (1-3); Ø z.B. D-BW$_{111}$ 1.99. **Eier.**: Spindelförmig, weiß, leicht glänzend. **Brutdauer.** (Vollzähligkeit des Geleges bis Schlüpfen des 2. Jungen) ca. 13-15 d; Eiablage im Intervall von 37–40 h. Brutbeginn nach 2. Ei. Sitzt relativ fest auf dem Gelege; beide brüten, ♂ meist von 10–16 Uhr. **Nestlings-/Führungszeit.** Beide versorgen Juv. und hudern 9–12 d. Mit 2 Wochen sitzen Junge oft schon auf dem Nestrand und klettern tagsüber auf den Zweigen. Nestlingsdauer 15-19 (21) d. Familienauflösung nach 34–44 d; nach 26 d füttert überwiegend oder ausschließlich ♂. **Jahresbruten.** Meist 2–4, zusätzlich häufig Ersatzgelege (max. 7 Bruten, davon 5 bzw. 6 erfolgreich, bzw. 8 Bruten, höchstens 4 erfolgreich). Oft wenige d nach Flüggewerden der Juv. neues Gelege im selben (oder in anderem) Nest. **Bruterfolg.** GB Schlüpferfolg Ø 42 %, Maximum 69 % Juli/Aug.; gesamter Bruterfolg 26 %, berechnet ca. 2.5 flügge Junge/BP und J.; E-D Schlüpferfolg ca. 40–45 %; Bruterfolg 33 % (305 Gelege) bzw. 36 % (715 Gelege), ab 1. Ei gemessen vermutlich kleiner (ca. 25 %); 1.8–2.9 flügge Junge/BP und J.; D-BW$_{76}$ Schlüpferfolg 80.8%, Bruterfolg 45%. Winterbruten fast ohne Erfolg.

Eimaße und -gewichte. L. 26.4-39.0 mm, B. 20.0-27.0 mm, Ø: 30.6 x 23.6 mm (n=698, CS); Frischvollgew. 6.6-14.2 g, Ø$_{75}$: 9.6 g; Schalengew. 0.47-0.66 g, Ø$_{83}$: 0.55 g.

Sterblichkeit, Alter. GB ca. 69 % im 1. J., später 39 %/J: D ca. 50–75 % bzw. 35–55 %/J. Mitunter hohe Winterverluste [z.B. 1130], jedoch in CZ bei Sterblichkeit von 38.6 %/J. keine grundsätzlich erhöhte Wintermortalität [150]. Ältester Ringvogel (GB) 17 J. 9 Monate [3654], etliche > 10 J., Gefg. mind. 25 und 29 J. **Generationslänge:** 9 J. [nach 383, wohl zu hoch].

Mauser. **Postjuvenile Mauser** (Vollmauser) beginnt mit Körpergefieder im Alter von 3–4 Wochen, HS ab 4–5 Wochen; Mauserperiode und Dauer vom Schlüpftermin abhängig, früh geschlüpfte Junge März/April–Aug., im Juli geschlüpfte Aug.–Anf. Dez., spät geschlüpfte ab Sept./Okt. (Mauser im Winter langsam oder unterbrochen) oder erst ab Feb. [767,1369,139,3050]. • **1. Postnuptialmauser** (Vollmauser) ähnlich Ad.; besonders bei spät geschlüpften kann Staffelmauser vorkommen [767,1369]. • **Postnuptialmauser** (Vollmauser) (März) Mitte Mai/Juli–Sept./Okt. (Anf. Dez.) [767,1369,139,3050]; AS-Mauser mit 2 aktiven Mauserzentren, beginnt mit Abwerfen von HS 6 [767,1369]; Dauer der HS-Mauser GB 125–150 d [767], AS-Mauser ca. 3.5 Monate, ST-Mauser ca. 2.5 Monate.

Streptopelia turtur – Turteltaube 06870

Streptopelia turtur (Linnaeus 1758)

GB Turtle Dove **F Tourterelle des bois** **E Tórtola Común**

Taxonomie. Vier gering differenzierte UA, in Europa *turtur* (Linnaeus 1758). Nach molekularen Befunden nächstverwandt mit afrikanischer *S. hypopyrrha* (und wohl *S. lugens*, die nicht mit untersucht wurde) [1903], sollte daher nicht mit der ferner stehenden Orientturteltaube *S. orientalis* in eine Superspezies gestellt werden [*contra* 2835,995N].

Kennzeichen. Zur Unterscheidung von *S. orientalis* [1703,1842;1784,3615,221,3772,1369; weitere **Fotos** in Dutch B. **25**, 68, Brit. B. **91**, 223, **93**, 284].

Maße. Gr.: 26-28 cm. Gew.: ♀, ♂ meist 99-180 g. Fl.spw.: 47-53 cm. Fl.l.: ♂ 17.4-18.5 cm, ♀ 16.7-17.7 cm [1369,3615].

Status. (Zunehmend lückig) Verbreiteter Brut- und Sommervogel. Abseits der Brutgebiete allj. Durchzügler und Rastvogel.

Verbreitung und Bestand. Verbreitet von Kanarischen Inseln über N-Afrika, Sudan und Afghanistan nach E bis NW-China. Schwerpunkte in Europa (Nominatform) RUS und TR sowie F und E. (mit jew. >250.000 BP). In ME in trockenwarmen Gebieten der Tiefebene und in Flussniederungen verbreitet; mit zunehmender Höhenlage und nach

N-Europa hin seltener oder fehlend. In Mittelgebirgen ausnahmsweise bis 600–900 m (CZ), in Alpen selten > 500 m (Brutverdacht in CH bis 1000m, in A 970 bzw. 1270 m), in S-Europa allerdings höher. Europäischer Gesamtbestand zw. 3.5 – 7.2 Mio. BP (insgesamt leichter Rückgang); größte Bestände in RUS (1-2.5 Mio.), E. (0.8-1 Mio.) und TR (0.3-0.9 Mio.) [383,1067]; in ME 360.000-560.000 BP [383].

Wanderungen. Langstreckenzieher; Winterquartier im Savannengürtel S Sahara zw. Atlantik und Äthiopien (nach S bis ca. 10°N). Ringfunde z.B. NL–Senegal, GB–Mali (3mal) [4064]. Hauptzugrouten Küstenregion SW-Europa und NW-Afrika, oasenreicher Teil der mittleren Sahara und Nilgebiet. In E-ME beringte Vögel wurden in GR, I und M (ausnahmsweise E.) festgestellt. NW-Populationen ziehen über SW-F, E. und P (Golf von Biskaya wird überquert). Teilweise sehr starke Konzentrationen (z.B. M im Frühjahr). Beginn des Wegzuges in ME ab Mitte Aug., Ende Mitte Sept./Anf. Okt.; wenige bleiben bis Nov.; sehr vereinzelt Überwinterer z.B. GB, NL. Aufbruch in Afrika ca. März bis Mai; Durchzug im Mittelmeergebiet Mitte April bis Anf. Mai, in S-D Ende Mai [z.B. 1617]. Viele Ind. streifen während Fortpflanzungsperiode regelm. einzeln oder paarweise umher und bleiben auch länger (mitunter balzend) am Ort. Junibeob. sind demnach nicht unbedingt Bruthinweise.

Bestandsentwicklung. Erhebliche Erfassungsprobleme entstehen durch großen Aktionsradius der Brutvögel, noch im Juni auftretende Durchzügler und hohen Anteil umherstreifender Nichtbrüter mit kurzzeitiger Revieranzeige. »Über 80% der Angaben zur Verbreitung in ME beruhen nicht auf Brutnachweisen« [1369]. Zudem extreme Bestandsfluktuationen von Jahr zu Jahr [1].
Im 19. Jh. in weiten Teilen ME sehr häufig und weit verbreitet. Dann starke Abnahme Anf. 20. Jh., ab 1930er J. positiver Trend, seit 50er J. erneute Abnahme. Festgestellte Bestandsänderungen gut mit Klimaveränderungen korreliert [1369; auch 1719]. Großräumiger, langfristiger und anhaltend negativer Trend schließlich ab Mitte 1970er J., in dessen Folge dramatische Einbrüche in ganz W- und SE-Europa [3892]. In F, GB und RO z.B. bis 1990 Abnahmen >50% und z.T. erhebliche Arealeinbußen [1343,3892,4180,196,532]. In ME dagegen regional sehr unterschiedliche Entwicklungen. In weiten Teilen NL z.T. erhebliche Rückgänge [3636,375,3638], aber gebietsweise auch stabile Bestände und in Flevoland deutliche Zunahmen; insgesamt Bestandsabnahme in NL von 1979-85 bis 1989-91 um etwa 10%, dann bis 2000 dramatischer Einbruch auf < 1/3 des Bestandes [375,3638]. Negativer Trend auch in D-NW (sowie -RP), doch in Teilbereichen auch langsame Erholung oder Zunahme nach Extensivierung [2623,196,2821]. In -BY regional seit 1950er J. starke Rückgänge, doch Einbrüche in 1970er J. blieben aus [4175]. Starke Abnahmen inzwischen in CZ, B, A-St und A-Oö, CH, L und Teilen D [843,965,1677,1585,3663,196], kleine Bestände z.T. erloschen, z.B. D-BE [2896]. Besorgniserregend ist Rückgang der Reproduktion der Art, z.B. in GB (weniger Brutversuche, kleinere Gelege) [532].

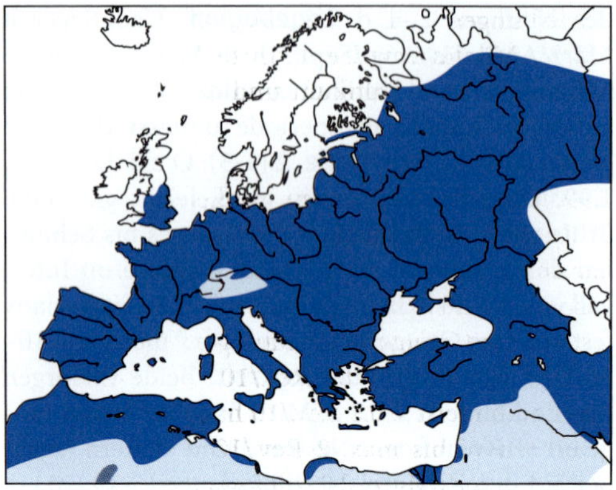

Streptopelia turtur – **Turteltaube**

	Best.	Areal	Brutbestand	Jahr	Quelle
A	+/-	=	8.000 – 15.000	1998 – 2002	[383]
B	⇩	- 1	5.800 – 9.600	2001 – 2002	[383]
CH	↓	=	1.000 – 2.500	1993 – 1996	[383]
CZ	+/-	=	60.000 – 120.000	2000	[383]
D	↓	=	55.000 – 81.000	1995 – 1999	[383]
FL	⇩	- 2	1 – 3	1998 – 2000	[383]
H	+/-	=	165.000 – 215.000	1999 – 2002	[383]
L	↓	- 1	1.800 – 2.000	2000	[383]
NL	⇩	- 1	10.000 – 12.000	1998 – 2000	[383]
PL	↓	- 1	40.000 – 70.000	2000 – 2002	[383]
SK	+/-	=	15.000 – 30.000	1990 – 1999	[383]

Derzeit nur noch Bestände in E-ME (H und SK., Teile A und PL, ferner SLN, I und RUS) weitgehend stabil (oder lokale Rückgänge) [1585,3892,1507,3871]. Regional in CH, (Bod.), in D-SH und -NI Bestandszunahmen und Neuansiedlungen [1589,4043,196,1302] oder Stabilität [310]. Möglicherweise klimabedingt anhaltende Ausbreitung im Baltikum und in S-Fennoskandien [3892,1585].

Siedlungsdichte. Wegen großer Aktionsräume Angaben nur großflächig sinnvoll. Höchste Dichten in trockeneren Wäldern in Randlage zur Feldflur, in D-BB z.B. 0.1-0.5 Rev./10 ha, geschlossenere Wälder mit wenig Auflichtungen und Truppenübungsplätze nur bis 0.1 Rev./10 ha [1]; auch Werte in D-NW meist < 0.1 Rev./10 ha [2821]. In Rheinauen D-BW bis max. 2 Rev./10 ha [1722], in PL großräumiges Mittel 0.2-2.5 Rev./10 ha [3871].

Gefährdungs- und Verlustursachen [1343,965, 3892,1369,1507,1719,1722,4180,469,532,1067]. Extrem hohe Abschusszahlen auf dem Zug, in den Überwinterungsgebieten (Senegal) und in F, illegal auch während des Frühjahrs.
Einfluss von Klimaveränderungen in Brutgebieten; in Überwinterungsgebieten aufgrund hoher Mobilität vielleicht geringe Auswirkungen extremer Dürreperioden - dort aber stark gefährdet durch ausgeprägte Neigung zu Massenansammlungen und offensichtlich durch Habitatzerstörung oder -beeinträchtigung.
Verlust der Lebensräume durch (1) Zerstörung der Auengebiete und der Weidendickichte an Altwässern durch Wasserbau und Grundwasserabsenkung, (2) Entfernen der Hecken und Feldgehölze an einschürigen Wiesen durch Intensivierung der Landwirtschaft und Flurbereinigung, und (3) Umstellung der Waldwirtschaft auf monotone Altersklassenwälder. In den Überwinterungsgebieten Zerstörung der als Schlafplätze sehr bedeutenden Akazienwälder zur Holzkohleherstellung.
Verringerung oder Verlust der Ackerwildkräuter durch Intensivbewirtschaftung mit hohem Biozid- und Düngemitteleinsatz und Wechsel von Heu- zur Silagemahd. Ferner Wechsel zu ertragreicheren Monokulturen. Dadurch starke Abnahme verfügbarer Samennahrung.
Störungen an und Beeinträchtigung der Brutplätze durch intensive Freizeitnutzung.
Verdrängung durch Türkentaube in urbanen Bereichen sowie interspezifische Nahrungs- und Nistplatzkonkurrenz.

Schutz. In Durchzugs- und Überwinterungsgebieten stärkere Reglementierung der Abschusszahlen. Strenge Verfolgung illegaler Frühjahrsjagd (u.a. in F).
Renaturierung oder Erhaltung heckenreicher, extensiv genutzter Kulturlandschaften. Besserer Schutz verbliebener Auengebiete, naturnaher, vielstufiger Laub-(Misch-)Wälder und extensiv bewirtschafteter Wiesengebiete; Wiedervernässung trockengelegter oder -gefallener Standorte.

SPEC	VSchRL	Bern.Konv.	Bonn.Konv.
3	Anh. II-2	Anh. III	Anh. II
Europ. RL	**RL in ME**		
--	NL:'VU', FL: 'R', B, D: ,NT'		

Erhebliche Reduktion des Herbizideinsatzes.
Schutz und Erhaltung der Akazienwälder in den Überwinterungsgebieten durch Erschließung alternativer Heiz- und Energiequellen.
Negative Einflussfaktoren zur Brutzeit, auf dem Zug und im Überwinterungsgebiet offenbar trotz günstiger klimatischer Bedingungen (gleichzeitige Arealausdehnung nach N) nicht mehr kompensierbar.
Monitoring des Bruterfolgs. Genauere Studien der Zugwege sowie der Probleme in Rast- und Überwinterungsgebieten.

Biotop. Als Br. der Steppen und Waldsteppen in ME i.d.R. in halb offener Kulturlandschaft warmer, trockener Gebiete (16°-Juli-Isotherme, Juni/Juli je < 100 mm Niederschlag), meist Br. in Gebüsch, Feldgehölzen, an Waldrändern, in Waldgebieten etc., wenn Lichtungen vorhanden. Oft bevorzugt in Wassernähe (z.B. Auwälder, Ufergehölze), nicht selten auch in größeren Gärten, Obstplantagen, aber auch Parkanlagen (in Städten z.T. durch Türkentaube verdrängt). Im Winterquartier besonders offene Savanne und landwirtschaftliche Kulturflächen.

Nahrung. Fast nur pflanzlich; im Brutgebiet meist Samen und Früchte von Knöterich-, Mohn- und Gänsefußgewächsen, Kreuz-, Schmetterlings- und Korbblütlern, Gräsern u.a., gerne auch Fichten- und Kiefernsamen. Von Ackerbauerzeugnissen weniger stark abhängig als Türkentaube. Magensteinchen. Tägliches Trinken notwendig.

Stimme. Gesang (auch ♀, doch leiser) schnurrende, mehrfach wiederholte »turrr«Laute, erstes Motiv leicht ansteigend. »Prahlruf« rasch »grúrrr turr turr turr turr«; Erregungsruf kurzer explosiver Laut, ähnlich Sektkorken; Alarmruf trompetend »ru«.

Verhalten. Tag- und dämmerungsaktiv; zieht vorwiegend nachts. Fliegt sehr wendig zw. Bäumen;

beim Auffliegen oft Flügelklatschen. Nahrungserwerb fast immer am Boden. Gesellig; scheint kein eigenes Revier zu verteidigen. Bei Nahrungssuche auch während der Brutzeit größere Ansammlungen, auch mit anderen Tauben vergesellschaftet. Revierruf oft versteckt vorgetragen. Ausdrucksflug (♂, seltener ♀) offenbar nur partnerbezogen. Von erhöhter Stelle bis ca. 27 m steiles Emporfliegen, mit horizontalen Flügeln und gespreizten ST Herabgleiten; bei Flügelschlägen oft Klatschen. Balz nach Rückkehr ins Brutgebiet; Rufe bis Juli (Aug.); Paarbildung am Brutplatz (oder auf Heimzug). Flucht vor Flugfeinden in Gebüsch oder Baumkronen; z.T. empfindlich am Nest.

Fortpflanzung [1369, 337, 1784, 1551]. Wohl gegen Ende 1. Lebensjahr geschlechtsreif. **Ankunft im Brutrevier.** Ankunft Mitte April/Anf. Mai, ♂ eher als ♀. Paarbildung meist am Brutplatz, aber auch schon früher (z.T. paarweise ziehend). **Nest.** Nest auf Sträuchern oder Bäumen, selten am Boden oder an Felsen; oft gut geschützt durch Blattwerk. Bodenabstand (0.8) 1.5–5 (12) m; flach, aus trockenem Reisig; anfangs oft sehr dünne Unterlage. Fremde Nester gelegentlich als Unterlage. Nestmaterialien werden von ♂ und ♀ herangetragen, aber nur ♀ baut. **Legebeginn.** Hauptlegeperiode Mitte Mai bis Mitte Juli, viele beginnen kaum vor Juni (Extremdaten 22. 4. frische Eier, 16.5. fast flügge Junge; 15.8. schlüpfende Junge, Nestlinge bis Ende Aug.; sogar »kaum flügge« Okt.). **Gelegegröße.** (1) 2; Ø z.B. D-BW$_{22}$ 1.95. **Eier.**: Spindelförmig bis oval, weiß, leicht glänzend. **Brutdauer.** 13–16, meist 14 d, Legeintervall ca. 39–48 h; Bebrütung ab 2. Ei, beide brüten; Junge schlüpfen meist am selben d. **Nestlings-/Führungszeit.** Beide Ad. versorgen Juv.; Nestlingsdauer 18–23 d, oft schon vorher Umherklettern in Nestnähe. Voll flugfähig 25–30 d. Zeitpunkt der Familienauflösung unklar, aber wohl rascher Zusammenschluss verschiedener Familien ab Juli. **Jahresbruten.** 1-2 (Drittbruten?); Ersatzgelege häufig. **Bruterfolg.** GB flügge Junge 37 % der Eier, höchstens 1.6 flügge Junge/Gelege, meist offenbar erheblich weniger. In Rhl.$_{20}$ 0.9 flügge Juv./Gelege; in NW-P 2.71 Juv./BP und J., weitere europ. Daten ebenfalls bei 2-2.8 Juv./BP und J. [1067].

Eimaße und -gewichte. L. 27.0-34.2 mm, B. 20.0-24.7 mm, Ø: 30.7 x 23.0 mm (n=100, GB), 30.8 x 23.1 mm (n=80, B), 30.5 x 23.0 mm (n=115, Europa); Frischvollgew. 7,0-9.8 g, Ø$_{10}$: 8,9 g, Ø$_{32}$: 8,0 g; Schalengew. 0.40-0.56 g, Ø$_{70}$: 0.5 g.

Sterblichkeit, Alter. GB (Schätzung) Juv. 64 % (1. Lebensjahr), Ad. ca. 50 %/J. Älteste Ringvögel 13 J. 2 Monate, je 12 J. und 10 bzw. 5 Monate; 1mal vielleicht > 20 J. **Generationslänge:** < 3.3 J. [383].

Mauser. **Postjuvenile Mauser** (Voll- oder Teilmauser) setzt innerhalb ca. 5 Wochen nach Flüggewerden ein; früh geschlüpfte Junge mit Unterbrechung bei Zugbeginn, spät geschlüpfte mausern erst im Winterquartier; Ende meist bis Feb./März, manchmal erst nach Ankunft im Brutgebiet [767, 139, 2685]; mittlere AS werden vielfach nicht ersetzt [767]. • **Postnuptialmauser** (Vollmauser) ein Teil ab Juli/Aug. und Unterbrechung mit 1–4 neuen HS während Wegzug, andere beginnen erst ab Okt./Nov. im Winterquartier; Abschluss bis Jan./Mitte April [767, 1369, 139, 2685].

Streptopelia orientalis – Orientturteltaube 06890

Streptopelia [orientalis] orientalis (Latham 1790)

(GB) Rufous/Oriental Turtle-dove **(F) Tourterelle orientale** **(E) Tórtola Oriental**

Taxonomie. Sechs UA, davon zwei untereinander recht deutlich differenzierte Formen in Europa nachgewiesen: ***meena*** (Sykes 1832) (W-Sibirien, zentralasiatisches Bergland) und ***orientalis*** (Latham 1790) (Zentral-Sibirien bis SE-Asien); vier weitere UA in Ost- und Südasien. Zwar sollen sich *meena* und *orientalis* in SW-Sibirien und im russischen Altai vermischen [767, 1344], doch bedarf dies genauerer Überprüfung, da nicht nur im Gefieder, sondern offenbar auch in Revierrufen deutlich verschieden [1344; sonagraphische Dokumentation fehlt bisher!]; daher (Semi-?)Speziesstatus nicht ausgeschlossen.

Kennzeichen. Die Schwanzzeichnung ist bei beiden Formen, *meena* und *orientalis*, variabel und allein kein verlässliches Unterscheidungskriterium [vgl. 2267; ferner 1369, 1784, 3615, 221, 3772, 1703,

[1842]; vgl. **Fotos** in Dutch B. **25**, 60, Bird. W. **5**, 53 (z), 56/57, **8**, 51, **15**, 197, (*meena*) Brit. B. **96**, 236/237, Bird. W. **15**, 501-505].

Maße. Gr.: 33-35 cm. Gew. ♀, ♂: 165-274 g. Fl.spw.: 53-60 cm. Fl.l. (*orientalis*): ♂ 19.2-20.1 cm, ♀ 18.8-19.6 cm. (*meena*): ♂ 19.6-21.0 cm, ♀ 19.2-20.1 cm [1784,3615].

Status. ***orientalis***: Zunehmende Nachw. in Europa (auch Gefg.fl.?), u.a. in GB (5mal bis 2001), DK (9mal bis 2000), N., S. (von 1985-89 allj.), F u.v.a. [3615,q3,q23].
In ME bisher sehr selten nachgewiesen, u.a.: • **A:** - V (Bod.) Sep.1995 [3129]. • **H:** Dez. 1985 [2438]. • **PL:** Ad. Apr. 2002 [3871]. Ferner in • **D** [aufgeführt in 3615].
Nachweis in D (2000) [q3] bei Seltenheitenkommission anhängig.
Streptopelia o. meena (**Meenataube**): in ME wohl nur als Gefg.fl.

Wanderungen. Standvogel in S-Asien. Br. der Paläarktis überwintern in SE-Asien und Indien [3615].

Verbreitung. Vom S-Teil W-Sibiriens nach S bis Indien und in geschlossenem Areal nach E bis Pazifikküsten in Sachalin, Korea, China, Thailand und Malaysia. Weit verbreitet und generell häufig. Bestandsschätzungen fehlen [1784].

Biotop. Vielseitig, von tropischen bis zu borealen Regionen von Wäldern bis ins baumdurchsetzte Kulturland.

Nahrung. Rein vegetabil, Reis, Getreide, Kiefernsamen, Bambus, Kräuter etc.

Stimme. Erinnert eher an Ringeltaube als an Turteltaube. Tiefes, klagendes Gurren »hruu-hruu-uu-uu«, die beiden ersten Silben rauer.

Mauser. **Postjuvenile Mauser** (Voll- oder Teilmauser) ähnlich Turteltaube; besonders spät Geschlüpfte erneuern mittlere AS und selten einzelne ST nicht. • **Postnuptialmauser** (Vollmauser) Kleingefieder meist ab Juli im Brutgebiet; nach Unterbrechung im Winterquartier bis Feb./März beendet [767].

Ectopistes migratorius – Wandertaube (†) 06940

Ectopistes migratorius (Linnaeus 1766)

(GB) Passenger Pigeon **(F) Pigeon migrateur** **(E) Paloma Migratoria**

Verbreitung und Bestand. Ursprünglich verbreitet im E-Teil Nordamerikas, besonders New England und Great Lakes. Damals eine der häufigsten Vogelarten der Erde. Nach jahrzehntelanger drastischer Verfolgung (mit »Kopfprämien«), Verlust von Nahrungsgrundlagen und Epidemien (»newcastle disease«) völliger Bestandszusammenbruch. Letzter Wildvogel 1900 geschossen, freilebend bis 1907, seit September 1914 kein Nachweis mehr [1784,3615,382].

Status. Ausgestorben. In historischer Zeit möglicherweise größerer Einflug in D-BW um 1580 [2008]. In Europa zudem mehrere Nachweise zwischen 1825-1848 (u.a. GB, IRL, F), doch Gefg.fl. in keinem Fall ausgeschlossen, da ab 18. Jh. oft importiert und - auch in ME - gehalten [3615].

Wanderungen. War Zugvogel mit Wanderungen von Brutgebieten der Neu England-Staaten und Great Lakes bis S-USA, in strengeren Wintern bis MEX. Nachw. Anf. 19. Jh. in IRL wären durch Umherstreifende erklärbar, könnten jedoch auch auf umfangreiche Importe der Art nach Europa zurückgehen [3615].

Mauser. **Postjuvenile Mauser** (Voll- oder Teilmauser) Juli/Aug.–Okt. [3050]. • **Postnuptialmauser** (Vollmauser) wohl Aug.–Nov. [3050].

ORDNUNG Psittaciformes – Papageien

Kleinvogel- bis fast Fasanengröße, relativ großer Kopf, kurzer Hals; gekrümmter, meist kräftiger Schnabel; Oberschnabel durch ein Gelenk auch nach oben beweglich; komplexe Zungen- und Kiefermuskulatur; Lauf kurz. 4. Zehe zeigt nach hinten und wirkt mit der 3. der 1. der 2. Zehe entgegen. Mit dieser »Greifzange« ist gutes Klettern möglich, wobei oft auch der Schnabel eingesetzt wird. Höhlenbrüter, bis auf wenige Ausnahmen (z.B. Mönchssittich); meist brüten nur die ♀. Nahrung meist rein vegetabilisch. Junge werden aus dem Kropf gefüttert. Nesthocker. Meiste Arten sehr gesellig. Vor allem auf Südhalbkugel sowie in Tropen/Subtropen der Nordhalbkugel. In Europa nur nach Aussetzungen oder Gefangenschaftsflucht. Bestimmungsliteratur [1184,1927,1784].

Weltweit 352 Arten in 84 Gattungen mit Verbreitungsschwerpunkt in Tropen. Die Verwandtschaftsverhältnisse innerhalb der Ordnung sind trotz gründlicher morphologischer und erster molekularer Untersuchungen [2644N] weitgehend ungeklärt. Die Monophylie der australischen Cacatuidae ist gut gesichert. Ob sie jedoch die Schwestergruppe aller anderen Papageien bilden, wie es eine Gegenüberstellung auf Familienniveau suggeriert [1784], ist fraglich.

Familie Psittacidae – Papageien

Vorwiegend Bewohner der Tropen und Subtropen. In Europa als Neozoen durch Gef.fl. lokal angesiedelt, z.T. inzwischen mit stabilen Populationen.

• Gattung *Psittacula*

16 Arten (einige in historischer Zeit ausgestorben) mit ursprünglich südasiatischer Verbreitung. Zur molekularen Phylogenie [1448].

Psittacula eupatria – Alexandersittich 26610

Psittacula eupatria (Linnaeus 1766) syn.: Großer Alexandersittich

(GB) Alexandrine Parakeet **(F) Perruche alexandre** **(E) Cotorra Alejandrina**

Taxonomie. Fünf UA: *nipalensis* (Hodgson 1836) (E-Afghanistan/Pakistan E bis Bangla Desh, *eupatria* (Linanaeus 1766) (S-Indien, Sri Lanka), *magnirostris* (Ball 1872) (Andaman-Insel), *avensis* (Kloss 1917) (NE-Indien, Myanmar) und *siamensis* (Kloss 1917) (W- und N-Thailand bis Indochina).

Kennzeichen [1784,3772; **Foto** eines Hybriden *eupatria* x *psittacula* in: //halsbandsittiche.papageien.org/exkursion_K-D].

Maße. Gr.: 50-62 cm. Gew.: ♀, ♂ 198-258 g [1784].

Status. Gefg.fl. bzw. eingeführt, konstanter Zuwachs aus Vogelhaltungen; Nominatform (aus S-Indien), nicht selten wohl auch UA *nipalensis*. Lokaler Brutvogel, bisher ausschließlich im Bereich menschlicher Siedlungen (mit Fütterungsstellen). Jahresvogel (Standvogel). Gemischte Schlafplatzansammlungen mit Halsbandsittich nur durch Einzelind., nicht mehr nach Etablierung; Hybridisierung der beiden Arten mehrfach in D dokumentiert, meist bei fehlenden *eupatria*-Partnern [T. Krause].

Verbreitung und Bestand. Brutvogel in mehreren UA von E-Afghanistan und Pakistan über Indien und Sri Lanka bis N-Thailand und Indochina. Einbürgerungen bzw. Ansiedlungen entflohener Vögel u.a. in GB und E. sowie in Oman und einigen Großstädten Indiens [1058]. In ME bisher nur in D und B regelm. freibrütend, gebietsweise (-HE und -NW) etablierter Brutvogel, Gesamtbestand 2000 um 30 BP, weiter anwachsend [204,1677,1212].

Wanderungen. Im Ursprungsgebiet überwiegend Standvogel, teilweise nomadisierend, in N-Indien Zugvogel (innerhalb des Brutverbreitungsgebietes) [3615].

Bestandsentwicklung. In Europa mehrfach aus Gefg. entkommen oder freigelassen, anders als *P. krameri* aber lange Zeit nur in D längerfristige Ansiedlung. Erste freibrütende Vögel 1987 in Wiesbaden (Herkunft unbekannt); seither Brutbestand dort kontinuierlich angewachsen auf 3 BP 1990, 13 BP 1995 und 23 BP (bei Population von 65-85 Ind.) 2000 [1680,4218,496], nachfolgend in Wiesbaden bis 120 freifliegende Ind.; Ende 1990er J. erstmals Brut im angrenzenden -RP [204,1216], dort 2004 erneut Brutverdacht [De. FRANZ]. In -NW wurde ein Vorkommen mit 9 BP erst 1993 entdeckt, und auch 1994 brüteten mind. 8 BP in Köln [1058], für 1999 wurde ein Bestand von nur 5 BP für -NW gemeldet [204], Zahl freifliegender Ind. dort ingesamt wohl > 30 Ind.; Einzelbeob. inzwischen auch aus anderen Städten -NW (z.B. Düsseldorf, Bonn) [4218,496]. In B erste Bruten Ende 1990er J. in Brüssel-Jette, Bestand 2000 bei 6-9 BP [1677]. Aus anderen Regionen ME bisher nur Einzelbeob. entkommener, freigelassener oder dispergierender Ind., z.B. D-BW, -BB [1722,1617,1], A-V (u.a. Paar bei Kopula 1993) [1617], PL [3871]. Erfolgreiche Ansiedlungen in ME bisher ausschließlich in größeren Kolonien des Halsbandsittichs [De. FRANZ].

	Best.	Areal	Brutbestand	Jahr	Quelle
B	N	N	6–9	2000	[383]
D	⇧	+ 2	25–30	2000	[494]

In GB erste Beob. 1992, Brutansiedlungen aber wohl erst ab 1997, seither kleine Populationen in verschiedenen Orten; aber wohl noch nirgends fest etabliert [608].

Siedlungsdichte. Inselartig konzentriert, von menschlichen Fütterungen (insbes. im Winter) abhängig; Brutplätze an geeigneten Standorten semikolonial.

Gefährdung [1722,1680,1058,409]. Keine Gefährdungen erkennbar.
Verluste nur durch Wanderfalke und Habicht bekannt, für andere Prädatoren wohl zu groß und wehrhaft; (Nistplatzkonkurrenz mit anderen Höhlenbrütern wie Dohle und Hohltaube möglich, negative Effekte auf diese Arten aber nicht belegt, Dohle z.T. Gewinner bei Auseinandersetzungen) [De. FRANZ].

SPEC	VSchRL	Bern.Konv.	Bonn.Konv.
--	--	Anh. III	--
Europ. RL	**RL in ME**		
--	--		

Schutzmaßnahmen. Nicht erforderlich, allerdings bessere Untersuchung synökologischer Faktoren sowie möglicher Konkurrenzphänomene mit einheimischen Höhlenbrüterarten nötig (vgl. Angaben beim Halsbandsittich).

Stimme. Lautes, gutturales »kiieak« oder »kiieah«, tiefer und rauer als Halsbandsittich [29].

Biotop. Br. trockener bis feuchter Laubwald und baumbestandene Regionen (überwiegend Tiefland) wie Mangroven, Kokosnussplantagen, alte Gärten; auch in Wüsten mit kleinen Baumbeständen in Wassernähe. In ME nur z.T. städtische Anlagen mit ergiebigen Futterstellen, doch sehr scheu. Nachts fast ganzjährig in den Bruthöhlen.

Nahrung. Früchte, Samen, Nektar, fleischige Blütenblätter, junge Blätter, Getreidekörner; durch kräftigeren Schnabel kann die Art hartschalige Früchte (z.B. Walnuss) früher im Jahr bzw. Kirschkerne noch später im Jahr knacken als Halsbandsittich. Im Winter Zweige und Knospen [A. KAHL-DUNKEL].

Fortpflanzung, Brutbiologie [1784,1680,1058,409, De. FRANZ]. Geschlechtsreife im 2. Lebensjahr. Wohl Dauerehe, zumindest Wiederverpaarungen durch Brutplatztreue. Bei ungleichem Geschlechterverhältnis Fälle von Bigamie bekannt. **Ankunft im Brutgebiet.** Ganzjährig im Gebiet. Balz und Paarbildung ab (Dez./Jan.) Feb. Nistplatzwahl durch ♀, ab Feb. (März). **Nest.** In ME in Parkanlagen mit Gartenstadt- oder Villencharakter, in Baumhöhlen von Grün-, Grau- oder Buntspechten bzw. in Naturhöhlen; bevorzugt in Weichhölzern (Platanen !), in größeren Höhen von (5-) 15-30 m; meist deutlich höher als Halsbandsittiche. Im Ursprungsgebiet auch in Mauernischen, an Gebäuden; auch in Nistkästen. Ansitzplätze in Nähe des Einflugloches wichtig. Übernommenes Nest wird zuweilen vergrößert (♀ baut). Kaum Nistmaterial, Eier auf Holzmulm. Bruthöhlen werden oft wiederverwendet; oft in losen Kolonien. **Legebeginn.** In Ursprungsgebieten Asiens ab Nov. bis April, in ME ab Anf./Mitte März bis Anf. Mai. **Gelegegrö-**

ße. 3-4. **Eier.** Breitoval, matt, weiß. **Brutdauer.** Angaben variabel, in Asien 19-21 d (auch D-HE), sonst ca. 28 (26-35) d; ♀ brütet (♂ wacht). Gelege schlüpft im Laufe des April (Mai). **Nestlings-/Führungszeit.** ♀ ständig in Bruthöhle. Anfangs bringt ♂ Futter, dann füttern beide. Juv. nach ca. 3-4 Wochen am Einflugloch. Ausfliegen nach etwa 52-55 (50-60) d (in Asien Angaben von 42-50 d), meist im Juni, spätestens im Juli. Fam. unterschiedlich lange in Nähe der Brutkolonie, wo Juv. noch 2-4 Wochen gefüttert werden; dann Bildung von »Jugendtrupps«. **Jahresbruten.** 1; Ersatzgelege ? **Bruterfolg.** Bei 15 erfolgr. Bruten in D-HE 1995-96 Ø 2.2 flügge Juv./Paar. Von 8 Paaren in D-NW hatten 1993-94 je 4 Bruterfolg; dabei Ø 0.69 flügge Juv./Brutversuch und J.; Gelegeverluste durch Kälteeinfluss möglich (Embryos kälteempfindlich), bei allen vergeblichen Brutversuchen in D-NW lange Bebrütungszeit.

Mauser. Ähnlich Halsbandsittich [4217].

Psittacula krameri – Halsbandsittich 07120

Psittacula krameri (Scopoli 1789)

(GB) Rose-ringed/Ring-necked Parakeet **(F) Perruche à collier** **(E) Cotorra de Kramer**

Taxonomie. Vier UA: *krameri* (Scopoli 1789) und *parvirostris* (Souancé 1856) in Afrika, *borealis* (Neumann 1915) und *manillensis* (Bechstein 1800) in Südasien (Pakistan bis Burma). Zuweilen *krameri* mit *P. echo* (A.& E. Newton 1876) zu einer Superspezies vereinigt [767] oder als konspezifisch betrachtet [995N]; dann fünf UA.

Kennzeichen [1784,3772,221,3615,496; weitere Fotos in Brit. B. **92**, 181, (*borealis*) **94**, 75/76].

Maße. Gr.: 37-43 cm. Gew.: ♂ 116-143 g, ♀ 95-120 g. Fl.spw.: 42-48 cm. Fl.l.: ♂ 17.2-18.7 cm, ♀ 16.8-17.8 cm [1784,3615].

Status. Gefg.fl., gebietsweise auch eingeführt, für Neuetablierungen z.T. noch Zuwachs aus Vogelhaltungen notwendig; in unserem Raum überwiegend UA *borealis* und *manillensis*. Lokal recht häufiger Brutvogel, besonders in atlantisch geprägten Niederungsgebieten; bisher fast ausschließlich im Bereich menschlicher Siedlungen (mit hohem Anteil exotischer Nahrungspflanzen sowie – mancherorts – großen Fütterungsstellen). Jahresvogel. Keine weiteren Wanderungen bekannt. Bildet große Schlafplatzgemeinschaften, oft in Gewässernähe oder auf Inseln [1932]; hohes Dispersionsverhalten der Jungvögel begünstigt Ausbreitung [1931]. in manchen Regionen bisher nur einzelne Ind., z.B. PL [3871].

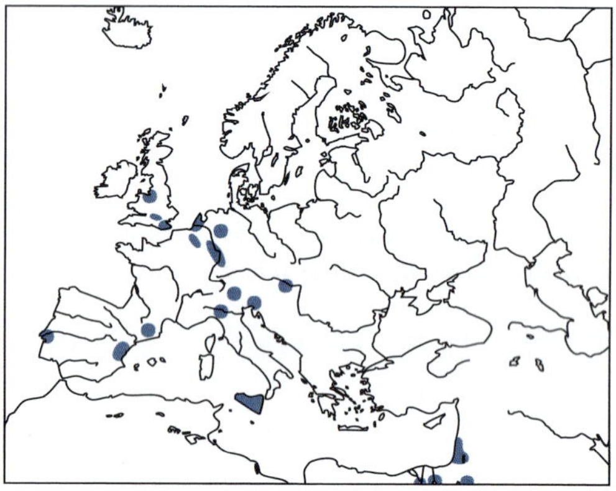

Psittacula krameri – **Halsbandsittich**

Verbreitung und Bestand. Brutvogel der Savannenzone N-Afrikas von S-Mauretanien, Senegal und Guinea bis W-Uganda, Äthiopien, N-Somalia sowie in Asien von Pakistan bis SE-China bzw. Sri Lanka. Global viele Einbürgerungen oder Ansiedlungen entflohener Vögel u.a. Kenia (Nairobi), Mauritius, EGY, Oman, Jemen, Irak, Iran, Hongkong, JAP, Hawaii, USA (z. B. Kalifornien, Florida, New York), Venezuela. Inzwischen in ME in B, NL, D und A, ferner in Europa regelmäßig freibrütender, gebietsweise fest etablierter Brutvogel in GB [> 5.900 Ind.: 608], E. 50-100 BP, I wohl > 200 Ind., F Neuetablierung seit 1995, sowie in IL > 2.000 Ind. (1989) [3615, M. Braun]. Genaue Bestandsangaben fehlen aus vielen weiteren Regionen [z.B. in 1585]. Jüngster Bestand (2002-04) in ME mind. 1.100-1.200 BP bzw. > 11.000 Ind. [3392,204,1677,3638, 1215].

Wanderungen. Von den in Europa Eingebürgerten nur kleine Ausbreitungsbewegungen bekannt. Auch im Ursprungsgebiet Standvogel mit allenfalls lokalen Wanderbewegungen [1784].

Bestandsentwicklung. In Europa seit Mitte 19. Jh. mehrfach aus Haltung entkommen, zunächst ohne dauerhafte Ansiedlungen. Erste freibrütende Vögel in 1960er J. in GB [wahrscheinliche Abkunft Indien:3032]; Anf. 1990er J. Bestand in GB > 1.500 Ind. [1343], zehn J. später schon > 5.900 Ind., bei deutlicher Arealausweitung [608].
In NL erste Brut 1968 in Den Haag, wo seither Schwerpunkt [2298]. Nachfolgend Besiedlung weiterer Städte, 1976 in Keulen bereits 250–300 Ind. [337], seit 1976 in Amsterdam, wo bis 2000 auf 430 Ind. angewachsen [1966]; 1994 in NL insges. 90-120 BP [277], bis 2000 Brutbestand nochmals verdoppelt [3638]. In B erste Nachw. (N-indische UA *borealis*) in 1960er J., ab 1974 Bruten in Tervuren bei Brüssel, seither wie in NL und W-D sprunghafte Entwicklung und Ausbreitung: in 1980er J. dort 800 Ind., 2002 Bestand schon auf 5.560 Ind. angewachsen [77]; bis Mitte 1980er J. weitere dauerhafte Ansiedlungen in Lüttich (ab 1978) und Antwerpen [843,1212];.

	Best.	Areal	Brutbestand	Jahr	Quelle
A	N	N	40 – 50 Ind.	2000	[q10]
B	⇧	+ 2	400 – 500	1999	[383]
CH	N	N	1 – 1	1991 – 1994	[383]
D	⇧	+ 2	490 – 510	2004	[1215]
NL	⇧	+ 2	220 – 220	1998 – 2000	[383]

In A bislang lediglich zwei Brutansiedlungen (1976 in Wien und 1978 in Innsbruck), in Wien keine nennenswerte Zunahme [5 Ind. 1990, 965], Population in Innsbruck dagegen in 1980er J. deutlich zunehmend auf 30-40 Ind. [2784N], danach kaum noch Zunahme [q10] und inzwischen deutlicher Rückgang auf 5 Ind. [496]. In CH bisher nur Einzelbruten in Ligornetto und Monthey [496].
Ausbreitung in D etwa zeitgleich in zwei getrennten Regionen, (a) im Rheinland, Raum Köln, seit 1967 sowie (b) am Oberrhein, Raum Wiesbaden, seit 1969 [2623,1215]. In der Folgezeit Zahl freifliegender Vögel anfangs langsam, später exponentiell zunehmend. (a) in -NW erste Feststellungen in Brühl 1975, Bonn 1979, Düsseldorf 1983, Hamm 1985 und Duisburg 2000 [3615,196,1058;2821]; neuerdings allein in Köln Bestände von ca. 1.000 Ind., vor allem *manillensis* und *borealis*, aber auch Nominatform aus Afrika [1931] bzw. max. 1.524 Ind. [1215]. Brutbestand der Niederrhein-Population insgesamt etwa 200 BP. (b) In D-HE S-indische UA *manillensis* ab 1975 Brutvogel; bis 1996 rasches Anwachsen des Bestandes auf 63 BP und 400-430 Ind. [1680,4216], 1999 schon 120 BP und 520 Ind., 2003 schließlich 175 BP und max. 1.400 (Juli) bzw. 1.100 (Dez.) Ind. [1215]. Brutansiedlungen seit 1970er J. auch in -RP, z.B. in Worms (ab 1974), Mainz (1970er J., erneut seit 2000) und Ludwigshafen (1985); Bestand bis Anf. 2002 auf 500 Ind. (ohne benachb. Wiesbaden) angewachsen [1216]. In -BW seit 1973 mehrere Einzelvorkommen im N-Teil (z.B. Heidelberg ab 1972 und Neckarhausen 1974), in 1990er J. wohl mindestens 200 Ind. bzw. 50-70 BP - wahrschl. N-indische UA *borealis* [1722]. Gesamtbestand am Oberrhein/Neckar etwa 300 BP.
In D inzwischen in mind. 25 Städten als Brutvogel nachgewiesen, u.a. ab 1989 auch Brutvogel in -HH mit max. 7 BP [2642], doch Population 2001 erloschen [496] sowie kurzzeitig in -BE (1991 Brut, danach nur Einzelvögel) [1,2896]. Bestände meist noch an städtische Lebensräume gebunden, doch Ausbreitung auch auf außerstädtische Bereiche beob., z.B. erste Brutansiedlungen auf Rheininseln in -RP/-HE (in Nähe von Kleingartenanlagen) [1215]; zudem in Außenbereichen Kölns auch ohne Fütterungen hohe Winterfestigkeit [A. Kahl-Dunkel]. Gesamtbestand D lag 2003 bei ca. 5.200 Ind. und etwa 500 BP [1215, erg.].

Siedlungsdichte. In ME inselartig konzentriert auf Standorte mit Höhlenbäumen, bes. alte Platanenbestände oder Alleen, dann häufig semikolonial.

Gefährdung [965,1343,1507,1680,4216,1058,496]. Bisher vor allem Mensch als Hauptfeind (insbes. bei Ernteschäden – diese nur in Indien, nicht in Afrika); illegale Abschüsse; Verluste auch durch Anprall an Fassaden und Fahrzeuge, Verstümmelungen durch Bindegarn und Netze.
Natürliche Verluste durch Rabenkrähe, Wanderfalke, Rotmilan, Habicht und Sperber sowie durch Bienenschwärme. Ferner auch durch extreme Witterungsbedingungen im Winter [vgl. 2298,3806]. Potenzielle Nistplatzkonkurrenz mit anderen Höhlenbrütern.

SPEC	VSchRL	Bern.Konv.	Bonn.Konv.
--	--	Anh. III	--
Europ. RL	**RL in ME**		
--	--		

Schutz. Schutzmaßnahmen nicht erforderlich, allerdings bessere Untersuchung synökologischer

Faktoren sowie möglicher Konkurrenzphänomene mit einheimischen Höhlenbrüterarten nötig; Steinkauz und Hohltaube sind dem Halsbandsittich zwar unterlegen [843], nicht aber Star, Grünspecht und Dohle [1680,4216,1058,409; aber B. FLEHMIG]; generell kein negativer Effekt erkennbar, Hohltaube profitiert in Köln vom Halsbandsittich als Vormieter (Nisthöhlenpflege und -ausbau) [2156N, A. KAHL-DUNKEL].

Biotop. Ursprünglich in locker bewaldeten Landschaften (z.B. unterschiedlich feuchte Savannentypen), z.T. ausgesprochener Kulturfolger in Sekundärwäldern, landwirtschaftlich genutzten Gebieten, Plantagen, Gärten und Parks, auch mitten in belebten Städten. In Europa Ansiedlungen in strukturreichen halboffenen Landschaften mit alten Bäumen, u.a. Friedhöfe, Alleen, Parkanlagen von Siedlungen mit Gartenstadt- und Villencharakter. Alte höhlenreiche Bäume (Spechthöhlen), nicht sehr harte oder schneereiche Winter und Futterstellen (in außeratlantischen Gebieten) für Überleben wichtig, ein mildes zeitiges Frühjahr für erfolgreiche Frühbruten entscheidend. Überstand in Freivolieren bis -14° C, in Köln auch Wintertage mit -12 bis -15° C. Meidet geschlossene Wälder und Agrarsteppe.

Nahrung. Reife und unreife Früchte und Sämereien, Knospen, Blüten, auch grüne Pflanzenteile; gelegentlich auch Arthropoden (z.B. Termiten) und Schlammschnecken [1214,496]. Im tropischen und subtropischen Kulturland auf Feldern und Plantagen mitunter erhebliche Ernteschäden. In Europa Körnerfutter an Futterstellen.

Stimme. Im Flug und von Warten lautes, kreischendes »kie-ak« oder »kie-ek«, höher und klarer als Alexandersittich, im Schwarm oft sehr lautstark (Flugschwärme zu Schlafplätzen aber stumm); außerdem dohlenähnliches »errr«. Warnruf kurzes, wiederholtes und schneller werdendes »ak«.

Verhalten. Tagaktiv. An Futterplätzen und Schlafbäumen oft hunderte bis tausende Ind. Früchte und halbreife Ähren werden mit dem Schnabel aufgebissen, Ähren und Rispen oft abgezwickt und im Schnabel zu einem geeigneten Sitzplatz transportiert, oft jedoch nach 1–2 Bissen wieder fallen gelassen. Ein Fuß führt Nahrungsbrocken zum Schnabel. Nahrungsaufnahme sehr selten auf dem Boden, trinkt bevorzugt aus Dachrinnen, an feuchten Ästen, nassen Blättern oder Wasserlöchern in Astgabeln; badet auch kaum am Boden, sondern zwischen nassen Baumblättern oder bei Regen im Flug (mit flatternden, kreisenden Rundflügen, bei denen das Kleingefieder gespreizt und geschüttelt wird). Bei Angebot an geeigneten Nisthöhlen Koloniebildung bevorzugt. Paare sind über mehrere J. stabil. ♀ sind dominant über ♂. Außerhalb der Brutzeit gesellig, Schlafbäume sind zentrale Punkte im Leben dieser Art.

Fortpflanzung, Brutbiologie [1784,767,337,1680, 4216,1058,409,1213,1214,496, A. KAHL-DUNKEL]. Geschlechtsreife Ende des 2. Lebensjahres. Monogame Saisonehe, doch Wiederverpaarungen durch Brutplatztreue. Bei ungleichem Geschlechterverhältnis auch Bigamie. **Ankunft im Brutgebiet.** Ganzjährig im Gebiet. Paarbildung und Balz ab Herbst und an milden Wintertagen; Nistplatzwahl durch ♀ im Feb. oder März. **Nest.** In Parks, Friedhöfen, Alleen, Gartenstädten oder Auwäldern, in ausgefaulten Astlöchern, Natur- oder Spechthöhlen, bevorzugt in Weichhölzern (u.a. Platanen, Pappeln, Ahornarten) oder abgestorbenen Bäumen (z.B. Birken), in Höhen von (6-) 10-15 m; vereinzelt auch in Mauernischen und an Gebäuden; mitunter in Nistkästen. Übernommenes Nest kann vom ♀ vergrößert werden; Späne oder Holzmulm als Nistmaterial. Bruthöhlen werden oft wiederverwendet. Solitäres oder kolonieartiges Brüten. **Legebeginn.** In Ursprungsgebieten Asiens sowie in GB ab (Nov.) Dez./Jan. bis April, in ME ab Anf. März bis April (Mai), auch innerhalb eines Brutgebietes variabel, aber immer sehr früh (daher auf milde Frühjahre angewiesen). **Gelegegröße.** 3-4 (2-6), Ø Indien$_{66}$ 3.6; Legeintervall 1 d. **Eier.** Breitoval, matt, weiß. **Brutdauer.** 22-24 (19-30) d; ♀ brütet vor Vollständigkeit des Geleges (♂ wacht). Juv. schlüpfen asynchron, im Laufe des April (Mai). **Nestlings-/Führungszeit.** Erste ca. 14 d ständiges Hudern durch ♀, das auch in Höhle nächtigt. Beide füttern. Juv. nach ca. 3-4 Wochen am Einflugloch. Ausfliegen nach etwa (40-) 48-50 (-65) d, meist im Mai oder Juni, spätestens im Juli. Juv. werden noch 2-6 Wochen geführt und anfangs noch gefüttert; danach Bildung von »Jugendtrupps«. **Jahresbruten.** 1; Ersatzgelege ? **Bruterfolg.** In D in Kolonien gering, Einzelbruten erfolgreicher (trotz vieler Totalverluste durch Prädation). In GB Schlüpf- und Ausfliegeerfolg z.T. sehr hoch, doch bei regionalen Schwankungen insgesamt nur 1.6 flügge Juv./BP und J. [609]; in Indien 64.8% Schlüpferfolg, von 153 Juv. flogen 72% aus, Gesamterfolg 46.5%. In D-NW bei ca. 43 Brutversuchen 1993-94 nur 11 erfolgr., dabei in einem Gebiet Ø 0.67 flügge Juv./Brutversuch und J., in zwei anderen Ø ca. 0.29; in D-RP Ø Brutgröße um 2-3 Juv., in -HE von 1995-96 bei 54 erfolgr. Paaren Ø 2.6 flügge Juv./Paar; in -HE umgerechnet ca. 2.0 flügge Juv./BP und J., in milden Frühjahren (z.B. 2003) auch deutlich mehr [De. Franz].

Eimaße und -gewichte. L. 28.0-34.1 mm, B. 22.9-25.7 mm, $Ø_{100}$ (*manillensis*): 30.5 x 24.3 mm; Frischvollgew. Ø: 9.7 g; Schalengew. 0.54-0.76 g, Ø: 0.65 g.

Alter. In Gefg. fast 50, nicht selten > 20 J.

Mauser. **Postjuvenile Mauser** (Vollmauser) beginnt im Alter von ca. 1 Jahr; letzte HS erst im 3. KJ erneuert [221,767]. • **Postnuptialmauser** (Vollmauser) setzt kurz nach Brutente ein, (Mai) Mitte Juni–Sept. (Nov.) [767,4217]; HS in Staffelmauser divergent mit 2 aktiven Mauserzentren, HS 9 und 10 etwa 1 Monat später als HS 1-8; auch ST-Mauser in zwei Schüben [221,767,496].

Myiopsitta monachus – Mönchssittich 20390

Myiopsitta monachus (Boddaert 1783)

GB **Monk Parakeet** F **Conure veuve, Perriche jeune-veuve** E **Cotorra Argentina/Cata**

Taxonomie. Drei UA: *cotorra* (Vieillot 1818) (Bolivien bis NW-Argentinien), *monachus* (Boddaert 1783) (SE-Brasilien bis N-Argentinien) und *calita* (Jardine & Selby 1830) (W-Argentinien).

Kennzeichen [1784].

Maße. Gr.: 28-30 cm. Gew. ♀, ♂: 90-140 g. Fl.spw.: 31-34 cm. Fl.l. ♀, ♂: 13.1-16.3 cm [1784].

Status. Gefg.fl., bzw. eingeführt, konstanter Zuwachs aus Vogelhaltungen. Lokaler Brutvogel, ausschließlich im Bereich menschlicher Siedlungen, Kolonien aber häufig instabil. Jahresvogel (Standvogel).

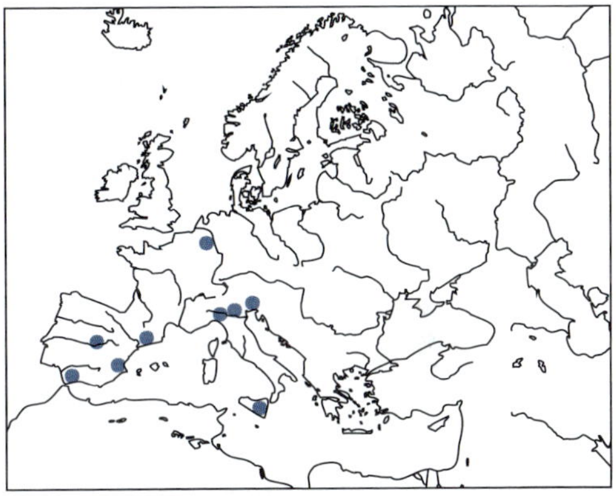

Myiopsitta monachus – **Mönchssittich**

Verbreitung und Bestand. Brutvogel in S-Amerika von S-Bolivien und Paraguay bis S-Brasilien und Argentinien. Viele Einbürgerungen bzw. Ansiedlungen entflohener Vögel, besonders in USA, Puerto Rico und Europa (z.B. GB, E., Kanaren, Balearen, I und Teile ME). Bestand in Europa vielleicht 2.000 BP, davon größter Teil in E. [3615,1507,4054,2493]. In ME bisher vor allem in D, B, NL sowie CZ, SK. freibrütend, aber nur wenige langfristig stabile Populationen; langsam wachsender Gesamtbestand von etwa 35-60 BP [3638,1677,4054].

Wanderungen. Br. in S-Amerika nur im extremen N und S Zugvogel, sonst Standvogel [1784].

Bestandsentwicklung. Häufiger Käfigvogel mit Freiflughaltung (wegen Brut- und Schlafnestern in höheren Bäumen), daher in Europa häufig aus Gefg. entkommen oder freigelassen, im Gegensatz zu *Psittacula krameri* aber nur wenige langfristig stabile Brutpopulationen in ME.

	Best.	Areal	Brutbestand	Jahr	Quelle
B	F	=	15–20	1999	[383,4054]
CH	N	N	1–1	1997	[4152]
CZ	N	N	6–6	1994	[4054]
NL	↑	+1	5–15	1998–2000	[383]
SK	↑	+1	10–20??	1990–1999	[*]

*M. Kestenholz.

Erste freibrütende Vögel in Europa schon im 19. Jh. in D bzw. ab 1920er J. u.a. in Wien, Mailand und München [3615,4175,1212]; Bestände von selbst

erloschen oder Nester zerstört und Population dezimiert. Große Bestände in E. (auch in I) in 1970er J. entstanden [1507]. In ME erneut vereinzelte Bruten um 1970er J., z.B. 1969 Aschaffenburg D-BY, 1971/72 in Bergen-op-Zoom NL und 1974 in D-NI und A-W [1587,4175,4054,1212]. Ende 1970er J. Etablierung in Geiselwind D-BY mit max. etwa 100 Ind. [4175], Population in 1990er J. wohl vollständig erloschen.
Ab 1980er J. größere Brutansiedlungen, wichtigste in Vororten Brüssels B (dort erste Brut 1979), mit max. 30-35 BP in 6 Kolonien 1989; in der Folgezeit leichter Rückgang und Kolonieaufgaben; Gesamtbestand 1999 etwa 50-60 Ind. in drei großen Kolonien, aber Neugründungen; derzeit am längsten bestehende Population ME [4054]. In Bergen NL Koloniezerstörung nach Schäden in Obstgärten; in 1980er J. Bruten an verschiedenen Orten, dann Etablierung in Enschede, dort in 1990er J. 30-50 Ind., Gesamtbestand in NL auf max. 15 BP (2000) angewachsen [3638]. 1985 Brutansiedlung in Sazava CZ; bis 1990 Anwachsen auf 87 Ind., die größtenteils eingefangen wurden; 1994 dort noch 6 BP und 2 ♂ [4054]. Ab Mitte 1980er J. zwei Nistkolonien in Bad Weilbach D-HE mit etwa 30 Ind., 1995 noch 2 einzeln brütende Paare, 1996 Bestand erloschen [1680]. In SK. seit Mitte 1980er J. anwachsender Brutbestand [M. Kestenholz, 196].
Auch in 1990er J. Koloniegründungen, z.B. in D-BE (Bruten ab 1997), dort wurden Vögel 1999 aber eingefangen [1]; 1997 erste Brut in Balerna CH-TI, in Nachbarschaft zu Kolonien im Friaul I [4152].

Siedlungsdichte. Koloniebrüter auf Bäumen in großen Gemeinschaftsnestern (separate Nistkammern). Inselartig konzentrierte Brutvorkommen in Menschennähe.

SPEC	VSchRL	Bern.Konv.	Bonn.Konv.
--	--	Anh. III	--
Europ. RL	RL in ME		
--	--		

Gefährdung [1507,3615,1784,4054]. Menschliche Verfolgung (Obsternteschädling).
Verluste durch Wanderfalke, Habicht und Nestprädation durch Rabenvögel. Klimabedingte Verluste.

Schutz. Schutzmaßnahmen nicht erforderlich (vgl. Angaben beim Halsbandsittich).

Biotop. Trockene halboffene Landschaften bis 1000m NN mit Baumbeständen oder Akazienbüschen; auch in Stadtparks und baumbestandenen Vorortgebieten.

Nahrung. Samen von Gräsern, Kräutern und Bäumen, zur Brutzeit Disteln bedeutsam, ferner Früchte, Beeren, Knospen; auch Insekten. Schädling an Kulturen. Zur Nahrungssuche oft auf dem Boden, z.T. wenig scheu, lassen sich z.T. wie Tauben auch mit Brot füttern [De. Franz].

Stimme. Lautes Zetern und staccatoähnliches Kreischen im Flug und am Nest.

Fortpflanzung, Brutbiologie [1784,1680,4054, 1212]. Wohl Dauerehe, zumindest Wiederverpaarungen durch Nestplatztreue. Ganzjährig im Brutgebiet. **Nest.** In Europa in Parkanlagen und Gartenstädten. Als einzige Papageienart in großen Gemeinschaftsnestern mit separaten Nistkammern, bevorzugt im Kronenbereich von Laub-, aber auch Nadelbäumen, im Ursprungsgebiet (und auf Kanaren) meist in Palmen (dann auch auf mittleren und unteren Ästen); ferner an und auf Gebäuden, Trafohäuschen oder Leitungsmasten. Unordentliche Nester aus Vielzahl trockener, oft dorniger Reiser, Zweige und Äste (mehrere m Umfang oder Länge und bis 250 kg schwer); ♂ trägt ein, ♀ verbaut. Nester werden ganzjährig genutzt, außerhalb Brutzeit als Schlafnester; nicht selten Haussperling als Untermieter. **Legebeginn.** In Ursprungsgebieten S-Amerikas ab Nov. bis April, in ME ab Anf./Mitte März bis Anf. Mai. **Gelegegröße.** 5-7 (1-11). **Eier.** Breitoval, matt, weiß. **Brutdauer.** 22-24 d; ♀ brütet (?). Gelege schlüpft im Laufe des April (Mai). **Nestlings-/Führungszeit.** Juv. werden mit 42-50 d flügge; lange in Nähe der Brutkolonie, wo noch einige Wochen gefüttert. **Jahresbruten.** 1; Ersatzgelege ? **Bruterfolg.** Brutgröße mit die höchste unter allen Papageienarten.

Mauser. **Postjuvenile Mauser** (Vollmauser). • **Postnuptialmauser** (Vollmauser) setzt wahrscheinlich gegen Ende des Brutgeschäfts ein [3050].

Amazona oratrix – Große Gelbkopfamazone 26690

Amazona oratrix Ridgway 1887 syn.: Doppelgelbkopf-Amazone

GB Yellow-headed Parrot **F Amazone à tête jaune** **E Amazona Real**

Taxonomie. Früher als UA von Gelbstirnamazone *A. ochrocephala* eingestuft [s. auch 1722,1784], doch besser eigene Art mit mehreren disjunkten Populationen in Mittelamerika [382]: *tresmariae* Nelson 1900, *oratrix* Ridgway 1887 und *magna* Monroe & Howell 1966 (MEX), *belizensis* Monroe & Howell 1966 (Belize) sowie »*guatemalensis*« (Taxonomie noch nicht geklärt, Honduras, Guatemala).

Status. Gefg.fl. sowie gezielte Aussetzung. Sehr lokaler Brutvogel. Stand- und Jahresvogel.

Kennzeichen [1784,382].

Maße. Gr.: 35-38 cm. Gew. ♀, ♂: 340-535 g.

Verbreitung und Bestand. Mehrere kleine, isolierte Populationen in M-Amerika (MEX, Belize, Guatemala, Honduras); ferner als Neozoon in mehreren Staaten der USA sowie in D [960]. Weltbestand nur etwa 7.000 Ind., dramatischer Rückgang um > 90% seit 1970er J., global gefährdet »EN« [382]. Nur eine erfolgreiche Ansiedlung in Europa bekannt, kleine Brutpopulation in D aber nur max. 7 BP und bis 50 Ind. [1722].

Wanderungen. In Mittel- und S-Amerika vermutlich Standvogel, jedoch mit Wanderbewegungen bei Nahrungsknappheit, bisweilen in großen Schwärmen [1784].

Bestandsentwicklung. Erste Beob. eines freifliegenden Vogels in Stuttgart 1984. Durch gezielte Fütterungen Sicherung seines Überlebens im folgenden Kältewinter; Aussetzung eines Partners 1985, erste Brut 1986; rascher Anstieg der Population in 1990er J. auf inzwischen max. 7 BP [1722]. Weitere Ansiedlungen in Europa nicht bekannt; Einzelbeob. auch in CH [q14].

	Best.	Areal	Brutbestand	Jahr	Quelle
D	N	N	5 – 7	1995 – 1999	[383]

Siedlungsdichte. In ME inselartig konzentriertes Brutvorkommen in Menschennähe, keine Dichteangaben möglich [1722].

Gefährdung [382]. Global gefährdet aufgrund intensiver Bejagung des Obsternteschädlings sowie Verfolgung für (illegalen) Handel in den meisten mittelamerikanischen Brutgebieten.
Starker Lebensraumverlust durch Ausdehnung der Landwirtschaftsflächen.

SPEC	VSchRL	Bern.Konv.	Bonn.Konv.
--	--	Anh. III	--
Europ. RL	**RL in ME**		
--	--		

Schutz. Im Herkunftsgebiet Schutz vor Übergriffen, Unterschutzstellung wichtiger Brutgebiete, Suche nach weiteren geeigneten Lebensräumen, Studien der Habitatansprüche und Wanderungen, Öffentlichkeitsarbeit.
In D keine Maßnahmen erforderlich; (zuweilen illegale Verfolgung).

Biotop. Tropische Laubwälder, Galerie- und (sekundäre) Auwälder, Mangroven, hohes Dorngebüsch, Palmenplantagen; in Aussetzungsgebieten auch in städtischen Baumbeständen und Parks mit alten Bäumen (vor allem Platanen, Linden und Eichen) und in Ufergehölzen.

Nahrung. Früchte, Samen und Blätter verschiedener Bäume, auch Körner (Getreide, Mais) sowie andere Anbaufrüchte (Avocados, grüne Bananen usw.), Knospen und Blüten. Nahrungsaufnahme mitunter auch vom Boden.

Fortpflanzung, Brutbiologie [1784,1722,382,1212]. Dauerehe wahrscheinlich, Nestplatztreue. Ganzjährig im Brutgebiet. **Nest.** In ME in Parkanlagen; in Baumhöhlen (natürliche Asthöhlen, Spechthöhlen (?), in Ursprungsgebieten auch abgestorbene Stämme), in D-BW häufig Platane; Höhe (2-) 4-15 m. **Legebeginn.** In Ursprungsgebieten Amerikas ab Dez., Jan. oder Feb., in ME ab April bis Mai (Juni). **Gelegegröße.** 2-3. **Brutdauer.** 25-26 d; ♀ brütet (wird vom ♂ tagsüber außerhalb Höhle gefüttert). Gelege schlüpft entweder Mai oder Juni. **Nestlings-/Führungszeit.** Juv. werden mit ca. 60 d erst flügge; werden danach noch einige Wochen geführt. **Jah-**

resbruten. 1. **Bruterfolg.** Brutgröße sehr klein, in M-Amerika Ø 0.5 flügge Juv./Nest.

Mauser. Postjuvenile Mauser und **Postnuptialmauser** (vermutlich je Vollmauser), aber unzureichend bekannt.

ORDNUNG Cuculiformes – Kuckucke

Schlanke, meist langschwänzige, ziemlich kleine bis mittelgroße Baumvögel (mehrere größere, langbeinige Arten Bodenbewohner). Vornehmlich Insektenfresser. Zwei nach vorne und zwei nach hinten weisende Zehen, ohne Wendezehe. Geschlechter meist sehr ähnlich, aber Jugendkleid mit oft deutlichen Unterschieden. Junge sperren wie Sperlingsvögel. Bei vielen Arten Brutparasitismus entwickelt. Bestimmung [1784]. Die Turakos (Musophagidae) wurden früher meist als Teil der Cuculiformes angesehen [z.B. 1369,1784], sind jedoch nach molekularen Daten mit den Kuckucken (Cuculidae) nicht gesichert nächstverwandt [3564,1799] und deshalb besser auf Ordnungsniveau zu führen. Der Hoatzin (*Opisthocomus hoazin*), früher oft als ursprünglicher Kuckuck angesehen, ist die Schwesterart der Musophagidae [1799]. Die Cuculiformes *sensu stricto* (also ohne Musophagidae und *Opisthocomus*) bestehen aus sechs basalen Linien, die bisher meist als Unterfamilien einer Familie Cuculidae geführt wurden. Molekulare Untersuchungen belegen die Monophylie der Cuculinae (Altweltkuckucke) und deren Schwestergruppierung mit den Coccyzinae (Neuweltkuckucke) [1902,1799]. Die Neuweltkuckucke sind artenärmer, werden deshalb hier zuerst aufgeführt. Brutparasitismus ist innerhalb der Kuckucke mehrfach konvergent entstanden (bei Cuculinae und Neomorphinae) [2446,1784,814]. Die Wirtsspezifität, Anzahl Wirtsvogelarten und Grad der mimetischen Anpassung der Eier ist sehr unterschiedlich hoch entwickelt und variiert auch innerhalb der weit verbreiteten Arten (z.B. *C. canorus*).

Familie Cuculidae – Kuckucke

Unterfamilie Coccyzinae – Neuweltkuckucke

Als Bewohner Nordamerikas nur seltener Ausnahmegast in Europa. Kein Brutparasitismus.

Coccyzus americanus – Gelbschnabelkuckuck 07280

Coccyzus [americanus] americanus (Linnaeus 1758)

(GB) Yellow-billed Cuckoo **(F) Coulicou à bec jaune** **(E) Cuclillo Piquigualdo**

Taxonomie. Zwei UA: *americanus* (zentrales und östl. N-Amerika bis Karibik) und *occidentalis* (westl. N-Amerika). Bildet Superspezies mit südamerikanischem Perlbrustkuckuck *C. julieni* (syn. *euleri*) [3565].

Kennzeichen. [1784,3615,3772,221,3566; weitere Fotos in Bird. W. **8**, 368, **12**, 388, **13**, 397, 488, Brit. B. **92**, 687].

Maße. Gr.: 28-32 cm. Gew.: ♂ Ø: 57 g, ♀ Ø: 68 g (Spanne 31-110 g). Fl.spw.: 40-48 cm. Fl.l.: ♂ 13.7-14.8 cm, ♀ 14.3-15.2 cm [1784,3615].

Status. Seltener Gastvogel in Europa, aber deutlich häufiger als Schwarzschnabelkuckuck. In GB 22 mal bis 1957 und von 1958-2000 allein 35 Nachw. [3233], in IRL bis Mitte 1980er J. 4 mal; sonst nur vereinzelte Vorkommen in Europa, z.B. in IS (3mal bis 2000), DK (Okt. 1936), N., F, I, Balearen, MA und Azoren [3615,q23]. Viele Individuen tot oder sterbend. Feststellungen bisher ausschließlich von Sept.-Dez., gehäuft im Okt. (11 von 20 Nachw. bis 1983) [337].
In ME extrem seltener Ausnahmegast, nur ein Nachw.: • **B:** Okt. 1874 [1677]. Meldung aus • **NL:** Okt. 2002 noch anhängig [q16].

Verbreitung. Brutvogel in N- und M-Amerika von SE-CDN über USA bis MEX und N-Karibik; Überwinterungsgebiete in S-Amerika. Bestand in USA langfristig abnehmend, aber keine globale Gefährdung [1784].

Wanderungen. Zugvogel bis S-Amerika; Winterquartier E Anden von Kolumbien/Venezuela bis Mittelargentinien. Hauptwegzugsmonat Sept.

Biotop. Offener Laub- und Mischwald, Park- und Gartenlandschaften.

Nahrung. Vor allem Raupen, auch behaarte; sonst ähnlich *C. erythrophthalmus*.

Stimme. Gesang accelerando und gegen Ende ritardando, hölzern-schnarrend »ka ka ka ka-ka-ka kau kau kau kaup kaup kaup«. Strophe länger als bei Schwarzschnabelkuckuck. Außerhalb Brutzeit weitgehend stumm.

Verhalten. Tagaktiv, zieht auch nachts. Ausgesprochener Dickichtschlüpfer. Kein Brutparasit, doch Verlegen von Eiern in andere Nester.

Mauser. **Postjuvenile Mauser** (Voll- oder Teilmauser) Aug./Sept.–April/Mai [767,3882,3050]. • **Postnuptialmauser** (Voll- oder Teilmauser) (Juli) Sept.–März (April), während Wegzug unterbrochen; Großgefieder zumeist im Winterquartier [767,1369,3882]; beide Male werden einzelne ST, AS und selten HS gelegentlich nicht erneuert [3882,3050].

Coccyzus erythrophthalmus – Schwarzschnabelkuckuck 07270

Coccyzus erythrophthalmus (A. Wilson 1811)

(GB) **Black-billed Cuckoo** (F) **Coulicou à bec noir** (E) **Cuclillo Piquinegro**

Taxonomie. Monotypisch.

Kennzeichen. [1784,3772,221,1369,3615].

Maße. Gr.: 27-31 cm. Gew.: ♂ Ø: 47 g, ♀ Ø: 54 g. Fl.spw.: 38-42 cm. Fl.l.: ♂ 13.4-14.4 cm, ♀ 13.9-14.7 cm [1369,3615].

Status. Sehr seltener Gastvogel in Europa, viel seltener als Gelbschnabelkuckuck, meiste Nachw. in GB (13mal bis 2001, alle zw. Ende Aug. und Anf. Nov., zuletzt 1990), ferner vereinzelt in IS Herbst/Winter 1935, Okt. 1982), DK (Okt. 1970), IRL, F, I und Azoren; Ankunft bisher ausschließlich von (Juli) Aug.-Nov., bis 1983 von 17 Nachw. 12 im Okt. [337].
In ME extrem seltener Ausnahmegast, nur ein Nachw. • **D:** -NW (bei Köln, Fensteranflug) Okt. 1952 [1369].

Verbreitung. Brutvogel im mittleren N-Amerika E der Rocky Mountains von Zentral-CDN bis SE-USA (N-Texas); Überwinterungsgebiete im NW-Teil S-Amerikas; Bestand langfristig stabil [1784].

Biotop. Offener Laub- und Mischwald, häufiger Nadelmischwald als Gelbschnabelkuckuck.

Nahrung. Arthropoden, vor allem Raupen, Heuschrecken, Grillen, Käfer, Spinnen etc.; seltener Amphibien, kleine Fische, Vogeleier; im Herbst Beeren.

Wanderungen. Zugvogel; Hauptwinterquartier NW-Südamerika.

Stimme. Ähnlich Gelbschnabelkuckuck, i.d.R. weicher und etwas höher. Gesang eine rasche monotone rhythmische Folge »ku ku ku kukuku kukuku…«.

Mauser. Ähnlich Gelbschnabelkuckuck [767,3882, 3050].

Unterfamilie Cuculinae – Altweltkuckucke

• Gattung *Cuculus*

15 Arten (einschließlich der rundflügligen »*Hierococcyx*«-Arten Südasiens) mit afrikanisch-paläarktisch-orientalischer Verbreitung. Die Superspezies- (z.T. auch Art-)Grenzen innerhalb der morphologisch und im Gefieder sehr einheitlichen, in den Rufen aber deutlicher differenzierten Gattung *Cuculus* sind unklar (molekulare Untersuchungen fehlen bisher). Daher ist nicht gesichert, ob *C. canorus* mit dem afrikanischen *C. gularis* nächstverwandt ist, oder der mehrfach in FIN nachgewiesene Hopfkuckuck *C. optatus* (Syn. *C. horsefieldi*) mit *C. saturatus* (Himalaya-Gebiet, SE-Asien) in eine Superspezies gehört [vgl. 3565,995N].

• Gattung *Clamator*

Der in Südeuropa und Afrika mit zwei Unterarten heimische Häherkuckuck ist der einzige Vertreter der Gattung, der als seltener Gast auch in Mitteleuropa beobachtet wurde.

Cuculus canorus – Kuckuck 07240

Cuculus canorus Linnaeus 1758

GB **Common Cuckoo** F **Coucou gris** E **Cuco Común**

Taxonomie. Vier gering differenzierte UA: *canorus* Linnaeus 1758 (N-Paläarktis), *bangsii* Oberholser 1919 (Iberien, N-Afrika), *subtelephonus* Zarudny 1914 (S-Paläarktis) und *bakeri* Hartert 1912 (S Himalaya bis SE-Asien).
Innerhalb von Kuckuck-Populationen gibt es wirtsspezifische weibliche Linien, deren Eier an bestimmte Wirtsvogelarten angepasst sind. Hier von «Wirtsrassen» zu sprechen, ist nicht korrekt, da es bei ♂ keine Wirtsspezifität gibt und die Verpaarung zufällig erfolgt. Die Eimerkmale (Größe, Färbung) werden geschlechtsgebunden vererbt, so dass sich unter den ♀ mitochondriale Linien bestimmter Wirtsspezifität unterscheiden lassen [1345,1346].

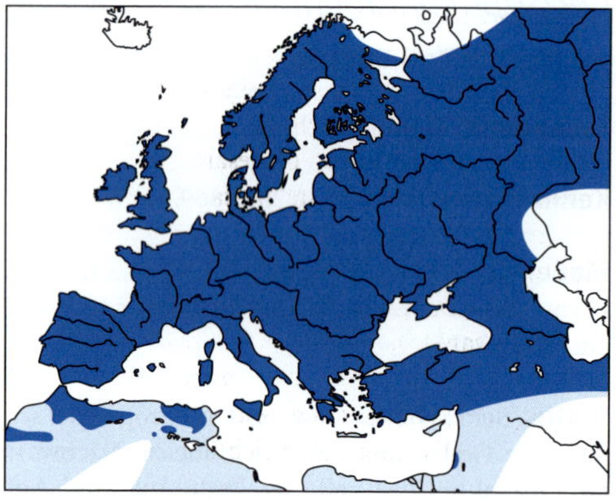

Cuculus canorus – **Kuckuck**

Kennzeichen. Geschlechtsdimorph (Brustfärbung), bei ♀ zudem zwei Farbmorphen (braun und grau) [1369,3615,1784,3772,221; zur Unterscheidung von Kuckuck und Hopfkuckuck (*C. optatus*):1982,2276,2338].

Maße. (Nominatform) Gr.: 32-34 cm. Gew.: ♂ meist 110-140 g, ♀ meist 95-115 g. Fl.spw.: 55-60 cm. Fl.l.: ♂ 21.3-23.6 cm, ♀ 20.4-23.0 cm [1369,3615].

Status. Häufiger Brutvogel, Sommervogel, Durchzügler und Rastvogel (Nominatform). UA *bangsi* der Balearen und Iber. Halbinsel wohl in B nachgewiesen [1677].

Verbreitung und Bestand. In gemäßigter und borealer Zone Eurasiens von W-Europa und N-Afrika bis Kamtschakta und JAP; ferner N der SE-asiatischen Tropen. Nominatform in Europa nur in IS fehlend, Gesamtbestand bei etwa 4.2-8.6 Mio. »BP«, (Rückgang), mit Beständen > 100.000 »BP« in F, PL, RO, RUS (2.5-5 Mio.), TR und UA. [383]. In ME in allen Bereichen bis in Hochlagen (bis etwa 2500m NN) in unterschiedlicher Dichte; Brutbestand in ME etwa 360.000-550.000 »BP« [383].

Wanderungen. Langstreckenzieher; Winterquartier Afrika, hauptsächlich S des Äquators; Vögel in W-Afrika N des Regenwaldes sind vermutlich Br.

Iberiens, NW-Afrikas. Offenbar verlassen jedoch Dez.-Jan. alle Kuckucke die N-Hemisphäre [3511]. Wegzug aus Europa SE bis SW, ohne allgemein erkennbare Zugscheide. Ringfunde der Br. GB/IRL in SE-Richtung, Abwanderung demnach über zentrales Mittelmeer [4064]. Weiteste Ringfunde 5230 km S (NL–Togo) und 6300 km SSE (GB–Kamerun). Beginn des Wegzuges bei Ad. und Juv. etwa gleichzeitig ab Anf. Aug.; Ad. im Okt. aus Europa vollständig abgezogen. Juv. dagegen noch im Sept. anzutreffen, Okt. i.d.R. selten (Nov. GB, Jan. F). Heimzug in Mittelmeerraum meist April/Anf. Mai. In S-Europa mittlere Erstankunft meist Ende März, in ME meist 2./3. Aprildekade - in D-NI Ø 21.4. (Osnabrück) bis 4.5. (Leer) [1589]; Skandinavien kaum vor Anf. Mai. Märzdaten in ME überall Ausnahmen. Ankunft im Brutgebiet in Leicestershire (GB) 1942-91 zunehmend später (Ø Ankunft 14.4.) [2500]. Einjährige scheinen später an Brutplätzen einzutreffen. Aus Registrierung der ersten auftretenden Rufer Ø Vorrückgeschwindigkeit von 50 km/d nach N auf Frühjahrszug. Mittlere Ansiedlungsentfernung zum Geburtsort in GB/IRL auf 27 km geschätzt [2337]; sehr hohe Brutortstreue: mehrjährige bis 8 (♀) bzw. 10 (♂) J. am selben Brutort festgestellt.

Bestandsentwicklung. Insgesamt nur sehr wenige großräumige, genaue Bestandsangaben über längere Zeiträume vorhanden, doch können Bestandsfluktuationen des Kuckucks offenbar mit denen bevorzugter Wirtsvögel korrelieren. Bestandsschwankungen z.T. > 100% von Jahr zu Jahr [1]. Mehrere Angaben über langfristig konstante Bestände [196,1], doch seit Mitte 1960er oder 70er J. in ME ganz offensichtliche Bestandsabnahmen und Arealverluste aufgrund von Lebensraumbeeinträchtigungen oder -verlust (vor allem durch intensivere Landwirtschaft), bes. dramatisch z.B. in NL [375,3638], D-SH [310] oder in CH-BL [402], auffallend aber auch in L [2407], B und D [196,204,1585,2896], Teile A [2238,1998] sowie in GB und IRL [1343,2536,196]. Zahlenmäßig belegt sind großflächige regionale Rückgänge z.B. in CH [4043,3393,54], Teile D sowie Bod. [1617,1722,196,2642]. Gebietsweise aber auch Zunahmen durch Vordringen in den Siedlungsbereich [2623] und (vorübergehend) in den Hochschwarzwald [988]; Biotopschutzmaßnahmen können sich längerfristig positiv auswirken [2642].
Durch starke Abnahme einiger Wirtsvogelarten besteht Gefahr des Erlöschens der jeweils angepassten »Kuckuckstypen« [z.B. 988]. Im allgemeinen sind Kenntnisse über Bestandsdynamik verschiedener Genotypen des Kuckucks außerordentlich gering; hier besteht erheblicher Forschungsbedarf.

	Best.	Areal	Brutbestand	Jahr	Quelle
A	+/-	=	20.000 – 40.000	1998 – 2002	[383]
B	↓	=	6.000 – 8.000	2001 – 2002	[383]
CH	↓	- 1	20.000 – 30.000	1993 – 1996	[383]
CZ	+/-	=	35.000 – 70.000	2000	[383]
D	↓	- 1	60.000 – 114.000	1995 – 1999	[383]
FL	↓	- 1	20 – 30	1998 – 2000	[383]
H	+/-	=	55.000 – 65.000	1999 – 2002	[383]
L	⇩	- 1	60 – 80	2002	[383]
NL	↓	- 1	6.000 – 8.000*	1998 – 2000	[383]
PL	+/-	=	150.000 – 200.000	2000 – 2002	[383]
SK	+/-	=	7.000 – 14.000	1990 – 1999	[383]

* ♀

Siedlungsdichte. Wahrscheinlich nur Teil der ♀ territorial; viell. Rangordnung unter ♂ mit selbem Aktionsraum (ad. bzw. einjährige). Aktionsräume bei Teichrohrsänger-Parasiten in GB etwa 30 ha, bei solchen des Wiesenpiepers bis 300 ha [1507]; ähnlich variabel, allerdings noch größer bei ♀, darin Kontakt mit mehreren ♂. Eier eines ♀ können über mehrere km^2 verteilt sein. Dichte sicherlich sehr von Verteilung der bevorzugten Wirtsvogelart beeinflusst [337]. Lokale Konzentrationen in D-BB bis 0.8 Rev./10 ha [1]. Großräumige mittlere Dichte in D-BB 3-5 Rev./10 km^2 [1].

Gefährdungsursachen [1369,4043,4175,196,1507, 310]. Hauptursache ist starker Rückgang und zunehmende Ausdünnung der Bestände der wichtigsten Wirtsvogelarten als Folge von Zerstörung und Verlust der Lebensräume, insbesondere durch Ausräumung der Agrarlandschaft.
Drastischer Rückgang von Schmetterlingen und Maikäfern etc., u.a. durch zunehmenden Herbizideinsatz und Verlust der Lebensräume oder Nahrungspflanzen, sowie der Bekämpfung von Insektenkalamitäten mit Bioziden.
Verfolgung durch Menschen (Jagd), oft aufgrund der Verwechslung mit Sperber.

Schutzmaßnahmen. Extensivierung der Landwirtschaft, Ausgleichsmaßnahmen bei Lebensraumverbrauch, Schutz oder Wiederherstellung vielfältiger Randstrukturen und blütenreicher Säume, erhebliche Einschränkung des Biozideinsatzes zum Schutz und zur Erholung des Wirtsvogelbestandes sowie der bevorzugten Nahrungstiere.

Aufklärung der Bevölkerung.
Einstellung der illegalen Jagd auf den Sperber (Verwechslungsgefahr).

SPEC	VSchRL	Bern.Konv.	Bonn.Konv.
--	--	Anh. III	--
Europ. RL	**RL in ME**		
--	FL, NL, L: 'VU', D, CH: 'NT'		

Biotop. Vielseitig; zur Eiablage deckungslose, offene Flächen bevorzugt mit geeigneten Sitzwarten. Legeplätze reichen von alpinen Waldlandschaften bis zur offenen Marsch; auch in Städten (ausgenommen Zentren); fehlt in ausgeräumten Agrarlandschaften.

Nahrung. Fast ausschließlich insektivor. Meist Schmetterlingsraupen, darunter auch behaarte, die von anderen Vögeln kaum genommen werden. Ersatznahrung vor allem Käfer (Imagines, Larven), Heuschrecken, Hautflügler, Libellen, Ohrwürmer. Vom ♀ werden regelm. auch Singvogeleier verzehrt. Nestlinge erhalten ein breites Spektrum der Nahrung jeweiliger Wirtsvögel.

Stimme. Reviergesang des ♂ im Mai und Juni, auch nachts, zu hören; normalerweise 2-silbig »gu kuh« in unterschiedlicher Tonhöhe, meist kleine Terz abwärts, aber auch größere Tonintervalle; einzelne ♂ konstant 3-silbig. Bei hoher Erregung mehrsilbig, oft sich »überschlagend« und rhythmisch unregelmäßig. Bei Verfolgung eines ♀ häufig ein heiseres »hach hachhach«. ♀ zur Brutzeit bei Erregung lautes, an Intensität steigendes Kichern oder Trillern; ♂ »kichern« etwas tiefer, offenbar viel seltener. Balzruf des ♂ »guo guo« (nur aus geringer Entfernung zu hören). Juv. betteln auch nach Ausfliegen durchdringend »ziii ziii« oder »sriii srii«. Warnruf raues »gauk«.

Verhalten. Überwiegend tagaktiv; ♂ rufen auch nachts bei völliger Dunkelheit. Flug manchmal außerordentlich sperberähnlich mit kurzen Gleitphasen. Raupen werden von Bäumen und Büschen abgelesen; Insekten auf Krautschicht oft von Warte aus gezielt angeflogen. Zumindest in Randbereichen der ♂-Territorien werden weitere ♂ geduldet. Größe des Legegebietes eines ♀ sehr verschieden, Überschneidungen offenbar möglich. ♀ kopulieren meist mit mehreren ♂ während der Legephase. Brutbeginn im Alter von 2 J. Territorialverhalten mehr oder weniger stark entwickelt. ♂ und ♀ sehr standorttreu. Außerhalb der Brutzeit ausgesprochener Einzelgänger. Auf dem Zug meist einzeln oder in kleinen Trupps.

Fortpflanzung, Brutbiologie [1784,1722,337,767]. Geschlechtsreife im 2. Lebensjahr, vermutlich einjährige ♂ nichtterritorial. Wohl Promiskuität. **Ankunft im Brutgebiet.** ♂ meist etwas über 1 Woche früher als ♀, ab (Feb.) März, meist April (Mai). Revierrufe bis 2. Hälfte Juli, selten später. **Nest.** ♀ verteilt Eier gezielt auf Wirtsvogelarten (nach längerer Beob.). Das entdeckte Nest wird mitunter mehrmals besucht, Eiablage in wenigen sec.; gelegentlich lenkt ♂ die Wirtsvögel ab. Häufig nimmt ♀ ein Wirtsvogelei mit dem Schnabel auf und trägt es nach der Eiablage weg (Eier werden oft verschluckt); zuweilen werden auch mehrere Eier entfernt, bevor eigenes gelegt wird. Meist Offennester, aber an Halbhöhlen und Nischen klammert sich ♀ so an, dass Kloake an Nestöffnung gedrückt werden kann. Häufig Eiablage in unvollständige Nester, Mehrfachbelegungen eines Nestes wohl generell durch 2 ♀. Spezifische Wirtsprägung des ♀, daher auch in Zwangssituationen kein Wirtswechsel. Wirte in ME sind Kleinvögel von Laubsänger- bis Drosselgröße mit meist hoher Siedlungsdichte und auf große Entfernung erkennbaren Neststandorten (z.B. Boden-, Röhricht-, Busch- und Gebäudebrüter), ferner mit für die Eiablage geeignetem Nest, weitgehender Unempfindlichkeit gegenüber Kuckucksei, passender Größe von Eiern und Jungen, entsprechender Nahrung; am besten erfüllt bei: Stelzen, Pieper, Würger, Heckenbraunelle, Grasmücken, Rohrsänger, Rotkehlchen und Rotschwänzen; weniger häufige Wirte sind Lerchen, Steinschmätzer, Laubsänger, Fliegenschnäpper. In Europa > 100 Wirtsarten festgestellt, aber erfolgreiche Aufzucht nur bei etwa 45, weitere Arten meist »Fehlwirte«. Lokal und großflächig kommen jeweils nur wenige Wirtsarten in Frage, häufig z.B. Teichrohrsänger und Bachstelze, in den Alpen Bergpieper und Hausrotschwanz, in waldigen Mittelgebirgen Rotkehlchen, in B, NL und GB oft Heckenbraunelle. Parasitierungsgrad in umfangreichen Stichproben nur bei Hauptwirtsarten > 1%, in Kleinpopulationen aber höher, in D-BW beim Waldlaubsänger[392] z.B. 5.9%, in -NI beim Brachpieper 19%, Wiesenpieper (auf Langeoog) 43% und bei Bachstelze > 80% [1589]. **Legebeginn, »Gelege«größe.** Variabel, da stark mit jew. Wirtsart synchronisiert, ab Ende April/Anf. Mai bis Mitte Juli (Legeperiode bis 9-10 Wochen, dabei einzelne ♀ mit 12 Eiern in 41 d, 15 in 47, 19 in 57, 21 in 46); extrem späte Junge

noch Ende Sep./Anf. Okt. Legekapazität etwa 9-25, meist in Serien; Legeintervall ca. 2 d. **Eier.** Kurzoval, auffallend klein (dennoch meist > als Wirtseier), dickschalig, Grundfarbe und Fleckung sehr variabel, jedes ♀ legt ganz bestimmten Typ. Anpassung an Wirtsvögel keineswegs immer sehr deutlich (bes. bei unempfindlichen Arten nicht). **Brutdauer.** Bebrütung im Wirtsnest 11 ¼ -12 ¼, z.B. GB_9 Ø 11.6 d; Embryonalentwicklung kann im Ovidukt des Kuckucks-♀ schon einsetzen. 8-10 h nach dem Schlüpfen beginnt der noch blinde Jungkuckuck auf Berührungsreize an Rücken und Seiten sich tief zu ducken und Eier und Nestgeschwister nach oben zu drängen, bis eines in eine besonders tastempfindliche Grube am Rücken fällt. Dann hebt der Junge die nackten Flügel schräg nach oben und stemmt sich mit dem Rücken an der Nestwand hoch; fest eingekrallte Zehen verhindern ein Überkippen, während durch ruckartige Bewegungen der »Ballast« über dem Nestrand entsorgt wird; dies kann 3-4, aber auch bis 36 h dauern. Nach 3-4 d erlischt die Reizbarkeit der Haut und damit der Säuberungstrieb des Kuckucks. **Schlüpftermine.** Etwa ab Anf. Mai, späteste Daten um Mitte Aug. **Nestlingszeit.** Wirtsspezifisch verschieden, etwa 19 d (15-24 d), schon 2-3 d danach erste selbständige Futteraufnahme, aber meist noch bis etwa 12 (9-25) d (z.B. Rohrsänger) oder 4-6 Wochen von Wirtseltern gefüttert. Da vom großen orangeroten Sperrrachen eine starke Reizwirkung ausgeht, beteiligen sich mitunter auch andere Ad. an der Fütterung, man kann also nicht immer aus der Beob. einer Fütterung auf den Wirtsvogel schließen. **Bruterfolg.** Schlüpfraten in % gelegter Eier (z.T. zu hoch, da frühe Gelege unterrepräsentiert): CS_{273} ca. 41%, D_{110} < 58%, D_{48} 54%, G_{178} (Rohrsänger) 65%. Gesamtbruterfolg (flügge Juv. in % abgelegter Eier): GB_{130} 27%, D_{110} 25-30%. Nach Schätzungen Nachwuchsrate etwa 2-3 Juv./♀ und Jahr. Eiverluste durch Reaktionen der Wirtsvögel sehr unterschiedlich, meist können bis zu 10->30% der vom Kuckuck parasitierten Nester verlassen werden, zuweilen deutlich mehr, z.B. Waldlaubsänger in D-BW 13 von 17 Gelegen (76%). Für Spezifität der Wirtsparasitierung einzelner Kuckucks-Ind. [1759].

Eimaße und -gewichte. L. 19.7-27.1 mm, B. 14.7-18.9 mm, Ø: 22.4 x 16.5 mm (n=625, ME), 22.7 x 16.3 mm (n=1117, Eurasien), 22.6 x 16.6 mm (n=280, CS); Frischvollgew. 2.8-4.5 g, $Ø_{59}$: 2.4 g, $Ø_{28}$: 3.7 g; Schalengew. 0.16-0.36 g, $Ø_{1837}$: 0.23 g.

Sterblichkeit, Alter. Verluste in ersten 3–4 Monaten nach dem Ausfliegen sehr hoch. Älteste Ringvögel 1mal 13 J., 3mal 9 J. ± 4 Monate. **Generationslänge:** < 3.3 J. [383].

Mauser. Postjuvenile Mauser (Voll- oder Teilmauser) setzt bald nach Ausfliegen ein [139]; HS Sept./Jan.–Feb./Juli (Okt.), AS später und während Heimzug unterbrochen [767]; speziell ein Teil der AS und selten einzelne HS können stehen bleiben [221,767,1369]. • **Postnuptialmauser** (Vollmauser) Schwingenmauser i.d.R. nur im Winterquartier, (Sept.) Okt./Nov.–(Dez.) Feb./März, gelegentlich während Heimzug unterbrochen und später beendet [767,1369,139]; Körpergefiedermauser beginnt schon vor Wegzug, aber während des ganzen Jahres leicht mausernd, außer Aug. und (April) Mai [767].

Clamator glandarius – Häherkuckuck 07160

Clamator glandarius (Linnaeus 1758)

GB Great Spotted Cuckoo **F Coucou geai** **E Críalo Europeo**

Taxonomie. Zwei UA: *glandarius* (Linnaeus 1758) (Mittelmeerraum, W- bis E-Afrika) und *choragium* Clancery 1951 (S-Afrika).

Kennzeichen. [1784,1369,221,3772,3615; **Fotos** in Dutch B. **25**, 337, Bird. W. **7**, 135, **16**, 272, Brit. B. **96**, 473, **97**, 587].

Maße. Gr.: 35-40 cm. Gew.: ♀, ♂ ca. 120-200 g. Fl.spw.: 58-61 cm. Fl.l.: ♂ 20.2-22.8 cm, ♀ 19.4-20.8 cm [1369,3615].

Status. In ME seltener Gastvogel mit meist Einzelnachw., fast immer immature (ein- oder zweijährige) Ind., mit Beob. von März-Mai bzw. Juli-Oktober. • **NL:** 16 Nachw. zwischen 1939-95 [277]. • **B:** Sep. 1909, März 1956, Apr. 1979, Mai 1986, März 1993 [1677]. • **SK.:** Okt. 1985 [3882]. • **PL:** Aug. 1986, Aug. 1995 [3871]. • **CH:** 8 Nachw. von 1967-93 [4152]. • **A:** 8 Nachw., davon 7 zwischen 1966-91 [3129,1369].

• **D:** -NW Aug. 1925, Okt. 1962; -NI Sep. 1951, Okt. 1968; -SH Okt. 1962, Okt. 1968, Apr. 1979; -BY Aug. 1968, Aug. 1994; -HE Aug. 1970, Juli 1994; -RP Okt. 1970; -BB Aug. 1813, -ST Aug. 1930, Aug. 1965; -BW Mai 1982 [1369,575,1722,1].
Keine Nachweise aus CZ, H, FL und L. Weitere Beob. unsicher [vgl. z.B. 1369]

Verbreitung und Bestand. Verbreitet in Afrika S der Sahara, ferner Mittelmeergebiet von N-Afrika (selten) und Iberien über F (bis 1990er J. starke Expansion nach N), GR nach E bis W-Iran und nach S bis Oberägypten. Europäischer Brutbestand 58.000-77.000 BP (Trend unklar), größte Populationen in E. (55-65 T.), TR (2-6 T.), CY (0.4-4 T.) und P (0.5-1.5 T. BP) [383].

SPEC	VSchRL	Bern.Konv.	Bonn.Konv.
--	--	Anh. II	--
Europ. RL	**RL in ME**		
--	--		

Wanderungen. Zugvogel; Br. der SW-Paläarktis bis 10° (6°) N in Sahel- und Sudanzone; dortige Br. wohl bis S-Afrika; Br. S-Afrikas im Südwinter wohl in Äquatorialafrika. Ad. Abzug in S-Europa ab Ende Mai, meist Juni, spätestens Anf. Aug., Juv. ab Mitte Juli, vor allem im Aug. (Juv. bis Ende Okt. in Europa). Heimzug in E. und I hauptsächlich März (Dez. und Jan.daten E., I, F). Ankunft am Brutplatz März/April, selten Feb.

Biotop. In Europa baumbestandenes, abwechslungsreiches Kulturland im Mediterrangebiet, meist > 500 m, auch gerne Nähe menschlicher Siedlungen (Abhängigkeit von der Verteilung der Wirtsvögel Elstern und Krähen).

Nahrung. Animalisch, vor allem Raupen und größere Insekten; kleine Reptilien.

Stimme. Gesang ♂ abfallende Reihe aus lang gezogenen, greifvogelartigen, dumpfer werdenden »kí-ü« (oder »krio«, »kliiok«). Balzflug mit elsternähnlichem. aber mehr schnarrendem Schackern »tscherr-tscherr-tsche-tsche-tsche..«. ♀ an Grünspecht erinnerndes, rollendes, gackerndes »gi-gi-gi-gi-gi-gi-kü-kü-kü-.«; daneben verschiedene klirrende Rufreihen, auch zusammengesetzt »kli-kli-kli..«, »kli-räh..«, gegen Ende langsamer werdend. Warnruf nasal »tschäd«, auch mit Triller, sowie krähenähnliches »krak«.

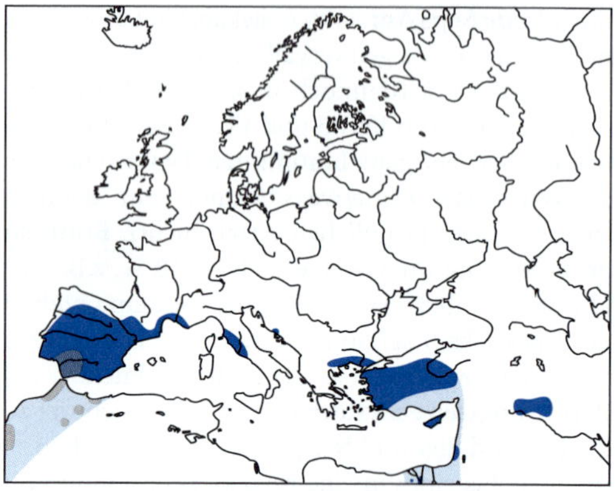

Clamator glandarius – **Häherkuckuck**

Verhalten. Tagaktiv; zieht bei Tag und Nacht. Fliegt wie Kuckuck; Flügelschlag rasch, kleine Gleitstrecken. Fliegt kurze Strecken oft niedrig über dem Boden. Hüpft auf Boden und Zweigen meist mit etwas angehobenem Schwanz. Erinnert in vielen Bewegungen an Elster. ♂ scheinen Reviere zu markieren bei größerer Dichte; auch zur Legezeit jedoch in kleinen Trupps zu beobachten. Paarbindungen zumindest während einer Brutzeit stabil. Mitunter liegen Eier von mehreren ♀ in einem Wirtsnest. Bei Eiablage wird oft jeweils ein Wirtsei entfernt, andere Eier können eingedrückt werden. ♂ und ♀ sind zur Brutzeit territorial. Territoriumsgröße ist dichteabhängig. ♂ füttert ♀ meist vor Kopulation. Ad. sind wenig scheu. Nach der Brutzeit meist mehrere Ad. und Junge zusammen; auch auf dem Zug meist in kleinere Trupps.

Fortpflanzung, Brutbiologie [1784,337,767,1551]. Erstbrut wahrschl. oft mit 1 Jahr. Wohl Monogamie. **Ankunft im Brutgebiet.** Ad. meist von März bis Mitte Mai sehr ruffreudig. **Neststandort.** ♀ verteilt Eier gezielt auf verschiedene Wirtsvogelarten (nach längerer Beob.), bei Blauelster und Elster meist nur 1 oder 2 (selten 3) pro Nest, bei Aaskrähen öfter mehrere (max. 8 durch verschiedene ♀). Seltenere Wirte in Europa: Eichelhäher, Dohle, Kolkrabe, Turmfalke. Während Eiablage lenkt ♂ die Wirtsvögel ab; Ablage meist zu unvollständigen Gelegen, selten zu vollständigen oder gar in leere Nester; 1 oder 2 Wirtsvogeleier können entfernt werden. **Legebeginn.** In S-Europa ab April bis Mitte Juni, Hauptzeit Mitte April bis Mitte Mai, mit Wirtsvögeln synchronisiert. **'Gelege'größe.** Einzelne ♀ legen bis mind. 18 Eier (oft in 3 Serien mit etwa 5-8 d Pause dazwischen); max. Legekapazität aber wohl bis 25. Legeabstand 2 d. **Eier.** Kurzoval bis spindelförmig, dickschalig, Grund (frisch) grünlich, heller als Elsterneier (aber verwechselbar), kleine und einige größere bräunliche bis graue Flecken, meist einheitlich verteilt. **Brutdauer.** Bebrütung im Wirtsnest 12-14 (11-15) d (Elsterneier im Vergleich 16-24 d). **Nestlingszeit.** In Elsternestern nach 8 d Augen ganz offen, ab 14 d Sitzen am Nestrand, verlassen Nest mit (16-) 19-21 d (im Vergleich Elster 20-26 d) - frühestens Ende Mai, meist Juni/Juli, mit 20-26 d erst richtig flugfähig; werden nach Ausfliegen noch 25-59 d gefüttert. Brutpflege nur durch Wirtseltern, meist schlüpft Juv. mehrere d vor Wirtsjungen, die zunächst geduldet werden, aber im Wachstum zurückbleiben und allmählich verschwinden. Nur bis 5-6 d vor dem Häherkuckuck schlüpfende Wirtsjungen können bis zum Ausfliegen überleben. Bis 3 d nach dem 1. Häherkuckuck geschlüpfte Artgenossen haben dieselbe Überlebenschance, spätere keine mehr. **Bruterfolg.** Von 16 bzw. 20 parasitierten Elsternestern mit 25 bzw. ca. 31 Eiern in E. wurden 75% bzw. 76.9% vom Wirt angenommen, von diesen schlüpften 79.0% bzw. 91.7%, und von den geschlüpften wurden 93.3% bzw. 54.5% flügge: d.h. von den abgelegten Eiern wurden 56.0% bzw. 42.1% flügge. Bruterfolg variiert mit Legezeitpunkt, in unvollständigen Wirtsgelegen (mit 1-3 Eiern) wurden Ø 92% flügge, in vollständigen nur 10%.

Sterblichkeit. In E. überlebten 63 % der flüggen Jungen bis zur Selbständigkeit [3623]. **Generationslänge:** < 3.3 J. [383].

Mauser. **Postjuvenile Mauser** (Voll- oder Teilmauser) je nach Schlüpftermin größtenteils bis Okt./Feb. im Winterquartier beendet; gelegentlich einige Schwungfedern (besonders AS) nicht erneuert [767,1369]. • **Postnuptialmauser** (Vollmauser) Juli/Sept.-Dez./Feb.; Dauer ca. 100 d [767].

ORDNUNG Strigiformes – Eulen

Überwiegend dämmerungs- und nachtaktive Jäger mit nach vorn gerichteten Augen, die von einem Federschleier (Schallreflektor) umgeben sind; krummer, an der Basis mit einer Wachshaut bekleideter Schnabel. Greiffüße mit Wendezehe und scharfspitzigen Krallen. Kopf dick, stark drehbar (bis ca. 270°), bei etwa der Hälfte der Arten mit Federohren. Gehör sehr gut entwickelt. Gefieder weich, bei den meisten Arten geräuschdämmend durch entsprechenden Bau der Federfahnen und Sägekante an den äußersten HS. ♀ meist größer als ♂. Eier ± kugelig, weiß; meist kein Nestbau. Dunenkleid der mit geschlossenen Augen und Ohren schlüpfenden Jungen wird durch ein sog. Mesoptil-Kleid abgelöst (± dunig). Erhaltungszustand der Knochen kleiner Wirbeltiere (Hauptnahrung der meisten Arten) in den Gewöllen meist so gut, dass sie zu säugetierkundlichen Studien geeignet sind. Feldbestimmung [2079,1784 (mit zahlreichen Farbfotos)].

Die Verwandtschaftsverhältnisse innerhalb der Ordnung sind anhand mitochondrialer Sequenzen (Cytochrom b-Gen) für ein breites Artenspektrum untersucht [4122,4123]. Da die zugrunde liegenden Sequenzen bis heute unveröffentlicht sind und Bestätigung durch nukleare Gene fehlen, sind die Schlussfolgerungen als vorläufig zu betrachten. Die sich daraus ergebenden taxonomischen Konsequenzen werden hier jedoch umgesetzt, da die bisherige Taxonomie noch weniger begründet ist. *Asio* ist offenbar eine sehr eigenständige Linie (basal nach *Otus*) [4122] und wird deshalb hier gleich nach *Otus* aufgeführt. *Nyctea* ist innerhalb von *Bubo* entstanden [4122], wird also mit dieser Gattung vereinigt.

Familie Tytonidae – Schleiereulen

Innenzehe so lang wie Mittelzehe. Herzförmige Gesichtsmaske, kleine, dunkle Augen. HS 10 länger als HS 8 sowie weitere Unterschiede zu Strigidae im Knochenbau (z.B. verwachsene Furkula, Brustbein mit zwei statt vier Kerben, dritte und zweite Zehe gleich lang), im Federkleid sowie im Mauserzyklus (drei Mauserphasen bei Tytonidae).

• Gattung *Tyto*

Mindestens 17 Arten, darunter etliche Inselendemiten. Weitere Arten in rezenter Zeit ausgestorben und nur subfossil bekannt. Verwandtschaftsverhältnisse und damit mögliche Superspezies-Grenzen innerhalb des Schleiereulen-Komplexes sind völlig ungeklärt [vgl. 3565]. Es ist wahrscheinlich, dass *Tyto alba* Teil einer Superspezies ist, doch wird deren korrekte Abgrenzung erst nach umfassenden molekularen Untersuchungen möglich sein.

Tyto alba – Schleiereule 07350

Tyto alba (Scopoli 1769)

(GB) Barn Owl **(F) Effraie des clochers** **(E) Lechuza Común**

Taxonomie. In Kontinentaleuropa zwei UA, die in breiter Mischzone ineinander übergehen: *alba* (Scopoli 1769) (W- und N-Europa) und *guttata* (C.L. Brehm 1831) (ME, E- und S-Europa). Zahlreiche (ca. 33) weitere UA z.T. fraglicher Validität sind beschrieben, einige (außereuropäische) mögen Allospezies-Status erreicht haben. In Europa sind davon vertreten: *ernesti* (O. Kleinschmidt 1901) (Sardinien, Korsika), *erlangeri* W. L. Sclater 1921 (N-Afrika, Mittlerer Osten, CY, Kreta), *schmitzi* (Hartert 1900) (Madeira) und *gracilirostris* (Hartert 1905) (E-Kanaren).

Kennzeichen. [1369,1784,3615,221,3772,2540, 3252; weitere **Fotos** in Limic. **15**, 245, (*alba*) Bird. W. **16**, 45, (*guttata*) **12**, 404, 454-457, **16**, 97].

Maße. Gr.: 33-35 cm. Gew.: ♂ 187-340 g, Ø 315 g, ♀ 310-370 g, Ø 340 g (bei Eiablage Ø 415 g). Fl.spw.: 85-93 cm. Fl.l.: ♂ 26.0-30.9 cm, ad. Ø$_{22}$ 29.5 cm, juv. 29.6 cm, ♀ 26.3-30.7 cm, ad. Ø 29.5 cm, juv. 26.0 cm [1369,3615,2540].

Status. Recht häufiger Brutvogel. Jahresvogel mit starken Bestandseinbrüchen nach Kältewintern;

guttata in ME verbreitet, weißbäuchige Nominatform dagegen recht selten; Hybridpopulationen der beiden vorwiegend in W-ME.

Verbreitung und Bestand. In etwa 35 UA annähernd holarktisch nach N bis boreale Zone (etwa 0°-Jan.-Isotherme), nach S bis in Tropen und Wüstengebiete verbreitet; damit eines der weitesten Verbreitungsgebiete einer Landvogelart überhaupt [3892]. In ME im waldärmeren, offenen Kulturland bis etwa 600m NN, in Mittelgebirgen zuweilen höher [in CH bis >1000m, 1369,196]; fehlt im größten Teil der Alpen. 2 Formen: dunkelbäuchige UA *guttata* von N Voralpen nach N bis DK und ostwärts sowie von SW- und W-Europa bis ME verbreitete weißbäuchige Nominatform (in W-CH, S-D, B und NL mit *guttata* vermischt). Europäischer Gesamtbestand etwa 110.000-220.000 BP, davon >90% W der 3° Januar-Isotherme [1507], mit Schwerpunkten in E. (50-90 T.) und F (20-60 T. BP); in ME brüten etwa 18.000-28.000 BP, über 60% davon in D [383, erg.].

Wanderungen. Standvogel bis Teilzieher (Kurzstreckenzug); Streuungswanderungen. In TR im Winter etwas weiter verbreitet; Br. TR seltener Wintergast CY; im Libanon v.a. Herbst und Winter [3615].

Bestandsentwicklung. In Abhängigkeit von Mäusegradationsjahren und witterungsbedingten Einbrüchen in ME erhebliche kurzfristige Bestandsfluktuationen bis 1950er J., z.B. in NL Bestände in guten J. gegenüber schlechten verdoppelt [196,375,3638]. Negative Einflüsse aufgrund außergewöhnlichen Vermehrungspotentials meist nach etwa 5-7 J. wieder kompensiert [1369,1585; Einfluss des Polarwinters 1962/63: 1719]. Seit Ende 1950er oder Mitte 60er J. aber in weiten Gebieten ME und benachbarten Regionen [3892,1585,2540] neben den typischen Fluktuationen allgemein stark negativer Trend und erhebliche Bestandsabnahmen in B, H, PL, CZ, SK., A und weiten Teilen D [196,2540,3871,3252], dabei Rückgang in Europa in 7 Ländern um >50%, in weiteren 13 um >20-50% [q10,1998,3252]. Ursachen u.a. Mangel an Brutplätzen aufgrund moderner Bauweise, Intensivierung und Rationalisierung der Landwirtschaft sowie starke Zunahme der Verkehrsverluste [2502]; zudem werden offenbar Massenvermehrungsjahre einiger Kleinsäuger-Populationen zunehmend seltener [1818].
Durch intensive Schutzmaßnahmen, vor allem Ausbringung von Nisthilfen, und überwiegend günstige Winter (Ausnahme z.B. 1984/85) ab 1980er J. gebietsweise Erholung oder Stabilisierung der Bestände, zuweilen erhebliche Zunahmen [196,310]; für ME ergibt sich insgesamt von 1988-2001 ein gesichert positiver Trend [2460N]. Offenbar aber kaum mehr Bestände der 1950er J. erreicht; in NL trotz deutlicher Zunahme derzeit nur maximal 2.000 BP [3638] gegenüber 3.500 BP in früheren Jahrzehnten [3636,3638].

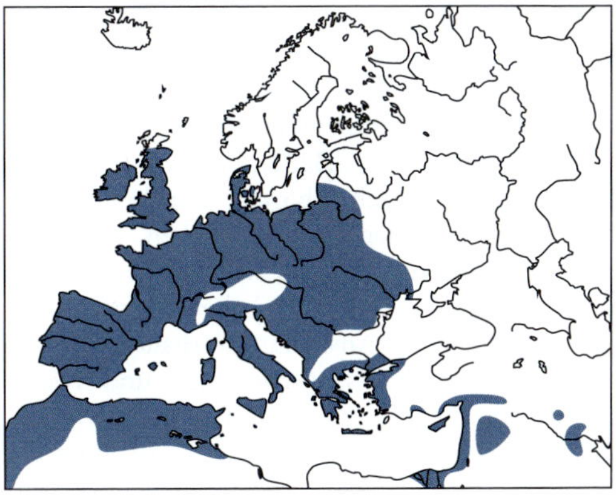

Tyto alba – **Schleiereule**

	Best.	Areal	Brutbestand	Jahr	Quelle
A	+/-	=	20 – 40	1998 – 2002	[383]
B	↑	+ 1	1.600 – 2.600	1995 – 2002	[383]
CH	↕	=	1.000 – 1.500	1993 – 1996	[383]
CZ	⇩	- 2	200 – 350	2000	[383]
D	↑	=	11.000 – 17.000	1995 – 1999	[383]
FL	↓	- 1	0 – 2	1998 – 2000	[383]
H	↑	=	1.000 – 1.500	1999 – 2002	[383]
L	↕	=	200 – 300	2001	[383]
NL	⇧	+ 1	1.150 – 2.000	1998 – 2000	[383]
PL	↓	- 1	1.000 – 2.000	1995 – 2000	[383]
SK	↓	- 1	400 – 600	1995 – 1999	[383]

Siedlungsdichte. In ME meist nur 1 BP/Dorf; 2 oder mehr Bruten auf engem Raum aber möglich (vor 1950 fast regelm.). Starke Dichteschwankungen (s.o.), normale Dichte zwischen 0,5–5,0 BP/100 km^2 [1369,2540,3871,185], Spitzenwerte mitunter um Mehrfaches höher, z.B. in D-NI bis 31 BP/100 km^2 [2540], in CH bis 42 BP/100 km^2 [3252], in W-Europa bis 50 BP/100 km^2 [1507]; in nistkastenreichen Ölpalmplantagen Malaysias nochmals um Vielfaches höher [1507]. Aktionsraum zur Brutzeit in N-D 90-369 ha (Ø 188 ha), nachbrutzeitlich 363-

465 ha (Ø 393 ha) [2540]; auch bei sehr gutem Beuteangebot Jagdfläche pro Paar >1 km^2.

Gefährdungsursachen [1369,1507,1719,3892,196, 2540,310,538,2502,2253,3252]. Verlust (potentieller) Brutplätze durch Abbruch oder Restauration und Modernisierung von Kirchen, Gehöften, Scheunen und Dachnischen, sowie durch Vergitterung der Zugänge. Umbauten haben z.T. nachhaltig negativen Effekt auf Ansiedlungsverhalten [3112]
Rückgang der Kleinsäugerbestände und Beeinträchtigung der Jagdgebiete durch Intensivierung der Landwirtschaft einschließlich Umstellung der Bewirtschaftung auf Äckern (weitgehendes Fehlen von Stoppelbrachen und nach der Ernte gesammelten Strohbüscheln, Getreide- und Maislagerung in Silos statt in Scheunen etc.), Flurbereinigung, Grünlandumbruch, Beseitigung von Gräben, Hecken, natürlichen Bachläufen sowie von Ackerrainen, Gifteintrag sowie sehr tiefes Pflügen.
Zunehmend höhere Verluste im Straßenverkehr, häufig bedingt durch Jagdweise entlang von Straßenrändern (oft einzig kurzrasigen Bereiche in weiträumig eutrophierter Landschaft) - nach Verlust ähnlicher Strukturen im Grünland; ferner Verluste an Bahnlinien, Trafohäuschen (Stromtod), Wasserbehältern und Luftschächten.
Früher: Organochlorid- und Rodentizid-Kontamination.
Allgemeiner Landschaftsverbrauch, Überbauung, Aufforstung.
Störungen am Brutplatz, vor allem während der Eiablage- und Bebrütungsphase.
Zuweilen direkte Verfolgung.
Natürliche Verluste neben o.g. Kältewintern vor allem Prädation durch Marder und Katzen.

SPEC	VSchRL	Bern.Konv.	Bonn.Konv.
3	--	Anh. II	--
Europ. RL	RL in ME		
--	FL:**'RE'**, A: 'CR', CZ:'EN', H, NL, SK:'VU', L, CH: 'NT'		

Schutzmaßnahmen. Förderung der Ansiedlung durch Anbringen von Nisthilfen oder Erhaltung oder Öffnung von Einflugmöglichkeiten an Kirchen, herausragenden Gebäuden und im Giebelbereich von Wohnhäusern; sogar in Bäumen [in ME aber selten angenommen, 2249]. Einrichtung von Zwischenböden in potentiell geeigneten Türmen. In Zukunft: Verpflichtung zur Einrichtung von Einflugöffnungen besonders an Kirchen und Aussiedlerhöfen. Bei Sanierungsarbeiten Erhalt wichtiger Einstände oder Schaffung von entsprechendem Ersatz. Aufklärung der Bevölkerung.
Extensivierung der Landwirtschaft und Förderung traditioneller Bewirtschaftungsformen, Erhaltung oder Wiederherstellung einer reich strukturierten Kulturlandschaft mit einschürigen Wiesen entlang von Fließgewässern und Gehölzrändern; Erhaltung von Feldrainen; Verringerung der Habitatfragmentierung; Neuanlage von Hecken.
Drastische Reduzierung des Biozidverbrauchs.
Absicherung gefährlicher Straßenabschnitte, z.B. durch Vertiefung der Trasse, oder durch Angebot von Ödlandstreifen auf der straßenabgewandten Seite der Begleitpflanzungen. Rückbau des asphaltierten Feldwegenetzes.
In Extremwintern Ermöglichung der Jagd in geschlossenen Räumen wie Scheunen, eventuell Zufütterung mit lebenden Labormäusen.
Absicherung von Wasserbehältern und Luftschächten in Brutplatznähe.
Erhaltung ursprünglicher strukturreicher Dorfrandbereiche bei Ausdehnung von Baugebieten.

Biotop. Offene Niederungsgebiete; < 40 d Schneelage. Kombination von geeigneten Brutplätzen (Gebäude, einzelstehend oder in Dörfern und Kleinstädten) mit günstigem Jagdgebiet (offenes Gelände am Rand von Siedlungen, entlang von Straßen und Wegen, Hecken, Rainen, Gräben, Kleingewässern, weniger bevorzugt an Waldrändern oder an hohen Pflanzen > 3 m). Tageseinstände im Sommer mitunter deckungsreiche Baumgruppen (und Baumhöhlen), im Winter jedoch Kälte- und Schneeschutz nötig (z.B. Scheunen, Speicher, Ställe). Fels- und Baumbruten fern menschlicher Siedlungen in ME Ausnahmen. Meidet höhere Lagen (> 800m).

Nahrung. Hauptsächlich Säuger, weniger Vögel; regelm., aber meist bedeutungslos, Amphibien, Großinsekten, in S-Europa auch Reptilien u.a. Kleintiere. Bevorzugtes Beutetiergewicht 5-30 g, äußerste Grenze des Tragvermögens 200 g. In ME Hauptbeutetiere Feldmaus; Ersatznahrung u.a. Spitzmäuse (Wald-, Feld-, Haus-), Erdmaus, Schermaus, Waldmaus, Zwergmaus, Ratten. In besonderer Lage auch Vogeljagd. Nahrungsbedarf 70-104 (Ø 94) g, wovon ca. 10 % als unverdaulich ausgeschieden werden (1.4 Gewölle im Mittel pro d).

Stimme. Schwer zu unterscheidende Laute. Am auffälligsten ist das Kreischen, ca. 2 sec lang ge-

zogen »chrüüü«, auch schwirrend im Flug als Revierruf vorgetragen. »Schnurren« während der Balz von beiden Geschlechtern, auch im Duett, sowie bei Beuteübergabe. Warnruf hastig »kraich-kraich«; in Abwehr Fauchen sowie Schnabelknappen (bei allen Eulen vorkommend). Ab 7. Tag Drohrauschen, ca. 5 sec, relativ laut, von beiden Geschlechtern, ♂ etwas lauter und höher. ♀ und Jungvögel betteln nächtelang mit weithin hörbarem »Bettelschnarchen«. Weitere Laute mit bestimmter Funktion zwischen den Partnern und am Nest.

Verhalten. Nachtaktiv. Flug »lautlos«. Zu Beginn der Brutzeit Ad. tagsüber am Nest; ab letztem Ei ♂ und etwa ab 16. d des ältesten Nestlings ♀ wieder im Tageseinstand. Nahrungserwerb im Suchflug mit niedrigen Gleitstrecken und als Ansitzjagd; auch fliegende Beute kann geschlagen werden. Beute wird akustisch lokalisiert, aber auch Sichtjagd bei sehr geringen Lichtmengen. Nach Durchknabbern Genickbiss, größere Beutetiere werden abwechselnd mit Krallen tot gedrückt und im Schnabel geschüttelt. Transport normalerweise im Schnabel; bis Mausgröße ganz verschlungen; größere Vögel werden gerupft. Nahrungsüberschüsse werden vor allem zu Beginn der Brutzeit am Nest deponiert. Überwiegend Einzelgänger bzw. territorial. ♂ und ♀ anfänglich aggressiv. Zu Beginn der Balz kreist ♂ über dem künftigen Brutplatz und ruft am Einflugloch. ♂ und ♀ schnurren bei der Paarbildung im Duett, umfliegen sich einander verfolgend. Polyandrie beobachtet. Ein ♂ kann Brut alleine großziehen. Revierrufe und Balzflüge i.d.R. frühestens ab Jan., meist ab Feb. bis April. Speziell bei Mäusegradation ♂ auch polygyn. Tarnstellung mit gestreckten Beinen, steil aufgerichtetem Körper und eng verkniffenem Schleier, meist an die Wand oder in eine Nische gedrückt. Drohverhalten mit pendelndem Körper, zunächst aufgerichtet, dann tiefer geduckt und Flügel seitwärts bis schräg nach hinten gestreckt.

Fortpflanzung, Brutbiologie [1722,337,1369, 2541,767,1]. Geschlechtsreife vor Ende des 1. Lebensjahrs (z.B. ♀ schon mit 5.5 Monaten brütend) [R. Mache]. Monogame Dauerehe nicht selten (aber wohl bedingt durch hohe Brutortstreue); Bigynie und Biandrie nachgewiesen. **Ankunft im Brutgebiet.** Ganzjährig im Gebiet, aber im Winterhalbjahr selten am Brutplatz, dort meist erst Ende Feb./Anf. März (in ungünstigen J. später). **Nest.** ♀ wählt i.d.R., Nistplatz geräumige möglichst dunkle und störungsfreie Brutnische mit freiem Anflug, bes. in Kirchtürmen, Scheunen, Taubenschlägen, Dachböden, Ruinen, gelegentl. Felsnischen und Steinbrüche etc. Optimalbrutplätze (in ME zu 25-95% Kirchen und Scheunen) bleiben dauernd besetzt [vgl. auch GB: 3112]. Ideale Bodenfläche 2 m^2; moderne Bauweise, Vergittern von Luken etc. führen zu Nistplatzverlusten; künstliche Nisthilfen z.T. sehr erfolgreich. Wichtig sind auch Tages- und Wintereinstände! Gebietsweise, bes. GB, auch regelm. Wald- oder Baumbruten. Kaum Nistmaterial, Unterlage für Eier aus zerbissenen oder zerfallenen Gewöllen. **Legebeginn.** In Gradationsjahren der Feldmaus ab (Ende Feb.) Ende März und Zweitbrut ab Ende Mai; in Normaljahren ab Ende April, Hauptlegezeit Mai, vereinzelt später, wenige Zweitbruten Juli/Aug. (selten Sept. oder später); in Latenzjahren erste Bruten Mitte Mai/Ende Juni, keine Zweitbruten. **Gelegegröße.** 4-7, selten 1-3, öfter 9-12 (selten –15); je nach Nahrungsangebot Ø Größe in einem Gebiet D > 3 bzw. > 5 Eier; dazu in Mäusejahren aber noch größere Zweitgelege (auch Ersatzgelege bei zunehmender Feldmausdichte im Jahresverlauf), oft Ø > 8 Eier, z.B. in F Erstgelege$_{325}$ 2-13, Ø 5.7, Zweitgelege$_{150}$ 3-11 (14), Ø 7.4. Legeintervall 2 (-3) d. **Eier.** Länglichoval, matt, weiß. **Brutdauer.** 30-34 (35) d; ♀ brütet (wird vom ♂ versorgt). Brutbeginn mit Ablage des 1. Eies. Juv. schlüpfen asynchron in etwa 2 d Abstand. **Nestlings-/Führungszeit.** Erste 10-20 d ständiges Hudern; wenn älteste Juv. 15-20 d alt, ist ♀ nur noch nachts am Nest. Anfangs bringt nur ♂ Futter, ♀ gibt kleine Stücke an noch blinde Juv. ab (Kontakt akustisch bzw. taktil; mit 11-14 d Augen geöffnet). Ab 15. d wird kleine Beute ganz verschlungen, mit etwa 3 Wochen angeschnittene Beute selbständig aufgenommen. In 5. und 6. Woche laufen Juv. den Ad. entgegen und fressen selbständig (dann auch Flatterversuche); Geschwisterfütterung nicht selten. Trotz Altersunterschieden verlassen Juv. das Nest fast gleichzeitig mit (40-) 50-60 (-67) d, etwa 3-5 Wochen später selbständig. Im Alter von knapp 3 Monaten wandern Juv. vom elterlichen Revier ab. **Jahresbruten.** 1-2 (ausnahmsweise 3); in Gradationsjahren 65% Zweitbruten, in Latenzjahren auch keine Brut (bei bis 60%); bei sehr hohem Nahrungsangebot gelegentlich Schachtelbruten, bes. bei Drittbruten; Ersatzgelege. **Ende der Brutperiode.** Vom Nistplatzbezug bis zum Selbständigwerden der Juv. aus späten Zweitbruten kann fast 1 ganzes J. verstreichen (Ende Feb./Anf. März bis Dez./Jan.) **Bruterfolg.** Je nach Nahrungsangebot sehr unterschiedlich, in E-D 3.2 bis 11.0 Eier/Paar und J. bzw. 2.4 bis 7.4 Junge/Paar und J. in einer Population, in

NL in Latenzjahren Ø Gelegegröße 3.6 und Ø 2.7 flügge Juv./Brut und J., in Gradationsjahren Gelege Ø 4.4 und Ø 3.5 flügge Juv./Brut und J., in D-BW in Latenzjahren$_{93}$ 3.46 (sowie keine Zweitbruten) und in Gradationsjahren$_{135}$ 4.41 flügge Juv./Brut und J.; offenbar Abnahme des Bruterfolgs in ME: (1987-90)$_{1120}$ 5.62, (1991-94)$_{2792}$ 4.84 und (1995-98)$_{2644}$ 4.69 Juv./Paar und J. [2460N]. Bei Nahrungsmangel verhungern oft jüngste Nestgeschwister (auch Kainismus). Ø Jungenzahl in E-D (7 J.) 4.3, in D-SL (4 J.) 4.2, in -HE (12 J.) 4.9.

Eimaße und -gewichte [196,3252]: L. 36.1-44.0 mm, B. 28.2-36.0 mm, Ø (*guttata*): 39.4 x 30.9 mm (n=719, D), (Nominatform): 42.1 x 31.8 mm (n=62, GB); (Hybride *guttata/alba*): L. 33.5-42.9 mm, B. 28.8-32.4, Ø: 38.9 x 30.8 mm (n=74, F); Frischvollgew. (*guttata*) 19.1-22.8 g, Ø: 21.0 g (n=21, B); Schalengew. (*guttata*) 1.20-2.15 g, Ø: 1.65 g (n=240, Europa).

Sterblichkeit, Alter. Generationslänge: < 3.3 J. [383].

Mauser. Postjuvenile Mauser (Voll- oder Teilmauser) bald nach Ausfliegen; Verlauf ähnlich Ad. [767]. • Postnuptialmauser (Voll- oder Teilmauser) Schwingenmauser mit 3 aktiven Mauserzentren ab Mai/Juli; wegen langsamer Mauser meist nicht beendet, sondern vor Brutbeginn mit einzelnen alten Schwungfedern unter- oder abgebrochen [767,1369].

Familie Strigidae – Ohreulen und Käuze

Innenzehe kurz, dritte Zehe länger als zweite, Furkula und Brustbein unverwachsen; nackte Bürzeldrüse. Runde Gesichtsmaske, Augen groß. Viele Arten mit Farbdimorphismus (»graue« und »rote« Formen).

• Gattung *Aegolius*

Vier Arten, davon drei in der Neuen Welt, die vierte (*funereus*) mit boreal-zirkumpolarer Verbreitung. Die genaue phylogenetische Stellung der Gattung innerhalb der Strigidae ließ sich bisher nicht auflösen.

• Gattung *Athene*

Drei (oder vier?) nah verwandten Arten (darunter 1997 in Indien wiederentdeckte *A. blewitti*) [3136]; rein altweltliche Verbreitung. Nach mtDNA-Daten ist die neuweltliche Kanincheneule (*Speotyto cunicularia*) die Schwesterart der Gattung *Athene* [4122], was allerdings nicht im Einklang mit publizierten DNA-Hybridisationsergebnissen [3564] steht. *Speotyto* und *Athene* bilden mit *Surnia* und *Glaucidium* ein nach mtDNA-Daten gut gesichertes Monophylum.

• Gattung *Glaucidium*

Ca. 30 Arten, fast weltweite Verbreitung (außer Australasien). Die zahlreichen Arten der Neuen Welt, einschließlich *G. californicum* und *G. gnoma*, bisher oft in eine Superspezies mit dem Sperlingskauz gestellt, bilden offenbar ein separates Monophylum gegenüber den Arten der Alten Welt [4122]. Eine mögliche Trennung auf Gattungsniveau ist derzeit verfrüht, da die Monophylie der Altweltarten nicht gesichert ist (bisher wurden zu wenige molekular untersucht).

• Gattung *Otus*

In der hier gewählten neuen Abgrenzung, d.h. unter Ausschluss der Neuweltarten, die bisher ebenfalls in diese Gattung gestellt wurden, umfasst *Otus* mindestens 32 Arten, darunter zahlreiche Inselendemiten. Die tatsächliche Artenzahl und mögliche Superspezies-Grenzen sind jedoch unzureichend bekannt, da mehrere akustisch distinkte Formen, denen Artstatus zukommen dürfte, bisher nicht hinreichend untersucht sind [vgl. 2079]. Eine detaillierte bioakustisch-molekulare Studie fehlt. Aus demselben Grund ist es beim derzeitigen Kenntnisstand nicht ratsam, *Otus scops* (nur) mit *O. senegalensis* (Afrika, S-Arabien) und *O. sunia* (Indien, SE-Asien) in einer Superspezies zu vereinigen [vgl. 3565].

• Gattung *Asio*

Sieben Arten, wovon drei der Superspezies *A. [otus]* angehören. Die Monophylie von *Asio* gegenüber den monotypischen Gattungen *Nesasio* (Salomon-Inseln) und *Pseudoscops* (Jamaica) erscheint ungenügend gesichert. Die »Ohreulen« (*Asio, Ptilopsis*) repräsentieren eine relativ artenarme, phylogenetisch sehr eigenständige Linie, die entgegen früheren Annahmen weder mit *Otus* noch mit *Aegolius* näher verwandt ist [vgl. 4122,4123].

• Gattung *Bubo*

Die Gattung ist in der bisherigen Abgrenzung sicher nicht monophyletisch. Aufgrund von mtDNA-Befunde [4122,4123] muss zumindest die Schneeeule in *Bubo* einbezogen werden, um Paraphylie der Gattung zu vermeiden. Die paläarktisch-orientalischen Fischuhus (bisher Gattung *Ketupa*, 4 Arten) sind mit *B. sumatrana* und *B. niplensis* sowie ggf. weiteren, bisher nicht untersuchten asiatischen Arten nächstverwandt, die am besten alle auf Gattungsniveau von *Bubo* getrennt werden. Deren Schwestergruppe scheinen die drei afrikanischen *Scotopelia*-Arten zu sein.

• Gattung *Strix*

18 (19) überwiegend große, waldbewohnende Arten der Neuen und Alten Welt (ohne Australasien).

Aegolius funereus – Raufußkauz 07700

Aegolius funereus (Linnaeus 1758)

(GB) Tengmalm's Owl, ((USA) Boreal Owl) (F) Nyctale de Tengmalm (E) Mochuelo Boreal

Taxonomie. Sieben UA, davon Nominatform und *caucasicus* (Buturlin 1907) in Europa.

Kennzeichen. [3615,1369,221,1784,3772,2540; Fotos in Alula **10**, 126-128, Bird. W. **7**, 198, **11**, 62, 66].

Maße. Gr.: 24-26 cm. Gew.: ♂ 90-113 g, Ø 101 g, ♀ 126-194 g, Ø 167 g. Fl.spw.: 53-62 cm. Fl.l.: ♂ 16.7-17.8 cm, ♀ 17.0-18.2 cm [3615,1369,2540].

Status. Brut- und Jahresvogel, besonders im N auch Teilzieher. Starke Bestandsfluktuationen in Abhängigkeit von Nahrungsangebot. Anhaltende Ausbreitung in verschiedene Richtungen, bei hoher Dispersionsdynamik. Außerhalb Brutareal ME (auch im Tiefland) gelegentlicher Gastvogel (dispergierende Ind.) mit zunehmendem Bestandstrend; zuweilen echte Einflüge.

Verbreitung und Bestand. Zirkumpolar in borealer und gebietsweise gemäßigter Zone Nordamerikas und Eurasiens (bis Zentralasien, NE-China), ferner einige isolierte Gebirgspopulationen, z.B. Kaukasus, Tien Schan, und W-Himalaya. In Europa Nominatform mit Schwerpunkten in Fennoskandien, Baltikum und RUS, Gesamtbestand 110.000-350.000 BP (insgesamt stabil) [383]. In ME

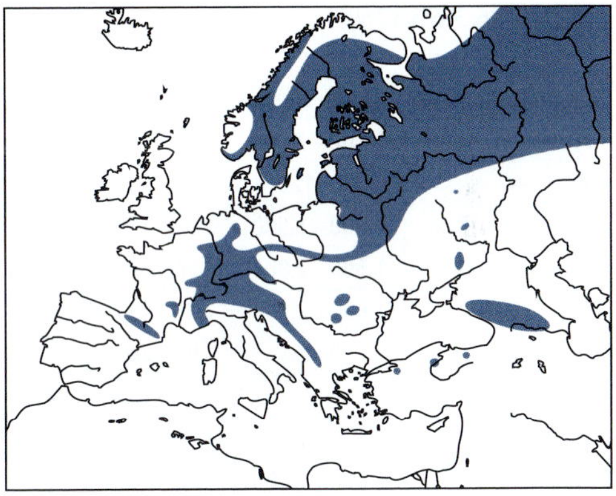

Aegolius funereus – **Raufußkauz**

vor allem im natürlichen Fichtenareal verbreitet, in Alpen (CH/A) bis 1800–2000 m, sonst nur ausnahmsweise > 1000 m; derzeit etwa 5.600-10.000 BP [383].

Wanderungen. In ME Ad. überwiegend Standvögel und Teilzieher, Juv. mit Streuungswanderungen. In N-Europa Brutortstreue geringer, Wanderstrecken Ad. und Juv. größer. Im Ostseeraum alle (2) 3–4 J. Wanderjahre mit regionalen Unterschieden. Mitte Sept. beginnt Durchzug sowohl dort als auch am Col de Bretolet (CH); Gipfel Okt., Abschluss

Mitte Nov./Dez. Frühjahrszug nur im Ostseeraum bekannt [vgl. 606]. Geburts- und Brutortstreue bei ♀ in ME (und auch N-Europa) hoch; weiteste Wanderstrecke eines Juv. 235 km WNW. Fernfunde nordischer Ind. bis > 1000 km. Weiteste Entfernung der Brutplätze eines Ad. in S. 510 km.

Bestandsentwicklung. Wegen kurzer oder fehlender »Gesangs«phase der Reviervögel quantitativ schwer zu erfassen. Daher Bestandsentwicklung in alpinen Schwerpunktgebieten ME unzureichend bekannt. Etwas besser dokumentiert ist Besiedlung und Populationsdynamik kleiner isolierter Vorkommen einiger Mittelgebirge sowie N-D/PL-Tiefebene [1369].
Starke kurzfristige Bestandsschwankungen in Abhängigkeit vom Bruterfolg und Nahrungsangebot (oft durch fehlende Reviermarkierung in Latenzjahren verstärkt) [1369]. Zyklische, zwischen Gebieten synchron verlaufende Fluktuationen wie in Skandinavien sind in ME selten. In günstigen J. z.T. außergewöhnlich hohe Brutbestände, meist bedingt durch immigrierende Einjährige [3008,3499,2455]. Zwar wenige konkrete Angaben aus 19. Jh., aber langfristig wohl Rückgang, gebietsweise bis Mitte 20. Jh. [196,3393,1369].

	Best.	Areal	Brutbestand	Jahr	Quelle
A	+/-	=	1.100 - 2.200	1998 - 2002	[383]
B	+/-	=	30 - 120	1995 - 2002	[383]
CH	+/-	=	1.000 - 1.500	1993 - 1996	[383]
CZ	⇧	+ 2	1.500 - 2.000	2000 - 2002	[383]
D	↑	+ 1	1.600 - 2.900	1995 - 1999	[383]
FL	+/-	=	10 - 20	1998 - 2000	[383]
H	N	N	0 - 2	1997 - 2002	[383]
NL	↕	F	0 - 1	1998 - 2000	[383]
PL	↑	=	1.000 - 2.000	1997 - 2000	[383]
SK	+/-	=	400 - 600	1990 - 1999	[383]

Aufgrund von Schutzmaßnahmen, vor allem aber Einsatz künstlicher Nisthilfen, und durch Fichtenaufforstung in vielen Regionen spätestens ab 1960er J. positive Bestandsentwicklung und Arealausweitung (allerdings auch bessere Erfassung) [2455; Teile D, CH: 945,2653,2596,1680,2068,4175,204, 3393,196,2821]. Wiederbesiedlung B 1963, nach anfänglicher Bestandszunahme auf 11-12 BP (1969-72) erneut Rückgang durch direkte Verfolgung (Eiersammler, Fang zur Präparation); nach Einleitung von Schutzmaßnahmen seit Mitte 1980er J. wieder starker Anstieg, in guten J. auf > 100 BP [3211,3630,1585]. Aufgrund günstiger allgemeiner Entwicklung zunehmend (Wieder-)besiedlung der Tieflandgebiete N-ME, z.B. NL (1971), D-MV (1982), -BB (1985) und -SH (1988), wohl auch in PL [2772,1,3615,375,196,310,3871,2653]; doch Ansiedlungen in NL sowie A-Nö instabil und nur kurzzeitig [965,375,3638]. 1997 Erstbesiedlung H (Zemplén-Berge) [q3]. Größerer Einflug und guter Bruterfolg in Mäusejahr 2000 in CH-JU [3147].
Populationen einiger Gebiete in jüngerer Zeit stabil oder stagnierend [D-NI: 1587, A-V: 1997, Teile PL: 1366, CH: 3393, -SN: 3667]. Gebietsweise jedoch auch Rückgänge, z.B. in A-V [1998] oder in D-TH in Fichtenwäldern, dagegen in Buchenwäldern trotz geringerem Bruterfolg positive Entwicklung [2599]. Großräumig in D von Mitte 1970er bis Anf. 1990er J. kontinuierlicher Bestandsanstieg, danach jedoch erneute Abnahme (für 1988-2001 statistisch gesichert) [2460N] - bei regional anhaltender Arealausweitung [2653]; insgesamt Bestand deutlich höher als in 1970er J. [204]

Siedlungsdichte. Reviere oft in Rufkontakt; Dichteangaben z.B. in CH 8 ♂/8.75km^2 (= 0.91/km^2), D 0.5-1 BP/10 km^2 in schlechten und 4.6 BP/10 km^2 in guten Jahren, ferner 23 ♂/ca.17 km^2 (= 13 BP/10 km^2), B 5 BP/3 km^2 bzw. 9.4 BP/100 km^2 Wald [337,2540,2353]. Kleinflächig, bes. in Nistkastengebieten, bis 16 Bruten/10 km^2, in CH sogar 12 Bruten auf nur 80 ha [2540]; großflächige Dichte jedoch höchstens 1.0 BP/10 km^2. Entfernungen besetzter Bruthöhlen von z.T. nur 35–40 m, Polygynie nachgewiesen.

Gefährdungsursachen [1369,1719,1722,196,2540, 3473,3211,3499,3255,1998]. Hauptursache ist Lebensraum- und Brutplatzverlust durch waldbauliche Maßnahmen (Kahlschlag von Altholzbeständen, kurze Umtriebszeiten, Verlust der Höhlenbäume, Zerschneidung durch Straßen- und Wegebau) oder Aufforstung von Windwurfflächen (Jagdflächen). Verinselung der Standorte durch Habitatzersplitterung (z.B. nach Straßenbaumaßnahmen) langfristig negativ für Vitalität der Populationen.
Brutaufgabe oder -verlust nach Störungen und Beunruhigung.
Belastung mit Umweltgiften.
Direkte Verfolgung: Jagd und Ausnehmen von Bruthöhlen für Präparation und Eiersammlungen.
Bedeutende (natürliche) Verlustursachen: Brutausfälle durch nasskalte Witterung im Spätwinter und zur Brutzeit - durch Beeinträchtigung des Jagderfolges und Verknappung des Kleinsäugerangebots

sowie Verklammung der Nestlinge und Wassereinbruch. Prädation durch Marder und Waldkauz, zuweilen auch Eichhörnchen, Habicht, Uhu etc.

SPEC	VSchRL	Bern.Konv.	Bonn.Konv.
--	Anh. I	Anh. II	--
Europ. RL	RL in ME		
--	CZ:'VU', A: 'NT'		

Schutzmaßnahmen. Erhöhung der Umtriebszeiten, Erhaltung und Unterschutzstellung von großflächigen, reich gegliederten störungsarmen Altholzbeständen sowie insbesondere von vorhandenen Höhlenbäumen, Einstellung großflächiger Kahlschläge und gebietsweise Rücknahme der Walderschließung für den Erholungs- und Freizeitbetrieb, ggf. Wiedereinführung der Femel- oder Plenterwirtschaft. In Zukunft Vermeidung der Zerschneidung naturnaher Waldflächen. Verstärkte Ausweisung von Waldschutzgebieten. Verzicht auf forstliche Maßnahmen während der Brutzeit. Keine künstliche Aufforstung von Sturmwurfflächen.
Anlegung eines Bruthöhlenkatasters und Information der Forstverwaltung.
Einsatz von Nisthilfen in höhlenarmen Gebieten (allerdings schlechter Ersatz, wenn ohne ausreichende Prädatorensicherung) [vgl. 2598].
Keine Förderung des Waldkauzes in Mittelgebirgslagen.

Biotop. In ME Nadelwälder mit montanem oder subalpinem Klima mit gutem Höhlenangebot (Schwarzspecht), deckungsreichem Tageseinstand und unterholzfreier, kleinsäugerreicher Jagdfläche, z.B. reich strukturierte Nadelwälder mit geringem Laubholzanteil, reine Fichtenwälder mit verschiedenen Altersklassen, stark bewaldete Moorgebiete etc.; aber auch in niedrigen Lagen, z.B. D-SH und -BB [2538N,2482]. In Skandinavien auch Birkenwälder, am W-Rand Buchenwälder. Bei Angebot von Nistkästen auch einförmige Fichtenbestände.

Nahrung. In ME und N-Europa ca. 33 Kleinsäuger- und 50 Vogelarten nachgewiesen (größte: Drosseln). Zur Brutzeit vor allem Wühlmäuse und Langschwanzmäuse; wichtige Ersatznahrung Spitzmäuse *(Sorex)* und erst an zweiter Stelle Vögel. Ausführlich [1369,3045].

Stimme. Reviergesang des ♂ wie »hu-hu-hu-hu-hu...« oder kürzer »hu-u-u-u...«; Strophe beginnt leise und schwillt gegen Ende an; Strophenfrequenz und Klangfarbe können erregungsabhängig variieren. Unverpaarte ♂ singen oft die ganze Nacht. Daneben »Stottergesang«, wenn ♀ das Revier verlässt; »Zeigeroller« (sanft, vielsilbig »dududu..«) beim Höhlenzeigen, »Flugroller« und »Paarungsroller« des ♂ im Zusammenhang mit Phasen des Sexualverhaltens. ♀ relativ laut »kjäck« (aggressiv) und »guik guik guik...«, aber auch zumindest in der Anlage dem ♂-Gesang ähnliche Äußerungen. Warnruf schnalzend oder peitschend »zjuck« o.ä., aber auch ± deutlich zweisilbig »kuwäck« (ähnlich Waldkauz), kläffende Laute.

Verhalten. Nachtaktiv. Ruhige, geräuscharme Bewegungen; bei weiten Strecken gerader, lautloser Ruderflug; fliegt auch in dichter Vegetation sicher. Tageseinstand nahe am Stamm in Fichtenstangenholz, dichten Nadelbaumkronen oder in Kuppelbäumen. Wartenjäger, Orientierung vorwiegend akustisch; sehr gutes akustisches Lokalisationsvermögen. Beute wird von der Warte aus im Stoßflug überrascht. Beuteüberschuss wird zur Brutzeit und im Winter in Höhlen, sonst auf Baumstümpfen oder in Astgabeln deponiert. Zur Brutzeit territorial; ♂ verpaaren sich oft mit mehreren ♀. Einzelne ♂ können in 40–250 m Entfernung nebeneinander singen. Durch Imitation Anlocken möglich. Balzbeginn Ende Feb./Anf. März; verpaarte ♂ singen nur bis Brutbeginn, ledige bis Ende Juni. Reviergesang auch Sept./Okt. Außerhalb der Brutzeit Einzelgänger.

Fortpflanzung, Brutbiologie [1722,337,1369, 2541,767,1]. Geschlechtsreife im 1., Erstbrut im 2. KJ. Monogame Saison- aber oft nur Brutehe, unterschiedliche Fortpflanzungsstrategien bei ♀ und ♂; ♂ sehr ortstreu, ♀ mit z.T. sehr großräumigen Umsiedlungen; Bigynie bei gutem Nahrungsangebot, auch Biandrie belegt; Neuverpaarung bei verschachtelter Zweitbrut. **Ankunft im Brutgebiet.** Ganzjährig im Gebiet, Balz und Revierabgrenzung durch ♂ etwa Feb./Anf. März (in ungünstigen J. später). **Nest.** Prospektive Nisthöhlen im Winter mitunter bereits Beutespeicher; ♂ bietet Höhle an, ♀ wählt. Nesthöhle i.A. in Laub- oder Nadelbaum im Waldesinnern, mitunter freistehend; fast immer Schwarzspechthöhlen, seltener von anderen Spechten; künstliche Bruthöhlen werden lokal unterschiedlich bereitwillig angenommen (Flugloch 80-85 cm, Grundfläche 265 x 220 mm; Marderschutz mit Blechmanschetten, Entfernung zum nächsten Baum > 5 m). Kein Nistmaterial, keine Säuberung der Höhle. Flache Mulde in Mulm.

Wiederbenutzung häufig. **Legebeginn.** Ab Mitte März bis Juni, in Einzelfällen noch im Juli; Spätbruten betreffen meist Nachgelege und Zweitbruten (Hauptzeit Ende März/Ende April). **Gelegegröße.** 3-6 (1-9; 10, 11 durch Bigynie?); langjähriger Ø in ME_{369} 4.78 (8 x 2, 61 x 3, 74 x 4, 112 x 5, 93 x 6, 16 x 7, 5 x 8), in $D\text{-}BB_{235}$ 4.44; nach N hin größer, z.B. in FIN_{402} 5.35 ± 1.26, $S._{138}$ 6.1; Schwankungen je nach Nahrungsangebot (von Ø 2.7 bis 5.7); Kalendereffekt. Legeintervall 2 d, Ø für 4er-Gelege 1.7, für 3er-Gelege 2.2 d. **Eier.** Stumpfelliptisch, leicht glänzend, weiß. **Brutdauer.** 26-27 d/Ei, 25-32 d pro Gelege; ♀ brütet (wird vom ♂ versorgt). Brutbeginn zwischen 2. und 3. Ei Juv. schlüpfen asynchron. **Nestlings-/Führungszeit.** ♀ hudert 15-23 d; ♀ füttert, ♂ versorgt Brut, Beuteübergabe bis 14 d in Höhle, dann auf Ast in Höhlennähe; ab 20 d verschlingen Juv. auch unzerteilte Beute; zu dieser Zeit auch geschwächte oder tote Geschwister gefressen; Augen mit 8-11 d geöffnet; mit 27-30 d sitzen Juv. am Flugloch, mit meist 30-32 (29-38) d fliegen sie aus. Führungszeit mind. 3 bis 5-6 Wochen. **Jahresbruten.** 1-2, Zweitbruten nur bei reichem Nahrungsangebot (z.T. verschachtelt); Ersatzgelege. ♀ können nach der Huderphase Brut verlassen (Betreuung dann durch ♂) und sich an anderer Stelle (auch > 100 km entfernt!) erneut verpaaren. **Bruterfolg.** Von 701 gelegten Eiern in FIN schlüpften 85.4%, davon ergaben 68.2% flügge Juv., Gesamterfolg 53.6%; von 211 Bruten in S. hatten 60% (52-82% in 4 Jahren) mind. 1 flügges Juv., entsprechend 4.6 Juv./erfolgr. Paar und 2.8 pro Brutversuch; in D_{290} (1966-78) 0.85-4.80 flügge Juv./Paar und J. (dabei mind. 4 geschachtelte Zweitbruten), D_{45} (1972-75) 3.09 flügge Juv./brütendes ♀ und J., D_{48} (1967-73) 0.4-4.7 (Ø 2.0) flügge Juv./verpaartes ♂ und J.; $E\text{-}D_{18}$ (1954-56) 1.86-4.33 (Ø 3.33) flügge Juv./erfolgr. Brut, $E\text{-}D_{25}$ (1974-77) ca. 1.6 flügge Juv./Paar und J., Zahlen von $1987\text{-}1998_{1628}$ zw. 2.52-2.93 flügge Juv./BP und J. [2460N]. Hauptverluste durch Prädation (Baummarder, Eichhörnchen, Waldkauz), diese in Nistkästen offenbar deutlich höher als in Schwarzspechthöhlen [2598]; auch Brutaufgabe wegen Nahrungsarmut.

Eimaße und -gewichte [337]: L. 28.2-37.3 mm, B. 23.6-29.3 mm, Ø: 32.7 x 26.6 mm (n=128, D); Frischvollgew.: ca.12-13 g; Schalengew.: 0.64-1.00 g, $Ø_{200}$: 0.88 g.

Sterblichkeit, Alter. Ad. in D 28 %/J. (1211). Als Brutvögel lebend kontrolliert 8 J. 2 Monate, 2 x 7 J. 10 Monate. **Generationslänge:** < 3.3 J. [383].

Mauser. **Postjuvenile Mauser** (Teilmauser) beginnt im Alter von ca. 2 Monaten, Abschluss bis (Juli) Aug./Sept. (Anf.g Dez.) [767,1369,3882]. • **1. Postnuptialmauser** (Teilmauser) Mauserperiode ähnlich Ad.; Großgefiedermauser (Staffelmauser) umfasst im 2. KJ 2–6 äußere HS und 3–9 innere AS, bei ♂ umfangreicher als bei ♀, wird im 3. KJ fortgesetzt; juv. HS 1 als letzte im 4. oder 5. KJ ersetzt. 2. Mauerzyklus setzt im 4. KJ mit 5–8 äußeren HS ein [767,1369,3882,1726,3500]. • **Postnuptialmauser** (Teilmauser) Ende Mai/Anf. Juli–Ende Juli/Sept. [1726], ♀ etwas früher als ♂ [1369,3050]; Schwungfedermauser oft mit Unregelmäßigkeiten, ST nahezu synchron abgeworfen; jährlich nur ein Teil der Schwungfedern, oft aber alle ST erneuert [767,1369,3882,1726].

Athene noctua – Steinkauz 07570

Athene noctua (Scopoli 1769)

GB Little Owl **F Chevêche d'Athéna** **E Mochuelo Europeo/Común**

Taxonomie. Ca. 11 UA, davon zwei in Europa: *noctua* (Scopoli 1769) (ME und E-Europa) und *vidalii* A.E. Brehm 1857 (W-Europa bis B). Die Form *A. (n.) lilith* Hartert 1913 (Naher Osten) ist bioakustisch und genetisch deutlich differenziert und könnte Allospezies-Status erreicht haben [2079].

Kennzeichen. [1784,3615,1369,221,3772,2540; Fotos in Limic. **7**, 297, Brit. B. **92**, 302].

Maße. Gr.: 21-23 cm. Gew.: ♂ 140-240 g, Ø 180 g, ♀ 150-250 g, Ø 200 g. Fl.spw.: 54-58 cm. Fl.l. (*vidalii*): ♂ 15.4-16.9 cm, ♀ 15.7-17.3 cm [1369,3615,2540]

Status. Ursprünglich verbreiteter Brut- und Standvogel im gesamten ME Tiefland. Massiver Arealverlust. Seltener Gast außerhalb des Brutareals; geringe Ausbreitungstendenz, Ansiedlungen meist nur in Rufkontakt zu vorhandenen Paaren [3656].

Verbreitung und Bestand. Areal umfasst (boreale), gemäßigte, mediterrane sowie Steppen- und Wüstenzone Europas und N-Afrikas N der Sahara, ferner Arabien und Teile N-Himalaya sowie China. In NZ und GB erfolgreich ausgesetzt. In Europa Nominatform mit Schwerpunkten in F, E., P und I sowie in RO und RUS. In ME weitgehend auf waldfreie Tieflagen unterhalb 500-600m NN beschränkt, bei Gesamtbestand von 29.000-35.000 BP, d.h. kaum 5% des europäischen Brutbestandes von 560.000-1.300.000 BP (leichter Rückgang) [383, erg.]; Populationen > 20.000 BP in Europa in F, I, P (50-150 T.), RO, RUS, E. und TR (300-600 T.) [383].

Wanderungen. Standvogel; Jungvögel dispergieren in alle Richtungen, siedeln jedoch meist in Distanzen < 20 km vom Geburtsort. Funde > 50 km (meist Juv.) selten. Ausnahmsweise Ansiedlung bis 200 km vom Geburtsort entfernt [1078,3912]. Weitester Ringfund 600 km (D–PL). In GB Median der Ansiedlungsentfernung zum Geburtsort 2 km [4064], Ringfunde in D-BW belegen dort allerdings Austausch zwischen nahezu allen inselartigen Brutvorkommen.

Bestandsentwicklung. Deutliche, auffallende Bestandsschwankungen nach strengen Wintern überlagern allgemeinen Bestandstrend. Trotzdem auffälliger, katastrophaler Rückgang im gesamten ME und benachbarten Regionen erkennbar, z.T. schon seit 1950er J. [1369,3892,1585,3392]. wobei genaues Ausmaß kaum zu belegen, da meiste Untersuchungen erst bei starker Bestandsabnahme einsetzten [196]. Inzwischen einige Vorkommen vollständig erloschen [z.B. A-St, A-V, A-Nö, A-K, A-T, D-MV, Teile -SH:3454,1815,3292,2775,1997, 196,310]; viele andere auf wenige Verbreitungsinseln reduziert [u.a. in D, A, CH, L, Bod.:196,3392,965]. Auch größere Populationen in NL, CZ, SK. und PL derzeit mit stark negativem Trend und Arealverlust [3638,1585,196,3871]. Große zusammenhängende Bestände in D inzwischen nur noch in wenigen Regionen, z.B. -NW, S-HE und W-NI, auch dort überwiegend negative Entwicklungen [196]. Dramatische Einbußen hielten meist bis 1990er J. an, z.B. in D-ST von etwa 3000 BP (1930) auf 260±100 BP (1982), 50-75 (1987-89) und schließlich 5-10 BP (2000) [2777], im gesamten E-D von 1980-2000 von 500±140 auf 60-80 BP (1999) und 41 BP (2003) [2772,204,196,1323], gebietsweise werden Populationen nur durch Aussetzungsmaßnahmen überhaupt am Leben gehalten [2253]; in NL Rückgang

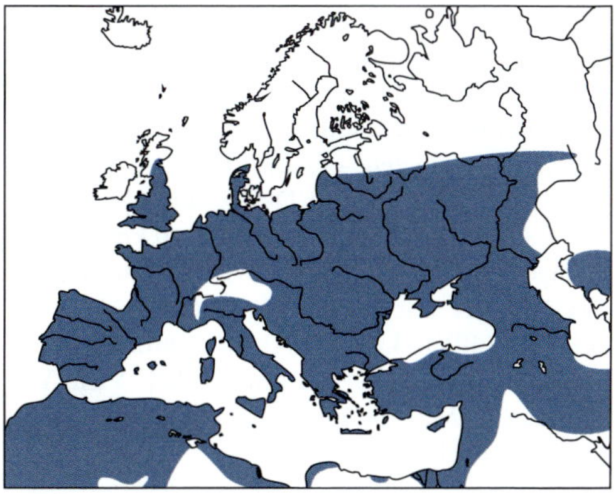

Athene noctura – **Steinkauz**

von 8.000-12.000 BP (1979-85) auf 5.500-6.500 BP (1998-2000) [3638], in L von 3.400-4.200 BP (1960er J.) auf 30-50 BP (2001) [1507,2407].

	Best.	Areal	Brutbestand	Jahr	Quelle
A	+/-	=	70 – 100	1998 – 2002	[383]
B	+/-	=	12.500 – 14.000	2001 – 2002	[383]
CH	⇩	- 2	60 – 70	1993 – 1996	[383]
CZ	⇩	- 2	200 – 400	2000	[383,3464]
D	↑	=	6.900 – 7.900	2003	[1323]
H	↓	- 1	1.500 – 2.500	1995 – 2002	[383]
L	↓	- 1	30 – 50	2001	[383]
NL	↓	- 1	5.500 – 6.500	1998 – 2000	[383]
PL	↓	=	1.000 – 2.000	1990 – 2000	[383]
SK	↓	- 1	800 – 1.000	1990 – 1999	[383]

In Gebieten mit intensiven Förder- und Schutzmaßnahmen, meist in Form der Erhöhung des (künstlichen) Nistplatzangebotes, ab Ende 1980er J. deutliche Bestandserholung, z.B. in D-BW, -SH, -SL, Teilen -HE und W-CH etc. [1680,1722,3248, 196,310,3656,2895; Bedenken gegen unkritische Interpretation der Nistkastenbestandstrends:1819]. Zuweilen durch Fördermaßnahmen nur Verzögerung des Rückganges, da eigentlich entscheidende Einflussfaktoren nicht verbessert [z.B. D-SL, -BW, W-CH:1617,1722,196,1819,2775]. Doch nach zusätzlichen Maßnahmen der Biotopgestaltung und -pflege und Reduktion der Verlustrate, durch Mäusegradationen (z.B. 1993) sowie bes. durch sehr milde Winter lokal und regional erneut starke Bestandszunahmen und Wieder- bzw. Neuansiedlungen in Teilen D [D-BW, -SH, -HE, -NW: 196,1323] und benachbarten Regionen ME [2460N], oder Stabilisierung auf niedrigem Niveau [SW-CH: 2555].

Siedlungsdichte. Reviergröße nur etwa 0.5 km^2, lokale Konzentrationen bei günstiger Konstellation möglich, z.B. D auf 7.8 km^2 0.9-1.5 ♂/km^2, auf 6,9 km^2 1.0-1.6 ♂/km^2, auf 20.7 km^2 1.5-1.9 ♂/km^2, in Streuobstgebieten 4–6 BP/km^2; höchster Wert auf Flächen >100 km^2 in D-SH 1.8/10 km^2 [337]. In CH (1952) noch max. 16–20 BP/10 km^2, in Optimalgebieten SE-NL max. 10–20 BP/10 km^2, im NW-NL aber nur 0.4-4.0 BP/10 km^2 [337,3717], in CZ 0.12 BP/10 km^2 [3464]; Höchstdichte in F (S Massif Central) 22 BP/10 km^2 [1507]. Viele Vorkommen in ME nur inselartig, daher großflächig meist erheblich < 1 BP/km^2.

Gefährdungsursachen [1369,1719,1722,3892, 196,337,2540,3452,3454,1490,2775,511,2269, M. Jöbges]. Hauptursache ist Lebensraumverlust, insbesondere durch (1) Rodung von Streuobstwiesen und -anlagen (Nahrung und Bruthöhlen) und alten (Kopf-)bäumen, (2) Verlust oder Rückgang extensiv genutzter Mähwiesen sowie unbefestigter Wege durch Überbauung, Versiegelung oder Umbruch, (3) Intensivierung der Landwirtschaft mit Mechanisierung, Eutrophierung (verminderte Erreichbarkeit der Nahrung durch rasches Pflanzenwachstum), Biozideinsatz (Nahrungsrückgang) und Grünlandumbruch, (4) Flurbereinigung mit Rückgang der Strukturvielfalt, (5) Aufgabe extensiver Nutzung, (6) Zerschneidung der Lebensräume durch Straßen, (7) Überbauung (Neubaugebiete, Industrieanlagen) und (8) Modernisierung und Umbau von Siedlungen und Gebäuden, insbesondere in Randlagen und in dörflichen Bereichen, dazu Verlust alter Gemäuer als Tageseinstände.
Verminderung des Nahrungsangebotes (Großinsekten), bes. aber deren Zugänglichkeit wegen zu hoher Vegetation (vgl. Entwicklung von »Begleitarten« wie Wiedehopf, Wendehals und Würgerarten).
Verinselung und Isolierung kleiner, lokaler Restvorkommen (bei fehlendem Individuenaustausch können hohe Verlustraten nicht mehr ausgeglichen werden).
Verkehrsopfer (Bahn, Straße) in stark zunehmender Zahl, auch Freileitungsopfer und sonstige Unglücksfälle (Schlote, Kamine, Rebschutz- und Obstbaumnetze, Wassertonnen).
Biozidkontamination; Belege für Sterilität und Dünnschaligkeit der Eier.
Direkte Verfolgung, heute nur noch selten (für Präparation, Eiersammlung und Aufzucht).
Wichtige natürliche Verlustursachen: Strenge Winter; Klimaveränderungen wohl nur in Kombination mit anderen Faktoren. Verluste durch Prädatoren wie Waldkauz, Habicht, Katzen, Marder etc.

SPEC	VSchRL	Bern.Konv.	Bonn.Konv.
3	--	Anh. II	--
Europ. RL	**RL in ME**		
--	FL: '**RE**', A, CH: 'CR', D, CZ: 'EN', L, NL:'VU', SK: 'NT'		

Schutzmaßnahmen. Langfristige Sicherung von extensiv genutztem, kurzrasigem Grünland (Mähwiesen, Streuobstwiesen und Weiden). Schaffung von Anreizen für Pflege- und Extensivierungsmaßnahmen mit kontrollierter Mahd und kleinräumig unterschiedlichen Mähterminen oder mit Rinder-, Schaf- oder Pferdebeweidung. Einflussnahme auf Flächennutzungspläne in Ortsrandlagen.
Erhaltung und Schutz verbliebener alter Streuobstbestände und Kopfbäume mit Bruthöhlen. Kein Entfernen von Totholz. Neuanpflanzung von Hochstammobstbäumen und Kopfbäumen sowie von Hecken in der ausgeräumten Landschaft. Bei Umbau und Sanierung von Altbauten Brutnischen und Einflugmöglichkeiten erhalten.
Einsatz künstlicher Nisthilfen (mit Mardersicherung und Vorrichtungen zur Verhinderung der »Kloakenbildung« und Sauerstoffzehrung). Angebot von Nisthilfen nur dort sinnvoll, wo tatsächlich nur dieser Faktor limitierend ist. In anderen Gebieten Bestandserholung oder langfristige Sicherung dadurch nicht gewährleistet.
Veränderung der straßenbegleitenden Vegetation und Rückbau asphaltierter Feldwege. Nahrungsreiche, niederwüchsige Ödlandstreifen locken Steinkäuze an Straße. Hohe Bäume und Sitzwarten (über 2m Höhe) entlang Straße sowie Ödlandstreifen auf straßenabgewandter Seite würden Jagdgebiet aus Gefahrenzone verlegen (vgl. auch Schleiereule).
Erhebliche Reduktion des Düngemittel- und Pestizideinsatzes. Einsatz von biologischer Bekämpfung, wo dies unabdingbar notwendig ist.
Ausweisung verbliebener, isolierter Schwerpunkte der Steinkauzverbreitung als Schutzgebiete mit geregelten Bewirtschaftungsformen.
Aufklärung der Landwirte und Anwohner mit Absprache von Fördermöglichkeiten und Beweidungskonzepten; Besucherinformation an störungsanfälligen Brutorten.
Verzicht auf Förderung des Waldkauzes in Steinkauzgebieten.
Angebot von Versteckmöglichkeiten (Verhinde-

rung von Jungvogelverlusten nach Ausfliegen). Bestandsmonitoring; bei Nistkasten-Populationen Standardisierungsparameter beachten.
Völlige Einstellung des subventionierten Fällens von Obst- und Kopfbäumen.
Aber: Aussetzung von Volierenvögeln zur Stützung rückläufiger Bestände oder als Neuansiedlungen ungeeignet [s. Anmerkungen bei Raufußhühnern sowie 1369,1719,2775].

Biotop. Offene grünlandreiche Landschaft mit ausreichendem Angebot an Höhlen, Tageseinständen, Rufwarten, Ansitzmöglichkeiten und einem Jagdgebiet mit ganzjährig kurzer Vegetation. Fehlt im Wald. In ME besonders kopfbaumreiche Wiesen und Weiden, Streuobstwiesen, ferner mitunter in lichten Parks, Dörfern, Steinbrüchen etc. Bei Höhlenmangel (Fehlen alter Obstbäume und Feldscheunen) und zum Schutz vor Prädation können Spezialnistkästen große Bedeutung erlangen [1719,1722,196].

Nahrung. Vielseitig; in ME und W-Europa mind. 25 Kleinsäuger- und 60 Vogelarten nachgewiesen, ferner kleine Reptilien, Amphibien, ausnahmsweise Fische sowie regelm. Insekten (auch kleine Formen) und andere Wirbellose (z.B. Regenwürmer). Der Biomasse nach ist Feldmaus Hauptbeutetier, daneben andere Wühl- und Langschwanzmäuse. Anteil der Vögel nur in Brutzeit bedeutend, im Winter nur als Ersatz bei Zusammenbruch von Feldmausbeständen. I.d.R. dominieren Bodenvögel. Nennenswerte Anteile des Aufzuchtfutters auch Käfer, Ohrwürmer, Heuschrecken, Asseln, Regenwürmer etc.

Stimme. Lockruf »huui« oder »ghu(k)« ist monoton gereiht (12–20/Minute) der Reviergesang des ♂, die Einzelrufe leicht nach oben gezogen. ♀ singt seltener, weniger klangrein und mit kürzeren Elementen. Bei Erregung häufig »kwieju«, »kjjau« und gellende oder keckernde Rufe. Warnruf kurz »kja« oder »kju«; ferner kurze »keck« (auch in Strophen). Stimmfühlungslaut leise »schrie« etc.

Verhalten. Dämmerungs- und nachtaktiv. Abendliche und morgendliche Aktivitätsgipfel. Zur Balzzeit Rufe mitunter ab Nachmittag bis in den Morgen; am häufigsten vor Mitternacht. Bewegungen ruckartig, Start zum Flug meist durch Fallenlassen von höherer Warte; zur Brutzeit weite Strecken in spechtartigem Wellenflug. Bei Erregung Knicksen und Schwanzschlagen nach der Seite. Tageseinstand Baumkronen, Dachböden, Mauerritzen, kleine Höhlen; tagsüber auch gerne frei sitzend auf exponierten Punkten. Großteil der Beute wird am Boden geschlagen. Ansitz- und Bodenjagd. Sucht hüpfend den Boden nach Insekten und Regenwürmern ab. Beute wird meist nicht gerupft; Flügel und Großgefieder von Vögeln bleiben liegen. Beuteüberschuss wird deponiert (z.B. Bruthöhle). Gewölle meist 30–40 x 10–19 mm. Zur Brutzeit territorial. Revierbesitzende ♂ singen andauernd. Während der fertilen Phase keine Partnerbewachung; kopulieren aber häufig. Bis jetzt keine fremde Junge im Nest nachgewiesen. Außerhalb der Fortpflanzungszeit überlappende Aktionsräume von Individuen. Bes. heftige Reaktion auf Revierrufe Ende Feb. bis Anf. April. Beuteübergabe, Kopula und Höhlenzeigen durch ♂. Hält Lärm und Verkehr aus; gegenüber Annäherung einzelner Personen am Tag jedoch Fluchtdistanz 50–100 m. In Nestnähe Angriffe gegen Fressfeinde.

Fortpflanzung, Brutbiologie [1722,337,1369,2541, 767,1,1551,2460N]. Geschlechtsreife im 1. Lebensjahr. Monogam, Dauerehe häufig, (da) hohe Brutortstreue. **Ankunft im Brutgebiet.** Ganzjährig im Gebiet, schon früh im Winter, meist spätestens im März, am Brutplatz. **Nest.** In halboffener Landschaft, mit freiem Anflug an Bruthöhle, überwiegend in Bäumen (häufig alte Kopfbäume) in 0.2-11 m über Grund, bei Mangel an geeigneten Höhlen auch an Gebäuden, in S-Europa vermehrt in Bodenhöhlen, Steinmauern und -haufen, Felshöhlungen etc. Künstliche Nisthöhlen (80-100 cm lang mit lichter Weite ca. 16 cm und Flugloch 6-8 cm Durchmesser) sehr erfolgreich. ♀ scharrt, muldet und säubert Höhle 2-3 Wochen vor Eiablage. Kein Nistmaterial, Unterlage für Eier Mulm, Kot, Gewölle. Bruthöhlen werden oft wiederverwendet. **Legebeginn.** Ab Ende März, Hauptlegezeit Mitte April bis Mitte Mai; Nachgelege bis Mitte Juni; in CH Spätbruten im Sept. bekannt. **Gelegegröße.** 3-5 (1-8), Ø in D_{44} 3.7 ± 0.9, D_{61} 4.13, D_{44} 4.4 ± 0.99, D_{84} 3.94, D-BW_{824} 3.55, -BB_{77} 3.99, F_{80} 3.91, GB_{182} 3.45 ± 0.92 bzw. GB_{86} 3.87 ± 0.96 Eier; bei hoher Feldmausdichte größere Gelege. Legeintervall 2 (1-3) d. **Eier.** Kurzelliptisch bis fast kugelig, matt, weiß. **Brutdauer.** 27-28 d (22-35 d vom letzten Ei bis Schlüpfen des letzten Jungen; 19.5 d pro Ei); ♀ brütet (wird vom ♂ versorgt, bei mangelhafter Versorgung aber auch jagend). Brutbeginn individuell, nach 1., 2. oder 3. bzw. letztem Ei. Juv. schlüpfen asynchron (in 1-2 d Abstand) oder fast synchron. **Nestlings-/Führungszeit.** Nur erste 7-10 d intensives Hudern; anfangs bringt nur ♂ Futter, ♀ füttert blinde Juv. (mit 8-10 d Augen geöffnet), diese »sperren« singvogelartig. Juv. verlassen mit etwa 30-35 (-43) d die Höhle (kehren aber oft bis 43-46 d zum Ruhen tagsüber zurück), werden noch 1 Monat gefüttert; mit 38-46 d fliegen sie mind. 50 m weit; im Alter von 2-3 Monaten wandern Juv. vom elterlichen Revier ab. **Jahresbruten.** 1 (ausnahmsweise 2); Ersatzgelege bei frühem Gelegeverlust (dabei oft Wechsel der Höhle). **Bruterfolg.** Von 477 in GB gelegten Eiern schlüpften 56.4% und 49% wurden flügge, in D-BB von 291 Eiern in 71 Gelegen 70.5%. Geschlüpfte Juv./Paar und J. in D_{34} 2.8, D_{13} 3.15, D_{64} 3.5, CH_{105} 2.37, ausgeflogene Juv./Paar und J. in D_{112} 2.0, D_{75} 2.2, D_{40} 2.0 ± 1.54, D_{13} 2.4, D_{61} 3.14, D_{85} 2.8, CH_{105} 2.0, z.T. abhängig vom Nahrungsangebot, in ME $(1987\text{-}1998)_{5245}$ 2.76-3.03 ausgeflogene Juv./BP und J., in D-BW Spanne von 1.3-3.5; selbsttragende Populationen benötigen 2.35 flügge Juv./Paar und J. Hauptverluste durch Menschen, Prädation bzw. Nahrungsmangel.

Eimaße und -gewichte [337]: L. 32.2-36.4 mm, B. 27.1-35.3 mm, Ø 34.4 x 29.6 mm (n=109, D); Frischvollgew. 12.5-19.0 g, $Ø_{95}$ 15.6 g; Schalengew. 0.95-1.38 g, $Ø_{140}$ 1.16 g.

Sterblichkeit, Alter. Nach Ringfunden D und NL großräumig bei Juv. 70 % im 1. J., Ad. 35,2 % ± 5,8 %/J. In D bei Juv. und Ad. 2 Maxima Juni/Juli und Jan.–März. Bis Okt. waren bereits 56 % der im 1. Lebensjahr sterbenden Vögel umgekommen. Regional liegen die Sterblichkeitsraten niedriger [zusammenfassende Diskussion: 1076]; Winterhärte wichtiger Faktor. CH 1. Lebensjahr 74 %, im 2. (ab 1. Juni) 64 %. Älteste Ringvögel: 15 J. 7 Monate; 9 J. 6 Monate; 7 J. 10 bzw. 4 Monate. **Generationslänge:** < 3.3 J. [383].

Mauser. **Postjuvenile Mauser** (Teilmauser) Juli/Mitte Aug.–Okt./Nov.; Kleingefieder ohne Große Handdecken [767,1369,139,3454]. • **Postnuptialmauser** (Vollmauser) Juni/Anf. Juli–Mitte Okt./Anf. Nov.; HS deszendent, AS-Mauser ab Aug. mit 3 aktiven Mauserzentren; ST werden zwischen Ausfall von HS 1 und 3 innerhalb weniger d abgeworfen, mitunter synchron [767,1369,139,3454].

Surnia ulula – Sperbereule 07500

Surnia ulula (Linnaeus 1758)

GB (Northern) Hawk Owl **F Chouette épervière** **E Cárabo Gavilán**

Taxonomie. Drei schwach differenzierte UA: *ulula* (Linnaeus 1758) (Paläarktis), *tianschanica* Smallbones 1906 (Altai, Tien Shan) und *caparoch* (P.L.S. Müller 1776) (Nearktis). Nach mtDNA-Daten ist Sperbereule Schwesterart der Sperlingskäuze (*Glaucidium*).

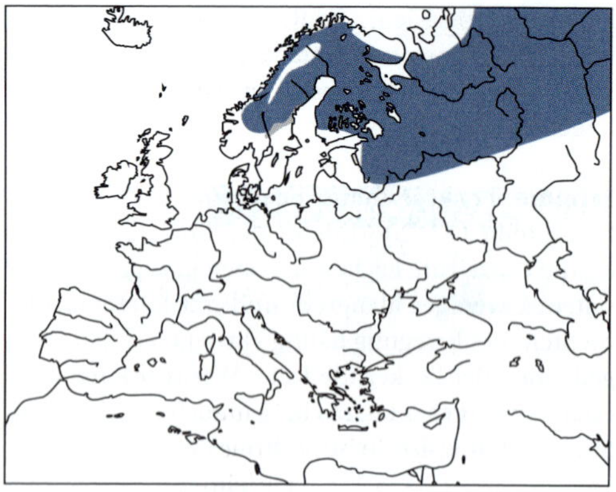

Surnia ulula – **Sperbereule**

Kennzeichen. [1369,3615,221,3772,1784,2540; **Fotos** in Dutch B. **25**, 61, Bird. W. **6**, 286, **11**, 59].

Maße. Gr.: 36-41cm. Gew.: ♂ 215-375 g, Ø 270 g, ♀ 270-380 g, Ø 320 g. Fl.spw.: (70) 74-81 cm. Fl.l.: ♂ 22.4-23.9 cm, ♀ 23.0-24.9 cm [1369,3615,2540].

Status. In Brutgebieten vornehmlich Standvogel, daher in ME seltener, unreg. Gastvogel von (Sept.) Okt.–April (Mai), bes. in nahrungsarmen »Wanderjahren«. Bisher in ME kein Brutnachw., aber mehrfach Brutverdacht im Odergebirge CZ von 1960-62 [1369]. Meiste Beob. in ME in NE-PL und D-SH, nach S und W nimmt Zahl der Nachw. rasch ab [1369]. In **PL** im 19. Jh. allj., bis 1950 noch 29-31 Nachw., danach nur noch 2mal: Jun. 1970 und Dez.-Apr. 2002/03 [3871]; bis 1980 u.a. in **CZ** + **SK.** 50, **H** 3, **A** 18, **E-D** 45, **W-D** 47, **NL** 4, **B** 7, **L** 1 und **CH** 3 Nachw. [337]; seit 1980er J. ähnliches Bild, allerdings frühere Beob. in B und NL jüngst überwiegend nicht mehr anerkannt [1677,277,q23]. Im

Herbst 1983 stärkerer Einflug bis N-ME, dabei allein in DK 510 Ind. [277,q4]. Nachw. können z.T. auch Vögel aus Haltungen betreffen, z.B. 1989 in D-BB [1].
Im restlichen Europa meist nur Irrgast, Beob. u.a. in GB, F, YU und RO [337].

Verbreitung und Bestand. Boreale Nadelwälder in Eurasien und Nordamerika. In Europa bis 70° N in Fennoskandien (Nominatform). Südlichste regelm. Brutvorkommen etwa bei 64/65° N, sporadisch (vor allem nach Invasionen) in N. ausnahmsweise bis 60° N, in S. bis ca. 61° N, in FIN bis 61/62° N, in europ. RUS bis Moskau–Gorki. Europäischer Brutbestand extrem schwankend zw. 9.200-38.000 BP; in guten Jahren in S. bis 2.000, N. bis 10.000, FIN bis 6.000 und RUS bis 20.000 BP [383]. Global nicht bedroht [1784].

Wanderungen. Innerhalb des Brutareals sehr beweglich (auffällige Streuungswanderungen und nomadische Lebensweise in Abhängigkeit von Beutedichte), außerhalb nur in ausgesprochenen Wanderjahren (dann S bis F, ehem. YU, RO; neuere Eruptionen 1976, 1983) [3615]. Umherstreichen beginnt ab Mitte Sept., Höhepunkt Okt/Nov. Weiteste Ringfunde ca. 1800 km (FIN–RUS).

Bestandsentwicklung. Starke kurzfristige Bestandsschwankungen in Abhängigkeit vom Kleinsäugerangebot. In Fennoskandien offenbar seit 19. Jh. langfristig abnehmend, doch seit 1960er J. gebietsweise Erholung und zuletzt sehr gute Brutjahre, u.a. 1983 (nachfolgende Invasion bis ME) und 1989 [1507].

SPEC	VSchRL	Bern.Konv.	Bonn.Konv.
--	Anh. I	Anh. II	--
Europ. RL	RL in ME		
--	--		

Siedlungsdichte. Auch bei gutem Nahrungsangebot große Reviere. In N. bei hoher Kleinsäugerdichte 2 BP/100 km^2, bei guter Kleinsäugerdichte in S. andererseits bis 20 BP/100 km^2, Angaben aus FIN zwischen 2-10 BP/100 km^2 [1369,337,1507,2540].

Biotop. Rand borealer Nadelwälder oder nordischer Gebirgswälder (Birke), vor allem lichte Bestände mit offenen Stellen, z.B. Rand von Waldmooren, Kahlschlägen, Brandflächen, Hochmooren, Bergrücken; bis an Waldgrenze.

Nahrung. Brutnahrung fast ausschließlich Wühlmäuse *(Clethrionomys, Microtus,* Lemminge, *Arvicola).* Spitzmäuse, echte Mäuse, Vögel, Amphibien und Fische spielen untergeordnete Rolle. Obergrenze der Beutegröße ca. 70g.

Stimme. Reviergesang des ♂ langer, klangvolle Triller, der leise beginnt und sich zu einem vibrierenden Rollen steigert (ähnelt Birkhahnkullern). ♀ ähnlich, doch weniger konstant in Tonhöhe und Rhythmik. Kurze Triller bei schwacher Erregung, variabel, etwa »kiiiiiirrl«. Auch im Winter »Wiehern«. Weitere trillerartige und z.T. kreischende und andere Lautäußerungen.

Verhalten. Licht- und dämmerungsaktiv. Flug mit eingeschalteten Gleitflugstrecken, auch Rüttelflug; fliegt sehr schnell und gewandt. Warten werden im Sturzflug verlassen. Schwanzwippen beim Rufen und in Erregung. Sitzt gern frei. Beim Sichern ruckartiges Kopfdrehen um ca. 180°. Wartenjagd auf Kleinsäuger dominiert; daneben auch niedriger Suchflug. Einzelgänger. Ganzjährig territorial. Reviergesang ♂ zu jeder Tageszeit. Wenig scheu.

Fortpflanzung, Brutbiologie [337,2541,767,1551]. Geschlechtsreife im 1. Lebensjahr. Monogame Saisonehe, gelegentlich Polygynie. **Nest.** ♀ wählt i.d.R.; in ausgefaulten Mulden, abgebrochenen Baumstämmen und starken Ästen, in Schwarzspecht- und natürlichen Baumhöhlen, auch in Baumnestern von Greifen und Rabenvögeln; gelegentlich Nistkästen. Kein Nistmaterial eingetragen. **Legebeginn.** Frühestens Ende März, meist April bis Mitte Mai (selten Juni). **Gelegegröße.** 5-10 (3-13), je nach Nahrungsangebot, Ø S.$_{44}$ 7.7 ± 4.9, FIN$_{135}$ 6.3 ± 1.9, dabei starkes Gefälle von 6.6 im N auf 5.1 im S. Legeintervall (1-)2 d. **Eier.** Kurzelliptisch, glänzend, weiß. **Brutdauer.** (25-) 28-30 d; ♀ brütet (wird vom ♂ versorgt). Brutbeginn mit Ablage des 1. Eies. Juv. schlüpfen asynchron in etwa 2 d Abstand. **Nestlings-/Führungszeit.** Erste 13-18 d ständiges Hudern durch ♀, das auch die Juv. füttert (♂ bringt Nahrung); Juv. verlassen noch flugunfähig mit 23-35 d das Nest, aber frühestens mit 5-6 Wochen (Mitte Juni) flugfähig; etwa Ende Aug. mit ca. 90 d selbständig. **Jahresbruten.** 1, bei reichlichem Nahrungsangebot auch 2. möglich; Ersatzgelege. **Bruterfolg.** Je nach Nahrungsangebot sehr unterschiedlich.

Eimaße und –gewichte [337]: L. 36.0-44.0 mm, B. 29.0-34.4 mm, Ø: 39.7 x 31.1 mm (n=337, FIN);

Frischvollgew. ca. 22.0 g; Schalengew. 1.25-1.83 g, Ø: 1.53 g.

Alter. Ältester Ringvogel (S.) 8 J. 3 Monate [3654]. **Generationslänge:** < 3.3 J. [383].

Mauser. **Postjuvenile Mauser** (Teilmauser) Juni–Sept. (Okt.); Kleingefieder [767,3882]. • **Postnuptialmauser** (Teil- oder Vollmauser) Ende April/Anf. Juni–Sept./Okt.; oft werden einige AS nicht gewechselt [767,3882,3050].

Glaucidium passerinum – Sperlingskauz 07510

Glaucidium passerinum (Linnaeus 1758)

GB (Eurasian) Pygmy Owl **F Chevêchette lapone** **E Mochuelo Alpino**

Taxonomie. Zwei UA: *passerinum* (Linnaeus 1758) (Europa) und *orientale* Taczanowski 1891 (Zentral- und E-Paläarktis). Wird von manchen Autoren mit *G. perlatum* (Africa) und *G. brodiei* (S-Asien) zu einer Superspezies zusammengefasst [s. 3565], was mangels Kenntnis der genauen Verwandtschaftsverhältnisse nicht ratsam erscheint.

Kennzeichen. [1369,1784,3615,221,3772,2540; **Fotos** in Limic. **7**, 297, **8**, 276, **13**, 99, Dutch B. **25**, 403, Bird. W. **7**, 197, **8**, 150, **11**, 63, Brit. B. **97**, 392].

Maße. Gr.: ♂ 16-17 cm, ♀ 18-19 cm. Gew.: ♂ 47-65 g, Ø 59 g, ♀ 55-80 (zu Brutbeginn bis 103) g, Ø 69 g. Fl.spw.: 34-38 cm. Fl.l.: ♂ 9.9-10.0 cm, ♀ 10.1-10.9 cm [1369,3615,2540].

Status. In weiten Teilen ME Brut- und Standvogel. Außerhalb der Brutgebiete meist selten und unregelm. festgestellter Gastvogel, meist umherstreifende Jungvögel ab Sept. In Skandinavien Invasionsvogelart; gelegentlich wohl auch in ME, z.B. große Ansammlung im Winter in A-Oö 1993/94 [2740]. In NL, B und L noch nicht nachgewiesen, in **H** 7 anerkannte Nachw. bis 1998 [2438], nachfolgend Brutansiedlung (s.u.).

Verbreitung und Bestand. Bewohner der Nadelwaldzone, insbesondere der Mittelgebirgs- und Berglagen bis zur Baumgrenze. Areal umfasst Teile der gemäßigten und borealen Zone von ME und N-Europa bis E-Asien; ursprünglich auch im D-PL-Tiefland weit verbreitet (s.u.). Bestand der Nominatform in Europa zwischen 47.000-110.000 BP [383], mit Schwerpunkten in S. (12-16 T.), FIN (8-13 T.) und RUS (10-50 T. BP); in ME vor allem im Alpenraum CH und A und in Mittelgebirgen CZ, D und SK. verbreitet, bei einem Gesamtbestand von 5.900-9.400 BP [1369,1677,277,2407].

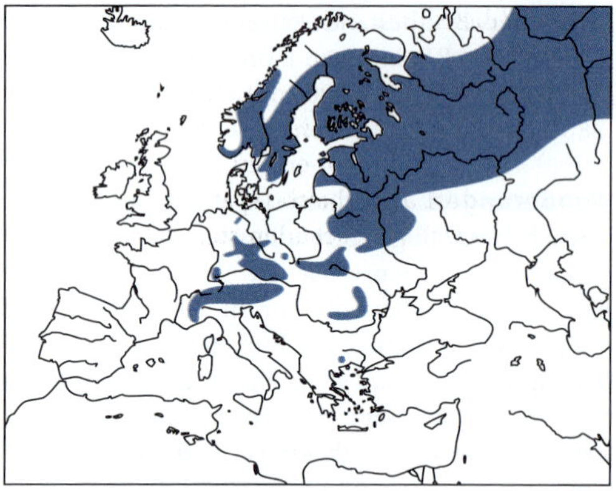

Glaucidium passerinum – **Sperlingskauz**

Wanderungen. Standvogel; in ME nur ausnahmsweise bis 250 km vom Geburtsort entfernt angetroffen, mittlere Dispersionsentfernungen vom Geburtsort allerdings relativ hoch (16.8 km bei ♀, 11.6 km bei ♂) [4093]. Neigt in N- und NE-Europa zu Invasionen; dabei regelm. bis DK ziehend und zuweilen auch N-D erreichend. Erscheint in Alpen im Winter in den Tälern und selten im Vorland unmittelbar am Alpenfuß. Weitester Ringfund E-Europa 300 km.

Bestandsentwicklung. Durch geringen Bruterfolg – abhängig von Witterung (Winter!), Nahrungsangebot und Waldwirtschaft – mitunter starke Bestandsschwankungen. Kontinuierliche Bestandsaufnahmen fehlen meist, da nur durch spezielle Programme richtig zu erfassen. Dadurch und durch Feststellungen während der fast regelm. Invasionen aus Skandinavien [4204] häufig völlige Fehleinschätzungen über Vorkommen und Bestände [2614; vgl. 2772].

Im 19. Jh. noch in allen Mittelgebirgen ME, in deren Vorländern sowie im E der N-D/PL-Tief-

ebene an mehreren Standorten verbreitet; doch viele Brutgebiete früh aufgegeben [1369,3867]; bis 1970er J. kein Hinweis auf Bruten in NW-D oder NL [4204]. Aufgrund geringer Kenntnisse nur zu vermuten, dass Bestände im Alpen- und Voralpenraum sowie in meisten Mittelgebirgen im Laufe des 20. Jh. weitgehend stabil blieben [CZ, SK., D-BY, -TH: 2068,4175,196,806]. Bis Anf. 1950er J. war dies in Odenwald und Schwarzwald der Fall, dann dort drastische Abnahmen und Bestandstief etwa von Mitte 1950er bis Mitte 1970er J. [1719,1722], offensichtlich verursacht durch DDT-Kontamination (ähnlich Sperber) [4204]. Durch Beendigung der DDT-Anwendung und verbesserte Habitatqualität (dazu auch beginnende Waldschäden zu zählen) [4204] erneute Bestandszunahme in den Verbreitungszentren. Im Schwarzwald 1985 schon wieder > 40 BP, in 1990er J. > 120 BP [1722]. Im Erzgebirge Vorkommen erst in 1960er J. »wiederentdeckt«, dort aber durch (späte Stadien immissionsbedingter) Waldschäden stark beeinträchtigt [3472].

	Best.	Areal	Brutbestand	Jahr	Quelle
A	+/-	=	2.000 - 3.500	1998 - 2002	[383]
CH	+/-	=	300 - 500	1993 - 1996	[383]
CZ	↑	+ 2	900 - 1.300	2000 - 2002	[383]
D	↑	+ 2	1.400 - 2.200	2001	[2539]
FL	+/-	=	5 - 10	1998 - 2000	[383]
H	⇩	- 2	10 - 15	1998	[383]
L	N	N	1 - 1	2001	[q4]
PL	↑	+ 1	250 - 400	1995 - 2000	[383]
SK	+/-	=	1.000 - 1.500	1995 - 1999	[383]

Nach intensiver Nachsuche inzwischen mehrere »neue« Brutfeststellungen, zumindest z.T. aufgrund tatsächlicher Arealausweitung und Bestandszunahme, z.B. in D-HE (u.a. Odenwald), -NI (wohl seit Mitte 1970er J., zweifelsfrei ab 1991), -NW (seit 1994), -BB (erste Brut 1996), -BY und -RP [1680,965,196,3629,2241,4094,1173,2539,4204], ferner ins Flachland D-SN 1991 [vgl. 4204] und A-Oö (ab 1990er J.), Bestätigung des Brutvorkommens im Harz -NI 1992 [1589,1587,4204], erste Brut im Riesengebirge PL 1995, dort 2000 schon 19 BP [3871], und erste Brut in H 2001 [196,q18]; schließlich nach 50 J. wieder Brutverdacht im Rila-Gebirge BG [q3]; auch N-Ausbreitung (und Zunahme) in FIN [3337]. Ausbreitung und Zunahme zudem in Sekundärbiotopen der collinen Stufe und des Tieflandes [1137,196; A-Nö: 965; D-BB: 1,q17; Revier-♂ im Pommern N-PL 1999: q4]. In Lüneburger Heide D-NI mit > 50 BP inzwischen auf größtes Tieflandvorkommen D angewachsen dagegen Population im Harz stagnierend [2243,4204]. Durch Erfassungsprobleme Ausbreitung und Bestandszunahme der Art nur unzureichend bekannt; Ursachen zudem unklar. Diskutiert werden neben der stark abnehmenden Biozidbelastung die Verbesserung der Habitatsituation in Verbreitungszentren (insbesondere die für die Art günstige Entwicklung immissionsgeschädigter und dadurch offenerer, mäusereicher Fichtenbestände), mildere Winter mit verringerter Sterblichkeit der Jungvögel, gesteigertes Nisthöhlenangebot (Zunahme vieler Spechtarten) sowie gezielte Schutzmaßnahmen in den Schwerpunktgebieten [4204].

Ansiedlungen in isolierten Waldparzellen ohne Kontakt zu Verbreitungszentren meist nicht von Dauer [4175]; z.T. aber auch Rückgang (oder gar Erlöschen) lokaler Populationen aufgrund massiver Biotopveränderungen, Extremwinter oder Nahrungsarmut [3184,1998].

Siedlungsdichte. Reviergrößen in ME nur zur Brutzeit < 1 km^2, sonst meist zwischen 1-4 km^2, daher Abundanz selbst in Optimalhabitaten fast stets < 1 BP/km^2 [1369,3392,3615,2540]. Abundanzen in ME z.B. in A 0.13 BP/km^2, W-D zwischen 0.07-0.42 BP/km^2, D-TH 0.35 BP/km^2, CH (kleinflächig) bis 0.6 BP/km^2 [1369,1507,3392,4096]. In N-Europa in günstigen Jahren engeres Zusammenbrüten möglich, max. 2-3 BP/km^2 [1507,3871].

Gefährdungsursachen [1369,1680,1719,196,3472, 104,3255,4096,4204]. Lebensraumverlust durch Einrichtung von monotonen Altersklassenwäldern, Fehlen von Altholzbeständen durch frühe Umtriebszeiten, intensive Waldpflege, Waldwege- und Straßenbau, Höhlenmangel, touristische Erschließung; ferner Lebensraumverlust, in späten Stadien immissionsbedingten Waldsterbens fehlende Dickungen, Deckungsmöglichkeiten und Althölzer sowie Rückgang wichtiger Beutetierarten - vor allem im Winter bedeutsam (dagegen in frühe Waldschadensstufen Erhöhung der Strukturvielfalt und Auflichtung dunkler, dichter Nadelforste).

Biozidbelastung, bes. DDT, mit direkten Auswirkungen auf die Gelege (Raptor-Pesticide-Syndrom) [4092].

Direkte Verfolgung (früher bedeutsamer).

Bedeutende natürliche Verlustursachen: Nasskalte Witterung im Sommer; Extremwinter (mit geringer Präsenz von Kleinvögeln); Prädation durch Waldkauz (zusätzlich nach dessen Ausbreitung in offenere Bergwälder), Sperber und andere Taggreifvögel sowie Baummarder; Nisthöhlenkonkurrenz, z.B. mit Kleiber.

SPEC	VSchRL	Bern.Konv.	Bonn.Konv.
--	Anh. I	Anh. II	--
Europ. RL	RL in ME		
--	FL,CZ:'VU', CH: 'NT'		

Schutzmaßnahmen. Erneute Ausdehnung der Plenterwälder, Vermeidung großer Kahlschläge, nachhaltige Sicherung und Schutz von Altholzbeständen und -inseln sowie von höhlenreichen Einzelbäumen und deren Umgebung in stark gegliederten, grenzlinien- und strukturreichen Nadel- und Mischwaldbeständen; Einrichtung von Schon- und Bannwäldern. Naturnahe Wiederbestockung in Waldschadensgebieten. Kein Einsatz von Insektiziden!
Herstellung eines Bruthöhlenkatasters (auch für Kartierungen nützlich) und Unterrichtung der Forstverwaltung über Höhlenbäume [meist Zentrum der Sperlingskauzreviere, 1719]; Nistkästen als Ersatz für verlorene Höhlenbäume nur in sehr günstigen Lebensräumen sinnvoll.

Biotop. Großflächige, reich strukturierte Nadel- (Fichte wichtig) und Mischwälder mit einem Mosaik aus deckungsreichen Flächen als Einstand, lichten alten Beständen mit potentiellen Bruthöhlen und mögliche Nutzung als Beutedepot und (hohe) Singwarten sowie Freiflächen (Schneisen, Lichtungen) und Ränder dichterer Bestände zur Jagd. Bei sehr hoher Strukturdichte, Belassen von Höhlenbäumen und Totholz und naturgemäßer Bewirtschaftung zur Brutzeit auch im fast reinen Laubwald [3645]. Ausreichendes Angebot an Kleinvögeln als Beute im Winter wichtig. Von niedrigsten Lagen bis max. 2150 m NN [3392] mit Schwerpunkt in den Mittelgebirgen [965,3453]. Im Winter einzeln auch in Laubmischwäldern oder in Gärten nahe menschlicher Siedlungen.

Nahrung. Potenzielle Beutetiere sind Warmblüter bis zur eigenen Körpergröße (bis jetzt 26 Kleinsäuger- und 72 Vogelarten nachgewiesen), bevorzugt 20-40 g. In der Brutperiode hauptsächlich Mäuse, ferner Jungvögel; gegen Ende und besonders im Winter überwiegend Kleinvögel. Auch bei gutem Wühlmausangebot sind Kleinvögel regelm. nachweisbar. Tagesbedarf ca. 30 g, ♀ vor Eiablage 40 g.

Stimme. Gesang meist in später Dämmerung, aber kaum nachts. ♀ ruft höher als ♂. Stimmfühlungslaut leises, ansteigendes »üh«. Eine monotone Folge von ca. 35 »üh«/min ist Reviergesang des ♂, bei großer Erregung etwas tiefere Zwischenrufe. Abwandlung in Tonhöhe und Tempo. ♀ äußert ähnlichen Gesang, oft gackernd. Rufreihe der ♂ mit steigender Tonhöhe (»Tonleiter«) ganzjährig, vor allem aber im Sept/Okt. zu hören, wenn Reviere neu abgegrenzt werden. Weiche Lockrufe, wie »düö« und »dji« z.B. bei Beuteübergabe oder in der Bruthöhle. ♀ ruft »siie«; kurze »gio«-Reihe ist Warn- bzw. Schrecklaut.

Verhalten. Dämmerungsaktiv mit Schwerpunkt frühe Dämmerung. Ende Nestlingszeit noch stärker tagaktiv. Schläft in Dunkelphasen (biphasisch). Bewegungen ruckartig. Flug geräuschvoll schnurrend; wellenförmig oder gradlinig segelnd. Sitzt häufig frei auf hohen Warten; bei Erregung Schwanzschlagen. Kombinierte Pirsch- und Ansitzjagd mit Blitzstart und Überraschungsangriff. Schlafplätze von Vögeln und Baumhöhlen werden abgesucht. Durch Schnauzenbiss bei Säugern Knochen (auch Schädel) in Gewöllen meist zertrümmert. Mäuse werden nur als Aufzuchtsfutter gerupft, Vögel immer. Beuteüberschuss wird ganzjährig in Depots abgelegt. Ein Beutetier kann für mehrere Mahlzeiten reichen. Sehr aggressiv und ganzjährig territorial. Junge werden mit Einsatz der Herbstbalz aus dem Revier verdrängt. Unverpaarte ♂ lassen Reviergesang von freien Warten aus hören; verpaarte singen meist in Nestnähe. Höhlenzeigen und Beuteübergabe durch das ♂. ♂ singt das ganze Jahr, doch Herbst- und Frühjahrsbalz (unterbrochen durch Mauser oder kalten Winter) auffallend. Paarbildung mitunter im Herbst, i.d.R. im Frühjahr.

Fortpflanzung, Brutbiologie [1722,337,1369,2541, 767,1,1551,4097]. Geschlechtsreife mit 4-5, erste Brut mit 9-10 Monaten. Monogame Saisonehe (z.T. hohe Brutortstreue); Bi-, sogar Trigynie bekannt. **Ankunft im Brutgebiet.** Ganzjährig im Gebiet, Reviergründung und Balz im Herbst (Winter), sexuell motivierte Balz zwischen Ende Feb. und Anf. April. **Nest.** ♂ zeigt potenzielle Bruthöhlen, ♀ wählt; Höhlen von Bunt-, Dreizehen- oder Grauspecht, selten Schwarzspecht; ausnahmsweise Nistkästen, 0.65-18.7 m ($Ø_{48}$ 5.5 ± 3.7 m bzw. $Median_{334}$ 2.9 m) über Grund, Fluglochdurchmesser Ø

45 mm; meist in Fichte, seltener andere Koniferen oder Laubbäume, höher liegende Höhlen werden bevorzugt [vgl. 1657]. Säuberung (durch beide); vor Eiablage polstert ♀ Nistmulde mit ausgezupftem Mäusehaar und Rupfungsfedern [4095]. Gute Höhlen mitunter mehrmals wiederverwendet. **Legebeginn.** Hauptlegezeit Anf. April/Anf. Mai, in günstigen J. sogar Ende März; mitunter später. **Gelegegröße.** 4-7 (3-9), Ø Europa$_{24}$ 5.2, D-TH$_{190}$ 5.9 [J. Wiesner]; Gelegegewicht beträgt bis 60-80% des ♀ Körpergewichts. Legeintervall meist 2 d, gegen Ende unregelmäßiger. **Eier.** Elliptisch bis spindelförmig, leicht glänzend, weiß. **Brutdauer.** 28-29 d; ♀ brütet (wird vom ♂ versorgt). Brutbeginn mit oder kurz vor Vollständigkeit; ♀ brütet. Juv. schlüpfen weitgehend synchron, frühestens ab Anf. Mai. **Nestlings-/Führungszeit.** Erste 10 d dauerndes Hudern; ♂ bringt Beute (Übergabe außerhalb), ♀ füttert. Augen der Juv. öffnen sich mit 9-10 d. mit 3 Wochen schauen Juv. aus dem Flugloch; Ausfliegen mit (28) 30-34 d, danach keine Rückkehr mehr; selbständiger Beutefang mit 2 Monaten; Führungszeit durch beide Ad. etwa (4) 5-7 Wochen, allerdings ♀ oft nur 2-3 Wochen (dann Mauser). **Jahresbruten.** 1; Ersatzgelege. **Bruterfolg.** In D-TH aus 317 Nestern 1367 flügge Juv., Ø 4.3 Juv./Nest [J. Wiesner], in N. je nach Nahrungsangebot Gelegegröße von 5.8-7.3 und 0.52-0.94 flügge Juv./gelegtes Ei. In D-TH kamen 27% der ausgeflogenen Jungkäuze bis zur Familienauflösung ums Leben. Manche Revierpaare höchst produktiv, andere über Jahre gar nicht. Nach verschiedenen Studien in Mittelgebirgen D Ø zwischen 2.5 und > 3.3 flügge Juv./begonnene Brut und > 3.2 und 5.3 flügge Juv./erfolgreiche Brut (Anteil der Brutverluste zwischen 11.8-30.0%).

Eimaße und -gewichte [337,2540]: L. 27.0-31.0 mm, B. 21.7-24.0 mm, Ø 28.5 x 23.5 mm; Frischvollgew. ca. 8-9 g; Schalengew. Ø ca. 0.57 g.

Alter. Ältester Ringvogel (D, brütendes ♂) 6 J. [2087]; in Gefg. im 7. J. noch erfolgreiche Brut. **Generationslänge:** < 3.3 J. [383].

Mauser. Postjuvenile Mauser (Teilmauser) Ende Juli/Aug.-Okt. (Nov.); Kleingefieder [767]. • **Postnuptialmauser** (Vollmauser) Juli (Aug.)-Sept./Okt.; AS mit 3 aktiven Mauserzentren, ST rasch und z.T. synchron abgeworfen [767,1369].

Otus scops – Zwergohreule 07390

Otus scops (Linnaeus 1758)

(GB) **Scops Owl** (F) **Petit-duc scops** (E) **Autillo Europeo**

Taxonomie. Sechs UA, davon 4 in Europa: *scops* (Linnaeus 1758) (S-Europa bis Kaukasus), *mallorcae* von Jordans 1923 (Iberien, Balearen), *cycladum* (Tschusi 1904) (S-GR bis Vorderasien) und *cyprius* (Madarász 1901) (CY), ferner *turanicus* (Loudon 1905) (Irak bis Afghanistan) und *pulchellus* (Pallas 1771) (Zentral-RUS bis E-KZ).

Kennzeichen. [1369,1784,3615,221,3772,2540; **Fotos** in Bird. W. **5**, 108, **8**, 130/131, **11**, 220/221, **16**, 185].

Maße. Gr.: 18-20 cm. Gew.: ♂ 77-105 g, Ø: 83 g, ♀ 90-119 g, Ø: 98 g. Fl.spw.: 49-54 (63) cm. Fl.l.: ♂ 15.8-16.2 cm, ♀ 15.8-16.5 cm [1369,3615,2540]

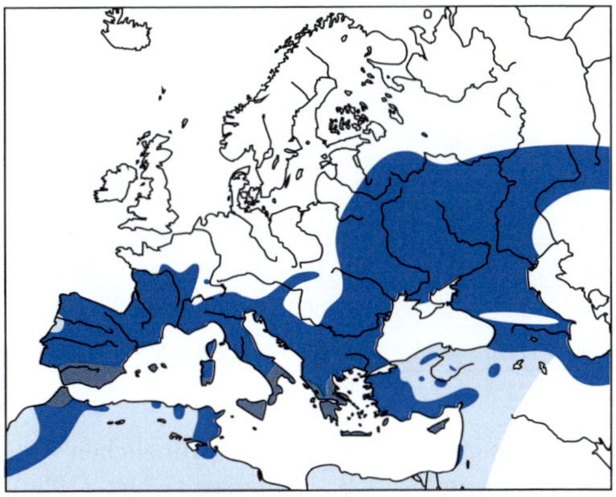

Otus scops – Zwergohreule

Status. Wenig häufiger Sommervogel in S-ME mit regelm. Brutvorkommen in CH, A, SK. und H; vereinzelte Brutversuche oder Bruten in S-D, neuerdings auch CZ; sonst seltener Gastvogel, meist durch Zugprolongationen (rufende ♂ im Frühj.) mit wenigen Nachw. in L, B, NL (7 mal bis 2003), PL (etwa 12, zuletzt 2001, mit Bruthinw. 1893 und 1900) und N-D; vereinzelt bis Skandinavien; unklar, ob auch Gefg.fl.

Verbreitung und Bestand. Von S-Eurasien bis SE-Indonesien, ferner SW-Arabien und Afrika (ohne Regenwaldgebiete und meiste Wüsten). Nominatform in S-Europa und N-Afrika verbreitet, in einer UA der *scops*-Gruppe auch in ME, vor allem in warmen Alpentälern und im SE (Pannonikum), meist < 1000 m (in CH bis 1100 m, rufend bis 1550–1600 m), mit Einzelbruten bis etwa 50° N. Europäischer Gesamtbestand mit Schwerpunkten in E. (30-35 T.), CY (10-20 T.), S-RUS (80-200 T.) und TR (20-40 T. BP) etwa 210.000-440.000 BP (Trend uneinheitlich, oft negativ) [383]; in ME brüten etwa 600-750 BP [383, erg.].

Wanderungen. Größtenteils Zugvogel; überwintert in kleiner Zahl bereits im Mittelmeergebiet; hauptsächlich in Savanne W-Afrikas bis zum N-Rand des Regenwaldes, in E-Afrika NE Zaire, Uganda, Kenia (dort auch östliche Rassen). Wegzug ab Aug., späteste bis E Okt., einzelne Nov.nachw. In N-Afrika Rückzug Ende März. Ankunft in S–F ab Ende März/Anf. April, mittlere Erstbeob. CH 17. und A ca. 20., CS frühestens ab 10., meist nach 15., Elsass 20–25. April.

Bestandsentwicklung. Am N-Rand des Verbreitungsareals unterlagen die Populationen ME wohl schon immer deutlichen Bestandsfluktuationen durch Habitatverlust und Nahrungsengpässe [1369]. Seit Ende 19. Jh., bes. auffällig aber seit 1970er J., nimmt Bestand in weiten Teilen ME und S-Europas drastisch ab z.T. parallel zu Rötelfalke, Blauracke, Schwarzstirnwürger und anderer Großinsektenjägern [3313].

	Best.	Areal	Brutbestand	Jahr	Quelle
A	+/-	=	40 – 60	1998 – 2002	[383]
CH	⇩	- 1	5 – 10	1998 – 2002	[383]
CZ	N	N	0 – 1	1998 – 2000	[383]
D	N	N	0 – 1	1999 – 2003	[383,2789]
H	⇧	+ 2	500 – 600	1999 – 2002	[383]
SK	+/-	=	40 – 80	1994 – 1999	[383]

In CH aus großen Teilen des ursprünglichen Areals verschwunden, z.B. Genfersee-Gebiet (1956), Broye-Ebene (1958), W Rhonetal (1969) und W-CH Mittelland (1973) In 1980er J. - bei vereinzelten Brutansiedlungen an günstigen Standorten (z.B. 1988 erneut Broye-Ebene) - nur noch im Mittelwallis regelm. Brutvogel [1369]. Doch auch hier drastische Bestandseinbußen, allein zw. 1982-88 von 27-50 rufenden ♂ auf 12-15 [196], seither weiterer Rückgang [3393]. In A nach Erlöschen der Vorkommen in -Nö und -Oö in 1960er J. und vereinzelten rufaktiven ♂ in anderen Gebieten inzwischen auf Beckenlandschaften im S(E) von -St und -K [965,1369,3291,196] sowie auf -B beschränkt, wo erst 1992 größeres Vorkommen entdeckt wurde [2540,281]. In A-K in jüngster Zeit Bestandskonsolidierung [3138].
Aus letztem regelmäßigen Brutvorkommen im Elsaß 1986 verschwunden [938]. Auch in anderen Regionen Europas starke Bestandsrückgänge und Arealverluste, z.B. in I, E., GR und UA., Zunahmen dagegen derzeit nur in H [1585].
In den warmen Frühjahren der 1990er J. – vielleicht als Folge günstiger Brutjahre – vereinzelte Feststellungen rufender ♂ weit N des geschlossenen Areals [196,q3,q4], z.B. mehrfach in D-BY [196,575], wo letztmals 1960 brütend [4175]; am Chiemsee 2002 brutverdächtiges Paar [360], sowie 1998 (brutverdächtig) in D-TH [3094] und 2000 in A-T [2238]. Brutnachw. abseits bekannter Areale u.a. 1992 und 1995 in CH-GR und 1994 in -TI [3392], 1998 erstmals in CZ [2540,2947] sowie 2003 in D-RP [2789]. Einzelbruten oder Brutversuche in anderen klimatisch günstigen Gebieten ME erscheinen jederzeit möglich.

Siedlungsdichte. In F großräumig max. bis 5 'BP'/km^2, in sehr günstigen Lebensräumen Europas aber auch bis zu 5 'BP'/ha, z.B. in Südtirol I, isolierten Feldgehölzen RO und auf Krk HR [2540,1507]; in ME nur geringe Dichten, z.B. in CH-VS 5.6-7.6 'BP'/km^2, in A-St bis 2.4 'BP'/km^2 [3291], kleinflächig aber auch Konzentrationen von 1.7-2.4 'BP'/10 ha. Mitunter einzelne Nester dicht beieinander (8-10 m!).

Gefährdungsursachen [1369,3892,196,2540,281]. Zunehmender Biozideinsatz in der Landwirtschaft erhöht Mortalität, Gelegeverluste (durch Reduzierung der Eischalendicke) sowie Verlust der Nahrungsgrundlage (Großinsekten). Dazu auch verstärkte Pestizidbekämpfung der Wanderheuschrecken in afrikanischen Überwinterungsgebieten.
Lebensraumverlust durch Intensivierung der Landwirtschaft (u.a. Mechanisierung, verstärkter Maisanbau), Verlust von höhlentragenden Bäumen, Streuobstbeständen (Umwandlung in Niederstammgebiete), Hecken sowie insektenreichen, kleinstrukturierten Jagdgebieten; ferner Wiesenumbruch, Melioration, Ausdehnung von Weinbaugebieten.

Hohe Jungenverluste im Straßenverkehr.
Direkte Verfolgung durch Abschuss auf dem Durchzug.
Ferner natürliche Verluste durch Prädation (Greifvögel, größere Eulen).

SPEC	VSchRL	Bern.Konv.	Bonn.Konv.
2	--	Anh. II	--
Europ. RL	**RL in ME**		
--	A, CH, CZ: 'CR'; H: 'VU', D: 'DD'		

Schutzmaßnahmen. Vollständiger Verzicht auf den Einsatz wirbeltier-toxischer Biozide, die sich in Insektenfressern anreichern können, sowie erhebliche Reduktion der Breitband-Insektizide mit verheerender Wirkung auf das Nahrungsangebot von Großinsektenfressern – sowohl in den Brut- als auch in den Überwinterungsgebieten.
Extensivierung der Landwirtschaft, drastische Reduktion des Flächenverbrauchs; Flächenstillegung sowie Erarbeitung von Nutzungsauflagen und Bewirtschaftungsrichtlinien in (derzeitigen, ehemaligen und potentiellen) Brutgebieten. Rückkehr zu reich gegliederter bäuerlicher Kulturlandschaft; Schutz der verbliebenen Streuobstbestände. Einsatz von Nisthilfen.
Einstellung der Jagd in Rast- und Überwinterungsgebieten; Information der Jäger.

Biotop. Extensiv genutzte oder aride Landschaften mit reichem Angebot an Großinsekten, im N bes. an S-Hängen, z.B. Obstbaugebiete, Parkanlagen, Gärten, Alleen, Straßenbäume, Feldgehölze, Randzonen lichter Laub- (selten Nadel-)bestände. Fehlt im geschlossenen Wald. Im Winter Savanne mit dichten Busch- oder Baumgruppen.

Nahrung. Hauptsächlich größere Insekten und Spinnen, aber auch z.B. Regenwürmer, Asseln, Tausendfüßler etc. sowie Kleinvögel, Kleinsäuger, Laubfrösche. Unter Insekten vor allem Heuschrecken, Käfer, Schmetterlinge, Zikaden bedeutsam. Vegetabilien nachgewiesen.

Stimme. Reviergesang ♂ monotone Reihe von 22–27 »djuh« oder »djut«/min, Einzelruf 0.2–0.3 sec, Intervalle 1.8–4 (meist 2.6) sec aus dem Kronenbereich der Bäume; gut 300 m zu hören. Verwechslungsmöglichkeit mit Sperlingskauz sowie Geburtshelferkröte (ruft kürzer, plötzlich einsetzend »u«). Individuell erkennbar in Takt und Klangfarbe. Unverpaarte ♀ singen ähnlich (»djüt«), höher und weicher; Duettsingen wie 2-silbiger Doppelschlag. Ferner leisere Lockrufe, Alarmrufe greller, schärfer (z.B. »guio«, »kjuu«, »ku-wii« u.ä.).

Verhalten. Nachtaktiv; Aktivitätsschwerpunkt vor Mitternacht, Ruhepause zwischen 0 und 2 Uhr. Reviergesang vor der Paarung mitunter ganze Nacht anhaltend. Einzelne Rufe auch untertags. Tageseinstände meist gedeckte Plätze in Baumkronen oder Geäst. Ansitzjäger, Beute wird nach Fixieren angeflogen, aber auch Insekten nur vom Boden aufgelesen (mitunter in der Luft verfolgt). Bei Jagd zu Fuß werden Insekten und Regenwürmer mit dem Schnabel gepackt. Größere Insekten, Mäuse etc. werden zerteilt und stückweise aus der Faust aufgenommen. Zur Brutzeit territorial. Reviergesang ab Ankunft bis Sommer; mitunter im Herbst wieder. Hat das ♀ Höhle durch Einfliegen gewählt, jagt ♂ allein und übergibt Beute in oder vor der Höhle. Begattung, der Duettgesang vorausgeht, außerhalb der Höhle. ♂ versuchen oft mehrere ♀ anzulocken. Kopulieren in Nestnähe, hauptsächlich zwischen 18.00-19.00 h, manchmal auch später (7-8mal/Nacht) und bis kurz vor Eiablage. Revierbesitzende ♂ lassen sich durch Gesangsimitation heranlocken. Im Tagesversteck kann Beobachter oft nahe herankommen. ♀ sitzen meist sehr fest auf Gelege oder Jungen und verlassen die Höhle auch bei grober Störung nicht. Im Winter oft gemeinsame Schlafplätze.

Fortpflanzung, Brutbiologie [337,2541,767,1551]. Geschlechtsreife im 1. Lebensjahr (z. B. Brut mit 10 Monaten). Monogame Saisonehe, Polygynie belegt (Jagderfolg der ♀ entscheidend für Bruterfolg). **Ankunft im Brutgebiet.** ♂ kommt zuerst an (ab Mitte April/Mai), gründet Revier, ♀ wählt aus angebotenen Nistplätzen aus. **Nest.** In ME im Allg. in Höhlen und Halbhöhlen von Laubbäumen 1-10 m über Grund, vor allem im S auch in Gemäuer, Nischen, unterm Dach, in Felsnischen etc. sowie in alten Rabenvogelnestern; nimmt auch Nisthilfen an. Selten Nistmaterial, aber vorhandenes wird nicht weggetragen. **Legebeginn.** Im S mitunter ab Ende April, Hauptzeit Mai bis Mitte Juni (Juli). **Gelegegröße.** 3-5 (2-7); Legeintervall 1-3 d. **Eier.** Kurzoval bis -elliptisch, leicht glänzend, weiß. **Brutdauer.** 24-25 (20-31 d pro Ei, $Ø_{19}$ 24.4 ± 3.1) d; ♀ brütet, Brutbeginn ab (1.) 2. oder späterem Ei. Juv. schlüpfen asynchron innerhalb etwa 3 d. **Nestlings-/Führungszeit.** Erste 18 d ständiges Hudern (♀), Brut wird dabei anfangs vom ♂ versorgt, bei günstiger Witterung aber auch

♀ früher jagend; Juv. mit 11-13 d Augen geöffnet, ab 12.-16. d schneiden Juv. erstmals selbständig Beute an; mit 17-19 d auf Ästen sitzend, verlassen Nest mit 21-29 (20-32) d (auf dem Boden gelandet versuchen Juv. flatternd und mithilfe des Schnabels im Gezweig hochzuklettern); volle Flugfähigkeit erst ab 33 d. Ab 40. d erfolgreicher Beutefang; Führungszeit 4 - 5 ½ Wochen; Abhängigkeit von Ad. etwa bis 60. d. **Jahresbruten.** 1; mitunter Ersatzgelege.

Eimaße und –gewichte (*scops*) [196]: L. 27.7-34.6 mm, B. 22.5-29.5, $Ø_{100}$: 31.3 x 27.0 mm; Frischvollgew. ca. 12.5-13.0 g; Schalengew. 0.66-1.10 g, Ø: 0.90 g.

Alter. Ältester Ringvogel (IL) 6 J. 9 Monate [3654]; in Gefg. mind. 12 ½ J. **Generationslänge:** < 3.3 J. [383].

Mauser. **Postjuvenile Mauser** (Teilmauser) beginnt ab 40 d, bevor Jugendgefieder voll ausgewachsen; Ende im (Aug.) Sept./Okt. (Nov.) [767]; umfasst auch Rand- und Mittlere Armdecken und mittlere oder alle ST [767,1369]. • **1. Pränuptialmauser** (Teilmauser) bei Volierenvögel, Dez.–Feb. [767]; Teile des Kleingefieders. • **Postnuptialmauser** (Teilmauser) setzt mit HS 1 ab Ende Juni/Juli (Ende Aug.) ein, während Wegzug mit 2–7 neuen HS unterbrochen und Ende Dez./Feb. abgeschlossen; AS in Staffelmauser mit 3 aktiven Mauserzentren, beginnt ca. 1 Woche nach Abwurf von HS 1, im Herbst aber abgebrochen, wodurch variable Anzahl von AS erst in nächster Mauserperiode erneuert werden [767,1369]; ST innerhalb weniger d abgeworfen, ausgewachsen nach 40 d; Körpergefieder wird zusammen mit ST gemausert, im Winterquartier beendet [767].

Asio otus – Waldohreule 07670

Asio [otus] otus (Linnaeus 1758)

(GB) Long-eared Owl **(F) Hibou moyen-duc** **(E) Búho Chico**

Taxonomie. Drei UA: *otus* (Linnaeus 1758) (Paläarktis), *canariensis* Madarasz 1901 (Kanaren) und *wilsonianus* (Lesson 1830) (inkl. »*tuftsi*«, N-Amerika). Bildet Superspezies mit den sehr ähnlichen Arten *A. abyssinicus* (NE-Afrika) und *A. madagascariensis* (Madagaskar), die aber in Rufen deutlich differenziert sind [vgl. 2079].

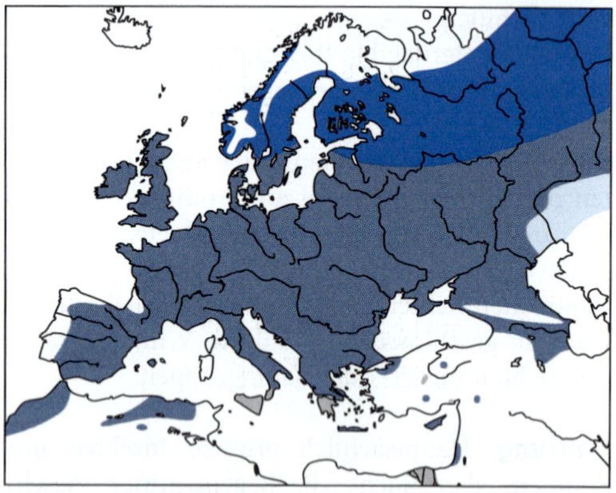

Asio otus – **Waldohreule**

Kennzeichen. [1784,3615,1369,221,3772,2540].

Maße. Gr.: ♂ 35-38 cm, ♀ 37-40 cm. Gew.: ♂ 220-330 g, Ø 250 g, ♀ 240-370 g, Ø 300 g. Fl.spw.: 90-100 cm. Fl.l.: ♂ 28.2-31.0 cm, ♀ 28.7-30.9 cm [3615,2540].

Status. Verbreiteter Brutvogel, in ME meist Standvogel, aber z.T. Bildung von Herbst-/Winteransammlungen. Nordische Populationen (meist N von 50°N) überwiegend Zugvögel und nomadisch; z.T. mit langjährigen Überwinterungstraditionen in ME.

Verbreitung und Bestand. Über gesamtes Eurasien von Azoren und Kanaren bis Sachalin und JAP, im N bis zur Tundragrenze, im S bis Sinkiang, Kaschmir, Himalaya, Zentralchina; ferner N-Amerika. In Europa fehlt Nominatform nur in IS. In ME weit verbreitet von Tiefebene bis Baumgrenze (CH bis 2100 m), mit Schwerpunkten in colliner und submontaner Stufe [1369]. Europäischer Gesamtbestand zw. 380.000-810.000 BP (insgesamt stabil), mit größten Vorkommen (> 10.000 BP) in BY, F, D, PL, RO (70-120 T.), RUS (150-350 T.) und UA. (33-47 T. BP) [383]; in ME brüten etwa 60.000-110.000 BP [383].

Wanderungen. Fennoskandien und RUS nördlich 50°N vorwiegend Zugvogel, in ME Juv. meist abziehend und z.T. weite Streuungswanderungen in allen Richtungen, Ad. höchstens Teilzieher. Zugverhalten offenbar jahrweise unterschiedlich; Hauptwegzugsrichtung WSW–SW. In ganz ME überwinternd; Gast z.B. auf Mittelmeerinseln. Juv. können bereits im Aug. Fernfunde ergeben; eigentlicher Wegzug ab Mitte Sept. Von 1200 beringten Eulen in D-HH wurden fünf >2000 km entfernt gefunden [32]. Ringfunde [D:3907, PL:606, GB/IRL:4064]. Wintergäste in ME kommen bis aus Zentralrussland. Meeresteile werden überflogen (1mal GB-IS, 12mal Fennoskandien-GB und umgekehrt). Median der Ansiedlungsentfernung vom Geburtsort GB/IRL_{12} 42 km.

Bestandsentwicklung. Erfassungsprobleme durch recht unauffällige und kurze Balzphase, daher nur mit speziellen Untersuchungen zu erfassen und kaum Langzeit-Datenreihen verfügbar. Zudem erheblichen Bestandsschwankungen in Abhängigkeit vom Nahrungsangebot (Mäusegradationen), daher langfristige Trends schwer erkennbar [386,1369]. Waldohreule früher gebietsweise wohl häufigste Eulenart.

	Best.	Areal	Brutbestand	Jahr	Quelle
A	+/-	=	2.000 - 5.000	1998 - 2002	[383]
B	+/-	=	3.500 - 6.500	2001 - 2002	[383]
CH	↓	=	2.500 - 3.000	1993 - 1996	[383]
CZ	+/-	=	4.000 - 8.000	2000	[383]
D	+/-	=	25.000 - 40.000	1995 - 1999	[383]
FL	↓	- 1	3 - 6	1998 - 2000	[383]
H	↓	=	6.500 - 12.000	1995 - 2002	[383]
L	+/-	=	400 - 500	2001	[383]
NL	↓	=	5.000 - 6.000	1998 - 2000	[383]
PL	↕	=	8.000 - 25.000	1990 - 2000	[383]
SK	+/-	=	2.500 - 4.000	1990 - 1999	[383]

Zwar einige Angaben über Rückgänge in ME in früheren Jahrzehnten, doch erst ab 1970er und 80er J. zahlreiche Belege, u.a. durch Brutbestandserfassungen [z.T. großräumig in Teilen D, Bod., CH, FL, A-T, NL:196,1137,1617,2031,2068,204,3638,2642,1818, 386,387,2238], durch Indexwerte (NL, CH), durch Schlafplatzzählungen [CH, Bod.:3393,q2,386,388], durch Erfassung der Durchzügler an Beringungsstationen [196,2614] oder den Eingängen in Pflegestationen [CH, A-T:3393,2238,388]. Von Rückgängen offenbar weniger betroffen waren manche gut strukturierte Grünlandgebiete [z.B. D-SH, -BB, SW-CH:196,1], in -SH z.B. Abnahme in Wäldern, dagegen Zunahme in Siedlungen [600].
In meisten anderen Regionen Entwicklung uneinheitlich – z.B. NL und A, wo neben Neuansiedlungen und auffälligen Zunahmen auch stärkere Verluste festgestellt wurden [965,3638] – oder es wird bei begrenzter Datenlage Bestandsstabilität angenommen [CZ, SK., PL:806,3871]. Gebietsweise wurde die Art durch Zunahme der Krähen als wichtige Nistplatzlieferanten begünstigt [1369,1722], daher auch zunehmend Bruten in Siedlungen, z.B. in PL [3871]; doch deuten die überwiegend negativen Bestandstrends an, dass für die Waldohreule in ME derzeit weniger das Nistplatzangebot als Lebensraumqualität und Nahrungsgrundlage limitierend sind.

Siedlungsdichte. In günstigen J. oft um mehrfaches höher als bei kargem Nahrungsangebot, z.B. D-SH (200 km^2) 3 bzw. 14 BP/100 km^2 in aufeinanderfolgenden J., auf 1405 km^2 in 25 J. 2.1-9.3 BP/100 km^2, großräumig in N-D 0.02-0.08 BP/100 km^2 [600]. Großflächige Abundanzen in kleinstrukturierter Kulturlandschaft ME etwa 10-12 BP/100 km^2 [1369], Extremwerte z.B. in NL bei 29.9-33.6 BP/100 km^2; in D-SN bei hohem Feldgehölz- und Waldrandanteil bis 32.9 BP/100 km^2, in aufgelockerten Bebauungsgebieten mitunter noch höher [337,3667]; in CH Schwankungsbreite 15-50 BP/100 km^2, aber noch höhere Dichten bekannt [387]; in Wroclaw PL sehr hohe Dichte in Stadtlebensraum mit 14-15 BP/100 km^2 [3109], sonst in PL Spanne zw. 1-47 BP/100 km^2 [3871]. Minimale Nestabstände 50 m bzw. 100–150 m [337].

Gefährdungsursachen [1369,2031,2560,2623,4175, 1,196,3638,2614,1818,806,2253,2238,2896,388]. Nahrungsmangel kann zu vollständigem Brutausfall führen; Waldohreule ist vom Ausbleiben der Kleinsäuger-Gradationsjahre (Feldmaus!) besonders stark betroffen. Durch Intensivierung der Landwirtschaft, mit
(1) Ausräumung der Landschaft (Verlust der Feldgehölze und Hecken),
(2) Bildung strukturarmer, großer Agrarflächen mit geringerer Attraktivität für Kleinsäuger und
(3) exzessivem Düngemittel und Biozideinsatz zunehmend weniger Gradationsjahre der Feldmaus.
Nahrungsrückgang zudem durch Schließung (oder Abdeckung) von Müllplätzen.
Verkehrsopfer (Bahn, Straße).

Geringere Zahl übernehmbarer Nester (u.a. Rückgang Nebelkrähe). Brutverluste nach Störungen im Nestbereich (Verluste bei unbedeckten Gelegen durch Rabenvögeln oder Marder).
Direkte Verluste bei Bekämpfung von Rabenvögeln (Ausschießen und Zerstören der Nester) und anderen Formen illegaler Verfolgung.
Weitere (natürliche) Einflussfaktoren: Prädation durch Habicht, Mäusebussard, Uhu und andere Greifvögel und Eulen. Große Verluste in Extremwintern (z.B. 1962/63) meist rasch wieder ausgeglichen. Interferenz durch Waldkauz. Geringer Schutz der auf den Boden geratenen Jungvögel bei fehlendem Unterholz. Bei nasskalter Witterung z.T. Abrutschen übernommener Ringeltaubennester.

SPEC	VSchRL	Bern.Konv.	Bonn.Konv.
--	--	Anh. II	--
Europ. RL	**RL in ME**		
--	FL: 'EN', CH, NL: 'VU'		

Schutzmaßnahmen. Extensivierung der Landwirtschaft und Steigerung der Diversität der Landschaft durch Wiederanlage von Hecken, Feldgehölzen, Baumalleen etc., zur Erhöhung des Nahrungsangebotes in ausgeräumter Feldflur. Erhebliche Reduktion des Düngemittel- und Biozideinsatzes.
Einstellung der Bejagung der Rabenvögel als wichtigste Nestlieferanten; generelles Verbot des Ausschießens von Krähen- und Elsternester, die von Turm- und Baumfalken sowie Waldohreulen genutzt werden.
Bei Mangel an Nistgelegenheiten Einsatz künstlicher Nistplätze (z.B. Weidenkörbe). Erhaltung traditioneller Schlafbäume.

Biotop. Jagt in vorwiegend offenem Gelände; auf deckungsarme Flächen mit niedrigem Pflanzenwuchs angewiesen. Bruten in kleinen Feldgehölzen, Baumgruppen, Windschutzstreifen, Einzelbäumen (bes. dichte Koniferenbestände; in Krähennestern), aufgelockerte Parklandschaffen und vor allem Waldränder; kaum jedoch im Inneren größerer geschlossener Bestände. Im Winter ähnliche Jagdbiotope, doch oft stärkerer Anschluss an menschliche Siedlungen (dort z.T. traditionelle Ruheplätze in Friedhöfen, Parks etc.).

Nahrung. Ähnlich Schleiereule und Waldkauz, doch i.d.R. etwas einseitiger (Biomasseanteil der Feldmaus kann 70-90 % betragen!). Jahrweise Variation häufig vom Massenwechsel der Feldmaus bestimmt. Fast überall *Microtus*-Arten Hauptbeute (*arvalis* in Kontinentaleuropa; in N-Europa *agrestis*) sowie andere Kleinnager; Spitzmäuse meist unbedeutend. Ersatznahrung Vögel (Singvögel; max. Größe Wasserralle, Teichhuhn etc.), vor allem Haussperlinge. Ausnahmsweise Reptilien, Amphibien, Fische; nicht selten Käfer, Heuschrecken, Maulwurfsgrillen, ferner mitunter Regenwürmer, Schnecken etc. Beutegewicht 5-140 g, bevorzugt 15-30 g. Nahrungsbedarf Vogel/d 63 g, 2 Vögel/J. 40–55 kg, erfolgreich brütendes Paar/J. 43-59 kg Frischgewicht. Winterfütterung möglich.

Stimme. Reviergesang des ♂ leise, doch weithin hörbare monoton gereihte »huh«, im Sitzen und im Flug zu hören. Der Nestruf des ♀ ist leise (aus 20–60 m gerade noch zu hören) wie »üüüa« o.ä., mit dem Revierruf des ♂ auch im Wechsel vorgetragen. Nach dem Schlüpfen der Jungen katzenartig fauchend »chwäu«. Warnruf schrill und blechern »uäk«; weitere reiherartige und katzenartige Rufe. Flügelklatschen bei der Flugbalz (vor allem ♂) durch Zusammenschlagen der Flügel unter dem Körper. Außerhalb Brutperiode wenig ruffreudig. Gegen Ende der Nestlingszeit von Jungen ein weit hörbares klagendes Fiepen, während Großteils der Nacht (z.T. auch tags) regelm. alle 5-10 sec wiederholt.

Verhalten. Dämmerungs- und nachtaktiv (mitunter auch tags). Aktivitätspause um Mitternacht. Steht dösend nahe am Stamm, aber auch völlig frei, steil aufrecht, vorzugsweise in dichten Koniferen und Büschen. Flugjagd überwiegt, Ansitzjagd selten. Beutestoß im Gleitflug. Mäusen wird vor dem Verschlucken der Kopf zertrümmert; Nahrungsdepots meist nur 1–3 Beutetiere. Haare sind weniger stark verdaut als beim Waldkauz. Zur Brutzeit territorial. Nebeneinander brütende Paare können denselben Jagdraum benutzen. Unverpaarte ♂ singen dauernd, bei der Paarbildung ♂ und ♀ im Duett. Balz und Paarbildung beginnen bei milder Witterung schon ab Jan., meist ab Mitte Feb. Balz inkludiert Balzflug mit Flügelklatschen. Kopula auf Waldboden, aber auch auf Ast oder im Nest. Bei Störung nehmen Ad. oft Tarnstellung ein und lassen Beobachter nahe heran. Bei direkter Bedrohung am Nest auch Angriffe und Verleiten (Vogel lässt sich torkelnd zu Boden fallen; »Katzenkonzert«); Schnabelknappen. Außerhalb der Brutzeit oft gesellig. Schlafplatzgemeinschaften (bis zu 30 Vögel, in harten Wintern > 100) bilden sich mitunter schon ab Herbst, meist aber erst bei Frost.

Fortpflanzung, Brutbiologie [1722,337,1369, 2541,767,1,1551]. Geschlechtsreife im 1. Lebensjahr (♀ und ♂ können einjährig brüten). Monogame Saisonehe (Bigynie kommt aber vor). **Ankunft im Brutgebiet.** ♂ zuerst im Gebiet (z.T. schon ab Ende Jan., meist Feb.), trifft Revierwahl; Brutortstreue; Nestsuche durch ♀ (auch Übernahme von frisch gebautem Nest möglich); ♂ dann mit Tageseinständen in Nestnähe. Meist ab Ende Feb./Anf. März (in günstigen J. früher, in ungünstigen später). **Nest.** Vor allem in Krähen-, Greifvogel- oder Reihernestern, auch in Nestern von Ringeltaube und Eichhörnchen, bevorzugt in Bäumen mit hohem Deckungsgrad. An Waldrändern meist 6-30 m, in Hecken und Feldgehölzen 5-10 m über Grund (in Gebüsch auch tiefer), seltener am Boden oder in (Halb-)Höhlen. Kunstnester werden angenommen. Kaum Nestbauhandlungen (nur mulden); Nestmulde z.T. sehr klein; Absturzgefahr bei alten Nestern recht hoch. **Legebeginn.** In Mäusejahren ab Ende Feb./Anf. März, Hauptlegezeit Mitte März/Mitte April, in anderen J. ab 2. Märzhälfte, meist April; wenige später. **Gelegegröße.** Meist 3-5 (1-6), in Gradationsjahren 6-8 (9, 10); B_{39} 4.51, D-SH_{31} 4.16, -BW_{51} 5.1 (viele aus Mäusejahren), -BB_{30} 5.03, CH_{38} 4.66, GB_{87} 4.15, $S._{16}$ 4.56, Ø in ME in Mäusejahren > 5, z.B. D-BW_{18} (1966) 5.63. Legeintervall 2 (-3) d. **Eier.** Stumpfelliptisch, leicht glänzend, weiß. **Brutdauer.** 25-30 (32) d, (26) 27-28 d/Ei; ♀ brütet (wird vom ♂ versorgt). Brutbeginn ab 1. Ei. Juv. schlüpfen asynchron mit etwa 2 d Abstand. **Nestlings-/Führungszeit.** ♀ erste 2-3 Wochen ständig im Nest. ♂ bringt Beute, ♀ verfüttert an Juv. Ab 5.-7. d Augen der Juv. offen, in der 4. Woche sicheres Laufen, Schlagen lebender Beute ab 60-70 d. Noch flugunfähig verlassen Juv. das Nest mit (16-18) 20 (-25) d (ab Mai, Juni) als »Ästlinge«; dann Klettern auch mit Hilfe des Schnabels, am Boden werden gedeckte Stellen aufgesucht. Ab ca. 26 d Aufwärtsfliegen, ab 33-35 d Juv. voll flugfähig; Bettelrufe fast 2 Monate lang, danach erst selbständig. **Jahresbruten.** 1 (vereinzelte Zweitbruten belegt); bis 2 Ersatzgelege bei frühem Verlust. **Ende der Brutperiode.** Frühestens Anf. Juli, meist im Aug., bei sehr späten Bruten Sept. - mit der Abwanderung der Juv. **Bruterfolg.** Abhängig vom Massenwechsel der Feldmaus; in D-BW Ø 2.82 flügge Juv./angefangener Brut (4.04 pro erfolgreicher), in -BB_{149} 1.39 flügge Juv. pro besetztes Revier (4.37 pro erfolgr. Brut), in D 2.2 bzw. 2.0 Juv. in Gradationsjahren, 0.3 in Latenzjahr, 1.7 in Progradationsjahr; in NL 1965-71 Ø 1.5 (0.9-2.1) Juv./Brut; in ME derzeit Steigerung des Bruterfolgs erkennbar: 1987-90_{259} 2.37, 1991-94_{337} 2.67, 1995-98_{285} 3.09 ausgeflogene Juv./BP und Jahr [2460N]; in GB produzierten 41% von 78 Nestern mind. 1 flügges Junges, in Schottland hatten von 58 BP (1976-79) 83% Gelege, 63% geschlüpfte Juv. und 57% flügge Juv., d.s. Ø 1.7 Juv./Brutversuch bzw. 3.2 Juv./erfolgr. Paar; 23% aller Gelege wurden von den Ad. verlassen. In FIN Brutgröße (nach 1 Woche) in Latenzjahren Ø 2.4 ± 0.9, in Gradationsjahren 3.6 ± 1.5 [Angaben für BY:1838]. In ME in Gradationsjahren Brutgrößen > 4 möglich, in Latenzjahren aber Brutausfälle, so dass Nachwuchsraten/Paar insgesamt deutlich geringer. In D-BB von 1984-99 erfolgr. Bruten nur in 35.3% der besetzten Reviere.

Eimaße und -gewichte [337]: L. 39.0-44.0 mm, B. 31.0-34.9 mm, Ø 41.5 x 33.3 mm (n=104, S.), Ø 40.1 x 32.8 cm (n=54, ME) Ø 40.2 x 32.4 cm (n=23, ME); Frischvollgew. ca. 23 g; Schalengew. 1.3-1.9 g, $Ø_{54}$ 1.63 g.

Sterblichkeit, Alter. Verluste geringer als Schleiereule; nach Ringfunden D, CH im 1. Lebensjahr ca. 52 %, in den folgenden Ø 31 %/J. Mittlere Lebenserwartung ab 1. Lebensjahr 1.4, ab 2. 2.7 und ab 3. ca. 3.3 J. Älteste Ringvögel 27 J. 9 Monate, 14 J. 3 Monate. **Generationslänge:** < 3.3 J. [383].

Mauser. **Postjuvenile Mauser** (Teilmauser) ab 3–4 Wochen, Abschluss bis Ende Sept./ Okt.; Kleingefieder ohne Große Handdecken [767,1369,139,3882]. • **1. Postnuptialmauser** (Teil- oder Vollmauser) ähnlich Ad., aber AS und ST mausern später [767,1369]. • **Postnuptialmauser** (Teil- oder Vollmauser) Juni/Mitte Juli–Mitte Sept./ Mitte Nov. [767,1369,226], brütende ♀ beginnen etwas später; Körpergefieder besonders Juli–Sept. [767,1369,3050]; innere HS und ST rasch abgeworfen, AS-Mauser mit 3 aktiven Mauserzentren; bei einer jährlich variablen Anzahl von Ind. bleiben 1–6 AS und unreg. 1–2 HS stehen [767,1369,3882, 3050,226].

Asio flammeus – Sumpfohreule 07680

Asio flammeus (Pontoppidan 1763)

(GB) **Short-eared Owl** (F) **Hibou des marais** (E) **Búho Campestre**

Taxonomie. Acht UA, davon nur Nominatform in Europa.

Kennzeichen. [1369,1784,3615,2540,3772,221; zur Unterscheidung von Waldohreule s. 163; weitere Fotos in Limic. **14**, 104, **17**, 86, Bird. W. **15**, 147].

Maße. Gr.: 34-42 cm. Gew.: ♂ 300-430 g, Ø 350 g, ♀ 350-500 g, Ø 420 g. Fl.spw.: 95-110 cm. Fl.l.: ♂ 30.4-32.6 cm, ♀ 30.9-33.1 cm [1369,3615,2540].

Status. Ehemals verbreiteter Brutvogel, heute sehr selten und meist unreg.; generell starke Bestandsfluktuationen aufgrund wechselnder Habitateignung und Mäuseangebot; allj. Durchzügler in ME in kleiner Zahl, nach S hin zunehmend seltenerer Wintergast; invasionsartige Einflüge.

Verbreitung und Bestand. In Teilen N-, M- und S-Amerikas sowie Galapagos- und Falklandinseln und Hawaii, ferner weite Bereiche Eurasiens von Waldtundra bis in Steppenzone. In Europa mit Schwerpunkten (> 1000 BP) im N (RUS, FIN, N.,S., auch GB), bei etwa 58.000-180.000 BP (fluktuierend, Trend negativ) [383]; Bestände > 1.000 BP in BY (1.000), FIN (2-10 T.), N. (1.10 T.), RUS (50-150 T.), S. (1.5-4.2 T.), UA. (0.9-1.7 T.) und GB (1-1.3 T. BP) [383]. Fehlt heute in ME nur in CH, (FL) und L, doch oft nur unreg. Brutvogel (mit Brutansiedlungen in 3-4-jährigen Intervallen in Abhängigkeit von Feldmausgradationen) und Bestände meist sehr klein; Brutbestand ME insgesamt wohl nur noch etwa 140-560 BP [1585, erg.].

Wanderungen. Im N Zieher, sonst Teilzieher; Nomadisierer. Hauptüberwinterungsgebiet gemäßigte Breiten und Steppenzone, in Europa bis GB, Mittelmeerraum bis S Sahelzone, im E von S-RUS und angrenzenden Ländern bis SW-Arabien, S-Indien, Burma, Taiwan. Dismigrationsrichtung der Juv. stark streuend. **Br. FIN** wandern ab Okt. SW bis SE bis GB, E., F, I, TR, RUS, UK, BY. **Br N., S.** nach GB und F, **Br. GB** innerhalb des Landes oder S bis F, E. Viele Umsiedlungen von ME bis S., FIN, N. und RUS. Ringfunde bis > 3400 km (z.B. FIN–M; TN–RUS). Abzug von Brutplätzen S-ME schon Juni/Juli, in N-ME Aug.; eigentlicher Zug Sept., Höhepunkt

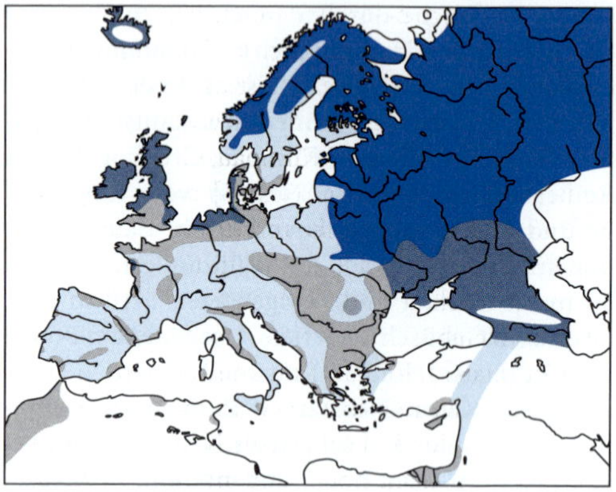

Asio flammeus – **Sumpfohreule**

Okt. in N-ME, Okt./Nov. im S. Auch im Winterquartier Ortsveränderungen (Nahrung!); bei sehr günstigen Umständen Ansammlungen zu Hunderten, im Binnenland jedoch größte Konzentration meist < 20–30. Meist März/April Heimzug.

	Best.	Areal	Brutbestand	Jahr	Quelle
A	↕	F	2–15	1998–2002	[383]
B	↕	F	0–2	1995–2003	[383]
CZ	↕	F	0–10	2000–2002	[383]
D	⇩	-2	30–140	1995–1999	[383]
H	↕	F	50–200	1995–2002	[383]
NL	⇩	-2	35–45	1998–2002	[383]
PL	↕	F	20–100	1990–2000	[383]
SK	↕	F	0–50	1990–1999	[383]

Bestandsentwicklung. In ME weitgehend nur auf ost- und westfriesischen Inseln längerfristig stabile Brutplätze, dagegen meiste Binnenlandvorkommen unstet und durch Massenauftreten von Feld- und Erdmäusen bestimmt [1369]. Durch solche Gradationen z.T. kurzfristige Brutansiedlungen von Durchzüglern und Wintergästen nach Zusammenbruch der Mäusepopulationen in N-Europa möglich. Daher vielfach extremen Schwankungen der Brutbestände. Für gesamtes ME in 1970er J. Bestände von 70 (in schlechten) bis 800 (in guten) Mäusejahren [1369], meist jedoch sehr unzureichender Erfassungsgrad.

Spätestens seit 1920er J., meist schon im 19. Jh., drastische Einbußen bei Brutpopulationen in ME [3892]. Zwar auch Verlust bedeutender Brutvorkommen an Küste, z.B. in SW-NL und D-MV [1369], doch vor allem im Binnenland zunehmend unstet [196] und schließlich regional vollständiges Erlöschen lange bestehender Brutvorkommen [CH 1939:3393; D-RP 1964:337; -HH 1967:1302; -HE 1971:1680; -BW und -BY 1970er J.:1719,1722,4175; weite Teile A bis 1978:196]. Inzwischen dort auch in Gradationsjahren (Wühlmäuse) nur vereinzelte Bruten, z.B. D-BY [2808,196] und -HE [1680]; auch in anderen Regionen in 1990er J. nur noch unregelm. brütend, z.B. B [843,78], D-BB [1] oder in ehemals wichtigen Rückzugsgebieten wie Hanság H und Neusiedlerseegebiet A [965,2540,279]. In Gradationsjahren im Binnenland regelm. besetzte Brutplätze (wenige BP) noch in D-NI [1589] und viell. Tiefebene SK. [806] sowie NE-PL [1366].
Ab 1970er J. negativer Trend noch verstärkt. Sowohl Küstenpopulationen ME mit drastischem Rückgang als auch große Population in RUS [3892]. In NL in 1970er J. außerhalb Wattenmeergebiet noch über 100 BP, Anf. 1990er J. noch 10-20 BP [1144], Ende 1990er J. dort nur noch unreg. [375,3638]; im gesamten D-SH in 1970er J. noch 30-100 BP in schlechten und 300-500 in guten Mäusejahren, doch Ende 1980er J. nur noch zwischen 5-70 BP [196,310]. Im Wattenmeergebiet dagegen bei extremen Schwankungen weitgehend stabil [3135,1497,3135]; im guten Mäusejahr 2003 Bestände erneut höher in -SH 37-47 BP und -NI ca. 80 BP [549,453]. In PL ebenfalls deutlich seltener als in früheren Jahrzehnten, allerdings gebietsweise (Biebrza, Narew) – bei starken Schwankungen – weitgehend konstant [3871].

Siedlungsdichte. Reviergröße hängt von Wühlmausdichte ab. Jagdrevier meist bis 2 km vom Nest. Bei geringem Nahrungsangebot Reviere > 100 ha/Paar, bei gutem nur 10 ha (z.B. FIN) [1507]; auch im Binnenland ME starke Konzentrationen, z.B. D-BW 16 BP auf 250 ha, [1719], mit Nestabständen < 200 m (min. 145 m). In S-Schottland im Winter Ø 42 ha, im Sommer Ø 112 ha (Spanne 25-242 ha) [2540].

Gefährdungsursachen [843,1369,1507,1719,1722, 3892,196,310,2062,806,1144]. Hauptursachen sind (1) dramatischer Lebensraumverlust durch Melioration, Entwässerung und Intensivierung von Feuchtgrünland, Auen, Nieder- und Hochmooren, Flussausbau und -begradigung, Torfabbau, Aufforstung von Mooren; Überbauung - vgl. auch Wiesen- und Kornweihe mit gebietsweise gleichen Habitatansprüchen sowie (2) Ausbleiben oder erhebliche Minderung der Mäusegradationen durch Lebensraumverlust, Bodenverdichtung, Überdüngung, Mechanisierung der Bewirtschaftung, Wegebau, zunehmende Ersetzung alter Grabensysteme durch Rohre, sowie insbesondere Einsatz von Rodentiziden.
Hohe Verluste bei Gelegen und Jungvögeln, z.T. auch bei Weibchen, durch Mechanisierung der Landwirtschaft (Kreiselmäher) sowie frühe Mahd.
Störungen am Brutplatz durch Freizeitnutzung und Tourismus.
Früher (heute lokal) direkte Verfolgung.
Beeinträchtigung der Brutgebiete durch Gras- und Schilfbrände im Frühjahr.
Weitere (natürliche) Verlustursachen: Prädatoren (u.a. Möwen, Füchse, Ratten, Krähen). Witterungseinflüsse und Überschwemmungen.

SPEC	VSchRL	Bern.Konv.	Bonn.Konv.
3	Anh. I	Anh. II	--
Europ. RL	**RL in ME**		
--	NL, A, D: 'CR', H: 'R', CZ, PL, SK: 'VU'		

Schutzmaßnahmen. Verbesserter Schutz und Erhaltung von extensiv genutztem Feuchtgrünland mit Brachestadien als Nesthabitate sowie von naturnahen Flussniederungen, Nieder- und Hochmooren und Auengebieten mit hoch anstehendem Wasser als Nahrungs- und Bruthabitate.
Wiedervernässung und Renaturierung von Grenzertragsböden und entwässerter Feuchtgebiete und Moore, sowie Ausweisung verbliebener Brutstandorte als Schutzgebiete. Ausweitung des Netzes von Naturschutzbrachen und Sukzessionsflächen im Brutareal.
Erhaltung reichlich bewachsener Grabensysteme und benachbarter Ruderalgesellschaften als wichtiger Aufenthaltsort für Kleinsäuger; starke Reduktion des Düngemittel- und besonders des Rodentizideinsatzes. Verlegung der Mahdtermine außerhalb der Brutzeit.

Biotop. Offene Landschaften mit sehr niedriger und gleichzeitig deckungsreicher Kraut- und Staudenvegetation, besonders Tundren, Moore, Verlandungsgürtel (landeinwärts vom Röhricht), Niedermoore und nasse Wiesen, Dünen, Salzwiesen, Brachland, auch kleinräumige (niedrige) Aufforstungen; also Bodenfeuchte weniger maßgebend als Vegetationsstruktur. In ME besonders Küstennähe und Flussniederungen.

Nahrung. Hauptnahrung Wühlmäuse; bei Mangel Umstellung auf Vögel oder Kleinnager (z.B. *Rattus, Apodemus*). Immer dominieren Tiere der offenen Landschaft [Winter: z.B. 2548]. Extremgrößen über Waldohreule (z. B. Lachmöwe, Schleier- und Waldohreule, kleine Enten).

Stimme. Reviergesang des ♂ schnelle, dumpfe, leicht ansteigende »bu bu bu bu …« in Imponierflügen (oft mit mehrmaligem Flügelklatschen) oder im Sitzen. Beide Partner, aber besonders ♀, rufen heiser krächzend »tschie-up«. ♀ bei Bodenbalz schleifend »tsucha«. Stimmfühlungslaut der Ad. leise »guk« oder »duck«, Erregungsrufe »tjärp«, »tjäck« o.ä., bellende bis schnarchende Alarmrufe »käw«, »jeff«, »wau« u.ä. Ältere Junge schnarchende Bettelrufe »kschija«. Bei Verleiten klägliches Kreischen ähnlich Todesschrei von Hasenartigen.

Verhalten. Außerhalb der Brutzeit vorwiegend dämmerungsaktiv; bei Nahrungsknappheit und während der Balz auch tagaktiv (Mittags- und Nachtpause). Schraubt sich bes. bei Störung oft hoch hinauf; falkenähnliches Rütteln. Läuft watschelnd oder mit weit ausholenden Schritten; Flugsprünge. Ruht meist am Boden, oft auch ± frei auf Erhöhungen. Nahrungserwerb meist als Flugjagd (niedriger Suchflug, Rüttelflug). Gaukelflug erinnert an Weihen. Maus kann auch am Boden verfolgt werden. Schädel werden oft getrennt verschlungen. Paarbildung ab Feb., meist Mitte März/Ende Apr. (bis Anf. Mai). Während Brutzeit territorial. ♂ markiert Territorium mit Imponierflug (bis 1 h); aus Gleitstrecken plötzliches Abstürzen, Flügelbuge und -spitzen klatschen unter dem Bauch in rascher Folge zusammen (3–10, max. 20 Laute). Feindverhalten gegenüber Boden- und Flugfeinden, z.B. Drücken auf den Boden. Außerhalb Brutzeit oft in lockeren Gruppen und verträglich.

Fortpflanzung, Brutbiologie [1722,337,1369, 2541,767,1,1551]. Geschlechtsreife im 1. Lebensjahr, erste Brut meist im 2. Jahr. Monogame Saisonehe, aber hohe Brutortstreue. **Ankunft im Brutgebiet.** Reviergründung durch ♂ in ME schon bis Feb. (in ungünstigen Jahren März, selten später). **Nest.** Am Boden, z.B. in Moor- oder Dünenvegetation, lockerem Röhricht, Süß- und Sauergräsern, Hochstaudenfluren, vergrasten Kahlschlägen und Aufforstungen, Getreidefeldern, in wenig dichter Vegetation. Gescharrte Nestmulde (♀), z.T. auch »tunnelartiger« Gang in der Vegetation zum Nest; Eintrag von Vegetation aus der Umgebung (Halme, Reisig, *Carex*-Blätter etc.). **Legebeginn.** In Mäusejahren und günstiger Witterung ab März, meist Anf. April bis Mai (Juni). Nach-/Zweitgelege bis Juli. **Gelegegröße.** 7-10 (4-16, sehr große Gelege durch 2 ♀?). Langjähriger Ø ME$_{119}$ 6.9 ± 1.8, N.$_{18}$ 7.4 ± 2.0, S.$_{38}$ 6.8 ± 1.8, Schwankungen je nach Nahrungsangebot. Legeintervall (1-) 2 d (gegen Ende länger). **Eier.** Kurzelliptisch, kaum glänzend, weiß. **Brutdauer.** (24) 26-27 (28-29) d pro Ei; ♀ brütet (wird vom ♂ versorgt). Brutbeginn ab 1. Ei, intensiv 2-3 d später; bei fortgeschrittener Bebrütung sehr aggressiv gegenüber Eindringlingen (auch Mensch); Juv. schlüpfen asynchron (Abstand aber geringer als beim Legen). **Nestlings-/Führungszeit.** Futterdepots oft in Nestnähe; Brutpflege weitgehend wie Waldohreule; ♀ füttert, ♂ versorgt; Juv. verlassen Nest mit (13, 14) 15-17 d, die letzten (10-11) 12 d später; erste Flüge mit 24-27 d, aber erst mit 31-36 d voll flugfähig. Führungszeit mehrere Wochen, dann Abzug aus Brutgebiet bis Juli, Spätbruten im Aug. **Jahresbruten.** 1, Zweitbruten in Mäusejahren nachgewiesen; Ersatzgelege. **Bruterfolg.** Von 121 Eiern aus 17 Nestern in D (1966-78) schlüpften 44 und 33 wurden flügge; in GB in schlechten Mäusejahren schlüpften bei 24 Nestern nur 5, davon ergaben 2 flügge Juv.; Hauptverluste durch Prädation (Fuchs, Ratten, Corviden). In Gradationsjahr in NL bei 11 BP in je 2 Bruten ca. 9-12 Juv./Paar.

Eimaße und -gewichte [337,2540]: L. 35.1-45.5 mm, B. 29.5-34.3 mm, Ø: 39.5 x 30.8 mm (n=89, S.), 40.1 x 31.8 mm (n=100, GB), 40.4 x 31.3 mm (n=45, D); Frischvollgew.: 20-23 g, Ø: 21 g; Schalengew.: 1.30-1.90 g, Ø$_{150}$: 1.45 g.

Sterblichkeit, Alter. Ältester Ringvogel (D) 20 J. 9 Monate [3654]. **Generationslänge:** < 3.3 J. [383].

Mauser. **Postjuvenile Mauser** (Teilmauser) beginnt im Alter von ca. 4 Wochen, Abschluss bis Sept./Okt.; Kleingefieder ohne Große Handdecken [767,139,3882]. • **Postnuptialmauser** (Voll-, z.T. Teilmauser) Mitte Mai/Juni–Sept./Okt., z.T. erst während Wegzug beendet [767,3882]; bei kleinem Teil werden 1–2 (6) AS nicht gewechselt [767,139,3882]. • **Pränuptialmauser** (Teilmauser oder fehlend) März–Mai; vermutlich nur bei einigen Ind. [767,3882].

Bubo bubo – Uhu 07440

Bubo [bubo] bubo (Linnaeus 1758)

(GB) **Eagle Owl** (F) **Grand-duc d'Europe** (E) **Búho Real**

Taxonomie. Ca. 18 UA, die meist nur geringfügig in Färbung und Größe variieren und klinal ineinander übergehen, deren Validität also vom gewählten Subspezies-Konzept abhängt. Davon 4 Formen in Europa: *bubo* (Linnaeus 1758) (ME, W- und N-Europa außer Iberien), *ruthenus* Buturlin & Zhitkov 1906 (europ. RUS), *hispanicus* Rothschild & Hartert 1910 (Iberien) und *interpositus* Rothschild & Hartert 1910 (SE-Europa, Mittlerer Osten). Bildet Superspezies mit *B. ascalaphus* (N-Afrika - Mittlerer Osten); *B. bengalensis* (Indien), der offenbar mit dem afrikanischen *B. africanus* näher verwandt ist, sollte jedoch nicht in diese Superspezies einbezogen werden [vgl. 4122, *contra* 3565].

Kennzeichen. [1369,221,1784,3772,3615,2540].

Maße. Gr.: 60-75 cm, ♂ Ø: 61 cm, ♀ Ø: 67 cm. Gew.: ♂ 1600-2800 g, Ø 1900 g, ♀ 2200-3200 g, Ø 2600 g. Fl.spw.: 160-188 cm, ♂ Ø: 157 cm, ♀ Ø: 168 cm. Fl.l.: ♂ 43.0-45.3 cm, ♀ 46.3-51.3 cm [1369,2540].

Status. Nach Wiederbesiedlung und Arealausweitung neuerdings wieder Jahresvogel in geringer Dichte im gesamten Areal mit geeigneten Brutplätzen.

Verbreitung und Bestand. Von SW-Europa und N-Afrika über ME und N-Europa bis E-Sibirien (Sachalin, Kurilen), nach S bis Arabien, S-Indien und S-China verbreitet. In Europa die Schwerpunkte der Verbreitung der Nominatform in N., FIN, RUS und TR; Gesamtbestand bei etwa 19.000-38.000 BP (leichte Zunahme); mit Vorkommen > 1.000 BP in FIN, F, N., RUS, E. und TR [383]. In ME vor allem in den Mittelgebirgen und im Alpenraum (in CH bis 2020 m, A bis 2100 m NN), neuerdings auch erhebliche Ausbreitung im Tiefland. Der Bestand ME beträgt etwa 2.400-3.100 BP [383, erg.].

Wanderungen. Standvogel; Streuungswanderung von Juv. zumeist < 100 km [Details z.B. 1169], selten > 200 km (z.B. 229 km D-TH) [1381].

Bestandsentwicklung. Nach erheblichen Bestandseinbrüchen im gesamten ME seit etwa Mitte 19. Jh. aufgrund intensiver Verfolgung und hohen

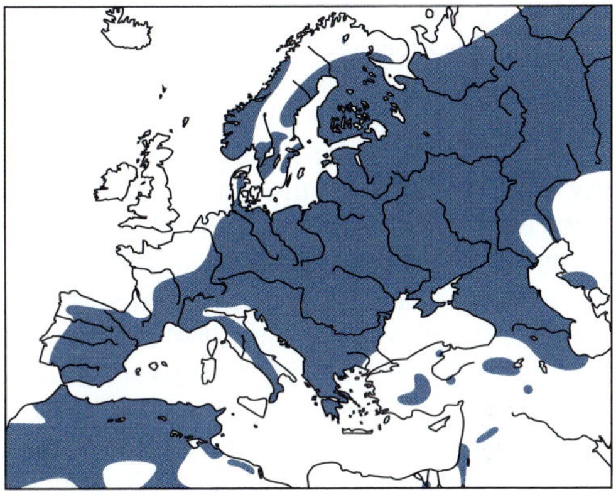

Bubo bubo – **Uhu**

Verlustraten erloschen die regelm. Brutvorkommen in D-SH 1875, -MV 1876, CH-JU 1892, DK 1894, L 1905, B 1907, D-NW 1910, -HE 1911, -BB 1913, -SL 1922, -BW 1937, -NI 1940, CH Mittelland und D-RP 1960, E-Harz 1963 bis auf wenige Einzelvögel vollständig [1369,1507,1719,3892,196]. Auch in anderen Regionen Europas starke Bestandseinbußen [z.B. PL, H, F, FIN, N.: 1369,1507,3892]. In PL war Tiefstand in 1920er J. [3867,3871] und in D Mitte 1930er J. mit etwa 50 BP erreicht [1369]; allerdings viele Bestandsangaben aufgrund von Erfassungslücken wohl zu gering [196].

	Best.	Areal	Brutbestand	Jahr	Quelle
A	↑	+ 1	400 – 600	1998 – 2002	[383]
B	+/-	=	25 – 30	1995 – 2002	[383]
CH	↑	+ 1	120 – 129	1993- 1996	[383,2692]
CZ	↑	+ 1	600 – 800	2000 – 2002	[383]
D	⇧	+ 2	660 – 780	1995 – 1999	[383]
FL	+/-	=	3 – 4	1998 – 2000	[383]
H	↑	+ 1	10 – 30	1995 – 2002	[383]
L	↑	+ 1	8 – 20	2000 – 2002	[383]
NL	N	N	1 – 5	1998 – 2004	[383,q16]
PL	↑	+ 1	250 – 270	1995 – 2000	[383]
SK	+/-	=	300 – 400	1995 – 1999	[383]

Durch nachlassende Verfolgung (ganzjährige Schonzeit), als Folge von Schutzmaßnahmen ein-

schließlich intensiver Horstbewachungen, durch Wiederansiedlungsprojekte und wohl auch durch Verbesserung der Nahrungssituation (besonders im Winter) seit 1950er, regional erst in 1960er J. fast im gesamten ME deutliche Bestandszunahmen und Arealausweitungen [1369,196,3892,1507]. Ausgehend von Verbreitungszentren in D-BY, -TH, Böhmen CZ sowie Alpen (A, SE-CH) ab Mitte 1960er J. Wiederbesiedlung verwaister Brutgebiete. Die positive Entwicklung wurde (und wird) gebietsweise unterstützt durch Aussetzungsaktionen, z.B. in D-BW, -BY, -SH, -NI und -RP, zuweilen ohne Erfolg [1369,196]; Neuansiedlungen dadurch aber in D-SH [98] sowie DK (dort bis 1996 wieder 30-35 BP) [1585]. Beispiele für Bestandszunahme: S-Mähren von 40 (1950) über 74 BP (um 1984) auf etwa 150 BP (um 1992) [196,2159]; D-SN von 3 (1972) über 25 (1989/90) auf 48 BP (1998) [196,2540]; D-HE von 1 (1981) auf 35 BP (1993) und 58-60 BP (2000) [498]; D-TH von 7 (1950) auf 68 BP (79 Standorte) 1998 [1382] und A-B von 2 (1981) auf 20 BP (1990) [196].
In z.T. lange Zeit unbesetzten Gebieten ME ab 1970er J. Wiederansiedlung mit raschem Bestandszuwachs, darunter Neuansiedlungen in Rhl. 1976, D-ST um 1980, -SH 1982 (Aussetzungen ab 1981), dort 1990-92 zwischen 27-37 BP, 1999 schon 73 BP [310], L 1982 mit inzwischen (2001) 8-13 Brutplätzen [2407], B 1982, um 1998 etwa 25-30 BP [1677], Bod. 1982 [1617], D-SL 1983 (1999 über 10 BP) [204], Vogesen 1986 [938], D-BB 1991 [1], NL 1997 [277] und schließlich -D-MV 1999 [q19,453]. Dünn besiedelte randliche Gebiete aber stark von Zuwanderungen aus Verbreitungszentren abhängig (zu hohe Verluste bei dauerhaft niedrigem Bruterfolg). Populationen selten stabil, wenn < 1 BP/80–100 km^2.
Entgegen der Entwicklung in weiten Teilen ME, W- und N-Europas nahm Bestand in E-Europa, insbes. RUS (auch BY und UA.), in jüngerer Zeit drastisch ab. Ebenfalls rückläufig der von (Vor-)Alpenpopulationen isolierte Bestand in H [1585], wo inzwischen auf Zemplén-Berge beschränkt [1121]. Belege für Abnahmen in jüngster Zeit neuerdings wieder aus Teilen D-BY [1172,3230], D-SN [109] und NW-D [1001], in einigen anderen Regionen Populationen stagnierend und Arealausweitung gestoppt [z.B. D-NI, -ST, -TH, -NW:491,3207], ferner Bruterfolg stark verringert [2460N,109,498].

Siedlungsdichte. Jagd maximal 5 km vom Horst entfernt; Fläche des Heimgebietes (BP) zwischen 5–38 km^2. Geringste Nestabstände in Alpen 0.4–3.5 (Ø 2.4) bzw. 2.5–3.0 (Ø 2.9) km. Höchstdichten (bei entsprechend gutem Nahrungsangebot): im Fränkischen Jura 6-7 BP/100 km^2, in E-D z.B. 5.7 BP/100 km^2, in E-E. 5.9 BP/100 km^2, in Biebrza PL 1.7-2.4 BP/100 km^2, in der Provence F max. 21.5-25.0 BP/100 km^2; kleinräumig noch größere Dichten, z.B. in BG (12 BP auf 35 km^2); dagegen in CH regional nur 0.7 BP/100 km^2, in CZ 1.1 BP/100 km^2 und in SK. 0.8 BP/100 km^2 [1369,337,1507, 2540,3871].

Gefährdungsursachen [1719,196,1369,3892,1507, 2540,1366,3014,1236,1172,1382,2253,2238, 1998,109,491]. Hohe Verluste an Freileitungen und Seilbahndrähten sowie durch Straßenverkehr und Eisenbahn.
Geringer Bruterfolg durch (1) Störungen aufgrund intensiver Freizeitnutzung und anderer Beeinträchtigungen am Brutplatz [z.B. Klettersport, Geländefahrer, 797], (2) stark verringertes Nahrungsangebot als Folge der Ausräumung der Landschaft, der Intensivierung und Mechanisierung der Landwirtschaft, der Belastung mit Bioziden sowie mit Schwermetallen, des Grünlandumbruches sowie der Überbauung, ferner durch ungünstige Witterung zur Brutzeit, (3) Auflassung und Rekultivierung von Steinbrüchen sowie Vergitterung von Felsen zur Steinschlagsicherung.
Direkte Verfolgung, früher Hauptverlustursache, in jüngster Zeit in wiedererstarkten Beständen erneut von Bedeutung, insbesondere durch Abschuss, Erschlagen, Aushorstung, Fang in Tellereisen und Habichtskörben, Eiersammeln sowie Vergiftung (früher: systematische Entnahme von Jungvögeln zur Hüttenjagd).
Bedeutende natürliche Verlustursachen: Erhöhte Sterblichkeit in Folge langer, schneereicher Winter. Jungvogelverluste durch Absturz aus den Horsten, insbesondere bei Baumbrütern. Prädation durch Marder, Steinadler, Krähen etc. (meist nur nach massiven Störungen).

SPEC	VSchRL	Bern.Konv.	Bonn.Konv.
3	Anh. I	Anh. II	Anh. II
Europ. RL	**RL in ME**		
--	CZ, L: 'EN', CH, FL: 'VU', A, PL: 'NT'		

Schutzmaßnahmen. Intensiver Schutz der Brutplätze vor Störungen durch Betretungsverbot, Kletterverbot und Vermeidung forstlicher Arbeiten (zumindest während der Brutzeit, besser ganz-

jährig), Verhinderung illegaler Verfolgung durch Horstbetreuung einschließlich Information und Aufklärung der Jagdberechtigten und der Bevölkerung (Einrichtung eines Betreuernetzes). Schaffung künstlicher Brutnischen, Absicherung von unfallträchtigen Standorten; ggf. Entbuschung der Horstplätze.
Absicherung von straßennahen Bereichen und Bahndämmen zur Vermeidung von Kollisionen, u.a. durch Änderung der Begleitanpflanzungen (vgl. auch Schleiereule).
Absicherung der Stromleitungen und gefährlichen Mittelspannungsmasten und -isolatoren.
Erhaltung und Ausweitung einer großräumigen, reich gegliederten, extensiv genutzten bäuerlichen Kulturlandschaft mit hohem Grünland- und Waldanteil sowie unverbauten Gewässerrändern und Verlandungszonen.
Verbot von Krähenfallen und Fangeisen im Brutgebiet.
Lückenlose Erfassung der Uhuvorkommen und ihrer Bestandsdynamik, einschließlich der Ermittlung weiterer Gefährdungsfaktoren.
Die ab 1950er J. entwickelten **Wiederansiedlungs- und Stützungsprogramme** waren zwar gebietsweise erfolgreich, sind aber aufgrund vieler negativer Folgen (und der allg. Zunahme) nicht mehr angebracht. (1) enormer Arbeits- und Finanzaufwand, (2) fast doppelt so hohe Sterblichkeit der ausgesetzten Tiere im Vergleich zu Wildvögeln, (3) meist nur kurzzeitige Ansiedlung und instabile Bestände in Auflassgebieten, (z.T. trotz Biotopoptimierungen und Gefahrenbeseitigungen), (4) Einschleppung neuer Krankheiten, (5) z.T. ungeklärte Herkunft der Zuchtvögel, dadurch Ansiedlung genetisch völlig abweichender Formen in ME, (6) allgemeine Bestandszunahme der autochthonen Populationen, damit Einsetzen natürlicher Bestandsdynamik und dichteabhängiger Regulationsvorgänge [196].

Biotop. In ME reich gegliederte Landschaften; die auch im Winter genug Nahrung bieten. Nistplätze meist Felswände oder schütter bewachsene Steilhänge, vor allem mit schmalen Felsbändern, im Tiefland Greifvogelhorste und am Boden, auch anthropogene Strukturen, sogar Nistkästen; freier Anflug bevorzugt. Tageseinstände in dichten Baumgruppen oder auf Felssimsen. Jagdgebiet bevorzugt offene oder nur locker bewaldete Gebiete, z.B. landwirtschaftlich genutzte Talsohlen und Niederungsgebiete, aber auch Mülldeponien, Ränder von Siedlungen. Brutplätze mitunter in der Nähe von Gewässern, Straßen und in Steinbrüchen.

Nahrung. Säugetiere (Spitzmäuse, Fledermäuse bis Feldhase, Jungfuchs, Rehkitz), Vögel (kleine Passeres bis ad. Mäusebussard, Habicht-♂, Auerhuhn, Graureiher), Amphibien (besonders Frösche), gelegentlich Fische, Käfer, Maulwurfsgrillen; selten Reptilien, weitere Großinsekten, Regenwürmer etc. Bewohner offenen Landes dominieren; mind. 53 Säugetier- und 177 Vogelarten nachgewiesen. Meist wenige Arten bevorzugt; in ME der Biomasse nach Hasenartige und Hühner am wichtigsten. Wichtige weitere Arten z.B. Igel, Hamster, Ratten und Wühlmäuse (die der Zahl nach oft an der Spitze stehen); in Küstennähe vor allem Wasservögel. Mitunter Corviden und Tauben; regelm. in geringeren Anteilen auch Eulen (besonders Waldohreule) und Greifvögel. Im Winter auch Aas und Fleischabfälle. Nahrungsbedarf 2 Vögel ca. 105-203 kg, eines erfolgreich brütenden BP 170-223 kg Frischgewicht/J. Bevorzugte Größenordnung der Beutetiere 200-1900 g.

Stimme. ♂ singt tief monoton gereiht »buho« oder »uúoo «, nicht laut, doch meist weit zu hören; Rufintervalle 8–10 sec; meist Feb. bis April, aber auch das ganze Jahr über (bes. Herbst) zu hören. Ruf des ♀ rauer, höher und deutlicher zweisilbig. Gesang individuell erkennbar. Zur Balzzeit Duett, oft Steigerung zu raschen »huhuhu«. In der Brutzeit Standortlaut des ♀ heiser nasal »chriä« o.ä.; Warnruf hartes, reiherartiges »gräck« oder »kä-kä-kä-kaju«. Ab 7. Woche ist das Betteln der Jungen (»chjüjöö«) über 1 km weit zu hören. Bei Feindabwehr Flügelklatschen (unter dem Körper) und Schnabelknappen.

Verhalten. Vorwiegend dämmerungs- und nachtaktiv; zur Balzzeit beginnen ♂ schon 1 h vor Sonnenuntergang zu rufen; Aktivitätsminimum meist um Mitternacht. Ruderflug bei größeren Strecken durch Gleitphasen unterbrochen; auch Segelflug. Nahrungserwerb: Kombinierte Pirsch- und Ansitzjagd. Beutetiere werden im boden- oder wipfelnahen Flug überrascht. Mitunter sehr langer Ansitz. Beute durch Biss oder durch kräftiges Walken und Kneten getötet. Anschnitt der Beute auf dem Boden, häufig auf exponiertem Felsen oder Baum. ♀ rupft am Nest, ♂ kann Beute bereits gerupft übergeben. Bei größerer Beute wird Kopf abgetrennt und bleibt z.T. liegen. Nahrungsüberschuss wird in der Nähe der Brutnische deponiert. Zur Brutzeit territorial, doch Jagdgebiete einzelner Paare überlappend. Reviergesang dient auch der Paarbildung. Paarbildung meist ab Herbst, Höhepunkt des Gesangs Okt., meist ab Feb. wieder beginnend. Tagesruhe meist in Baumkronen oder Felsspalten, oft in guter Deckung.

Fortpflanzung, Brutbiologie [1722,337,1369,2541, 767]. Geschlechtsreife bei ♂ vor Ende des 1. Lebensjahrs, erfolgr. Freilandbruten aber meist erst mit 2-3 J.; Monogame Dauerehe. **Ankunft im Brutgebiet.** Ganzjährig im Gebiet, Reviergründung durch ♂, endgültige Nistplatzwahl durch ♀, potenzielle Neststellen oft schon im Herbst erneuert. **Nest.** Nistplatz geräumige, überdachte Brutnischen mit freiem Anflug, besonders in Felswänden (häufig am Fuß oder an der Oberkante, häufig SW- oder SSW-exponiert), Anlehnung an Sträucher oder Bäume; an Steilhängen oft am Fuß von Felsblöcken, Bäumen oder in natürlichen oder künstlichen Abbrüchen. In felsfreien Gebieten regelm. Bodennester (z.B. PL, RUS), ebenso Baumhorste (Reiher, Störche, Greife); ausnahmsweise auch an Gebäuden. Kein Nistmaterial eingetragen, flache Mulde in Sand, Erde oder feinkörnigem Material, mitunter auf Beuteresten; 1-3 (-5) Ausweichplätze pro Revier. **Legebeginn.** Frühestens ab Ende Jan., Hauptzeit im März, spätestens bis Mitte April. **Gelegegröße.** 2-4 (1-6), Ø $S._{119}$ 2.59, $S._{27}$ 2.26, S-D_{36} 2.64, D-BY_{23} 2.96, F_{15} 3.13, F_{42} 2.55. Legeintervall unregelm., ca. 3 d, selten 5-9 d. **Eier.** Kugelig, leicht glänzend, weiß. **Brutdauer.** (31) 34-36 (37) d, $Ø_{42}$ 33.9 ±1 1.6 d; ♀ brütet (wird vom ♂ versorgt). Brutbeginn ab 1. oder 2. Ei. Juv. schlüpfen asynchron in etwa 2-3 d Abstand. Während Eiablage und Bebrütung im Brutbereich extrem störungsempfindlich (Brutausfall bei nur einer Störung bekannt). **Nestlings-/Führungszeit.** Erste 14 d ständiges Hudern (♀); bis ca. 3 Wochen allein vom ♂ versorgt, während ♀ füttert; danach beide. Juv. stehen ab 27 d aufrecht, ab 5. Woche sicheres Gehen und Flattersprünge, ab 52. d kurze Flüge, mit 62 d sicherer Zielanflug. Volle Beutefanghandlung mit sicherem Töten ab 145.-155. d. Juv. verlassen Bodennester mit 22-25 d, Felsbruten und Baumhorste mit 5-7 Wochen (individuell vorher). Ausfliegezeit abhängig von Ernährungszustand, Jungenzahl und Art des Brutplatzes. 20-24 (26) Wochen werden Juv. von Ad. versorgt. Ab Sept./Okt. (selten bis Nov.) wandern Juv. ab. **Jahresbruten.** 1, in S-Europa ausnahmsweise 2 [2495]; vollständiger Brutausfall aufgrund Nahrungsarmut bekannt, Nahrungsmangel bestimmt eher die Zahl der BP mit Brutversuch als die Gelegegröße [2495]; Ersatzgelege bei frühem Gelegeverlust. **Bruterfolg.** Durch Nahrungsangebot und menschliche Störungen sehr unterschiedlich, z.B. in D Ø 1.68, $Ø_{77}$ 1.62, $Ø_{144}$ 1.46, $Ø_{40}$ 1.45, in A_{40} 1.13, CH_{50} 1.32 (nur erfolgr.), E-D_{360} 1.88 (nur erfolgr.) bzw. 0.95 (alle Brutversuche) flügge Juv./Brut und J. In SE-S. 1961-77 in 219 besetzten Revieren 66% mit aktiven Nestern, davon 60% mit flüggen Juv. (insges. 136), d.h. 1.6 (1.0-2.5) flügge Juv./erfolgr. Nest, 0.9 (0.4-1.5) pro aktives Nest und 0.6 (0.3-1.5) pro Revier. In D-BW (1963-98) von 279 Brutversuchen 212 (76%) erfolgreich, Brutgröße nach > 10 d Ø 1.94 Juv. und Ø 1.83 flügge Juv./erfolgr. Brut und J. (und etwa 1.2 pro begonnene). In jüngster Zeit Bruterfolg erheblich zurückgegangen: $1987\text{-}90_{204}$ 2.00, $1991\text{-}94_{838}$ 1.62, $1995\text{-}98_{665}$ 1.58 ausgeflogene Juv./BP und J. [2460N]; Verluste hauptsächlich durch Störungen und direkte menschliche Einwirkungen sowie Nahrungsmangel und bei Jungen viele Anflüge und andere Unfälle.

Eimaße und –gewichte [196]: L. 56.0-73.0 mm, B. 44.2-53.0 mm, Ø: 59.8 x 49.5 mm (n=130, ME), 60.6 x 49.8 mm (n=88, S.); Frischvollgew. 75-80 g; Schalengew. 5.58-8.54 g, $Ø_{130}$: 7.20 g.

Sterblichkeit, Alter. Hauptverlustursachen nach Ringfunden S-D und A: > 60 % Draht-/Stromopfer, 27 % Straßenverkehrsopfer. Von 49 gefundenen, zuvor ausgesetzten Uhus in D-BY waren 10 Verkehrsopfer, 10 wurden geschwächt gefunden und 8 waren Draht-/Stromopfer [1169]. Verfolgung stellte vor allem in früheren Jahren bedeutende Verlustursache dar. Alter in Gefg. 28–37, 1 ♂ 53 und 1 ♀ 63 Jahre. Älteste Ringvögel (FIN) 22 Jahre 4 Monate [3654], mehrfach > 18 Jahre. **Generationslänge:** 9 J. [383].

Mauser. **Postjuvenile Mauser** (Teilmauser) beginnt ab 40 d, Abschluss bis Okt./Nov.; auf Kleingefieder beschränkt; Dauer 5.5 Monate [767,1369]. • **1. Postnuptialmauser** (Teilmauser) Mai–Okt.; Großgefiedermauser langsam und ähnlich Ad.; AS-Mauser setzt im 2. KJ ein, HS-Mauser mit HS 7 im 2. oder 3. KJ. 2. Mauserzyklus der AS beginnt im 3. KJ, jener der HS im 5. KJ; die folgenden Mauserzyklen dauern stets etwas länger, z. B. bei AS-Mauser 3, 5, 7, 8 bzw. 10 Jahre [767,1369]. • **Postnuptialmauser** (Teilmauser) Juni/Mitte Juli–Okt., Nichtbrüter schon ab Mai; Schwungfedern in Staffelmauser mit 2 aktiven Mauserzentren bei HS und 3 bei AS; jährlich insgesamt nur 2–5 HS und 5–9 AS ersetzt, bei Nichtbrütern umfangreicher [767]; neuer Mauserzyklus der HS beginnt nach 2–3 Jahren, bei AS nach 1–2 J.; Dauer eines Mauserzyklus der HS 6–8 J., bei AS > 8–12 J. [767]; ST-Mauser rascher, erstreckt sich meist auf 2 J., ST 1 wird z.T. alljährlich gewechselt [767,1369].

Bubo scandiacus – Schneeeule 07490

Bubo scandiacus (Linnaeus 1758) syn.: *Nyctea scandiaca*

(GB) Snowy Owl **(F) Harfang des neiges** **(E) Búho Nival**

Taxonomie. Monotypisch. Die Schneeeule ist nach mtDNA-Sequenzen mit den beiden neuweltliche Uhu-Arten *B. virginianus* und *B. magellanicus* nächstverwandt [4122]. Sie stellt damit ein schönes Beispiel für eine radikale, relativ schnelle phänotypische Anpassung infolge Besiedlung völlig neuer Lebensräume (arktische Breiten) dar (ähnlich Eisbär).

Kennzeichen. [1369,3615,1784,3772,221,2540; weitere **Fotos** in Limic. **7**, 296, **10**, 98, Dutch B. **24**, 69, 74, **25**, 335, 373, Bird. W. **5**, 97 (z)].

Maße. Gr.: 53-66 cm, ♂ Ø: 58 cm, ♀ Ø: 63 cm. Gew.: ♂ 1200-2500 g, Ø 1700 g, ♀ 1500-2900 g, Ø 2100 g. Fl.spw.: 142-166 cm. Fl.l.: ♂ 40.0-42.1 cm, ♀ 43.4-46.0 cm [1369,3615,2540]

Status. Im restlichen Europa unreg. Gastvogel S bis Schottland, europ. RUS, F (z.B. größerer Einflug 1992), DK, auch YU [1369,277,337].
In ME im 20. Jh. (bis 1978) in ca. 50 Wintern nachgewiesen, davon 22 in 1. Hälfte 20. Jh., 28 nach 1945, meist im NE [3871]. In **PL** mind. 17 Nachw.; **CZ** mind. 8; **SK.** > 4; **H** 2; **A** 2; **E-D** 40; **D**-SH mind. 28, Rest mind. 13; **NL** 15 (16-17 Ind.) bis 2002; **B** 1; **L** Frühj. 1857 [337,q16,q23], dabei einige ältere Beob. in NL inzwischen annulliert [277]. In CH noch nicht nachgewiesen [4152,3393].
Einflug im Nov. 2001 in NL und B durch 5 (schiffsassistierte) Ind. aus CDN (!) [q4] noch anhängig.

Verbreitung und Bestand. Brutvogel der arktischen Tundra zwischen 60° und 83°N in GRÖ, Eurasien, Alaska und CDN. In Europa regional nicht regelm. Brutvogel (extreme Bestandsfluktuationen, auch vollständiger Brutausfall) in Gebirgstundra N. (0-5 BP), S. (0–2 BP) und in N-FIN (0-20 BP), ferner küstennahe in N-RUS (1.300-4.500 BP), früher (etwa bis 1990) in wenigen Paaren auch in IS (dort keine Lemminge; derzeit 0-1 BP) und einzeln auf Shetlands GB bis 1975; in GRÖ 50-1.000 BP - Bestandstrend insgesamt negativ [337,383,3615,2540]; Art global aber nicht bedroht [1784].

Wanderungen. Teilzieher, auch nomadisierend. Bereich der Polarnacht wird normalerweise nach S

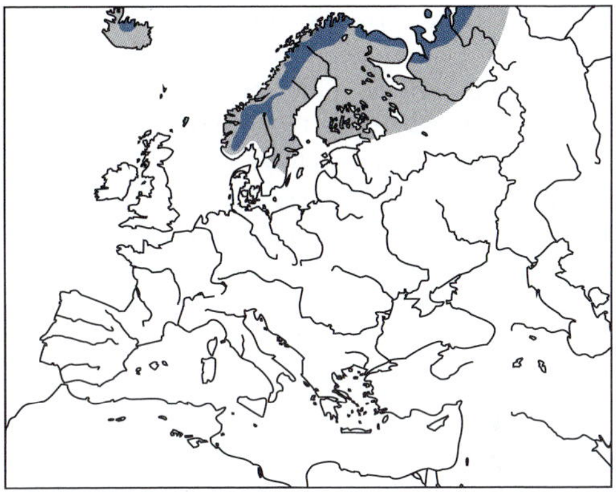

Bubo scandiacus – **Schneeeule**

und SW verlassen; mitunter auffällige Invasionen. Regelm. Wintergebiet reicht bis N-Schottland, S-Skandinavien, E Ostseeraum, Mittelrussland, N-Kaspi und SW-Sibirien etc. Früheste Nachweise weit S des Brutareals Okt., Maximum Mitte Dez. bis Mitte März; selten spätere und Sommerbeob. Weitester Ringfund (Nestling FIN) 1380 km NNE.

SPEC	VSchRL	Bern.Konv.	Bonn.Konv.
3	Anh. I	Anh. II	--
Europ. RL	RL in ME		
--	--		

Bestandsentwicklung und Gefährdung. Starke kurzfristige Bestandsschwankungen in Abhängigkeit vom Nahrungsangebot (Lemminge!). In Paläarktis offenbar seit 1900 langfristig abnehmend, möglicherweise klimatisch bedingt, allerdings auch deutlich zunehmende Störungen in den Brutgebieten durch menschliche Aktivitäten.

Siedlungsdichte. Territoriumsgröße im N Amerikas im Mittel (n=7) 2.6 km^2, in N. 3.5 km^2, doch Verhältnisse je nach Nahrungsangebot sehr variabel. Winterterritorien 0.5-2.6 km^2. In Lemmingjahren Maximaldichten in N-S. bis 40-55 BP/100 km^2 bei Nestabständen von 600-3300 m [1369,337,1507,2540].

Biotop. Arktische Tundra sowie Moos- und Flechtentundra. Übersichtliches Gelände mit relativ früh ausapernden ± trockenen erhöhten Stellen. In Hocharktis bes. Küstennähe. Außerhalb Brutzeit in offenem Gelände, vor allem an der Küste.

Nahrung. Zur Brutzeit meist oder fast ausschließlich Lemminge, daneben Vögel (nestjunge Spornammern bis Eiderente). Hauptanteil der Vogelbeute Enten, junge Gänse, seltener Larolimikolen. Schneehühner wichtige Ersatznahrung; gelegentlich Fische, Krebstiere, Käfer etc. Außerhalb Brutzeit oft breites Beutespektrum, z.B. Kleinsäuger, kleine bis mittelgroße Vögel; auch Aas. Bevorzugtes Beutetiergewicht 400-800 g.

Stimme. Monoton gereihter Reviergesang des ♂ aus 2–6(–25) vollen, rauen Einzellauten (etwa »chruh«, »whu« o.ä.); erinnert an Hundegebell; im Sitzen oder im Flug zu hören (bis 10 km weit). Bellen des ♀ höher, heiser »chsü« oder ± zweisilbig »chuso« o.ä. Daneben ♀ schirkende und fiepende Bettelrufe sowie schrilles Kreischen. Monotones, kormoranähnliches Gackern (♂ tiefer) bei allgemeiner Erregung. Reviergesang von Balzbeginn bis Ende Juli/Aug.

Verhalten. Dämmerungs- und tagaktiv. Trippelt, geht und läuft rasch auf dem Boden. Auf dem Zug Ruderflug durch Gleitstrecken unterbrochen. Jagt in offenem Gelände, Anstandsjagd mit Angriffsflügen (bis 160 m) wichtiger als Pirschflug. Kröpft meist auf dem Boden sitzend; Nahrungsdepots am Nestrand. Saisonehe, aber auch ein ♂ mit mehreren ♀ möglich. ♂ markiert Revier durch Gesang, Imponierflug und Schausitzen. Imponierflug des ♂ bogiger Wellenflug, kurze Gleitstrecken mit V-förmig hochgehaltenen Flügeln; am Schluss senkrechtes Zubodengehen. Bodenbalz mit »Nestlocken« und ritualisiertem »Manteln«. Am Nest können Feinde im Sturzflug attackiert werden (Schläge mit dem Flügelbug, Stoßen mit vorgestreckten Krallen). Verleiten am Nest mit schleifend gespreizten Flügeln und Vortäuschen von Flugunfähigkeit. ♂ stärker aggressiv, ♀ mehr Verleiten. Außerhalb der Brutperiode meist scheu; Tarnverhalten. Nichtbrütergesellschaften im Winter oft lemmingsabhängig. Auch bei Truppansammlungen auf Zug oder im Winterquartier individuelles Verhalten. Jagdreviere werden auch im Winter verteidigt.

Fortpflanzung, Brutbiologie [337,2541,767,1551]. Erste Brut wohl frühestens Ende des 2. Lebensjahrs (aber Geschlechtsreife schon im 1. J.). Monogame Saisonehe, aber Polygynie und bis 8-jähr. Zusammenhalten eines Paares bekannt. **Nest.** Nest am Boden, meist an erhöhten, trockenen und schneefreien Stellen, windgeschützt in 6-13 cm tiefer Mulde. »Nestbau« durch Abrupfen höherer Vegetation, Wegschaufeln von Lockermaterial mit Unterschnabel, Scharrbewegungen (bei ♂ meist nur symbolisch). Eier auf bloßem Boden. **Legebeginn.** Ab Anf. Mai, meist Mitte Mai bis Mitte Juni; spätestes Schlüpfen Ende Juli. **Gelegegröße.** 4-9 (2-15), abhängig von Ernährungssituation, Ø meist 6-9, z.B. Alaska$_{24}$ 7.5; aber Shetland GB$_{9}$ nur 5.4. Legeintervall i. A. 2 d. **Eier.** Kurzoval oder spindelförmig, matt, weiß (später oft verschmutzt). **Brutdauer.** 30-37 d; ♀ brütet (wird vom ♂ versorgt). Brutbeginn nach 1. Ei. Juv. schlüpfen asynchron im Laufe von bis zu 2 Wochen. **Nestlings-/Führungszeit.** ♂ bringt Nahrung, ♀ füttert, etwa 3 Wochen nach Schlüpfen des ersten Jungen auch ♀ bei Nahrungsbeschaffung; ♂ füttert erst nach Ausfliegen. Erste 7-14 (21) d ständiges Hudern, dann erstes Entfernen der Juv. vom hudernden ♀, mit 18-28 d (Ø 25 d) Verlassen des Nestes, erste Flugversuche mit 35 d, größere Streckenflüge mit 43-50 d, gutes Flugvermögen mit 50-60 d; Juv. werden 9-11 Wochen von Ad. gefüttert. **Jahresbruten.** 1; Ersatzgelege eher die Ausnahme. Bei Nahrungsmangel Brutausfall. Bruterfolg. Von 49 in Shetland gelegten Eiern schlüpften 44 (89.8%) und 23 wurden flügge (46.9%), also 2.5 flügge Juv./Paar und J. Hauptursache Nahrungsmangel (und ungünstige Witterung). In guten Lemmingjahren in CDN 17 von 19 Paaren mit Brutversuchen, dabei 32 Eier, von diesen 31 flügge Juv., derart hohe Reproduktion aber selten.

Eimaße und –gewichte [337]: L. 50.5-70.2 mm, B. 41.0-49.3 mm, Ø: 56.4 x 44.7 mm (n=366, FIN), 57.1 x 44.9 mm (n=332, RUS); Frischvollgew. 47.5-68.0 g, Ø$_{33}$: 60.3 g; Schalengew. 3.8-7.1 g.

Sterblichkeit, Alter. 9 J. 5 Monate; Gefg. mehrmals 24-25 J., einmal > 28 J. **Generationslänge:** 7 J. [383].

Mauser. Postjuvenile Mauser (Teilmauser) beginnt im Alter von 1 Monat, Ende bis Okt./Nov. [767,1369,3882]. • **1. Postnuptialmauser** (Teilmauser) Mauserperiode ähnlich Ad.; einschließlich einigen oder allen ST, 0–1 HS und mehreren AS [767,1369,3882]. • **Postnuptialmauser** (Teilmauser) Juni/Juli–Sept./Okt.; Schwungfedern in Staffelmauser; jährlich werden 1–6 HS und 4–8 AS ersetzt [767,3882].

Strix aluco – Waldkauz 07610

Strix aluco Linnaeus 1758

GB **Tawny Owl** F **Chouette hulotte** E **Cárabo Común**

Taxonomie. Ca. 11 UA, davon in zwei klinal variierenden Formen in Europa: *aluco* Linnaeus 1758 (E bis ca. 35°E) und *sibiriae* Dementiev 1933 (östlich von ca. 35°E). Waldkauz ist mit Fahlkauz (*Strix butleri*) nicht nächstverwandt [4122], sollte also nicht mit diesem in einer Superspezies zusammengefasst werden [contra 3565].

Kennzeichen. Grundfärbung sehr variabel von rostbraun bis graubraun [3615,1369,1784,3772, 221,2540,1267].

Maße. Gr.: 37-42 cm. Gew.: ♂ 330-500 (580) g, Ø 440 g, ♀ 400-630 (780) g, Ø 560 g. Fl.spw.: 90-104 cm, ♂ Ø 93 cm, ♀ Ø 98 cm. Fl.l.: ♂ 24.6-27.5 cm, $Ø_{114}$ 26.5 cm, ♀ 26.3-29.4 cm, $Ø_{200}$ 27.6 cm [3615,1369,2540,1267].

Status. Verbreiteter Brut- und Standvogel im gesamten ME; hochgradig territorial und standorttreu; keine ausgeprägten Wanderungen.

Verbreitung und Bestand. Areal der östlichen Formen umfasst Brutgebiete von S-RUS über Afghanistan bis China und Korea; das W-Areal reicht von N-Afrika und SW- und W-Europa (ohne IRL) nach E bis W-Sibirien und nach SE bis Iran. Schwerpunkte in Europa (> 50.000 BP) liegen in F, E., D, PL, RO und RUS, bei einem Gesamtbestand von 480.000-1.000.000 BP (stabil) [383,1267]. Nominatform in ME vom Tiefland bis in obere Montanstufe [in CH bis max. 1900 m NN, ausnahmsweise 2080 m, 3392] verbreitet; fehlt nur in baumarmen Küstengebieten. Bestand in ME 155.000-215.000 BP [383].

Wanderungen. Standvogel. Ad. ♂ sehr reviertreu, ebenso ♀, wenn Partner nicht ausfällt; einmal besiedelte Reviere werden oft nicht mehr verlassen. Geburtsortstreue der Juv., doch Zerstreuungswanderungen im Herbst. Maximale Wanderstrecken aber selbst in N-Europa nur selten > 100 km (Median 10-15 km), in ME selten > 50 km. Weiteste Ringfunde in ME bis 460 km SE, in Skandinavien bis 745 km NNE.

Bestandsentwicklung. Waldkauzbestände reagieren weit weniger auf Mäusegradationen als die vieler anderer Eulenarten [1369,2561, vgl. aber 1773], doch zuweilen Bruterfolg vom Nahrungsangebot erheblich beeinflusst [3392,3947].

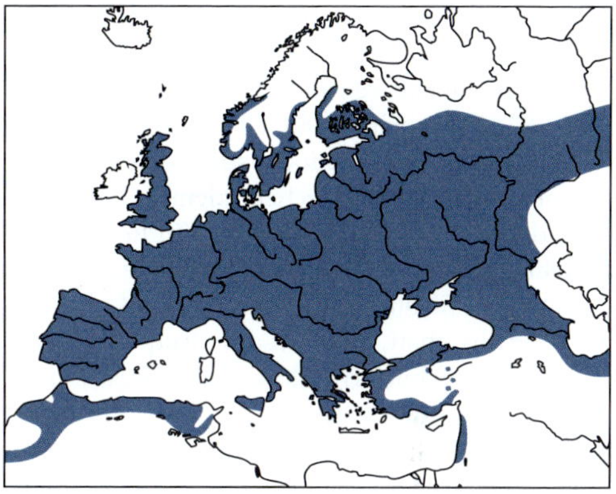

Strix aluco – **Waldkauz**

	Best.	Areal	Brutbestand	Jahr	Quelle
A	+/-	=	9.000 – 16.000	1998 – 2002	[383]
B	+/-	=	6.000 – 9.000	2001 – 2002	[383]
CH	+/-	=	5.000 – 6.000	1993 – 1996	[383]
CZ	⇧	=	10.000 – 18.000	2000	[383]
D	+/-	=	48.000 – 73.000	1995 – 1999	[383]
FL	+/-	=	15 – 25	1998 – 2000	[383]
H	↑	=	5.000 – 8.000	1995 – 2002	[383]
L	+/-	=	400 – 500	2001	[383]
NL	↑	+ 1	4.500 – 5.500	1998 – 2000	[383]
PL	+/-	=	65.000 – 75.000	1990 – 2000	[383]
SK	+/-	=	2.500 – 3.000	1990 – 1999	[383]

Erfassung von Reviervögeln durch ungleichmäßige Rufaktivität schwierig. Nach vorliegenden Daten Bestand in ME über Jahrzehnte stabil, sowohl in natürlichen als auch in anthropogen veränderten, künstlich erhöhten Beständen [1369]. Durch zeitweiligen Rückgang des Habichts, Aufforstung von Tieflandgebieten [3636], Anbringen von Nisthilfen [2614,3733], Kahlschlagwirtschaft in ursprünglich geschlossenen Bergwäldern sowie zunehmend milde Winter gebietsweise bis in 1980er J. Bestandszunahmen und Arealausweitungen [1369,1722]. In

jüngerer Zeit insbesondere in NL und B anhaltende Zunahme und weitere Ausbreitung nach W und N [375,3638,1585]. Durch Einwanderung in Ortschaften zusätzliches Ausbreitungspotential vorhanden.

Im überwiegenden Teil ME trotz regional fehlender Angaben wohl langfristige Stabilität und Bestand trotz vieler negativer Einflussfaktoren nicht bedroht [s. Tabelle, vgl. auch 279,2560,2623,2808,1, 1585,2821,310; auch F:4180, GB:1343].

Regional oder lokal jedoch auch deutliche Abnahmen oder gar Erlöschen kleiner Populationen, dabei jeweils verschiedene Einflussfaktoren ausschlaggebend, u.a. Lebensraumverlust durch anhaltende Siedlungsverdichtung und moderne Waldwirtschaft, mangelndes Brutplatzangebot (Fehlen von Althölzern, Altbauten, Ruinen), Rückgang des Nahrungsangebots (vor allem Feldmaus) und regional starke Verluste durch Leitungsanflüge, Straßen- und Bahnverkehr etc. [1617,2031, 2068,196,2821,310,3871,1818,598,1267,2238, 2896]. Von 1991-97 offensichtlicher Rückgang auf Probeflächen des Eulenmonitorings [2456]; aber nur in CZ Abnahmen vielleicht großräumig [2159]. Bei künftigen Feststellung von Abnahmen muss Änderung des Rufverhaltens (vielleicht durch verstärkte Anwesenheit von Prädatoren bedingt) stärker berücksichtigt werden [z.B. 2896].

Siedlungsdichte. In optimalen Lebensräumen können der Art 10-15 ha genügen, in ausgedehnten Wäldern Reviere meist wesentlich größer, z.B. 60–80 ha (dort durch Nisthöhlenangebot gelegentlich Reduktion auf 15–20 ha). Geringste Nestabstände von echten Paaren 100-150 m. In kleinen Waldstücken Konzentrationen möglich, vor allem auch in Stadtwäldern und Parks, z.B. in PL bis 3.1-3.4 BP/10 km^2 [3109], großflächig in PL in Optimalhabitaten 0.1-0.2 BP/10 km^2 [3871]. Großflächig in D je nach Bewaldung < 0.2 bis ca. 2.5 BP/10 km^2, regional bis 9.1 BP/10 km^2 [1369,1722,3666, 2540,598]; bezogen auf reine Waldfläche am Bod. in 1970er J. bis 15.2 BP/10 km^2 [3489]; in NL 0.01-0.05 BP/10 km^2 [1369]. Homerange, Winter- und Sommerterritorien von ♂ und ♀ nach Telemetriestudien [3757].

Gefährdungsfaktoren [1369,1617,1719,2031,4175, 2821,2561,1817,1818,1267,2253,2238]. Lebensraumverlust und geringeres Nahrungsangebot durch Siedlungsverdichtung, Zerschneidung und Verdrahtung sowie Ausräumung der Landschaft, Intensivierung der Landwirtschaft, u.a. mit verstärktem Einsatz von Bioziden und Düngemitteln. Verlust der Brutplätze durch Abholzung und Abräumen der Höhlenbäume und durch Renovierung von Altbauten sowie Abbruch oder Restaurierung von Ruinen; schließlich Aufforstung von Rodungsflächen in großen Waldgebieten.

Hohe Verluste durch Freileitungen, Bahn- und Straßenverkehr, ferner durch Tod in Lüftungsschächten und Kaminen sowie in Rebschutz- und Obstbaumnetzen.

Kontamination mit Bioziden, mit z.T. direkten Auswirkungen auf Bruterfolg. Rodentizide neuerer Prägung sogar für Altvögel letal [1267].

Menschliche Verfolgung (früher wesentlich bedeutsamer).

Natürliche Verlustursachen: Jungenverluste durch Verklammung oder Verhungern. Prädation, vor allem durch Habicht, Uhu und Marder. Zwar weniger stark von Witterung und Nahrungsangebot abhängig als z.B. Waldohreule; dennoch durchaus hohe Verluste in Extremwintern und Brutausfälle bei Nahrungsmangel.

SPEC	VSchRL	Bern.Konv.	Bonn.Konv.
E	--	Anh. II	--
Europ. RL	RL in ME		
--	--		

Schutzmaßnahmen. Spezifische Maßnahmen in Anbetracht stabiler Bestände kaum erforderlich; würde allerdings von folgenden Maßnahmen profitieren:

Erhaltung und Schutz von Altholzbeständen.

Markierung und Sicherung von Höhlenbäumen und Information der zuständigen Forstämter; Anbringung von Nistkästen in altholzarmen Wäldern.

Verzicht auf Aufforstung von Rodungsinseln innerhalb ausgedehnter Wälder.

Aber: Wegen Konkurrenz und direkter Einwirkung auf kleinere, z.T. stark bedrohte, Eulenarten (Steinkauz, Sperlings- und Raufußkauz) sollte auf gezielte Förderung des Waldkauzes in Gebieten gemeinsamen Vorkommens verzichtet werden

Biotop. Reich strukturierte Landschaft mit ganzjährig gutem und leicht erreichbarem Nahrungsangebot (Warten nötig!); z.B. lichte und lückige Altholzbestände in Laub- und Mischwäldern, Parkanlagen, Friedhöfen, Alleen und Gärten mit überaltertem Baumbestand. In reinen Fichtenwäldern meist nur am Rand; fehlt in gehölzarmen Feldfluren. Dringt auch in Großstädte ein.

Nahrung. Vielseitig (Standvogel mit festem Territorium!). Kleinsäuger (vor allem Wühlmäuse und *Apodemus*-Arten) stehen i.d.R. an 1. Stelle; mit Abstand folgen Vögel und Amphibien. Größte Säuger 300-350 g (Ratte, Hamster, Eichhörnchen), ebenso größte Vögel (Tauben, Rebhuhn, Blässhuhn, Rabenkrähe). In größerer Zahl Beutetiere nur bis 100 g. Unter Vögeln vor allem gesellig lebende Arten und Höhlenbrüter (besonders in der Stadt!), z.B. Sperlinge, Star, Grünling, Goldammer, Buchfink, Amsel, Wacholderdrossel, Meisen (allein an 1 Brutplatz 66 Arten). Frösche und Knoblauchkröte, seltener andere Arten, sind regelm. Beute. Regenwürmer und Insekten wenig (Ausnahme: Massenauftreten) [neue Zus.fass.: 3568, Änderung der Nahrung zur Aufzuchtszeit: 3946]. Tagesbedarf in Gefg. 37-75 g/Ind., ♀ während Brüten etwas mehr; 2 Vögel/J. ca. 43–60 kg Frischgewicht.

Stimme. Reichhaltiges Lautinventar von ♂ und ♀. Reviergesang des ♂ »huúu-hu-uuuuuu« (fliegend oder sitzend) vor allem Sept. bis Nov. und im frühen Frühjahr zu hören. Nach der 2–3-silbigen Einleitung Pause, dann kurzes gestoßenes »tu« und anschließend vollklingender, etwas absinkender Roller. Kurzformen von ♂ und ♀ bei verschiedenen Anlässen; weicher tremolierender Roller ♂ (und ♀) u.a. bei Partnerbegegnungen im Nestbereich. Häufigster Ruf des ♀ laut und schrill »kuit« o.ä. (auch vom ♂ zu hören). Warnruf am Nest bellend »uett«, oft strophig gereiht. Auch harte »kwitt« (aggressiv) werden vor allem im Herbst zu längeren, oft anschwellenden Strophen zusammengefasst (»Herbstlied«). Junge rufen zart lang gezogen »szih«, später härter und ± zweisilbig.

Verhalten. Dämmerungs- und nachtaktiv (biphasisch); abends etwas früher als Waldohreule; mitunter noch bei Helligkeit jagend. Gewandter Kurzstreckenflieger, kann auch segeln und rütteln und ausgezeichnete Klettertechnik. Tagesruheplatz kann mit Stand der Vegetation wechseln. Einer der vielseitigsten Jäger unter unseren Eulen; Wartenjäger, aber auch Jagd im Suchflug. Schlägt fliegende Vögel im Flug, häufig durch Flügelklatschen vom Schlafplatz aufgeschreckt. Plündert Nester (vor allem von Höhlenbrütern), fischt auch mitunter. Beuteüberschuss wird deponiert. Verdauen Knochen im Sommer stärker als im Winter. Bei geringer Dichte Jagd auch außerhalb des Territoriums. Lage der Territorien sehr stabil [3757]. Hohe innerartliche Aggression; nach Familienauflösung Einzeljäger oder paarweise. Zur Brutzeit mitunter sehr aggressiv, vor allem wenn Junge das Nest verlassen. Attacken mit Verletzungsgefahr für den Beobachter bes. durch ♀. Normalerweise Dauerehen. Manchmal ist ♂ auch mit mehreren ♀ verpaart (übernimmt z.B. Nachbarweibchen). Balzfüttern im Herbst; Balzfüttern beginnt im Jan. Kopulationen meist kurz aber oft mehrmals hintereinander und meist in Nestnähe. Familienverbände bleiben mitunter noch lange Zeit im Territorium.

Fortpflanzung, Brutbiologie [1722,337,1369,2541, 767,1,1551,195]. Geschlechtsreife im 1. Lebensjahr. Monogame Dauerehe, ausnahmsweise Bigynie. Starke Reviertreue, traditionelle Reviere über Generationen [vgl. 3757]. **Ankunft im Brutgebiet.** Ganzjährig im Gebiet; Abgrenzung neuer Reviere und Bildung neuer Paare ab Sept./Okt. bis Nov./Dez.; Frühjahrsbalz witterungsabhängig ab Feb., mitunter schon Dez./Jan; sobald ♀ ab März brüten Rufe sehr selten. **Nest.** ♀ wählt im zeitigen Frühjahr; Neststand sehr vielseitig, bevorzugt Baumhöhlen in beliebiger Höhe, ferner Höhlen in Gebäuden (Dachböden, Kirchtürme, Scheunen, Ruinen etc.), Felshöhlen und -spalten; Notlösungen wie Bodenhöhlen oder alte Greifvogel- und Krähenhorste. Künstliche Nisthöhlen werden angenommen, sind aber aus Schutzgründen meist nicht nötig, in Biotopen von Raufuß-, Stein- und Sperlingskauz sogar unerwünscht. Kein Nistmaterial, Unterlage für Eier aus zerbissenen Gewöllen, Holzmulm, Schutt; Eier in vom ♀ gescharrter Mulde. **Legebeginn.** In ME Hauptlegezeit im März, in tieferen Lagen nicht selten aber Beginn im Feb., in Städten u.a. sogar schon Ende Dez./Anf. Jan. möglich; Extrem bis 1. Junihälfte. **Gelegegröße.** 3-5 (2-6, selten –9); z.B. Ø in D_{49} 3.8, D-BW_{102} 3.56, CH_{207} 3.3, B_{72} 3.01, B_{113} 2.95, B_{256} 2.88, NL_{106} 2.99, F_{564} 3.47, FIN_{243} 3.81, dort in Mäusejahren Ø 4.2 ± 1.2, in Latenzjahren 3.0 ± 0.9. Kalendereffekt (späte Gelege kleiner). Legeintervall 2-4 d. **Eier.** Kurzoval, etwas glänzend, weiß. **Brutdauer.** Für einzelnes Ei 28-29 (30) d; ♀ brütet (wird vom ♂ versorgt). Brutbeginn mit Ablage des 1. (-3.) Eies. Juv. schlüpfen asynchron. **Nestlings-/Führungszeit.** Erste 10 d (bis 19 Nächte) ständiges Hudern durch ♀. Anfangs bringt nur ♂ Beute, ♀ zerteilt und füttert an Juv. (ab 14 d werden Mäuse unzerteilt verschlungen, ab 27. d selbständig zerlegt). Verlassen der Höhle mit 29-35 d, noch nicht flugfähig; landen in benachbarten Bäumen oder am Boden, versuchen durch Klettern und Hüpfen höhere Plätze zu erreichen. Frühestens mit (6) 7 Wochen gut flugfähig, zwischen 56 und 92 d erstes sicheres Schlagen von Wirbeltieren. Nach

2.5-3 Monaten selbständig (gegen Ende Juli/Aug., dann aber noch in Mauser; Verlassen des Eltern-Reviers meist gegen Mitte/Ende Aug. oder Sept.). **Jahresbruten.** 1; Ersatzgelege recht selten. **Bruterfolg.** Vor allem witterungsabhängig. In B von 256 Eiern 76 % geschlüpft, 94% davon flügge. In D-BE$_{107}$ 2.0 Nestlinge/Brut und Jahr und 0.25-1.80 flügge Juv./Brut und J., in B 1.33; Ø Brutgrößen (pro Brut und J.) in D$_{108}$ 2.43, in B 2.02, in NL 1.79; in ME 1987-90$_{319}$ 2.23, 1991-94$_{493}$ 2.15, 1995-98$_{446}$ 2.31 flügge Juv./BP und J. [2460N]. Nachwuchsrate in NL zwischen 0.3 und 3.54 (Ø$_{9}$ 1.15) flügge Juv./Brut und J.; in CH (1971-78) Brutgröße für begonnene Bruten 0.6-2.2 (Ø$_{64}$ 1.67) Juv./Brut und J., Nachwuchsrate für die BP zw. 0.2-1.7 (Ø$_{112}$ 0.96) Juv./BP und J. [weitere Daten Europas:195]; in GB Bruterfolg proportional zur Reviergröße; in 10 J. brüteten Ø 44.6% (15-100%) in einem Jahr nicht (in ME Brutaussetzen seltener).

Eimaße und -gewichte [337,1267]: L. 42.0-52.3 mm, B. 35.3-41.0 mm, Ø 47.6 x 39.2 mm (n=92, ME); Frischvollgew. Ø$_{16}$ 40.3 g, Ø$_{41}$ 39.1 g; Schalengew. 1.97-3.49 g, Ø$_{88}$ 2.64 g, Ø$_{154}$ 2.69 g.

Sterblichkeit, Alter. Im 1. Lebensjahr CH 49.4 %, S. 71.2 %, im 2. CH 24.5 %, S. 44.3 %, im 3. CH 24.5 %, S. 47.6 %. Lebenserwartung CH 2.6, 3.6 und 3.6 in S. 1.1, 1.7 und 1.6 J. Verluste nach Selbständigwerden der Juv. sind hoch; ihre Sterblichkeit scheint mit der Nachwuchsrate zuzunehmen. Die höchsten Verluste der Ringvögel durch Bahn, Leitungsdrähte, Straßenverkehr. Ältester Ringvogel (GB) 21 J. 6 Monate [3654], mehrfach > 15 J.; Gefg. > 27 J. **Generationslänge:** 4 J. [383].

Mauser. Postjuv. Mauser (Teilmauser) Mai–Okt.; Kleingefieder ohne Große Handdecken [767,1369,139]. • **1. Postnuptialmauser** (Teilmauser) April/Juni–Sept./Okt.; einschließlich Schirm- und Steuerfedern, 4–10 HS und 0–9 AS [767,1369,139]. Letzte juv. Schwungfedern werden im 3. oder 4. KJ gewechselt [3000]. • **Postnuptialmauser** (Teilmauser) Mai/Juni–Sept./Okt. (Nov.), Nichtbrüter etwas früher [767,139,3000]; Schwungfedern in Staffelmauser, ST fast synchron; pro J. werden 0–20 (Ø 5) HS und 0–25 (Ø 9) AS ersetzt, Umfang bei ♂ etwas größer und zudem vom Bruterfolg und Nahrungsangebot abhängig [1267]; Körpergefieder bis Dez. erneuert [139].

Strix uralensis – Habichtskauz 07650

Strix uralensis Pallas 1771

GB Ural Owl **F Chouette de l'Oural** **E Cárabo Uralense**

Taxonomie. Sieben gering differenzierte UA [2079], davon drei in Europa, aber auch deren Validität erscheint angesichts geringer Färbungsunterschiede fraglich: *uralensis* Pallas 1771 (E-Europa, W-Sibirien), *liturata* Lindroth 1788 (N-Europa) und *macroura* Wolf 1810 (ME und SE-Europa). Ob eine Abtrennung des westchinesischen *S. (u.) davidi* auf Artniveau gerechtfertigt ist [3565,2079], bleibt genauer zu klären. Der Habichtskauz wird zuweilen mit den nearktische Arten *varia, fulvescens* und *occidentalis* (die untereinander gesichert nächstverwandt sind und gelegentlich hybridisieren) zu einer Superspezies zusammengefasst [995N], was in Unkenntnis der phylogenetischen Verhältnisse aber nicht ratsam ist.

Kennzeichen. [1784,3615,1369,221,3772,2540; weitere **Fotos** in Limic. **7**, 297, **16**, 317, Bird. W. **8**, 149, **11**, 61].

Maße. Gr.: 54-62 cm. Gew. (*liturata*): ♂ 450-825 g, Ø 660 g, ♀ 720-1200 g, Ø 960 g. Fl.spw.: 110-134 cm, ♂ Ø 115 cm, ♀ Ø 125 cm. Fl.l. (*macroura*): ♂ 37.0-39.0 cm, ♀ 37.7-41.5 cm, (*liturata*) ♂ 34.0-37.0 cm, ♀ 34.9-37.6 cm [1369,3615,2540]

Status. UA *liturata* (noch) Brut- und Standvogel mit kleiner Population in NE-ME, bei Wanderungen als Irrgast bis D-ST [2540], (Irruptionen nur in Sibirien).
UA *macroura* Brut- und Standvogel in (SE)-ME, aber außerbrutzeitliche Wanderungen z.T. in weit vom Brutgebiet entfernte Regionen, abseits der bekannten Brutgebiete aber sehr seltener Ausnahmegast, mit einzelnen Nachw. bis D-NI und -NW; auch regelm. Zuwanderungen aus SLN nach A-K, A-St und A-Oö [2540]. Keine Nachw. bisher in NL, B, L und CH.

Verbreitung und Bestand. Geschlossenes Areal von NE-Europa bis JAP und Korea, ferner isoliert in W-China; N-Grenze meist bei 64-66°N, S-Grenze am Rand der Taiga [1160]. In ME brüten zwei UA, *liturata* in NE-PL am W-Rand des geschlossenen Areals und *macroura* mit Reliktvorkommen in Mittelgebirgen D, S-PL, SK., CZ und H sowie nach S bis HR, BiH und BG. Europäischer Gesamtbestand zw. 53.000-140.000 BP (stabil), bedingt durch sehr große Population in RUS (30-100 T.); sonst Vorkommen > 2.000 BP nur in FIN, LV, S. und RO (12-20 T.) [383]; in (E-)ME brüten etwa 1.200-1.900 BP.

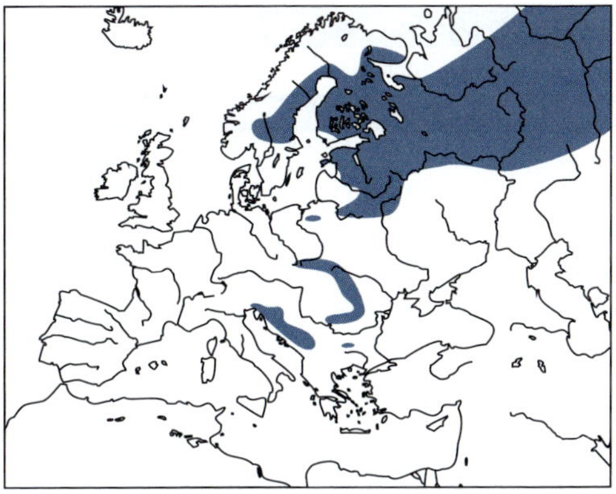

Strix uralensis – **Habichtskauz**

Wanderungen. Standvogel, Streuungswanderungen der Juv.; weiteste Strecke 100 bis 150 km.

Bestandsentwicklung. UA ***macroura***: Im 19. Jh. in Mittelgebirgslagen ME sowie in Tieflagen (z.B. Lüneburger Heide) weiter nach W verbreitet; doch viele Vorkommen erloschen [1369], z.B. in Böhmen, in Schlesien (nach 1909), im Bayerischen Wald bis etwa 1926 [196]. In H dagegen erst ab 1906 Brutvogel, und seit 1960er J. dort mehrere Vorkommen und starker Bestandsanstieg [1369,2438,2540,2614]. Teile ME aber nur nach guten Brutjahren in nahegelegenen Brutgebieten oder nach Extremwintern vom Habichtskauz besiedelt, z.B. kurzzeitige Ansiedlungen in A-Oö und A-K im 19. Jh. [965,1369,2540,3674] und auch in letzten Jahrzehnten mehrfach einzelne Brutzeitnachw. in A-St, A-K und A-Oö [965,2540,3674], offenbar nach Zuwanderung aus Brutgebieten SLN.
Durch erfolgreiches Wiederansiedlungsprojekt im Bayerischen Wald (Freilassung von 186 Vögeln 1976-98) Ansiedlung 1989; etablierter Brutbestand inzwischen bei 4-6 BP (1996-99) [2540,3733]; wohl dadurch auch Ansiedlung in Sumava-Bergen CZ (dort seit 1995 ebenfalls Freilassungen) [2540,q22]; starke West-Ausbreitung in SK. seit Anf. 1980er J. aber unabhängig, hierbei 1983 Besiedelung von N-Mähren [806], seit Mitte 1990er J. ferner Brutnachw. in NW-SK. (Osava-Region) [2540]. Inzwischen deutliche Bestandszunahme [807]; in Karpaten PL starke Zunahme und Ausweitung des Areals auf tiefere Regionen [3871]. Auch in drei Brutregionen H derzeit positive Bestandsentwicklung [2540,2438].
UA ***liturata***: ehemals sehr lokaler Brutvogel in NE-PL (Masuren), doch über Fortbestand der Population seit 1980er J. keine Bestätigung mehr, wahrscheinlich erloschen [1366,3871]. In RUS und Fennoskandien deutliche Zunahme der Bestände in 1970er und 80er J. [2614], seither stagnierend [1585,3337].

	Best.	Areal	Brutbestand	Jahr	Quelle
A	N	N	2-4	1998-2002	[383]
CZ	↑	+1	5-10	2000-2002	[383]
D	+/-	=	4-6	1998-1999	[383]
H	⇧	+1	50-200	1995-2002	[383]
PL	↑	+1	450-700	1995-2000	[383]
SK	↑	+1	700-1.000	1990-1999	[383]

Siedlungsdichte. Home ranges größer als bei Waldkauz, in FIN z.B. bis 10 km² [1507]. Nestabstände meist > 2 km (oft 4 km) [2540]. Abundanz bei gutem Nahrungsangebot aber recht hoch, z.B. in FIN bis 0.1 BP/km², in S. 0.21 BP/km², in W-RUS 0.24 BP/km² und bei Krakau PL sogar 0.3 BP/km² [2540,1507].

Gefährdungsursachen [1369,1507,2540,3342, 3674]. Lebensraumverlust durch veränderte Waldwirtschaft mit Bevorzugung von Altersklassenwäldern; Verlust von Altholzbereichen mit Bruthöhlen aufgrund früher Umtriebszeiten; intensiver Waldpflege; Wege- und Straßenbau. Wegfall beutetierreicher Freiflächen durch Aufgabe extensiver Landwirtschaft.
Verluste an Freileitungen und Zäunen. Früher auch direkte Verfolgung.
Touristische Erschließung und Störungen an den Brutplätzen durch Freizeitnutzung.

SPEC	VSchRL	Bern.Konv.	Bonn.Konv.
--	Anh. I	Anh. II	--
Europ. RL	RL in ME		
--	CZ:'CR', D: 'R', H: 'VU', SK: 'NT, A: 'DD'		

Schutzmaßnahmen. Einrichtung von Schutz- und Ruhezonen um den Horst. Veränderung der Waldwirtschaft in Richtung auf größere Altersstufung mit Altholzbeständen; Erhaltung von Totholzbeständen sowie von besonnten Freiflächen. Erhaltung von Bergwäldern mit natürlicher Dynamik in E-ME Mittelgebirgen. Besucherlenkung.
Angebot an Nisthilfen, z.B. in Skandinavien sowie in H von hoher Bedeutung.
Aber: Aufgrund begrenzt vorhandener Lebensräume im Raum D-BY/W-CZ ist langfristige Stabilisierung der kleinen Brutansiedlung außerhalb des Verbreitungszentrums in SK. und S-PL (und SLN) kaum denkbar [3342]. Da zur Bestandserhaltung langfristige Eingriffe nötig sind (jährliche Ausbringung von ca. 30 Ind.; Zufütterungen) [vgl. 3734], erscheint Aussetzungspraxis trotz bisheriger Erfolge bedenklich.

Biotop. Br. in reich strukturierten Laub- und Mischwäldern (in CZ/SK. bes. Buche), vor allem lichter Altholzbestand mit benachbarten beutereichen Freiflächen für Jagd. In S., FIN, EST und RUS in Nadelwald (mit hohlen Stämmen, Greifvogelhorsten oder Nistkästen) sowie in Mischwäldern mit Lichtungen und Säumen.

Nahrung. Vielseitig wie beim Waldkauz (in S. fast übereinstimmend bei brutökologischer Trennung) [vgl. auch BY:3568]; Kleinsäuger spielen die wichtigste Rolle (Wühlmäuse, im Winter Spitzmäuse). Vögel (bes. Drosseln, Tauben und kleine Waldformen) treten zurück, bilden aber wie Amphibien und Insekten regelm. Bestandteile größerer Listen. Ein nichtbrütendes Paar braucht 109 kg Beute/J.

Stimme. Reviergesang des ♂ rhythmische Reihe dumpfer »huh«-Rufe, 3-4 sec Pause nach dem Anfangsmotiv, danach rasche Folge. Oft weit zu hören (Jan. bis Mai, Höhepunkt März bis Mai). Daneben zu Beginn des Frühjahres eilige, anschwellende »bu-bu-...«-Rufreihen. Revierruf des ♀ rhythmisch ähnlich, doch rau krächzend (erinnert an Graureiher); ganzjährig in aggressiver Stimmung geäußert. Ebenfalls aggressiv motiviert ist das Bellen von ♂ und ♀, nasal kläffend, meist als Doppelrufe, die vor allem im Herbst zu langen gleichmäßigen Reihen verschmelzen können (Klang variabel wie »wauwau«, oder rau »chwacha« bis grell »kwä-kjö«; ♀ greller als ♂). »Herbstgesang« ein schallendes »koräh« oder »kroaah« bzw. ähnlich auch im Duett mit Steigerung; weit hörbar. Mehrere unterschiedliche leisere Rufe, z.B. ♀ rau »kräh« oder »kuwät«.

Verhalten. Nacht- und dämmerungs-, während Jungenaufzucht auch tagaktiv. Vielseitiger Wartenjäger. Wenig scheu; lässt mitunter Annäherung bis auf wenige Meter zu. Dauerehe. Paarbindung sehr aggressiv. Balz und Verpaarung im Herbst und Winter. Ganzjährig territorial.

Fortpflanzung, Brutbiologie [337,1369,2541,767, 1551]. Geschlechtsreife im 1. Lebensjahr, Erstbruten bei ♀ aber oft erst nach 3-4 J. Monogame Dauerehe bedingt durch hohe Brutortstreue (in Gefg. auch Biandrie nachgewiesen). **Ankunft im Brutgebiet.** Ganzjährig im Gebiet, Anpaarung im Winter; Balz im zeitigen Frühjahr meist sehr unauffällig. **Nest.** Im Allgemeinen in Nestern von Mäusebussard, Habicht, Schreiadler, Schwarzstorch u.a., meist auf Buche, ferner Tanne, Eiche, 3-26 m über Grund. Ausnahmsweise Baumhöhlen; in N-Europa häufiger in hohlen Stamm- und Wipfelbrüchen, Höhlen und Halbhöhlen, auch in Felsbereichen; zudem in Nistkästen. Kein Material eingetragen, aber Höhlen z.T. gesäubert. **Legebeginn.** In SK. ab Mitte Feb., regelm. erst ab Ende März bis Mitte April. **Gelegegröße.** 2-4 (1-6); Ø SK.$_{20}$ 3.4, SK.$_{17}$ 3.9, S.$_{100}$ 2.9, BY$_{17}$ 2.9; abhängig von Mäusegradationen; Kalendereffekt. Legeintervall 1-3 (-5) d. **Eier.** Stumpfelliptisch, matt, weiß. **Brutdauer.** 27-29 d bei *macroura*, 31-34 d bei *liturata*; ♀ brütet (sitzt sehr fest; wird vom ♂ versorgt), ab 1. (2.) Ei. Juv. schlüpfen asynchron. **Nestlings-/Führungszeit.** Erste ca. 14 d ständiges Hudern durch ♀, danach unregelm. Anfangs bringt nur ♂ Beute, ♀ ab ca. 2-3 Wochen. Juv. verlassen Nest mit ca. 34-37 d; erste schwache Flüge mit 31-36 d, sind aber erst mit ca. 6 Wochen flügge (ab 90 d erst beherrschter, schwebender Ruderflug), und werden noch ca. 2-3 Monate im elterlichen Revier geführt. **Jahresbruten.** 1; Ersatzgelege (nur bei *macroura* bekannt). **Bruterfolg.** Bei Nahrungsverknappung totaler Brutausfall möglich. In S. (*liturata*) 1969-78 von 203 Eiern 80% geschlüpft und Ø 1.12 Juv./Paar und J., mit Nichtbrütern 0.73 Juv./Paar und J.; Schwankungen abhängig vom Nahrungsangebot; Brutgröße in S. in Latenzjahren Ø 1.5 ± 0.6 Juv., in Gradationsjahren 2.7 ± 1.0.; in BY Ø$_{17}$ 1.82 ± 0.9 Juv./aktives Nest [3853]. Von

1969-82 machten zwischen 0-88% einen Brutversuch und zw. 0 - 75% der Revierpaare brüteten erfolgreich.

Eimaße und -gewichte [337,2540]: L. 46.5-54.7 mm, B. 39.0-44.0 mm, Ø 50.0 x 42.0 mm (n=150, CS); Frischvollgew. ca. 46-48 g; Schalengew. 3.12-4.77 g, $Ø_{48}$ 3.71 g.

Alter. Ältester Ringvogel (FIN) 23 J. 10 Monate [3654]. **Generationslänge:** 9 J. [383].

Mauser. **Postjuvenile Mauser** (Teilmauser) ab 45 d, Abschluss bis (Aug.) Sept./Okt. (Nov.); Umfang ähnlich Waldkauz [767,1369]. • **1. Postnuptialmauser** (Teilmauser) Großgefieder ab Sommer des 2. KJ, dabei HS 4–10 ersetzt [3022]. • **Postnuptialmauser** (Teilmauser) April/Juni–Aug./Okt. (Dez.) [767], ♂ beginnen erst nach Nestlingszeit; Schwungfedern in Staffelmauser, Umfang aber vom Alter, Nahrungsangebot und Bruterfolg abhängig [3022].

Strix nebulosa – Bartkauz 07660

Strix nebulosa J.R. Forster 1772

GB Great Grey Owl **F Chouette lapone** **E Cárabo Lapón**

Taxonomie. Zwei UA: *nebulosa* J.R. Forster 1772 (N-Amerika) und *lapponica* Thunberg 1798 (Eurasien).

Kennzeichen. [1784,3615,1369,221,3772,2540, 3566; weitere **Fotos** in Dutch B. **21**, 203, **22**, 169, **25**, 263, Bird. W. **11**, 41, 60, Brit. B. **96**, 321].

Maße. Gr.: (59) 62-70 cm, ♂ Ø 65 cm, ♀ Ø 67 cm. Gew.: ♂ 500-1175 g, Ø 900 g, ♀ 700-1500 g, Ø 1200 g. Fl.spw.: 134-158 cm, ♂ Ø 139 cm, ♀ Ø 146 cm. Fl.l.: ♂ 43.2-47.7 cm, ♀ 44.3-48.3 cm [1369,3615,2540]

Status. Standvogel, aber außerbrutzeitlich teilw. nomadisch (Irruptionen bis S-Küste Fennoskandiens); sehr kleiner Brutzeitbestand im Bialowieza-Urwald (E-PL) in Verbindung mit Brutpopulation in W-BY. In ME abseits des potenziellen Brutgebiets extrem seltener Ausnahmegast bis W-PL (3 Meldungen, zuletzt Apr. 1991) und kein Nachw. außerhalb PL [einziger Nachw. für D 1832 im heutigen Kaliningrad, 1369, vgl. aber 1784].

Verbreitung und Bestand. Verbreitung holarktisch in borealer Zone und einigen südlicheren Bergregionen Eurasiens und N-Amerikas (im W von Waldgrenze Alaska und CDN bis Kalifornien (37°N), im E bis N-Minnesota und Ontario). *lapponica* in N-Europa von N-N. (nur unreg.) und NE-S. (bis etwa 65° N) über FIN (dort bis 70°N) bis RUS (nach E bis Sachalin) und S bis Baltikum und BY. Südlichste Brutplätze in UA. bei 50°N [1507]. Europäischer Bestand zw. 2.100-6.700 BP (Trend unbekannt), mit größten Vorkommen in RUS (1.5-4.5 T.), FIN (0.3-1.5 T.) und S. (250-500 BP) [383,2540]; entspr. 5-24% des Weltbestandes [2614,383]. In ME nur am äußersten E-Rand in E-PL sehr kleines (Brut-?)Vorkommen [1366].

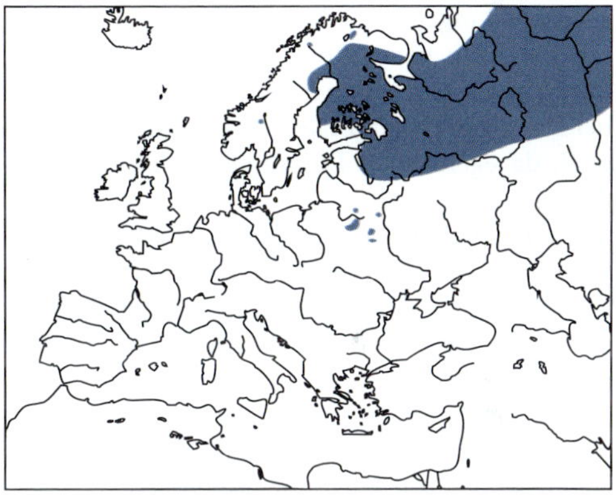

Strix nebulosa – **Bartkauz**

Wanderungen. Standvogel mit Zerstreuungswanderungen der Juv. und nomadisierend (Ad. bis 110 km Umsiedlung). Nach Zusammenbrechen von Wühlmauspopulationen Evasionen (in FIN 1950-80 9x) [3615], im E bis UA., jedoch nur selten nach S-Skandinavien und nie über W-Ostsee nach S.

	Best.	Areal	Brutbestand	Jahr	Quelle
PL	+/-	=	0 – 3 Ind.	2000	[149]

Bestandsentwicklung, Gefährdung und Schutz. In Teilen des Brutareales ab Mitte 1950er J. Zunahmen, u.a. bedingt durch günstigeres Klima im Winter und Frühjahr sowie Vergrößerung der Kahlschlagflächen [FIN:2614,3337; auch 1369,196,337]; z.T. erneute Stagnation ab Anf. 1980er J. wohl durch Lebensraumverlust.
Generell Brutvorkommen am SW-Rand europäischer Verbreitung unzureichend erforscht. Aus EST keine Bruten nach Mitte 20. Jh. bekannt, in LT fehlen genaue Angaben zum Brutbestand [4197N]; in LV und BY aber offenbar regelm. Brutvorkommen [2614]. Seit kurzem größere Brutpopulation in NW-UA. (1991 bis 10 BP!) bekannt [3615,1507].
Ebenso wenig abgesichert erscheint Status in PL. Nach [3867] nur vereinzelte Bruthinweise 1929, 1930 und 1953 sowie 1987 in Bialowieza und zwei weiteren Orten anerkannt, doch [nach 2614] auch Meldungen von 1967-71 aus Masuren wahrscheinlich. In neuer Roten Liste PL [1366] wird Bartkauz als sporadischer Brutvogel mit max. »einer Hand voll« BP in Bialowieza geführt [vgl. auch 442]; dagegen nur 9 Einzelbeob. 1985-97 aufgeführt [3871].
Schutzmaßnahmen in Anbetracht weiter Verbreitung und weitgehend gesicherter Bestände kaum erforderlich; doch illegale Bejagung durch Menschen bedeutender Gefährdungsfaktor im europäischen Verbreitungsgebiet [2614]. Zusätzlich negativ ist Rückgang großer Greifvogelarten, deren Horste der Bartkauz übernimmt [3892]. Angebot künstlicher Nisthöhlen gebietsweise erfolgreich.

SPEC	VSchRL	Bern.Konv.	Bonn.Konv.
--	Anh. I	Anh. II	--
Europ. RL	**RL in ME**		
--	--		

Siedlungsdichte. Reviergrößen recht gering, ausgeprägte Toleranz gegenüber Artgenossen, geringste Nestabstände bei 100 m; dennoch Abundanz selbst bei gutem Nahrungsangebot in FIN nur max. 0.9 BP/10 km^2 [2540], in Komi (RUS) 0.5-1.0 Ind./10 km^2, aber bis zu 3.0 Ind./10 km^2 in guten Mäusejahren [1784].

Biotop. Hochstämmige Fichten- und Kiefernwälder, meist in dichten Beständen, mit Brutstandort in alten Greifvogelhorsten und auf Stubben. Jagdgebiet nahe gelegene Lichtungen, Moore, Kahlschläge etc. Im Winter offenere Flächen.

Nahrung. Wühlmäuse (meist *Microtus*) bilden in der Brutzeit bis zu 90 %. Im Herbst und Winter meist etwas vielseitiger, z.B. ansehnliche Anteile an Spitzmäusen. Beutespektrum der weniger bedeutsamen Tiere reicht bis Eichhorn, Schneehase und von Kleinvögeln bis Haselhuhn [z.B. 3568].

Stimme. Reviergesang des ♂ Strophen aus 10–12 dumpfen »ho-ho…« -Rufen. Gegen Ende etwas kürzer und tiefer (schwächer als Habichtskauz). Gesang des ♀ selten, rauer. Daneben gedämpftes, uhuähnliches »wuhú wuhú« (♂), ♀ schwächeres »wuh wuh«. ♂ zur Brutzeit in Nestnähe »kjekjekje« etc. ♀ katzenartiges »njau«. Standortlaute der Jungen hoch und schrill »oooih«. Warnruf tiefes, langgezogenes »grrrrrrrok« und hart grunzend »grruhk-grruhk-grruhk«.

Verhalten. Dämmerungs-, aber auch nacht- und tagaktiv. Weiche, langsame, an Graureiher erinnernde Flügelbewegungen. Oft wendiger lautloser Flug. Jagt in übersichtlichem Gelände von niedrigen Warten aus. ♂ lassen sich durch Imitation des Reviergesangs anlocken. Meist Einzelgänger; zur Brutzeit territorial. Auf Wanderung mitunter in lockeren Gruppen.

Fortpflanzung, Brutbiologie [337,1369,2541, 767,1551]. Geschlechtsreife im 1. Lebensjahr, Erstbruten aber oft erst mit 2 J. Monogame Saisonehe. **Ankunft im Brutgebiet.** Ganzjährig im Gebiet, Reviergesang Sept./Okt., vermehrt wieder ab März, mit Höhepunkt April/Anf. Mai. **Nest.** Meist Baumhorste von Greifvögeln, selten auf abgebrochenen Baumstümpfen oder am Boden. Nimmt Kunstnester an. Kein Nistmaterial, zuweilen gescharrte Mulde. **Legebeginn.** April bis Mitte Mai; Nachgelege bis Mitte Juni. **Gelegegröße.** 3-6 (1-7, 9); je nach Nahrungsangebot unterschiedlich; Ø FIN$_{241}$ 4.4. Legeintervall 2-4 d. **Eier.** Spindelförmig (wenig rund als andere Euleneier), leicht glänzend, weiß. **Brutdauer.** 28-30 d, ausnahmsweise länger; ♀ brütet (wird vom ♂ versorgt). Brutbeginn ab 1. Ei. Juv. schlüpfen stark asynchron. **Nestlings-/Führungszeit.** ♀ hudert erste 14 d kontinuierlich, ♂ bringt Futter. Juv. verlassen Horst vor Flugfähigkeit mit 20-28 (30) d (klettern in Ästen), frühestens mit 5-6 Wochen erste Flüge, vollständige Flugfähigkeit mit 60-70 d. Mit 4-5 Monaten sind Juv. selbständig, verbleiben aber im Winter oft noch im Elternrevier. **Jahresbruten.** 1; Ersatzgelege; brütet nicht jedes Jahr! **Bruterfolg.** Erfolgreiche Bruten in S. und FIN$_{106}$ 2.93 ± 1.4 flügge Juv./Paar. Bei 42 Gelegen

in FIN schlüpften aus 80.5% der 174 Eier Junge, 72.1% der Jungen verließen das Nest (= 2.41/Brut), bei 42 Gelegen mit 147 Eiern in FIN Schlüpferfolg 95% und 69% flügge. Ø Zahl flügger Juv./erfolgr. Nest in verschiedenen J. in FIN 2.7-3.9, in S. Ø 3.6. Bei Mäusemangel kaum Bruterfolg oder völliger Brutausfall.

Eimaße und –gewichte [337,2540]: L. 48.6-58.1 mm, B. 39.0-47.0 mm, Ø 52.7 x 42.7 mm (n=153, FIN), 53.2 x 42.4 cm; Frischvollgew. ca. 50 g; Schalengew. 3.27-5.10 g, $Ø_{133}$ ca. 4.48 g.

Sterblichkeit, Alter. In USA (Oregon) im 1. J. 47 %, brutreife ad. ♂ 9 % und ♀ 16 % [573]. Ältester Ringvogel (♂ S.) 15 J. 10 Monate [3654]. **Generationslänge:** 5 J. [383].

Mauser. Ähnlich Wald- und Habichtskauz [767,3882,3050]

ORDNUNG Caprimulgiformes – Schwalmvögel

Schlanke, schmal- und langflügelige Dämmerungs- und Nachtvögel; Bodenbrüter. Tief eingeschnittene Mundspalte im breiten abgeflachten Schädel öffnet sich (durch speziellen Mechanismus im Unterkiefer sowohl vertikal als auch horizontal) zu einem breiten Rachen, der als Insektenkäscher wirkt; Schnabel selbst klein. Seitlich ansitzende Augen und Ohren groß; Retina mit »Tapetum« (reflektierende Oberfläche zur besserem Lichtaufnahme in der Dunkelheit). Beine schmal und kurz, 3 Vorder-, eine Hinterzehe. Sitzen in Ruhehaltung längs auf einem Ast. Gelege 1-2 Eier, kein Nestbau. Junge sind Platzhocker, die schon mit 2-3 d laufen können, sich aber sonst langsam entwickeln. Ausführliche Monographie der Gruppe [1757; Feldkennzeichen:701,1784,1757; Tonaufnahmen:3124].

Morphologische Merkmale und molekulare Sequenzen zeigen, dass die Ordnung Caprimulgiformes in ihrer traditionellen Abgrenzung nicht monophyletisch ist (bisher hier 5 Familien subsummiert: **Steatornithidae** Fettschwalme, **Podargidae** Eulenschwalme, **Aegothelidae** Höhlenschwalme, **Nyctibiidae** Tagschläfer und **Caprimulgidae** Nachtschwalben). Die australasiatischen Aegothelidae sind die Schwestergruppe der Segler und Kolibris [2522,2527], der Fettschwalm (*Steatornis*) ist möglicherweise die Schwesterart der Trogone [2523].

Familie Caprimulgidae – Nachtschwalben

In Europa nur diese Familie der Ordnung mit nur einer Art als Brutvogel sowie einem Ausnahmegast vertreten.

Caprimulgus europaeus – Ziegenmelker 07780

Caprimulgus europaeus Linnaeus 1758

GB (European) Nightjar **F Engoulevent d'Europe** **E Chotacabras Europeo**

Taxonomie. Sechs UA, davon zwei mit klinalem Übergangsbereich in Europa: *europaeus* Linnaeus 1758 (N-Europa und ME) sowie *meridionalis* Hartert 1896 (S-Europa).

Kennzeichen. [1369,1784,221,3772,3615; **Fotos** in Var. Fag. 2001/**4**, 27].

Maße. Gr.: 24.5-28 cm. Gew.: ♂ 51-101 g, ♀ 67-95 g. Fl.spw.: 57-64 cm. Fl.l.: 18.4-20.8 cm [1369,3615].

Status. Verbreiteter, wenig häufiger Sommervogel ab Ende März/Mitte April bis Sept./Okt. (Nov.), nach starker Abnahme gebietsweise seltener Gastvogel und Durchzügler.

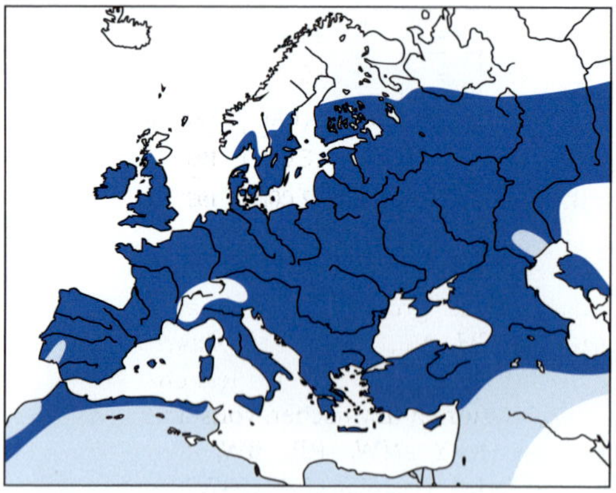

Caprimulgus europaeus – **Ziegenmelker**

Verbreitung und Bestand. In borealer (13°-Juli-Isotherme) und gemäßigter bis subtropischer Zone Eurasiens und NW-Afrikas, E bis Baikalsee, Mongolei und NW-Indien. Nominatform in Europa weit verbreitet, Gesamtbestand zw. 470.000-1.000.000 BP (abnehmend), mit Beständen > 20.000 BP in RUS (100-300 T.), TR (100-200 T.), BY (35-50 T.), F (40-100 T.) und E. (82-112 T. BP) [383]. In ME vor allem in milderen Tieflagen, in klimatisch günstigen Regionen auch bis 1700 m NN; größere Verbreitungslücken im Alpenbereich, in dicht bewaldeten und höheren Mittelgebirgen, nassen und intensiv genutzten Tiefländern. Nach starkem Rückgang in ME etwa 13.000-21.000 BP mit Schwerpunkten in PL, H und D [1369,1585].

Wanderungen. Langstreckenzieher; Winterquartier Afrika S Sahara (S-Äthiopien/S-Sudan bis S-Afrika; Kamerun bis Guinea, doch in W-Afrika seltener). Abzug der Juv. nach Selbständigwerden, der Ad. etwa ab Aug.; Hauptzug in ME und S-Europa Sept., Einzelne bis 2. Okt.hälfte (späteste ME Ende Nov.). Ab Ende Aug./Anf. Sept. die Ersten in Afrika S Sahara. Heimzug ab Feb./März, Einzelne noch im April in S-Afrika. In ME Erstbeob. 3. April- /1. Maidekade, Hauptankunft Mai; Durchzug bis Ende Mai/Anf. Juni. ♀ kommen 4–5 (GB sogar Ø 11) d später an als ♂. Hohe Brutorttreue nachgewiesen [3859].

Bestandsentwicklung. Bei gängigen Kartierungen selten genau erfasst; daher fehlen meist Angaben zur langfristigen Bestandsentwicklung auf größeren Flächen; viele Bestandszahlen liefern nur grobe Orientierung über Populationsgrößen.

	Best.	Areal	Brutbestand	Jahr	Quelle
A	+/-	=	300 - 500	1998 - 2002	[383]
B	↕	F	381 - 510	1995 - 2002	[383]
CH	↓	- 1	50 - 70	1993 - 1996	[383]
CZ	↓	- 1	400 - 700	2000 - 2002	[383]
D	↓	- 1	3.100 - 4.400	1995 - 1999	[383]
H	↓	=	3.500 - 6.000	1998 - 2001	[383]
L	+/-	=	1 - 5	2000 - 2002	[383]
NL	+/-	=	950 - 1.150	1998 - 2000	[383]
PL	+/-	=	4.000 - 6.000	1990 - 2000	[383]
SK	+/-	=	1.000 - 2.000	1990 - 1999	[383]

Seit Beginn des 20. Jh., verstärkt seit 1950er J. beträchtliche großräumige Abnahme in Teilen ME (D, CH, NL, B, A) und benachbarten Ländern [1369,3892,196,1343]. Viele ehemals größere Populationen inzwischen vollständig erloschen [z.B. in D-BY, -NW, -RP, -BW, -SH, -NI, -BB, -TH, L, NL:2560,2623,1719,1587,2068,1,375,310], zudem Brutbestand in verbliebenen Rückzugsgebieten meist erheblich gesunken. Suboptimale Gebiete der höheren Lagen zuerst betroffen, seit 1960er und 70er J. aber auch Verbreitungsschwerpunkte [196]. Rückgang in D-SH bes. dramatisch; dort um 1960 noch Bestand von 150-200 BP, Anf. 1980er J. noch bis 14 BP, letzte brutverdächtige Paare Ende 1980er J., Erfassung 1999 erfolglos [310,1991]. Auch in anderen Regionen Bestandsabnahmen bis in jüngste Zeit, z.B. D-MV, -ST und -BB, S-DK [196,310]. Dagegen im klimatisch günstigeren D-NW sowie in N-DK weitgehend stabil [1880,1874]. In NL in 1990er J. nach langer Phase drastischer Bestandsabnahme (um 80-95% seit 1950er J.) und großem Arealverlust wieder offensichtliche Zunahme in verbliebenen Populationen [375,3638].
Allerdings Bestände regional z.T. erheblich unterschätzt, da in Sekundärlebensräumen wie Truppenübungsplätzen zuweilen beträchtliche Populationen, z.B. in Westf. >100 Reviere um 1988 [3516], aber 1974 nur 10-15 BP bekannt [337], in D-NI nach Erfassung 2003 ca. 2000 BP (mehr als das Doppelte des bisher geschätzten Bestandes) [Blüml]. In W-ME in einigen Optimalbiotopen ohne menschliche Einflussnahme (zumindest vorübergehend) stabiler Bestand [vgl. 4175,196]; in E-ME zudem offenbar längerfristig konstant [1507,3892,1585]. In GB seit einigen J. deutliche Bestandszunahme, vor allem durch rasche und erfolgreiche Besiedlung von Wiederaufforstungsgebieten [3505,2536].

Siedlungsdichte. Jagdrevier Mindestgröße 1–1.5 ha; ab 3.2 ha zwei oder mehr ♂. Größte Dichten 10–15 ♂/100 ha, aber auch in günstigen Biotopen oft erheblich < 10 ♂ [337]. Regional in DK 100 'BP'/7550 km^2; E-D 0–5 'BP'/316 km^2 bzw. 5–20 'BP'/480 km^2; NL 93–47 'BP'/2680 km^2 bzw. 12–15 'BP'/1820 km^2 [337]. Auf Truppenübungsplätzen D z.B. 1.6 'BP'/km^2 bzw. 4.7 'BP'/km^2 [2854], in Optimalbiotopen PL max. 0.4-1.0 'BP'/km^2 [3871].

Gefährdungsursachen [1719,1507,1589,843,965, 1369,3892,4175,196,310,3582,3582N,1302,2854, 1991]. Lebensraumverluste durch Eutrophierung und Vergrasung von Heiden und Trockenrasen, Beseitigung des Niederwaldes, durch industriellen Torfabbau, landwirtschaftliche Nutzung, Übererschließung, Ausweitung und Bereinigung der Rebflur, Verlust von Magerstandorten, Bebauung, Aufgabe extensiver Nutzung und Beweidung (in Streu-, Steppen- und Wacholderheiden sowie auf Moorflächen und in Bruchgebieten) mit starker Sukzession oder Aufforstung, regional Abnahme großer Kahlschläge, schließlich Sandabbau und Verfüllung; viele Meliorationsmaßnahmen führen überdies zur Verringerung der Habitatdiversität. Zudem regional starker Rückgang nachtaktiver Großinsekten, bedingt durch (1) Intensivierung der Landnutzung, Rückgang der Alt- und Totholzanteile und übertriebene Forsthygiene, (2) beträchtlichen Einsatz von Pestiziden und (3) Aufgabe

traditioneller Waldwirtschaft.
Störungen und Beunruhigung (auch direkte Verluste) an Brutplätzen durch Pflegemaßnahmen während Brutzeit sowie intensive Freizeitnutzung (freilaufende Hunde, Motocross- und Mountainbikefahren usw.) und Ausbau des Straßen- und Wegenetzes.
Beträchtliche Verluste durch Straßenverkehr, ferner auch durch Freileitungen, Ausmähen von Schonungen etc.
Direkte Verfolgung, heute überwiegend in Durchzugs- und Überwinterungsgebieten.
Einfluss verschlechterter Überwinterungsbedingungen derzeit nicht abschätzbar.
Bedeutende (natürliche) Verlustursachen: Veränderungen des Klimas (Zunahme der Sommerniederschläge), besonders wichtig in NW-ME. Jungvogelverluste durch Prädatoren, vor allem Marder, Fuchs, auch Ratten. Verlust der Brut- und Jagdgebiete durch natürliche Sukzession auf Windwurf- und Brandflächen.

SPEC	VSchRL	Bern.Konv.	Bonn.Konv.
2	Anh. I	Anh. II	--
Europ. RL	RL in ME		
--	A, D, CH, CZ: 'EN', NL:'VU'		

Schutzmaßnahmen. Förderung eines Landschaftsmosaiks auf großer Fläche mit Erhaltung verbliebener Heiden und Moore, extensiv genutzter Grünland- und anderer Offenflächen sowie störungsfreier Lichtungen und Schonungen an sandigen Standorten (ggf. Einzäunung); regional Erhöhung der Habitatvielfalt in Weinbaugebieten; zusätzliche Auslichtung geeigneter Waldteile, Einstellung des industriellen Torfabbaus; Schutz von Magerstandorten; kein Ausmähen von Schonungen und waldnahen Grünländern vor August; Änderung der Waldwirtschaft vom Altersklassenwald (Hochwald) zum Streuwald; Erhalt von Lichtungen und Offenstellen im Wald. Ausweisung von Schon- und Bannwäldern, Besucherlenkung in übererschlossenen Bereichen. Keine Verfüllungen von Abgrabungsflächen. Ausweisung von Vogelschutzgebieten, vor allem in militärischen Liegenschaften (Nachfolgenutzung durch Naturschutz).
Maßnahmen zur Förderung der Regeneration der Großinsektenfauna, dazu: geringere Ausräumung der bodennahen Schichten, Belassen von Totholz, erhebliche Reduktion des Biozid- und Düngemitteleinsatzes in der Land- und Forstwirtschaft, extensive Waldnutzung, Rückbau des Wegenetzes, vergrößertes Angebot an nährstoffarmen Ackerbrachen. Vollständige Einstellung der Bejagung der Art in Durchzugs- und Überwinterungsgebieten.

Biotop. Heide- und Waldbiotope auf trockenem (wasserdurchlässigem), leicht erwärmbarem Boden, auch Laubwald; in ME heute bevorzugt Sandheiden, Moorgebiete, offene Kiefernwälder. Wichtig ist entweder offener Wald mit sehr lückigem Oberbestand oder bei ± vollem Kronenschluss offene Jagdreviere (z.B. Lichtungen, Kahlschläge, junge Schonungen < 1 m, Wege). Bodenschicht soll tagsüber eingestrahlte Wärme mit Einbruch der Nacht an bodennahe Luftschichten abgeben (Jagd!). In ME erfüllt Sandboden diese Bedingungen am besten.

Nahrung. Im Flug erbeutete nachtaktive Insekten von Stechmücken, Kleinschmetterlingen und kleinen Käfern bis zu großen Schmetterlingen (z.B. Weidenbohrer) und Käfern. Für die Jungenaufzucht werden zarte, weichhäutige Arten bevorzugt. In ME zu Beginn der Saison wohl Maikäfer u.a. Käfer wichtig, ab Ende Mai viele Eulen (Noctuiden); dann folgen viele kleine, weichhäutige Arten und vor dem Abzug offenbar erneutes Eulenmaximum.

Stimme. ♂ schnurren »errr-örrrerrr«, oft pausenlos bis 5 oder gar 9 min (schwillt an und ab), gewöhnlich von Singwarte, selten im Flug oder vom Boden, Höhepunkt in der Abenddämmerung in der 2. Maihälfte (individuelle Unterschiede) [3152]; selten auch am Tage schnurrend. Im Höhepunkt der Balz Abflug mit Flügelklatschen und eingestreuten anderen Elementen. ♀ schnurrt selten, kurz und verhalten. Flugruf »ruiet« oder »huit«, auch »tvät-tvät«, vorwiegend vom ♂ zu hören. Fluchtstimmung deutet gereihtes »tack« (Amsellaut) an; bei Erschrecken dumpf »oak« etc. Flügelklatschen durch Zusammenschlagen der Flügel über den Rücken oder durch gleichzeitigen Schlag ohne gegenseitige Berührung nach unten (Peitschenknall-Effekt), bei der Balz oder Verfolgung vom ♀ oder Rivalen. ♀ klatschen selten.

Verhalten. Dämmerungs- und nachtaktiv. Kältestarre und Torpor nachgewiesen. Flug langsam und schaukelnd, vor allem bei Jagd mit jähen Wendungen, auch rasanten Stößen und rüttelnd. Erinnert im Streckenflug etwas an Kuckuck. Gang trippelnd. Tagsüber am Boden, auf Baumstümpfen oder auf armstarken Baumästen (in Längsrichtung) ruhend. Sehr gut getarnt! Augen werden bis auf einen

Schlitz geschlossen. Jagd auf fliegende, vor allem größere Insekten, Flug- oder Ansitzjagd. Jagdwarten meist niedrig, da Insekten bevorzugt von unten angeflogen werden. Zur Brutzeit territorial, auch sonst bevorzugt Einzelgänger (Zugkonzentrationen aus äußeren Gründen möglich). Durch Tonband in der Balzzeit anzulocken. ♂ schnurren schon während des Heimzuges (Achtung bei Bestandsaufnahmen!). Volle Balz erst 3 Wochen nach Ankunft der ♀. Typische Schmetterlingsflugbalz der ♂, endet oft am Boden in Kopulation. Paarbindung während einer Saison stabil. Außerhalb der Brutzeit und auf dem Zug oft in kleineren Trupps (nahrungsabhängig).

Fortpflanzung, Brutbiologie [1722,337,1369,767,1, 1551]. Geschlechtsreife mit 1 Jahr. Monogame Saisonehe. **Ankunft im Brutgebiet.** Ankunft ab Ende März/Anf. April, Besetzung der Brutplätze aber meist erst zwischen Ende April und Ende Mai; Balzaktivitäten bis Juli möglich. **Nest.** Nistplatz im Hochwald, in Dickungen oder auf Schonungen am meist vegetationslosen oder -armen Boden, bevorzugt wo trocken und sonnig sowie Schatten am Mittag. Kein Nestbau. **Legebeginn.** Anf. Juni bis Mitte Juli; Maigelege Ausnahme. **Gelegegröße.** (1) 2 (3 oder 4 wahrscheinlich von 2 ♀). Legeintervall 26-48 (56) h. **Eier.** Elliptisch oval, glänzend, (grau-) weißer Grund mit vielen blauen Unterflecken und groben (oliv-)braunen Oberflecken. **Brutdauer.** 17-18 (16-21) d; ♀ brütet meist (wird vom ♂ kurzzeitig abgelöst). Brutbeginn nach 1. Ei. Juv. schlüpfen asynchron in etwa 2 d Abstand; späteste Termine im Aug. **Nestlings-/ Führungszeit.** ♀ hudert bis 13 d, dann füttern beide (oder nur ♂, wenn ♀ neue Brut beginnt); Juv. ab 15 d mit ersten Flugversuchen, verlassen mit 17 d das Nest, sind mit 30-35 d selbständig und verlassen das Brutrevier. **Jahresbruten.** 1 (-2) (Zweitbruten als Schachtelbrut möglich, in GB 25%, dann Juv. ab 15 d vom ♂ allein geführt); wohl regelm. Ersatzgelege. **Bruterfolg.** Unter günstigen Bedingungen 1.2-2.3 Juv./Paar und J., bei einer Jahresbrut 1.1-1.7 Juv./Paar und J.; in GB bei 25% Zweitbruten 1.35 (dort von 56 Eiern 66% geschlüpft und 48% flügge).

Eimaße und -gewichte [337]: L. 28.5-36.3 mm, B. 20.9-24.5 mm, Ø: 31.5 x 22.3 mm (n=100, NL), 31.9 x 22.5 mm (n=100, GB); Frischvollgew. 7.0-9.9 g; Schalengew. 0.46-0.64 g, Ø$_{89}$: 0.55 g.

Sterblichkeit, Alter. Ältester Ringvogel (GB) 11 J. 11 Monate [3654]. **Generationslänge:** 4 J. [383].

Mauser. **Postjuvenile Mauser** (Vollmauser) beginnt ab Ende Juli/Aug., bei spät geschlüpften aber erst im Winterquartier ab Ende Okt./Nov.; Abschluss bis März/April, bisweilen später [767,139,701]; Schwungfedern mitunter nicht vollständig erneuert [767,1285,701]. • **Postnuptialmauser** (Vollmauser) setzt oft im Brutgebiet ab Juli/Aug. mit Teilen des Körpergefieders und z.T. Schirmfedern ein, Umfang vor Unterbrechung während Wegzug aber variabel [767,139,701]; ab Ende Sept./Okt (Dez.) fortgesetzt und bis Jan./März beendet; Großgefiedermauser i.d.R. ausschließlich im Winterquartier [767,1369,139].

Caprimulgus aegyptius – Pharaonenziegenmelker 07810

Caprimulgus aegyptius M.H.K. Lichtenstein 1823

(GB) Egyptian Nightjar **(F) Engoulevent du désert** **(E) Chotacabras Egipcio**

Taxonomie. Zwei disjunkt verbreitete, in der Größe deutlich differenzierte UA: *saharae* Erlanger 1899 (NW-Afrika, W-EGY), *aegyptius* M.H.K. Lichtenstein 1823 (Nil-Delta, Sinai ostwärts).

Kennzeichen. [1369,1784,3615,4009; weitere **Fotos** in Bird. W. **2**, 164-165 (z), **8**, 145, **15**, 24, Dutch B. **19**, 52].

Maße. Gr.: 24-26 cm. Gew.: ♂ 68-93 g, ♀ 70 und 81 g. Fl.spw.: 58-68 cm. Fl.l. (Nominatform): 20.0-21.6 cm, (*saharae*): 18.5-19.9 cm [1369,1784,3615].

Status. Zugvogel. Seltener Ausnahmegast in Europa, im Mittelmeergebiet (M, I mit insges. > 40 Nachw.) vor allem von Vögeln der Nominatform, aber auch der westlichen Form *saharae*. In N(W)-Europa mehrfach nachgew. (z.T. Subspezies unklar), z.B. S. Mai 1972; GB Juni 1883, Juni 1984; DK Mai/Juni 1983 [1369,3615,q23].
In ME bisher nur 1 Nachw. in **D**-SH (Nominatform): am 22. 6.1875 ♂ erlegt auf Helgoland [1369].

Verbreitung. Brutvogel in offenbar stark inselartigem Areal in Halbwüsten- und Wüstenrandgebieten der SW-Paläarktis von W-MA nach E bis Iran, W-Afghanistan sowie Trockengebiete des mittelasiatischen RUS; bis 1940er J. wohl auch Brutvogel in IL [1369,3615]. Global nicht bedroht; Gesamtbestand aber nicht bekannt [1784].

Wanderungen. Zugvogel; alle 3 UA überwintern in Sahelzone/S Sahara.

Biotop. Br. in Sanddünen, dürren Brach- und Weideflächen.

Nahrung. Ähnlich *C. europaeus;* hoher Anteil an Käfern.

Stimme. Meist nur Balzgesang der ♂ zu hören. Mehrere sec lange Strophen regelmäßiger, schnell aufeinanderfolgender Silben »tok-tok-tok-tok-tok-tok..« o.ä., die dem hohlen Schnalzen der Zunge am Gaumen oder dem Leerlauf eines Diesels ähneln. Gegen Ende langsamer und unregelmäßiger. Gelegentlich zweisilbiger Flugruf »tok-l tok-l«.

Verhalten. Dämmerungs- und nachtaktiv. Außerhalb der Brutzeit geselliger als *europaeus.*

Mauser. **Postjuvenile Mauser** (Teil- oder Vollmauser) ab Juli; vermutlich meist nur partielle Großgefiedermauser [767]. • **Postnuptialmauser** (Vollmauser) Mai/Mitte Juni–Sept./Dez., bei einigen noch im Brutgebiet beendet [767,1369,701,1421].

ORDNUNG Apodiformes – Segler

Schnelle Dauerflieger, sehr lange Flügel (insbesondere 9-10 HS, dagegen 8-11 AS recht kurz), durch bevorzugten Segelflug Brustmuskulatur nicht außergewöhnlich groß (<20% des Körpergewichts, vgl. Tauben mit > 25%); kurzer, meist gegabelter Schwanz; Gefieder meist ± dunkel. Kopf flach, Schnabel sehr kurz und breit, Mundspalte sehr weit. Kurze kräftige Klammerfüße mit sehr kurzem Lauf; bei einheimischen Apodidae können auf glatten harten Oberflächen alle 4 Zehen nach vorne weisen (Pamprodactylie), doch typischerweise greifen zwei Zehen nach vorne, zwei nach hinten (sehr ähnlich Koalas oder Chamäleons) [1784]. Stark entwickelte Speicheldrüse. Eine Jahresmauser. Nackt schlüpfende Junge; extreme Nesthocker; Fütterung der Jungen mit Nahrungsballen. Feldkennzeichen [656,1784].

Segler (Apodiformes) und Kolibris (Trochiliformes) sind Schwestergruppen [3564,405,1888]. Zwei Familien: Hemiprocnidae (Baumsegler, 4 Arten, SE-Asien) und Apodidae (Segler, weltweit, ca. 92 Arten).

Familie Apodidae – Segler

Erste molekulare Untersuchung der Verwandtschaftsverhältnisse innerhalb der Apodidae anhand von mtDNA deutet auf Palmsegler *Cypsiurus* (2 Arten, Afrika und S-Asien) als Schwestergruppe von *Apus* [3072]. Da die Arten der Familie morphologisch generell gering differenziert sind, erscheinen auch mögliche Superspezies-Grenzen bei *Apus* sehr unsicher.

Hirundapus caudacutus – Stachelschwanzsegler 07920

Hirundapus [caudacutus] caudacutus (Latham 1801)

GB **White-throated Needletail** F **Martinet épineux** E **Vencejo Mongol**

Taxonomie. Zwei UA: *caudacutus* (Latham 1801) (E-Paläarktis) und *nudipes* (Hodgson 1837) (Himalaya - SW China). In Europa dürfte nur Nominatform erscheinen. Bildet Superspezies mit SE-asiatischen *H. cochinchinensis.*

Kennzeichen. [1784,3615,221,3772,656; **Foto** in Dutch B. **13**, 189].

Maße. Gr.: 19-20 cm. Gew.: 101-140 g. Fl.spw.: 50-53 cm. Fl.l.: 19.6-21.7 cm.

Status. Zugvogel (nach AUS, Neuguinea). Sehr seltener Ausnahmegast in Europa mit Nachw. in GB 7 mal, Mai-Juli 1846-1991, IRL Juni 1964; N. Mai 1968 und 1995; S. Mai 1994, Juni 1998; Färöer Juni 2000; FIN Mai 1933, Apr. 1990, Mai 1991; E. Nov. 1990 und M erl. Nov. 1971 [3615,277,q23,3319], meist zw. Ende Apr.- 20. Juni sowie (in E. und M) im Nov. [277].
In ME bisher nur 1 Nachw. in • **NL:** am 22.5.1996 in Zeeland [277].

Verbreitung. Von Zentralsibirien (Tomsk-Region) E bis Kurilen und JAP und nach S bis E-China; ferner isoliert Himalaya (N-Pakistan bis Assam) nach E bis SW-China [1784,3615]. Global nicht bedroht; Gesamtbestand nicht bekannt [1784].

Wanderungen. Langstreckenzieher. Br. SE-Asiens überwintern in S-Neuguinea und AUS, wo von Dez.-März anwesend [656].

Biotop. In trockenen, wärmeren Klimabereichen Br. in Felsbereichen; aber meiste Zeit im Luftraum.

Nahrung. Wie andere Segler.

Mauser. **Postjuvenile Mauser** (Vollmauser) ab Dez.; HS-Mauser meist im Sommer des 2. KJ [767,1688,655]. • **Postnuptialmauser** (Vollmauser) größtenteils im Winterquartier, Abschluss bis Feb./April [767,1688,655].

Apus melba – Alpensegler 07980

Apus melba (Linnaeus 1758) syn.: *Tachymarptis melba*

GB Alpine Swift **F Martinet à ventre blanc** **E Vencejo Real**

Taxonomie. Etwa 10 UA, davon 3 in W-Paläarktis: *melba* (Linnaeus 1758) (N-MA und S-Europa bis NW-Iran), *tuneti* (Tschusi 1904) (S Mittelmeerraum E bis S-Iran) und *archeri* (Hartert 1928) (Somalia und SW Arab. Halbinsel). Die Art wird manchmal zusammen mit dem afrikanischen *A. aequatorialis* in eine eigene Gattung *Tachymarptis* gestellt [vgl. 525]. Molekulare Daten, die dies rechtfertigen würden, fehlen bisher.

Kennzeichen. [1784,3615,1369,221,3772,655,656; **Fotos** in Dutch B. **25**, 374, **26**, 97, Bird. W. **17**, 97, 141].

Maße. Gr.: 20-22 cm. Gew.: 76-125 g, Ø: 104 g. Fl.spw.: 54-60 cm. Fl.l.: ♂ 22.0-24.0 cm, ♀ 21.4-23.3 cm [1369,3615].

Status. In S-ME Brut- und Sommervogel von Ende März/Mitte April bis (Sept.) Okt., lokal verbreitet und bes. in größeren Städten z.T. häufig. Felsbrüterpopulationen z.T. rückläufig oder verschwunden. Abseits der Brutplätze seltener Gastvogel im Frühjahr oder Herbst (sehr selten im Sommer) mit einzelnen Nachw. bis N-Europa (weitaus meiste Beob. nach 1950).
Nachw. abseits der Brutgebiete in ME betreffen • **B:** 12 mal bis 1982 [337]. • **NL:** 42 mal bis 2003, darunter allein 5 Nachw. für 2000 [277,q16]. • **D:** u.a.: -NI 7 mal , -HH 2 mal ; -SH (Helgol.) 4 mal bis 1982 [337]; -BB 2 mal [1]; -BE 2003 1 Ind. mehrere d [ABBO]; -MV 3 mal [2031]; -SN 2 mal [3667]; -TH 4 mal [2068]; -BY >20 mal [4175]; in -BW Brutvogel (s.u.). • **CZ:** 11 mal bis 1996 [2159]. • **PL:** 9 mal von 1982-2001 (Anf. April-Sept.) [3871]. • **SK.** 3 mal (zuletzt 1974) [3882]. • **H** 1996 [2438], weitere Beob. 1998 noch nicht anerkannt [q3].
In N(W)-Europa zudem mehrfach in DK, N. und S.; in GB (und IRL) allj. [337,3615].

Verbreitung und Bestand. Areal von SW-Europa und NW-Afrika E bis Innerasien sowie über N-Arabien bis Indien und Sri Lanka; ferner E- und S-Afrika (in Zentralafrika selten) [1369]. Nominatform erreicht in S-ME ihre nördlichsten Brutplätze. Brutbestand Europas 140.000-330.000 BP (Zunahme), mit größten Populationen in HR (10-50 T.) und TR (100-200 T. BP) [383]; in Alpen ME und N davon brüten 1.450-1.750 BP [383, erg.].

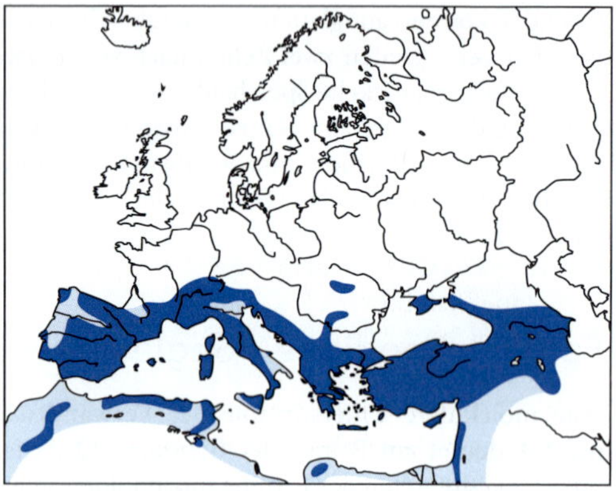

Apus melba – **Alpensegler**

Wanderungen. Langstreckenzieher; Winterquartier in Afrika S Sahara, etwa von Elfenbeinküste bis Nigeria sowie Sudan und angrenzende Gebiete [656]. Nahrungsflüge führen vor allem in W-Europa relativ weit nach N. Im Brutgebiet etwa doppelt so lange wie Mauersegler. Juv. verlassen Kolonie z.T. schon kurz nach Ausfliegen und streuen in alle Richtungen (z.B. bis 200 km NE, 370 km S). Hauptwegzug der Ad. Sept. Letztbeob. CH Mitte Sept./Mitte Okt.; einzelne Nov.- und Dez.-Beob. Daten N und NW Brutareal in Europa Mitte März bis Mitte Nov., Gipfel Ende Sept/ Anf. Okt. Beginn des Heimzuges in N-Afrika Ende Feb., Höhepunkt Anf. April, Abschluss Mitte Mai. Erstbeob. CH Mitte März/Anf. April (frühestens 5. März); Gros erscheint um Mitte April. Hohe Brutortstreue nachgewiesen.

Bestandsentwicklung. In Felsbrüterbeständen CH im 20. Jh. kaum Veränderungen [3392], dagegen kontinuierliche Ausbreitung der Gebäudebrüter. Ende 1950er J. in CH mind. 800 BP in 36 Orten, mit Felsbrütern insgesamt > 1.250 BP [1369]. Nach witterungsbedingtem Einbruch und Brutplatzverlusten in 1960er und 70er J. lag Gebäudebrüter-Bestand 1975-78 nur noch bei 320 BP in 32 Orten [1369], bis Mitte 1990er J. aber wieder auf 980 BP angewachsen [3392].

Möglicherweise bereits 1842 erster Ansiedlungsversuch am Hohentwiel D-BW [1722], doch anhaltende Besiedlung erst (1952) 1955 in Freiburg i.Br., offenbar durch Vögel aus Solothurn CH [1719]. Bis 1967 Anstieg auf 24 BP an 4 Gebäuden und 1979 auf > 30 BP an 6 [1722], in 1990er J. weiterer deutlicher Bestandsanstieg.
In Basel CH erste Alpensegler 1968, Brutnachw. seit 1972 [3412]; nachfolgend Bestandszunahme, wie auch in vielen Kolonien des CH Mittellandes [3392]. Seit 1990er J. weitere neue Ansiedlungen im Ober- und Hochrheingebiet D-BW (und F): Waldshut D 1991, Mulhouse F 1991 [808], Emmendingen 1997 [1722], Hirsingue F 1999 [3412], ab 2001 schließlich Lörrach [404] und Achern (derzeit nördlichster Brutplatz überhaupt !) [M. Schmidt]. Seit 2001 dann im Bereich der Donau in Tuttlingen D-BW [B. Laufer] und Zunahme der Brutzeitbeob. in Bregenz A-V (2004 erste Bruten) sowie 2002 Neuansiedlung in Guebwiller F [58], 2004 erstmals Lindau (D-BY) [A. Puchta]; Ende der Arealausweitung derzeit nicht absehbar (an mehreren Orten »prospektierende« Nichtbrütertrupps), Anf. 2000er J. an fast allen Standorten Zunahme der BP-Zahl, 2003 in D neues Max. mit 102 BP, 32 Paaren mit unklarem Brutstatus und 30 Nichtbrütern (insges. 298 Ind. an 56 Gebäuden) [M. Schmidt, 3412,1722,453].

	Best.	Areal	Brutbestand	Jahr	Quelle
A	+/-	=	150 – 350	1998 – 2002	[383]
CH	↑	=	1.200 – 1.300	1993 – 1996	[383]
D	↑	+ 2	85 – 102	1999 – 2003	[383*]

*erg. M. Schmidt

Entgegen der positiven Entwicklung in CH, F und D wies die (überwiegende) Felsbrüter-Population in den Alpen A etwa ab 1970er J. Verluste und Arealschwund auf [965]. 1990 allerdings erster Brutnachw. für A-Oö [103]; und in A-T [sowie in SE-F, 4180] in jüngerer Zeit neue Kolonien entstanden [2238].

Siedlungsdichte. Koloniebrüter, an geeigneten Gebäuden mehrere Paare, sonst in Nachbarschaft. Bei Felsbrütern in CH nur kleine Kolonien, selten > 10 BP [3667].

Gefährdungsursachen [1369,196,1719,1722,224, 3413,3458,3412]. Verlust von Schlaf- und Brutplätzen an Gebäuden durch bauliche Maßnahmen (u.a. Sanierung von Altbauten); auch mutwillige Vertreibung; Art ist von menschlicher Duldung abhängig. Störungsbedingte Brutausfälle (z.B. Kletterer) bei Felsbrütern.
Direkte Verluste durch fehlende oder vergitterte Ausflugmöglichkeiten [B. Laufer].
Natürliche Verlustursachen: Prädation durch Steinmarder, seltener Turmfalke (an Brut- und Schlafplätzen) und durch Baum- und Wanderfalke (im Flug); Nistplatzkonkurrenz (Dohle, Haustaube). Witterungsbedingte Verluste und Brutausfälle spielen erhebliche Rolle.

SPEC	VSchRL	Bern.Konv.	Bonn.Konv.
--	--	Anh. II	--
Europ. RL	**RL in ME**		
--	A:'VU', FL:'R', D, CH: 'NT'		

Schutzmaßnahmen. Sicherung der bekannten Schlaf- und Brutplätze (1) bei Felsbrütern durch Vermeidung von Störungen, (2) bei Gebäudebrütern durch Information der betroffenen Nutzer, Verwalter und Eigentümer, durch Absprachen bei Baumaßnahmen (Einflug- und Brutmöglichkeit erhalten) und ggf. durch Anbringen von Nisthilfen an geeigneten Objekten.

Biotop. Br. an Felswänden, in ME meist < 1500 m, und N der Alpen v.a. (in D-BW ausschließlich) an höheren Gebäuden mit freiem Anflug (meist höher als Mauersegler). Jagt mit sehr großem Aktionsradius (größer als Mauersegler).

Nahrung. Luftplankton; offenbar kein nennenswerter Unterschied zu Mauersegler.

Stimme. Hohe lange Flugtriller (»tritri-tririri...«) vor allem im Gruppenflug, aber auch in abgewandelter Form von Einzelvögeln am Nest oder als Einzelrufe im Flug gebracht. Im Unterschied zum Mauersegler sind Einzelsilben noch zu hören, die Silbenfrequenz schwankt, um gegen Ende langsamer zu werden und in der Tonhöhe abzufallen. Warnruf »ziu«; aggressiv am Nest auch gellend »gigigi...«.

Verhalten. Aktivität stark witterungsabhängig. Fliegt schneller als Mauersegler (geschätzt Normalflug 60–100 km/h, bei Flugspielen bis 250 km/h). Brutvögel nächtigen im oder nahe dem Nest liegend oder hängend; ob Nichtbrüter wie Mauersegler auch in der Luft übernachten, ist nicht nachgewiesen. ♂ kommen vor ♀ am Brutplatz an;

Nestplatztreue. Einjährige kommen meist noch später. Brüten erstmals mit einem Alter von 2 bis 3 J. Brüten in Kolonien; nur die unmittelbare Nestumgebung wird gegen Artgenossen verteidigt. Paare sind meist über mehrere J. stabil. Balz und Kopulation neben oder im Nest oder in der Luft. Nestlinge wandern oft zwischen benachbarten Nestern hin und her. In und außerhalb der Brutzeit gesellig. Auf dem Zug in deutlich kleineren Trupps als Mauersegler.

Fortpflanzung, Brutbiologie [337,767,1722]. Geschlechtsreife frühestens Ende des 1., meist Ende 2. (oder im 3.) Lebensjahr. Monogame Saisonehe mit starker Nistplatzbindung und daher Partnertreue. **Ankunft am Brutplatz.** Ankunft in ME von Mitte/Ende März bis April, ♂ vor ♀. **Nest.** In flachen Vorsprüngen, Spalten oder Nischen mit direktem Anflug an Gebäuden oder steilen Felswänden, auch in Grotten, unter Steinbrücken oder in Taubenschlägen (Mittelmeer); große Nisthilfen werden angenommen. Nest runde mit Speichel verklebte Schale aus Halmen, Blättern, Samen, Federn, Haaren u.a. (im Flug gesammelt); äußerer Durchmesser 12.5 x 13 cm, Nestmulde 10.6 cm, -tiefe 2.6 cm. Nester häufig wiederverwendet, jährlich ergänzt. Nestbau durch beide, Dauer bis 14 d, bei Unterbrechungen länger. **Legebeginn.** In CH Anf. Mai bis Anf. Juni, innerhalb 3-4 Wochen in einer Population. **Gelegegröße.** 1-3 (4); z.B. Ø CH_{2661} Ø 2,6, dabei $Normalbruten_{970}$ 2.7, $Spätbruten_{100}$ 2.2, $Nachgelege_{33}$ 2.1; erfahrene Vögel meist 3-4 Eier, Erstbrüter meist 2. Legeintervall 1-2 d, abhängig von Gelegegröße. **Eier.** Länglichoval, glanzlos, weiß. **Brutdauer.** 20 (17-23) d; beide brüten, ♀ viell. mehr, ab Vollständigkeit. Juv. schlüpfen synchron (in 24 h), ab Juni bis Anf. Juli, selten Anf. Aug. **Nestlingszeit.** Beide Eltern hudern bis 3 Wochen, erste 10 d ständig. Beide Ad. bringen Futter im Kehlsack. Ab 12-15 d Augen der Nestlinge spaltförmig offen, ab 21 d Herumklettern, ab 32 d Schnabel ausgewachsen; Ausfliegen nach Ø 57 d (53-66 d), aber Nest oft nach 45 d verlassen, Juv. sitzen dann nahe der Ausflugsöffnung; sofort selbständig. **Jahresbruten.** 1; Ersatzgelege bei frühem Gelegeverlust. **Ende der Brutperiode.** Mit Selbständigkeit der Juv. in »Normaljahren« Ende Juli, bei Spätgelegen ausnahmsweise bis Ende Sept. **Bruterfolg.** In CH_{6043} 2.59 Eier, 2.17 Nestjunge und 1.55 ausfliegende Juv., Nachwuchsrate ca. 1.56 Juv./Paar und J. bzw. 1.38 Juv./anwesende Paare und J. (hoher Nichtbrüteranteil). In D-BW Bruterfolg bei 1.77-2.25 ausgeflogenen Juv./Paar und J. in 4 J. Starke wetterbedingte Unterschiede von Jahr zu Jahr, Hauptursache für Verluste ist Futtermangel in regenreichen Phasen. Verhältnis Eier : ausgeflogenen Juv. bei Dreiergelegen am günstigsten.

Eimaße und –gewichte [337]: L. 26.5-35.0 mm, B. 16.9-21.3 mm, Ø: 30.5 x 19.2 mm (n=300, CH); Frischvollgew. 5.7-7.0 g, $Ø_{15}$: 6.11 g; Schalengew. 0.31-0.42 g, $Ø_{15}$: 0.37 g.

Sterblichkeit, Alter. CH 3.–7. Lebensjahr jährlich ca. 20.9 %; im 1. und 2. Lebensjahr wahrscheinlich etwas höher (geschätzt 21–24 %). Älteste Ringvögel über 26 J. 15 d, mehrfach über 20 J. **Generationslänge:** 7 J. [383].

Mauser. **Postjuvenile Mauser** (Teilmauser) ab Sept./Okt.; ohne Schwungfedern und mehrere Flügeldecken [767,655]. Schwungfedern werden ab Mai des 2. KJ erneuert. • **Postnuptialmauser** (Vollmauser) Körpergefieder z.T. bereits ab Mai; HS-Mauser beginnt Mitte Juni/Anf. Juli etwa mit Schlüpfen der Jungen, bei Nichtbrütern bereits ab Mai; zumindest einige mit Mauserunterbrechung während Wegzug; Abschluss im Winterquartier, vermutlich bis Dez./Feb. [767,1369,655].

Apus apus – Mauersegler 07950

Apus apus (Linnaeus 1758)

(GB) **Common Swift** (F) **Martinet noir** (E) **Vencejo Común**

Taxonomie. Zwei UA: *apus* (Linnaeus 1758) (nördliche Paläarktis) und *pekinensis* (Swinhoe 1870) (Iran bis China). Verschiedene Superspezies-Gruppierungen des Mauerseglers mit *A. alexandri* (Kapverden), *A. unicolor* (Madeira, Kanaren) und/oder *A. niansae* (Afrika) sind angesichts fehlender Informationen über die Verwandtschaftsverhältnisse sehr unsicher.

Kennzeichen. Geschlechtsunterschiede in den Rufen [1937; Bestimmung allg.: 221,1369,1784,3772, 3615,655; die östliche UA *pekinensis* sieht dem Fahlsegler ähnlicher als die Nominatform: 2308;656, **Foto** in Bird. W. **12**, 451, Brit. B. **97**, 390].

Maße. Gr.: 16-17 cm. Gew.: 31-56 g. Fl.spw.: 42-48 cm. Fl.l.: 16.4-18.0 cm [1369,3615].

Status. Sommervogel von Ende April/Anf. Mai bis August (Nachzügler und Spätbrüter bis Sept. (sehr selten Oktober); Alpensegler und Fahlsegler meist bis Oktober!). Im gesamten ME verbreitet und gebietsweise häufig und dominant. Kleinstädte aber geringer besiedelt, ländliche Gegenden nur punktuell. Baumbrüterpopulationen selten, vielerorts verschwunden.

Verbreitung und Bestand. Lückenhaft von NW-Europa und N-Afrika bis Baikalsee und Innerasien (NE-Mongolei) verbreitet; N-Grenze in Europa bei 70°N in N. und 68°N in RUS [1507]. In ME vor allem in größeren Ortschaften und Ballungsgebieten bis etwa 1000 m NN; dagegen in offenen Kulturlandschaften, großen Waldgebieten sowie in Hochlagen (in Tatra bis 1800 m, Alpen CH bis 2260 m) sehr selten. Gesamtbestand in Europa etwa 6.9 - 17 Mio. BP (leichte Abnahme), mit größten Populationen (> ½ Mio. BP) in RUS (2.5-5 Mio.), F (0.8-3 Mio.), TR (1-4 Mio.), I (0.7-1 Mio.) und E. (0.5-1 Mio. BP) [383]; in ME zwischen 0.55-1.18 Mio. BP [383].

Wanderungen. [4064]. Langstreckenzieher; überwintert in Äquatorial- und S-Afrika. **Br. ME und W-Europa** ziehen vorwiegend über P, E., NW-Afrika, Weiterzug entlang Küste, aber auch über Sahara. Weiteste Ringfunde: Fänglinge GB 10.370 km (Sambia), 10.720 km (Mosambik). Winterquartiere der **Br. GB/IRL** Kongobecken (dort möglicherweise Schwerpunkt, aber extrem geringe Ringfundwahrscheinlichkeiten), Malawi, Tansania, Sambia, Simbabwe, Mozambik, S-Afrika. Beob. in Afrika während Nord-Sommer betreffen vermutlich immat. Segler, obwohl einige Einj. auch nach Europa zurückkehren. **Wegzug:** ME ab Mitte Juli/Anf. Aug.; Juv. verlassen Nestumgebung offenbar sehr schnell (Bsp.: 31.7. Nest in GB verlassen, 3.8. Wiederfund in Madrid 1300 km S; zu dieser Zeit nächtigten die Eltern noch im Brutnest!). Späte Nestlinge können Abzug einzelner Br. bis Sept./Okt. verzögern. Fennoskandische Br. ziehen oft erst ab Mitte Aug. oder später ab. Daten von Okt./Anf. Nov. aus allen Teilen ME bekannt; letzte Daten bis ca. 30. Nov. (NL, B, GB je 1 Dez.nachweis). In D-BB neuerdings Verzögerung des Wegzugbeginns um 2-3 Wochen

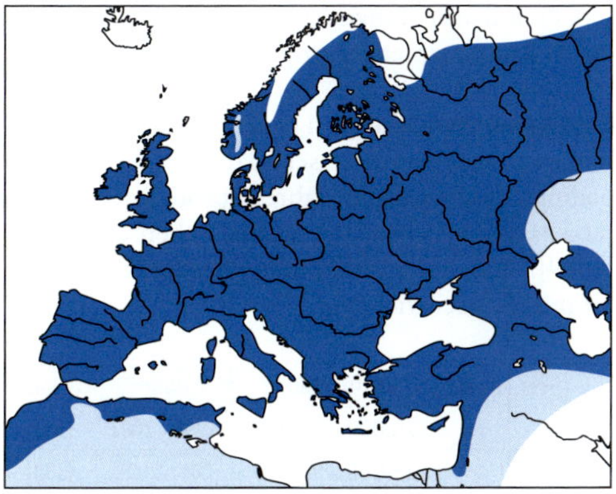

Apus apus – **Mauersegler**

[3394]; der Wegzugmedian auf Helgoland hat sich 1961-93 um 3 d signifikant nach hinten verschoben [3987]. Erste Vögel in Mali bereits Aug., S-Afrika wird Okt., hauptsächlich Nov. erreicht. **Heimzug:** März/April Räumung des Winterquartiers; Erstbeob. N-Afrika, E. ab Anf. März; Hauptdurchzug W-Mittelmeer ab Mitte April. Erstbeob. ME und NW-Europa ausnahmsweise März/Anf. April, normalerweise nicht vor 10./20. April (an Gewässern und in Niederungen eher als in höheren Lagen). Brüter und Nichtbrüter treffen ungefähr zeitgleich in Brutgebieten ein (Masse kommt innerhalb von 1-14 d), Einjährige kommen aber nicht vor Mitte Juni [1936]. In D-BB Vorverschiebung der Ankunftszeit in letzten J. nachgewiesen [3394]. **Wetterflüge:** Bes. Einjährige verlassen Kolonien häufig vor und während Schlechtwetterperioden und kehren erst nach d oder Wochen zurück, auch Br. können Nestlinge längere Zeit allein lassen, füttern regelm. aber auch bei schlechtem Wetter mehrmals täglich. Wetterflüchtende Vögel, die oft gezielt dem Zentrum von Zyklonen ausweichen, indem sie gegen den Wind fliegen, können gelegentlich auch im Binnenland Schwärme von > 1000 Ind. bilden und offenbar bis > 400 km (Angaben bis 2000 km) weit fliegen (Distanz bis 185 km durch Ringfund belegt) [234]. In NW- und N-Europa fliegen viele auch auf das Meer hinaus oder z.B. von GB nach N., S., DK, N-D (Ringfunde). Außer Wetterflucht können extreme Wetterlagen (z.B. Gewitterfronten) durch massenhaft in hohe Luftschichten getragene Insekten auch zu Konzentrationen jagender Mauersegler führen. Wetter und Windrichtungen spielen ganz allgemein eine wichtige Rolle im Wanderverhalten. **Flugleistungen:** 1410 km/4 d; Verfrachtungen 120 km/3 h, 72 km/1.6 h, 250 km/knapp 3 h. Ausgesprochene Geburtsortstreue vielfach nachgewiesen; Fremdansiedlungen werden offenbar vor allem durch Brutplatzmangel ausgelöst.

Bestandsentwicklung. Lokale Bestandsentwicklungen verlaufen meist sehr langsam, zum einen bedingt durch geringe Jahresreproduktion, andererseits ausgeglichen durch hohe Lebenserwartung [1369]. Daher wetterbedingte Bestandseinbrüche oft mit Langzeitwirkung.

	Best.	Areal	Brutbestand	Jahr	Quelle
A	+/-	=	25.000 - 50.000	1998 - 2002	[383]
B	+/-	=	25.000 - 50.000	201 - 2002	[383]
CH	↓	=	50.000 - 75.000	1993 - 1996	[383]
CZ	+/-	=	60.000 - 120.000	2000	[383]
D	↓	=	230.000 - 460.000	1995 - 1999	[383]
FL	↓	- 1	80 - 200	1998 - 2000	[383]
H	+/-	=	2.500 - 3.000	1995 - 2002	[383]
L	⇩	- 1	2.500 - 3.000	2002	[383]
NL	↓	- 1	30.000 - 60.000	1998 - 2000	[383]
PL	+/-	=	100.000 - 300.000	1990 - 2000	[383]
SK	↑	+ 1	30.000 - 60.000	1995 - 1999	[383]

Zunahmen und Neuansiedlungen in ME im 19. Jh. weitgehend auf Anwachsen der Siedlungsflächen zurückzuführen. Doch keine langfristigen Untersuchungen aus größeren Gebieten, die Fortgang der Entwicklung dokumentieren würden (meist aufgrund methodischer Erfassungsprobleme) [596].
Seit Anf. 20. Jh. drastischer Einbruch der Baumbrüterbestände W der Elbe, in Teilen D-MV und -BB sowie in GB [1343,1369,2031,1], der gebietsweise bis heute anhält [1]. Langfristige, erhebliche Bestandsveränderungen der Gesamtpopulation jedoch weder aus ME bekannt [196,965,1137,1617, 2068,3636] noch aus benachbarten Regionen [z.B. F: 4180, GB: 1343]. Nach großflächigen quantitativen Erhebungen vielmehr langfristig weitgehende Konstanz [1369,196,1507,3615,2821,310; Bod.: 1617, D-HE: 1680], gebietsweise auch Zunahmen durch Ausweitung menschlicher Besiedlung und zunehmenden Zerfall von Altbauten [z.B. D-BB: 1]. Bestandsentwicklung der Felsbrüterpopulationen (z.B. D-SN) unklar [3667].
Spätestens seit 1970er J. allerdings in weiten Bereichen ME Belege für deutlichen Rückgang, z.B. in CH [3392], D [204,1], L [2407], Teile A [2238] sowie in NL [2889]; ferner in Fennoskandien [1585] und GB [1507]. Drastische lokale Einbrüche, meist aufgrund von Brutplatzverlusten (zuweilen durch zunehmend ungünstigeres Klima), zudem immer häufiger [965,1507,2068,1,3214]. Verluste können durch Einsatz von Bruthilfen (z.B. Niststeine) z.T. ausgeglichen werden [2376].
Nur in SE-ME (H, SK.) derzeit positive Bestandsentwicklung [1585], Arealausweitung u.a. auch in BG [3615] und MOL [1585].

Siedlungsdichte. Oft kolonieartiges Brüten. Kolonien kaum > 30–40 BP, doch durch Nistkastenangebot starke Vergrößerung möglich. Insgesamt in Dörfern seltener als in Städten; meist sehr ungleich verteilt. Land- und forstwirtschaftlich genutzte Gebiete im Allg. schwach besiedelt. Regional außerhalb von menschlichen Ballungsräumen z.B. in D großräumig 250–400 BP/1440 km^2, 40 BP/513 km^2, 200–500 BP/316 km^2, 200–350 BP/480 km^2, 20 BP/544 km^2, 100-300 BP/700 km^2, in NL 900 BP/1820 km^2 und 1120 BP/1260 km^2 [337]. Kleinflächig große Unterschiede, in Berlin Spanne von 0.4-5.8, in kolonieartigen Ansiedlungen bis 10.8 BP/10 ha [1], in Lübeck von 2.4-16.7 BP/10 ha [310], in Chemnitz in Wohnblockzone 12.2 BP/10 ha, als Extremwert 25-30 BP/10 ha [3667], in Wrozlaw und Leszno zw. 60-68 BP/10 ha [3871]; Baumbrüterpopulation im Harz 0.2-1.2 BP/ha [durch Ausspiegeln erhoben: 1471].

Gefährdungsursachen [1369,196,1722,2031,1,225, 3214,2839]. Verlust der Brutplätze durch bauliche Veränderungen (Sanierungen, Neubauten ohne Nischen) oder durch forstliche Eingriffe in höhlenreiche Altholzbestände.
Abnahme des Nahrungsangebotes (Fluginsekten, »Luftplankton«)
Wichtige natürliche Verlustursachen: Prädation durch Steinmarder; Nistplatzkonkurrenz. Witterungsbedingte Brutausfälle.

SPEC	VSchRL	Bern.Konv.	Bonn.Konv.
--	--	Anh. III	--
Europ. RL	**RL in ME**		
--	D:'NT'		

Schutzmaßnahmen. Schaffung und Sicherung von Einflugöffnungen und Nischen an Gebäuden in mind. 4 m Höhe, darunter hindernisfrei; ggf. Anbringen von Nistkästen (diese müssen an Anflugloch und innen »sägerau« sein) oder von Niststeinen im Trauf- oder Giebelbereich. Größere Zahl von Nisthilfen sinnvoll, da (semi-)kolonialer Brutvogel.

Schutz und Erhaltung von Altholzbeständen, vor allem solche mit Bruthöhlen (und geringem Laubholzunterbau, da sonst Verlust der Anflugmöglichkeiten).
Langfristige Bestandsaufnahmen auf repräsentativen Probeflächen notwendig.

Biotop. In ME hauptsächlich Br. an höheren Steinbauten, daher meist auf Ortskerne, Industrie- und Hafenanlagen, in Kleinstädten häufig auf Kirchen, Burgen etc. beschränkt. Felsbrüter selten, dagegen im Mittelmeer- und Schwarzmeergebiet häufiger. Baumbrüter in CH und W-D seltene Ausnahme [s. 1009], in E-D etwas häufiger (doch heute seltener als früher). Nahrungssuche in Brutplatznähe, aber auch bis mehrere km im Umkreis; bei niedrigen Temperaturen bevorzugt über Gewässer jagend.

Nahrung. Nur Insekten und Spinnen; in Europa weit über 500 Arten nachgewiesen (sicher aber mehr!). Hauptgruppen wohl Blattläuse, Hautflügler, Käfer und Dipteren; in Afrika schwärmende Termiten. Objekte der Nestlingsnahrung 2–10 mm. In Futterballen je nach Größe der Arten 90-800 Tiere enthalten. Tagesleistung eines fütternden Paares unter günstigen Bedingungen wohl > 20.000 (= ca. 50 g).

Stimme. Am häufigsten ein hohes, schrilles »sirrr«, »srih« oder »birss«; daneben auch mehrsilbige Schreie wie »dsebüirs« und ganz kurze »si« u.ä. Duett- und Wechselrufe, auch »Wispern« am Nest bzw. zwischen Partnern. Rufe geschlechtsspezifisch, höhere vom ♀, tiefere vom ♂ [1937]. Gruppenrufe zeigen den Besitz des Koloniegebietes an [U. Tigges].

Verhalten. Aktivität stark wetterabhängig. Flug mit Schlag- und Gleitphasen unterschiedlicher Länge; bei Thermik auch Segeln möglich. Geschwindigkeit bei Flugspielen bis 40–60 m/sec. Ad. können gut klettern, an Zweigen und Stangen hängen, aber darauf nicht sitzen. Gesunde Vögel starten mühelos vom Boden, wenn freie Strecke von 10–12 m vorhanden ist; Abstoß mit den Füßen, nicht mit dem Flügel. Geschwächte Vögel klettern hoch und lassen sich fallen. Schon nach Ankunft übernachten Brutvögel oft im Nest; später häufig nur das ♀. Außerhalb einer Höhle Übernachten auch im Hängen möglich (senkrecht oder mit dem Rücken nach unten), vor allem bei ungünstiger Witterung auch im Laub von Bäumen [1752] und fliegend in wärmeren Luftschichten, meist in Gruppen, aber auch einzeln. Dazu steigen die Vögel abends laut rufend in engen Kreisen aufwärts. Ältere befiederte Nestlinge können Schlechtwetterperioden bei Herabsetzung der nächtlichen Körpertemperatur auf etwa 1–5 °C über die Umgebungstemperatur und der Atmungsfrequenz überdauern. Am Morgen oder in wärmerer Umgebung nimmt die Körpertemperatur wieder rasch zu. Ältere Nestlinge können 1–2 Wochen auf diese Weise überbrücken, Erwachsene dagegen höchstens 3–4 d hungern; Nahrungserwerb im Flug in der Luft; bei niedrigen Temperaturen auch dicht über der Vegetation; mitunter auch sitzend oder hängend Nahrung an Gebäuden abpickend [1439]. Bei gutem Wetter vor allem abends soziale Flugspiele (lautes Rufen!) in rasantem Tempo. Ausnützen von Luftbewegungen (z.B. Thermik!). Trinken von der Wasseroberfläche mit schräg nach oben gehaltenen Flügeln. Zur Brutzeit gesellig, brütet meist in Kolonien. Neststellen mitunter dicht nebeneinander, aber gegenseitig abgeschlossen. Große Schwärme bilden sich vor allem bei Wetterfluchten. In kühlen Nächten mitunter Bildung von dichten Trauben, bei anhaltender kalter Witterung auch untertags. Balzflüge als Flugjagden, z.T. unterbrochen durch Gleitflüge mit Flügeln in V-Haltung. Kopulationen im Fliegen oder am Nest. Paar vollführt häufig Verfolgungsflüge, die in Kopulationen enden können. Balzflüge finden schon ab Nov. statt. Paarbildung und Zusammenfinden der Partner meist an der Nisthöhle. Paare erkennen sich an der Stimme und bleiben über mehrere J. stabil. ♂ zeigen Niststandorttreue. Nest ist wichtig bei der Partnerwahl. Es gibt keine Hinweise, dass ♀ »fremdgehen«, aber Hinweise für Partnerwechsel während der Legephase. An der Höhle gegenüber Artgenossen ausgesprochen aggressiv. Bei Flugfeinden häufig Schwarmbildung und Emporsteigen. Außerhalb der Brutzeit gesellig und vermutlich wochenlang ununterbrochen in der Luft. Während des Zuges oft sehr große Schwärme.

Fortpflanzung, Brutbiologie [337,767,1722,1551, 2376]. Geschlechtsreife frühestens Ende des 2. Lebensjahrs, Erstbrutalter wahrschl. 4 J.; Einj. übersommern meist im Brutgebiet und können auch Höhlen besetzen. Monogame Saisonehe mit hoher Nistplatzbindung und daher Partnertreue. **Ankunft am Brutplatz.** Ankunft in ME im April/Anf. Mai (Ende März). Höhlenbesetzung kann bis 2-4 Wochen nach Ankunft dauern, Partner treffen im Abstand von bis 10 d ein; Einjährige meist 1-2 Wochen später. **Nest.** In dunklen, meist horizontalen

Hohlräumen mit direktem Anflug, in Gebäuden meist unter Dachrinnen, -ziegeln, unter Mauerlöchern, in undichten Jalousiekästen etc.; jedes Nest mit eigenem Eingang, z.T. nur durch längere »Röhren« erreichbar. Auch in Nischen im Fels oder in Steinbrüchen; große Nistkästen werden angenommen (Flugloch 5 x 5 cm oder 4 cm hoch x 6 cm breit); vertreibt auch Haussperlinge und Stare von deren Brutplätzen. Nest meist weit vom Eingang entfernt, aus Halmen, Blättern, Samen, Fasern, Haaren u.a. leichten und schwebenden Materialien (im Flug gesammelt), die mit klebrigem, rasch erhärtendem Speichel überzogen werden; äußerer Durchmesser 12.5 x 11 cm; Nestmulde durch Scharren und Körperdrehen. Nester häufig wiederverwendet, jährlich ergänzt und neu eingespeichelt. Nestbau durch beide, oft schon am Tag nach Verpaarung, endet erst mit Schlüpfen der Jungen. **Legebeginn.** Frühestens Anf. Mai, meist 2. Maihälfte bis Juni. **Gelegegröße.** 2-3 (selten 1 oder gar 4); z.B. Ø CH_{209} 2.7, CH_{556} 2.5, D-BW_{65} 2.51 ± 0.66, -BB_{40} (Nistkästen) 2.47, GB_{181} 2.3, FIN_{57} 2.1, $S._{72}$ 2.2. Kalendereffekt; in GB bis 8.6. $Ø_{99}$ 2.29, ab 9.6. $Ø_{26}$ 1.92. Legeintervall 2-3 (-6) d, größere Intervalle bei großen Gelegen und schlechtem Wetter (Eier können Auskühlungsphase bis zu 27.5 d unbeschadet überstehen). **Eier.** Langgestreckt elliptisch, glanzlos, weiß. **Brutdauer.** 18-20 d, bei schlechtem Wetter länger (bis 27.5 d), Ø GB_{38} 19.6 d, in CS_{29} 21.7 d; beide brüten; Bebrütung ab Vollständigkeit (oder vorletztem Ei). Juv. schlüpfen asynchron in Intervallen von 24 h, ab (Ende Mai) Anf. Juni. **Nestlings-/Führungszeit.** Erste ca. 7 d ständiges Hudern (beide); beide Ad. bringen Futter im Kehlsack, mit Speichel zu haselnussgroßer Kugel geformt, die dem Jungen tief in Rachen gesteckt wird. Ab 6-13 d Augen der Nestlinge offen, ab 10-12 d Umherklettern; Ausfliegen nach $Ø_{61}$ 42.5 d (37.5-56.5 d), abhängig vom Witterungsverlauf (und Brutgröße); Juv. fast gleichzeitig oder innerhalb 1-8 d flügge, sind sofort selbständig und kehren nicht mehr zum Nest zurück. **Jahresbruten.** 1, Zweitbrut ungewöhnlich, aber möglicherweise zunehmend [1938]; Ersatzgelege nach Gelegeverlust oder Partnerwechsel häufig im selben Nest, nach Intervall von 2-3 Wochen; 2. Nachgelege möglich. **Ende der Brutperiode.** Mit Selbständigkeit der Juv. in »Normaljahren« Ende Juli, bei Spätgelegen bis Sept., im Extremfall Anf. Okt. **Bruterfolg.** In CH aus 1409 Eiern (556 Gelege) 1156 Nestlinge (82%), davon 91.4% flügge (Bruterfolg durch menschliche Hilfestellung »unnatürlich« hoch); große wetterbedingte Unterschiede in einzelnen Jahren; Schlüpferfolg in CH_{79} 76%, in GB 70%, ebenso in CS_{99}; in GB 79.8% der Nestlinge flügge, in CS 93.2%, in CH 85%. Nachwuchsrate in GB 1.3 bzw. 1.4, in B und CS je 1.7, in D-BB 1.55, -NW 1.5 und in CH 1.9 und 2.2 flügge Juv./legendes BP und J. Baumbrüter im Harz 2.0 Juv./erfolgr. BP [1471]. Hauptverluste vor allem bei längeren Schlechtwetterperioden und/oder bei noch unbefiederten Nestlingen.

Eimaße und –gewichte (Nominatform) [337]: L. 22.0-29.0 mm, B. 13.5-18.0 mm, Ø: 25.1 x 16.4 mm (n=175, CS), 25.5 x 16.4 mm (n=100, CH), 25.0 x 16.3 mm (n=100, GB); Frischvollgew. 3.0-4.3 g, Ø: 3.6 g (n=100, CH), Ø: 3.45 g (n=459, GB) , Ø: 3.62 g (n=113, GB); Schalengew. 0.18-0.28 g, Ø: 0.23 g (n=83, S.), Ø: 0.23 g (n=50, CS).

Sterblichkeit, Alter. 15–23 %/J. geschätzt. Verluste vor allem durch Kälteperioden; Massensterben bei besonders ungünstiger Situation. Alterszusammensetzung einer Brutkolonie CH (n = 110) 21 % bis 2, 26 % bis 4, 27 % bis 6, 16 % bis 8 J. alt, rund 10 % älter. Älteste Ringvögel einmal mind. 21, 20 und 19 J. (als Fänglinge beringt), Nestling 21 J. **Generationslänge:** 7 J. [383].

Mauser. **Postjuvenile Mauser** (Teilmauser) Dez.–März; ohne Schwungfedern und meiste Flügeldecken [767,1369,655]. • **Postnuptialmauser** (Voll- oder Teilmauser) beginnt selten schon mit Körpergefieder ab Juli, i.d.R. erst nach Ankunft im Winterquartier ab Mitte Aug./Sept.; HS-Mauser bis Mitte Feb./April (Mai) beendet, AS und ST Nov.–März [767,1369]; bei ca. 20–30 % der Ind. bleibt HS (9) 10 stehen, selten auch einzelne AS oder ST [767,1369,139,655].

Apus pallidus – Fahlsegler 07960

Apus pallidus (Shelley 1870)

(GB) **Pallid Swift** (F) **Martinet pâle** (E) **Vencejo Pálido**

Taxonomie. Drei UA: *illyricus* Tschusi 1907 (Adria-Küsten), *brehmorum* Hartert 1901 (Kanaren, Madeira, Mittelmeerraum außer Adria) und *pallidus* (Shelley 1870) (W-Afrika bis Pakistan). Der Verlauf der UA-Grenzen ist angesichts der geringen klinalen Unterschiede unzureichend bekannt [vgl. Roselaar in 767]. Bezüglich möglicher Superspezies-Gruppierungen s. bei *A. apus*.

Kennzeichen. Unterschiede in Flugweise (s. Verhalten); zur Feldbestimmung [655,2308,656,2151, 221,3772,1784,3615; weitere **Fotos** in Limic. **17**, 134-137, Dutch B. **21**, 287, Bird. W. **9**, 421, **12**, 389, 448-449, 452, **15**, 95, 155, Brit. B. **92**, 686, **93**, 543].

Maße. Gr.: 16-17 cm. Gew.: 40-42 g, Ø 41.3 g. Fl.spw.: 42-46 cm. Fl.l.: 16.7-17.8 cm [1784,3615].

Status. In Paläarktis Zugvogel, sonst überwiegend Teilzieher [3615]. Außerhalb der Brutplätze sehr seltener Gastvogel, mit N-Ausbreitung in Europa aber zunehmend; Nachw. in GB, IRL, N. und S. [3615]. In ME außerhalb **CH**-TI extrem selten bis Mitte 1990er J., inzwischen aber mehrere »Einflüge« nach N; Nachw. bisher in • **D** -BW Mai 1998; -NI Okt. 1999 [575]; Helgol. Juni 2000 [864]. • **H** Feb. 1996 [2438]. • **B** Apr. 1995, Juni 1999 [1677]. • **CH** -LU Juni 1995; -VS Mai 2001, Juli 2003 [q14]. Weitere Beob., u.a. in **D**-BW (1999, 2000, 2003), -NI 1998 und -NW 2001 sowie mehrere Meldungen ab 2002, ferner **NL** 2001 [q3], bei Seltenheitenkommissionen anhängig.

Verbreitung und Bestand. Von Kanaren und Madeira über NW-Afrika und S-Europa (nach E bis BG) sowie von EGY und IL/Libanon bis W-Pakistan. In Europa UA *brehmorum* ursprünglich vor allem an Atlantikküste P und E. sowie an Küste einiger Mittelmeerregionen. Neuerdings aber Ausbreitung nach N und zunehmende Binnenlandvorkommen. Europäischer Gesamtbestand etwa 39.000-160.000 BP, mit Populationen > 5.000 BP in I, E. (20-100 T.), P und TR [383], derzeit meist stabile oder zunehmende Bestände; nur in HR und AL Abnahmen (z.T. Arealverlust) [1507,1784]; in ME bisher auf kleine Kolonie in CH-TI beschränkt [3392,3393].

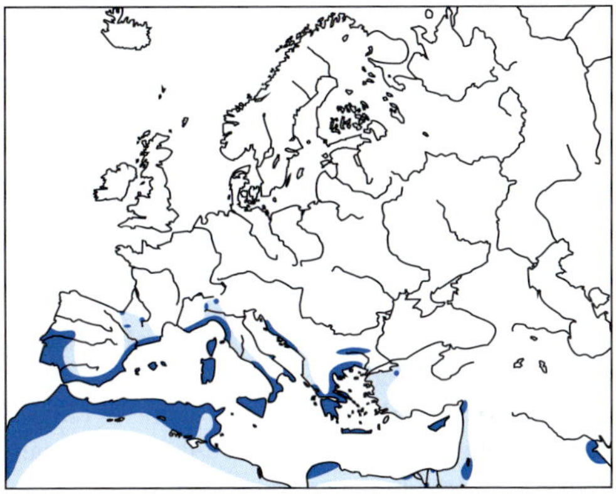

Apus pallidus – **Fahlsegler**

Wanderungen. Zugvogel; europäische Br. ziehen bis ins tropische Afrika und Südafrika; doch auch in N-Afrika regelm. einzelne im Winter, ebenso S-E. [783]. Abzug aus Mittelmeergebiet ab Sept., im Okt. bereits spärlich, doch auch am N-Rand des europäischen Areals Daten bis Ende Nov.; Ankunft an Brutplätzen N-Afrikas wohl frühestens ab Ende Feb., meist ab Mitte März/Anf. April; weiter im N April, offenbar gleichzeitig mit Mauersegler.

	Best.	Areal	Brutbestand	Jahr	Quelle
CH	+/-	=	11 – 20	1995 – 2000	[383,q1]

Bestandsentwicklung. Seit etwa 1930er J. deutliche Arealausweitung im Mittelmeerraum, in deren Folge Besiedlung von Korsika 1932, S-F 1950, Sardinien 1965, Binnenland F (Toulouse) 1966, E. (Extremadura) 1972/73 und N-I (Poebene, Piemont und Lombardei) Anf. 1970er J. [3615,337,2258]. Im Feld nur schwer vom Mauersegler zu unterscheiden und daher sicherlich auch übersehen. Während günstiger klimatischer Perioden, z.B. Anf. 20. Jh., möglicherweise schon unentdeckte Vorstöße nach N und ins Binnenland [2258]. Erst mit Entdeckung einer Kolonie im N-Piemont I (Domodossala) 1983 auch Nachsuchen im angrenzenden CH-TI, wo im Juni 1987 Brutkolonie in Locarno gefunden wurde [2258] sowie ein als Mauersegler ausgezeichneter Museumsbeleg [2257]. Inzwischen Entdeckung

weiterer kleiner Kolonien in N-I (Cannobio, Varese) [3392].
Nach Mitte 1970er J. zwar keine starke Ausweitung des Brutareals erkennbar [4180], doch in einigen bekannten Kolonien außerhalb ME deutliche Bestandszunahmen [2258]. Bestand in Locarno von 1990-2000 bei 11-22 BP [3393]. Ab Mitte 1990er J. erstmals Individuen N des Alpenkamms [1867], seither mehrfach »Einflüge« nach N (bis D, NL und B, s.o.) [q3,q18].

Siedlungsdichte. Brütet in meist kleinen Kolonien [z.B. auf Gibraltar 48% der Kolonien < 10 BP, max. 60 BP, 1784]

Gefährdungsursachen und Schutzmaßnahmen. Die Kolonie in Locarno derzeit zwar nicht akut gefährdet, doch Anfälligkeit gegenüber menschlichen Eingriffen groß, z.B. versuchte Abwehrmaßnahmen gegen Straßentauben [3393,3392].
Langfristige Sicherung der alten nisthöhlenreichen Kirchenmauern in Locarno.
Bekämpfung der Straßentaube (wohl auch Nistplatzkonkurrent) nur abseits der Brutplätze.

SPEC	VSchRL	Bern.Konv.	Bonn.Konv.
--	--	Anh. II	--
Europ. RL	RL in ME		
--	CH: 'VU'		

Biotop. Br. an Gebäuden, seltener an Felswänden, oft zusammen mit Mauerseglern (mögliche Nistplatztrennung an Gebäuden), aber am S-Rand dessen Verbreitung. Meist gebunden an städtische Lebensräume entlang Küstengebieten, Flussniederungen, zuweilen auch Seen.

Nahrung. Sehr ähnlich Mauersegler.

Stimme. Flugrufe ähnlich Mauersegler, aber bei einiger Übung gut zu unterscheiden: tiefer und nasaler, deutlich weniger schrill und scharf (etwa »tschriich«), Tonhöhe gegen Ende etwas abfallend.

Verhalten. Unterschiede zur Flugweise des Mauerseglers: Flügelschläge erscheinen mit geringerer Amplitude, regelmäßiger und insgesamt ruhiger; Flug stetiger und gradliniger mit häufigeren Gleitstrecken; Flugjagden nach Nahrung wirken systematischer. Im unmittelbaren Vergleich fällt die Flugweise auf. Zur Brutzeit gesellig. Brüten aber in meist kleineren Kolonien (von < 10 BP). Paare bleiben wahrscheinlich über mehrere Brutzeiten stabil. Außerhalb der Brutzeit gesellig. Auf der Nahrungssuche oft sehr große Trupps (mehrere Tausend).

Fortpflanzung, Brutbiologie [1784,767,1551]. Geschlechtsreife frühestens Ende des 2. Lebensjahrs. Monogame Saisonehe, Nistplatzbindung und Partnertreue weniger stark als bei Mauersegler. **Ankunft am Brutplatz.** Im März/April, vor Mauersegler. **Nest.** Wie Mauersegler; auch Baumbruten (Palmen) belegt; in kleineren Kolonien. Nester ähnlich Mauersegler, höherer Anteil Federn (?); 4-7 d vor Eiablage besetzt. **Legebeginn.** In S-Europa und Kleinasien 2. Hälfte April, Hauptzeit im Mai, Zweitgelege ab Juli (in N-Afrika schon ab Ende März). **Gelegegröße.** 2-3 (1-4); z.B. Ø Gibraltar Erstbrut_{19} 2.89 ± 0.46, Zweitbrut_{22} 1.95 ± 0.58. Legeintervall 2-3 (1-4) d. **Eier.** Langgestreckt elliptisch, glanzlos, weiß. **Brutdauer.** 20-23 d (Ø 21.5 d); beide brüten; Bebrütung ab 1. Ei. Juv. schlüpfen asynchron. **Nestlingszeit.** Bis ca. 7 d ständiges Hudern (beide); beide Ad. bringen Futter. Flügge mit $Ø_{10}$ 46.4 ± 2.2 d. **Jahresbruten.** In S-Europa 2 (2. Brut im Juli); Ersatzgelege. **Ende der Brutperiode.** Erstbrut im Juli, Zweitbruten Mitte Okt. **Bruterfolg.** In Gibraltar von 55 Eiern aus Erstbruten 87% geschlüpft und 53% flügge, von 43 Eiern aus Zweitbruten 65% geschlüpft und 30% flügge. In 1 J. in Piemont I aus 8 Gelegen mit 18 Eiern 9 Nestlinge (1.1 Juv./Nest), in anderem J. aus 9 Gelegen mit 25 Eiern 16 Nestlinge (1.8 Juv./Nest).

Eimaße und –gewichte. Sehr ähnlich Mauersegler.

Sterblichkeit, Alter. Br. P 14–25 %/J. mit größeren jährlichen Unterschieden, offenbar in Zusammenhang mit Niederschlägen im Wintergebiet [736]. **Generationslänge:** 7 J. [383].

Mauser. Postjuvenile Mauser (Teilmauser) ähnlich Mauersegler [767,655]. • **Postnuptialmauser** (Voll-, z.T. Teilmauser) beginnt ab Juli/Aug. während 2. Brut; HS-Mauser während Wegzug unterbrochen; Umfang ähnlich Mauersegler [767, 655].

Apus affinis – Haussegler 08000

Apus affinis (J.E. Gray 1830)

(GB) Little Swift, House Swift **(F) Martinet des maisons** **(E) Vencejo Moro**

Taxonomie. Ca. 6 UA, *galilejensis* (Antinori 1855) (NW-Afrika, Naher Osten, neuerdings SW-E.), *aerobates* Brooke 1969 (Mauretanien E bis Somalia und dann S bis SE-Afrika), *bannermanni* Hartert 1928 (Golf von Guinea), *theresae* R. Meinertzhagen 1949 (W- und S-Angola bis Sambia), *affinis* (J.E. Gray 1830) (Ostküste Afrikas, nach E bis Pakistan und Indien) und *singalensis* Madarász 1911 (S-Indien, Sri Lanka).

Kennzeichen. [1784,3615,221,3772,656,3215; weitere **Fotos** in Dutch B. **22**, 235, Bird. W. **10**, 182/183, **14**, 183, **15**, 184].

Maße. Gr.: 12 cm. Gew.: 25-27 g. Fl.spw.: 34-35 cm. Fl.l.: 13.3-14.1 cm.

Status. In paläarktischen Brutgebieten Zugvogel, sonst Stand- und Jahresvogel. Sehr seltener Ausnahmegast in Europa (abgesehen von E., wo Brutvogel und weitere 29 Meldungen) mit Nachw. in GB (17mal 1981-2002, vor allem Mai/Juni, 1mal Aug., 2mal Nov.), IRL (Juni 1967), S. (Juni 1979, Aug. 1985, Okt. 1988), P (7mal 1995-2001), I (Mai 1890, Juli 1890), F (Mai 2001), GR (Mai 1988), CY (8mal Apr./Mai, zuletzt 2003) und M (8mal, zuletzt Mai 1980), ferner Kanaren (8mal 1989-1999) [3215;3615,q23]. Meldungen von N., S. 1982, NL 2001 und Madeira werden nicht (mehr) anerkannt [3215].
In ME bisher nur: • **D:** (*aerobates*) Nov. 2002 [3215].

Wanderungen. In den Tropen Standvogel. Vögel der W-Paläarktis meist Zugvögel (aber z.B. Standvogelpopulation in IL); Wegzug Sept./Okt. (Durchzug in IL und N-Afrika bis Dez.) und Rückkehr in Brutgebiete März/April (Heimzug in N-Afrika ab Feb.).

Verbreitung und Bestand. Im Mittelmeerraum (SW-E., Maghreb, SE-TR, SY, IL), ferner Afrika S Sahara bis Kapprovinz sowie von Iran nach SE bis Indonesien und SW Arabische Halbinsel [1784,3615,3215]. Global nicht bedroht [1784]. Gesamtbestand in Europa (TR) etwa 900-2.500 BP (Rückgang); neuerdings sehr kleines Vorkommen in E. [383].

SPEC	VSchRL	Bern.Konv.	Bonn.Konv.
3	--	Anh. III	--
Europ. RL	**RL in ME**		
EN	--		

Nahrung. Kleine Fluginsekten und Spinnentiere aus der Luft (meist in großen Höhen).

Stimme. Schnelles, hohes, metallisches Zwitschern, nur aus der Nähe zu hören.

Biotop. Mittlere Breiten bis Tropen, in N-Afrika in Städten, Dörfern oder isolierten Bauwerken sowie Felswänden; in IL vor allem in Bergregion, felsgesäumten Wadis und Schluchten.

Fortpflanzung, Brutbiologie [1551,1784]. Monogame Saisonehe mit starker Nistplatzbindung und daher Partnertreue. **Nest.** An Gebäuden (Giebel, Dachrinne, unter Simsen, Bögen etc.) oder steilen Felswänden. Nest kugelförmig, mit Speichel verklebter Bau aus Halmen, Blättern, Federn u.a.; Eingang zuweilen schmaler Schlitz oder zu kurzem Tunnel ausgebaut. Nester in dichten Kolonien, oft miteinander verbunden. Auch Schwalbennester können umgebaut werden. Nestbau durch beide Ad., brauchen beim Bauen Ansitz zum Festhalten. **Legebeginn.** In N-Afrika Feb. oder März bis Mai, in E. und TR wohl erst ab Apr. **Gelegegröße.** 1-3 (4; größere Gelege durch Zusammenlegen; bis 3 ♀ an einem Nest beob.), alle Gelege einer Kolonie innerhalb 10 d vollständig. Legeintervall 1-2 d. **Eier.** Länglichoval, glanzlos, weiß. **Brutdauer.** 22-24 d; beide brüten, ab Vollständigkeit (davor nur kurzes Sitzen). Juv. schlüpfen asynchron. **Nestlingszeit.** Beide Eltern hudern (bis 12 d), bringen Futter im Kehlsack. Ab 15 d Augen der Nestlinge offen; Ausfliegen nach Ø 42 d (37-45 d). **Jahresbruten.** 2 (Beginn der Zweitbrut mit Ausfliegen der 1.); in äquatornahen Regionen mehrere Jahresbruten beob. (bzw. sukzessive 6 in 21 Monaten in Zambia); Ersatzgelege.

Sterblichkeit, Alter. **Generationslänge:** 7 J. [383].

ORDNUNG Coraciiformes – Rackenvögel

Kleine bis große bodenbewohnende oder ansitzende Vögel sehr verschiedenen Aussehens oder ökologischer Ansprüche; Gefieder meist ± farbenfroh. Sehr artenreich vor allem in Tropen. Feldbestimmung [1968].

Die Monophylie der traditionellen »Coraciiformes« war lange unsicher, wird aber zumindest für eine Kerngruppe bestehend aus Coraciidae, Meropidae, Alcedinidae, Todidae and Momotidae von nuklearen DNA-Sequenzen [1887] und morphologischen Daten [2527] gestützt. Die bisher ebenfalls den »Coraciiformes« zugeordneten Familien Bucerotidae, Phoeniculidae und Upupidae sind offenbar untereinander nächstverwandt [u.a. 1888], sollten aber besser auf Ordnungsniveau abgetrennt werden, da sie den eigentlichen Coraciiformes nicht wesentlich näher stehen als den Piciformes [1887].

7 Familien: **Alcedinidae** Eisvögel; **Todidae** Todis, **Momotidae** Sägeracken, **Meropidae** Bienenfresser, **Coraciidae** Racken, **Brachypteraciidae** Erdracken; **Leptosomatidae** Kurole.

Familie Coraciidae – Racken

Mittelgroß, bunt, großköpfig; kräftiger Schnabel mit Haken an der Spitze. Beine kurz, Füße schwach ausgebildet, zwei der Vorderzehen bis zur Mitte verwachsen. Baum-, Fels- oder Erdhöhlenbrüter. Luft- und Wartenjäger. Nicht selten Schwanzspieße ausgebildet. Nahrung Insekten (auch kleine Wirbeltiere). Vor allem in Subtropen und Tropen Eurasiens und Afrikas.

Zwei Gattungen, 11-12 Arten, altweltliche Verbreitung.

Coracias garrulus – Blauracke 08410

Coracias [garrulus] garrulus (Linnaeus 1758)

GB European Roller **F Rollier d'Europe** **E Carraca Europea**

Taxonomie. Zwei UA: *garrulus* Linnaeus 1758 (Europa, N-Afrika, Mittlerer Osten) und *semenowi* Loudon & Tschusi 1902 (Iran nach E). Bildet Superspezies mit afrotropischer *C. abyssinica*, die sich abgesehen von geringen Färbungsunterschieden nur durch verlängerte Außenschwanzfedern unterscheidet.

Kennzeichen. [1784,1369,221,3772,3615,1252].

Maße. Gr.: 29-34 cm. Gew.: ♂ 120-160 g, ♀ 130-154 g, in afrikan. Winterquartieren 120 g; (beide: 110-189 g). Fl.spw.: (52-) 66-73 cm. Fl.l.: ♂ 18.5-21.0 cm, ♀ 18.0-20.5 cm [1369,3615].

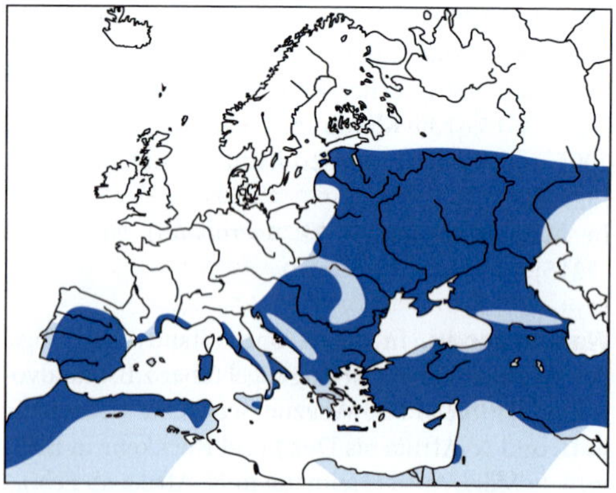

Coracias garrulus – **Blauracke**

Status. Ehemals verbreiteter Brutvogel und Sommervogel, inzwischen auf E-ME beschränkt; in anderen Regionen vereinzelte Bruten oder -versuche (in D-BW zuletzt 1994). In W-ME von jeher seltener, aber z.T. regelm. Gastvogel von Mai-Aug., mit stark abnehmender Tendenz, z.B. in • **NL** 64 Nachw. bis 1998 [277], aber nur 7 in den letzten 17 J., in • **D** 18 Nachw. von 1977-98 [575], in • **B**, • **L** und • **CH** vereinzelt und nicht allj. [1677,3393,2407].

Verbreitung und Bestand. Von NW-Afrika und S-Europa nach NE und E bis Baltikum und RUS (N-Rand der Waldsteppe bzw. des Laubwaldgürtels) bzw. bis Himalaya und Altai verbreitet. In

Europa Nominatform mit einigen Schwerpunktgebieten im (S)E (RUS, UA., TR, BG, RO), doch insgesamt erhebliche Arealverluste seit 19. Jh. Europäischer Gesamtbestand etwa 53.000-110.000 BP (stark rückläufig), mit Vorkommen > 4.000 BP in RO, RUS (6-20 T.), UA. und TR (30-60 T. BP) [383]. In ME (Nominatform) inzwischen nur noch in PL und H in nennenswerter Zahl; kleine Restvorkommen zudem in SK. und A (und SLN); in CZ nur bis 1989, in D bis 1990; Gesamtbestand ME etwa 500-900 BP [383, erg.].

Wanderungen. Zugvogel; Winterquartier Afrika S Sahara bis S-Afrika, hauptsächlich Savannen E-Afrikas. Brutvögel aus Maghreb, E., I queren die Sahara diagonal zum Tschadbecken; W-Sahara nur wenige. Hauptzug über E-Mittelmeer. Durchzug Tschad, Sudan, Eritrea im Herbst viel stärker als im Frühjahr, umgekehrt in TN, MA, M, CY. Offenbar werden im Herbst Mittelmeer und Sahara rasch überflogen, um S der Sahara zu rasten; im Frühjahr dagegen werden Savannen Sahel und Sahara rasch durchwandert, um im S Mittelmeergebiet zu rasten [3615]. Wegzug ME und E-Europa Anf. Aug./Mitte Sept. (Ad. zuerst; Nachzügler Okt.), Mittelmeergebiet Mitte Aug./Mitte Sept. Ankunft E-Afrika Ende Sept./Okt., S-Afrika meist nicht vor Mitte Nov. Heimzug in Afrika meist März, S-Europa ab (Anf.) Mitte April bis Juni. Ankunft z.B. H 25. März bis 27. Mai, S. nicht vor Mai. Geburtsortstreue, aber auch > 300 km W vom Geburtsort nachgewiesen.

Bestandsentwicklung. Bis Anfang 19. Jh. im N bis DK, Mittel-S. und S-FIN verbreitet – offensichtlich begünstigt durch außergewöhnlich sommerwarme Klimaperiode; in ME im SW bis D-RP, -BW, -BY und CH. Durch zunehmend atlantisch geprägte Sommer, direkte Verfolgung und Lebensraumverlust jedoch drastischer Areal- und Bestandsschwund in den Randvorkommen (Erlöschen der Populationen in DK 1868, D-NW 1885, CH 1896, D-HE 1918, -SH um 1920, -BY um 1936 und -BW 1939) [1369,196,1719,4175,1680,3892, 3393]. In den wärmeren 1930er J. kurze Phase der Bestandserholung und Brutvorstöße, seit 1950er J. aber katastrophaler Einbruch in ganz Europa aus (vor allem) klimatischen und anthropogenen Ursachen [1369]. Letzte Vorkommen in D-NI 1950 und -BE 1955 vollständig erloschen; in E-D in 1950er J. noch etwa 150-200 BP, 1976 nur 25-30 BP [2772]; schließlich letzte Bruten in der Colbitz-Letzlinger Heide 1989 und der Niederlausitz 1990 [3213,504]. Seither in D nur eine Brut in -BW 1994 [1722]. In Schlesien, Pommern, CZ und weiten Teilen A Brutvogel bis Anf./Ende 1980er J. [1366,3871,3892, 3663,2159,1369,196]. In A-St und A-B verblieben nach Rückgang um > 90% seit 1950er J. Restpopulationen von wenigen Paaren, davon aber nur noch Population in A-St aufgrund intensiver Schutzmaßnahmen bis heute [3291]. Dabei stärkster Rückgang (ab 1967) gleichzeitig mit Verwandlung ehemaliger Brutgebiete in großflächige Maisanbauflächen [3312]. Entsprechend große Verluste auch bei Population im angrenzenden SLN [478] und in PL, z.B. Pilica-Gebiet 1957 noch 24.5, 1982 14.8 und 1989 0.7 BP/100 km^2; Bestand in PL von 1980-2000 von >1.000 BP auf ca. 100 reduziert [1366,3871]. Die seit 300 J. bekannten Vorkommen in S-S. erloschen 1991 [q3].

	Best.	Areal	Brutbestand	Jahr	Quelle
A	⇩	- 2	7 – 10	2001 – 2003	[383]
D	⇩	- 2	0 – 1	1995 – 1999	[383]
H	↓	- 2	400 – 700	1995 – 2002	[383]
PL	⇩	- 2	100 – 150	1998 – 2000	[383]
SK	⇩	- 2	10 – 40	1995 – 1999	[383]

Durch erhebliche Arealverluste in ME inzwischen Verschiebung des geschlossenen Verbreitungsgebietes um mehrere Hundert km nach E (beginnend in M-PL, SK., H und RO). Derzeit europaweit drastische Rückgänge (neben ME besonders stark in UA.,BY, LV und EST sowie I), mit Ausnahme von CY, F, RO, RUS (wo stabil) und MOL (wo zunehmend) [1585].

Bestandsentwicklung zeigt deutlich, dass in ME kaum noch Raum für Arten mit hohen Lebensraum- und Nahrungsansprüchen (Großinsekten) existiert. Neben Blauracke belegen auch Rötelfalke und Schwarzstirnwürger die drastische Verarmung der ME Kulturlandschaft.

Siedlungsdichte. Streng territorial, dennoch z.T. sehr geringe Nestabstände von 70-200 m möglich (ausnahmsweise 5-10 m) [1507]. Dichte in ME großräumig etwa 15 BP/100 km^2 [z.B. in A-St, 3291], aber in optimalen lockeren Eichen- oder Kiefernbeständen kleinräumig auch bis zu 4-9 BP/km^2 [1252]; in SLN 15-18 BP/7 km^2 bekannt [1507].

Gefährdungsursachen [4175,196,1369,3291,3615, 3892,1719,1366,478,3312,1004,3212,3213,1252]. Hauptursachen für dramatische Einbrüche ist (1)

Lebensraumverlust durch (a) forstliche Veränderungen, (b) Umgestaltung und Ausräumung einst extensiv genutzter, strukturreicher Niederungs- und Heidegebiete mit reichem Angebot an alten (Höhlen-)Bäumen, (c) Umwandlung von Wiesen und Weiden in Maisäcker sowie (d) die Begradigung von Flüssen und Zerstörung der Begleitvegetation. In Winterquartieren starker Verlust oder Beeinträchtigung der Savannengebiete durch intensive Nutzung als Ackerland und Viehweiden, (e) Rückgang und erschwerte Zugänglichkeit der Großinsekten und Reptilien durch Biozideinsatz und Eutrophierung; vgl. Bienenfresser.
Direkte Verfolgung vor allem auf Zug (I, CY, Oman) und in Überwinterungsgebieten, regional auch in ME, z.B. 1964 Brutversuch in D-BW durch Abschuss eines Altvogels vereitelt.
Stark verringerter Bruterfolg durch Nahrungsmangel, Lebensraumverschlechterung und Prädation (z.B. Marder, Habicht).
Wichtige natürliche Ursache: Klimaveränderungen: die Art benötigt trockenwarme Sommer, dagegen atlantisch geprägtes Klima ungünstig. Allerdings Klimaveränderungen in letzten Rückzugsgebieten ME ohne nachteilige Auswirkungen [3291].

SPEC	VSchRL	Bern.Konv.	Bonn.Konv.
2	Anh. I	Anh. II	Anh. II
Europ. RL	RL in ME		
VU	CZ:'**RE**', A, D, PL: 'CR', SK:'EN', H:'VU'		

Schutzmaßnahmen. Extensivierung der Landwirtschaft, Wiederherstellung intakter, reich strukturierter, beutetierreicher Kulturlandschaft mit kleinparzelligen Ackerflächen sowie Förderung extensiver Weidewirtschaft; verringerter Einsatz von Düngemitteln. Schutz und Erhaltung von naturnahen Flussniederungen, Niedermooren und Auengebieten.
Schaffung von Nahrungsplätzen im Kulturland durch breite Ackerrandstreifen und Feldraine sowie durch Neupflanzung von Hecken und Feldgehölzen; Verbesserung der Pflanzendiversität und des Insektenangebotes (s.o.).
In Brut- und Überwinterungsgebieten erhebliche Reduktion des Pestizideinsatzes und Einführung alternativer Bekämpfungsmaßnahmen.
Langfristige Erhaltung der Höhlenbäume und zusätzliches Brutplatzangebot durch Nistkästen oder Öffnungen an Gebäuden.
Einstellung jagdlicher Verfolgung in den Durchzugs- und Überwinterungsgebieten.

Biotop. Im N lichte, höhlenreiche Eichenbestände und Kiefernwälder, Heidegebiete, auch Feldgehölze, Waldränder und alte Parkanlagen, Alleen, gern ufersäumende Baumbestände etc., in warmen Ebenen oder Tallagen. Im S vor allem Waldinseln in Steppen, in Auwäldern, Pappelanpflanzungen, vielfach auch kluftenreiche Felswände, Steilufer in Löss, Lehm etc. sowie in alten Bauwerken. Winter vor allem Trockensavanne.

Nahrung. Hauptbeutetiere mittelgroße und große Käfer, Geradflügler und viele andere Insekten, Tausendfüßler, Regenwürmer, aber auch kleine Wirbeltiere, z.B. junge Reptilien, Lurche (Frösche, kleine Kröten) zeitweise von Bedeutung [477]. Auf dem Herbstzug auch Beeren. Mehrzahl der Beutetiere 10-30 mm; bevorzugt langsam fliegende Insekten. Trinkt nie.

Stimme. Schrecklaut krähenähnlich »kraah«, Warnruf Im Ausdrucksflug des ♂ bei der Sturzflugphase »rärrärrärr…« krähenartig, aber heller. Stimmfühlungsruf rau und etwas hölzern »rack«, 2–3 mal oder auch länger gereiht. Ausdrucksflug mit rhythmischem »kera-grarah-grarah«, oft gereiht, während der Sturzflugphase bis hin zu ratterndem »rak-rak-rärrärrärrärrärr.«. Verschiedene Erregungs- und Warnrufe wie »rak« »raa« »äääarrr«, auch dreisilbig »kekoka«.

Verhalten. Tagaktiv. Streckenflug im krähenartigen Ruderflug ca. 62 km/h; sonst Einschaltung kurzer Gleitstrecken. Wartenjäger auf 1–5(–10) m hohen Zweigen, Pfählen, häufig Leitungsdrähten. Kehrt nach Beutefang wieder auf Warte zurück. Im Winterquartier (Savanne) oft Flugjagd. Zur Brutzeit territorial. Dauer der Paarbindung mindesten über eine Brutperiode. Ausdrucksflüge dienen offensichtlich mehr der Reviermarkierung als der Balz: ♂ steigt unter tief ausholenden Flügelschlägen steil hoch, kippt dann nach vorne, stürzt mit Körperwendung und einzelnen Flügelbewegungen steil ab, gewinnt dabei an Tempo und steigt im Bogen wieder auf. Fütterung des ♀ während der Lege-, aber nicht mehr während der Brutperiode. Balz und Paarbildung bereits auf dem Heimzug. Vögel putzen sich gegenseitig, schnäbeln und rufen vor Kopulation. Im Winterquartier Einzelgänger und gegen Artgenossen, aber auch andere Arten, aggressiv. Bei Buschfeuern oft größere Trupps.

Fortpflanzung, Brutbiologie [337,1784,767,1551]. Geschlechtsreife wohl erst mit 2 J. Monogame Saisonehe. **Ankunft im Brutgebiet.** Im (April) Mai. Nistplatzwahl durch ♂. **Nest.** In ME und NE-Europa fast nur in Baumhöhlen (ausgefaulte Astlöcher, Höhlen von Schwarz- und Grünspecht), am häufigsten in Kiefer und Eiche; nimmt auch Kunsthöhlen und Nistkästen an. Höhe bevorzugt > 2 m (bis max. 20 m). In S-Europa auch vielfach in Fels- oder selbstgegrabenen Erdhöhlen (bis 60 cm tief, mit Nestkammer von 15 x 25 cm). Bruten in Mauerlöchern etc. nicht selten, in Asien und N-Afrika häufig. Eier auf bloßem Untergrund. Bruthöhlen oft wiederverwendet. **Legebeginn.** In S-Europa und ME (Mitte) Ende Mai bis Mitte Juni. **Gelegegröße.** 3-5 (2-7), Ø H_{32} 4.4, $S._{27}$ 4.1, $S._{49}$ 3.8. Legeintervall 2(-3) d. **Eier.** Kurzoval, glänzend, weiß. **Brutdauer.** 18-19 (17-20) d; beide brüten; Bebrütung meist ab vorletztem Ei. Juv. schlüpfen innerhalb weniger d. **Nestlings-/Führungszeit.** Anfangs z.T. Nahrungsübergabe durch ♂ an das ♀, das Juv. füttert; später füttern beide Ad. Ausfliegen mit 26-28 (25-30) d. Juv. werden aber noch ca. 21-24 d außerhalb des Nestes gefüttert, dann selbständig. **Jahresbruten.** 1; Ersatzgelege?

Eimaße und -gewichte [337]: L. 33.2-38.2 mm, B. 26.1-30.8 mm, Ø: 35.8 x 28.3 mm (n=134, H), 36.4 x 28.9 mm (n=116, S.), 35.4 x 28.4 mm (n=208, RUS); Frischvollgew. 12.4-16.7 g, Ø: 14.25 g (n=27, CS); Schalengew. 0.93-1.45 g, $Ø_{200}$: 1.1 g.

Sterblichkeit, Alter. Ältester Ringvogel (PL) 9 J. 2 Monate (Gefg. > 12 J.). **Generationslänge:** 5 J. [383].

Mauser. **Postjuvenile Mauser** (Teilmauser) ab Sept. oder nach Ankunft im Winterquartier ab Okt./Dez.; Körpergefieder, Rand- und Mittlere Armdecken sowie einige oder alle ST [767,1369].
• **Postnuptialmauser** (Vollmauser) beginnt Mitte Juni/Anf. Aug. mit HS 1 und Körpergefieder; bei Zugbeginn mit 2–7 neuen inneren HS unterbrochen und bis Dez./Feb. (März) beendet [767,1369].
• **Pränuptialmauser** (Teilmauser) Jan.–März; Teile des Kleingefieders, aber variabel [767].

Familie Alcedinidae – Eisvögel

Kleine bis mittelgroße, meist sehr bunte Vögel (blaue Strukturfarben u.a.) mit großem Kopf und mächtigem Schnabel. Lauf (meist) sehr kurz; Zehen 2 und 3 am Grunde, 3 und 4 bis fast zur Spitze miteinander verwachsen (syndactyl). Geschlechter gleich groß, aber Dimorphismus nicht selten, z.B. in Farbe des Schnabels (Eisvogel) oder der Brustbänder (Gürtelfischer). Höhlenbrüter in meist selbstgegrabenen Erdhöhlen. Waldbewohnende Kleintierjäger oder stoßtauchende Fischer. Die meisten brüten in den Tropen der Alten Welt.

14 Gattungen, 87-90 Arten, weltweite Verbreitung. Zur Evolution und Speziation innerhalb der Familie [s. 1250]. Die Monophylie dieser Familie ist morphologisch und molekular gut belegt [3564,1887]. Sie wird aufgrund der großen molekularen Divergenzen dazwischen in drei Familien (Cerylidae, Dacelonidae, Alcedinidae) aufgeteilt [3565], die hier jedoch als Unterfamilien beibehalten werden.

Ceryle rudis – Graufischer 08330

Ceryle rudis (Linnaeus 1758)

GB Pied Kingfisher **F Martin-pêcheur pie** **E Martín Pescador Pio**

Taxonomie. Vier UA: *rudis* (Linnaeus 1758) (Mittlerer Osten, Afrika), *leucomelanura* Reichenbach 1851 (Afghanistan bis SE-Asien), *travancoreensis* Whistler & Kinnear 1935 (SW-Indien) und *insignis* Hartert 1910 (SE-China).

Kennzeichen. [1369,1784,3615,221,3772,1252; weitere **Fotos** in Bird. W. **15**, 154, Dutch B. **13**, 21].

Maße. Gr.: 24-26 cm. Gew.: ♂ 68-100 g, ♀ 71-110 g. Fl.spw.: 45-47 cm. Fl.l.: ♂ 13.3-14.7 cm, ♀ 13.5-14.9 cm.

Status. Brutvogel bis W-TR; schon in GR sehr selten nachgewiesen, einzelne Beob. in Europa, z.B. YU (Montenegro) 1993, S-RUS, UA., S-I und E. [3615,1784]. In CY als seltener Durchzügler oder

Wintergast aus Brutgebieten TR ab Okt. [1369]. In ME Irrgast, bisher nur 1 Nachw., **PL:** 1 Ind. beob. Weichsel bei Warschau Aug. 1859 [1369].

Verbreitung und Bestand. Afrika S Sahara, EGY, Vorderasien (TR, SY, IL), Vorder- und Hinterindien bis Sri Lanka ostwärts bis Indochina und S-China. Bestandsabnahmen und Arealverlust in EGY, SYR und Libanon [3615]. Europäischer Bestand (TR) 100-200 BP (starke Abnahme); Neuansiedlung 1996 in CY (1 BP) [383]. Global nicht bedroht, eine der häufigsten Eisvogelarten weltweit [1784].

SPEC	VSchRL	Bern.Konv.	Bonn.Konv.
3	--	Anh. II	--
Europ. RL	**RL in ME**		
CR	--		

Wanderungen. Stand- bis schwach ausgeprägter Zugvogel mit Streuungswanderungen. In TR im Winter etwas weiter verbreitet; Br. TR seltener Wintergast CY; im Libanon v.a. Herbst und Winter [3615].

Biotop. Stehende und langsam fließende Gewässer; Brackwasserlagunen und Flussmündungen bis über 2000 m; bevorzugt offenes Gelände.

Nahrung. Fische 40-110 mm lang, 0,4-8 (-20) g. Daneben aquatische Insekten und fliegende Termiten zumindest vorübergehend von gewisser Bedeutung. Ad. benötigen 18-44 g Nahrung täglich, große Nestlinge ca. 34,5 g Fisch; Verbrauch sinkt aber zur Zeit des Ausfliegens auf etwa 20 g.

Stimme. Ruffreudig. Warnruf kurz vor dem Abflug häufig »twig gig«, sonst auch tiefes »trrr trrr trrr«, das mit zunehmender Verunsicherung schneller und lauter wird. Während der Balz hohes, unregelmäßig wiederholtes »tschike tschiki«. Vor allem am Brutplatz schrille schilpende oder auch trillernde Laute; bis zu 10 Rufe werden unterschieden.

Verhalten. Tagaktiv. Streckenflug weniger rasant als bei Eisvogel, etwas unstete Flügelschläge. Stoßtaucher, der häufig auch aus dem Rüttelflug jagt. Bis 55 mm werden Fischchen im Flug verschluckt; größere auf Warte bearbeitet. Gelegentlich Jagd in größerer Uferferne oder von Insekten über dem Land. Paarbindung normalerweise lebenslang. ♂ füttert

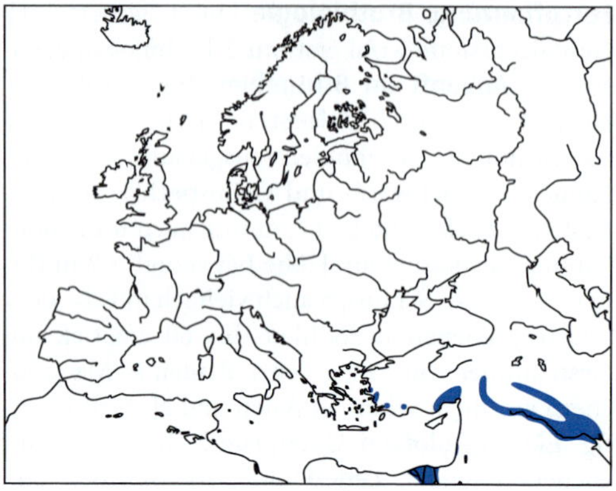

Ceryle rudis – **Graufischer**

♀ während der Verpaarungsphase bis zum Schlupf der Jungen. Kopulationen dauern ca. 5-10 sec. und werden von Kopulationsrufen begleitet. Viele Paare brüten einzeln, doch ± lockere Kolonien sind nicht selten. Geschlechterverhältnis ist zumindest in manchen Kolonien zugunsten der ♂ verschoben. Dabei hat sich in Kolonien (Afrika) ein flexibles Helfersystem entwickelt: Primäre Helfer füttern mit hoher Intensität ihre jüngeren Geschwister späterer Bruten. Sekundäre Helfer füttern mit geringem Aufwand fremde Bruten oder versuchen es. Sekundäre Helfer werden offenbar nur unter bestimmten ökologischen Voraussetzungen geduldet. Helfersystem beeinflusst Überlebensrate der Jungen positiv. Außerhalb der Brutzeit überwiegend gesellig.

Fortpflanzung, Brutbiologie [337,767,1784, 1551]. **Nest.** In Steilufern und Klippen, zuweilen bis 3 km vom Wasser entfernt in Sandgruben, Straßenböschungen etc.; Nest in geraden oder leicht ansteigenden Röhren von 120-180 (80-250) cm Länge (in hartem Substrat kürzer) und mit ca. 7.5 cm Durchmesser. **Legebeginn.** In Paläarktis (März) April bis Mai. **Gelegegröße.** 4-6 (1-7, große durch Zusammenlegen von Erst- und Nachgelegen), Ø Uganda$_{22}$ 4.9. Legeintervall 1 d. **Eier.** Kurzelliptisch, kaum glänzend, weiß. **Brutdauer.** 15-19 d; beide brüten, ♀ mehr und nachts; Bebrütung ab 1. Ei. Juv. schlüpfen asynchron über 3 d. **Nestlings-/Führungszeit.** Beide Ad. hudern und füttern; Juv. verlassen Nest nach (23) 24-26 d. Ausgeflogene Juv. werden noch bis 2 Monate lang gefüttert. **Jahresbruten.** 1 (viell. 2); Nachgelege (kleiner als Erstgelege). **Bruterfolg.** In Uganda von 58 Gelegen 52% geschlüpft, dabei in 50% Ausfliegeerfolg, mit Ø 4.5 Juv./erfolgr. Brut. Bruterfolg durch Helfer deutlich erhöht; ohne Helfer wurden 39% der geschlüpften Juv. flügge, mit 1 Helfer 78% und mit 2 Helfern 100%.

Sterblichkeit, Alter. Generationslänge: < 3.3 J. [383].

Mauser. Postjuvenile Mauser (Voll- oder Teilmauser) bald nach Ausfliegen; Verlauf ähnlich Ad. [767]. • Postnuptialmauser (Voll- oder Teilmauser) Schwingenmauser mit 3 aktiven Mauserzentren ab Mai/Juli; wegen langsamer Mauser meist nicht beendet, sondern vor Brutbeginn mit einzelnen alten Schwungfedern unter- oder abgebrochen [767,1369].

Megaceryle alcyon – Gürtelfischer 08340

Megaceryle [alcyon] alcyon (Linnaeus 1758) syn.: *Ceryle alcyon*

GB Belted Kingfisher F Martin-pêcheur d'Amérique E Martín Gigante Norteamericano

Taxonomie. Monotypisch. Bildet Superspezies mit dem neotropischen *M. torquata.*

Kennzeichen. [1369,1784,3615,221,3772,1252; **Fotos** in Bird. W. **11**, 380, Brit. B. **95**, 188].

Maße. Gr.: 28-33 (35) cm. Gew.: ♂ 113-173 g, ♀ 138-178 g. Fl.spw.: 47-52 cm. Fl.l.: ♂ 15.1-16.8 cm, ♀ 15.4-17.0 cm.

Status. Standvogel, Teilzieher und Zugvogel (nördlichste Populationen); Winterquartier über das Brutareal hinausreichend von MEX, Mittelamerika bis Kolumbien, Venezuela, Guyana, vereinzelt auf Galapagos-Inseln. In Europa mehrfach nachgewiesen (frühestens Sept.) auf GRÖ und Azoren, ferner einzelne in IS Sept. 1901, Mai 1998, Juni 1998; IRL 1978/79, 1980 und 1984/85; GB Nov. 1908 und Nov.-Juni 1979/80) [1369,277,q23], dabei mehrere Überwinterungen.
In ME bisher nur ein Nachweis, **NL:** 1 ♂ erlegt bei Arnhem Dez.1899 [1369].

Verbreitung und Bestand. Brutvogel in Nordamerika von Alaska, N-CDN und Neufundland nach S bis Kalifornien, Texas und Florida [1784,3615]; recht häufig. Global nicht bedroht [1784].

Wanderungen. Teilzieher; überwintert bis zur N-Grenze eisfreier Gewässer, nach S bis Mittelamerika, Karibik [3615].

Biotop. Seen und Flüsse mit klarem, vegetationsfreiem Wasser, auch an rasch fließenden Salmonidengewässern und an Brackwasserlagunen.

Nahrung. Vor allem Fische 15 cm, daneben auch Amphibien, Crustaceen, Insekten.

Stimme. Am häufigsten lauter durchdringender Triller »nicketti-krik-krikkrik«, der weithin zu hören ist.

Verhalten. Fliegt mit relativ langsamen, etwas ruckartigen Flügelschlägen. Bevorzugt freistehende Warten. Stoßtaucher von Warten oder aus dem Such- bzw. Rüttelflug. Auch außerhalb der Brutzeit ungesellig.

Mauser. Postjuvenile Mauser (Teilmauser) bis März/Mai beendet [767,3882,3050]. • Postnuptialmauser (Voll-, z.T. Teilmauser) Ende Juni/Juli–Okt./Jan., teilweise Unterbrechung während Wegzug [767,3882,3050]; einige AS können stehen bleiben [3882].

Alcedo atthis – Eisvogel 08310

Alcedo atthis (Linnaeus 1758)

GB Common (River / Eurasian) Kingfisher

F Martin-pêcheur d'Europe
E Martín Pescador Común

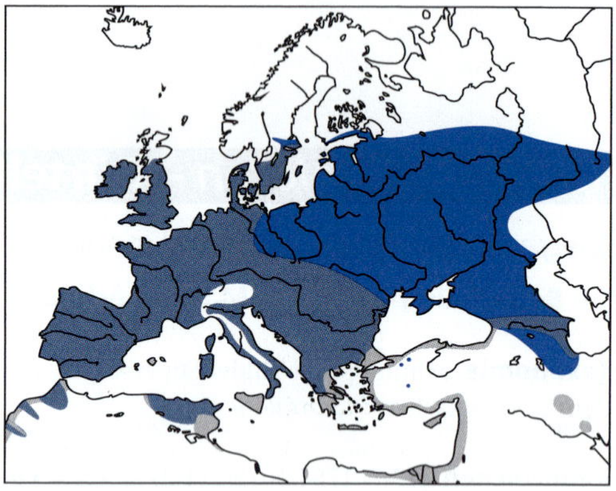

Alcedo atthis – **Eisvogel**

Taxonomie. Die Unterscheidung zwischen *atthis* (Linnaeus 1758) und »*ispida*« Linnaeus 1758 in Europa ist angesichts minimaler »durchschnittlicher« Unterschiede in Größe und Färbung nicht aufrechtzuerhalten, so dass hier nur die Nominatform vorkommt. 5 weitere UA (*bengalensis,, taprobana, floresiana, hispidoides, salomonensis*) in Asien.

Kennzeichen. [1784,3615,221,3772,1369,1252].

Maße. Gr.: 16-17 cm. Gew.: ♂ 37-42 g, ♀ 34-44 g. Fl.spw.: 24-26 cm. Fl.l.: ♂ 7.6-8.0 cm, $\varnothing_{27}$ 7.87 cm, ♀ 7.7-8.0 cm [1369,3615].

Status. Brutvogel in Niederungs- und Mittelgebirgslagen ganz ME. In Niederungen NW-ME Stand- und Jahresvogel, sonst Teilzieher; nach E zunehmend Zugvogel (kaum Überwinterungen). Stark entwickeltes Dispersionsverhalten der Jungvögel. Bestände erheblich fluktuierend in Abhängigkeit von Witterungsbedingungen.

Verbreitung und Bestand. Von W-Europa nach E unter Aussparung asiatischer Trockengebiete bis Sachalin und JAP, nach S bis Indien, Taiwan und in Inselformen bis Melanesien; N-Grenze bei 60° N, in Innerasien 52° N. Ohne echte Schwerpunkte über ganz Europa verbreitet, Bestand zw. 79.000-160.000 BP (fluktuierend, leicht negativer Trend), mit Vorkommen > 6.000 BP in F, I, P, RO, RUS, UA. und GB [383]. In ME lückenhaft von Tiefebene bis Mittelgebirgslagen; höchste Brutvorkommen D bis 910 m, CH 990 m. Bestand ME etwa 11.000-20.000 BP [383, erg.].

Wanderungen. Standvogel, Teilzieher und Zieher (weite Ringfunde z.B. aus CS 1820 km, NW-D 1450 km, B 1100 km, NL 890 km, CH 750 km, GB 555 km). In GB/IRL sind Ad. überwiegend Standvögel [4064]. Zumindest in D-BW und CH harren territoriale ♂ aus. Masse der Zugvögel ♀ und Juv., letztere (vor allem Erstbruten) streuen rasch nach dem Ausfliegen. In F überwiegend Standvogel, Streuungswanderungen allerdings mit Schwerpunkt SW [3941]. Überwinterer in allen Teilen des UA-Areals möglich. Br. N und E-Europas größtenteils Zugvögel. Südlichste Ringfunde von *ispida* S-E., M, Sizilien. Nach N bis 66°N verstreichend in Skandinavien nachgewiesen. Stärkste Wanderintensität Spätsommer bis Okt.; im Herbst halten sich Ad. und Juv. mitunter noch monatelang in weiterer Umgebung des Brutplatzes auf. Abseits der Brutplätze frühestens nach Ausfliegen der Erstbruten (Juni) Anf. Juli. Vögel aus März/ April-Bruten können ab Ende Aug./Anf. Sept. bereits den S-Rand des Winterquartiers erreicht haben. ♂ besetzen Reviere vor den ♀, ausnahmsweise schon ab Dez., regelm. ab Feb., in ganz ME im März. Brutortstreue nachgewiesen; Ansiedlung von Erstbrütern bis 128 km vom Geburtsort. Ringfundauswertungen [E-D:2085, E.:2494, GB:4064].

Bestandsentwicklung. Einfluss extremer Winter größer als der anderer bestandsmindernder Faktoren. In Wintern 1928/29, 1939/40 und 1962/63 erloschen einige Populationen in Europa vollständig, andere mit Reduktion auf 5-20% [196, 3892,1369,1680]. Witterungsbedingte Bestandseinbrüche aufgrund hoher Produktivität meist nach 5-7 J. ausgeglichen [1369,414,2311,2351].
In Teilen Europas langfristiger Rückgang durch Zerstörung der Lebensräume, meist seit Ende 19. Jh. [3892,196], seit Mitte 20. Jh. noch beschleunigt [1369,196,3871]. Nach Verlust kleinerer und

randlicher Vorkommen gebietsweise nur noch weit verstreute Einzelpaare und Hauptteil der Population in optimalen (meist gut geschützten) Kernbereichen konzentriert [A, NL, D-BY, -BW, -SN: 196,1507;2238].

	Best.	Areal	Brutbestand	Jahr	Quelle
A	+/-	=	300 - 500	1998 - 2002	[383]
B	↕	=	900 - 1.500	2001 - 2002	[383]
CH	↕	=	300 - 350	1993 - 1996	[383]
CZ	↕	=	600 - 1.000	2000 - 2002	[383]
D	+/-	=	4.500 - 7.000	1995 - 1999	[383]
FL	+/-	=	0 - 1	1998 - 2000	[383]
H	+/-	=	900 - 1.600	1995 - 2002	[383]
L	+/-	=	50 - 80	2001	[383]
NL	↕	=	70 - 300	1998 - 2000	[383]
PL	↕	=	2.500 - 6.000	1990 - 2000	[383]
SK	↓	- 1	700 - 1.300	1995 - 1999	[383]

Etwa seit 1970er J. Bestandserholung durch regionale Gewässerschutzmaßnahmen, Errichtung künstlicher Nistplätze, reduzierte Verfolgung und geringeren Verschmutzungsgrad mancher Gewässer - trotz weiterer Abnahmen nach Kältewintern und starken Hochwassern [1369,1680,196,4074]. Typische Entwicklungen: in NL nach Extremwinter 1963 nur 9-14 BP, in Folge starker Zunahme 1975 schon 275-325 BP, 1976 wieder nur 90–140 BP, bei Atlaskartierung 1979-85 30-200 BP, zuletzt (1998-2000) bei 70-300 BP [375,3638,337]; in D-HE von 20–25 BP (1962) und 12–15 BP (1970), < 50 (1976), ca. 100 (1977), < 30 (1979), auf 106 BP (1990); bis Ende 1990er J. wieder leichter Rückgang (< 90 BP) [1680,204,337]. Populationen aber deutlich kleiner als Anf./Mitte 20. Jh.

Siedlungsdichte. Wegen starker Territorialität gering; bei entsprechendem Angebot aber Nester nur 80–100 m entfernt; in Optimalbereichen (Oberrheingebiet) mittlere Nestentfernung < 1 km [4074], bei kleineren Fließgewässern bis zu 1.2-2.5 km/BP, entlang größerer beeinträchtigter Flüsse jedoch heute in ME meist > 4–5, oft 7 km/BP [ca. 1-3 BP auf 10 km, 1507]. Am Oberrhein D-BW aber bis zu 80 BP auf 69 km [4074]. Großflächig in D 20–30 BP/392 km^{2}, 40–50 BP/4200 km^{2}, 16 bzw. 28 BP/1300 km^{2} (künstl. Nisthilfen), 14-17 BP/700 km^{2}, 20–30 BP/4000 km^{2} bis 27 BP/350 km^{2} [2739,337]; in NL 16–20 BP/2680 km^{2} [337]; in PL 3.4-13.8 BP/100 km^{2} [3871].

Gefährdungsursachen [1369,3615,1719,196,3892, 3160,3651,2889,2666,4074,846]. Zerstörung der Lebensräume durch Flusskanalisierung und andere Wasserbau- oder Befestigungsmaßnahmen, Uferbebauung, Entfernung der Ufervegetation, Abschneiden der Altarme vom Wasserregime und weitere Eingriffe in dynamische Prozesse ursprünglicher Fließgewässer.
Zerstörung oder Entwertung des Lebensraumes durch Eutrophierung und Gewässerverschmutzung (Abwässer, Biozide, Schwermetalle der Industrie, Landwirtschaft und Gemeinden), sowie durch Intensivierung von Teichwirtschaft und Sportfischerei - mit Auswirkungen auf Nahrungsreichtum und Fangerfolg.
Direkte Verfolgung, Abschuss oder Fang, durch Angler und Fischzüchter oder durch Sammler - auch jüngst, z.T. behördlich unterstützt. Verfolgung in Winterquartieren.
Störungen an Brutplätzen durch intensiven Erholungsbetrieb, meist Angler und Touristen (auch Fotografen und Vogelbeobachter).
Unfälle, z.B. Straßenverkehr, Scheibenanflug, Festfrieren an metallischen Sitzwarten.
Sehr bedeutsam sind natürliche Verluste, insbesondere: (1) Bestandseinbrüche durch Extremwinter, daneben auch (2) negative Auswirkungen von Hochwassern (Vernichtung der Bruten, Verlust der Brutwände, ferner vermehrte Schwebstofffracht und Wassertrübung), (3) geringer Bruterfolg in verregneten Sommern (verringerte Jagdmöglichkeit in aufgewühlten und trüberen Gewässern). Ferner (4) Prädation (Sperber, Marder u.a.).

SPEC	VSchRL	Bern.Konv.	Bonn.Konv.
3	Anh. I	Anh. II	--
Europ. RL	**RL in ME**		
--	A, L ,CH, CZ: 'VU', D, SK: 'NT'		

Schutzmaßnahmen. Erhaltung und strenger Schutz verbliebener, naturnaher Fließgewässersysteme und ihrer Altarme und aller bedeutenden Brutgebiete (ab 2 BP/5 km Gewässerlänge); Aufgabe weiterer Verbauungsvorhaben, statt dessen Renaturierung ausgebauter Gewässer. Förderung natürlicher dynamischer Prozesse mit Überschwemmungszonen, Prallhängen, Flussbettverlagerungen etc.; daher auch Rückkehr zu geringem Landverbrauch und eingeschränkter Nutzung in Flussniederungen. Besonderer Schutz und vollständige Erhaltung grundwassergespeister und da-

her auch in Kältewintern meist eisfrei bleibender Altwässer (sog. »Gießen«). Erhaltung und Schutz von Sekundärlebensräumen wie Kiesgruben und Baggerseen mit vorhandenen oder anzulegenden Steilwänden.
Sanierung und Pflege natürlicher Brutwände; an begradigten, ausgebauten Flussläufen Anlage von Abbruchkanten oder Anbringung künstlicher Nisthilfen sowie Ansitzmöglichkeiten.
Verbesserung der Wasserqualität; erhebliche Reduktion des Einsatzes von Düngemitteln und Umweltchemikalien sowie Förderung der Wirbellosen- und Fischfauna.
Intensiver Schutz vor Verfolgung. In Teichwirtschaften Anlegung von »Ablenkteichen« mit Sitzwarten und reichem Angebot an (wirtschaftlich uninteressanten) Kleinfischarten.
Einschränkung der Freizeitnutzung in Brutgebieten; ggf. Besucherlenkung oder Einrichtung unzugänglicher, geschützter Zonen.

Biotop. Brutplatz: langsam fließendes oder stehendes Gewässer mit guten Sichtverhältnissen und reichem Angebot an Kleinfischen, ausreichend Sitzwarten (bes. < 2 m); überhängende oder senkrechte Abbruchkanten mind. 50 cm hoch in Bodenmaterial, das Anlage der Nisthöhle gestattet. Deckung durch Vegetation bevorzugt; Brut- und Jagdplatz oft, aber nicht notwendigerweise eng benachbart. Bruthöhlen können bis mehrere 100 m vom Wasser entfernt liegen. Wassertiefe bei gutem Angebot an Oberflächenfischen von geringerer Bedeutung. Geeignete Kombination der notwendigen Biotopelemente gestattet Ansiedlung in unterschiedlichsten Landschaftstypen, auch in menschlichen Ballungsräumen. Außerhalb Brutzeit an ähnlichen Plätzen, doch auch an künstlichen Fischteichen, Wehren, Ufermauern und an Kleingewässern aller Art; auch an Meeresbuchten, Brackwasserlagunen und sogar im Watt.

Nahrung. Hauptsächlich kleine Süßwasserfische (meist 4–5 cm lang; bis 11 cm nur ausnahmsweise); daneben im Sommerhalbjahr Insekten, kleine Frösche, Kaulquappen, ausnahmsweise Molche, kleine Crustaceen, Mollusken etc. Kleine ± flachrückige Formen des Seichtwassers oder der Oberflächenschichten dominieren, wie Bachforellen, Gründlinge *(Gobio gobio)*, Elritzen, Plötzen, Rotfedern u.a. kleine Cypriniden, Stichlinge; weniger dagegen hochrückige und dickköpfige Formen (z.B. Brachsen, Groppen etc.). Nahrungsbedarf der Nestlinge mit 4/5 d etwa 25 %, mit 20 d etwa 41 % ihres Körpergewichts. Verfütterte Fischgröße wächst mit dem Alter der Nestlinge.

Stimme. Lockruf kurz »tji«, bei Erregung schärfer und gedehnter »tjii« (fast 2-silbig), vor allem im Abflug. Ferner rau »khrit-rit-rit«. Rhythmisch variabler Gesang ebenfalls auf »i«. Juv. bei Futterübergabe nach dem Ausfliegen »gred gred«. Jungvögel in der Bruthöhle erzeugen konstantes, tiefes Schnurren »wri-wri-wri-..

Verhalten. Im Allg. tagaktiv. Geradliniger Streckenflug mit sehr raschen Flügelschlägen (10–20 m/sec) niedrig über dem Wasser; über Land meist höher über Grund. Auf fester Unterlage nur Trippelschritte (meist seitlich) möglich. Bestimmte Sitzwarten werden oft regelm. aufgesucht; Ruheplätze oft gedeckt mit Anflugschneisen. Baden mehrmals täglich mit Badestürzen ins Wasser (vor allem nach Fütterungen). Stoßtaucher, der Beute optisch wahrnimmt. Fangstoß von Sitzwarte oder aus dem Rüttelflug. Im tiefen Wasser Stoß möglichst steil, nachdem vorher die Körperachse so gut wie vertikal zur Längsachse des Beutefisches ausgerichtet wurde. Nach dem Auftauchen startet der Vogel meist rasch durch, bleibt aber auch mit ausgebreiteten Flügeln kurz auf der Wasseroberfläche liegen. Eintauchen bis Ergreifen der Beute meist < 1 sec; maximale Tauchtiefe wohl 1 m. Fische werden im Rücken gepackt oder in den Flanken aufgespießt. Bei günstigen Verhältnissen Fangerfolg fast 100 %. Größere zappelnde Fische werden gegen Unterlage geschlagen; kleinere mitunter zusammengedrückt, auf alle Fälle aber mit dem Kopf zum Schlund orientiert. Paare sind zumindest während einer Brutperiode stabil. Erste Balzphase sind Flugjagden. Später Partner auf Warten vor einer potenziellen Brutwand sitzend. Anflüge des ♂ an die Wand oder »Höhlezeigen« durch Ein- und Ausfliegen. Während des Nestbaus füttert das ♂ das ♀; ♀ betteln auch wie Jungvögel. Kopulation kann ohne jede Einleitung erfolgen. Fischende Eisvögel zeigen mitunter geringe Fluchtdistanz. Gefangene in der Hand drehen ähnlich wie Wendehals den schräg nach oben gehaltenen Kopf langsam pendelartig im Kreisbogen hin und her. In milden Wintern Balzflüge bereits ab Dez./Jan.; Paarbildung ab Jan., weiter im N und E März bis Mai. Wenn möglich ad. ♂ auch außerhalb der Brutzeit territorial; auf alle Fälle Einzelgänger und bei Standvögeln ♂ und ♀ getrennte Reviere (überlappen oft).

Fortpflanzung, Brutbiologie [337,767,1722,1]. Geschlechtsreife im 1. Lebensjahr. Meist monogame Brut- oder Saisonehe (oft von Spätwinter bis Sept.); Partnerwechsel während Brutperiode häufig. Polygynie mehrfach nachgewiesen. **Ankunft im Brutgebiet.** ♂ vor ♀; in S-ME in milden Wintern schon ab Dez., regelm. ab Feb., in ganz ME im März. **Nest.** In Prallhängen und Steilufern von Bächen, Flüssen, seltener Seen, in Wegböschungen, Hohlwegen, Materialentnahmestellen, Wurzelteller (selten in Kaninchenbauen), auch in einiger Entfernung vom Gewässer; künstliche Nisthilfen werden angenommen. Höhleneingänge bevorzugt über Wasser; Nest horizontale oder leicht ansteigende, gerade (mitunter auch gewinkelte) Höhle von 50-90 cm mit erweitertem runden oder backofenförmigem Nestkessel von etwa 16 x 17 x 12 cm, selten kürzer; Eingang etwa 10 x 7 cm. Eier auf bloßem Untergrund oder auf Speiballenresten. Nest durch ♂ begonnen, durch beide weitergeführt, Dauer 4-31 d je nach Material (mit Schnabel ausgehackt und gegraben, mit Füßen ausgescharrt und bei Rückwärtsbewegung mit Schwanz weggeschoben); Bruthöhlen oft wiederverwendet, dabei gesäubert. Manche Paare mit mehreren Höhlen. **Legebeginn.** Frühestens erste Märzdekade, letzte Gelege im Aug., gesamte Brutperiode in S-ME daher bis 7 Monate. **Gelegegröße.** 6-7 (4-9), Ø GB_{12} 6.7, D-BW_{32} 5.7, -BB_{280} 6.1; Zweit- und Drittbruten offenbar größer als Erst-; z.B. Ø CH_{32} 6.47, CH_{24} 6.79, CH_{12} 6.83. Legeintervall 1 d. **Eier.** Kurzelliptisch, glänzend, weiß. **Brutdauer.** 18-23 d, Ø 19.4 bzw. 21.2 d; beide brüten (♀ mitunter mehr oder gar ausschließlich, z.B. bei Schachtelbruten); Bebrütung ab (vor-)letztem Ei. Juv. schlüpfen synchron. **Nestlings-/Führungszeit.** Erste 10 d ständiges Hudern (beide), dann bis 20 d nur nachts. Beide Ad. bringen Futter (bei Schachtelbruten nur 1 Ad.). Ab 8-12 d öffnen sich Augen der Nestlinge, einige Tage vor Ausfliegen Erregungsrufe »tschick«; Ad. locken Juv. mit Fisch außerhalb der Höhle. Nestlingszeit (22) 23-27 (29) d, z.B. Ø in D-BW 25.4 d. Ausgeflogene Juv. werden mitunter »weggeführt«, nach dem Ausfliegen gleich Badestürze, nach wenigen h jagen Juv. selbständig. Familie unterschiedlich lange zusammen (Nahrungsangebot, Schachtelbruten etc.), meist < 2 Wochen. **Jahresbruten.** Meist 2, selten 3, aber auch 4 (davon 2 bzw. 3 geschachtelt) oder 6 (bei polygynen ♂) nachgewiesen. **Ende der Brutperiode.** Frühestens Ende Juli, häufig erst Ende Aug. oder Sept. (Okt.). **Bruterfolg.** Zwischen 5.6-8.5 flügge Juv./Paar und J.; z.B. CH 15.9 Eier und 8.5 flügge Juv./BP und J., D-MV 5.6-10.7 flügge Juv./Paar und J. In D-BW 21% der Paare mit 0, 25% mit 1, 46% mit 2 und 8% mit 3 erfolgr. Bruten pro J. In 5 J. an künstlichem Brutplatz 22, 6, 28, 15 bzw. 17 flügge Juv./Paar; von 209 angefangenen Bruten von 1977-78 waren 72% erfolgreich, 20% fielen dem Hochwassern zum Opfer, 8% misslangen aus andere Gründen. In D-BB waren von 400 Bruten 280 erfolgreich (70%), dabei Ø 5.8 flügge Juv. (4.6-7.0)/erfolgreiche Brut bzw. 4.1 Juv. (1.8-5.7) pro Brutversuch; insgesamt 8.4 flügge Juv./erfolgr. Paar und J. In GB von 69 geschlüpften Juv. 55 flügge, Ø 5.5 Juv./Nest, Gesamterfolg 80%. Hauptverluste durch Hochwasser, menschliche Störungen, natürliche Feinde. Im 2. Jahr nach einem Kältewinter Reproduktion stets höher als im ersten.

Eimaße und -gewichte (*ispida*) [337]: L. 20.9-24.8 mm, B. 16.7-19.9 mm, Ø: 22.9 x 18.8 mm (n=170, B), 22.7 x 18.6 mm (n=100, GB); Frischvollgew. 3.62-4.65 g, $Ø_{34}$: 4.18 g; Schalengew. 0.17-0.25 g, $Ø_{250}$: 0.22 g.

Sterblichkeit, Alter. GB 77.8 % ± 7.99 für 1. J., 76.2 % ± 6.57/J. für alle Jahrgänge. Kleinere Serien aus anderen Ländern scheinen hohe Mortalitätsrate zu bestätigen. Ältester Ringvogel (B) 21 J. [3654]. Ein ad. beringtes ♀ wurde 10 J. später als Brutvogel kontrolliert; ferner mehrfach Ringvögel > 10 J. **Generationslänge:** < 3.3 J. [383].

Mauser. **Postjuvenile Mauser** (Teilmauser) meist Juli/Aug.–Okt./Dez., bisweilen auch Ende erst im Frühjahr; Großteil des Körpergefieders und variable Anzahl von Schirm- und Steuer- sowie unreg. einzelne Schwungfedern [767,1369,139,2686].
• **Postnuptialmauser** (Teil- oder Vollmauser) Körpergefieder ab Juni/Aug. [767,1369]; Schwungfedern in Staffelmauser mit je 2 aktiven Mauserzentren; HS-Mauser beginnt mit HS 1 und 7 ab Ende Juni/Mitte Aug., Abschluss bis Mitte Okt./Ende Nov. (Dez.), aber oft Unterbrechung ab Ende Okt./Nov. und letzte HS 6 (10) erst im folgenden Mai/Juni ersetzt [767,1369,139]; vorher oder gleichzeitig beginnt neuer Mauserzyklus; AS-Mauser oft nicht vollständig, besonders AS 3–5 erst in nächster Mauserperiode ersetzt; ST-Mauser unreg. [767,1369]; Großgefiedermauser mit fortschreitendem Alter offenbar zunehmend mit Unregelmäßigkeiten [767].

Familie Meropidae – Spinte

Bunte Luftjäger nach Schwalbenart; langer spitzer, abwärts gebogener Schnabel öffnet nur etwa 30° weit und wird wie Pinzette verwendet. Augen seitlich, daher weitestgehend nur monokulares Sehen (für Entfernungsabschätzungen eigentlich weniger gut). Geschlechter weitgehend gleich, Unterschiede zuweilen in Irisfarbe oder Länge der Schwanzspieße. Brüten in selbst gegrabenen Erdhöhlen; Junge werden nackt geboren. Weitgehend auf Subtropen und Tropen Eurasiens und Afrikas beschränkt.

Drei Gattungen, 24 Arten, rein altweltliche Verbreitung (inklusive AUS). An der Monophylie dieser morphologisch sehr einheitlichen Familie besteht kein Zweifel [1251].

Merops apiaster – Bienenfresser 08400

Merops apiaster Linnaeus 1758

GB European Bee-eater **F Guêpier d'Europe** **E Abejaruco Europeo**

Taxonomie. Monotypisch.

Kennzeichen. [1369,1784,3615,221,3772,1252; **Fotos** in Limic. **9**, 199, **17**, 3-9, 78/79, Dutch B. **24**, 317, Bird. W. **13**, 378, Brit. B. **92**, 306].

Maße. Gr.: 27-29 cm. Gew.: ♂ 48-78 g, Ø saisonal variierend zw. 54 und 61 g, ♀ 44-72 g, Ø saisonal variierend zw. 50 und 57 g. Fl.spw.: 44-49 cm. Fl.l.: ♂ 14.8-15.9 cm, ♀ 14.0-15.1 cm [1369,3615].

Status. In ME (Europa) Brut- und Sommervogel mit kurzer Aufenthaltszeit (etwa Mai bis Aug./Sept.). Wiederholt Verstöße nach N, z.T. bedingt durch Klimaschwankungen. Einige »Invasionsjahre«, z.B. 1964 [337]. Derzeit deutliche Arealausweitung (offenbar durch Zugprolongation), frühere Ansiedlungen z.T. von kurzer Dauer, derzeit offenbar Bedingungen günstiger [z.B. 3861,3858].

Verbreitung und Bestand. Areal reicht von SW-Europa und NW-Afrika nach E über Vorderasien bis N-Indien und Sinkiang, nach N bis NW-Altai und Kirgisensteppe; ferner isoliert in S-Afrika. In Europa nach N bis ME und DK (neuerdings GB). Europäischer Gesamtbestand mit Schwerpunkten in SE-Europa und Iberien 480.000-1.000.000 BP (zunehmend) [383], entspr. 25-49% des Weltbestandes [1252]. In ME etwa 21.000-42.000 BP [383, erg.], hauptsächlich in H.

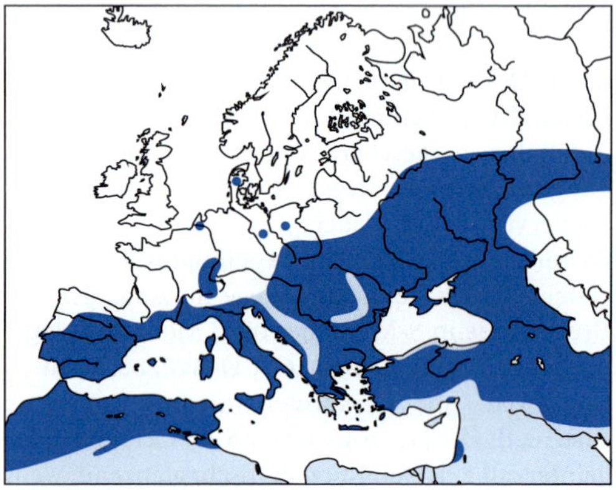

Merops apiaster – Bienenfresser

Wanderungen. Langstreckenzieher; 2 separate Winterquartiere in Afrika: Savannen Senegal bis Ghana (Nigeria) sowie von E-Afrika (Kenia) unter Aussparung der Regenwaldgebiete S bis S-Afrika. Br. W-Europas scheinen in W-Afrika, die E-Europas und Asiens in E- und S-Afrika zu überwintern. Zieht über Sahara und Arabische Wüste (tatsächlich im Nonstopflug?). Ab Mitte/Ende Juli beginnen Familien und kleine Trupps umherzustreichen. Eigentlicher Wegzug ab Mitte/Ende Aug. bis Ende Sept.; Nachzügler Oktober (spätester Nachw. in S-GB 10.11.-3.12.). Höhepunkt des Dz. in Gibraltar 1. Septemberdekade. S-Afrika wird ab Anfang Oktober erreicht. Heimzug beginnt dort ab Ende Feb./März; vor Ende März wird EGY erreicht, Hauptdurchzug Unterägypten Mitte/Ende April. Im Maghreb erste Ind. schon ab Mitte März an Mittelmeerküste. Durchzug Sizilien im Frühjahr stärker [3615]. Ab Mitte April an mediterranen, ab Anf. Mai an nördlichen Brutplätzen. Früheste Beob. in ME auch N des Brutareals ab 20. März, viele Beob. im April. Historische Einflüge in ME stehen in engem Zusammenhang mit Warmphasen [2013].

Bestandsentwicklung. Der Bienenfresser hat in günstigen Klimaphasen sein Areal mehrfach nach N ausgeweitet, u.a. im 16. und 17. Jh. [2013], dann Mitte 19. Jh. und, nach starkem Rückgang um 1880, erneut ab 1920er und 30er J. Außerhalb pannonischen Beckens, wo schon im 19. Jh. größere Vorkommen, in ME bis in 1960er J. nur kurzzeitig Kolonien und keine stabilen Ansiedlungen [965,1369,3615].

	Best.	Areal	Brutbestand	Jahr	Quelle
A	⇧	F	150 – 300	1998 – 2002	[383]
B	N	N	6 – 11	1990 – 2002	[383]
CH	N	N	11 – 15	1999 – 2000	[383]
CZ	⇧	+ 2	36 – 40	2000 – 2002	[383]
D	⇧	+ 2	350 – 400	2004	[1323]
H	⇧	+ 1	20.000 – 40.000	1997 – 2001	[383*]
L	N	N	0 – 3	2001	[383]
NL	N	N	0 – 3	2000 – 2001	[q4]
PL	↕	F	20 – 50	1990 – 2000	[383]
SK	↑	+ 1	700 – 1.300	1995 – 1999	[383]

*erg. 1485

Im Zuge starker Vermehrung der Kolonien E-H in 1930er J. Ausbreitung über ganz H und Ansiedlung in A, SK. und CZ. Nach erneuter Stagnations- und Abnahmephase Anf. 1960er J. (einige Kolonien erloschen), seither dort Bestandsanstieg. Im Invasionsjahr 1964 vorübergehende Ansiedlungen in NL, D-SH, -BW und -BY [1369,1719,4175,3636]. Um 1965 dauerhafte Besiedlung SE-PL, dort Population seither konstant [3871]. Durch positive Entwicklung und Arealausweitung bis Ende 1970er J. in H Bestand von 1.300-3.900 BP, in A-B etwa 30 BP und in SK. > 300 BP [1369]. Neue Kolonien entstanden u.a. in D-ST 1974, im N D-BW (spätestens) 1975 und in -NW 1978 [1369,1719,2068,2821]. Bis Mitte 1980er J. erloschen viele Kolonien wieder [z.B. 4175,2821,196].

Nach erneuter Wachstumsphase ab Mitte 1980er J. in vielen Regionen (PL, H, SK.) durch guten Bruterfolg, entsprechend hohes Ausbreitungspotential in S- und SE-europäischen Kolonien (und Klimaerwärmung?) alte Höchstbestände wieder erreicht [3892,965,196], in H Ende 1990er J. zw. 4.100-6.400 BP [1485], danach Vervielfachung [383]; zudem sprunghafte Zunahme der Kolonieneubildungen und Brutzeitfeststellungen, z.B. in A-T, A-K und A-Oö sowie in D-BW und -BY [965,196,1719,1722]. Seither Brutnachw. u.a. in DK ab 1985, D-MV 1985 [2772], N-PL 1986 [1366], D-ST 1990 [3861,3858], CH 1991 [3392,3393], Slask PL 1993 [196], D-RP um 1995 [575], Flandern B 1996 und NL 2001 [q4,3638]; gleichzeitig starke Bestandszunahmen in bekannten Brutgebieten, z.B. in D-BW, CZ und E-F [1722,q3,3265,537], sowie Besiedlung von benachbarten Regionen [N-F, Elsaß, N-I, DK, BY und GB:4180,196,q3]. Im Gegensatz zu früheren Ansiedlungsversuchen Bruterfolg gebietsweise sehr hoch, Truppgröße an Brutorten deutlich angestiegen und gleichzeitig auf großer Fläche viele Brutvorstöße [3265,3861,3858]; Gesamtbestand in D 2004 auf mind. 355 BP (vor allem -ST und -BW) angewachsen [1323,453].

Siedlungsdichte. Abhängig vom Brutplatzangebot einzeln oder in z.T. großen Kolonien.

Gefährdungsursachen [1680,1719,196,3892,3650, 1252,3861,1485,3858]. Direkte Verfolgung, heute vor allem auf Durchzug und in mediterranen Brutgebieten, seltener in S-Afrika; früher generell bedeutendste Gefährdungsursache.

Rückgang der Nahrung durch Pestizideinsatz und Intensivierung der Landwirtschaft (Verlust der Weiden, Wiesen und Ruderalflächen, Ausräumung der Landschaft).

Beeinträchtigung durch Störungen an Brutplätzen (besonders während Aufzuchtzeit), vor allem in leicht zugänglichen oder noch »genutzten« Sekundärlebensräumen wie Materialentnahmestellen oder Rebbergen; aber auch Freizeitnutzung (z.B. Motorcross; Schießübungen).

Verlust natürlicher Brutplätze, z.B. durch Rebflurbereinigung, Kollabieren der Steilwände oder Zuwuchern. Fehlen geeigneter Brutstandorte in vielen Gebieten bestandslimitierend.

Natürliche Faktoren: Einfluss der Sommertemperaturen auf Bruterfolg (über Zugänglichkeit der Nahrung), ebenso nasskühle Witterung und Starkregen (Wegspülen der Brutwände). Brutverluste durch Marder oder Fuchs.

SPEC	VSchRL	Bern.Konv.	Bonn.Konv.
3	--	Anh. II	Anh. II
Europ. RL	**RL in ME**		
--	CH, CZ: 'EN', A, H:'VU', D, PL, SK: 'NT'		

Schutzmaßnahmen. Schutz und Erhaltung sowie Neuschaffung von Brutplätzen, Abhalten von Störeinflüssen (Besucherlenkung, Koloniebewachung), Pflege zur Verhinderung der Erosion und Pflanzensukzessionen.

Sicherstellung (ggf. Aufkauf) von Kies- und Sandgruben für Naturschutzzwecke.
Extensivierung der Landwirtschaft mit Erhaltung gut strukturierter, artenreicher Wiesen- und Weidengebiete.
Erhebliche Reduktion der Vogeljagd in den Mittelmeerländern.

Biotop. Sonnige, offene, doch abwechslungsreich strukturierte Landschaften. Zur Anlage der Nesthöhlen sandige trockene Böden oder Löss nötig, ferner Jagd- und Ruhewarten (Pfähle, Drähte, dürre Äste etc.) und Baumgruppen als Schlafplätze. Nähe größerer Gewässer (Nahrungsangebot!) wird häufig bevorzugt. Sonst gerne in wenig intensiv bewirtschafteten Teilen des Kulturlandes, in ME nur die wärmsten Tieflagen; z.B. Trocken- und Halbtrockenrasen, trockene Wiesen und Weiden, Gebüschformationen und Waldränder, Weinberge, Obstgärten, Ruderalfluren etc. Blütenreichtum wichtig! Im Winter in Trocken- und Feuchtsavannen Afrikas.

Nahrung. Mittelgroße bis große Fluginsekten. Hauptbeute Hautflügler, wie Bienen, Wespen (einschl. Hummeln, Hornissen), Käfer (vor allem Blatthornkäfer, wie Maikäfer, Rosenkäfer etc.), Libellen (bis zu den größten Arten, z.B. *Aeschna* und *Anax*), Schmetterlinge (auch größere Tagfalter und Schwärmer), Zweiflügler (z.B. Bremsen, große Schwebfliegen). Zusammensetzung im Einzelnen vom jeweiligen Angebot abhängig, bevorzugt offenbar > 10 mm Größe. Auch Massenauftreten einzelner Arten wird genutzt; im Winterquartier z.B. schwärmende Ameisen und Termiten.

Stimme. Ruffreudig. Variable Rufreihen, oft im Flug, auf »ü« wie »püt püt, krück krück, güjük gügük, dirüp, drüü«, mehrfach wiederholt, auch im Duett vorgetragen. Während der Balz Rufduette. Individuelle Merkmale. Alarmruf gereiht »dickdickdick…«; Drohruf leise und lang gezogen »dääà«.

Verhalten. Tagaktiv; Nachtzug vor allem in Wüstengebieten. Leicht welliger Streckenflug mit mehreren raschen Flügelschlägen und sehr kurzem Anlegen der Flügel. Auffälliger ist die nach einigen Flügelschlägen eingeschaltete Gleitflugstrecke mit horizontal ausgestreckten Flügeln und gespreiztem Schwanz; im Jagd- und Landeanflug Gleitstrecken länger. Zur Brutzeit können ♂ und ♀ in der Höhle übernachten; normalerweise jedoch Übernachtung im Freien auf gemeinsamen Schlafplätzen. Luftjagd von Warte aus: Fluginsekt wird fixiert, im reißenden Flug gepackt und zur Warte zurückgetragen. Auch Insektenfang im niedrigen Suchflug und vor allem Flugjagd nach Schwalbenart auf schwärmende Kleintiere, die in der Luft ohne Bearbeitung verschluckt werden. Ungiftige größere Insekten werden gegen die Unterlage geschlagen (stechende Hautflügler zuweilen mit Abdomenende kräftig gegen Zweig gerieben, um austretendes Gift abzuwischen); heruntergefallene, auch lebende Beute, wird nicht wieder vom Boden aufgenommen. Ganzjährig gesellig. Brüten in Kolonien mit oft über 100 BP, aber auch einzeln (wahrscheinlich von der Nahrung abhängig). Verpaarung findet meist erst im Brutgebiet statt. Paare sind während der Brutperiode stabil. Kopulationen dauern ca. 5-10 sec und werden von Kopulationsrufen von ♂ und ♀ begleitet. Selten fremde Junge im Nest, die nicht vom fütternden ♂ sind. Es gibt auch Nichtbrüter, die sich Brutpaaren als Aufzuchtshelfer anschließen. Offenbar ist das Verhältnis ♂:♀ bei koloniebrütenden Bienenfressern häufig zugunsten der ♂ verschoben. Bei der Balz Begrüßung, »Balzrucken« und ritualisiert wirkende Totschlagbewegungen. Mit dem Höhlengraben beginnt Balzfüttern des ♀ durch das meist seitwärts herantrippelnde ♂. Kopulationen nach Beginn des Höhlenbaus bis etwa Ablage des letzten Eies. Auf dem Zug und im Überwinterungsgebiet oft in großen Schwärmen.

Fortpflanzung, Brutbiologie [337,767,1722]. Geschlechtsreife im 1. Lebensjahr. Monogame Saisonehe; zuweilen Aufzuchthelfer. **Ankunft im Brutgebiet**. Im (April) Mai. Nistplatzwahl durch ♂. **Nest.** In Prallhängen, Steilufern und anderen Abbruchkanten aus Löss, Lehm, ± verfestigtem Sand oder weichem Sandstein; 0.4-20, meist 1.5-6 m über dem Wandfuß (mind. 2 m über Wasser) und meist um 40-60 cm unter der Oberkante. Große Kolonien meist an Flussufern, kleinere Vorkommen auch in Sandgruben, Böschungsanschnitten etc., in Trockengebieten auch im ebenen Boden. Nest leicht ansteigende, zunächst gerade, dann ± stark angewinkelte Röhre von bis 2 m (in D-BW$_{43}$ Ø 1.22 m, in –ST$_{12}$ 1.21 m), mit erweiterter (abgewinkelter) Nestkammer (ca. 8-15 cm hoch, 15-20 cm breit und 25-30 cm lang); Eingang etwa 5-7 x 6-9 cm. Beflogene Höhlen meist mit 2 auffälligen Laufrillen. Eier auf bloßem Untergrund, im Laufe der Bebrütung dann oft in Chitinresten eingebettet. Nest durch ♂ (im Flug) begonnen, durch beide weitergeführt; oft 5-6 kg Material (dabei Schnabelabnutzung erheblich - mehrere mm); Bauzeit 2-3 Wochen. Bruthöhlen z.T. wiederverwendet; z.T. 2-3 gleichzeitig begonnen und bis 60 cm vertieft. **Legebeginn.** In S-Europa Mitte/Ende Mai bis Mitte/Ende Juni, Spätbruten kommen vor. **Gelegegröße.** 5-7 (4-9), Ø H_{41} 6.0. Legeintervall 1-2 d. **Eier.** Rundlich, dünnschalig, glänzend, weiß (frisch: rosafarben). **Brutdauer.** 20-22 (19-25) d; beide brüten (♀ offenbar nachts); intensive Bebrütung meist ab (1.-) 3. Ei. Juv. schlüpfen synchron, Erstgelege ab Mitte Juni. **Nestlings-/Führungszeit.** Erste d ständiges Hudern (beide); beide Ad. (sowie Helfer) bringen Futter. Ab 8 d öffnen sich Augen der Nestlinge, ab 21-23 d erwarten Junge die anfliegenden Ad. am Flugloch. Ausfliegen mit (20-25 d, dann Nachzügler jeweils 1-2 d später bzw.) 31-33 d. Ausgeflogene Juv. nach 1-2 d mit selbständigen Beuteflügen, werden aber noch bis 3 Wochen gefüttert; Fam. zieht nicht selten gemeinsam weg (meist Aug., bei Spätbruten Sept.). **Jahresbruten.** 1; Ersatzgelege (selten) bei Verlust. **Bruterfolg.** In größeren Kolonien (>6 BP) höher. In RUS von 51 gelegten Eiern 32 geschlüpft und 3.5 flügge Juv./erfolgr. Brut, in H und RO bei 11 erfolgr. Bruten Ø 4.6 flügge Juv./Paar, im Kaiserstuhl D-BW 1990-96 von 134 Bruten 116 erfolgreich (86.6%) und im Rißtal 1989-97 von 41 Bruten 83%.

Eimaße und -gewichte [337]: L. 24.0-28.0 mm, B. 20.1-23.6 mm, Ø: 25.6 x 21.9 mm (n=100, Europa); Frischvollgew. 5.9-7.1 g, $Ø_{14}$: 6.3 g; Schalengew. 0.3-0.5 g, $Ø_{200}$: 0.38 g.

Sterblichkeit, Alter. **Generationslänge:.** < 3.3 J. [383].

Mauser. **Postjuvenile Mauser** (Vollmauser) ab Aug./Okt.; Schwingenmauser bis Feb./März beendet [767,139]. • **Postnuptialmauser** (Vollmauser) Körpergefieder ab Mitte Juni/Juli; Schwingenmauser beginnt ab Aug. mit Unterbrechung während Wegzug oder erst im Winterquartier; Abschluss im Winterquartier, Mitte Okt./Nov.-Feb. [767,139]. • **Pränuptialmauser** (Teilmauser) Dez.-März; Körpergefieder und Flügeldecken, bei Einj. weniger umfangreich und z.T. fehlend [767,139].

Merops persicus – Blauwangenspint 08390

Merops [superciliosus] persicus Pallas 1773 ehem. UA von *Merops superciliosus*

GB **Blue-cheeked Bee-eater** F **Guêpier de Perse** E **Abejaruco Persa**

Taxonomie. Zwei UA: *persicus* Pallas 1773 (Naher Osten bis NW-Indien) und *chrysocercus* Cabanis & Heine 1860 (W- und NW-Afrika). Bildet Superspecies mit *M. superciliosus* (E- und südliches Afrika, Madagaskar) und *M. philippinus* (Indien bis Neu-Guinea).

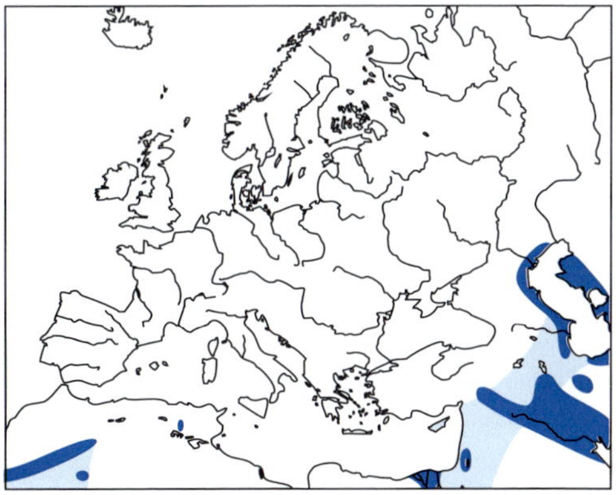

Merops persicus – Blauwangenspint

Kennzeichen [1369,1784,3615,3772,221,1252; **Fotos** in Limic. **9**, 193-197, Dutch B. **14**, 97, **19**, 204, **20**, 138, Bird. W. **2**, 273, **5**, 186, **10**, 27, 220-221].

Maße. (*persicus*) Gr.: (24) 27-31 cm ohne Schwanzspieße. Gew.: ♂ 45-56 g, ♀ 45-51 g; Ø 49 g. Fl.spw.: 46-49 cm. Fl.l.: ♂ 15.1-16.1 cm, ♀ 14.6-15.8 cm [1369,3615].

Status. Zugvogel (Wegzug schon im August!), außerhalb der europ. Brutgebiete sehr seltener Gastvogel, mit Nachw. in GB (8 mal bis 2001), F (5 mal bis 1980), DK (3 mal bis 2001), S. (4 mal bis 2000), FIN, E., I (8 mal bis 1983), M (10 mal bis 1973), GR, YU, BG, Kanaren und Kapverden [3615,337,q23]. Alle Beob. zw. Ende Mai und Mitte Sept., Ausnahmen siehe NL [277]. In ME Ausnahmegast, anerkannte Nachw. bisher in • **NL:** 30. Sept. 1961 Texel, 18. Mai 1998 Terschelling [277]. • **D:** -HH Juni 1993 [575]; -MV 30. Mai 1996 [575]; -SH Helgol. Juli 1997 (wahrschl. Nominatform), Sylt Juni 1998 [575].

Verbreitung und Bestand. Von SE-Kleinasien und IL bis NW-Indien, nach N bis Kaspi- und Aralseebecken; ferner im S N-Afrikas, EGY, lokal S-Rand Sahara [1784,1252]. Europäischer Brutbestand (RUS, TR) zwischen 200-2.000 BP [1585]. Global nicht bedroht [1784].

Wanderungen. Langstreckenzieher; überwintert in E- und S-Afrika ab Sudan/Zaire. Auf CY regelm., aber spärlich im Frühjahr; selten im Herbst. Nominatform Wegzug ab Aug., Heimzug März bis Mai, z.B. von Madagaskar und SE-Afrika nach Tansania und Kenia (über Meer auch nachts).

Biotop. In trockenen Gebieten von mediterran bis Wüste, meist in tieferen und trockeneren Regionen als Bienenfresser, dem sonst sehr ähnlich; Gewässernähe wichtig.

Nahrung. Ausschließlich geflügelte Insekten, am bedeutendsten Libellen.

Stimme. Sehr ruffreudig, auch nachts. Häufigster Ruf ein mehrfach wiederholtes, »dri-ip« oder »de-ripp«. Deutlich zweisilbig, etwas höher, heiserer als Bienenfresser. Warnruf »dick dick« ähnlich *apiaster*.

Mauser. **Postjuvenile Mauser** (Vollmauser) bis März/Mai beendet [767]. • **Postnuptialmauser** (Vollmauser) Mitte Juli/Aug.–Dez./Feb., während Wegzug mit 0–5 neuen HS unterbrochen [767,1369,702]. • **Pränuptialmauser** (Teilmauser) im Winterquartier [221,767]; umfasst vermutlich nur Teile des Körpergefieders [767].

ORDNUNG Upupiformes – Hopf- und Hornvögel

Drei Familien: Bucerotidae (Hornvögel), Phoeniculidae (Baumhopfe) und Upupidae (Wiedehopfe). Rein altweltliche Verbreitung. Nur eine Familie (Upupidae), bestehend aus einer einzigen Superspezies, ist in Europa vertreten.

Familie Upupidae – Wiedehopfe

Mittelgroße Vögel mit auffälliger Haube; Geschlechter gleich. Gerundete Flügel, schmetterlingsartiger aber starker Flug. Schnabel schmal, seitlich komprimiert, sehr lang und gebogen; kann beim Stochern geöffnet werden (»Zirkeln«). Beine kurz; mittlere und äußere Vorderzehe basal verwachsen. Bürzeldrüse des ♀ und der Jungvögel sondert während der Nestlingszeit stinkendes Sekret aus (Feindabwehr).

Upupa epops – Wiedehopf 08460

Upupa [epops] epops Linnaeus 1758

(GB) Hoopoe **(F) Huppe fasciée** **(E) Abubilla**

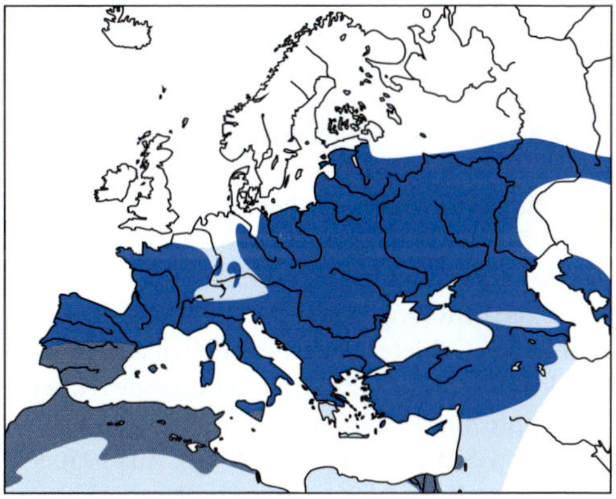

Upupa epops – **Wiedehopf**

Taxonomie. In Eurasien *epops* Linnaeus 1758 (größter Teil der Paläarktis), 3 UA in S- und SE-Asien (*saturata, ceylonensis, longirostris*), ferner in Afrika *major* C.L. Brehm 1855 (EGY-Sudan), *senegalensis* Swainson 1837 (Afrika zw. Sahara und Äquator außer zentralafrikan. Becken), *waibeli* Reichenow 1913 (Kamerun - Zentralafrika) sowie *africana* Bechstein 1811 (S Äquator). Bildet Superspezies mit *U. marginata* (Madagaskar), der morphologisch kaum abweicht, aber andere Rufe hat [2254N]. Form *africana* mit komplett schwarzen HS (einzige UA, der die weiße HS-Binde fehlt) wird gelegentlich als eigenständige Allospezies betrachtet [z.B. 3565], ist aber morphologisch (mit Ausnahme der Flügelzeichnung), bioakustisch und ökologisch kaum differenziert [1968,4214]. Allerdings ist Kontaktzone zw. *senegalensis* und *africana* in Ostafrika bisher offenbar nicht im Detail untersucht worden.

Kennzeichen. [221,1784,3772,3615,1369; Schwarz-Weiß-Zeichnung der Flügel verschiedener UA:1968; beachte die dort falsche Zuordnung der Abb.!].

Maße. Gr.: 26-28 cm. Gew.: ♂ 47-89 g, ♀ 55-80 g. Fl.spw.: 42-46 cm. Fl.l.: ♂ 14.7-15.3 cm, ♀ 14.2-15.1 cm [1784,3615].

Status. Ursprünglich verbreiteter Brut- und Sommervogel, nach starkem Rückgang gebietsweise fehlend oder unregelm. Gastvogel. Sporadische Überwinterungen in SW-ME.

Verbreitung und Bestand. Von SW-Europa und NW-Afrika nach E über Vorderasien, Arabien und Sri Lanka bis Sumatra, im N bis Baltikum und ostwärts bis Baikalgebiet; fehlt nur in NW- und N-Europa. Populationen in Afrika S der Sahara und auf Madagaskar z.T. als eigene Art abgetrennt. Nominatform in Europa mit Gesamtbestand von 0.89 - 1.7 Mio. BP, leicht rückläufig [383], mit Schwerpunkten in mediterranen Ländern (allein in E. bis 710.000 BP) und RUS (70-200 T. BP). Brütet in meisten Ländern ME, Bestand aber nur 21.000-34.000 BP, davon > 90% in H und PL [383].

Wanderungen. Paläarktische Populationen Zugvögel (nur im äußersten S Teilzieher); Winterquartier Tropen S der Sahara und Indiens. In kleinen Zahlen auch N-Afrika, P, E. und S-I. Gelegentliche Überwinterungsversuche (auch erfolgreiche) in ME, GB, S-S. Wegzugrichtung W Rhein wohl S bis SW, weiter im E mehr S bis SE. Sahara und Mittelmeer werden offenbar zu beiden Zugzeiten in voller Breite überflogen. Zugprolongationen im Frühjahr in ME und W-Europa häufig. Abzug aus ME (Mitte Juli) Anf. Aug./Mitte Sept., Extremdaten bis Okt., Nov.- und Dez.daten ausnahmsweise. Heimzug in S-Europa ab Mitte Feb., in ME nur ausnahmsweise vor 20. März (früheste 6.–10.3.), mittlere Ankunft der Br. im April. Geburts- und Brutortstreue offenbar die Regel. Individuen der östlichen UA *saturata* selten, aber regelm. im Herbst in S., evtl. als Resultat von Umkehrzug; einige bleiben dort über den Winter [3615].

Bestandsentwicklung. Wie bei anderen thermophilen Arten (Bienenfresser, Blauracke) offensichtliche Abhängigkeit von langfristigen Klimaschwankungen. In Warmphase Mitte 19. Jh. und noch Anf. 20. Jh. im gesamten ME verbreitet und gebietsweise ausgesprochen häufig [1369]. Nach Klimaverschlechterung im Laufe des 20. Jh. wurde Verbreitungsareal schrittweise aus NW-Europa zurückverlagert. Dabei erloschen Bestände in GB, S-S. und DK sowie in ME in D-SH 1910, in -HH vor 1920 und in -NW 1930 [1369,2623,196]. In kurzer Erholungsphase der 1940er und 50er J. zwar einige Gebiete wiederbesiedelt, u.a. B, NL, D-NW, lokal -BW etc. [1369], doch Bestände früherer Jahrzehnte meist nicht mehr erreicht; zudem nicht mehr bis S-Skandinavien oder S-GB. Aus 1950er J. nur wenige Bestandsangaben für Vergleiche vorhanden; z.B. brüteten in B 120 BP (1952), in L 15 BP und in D-BW > 100 BP [843,1369,1719].
Ab Ende 1950er J. großflächiger Bestandseinbruch in ME. Nachfolgend viele kleinere Populationen im Randbereich vollständig erloschen [NL, L, D-BE, -SH, -NI, -NW, -SL, -BY, A-S, A-V, Bod.: 1369, 965,1587,2068,3638,196], auf Restvorkommen beschränkt [D: 1369,1680,1722,2031,2808,3268,4175, CH, W- und N-A: 3393,965,3650], oder nur noch unregelmäßiger Brutvogel [in B ab Mitte 1980er J.: 843]. Schließlich auch in Schwerpunktgebieten ME drastischer Bestandsrückgang mit Aufgabe vieler bekannter Brutplätze, in PL bes. im W und in Masuren [3867,3871], in A [965,3650] sowie in CZ, SK. [1369,3882,2159]. In CH zwischen 1977-90 Vorkommen im Mittelland vollständig zusammengebrochen [3392,3393,4152]. In D-BW verblieben von ca. 200 BP der 1960er J. noch etwa 20 BP (1993) [3657].

Doch ab Ende 1980er/Anf. 1990er J. erneute Erholung oder Vergrößerung der Bestände, z.B. in D-BB [1,3216], dabei aber großer Teil der Brutvögel in wenig oder unbewirtschafteten Sekundärlebensräumen (z.B. Truppenübungsplätzen) konzentriert (wo aber oft unvollständig erfasst). Populationen regional durch Schutzmaßnahmen gestützt und z.T. erheblich vergrößert [D-BW, -RP, CH-VS: 1722,86], zudem Bruterfolg z.T. sehr hoch [D-BW: C.Stange zit. in 1168]; vereinzelte Neuansiedlungen [D: 196, W-CH: 3393,2232; auch DK 1995: q3].

	Best.	Areal	Brutbestand	Jahr	Quelle
A	↓	- 1	400 – 600	1998 – 2002	[383]
B	+/-	=	1 – 2	~1995	[383]
CH	⇩	- 2	100 – 150	1993 – 1996	[383]
CZ	+/-	=	70 – 140	2000 – 2002	[383]
D	↓	- 2	310 – 460	1995 – 1999	[383]
H	+/-	=	10.000 – 17.000	1999 – 2002	[383]
NL	+/-	=	0 – 1	1998 – 2000	[383]
PL	+/-	=	10.000 – 15.000	2000 – 2002	[383]
SK	↓	- 1	600 – 1.000	1990 – 1999	[383]

Siedlungsdichte. In günstigen Gebieten ME, z.B. CH 26–28 BP/18 km^2 (1.4-1.6 BP/km^2), D 7–8 Rev./25 km^2 und 7 BP/25 km^2 (0.3 BP/km^2), 34-46 Rev./166 km^2 (0.2-0.28 Rev./km^2), A-St 10-11 Rev./16.1 km^2 (0.6-0.7 Rev./km^2), kleinflächig in ME aber höher (bis > 2 Rev./km^2). Nach Rückgängen heute vielfach nur Einzelbruten oder sehr viel niedrigere Werte (z.B. D-BB 0.04-0.25 BP/km^2, CZ < 0.01 BP/km^2, PL 0.06-0.5 BP/km^2) [1369,1,3291,1507,3871].

Gefährdungsursachen [1369,965,1507,196,1680, 1719,843,1,3650,3657,3216,86]. Rückgang der (Insekten-)Nahrung durch Pestizideinsatz und Intensivierung der Land- und Forstwirtschaft (Verlust von Ruderalflächen und extensiv genutzten Weiden und Wiesen, Aufgabe der Hut- und Waldweidewirtschaft, Grünlandumbruch und verstärkter Maisanbau, Eutrophierung, starker Rückgang des Streuobstanbaus, Ausräumung der Landschaft, Rebflurbereinigung, Melioration von Bruchwäldern).
Verlust der Bruthöhlen durch Entfernen von Althölzern, Kopfbäumen und vielen Feldgehölzen, zu kurze Umtriebszeiten, Entfernung oder Sanierung alter Gebäude und Gemäuer; in der Folge stärkere Konkurrenz mit anderen, früher anwesenden Höhlenbrütern (z.B. Star).

Direkte Verfolgung; heute noch in Durchzugsgebieten von Bedeutung.
Beeinträchtigung durch Störungen an den Brutplätzen.
Desertifikation und Habitatverlust in Überwinterungsgebieten.
Negativer Einfluss feuchtkühler Witterung.

SPEC	VSchRL	Bern.Konv.	Bonn.Konv.
3	--	Anh. II	--
Europ. RL	**RL in ME**		
--	NL, FL, L: **'RE'**, D: 'CR', A, CH, CZ: 'EN', SK:'VU'		

Schutzmaßnahmen. Sicherung und langfristige Erhaltung verbliebener, alter Streuobstbestände sowie der Feldgehölze und Kopfbäume mit Bruthöhlen. In ausgeräumten oder höhlenarmen Gebieten Angebot von Nisthilfen.
Extensivierung der Landwirtschaft mit Erhaltung gut strukturierter, artenreicher Wiesen- und Weidengebiete, insbesondere der Mager- und Trockenrasen. Rückführung von Grenzertragsflächen in extensive Nutzung oder Brachflächen; erhebliche Reduktion des Düngemittel- und vor allem Biozideinsatzes. Erhöhung des Strukturreichtums in der Kulturlandschaft.
Gezielte Förderung von Großinsekten durch Belassen oder sogar Ausbringung von Tothölzern oder Baumstubben, Rekultivierung von Bergbaufolgelandschaften in Hinblick auf nährstoffarme Halboffenlandschaften, möglicherweise durch kontrollierte Brände.

Biotop. Offene Landschaft warmtrockener Klimate mit kurzer, schütterer Pflanzendecke (Bodenjagd!) und Strukturen für Bruthöhlen, z.B. lockere lichtungsreiche Waldflächen, wie Kiefernwälder, Auwälder, ferner Obst-, Wein- und andere mediterrane Anbauflächen, Garten- und Ackerlandschaften mit nicht zu intensiver Bodennutzung, Weidegebiete etc. In baumarmen Gebieten auch Bindung an ländliche Siedlungen oder entsprechende künstliche Strukturen. Außerhalb der Brutzeit auf Kurzrasenflächen (auch alpine Stufe), an Wegrändern, auf noch kurzrasigen oder gemähten Wiesen, Sportplätzen, Ruderalflächen etc.; in den Tropen vor allem in offenen Savannenlandschaften.

Nahrung. Vor allem größere Wirbellose, z.B. Grillen, Maulwurfsgrille, Laufkäfer, Maikäfer und Engerlinge, größere Schmetterlingsraupen, ferner Spinnen, Asseln, Hundert- und Tausendfüßler, Regenwürmer, Schnecken. Auch kleine Wirbeltiere (vor allem Eidechsen).

Stimme. Balzruf meist dreisilbig »upupup«, gedämpft, doch relativ weit zu hören, mitunter in langen Serien vorgetragen. Individuell unterschiedliche Tonlage. Bei Erregung gedehntes raues Krächzen ähnlich Eichelhäher, aber länger; ferner kurzes Krächzen am Nest und hohes Rollen als Fütterlaut. Nestlinge und Juv. betteln sehr hoch »sieh«.

Verhalten. Tagaktiv. Läuft mit nickenden Kopfbewegungen am Boden; Federhaube normalerweise zusammengelegt und nach hinten über den Kopf stehend. Beute wird optisch durch Aufscheuchen und Hinterherlaufen, aber auch taktil beim Bodenstochern wahrgenommen. Kleine Steine und Laub werden mit dem Schnabel weggehoben, größere Beutetiere durch Schlagen gegen Unterlage oder durch Schnabelhämmern bearbeitet. Einzelgänger. Zur Brutzeit territorial. Balzende ♂ rufen mit gesträubter Haube, bieten ♀ Futter an. ♂ zeigt Höhle. Begattungen oft nach einer Futterübergabe. Gesang ist Anzeiger für Qualität der ♂ und bedeutend bei der Partnerwahl. Paare während der Brutzeit stabil. Fremdvaterschaft ist selten. ♂ füttern ♀ in der Verpaarungsphase. Kopulationen folgen oft der Futterübergabe. Kopulationen dauern ca. 5 sec. Auf dem Zug und im Winterquartier oft in kleinen Trupps (bis 20 Tiere). Auch bei der Ankunft im Brutgebiet mehrere Individuen gemeinsam.

Fortpflanzung, Brutbiologie [337,767,1722,1,1551,2855]. Erstbruten im Alter von 1, viell. 2 J. Monogame Saisonehe; zuweilen Aufzuchthelfer. Brutortstreue in D-BB 42% der beringten Ad. (1997-2000); Geburtsortstreue belegt. **Ankunft im Brutgebiet.** Im (März) April. ♂ zuerst, sucht Höhle aus und lockt ♀. **Nest.** In Ganz- oder Halbhöhlen aller Art, z.B. Astlöchern, Spechthöhlen, Mauerspalten, Felshöhlen, unter Dächern und Hohlziegeln, in Erdlöchern, Steinhaufen, Bretterstapeln etc., auch in großen Nistkästen. Höhleneingänge sehr variabel; in der Höhle Reinigung und Muldenscharren durch beide; wenig oder kein Nistmaterial. Bruthöhlen oft wiederverwendet. **Legebeginn.** In milden Gebieten ME ab Mitte/Ende April, meist Anf. Mai; Spät- und Zweitbruten bis Anf. Juli; in N-Afrika deutlich früher. **Gelegegröße.** 5-8 (4-10, selten 11, 12), Ø CS 7.1, E-D Mai$_{17}$ 7.3, H$_{59}$ 7.0, D-BW Freibruten$_{46}$ 6.3, Nistkastenbruten$_{30}$ 6.8, dort in -BB$_{30}$ 5.7; Zweitbruten kleiner, in D-BW$_5$ 5.6, in -BB$_{17}$ 5.5. Legeintervall 1 d (1-2 d in UA *africana*). **Eier.** (Lang-)oval, Grund hell blaugrau bis grünlichgrau, seltener bis weiß, durch Abfärben bräunlich gezeichnet. **Brutdauer.** 15-17 d/Ei, 16-18 (-22) d für Gelege; ♀ brütet, wird vom ♂ gefüttert; Bebrütung meist ab 1. Ei, dann schlüpfen Juv. asynchron, ab Anf. Mai. **Nestlings-/Führungszeit.** ♀ hudert 7-14 d, dabei fast ganz vom ♂ versorgt, danach füttern beide. Kot des ♀, später auch der Juv., wird vom ♂ entsorgt; 1 Woche vor Ausfliegen wird von Juv. nach außen gekotet. Juv. ab 14 d im Kletterstadium; Abwehrreaktion der Nestlinge Fauchen, ferner Herausspritzen des dünnflüssigen geruchlosen Enddarminhalts, dabei tropfenweises Austreten des Bürzeldrüsensekrets (schwarzbraun, übelriechend!), das auch ♀ während der Brut- und Nestlingszeit bildet. Juv. mit (23) 24-28 (29) d flügge, werden danach noch etwa 1 Woche gefüttert und bleiben bis zu 4-5 Wochen im Familienverband. **Jahresbruten.** In N- und W-ME oft nur 1, aber in günstigen Gebieten und in guten Jahren 2 (z.B. in D-BB$_{30}$ 57%), in S- und E-ME wohl regelm. 2; Schachtelbruten belegt; Ersatzgelege (selten). **Bruterfolg.** In CS von 150 gelegten Eiern (21 Gelege) 120 Juv. geschlüpft und 71 flügge (47.3% der Eier, 59.2% der Geschlüpften), d.h. 3.4 flügge Juv./Paar und J.; in mehreren Gebieten ME Zahl der geschlüpften Nestlinge 4-5; am Kaiserstuhl in D-BW bei 14 Erstbruten von 1997-98 von 109 Eiern 87 geschlüpft (80%) und 71 Juv. flügge (65%), Ø 3.5 flügge Juv./Brut, in optimalen Revieren aber mit Zweitbruten bis 13 flügge Juv./Paar; in -BB Schlüpferfolg in Niströhren 78% (Erst-) bzw. 75% (Zweitbruten) und Bruterfolg 4.3 bzw. 3.5 flügge Juv./BP. Größere Verluste durch Prädatoren (Säuger, Habicht), klimatische Ursachen, Ausnehmen der Jungvögel und Verhungern der zurückgebliebenen Nesthäkchen.

Eimaße und -gewichte [337]: L. 22.6-28.7 mm, B. 16.1-19.4 mm, Ø: 25.7 x 17.5 mm (n=124, CS), 25.6 x 17.8 mm (n=46, H), 25.4 x 18.3 mm (n=45, R); Frischvollgew. Ø$_{15}$: 4.45 g; Schalengew. 0.23-0.41 g, Ø$_{250}$: 0.33 g, Ø$_{158}$: 0.30 g.

Sterblichkeit, Alter. Älteste Ringvögel 11 J. 1 Monat, 6 J. 9 Monate. **Generationslänge:** < 3.3 J. [383].

Mauser. **Postjuvenile Mauser** (Teilmauser) setzt meist nach Ankunft im Winterquartier ein, selten schon ab Aug.; Körpergefieder, gelegentlich auch alle oder einige Schirm- und Steuerfedern [767,1369,139]. • **Postnuptialmauser** (Vollmauser) · Körpergefieder ab Juli/Aug.; Großgefiedermauser i.d.R. erst im Winterquartier, Sept./Mitte Nov.–Dez./Ende Feb. (März) [767,1369,139]. • **Pränuptialmauser** (Teilmauser oder fehlend) vermutlich Jan.–Feb.; umfasst wohl Teile des Körpergefieders [767,139].

ORDNUNG Piciformes – Spechtvögel

Kleine bis mittelgroße baumbewohnende Vögel. Anpassungen an Lebensweise an Bäumen: Kletterfuß mit 2 Zehen nach vorne, 2 nach hinten, Stützschwanz durch verstärkte Schwanzfedern, starker, meist gerader Schnabel, verstärktes Kopfskelett. Bemerkenswert lange, muskulöse und an der Spitze extrem wendige Zunge (durch spezielle Drüsen hohe Klebrigkeit). Gerundete Flügel, typischer wellenförmiger Flug. Weit verbreitet, fehlt nur in Australasien.

Spechte (Piciformes) galten bisher als ursprüngliche Linie innerhalb der Neoaves [3564,405]. Der Bootstrap-Support dafür ist jedoch gering [405] und relevante Sequenzdaten bestätigen dies nicht [z.B. 3085]. Deshalb wird die Position der Wetmore-Reihenfolge beibehalten, solange keine zwingenden Gründe dagegen sprechen.

Die Monophylie der Ordnung ist anhand molekularer Sequenzen [1888,1887] und morphologischer Merkmale [2527,2524] gut gesichert. 7 Familien: Galbulidae (Glanzvögel), Bucconidae (Faulvögel), Megalaimidae (asiatische Bartvögel), Lybiidae (afrikanische Bartvögel), Rhamphastidae (Neuwelt-Bartvögel, Tukane), Indicatoridae (Honiganzeiger) und Picidae (Spechte). Die traditionelle Familie »Capitonidae« [sensu WETMORE:4078] ist paraphyletisch und wird in drei Familien aufgeteilt [vgl. 3564,2699].

Familie Picidae – Spechte

Kerbtierjäger mit meist hartem, kantigem, geradem Meißel- (selten Pinzetten-)schnabel und weit vorstreckbarer Zunge (meist mit Widerhäkchen an der Spitze). Zungenbeinhörner reichen hinter den Schädel herum. Schädel mit Sonderanpassungen (für Hämmern und Trommeln): Verstärkte Halswirbel, großer Halsmuskel und federnde Verbindung zwischen Oberschnabel und Hirnschädel. Lauf kurz, Füße kräftig. Bei vielen Arten ST, besonders mittlere, als Stützorgane. Höhlenbrüter; kurze Brutdauer. Feldkennzeichen, monographische Bearbeitungen [3561N,4149].

Zwei Unterfamilien: Jynginae (Wendehälse, 2 Arten, Alte Welt) und Picinae (mind. 214 Arten, weltweite Verbreitung außer AUS/NZ)

Die Systematik der Spechte auf dem Gattungsniveau bedarf dringend einer umfassenden Revision; die hier präsentierte Reihenfolge ist vorläufig. Erste molekulare Arbeiten [4049,4050] zeigen, dass die Gattung *Picoides* in ihrer derzeit üblichen weiten Abgrenzung polyphyletisch ist. Um dies zu vermeiden, werden hier wieder engere Gattungsgrenzen (*Picoides, Dendrocopos*) festgelegt. Da aber der Kleinspecht näher mit einer großen Gruppe neuweltlicher Arten als z.B. mit *Dendrocopos major* verwandt ist [4049], wird er in eine eigene Gattung (*Dryobates*) gestellt [vgl. 4170].

Jynx torquilla – Wendehals 08480

Jynx [torquilla] torquilla Linnaeus 1758

GB (Eurasian) Wryneck **F Torcol fourmilier** **E Torcecuello Euroasiático**

Taxonomie. Sieben UA: *torquilla* Linnaeus 1758 (N-Europa und ME), *tschusii* O. Kleinschmidt 1907 (europäisches Mittelmeergebiet), *mauretanica* Rothschild 1909 (NW-Afrika), *sarudnyi* Loudon 1912 (W-Sibirien E bis Jenissej), *chinensis* Hesse 1911 (Jenissej nach E bis Sachalin, NE-Korea und N-China), *himalayana* Vaurie 1959 (W-Himalaya) und *japonica* Bonaparte 1850 (Hokkaido). Bildet Superspezies mit *J. ruficollis* (trop. Afrika).

Kennzeichen. [1784,3615,1369,221,3772,4149; **Fotos** in Bird. W. **17**, 369, Brit. B. **95**, 245].

Maße. Gr.: 16-17 cm. Gew.: meist 30-47 g, zur Zugzeit (22) bis 54 g. Fl.spw.: 25-27 cm. Fl.l.: ♂ 8.6-9.7 cm, ♀ 8.6-9.3 cm [3615,1369].

Status. Verbreiteter, zunehmend seltener Brut- und Sommervogel in ganz ME; lokal nur noch einzelne Übersommerer. Regelm., nicht häufiger Durchzügler und Rastvogel.

Verbreitung und Bestand. Areal reicht von SW-Europa und Teilen N-Afrikas sowie GB und Fennoskandien (bis N des Polarkreises) nach E bis Sachalin und NE-Korea; ferner isoliert NW-Himalaya. In ME Nominatform meist in tieferen Regionen, in günstigen Lagen der Mittelgebirge bis 1000m und in Alpen bis 1700m NN. Europäischer Gesamtbestand (Nominatform) - mit wichtigsten Vorkommen in RUS (300-800 T.), BY (30-40 T.), I (50-100 T.), H (48-81 T.) und UA. (35-55 T. BP) – zw. 580.000-1.300.000 BP (Rückgang) [383]. In ME inzwischen lückig verbreitet, mit Brutbestand von 77.000-140.000 BP [383, erg.].

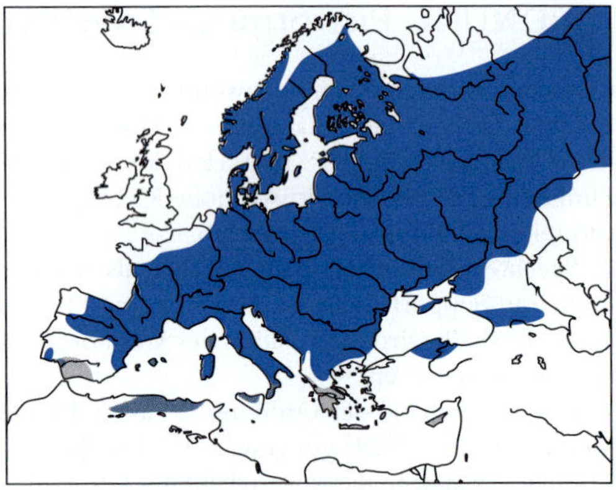

Jynx torquilla – **Wendehals**

	Best.	Areal	Brutbestand	Jahr	Quelle
A	+/-	=	2.000 - 5.000	1998 - 2002	[383]
B	+/-	=	13 - 23	1995 - 2002	[383]
CH	↓	- 1	2.000 - 3.000	1993 - 1996	[383]
CZ	+/-	=	2.500 - 5.000	2000 - 2002	[383]
D	↓	- 1	12.000 - 21.000	1995 - 1999	[383]
FL	⇩	- 2	5 - 10	1998 - 2000	[383]
H	+/-	- 1	48.000 - 81.000	1999 - 2002	[383]
L	↓	- 1	50 - 100	2001	[383]
NL	⇩	- 2	50 - 65	1998 - 2000	[383]
PL	↓	- 1	8.000 - 20.000	2000 - 2002	[383]
SK	↓	- 1	2.500 - 4.000	1995 - 1999	[383]

Wanderungen. Langstreckenzieher, nur Einzelne und vielleicht unregelm. im Mittelmeerraum und Nahen Osten überwinternd. Reguläres Winterquartier Savannen- und Trockenzone W- und Zentralafrikas (Senegal, N-Nigeria, Sudan bis S-Kamerun, N-Zaire, Uganda; auch E-Afrika). Gast Orkney-/Shetlandinseln, IRL, IS, Madeira, (Kanaren). In Europa Spätsommer/Herbst Breitfrontzug S-SW; Alpen werden überflogen, Mittelmeer wird von **W- und NW-europ. Br.** meist über Iberische Halbinsel, von östlichen über I und Balkanhalbinsel überflogen. **Br. im S von RUS, UA., BY** etc. ziehen wohl über Kleinasien und Arabien; **skandinavische Br.** auch in GB gefunden [4064]. Nistplatz wird oft schon im Juli verlassen (Ausnahme: Zweitgelege); Abzug der Juv. wohl meist mit 80–85 d (Schwingen ausgewachsen!). Weg- und Durchzug in ME hauptsächlich Mitte Aug.-Mitte (Ende) Sept., im Mittelmeerraum Br. ME ab 11. Aug., Br. Fennoskandiens 10–15 d später. Nachzügler in ME bis Mitte Okt. (Extremdaten 5. und 9. Nov.), in GB bis 3. Nov.woche, dort selten auch Überwinterungsversuche. Am N-Rand des Winterquartiers die ersten Ende Aug./Anf. Sept. Aufbruch in den Tropen März, einzeln April oder Anf. Mai. Ankunft in ME erste Aprilhälfte, in N-Europa bis Mitte Mai; Einzug der Population innerhalb von 10–20 d, mitunter Nachzügler.

Bestandsentwicklung. Größere Bestandsfluktuationen durch recht kurze Lebenserwartung und starke Witterungsabhängigkeit des Bruterfolgs, insbesondere in lückig besiedelten Randbereichen der europäischen Verbreitung, ferner durch Umsiedlungen nach Lebensraumverlust und durch Angebot von Nisthilfen [1369]. Die Schwankungen werden aber von langfristigen, großflächig gleichsinnigen Bestandsveränderungen deutlich überlagert.

In Abhängigkeit von großräumigen Klimaveränderungen – nicht infolge verringerter Reproduktion – nahmen Wendehals-Bestände vor allem in W-Europa und ME gegen Ende 19. Jh. bis etwa 1930 stark ab. Nach kürzerer Erholungsphase ab Mitte 1950er J. erneuter starker Rückgang, seit 1960er, in E-ME eher ab 1970er J., verstärkt und großräumig [1369, 196, 3892; NL, FL, Teile PL, L, CH, W-D, E-D, A, Bod.: 3636, 965, 1997, 1617, 1589, 1680, 3248, 2068, 2772, 3392, 4043, 3871]. In der Folge kleinere lokale Vorkommen vollständig erloschen [z.B. in L, CH, D, A: 2560, 3392, 3393, 1589, 1617, 1, 4132, 1302, 4201, 2238; auch GB: 1343] in anderen Regionen auf kleine Restbestände reduziert. Bestände in B von ca. 150 BP (1951) über 35 BP (1972) auf 5-9 BP (1980er J.) bei zunehmender Verlagerung in waldnahe Bereiche [843, 3892], im Raum Bonn von ca. 210 BP (1945) und ca. 100 bzw. 65 BP (1955 und 1965) auf ca. 30 BP (1975) [3186]. Beringungszahlen auf Fangstationen ebenfalls stark rückläufig [1112]. Entsprechend negative Entwicklungen auch in Fennoskandien, N-F und GB [3615, 1507, 3892].

Bes. der Einbruch in ehemals optimalen Lebensräumen in D-BW und im S D-HE durch katastrophale Verluste oder Beeinträchtigungen von Streuobstflächen [1719,1612,3231] belegt dramatische Situation des Wendehalses (sowie anderer Arten in ähnlichen Lebensräumen wie Steinkauz, Wiedehopf und Rotkopfwürger) [196].
Die klimatisch etwas günstigeren 1980er und 90er J. wirkten sich zwar gebietsweise positiv auf Bestände aus. In optimalen Lebensräumen Bestände z.T. auf niedrigerem Niveau stabil [PL, H: 1585, CH: 3393, A: 2518,2238, Lüneburger Heide D-NI: 2401, auch 1137] oder Wiederansiedlungen [z.B. Lorraine B ab 1981: 3615]. Doch regional anhaltend dramatische Abnahme und geringe Reproduktion [z.B. NL: 3638, D-NW: 1883; GB: 1507].

Siedlungsdichte. Großflächig sehr gering; nur an günstigen Orten Reviere eng benachbart (bis 40–50 m), z.B. D-B-W 2–3 BP/72 ha, A-Nö 30 BP/235 ha. Höchste Dichten in RUS und BY mit lokal bis zu 13 BP/25 ha (Nisthöhlenabstand 20 m), großräumig dort > 1000 BP/2500 km^2, nach W und S deutlich geringer [1507]. Regional in D 60–80 BP/1440 km^2, ca. 250 BP/1260 km^2, 100–200 BP/4200 km^2, 40–50 BP/550 km^2, > 50 BP/316 km^2, 40–50 BP/480 km^2, 34 BP/230 km^2 [337,2401]; in NL mind. 5 BP/2680 km^2 [337]; in PL 1.4-11 BP/10 ha [3871].

Gefährdungsursachen [1369,196,1507,1589,3892, 1719,1,193,1035,391,3257,2617,1883]. Hauptursachen für neuerlichen und langfristig anhaltenden Bestandseinbruch sind Verlust und Rückgang der Ameisen (oder verringerte Zugänglichkeit durch zunehmend unterirdisch angelegte Nester) als Folge von Überdüngung und Ausräumung der Landschaft. Bedeutendste Faktoren hierbei (1) Verlust wichtigen Randstrukturen und Pufferzonen, der Trockenrasen und Brachen, (2) zu häufige Wiesenmahd, aber auch ausbleibende Mahd (Sukzession) und Grünlandumbruch, (3) Pestizideinsatz, vor allem im Obstbau, sowie (4) intensivere Nutzung der Streuobstwiesen (z.B. zu Freizeitzwecken als Rasen), schließlich (5) Einwirkungen des sauren Regens.
Lebensraumzerstörung durch Rückgang und Umwandlung von Nahrungsgebieten (s.o.), Ausräumung der Landschaft, Rodung, Überbauung oder intensivere Nutzung von Obstgärten, Umwandlung von Laub-(misch)wäldern in Nadelwälder mit kurzen Umtriebszeiten, Verlust höhlentragender Laubbäume. Über Lebensraumverluste und Nahrungsengpässe in afrikanischen Überwinterungsgebieten noch immer nur unzureichende Kenntnisse.
Direkte und indirekte Einwirkungen des Biozideinsatzes.
Unfälle im Straßenverkehr, an Leuchttürmen etc.
Verluste auf dem Zug und im Winterquartier.
Wichtige natürliche Verlustursachen: Klimaschwankungen, dabei feuchtes ozeanisches Klima ungünstig für Bruten (mangelndes Nahrungsangebot); allerdings ist Klimaeinfluss schon in Abnahmephase Ende 19. Jh. nicht klar ersichtlich. Interspezifische Konkurrenz um Bruthöhlen und Prädation (Greifvögel, Eulen, am Nest Bilche und andere Säugetiere).

SPEC	VSchRL	Bern.Konv.	Bonn.Konv.
3	--	Anh. II	--
Europ. RL	RL in ME		
--	NL:'CR', L, FL: 'EN', A, CH, CZ, D: 'VU'		

Schutzmaßnahmen. Wie beim Grünspecht: Erhaltung reich strukturierter Kulturlandschaft auf großer Fläche mit hohem Angebot alter Bäume; Reduktion der Intensität landwirtschaftlicher und forstlicher Nutzung; Wiederherstellung und Erhaltung nahrungsreicher, extensiv genutzter Wiesen, Weiden, Streuobstflächen und Gärten; Förderung und Erhaltung von Magerrasen und Ruderalflächen entlang von Randstrukturen, keine Aufforstung von Lücken und Blößen in Wäldern. Förderung und Unterstützung des Streuobstanbaus und der Nebenerwerbslandwirtschaft. Maßnahmen zur Ansiedlung und Sicherung von Ameisenvölkern.
Reduktion der Düngemittel- und Biozidanwendung; Einsatz umweltschonender Pflanzenschutzmaßnahmen. Rückführung des Nährstoffeintrages aus der Landwirtschaft und durch die Luft.
In ausgeräumten Gebieten Angebot an Nisthilfen (in verschiedenen Gebieten erfolgreich).
Erhebliche Einschränkung der Verfolgung in Durchzugs- und Überwinterungsgebieten.

Biotop. Brutgebiete teilbewaldete bis locker mit Bäumen bestandene Landschaften, die Freiflächen (Kraut- und Grasschicht nicht zu dicht und hoch!) zur Nahrungssuche am Boden und Rufwarten sowie Deckung und Bruthöhlen (alte Bäume!) bieten, z.B. Feldgehölze, Alleen, Parkanlagen, Obstgärten und -plantagen, Pappelanpflanzungen, lichte Auwälder, Ufer und Feuchtgebiete mit Baumwuchs, Heiden mit Rohbodenflächen, Aufforstungsflächen, geschlossene Laub- und Mischwälder (hier am Waldrand oder Besiedlung des Inneren bei Auflockerung, lückenhafter Krautschicht bzw. Nachbarschaft von Wiesen, Heide etc.). Meidet i.d.R. hohe Feuchtigkeit und höhere Gebirgslage. Auf dem Zug auch in völlig baumfreiem Gelände (z.B. Felsküsten mit Einzelbüschen, Äcker, Dünen, kurzrasige Wiesen), im Winter in Savannen und Steppen.

Nahrung. Insekten (selten Beeren etc.). Zur Brutzeit in ME dominieren Ameisen (z.B. *Tetramorium caespitum, Lasius niger* und *flavus*) vor allem Larven und Puppen, weniger Imagines [391]. Ausweichen auf Blattläuse, kleine Käfer, Schmetterlinge, Spinnen, doch deren Anteil an der Nestlingsnahrung i.d.R. gering. In Sonderfällen Nahrungsspektren aber auch groß (nachgewiesen z.B. auch Dipteren, Orthopteren, Zikaden, Wasserinsekten, Kaulquappen); kalkhaltige Substanzen.

Stimme. Außerhalb der Fortpflanzungszeit wenig ruffreudig. Gesang ist eine leicht ansteigende Serie von meist 8–15 gedämpft, mitunter rau klingenden »gjä-gjä-gjä-gjä-gjä.«-Elemente; ♂ und ♀ rufen einzeln oder im Duett. Leise knurrende Kontaktlaute wie »gru«; Warnrufe laute an- und absteigende Serie von »teck«- oder »töpp«-Silben; zirpende oder wetzende Laute der Nestlinge. Gegenüber Rivalen gereiht, etwas schräg klingend »kschri-kschri.«.

Verhalten. Tagaktiv, zieht auch (überwiegend) nachts. Flug in wellenförmiger Bahn, hüpft auf schrägen Ästen und Stämmen. Übernachtung in Nistkästen vor und während der Eiablage beginnend; flügge Juv. übernachten im Geäst, manchmal noch im Nest. Nahrungserwerb vorwiegend am Boden, Ameisenhaufen werden mit Schnabelhieben geöffnet, Zunge wirkt als Leimrute, auch in Spalten oder an einer Ameisenstraße. Zur Brutzeit territorial. Paare sind nur für eine Brutsaison stabil. Balzruf mit empor gestrecktem Kopf von erhöhter Stelle aus vorgetragen, auch in der Höhle sitzend mit herausgestrecktem Kopf. ♂ und ♀ können Höhlen anbieten, daher mitunter vor verschiedenen Nestern balzend. ♂ und ♀ zeigen bei Begegnung häufig rhythmisches Kopfschwenken mit gesträubten Kopffedern. Balzfüttern, auch während des Brütens. Kopulation sehr häufig (oft nur 15 Minuten Abständen) auf Ästen, Nistkästen, Zäunen, am Boden vor und während der Legezeit, mitunter auch danach. Drohgeste mit gesträubtem Gefieder, Schnabel auf die Störungsquelle gerichtet, Hals gestreckt, Schwanz gefächert, Flügel meist etwas herabhängend; Drohschwenken mit horizontalen Kopfbewegungen. Geschickte Ausnutzung von Deckung und Tarnfärbung durch Drücken auf den Untergrund. In der Höhle bei Bedrohung Zischbewegungen. In der Hand wird Kopfgefieder gesträubt, Kopf bei horizontaler Rückenlage nach oben gerichtet. Kopf dreht sich 90° seitwärts und wird vorgestreckt, bis er mit dem Rücken in einer Ebene liegt. Dann geht die Bewegung zum Ausgangspunkt zurück mit stereotypen Wiederholungen (»Schlangenmimikry«). Außerhalb der Brutzeit in Familienverbänden oder einzeln.

Fortpflanzung, Brutbiologie [337,767,1722,1551, 4149]. Geschlechtsreife im 1. Lebensjahr. Monogame Saisonehe, Paarbildung am Nestplatz. **Nest.** Zunächst großer Aktionsradius, nach Verpaarung meist kleines Revier (Extrem 0.42 ha). Wahl durch beide; in Spechtlöchern und anderen Baumhöhlen und Nistkästen, 1-5 (max. 15) m über Boden; Durchmesser des Eingangs 3.5-5.0 cm. Über mehrere d Säuberung der Höhle, dabei vorhandene Nester von Singvögeln und Eier oder Juv. herausgetragen (z.T. auch getötet); kaum Material, Eier auf nacktem Boden oder Mulm, selten auf verbliebenem Nistmaterial oder gar Eiern/toten Juv. (Legenot?), gelegentlich frisches Moos. **Legebeginn.** In ME ca. 3 Wochen nach Revierbesetzung, meist ab 2. Maihälfte, zuweilen ab Ende April/Anf. Mai; Zweitgelege mitunter vor Mitte Juni, meist 9-11 d nach Ausfliegen der Erstbrut; Julibruten selten. **Gelegegröße.** (5–6) 7-10 (11-14), ausnahmsweise nur 1-2; auch Doppelgelege von 18-23 bekannt; Zweitgelege kleiner; Kalendereffekt, z.B. Ø CH Mai_{58} 8.97, CH $Juni_{22}$ 8.68, FIN_{158} 10.1, $D\text{-}BW_{163}$ 8.62, $W\text{-}D_{62}$ 8.2, L_{20} 8.7. Legeintervall 1 d. **Eier.** Elliptisch bis oval, glatt, weiß. **Brutdauer.** 11.5-14 d für Gelege, 11-12.5 d pro Ei; beide brüten; Bebrütung ab (vor-)letztem Ei. **Schlüpftermine.** Juv. schlüpfen fast synchron innerhalb 24-48 h; frühestens ab Mitte Mai. **Nestlings-/Führungszeit.** Schalenfragmente verbleiben in Höhle und werden von Nestlingen verzehrt; Kot entsorgt. Erste 5 d ununterbrochenes Hudern, ab 9-10 d nicht mehr, ein Ad. nächtigt oft noch bis 16-17 d im Nest. Kleine Nestlinge bilden bis 9-14 d »Wärmepyramide« (hocken einander zugewandt auf den Fersen, berühren sich mit den Bäuchen und legen die Hälse über die Schultern). Fütterung ab 6.-7. d vom Flugloch aus; erst ab dieser Zeit sind Augen der Juv. offen. Kletter- und Flugübungen beginnen mit 16-17 d, ab 17.-18. d Abwehrzischen. Ausfliegen mit 19-22 (-27) d; Fam. bleibt noch 1-3 Wochen (selten länger) zusammen. **Jahresbruten.** 1-2 (3); Zweitbruten nur in günstigen J. (vor allem S-ME), wenn Erstbrut zeitig ausgeflogen; zuweilen als Schachtelbrut (1-11 d vor Ausfliegen der Erstbrut); Drittbrut extrem selten (z.B. Nachw. in B). Ersatzgelege häufig, oft schon 3-5 d nach Verlust. **Ende der Brutperiode.** Spätestes Ausfliegen 2. Augusthälfte. **Bruterfolg.** Verluste in E-D 46% von 527 bzw. 28% von 181 Eiern, in CS 34% von 172; Überleben der Nestlinge 81% von 384 bzw. 83% von 104 sowie in RUS 98% von 128. In NL aus 340 Eiern 53% flügge Juv., in RUS 65% von 197, in E-D 60% von 384 und in H 80% von 98. Nachwuchsrate bei erfolgreichen Bruten 5.8 bzw. 7.2, in D aus 78 begonnenen Bruten Ø 3.3 flügge Juv./Paar, in D-BW bei 38 Gelegen mit 316 Eiern 252 Juv. geschlüpft (79.7%) und 201 ausgeflogen (63.6%). Totalverluste durch Prädation (Gartenschläfer, Buntspecht), »unfruchtbare« Eier, nasskalte Witterung und Nahrungsmangel.

Eimaße und -gewichte [337]: L. 17.5-25.3 mm, B. 13.0-17.2 mm, Ø: 20.8 x 15.4 mm (n=100, GB), 20.7 x 15.7 mm (n=100, B), 20.7 x 15.5 mm (n=200, CS); Frischvollgew. 1.95-3.15 g, Ø$_{88}$: 2.59 g; Schalengew. 0.14-0.26 g, Ø$_{206}$: 0.21 g, Ø$_{160}$: 0.20 g.

Sterblichkeit, Alter. Brütender Ringvogel mind. 10 J., 1x 9 J. **Generationslänge:** < 3.3 J. [383].

Mauser. Postjuvenile Mauser (Teilmauser) beginnt im Alter von 22–24 d; vor Wegzug (Aug./Mitte Sept.) i.d.R. das gesamte Körpergefieder, Flügeldecken ohne Handdecken, HS und oft alle ST gewechselt; vollständige oder teilweise Erneuerung von Schirmfedern und AS meist erst im Winterquartier [767,139, R. Winkler]. • **Postnuptialmauser** (Voll- z.T. Teilmauser) Mitte Juni/Mitte Juli–Mitte Aug./Mitte Sept., ein Teil der Handdecken und AS wird aber vermutlich erst im Winterquartier ersetzt [767,1369,139] oder gar nicht [4153]. • **Pränuptialmauser** (Teilmauser) Feb.–März (April); Körpergefieder, Flügeldecken, einige oder alle Steuer- und Schirmfedern, bei Einj. weniger umfangreich [767,1369,139,4153].

Picus canus – Grauspecht 08550

Picus canus J.F. Gmelin 1788

(GB) Grey-faced Woodpecker, Grey-headed W. **(F) Pic cendré** **(E) Pito Cano**

Taxonomie. 13 UA in zwei Gruppen: *canus*-Gruppe mit *canus* J.F. Gmelin 1788 (Europa bis Altai und N Baikalsee), *biedermanni* Hesse 1911 (Zentralasien, *jessoensis* Stejneger 1866 (E-Sibirien S bis N-China und Hokkaido), *griseoviridis* Clark 1907 (Korea); *guerini*-Gruppe mit *guerini* Malherbe 1849 (E-China), *kogo* Bianchi 1906 (W-China), *sordidior* Rippon 1906 (SW-China bis Burma) *hessei* Gyldenstolpe 1916 (E-Himalaya bis Sikkim), *sanguiniceps* E.C.S. Baker 1926 (W-Himalaya), *sobrinus* J.L. Peters 1948 (SE-China, NE-Tonkin), *tancolo* (Gould 1862) (Taiwan und Hainan), *robinsoni* (Ogilvie-Grant 1906) (Malaya) und *dedemi* (van Oort 1911) (Bergregionen Sumatras).

Kennzeichen. [1784,1369,221,3772,3615,4149; **Fotos** in Dutch B. **23**, 209, **25**, 194, Bird. W. **16**, 194].

Maße. (Nominatform) Gr.: 25-27 cm. Gew.: 120-165 g. Fl.spw.: 38-40 cm. Fl.l.: 13.7-15.5 cm [1369,3615,4149].

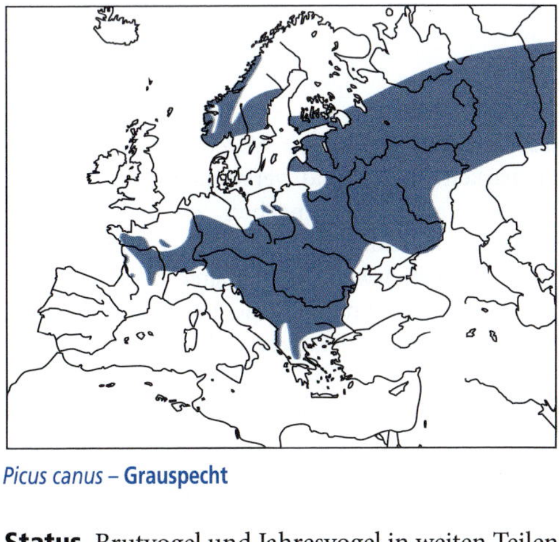

Picus canus – **Grauspecht**

Status. Brutvogel und Jahresvogel in weiten Teilen ME. Standvogel, kaum Neigung zu Wanderungen, daher abseits Brutgebieten extrem seltener Gastvogel, z.B. **NL** bis 1998 nur 3 Nachw. (alle April) [277], ein weiterer 2000 [q3]. Sehr niedriges Ausbreitungspotenzial [1507]. Gebietsweise regelm. Altitudinalwanderungen [3360,1336].

Verbreitung und Bestand. In schmalem Band von W-F über ME und Teile Skandinaviens nach E bis zum Pazifik, von E-RUS nach S bis N-Mongolei und NE-Indien, ferner SE-Asien, N-JAP, Taiwan, Sumatra. Nominatform in Europa weitgehend in Mittelgebirgslagen, im Balkangebiet z.T. höher; in Alpen nur sporadisch Brutnachweise > 1000 m, höchster aber bei 1880 m, Beob. bis > 2000 m. Größte Populationen Europas in RO (45-60 T.), RUS (70-150 T.), D (12-18 T.) und UA. (11-15 T. BP), bei insgesamt 180.000-320.000 BP (stabil) [383]. Fehlt weitgehend im Mittelmeerraum sowie in ME in NL, N-B und Teilen N- und E-D; Bestand ME bei 24.000-36.000 BP [383].

Wanderungen. Standvogel mit Streuungswanderungen, außerhalb der Brutzeit weiter umherziehend als Grünspecht (in ME bis 21 km nachgewiesen).

	Best.	Areal	Brutbestand	Jahr	Quelle
A	+/-	=	1.900 - 3.200	1998 - 2002	[383]
B	+/-	=	10 - 30	1995 - 2002	[383]
CH	↓	- 1	1.000 - 2.000	1993 - 1996	[383]
CZ	+/-	=	3.000 - 5.000	2000 - 2002	[383]
D	↓	- 1	12.500 - 18.000	1995 - 1999	[383]
FL	+/-	=	0 - 3	1998 - 2000	[383]
H	+/-	=	2.000 - 3.000	1998 - 2001	[383]
L	↓	- 1	30 - 50	2001	[383]
PL	↑	+ 1	2.000 - 3.000	1990 - 2000	[383]
SK	+/-	=	1.500 - 2.000	1995 - 1999	[383]

Bestandsentwicklung. Wegen schwieriger Erfassbarkeit [1722] und verstreutem Vorkommen nur unzureichende Angaben zu längerfristigen Bestandsentwicklungen. Dennoch zumindest seit 1970er J., gebietsweise auch später, über weite Bereiche Bestandsabnahme und lokal oder regional auch Arealverlust; letzterer insbesondere an NW Arealgrenze [B, D-NW, -NI (W), -HE (N), -SL, -SN: 1369,1589,843,3248,196,2259, P. Südbeck], ebenso in Regionen mit starkem Verlust oder Beeinträchtigung naturnaher Waldrandgebiete [z.B. CH, -BW (S): 54,3386,1719,1722,3392,3393,196; aber 4043]. Demgegenüber vor allem in Teilen PL, u.a. Slask, seit 1960er J. kontinuierliche Zunahme [3867,q22,3871,973]. Doch in meisten Regionen wegen erheblicher Erfassungslücken kein eindeutiger Bestandstrend festgestellt [196; auch F: 4180]. Von Kältewintern weniger stark betroffen als Grünspecht, kann vielmehr von dessen Einbußen profitieren [1680,1369]; durch milde Wintern seit 1987 eher begünstigt, dadurch regionale Stabilisierung und Erholung ermöglicht [z.B. 2518,3386,2238]. An der N-Grenze der Verbreitung inzwischen punktuell Besiedlung neuer Lebensräume, z.B. Tieflandmoore D-NI [493] sowie in D-BB, wo erster Brutnachweis 1984, seither Zunahme und Etablierung in mind. 3 Arealen [1]. Zunahmen in Europa sonst nur in LV und EST sowie in PL [1585,3892,3871].

Siedlungsdichte. »Balzreviere« meist 1–2 km^2 groß. Brutreviere nach Radiotelemetrie etwa 1 km^2, bei innerer Grenzlinienausstattung von 4 km [s. 4055], je nach Lebensraum z.T. auch nur 50-60 ha [P. Südbeck]. Mindestabstand von Höhlen meist > 1 km (geringste Abstände in ME 700 m, in FIN 150 m [1507]; Ad. auf Nahrungssuche bis 1.2 km von Höhle entfernt;. Großflächig wohl nur selten > 0,2 BP/km^2 [337,1722], regional z.B. in CH 45–50 BP/200 km^2, 100-125 BP/555 km^2, 18-23 Rev./215 km^2 [1369,3392], in D 250-300 BP/1440 km^2, 14–19 BP/130 km^2. In geeigneten Habitaten in D-NW und -NI kleinflächig z.B. 1.3 bzw. 1.4 BP/km^2 [4055,493], z.T. auch größere Dichten [1722;1998], Extremwerte bis 10 Rev./km^2 [1507].

Gefährdungsursachen [1369,3892,196,3636,1587, 1719,1579,3386,1998]. Lebensraumverlust durch Umwandlung von reich strukturierten, alten Laub- und Mischwaldbeständen in nadelbaumdominierte Altersklassenwälder mit frühen Umtriebszeiten sowie Entnahme von Überhältern und Schwach-, Bruch- und Totholz als potenziellen Höhlenbäumen, Umwandlung von Mittel- in Hochwaldbetrieb, Rückgang der Blößen und Lücken im Wald als wichtige Nahrungshabitate; Verlust alter Obstbestände durch Intensivkulturen oder Überbauung; Verlust der Auwälder durch Flussausbau und -begradigung, Grundwasserabsenkung, forstliche Intensivnutzung und übertriebene »Waldpflege«; zunehmende Erschließung und Verjüngung der Bergmischwälder.
Rückgang des Nahrungsangebots, insbes. der Ameisen, durch Eutrophierung der Landschaft (vor allem durch Gülledüngung), Intensivnutzung (insbesondere viele Mahden), Vegetationsverdichtung, starke Beschattung durch Pflanzen und Pestizideinsatz [3131].
Natürliche Ursachen: Kältewinter (Einfluss gering), zuweilen auch interspezifische Konkurrenz mit Grünspecht, Star oder Schwarzspecht (in S.).

SPEC	VSchRL	Bern.Konv.	Bonn.Konv.
3	Anh. I	Anh. II	--
Europ. RL	**RL in ME**		
--	CH, CZ: 'VU', FL:'R', A, D, L: 'NT'		

Schutzmaßnahmen. Erhaltung eines Netzwerkes alter, reich strukturierter Laub(misch-)wälder auf großer Fläche, d.h. weitgehender Verzicht auf großflächige Kahlschläge (dagegen Erhaltung kleiner Offenflächen, Blößen und Lücken) und Reduktion der intensiven forstlichen Nutzung, insbes. Erhalt von Bruch-, Alt- und Totholzbeständen als potenzielle Höhlenbäume; Verlängerung der Umtriebszeiten, schrittweise Ersetzung der Fichtenmonokulturen durch natürliche Mischwälder.
Reduktion des Düngemitteleinsatzes sowie Förderung und Erhaltung extensiv genutzter Wiesenlandschaften an Waldrändern zur Steigerung des Nahrungsangebotes.
Bestandsmonitoring und zusätzliche Untersuchungen zum Einfluss der modernen Forst- und Landwirtschaftspraxis.

Biotop. Reich gegliederte Landschaften mit hohem Anteil an offenen Flächen, oft in kleinen Laubhölzern, aber auch in ausgedehnten, nicht zu stark geschlossenen Laub- und Mischwäldem, z.B. Parkanlagen, Alleen, Friedhöfe, Gärten, Streuobstflächen, Feldgehölze, Auwälder, Ufergehölze, Buchen-, Buchen-Eichen- und Buchenmischwälder, Eichen-Kiefernwälder, mitunter Moorbirkenwälder mit Zitterpappeln. Mancherorts ausgesprochener Auwald- oder auch Buchenwaldvogel. Oft zusammen mit Grünspecht, aber auch unterschiedliche Präferenzen, z.B. Grauspecht mehr im Inneren von Wäldern, in kleinen Baumgruppen oder im Auwald, verstärkt im Tot- und Schwachstellenbereich. Im Gebirge auch einzeln in Nadelwäldern. Wichtig sind magere, ameisenreiche Offenflächen (Streuobstwiesen, Waldränder, junge Aufforstungsflächen).

Nahrung. Weniger spezialisiert als Grünspecht, doch auch hauptsächlich Puppen und lmagines von Ameisen (bes. *Lasius*-Arten); daneben in kleinen Mengen andere Insekten (stochernd aus grober Rinde oder Totholz). Mitunter Beeren, Obst; an Futterstellen Fett, Sämereien, Brot.

Stimme. Generell hohe individuelle Variabilität. Zu Beginn der Brutperiode (seltener als Grünspecht zu anderen Zeiten) aus 5–20 Elementen bestehende chromatisch abfallende »kü«-Reihe, gegen Ende langsamer werdend; bei ♀ heiserer und kürzer, wenn ♂ in der Nähe (Geschlechtsunterschiede bei Lautäußerungen kaum gesichert). Auf kurze Entfernung von beiden Partnern leise »djück«-Rufreihen. Bei Erregung sitzend wie fliegend locker gereihte gepresste »kük«-Laute. Vom Sommer bis Herbst Reihen mit »kick« als Einleitung und folgenden »keck«-Reihen. Aggressiv leise »kjäck« Reihen, mitunter lauter werdend. Vom 6. d an von Nestlingen auch außerhalb der Höhle »tschetschet...« u.ä. zu hören. ♂ trommeln bei Paarbildung und Balz 19-39 Schläge (20/sec) auf Holz mit guter Resonanz und auch Metallteile. Trommelwirbel schneller und kürzer als von Schwarzspecht, länger als von Buntspecht und mit geringerer Wirbelfrequenz als von Kleinspecht.

Verhalten. Aktivität und Bewegung wohl ähnlich Grünspecht. Ist in vielen Bewegungen lebhafter und wendiger, z.B. bei der Nahrungssuche (beim Stochern ähnlich Mittelspecht). Ringeln nicht belegt. Einzelgänger außerhalb der Brutzeit. Bei Auseinandersetzungen dem Grünspecht meist unterlegen. ♂ (seltener ♀) präsentiert Höhlenbäume durch Trommeln. Wenig scheu, bei Bedrohung mitunter bewegungsloses Verharren. Aggressivverhalten wohl ähnlich Grünspecht. Zur Brutzeit territorial. Außerhalb der Brutzeit meist Einzelgänger, aber auch Kontakte zu anderen.

Fortpflanzung, Brutbiologie [337,767,1722,1551, 4149]. Geschlechtsreife im 1. Lebensjahr. Monogame Saisonehe. Helfen durch 2. ♀ beob. **Ankunft am Brutplatz.** ♂ fast generell ganzjährig im Revier, ♀ z.T. abwandernd und im Frühjahr zurück; Anpaarung an Balzhöhlen bei milder Witterung z.T. schon ab Nov.; Rufreihen zur Paarbindung und Synchronisation des Paares bei milder Witterung ab (Dez.) Mitte Jan. (Trommeln zur Revierabgrenzung ab Ende Jan.), Max. der Rufe und Auftreten an Bruthöhle aber erst im (Feb.) März, bes. wenn ♀ zurückkehren. Akustische Revierverteidigung erlöscht aber weitgehend, wenn Nachbarn Grenzen abgesteckt haben, und völlig, wenn Juv. geschlüpft sind. **Nest.** An Schwachstellen und Höhlen von Laub- (bes. Buche, Eiche, Pappel, Espe, Weide, Obstbäume), selten Nadelbäumen, ausnahmsweise Nisthilfen, 1.5-8 (Extreme 0.2 bzw. 24) m über Boden; Höhleneingang elliptisch, ca. 60 x 55 mm, -tiefe 15-37 cm. Höhlenneubau regelmäßiger als Grünspecht, fast allj. (Höhlenbauaktivität in D-NI bis 1.5 Höhlen/Paar und J. [3742]; Baubeginn (beide bauen, ♂ mehr) selten ab Feb., meist April, Bauzeit 9 d bis 3 Wochen. Eier auf Schicht aus Spänen von 1-3 cm. **Legebeginn.** Frühestens Ende April, meist Anf. Mai bis Juni. **Gelegegröße.** (4-6) 7-9 (10-11); auch Doppelgelege von 18-23 bekannt; Zweitgelege kleiner; Kalendereffekt, z.B. Ø CH Mai_{58} 8.97, CH $Juni_{22}$ 8.68, FIN_{158} 10.1, D-BW_{163} 8.62, W-D_{62} 8.2, L_{20} 8.7. Legeintervall 1 d. **Eier.** Langoval, glänzend, harte Schale, weiß. **Brutdauer.** 15-17 (14-18) d; beide brüten, ♂ mehr und ab 1. Ei nachts; Bebrütung ab letztem Ei. **Schlüpftermine.** Juv. schlüpfen synchron; frühestens ab Ende Mai, Juni. **Nestlings-/Führungszeit.** Erste 11-15 d hudern beide (♂ nachts); Nestlinge bilden bis 7 d »Wärmepyramide« (s. Wendehals); beide Ad. tragen Futter im Kehlsack ein und würgen Nahrung hoch. Ab 10 d Augen und Ohren der Juv. offen. Kot wird bis 16-17 d entsorgt. Kletter- und Flugübungen beginnen mit 16-17 d. Ausfliegen mit 24-25 (23-28) d; Fam. bleibt noch wenige d bis drei Wochen (Teilverbände) zusammen. **Jahresbruten.** 1; keine Ersatzgelege bekannt. **Ende der Brutperiode.** Mit Selbständigkeit der Juv. im Juli. **Bruterfolg.** Trotz recht großer Gelege werden in D selten mehr als 4 Juv./erfolgr. Paar flügge, in E-RUS etwa 5.

Eimaße und –gewichte [337]: L. 23.4-30.5 mm, B. 19.0-24.4 mm, Ø: 27.7 x 20.4 mm (n=27, D), 28.1 x 21.5 mm (n=35, CS), 29.0 x 21.4 mm (n=43, F); Frischvollgew. 6.58-7.10 g, $Ø_7$: 6.93 g; Schalengew. 0.42-0.63 g, $Ø_{26}$: 0.52 g.

Sterblichkeit, Alter. Bisher nachgewiesen 5 J. 5 Monate (D). **Generationslänge:** < 3.3 J. [383].

Mauser. **Postjuvenile Mauser** (Teilmauser) beginnt im Alter von 21–22 d, Abschluss bis Mitte Sept./Okt.; umfasst auch Große Armdecken, HS, ST und gelegentlich 1–2 Schirmfedern [767,1369, R. Winkler]. • **Postnuptialmauser** (Voll-, z.T. Teilmauser) ähnlich Grünspecht, aber vermutlich etwas schneller [767,1369]; 1–4 Handdecken und selten 1 AS können stehen bleiben [R. Winkler].

Picus viridis – Grünspecht 08560

Picus [viridis] viridis Linnaeus 1758

(GB) **Green Woodpecker** (F) **Pic vert** (E) **Pito Real**

Taxonomie. Drei UA: *viridis* Linnaeus 1758 (ME und N-Europa), *karelini* J.F. Brandt 1841 (I, Balkan bis Mittlerer Osten) und *innominatus* (Zarudny & Loudon 1905) (SW-Iran). Die drei W-paläarktischen Allo- bzw. Semispezies *viridis* (Europa außer Iberien), *sharpei* (Pyrenäen, Iberien) und *vaillantii* (NW-Afrika) sind phänotypisch (bes. Gesichtszeichnung) jeweils in beiden Geschlechtern deutlich differenziert. Da die kontinentalen Formen *viridis* und *sharpei* parapatrisch verbreitet sind und distinkt bleiben, muss eine Genflussbarriere existieren. Die Kontaktzone in S-F bedarf dringend genauerer Untersuchung; Hybridisation kommt vor, ist aber relativ selten [P.-A. Crochet]. Analog ist auch der NW-afrikanische *P. vaillanti* als Allospezies zu betrachten.

Kennzeichen. [1784,1369,221,3772,3615,4149].

Maße. (Nominatform) Gr.: 31-33 cm. Gew.: (138) 150-220 (250) g. Fl.spw.: 40-42 cm. Fl.l.: 15.8-17.0 cm [1369,3615,4149].

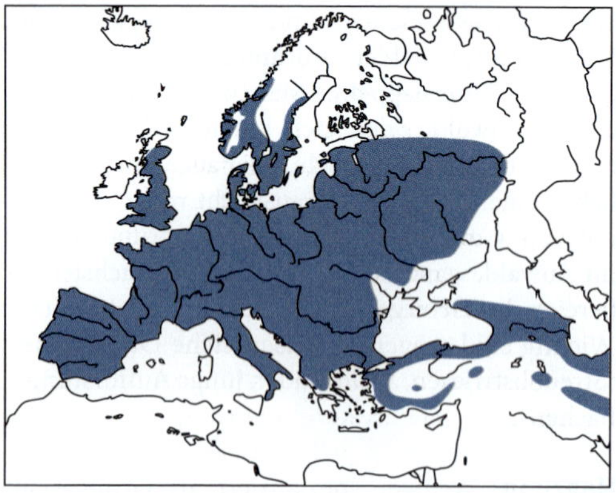

Picus viridis – **Grünspecht**

Status. Brut- und Jahresvogel im gesamten Raum. Sehr standorttreu, geringe Ausbreitungstendenz.

Verbreitung und Bestand. Weitestgehend auf Westpalärktis beschränkt, wo von S-Skandinavien und GB bis in Mittelmeerraum sowie vom Kaukasus bis N-Iran und Turkmenien vom Tiefland bis in subalpine Lagen (höchste Bruthöhle in CH 2120 m NN); in geschlossenen Mittelgebirgswäldern aber selten über 400m NN. Schwerpunkte in Europa in F (200-600 T.), E. (66-96 T.), I (40-80 T.), RUS (20-100 T.) und RO (85-110 T. BP), bei Gesamtbestand von 590.000-1.300.000 BP (stabil), entspr. > 75% des globalen Bestandes [383]. In ME Nominatform mit etwa 75.000-125.000 BP [383, erg.].

Wanderungen. Standvogel mit Streuungswanderungen. Wanderungen nach der Brutzeit und im Winter ungerichtet, führen kaum > 20 km (selten bis 45 km, Ausnahme 82 und 170 km).

	Best.	Areal	Brutbestand	Jahr	Quelle
A	+/-	=	7.000 - 14.000	1998 - 2002	[383]
B	+/-	=	8.800 - 13.000	2001 - 2002	[383]
CH	+/-	=	5.000 - 10.000	1993 - 1996	[383]
CZ	+/-	=	9.000 - 18.000	1995	[383]
D	+/-	=	23.000 - 35.000	1995 - 1999	[383]
FL	+/-	=	25 - 40	1998 - 2000	[383]
H	+/-	=	12.000 - 20.000	1999 - 2002	[383]
L	+/-	=	250 - 400	2001	[383]
NL	↓	- 1	4.500 - 5.500	1998 - 2000	[383]
PL	↓	- 1	4.000 - 8.000	2000 - 2002	[383]
SK	+/-	=	1.200 - 2.000	1995 - 1999	[383]

Bestandsentwicklung. Anfang 20. Jh. regional noch häufigste Spechtart. Spätestens seit 1950er oder 60er J. in weiten Bereichen ME sowie Skandinavien, Baltikum und E. deutlicher Rückgang [3892,1507,1585; B: 843, regional in D: 1680,1, 1617,2031,2623,310,1579; S.:2903]. In NL Bestandsverlust bis in 1980er J. landesweit 50-70% [2889], gebietsweise ganz verschwunden [3638]. Regional Rückgang erst mit Verzögerung ab 1970er oder 80er J. [D: 1617,1589]. In CH Einbußen weitgehend auf Tiefland beschränkt, dort seit 1970er J. aufgrund Lebensraumzerstörung und Abnahme der Wiesenameisen Rückgang von z.T. > 50% [4043,3392,54,3386]. Lebensraumzerstörung war auch Hauptursache für lokale und regionale Abnahme in A [965;2238]. In Folge der Bestandsverluste immer mehr Rückzug aus freier Landschaft in Waldbereiche (wenn Offenflächen vorhanden, sonst nur in Randbereichen) [P. Südbeck; 2063]. Allerdings häufig kein eindeutiger Trend feststellbar [1137,2068,3268,4175,1,3871], zuweilen aber abhängig von geringer Zahl erfasster Reviere [667].

Durch Kältewinter erlittene Verluste im Normalfall nach spätestens 10 J. ausgeglichen. In stark beeinträchtigten Lebensräumen rasche Erholung jedoch unmöglich und Bestandsrückgänge und Arealverluste noch zusätzlich beschleunigt [1589,3892,310]. Zudem in Sympatriegebieten mit »winterhärterem« Grauspecht Dichteverhältnis oft auf längere Zeit zugunsten der Zwillingsart verschoben [1369,1589], besonders deutlich im Gladenbecker Bergland D-HE: dort Grünspecht 1982 als Brutvogel verschwunden, Wiederbesiedlung erst nach 1987 [inzwischen stark wachsende Bestände, 1680].
In einigen Regionen Europas Bestand in 1970er und 80er J. stabil (auf z.T. sehr niedrigem Niveau) oder erneut positiver Trend, bes. durch sehr milde Winter nach 1987 [3892,1507; CH: 3386, S-NL: 375,3638, D: 1680,1,310,4055, A: 2560,2518]. Längerfristige Bestandszunahme in Europa derzeit nur in MOL [1585].

Siedlungsdichte. Hoher Grenzlinienanteil zwischen Wald und Offenflächen charakteristisch; Brutreviere nach Telemetrie in CH um 2.0 km^2, kartographisch (D) 3.2–5.3 km^2, geringster Abstand von Brutbäumen 500 m. Größte Dichten in Europa in F mit im Mittel 1450 BP/2500 km^2 bzw. 0.58 BP/km^2, nach E hin abnehmend [1507]. In ME großflächig wohl selten > 0.25 BP/km^2, regionale Dichtewerte z.B. in CH 25 BP/200 km^2; in D 250–300 BP/1440 km^2, 500–600 BP/4200 km^2, 3–6 BP/130 km^2, mind. 25 BP/700 km^2, 12–20 BP/480 km^2, 7 BP/544 km^2 und ca. 18 BP/513 km^2, in NL 25 BP/1820 km^2, 700 BP/2680 km^2.

Gefährdungsursachen [1369,1507,196,3636,3892, 1617,3638,1579,2731,3386,3131]. Hauptursache ist Rückgang der Ameisennahrung durch (1) Eutrophierung, (2) zu häufige oder ausbleibende Mahd der Wiesen, (3) massiven Biozideinsatz, vor allem im Obstbau, und (4) Verlust der Randstrukturen, (5) saurer Regen.
Lebensraumverlust durch Ausräumung der Landschaft mit Beseitigung von Streuobstanlagen sowie von Hecken und Feldgehölzen; Umwandlung von Laub- und Mischwaldbeständen in Nadelwälder, Zerstörung der Auwälder, Verlust von Heiden, Umwandlung von Mittel- in Hochwaldbetrieb, Rückgang der Offenbereiche im Wald (Aufforstungen); Verlust alter Obstbestände durch Überbauung, Stürme, Überalterung ohne Neupflanzung, Ersatz durch Niederstammobst, Monotonisierung der Gärten; starke Beeinträchtigung und Veränderung dörflicher Strukturen mit geringerem Nahrungsan-

gebot, dabei insbesondere Verlust der Halbtrockenrasen, Ruderalflächen, Magerstreifen, Brachen und extensiv genutzter Wiesen.
Unfälle im Straßenverkehr, an Kaminen, in Schlafhöhlen sowie an Bahndämmen (bei Nahrungssuche häufig aufgesucht).
Natürliche Ursachen: Kältewinter mit langen Schneelagen bes. bei Tieflandpopulationen gravierend.

SPEC	VSchRL	Bern.Konv.	Bonn.Konv.
2	--	Anh. II	--
Europ. RL	RL in ME		
--	NL: 'VU', D: 'NT'		

Schutzmaßnahmen. Maßnahmen zur Ansiedlung und dauerhaften Sicherung von Ameisenvölkern. Dazu: Erhaltung alter Baumbestände in reich strukturierter Kulturlandschaft auf großer Fläche; Reduktion der intensiven landwirtschaftlichen und forstlichen Nutzung; Ersetzen von Fichtenmonokulturen durch natürliche Mischwälder; Wiederherstellung und Erhaltung nahrungsreicher, extensiv genutzter Wiesen, Weiden, Streuobstflächen und Heidegebiete; Förderung der Erhaltung von Magerrasen und Ruderalflächen entlang von Randstrukturen. Reduktion der Wiesenmahd, der (Gülle-)Düngung sowie des Pestizideinsatzes; Rückführung der allg. Eutrophierung.
Förderung des Streuobstanbaus und extensiv betriebener Nebenerwerbslandwirtschaft, Erhalt typischer Dorfstrukturen.

Biotop. Halb offene Mosaiklandschaften, z.B. Parkanlagen, Villenviertel, Streuobstanlagen, Feldgehölze sowie in Randzonen von Laub- und Mischwäldern, Auen- und Erlenbruchwäldern, im Gebirge auch in Nadelwäldern. In ausgedehnten Waldungen nur, wenn größere Lichtungen, Waldwiesen, Kahlschläge vorhanden sind.

Nahrung. Ameisen, im Winter *Formica*-, im Sommer *Lasius*-Arten; im Winter auch Fliegen und Mücken in Schlupfwinkeln; nachgewiesen auch andere Arthropoden (z.B. Bienen, Wespenlarven, Käfer, Maulwurfsgrillen, Wanzen) und auch Regenwürmer und Schnecken sowie Beeren und Obst.

Stimme. In der Fortpflanzungszeit »Lachen«, eine Reihe von weichen »klü«Rufen, die schon auf der 2. Silbe betont sein kann und deren letzte Silben bei zunehmendem Tempo leiser werden. Im Gegensatz zum Grauspecht nicht absinkend oder langsamer werdend. ♀ zuweilen weniger hart und heiserer. Große Variation, nach Paarbildung kürzer und leiser, aber sehr viel häufiger zu hören als Grauspecht. Ferner (vor allem beim Jungeführen) 2–7 gereiht »kjäck« (ähnlich auch vom Grauspecht gebracht), im Flug oft schärfer »kuck« oder »kjuck«. Aggressiv »kjaik« (kurz und scharf), bei Drohen auch »kjaikjaikjaik«. Weitere ähnliche Rufe. Nestlinge keckern ab 7. Tag. Trommelt sehr selten, sehr schwache und unregelm. Wirbel.

Verhalten. Tagaktiv, häufiger am Boden als Buntspecht, hüpft 20–25 cm weit; Fluggeschwindigkeit 40–50 km/h, fliegt selten höher als Baumgipfel. Grün- und Grauspecht benutzen Schlafhöhlen (selbstgezimmert oder alte Höhlen anderer Spechte; seltener in Nistkästen oder in Gebäuden). Nahrungserwerb größtenteils am Boden, sucht Ameisennester durch Abfliegen von Wegrändern, Böschungen etc., hackt bis 8 (12) cm tiefe Erdtrichter, räumt im Winter sogar Schnee weg. Ameisensuche auch an Zweigen, in Laubstreu, im Winter z.B. in Fels- und Mauerritzen Insektensuche. Sehr lange Zunge mit Widerhäkchen. Zu Beginn der Fortpflanzungszeit Rufkontakte; Begattungsaufforderung durch 2. Aggressivverhalten: Drohruf (»kjaik«), Schnabelhochwerfen, Drohschwenken des Kopfes, Sträuben der roten Scheitelfedern, Flügelzucken, Übersprunghandlungen (z.B. Drohklopfen) bis hin zu Verfolgungsflügen und kurzen Kämpfen. Brutpflege wie Grauspecht; Nestlinge ruffreudiger; Sozialkontakt innerhalb der Familie im Herbst offenbar enger als bei Grauspecht. Erste Balzrufe ab Ende Dez. Paarbildung und Reviergründung in ME Mitte März/Anf. April. Paare halten über die Brutsaison, wahrscheinlich über mehrere J. zusammen. Außerhalb der Brutzeit Einzelgänger.

Fortpflanzung, Brutbiologie [337,767,1722,4149]. Geschlechtsreife im 1. Lebensjahr. Vermutlich monogame Saisonehe. **Ankunft am Brutplatz.** Meist ganzjährig im Revier; Gesang zur Paarbindung ab (Nov.) Dez., Max. der Rufe und Auftreten an Bruthöhle im Feb. und März (Apr.), früher als Grauspecht. Gesang erlöscht weitgehend, wenn Juv. geschlüpft; Reviermarkierung dann durch Rufreihen (»Einfallrufe«). **Nest.** In Höhlen von Laub-, seltener Nadelbäumen, ausnahmsweise Nisthilfen, 2-10 (Extreme 0.15 bzw. 18) m über Boden; Althöhlen bevorzugt, Neuanlagen gern in Fäulnisherden (angehackte Höhlenanfänge faulen später aus und werden dann zu Bruthöhlen erweitert). Höhleneingang rund bis elliptisch, ca. 63-65 mm (bzw. 50-75 x 55-75 mm), -tiefe 25-59 cm. Baubeginn (beide bauen, ♂ mehr) ab März, Bauzeit 2-4 Wochen, bei Ersatzbruten mind. 8 d. Eier auf Schicht aus Spänen. Zusätzliche Schlafhöhlen. **Legebeginn.** Ab (Ende März) April, meist Anf. Mai bis Juni (im Ø 10-14 d früher als Grauspecht). **Gelegegröße.** (4) 5-8 (9, 11); Kalendereffekt, z.B. Ø CS_{37} 5.95, F_{30} 6.07, CH_{25} 6.2. Legeintervall 1 d. **Eier.** Langoval, glänzend, harte Schale, weiß. **Brutdauer.** 14-17 (-19) d; beide brüten, ♂ ab 1. Ei nachts; Bebrütung ab (vor-)letztem Ei. **Schlüpftermine.** Juv. schlüpfen synchron; meist im Mai (Juni). **Nestlings-/Führungszeit.** Erste 3-5 d hudern beide (♂ nachts); Entwicklung ähnlich Grauspecht. Ausfliegen mit 23-27 d; Ad. führen einen Teil der Juv. oft unabhängig voneinander für 3-7 Wochen. **Jahresbruten.** 1; bei frühem Verlust bis 2 Ersatzgelege. **Ende der Brutperiode.** Führende Ad. ab Juli, aber regelm. bis Aug. **Bruterfolg.** Lokal größere Verluste durch Höhlenkonkurrenten, z.B. Star.

Eimaße und -gewichte [337]: L. 28.0-35.8 mm, B. 21.5-25.3 mm, Ø: 30.9 x 22.9 mm (n=128, D), 31.8 x 23.0 mm (n=100, GB), 31.6 x 23.6 mm (n=132, S.); Frischvollgew. 7.86-9.12 g, $Ø_{24}$: 8.5 g; Schalengew. 0.52-0.70 g, $Ø_{237}$: 0.62 g.

Sterblichkeit, Alter. Ältester Ringvogel (GB) 15 J. [3654]. **Generationslänge:** < 3.3 J. [383].

Mauser. **Postjuvenile Mauser** (Teilmauser) beginnt kurz vor Ausfliegen, (Mai) Juni/Anf. Juli (Aug.)–Okt./Anf. Nov.; einschließlich Großen Armdecken, HS, ST und z.T. 1–3 Schirmfedern [767,1369,139, R. Winkler], Dauer ca. 4 Monate [767,1369]. • **Postnuptialmauser** (Voll-, z.T. Teilmauser) Ende Mai/Juni (Mitte Juli)–(Mitte Sept.) Okt./Anf. Nov., in S-Europa etwas früher [767,1369,139]; Dauer der HS-Mauser GB ca. 130 d [1356]; 1–3 Handdecken und selten viell. 1 AS können stehen bleiben [R. Winkler].

Dryocopus martius – Schwarzspecht 08630

Dryocopus martius (Linnaeus 1758)

GB **Black Woodpecker** F **Pic noir** E **Picamaderos Negro**

Taxonomie. Zwei UA: *martius* (Linnaeus 1758) (Eurasien außer SW-China) und *khamensis* (Buturlin 1908) (SW-China).

Status. Brutvogel und Jahresvogel im gesamten ME. Standorttreu, aber vor allem Jungvögel ab August häufig mit Standortwechseln; in N-Europa Irruptionen.

Kennzeichen. [1784,1369,221,3772,3615,4149; weitere **Fotos** in Var Fag. 1997/**4**, 2-3].

Maße. (Nominatform) Gr.: 45-57 cm. Gew.: 250-370 g. Fl.spw.: 64-68 cm. Fl.l.: 22.7-25.4 cm [1369,3615,4149].

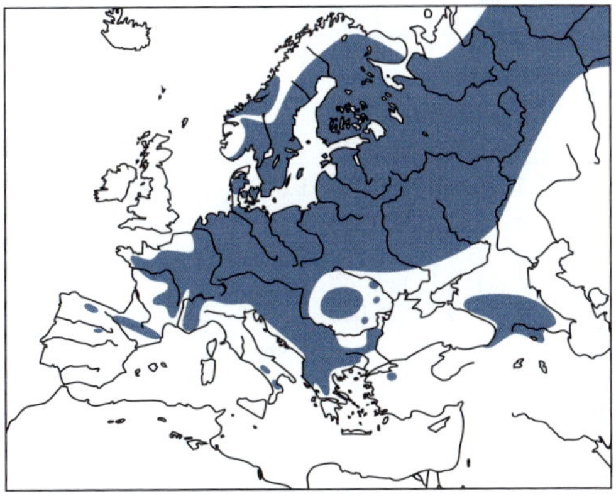

Dryocopus martius – **Schwarzspecht**

Verbreitung und Bestand. In gemäßigter und borealer Zone von SW-Europa, F und N. nach E zwischen 62°-69° N bis Sachalin und N-JAP. Nominatform in Europa von Tieflagen bis in obere Montan-, in geringer Dichte bis in Subalpinstufe. Europäischer Gesamtbestand zw. 740.000-1.400.000 BP (stabil), mit Vorkommen > 30.000 BP in BY (45-80 T.), D (28-44 T.), PL (35-70 T.), RO (40-60 T.) und RUS (0.5-1 Mio.) [383]; ME Bestand bei etwa 60.000-108.000 BP [383, erg.].

Wanderungen. Ad. wohl größtenteils Standvögel, Juv. siedeln sich in weitem Umkreis an. Auch in N-Europa ziehen nur geringe Teile der Population. In ME erster Wegzugshöhepunkt bereits Aug./Anf. Sept., ein zweiter Gipfel Ende Sept. Zu dieser

Zeit erst Wegzug in N-Europa, der sich bis zur südlichen Nord- und Ostseeküste bemerkbar macht. Weiteste Wegzugsnachw. 500 bis max. mind. 1000 km. Im Winter teilweise umherstreifend. Heimzugbeob. sehr spärlich [1315].

Bestandsentwicklung. In ME und W-Europa als Folge großräumiger Nutzungsänderung von Nieder- und Mittelwald in Hochwald mit Förderung der Fichte, des seit 18./19. Jh. erhöhten Waldanteils und der weitgehenden Einstellung der Verfolgung (seit Ende 19. Jh.) kontinuierliche Zunahme und Arealausweitung in lange verwaiste Gebiete [1369,1589,3615], - meist einsetzend in höhergelegenen, weniger beeinträchtigten Nadelwäldern. Dadurch bis 1920 (Wieder)besiedlung weiter Gebiete D-NI, -NW, -RP, -SH sowie E-A, B (ab 1908), L und NL (ab 1913) [843,965,1589,2560,2623,3636]. Bis in 1960er J. Ansiedlung in weiteren Regionen, z.B. DK, H und Tiefebene F [1369,3615;1529], von dort seither spektakuläre Ausbreitung bis an NW-Küste [4180,1507], Trend anhaltend, sogar Besiedlung GB denkbar [vgl. 1392]. 1999 erstmals auf Terschelling NL (17 km vor Küste) [q3].

	Best.	Areal	Brutbestand	Jahr	Quelle
A	+/-	=	4.500 – 8.000	1998 – 2002	[383]
B	↑	+ 1	1.200 – 2.600	1995 – 2002	[383]
CH	+/-	=	3.000 – 5.000	1993 – 1996	[383]
CZ	↑	=	4.000 – 8.000	2000 – 2002	[383]
D	+/-	=	28.000 – 44.000	1995 – 1999	[383]
FL	+/-	=	30 – 50	1998 – 2000	[383]
H	↑	+ 1	5.000 – 9.000	1999 – 2002	[383]
L	↑	+ 1	100 – 150	2001	[383]
NL	↓	- 1	1.100 – 1.600	1998 – 2000	[383]
PL	↑	+ 1	35.000 – 70.000	2000 – 2002	[383]
SK	+/-	=	1.500 – 2.500	1995 – 1999	[383]

Lokal und regional durchaus auch negative Entwicklungen durch intensive waldwirtschaftliche Maßnahmen oder Landschaftsverbrauch [965,1719,4175,1,3638; auch FIN: 3930], möglicherweise in pessimalen Gebieten auch aufgrund von Kältewintern [D-SH: 591; in S.: 2803]. Über Jahrzehnte oft weitgehend stabile oder nur kurzzeitig positive Bestandstrends dagegen in S- und E-ME [3892; PL, CZ, SK., D-BB, -BE, CH: 3392, 3393,4043,3867,3663,3882,2159,1,2896].
Expansion in einigen Regionen bis 1990er J. anhaltend [D-NI: 1589, -SH: 310, PL: 3871, DK: 1422; auch F: 4180,785], oder Zunahmen erst seit Ende 1980er J. augenfällig [CH: 3393]. Gebietsweise durch hohen Populationsdruck zunehmend Besiedlung »pessimaler« Gebiete (z.B. Feldgehölze im Offenland) [2772]. Andererseits in den Arealerweiterungsgebieten heute zumeist stabile Bestände [D: 1617,1680, 2623,2821,4055]. In NL seit Ende 1980er J. dagegen regional drastischer Rückgang, bes. bei Population in Dünengebiet W-NL [3638,375]. Abnahmen in Europa auch in AL, I, UA. und FIN [1585].

Siedlungsdichte. Ein BP beansprucht in ME mind. 250–400 ha Waldfläche, Revier aber häufig 500–1500 ha groß [1369], nur im Tannen-Buchenwald offenbar wesentlich kleinere Reviere möglich. Nach Telemetrie in S-D Aktionsräume von Paaren 130 und 210 ha [s. 4055]. In meisten Waldgesellschaften ME Dichte < 0.25 BP/km^2. Höchste Dichten in Europa in Urwäldern GR und YU mit bis 0.83 BP/km^2 [vgl. 1722]. Gleichzeitig besetzte Bruthöhlen oft mind. 900 m voneinander entfernt (z.T. aber nur 300-500 m). Regional großflächig in CH 24 BP/200 km^2, in D 23–25 BP/130 km^2, 250–400 BP/4000 km^2, 200–300 BP/4200 km^2, 31 BP/700 km^2; 2–5 BP/316 km^2, 8–10 BP/480 km^2, ca. 45 BP/513 km^2, 26 BP/544 km^2, 60-80 BP/240 km^2, in NL 255 BP/2680 km^2 [1369,337,2244]; in PL 10-50 BP/100 km^2 [3871].

Gefährdungsursachen [1369,1719,196,1507,2244].
Lebensraumverlust durch Forstmaßnahmen wie Kahlschläge oder früher Umtrieb von (Buchen-)Althölzern, auch selektive Entfernung der Höhlenbäume und Verlust von Totholz.
Direkte Verfolgung (Abschuss).
Natürliche Ursachen: hohe Brutverluste bei langen Regenperioden während Brutzeit (Eindringen von Wasser in Bruthöhle), interspezifische Höhlenkonkurrenz mit Dohle sowie Prädation durch Greifvögel und Eulen. Kurzfristig auch Windwurf (wenn auf sehr großer Fläche).

SPEC	VSchRL	Bern.Konv.	Bonn.Konv.
--	Anh. I	Anh. II	--
Europ. RL	**RL in ME**		
--	H: 'VU'		

Schutzmaßnahmen. Höhlenbäume müssen längerfristig gesichert und erhalten bleiben. Sanierung von Schwarzspechthöhlen (vor allem Sicherung gegen Wassereinbruch). Verlängerung der Umtriebszeiten, Einrichtung von größeren Altholzinseln.

Verzicht auf Umwandlung von Laub- und Mischwäldern in Fichtenmonokulturen, Belassen von Totholz, Stubben und »unbrauchbaren Holzes« in Wäldern; drastische Einschränkung des Biozideinsatzes, insbesondere in altholzreichen Waldgebieten.
Da eine Reihe von gefährdeten Höhlenbrütern von Bautätigkeit des Schwarzspechts profitiert oder in Ermangelung natürlicher Höhlen sogar davon abhängt (u.a. Hohltaube, Raufußkauz, Schellente, Gänsesäger, Dohle, ferner Hornissen und Wildbienen, Bilche und Fledermäuse) ist Schutz und dauerhafte Erhaltung von Höhlenbäumen und Überhältern dringend erforderlich (Mindestforderung: 1 Überhälter/ha) [3257].

Biotop. Für Brut- und Schlafhöhlen Altholzbestände mit mind. 4-10 m astfreien und dann noch > 35 cm dicken glattrindigen Stämmen (z.B. mind. 80–100-jährige Buchen, 80–90-jährige Kiefern). Freier Anflug wichtig. Nahrungsbiotop große, aber aufgelockerte Nadel- und Mischwälder mit von holzbewohnenden Arthropoden befallenen Bäumen oder vermodernden Baumstümpfen. Nistbäume mitunter in kleinen Gehölzen bzw. Altholzinseln. Fast alle Waldgesellschaften kommen in Frage, Nadelholz ist fast stets in erreichbarer Nähe. Optimum sind naturnahe Altholzrelikte oder gestufte alte Mischwälder.

Nahrung. Vor allem Larven, Puppen, Imagines von Ameisen (z.B. *Camponotus, Formica, Lasius*), holzbewohnende Käfer (Borken- und Bockkäfer), daneben Hymenopteren, Käfer (viele Arten), Dipteren, Schmetterlings-Raupen, Spinnen, kleine Schnecken. Sehr selten Beeren und Früchte.

Stimme. In der Fortpflanzungszeit Rufreihen aus 10–20 Silben, die erste lang und klagend, die weiteren in schneller Folge, etwa »kwoih-kwih-kwih-kwihkwikwikwik..« von Sitzwarten und im Flug. Damit wird u.a. Revier- und Höhlenbesitz angezeigt. Dohlenähnlich »kijak« ist Warn- und Erregungsruf (Paarkontakt). Lauter, weithin hörbarer Flugruf ist ein vielsilbiges »kürr-kürr-kürr...« oder »krrükrüü..«. Ein abfallendes »kijah« oder »kliööh« ist als Standortruf im Revier zu deuten. Junge im Nest keckern rhythmisch. Trommelwirbel lang und lauter als andere Spechte. ♂ 17 Schläge/sec bis 1.5–3.3 sec, ♀ trommeln weniger häufig, und nur 14-15 Schläge/sec. Daneben auch demonstratives Klopfen und langsames Trommeln. Beide Geschlechter sind das ganze J. über zu hören und verfügen über ähnliches Repertoire.

Verhalten. Tagaktiv. Fluggeschwindigkeit ungestört bis 40 km/h, auf Flucht bis 60 km/h. Klettert mit gegrätschten Beinen gerade hoch, an Ästen auf der Oberseite. Auf Boden schwerfällig hüpfend, meist nur kurze Strecken. Nur im Notfall Bau von Schlafhöhlen, meist bestehende gesäubert; bereits ab Ende Juli Neuverteilung der Schlafbäume. Nahrungserwerb: Holzbewohnende Insekten werden mit wuchtigen Schnabelhieben freigelegt; Zunge relativ kurz (nur 5 cm über Schnabelspitze). Rinde wird tangential losgehackt, bei toten Bäumen in großen Stücken weggestemmt. Bei rotfaulen Stämmen Serie von mehr oder weniger rechteckigen Löchern oder Schlitzen unten beginnend. Einzelgänger, Paare halten wahrscheinlich meist nur für eine Brutzeit. Paarbildung und Synchronisation benötigt viel Zeit; ♂ bei Höhlenzeigen aktiverer Teil. Aggressiv gegen Artgenossen auch außerhalb der Höhlenbezirke. Drohschwenken des Kopfes und Vorwärtsdrohen; zwischen ♂ können Drohkämpfe sehr lange dauern. Reviere im Herbst neu geordnet; Reviermarkierung mit »Kwih«-Ruf und Trommeln (ab Jan.). Erfolgreiche Kopulationen Anf. März–Mai. Trommeln sporadisch auch im Herbst. Außerhalb der Brutzeit ♂ und ♀ in getrennten Territorien.

Fortpflanzung, Brutbiologie [1369,767,1722,1,1551,4149]. Geschlechtsreife im 1. Lebensjahr. Monogame Saisonehe. **Ankunft am Brutplatz.** Ganzjährig im Revier; Brutzeitbeginn meist im März mit Maximum an Rufreihen, danach kontinuierlicher Abfall der Rufaktivität. **Nest.** In Höhlen, vorwiegend Buche, wo sie fehlt Kiefer, (seltener Tanne, Fichte, Lärche, Pappel etc.) bei Stammdurchmesser > 35 (bei Buche > 43) cm, fast immer unterhalb des ersten Astes im astlosen Schaft, 8-15 m (Extreme 1.7 bzw. 25 m) über Grund; Höhleneingang elliptisch, 9-18 x 7-12 cm, -tiefe 31-55 (65) cm. Bruten zu 20-50% in alten Höhlen, sonst Neuanlage (in S. fast immer), Baudauer in Weichholz bis 14 d, in Buche bis 23-28 d; beide bauen, Innenbau mehr durch ♂; bei Buchenhöhle > 10.000 Späne (bis 11 cm lang, bei Kiefer sogar 18 cm). Eier auf Schicht aus Spänen. **Legebeginn.** Frühestens (Mitte) Ende März, meist April, nach Mitte Mai selten (wohl meist nach Verlust der Höhle an Konkurrenten). **Gelegegröße.** 3-5 (2-6); z.B. Ø CH_{39} 4.1, D-BW_{32} 3.3, CS_{25} 4.1, $S._{32}$ 4.8, FIN_{21} 4.7. Kalendereffekt. Legeintervall 1 d. **Eier.** Spitzoval, glänzend, weiß. **Brutdauer.** 12-14 d; beide brüten, nachts nur ♂; Bebrütung ab (vor-)letztem Ei. **Schlüpftermine.** Juv. schlüpfen weitgehend synchron; frühestens ab Ende April, Mai (späteste noch im Aug.). **Nestlings-/Führungszeit.** Erste 6-9 d hudern beide (♂ nachts bis 10-15 d). Beide füttern (hervorgewürgte Nahrung); ab 14-17 d Fütterung unter dem Flugloch; Augen der Juv. ab 12-13 d ganz offen, ab 18 d erste Kletterübungen. Mit Verlassen der Höhle nach (24) 27-28 d (bis 31 bei Kälte) können Juv. bis 100 m weit fliegen; Fam. noch 35-40 d zusammen; ♂ kann noch 1 Monat nach Ausfliegen füttern. **Jahresbruten.** 1; bei Verlust 1-2 Ersatzgelege. **Ende der Brutperiode.** Mit Selbständigkeit der Juv. Mitte Juli bis Mitte Aug. **Bruterfolg.** Brutgröße am häufigsten 3, max. 4, ausnahmsweise 5 Juv. (z.B. in $D\text{-}BB_{81}$ Ø 3.2); Bruterfolg in F_{25} 2.92 flügge Juv./Brutversuch, in $E\text{-}D_{70}$ 2.4, in D-BW 3.0, bzw. in F_{23} 3.17 flügge Juv./erfolgr. Brut und in $E\text{-}D_{98}$ 2.73. Geschlechterverhältnis älterer Nestlinge in F_{63} 1.42 ♂/♀ und in $E\text{-}D_{94,77}$ 1.29 bzw. 1.03 ♂/♀. Gelegeverluste durch Prädation (vor allem Baummarder) und Schlechtwetterperioden.

Eimaße und -gewichte [337]: L. 30.9-38.4 mm, B. 22.0-27.3 mm, Ø: 34.4 x 25.2 mm (n=71, B), 34.9 x 25.8 mm (n=137, S.); Frischvollgew. 10.1-13.8 g; Schalengew. 0.47-0.93 g, $Ø_{137}$: 0.79 g, $Ø_{82}$: 0.80 g.

Sterblichkeit, Alter. Ältester Ringvogel (FIN) 13 J. 7 Monate [3654]. **Generationslänge:**. < 3.3 J. [383].

Mauser. **Postjuvenile Mauser** (Teilmauser) beginnt im Alter von 20–22 d vor dem Ausfliegen, Ende Mai/Ende Juni–Mitte Sept./Anf. Nov. [767]; ohne Hand- und die meisten Großen Armdecken, Schirmfedern und AS [767,1369, R. WINKLER]. • **Postnuptialmauser** (Vollmauser) (Mai) Juni/Anf. Juli–Ende Sept./Okt. [767,1369,3446].

Picoides tridactylus – Dreizehenspecht 08980

Picoides [tridactylus] tridactylus (Linnaeus 1758)

GB Three-toed Woodpecker **F Pic tridactyle** **E Pico Tridáctilo Euroasiático**

Taxonomie. Fünf UA in der Paläarktis, drei in der Nearktis. In Europa *tridactylus* (Linnaeus 1758) (N-Europa bis Zentralasien), *alpinus* C.L. Brehm 1831 (ME und SE-Europa E bis Tien Schan, N-Korea und JAP), *crissoleucus* (Reichenbach 1854) (Sibirien von Ural bis Ochotskisches Meer), *albidior* Stejneger 1885 (Kamtschatka) und *funebris* J. Verreaux 1870 (SW-China bis Tibet). Bildet Superspezies mit nordamerikanischem *P. dorsalis* (mitochondrien-genetische Divergenz 3.8%) [4227]. Die disjunkt verbreiteten Formen *funebris* (Unterseite fast schwarz) und *albidior* (Unterseite und Außenschwanzfedern rein weiß) sind im Gefieder deutlich differenziert und könnten ebenfalls Allospezies-Status erreicht haben. Schwesterart der *tridactylus*-Superspezies ist der nearktische *P. arcticus*.

Kennzeichen. UA *alpinus* unterscheidet sich von Nominatform durch meist gebänderten weißen Rücken, geringeren Weißanteil in den äußeren Schwanzfedern und dichtere, dunklere Brust-Flankenzeichnung [1784,1369,221,3772,3615; 4149 und 1394 mit Farbtafeln und Fotos der UA und Allospezies; weitere **Fotos** in Alula **10**, 125, Bird. W. **17**, 298].

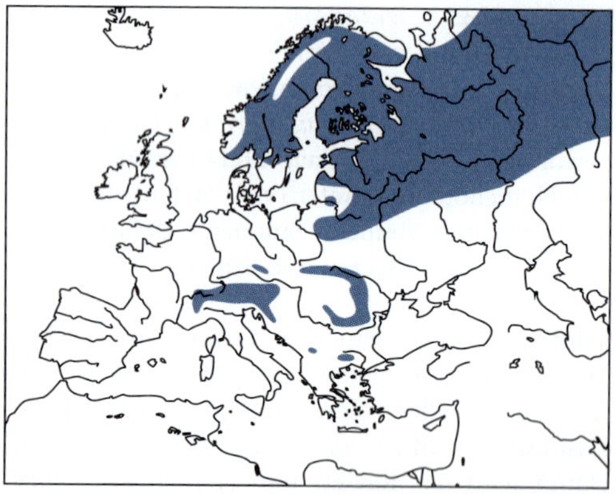

Picoides tridactylus – **Dreizehenspecht**

Maße. Gr.: 20-24 cm. Gew.: 46-76 g (Nominatform ♂ 65-74 g, ♀ 54-66 g). Fl.spw.: 32-35 cm. Fl.l.: (Nominatform) 11.4-13.2 cm [1369,3615].

Status. Brut- und Standvogel im Nadelwaldgürtel NE-ME bis zur Waldgrenze. UA *tridactylus* Brutvogel in NE-PL und seltener Gast weiter W [alte Nachw. in D-MV, -BB und -BE allerdings inzwischen alle fraglich, 1369,1]. UA *alpinus* Jahresvogel

in Alpen und waldreichen höheren Mittelgebirgslagen ME (auch Karpaten PL). Außerhalb der Brutgebiete Irrgast, u.a. Beob. in • **D:** -TH Herbst 1888, Okt. 1964, Juni 1993 [1369,2068,575]; -SN je ♀ vor 1823 und 1891, 2 mal undatiert, Okt. 1920, Jan. 1997 [3667,1369,575]; -BW (E) Apr. 1994 [575,1722]. • **H:** 1892 erlegt, Dez. 1938 und Mai 1973 [1369]. • **PL:** Apr. 1962 Slask [1369].
Dagegen Beob. in B im Feb. 1997 nicht anerkannt [3608].

Verbreitung und Bestand. Im Nadelwaldgürtel von N-Europa und ME bis Kamtschatka und JAP sowie in N-Amerika nach S bis Arizona, nach E bis Neufundland; ferner Tien Schan und W-China. Nominatform ist Brutvogel von Skandinavien und NE-PL bis E-Sibirien, mit europäischem Gesamtbestand von 340.000-1.100.000 BP, davon alleine in RUS 0.3-1 Mio., ferner in FIN 15-20 T., in ME nur in PL mit 100-200 BP [383]. UA *alpinus* auf waldreiche Mittelgebirge und die Subalpinstufe bis zur Waldgrenze von ME bis S-Europa beschränkt [1369], dabei im Böhmerwald bei 680–1450 m, Alpen D 650–1680, A 650–1600, CH 860-2000 m; Gesamtbestand nur 8.000-16.000 BP, davon in ME 5.200-9.400 BP [383, erg.].

Wanderungen. ***tridactylus*** Standvogel mit Streuungswanderungen und (eher nur ausnahmsweiser) Evasionsvogel; Br. Skandinaviens erreichen dann SW-N. und S-S., überschreiten auch Brutgebietsgrenze, aber fast nie DK oder gar N-D. In RUS im Winter in geringem Umfang nomadisierend [3615]. ***alpinus*** auch in strengen Wintern ausgesprochener Standvogel.

Bestandsentwicklung. Im 19. Jh. noch Populationen in Schwarzwald und Allgäu D-BW [»Vorkommen« in Vogesen dagegen nicht belegt, C. DRONNEAU], diese erloschen jedoch infolge Lebensraumzerstörung durch intensive Waldnutzung [1369,1719,1722]. In ME sonst lange Zeit keine Hinweise auf bedeutende Veränderungen [1369, vgl. auch F: 4180].
In jüngster Zeit bei den zwei in Europa verbreiteten UA sehr unterschiedliche Entwicklungen. Nominatform in N-Europa und PL seit etwa 1960er J. mit deutlichen Bestandsverlusten infolge Habitatverschlechterung [3892,1366,3871,4072], doch Arealschwund bisher nur in UA. [196], und in jüngster Zeit erneute Erholung in PL [3871].
Dagegen Bestände der UA *alpinus*, sofern überhaupt Angaben möglich, weitgehend stabil [965, 4175,3393,3392]. Regional in 1980er J. Wiederbesiedlung von oder Wiederentdeckung in lange verwaisten Arealen wie Schwarzwald und Allgäu D-BW [1722,73,2967] sowie CH Jura (und andere Regionen) [3392,3393,1338; vgl. auch Angaben zu A und H:965], z.T. begünstigt durch Zunahme an Totholz durch Waldsterben und häufiger werdende Windbrüche sowie zunehm. Befall geschwächter Bäume durch Borkenkäfer. Erhöhter Schadholzanfall im Schwarzwald ermöglichte Bestandszunahme auf 25-30 BP (2004) seit 1980er J. [F. STRAUB]. Nachw. aus manch geeigneten Lebensräumen dennoch selten, z.B. Erz- und Fichtelgebirge [lange Zeit übersehen?: 1666,2967] oder fehlend, z.B. Vogesen [1507].

	Best.	Areal	Brutbestand	Jahr	Quelle
A	+/-	=	2.200 – 4.600	1998 – 2002	[383]
CH	+/-	=	1.000 – 1.500	1993 – 1996	[383]
CZ	+/-	=	300 – 500	2000 – 2002	[383]
D	+/-	=	720 – 1.030	1995 – 1999	[383]
FL	+/-	=	20 – 40	1998 – 2000	[383]
PL	+/-	=	300 – 700	1995 – 2000	[383]
SK	+/-	=	800 – 1.200	1995 – 1999	[383]

Siedlungsdichte. Aktionsraum eines Paares groß, z.B. in CH 48-283 ha ($Ø_{13}$ 112 ha) [337], in D-BW 68-104 ha [1722,3258]; auf 2686 ha Bergfichtenwald D-BY 103–179 ha/BP bzw. 67–100 ha/BP und 59-89 ha/BP, in CH zw. 42-200ha/BP [337,1507,2966] – zur Brutzeit oft erheblich kleiner, da hohe Fütterungsfrequenz (dennoch 20-250 ha), und Aktionsräume benachbarter BP bis 70% überlappend [2970,2967]; kleinere Aktionsräume bes. bei Borkenkäferkalamitäten, z.B. 17-19 ha [920]. Abundanzangaben u.a. aus A: 6 BP/8 km^2 und 5 BP/11.4 km^2 [337,3291], D-BY: 100–150 BP/1440 km^2, 50–71 BP/130 km^2 [1369], CH: 3 bzw. 4 BP/11 km^2 [3392]. Großräumig in CH nur 11-13 Rev./100 km^2 in E-SK. 11-12 Rev./100 km^2 [3392,2907]. Zur (zusätzlichen) Nutzung kleiner Waldfragmente werden auch größere Freiflächen überflogen [570].

Gefährdungsursachen [1585,1722,196,3360,920, 3258, F. STRAUB]. Lebensraumverlust durch intensive Waldnutzung mit Entfernung von Tot- und Altholz und Anpflanzung dichter, monotoner Altersklassenwälder. Nachlieferung an Totholz langfristig nicht gesichert, Bannwälder und nichtgenutzte Waldschutzgebiete (meist) zu klein.
Nahrungseinschränkung durch intensive Bekämpfung rindenbrütiger Käfer.

SPEC	VSchRL	Bern.Konv.	Bonn.Konv.
3	Anh. I	Anh. II	--
Europ. RL	RL in ME		
--	CZ: 'EN', PL: 'VU', D: 'NT'		

Schutzmaßnahmen. Erhaltung von Alt- und Totholz sowie Förderung reich strukturierter, totholzreicher Nadelwälder (bes. Fichten-/Tannenwälder hoher Altersklassen) der montanen und subalpinen Zone, dabei in Kernbereichen Totholzmengen von > 70 Vorratsfestmetern (=Vfm), auf Restflächen etwa 20 Vfm notwendig. Schonung oder extensive Nutzung naturnaher Bergwälder und mooriger Niederungswälder NE-ME. Ausweisung großflächiger Waldschutzgebiete. Verzicht auf Entfernung von »Käferbäumen«. Keine (oder geringfügige) Aufarbeitung von Sturm- oder Schneewurfflächen. Reduktion der Insektenbekämpfung auf unbedingt notwendige Maßnahmen.

Biotop *(alpinus)*. Eng an Fichte gebunden, daher in Fichtenwäldern (mit Beimischung von Bergkiefer, Tanne, Arve); kann jedoch in nicht autochthonen, angelegten Fichtenforsten fehlen. Bevorzugt in naturnahen, an Baumleichen und Fallholz reichen Beständen (oft erst ab 70 Vfm Totholz) [F. Straub]; auch in Wirtschaftswäldern im Bereich des subalpinen Fichtenwaldes. Geschlechter ökologisch z.T. getrennt, ♂ eher in morschem Holz, ♀ in weniger fortgeschrittenen Zersetzungsstadien [vgl. 2968].

Nahrung. Holzkäferspezialist, vorwiegend Käferlarven und -puppen unter der Rinde sowie Holzbohrer, ferner Spinnen; andere Arthropoden weniger bedeutsam [vgl. 2968,2969]. Baumsaft (auch Harz?) mitunter wichtig im Frühsommer; Vegetabilien unbedeutend.

Stimme. Weniger ruffreudig als Buntspecht. Einzelruf weicher, etwas tiefer und gedämpfter wie »güg«, »güpp« oder »kjük«; Schelten besteht aus einer langen Reihe. Kurze Rufreihe wie »grü grü grü ..« (10-14/sec) besonders bei Juv. auffallend; ferner »twuit« oder rauer »gyff« oder dem »wäd« des Buntspechts entsprechend etwa »wätch wätch..« o.ä. Junge in Höhle zirpen ähnlich ausdauernd wie Buntspechte. ♂ und ♀ trommeln ratternd, Wirbel viel länger als beim Buntspecht (0.8-1.8, Ø$_{15}$ 1.29 sec; ♂ Ø$_{52}$ 19.7 ± 3.7, ♀ Ø$_{53}$ 21.2 ± 2.8 Schläge); die letzten Schläge meist beschleunigt.

Verhalten. Kommt nur selten auf den Boden, offenbar häufiger rückwärtshüpfendes Abwärtsklettern als bei anderen Arten. Hackspecht; Klauben und Stochern nur zeitweise. Hebelt vor allem Rindenstücke ab (Abschuppen). Nahrungssuche bevorzugt in abgestorbenen, noch stehenden Bäumen, andere Zersetzungsstadien weniger bedeutend. Ringelt Koniferen, mitunter ab 1 m über dem Boden bis zur Krone. Ringeln etwa ab Mitte April bis Sept. Ganzjährig territorial, ♂ und ♀ nutzen während der Jungenaufzucht verschiedene Teile des gemeinsamen Reviers, vielleicht auch unterschiedliche Baumgrößen und -teile. Oft auffallend wenig scheu (im Gegensatz zum Weißrückenspecht!). Während Reviergründungs- und Balzzeit Anlockung durch Stockschlagen möglich.

Fortpflanzung, Brutbiologie [337,767,1722,4149, 2965,2966]. Geschlechtsreife im 1. Lebensjahr. Monogame Dauerehe belegt. **Ankunft am Brutplatz.** Z.T. ganzjährig im Revier; Trommeln kaum vor Mitte März, in Alpen am häufigsten Mitte April bis Mitte Mai. **Nest.** Fast nur in Koniferen (in ME oft Fichte), i.A. in toten oder absterbenden Stellen; wohl immer Neubau; Ø in Alpen 4 bzw. 5.5 m (1 bzw. 15 m), in E-PL 11 m über Grund (max. 21 m); Schlupflochdurchmesser 42-45 (40-48) mm. Bau durch beide, Bauzeit ca. 12 d. **Legebeginn.** In CH, D-BW und -BY ab (Ende April) Mitte/Ende Mai. **Gelegegröße.** In N-Alpen 3-4, Ø$_{9}$ 3.63, CH$_{12}$ 3.4, in Fennoskandien 3-6 (7), Ø S.$_{44}$ 4.06, FIN$_{11}$ 4.2, in N-Amerika 3-4 (5). Legeintervall 1 d. **Eier.** Oval, glänzend, weiß. **Brutdauer.** 11-12 (14) d; beide brüten, ♂ mehr und nachts; Bebrütung ab Vollständigkeit, Juv. schlüpfen synchron. **Nestlings-/Führungszeit.** Beide Ad. bringen Futter (doch ♀ oft nur ca. 2 Wochen). Ausfliegen mit 20-26 d; Juv. bleiben noch 1 bis 2 Monate mit Ad. zusammen (Fütterung 33 d nach Ausfliegen nachgewiesen). **Jahresbruten.** 1; Ersatzgelege und Spätbruten bekannt. **Ende der Brutperiode.** Mit Selbständigkeit der Juv. bei Erstgelegen im Aug., bei Nachgelegen bis Sept. **Bruterfolg.** In CH aus mind. 37 Eiern (11 Gelege) 22 geschlüpft und 16 ausgeflogen; aus 18 Bruten flogen Ø 1.8 Juv. aus, im Schwarzwald zwischen 1.2-1.8 Juv./erfolgreiche Brut. Prädation durch Bilche wichtiger Verlustfaktor.

Eimaße und -gewichte *(alpinus)* [337]: L. 25.2-28.1 mm, B. 17.5-19.5 mm, Ø: 26.6 x 18.8 mm (n=18, CH); Frischvollgew. 4.9-5.4 g; Schalengew. 0.31-0.33 g.

Sterblichkeit, Alter. Wiedergefangene Ringvögel in CZ/SK. hatten ein Durchschnittsalter$_{103}$ von 1.28 Jahren. Ältester Ringvogel (D) 12 J. 7 Monate [3654], in Gefg. mindestens 19 J. 5 Monate. **Generationslänge:** < 3.3 J. [383].

Mauser. **Postjuvenile Mauser** (Teilmauser) beginnt im Alter von 8–20 d mit HS 1–6 vor dem Ausfliegen; HS-Mauser bis Ende Aug./Mitte Okt. beendet, ST-Mauser bis Sept./Anf. Nov. [767]; Umfang ähnlich Buntspecht [767,1369,3882,3050]. • **Postnuptialmauser** (Vollmauser) Juni–Mitte Sept./Okt.; HS-Mauser bei ♂ vermutlich früher als bei ♀; Körpergefieder und ST besonders Juli–Sept./Okt. [767]; bei einigen (bes. Vorj.) werden einzelne AS und Handdecken nicht erneuert [3882].

Dendrocopos major – Buntspecht 08760

Dendrocopos [major] major (Linnaeus 1758) syn.: *Picoides major*

GB **Great Spotted Woodpecker** F **Pic épeiche** E **Pico Picapinos**

Taxonomie. Ca. 24 UA beschrieben [857], davon aber wohl nur 14 anzuerkennen [3561N,4149]. In W-Paläarktis *major* (Linnaeus 1758) (N-Europa), *hispanus* (Schlüter 1908) (Iberien), *pinetorum* (C.L. Brehm 1831) (W-Europa und ME), *canariensis* (König 1889) (Teneriffa), *thanneri* Le Roi 1911 (Gran Canaria), *mauritanus* (C.L. Brehm 1855) (MA), *numidus* (Malherbe 1843) (N-DZ, TN) und *harterti* Arrigoni 1902 (Sardinien, Korsika) [neue Abgrenzungen s. 2601]; in E-Paläarktis ferner *brevirostris, kamtschaticus, poelzami, japonicus, cabanisi* und *stresemanni*. Japanische Form *D. japonicus* von kontinentalen Populationen deutlich differenziert und offenbar eigene Allospezies [4228]. Der Buntspecht bildet ferner eine Superspezies mit *D. syriacus, D. leucopterus* (S Zentralasien), *D. assimilis* (Iran-Pakistan), die alle in den Kontaktgebieten gelegentlich hybridisieren, sowie wahrscheinlich mit *D. himalayensis* (Himalaya).

Kennzeichen. [1784,1369,221,3772,3615,4149, 2601].

Maße. (Nominatform) Gr.: 20-24 cm. Gew.: 70-100 (60-116) g, ♂ Ø 87.5-97 g, ♀ Ø 81.4-93.4 g, Ind. am schwersten in RUS; (*pinetorum*): 68-93 (53-98) g, ♂ Ø 73.1-83.3 g, ♀ Ø 71.5-79.8 g (erschöpfte Zugvögel z.T. deutlich leichter). Fl.spw.: 34-39 cm. Fl.l.: ♂ 13.7-14.6 cm, Ø$_{61}$ 14.2 cm, ♀ 13.7-14.9 cm, Ø$_{62}$ 14.2 cm; *pinetorum*: ♂ 13.3-14.7 cm, Ø$_{34}$ 13.8, ♀ 12.9-14.2 cm, Ø$_{51}$ 13.65 [1369,3615,4149,2601].

Status. UA *pinetorum* verbreiteter und häufiger Brut- und Standvogel in weiten Teilen ME; vergleichsweise große Dispersionsneigung bei Jungvögeln [2603,2601]; gelegentliche Eruptionen.

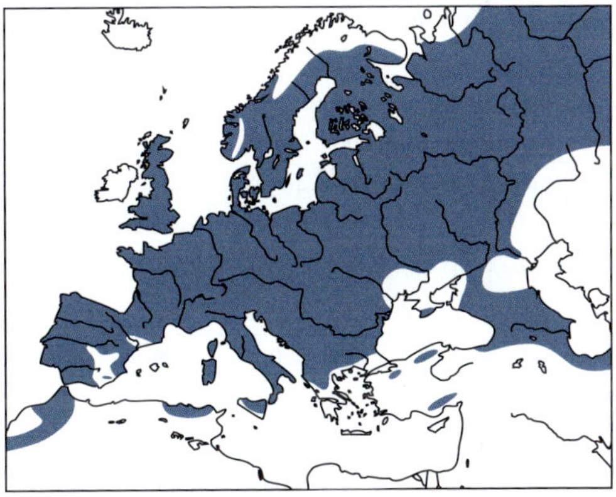

Dendrocopos major – **Buntspecht**

Nominatform häufiger Brut- und Standvogel in NE-ME; aber zuweilen auch mit Irruptionen aus nordischen Regionen, dadurch seltener Durchzügler und/oder Wintergast in D, NL, B, SK., W-PL und CZ [1677,375,277,3882,2159]; einzelne Ind. bis H [6 Nachw. bis 1998, 2438]; in CH und D-BB nicht sicher nachgewiesen [4152,1].

Verbreitung und Bestand. Im Nadel- und Laubwaldgürtel Eurasiens von SW-Europa und N-Afrika bis JAP und SE-Asien; von Tieflagen bis in Bergregionen (in N-Alpen bis 1500–1700 m, in Zentralalpen bis 2000 m, max. 2230 m in CH-VS). Nominatform Brutvogel in N-Europa; von W-PL nach SW und S ist UA *pinetorum* verbreitet (fehlt in ME nur auf baumfreien Meeresinseln), in NE-ME Mischformen. Von S-RUS und UA. ostwärts brütet »*candidus*«. Europäischer Brutbestand 12 - 18 Mio. BP (stabil), mit größten Vorkommen in RUS (8-10 Mio.) F (0.4-1.6 Mio.) und UA. (0.45-1.13 Mio. BP);

in ME mit Schwerpunkten in D, PL, H und CZ etwa 1.4 - 2.7 Mio. BP [383].

Wanderungen. ***major*** Standvogel und Teilzieher; Eruptionen reichen bis F, GB, IRL und werden von Samenausfall bei Kiefer/Fichte bedingt (direkter Auslösemechanismus unklar); Anteil der Ad. > 20 %. Abzug in Invasionsjahren deutlich früher als in Normaljahren (Ende Aug. [z.B. 3117]; Extrem schon ab Ende Juli), in S-D regulärer Durchzugsgipfel meist Ende Sept./Anf. Okt., Durchzugsmedian auf Schwäb. Alb D-BW 1970-97 ca. 5 d pro 10 Jahresabschnitt nach hinten verschoben [1315]. Weiteste Ringfunde Herbst von N./FIN 1280 km SE, 1830 km SW; Jan. von F 3070 km NE, März von FIN 1940 km ESE. ***pinetorum*** überwiegend Standvogel, Juv. mit Streuungswanderungen oft > 100 km (max. CS 570 km SSW).

	Best.	Areal	Brutbestand	Jahr	Quelle
A	+/-	=	60.000 - 120.000	1998 - 2002	[383]
B	+/-	=	25.000 - 40.000	2001 - 2002	[383]
CH	+/-	=	35.000 - 55.000	1993 - 1996	[383]
CZ	+/-	=	200.000 - 400.000	1995	[383]
D	+/-	=	450.000 - 830.000	1995 - 1999	[383]
FL	+/-	=	200 - 300	1998 - 2000	[383]
H	+/-	=	250.000 - 350.000	1999 - 2002	[383]
L	+/-	=	3.000 - 5.000	2001	[383]
NL	↑	+ 1	55.000 - 65.000	1998 - 2000	[383]
PL	+/-	=	400.000 - 800.000	2000 - 2002	[383]
SK	+/-	=	30.000 - 60.000	1995 - 1999	[383]

Bestandsentwicklung. Aufgrund seiner vielseitigen Ernährung viel weniger witterungsabhängig als viele andere Spechtarten, doch größere Bestandsschwankungen in Extremlagen sowie in Abhängigkeit von Bioproduktion (Fichtensamen, Bucheckern, Eicheln) und Insektengradationen, vor allem Nominatform in NE-ME und Skandinavien (dort auch Witterungsverluste) [1369,2803].
In gering durchforsteten Gebieten mit hohem Totholzanteil in jüngster Zeit Bestandszunahmen [D:591,4156;2601]. Ausbreitung und Zunahme zudem in wieder aufgeforsteten oder durch natürliche Sukzession veränderten Gebieten, vor allem in NL [3636,375,3638], regional D-NI [2393] mit Besiedlung ostfriesischer Inseln um 1990 [P. Südbeck], ferner DK [1369,2994] und GB [1343].
Ganz allgemein Populationen in ME meist stabil [843,1617,2031,3392,2821,3871,196], oder mit positivem Trend [N-D: q20,310,2896, D-NW: 2623,4055, Bod.: 1617, CH: 3393,54,4047], zum einen in Zusammenhang mit Aufforstungen von Tiefländern und Alterung der Wälder sowie Zunahme des Festmeterbestandes, aber auch verbessertes Nahrungsangebot in Folge von leichten Waldschäden, z.B. Zunahme der Fichtenmasten [bei starken Schäden dagegen Abnahme: 1161,1507], zudem überwiegend milde Winter, Zunahme der Winterfütterungen und eine vermehrte Besiedlung waldärmerer, insbesondere städtischer Bereiche.

Siedlungsdichte. Aktionsraum eines Paares 40–60 ha (Extreme 6–10 ha oder Feldgehölz von 1 ha). Laubwälder im Allg. dichter besiedelt als Nadelwälder [vgl. 1137,1369]. Höchste Werte auf Kleinflächen 2-8 BP/10 ha; in Parks mit alten Bäumen hohe Werte möglich, z.B. 13–14 BP/27.3 ha (4.8/10 ha), bis 8.5 BP/18 ha (4.7/10 ha), 27 Rev./94 ha (2.9/10 ha) oder 17 BP/27 ha (6.3/10 ha) oder 5.5-7.8 BP/10 ha, bei minimalen Bruthöhlenabständen von ca. 40 m [1369,3392,4156,4055,2604,2896, 2601]. Mittelgroße Flächen z.B. D 14 BP/41.7 km^2, 32 BP/19 km^2. Großflächig in NL 106 BP/1654 km^2, 50–60 BP/1820 km^2, 1550–1650 BP/2680 km^2, in D 3000–4000 BP/4200 km^2, 26 BP/120 km^2, 145–179 BP/130 km^2, 450–700 BP/1440 km^2 und 50–100 BP/480 km^2 [vgl. Übersicht in 1722], und in PL 1-2 BP/10 ha [3871].

Gefährdung [1369,196,2604,2601]. Verlust der für Bruthöhlen geeigneten Altersstufen der Bäume durch zu frühe Umtriebszeiten. Generelle Empfindlichkeit gegenüber waldwirtschaftlichen Maßnahmen.
Natürliche Verluste in Extremwintern sowie durch Prädation (versch. Arten).

SPEC	VSchRL	Bern.Konv.	Bonn.Konv.
--	--	Anh. II	--
Europ. RL	RL in ME		
--	H: 'VU'		

Schutzmaßnahmen. Schutzmaßnahmen in Anbetracht überwiegend positiver Entwicklung, vor allem aufgrund hoher, langfristig gesicherter Bestände, nicht erforderlich. Erhalt von Spechtbäumen und naturnahe Waldbewirtschaftung mit Belassen hohen Alt- und Totholzanteils begünstigen den Buntspecht und helfen damit den von den Bruthöhlen dieser Art abhängigen, z.T. bedrohten Vogelarten.

Biotop. Br. in allen Laub- und Nadelwaldlandschaften; ferner in Parks und Feldgehölzen, Gärten. Kommt auch regelm. an Futterstellen.

Nahrung. Vielseitiger als andere Spechte, vor allem relativ viel Vegetabilien. Bedeutung fettreicher Samen nimmt in Europa von S nach N zu; letztere vor allem im Winter wichtig. Blutungssaft der Bäume im Frühjahr zucker- und eiweißreich. Tagesbedarf z.B. FIN 1450 bzw. 1700 Kiefernsamen (7/8 g), D max. ca. 1440 Fichtensamen (ca. 11.3 g), in 2 Wintern 3.9 bzw. 2.6 g/d (= 72 % bzw. 48 % des Energiebedarfs). Tierische Nahrung vor allem holzbewohnende Käfer- und Schmetterlingslarven, Schildläuse etc., ferner Imagines von Käfern, Ameisen, freilebende Schmetterlingsraupen (z.B. Nonne) etc. Große Variabilität, viel Zufallsbeute. Auch Eier und vor allem Jungvögel, an Futterplätzen Fettstoffe. Im Sommer auch Beeren u.a. weiche Früchte, besonders im Herbst auch Trockenfrüchte (z.B. Bucheckern, Hasel- und Walnüsse, Hainbuche). Grundlage der Winternahrung in N-Europa und (z.T.) ME Koniferensamen [vgl. 1678,2601].

Stimme. Ganzjährig zu hören. Häufigster Ruf »kix«, im Sitzen und Fliegen zu hören zu allen Jahreszeiten. Bei Erregung dichte Folge (bis 90–120/mm). Aggressive »kreck«-Reihe aus vielen Rufen; daneben kurze »kreck«-Reihe mit einem Einleitungsruf und 1–3 dichteren Folgerufen (vor allem Alarm in Nestnähe). Misteldrosselähnliches Schnarren vor Attacke auf Artgenossen. Ferner leise »rä« und »wäd« (etwas schnalzend meist am Nest), sowie »quuig«-Serien (lauter), letztere bei Verfolgung. Nestlinge zirpen laut. Schnurrendes Fluggeräusch. Demonstratives Klopfen (Nestzeigeverhalten). Lange Trommelserien (am schnellsten von einheimischen Spechten) an guten Resonanzböden (z.B. trockene Äste und Stammteile in Wipfelregion, auch Holzmasten, Blechdächer etc.) 5–8 mal /min, pro Wirbel 10–16(5–20) Schläge zu je 0.6 sec, gegen Ende schneller werdend; ♀ kürzer. Wegen Kürze und Schnelligkeit Unterscheidung von anderen Arten möglich. Bes. häufig Jan.–Mitte Juni, schwächer Sept./Okt. Daneben noch kurze Trommelserien mit z.T. anderer Bedeutung.

Verhalten. Tagaktiv. Hüpft auf Boden und breiten horizontalen Ästen beidbeinig. Klettert in 95 % der Fälle aufwärts; Abwärtsklettern im Rückwärtsgang in der Haltung des Aufwärtskletterns. Flug wellenförmig; in den Ruhephasen werden Flügel angelegt (etwa 40 km/h). Wenn möglich in Spechthöhlen schlafend, selten in Nistkästen, Spalten etc. Schlafhöhlen können zu allen Jahreszeiten gezimmert werden. Nahrungserwerb sehr vielseitig, vorwiegend durch Hacken (bis zu 10 cm tiefe Löcher in ± morschem Holz, aber auch durch seitliche Hiebe Abschlagen von Rindenstücken). Daneben Stochern in Spalten und Höhlungen (etwa 10 %) und Einsatz des Schnabels als Pinzette oder Greifzange. Zunge kann bis 40 mm vorgestreckt werden und spießt weichhäutige Larven mit ihrer Harpunenspitze an, daneben wirkt Speichelüberzug klebend. Auch Picken (hackend-schnappende Bewegungen) und sogar Flugjagd auf Insekten von Warte aus. Im Rüttelflug Ablesen größerer Arthropoden. Gebrauch von Schmieden, im einfachsten Fall geeignete Unterlage zur Bearbeitung von Nahrungsobjekten oder Ausbau einer natürlichen Nische, in die z.B. ein Koniferenzapfen eingeklemmt und mit Schnabelhieben festgekeilt wird. Dabei wird, vor allem bei erneuter Zurichtung der Schmiede, das Objekt mit Brust und Vorderbauch festgehalten. Zapfen werden mit Schnabel abgenommen (oft nach Probehacken) und mit dem Schnabel transportiert. Durch Anhacken, aber auch Schlupflochvergrößerung werden Eier und Junge höhlenbrütender Kleinvögel erbeutet (seltener Plünderung freistehender Nester). Ringeln: in horizontalen (seltener Schrauben-)Linien werden Löcher in die Rinde (3–8 mm Durchmesser) durch die Kambiumzone bis zum Splint geschlagen, bei größeren Bäumen oft nur Teilringe (in ME an mind. 44 Gehölzarten nachgewiesen). Der in den Löchern angesammelte Saft wird mit dem Unterschnabel schöpfend getrunken; im Folgejahr (auch über viele J.) werden die alten Narben wieder geöffnet. Ganzjährig i.d.R. territorial. Balz mit deutlichen aggressiven Komponenten, Anpaarung bei erstmaliger Paarbildung bereits im Herbst beginnend; Trommeln ist wichtiges Signal der Kontaktaufnahme, ♂ und ♀ trommeln alternierend. Optisches Signal ist der »Flatterschwebeflug«. Kopulation erst ab Höhlenbau bis Brutablösungen. ♀ sind treu; kein Hinweise auf fremde Junge im Nest [2602]. Paare sind meist über mehrere J. stabil. Drohgesten mit Vorstrecken des leicht angehobenen Schnabels bis hin zu Drohschwenken. Vor Beobachter Verstecken hinter Stamm/Ast. Im Winter vor allem auf Nahrungsplätze konzentriert.

Fortpflanzung, Brutbiologie [337,767,1722,4149, 2600,2601]. Geschlechtsreife im 1. Lebensjahr. Monogame Saisonehe; kaum Außerpaarkopulationen. **Ankunft am Brutplatz.** Ganzjährig im Revier; Trommeln (beide) ab Anf. Dez./Mitte Jan.

möglich, regelm. ab 2. Märzhälfte (witterungsabhängig) bis Mai, dann seltener; Revierbezug Mitte/Ende März – 4-6 Wochen vor Brutbeginn. **Nest.** In Stamm- oder Asthöhlen von (meist kranken) Bäumen (bei Weichhölzern auch gesunde), mitunter in Nisthilfen; meist neu gebaute Höhlen, doch z.T. wiederverwendet; 3-8 (Extreme 0.3 bzw. 26) m über Boden, z.B. Westf. $Ø_{30}$ 3.6 m, Rhld. $Ø_{50}$ 5.4 m, CS $Ø_{242}$ 6.8 m, Bialowieza PL aber 12.0 m; Höhleneingang rund bis elliptisch, ca. 45-57 (40-65) mm, -tiefe 20-50 cm. Bau durch ♂, Bauzeit 14-25 (9-44) d. Eier auf Schicht aus Spänen. **Legebeginn.** Frühestens ab Anf./Mitte April bis Juni. **Gelegegröße.** 4-7 (-10); z.B. Ø CS_{49} 5.6, CH_{23} 5.4, PL_{18} 5.56, A_{23} 5.8, $S._{37}$ 5.67. In kleinen Bruthöhlen Gelege kleiner. Legeintervall 1 d. **Eier.** Kurz- und spitzoval, glänzend, weiß. **Brutdauer.** 10-13 (8.5-16) d; beide brüten, ♂ mehr und ab 1. Ei nachts; Bebrütung 1-2 d vor Vollständigkeit. **Schlüpftermine.** Juv. schlüpfen synchron; frühestens ab Anf. Mai, Juni. **Nestlings-/Führungszeit.** Erste 12 d ständiges Hudern (beide, ♂ nachts, bis 2 d vor Ausfliegen); Kot wird bis Brutende entsorgt. Beide Ad. bringen Futter im Schnabel. Ab 10 d Augen und Ohren der Juv. offen; ab 18-19 d am Einflugloch, Ausfliegen mit 20-23 d (18-24, z.T. bis 27 d), kann sich über Tage hinziehen; Juv. betteln auch noch danach, aber Übernachtung am Stamm, selten in Bruthöhle; Juv. bleiben noch mit Ad. bis drei Wochen in Höhlenumgebung in zwei getrennten Verbänden, werden aber nach 10 d entwöhnt. **Jahresbruten.** 1; Ersatzgelege kommen vor. **Ende der Brutperiode.** Mit Selbständigkeit der Juv. bei Erstgelegen im Juni, bei Nachgelegen bis Aug. **Bruterfolg.** In CS in erfolgr. Bruten Brutgröße Ø 4.5 bei Gelegegröße von Ø 5.6, in GB von 35 Bruten 20 erfolgreich, in MOL aus 35 Eiern 26 geschlüpft und 21 ausgeflogen, in $W\text{-}F_{80}$ bei Ø 4.9 Eiern 2.1 ausgeflogene Juv.; in A_{23} 1.7 flügge Juv./Brut.

Eimaße und -gewichte (*pinetorum*) [337]: L. 21.2-29.4 mm, B. 16.5-20.1 mm, Ø: 26.4 x 19.8 mm (n=136, CS), 26.3 x 19.3 mm (n=46, NL), 25.1 x 18.9 mm (n=78, B); Frischvollgew. 3.78-6.21 g, $Ø_{84}$: 5.21 g; Schalengew. 0.20-0.43 g, $Ø_{95}$: 0.35 g.

Sterblichkeit, Alter. Älteste Ringvögel (D) mindestens 13 J. [1383] und (brütendes ♂ GB) 11 J. 7 Monate [3654]. **Generationslänge:** < 3.3 J. [383].

Mauser. Postjuvenile Mauser (Teilmauser) beginnt ab 18–20 d vor dem Ausfliegen, Mitte Mai/Anf. Juli–Mitte Sept./Mitte Nov.; bei Invasionen von UA *major* z.T. erst bis Dez./Jan. beendet; umfasst Körpergefieder, die meisten Flügeldecken ohne Handdecken, HS und ST sowie selten 1–2 Schirmfedern [767,1369,139,2133,4153]; Dauer GB ca. 145 d, RUS 155–165 d [1356,2133]. • **Postnuptialmauser** (Voll-, z.T. Teilmauser) (Ende Mai) Juni/Mitte Juli–Mitte Sept./Okt., bei *major* etwas später [767,1369, 139,3446,2134]; ST-Mauser zwischen Ausfall von HS 3–4 und Auswachsen von HS 7; Körpergefieder bes. Mitte Juli–Anf. Okt. [767,1369]; besonders bei Vorj. bleiben einzelne Handdecken und z.T. AS stehen [1369,139,2134, R. Winkler]; Dauer der HS-Mauser GB ca. 120 d [1356].

Dendrocopos syriacus – Blutspecht 08780

Dendrocopos [major] syriacus (Hemprich & Ehrenberg 1833) syn.: *Picoides syriacus*

(GB) **Syrian Woodpecker** (F) **Pic syriaque** (E) **Pico Sirio**

Taxonomie. Drei UA: *syriacus* (Hemprich & Ehrenberg 1833) (SE-Europa, Vorderasien), *transcaucasicus* Buturlin 1910 (Kaukasus-Iran) und *milleri* Zarudny 1909 (SE-Iran). Zur Superspezies-Abgrenzung s. *D. major*. Diese beiden Arten bilden mosaikartige Zone der Sympatrie und Hybridisation, innerhalb derer beide aber wohl größtenteils kleinräumig getrennte Brutgebiete besiedeln und auch ökologisch deutlich getrennt sind. Vielerorts Kontakt erst mit der rezenten Arealerweiterung des Blutspechtes nach N und NE [1369,3594].

Kennzeichen. [1369 (mit Detailzeichnungen des Großgefieders, Sonagramme), 3594,183,4149,221, 3772,1369,1784,3615; **Foto** in Limic. **17**, 167].

Maße. Gr.: 22-23 cm. Gew.: 70-83 g. Fl.spw.: 34-39 cm. Fl.l.: 12.9-13.7 cm [1369,3615,4149].

Status. Brutvogel, Jahresvogel in E-ME nach Einwanderung im 20. Jh., außerhalb dieser neuen Brutareale in ME extrem seltener Ausnahmegast (möglicherweise auch übersehen). Kein gesicherter Nachw. in **D**: (-ST März 1967 [1369] und -TH März 1974, Apr. 1978 [2068] nicht mehr anerkannt, Beob. in D-SN 1972 unzureichend dokumentiert [3667]); in **D**-BY von Dez. 1996-Apr. 1997 Beob. eines Hybriden [183]. Am Arealrand offenbar recht häufig Hybridisierung mit Buntspecht [1369,1507, 3291,196,3594].

Verbreitung und Bestand. Das Areal reicht von E- und SE-ME über SE-Europa, Transkaukasien bis SE-Iran sowie von TR nach S bis IL. Schwerpunkte in Europa in BG, RO und TR (dort bis in Hochlagen > 2000 m). Europäischer Gesamtbestand etwa 530.000-1.100.000 BP [383], entspr. > 50% des globalen Bestandes; größte Vorkommen in TR (400-800 T., rückläufig), UA. (25-45 T.), RO (24-32 T.), BG (10-50 T.) und H [383]. In ME nach starker Arealausweitung vom Balkangebiet her erst seit Ende 1930er J. Brutvogel; inzwischen Tieflagen (bis 400 m) in H, CZ, SK., PL und A (teilweise) besiedelt [1369,3594,4149], bei einem Gesamtbestand von 20.000-43.000 BP [383].

Wanderungen. Standvogel. Ausweitung des Brutareals weist auf Fähigkeit zu Streuungswanderungen. Im ehem. YU waren in einer Studie 80 % der Kolonialisten Juv.; Eintreffen an neu besiedelten Flächen normalerweise im Herbst [3615].

Bestandsentwicklung. Seit Ende 19. Jh. von TR aus Arealausweitung nach NW; 1860 erste Feststellung in Europa (W-TR) und 1890 schon in N-BG, bald darauf in Serbien [1369, 3594]. In 1930er J. erste Nachw. in H und RO. In H schon 1954 Brutvogel in allen Landesteilen [1369]. In 1950er J. lagen Verbreitungsgrenzen im N in MOL und SW-UA. und im W in A (seit mind. 1951 Brutvogel, u.a. in A-B, -St und -Nö) sowie in SK. (erste Nachw. 1949, Ansiedlung bis 1955). Bei weiter anhaltender Expansion schließlich Besiedlung von SE-PL und E-CZ in 1970er J. und S-BY ab 1980; 1982 und 1985 vorübergehend auch Brutvogel in A-Oö [965,3594] sowie Besiedlung von Kosice E-SK. [2691]. Derzeit weitere Ausbreitung vor allem in PL, wo ab 1986 auch an Ostsee, und in benachbarten Regionen UA., BY (nach W und N) und HR [1369,1507, 3892,3871,q3]; in SLN schon 1978 Mischpaar mit Buntspecht [q3], dann erster Brutnachw. 1997 [120].

Jüngst nur noch leichte Zunahme in CZ und SK., weitgehende Stagnation in A; derzeitige W-Grenze in CZ und A an 18°-Juli-Isotherme, die in ME ebenso selten überschritten wird wie Mittelgebirgs-

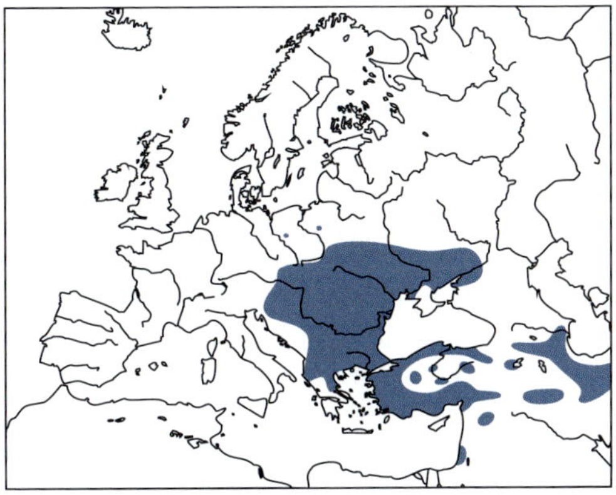

Dendrocopos syriacus – **Blutspecht**

oder Bergregionen [965], viell. auch zunehmend humide Bereiche W derzeitiger Grenzen vom Blutspecht nicht besiedelbar. Weitere Ausbreitung nach W am ehesten denkbar von PL in Trockenbereiche der N-D Tiefebene sowie vom Donauraum nach D-BY [3594].

Entgegen allgemeinem Trend derzeit Abnahmen und Arealverluste in A-St [3291] sowie in AL und GR [1585].

	Best.	Areal	Brutbestand	Jahr	Quelle
A	+/-	=	2.000 – 4.000	1998 – 2002	[383]
CZ	⇧	+ 2	1.000 – 1.400	2000 – 2002	[383]
H	+/-	=	15.000 – 35.000	1999 – 2002	[383]
PL	⇧	+ 2	300 – 800	1997 – 2002	[383]
SK	↑	+ 1	1.500 – 2.500	1995 – 1999	[383]

Siedlungsdichte. Höchste Dichten in Weinbergen und Streuobstbeständen mit 0.5-1.0 BP/km^2, z.B. in A [965], sonst meist < 0.5/km^2 [4149]; kleinflächig in Parks erheblich höher [vgl. 2691]. Geringster Nisthöhlenabstand in H 30–35 m [1369].

SPEC	VSchRL	Bern.Konv.	Bonn.Konv.
E	Anh. I	Anh. II	--
Europ. RL	**RL in ME**		
--	CZ: 'EN'		

Gefährdung und Schutzmaßnahmen [965,3291]. Abgesehen von großer Zahl anthropogen bedingter Nahrungsquellen, die der Blutspecht nutzt (Futterquellen im Siedlungsbereich), ist direkte Einflussnahme des Menschen auf raschen Ausbreitungsprozess kaum zu erkennen. Kleine, isolierte

Populationen allerdings potenziell durch forstliche Maßnahmen (Entfernen alter Bäume, Pflegemaßnahmen) betroffen.
Belassen von Auwäldern und Galeriewäldern an Gewässern, sowie von Reihen alter Bäume, Alleen, Feldgehölzen, Obstgärten, alten Parks etc. Weitere Schutzmaßnahmen derzeit nicht erforderlich.

Biotop. Im SE montane Eichen-Trockenwälder, Flussgehölze aus Silberpappeln, Weiden etc., lichte Wälder und vor allem Kulturland, wie auch in ME. Hier vor allem an alten Bäumen in Auen, Parks, Friedhöfen, Wein- und Obstgärten, Alleen (nicht in waldartigen Beständen) – bis in Innenstadtbereiche.

Nahrung. Tierische Nahrung, wie Buntspecht. Abweichend von allen ME Spechten das ganze Jahr über auch Vegetabilien, die selbst bei Jungenernährung mind. 50 Gewichts-% betragen. Vor allem Kirschen, Weichseln, Maulbeeren, aber auch Aprikosen, Himbeeren, Johannisbeeren, Frühäpfel etc. Wichtig sind die Steinkerne, an deren Stelle im Spätsommer reifende Walnüsse, Mandeln oder Haselnüsse treten (im SE z.B. auch Pistazien). Im Winter daneben auch gelegentlich Hanf- und Sonnenblumenkerne oder Eicheln; gerne an Futterstellen.

Stimme. Häufigster Einzelruf »güg«, »püg« oder »tjüg«, weicher als Buntspecht und bei Übung gut zu unterscheiden. Einzelrufe zum »Schelten« gereiht; ferner »güg güg kürr« o. ä., weniger schnarrend als Buntspecht, und laute »kjuig« oder »quuig«-Rufe, die in harte »wicka-wicka..« übergehen. »Wäd«-Rufe etwas länger als bei Buntspecht. Trommelwirbel (beide Geschlechter trommeln) 20(16–31) Schläge, erster Schlag oft abgesetzt, 0.8-1.2 sec, in vollen Serien 5–6 mal /min. Länger als Buntspecht, gegen Ende leiser, doch neigen ♀ zu kürzeren Wirbeln. Trommelt seltener als Buntspecht.

Verhalten. Tagaktiv. Wirkt besonders bei Nahrungssuche gelenkiger als Buntspecht; Fluggeschwindigkeit ca. 40 km/h. Schläft offenbar nur ganz ausnahmsweise in Nistkästen. Nahrungserwerb sehr ähnlich Buntspecht, stochert jedoch mehr. Schmieden werden oft das ganze J. über benützt, aber kaum eigens zugerichtet. Ringeln bisher nicht belegt. Bei enger Nachbarschaft mit Buntspecht interspezifische Territorialität. Star als Nisthöhlenkonkurrent. Trommeln weniger auffällig als bei Buntspecht. Zur Brutzeit territorial. Paare bleiben über mehrere Jahre stabil. Kopulationen in Nestnähe. Außerhalb der Brutzeit meist Einzelgänger aber nicht territorial; an Nahrungsplätzen manchmal aber in kleineren Trupps.

Fortpflanzung, Brutbiologie [337,767,1551,4149]. Wie Buntspecht. **Nest.** In Stamm- oder Asthöhlen und großen Holzpfählen; 2-4 m (0.8 bzw. 15 m) über Boden; Schlupfloch 35-50 mm, Höhlentiefe 28-39 cm. Bau durch beide. **Legebeginn.** Frühestens Mitte April, meist Mai, Nachgelege bis Mitte Juni. **Gelegegröße.** (3) 4-7; z.B. Ø H_{12} 5.1, A_7 5.1. Bei Einjährigen Gelege kleiner. Legeintervall 1 (-2) d. **Eier.** Elliptisch, glatt und glänzend, etwas kleiner als bei Buntspecht. **Brutdauer.** 9-11 (14) d; beide brüten, ♂ mehr und ab 1. Ei nachts; Bebrütung ab letztem Ei. Juv. schlüpfen synchron. **Nestlings-/Führungszeit.** Erste 5 d ständiges Hudern (beide, ♂ nachts). Beide Ad. füttern. Ausfliegen mit 20-24 (17-26) d, nahrungsabhängig; Juv. werden noch ca. 14 d geführt. **Jahresbruten.** 1; Ersatzgelege nicht selten. **Bruterfolg.** In A Schlüpferfolg bei 31 Eiern 87%.

Eimaße und -gewichte [337]: L. 22.6-27.8 mm, B. 18.6-20.5 mm, Ø: 25.0 x 19.7 mm (n=46, H); Frischvollgew. $Ø_{12}$: 5.5 ± 0.5 g; Schalengew. 0.31-0.44 g, $Ø_{51}$: 0.37 g.

Sterblichkeit, Alter. **Generationslänge:** < 3.3 J. [383].

Mauser. **Postjuvenile Mauser** (Teilmauser) beginnt beim Ausfliegen, (April) Mai/Juli–Aug./Okt.; Umfang ähnlich Buntspecht [767,1369]. • **Postnuptialmauser** (Vollmauser) Mai/Anf. Juli–Aug./Sept. [767]; Verlauf ähnlich Buntspecht [767,1369].

Dendrocopos medius – Mittelspecht 08830

Dendrocopos medius (Linnaeus 1758) syn.: *Picoides medius*

(GB) Middle Spotted Woodpecker **(F) Pic mar** **(E) Pico Mediano**

Taxonomie. Vier gering differenzierte UA: *medius* (Linnaeus 1758) (Europa), *caucasicus* (Bianchi 1904) (N-TR bis N-Iran), *anatoliae* (Hartert 1912) (W- und S-TR) und *sanctijohannis* (Blanford 1873) (SW-Iran, N Irak).

Kennzeichen. [1784,1369,221,3772,3615,4149, 2939; weitere **Fotos** in Limic. **8**, 300-309, Dutch B. **25**, 194, **26**, 213].

Maße. Gr.: 20-22 cm. Gew.: ♂ 53-85 g, $\varnothing_{17}$ 59.2 g, ♀ 50-80 g, $\varnothing_{14}$ 58.8 g. Fl.spw.: 33-34 cm. Fl.l.: ♂ 12.4-13.8 cm, $\varnothing_{24}$ 12.9 cm, ♀ 12.1-13.7 cm, $\varnothing_{16}$ 12.6 cm [1369,3615,4149,2939].

Status. Weit verbreiteter, lokal häufiger Brut- und Jahresvogel in ME; Standvogel, aber kleinräumige Ortsveränderungen bekannt; z.T. Winterlebensräume abseits bekannter Brutstandorte [2821].

Verbreitung und Bestand. Areal umfasst die W-paläarktische Laubwaldzone von NW-E., F und B nach E bis Baltikum und W-RUS sowie entlang des Mittelmeers über Vorderasien bis W-Iran. Europäischer Gesamtbestand (Nominatform, außer in TR) 150.000-315.000 BP (insgesamt stabil), entspr. > 95% des Weltbestandes; Vorkommen > 10.000 BP in F (25-100 T.), D (16-21 T.), GR (10-30 T.), PL (10-20 T.) und RO (20-24 T. BP) [383]. In ME mit Zentren u.a. in Tiefebene H, Innerböhmen CZ, Slask und Tiefland PL, und in D Oberrheinebene, Neckarhügelland, E-BB und mitteldeutsches Trockengebiet, zudem in Mittelgebirgswäldern wärmerer Lagen, nur selten > 300-500 m (z.B. CZ 800-900 m, CH 740 m). Brutbestand etwa 42.000-71.000 BP [383, erg.].

Wanderungen. Standvogel; Im Herbst Nomadisierende v.a. im NE des Brutareals nachgewiesen [3615]. Einzelne wandern mitunter weit und sind fernab der Brutplätze anzutreffen.

Bestandsentwicklung. Gehört zu den schwer erfassbaren Arten (bes. augenfällig bei geringer Anzahl Begehungen) [3743], daher Klangattrappe erforderlich. Auch mit hohem Feldaufwand wird oft nur Teil der Population erfasst; Bestand für größere Gebiete daher meist unterschätzt. Witterungsbedingte Bestandsschwankungen deutlich kleiner als beim Buntspecht [1722].

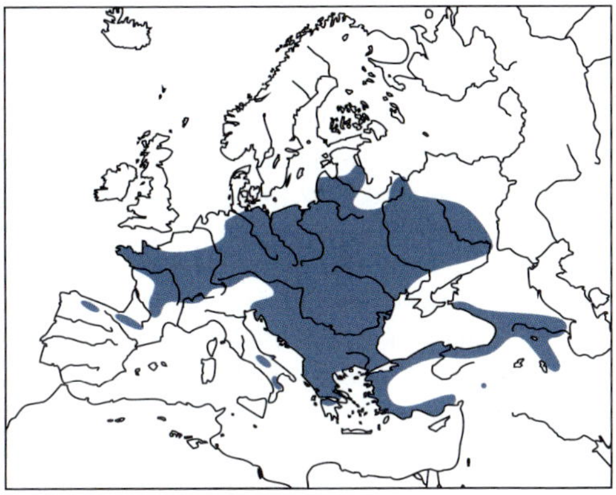

Dendrocopos medius – **Mittelspecht**

	Best.	Areal	Brutbestand	Jahr	Quelle
A	+/-	=	2.900 – 4.300	1998 – 2002	[383]
B	⇧	+ 2	1.500 – 3.000	1995 – 2002	[383]
CH	+/-	=	250 – 300	1993 – 1996	[383]
CZ	↑	=	3.500 – 7.000	2000 – 2002	[383]
D	↑	=	16.000 – 21.000	2003	[*]
H	+/-	=	7.000 – 16.000	1999 – 2002	[383]
L	+/-	=	200 – 300	2001	[383]
NL	N	N	10 – 15	1998 – 2000	[383]
PL	+/-	=	10.000 – 20.000	2000 – 2002	[383]
SK	+/-	=	2.500 – 4.000	1995 – 1999	[383]

*P. Südbeck

Aufgrund tiefgreifender Lebensraumveränderungen – zusätzlich viell. auch klimatisch bedingt – langfristig bis 2. Hälfte 20. Jh. Bestandsabnahmen und Arealverluste [1369,1722,3615,3892]. Dadurch am N- und W-Rand des Areals Erlöschen kleiner Reliktpopulationen, z.B. DK 1959, NL 1973 und S. 1984 [3615,1507,196; zudem N D-SH:3743] und in europäischen Schwerpunktgebieten (z.B. D, HR) durch Lebensraumverlust zunehmend lokale und regionale Rückgänge und inselartige Aufspaltung von stark gefährdeten Kleinvorkommen [3892; D, CH, A, W-PL: 1617,1719,196,3392,973,1707,400,563].

Im Ludwigsburger Favoritepark (72 ha) 1987 Erlöschen der Population von 10 BP (1950-64) durch isolierte Lage und Lebensraumverschlechterung in benachbarten Bereichen (Verlust von Obstwiesen, Verbauung), aber ohne erkennbare Eingriffe in Eichenbestand [540]; Isolierung von Teilpopulationen und Verlust alter Eichen dagegen ausschlaggebend für Rückgang in CH-ZH [563].
Viele größere, reich strukturierte und altholzreiche Wälder sowie Streuobstanlagen (abgesehen von CH) vom Abnahmetrend nicht betroffen [1589,4043,196,1140,1707,1302]. Zudem seit 1970er oder 80er J. erneut deutlich positive Entwicklung, z.B. in D [1137,1680,310,196,1699, 1881] und B [1677,1585, vgl. aber 843], ferner Wiederbesiedlung von NL ab 1996, mit raschem Bestandsanstieg [375,3638] und Vorkommen bis Küste [q3], sowie von DK 2000 [q3]; Zunahmen und Anzeichen für Ausbreitung ferner in Teilen CH [54,2517]. Bestand zudem in D stark unterschätzt [vgl. 204 mit nachfolg. Tabelle]. Mittelfristig allerdings Verschlechterung des Lebensraumangebots für Mittelspecht zu erwarten, da Eichen (und andere potenzielle Nahrungs- und Höhlenbäume) frühzeitig geschlagen werden (u.a. weil vom Waldsterben betroffen) [1719,1707,1138,563], geeignete Gebiete inzwischen zu klein oder stark fragmentiert sind und vielerorts Eichenbestände mittlerer Altersklassen aufgrund vernachlässigter Anpflanzung fehlen oder durch Buchensukzession zunehmend verschwinden.

Siedlungsdichte. Streifgebiete saisonal unterschiedlich groß, im Mittel zur Brutzeit zw. 3.9-20.7 ha [1722]. Mindestgröße der Waldparzellen für größere Populationen > 40 ha (CH), 70-75 ha (S.) und > 150 ha (E.) nötig [1507,1722]. In ME sehr stark von Totholz- und Alteichenreichtum geprägt, in Optimalhabitaten meist zw. 0.3-3.9 BP/10 ha, sonst geringer [1369,1722,4055,2604,1678]. Großräumig in D > 50 BP/370 km^2, ca. 15 BP/4200 km^2, 10–30 BP/4970 km^2, 25 BP/513 km^2, 2–5 BP/316 km^2, 10–20 BP/480 km^2, in CH 112–124 BP/23.4 km^2 Eichenwaldfläche; in PL 9-11 (15) BP/km^2 [1369,337; vgl. Angaben in 1137,310,3871,2939].

Gefährdungsursachen [196,1617,1589,1719,1722, 1369,54,562,1707,400,563,2939]. Lebensraumverlust durch frühe Umtriebszeiten (Buchen werden erst ab Alter von >250 J. vom Mittelspecht besiedelbar), Verlust von totholzreichen, grobborkigen Bäumen und Wäldern, Entnahme von Überhältern, Zerstörung oder Trockenfallen von Hartholzauen, fehlende Nachpflanzungen von Eichen. Früher bedeutsamer: Umwandlung von Laub- und Mischwaldbeständen in Nadelwälder, mit starker Reduktion des Eichenanteils, und von Mittel- in Hochwaldbetrieb. In S-ME zudem Beseitigung von Streuobstanlagen oder Verluste alter Obstbestände durch Stürme, Überbauung, Überalterung ohne Neupflanzung, Ersatz durch Niederstammobst; Einsatz von Bioziden im Obstbau.
Klimatische und andere natürliche Ursachen, z.B. Prädation (Sperber, Buntspecht).

SPEC	VSchRL	Bern.Konv.	Bonn.Konv.
E	Anh. I	Anh. II	Anh. II
Europ. RL	RL in ME		
--	CH,CZ:'VU', A, D, L:'NT'		

Schutzmaßnahmen. Großflächiger Schutz und Erhalt von Hartholzauen und reich strukturierten alten Laub- und Mischwäldern - in ME insbes. der Eichenbestände (auch Nachpflanzungen). Reduktion der Intensivwaldnutzung oder der Umwandlung naturnaher Wälder in monotone, nadelholzdominierte Altersklassenwälder. Dabei Erhaltung einer Mindestfläche reifer Bestände von 30-40 ha; keine großflächigen Kahlschläge und stärkere Isolation der Bestände; deutliche Erhöhung der Umtriebszeiten (bei Eiche und Buche auf > 250 J.) oder Einrichtung von Totalreservaten mit Eichen- und Buchenurwäldern. Wiedervernässung und Regeneration von Auwäldern, ggf. Rückkehr zu Mittelwaldbetrieb und Schirmschlag. Erhaltung von isolierten Altholzinseln in sonst ungeeigneten Lebensräumen dagegen keine Lösung. Dagegen Verbund von Inselvorkommen über Pflanzung von Weichholzkorridoren (Aspe) und künstliches Totholzangebot.
Schutz, Erhaltung und Förderung des extensiven Streuobstanbaus. Neuanpflanzungen von Streuobst-Hochstämmen
Drastische Reduktion des Biozideinsatzes in Land- und Forstwirtschaft.

Biotop. Starke Bindung an grobborkige Bäume und »Störstellen« an Bäumen (die häufig bei der Waldhygiene entfernt werden). Ursprünglich in (Buchen-)Urwäldern in der Zerfallsphase [1471,1678], in ME heute vor allem auf ältere (heimische) Eichenwälder angewiesen, ferner in Hartholzauen, Erlen(bruch)wäldern und anderen Flusstal-Waldgesellschaften und in artenreichen Laubmischwäldern mit großräumigem oder lückigem Bestand (Mittel-

oder Hochwald) [z.B. 1678,4056]. Nur im Anschluss an Eichenwälder auch in Parks, Villenvierteln, bäuerlichem Extensiv-Obstbau und anderen abwechslungsreichen Sekundärbiotopen. Als »Suchspecht« auf reiches Angebot an überwinternden Arthropoden angewiesen; nutzt im Gegensatz zu anderen Spechten nur stehendes (kein liegendes) Totholz.

Nahrung. Überwiegend animalisch; bes. im Herbst (und Winter) kann pflanzlicher Anteil dominieren. Stamm- und rindenbewohnende, aber auch zweig- und blattbewohnende Arthropoden; Holzbohrer offenbar nur ausnahmsweise. Eicheln, Hasel- und Walnüsse, Bucheckern, Steinkerne (z.B. Kirschen), gelegentlich Koniferensamen. Auch das Fruchtfleisch von Kirschen wird an die Jungen verfüttert. Am Futterplatz Fette (Hanf- und Sonnenblumenkerne).

Stimme. Einzelruf »güg« nicht sehr oft zu hören. Am häufigsten Rufreihe »geg-gegegeg…« das ganze Jahr über, variabel; fällt nach dem Einleitungselement in der Tonhöhe meistens ab. Am auffälligsten ist das Quäken, klagende, manchmal fast geräuschhafte Elemente (2–)4–6(–14) oder mehr gereiht, wie »quää«, von Jan–Juni; bes. März–Mai zu hören. Trommeln fehlt nahezu ganz (wird durch Quäken ersetzt).

Verhalten. Tagaktiv. Bewegungen lebhafter als Buntspecht. Nächtigt in Höhlen, mitunter auch in Nistkästen. Beim Nahrungserwerb hauptsächlich stochernd und klaubend, ganz anders als Buntspecht. Hacken zwar nicht selten, aber weniger ausdauernd und häufig. Bewegt sich schneller als Buntspecht, verweilt kürzer; Jagd auf Fluginsekten nicht selten. Trockenfrüchte (z.B. Haselnüsse) können vom Boden aufgelesen, aber auch gepflückt werden. Als Schmieden dienen vorgefundene, nicht zugerichtete Spalten und Risse. Mitunter Ringeln von Bäumen. Paarbindung meist über eine Saison hinaus stabil. Zur Brutzeit territorial. Buntspecht überlegener Nistplatzkonkurrent. Quäken dient dem Partnerfinden, später der Nistplatzwahl (auch Signalklopfen). Kopulation mitunter schon ab Feb. doch erst bei Eiablage häufig. Kopulieren relativ häufig während der Nestbau- und Eilegephase. ♀ sind treu; kein Hinweis auf fremde Junge im Nest [2602]. Außerhalb der Brutzeit Einzelgänger und meist territorial.

Fortpflanzung, Brutbiologie [337,767,1722,4149, 2600,2939]. Geschlechtsreife im 1. Lebensjahr. Monogame Saisonehe (»Gebietsehe«); Nachweis eines Helfers (♂); keine Außerpaarkopulationen festgestellt. **Ankunft am Brutplatz.** (Meist) ganzjährig im Revier; Revier- und Balzrufe (»Quäken«) mit Max. ab Feb. bis April, nach Eiablage seltener. **Nest.** In Stamm- oder Asthöhlen in meist geschädigtem, ausgefaultem, weichem Holz von Laubbäumen (auch in fast horizontalen Ästen); 5-10 m (1 bis 20 m) über Boden; Schlupflochdurchmesser 32-45 mm. beide bauen, ♂ mehr, Bauzeit 8-20 d. Alte Höhlen (auch anderer Arten) oft jahrelang verwendet. **Legebeginn.** In ME ab (Anf.) Mitte April bis Mai (bei niedrigen Temperaturen verzögert); Nachgelege im Juni. **Gelegegröße.** 5-6 (4–8); z.B. Ø $S._{14}$ 5.9, CS_{18} 5.7, CH_7 6.4, H_{59} 5.64 ± 1.0. Legeintervall 1 d. **Eier.** Elliptisch, glänzend, weiß. **Brutdauer.** 12 (10-14) d; beide brüten, ♂ mehr und ab 1. Ei nachts; Bebrütung ab (vor-)letztem Ei. **Nestlings-/Führungszeit.** Erste 9d ständiges Hudern (beide; ♂ nachts, bis zu 20 d). Beide Ad. füttern, ab 15-16 d am Einflugloch; Ausfliegen mit 22-25 (20-29) d; danach noch 8-14 (-21) d z.T. in 2 getrennten Gruppen geführt. **Jahresbruten.** 1; Ersatzgelege kommen vor. **Ende der Brutperiode.** Mit Selbständigkeit der Juv. bei Erstgelegen ab Mitte Juni, bei Nachgelegen bis Aug. **Bruterfolg.** Von 35 Bruten in N-CH waren 74.3% erfolgreich (mit mind. 1 Juv.), insgesamt 82 Juv., d.h. Ø 2.3 Juv./ Paar bzw. 3.2 Juv./erfolgr. Paar; in RUS_{12} Schlüpferfolg Ø 5.3 Nestlinge/Paar und Ausfliegerfolg 5.2 Juv./erfolg. Paar. Deutlich geringerer Bruterfolg bei ungünstigen Witterungsbedingungen zur Nestlingszeit [vgl. 2938].

Eimaße und –gewichte [337]: L. 20.0-28.0 mm, B. 16.0-20.9 mm, Ø: 22.6 x 17.9 mm (n=63, ME); Frischvollgew. um 4.0 g; Schalengew. 0.23-0.35 g, $Ø_{150}$: 0.28 g.

Sterblichkeit, Alter. Bisher mind. 8 J. nachgewiesen. **Generationslänge:** < 3.3 J. [383].

Mauser. Postjuvenile Mauser (Teilmauser) beginnt kurz nach Ausfliegen, Ende Mai/Juni (Juli)–(Aug.) Sept./Okt. (Anf. Nov.); Umfang ähnlich Buntspecht [767,1369]. • **Postnuptialmauser** (Vollmauser) Juni/Anf. Juli–Mitte Aug./Mitte Sept. [767]; Verlauf ähnlich Buntspecht [767,1369].

Dendrocopos leucotos – Weißrückenspecht 08840

Dendrocopos leucotos (Bechstein 1803) syn: *Picoides leucotos*

GB White-backed Woodpecker **F Pic à dos blanc** **E Pico Dorsiblanco**

Taxonomie. Zehn UA, davon zwei allopatrisch verbreitete, recht deutlich differenzierte Formen in Europa: *leucotos* (Bechstein 1803) (incl. »*uralensis*«, gesamte N-Paläarktis außer SE-Europa), *lilfordi* (Sharpe & Dresser 1871) (SE-Europa, TR, Transkauskasien), ferner acht UA in E-Asien (*subcirris, stejnegeri, namiyei, takahashii, owstoni, tangi, fohkiensis* und *insularis*).

Kennzeichen. [1784, 1369, 221, 3772, 3615, 4149].

Maße. (Nominatform) Gr.: (23) 24-26 (28) cm. Gew. (in Europa): 99-112 g. Fl.spw.: 38-40 cm. Fl.l.: ♂ 14.1-15.9 mm, ♀ 13.9-15.4 cm [1369, 3615, 4149].

Status. Seltener, lückig verbreiteter Brut- und Jahresvogel in E- und S-ME. Einzelvögel sehr selten außerhalb des Brutareals. In **D**-BB unregelm. Brutvogel Mitte 19. Jh. [1369, 1], in D-BW Brutvogel im Schwarzwald bis 19. Jh. [1722]; Einzelnachw. von umherstreifenden Ind. nach Brutzeit u.a. in D-TH 10 mal, zuletzt 1973 [2068]; -ST 4 mal, zuletzt 1997 [927]; -SN 1988 und 1994 [3667, 575]; -BB s.o., im 20. Jh. 6 anerkannte Nachw. (davon 2x in -BE), zuletzt 1996 [1]; -MV 2 Nachw. Mitte 19. Jh. [1369, 2031]; -HE 3 mal Mitte 19.Jh. [1680]; -BW mind. 7 Beob. seit 1950er J., u.a. Schwarzwald-Vorbergzone, auch zur Brutzeit im Allgäu unweit Brutgebieten D-BY [1722, 575]; -NW 1957 [1369]; -NI 3 mal, zuletzt 1912 [1369]; -SH (Helgoland) 2mal [1369]. **B**: 1 Ind. 1840 erlegt [1369]. **CH**: s.u. Weitere Beob. (u.a. NL) nicht mehr anerkannt.

Verbreitung und Bestand. Von S-Fennoskandien und PL über S Taigagürtel bis Kamtschatka und JAP, ferner in isolierten Populationen (UA *lilfordi*) in SW-(Pyrenäen) und SE-Europa bis Transkaukasien; fehlt in W- und NW-Europa. Europäischer Bestand zw. 180.000-550.000 BP (stabil) [383], mit größten Vorkommen in RO (16-24 T.) und RUS (150-500 T. BP). In ME sehr lückig verbreitet, auf weitgehend naturbelassene Waldreste der Gebirge (in CZ, SK. bis 1300 m, Bruthöhlen NE Alpen 500–1475 m, Einzelvögel bis 1790 m) und geschützte Waldreservate der Tiefländer E-ME beschränkt. Nominatform in ME mit Bestand von etwa 3.400-5.700 BP [383].

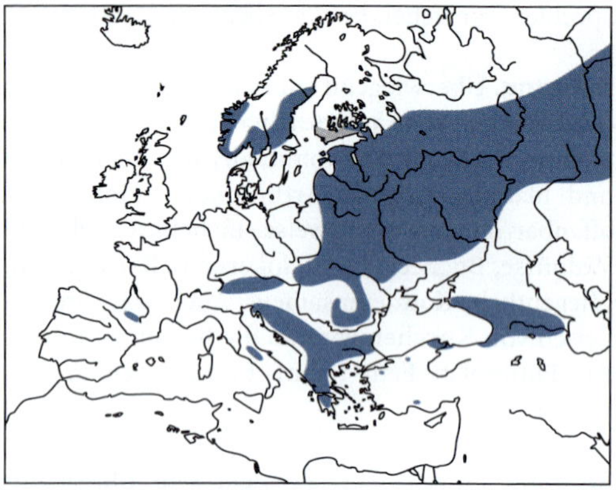

Dendrocopos leucotos – **Weißrückenspecht**

Wanderungen. Standvogel mit nicht allzu weiten Streuungswanderungen, in RUS und Sibirien im Herbst und Winter nomadisierend, dabei einige Ind. wohl regelm. nach S aus dem Brutgebiet heraus [3615]. Bei großen Buntspechtevasionen aus RUS meist einzelne enthalten.

	Best.	Areal	Brutbestand	Jahr	Quelle
A	+/-	=	800 – 1.500	1998 – 2002	[383]
CH	N	N	5 – 10	1998 – 2002	[383]
CZ	+/-	=	150 – 250	2000 – 2002	[383]
D	+/-	=	250 – 400	1995 – 1999	[383]
FL	N	N	4 – 8	1998 – 2000	[383]
H	+/-	=	250 – 400	1998 – 2002	[383]
PL	+/-	=	400 – 600	1999 – 2000	[383]
SK	+/-	=	1.500 – 2.500	1995 – 1999	[383]

Bestandsentwicklung. Noch bis Mitte 19. Jh. (z.T. bis Anf. 20. Jh.) Brutvorkommen in D-BW, -BY und -BB, einige davon weit W des jetzigen ME Areals [1369, 1722, q3]; auch in Slask im 19. Jh. noch größere Bestände [973]. Wohl schon seit 17. Jh. schrittweise Rückgang aufgrund forstlicher Nutzung (Waldumbau, Rodung) und Ausbreitung städtischer Siedlungsflächen [vgl. auch 2618]. Gegen Ende 19. Jh. dann einige Population im Tiefland und in Alpen erloschen; doch Fehlen jüngerer Nachw. häufig auch bedingt durch schwere Erfassbarkeit.

In 1980er J. einige frühere Brutvorkommen erneut bestätigt, z.B. A-Nö, A-W, A-K und Slask PL [965,3867,973] sowie in FL [4109]. In A-V erstmals 1975 festgestellt, gezielte Suche ergab dort große Zahl von Revieren und hohe Dichten [1997,1995]; inzwischen weitere Ausbreitung (auch gezieltere Suche) [R. Kilzer]; in CH erste anerkannte Beob. 1996 [2052], seither mehrere Brutansiedlungen, vor allem in -GR [560; q1]. Nachw. zur Brutzeit zudem im SE D-BW [G. Heine, 1616] und D-BB [1]. Brutarealausweitung zudem in SLN [q3].
In wichtigen Brutgebieten M- und SE-PL in jüngster Zeit dagegen anhaltender Bestandsrückgang durch Verlust an Altholzbeständen [1366,3867]; Zunahmen nur in Bialowieza E-PL aufgrund günstiger Waldentwicklung [3871]. Bes. negative Entwicklung in 1980er und 1990er J. durch Habitatverlust in NE-PL, Baltikum und FIN, N. und S. [196,1507, 3615,3892,383,3971,110,4066,4068,4149].

Siedlungsdichte. Im Bayerischen Wald Mindestflächen für Paar 100–350 ha ($Ø_8$ ca. 230 ha) [3360], in PL etwa 100 ha, in S. 50-100 ha [1507]. Angaben schwanken regional von 5–8 BP/130 km^2 in D-BY bis 4 BP/100 ha (CS) und 1–3 BP/150 ha (A); besonders große Dichten in Urwäldern PL mit 0.6-1.0 BP/km^2 [4069], in A-V mit 0.7 (-1.0) BP/km^2 [1995,1998] sowie 2.0 BP/km^2 in I [1507]. In den Alpen nicht selten isolierte Einzelvorkommen.

Gefährdungsursachen [965,1369,1507,1719,1997, 196,3257,3256,3971,110,3363,560,1998]. Intensive, ertragsorientierte Forstwirtschaft mit zu kurzen Umtriebszeiten, vor allem bei Laubhölzern, und Ausräumung von Tot- und Morschholz. Dadurch in ME häufig auf Schon- und Bannwälder, besondere Schutzgebiete oder wenig nutzbare Extremlagen (Steilhänge und sonnenbeschienene Schluchten) angewiesen.
Zunehmend Störungen verbliebener naturnaher Waldflächen durch Freizeitsport und Forstarbeiten, besonders nachteilig während der Brutzeit.
Natürliche Ursachen: Brutverluste durch Windbruch morscher Höhlenbäume oder -äste.

SPEC	VSchRL	Bern.Konv.	Bonn.Konv.
--	Anh. I	Anh. II	--
Europ. RL	RL in ME		
--	CZ: 'EN', H:'VU', FL: 'R', A, D, PL, SK: 'NT'		

Schutzmaßnahmen. Strenger Schutz und Erhaltung von Urwäldern und naturnahen Mischwäldern mit großem Angebot an morschem und verfaulendem Holz; Erhalt wipfeldürrer Bäume (z.B. Bergahorn) als bevorzugte Bruthöhlenbäume. Ausweisung von großflächigen Schon- und Bannwäldern (von mindestens 2 km^2 Fläche).
Verhindern einer Beeinträchtigung geeigneter Brutgebiete durch Freizeitnutzung und Erschließung oder forstliche Nutzung während der Brutzeit.
Bestands- und Bruterfolgsmonitoring.

Biotop. Laub- und Mischwälder, bevorzugt naturnaher Aufbau mit hohem Altholzanteil und vor allem absterbenden Bäumen in allen Stadien des Vermoderns, dabei Mindestbedarf etwa 50 Festmeter Totholz pro ha [M. Flade]. In E-ME z.T. reine Laubwälder, in den Bergen jedoch Mischwälder (z.B. Fichte–Tanne–Buche), vor allem dort, wo ertragsorientierte Forstwirtschaft nicht durchgeführt wird (z.B. Schutz- und Bannwälder, Extremlagen mit erschwerter Bringung). In Bergländern bevorzugt sonnenexponiert.

Nahrung. Vor allem holzbewohnende Larven größerer Insekten, wie Weidenbohrer, Pracht- und bes. Bockkäfer. Im Sommer an Zweigen und Blättern frei lebende bzw. fliegende Arten. Pflanzliche Nahrung nur im Sommer und Herbst bemerkenswert (z.B. Vogelkirschen, Schlehen, Haselnüsse). Kommt auch an Futterstellen in seinem Aktionsraum (Talg, Sonnenblumen, Hanf).

Stimme. Einzelrufe leise, weiche »güg« oder »kjük«, deutlich tiefer und gedämpfter als bei Buntspecht, manchmal an Amsel erinnernd. Laute helle »kjirk kjik…« oder »kjile kjile…« als Reihen (»Schelten«). Aggressive Stimmung (»tschud tschud …« o.ä. (heiser quietschend). Weiche feldsperlingsähnliche »tet tet« (vgl. »wäd«-Ruf des Buntspechts). Trommeln (♂ und ♀) mit auffallend langen Wirbeln von (1.2–1.7 sec, jeweils nur aus (14–)30–40 schneller werdenden Einzelschlägen, gegen Ende etwas leiser.

Verhalten. Tagaktiv. Häufig große Fluchtdistanz und geräusch- und rufarme Lebensweise, sodass die Art oft sehr schwer zu entdecken ist. Meidet Flug über weitere offene Flächen. Hauptsächlich Hackspecht, der besonders liegende Stämme, morsche Strünke und untere Stammregionen bearbeitet. Dabei können durch seitliches Wegschlagen meist handtellergroßer Holzstücke an Stämmen oft

charakteristische Arbeitsmuster mit wabenförmigen Vertiefungen entstehen. Aber auch klaubend an dünnen Zweigen der Kronenregion, auch an kleinen Büschen und Luftjagd. Haselnüsse werden in nicht vorbereiteten Schmieden bearbeitet. Bei Schnee Suche an stehenden morschen Stämmen. Ringeln nicht beob. Ortstreu, aber nur zur Brutzeit territorial. Paare sind über mehrere J. stabil. Balz schließt Verfolgungsflüge, Balzflüge und diverse Balzstellungen ein. Aktionsraum eines Paares viel größer als bei Buntspecht. Wandern außerhalb der Brutzeit oft ab.

Fortpflanzung, Brutbiologie [337,767,1784,4175, 1551,4149, R. Kilzer]. Geschlechtsreife im 1. Lebensjahr. Wohl Saisonehe. **Ankunft am Brutplatz.** Ganzjährig im Revier; Balz und Paarbildung sowie Revieranzeige mit Trommeln ab Anf./Mitte Feb., meist März, Warntrommeln in Brutplatznähe ab Mai. **Nest.** In Stamm- oder Asthöhlen von fast ausnahmslos abgestorbenen oder stark vermorschten (Laub-)Bäumen, zuweilen auch in Masten; oft wiederverwendet; im N 1.8-7 m, in E-Alpen (1) 3-20 m, in Bialowieza PL Ø 17.8 m über Boden; Höhleneingang elliptisch, 56-69 x 47-64 mm, Tiefe 25-37 cm. Beide bauen (♂ mehr), Bauzeit 2-4 Wochen. **Legebeginn.** In ME (Anf.) Mitte April bis Anf. Mai, etwa 2 Wochen vor Buntspecht im selben Lebensraum. **Gelegegröße.** 3-5 (6). Legeintervall 1 d. **Eier.** Kurz- und spitzoval, glänzend, weiß. **Brutdauer.** (12) 14-16 d; beide brüten, nur ♂ nachts; Bebrütung 1-2 d vor Vollständigkeit des Geleges. **Schlüpftermine.** Juv. schlüpfen synchron; von Anf. Mai bis Anf. Juni. **Nestlings-/Führungszeit.** Beide Ad. füttern bis mehrere d nach Ausfliegen; Juv. mit 27-28 d flügge. **Jahresbruten.** 1. **Bruterfolg.** In FIN_6 in erfolgr. Bruten Brutgröße Ø 2.5 Juv., in N. Ø 2.4 flügge Juv./Brut in 10-Jahres-Studie. Bei *lilfordi* in Pyrenäen Verluste durch Witterungseinflüsse bedeutsam [vgl. 1404].

Eimaße und –gewichte [337]: L. 26.0-30.0 mm, B. 19.0-23.0 mm, Ø: 28.2 x 20.5 mm (n=27, S./FIN); Frischvollgew. Ø: 6.0 g; Schalengew. 0.34-0.56 g, $Ø_{27}$: 0.43 g.

Sterblichkeit, Alter. Ältester Ringvogel (S) brütendes ♂ mit 9 J. [3654]. **Generationslänge:** < 3.3 J. [383].

Mauser. **Postjuvenile Mauser** (Teilmauser) Mai/Mitte Juni–Sept.; Umfang ähnlich Buntspecht [767,1369]. • **Postnuptialmauser** (Vollmauser) Mai/Juni–Ende Aug./Anf. Okt.; Schwingenmauser bes. Ende Mai–Mitte Sept., Körpergefieder Ende Juli–Ende Sept. [767].

Dryobates minor – Kleinspecht 08870

Dryobates minor (Linnaeus 1758) syn.: *Picoides minor, Dendrocopos minor*

GB Lesser Spotted Woodpecker **F Pic épeichette** **E Pico Menor**

Taxonomie. Elf UA [4149], davon lösen sich in Europa *minor* (Linnaeus 1758), *hortorum* (C.L. Brehm 1831) und *buturlini* (Hartert 1912) von N nach S mit fließenden Übergängen ab. Der Kleinspecht ist nach molekularen Sequenzdaten [4050,4049] entgegen früherer Annahmen [3561N,995N] nicht etwa mit *Picoides canicapillaus* und *P. kizuki* nächstverwandt, sondern mit den nordamerikanischen Arten *pubescens*, *nuttalli*, *scalaris* etc. Diese stehen der Gattung *Veniliornis* näher als *Dendrocopos* und *Picoides*. Sie sollten daher auf Gattungsniveau als *Dryobates* (Boie 1826) getrennt werden (andernfalls müssten die gesamte amerikanische Gruppe inklusive *Veniliornis* sowie die altweltlichen *Dendropicos*-Arten unter *Dendrocopos* vereint werden).

Kennzeichen [1784,1369,221,3772,3615,4149].

Maße. (*hortorum*) Gr.: 14-16 cm. Gew.: 16-25 g (Nominatform 19-26 g). Fl.spw.: 25-27 cm. Fl.l.: 8.5-9.4 mm, (Nominatform 9.0-10.0 cm) [1369,3615,4149]

Status. Brut- und Standvogel im gesamten ME, fehlt nur in höheren Lagen der Mittelgebirge und in den Alpen, dort auf breite Talböden beschränkt. Nominatform in N- und E-Europa Brutvogel bis NE-PL. Nach (seltenen) Eruptionen in nordischen Brutgebieten (ab Aug.) gelegentlicher Gastvogel auch im übrigen PL und in N-D, möglicherweise auch in B und NL [337; s. aber 375,1677]. UA *hortorum* in allen Ländern ME Jahresvogel. Vögel in S-CH und S-H z.T. mit Charakteristika der südlichen UA *buturlini*.

Verbreitung und Bestand. Im Waldgürtel von SW-Europa und GB nach E bis Kamtschatka, N-Korea und Hokkaido und nach S bis N-Afrika, KZ, Iran und Mandschurei. Verbreitungslücken in geschlossenen Nadelwaldbeständen und in Hochlagen, in Mittelgebirgen und Alpentälern nur lokal, bis etwa 900 m, in CH bis 1260 m, im Kaukasus bis 1400-2000 m [4149]. In ME meist UA *hortorum* (s. Status); Europäischer Gesamtbestand 450.000-1.100.000 BP (Trend unklar), mit Vorkommen > 25.000 BP in F (40-160 T.), PL (20-40 T.) und RUS (250-600 T.) [383]; in ME 59.000-139.000 BP [383].

Wanderungen. Generell Standvogel, jedoch nach N und E zunehmender Herbst-/Winternomadismus (und Vögel nicht im Brutrevier), mitunter im Ausmaß kleiner Evasionen, bei denen Einzelne aus NE das Schwarzmeergebiet, S-D und NL erreichen können [3615]. Bei Jugenddispersion D bisher kaum große Distanzen nachgewiesen, in D-HE Brutansiedlungen ca. 2-7 km vom Geburtsort [1725].

Bestandsentwicklung. Stärkere Populationsschwankungen bekannt [1369]. Aufgrund sehr schwieriger Erfassung (geringe Entdeckungswahrscheinlichkeit) meist unzureichende Kenntnisse über genaue Vorkommen und Bestandszahlen [1589].
In weiten Teilen S-ME in rezenter Zeit starker Bestandsrückgang aufgrund großflächiger Lebensraumveränderungen (vor allem Veränderungen der Waldstruktur, bes. Auenwälder, und Verlust früher großflächiger Streuobstbestände) [D-BY, -RP, Bod, CH, FL, A: 4175,1617,1722,2560,3392,4043,2518, 2617,54,1998]. Dabei stärkste Rückgänge in Dörfern und in Auwäldern [965,1617,4043,54], dagegen in vielen anderen Waldtypen und in Parklandschaften weitgehend stabil [3386]. Rückgang in N-ME durch Zerstörung der Auen und der Niedermoorgebiete wahrscheinlich schon erheblich früher einsetzend und daher in jüngerer Zeit weniger auffällig [P. Südbeck]. Auch in FIN, S. und GB durch Lebensraumverlust, meist aufgrund forstlicher Eingriffe, anhaltende Abnahme [1507,2617,2803]. In D-BW Bestandsrückgang seit 19. Jh. (durch Verlust von Auenwäldern, Streuobstbeständen und Halbierung des Eichenanteils) wohl etwa 90% [1722].
Anders in N-ME. Bestand und Areal in NL seit 1960er J. deutlich gewachsen [3636,3638,2889], längerfristige Zunahmen auch in D-SH und -MV - bei jeweils starken Schwankungen [2031,310,204,591].

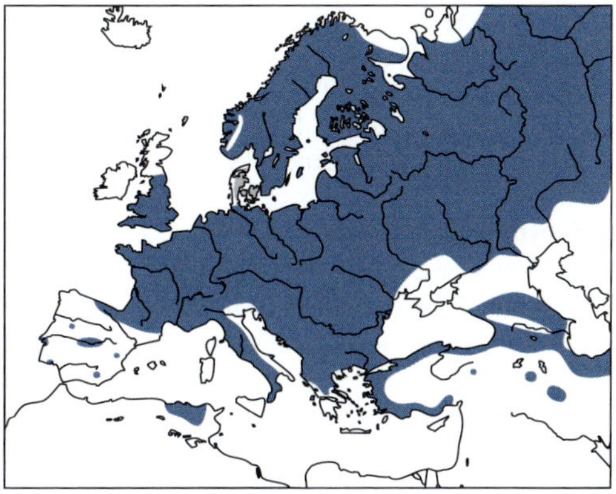

Dryobates minor – **Kleinspecht**

In DK seit (Wieder-)Besiedlung 1964 anhaltende Ausbreitung [1422]. In B [843,1585] und in weiten Bereichen N-D nach Zunahmen inzwischen aber stagnierend oder gar rückläufig [1137,1589,196]. Auch in Auengebieten A-Nö durch Absterben von Ulmen kurzzeitig Zunahmen [1369]. Neuerdings in S-CH Arealausweitung und Zunahme [3393]; in PL regional zeitweilig Abnahme, doch jüngst wieder Erholung infolge Waldreifung [3871].

	Best.	Areal	Brutbestand	Jahr	Quelle
A	+/-	=	2.200 - 4.500	1998 - 2002	[383]
B	+/-	=	1.700 - 3.800	2001 - 2002	[383]
CH	↓	=	2.500 - 3.000	1993 - 1996	[383]
CZ	⇧	=	3.000 - 6.000	2000	[383]
D	+/-	=	16.000 - 32.000	1995 - 1999	[383]
FL	↓	=	10 - 15	1998 - 2000	[383]
H	+/-	=	7.000 - 40.000	1999 - 2002	[383]
L	+/-	=	300 - 400	2001	[383]
NL	↑	+ 1	4.500 - 5.500	1998 - 2000	[383]
PL	+/-	=	20.000 - 40.000	2000 - 2002	[383]
SK	+/-	=	2.000 - 4.000	1995 - 1999	[383]

Siedlungsdichte. Streifgebiete sehr groß, meist zw. 15-25 ha zur Brutzeit (in S. bis 50 ha), Ø 131 ha zur Balzzeit und bis 250 ha (Extremwert 700 ha) im Winter [1507,1722,4100, K. Höntsch], daher empfindlich gegenüber Lebensraumbeeinträchtigungen und Fragmentierung. Meist werden nur kleinflächig mit Buntspecht vergleichbare Dichten erreicht; bei größeren Flächen < 0,1 BP/10 ha [1369,1,310,1722]; in Urwäldern PL ca. 0.25 BP/10 ha, kleinflächig max. 0.8 BP/10 ha [in Eschen/Erlen-Wäldern, 4149], in Auengebieten SW-D 0.16

BP/10 ha [1507]. Großräumig in D < 10 BP/1440 km^2, 5–10 BP/130 km^2, 7 BP/120 km^2, 200–250 BP/4200 km^2, 10–30 BP/316 km^2, 15–30 BP/480 km^2, 20 BP/513 km^2; in NL 43–53 BP/2680 km^2 [1369], in PL 1-5 BP/10 km^2 [3871].

Gefährdungsursachen [4175,1507,1722,2031,196, 2803,2999,3386,2238, K. Höntsch]. Fast völliger Verlust der Primärhabitate (sehr alte Laubwälder mit hoher Kronendachrauigkeit), zudem starker Rückgang wichtiger Brut- und Nahrungsbäume durch vollständige Zerstörung von Auengebieten, Verlust von Streuobstbeständen, Trockenlegung von Bruchwäldern in Niedermooren, Entfernen von Totholz, »waldhygienische Maßnahmen« und zu frühe Umtriebszeiten; Biozideinsatz.
Förderung von Nadelbäumen und von Altersklassenwäldern führt zur Verdichtung der Wälder mit geringerer Durchlichtung und ungünstigerem Nahrungsangebot. Im Gegensatz zum Buntspecht wirkt sich diese Entwicklung auf Kleinspecht nachteilig aus.
Natürliche Verlustursachen: Extremwinter; Brutverluste in sehr nassen Frühjahren, Nestprädation (Buntspecht, Eichelhäher) [s. 4101].

SPEC	VSchRL	Bern.Konv.	Bonn.Konv.
--	--	Anh. II	--
Europ. RL	RL in ME		
--	FL:'EN', CZ:'VU', A: 'NT'		

Schutzmaßnahmen. Schutz und Erhalt natürlicher Auenlandschaften; Wiedervernässung trockengefallener oder -gelegter Gebiete und anschließende Sukzession; Erhalt von (Ur-)Altholzbeständen und verbliebenen Streuobstflächen; Neuanpflanzungen von Hochstammobst (d.h. Rückkehr zu traditionellen Nutzungsformen und dörflichen Strukturen); Belassen weichholzreicher Sukzessionsstadien (Birke, Weise, Pappel), bes. von Bruch- und Totholz und absterbenden Bäumen. Einschränkung des Biozideinsatzes.

Biotop. Ursprünglich in sehr alten Laubwäldern mit hohem Bruch- und Totholzanteil, ferner parkartige oder lichte Laub- und Mischwälder; bevorzugt Weichhölzer (Pappeln, Weiden). Bes. in Hart- und Weichholzauen, feuchten Erlen- und Hainbuchenwäldern, zudem in Parks, Villen- und Hausgärten mit alten Bäumen sowie Obstgärten mit Hochstämmen. In geschlossenen Wäldern höchstens am Rand; auch in kleinen einzelnen Gehölzgruppen [1725]. Außerhalb der Brutzeit auch in anderen Biotopen, regelm. z.B. in Nadelwäldern [bis 20% der Zeit, K. Höntsch].

Nahrung. Fast nur animalisch. Im Sommer vor allem von Blättern und Zweigen abgelesene Spinnen, Insekten und deren Larven (z.B. Blattläuse, Ameisen). Winternahrung vor allem unter Rinde überwinternde Insekten (bes. Käfer), daneben holzbohrende Larven. Vegetabilien scheinen nur ausnahmsweise Bedeutung zu haben. An Vogelfutterplätzen vor allem Sonnenblumenkerne [vgl. 2874, K. Höntsch & A. Kristin].

Stimme. Das ganze Jahr über (im Frühjahr am häufigsten) gereihtes »kikikiki...«, erinnert von weitem an Turmfalke, wird gegen Ende langsamer, 6-26 Einzelrufe. Unterscheidung ♀/♂ möglich anhand der Frequenz der »ki«-Elemente und der Pausen dazwischen [K. Höntsch]. Einzelrufe »kik« buntspechtähnlich, aber leise und relativ selten. (6/sec). Aggressiv »chwuit«. Kurz vor dem Ausfliegen Rufreihen der Nestlinge. Demonstratives Klopfen beim Nestzeigen. ♂ und ♀ trommeln Mitte Nov–Mitte Mai, einzeln auch im Sommer, hell klingende Wirbel (> 30 Schläge, 1–1.5 sec), die oft rasch aufeinanderfolgen (14 bis max. 19/ min); recht gut von anderen Arten zu unterscheiden, nehmen gegen Ende nicht an Schnelligkeit zu, Pause zwischen den Wirbeln deutlich kürzer als bei anderen Spechten.

Verhalten. Tagaktiv; Trommeln bes. vormittags. Nächtigt in selbstgezimmerten Höhlen, selten in Nistkästen. Nahrungserwerb durch flinkes Absuchen von Ästen und Stämmen, rasche Hackserien und Klauben. Stochern seltener; Flugjagden im Sommer. Gern an dünnen senkrechten Ästen im Kronenbereich, aber auch in Büschen, sogar an krautigen Pflanzen oder Schilf. Star und Buntspecht werden als Höhlenkonkurrenten in Nestnähe im Sturzflug attackiert. Zur Brutzeit territorial. Paare sind meist über Brutsaison hinaus stabil. Im Winter oft mit Kleinvögeln (bes. Meisen) vergesellschaftet. Mehrere Höhlen können gleichzeitig gebaut und angeboten werden. Vor Feinden oft Tarnen hinter einem Ast. Außerhalb der Brutzeit territorial und solitär.

Fortpflanzung, Brutbiologie [337,767,1722,4149, 4098,4099,1724, K. Höntsch, E. Rossmanith]. Geschlechtsreife im 1. Lebensjahr, aber Einj. z.T. ohne Brutversuch. Saison- oder Dauerehe; ♂-Über-

schuss nicht selten, in S. und D sukzessive Polyandrie bei Teil der ♀ (8.5%) belegt (dabei Eiablage in Höhlen verschiedener ♂), bei ♀-Überschuss auch Polygynie (2.9%). **Ankunft am Brutplatz.** In günstigen Lebensräumen ganzjährig im Revier; Paarbildung zwischen Feb. und Mai. **Nest.** Höhlen in totem oder morschem Holz, vergleichsweise häufig in schwachem Seitenast (mit Schlupfloch auf Unterseite), dadurch stark windbruchgefährdet, 2-8 (0.4 –15-20) m über Grund; in ME Ø um 2.8 m, in Bialowieza PL aber 11.1 m; in S.$_{116}$ und D generell Neubau nachgewiesen, doch Wiederverwendung von Höhlen möglich; Höhleneingang rund bis elliptisch, ca. 32 mm Durchmesser, Tiefe (10) 20-25 cm; gelegentlich in Nistkästen. Bau durch beide (♂ meist > 70%) ab (März) Anf./Mitte April, Bauzeit 12-16 d, auch 3-4 Wochen (bei Spät- oder Ersatzbruten auch kürzer). **Legebeginn.** Frühestens ab Mitte März, aber Hauptzeit von Ende April bis Mitte Mai (Juni). **Gelegegröße.** 5-7 (3-9); z.B. Ø S.$_{67}$ 5.9. Kalendereffekt. Erfahrene Paare mit größeren Gelegen. Legeintervall 1 d. **Eier.** Kurzoval, glänzend, weiß. **Brutdauer.** 9-12 d; beide brüten, ♂ mehr und nachts; Bebrütung ab Vollständigkeit. **Schlüpftermine.** Juv. schlüpfen synchron; frühestens Mitte April, Mehrzahl ab Mitte Mai, Juni. **Nestlings-/Führungszeit.** Beide Ad. hudern bis 8 d und füttern (♂ mehr), zuweilen verlässt ♀ die Nestlinge vorzeitig (in D-HE$_{34}$ in 36% der Bruten); Juv. ab 13-15 d am Einflugloch; Ausfliegen mit (19) 21-23 (25) d; werden noch 8-14 (21) d von Ad., oft in getrennten Gruppen, geführt. **Jahresbruten.** 1; mitunter Nachgelege. **Ende der Brutperiode.** Mit Selbständigkeit der Juv. bei Erstgelegen im Juni/Juli, bei Nachgelegen bis Aug. **Bruterfolg.** In D 74% der Brutversuche erfolgr.; in S. in 4 J. 76%, aus 200 gelegten Eiern flogen 120 Juv. aus, Ø 3.6 flügge Juv./Brutversuch bzw. 2.7 flügge Juv./Paar und J.; alte Paare erfolgreicher mit Ø 4.7 ausgeflogenen Juv./Brut. Polyandrische ♀ in S. mit 39% mehr Juv. als monogame ♀ (dabei insgesamt pro Nest geringeres Investment als durch monogame ♀); polygyne ♂ dagegen weniger erfolgreich als polygame ♀, meist nur bei Aufzucht der Erstbrut beteiligt.

Eimaße und –gewichte (*hortorum*) [337]: L. 17.3-20.8 mm, B. 13.0-15.3 mm, Ø: 19.1 x 14.3 mm (n=33, E-D), 18.5 x 14.3 mm (n=57, W-Europa); Frischvollgew. 1.72-2.37 g, Ø$_9$: 2.14 g; Schalengew. 0.10-0.17 g, Ø$_{78}$: 0.13 g.

Sterblichkeit, Alter. Älteste Ringvögel (S.) mind. 10 J. (♀) [U. Wiktander], ferner (CH) 7 J. 3 Monate [3654], mind. 6 J. 5 Monate [4147N]. **Generationslänge:** < 3.3 J. [383].

Mauser. **Postjuvenile Mauser** (Teilmauser) setzt mit HS 1-2 z.T. vor dem Ausfliegen ein; Körpergefiedermauser beginnt ab 5-6 Wochen, ST ca. 2 Wochen danach; Abschluss im Alter von ca. 3 Monaten, Sept./Anf. Okt. (Nov.); ohne Hand- und einige weitere Flügeldecken, Schirmfedern und AS [767,1369,139, R. Winkler]. • **Postnuptialmauser** (Vollmauser) Juni-Sept./Anf. Okt. (Jan.); Verlauf ähnlich Buntspecht [767,1369,139,3446]; Dauer der HS-Mauser ca. 87 d [767,1356].

Namenregister

In diesem Namenregister, das nach deutschen und wissenschaftlichen Namen getrennt wurde, sind nur die Namen der Vogelarten und höheren Taxa (mit ihren Synonymen und früher gebräuchlichen Namen) genannt, die in eigenen Kapiteln in diesem Band behandelt sind.
Ein ausführliches Namenregister mit Querverweisen zu allen in den drei Bänden des Werkes genannten Arten sowie höheren Taxa, Superspezies, Unterarten und weitere Formen ist in den dritten Band des Werkes »Literatur und Anhang« aufgenommen.

Register der wissenschaftlichen Namen

Register der deutschen Namen

Inhaltsverzeichnis zu Teil 2

1 Erläuterungen zum Text

Eine ausführliche Einführung zur Nutzung des Werkes ist in dem ersten Band des Kompendiums enthalten, der die Nonpasseriformes, also alle Ordnungen außer den Sperlingsvögeln, umfasst. Um auch den Lesern, die nur diesen Band über die Sperlingsvögel vorliegen haben - oder auch denjenigen, die ein lästiges Nachschlagen in zwei verschiedenen Büchern vermeiden wollen - eine effektive Nutzung dieses Buches zu ermöglichen, ist hier in gekürzter Form die Einführung aus dem ersten Band wiederholt. Wer sich schon anhand des ersten Bandes mit der Handhabung des Kompendiums gut vertraut gemacht hat, kann die nachfolgenden Abschnitte 1.1 bis 1.6 getrost überblättern.

1.1 Bearbeitungsgebiet, Artenspektrum

Das Bearbeitungsgebiet umfasst den im »Handbuch« von Glutz von Blotzheim et al. (1966-97) [1369] als »Mitteleuropa« bezeichneten Raum mit den Staaten Belgien, Deutschland, Luxemburg, Niederlande, Österreich, Polen, Schweiz, Slowakei, Tschechien und Ungarn sowie dem Fürstentum Liechtenstein. Angrenzende Teilgebiete Europas, insbesondere Dänemark, (Nord-) Ostfrankreich (vor allem Elsaß/Lothringen und Jura), Weißrussland, Baltikum, Slowenien und Norditalien mit ähnlichen Lebensräumen und Avizönosen, aber auch andere europäische Länder wurden in die Betrachtung mit einbezogen, wo sich dies anbot. Das Kompendium behandelt alle im o.g. Raum Mitteleuropa freilebend nachgewiesenen Vogelarten. Die Artabhandlungen wurden dabei in verschiedene Formen gefasst:

(1) Für Arten, die regelmäßig (und meist häufig) als Brutvogel, Durchzügler oder Wintergast in Mitteleuropa auftreten (darunter auch etablierte Neubürger (Neozoen), finden sich ausführliche Angaben zu allen wichtigen Teilaspekten der Biologie, Verbreitung und Häufigkeit.
(2) Arten, die Mitteleuropa nur selten oder ausnahmsweise als Gastvogel, aber zumindest in Einzelfällen als genuine Wildvögel erreichen, werden kürzer abgehandelt, wobei der Status und das Auftreten in unserem Raum im Vordergrund der Betrachtungen stehen.
(3) Vogelarten, die in unserem Raum nur auf Grund von Gefangenschaftsflucht, Freiflughaltung oder bewusster Freisetzung temporär vorkommen, werden nur in einem tabellarischen Anhang im dritten Band des Werkes gelistet. Nur diejenigen Neubürger, die sich hier mit Brutpopulationen etabliert haben, werden mit eigenen Artkapiteln abgehandelt.

Der vorliegende zweite Band des Kompendiums behandelt etwa 230 Vogelarten der Ordnung Passeriformes – Sperlingsvögel. In mehreren Fällen werden zudem aufgrund neuerer Entwicklungen in Taxonomie und Systematik zwei oder drei deutlich differenzierte Formen (z.B. Grenzfälle Sub-/Semispezies) unter derselben Artüberschrift abgehandelt. Wie groß die Veränderungen auf Grund neuester systematischer Erkenntnisse gegenüber der gerade einmal 10 Jahre alten ersten Kompendiumsfassung sind, zeigt sich an einer ganzen Reihe von Formen, die jetzt als getrennte Arten in jeweils eigenen Abhandlungen geführt werden, z.B. Raben-/Nebelkrähe, Berg-/Balkanlaubsänger, Berg-/Strandpieper, u.a..

Die Tabellen im Anhangsband listen ferner **39** Neozoen-Arten (1/3 davon Sperlingsvögel) in Mitteleuropa auf, für die auch schon einzelne Brutnachweise erfolgt sind, sowie **215** nichtheimische Arten (43% Sperlingsvögel), die zwar gelegentlich im Freiland, jedoch niemals brütend beobachtet wurden.

Die Anerkennung von Seltenheiten und die Zuordnung der Arten zu Status-Kategorien (A-E) in allen Ländern ME war für uns in Einzelfällen nicht ermittelbar. Die für das Kompendium übernommene Liste akzeptierter Meldungen und deren Status-Einstufung kann daher punktuell überholt sein und nicht mehr dem neuesten Stand der Einschätzung durch die zuständigen Seltenheitenkommissionen entsprechen

Die Rechtschreibung der deutschen Artnamen folgt den Regeln der Artenliste der Vögel Deutschlands [170]; hierbei werden aus bis zu drei Wörtern zusammengesetzte Namen grundsätzlich ohne Trennungsstrich geschrieben (z.B. Bindenkreuzschnabel, Alpenschneehuhn), aus vier oder mehr Wörtern bestehende immer mit Trennungsstrich (z.B. Weißbart-Seeschwalbe, Gelbbrauen-Laubsänger).

1.2 Systematik [A.J. Helbig]

Die umfangreichen neueren Erkenntnisse in der ornithologischen Systematik finden im vorliegenden Kompendium Berücksichtigung, soweit sie als hinreichend gesichert betrachtet werden können, d.h. im Normalfall von mehreren unabhängigen Untersuchungen oder von einander unabhängigen Merkmalskomplexen gestützt werden. Darüber hinaus ergeben sich Änderungen gegenüber dem »Handbuch der Vögel Mitteleuropas« auch aus einer konsequenteren Anwendung phylogenetischer Prinzipien in der Systematik. Dazu gehört z.B., dass

(1) die Abgrenzung paraphyletischer Gruppen vermieden wird, wo immer der aktuelle Kenntnisstand dies ermöglicht,
(2) monotypische Familien oder Gattungen nur anerkannt werden, wenn dafür gute Gründe vorliegen (hohe phylogenetische Eigenständigkeit), und
(3) bei der Reihenfolge der Taxa gesicherten phylogenetischen Erkenntnissen Vorrang vor dem Bestreben nach einer »stabilen« (unveränderten) Reihenfolge eingeräumt wird.

Die wesentlichen Neuerungen in der Systematik dieser Neuauflage des Kompendiums ergeben sich aus den beiden folgenden Prämissen:

1) Die **Reihenfolge und Abgrenzung der Ordnungen, Familien und Gattungen** soll den aktuellen Erkenntnisstand der phylogenetischen Verwandschaftsverhältnisse widerspiegeln. Gesicherte Schwestergruppen werden unmittelbar nacheinander aufgeführt, dabei jeweils die artenärmere zuerst. Da die Verwandtschaftsverhältnisse bisher nicht bis in alle Einzelheiten geklärt sind, ja oft gerade die Verwandtschaft größerer Gruppen untereinander unklar ist, werden diese Unsicherheiten durch entsprechende Anmerkungen im System deutlich gemacht.
2) Auf dem Artniveau wurde ein modifiziertes Biologisches **Artkonzept** [53,3561] angewendet. Nach diesem werden Formen, deren reproduktive Isolation unvollständig ist (mit mehr oder weniger verbreiteter Hybridisation in Kontaktzonen), als Semispezies und gering differenzierte, allopatrisch verbreitete Formen als Allospezies eingestuft und zu Superspezies zusammengefasst [vgl. 1623].

Die hier verwendete Systematik spiegelt den Kenntnisstand Ende 2004 wider und berücksichtigt u.a. die Ergebnisse von Sibley & Ahlquist 1990 [3564] und aller seither publizierten relevanten Untersuchungen, sowohl auf molekularen als auch auf phänotypischen Merkmalen basierenden Arbeiten.

Grundsätzlich wurden Änderungen gegenüber der Systematik von Wetmore [4078] nur dort vorgenommen, wo die Ergebnisse mehrerer unabhängiger Untersuchungen dies erfordern.

In nachfolgender Tabelle wird die traditionelle Taxonomie der Passeriformes [nach Morony et al. 1975 zit. in 1784] und die hier verwendete Taxonomie nach A.J. Helbig (auf Basis neuer Literatur) einander gegenübergestellt.

Sperlingsvögel – Passeriformes – (Familien und Überfamilien [ÜF])

Tab. 1: Taxonomische Klassifizierung der Vögel. Links nach dem bisher vorwiegend verwendeten System, rechts die neue, in dieser Auflage verwendete taxonomische Listung. Die angegebene Nummer gibt jeweils die Nummer der **früheren** taxonomischen Klassifizierung an. Durch Zahlen in Klammern sind solche Familien gekennzeichnet, die von der durch die Nummer gekennzeichneten früheren Familien abgespalten wurden.
[In Blau sind die Ordnungen gesetzt, von denen in Mitteleuropa keine Vertreter nachgewiesen sind und die deshalb allenfalls im Anhangsband behandelt werden.]

Frühere taxonomische Klassifizierung		Neue taxonomische Klassifizierung	
			Oscines (Passeres) – Singvögel
			Parvorder Corvida s. str.
			ÜF Corvoidea
1.	Alaudidae – Lerchen	18.	Vireonidae – Vireos
2.	Hirundinidae – Schwalben	24.	Oriolidae – Pirole
3.	Motacillidae – Stelzen	4.	Laniidae – Würger
4.	Laniidae – Würger	25.	Corvidae – Krähenverwandte
5.	Bombycillidae – Seidenschwänze		Parvorder Passerida
6.	Cinclidae – Wasseramseln		ÜF Paroidea
7.	Troglodytidae – Zaunkönige	12.	Remizidae – Beutelmeisen
8.	Mimidae – Spottdrosseln	13.	Paridae – Meisen
9.	Prunellidae – Braunellen		
10.	Muscicapidae – Fliegenschnäpper (mit Drosseln, Grasmücken usw.)		ÜF Sylvioidea
11.	Aegithalidae – Schwanzmeisen	1.	Alaudidae – Lerchen
12.	Remizidae – Beutelmeisen	2.	Hirundinidae – Schwalben
13.	Paridae – Meisen	(10.)	Panuridae – Bartmeisen
14.	Sittidae – Kleiber	11.	Aegithalidae – Schwanzmeisen
15.	Certhiidae – Baumläufer	(10.)	Cettiidae – Buschsänger
16.	Emberizidae – Ammern	(10.)	Phylloscopidae – Laubsänger
17.	Parulidae – Waldsänger	(10.)	Megaluridae – Grassänger
18.	Vireonidae- Vireos	(10.)	Acrocephalidae – Rohrsängerverwandte
19.	Icteridae – Stärlinge	(10.)	Cisticolidae – Halmsänger
20.	Fringillidae – Carduelidae	(10.)	Sylviidae (inkl. Timalien) – Grasmücken
21.	Estrildidae – Prachtfinken		
22.	Ploceidae – Webervögel (mit Sperlingen)		NN – incertae sedis (unsichere Zuordnung)
23.	Sturnidae – Stare	(10.)	Regulidae – Goldhähnchen
24.	Oriolidae – Pirole	5.	Bombycillidae – Seidenschwänze
25.	Corvidae – Rabenvögel		

Frühere taxonomische Klassifizierung		Neue taxonomische Klassifizierung	
			ÜF Certhioidea
		(14.)	Tichodromidae – Mauerläufer
		14.	Sittidae – Kleiber
		15.	Certhiidae – Baumläufer
		7.	Troglodytidae – Zaunkönige
			ÜF Muscicapoidea
		8.	Mimidae – Spottdrosseln
		23.	Sturnidae – Stare
		6.	Cinclidae – Wasseramseln
		(10.)	Turdidae – Drosseln
		10.	Muscicapidae – Schnäpperverwandte
			ÜF Passeroidea
		9.	Prunellidae – Braunellen
		22.	Ploceidae – Webervögel
		(22.)	Passeridae – Sperlinge
		21.	Estrildidae – Prachtfinken
		3.	Motacillidae – Stelzenverwandte
		20.	Fringillidae – Finken
		16.	Emberizidae (inkl. Parulinae, Icterinae und Cardinalinae) – Ammernverwandte

Die verwendeten deutschen Artnamen folgen den in den ornithologischen Standardwerken jüngster Zeit überwiegend gebrauchten Bezeichnungen. Ausnahmen wurden aus der überarbeiteten Artenliste der Vögel Deutschlands [180N] übernommen.

1. Veränderungen der Schreibweise nach den Regeln der neuen Rechtschreibung betreffen bei den Sperlingsvögeln nur den **Blassspötter**.
2. Neugeschaffene Artnamen auf der Basis der Aufsplitterung von Arten, neuer Informationen der Verwandtschaftsverhältnisse, Änderungen der Gattungszugehörigkeit, Abtrennung von Semi- oder Allospezies innerhalb von Superspezies (s. oben) oder Vereinfachung sehr unhandlicher Namen betreffen ferner folgende Arten:

neu	alt
Nachtigallengrasmücke	Östliche Orpheusgrasmücke
Orpheusgrasmücke	Westliche Orpheusgrasmücke
Pallasschwarzkehlchen	Sibirisches Schwarzkehlchen
Wiesenschafstelze	*Motacilla flava*
Maskenschafstelze	*Motacilla feldegg*
Wolgaschafstelze	*Motacilla lutea*
Aschkopf-Schafstelze	*Motacilla cinereocapilla*
Iberienschafstelze	*Motacilla iberiae*
Gelbkopf-Schafstelze	*Motacilla flavissima*
Thunbergschafstelze	*Motacilla thunbergi*
Zitronenzeisig	Zitronengirlitz

1.3 Literaturzitate

Die bibliographischen Angaben zu der Literatur sind in dem **dritten Band** des Werkes zusammengestellt, auf die hier im Text mit in Blau gedruckten Zahlen in eckigen Klammern verwiesen wird.

Es werden bevorzugt zusammenfassende Arbeiten wie überregionale Avifaunen, Übersichtsarbeiten und andere Sekundärliteratur zitiert und nur z.T. Primärliteratur. Letztere wurde vor allem dann verwendet, wenn zusammenfassende Arbeiten fehlen oder schon veraltet sind oder wenn konkrete Aussagen zu Einzelaspekten nur mit Originalarbeiten belegt werden konnten.

Die im Text für die Zitate angegebenen Zahlen stehen generell für die in alphabetischer Reihenfolge aufgelisteten Autorennamen; allerdings wurden aus praktischen Erwägungen einige Literaturzitate, z.B. Sammelwerke wie Avifaunen und Handbücher, die z.T. unter verschiedenen (Erst-)Autorennamen in unterschiedlichen Jahren (teilweise sogar bei verschiedenen Verlagen) veröffentlicht wurden, unter einem Gesamtzitat zusammengefasst. So haben z.B. alle Bände des Handbuches von Glutz von Blotzheim et al. die selbe Nummer [1369]; entsprechend wurde u.a. mit den Avifaunen von Schleswig-Holstein von Berndt et al. [309] oder von Niedersachsen von Heckenroth et al. [1589] verfahren, bei denen manche Einzelbände einen anderen Erstautor aufweisen können.

Zusätzlich zu den allgemein zugänglichen, veröffentlichten Literaturquellen war es aus Aktualitätsgründen z.T. unabdingbar, auch jüngste Brutbestands- oder Trendmeldungen ornithologischer Arbeitsgruppen zu berücksichtigen, die gemeinhin als »nicht zitierbar« betrachtet werden. Die jeweiligen Daten sind zwar überprüft, mögen in einzelnen Fällen aber dennoch leichte Korrekturen erfahren und sind dementsprechend kritisch zu betrachten.

In einigen Fällen wird auch auf persönliche Mitteilungen zurückgegriffen. In solchen Fällen ist der Name des Autors – ohne jeden weiteren Hinweis – neben den Literaturangaben in eckigen Klammern vermerkt.

1.4 Schema der Artabhandlungen

Bei den meisten Arten wurde nach einem einheitlichem Schema verfahren, welches dem Leser das Auffinden bestimmter Informationen erleichtern und ein schnelleres »Querlesen« ermöglichen soll.

Den wissenschaftlichen und deutschsprachigen **Artnamen** folgt die EURING-Nummer, der fünfstellige Code der europäischen Beringungszentralen für alle in der Westpaläarktis auftretenden Vogelarten (für Details s. www.euring.org).

Cecropis daurica – **Rötelschwalbe** 09950

Cecropis [daurica] daurica (Linnaeus 1771) syn.: *Hirundo daurica*

In der folgenden Zeile wird dem Artnamen – falls erforderlich – die Untergattungs- oder Superspezies-Zugehörigkeit in eckiger Klammer angefügt sowie der Beschreiber und das Beschreibungsjahr. Bei vielen Arten werden Alternativ- oder früher gebräuchliche Namen der Arten erwähnt, danach folgen die Artnamen in den drei in Mitteleuropa geläufigen Weltsprachen Englisch, Französisch und Spanisch; weitere fremdsprachliche Namen sind in dem Anhangs-Band aufgeführt.

Der erste ausführliche Abschnitt behandelt schließlich die **Taxonomie** unter Einschluss neuester Erkenntnisse und die subspezifische Differenzierung der Art mit Hinweisen auf neue Literatur.

Der Abschnitt **Kennzeichen** wurde gegenüber dem alten Kompendium erheblich eingekürzt, da wir eine ausführliche, wortreiche Beschreibung der verschiedenen Kleider von Vogelarten in Anbetracht exzellenter neuer Bestimmungsliteratur nicht mehr für nötig halten [vgl. dazu z.B. 3772,1912,221]. Bei den meisten Arten wird auf Beschreibungen vollständig verzichtet, zuweilen sind die Texte auf die notwendigsten Aussagen zu Alters- und Geschlechtsunterschieden beschränkt, immer finden sich jedoch Hinweise auf wichtige Bestimmungsliteratur. Bei den meisten Arten folgen zusätzliche Hinweise zu publizierten Farbabbildungen in wichtigen europäischen Zeitschriften, wenn diese für die Bestimmung wichtige Informationen liefern. **Fotohinweise** erfolgen vornehmlich bei weitgehend unbekannten, schwer zu bestimmenden Arten und/oder selten abgebildeten Kleidern; angegeben sind Zeitschrift, Band und Seitenzahl(en), zuweilen auch die gezeigte Form (Unterart, Hybride usw.); eventuelle Bestimmungstafeln werden mit »(z)« gekennzeichnet. Bei allen Arten, bei denen keine speziellen Hinweise auf Fotos gegeben werden, wird auf die zitierten Monografien und das Handbuch von del HOYO et al. [1784] verwiesen, in dem alle Arten entweder als Foto oder Zeichnung abgebildet sind.

Im Anschluss an den Abschnitt über die Kennzeichen folgt eine Übersicht wichtiger **Maße**. Tiefgestellte Angaben bezeichnen dabei die Anzahl der zugrunde liegenden Messungen.

Zu jeder in Mitteleuropa auftretenden Vogelart erfolgen Kurzangaben zum **Status** ihres Auftretens. Bei den Seltenheiten ist dieser Abschnitt etwas ausführlicher behandelt. Für Brutvogelarten finden sich hier Kurzangaben über den Brutstatus und das jahreszeitliche Auftreten in Mitteleuropa.

Im Abschnitt **Verbreitung und Bestand** wird das Areal der Art oder der verschiedenen Formen einer Art in Kurzfassung skizziert. Für Mitteleuropa werden neben der Beschreibung des derzeitigen Brutareals auch die Habitat- und Höheneinnischung sowie die Schwerpunkte der Verbreitung der Arten kurz beschrieben. Es folgen Angaben zu den Gesamtbeständen in Europa. Die Brutbestandsangaben entstammen der neuesten Zusammenstellung »Birds in Europe II« von BIRDLIFE INTERNATIONAL (2004) [383], zuweilen wurden die Zahlen aber durch andere Daten aus neuerer Literatur und persönlichen Mitteilungen ergänzt oder ersetzt. Für verschiedene Vogelgruppen, besonders aber für Durchzügler- und Winterbestände wurden die Angaben auch aus monographischen Werken übernommen. Die Aussagen in diesem Abschnitt werden unterstützt und ergänzt durch eine **Tabelle** mit aktuellen Bestands- und Trendangaben (über die vergangenen zwei Jahrzehnte) für alle Brutvogelarten Mitteleuropas mit Ausnahme einiger Neozoen. Für sehr häufige Arten sind die Bestandsgrößen reine Schätzwerte, die nur eine grobe Orientierung über den ungefähren Brutbestand geben können.

Der rascheren Orientierung der Angaben dienen einige Symbole und Kürzel, die nachstehend erklärt und definiert werden. Die Tabellen weisen 6 Spalten auf:

Spalte 1 Länderangabe nach den internationalen Kfz-Codes.
Spalte 2 Bestandstrend für die letzten 20 (25) Jahre; dabei bedeuten:

N	Neuansiedlung nach 1980
⇧	starke Zunahme (> 40%)
↑	Zunahme 20-40%
+/-	unverändert (stabil oder Veränderungen < 20%)
↕	stark schwankend (Veränderungen > 20%
↓	Abnahme 20-40%
⇩	starke Abnahme (> 40%)

Spalte 3 Arealveränderung für die letzten 20 (25) Jahre; dabei bedeuten

+ 2	starker Arealgewinn (> 40%)
+ 1	Arealgewinn 20-40%
=	unverändertes Areal oder Veränderungen < 20%
F	Fluktuation (stark schwankend, Veränderungen > 20%), aber langfristig stabil
- 1	Arealverlust 20-40%
- 2	starker Arealverlust (> 40%)

Spalte 4 Derzeitiger Brutbestand (meist in Brutpaaren, selten andere reproduktive Einheiten) mit Minimum- und Maximumangabe: ? = Bestandsangabe fehlt.

Spalte 5 Referenzjahr(e) für die Bestands- und Trendangaben.

Spalte 6 Quellenangabe der Bestandsangaben in eckiger Klammer: Zahlen s. Literaturliste.

Dem Abschnitt ist eine **Verbreitungskarte** zugeordnet. Diese Karten wurden aus Angaben in verschiedenen Standardwerken zusammengestellt und auf den bestmöglichen aktuellen Stand gebracht. Schon allein durch den gewählten Maßstab sowie durch die hohe Dynamik, welche die Vorkommensmuster einiger Arten aufweisen, können Verbreitungskarten jedoch immer nur ein grobes Bild der gegenwärtigen Situation zeichnen. Weiterhin variiert die Detailgenauigkeit verfügbarer Angaben von sehr hoch (in ME und W-Europa) bis sehr gering (besonders in NE-Europa). Dennoch lässt sich der generelle Charakter der Verbreitung der Art in den Karten sehr rasch erfassen. Zur Verdeutlichung haben wir folgende einheitliche Flächenfärbungen verwendet:

- dunkelblau: Brutzeit
- hellblau: Zugzeit
- grau: Winter
- blaugrau: Ganzjährig

Aus der **Überlappung** von grauer Schraffur und Dunkelblau ergibt sich das Areal, in dem eine Art ganzjährig vorkommt.
In Fällen, in denen aufgrund des Kartenmaßstabes die dunkelblaue Einfärbung z.B. kleiner Inseln nicht mehr erkennbar wäre, wurden nicht maßstabsgetreue, **schwarze Punkte** zur Kennzeichnung der Brutvorkommen verwendet.

Ausführlicher werden **Wanderungen** und Zugstrategien für die Brutvogelarten Mitteleuropas und häufige Gastvögel abgehandelt. In der Regel wird hier das Wanderverhalten, insbesondere die Zugrichtungen und -routen verschiedener Populationen beschrieben, in Kurzform auch wichtige Ringfunde und ggf. Angaben zur Ortstreue.

Der Abschnitt **Bestandsentwicklung** ist in überarbeiteter Form aus dem Buch von Bauer & Berthold (1997) überführt worden. Dabei folgt einer kurzen Übersicht historischer Trendangaben eine meist ausführliche Darstellung der Entwicklung in den letzten 30-50 Jahren, zuweilen getrennt nach verschiedenen Teilregionen Mitteleuropas oder getrennt nach Binnenland und Küstenregionen, da sich deren Entwicklungen z.T. erheblich unterscheiden.

Die Angaben zur **Siedlungsdichte** sind sehr knapp gehalten, da Erhebungen auf kleinen Flächen wenig repräsentativ sind. Eine kleine Auswahl von Bestandsaufnahmen für größere Landschaftsräume kann bei Einzelbrütern ungefähre Hinweise auf die Verteilung der Brutpopulationen in Mitteleuropa geben. Dabei wurden – wenn möglich – die zugrundeliegenden Flächengrößen sowie bei mehreren Arten Hinweise auf die Größe der Brut- oder Aufenthaltsreviere bzw. mittleren Nestabstände gegeben. Bei einigen Koloniebrütern wurde auf Angaben vollständig verzichtet.

Gefährdungsursachen und **Schutzmaßnahmen** sind z.T. gekürzte und stark überarbeitete Abschnitte aus [196]. Die einzelnen Faktoren und Maßnahmen wurden dabei in der Reihenfolge ihres Stellenwertes aufgelistet; die relevante Literatur zu beiden Abschnitten ist am Anfang des Gefährdungsabschnitts aufgeführt. Nach diesem Abschnitt zeigt eine **Tabelle** die Einstufung der Art in Rote Listen (Mitteleuropa, Europa, Welt), bei der folgende international gebräuchliche Kürzel verwendet werden:

RE	Bestand erloschen	R	auf lokale Vorkommen beschränkt
CR	vom Erlöschen bedroht	NT	auf der Vorwarnliste
EN	stark gefährdet	DD	unzureichend untersucht
VU	gefährdet		

Die Tabelle enthält ferner Angaben aus den Anhangslisten der wichtigsten Konventionen der Mitgliedstaaten sowie der Richtlinien der EU. Die Arten mit europäischer Schutzrelevanz werden nach BirdLife International in die SPEC-Kategorien 1, 2, 3 und ^{E} eingeteilt; besteht diese Relevanz nur für überwinternde Vögel, ist dies mit einem **(W)** dargestellt. Für weitere Details siehe Anhangsband und [383]

Nachfolgend werden im Abschnitt **Biotop** in Kurzform die Lebensraumansprüche der in Mitteleuropa auftretenden Populationen zur Brutzeit und für viele Arten auf dem Durchzug und im Winterquartier behandelt. Eine Quellenangabe erfolgt in diesem Abschnitt selten, da es sich fast immer um verkürzte Darstellungen aus dem Handbuch Mitteleuropas [1369] handelt, dasselbe gilt für den nachfolgenden Abschnitt.

Hinsichtlich der **Nahrung**(sansprüche) werden nur die wichtigsten Bestandteile aufgelistet, nach Möglichkeit mit einer groben quantitativen Bewertung und kurzen Hinweisen auf Fragen der Nahrungswahl (vgl. dazu auch Abschnitt Verhalten) und des Nahrungsbedarfs.

Unter dem Stichwort **Stimme** sind häufig zu hörende, markante und/oder für die Unterscheidung gegenüber anderen Arten wichtige Lautäußerungen beschrieben. Dabei bezieht sich die Terminologie [s. auch 288] im wesentlichen auf die Struktur, nicht auf die Funktion der Lautäußerung. Die Erläuterung der Lautäußerungen erfolgt anhand von beschreibenden Silben; dies ist zwar unzulänglich, doch bietet die Abb. von Sonagrammen für den Feldbeobachter und Praktiker keinen entscheidenden Fortschritt, sofern er nicht gleichzeitig entsprechende Tonquellen zur Verfügung hat.

Im Abschnitt **Verhalten** sind charakteristische Angaben und Beschreibungen knapp zusammengefasst, die sich im wesentlichen auf Aspekte beschränken, die für den Freilandbeobachter interessant oder zur Bestimmung der Art, aber auch für das Verständnis ihrer Anpassung an die Umwelt wichtig sind. Schwerpunkte bilden dabei Aktivität, Nahrungserwerb, Fortbewegung sowie Aspekte des Sozial- und Sexualverhaltens und des Paarungssystems.

Für den vielschichtigen Komplex **Fortpflanzung, Brutbiologie** kann ebenfalls keine erschöpfende Darstellung geboten werden, aber die wichtigsten Aspekte sind – soweit uns Daten vorlagen – in Kurzform abgehandelt (bei häufigen und gut bekannten Arten ausführlicher als bei seltenen oder wenig untersuchten). Bei Zahlenangaben bedeuten tiefgestellte Zahlen auch hier die Zahl der erhobenen Daten.

Es folgen Angaben zu mittleren **Eimaßen** und **-gewichten** aus verschiedenen Regionen unseres Raumes (tiefgestellte Zahlen = n).

Einen eigenen Abschnitt erhalten die bei vielen Arten nur spärlich vorhandenen Angaben zum **Alter** sowie zur **Sterblichkeit**, die oft auf Wiederfang/-fund-Daten beringter Vögel basieren (aber nur bei einigermaßen großen Stichproben wirklich zuverlässig sind).

Die angegebene mittlere **Generationslänge** wurde von IUCN definiert als Durchschnittsalter aller Individuen einer Kohorte (betrachtete Population). Da letzteres selten bekannt ist, wurde die Generationslänge von BirdLife International näherungsweise aus der Summe der mittleren Sterblichkeit der Altvögel in einer stabilen Population und dem mittleren Erstbrutalter berechnet. Lagen auch keine Daten zur mittleren Sterblichkeit der Altvögel vor, musste diese aus mittlerer Gelegegröße und Erstbrutalter grob abgeschätzt werden [vgl. 383].

Bei der Kurzbeschreibung der **Mauser** geht es nicht um eine möglichst exakte Darstellung der z.T. sehr komplizierten Vorgänge in Anpassung an besondere Umweltsituationen bei einzelnen Arten oder Populationen. Wichtiger ist vielmehr, eine bei allen Arten mehr oder weniger standardisierte Übersicht der verschiedenen Mauserstadien zu geben. Diese Übersicht umfasst i.d.R. den Zeitpunkt, die Dauer, den Umfang und den Ablauf jeder Mauser, um eine Vorstellung davon zu vermitteln, zu welchen Jahreszeiten man mit Schlichtkleidern (Ruhekleidern), Prachtkleidern oder Jugendkleidern rechnen kann.

Innerhalb der Mauser wird der Umfang des Federwechsels unterschieden; bei einer **Teilmauser** wird lediglich das Kleingefieder gewechselt (manchmal auch zusätzliche Federpartien). Die **Vollmauser** schließt dagegen alle Federpartien ein, Schwung- und Steuerfedern werden also gleichzeitig mit dem Körpergefieder oder direkt im Anschluss daran gewechselt. Nicht selten kann die Vollmauser, z.B. bei Zugvögeln, unterbrochen sein. Bei einer **Staffelmauser** beginnt der Mauserzyklus einer Federreihe, bevor der alte abgeschlossen ist.

Zur Unterscheidung der jahreszeitlichen Lage der Mauser gelten folgende Termini. Die nachbrutzeitliche Mauser vom Pracht- ins Schlichtkleid wird als **Postnuptialmauser** (früher Brutmauser) bezeichnet, eine Mauser vom Schlicht- ins Prachtkleid vor der Brutzeit dementsprechend als **Pränuptialmauser**. Ein zusätzlicher, meist weniger ausgeprägter, Mauserzyklus heißt **Supplementärmauser**. Die erste Mauser des Jungvogels vom Jugend- ins nächstfolgende Kleid wird **postjuvenile Mauser** (früher Ruhemauser) genannt.

Für sehr selten in Mitteleuropa auftretende Vogelarten (s.o.) wurde die Darstellungsform abgeändert und der Text etwa durch Weglassen einiger oder mehrerer Abschnitte erheblich verkürzt. Für die Arten der Status-Kategorie E (sicherer Gefangenschaftsflüchtling ohne Brutnachweis im mitteleuropäischen Freiland) wurde auf eine ausführliche Abhandlung der einzelnen Unterpunkte vollständig verzichtet zugunsten kurzer Angaben über das bisherige Auftreten in tabellarischer Form.

1.5 Bestandsangaben, Datengenauigkeit

Für die Beurteilung der Bestandssituation einer Brutvogelart ist die Angabe der Anzahl der Brutpaare oder entsprechender reproduktiver Einheiten wichtige Grundlage. Wir haben versucht, die jeweils verlässlichsten Daten aus jüngster Zeit zu erhalten und zu zitieren. Leider ist das vorhandene Datenmaterial sehr uneinheitlich und teilweise auch unzureichend. Es ist bei der Behandlung eines größeren geographischen Raumes unvermeidbar, dass Bestandserfassungen aus verschiedenen Zeiträumen und mit unterschiedlicher Methodik durchgeführt werden. Für viele Arten fehlen aus einem Teil der Regionen verlässliche quantitative Angaben fast völlig. Bei der Interpretation der vorliegenden Bestands-Tabellen sollte der Leser dieser Unzulänglichkeit gewahr sein.

Hinsichtlich der **Bestandsentwicklungen** ist von sehr heterogenen Angaben aus den verschiedenen Regionen Mitteleuropas auszugehen; mitunter liegen gar keine Vergleichszahlen aus früheren Jahrzehnten vor, die eine Grundlage zur Abschätzung von Bestandstrends liefern könnten. Zudem ist bei der zuweilen subjektiven Einschätzung großräumiger Bestandsveränderungen nicht auszuschließen, dass bedeutende regionale Trends nicht erkannt oder jüngere Bestandsentwicklungen gegenüber längerfristigen Trends übergewichtet werden.

1.6 Abkürzungen

Im vorliegenden Buch wird aus Gründen der Platzersparnis eine Vielzahl von Abkürzungen benutzt, die meist allgemein gebräuchlich sind und keiner weiteren Erklärung bedürfen. Aufgrund eventueller Verwechslungsmöglichkeiten werden dennoch alle an dieser Stelle noch einmal aufgeführt. Weitere Spezialabkürzungen, die nur für Tabellen und Anhänge verwendet wurden, sind jeweils an Ort und Stelle erklärt.

1.6.1. Staaten

A	Österreich	**F**	Frankreich	**MA**	Marokko
AL	Albanien	**FIN**	Finnland	**MN**	Mazedonien
AR	Armenien	**FL**	Liechtenstein	**MOL**	Moldawien
AUS	Australien	**GB**	Großbritannien	**N.**	Norwegen[2]
AZ	Aserbeidschan	**GO**	Georgien	**NL**	Niederlande
B	Belgien	**GR**	Griechenland	**NZ**	Neuseeland
BiH	Bosnien und Herzegowina	**GRÖ**	Grönland	**P**	Portugal
BG	Bulgarien	**H**	Ungarn	**PL**	Polen
BY	Weißrussland	**HR**	Kroatien	**RO**	Rumänien
CDN	Kanada	**I**	Italien	**RUS**	Russland
CH	Schweiz	**IL**	Israel	**S.**	Schweden[2]
CS	ehem. Tschechoslowakei[1]	**IRL**	Irland	**SK.**	Slowakei[3]
CZ	Tschechien	**IS**	Island	**SLO**	Slowenien
CY	Zypern	**JAP**	Japan	**SM**	Serbien/Montenegro
D	Deutschland	**JOR**	Jordanien	**SYR**	Syrien
DK	Dänemark	**KZ**	Kasachstan	**TN**	Tunesien
DZ	Algerien	**L**	Luxemburg	**TR**	Türkei
E.	Spanien[2]	**LT**	Litauen	**UA.**	Ukraine[4]
EGY	Ägypten	**LV**	Lettland	**USA**	Vereinigte Staaten v. Amerika
EST	Estland	**M**	Malta	**YU**	Jugoslawien[5]

[1] u.a. bei unklarer Datenherkunft, sonst CZ und SK.
[2] im Text Punkt beachten, sonst Verwechslungsgefahr mit Himmelsrichtung
[3] in den Verbreitungs- u. SPEC-Tabellen wird für das Länderkennzeichen Slowakei die Abkürzung SK (ohne Punkt!) verwendet, nicht zu verwechseln mit SK = Schlichtkleid.
[4] nicht verwechseln mit Unterart (UA, ohne Punkt)
[5] in Grenzen vor dem Krieg: »ehem. YU«

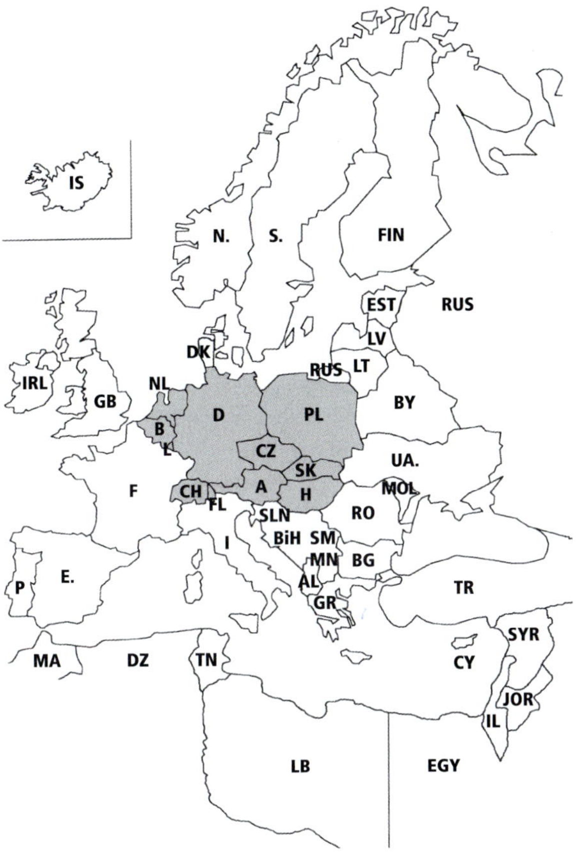

Karte von Europa mit den in dem Buch verwendeten Abkürzungen (siehe Tabelle 1.6.1.). Der in dem Werk behandelte Bereich »Mitteleuropa« ist grau gerastert.

1.6.2. L änder, Kantone etc. oder Großräume (in der Regel politische Einheiten) in Mitteleuropa

D-BB	Brandenburg	**A-B**	Burgenland	**CH-GL**	Glarus
D-BE	Berlin	**A-K**	Kärnten	**CH-GR**	Graubünden
D-BW	Baden-Württemberg	**A-Nö**	Niederösterreich	**CH-JU**	Jura
D-BY	Bayern	**A-Oö**	Oberösterreich	**CH-LU**	Luzern
D-HB	Bremen	**A-S**	Salzburg	**CH-NE**	Neuchatel
D-HE	Hessen	**A-St**	Steiermark	**CH-NW**	Nidwalden
D-HH	Hamburg	**A-T**	Tirol	**CH-OW**	Obwalden
D-MV	Mecklenburg-Vorpommern	**A-V**	Vorarlberg	**CH-SG**	St. Gallen
D-NI	Niedersachsen	**A-W**	Wien	**CH-SH**	Schaffhausen
D-NW	Nordrhein-Westfalen			**CH-SO**	Solothurn
D-RP	Rheinland-Pfalz	**CH-AG**	Aargau	**CH-SZ**	Schwyz
D-SH	Schleswig-Holstein	**CH-AI**	Appenzell Innerrhoden	**CH-TG**	Thurgau
D-SL	Saarland	**CH-AR**	Appenzell Ausserrhoden	**CH-TI**	Tessin
D-SN	Sachsen	**CH-BE**	Bern	**CH-UR**	Uri
D-ST	Sachsen-Anhalt	**CH-BL**	Basel-Landschaft	**CH-VD**	Waadt
D-TH	Thüringen	**CH-BS**	Basel-Stadt	**CH-VS**	Wallis
		CH-FR	Freiburg	**CH-ZG**	Zug
		CH-GE	Genf	**CH-ZH**	Zürich

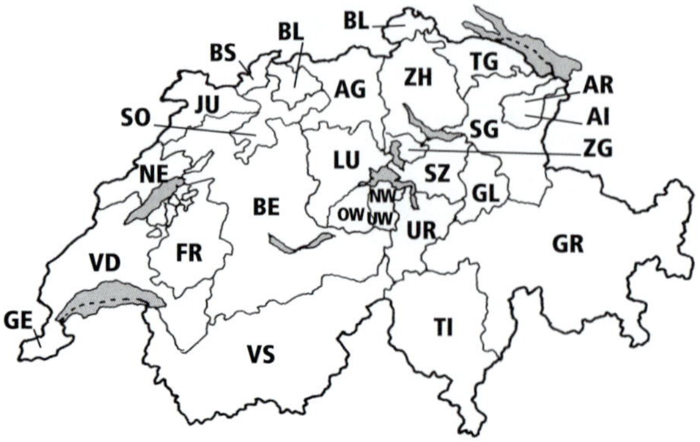

Karte der Schweiz mit den Grenzen der Kantone und den im Buch verwendeten Abkürzungen (s. Tabelle 1.6.2.).

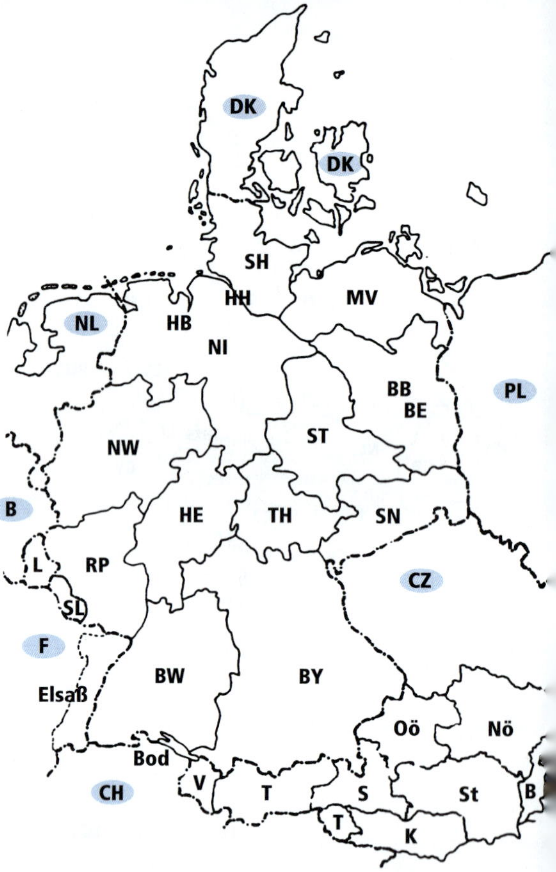

Karte von Deutschland, Österreich und angrenzenden Ländern mit den Grenzen der Bundesländer in Deutschland und Österreich sowie der Angabe der verwendeten Abkürzungen (s. Tabelle 1.6.2.).

weitere gelegentlich verwendete Kürzel:

Bod. = Bodenseegebiet mit Teilgebieten in CH (SG ,TG, SH), A (V) und D (BW, BY)
Helgol. = Helgoland
Nrh. = Niederrhein
Rhl. = Rheinland
Watt. = Wattenmeer
Westf. = Westfalen

1.6.3. Allgemeine Abkürzungen

Die Himmelsrichtungen werden auch in Kombination mit Länder- oder Staatskürzeln verwendet (»E-A« bedeutet demnach »Ost-Österreich«) oder stärker differenziert (z.B. »WSW« = Westsüdwest); ferner können Himmelsrichtungen adjektivisch gebraucht sein (z.B. »SE« = südöstlich).

a	Jahr	**bzw.**	beziehungsweise
Abb.	Abbildung(en)	**ca.**	etwa
Ad./ad.	Altvogel; adult	**cm**	Zentimeter
allj.	alljährlich	**d**	Tag(e)
Anh.	Anhang – in Tabellen	**dj., Dj.**	diesjährig; Diesjährige(r)
AS	Armschwinge(n)	**Dz.**	Durchzug, Durchzügler
Beob.	Beobachtung(en)	**E**	Osten, Ost-, östlich, auch vermischt, z.B. NE = Nordost
bes.	besonders	**einj.**	einjährig(e,er,es)
BP	Brutpaar(e)	**erg.**	ergänzt
Br.	Brutvogel, Brut- (und Pluralformen)	**erl.**	erlegt

erfolgr.	erfolgreich	**PK**	Prachtkleid
etc.	et cetera (usw. fällt wegen weniger guter internat. Verständlichkeit weg)	**regelm.**	regelmäßig
europ.	europäisch	**RL**	Rote Liste
Ex.	Exemplar (nur bei Erlegungsdaten, Totfunden oder Sammlungspräparaten)	**ruf.**	rufend(e,er,es)
Fl.	Flügel	**sec**	Sekunde
Fl.l.	Flügellänge	**S**	Süden, Süd-, südlich
Fl.spw.	Flügelspannweite	**sing.**	singend
g	Gramm	**SK**	Schlichtkleid
Gefg.	Gefangenschaft, Zoo-, Volierenhaltung	**s.o.**	siehe oben
Gefg.fl.	Gefangenschaftsflüchtling	**sog.**	sogenannte(r)
Gew.	Gewicht (Masse) – in Tabelle/Auflistg.	**SPEC**	Species of European Concern
ggf.	gegebenenfalls	**s. str.**	sensu strictu (im eigentl. Sinne)
Gr.	Größe – in Tabelle/Auflistung	**ST**	Steuerfeder
h	Stunde	**s.u.**	siehe unten
ha	Hektar	**T.**	Tausend (e)
HS	Handschwinge	**Tab.**	Tabelle
i.d.R.	in der Regel	**UA**	Unterart(en)/Subspezies
im Allg.	im Allgemeinen (auch **i.A.**)	**ü.M.**	über dem Meeresspiegel
immat.	immatur(e,es,er)	**unpubl.**	unveröffentlicht
Ind.	Individuum (-en)	**unreg.**	unregelmäßig (auch: **unregelm.**, **unr.**)
J.	Jahr(e)	**var.**	verschiedene Quellen
Jh.	Jahrhundert	**veränd.**	verändert
Juv., juv.	Jungvogel, juvenil und Pluralformen	**vgl.**	vergleiche
KJ	Kalenderjahr	**viell.**	vielleicht
km	Kilometer	**vorj.**	vorjährig(e,es,er)
km^2	Quadratkilometer	**vorm.**	vormals
m	Meter	**VSchRL**	Vogelschutzrichtlinie – in Tabellen
max.	maximal, Maximum	**W**	Westen, West-, westlich
ME	Mitteleuropa	**(z)**	Bestimmungstafel (bei Fotohinweisen)
min.	minimal, Minimum	**z.B.**	Zum Beispiel
mind.	mindestens	**z.T.**	zum Teil
Mio.	Million	**zus.**	zusammen
mm	Millimeter	**Monate**	Jan., Feb., März, Apr., Mai, Juni, Juli, Aug., Sept., Okt., Nov., Dez.
N	Norden, Nord-, nördlich	**Vogelnamen**	E. = englisch; Fr. = französisch; Sp. = spanisch
Nachw.	Nachweis(e)	**Ø**	arithmetisches Mittel
o. ä.	oder ähnlich	**> ; <**	größer/mehr als...; kleiner/weniger als...
o. g.	oben genannt		

Im alten Kompendium verwendet, im neuen nicht:

G	Gastvogel	**se.**	selten (auch in Zusammensetzungen)
h.	häufig	**si.**	singend (e) => sing.
Kr.	Kreis (Verwaltungseinheit)	**sps.**	Subspezies, Unterart => UA
min	Minute		

1.6.4. Zeitschriften (in den Abschnitten Kennzeichen und Taxonomie):

Bird. W.	Birding World (GB)
Birds	Birds (RSPB) (GB)
Brit. B.	British Birds (GB)
Dutch B.	Dutch Birding (NL)
Limic.	Limicola (D)
Nos Ois.	Nos Oiseaux (CH)
Vår Fåg.	Vår Fågelvärld (S.)
Sandgr.	Sandgrouse (Orient)

2 Taxonomie Sperlingsvögel

		Seite	Verweis
PASSERIFORMES		23	
UO SUBOSCINES		23	
TYRANNIDES			
Tyrannidae – Tyrannen (keine Nachweise in ME)			
UO OSCINES		23	
EUOSCINES			
Parvorder CORVIDA s. str.		23	
ÜF CORVOIDEA		23	
Vireonidae – Vireos		24	
Vireo [olivaceus] olivaceus	Rotaugenvireo	24	
Vireo flavifrons	Gelbkehlvireo	25	
Oriolidae – Pirole		25	
Oriolus [oriolus] oriolus	Pirol	25	
Laniidae – Würger		29	
Lanius senator	Rotkopfwürger	30	
Lanius minor	Schwarzstirnwürger	33	
Lanius [cristatus] cristatus	Braunwürger	37	
Lanius [cristatus] isabellinus	Isabellwürger	37	
Lanius [cristatus] collurio	Neuntöter	39	
Lanius [excubitor] excubitor	Raubwürger	43	
Lanius [excubitor] meridionalis	Mittelmeer-Raubwürger	47	
+ 1 Neozoon			Bd. III
Malaconotidae – Buschwürger			Bd. III
1 Neozoon			Bd. III
Corvidae – Krähenverwandte		49	
Pyrrhocorax graculus	Alpendohle	49	
Pyrrhocorax pyrrhocorax	Alpenkrähe	52	
Pica [pica] pica	Elster	55	
Garrulus glandarius	Eichelhäher	61	
Perisoreus infaustus	Unglückshäher	65	
Nucifraga caryocatactes	Tannenhäher	66	
(*Cyanopica cyana*	Blauelster)		Bd. III
Coloeus [monedula] monedula	Dohle	70	
Coloeus [monedula] dauuricus	Elsterdohle	75	
Corvus splendens	Glanzkrähe	75	
Corvus frugilegus	Saatkrähe	77	
Corvus [corone] corone	Rabenkrähe	82	
Corvus [corone] cornix	Nebelkrähe	66	

		Seite	Verweis
Corvus [corax] corax	Kolkrabe	88	
+ 1 weiteres Neozoon			Bd. III
Parvorder PASSERIDA		92	
ÜF PAROIDEA		92	
Remizidae – Beutelmeisen		92	
Remiz pendulinus	Beutelmeise	92	
Paridae – Meisen		97	
Parus [caeruleus] caeruleus	Blaumeise	98	
Parus [caeruleus] cyanus	Lasurmeise	102	
Parus [major] major	Kohlmeise	104	
Parus cristatus	Haubenmeise	108	
Parus [ater] ater	Tannenmeise	112	
Parus palustris	Sumpfmeise	115	
(Parus lugubris	Trauer-/Balkanmeise)		Bd. III
Parus [atricapillus] montanus	Weidenmeise	119	
ÜF SYLVIOIDEA		123	
Pycnonotidae – Bülbüls			Bd. III
7 Neozoenarten			Bd. III
Alaudidae – Lerchen		123	
Melanocorypha calandra	Kalanderlerche	123	
Melanocorypha bimaculata	Bergkalanderlerche	125	
Melanocorypha leucoptera	Weißflügellerche	126	
Melanocorypha yeltoniensis	Mohrenlerche	127	
Calandrella [cinerea] brachydactyla	Kurzzehenlerche	128	
Calandrella [rufescens] rufescens	Stummellerche	131	
Galerida cristata	Haubenlerche	132	
Lullula arborea	Heidelerche	135	
Alauda arvensis	Feldlerche	139	
Eremophila [alpestris] alpestris	Ohrenlerche	143	
Hirundinidae – Schwalben		145	
Riparia [riparia] riparia	Uferschwalbe	146	
Ptyonoprogne [rupestris] rupestris	Felsenschwalbe	150	
Hirundo [rustica] rustica	Rauchschwalbe	153	
Cecropis [daurica] daurica	Rötelschwalbe	157	
Delichon [urbicum] urbicum	Mehlschwalbe	159	
Panuridae – Bartmeisen		163	
Panurus biarmicus	Bartmeise	163	
Aegithalidae – Schwanzmeisen		167	
Aegithalos caudatus	Schwanzmeise	167	
Cettiidae – Buschsänger		171	
Cettia cetti	Seidensänger	171	
Phylloscopidae – Laubsänger		173	
Phylloscopus sibilatrix	Waldlaubsänger	174	

		Seite	Verweis
Sylvia undata	Provencegrasmücke	279	
Sylvia [sarda] sarda	Sardengrasmücke	281	
Sylvia cantillans	Weißbart-Grasmücke	281	
Sylvia melanocephala	Samtkopf-Grasmücke	284	
Leiothrix lutea	Sonnenvogel	286	
(Leiothrix argentauris	Silberohr-Sonnenvogel)		Bd. III
+ 5 weitere Neozoenarten			Bd. III
ÜF NN (incertae sedis)		287	
Regulidae – Goldhähnchen		287	
Regulus regulus	Wintergoldhähnchen	287	
Regulus [ignicapilla] ignicapilla	Sommergoldhähnchen	291	
Bombycillidae – Seidenschwänze		293	
Bombycilla garrulus	Seidenschwanz	294	
+ 1 Neozoon			Bd. III
ÜF CERTHIOIDEA		297	
Tichodromidae – Mauerläufer		297	
Tichodroma muraria	Mauerläufer	297	
Sittidae – Kleiber		301	
Sitta [europaea] europaea	Kleiber	301	
Certhiidae – Baumläufer		305	
Certhia familiaris	Waldbaumläufer	305	
Certhia brachydactyla	Gartenbaumläufer	308	
Troglodytidae – Zaunkönige		312	
Troglodytes troglodytes	Zaunkönig	312	
ÜF MUSCICAPOIDEA		316	
Mimidae – Spottdrosseln		316	
Mimus [polyglottos] polyglottos	Spottdrossel	316	
Dumetella carolinensis	Katzenvogel	317	
Sturnidae – Stare		317	
Sturnus [vulgaris] vulgaris	Star	318	
Sturnus roseus	Rosenstar	323	
Acridotheres tristis	Hirtenmaina	326	
Acridotheres cristatellus	Haubenmaina	327	
+ 13 Neozoenarten			Bd. III
Cinclidae – Wasseramseln		328	
Cinclus cinclus	Wasseramsel	328	
Turdidae – Drosseln		333	
Zoothera [dauma] aurea	Erddrossel	334	
Zoothera sibirica	Schieferdrossel	335	
Catharus guttatus	Einsiedlerdrossel	336	
Catharus ustulatus	Zwergdrossel	337	

		Seite	Verweis
ÜF PASSEROIDEA		440	
Chloropseidae – Blattvögel			Bd. III
2 Neozoenarten			Bd. III
Prunellidae – Braunellen		440	
Prunella collaris	Alpenbraunelle	440	
Prunella [modularis] modularis	Heckenbraunelle	443	
Prunella montanella	Bergbraunelle	447	
Prunella atrogularis	Schwarzkehlbraunelle	447	
Ploceidae – Webervögel			Bd. III
(Ploceus velatus	Maskenweber)		Bd. III
+ weitere 16 Neozoenarten			Bd. III
Passeridae – Sperlinge		448	
Passer [domesticus] domesticus	Haussperling	448	
Passer [domesticus] hispaniolensis	Weidensperling	453	
Passer [domesticus] x italiae	Italiensperling	454	
Passer montanus	Feldsperling	456	
Petronia petronia	Steinsperling	460	
Montifringilla [nivalis] nivalis	Schneesperling	462	
+ 2 Neozoenarten			Bd. III
Estrildidae – Prachtfinken			Bd. III
(Estrilda astrild	Wellenastrild)		Bd. III
+ weitere 14 Neozoenarten			Bd. III
Motacillidae – Stelzenverwandte		465	
Anthus [richardi] richardi	Spornpieper	466	
Anthus godlewskii	Steppenpieper	467	
Anthus campestris	Brachpieper	468	
Anthus hodgsoni	Waldpieper	471	
Anthus trivialis	Baumpieper	472	
Anthus gustavi	Petschorapieper	476	
Anthus pratensis	Wiesenpieper	477	
Anthus cervinus	Rotkehlpieper	481	
Anthus rubescens	Pazifikpieper (incl. UA *japonicus*)	482	
Anthus [spinoletta] spinoletta	Bergpieper	483	
Anthus [spinoletta] petrosus	Strandpieper	486	
Motacilla cinerea	Gebirgsstelze	488	
Motacilla citreola	Zitronenstelze	491	
Motacilla [flava] – Superspezies		494	
Motacilla [flava] flava (inkl. »beema«	Wiesenschafstelze	498	
Motacilla [flava] flavissima	Gelbkopf-Schafstelze	498	
Motacilla [flava] feldegg	Maskenschafstelze	499	
Motacilla [flava] cinereocapilla	Aschkopf-Schafstelze	500	
Motacilla [flava] thunbergi	Thunbergschafstelze	500	
Motacilla [flava] iberiae	Iberienschafstelze	501	
Motacilla [flava] lutea	Wolgaschafstelze	501	
Motacilla [alba] – Superspezies		502	
Motacilla [alba] alba	Bachstelze	502	
Motacilla [alba] yarrellii	Trauerbachstelze	505	

		Seite	Verweis
Fringillidae – Finken		506	
Fringilla coelebs	Buchfink	507	
Fringilla montifringilla	Bergfink	511	
Carduelinae		514	
Coccothraustes coccothraustes	Kernbeißer	515	
Pinicola enucleator	Hakengimpel	519	
Pyrrhula [pyrrhula] pyrrhula	Gimpel	520	
Bucanetes githagineus	Wüstengimpel	524	
Carpodacus erythrinus	Karmingimpel	525	
(Uragus sibiricus	Rosengimpel)		Bd. III
(Serinus pusillus	Rotstirngirlitz)		Bd. III
Serinus serinus	Girlitz	530	
(Serinus canaria	Kanarienvogel)		Bd. III
Loxia [leucoptera] bifasciata	Bindenkreuzschnabel	533	
Loxia pytyopsittacus	Kiefernkreuzschnabel	535	
Loxia curvirostra	Fichtenkreuzschnabel	537	
Carduelis chloris	Grünfink	542	
Carduelis [carduelis] carduelis	Stieglitz	546	
Carduelis [citrinella] citrinella	Zitronenzeisig	550	
Carduelis spinus	Erlenzeisig	553	
Carduelis [cannabina] cannabina	Bluthänfling	556	
Carduelis flavirostris	Berghänfling	560	
Carduelis [flammea] flammea + cabaret	Taiga- und Alpenbirkenzeisig	562	
Carduelis [flammea] hornemanni	Polarbirkenzeisig	568	
+ weitere 10 Neozoenarten			Bd. III
Emberizidae (Thraupidae) – Ammernverwandte		569	
Calcariinae – Tundraammern		569	
Calcarius lapponicus	Spornammer	569	
Calcarius [nivalis] nivalis	Schneeammer	572	
Cardinalinae – Kardinäle		574	
(Pheucticus ludovicianus	Rosenbrustkernknacker)		Bd. III
Passerina [cyanea] cyanea	Indigoammer	574	
Passerina [cyanea] amoena	Lazuliammer	575	
+ weitere 4 Neozoenarten			Bd. III
Emberizinae – Ammern		576	
Emberiza calandra	Grauammer	576	
Emberiza [citrinella] citrinella	Goldammer	580	
Emberiza [citrinella] leucocephalos	Fichtenammer	584	
Emberiza cirlus	Zaunammer	585	
(Emeriza cioides	Wiesenammer)		Bd. III
Emberiza [cia] cia	Zippammer	588	
Emberiza cineracea	Türkenammer	592	
Emberiza [hortulana] hortulana	Ortolan	592	
Emberiza [hortulana] caesia	Grauortolan	596	
Emberiza schoeniclus	Rohrammer	597	
Emberiza pusilla	Zwergammer	602	
Emberiza rustica	Waldammer	603	

		Seite	Verweis
Emberiza chrysophrys	Gelbbrauenammer	605	
Emberiza spodocephala	Maskenammer	605	
Emberiza [melanocephala] melanocephala	Kappenammer	606	
Emberiza [melanocephala] bruniceps	Braunkopfammer	607	
Emberiza aureola	Weidenammer	608	
Emberiza rutila	Rötelammer	610	
Junco hyemalis	Winterammer	610	
Zonotrichia [iliaca] iliaca	Fuchsammer	611	
Zonotrichia leucophrys	Dachsammer	612	
Zonotrichia albicollis	Weißkehlammer	612	
+ weitere 6 Neozoenarten		612	Bd. III
Parulinae – Waldsänger			
Parula [americana] americana	Meisenwaldsänger	613	
Dendroica [virens] virens	Grünwaldsänger	613	
Dendroica coronata	Kronwaldsänger	614	
Icterinae – Stärlinge		615	
Icterus [galbula] galbula	Baltimoretrupial	615	
+ weitere 4 Neozoenarten			Bd. III

3 Artabhandlungen

ORDNUNG Passeriformes – Sperlingsvögel

Die Sperlingsvögel sind mit weltweit mehr als 6.000 Arten die bei weitem artenreichste Vogelordnung. Ihre Schwestergruppe konnte bis heute nicht sicher identifiziert werden. Die interne Phylogenie der Ordnung ist dagegen durch molekulare Untersuchungen inzwischen recht detailliert bekannt [Übersicht:1048]. Basale Schwestergruppen (jeweils untereinander stehend) sind:

Acanthisittia (Neuseeland-Zaunkönige)
Eupasseres

- **Suboscines** (suboscine Sperlingsvögel)
  - Eurylaimides (Palaeotropis)
  - Tyrannides (Neue Welt)
- **Oscines** (Singvögel)
  - Menurae (Leierschwänze; AUS)
  - Euoscines (alle anderen Singvögel; weltweit)

Unterordnung Oscines (Passeres) – Singvögel

Die Trivialbezeichnung »Singvögel« steht nur für die Oscines, syn. »Passeres« [4078], »Passeri« [3564]. Dies wird in der Literatur z.T. nicht konsequent durchgehalten [z.B. 2526], was zu Verwirrung führen könnte. In Europa kommen, von transatlantischen Ausnahmegästen unter den Neuwelt-Fliegenschnäppern (Familie Tyrannidae) abgesehen, nur Sperlingsvögel aus der Unterordnung Oscines (Singvögel) vor. Alle basalen Linien innerhalb dieser Unterordnung sind heute auf den australasiatischen Raum beschränkt, wo offenbar die ursprüngliche Differenzierung der Singvögel stattfand. Erst mit der Annäherung des australischen Kontinents an Eurasien im späten Oligozän (vor ca. 24 Mio. J.) konnten die Singvögel auf die Nordkontinente »überspringen«. Hier machten im Anschluss zwei jeweils monophyletische Teilgruppen parallele Radiationen durch, nämlich die Corvoidea [»core Corvoidea« bei 158] einerseits und die Passerida (bestehend aus mehreren Überfamilien) andererseits. Alle europäischen Singvögel gehören zu diesen beiden Großgruppen. Ursprünglichere Linien der Sperlingsvögel, die es auch in Europa gab [2526,2462], sind hier ausgestorben.

Zur Altersbestimmung aller mitteleuropäischen Singvogelarten [s. 3771; für viele Arten zusätzlich mit Farbfotos: 1866].

Überfamilie Corvoidea

Aus dieser hauptsächlich paläotropisch verbreiteten Gruppe sind nur drei Familen in Europa vertreten (Oriolidae, Corvidae, Laniidae), eine weitere ist in der Neuen Welt endemisch (Vireonidae; Ausnahmegäste in Europa). Nach bisher vorliegenden molekularen Daten sind Laniidae (Würger) und Corvidae (Krähenvögel) näher verwandt [159], daher werden erstere, weil artenärmer, vor den Krähenvögeln aufgeführt. Die Würger sind nicht näher mit afrikanischen Buschwürgern (Malaconotidae) und Helmwürgern (Prionopidae) verwandt, mit denen sie früher in einer Familie vereinigt wurden; jene sind aber auch Teil der Corvoidea [159]. Nach mtDNA-Befunden gehört in die nähere Verwandtschaft der Krähen auch die bisher zu den Timaliiden gestellte Gattung *Pteruthius* [5 Arten, Indien, SE-Asien; 681], der dann wohl Familienrang zugewiesen werden müsste.

Familie Vireonidae – Vireos

Flügel mit 9 HS; gedrungener, kräftiger Schnabel, bei vielen Arten mit feinem Haken. Insektenfresser (mitunter auch Früchte).

Ca. 50 Arten, rein neuweltliche Verbreitung. Die Schwesterart der Familie ist nach übereinstimmenden Befunden aufgrund von mtDNA [683] und nuklearen DNA-Sequenzen [159] die bisher als Timaliide angesehene *Erpornis zantholeuca* (syn. *Yuhina zantholeuca*) aus SE-Asien, was einen asiatischen Ursprung der Stammart der Vireonidae nahelegt.

Drei der in Nordamerika am weitesten nördlich brütenden Arten, die entsprechend ausgeprägte Zugvögel sind, sind als seltene Ausnahmeerscheinungen in Europa nachgewiesen (außer den hier behandelten auch *V. philadelphicus*).

Vireo olivaceus – Rotaugenvireo 16330

Vireo [olivaceus] olivaceus (Linnaeus 1766)

GB Red-eyed Vireo **F Viréo aux yeux rouges** **E Chivi Ojirrojo**

Taxonomie. Zwei UA in N-Amerika (darunter Nominatform), ca. 10 weitere UA in Mittel- und S-Amerika. Bildet Superspezies mit mittelamerikanischem *V. flavoviridis*.

Kennzeichen. [767,1369,3772,3615,1784,221].

Maße. Gr.: 12.5 cm. Gew.: (USA, Herbst) ad. ♂ 15.5-21.8 g, $\varnothing_{20}$ 19.4 g, juv. ♂ 16.8-24.7 g, $\varnothing_{36}$ 19.5 g, ad. ♀ 15.7-21.9 g, $\varnothing_{28}$ 18.8 g, juv. ♀ 15.9-24.6 g, $\varnothing_{32}$ 19.2 g. Fl.spw.: 23-25 cm. Fl.l.: ♂ 80-84 mm, $\varnothing_{26}$ 82.0 mm, ♀ 77-81 mm, $\varnothing_{18}$ 78.6 mm [1369,3615,3566].

Status. In Europa *olivaceus* seltener Gastvogel, doch zumindest in GB/IRL (1951 erstmals) ab 1970er J. allj. nachgewiesen und häufigste nearktische Singvogelart überhaupt, bis 1995 allein 89 mal in GB und 19 mal bis 1993 in IRL mit 14, 12 bzw. 10 Ind. in den Jahren 1985, 1988, 1990 und 1995 [1369]; sonst deutlich seltener festgestellt, z.B. in GRÖ 2 mal, IS mind. 7 mal bis 1996, F 5 mal (immer Ouessant im Okt.), M Okt. 1983 sowie in MA (Okt. 1968) [1369,277], ferner in E. [3615].

In ME Ausnahmegast mit wenigen Nachw., darunter in • **NL:** 1 Totfund sowie 1 Fängl. Okt. 1985, ♂ gefang. Sept. 1991, diesj. Fängl. Okt. 1991, Okt. 1996, Fängl. Okt. 2001, Fängl. Okt. 2003 [277,q16,2065]. • **B:** Okt. 1995 [277,1677]. • **D:** Helgol. diesj. Fängl. Okt. 1957 [1369]. • **PL:** diesj. Fängl. Okt. 2000 [q13,3871].

Verbreitung und Bestand. Nearktisch und neotropisch verbreiteter Brutvogel von borealer, nemoraler und subtropischer Zone N-Amerikas bis zentrales S-Amerika (mehrere UA), dazwischen aber mit nahe verwandtem Vertreter besetzte Lücke von MEX bis Costa Rica. Eine der häufigsten Waldvogelarten N-Amerikas, aber Bestand etwa seit 1950 rückläufig [1369].

Stimme. Typischer Ruf zwei- bis dreisilbig »tschiwit«. Gesang aus Folge von kurzen Strophen, zwitschernd »tschiwiwi, tschirrtschirr..« o.ä.

Biotop. Br. der borealen, temperaten und subtropischen Waldgebiete der Nearktis. Eine der häufigsten Vogelarten in bewaldeten oder baumbestandenen Gebieten.

Wanderungen. Zugvogel; überwintert in N-Hälfte S-Amerikas. Nachw. in Europa Mitte Sept.–Okt.

Alter. Ältester Ringvogel (USA) 10 J.

Mauser. **Postjuvenile Mauser** (Teilmauser) Juli–Sept./Okt. im Brutgebiet; Kleingefieder [767,1369,3882]. • **Postnuptialmauser** (Vollmauser) ab Juli; Großgefiedermauser während Wegzug unterbrochen und im Winterquartier (ab Jan.) beendet. Unklar, ob erneute Mauser von Kleingefieder und Schirmfedern, Feb.–April [767,1369,3882,2724].

Vireo flavifrons – Gelbkehlvireo 16280

Vireo flavifrons (Vieillot 1808)

(GB) **Yellow-throated Vireo** (F) **Viréo à gorge jaune** (E) **Vireo de Garganta Amarilla**

Taxonomie. Monotypisch.

Kennzeichen. [767,221,3615; Bestimmung und **Fotos** in 2638, Bird. W. **3**, 308-309, **5**, 309 (z), 311].

Maße. Gr.: 12 cm. Gew.: 15.0-19.2 g, Ø$_{10}$ 17.3 g. Fl.spw.: 22-24.5 cm. Fl.l.: ♂ 76-82 mm, Ø$_{16}$ 78.3 mm, ♀ 73-79 mm, Ø$_{10}$ 76.2 mm [3615,221,3567].

Status. In Europa Ausnahmegast, bisher nur festgestellt in GB (Cornwall) Sept. 1990 [767] sowie in ME in • **D:** Helgol. Sep. 1998 [q3].

Verbreitung. Brutvogel der Nearktis von S-Manitoba und Minnesota nach E bis Maine und nach S bis Texas und Zentral-Florida [767].

Biotop. Br. temperater Tieflandwälder der Nearktis.

Familie Oriolidae – Pirole

Amsel- bis dohlengroße, farbenprächtige Baumbewohner; meist überwiegend in Baumkrone. Früchte- und Insektenfresser (auch haarige Raupen).

Die Familie ist rein altweltlich verbreitet und umfasst zwei Gattungen mit ca. 27 (*Oriolus*, mit mehreren Superspezies) bzw. 2-4 (*Sphecotheres*) Arten.

Oriolus oriolus – Pirol 15080

Oriolus [oriolus] oriolus (Linnaeus 1758)

(GB) **(Eurasian) Golden Oriole** (F) **Loriot d'Europe** (E) **Oropéndola**

Taxonomie. Zwei strukturell und im Gefieder recht deutlich differenzierte UA [vgl. 767]: *oriolus* (Linnaeus 1758) (N- und W-Eurasien, NW-Afrika) und *kundoo* Sykes 1832 (S Zentralasien, N-Indien). Bildet Superspezies mit afrikanischem *O. auratus*.

Kennzeichen. Geschlechtsdimorph; aber alte ♀ können z.T. mehr Gelb im Gefieder aufweisen als dreijährige ♂, daher Verwechslungsgefahr groß [4031; Bestimmung allg. 1369,3615,221,1784,3772; weitere **Fotos** in Bird. W. **7**, 187-190].

Maße. Gr.: 24 cm. Gew.: (CZ,SK.) ♂ 50-86.5 g, Ø$_{41}$ 66.8 g (bzw. BY 66-84 g), ♀ 50.5-85 g, Ø$_{10}$ 71.8 g (bzw. BY 66-77 g). Fl.spw.: 44-47 cm. Fl.l.: (ME) ♂ 147-156 mm, Ø$_{14}$ 152.3 mm, ♀ 147-152 mm, Ø$_{11}$ 150.6 mm, (CZ,SK.) ♂ 147-160 mm, Ø$_{45}$ 152.2 mm, ♀ 140-153 mm, Ø$_{21}$ 147.9 mm [1369,3615].

Status. In Mitteleuropa lückenhaft verbreiteter, nirgends sehr häufiger Brut- und Sommervogel.

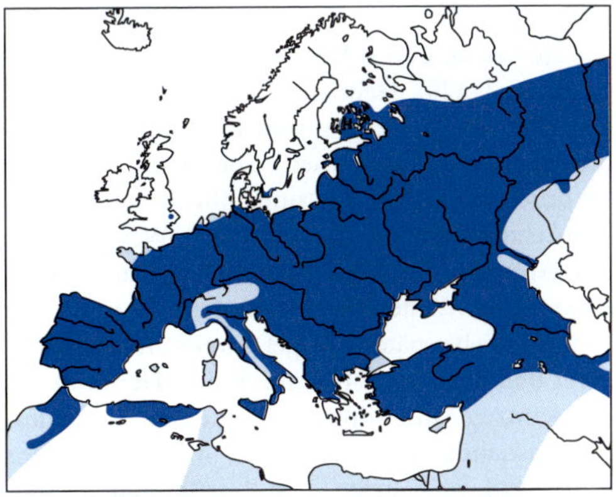

Oriolus oriolus – **Pirol**

Regelmäßiger, wenig häufiger Durchzügler und Gastvogel.

Verbreitung und Bestand. Brutvogel der W- und Zentralpaläarktis vom S der borealen bis zur mediterranen und Steppenzone, in W-Orientalis bis Savannen- und wintertrockener Tropenzone sowie in immerfeuchten Tropen; Areal von NW-Afrika und P/E. bis etwa 100° E in S-Sibirien und einschließlich Vorderindien bis Bangla Desh. Grenzen im W des Areals: MA, DZ, TN (mind. Brutverdacht), S-Grenze sonst Balearen, Korsika, Sizilien, Mittel-GR, Anatolien, CY, N-SYR (hat in IL gebrütet), NW-Iran bis Elburs; im N bis N-F, S-GB, DK, S-S. und nördlichste Vorkommen FIN bis etwa 62–63° N, RUS bis 60° N, als Arealgrenze gilt oft 17° -Juli-Isotherme. In ME Nominatform verbreiteter Brutvogel des Tieflandes in großflächig geringer Dichte und größeren Verbreitungslücken in Mittelgebirgen; fehlt weitgehend in Alpen. Höhengrenzen des zusammenhängend besiedelten Areals 400–600 m, höchster Brutnachweis CH 1160 m, D-BW 730 m, CS 700 m, in S-Europa max. bis > 1500 m ü.M. Europäischer Brutbestand bei 3.4-7.1 Mio. BP, mit Schwerpunkten im kontinentaleren E-Europa (jew. > 100.000 BP in BG, H, RO, UA., RUS, BY, auch PL, sowie in E., F und TR; in ME brüten max. 330.000-520.000 BP [nach 383].

Wanderungen [u.a. 2689,211]. Langstreckenzieher. Zwei separate Wintergebiete, eines N des Regenwaldes in Kamerun und Zentralafrikan. Republik, das andere S 5° S bis Kapland. Bisher keine verlässlichen Winternachw. in W-Afrika. Br. ME Hauptwegzugrichtung SE, ein Einzelfall von S-F nach E belegt; Zugkonzentration im Herbst daher in E-Hälfte des Mittelmeers; W Linie I-TN wenig Herbstzugbeob.; über Straße von Gibraltar geringer Herbstzug und offenbar nur Abzug der iberischen Br. [1120]. Heimzug über Mittelmeer im Ø 8° weiter W als Wegzug (individuell 12° Längenunterschiede nachgewiesen), sodass z.B. Wegzügler durch EGY über TN und Libyen heimziehen, also Schleifenzug im Uhrzeigersinn. Wegzug Ende Juli–Anf. Aug. bis Mitte Sept. (letzte Daten Okt.). Ankunft im Wintergebiet spätestens Dez., Beginn Heimzug Feb.; späteste Vögel jeweils entlang Rotes Meer und über Arab. Halbinsel (also Herkunft aus E). Heimzug Anf.–Mitte April Mittelmeer, Ankunft ME ausnahmsweise vor Mitte, meist frühestens Ende April, langjährige Ø i.d.R. frühestens 1. Maidekade, gegen NE zu bis letzte Maidekade; max. Dz. bis Mitte Mai, aber noch ganzen Mai hindurch; herumstreifende Vorj. auch im Juni mitunter weitab von Brutplätzen, Auftauchen N des Areals z.T. als Folge von Zugprolongation. Auf dem Wegzug gute Belege (Fang, Beob.) für unterschiedliches Zugverhalten von ♂ und ♀/Juv. (auf Heimzug weniger deutlich); Geburtsorts- und Brutortstreue in Einzelfällen belegt.

Bestandsentwicklung. Kurzfristige lokale und regionale Schwankungen aufgrund von Witterungseinflüssen (geringe Nachwuchsrate); in Probefläche D-BY bis 400%, aber kein großräumiger Trend über längere Zeiträume erkennbar [1369; auch 1097].
Langfristig in Europa meist klimabedingte Vorstöße und Arealverluste; GB und Fennoskandien seit 19. Jh. z.T. mehrfach kurzzeitig besiedelt, doch erst seit Mitte 20. Jh. Stabilisierung und anschließend starke Arealausweitung vor allem in S. und FIN; kleine, weitgehend stabile Populationen inzwischen auch in DK und GB [1097,340,794, 1369,1585].
In ME seit 19. Jh. dagegen in Folge von Habitatzerstörung oder -beeinträchtigungen sowie »Atlantisierung« des Klimas zur Brutzeit auffällige Bestands- und Arealverluste [1097,1369,1722], seit 1970er J. in NW-ME, generell auf intensiv genutzten Flächen sowie in höheren Lagen ME besonders deutlich [340,1369; B, FL, A-V, -T, CH Mittelland, (N-)D: 1040,1997,2238,1998,843,4043,196,1137,1617, 2623,1722,1369,2068,3638]. In verschiedenen Regionen NL sehr unterschiedliche Trends von positiv bis negativ, dabei Gesamtentwicklung wegen Abnahmen in wichtigsten Populationen negativ, bes. stark in 1990er J. [859,2889,375,3638]; in D nach jüngsten Angaben in fast allen Ländern z.T. drastische Abnahmen und Aufnahme in Vorwarnliste [204]; Abnahmen inzwischen auch in FIN, EST und UA. [1585].

	Best.	Areal	Brutbestand	Jahr	Quelle
A	+/-	=	6.000–12.000	1998–2000	[383]
B	↓	- 1	1.600–3.800	1995–2002	[383]
CH	+/-	=	1.000–2.000	1993–1996	[383]
CZ	+/-	=	8.000–16.000	2000–2002	[383]
D	↓	- 1	40.000–90.000*	1995–1999	[383]
FL	+/-	=	8–12	1998–2000	[383]
H	+/-	=	190.000–240.000	1999–2002	[383]
L	+/-	=	100–150	2001	[383]
NL	↓	=	4.000–5.000	1998–2000	[383]
PL	↑	+ 1	80.000–150.000	2000–2002	[383]
SK	+/-	=	7.000–15.000	1990–1999	[383]

*eher 40.000-60.000 BP [nach R. Wassmann]

Gebietsweise Bestände seit 1970er J. jedoch auch weitgehend unverändert [1097,1141,55,1302,1369, 1587,2031,196,3393,3392], regional sogar Zunahmen, z.B. in Folge von Aufforstungen, Ausbreitung von Pappelpflanzungen oder in neugewonnenen Landflächen.

Siedlungsdichte. Reviergrößen 4–50 ha, N-D $\varnothing_{118}$ 17 ha; große Reviere oft mit baumlosem Anteil und in weiterer Nestentfernung keine strikte Verteidigung. Größe des Aktionsraumes schwankt sehr stark [212] Höchstdichten ME auf Flächen von 20–49 ha 3.5–2.0–1.2 (Ø 2.0), von 50-99 ha 2.4–1.9–0.5 (Ø 1.1), von > 100 ha 1.9–0.5–0.2 (Ø 0.7) Rev./10 ha. Großflächendichte (> 100 km^2) zw. 0.01–0.9 Rev./km^2 [vgl. Tab. 56 in 337; auch 1137,1722,1,310]; Teilgebiete mit Optimallebensräumen mit max. 5.7-12 Rev./km^2 (NL) [375,1507] oder auch kolonieartige Ansiedlungen (dann höherer Bruterfolg!) [1097,212].

Gefährdungsursachen [1097,340,859,1302,1369, 1719,196,4175]. Verlust oder starke Beeinträchtigung des Lebensraumes durch (1) Habitatzerstörung (Trockenlegung oder Vernichtung von Auwäldern, Entfernung von Altholzbeständen, Verinselung geeigneter Lebensräume), (2) Schadstoffimmissionen (Auflichtung des Kronenbereiches, schwächere Laubentwicklung), (3) Einsatz von Bioziden, dabei stärkste Verringerung des Nahrungsangebotes (für Aufzucht) in Streuobstanlagen, Pappelalleen, Parks und Waldrandgebieten.
Auf Zug sowie in Überwinterungsgebieten direkte Verfolgung (Fang bzw. Verfolgung als vermeintlicher »Schadvogel« an Kulturen), Rodung tropischer Wälder, verstärkter Biozideinsatz und möglicherweise ebenfalls klimatische Faktoren (Trockenheit in S-Afrika).
Kollisionen mit Fahrzeugen, Glasscheiben und Leitungsdrähten.
Natürliche Ursachen: Klimafaktoren wohl für viele Ausbreitungs- und Rückzugsvorgänge verantwortlich, dabei neben Einwirkung großräumiger Klimaveränderungen auch Witterungseinflüsse auf kleiner Ebene wichtig, u.a. nasskalte Frühsommer oder direkte Verluste durch Unwetter wie Hagelschlag und Windbruch; andere Faktoren, wie Entlaubung durch Insektenkalamitäten sowie Nestlingsverluste und Jugendsterblichkeit durch Prädation dagegen untergeordnet.

SPEC	VSchRL	Bern.Konv.	Bonn.Konv.
--	--	Anh. II	--
Europ. RL	**RL in ME**		
--	FL:'EN', B, NL:'VU', D: 'NT'		

Schutzmaßnahmen. Erhaltung und Schutz geeigneter Habitate wie Auwälder, alte Obstgärten, Feldgehölze, Pappelalleen etc.; Verlängerung der Umtriebszeiten in Wirtschaftswäldern, Förderung strukturreicherer Kulturlandschaften, Auflockerung monotoner Wälder (Verlängerung der Randlinien); erhebliche Reduktion des Biozideinsatzes, Förderung standortgerechter Waldgesellschaften. Schutzmaßnahmen in Durchzugs- und Überwinterungsgebieten.

Biotop. Br. in lichten, vorzugsweise feuchten und doch sonnigen Laubwäldern, Auwäldern, feuchten Wäldern in Wassernähe, Feldgehölzen, Alleen, alten Hochstammobstanlagen sowie Parkanlagen und Gärten (auch in lockeren Siedlungen) mit hohen Bäumen, bes. Eichen, Buchen, Eschen, Pappeln, Weiden und Birken, mitunter auch in Mischwäldern, reinen Kiefern- und sogar Fichtenwäldern. In größeren geschlossenen Beständen werden Randlagen bevorzugt. Auf dem Zug in unterschiedlichen Habitaten, die ausreichend Deckung und Nahrung bieten.

Nahrung. Hauptsächlich Insekten und deren Larven (vor allem Raupen, auch behaarte); im Sommer fleischige Früchte und Beeren (Kirschen werden auch an Junge verfüttert), auch auf dem Wegzug in S-Europa ausgesprochener Früchtefresser (z.B. Feigen, Oliven, Weintrauben, Maulbeeren).

Stimme. Das bekannte »düdlio« oder »dülioliu« (auch leiser und etwas höher vom ♀; meist bis Juni, auch im Herbst zu hören) dient der Reviermarkierung und in Abwandlung der Kommunikation zwischen den Partnern. Jedes ♂ singt zahlreiche dieser Flötenstrophen (bis ca. 50), ♀ haben ein kleineres Repertoire, klanglich vom ♂-Gesang unterscheidbar [213,4031]. Individuelle Gesangsmerkmale sowie Dialektbildung auf Repertoireebene, (die Anzahl gemeinsamer Strophentypen im Repertoire nimmt mit der Entfernung ab). Differenzierte soziale und räumliche Repertoirenutzung gegenüber Nachbarn und Partnern [213]. Daneben verhaltener, schwätzender, an Wacholderdrossel erinnernder »Plaudergesang«, der nicht weit zu hören ist. Bei Störung bzw. Erregung heiser »wiächt« oder »chräi«, bei Angriff hohes »gickgickgick« (ähnlich Wendehals oder Turmfalke); flügge Junge rufen abfallend »gü gü gü...«. Im Flug (auch auf dem Zug) spechtartig scharf meist zweisilbig »jick-jick«. Singt auch im Winterquartier, verteidigt aber keine Territorien.

Verhalten [212,4030,4031,1369, u.a.]. Tagaktiv (Aktivitätsgipfel am frühen Morgen); im Herbst offenbar vorwiegend Nachtzieher, im Frühjahr mind. häufig auch Tagzug. Hüpfklettern mit und ohne Flügeleinsatz; über kurze Strecken auch Vertikalklettern; Fortbewegung am Boden mit Sprüngen. Flug schnell und wellenförmig. Kurze Strecken zwischen Bäumen werden in bogenförmiger Bahn überwunden mit Landung nach der Aufschwungphase. Nahrungssuche im Kronenbereich der Bäume, Stöbern und Ablesen, auch nach Abkippen über den Sitzast vor- oder rückwärts, aber auch im Rüttelflug von Blättern oder Fang zwischen Ästen. Bei besonderem Angebot auch Nahrungssuche in der Krautschicht oder auf dem Boden. In Einzelfällen Suche im Radius von > 2.5 km vom Nest (in nahrungsreichen Baumgruppen). Größere oder kompakte Beutestücke werden durch Klopfen bearbeitet; von Kirschen wird nur das Fruchtfleisch aufgenommen. Trinken durch Saugen mit geschlossenem Schnabel. Zur Brutzeit territorial; oft nur im näheren Nestbereich (2–10 m ums Nest), am intensivsten während der Legephase (Vaterschaftssicherung). Zu Beginn der Revierbesetzung mitunter weite Verfolgungsjagden der ♂. Selten sind neben dem Paar 1-3 weitere Ind. an der Jungenaufzucht beteiligt [1097,212]. Subadulte Nichtbrüter (oft in Gruppen) häufig am Rand von Territorien. ♂ balzen mithilfe bogenförmiger Imponierflüge. Mehrere ♂ balzen oft gleichzeitig um ein ♀. Kopulationen relativ häufig und über ganzen Tag verteilt. Auch außerhalb der Brutzeit Einzelgänger und bei ♂ territoriales Verhalten beob.; auf dem Zug aber oft lockere Rastplatzvergesellschaftungen und kleine Trupps gemeinsam fliegend.

Fortpflanzung, Brutbiologie [337,1369,767,1, 1551,3904,4031]. Geschlechtsreife wohl oft im 2. Lebensjahr, Bruten aber oft erst im 3. Jahr. Einj. ♂ Ende Mai/Juni schon mit voll ausgebildeten, aber kleineren Gonaden als ad. ♂. Monogame Saisonehe, Paarbindung endet mit Selbständigwerden der Juv.; trotz Reviertreue Wiederverpaarungen nicht belegt; Helfer offenbar vor allem in waldarmen Gebieten nicht selten. **Ankunft am Brutplatz.** Revierbesetzung meist unmittelbar nach Ankunft im Mai; ad. ♂ zuerst, 4-8 d später die ♀, einj. Ind. zuletzt. Paarbildung am Brutplatz. **Nest.** Nistplatzwahl durch ♀. Nest meist hoch in Laubbäumen, 3- >20 m Bodenhöhe (in Ausnahmefällen auch < 2 m, z.B. in Gärten und Obstanlagen; Ø Oberlausitz_{67} 5 m, PL_{52} 6-7 m), in W- und ME am häufigsten auf Eichen, Pappeln, Erlen (aber große Variabilität), seltener auch in Kiefern und anderen Nadelbäumen; z.B. Rhl. von 80 Nestern 4 Eiche, 21 Pappel, 12 Birke, 9 Weide, 5 Rotbuche, je 2 Apfel, Birne, Erle, Rosskastanie, 1 Kiefer, in D-BB bei 180 Nestern 20% Hybridpappel, 19% Birke, 18% Eiche und je 16% Erle und Kiefer. Nest aus Grasblättern und -halmen sowie Rindenstreifen mit feinerem Pflanzenmaterial eingeflochten, hängt meist an den äußersten Zweigen eines Baumes in einer Astgabel oder zwischen parallelen Ästen; Muldendurchmesser 70-130 mm, -tiefe 30-90 mm. Nestbau ausschließlich durch ♀. Eingespeichelte Baststreifen werden zunächst um Ast gewickelt und dann relativ straff gespannt auf der Gegenseite verankert, die gespannten Fäden anschließend mit Bauch, Brust und Flügelbug in die Körbchenform gedrückt; Dauer insgesamt 6-12 d. Vorjahrsnester zuweilen als Materialquelle genutzt, ausnahmsweise ausgebessert und wiederverwendet. **Legebeginn.** In ME frühestens 1., zuweilen 2., meist aber letzte Maidekade und Juni (und Nestlinge Mitte Juli), in Extremfällen Anf. Aug. **Gelegegröße.** 2-5 (6), meist 3-4, bei Ersatz- und späten Erstgelegen meist nur 3; z.B. ME_{274} 3.7, Rhl._{43} 3.8, CS_{30} 3.8, CH_{12} 4.0, D-BW_{106} 3.6, D_{60} zu 90% 4 Eier. Legeintervall 1 d. **Eier.** Länglichoval, mattglänzend, weiß bis hell creme- oder rosaweiß, spärliche kleine, runde graubraune bis schwarze Flecken. **Brutdauer.** 15-18, Ø 17 d für einzelne Eier, 19 d für Gelege. Brutbeginn ab 2. Ei; beide Partner brüten, ♀ mehr. Juv. schlüpfen innerhalb 12-60 h. **Nestlings-/Führungszeit.** Beide Partner füttern, Huderzeit intensiv bis 5 d (♀); Juv. verlassen Nest noch nicht voll flugfähig und oft in unterschiedlichem Entwicklungszustand nach 14-17 (13-20 d); sie klettern in den Bäumen oder kommen auf Boden herunter. Zusammenhalt der Familien offenbar unterschiedlich lang (wohl max. 2-3 Wochen in Brutplatznähe); wahrscheinl. nicht selten Zug im Familienverband. **Jahresbruten.** 1. Ersatzgelege bei frühen Gelegen, bei Julibruten aber ausgeschlossen. **Ende der Brutperiode.** Meist Ende Juni/Anf. Juli, bei späten Bruten bis Aug. **Bruterfolg.** Schlüpfrate in ME etwa 88% (n=326); aus 54 Nestern in D ergaben 94% der Eier flügge Junge; in D-SL bei 14 Bruten 2.9 flügge Juv., in -BB Brutgröße $Ø_{95}$ 3.0 Juv./erfolgr. Brut und Reproduktionsrate $Ø_{167}$ 1.73 flügge Juv./begonnene Brut, dabei von 167 Bruten 72 (43%) gescheitert; in W-RUS 49 Eier in 14 Nestern 90% geschlüpft und 71% ausgeflogen, Ausfliegerate in D-BW_{101} 78.8%; bei feuchtkalter Witterung sehr hohe Verluste oder gar kein Brutversuch. Sonst vor allem Prädation durch Corviden (und Eichhörnchen), aber aggressive Nestverteidigung.

Eimaße und -gewichte [1369]: L. 26.6-36.0 mm, B. 19.9-23.3 mm; Ø 30.0 x 21.4 mm (n=148, B), 30.5 x 21.3 mm (n=108, CS). Frischvollgew. 6.41-8.51 g, Ø$_{19}$ 7.16 g bzw. 5.91-8.12 g, Ø$_{35}$ 6.8 g. Schalengew. 0.333-0.520 g; Ø$_{87}$ 0.397 g.

Sterblichkeit, Alter. Ältester Ringvogel über 14 J. 10 Monate. **Generationslänge:** < 3.3 J. [383].

Mauser. Postjuvenile Mauser (Teilmauser) setzt oft kurz nach Ausfliegen ein, Juni–Aug. [767,1369]; einschließlich meist 1–3 Mittleren und Großen Armdecken, selten einzelnen Schirmfedern [767,1369,1866]; Dauer 6–8 Wochen. • **Postnuptialmauser** (Teilmauser) Ende Juni/Juli–Aug./Anf. Sept.; selten bei Wegzug unterbrochen und vermutlich erst im Winterquartier beendet [767,1369]; Körpergefieder, Teile der Flügeldecken, selten einige Schirm-, Steuerfedern und innere AS sowie ausnahmsweise HS, Umfang aber variabel [767,1369,3771,1866]. • **Pränuptialmauser** (Voll- oder Teilmauser) Ende Nov./Dez.–Mitte Feb./Anf. April; Dauer der Großgefiedermauser ca. 60–70 d [767,1356]; bei den meisten Einj. und einigen Ad. bleibt variable Anzahl von AS stehen [767,1369,3771,1866].

Familie Laniidae – Würger

Lerchen- bis dohlengroße, kräftige Singvögel mit Hakenschnabel. Ansitzjäger; Beutetiere (bis eigene Größe) werden z.T. auf Dornen etc. aufgespießt (Vorratskammer). Füße und Beine stark, scharfe Klauen zum Festhalten der Beute. Geschlechter oft gleich, aber auch deutliche Gefiederunterschiede möglich (z.B. Neuntöter). Monographien [2272,1550].

Drei Gattungen, ca. 31 Arten, davon mind. 27 in der Gattung *Lanius*. Verbreitung primär Afrika und Eurasien, zwei *Lanius*-Arten in Nordamerika. Basale Linien (Gattungen *Eurocephalus* und *Corvinella* mit jew. 2 Arten) sind in Afrika endemisch, wo demnach der Ursprung der Familie zu suchen ist. Zur Phylogenie der Gattung *Lanius* liegen bisher nur wenige molekulare Befunde vor [2728N], daher Reihenfolge der Arten vorläufig.

Lanius [cristatus] – Superspezies

Die Braunwürger-Superspezies (inkl. Neuntöter) besteht aus mindestens drei Allospezies, von denen zwei ihrerseits deutlich in zwei (*isabellinus, phoenicuroides*) bzw. drei Formen (*cristatus, superciliosus, lucionensis*) differenziert sind, die jeweils dem Allospeziesstatus zumindest nahe kommen [Übersicht: 4172]. Hybridisation kommt in allen Kontaktzonen innerhalb der Superspezies vor, bes. ausgeprägt in *collurio/phoenicuroides*-Hybridzone in E-KZ [2924]. Zwar nur wenige Hybriden zwischen *cristatus* und angrenzenden Taxa *collurio* und *isabellinus* beschrieben [2924,4172], allerdings Untersuchungsintensität in entsprechenden Kontaktzonen gering und Erkennen juveniler Hybriden schwierig. Bestimmung [2272,4172].

Lanius [excubitor] – Superspezies

Die Superspezies umfasst mindestens vier jeweils polytypische Allospezies: *excubitor, meridionalis, sphenocercus, ludovicianus* [2924]. Nordamerikanischer *L. ludovicianus* ist hinsichtlich seiner mtDNA mit dortigen Formen des Raubwürgers (*borealis, invictus*) nächstverwandt [2728N], ein weiteres Beispiel für »mitochondriale Paraphylie« (vgl. Elster, Kolkrabe, Schafstelze). Bisher ungeklärt, ob dies die phylogenetischen Beziehungen korrekt widerspiegelt oder auf »mitochondriales Replacement« [vgl. 1636] der ursprünglichen *ludovicianus*-Haplotypen infolge früherer Hybridisation mit *borealis* zurückgeht.

L. m. meridionalis und *L. e. excubitor* kommen in S-F beinahe in Kontakt [1831], in der Kontaktzone zwischen *L. m. pallidirostris* und *L. excubitor homeyeri/mollis* in Innerasien brüten beide Arten lokal sympatrisch (aber weitgehend altitudinal getrennt) [2924].

Zur Unterscheidung der Allospezies [u.a. 707,3811,731].

Lanius senator – Rotkopfwürger 15230

Lanius senator Linnaeus 1758

GB Woodchat Shrike **F Pie-grièche à tête rousse** **E Alcaudón Común**

Taxonomie. Drei recht deutlich differenzierte UA: *senator* Linnaeus 1758 (inkl. »*rutilans*«; Europa, NW-Afrika), *badius* Hartlaub 1854 (Balearen, zentrales N-Afrika) und *niloticus* (Bonaparte 1853) (Naher Osten).

Kennzeichen. Die balearische UA *badius* hat unabhängig von Alter und Geschlecht nur sehr wenig Weiß an der Basis der HS [3605; Bestimmung allg.: 1369,3615,3772,221; **Fotos** in Bird. W. **10**, 129, Limic. **8**, 325, **11**, 195, **14**, 204, **16**, 249, **17**, 160, Dutch B. **22**, 310, **23**, 341, (*badius*):742, Bird. W. **10**, 153, **15**, 294, Dutch B. **19**, 65].

Maße. Gr.: 18 cm. Gew.: (D-BW) ♂ 28-45 g, $\varnothing_{49}$ 34.6 g, ♀ 33-52 g, $\varnothing_{44}$ 37.4 g. Fl.spw.: 26-28 cm. Fl.l.: (D-BW) ad. ♂ 97-105 mm, $\varnothing_{35}$ 100.3 mm, vorj. ♂ 95-104 mm, $\varnothing_{16}$ 99.5 mm, ad. ♀ 97-103 mm, $\varnothing_{33}$ 100.0 mm, vorj. ♀ 97-104 mm, $\varnothing_{17}$ 100.0 mm [1369,3615].

Status. In ME Nominatform lokal verbreiteter, sehr seltener Brut- und Sommervogel; außerhalb Brutgebiete sehr seltener und unregelm. Gastvogel. • **L:** letzter Brutnachw. 1987, Brutversuch 1988, seither nicht allj. [1610]. • **NL:** Brutvogel im S (Limburg) bis mind. 1963; seither seltener Gastvogel, 20 Nachw. 1980–90 [277]. • **D:** -NW letzte Brut Westf. 1936 und Brutverdacht 1948/49, Nrh. 1961; -TH nach 1960 nur 6 Brutnachw. (zuletzt 1978); -BB letzter Brutnachw. 1976, seither 11 Einzelbeob.; -MV bis etwa 1900, nur 2 Brutnachw. 1922–23, Brutverd. 1976, von 1950–81 12 Maibeob.; -ST letztes Brutvorkommen 1980 erloschen, 1996 Brutzeitbeob., seit 1949 > 60 Einzelbeob.; -SN einzelne Brutnachw. bis 1960, seither nur noch Ausnahmegast [1369,337,1722,1680,575,1,3667,927]; abseits Brutgebiete in D fast allj. Gastvogel mit 1-6 Ind. [575]. • **H:** letzte Brut 1981 [2438]. • **A:** wenige Bruthinweise 1981–85 im N; seither nicht allj. Gastvogel [3129]. • **CZ:** letzter Brutnachw. 1988, Brutzeitbeob. 1995/96 [2159]. • **PL:** in Slask letzter Brutnachw. 1980 [1369].

In N- und NW-Europa z.T. allj. Gastvogel, z.B. GB/IRL ca. 580 Ind. bis 1990. Ferner in DK 25 Nachw. bis 1988; N. 16 Nachw. bis 1989; S. 37 Ind. bis 1990 [1369,337].

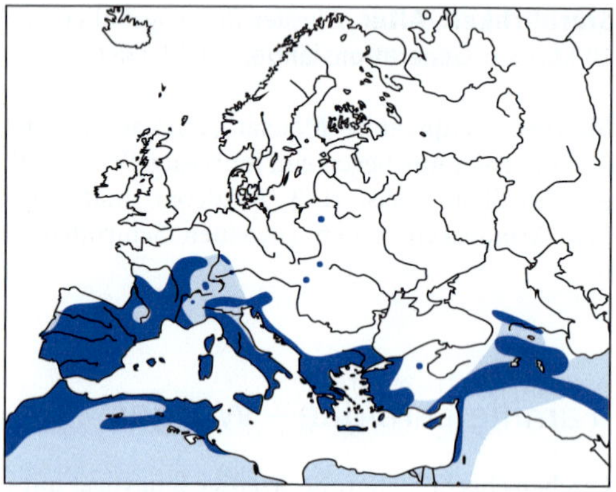

Lanius senator – **Rotkopfwürger**

UA ***badius*** der Balearen, Sardinien und Korsika in S-F und N-I nicht selten (in Camargue F 15% aller beringten Rotkopfwürger), weiter N aber Ausnahmegast, u.a. mit Nachw. in GB/IRL, N-F (Juni 1995, Aug. 1999) und N. (Sept. 1972) [3605]. In ME bisher nur nachgewiesen in • **NL** ♀ Juni 1983 und Juni 1993 [277,3605]. (• D: -HE Mai 1993 nicht sicher [575].)

Verbreitung und Bestand. Brutvogel der gemäßigten, mediterranen und Steppenzone der SW-Paläarktis von N-Afrika, P/E. bis Anatolien, CY, IL, N-Irak und S-Iran; N-Grenze derzeit SW-ME, N-I, PL und etwa untere Donau. In ME Nominatform nach dramatischem Rückgang auf wenige Verbreitungsinseln im SW und E beschränkt, meist < 1000 m (CH höchste Brutplätze 1250 m). Europ. Gesamtbestand 0.48-1.2 Mio. BP, mit Schwerpunkt in Iberien (0.4-1.0 Mio.) und Populationen > 10.000 BP in TR (30-90 T.), GR, I, AZ und MN [383]; in ME brüten nach drastischem Rückgang nur noch etwa 20-40 BP [204,1677,q22, 3882,3393,383].

Wanderungen. Langstreckenzieher; Hauptwintergebiet Afrika S Sahara bis ca. 3°N von W-Afrika bis Somalia in Trocken- bis Feuchtsavanne bis N-Rand des Regenwaldes. Br. ME ziehen in Richtung WSW–SW bis P–MA; von Br. l auch SE-Abzug im Einzelfall nachgewiesen; in Afrika dann wohl vorwiegend S-Richtung. Mehrzahl der Ringfunde im

Frühjahr liegt weiter E als auf Wegzug, vermutlich also mind. für Teile der Br. Europas Schleifenzug, durch Feldbeob. im Wesentlichen bestätigt. Auf Heimzug Überquerung des Mittelmeers im zentralen und W-Teil nachgewiesen [3026], im E-Teil sehr wahrscheinlich. Familien mit Jungen ME bis Ende Aug. im Brutgebiet, verlassen es oft gemeinsam; Wegzug Ende Juli bis Mitte Sept. (ausnahmsweise bis Mitte Okt.); im Wintergebiet Aug.–Mai, Ankunft in ME sehr selten Ende März, meist frühestens ab Anf. (meist unverpaarte ♂)–Mitte April bis Mitte Mai, Nachzügler bis Ende Mai (Juni, dann auch z.T. umherstreifende Nichtbrüter). Brutortstreue offenbar hoch, z.T. Reviertreue, z.T. Umsiedlung bis 5 km nachgewiesen.

Bestandsentwicklung. Von Klimaschwankungen deutlich betroffen, jedoch weniger stark als Schwarzstirnwürger. Nach Ausbreitungsphase Anf. 19. Jh. durch ungünstige Klimaperiode Ende 19. Jh. Erlöschen mehrerer Populationen am N-Rand der natürlichen Verbreitung in N-D, NL und PL [1369,q6]. Nach erneuten Vorstößen in 1920er, 30er und vor allem 50er J. Bestände in günstigen Gebieten zwar deutlich gefestigt, aber Arealrand weiter S [205,1369,767,2787,2138]. In 1950er J. Bestand in D bei >1.000 BP [1369].

	Best.	Areal	Brutbestand	Jahr	Quelle
B	⇩	- 2	1 – 2	1995 – 1996	[383,q15]
CH	⇩	- 2	3 – 10	1998 – 2002	[383]
D	⇩	- 2	11 – 19	1995 – 1999	[383]
PL	⇩	- 2	5 – 10	1990 – 2000	[383]

Etwa ab Anf. 1960er J. dramatischer Einbruch, z.T. klimatisch bedingt, aber auch Folge einsetzender Habitatverschlechterung oder -zerstörung. In Folgejahren meiste Vorkommen in ME (sowie Mehrzahl der anderen Regionen Europas, insbes. E., F und I) [1369,3892,4180] mit katastrophalem Einbruch, z.B. D-RP von 250-350 BP (1960er J.) auf 9 BP (1978/79) oder -BW von >500 BP (1950) auf 50 (1984) [1369,1719; auch 205,2787,1175], und Populationen in A, L, NL, B, CH-GE, -TI sowie in D-TH und -NW erloschen in 1960er und 70er J. völlig [365,1369].

In günstigen Brutjahren Mitte 1970er J. zwar vorübergehende Stabilisierung verbliebener Populationen, doch Bestände in D-RP, -SL, -HE, -BY, CZ, H, Bod., CH-VS und weiten Teilen PL bis Ende 1980er/Anf. 1990 J. (fast) völlig zusammengebrochen; oft nur noch unregelm. Brutvogel [1175, 343,2770,1369,1680,2159,3248,3892,4180,1617, 3871,q9]. Isolierte kleinere Brutvorkommen existieren noch in PL, SK., B (1-2) und D-RP (je 1-2) [1366,3392,3393,1369,1585,2407,1677,3871]; letzte, lange Zeit stabile Vorkommen in D-BW sowie CH-BL ebenfalls kurz vor Verschwinden (in D 2002 keine Brut bekannt) [1722,204,3393]. Die kleine Population im Elsaß weist noch ca. 55-110 BP auf, mit z.T. ebenfalls drastischen Abnahmen in 1990er J. [938,311,2720,3223]. Von dort zuweilen einzelne Vorstöße in benachbarte Regionen ME möglich, z.B. 2 Bruten 2004 in D-SL [2771].

Auch in anderen Regionen Europas anhaltend drastischer Rückgang [1507,1585], Ausnahmen nur RO und BG mit Zunahme und Arealausweitung [1585], viell. z.T. bedingt durch verbesserte Kenntnisse [1507]. Durch trockenwarme Sommer vorübergehende Stabilisierung oder Neuansiedlungen denkbar, doch ohne drastische Maßnahmen kein langfristiges Überleben denkbar. Schon jetzt sind Nachwuchs- und Rekrutierungsraten in verbliebenen Vorkommensgebieten ME unzureichend zum Erhalt der Bestände. Marginales Vorkommen ME daher ohne intensiven Schutz der ebenfalls stark abnehmenden S-europäischen Populationen ohne Chance auf Erholung.

Siedlungsdichte. Höchste Dichten in Europa in Eichenwäldern E. mit 1.5-3.0 Ind./10 ha, großflächig in NW-E. 15 BP/km^2 in Eichenwäldern und 0.8 BP/km^2 [1507], in D-BW kleinräumig 2-5 BP/km^2, auf Flächen von 12-20 km^2 0.2-1.0 BP/km^2 [1722].

Gefährdungsursachen [205,1369,1719,1722,3892, 196,1680,q9,3358,3650,3231]. Lebensraumzerstörung oder -veränderung in Brutgebieten. Entscheidend der Verlust von Streuobstwiesen durch (oft EG-subventionierte) Rodung, Flurbereinigung und Überbauung und Ersatz von Obstgärten durch Intensivkulturen. Ausräumung der Landschaft (Verlust der Baumreihen entlang von Straßen im ländlichen Raum), Intensivierungen mit Grünlandumbruch, häufige Mahd, Aufgabe mosaikartiger Bewirtschaftung kleiner Grünlandparzellen, Zerstörung der Strukturvielfalt, Verlust von Magerrasen sowie exzessiver Biozid- und Düngemitteleinsatz mit erheblicher Verringerung der Arthropodennahrung.

Geringere Rückkehr aus Überwinterungsgebieten durch (1) Veränderung des Olivenanbaus in S-Europa (Reduktion der Altbäume, Niederstämme, sterilere Grasländer); (2) anhaltende Dürre in Sahelzone, verstärkt durch Veränderungen der land-

wirtschaftlichen Nutzung in (W-)afrik. Ländern und erhöhten Biozideinsatz, u.a. zur Bekämpfung von Heuschreckenplagen.
Direkte Verfolgung in S-Europa und N-Afrika.
Störungen (auch Ornithologen, Fotografen) der an Brutplätzen sehr empfindlichen Art.
Natürliche Verlustursachen: klimatische Faktoren, vor allem längere Regenphasen während der Brutzeit, dadurch Bruterfolg direkt beeinträchtigt sowie indirekt über geringeres Insektenangebot. Durch Verbuschung der Wiesenbiotope verstärkte Konkurrenz mit Neuntöter. Prädation durch Corviden, Steinmarder etc.; auf dem Zug zudem Eleonorenfalke [vgl. 4018].

SPEC	VSchRL	Bern.Konv.	Bonn.Konv.
2	--	Anh. II	--
Europ. RL	RL in ME		
--	A, CZ, FL, NL: **'RE'**, D, L, CH, PL, SK: 'CR', H:'VU'		

Schutzmaßnahmen. Drastische Reduzierung des Biozideinsatzes in Brut- und Überwinterungsgebieten; Erhöhung des Insektenangebotes auch durch Extensivierung der Grünlandnutzung und Förderung extensiver Weidewirtschaft in Obstgebieten; Erhalt und Neuanlage ausgedehnter Obstgärten und Entwicklung von Vermarktungsstrategien von Obst und vielfältigen Veredelungsprodukten aus Streuobst; Schutz struktur- und artenreicher Feldfluren mit Feldrainen, Hecken, vielfältigem Sitzwartenangebot sowie offenen und mageren Obstwiesen.
Reduzierung des Erholungsdruckes in den wenigen verbliebenen günstigen Habitaten.
Strenges Verbot der direkten Verfolgung in Mittelmeerländern und N-Afrika.
Intensives Brutmonitoring.

Biotop [337,1369,1834]. Br. an sonnigen, trockenen Lagen offener bis halb offener Landschaften mit regelm. oder vereinzelten Bäumen und Büschen als Warten und Nestträger; Bodenvegetation niedrig, schütter und lückig oder auch fehlend; am N-Rand des Areals vor allem auf landwirtschaftlich extensiv genutzten Flächen wie (meist wenig gepflegte) Obstwiesen mit lockerem (in günstigen Lagen auch dichterem) und älterem Baumbestand auf regelm. geschnittenen Wiesen, dadurch regional auch in Ortsnähe; ferner in sonnigen Auwäldern und halb offenen Waldbiotopen. Bevorzugt viele Warten im Revier. Generell größere Klimatoleranz als Schwarzstirnwürger.

Nahrung. Hauptsächlich Insekten, vor allem bodenlebende, am häufigsten Käfer, daneben Hautflügler, Geradflügler, Schmetterlinge (Raupen), ferner Spinnen und zumindest während der Brutzeit nur in Sonderfällen (z.B. ungünstige Witterung) kleine Wirbeltiere.

Stimme. Bei Erregung oft lang gereiht »gegegeg…«, knarrende Aggressivlaute »tr tr tr trch…« oder »dschärt…« o.ä.; Rivalenlaut hoch durchdringend »drirrd«, Imponierlaut kurz »grüg«. Gesang (anders als bei anderen Würgern) mit revieranzeigender Funktion beginnt meist mit Erregungsrufen, insgesamt nicht in Strophen gegliedertes, mittellautes Schwätzen mit zahlreichen guten Imitationen anderer Vogellaute untermischt; auch ♀ singen, Duettgesang zw. Paarpartnern. Gesang auch auf dem Zug.

Verhalten. [u.a. 2923]. Tagaktiv; Nachtzieher. Fortbewegung ähnlich Neuntöter. Nahrungsvorräte werden i.d.R. nicht angelegt. Jagdwarten vor allem auf Ästen und Zweigen 2–6 m hoch. Fliegende Insekten werden in der Luft gefangen. Bei schlechtem Wetter Nahrungssuche auf dem Boden umherhüpfend. Während der Brutzeit territorial; Territorien werden nur bis zur Eiablage verteidigt. Brüten oft in lockeren Kolonien. Nahrungsterritorien sind oft örtlich getrennt. Gesang ist wichtig bei Balz, ♂ singen oft mit ♀ im Duett. Unverpaarte ♂ singen intensiv und sitzen dabei häufig auf exponierten Warten, oft am Rand von Paaren besetzter Reviere. Balzfüttern des ♀ durch das ♂.

Fortpflanzung, Brutbiologie [337,1369,767,1722, 1551]. Geschlechtsreife im 1. Lebensjahr. Monogame Saisonehe, auch Wiederverpaarung im Folgejahr möglich, ebenso Umverpaarungen (auch innerhalb Brutsaison); 17-27% der Ad. einer Population D-BW in einzelnen J. unverpaart. **Ankunft am Brutplatz.** In ME (Ende März) April bis Anf. (Mitte) Mai; rasche Revierbesetzung, Ersatzbrut im selben Revier oder Umsiedlung; Paarbildung i.d.R. vor Ankunft am Brutplatz, auf letzten Etappen des Heimzugs (mit intensiver Balz und temporärer Revierverteidigung), viell. auch schon im Winterquartier. **Nest.** Nistplatzwahl und Initiative zum Nestbau durch ♂. Neststand auf Laubbäumen, in ME bes. Obstbäume (in $D\text{-}BW_{102}$ 56 Apfel, 44 Birne, 1 Kirsche und Zwetschge), in S-Europa auch in Büschen; Baumnester auf ± waagerechten Ästen, meist vom Stamm entfernt gegen den Außenrand zu, mitunter auf dünnen Außenzweigen; Bodenhöhe ME 2 - 10 (Ø 3.7 – 4.4) m, in S-Europa niedriger, in Kiefernwäldern PL 5-16 (Ø 9.7) m, in Schwarzpappeln SK. 1.8-15 (Ø 4.7) m. In aufeinanderfolgenden J. mitunter Nest an exakt derselben Stelle (auch bei nachweislich neuen BP). Nest kompakter Bau aus Zweigen, Reisern und Halmen mit feinerer Innenauskleidung, oft mit grünen Pflanzenteilen versehen. Muldendurchmesser 70-81 mm, -tiefe um 35-67 mm. Nestbau einige d nach Ankunft im Revier; beide Partner bauen, Dauer 4-6 d. **Legebeginn.** In ME frühestens Ende April, meist ab 2. Maipentade; letzte Gelege im Juli; ausnahmsweise frisch flügge Juv. Ende Aug. **Gelegegröße.** 5-6 (4-7); z.B. Ø D-BW$_{85}$ 5.4, CH$_{20}$ 5.4, SK.$_{82}$ 5.0; Ersatzgelege kleiner; Kalendereffekt (in D-BW von anfangs 5.6 auf 4.3); geograph. und klimabedingte Variation. Alte ♀ mit größeren Gelegen (in D-BW mehrj. ♀$_{17}$ 5.5, einj.$_{7}$ 4.7). Korsika (*badius*) Ø$_{85}$ 5.0. Legeintervall 1 d. **Eier.** (Kurz-)oval, Grundfarbe hell- oder olivgrünlich bis gelblich, braune bis hell olivfarbene Flecken, meist am stumpfen Ende konzentriert und Kranz bildend. **Brutdauer.** 13-16 (Ø$_{48}$ 14.9) d. Brutbeginn ab 3. oder 4. Ei; ♀ brütet, wird vom ♂ meist am Nest, zuweilen außerhalb, gefüttert. Juv. schlüpfen asynchron, zuerst 3 oder 4, Rest nach 2-3 d. **Nestlings-/Führungszeit.** Beide Partner füttern (anfangs nur ♂), ♀ hudert bis ca. 9 d; Juv. verlassen Nest nach 15-18 (16-20) d, sind mit 20 d flugfähig, sitzen noch in Nestnähe und folgen Ad. nach etwa 10-14 d; Zusammenhalt der Familie 5-6 Wochen, dabei Juv. noch 3-4 Wochen gefüttert, aber auch schon selbständig Beute machend. Juv. können sich auch anderen Familien anschließen (Juv. aus 3 Bruten bei einer Fam. nachgewiesen). **Jahresbruten.** 1 (im Mittelmeerraum zuweilen 2); bei Brutverlust (nur noch bis Juv. max. 6 d alt) Ersatzgelege (nach 5-15 d), stets in neuem Nest. **Ende der Brutperiode.** In meisten Fällen im Aug., spätestens Sept. **Bruterfolg.** Gelege in D-BW$_{112}$ 42% mit Ausfliegeerfolg, Brutgröße zw. 3.1-5.7 Juv., Bruterfolg 3.0 Juv./BP und J. bzw. 4.4 Juv./erfolgr. Paar; in SK. aus 75 Gelegen 49.5% mit flüggen Juv., 2.44 Juv./Paar. Hauptverluste durch nasskalte Witterung; daneben Prädation und Mensch.

Eimaße und -gewichte [1369]: L. 21.1-27.8 mm, B. 16.2-19.2 mm; Ø 23.6 x 17.5 mm (n=265, F), 22.7 x 16.9 mm (n=101, SK.), 22.9 x 17.1 mm (n=68, GR). Frischvollgew. 3.10-3.93 g, Ø$_{30}$ 3.52 g. Schalengew. 0.16-0.25 g; Ø$_{437}$ 0.20 g.

Sterblichkeit, Alter. Ältester Ringvogel (jew. D) 6 J. 1 Monat [3913] und 5 J. 8 Monate [3654]. **Generationslänge:** < 3.3 J. [383].

Mauser. **Postjuvenile Mauser** (Teilmauser) beginnt ab 4–5 Wochen, Ende Juni–Ende Aug. im Brutgebiet; wenig umfangreich und variabel, meist nur Kleingefieder [767,1369,1866]. • **1. Pränuptialmauser** (Teil-, z.T. Vollmauser) ähnlich Ad., oft jedoch 0–6 äußere AS, bis zu 5 innere HS und Handdecken nicht gewechselt [767,3771,1866,267,1291]. • **1. Postnuptialmauser** (Teilmauser) beginnt im Brutgebiet mit Erneuerung der inneren HS und z.T. AS, meist werden jetzt die letzten Jugendfedern (bereits 12 Monate alt) ersetzt; HS-Mauser vor Wegzug bis Ankunft im Winterquartier unterbrochen, wo Pränuptialmauser wie Ad. stattfindet [767,1369, 3771,1866,1291]. • **Postnuptialmauser** (Teilmauser) ab Ende Juni/Anf. Aug., nicht mit Brutgeschäft überlappend und z.T. erst im Winterquartier beendet [767,1369]; Körpergefieder, selten Teile der Flügeldecken und Schirm-, unregelm. ST oder innere HS [767,1369,3771,1866]. • **Pränuptialmauser** (Vollmauser) Okt./Nov.–Jan./Feb. (April) im Winterquartier; besonders bei ♀ können aber einige Körperfedern stehen bleiben [767].

Lanius minor – Schwarzstirnwürger 15190

Lanius minor (J.F. Gmelin 1788)

(GB) Lesser Grey Shrike **(F) Pie-grièche à poitrine rose** **(E) Alcaudón Chico**

Taxonomie. Monotypisch.

Kennzeichen. [1369,3615,1784,221,3772; weitere Fotos in Bird. W. **7**, 349, **13**, 356, Dutch B. **13**, 194, **24**, 310, **25**, 265, **26**, 268, Limic. **11**, 271, **17**, 161].

Maße. Gr.: 20 cm. Gew.: (CS) ♂ 39.5-63.6 g, Ø$_{12}$ 50.4 g, ♀ 45.5-65.8 g, Ø$_{9}$ 51.8 g. Fl.spw.: 32-34.5 cm. Fl.l.: (CS) ♂ 112-123 mm, Ø$_{20}$ 116.2 mm, ♀ 109-121 mm, Ø$_{13}$ 115.3 mm [1369,3615].

Status. In ME lückenhaft verbreiteter, seltener Brut- und Sommervogel. Außerhalb der Brutgebiete gelegentlicher Sommergast bzw. Ausnahmeerscheinung.

Regelm. Brutvogel im 19. Jh./Mitte (z.T. Ende) 20. Jh. u.a. in **L** (zuletzt 1993/34), **B** (zuletzt 1930) [1677], **D** (alle Länder; letzte Brut: -BW 1987) [1369,204], **CH** (zuletzt 1972) [1369,4152], **CZ** (zuletzt Anf. 1990er) [2159], Slask **PL** (bis 1968; erneute Brut 1996) [1369,2189]; seither in meisten Gebieten ME seltener Gastvogel [1369,337].

In **NL:** unregelm. Gastvogel, 39 Nachw. von 1938-99, meist Mai/Juni, auch Sept./Okt., späteste Beob. 16. Nov., seither nur: Mai 2003 [277,q16]. • **D:** seit 1980er J. nur noch sporadisch beob., z.B. 2 mal 1995 und 1997, 1 mal 1998 (alle Mai) [575]. • **A:** nicht allj. einzelne Beob. im Mai/Juni in -Nö, -Oö, -St und -V [3129]. • **CZ:** Einzelbeob. 1998 [2159]. • **CH:** fast allj. vereinzelte Beob. (Mai-Okt.), von 1950-2000 insges. 38 Ind. [4152,q14].

Verbreitung und Bestand. Brutvogel der gemäßigten, mediterranen und Steppenzone in W- und Zentralpaläarktis; ursprüngl. W-Grenze N der Alpen seit Mitte 20. Jh. an E-Rand ME zurückgewichen. Heute von S-F und I nach E bis Mittelasien etwa an oberen Ob bzw. W-Rand des Alatau; S-Grenze I, GR, Anatolien, W-Iran und S-Rand KZ; N-Grenze PL, S-RUS, W-Sibirien bis ca. 55° N. In ME nur noch in PL, CZ, SK., H und in E-A regelm. Brutvogel < 900 m in geringen Beständen oder Inselvorkommen. Europäischer Gesamtbestand etwa 0.62-1.5 Mio. BP, davon > 90% in RO (>400 T.), RUS (> 200 T.) und TR (> 100 T. BP); Populationen > 10.000 BP ferner in UA., AR, AZ und BG [383]; in ME Anf. 21. Jh. noch etwa 3.400-4.500 BP, bei anhaltend dramatischem Rückgang [383].

Wanderungen. Langstreckenzieher; Hauptwintergebiet S-Afrika mit Winternachw. bis Kongogebiet und S E-Afrika [für S-Afrika:3920]. Hauptwegzugsrichtung Br. ME und W-Europa SE über E-Mittelmeer, Br. E-Europa auch S–SSW; Küste N-Afrika wird in EGY erreicht (Ausnahmedaten weiter W); um Winterquartier zu erreichen, muss über Mittelmeer oder in N-Afrika Richtungsänderung nach S–SSW erfolgen. Weiter S offenbar Ausweitung der W-Grenze bis ca. 20° W (Kongo), Hauptzug in Schmalfront zwischen unterem Kongo und Viktoriasee. Schleifenzug: Heimzug verläuft weiter E, bereits im tropischen Afrika (nach S über Sudan, nach N über Arabien) [1735] und am E-Rand des Mittelmeers nach N bzw. NE (auch über CY), ähnlich

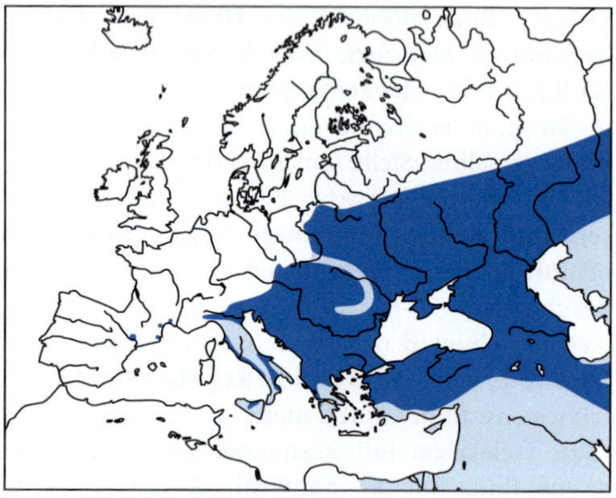

Lanius minor – **Schwarzstirnwürger**

Neuntöter. Wegzug im Juli–Aug. (ausnahmsweise bis nach Mitte Sept.; doch bei extrem späten Daten Verwechslung mit Raubwürger möglich); in SW-Afrika Nov.–April. Ankunft in ME (Ende April)–Mai; Dz. bis Juni. Brutortstreue und Umsiedlung bis 3 km nachgewiesen, auch Geburtsortstreue.

Bestandsentwicklung. In auffälliger Parallelität zum Rotkopfwürger deutliche langfristige Schwankungen in Abhängigkeit von klimatischen Bedingungen. Gegen Ende 19. Jh. erloschen mehrere der schon immer recht kleinen Populationen, z.B. in D-NW, -SH und -SL, und bis 1920er J. die Vorkommen in A-Oö, D-BB und -MV [205,1369,3650]. Trotz erneuter Warmphase ab 1930er J. verschwanden auch Restpopulationen in B und L [767,1369,2560], dagegen in anderen Regionen Zunahmen; in 1950er J. wieder hoher Bestand in D von >500 (-1000) BP [205,1369,2788,2138,927] und in A von etwa 500 BP [3650].

	Best.	Areal	Brutbestand	Jahr	Quelle
A	⇩	- 2	0–2	1998–2002	[383]
H	↓	=	2.800–3.700	1998–2002	[383]
PL	⇩	- 2	5–10	1997–2000	[383]
SK	↓	- 1	600–800	1990–1999	[383]

Ab Ende 1950er/Anf. 60er J. fast im gesamten Europa katastrophaler Bestandseinbruch parallel zu erneuter Klimaveränderung (zunehmende atlantische Einflüsse), doch vornehmlich bedingt durch Habitatverschlechterung oder -zerstörung, zunehmende Erschließung sowie Abnahme des Nahrungsangebotes (s.u.). In weniger als zwei Jahrzehnten erloschen letzte Vorkommen in D-RP, -BW, -BY, Slask PL, CH und CZ vollständig [196,1369,3892,1507,

2788,2138]. In D 1987 letzte Brut in -BW, im selben Jahr Brutversuch in CH [1369]. Bestandseinbruch in verbliebenen Populationen ME bis in jüngste Zeit anhaltend [965,1369,3892,3871,3867, 2729], seit Anf. 1990er J. keine Brutnachw. mehr in CZ [2159], und Bestand in A-B auf 0-2 BP zurückgegangen (letzter Brutnachw. 1997) [q9,383]. Auch in anderen Ländern Europas Populationen auf kleine, vom Erlöschen bedrohte Reste geschrumpft [F, E., SLN, UA., BY, LV, LT: 3892,1585,1507]. Doch seit Ende 1980er J. Anzeichen für Zunahmen in einigen Schutzgebieten H [1369], in SK. [2167] sowie Ansiedlungen in A-St (von 1991-94) [3314,3315,3291], Slask (1996) [2189] und in Lombardei I (ab 1988) [513].
Entwicklung in vielen Aspekten übereinstimmend mit Rotkopfwürger, Blauracke und Rötelfalke; wegen erst kürzlich einsetzender Habitatbeeinträchtigungen in E-Europa Brutbestände dieser Arten (und solchen mit ähnlichen Ansprüchen) bis in jüngere Zeit ohne drastische Verluste [3892,1507,1585], doch Änderungen mit E-Ausdehnung der EU zu erwarten.

Siedlungsdichte. In gut besiedeltem Gebiet Neigung zur Gruppenbildung mit geringen Nestabständen (geringste Abstände D z.B. 30 m); Nahrungssuche außerhalb des Nestreviers. In F 22-25 BP auf ca. 24 km^2; in SK. max. 23-26 BP/10 km^2, mit Konzentrationen von bis zu 4 Nestern/ha [1507].

Gefährdungsursachen [205,767,1369,196,1719, 3892,4180,1507,1098,2166]. Hauptursache Lebensraumverschlechterung oder -zerstörung der Brutgebiete durch (1) Ausräumung der Landschaft (Verlust der Strukturvielfalt), (2) Intensivierungsmaßnahmen mit Förderung von Monokulturen, Mehrfachmahden, Rückgang des Luzerneanbaus sowie Grünlandumbruch, (3) Störungen der Brutplätze durch zunehmende Erschließung, (4) Verbauung sowie (5) exzessiver Biozid- und Düngemitteleinsatz mit erheblicher Verringerung der Großinsektenmenge und -vielfalt (z.B. regional völliges Verschwinden des Maikäfers).
In Durchzugs- und Überwinterungsgebieten starke Habitatbeeinträchtigungen durch intensivierte Nutzung, deutlich erhöhter Biozideinsatz (z.T. mit in Europa längst gesperrten, aber immer noch hergestellten, Bioziden).
Direkte Verfolgung in Brut-, Rast- und Überwinterungsgebieten.
Natürliche Verlustursachen: klimatische Einflüsse (Atlantisierung) mit Auswirkungen auf Nahrungsangebot und Bruterfolg; zudem Dürre in Überwinterungsgebieten S-Afrikas (Kalahari). Hohe Nestlingsverluste durch Prädatoren wie Corviden

SPEC	VSchRL	Bern.Konv.	Bonn.Konv.
2	Anh. I	Anh. II	--
Europ. RL	RL in ME		
--	L, B, D, CH, CZ: **'RE'**, A, PL:'CR', H, SK:'VU'		

Schutzmaßnahmen. Drastische Reduzierung des Biozid- und Düngemitteleinsatzes sowie Erhöhung der Strukturvielfalt der Agrarlandschaft zur Steigerung des Insektenangebotes; Extensivierung der Grünlandnutzung und Förderung extensiver Weidewirtschaft; Erhalt und Neuanlage ausgedehnter Obstgärten; Neupflanzung von Heckenstreifen, Verkleinerung der Schlagflächen.
Reduzierung des Erholungsdruckes in verbliebenen günstigen Habitaten.
Erhebliche Reduktion des Biozideinsatzes in Afrika; weltweites Verbot (auch der Herstellung!) von Bioziden mit (sub-)letaler Langzeitwirkung; striktere Verfolgung des Jagd- und Fangverbotes in Durchzugsgebieten, insbesondere im Hinblick auf Frühjahrszug.

Biotop [1369,337,2166,1832]. Br. warmer, trockener offener Lagen mit höchstens niedriger oder lückiger Bodenvegetation, in ME nur in den wärmsten und regenärmsten Gegenden mit vereinzelten Bäumen, regelm. auch in Siedlungsnähe, z.B. Streuobst- und Weinbaugebiete mit lockerem, bevorzugt verwildertem Baumbestand und benachbarten Brachflächen, Obstbaum- oder Pappelalleen; wohl am stärksten auf vegetationsarme oder -freie Revierteile angewiesen, daher in ME und W-Europa vor allem in (extensiv genutzten) Agrarbiotopen. Jagt auch über offenen Feldern und kommt daher mit wenig Warten aus.

Nahrung. Hauptsächlich bodenbewohnende Insekten, bes. Käfer (die über 90 % ausmachen können); Wirbeltiere nur selten (z.B. Kleinsäuger bei schlechtem Wetter und hoher Dichte mitunter in nennenswerten Anteilen). Offenbar engstes Nahrungsspektrum der in ME lebenden Arten.

Stimme. Häufig »wät«-Rufe, bei Erregung oft lang gereiht »ksek ksek ksek…« oder »srek srke srek…«; Imponierrufe mit territorialer Funktion schäckernd-tschilpend »kerrib«, »tscherrib…« oder

»tschilip-tschilip…«, oft im Schauflug mit gespreiztem Schwanz; bei Angriffen oder in höchster Erregung schnarrend oder knarrendes »tr tr trr trr..«. Gesang mit territorialer Funktion scheint zu fehlen. Leise bis mittellauter schwätzender Balzgesang, mit - auch längeren - Imitationen untermischt. Vögel bei Ankunft in ME bereits verpaart, Balz daher selten zu hören. Junggesellen singen jedoch lauter und häufiger.

Verhalten. Tagaktiv; Nachtzieher. Jagdverhalten ähnlich Neuntöter. Wartenjagd; Warten sind höher (Bäume, Elektroleitungen). Nahrungssuche meist innerhalb des Territoriums. Bei schlechtem Wetter Nahrungssuche auf dem Boden umherhüpfend, wie Raubwürger aber auch Rüttelsuchjagd aus der Luft. Aufspießen der Beute selten. Zur Brutzeit territorial. Brüten oft sehr nahe beieinander (Brutkolonien). Sucht oft die Nähe menschlicher Siedlungen. Verschiedene Individuen benutzen den selben Nestbaum oft über Jahre hinweg. ♂ bewachen ihre ♀ während und kurz vor der Eilegephase intensiv und kopulieren mit dem ♀ sehr häufig über den ganzen Tag verteilt (ca. 100 Kopulationen/Gelege). ♂ attackieren ♀ aggressiv, wenn sie das Territorium verlassen. Balzfüttern ist häufig, oft vor Kopulation. Fremde Junge im Nest konnten nicht nachgewiesen werden. ♂ versorgen ♀ auch während der Inkubation und frühen Nestlingsphase mit Futter. Neigung zu Sozialkontakt offensichtlich größer als bei anderen europäischen Würgern. Ausdrucksflug zur Reviermarkierung mit langsamen Flügelschlägen und Gleitstrecken unter Spreizen der ST. Beide Partner beteiligen sich an Verteidigung des Nestreviers.

Fortpflanzung, Brutbiologie [337,1369,767,1551, 2166]. Geschlechtsreife gegen Ende des 1. Lebensjahrs. Monogame Saisonehe, Neuverpaarungen in Folgejahren nachgewiesen; ein Fall von Bigynie. **Ankunft am Brutplatz.** Ankunft ab (Ende April) Anf. Mai, rasche Revierbesetzung und Verpaarung, oder bei Ankunft schon verpaart. **Nest.** Beide suchen nach Nestplatz, Zeigen durch ♂, ♀ wählt. Neststand auf Bäumen, in ME meist Obstbäume, in SE-Europa (auch H) häufig (Pyramiden-)Pappeln und Robinien, entweder ± nahe am Stamm oder auf Seitenästen von Einzelbäumen; nicht selten Nester in kleinen Gruppen oder gar Kolonien konzentriert. Bodenhöhe 4-12 (SK. Ø 8.5 m), max. 28 m (in Steppengebieten bei Fehlen höherer Bäume auch auf 2 m). Nest kompakter Bau aus Zweigen, Reisern und feinerer Innenauskleidung, meist mit großen Anteilen grüner Pflanzen. Muldendurchmesser 70-90 mm, -tiefe 30-50 mm. Nestbau kurz nach Ankunft; beide Partner bauen (♀ mehr), ♂ beginnt mit Rohbau, Dauer 2-5 (6) d. **Legebeginn.** In ME Vollgelege von (Anf.) Mitte Mai bis Anf. Juli, Hauptzeit Anf.-Ende Juni (letzte Juv. verlassen Ende Juli/Anf. Aug. das Nest). **Gelegegröße.** 4-7 (3-9), Nachgelege kleiner; z.B. ME $\varnothing_{13}$ 5.4, $\varnothing_{16}$ 5.6, $\varnothing_{6}$ 6.6, CZ$_{29}$ 6.2, SK.$_{103}$ 5.7, RUS$_{47}$ 5.5. Legeintervall 1 d. **Eier.** (Kurz- bis längl.-)oval, zuweilen schwach glänzend, Grundfarbe hell bis blass grünlich, große unregelm. hell- bis olivbraune Flecken, am stumpfen Ende ± konzentriert. **Brutdauer.** 14-16 (17) d. Brutbeginn nach 4. oder 5. Ei; nur ♀ brütet, wird vom ♂ am Nest gefüttert. Juv. schlüpfen innerhalb 40 h. **Nestlings-/Führungszeit.** Beide Partner füttern; Juv. verlassen Nest nach 16-19 d (oder noch nicht flugfähig schon nach 14-15 d). Nach Ausfliegen Juv. bis 2 Wochen im eigentl. Revier, dann Abwanderung in Aufzuchtsgebiet, wo nochmals etwa 2 Wochen betreut. **Jahresbruten.** 1; Zweitgelege selten, aber möglich (z.B. F; auch E-PL?); bei Brutverlust bis 2 Ersatzgelege (dabei meist Umsiedlung). **Bruterfolg.** In D-BW von 34 Brutversuchen 12 (35%) erfolgreich, in H von 26 ebenfalls 12 (46%); Verluste durch Witterung, Störungen durch Menschen sowie Prädation. In D-RP Anteil erfolgloser Bruten von 1960-64 zw. 7-36%, aber in nasskalten Sommern 1965-67 bei 50-75%.

Eimaße und –gewichte [1369]: L. 21.3-28.6 mm, B. 16.7-19.2 mm; Ø 24.8 x 18.1 mm (SE-Europa), 25.0 x 18.2 mm (n=81, D-RP), 24.9 x 18.2 mm (n=58, H). Frischvollgew. 4.07-6.23 g, $\varnothing_{114}$ 5.67 g. Schalengew. 0.213-0.299 g; $\varnothing_{149}$ 0.255 g.

Sterblichkeit, Alter. **Generationslänge:** < 3.3 J. [383].

Mauser. **Postjuvenile Mauser** (Teilmauser) (Juni) Mitte Juli–Mitte Aug./Sept.; nur Körpergefieder; Dauer ca. 60 d [1369,2272]. • **Postnuptialmauser** (Teilmauser) Ende Juli–Nov.; Umfang des Kleingefieders variabel [767,1369,2272]. • **Pränuptialmauser** (Vollmauser) Dez.–Ende März/Anf. April im Winterquartier; ausnahmsweise werden 1–2 AS und Schirmfedern nicht ersetzt [767,3771,1866,3921].

Lanius cristatus – Braunwürger 15130

Lanius [cristatus] cristatus Linnaeus 1758

(GB) Brown Shrike **(F) Pie-grièche brune** **(E) Alcaudón Colirrojo**

Taxonomie. Drei UA: *cristatus* Linnaeus 1758 (inkl. »*confusus*«, Zentral- bis Ostsibirien), *lucionensis* Linnaeus 1766 (Korea, E-China) und *superciliosus* Latham 1802 (JAP). Bildet Superspezies mit *L. isabellinus* und *L. collurio*.

Kennzeichen. [767,3772,221,3615,4172,3837,376; weitere **Fotos** in Limic. **15**, 312, Dutch B. **23**, 367, **25**, 131, **26**, 342, Bird. W. **12**, 485-486, **13**, 420-422, **14**, 341-342, 418, 428-431, **16**, 126-128].

Maße. Gr.: 18 cm. Gew.: ♂ 31-38 g, Ø$_{15}$ 34.5 g, ♀ 30-36 g, Ø$_{8}$ 33.1 g. Fl.spw.: 26-28 cm. Fl.l.: ♂ 86-90 mm, Ø$_{13}$ 87.9 mm, ♀ 84-89 mm, Ø$_{18}$ 86.8 mm [3615,4172].

Status. In Europa Ausnahmegast mit 8 Nachw., obwohl in weitgehend selbem Areal wie wesentlich häufiger auftretender Goldhähnchen-Laubsänger (dieser allerdings SE-Zieher, daher bei Desorientierung und Zug in Gegenrichtung eher nach Europa gerichtet als S-Zieher Braunwürger) [3837]. Beob. betreffen GB Ad. Sept./Okt. 1985, dj. Okt. 2000, dj. Sept. 2001, IRL Ad. Nov.-Dez. 1999, F Ind. Okt. 2000, sowie DK dj. Fängl. Okt. 1988 [277,3615,376].
In ME bisher nur: • **D:** Helgol. ad. ♀ Okt. 2001 [376].

Verbreitung und Bestand. In borealer und arktischer bis Steppen- und Wüstenzone sowie Bergregionen der E-Paläarktis von Zentralsibirien bis Kamtschatka, Sachalin und N-JAP, nach S bis Altai, Mongolei, Mandschurei, oberer Amur und Zeya-Gebiete sowie Ussuriland, Korea und China [767,4172]. Überschneidungen mit *L. collurio* und *L. Isabellinus* (s. dort) Kein europäisches Brutvorkommen [1585].

Biotop. Weit gefächert von Halbwüsten und Steppen bis in boreale und arktische Bereiche sowie in höheren Bergregionen. Br. in großem Spektrum halboffener Landschaften mit Gebüschen oder Einzelbäumen.

Lanius isabellinus – Isabellwürger 15140

Lanius [cristatus] isabellinus Hemprich & Ehrenberg 1833

(GB) Isabelline / Daurian Shrike **(F) Pie-grièche isabelle** **(E) Alcaudón isabel**
dazu: *L.i. phoenicuroides* (Schalow 1875) Rotschwanzwürger **(GB) Turkestan Shrike**

Taxonomie. Drei UA: *phoenicuroides* (Schalow 1875) (Iran bis KZ, NW-China), *isabellinus* Hemprich & Ehrenberg 1833 (syn. *speculigerus*, inkl. »*tsaidamensis*«; Mongolei, N-China) und *arenarius* Blyth 1846 (NW-China).
Formen *phoenicuroides* sowie *isabellinus/arenarius* kommen - wenn überhaupt - nur in relativ schmaler Zone in N-China (Xinjiang) in Kontakt und haben möglicherweise Allospeziesstatus erreicht (Genflussrelationen bisher nicht im Detail untersucht).

Kennzeichen. [767,1369,3772,221,1550; weitere **Fotos** in Bird. W. **5**, 277, **9**, 387, **10**, 479, **13**, 366-367, 439, **15**, 412, **16**, 373, 412, Brit. B. **90**, 514, Limic. **14**, 262, Dutch B. **22**, 308, 340-47, **23**, 339/40, 367, **24**, 316, 345, 379, **25**, 378, 426, **26**, 205, (*phoenicuroides*) Bird. W. **14**, 432-34, **16**, 38, **17**, 245, Sandgr. **22**, 98].

Maße. Gr.: 17.5 cm. Gew.: (*phoenicuroides*) ♂$_{3}$ 29.5-38 g, ♀$_{4}$ 27.0-29.7 g, (*isabellinus*) ♂$_{3}$ 30.8-33 g, ♀$_{7}$ 26-33.5 g. Fl.spw.: 25-28 cm. Fl.l.: (*phoenicuroides*) ♂ 81.6-95.3 mm, Ø$_{74}$ 90.8 mm, ♀ 84.3-94.3 mm, Ø$_{47}$ 90.4 mm, (*isabellinus*) ♂ 85-102 mm, Ø$_{92}$ 90.4 mm, ♀ 83.2-96.0 mm, Ø$_{69}$ 88.1 mm, (*arenarius*) 88-94 mm [767,1369,3615,1550].

Status. UA ***phoenicuroides*:** In Europa seltener, unreg. Gastvogel mit einigen Nachw. [767,337,4172]; aber Überprüfung aller Nachw. notwendig. Einzelmeldungen betreffen bisher F 3 Ind. bis 1990

(Aug.-Sept.); GB/IRL nach Revision kaum 10 Rotschwanzwürger anerkannt [664]; N. 4 Nachw. bis 1989 (Mai, Juni, Sept.-Okt.); S. 5 Ind. bis 1990 (Sept.-Okt.); FIN 4 Ind. bis 1989 (Mai, Juni, Okt.) [1369,337], ferner LV, I, GR, TR, CY und Kanaren [3615].

In ME nur wenige Nachw. (whrschl. *phoenicuroides*, aber nicht immer endgültig zugeordnet, in NL alle Meldungen kritisch überprüft) [q16]: • **D:** -Helgol. Ind. Okt. 1854, ♂ Sept. 1980, dj. ♂ Okt. 1993 [1369,575]; -SN dj. Fängl. Nov. 1993 [575]; -BY dj. Nov. 1994 [575]; -MV dj. Nov. 1995 [575]; -BW dj. Nov. 1996 [575]. • **PL:** dj. Sept. 1981, ad. ♂ Sept. 1984, Herbst 1997, ♀ Mai 1999 [1369,q13]. • **B:** dj. Sept. 1989, Nov. 1999, Sept. 2000 [277,1677]. • **NL:** ad. ♂ Okt. 2000, ad. ♂, Aug. 2002 [q16]. • **A:** -V Okt. 1994; -B ♀ Mai 1997 [3129].

UA ***isabellinus*** (vorm. *speculigerus*): In Europa seltener Gastvogel mit deutlich mehr Nachw. als Rotschwanzwürger; in GB von ca. 65 Isabellwürgern bis 2002 deutliche Mehrzahl *isabellinus*, viele juv. Ind. kaum zuzuordnen [4172,664]. In ME bisher nur: • **NL:** ♂ Mai 1995, dj. Ind. Dez. 1996, dj. Ind. Okt. 2000, ad. ♀ od. dj. Sept. 2003 [q16].

Unbestimmt *isabellinus/phoenicuroides*: • **NL:** ♀ Okt. 1985, ♀ Okt. 1993 [277,q16].
Noch nicht homologiert: D 2000 [q4].

Verbreitung und Bestand. Vertreter der *Lanius cristatus*-Superspezies in Steppen- und Wüstenzone der Zentral- und E-Paläarktis von KZ und Iran bis N-China und Mongolei. Komplexe Systematik noch nicht völlig geklärt [1369,767, 4172].
Isabellinus Brutvogel vom Altai RUS durch N-China und Mongolei bis oberer Amur (früher als *speculigerus* geführt), generell N und E des Areals von ***phoenicuroides*** vom Iran nach N und E bis NW-China, durch Turkmenistan, Afghanistan, W-Pakistan, Usbekistan bis S-KZ; dazwischen und S von ***isabellinus*** zudem Areal von ***arenarius*** (früher *isabellinus* genannt; ohne Vorkommen in Europa). Auch Überschneidungen mit *L. collurio* und *L. cristatus* (s. dort). Kein europäisches Brutvorkommen [1585].

Wanderungen. Kurz- bis Mittelstreckenzieher; Winterquartiere E-Afrika, S-Arabien *(phoenicuroides)*, E anschließende Populationen Arabien, Irak bis NW-Indien, nur wenige erreichen Afrika; einzelne Winternachw. auch aus Mittelasien bekannt. Hauptwegzugrichtung der W-Populationen SW, Br. weiter E SW–S. Abzug im W des Areals als Anf. Aug. bis Ende Sept., östliche Br. ziehen in KZ noch bis Okt. durch. Eintreffen im Brutgebiet ab Anf., meist ab Mitte April (♀ später als ♂), in größeren Höhenlagen später. Br. in Mittelasien bereits März–April.

Biotop. Br. in Steppen-, Wüsten- und Hochlandbiotopen (max. bis 3500 m), bevorzugt Tamarisken- und Weidenbestände an Flussufern, Gebüschgruppen der Trockensteppe, Saxaulbestände in der Wüste und Ränder von Baumgruppen an Oasen, im Hochgebirge Gebüschformationen oberhalb der Waldgrenze. Auf dem Zug und im Winterquartier ebenfalls in offenen Habitaten, wie Dornbuschsteppe, Grassavanne, am Rande von Siedlungen, aber auch im Hochgebirge (z.B. Jemen).

Stimme. Gesang und Rufe ähnlich Neuntöter, ebenfalls zahlreiche und gelungene Imitationen. Partnerlockruf »dschef dschef« weicher und leiser als *L. collurio*. Außerhalb des Brutgebietes schweigsam.

Mauser. Variabel; die Mehrheit von *phoenicuroides* und ein Teil von *isabellinus*: **Postjuvenile Mauser** (Teilmauser) und **Postnuptialmauser** (Teilmauser) Juni/Juli–Aug./Sept. im Brutgebiet; Ad. ersetzen regelm., Juv. manchmal alle Schirm- und Steuerfedern [767,1369,3771,2272,1550,4172]. • **Pränuptialmauser** (Vollmauser) Okt./Nov.–Feb./März im Winterquartier, bei manchen Einj. bleiben aber innere HS stehen [767,1369,3771,3921,1550]. Meiste *isabellinus* und *arenarius*: **Postjuvenile Mauser** (Teilmauser) im Brutgebiet [767,1550]. • **Postnuptialmauser** (Vollmauser) Juli–Sept. vor Wegzug [767,1369,3771,2272,1550,4172]. • **Pränuptialmauser** (wohl Teilmauser) im Spätwinter [767,3771].

Lanius collurio – Neuntöter 15150

Lanius [cristatus] collurio Linnaeus 1758 syn.: Rotrückenwürger

(GB) **Red-backed Shrike** (F) **Pie-grièche écorcheur** (E) **Alcaudón Dorsirrojo**

Taxonomie. Zwei UA: *collurio* Linnaeus 1758 (Europa bis N-KZ, Altai) und *kobylini* (Buturlin 1906) (E-TR, Kaukasus bis N-Iran)

Kennzeichen. [1369,3615,1784,3772,221; weitere Fotos in Limic. **17**, 219, **18**, 227, Dutch B. **22**, 338/39].

Maße. Gr.: 17 cm. Gew.: (D-BW) ♂ 22.5-35.0 g, $\varnothing_{932}$ 28.1 g, ♀ 23.0-41.0 g, $\varnothing_{669}$ 29.2 g, dj. 24.0-36.0 g, $\varnothing_{328}$ 29.1 g. Fl.spw.: 24-27 cm. Fl.l.: (CS) ♂ 88-100 mm, $\varnothing_{47}$ 93.4 mm, ♀ 82-98 mm, $\varnothing_{19}$ 92.7 mm, (D-BW) ♂ 90-101 mm, $\varnothing_{879}$ 95.0 mm, ♀ 88.5-100 mm, $\varnothing_{710}$ 94.5 mm [1369,3615].

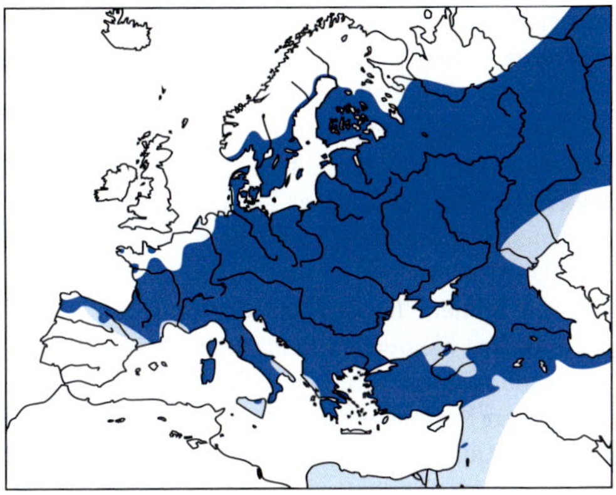

Lanius collurio – **Neuntöter**

Status. In ME lückenhaft verbreiteter, z.T. häufiger Brut- und Sommervogel. Regelm. Durchzügler und Gastvogel.

Verbreitung und Bestand. Brutvogel der W-Paläarktis im S borealer, in gemäßigter und mediterraner und Steppenzone von N-E. bis KZ; S-Grenze N-E., S-F, Sardinien, N-Sizilien, GR, TR, CY, IL, Elburs; N-Grenze NW-F, GB (nur wenige BP), S-N., S./FIN bis 66° N (einzelne auch Polarkreis), RUS etwa max. 63° N. In ME Nominatform noch verbreiteter, vor allem im NW aber stark abnehmender Brutvogel in Tiefland und Tallandschaften. Höhengrenzen: Einzelnachw. CH bis 1850 m, A-V bis 1200 (max. 1500) m, D-BY bis 1000 m (Brutzeitdaten bis 1350 m), -BW bis 1000 m, CS bis 1410 m, PL bis 1000 m. Europ. Gesamtbestand etwa 6.3-13 Mio. BP (insgesamt leicht rückläufig), mit Schwerpunkten in E-Europa (RO 1.3-2.6 Mio., RUS 2-5 Mio. sowie BG, H und TR mit jew. > 0.5 Mio. und UA. ca. 0.4 Mio. BP), sowie Populationen > 100 T. BP in AZ, HR, E., PL, F und D; in ME brüten etwa 0.97-1.52 Mio. BP [383].

Wanderungen. [u.a. 1848,1849,3914]. Langstreckenzieher; Hauptwintergebiet E- und S-Afrika von Uganda und S-Kenia bis SW-Afrika und E-Kapprovinz (Ringfunde Br. D-BW bis Zambia 7472 km SSE; Dz. Helgoland bis Namibia). Nachweise Dez.-Feb. in S-Afrika [Karte in 3920]. Hauptwegzugrichtung **Br. N-E. und SW-F** zunächst E bis I bzw. GR, **Br. ME** ziehen SE, **Br. Fennoskandien** SE–S; alle Br. im W-Teil des Artareals scheinen E Mittelmeer zu überqueren: am N-Rand zw. ca. 20° und 29° E, am S-Rand 29° E bis Nildelta bzw. Suezkanal; keine Ringfunde, aber Beob. weiter W bis Cyrenaika (möglicherweise Br. nicht beringter Populationen SE-Europa; sehr vereinzelte Herbstdz. erscheinen auch bei Gibraltar) [1120]. Weiter S bis Äquator W-Grenze des Dz.-Gebietes ca. 20° E mit wenigen Daten W davon. Am N-Rand oder über Mittelmeer von allen E- und SE-Wegzüglern Richtungsänderungen nach S notwendig, um E-Afrika zu erreichen. Von Br. E-Europa und W-Sibirien wird E-Afrika wohl auch über S-Rand der Arabischen Halbinsel im SW-Zug erreicht (regelm. Dz. an Arabischer Golfküste). Schleifenzug gegen Uhrzeigersinn: Heimzug verläuft weiter E als Wegzug, bereits S Äquator; über Äthiopien und Sinai offenbar an E-Rand des Mittelmeers nach E wahrscheinlich bis Irak, dann offenbar Richtungsänderung nach NW, z.T. über CY, z.T. über Länder E Mittelmeer und TR unter Umgehung der Ägäis. Regelm. auf Heimzug auch im zentralen N des Mittelmeeres (I, Korsika und kl. Inseln) [3026]. Dispersion der Juv. in alle Richtungen, auch nach N; Zusammenhalt von Familien bis 1.5 km vom Brutrevier. Wegzug ME Mitte Juli–Anf. Okt., max. Aug.–Anf. Sept. (Dz.Median Col de Bretolet CH 28.8.) [1861], letzte Daten im S Okt., Nachzügler ausnahmsweise Nov. Aufenthalt in S-Afrika Anf. Nov.–Anf. April, Winterortstreue nachgewiesen. Einzug und Dz. ME ausnahmsweise ab Anf.–Mitte April, meist Ende

April–Anf. Mai bis Ende Mai; ME Erstankunft Ø 1.–2. Maidekade. ♀ etwas später als ♂, Mehrj. später als Einj. Verspätung Ø Erstankunft CH 1968-85 um 0.28 d/Jahr [2389N]. Ø Tagesleistung auf Wegzug > 90 km (Gesamtstrecke > 2500 km). Brutortstreue: D-BW ♂ mehrj. mit/ohne vorhergehendem Bruterfolg 39 %/30 %, ♂ zweij. 26 %/7.5 %, Mehrj. mit/ohne Erfolg 21.5 %/7 %, Zweij. 10.5 %/1.4 %; dabei zweij. ♂, die also erst einmal gebrütet hatten, zu 19 % im alten Revier, zu 17 % mind. 300 m vom Vorjahresplatz entfernt, ältere ♂ dagegen zu 36 % reviertreu; von den auf der Kontrollfläche nachgewiesenen Ind. waren ♂ zu 62 %, ♀ zu 47 % reviertreu; Umsiedlung von ♂ bis 200 km nachgewiesen; Ad. mit frühem Bruterfolg oder ohne Ersatzbrut nach Verlust bleiben im Brutrevier oder dispergieren mind. wenige km, Ansiedlung in Folgejahren an solchen Rastplätzen möglich. Geburtsortstreue: SW-D nestjung beringt Rückkehrrate nur 6.1 % (♂ 9.1 %, ♀ 3.6 %).

	Best.	Areal	Brutbestand	Jahr	Quelle
A	+/-	=	20.000–40.000	1998–2002	[383]
B	⇧	+ 1	1.500–2.200	1995–2002	[383]
CH	+/-	=	20.000–25.000	1993–1996	[383]
CZ	↑	=	30.000–60.000	2000–2002	[383]
D	+/-	=	90.000–190.000	1995–1999	[383]
FL	⇩	- 2	10–20	1998–2000	[383]
H	+/-	=	540.000–670.000	1999–2002	[383]
L	⇩	- 1	1.500–2.000	2001	[383]
NL	↑	=	160–200	1998–2000	[383]
PL	↑	=	200.000–400.000	2000–2002	[383]
SK	↓	=	65.000–130.000	1990–1999	[383]

Bestandsentwicklung. Langfristige Bestandsveränderungen in Abhängigkeit von Klimaschwankungen bes. stark in atlantischen Bereichen NW-ME, meist parallel mit Entwicklungen bei anderen Würgern. Offensichtlich wirkt sich Niederschlagsmenge im Juni/Juli direkt auf Population aus [1369].
Bis in 1950er J. deutliche Bestandszunahmen, derzeit noch in N. [1585], bis 1980er J. aufgrund günstiger Habitatentwicklungen in FIN sowie in S. (doch Bruterfolg unzureichend) [1369,3892]. Etwa seit 1950er J. in ME dagegen z.T. drastische Abnahmen [205,196,767,1369,3892,1507]. Am stärksten betroffen NW-ME, wo viele Vorkommen vollständig erloschen oder auf kleine Reste abnahmen; z.B. in NL von etwa 5-15 T. BP (Anf. 20. Jh.) auf 150-175 BP (1979-83) [1804,3939]; in B in 1950er J. etwa 5.000 BP geschätzt, bis Mitte 1970er J. Rückgang um 90% [843,1369]; ebenso drastischer Rückgang in NW-D [1369,310,2137]; viele Populationen am Nrh. bis Ende 1960er J. erloschen [2623]; dieselbe Entwicklung im ehemals großen Vorkommen in GB [1343,1369]. Doch auch in günstigeren kontinentaleren Regionen ME Bestandseinbrüche durch Lebensraumverschlechterung [2137,973,205,1369, 2808,2068,3489,4152,3393,4043,2772,3892,1507]. Insgesamt in Mehrzahl der Länder Europas Abnahmen [1507,3892,1585]. Nur in höheren Lagen und weitgehend unbeeinträchtigten Gebieten, z.B. mit überwiegend erhaltener traditioneller Landwirtschaft, Bestände weitgehend stabil [CH, A, D, PL: 205,1369,3392,965,2031,3268,4175,196,3871,1997, 2518].
Etwa ab Ende 1970er, regional erst ab Mitte 1980er J., oft bedingt durch Biotopschutz- und gezielte Gestaltungsmaßnahmen, Bestandszunahmen und Wiederbesiedlung aufgegebener Regionen [1369,196,3892;D,CH,A:3140,2138,1847,671,3708, 1722,2882,1,4175; auch Teile F: 3892]; positiv zudem die Zunahme von Brachflächen sowie Reihe warmer (und nahrungsreicher) Sommer. Bes. deutlicher Anstieg in W-ME (B, NL, D-BW) [1369, 375,3638,2821,2793,1024,1804,3939,2889] sowie in PL [911]. Insgesamt Bestände ME in 1990er J. großräumig (auf gegenüber 1960er J. niedrigeren Niveau) stabilisierend [2642,2138,1302,1766], z.T. auch trotz Habitatveränderungen [1851].
Gebietsweise auch erneute starke Rückgänge, u.a. nach raschen Habitatveränderungen oder infolge ungünstiger Brutjahre [z.B. 1616,2889,1998,3393, 3392,1137]; in NL vor allem in Dünengebieten drastische Abnahmen und vollständiges Erlöschen der Inselpopulationen im Wattenmeer Ende 1990er J. [375,3638], offenbar bedingt durch Rückgang der Insektennahrung [2208].

Siedlungsdichte. Reviergröße ME 1–6 ha, in günstigen Gebieten meist (0.4) 1.5–2 ha. Höchstdichten ME auf Flächen von 20–49 ha 4.0–2.1–2.0 (Ø 2.5), von 50-99 ha 2.6–2.0–0.9 (Ø 1.8), von > 100 ha 1.3–0.8–0.6 (Ø 0.8) Rev./10 ha [vgl. auch 1137,1722,1,310]. Großflächendichte (> 100 km^2) zw. 0.01 – 1.5 Rev./km^2 [vgl. Tab. 57 in 337]; Teilgebiete mit Optimallebensräumen mit max. 2.9-9.4 Rev./km^2 (B, NL,PL) [1507,911].

Gefährdungsursachen [205,1369,196,3892,1719, 1722,1343,1507,q9,1021,3010,1847,1024,3518, 2138,1302,432]. Lebensraumzerstörung oder -veränderung in Brutgebieten, durch (1) Ausräumung

und Flurbereinigung in Agrarlandschaft, insbes. Beseitigung von Hecken, (2) Aufforstung, (3) Umbruch von Grünland, Heide- und (trockengelegten) Moorflächen, (4) Landschaftsverbrauch und Versiegelung; ferner Abnahme der Nahrung - oder deren Zugänglichkeit - durch Intensivierungsmaßnahmen (u.a. Grünlandumbruch, Vergrößerung der Schläge, Bewirtschaftung bis unmittelbar an Randstrukturen), häufige Mahden, Zerstörung der Strukturvielfalt, Verlust von Magerrasen, sowie exzessiver Biozid- und Düngemitteleinsatz. Auch Änderungen der landwirtschaftlichen Nutzung in Durchzugs- und Überwinterungsgebieten, einschließlich drastisch erhöhter Biozideinsatz.
Direkte Verfolgung in S-Europa und in N-Afrika.
Natürliche Ursachen: anhaltende Dürre in Kalahari (wichtigstes Überwinterungsgebiet); atlantischeres Klima in Brutgebieten.

SPEC	VSchRL	Bern.Konv.	Bonn.Konv.
3	Anh. I	Anh. II	--
Europ. RL	RL in ME		
--	FL, L: 'VU', B, CZ:'NT'		

Schutzmaßnahmen. Extensivierung der Grünlandnutzung, Förderung extensiver Weidewirtschaft; Erhalt und Neuanlage größerer, kommunizierender Heckenstreifen im Kulturland aus standortgemäßen Arten sowie natürlicher Waldsäume; Erhöhung des Nahrungsangebotes durch Schutz und Förderung reich strukturierter, artenreicher Feldfluren mit Feldrainen, Ruderal-, Staudenfluren und Brachen sowie Hecken und insbes. offener und magerer Wiesen. Erheblich reduzierter Biozideinsatz in Brut- und Überwinterungsgebieten. Übernahme von Truppenübungsplätzen für Zwecke des Naturschutzes.
Reduzierung des Erholungsdruckes und Vermeidung von Störungen in Bruthabitaten.
Verbot und strikte Ahndung direkter Verfolgung in Durchzugs- und Überwinterungsgebieten.
Anlage künstlicher Warten in strukturarmen Wiesenlandschaften zur Verbesserung der Jagdmöglichkeiten.

Biotop. Br. halb offener und offener Landschaften mit aufgelockertem, abwechslungsreichem Buschbestand (und Einzelbäumen), größeren kurzrasigen oder/und vegetationsarmen Flächen, aber dennoch insgesamt abwechslungsreicher Krautflora, bevorzugt in thermisch günstiger Lage oder Exposition. ME vorzugsweise in extensiv genutzter Kulturlandschaft, z.B. Trockenrasen, frühe Stadien von Sukzessionsflächen, Heckenlandschaften mit Wiesen- und vor allem Weidenutzung (auf Weiden Grashöhe gering; in Ackerlandschaften meist geringer Bruterfolg), Streuobstwiesen, Weinberge und Trockenhänge, Brachen, Kahlschläge und Aufforstungsflächen, buschreiche Waldränder und Feldgehölze, auch halb offene Parkanlagen und verwilderte Gärten oder Fabrikgelände, Müllkippen etc.; manche Habitate haben nur eine relativ kurze Lebensdauer. Habitatänderungen [s. 1851].

Nahrung. Hauptsächlich Insekten, vor allem Käfer, Heuschrecken, Grillen, aber auch Hautflügler, relativ viele Fluginsekten; ferner Spinnen und auch Kleinsäuger (z.B. junge Feldmäuse bes. in Gradationsjahren und/oder bei ungünstigem Wetter), ausnahmsweise auch Jungvögel.

Stimme. Bei Erregung »dschä« und einzeln oder in Reihen scharf »teck teck teck«, alarmiert auch durchdringend »dschrää«, Angriffslaute knarrend »trrt trrt…« und Schnabelknappen; Imponierlaut »tschok«, flügge Jungvögel betteln durchdringend quäkend und etwas tremolierend »quää« oder »wihää«. Gesang selten, meist nur im Partnerkontext zu hören: relativ leise schwätzend, ohne Strophengliederung, vielseitig, mit zahlreichen Imitationen, oft mit »dschä…«-Rufen eingeleitet oder abgeschlossen, wird bei Störung sofort abgebrochen. ♂ singen bei Ankunft im Revier und während der Balz, selten während der Bebrütung, unverpaarte ♂ während der gesamten Brutzeit. Während der Führungsphase der Jungvögel steigt Gesangsaktivität erneut an. Im Winterquartier nur selten Gesang.

Verhalten [u.a. 1849,2272,1550]. Tagaktiv; Nachtzieher. Sitzt gern erhöht auf Warten, bei Erregung auffallende seitliche Schwanzbewegungen. Methoden des Nahrungserwerbs vielseitig und von Erreichbarkeit des jeweiligen Angebotes bestimmt. Bei guter Witterung vor allem Flugjagd, wie Verfolgung großer Insekten in ± weiten Stoßflügen, auch in fast senkrechten Steigflügen; vor allem bei kühlem und nassem Wetter Bodenjagd von Warten aus 1–3 m Höhe nach Beob. und wohl auch (z.B. Mäuse) akustischer Information; Anfliegen von Bodentieren mitunter aus einem Rüttelflug. Bearbeitung der Beute durch Quetschen, Sauberpflücken, Schlenkern, Entstacheln von Hautflüglern und Spießen. Fressen »aus der Faust« mit auf die Unterlage aufgelegtem Lauf; größere Beutetiere (unter Insekten besonders häufig Hummeln und größere

Käfer, keine weichhäutigen Arten) werden aufgespießt, Einklemmen nur ausnahmsweise. Spießen auf Pflanzendornen oder -stacheln und kleinen, spitzen Seitenästchen ist sowohl Vorratsanlage als auch Hilfe bei Zerkleinerung großer Beutestücke; max. bis fast 30 Beutetiere in einem »Vorratslager«, innerhalb eines Brutreviers können Insekten aber an jedem geeigneten Stachel aufgespießt werden. Häufigkeit des Aufspießens offenbar regional oder vom Beuteangebot abhängig sehr verschieden. Ausnahmsweise Transport einer Maus mit den Füßen. Zur Brutzeit territorial. Ausdrucksflug zur Reviermarkierung. Balzgesang beginnt sofort nach Territoriumsbesetzung. Gesang bedeutender als bei einigen anderen Würgerarten. Bei Erscheinen eines ♀ oft Balzflüge. Präsentation der Schwarz-Weiß-Zeichnung bei gefächertem Schwanz; auch Balzfüttern durch ♂ ist Teil der Balz. Partnerbewachung findet nicht statt. Kopulationsraten eher gering. 11 bis 16 Kopulationen/Gelege; Kopula mit fremden ♂ beob., dennoch relativ selten fremde Junge im Nest (nicht vom Paar-♂). Auf dem Zug meist einzeln. Im Winterquartier gelegentlich lose Aggregationen [1549].

Fortpflanzung, Brutbiologie [337,1369,767,1]. Geschlechtsreife im 1. Lebensjahr. Monogame Saisonehe, Wiederverpaarungen durch Reviertreue (vor allem der ♂) möglich; Paartreue meist auch bei Ersatzbruten (einschl. Umsiedlungen über kürzere Entfernungen), doch auch Trennungen nach Verlust der Erstbrut (D-BW ca. 14%). **Ankunft am Brutplatz.** Revierbesetzung meist unmittelbar nach Ankunft im Mai; Mehrj. zuerst (♂ 0-5 d vor ♀), Einj. später; Verpaaren sich ♂ nicht innerhalb weniger d, dann Umherstreifen bis 1 km und ins Revier locken oder Ansiedlung am Ort der Verpaarung; ♀ verlassen Reviere ohne paarungsbereite ♂ z.T. sehr rasch wieder (zuweilen nach wenigen min.). **Nest.** Gemeinsame Inspektion potenzieller Nistplätze im Revier; endgültige Wahl durch ♀. Neststand abhängig vom Angebot an Büschen, Hecken und kleinen Bäumen, meist nur < 0.5 bis > 5 m hoch (ausnahmsweise bis 12 m), Ø meist 0.5 – 2.0 m (Ansteigen der Höhe mit Brutsaison); in SW-D_{1158} auf 47 Pflanzenarten, davon 88% auf 10 Arten und 60% in Dornbüschen (Abnahme des Anteils mit fortschreitender Brutsaison; z.B. Schwarzdorn, Heckenrose, Brombeere, Weißdorn), 20% in dornenlosen Büschen (z.B. Holunder, Liguster, Hartriegel), 11% in Fichten, 9% in Laubbäumen (besonders Apfel-). In 71% Wechsel des Nestträgers bei Ersatzbruten. In Rhl. 166 Dornsträucher, 72 Laubbäume, 18 Nadelhölzer, 16 Rankenpflanzen, 11 Ginster, 10 Reisighaufen, 9 Obstbäume, 4 Schilf. Nest aus drei Schichten, lockere Außenschicht aus Zweigen, krautigen Stängeln und Halmen (zuweilen anderes grobes Material), mittlere Schicht überwiegend aus Moos und Halmen und gut gefügt; Mulde mit feinem Pflanzenmaterial und Tierhaaren ausgelegt; zuweilen einfachere Nester aus (fast) nur einem Material. Muldendurchmesser 50-80 mm, -tiefe 35-60 mm. Beide bauen, Dauer 4-6 d, bei ungünstigem Wetter Verzögerungen. **Legebeginn.** In ME frühestens 1. Maidekade, Hauptzeit Ende Mai-Anf. Juni, späteste bis Mitte Juli (ausnahmsweise Ausfliegen nach Mitte Aug.). **Gelegegröße.** 4-7 (2-8, 9), am häufigsten 5-6; z.B. S-D überwiegend $Erstbruten_{500}$ 5.5 (61 sichere Erstgelege 5.8), Ersatzbruten $Ø_{172}$ 4.5, $Elsaß_{136}$ 5.0 bzw. $Ø_{54}$ 4.2; Kalendereffekt, z.B. 2 Gebiete Rhl. Mai 5.6 bzw. 5.4, Juni 5.4 bzw. 5.2, Juli 4.6 bzw. 4.3; Abnahme Ø CH 1901-77 von 5.32 auf 5.06 durch Abnahme der Häufigkeit von Maigelegen. In UA. Gelegegröße habitatabhängig, in Auwäldern $Ø_{23}$ 5.6, in Steppengehölzen $Ø_{18}$ 4.7. Legeintervall 1 d. **Eier.** (Kurz-)oval bis kreiselförmig, Färbung äußerst variabel, Grundfarbe hell grünlich, gelblich oder rötlich mit jeweils unterschiedlichen Tönungen, ebenso variabel die meist deutliche Fleckung, i.d.R. am stumpfen Pol konzentriert und sehr oft geschlossenen Ring bildend (unterschiedliche Farben und Tönungen). **Brutdauer.** 13-16 ($Ø_{49}$ 14.5) d, bei schlechtem Wetter verzögert (Bod. bis 21 d beob.). Brutbeginn meist nach Ablage vorletzten Eies; nur ♀ brütet. Juv. schlüpfen innerhalb >24 h. **Nestlings-/Führungszeit.** Beide Partner füttern, anfangs ♂ allein, da ♀ hudert; Juv. verlassen Nest nach 13-16 d, nach Störungen z.T. schon ab 10 d, bei schlechter Ernährung und bei Baumbruten bis 18 d; beginnen Beuteerwerb mit ca. 26 d, ab 37 d selbständig, werden frühestens ab 38 d von Ad. angedroht. Juv. bleiben in SW-D im Ø bis zum Alter von 48 (max. 76) d am Brutplatz. **Jahresbruten.** 1; Zweitgelege vereinzelt nachgewiesen (meist mind. mit der Phase der Jungenführung der Erstbrut verschachtelt). Bis zu 3 (4) Ersatzgelege meist im selben Revier; auch nach Totalverlust bereits ausgeflogener Juv. im Juni. **Ende der Brutperiode.** Bei erfolgr. Erstbrut (Ende Juni) Mitte Juli, bei späten Ersatzbrütern bis Sept. **Bruterfolg.** In CH 2.9 flügge Juv./♀ und Jahr, in S-D 2.7 Juv./BP und Jahr. Nester in Fichtenkulturen signifikant weniger gefährdet als Buschnester (in S-D Erfolg 62% gegenüber 41-45%; in Bäumen 37%; in Dornbüschen PL erfolgreicher als in dornlosen) [3890]; E-F 2.5 Juv./Gelege und J. bzw. Juv. aus 54% der Eier, in GB Juv. aus 86.8% von 661 Eiern. In UA.

Bruten in Auwäldern erfolgreicher als in Steppengehölzen (84.3% flügge Juv. gegen. 35.5%). Hauptverluste durch Corviden und andere Prädatoren, ferner Witterung.

Eimaße und -gewichte [1369]: L. 19.2-24.3 mm, B. 15.1-17.8 mm; Ø 22.3 x 16.7 mm (n=482, PL), 22.1 x 16.8 mm (n=72, D-NW), 21.9 x 16.5 mm (n=161, D-BW), bzw. N- und NW-Europa: L. 18.3-26.6 mm, B. 14.0-19.4 mm, Ø 22.9 x 17.1 mm (n=100, GB/S.). Frischvollgew. 2.32-3.86 g, Ø$_{170}$ 3.25 g. Schalengew. 0.146-0.218 g; Ø$_{170}$ 0.180 g.

Sterblichkeit, Alter. Br. S. 60,8 % im 1. J., 47.3 % im 2. J. und 42.3 %/J. für Ad. [3280], auch für andere Teile Europas Sterblichkeit der Ad. auf < 50%/J. geschätzt. Ältester Ringvogel (FIN) 7 J. 9 Monate [3654]. **Generationslänge:** < 3.3 J. [383].

Mauser. **Postjuvenile Mauser** (Teilmauser) beginnt unmittelbar nach Ausfliegen, Juli–Sept., Mauserhöhepunkt Anf. Aug.; umfasst variable Anteile von Körpergefieder, Rand- und Mittleren Arm-, selten Große Armdecken [767,1369,1866]. • **Postnuptialmauser** (Teilmauser) bes. Juli–Sept. [767]; meist starke Überlappung mit Brutgeschäft, aber z.T. erst kurz vor Wegzug begonnen [767,1369,1866]; vereinzelt werden auch Schirm- und mittlere Steuerfedern, selten HS und AS erneuert [767,1369,1866,1850]. • **Pränuptialmauser** (Vollmauser) Okt./Dez.–März/April im Winterquartier [767,1369,1866,3921]; Einj. erneuern selten einzelne HS nicht [1866]; Dauer der Großgefiedermauser 80–85 d.

Lanius excubitor – Raubwürger 15200

Lanius [excubitor] excubitor Linnaeus 1758 syn.: Grauwürger

(GB) **Great Grey Shrike** (F) **Pie-grièche grise** (E) **Alcaudón Real**

Taxonomie. Sieben UA: in Paläarktis *excubitor* Linnaeus 1758 (Europa bis Zentral-Sibirien), *homeyeri* Cabanis 1873 (inkl. »*leucopterus*«, E-UA. bis Jenissej, S *excubitor*), *sibiricus* Bogdanov 1881 (Zentral- bis E-Sibirien), *bianchii* Hartert 1907 (Sachalin, Kurilen), *mollis* Eversmann 1853 (Altai; NW-Mongolei) und *funereus* Menzbier 1894 (Tien Schan); in Nearktis *borealis* Vieillot 1808 (Alaska bis Neufundland, inkl. »*invictus*« E Hudson Bay).

Kennzeichen. Der Weißanteil an Basis und Spitzen der HS und AS sowie in äußeren Schwanzfedern variiert geschlechtsabhängig (mehr Weiß bei ♂) und geographisch [3435,2988]. Östliche UA mit hohem Weißanteil im Flügel (*homeyeri*, »*leucopterus*«) sind klinal mit Nominatform verbunden [1369], während mögliche Übergänge von *excubitor/homeyeri* zu *sibiricus/mollis* weniger gut dokumentiert sind. Sibirische Raubwürger (*sibiricus*) ähneln dem nordamerikanischen *borealis* und unterscheiden sich von den anderen paläarktischen UA durch weitgehendes Fehlen des Geschlechtsdimorphismus im weißen Flügelspiegel, fein quer gebänderter Unterseite auch bei Ad. (bes. im Winter), bräunlicheres Jugendkleid und höheren Schwarzanteil im Schwanz (letzteres Merkmal variiert zudem geschlechtsspezifisch) [vgl. 909;1369,3615,3772,221; weitere **Fotos** in 732,2988, Bird. W. **15**, 412, Dutch. B. **26**, 74, Limic. **16**, 44, 217, **17**, 89].

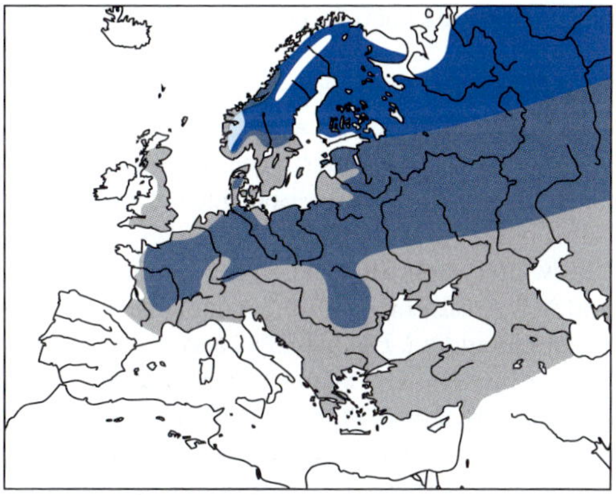

Lanius excubitor – **Raubwürger**

Maße. Gr.: 24-25 cm. Gew.: (CS, Winter) ♂ 58.5-75 g, Ø$_{11}$ 68.5 g, ♀ 59.7-75 g, Ø$_{11}$ 66.0 g. Fl.spw.: 30-34 cm. Fl.l.: (CS) ♂ 105-118 mm, Ø$_{15}$ 113.2 mm, ♀ 107-117 mm, Ø$_{14}$ 111.8 mm [1369,3615].

Status. In ME lückenhaft verbreiteter, seltener Brut- und Sommervogel, gebietsweise Stand- und Jahresvogel. Außerhalb Brutgebiete gelegentlicher Sommergast und seltener Dz. In weiten Regionen

ME regelm., wenig häufiger Überwinterer (aus N- und NE-Europa).
Ursprünglich regelm. Brutvogel in ganz ME (vormals außer H), doch Bestände erloschen in **CH** (zuletzt 1985) [4152], **A**-V und Bod. (Ende 1970er J.) [3489] sowie • **D:** -HH, -BE [204].

Verbreitung und Bestand. Brutvogel der borealen, gemäßigten, mediterranen, Steppen-, Wüsten- und tropisch wintertrockenen Zone der Paläarktis und Orientalis sowie der borealen Zone der Nearktis. Areal der Alten Welt von Zentral-F, DK/N. bis NE-Sibirien (Anadyrgebiet), Sachalin, NW-China und Mongolei; in Europa jedoch nur N-Rand der Alpen, N-A, CZ, SK., RO, N-Küste Schwarzmeer und N-Rand Kaukasus; N-Grenze N-F, NL, S. bis ca. 70° N, N-Hälfte Kola-Halbinsel, Unterlauf Petschora und Ob und wiederum bis fast 70° N in Mittelsibirien. In ME heute nur noch selten, inselartig und oft nur in Einzelpaaren siedelnd, in Höhen bis 1000 m ü.M., fehlte früher völlig im pannonischen Raum SE-ME. Europäischer Gesamtbestand nur 50.000-150.000 BP (rückläufig), mit Populationen > 10.000 BP in PL und RO, > 5.000 BP in RUS, FIN, S. und F [383]; Brutbestand ME nur noch etwa 13.000-26.000 BP [383].

Wanderungen. Teilzieher, mitunter längere Strecken (z.B. Fennoskandien bis Mittelmeer), möglicherweise auch Wanderungen vom Evasionstyp nach hohem Bruterfolg und/oder wechselndem Nahrungsangebot (z.B. Kleinsäugergradationen). Überwinterung in allen Teilen des W-europäischen und ME Areals; im W und S auch außerhalb (z.B. S-Fennoskandien, DK, GB/IRL, NW-F, I bis M, SE-Europa bis GR, TR, S-Iran; CY Erstnachw. 1989) bzw. im Bereich des Mittelmeer-Raubwürgers (z.B. SW-Europa). Vollständig geräumt werden nur nördlichste Brutgebiete Fennoskandiens und RUS (Winternachw. S./N. aber bis 65° -67° N); Wintergebiet ME und W-Europa (einschließlich GB). In ME daher neben Br. auch Zuwanderer aus NE, Abwanderung von Br. bis > 200 km sowohl Einj. als auch ältere Ind. Hauptwegzugsrichtung Br. ME und N./S. SW–SSW (offenbar nur ausnahmsweise S), Br. FIN, Baltikum und W-RUS auch S–SSE. Wegzug frühestens Mitte Sept., meist Okt.–Nov. Aufenthalt in Wintergebieten Nov.–März (April); Winterflucht bei hoher Schneelage. Winterquartiertreue auch bei Zugvögeln nachgewiesen.

Bestandsentwicklung. Bestandsentwicklung des Raubwürgers in ME sehr viel uneinheitlicher und komplexer als bei anderen Würgerarten. Durchaus vorhandene Auswirkungen klimatischer Änderungen zur Brutzeit zudem weit weniger augenfällig [1369].

	Best.	Areal	Brutbestand	Jahr	Quelle
A	↑	+ 1	33–50	1998–2002	[383]
B	↓	- 1	101–251	1995–2002	[383]
CZ	↓	=	1.000–2.000	2000–2002	[383]
D	⇩	- 1	1.800–2.500	1995–1999	[383]
H	N	N	1–6	2000–2003	[383]
L	↓	- 1	50–80	2000–2002	[383]
NL	⇩	- 2	1–4	1998–2000	[383]
PL	↑	+ 1	10.000–20.000	2000–2002	[383]
SK	↓	=	500–1.000	1995–1999	[383]

In einigen Regionen ME, bes. im W und SW, schon ab Anf. 20. Jh. Rückgang und Arealverlust, z.T. deutlich verstärkt in 1950er und/oder 60er J [188, 334,2135,767,1369,3892]. Im gleichen Zeitraum, vor allem ab Mitte 1920er J., in weiten Teilen PL, ehem. CS, D-MV, -TH und -ST (z.T. W bis -NI und -HE) dagegen anhaltender Bestandsanstieg mit regionalen Ausbreitungsschüben mind. bis 1960er J., oft noch länger [1369,2772,3892]; meist zurückgehend auf zunehmende Fragmentierung und stärkere Bewirtschaftung der Wälder; entsprechende Entwicklung in Fennoskandien, bes. FIN [205,767,1369].
Als Folge des allgemeinen Bestandsrückganges in W- und S-ME erloschen kleine Populationen in D-HH, -BE und unterer Nrh. schon Anf. 1960er J. [205,1369,534,1302]. Bes. dramatische Bestandsverluste im Jh.-Winter 1962/63. In Folgejahren bei vielen Populationen keine Erholung mehr [365,2393, 3166,1369,1719,3489]. Ende 1970er J. letzte Brutnachw. in A-V und Bod. [205,3489,1997]; in günstigen Brutgebieten Bestände allerdings z.T. über längere Zeiträume gefestigt [z.B. 338]. Erneuter Bestandseinbruch nach Kältewinter 1978/79 mit Erlöschen regelm. Brutvorkommen in CH 1987 und Teilen D [1525,2063,591,3250,1302,2562,601,1369, 3393,3392,310,1137,1680]. Gravierender Rückgang (und Arealverlust) z.B. in D-BW von 800-1.000 BP (Anf. 60er J.) über ca. 500 BP (1973), 300 BP (1979), 100 BP (1983), 50 BP (1990) auf nur 20-40 BP (1995) [1719,1722,2138]. Dagegen trotz lokaler und regionaler Verluste und Ausdünnung einiger Populationen [973] in PL, SK. und CZ aufgrund gleichzeitiger Neuansiedlungen gesamthaft kein Arealverlust [1369,3892,3867], und gebietsweise in PL deutliche Bestandssteigerung [3871].

Bei günstigen Klimabedingungen ab Mitte/Ende 1980er J. und Entstehung großflächiger Areale mit früher Waldsukzession (Waldbrand- oder Windwurfflächen, Truppenübungsplätze, Stilllegungsflächen, Lebensräume um neue Speicherseen) sowie z.T. verbessertes Insektenangebot auch Zunahmen (Neuansiedlung) und Bestandserholung oder Stabilisierung auf niedrigerem Niveau, z.B. in B, NL, A-Nö, Teile D [1024,2138,1302,2889,4233,3287, 1715,2896,1,q17]. Doch in weiten Bereichen erneuter Einbruch zwischen 1990-92, verschärft u.a. durch Zusammenbruch der Feldmausbestände [2138,1766,3638,q9; aber 1494]; in NL Ende 20. Jh. nur noch 1 sicheres BP [375,3638].
Entwicklung der Winterbestände oftmals mit Brutpopulationen parallel [1369], wenn auch Rückgang oft nicht so deutlich [z.B. NL, CH: 375,3393]. In Teilen N-D rasches Verschwinden aus einigen Brutgebieten viell. sogar durch Abbruch der Überwinterungstradition nordischer Populationen durch häufigeres Ausharren in Fennoskandien [2062]; regional in 1990er J. Zunahmen der Überwinterungsbestände [z.B. D-SH: 601].

Siedlungsdichte. Reviergröße in ME 20 bis fast 100 ha, Einzelind. im Winter 40–80 ha; Nestansiedlung mitunter in kleinen Gruppen. Groflächendichten in D-BB 0.3 – 8.6 (rezent bis 3.6), in -BW 1.7 – 12.3 BP/100 km^2 (im Winter etwas höher), kleinflächig max. 0.3-2 BP/km^2 [1722,1], insgesamt ähnlich W-PL mit 4.3-11.3 bzw. 11.4-14.1 BP/100 km^2 [79]; deutlich höher in Slask PL mit 22.9-33.3 BP/100 km^2 [3889].

Gefährdungsursachen [205,1369,1719,196,3892, 2135,2136,2206,3650,1713,1715,3432,3433,3434, 3287]. Zunehmende Zerstörung oder Beeinträchtigung des Lebensraumes durch (1) Strukturänderungen und Ausräumung der Agrarlandschaft, insbes. Abnahme der Streuobstbestände, (2) Verlust der Feuchtgebiete, Heide- und Moorflächen durch Trockenlegung, Kultivierung, Aufforstung und Verbauung, (3) zunehmende Fragmentierung geeigneter Bruthabitate durch Landschaftsverbrauch, Überbauung und Ausbau des Straßen- und Wegenetzes, (4) industrieller Torfabbau, (5) sukzessionsbedingte Habitatveränderungen nach Aufgabe der Nutzung sowie (6) Intensivierung der Wiesennutzung mit erheblichem Düngemittel- und Pestizideintrag, dadurch Verringerung des Nahrungsangebotes und der Zugänglichkeit der Beute, auch durch Eutrophierung mit dichterem, schnellerem und höherem Aufwuchs. Dabei Habitatverschlechterungen und -fragmentierung besonders negativ für Überwinterer. Zudem ausbleibende Feldmausgradationen, z.T. bedingt durch Einsatz von Rodentiziden.
Störungen an Brutplätzen durch Übererschließung (Wegebau) und Freizeitnutzung; indirekte Auswirkungen der Störungen wie erhöhte Nestprädation durch Corviden.
Natürliche Ursachen: Verluste bei feucht-kalter Witterung während Brutzeit, bes. während Eiablage- oder Schlüpfphase. Erheblich stärker wirken Kältewinter, insbes. bei eingeschränktem Nahrungsangebot nach Lebensraumveränderungen; ferner Prädation.

SPEC	VSchRL	Bern.Konv.	Bonn.Konv.
3	--	Anh. II	--
Europ. RL	**RL in ME**		
--	FL: **'RE'**, A, D, CH, NL:'CR', L: 'EN', CZ: 'VU', SK: 'NT'		

Schutzmaßnahmen. Verbesserter Schutz und Erhaltung von großräumigen, extensiv genutzten Landschaften wie Streuobstwiesen, Steinriegelhecken, Moor- und Heidegebieten; Erhaltung oder Neuschaffung reich strukturierter Kulturlandschaft durch Anpflanzung von Hecken und Einzelbäumen, Wiedervernässung trockengelegter Bereiche und extensive Beweidung oder Wiesennutzung (»Brachland-Sukzession«). Besonderer Schutz wichtiger Brut- und Überwinterungsgebiete und Einrichtung von Pufferzonen und Trittsteinen um und zwischen geeigneten Lebensräumen; Angebot von Sitzwarten; Schaffung von Sichtschneisen in Aufforstungsflächen sowie Verhinderung exzessiver Aufforstungsmaßnahmen auf brachfallenden Flächen. Erhaltung offener, unasphaltierter Feldwege mit mageren Wegböschungen oder Feldrainen. Ausweisung wichtiger Brutgebiete als Schutzzonen; Erstellung eines Landschaftsplanes.
Erhöhung des Nahrungsangebotes durch (1) erhebliche Einschränkung des Düngemitteleintrages, (2) Erhöhung des Brachflächenanteils, (3) Förderung von Randstrukturen, Ruderal- und Ödflächen, (4) Herausnahme von Grenzertragsböden aus Intensivbewirtschaftung; Maßnahmen zur Verbesserung des Jagderfolgs (Erhöhung der Übersichtlichkeit).
Erhebliche Reduzierung geteerter Feldwege und bessere Lenkung der Erholungssuchenden zur Vermeidung von Störungen der Brutplätze.
Schutzbezogene Grundlagenforschung, einschließlich möglichst lückenloser Erfassung noch vorhan-

dener Brut- und Rastgebiete und der Wirksamkeit von Schutzmaßnahmen.

Biotop [1369,337,3433,1715]. Br. halb offener Landschaften mit Wechsel von dichteren und offeneren Bereichen mit Gebüsch/Hecken und einzelnen Bäumen. Bevorzugt übersichtliches Gelände an Höhenrücken oder Kuppen mit Sitzwarten für Jagd und Sichtkontakt zu Reviernachbarn; Revierzentren meist in sonnenexponierter und störungsarmer Lage; z.B. Weide-, Moor- und Riedgebiete, Zwergstrauchheiden, Ackerbrachen, extensiv genutzte Mager- und Streuobstwiesen, zunehmend auf Windbruchflächen und Kahlschlägen im Wald, im Norden (bewaldeten Großräumen) an Waldgrenzbereichen. Winterreviere decken sich meist mit den Brutplatzansprüchen, sind jedoch oft größer.

Nahrung [337,1369]. Insekten (bes. Käfer, Geradflügler, Hautflügler, Schmetterlinge), unter bes. Bedingungen Gehäuseschnecken, viel häufiger als die kleineren Würgerarten kleine Wirbeltiere, wie Frösche, Eidechsen, ausgewachsene Kleinvögel (normalerweise bis Lerchengröße, ausnahmsweise bis Drossel) und Kleinsäuger; in ME vor allem Singvögel und Wühlmäuse, erstere vor allem bei Schneelage. Breitestes Nahrungsspektrum der europäischen Würgerarten.

Verhalten [u.a. 3436,1369]. Tagaktiv; Tagzieher. Sitzt häufig auf exponierten Warten (Baumwipfeln, Masten, Leitungen). Sitzt häufig weniger aufrecht als andere Würgerarten. Fliegt langsamer und mehr im Bogenflug als Schwarzstirnwürger. Nahrung wird in der Brutzeit in Nestnähe gespeichert, ferner regelm. im Winter aufgespießt oder eingeklemmt. Beutetransport mit dem Fuß oder Übernahme vom Schnabel in die Füße während des Fluges. Jagdwarten oft relativ hoch auf Baumspitzen, Leitungen etc. Beuteflüge vom Ansitz aus, Fang der Beute aus Rüttelflug oder über kurze Bodenstrecke zu Fuß. Daneben aber auch ausgesprochene Suchjagd im Rüttelflug auch weit entfernt von Warten über offenem Gelände, dabei von Zeit zu Zeit Herunterstoßen und kurze Flugstrecke niedrig über dem Boden. Nahrung wird gespeichert (geklemmt oder aufgespießt). Wirbeltiere werden durch kurzen Biss ins Genick getötet, Vögel unter Festhalten mit den Füßen gerupft. Ganzjährig territorial mit vorübergehender Lockerung oder Auflösung der Revierstrukturen nach der Trennung von den Jungen und kurzfristig Gruppenbildung (wohl an Reviergrenzen) im Vorfrühling; Gesang von hoher Warte oder auch im Schwebeflug vorgetragen. Zu Beginn der Balz oft aggressive Auseinandersetzungen zwischen den Geschlechtern. ♂ ist dominant und sitzt meist über dem ♀. Aggressive Attacken der ♂ auch während der fertilen Phase der ♀ dient möglicherweise der Vaterschaftssicherung. Balzfüttern ist selten. ♂ füttern ♀ hauptsächlich während der Inkubation. Herbstreviere von Einzelvögeln nach der Mauser. Winterreviere ab Okt., bei Standvögeln in Nähe der Brutreviere oder bei einem der Paarpartner identisch mit ihnen.

Stimme. Rufrepertoire recht differenziert: Kontaktruf hoch »kwiet«, »wäd wäd…« oder trillernd, »chlüp«, »tlück« o.ä.; Warnruf »trrr«, »tr-tr-trrr.« oder von jungeführenden Eltern kreischend-quäkend »kwäää«, bei Auseinandersetzungen kreischend »gihrr«; juv. betteln durchdringend »wäid«, juv. Kontaktlaut »krekkrek« u.a. Bei Aggressionen auch Schnabelknappen. Duettrufen zwischen Einzelind. (evtl. Paarpartnern) vor der Auflösung der Winterreviere. Gesang aus etwas metallisch klingenden Kurzstrophen, wie »üü-tschrli« oder »tlüdirüh« oder auch nach oben gezogen »trüi« o.ä. Beginnt meist mit »trr«- oder »prrr«-Elementen, diese bilden häufig auch den Schluss. Daneben nicht strophig gegliederter, schwätzender Gesang mit Imitationen. Altvögel singen von festen Warten aus, Jungvögel meist versteckt aus der Vegetation. Zumindest im Herbst singen auch ♀. Gesang bereits ab Spätwinter zu hören. Im Winterquartier beide Geschlechter singend und territorial.

Fortpflanzung, Brutbiologie [337,1369,767,1722,3434]. Geschlechtsreife wohl im 1. Lebensjahr; wahrscheinlich brüten nicht alle Ind. im 2. KJ. Monogame Saisonehe bzw. bei Standvögeln Dauerehe mit saisonaler Trennung durch Bildung winterlicher Einzelreviere (bei *L. meridionalis* offenbar Dauerehe; bei UA *aucheri* Polygynie bekannt). **Ankunft am Brutplatz.** Revierbesetzung durch Paar Ende Feb. – Mitte April oder Übergang von Winter- zu Paarrevier (in kontinentalen Gebieten ab April); Ersatzbruten z.T. im selben Revier. Paarbildung der Juv. bei Standvogelpopulationen im Herbst/Winter. **Nest.** Beide wählen Nestplatz. Neststand in hohen dichten Büschen und Bäumen, wie großen Dornbüschen, Laub- (z.B. Obstbäume, Pappeln) und Nadelbäume (Fichte, Kiefer), in ME (n=962) 20% Kiefer, 18% Fichte, 9% Birne, 7% Eiche und Schlehe; z.B. Rhl. 36 Dornbüsche, 16 Fichte, 17 Kiefer, 1 Lärche, 24 Laubbäume (8 Arten), 1 Laubbusch. Nest in Laubbäumen meist vom

Stamm entfernt, auf Fichten meist in Stammnähe. In einigen Gebieten (z.B. S-D, früher CH) lokal in oder bei Kolonien von Wacholderdrosseln. Bodenhöhe ME 1.4 - 25 (Ø 7-9) m. Nest umfangreicher und i.d.R. stabiler Bau aus kleinen Ästen, Zweigen, verholzten Stängeln, Wurzeln; Mulde mit feinerem Material (Moos, Grashalme, Rindenbast), oft auch mit vielen Federn (mitunter wohl auch Rupfungsfedern, ferner Papierreste, Plastikfetzen) ausgepolstert. Muldendurchmesser ca. 80-120 (92-96) mm, -tiefe 49-70 mm. Nestbau mehrere Wochen nach Revierbesetzung; beide Partner bauen (♂ schafft überwiegend Material herbei), Dauer 7-9 (-15) d. Wiederbenutzung alter Nester nachgewiesen. **Legebeginn.** In ME frühestens Ende März, meist Anf. April bis Mitte Juni, ausnahmsweise später; letzte Nestlinge Ende Juli (Aug.). **Gelegegröße.** 4-7 (8, in N-Europa in Mäusejahren bis 9), Nachgelege kleiner; z.B. Ø CH_{56} 6.1, D-BW_{20} 6.0, Rhl. $April_{13}$ 5.77, Mai_8 5.38, D-NI $Erstgelege_9$ 5.7, $Nachgelege_{11}$ 3.4; FIN_{30} 6.2 ($frühe_{15}$ 7.1, $mittlere_{11}$ 5.7, $späte_4$ 4.0), W-PL_{24} 6.6. Legeintervall 1 d. **Eier.** Oval, glanzlos, sehr variabel (auch innerhalb eines Geleges); Grundfarbe weißlich bis isabellfarben oder hellgrau, dicht und grob hell- bis dunkelbraun gefleckt mit helleren Unterflecken (mitunter ähnlich Elstereier). **Brutdauer.** 15-18 (14-19) d. Brutbeginn nach (vor-)letztem Ei; ♀ brütet, wird vom ♂ am Nest gefüttert. Juv. schlüpfen innerhalb 48 h. **Nestlings-/Führungszeit.** Beide Partner füttern (anfangs nur ♂), ♀ hudert; Juv. verlassen Nest nach 19-21 d. Nach Ausfliegen Juv. 20-30 (selten 40) d bei den Ad. (bei großen Bruten nicht selten in getrennten Gruppen geführt), dann Abzug. **Jahresbruten.** 1; bei Brutverlust (auch nach Ausfliegen) z.T. (in D-BW ca. 20%) 1-2 Ersatzgelege. Bei *pallidirostris* (und *meridionalis*?) auch Zweitbruten. **Bruterfolg.** Kleine Stichproben, in D-BW_{15} 2.9, A-$Nö_{27}$ 1.8, Rhl. 2.7-3.1 bzw. 3.3 Juv./BP und J.; in FIN flügge Juv. aus 89% der frühen, 88% der mittleren und 78% der späten Bruten; in D-BW_{15} bei 56.5%; größere Stichprobe ME (n=654 Eier) nur 36.2%; dagegen Bruterfolg 1999-2003 in W-PL deutlich höher: $Ø_{99}$ 46.1% bzw. $Ø_{37}$ 43.0% der Brutversuche erfolgreich; dabei Brutgröße Ø 5.72 Eier, Ø 4.1 flügge Juv./BP bzw. 5.25 flügge Juv./erfolgr. BP [79]. Verluste vor allem durch Prädation sowie nasskalte Witterung.

Eimaße und -gewichte [1369]**:** L. 24.1-30.3 mm, B. 18.2-20.9 mm; Ø 27.0 x 19.7 mm (n=444, E-F), 26.1 x 19.4 mm (n=84, B), 26.4 x 19.7 mm (n=52, NL), 27.8 x 19.9 mm (n=40, D), 27.1 x 19.9 mm (n=95, W-PL). Frischvollgew. 5.39-6.49 g, $Ø_{12}$ 5.92 g bzw. 4.78-6.32 g, $Ø_{26}$ 5.44 g. Schalengew. 0.22-0.35 g; $Ø_{526}$ 0.29 g.

Sterblichkeit, Alter. Ältester Ringvogel (D) 6 J. 6 Monate [3654]. **Generationslänge:** < 3.3 J. [383].

Mauser. Postjuvenile Mauser (Teilmauser) Juli/Aug.–Sept. (Dez.); einschließlich einzelnen Großen Armdecken, Schirm- und Steuerfedern [767,1369,2988]. • **Postnuptialmauser** (Vollmauser) Ende Juni/Sept.–Okt./Nov. (Dez.), bei Zugbeginn beendet; Dauer der HS-Mauser Ø 95 d (Volierenvögel) [767,1369]. • **Pränuptialmauser** (Teilmauser, z.T. fehlend) März–Mai (Juni); Körpergefieder, selten ST 1, aber variabel [767,1369,1866].

Lanius meridionalis – Mittelmeer-Raubwürger 15203

Lanius [excubitor] meridionalis Temminck 1820 syn.: Südlicher Raubwürger
inkl. Lanius m. pallidirostris (Cassin 1852) syn.:Steppenraubwürger,-grauwürger

(GB) Southern Grey Shrike **(F) Pie-grièche méridionale** **(E) Alcaudón Real Meridional**
(GB) Steppe Grey Shrike

Taxonomie. Acht UA: *meridionalis* Temminck 1820 (SW-Europa), *algeriensis* Lesson 1839 (NW-Afrika), *elegans* Swainson 1832 (N- und Zentral-Sahara), *leucopygos* Hemprich & Ehrenberg 1833 (S-Sahara bis Sudan), *aucheri* Bonaparte 1853 (W-Küste Rotes Meer bis SYR, Arabien, Iran), *lahtora* (Sykes 1832) (Balutschistan bis Indien), *buryi* Lorenz & Hellmayr 1901 (Jemen) und *pallidirostris* Cassin 1852 (E-Afrika). Detaillierte Verbreitungskarte der UA [s. 2272].

Kennzeichen. Bestimmung [verschiedene UA: 732, 3615,3772,221, *pallidirostris*: 707; weitere **Fotos** in Bird. W. **9**, 433, **10**, 415, 453, **16**, 248-51, 340/41, **17**, 245, Brit. B. **90**, 514, Var Fag. 1998/**8**, 2-3].

Maße. Gr.: 24-25 cm. Gew.: ♂/♀ 48-93 g, meist 50-70 g. Fl.spw.: 28-32 cm. Fl.l.: ♂ 101-117 mm, ♀ 96-108 mm; zus. $Ø_{16}$ 106.6 mm [3615].

Verbreitung und Bestand. Brutvogel der mediterranen, Steppen- und Wüstenzone; brütet in SW-Europa (S-F, E., P), Kanaren und NW-Afrika nach S bis Mauretanien und von dort in breitem Band nach E bis Rotes Meer und N-Somalia, ferner von Arabischer Halbinsel und Iran bis E-Indien; *pallidirostris* schließlich von Kaspigebiet nach E über Usbekistan und KZ (nach N bis 48-49° N) sowie Mongolei bis ca. 110° E in N-China. Europäischer Brutbestand etwa 210.000-350.000 BP, davon etwa ¾ in E., bei leichtem Rückgang; in P (10-100 T.) und in F (1-2 T.) Bestand stabil [3615,1507].

Status. ***meridionalis:*** Außerhalb der SW-europäischen Brutgebiete Ausnahmegast mit wenigen Nachw., u.a. in N. Okt. 1984 und auf CY [3615,277]. In ME bisher nur: • **PL:** Ad. Okt. 1997 [3871].
***pallidirostris*:** In Europa Ausnahmegast mit > 20 Nachw. von 1800-1996, alle zw. 30. Aug. und 11. Dez. (sowie 1mal April), u.a. in GB (9 mal Engl., 5 mal Schottl.), N. (3 mal ab 1953), DK 2 mal, I 1968 sowie in S. [3615,277]. In ME bisher nur: • **NL:** dj. Sept. 1994 (nicht anerkannt: Okt. 1991) [277]. (Nachw. in • D unsicher, u.a. -HE März 1879, Feb. 1884, -NI Okt. 1887, -RP Dez. 1893 [710]).

SPEC	VSchRL	Bern.Konv.	Bonn.Konv.
3	--	Anh. II	--
Europ. RL	RL in ME		
--	--		

Wanderungen. Meiste UA Standvogel, ***meridionalis*** wohl Teilzieher, sowohl mit nachbrutzeitlichen Wanderungen in SE-F und Extremadura, als auch möglicherweise regelm. Zug in Wintergebiete in N-Afrika. Innerhalb N-Afrika Ortsbewegungen im Winter (z.B. küstenwärts in TN, nach SE in MA). Einige Populationen aus Mittlerem Osten überwintern regelm. in NE-Afrika, v.a. Sudan. Schwacher Dz. Gibraltar Sept./Okt.; in NE-Afrika und Arabien Heimzug im März [3615]. UA ***pallidirostris*** überwiegend Teilzieher. Br aus dem N sind Langstreckenzieher, die auf Arabischer Halbinsel und Irak bis Pakistan sowie in NE-Afrika S bis Äthiopien [H. Shirihai & A. J. Helbig] (und möglicherweise bis Grenzgebiet Sudan/Kenia) überwintern [3615].

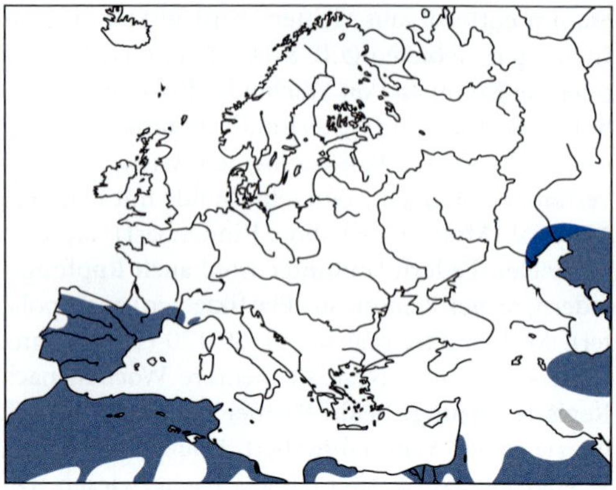

Lanius meridionalis – **Mittelmeer-Raubwürger**

Biotop. Warme und trockene mediterrane oder Steppengebiete; bevorzugt offenere Bereiche als nördlich verbreiteter Raubwürger und meidet offensichtlich hohe Bäume. Br. in Mosaik von Olivenhainen und Streuobstbeständen, Garrigue und Macchie mit Dornsträuchern und vereinzelten Bäumen sowie Grasflächen; in der Extremadura in Feuchtwiesengebieten. In südlicheren Breiten auch in Halbwüsten und Savannen; in Wüstengebieten weitgehend auf Oasen und Wadis beschränkt.

Nahrung. Wie Raubwürger, aber höherer Anteil an Reptilien; jagt von niedrigeren Warten aus.

Stimme. Akustische Differenzierung gegenüber *excubitor* wenig bekannt.

Brutbiologie. [vgl. z.B. 557].

Mauser. ***meridionalis*:** **Postjuvenile Mauser** (Teilmauser) setzt kurz nach Flüggewerden ab Mai ein; Umfang ähnlich Raubwürger, aber einschließlich Schirm-, einigen Schwung- und mehreren ST [767,1866]. • **Postnuptialmauser** (Vollmauser) Ende Juni–Okt. [767]. • **Pränuptialmauser** (Teilmauser) Feb.–April; Umfang ähnlich Raubwürger [767,2272].
***pallidirostris*:** **Postjuvenile Mauser** (Teilmauser) Juni–Sept.; Umfang ähnlich Raubwürger, einige äußere HS und variable Anzahl AS werden aber ebenfalls erneuert [767]. • **Postnuptialmauser** (Vollmauser) Mitte Juni–Okt. [767]. • **Pränuptialmauser** (Teilmauser) vermutlich im Winterquartier [767].

Familie Corvidae – Krähenverwandte

Drossel- bis adlergroße, robuste Singvögel mit kräftigen Beinen und Schnäbeln und mittellangem bis langem Schwanz. Sehr stimmgewandt. Nahrungserwerb vielseitig und anpassungsfähig; Anlegen von Nahrungsvorräten weit verbreitet. Geschlechter weitgehend gleich, ♂ meist größer. Monographien [1389,2419].

26 Gattungen, 122 Arten, weltweite Verbreitung. Die Phylogenie der Familie ist bisher nur in Ansätzen molekular untersucht, wodurch die Monophylie der Neuwelthäher (7 Gattungen) und der Gattung *Corvus* (ohne *monedula*) bestätigt wurde [1062,3336,1146]. Darüber hinaus werden intergenerische Verwandtschaftsverhältnisse von vorliegenden Daten kaum aufgelöst [682].

• Gattung *Corvus*

Nach mtDNA-Befunden [1146] ist die Gattung nur dann monophyletisch, wenn *C. [monedula]* ausgeschlossen wird, die näher mit den Gattungen *Ptilostomus, Nucifraga* und anderen Hähern verwandt ist.

• Gattung *Coloeus*

Für die aus der Gattung *Corvus* ausgegliederte Dohlen-Superspezies gilt dann der Gattungsname *Coloeus* (Kaup 1829) [vgl. 4170].

Pyrrhocorax graculus – Alpendohle 15580

Pyrrhocorax graculus (Linnaeus 1766)

(GB) Alpine Chough **(F) Chocard des Alpes** **(E) Chova Piquigualda**

Taxonomie. Drei UA: *graculus* (Linnaeus 1766) (Europa), *digitatus* Hemprich & Ehrenberg 1833 (Vorderasien) und *forsythi* Stoliczka 1874 (Zentralasien bis China)

Kennzeichen. [1369,3615,221,3772].

Maße. Gr.: 38 cm (Schwanz 12-14 cm). Gew.: Ad. ♂ 230-285 g, Ø$_{48}$ 257.8 g, ad. ♀ 205-265 g, Ø$_{21}$ 226.9 g, diesj. ♂ 205-265 g, Ø$_{20}$ 242.8 g (deutliche regionale und jahreszeitl. Unterschiede, z.B. CH, Fängl., Herbst: Ad. 200-310 g, Ø$_{502}$ 252.2 g, Diesj. 200-280 g, Ø$_{437}$ 233.9 g);. Fl.spw.: 75-85 cm. Fl.l.: (CH) ad. ♂ 261-289 mm, Ø$_{36}$ 272.8 mm, juv. ♂ 249-270 mm, Ø$_{31}$ 259.8 mm, ad. ♀ 244-271 mm, Ø$_{36}$ 257.4 mm, juv. ♀ 231-258 mm, Ø$_{43}$ 247.7 mm [1369,3615].

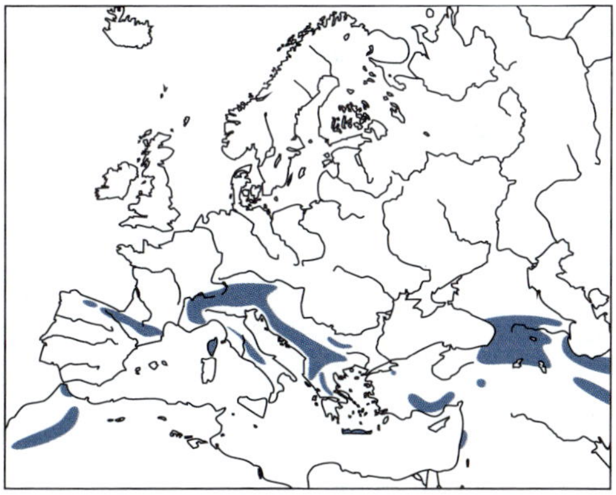

Pyrrhocorax graculus – **Alpendohle**

Status. Brut- und Jahresvogel der Alpen; im Winter tagsüber ständiger Gast in Städten und Dörfern der Täler und unmittelbar am S- und N-Fuß, nur ausnahmsweise in ME außerhalb Alpenbereich, z.B. • **SK.:** u.a. Dez. 1886, Sept. 1944, Okt 1965 (2), Aug. 1977 (2), Apr. 1983, Sept. 1985, weitere Beob. sowie Bruten in Tatra unzureichend belegt [1369]. • **CZ:** Juni 1904, April 1944, Dez. 1972, Aug. 1985 (weitere gestrichen) [2159]. • **PL:** ehem. Brutvogel [3871]; seither nur noch 1 mal undatiert 19. Jh. sowie Dez. 1886, April 1958, Jan. 1991 [3871]. • **H:** Jan. 1933, Sept. 1990 [2438]. • **D:** -BY außerhalb Alpenraum vereinzelt nach N, z.B. Nürnberg März 1907 [1369]; -BW 6 mal 19.Jh., 13 mal 20. Jh. zw. Okt.-März, meist Einzelvögel, 1 mal 2 Ind., im Okt. 1987 14 Ind. und März 1997 40 Ind. am Bod. [1722,575,1617]; sonst in D nicht sicher belegt [1369]. • **CH:** außerhalb Alpenraum vereinzelt, z.B. -VD 5-8 Ind. Juni 1968, 1 Ind. Nov. 1992; -JU 2 Ind. Nov. 1999 sowie -AG 1 Ind. Okt. 1994 [4152,q14]. In **B** nicht als Wildvogel geführt (Kateg. E), 6mal zw. 1956-85 [1677].

Verbreitung und Bestand. Brutvogel in Hochgebirgen der S-Paläarktis, u.a.: Hoher Atlas (MA), Kantabrisches Gebirge und N Iberische Kordillere (E.), Pyrenäen, Alpen, Korsika, Apennin (bes. Abruzzen), Dinarisches Gebirge, W-Balkan und Rhodopen, GR (und Kreta), (S)E-Anatolien bis Libanon, SW-Iran und Elburs, Mittelasiatische Gebirge (u.a. Afghanistan, Beluchistan, Turkestan bis W-Altai und Sajan) sowie Himalayabogen und S-Tibet bis oberer Huang He. In ME Nominatform verbreitet in Alpen oberhalb Baumgrenze ab (1200) 1400 bis ca. 3000 m (tiefste Brutplätze CH 560 und 970 m), MA 2200–3900 m, in SE-Europa und TR nicht selten auch < 1000 m ü.M. Gesamtbestand in Europa 130.000-310.000 BP, mit Beständen > 10.000 BP in TR, RUS, F, A, CH und E. [383]; im Alpenraum ME etwa 20.000-35.000 BP [383].

Wanderungen [u.a. 558]. Standvogel, Dismigrationen; im Winter, zunehmend auch bei ungünstigem Wetter im Sommer, tägliche Altitudinalwanderungen von Gipfelbereichen in Siedlungen der Täler als Nahrungsflüge; max. wohl kaum >20 km von Brutplätzen entfernt. Altvögel bleiben im Bereich der Lokalpopulation oder des Schwarmareals, Dismigration von Jungvögeln z.T. zu anderen Lokalpopulationen bis > 50 km (weiteste Entfernungen innerhalb der Alpen 85 km NNE, 155 km E, 170 km ESE). Außerhalb der Brutgebiete ME nur Ausnahmedaten, die meisten aus 19. Jh. (z.B. Helgoland).

	Best.	Areal	Brutbestand	Jahr	Quelle
A	+/-	=	8.000–16.000	1998–2002	[383]
CH	+/-	=	10.000–15.000	1993–1996	[383]
D	+/-	=	2.000–4.000	1995–1999	[383]
FL	+/-	=	40–50	1998–2000	[383]

Bestandsentwicklung. Große methodische Probleme bei Erfassung sowie erhebliche lokale Bestandsschwankungen in Abhängigkeit von Nahrungsmenge und Verfügbarkeit verschiedener Ressourcen innerhalb der großen Streifgebiete, schließlich hoher Nichtbrüteranteil erschweren Einschätzung langfristiger Entwicklungen erheblich [1369].
Bis Mitte 19. Jh. noch seltener Brutvogel in der Tatra PL/SK., doch inzw. dort Ausnahmegast [3871].
Zwar führt touristische Erschließung zu verbessertem Nahrungs- und Brutplatzangebot, doch Zunahme oder Arealausweitung im Alpenraum nur bis 1970er J. erkennbar oder kaum nachzuweisen [767,1369;A,CH,D:965,1997,2518,3719,3392,3393, 1722,4175; auch F: 1369,4180]. Lokal seit 1950er J. durchaus deutliche Bestandssteigerungen (z.B. in CH-BE) [1369], selten aber auch drastische lokale Abnahmen, z.B. durch Stauwerksbau oder veränderte Müllentsorgung (CH-LU, -VS) [1369, aber 3719]. In NW-E. zeitweilig drastischer Rückgang offensichtlich durch direkte Verfolgung mit verbesserter Ausrüstung [1369]; derzeit aber längerfristige Abnahmen nur in GR, bis Anf. 1990er J. starke Zunahme und Arealausweitung in SLN [1585,1507]; seither fast überall stabil [383].

Siedlungsdichte. Solitär brütend, aber nachbrutzeitlich sehr gesellig. Aufteilung des Areals in Alpen i.d.R. in einzelne Lokalpopulationen mit distinkten Schwarmarealen; z.B. CH auf 16 km^2 26 BP zw. 140 Ind. am Ende der Brutzeit [3108]; Aktionsräume zw. 7.1-16.7 km^2 [1369]. Nur kleinflächig werden Brutdichten von 4-6 BP/km^2, sonst deutlich weniger [3392].

SPEC	VSchRL	Bern.Konv.	Bonn.Konv.
--	--	Anh. II	--
Europ. RL	**RL in ME**		
--	--		

Gefährdungsursachen [1369,196,3719]. Im Gegensatz zu vielen anderen Arten der alpinen Zone wird Alpendohle von touristischer Erschließung eher gefördert. In früheren Jh. weites Umherstreichen zu natürlichen Nahrungsressourcen notwendig, aufgrund touristischer Erschließung alpiner Regionen jetzt oft neue Traditionen an ergiebigen Nahrungsplätzen in Hochlagen, dadurch Ausweichen auf Tieflagen offensichtlich nicht mehr nötig. Dennoch keine starke Bestandszunahme im Alpenraum, daher wohl andere limitierende Faktoren (z.B. Angebot an günstigen Nistplätzen sowie an Höhlen oder Spalten für Gemeinschaftsschlafplätze in Kältemonaten). Durch anhaltende Klimaerwärmung viell. Ausharren in höheren Lagen und Aufgabe bisher genutzter Talschaften. Bedeutende Gefährdungsursachen derzeit in ME nicht erkennbar, meist natürliche Verlustursachen.
Spezifische **Schutzmaßnahmen** nicht erforderlich.

Biotop. Br. in steilen Felswänden, auch mitunter an Gebäuden oberhalb der Baumgrenze; insgesamt mehr Hochgebirgsvogel als Alpenkrähe. Nahrungssuche in der Alpin- und Montanstufe auf Weiden,

Geröllhalden, belebten Gipfelstationen oder Berggasthöfen sowie in der collinen Stufe oder im Talbereich in Siedlungen, auf frisch gemähten Wiesen etc. Aufsuchen bestimmter Nahrungsplätze und Siedlungen oft in jahrzehntelanger Tradition unter völliger Vermeidung anderer, scheinbar günstiger zu erreichender Plätze.

Nahrung. Insekten, vor allem bodenbewohnenden Formen (z.B. Käfer, Grillen, Heuschrecken, Ameisen, Raupen), Spinnentiere, Schnecken, Regenwürmer; mitunter auch kleine Wirbeltiere, gelegentlich auch Jungvögel, ferner Aas (z.B. Fallwild). Im Herbst und Winter hauptsächlich vegetabilisch, z.B. Beeren, Obst, aber auch Knospen, Flechten, Blätter. Heute vielfach nicht nur im Winter Abfälle aller Art und Fütterung an Rastplätzen und in Siedlungen mit Lebensmittelresten.

Stimme. Häufigster Ruf hoch und durchdringend »triii« oder »srriii« bzw. schärfer »zjii«, ferner etwas gedämpfter wie »dschirrr oder »prri« (leicht ansteigend), z.B. als »Begrüßungsgeschrei«; Locklaut »pija« oder »zijup«, auch gereiht, meist verschliffen, fast einsilbig; Kontaktrufe zwischen Partnern auf Distanz mit »wre«-, »wro-«, »wrii«- Lauten, diese individuell erkennbar; Wechselrufen zwischen Partnern. Drohlaut »djüpp«, auch »Drohplaudern«; bei Gefahr schnarrend »chrrr«. Verschiedene geräuschhafte Warnrufe, u.a. anhaltendes, sich auf andere Gruppenmitglieder übertragendes Schnarren. Verschiedene Droh- und z.T. innerhalb der Kolonie tradierte Dominanzlaute, dazu Schnabelknappen beim Drohen. »Plaudergesang« bei der »Gruppenbalz«, aber auch im Winter von Alt- und Jungvögeln. Gelegentlich Imitationen.

Verhalten. Tagaktiv. Läuft mit raschen Schritten auf Boden, Felsgraten oder Hausdächern etc., bei Beschleunigung Hüpfen mit etwas alternierenden Fußbewegungen. Ausgezeichneter Gleitflieger unter Ausnutzung der unterschiedlichen Strömungsverhältnisse an Steilwänden und Hängen, bei Aufwind auch guter Segelflieger; stürzt mit angelegten Flügel in hohem Tempo nach unten oder Steilwänden entlang, dabei Geschwindigkeiten von 200 km/h. Nahrungserwerb ausgesprochen vielseitig, meist am Boden auf kurzrasigen Flächen aber auch in Geröllhalden und Felswänden. Nahrung wird durch Hacken, Untersuchen von Ritzen und Spalten, Stochern, Graben, Zirkeln oder Abheben von kleinen Steinen hervorgeholt; Bodennutzung oberflächlicher als Alpenkrähe. Verstecken von Nahrung in Felsritzen, Baumstümpfen oder an Häusern, Verstecke werden manchmal abgedeckt; Transport der Nahrung im Schnabel. Größere Nahrungsbrocken werden mit einem Fuß fest gehalten. Sozialstruktur nicht ganz geklärt: Ganzjährig zusammenhaltende Paare nur um das Nest territorial; im Sommer meist in kleinen Trupps oder paarweise Nahrungssuche, offenbar Nichtbrüter und Brutvögel häufig in getrennten Arealen; rasche Bildung von größeren Schwärmen mit Anschluss von Nichtbrütern an günstigen Nahrungsplätzen ab dem Ausfliegen der Jungen. Paarverhalten: Füttern des ♀ durch das ♂ auch bei langjährigen Paaren ganzjährig; gegenseitiges Kraulen; paarweises Fliegen in geringstem Abstand; enger Zusammenschluss vor allem zu Beginn der Brutzeit (Partnerbewachung zur Vaterschaftssicherung). Auffällige Gruppenbalz mit Häufung in den Wintermonaten und Beteiligung überwiegend unverpaarter Ind. Zusammenrücken der Ind. eines Schwarms, Schnabel senkrecht nach oben, Laufen mit gesträubtem Halsgefieder und breit am Boden schleifenden ST. Außerhalb der Brutzeit Übernachtung paarweise (BP) oder in Trupps in Felswänden. Im Winter größere Schwärme mit großen, aber offenbar traditionell beibehaltenen Schwarmarealen und Schlaf- bzw. Nahrungsplätzen. Innerhalb der Schwärme soziale Rangordnung (verpaarte ♂ höchste Stellung). Im Winter meist schon relativ früh am Nachmittag Einfliegen in die Schlafplätze.

Fortpflanzung, Brutbiologie [337,1369,767,825, 2226]. Geschlechtsreife in Gefg. vor Ende 2. Lebensjahr, unter natürlichen Bedingungen erste Bruten meist ab 3. KJ. Monogame Dauerehe (bis 7-8 J. Paarzusammenhalt belegt), Umverpaarungen selten (nur wenn ♂ verpaartes ♀ zur Aufgabe ihrer Bindung veranlasst); Bigynie in 1 Fall möglich. **Ankunft am Brutplatz.** Brutplätze werden ab März bezogen, Nestrevier offenbar hauptsächlich vom ♀ monopolisiert, jedenfalls konstanter Nistplatz eines ♀ mit 3 verschiedenen ♂ nachgewiesen; Nistplatzwahl daher wohl durch ♀. **Nest.** Neststand i.d.R. einzeln in für Nesträuber meist unzugänglichen Felswänden in Spalten, Höhlen, Nischen, Grotten unterschiedlichen Ausmaßes, auch in senkrechten Bodenschächten, Mauerlöchern von Ruinen, in Türmen, auf Dachböden, in Tunnels oder relativ frei auf Fels- und Gebäudesimsen, mitunter (aber oft mit geringem Erfolg) auch an Seilbahnstationen; in S-Alpen variablere Nistplätze als Alpenkrähe. Koloniebrüten in Alpen nur bei günstiger

Verteilung der Nistmöglichkeiten denkbar. Einzelne Neststandorte oft über viele J. besetzt. Nest aus Zweigen, Wurzeln etc. mit einer dick ausgepolsterten Mulde aus feinerem Pflanzenmaterial sowie Haaren und auch Federn. Muldendurchmesser 11-13 (15) cm, -tiefe 6-7 cm. Beide bauen am Rohbau, später ♂ nur beim Eintragen beteiligt; Dauer 3-6 d, bei Erstbrütern 9-10 d. **Legebeginn.** In Alpen frühestens ab Mitte April, meist Mitte Mai bis Mitte Juni, deutlich später als Alpenkrähe. **Gelegegröße.** 2-5 (6 nur in Gefg.); z.B. Ø CH Mai$_{11}$ 4.6, Juni$_{6}$ 3.2, Europa$_{50}$ 3.8; Legeintervall 1 (-2) d. **Eier.** Oval, leicht glänzend und rau, Grundfarbe weißlich, lebhaft olivbraun und braun unregelm. gefleckt, am stumpfen Pol gehäuft (von Alpenkrähe nicht unterscheidbar). **Brutdauer.** 18-21 d. Brutbeginn ab 1., 2. oder 3. Ei (selten später); nur ♀ brütet, wird vom ♂ am Nest gefüttert. Juv. schlüpfen asynchron, innerhalb 1-3 d. **Nestlings-/Führungszeit.** Beide Partner füttern, ♀ hudert; Juv. verlassen Nest nach 29-36 (-38) d, kehren aber häufig längere Zeit zum Nestbereich zurück; werden von Eltern, z.T. auch anderen Ad. gefüttert; bleiben bis in Winter im Familienverband. **Jahresbruten.** 1; Ersatzgelege bisher nur in Gefg. belegt. **Ende der Brutperiode.** Führungszeit meist bis weit in Aug. **Bruterfolg.** K-Strategie mit später Geschlechtsreife, niedriger Nachwuchsrate und langer Lebensdauer; Brutgröße in Europa 1-4 (Ø$_{11}$ 2.5 bzw. Ø$_{42}$ 2.6) Juv.; in CH 1.2 Juv./BP (1 J.) bzw. Ø$_{283}$ 1.7 und Ø$_{134}$ 1.9 Juv./erfolgr. Paar; in S-Alpen I 2.9 Juv./erfolgr. Paar; in S-F bei 12 BP in 3 J. 1.4-2.2 Juv./BP und J. (180 Eier ergaben 39% flügge Juv.); 20-25 BP in CH erzeugten jährl. zw. 4-26 (Ø$_{22}$ 14.1) flügge Juv., von 11 beringten Nestlingen starben 5 vor dem Ausfliegen.

Eimaße und -gewichte [1369]: L. 35.0-41.8 mm, B. 24.0-28.4 mm; Ø 38.2 x 26.8 mm (n=111, W-Paläarkt.), 36.6 x 25.8 mm (n=39, CH). Frischvollgew. errechn. 14.1 g. Schalengew. 0.65-0.96 g, Ø 0.83 g.

Sterblichkeit, Alter. In Alpen und W-Balkan im 1. J. um 23 % , später 8–17 %/J., keine Geschlechtsunterschiede [825]. Älteste Ringvögel (CH) 24 J. 5 Monate [q1] und > 21 J. [559]. **Generationslänge:** 7 J. [383].

Mauser. **Postjuvenile Mauser** (Teilmauser) Juli–Sept./Okt.; oft einschließlich Rand- und einigen Mittleren Armdecken [767,1369]. • **Postnuptialmauser** (Vollmauser) (Mai) Juni–Okt. (Mitte Nov.), Vorj. und Nichtbrüter beginnen früher als Brutvögel [767,1369]; Dauer der HS-Mauser ca. 115 d [1369,4155].

Pyrrhocorax pyrrhocorax – Alpenkrähe 15590

Pyrrhocorax pyrrhocorax (Linnaeus 1758)

GB Red-billed Chough **F Crave à bec rouge** **E Chova Piquirroja**

Taxonomie. Acht UA: In Europa *pyrrhocorax* (Linnaeus 1758) (Brit. Inseln), *erythrorhamphus* (Vieillot 1817) (Iberische Halbinsel bis I, Alpen), *barbarus* Vaurie 1954 (Kanaren, NW-Afrika) und *docilis* (S.G. Gmelin 1774) (Balkan bis Afghanistan). Weitere 3 UA im Himalaja-Gebiet (*himalayanus, centralis, brachypus*), *baileyi* in E-Afrika (Äthiopien).

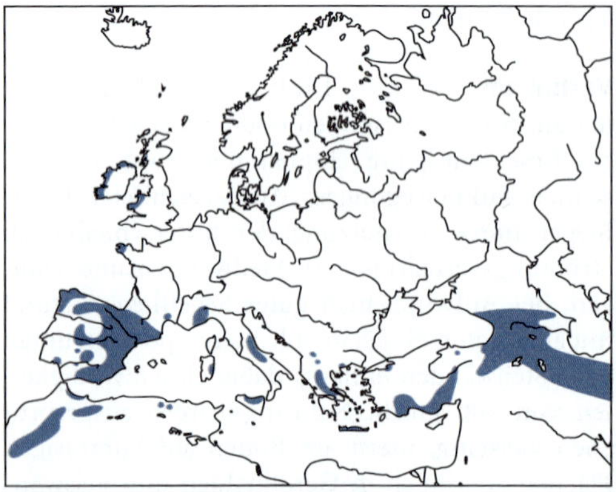

Pyrrhocorax pyrrhocorax – Alpenkrähe

Kennzeichen. [1369,3615,221,3772; weitere **Fotos** in Bird. W. **15**, 310, Dutch B. **22**, 117].

Maße. Gr.: 39-40 cm. Gew.: (GB, Nominatform) ♂ 335-380 g, Ø$_{5}$ 359.8 g, ♀ 285-325 g, Ø$_{6}$ 307.8 g. Fl.spw.: 73-90 cm. Fl.l.: (*erythrorhamphus*) ad. ♂ 284-308.5 mm, Ø$_{4}$ 292.6 mm, ♀ 289, 291 mm; (Nominatform, GB, lebend) ♂ 286-304 mm, Ø$_{7}$ 295.4 mm, ♀ 261-278 mm, Ø$_{7}$ 272.1 mm, (Bälge) ♂ 260-293 mm, Ø$_{15}$ 276.0 mm, ♀ 249-278 mm, Ø$_{15}$ 263.8 mm [1369,3615].

Status. Brut- und Jahresvogel der SW-Alpen; in ME außerhalb Alpenbereich Ausnahmegast, z.B. • **SK.:** ♀ erl. Juli. 1990; weitere Beob. sowie Bruten in Tatra unzureichend belegt [1369; aber 3882]. • **H:** nur noch anerkannt ♂ Dez. 1928 [2438]. • **D:** -BY vereinzelte Meldungen, doch mehrheitlich zweifelhaft [ausführl. 1369]; Helgol. Nominatform Mai 1871 (oder 1872) erl., ferner März 1877 und Apr. 1883 beob. [1369]; weitere Meldungen wohl zu unsicher [1369]. • **CH:** außerhalb Brutgebiet(e) in -VD (früher -GR) nur selten beob., z.B. -FR/-VD 10 Ind. Okt. 1998 [4152,q14]. • **A:** bis 19. Jh. Brutvogel in -K; seither gelegentl. Gastvogel in verschied. alpinen Regionen, in jüngster Zeit z.B. -K je 1 Ad. Okt. 1984 und Feb. 1993; -S 1-2 Ind. Jan./Feb. 1984; -St 1 Ad. Juni 1984; -T 3 Ad. Apr. und Juni 1985 [3129]. In **B** in Kateg. E nach Beob. Nov. 1989 [1677].

Verbreitung und Bestand. Brutvogel in stark aufgesplittertem Areal in gemäßigter und mediterraner Zone und in Gebirgs- und Steppengebieten der S-Paläarktis (und Afrotropis): Gran Canaria, Maghreb, Iberische Halbinsel mit Pyrenäen, SW-Alpen, Küsten NW-F, IRL, Schottland und Wales, I (Abruzzen, S-I, Sardinien, Sizilien), GR (mit Kreta); ferner ± zusammenhängend von Mittelanatolien, Kaukasus bis W-Iran und über mittelasiatische Gebirge und Himalayabogen bis N-China. Ferner Verbreitungsinsel Äthiopien. In ME brütet UA *erythrorhamphus* in kleiner Restpopulation von 40-60 BP in CH-VS auf 1200–1500m NN. Europäischer Gesamtbestand etwa 43.000-110.000 BP, mit Schwerpunkten in TR (10-30 T.), RUS (15-25 T.), AZ (2-20 T.) und E. (10-20 T. BP) (leichter Rückgang) [383].

Wanderungen. Standvogel, Dismigrationen (GB meist <50 km, wenige Beob. in Entfernungen bis 360 km (Orkney) vom nächsten Brutvorkommen) [4064]; in den Alpen Überwinterung in tieferen Lagen (weitester Ringfund 130 km SSW); in S-Europa Standvogel mit gelegentlichen Dismigrationen außerhalb der Brutareale. Junge können im 1. Herbst in Bereiche anderer Lokalpopulationen dismigrieren und sich dann dort ansiedeln.

Bestandsentwicklung. Als Charakterart der europäischen Eiszeitfauna [1369] findet Alpenkrähe ihre speziellen Lebensraumansprüche in Europa aufgrund der rezenten Vegetationsentwicklung nur noch in Teilen der kontinentalen Hochgebirge, den mediterranen Berg- und Hügelländern sowie stark atlantisch beeinflussten Felsküsten [vgl. 1369]. Möglicherweise wegen klimatischer Veränderungen, sicher aber durch anthropogene Einflüsse im 19. Jh. Vielzahl der Vorkommen ME erloschen (N- und E-Alpen und Teile A-K) [1369,3892] sowie in N- und E-GB [1369]. Nach weiteren Rückgängen und Arealverlusten im 20. Jh. als regelm. Brutvogel auch aus Karnischen (A, SLN) und Julischen Alpen (SLN, I) sowie CH-GR verschwunden [1369;2544,4152,3393; ferner aus England, Teilen NW-F sowie aus NW-E. und P, dort u.a. aufgrund direkter Verfolgung: 1369;1087].

	Best.	Areal	Brutbestand	Jahr	Quelle
CH	+/-	=	40–60	1993–1996	[383]

Im verbliebenen Brutgebiet ME, im Ober- und Mittelwallis CH, in letzten drei Jahrzehnten keine gravierenden Bestandsveränderungen [3392,3393], ebenso wenig in SW-GB [1343]. Stabilität der alpinen Restpopulation viell. nur aufgrund Langlebigkeit der Art (vgl. Gr. Brachvogel), oder aber Folge zunehmend milder Winter. Insgesamt in Europa klarer Zusammenhang zwischen Bestandseinbruch und zunehmender Intensivierung der Weidewirtschaft. Anders als opportunistische Alpendohle offenbar nicht in der Lage, anthropogene (Ersatz-)Nahrungsquellen zu nutzen [vgl. auch 3815; zwischenartliche Konkurrenz aber wohl auszuschließen:1369].
In IRL, Wales sowie auf Hebriden und Isle of Man leichte Zugewinne [1343,1369,2861] sowie offenbar Wiederbesiedlungen in Cornwall und auf schottischem Festland [2597; vgl. 1343]. Insgesamt in Europa aber derzeit überwiegend Rückgänge (z.B. F, GR, E., Kanaren), in P und I besonders stark (und verbunden mit Arealverlusten) [1507,1585].

Siedlungsdichte. Solitär oder in lockeren Kolonien brütend; brutzeitlicher Aufenthaltsraum in Alpen ca. 6 km^2, minimaler Nestabstand dort 1 km [1369]. Höchste Brutdichten in Europa auf kleineren Inseln (F, GB) bei 0.75-6.0 BP/km^2; Großflächendichten in GB/IRL zw. 0.03-0.12 BP/km^2, in E. höher mit 0.16-2.7 km^2 und Maximalwerten an Felswänden entlang Flusstälern von 0.7-12.3 BP/km [1369].

Gefährdungsursachen [1369,3892,196,2597]. Veränderung oder Verlust geeigneter Lebensräume, insbesondere von Mager- und Trockenrasen durch (1) Rückgang extensiver Tierhaltung und Weidewirtschaft, vor allem des Wanderhirtentums

zwischen Ebenen und Hochlagen ME, (2) Intensivierung der Weidewirtschaft mit Silagenutzung (einschließlich Düngung); durch zu hohe Weidetierdichte zudem Bodenverdichtung und verringerte Zugänglichkeit der Nahrung; (3) Umbruch in Ackerland, (4) Aufforstung sowie (5) Erschließung und Überbauung. Zudem Verlust wichtiger Arthropodennahrung im Weidetierkot durch Einsatz von Antibiotika und anderen Medikamenten (z.B. Ivermectin bei Rindern).
Direkte Verfolgung (einschließlich Eiersammeln, Sportschießen sowie die Bekämpfung als »Schadvogel«).
Störungen der Nahrungs- und Brutgebiete durch touristische Erschließung und intensive Freizeitnutzung.

SPEC	VSchRL	Bern.Konv.	Bonn.Konv.
3	Anh. I	Anh. II	--
Europ. RL	RL in ME		
--	A: **'RE'**, CH: 'EN'		

Schutzmaßnahmen. Essentiell für Überleben verbliebener Populationen ist Erhalt und Förderung extensiver Weidewirtschaft. Mager- und Trockenrasen-Standorte in Brutregionen müssen zudem geschützt und gravierende Veränderungen durch Umbruch, Aufforstung, Überweidung, touristische Erschließung etc. verhindert werden.
In GB war Einsatz von Nisthilfen in brutplatzarmen, aber ansonsten geeigneten Biotopen erfolgreich.
Besserer und wirksamer Schutz vor direkter Verfolgung.

Biotop. Weniger Hochgebirgsvogel als Alpendohle. Br. an Küstenfelsen im NW des Areals; im Gebirge vor allem in warmen und trockenen Lagen mit kurzzeitiger Schneebedeckung; in SW-Europa und Asien auch Nester unmittelbar in Stadtnähe oder in Siedlungsbereichen, auch in relativ engen Schluchten; im Gebirge vor allem im Nahen Osten und in Asien nicht selten syntop mit Alpendohle. Im Winter weniger an Siedlungen gebunden als jene [vgl. auch 396].

Nahrung. Insekten, vor allem bodenlebende Formen in großer Artenzahl (GB bes. Käfer, Schnakenlarven, Ameisen, Fliegen), Regenwürmer (mitunter in großer Menge), Spinnen, Tausendfüßer etc.; auch gebietsweise Vegetabilien, weniger Aas und Abfälle als Alpendohle.

Stimme. Differenziertes Rufrepertoire. Häufigster Ruf rau und etwas heiser »kijar« oder »kijerr«, sehr charakteristisch; ferner gedehnt »chraah« und kurz »tschaf«, auch dohlenartig »kja«, aggressiv gestimmt »tschrää«. Lock- und Kontaktrufe »chriäää«, »tschiiou« o.ä., Alarm »ker ker ker..«, »krrr« und schrille Rufe »skirri«, »tschriää«. Offenbar Plaudergesang mit trillernden, geräuschhaften und zwitschernden Elementen. Die beiden *Pyrrhocorax*-Arten können akustisch miteinander kommunizieren.

Verhalten. Tagaktiv. Beim Fliegen (oft nahe Felswänden und bei großer Windstärke) wechseln Flügelschläge mit Gleitstrecken. Steig- und Fallflüge (bis zu 100 km/h). Am Boden laufend und hüpfend. Oft auch spielerische Verhaltensweisen. Stärker auf Nahrungssuche am und im Boden spezialisiert als Alpendohle, vor allem auf kurzrasigen Flächen, Weiden, frischgemähten Wiesen, Äckern, Geröllhalden etc. Auflesen der Nahrung, stochern, Umwenden von Laub, Steinen etc. Sondieren im weichen Substrat mit ruckartigen Schnabelbewegungen (ähnlich Wiedehopf), auch Hacken, Zirkeln und Graben. Sozialstruktur offensichtlich ähnlich Alpendohle; Dauerpaare schließen sich ganzes Jahr über locker an Nahrungstrupps an, bleiben aber in Gebieten ohne Zwang zu weiteren Nahrungswanderungen am Brutplatz. Brüten in Kolonien aber auch solitär. Nestumgebung wird verteidigt. Bei der Balz läuft ♂ mit hochgestelltem Schwanz um das ♀. Teilweise Balzfütterungen. Partnerfütterungen durch das ♂ und gegenseitiges Kraulen das ganze Jahr über. Nichtbrütende Tiere in Gruppen. Schwärme im Herbst meist am größten. Beide *Pyrrhocorax*-Arten können gemischte Schwärme und Schlafplatzgesellschaften bilden (bes. in Asien). Rangordnung bei Alpenkrähen nicht sehr stark entwickelt. Gemeinsame Übernachtungsplätze vor allem im Winter in Felswänden, offenbar keine BP darunter.

Fortpflanzung, Brutbiologie [337, 1369, 767, 2226]. Geschlechtsreife ab 2. Lebensjahr, doch unter natürlichen Bedingungen erste (erfolgr.) Bruten frühestens ab 3. KJ; Einj. zeigen schon Paarverhalten, legen (in Gefg.) unfertige Eier. Monogame Dauerehe (Paarzusammenhalt enger als bei Alpendohle); ♀ auch nach Partnerverlust oft nestreviertreu. Bei Nominatform in GB mehrfach Helfer beob. **Ankunft am Brutplatz.** Brutplätze z.T. Ende März/Anf. April bezogen. **Nest.** Neststand auf Simsen, in Spalten, Höhlen oder Nischen von Felswänden, in

Steinbrüchen, an Burgen, Ruinen und Häusern in Mauerlöchern, Fensterluken, (ausnahmsweise Kaninchenbauten oder Nistkästen) etc., manche in erheblichem Abstand zum Eingang in weitgehender Dunkelheit, andere exponierter als bei Alpendohle und gut einsehbar; i.d.R. Einzelnester wie bei Alpendohle, an geeigneten Standorten mitunter auch mehrere näher zusammen. Neststandorte z.T. über viele J. besetzt und alte Nester ausgebessert. Nest aus Zweigen, verholzten Pflanzenstängeln etc. mit dick ausgepolsterter Mulde aus Tierwolle, feinem Pflanzenmaterial, abgestorbenem Gras, Haaren etc., stark miteinander verfilzt (ähnlich Dohlennest). Muldendurchmesser 12 cm, -tiefe 7.5 cm. Beide bauen, ♂ zuweilen mehr; Dauer 2-4 Wochen, Beginn in Alpen etwa 1 Monat vor Eiablage. **Legebeginn.** Anf./Mitte April bis Mitte Mai, mitunter noch im Juni, in S-Alpen deutlich vor Alpendohle; in GB zuweilen schon ab Ende März. **Gelegegröße.** 3-6 (2-7); z.B. Ø CH$_{12}$ 4.4, MA$_{10}$ 4.0, N-GB$_{28}$ 4.4, W-GB$_{49}$ 3.4, GB$_{236}$ 3.88; Legeintervall 1 (-2) d. **Eier.** wie Alpendohle. **Brutdauer.** 21-22 (23) d. Brutbeginn ab 1. oder 2., zuweilen letztem Ei; nur ♀ brütet, wird vom ♂ gefüttert. Juv. schlüpfen asynchron innerhalb 3-5 d. **Nestlings-/Führungszeit.** Beide Partner füttern, ♀ hudert; Juv. verlassen Nest nach 37-40 (41) d, bleiben dann noch > 40 d bei Eltern; bleiben bis in Winter im Familienverband. **Jahresbruten.** 1; Ersatzgelege in manchen Populationen bis Juni/Juli bekannt. **Ende der Brutperiode.** Führungszeit meist bis weit in Aug. (Sept.). **Bruterfolg.** Nicht alle Paare brüten allj.; Stichproben (Totalverluste viell. nicht immer berücksichtigt) Juv./BP und J.: IRL 1.8, Schottland 2.9, Abruzzen 3.7; Juv./erfolgr. BP in Apennin 2.4, S-Alpen I 2.6, E. 3.13-3.31; in GB Gelege Ø$_{236}$ 3.88, Nestlingszahl Ø$_{194}$ 2.70, flügge Juv. bei erfolgr. Bruten Ø$_{410}$ 2.38, ohne Totalverluste liegen Eiverluste bei 20%, Nestlingsverluste bei 12%, Ausfliegerate bei ca. 61% (auf Islay 42%, IRL ca. 76%). Verluste u.a. durch starken Befall mit Rotwurm *Syngamus trachea*, in E. auch Parasitismus durch Häherkuckuck.

Eimaße und -gewichte [1369]**:** L. 36.5-44.1 mm, B. 27.8-29.7 mm; Ø 41.1 x 28.4 mm (n=27, CH). Frischvollgew. errechn. 16.2 g bzw. 17.2 g. Schalengew. 0.89-1.15 g, Ø$_{46}$ 1.02 g. (Nominatform) L. 34.0-42.0 mm, B. 24.6-29.5 mm; Ø 39.4 x 27.9 mm (n=100, GB).

Sterblichkeit, Alter. GB Sterblichkeit im 1. J. nach Ausfliegen 75–85% geschätzt mit Gipfel im 1. Herbst. Ältester Ringvogel mind. 17 J. (brütete noch erfolgreich im 17. J.); das letzte Paar in Cornwall ist offenbar mind. 27 J. alt geworden. **Generationslänge:** 7 J. [383].

Mauser. **Postjuvenile Mauser** (Teilmauser) Juni/Juli–Sept./Okt.; umfasst auch Rand- und Mittlere Armdecken [767,1369]. • **Postnuptialmauser** (Vollmauser) Mai/Juni–Ende Aug./Okt. [767], ♂ beginnen etwas früher als ♀ [1369]; Dauer > 150 d [767,4155].

Pica pica – Elster 15490

Pica [pica] pica (Linnaeus 1758)

(GB) (Eurasian) Magpie **(F) Pie bavarde** **(E) Urraca**

Taxonomie. 21 beschriebene UA, davon vier gering differenzierte, klinal variierende Formen in Europa: *pica* (Linnaeus 1758) (größter Teil Europas), *fennorum* Lönnberg 1927 (N-Skandinavien nach E), *bactriana* Bonaparte 1850 (UA., RO nach E) und *melanotos* A.E. Brehm 1857 (Iberien). Die Allospeziesgrenzen innerhalb der *P. [pica]* -Superspezies sind bisher nicht befriedigend gezogen. Eindeutig lässt sich die gelbschnäblige *P. nuttalli* (Zentral-Kalifornien) abgrenzen, die nach mtDNA-Befunden mit *P. (p.?) hudsonia*, dem nordamerikanischen Vertreter der holarktisch verbreiteten schwarzschnäbligen Gruppe nächstverwandt ist [vgl. 982]. Die Paraphylie dieser schwarzschnäbligen Gruppe im mitochondrialen Genstammbaum [2270] ist indes kein hinreichender Grund, *P. hudsonia* auf Artniveau abzutrennen [z.B. 80b], zumal vor allem phänotypische Unterschiede minimal sind. Am ehesten dürfte noch die SW-arabische *P. (p.) asirensis* Allospeziesstatus erreicht haben, die in den Rufen und in Gefiedermerkmalen sehr deutlich von den anderen Taxa abweicht [982].

Kennzeichen. [2419,982,1369,221,3772,3615; weitere **Fotos** in Dutch B. **25**, 108-112, (*mauretanica*) Bird. W. **6**, 451].

Maße. Gr.: 44-46 cm. Gew.: (D-SN) ad. ♂ 185-247 g, Ø$_{143}$ 221.1 g, juv. ♂ 182-245 g, Ø$_{82}$ 212.3 g, ad. ♀ 161-240 g, Ø$_{136}$ 191.1 g, juv. ♀ 156-235 g, Ø$_{122}$ 185.4 g. Fl.spw.: 52-60 cm. Fl.l.: (CH) ad. ♂ 190-206 mm, Ø$_{8}$ 198.3 mm, juv. ♂ 190-198 mm, Ø$_{5}$ 193.6 mm ad. ♀ 176-194 mm, Ø$_{16}$ 184.0 mm, juv. ♀ 175-196 mm, Ø$_{14}$ 186.4 mm [1369,3615].

Status. Verbreiteter, sehr häufiger Brut- und Jahresvogel (fehlt in Hochlagen der Alpen sowie gebietsweise in der intensiv genutzten Feldflur); sehr häufiger und regelm. Gastvogel.

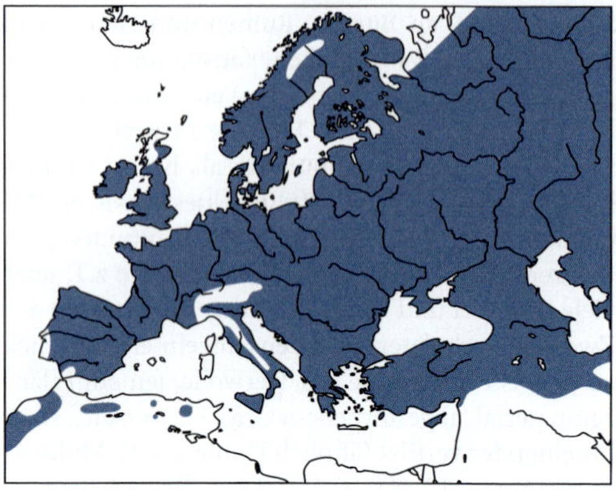

Pica pica – **Elster**

Verbreitung und Bestand. Brutvogel in mehreren Formen in borealer, gemäßigter und mediterraner Zone der Paläarktis; nahe verwandte Formen in N-Amerika [982] sowie in Steppen- und Wüstenzone der Zentralpaläarktis und tropischer wintertrockener Zone der Orientalis. Im W vom Maghreb (z.T. selten, z.B. TN) und N-Rand Mittelmeer (abgesehen von Sizilien nicht mehr auf großen Mittelmeerinseln) bis Schottland, Nordkap, Kola-Halbinsel und obere Petschora; weiter E unterer Ob und Jenissej, dann zurückweichend bis Amurmündung, aber wieder Anadyr-Gebiet und Kamtschatka; im S von SE-Anatolien über N-Irak bis S-Iran und Pakistan (davon getrennt Inselareal im SW Arabische Halbinsel); fehlt in Vorderindien, Tibet und zentraler Mongolei; in E-Asien nach S bis Vietnam einschließlich Taiwan. In ME sehr häufiger Brutvogel des Tieflandes bis mind. in colline Stufe mit geringen Dichten in stark bewaldeten Mittelgebirgslandschaften, dabei Nominatform mit Brutgebiet von NW-D nach E bis PL und SE bis Ostalpen sowie UA *galliae* in B und CH (ferner F, I und GR); dazwischen breite Intergradationszone. In Alpen z.T. erst in neuester Zeit Eindringen in höhergelegene Tallandschaften und Versuche der (oft nur vorübergehenden) Ansiedlung an Almen und Bergstationen; CH bis 1200 m flächig verbreitet, lokal bis 1800 m, höchste Brutplätze 2000 m; A-V höchster Brutnachw. 1700 m; D-BY Nordalpen bis 900, lokal > 1000 m und einzelne Brutversuche > 1200 m; SK. 1500 m ü.M. Gesamtbestand in Europa zw. 7.5 - 19 Mio. BP, größte Population in RUS (1-5 Mio.), > 1 Mio. BP in F und TR, > 500 T. BP zudem in BY, BG, RO, E. und GB (insgesamt leichter Rückgang); in ME brüten etwa 0.6-1.5 Mio. BP [383].

Wanderungen. Standvogel, Dismigrationen, in Fennoskandien ausnahmsweise bis 200 km (FIN weitester Fund bis 450 km, hier auch mitunter zugähnliche Bewegungen bes. im Küstenbereich nach S und SW, z.B. bis DK); Meeresstrecken werden aber i.d.R. nicht überflogen; auch in ME und W-Europa kaum Funde > 50 km (Ausnahme z.B. je 1mal von DK 471 km, FIN 450 km und F 330 km). Überwinterung also im Brutareal und meist in Nähe der Brut- und Geburtsorte, mitunter vor allem im Herbst Ind. außerhalb des Brutvorkommens, z.B. oberhalb der Baumgrenze in den Alpen. GB: Mittlere Entfernung zwischen Geburtsnest und 1. Winteraufenthalt 323 m, in 68% der Fälle überschnitten sich Streifgebiete der Jungen mit Revieren der Eltern; Ø Entfernung zw. Streifgebieten des 1. und 2. Winters 244 m, Ø Entfernung Geburtsnest und Nest des 1. Brutversuches 425 m; keine signifikanten Unterschiede zw. den Geschlechtern; Nichtbrüter auch im 2. J. keine größeren Dismigrationen; individuelle Nestabstände zw. einzelnen J. ♂ 15 m, ♀ 27 m [998]. In anderen Populationen (z.B. NL) dispergieren ♀ etwas weiter als ♂.

Bestandsentwicklung. Veränderungen der Verbreitung und langfristige Bestandstrends hauptsächlich durch Ausmaß menschlicher Verfolgung bestimmt [767,1369,2471]. Nach Bestandstief und Aufgabe vieler Brutgebiete bis Anf. 20. Jh. infolge intensiver Verfolgung nachfolgend vielerorts deutliche Bestandssteigerung und Arealrückgewinnung, z.T. noch anhaltend [ME: 196,843,965,1369,3392, 3636,3867; GB: 1343,2471,384] und - wohl z.T. klimabedingt – auch höhere Lagen (erneut) erfassend, z.B. Ende 1960er J. Wiederbesiedlung Engadin CH [2544,3392].

Allgemeine Zunahme in jüngerer Zeit in weiten Teilen ME vor allem auf Ausweitung in städtischen Gebieten oder in Umgebung bebauter Flächen zurückzuführen, wo Elster in erheblichem Maße von fehlender menschlicher Verfolgung, geringerem Prädationsdruck und ganzjährig hohem Nahrungsangebot profitiert [1141,1486,1806,2109,2278, 3089,1369,1137,2772,196,310]; bes. spektakulär war Bestandszunahme in Warschau seit Besiedlung in 1950er J. auf 800-1200 BP [2406,3871]; starke Zunahmen auch in anderen urbanen Bereichen ME [1369,3636,1,3638,3871,2061,260,4046,2896].

	Best.	Areal	Brutbestand	Jahr	Quelle
A	+/-	=	8.000–16.000	1998–2002	[383]
B	+/-	=	20.000–100.000	2001–2002	[383]
CH	↑	=	20.000–40.000	1993–1996	[383]
CZ	↑	+ 1	50.000–100.000	2000–2002	[383]
D	+/-	=	180.000–500.000	1995–1999	[383]
FL	+/-	=	30–50	1998–2000	[383]
H	+/-	=	64.000–89.000	1999–2002	[383]
L	↑	=	8.000–10.000	2001	[383]
NL	↓	=	40.000–60.000	1998–2000	[383]
PL	↑	+ 1	200.000–500.000	2000–2002	[383]
SK	↑	+ 1	30.000–60.000	1995–1999	[383]

Im Gegensatz zu Siedlungsflächen stagnierten gleichzeitig Populationen im (intensiv genutzten) ländlichen Raum, inzwischen dort sogar auf weiten Flächen z.T. drastischer Rückgang durch erhöhte Konkurrenz mit Rabenkrähe, stärkere Verluste durch Habicht und oft verstärkt durch anhaltende oder auflebende Verfolgung [1137,1369,3268,1719, 1722,310,3638,3438,3089,4174,3185,2431, 260,251; auch GB:1343]. Zudem in manchen Siedlungsbereichen in 1990er J. ebenfalls stagnierende Bestandszahlen mit Umsiedlungen [Plateauphase erreicht, z.B. 2278,2428,2114,251,2110] oder gar Abnahmen [2430,3495,1]. Gebietsweise Gesamtbilanz deutlich negativ [383; Tabelle], in NL in 1990er J. insgesamt Abnahme um >50% [3638].

Siedlungsdichte. Lokale Populationen setzen sich zusammen aus Revierpaaren und meist 1–2-jährigen Nichtbrütern (»floaters«), die jahrweise 20–50% der Ind. ausmachen können (z.B. GB). Reviergröße GB Ø 4.9 ha, Dauerreviere NL 3–9.5 (Ø 5.8) ha, nur zeitweilig besetzte weniger gute Reviere 2.5–11 (Ø 6) ha [337], genutztes Areal (home range) in S-D allerdings 10-33 ha [2430]. Mitunter auch kolonieartige Zusammendrängung von Nestern, daher Dichteangaben für Kleinflächen unsicher [vgl. Diskussion in 1722,2110]. Großflächendichte (> 100 km^2) zw. 0.1 – 3.8 Rev./km^2 [vgl. Tab. 59 in 337 und Tab. 135 in 1722], in Großstädten ME ca. 6 - 13.6 Rev./km^2 [2406]; auf kleineren Probeflächen (1-100 km^2) bis max. 11.7 BP/km^2 und in Städten (< 300.000 Einwohner) max. bis 21 BP/km^2 [2406,2430,260,1722].

Gefährdungsursachen [1369,196,2061,1037,2431, 2430]. Verfolgung durch Menschen.
Intensivierung und Monotonisierung der Landwirtschaft mit Verlust von Feldgehölzen und anderer Deckung bietender Strukturen, Umbruch von Grünland sowie Anbau (und Düngung) schnellwüchsiger Gräser und Getreidesorten, die Nahrungssuche am Boden erschweren.
Hohe Belastung mit Umweltgiften (Biozide, Schwermetalle).
Natürliche Ursachen: (1) Konkurrenz mit Aaskrähe, zunehmend sowohl bei Ausbreitung in städtische Bereiche als auch bei Nahrungsengpässen in der Feldmark; (2) Verluste durch Greifvögel, Musteliden, Katzen sowie größere Corvidenarten.

SPEC	VSchRL	Bern.Konv.	Bonn.Konv.
--	II-2	Anh. III	--
Europ. RL	**RL in ME**		
--	--		

Schutzmaßnahmen. Spezifische Maßnahmen – abgesehen vom Stopp der biologisch nicht zu rechtfertigenden Verfolgung durch den Menschen (v.a. Jäger) – nicht erforderlich. Förderlich wäre reicher strukturierte Agrarlandschaft sowie Extensivierungsmaßnahmen.

Bestandsregulierung von Rabenvögeln. Elster und Aaskrähe sind in unserer Gesellschaft beliebte Opfer einer bis weit in »Vogelschützer«kreise reichenden Doppelmoral. Während Nest- und Gelegeraub oder Prädation ausgeflogener Vögel bei Bilchen, Eulen, Greifvögeln, beim Buntspecht u.v.a. meist als natürlicher Vorgang akzeptiert werden, und dies oft auch für Hauskatzen gilt, denen allein in D alljährlich Millionen von Vögeln zum Opfer fallen [171; vgl. auch GB: 677], soll Elstern und anderen Corviden diese – auf kurzen Zeitraum des Jahres beschränkte – zusätzliche Nahrungsquelle verwehrt bleiben. In den allermeisten Fällen werden Einzelbelege von Nestprädation unkritisch gleichgesetzt mit Bestandsgefährdung der betroffenen Art. Quantitative Abschätzungen der tatsächlichen Folgen für die Bestandsentwicklung sind dagegen kaum bekannt. Entscheidend ist doch, ob die Elster für eine solch hohe Zahl von Ei-, Nestlings-, Jung- oder Altvogelverlusten verantwortlich zeichnet, dass dadurch Bestände betroffener Vogelarten abnehmen oder gar ernstlich gefährdet würden. Die negativen Einwirkungen auf kleinere Singvogelarten müssten demnach bei wachsenden Bestandszahlen der Rabenvögel deutlich steigen. Aber Abnahmen der ohnehin nur opportunistisch von ihr erbeuteten Vogelarten werden nicht durch Zunahmen der Elster ausgelöst [vgl. 2723,191,4157, 2108,2109,2110,2061,2431,2430,1722; für GB und S.: 384,1386,265]; vielmehr steigen Bestandszahlen untersuchter Singvogelarten bei wachsenden Elsterbeständen oft ebenfalls [1386,2108,2109], oder Abnahmen sind überregional und nicht mit Zunahme der Elster korreliert [2431,265]. Bisher nur eine Untersuchung (Stadtpopulation in GB mit außergewöhnlich hoher Elsterdichte von 2.5-4.9 BP/10 ha), bei der negativer Einfluss der Prädation auf Bruterfolg - der Amsel - belegt ist [1446].

Es kann nicht oft genug betont werden, dass unter naturnahen und den Anpassungen entsprechenden Umweltverhältnissen kein Räuber ökologischen Schaden bei einem Beutetier anrichten kann, das in seiner Fruchtbarkeit, aber auch in vielen anderen Antiräuber-Strategien auf diese Verluste angepasst ist [200,1037]. Ernsthafte Beeinträchtigungen von Vogelbeständen dagegen nur, wo andere schädigende Faktoren wirksam sind [dann meist auch Rabenvögel betroffen, 2061]. Eine nachhaltige Verringerung von prädationsbedingten Bestandsreduktionen liegt immer im ökologischen Ansatz, nämlich Verbesserung der Lebensbedingungen für Beutetierpopulationen, die auch geringere Abhängigkeit der Beutegreifer von einer Beutetierart einschließen [196,2431].

Elster und Aaskrähe dürfen nicht als Sündenböcke für eine vom Menschen geschädigte Umwelt herhalten, in der bei einigen Singvogelarten kein ausreichender Bruterfolg mehr möglich ist. Die Zahl der Rabenvögel ist an ökologische Bedingungen eines Lebensraumes angepasst und abhängig von intraspezifischer Territorialität, vorhandenen Ressourcen (insbes. sichere Neststandorte), interspezifischer Konkurrenz, Ausweichmöglichkeiten bei ungünstigen Bedingungen sowie Prädationsdruck [vgl. auch 3185]. Zusätzliche Regulation der Rabenvögel durch Menschen entbehrt daher nicht nur ökologischer Grundlage, sondern ist zudem unsinnig, da Eingriffe häufig eine Erhöhung der Fortpflanzungsrate zur Folge haben, und zudem gefährlich, da von den Maßnahmen auch andere Arten betroffen sein können [1037,2430]. Dies gilt insbes. beim Einsatz von Gift [2061] oder beim Ausschießen von Nestern, die oft auch von bedrohten Arten genutzt werden (vgl. auch Rabenkrähe). Schließlich sind wissenschaftlich überprüfbare Schäden durch Elster oder Rabenkrähe nirgends belegt [1567].

Biotop. Br. lichter, buschreicher Wälder mit offenen Stellen bis zu offenen Landschaften mit wenigen Büschen von ausgesprochenem Steppencharakter; in ME Optimalbiotope mit ausreichend Deckung durch Büsche und Bäume in Kombination mit niedrig bewachsenen oder vegetationsfreien Flächen zur Nahrungssuche, etwa halb offenes bis offenes Kulturland mit Baumgruppen und -reihen, Gebüschgruppen, bevorzugt in Wassernähe oder an Feuchtstellen; Innenbereiche geschlossener Wälder und enge Taleinschnitte werden gemieden; Brutplätze vor allem lichte Auwälder und gewässerbegleitende Gehölze, Alleen, Feldgehölze, Waldränder, Obstgärten, Heckenlandschaften und zunehmend Parkanlagen, Gärten, Straßenbäume im Siedlungsbereich. Für erfolgreiche Einwanderung in Städte ist vor allem das Angebot an Bäumen maßgebend und relativ geringer Räuberdruck, ferner Abwanderung nach Ausräumung der modernen Agrarlandschaft. Außerhalb der Brutzeit in ähnlichen Gebieten, oft noch häufiger im Bereich menschlicher Siedlungen.

Nahrung. Im Sommer vor allem bodenbewohnende Wirbellose, die auch den Hauptanteil der Nestlingsnahrung stellen, bes. Insekten und deren Larven (Schnakenlarven, Käfer, Raupen, Fliegen), Regenwürmer (oft hohe Anteile), Spinnen. Im Winter vor allem vegetarisch, z.B. Sämereien und Getreidekörner, viele Beeren (z.B. Berberitze, Holunder, Eberesche) und Früchte. Das ganze Jahr über Abfall und Aas, auch an Futterstellen; ferner kleine Wirbeltiere (z.B. Jungvögel, Wühlmäuse) und Vogeleier.

Stimme. Am häufigsten lautes, hartes Schäckern, etwa »schräk-äk-äk-äk-äk-äk...«, sehr gut durch Schütteln einer Streichholzschachtel nachzuahmen; auch zweisilbig oder sehr schnell und dann verschmelzend. Daneben viele, geräuschhafte, aber auch klare pfeifende Rufe mit unterschiedlicher Bedeutung und Interpretation, z.B. »tschi-uk«, »pi-ak« oder kurz »tschuk« (»Bettelruf«), aggressiv rau »tschurrch«, ferner weniger laut »ek« oder hoch »ki-jak«, auch nur »kik«, schrill »kirr« oder nasale Laute. Gesang beider Partner am häufigsten vor

Eiablage im Paarkontext, auch wechselseitig: variables, verhalten gurgelndes Schwätzen mit Rufelementen, pfeifenden und nasalen Lauten, auch Fremdimitationen und Folgen von Doppelelementen wie »kra…wäi…keka…wriä.« etc.

Verhalten. Tagaktiv. Flug mit raschen Flügelschlägen, oft durch kurze Gleitphasen unterbrochen; rasches Abtauchen und Herunterstoßen mit halb geschlossenen Flügeln. Läuft und hüpft auf Boden und Bäumen, alternierende Fußbewegungen bei Eile. Nahrungssuche vor allem am Boden gelegentlich auch auf Bäumen. Absuchen der Vegetation, Sondieren, Stochern und Graben im weichen Untergrund; Fang von Fluginsekten z.B. durch laufende, hüpfende oder fliegende Verfolgung über kurze Strecken. Kleptoparasitismus kommt vor [2558]. Das ganze Jahr Anlage von Vorräten obwohl nur für wenige d, so gut wie ausschließlich im Boden auf kurzrasigen Flächen. Mit dem Schnabel wird Boden aufgegraben, die Nahrung aus dem Schnabelraum in das Loch entleert und mit Stein, Zweigen oder altem Gras abgedeckt. Wiederfinden offenbar durch ausgezeichnetes Ortsgedächtnis. Vorratsplätze über das Revier (bei Juv. über das Streifgebiet) verteilt. Ganzjährig territorial (z.T. auch lebenslang), Reviergrenzen sind nicht starr während des Jahres und von Jahr zu Jahr Verschiebungen möglich. Kernbereiche aber immer konstant [385]. Revierverteidigung unterschiedlich intensiv; Anstieg während Nestbau und Abfall nach Eilegephase (Verhinderung außerehelicher Kopulationen) [384]. Selten fremde Junge im Nest (nicht vom Paar-♂). Vorübergehend schließen sich Revierpaare auch herumstreifenden Trupps an. ♂ verteidigen Reviere intensiver, ♀ assistieren, vor allem gegen eindringende ♀. Erstklassige Reviere besonders heftig umkämpft. Alleinstehende ♂ können ihr Revier halten, ♀ nicht. Vor Reviererwerb und Brutbeginn leben nichtbrütende Ind. in lockeren Trupps von 10–50 Ind. in wechselnder Zahl, mit Dominanzhierarchie (♂ dominant über ♀, jedoch innerhalb eines Geschlechts keine Dominanz). Während der fertilen Periode werden ♀ vom ♂ möglichst eng begleitet (»Partnerbewachung«). Danach ergreift ♂ jedoch jede Möglichkeit, ein fremdes ♀ zu begatten. Bei der Paarbildung läuft oder hüpft ♂ in engen Kreisen um das ♀; Paarbindungsverhalten u.a. gegenseitiges Gefiederkraulen, Schnäbeln und Balzfüttern. Während der Balz teilweise auch langsame Paarflüge zu beobachten. Kopulationen relativ selten (ca. 3 Kopulation/Gelege). Bei Verlust eines Partners rascher Ersatz möglich. Lärmende Versammlungen sind Auseinandersetzungen territorialer und revierloser Tiere um das Revier oder Teile davon. Revierpaare übernachten einzeln oder zusammen mit dem Partner; in einigen Gebieten scheinen regelm. Nestanfänge als »Schlafnester« benützt zu werden. Gemeinsame Übernachtung nichtbrütender Ind. (bis 600) im Winterhalbjahr.

Fortpflanzung, Brutbiologie [337,1369,767,1722, 1397,2428,2430]. Geschlechtsreife ab 1. Lebensjahr, aber nur Teil brütet im 2. KJ (z.B. GB ♂/♀ 31/49% nach 1 J. (in Europa 12.5-54%/28-57%), 56/46% nach 2 und 13/5% nach 3 J.; Ø Alter bei Erstbrut ♂ 1.6, ♀ 1.4 J.). Monogame Jahresehe, bei meisten Vögeln Dauerehe (bis 8 J. Paarzusammenhalt nachgewiesen); Umverpaarungen vor allem in ungünstigen, peripheren Revieren, bei ausbleibendem Bruterfolg oder bei Partnerverlust. Echte Bigynie wohl nicht belegt; versuchte Fremdkopulationen häufig. **Ankunft am Brutplatz.** Reviergründung und Paarbildung entweder innerhalb der Nichtbrütertrupps oder durch Nachrücken eines Nichtbrüters nach Partnerverlust bei einem Revierpaar (offenbar selten während der »Frühjahrsversammlungen«), mitunter auch Eindringen in Revier nach der Eiablage der Revierinhaber bei nachlassender Verteidigungsbereitschaft (dann allerdings meist keine Brut mehr); auch solitäre Ind. haben Chance auf Ansiedlung. Im Winter Paarbindungen locker. **Nest.** Wahl durch beide. Neststand auf Bäumen, in Büschen und Hecken (dann oft in Dornsträuchern), oft gut versteckt, aber auch weithin sichtbar; in ausgeräumter Kulturlandschaft und Städten zunehmend auch auf Leitungs-/Gittermasten und an/in verlassenen Gebäuden (ganz selten am Boden oder in »Höhlen«); auf Bäumen entweder vom Stamm entfernt im Wipfelbereich auf Seitenzweigen oder in kräftigen Astgabeln; Bodenhöhe 1-30 m; z.B. Rhl. 210 Laubbäume, 136 Dornsträucher, 82 Obstbäume, 26 Nadelbäume, Ulm D-BW Laubholz 474, Nadelholz 237. Nest kugeliger Bau aus Zweigen und kleinen Ästen mit einer Lehmmulde und meist (NL z.B. 77%) einem Dach bei seitlichem Eingang; bei Erstbrütern kann Dach fehlen und Bau sehr nachlässig sein, im anderen Extrem Dach so dicht, dass Eier von oben nicht zu sehen sind. Beide Partner bauen, zunächst Plattform aus Zweigen und Ästen, dann Eintragen von Schlamm- und Erdklumpen zur Verankerung, anschließend Weiterbau mit Ästen und Zweigen, die zuletzt das Dach ergeben, das durch Hochstoßen von Nistmaterialien der Seitenwände entsteht, auch durch

Auflegen von Zweigen auf Äste des Trägerbaumes; schließlich Anlage der Mulde aus Schlamm und Erde, die mit Haaren und feinem Pflanzenmaterial vollständig ausgekleidet wird. Nesthöhe ohne Haube 35-62.5 cm, Muldendurchmesser 15-21.5 cm, -tiefe 9-16 cm. Dauer 7-9 d (nach Unterbrechungen bei sehr frühem Beginn bis 2 Monate). Alte Nester in Siedlungs- und offenen Kulturlandbiotopen nicht selten wiederbezogen und nur ausgebessert (z.B. DK 23-27%). **Legebeginn.** Oft witterungsabhängig ab letzte Märzdekade, meist April bis Mai; z.B. in NL Ø 1. Ei in 2. Aprildekade; Beginn in Stadt früher als außerhalb (höhere Temperaturen, früheres Angebot an Wirbellosen, alte Nester häufiger wiederbezogen); letzte Beginne Anf. (Mitte) Juli. **Gelegegröße.** 5-7 (2-9, selten mehr, z.B. Maikäferflugjahre CH bis 10; in S-D 11 bzw. 14); z.B. Ø NL$_{35}$ 5.7-6.7, Rhl. April$_{74}$ 6.3, Mai$_{31}$ 5.6, D-BW$_{291}$ 6.6, NL$_{107}$ 5.7, NL$_{122}$ 6.2, EST April$_{148}$ 7.1, Mai$_{24}$ 6.3, GB Ø 5.5 – 6.3, Erstbrut bei ♀ bis 3 J. 4.9, > 3 J. 5.7; Stadt 5.8, Land 6.2 Eier. Kalendereffekt, Nachgelege meist kleiner. Legeintervall 1 d. **Eier.** Meist oval, mäßig glänzend, variabel, meist Grundfarbe grünlich bis weißlich, dicht hell- bis dunkelbraun feiner oder gröber gefleckt, mit hellgrauen Unterflecken. **Brutdauer.** 17-19 (-22) d. Brutbeginn bei kleinen Gelegen ab letztem, sonst ab dritt- oder vorletztem Ei, bei Ersatzbruten oft nach 1. Ei; ♀ brütet, wird vom ♂ am Nest gefüttert. Juv. schlüpfen innerhalb 1-4 d. **Nestlings-/Führungszeit.** Beide Partner füttern (anfangs hauptsächlich ♂), ♀ hudert; Juv. verlassen Nest frühestens nach 22-30 (-36) d (in N. bei Altersunterschieden < 1 d Ø$_{5}$ 30.2 d, von 1-3 d Ø$_{15}$ 33.9 d; abhängig von Neststandort, Witterung und Nahrungsangebot); werden nach Ausfliegen noch etwa 4 Wochen von Ad. gefüttert (in N. bis 6 Wochen), halten sich z.T. bis in den Winter im Elternrevier auf und stehen z.T. noch in engem Kontakt mit den Elterntieren. **Jahresbruten.** 1; bis zu 4 Ersatzgelege (meist in einem anderen Nest) möglich. **Ende der Brutperiode.** In meisten Fällen im Aug., spätestens Sept. **Bruterfolg.** Viele Totalverluste durch andere Corviden, vor allem Aaskrähe sowie durch Mensch. Nach Stichproben in D 1.6 Juv./BP und J.; NL ca. 70% der Revierpaare legten Eier, 55% mit Ausfliegeerfolg, 1.4 Juv./BP und J. bzw. 2.6 Juv./erfolgr. Paar; in PL 51% von 412 Brutversuchen erfolgreich. In GB erfolgreiche Gelege (mind. 1 Juv.) bei ♀ bis 3 J. 20% gegenüber 42% bei ♀ über 3 J.; 60% der ♂ bzw. 40% der ♀ völlig ohne Nachwuchs; in manchen Gebieten nur 0.6-0.9 Juv./BP und J., weitgehend abhängig von Entfernung zum nächsten Rabenkrähenrevier (geringerer Ei- und Nestlingsverlust in der Stadt bei allerdings kleineren Gelegen; dabei überdachte Nester erfolgr. als unüberdachte), andere Stichproben z.B. 0.6-1.3, 1.8 bzw. 1.6 Juv./BP und J.; insgesamt Bereich von 0.8-2.5 flügge Juv./Paar und J. (viele Angaben aber ungenau); in Ulm -BW Erfolg von Feldelstern signifikant höher als von Stadtelstern [vgl. 2428]. Qualität von ♂ und ♀ wirkt sich sehr unterschiedlich auf Bruterfolg aus [1387].

Eimaße und -gewichte [1369]: L. 26.2-40.1 mm, B. 20.7-28.0 mm; Ø 33.4 x 23.7 mm (n=256, CH), 33.3 x 23.6 mm (n=230, D-BW), 33.7 x 23.6 mm (n=658, CS), 34.4 x 23.7 mm (n=491, NL). Frischvollgew. 7.91-11.6 g, Ø$_{195}$ 9.94 g bzw. 8.2-11.7 g, Ø$_{44}$ 10.2 g. Schalengew. 0.422-0.726 g, Ø$_{405}$ 0.584 g bzw. 0.43-0.725 g, Ø$_{195}$ 0.599 g.

Sterblichkeit, Alter. Europa nach Ringfunden im 1. J. 69%. Für urbane Br. (GB) 44 % im 1. J., in Folgejahren 30 %, 24 %, 32 %, 46 %, 86 % berechnet [3797]. GB Adultsterblichkeit ♂ 25 %, ♀ 40 %; 13.3 % der beringten Nestlinge überlebten bis zum 1. Brutbeginn; Sterblichkeit zwischen 1. und 2. Herbst (Sept.) 44 %; saisonale Sterblichkeit offenbar im Frühjahr (Konkurrenz um Reviere) bes. hoch; Erstjahressterblichkeit negativ mit Dichte korreliert. Älteste Ringvögel 15 J. 1 Monat, 14 J. 11 Monate, mind. 2 mal > 10 J.; Gefg. 28 J. **Generationslänge:** 4 J. [383].

Mauser. Postjuvenile Mauser (Teilmauser) (Juni) Juli–Sept./Okt.; einschließlich meist allen Großen Armdecken, selten einigen Schirm- und mittleren Steuerfedern [767,1356]. • **Postnuptialmauser** (Vollmauser) beginnt z.T. bereits während der Jungenaufzucht, Juni/Mitte Juli–Sept./Okt. (Nov.); vorj. Nichtbrüter und ♂ mausern früher als Ad. bzw. ♀ [767,1369].

Garrulus glandarius – Eichelhäher 15390

Garrulus glandarius (Linnaeus 1758)

(GB) **Acorn Jay** (F) **Geai des chênes** (E) **Arrendajo**

Taxonomie. Von über 60 beschriebenen UA sind etwa 35 haltbar [1599N], die sich in mind. 6-8 deutlich differenzierte UA-Gruppen gliedern lassen und hauptsächlich in Kopf-, Flügelzeichnung und Irisfarbe unterscheiden [vgl. 767,2419]. Die neun in Europa vorkommenden UA gehören alle zur *glandarius*-Gruppe mit hellem, gestricheltem Scheitel; sie sind gering differenziert und vielleicht am besten zu einer UA zu vereinigen: *glandarius* (Linnaeus 1758) (N-Europa und ME) geht klinal in andere kontinentale Formen über: *rufitergum* Hartert 1903 (Bretagne, Brit. Inseln), *lusitanicus* Voous 1953 und *fasciatus* (A.E. Brehm 1857) (Iberien) sowie *albipectus* Kleinschmidt 1920 (I, Balkan), ferner *cretorum* Meinertzhagen 1920 und *glaszneri* Madarász 1902 auf Kreta bzw. CY.
Mögliche Genflussbarrieren zwischen den UA-Gruppen, von denen einige Allospeziesstatus erreicht haben könnten, sind bisher nicht genauer untersucht worden.

Kennzeichen. [1369,3615,221,3772; weiteres **Foto** in Brit. B. **95**, 243].

Maße. Gr.: 34-35 cm. Gew.: (CH, Sept-Jan.) ad. ♂ 170-210 g, $Ø_{17}$ 185 g, juv. ♂ 147-195 g, $Ø_{21}$ 173 g, ad. ♀ 140-188 g, $Ø_{25}$ 168 g, juv. ♀ 144-185 g, $Ø_{26}$ 163 g. Fl.spw.: 52-58 cm. Fl.l.: (CZ) ad. ♂ 171-196 mm, $Ø_{83}$ 183.5 mm, ad. ♀ 165-195 mm, $Ø_{65}$ 180.4 mm, Juv. (beide) 160-184 mm, $Ø_{16}$ 171.3 mm [1369,3615].

Status. In ME Nominatform, in NW-ME UA *rufitergum* verbreiteter, sehr häufiger Brut- und Sommer- bzw. Jahresvogel; Teilzieher; sehr häufiger und regelm. Durchzügler und Gastvogel. Größere winterliche Invasionen (etwa alle 3-5 J.) aus N- und E-Europa.
UA *albipectus* (aus I, YU, AL) in **H** seltener Gastvogel im Winter mit 27 Nachw. bis etwa 1996 [2438].

Verbreitung und Bestand. Brutvogel der borealen, gemäßigten, mediterranen, Steppen- und tropisch wintertrockenen Zonen sowie Gebirgsregionen der Paläarktis und Orientalis von NW-Afrika und W-Europa bis JAP, Taiwan und N-Indochina. Im W des Areals S-Grenze Maghreb,

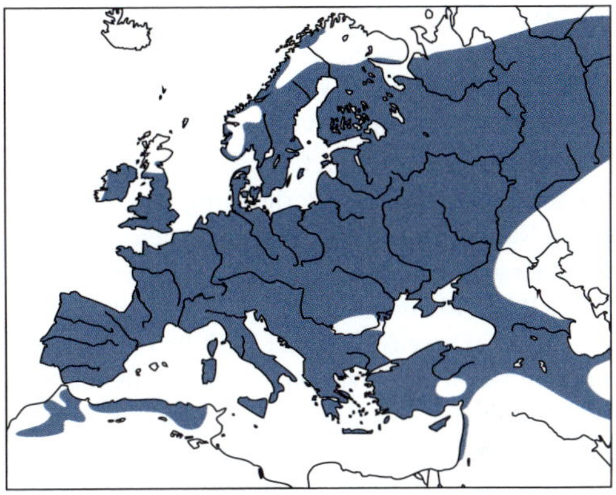

Garrulus glandarius – **Eichelhäher**

große Mittelmeerinseln, IL, N-Irak und SW-Iran sowie Elburs; weiter E nur N der Steppenregion und bis N-Rand mittelasiatischer Gebirge; E-Paläarktis von N-Amurland bis N-Vietnam, Thailand, Burma und nach W im Himalaya. N-Grenze im W Schottland, Fennoskandien bis knapp über Polarkreis, Weißes Meer, dann zurückweichend auf ca. 60° N. In ME Nominatform sehr häufiger Brutvogel in bewaldeten Gebieten vom Küstentiefland bis in Montanwälder; UA *rufitergum* in Benelux (und GB). Obergrenze des zusammenhängenden Brutvorkommens etwa 1400 m, höchste Brutnachw. CH und A-V etwa 2000 m (meist nur Familien mit noch bettelnden Juv.), D-BY bis ca. 1600 m, SK./PL 1400-1500 m ü.M. Gesamtbestand Europas etwa 6 - 13 Mio. BP, mit Populationen > 500 T. BP in RUS (1.2-2.5 Mio.), F (0.5-2 Mio.), TR (0.6-1.8 Mio.), E. (0.5-1.1 Mio.), RO und D (s. Tab.); Bestand insgesamt stabil; in ME etwa 0.9 – 1.8 Mio. BP [383].

Wanderungen. Im S und W des Areals Standvogel mit Dismigrationen über kürzere Entfernungen, im N und E wohl Teilzieher, in unregelm. Abständen Wanderungen vom Evasionstyp von N und E-Europa nach SW, aber auch innerhalb ME. Wintergebiet jedoch innerhalb des Artareals. GB/F nur ausnahmsweise Funde über > 80 km; ME, Fennoskandien und Baltikum Nachw. von Überwinterungen im 1. J. und in späteren in Umgebung von Geburts-/Brutort als auch Wegzug, entweder jährlich als relativ kleinräumige Bewegung mind. in manchen Gebieten oder als großräumige Evasion, die sich mitunter auch aus vielen Kurzstreckenwanderungen zusammensetzen kann. Hauptwegzugsrichtungen SSW–W, max. Streuung S bis WNW (mind. anfängliche N-Richtungen von Nestlingen bekannt). Meere werden möglichst nicht überflogen, daher Evasionskonzentrationen aus S. über Inseln DK und Zugverdichtungen an S-Küste Ostsee. Funde im Baltikum beringter Invasionsvögel reichen bis NE-F, B, NL, NW-D und selten bis SW-D; Funde in Invasionsjahren CH bis SW-F und an Cote d'Azure (Ausnahme: Winterfängling W-D bis Uralfluss). Nach 1950 zumindest in einzelnen Teilen ME auffallende Invasionen 1955, 1959, 1961, 1964, 1966, 1972, 1977, 1983 und 1996 mit Tagesmaxima bis 20.000 Ind. (Ostseeküste); CH 1959-98 13 mal so gut wie kein Dz., 6 mal Invasionen [4152]; offenbar von Witterung ausgelöste Zugumkehr mitunter zu beob. [z.B. 1317,318]. Umherstreifende ab Juli außerhalb der Brutplätze; Herbstzug meist Anf. Sept. bis Anf. Nov. mit jährlich unterschiedlichen Höhepunkten (langjähriger Dz.Median Col de Bretolet CH 4.10.) [1861]; in D-BW verschob sich Dz.Median 1970-97 um ca. 3.5 d/10 J. nach hinten [1315]. Frühjahrszug i.d.R. weniger auffallend, doch in J. nach Herbstinvasion deutlicher, mitunter bereits März, aber meist auffallend spät ab Mitte April und oft den ganzen Mai hindurch bis Anf. Juni. Brutortstreue und Umsiedlungen nachgewiesen.

	Best.	Areal	Brutbestand	Jahr	Quelle
A	+/-	=	20.000–40.000	1998–2002	[383]
B	+/-	=	30.000–40.000	2001–2002	[383]
CH	+/-	=	50.000–70.000	1993–1996	[383]
CZ	↑	=	170.000–340.000	2000–2002	[383]
D	+/-	=	300.000–760.000	1995–1999	[383]
FL	+/-	=	150–200	1998–2000	[383]
H	⇧	=	58.000–81.000	1999–2002	[383]
L	+/-	=	3.000–4.000	2001	[383]
NL	+/-	+ 1	40.000–60.000	1998–2000	[383]
PL	+/-	=	200.000–400.000	2000–2002	[383]
SK	+/-	=	15.000–30.000	1995–1999	[383]

Bestandsentwicklung. Aufgrund großer Streifgebiete ohne feste Revierabgrenzungen und des wenig bekannten, selten vorgebrachten Reviergesanges, Bestandserfassungen oft fehlerbehaftet [2471]. Fluktuationen von Jahr zu Jahr nach Indexwerten des Brutvogelmonitoring in NL und D wenig, in DK deutlich [q20,1369,884].

In Folge zunehmender Erwärmung seit 1920er J. deutliche N-Ausbreitung in Fennoskandien und W-Sibirien. In ME langfristig nur lokale und regionale Veränderungen, insbes. durch ab- oder zunehmenden Jagddruck. Durch eingestellte Verfolgung (z.B. in Schlesien um 1900, in Ländern D z.T. erst in 1980er J.) vor allem nach II. Weltkrieg in vielen Teilen ME auffällige Bestandserholung, in der Folge auch Zunahme in Siedlungsrandlagen und Verstädterung [1369,2642,375,3638,2103,2643,2896]. Durch zunehmende Auslichtung und Zergliederung ehemals geschlossener Wälder durch forstliche Eingriffe (aber auch Waldschäden) zudem Arealausweitung in höhere Lagen (vielleicht begünstigt durch klimatische Änderungen) [CZ:1369], in NL deutliche Arealausweitung durch Baumsukzession an NW-Küste [3638]. In Europa neben H, (NL) und B Zunahmen seit 1970er J. vor allem in MOL, GB (bis 1980er J.), IRL (dort allerdings Arealverlust), EST und LT [1585,1507,375].
Doch inzwischen auch in Siedlungsrandlagen ME erneute Rückgänge oder Rückzug [1722,1037,4045,2429], in PL wohl auch aufgrund wachsender Konkurrenz mit Nebelkrähen [1369]. Abgesehen von lokalen Ereignissen derzeit insgesamt langfristig stabile oder leicht wachsende Bestände [1369,1719,2068,2623,4175,204,1585,3393, 310,198 etc.; auch GB 2471,2536].

Siedlungsdichte. Nahrungssuche innerhalb und außerhalb der um das Nest verteidigten Reviere. Höchstdichten in ME auf Flächen von 20–49 ha 3.0–2.5–2.0 (Ø 2.4), von 50–99 ha 3.9–1.1–0.3 (Ø 1.4), von > 100 ha 2.7–1.2–0.5 (Ø 1.2) Rev./10 ha [337]; insgesamt auf Flächen von 30-1200 ha zw. 0.01-10 BP/km^2, auf hochproduktiven Kleinflächen (PL, H) bis 55-60 BP/km^2 (max. 12 BP/10 ha in Mischwald CH) [1369,1722,1,1507,2429]. Großflächendichte (> 100 km^2) zw. 0.1 – 5.3 Rev./km^2 [vgl. Tab. 58 in 337].

Gefährdungsursachen [196,1037,2431,2429]. Direkte Verfolgung wesentlichster Verlustfaktor. Natürliche Ursachen: lokale und kurzzeitige Auswirkungen durch Prädation und Extremwinter.

Schutzmaßnahmen. Aufgrund fast überall günstiger Bestandssituation keine spezifischen Schutzmaßnahmen erforderlich. Die von jagdlicher Seite immer wieder geforderte (und z.T. auch durchgesetzte) Verfolgung des Eichelhähers ist ökologisch nicht zu rechtfertigen. Die große Bedeutung dieser sich vor allem außerhalb der Brutzeit vorwiegend von Eicheln, Bucheckern, Haselnüssen etc. ernährenden Art für das »Ökosystem Wald« (Ausbreitung von Waldbäumen durch Vertragen der Früchte) überschreitet bei weitem den oft proklamierten »Schaden«, den er angeblich Forstkulturen und Kleinvogelbeständen zufügt; daher: keine Verfolgung von Rabenvögeln.

SPEC	VSchRL	Bern.Konv.	Bonn.Konv.
--	II-2	--	--
Europ. RL	**RL in ME**		
--	--		

Öffentlichkeitsarbeit, verstärkte Aufklärung der Bevölkerung zum Abbau von Vorurteilen.

Biotop. Br. in Laub-, Misch- und Nadelwäldern mit abwechslungsreicher Struktur, größeren Feldgehölzen, halboffenen Landschaften mit Baumgruppen, regional auch zunehmend in Ortschaften (Parks, Friedhöfe und größere Gärten); Eichen werden durchaus bevorzugt und ab Spätsommer zur Anlage von Vorräten gezielt aufgesucht. In reinen Nadelbeständen vorzugsweise an Randstrukturen und Lichtungen. Außerhalb der Brutzeit auch in Gärten und vorübergehend in ± offenen Landschaften, entfernt sich aber nie weit von Deckung durch Gehölz; in Gärten sind z.B. Komposthaufen bes. Anziehungspunkte.

Nahrung. Pflanzliche Nahrung überwiegt. Insekten und deren Entwicklungsstadien (vor allem Nestlingsnahrung) und andere Evertebraten, Eier und Jungvögel, selten Kleinsäuger und kleine Reptilien; Samen und Früchte, vor allem Eicheln, Haselnüsse und Bucheckern als Vorratsnahrung für den Winter; aber auch Esskastanien, Getreide (u.a. Mais), Bohnen, Erbsen, viele Beeren u.a. weiche Früchte, Kirschen.

Stimme. Vielfältiges und differenziertes Rufrepertoire: verschiedene Alarmrufe, Kontaktrufe, Agressionslaute etc. Häufigster Ruf bei Erregung oder Alarmruf lautes Rätschen wie »schräit« oder »rätch«, meist zweimal kurz hintereinander, in verschiedenen Abwandlungen auch weniger durchdringend in offensichtlich unterschiedlicher Bedeutung; charakteristisch ein gedämpftes »ch(a)ik« oder »tchrr-ik« (± zweisilbig); häufig hohes »hijäh«, dem Ruf des Mäusebussards mitunter zum Verwechseln ähnlich. Auch krähenartig »kraah«, »ro«, »ra«, »kraa-agh«. Ferner bei Überraschung hart »krrr-kr-kr« sowie eine Vielfalt von meist halblaut vorgetragenen Rufen im Familienkontext; Imitationen, die z.T. in thematischem Kontext eingesetzt werden, d.h. angesichts eines Habichts wird dessen Alarmruf kopiert u.ä.; Schnabelknappen. Gesang schwätzend mit Vielzahl sehr unterschiedlicher, z.B. gutturaler, trillernder, miauender Laute mit Rätschen oder auch Imitationen untermischt. Hat offenbar keine Funktion als Reviermarkierung. Während der Brutzeit still und unauffällig. Jugendgesang »subsong«artig, auch von ♀.

Verhalten. Tagaktiv; Tagzieher. Fortbewegung hauptsächlich hüpfend. Flug im freien Luftraum wirkt etwas unruhig mit flachen, unregelmäßigen Flügelschlägen; zwischen Bäumen und Büschen dagegen außerordentlich wendig. Kann sich sehr wirkungsvoll im Kronenbereiche der Bäume oder in Büschen verborgen halten; in Wäldern oft sehr scheu, im Bereich von Siedlungen oft geringe Fluchtdistanz. Nahrungserwerb vielseitig auf Bäumen, in Büschen und am Boden, z.B. mit dem Schnabel Laubwenden und Graben in lockerem Boden, Abstemmen loser Rinde, Aufhacken von Löchern in weichem Substrat, Erweiterung von kleinen Löchern oder Öffnen gerollter Blätter durch Öffnen des eingesteckten Schnabels; gezielte Nestersuche mind. wahrscheinlich. Mit dem Schnabel zu bearbeitende Nahrungsbrocken werden meist unter beide, seltener unter einem Fuß festgeklemmt. Eicheln werden nicht aufgehämmert, sondern die Schale aufgezwickt und unter Drehen und Wenden abgezogen, vom Inhalt einzelne Stücke abgebissen oder Teile abgeraspelt. Ganze Eicheln werden zu mehreren im Kropf (erweitertem Oesophagus) transportiert (bis mehrere km) und meist einzeln in mit Schnabelhieben gegrabenem Erdloch vergraben, vorzugsweise an offenem Platz (ganzjähriges Speichern von Nahrung). Das Sammeln von Eicheln, oft in erheblichen Mengen beginnt vor der Reife am Baum. Ein großer Teil der vergrabenen Eicheln wird im Winter (auch unter Schnee) und im Frühling wiedergefunden, frisch ausgekeimte Eicheln werden auch aus dem Boden gezogen. Paarweise oder Einzelgänger; zur Brutzeit werden Paarterritorien verteidigt, in dem aber offensichtlich durchfliegende nichtbrütende Artgenossen geduldet werden; auch außerhalb der Brutzeit können Streifgebiete einzelner Ind. bei Standvögeln über mehrere J. ± konstant sein, werden aber offenbar vor allem gegenüber einj. Ind. nicht verteidigt. Balzfüttern, meist wird ♀ vom ♂

gefüttert, aber auch umgekehrt. 3-9 d vor Eiablage intensive Partnerbewachung. Übernachtung einzeln; frisch ausgeflogene Junge können im Kontakt schlafen. Bei Nahrungssuche offenbar im Sommer z.T. Aufgabe territorialer Strukturen [z.B. 2945]. Im Unterschied zu Corviden offener Habitate bilden sich keine größeren Trupps von Nichtbrütern, wahrscheinlich aus nahrungsökologischen Gründen. Etwa ab Feb. vorübergehend lärmende Versammlungen bis zu 30 Ind. mit Verfolgungsjagden, Drohen etc., offenbar hauptsächlich von unverpaarten Ind., mitunter bis in Brutzeit hinein (möglicherweise im Zusammenhang mit Übergang von winterlichen Streifgebieten zu Brutrevieren und Versuch der unverpaarten, sich in Population zu integrieren, vgl. z.B. Elster). Auf dem Zug oft in kleinen Gruppen bis ca. 40 Ind., wobei offene Stellen meist einzeln hintereinander in gewissem Abstand überflogen werden.

Fortpflanzung, Brutbiologie [337,1369,767, 1722,2430]. Geschlechtsreife gegen Ende des 1. Lebensjahrs, aber viele Ind. im 2. KJ noch nicht brütend. Monogame Saisonehe, bei Standvögeln sicher auch Dauerehe. **Ankunft am Brutplatz.** Balz und Paarbildung ME im Vorfrühling parallel mit Abgrenzung der Brutterritorien, bei Standvögeln ab Feb., bei Zugvögeln gleich nach Rückkehr. **Nest.** Nistplatzwahl hauptsächlich durch ♂. Neststand auf Bäumen des Unterbestandes oder in jungen Stangenhölzern, seltener in Büschen; bei kleineren Bäumen im Wipfelbereich, sonst in kräftigen Astgabeln, ausnahmsweise auch in geschützten Nischen oder an Gebäuden, Bodenhöhe ME 2 - 15 (max. bis 30) m, regional variabel (auch Baumwahl); z.B. Rhl.$_{165}$ 77 Nadelbäume, 50 Laubbäume, 18 Rankenpflanzen, 14 Dornsträucher, 6 an efeubewachsenen Mauerwänden oder in Felsnischen hinter Grasbüscheln. Da Nestverluste durch Prädation sehr häufig, gute Deckung offensichtlich bedeutsam. Außenbau aus (selbst) abgebrochenen Zweigen und Aststücken, innen mit feinerem vom Boden aufgelesenen Material (z.B. feine Wurzeln, Pflanzenbast, Tierhaare) ausgekleidet. Muldendurchmesser 105-157 mm, -tiefe um 50-95 mm. Beide Partner bauen, Dauer 5-12 d. **Legebeginn.** In ME frühestens Ende März/Anf. April, meist aber erst mit Belaubung ab Mitte April bis Mitte Mai; letzte Gelege Mitte Juni (wohl fast nur Ersatzgelege). **Gelegegröße.** 4-6 (3-9, 10), am häufigsten 5; z.B. Ø Rhl. April$_{36}$ 5.6, Mai$_{51}$ 5.8, CH April$_{18}$ 5.66, Mai$_{44}$ 5.59, CZ$_{69}$ 5.91, GB$_{124}$ 4.5, FIN$_{25}$ 6.3. Legeintervall 1 d. **Eier.** Oval, glanzlos, Grundfarbe hell blaugrün oder gelblichgrün, hellbraun bis grünbraun gefleckt und gesprenkelt; mitunter Fleckung so dicht, dass Grundfarbe verdeckt. **Brutdauer.** 16-19 d. Brutbeginn ab 2.-4. Ei; ♀ brütet, wird vom ♂ am Nest aus dem Kropf gefüttert, sucht aber auch selbst Nahrung. Juv. schlüpfen innerhalb 24-30 h (selten bis 56 h). **Nestlings-/Führungszeit.** Beide Partner füttern (anfangs hauptsächlich ♂), ♀ hudert; Juv. verlassen Nest nach 20-23 d, bei Störungen schon mit 17 d; werden noch 3-4 Wochen geführt; sind erst mit 6-8 Wochen selbständig. **Jahresbruten.** 1; 1(-3) Ersatzgelege, auch bei Verlust von frisch geschlüpften Juv. nachgewiesen. **Ende der Brutperiode.** In meisten Fällen im Aug., spätestens Sept. **Bruterfolg.** Starke Unterschiede in Totalverlusten in Abhängigkeit von Habitatstruktur; in RUS 2.4 Juv./Nester mit Gelege und J. In Siebenbürgen RO von 41 Nestern 22 (56%) in Gelegephase verloren, Bruterfolg 2.5 Juv./Gelege bzw. 5.4/erfolgr. Brut. In GB größter Bruterfolg bei 4er (64%) und 5er (65%) Gelegen, niedriger bei 3er (33%), Bruterfolg mit zunehmender Belaubung anwachsend; in S-RUS$_{181}$ 38% der Nester erfolgreich, größte Verluste durch Mensch und Prädation.

Eimaße und –gewichte [1369]: L. 27.8-34.9 mm, B. 21.4-26.2 mm; Ø 30.6 x 22.9 mm (n=162, B), 31.6 x 23.0 mm (n=113, NL), 31.0 x 22.9 mm (n=53, N-D), 30.6 x 22.6 mm (n=69, D-SN). Frischvollgew. 7.16-8.22 g, Ø$_{18}$ 7.70 g bzw. 6.50-10.42 g, Ø$_{53}$ 8.55 g. Schalengew. 0.45-0.65 g, Ø$_{145}$ 0.546 g bzw. 0.43-0.695 g, Ø$_{53}$ 0.536 g.

Sterblichkeit, Alter. Nach Ringfunden im 1. J. 61 %. Älteste Ringvögel 17 J., 11 Monate, 17 J. und 2 mal > 16 J. **Generationslänge:** 4 J. [383].

Mauser. **Postjuvenile Mauser** (Teilmauser) beginnt ab 7–9 Wochen [767], Juni/Juli–Mitte Aug./Okt. [767,1369]; Kleingefieder ohne variable Anzahl Großer Armdecken, z.T. 1–2 Schirmfedern; Vögel aus N-Europa erneuern weniger Große Armdecken als CH und GB [767,1369,3771,1866]. • **Postnuptialmauser** (Vollmauser) Juni/Mitte Juli–Sept./Mitte Okt., Körpergefieder bisweilen bis Ende Dez. oder später [767,1369,1356]; Dauer der HS-Mauser GB ca. 90 d, Gesamtdauer ca. 100 d.

Perisoreus infaustus – Unglückshäher 15430

Perisoreus infaustus (Linnaeus 1758)

(GB) **Siberian Jay** (F) **Mésangeai imitateur** (E) **Arrendajo Funestro**

Taxonomie. Acht UA, davon *infaustus* (Linnaeus 1758) (Skandinavien, Kola-Halbinsel), *ruthenus* Buturlin 1916 (Karelien) und *ostjakorum* Sushkin & Stegmann 1929 (NE europ. RUS, N-Sibirien) in Europa. Nah verwandt mit *P. canadensis* (N-Amerika) und *P. internigrans* (China). Manche Autoren fassen alle drei Arten der Gattung zu einer Superspezies zusammen [2520N,3565,994].

Kennzeichen. [767,1369,3615,3772,221; weitere Fotos in Birds 1986/**4**, 30, Limic. **12**, 324].

Maße. Gr.: 30-31 cm. Gew.: (NE-Europa) ♂ 81-97 g, $\varnothing_{22}$ 87.6 g, ♀ 73-89 g, $\varnothing_{22}$ 81.8 g. Fl.spw.: 40-46 cm. Fl.l.: (FIN) ♂ 137-147.5 mm, $\varnothing_{16}$ 141.3 mm, ♀ 138-145 mm, $\varnothing_{5}$ 141.2 mm [767,1369,3615].

Status. Außerhalb Brutareals sehr seltener Gastvogel, z.B. LV 3 Ind. im 20. Jh. bis 1989 [337], ferner in BY und UA. [3615].
In ME Ausnahmegast mit nur wenigen sicheren Daten • **SK.:** je 1 erl. Dez. 1857 und Jan. 1900, ferner 1 Ind Jan. 1990 sowie 6 Ind. Jan. 1990 (alle *ruthenus*) [2159]. • **PL:** 5 anerkannte Nachw., davon 2 im 20. Jh. in Poznan: April 1946 und Apr. 1980 [1369,3871].
In **B** in Kateg. E geführt, Beob. im Nov. 1979 und Juni 1994 [1677]. Nicht mehr als Nachw. geführt [vgl. 1369]: (D: -ST Dez. 1969 Nordharz [927]; CZ: Winter um 1930 [2159].).

SPEC	VSchRL	Bern.Konv.	Bonn.Konv.
3	--	Anh. II	--
Europ. RL	RL in ME		
--	--		

Verbreitung und Bestand. Brutvogel der borealen Zone der Paläarktis von N. bis E-Sibirien; Verbreitungsgebiet deckt sich weitgehend mit Taiga, reicht in Mittelasien, in Sichote-Alin und auf Sachalin S bis 50° N (max. 45° N), an unterer Lena 70° N. Europäischer Brutbestand 340.000-710.000 BP, beschränkt auf N. (10-50 T.), S. (40-100 T.), FIN (40-60 T.) und RUS (250-500 T.), meist stabil, in FIN in 1980er J. Rückgang (seither Erholung), in S. in 1990er J. abnehmend [383].

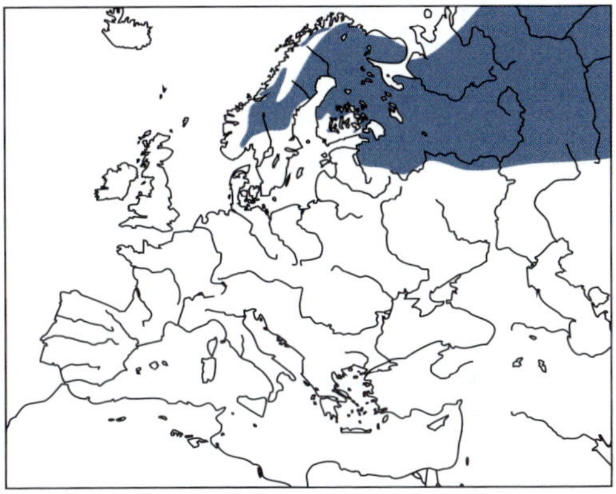

Perisoreus infaustus – **Unglückshäher**

Wanderungen. Standvogel mit Dismigrationen und nach Brutzeit Umherstreifen kleiner Verbände; Überwinterung im Brutareal, erreicht in Fennoskandien Gebiete knapp S des Brutarealrandes (z.B. UA. 20. Jh. nur 3 Nachw. 1977-87). Mitunter werden auch größere Entfernungen zurückgelegt (weitester Ringfund 240 km). Ortstreue bis 12 J. festgestellt.

Biotop. Br. in dichten und z.T. dunklen Nadelwäldern (Fichten, Tannen, Kiefern) der Taiga und der Gebirge, auch in Mischwäldern.

Nahrung. Nahrung mit hohem vegetabilischen Anteilen; Insekten (vor allem Käfer, Raupen), seltener Kleinsäuger und -vögel, Eier; Beeren (bes. *Vaccinium*-Arten), Koniferensamen, Flechten; auch Aas und Abfälle an Siedlungen.

Stimme. Häufigster Ruf gedämpft »tschär«, »tjäh«, melodisches »kij-kij«, im Abflug hoch »skrii «, eichelhäherartiges Rätschen; gedämpft »guk guk…«, auch bussardartiges Miauen. Gesang leises Schwätzen mit miauenden Lauten und eingestreuten Imitationen. Beide Geschlechter singen. Während der Brut sehr unauffällig und schweigsam, sonst das ganze Jahr ruf- und gesangsfreudig.

Verhalten. Tagaktiv. Hüpft am Boden mit beiden Beinen, lautloses Hüpfklettern im Gezweig; bei der Nahrungssuche auch vorübergehend mit Rücken nach unten hängend. Streckenflug mit raschen, leisen Flügelschlägen und eingeschalteten Gleitstrecken bei ausgebreiteten Flügeln und weitgehend gespreiztem Schwanz. Nahrungssuche auf Bäumen (teilweise unter der Rinde) und auf dem Boden. Vor allem Beeren werden hinter lockeren Rindenstücken oder in Flechten an Bäumen versteckt. Oft außerordentlich zutraulich; stark entwickeltes Explorationsverhalten. Zur Brutzeit und wohl auch darüber hinaus territorial; ♂ balzt mit ausgebreiteten Flügeln und Schwanz, zeitweise Balzfütterungen vor Kopulationen. Jungvögel bleiben bei den Paaren mitunter bis in folgende Brutzeit (Helfer), daher auch außerhalb der Brutzeit häufig Familientrupps. Nicht verpaarte Vögel ohne Territorien streifen in Trupps bis zu 20 Ind. herum.

Alter. Ältester Ringvogel (FIN) 17 J. 11 Monate [3654], mehrfach >11 J. **Generationslänge:** 4 J. [383].

Mauser. **Postjuvenile Mauser** (Teilmauser) Juli–Ende Aug./Sept.; Großteil des Kleingefieders [767,3771]. • **Postnuptialmauser** (Vollmauser) Ende Mai/Juni–Aug./Sept. [767,3771].

Nucifraga caryocatactes – Tannenhäher 15570

Nucifraga caryocatactes (Linnaeus 1758)

(GB) (Spotted) Nutcracker **(F) Cassenoix moucheté** **(E) Cascanueces**

Taxonomie. Mind. acht UA: *caryocatactes* (Linnaeus 1758) (Europa), *macrorhynchos* C.L. Brehm 1823 (Ural nach E), *rothschildi* Hartert 1903 (Tien Schan) und *japonicus* Hartert 1897 (JAP), weitere UA im Himalaya-Gebiet (*interdicta, macella, hemispila, multipunctata*) und auf Taiwan (*owstoni*).

Kennzeichen. Die UA variieren in Schnabeldicke, Dichte der weißen Flecken im Körpergefieder und Weißanteil im Schwanz [1369,3615,767,3772,221; weitere **Fotos** in Bird. W. **4**, 431, Dutch B. **22**, 54, **23**, 381, **24**, 66, 119].

Maße. Gr.: 32-33 cm. Gew.: (CS) ad. ♂ 130-190 g, $Ø_{18}$ 164.8 g, ad. ♀ 140-180 g, $Ø_{15}$ 159.9 g; (CH, Fängl., Herbst) Ad. 120-230 g, $Ø_{118}$ 170 g. Fl.spw.: 52-58 cm. Fl.l.: (D, Bälge) ad. ♂ 178-194 mm, $Ø_{14}$ 186 mm, ad. ♀ 176-188 mm, $Ø_{11}$ 182 mm; (CH, Fängl.) beide 176-198 mm, $Ø_{121}$ 187 mm. (Zahlen für *macrorhynchos* ähnlich) [1369,767,3615].

Status. Nominatform regional verbreiteter, mäßig häufiger Brut- und Jahresvogel (nicht in NL, L, D-SL, H); außerhalb Brutgebiete unregelm., aber nach Irruptionen z.T. häufiger Gastvogel, meist aber einzeln. • **NL:** 4 sichere Nachw. bis 1990 [277]; • **D:** -NW erste Brutnachw. 1950er J.; • **L:** gelegentl. Gastvogel [337,1369,2438,2159,2407].
UA ***macrorhynchos*** (=*ma.*) Vögel aus Sibirien nach Invasionen sehr häufiger Gast- und wohl gelegentlicher Brutvogel in ME; Invasionen z.B. in **CH:** nur 1911, 1954 und 1968. • **B:** nach Invasion

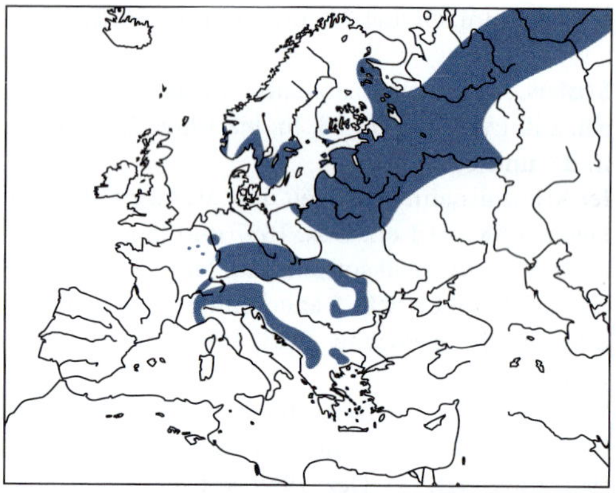

Nucifraga caryocatactes – Tannenhäher

1968 Brutverdacht; erste Brutnachw. 1975, doch um 1977 bereits 100–150 BP geschätzt; ursprüngliche Brutvögel als *ma.* bestimmt, doch heute wohl Nominatform im Zusammenhang mit deren NW-Ausbreitung [1369,1677]. • **NL:** Invasionen 20. Jh. 1900, 1911, 1913, 1954/55, 1968 (hierbei 6000 Beob. sowie 100 beringt), 1977/78, 1985/86 (nur einzeln in jeweiligen Folgejahren), 1 erfolgr. BP 1969 [277]. • **D:** -SH *ma.* bzw. Brutvögel Fennoskandiens nach Invasion 1968 viell. gelegentliches Brüten, nach Invasion 1985 2 erfolgr. Bruten sowie Sommerbeob. 1986 und 1987; -NW letzter schwächerer Einflug 1985; -BY mind. 8 größere Invasionen 20. Jh. (sowie 17 im 19. Jh.) bis 1984 und Brutnachw. 1955; -BB in 141 Jahren 35 Einflüge (1951/52 bis 1977/78 11 mal, einmal 4 J. hintereinander), größter 1968-

69; Brutnachw. 1978 und 1994; -MV starke Einflüge 20. Jh. 1900, 1907, 1911, 1913, 1933, 1954, 1968, 1977, wahrscheinlich aber einzeln jährlich (z.B. 1969–82), Brut wiederholt vermutet, nicht nachgewiesen [1369,337,1,1722]. • **H:** Seltener Gastvogel, aber größere Invasionen 20. Jh. 1911, 1946/47, 1954/55, 1971/72 [2438], wahrschl. Brut 1994 (viell. auch schon 1993) [1917] sowie 1999 [q4]. • **CZ** und **SK.:** Unregelm. Gastvogel mit größeren Invasionen [2159,3882].
Sonst in Europa: DK ehemaliger Brutbestand auf Bornholm im 19. Jh. erloschen; Einzelbruten nach Invasionen z.B. 1968 und 1976/77, starke Invasion 1985, 1–2 BP 1988, Brutversuche von 2–5 Paaren 1989. S. gelegentlich Brutvogel im N (sonst Nominatf.). FIN fast jährlicher Einflug in stark wechselnder Zahl, Brutvogel seit Invasion 1968 im SE in 10–15 BP, Gesamtbestand um 1987 mit 50 BP geschätzt, starke Invasion 1985; Nominatf. 1.500-2.300 BP (1990-95), zunehmend [1585,1369,337].

Verbreitung und Bestand. Brutvogel der borealen Zone sowie in Gebirgsregionen der Paläarktis; NW-Vorkommen in S-Skandinavien und SW-FIN; zusammenhängendes Brutgebiet vom Baltikum bis an Pazifik einschließlich JAP, nach S bis N-Korea; ferner in Taiwan und davon getrennt in Gebirgszügen von N-China bis W-Himalaya. Schließlich Areal von ME bis SE-Europa in folgenden Gebirgs- und Mittelgebirgslandschaften: Alpen, Massif Central, Jura (F,CH,D), Vogesen, Schwarzwald bis an N-Rand D Mittelgebirgsschwelle (Ardennen, Eifel, Sauerland, Weserbergland, Harz, Ausläufer bis NE D-NI), Böhmische Masse und Randgebirge, Karpatenbogen, Rhodopen (bis Mittel-GR Sommerbeob.), Dinarisches Gebirge (in ME Nominatform). Im NE-PL beginnt zusammenhängendes nach E reichendes Areal. CH im Jura ab ca. 700 m, Alpen ab ca. 1100 m bis Waldgrenze; D im Mittelgebirge Untergrenze z.T. < 500 m, in Alpen bis Waldgrenze; CZ/SK. 500 bis 1600/1700 m ü.M. Europäischer Gesamtbestand 400.000-860.000 BP, mit Schwerpunkten in Alpen (CH, A, I: 50-100 T.) sowie in E-Europa: RO (240-360 T.), RUS (50-250 T.) und BG (10-30 T. BP); in ME brüten ca. 57.000-105.000 BP [383].

Wanderungen. [u.a. 2511]. **Br. ME** *(caryocatactes)* Standvögel mit Dismigrationen und Jugendwanderungen vom Evasionstyp; **Br. Fennoskandien** (im S *caryocatactes)* Standvögel, mitunter weitere Dismigrationen und gelegentlich Wanderungen vom Evasionstyp über kurze Strecken (z.B. S-S. nach DK und damit außerhalb des Brutareals); **Br. NE-Europa und Sibirien** (*macrorhynchos*) mit Evasionswanderungen bis ME und W-Europa meist in größeren und unregelm. Abständen; nach den Invasionen offenbar (abgesehen von Umkehrzug) nur unbedeutende Rückwanderungen und gelegentlich Verbleib (und Bruten, vgl. oben) im Invasionsgebiet. Bei **Br. in Alpen und Mittelgebirgen ME** ist offensichtlich zu unterscheiden: (1) ungerichtete Jugenddismigration (bis zu 85 km nachgewiesen) etwa ab Anf. Juli bis zur Haselnuss- und Arvenernte mit dem Ziel eines Jugendreviers oder -streifgebiets; (2) evasionsartiges Abwandern als gerichtete Migration (möglicher Auslöser: geringes Angebot oder Fehlen versteckfähiger Nahrung) eines jahrweise wechselnden, aber offensichtlich immer kleinen Anteils von Jungvögeln Aug.–Okt. in S-Richtung (weiteste Ringfunde 250–370 km, aber wohl nicht bis außerhalb der Alpen und ihres unmittelbaren Vorlandes bzw. CH Jura, in Mittelgebirgen aber sicher über Brutgebiete hinaus vor allem nach S); (3) Nahrungsflüge von Ad. und Juv. frühestens ab Juni meist in tiefere Lagen oder über Baumgrenze in günstige Nahrungsräume, meist als Altitudinalwanderungen (bis mind. 15 km nachgewiesen; Höhepunkt etwa Sept.–Okt.); (4) Schneeflucht über kurze Strecken im Winter von Einj., aber auch mitunter von ganzjährig reviertreuen Ad. (in N- und E-Alpen möglicherweise häufiger als in W-Alpen). Auf dem Col de Bretolet CH verstärktes Wanderverhalten z.B. 1961, 1972, 1973, 1982, 1990, 1993, 1995, 1997 registriert [4152]. **Br. NE-Europa und Sibirien:** Ursache von Evasionswanderungen offenbar geringes Angebot an Samen der Zirbelkiefer und wenig Möglichkeiten der Vorratsanlage. Eine der stärksten Invasionen nach ME und W-Europa war 1968: Beginn nach Vorläufern im Juni Fennoskandien, DK, Baltikum, aber auch N-D bis B bereits im Juli, ebenso in F bis an Atlantikküste, im Aug. bis Mittelmeer und GB, Anzahl der beteiligten Ind. nahm aber nach W und SW stark ab; Höhepunkt nach Mitte Aug., Ausklingen Anf. Sept. Sehr rasch aber noch im Herbst wieder Umkehrzug nach E, darunter einzelne Ringfunde bereits im Aug.–Sept. wieder im Ural und E davon, an vielen Stellen (vgl. oben) blieben aber zumindest Einzelne das Folgejahr in ME und W-Europa. Andere Invasionen erreichten ME erst im Sept. oder Okt. mit z.T. größeren Mengen im Binnenland (z.B. 1954); im Ostseeraum auch in J. ohne regelrechte Invasion Einflüge, ebenso in FIN so gut wie jährlich; weiter E auch S des Areals Nachw. in UA.; **Br. ME und S-Skandinaviens** sehr ortstreu, doch auch hier Reviertreue abhängig von Vorratsnahrung.

Bestandsentwicklung. Frühe Brutzeit, heimliches Verhalten nach Nestbau und meist geringe Siedlungsdichte erschweren Bestandsaufnahmen beträchtlich. Starke Bestandsfluktuationen vor allem in Folge von Fehlmasten [1137,1369]; diese allerdings in reinen Fichtenwäldern und Mittelgebirgslagen wesentlich deutlicher als z.B. in Arven-Lärchenwäldern der Alpen [3392].

	Best.	Areal	Brutbestand	Jahr	Quelle
A	+/-	=	20.000–40.000	1998–2002	[383]
B	↑	+ 1	200–500	1995–2002	[383]
CH	+/-	=	20.000–30.000	1993–1996	[383]
CZ	+/-	=	2.500–5.000	2000–2002	[383]
D	+/-	=	8.000–17.000	1995–1999	[383]
FL	+/-	=	40–50	1998–2000	[383]
PL	+/-	=	2.000–5.000	2000–2002	[383]
SK	↑	+ 1	4.000–8.000	1990–1999	[383]

UA ***macrorhynchos:*** Nach Invasionen gelegentliches Ausharren bis zur nächsten Brutsaison und in Folgejahren zuweilen Brutversuche oder erfolgreiche Bruten in ME [1369,3871; H: 1917]; allerdings oft zweifelhaft, ob tatsächlich sibirische UA [1369]. Auch ursprünglich auf Invasionsvögel zurückgeführte (1969 entdeckte) Population der Ardennen B offenbar nur Nominatform [574]. Manche Zweifel indes unangebracht [vgl. 767 und Zitate; 3588,1302,4180].
UA ***caryocatactes:*** Wenige verwertbare Angaben zu Bestandsentwicklungen. In ME mindestens seit 1930er J. erhebliche Arealausweitung nach NW, in deren Folge dauerhafte Ansiedlungen in meisten ME Mittelgebirgen [1369, D-BW: 1680,1719,1722, -NW: 2623, -BY: 4175, -TH: 2068, -RP: 1526,2205, -SL: 3248 u.a.] und angrenzenden Gebieten [NW -BY: 4175; CH-SH: 4043; auch F: 4180]. Stellenweise werden auch Tieflagen ME besiedelt [1128, 3578,2205,2772,q17,1617,3871]. Am auffälligsten war Ausbreitung in jüngster Zeit in B und CZ [843,1369,3663,1585]. Ursachen hierfür unklar, doch vor allem Verdrängung von Laubwäldern durch Fichtenaufforstungen positiv für die Art. Allerdings nur in wenigen schon länger besiedelten Regionen Hinweise oder Daten über Bestandszunahmen [PL, D-TH, -BW: 2068,204,1722,3871, Bod.: 1617, möglicherweise auch N-Alpenrand -BY: 1369]. Stabile Bestände, abgesehen von Fluktuationen durch Fehl- oder Mastjahre, dagegen im Alpenraum [1369,3392,3393,2518] und einigen Mittelgebirgen N- und E-ME [1585,1587,1722].

Siedlungsdichte. CH Alpen Reviergröße bei gewisser Überlappung der Grenzen 5.5–6.5 ha; Höchstdichte auf Flächen bis 150 ha 1.5–2.3 Rev./10 ha, auf größeren Flächen (2-100 km^2) im Alpenraum z.B. 2.0-7.6 Rev./km^2, in Mittelgebirgen nur 0.23-0.54 Rev./km^2 [1722,3392]; Großflächendichte in Alpen > 0.5 Rev./km^2 [337].

Gefährdungsursachen[1369,4180,196,1526,2018].
Direkte Verfolgung (trotz Schutzstatus immer noch erheblich!).
Verkehrsopfer.
Biotopverlust durch Erschließung für Tourismus und Freizeitsport sowie durch zunehmende immissionsbedingte Schädigung der Bergwälder.
Vor allem natürliche Ursachen bedeutsam: schneereiche Winter, Nahrungsmangel, Prädation (Greifvögel und Nesträuber), bei Invasionsvögeln neben Nahrungsmangel zudem Krankheiten, starke Schwächung bei größeren Flugleistungen, Windverdriftung aufs Meer etc.

SPEC	VSchRL	Bern.Konv.	Bonn.Konv.
--	--	Anh. II	--
Europ. RL	**RL in ME**		
--	CZ: 'VU'		

Schutzmaßnahmen. In Anbetracht der Bestandsentwicklung spezifische Maßnahmen nicht erforderlich. Bei Fehlmasten ausreichende Ersatznahrung durch Erhalt haselnussreicher Niederwaldbestände in tieferen Lagen. Erhalt naturnaher, stufig aufgebauter Nadelwälder.

Biotop. Br. in Nadelwäldern (Fichte, Lärchen-Arvenwälder) und Mischwäldern mit vorherrschendem Koniferenanteil; entscheidend ist Vorkommen von *Pinus*-Arten mit großen (zoochoren) Samen, in den Alpen die Arve, in N-Asien mehrere Arten, oder die Kombination von Fichte mit Haselnuss (wichtigste Nahrungspflanze), wie in Mittel- und N-Europa. In ME konzentriert sich das Vorkommen auf Alpen und fichtenreiche Mittelgebirge; in Fichtenforsten des Tieflandes aber fehlend. Außerhalb der Brutzeit oberhalb der Waldgrenze in der Krummholzzone und auch in Zwergstrauchgesellschaften sowie zum Sammeln in Parks und Gärten, auch mitten in größeren Ortschaften.

Nahrung. Grundsätzlich omnivor, doch überwiegt Pflanzennahrung; bes. anemochore und zoochore Koniferensamen *(Picea, Pinus)* und Früchte oder Samen von Laubbäumen, auch viele Beeren und weiche Früchte (z.B. Obst). Als Vorratsnahrung dienen vor allem Samen zoochorer *Pinus*-Arten (in den Alpen Arve), Hasel (ab Milchreife) und gebietsweise auch Eicheln, Esskastanien, Bucheckern oder Walnüsse; von den Vorräten werden auch Nestlinge großenteils ernährt, mit »eingelagerten« Haselnüssen sogar noch flügge Juv. Daneben im Sommerhalbjahr Insekten und deren Larven (bes. bei Gradationen), andere Wirbellose, Abfälle, Aas und gelegentlich kleine Wirbeltiere sowie Nestraub.

Stimme. Ruf bei Erregung sehr laut und schnarrend hart »krärr-krärr...«, meist gereiht, variabel und mit unterschiedlicher Bedeutung, so als Standortruf, im Kontakt mit Partner, gegenüber Nachbarn und fremden Artgenossen, dabei individuelle Merkmale; leisere Rufe klangvoll »djüü«, dohlenartig »jäik« oder nasale Rufe, wie »wäk«, meist nur aus geringer Entfernung zu hören, stimmhaftes leises Schnurren im Familienkontext. Zu Beginn der Brutzeit von beiden Partnern rhythmisch gereihte Klacklaute. Diese und andere Rufelemente finden sich auch im leisen, geräuschhaften Gesang: er beginnt mit weichen gutturalen Lauten, gefolgt von Fieplauten, einem abfallenden Lachen, schwätzenden, auf- und absteigenden Motiven und schmetterndem Schlussteil »öck-öck-öck«, »iääähiääh-iääh«, auch mit Imitationen; ab Vorfrühling zu hören. Jugendgesang während der Führungsphase von Juv. beider Geschlechter auffällig, laut, geeignet zum Kartieren von Familien: abwechslungsreiche Folgen von »krärr«-, »jäik-« etc. und Bettellauten. In Gebieten mit geringen Dichten fällt Tannenhäher nur zu Beginn der Brutzeit und im Herbst auf, in gut besiedelten Gebieten auch während der Bebrütung ständiger akustischer Kontakt zu Nachbarn.

Verhalten. Tagaktiv. Sitzt gern erhöht auf Warten (meist Spitze von Koniferen). Auf dem Boden Laufen oder Hüpfen; Flug mit raschen Flügelschlägen, deren Frequenz bei vollem Kehlsack deutlich ansteigt. Stürzt mit angelegten Flügeln mitunter große Strecken in hohem Tempo talwärts (vor allem bei Vorratsflügen), um dann von unten im Bremsflug Baumspitzen anzufliegen. Nahrungssuche auf Bäumen, in Büschen, auch in Zwergstrauchgesellschaften oder auf dem Boden. Arvensamen werden mit Hilfe einer Leiste im Unterschnabel als Widerlager aufgeknackt, Koniferenzapfen wie Haselnüsse etc. unter die Zehen eines Fußes geklemmt und aufgehackt, erstere auch in Vertiefungen oder Astgabeln gelegt und eingeklemmt (Zapfenschmieden). Überprüfung der Samen durch Schnabelrütteln; häufig Sondieren und auch Zirkeln. Kleptoparasitismus konnte beob. werden. Beginn der Anlage von Vorräten je nach Höhenlage ab Mitte Aug./Anf. Sept. Nutzung der Vorräte beginnt unmittelbar nach Ernte bis Juni nächsten Jahres. Transport der Samen oder Nüsse im Kehlsack (stark dehnbare Hautfalte im Unterschnabel mit recht großem Fassungsvermögen > 14 % des Körpergewichts). Zeitweise Zwischenverstecke außerhalb des Reviers. Verstecke im Revier verteilt, selten in Bäumen unter Flechten, meist am Boden an vegetationsarmen Stellen mit freiem Anflug, bevorzugt in stark strukturiertem Gelände und im Schutzbereich von Baumkronen (wenig Vegetation, im Winter auch niedrigere Schneedecke oder baldiges Ausapern). Je nach Bodenbeschaffenheit 1-24 Arvennüsse bzw. 1-18 Haselnüsse; pro Ind. pro Jahr ca. 6.000 Verstecke, je nach Samenangebot 30.000–100.000 Samen pro Ind. versteckt, genutzter Anteil ca. 80 %. Wiederfinden der Verstecke mit großer Treffsicherheit (auch unter Schnee). Revierpaare halten Dauerreviere, die hauptsächlich vor Beginn und während der ersten Stadien der Brutzeit aktiv zumindest in Nestnähe verteidigt werden; Lebenslange Paarbindung. Partnererkennung durch optische und akustische Merkmale. Balz in Bäumen und am Boden; ♂ kreist mit hängenden Flügeln, gesträubten Bauch und Bürzelgefieder und gesenktem Schnabel. 3-10 Ind. bilden lärmende Versammlungen (dienen der Paarbildung und Kennenlernen von Reviernachbarn). Rangordnung vorhanden (♂ dominant über ♀). Juv. tragen bereits im 1. Herbst Vorräte in ein Jugendrevier oder Streifgebiet ein (oder dispergieren weiter); An Futterstellen können sich auch bei festen Revierstrukturen im Winter größere Trupps (bis 70 Ind.) einfinden.

Fortpflanzung, Brutbiologie [337,1369,767, 1722]. Geschlechtsreife wohl noch im 1. Lebensjahr, aber nur Teil brütet im 2. KJ (wenn Vakanzen im Reviersystem bestehen). Monogame Dauerehe (bis 9 J. Paarzusammenhalt belegt). **Ankunft am Brutplatz.** Auch in höheren Lagen der Alpen ab Ende Feb., spätestens im März; Dauerreviere bei ansässigen Altvögeln. Reviergründung im Sommer vor oder während der Vorratsanlage, Paarbildung wahrscheinlich im Winter. **Nest.** Neststand in Europa auf immergrünen Koniferen, meist auf der Astbasis in Stammnähe, 2-12 (20) m hoch, Ø etwa 5-8 m; meist durch dichtes Gezweig gut nach oben abgeschirmt. Dickwandiges Nest, Untergrund aus Zweigen und kleinen Ästen, darauf eine dicke Schicht aus vermodertem Holz, Erde, Wurzelballen und/oder Halmen, und eigentliche Mulde dick mit Gras, Flechten, Rindenbast, auch mit Federn und Haaren etc. ausgepolstert. Muldendurchmesser 11-15.5 cm, -tiefe 6.5-12 cm. Beide bauen; Dauer ca. 12 d. **Legebeginn.** Frühestens Anf. März bis Anf. April, kaum von Schneelage und Witterung beeinflusst. Letzte Gelege Ende Juni, denn Ausfliegen der Juv. 4-6 Wochen vor Arven- und Haselnussernte (ab Ende Aug.) für Überleben im Winter notwendig); ausnahmsweise Winterbrut. **Gelegegröße.** 3-4 (2-5); z.B. Ø F_{26} 3.5, RO 3.2, CH_{26} 3.6, CS_{18} 3.9; Korrelation mit Menge an Nahrungsvorräten oder Samenangebot im vorausgegangenen Herbst; Anteil 5er Gelege individuell unterschiedlich. Nachgelege meist 4 Eier. Legeintervall 1 (-2) d. **Eier.** Länglichoval, Grundfarbe blassgrün (bis weißlich), meist relativ spärlich olivbraun gefleckt, mit graulila Unterflecken. **Brutdauer.** 17-19 d. Brutbeginn ab letztem Ei (aber vom 1. Ei an bedeckt und gewärmt); beide Partner brüten. Juv. schlüpfen synchron innerhalb < 24 h. **Nestlings-/Führungszeit.** Beide Partner füttern und hudern; Juv. verlassen Nest nach 22-28 (meist 24) d kaum flügfähig (»Ästlinge«); bleiben nach Ausfliegen noch 6-7 Wochen in näherer Nestumgebung, folgen dann den Ad. auch über größere Entfernungen; Familienauflösung erst nach 15-17 Wochen; mit 120 d Juv. immer selbständig. **Jahresbruten.** 1; Ersatzgelege nach frühem Brutverlust möglich (aber nicht belegt). **Ende der Brutperiode.** I.d.R. Anf. (max. Ende) Aug. **Bruterfolg.** CH bei 38 Nestern 1.6 Juv./BP und J.; in Mittelgebirgen ME bei 40 erfolgr. Bruten Ø 2.85 flügge Juv.

Eimaße und –gewichte [1369]: L. 30.0-37.6 mm, B. 23.0-25.6 mm; Ø 33.9 x 24.1 mm (n=31, A-V), 34.0 x 24.5 mm (n=31, N-D), 36.2 x 27.3 mm (n=20, R), 34.8 x 24.3 mm (n=14, CH). Frischvollgew. 8.5-11.5 g, $Ø_{31}$ 9.74 g bzw. $Ø_{20}$ 10.3 g. Schalengew. 0.42-0.71 g, $Ø_{31}$ 0.596 g.

Sterblichkeit, Alter. Adultsterblichkeit für Alpenvögel mit 20 %/J. geschätzt; ältester Ringvogel (S.) 16 J 3 Monate [3654]; mehrfach > 14 J. **Generationslänge:** 5 J. [383].

Mauser. **Postjuvenile Mauser** (Teilmauser) beginnt im Alter von 43–50 d [1369], Juni/Juli–Aug.; Körpergefieder, Rand- und einige (alle) Mittleren Arm-, unregelm. Große Armdecken [767,1369]. • **Postnuptialmauser** (Vollmauser) April/Mai–Mitte Juli/Mitte Aug. während Bebrütung und Jungenaufzucht [767,1369]; Dauer RUS 40–45 d [767].

Coloeus monedula – Dohle 15600

Coloeus [monedula] monedula Linnaeus 1758 syn.: *Corvus monedula*

(GB) **Jackdaw** (F) **Choucas des tours** (E) **Grajilla**

Taxonomie. Vier UA: *spermologus* Vieillot 1817 (W-Europa), *monedula* Linnaeus 1758 (Skandinavien, E-ME), *soemmerringii* J.G. Fischer 1811 (E-Europa bis Mongolei) und *cirtensis* (Rothschild & Hartert 1912) (N-DZ). Bildet Superspezies mit ostasiatischer Elsterdohle *C. dauuricus*.

Kennzeichen. Zur Bestimmung der östlichen UA [s. 2859]. Ein weißer Halsseitenfleck kommt sowohl bei *monedula* als auch bei *soemmerringii* vor, ist bei letzterer aber häufiger und deutlicher [allg.: 1369,3615,221,3772; weitere **Fotos** (versch. Formen) in Bird. W. **13**, 291-95, Dutch B. **25**, 210-19, Limic. **16**, 217].

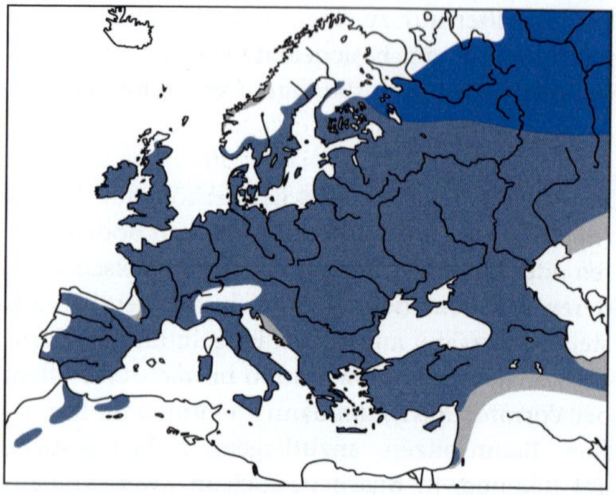

Coloeus monedula – **Dohle**

Maße. (*spermologus*) Gr.: 33-34 cm. Gew.: (CS) ♂ 174-275 g, Ø$_{146}$ 233.3 g, ♀ 175-271 g, Ø$_{116}$ 225.1 g. Fl.spw.: 67-74 cm. Fl.l.: (CZ, SK.) ♂ 208-251 mm, Ø$_{137}$ 237.1 mm, ♀ 205-247 mm, Ø$_{117}$ 228.8 mm; (D-BB, Bälge) ad. ♂ 230-250 mm, Ø$_{56}$ 240.5 mm, juv. ♂ 213-240 mm, Ø$_{18}$ 230.2 mm, ad. ♀ 219-243 mm, Ø$_{53}$ 231.0 mm, juv. ♀ 207-232 mm, Ø$_{16}$ 223.8 mm. (Nominatform und *soemmeringii* ähnlich) [767,1369,3615].

Status. Verbreiteter Brut- und Jahresvogel. Sehr häufiger Durchzügler und Wintergast aus N- und E-Europa, dabei auch UA *monedula* (aus Skandinavien) und *soemmeringii* [»Halsbanddohlen« aber Zuordnung nicht immer eindeutig!, 1369] (aus (N)E-Europa).
Phänotypische *soemmeringii* als seltener bis regelm. und lokal verbreiteter Gastvogel im Winter u.a. nachgewiesen in **SK.** [1369,3882]; **B** (erstmals Nov. 1927) [1677]; **D** in -MV allj. bis 5% der Durchzügler, -BE, -NI, -NW [1369]; **CZ** [1369,2159]; **CH** bisher nur -VD Dez. 1996, 1-3 Ind. Dez-Feb. 1998/99 und -GE März 2000 [4152,q14]; in **H** und **NL** in Wintermonaten regelm. und lokal nicht selten [2438,277]. UA *monedula* nur in N-ME (z.B. E-NL) regelm. und recht häufig, sonst sehr seltener Gastvogel [2438,1369,277,375].

Verbreitung und Bestand. Brutvogel in borealer, gemäßigter, mediterraner, Steppen- und Wüstenzone der W- und Zentralpaläarktis, Verbreitung z.T. lückig. Von MA, P/E. bis KZ und Sinkiang; S-Grenze Maghreb, Mittelmeer (einschließlich großer Inseln außer Korsika), S-Küste TR, IL, N-Irak, N-Iran, N-Pakistan; N-Grenze Schottland, Skandinavien und W-RUS bis 64° N (einzelne bis 65°); E Ural weicht N-Grenze stark zurück. In ME UA *spermologus* verbreiteter, aber z.T. lückig verbreiteter Brutvogel im Tiefland, fehlt z.B. in weiten Bereichen der Alpen und großen Nadelwaldgebieten der Mittelgebirge. In NE-PL, (CZ) und H beginnt Mischzone mit UA *soemmeringii*. CH höchste Brutplätze 700 und 1230 m, D bis 900 m, aber schon > 600 m nur an wenigen Stellen; SK. 1350 m, PL 800 m ü.M. Gesamtbestand in Europa zw. 5.2 - 15 Mio. BP (stabil), mit Populationen >200 T. BP in RUS (1-5 Mio.), TR (1-4 Mio.), GB (555 T.), BY (350-400 T.), F (150-600 T.), RO (250-400 T.), S. (150-400 T.) und E. (420-530 T. BP) [383]. In ME brüten etwa 370.000-770.000 BP [383].

Wanderungen. Standvogel mit Dismigrationen, Teilzieher, Kurz- bis Mittelstreckenzieher; geräumt werden nur nördlichste Teile des Areals in Europa, dagegen größte Teile der Brutgebiete RUS und Sibirien; Überwinterung S des Brutareals in NW-Afrika und Asien (1988 und 1989 erstmals Trupps in JOR); Br. N- und E-Europa überwintern meist im W und S des Artareals. Anteil der Zugvögel unterschiedlich, bei Zugvögeln Europas Hauptwegzugrichtung SW. Beispiele: **Br. GB** sind Standvögel, Entfernungen > 100 km Ausnahmen, im 20. Jh. nur 6mal Flüge zum Festland (DK, S., NL) belegt [4064]; bei **Br. B** wandern 48 % der Juv im 1. Winter und 5 % der Älteren > 100 km; Wintergebiete in NW-F [2478]. **Br. ME (außer PL)** überwiegend Nichtzieher, unter Zugvögeln wohl meist Jungvögel (z.B. CH bis NE-E., S-D bis CH und SW-F, CZ bis SW-F); **Br. PL** etwa 70% Zugvögel (unter Nichtziehern vor allem Ind. ab 2. Lebensj.) bis A, CZ, SK., H, D, F und NE-E.; **Br. Baltikum** bis N-D, B, NL, NW-F; **Br. DK** bis SE-England, N-F, NL; **Br. S-Fennoskandien** überwintern von S-S. über DK, B, NL bis S-England und NW-F. **Br. aus E-Europa** kommen mit Vorzugsrichtung WSW im Winter in viele Gebiete ME und W-Europas. Nach Dismigrationen ab Juli eigentlicher Wegzug Sept.–Nov. mit Höhepunkt Okt., in ME als Dz. und Einzug von Überwinterern. Zug und Winteraufenthalt oft gemeinsam mit Saatkrähen. Abzug der Winterpopulationen und Heimzugbewegungen Feb.-April, im NE auch bis Mitte Mai. Medianwert des Herbstdurchzuges in D-BW 1970-97 (Ende Okt.) um reichlich 1 d/10-Jahres-Intervall nach hinten verschoben [1315]. Mittlerer Breitengrad der Winterfunde beringter Br. aus GB/IRL seit 1960er J. signifikant um 3 Winkelminuten/J. nach S verschoben [3634]. Dismigration und Neuansiedlung von Jungvögeln bis > 20% in Entfernungen > 10 km; in B 98 % Rückkehrer im 2. KJ in Radius < 50 km vom Geburtsort. Umsiedlung in Skandinavien bis 500 km nachgewiesen.

Bestandsentwicklung. Im 20. Jh. in ME mehrfach Arealausweitungen und Bestandszunahmen durch zunehmende Verstädterung sowie erheblich erweitertes Brutplatzangebot nach den Weltkriegen [337]. Klimatisch bedingt zudem Ausweitung des Areals in Fennoskandien.
Seit 1960er J. in Europa sehr unterschiedliche Entwicklungen. In atlantisch beeinflussten Regionen, insbes. in GB [2471,3892] und Teilen NL [1369] stiegen Bestände gebietsweise sehr deutlich an. Zunahme dabei nicht auf Gebäudebrüter beschränkt, sondern auch Folge der ab 1970er J. verstärkt einsetzenden Nutzung von Kanin-

chenbauten in Dünengebieten. Auf Schiermonnikoog stieg z.B. Bestand von 9 BP (1967) auf 179 BP (1986) [1369]. Bestandsgewinne auch in E., BY, UA., IRL, DK, HR und I [1369,3892,1585], dagegen in kontinentaleren Regionen ME auf wenige Lokalitäten beschränkt [196]. Nach stärkeren Zugewinnen und Arealausweitungen in 1960er J. viele Populationen ME seit 70er J. stabil [B, L, Teile NL: 843,1369,2560, H, PL: 1369,1585, D-BY, -SL, -BE, -RP: 3519,206,3248,1369; auch RUS, BG: 3892,1585].

	Best.	Areal	Brutbestand	Jahr	Quelle
A	+/-	=	3.600–4.600	1998–2002	[383]
B	+/-	=	20.000–100.000	2001–2002	[383]
CH	↓	- 1	1.100–1.200	1993–1996	[383]
CZ	↓	=	10.000–20.000	2000–2002	[383]
D	+/-	=	50.000–110.000	1995–1999	[383]
FL	+/-	=	10–15	1998–2000	[383]
H	+/-	=	1.000–14.000	1999–2002	[383]
L	↑	=	2.500–3.000	2001	[383]
NL	⇧	+ 1	180.000–220.000	1998–2000	[383]
PL	+/-	=	100.000–300.000	2000–2002	[383]
SK	+/-	=	3.000–5.000	1990–1999	[383]

Schließlich aber in Teilen ME sowie in F und FIN [3892,1585] teilweise drastische Abnahmen, z.B. in D-MV in gut 10 J. auf 1/3 oder 1/4 der Bestände der 70er J. [3037]; entsprechend negative Entwicklung mit Arealverlust schon in 1950er J. in CH und D-BW sowie seit 1960er J. in CZ, A, N-D [2068,2623,965,1369,3892,3392,3393,1719,1722,1, 3036,3409,967,1852,3988]. Dabei brachen Bestände der Felsbrüter vielerorts vollständig zusammen [A, CH: 965,3392,1572,2263], doch vor allem auch Baumbrüter, zuweilen sogar Gebäudebrüter, waren regional stark betroffen [1137,3248,4175,1617, 1369,310,1526,2405,4043,2838]. Starke Abnahmen vor allem Folge des drastischen Brutplatzverlustes, davon Baumhöhlenbrüter und Gebäudebrüter der Städte gleichermaßen betroffen; doch zunehmend verringertes Nahrungsangebot, z.T. auch starke Giftbelastung (Beizmittel, Biozide) ebenso bedeutsam (erheblich geringerer oder gar fehlender Bruterfolg) [2263,2992,3670,379,2059,3871]. Mittlere Koloniegrößen sowie Anzahl besetzter Kolonien inzwischen oft erheblich verringert [z.B. 1369,1722, 3871,3409,3988]. Auch Winterbestände z.T. stark rückläufig, z.B. in S-D [3159,1719,2068], ohne dass Verlagerung in andere Regionen erkennbar wäre (allerdings Zugwegverkürzung möglich, vgl. Saatkrähe).

In jüngster Zeit in einigen stark betroffenen Regionen infolge Hilfs- und Schutzmaßnahmen (sowie der Ausbreitung des Schwarzspechts) Erholung und Bestandssteigerung erkennbar [3409,3410,427, 2400,2992,3988,241,4175,1,310,2821]. In NL massive Ausweitung der Brutbestände in ländlichen Regionen (dagegen Abnahme der Baumbrüter) [375,3638]. In I ab 1970er J. Besiedlung urbaner Lebensräume, auch in E-Europa in städtischen Bereichen z.T. starke Zunahme [1507]; besiedelt auch verstärkt Nistkästen von Schleiereule und Hohltaube [M. Jöbges].

Siedlungsdichte. In Europa größte Dichten in städtischen Lebensräumen mit Großflächendichten von 4.4 – 9.9 BP/km^2 [3307]; ähnliche Dichten in ländlichen Gebieten nur bei reichlichem Nahrungsangebot und ausreichend Nistplätzen, in GB z.B. in Form von Kaminen, daher dort Großflächendichten von Ø 5.0 BP/km^2 möglich [1507]; sonst in ländlichen Räumen Europas Ø nur 0.06 BP/km^2, in D-BW z.B. 0.03 BP/km^2 [1722,3307]; kleinflächige Dichteangaben bei Dohle wenig sinnvoll.

Gefährdungsursachen [3409,3410,967,3037,3986, 427,2400,2992,3670,3988,241,1369,1719,196,2031]. Lebensraumverlust oder -beeinträchtigung, vor allem Zerstörung der Brutplätze durch
(1) Gebäudesanierung oder -abriss und Neubau, (2) Ausweitung städtischer Kernbereiche, (3) Vergitterung von Brutnischen (u.a. zur Taubenabwehr), (4) intensive forstliche Eingriffe in (Buchen-)Altholzbeständen sowie durch Waldschäden, (5) Störungen am Brutfelsen durch Klettersport.
Ferner Verringerung des Nahrungsangebotes durch (1) Intensivierung der Landwirtschaft mit Umwandlung von extensiver Weidewirtschaft in Silagewiesen, (2) Verlust von Brachflächen sowie von Dauergrünland, (3) Monotonisierung (Zerstörung und Entfernung von Feldgehölzen, Heckenstreifen, Kleinstrukturen, Ackerrainen), schließlich (4) zunehmender Einsatz von Bioziden und Saatgutbeize sowie (5) Schließung oder Abdeckung von Deponien.
Direkte Verfolgung, dazu neben Tötung (Abschuss, Vergiftung) auch Fang zur Vogelhaltung.
Verluste durch Marder und Aaskrähen (nach deren Verstädterung, z.B. in PL).
Direkte Auswirkungen von Umweltchemikalien durch Anreicherung und Schadwirkungen bei Taubenbekämpfung.

Störungen an Brut- und Schlafplätzen.
Lokale Nistplatzkonkurrenz mit Straßentauben und Wanderfalken.

SPEC	VSchRL	Bern.Konv.	Bonn.Konv.
E	Anh. II-2	--	--
Europ. RL	**RL in ME**		
--	FL:'CR', CH: 'VU', A, CZ: 'NT'		

Schutzmaßnahmen. Erhalt oder Förderung strukturreicher Kulturlandschaft mit Extensivnutzung; erhebliche Einschränkung des Düngemittel- und Biozid- sowie Beizmittel-Einsatzes. Sicherung einer ausreichenden Menge Insektennahrung während der Brutzeit.
Schutz geeigneter Brutplätze durch (1) Erhalt von Gebäudenischen bei Altbausanierungen, (2) Erhalt und langfristige Sicherung von Altholzbeständen, Überhältern und alten Parkbäumen sowie von Höhlenbäumen; Verlängerung der Umtriebszeiten, (3) Einsatz von Nisthilfen.
Förderung der Ansiedlung der Dohle in zentrumsfernen Gebäudekolonien mit geeigneten, angrenzenden Nahrungsflächen, dagegen keine Förderung städtischer Kolonien über Größe von 25 BP hinaus (sonst meist Probleme mit Anliegern). Aufklärung der Bevölkerung, Öffentlichkeitsarbeit.
Verbot der privaten Haltung von Dohlen (stammen meist aus Freiland).
Verstärkte Überwachung der Ansiedlungen und des Brutgeschehens.
Verzicht auf Eingriffe in Taubenbestände oder -brutplätze, wenn Dohlen dadurch beeinträchtigt werden können.

Biotop. Br. vorwiegend lichter, parkartiger Altholzbestände, in geringer Zahl auch (in Randbereichen) geschlossene(r) Buchenwälder, Felswände und Abbrüche und nischenreicher Gebäude, auch inmitten alter Großstadtkerne; in der Nähe von Brutplätzen offene, möglichst extensiv genutzte Acker- und Wiesenlandschaft oder Öd- bzw. Brachflächen als Nahrungsraum; Nahrungssuche auf Flächen mit niedriger oder fehlender Vegetation, wie Äcker, kurzrasige Wiesen, Weiden, in Städten auch locker mit Bäumen bestandenen Parkanlagen. Fehlt im Hochgebirge auch vielfach in Tallandschaften. Im Winter in großen Schwärmen zusammen mit Saatkrähen und auch Aaskrähen in offener Kulturlandschaft, aber zunehmend auch in Großstadtbereichen mit Nutzung von Ruderalflächen, Müllkippen, Futterstellen und genießbarem Abfall.

Nahrung. Omnivor; im Sommerhalbjahr überwiegen Wirbellose, die auch wichtige Bestandteile der Nestlingsnahrung bilden, bes. Insekten und deren Larven (z.B. Käfer, phytophage Wanzen, Schnakenlarven, Raupen, Heuschrecken, Grillen), Tausendfüßer, Spinnen, Würmer, Schnecken; vegetabilische Nahrung zu allen Jahreszeiten, im Winter überwiegend, umfasst grüne Pflanzenteile (z.B. Keimlinge), Getreidekörner (auch Sommer- und Nestlingsnahrung), Beeren in großer Vielfalt, Obst, ferner Haushaltsabfälle (Brot wird z.B. auch an Nestlinge verfüttert). Gelegentlich auch kleine Wirbeltiere (Jungvögel, Mäuse), Eier und Nestlinge. Aufnahme von Magensteinchen.

Stimme. Häufigster Ruf hell »kjak« oder »kja«; gedehnt und schärrend »kjarrr«, gereiht »kjerrr«, klangrein »kji« oder »kjä«, Stimmfühlungsrufe unter Partnern weiches »jüb-jüb«, bei Gefahr heiseres Schnarren oder mit schnarrendem »kaaarr« Hassen auf Greifvögel etc.; Juv. heiser »karr« (etwas heller und weniger rau als Saatkrähe). Gesang leises variables Schwätzen, auch von ♀. Am Nest und in der Kolonie viele Laute in offenbar ganz spezifischen Situationen.

Verhalten. Tagaktiv; Tagzieher. Am Boden hauptsächlich schreitend, oft im Wechsel mit beidbeinigem Hüpfen, beim Nahrungserwerb auch Flughüpfen. Ruckweises Klettern in relativ engen Schächten (z.B. Kaminen, hohlen Bäumen) mit Absicherung durch ausgebreitete Flügel; auch beim Absteigen Kopf nach oben gerichtet. Wendiger Flieger mit rascheren Flügelschlägen als die größeren Arten der Gattung; akrobatische Flugmanöver vor allem an Gebäuden und Felswänden. Nahrungserwerb vielseitig vorzugsweise am Boden, aber auch in Bäumen (z.B. Obst), hauptsächlich pickend, zirkelnd, oberflächenstochernd. Absuchen von Säugern (Rotwild, Pferde etc); Ausreißen von Pflanzen bzw. Keimlingen, Freilegen von Nahrung durch Abheben von Steinen, Erdschollen, Wenden von Laub. Große Nahrungsbrocken werden zur Bearbeitung mit beiden Füßen fest gehalten. Nahrungsverstecken kommt vor. Das ganze Jahr über gesellig, zumindest bei Nahrungssuche. In Kolonien und einzeln brütend. Paare halten aber auch in Schwärmen zusammen. In der Rangordnung ♂ dominant über ♀, Rang des ♀ hängt von Stellung des ♂ ab. ♀ fordert durch Zittern mit Flügel und Schwanz zur Paarung auf. Paarfüttern und gegenseitige Gefiederpflege. Verpaarte ♀ zeigen gleiches Verhalten auch außerhalb der Paarungszeit zur Begrüßung ihres ♂. Kopulationen am Nest zur Legephase mehrmals täglich [3711]. Brutpaare und Nichtbrüter im Sommer in der Umgebung von Brutplätzen, die nach dem Ausfliegen der Jungen i.d.R. verlassen werden; Rückkehr der Ad. jedoch meist ab Aug., darunter meist nur einzelne Juv. des Jahres. Bei Bedrohung der Kolonie reagieren Mitglieder gemeinsam; bei ausreichend Nistmöglichkeiten auch Zusammenbrüten mit Straßentaube, Turmfalke etc. Im Herbst und Winter große gemischte Schwärme mit Saatkrähe. Schlafplätze auch zusammen mit Aaskrähe, bis zu 500 und zur Zugzeit > 1000 Ind. in artreinen Gruppen beisammen. Das ganze Jahr über gemeinschaftliche Schlafplätze, Brutvögel übernachten am Nistplatz.

Fortpflanzung, Brutbiologie [337,1369,767, 1722]. Geschlechtsreife im 1. Lebensjahr, Brut aber meistens erst ab 2.; monogam [1654], i.d.R. Dauerehe, aber Umverpaarungen (z.B. durch Verdrängung eines ♀ in schlechter Kondition durch ein anderes; dabei vorübergehende Triobildung nicht ungewöhnlich; Bigynie aber sehr selten). **Ankunft am Brutplatz.** Standvögel ab Feb./Anf. März am Brutplatz, Paarbildung entweder im Winter-Frühjahr des 1. Lebensjahres oder später im Schwarm der Nichtbrüter oder Nachrücken eines unverpaarten Ind. bei einem Partner mit Nestplatz. **Nest.** Beide Partner wählen Nestplatz. Neststand i.d.R. überdacht in Löchern, Höhlen, Nischen, Vertiefungen und geschützten Räumen verschiedenster Art sowie Nistkästen in und an Fels-, Lehm, Gips- und Erdwänden; in Ruinen, Mauern, hohen Gebäuden (z.B. Kirchen), Kaminen und engen Schächten (bis > 2 m tief), technischen Anlagen (z.B. Stahlkonstruktionen von Brücken, mitunter Masten), Bäumen (z.B. ehemalige Schwarzspechthöhlen, ausgefaulte Stammabschnitte) sowie gelegentlich auch im Boden (z.B. Kaninchenbaue), vereinzelt auch in Offennestern z.B. in Saatkrähenkolonien; je nach Angebot in größeren Kolonien (z.B. Fels-, Lehmwand- und Gebäudebrüter) oder kleineren (Gebäude, Bäume) oder Einzelbrüter (bes. Bäume); Art und Verteilung der Neststandorte regional oft sehr unterschiedlich; auch lokal Umsiedlungen (z.B. von Bäumen an Gebäude) bekannt. Nistkastenansiedlungen vor allem in Baumbeständen und Wäldern, aber auch an Gebäuden und Brücken. Bei Wahl werden größere Bodenhöhen bevorzugt (z.B. > 10 - > 40 m, in Türmen aber durch Bauweise vorgegeben). Nest oft umfangreicher Bau (Ausfüllen von Hohlräumen) aus Zweigen und Reisern, die abgebrochen oder vom Boden aufgelesen (mitunter auch anderen Nestern entnommen) werden sowie Grassoden und Erdklumpen; Mulde mit feinerem Material wie Halmen, Tierhaaren, Federn, aber auch Papierfetzen etc. ausgekleidet. Nestbau durch beide Partner, oft Arbeitsteilung, offenbar Auskleidung der Nestmulde nur durch ♀. In weichem Material werden Höhlungen durch Hacken mind. erweitert, häufig auch gesäubert. Muldendurchmesser 12-16 (9-23) cm, -tiefe 3-8 cm. Dauer 7-68 d (am längsten bei frühem Beginn und vielen Störungen durch Nachbarn). **Legebeginn.** Witterungsabhängig ab Ende März/Anf. April, Hauptzeit Mitte April bis Mitte/Ende Mai. **Gelegegröße.** 2-7 (8), meist 4-6; ältere ♀ und frühe Brüter mit größeren Gelegen; Kalendereffekt; z.B. Ø CH April$_{133}$ 4.6, D-BW$_{133}$ 4.8, -TH$_{204}$ 5.0, Rhl. April$_{27}$ 5.1, Mai$_{25}$ 5.0, GB$_{293}$ 4.4, FIN$_{167}$ 4.8; Legeintervall 1 (-2) d. **Eier.** (Kurz-) oval, glänzend, sehr variabel mit hell bläulicher und grünlicher Grundfarbe, mäßig stark hell- bis schwarzbraun gefleckt, graue Unterflecke, meist Häufung am stumpfen Pol. **Brutdauer.** 16-19 (15-20) d. Brutbeginn vor Ablage des letzten Ei; nur ♀ brütet, wird vom ♂ gefüttert. Juv. schlüpfen asynchron, etwa 50% an einem d, die anderen 1-2 (3) d später, daher oft Nesthäkchen. **Nestlings-/Führungszeit.** Beide Partner füttern, ♀ hudert (ca. 11 d); Juv. verlassen Nest nach 30-35 (28-36) d, werden bis 4 Wochen von Eltern gefüttert. **Jahresbruten.** 1; wegen frühzeitiger Gonadenrückbildung Ersatzgelege nur möglich bei frühem Verlust (vereinzelte Nachw. in ME und GB). **Ende der Brutperiode.** Meist schon Ende Juni oder im Juli, selten noch Aug. **Bruterfolg.** In größeren Kolonien offenbar höher als in kleinen oder bei Einzelbruten; in ME mehrj. Einzelstichproben 1.7, 2.0, 2.3, 2.4, 3.2 Juv./BP und J.; in neuester Zeit vor allem in Kleinkolonien sehr niedrig, z.B. D-BW 1979-85 Ø$_{162}$ knapp 1.0 Juv./BP und J., doch auch Felsbrüter E. nur 1.3 Juv./Paar und J. In CZ in 118 Nestern mit 532 Eiern 418 Junge geschlüpft (78.6%), 238 ausgeflogen, Gesamtbruterfolg 44.7%; dabei von 114 verloren gegangenen Eiern 48 vernichtet, 23 verlassen, 43 nicht fertil. Nistkastenbruten erfolgreicher als andere [1]. Wichtige Verlustfaktoren sind kühle Witterung, Störungen, Prädation und Nahrungsarmut; zudem interspezifische Störungen und in E. auch Brutparasitismus (Häherkuckuck).

Eimaße und -gewichte [1369]: L. 29.1-40.6 mm, B. 21.2-26.9 mm; Ø 34.4 x 24.4 mm (n=332, CH), 34.2 x 24.5 mm (n=119, D-BW), 34.1 x 25.0 mm

(n=150, N-D), 35.2 x 24.9 mm (n=466, NE-PL). Frischvollgew. 8.41-13.32, $\varnothing_{150}$ 11.27 g bzw. $\varnothing_{160}$ 10.95 g. Schalengew. 0.60-0.98 g, $\varnothing_{344}$ 0.787 g. (Nominatform und *soemmeringii* ähnlich).

Sterblichkeit, Alter. Nach Ringfunden in B 46% im 1. J., später 28 %/J. [2478]. Älteste Ringvögel 19 J. 11 Monate (DK), 19 J. 8 Monate (S.) [3654]. **Generationslänge:** 5 J. [383].

Mauser. **Postjuvenile Mauser** (Teilmauser) ab Ende Juni/Juli; umfasst auch Randecken, variable Anzahl Mittlerer und selten Großer Armdecken, unregelm. mittlere ST; Dauer 8–10 Wochen [767,1369,3771]. • **Postnuptialmauser** (Vollmauser) beginnt mit HS 1 mitunter schon während Bebrütung, Ende Mai/Anf. Juli–Sept./Mitte Nov.; Nichtbrüter und Vorj. mausern früher, aber langsamer; Dauer der HS-Mauser GB 105–125 d [767,1369].

Coloeus dauuricus – Elsterdohle 15610

Coloeus [monedula] dauuricus Pallas 1776 syn.: *Corvus dauuricus*

(GB) **Daurian Jackdaw** (F) **Choucas de Daourie** (E) **Grajilla Daurica**

Taxonomie. Monotypisch. Bildet Superspezies mit der Dohle.

Kennzeichen. [767,3615,3772,221; **Fotos** in Bird. W. **8**, 174, **9**, 34, Brit. B. **96**, 521-23, Dutch B. **18**, 228].

Maße. Gr.: 33-34 cm. Gew.: (Mongolei) ♂ 208-230 g, $\varnothing_{12}$ 218 g, ♀ 175-208 g, $\varnothing_{10}$ 191 g. Fl.spw.: 67-74 cm. Fl.l.: (RUS) ♂ 220-244 mm, $\varnothing_{14}$ 233.0 mm, ♀ 211-232 mm, $\varnothing_{12}$ 223.0 mm [767].

Status. In Europa sehr seltener Gastvogel, z.B. S. Apr. 1985 und FIN 1 Ind. erl. Mai 1883 [767], DK Apr. 1997 und F Juni 1995 [3615,527], (weitere Beob. aus N. Mai 1906, FIN Mai 1915 und Taimyr RUS Juni 1994 derzeit nicht anerkannt [277]). In ME Ausnahmegast mit folgenden Nachw. • **NL:** Mai 1995 (viell. selbes Ind. wie in F, s.o.) und Mai 1997 (viell. selbes Ind. wie in DK, s.o.) [277, 527]. • **D:** -TH Dez. 1995 nur als Gefg.fl. anerkannt [575].

Verbreitung und Bestand. Brutvogel von ca. 96° E in S-Sibirien nach E bis Amur- und Ussuriland und im S durch Mandschurei und Mongolei bis N- und W-China. Kein europäischer Brutvogel [1585].

Wanderungen. Teilzieher, der zumindest die nördlichen Teile des Verbreitungsgebiets weitgehend räumt, doch in milden Wintern meist einige Vögel im Brutgebiet verbleibend. Weiter S zunehmend Standvogel [3615].

Mauser. **Postjuvenile Mauser** (Teilmauser) Aug.–Mitte Sept./Okt.; umfasst selten auch einige Schirmfedern und ST [767]. • **Postnuptialmauser** (Vollmauser) Juni–Sept./Okt. [767].

Corvus splendens – Glanzkrähe 15620

Corvus splendens Vieillot 1817 syn.: Hauskrähe

(GB) **House Crow** (F) **Corbeau familier** (E) **Corneja India**

Taxonomie. Fünf UA (*splendens, protegatus, insolens, maledivicus, zugmayeri*); die in Europa auftretenden, lokal etablierten Vögel [vgl. 2892] dürften am ehesten der westlichsten Form *zugmayeri* Laubmann 1913 (Pakistan, NW-Indien) angehören.

Kennzeichen. [767,3615,3772,221; weitere **Fotos** in Bird. W. **8**, 36, **11**, 293, **14**, 144, **16**, 102, **17**, 38, Dutch B. **18**, 8, **24**, 120, **25**, 169-70, 313-17].

Maße. Gr.: 41-43 cm. Gew.: (Mauritius) ♂ 270-371 g, $\varnothing_{16}$ 316.6 g, ♀ 245-295 g, $\varnothing_{10}$ 269.7 g. Fl.spw.: 76-85 cm. Fl.l.: (Nominatform, Nepal) ♂ 266-283 mm, $\varnothing_{8}$ 273.0 mm, ♀ 242-261 mm, $\varnothing_{5}$ 249.8 mm [767].

Status. Neozoon; seltener, lokaler Brut- und Jahresvogel in NL. Z.T. Mischverpaarungen mit Dohlen. Nachw. von Einzelvögeln in Europa betreffen Gibraltar März/April 1991, DK, F und IRL Nov.

1974-76 [767,3615,3273]. In ME außerhalb NL bisher nur Meldungen aus **PL** und **H** 2002 [3273].

Verbreitung und Bestand. Brutvogel der Subtropen und Tropen sowie Halbwüstenzone von SE-Iran nach E durch Pakistan bis Indien, Bangladesh und Burma sowie Sri Lanka und Malediven, ferner Küstenregionen am Roten Meer und Persischen Golf, einschließlich S-IL, EGY, JOR und Kuwait. Erfolgreiche, meist »schiffsassistierte« Ansiedlungen seit Ende 19. Jh. u.a. in Küstenregionen SE-Asiens, JAP, E-USA und AUS (dort durch Gegenmaßnahmen Bestände immer wieder ausgelöscht). In gemäßigter Zone ME zunehmendes Auftreten in 1990er J., seit 1997 regelm. Brutvogel an Küste NL [3638].

Wanderungen. Im Ursprungsgebiet Standvogel oder Teilzieher.

	Best.	Areal	Brutbestand	Jahr	Quelle
NL	N	N	1–2	1997–2002	[383,3273]

Bestandsentwicklung. Seit Ende 19. Jh. in verschiedenen Regionen außerhalb des angestammten SW-asiatischen Brutareals erfolgr. Ansiedlungen nach schiffsassistierter Dispersion in Küstenregionen des Roten Meers, Persischen Golfs, SE-Asien und AUS. Erste Beob. in Europa Anf. 1990er J., in ME erster Nachw. von 3 Ind. in Hoek van Holland NL im Apr. 1994 [277]. Schließlich Brutansiedlung 1997 und (fast) allj. erfolgr. Brut (allerdings immer nur 1 flügger Juv. beob.); dennoch Zunahme auf etwa 10 Ind. 2002 (durch weiteren Zuzug oder übersehene Bruten?), neuerdings auch kleine Gesellschaften außerhalb Hoek van Holland [3273]. Mit einer Ausbreitung in andere Regionen Europas ist zu rechnen.

SPEC	VSchRL	Bern.Konv.	Bonn.Konv.
--	Anh. II-2	--	--
Europ. RL	**RL in ME**		
--	--		

Beurteilung. Einfluss von Glanzkrähen auf heimische Brutvogelarten offenbar durchweg negativ (intensiver Nesträuber), daher in vielen neuen Ansiedlungsgebieten intensive Verfolgung und Eliminierung der Neusiedler, z.B. AUS, Kenia, Singapur, Malaysia, S-Afrika, Jemen [3273]. Effekt in NL bisher klein; die Entwicklung wird beobachtet.

Biotop. Herkunft aus subtropischen und tropischen Niederungsgebieten, aber auch in höhere Lagen vordringend; fast immer auf Bereiche menschlicher Ansiedlungen konzentriert; zumindest einzelne Bäume nötig, als Brutstandort (s.o.), aber vor allem für Schlafplatzansammlungen (in Mangroven, Plantagen, Parks).

Nahrung. Sehr vielseitig, aber in hohem Maße von menschlichen Abfällen abhängig; ferner Invertebraten aller Art, kleine Wirbeltiere, Pflanzenmaterial, Aas. Bevorzugte Nahrungssuche auf Müllkippen, Deponien, Abfallhaufen, an Märkten, Landwirtschaftsbetrieben, im Umfeld von Fischereien, an Touristenplätzen etc., mit Nahrungsflügen bis zu 16 km.

Stimme. Situativ differenziertes Rufrepertoire, meist Variationen eines tonlosen, trockenen »käähkääh«; sehr ruffreudig.

Fortpflanzung, Brutbiologie [767,3273]. **Nest.** Neststand immer in Nähe menschlicher Siedlungen; in Astgabel oder äußersten Ästen im Kronenbereich großer Bäume, gebietsweise auch in Tamarisken oder Mangroven, in geeigneten Bäumen auch mehrere Nester mit verteidigtem Nestbereich von 4-5 m; in Städten auch auf Gebäuden, Kränen, Straßenlampen, Gittermasten etc.; Nest z.T. massiver, unordentlicher Haufen aus Zweigen (auch Dornen-), Plastikteilen, Schnüren, Kabel, Metallstückchen etc., Mulde oft aus feinerem Material wie Borkenstücke, Haare, Federn, Papierfetzen, grüne Zweige etc. ausgekleidet (zuweilen aber auch fehlend); Material aufgesammelt (oft auf Müllkippen), Zweige auch abgebrochen. Muldendurchmesser 12-15 cm, -tiefe 7-10 cm. Nestbau durch ♀, ♂ trägt mit Material ein. Dauer 4-7 (-17) d. **Legebeginn.** Meist ab Ende April bis Mitte/Ende Mai (Juni). **Gelegegröße.** 3-5 (2-6); Ø Kenia$_{15}$ 3.9, Indien$_{123}$ 4.0; Legeintervall 1-2 d. **Eier.** Kurzoval bis birnenförmig, glänzend, sehr variabel mit hell blaugrüner Grundfarbe, grau bis braun grob und fein gefleckt und gestrichelt. **Brutdauer.** 16-17 d. ♀ brütet meist allein. **Nestlings-/Führungszeit.** Beide Partner füttern, ♀ hudert (ca. 15-18 d); Juv. verlassen Nest nach 21-28 d. **Bruterfolg.** In Indien von 81 Eiern 74% geschlüpft und 54% ausgeflogen (75% in 3er Gelegen, 48% in 4er und 56% in 5er Gelegen). Meiste Verluste durch Verhungern in früher Nestlingsphase; 5. Juv. (Nesthäkchen) überlebt selten, auch Brutparasitismus.

Eimaße und -gewichte [767]: L. 31.2-45.0 mm, B. 23.5-28.5 mm; Ø 37.7 x 25.9 mm (n=80, *zugmayeri*), L. 30.4-44.1 mm, B. 23.0-29.1 mm; Ø 38.0 x 26.5 mm (n=225, Nominatform). Frischvollgew. berechn. 13.4 g.

Mauser. Postjuvenile Mauser (Teilmauser) ab Sept. beendet; Umfang ähnlich Rabenkrähe [767]. • Postnuptialmauser (Vollmauser) Juni/Juli-Okt./Nov. [767].

Corvus frugilegus – Saatkrähe 15630

Corvus frugilegus Linnaeus 1758

(GB) **Rook** (F) **Corbeau freux** (E) **Graja**

Taxonomie. Zwei UA: *frugilegus* Linnaeus 1758 (Europa bis Jenissej und Altai) und *pastinator* Gould 1845 (Eurasien E der Nominatform)

Kennzeichen. [767,3615,1369,3772,221; **Fotos** in Limic. **11**, 30, **16**, 221].

Maße. Gr.: 44-46 cm. Gew.: (N-GB) ♂ 445-560 g, $Ø_{102}$ 494.0 g, ♀ 325-475 g, $Ø_{54}$ 417.0 g. Fl.spw.: 81-99 cm. Fl.l.: (N-GB) ♂ 295-338 mm, $Ø_{162}$ 320.8 mm, ♀ 280-326 mm, $Ø_{125}$ 302.5 mm [767,1369].

Status. In weiten Teilen ME häufiger, verbreiteter Brut- und Jahresvogel. Regelm., sehr häufiger Durchzügler und Gastvogel, dabei als Wintergast meist um Vielfaches häufiger als im Sommer - Zahlen aber rückläufig (s.u.). Im Alpenvorland und in Alpentälern allerdings z.T. auch als Wintergast weitgehend fehlend.

Verbreitung und Bestand. Brutvogel der borealen, gemäßigten, Wüsten- und Steppenzone der Paläarktis, im E bis in Randtropen; südwestlichste Verbreitungsinsel N-E., ferner N-Hälfte F, GB/IRL, von CH und S-D N der Alpen bis S-Fennoskandien und Weißes Meer, weiter E etwa bis 61° N, in Sibirien Oberlauf von Ob und Jenissej, Baikalsee, Obere Lena, Amurmündung bis S Yangtsekiang; entlang N-Rand mittelasiatischer Gebirge bis W-Iran, E- und Zentralanatolien, SE-Europa von TR, BG, RO unter Aussparung der Gebirge bis H. Eingebürgert in NZ. In ME Nominatform z.T. häufiger Brutvogel in Tallandschaften und Tiefländern, in Mittelgebirgen und gegen die Alpen oft nur inselartig verbreitet mit starken langfristigen Bestandsänderungen abhängig von anthropogenen Eingriffen in Bestand und Habitat. Nur ausnahmsweise > 500 m, höchste Brutnachw. SK. 640 m, PL 860 m ü.M. Europäischer Gesamtbestand zw. 10 - 18 Mio. BP, mit

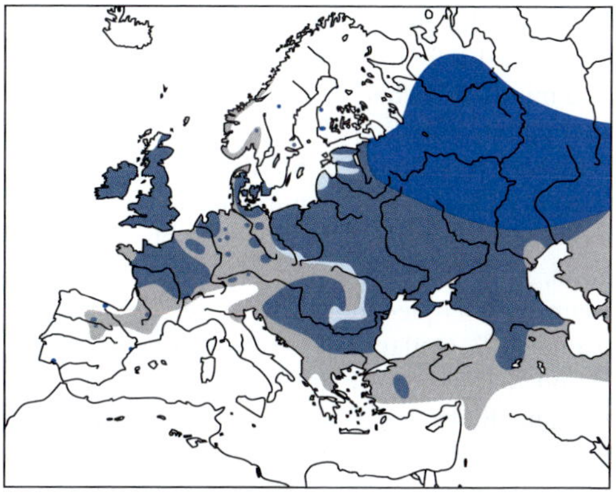

Corvus frugilegus – **Saatkrähe**

Populationen > 500 T. BP in RUS (5-10 Mio.), UA. (1.5-2.2 Mio.), GB (1.1-1.4 Mio.), BY (0.6-0.8 Mio.) und F (0.2-0.8 Mio.); in ME brüten etwa 330.000-410.000 BP [383].

Wanderungen [u.a. 3571,390]. Standvogel, Teilzieher, Kurz- und Mittelstreckenzieher; räumt fast vollständig Areale ab Baltikum nach E einschließlich größten Teils der Ebenen RUS bis an N-Rand UA. und Kasachensteppe, überwintert bis Skandinavien, in großer Zahl in ME und W-Europa, ferner S des Areals im europäischen Mittelmeergebiet (auf manchen Inseln, z.B. Balearen, selten oder verschwunden, z.B. Sardinien, Sizilien) und TR, im Nahen Osten (selten bis Unterägypten) bis in N Arabische Halbinsel und an Persischen Golf sowie Iran und Pakistan. Masse der Winterbestände in ME und W-Europa konzentriert auf große Ebenen [604], dabei vor allem in F und W-ME Durchmischung vieler Brutpopulationen, jedoch Zonierung der Winterareale entsprechend der Lage der Brutgebiete und im Wegzug sehr schmale Richtungssektoren für einzelne Koloniestandorte zu erkennen. Im

S des Areals möglicherweise durch klimatisch bedingte Änderung des Zugverhaltens Verringerung der Winterbestände [z.B. 430]. Die kürzesten Strecken legen skandinavische, die längsten russische Br. zurück. Hauptabzugrichtung SW (Br. Skandinavien, S-ME und S-RUS) bis WSW–W (Br. E-D, E-Europa). Beispiele: **Br. GB** verlassen die Insel nicht; **Br. DK und Skandinavien** überwintern S-Skandinavien, DK und Nordseeraum NW-D bis NL, E-GB; **Br. NL** sind Teilzieher mit wahrscheinlich geringem Zugvogelanteil, Wegzieher fast ausschließlich in GB nachgewiesen; **Br. W-D** sind Teilzieher mit hohem Zugvogelanteil, Wegzieher bis mind. SW-F; **Br. E-D** (etwa zur Hälfte Zugvögel) und **Br. PL** (Zugvögel, abnehmende Zugneigung) mit Überwinterung W-D bis S-GB, W-F (1 Fund S-E.); **Br. CZ, SK.** sind mind. Teilzieher, fliegen bis W-F; **Br. Baltikum** überwintern von E-D bis NW-F und S-GB; **Br. BY** W-D bis SW-F (und E.); **Br. RUS** (aus N und Zentrum der Ebene RUS bis mind. an Ural) überwintern von UA., PL, CZ. SK. über D bis SW-F und mind. N-E. (Wegzug entlang S-Küste Ostsee, bei Heimzug überquert nördlichster Teil des Wanderstromes S-S., Gotland, EST) [28]; Wintervögel in A, H und N-I sind **Br. NE des Karpatenbogens.** Wegzug und Eintreffen Wintergäste ME Ende Sept.–Ende Nov. mit Höhepunkt Okt., daneben auch Winterfluchtbewegungen; Rückzug Feb. bis April, Höhepunkt des Abzuges März. Durchzugsmedian im Herbst in D-BW 1970-97 um knapp 1 d/10-J.-Intervall nach hinten verschoben [1315]. Umsiedlungen und Ringfunde zur Brutzeit über größere Entfernungen bekannt, z.B. E-D bis PL und N., LV bis PL; Kolonietreue bei Standvögeln sehr hoch. Winterquartiertreue, aber auch Austausch zw. verschiedenen winterlichen Schlafplätzen innerhalb eines Winters nachgewiesen [z.B. 390], jedoch auf Müllplatz keine »Überwinterungstradition« gefunden [1428].

Bestandsentwicklung. Bis heute immer wieder dramatische Bestandrückgänge durch Verfolgung (meiste Regionen ME). Dadurch natürliche Schwankungen oder lokale und regionale Ausbreitungs- und Zunahmetendenzen aufgrund besserer Anpassung an menschliche Lebensräume deutlich überlagert [1369]. Durch Umsiedlungen und Zersplitterung oder Aufgabe ehemals sehr großer Kolonien variieren Brutbestands- und Koloniezahlen einer Region selten streng gleichgerichtet (Entdeckung allgemeiner Bestandstrends erschwert).

In D starke Rückgänge schon ab Mitte 19. Jh. Trotz Verlust großer Teile des natürlichen Siedlungsgebietes Gesamtbestand Anf. 20. Jh. auf Fläche des heutigen D > 270.000 Nester [1369; vgl. Angaben zu Slask]; bis Anf. 1960er J. durch Intensivierung der Landwirtschaft, Einwirkung von Agrochemikalien, aber vor allem wegen menschlicher Verfolgung (»durch jedermann«) sowie gezielter Bekämpfungsaktionen auf < 1/5 zusammengeschrumpft [205, 1369, 4175 u.a.]. Dabei Veränderungen häufig nicht geradlinig, sondern von Phasen der Zunahme unterbrochen (z.B. D-MV mit starkem Zuwachs in 1940er J. und anschließend erneuter Bekämpfung) [1369]. In Folgejahren bei nachlassender Verfolgung Rückgänge in meisten Regionen wegen Lebensraumverschlechterungen weiter anhaltend [1369, 196]; dabei Gesamtpopulation W-D bis Mitte 1970er J. nochmals halbiert auf 14.000-16.000 BP [205]. In NL Bestandsabnahme von 1940er J. bis 1970 um etwa 80% auf knapp > 10.000 BP [1369, 3462], in D-NI von Mitte 19. Jh. bis 1972 um ca. 97% von 65.000 auf 2.000 BP [1586], in -BY gleichzeitig um 95% auf 600 BP [4175]; ähnliche (z.T. zeitlich verzögerte) Entwicklung z.B. in CZ [3992] und anderen Teilen Europas [1507, 1585].

Deutliche Zunahmen dagegen immer wieder in Phasen der Schonung, z.B. ab 1960er oder 70er J. [1586, 2062, 3867, 973, 1010, 2991, 1719, 4175, 3871 u.a.] oder seit Anf. 1980er J. [1456, 3288, 1302, 1766, 3460, 71, 196]. Seither in weiten Teilen ME anhaltende Bestandssteigerungen und Kolonieneugründungen [2393, 3288, 4158, 1010, 2284, 1369, 1722, 196, 1507, 1585, 375, 3638, 3871]. Dennoch Bestände trotz deutlicher Steigerungen oft nur bei Bruchteil der Zahlen des 19. Jh. Neuansiedlungen und Arealausweitungen inzwischen vor allem noch am SW-Rand des Areals, z.B. in CH [218, 1918], wo erst 1963 der erste Brutnachw. erfolgte, in NL [375, 3638, 3462], sowie in F, SE-Europa und TR [1369, 1507, 1585, 3392, 4180]. Durch Intensivierung der Landwirtschaft, Störungen der Kolonien [z.B. auch durch Straßenausbau, 1719] sowie begrenzte Ressourcen regional Kapazitätsgrenzen erreicht und weiterer Zuwachs kaum mehr zu erkennen [1719, 310, 1967, 71], mitunter regional anhaltender Rückgang [2433, 3812, 2896, 2438, 3871; vorübergehend nach Verfolgung: 3460].

Winterbestände in W-Europa und ME durch Verkürzung der Zugwege osteuropäischer Vögel stark rückläufig, auffallend z.B. in Niederbayern von 1971/72-1986/87 auf etwa 1/5 des früheren Bestandes [3159], auch in D-TH und I [1369]; dagegen in E-Europa markant zunehmende Winteransammlungen, z.B. Poznan seit 1970er J. von 28-30 T. auf 100 T. [4120].

	Best.	Areal	Brutbestand	Jahr	Quelle
A	⇧	+ 1	800 – 1.000	1998 – 2002	[383]
B	↑	+ 1	15.000 – 20.000	1995 – 2002	[383]
CH	⇧	+ 2	1.000 – 1.600	1998 – 2002	[383]
CZ	↑	=	3.000 – 4.000	2000 – 2002	[383]
D	⇧	+ 1	54.000 – 64.000	1995 – 1999	[383]
H	+/-	+ 1	30.000 – 35.000	1990 – 1993	[383]
L	↑	+ 1	3.500 – 4.000	2001	[383]
NL	⇧	+ 2	60.000 – 64.000	1998 – 2000	[383]
PL	↓	- 1	150.000 – 200.000	2001 – 2002	[383]
SK	↑	=	10.000 – 17.000	1995 – 1999	[383]

Siedlungsdichte. Koloniebrüter (in D-SH 1970-85 Ø Koloniegröße 69-135 Nester, in H Verteilung 1984: 48% < 100, 30% 101-300, 11% 301-500, 7% 501-1000, 4% > 1000 Nester). Großflächendichten z.B. Gesamt D-BW 0.08 BP/km^2, Europa (ohne RUS, UA.) 0.7 BP/km^2, UA. 4.1 BP/km^2, GB und BY 4.4 BP/km^2 [1722,1507].

Gefährdungsursachen [205,1369,196,1719,1586, 1532,3229,3288,1302]. Direkte Verfolgung, durch Abschuss, Vergiftung, Vernichtung von Nestern und Gelegen, Fällen der Horstbäume, Ausspritzen der Nester mit Wasserschläuchen etc. (in vielen Fällen inzwischen illegal).
Lebensraumverlust durch Zerstörung von Auwäldern, Altholzbeständen und Feldgehölzen in der Kulturlandschaft.
Verringerung des Nahrungsangebotes durch zunehmenden Einsatz von Bioziden und Saatgutbeize, Intensivierung der Landwirtschaft mit Umwandlung von (extensiver) Weidewirtschaft in Silagewiesen, starker Düngung, Verlust von Brachflächen; schließlich Schließung oder Abdeckung von Deponien.
Direkte Auswirkungen der Umweltchemikalien durch Anreicherung.
Störungen an Brut- und Schlafplätzen.

Schutzmaßnahmen. Nach vermeintlich bedeutender landwirtschaftlicher Schäden [in seltensten Fällen belegt: 1719] oder offenbar unerträglicher Lärm- und Schmutzbelästigung immer wieder massive Vernichtungsaktionen mit jeweils Zehntausenden von Vogelopfern (Extremfall: in H von 1980-84 etwa 135.000 Paare!) [1948,337]. »Natürliche« Bestandsentwicklung daher nur in wenigsten Fällen oder nur für kurze Zeiträume möglich; gebietsweise wohl kaum größere Kolonie ohne massive Bestandseingriffe im 20. Jh. Da Lebensraumkapazität bei relativ niedrigen Bestandszahlen nicht ausgeschöpft, nehmen Bestände derzeit in ME meist stark zu. Trotz positiver Bestandsentwicklung keine langfristige Sicherung der Bestände, da nie vor massiven Eingriffen sicher, obwohl die Art im Sommerhalbjahr bevorzugt Massenvorkommen (von Schad-)Insekten nutzt [3288]; bes. vor Aufkommen der Agrochemikalien in ME war Saatkrähe ein wichtiger Regulator der Schadinsekten in der Landwirtschaft [U. Mäck]. Wichtigste Schutzmaßnahme zum Erhalt »natürlicher« Saatkrähenbestände daher Aufklärung der Bevölkerung, Öffentlichkeitsarbeit und stärkere Ächtung der allen ethischen Grundsätzen und tierschutzrechtlichen Bestimmungen zuwiderlaufenden Verfolgung brütender Vögel. Eine starke Zunahme der Art darf nicht mehr Anlass für erneute Phase der Verfolgung sein.
Erhalt oder Förderung einer strukturreichen, extensiv genutzten Kulturlandschaft mit großem Insektenreichtum; erhebliche Einschränkung des Düngemittel- und Biozid- sowie des Beizmittel-Einsatzes; Verbot jeglicher Quecksilber-Beizmittel. Sicherung der Brutplätze und Koloniestandorte vor Übergriffen und Störungen. Bessere Kontrolle der Einhaltung bestehender Schutzbestimmungen durch die Fachbehörden.
Förderung zentrumsferner Ansiedlungen sowie geeigneter benachbarter Nahrungsflächen. Ablenkfütterungen, oder Verzicht auf Maisanbau in Nähe der Brutkolonien.

SPEC	VSchRL	Bern.Konv.	Bonn.Konv.
--	Anh. II-2	--	--
Europ. RL	**RL in ME**		
--	CZ:'VU', A, CH: 'NT'		

Biotop. Br. offener Landschaften mit Nistmöglichkeiten auf Baumgruppen und großen, vorzugsweise mit niedriger Vegetation bestandenen Flächen mit hohem Angebot an bodenbewohnenden Wirbellosen; ursprünglich Steppenlandschaften mit Weidebetrieb und Feuchtstellen, in ME vor allem ackerbaulich genutzte Flächen in Flussniederungen und Tiefländern mit hohem Grundwasserstand oder Nahrungsangebot durch Bodenbearbeitung im Frühjahr und Weidegebieten im Sommer als Ausweichflächen, aber auch bei unterschiedlicher Witterung Kombination von Wiesen und Äckern von Bedeutung. Meidet Gebirgsländer, auch als Wintergast nur im Tiefland. Durch Nachlassen der Verfolgung vielfach Umsiedlung in die Innenstädte, so dass gebietsweise der größte Teil des Bestandes in Stadtbereichen (große Parks, Stadtrandbezirke, aber auch belebte Plätze im Inneren) brütet. Nahrungssuche auf Äckern, Weiden, kurzrasigen Wiesen, Ödland, Deponien, an Plätzen und Straßenrändern der Großstadt oder am Meeresstrand.

Nahrung. Vegetabilisch und animalisch etwa zu gleichen Anteilen im Jahreslauf. Hauptnahrung Wirbellose und Sämereien; bes. Regenwürmer, bodenbewohnende Insekten und deren Larven (z.B. Wiesenschnaken, Raupen, Käfer); ferner andere Arthropoden, Mollusken; in der pflanzlichen Nahrung spielen vor allem Getreidekörner eine wichtige Rolle, zeitweise auch fleischige Früchte. Kleinsäuger, Eier und Jungvögel sind mehr Gelegenheitsbeute; Aas und Abfall von Deponien, im Winter vor allem in Städten Haushaltsabfall, Brot, Körner oder gekochte Kartoffeln an Futterstellen. Durch soziale Nahrungssuche vorübergehende Konzentration auf lokal ergiebiges Nahrungsangebot (z.B. Regenwürmer, Saatgut). Nach Hochrechnungen aus PL ein Ind. ca. 13 kg Körner und 16 kg tierische Nahrung pro Jahr.

Stimme. Häufigster Ruf tiefer und heiserer und länger als bei *corone:* »krra« oder »korr«, individuell und situativ variabel, aber von Rabenkrähe i.d.R. leicht zu unterscheiden; ferner hell dohlenartig »kjä« oder »kju« sowie hoch »kirr«, aggressiv (z.B. bei Verfolgungen) ratternd »krrr«. In Kolonien großer Lärm von Jung- und Altvögeln. Gesang exponiert von Warten aus, leises variables Schwätzen mit metallisch klingenden Elementen und Krächzlauten.

Verhalten. Tagaktiv; Tagzieher. Fortbewegung am Boden schreitend oder hüpfend. Nahrungserwerb mehr als andere Corviden in den oberen Bodenschichten durch Sondieren, tiefes Einstechen (dabei Abnutzung der Gesichtsfedern je nach Bodenbeschaffenheit bei den Einj. unterschiedlich schnell) und Zirkeln (Öffnen des Schnabels nach Einstechen), aber auch Ablesen, Umwenden von Objekten oder Fangsprünge nach beweglicher Beute. Verstecken von Nahrung kommt vor (Speicher), doch die Bedeutung solcher Vorräte für die Ernährung ist nicht klar; zum Teil Kleptoparasitismus. Nahrungstransport im Kehlsack und Schnabel; große Nahrungsbrocken meist unter einen Fuß geklemmt und mit dem Schnabel bearbeitet. Ganzjährig gesellig; um das Nest wird aber ein kleiner Bezirk (ca. 1 m Durchmesser) als Revier verteidigt. Zur Brutzeit meist in kleineren Schwärmen auf der Nahrungssuche. Paarfüttern und gegenseitige Gefiederpflege zwischen Paarpartnern auch außerhalb der Brutzeit. Frühjahrsbalz mit Rufen (Gesang des ♂ hauptsächlich auf Balz und Paarbindung beschränkt – keine territoriale Funktion), Schwanzspreizen und Körperstrecken des ♂, Bettelpose mit Flügelzittern des ♀. Vor allem in der fertilen Periode halten sich ♂ dicht an ihre ♀ (»Partnerbewachung«). Gelegentlich geht Kopulation Balzfüttern voraus. Wenn ♀ brüten, versuchen ♂ Fremdkopulationen (meist Vergewaltigungen). Von Herbst bis Frühjahr Verfolgungsflüge im Bereich der Kolonien und Balzflüge mit größerer Schlagamplitude als im Normalflug. Während der Brutzeit übernachten Ad. in der Kolonie, danach oft in kleineren Gruppen verteilt; im Herbst bilden sich i.d.R. Massenschlafplätze auf Bäumen mit weitem Einzugsbereich (bis > 40 km Durchmesser) und Konzentrationen bis max. 150.000 Ind., meist mit Dohlen gemeinsam (mitunter auch mit kleineren Anteilen Rabenkrähen). Auffallende Schlafplatzflüge, im Winter schon am frühen Nachmittag. Anordnung der Ind. am Schlafplatz von Witterung und Wind beeinflusst. Außerhalb der Brutzeit meist in größeren bis sehr großen Schwärmen; abgesehen von Jungvogel- und wohl auch Zugschwärmen bildet das zusammenhaltende Paar auch außerhalb der Brutzeit die Grundeinheit, z.B. am sozialen Schlafplatz oder bei der Nahrungssuche im Verband. Im Winter entweder reine Jungen- und Adultschwärme (die auch getrennte Schlafplätze aufsuchen können) oder Jungvögel schließen sich Ad. an. Ziehende Schwärme formieren sich oft nur locker. An Schlafplätzen und in Nahrungsschwärmen soziale Hierarchie (alters und geschlechtsabhängig – ältestes ♂ an der Spitze). Warnung von nahrungssuchenden Schwärmen durch Ind. auf Bäumen etc.

Fortpflanzung, Brutbiologie [767,1369,337,1722, 1551]. Geschlechtsreife gegen Ende 2. Lebensjahr, selten früher (erfolgr. Bruten Einjähr. nicht belegt). Monogame Dauerehe (oder Mehrjahresehe); Tendenz zu Promiskuität bei einigen ♂ (Versuche von Fremdkopulationen bei alten ♂ und jungen ♀ relativ häufiger). **Ankunft am Brutplatz.** Inspektion der Koloniestandorte bei Standvögeln ganzjährig möglich; im ME meist ab Feb. an Brutplätzen. Paarbildung oft schon im Herbst, Balz im Frühjahr. Nistplatzwahl durch beide oder von einem Partner, bei Standvögel schon im Herbst, sonst später Winter bis Frühjahr. **Nest.** Nest in Kolonien (bei entsprechendem Angebot mit hunderten bis tausenden Paaren), meist in hohen, mitunter auch niederen (vorzugsweise Laub-) Bäumen oder Büschen, zuweilen an Gebäuden, i.d.R. an ± isolierten Baumgruppen oder Alleen, mitunter viele Nester an einem Baum. Unterbau aus elastischen Zweigen und Reisig, besserer Zusammenhalt durch Grassoden, Moos und Erdklumpen hergestellt; Mulde aus kleineren Reisern, durch Erdbrocken abgedeckt, mit feinerem Pflanzenmaterial (vor allem Gras, selten Haare, Federn) ausgekleidet. Muldendurchmesser 15-30 cm, -tiefe 7-19 cm. Zutragen von Nestmaterial oft schon im Herbst, eigentlicher Bau erst im Frühjahr. Beide Partner sammeln Material und können Nest auch alleine bauen, doch meist durch beide. Zweige werden abgerissen oder aufgesammelt, Materialstehlen bei Nachbarnestern die Regel, daher meist ein Partner am Nest; Eintragen von Zweigen noch während Bebrütungs- oder Nestlingszeit; alte Nester i.d.R. ausgebessert und wiederverwendet. Dauer zw. 5-13 (-22) d (NZ Ø$_{56}$ 7.5 d). **Legebeginn.** In ozeanischen Regionen ab Ende Feb./Anf. März, sonst witterungsabhängig Mitte März bis Ende April, Mediane ME ca. 25.3. - 14.4. **Gelegegröße.** 3-6 (2-9), am häufigsten 3-5; Kalendereffekt; deutliche Unterschiede von Jahr zu Jahr; Ø N-D$_{153}$ 3.7, -NI$_{29\text{-}33}$ zw. 3.4-4.2, Nrh. März$_{14}$ 5.0, April$_{17}$ 4.88, Mai$_{27}$ 4.56; Legeintervall 1 (-2) d. **Eier.** Kurzoval (spindelförmig), glänzend, sehr variabel mit hell- bis licht blaugrüner Grundfarbe, bräunlich gefleckt, graue Unterflecken. **Brutdauer.** 16-19 (15-21) d. Brutbeginn vor Vollständigkeit. ♀ brütet allein, wird vom ♂ am Nest gefüttert (Fütterung entscheidend für Bruterfolg, jüngere ♂ füttern intensiver). Juv. schlüpfen asynchron innerh. 3 d, Nesthäkchen stirbt bei großen Bruten meist. **Nestlings-/Führungszeit.** Beide Partner füttern, anfangs trägt ♂ zu, füttert huderndes ♀ und Juv. aus dem Kehlsack; Juv. verlassen Nest nach 32-34 (26-39) d; bleiben noch mind. 4-6 Wochen bei den Ad. und werden auch gefüttert. **Jahresbruten.** 1; bei frühem Gelegeverlust Ersatzgelege. **Ende der Brutperiode.** In meisten Fällen im Juli, spätestens im Aug. (Herbstbrutversuche u.a. in GB bekannt). **Bruterfolg.** Unter Ausscheiden von Totalverlusten in ME herangewachsene Nestlinge aus 62% der abgelegten Eier bzw. 2.3 Juv./Brut; kleine Stichproben zw. 0.8 und 1.5 Juv./BP und J. (meist aber Totalverluste nicht zuverlässig erfasst). In GB aus 915 Eiern (208 erfolgr. Gelege) 777 (85%) geschlüpft und 559 (61%) flügge, Überlebensrate bei 2er Gelegen 100%, bei 5er (und größeren) Gelegen nur 59%. Alle Gelege von 6 oder 7 verloren mind. 2 oder mehr Junge. Kleinstkolonien und Einzelbruten mit geringerem Bruterfolg.

Eimaße und -gewichte [1369]: L. 33.9-47.4 mm, B. 25.9-30.1 mm; Ø 39.3 x 28.0 mm (n=433, D-SH, -HH), 40.0 x 28.3 mm (n=100, GB), 39.1 x 27.9 mm (n=345, CS), 40.4 x 28.1 mm (n= 22, UA.). Frischvollgew. 10.77-19.27 g, Ø$_{156}$ 14.63 g. Schalengew. 0.74-1.40 g, Ø$_{1050}$ 1.06 g.

Sterblichkeit, Alter. Im 1. J. 75 %, später 21 %/J. [3293]. Ältester Ringvogel (GB) 20 J. 6 Monate [3654]. **Generationslänge:** 5 J. [383].

Mauser. **Postjuvenile Mauser** (Teilmauser) Ende Juni/Juli–Aug./Sept.; Körpergefieder, Großteil der Flügeldecken, unregelm. innere HS und einzelne ST [767,1369]. Gesichtsmauser im Winter und Frühjahr, bei der Gesichtsfedern an Kinn und Wangen ab Jan./Feb. und über der Schnabelbasis ab März verschwinden, wodurch nackte Gesichtsmaske entsteht. • **Postnuptialmauser** (Vollmauser) setzt mitunter schon während Fütterungsphase ein, Mai/Juni–(Aug.) Sept./Nov.; Vorj. mausern vor ad. ♂ und ad. ♀; Dauer der HS-Mauser D ca. 130 d, GB ca. 160 d [767,1369].

Corvus [corone] – Superspezies

Die Superspezies umfasst mit *corone* (W-Europa) und *orientalis* (Jenissej nach E) zwei völlig schwarze und mit *cornix* (IRL, Schottland, ME bis Jenissej) und *capellanus* (Zweistromland) zwei grau-schwarze Formen. Die schmale, stabile Hybridzone zwischen *corone* und *cornix* in Europa zeigt klare Genflussbarriere, obwohl Hybridisation überall entlang der Zone recht häufig ist. Einem Verschmelzen der Taxa wirkt jedoch offensichtlich starke Selektion entgegen, mit offensichtlichen (bisher unzureichend dokumentierten) Hybridnachteilen [vgl. z.B. 3297]. Daher sind *corone* und *cornix* klassische Semispezies. Phylogenetische Untersuchungen fehlen, doch dürften die Formen in mindestens drei eiszeitlichen Refugien isoliert gewesen sein. Die *cornix*- (und *capellanus*-?)Stammform entwickelte in mittlerer Position einen gewissen (unvollständigen) Grad reproduktiver Eigenständigkeit. Sie breitete sich nacheiszeitlich schnell nach N aus und verhinderte damit ein Wiederverschmelzen der östlichen (*orientalis*) und westlichen (*corone*) schwarzen Formen. Letztere sind nur gering in der Größe differenziert. Ob man sie als konspezifisch oder ebenfalls als Semispezies betrachtet, ist eine rein willkürliche Entscheidung [Übersicht: 2934].

Corvus corone – Rabenkrähe 15671

Corvus [corone] corone Linnaeus 1758

(GB) **Carrion Crow** (F) **Corneille noire** (E) **Corneja Común**

Taxonomie. Monotypisch, wenn *orientalis* als eigene Allospezies betrachtet wird. Bildet Superspezies (»Aaskrähe«) mit Nebelkrähe *C. [c.] cornix*.

Kennzeichen [1369,3615,767,3772,221; **Foto** (Hybride Raben- x Nebelkrähe) Brit. B. **96**, 283-285].

Maße. Gr.: 45-49 cm. Gew.: (D-HE) (April) ♂ 525-650 g, Ø$_{8}$ 592.1 g, ♀ 430-608 g, Ø$_{7}$ 507.6 g (im Herbst schwerer). Fl.spw.: 93-104 (85-110) cm. Fl.l.: (GB) ♂ 298-361 mm, Ø$_{93}$ 329 mm, ♀ 283-357 mm, Ø$_{127}$ 315 mm bzw. (D-BW) ♂ 320-345 mm, Ø$_{17}$ 331.5 mm, ♀ 310-335 mm, Ø$_{13}$ 321.5 mm [1369,767].

Status. Sehr häufiger, verbreiteter Brut- und Jahresvogel von NW- bis S-ME. Regelm., sehr häufiger Durchzügler und Gastvogel. In E-ME seltener Gastvogel, aber zunehmend, z.B. mehrere reine Bruten in PL (zuletzt 1999), ferner Mischbruten in PL sowie in H 1996 [q4,3871].

Verbreitung und Bestand. Superspezies verbreitet in der borealen, gemäßigten, mediterranen, Steppen- und Wüstenzone der Paläarktis von W-Küste Europas bis an Pazifik. In Europa von S-E. bis Nordkap, weiter E N-Grenze Kola-Halbinsel, Petschora- und Ob-Mündung, in Mittel- und E-Sibirien etwa bis 69° N. S-Grenze N-Küsten Mittelmeer einschließlich großer Inseln, südlichste Vorkommen im Gesamtareal am Nil bis 24° N und im S-Iran, ferner N-Pakistan, mittelasiatische Gebirge (Aussparung des zentralasiatischen Hochlandes), SE-China nach NE über Huang He-Bogen, Korea, JAP. Komplexe Systematik [vgl. 2934], mit einfarbiger Form. **Rabenkrähe** in ME, W- und SW-Europa (in E-Paläarktis Semi- oder Allospezies *orientalis*, s. Taxonomie). In ME sehr häufiger Brutvogel von Küste bis in Montanwälder; höchste Brutplätze CH ausnahmsweise bis 2100 m, in N-Alpen meist nur bis 1500/1600 m, SK. 1350 m, PL 1200 m ü.M. Europ. Bestand der Rabenkrähe etwa 2-3.5 Mio., mit größten Populationen in F (0.8-3.2

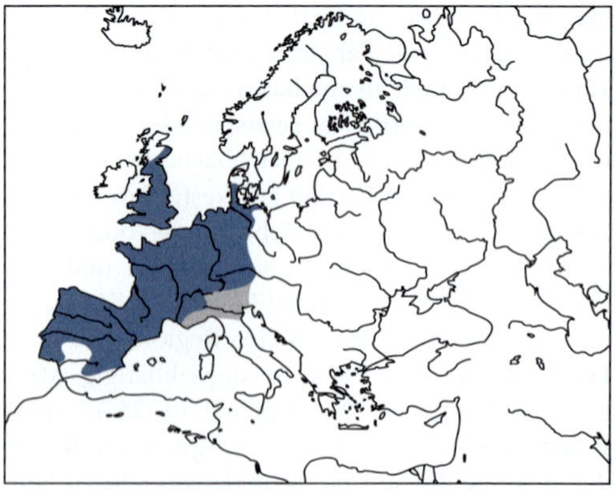

Corvus corone – **Rabenkrähe**

Mio.), GB (< 1 Mio.), E. (310-530 T.) und D (250-500 T.) [383, veränd.]. Brutbestand ME insgesamt etwa 450.000-900.000 BP (stabil, z.T. zunehmend), bei gebietsweise sehr hohem Nichtbrüteranteil.

Wanderungen. In Europa Standvogel mit Dismigrationen und Teilzieher **Br. GB** sind Standvögel, ebenso **Br. N-F, B, NL, S-D bis D-HE, CH** und **Iberische Halbinsel** sind Teilzieher mit offensichtlich sehr hohem Standvogelanteil (aber Jugenddismigration), Zieher wandern Richtung WSW–SW bis NL, F und wahrscheinlich N-E.; ebenso NW-D geringer Zugvogelanteil und Abzug WSW–SW mind. bis Mittel-F (Funde in N-Richtung nur bis 115 km, wahrscheinlich Dismigrationen). Wegzug Sept.–Nov. mit Höhepunkt Okt.

Bestandsentwicklung. Hybridisationszonen der Aaskrähenformen in Europa weitgehend stabil und über lange Zeit unverändert, doch zuweilen regionale Verschiebung der Zonen, besonders auffällig in Schottland, wo die etwa 70-100 km breite Mischzone offenbar klimatisch bedingt seit Mitte 20. Jh. um 50-100 km nach N wanderte, oder in DK (und D-SH), wo etwa dieselbe Verschiebung stattfand; in Teilen ME wanderte Mischzone im gleichen Zeitraum um 40 km nach E [1369]. In S-CH sowie im alpinen A blieben die lokal sehr schmalen Mischzonen weitgehend unverändert, da Nebelkrähen eher Tieflagen besiedeln, Rabenkrähen höhere Lagen [965,3392].

	Form	Best.	Areal	Brutbestand	Jahr	Quelle
A	R n	+/-	=	40.000–80.000	1998–2002	[383]
B	R	+/-	=	20.000–100.000	2001–2002	[383]
CH	R n	↑	=	80.000–150.000	1993–1996	[383]
CZ	R	↑	=	3.000–6.000	1995	[383]
D	R N	+/-	=	300.000–600.000	1995–1999	[383]
FL	R	+/-	=	40–80	1998–2000	[383]
L	R	+/-	=	3.000–4.000	2001	[383]
NL	R	⇧	+ 2	70.000–100.000	1998–2000	[383]

Form: N =Nebelkrähe, R =Rabenkrähe (große Populationen); n = kleine Populationen

Aufgrund von Arealverschiebungen beider Formen und der Hybridisationszone nach N und E nahm Rabenkrähe in einigen früheren Nebelkrähengebieten deutlich zu, in ME vor allem in D-SH, -MV, CZ und A-Nö; Arealausweitung ferner in Skandinavien, N-GB und IRL sowie in SE-F und N-I [1369], zudem auch in PL und E-A immer häufiger [965,3867].
Als Konsequenz nachlassender Verfolgung, verbesserter Ernährungsbedingungen und zunehmender Verstädterung stiegen Bestände der Rabenkrähe gebietsweise deutlich an [1369], z.B. NL um 130% seit Mitte 1970er J., am Bod. um > 40% von 1980-90 [1617,3638,375; auch 196,310,884,591,4045]. Doch in jüngster Zeit Zunahmen oft nur noch in Siedlungsbereichen erkennbar, während in Feldmark aufgrund von Melioration, Ausräumung der Landschaft und Monotonisierung sowie Bejagung regional starke Abnahmen einsetzten, z.B. in D-BW auf ⅓ oder ¼ ehemaliger Siedlungsdichten [1722, 1369,3192,2061,2430; aber 310,3638]. Allerdings Populationsdynamik recht kompliziert, u.a. aufgrund von Nichtbrüterschwärmen sowie durch Einwanderung von Brutvögeln aus Intensivkulturland in städtische Bereiche, wo Bruterfolg und Rekrutierungsrate meist deutlich geringer sind [z.B. CH: 3192; 1369,337]. Brutbestand in weniger belasteten Gebieten meist stabiler, wenn Eingriffe des Menschen ausbleiben [4163,2061,55,196].

Siedlungsdichte. Reviergröße N-D 14–49 ha, je nach Habitat aber sehr unterschiedlich [z.B. Agrarlandschaft mehrfach so groß wie in Stadtgebieten, 3192]; Nahrungssuche aber auch außerhalb des Brutreviers und Überschneidung mehrere Reviere bei hoher Siedlungsdichte. Höchstdichten ME auf Flächen von 20–49 ha 5.1–2.3–1.5 (Ø 2.6), von 50–99 ha 1.7–1.0–0.8 (Ø 1.1), von > 100 ha 2.8–1.2–0.7 (Ø 1.3) Rev./10 ha [337; vgl. Angaben in 1137,310,1722,2430]. Großflächendichte (> 100 km^2) zw. 0.1 – 3.8 BP/km^2, in städtischen Bereichen z.T. deutlich höher [vgl. Tab. 60 in 337; erg. durch 310,1,3871].

Gefährdungsursachen [1369,196,4163]. Direkte Verfolgung. Intensivierung und Monotonisierung der Landwirtschaft mit Verlust von Feldgehölzen.
Verluste an Stromleitungen sowie durch Bahn- und Straßenverkehr.
Belastung mit Bioziden und Schwermetallen.
Natürliche Verluste durch Prädation, u.a. Uhu, Musteliden (größere Nestlinge), sowie gelegentlich revierlose, im Schwarm lebende Artgenossen (Eier, kleinere Nestlinge).

SPEC	VSchRL	Bern.Konv.	Bonn.Konv.
--	Anh. II-2	--	--
Europ. RL	**RL in ME**		
--	CZ: 'NT'		

Bestandserhaltende Maßnahmen. Förderung und Erhalt reich strukturierter Agrarlandschaften durch Extensivierungsmaßnahmen und Wiederherstellung zerstörter Landschaftsstrukturen. Abgesehen von Stopp der nicht zu rechtfertigenden Verfolgung weitere Maßnahmen nicht erforderlich.
Ähnlich wie bei Elstern (s. dort) erheblicher, in meisten Fällen nicht gerechtfertigter Verfolgungsdruck durch Menschen. Direkte negative Auswirkung von Raben- und Nebelkrähe auf Bestände von Kleinvogelarten oder »Niederwild« ist nicht belegt [2430,2429, im Gegensatz zur erkennbar interessengeprägten Interpretation in 1942]. Bei Bodenbrütern lokal zwar Brutverluste durch Raben- bzw. Nebelkrähe möglich, doch bei meisten Studien erfolgte Prädation nachts - und demnach durch Raubsäuger [z.B. 258,259]. Ein lokal aufgrund anthropogener Einflüsse erhöhter Bestand der Krähen - überwiegend Folge der Zugänglichkeit reicher Nahrungsquellen auch in (ehemaligen) »Mangelzeiten« (Winterhalbjahr) - kann sich nur dann negativ auswirken, wenn Populationen von Offenlandarten wegen Eingriffen des Menschen ohnehin schon geschwächt sind oder in suboptima-

len Habitaten leben. Doch meist stehen Bestandsrückgänge von Vogel- und Säugerarten keineswegs mit Zunahme der Krähen in Verbindung. In ausgeräumten Landschaften oder in Nadelbaum-Monokulturen wird das z.T. systematische Absuchen der Flächen durch Krähen durch erleichterte Zugänglichkeit und Entdeckbarkeit der Nester »belohnt«. Durch Artenschutzmaßnahmen sind ökologische Bedingungen für gefährdete Vogelarten so zu verbessern, dass prädationsbedingte Verluste keine bestandsbedrohende Rolle spielen können (also: nicht den Prädator verringern, sondern die Prädation). Da sehr hohe Bestandszahlen der »Aaskrähe« und die Bildung großer Nichtbrüterschwärme häufig nur in Gebieten mit ganzjährig vorhandenen hohen Nahrungskonzentrationen denkbar sind, ist durch Reduktion der Zugänglichkeit »unerschöpflicher« Nahrungsquellen (Mülldeponien, früher auch Schlachthöfe) ohne viel Aufwand eine deutliche Reduktion der Krähenpopulation möglich. In »natürlichen« Lebensräumen erfolgt Bestandsregulierung über Territorialität, Konkurrenz und Prädation (auch intraspezifische!), die zusätzliche Regulation durch Menschen verbessert ökologische Situation für andere Arten nicht; zudem auf lange Sicht wirkungslos, da sich der Krähenbestand durch erhöhte Fortpflanzungsraten schnell erholen kann. Bei der »Verteufelung« der Krähen, neuerdings verstärkt auch in den Medien [vgl. 1621], wird deren wichtige Rolle als Selektionsfaktor (»Gesundheitspolizei«) sowie als Nistplatzlieferant für andere Arten häufig ignoriert, Bestandsregulierung schädigt immer auch andere Arten, z.B. solche, die Nester der »Aaskrähe« übernehmen (u.a. Baum- und Turmfalke, Waldohreule) [1369], die ausgelegtes Gift aufnehmen (gefährdete Greifvögel) oder die in gestellten Fallen verenden.

Biotop. Vielseitig; bevorzugt offene und halboffene Landschaften mit Bäumen, Feldgehölzen, Alleen, Waldrändern und lichten Auwäldern als Brutplatz und in nicht zu großer Entfernung ergiebige Nahrungsgründe, insbesondere Grün- und Ackerland (z.B. Maiskulturen), Viehweiden und gedüngte Wiesen. Meidet i.d.R. das Innere dichter Wälder, wandert in neuerer Zeit, offenbar nicht nur als Folge fehlender Nachstellung, in Städte und Siedlungen ein und brütet in Parkanlagen, großen Gärten, Gartenstadtbereichen, und ist nahrungssuchend auch in Innenstädten anzutreffen. Im Hochgebirge relativ gern auf hochgelegenen Viehweiden. Sehr gern an Ufern von Binnengewässern sowie im Watt und am Spülsaum.

Nahrung. Omnivor, animalische Ernährung überwiegt i.d.R.; Insekten und deren Larven (vor allem Käfer, Schnakenlarven, Heuschrecken etc.), Crustaceen, Mollusken, Würmer, kleine Wirbeltiere (Reptilien, Amphibien, Kleinsäuger, Jungvögel, verletzte Kleinvögel), erschöpfte mittelgroße Säuger, Eier (auch der eigenen Art!), tote und (im Flachwasser) auch lebende Fische und Aas; Sämereien und Früchte (z.B. keimendes Getreide, Kirschen), Wurzeln und Sprossteile, Kartoffeln, Brot und Speiseabfälle. Auf Flächen mit intensiver Landwirtschaft im Vergleich zu nicht bewirtschafteten Flächen pflanzlicher Anteil größer.

Stimme. Reichhaltiges Rufrepertoire. Häufigster Ruf meist mehrmals hintereinander »krah« oder »arrr«, laut und weniger heiser als Saatkrähe, im Sitzen mit Verbeugung vorgetragen; auch tiefer und rauer »rarr-rarr« und laut und heller »ar-ar…«; beim Hassen auf Greifvögel, Kolkrabe etc. knarrend »krrr krrr…«; flügge juv. heiser, etwas saatkrähenähnlich, aber gedämpfter »chraa«. »Spielerischer« Gesang (auch von ♀ und Juv.) als verhaltenes Schwätzen, manchmal »bauchrednerisch«, mit Pfeiflauten und Imitationen.

Verhalten. Tagaktiv; Tagzieher. Bewegt sich am Boden hauptsächlich schreitend und teilweise hüpfend. Nahrungssuche im Suchflug oder zu Fuß vor allem auf dem Boden, aber auch auf Bäumen. Nahrung wird im Laufen aufgelesen, aufgepickt oder im kurzen Sprung geschnappt; Einstechen des Schnabels in weichen Untergrund, Untersuchung von Hohlräumen, Wenden von Steinen, Holzstückchen etc.; in Bäumen werden Insekten von den Blättern gelesen und Früchte verzehrt, im Wasser treibende Nahrungsbrocken mit dem Fuß oder dem Schnabel im Flug herausgefischt; Plündern von Baum-, Busch- und vor allem Bodennestern; Muscheln und Krebstiere mit festem Panzer werden manchmal aus dem Flug auf harte Unterlage geworfen; anderen Vögeln und auch Säugern (z.B. Fuchs, Robben) wird Futter abgejagt. Nahrungsverstecken zumindest für kurze Zeit (im Boden, mit Bedecken). Transport der Nahrung manchmal mit dem Fuß. Sozialstruktur: Der Erwerb von Revieren gelingt meist nur Ind. bestimmter Kondition oder Körpergröße (♂ über ♀ dominant) [3192]. Erste Brut meist mit 3–5 J. und i.d.R. lebenslange Partnertreue. Gegenseitiges Kraulen und Balzfüttern (hauptsächlich bei jungen Paaren). Graduelle Abnahme der Revierverteidigung von der Nestumgebung zum Revierrand; Revierpaare wohl meist in

Dauerrevieren (Helfer ausnahmsweise, vgl. unten), im Sommer mitunter wochenlang, z.T. auch in lockeren Familientrupps das Revier verlassend; dulden vor allem bei großen Revieren zuweilen auch andere Ind.; gelegentlich Nichtbrüter im 2. Lebensjahr mit Revieren. Großteil der Jungvögel wird spätestens im Frühjahr aus den Revieren vertrieben (aber Helfer, s.u.). Nichtbrütende Ad. und Immat. bilden kleine umherstreifende Gruppen oder auch größere, locker assoziierte Schwärme, mitunter größere Konzentrationen z.B. an Deponien, Kläranlagen und anderen Orten hohen Nahrungsangebots. Bei sehr ungünstigem Wetter im Winterhalbjahr können sich BP den Schwärmen anschließen. Laute »Frühjahrsversammlungen« wie bei anderen Corviden. Übernachtung an gemeinsamen Schlafplätzen in Bäumen (ausnahmsweise Tausende), oft auch in Gesellschaft von Dohlen und Saatkrähen; Revierpaare übernachten während der Brutzeit im eigenen Territorium (♂ aber mitunter auch außerhalb), außerhalb der Brutzeit benutzen Paare z.T. Gemeinschaftsschlafplätze.

Fortpflanzung, Brutbiologie [767,1369,337,1722, 2430]. Geschlechtsreife i.d.R. im 3. Lebensjahr, Fortpflanzungsbeginn erst mit 3-5 J. [4163]. Monogame Dauerehe; Helfer in ME selten beob., in N-E. dagegen regelm. (dort in ¾ der Reviere kooperative Gruppen aus BP und 1-7 Helfern, d.s. 1-2-jähr. eigene Juv. und auch juv. oder ad. Zuwanderer) [127]. **Ankunft am Brutplatz.** Teils ganzjährig im Revier, teils nach der Brutzeit für einige Zeit abwesend und spätestens ab Jan./Feb. zurück; Paarbildung ab Herbst, meist ab Feb. enger Paarzusammenhalt erkennbar; Reviererwerb langwierig; ♂ siedeln sich oft in geringer Entfernung zum Geburtsort an. Revierbesetzung älterer Vögel ab Jan./Feb. bis März (selten später). Nistplatzwahl durch beide oder von einem Partner (oft ♂). **Nest.** I.d.R. hoch auf Bäumen (bis 30 m), mitunter auch niedrig in Büschen, meist in Stammnähe oder auf kräftigen Astgabeln, bevorzugt in kleineren Gehölzen, an Waldrändern, locker stehenden Baumgruppen, aber auch Einzelbäumen, so gut wie nie im Innern geschlossener Wälder; zuweilen Boden-, Felsen-, Gebäudenester sowie (gebietsweise zunehmend) auf Gittermasten, auch wenn Bäume vorhanden sind. Wahl der Laubbäume entspricht meist der Häufigkeit ihres Vorkommens; Nadelbäume bei Wahlmöglichkeit zuweilen gemieden, gebietsweise (Deckungsmöglichkeit am Waldrand und in offener Landschaft) aber auch bevorzugt. Außenbau aus dürren, oft grünen Ästen und Zweigen, in die Zwischenräume werden Moos oder Grassoden mit anhaftender Erde eingebaut; darauf Schilf, Grashalme, Baststreifen etc., auf die Polsterung aus weichem Material (z.B. Tierhaare, Wolle, Federn, Moosteilchen) eingebracht wird. Nestbau meist durch beide, zuweilen von einem Partner, während der andere begleitet. Baudauer 4-7 (max. 18) d. Alte eigene Nester nur zuweilen ausgebessert und wiederverwendet (häufiger in Stadt), mitunter auch Nester von Greifvögeln und Elstern übernommen. **Legebeginn.** Frühestens ab Mitte, meist Ende März, Hauptzeit Anf. bis Ende April, letzte Gelege Mitte/Ende Mai (selten Juni). **Gelegegröße.** 3-6 (2-7); Kalendereffekt; Ø E-D_{40} 4.7, N-D_{74} 4.5, CH_{410} 4.6, $April_{87}$ 4.72, Mai_{17} 4.06, Rhl. $März_{4}$ 4.55, $April_{45}$ 4.77, Mai_{19} 4.42; Legeintervall 1 d. **Eier.** Oval, wenig glänzend, sehr variabel, grünblaue bis grünlichweiße Grundfarbe, dunkel gefleckt und gezeichnet, hellere Unterflecken. **Brutdauer.** 18-20 (17-22) d. Brutbeginn mit dritt- oder vorletztem, selten letztem Ei. ♀ brütet allein, wird vom ♂ am Nest gefüttert. Juv. schlüpfen asynchron innerh. 2-3 d. **Nestlings-/Führungszeit.** Beide Partner füttern, ♀ hudert (bis 18. d wenigstens nachts); Juv. verlassen Nest nach 30-35 d; werden noch bis 5 Wochen nach Ausfliegen von Ad. gefüttert. Auflösung der Familie nach 4-8 Wochen, lose Familientrupps aber mitunter bis ins Frühjahr. **Jahresbruten.** 1; bis 2 (oder mehr) Ersatzgelege (auch nach Verlust kleiner Nestlinge), meist in neuen Nestern. **Ende der Brutperiode.** Juv. werden im (Mai) Juni, spätestens im Juli flügge; dann aber lange Führungszeit. **Bruterfolg.** CH in Stadtbiotopen 1.5 Juv./erfolgr. BP und J. bei 39%, in Agrarbiotopen 2.7 Juv./erfolgr. BP und J. bei 36% erfolgr. Revierpaaren. 79% der Juv. in Stadtbiotopen, aber nur 24% der Juv. in Agrarbiotopen fielen unter die kritische Tarsuslänge (Maß für Körpergröße) von Revierbesitzern. D-NI von 122 Bruten nur 29.5% erfolgr.; trotz 1-2 Ersatzgelegen brüteten in 15 J. nur 52% der 377 Paare mit Erfolg (1.4 Juv./BP). In CH bei absichtlicher Störung durch Menschen nur 1.0 und weniger Juv./BP, PL lokal 0.5 bzw. 1.1 Juv./BP und J. In N-D Gesamtverlust 71%, vor allem Nestraub durch Artgenossen (spezialisierte Nichtbrüter), dieser offenbar stärker bei geringem oder weit verteiltem Nahrungsangebot und dadurch bedingter längerer Abwesenheit der Ad. vom Nest. Bruterfolg von Hybrid-♀ in I geringer als bei phänotypisch reinen (Alter der ♀ aber nicht bekannt) [3296].

Eimaße und -gewichte [1369]: L. 36.4-49.7 mm, B. 26.5-34.0 mm; Ø 41.9 x 29.7 mm (n=197, B), 43.2 x 30.5 mm (n=100, GB), 42.8 x 29.9 mm (n=91,

NL), 42.2 x 29.4 mm (n= 138, D-BW). Frischvollgew. 14.63-23.44 g, Ø$_{15}$ 19.38 g. Schalengew. 0.76-1.55 g, Ø$_{91}$ 1.236 g.

Sterblichkeit, Alter [u.a. 424]. Nach Ringfunden im 1. J. 62%; nach Modellrechnungen im 1. J. bis 70%, über Einj. 27%/J. (aber wohl stark abhängig von Verfolgung und Anteil der Nichtbrüter in Population; hohe Altersklassen durch Ringverluste unterrepräsentiert). Älteste Ringvögel 2 mal 19 J., mehrfach > 15 J. **Generationslänge:** 5 J. [383].

Mauser. **Postjuvenile Mauser** (Teilmauser) beginnt im Alter von ca. 7 Wochen [767], Juni/Juli–Aug./Okt.; Körpergefieder und variable Anzahl von Oberflügeldecken, selten Schirmfedern und ST 1, Umfang bei Rabenkrähe etwas größer als bei Nebelkrähe [767]. • **Postnuptialmauser** (Vollmauser) setzt zumeist nach Fortpflanzungsperiode ein, Mai/Juni–Sept./Okt.; vorj. Nichtbrüter beginnen früher als Brutvögel und hier ♂ meist vor ♀ [767, 1369]; Dauer der HS-Mauser ca. 135–170 d [767].

Corvus cornix – Nebelkrähe 15673

Corvus [corone] cornix Linnaeus 1758

(GB) Hooded Crow **(F) Corneille mantelée** **(E) Corneja Cenicienta**

Taxonomie. Drei UA: *cornix* Linnaeus 1758 (IRL, N-GB, Fennoskandien, E-ME, E-Europa), *sharpii* Oates 1889 (I, Balkan bis Kaukasus) und *pallescens* (Madarász 1904) (Naher Osten). Bildet Superspezies »Aaskrähe« mit *C.[c.] corone*. Die Form *C. capellanus* Sclater 1876 (Irak) kommt mit *cornix* im Brutgebiet offenbar nicht unmittelbar in Kontakt und ist phänotypisch recht deutlich differenziert [2419], also am besten als eigenständige Allospezies abzutrennen.

Kennzeichen [1369, 767, 3615, 3772, 221; Fotos in Brit. B. **96**, 278, 287-289].

Maße. Gr.: 45-47 cm. Gew.: (D-BB) (Mai) ♂ 457-590 g, Ø$_{12}$ 526.0 g, ♀ 410-540 g, Ø$_{18}$ 474.7 g. Fl.spw.: 93-104 cm. Fl.l.: (D-BB) ad. ♂ 309-347 mm, Ø$_{77}$ 331.9 mm, juv. ♂ 300-346 mm, Ø$_{50}$ 317.6 mm, ad. ♀ 305-333 mm, Ø$_{79}$ 318.7 mm, juv. ♀ 280-330(?) mm, Ø$_{54}$ 303.3 mm [767, 1369].

Status. Sehr häufiger, verbreiteter Brut- und Jahresvogel in N- und E-ME. Regelm., sehr häufiger Durchzügler und Gastvogel. Früher regelm. Wintergast bis W-ME und NW-F (vereinzelt bis S-D und CH), aber immer seltener (wahrschl. geringere Wanderneigung).

Verbreitung und Bestand. Verbreitung der Superspezies s. Rabenkrähe. Nebelkrähe ist Brutvogel E von D-SH, E-D, CZ und E-A in NW-, N-, E-Europa sowie E-Hälfte Mittelmeer ab Sardinien/Korsika nach N in S-CH, nach E bis etwa W-Grenze Afghanistan und Aralsee bzw. Altai bei etwa 85° E;

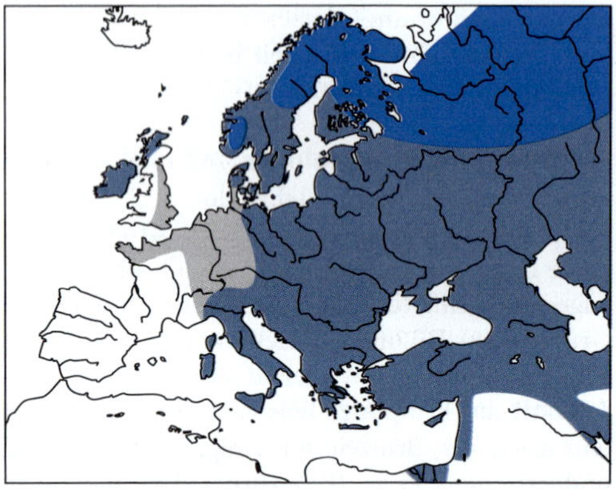

Corvus cornix – Nebelkrähe

zw. den beiden Aaskrähenformen 70-150 km breite (in -SH und S-CH schmalere) Mischzonen. Europäischer Bestand Aaskrähe insgesamt etwa zw. 7 - 17 Mio. BP, davon Nebelkrähe ca. 4-16 Mio., mit Schwerpunkten in RUS (1.5-5 Mio.), TR (0.5-1.5 Mio.), N. 200-700 T., S. (240-500 T.) und weiteren Populationen > 100 T. BP in UA., RO, YU, BY, DK, FIN und IRL [nach 383]. Brutbestand ME insgesamt etwa 200.000-400.000 BP (stabil, z.T. rückläufig), bei gebietsweise sehr hohem Nichtbrüteranteil.

Wanderungen. In Europa Standvogel mit Dismigrationen und Teilzieher, im NE Zugvogel; so gut wie vollständig geräumt werden nur nördlichste Arealteile FIN und RUS sowie N-Sibirien; Überwinterung außerhalb des Artareals im Mittleren E und EGY; in Europa zeigen vor allem Nebelkrähen aus E- und N-Europa Wegzug nach WSW–S (aus N. auch S–SE), doch auffällige Abnahme der Wintergäste in vielen Teilen W-Europas und ME (z.B. F, B, NL, W-D), was auf Zunahme der Standvögel in Teilzieherpopulationen und/oder Verringerung der Zugentfernungen schließen lässt. Bestätigung durch Ringfunde, z.B.: **Br. N.**: im W und an Küste Standvögel, nur 3% Zugvögel, zunehmender Übergang vom Teilzieher zum Standvogel mit Dismigrationen zur Küste; grundsätzlich keine Entfernungsunterschiede zwischen Einj. und Ad. Br. im E zu 38% Zugvögel, hier keine Zunahme des Standvogelanteils, aber Verkürzung mittlerer Zugentfernungen; **Auch Br. S. und FIN** Teilzieher mit zunehmendem Wegzuganteil nach N und E. Winterquartiere: **Br. S-Skandinavien/DK** bis SE-GB, NE-F, B, NL; **Br. N-Skandinavien/FIN** von Mittel- und S-S. bis NW-F; SE-FIN und Küstengebiete Baltikum bis NW-F; **Br. W-RUS**, Binnenland Baltikum und PL bis Mittel-F.; **Br. CZ/SK.** z.T. geringer Zugvogelanteil, bis CH nachgewiesen; **Br. GB/IRL** sind Standvögel, ebenso **Br. NE-D** mit hoher Ortstreue, nur 5 % verlassen 50 km-Radius um Geburtsort; mediane Ansiedlungsentfernung der Juv. 8 km [3572]. Wegzug Sept.-Nov. mit Höhepunkt Okt., Heimzug Br. E-Europa bis RUS März (April).

Bestandsentwicklung. Wie Elster Bestandsveränderungen hauptsächlich durch Ausmaß menschlicher Verfolgung beeinflusst [1369,1578], doch können lokale Bestandsverluste nach Bejagung schneller als bei Elster wieder ausgeglichen werden [1369,4163].
Durch Arealverschiebung der Hybridisationszone (ausführlicher s. Rabenkrähe) deutliche Abnahme der Nebelkrähe in einigen Bereichen ME, z.B. D-SH (kaum noch reine Paare), -TH (früher sporadisch auftretende Paare bleiben inzwischen aus) oder A-Nö (weite Bereiche von Rabenkrähe übernommen) [1369]. Inzwischen wie bei Rabenkrähe zunehmend drastische Bestandsverluste in der Feldmark, z.T. durch chronische Vergiftungen oder Bejagung [PL, D-BB: 1369,3871,2563]; doch lokal in PL und CZ auch unerklärt trotz sehr guten Nahrungsangebotes [1369,1837]. In städtischen Bereichen halten Zunahmen dagegen bis in jüngste Zeit an [D-BE, PL: 4157,2103,2896,3871].
In S-CH dagegen Zunahme und Arealausweitung nach N in Innere Alpen [3393,3392], erster Brutnachw. N des Alpenkammes 1993 [q3], seither langsame Zunahme [3392].
Zahl überwinternder Nebelkrähen in weiten Teilen (S)W-ME und NW-F seit 1930er J. stark rückläufig, und inzwischen oft nur noch Ausnahmegast [941, 2552,1369,1719,4152,1617]. Neben tatsächlichen Bestandseinbußen allerdings auch Verkürzung der Zugwege (wie Saatkrähe).

	Form	Best.	Areal	Brutbestand	Jahr	Quelle
A	R n	+/-	=	40.000–80.000	1998–2002	[383]
CH	R n	↑	=	80.000–150.000	1993–1996	[383]
CZ	N	+/-	=	9.000–18.000	1995	[383]
D	R N	+/-	=	300.000–600.000	1995–1999	[383]
H	N	↑	+ 1	51.000–84.000	1999–2002	[383]
NL	n	+/-	=	1–2	1998–2000	[383]
PL	N	↓	=	50.000–150.000	2000–2002	[383]
SK	N	↓	=	8.000–15.000	1995–1999	[383]

Form: N =Nebelkrähe, R =Rabenkrähe (große Populationen); n = kleine Populationen

Gefährdungsursachen (Schutzmaßnahmen). s. Rabenkrähe.

SPEC	VSchRL	Bern.Konv.	Bonn.Konv.
--	Anh. II-2	--	--
Europ. RL	**RL in ME**		
--	CZ: 'NT'		

Biotop. Wie Rabenkrähe (s. dort). Nebelkrähe zudem in Steppen- und Halbwüsten, Brutplätze häufiger an Felsen oder am Boden in Heidegebieten.

Stimme. s. Rabenkrähe; »krah«-Rufe der Nebelkrähe möglicherweise etwas höher, metallischer, eventuell auch Unterschiede zwischen iberischen und britischen Vögeln, konkreter Nachweis fehlt noch.

Fortpflanzung. Ähnlich Rabenkrähe (s. dort). **Gelegegröße.** (2) 3-6 (9) Eier, Ø W-PL_{107} 4.4 (in Schottland 4.1, Fennoskandien 4.3-4.8) [s. 4210]. **Bruterfolg.** In W-PL $(2000\text{-}02)_{316}$ Schlüpferfolg z.B. 76%, Ausfliegeerfolg 2.15 flügge Juv./BP und J. bzw. 2.96 pro erfolgr. BP [4210].

Eimaße und -gewichte [1369]: L. 36.0-48.9 mm, B. 25.2-32.3 mm; Ø 41.7 x 29.7 mm (n=236, S.), 43.5 x 30.3 mm (n=100, N-GB), 41.5 x 29.2 mm (n=334, CS). Eigewicht vgl. Rabenkrähe.

Mauser. ähnlich Rabenkrähe (s. dort), Umfang der postjuvenilen Mauser geringer [767].

Corvus corax – Kolkrabe 15720

Corvus [corax] corax Linnaeus 1758

GB Common Raven **F Grand corbeau** **E Cuervo**

Taxonomie. Ca. 11 UA, davon nur *corax* in N-Europa und ME, deren Validität angesichts des Fehlens klarer phänotypischer und genetischer Differenzierung in Frage zu stellen ist. Bildet Superspezies mit *C. cryptoleucus* (aride Gebiete im SW N-Amerikas), *C. albicollis* (E- bis S-Afrika) und wahrscheinlich *C. crassirostris* (äthiopisches Hochland). Der Kolkrabe ist gegenüber den anderen Allospezies im mitochondrialen Genstammbaum paraphyletisch, d.h. *C. cryptoleucus* ist nächstverwandt mit Kolkrabenpopulationen im W Nordamerikas und *C. albicollis* (wahrscheinlich auch der bisher nicht untersuchte *C. crassirostris*) sind nächstverwandt mit eurasischen Populationen [2876,1146]. Solche »Genstammbaum-Paraphylie« ist, ähnlich wie bei anderen weit verbreiteten Arten (z.B. *Pica pica*, *Motacilla flava*) mit dem biologischen Artstatus dieser Taxa keineswegs unvereinbar [vgl. 1623].

Kennzeichen [1369,3615,3772,221,767; Foto in Limic. **16**, 221].

Maße. Gr.: 64 cm. Gew.: (CH) ♂ 1069-1456 g, $Ø_{18}$ 1260 g, ♀ 1070-1220 g, $Ø_{11}$ 1103 g. Fl.spw.: 120-150 cm. Fl.l.: (PL) ♂ 388-442 mm, $Ø_{27}$ 423.3 mm, ♀ 395-433 mm, $Ø_{20}$ 413.8 mm [767,1369].

Status. Regional häufiger, verbreiteter Brut- und Jahresvogel. Gebietsweise regelm. Gastvogel.

Verbreitung und Bestand. Brutvogel der Nordhalbkugel in Amerika und Eurasien. S-Grenze Kanaren, N-Rand Sahara (MA bis Küste Libyen und N-EGY), IL, Iran, N-Indien (fehlt großenteils im zentral-asiatischen Hochland) bis NE-China. Im N bis Tundrenzone an N-Küste Fennoskandien sowie RUS und E-Sibirien; ferner IS, Küsten GRÖ, N-Amerika von Arktis bis NW-Nicaragua. In ME lang anhaltender Rückgang und Verschwinden aus weiten Teilen der Mittelgebirge und Ebenen im NW; heute häufiger Brutvogel in Alpen sowie im E (SK., PL bis D-SH), neuerdings wieder Ausbreitung in Mittelgebirgen. Nominatform Brutvogel von Küste bis in subalpine, mitunter auch alpine Stufe; größte Dichte in Alpen zw. 600 und ca. 1600 m, höchste Brutplätze CH 2500 m, SK. bis 1900 m ü.M. Gesamtbestand in Europa ca. 450.000-970.000 BP, zunehmend [383], davon in RUS 200-500 T., Populationen >20.000 BP ferner in E. 60-90 T., N. 20-50 T., RO 24-35 T. und UA. 29-38 T. BP; in ME brüten zw. 25.000-49.000 BP [383].

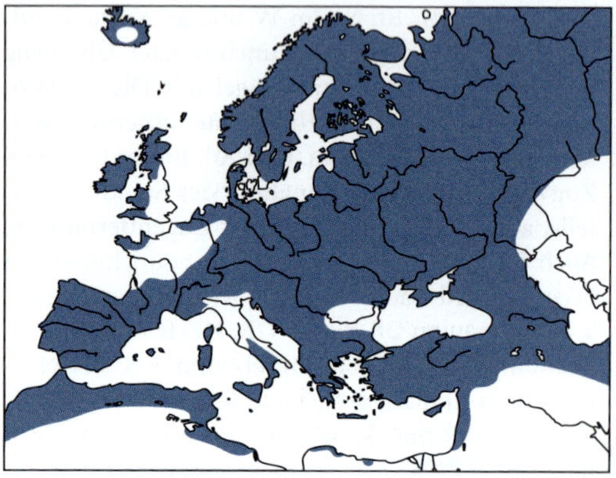

Corvus corax – **Kolkrabe**

Wanderungen. Standvogel, Dismigrationen und große Streifgebiete nichtbrütender Ind.; in ME und W-Europa nur ausnahmsweise Funde > 100 km, die wohl eher als Dismigrationen zu werten sind (ME max. > 300 km); selbständige Jungvögel streifen ungerichtet umher, können sich aber auch in Nähe des Geburtsortes aufhalten. In Fennoskandien Funde > 100 km in verschiedenen Richtungen, vielfach auch in N-Sektor, Zug- oder Ausweichbewegungen aber in FIN, S. nach SW–SSE (weiteste Entfernungen 350 km S, 380 km SSE, 465 km SW, 510 km S). In GB anhand farbberingter Vögel Ansiedlungsentfernungen 13 km für $♀_{8}$ und 7 km für $♂_{12}$ nachgewiesen [4064]. Individuelle Unterschiede von Ortsveränderungen in Streifgebieten von Nichtbrütertrupps altersunabhängig sehr hoch, dabei Entfernungen bis ca. 40 km nachgewiesen.

Bestandsentwicklung. Überwiegend durch massive Verfolgung des vermeintlichen Jagd- und Landwirtschaftsschädlings wurde großer Teil der Populationen der Niederungen in N-ME sowie der Mittelgebirge zw. 1870 und 1940er J. ausgerottet: B 1919, NL 1927, CZ und L 1940er J., ferner von 1900-52 D-HH, -NW, -RP, -BW, -TH, -SN, N -BY, -BB [1369,205,1360] oder auf kleine Restpopulationen reduziert: SK., E-PL, H, D-SH sowie Alpen [1369,1719,1460,1360]. Zwar nach II. Weltkrieg u.a. aufgrund der Waffenlosigkeit und hunger- oder seuchenbedingten Viehsterbens erneute Zunahmen und Wiederansiedlungen, doch nach erneuten Eingriffen sowie Habitatveränderungen und Störungen oder Zerstörung von Brutplätzen vor allem in 1950er J. nochmals Rückgang [1369]. Durch verbesserten Schutzstatus aber schließlich starke Ausbreitungswelle in Mittelgebirgs- und Tieflagen ausgehend von den seit etwa 1940er J. anwachsenden Beständen der Alpen und NE-ME, z.T. gefördert durch Zunahme reicher Nahrungsquellen wie Deponien, Wildgehegen, Freilandhaltungen (Schafe, Schweine etc.), z.T. Verkehrsopfern, regional durch starkes Anwachsen der Wildkaninchen-Populationen, Vermehrung potentieller Brutplätze durch Aufforstung der Tiefländer und touristische Erschließung der Alpen. Wiederansiedlungen zudem durch Aussetzungsaktionen gebietsweise beschleunigt (z.T. aber nicht erfolgreich) [u.a. CZ, B, NL, -BY, -TH, -NW:1369,2071,3174].

	Best.	Areal	Brutbestand	Jahr	Quelle
A	+/-	=	2.000–4.000	1998–2002	[383]
B	↑	+1	20–40	1995–2002	[383]
CH	↑	=	1.500–2.500	1993–1996	[383]
CZ	⇧	+2	800–1.200	2000–2002	[383]
D	↑	+2	6.700–14.000	1995–1999	[383]
FL	↑	+1	10–15	1998–2000	[383]
H	⇧	+1	2.000–3.100	1999–2002	[383]
NL	⇧	+2	90–100	1998–2000	[383]
PL	↑	+1	10.000–20.000	1995–2000	[383]
SK	⇧	+2	2.000–4.000	1996–1999	[383]

In meisten Regionen ME deutliche Zunahme und Arealausweitung bis in jüngste Zeit anhaltend [1359, 1360,243,1369,1507,1585,196]. Nach früh einsetzender und starker Ausbreitung in N-D und E-PL sowie ausgehend von den Alpen in S-D, CH Jura und Mittelland, A-V [1296,1997,3523,4158,1616, 196,3393,1722] ab 1970er J. dauerhafte Wiederbesiedlung von NL, CZ, W-PL, D-TH, -ST, -BE, -BB und Schwarzwald [1008,3617,3176,2896,1719,1, 3871; auch F: 4180], und ab 1980er J. von B, D-NW, -HE und E -BY [1369,2821;497,2709].
Regional stagnierende Brutpaarzahlen ab 1980er oder 90er J. nach Besiedlung aller potentiellen Brutgebiete oder nach Verringerung des Nahrungsangebots bekannt, dadurch innerartliche Dichteregulation, sehr geringer Bruterfolg, verzögerter Eintritt der Geschlechtsreife und Ausbildung großer Nichtbrüterbestände (z.T. auch zunehmende Prädation durch Uhu) [z.B. SK., PL, A-Oö, D-SH, NL: 1369,196,310,375,3638,1296,2518,1461,1462, 3156,3177]. Abnahmen in letzten J. meist nur auf lokaler Ebene, doch seit Anf. 1980er J. erneut massive Eingriffe in noch wachsende Bestände, z.B. in D-MV, NL [2031,1369,375,3520, aber 1205,1879]; entsprechend wird in L eine erfolgreiche Wiederbesiedlung durch Verfolgung offenbar verhindert [2560,2407].

Siedlungsdichte. Rechnerische Reviergröße bei Höchstdichten ca. 5 km^2, optimal bei Baumbrütern N-D mit ca. 20 – >40 km^2 angenommen; in W-Alpen 0.5–200 km^2. Großflächendichte D-SH auf 100–2300 km^2 0.8–10.3 BP/100 km^2, -BB auf 121-709 km^2 2.5-7.7 BP/100 km^2, -MV (1979–90) 3–23 Rev./107 km^2, PL 3.4-23.2 BP/100 km^2, CH 1.5 und 2.9-3.0 BP/100 km^2 bei winterlicher Nichtbrüterdichte von 10 Ind./100 km^2 [337,310,1,3871; vgl. Angaben in 1137,1722]; in Europa max. Ø Dichten von 13.6 bzw. 10.5-16.6 BP/100 km^2 in GB [1507].

Gefährdungsursachen [205,1369,196,337,1719, 1302,1879]. Direkte Verfolgung durch Abschuss, Vergiftung, Vernichtung von Nestern und Gelegen, Fällen der Horstbäume, z.T. auch Aushorstung von Jungvögeln, vor allem in »Niederwild«-Revieren.
Verringerung des Nahrungsangebotes, z.B. durch Schließung offener Deponien.
Störungen an Brutplätzen durch Freizeitaktivitäten oder forstliche Maßnahmen.
Möglicherweise direkte Auswirkungen der Umweltchemikalien durch Anreicherung. Zuweilen Opfer an Freileitungen und im Straßenverkehr.
Natürliche Verluste: Witterungsfaktoren, Prädatoren, »Unfälle« an Felshorsten, in hohem Maße auch intraspezifische Störungen.

SPEC	VSchRL	Bern.Konv.	Bonn.Konv.
--	--	Anh. III	--
Europ. RL	**RL in ME**		
--	L: **'RE'**, NL:'R', CZ, H:'VU'		

Schutzmaßnahmen. Aufklärung der Bevölkerung, Öffentlichkeitsarbeit; Beibehaltung der Jagdverschonung und langfristige Überführung in Naturschutzrecht.
Sicherung der Brutplätze vor Übergriffen und Störungen. Bessere Kontrolle durch Fachbehörden auf Einhaltung bestehender Schutzbestimmungen.

Hohe Strafen für illegale Bekämpfungsaktionen. Verbot des Verkaufs von Gifteiern.
Beseitigung oder Entschärfung gefährlicher Freileitungen oder Mastenkonstruktionen.
Errichtung künstlicher Felsnischen als Horstplattformen.
Dem Kolkraben zugeschriebene vermeintlich bedeutende Schäden am Weideviehbestand haben sich fast immer als völlig überzogen oder unrichtig herausgestellt [1719,1037,1434, V. Hennig]. Unbestritten ist die Vorliebe der Kolkraben für Nachgeburten oder versprengte Jungtiere sowie kranke Individuen; doch in einer während der Wurfzeit ausreichend und vorschriftsmäßig beaufsichtigten Herde kann die Art keine Schäden anrichten. Im Gegenteil sollte das gezielte Angreifen kranker oder geschwächter Tiere als Selektionsfaktor bei der Tierzucht größere Akzeptanz finden. Auch »Niederwild« wird von der Zunahme der Kolkraben offensichtlich nicht beeinträchtigt [3886].

Biotop. Habitatwahl sehr vielseitig, in Europa u.a. Bewohner von Felsküsten, halboffener bis offener Landschaften, als Baumbrüter in Wäldern bis zu kleinen Gehölzen, in Mittel- und Hochgebirgslandschaften als Felsbrüter der collinen, montanen und subalpinen Stufe. In ME durch Schonung Wiedereinwanderung in die Kulturlandschaft. Nahrungssuche überwiegend in Offenland von der Küste bis in die Alpinstufe, in der Kulturlandschaft auch an Abfalldeponien etc.

Nahrung. Omnivor, auch was die Größe der Nahrungsobjekte anbelangt. Aas (vor allem in Hochgebirgen wichtig, z.B. Fallwild), Nachgeburt von grasfressenden größeren Säugetieren, auch Jungtiere und verletzte Ind. z.B. von Schalenwild, Schafen etc., Kleinsäuger, Reptilien, Amphibien, Eier, Insekten und viele Wirbellose einschließlich Würmer und Mollusken; pflanzliche Nahrung vor allem Samen und Früchte (u.a. Eicheln, Bucheckern, Kirschen, vielfach Getreide, Kartoffeln bzw. Keimlinge); Hausabfall, Brot etc.

Stimme. Sehr umfangreiches Lautrepertoire. Im Flug einzeln oder einige Male hintereinander tief und guttural »grrog« oder »kark« oder auch kurz »kok«, viel tiefer als Aaskrähe; im Sitzen auch höher, gedämpft »wrru...« (weit zu hören); bei Flugspielen des Paares schnell gereiht »krokro...«; Hassen auf Greifvögel kurz »kra-kra...«. Wendet erlernte Laute situativ an, auch Bedeutungsübertragung auf neu erlernte Laute ist nachgewiesen. Individuelle Erkennbarkeit und Variabilität, geschlechtsspezifische Rufe. Gesang leises Geschwätz mit knarrenden und gurgelnden Lauten mit Imitationen, verliert mit zunehmendem Alter an Variabilität und Plastizität, wird seltener. Aus nicht allzu großer Entfernung pfeifend-wetzendes Fluggeräusch gut hörbar.

Verhalten. Tagaktiv. Schreitet am Boden im Wechsel mit hüpfender und springender Fortbewegung. Flugkünstler, sehr vielseitige Flugvarianten. Ruderflug mit kräftigen, langsamen (deutlich langsamer als Rabenkrähe) Flügelschlägen (Fluggeräusch!); Ausnutzung günstiger Thermiken im Segelflug und mit Flugspielen (vgl. unten). Sehr verspielt. Nahrungserwerb sehr vielseitig und Ausnutzung zeitlich und örtlich begrenzten Nahrungsangebots, hauptsächlich am Boden; z.B. Aufnahme von Aas (und Einnischung in die Gilde der Aasfresser), gemeinsame Jagd auf schwache und geschwächte Säuger, Herausziehen von keimenden Kartoffeln, Absuchen von Bodenvegetation, aber auch Graben nach Kleintieren. Große Nahrungsobjekte werden unter die Füße geklemmt; trägt mitunter Nahrungsbrocken mit den Füßen im Flug. Verstecken von Nahrung auch in der Brutzeit. Nahrungssuche im Ansitz, im Laufen am Boden, meist durch systematisches Absuchen im Flug. Ganzjährig territorial (Grenzen der Reviere sind nicht starr). Für gewöhnlich lebenslang verpaart. Balz entweder in Gruppen bei Flugspielen, oder am Boden oder auf Bäumen (mit aufgestellten Gefieder). Oft soziale Flugspiele, wie gemeinsames Kreisen, gegenseitiges Packen an den Füßen (ein Vogel auf dem Rücken), Verfolgungsjagden etc. Elemente der Flugbalz ähnlich: Auf-den-Rücken-Werfen; Schleifenfliegen mit wellenförmiger Flugbahn; Sturzflüge und dichtes Übereinanderfliegen der Partner, wobei ein Ind. (offensichtlich das ♂) mit herabhängenden Füßen auf den anderen in wellenförmiger Flugbahn herunterstößt. Kopulationen finden in Horstnähe statt. Gemeinsame Schlafplätze, die bei Helligkeit oft schon am Nachmittag aufgesucht werden, oft in der Nähe ergiebiger Nahrungsgründe in Bäumen oder an Felswänden, an denen sich auch Gruppen aus einem weiteren Einzugsbereich einfinden. Juvenile nichtbrütende Tiere gemeinsame Schlafplätze (häufig auf Bäumen) und Schwarmbildung. Häufig gegenseitige Gefiederpflege (Kraulen) und Fütterungen.

Fortpflanzung, Brutbiologie [767,1369,337,1722, 242,1360]. Geschlechtsreife wohl erst im 3. (erste

Gelege bei ♀) oder 4. Lebensjahr (Dichteabhängigkeit?). Monogame Dauerehe. **Ankunft am Brutplatz.** Entweder ganzjährig am Brutplatz oder ab Spätwinter; wenn möglich Dauerreviere, bei Felsbrütern fast lückenlose Besetzung > 40 J. bekannt, bei Baumbrütern > 20 J.; Balz im Vorfrühling. Paarbildung i.d.R. im 2. Winter in Nichtbrütertrupps. **Nest.** In Felswänden oder auf Bäumen (Baum- und Felsbrüter lokal unmittelbar nebeneinander, auch individueller Wechsel innerhalb eines Reviers bekannt); Baumbrüter N-D im Wald, am Waldrand, in Feldgehölz oder auf Einzelbäumen und (zunehmend) Gittermasten; Felsnester meist geschützt unter Überhang, in Nische oder Höhlung (z.B. Konkurrenz um Nistplätze mit Wanderfalke und Uhu, bevorzugte Nischen mit diesen Arten auch im Wechsel genutzt). Nestträger Baumbrüter N-D z.B. 294 Kiefer, 42 Buche, 13 Eiche, je einige Pappel, Fichte, Lärche, gebaut von Kolkrabe 76 (davon 45 neu), Mäusebussard 5, Nebelkrähe 3, Rotmilan 3, Schwarzmilan und Habicht je 1; in anderen Gebieten Buche wichtigster Nestträger. Bei Felsbrütern meist mehrere Nester pro Paar (mitunter > 10), die entweder in jährlichem oder unregelm. Wechsel benutzt werden. Selbstgebaute Nester Außenbau aus Zweigen und Ästen mit Grassoden oder Erdklumpen etc. verstärkt, Oberrand aus feineren Zweigen; Innenausbau mit dünnen Zweigen, Erdklumpen, Wolle, Haaren etc., durch Drücken und Strampeln Material regelrecht verfilzt; Mulde mit sehr feinem Material (z.B. Tierhaare, Wolle, Grashalme) ausgekleidet. Muldendurchmesser 19.5-36.5 cm, -tiefe 8-16 cm. In oft benutzten Felsnischen mit der Zeit mitunter mächtige Bauten. Nestbau durch beide. Baudauer bei Neubau 1-4 Wochen, bei frühem Baubeginn witterungsbedingte Unterbrechungen; vor allem Felsnester oft ausgebessert und über viele J. wiederverwendet. **Legebeginn.** Frühestens (Ende Jan.) Anf./Mitte Feb., meist Anf. März, Ersatzgelege bis Mitte April (Baumbrüter); Schlupfdaten N-D Mitte März bis Anf. Mai, späteste Jungen können im Juni (Anf. Juli) ausfliegen. **Gelegegröße.** 3-6 (2-7); abhängig vom Nahrungsangebot; Ø D-MV$_{80}$ 4.3, -SH$_{39}$ 5.5, -BB$_{12}$ 3.7, DK$_{21}$ 4.8, in GB regional verschieden zw. 4.6 – 5.3; Legeintervall 1 (-2) d. **Eier.** Kurz- bis langoval, schwach glänzend, Grundfarbe hellblau, grünblau bis hell braungrün, dunkel bis olivbraun gefleckt; sehr variabel. **Brutdauer.** 19-21 d. Brutbeginn ab 2. (3.) Ei. ♀ brütet, wird vom ♂ am Nest gefüttert. Juv. schlüpfen asynchron innerh. 2-3 d. **Nestlings-/Führungszeit.** Beide Partner füttern und bringen Wasser zum Nest, ♀ hudert (bis 18 d), bei tiefen Temperaturen werden Juv. in Polstermaterial des Nestes eingesenkt, bei hohen werden in Polstermaterial Löcher gebohrt; Juv. verlassen Nest nach 40-42 (-47) d; bleiben noch mind. 2, meist aber 5-6 Monate mit den Ad. zusammen. **Jahresbruten.** 1; Ersatzgelege bei frühem Gelegeverlust, häufig in neuem Nest. **Ende der Brutperiode.** Mit Auflösung der Familienverbände im Aug., spätestens Sept. **Bruterfolg.** Baumbrüter N-D (Mehrj.): 2.3 große Nestlinge/Revierpaar (RP) und J. (eingerechnet 30% nicht erfolgr. Paare); 1.3 Juv./RP und J.; 2.5 Juv./BP mit Legebeginn und Jahr (Totalverluste vermutlich nicht voll erfasst); Felsbrüter SW-D 1.16 (Schwarzwald) bzw. 2.34 (Schwäbische Alb) Juv./Revierpaar und J., D-BY 2.3 Juv./erfolgr. BP und J. (bei möglicherweise ca. 60% BP ohne Bruterfolg). In NL 58 Bruten ausgesetzter Vögel 1.7 Juv./BP und J.; Wales 1.9 Juv./BP und J.; CH 2.1-3.4 Juv./Paar und J. Witterung wichtiger Verlustfaktor. Gittermastbruten in PL mit hohem Bruterfolg (79 bzw. 92% von 230 Nestern in 2 J.). Durch Selbstregulation Bruterfolg z.T. drastisch reduziert, z.B. in D-NI von 3.3 (1993) auf 0.3 (2000) [3156; vgl. auch 1461,1462].

Eimaße und -gewichte [1369]: L. 41.5-59.4 mm, B. 29.7-39.3 mm; Ø 49.2 x 33.7 mm (n=80, N-D,CZ), 49.4 x 34.3 mm (n=87, N.), 49.0 x 34.2 mm (n=50, GRÖ). Frischvollgew. 22.98-34.66 g, Ø$_{42}$ 28.15 g bzw. 23.38-32.19 g, Ø 27.08 g. Schalengew. 1.28-2.44 g, Ø 1.852 g bzw. 1.47-2.70 g, Ø 2.051 g.

Sterblichkeit, Alter. Nach Ringfunden im 1. J. 64%, nach anderer Studie 55 % [1756]. Älteste Ringvögel 20 J. 5 Monate, 15 J. 11 Monate; Höchstalter in Gefg. 69 J. **Generationslänge:** 7 J. [383].

Mauser. **Postjuvenile Mauser** (Teilmauser) ab ca. 2 Monaten, Abschluss bis Aug./Okt.; Körpergefieder und Teile der Flügeldecken, selten ST 1 [767,3882]. • **Postnuptialmauser** (Vollmauser) beginnt oft kurz vor dem Schlüpfen der Jungen, März/April–Sept./Okt.; Dauer der HS-Mauser 140–145 d, wobei HS 5–9 langsamer mausern als die kürzeren inneren [767,1369,1866].

Parvorder Passerida

Alle verbleibenden europäischen Singvogelarten – sowie die Masse der Arten weltweit – gehören zu den Passerida. Die Schwestergruppe dieser Großgruppe sind nach derzeitigem Kenntnisstand entweder die australasiatischen Petroicidae oder die afrikanischen Picathartidae [159,274]. Innerhalb der Passerida lassen sich fünf Überfamilien abgrenzen, deren Monophylie sowohl anhand von DNA-Hybridisierungsdaten als auch nuklearen DNA-Sequenzen mehr oder weniger gut gesichert ist [3546,1045,158,159]. Fast alle Familien der Passerida lassen sich einer dieser Überfamilien sicher zuordnen, mit Ausnahme der Bombycillidae (Seidenschwänze) und Regulidae (Goldhähnchen), die wahrscheinlich den Muscicapoidea bzw. Certhioidea nahe stehen [274] und deshalb vor diesen jeweiligen Überfamilien aufgelistet werden.

Die Verwandtschaft der **Überfamilien** untereinander ist bisher weniger gut gesichert, deutet sich aber anhand der bisher vorliegenden nuklearen DNA-Sequenzdaten wie folgt an [159,274]: Die Paroidea (Meisen und Verwandte) sind möglicherweise die Schwestergruppe der Sylvioidea; die Certhioidea sind mit Muscicapoidea sowie Bombycillidae und Regulidae nächstverwandt. Damit ergeben sich innerhalb der Passerida folgende drei basale Gruppen die sich aus fünf Überfamilien und zwei nicht mit eingeordneten Familien zusammensetzen (ungefähre Artenzahlen in Klammern):

(1.) **Paroidea** (ca. 60) und **Sylvioidea** (>1040)
(2.) Regulidae (6), **Certhioidea** (Sittoidea) (105), Bombycillidae (8), **Muscicapoidea** (ca. 580)
(3.) **Passeroidea** (>1430)

Da sich eine nähere Verwandtschaft der zweiten mit der dritten Gruppe andeutet und beide zusammen artenreicher sind als die erste, folgt die nachfolgende Gliederung der oben angegebenen Reihenfolge.

Überfamilie Paroidea

Familie Remizidae – Beutelmeisen

Sehr kleine Vögel mit kleinem, spitzem Schnabel und kräftigen Beinen und Füßen. Oft wird Beute zum Verzehren mit dem Fuß gehalten oder Material wird mit dem Fuß zum Schnabel geführt. Hängen bei Nahrungssuche immer wieder kopfüber. Bauen auffällig große, beutelartige Nester (Name!) aus filzigem Gewebe.

Die Familie umfasst nur 10 Arten in fünf Gattungen (Artenzahlen in Klammern), davon drei in der Alten und eine (monotypische) in der Neuen Welt: *Remiz* (1; Eurasien), *Anthosopus* (6; Afrika), *Pholidornis* (1; Afrika), *Cephalopyrus* (1; Indien, SE-Asien), *Auriparus* (1; N-America). *Auriparus* ist die Schwestergattung von *Remiz* und *Anthoscopus* [3546,1851N], doch wurde *Pholidornis* bisher nicht molekular untersucht, so dass deren systematische Zugehörigkeit noch sehr unsicher ist.

Remiz pendulinus – Beutelmeise 14900

Remiz pendulinus (Linnaeus 1758)

GB (Eurasian) Penduline Tit **F Rémiz penduline** **E Pájaro Moscón**

Taxonomie. Mindestens neun UA in vier Gruppen: ***pendulinus*-Gruppe:** *pendulinus* (Linnaeus 1758) (Europa), *jaxarticus* (Severtzov 1872) (W-Sibirien), *menzbieri* (Zarudny 1913) (E-TR bis Iran) und *caspius* (Pelzam 1870) (S-RUS bis Kaspisches Meer); ***macronyx*-Gruppe:** *macronyx* (Severtzov 1873) (Kaspisches Meer bis Balchaschsee) und *nigricans* (Zarudny 1908) (S-Afghanistan, E-Iran); ***coronatus*-Gruppe:** *coronatus* (Severtzov 1873) (Aral-See, Syr Darja bis Transbaikalien) und *stoliczkae* (Hume 1874) (Transbaikalien bis N-Mongolei); ***consubrinus*-Gruppe:** *consubrinus* (Swinhoe 1870) (Amurland bis Zentralchina).

Zwei bis allen vier dieser Gruppen wird von verschiedenen Autoren sehr uneinheitlich Allospezies-Status zugesprochen, ohne dass aber das Ausmaß der jeweiligen Genflussbarrieren (wo Kontaktzonen überhaupt existieren) hinreichend dokumentiert wäre. Phänotypische Unterschiede beziehen sich in erster Linie auf die - auch interindividuell sehr variable und vom Abnutzungsgrad des Gefieders stark abhängige - Kopfzeichnung, der ein sehr einfacher genetischer Polymorphismus zugrunde liegen dürfte und dessen Ausprägung zwischen den Taxa/Populationen recht deutlich Häufigkeitsunterschiede aufweist (ähnlich bei Schwanzmeise). Ob damit aber Paarungsbarrieren einhergehen, ist nicht hinreichend geklärt, zumal offensichtliche Hybridpopulationen intermediär, aber relativ uniform (!), gefärbt sind und vielfach als eigene, heute nicht mehr anerkannte UA beschrieben wurden [vgl. Zusammenfassung in 1369].

Kennzeichen. [1369,3615,221,3772; weitere **Fotos** in Dutch. B. **14**, 158, **21**, 38, **25**, 136].

Maße. Gr.: 11 cm. Gew.: (D, Brutzeit) ad. ♂ abends Ø 11.5 g, morgens Ø 10.5 g, flügge Juv. abends Ø 9.5 g, morgens Ø 8.5 g, ad. ♀ abends 9.0-11.5 g, Ø$_{8}$ 9.9 g, morgens 7.5-10.0 g, Ø$_{20}$ 9.0 g. Fl.spw.: 16-17.5 cm. Fl.l.: (D) ad. ♂ 53-59 mm, Ø$_{52}$ 55.3 mm, dj. ♂ 53-59.5 mm, Ø$_{201}$ 55.5 mm, ad. ♀ 51.5-58 mm, Ø$_{63}$ 54.6 mm, dj. ♀ 52-58 mm, Ø$_{175}$ 55.2 mm, (A-B) ad. ♂ 52-60.5 mm, Ø$_{175}$ 56.2 mm, ♀ 52-59.5 mm, Ø$_{66}$ 55.5 mm [1369,767].

Status. In ME sehr lückenhaft verbreiteter, wenig häufiger Brut- und Sommervogel. Häufiger Durchzügler und Gastvogel. Seltener Überwinterer in CZ, SK., S-D, NL [2159,3882,277,203,4088], regelm. und häufiger in H [2438], in PL erst seit 1990er J. zunehmend im Winter beob. [3871].

Verbreitung und Bestand. Brutvogel der borealen, gemäßigten, mediterranen, Steppen- und Wüstenzone der Paläarktis; z.T. zersplittertes Areal von SW- und W-Europa bis China. Ursprünglich fast nur E von ME beheimatete Art seit 1930 in mehreren, z.T. sprunghaften Ausbreitungswellen nach W- und SW-Europa [vgl. 1142,3443; für E.: 3933], dabei insbes. in ME und SW-Europa Bestand drastisch erhöht. Grenzvorkommen: SW-E., S-F, Sizilien, NL/B, E-F, W-CH, W-D, DK, S. bis fast 70° N; ferner Brutverdacht CY, Brutnachw. in SYR und IL (in N-EGY zu erwarten). Obere Verbreitungsgrenze ME ca. 600 m ü.M. Gesamtbestand in Europa zw.

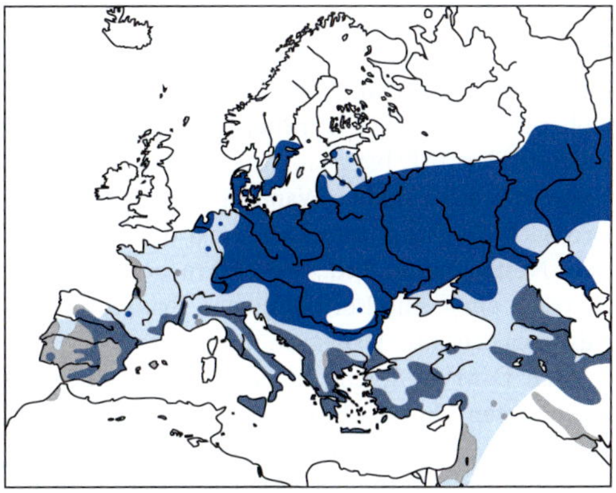

Remiz pendulinus – **Beutelmeise**

210.000-420.000 brütenden ♀, mit Populationen > 20.000 BP in RO (90-125 T.), TR (20-60 T.), RUS (10-50 T.) und > 10.000 in PL, UA. und E.; in ME brüten etwa 27.000–58.000 ♀ [383, erg.].

Wanderungen [u.a. 4219,1217,1571]. Im W des Brutareals Standvogel (S-Europa), Dismigrationen, Kurz- und Mittelstreckenzieher (z.T. offenbar vom Evasionstyp [z.B. 1142], vorbrutzeitliches Umherstreifen und »Brutzeitwanderungen«. Hauptwintergebiet **Br. Skandinaviens, ME und W-Europas** SW-Europa bis NW-Mittelmer mit Verlagerungen entsprechend der W-Ausbreitung des Brutareals (Ringfunde zunehmend bis P/E., SW-F, Mittel-I, max. > 2800 km), ferner offenbar zunehmend auch Zentral- und S-Mittelmeer (MA seit Winter 1976/77, 5 Nachw. bis 1990; Zunahme Winterbestand Sardinien; seit 1972 zunehmende Winterdaten M), ferner vermehrt Wintervorkommen W-Europa (z.B. seit 1983 Gironde F) und ME, doch nur ausnahmsweise Winterdaten > 50° N. **Br. am E-Rand ME** (z.B. N-PL etwa ab 18–20° E) ziehen E Alpen nach H, HR, YU, AL, GR, also S-SSE (offensichtlich PL Zugscheide, jedoch Wechsel zw. beiden Wegzugrichtungen bei Einzelind. belegt) [1221]; **Br. E-Europa und W-Asien** wandern u.a. nach S bis IL, EGY, Arabien. Mit Erweiterungen des Winterareals und neuen Wintervorkommen in S- und W-Europa sowie Vorderasien und N-Afrika ist zu rechnen. Hauptwegzugrichtung Br. S-Skandinavien und ME W des 14.–16. Längengrades offenbar unter Ausnutzung großer Flusstäler WSW-S (Dismigrationsrichtungen und Zugbeginn der Juv. bis 100 km überwiegend SW–NW, aber auch alle anderen Richtungen, > 100 km NW–SE; E davon Dismigrations- und Anfangsrichtungen des Wegzuges mehr im E-Sektor); Winterfunde über größere Entfernungen meist SW, ebenso für die meisten Ad. Dismigration ME ab Juli–Aug., Wegzug Sept.–Nov. mit Höhepunkt Anf. Okt., Heimzug März–Mai, Höhepunkt meist 1. Aprilhälfte; Winterbeob. in vielen Teilen ME bis ausnahmsweise S-Skandinavien sowie brutzeitliche Wanderbewegungen. Letztere nach der Bindung an ein Nest oder zwischen zwei Nestern eines Ind., bis 25 km nachgewiesen (Extrem: ein ♀ mit 2 erfolgreichen Bruten in einer Saison ca. 210 km, ferner ein möglicher Fall von S-S. nach D-MV). Solche Wanderungen können zu regelrechten Umschichtungen einer lokalen Brutpopulation führen. So anscheinend z.B. fast alle Br. im Schilf des Neusiedlersees schon vorher in der Saison an anderen Orten an Bruten oder Brutversuchen beteiligt (z.B. Leitha- oder Donauauen und vielleicht CZ) [1217]. Geburts- und Brutortstreue, aber auch Fremdansiedlung (z.B. an Plätzen, die durch Jugenddispersal erreicht wurden) und Umsiedlung von Brutvögeln (offenbar bes. solchen mit erfolgloser Brut im Vorjahr) auch in Ausbreitungsrichtung nachgewiesen.

Bestandsentwicklung. Ausgehend von E-Europa schon im 19. Jh. mehrfach Vorstöße nach W, vereinzelt bis D-BY und -HE [1369]. Anf. 20. Jh. geschlossenes Verbreitungsgebiet ab E-PL, CS und E-A nach E, bei zusätzlichen lokalen Vorkommen in NE-D und W-PL. In 1920er und 30er J. erste Brutansiedlungen in D-SH, -NI, Bod. etc. Doch erst seit 1950er J. und verstärkt ab 70er J. stabile Bestände nach neuen Brutansiedlungen sowie erhebliche Arealausweitung in fast allen (ME und SW-)europäischen Ländern [vgl. ausführlichere Darstellungen in 1142,3637,3443,3933].

In 1960er J. noch recht kleine Vorkommen in W-PL [3888], D und CH [1369; auch DK und S.], und noch Ende 1970er J. war W-D »außerhalb des Areals regelmäßiger Bruten« [205], der Gesamtbestand bei < 60 'Paaren'. Dramatische Phase der Ausbreitung mit z.T. exponentieller Bestandszunahme schließlich Mitte oder Ende 1970er J. [vgl. 1142,3443]. Anf. 1980er J. verlief Ausbreitung in weiten Teilen N-D etwas langsamer [1369]. Ab Mitte 1980er J. oft deutliche Bestandssteigerungen weiter W, z.B. in NL (erster Brutnachw. 1981) [253,375,3638]; ferner viele Regionen im geschlossenen Areal erst in dieser Phase aufgefüllt [N-Rhl.:1347, Vogtland:1053; weitere Beispiele: 1369]. Erste Brutnachweise in B und L 1987 bzw. 1989 [1369], im Elsaß F 1979, regelm. seit Ende 1980er J. [4032]. Regional hielt Bestandszunahme bis (Anf.) Mitte 1990er J. an [z.B. D: 1680,1719,1722,310,3638,1587,1377].

Andererseits bis 1990er J. in mehreren Regionen ME feste Brutansiedlungen ausgeblieben [z.B. FL: 1369; CH: 3392,3393, D-SL: 3248]. Zudem einige länger etablierte Populationen nach Höhepunkt der Ausbreitung Mitte/Ende 1980er J. inzwischen in Gleichgewichts- oder Stagnationsphase (aber Abwanderung von Individuen z.T. größer als Zuwanderung) [1800,3443,3856N,2896,1369] oder nach längerer Ansiedlung auch - z.T. stark - rückläufige Trends [NL, D: 375,3638,1138,900,1,1722,1617, 2642] oder Bestände völlig erloschen [1369; A-St: 3291; auch Camargue und Rhônetal F: 4180]. Inzwischen auch erheblicher Rückgang der Zugvogelzahlen [z.B. CH, D-BW, -MV: 3393,1722,900].

	Best.	Areal	Brutbestand	Jahr	Quelle
A	+/-	=	1.000–1.500	1998–2002	[383]
B	N	N	13–20	1995–2002	[383]
CH	↕	F	0–2	1997–2000	[383]
CZ	+/-	=	2.500–5.000	2000–2002	[383]
D	↑	+ 1	4.400–8.800	1995–1999	[383]
H	+/-	=	4.500–13.000	1999–2002	[383]
L	↑	+ 1	1–5	2001	[383]
NL	⇧	+ 2	140–210	1998–2000	[383]
PL	↑	+ 1	10.000–20.000	2000–2002	[383]
SK	↑	+ 1	5.000–10.000	1996–1999	[383]

Ursachen von Ausbreitung und erneutem Arealschwund. Hohe Produktivität für Ausbreitung der Beutelmeise von grundsätzlicher Bedeutung; zum einen bedingt durch warme und trockene Sommermonate und geringe Verluste, zum anderen wohl durch zunehmende Eutrophierung der Landschaft mit erhöhtem Nahrungsangebot (u.a. Förderung der Mehligen Pflaumenblattlaus in eutrophierten Röhrichten) [1138] und Aufwachsen optimaler Habitatstrukturen in anthropogen beeinflussten Landschaften (zunehmende Verbuschung von Grünland an Gewässerrändern) [1570,1138]. Schubweise Arealerweiterungen deuten auf Phasen hoher Produktivität in optimalen Gebieten (dadurch hohe Dichte), in deren Folge Besiedlung sekundärer Bruthabitate oder der Regionen stattfindet, die bei (z.T. über weite Distanzen führender) Jugendstreuung oder auf Zug erkundet wurden [3443].

Doch weitere Ausbreitungsfaktoren wirksam, z.B. (1) hohe Nachwuchsrate (sukzessive Polygynie und Polyandrie sowie erneute Brutversuche nach z.T. ausgedehnten Brutzeitwanderungen [1217,3856N,1369], (2) Zerstörung natürlicher Le-

bensräume und Neuentstehung und deutliche Zunahme anthropogen beeinflusster Biotope wie Teichgebiete, Pappelanpflanzungen etc. oder von Übergangsbiotopen wie Kiesgruben [1369, vgl. Diskussion in 1142], doch vor allem (3) günstige, immer weiter nach SW-Europa ausgedehnte und nach W verlagerte Überwinterungsgebiete, mit geringerer Wintersterblichkeit, als Ausgangspunkt für Neuansiedlungen [3933].
Arealschwund seit Anf. 1990er J. durch geringeren Bruterfolg (zunehmend ungünstiges »atlantisches« Klima zur Brutzeit, gebietsweise starker Rückgang der Blattlausnahrung), möglicherweise geringere Einwanderung von Ind. aus selbsttragenden Populationen E-ME, erhöhte Jungenverluste (?, Daten des IMS, H. Dorsch), abnehmende Eutrophierung [1] und zunehmende Ansiedlungen in Nähe der Überwinterungsgebiete in SW-Europa [196; I. Todte].

Siedlungsdichte. Wegen des komplexen Paarungssystems nicht einfach zu berechnen. Abstand zw. Brutnestern 100-500 m bzw. bis 5 BN/km (Flusslauf o.ä.), in Optimalgebieten Nestabstände auch geringer. Auf größeren Flächen in ME 0.3 – 5.0, meist < 1.5, max. 15 BN (reproduktive ♀, »Rev.«) pro km^2 [3443, 1, 1507, 1137, 1722], kleinflächig bis max. 6.0 (Ø 0.7-1.5) BN/10 ha und Saison [1507].

Gefährdungsursachen [1142, 1800, 1302, 3443, 1719, 1369, 196]. Hauptursache Biotopzerstörung, insbesondere von Flussauen, Altwässern und Verlandungszonen einschließlich der Schilfröhrichte (auch Verlust durch Sukzession zu Weidenwäldern).
Einfluss von Eier- oder Nestsammlern und von Störungen durch Angler, Campingplätze, Bootfahrer.
Natürliche Ursachen von geringer Bedeutung (Brut- oder Nestverluste durch Klimafaktoren und Prädation von Buntspecht, Bilchen etc.).

SPEC	VSchRL	Bern.Konv.	Bonn.Konv.
--	--	Anh. III	--

Europ. RL	RL in ME
--	B: 'R', CH:'VU', CZ, L: 'NT'

Schutzmaßnahmen. Erhaltung oder Schaffung von geeigneten Feuchtgebiets- und Übergangsbiotopen.
Abgrenzung der Brutareale von Freizeit- und Erholungsnutzung durch den Menschen. Dabei sind Kernbereiche der Brutareale zu beruhigen und insbes. vor Anglern und Bootsfahrern und weiteren Störeinflüssen zu schützen.

Biotop. Br. in dichten Busch- und meist lichten, sonnendurchschienen Baumbeständen (vor allem Weiden) von Verlandungszonen, Bruchwäldern, Flussauen, Fischteichen, Rieselfeldern, aufgelassenen Kies-, Ton- und Braunkohlegruben oder entlang von Bewässerungsgräben im Kulturland; in Europa so gut wie immer in Wassernähe, im E auch in Einzelbäumen von Steppen- und Agrarlandschaften oder in Gärten, in Mittelasien bis in größere Höhen in lichten Baumbeständen grasiger Hänge. I.d.R. reiche vertikale Strukturierung der Vegetation mit ausreichend Deckung bereits im Frühjahr. Nahrungssuche auf Laubbäumen und in Büschen. Außerhalb der Brutzeit überwiegend in (meist mit Büschen durchsetztem) Röhricht (Schilf, Rohrkolben).

Nahrung. Kleine Insekten und Spinnen; wohl auch Nektar und Pollen von Weiden, im Herbst (und Winter) auch kleine Sämereien.

Stimme. Ruf sehr hoch, herabgezogen »ziih« oder »siiüü«, auch locker gereiht (feiner und reiner als z.B. Rohrammer); ferner auch in unterschiedlicher Tonhöhe »sirüi« o.ä.; kurze »dsü dsü dsü…« beim Abfliegen eines Trupps. Gesangsstrophen beginnen und enden meist mit Rufelementen »siiüüh«, Mittelteil mit kurzen, rhythmisch gereihten Elementen wie »tlü-tlü…« oder auch deutlich zweisilbig, ähnlich Kohlmeisengesang, nur sehr viel feiner (Stimmstärke Waldbaumläufer). ♂ mit mehreren Strophentypen. Gesang nur von ♂, vor allem in der Anpaarungsphase am unfertigen Nest zu hören.

Verhalten. [u.a. 2356, 2358, 3932]. Tagaktiv; Zug untertags. Klettern durch flügelunterstütztes Hochspringen an senkrechten Halmen und Zweigen; bei der Nahrungssuche häufig nach unten hängend. Nahrungserwerb durch Absuchen von Zweigen, Blättern, Halmen; dabei können Blätter mit dem Schnabel herangezogen und mit dem Fuß fest gehalten werden. Durch Einstechen und Drehen des geöffneten Schnabels (Zirkeln) werden Blattläuse in gerollten Blättern erschlossen, aber auch Schilfblätter abgespreizt oder abgebrochen. Größere, aber auch relativ kleine Beutetiere (z.B. Raupen) werden mit einem Fuß fest gehalten und zerkleinert. Der scharfe Schnabel kann auch Blätter und dünne Hüllhäute aufschlitzen. Zur Brutzeit territorial; aber nur im engeren Nestbereich (2-10 m ums Nest). ♂ beginnt mit Nestbau und versucht singend ♀ ans Nest zu locken. Während der Legephase vergraben ♀ häufig die Eier im Nestmaterial (Nestboden). Eine Taktik, um sich vom ♂ abzusetzen und sich mit mehreren ♂ zu verpaaren. Außerhalb der Brutzeit oft in kleinen Trupps, auf dem Zug oder an Rastplätzen (z.B. auch während der Postjuvenil-Mauser) auch in größeren Gruppen (> 100 Ind.) z.B. im Schilf, ebenso im Herbst gemeinschaftliche Schlafplätze, an denen sich zumindest kurzfristig Hunderte sammeln können.

Fortpflanzung, Brutbiologie [337,1369,767,1, 1218,1220,3443]. Geschlechtsreife im 1. Lebensjahr. Paarbindung meist auf kurze Zeit der Brut (Nestbau bis Eiablage) beschränkt; sowohl ♂ als auch ♀ sukzessive polygam; einzelne ♂ binden auch bei längerer Anwesenheit kein ♀ an sich oder Nest. In D-BY/A hatten 43-49% der ♂ und 88% der ♀ nur 1 Brutnest, die anderen mind. 2, nur ausnahmsweise 2 Partner mit 2 gemeinsamen Brutnestern; 86-93% der ♂ wanderten in Bebrütungsphase ab, also potenziell polygyn; abzüglich der in einer Saison erfolglosen ♂ dieser Anteil auf ca. 60% zu schätzen (durch Farbberingung 18-25.5% sukzessive Polygynie belegt); bei ♀ potenzielle Polyandrie bei 35-46%. Mehrj. ♂ offenbar eher polygyn als einj; Paarzusammenhalt bei Ersatzbruten nach Verlust der Erstbrut nachgewiesen. Auf Probeflächen pro Saison alte ♂ mit bis 4 Brutnestern (und damit ♀), in S. Ø 1.6 Nester (junge ♂ nur 0.7), davon max. 2, ausnahmsweise 3, erfolgreich; ♀ bis zu 3 Brutnester, bis zu 2 mit Erfolg. Einige ♂ ohne Brutnest (in S. 3.3%, D-BY 25.5%, A-B 39.6%) **Ankunft am Brutplatz.** Umherstreifen der ♂ im Frühjahr (März, vor allem April; in manchen Populationen ME Einwanderung im Mai), auch entgegen Zugrichtung; finden sie (auch kurzfristig) ein ♀, wird mit Nestbau begonnen; mitunter ♂ und ♀ auch schon vorher zusammen und gemeinsam eintreffend. Bleibt ♀ nicht, baut ♂ bis zum Henkelkorbstadium und beginnt dann weiträumig umherzustreifen, um neue ♀ zu finden; dann Weiterbau, andernfalls Abwanderung und Neubau an entfernter Stelle (kann sich bis Brutzeitende wiederholen). Erstankömmlinge im Brutgebiet also nicht generell spätere Brutvögel. Wenn ♀ beim ♂ bleibt, baut es mit diesem gemeinsam das Nest bis zur Eiablage. **Nest.** Nest an äußersten Zweigen, in ME meist in Bäumen mit hängenden, elastischen Zweigen wie Weiden, Pappeln, Birken u.a. Laubbäumen, > 1–10 (15) m über dem Wasser oder über dem Boden oder Schilf hängend (Ø in Europa 3.8–7.9 m); mitunter Schilfnester. Großer geschlossener dickwandiger Beutel aus Pflanzenwolle (Samenhaare vor allem von Pappeln und Weiden), Tierhaaren, Bastfasern (Brennnessel, Wilder Hopfen, Waldrebe, Schilf); Eingangsöffnung zu kurzer Röhre ausgezogen und seitlich oben angebracht. Nesthöhe 14-20 cm. Nicht selten in unmittelbarer Nähe zu vorjährigen, im April noch weithin sichtbaren Nestern (»Signalnester«), deren Material oft verwendet wird. Durch Aufhängen von Signalnestern (auch alten Wollsocken oder Wattekugeln) kann Ansiedlung oft provoziert werden; mit zunehmender Belaubung fällt Signalwirkung weg. Zunächst wickelt ♂ Material als Aufhängung um geeignete Äste, dann zu Ring verflochten und schließlich zum Henkelkorbstadium ausgebaut. Beim Schließen der Hinterwand, Erstellen der Einflugröhre etc. große individuelle Unterschiede in der Beteiligung an der Bautätigkeit. Dauer bei frühen Nestern 19-24 (Ø$_{58}$ 21) d, bei späten (nach Reifung von Weiden- und Pappelfrüchten) 15-20 (Ø$_{58}$ 16-17) d; bei großem Angebot an Material auch nur 7-8 d; allerdings oft auch längere Unterbrechungen. **Legebeginn.** In ME frühestens ab Mitte April, meist Ende April bis Mitte Mai (z,B. Mediane Nestbaubeginn zw. 1. und 10. Mai); Zweitbruten oder Bruten nach Zuwanderung im Sommer im Juni-Juli (z.B. Median Nestbaubeginn in A-B 23.6.). Nestlinge bis Aug. (ausnahmsweise bis Sept.). Eiablage ab Henkelkorbstadium. **Gelegegröße.** 6-8 (9, 10) bei Erstgelegen, sonst (1) 2-7; Kalendereffekt (starke Abnahme mit Saison); z.B. S-D/A 4.7, Ende der Legeperiode 2.7; CS$_{47}$ 6.6, D-ST$_{223}$ 4.9, -BB$_{58}$ 6.4, E-D$_{98}$ 5.2, darunter April 6.9, 1. Maidekade 6.2, 1. Junidekade 3.5; vom ♂ betreute kleiner als vom ♀ betreute; aufgegebene Gelege Ø kleiner als fertig bebrütete. Legeintervall 1 d; Gelege vor Vollständigkeit mit Polstermaterial abgedeckt. **Eier.** Länglichoval (bis fast walzenförmig), glattschalig, etwas durchscheinend, reinweiß. **Brutdauer.** (12) 13-14.5 d. Brutbeginn ab (vor-)letztem Ei (auch früher?); nur ein Ad. brütet (in Mehrzahl der Fälle das ♀, z.B. 54-65%, nur 7-14% ♂, Rest aufgegeben). Juv. schlüpfen asynchron (meist innerhalb 36 h), Nesthäkchen nicht selten. **Nestlings-/Führungszeit.** Ein Partner füttert (an manchen Nestern helfen ♂ vorübergehend, werden aber mitunter vertrieben); Anteil von ♂ betreuten Bruten mit zunehmender Saison und bei kleinen Gelegen höher; in manchen Populationen füttert ausschließlich ♀, mitunter aber auch beide. Nestlingsdauer 20-22 (18-26) d (Ø$_{33}$ 20.8 d); nach Ausfliegen Juv. noch 8-18 d von einem Ad. geführt (bei Eltern ohne weitere

Brut länger); Bindung an Altvogel erlischt im Alter von 30-40 d. **Jahresbruten.** 1 (-3 oder 4) pro Ind. (s. Abschnittsbeginn); alleinige Aufzucht von 2 Bruten durch ein ♂ nicht belegt (kann aber nach Aufzucht einer Brut noch weitere Nester bauen). Ersatzgelege in früher Brutphase die Regel, meist mit anderen Partnern. **Ende der Brutperiode.** Nach späten Bruten im Aug. (Sept.). **Bruterfolg.** S-D/A in Einzelfällen einj. ♂ 1.6 und mehrj. ♂ 3.6 Juv./J., 1.7-2.5 Juv./Brutnest und J. (nur erfolgreiche Bruten: 3.9-4.2 Juv.); ♂ oder ♀ mit 1 Brutnest 1.5-2.3 bzw. 2.7-3.5 Juv./J., ♂ mit 2+ Brutnestern 4.8-5.0 Juv./J. In E-D 3.9 Juv./♀ mit 1 Brutnest pro J., bei wenigen ♀ mit 2 Bruten 7.7 Juv./J. Polygyne ♂ mit deutlich höheren Nachwuchsraten als ♂ mit nur einem Brutnest, ebenso bei ♀ in A-B mit 4.8 gegenüber 3.5 flüggen Juv./Saison. Hauptverluste neben schlechter Witterung ist Aufgabe als Folge des Geschlechterkonfliktes.

Eimaße und –gewichte [1369]: L. 14.4-18.3 mm, B. 9.6-11.6 mm; Ø 16.3 x 10.7 mm (n=213, D-NI/-ST), 16.3 x 10.5 mm (n=137, H). Frischvollgew. Ø 0.924 g bzw. 0.99 g. Schalengew. 0.053-0.071 g; Ø$_{137}$ 0.062 g.

Alter. Ältester Ringvogel (S.) 6 J. 8 Monate [3654], ferner mind. 2mal > 5 J. **Generationslänge:** < 3.3 J. [383].

Mauser. **Postjuvenile Mauser** (Teilmauser) Juli–Ende Aug./Mitte Okt.; Kleingefieder, variable Anzahl Großer Armdecken sowie Schirm- und Steuerfedern [767,1369,3771,2474], mitunter auch HS und AS [1866,1289]; Umfang aber von geografischer Lage abhängig, in S-Europa vermutlich auch Vollmauser [767,1369,3771]. • **Postnuptialmauser** (Vollmauser) beginnt während Brutgeschäft, bei ♀ frühestens ab Mitte Mai, bei ♂ 1 Monat später, Abschluss bis Ende Sept. [1369]; Dauer ME 60–70 d [3443]. • **Pränuptialmauser** (Teilmauser) Dez.–März; neben Körpergefieder wechseln viele auch einige Große Armdecken und Teile des Großgefieders [1369,1289], Umfang bei Ad. und ♀ geringer [1289].

Familie Paridae – Meisen

Kleine, agile Vögel mit kräftigen Schnäbeln und kurzen Beinen. Meist Insektenfresser; aber vielseitig und lernfähig. Überwiegend Standvögel.

Traditionell umfasst die Familie nur drei Gattungen (Artenzahlen in Klammern): *Sylviparus* (1; SE-Asien), *Melanochlora* (1; SE-Asien) und *Parus* (ca. 57; weltweit außer S-Amerika und AUS). Anhand übereinstimmender morphologischer und molekularer Befunde ist aber auch der früher als Corvide angesehene *Pseudopodoces humilis* (»Zwerglaufhäher«) eine Meise (offenbar mit der *major*-Gruppe nächstverwandt) [1851N]. Ein eklatantes Beispiel dafür, wie eine weitreichende morphologische Umgestaltung in Anpassung an eine ganz bestimmte Lebensweise (in diesem Fall baumlose Hochebenen des tibetanischen Plateaus) die phylogenetischen Beziehungen einer Art verschleiern kann.

Die Monophylie von *Parus* ist selbst unter Einschluss von »*Pseudopodoces*« keineswegs gesichert (z.B. gegenüber *Sylviparus* und *Melanochlora*).

• Gattung *Parus*

Die Phylogenie eines Teils der Gattung wurde anhand von DNA-Hybridisation [3600N] und mtDNA-Sequenzen [1851N] untersucht. Dabei wurden die folgenden sieben monophyletischen Linien identifiziert (hier im Rang von Untergattungen geführt); dabei weitgehende Übereinstimmung mit Gattungen, die aufgrund phänotypischer Merkmale abgegrenzt wurden [4170]:

- *Cyanistes: [caeruleus]*-Superspezies
- *Pseudopodoces : humilis*
- *Parus : major, monticolus, nuchalis, holsti, spinolotus, xanthogenys, albiventris, niger, rufiventris, fasciiventer, afer, funereus*
- *Baeolophus: wollweberi, inornatus, griseus, bicolor*
- *Lophophanes* (Haubenmeisen): *dichrous, cristatus*
- *Periparus: rubidiventris, ater, melanolophus, beavani, rufonuchalis* (auch *venustulus, elegans, amabilis)*
- *Poecile* (Graumeisen)*: hudsonicus, rufescens, atricapillus, carolinensis, gambeli, sclateri, cinctus, lugubris, hyrcan, songarus, montanus, palustris, davidi, superciliosus.*

DNA-Hybridisationsdaten stützen eine Schwesterbeziehung von *Parus* und *Cyanistes*, die gemeinsam die Schwestergruppe der anderen vier Gruppen bilden [3600N]. Diese basale Aufspaltung wird jedoch von mtDNA-Sequenzen unter Einbeziehung von »*Pseudopodoces*« nicht gestützt [1851N], bedarf also weiterer Untersuchung. Bei den molekularen Untersuchungen wurden zahlreiche afrikanische und asiatische Arten bisher nicht berücksichtigt, deren Verwandtschaftsverhältnisse nach wie vor unklar sind (vor allem *P. fringillinus*).

Wir folgen hier nicht der neuen Klassifizierung der Meisen [80a], in der die sechs Hauptlinien auf Gattungsniveau abtrennt werden, weil die Monophylie von *Parus* – unter Einschluss von *Pseudopodoces* – nicht in Frage steht. Es wäre auch inkonsequent, einen solchen Schritt nur bei *Parus*, nicht aber anderen, mindestens ebenso divergenten Gattungen wie *Acrocephalus, Phylloscopus, Sylvia* u.a. zu vollziehen. Eine zukünftige Revision auf Gattungsebene sollte auf vergleichbaren genetischen Distanzen basieren und dann möglichst alle bis dahin hinreichend untersuchten Gruppen umfassen.

Parus caeruleus – Blaumeise 14620

Parus [caeruleus] caeruleus Linnaeus 1758

(GB) Blue Tit **(F) Mésange bleue** **(E) Herrerillo Común**

Taxonomie. Ca. 9 UA: *caeruleus* Linnaeus 1758 (Kontinentaleuropa), *obscurus* Prazák 1894 (Brit. Inseln), *balearicus* von Jordans 1913 (Balearen), *ogliastrae* Hartert 1905 (S-Iberien, Korsika, Sardinien), *calamensis* Parrot 1908 (S-GR, Ägäis), *orientalis* (Zarudny & Loudon 1905) (Wolga bis Ural), *satunini* (Zarudny 1908) (E-TR bis Turkmenistan), *raddei* (Zarudny 1908) (N-Iran) und *persicus* Blanford 1873 (S-Iran). Bildet Superspezies mit *P. teneriffae* (6 UA, Kanaren und NW-Afrika), *P. cyanus* und *P. flavipectus* (3 UA, Tien Schan-Alay-Pamir-Massiv).

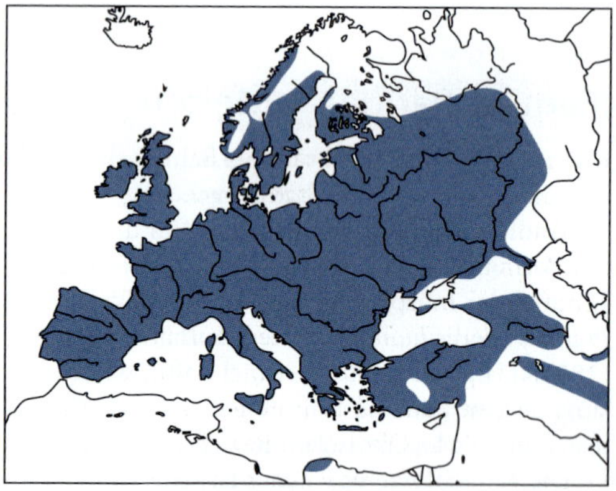

Parus caeruleus – **Blaumeise**

Kennzeichen. [1369,3615,767,3772,221,1163; weitere **Fotos** in Brit. B. **93**, 285].

Maße. Gr.: 11.5 cm. Gew.: (E-D, Okt.-Mai) ♂ 9.4-13.2 g, $\varnothing_{18}$ 11.5 g, ♀ 9.5-13.0 g, $\varnothing_{13}$ 11.0 g, (CH, Apr./Mai) ad. ♂ $\varnothing_{5}$ 11.4 g, ad. ♀$_3$ $\varnothing_{10}$ 13.4 g. Fl.spw.: 17.5-20 cm. Fl.l.: ♂ 65-71 mm, $\varnothing_{129}$ 67.5 mm, ♀ 62-67 mm, $\varnothing_{90}$ 65.0 mm; (Bälge, ME/W-Europa) ♂ $\varnothing_{177}$ 65.8 mm, ♀ $\varnothing_{110}$ 63.5 mm bzw. (E-Europa) ♂ $\varnothing_{123}$ 66.5 mm, ♀ $\varnothing_{74}$ 64.9 mm [1369,767].

Status. In ME verbreiteter und häufiger Brut- und Jahresvogel; zuweilen Invasionen, auch dichtebedingte Evasionen.

Verbreitung und Bestand. Brutvogel der borealen, gemäßigten und mediterranen Zone der W-Paläarktis von Atlantikküsten Europas nach E bis S-Ural und N-Iran (schwarzköpfige Blaumeisen der Kanaren und NW-Afrikas inzwischen als Allospezies abgetrennt). Fehlt in Europa nur N von ca. 64° N in N. und ca. 61° N in FIN (einzelne Vorposten bis Polarkreis) sowie in RUS N ca. 58° N, ferner in Steppenregionen zwischen Krim und Kaspi. S-Grenze Mittelmeerraum, Kreta (fehlt auf CY), S Anatolien, SYR, JOR (erstmals 1984, Brutnachw. 1990) bis SW-Iran. In ME Nominatform sehr häufiger Brutvogel bis in untere Montanstufe, in höheren Mittelgebirgen und in Alpen auch in Tallagen meist in geringer Dichte. Höhengrenzen der Brutverbreitung; CH 1250 (Brutzeitbeob. bis 1700) m, A-V 1200 m, D-BY 1100 m (Brutzeitbeob. bis 1500) m, CS/PL bis 1250 m ü.M. Europäischer Gesamtbestand etwa 20 - 44 Mio. BP, mit Populationen > 1 Mio. in F (2-10 Mio.), D (2-4.2), P (0.5-2.5), E. (0.9-3.6), RUS (1-2), CZ (0.8-1.6), TR (0.7-1.8) sowie GB (3.5 Mio. BP) (insgesamt stabil bis zunehmend); in ME brüten etwa 4.8-9.5 Mio. BP [383].

Wanderungen [z.B. 4139,1641]. Standvogel, Dismigrationen (bis max. > 100 km), dichtabhängige Evasionen (Dz.- bzw. Invasionsjahre z.B. 1947–56 Ottenby 1949, 1952, 1955; CH 1961, 1964, 1966, 1972, 1981, 1983, 1990, 1993, 1994, 1996 [4152], vgl. Tannenmeise) und vor allem in E- und N-Europa, aber auch ME offensichtlich im Unterschied zur Kohlmeise regelm. Zug eines Teils der Jungvögel; Abnahme der Wanderneigung durch Winterfütterung in ME vermutet. In großen Invasionen > 12.000 Ind. innerhalb weniger d an Konzentrationspunkten im Ostseebereich (z.B. S-S., DK) und Beteiligung von Ad. und (meist in erheblicher Überzahl) diesj. Ind. großer Gebiete. Überwinterung im Brutareal bis an N-Rand. Wegzugrichtungen in ME, N- und E-Europa bei Jugendwanderungen relativ einheitlich WSW–SSW, bei großen Invasionen und/oder Wanderungen von Ad. größere Streuung und häufig kürzere Entfernungen, aber auch Abwanderungen von ME nach NE (z.B. 552 km D-NI – PL, vgl. Kohlmeise); max. Entfernungen bis fast 1500 km nachgewiesen (aber noch größere zu erwarten): Fennoskandien bis DK, NW-D, Baltikum; Baltikum bis D, NL, GB; PL bis N-D, NL, GB, S-D, N-I; CZ/SK. bis S-D, F; N-D bis NL, B, NW-F, GB; E-D bis F, NE-E.; S-D/CH bis S-F, NE-E., N-I.
Dz. ME beginnt ab Ende Aug., Höhepunkt Sept.–Okt. (Dz.median Col de Bretolet CH 5.10.) [1861], Dauer bis Ende Okt.–Anf. Nov., doch im Binnenland von nachbrutzeitlichen Bewegungen mit längerer Verweildauer oft schwer zu trennen [z.B. 322], Schwerpunkte bei Invasionen von Jahr zu Jahr unterschiedlich. Nach Evasionswintern Brutpopulation oft niedrig, doch Rückzug im Frühjahr in Herkunftsrichtung ab Anf. Feb., bei großen Invasionen oft Höhepunkt erst März–April, Dz. bis Anf. Mai, meist weniger auffällig als Wegzug, doch mitunter auch große Konzentrationen. Ø Wandergeschwindigkeit im Herbst bis >60 km/d. Ortstreue: Geburtsortstreue der ♂ größer als der ♀; N-D ♂ siedelten gesichert näher am Geburtsort als ♀, Neuansiedlung ♂ bis 24 km, ♀ bis 470 km, max. 0.4 % der Nestlinge siedelten sich > 5 km vom Geburtsort entfernt an, Abwanderung über große Entfernung vorzugsweise WSW, bei hoher Dichte offensichtlich stärkere Neigung zur Abwanderung; brutortstreue ♂ siedelten näher an vorjähriger Bruthöhle als ♀, weiteste Umsiedlung ♂ 750 m, ♀ 37 km; »Bruthöhlentreue« bei 31 % der ♂ und 21 % der ♀. Bei Br. GB/IRL liegen 95% aller Wiederfunde im ersten J. nach Beringung als Nestling im Bereich bis max. 10 km (Juli) und höchstens 68 km (Dez.), Mediane 0 km (Juni-Aug.) bis 4 km (Okt.); Anteil der Brutansiedlungen >20 km vom Geburtsort zwischen 9.7% (im SE des GB-Brutgebietes) und 20.4% (im NW) [4064].

Bestandsentwicklung. Lokal und regional in Folge harter Winter sowie durch dichtebedingte Abwanderungen erhebliche Bestandsfluktuationen, meist übereinstimmend mit denen der Kohlmeise; zur Beurteilung langfristiger Trends ist 10-J.-Zeitraum zu kurz [4139]. Bestandszusammenbruch wird durch reichliches Nahrungsangebot in Siedlungsgebieten weitgehend verhindert (dahin verstärkte Einwanderung [1369,2623].

	Best.	Areal	Brutbestand	Jahr	Quelle
A	+/-	=	200.000–400.000	1998–2002	[383]
B	+/-	=	20.000–100.000	2001–2002	[383]
CH	+/-	=	150.000–250.000	1993–1996	[383]
CZ	+/-	=	800.000–1.600.000	2000–2002	[383]
D	+/-	=	2.000.000–4.200.000	1995–1999	[383]
FL	+/-	=	140–200	1998–2000	[383]
H	+/-	=	170.000–270.000	1999–2002	[383]
L	+/-	=	20.000–30.000	2001	[383]
NL	⇧	+ 1	275.000–325.000	1998–2000	[383]
PL	+/-	=	500.000–1.000.000	2000–2002	[383]
SK	+/-	=	700.000–1.400.000	1990–1999	[383]

Trotz z.T. erheblicher Beeinträchtigungen der Lebensräume in ME (Zerstörung der Flussauen, Waldrodungen, Trockenlegungen und Schaffung großer, ausgeräumter Landwirtschaftsflächen) keine langfristigen Bestandsrückgänge. Vielmehr in weiten Teilen ME, vor allem auch in Fennoskandien und GB, im 20. Jh. deutliche Bestandsgewinne und Arealausweitungen, zumindest in N-Europa z.T. bis heute anhaltend [z.B. FIN Versechsfachung seit 1950er J., 1369]; Ursachen u.a. zunehmende Winterfütterungen, verstärktes Angebot an Nistkästen, mildere Winter sowie erhebliche Zunahme der Röhrichtbestände (Winter!) [1369,1691]; anwachsende Bestände nach 1970 auch in NL (sehr auffällig), GB sowie UA. [3892,1585,375,3638], lokal und regional durch forstliche Strukturveränderungen, vergrößertes Nistplatzangebot und weitere menschliche

Einflüsse auch (z.T. beträchtliche) Zunahmen in D und PL [q20,196,1369,2623,310,1137,3871,1141,1615,834,2139,4133,4135,4121,2643,2896] sowie in CH (Ausbreitung in höhere Lagen sowie in Siedlungsbereichen) [4046,3393,3392].
Seit etwa 1970er J. viele Populationen in ME bei typischen Fluktuationen weitgehend konstant [D, B, E-NL, CH, Bod.: 884,1658,2171,55,4139,2068,196,1722,1,843,1617,3489,1369,3892; auch DK: 2994]. Lokale und kurzfristige Abnahmen entstanden z.B. nach starker Durchforstung, Ausräumung der offenen Landschaft oder verringertem Nahrungs- und Nistplatzangebot [1369].
Großräumige Bestandsrückgänge kaum zu beob., seit 1970er J. nur in CZ [2159,1585] und FL [1585], lokal auch in D-HE [1680] sowie nach Fangzahlen in SW-D [196,323] und Rybachy W-RUS [2950].

Siedlungsdichte. Heute sehr wesentlich durch Angebot an Nistkästen und Konkurrenz mit anderen Höhlenbrütern (vor allem Kohlmeise) bestimmt. Reviergrößen B z.B. Ø 0.5 ha. Höchstdichten in ME auf Flächen von 20–49 ha 30.3–15.4–11.0 (Ø 16.0), von 50–99 ha 22.0–10.3–5.0 (Ø 11.7), von > 100 ha 15.9–3.5–2.7 (Ø 5.0) Rev./10 ha. Großflächendichten (> 100 km^2) in ME zw. 0.4 – 31.3 BP/km^2 [vgl. Tab. 50 in 337].

Verlustursachen [1369,196,847,4198]. In höheren Lagen Reduktion des Nahrungsangebotes aufgrund von Immissionsschäden. Lokal auch Lebensraumverlust.
Vor allem natürliche Ursachen: Kältewinter (bes. durch Nahrungsmangel), negative Witterungseinflüsse während Brutzeit, Prädation (Musteliden, Bilche, Buntspecht, Sperber) und Nisthöhlen-, z.T. auch Nahrungskonkurrenz mit anderen Arten (z.B. Kohlmeise).

SPEC	VSchRL	Bern.Konv.	Bonn.Konv.
E	--	Anh. II	--
Europ. RL	RL in ME		
--	--		

Schutzmaßnahmen. In Anbetracht der günstigen Bestandssituation nicht erforderlich. Allgemein: erhebliche Reduktion der Schadstoff-Immissionen.

Biotop. Br. lichter, sonniger Laubwälder und offener Baumbestände, in dunklen, geschlossenen Hochwäldern und reinen Nadelwäldern nur ausnahmsweise (abhängig vom Nistkastenangebot oder Konkurrenzdruck anderer Höhlenbrüter, bevorzugt Randlagen und Lichtungen). In ME Br. in einer Vielzahl von Lebensräumen mit Laubholz- und Mischbeständen von lichten, geschlossenen Laub- und Mischwäldern, Auwäldern, lichten Kiefernbeständen mit Laubunterwuchs bis zu Feldgehölzen, Parkanlagen, Gärten, Baum- und Gebüschstreifen in offenem Gelände. Vor allem außerhalb der Brutzeit in einer Vielzahl von Biotopen, mit besonderer Vorliebe auch im Schilfröhricht.

Nahrung. Hauptsächlich kleine Insekten (z.B. Blatt- und Schildläuse), Spinnen. Im Spätsommer und Herbst Obst, Beeren und Sämereien, ab Spätwinter auch Knospen und im Frühjahr Blüten (auch Ablesen von Kleininsekten und frühen Entwicklungsstadien). Am häufigsten von europäischen Meisen im Frühjahr an Weidennektar.

Stimme. Rufrepertoire weniger differenziert als bei Kohlmeise. Bei Erregung geräuschhaftes Zetern, etwa »zerrretetetet«; als Kontaktrufe leise Rufe, die z.T. an Gesangsteile erinnern, wie »tii-ti-ti«, oder hoch »sisi«, einsilbig »dschäd«. Gesang weniger variabel als bei Kohlmeise, typische Strophe mit 2–3 hohen Einleitungselementen und anschließend ein tieferer Triller (manchmal fast scheppernd), etwa »tii-ti-ti-tirrrr« oder »zii-zii-tütütü…« (Triller dann langsamer); unterschiedliche Strophentypen bei einzelnen ♂. Grundsätzlich 2 Formen: a) 2-3 phrasig aufgebaute Strophen mit trillerndem Charakter: b) »Repetierstrophen«, bei denen ein Motiv aus wenigen (oft 2) Elementen mehrmals wiederholt wird. Daneben verschiedene Alarmstrophen. Auch ♀ singen. Gesang vor allem in 1. Jahreshälfte ab Mittwinter zu hören mit Gipfel Feb.–April, auch Herbstgesang. Burrendes Fluggeräusch.

Verhalten. [u.a. 1979,848,850] Tagaktiv; Tagzieher. Fliegt meist nur kurze Strecken, große Flugdistanzen werden in langsamen Bogenflug überwunden. Nahrungserwerb vor allem an Blättern von Bäumen und Büschen bis an äußerste Zweigspitzen; vom Spätsommer bis Vorfrühling auch an Schilfhalmen (Heraushacken von Insekten und deren Larven); turnt häufiger an kleinen Zweigen als Kohlmeise, kommt ungleich seltener als jene auf den Boden. Im Winter oft in kleiner Zahl an Futterstellen. Zur Brutzeit territorial; Balzfüttern der ♂. ♀ fordern oft benachbarte ♂ zum Kopulieren auf. Partnerbewachung während der fertilen Phase der ♀ sehr intensiv. Fremde Junge im Nest trotzdem relativ häufig (Junge nicht vom Paar-♂). ♂ versuchen sich häufig mit mehreren ♀ zu verpaaren. Winterreviere ähnlich Kohlmeise. Übernachtet im Winterhalbjahr nach Möglichkeit einzeln in Höhlen (Schlafplatzsuche im täglichen Aktivitätsverhalten vorprogrammiert); Konkurrenz der Kohlmeise wirkt offensichtlich hauptsächlich über Ausschluss von guten winterlichen Schlafplätzen. Meist auch außerhalb der Brutzeit in Zweiergruppen, doch bei Invasionen größere und auffällige artreine Trupps (bis > 150 Ind.) auch im Binnenland. Lockere Mischgeselligkeit ähnlich der Kohlmeise.

Fortpflanzung, Brutbiologie [337,1369,767,1,1722,1163]. Geschlechtsreife im 1. Lebensjahr, aber zuweilen nicht alle Ind. im 2. KJ auch brütend (in B 81% im 1., 14% im 2. und 4% erst im 3. J.). Monogame Saison- oder Dauerehe (auch in winterlichen Trupps halten Paare zusammen), viell. durch hohe Ortstreue; in ME Bigynie (einzeln Trigynie) in manchen Populationen (z.B. optimale Habitate B) 4-10% der ♂ nachgewiesen; etwa 10% Fremdkopulationen und -vaterschaften. **Ankunft am Brutplatz.** Reviergründung der Juv. oft schon im Herbst und Winter, doch in manchen Populationen ME nur Hälfte der ♀ und drei Viertel der ♂ ganzjährig am Brutort. Paarbildung ab Herbst. **Nest.** Nistplatzwahl durch Paar, ♀ wohl ausschlaggebend. Neststand in Höhlen, in ME heute meist in Nistkästen (Einflugloch 26-27 mm, schließt Kohlmeisen aus), aber auch Stamm- und Asthöhlen von Laubbäumen, weniger oft Mauerritzen, auch am oder im Boden und in alten Vogelnestern, ausnahmsweise freistehende Nester, z.B. Rhl. (ohne Nistkästen) 54 Naturhöhlen und Baumspalten, 28 Mauerwerk und Felsspalten, 21 Spechthöhlen, 19 Eisen- und Tonrohre, 15 sonstige; Bodenhöhe > 0.5 bis > 10m; in Bialowieza E-PL$_{84}$ alle in Baumhöhlen (bevorzugt Hainbuche). Nestunterbau im unmittelbaren Vergleich weniger Moos, dafür mehr Zweige und Halme als Kohlmeise. ♀ hackt etwas in der Nesthöhle, baut Nest allein, Dauer 3-10 d (dazu oft längere wetterbedingte Unterbrechungen), wird vom ♂ bei Materialflügen begleitet. **Legebeginn.** In ME frühestens Ende März/Anf. April, Hauptzeit meist nach Mitte April bis Anf. Mai (z.B. NL Erstgelege Ø 20.-28.4., Zweitgelege 39-46 d später, D Ø 23.4.-3.5., mit ca. 2 d Verzögerung pro 100 km von S nach N); späteste Legebeginne Anf. Juli. **Gelegegröße.** 6-14 (4-17), meist 9-11; Gelege ab 16 (bis 24) Eier wohl meist von 2 ♀; Ø Rhl. April 10.4, Mai 9.9, CH Apr. 10.2, Mai 9.2, Erstbruten in unterschiedl. Gebieten D 9.6 – 12.2, B 9.4 – 11.5, NL 10.6 – 11.9; in NL Erst- 10.5-11.5, Ersatz- 6.9-8.7 und Zweitgelege 6.8-7.8; Kalendereffekt; konstante Unterschiede zw. verschiedenen Habitaten, negative Korrelation mit Dichte (auch Kohlmeisen) und/oder Nahrungsangebot; möglicherweise Zunahme nach N; jährliche Schwankungen groß, Variationsbreite in GB 8.4-13.4 Eier. Legeintervall 1 d. **Eier.** Kurzoval, glanzlos, milchigweißer Grund, feine hell oder dunkel rostbraune bis rote Fleckung. **Brutdauer.** 13-17 (Ø D-NI$_{32}$ 14.6, -BW$_{54}$ 14.4, GB$_{46}$ 14.2) d; Brutbeginn oft ab letztem Ei bzw. bis 3 d davor oder bis 4 d danach); nur ♀ brütet, wird vom ♂ meist auf dem Nest gefüttert. Juv. schlüpfen asynchron innerhalb 2-4 d (viell. auch bedingt durch ungleichmäßige Verteilung der Brutwärme und sog. »Vorbrüten«). **Nestlings-/Führungszeit.** Beide füttern, nur ♀ hudert (bis etwa 11d, dann nächtigen ♀ immer weniger in Höhle) [299]. Nestlingsdauer 19-21 (16-22) d (in GB Ø$_{379}$ 19.7 d). Nach Ausfliegen hält Familie etwa 2-3 Wochen zusammen. **Jahresbruten.** 1; Zweitbruten in NL bei 3.5-37.2%, B ca. 2%, FIN ca. 10%, ausnahmsweise deutlich höher (bei 11 von 19 BP in D-NI) [4128]; starke jährl. sowie habitatkorrelierte und regionale Unterschiede; nur nach etwa einem Drittel der Erstbrutverluste Ersatzgelege, meist in neuen Höhlen (bei Nistkastenbruten nur bei 50%). Zweitbruten bei mehrjähr. Ind. häufiger; zuweilen als Schachtelbruten angelegt. **Ende der Brutperiode.** Meist Mitte/Ende Juli, zuweilen erst Mitte Aug. **Bruterfolg.** In B Lebenszeitproduktion 0 – 62 Juv. pro Ind.; etwa 5-7% der Ad. mit Brutbeginn völlig ohne, etwa 14% mit Bruterfolg und ca. 65% der erfolgreichen Eltern hatten Enkel; Gesamterfolg abhängig von Zahl der Brutzeiten (aber nicht vom Alter des ersten Brütens); geringe Geschlechtsunterschiede; deutliche Unterschiede zw. Gebieten korreliert mit unterschiedliche Mortalität der Ad. In B 8.4 bzw. 8.6 flügge Juv./BP und J. bzw. Juv. aus jew. > 70% der abgelegten Eier; in FIN 8.9 Juv./BP und J.; Probeflächen NL in erfolgr. Gelegen (mind. 1 flügger Juv.) aus 66 – 89% der abgelegten Eier bzw. 7.3 – 10.2 Juv./Gelege und J. Bei Polygynie: primäre ♀ wie monogame, sekundäre mit geringerem Erfolg. Bei brütenden ♀ mit 4 J. geht Bruterfolg zurück. Revierqualität hat in S. größte Bedeutung für Bruterfolg, ♂-Qualität ebenfalls wichtig (♀-Qualität dagegen ohne signifikanten Einfluss) [3087].

Eimaße und –gewichte [1369]: L. 14.2-16.6 mm, B. 10.6-12.9 mm, Ø 15.3 x 11.8 mm (n=131, B), 15.2 x 11.9 mm (n=66, NL), 14.9 x 11.6 mm (n=452, CS). Frischvollgew. 0.98-1.30 g, Ø$_{130}$ 1.14 g. Schalengew. 0.052-0.081 g; Ø$_{154}$ 0.065 g.

Sterblichkeit, Alter. Niskastenpopulation N-D ♂ 50 %/J., ♀ 58 %.; B in 2 Flächen ad. ♂ 49 % bzw. 69 %, ad. ♀ 50 % bzw. 73 % (Gründe für lokale Unterschiede möglicherweise Konkurrenzdruck Kohlmeise, Räuberdruck durch Sperber, Wintersterblichkeit), vom Flüggewerden bis zur nächsten Brutzeit 84 % bzw. 79.5 %; polygyne ♂ lebten ebenso lang wie monogyne; FIN geschätzt Ad. ca. 69 %/J. (im 1. J. höher). Aus Ringfunden 1962-94 GB/IRL errechnet 62 % im 1. J. und Ad. 47 %/J. [3589], Geschlechtsunterschiede in Sterblichkeit bei Br. GB/IRL statistisch nicht abzusichern [908]. Ältester Ringvogel (GB) mind. 14 J. [3654], mehrfach > 10 J. **Generationslänge:** < 3.3 J. [383].

Mauser. **Postjuvenile Mauser** (Teilmauser) Ende Mai/Juli–Ende Aug./Mitte Okt.; umfasst z.T. auch Schirm- und einzelne Steuerfedern, unregelm. AS [767,1866,3447], Umfang aber von Geschlecht, geografischer Lage und Jahr abhängig [767,1369,1866,2574]. • **Postnuptialmauser** (Vollmauser) Ende Mai/Anf. Juli–Aug./Sept. (Okt.); Vorj. und ♂ beginnen vor Ad. bzw. ♀ und regelm. bereits während der Fütterungsphase [1369, 1356, 3769]; Schwungfedern oft bis Ende Aug. ersetzt; Dauer der HS-Mauser GB 75–80 d, Gesamtdauer ca. 120 d [767,1369].

Parus cyanus – Lasurmeise 14630

Parus [caeruleus] cyanus Pallas 1770

(GB) **Azure Tit** (F) **Mésange azurée** (E) **Herrerillo Ciáneo**

Taxonomie. Fünf UA: *cyanus* Pallas 1770 (W-RUS bis Ural), *hyperriphaeus* Dementiev & Heptner 1932 (S-RUS, S-Ural bis W-Sibirien), *koktalensis* (Portenko 1954) (Turkestan), *tienschanicus* (Menzbier 1884) (Altai, Tarbatagai nach E bis Amur, Ussuriland und Mandschurei) und *yenisseensis* Buturlin 1911 (S-Sibirien). Bildet Superspezies mit *P. cyanus*, *P. teneriffae* und *P. flavipectus*, doch bedarf der Semispeziesstatus von letzterer gegenüber *P. cyanus* [vgl. 3681N,1537] genauerer Untersuchung ihrer Kontaktzone. Die Hypothese, *P. flavipectus* sei die Schwesterart von Lasur- und Blaumeise [erstmals 1885], lässt sich anhand der mtDNA nicht bestätigen, der zufolge *cyanus* und *flavipectus* deutlich näher verwandt sind als *cyanus* mit *caeruleus* oder *teneriffae* [3309].

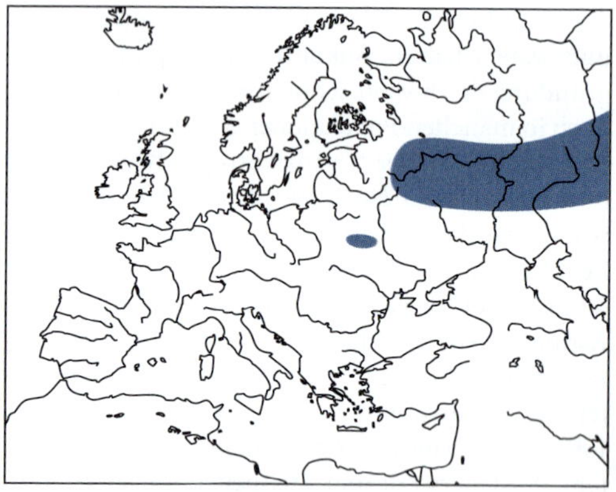

Parus cyanus – **Lasurmeise**

Kennzeichen. [1369,3615,767,3772,1536; weitere **Fotos** in Bird. W. **16**, 36, Limic. **12**, 318-22, Dutch B. **18**, 139, **25**, 60, **26**, 118, Var. Fag. 1996/**3**, 35, (Pleskemeise, s.u.) Limic. **16**, 110, Dutch B. **16**, 234].

Maße. Gr.: 13 cm. Gew.: (KZ) ♂, ♀ 10.5-16.0 g. Fl.spw.: 19-21 cm. Fl.l.: (Nominatform) ♂ 64.5-70.2 mm, Ø$_{11}$ 67.3 mm, ♀ 63.5-67.5 mm, Ø$_{8}$ 65.3 mm [1369,767].

Status. In ME und W-Europa sehr seltener Gastvogel; deutliche Abnahme der Nachweise im 20. Jh. [1369], Ausnahme: FIN 17 Nachw. (23 Ind.) bis 1992 mit Häufung (18 Ind.) 1973–79; 1 BP 1973 und erfolgr. Mischbrut mit Blaumeise 1975; seither vereinzelte Bruten, von 1990-95 0-2 BP [1585]. Einzeldaten ferner aus S. je 1 Ind. vor 1786 und Nov. 1983 [1369]; LV 2 Nachw. [1369]; ferner in F (um 1907), DK, EST, LT, YU, RO (Okt. 1899) und UA. [3615,1369].

Einige weitere Nachw. betreffen Hybriden von Lasur- x Blaumeise, sog. **Pleskemeise** (»*Parus pleskii*«, Cabanis 1877) [1369,509], z.B. in S. Okt. 1991 gefang. (später in FIN kontrolliert) [509], FIN u.a. Fängl. kontroll. Apr. 1992 (s. bei S.), ferner erfolgr. Mischbruten [1369], LV Okt. 1981 Fängl. [3615,1369].

In ME Ausnahmegast im Winterhalbjahr einzeln oder in kleinen Trupps bis 10 Ind., nach W und

S deutlich abnehmende Häufigkeit; meist ab Okt., Höhepunkt Nov., dann Abklingen bis Jan. (in Einzelfällen bis April); offenbar im 19. Jh. mehrere Irruptionen nach W (z.B. 1882), im 20. Jh. viel seltener; viele gemeldete Beob. halten kritischer Überprüfung nicht stand [1369,337] oder betreffen Pleskemeisen.

SPEC	VSchRL	Bern.Konv.	Bonn.Konv.
--	--	Anh. II	--
Europ. RL	RL in ME		
--	--		

• **CZ:** etwa 25 Meldungen (davon 1/3 im 20. Jh., u.a. 1902/03, 1943/44, mehrmals 1950er J., 1975/76; Okt.–März) mit insgesamt >40 Ind., aber derzeit < 20 anerkannt [2159]. • **SK.:** 6 anerkannte Meldungen (März 1876 (3 Ind.), Okt. 1882 (6) bzw. (5), Nov. 1882 (1 ♂), Nov. 1882 (6), Jan. 1948 (2) [3882].• **A:** -W ♂ vor 1806, Dez. 1825, 1830, Jan. 1852; -S (3) Apr. 1875; -Nö ♂ vor 1878, April 1997; -B 1925, (3) Frühwinter 1928/29, Nov. 1959; -St Nov. 1962, Winter 1976; -K März 1972 [1369,3129]. • **PL:** im 19. Jh. ca. 13, im 20. Jh. 23 Nachw., zuletzt Okt. bzw. Nov. 2000; insges. mind. 57 Ind.; Okt–April [3871,q13]. • **D:** alle bisherigen etwa 15 Nachw. strittig und derzeit nicht anerkannt, z.B. -BY 6 Meldungen seit 1950 [vgl. 341]; -TH (1 mal 19. Jh., Käfigvogel vermutet); -MV (4 ungesicherte Meldungen) [1369,337].
Pleskemeisen in **PL**: Fängl. Okt. 1973 [1369]; **CZ**: ♂ erl. Feb. 1925 [1369]; • **A:** -B Nov. 1989 [509,3129]. • **H:** je 1 Ind. gefang. Dez. 1988, Okt. 1989 [2438,1369]. • **NL:** Fängl. Nov. 1968, (Ind. Dez. 1971 nicht mehr anerkannt) [1369,277]. • **B:** Dez. 1878 [1677].
Anhängig: Pleskemeise in A 2000 und D 2000 [q3].

Verbreitung und Bestand. Brutvogel der Zentral- und E-Paläarktis in der borealen Zone und in Bergregionen. Zusammenhängendes Brutareal überlappt mit Blaumeise W Ural (Vorposten bis W Moskau, seit Mitte 19. Jh. in BY, seit 1990er J. vereinzelt FIN); schmaler Gürtel nach E bis Amurland, N-Grenze überschreitet 60° N nur im E W-Sibiriens, S-Grenze etwa zentralasiatische Gebirgsumrahmung nach S bis N-Afghanistan bzw. S-Tadschikistan, weiter E S-Grenze in Mongolei und N-China, z.T. unklar. Europäischer Brutbestand mit Hauptvorkommen in RUS zw. 2.900-11.000 BP, Trend unbekannt; kleine Populationen in BY (400-800 BP) und neuerdings UA. (0-30 BP) zunehmend [383,1585,1507].

Wanderungen. Standvogel, Dismigrationen und offensichtlich gelegentlich weitere Wanderungen kleiner Individuengruppen mit Evasionscharakter, zumindest in W Arealteilen (hier auch gelegentlich Ansiedlungen und Verpaarungen mit Blaumeisen). Dismigrationen Ende Juli–Aug.

Biotop. Br. in gebüsch- und unterholzreichen, lichten Baumbeständen, in weiten Teilen des Verbreitungsgebietes Auwälder und Weidengebüsche an Ufern stehender und fließender Binnengewässer, aber auch in Birkenwäldern und lockeren Montanwaldbeständen mit Laubunterwuchs.

Nahrung. Vorzugsweise Invertebraten, bes. Imagines, Puppen, Larven und Eier von Lepidopteren, sowie Spinnen; auch Dipterenlarven. Im Herbst und Winter mehr Samen und Früchte.

Stimme [2484]. Rufe bei Erregung wiederholt »tscherpink«, im Flug trillernd »tirr« und Serien sehr blaumeisenähnlich wie »zi-zi-zi-dschät-dschät«. Gesang trillernd wie »tii-tsi-dji-dä-dä-dä-da«, 3 Phrasen, davon 2 tiefer liegend, sonst aber blaumeisenähnlich, Schlussphrase etwas variabel, kürzer. Fehlen der hohen Pfiffe als Anfangselemente, härterer, metallischerer Klang. ♀ singen ebenfalls.

Fortpflanzung, Brutbiologie [1551,3615]. **Nest.** Meist in Gewässernähe in Wäldern mit dichtem Unterholz, Weidichten und Bruchwäldern. Nest in Baumhöhle, meist zw. 1.5-4.5m Höhe; (außerhalb Europas) auch in Erdhöhlen, an Gebäuden oder in Nistkästen. Napf aus verfilztem Moos, altem Gras und Haaren. Nur ♀ baut (?). **Legebeginn.** (Anf.) Mitte Mai. **Gelegegröße.** 9-11. **Eier.** Spindelförmig, glatt, weiß, mit einigen hellbraunen bis leicht purpurroten Sprenkeln, Punkten und Klecksen (oft als Band am stumpfen Pol). **Brutdauer.** 13-14 d; nur ♀ brütet. **Nestlingszeit.** Beide Ad. versorgen Juv., die Nest nach 16-21 d verlassen; nach weiteren 10-12 d selbständig. **Jahresbruten.** 1, Ersatzgelege.

Sterblichkeit, Alter. **Generat.länge:** < 3.3 J. [383].

Mauser. **Postjuvenile Mauser** (Teilmauser) Juli–Sept.; Körpergefieder, meist alle Flügeldecken, einige Schirm- und Steuerfedern [767,1369]. • **Postnuptialmauser** (Vollmauser) Ende Juni–Ende Aug./Sept. [767,1369].

Parus major – Kohlmeise 14640

Parus [major] major Linnaeus 1758

(GB) Great Tit **(F) Mésange charbonnière** **(E) Carbonero Común**

Taxonomie. Der Kohlmeisen-Komplex besteht aus vier phänotypisch und mitochondriengenetisch deutlich differenzierten UA-Gruppen, die in jeweils relativ schmalen Kontaktzonen hybridisieren [2218] und daher als Semispezies klassifiziert werden können: *P. major, P. bokharensis, P. minor* und *P. cinereus*. Eine Ausgrenzung nur von *bokharensis* auf Artniveau [z.B. 767,1537] würde voraussetzen, dass dieses Taxon gegenüber *P. major* und *P. cinereus* deutlich stärkere reproduktive Barrieren ausgebildet hat als diese und *P. minor* untereinander. Dafür fehlen bisher hinreichende Belege.
P. major besteht nach dieser Aufteilung aus ca. 12 UA, davon in ME Nominatform (inkl. »*newtoni*« Prazák 1894). (Brit. Inseln bis Benelux-Länder), in W-Paläarktis ferner *excelsus* Buvry 1857 (NW-Afrika), *corsus* Kleinschmidt 1903 (Korsika, Sardinien), *aphrodite* Madarász 1901 (Balearen bis GR), *terraesanctae* Hartert 1910 (SYR bis IL) und *blanfordi* Prazák 1894 (S-Kurdistan bis Iran).

Kennzeichen. [1369,3615,767,3772,221].

Maße. Gr.: 14 cm. Gew.: (D-NI) ♂ 17.0-21.5 g, $Ø_{186}$ 18.9 g, ♀ 15.8-19.8 g, $Ø_{123}$ 17.6 g. Fl.spw.: 22.5-25.5 cm. Fl.l.: mehrj. ♂ 75-81 mm, $Ø_{85}$ 78.3 mm, einj. ♂ 71-80 mm, $Ø_{108}$ 76.5 mm, mehrj. ♀ 72.5-80.5 mm, $Ø_{131}$ 75.7 mm, einj. ♀ 68.5-78 mm, $Ø_{169}$ 73.9 mm [1369,767].

Status. In ME verbreiteter und sehr häufiger Brut- und Jahresvogel; Zuzug ab Herbst und in Wintermonaten aus NE-ME/Europa, zuweilen Invasionen; auch dichtebedingte Evasionen.

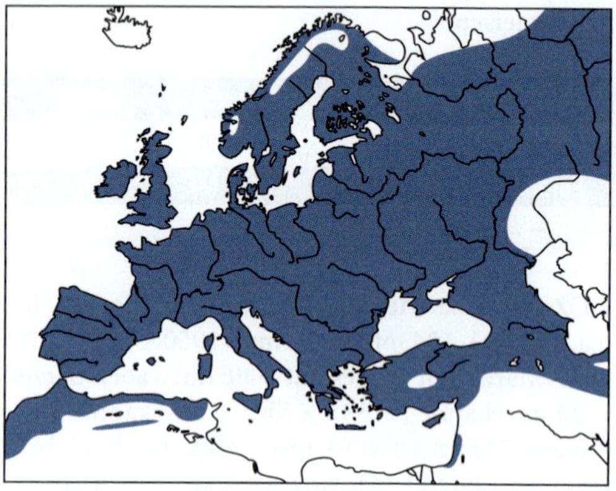

Parus major – **Kohlmeise**

Verbreitung und Bestand. Areal reicht vom Atlantik NW-Afrikas und Europas nach E bis Pazifik (einschließlich JAP) und in Orientalis, vom N-Rand des borealen Waldgürtels bis in Tropen. In W-Paläarktis von MA, P, Atlantikküste F und IRL bis 67° N (Einzelvorkommen bis fast 70° N) in Fennoskandien; nach E allmähliches Zurückweichen der N-Grenze auf etwa 60° N (Ural); S-Grenze Maghreb und Mittelmeer (Sizilien, Kreta, CY und IL noch eingeschlossen); weiter nach E N-SYR, N-Irak, N-Iran und dann nach S einschließlich Vorder- und Hinterindien. In ME Nominatform sehr häufiger Brutvogel bis in Montanstufe, dort allerdings nur in geringer Dichte; im Tiefland von regionalen Ausnahmen abgesehen häufigste Meisenart. Höhengrenzen der Brutverbreitung: CH höchste Brutnachw. um 1900 (ausnahmsweise bis 2100) m, A-V 1760 m, D-BY bis 1450 m, CS/PL bis 1450 m ü.M. Europäischer Gesamtbestand etwa 46 – 91 Mio. BP, mit Populationen > 2 Mio. in RUS (10-15 Mio.), F (2-10), D (3.5-7.6), CZ (3-6), TR (2-6), UA. (3-4), RO (1.9-2.6), SK. (1.5-3), E. (0.9-3.6) und GB (2.1 Mio. BP); in ME brüten etwa 11.4-22.1 Mio. BP [383].

Wanderungen. [u.a. 4145,151,4138]. Standvogel, Dismigrationen über kurze Entfernungen, weite Wanderungen vom Evasionstyp (vor allem Jungvögel), in ME zumindest in erster Linie dichteabhängig (doch Korrelation mitunter schwach), weniger von Härte des Winters, in N- und E-Europa auch vom Nahrungsangebot bestimmt; hier fast jährliche Wanderungen in größerer Zahl (einschließlich der baltischen Küste) und daher wohl regelm. Teilabzug der Jungvögel in wechselndem Umfang. In W-Europa einschließlich S-Skandinavien starke Unterschiede von Jahr zu Jahr, nicht nur im Umfang, sondern auch in Wegzugzeit und Richtung sowie Entfernung (W-Europa viele Populationen fast nur Standvögel), ME Konzentrationen meist weniger auffällig als bei Blaumeise (Invasionsjahre z.B. CH 1959, 1961, 1966, 1969, 1972, kleinere 1963, 1964, 1971, 1973, 1981, 1993,

1996 [4152], vgl. Tannenmeise); Wandertendenz bei später geschlüpften Jungvögeln offenbar stärker als bei früher geschlüpften (doch ist unterschiedliche Sterblichkeit bis Eintritt der Dismigration zu beachten) und in Stadtpopulationen geringer als in Waldpopulationen. Überwinterung innerhalb des Artareals bis zu den N-Grenzen, zumindest in großen Invasionsjahren jedoch vor allem Br. N- und E-Europa, aber auch weiter wandernde Br. ME W bis SW des Brutplatzes (max. Entfernungen bis > 2200 km nachgewiesen; bei Funden Br. ME nach 1. Lebensjahr geringere Entfernungen und größere Streuung der Richtungen): RUS, BY bis S-D, F, GB; Baltikum bis NL, B, S-D; Fennoskandien bis DK, Baltikum, PL; Br. N-D bis B, NL, F (aber 1 mal auch 985 km NNE FIN); PL/CZ bis S-D, F, GB; Br. und Dz. S-D bis F, N-E., N-I (aber auch Br. weit nach N und E, z.B. nestj. D-BY in späteren J. allerdings nicht zur Brutzeit 1350 bzw. 1530 km NE BY bzw. RUS; mehrere Juv. N-D bis 370 km N und 280 km ENE). Wegzug ab Ende Aug., Gipfel von Invasionen aus NE in ME meist erst Okt.–Nov., mitunter auch noch im Dez. weitere Wanderungen; Heimzug Feb. bis März, im N bis April, meist unauffällig. Wandergeschwindigkeit im Herbst bis > 50 km/d. Ortstreue: (1) N-D Median geburtsortstreuer ♂ 425 m zwischen Geburts- und Brutort, bei ♀ gesichert höher 625 m; etwa 2–3 % der ♂ und ♀ siedelten sich > 10 km Entfernung an, ♂ max. 226, ♀ max. 409 km. (2) D-HE (Waldpopulationen) 10 % der Jungvögel Aug.–März an Futterstellen waren ehemalige Nestlinge des Gebiets, 30 % der Jungvögel, die von Sept.–März in Nistkästen übernachteten, sowie insgesamt 13 % der brütenden ♀ waren geburtsortstreu; Recruitment (Herkunft der Neubrüter) aus der örtlichen Population ca. 3 %, die meisten der zugewanderten Jungvögel stammten außerhalb 120 km^2 [126]. (3) Bei Br. GB/IRL liegen 95% aller Wiederfunde im ersten J. nach Beringung als Nestling im Bereich bis max. 5 km (Juni) und höchstens 62 km (Dez.), Mediane 0 km (Juni, Juli) bis 4 km (Okt.–Jan.); Anteil der Brutansiedlungen >20 km vom Geburtsort zwischen 9.7% (im SE des GB-Brutgebietes) und 20.4% (im NW) [4064]. Anteil der Jungvögel an Brutpopulation (Recruitment) jährlich zw. 3 und 21 %.

Bestandsentwicklung. Erhebliche kurzfristige Schwankungen in Abhängigkeit vom Nahrungsangebot im Winterhalbjahr sowie vom Prädationsdruck [1369,2471]; generell werden Populationen der Kohlmeise fast ausschließlich über Territorialverhalten und Nahrungsangebot reguliert [ausführlich in 1369].

	Best.	Areal	Brutbestand	Jahr	Quelle
A	+/-	=	400.000–800.000	1998–2002	[383]
B	+/-	=	100.000–250.000	2001–2002	[383]
CH	+/-	=	350.000–500.000	1998–2002	[383]
CZ	+/-	=	3.000.000–6.000.000	2000–2002	[383]
D	+/-	=	3.500.000–7.600.000	1995–1999	[383]
FL	+/-	=	300–500	1998–2000	[383]
H	+/-	=	1.050.000–1.350.000	1999–2002	[383]
L	+/-	=	40.000–50.000	2001	[383]
NL	↑	=	500.000–600.000	1998–2000	[383]
PL	+/-	=	1.000.000–3.000.000	2000–2002	[383]
SK	+/-	=	1.500.000–3.000.000	1990–1999	[383]

Im 20. Jh. als Folge zunehmender Winterfütterungen und Angebot von Nistkästen sowie generell günstigen Habitatentwicklungen – nicht nur in Siedlungsgebieten – deutliche Bestandsgewinne und Neuansiedlungen, in N-Europa, GB, UA. sowie in Teilen ME z.T. bis heute anhaltend [1369,1507,196,334,2471; NL, CH, D, PL: 3636, 375,3638,3393,3871,1141,1615,834,4130,2139, 1467,4139,2896,55,2171]. Meist inzwischen aber weitgehend stabile Bestände bei starken Bestandsschwankungen (bis 120%, u.a. durch Einflüsse des variierenden Nahrungsangebotes) [2471,3411,198, 1369,196,1665,843,310,1722,1507,3392,3393,2642]. In jüngerer Zeit lokal starke Verluste durch Schadstoff-Immissionen, Sturmschäden, Bekämpfung von Insektenkalamitäten, Intensivierung der Landwirtschaft sowie vor allem durch erhebliche forstliche Eingriffe [2393,4203,1369,1680]; doch großräumig spielen diese Entwicklungen wohl kaum eine Rolle. Allerdings vermehrt Hinweise auf erhebliche Rückgänge der Nichtbrüter und streuenden Jungvögel auch in außerstädtischen Bereichen; durch geringere Rekrutierung aus Überschussgebieten wäre kontinuierliches Ausdünnen von Populationen in Zukunft möglich [196].

Siedlungsdichte. Vom Angebot an Nistkästen beeinflusst (jedoch mittelfristig nur indirekt) [935]. Höchstdichten in ME auf Flächen von 20–49 ha 32.6–19.0–14.7 (Ø 16.3), von 50–99 ha 14.0–7.4–5.5 (Ø 8.0), von > 100 ha 8.3–5.0–4.4 (Ø 5.9) Rev./10 ha [337; vgl. auch 1,1722,1137,310,965,2896]. Großflächendichten (> 100 km^2) in ME zw. 1.1 – 35.7 BP/km^2 [vgl. Tab. 52 in 337].

Gefährdungsursachen [1369,196,1,4198,4203]. Nahrungsverknappung (vor allem im Winter) und negativer Einfluss auf Bruterfolg durch Schadstoffimmissionen/sauren Regen (u.a. Kalkmangel) sowie Biozideinsatz bei Insektenkalamitäten.
Wie bei Blaumeise überwiegen natürliche Ursachen wie Kältewinter (Nahrungsmangel), ungünstige Witterung zur Brutzeit (insbes. während der Nestlings- oder Ausfliegezeit), Prädation; auffallend ist geringer Bruterfolg in urbanen Bereichen aufgrund hoher Verluste.

SPEC	VSchRL	Bern.Konv.	Bonn.Konv.
--	--	Anh. II	--
Europ. RL	RL in ME		
--	--		

Schutzmaßnahmen. In Anbetracht der günstigen Bestandssituation nicht erforderlich.

Biotop. Br. in nahezu allen baumbestandenen Lebensräumen, die geeignete Bruthöhlen aufweisen, von der Meeresküste bis zur Baumgrenze. In ME bevorzugt lichte Laub- oder Mischwälder mit viel Unterholz, in geringerer Dichte aber auch Nadelwälder, dichte und dunklere Bestände; ferner fast überall in kleineren Baumbeständen wie Feldgehölzen, Alleen, Parkanlagen, Friedhöfen und Gärten. In Siedlungen dringt sie auch in dicht bebaute Bereiche und Neubaugebiete vor. Außerhalb der Brutzeit ebenfalls überall anzutreffen, wo Bäume und Büsche stehen, selbst in baumarmen Großstadtzentren.

Nahrung. Vielseitig. Im Sommerhalbjahr hauptsächlich Insekten und deren Larven (Nestlingsfutter großenteils Raupen), Spinnen u.a. Wirbellose; im Herbst mehr Bodentiere. Außerhalb der Brutzeit viele Sämereien (u.a. Bucheckern gebietsweise wichtig), weiche Früchte, Obst, im Frühjahr auch Knospen. Im menschlichen Siedlungsbereich Fettfuttergemisch, Körnerfutter (z.B. Sonnenblumen) oder fetthaltige Nahrungsmittel.

Stimme. Sehr vielseitiges Rufrepertoire, mitunter anderen Vogelrufen zum Verwechseln ähnlich, z.B. »pink« (auch mehrmals) wie Buchfink, davor aber oft ein kurzes »zi« oder auch ein »pink dididi« ö.ä.; Zetern meist wie »dsche dsche dsche...«, auch gedämpft »dädädä...« oder mehr ein Schnurren, mitunter auch im Rhythmus ähnlich Blaumeise, aber kräftiger und härter; klangrein »si tuit«, aber auch täuschend ähnlich wie Sumpfmeise (meist aber etwas kräftiger) »zi dädä« oder »zi detdetdet«; bei Luftfeind hoch und durchdringend »ziiee«, ferner viele einsilbige kurze oder längere Rufe auf »i«, mitunter Tannenmeise sehr ähnlich. Flügge Juv. kräftiger als Blaumeisen gedämpfte, nasal klingende Rufreihen »dsä dsädsä dsä...«. Gesang aus kurzen ein- bis viersilbigen Strophen unterschiedlich gegliedert, charakteristisch ist gleichmäßiger Tonhöhenwechsel von wenigen Elementen, z.B. »zi zi bä« (auch viersilbig »zi zi bä bä«) oder »züi-ti züi-ti« (kräftiger als Tannenmeise); jedes ♂ verfügt über mehrere Strophentypen. Dialektbildung. Kontergesang von benachbarten ♂ mit Gesangsangleichung, duettartiger Kontaktgesang der Partner oder Familie. Gesang das ganze Jahr über ab Mittwinter mit Maximum im März zu hören, kleiner Gipfel der Gesangsaktivität im Herbst, vor allem durch diesj. ♂. Positive Korrelation zwischen Repertoiregröße und Fortpflanzungserfolg.

Verhalten. Tagaktiv; Tagzieher. Hüpfen und Klettern sind die Hauptbewegungsformen. Übernachtung einzeln in Höhlen (vgl. Blaumeise), im Sommer auch im Laubwerk, bei Höhlenmangel auch im Winter außerhalb. Nahrungserwerb in Zweigen von Bäumen und Sträuchern, meist mehr in Stammnähe als Kleinmeisen, häufig (vor allem Spätsommer bis Winter) auch auf dem Boden, vor allem im Falllaub unter Bäumen und Sträuchern; auch Hausmauern und Felsen werden abgesucht; im Winter häufig an Futterstellen. Gesang hoch von Singwarten aber auch während der Nahrungssuche. Zur Brutzeit territorial; Streifgebiet mit Futterplätzen (auch künstlichen Futterstellen) oft bis weit außerhalb des künftigen Brutreviers, das bei Standvögeln auch im Winter beibehalten wird). Partnerbewachung der ♂, sie verteidigen meist kleinen Raum um das mit ihm verpaarte ♀, geleitet ♀ zur Übernachtungshöhle, wacht am Morgen eher auf und holt es ab. Da Kopulationen im Frühjahr fast ausschließlich am Morgen stattfinden, durch Abholen Verhinderung von Fremdkopulationen [2413]. Trotzdem relativ häufig fremde Junge im Nest (nicht vom Paar-♂) [2831,2386]. In Mischtrupps Rangordnung meist Kohlmeise – Blaumeise – Sumpfmeise – Tannenmeise. Im Winter weniger standorttreu als z.B. Sumpf- und Weidenmeise. im Winterhalbjahr tagsüber in kleinen artreinen Trupps oder Mischgeselligkeit mit anderen Meisen, Baumläufern, Kleiber, abends aber dann einzelne Übernachtung; gelegentlich auch größere artreine Konzentrationen beim Dz. In den Wintertrupps oft ein Paar und mit ihm i.d.R. nicht verwandte Jungvögel, mitunter in konstanter Zusammensetzung.

Fortpflanzung, Brutbiologie [337,1369,767,1,1722]. Geschlechtsreife im 1. Lebensjahr (Nichtbrüteranteil, z.T. durch ♂-Überschuss, im städtischen Milieu bis 32%, bei ♀ 13%). Monogame Saisonehe, aber auch langjährige Partnertreue (Dauerehe) nachgewiesen (wohl durch ausgeprägte Ortstreue). **Ankunft am Brutplatz.** Reviergründungen der Juv. ab Sept. zwischen bestehenden Revieren der Ad. oder in Randgebieten, viele aber erst im Frühjahr; bei günstigen Bedingungen (regional unterschiedlich) ± konstante Winterreviere (mit Nächtigen in Höhlen; bei Winterrevieren ohne Höhlen Brut dann oft außerhalb). Revierverhalten bei gutem Wetter schon im Winter, doch Anschluss an umherstreifende Trupps bis Ende Winter beibehalten. Balz und Paarbildung zuweilen Feb./März, bei ungünstiger Witterung im April. **Nest.** Nistplatzwahl durch Paar, ♀ gibt wohl Ausschlag. Neststand in Höhlen großer Vielfalt, verschiedene Nistkästen, Spechthöhlen und natürliche Baumhöhlen von Wurzelausläufern und morschen Strünken bis in Kronenbereich, ferner Mauerritzen, Felsspalten, unter Dachziegeln, Briefkästen u.a., ausnahmsweise auch in Nestern anderer Vögel und Eichhörnchen oder Freinester. Morsche Baumhöhlen können durch Bearbeitung etwas erweitert werden; z.B. Rhl. von 500 Nestern 255 in Nistkästen, 84 in Naturhöhlen oder Baumspalten, 43 in Spechthöhlen, 38 in senkrecht stehenden, 14 in horizontalen Rohren, 29 in Mauerwerk und Felsspalten, 37 sonstige; Bodenhöhe > 0.5 - > 10m. Nest aus Moos, das unterschiedliche Höhlenräume ausfüllt. Mulde mit dicker Schicht aus Tierhaaren. ♀ behackt häufig Flugloch und Innenseite der Nesthöhle, baut Nest allein, wird vom ♂ bei Materialflügen begleitet; Dauer 5-12 d (durch Unterbrechungen zuweilen sehr viel länger), bei Ersatz- und Zweitbruten kürzer, dabei Beginn der Eiablage oft schon vor Vollendung des Nestes. **Legebeginn.** In Ausnahmejahren bereits Ende Feb./Anf. März, sonst witterungsabhängig frühestens letzte Märzdekade und 1. Aprilhälfte; D Ø 25.4. – 7.5.; späteste Gelege noch im Aug. (einzelne Herbstgelege bekannt). **Gelegegröße.** 6-12 (3-15), am häufigsten 7-10; Gelege ab 15 Eiern wohl von 2 ♀ oder Doppelgelege eines ♀; Ø D 7.2 - 10.1, CH Apr. 8.9, Mai 8.4, Juni 7.0; jährl. Variation in GB zw. 7.7 bis 12.3; abnehmende Gelegegröße mit Legetermin (Kalendereffekt) und zunehmender Dichte (auch von Blaumeisen), Korrelation mit Nahrungsangebot, individuelle Zunahme vom 1. zu späteren Brutjahren, auch individuelle Unterschiede; möglicherweise Abnahme mit Höhenstufe sowie Zunahme nach N; positive Korrelation mit Brutraumfläche, daher in Naturhöhlen oft kleiner als in Nistkästen (z.B. Rhl. (Apr.) 8.9 gegen 9.4 bzw. (Mai) 8.5 gegen 9.0); in NL in Eichenwäldern Ø 9.4-10.4, in Kiefernwäldern 9.2-11.5. Teil der Gelegegröße bestimmenden Faktoren ist genetisch bedingt. Zweit- und Ersatzgelege kleiner; unvollständige Gelege werden abgedeckt. Legeintervall 1 d. **Eier.** (Kurz-)oval, glanzlos, auf weißlichem Grund, fein ziegelrot bis rotbraun gepunktet und gelegentl. auch sehr hell variabel gefleckt. Größer als bei anderen Meisen. **Brutdauer.** 13-15 d (12-17 d, Ø D-NI$_{20,22}$ 13.9 bzw. 13.5, -BW$_{19}$ 14.1, GB 13.9); große Unterschiede, da Bebrütungsbeginn oft nicht genau feststellbar oder ein- bis mehrtägige Pause zw. Eiablage und Beginn (daher bis 22 d möglich). Brutbeginn oft ab letztem Ei oder mehrere d davor oder danach, bei späteren Gelegen Beginn meist vor Vollständigkeit; nur ♀ brütet, wird vom ♂ meist auf dem Nest gefüttert. Juv. schlüpfen asynchron innerhalb 1-5 d. **Nestlings-/Führungszeit.** Beide Partner füttern, ♀ hudert. Nestlingsdauer 17-20 d (15-22 d; in GB Ø$_{412}$ 18.9 d, D-NI 18.8, -BW 18.6 d), bei spät Geschlüpften verkürzt, bei späten Bruten deutlich kürzer. Nach Ausfliegen bleibt Familie etwa 3 Wochen (14-22 d) zusammen, vor nachfolgenden Zweitbruten mit 6-10 d erheblich kürzer; erste d noch in Brutplatznähe. **Jahresbruten.** 1-2; Häufigkeit von Zweitbruten grundsätzlich mit Erfolgschancen korreliert, daher größer in Habitaten mit länger anhaltendem (aber mitunter bei der Erstbrut relativ niedrigem) Nahrungsangebot (z.B. Koniferen), ferner bei geringer BP-Dichte sowie für Regionen, Habitate, J. oder Ind. mit frühem Erstbrutbeginn (z.B. milde Tieflandgebiete, Gärten und Parks, J. mit warmem Frühling, reviertreue ältere BP – d.h. geographische, habitatbedingte, jährliche, dichteabhängige und/oder individuelle Variation). In GB Zweitbruten > 5% in Laubwäldern, bis zu 18% in Gartenpopulationen, FIN jährl. Schwankungen 4-13% auf einzelnen Probeflächen, D-HE 10% im Wald und 64% in der Stadt; in Koniferenbeständen (geringe Dichte, anhaltend gutes Nahrungsangebot) mitunter sehr hoch, z.B. Lärchenaufforstung D-NI 11-90% [52], Kiefernwälder GB 28%. In Nistkastenpopulationen kleiner Teil der Zweitbruten in neuer Höhle, Ersatzgelege offenbar immer in neuen Höhlen. Einzelne Drittbruten nachgewiesen (im Sonderfall bis 29% der ♀). Anteil Ersatzgelege nach Verlust von Erstbruten habitatbedingt unterschiedlich. **Ende der Brut-**

periode. In Mehrzahl der Fälle Mitte/Ende Juli, z.T. erst Ende Aug. (ausnahmsweise später). **Bruterfolg.** Lebenszeitproduktion: (1) GB pro ♂ 0.9, pro ♀ 0.8 Juv. als Rekrutierung für die Population, insgesamt trugen nur 49% der ♂ und 42% der ♀ zur nächsten Generation bei, dabei ältere Ind. erfolgreicher als jüngere. (2) NL pro ♀ Ø 0.8 Juv. (daher Populationsstabilität nur durch Zuwanderung), pro Gebiet produzierten 42-57% der ♀ keine Juv. als Rekrutierung, dagegen 11% der ♀ insgesamt 50%, im einzelnen abhängig vom Nahrungsangebot (im Herbst z.B. Bucheckern); jedes ♀ brütete Ø 1.6 J., produzierte 1.3 Gelege pro J. mit 8.4 Eiern/Gelege und Juv. aus 60% der abgelegten Eier. (3) Jahresproduktion z.B. Probefläche NW-D 3.3 bis 5.6, in –BB 5.2 bis 6.8 flügge Juv./BP und J., in -BW bei 1664 Vollgelegen (Nistkästen) mit > 15.000 Eiern Bruterfolg 67.7%. – Mitunter starke Abnahme des Ø mit der Jahreszeit. Ersatz- und Zweitbruten meist weniger erfolgreich als Erstbruten, erhöhen aber individuelle Jahresproduktion. Bei brütenden ♀ mit 5 J. geht Bruterfolg zurück. Neuerdings zunehmend Brüten auf leerem Nest nachgewiesen [4141,4203]; verstärkt frühere Bruten mit Gefahr fehlender Synchronisation mit Nahrungsangebot [3638; vgl. 3952 hinsichtlich Phänologie, Häufigkeit und Erfolg von Zweitbruten].

Eimaße und –gewichte [1369]**:** L. 15.1-20.6 mm, B. 11.7-14.5 mm, Ø 17.7 x 13.2 mm (n=206, L), 17.6 x 13.3 mm (n=2380, D-HE), 17.6 x 13.4 mm (n=636, CS). Frischvollgew. 1.02-1.90 g, Ø$_{234}$ 1.63 g (CS) bzw. 1.52-1.94 g, Ø$_{694}$ 1.74 g (N.). Schalengew. 0.083-0.121 g; Ø$_{325}$ 0.102 g.

Sterblichkeit, Alter. Br. GB nach Ringfunden 1962-94 62% im 1. J., Ad. 46 %/J. [3589], sehr ähnliche Werte aus anderen Teilen ME [3293]. Br. N-D ♂ 57 %, ♀ 59,5 %. Geschlechtsunterschiede in GB allerdings statistisch nicht signifikant [908], mittlere Lebenserwartung nach dieser Studie ca. 2.5 J. Jährliche Variation bei ad. ♂ 72-71 %. Lebensdauer der ♀ nicht abhängig von Gelegegröße, Ersatz- bzw. Zweitbruten und Bruterfolg der 1. Brutperiode. Diskussion Einflussfaktoren auf Überlebenswahrscheinlichkeit: [Winterfett: 2275; Habitat, Geschlecht: 1764; Buchen-Zyklus: 2983; Fortpflanzungsverhalten: 851]. Ältester Ringvogel (D) 15 J., 5 Monate [3654], 12 J. 4 Monate, mehrfach > 8 J. **Generationslänge:** < 3.3 J. [383].

Mauser. Postjuvenile Mauser (Teilmauser) Juli–Sept.; spät Geschlüpfte mausern früher und schneller, doch bes. bei NE Populationen vor Wegzug nicht abgeschlossen [431]; umfasst Körpergefieder, meist 7-10 Große Armdecken, 2-3 Schirm- und alle (einige) Steuerfedern, ausnahmsweise AS, Umfang aber von Geschlecht, geografischer Lage, Nahrungsangebot, Schlüpfdatum und J. abhängig [767,3771,1866,1398,3275,3447]. • **Postnuptialmauser** (Vollmauser) kann (bes. bei ♂) bereits während Nestlingszeit (ausnahmsweise bei Eiablage) einsetzen, Juni/Juli–Sept. (Anf. Okt.); ♀ beginnen 2 Wochen später als ♂, mausern aber schneller [767,1369]; Mauserperiode und Dauer von geografischer Lage des Brutgebiets abhängig; Dauer ME ca. 80–90 d.

Parus cristatus – Haubenmeise 14540

Parus cristatus Linnaeus 1758

(GB) Crested Tit **(F) Mésange huppée** **(E) Hererillo Capuchino**

Taxonomie. Sechs schwach differenzierte und klinal ineinander übergehende UA fraglicher Validität: *cristatus* Linnaeus 1758 (inkl. »*mitratus*«, Europa bis Ural), *bashkirikus* (Snigirevski 1931) (S Ural), *scoticus* (Prazák 1897) (Schottland), *abadiei* Jouard 1929 (Bretagne), *weigoldi* Tratz 1914 (Iberien) und *bureschi* von Jordans 1940 (Balkan).

Kennzeichen. [1369,3615,767,3772,221].

Maße. Gr.: 11.5 cm. Gew.: (E-D) ♂ 10.0-12.5 g, Ø$_{10}$ 11.5 g, ♀ 10.2-11.1 g, Ø$_{7}$ 10.8 g. Fl.spw.: 17-20 cm. Fl.l.: (FIN) Ad. Ø$_{13}$ 63.9 mm, Juv. Ø$_{9}$ 61.9 mm, (R, Bälge) ♂ 60.2-66.9 mm, Ø$_{24}$ 64.6 mm, ♀ 59.9-65.4 mm, Ø$_{11}$ 63.0 mm [1369,767].

Status. In ME verbreiteter und häufiger Brut- und Jahresvogel (kleine Verbreitungslücken, z.B. Tiefland H).

Verbreitung und Bestand. Brutvogel der W-Paläarktis in borealer und gemäßigter sowie im S z.T. in Gebirgsregionen. Von P/E. nach E bis Ural, Verbreitungsinsel im N GB, in Fennoskandien und W-RUS bis knapp N Polarkreis, im Ural N-Grenze bei 55–56° N. S-Grenze S-E., S-F, S-Alpen (im N-Apennin Einzelbeob., Ausbreitung als Folge von Nadelholzaufforstungen zu erwarten) und Gebirge GR, BG und UA. bei 49–50° N. In ME UA *mitratus* überall in Nadelholz (hauptsächlich Fichte) verbreitet von Küste bis an Baumgrenze; daneben Nominatform in NE-PL; wohl Mischformen in SK., SE-PL und H (?). Höchste Brutplätze CH 2100 bzw. 2240 m, A-V 1800 m, A-T bis 2000 m, D-BY bis 1900 m, CS 1700 m, PL 1400 m ü.M. Europäischer Gesamtbestand zw. 6.1 – 12 Mio. BP, mit Populationen > 300.000 BP in RUS (2.5-4.5 Mio.), Iberien (0.9-2.1 Mio.), F (0.2-1.0), RO (0.45-0.6), FIN und LT (0.2-0.4 Mio.), LV (300-390 T.), S. (150-500 T.) und D (200-450 T. BP), insgesamt rückläufig [383]; in ME brüten etwa 0.61-1.27 Mio. BP [383, erg.].

Wanderungen. Standvogel. Offenbar gelegentlich kurze Evasionswanderungen im Baltikum. Dismigration der Jungvögel meist über sehr kurze Strecken. Neuansiedlung ME max. bis 10 km nachgewiesen.

Bestandsentwicklung. In ME von Kältewintern weniger betroffen als andere Meisenarten [1369; aber GB: 1343]. Langfristig bis Anf. 20. Jh. anhaltende postglaziale Arealerweiterungen nach N [Besiedlung D-SH und DK erst im späten 19. Jh., 1369]. Zudem in ME im 20. Jh. z.T. noch anhaltende Bestandzunahme und Arealausweitung ins Tiefland durch Aufforstung mit Nadelhölzern sowie Anbringen von Nisthilfen [B: 843, D: 1040,4121, 1369,q20,2821, CH: 3392,3393, NL: 884,3638]. Doch einige Vorkommen in NL/N-D Tiefland sehr isoliert und z.T. instabil (auch Nutzungsänderungen?) [375,3638].

Mit Ausnahme H, wo nur in randlichen Höhenlagen vorkommend (dort deutliche Zunahme), in lange besiedelten Brutgebieten ME seit Jahrzehnten kaum noch großräumige Bestandszunahmen oder Arealgewinne [1137,1369,3393,310,2642,3392, 3393]. Sehr positive Entwicklungen allerdings in SW-D und N-CH, wo Aufforstungsflächen und z.T. städtische Bereiche zunehmend besiedelt werden [1617,3393,3392,4047]; leichte Zunahme in Teilen PL [3871].

In Folge des »Waldsterbens« gebietsweise sogar nicht unerhebliche Bestands- und Arealverluste

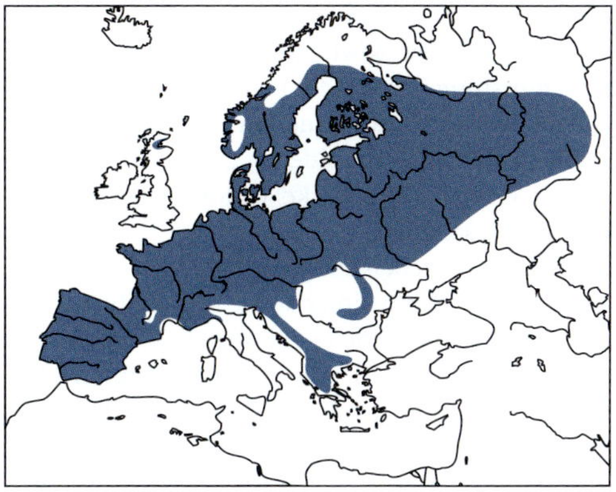

Parus cristatus – **Haubenmeise**

(durch erhöhte Mortalität, verringerten Bruterfolg und größere Dismigration) [1137,1507; Harz: 2857, Erzgebirge D: 2651, CZ: 3892]; manche Rückgänge ungeklärt [1,2896], wie in Fennoskandien [1691] aber wohl auch negative Einflüsse von Nutzungsänderungen, z.B. in ME Bergwäldern [1369,3393].

	Best.	Areal	Brutbestand	Jahr	Quelle
A	+/-	=	150.000–300.000	1998–2002	[383]
B	+/-	=	10.000–20.000	2001–2002	[383]
CH	+/-	=	30.000–70.000	1993–1996	[383]
CZ	+/-	=	70.000–140.000	2000–2002	[383]
D	+/-	=	200.000–450.000	1995–1999	[383]
FL	+/-	=	500–700	1998–2000	[383]
H	⇧	+ 1	3.500–5.000	1990–1993	[383]
L	+/-	=	2.500–3.000	2001	[383]
NL	↓	=	20.000–30.000	1998–2000	[383]
PL	+/-	=	100.000–200.000	2000–2002	[383]
SK	+/-	=	25.000–50.000	1990–1999	[383]

Siedlungsdichte. Reviergröße in W-RUS 6–11 (Ø 9) ha; bei Nisthöhlen in geringem Abstand ebenfalls oft große Nahrungsreviere. Höchstdichten in ME auf Flächen von 20–49 ha 3.2–2.0–1.0 (Ø 2.1), von 50–99 ha 1.3–0.4, von > 100 ha 1.3–0.5–0.4 (Ø 0.7) Rev./10 ha; in Kiefernwäldern F und Korkeichenwäldern Iberiens höher, mit max. Dichten von 48 bzw. 20-40 BP/km^2 [1507]. Großflächendichten (> 100 km^2) in ME zw. 0.002 – 3.3 BP/km^2 [vgl. Tab. 49 in 337; auch 1,1722,1137].

Verlustursachen [1369,3892,196,2857,4198,2359, 2297,2651]. Im Tiefland (sowie in FIN, S.) z.T. von starker Beeinträchtigung des Lebensraumes durch

modernisierte Forstwirtschaft mit Kahlschlag von Altholzbeständen sowie intensiver Nutzung und Durchforstung der Wälder betroffen, in Hochlagen zudem durch Umwandlung stark strukturierter, extensiv genutzter Bergwälder in geschlossene Hochwälder. Gebietsweise starke Verluste aufgrund von Immissionsschäden.
Natürliche Ursachen: Nahrungsmangel, verregnete Brutsaison, Extremwinter sowie starke Sturmschäden (zusätzlicher Effekt auf soziale Organisation durch Verfrachtung), ferner Prädation durch Musteliden, Bilche etc. und Konkurrenz um Bruthöhlen.

SPEC	VSchRL	Bern.Konv.	Bonn.Konv.
2	--	Anh. II	--
Europ. RL	RL in ME		
--	H: 'VU'		

Schutzmaßnahmen. Würde von einer weniger »effizienten«, extensiveren Waldwirtschaft sowie von erheblicher Reduktion der Schadstoffemissionen profitieren.

Biotop. Br. in Nadelwäldern, zur Brutzeit an Totholz gebunden; in Gebirgen und Mittelgebirgen ME vor allem Fichtenwälder, die Kiefernwäldern vorgezogen werden; in N-D überwiegend in trockenen Kiefernwäldern mit z.T. hoher, in Fichtenbeständen mit geringerer Dichte; in den Alpen auch Lärchen, Zirben, Tanne, Bergkiefer. Mit der postglazialen Ausbreitung der Kiefer wird auch die Arealexpansion der Art in Verbindung gebracht. Br. auch in Mischwäldern bei ausreichendem Anteil an älteren Nadelbäumen; reine Fichtenstangenhölzer im Laubwald werden nur gelegentlich besiedelt, dagegen Parks und Friedhöfe regelm., ferner isolierte Fichten-Feldgehölze von mind. 2.4 ha Größe [599, G. Busche], mitunter auch Gärten mit Koniferengruppen und/oder Nähe zu Nadelwald. Auch in Dismigrationen aus dem Nadelwald werden bevorzugt Koniferen angeflogen; ausschlaggebend scheint ganzjährige Deckung (daher in E. auch Br. in Kork- und Steineichenwäldern).

Nahrung. Im Sommer Insekten und deren Larven sowie Spinnen, im Herbst und Winter Sämereien, vor allem Koniferensamen.

Stimme. Im Vergleich zu anderen Meisen kleines Repertoire, fließende Übergänge zw. einigen Rufen und Gesang. Stimmfühlung hoch »zizi« und mit geringerer Lautstärke angefügt »gürr«. Bei Erregung anhaltende und dicht aufeinander folgende »gürr«. Gesang offenbar Aneinanderreihung zweier Elemente, wie »zizi gürr zizi gürr zizi gürr« in 4–6 maliger Wiederholung auf- und absteigend. Motivationsabhängig große Variabilität in Elementkombination und -ausbildung. Reviergesangähnliche Strophen ab 2. Feb.hälfte/Anf. März, abnehmend bis Ende Juni. Zwitschernder Subsong der Jungvögel. Beide Geschlechter singen, wohl aber mit unterschiedlicher Intensität (?).

Verhalten. Tagaktiv; Vermeiden weite Flugstrecken, hüpfen oft am Boden. Nahrungserwerb vor allem in der Kronenregion oder der oberen Baumhälfte, je nach Verteilung des Angebots am Stamm, an größeren Ästen, benadelten oder dürren Zweigen. Offenbar vor allem bei Schneeschmelze im Frühjahr auch auf dem Boden (Spinnen), in Mischwäldern auch auf Laubbäumen. Größere Objekte werden mit den Zehen (Wirbellose meist nur mit einem Fuß, Samen mit beiden Füßen) fest gehalten und mit dem Schnabel (Hämmern mit dem Oberschnabel, der sich daher abnützt) bearbeitet. Verstecken von Nahrung bereits im Sommer (Wirbellose) und max. Sept.–Okt. (Baumsamenreife) i.d.R. zwischen Flechten und Zweigen, aber auch zwischen Nadeln hängend, dagegen kaum am Stamm. Vorräte werden bei Erreichbarkeit geeigneter Rindenstückchen oder Flechten bedeckt. Nur ein Samenkorn wird weggetragen. Ganzjährig territorial. Revierabgrenzungen durch Gesangsduelle. Nichtsesshafte Einzelvögel werden im Revier nach der Brutzeit geduldet. Paarbildung durch Kopfheben und Präsentation des schwarzen Kehllatzes (♂) und Kopfsenken als Beschwichtigungsverhalten (♀). »Balzfüttern« des ♀ durch das ♂ vor der Eiablage, anfänglich ohne Betteln durch das ♀. Relativ häufig fremde Junge im Nest (nicht vom Paar-♂). Zusammenschluss zu kleinen Gruppen im Winterhalbjahr, meist Ad. und Juv. in Gruppenstreifgebieten, die Reviere sesshafter Ind. überschneiden. Schließen sich auch anderen Meisenarten an, insbesondere Jungentrupps. An Futterstellen nur bei Anwesenheit von Koniferen, meist sehr vorsichtig. Übernachtung (außer ♀ während der Brutzeit bis ca. zum 8. Lebenstag der Jungen in der Nesthöhle) offenbar in dichter Vegetation.

Fortpflanzung, Brutbiologie [337, 1369, 767, 1, 1722]. Geschlechtsreife im 1. Lebensjahr. Monogame Dauerehe (bis 5 J. nachgewiesen), Revierpaare ganzjährig zusammen; Reviertreue meist

lebenslang (wenn ausreichend Totholz oder Höhlengelegenheiten vorhanden). In RUS nur 5% der Paare aus 2 Vorjährigen, sonst einj. Ind. immer mit verwitweten Altvögeln verpaart. Paarbildung oft schon im Sommer nach Jugendmauser einsetzend. **Nest.** In ME Bruthöhlen nicht in aufeinander folgenden J. besetzt (aber in FIN mehrfach beob.). Höhlenzeigen des ♂ mind. bis zum Ende des Nestbaus; wahrscheinlich wählt ♀ Nestplatz. Neststand meist in selbst gehackter Höhle in morschem oder totem Holz; Baumart durch Eignung für Höhlenbau bestimmt. Anteil selbst gehackter Höhlen D nach Stichproben 60-70%, ferner Nester in Spechthöhlen, natürlichen Fäulnishöhlen, von Weidenmeisen begonnenen Höhlen, Nistkästen (bevorzugt solche mit Füllung zum Aushacken statt leeren), ausnahmsweise in Eichhörnchen-, Habicht-, Bussard-, Zaunkönignestern oder Bodenlöchern (in CH von 108 Nestern 53 in Nistkästen, 51 in Baumhöhlen, 3 in morschen Ästen, 1 in Zaunpfahl; im Rhl. von 155 Nestern 98 selbst gehackt, 8 von Weidenmeise, 8 Nistkästen, 6 von Eichhörnchen, 3 von Bussard, 1 von Zaunkönig); Bodenhöhe < 1 bis > 10m (Median CH_{50} 1.6 m; max. 22 m); bei Wahlversuch Bevorzugung höherer Nistkästen und keine Brut nahe Boden; Höhlentiefe 20-30 cm, Brutfläche 65-95 cm^2. Nest bei selbst gehackten Höhlen mit wenig Moos, das von Stämmen, nicht vom Boden genommen wird; bei Fäulnishöhlen mehr Moos zur Ausfüllung; Mulde mit Tierhaaren, aber auch Spinnenkokons und vielen Federn ausgekleidet. Höhle wird vom ♀ ausgehackt, Dauer ca. 6 d; Nestbau ebenfalls durch ♀, in 3-4 d. **Legebeginn.** In ME frühestens Mitte März (z.B. CH 11.3.), in Mittelgebirgen D Ø 3. Aprildekade, im klimatisch begünstigten Tiefland 2. Aprildekade, also generell vor anderen Meisen; spätestens Legebeginne in höheren Lagen letztes Maidrittel, in Alpen Beginne noch im Juli; Zweitbruten bis Ende Juni. **Gelegegröße.** 4-8 (3-9), am häufigsten 6 (> 8 wohl meist Doppel- oder Mischgelege); Ø aus verschiedenen Klimabereichen D 5.8 – 7.1, im Hochgebirge CH 5.6 – 5.9, NL_{1143} 7.1, PL_{34} 5.9; Zweitbruten im Ø offenbar kleiner, aber zuweilen auch gleich groß: $Rhl._{68}$ April 6.8, Mai 6.9, Juni 5.7; Korrelation zw. Gelegegröße und Nestfläche (in geräumigen Nistkästen größte Gelege). Legeintervall 1 d. **Eier.** (Kurz-)oval, glanzlos, milchigweißer Grund, relativ grob dunkel rostrot gefleckt (kaum von anderen *Parus*-Arten unterscheidbar). **Brutdauer.** 13-16 (meist 15) d; unvollständige Gelege werden bedeckt; Brutbeginn ab letztem Ei; ♀ brütet, wird vom ♂ gefüttert, meist am Höhleneingang. Juv. schlüpfen innerhalb > 24 h. **Nestlings-/Führungszeit.** Beide füttern, nur ♀ hudert. Nestlingsdauer 18-23 (meist 20) d. Nach Ausfliegen werden Juv. etwa 3 Wochen gefüttert und bleiben bis etwa 4 Wochen im Familienverband im elterlichen »home range«. **Jahresbruten.** 1, zuweilen Zweitbruten (in höheren Lagen unwahrscheinlich); Ersatzgelege. **Ende der Brutperiode.** Meist im Juni, bei Nach- oder Zweitgelegen noch bis Juli (Aug.). **Bruterfolg.** N-D in Naturhöhlen während Bebrütung Brutgröße 3.1/BP und J., in Nistkästen (einschließlich Totalverluste 3.7); in Nisthöhlen $D\text{-}BW_{96}$ Bruterfolg 76.5% bzw. 4.7 Juv./BP und J., bei 83 anderen Vollgelegen 71.6% bzw. 4.4 Juv./BP und J.; Werte in ME sonst deutlich geringer. Hohe Verluste in Naturhöhlen durch frühzeitiges Verlassen (Witterung, Vogelflöhe, Störungen), daneben Prädation (Buntspecht, Marder, Haselmaus) und Höhlenkonkurrenz bedeutend.

Eimaße und -gewichte [1369]**:** L. 14.4-17.7 mm, B. 11.6-13.7 mm, Ø 16.2 x 12.7 mm (n=111, B), 15.9 x 12.6 mm (n=54, NL), 16.6 x 12.6 mm (n=41, L), 16.5 x 12.7 mm (n=113, S.), 16.2 x 12.6 mm (n=303, D-NI). Frischvollgew. 1.14-1.56 g, $Ø_{40}$ 1.39 g. Schalengew. 0.06-0.10 g; $Ø_{90}$ 0.079 g.

Sterblichkelt, Alter. RUS Ad. 38 % pro J. Ältester Ringvogel (FIN) 11 J. 7 Monate [3654]; mehrfach > 7 J. **Generationslänge:** < 3.3 J. [383].

Mauser. **Postjuvenile Mauser** (Teilmauser) Juli/Aug.–Mitte Aug./Mitte Okt.; einschließlich variabler Anzahl Großer Armdecken, selten einzelnen Schirm- und mittleren Steuerfedern [767,1369]. • **Postnuptialmauser** (Vollmauser) besonders bei ♂ mitunter mit Beginn des Brutgeschäfts überlappend, Mitte Mai/Juni–Aug./Sept.; Dauer der HS-Mauser GB/FIN 70–80 d.

Parus ater – Tannenmeise 14610

Parus [ater] ater Linnaeus 1758

(GB) **Coal Tit** (F) **Mésange noire** (E) **Carbonero Garrapinos**

Taxonomie. In Europa/W-Paläarktis zwei UA-Gruppen:
***ater*-Gruppe:** *ater* Linnaeus 1758 (Kontinentaleuropa bis Mandschurei), *hibernicus* Ogilvie-Grant 1910 (IRL), *britannicus* Sharpe & Dresser 1871 (GB), *vieirae* Nicholson 1906 (Iberien) und *sardus* O. Kleinschmidt 1903 (Korsika, Sardinien).
***atlas*-Gruppe:** *atlas* Meade-Waldo 1901; NW-Afrika), *ledouci* Malherbe 1845 (DZ und N-TN), *cypriotes* Dresser 1888 (CY).
Weitere ca. 14 UA vom Schwarzmeergebiet und Nahen Osten ostwärts. Bildet Superspezies mit *P. melanolophus* (W Himalajagebiet)

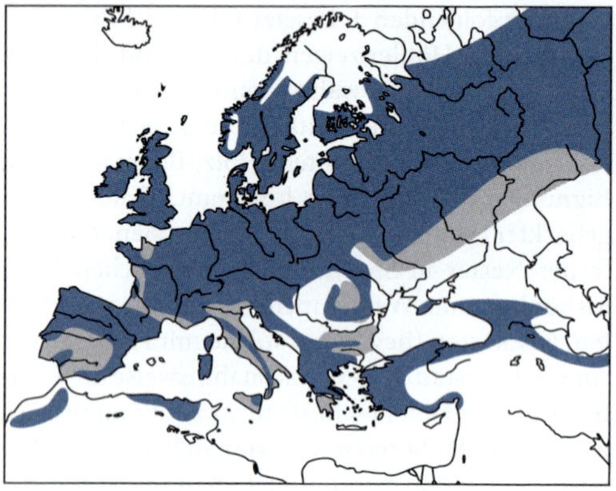

Parus ater – Tannenmeise

Kennzeichen. [1369,3615,767,221,3772].

Maße. Gr.: 10.5 cm. Gew.: (NL, Sept.-Apr.) ♂ 8.8-10.4 g, $\varnothing_{14}$ 9.7 g, ♀ 8.0-11.1 g, $\varnothing_{29}$ 9.5 g, (CS, Apr.-Okt.) beide 9.0-12.0 g, $\varnothing_{14}$ 10.1 g. Fl.spw.: 17-21 cm. Fl.l.: (D-NI) ad. ♂ 61.5-67.0 mm, $\varnothing_{63}$ 64.6 mm, vorj. ♂ 61.5-67.0 mm, $\varnothing_{75}$ 64.0 mm, ad. ♀ 59.5-65.5 mm, $\varnothing_{82}$ 62.8 mm, vorj. ♀ 59.0-65.0 mm, $\varnothing_{101}$ 62.0 mm [1369,767].

Status. In ME verbreiteter und sehr häufiger Brut- und Jahresvogel; häufiger Durchzügler und Gastvogel (auch Wintergast) aus NE-Europa, häufiger Invasionsvogel; zuweilen Evasionen.

Verbreitung und Bestand. Brutvogel der borealen, gemäßigten und mitunter der mediterranen Zone sowie von Gebirgsregionen der Paläarktis von W-Küsten Europas und N-Afrika bis Pazifik einschließlich JAP. Fehlt in Europa nur in Tieflandgebieten des Mittelmeers, W-F und W-Küste Schwarzmeer sowie N des Polarkreises. Am S-Rand des Areals in Asien viele isolierte Bergwaldpopulationen vom Schwarzmeerbereich bis mittelasiatische Gebirge und wieder in S-China; N-Grenze von RUS nach E bis fast Pazifikküste > 60° N, aber fast nirgends bis Polarkreis. ME Nominatform sehr häufiger Brutvogel von Küste bis obere Baumgrenze der Alpen, fehlend oder lückig verbreitet in waldarmen Gebieten, mit höchster Dichte in nadelwaldreichen Mittel- und Hochgebirgen. Höchste Brutnachw. > 2000 m. Gesamtbestand Europas zw. 12 – 29 Mio. BP (stabil), mit Beständen > 1 Mio. in E. (1.7-5.2), RUS (1-3.5 Mio.), I (1-3), D (1-2.4), RO (1.2-2.2 Mio.), A (0.8-1.6) und TR (0.8-1.8 Mio. BP); Brutbestand ME etwa 3.3-6.8 Mio. BP [383].

Wanderungen [u.a. 4219,4145]. Standvogel, Dismigrationen über kurze Entfernungen; häufiger als bei anderen Meisen in ME weiter reichende Wanderungen vom Evasionstyp; letztere offenbar dichteabhängig und/oder (vor allem in N- und E-Europa) vom Nahrungsangebot (z.B. Fichtensamen) bestimmt, in wechselndem Umfang und mit unterschiedlicher Reichweite (z.B. nur Teile von Populationen, vor allem ♀ und Diesj.) umfassend mit höchstens geringer Zahl von ausgesprochenen Fernfunden oder großräumige Wanderungen mit hohem Anteil von Ad., aber auch dann meist nicht in einheitlicher Vorzugsrichtung (Invasionsjahre z.B. Serrahn D-MV 1957, 1967, 1972, 1974, 1976, 1977, 1980..; CH 1859, 1964, 1967, 1969, 1972, 1978, 1981, 1983, 1993, 1996) [4152]. Im Küstenbereich (besonders Ostsee) oder an Alpenpässen Evasionswanderungen oft stärker konzentriert als im Binnenland, doch auch hier deutlich erkennbar. An der Irruption 1989 mit Max. Okt. in ME waren geschätzt ca. 2.3 Mio. Vögel beteiligt [Details NL:1310]. Mehr Fernwanderer unter spät ausgeflogenen Jungvögeln können mit höherer Mortalität vor Abwanderung bei früh Geschlüpften zu erklären sein [4145]. Abzugsrichtungen vorzugsweise SW–W, in N-D WSW–W, aber auch NW an

die Küste, in den Alpen alle Richtungen möglich; in unterschiedlichen Invasionsjahren auch verschiedene Vorzugsrichtungen erkennbar. Überwinterung in allen Teilen des europäischen Brutareals, doch bei großen Evasionen auch Überschreitung der Grenzen, z.B. in Steppengebiete UA.; **Br. Fennoskandiens** wandern bis S- und W-D, NL, B, in Extremjahren **Br. N-D** bis SW-F und NE-E. (weitester Fund D-NI bis MA in Bereich der UA *atlas*, aber auch Dz. D-MV max. 1600 km bis E.) und SW-D bis GB. Bei **Br. GB/IRL** liegen 95% aller Wiederfunde in ersten 300 d nach Beringung als Nestling im Bereich bis max. 4 km (Juli) und höchstens 51 km (März), Mediane 0 km (Juli) bis 11 km (Dez., Jan.); nach Ringfunden nur je 3mal Festland-GB und Gegenrichtung; Anteil der Brutansiedlungen >20 km vom Geburtsort zwischen 7% (im SE des GB-Brutgebietes) und 35% (im NW) [4064]. Nach extremen Evasionen Brutbestand des Folgejahres oft niedrig, doch zieht zumindest ein Teil der Ind. (allerdings wohl häufig auf anderen Wegen, unmittelbarer Vergleich an einzelnen Registrierpunkten daher mitunter wenig aufschlussreich) in Herkunftsrichtung zurück (Ringfunde); Verbleiben im Invasionsgebiet allerdings ebenfalls mind. wahrscheinlich. Evasionsbeginn Ende Aug.–Anf. Sept., Max. meist im Okt., Ausklingen Ende Okt.–Anf. Nov., mind. in S-ME Wanderungen auch bis Ende Dez. möglich. Heimzug oft sehr verspätet bis in Juni hinein (daher relativ späte Frühjahrsfunde kein Beweis für Fremdansiedlung). ME Geburtsortstreue und Umsiedlung im Nahbereich, Umsiedlungen bis 98 km nachgewiesen; offenbar auf Evasionswanderung zurückgeblieben: nestjung CZ – Mai des folgenden J. CH (720 km SSW); hohe Brutortstreue. Tägliche Wanderleistungen Ø > 45 km/d, max. bis 85 km/d nachgewiesen.

Bestandsentwicklung. Kurzfristige erhebliche Bestandsschwankungen als Folgen der Abwanderung bei hoher Populationsdichte, dem Samenangebot im Winter sowie klimatischer Faktoren. Dabei folgen Bestandsmaxima auf Vollmasten der Fichte, dagegen niedrigste Bestände, wenn strenge Winter mit Fehlmasten zusammenfallen [1369]. Bestandsfluktuationen daher auch nicht übereinstimmend mit denen anderer Meisen.

Langfristig durch Zunahme der Fichtenforste in Tieflagen ME deutliche Arealausweitung und Bestandszunahme, - durch Anbringen von Nistkästen noch erheblich gefördert [D: 334,4143,1467,591,2643,1137, 2623,1722,310,1587, B: 843, H: 2438,1507]. Ausbreitung nach N allerdings zögerlicher als z.B. bei Weiden- oder Haubenmeise. Andererseits häufig auch langfristig stabile Populationen oder unklare Trends [1369; NL, CH, A, D: 884,55,2518,3393,3392,1,196, 1722; auch GB: 2471; aber 1615,1855].

Immissionsschäden der Wälder regional allerdings mit drastischen Rückgängen verbunden, da zuerst Nahrungsgrundlage, später durch Schlagen und Durchforsten betroffener Wälder auch Lebensraum verloren geht [1615,4198,4201,1369] - z.T. sogar in Koniferenpflanzungen von Gartenstädten [2259]. Neuerdings starke Abnahme in NL [375,3638].

	Best.	Areal	Brutbestand	Jahr	Quelle
A	+/-	=	800.000–1.600.000	1998–2002	[383]
B	+/-	=	20.000–100.000	2001–2002	[383]
CH	+/-	=	500.000–800.000	1993–1996	[383]
CZ	+/-	=	450.000–900.000	2000–2002	[383]
D	+/-	=	1.000.000–2.400.000	1995–1999	[383]
FL	+/-	=	1.000–1.500	1998–2000	[383]
H	⇧	+ 2	4.000–20.000	1999–2000	[383]
L	+/-	=	10.000–12.000	2001	[383]
NL	⇩	- 1	30.000–40.000	1998–2000	[383]
PL	+/-	=	200.000–400.000	2000–2002	[383]
SK	+/-	=	250.000–500.000	1990–1999	[383]

Siedlungsdichte. Ortsdichten stark durch Angebot an Nistkästen beeinflusst. Höchstdichten in ME auf Flächen von 20–49 ha 7.5–4.5–3.0 (Ø 4.6), von 50–99 ha 12.7–2.5–1.0 (Ø 3.4), von > 100 ha 4.4–2.3–0.5 (Ø 2.1) Rev./10 ha; in alpinen Nadelwäldern z.T. Dichten von 10-30 bzw. 50-70 BP/km^2 [1507]. Großflächendichten (> 100 km^2) in ME zw. 0.003 – 9.7 BP/km^2 [vgl. Tab. 50 in 337; auch 1,1722,1137].

SPEC	VSchRL	Bern.Konv.	Bonn.Konv.
--	--	Anh. II	--
Europ. RL	**RL in ME**		
--	--		

Verlustursachen [1369,4129,2857,4198,2651]. Reduktion des Nahrungsangebotes und Vernichtung vorhandener Nächtigungsmöglichkeiten aufgrund von Immissionsschäden.

Einfluss von Umweltgiften auf Eiproduktion (Brüchigkeit oder Fehlen der Eischalen).

Natürliche Ursachen wie Fehlmasten, Kältewinter, Regenperioden während Nestlingszeit, Sturmschäden sowie Prädation (Musteliden, Bilche, Buntspecht).

Spezifische **Schutzmaßnahmen** in Anbetracht günstiger Bestandssituation nicht erforderlich. Allerdings erhebliche Reduktion der Schadstoffimmissionen.

Biotop. Br. in bevorzugt älteren Nadelwäldern und -gehölzen (in S-Europa auch in immergrünen Laubbeständen), stärker auf Fichten angewiesen als Haubenmeise und daher in den meisten Regionen in Kiefernwäldern weniger häufig; bei Höhlenangebot auch in Mischwäldern, Parkanlagen, Friedhöfen und sogar in Gärten; in reinen Laubbeständen nur ausnahmsweise. In höheren Stufen der Alpen mit geringerer Dichte Br. in Zirbenbeständen. Nahrungssuche bevorzugt an Altfichten, bes. außerhalb der Brutzeit aber auch an Laubbäumen.

Nahrung. Im Sommerhalbjahr hauptsächlich Insekten und Spinnen; im Herbst und Winter Sämereien, u.a. Koniferensamen, Bucheckern etc.

Stimme. Rufe bei Erregung anders als bei übrigen Meisenarten nasal gedehnt oder auch kürzer »tui«, »tji« daneben auch kurze »zit«. Stimmfühlung mit unterschiedlichen »si«-Lauten, auch locker gereiht. Bei Luftfeind schnell gereiht und hoch »sisisisi…«. Gesang aus 2–4 miteinander abwechselnden Elementen, wie »zewize-zweweze…« oder »zizezize…« oder »zitüzitü…«, jedes ♂ verfügt über unterschiedliche Strophentypen. Gesang auf Warte oder während der Nahrungssuche, selten im Flug. ♀ singen selten und leiser, kürzer. Gesang das ganze J. über mit Maximum von Spätwinter bis Frühling zu hören.

Verhalten. Tagaktiv; Tagzieher. Nahrungserwerb durch Absuchen dicht benadelter Äste, hüpfend, flatternd, rüttelnd und durchschlüpfend; Anhängen an der Unterseite von Ästen relativ selten. Anklammern an Fichtenzweige oder -zapfen mit Hilfe des zangenartigen Zusammenspiels der Krallen der vorderen Mittelzehe und relativ langen Hinterzehe. Größere Samen werden mit beiden Füßen fest gehalten, heruntertrudelnde Fichtensamen auch im Flug geschnappt. Im Winter regelm. an Futterstellen. Sammeln und Verstecken von Samen und Insekten, offenbar nahezu ausschließlich im äußeren Bereich der Äste zwischen Nadeln. Nicht so stark territorial wie Sumpf- und Weidenmeise, Territorien offenbar nur zu Beginn der Brutzeit verteidigt. Gesang an Reviergrenzen dient zur Revierverteidigung und Werbung. »Balzfüttern« des ♀ vor der Eiablage zunächst ohne Bettelverhalten; mit der Eiablage bettelt das ♀. Kopulationen werden vom ♀ initiiert, oft mehrere Kopulationen hintereinander. Das ganze J. über Übernachtung weder in Höhlen noch im sozialen Kontakt, bevorzugt in dichten Fichtenästen mit herabhängenden Zweigen; oft langes Festhalten an einem traditionellen Schlafplatz. Außerhalb der Brutzeit Mischgeselligkeit mit anderen Meisen, Goldhähnchen, Baumläufern, Kleiber.

Fortpflanzung, Brutbiologie [337,1369,767, 1,1722]. Geschlechtsreife im 1. Lebensjahr. Monogame Saison- oder Dauerehe (bis 6 J. nachgewiesen), in D-NI Partnertreue von 81% von Jahr zu Jahr; z.T. sehr hohe Reviertreue. **Ankunft am Brutplatz.** Balz und Paarbildung im Laufe des März, kurz vor Auswahl der Bruthöhle. Beide Partner inspizieren getrennt potenzielle Bruthöhlen, nach geeignetem Fund Höhlenzeigen durch ♂, u.a. mit demonstrativem Ein- und Ausschlüpfen. **Nest.** Nest in Höhlen, vor allem Baumhöhlen (bis 23 m Höhe) und heute Nistkästen, enge Fluglöcher werden vorgezogen (für Nistkästen 26 mm), aber auch Löcher im Boden, in Steinmauern und Felswänden (bis 30 m über Boden); im Wahlversuch hochstehende Nistkästen vor allem gegenüber Bodenhöhlen eindeutig bevorzugt; Ausweichen auf Bodenlöcher viell. auch Ergebnis des Konkurrenzdrucks überlegender Höhlenbrüter (z.B. Kohlmeise), doch gebietsweise auch bei Baumhöhlenangebot sehr häufig (S. 35%, CH 29%, Rhl. 31%, W-Erzgebirge 36%). Vor dem Nestbau mitunter Kanten und Vorsprünge der Bruthöhlen durch ♀ mit Schnabel bearbeitet. Großer Nistraum wird mit Moos aufgefüllt (z.B. Ritzen verstopft, Vertiefungen eingeebnet oder Innenraum verkleinert). Nestmulde mit Tierhaaren und einzelnen Federn ausgekleidet. Unterbau in Gebirgswäldern oft teilweise oder ganz aus Flechten. Nestbau durch ♀, Dauer 4-8 d, oft aber länger durch Unterbrechungen (vor allem Wetter). **Legebeginn.** In ME witterungsabhängig frühestens Ende März, meist im April, in Hochlagen auch erst nach Mitte Mai (z.B. in N-D Erstbruten Ø 5.5., Zweitbruten 17.6.); späteste Legebeginne (Drittbruten?) im Aug. **Gelegegröße.** 5-12 (4-13), am häufigsten 8-9; Gelege ab 13 wohl durch Verlegen/Zusammenlegen; Ø PL_{64} 9.1, Erst- und Zweitgelege verschiedener Gebiete S-D 8.4 und 8.0, Rhl. April 9.1, Mai 8.8, Juni 7.0; N-D Nistkästen Erstgelege 8.6 bzw. 9.2, Zweitgelege 7.9 bzw. 8.3, doch zuweilen Zweitbrut größer als Erst-, z.B. in S-D bei >50%; Drittbruten in D-NI Ø 7.0 [4144]; in rauen Klimaten starke jährl. Unterschiede; unter Einbeziehung von Zweitbruten Gesamtproduktion pro Paar negativ mit Siedlungsdichte korreliert. Ältere ♀ mit größeren Gelegen als Einjährige. Legeintervall 1 d. **Eier.** (Kurz-)oval, glanzlos, weißlicher Grund, roströtliche Fleckung. **Brutdauer.** 14-15 (13-16) d; Brutbeginn meist vor letztem Ei; nur ♀ brütet, wird teilweise vom ♂ gefüttert. Juv. schlüpfen innerhalb > 24 h. **Nestlings-/Führungszeit.** Beide füttern, nur ♀ hudert. Nestlingsdauer 18-21 (-23) d (in D Ø$_{17}$ 19 d). Nach Ausfliegen bleiben Juv. in der Gruppe bis etwa 1 Woche in sicherem Unterschlupf, werden nicht wie andere Meisen durchs Revier geführt. **Jahresbruten.** 1-2 (3); Anteil der Zweitbruten in S-D ca. 50%, NL > 50%, D-NI zw. 3.6-100%, starke jährl. und auch habitatabhängige Unterschiede, zudem signifikanter Zus.hang zw. Zweitbrutrate und Populationsdichte [4136]; auch in Lagen > 1800m nachgewiesen; Zweitbruten im selben Nest oder in benachbarten Höhlen bis max. 200 m Entfernung (nur bei Nistkastenangebot?); Ersatzgelege offenbar immer in neuen Höhlen. Mitunter Drittbruten in N- und S-D, mehrere% in NW-D und NL, z.T. als Schachtelbruten. **Ende der Brutperiode.** In J. mit hohem Populationsdruck oder schlechten Bedingungen nach Erstbrut im Juni, bei Zweit- Dritt- oder späten Nachgelegen Ausdehnung der Brutperiode bis Aug. (zuweilen Sept.). **Bruterfolg.** In Nistkastenbruten S-D flügge Juv. aus 86, 83 bzw. 80% der abgelegten Eier, bei 10.3, 9.3 bzw. 7.6 Juv./BP und J., in N-D in Naturhöhlen 5.9, in Nistkästen 7.1 Juv./erfolgr. Brut und J.; in Nistkästen nicht immer Unterschiede zw. Erst- und Zweitbruten; bei 62 Zweitbruten in D-BW Ausfliegeerfolg 74.8%, Nachwuchsrate 10.15 flügge Juv./BP und J.; in -NI bei erfolgreichen Erstbruten 7.5, Zweitbruten 7.2 und Drittbruten 6.0 Juv./BP [4144]. Neigung zur r-Strategie aufgrund hohen Reproduktionsvermögens; ein 6 J. partner- und nestplatztreues BP z.B. mit 65 Eiern und 59 flüggen Juv. Hauptverluste durch Regenperioden (Unterkühlung der Juv.), daneben Prädation (Buntspecht, Marder, Schläfer) und Höhlenkonkurrenz (auch Hummeln) bedeutend.

Eimaße und -gewichte [1369]: L. 14.2-16.6 mm, B. 10.6-12.9 mm, Ø 15.3 x 11.8 mm (n=131, B), 15.2 x 11.9 mm (n=66, NL), 14.9 x 11.6 mm (n=452, CS). Frischvollgew. 0.98-1.30 g, Ø$_{130}$ 1.14 g. Schalengew. 0.052-0.081 g; Ø$_{154}$ 0.065 g.

Sterblichkeit, Alter. N-D geschätzt für ♀ ca. 50 %; Ø 57 % der brütenden ♀ 1-jährig, 26 % 2-, 11 % 3- und 7 % 4–5-jährig [1369]. Ältester Ringvogel (GB) 9 J. 4 Monate [3654], mehrfach 7 J. und mehr. **Generationslänge:** < 3.3 J. [383].

Mauser. Postjuvenile Mauser (Teilmauser) Ende Juni/Juli–Aug./Sept., bei Zugbeginn z.T. noch nicht beendet; einschließlich einigen (allen) Großen Armdecken sowie unregelm. einzelnen Schirm- und Steuerfedern [3771,1866]; spät Geschlüpfte mausern früher und weniger Große Armdecken [767,1866], Umfang außerdem von geografischer Lage des Brutgebiets abhängig. • **Postnuptialmauser** (Vollmauser) Ende Juni/Juli–Mitte Aug./Anf. Sept., bei Wegzug nicht immer abgeschlossen [767]; Dauer der HS-Mauser ca. 70 d.

Parus palustris – Sumpfmeise 14400

Parus palustris Linnaeus 1758 syn.: Nonnenmeise

(GB) **Marsh Tit** (F) **Mésange nonnette** (E) **Carbonero Palustre**

Taxonomie. Drei UA-Gruppen, davon W-paläarktische *palustris*-Gruppe von E-asiatischen Gruppen weit disjunkt (UA aber gering differenziert), mit: *palustris* Linnaeus 1758 (größter Teil Europas), *stagnatilis* C.L. Brehm 1855 (E-Europa) *italicus* (Tschusi & Hellmayr 1900) (F Alpen, I) und *dresseri* Stejneger 1886 (GB, Bretagne).

Kennzeichen. [1369,3615,767,221,3772].

Maße. Gr.: 11.5 cm. Gew.: (CH, Sommer) 11.2-12.7 g, Ø$_{29}$ 11.8 g, ♀ 9.9-12.2 g, Ø$_{42}$ 11.0 g, (CH, Winter) ♂ 10.5-12.3 g, Ø$_{26}$ 11.5 g, ♀ 10.2-11.0 g, Ø$_5$ 10.5 g. Fl.spw.: 18-19.5 cm. Fl.l.: (CH) ad. ♂ 65.5-68.5 mm, Ø$_{37}$ 67.0 mm, juv. ♂ 64.5-68 mm, Ø$_{67}$ 66.2 mm, ad. ♀ 61-65 mm, Ø$_{25}$ 64.3 mm, juv. ♀ 61-64.5 mm, Ø$_{55}$ 63.2 mm [1369,767].

Status. In ME verbreiteter und häufiger Brut- und Jahresvogel. Standvogel.

Verbreitung und Bestand. Brutvogel der borealen und gemäßigten Zone sowie in Gebirgsregionen der Paläarktis mit großer Verbreitungslücke in Sibirien. Von Gebirgen N-E. und Pyrenäen, W-F und GB nach E bis an S-Ural und getrennt davon Gebirge N-Anatolien und Kaukasus; E-paläarktisches Areal vom Altai bis an Pazifik einschließlich N-JAP und von Amurmündung, N-Sachalin bis S-China. N-Grenze in Europa bis ca. 56° N GB, einzeln fast bis Polarkreis (W-Küste N.), S. bis etwa 61° N (isoliert > 65° N) und bis ca. 60 N W-RUS; nach E in schmalen Keil auslaufend; S-Grenze Gebirge N-E. und N-Rand des Mittelmeers bis S-I und Mittel-GR. In ME Nominatform verbreiteter Tieflandbewohner (fehlt in baumarmen Küstengebieten); trotz Nistkästen meist in relativ geringer Dichte im Vergleich mit anderen Meisen. Höchste Brutvorkommen CH ausnahmsweise bis 1500–1600 m, A-V 1250 m, D-BY bis 1300 m, PL/CS 1250 m ü.M. Gesamtbestand in Europa 3 - 6 Mio. BP (leichter Rückgang), mit Populationen > 200.000 BP in RO (0.87-0.92 Mio.), F (0.25-1.0 Mio.), D (250-640 T.), HR (100-500 T.), RUS (100-350 T.) und UA. (255-380 T. BP.); in ME insgesamt etwa 0.66–1.45 Mio. BP [383].

Wanderungen. Standvogel, Dismigrationen; Überwinterung im Brutareal. Nur ausnahmsweise Wanderungen über längere Strecken; ME max. ca. 120 km nachgewiesen. Br. E-Europa vollführen möglicherweise mitunter weitere Wanderungen, z.B. UA. - CZ 496 km. Befunde zu Jungendispersal und Geburtsortstreue: (1) in Nistkastenpopulation N-D zur Geburtshöhle nächstgelegene Bruthöhle 200 m, weiteste Entfernung der geburtsorttreuen Ind. 3100 m, Entfernungen zwischen Geschwistern max. bis 9 km; Brutortstreue zu 80 % in Entfernung bis 200 m [302]. (2) Befunde in S.: ♂ suchen sich rasch nach Selbständigkeit je nach Dichte bereits territorialer Ind. zu etablieren; früh ausgeflogene ♂ dismigrieren weniger weit als spät ausgeflogene, die größere Probleme haben, sich fest anzusiedeln oder Streifgebiete nach Qualität zu wählen; früher ausgeflogene ♀ dagegen haben mehr Zeit, Aufenthaltsbereiche zu selektieren und dismigrieren weiter als spät ausgeflogene; Dispersionsentfernung außerdem positiv korreliert mit Zahl der Nestgeschwister (Inzuchtvermeidung?) [2797]. Hohe Brutortstreue, max. 8 aufeinenderfolgende J. im selben Revier [1506].

Bestandsentwicklung. Starke Bestandsschwankungen in Folge harter Winter [1369]. Im Gegensatz zu vielen anderen Meisenarten bei stark territorialer Sumpfmeise durch Angebot von Nistkästen kaum Steigerung der Dichte möglich [196].

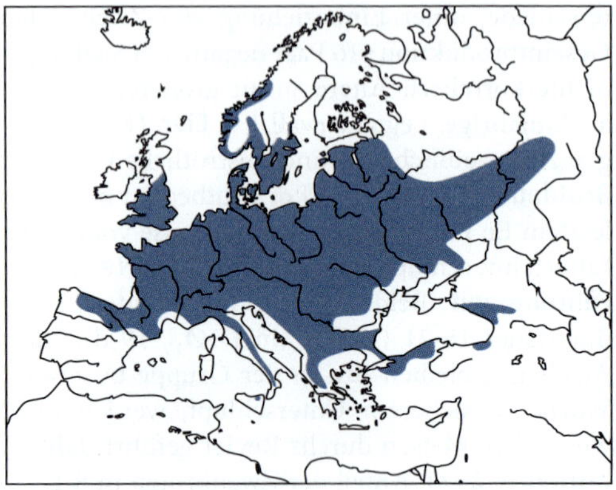

Parus palustris – **Sumpfmeise**

Meiste Populationen ME bei erheblichen Schwankungen [z.B. CZ: 1852,1803] langfristig weitgehend stabil (oder Veränderungen nicht bekannt [1369,334, 2896,843,3636,1,310,2642,2821].
Ab 1970er J. allerdings in NL deutliche Bestandszunahme und Arealausweitung in die Waldgebiete Frieslands sowie in Drenthe [1369,375,3638,2889], wo Bestand von 300 (1975-80) auf 700-800 (1981-87) mehr als verdoppelt. Meldungen über Zunahmen und Arealausweitungen auch in D [1615, 2139,1467,591,1137], gebietsweise Trend nur leicht positiv [198,4047].

	Best.	Areal	Brutbestand	Jahr	Quelle
A	+/-	=	50.000–100.000	1998–2002	[383]
B	↓	=	10.000–20.000	2001–2002	[383]
CH	↕	=	40.000–80.000	1993–1996	[383]
CZ	+/-	=	60.000–120.000	2000–2002	[383]
D	+/-	=	250.000–640.000	1995–1999	[383]
FL	+/-	=	200–400	1998–2000	[383]
H	+/-	=	58.000–105.000	1999–2002	[383]
L	+/-	=	5.000–6.000	2001	[383]
NL	+/-	=	12.000–15.000	1998–2000	[383]
PL	+/-	=	100.000–200.000	2000–2002	[383]
SK	+/-	=	80.000–160.000	1990–1999	[383]

In Wäldern GB und N-Europas seit Mitte 1960er J. anhaltend negativer Trend, durch interspezifische Nistplatzkonkurrenz [2471] oder Fragmentierung des Lebensraumes [1507]. In ME lokale und regionale Rückgänge vor allem durch Umwandlung von Laub- und Mischwäldern in Nadelforste [1369]. Zudem Rückzug aus einigen Städten, möglicherweise aufgrund Konkurrenz mit und Zunah-

me der opportunistischeren Kohl- und Blaumeisen [849,2471,2031,1507], vielleicht aber auch Folge von Schadstoff-Immissionen [54,1369]. Ursachen für weitere lokale oder regionale Bestandsrückgänge und Arealverluste ab 1970er und 80er J. dagegen unbekannt [D, PL, CZ, L, NL: 1040,2171,4201,1680, 2772,4175,1585,2159,3638,2642; auch DK: 1422].

Siedlungsdichte. Reviergröße variiert je nach Nahrungsqualität, in Optimallebensräumen meist klein; in S-D 5.8–10.9, Ø 8.5 (bewaldete Revierteile 4.2–7.9, Ø 5.8) ha; GB Ø 3,0 ha. Höchstdichten in ME auf Flächen von 20–49 ha 4.0–3.0–2.0 (Ø 2.9), von 50–99 ha 1.6–1.2–0.4 (Ø 1.0), von > 100 ha 3.1–0.8–0.6 (Ø 1.0) Rev./10 ha; in Optimalhabitaten (Eichenmischwäldern) in Europa bis ca. 25 BP/km^2 (max. 30-40 BP/km^2 in CH) [1507]. Großflächendichte (> 100 km^2) zw. 0.001 – 3.2 BP/km^2 [vgl. Tab. 47 in 337].

Verlustursachen [1369,2031,196]. Zunehmende Beeinträchtigung der altholzbestandenen Lebensräume sowie verschlechterte Bedingungen in städtischen Bereichen bestandsmindernd, wobei Einfluss von Schadstoffen auf Arthropodenangebot wenig untersucht.
Natürlichen Ursachen: extreme klimatische Bedingungen zur Brutzeit und im Winter; Prädation. Bisher keine wirkliche Gefährdung der Art.

Schutzmaßnahmen. Spezifische Maßnahmen erscheinen nicht erforderlich.

SPEC	VSchRL	Bern.Konv.	Bonn.Konv.
3	--	Anh. II	--
Europ. RL	RL in ME		
--	--		

Biotop. Br. in vielfältig strukturierten Laub- und Mischwäldern mit hohem Anteil an Alt- und Totholz, eher an feuchten als an trockenen Standorten, nur in Ausnahmefällen (meist durch Nistkastenangebot) auch in reinem Nadelwald; darüber hinaus in uferbegleitenden Gehölzen, großen Obstgärten, Parks und Friedhöfen, sowie Hecken und Feldgehölzen mit alten Bäumen, auch buschreichen Alleen.

Nahrung. Im Frühjahr und Sommer vorzugsweise Insekten, Spinnen; schon ab Spätsommer spielen Sämereien in großer Vielfalt (z.B. Hohlzahn, Ziest, Disteln, im Herbst aber auch Sonnenblumen und Baumsamen, im Winter und Frühjahr Koniferensamen) eine wichtige Rolle, doch auch dann Insektenanteil (und Larven) oft > 50%.

Stimme. Großes Rufrepertoire. Häufigster und kennzeichnender Standortruf »zi-de« oder »pistjü«, auch fast einsilbig verschliffen. Bei Erregung »zijdädädäc« oder »zrriwewewewe«; bei aggressiven Auseinandersetzungen etwa »zié-wué-wué…«; die tieferen Rufteile deutlich kürzer als bei Weidenmeise. Bettelrufe der Juv. und ♀ »lililili«, deutlich anders als bei Kohl- oder Blaumeise. Beide Geschlechter singen mehrere Strophentypen. Typen des Strophenaufbaus: a) Klapperstrophen, gebildet durch die Reihung eines Elementes wie »tjätjätjä…«, unterschiedlich hart, b) Strophen mit Phrasen aus 2-3 Elementtypen, mit mehreren Strophentypen, häufig z.B. etwas nasal klingende rhythmische Wiederholung 2–3 unterschiedlicher Elemente, wie »zi-wud-zi-wüd…« oder »tiju-pli-tiju-pli…«; Gesang sehr variabel, Reviernachbarn verwenden beim Wechselgesang häufig denselben Strophentyp. Gesangsdialekte bekannt. Leise schwatzender Jugendgesang mit langen Strophen aus vielen verschiedenen Elementtypen. Hauptsangeszeit erste Jahreshälfte, im Herbst nur vereinzelt zu hören.

Verhalten. Tagaktiv; Fortbewegung zielstrebiger als Kohlmeise. Nahrungsaufnahme in der Kronenschicht bis zum unteren Stammabschnitt und nach außen bis zu den äußersten Zweigen, ferner im Gebüsch und im unmittelbaren Vergleich im Spätsommer und Herbst am häufigsten von allen Meisen an Stauden und Kräutern; im Herbst und Winter auch nicht selten am Boden (z.B. Falllaub). Im Winter regelm. an Futterstellen. Vorräte werden bei entsprechendem Samenangebot das ganze J. über angelegt; beim Transport werden meist mehrere Samen in den Schnabel aufgenommen, zunächst abgelegt und dann einzeln verzehrt oder versteckt in Rindenspalten sowie im Moos- und Flechtenbesatz grobborkiger Stämme und Äste mittlerer Höhe, aber auch mitunter im Boden. Etwa 20% der Vorräte, i.d.R. nur für wenige d (längstens 8 nachgewiesen) angelegt, werden »gestohlen« (meist über Nacht durch Kleinnager). Festklemmen von Samen mit beiden Füßen und Hacken mit dem Oberschnabel. Ganzjährig territorial; auch außerhalb der Brutzeit wird Revier nur selten verlassen, etwa bei Samenangebot oder an Tränke außerhalb des Reviers (selten bei ungünstiger Witterung im Winter); Reichweite der Sammel- und Nahrungsflüge aber deutlich < 1 km.

Diesjährige, nicht territoriale Ind. schließen sich Revierpaaren an. Revierauseinandersetzungen vor Brutbeginn nicht selten mit »Provokationsflügen« der Eindringlinge in fremden Revieren, hauptsächlich kämpfen ♂. Schließt sich gemischten Meisentrupps vorübergehend an, meist aber nur in Zweiergruppen oder kleiner Zahl. »Balzfüttern« des ♀ durch das ♂ vor und während der Eiablage und des Brütens ist von wesentlicher Bedeutung für das Gelingen der Brut [F. AMANN].

Fortpflanzung, Brutbiologie [337, 1369, 767, 1, 1722, 4070]. Geschlechtsreife im 1. Lebensjahr. I.d.R. monogame Dauerehe (Partnertreue bis 4 J. nachgewiesen), meist ganzjähriger Paarzusammenhalt, aber auch »Herbst- und Winterpaare« ohne Dauerbindung (Jugendpaare). **»Ankunft« im Brutgebiet**. Ansiedlung mitunter schon 1-10 Wochen nach Ausfliegen, Streifgebiet im Herbst oft Teil des späteren Brutreviers; überwiegend lebenslange Reviertreue (auch nach Tod des Partners), allerdings auch Revierwechsel beob.; stärkste Revierverteidigung ab Mitte Dez. bis zum Ausfliegen der Juv.; Höhlensuche ab März. **Nest.** Bäume des Reviers werden eingehend nach geeigneten Höhlen untersucht, kein auffälliges Höhlenzeigen durch ♂, offenbar gibt ♀ bei endgültiger Wahl den Ausschlag. Neststand in natürlichen Baumhöhlen (nur selten in Nadelbäumen), gegebenenfalls erweitert; Einflugloch 0-20 m über Boden; Nistkästen werden angenommen (auch in Nadelwäldern), Naturhöhlen aber vorgezogen; einzeln auch in Mauer- und Felslöchern, Uferschwalbenhöhlen, Erdhöhlen und in Wurzeltellern. In S-D 15 Höhlen naturbelassen (Fäulnishöhlen, alte Spechtlöcher), 21 Höhlen wesentlich durch Hacken erweitert oder selbst gehackt (davon 10 alte und 8 frische Weidenmeisenhöhlen, einige auch in frühem/spätem Stadium übernommen und erweitert, 3 alte Spechtlochanfänge), im Rhl. von 124 Nestern 53 in erweiterten Baumhöhlen (davon 29 von Weidenmeise begonnen oder weitgehend fertiggestellt), 44 in ausgefaulten Naturhöhlen, 3 in Spechthöhlen, 24 in Nistkästen. Höhlentiefe in Naturhöhlen Ø 20 cm, Fluglochgröße Ø 13-20 cm^2; Ausschluss größerer Höhlenbrüter eher durch Nestfläche als durch Fluglochgröße. Napfförmiges Nest aus Moos und Tierhaaren, i.d.R. aus 2 Schichten (Moosunterlage sowie Mulde mit Polsterschicht aus Tierhaaren und zuweilen Pflanzenwolle), kaum Federn. ♀ räumt Höhlenboden aus, hackt (auch in Nistkästen) und baut Nest, ♂ unbeteiligt aber meist in der Nähe. Baudauer 5-8 d, Ausbessern bestehender Höhlen weniger lang. **Legebeginn.** In ME frühestens (Ende März) Anf. April, meist aber nicht vor Mitte April/Anf. Mai; Schlüpfmaximum in Nistkästen N-D 2. Maidekade; späteste Beginne im Juni. **Gelegegröße.** 4-12, meist 7-9; in Weidenmeisenhöhlen und Nistkästen Ø S-D 8.2 bis 8.4, in Fäulnishöhlen nur Ø 5.6, deutliche Korrelation mit Größe der Nestfläche; über alle Höhlentypen: Rhl. April 7.6, Mai 7.5, CH_{146} April 7.9, Mai 7.8, (entspr. EST_{21} 7.9 und 8.2), CS 8.2, B Erstbrut$_{61}$ 8.8, Folgebrut$_3$ 6.3, insges.$_{64}$ 8.6; reine Nistkastenpopulation N-D$_{230}$ 9.0. Legeintervall 1 d. **Eier.** (Kurz-)oval, glanzlos, trübweiß, fein roströtlich bis rotbraun gefleckt (sehr ähnlich anderen *Parus*-Arten). **Brutdauer.** 12-13 (15) d (unvollständiges Gelege wird locker mit Nistmaterial zugedeckt), in GB vor Median der Legebeginne Ø 15.5 d, danach Ø 13.8 d; Brutbeginn kurz vor vollständigem Gelege; nur ♀ brütet, wird zuweilen vom ♂ gefüttert. Juv. schlüpfen asynchron innerhalb 2 d. **Nestlings-/Führungszeit.** Beide füttern, nur ♀ hudert. Nestlingsdauer 16-21 (Ø$_{23}$ 19) d. Nach Ausfliegen werden Juv. noch etwa 1-2 Wochen lang betreut, verlassen dann elterliches Revier ab 8-13 d, dabei dispergieren dominante Juv. zuerst, und ♀ weiter als ♂. **Jahresbruten.** 1 (zwei erfolgr. Bruten seltene Ausnahme, am ehesten in B/NL sowie RUS); Ersatzgelege i.d.R. nur bei Verlust der Eier. **Ende der Brutperiode.** Meist zw. Anf. Juni und Mitte Juli, gebietsweise auch später. **Bruterfolg.** Flügge Juv. in% der abgelegten Eier: D (Nistkasten) 66%, bis 88% bei Bruten mit mind. 1 flüggem Juv.; 7.0 Juv./Paar mit Brutbeginn und J., in D-NI (Nistkasten) bei 466 Bruten 1-12 (Ø 7.88) ausfliegende Juv., in DK aus 685 Eiern (Nistkasten) 73.4% flügge Juv., in S. noch höhere Werte; keine Korrelation des relativen Bruterfolgs mit Gelegegröße. Hauptverluste (in Naturhöhlen deutlich größer) durch Prädation (Buntspecht, Katzen, Marderartige).

Eimaße und -gewichte [1369]: L. 14.2-17.7 mm, B. 10.9-13.2 mm, Ø 16.1 x 12.3 mm (n=250, Europa), also signifikant länger und breiter als bei Weidenmeise. Frischvollgew. 1.03-1.39 g, Ø$_{31}$ 1.24 g. Schalengew. 0.05-0.085 g, Ø$_{98}$ 0.073 g.

Sterblichkeit, Alter. Überlebensrate ad. Br. in N. von einer Brutsaison zur folgenden mit 75.8 % erstaunlich hoch [1506]; Brutvögel einer Nistkastenpopulation N-D Durchschnittsalter 2.5 J, darunter 37.5 % mind. 3-jährige Ind. Ältester Ringvogel (S.) 11 J. nach Beringung von Sperlingskauz geschlagen [3654]; mehrfach > 9 J. **Generationslänge:** < 3.3 J. [383].

Mauser. Postjuvenile Mauser (Teilmauser) beginnt 3–4 Wochen nach Ausfliegen, Juni–Sept./Okt.; Kleingefieder und mehrere (alle) Große Armdecken, z.T. 1 Schirm- und einzelne (alle) Steuerfedern [767,1369,3771,2006]. • Postnuptialmauser (Vollmauser) Mitte Mai/Ende Juni–Ende Juli/Ende Sept.; Dauer der HS-Mauser ca. 80 d.

Parus montanus – Weidenmeise 14420

Parus [atricapillus] montanus Conrad von Baldenstein 1827 syn.: Mönchsmeise (Überbegriff); Alpenmeise

(GB) **Willow Tit** (F) **Mésange boréale** (E) **Carbonero Sibilino**

Taxonomie. Elf überwiegend klinal variierende UA, die sich vier nach Gesängen deutlich unterscheidbaren Gruppen zuordnen lassen [3102; vgl. auch 2497]:
***salicarius*-Gruppe** (europäisches Flachland bis Ussurien), davon in Europa *salicarius* C.L. Brehm 1831 (ME), »*kleinschmidti*« Hellmayr 1900 (Brit. Inseln) und »*rhenanus*« O. Kleinschmidt 1900 (W-Europa) mit »Flachland-Gesangstyp« sowie *borealis* de Selys-Longchamps 1843 (Fennoskandien, E-Europa) mit sibirischem Gesangstyp
***montanus*-Gruppe:** *montanus* Conrad von Baldenstein 1827 (inkl. »*transsylvanicus*« (Kleinschmidt 1921); Alpen, Karpatenbogen, Dinarisches Gebirge) mit »alpinem« Gesangstyp
***kamtschatkensis*-Gruppe:** *kamtschatkensis* (Bonaparte 1850) (Anadyr-Becken, Kamtschatka, Kurilen) mit alpinem Gesangstyp
***songarus*-Gruppe:** *songarus* Severtzov 1873 (Tien Schan), *stoetzneri* O. Kleinschmidt 1921 (N-China), *affinis* (Przevalski 1876) und *weigoldicus* O. Kleinschmidt 1921 (beide SW-China).
Angesichts der z.T. weiten geographischen Trennung zwischen Populationen mit gleichem Gesangstyp (z.B. »Alpin-Gesang« in Europa und auf Kamtschatka) muss wohl eine mehrfach konvergente Ableitung bestimmter Typen von einem Ausgangsgesang angenommen werden. Trotz der deutlichen Gesangsdifferenzierung sind alle Formen mitochondriengenetisch sehr ähnlich, auch die disjunkten Gebirgsformen *songarus* und *affinis* [3310]. Wie ein stark abweichender *weigoldicus*-Haplotyp (2 Ind.) in dieser Untersuchung zu erklären ist, bedarf weiterer Klärung.
Bildet Superspezies mit den nordamerikanischen Semispezies *P. atricapillus* und *P. carolinensis*.

Kennzeichen. [1369,3615,767,221,3772; **Foto** in Brit. B. **95**, 445].

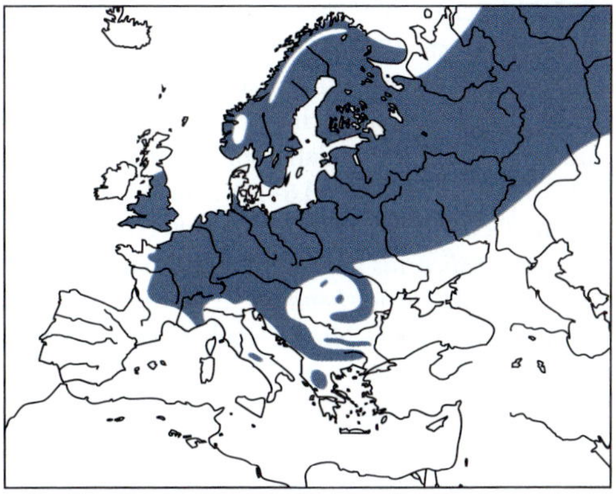

Parus montanus – **Weidenmeise**

Maße. Gr.: 11.5 cm. Gew.: (SK., *salicarius*) 10.1-12.1 g, $Ø_{27}$ 11.2 g, ♀ 9.6-12.1 g, $Ø_{21}$ 10.7 g, (E-F, *montanus*, Nestlingszeit) ♂, ♀ 12.5-14.0 g, Ø 13.3 g, (CH, *rhenanus*) ♂ 10.0-11.5 g, $Ø_{11}$ 10.9 g, ♀ 9.2-10.1 g, $Ø_8$ 9.7 g. Fl.spw.: 17-20.5 cm. Fl.l.: (CH, *montanus*) ♂ 58.2-70.0 mm, $Ø_{25}$ 66.1 mm, ♀ 60.5-65.7 mm, $Ø_{11}$ 64.0 mm, (NE-F, *rhenanus*) ♂ 57.0-60.2 mm, $Ø_{10}$ 59.2 mm, ♀ 56.0-59.0 mm, $Ø_8$ 57.7 mm, (N., *borealis*) ♂ 63.0-68.5 mm, $Ø_{57}$ 65.8 mm, ♀ 60.0-66.0 mm, $Ø_{59}$ 63.0 mm [1369,767].

Status. In ME weit verbreiteter und z.T. sehr häufiger Brut- und Jahresvogel (Verbreitungslücken s.u.). Zum Winter hin gebietsweise teilw. Abzug. Mehrere Formen als Brutvogel vertreten (s.u.), am seltensten UA *borealis* (nur E-PL); letztere in ME abseits des Brutareals bisher nur 1 mal nachgewiesen: **D:** Helgol. Nov. 1876 [1369].

Verbreitung und Bestand. Brutvogel der borealen und gemäßigten Zone sowie in Gebirgsregionen der Paläarktis von GB und E-F bis zum Pazifik einschließlich JAP. In Skandinavien bis fast 70°

N, weiter E N-Grenze kaum > 65° N, S-Grenze je nach Auffassung der Artabgrenzung N-China sowie Steppenzone bzw. mittelasiatischer Gebirgsrand bei 47–48° N, in Europa etwa S-Rand Alpen, inselartiges Vorkommen Abruzzen, Dinarisches Gebirge, Karpatenbogen und Rhodopen. In ME Brutvogel bis an Waldgrenze mit Verbreitungslücken vor allem in baumarmen und/oder trockenen (auch waldbestockten) Gebieten, einheitlichen Nadelforsten oder Großstadträumen, in D z.T. E-W-Gefälle der Großflächendichte; fehlt in Großer Tiefebene H; Subspezieszugehörigkeit der Brutvögel PL offensichtlich noch klärungsbedürftig. Höhengrenzen: CH 800 (-VD ab 500) m ü.M. bis zur Waldgrenze, A-V 400–700 m und 1100–1700 m, D-BY bis ca. 1700–1800 m, PL/CS ca. 1600 m ü.M. Gesamtbestand in Europa zw. 24 – 42 Mio. BP (leicht rückläufig), mit Schwerpunkt in RUS (20-35 Mio.) und großen Populationen in Fennoskandien (1.1-2.7 Mio.) und ME 0.6–1.2 Mio. BP [383]. In ME im Tiefland UA *borealis* im äußersten NE (ab Masuren), *salicarius* in N- und E-ME nach S bis D-BY und E-CH sowie *rhenanus* in W- und SW-ME, mit Ausläufern bis D-NI/-ST, schließlich die Nominatform (**Alpenmeise**) in Alpen und Vorländern bis ins Tiefland A (und H).

Wanderungen. Standvogel, Dismigrationen über kleine Entfernungen, Wanderungen vom Evasionstyp; Überwinterung im Brutareal. In W- und ME größere Ortsbewegungen so gut wie unbekannt (Ausnahmen max. bis ca. 100 km; Ringfunde B – E. unwahrscheinlich) [4219]; nachbrutzeitliche Dispersionsbewegungen D z.B. max. bis 22 km. In N- und E-Europa Wanderungen mit Invasionen in S-Fennoskandien und Baltikum bis N-PL (max. Entfernungen bis 600 km), während der an Einzelstationen max. bis 5000 Ind. registriert werden konnten. Wanderumfang und -weite der Br. E-Europas weitgehend unbekannt; weitester Fund März EST – Nov. späterer J. Donaudelta 1450 km SE.

Bestandsentwicklung. Wie bei anderen Meisen erhebliche kurzfristige Bestandsschwankungen als Folge harter Winter [1369]. Zwillingsarten Weiden- und Sumpfmeise erst seit 1920er J. von Feldornithologen unterschieden, daher langfristige Veränderungen nur über etwa halbes Jh. bekannt.
UA ***rhenanus*** und ***salicarius:*** In Teilen ME im 20. Jh., bes. deutlich seit Ende 1950er oder Anf. 60er J. erhebliche Arealausweitung und Bestandszunahme [334,1137,1369; CZ, D, NL: 1369,2623, 2772,1587,1680,1719,310,2821,2318,3382,884,1467, 2497,593; auch DK (erst 1977 besiedelt) und F: 1369,310,4180], u.a. in Verbindung mit Zunahme von Nadelholzpflanzungen, Rückgang des Brennholzbedarfs, geringere Durchforstung und Waldpflege, zunehmendes Nistplatzangebot [2497,668], z.B. durch vermehrtes Absterben von Birken [3382], sowie aufgrund von Windbrüchen [L: 2560].
Neuerdings aufgrund von Habitatzerstörung und -verlust allerdings lokale und regionale Rückgänge [B, CH, D: 1369,3393,3392,1719,1722,1507,2642, 1616,4143,1615,2393,198,1669], neuerdings sehr drastisch in NL (um 40% in 1990er J.) [375,3638]. In vielen Regionen Bestände aber langfristig wohl stabil [1369,1585,1,3871,2896; Tabelle].

	Best.	Areal	Brutbestand	Jahr	Quelle
A	+/-	=	80.000–140.000	1998–2002	[383]
B	↓	=	10.000–20.000	2001–2002	[383]
CH	+/-	=	30.000–70.000	1993–1996	[383]
CZ	+/-	=	40.000–80.000	2000–2002	[383]
D	+/-	=	150.000–380.000	1995–1999	[383]
FL	+/-	=	400–600	1998–2000	[383]
H	↑	=	300–500	1990–1993	[383]
L	↓	=	5.000–6.000	2001	[383]
NL	⇩	=	20.000–30.000	1998–2000	[383]
PL	+/-	=	200.000–300.000	2000–2002	[383]
SK	+/-	=	60.000–150.000	1990–1999	[383]

UA ***borealis:*** In fennoskandischen Populationen in letzten Jahrzehnten bei (noch) unverändert großem Brutareal in Folge intensivierter Waldnutzung deutliche Bestandseinbußen [1369,1691]; keine Kenntnisse über gerichteten Populationstrend in NE-PL [3871].
UA ***montanus*** **(Alpenmeise):** Langfristige Veränderungen aus Alpenraum nicht bekannt; Bestände weitgehend stabil [965,3392,3393]; in CH im Gegensatz zu Tieflandpopulationen (s. *rhenanus*). In Teilbereichen H (auch im N Wienerwald, A), u.a. durch Anpflanzung von Fichten und Kiefern deutliche Arealausweitung und Bestandszunahme [1585,1369,1507].

Siedlungsdichte. Reviere in S-D 5.0–9.1 (Ø 7.3), bewaldete Revierteile 3.8–7.2, Ø 5.0) ha. Höchstdichten in ME auf Flächen von 20–49 ha 2.7–2.3–0.8 (Ø 1.9), von 50–99 ha 1.1–0.8–0.6 (Ø 0.8), von > 100 ha 1.7–0.8–0.4 (Ø 0.9) Rev./10 ha. Großflächendichte (> 100 km^2) zw. 0.001 – 4.4 BP/km^2 [vgl. Tab. 48 in 337; auch 1,1722,1137].

Gefährdungsursachen [1369,1719,2623,668]. Zerstörung und Beeinträchtigung geeigneter Lebensräume durch (1) Vernichtung von Auwäldern, (2) intensive Nutzung und Durchforstung der Wälder (einschließlich Entfernung morscher Bäume oder Stümpfe), (3) Trockenlegung und Umbruch von Moorgebieten sowie (4) Ausräumung und Verbauung der Kulturlandschaft.
Natürliche Ursachen: harte Wintern (dadurch vor allem verringertes Nahrungsangebot mit Auswirkung auf Überlebensrate der Einjährigen); Verluste durch Prädation; interspezifische Nistplatzkonkurrenz mit oft dominanten Meisen und mit Schnäppern.

Schutzmaßnahmen. Spezifische Maßnahmen kaum erforderlich, doch geringere Durchforstung der Wälder, Belassen von morschem Alt- und Totholz und besserer Schutz sowie Renaturierung der Flussauen sinnvoll.
Bei Nistplatzmangel lokal Anlage prädationssicherer, speziell für Weidenmeisen hergestellter Nisthilfen.

SPEC	VSchRL	Bern.Konv.	Bonn.Konv.
--	--	Anh. II	--
Europ. RL	**RL in ME**		
--	--		

Biotop. Br. in morschholzreichen Wäldern und Gehölzen, insgesamt in einem breiten Spektrum von borealem Nadelwald bis in die subarktische Birkenzone, in montanen und subalpinen Nadelwäldern bis in die Krummholzstufe, in Laub- und Mischwäldern bis zu feuchten Auwäldern, Bruch- und Moorwäldern. In ME gebietsweise unterschiedliche Schwerpunkte, nämlich einerseits mehr oder minder feuchte Auwälder, Birken- und Weidenbestände, andererseits naturnahe, lichte Nadel- und Mischwälder der Gebirge und Mittelgebirge mit reichlich Unterholz. In trockenen Wäldern, Nadelforsten oder Buchenwäldern auch bei Angebot an Totholz nur selten oder fehlend; bevorzugt dagegen auf feuchten Standorten, auch in verwilderten Feldgehölzen, Parks und Gärten. In ME gebietsweise syntop mit Sumpfmeise. In geschlossenen Siedlungsbereichen auch im Winter s. an Futterstellen.

Nahrung. Frühjahr und Sommer hauptsächlich Insekten und deren Larven, ganzjährig Spinnen und deren Entwicklungsstadien; ab Hochsommer Samennahrung, weniger vielseitig als Sumpfmeise, aber z.B. in den Alpen häufiger Koniferensamen.

Stimme. Stimmfühlung »zi-däh«, auch einsilbig und locker gereiht »däh däh...« (viel gedehnter als Sumpfmeise), bei Erregung »zwet-zwet-zwet-dä« (oft etwas stotternd und unregelm. gereiht), letzte Silbe kann auch wegbleiben. Gesang: grundsätzlich Reihung gleicher Elemente, es werden jedoch regional strukturell verschiedene, in ihrem Verbreitungsgebiet relativ konstante Gesangstypen beob.; »Normal- bzw. Tieflandformen« *(salicarius, rhenanus)* reintonig gedehnt »ziü-ziü-ziü« oder »tiü-tiü...« mit jeweils absinkenden Elementen, unterschiedliche Typen; »alpine Form« *montanus* dagegen Strophen mit größerer Zahl kürzerer Elemente, die nicht absinken, wie »zie-zie...« oder »düh...« (nicht selten aber auch gedehnt vorgetragen). Genaue Verbreitung der Gesangsformen noch nicht abschließend geklärt, so sind einige Populationen wie die Skandinaviens und ostwärts bis Ussurien »zweisprachig«, Übergangsformen kommen vor; *kamtschatkensis*-Gruppe mit deutlichen Unterschieden im Gesang, innerhalb der *songarus*-Gruppe ebenso, hier bedarf es weiterer Daten [ausführliche Diskussion in 1369]. ♂ mit individueller Variabilität. Auch ♀ scheinen (relativ selten) zu singen. Hauptsangeszeit 1. Jahreshälfte, Herbst- und Wintergesang selten. Im Herbst Subsong von Juv. als leises, nicht strophig gegliedertes Schwätzen.

Verhalten. Tagaktiv. Fortbewegung ähnlich Sumpfmeise aber weniger lebhaft. Nahrungssuche sehr ähnlich Sumpfmeise, auch in der Wahl der bevorzugten Aufenthaltsbereiche (in Auwäldern häufiger in Busch- und Krautschicht), ebenso Anlage von Vorräten und Verstecke von Samen, insbes. Transport mehrerer Samen gleichzeitig (für Br. RUS bis 15 kg Koniferensamen und Evertebraten als »Vorratslager« pro Ind. und J. geschätzt). Mitunter Sumpf- und Weidenmeise gleichzeitig am gleichen Ort. Festklemmen von Samen mit beiden Füßen und Hämmern mit dem Oberschnabel. Ganzjährig territorial. Revierverhalten wie Sumpfmeise, Streifgebiete offenbar mitunter größer. ♂ betreiben intensive Partnerbewachung zur Vaterschaftssicherung [2091]. Paarbildung bereits unter Jungvögeln. Außerhalb der Brutzeit einzeln oder paarweise, auch in Trupps bis 10 Ind. mit anderen Meisen (im Gebirge meist Hauben- und Tannenmeisen) vergesellschaftet. Neigung zur Vergesellschaftung bzw. Truppgröße artreiner wie gemischt-artlicher Verbände im Winter negativ mit Lufttemperatur korreliert; in Trupps nimmt Zeitaufwand für Sicherung der Umgebung ab [1737]. In Fennoskandien artreine Trupps meist aus ad. Paar und (mind. i.d.R. nicht verwandten) 1–6 Einj. (nicht selten ebenfalls bereits gepaart), letztere ohne Revier, mit konstanter Rangordnung bei Dominanz der ♂ und innerhalb eines Geschlechts der Ad. über Einj. (Tarsuslänge, aber nicht Flügellänge mit Rangordnung korreliert); fremde Jungvögel wandern mitunter bereits in Reviere ein, wenn die Jungen des Revierpaares noch nicht selbstständig sind. So bilden sich auch Jungentrupps verschiedener Bruten. »Balzfütterung« des ♀ vor Eiablage.

Fortpflanzung, Brutbiologie [337,1369,767, 1,1722]. Geschlechtsreife im 1. Lebensjahr. Wohl i.d.R. monogame Dauerehe (Partnertreue bis 3 J. nachgewiesen), doch auch Paartrennungen beob. (auch nach erfolgr. Bruten). Intensive Bewachung des ♀ in fertiler Periode, daher Fremdkopulationen/-vaterschaften sehr selten. **Ankunft im Brutgebiet.** Paarbildung oft schon ab Sommer unter Jungvögeln, spätestens im Herbst. Revierbezug mitunter schon 6-10 Wochen nach Ausfliegen oder im 1. Winter im Streifgebiet, wenn Plätze frei werden; lebenslange Reviertreue wahrscheinlich (bis 6 J. nachgewiesen). Im Frühjahr Suche nach geeigneten Bruthöhlen, dabei werden morsche Bäume rasch erkannt (kein Hacken an gesunden beob.); eigene vorjähr. Hackanfänge werden bei Wahl bevorzugt. **Nest.** Neststand meist in selbstgehackten Höhlen in morschen und sehr weichen (in Niederungen bevorzugt Laub-) Hölzern, auch Anfänge von Spechten u.a. werden weitergeführt; Flugloch 0.3-10 m (meist >7 m) über Boden; offenbar vor allem späte Bruten auch in fertigen Spechthöhlen oder (regional unterschiedlich häufig, oft nur in höheren Lagen) auch in unpräparierten Nistkästen aus Holz oder Holzbeton, ausnahmsweise in Nestern von Eichhörnchen, Wacholderdrossel, Zaunkönig. Im Rhl. von 193 Höhlen 183 selbst geschlagen, 2 Buntspechthöhlen, 4 in erweiterten Naturhöhlen, 3 mal Nistkästen, 1 mal Zaunkönignest. Höhlenbäume variabel, abhängig vom Angebot; auch Bruthöhlen in morschen Zaunpfählen oder Holzmasten. Bruthöhle führt normalerweise nach unten, am Ende zu Nestkammer erweitert. Höhlentiefe Ø 15-16 cm, Flugloch hochoval, Fläche Ø 11-12 cm^2. Im Unterschied zur Sumpfmeise Moosunterlage selten, meist spärliche Unterlage aus Pflanzenfasern und Samenhaaren (Füll- und Sockelmaterial kann auch fehlen). Nestbau: zunächst oft Anlage mehrerer Hackstellen, an denen gleichzeitig gearbeitet werden kann, dann Beschränkung auf eine und Ausbau zur Bruthöhle; beide am Ausbau beteiligt. Ausgehacktes Material anfangs über Schulter nach hinten geworfen, später aus größer werdenden Höhle weggetragen. Baudauer 7-18 d, Ø 11-13 d. Bau des Napfes nur durch ♀, Eintrag von Nistmaterial bis in die Legezeit. **Legebeginn.** In ME in Tieflagen frühestens 1. Aprildekade, meist Ende April/Anf. Mai, in Bergwäldern oft erst in 2. Maihälfte/Anf. Juni, bei Spätbruten im Juli (Aug.). **Gelegegröße.** 5-10 (11), am häufigsten 7-9; Ø S-D_{34} 6.8, D-BW_{111} 7.6, F_{17} 7.7; Kalendereffekt: Rhl. $April_{32}$ 8.5, Mai_{35} 8.1, aber CH (Alpen, Nistkästen) Mai_{14} 6.7, $Juni_{14}$ 7.0; Korrelation zw. Gelegegröße und Nestfläche nachgewiesen. Legeintervall 1 d. **Eier.** Wie Sumpfmeise, häufig aber etwas stärker gefleckt. **Brutdauer.** 13-15 (FIN 11-19, Ø 14, D-BW_{32} 14.1) d; Brutbeginn vor vollständigem Gelege; nur ♀ brütet, wird zuweilen vom ♂ gefüttert. Juv. schlüpfen asynchron innerhalb 2 (1-3) d. **Nestlings-/Führungszeit.** Beide füttern, nur ♀ hudert. Nestlingsdauer (15) 17-20 ($Ø_{23}$ 19) d. Nach Ausfliegen werden Juv. etwa 2 Wochen von Ad. betreut (zuletzt aber meist nur noch vom ♀ gefüttert); dominante Juv. dispergieren rascher. **Jahresbruten.** 1 (im Tiefland Zweitbruten kaum belegt, in CH Bergland vor allem in Nistkästen); Ersatzgelege nicht die Regel (z.B. im Alpenraum seltener als bei Tannenmeise). **Ende der Brutperiode.** Meist im Juli, zuweilen noch bis Aug. **Bruterfolg.** Totalverluste an Bruten im Rhl. ca. 31%, in Stichprobe D-BW > 60% (in FIN und ME häufig durch Buntspecht). FIN 5.4 Juv./Paar und J., in CH-GR bei 37 Nistkastenbruten auch 5.4. In Nistkästen Bruterfolg generell höher. In F 9er Gelege mit Ø 6.6 flüggen Juv., 8er Gelege 7.5, 6er 5.5 und 5er 5 flügge Juv.

Eimaße und –gewichte [1369]: L. 14.3-17.0 mm, B. 11.5-13.0 mm, Ø 15.6 x 12.0 mm (n=39, F), 15.8 x 12.4 mm (n=67, D-BB). Frischvollgew. 1.05-1.27 g, $Ø_{16}$ 1.18 g. Schalengew. 0.063-0.087 g, $Ø_{76}$ 0.074 g.

Sterblichkeit, Alter. FIN ca. 35 % ♂ und 40 % ♀ vom Ende einer Brutzeit bis Mai des folgenden Jahres; dominante Ind. der Wintertrupps haben geringere Sterblichkeit als Ind. niederer Rangordnung [z.B. 2090; Übersicht und Diskussion: 2225]. Älteste Ringvögel 12 J 11 Monate, mehrfach > 9 J. **Generationslänge:** < 3.3 J. [383].

Mauser. **Postjuv. Mauser** (Teilmauser) Juli/Aug.–Mitte Aug./Mitte Okt.; einschließlich variabler Anzahl Großer Armdecken, selten einzelnen Schirm- und mittleren Steuerfedern [767,1369]. • **Postnuptialmauser** (Vollmauser) bes. bei ♂ kann sich Beginn mit Brutgeschäft überlappen, Mitte Mai/Juni–Aug./Sept.; Dauer der HS-Mauser GB/FIN 70–80 d.

Überfamilie Sylvioidea

Die Monophylie dieser großen Überfamilie ist inzwischen sehr gut gesichert [3546,158,159,1045,274]. Mit diesen molekularen Untersuchungen wurde auch klar, dass viele der bislang in der Familie »Sylviidae« zusammengefassten Gruppen bei weitem nicht so nah mit einander verwandt sind, wie es den Anschein hatte. Zuerst wurde die Eigenständigkeit der Goldhähnchen (*Regulus* sp.) erkannt [3546], die nicht einmal in die Überfamilie Sylvioidea gehören. Inzwischen ist auch klar, dass Laubsängerverwandte (*Phylloscopus, Seicercus* und ggf. weitere Gattungen), Seidensänger (*Cettia*), Rohrsängerverwandte (*Acrocephalus, Hippolais, Chloropeta*), Schwirle und verwandte Gattungen (*Megalurus, Locustella, Bradypterus* u.a.) sowie Zistensänger und Verwandte (*Cisticola, Prinia, Orthotomus, Apalis, Camaroptera* u.a.) jeweils sehr eigenständige Linien darstellen, die phylogenetisch ähnlich alt sind wie andere Teilgruppen der Sylvioidea, die man schon immer auf Familienniveau abgegrenzt hatte, z.B. Lerchen (Alaudidae), Schwalben (Hirundinidae) und Bülbüls (Pycnonotidae). Also nur folgerichtig, auch o.g. Teilgruppen der ehemaligen »Sylviidae« jeweils auf Familienniveau zu klassifizieren, wobei Zuordnung einer ganzen Reihe von noch nicht molekular charakterisierten, außereuropäischen Gattungen bisher nicht klar ist. Somit bleibt von ursprünglichen »Sylviidae« nur die Gattung *Sylvia* übrig, die nunmehr mit den früheren Timaliidae (Drosslingen) und Zosteropidae (Brillenvögel) zu einer neuen, völlig anders zusammengesetzten, aber nach heutigem Kenntnisstand monophyletischen Familie Sylviidae zusammengefasst wird; dem Vorschlag, diese Familie »Timaliidae« zu nennen [681], wird hier u.a. deshalb nicht gefolgt, weil dann auch die Überfamilie umbenannt werden müsste.

Die Reihenfolge der Familien ist, abgesehen von der Anfangsstellung der Lerchen, noch als vorläufig anzusehen, da ihre Verwandtschaftsverhältnisse untereinander noch nicht auflösbar sind.

Familie Alaudidae – Lerchen

Finken- bis starengroße, relativ großflügelige, meist tarnfarbene Bodenvögel. Geschlechter weitestgehend gleich, aber ♂ meist größer als ♀ (z.T. 20-25%). Zehen und Vorderkrallen kurz, Hinterkralle meist sehr lang. 10 HS, aber äußerste oft sehr klein. Jugendvollmauser (wie Sperlinge und Stare).
Die Lerchen sind wahrscheinlich die Schwestergruppe aller anderen Sylvioidea, soweit diese bisher molekular untersucht wurden [1045,159]. Die Zuordnung zu den Passeroidea auf Basis von DNA-Hybridisierung [3564] hat sich - auch mit derselben Methode -, als falsch herausgestellt [3546]. Die Familie umfasst ca. 85 Arten in 15 Gattungen, über deren Verwandtschaftsverhältnisse bisher keine genaueren Vorstellungen existieren (Reihenfolge daher rein hypothetisch). Ein klarer Diversitätsschwerpunkt liegt in den Trockengebieten Afrikas. Die Gesamtverbreitung reicht aber über Eurasien bis nach Australien und Nordamerika (1 Art).

Die geographische Variation in der Gefiederfärbung ist bei residenten (nicht ziehenden) Lerchen sehr ausgeprägt und zeigt in Helligkeit und Farbton deutliche mimetische Anpassungen an das jeweilige Substrat. Dazu kommt (auch bei ziehenden Arten) eine deutliche saisonale Färbungsvariation im Zusammenhang mit Abnutzung und Ausbleichen des Gefieders in den oft schattenarmen Lebensräumen.

Melanocorypha calandra – Kalanderlerche 09610

Melanocorypha calandra (Linnaeus 1766)

GB **Calandra Lark** F **Alouette calandre** E **Calandria Común**

Taxonomie. Drei UA: *calandra* (Linnaeus 1766) (S-Europa bis S Kaspisee), *hebraica* Meinertzhagen 1920 (Naher Osten) und *psammochroa* Hartert 1904 (Iran bis KZ). Die Art ist mit nah verwandter *M. bimaculata* weiträumig sympatrisch, aber im Mittel altitudinal und durch Habitatwahl getrennt.

Kennzeichen. [1369,3615,767,221,3772; weitere Fotos in Bird. W. **5**, 113, Sandgr. **25**, 25, Limic. **17**, 52/53].

Maße. Gr.: 18-19 cm. Gew.: ♂ 54-73 g, ♀ 44-66 g. Fl.spw.: 34-42 cm. Fl.l.: ♂ 12.6-14.1 cm, Ø RUS_{49}

130.6 cm, ♀ 11.3-12.2 cm, Ø RUS_{14} 116.6 cm [1369,767].

Status. In ME in fast allen Ländern als sehr seltener Ausnahmegast zu Zugzeiten, meist (Feb.) Apr. und Mai (bis Juli), einzelne im (Sept.) Okt./Nov., vorwiegend Einzelvögel in Trupps von Feldlerchen; u.a. mit Nachw. in **CH:** 15 mal (20 Ind.) bis 2001, dabei größerer Einflug 1993 (allein 7 Beob. mit 11-12 Ind.) [4152,3393,q14] • **L:** je 1 Ind. 1895, 1905, 1911. • **B:** Alte Belege (4mal 19. Jh., Feb. 1914) inzw. gestrichen; einziger anerkannter Nachw. Nov. 1997 [q15,1677]. • **NL:** je 1 Ind. Okt. 1980, Mai 1988 [277]. • **D:** Helgol. 3 mal 19. Jh. und Juni 1933; -HH, -NI, -NW, -HE, -TH, - SN je 1 mal 19. Jh. (u.a. Mai, Juni, Juli, Okt.); -BW Mai 1996 [1369,337,1722]. • **A:** Mai 1884, Apr. 1966, Juni 1966, Apr. 1975, Mai 1983, Mai 1988, April 1993, Mai 1994 je 1(– 2) Ind. (versch. Regionen). • **H:** Nov. 1947, Feb. 1979; (Beob. von 1980 und 1984 gestrichen) [2438]. • **CZ:** 3 mal (zw. 1880-94, um 1911, Nov. 1929) [2159,1369]. • **PL:** erl. Feb. 1811, 2 Ind. Mitte 19. Jh., 1 Ind. erl. 1878, 2 Ind. erl. nach 1925; unsicher: 4 Ind. Sept. 1985 [3871,q13]. Neuere Beob. in H 1999, A 1999 noch anhängig? [q3].
Auch in anderen Gebieten Europas nur ausnahmsweise., z.B. bis 1997 in GB nur 7 mal, in S. 3 mal, FIN 4 mal bis 1988, N. 8 mal bis 1988 [337,3615].

SPEC	VSchRL	Bern.Konv.	Bonn.Konv.
3	Anh. I	Anh. II	--
Europ. RL	RL in ME		
--	--		

Verbreitung und Bestand. Brutvogel in der mediterranen und Steppenzone der SW- bis Zentralpaläarktis: Maghreb, Iberische Halbinsel (S Kantabrisches Gebirge), S-F, Sardinien, Sizilien, S-Hälfte I, YU an wenigen Stellen, GR, BG, von Schwarzmeerküste bis 47° N in RUS, nach E bis an Aralsee und über Vorderasien bis Mittelasien. Obergrenze E. 1100 m, Atlasvorland 1800 m, TR 1300 m (ausnahmsweise bis 2000 m), Mittelasien 1300 m ü.M. Europäischer Brutbestand 10-24 Mio. BP, mit weitaus größten Populationen in RUS (5-10 Mio.), TR (4-10 Mio.) und E. (1-3.4 Mio. BP); Bestand leicht rückläufig [383], in F seit 19. Jh. besonders starke Abnahme, auf inzw. nur noch 40-50 BP (2000) [383]. Gründe für Rückgang in S-Europa nicht nur mit Änderungen der Bodennutzung zu erklären [1507].

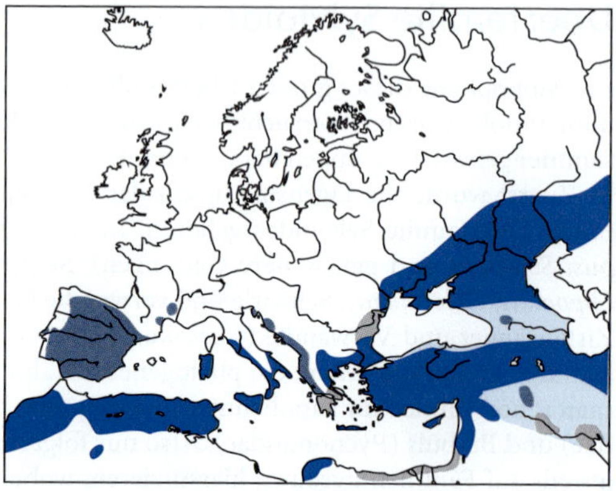

Melanocorypha calandra – **Kalanderlerche**

Wanderungen. Standvogel, Dismigrationen (auch Winterflucht aus höheren und kontinentalen Lagen) in W-Europa und N-Afrika, Zugvogel im kontinentalen E des Areals, vereinzelt aber auch im Mittelmeer Zugbewegungen zu beobachten (regelmäßiger im E).

Biotop. Br. auf Trockensteppen, mediterranen Viehweiden, Brach- und Ruderalflächen sowie (vorwiegend extensiv bewirtschafteten oder trockenen) Getreidefeldern.

Nahrung. Im Sommer Insekten (auch größere, wie Heuschrecken und Käfer), im Winter vorwiegend vegetarisch (Sämereien, z.B. Getreidekörner), im Frühjahr auch grüne Triebe.

Stimme. Rufe im Sitzen »trrriip«, im Fliegen schnurrend bis klirrend »klyrrt«, »schirlschirlschirl« o.ä. (kräftiger als Feldlerche). Gesang sehr abwechslungsreich, oft Flugrufe herauszuhören, tiefer, melodischer und lauter als Feldlerche, ebenfalls oft sehr lange Strophen; schnarrende und klirrende Elemente wechseln mit pfeifenden, mitunter wiederholten ab; viele gute Nachahmungen anderer Vogelarten. Sangeszeit Anf. März bis Mitte Juli; Herbstgesang Okt./Nov. Steigt zum Singen kreisend auf, hält sich mit weit ausholenden, langsamen Flügelschlägen in der Luft. Demonstration der Flügelunterseiten.

Verhalten. Tagaktiv. Flug wirkt manchmal schwebend. Pickt Nahrung vom Boden oder Vegetation. Gräbt sogar nach Erdinsekten mit dem Schnabel. Hülst Samen wie Ammern. Zur Brutzeit territorial, sonst in Trupps, mitunter auch in großen artreinen Schwärmen. Gesang manchmal von Erhöhungen am Boden, meist im hohen kreisenden Singflug vorgetragen; dabei langsame Flügelschläge (mit manchen Limikolen zu vergleichen), kein Rütteln am Ort wie Feldlerche; abschließend steiler Gleitflug nach unten.

Fortpflanzung, Brutbiologie [337,1551]. Monogame Saisonehe. **Nest.** Meist in Vertiefung in Deckung durch Vegetation; oberer Nestrand meist auf Bodenhöhe, feine weiche Polsterung; beide Ad. bauen. **Legebeginn.** In S-Europa Anf. bis Mitte April, Ersatz- oder Zweitgelege bis Juni; weiter N Ende April, in UA. schon ab Ende März. **Gelegegröße.** 4-5 (2-7). **Eier.** Spindelförmig bis oval, auf blassblauem oder rötlichem Grund dicht und ziemlich grob gelb- bis graubraun gefleckt. **Brutdauer.** 16 d; ♀ brütet. **Nestlings-/Führungszeit.** Juv. von beiden Ad. versorgt, verlassen Nest noch flugunfähig nach 10 d (Verstecken in der Umgebung). **Jahresbruten.** 1-2; Nachgelege.

Sterblichkeit, Alter. **Generationslänge:** < 3.3 J. [383].

Mauser. **Postjuvenile Mauser** (Vollmauser) wahrscheinlich kurz nach dem Flüggewerden, Abschluss bis Sept./Nov. [767]. • **Postnuptialmauser** (Vollmauser) Ende Juni/Juli–Ende Aug./Mitte Okt. [767, 3771].

Melanocorypha bimaculata – Bergkalanderlerche 09620

Melanocorypha bimaculata (Ménétries 1832)

GB Bimaculated Lark **F Alouette monticole** **E Calandria Bimaculada**

Taxonomie. Drei gering differenzierte UA: *bimaculata* (Ménétries 1832) (N-TR bis N-Iran), *rufescens* C.L. Brehm 1855 (S-TR bis Irak) und *torquata* Blyth 1847 (NE-Iran und Turkmenistan nach E).

Kennzeichen. [3615,767,221,3772; weitere **Fotos** in Bird. W. **9**, 217, **12**, 52/53, **17**, 250, Sandgr. **25**, 25, Limic. **12**, 288, Dutch B. **21**, 55].

Maße. Gr.: 16-17 cm. Gew.: ♂, ♀ 47-62 g. Fl.spw.: 33-41 cm. Fl.l.: ♂ 11.8-12.8 cm, ♀ 11.0-11.9 cm [767].

Status. Im SE des Mittelmeerraums Brutvogel, S und E davon Durchzügler bzw. Wintergast, in den meisten Regionen Europas nur Irrgast, mit einzelnen Nachw. in GB, S. FIN, I und GR [3615]. In ME bisher nur ein einziger Nachw., in • **D:** -BW (sowie -BY) Juli 1998 1 verletztes Ind. [575].

SPEC	VSchRL	Bern.Konv.	Bonn.Konv.
--	--	Anh. II	--
Europ. RL	RL in ME		
--	--		

Verbreitung und Bestand. Brutvogel in lückigem Areal der Steppenzone von Zentralanatolien nach S bis IL und SYR und ostwärts bis Iran, Teile Mittelasiens bis W-China. Bevorzugt anders als Kalanderlerche meist bergigere Regionen und Hochlagen. In W-Paläarktis mit 2 UA, *rufescens* im E-Mittelmeerraum von S-TR bis IL und Irak, Nominatform von N-TR über Transkaukasien nach W-China. Europäischer Brutbestand 1.0-2.2 Mio. BP, davon 95% in TR und 30.000-150.000 BP in AR, kleine Bestände in AZ und GO; insgesamt leicht zunehmend [383].

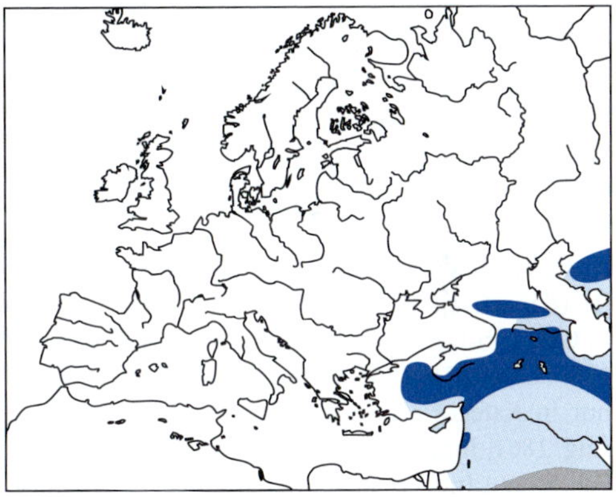

Melanocorypha bimaculata – **Bergkalanderlerche**

Wanderungen. Zugvogel. Einige überwintern im S des Brutareals, Großteil aber Pakistan, Mittlerer Osten, NW-Indien und NE Afrika [3615].

Stimme. Gesang sehr ähnlich Kalanderlerche, raue Motive sind seltener; singt auch im Sitzen. Rufe feldlerchenähnlich, etwas weicher »tschrüüp« oder »prijip«.

Mauser. Postjuvenile Mauser (Vollmauser) [3771]. • Postnuptialmauser (Vollmauser) Juli-Aug. [767].

Melanocorypha leucoptera – Weißflügellerche 09650

Melanocorypha leucoptera (Pallas 1811)

(GB) **White-winged Lark** (F) **Alouette leucoptère** (E) **Calandria Aliblanca**

Taxonomie. Monotypisch. Bildet möglicherweise Superspezies mit der östlich anschließenden *M. mongolica* [vgl. 1369]

Kennzeichen. [3615,221,3772,767; weitere **Fotos** in Bird. W. **17**, 281, Dutch B. **23**, 228, **26**, 202, 342].

Maße. Gr.: 18 cm. Gew.: ♂ 40-52 g, ♀ 36-49 g. Fl.spw.: 33-37 cm. Fl.l.: ♂ 11.9-13.5 cm, $\varnothing_{49}$ (RUS) 13.1 cm, ♀ 11.1-12.2 cm, $\varnothing_{14}$ (RUS) 11.7 cm.

Status. In Europa abseits der östlichen Brutgebiete sehr seltener Gastvogel, u.a. mehrfach in GB und I, und wenigen Nachweisen in Fennoskandien, YU, GR, BG und M, meist zwischen Aug. und Nov.; in TR bis Anf. 20. Jh. regelm. Wintergast [3615,337].

Auch in ME Ausnahmegast – vornehmlich im 19. Jh. (danach noch seltener), mit einzelnen Nachw. in **CH:** 1 Ind. erlegt Nov. 1924 [4152]. • **B:** je 1 Ind. 1855, Okt. 1856, 1865, Nov. 1897 [337; aber in 1677 nur in Kategorie D oder E geführt]. • **D:** Helgol. Aug. 1881, Juni 1886. • **A:** 1 Ind. April 1910. • **SK.:** Feb. 1899 1 Ind. erlegt aus Schar von ca. 30 (Schicksal des Belegs unbekannt) [1369,3871]. • **PL:** sing. ♂ März 1932, ad. ♂ Okt. 1975, Ad. Aug. 1978, März 1988, 2 ♂ Mai 1993 [1369,q4].

SPEC	VSchRL	Bern.Konv.	Bonn.Konv.
^{E}(W)	--	Anh. II	--
Europ. RL	RL in ME		
--	--		

Verbreitung und Bestand. Brutvogel in der Steppenzone der Zentralpaläarktis von der unteren Wolga und der nördlichen Kaspisenke über KZ bis in SW-Mongolei und NW-China (Dsungarei). Europäischer Brutbestand (nur RUS) 20.000-65.000 BP; bei Schwankungen stabil [383], aber Arealver-

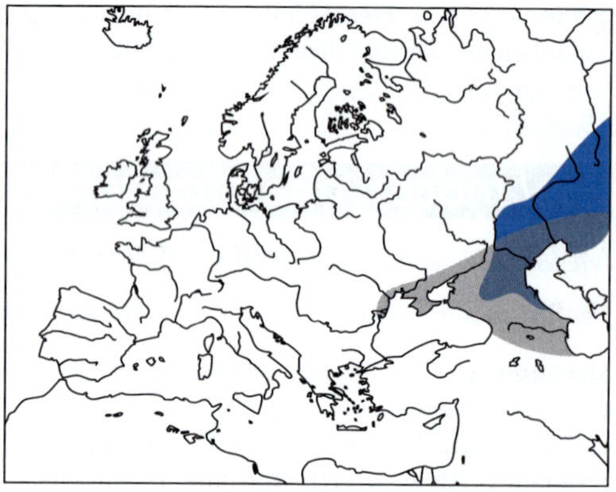

Melanocorypha leucoptera – **Weißflügellerche**

luste durch Urbarmachung größerer Steppenregionen in KZ [767].

Wanderungen. Kurzstreckenzieher; überwintert von NW-Pakistan und N-Iran bis Anatolien, S-RUS und UA., gelegentlich bis an Schwarzmeerküste RO und nach N-GR. Wegzug Aug.–Okt. (im S Einzelvögel erst Dez.), Heimzug ab März [3615].

Biotop. Br. in niedrigen Gras- und Wermutsteppen, ausnahmsweise auch Getreidefeldern; im Winter auch auf Brach- und Kulturland.

Nahrung. Im Sommer vorwiegend Insekten, im Winter Sämereien.

Stimme. Flugruf rau »tscherie«, aber auch weicher »tser-li« (feldlerchenähnlich) oder helles »wäd«; Gesang feldlerchenartig, langsamer und pausenreicher, viele Motive höher, häufig sprunghafte Tonhöhenwechsel, weniger wohltönend als Kalanderlerche, aber ebenfalls mit vielen Imitationen. Singt auch vom Boden. Singflug ähnlich Kalanderlerche, Vogel lässt sich am Ende blitzartig zu Boden fallen.

Verhalten. Tagaktiv; zieht aber auch am Abend. Fliegt rascher und gradliniger als Kalanderlerche. Nahrungserwerb ähnlich Kalanderlerche. Zur Brutzeit territorial; Reviere jedoch mitunter klein Oft lockere Nestkolonien. Außerhalb Brutzeit gesellig.

Fortpflanzung, Brutbiologie [337,767,1551]. Monogame Saisonehe. **Nest.** Gut gedecktes Bodennest aus Grashalmen, mit feinen Fasern ausgelegt; nur ♀ baut. **Legebeginn.** Ab Ende Apr./Anf. Mai bis Juni (Juli), meiste Gelege im Mai. **Gelegegröße.** 5-6 (3-8). **Eier.** Spindelförmig, glänzend, sehr variabel von weißlich bis blassgrün oder -gelb, verschiedenfarbig gefleckt und oft am stumpfen Ende mit dichterer Fleckung. **Brutdauer.** 12-13 (15) d; nur ♀ brütet. **Nestlings-/Führungszeit.** Beide Ad. füttern; Juv. verlassen Nest noch flugunfähig nach 10 d, bei Störung schon nach 6-7 d. **Jahresbruten.** 1-2; Nachgelege.

Mauser. **Postjuvenile Mauser** und **Postnuptialmauser** (je Vollmauser) Juli/Aug.-Sept./Okt. [767,1369,3771].

Melanocorypha yeltoniensis – Mohrenlerche 09660

Melanocorypha yeltoniensis (J.R. Forster 1767)

(GB) **Black Lark** (F) **Alouette nègre** (E) **Calandria Negra**

Taxonomie. Monotypisch.

Kennzeichen. [3615,337,767,3772,221,779; weitere **Fotos** in Bird. W. **16**, 180, **17**, 244, Dutch B. **15**, 184, 226, **25**, 267, Sandgr. **26**, 28].

Maße. Gr.: 19-21 cm. Gew.: ♂ 40-53 g, ♀ 37-48 g. Fl.spw.: 34-41 cm. Fl.l.: ♂ 12.4-14.4 cm, $Ø_{294}$ (Asien) 13.4 cm, ♀ 11.1-12.7 cm, $Ø_{87}$ (Asien) 11.7 cm [767,337].

Status. In Europa abseits der Brutgebiete RUS sehr seltener Gastvogel (meist ♂, wohl wegen Auffälligkeit), u.a. belegt in FIN März und Apr. 1989; S. Mai 1993; GR Frühj. 1930, Apr. 1959, 8 Ind. Feb. 1963, 2 Ind. Feb. 1964; RO März 1897, März 1900; TR ♀ Okt. 1914; I Herbst 1803, Mai 1961; M Winter 1929; BG Mai 1995; ferner Libanon, N. (?) sowie in GB erstmals Juni 2003 [1369,3615,779].

SPEC	VSchRL	Bern.Konv.	Bonn.Konv.
3	--	Anh. II	--
Europ. RL	**RL in ME**		
EN	--		

In ME Ausnahmegast mit einzelnen Nachw. von ♂ in • **D:** Helgol. ♀ Apr. 1874 und ♂ Juli 1892 erl.; (unsicher: Sichtbeob. je 1 ♂ Helgol. Juli 1909 und -SH Jan. 1962) [1369]. • **A:** 3 ♂ zwischen 1857-74, davon 1 Museumsbeleg erhalten [1369]. • **PL:** unsicher: Feb. 1877; anerkannt: ad. ♂ Jan. 1988

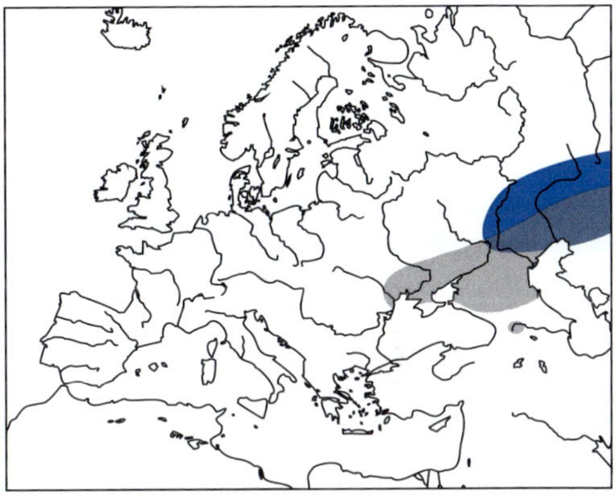

Melanocorypha yeltoniensis – **Mohrenlerche**

[1369,3871]. • **CZ:** Nov. 1981 [2159]. **B:** 3 mal im 19. Jh. erl. (je einmal aus einem Trupp von 5 und 10 Ind.), Okt. 1940 1 Fängling, Jan. 1979 [1369; in 1677 unter Statuskategorie D/E geführt].

Verbreitung und Bestand. Südlichere Verbreitung als Weißflügellerche, zur Halbwüste hin verschoben, von der unteren Wolga bis Mittelasien, mit N-Grenze bei 51-52° N und S-Grenze zwischen 47-49° N. Europäischer Brutbestand (nur RUS) 4.000-70.000 BP; Bestand und Areal in RUS stark abnehmend [383].

Wanderungen. Dismigrationen (auch Evasionen), evtl. auch nomadisierend. Überschreitet im Winter (manchmal in großer Zahl) Grenze des Brutareals nach SW; ad. ♂ im Winter im Brutareal in Überzahl, in strengen Wintern scheinen Juv. und ♀ nahezu vollständig abzuziehen [3615].

Nahrung. Im Sommer vor allem Insekten, im Winter vorwiegend Sämereien, im Frühjahr auch grüne Pflanzenteile.

Stimme. Rufe wenig untersucht. Flugruf feldlerchenähnlich; Gesang sehr variabel, großes Repertoire, sehr häufig surrend-trillernde Motive, zahlreiche Imitationen, leiser als Kalanderlerche. Strophen im Vergleich zur Feldlerche kürzer, höher, variabler, gegenüber Weißflügellerche langsamer und tiefer. Aufstieg zum Singflug nicht kreisend, sondern mit fledermausähnlichen Flügelschlägen fast senkrecht. Abstieg segelnd-gleitend, kreist mit V-förmiger Flügelhaltung über dem Boden. Singt auch am Boden.

Verhalten. Tagaktiv. Fortbewegung und Nahrungserwerb ähnlich Kalanderlerche. ♂ singen sehr häufig auf Bodenerhöhungen, Singflug in relativ engen Kreisen, bei denen Gleitflugstrecken mit schräg nach unten gehaltenen Flügeln (sehr auffällig!), erneuter Aufstieg und Rütteln abwechseln; Landeanflug flach. Auch Bodenbalz. Außerhalb Brutzeit Geschlechter oft getrennt in Trupps.

Fortpflanzung, Brutbiologie [337,767,1551]. Monogame Saisonehe. **Nest.** In der Grassteppe in Nähe von Gewässern in Bülten verstecktes Bodennest aus Grashalmen, mit feinen Fasern ausgelegt, am Außenrand Erdklümpchen; nur ♀ baut. **Legebeginn.** An unterer Wolga ab Ende März bis Mitte Mai, sonst oft später; in KZ letzte Gelege im Aug. **Gelegegröße.** 4-5 (-8). **Eier.** Spindelförmig, glänzend, blassblau oder olivgrün, mit bräunlichen oder oliven Flecken, zum stumpfen Ende hin dichter. **Brutdauer.** 15-16 d; nur ♀ brütet. **Nestlings-/Führungszeit.** Beide Ad. füttern; Juv. verlassen Nest noch flugunfähig nach 10 d, bei Störung schon nach 6-7 d. **Jahresbruten.** Oft 2; Nachgelege.

Mauser. **Postjuvenile Mauser** (Vollmauser) bis Juli/Sept. (Dez.) beendet; selten Teile des Großgefieders nicht erneuert [767]. • **Postnuptialmauser** (Vollmauser) Ende Juni–Aug./Sept. (Nov.) [767,3771].

Calandrella brachydactyla – Kurzzehenlerche 09680

Calandrella [cinerea] brachydactyla (Leisler 1814)

GB **Short-toed Lark** F **Alouette calandrelle** E **Terrera Común**

Taxonomie. Sieben UA, davon in W-Paläarktis: *brachydactyla* (Leisler 1814) (inkl. »*hungarica*« Horváth 1956, Europa), *rubiginosa* Fromholz 1913 (N-Afrika), *artemisiana* Banjkovski 1913 (Kaspisee, Kaukasus bis Iran) und *hermonensis* Tristram 1864 (Libanon); ferner in Asien *longipennis* (Eversmann 1848) und *dukhunensis* (Sykes 1832).
Bildet Superspezies mit der Rotscheitellerche *C. cinerea* (Afrika) und der Tibetlerche *C. acutirostris* (Zentralasien); ist mit letzterer regional sympatrisch, aber altitudinal getrennt [1369]. Zuweilen werden auch die NE-afrikanischen Formen *blanfordi* und *erlangeri* als Allospezies von *C. cinerea* abgespalten [3565].

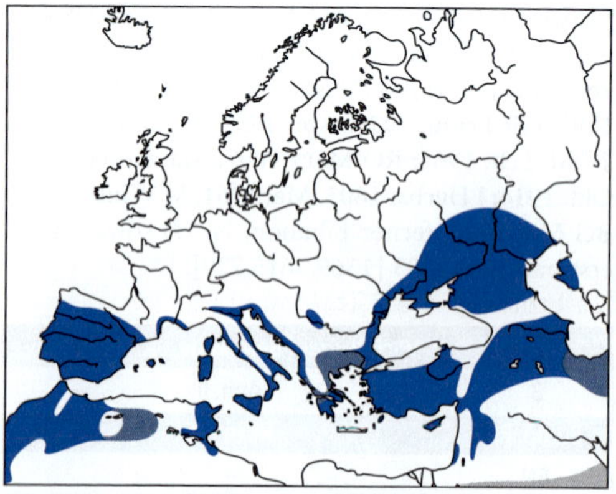

Calandrella brachydactyla – **Kurzzehenlerche**

Kennzeichen. [1369,3615,767,3772,221,48; weitere **Fotos** in Bird. W. **4**, 423 (z), 426/27, **10**, 368, **12**, 177, **15**, 191, **16**, 186, Brit. B. **92**, 308-11, 322, **95**, 367, Limic. **8**, 146, **17**, 53, Dutch B. **22**, 263, **24**, 251, **25**, 278, 352, (*polatzeki*) Bird. W. **9**, 232].

Maße. (Nominatform) Gr.: 13-14 cm. Gew.: ♂ 19.5-24.4 g, $Ø_{16}$ (F) 22.0 g, ♀ 19.3-24.1 g, $Ø_8$ (F) 22.0 g. Fl.spw.: 25-30 cm. Fl.l.: ♂ 92-102 mm ($Ø_{25}$ YU/GR: 95.5 mm), ♀ 87-94 mm ($Ø_{10}$ YU/GR: 90.7 mm) [1369,767].

Status. Form *»hungarica«* seltener, lokaler Brut- und Sommervogel in H; Nominatform früher sporadischer, seit 1980er J. gebietsweise regelm., allj. Durchzügler und Rastvogel im Frühjahr (ab Anf. April bis Juni) sowie seltener Sommergast mit vereinzelten Brutnachw. oder Revierverhalten (u.a. CH, A-V und D-BY). Auf dem Herbstzug (vor allem Sept./Okt.) seltener Gastvogel überwiegend in NW-ME, dagegen in S-ME nicht allj., wohl vornehmlich UA *longipennis* aus Asien [1369]; Nachw. in ME betreffen: **CH:** 2 mal vor 1950, 24 mal von 1950-89, und > 110 mal von 1990-2001, dabei allj. 2-14 Nachw. mit insges. bis 25 Ind. (max. 6 Ind./ Beob.) [4152,3393,q14]. • **A:** -V 1 mal 19. Jh., im Frühjahr 1963–90 16 mal (max. 4 Ind.), danach allj., sowie im Herbst seit 1963 mind. 7 mal (max. 2 Ind.); -T, -St, -K, -Nö je 1-5 Nachw.; -B Brutverdacht (*»hungarica«*) u.a. 1958, 1966 sowie 4 Einzelnachw. bis 1998 [337,3129]. • **H:** *»hungarica«* regelm. Brutvogel E Theiß; Dez. 1959 1 Ind. *brachydactyla.* • **NL:** kein Nachw. vor 1973 (obwohl schon seit 1958 allj. Gastvogel in GB), 29 Beob. von 1973-2003, ähnlich viele in Frühj. und Herbst [277,q16]. • **B:** Bis 1950 12 Nachw., meist nur Herbstdaten, von 1950-97 13 Nachw., (seit Mitte 1980er J. fast allj.) und auch Frühjahrsnachw. [1677,337,277,q15]. • **D:** Helgol. im 19. Jh. zeitweise fast regelm., 1900-1989 nur 6 mal 1 Ind., ab 1990er J. fast allj., meist *longipennis*, aber auch Nominatform, beide Zugzeiten; In -NI, -NW, -RP, -HE, -MV, -SH, -BE nur je 1-3 Nachw. [337,575]; -BW von 1970-97 16 Nachw. (mit 24 Ind., max. 5), davon 13 im Frühj. [1722,575]; -BY als Rastvögel 5 Nachw. mit 5 Ind., im N mind. 1985–86 jeweils längere Zeit 1 Revier-♂ (wahrscheinlich *brachydactyla*) [337]. • **PL:** 9 Nachw. mit 27 Ind. bis 1999, davon 4 in 1980er und 5 in 90er J.; max. 20 Ind. Feb. 1990 [q13,3871]. In **SK.** inzwischen Brutvogel, in **CZ** offenbar noch nicht nachgewiesen (übersehen?) [2159].

Verbreitung und Bestand. Brutvogel der Trockengebiete im S der Paläarktis von NW-Afrika bis Zentralasien, nach N bis 52-53° N in RUS, im S bis an den N-Rand der Sahara. In Europa liegen Schwerpunkte im Mittelmeerraum, vor allem Iberien, Obergrenze in E. bis 1500 m ü.M. In ME ist *»hungarica«* als seltener Brutvogel auf H beschränkt, aber Neuansiedlung (Form?) in SK. [337,1585,3882]. Daneben Nominatform in SW-ME in zunehmendem Maße Sommervogel mit einzelnen Brutnachw. [z.B. CH: 786]. Europäischer Bestand 7.3-14.0 Mio. BP, leicht abnehmend [383], mit Populationen > 1 Mio. in TR (3-6 Mio.), E. (2.2-2.6 Mio.) und RUS (2-5 Mio. BP); in ME nur etwa 20-60 BP [2438,383].

Wanderungen. Kurz- bis Mittelstreckenzieher, Überwinterungsgebiet Afrika S Sahara im Übergangsgebiet Wüste zu Sahel (ca. 14–17° N) von Mauretanien bis Sudan, einzelne Überwinterer auch im S Mittelmeergebiet. S-Europa Wegzug Mitte Aug.–Mitte Sept. (Okt.), Rückkehr Anf.–Mitte März bis Mitte April (N-I: Mitte März, aber auch Nachw. bereits Anf./Mitte Feb.) [vgl. 2466], Br. H kommen meist 1. Aprildekade an.

	Best.	Areal	Brutbestand	Jahr	Quelle
H	+/-	=	20–50	1995–2002	[383]
SK	N	N	0–10	1992–1999	[383]

Bestandsentwicklung. *»hungarica«* in den alkalinen Trockensteppen in H (E der Theiß) von jeher Brutvogel, doch wohl immer kleine Population (erst im 20. Jh. entdeckt!) brach etwa ab 1970er J. von etwa 250-300 BP auf 19-21 BP (1991) und 8-10 BP (1998) zusammen [804,2438]. Aufgrund gelegentlicher Einflüge weiterer Brutvögel aus anderen Regionen und Ausweitung der Brutvorkommen auf Sandsteppen und Ackerflächen (typisch für Nominatform) ist fraglich, ob die Form *»hungarica«* in H überhaupt Bestand hat [2438]. Einflüge nach H wahrscheinlich aus anderen Steppenregionen mit dramatischem Lebensraumverlust, insbes. SE-Europa (GR, UA.), vielleicht aber auch aus E. und S-F [1507,1585,3393]. Vereinzelte Nachw. auch im Neusiedlersee-Gebiet (Alkaliböden) in A-B und zumindest 1966 Brutnachw. für 3 Paare [965,1369] In F ursprünglich bis Dijon und Paris verbreitet, doch viele Vorkommen erloschen im 19. Jh. Seit einigen Jahrzehnten erneute Ausweitung des Verbreitungsareals in SE- und Zentral-F (nicht aber am Atlantik) [4180], wohl dadurch deutliche Zunahme der Brutzeitbeob. in S-D, A-V und S-CH [1369,4152, 1722,1617,3392]; gleichzeitig Zunahme der Beob. bis A und SK. [965,1369,337]. Ab 1992 Brutansiedlung (Nominatform?) in SK. [804,1585] und 1989 Brut in CH-VS [786]. Stabile Populationen haben sich bisher in ME abseits der Trockensteppen H nicht entwickelt.

Gefährdungsursachen [3892,1507,196]. Lebensaumverlust oder -fragmentierung sowie -verschlechterung durch intensivierte landwirtschaftliche Nutzung; *»hungarica«* (Lokalendemit der Natronböden in den Steppen H) dadurch gezwungen, auf weniger günstige Ackerflächen auszuweichen, und inzwischen offenbar vom Aussterben bedroht.

SPEC	VSchRL	Bern.Konv.	Bonn.Konv.
3	Anh. I	Anh. II	--
Europ. RL	RL in ME		
--	H: 'CR'		

Schutzmaßnahmen. Extensive Nutzung und Reduktion des Düngemittel- und Pestizideinsatzes in den Steppengebiete im Brut- und Überwinterungsareal.
Intensive Studien zu Verbreitung, Bestand und Gefährdungsursachen der ungarischen Brutpopulation.

Biotop. Br. in trockenen, busch- und baumlosen Flächen wie Trockenrasen, Halbwüsten oder Kies-, Brach- und Ödflächen im Kulturland, mitunter auch in Sanddünen. In H fast ganz auf Natronsteppen beschränkt. Im Winterquartier ähnlich, auch auf Getreidefeldern.

Nahrung. Im Sommer vorwiegend (bes. kleinere) Insekten, daneben Samen und grüne Pflanzenteile, im Winter Samen.

Stimme. Lockruf schärfer und höher als Feldlerche »zrrp« oder »zirlt«; auch spatzenhafte zweisilbige Rufe wie »tschülip« o.ä.; Warnrufe durchdringend »psie« o.ä. Gesang meist im Singflug in kurze, stereotype Strophen gegliedert (während der Fallstrecke stumm): Beginn mit beschleunigten »pütt trüll üll üll.«, dann oft konstant wiederholt Strophen wie »tzpzetizerlilü«, »wi-ti wi-ti wi-ti tiri-tzi-titi« etc. (in Klangfarbe an Braunkehlchen oder Dorngrasmücke erinnernd). Gesang monotoner als Feld- oder Kalanderlerche (vgl. Stummellerche), doch auch mit Imitationen und variierenden Strophentypen. Singflug hoch, 30-50 m, Aufstieg, Fallphase mit angezogenen Flügeln, Gleitphase, Steigphase mit Flügelschlag. Strophe beginnt während Gleitphase, dauert bis Ende Steigphase; Singflüge meist 10–15 min.

Verhalten. Tagaktiv; zieht auch nachts. Läuft schnell und schreitet trippelnd und hüpft auch manchmal. Flug wellenförmig. Nahrungserwerb ähnlich Kalanderlerche. Sexualverhalten ähnlich Feldlerche. Zur Brutzeit territorial, außerhalb gesellig. Manchmal singen ♂ am Boden, i.d.R. in mehreren Stufen Aufsteigen zum Singflug, der sprunghafter Wellenbahn beschreibt: Singendes Aufsteigen, dann Fall mit angelegten Flügeln ohne Gesang, kurzes Flügelschlagen und Schweben mit breit gespreizten Flügeln als kleine Welle, dann wieder Aufsteigen etc. (also »große Welle« mit und »kleine Welle« ohne Strophe).

Fortpflanzung, Brutbiologie [337,1369,767,1551]. Geschlechtsreife im 1. Lebensjahr. Saisonehe. **Ankunft im Brutgebiet.** Meist April; Paarbildung und Reviergründung bald nach Rückkehr. **Nest.** ♀ wählt Nistplatz; am Boden, meist angelehnt an Staude, Büschel, Stein, Erdklumpen etc. Tiefe Bodenmulde, ausgekleidet mit Pflanzenmaterial (mitunter am freien Rand Kiesel oder Erdklumpen), Durchmesser 55-60 mm, Tiefe 30-40 mm. ♀ baut. **Legebeginn.** In S-Europa ab Mitte bis Ende April, in H ab Ende April/Anf. Mai, Gipfel in 2. Maihälfte, Ende der Legeperiode Anf./Mitte Juni (Juli). **Gelegegröße.** 3-5 (6), Ø YU_{67} 3.8, $Maghreb_{69}$ 3.5. Legeintervall 2 (-3) d. **Eier.** Elliptisch, glänzend, variabel gefärbt, auf getöntem weißlichen Grund entweder dicht oder gleichmäßig weit gefleckt, mitunter am stumpfen Pol gehäuft. **Brutdauer.** 13 d; ♀ brütet vorwiegend. **Nestlings-/Führungszeit.** ♀ hudert; beide füttern (♀ mehr). Juv. verlassen mit 8-10 d das Nest und können nach 11-13 d niedrig fliegen. **Jahresbruten.** 2; Ersatzgelege.

Eimaße und –gewichte [337]: L. 17.5-22.9 mm, B. 13.8-15.7 mm; Frischvollgew. Ø 2.3 g; Schalengew. 0.10-0.18 g, Ø: 0.13 g.

Sterblichkeit, Alter. Ältester Ringvogel 8 J. **Generationslänge:** < 3.3 J. [383].

Mauser. **Postjuvenile Mauser** (Vollmauser) beginnt im Alter von ca. 6 Wochen, Anf. Juni/Juli (Aug.) [767,1369]. • **Postnuptialmauser** (Vollmauser) Ende Juni/Juli–Aug./Mitte Sept. (Okt.) [767,1369].

Calandrella rufescens – Stummellerche 09700

Calandrella [rufescens] rufescens (Vieillot 1820)

(GB) **Lesser Short-toed Lark** (F) **Alouette pispolette** (E) **Terrera Marismeña**

Taxonomie. 7 UA. In ME nur *heinei* (Homeyer 1873) (E-R, UA., nach E bis Kirgisien); in W-Paläarktis ferner *rufescens* (Vieillot 1820), *polatzeki* (Hartert 1904) (Kanaren), *apetzii* (A.E.Brehm 1857) (E., P), *minor* (Cabanis 1851) (N-Afrika nach E bis SYR und Arabien), *nicolli* Hartert 1909 (N Nildelta) und *pseudobaetica* Stegmann 1932 (AR, AZ, Südkaspi).
Bildet Superspezies mit den z.T. nur wenig differenzierten Arten *C. cheleensis* (Steppen und Halbwüsten Zentralasiens), *C. raytal* (Iran bis Indien, Burma) und *C. somalica* (NE Afrika).

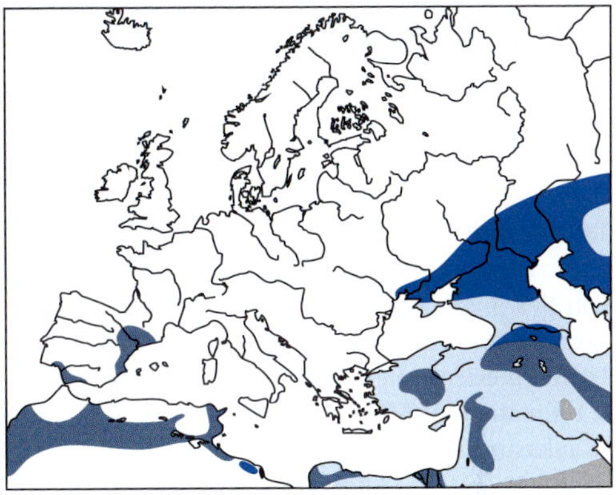

Calandrella rufescens – **Stummellerche**

Kennzeichen. [1369,3615,221,767,3772,48; weitere **Fotos** in Bird. W. **4**, 423 (z), 426/27, **16**, 54, Brit. B. **92**, 308-11, **97**, 31, Dutch B. **22**, 289, **24**, 226, **25**, 200, 205].

Maße. (*heinei*) (Asien) Gr.: 13-14 cm. Gew.: ♂ 22.2-28.5 g (n=12), ♀ 22.0-30.0 g (n=10). Fl.spw.: 24-32 cm. Fl.l.: ♂ 91.5-102.0 mm (Ø$_{50}$: 96.9 mm), ♀ 82.0-98.5 mm (Ø$_{42}$: 89.5 mm) [1369,767].

SPEC	VSchRL	Bern.Konv.	Bonn.Konv.
3	--	Anh. II	--
Europ. RL	RL in ME		
--	--		

Status. In Europa außerhalb der Brutgebiete nur sehr selten nachgewiesen, mit wenigen Beob. in IRL, GB, N., S., FIN, Balearen, Korsika, I, M, BG, RO und YU [337,3615]. Auch in ME extrem seltener Gastvogel der UA *heinei*; bisher anerkannt sind Feststellungen (immer Einzelind.) in: **CH:** -LU Ende Apr. 1989; -TI Ende Apr. 2000 [4152,q14]. • **D:** Helgol. Ende Mai 1879 erl. [1369]. • **A:** -St Anf. April 1993 mit Kalanderlerche vergesellschaftet [3129]. Dagegen in • **B** trotz Beob. ab Ende Mai 1984 und Fang Ende Okt. 1993 und in • **PL** (Beob. von 50 Ind. Ende März 1960) [1369] nicht in den offiziellen Landeslisten geführt [1677,q13].

Verbreitung und Bestand. In der Regel weniger weit nach N als Kurzzehenlerche; von Kanaren bis an Westrand des zentralasiatischen Hochlandes, einschließlich Maghreb, Kleinasien, Vorderer Orient sowie Verbreitungsinseln in Trockengebieten in S-E. und P [337,1585]. Europäischer Bestand 1.6 - 4.0 Mio. BP, mit Populationen > 50.000 BP in RUS (1-3 Mio.), TR (300-600 T.), E. (230-260 T.) und AZ (10-100 T. BP), leicht abnehmend [383].

Wanderungen. In Europa geringere Zugneigung als Kurzzehenlerche; im SW des Areals hauptsächlich Standvogel mit Zerstreuungswanderungen, in Asien *(heinei)* Zugvogel mit Winterquartier Pakistan bis Bangladesh.

Nahrung. Sommer Insekten und weniger Samen, Winter hauptsächlich Samen.

Stimme. Rufe stärker trillernd, zarter und leiser als Kurzzehenlerche bis fast vokallos »prrit«, »drrrt« (erinnert an kleine Strandläufer oder Mehlschwalbe). Singflug mit Fall-, Gleit- und Steigflugphasen (meist niedriger und weniger »hüpfend« als Kurzzehenlerche). Gesang daran angepasst, im Aufstieg zunächst Rufe, mit beschleunigten Einzelelementen »tjü tjü«... dann kontinuierlicher Gesang mit Imitationen, dann gegliedert in kurze Strophentypen. Viele Triller und phrasenartige Struktur. Schneller, kontinuierlicher und länger als Kurzzehenlerche.

Verhalten. Tagaktiv. Fortbewegung ähnlich Kurzzehenlerche. Pickt Nahrung von Boden und Vegetation. Zur Brutzeit territorial. ♂ singen manchmal auf Steinen, meist jedoch Singflug.

Mauser. **Postjuvenile Mauser** (Vollmauser) setzt kurz nach Ausfliegen ein, Ende Mai/Juli–Aug./Anf. Okt. [767]. • **Postnuptialmauser** (Vollmauser) Mitte Juni/Juli–Ende Aug./Mitte Sept. (Okt.) [767,1369].

Galerida cristata – Haubenlerche 09720

Galerida cristata (Linnaeus 1758)

GB **Crested Lark** F **Cochevis huppé** E **Cogujada Común**

Taxonomie. Ca. 27 UA; davon in W-Paläarktis u.a. *cristata* (Linnaeus 1758) (weite Teile Europas von S-S. bis I, nach E bis UA.), *tenuirostris* (C.L. Brehm 1858) (E-H bis Wolga), *pallida* (C.L. Brehm 1858) (Iberien), *meridionalis* C.L. Brehm 1841 (S-I, Dalmatien bis MK), *caucasica* Taczanowski 1888 (Kaukasus, W Kleinasien, CY, Kreta), *subtaurica* (Kollibay 1912), (TR, E-Irak, AZ bis Kurdistan), *zion* Meinertzhagen 1920 (Teile IL, SYR, JOR), *cinnamomina* Hartert 1904 (Libanon), *riggenbachi* Hartert 1902 (W-MA), *randonii* Loche 1858 (E-MA, N-DZ), *macrorhyncha* Tristram 1859 (Sahara DZ), *arenicola* Tristram 1859 (S-TN), *carthaginis* Kleinschmidt & Hilgert 1905 (Küste von N-MA bis N-TN), *festae* Hartert 1922 (Libyen), *nigricans* (C. L.Brehm 1855) (lokal Niltal), *maculata* C.L. Brehm 1858 (EGY, Arabien) und *altirostris* (C.L. Brehm 1855) (W-EGY, Rotes Meer bis JOR).
Die Haubenlerche ist nahe verwandt mit *G. [malabarica] theklae* (Iberien, N-Afrika) und *G. [m.] malabarica* (W-Indien). Ob *cristata* phylogenetisch wirklich außerhalb dieser Superspezies steht, oder nicht doch *cristata* oder *theklae* (trotz regionaler Sympatrie mit deutlicher Habitattrennung) nächstverwandt sind, müssen molekulare Untersuchungen klären.

Kennzeichen. [1369,3615,221,767,3772; **Foto** in Limic. **18**, 225].

Maße. (Nominatform) Gr.: 17 cm. Gew.: ♂ 39.5-52.3 g, $Ø_{17}$ 45.1 g, ♀ 40.5-46.7 g, $Ø_{11}$ 44.1 g. Fl.spw.: 29-38 cm. Fl.l.: in D-ST: ♂ 101-111 mm, $Ø_{19}$ 107.5 cm, ♀ 98-106 mm, $Ø_{12}$ 101.1 mm, in S-ME: ♂ 100.5-111 mm, $Ø_{10}$ 108.0 mm, ♀ 97.0-103.3 mm, $Ø_{10}$ 100.1 mm, in RUS: ♂ 99-112.5 mm, $Ø_{45}$ 105.6 mm, ♀ 94.5-104.5 mm, $Ø_{26}$ 99.0 mm [1369,767].

Status. Nominatform ehemals in fast allen Teilen ME Brut- und Jahresvogel, inzwischen sehr lückig verbreitet. Im Allg. kein Zugvogel und geringe Wanderneigung, daher vielerorts nur sehr seltener Gastvogel zur Zugzeit oder im Winter oder völlig fehlend. In **H** auch UA *tenuirostris* Brut- und Jahresvogel E der Donau.

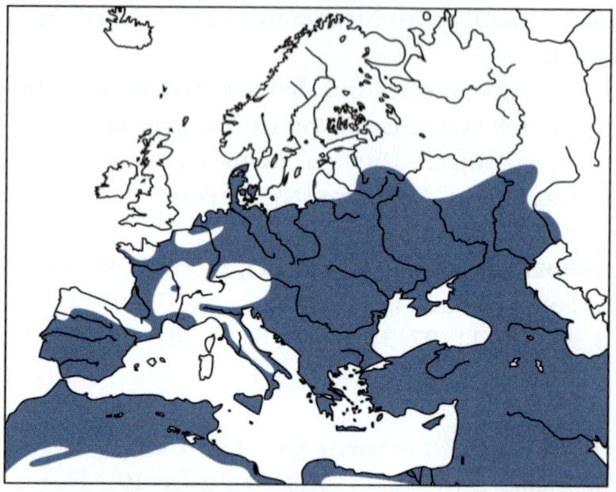

Galerida cristata – **Haubenlerche**

Verbreitung und Bestand. S der borealen Zone von W- und SW-Europa bis Korea und ans Gelbe Meer verbreitet; S-Grenze in Afrika bis Senegambien (aber weitestgehend ohne Sahara), Nigeria, Sudan und N-Kenia, Küste Arabiens und NE-Indien einschließlich Tiefland von Nepal; fehlt im zentralasiatischen Hochland, N-Grenze (für Europa vgl. Karte) Wolga-Ural-Steppe, N-Kaspi, Aralsee, Balchaschsee, Mongolei und N-Korea [genauere Darstellung in 1369,2914]. In ME Nominatform im Tiefland (bis etwa 600 m NN) lückig oder nur punktuell verbreiteter und mäßig häufiger Brutvogel [1369] mit stark rückläufigen Beständen zw. 207.000-372.000 BP [383], etwa 90% davon in H. Der Bestand in Europa liegt bei etwa 3.6-7.6 Mio. BP, mit Populationen > 200.000 BP in TR (2-4 Mio.), E. (0.4-1.0 Mio.), I (200-400 T.), H (190-340 T.) und RO (220-312 T.) (insgesamt stabil, Rückgang vor allem im N des Areals, Zunahmen im SE) [383].

Wanderungen. Am NE-Rand des Brutareals (RUS) Zugvogel, sonst überwiegend Standvogel, jedoch mit einzelnen weiten Wanderungen (in Europa bis 750, 850 und 1500 km nachgewiesen) und Kälteflucht.

Bestandsentwicklung. Mehrere klimabedingte Arealerweiterungen (Wärmephasen im 16. und 18. Jh.) und Arealverluste (Kältephase u.a. im 17. Jh.), rezente Verbreitung erst im 19. Jh. entstanden [vgl. 1369,1435]. Zumindest bis zu Beginn des 20. Jh., in manchen Regionen wesentlich länger, profitierte Haubenlerche von der Entstehung neuer Bruthabitate in Städten und Industrieanlagen (z.T. anhaltend günstige Klimabedingungen) [1369]. Ab 1930er J., spätestens ab 1950, fast im gesamten Europa (Ausnahme SE-Europa) dramatischer Bestandsrückgang und Arealverlust [1369,3615,3892,1507]. Inzwischen Brutbestände in weiten Gebieten Europas völlig erloschen [CH: 1605, L: 2560,2407; auch GB, N., S., LV: 1343,1369,1507].

	Best.	Areal	Brutbestand	Jahr	Quelle
A	+/-	=	350–500	1998–2002	[383]
B	↓	- 1	50–79	2000–2002	[383]
CZ	⇩	- 1	600–1.200	2000	[383]
D	⇩	- 2	6.600–14.000	1995–1999	[383]
H	↑	=	190.000–340.000	1999–2002	[383]
NL	⇩	- 2	60–80	1998–2000	[383]
PL	↓	- 1	7.000–10.000	2000–2002	[383]
SK	↓	- 1	3.000–6.000	1995–1999	[383]

Regional in fast allen Gebieten ME erhebliche Verluste und lokale Bestandseinbrüche sowie Arealschwund [vgl. 196], z.B. in D-SH von Mitte 1960er bis Mitte 1980er J. von etwa 500 auf unter 100 BP (seither weiter auf 70 BP) [2063, 204], entsprechend in -HH von 250-300 BP (um 1970) auf 5 BP um 1998 [2642] und in –NI von hochgerechnet 10.000-15.000 Rev. (1961-80) auf 940-1.200 (1981-90) und 80-90 Rev. (1998) [4205]. Annähernd ebenso dramatisch war Abnahme in NL, wo Bestand von 3.000-5.000 BP (1970er J.) auf 1.000-2.000 (1979-85) und 60-80 BP (1998-2000) einbrach [3638]. Einige Populationen in ME vollständig erloschen, z.B. in CH (1990), L, Masuren und in weiten Teilen CZ, NL, D-NI, -BW, -BY etc. [3871,196,1507], in A weitestgehend auf Tiefländer innerhalb der 20°-Juli-Isotherme reduziert, viele Bestände anhaltend rückläufig, stark fragmentiert und langfristig kaum überlebensfähig [3882,196,1507,965,3871,3196,3359,4205]. – In Teilen E-ME Bestandsrückgang in jüngerer Zeit noch nicht so drastisch [vgl. 1569], doch nur in wenigen Fällen durch intensive Bautätigkeit und Industrialisierung vormals unbesiedelter Agrarlandschaften auch Bestandsverbesserungen [NE-D: 2031,2772] und Neuansiedlungen [z.B. auf Flachdächern, 196], wobei Haubenlerchen häufig »von einem Neubaugebiet ins andere wandern« [1369]. Doch die Gebiete werden oft nach wenigen Jahren (oder Jahrzehnten) wieder verlassen [z.B. in D-BB: 1], u.a. durch die dichtere Bebauung der Flächen (Überbauung von Baulücken) sowie das Dichtwachsen von Zierrasen und ehemals lückig bewachsenen Brachflächen [3195].

Siedlungsdichte. Reviergrößen in D 0.9–2.0 ha, in DK 0.6 ± 0,16 ha, Nahrungsräume aber i.d.R. außerhalb der Nestumgebung, z.T. bis 600 m entfernt [3359]; kleinste Nestabstände < 20 m. Höchstdichten in ME bei Flächen von 20–49 ha 2.2–1.6–1.2 (Ø 1.6) Rev./10 ha; auf 50–99 ha 4.5–1.8 Rev./10 ha; auf 100 ha 0.7 Rev./10 ha; in Europa meiste Dichten in siedlungsnahen Räumen zwischen 0.4 bis 3 BP/10 ha, in Agrargebieten nur 0.1-0.6 BP/10 ha [1507]. Großflächendichten (zw. 100 und 5.000 km^2) in D in 1970er und 80er J. von 0.02 – 0.4 'Rev.'/km^2 [vgl. Tab. 1 in 337], in D-BB in 1990er J. zwischen 0.02 – 0.17 Rev./10 ha [1].

Gefährdungsursachen [196,1369,3892,1507,3393, 1722,843,4080,1583,1302,3359,1435,4205,1605]. Klimatische Ursachen, da sich die Art während der Warmzeit im 19. Jh. weit nach N ausbreiten konnte. Kalte, schneereiche Winter mit entsprechendem Nahrungsmangel wirken sich durchaus negativ aus (vgl. positive Entwicklung durch Anlage von Fernheizungen). Andererseits gebietsweise trotz günstiger klimatischer Bedingungen keine Wiederausbreitung, sondern drastische Bestandsabnahme. Derzeitige Atlantisierung des Klimas allerdings ungünstig, viell. daher kontinuierlicher Rückzug nach Osten.

Hauptgefährdungsursachen aber offensichtlich Nahrungsmangel und Habitatverlust, durch (1) veränderte und lokal auch abgeschlossene Siedlungstätigkeit mit erheblichen negativen Konsequenzen für das Lebensraumangebot; Ersatzbiotope wie Baustellengelände oder Ruderal- und Öd- und Brachflächen vielfach nur noch in geringem Maße und über relativ kurze Zeiträume vorhanden; Freiflächen in Stadtgebieten zunehmend monoton begrünt, gedüngt, bepflanzt, mit Bioziden behandelt

und durch Freizeitnutzung stark gestört oder auch vollständig versiegelt; durch (2) zunehmende Technisierung und Intensivierung der Landwirtschaft mit erhöhtem Düngemittel- und Biozideinsatz, Zerstörung oder »Melioration« alter Weinberge, Aufgabe extensiver Weidewirtschaft, Versiegelung der Landschaft, mit erheblichem Rückgang kleinbäuerlicher Strukturen und Verlust von Öd- und Brachflächen sowie breiten, unbehandelten Ackerrandstreifen und -rainen; Verlust von Wildkräutern (Samennahrung wichtig!) sowie nicht ausreichendes Insektenangebot zur Brutzeit (rasches Jungenwachstum, hoher Bedarf), Mangel an offener Getreidelagerung (v.a. Winternahrung) und an Pferdemist; (3) sehr rasches Hochwachsen der Pflanzen durch Eutrophierung, dadurch ungünstiges, zunehmend feuchteres und kühleres Mikroklima sowie Fehlen von Offenstellen.
Starker Biozideinsatz auf Ödflächen, insbes. an Gleisanlagen.
Stärkere Verluste durch zunehmende Störungen und Prädation durch wachsende Bevölkerung, zunehmende Dichte an Hunden und Katzen, Verkehr aller Art, sowie Beunruhigung von Kleinflächen.

SPEC	VSchRL	Bern.Konv.	Bonn.Konv.
3	--	Anh. III	--
Europ. RL	**RL in ME**		
--	L, CH: **'RE'**, NL,B: 'CR', A, CZ, D: 'EN', SK:'NT'		

Schutzmaßnahmen. Umorientierung in der Landwirtschaft dringend geboten, im Falle der Haubenlerche Rückkehr zu kleinparzelligen Wirtschaftsflächen mit breiten Randstreifen und Rainen, extensivere Nutzungsformen, Erhaltung und Förderung von Ruderalflächen und erheblich geringere Versiegelung der Landschaft.
Verbot des Biozideinsatzes an Straßenrändern und an Bahngelände sowie seine Reduzierung in der Landwirtschaft.
Schaffung zusätzlicher Brach- und Ödlandflächen sowie Erhalt magerer Freiflächen in siedlungsnahen Bereichen; ferner Verzicht auf sofortige »Eingrünung« offener Rohbodenflächen; Rückbau total versiegelter Flächen durch andere Arten der Oberflächenbefestigung.

Biotop. Offene, trockenwarme Flächen mit niedriger und lückenhafter Vegetationsdecke, vorzugsweise auf lehmigen Sandböden, auch in stärker strukturiertem Gelände (Hänge, Terrassen, kiesige Flachdächer von Häusern etc.), in höheren Lagen auch felsige Bereiche. In der Kulturlandschaft ME vor allem spärlich bewachsene Ruderal- und trockene Rasenflächen, Brachäcker, frühe Stadien der Vegetationsentwicklung auf Bauland, Industrie- und Verkehrsanlagen, Schulhöfen, Einkaufsmärkten, Park- und Sportplätzen, mitunter auf sandigen Äckern (Kartoffel-) oder Brandheiden. Fortschreitende Bodeneutrophierung beschränkt geeignete Habitate.

Nahrung. Im Winter pflanzlich, im Sommer mit unterschiedlich großen tierischen Anteilen; Jungennahrung Arthropoden mit grünen Pflanzenteilen. Getreide- und Wildgrassamen, Samen zweikeimblättriger Wildkräuter (wie Knöterich, Breitwegerich, Gänsefuß, Taubnessel, Ziest, Leinkraut etc.); grüne Grasspitzen, Getreidesaat; Regenwürmer, kleine und mittelgroße Käfer, Fliegen, kleine Schmetterlinge, Raupen, selten kleine Schnecken, Spinnen.

Stimme. Häufigster Ruf 3(bis 4)-silbig »tritritrieh«, bei hoher Erregung schärfer »zi-zi-zü(e)« o.ä.; Flugruf unrein »dschüe«, ferner ein pfeifendes »djui« oder »tiu-tie« unklarer Funktion. Leiser Gesang und schwatzender Balzgesang am Boden, lauter Gesang im Flug, am Boden oder von einer erhöhten Warte aus vorgetragen (ab Jan.–Mitte Feb. bis Juni/Juli; Sept.–Okt.). Fester Bestandteil des Gesangs dreisilbiges, tremolierendes Flöten, dazu oft viele Imitationen anderer (vor allem Sing-)Vogellaute, langsamer, reiner als Feldlerche, weniger Wiederholungen, mit kurzen perlenden Motiven (ähnlich Rotkehlchen). Vogel fliegt stumm auf, beginnt erst in Höhe von 15-40 m zu singen, führt dann in Kreisform weiter aufwärts. Flatterflug mit Gesang, stummer Wellenflug abwechselnd, Sturzflug stumm. Aufbau von Warten- und Fluggesang gleich, Gesangsabschnitte des Wartengesanges länger.

Verhalten. Tagaktiv. Laufen auf dem Boden, Hüpfen nur bei Überwindung von kleinen Hindernissen. Flug auf kurzen Strecken mit ungleichmäßigen Flügelschlägen. Singflug unterscheidet sich deutlich von der Feldlerche: Stummes Aufsteigen bis etwa 20–40 m Höhe, Singflug kann bis 200 m hoch und 200–600 m weit führen. Gesang im Flatterflug auf der Stelle, dazwischen schwankender, unregelm. Wellenflug, abschließend schräger Sturzflug nach unten, oft durch schnelle Wendungen abgebremst, Landung meist auf einer Warte. Nahrungsaufnahme im Laufen vom Boden oder von bodennaher Vegetation. Zur Brutzeit territorial; Jungvögel werden oft im Revier geduldet. Paarbildung möglicherweise bereits im Herbst oder Winter. Enger Paarzusammenhalt während und vor der Legephase. Trupps außerhalb der Brutzeit selten > 10–20 Ind. ♂ balzt im Trippeltanz am Boden vor dem ♀ singend, bei größerer Erregung mit hängenden und vibrierenden Flügeln sowie gespreiztem Schwanz. Nach Paarungsaufforderung des ♀ Hüpfen des ♂. Fluchtdistanz gegenüber Menschen oft sehr gering, vor allem im Winter auf wenige m reduziert. Nächtigung auf dem Boden, im Winter oft an geschützten Stellen oder flachen selbstgescharrten Mulden.

Fortpflanzung, Brutbiologie [337, 1369, 767, 1722, 1, 1551, 3359]. Geschlechtsreife wohl knapp einjährig. Monogame Saisonehe, längere Partnertreue möglich. **Ankunft im Brutgebiet.** Überwiegend ganzjährig im Gebiet; Balz und Paarbildung im zeitigen Frühjahr. **Nest.** ♀ wählt Nistplatz; auf ebenem Boden, oft durch Erhöhung oder Pflanze geschützt, mitunter aber auch an Böschungen oder auf Flachdächern, in Gesteinshaufen oder dicht an Straßen (bis 20 cm), auch freistehend; Untergrund vorzugsweise trocken und mit geringer Wasseraufnahme-Kapazität. Nestmulde selbst gegraben, Innendurchmesser 7-9 cm, Tiefe 3-5 cm; Nestmaterial lose, tote Pflanzenteile, Auspolsterung mit weicherem Material. ♀ baut (♂ begleitet), Antransport des Materials bis 30-40 m, letzte Etappe meist zu Fuß. **Legebeginn.** In ME frühestens Ende März (bei günstiger Witterung), Hauptzeit für Erstgelege April bis Anf. Mai, Legeperiode mitunter bis Ende Juli (Aug.). **Gelegegröße.** 3-5 (2-7), Ø D_{129} 3.98, D_{64} 3.91, D-BW_{76} 4.03, -BB_{29} 4.6 bzw. -BB_{13} 3.6; im Mai/Juni mehr 5er-Gelege als im März/April; mitunter 2. ♀ dazulegend (?). Legeintervall 1 d. **Eier.** Elliptisch, glänzend, weißlicher Grund mit feinen grauen Flecken; gröber gefleckt als Feldlerche. **Brutdauer.** 12-13 d (11-14, 20 nach witterungsbedingter Unterbrechung); ♀ brütet, ♂ hält bei Brutpausen in Nähe Wache. Brutbeginn mit Vollgelege oder vorletztem Ei; Juv. schlüpfen synchron. **Nestlings-/Führungszeit.** ♀ füttert erste 4 oder mehr d allein, dann auch ♂ beteiligt. Juv. verlassen mit 9-12 d das Nest und können nach 14-16 d fliegen; werden aber noch bis etwa 20. d gefüttert. Bei Folgebrut füttert ♂ die heranwachsenden Juv. allein. Früheste Trennung von Familien nach etwa 6 Wochen. Juv. auch aus Erstbruten, bleiben meist bis Aug. oder Sept. im oder in Nähe des Brutreviers, einzelne Fam. sind auch bis Okt. (oder Dez.) zusammen. **Jahresbruten.** In ME meist 2 (selten 3), in F oft 3; Ersatzgelege. **Bruterfolg.** Brutgröße in NW-D bei 116 Bruten Ø 3.2 Nestlinge. In D bei 23, 59, 18 und 60 Nestern lag Anteil flügger Juv. bei 53%, 38%, 18% bzw. 27% der abgelegten Eier. Hohe Gelegeverluste durch Pflegemaßnahmen in Grünanlagen sowie durch Katzen und Hunde. Familiengrößen in D-BB Ø 2.8 flügge Juv./Paar und J. [902]. Von 1951 bis 1979 ist Bruterfolg in NW-D bei unveränderter Gelegegröße um Ø 1.04 Nestlinge bzw. um 26% reduziert [3359].

Eimaße und -gewichte [337]: L. 20.1-25.6 mm, B. 15.5-17.7 mm, Ø 23.0 x 16.6 mm (n=136, B), 22.9 x 16.8 mm (n=137, S.); Frischvollgew. 2.5-3.7 g, Ø 3.24 g; Schalengew. 0.14-0.21 g, Ø: 0.2 g.

Sterblichkeit, Alter. Ältester Ringvogel 6, Gefg. > 17 J. **Generationslänge:** < 3.3 J. [383].

Mauser. **Postjuvenile Mauser** (Vollmauser) beginnt ab 4-6 Wochen, Juni (Aug.)–Aug./Sept. (Nov.). • **Postnuptialmauser** (Vollmauser) in ME (Mitte Juni) Ende Juli/Aug.-Sept./Mitte Okt. [767, 1369].

Lullula arborea – Heidelerche 09740

Lullula arborea (Linnaeus 1758)

GB **Woodlark** F **Alouette lulu** E **Totovía**

Taxonomie. Zwei UA: *arborea* (Linnaeus 1758) (Europa) und *pallida* Zarudny 1902 (Mittelmeergebiet bis Turkmenien).

Kennzeichen. [1369, 3615, 767, 221, 3772].

Status. In weiten Teilen ME lückig verbreiteter, wenig häufiger Brut- und Sommervogel, ferner Durchzügler und Rastvogel in z.T. größeren Ansammlungen in fast allen Regionen. Gebietsweise Überwinterer.

Maße. (Nominatform) Gr.: 15 cm. Gew.: in F: ♂ 26.7-32.7 g, Ø$_{13}$ 28.6 g, ♀ 26.9-32.0 g, Ø$_{8}$ 28.5 g, in RUS: ♂ 23.5-29.0 g, Ø 27.4 g, ♀ 24.3-31.5 g, Ø 26.3 g. Fl.spw.: 27-30 cm. Fl.l.: ♂ 93-104 mm, Ø$_{35}$ 97.9 cm, ♀ 88.5-98 mm, Ø$_{18}$ 94.1 mm, in RUS: ♂ 88-101 mm, Ø$_{41}$ 94.7 mm, ♀ 88-96 mm, Ø$_{21}$ 90.6 mm [1369,767].

Verbreitung und Bestand. Von W-Europa und NW-Afrika bis Zentral-RUS und im S NW-Iran und Turkmenien verbreitet; N-Grenze S-GB, S-Fennoskandien, Karelien, Mittel-RUS bei etwa 60° N, S-Grenze Maghreb, N-Mittelmeerländer einschließlich der großen Inseln von Sardinien bis CY, IL, N-SYR und NW-Irak (bis 36° N). Nominatform in ME lückenhaft verbreiteter und nirgends sehr häufiger Brutvogel von Küsten bis in subalpine Stufe wärmerer Gebiete. Höhengrenzen D-BW bis 1150 m, PL 1200 m, CZ 1300 m, W-Alpen höchster Nestfund 2100 m, S-E. und Maghreb bis 2600 m, GR bis 2300 m ü.M. Bestand in Europa etwa zw. 1.3 – 3.3 Mio. BP (> 3/4 des weltweiten Bestandes), mit Schwerpunkten in Iberien (0.61-1.8 Mio.), F (50-200 T.), RUS (100-250 T.) und TR (150-350 T. BP); insgesamt Bestand stabil [383]; in ME etwa 114.000-212.000 BP, vor allem in D, H und PL [204,383].

Wanderungen. In ME, E- und N-Europa fast reiner Zugvogel (hauptsächlich Kurzstreckenzieher) mit Hauptzugrichtung SW, in GB Standvogel mit Streuungswanderung und wohl auch Teilzieher, in S-Europa Standvogel. Hauptwinterquartier W-F, Iberische Halbinsel und N Mittelmeerraum, S 5°-Jan.-Isotherme. Kleine Trupps und Einzelvögel harren auch weiter E und N aus, Einzelnachw. im Winter auch in milderen Gebieten ME (NL Rasterfrequenz Jan. 1978-83 5 %, Rhl. Dez.–Jan. 1983-86 4.5 %), auch N-Voralpen (selten Bod., wohl Schneeflüchter) [1617] und bis PL und CZ, auch gelegentlich in S-Skandinavien. Beginn der Dismigration ab Ende Juli, eigentlicher Wegzug in NE-ME ab Mitte, in W- und SW-ME ab Ende Sept.; Ende der Hauptzugzeit Ende Okt.–Anf. Nov., Nachzügler bis Dez. Ankunft in W- und SW-ME ab Mitte Feb./Anf. März, z.T. aber ausgesprochen witterungsbedingt; Ende März sind die meisten Brutplätze besetzt. Ringfunde von S-Skandinavien und Baltikum bis an Atlantikküste SW-F, von H bis Mittel-I, von A bis S-E.

Bestandsentwicklung. Innerhalb Europas unterschiedliche Bestandsentwicklungen, häufig mit allgemeinen Klimaschwankungen und der Witterung in Überwinterungsgebieten korreliert [337,1507,374]. Mindestens seit 1960er J. überwiegend Bestandsrückgänge, davon etwa 2/3 der europäischen Populationen betroffen. Starke Bestandsverluste bis Mitte/Ende 1980er J. sowohl in Randbereichen des Areals wie FIN [3934], GB (dort weitgehend auf Süden beschränkt) [1343,2536] und IRL (Bestand vollständig erloschen) [1343], als auch in Schwerpunktgebieten in SW- (E., P) und W-Europa (F). In ME überwiegen ebenfalls starke Verluste [W-PL: 3867,973, CH: 3392,3393, A: 3650,2238, D: s.u.; B, L, CZ (sowie SLN, Elsaß): 843,1369,3663,3892, 1507]. Doch gibt es Ausnahmen, z.B. weisen viele Regionen NL nach den Kältewintern Mitte der 1980er J. wieder deutliche Bestandszunahmen auf [3892,3636,3638,1507], die Art ist allerdings regional auch verschwunden [1803,3954]; über längere Zeit stabile oder sich nach Rückgängen erholende Populationen gibt es ferner in weiten Teilen PL und SK. bzw. D-MV und -BB [2031,1,3871], und auch in GB nahm Art in 1990er J. wieder zu [3591].
In weiten Teilen D schon Anf. 20. Jh. Abnahme [1369]. Seit 1960er oder 70er J. Situation dramatisch verschlechtert, und bis auf Wärmeinseln und Optimallebensräume wurden viele Gebiete von der Heidelerche geräumt und Bestände sind oft auf Bruchteil früherer Zahlen zurückgegangen [1722, 1680,196,4175,1617,2821,3248,2068,2642,3667, 1880 u.v.a.]. Andererseits etwa ab frühen 1990er J. kurzzeitige Neuansiedlungen oder lokale, anhaltende Bestandszunahmen vor allem auf Kahlschlägen, Windwurf- und Waldbrandflächen, auf (neu eingestellten) nährstoffarmen Ackerbrachen, auf entbuschten, wiederbeweideten Schafweideflächen oder auf Truppenübungsplätzen in trockenen, sandigen Gebieten [337,1024,3193,1880,1991].

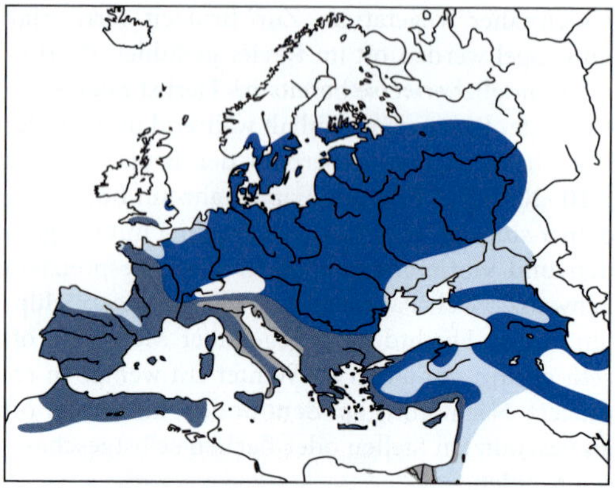

Lullula arborea – **Heidelerche**

Großräumiger Rückgang auch aus reduzierten Durchzüglerzahlen bei Zufalls- und Zugplanbeobachtung sowie bei standardisiertem Vogelfang deutlich [1,1315,320,323].

	Best.	Areal	Brutbestand	Jahr	Quelle
A	⇧	+ 1	700–900	1998–2002	[383]
B	↑	+ 1	600–900	1995–2002	[383]
CH	↓	- 1	250–500	1993–1996	[383]
CZ	↓	=	500–1.000	2000–2002	[383]
D	↓	=	25.000–45.000	1995–1999	[383]
H	+/-	=	30.000–75.000	1999–2002	[383]
L	⇩	=	25–30	2001	[383]
NL	⇧	- 2	5.000–6.000	1998–2000	[383]
PL	+/-	=	50.000–80.000	2000–2002	[383]
SK	+/-	=	1.500–3.000	1995–1999	[383]

Siedlungsdichte. Ø Reviergröße 2-3 (0.8-8) ha, also viel größer als Feldlerche, Nahrungsflächen oft außerhalb der Nestumgebung und bei ungünstiger Vegetationsstruktur relativ groß; geringste Nestabstände 20–40 m. Höchstdichten ME bei Flächen von 20–49 ha 3.2–1.2 BP/10 ha, von > 100 ha zwischen 2.3–0.9–0.4 (Ø 0.9) BP/10 ha [337,1]. Flächendichten bei Großflächen in ME infolge lückiger Besiedlung meist sehr gering zw. 0.002 - 0.5 (max. 1.2) Rev/km^2 bei Flächen > 100 km^2 [vgl. Tab. 2 in 337]. In Optimalbereichen wie E. Ø Dichte 6.000 BP/2.500 km^2 [1507], in Nadelwäldern PL 0.3-1.4 BP/km^2 [3871].

Gefährdungsursachen [1369,196,1680,1719,1722, 3892,809,2914,3650,2062,1302,3934,3193,1991]. Abgesehen von kurzfristigen Einbrüchen infolge klimatischer Faktoren (dabei zunehmende Atlantisierung des Klimas in ME bedeutsam), Hauptursache für Bestandseinbußen großflächiger Rückgang oder direkte Zerstörung geeigneter Bruthabitate und Lebensräume, speziell von Ödland- und Brachflächen, Magerstandorten mit Offenbodenstellen, von extensiven Weideflächen und Heideland sowie von Kahlschlägen; u.a. durch zunehmende Bautätigkeit und Versiegelung der Landschaft (vor allem Ausbau der Feldwege) sowie der Veränderung und Intensivierung der forst- und landwirtschaftlichen Nutzung mit Aufforstung oder Aufgabe extensiver Weideflächen (dadurch Verbuschung/Sukzession), der Überdüngung von Mager- und Halbtrockenrasen (vgl. auch Haubenlerche), der Flurbereinigung und der landwirtschaftlichen Nutzung von Grenzertragsböden.

Störungen durch Massentourismus (Camping, Picknick, Parkplätze) und Freizeitsport (Motocross, Mountainbikes, Modellflieger), einschließlich der Erschließung und Bebauung entsprechender Lebensräume.

Erheblich gestiegener Einsatz von Umweltchemikalien in der Land- und Forstwirtschaft mit der Folge verringerten Insektenangebotes.

Direkte Verfolgung (Jagd) in den Überwinterungsgebieten SW-F und Iberiens.

SPEC	VSchRL	Bern.Konv.	Bonn.Konv.
2	Anh. I	Anh. III	--
Europ. RL	RL in ME		
--	FL:'RE', CZ, L: 'EN', A, D, B, CH: 'VU'		

Schutzmaßnahmen. Erhaltung extensiv genutzter Weiden und Äcker an Magerstandorten, Brachflächen, besonders aber der verbliebenen Heidegebiete. Bevorzugte Habitate müssen in ihrem jetzigen Zustand erhalten und genutzt werden. Zusammenhängende Extensivflächen aus Hecken, Einzelbäumen, Ackerbrachen und Stilllegungsflächen sind im Zusammenhang mit ökologischen Ausgleichsmaßnahmen in der Landwirtschaft oder anderweitig neu zu schaffen.

Drastische Reduktion von Massenaufforstungen und städtebaulicher Übererschließung sowie der Einflüsse des Massentourismus. Management von Sekundärbiotopen wie Truppenübungsplätzen und aufgelassenen Materialabbaugebieten (Braunkohle, Kies etc.) ebenso wie von Koniferenpflanzungen (dort Kahlschlagwirtschaft), Entbuschung und Wiederbeweidung (u.a. Schafe, Ziegen) ehemaliger Weideflächen zum langjährigen Erhalt in einem für die Heidelerche günstigen frühen Sukzessionsstadium.

Starke Einschränkung des Einsatzes von Umweltchemikalien und Düngemitteln; Rückführung direkter Verfolgung in Mittelmeerländern.

Biotop. Br. halboffener Landschaften, bevorzugt auf sandigen Böden (wasserdurchlässig, leicht erwärmbar) mit vegetationsfreien Flächenanteilen [3985] und unter 20% Verbuschung [3591], d.h. weder auf vollkommen offenen Flächen noch in geschlossenen Baumbeständen, z.B. frühe Sukzessionsstadien auf Kahlschlägen und Windwurfflächen, Brandflächen, Heiden, militärisches Übungsgelände, Braunkohlegruben, Waldschneisen, Waldweideflächen, lichte Wälder und trockene Waldränder mit angrenzenden Äckern, baum- und buschbestandene Trocken- und Halbtrockenrasen, Wacholderheiden, magere Wiesen und Weiden, wegbegleitende Ruderalfluren, sandiges Kulturland und Streuobstwiesen. In Fennoskandien überwiegend in weiträumig offenem Felsblockgelände [3934]. Wichtige Voraussetzungen sind mehr oder minder warme bis trockene Lage oder Hangexposition sowie erhöhte Sing- und Beobachtungswarten. Nahrungsflächen weisen mehr Vegetation unter 5 cm Höhe und mehr vegetationsfreie Flecken auf als Zufallsverteilung der Umgebung [470]. Im Herbst und Winter auch auf Brachflächen, Stoppelfeldern, Bahndämmen, Ödland mit Ruderalflora.

Nahrung. Im Sommerhalbjahr viel Insekten, wenig Vegetabilien, z. B. Raupen und andere Larven, Dipteren, kleine Schmetterlinge, Heuschrecken, Ameisen etc., aber auch Samen. Im Frühjahr Grasspitzen, Knospen und kleine Blätter.

Stimme. Häufigster Ruf 2–3-silbig »didlui«, »tiulit« o.ä. Charakteristischer Gesang aus wohlklingenden, meist als schwermütig bezeichneten Strophen, die durch deutliche Pausen voneinander getrennt sind und phrasenartigen Aufbau zeigen, etwa »dili dili dili....«, »dije dije dije...«, »lülülülü..«, »dli dli dli..«, meist gegen Ende schneller und lauter werdend. Aufeinander folgende Strophen sind unterschiedlich, Tonhöhe sinkt gegen Ende oder bleibt gleich, steigt nie an. Strophenanordnung eines ♂ sehr konstant. Hauptsangeszeit von Revierbezug bis Bebrütungsbeginn, ab Sept. leiser Herbstgesang (wohl meist von Jungvögeln); im Mittelmeerraum auch Wintergesang. ♀ singt bei Erregung (bei Fütterung der Juv. durch das ♂), selten auch von Warten oder angedeuteter Singflug. Aufstieg beim Singflug in Spiralen (Feldlerche senkrecht). Singt von Warten, im Flug und vom Boden. Reagiert zumindest am Anfang der Brutzeit (Nestbau, Eiablage) gut auf Klangattrappen.

Verhalten. Im Brutgebiet tagaktiv, doch einzelne Nachtsänger. Tag- und Nachtzieher. Läuft wie Feldlerche. Nahrungserwerb auf dem Boden. Zur Brutzeit territorial. Gesang überwiegend im Flug, aber auch auf Bäumen und am wenigsten am Boden (aufrecht stehend), während der Bebrütung Gesänge auf Bäumen fast häufiger als Singflüge. Sie beginnen meist mit einem schrägen Aufstieg von einer Baumspitze (oder vom Boden), Gesang erst in einer gewissen Höhe, Flug wellenförmig, oft flatternd, aber seltener rüttelnd; steiles oder schräges Herabfallen, oft in die Nähe des Startplatzes. Spät im April unermüdlich singenden ♂ sind nicht verpaart. Bodengesang in aufrechter Haltung vor dem ♀. Droh- und Verfolgungsflüge rivalisierender ♂. Brütende ♀ sitzen oft sehr fest. Truppbildung ab Aug.; zieht und überwintert einzeln, seltener in losen kleinen Trupps.

Fortpflanzung, Brutbiologie [337,1369,767,1722,1]. Geschlechtsreife im 1. J. Monogame Saisonehe, ♂ mit hoher Reviertreue bekannt. **Ankunft im Brutgebiet.** Ankunft im Brutrevier meist ab Feb. und im März, in Hochlagen je nach Schneelage später; Balz und Paarbildung ab März. **Nest.** ♂ wählt Nistplatz, ♀ die eigentliche Nestmulde; Bodennest, meist in Sichtweite der nächsten Bäume, gut versteckt z.B. zwischen vorjährigen Grasbüscheln, doch Zugang nicht durch Vegetation behindert; oft vor direkter Sonneneinstrahlung geschützt. Nestauskleidung mit Pflanzenmaterial, nach innen feiner werdend (innen feine Wurzeln und Haare); Muldendurchmesser 7-12 cm, Tiefe 4-7 cm. Beide Ad. mulden, Nestbau ab ersten eingetragenen Halmen nur vom ♀; Dauer bis 5 d (nur morgens). **Legebeginn.** In ME ab Mitte/Ende März (Anf. April), Hauptzeit April und Mai; Legeperiode bis Juni (Juli). **Gelegegröße.** 3-6 (2-7), am häufigsten 4; Ø in ME (März) 3.8, (April) 4.0, (Mai) 4.2, (Juni) 4.7; in PL Ø$_{27}$ 3.97, D-BW Ø$_{37}$ 4.02, -BB Ø$_{15}$ 4.3. Legeintervall 1 d. **Eier.** Elliptisch, glänzend, weißlicher Grund mit feiner, sehr dichter bräunlicher Punktierung. **Brutdauer.** 12-15 d; ♀ brütet, ♂ auf Warten in Nestnähe. Brutbeginn mit Vollgelege oder vorletztem Ei. Juv. schlüpfen (weitgehend) synchron, ab Mitte April, spätestens im Juli. **Nestlings-/Führungszeit.** ♀ hudert erste 5-8 d, beide füttern. Juv. verlassen mit 10-13 d das Nest (bei Störungen früher) und können nach 12 d kurz und ab 16 d voll fliegen, danach noch mind. 2 Wochen geführt. Familien bleiben aber meist bis Herbst zusammen, Erstbrutjunge bleiben im oder in Nähe des Brutreviers, später Zusammenschluss zu größeren Gruppen. **Jahresbruten.** In ME meist 1, selten 2 (in S-Europa regelm.), in H auch 3 nachgewiesen; Ersatzgelege. **Bruterfolg.** Brutgröße in PL Ø 1.85 Nestlinge (Bruterfolg 46.7%). In D-BW aus 85 abgelegten Eiern in 21 Nestern 65 Juv. geschlüpft (76.5%) und 48 Juv. flügge (Bruterfolg 56.5%). In SW-NL von 1974-82 bei 67 Gelegen Schlüpfrate 84.1% und Bruterfolg 67.8%. Verluste vor allem durch Witterung und menschliche Einwirkungen (Ausmähen etc.).

Eimaße und -gewichte [337]: L. 18.7-23.5 mm, B. 14.5-15.6 mm, Ø 21.0 x 15.8 mm (n=187, ME),

21.6 x 20.3 mm (n=100, GB); Frischvollgew. 3.0-4.0 g, Ø$_{21}$ 3.38 g bzw. errechn. 2.79 g; Schalengew. 0.13-0.17 g, Ø$_{200}$ 0.16 g.

Sterblichkeit, Alter. Höchstalter frei lebend ca. 9 J. **Generationslänge:** < 3.3 J. [383].

Mauser. **Postjuvenile Mauser** (Vollmauser) beginnt im Alter von 4–6 Wochen, bis Mitte Aug./Mitte Okt. beendet [767]. • **Postnuptialmauser** (Vollmauser) Ende Juni/Ende Juli–Sept./Anf. Okt. (Anf. Nov.) [767].

Alauda arvensis – Feldlerche 09760

Alauda arvensis Linnaeus 1758

(GB) (Eurasian) Skylark **(F) Alouette des champs** **(E) Alondra Común**

Taxonomie. Elf schwach differenzierte und klinal variierende UA, davon Nominatform in ME und N-Europa; ferner in W-Paläarktis u.a.: *sierrae* Weigold 1913 (Iberien), *cantarella* Bonaparte 1850 (S-Europa von N-E., S-F, I bis BG, RO, UA. und Kaukasus) und *harterti* Whitaker 1904 (N-Afrika). Angesichts recht weiträumiger Sympatrie mit der Kleinen Feldlerche *A. gulgula* in Zentralasien und Fernost sollten beide besser nicht zu einer Superspezies vereinigt werden. Die Zugehörigkeit der japanischen Form *japonica*, zuweilen als Allospezies einer Superspezies *A. [arvensis]* eingestuft [3565], ist mangels molekularer Untersuchungen unklar.

Kennzeichen. [1369,3615,767,221,3772; weitere **Fotos** in Brit. B. **96**, 319, Dutch B. **20**, 181].

Maße. (Nominatform) Gr.: 18-19 cm. Gew.: (Frühj.) ♂ 33.5-52.4 g, Ø$_{79}$ 44.8 g, ♀ 29.4-45.2 g, Ø$_{40}$ 36.4 g. Fl.spw.: 30-36 cm. Fl.l.: ♂ 106-119 mm, Ø$_{75}$ 112.5 cm, ♀ 96-107 mm, Ø$_{15}$ 101.5 mm, in DK: ♂ 107-121 mm, Ø$_{79}$ 113.3 mm, ♀ 98-110 mm, Ø$_{40}$ 103.7 mm [1369,767].

Status. Nominatform in weiten Teilen ME verbreiteter, sehr häufiger Brut- und Sommervogel, ferner regelm. Durchzügler und Rastvogel in z.T. großen Ansammlungen in allen Regionen. Gebietsweise regelm. Überwinterer; in H Durchzügler und Wintergast. UA *cantarella* Brut- und Jahresvogel in H; UA *dulcivox* seltener Wintergast in H.

Verbreitung und Bestand. Brutvogel in der borealen, gemäßigten, mediterranen und Steppenzone von W-Europa und NW-Afrika bis E-Sibirien und JAP, im S der Paläarktis auch in Gebirgsregionen (u.a. SW-Europa, NW-Afrika, isoliert Tien Schan und Gebirge Mittelasiens); S-Grenze Maghreb, N-Mittelmeer (einschließlich Sardinien, Sizilien), N-Balkanhalbinsel, NE- und E-TR, N-Grenze Färöer, N. > 70° N, S-Hälfte Kola-Halbinsel, Halbinsel Kanin, Petschora-Mündung, weiter E nördlichste Brutplätze 68–69° N. Eingeführt in NZ, S- und SE-AUS, Hawaii und einigen Inseln CDN. In ME Nominatform sehr häufig und weit verbreitet; nur bebaute und dicht bewaldete Areale sowie subalpine und alpine Flächen der N-Alpen nicht besiedelt [1369]; in neuester Zeit durch Bestandsverluste aber zunehmend kleine Verbreitungslücken. Obergrenze in den Mittelgebirgen CH bis 1680 m, in den Alpen CH bis 2300 (ausnahmsweise bis > 2600) m, in W-Karpaten 1955 m ü.M. Bestand in Europa etwa zw. 40 - 80 Mio. BP (insgesamt rückläufig), mit Populationen > 1 Mio. BP in RUS (15-35 Mio.), PL (4-7), BY (2.3-3), E. (2-6), UA. (2.2-3.1), D (1.6-2.7), sowie DK, LV, LT, TR und GB (jew. < 2 Mio. BP); in ME nach starken Abnahmen noch etwa 7.5 - 13 Mio. BP [383], > 85% davon in D, CZ und PL [383].

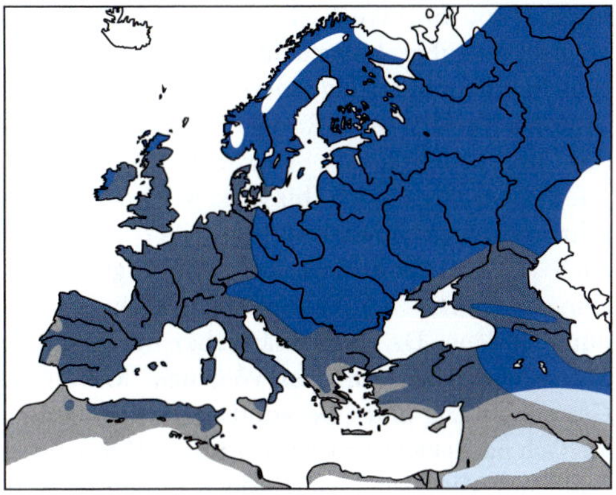

Alauda arvensis – **Feldlerche**

Wanderungen. Zugvogel mit Ausnahme der Br. GB/IRL (dort nur höhere Lagen im N geräumt und 2/3 der Ringfunde innerhalb 10 km vom Beringungsort [Ringfund Schottland–Portugal, s. 4064] und vermutlich S-F. Zieher überwintern in weitgehend schneefreien Gebieten in S- und W-Europa, N-Rand der Sahara und Mittelmeerraum bis Vorderasien. Wegzugrichtung überwiegend SW, selten W oder S, regelm. Wintergäste vom Kontinent in GB. In B/NL im Herbst Br. aus RUS, überwiegend aber aus S., N., DK durchziehend. Grenze des regelm. Wintergebietes in W-Europa folgt ungefähr dem Rhein. Anteil besetzter Gitterfelder NL Jan. 1978-83 80 %, Rhl. Dez.–Jan. 1983-86 51 %, D-BW 1987-92 29 % [203], in CH-SO 1981-98 Dez.-Feb. allj. [671]; in milden Wintern aber auch weiter im E. Schneefluchtbewegungen meist < 100 km. Wechsel von Durchzugs- und Wintergebiet bei Mehrfachfunden von Ringvögeln in aufeinanderfolgenden J. sind selten. Von 2420 Ringfunden aus ME zogen 52 Ind. > 2000 km (bis 3613 km FIN–E.), Vorrückgeschwindigkeit z.T. überraschend hoch (bis max. 810 km/d). Ausführliche Ringfundanalyse [vgl. 3641]. Heimzug nach NW in Umkehrung der Wegzugrichtung, keine Hinweise auf Schleifenzug. Schwarmbildung ab Sept., Dz. skandinavischer Br. in ME ab Mitte Sept., Maximum des Wegzuges Mitte Okt. Getrennter Zug und Überwinterung von ♂ und ♀ vielfach nachgewiesen oder vermutet. Heimzug ab Ende Jan.-Mitte Feb., Gipfel März, Ende Anf. Mai. Ankunft am Brutgebiet im ME je nach Witterung stark schwankend, (Ende Jan.) Anf./Mitte Feb. bis Anf. März, bei Frühankömmlingen auch Umkehrzug nach Kälteeinbrüchen.

Bestandsentwicklung. Dramatischer Bestandsrückgang von z.T. 50 - 90% seit (1960er) 70er J. in fast allen Ländern ME (außer PL und SK.) [196, 1507,3892,1369,767,914], in GB, F sowie Skandinavien, wo Populationen noch bis etwa 1980 stabil oder zunehmend [1343,1507,3892,196,2536], ab Mitte 1990er J. ebenfalls drastischer Rückgang [vgl. 3846,917]. Die Ausdünnung der Populationen ist nur aufgrund großflächiger quantitativer Bestandsaufnahmen erkennbar und inzwischen bei fast allen nationalen Monitoringprogrammen ME dokumentiert [196]; auch bei regionalen Untersuchungen werden neuerdings fast ausschließlich erhebliche Bestandsabnahmen registriert [965,1680,2642, 1722,3489,2068,2772,3248,196,3392,4043,1614, 3885,4046,1998 u.v.a.]. Vor allem in S-ME Rückzug auf optimale Habitate, bei augenscheinlichem Arealverlust und Erlöschen von Lokalpopulationen [588,1870,1871,198,1617,196,2772,3392]. Offensichtlicher Rückzug von Grünland- auf Ackerflächen wohl Ursache für zuweilen dort festgestellte »Zunahmen« oder »gleichbleibenden Bestände«. Nicht in diesem Ausmaß erkennbar ist ein entsprechender Bestandsrückgang derzeit nur in Mittel-/E-PL, SK., D-BB und -MV [2031,3867,3892,1,3871]. Im Gegensatz zu den intensiv genutzten Tieflandflächen weisen zudem auch einige alpine Brutgebiete der Feldlerche (vor allem in CH) bis in jüngste Zeit keinen Bestandseinbruch auf [2390,3393, vgl. aber Rückgang in Teilen der N-Alpen CH: 3392]. Überwiegend aufgrund früher Auswirkungen des Stilllegungsprogramms der EU und anderer Extensivierungsprogramme zum Wiesenvogelschutz sowie aufgrund zunehmender Besiedlung von Wintergetreidefelder und Ackerbrachen [304,2063,3892] ist dramatische Abnahme gebietsweise seit Anf. 1990er J. gestoppt [595,3892,310]. In FIN spielt das Vorhandensein großflächiger Ackerbrachen die entscheidende Rolle für die Häufigkeit der Art [3846].

	Best.	Areal	Brutbestand	Jahr	Quelle
A	+/-	=	120.000–240.000	1998–2002	[383]
B	↓	- 1	29.000–52.000	2001–2002	[383]
CH	↓	=	40.000–50.000	1993–1996	[383]
CZ	+/-	=	800.000–1.600.000	2000	[383]
D	↓	=	1.600.000–2.700.000	1995–1999	[383]
FL	⇩	- 2	4–8	1998–2000	[383]
H	↓	=	730.000–900.000	1999–2002	[383]
L	↓	=	7.000–8.000	2001	[383]
NL	⇩	- 2	50.000–70.000	1998–2000	[383]
PL	+/-	=	4.000.000–7.000.000	2000–2002	[383]
SK	+/-	=	200.000–400.000	1995–1999	[383]

Der drastische Bestandsrückgang in GB in jüngster Zeit ist offenbar bedingt durch einen Rückgang der Zahl der Brutversuche, Rückgang beim Anteil zur Brut schreitender Vögel sowie durch erhöhte Mortalität außerhalb der Brutsaison [651,915]; in ME wurde ein reduziertes Nestlingsgewicht festgestellt [Folge von Nahrungsarmut und Pestizideinsatz, P. Odderskaer].
Ehemals extrem häufige Art wegen der z.T. dramatischen Verluste inzwischen in einige regionale und sogar nationale Rote Listen in ME (auch GB, DK) aufgenommen, wurde trotz ihrer Häufigkeit europaweit als 'VU' eingestuft.

Siedlungsdichte. Reviergrößen in GB 0.25–0.8 (Ø ca. 0.5) ha, in N-F Ø 0.17–0.28 ha, in D Ø 0.5 bzw.

0.79 ha, CH 2.3–4.6 (Ø 3,3) bzw. 1.8–4.8 ha (saisonale Änderungen der Reviergröße in Abhängigkeit von Feldbestellung) [vgl. 1872]; Nahrungssuche in Brutrevieren, aber auch außerhalb; geringste Nestabstände ca. 40 m. Höchstdichten ME auf Flächen von 20–49 ha 16.6–10.5–6.8 (Ø 10.4) Rev./10 ha; von 50–99 ha 15.4–7.7–5.6 (Ø 7.5) Rev./10 ha; von > 100 ha 6.2–3.5–3.1 (Ø 4.1) Rev./10 ha. Die Feldlerche erreicht in günstigen Gebieten mit 1.2-19.5 (max. 35) Rev./km^2 großflächig (Flächen > 100 km^2) die höchste BP-Dichte unter den im Offenland brütenden Singvögeln [1507,3392, vgl. Tab. 3 in 337].

Gefährdungsursachen [196,337,1369,3892,4043, 3372,588,1870,2471,2830,2390,1302,653,1143,915, 2995]. Der Bestandseinbruch basiert meist auf starker Reduktion des Bruterfolges und verringerter Möglichkeit in optimalen Bruthabitaten zu brüten und entsprechend erfolgreiche Zweit-/Dritt- oder Ersatzbruten zu tätigen. Hauptursache dafür ist Intensivierung der Landwirtschaft durch (1) starke Düngung und demzufolge schnellem, (zu) hohem und dichtem Pflanzenwuchs im Frühjahr, (2) massiven Biozideinsatz, (3) Vergrößerung der Schlagflächen und Verringerung der Kulturvielfalt sowie (4) Nutzung der Grünlandgebiete als Silageflächen mit mehrfacher und tiefreichender Mahd [»Rasiereffekt«, 588] in zu kurzen Zeitabständen, eine Folge hiervon ist neben dem direkten Ausmähen die Reduktion der floristischen Vielfalt und die Verarmung der Insektenfauna, (5) Entfernung der sehr häufig als Versteck für Nester genutzten Saumbiotope und Randstreifen; von besonderer Bedeutung ist schließlich (6) Konzentration auf wenige, sehr ertragreiche Kulturpflanzenarten, bes. ungünstig für Feldlerche dabei vermehrter Maisanbau in großflächigen Monokulturen, verringerter Roggenanbau (früher oft bevorzugter Brutbiotop), weitgehendes Fehlen von Sommergetreide, Hafer, Luzerne und zunehmende Ansaat von Wintergetreide mit Verlust der Winterbrachen und des Frühjahrssaatgutes, mit zu hohem Wachstum in der Brutsaison und zu geringem Insektenangebot.

Zunehmende Versiegelung und Verbauung der Landschaft und intensivere Weidewirtschaft, dadurch sowohl Direktverluste durch Zertreten der Gelege als auch Aufgabe von Bruten; ferner Entwässerung.

Intensivierung der Landwirtschaft in (Durchzugs-) und Überwinterungsgebieten (vor allem in E.). In F und Mittelmeerländern intensive Verfolgung.

Natürliche Ursachen: Zumindest kurzfristige Abnahmen durch klimatische Bedingungen, vor allem sehr plötzliche Wetterstürze auf großem Raum im Frühjahr. Zunahme der Prädation durch Fuchs, Dachs, Corviden etc. [weitere natürliche Ursachen s. 2912].

SPEC	VSchRL	Bern.Konv.	Bonn.Konv.
3	Anh. II-2	Anh. III	--
Europ. RL	RL in ME		
--	FL: 'EN', D: 'VU', CH: 'NT'		

Schutzmaßnahmen. Schaffung zusätzlicher Brach- oder Ausgleichsflächen ohne Mahdtermine während der Brutzeit, dadurch Wiederherstellung der ursprünglichen Mosaikstruktur der Kulturlandschaft. Erhaltung oder Wiederherstellung der Ackerrandstreifen und Ruderalflächen sowie Stehenlassen von bodenbedeckenden Wildkrautsaaten (auf jeweils 10 ha Agrarfläche sollten mind. 1500m^2 brachliegende Ausgleichsflächen entfallen); weitere Extensivierungsmaßnahmen.

Reduzierung des Pestizid- und Düngereinsatzes in der Landwirtschaft, vor allem aber vollständige Einstellung der Spritzung von Ackerrainen und Wegrändern.

Gebietsweise Rückkehr zum Anbau von Sommergetreiden.

Reduktion der direkten Verfolgung.

Biotop. Br. im offenen Gelände mit weitgehend freiem Horizont auf trockenen bis wechselfeuchten Böden und in niedriger sowie abwechselungsreich strukturierter Gras- und Krautschicht, bevorzugt karge Vegetation mit offenen Stellen. Siedlungsdichte geringer bei feuchten Böden (hier nur auf trockenen Stellen Br.) und bei Anwesenheit hochragender Einzelstrukturen (wie Einzelhäuser, -bäume und -masten, Gebüsch- und Baumreihen), Waldrandbereiche werden oft gemieden [z.B. 3023]. Typische Bruthabitate z.B. Düngewiesen (auch wichtiger Nahrungsraum), Ackerland, extensive Weiden, Berg- und nicht zu stark geneigte Hangwiesen; höhere Dichte in reich strukturierter Feldflur mit besserem Nahrungsangebot und Ausweichmöglichkeiten, wenn Höhe und Dichte der Kulturen zu groß werden und die Fortbewegung hindern; dicht stehende Vegetation kann nur randlich oder an Störstellen besiedelt werden. Abhängigkeit der Verteilung und Dichte von Art, Aussaat und Bearbeitung der Feldkulturen daher sehr auffallend [Details z.B. 2850,3437,1369]. Verhältnisse in natürlichen Habitaten z.T. deutlich verschieden von Kulturen. Außerhalb der Brutzeit auf abgeernteten Feldern, geschnittenen Grünflächen und Futterschlägen, Ruderalflächen, Ödland, im Winter auch im Randbereich von Siedlungen.

Nahrung. Ab Mitte April zunehmend Insekten, aber auch Spinnen, kleine Schnecken und Regenwürmer, recht vielseitig. Nestlinge werden größtenteils mit Insekten gefüttert (im Vergleich zum Angebot bevorzugte Körperlänge 6–15 mm, vor allem Larven und Puppen von Tipuliden, ferner Dipteren, kaum jedoch Käfer [337]. Im Winter vor allem Vegetabilien wie Getreidekörner, Unkrautsamen, Keimlinge, zarte Blätter.

Stimme. Zahlreiche, variable Rufe. Stimmfühlungsruf weich »trieh« oder etwas guttural »trlie«, in aggressiver Stimmung härter. Einleitung der Fluggesangs mit lang gezogenen, den Rufen ähnlichen »trieh«; dann Aufsteigen und lang anhaltender Gesang mit einer ununterbrochenen Folge von Motiven und Strukturen, in denen rhythmisch wiederholte Triller, Stakkatofolgen, Roller, Glissandos abwechseln, dazwischen auch Imitationen, z.B. Turmfalke oder Limikolenrufe. Auch ähnlicher, aber wesentlich kürzerer Bodengesang. ♀ singen selten, leise und am Boden. Reviergesang je nach Wetter ab Ende Jan./Anf. Feb. bis Mitte/Ende Juli; Herbstgesang (meist viel kürzer) Sept.–Nov. (Dez.).

Verhalten. Tagaktiv, Zug aber auch nachts. Rasch laufender Bodenvogel; sitzt aber auch auf erhöhten Warten. Start zum Fluggesang gegen den Wind, zunächst fast senkrecht lautlos einige m nach oben, dann im Spiralflug in immer kleiner werdendem Radius bis 60 (max. 400) m; bei geringem Wind oder bei Windstille »steht« die Lerche mit flachen, relativ raschen Flügelschlägen (dazwischen kurze Gleitphasen) und gefächertem Schwanz in der Luft, lässt sich aber mitunter auch weit abtreiben; auf der Kulminationshöhe kreisend. Mit ausgebreiteten Flügeln und gefächertem Schwanz gleitet die Lerche nach unten, um oft die letzten 10–15 m mit angelegten Flügeln rasch abzustürzen und sich kurz vor der Landung aufzufangen. Singflüge im Ø 2–3 min, mitunter erheblich länger, ausnahmsweise bis > 1 h. Übernachtung und Nahrungserwerb auf dem Boden. Zur Brutzeit territorial, nur ♂ verteidigen Reviere. Auffällige Verhaltensweisen bei der Balz: Hüpfen, Verbeugen vor dem ♀ mit Flügelzittern und hochgeklapptem Schwanz, Hetzflug und Anlaufen des ♀ durch das ♂ mit gesträubtem Gefieder. Paarungsaufforderung durch das geduckt laufende ♀. Aufforderungen am häufigsten vor Legebeginn und Kopulationen hauptsächlich am 3. und 4. Tag vor Legebeginn. Enger Paarzusammenhalt. Vom bebrüteten Gelege vertriebene ♀ verleiten oft. ♀ aggressiv gegen andere ♀. Ab Juni Lösung der Revierbindung; im Herbst und Winter, dann vor allem bei Kälteflucht, oft große Verbände. Ziehen einzeln oder in Trupps. Tagestrupps oft > 300 Ind.

Fortpflanzung, Brutbiologie [337,1369,767,1722, 1,1551,915]. Geschlechtsreife im 1. Jahr. Monogame Saisonehe, durch Reviertreue auch Wiederverpaarung; Bigynie ausnahmsweise nachgewiesen. **Ankunft im Brutgebiet.** Ankunft im Brutrevier meist ab Feb. (März), in Hochlagen auch später; ♂ bis 1 Woche früher. Balz und Paarbildung ab (Anf.) Mitte Feb., März. **Nest.** ♀ wählt Nistplatz; Bodennest, optimale Bedingungen für Neststand Vegetationshöhe von 15-25 cm und Bodenbedeckung von 20-50% (Deckungsgrad und Vegetationshöhe im einzelnen aber gegenläufig korreliert). Selbstgescharrte Mulde mit Tiefe 7 cm; Nestauskleidung mit feinem Pflanzenmaterial; nur ♀ baut. **Legebeginn.** Meist relativ spät ab Mitte April (frühestens Mitte/Ende März) bis Mitte Juli (Anf. Aug.). **Gelegegröße.** 2-5 (-6); Ø (gesamte Periode) in D_{317} 3.8, NL_{86} 3.8, CH_{50} 4.0, D-BW $Ø_{144}$ 3.7, -BB $Ø_{32}$ 4.4 bzw. $Ø_{54}$ 3.8, GB_{89} 3.7, EST_{36} 3.97; Ø Gelegegröße steigt von April (CH Ø 3.4) bzw. Erstbruten (D-BB Ø 3.3) bis Juni (CH Ø 4.0) bzw. Zweitbruten (D-BB Ø 4.1) an. Legeintervall 1 d. **Eier.** Elliptisch, leicht glänzend, weißlicher bis hellbräunlicher Grund dicht dunkelgrau bis braun gefleckt. **Brutdauer.** 11-12 (10-14) d; ♀ brütet, wird vom ♂ nicht gefüttert. Brutbeginn mit Vollgelege. Juv. schlüpfen synchron, ab (Mitte) Ende April, spätestens Anf. Aug. **Nestlings-/Führungszeit.** ♀ hudert erste 5 d, beide füttern (♂ weniger). Juv. verlassen mit 7-11 d das Nest und folgen den Ad. hüpfend über längere Strecken; ab 15-20 d voll flugfähig, suchen ab etwa 19 d selbständig Futter und sind mit 25-30 d unabhängig. Familien bleiben oft bis Herbst zusammen, Erstbrutjunge bleiben im oder in Nähe des Brutreviers, später Zusammenschluss zu größeren Gruppen. **Jahresbruten.** In ME häufig 2 (zuweilen geschachtelt), vereinzelt 3 nachgewiesen; bei Erstbruten mehrere Ersatzgelege möglich, meist (4) 5-6 d nach Verlust; bis zu 6 Brutversuche eines Paares kommen vor. **Bruterfolg.** In GB 9.9 Eier bzw. 4.5 das Nest verlassende Juv./♀ und J. (einj. ♀ nur 1.5, mehrj. 5.1); Bruterfolg (8 d alte Juv.) in GB 46% bzw. 28% der abgelegten Eier. In CH 0.9 Juv./Paar und J., Juv. aus max. 25% der Eier bzw. 2.7 Juv./Paar und J., Juv. aus 37% der Eier; in D-BW aus 67 Vollgelegen mit 244 Eiern schlüpften 146 Juv. (57.5%) und 111 wurden flügge (Bruterfolg 45.5%). In D-BB auf verschiedenen Flächen zwischen 1.9 - 2.1 flügge Juv./Erstbrut bzw. zwischen 1.8 - 2.1 flügge Juv./Zweitbrut. Hauptverluste durch menschliche Einwirkungen (Ausmähen etc.), ferner Prädation, Witterung und Infertilität. In Gebieten mit vorgegebenen Mahdterminen (Vertragsnaturschutz) in D-BB waren 1999 bei Erstbruten 58% erfolgreich, bei Zweitbruten 44%; Hauptverluste hier durch Prädation (19% der Erst-, 47% der Zweitbruten).

Eimaße und -gewichte [337]: L. 19.1-27.3 mm, B. 11.2-18.5 mm; Frischvollgew. Ø 4.13 g; Schalengew. 0.15-0.24 g, Ø: 0.19 g.

Sterblichkeit, Alter. Ad. ca. 30 %-35 %/J., offenbar im Winter am größten. Dz. in B nach Wiederfunden für alle Altersstufen ca. 42 % [3641]. Nach Ringwiederfunden Verluste durch Menschen in F (insbes. SW-F) fünf Mal höher als im übrigen Europa [3641]. Ältester Ringvogel (GB) 10 J. 1 Monat [3654], 2 mal > 8 J.; Volierenvögel 16 J. **Generationslänge:** < 3.3 J. [383].

Mauser. Postjuvenile Mauser (Vollmauser) beginnt 2-4 Wochen nach Flüggewerden; Abschluss im Alter von ca. 3 Monaten, Aug./Mitte Okt. [767]. • **Postnuptialmauser** (Vollmauser) setzt mit Ausfall von HS 1 ein, (Juni) Juli/Mitte Aug.-Sept. (Okt.); Dauer der HS-Mauser GB ca. 50-58 d [767,1369,1356].

Eremophila alpestris – Ohrenlerche 09780

Eremophila [alpestris] alpestris (Linnaeus 1758)

(GB) Shorelark, ((USA) Horned Lark) **(F) Alouette hausse-col** **(E) Alondra Cornuda**

Taxonomie. Ca. 42 beschriebene UA, davon in W-Paläarktis *flava* (J.F. Gmelin 1789) (arktisches Eurasien), *atlas* (Whitaker 1898) (Atlasgebirge MA), *balcanica* (Reichenow 1895) (YU, BG, GR), *brandti* (Dresser 1874) (untere Wolga nach E), *penicillata* (Gould 1838) (Berge Kleinasiens, Kaukasus bis Iran) und *bicornis* (C.L. Brehm 1842) (Libanon, SYR). Bildet Superspezies mit Sahara-Ohrenlerche *E. bilopha*.

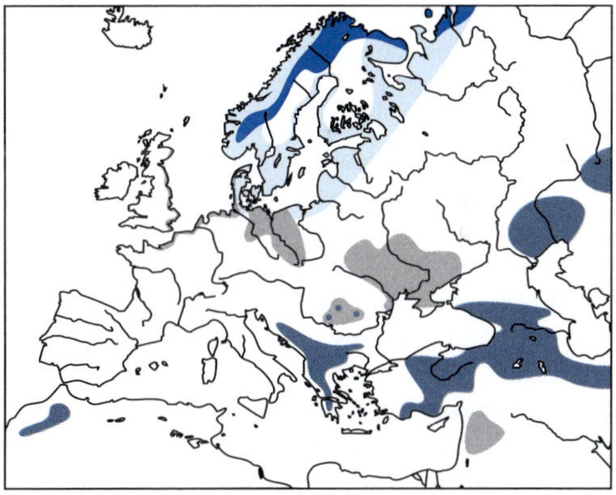

Eremophila alpestris – **Ohrenlerche**

Kennzeichen. [1369,3615,767,221,3772; weitere **Fotos** in Bird. W. **12**, 152-54, (*alpestris*, E-CDN) Bird. W. **15**, 111-19, 115 (z), 117 (z), (*penicillata*) Sandgr. **25**, 28].

Maße. (*flava*) Gr.: 14-17 cm. Gew.: (Winter) ♂ 32.5-46.0 g, Ø$_{32}$ 39.6 g, ♀ 26.5-44.0 g, Ø$_{29}$ 36.0 g. Fl.spw.: 30-35 cm. Fl.l.: ♂ 110-129 mm, Ø$_{24}$ 114.3 cm, ♀ 101-109 mm, Ø$_{24}$ 105.9 mm, in FIN: ♂ 108-116 mm, Ø$_{23}$ 111.2 mm, ♀ 100-109 mm, Ø$_{17}$ 104.0 mm [1369,767].

Status. In ME ist UA *flava* aus Fennoskandien und NW-RUS regelm., aber seltener Durchzügler und mit abnehmender Regelmäßigkeit und Häufigkeit Überwinterer an den Küsten ME, meist ab (Sept.) Okt.-Dez. bis März/April (Mai); ferner seltener, gebietsweise aber regelm. Wintergast im Binnenland ME mit deutlich abnehmenden Zahlen von N nach S und von E nach W; aber schneebedingt gelegentliche größere Einflüge auch bis tief ins Binnenland, z.B. im Kältewinter 1978/79. Ausnahmsweise Sommerbeob., z.B. in **A** Ende Juli 1980 2 Ind., davon 1 sing. auf 2350 m Karnische Alpen Grenze Osttirol/Venetien [337], **PL** ad. ♂ Juni 1998 am Bug [3871]. Winterbestände an **Küste NL** 1.500-2.000 Ind. (max. Okt.- Nov.), **B** 5-60 Ind., **D**-NI 2.000-2.500 Ind., -SH 2.000-3.000, sowie (mit Binnenland) in -MV 100-1.000 und **PL** > 3.000 Ind. Bestände im ME **Binnenland** (wohl überwiegend Vögel aus

RUS) [nach 865]: regelm. und in größeren Ansammlungen in PL, D–MV (s.o.), –BB 50-500 Ind., -ST 600-1.800 Ind., ferner **CZ** 100-200 Ind. [im 19. Jh. unregelm., wohl erst seit Winter 1953/54 allj., Winterbestände derzeit wohl zunehmend, 2159]; nicht allj., aber regelm. Auftreten in **H** 0-300 Ind. (bis 1990 regelm., seither selten) [2438], in **SK.** 0-200 Ind., D-TH 0-50 Ind. (erst seit 1963/64), **A**-Oö , **D**-SN und -HE (max. 500 Ind., vor allem im N). In anderen Regionen ME meist geringe Zahlen und sporadisches Auftreten, z.B. **D**-BW, -NW und -BY, Teile A [1369,1680,1722,4175,337]; schließlich Ausnahmegast in **CH**, wo bis 1999 erst 13 Nachw. [4152,3393].

Verbreitung und Bestand. Holarktisch verbreiteter, polytypischer Brutvogel von S-Arktis, Subarktis und Fjälltundren der borealen Zone, S davon in Hochsteppen und Halbwüsten der Gebirgsländer; verbreitet in N-Amerika (wo beide Gürtel ineinander übergehen) und Mittelamerika, ferner inselartig im Andenvorland Kolumbiens. In der Paläarktis UA ***flava*** in Bergtundren E-Sibiriens, Tundren Mittel- und W-Sibiriens, im nördlichsten RUS, N-FIN, N-S. und in N. nach S bis < 60° N, ferner im S von E-Sibirien, in elf UA durch die Hochgebirge Zentral- und Mittelasiens bis Kaukasus und Kleinasien, schließlich Verbreitungsinseln der UA ***balcanica*** in GR, YU, BG, seit 1962 in RO (Südkarpaten) sowie UA ***atlas*** in MA (Atlasgebirge). Die Art fehlt in GRÖ, W-Alaska und E-Sibirien. Bestand in Europa zw. 2.2 – 6 Mio. BP (stabil), davon 2-6 Mio. in TR und 130-500 T. BP in RUS. In Skandinavien offenbar erst im 19. Jh. eingewandert, geschätzte Bestände dort insges. nur 1.100–5.300 BP [383, s. auch 865].

Wanderungen. Br. N-Europas sind Zugvögel mit Winterquartier im Küstenbereich von Ost- und Nordsee sowie Ärmelkanal von S-S. und S-N. bis SE-England und N-F; im Binnenland einzelne Überwinterer bis H und Mittelgebirgsschwelle D. Ausnahmegäste nach S bis M, S- und W-F und im W bis IRL nachgewiesen; gelegentlich Einzelne auch hoch im N (z.B. Spitzbergen). Wegzug in N-Europa Sept.–Anf. Okt., Zugbeginn im S der Ost- und Nordsee Anf./Mitte Okt., max. Mitte Nov., Herbst-Dz. Helgoland 1995-99 v.a. Okt./Anf. Nov., [869]. Heimzug ab Feb. bis Anf. Mai, Ankunft an Brutplätzen Mitte April–Ende Mai. Einflug nach ME auch von RUS (u.a. ein Ringfund).

Bestandsentwicklung. Sowohl in den Brut- als auch in den Überwinterungsgebieten Europas seit 1950er J. deutlicher, anhaltender Bestandsrückgang in Fennoskandien, besonders deutlich in FIN, hier auf wenige BP zurückgegangen [3776,865,1507,383]. Auch Winterbestände überwiegend stark rückläufig, aus derzeitigen Angaben von 4.800-9.500 Überwinterern skandinavischer Herkunft muss inzwischen von einem niedrigen Brutbestand in Fennoskandien von etwa 2.000-3.000 BP ausgegangen werden [865]. Seit Beginn der 1990er J. wieder leichtes Anwachsen der Winterbestände im Wattenmeer DK-D-NL (z.B. in NL auf > 1.500 Ind. - von 1978-83 nur 250-1.000 Ind., vor 1978 allerdings deutlich mehr) [375; 868].

Gefährdungsursachen [1507,865,868]. Ursache für Bestandsrückgang in Fennoskandien unklar; in Brutgebieten durch Überweidung durch Rentiere Flechtenbewuchs in Tundrengebieten drastisch zurückgegangen.
In Überwinterungsgebieten im Wattenmeer durch Küstenschutzmaßnahmen und Überweidung großräumige Zerstörung der wichtigen Salzwiesen und Rückgang der Wildkrautsamen; im Binnenland Verlust der Winterbrachen.

SPEC	VSchRL	Bern.Konv.	Bonn.Konv.
--	--	Anh. II	--
Europ. RL	RL in ME		
--	--		

Schutzmaßnahmen. Schutz der Salzwiesen und Wildkrautbestände am Wattenmeer.
Reduktion des Weidedrucks in den Brut- und Überwinterungsgebieten.
Extensivierung der Landwirtschaft durch Erhöhung des Brachlandanteils und Belassen von Stoppelbrachen über Winter.

Biotop. Br. auf dürftig bewachsenen Flächen mit geringer Vegetationshöhe, oft auf sehr steinigem bis felsigem Untergrund. Im Winter an der Küste an Spülsäumen und auf bewachsenen Schlickböden des Vorlandes, auch auf Sand und Kies in Flussmündungen; im Binnenland auf abgeernteten oder brachliegenden Äckern oder an schneefreien Weg- und Straßenrändern.

Nahrung. Im Sommer Insekten, ferner andere Arthropoden, gelegentlich kleine Mollusken, Würmer; Anteile von Samen und grünen Pflanzen gering. Im Winter vor allem Samen, aber bereits im März/April zum großen Teil Arthropoden.

Stimme. Rufe meist auf »i«: hell pfeifend »tieh« oder »tiü«, auch manchmal ähnliche Stelzen oder Goldammer »tsit«, »trrli«, im Flug auch 3-silbig härter »di-di-di«, »tsieh..«, Schreckrufe kurz »zirr« o.ä. Gesang hoch und eilig zwitschernd, relativ kurz und teilweise ausgesprochen melodisch am Boden von einer Warte aus oder seltener in einem Singflug vorgetragen. Der eigentliche Fluggesang aus stereotyp wiederholten zwitschernden, klirrenden oder quietschenden Strophen, z. B. »pit wit pit-wit pittle wittle little little liii«.

Verhalten. Tagaktiv. Läuft rasch, mäuseartig, oft mit eingezogenem Kopf. Flug relativ hastig. Bei der Insektenjagd im schnellen Laufen stelzenartig. ♂ verteidigen Brutreviere gegen andere ♂. ♀ aggressiv nur gegen andere ♀. Gesang der ♂ häufig vom Boden aus. Zum Singflug relativ steiles Aufsteigen, zunächst ohne Gesang, dann singend in Stufen abwechselnd mit Flügelschlag- und Gleitphasen aufsteigend und anschließend mit angelegten Flügeln herabfallend. Im Brutgebiet auch Bodenbalz. Am Brutplatz oft recht scheu, Wintergäste häufig mit geringer Fluchtdistanz. Oft interspezifische Auseinandersetzungen mit Feldlerchen. Im Winter in Trupps oder größeren Schwärmen, auch untermischt mit anderen am Boden nahrungssuchenden Singvögeln.

Fortpflanzung, Brutbiologie [337,1369,767, 1722,1,1551]. Geschlechtsreife im 1. J. Monogame Saisonehe. **Nest.** ♀ wählt Nistplatz; Bodennest, manchmal recht offen, häufig im Windschatten von Stein, Erdhügel oder Grasbüschel, oft auch vor direkter Sonneneinstrahlung geschützt; in recht tiefer Mulde, auf einer Seite meist mit »Rampe« aus Steinchen, Zweig- oder Flechtenstücken. ♀ gräbt Mulde mit dem Schnabel und trägt Nistmaterial ein (trockenes Gras, Stängel, Auspolsterung mit Pflanzenfasern und Haaren); Bauzeit 1-2 d. **Legebeginn.** In N. und FIN kaum vor 20. Mai, Zweitbrut ab Ende Juni; in S-Europa ab Mitte April. **Gelegegröße.** 3-5 (2-7). Legeintervall 1 d. **Eier.** Elliptisch, leicht glänzend, variabel gefärbt, auf gelbbraunem Grund verschieden gefleckt oder gepunktet. **Brutdauer.** 11 (10-14) d; ♀ brütet. Brutbeginn mit (vor-)letztem Ei. Juv. schlüpfen synchron. **Nestlings-/Führungszeit.** ♀ hudert erste 5 d, beide füttern (♂ weniger). Nestlingsdauer 12-13 d, Juv. verlassen Nest aber oft früher (nach 10-11 d), hüpfend zunächst, ab 12 d schrittweise, ab 15-16 (18) d voll flugfähig. **Jahresbruten.** 1 oder 2 (in Hochlagen nur 1); Ersatzgelege.

Sterblichkeit, Alter. Im Freien lebend kontrolliert 7 J. (D: J. Dierschke; N-Amerika); in Gefg. bis 10 J. **Generationslänge:** < 3.3 J. [383].

Mauser. **Postjuvenile Mauser** (Vollmauser) setzt im Alter von ca. 32–40 d ein, oft bis Ende Aug./Mitte Okt. abgeschlossen [767,1369]; Dauer (8) 9 (11) Wochen. • **Postnuptialmauser** (Vollmauser) (Juni) Juli/Mitte Aug.–Sept./Anf. Okt. [767,1369]; Kleingefiedermauser 1–2 Wochen nach Beginn der Großgefiedermauser, größtenteils aber erst nach Auswachsen von HS 9 [1369]; Dauer ca. 8–10 Wochen.

Familie Hirundinidae – Schwalben

Kleine bis mittelgroße Luftinsektenjäger; stromlinienförmige Körper mit kurzem Hals, langen spitzen Flügeln (ähnlich Segler) und kurzen Beinen mit reduzierter Beinmuskulatur und kleinen Füßen; Schnabel kurz und breit. Schwanz mit 12 ST. Geschlechter sehr ähnlich, aber ♀ meist etwas blasser gefärbt und bei langschwänzigen Arten mit kürzeren Schwanzspießen. Eine Jahresmauser, meist über mehrere Monate ausgedehnt (Flugfähigkeit!).

Ca. 80 Arten in 16-19 Gattungen, 2 Unterfamilien. Weltweite Verbreitung. Die Familie nimmt innerhalb der Sylvioidea eine relativ basale Stellung ein [159], genaue Schwestergruppe nicht sicher bekannt.

Die artenarme Unterfamilie Pseudochelidoninae (2 Arten, Afrika bzw. SE-Asien, letztere möglicherweise ausgestorben) wurde molekular bisher nicht untersucht. Alle anderen Arten gehören zur Unterfamilie Hirundininae, deren Phylogenie auf Gattungsniveau molekular recht gut untersucht ist, dabei DNA-Hybridisierung und mtDNA-Sequenzen mit weitgehend übereinstimmenden Ergebnissen [4148,3548,3549N]. Danach teilt sich die Familie in zwei große Gruppen, deren ursprünglichste Vertreter jeweils in selbst gegrabenen Erdhöhlen brüten.

***Riparia*-Gruppe**: *Riparia (Afrika, Holarktis), Phedina* (Afrika), sieben (bis 10) neuweltliche Gattungen;
***Hirundo*-Gruppe**: *Psalidoprogne, Pseudhirundo* (beide Afrika) *und Cheramoeca* (AUS) als Erdhöhlenbrüter, alle sonstigen Altwelt-Gattungen (*Hirundo, Cecropis, Petrochelidon, Delichon*) als Freibrüter.

Nach dieser Phylogenie sind die sieben höhlenbrütenden neotropischen Gattungen monophyletisch, gehen also offenbar auf eine einzige Besiedlung Südamerikas zurück, während die neuweltlichen *Hirundo*- und *Petrochelidon*-Arten von zwei weiteren, späteren Besiedlungswellen abstammen.

• Gattung *Hirundo*

Diese bei weitem artenreichste Gattung der Schwalben ist in ihrer bisherigen Abgrenzung nicht monophyletisch. Die Rötelschwalben-Gruppe ist näher mit den Klippenschwalben (*Petrochelidon*) verwandt, deren gemeinsame Schwestergattung ist *Delichon* [4148,3548]. Die Felsenschwalben (*Ptyonoprogne*) sind entweder die Schwestergruppe von *Hirundo* oder innerhalb derselben abgeleitet (bisher wurden zu wenige *Hirundo*-Arten in den molekularen Stammbaum einbezogen). Solange die Beziehung *Ptyonoprogne-Hirundo* nicht geklärt ist, wird erstere hier im Gattungsrang aufrechterhalten. Die Rötelschwalben, die sich mit ihren geschlossenen Lehmnestern auch im Nestbau deutlich von *Hirundo* unterscheiden, werden in die Gattung *Cecropis* (Boie 1826) gestellt [vgl. auch 4170].

Riparia riparia – Uferschwalbe 09810

Riparia [riparia] riparia (Linnaeus 1758)

(GB) Sand Martin ((USA) Bank Swallow) **(F) Hirondelle de rivage** **(E) Avión Zapador**

Taxonomie. Neun UA. in zwei distinkten UA-Gruppen:
***riparia*-Gruppe**: *riparia* (Linnaeus 1758) (N-Amerika, Europa bis Zentralasien), *shelleyi* (Sharpe 1885) (EGY), *eilata* Shirihail & Colston 1992 (Brutgebiet unbekannt) und *ijimae* (Lönneberg 1908) (Sachalin - JAP);
***diluta*-Gruppe** [zuweilen auf Artniveau abgetrennt, vgl. 1599N]: *gavrilovi* Loskot 2001 (Zentral-, E-Sibirien), *transbaykalica* Goroshko 1993 (Transbaikalien), *diluta* (Sharpe & Wyatt 1893) (S-KZ) und *indica* Ticehurst 1916 (Pakistan, NW-Inden).
Bildet wahrscheinlich Superspezies mit *R. paludicola* (Afrika, S-Asien) und *R. congica* (Zentralafrika) [1511,3565], doch sind die Verwandtschaftsverhältnisse und genetischen Distanzen nicht bekannt.

Kennzeichen. [1369,3615,767,3772,221; **Foto** in Limic. **16**, 200].

Maße. (Nominatform) Gr.: 12 cm. Gew.: ♂ 11.4-16.5 g, Ø$_{19}$ 12.7 g, ♀ 11.2-15.6 g, Ø$_{32}$ 13.6 g. Fl.spw.: 26.5-29 cm. Fl.l.: ♂ 99-115 mm, Ø 107.1 cm, ♀ 101-116 mm, Ø 107.0 mm [1369,767].

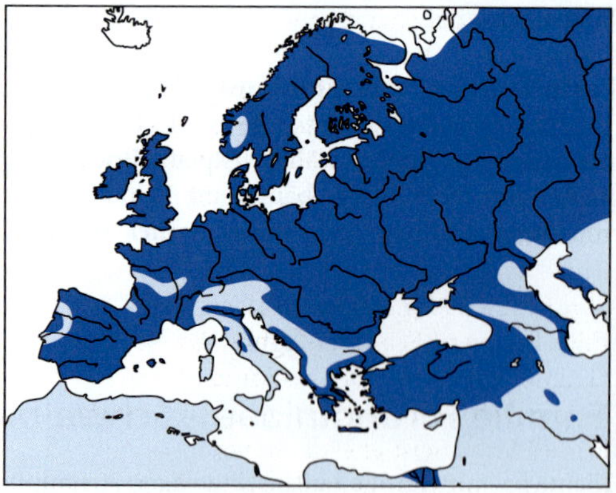

Riparia riparia – Uferschwalbe

Status. Regelm., nur lokal häufiger Brut- und Sommervogel in weiten Teilen ME. Vor allem an Gewässern sehr häufiger Durchzügler und Rastvogel, im Gebirge auch zu den Zugzeiten selten oder ganz fehlend.

Verbreitung und Bestand. Nominatform weit verbreiteter und gebietsweise häufiger Koloniebrüter des Tieflandes (bis etwa 700m NN) von W-Europa bis zur Pazifikküste Asiens sowie in N-Amerika;

N-Grenze in Sibirien 69–72° N, in Fennoskandien bis > 70° N; im W reicht S-Grenze bis an N-Umrandung des Mittelmeeres von S-E. bis Anatolien (in EGY brütet *shelleyi*), doch ungleich verteilt mit boden- und klimabedingten Verbreitungslücken; heute vor allem auf die abbauwürdigen Sand- und Kiesvorkommen in den Flussniederungen konzentriert. Gesamtbestand in Europa 5.4-9.5 Mio. BP (Trend unklar) [383], entspricht < 25% der Weltpopulation [3892,383]; Populationen > 200 T. BP in RUS (3-5 Mio.), UA. (750-800 T.), AR (250-500 T.), BY (200-300 T.) und PL (150-300 T. BP); in ME brüten etwa 360.000-690.000 BP [383].

Wanderungen. Langstreckenzieher; Winterquartier W-paläarktischer Br. N Sahelzone in W- und Zentral-Afrika bis zum tropischen Regenwald (Schwerpunkte Senegambien und Tschadsee), ferner E-Afrika von S-Sudan bis Mozambique und regelm. auch bis N Südafrikas und E-Kapland (größte Konzentrationen an ostafrikanischen Seen). Br. GB, Skandinaviens und ME ziehen in breiter Front über Iberische Halbinsel [Details:94,4064] und W Mittelmeer (bis I und M) nach S oder SW; Heimzug von Br. W-Europas insgesamt etwas weiter E als Wegzug. Erfolglose Ad. verlassen Kolonien bereits ab Ende Juni, die meisten Br. bleiben bis nach Mitte Aug. und ziehen dann in Wegzugrichtung ab. Juv. bilden Masse der großen Schlafplatzgemeinschaften abseits der Kolonien. Wegzug in Skandinavien und ME ab Mitte Juli, max. Ende Aug.–Anf. Sept.; Nachzügler regelm. bis Mitte Okt., ausnahmsweise bis Ende Okt.–Anf. Nov. (Ausnahmebeob. in ME noch im Dez., einmal sogar Jan. in NL). Ab Mitte Aug. Dz. Iberische Halbinsel, Überquerung der Sahara ab Ende Aug. Beginn des Heimzuges in Tropen Ende Jan.–Anf. Feb.; im Maghreb Dz. ab Anf. März, Hauptmasse Mitte April bis Mitte Mai. Erstbeob. S-F Ende Feb.–Ende März. Früheste Beob. ME Anf./Mitte März, meist aber nicht vor Anf. April; mittlere Erstbeob. in S-D meist Mitte April, in N- und E-D in 3. Aprildekade, Einzug aber bis Mai. Ankunft am Brutplatz in Leicestershire (GB) 1942-91 zunehmend früher (Ø Ankunft 24.3.) [2500]. Ältere Vögel kehren früher zurück als Einj., erscheinen auch eher an Brutkolonien. Geburtsorts- und Brutortstreue deutlich, doch weniger stark als bei anderen Schwalben (in Einzelfällen aber sehr hoch) [2869]. Einj. kehren seltener in Geburtskolonie zurück als Brutvögel des Vorjahres (♂ eher als ♀) [1750]; andererseits auch Fremdansiedlungen > 800 km nachgewiesen, auch Umsiedlungen, selbst innerhalb einer Brutperiode bis > 600 km.

Bestandsentwicklung. Methodische Probleme der Bestandsbestimmung eines größeren Gebietes, da hohe Tendenz zu Umsiedlungen und Anteil besetzter Brutröhren nicht leicht zu erfassen [196]. Zum anderen häufig kurzfristige, z.T. erhebliche Bestandsschwankungen oft in Zusammenhang mit Verfügbarkeit geeigneter Brutplätze und Bruterfolg des Vorjahres. Interpretation langfristiger Veränderungen erschwert [308,1369], entsprechend vorsichtig sind Auswirkungen von sehr guten (z.B. 1968) oder sehr schlechten (1984) Brutjahren bei langfristigen Entwicklungen einzuschätzen [1369]. Die wenigen repräsentativen Untersuchungen ME deuten alle auf leichten Rückgang ab 1950er und 60er J. und Bestandseinbruch nach 1968 (Saheldürre). Von diesem Rückgang hat sich die Art seither, trotz erneuten Einbruchs nach 1984 [1369,3892], langsam erholt, ohne die Höchstwerte der 1950er J. oder von 1968 wieder zu erreichen [4043,1302,2889, 1369,1719,196,3892; auch GB, F: 1343,4180].

	Best.	Areal	Brutbestand	Jahr	Quelle
A	+/-	=	8.000–12.000	1998–2002	[383]
B	↓	=	9.400–11.000	1995–2002	[383]
CH	↕	F	5.500–6.500	1993–1999	[383]
CZ	+/-	=	15.000–30.000	2000	[383]
D	+/-	=	106.000–210.000	1995–1999	[383]
H	+/-	=	40.000–165.000	1999–2002	[383]
L	+/-	=	100–200	2001	[383]
NL	⇧	+ 1	18.500–32.000	1998–2000	[383]
PL	+/-	=	150.000–300.000	1990–2000	[383]
SK	+/-	=	10.000–20.000	1995–1999	[383]

In einigen Regionen vor allem seit Ende 1980er J. stärkere Zunahme [NL: 3638, D-HE: 1680, -BW: 1722, CH: 3393, H: 3789, dort allerdings 1991 erneuter Einbruch: 3790]; z.B. in NL in den 1960er J. 20–25 T. BP, dann starker Rückgang auf 9-11 T. BP (1979–82) bzw. 2.500–3.000 BP (1984–85), seither kontinuierliche Zunahme auf inzwischen wieder 18.500-32.000 BP [3636,375,3638]; regional auch vermehrt wieder Kolonieneugründungen – meist durch gesteigertes Brutplatzangebot [z.B. A-St: 3290, Teile D-BW und -NW: 3264,2374,450]. Vielerorts aber nur Stabilisierung und Konzentration auf (geringere Zahl) günstiger Standorte, die eine größere Koloniebesetzung zulassen [z.B. CH: 4043,3387; D-NI: 1588, -SH: 308,310; auch -BW: 1722]; regional aber auch anhaltender Rückgang [z.B. Bod.: 1617,q2]. Bestandsveränderungen in E-ME weniger groß als in W-ME oder W- und N-Europa (s.u.) [196,3871].

Siedlungsdichte. Der größte Teil (40–50%) der Kolonien in ME umfasst < 50 BP; Kolonien > 200 BP machen < 10% aus (bilden aber gleichwohl oft den Großteil der Population), sehr große Kolonien nur an Ostseesteilküste (dort größte Kolonie ME mit max. 2.360 Röhren), im Binnenland Kolonien > 1.000 BP Ausnahmen. Flächendichte viel niedriger als bei Rauch- und Mehlschwalbe, großflächig (Gebiete > 100 km^2) zwischen 0.02 - 2.6 BP/km^2, bei langfristigen Aufnahmen erhebliche Fluktuationen bemerkbar [vgl. Tab. 4 in 337; 310].

Gefährdungsursachen [1369, 3892, 1719, 1722, 196, 2471, 3789, 3791, 1302, 3422, 799]. Starke Fluktuationen durch relative Instabilität der Brutplätze und witterungsbedingte Einflüsse (sowohl im Brutgebiet als auch im Winterquartier - vor allem bei Westziehern, offenbar weniger bei osteuropäischen Populationen. So war die Uferschwalbe neben Dorngrasmücke und Gartenrotschwanz am stärksten von der Dürre der Sahelzone (ab 1967) betroffen.
In letzten hundert J. erhebliche Lebensraumverluste durch Flussausbau und -begradigung in ME. Auch ersatzweise Besetzung von Kies- und Sandgruben wird durch häufige Auffüllung, Rekultivierung und immer rationellere und schnellere Abbaumethoden mit Großmaschinen zunehmend häufig verhindert. Diese können ursprüngliche Habitate nicht auf Dauer ersetzen, da die Kies- und Sand-Lagerstätten in wenigen Jahrzehnten aufgebraucht sein werden. Ferner großräumige Zerstörung von Feuchtgebieten mit Schilfröhrichtbeständen in Europa (negative Auswirkungen auf ziehende und rastende Uferschwalben).
Störungen an den Brutplätzen durch Kiesabbau und durch Freizeitaktivitäten.
Verluste durch exzessiven Biozideinsatz, vor allem in westafrikanischen Winterquartieren.
Verkehrsopfer.

SPEC	VSchRL	Bern.Konv.	Bonn.Konv.
3	--	Anh. II	--
Europ. RL	RL in ME		
--	B, L: 'EN', NL, A, CH, CZ, D: 'NT'		

Schutzmaßnahmen. Nachhaltige Sicherung der Rast- und Überwinterungsgebiete; zudem drastische Einschränkung des Biozideinsatzes in diesen Gebieten.
Sicherung von Sekundärbiotopen wie Kies- und Sandgruben als Bruthabitate durch Beratung der Grubenbesitzer (u.a. kein Abbau von Koloniewänden während der Brutzeit), geeignete Folgenutzung sowie Unterschutzstellung und gezieltes Management; durch Besucherlenkung und -Information kann Einfluss von Störungen verringert werden.
Renaturierung von Flussläufen durch Rückbau ökologisch unsinniger wasserbaulicher Maßnahmen.
Schaffung geeigneter Brutwände durch Abstechen abgeflachter Böschungen und Abdachung gegen Witterungseinflüsse oder Kunstwände [s. 3580].
Großräumige Erhaltung von Feuchtgebieten mit Schilfflächen als Sammel- und Rastplätze.

Biotop. Brutplatz frischer Anriss in jungen glazialen und fluvialen Ablagerungen, ursprünglich in ME also Prallhänge von Fließgewässern vor allem im Mittellauf oder an Steilküsten. Heute bes. in W-ME hauptsächlich Sand-, Kies-, weniger Lehm- oder Lössgruben während oder kurz nach dem Abbau. Nahrungserwerb nicht weit von den Brutplätzen über Wiesen, Feldern und Gewässern; bei schlechter Witterung werden vor allem Gewässer und Feuchtgebiete aufgesucht, auch bis 8–10 km entfernt liegende. Winterquartier hauptsächlich Savanne, in Feuchtbiotopen auch Massenansammlungen.

Nahrung. Kleine Fluginsekten, mittlere Größe etwa wie Mehlschwalbe, aber kleiner als Rauchschwalbe oder Mauersegler.

Stimme. Häufigster Ruf rau 1–2-silbig »tschrd«, »tschrrip« o.ä., erinnert an das Schnalzenlassen der Zähne eines Kammes; Rufe erlauben individuelles Erkennen zwischen Partnern sowie Jungen und Eltern in der Kolonie. Warnruf hoch und weniger geräuschhaft »zier«. Beide Geschlechter singen. Gesang des ♂ unauffälliges kurzes Schwätzen aus Silben, die den Rufen entsprechen. ♀ ähnlich, längere, stärker modulierte Silben, mitunter im Wechsel mit ♂ während der Paarbildung.

Verhalten. Tag- und dämmerungsaktiv. Bei der Nahrungssuche sehr rascher, flitzender Flug (schneller als Rauchschwalbe) im Zickzackkurs und mit abrupten Wendungen vor dem Fang eines Insekts. Sitzen auch auf Leitungsdrähten und vegetationsfreien Bodenflächen. Brütet so gut wie immer in Kolonien, unmittelbare Umgebung einer Brutröhre wird verteidigt, oft entstehen auch bei homogen erscheinender Steilwand »Subkolonien« dichter beisammen. Ab Juni bes. bei schlechtem Wetter oft in riesigen Scharen vor allem über Gewässern jagend. Paarbildung während des Röhrenbaus: ♂ versucht ♀ u.a. mit »Schmetterlingsflug« zu einer unvollendeten Röhre zu locken; an der Höhle Gesang. Annahme der Höhle durch das ♀ ist Zeichen für Paarbildung. Verfolgung des ♀ durch das ♂ als »Test« für Reproduktionserfolg. Verfolgungsflüge oft von mehreren ♂. ♂ folgen ♀ intensiv während der fertilen Phase (wahrscheinlich Partnerbewachung zur Vaterschaftssicherung). Häufig fremde Junge im Nest (nicht vom Paar-♂). Kopulationen oft weit von der Brutkolonie entfernt. Kampf um Röhren mitunter sehr heftig, sonst gesellig. Bei Auftauchen von Luftfeinden Zusammenballung aller Vögel der nächsten Umgebung. Auf Störungen an der Brutröhre wird vor allem in frühen Stadien des Brutgeschäfts empfindlich reagiert. Während der Zugzeit im Frühjahr und vor dem Bau der Röhren kleinere Schlafplatzgemeinschaften in Röhricht oder Weidendickicht am Gewässer; später übernachten Ad. in Röhren, während der Bebrütung meist nur das ♀, daher ab Mai an Gewässern Schlafplatzgemeinschaften überwiegend aus ♂. Ausgeflogene Junge übernachten zunächst in anderen Röhren der Kolonie und/oder anderen Kolonien und traditionellen Schlafplätzen meist im Schilf, Weidendickicht, aber auch in Mais oder in Bäumen (Einzugsgebiet bis 15 km Radius) bis Anfang Sept. Torpidität nachgewiesen.

Fortpflanzung, Brutbiologie [337, 1369, 767, 1722, 1, 3898, 3581]. Geschlechtsreife nach 9 Monaten. Brutehe, sukzessive Polyandrie, ♂ bewachen ihre ♀ vor und während der Eiablage, kopulieren aber mit fremden ♀; ♂ führen Brut allein zu Ende, wenn ♀ sich vor Beginn einer neuen Brut um neue Verpaarung bemüht. **Ankunft am Brutplatz.** Erstankünfte ab letztem Märzdrittel, meist erst ab 2. Aprilhälfte bei den Kolonien, Neuzuzügler noch bis Mitte Juni. Ältere Vögel vor jüngeren, dadurch bessere Auswahl innerhalb der »Subkolonien«. **Nest.** ♂ wählt Nistplatz, oft mehrere Höhlenanfänge; Nesthöhle in nahezu senkrechter sandiger Steilwand mit freier An- und Abflugmöglichkeit, wie Uferabbrüche, Kies- und Sandabgrabungen, Erdaufschüttungen; Besiedlung meist von oben nach unten, Röhren meist im oberen Drittel der Wand konzentriert, die tiefsten selten < 1.5 m über Boden. Ausnahmsweise auch andere Standorte, z.B. Mauerlöcher, Torfstiche, Steinbrüche. Neströhre 60-70 (20-195) cm lang, häufig leicht ansteigend, Durchmesser 4 cm. Am Ende erweiterte Nestkammer mit trockenen Grashalmen, Haaren, Fasern, Wurzeln, Federn etc. Röhrenbau mit den Füßen durch ♂ (auch als Bestandteil der Paarbildung), Dauer Ø > 4 d (max. 14 d), innerhalb von Subkolonien stark synchronisiert. Eintragen des Nistmaterials erst durch ♂, dann beide, Fertigstellung ♀. Bei Zweitbrut zuweilen neuer Röhrenbau, sonst alte, ausgebaute Röhre oder neue Nestkammer. **Legebeginn.** In ME frühestens Ende April, meist erst 2. Maihälfte, in Skandinavien oft erst Juni; Zweitbrut ab Ende Juni. **Gelegegröße.** 4-6 (2-8), von Witterung beeinflusst; CH Erstbruten Ø$_{145}$ 5.0, Zweitbruten Ø$_{17}$ 4.7, D Mai 4.9, Juni 5.0, Juli 4.7, Aug. 3.9, D-BB Ø$_{51}$ 4.4, GB Ø$_{548}$ 4.8. Legeintervall 1 d (Ablage frühmorgens). **Eier.** Elliptisch, leicht glänzend, reinweiß. **Brutdauer.** 14-15 (12-16) d, bei schlechter Witterung auch länger; nachts brütet überwiegend ♀, tagsüber beide (♂ ohne Brutfleck). Brutbeginn mit (vor-)letztem Ei. Juv. schlüpfen synchron. **Nestlings-/Führungszeit.** Beide hudern bis mind. 10 d, ab 12 d übernachten die Ad. außerhalb der Röhre. Beide füttern Juv. mit Futterballen. Nestlingsdauer 20-24 d, Juv. erscheinen nach 16-23 d am Röhreneingang. Juv. suchen Röhre noch einige d zum Nächtigen auf, werden auch noch 3-10 d gefüttert (in der Luft, auf Draht oder an leeren Röhren), dann selbständig. Juv. zeigen schon im Alter von 3-6 Wochen Bauverhalten. **Jahresbruten.** 1-2, Anteil Zweitbruten stark vom Legebeginn der Erstbrut und der Witterung abhängig, manche ♀ siedeln dazu in andere Kolonie um; in N- und E-Europa nur 1; Ersatzgelege. **Ende der Brutperiode.** Erstbrut meist Ende Juni/Anf. Juli flügge, Zweitbrut nicht vor Ende Aug./Anf. Sept. (letzte Nestlinge bis Ende Sept. bekannt). **Bruterfolg.** In Einzelfällen (DK, CH) jährlicher Ausfliegeerfolg bei 71, 66 bzw. 54% der abgelegten Eier; in DK von 187 Eiern in künstlichen Bruthöhlen 88% geschlüpft und davon 78% ausgeflogen, Gesamterfolg bei 69%. Für Bruterfolg ist gute Synchronisation innerhalb der Kolonie offenbar günstig, ferner Röhrenlänge [3615]; Bruterfolg stark witterungsabhängig. In S. in 11 Jahren mind. 10-25% der Röhren zerstört, etwa die Hälfte durch Sandabbrüche und durch Prädation (dort Dachs), an einer Kolonie fast 75% der Röhren durch Dachs zerstört. In künstlicher Wand in D (keine Röhrenverluste!) aus 273 Erst- und Zweitgelegen 3.90 Nestlinge/Brut bei 7.3% Totalausfall der Gelege; nur <1% der Nestlingen starben; Ausfliegerfolg etwa 3.87 Juv./Gelege.

Eimaße und -gewichte [337]: L. 15.4-21.8 mm, B. 10.2-13.9 mm, Ø 17.7 x 12.5 mm (n=64, NL), B 17.7 x 12.5 mm (n=100, B), 17.9 x 12.8 mm (n=91,

S.); Frischvollgew. 1.17-1.67 g, Ø$_{212}$ 1.6 g; Schalengew. 0.05-0.11 g, Ø$_{262}$: 0.07 g.

Sterblichkeit, Alter. Nach Funden geschätzte Mortalitätsraten mehrjähriger Vögel in GB 58-65 %, einjähriger 77-80 %; in H Sterblichkeit bei mind. 50%, i.d.R. aber um 70 %/J. [3789]. Hauptmortalität vermutlich auf Zug und im Winterquartier (Zus.hang mit Niederschlagsmenge S-Sahel) [vgl. 3791]. Älteste frei lebende Vögel mind. 9 bzw. mind. 10 J., 3 Monate. **Generationslänge:** < 3.3 J. [383].

Mauser. **Postjuvenile Mauser** (Vollmauser) beginnt i.d.R. erst im Winterquartier, Kleingefiedermauser z.T. schon im Brutgebiet (bes. bei 1. Bruten) [1866]; Abschluss bis Mitte März/Mitte April [767,1356,3338]. • **Postnuptialmauser** (Vollmauser) Kleingefieder oft schon ab Ende Aug./Anf. Sept.; Großgefieder i.d.R. im Winterquartier, HS-Mauser (meist HS 1-2) kann bei < 30 % der Ind. schon vor Wegzug einsetzen und wird während Zug unterbrochen [767,3771,1866,781]; Mitte Feb./April beendet; Dauer der Großgefiedermauser Ø 120–140 d.

Ptyonoprogne rupestris – Felsenschwalbe 09910

Ptyonoprogne [rupestris] rupestris (Scopoli 1769) syn.: *Hirundo rupestris*

(GB) **Crag Martin** (F) **Hirondelle de rochers** (E) **Avión Roquero**

Taxonomie. Monotypisch. Bildet Superspezies mit *P. concolor* (Indien, SE-Asien) und *P. fuligula* (Afrika, Arabien bis Pakistan), davon nordafrikanische und asiatische Populationen oft als weitere Allospezies *P. obsoleta* getrennt.

Kennzeichen. [1369,3615,767,3772,221; weitere Fotos in Bird. W. **12**, 149-50, **16**, 194, **17**, 33, Brit. B. **93**, 282, Limic. **16**, 200, Dutch B. **21**, 175, **26**, 126].

Maße. Gr.: 14.5 cm. Gew.: in E. (Jan.) 20.2-33.0 g, Ø 26.3 g, (Feb.) 17.7-32.0 g, (März) 20.4-30.2 g, Ø$_{53}$ 23.2 g. Fl.spw.: 32-34.5 cm. Fl.l.: in E.: Ad. 125-142 mm, Ø 134.0 mm, Juv. 124-141 mm, Ø 132.8 mm, in RUS: ♂ 124-137 mm, Ø$_{25}$ 131.0 mm, ♀ 123-134 mm, Ø$_{28}$ 128.0 mm [1369,767].

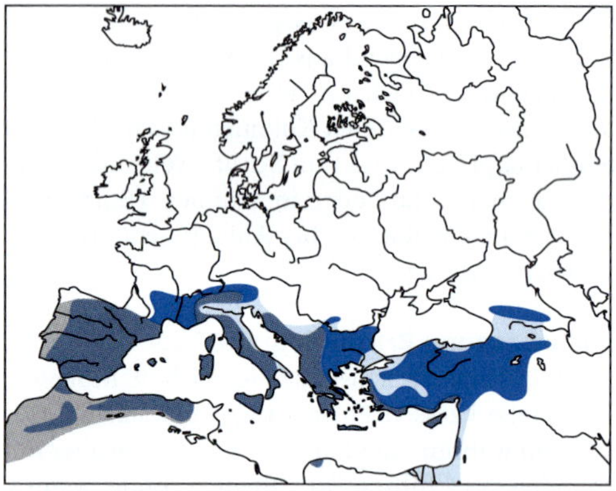

Ptyonoprogne rupestris – **Felsenschwalbe**

Status. Regelm., seltener Brut- und Sommervogel in (collinen) subalpinen bis alpinen Regionen ME; seltener Durchzügler, Rastvogel und ausnahmsweise Wintergast S der Brutgebiete; absoluter Ausnahmegast N davon. In vielen europäischen Ländern erst ab 1988 erstmals nachgewiesen, z.B. in DK (Mai 1988), FIN (Juni 1988), GB und IRL (Juni/Juli 1988) [337,q3,q7,350]; auch in ME abseits der Brutregion nur äußerst selten nachgewiesen, z.B. in **B** (April 1989, Nachw. inzwischen gestrichen?), Mai 1994 [1677]; **NL** erstmals 2001, noch nicht anerkannt [q4]; **D**-BW 15 mal bis 1997 (meist zw. März-Mai, selten Aug.-Nov.), im benachbarten Elsaß 3 mal seit 1973 [1722]; Helgol. Mai 1997; -SH Jun. 1991, Apr. 1992; (-TH 3 fragliche Beob. [2068]).

Verbreitung und Bestand. Von NW-Afrika und SW-Europa über Mittelmeer- und Balkanländer (YU bis 44° N) mit Lücken bis an W-Küste Schwarzes Meer und Kaspi, im N bis Mittelasiatischen Gebirge und Innere Mongolei, im S über Kleinasien bis N-Palästina, S-Iran, NW-Pakistan und entlang S-Himalaya bis SW- und NE-China verbreitet. In ME seltener Brut- und Sommervogel des subalpinen und alpinen Raumes bis N-Alpenrand und Jura CH. Tiefste Brutvorkommen 210 und 274 m (CH), meist zwischen 500 und 1000 m, höchste in D-BY ca. 1300 m, A ca. 2000 m, CH 2620 m, Sierra Nevada E. > 2500 m ü.M. Bestand in Europa bei 120.000-370.000 BP (stabil), mit Populationen > 20.000 BP in E. (20-100 T.), P (5-50 T.) und TR

(30-80 T. BP); in ME brüten 5.500-8.000 BP [383], > 99% in CH und A; in D noch in 1980er J. nicht als regelm. Brutvogel erkannt [4175; aber 350].

Wanderungen. Kurzstreckenzieher, im S Standvogel; Streuungswanderungen; Winterquartier Mittelmeerraum und N-Afrika bis in Sahara (weiter S Angaben wegen Verwechslung mit Wüstenschwalbe z.T. unsicher); regelm. Überwinterungen in S-F und in kleiner Zahl in S-Alpen. In I Überwinterungen in Brutplatznähe zunehmend, dabei offensichtlich sehr kälterobust [312]. In CH Winterbeob. unregelm. und v.a. aus -TI [4152]. Außerhalb des Brutareals nur wenige Ausnahmebeob. In den Alpen werden Brutplätze ab Ende Aug., meist erst im Sept. verlassen, Hauptwegzug Mitte Sept. bis Mitte Okt., in CH verbleiben fast alljährlich Einzelne bis Nov. in Brutplatznähe [4152]. Dz. in S-E. ab Anf. Okt., Einzug der Wintergäste Nov.–Dez., Heimzug ab Ende Jan., Ankunft in Alpen ab Mitte Feb., mittlere Erstbeob. W-CH Anf., E-Alpen Mitte–Ende März; das Gros der Br. dürfte Ende März–Anf. April eintreffen.

	Best.	Areal	Brutbestand	Jahr	Quelle
A	↑	+ 1	1.500–3.000	1998–2002	[383]
CH	↑	+ 1	4.000–5.000	1993–1996	[383]
D	+/-	=	30–50	1995–1999	[383]
FL	+/-	=	10–15	1998–2000	[383]

Bestandsentwicklung. Bis in 1960er J. lokal verbreiteter Brutvogel der zentralen Alpenbereiche und Vorberge in S-ME; im N Alpenbereich und -vorland selten, im Jura seit 19. Jh. fehlend [1369,1373]. Nach einem »Zwischentief« Anf. 1970er J. seit 1980er J. erheblicher Bestandszuwachs in N- und E-Alpen, möglicherweise aufgrund von klimatisch günstigen J. im Alpenbereich und in den Überwinterungsgebieten im Mittelmeerraum. Dadurch bedeutende Arealausweitung ins Voralpengebiet [337,965,3393,1507,4016,2518, 350]. Seit 1980 brütet Felsenschwalbe wieder im Jura CH, dort 1990 schon 40 BP an 25 Brutplätzen [1986,q3], danach dort weitere Ausbreitung [673]; im Laufe der 1980er J. zudem Ansiedlungen in A-Oö [2518], A-Nö (mit den derzeit nördlichsten Brutplätzen ME) [280] sowie Tieflagen im W von A-V bzw. Bod. [1617,1997]. Starke Zunahmen und Ausbreitungstrends zudem belegt für A-St [1493], W-CH [223,1986,3392] sowie für den S D-BY; dort von 1966–90 möglicherweise in 2 J. keine BP (1975,1977), in mind. 6 J. > 10 (bis max. 20) BP (1966, 1967, 1984, 1988–90), sonst bis 10 BP [337], nach 1990 auf etwa 30-50 BP angewachsen [350]. In CH inzwischen auch in den tieferen Lagen des Mittellands Brutvogel (u.a. an Molassefelsen), und da die Felsenschwalbe auch an Sekundärstandorten wie Gebäuden und Brücken zur Brut schreitet [196, 1617,965,3905,1830,1373], nun auch zunehmendes Brüten in Siedlungsgebieten und Städten (auch auf niedriger Meereshöhe) ähnlich der früheren Entwicklung bei Seglern, Schwalben sowie Hausrotschwanz und Bachstelze [196,337,3684,1373], sowohl in N-I, F, SLN und A [1617,1507,1358,1830] als auch ab etwa 1970er J. vereinzelt und ab 1990er J. vermehrt in CH [1373]; dabei außerhalb der Alpen u.a. Ansiedlungen in Füssen D seit 1997 [4164], in Fribourg seit 1998 und in Bern, Grenchen und Zürich CH seit 2000 [1575,673,1373].
In anderen Regionen Europas überwiegen ebenfalls positive Entwicklungen. Seit 1960er J. breitet sich Art auch auf Balkan nach N aus [1507].

Siedlungsdichte. Im Alpenraum meist Kleinkolonien von 2–5 BP, Brutplätze mit > 15 BP Ausnahmen. Verbreitung meist ± inselartig [1369]. An Gebäuden und Bauwerken fast nur Einzelbruten [1373].

Gefährdungsursachen [196,3392,350]. Ungünstige Witterung offensichtlich einzig erkennbarer Gefährdungsfaktor für Alpenpopulationen. Da Einzelkolonien sehr starken Bestandsschwankungen unterliegen, muss bei Folge ungünstiger Brutjahre oder Schlechtwettereinbrüchen zur Zugzeit (wie 1974) jederzeit mit plötzlichen Erlöschen der Randpopulationen gerechnet werden.

SPEC	VSchRL	Bern.Konv.	Bonn.Konv.
--	--	Anh. II	--
Europ. RL	**RL in ME**		
--	D: 'R', FL: 'VU'		

Schutzmaßnahmen. Da sich Bestand günstig entwickelt und bedeutende Gefährdungsfaktoren nicht erkennbar sind, erscheinen Maßnahmen derzeit nicht erforderlich.

Biotop. Brutplätze an windgeschützten, trockenen und oft sonnenbeschienen Felswänden, auch an Küstenfelsen. In den N- und E-Alpen Brutwände meist niedrig über einem meist breiten Tal, in W-, Zentral- und S-Alpen auch hoch über dem Talgrund, auch aus bewaldeten Hängen aufragende Steilwände. Wassernähe offenbar bevorzugt. Nischen, Spalten, Überhänge und Höhlen bieten nicht nur Niststandorte, sondern auch Ruhe- und Schlafplätze. N- und W-exponierte Wände werden weitgehend gemieden. Tendenz zur Verstädterung durch Ansiedlungen an Kunstbauten sowohl auf Balkan (BG, seit 1960er J.) als auch im Alpenraum (seit Ende 1980er J.) [3684,3905]. Außerhalb Brutzeit meist über Flüssen, Seen und Kleingewässern jagend, vor allem im Winter auch an Küsten und in größerer Zahl in Ortschaften und an Bauwerken.

Nahrung. Insekten (und Spinnen), offenbar häufiger als bei anderen Arten auch Tagfalter.

Stimme. Umfangreiches Rufrepertoire. Häufigste Rufe schnurrende, entfernt an Mehlschwalbe erinnernde »zrrr«, »trt«, »tr tr tr«, mitunter auch mit durchklingendem »i«, wie »tschrip«, »prrit«, einzeln oder gereiht. Warnrufe hart »trek trek« und weicher »chiupi«, »zi-üh-tii-üh«, Anhassen von Feinden »zizizi« und »zezeze«. Gesang im Flug vorgetragen, kehlige, leise schwätzende bis trillernde Folge von Elementen, die sehr an die Rufe erinnern.

Verhalten. Tagaktiv. Flug wirkt leicht und rasch, vor allem entlang der Felsen bei Jagden mit raschen Wendungen und senkrechtem Aufsteigen sehr geschickt und wendig. Zwischen schnellen und vor allem flachen Flügelschlägen Gleit- und Segelstrecken; der Schwanz ist meist ± gespreizt. Über offenem Gelände geradliniger als Rauchschwalben fliegend. Übernachtung zur Brutzeit im Nest oder an geschützten Stellen im Fels. Nahrungsjagd oft nahe den Brutfelsen, nur bei schlechtem Wetter weiter ab. Weniger gesellig als andere ME Schwalben. Am Brutfelsen territorial. Offenbar wird nicht nur Nest-, sondern auch Nahrungsraum verteidigt. Paarbildung offenbar mit rasanten Verfolgungsflügen und Übergabe von Nestmaterial verbunden (oft mehrere Ind. beteiligt). Kopulationen möglicherweise in der Luft. Bei Gebäudebrütern Nestterritorien wohl weniger gut abgegrenzt. Brutnachbarn mitunter Mehl- und Rötelschwalbe. In ME auch nach der Brutzeit meist keine größeren Trupps, locker zusammenhaltende Ansammlung bis 100 sind eher selten; im Winterquartier (z.B. S-E.) und in Standvogelpopulationen (z.B. Mallorca) vorübergehend Hunderte gemeinsam jagend oder Schlafplatzansammlungen bis > 3000 Ind.

Fortpflanzung, Brutbiologie [337,1369,767,1551, 3898]. Geschlechtsreife im 1. Jahr ? **Ankunft am Brutplatz.** Erstankünfte z.T. schon Ende Feb., meist März, mitunter erst ab Ende April an den Brutplätzen, stark witterungsabhängig. **Nest.** In Felsbereichen, meist auf Unterlage unter schützenden Überhängen, auch tiefer in Höhlungen, oft an dunklen und schattigen Plätzen, auch unter Brücken, Autobahnviadukten, an Gebäuden meist unter Vorsprüngen oder Fenstersimsen; überwiegend E- bis SW-exponiert. Nest nach oben oft vollkommen offene Schale (ähnlich Rauchschwalbe). Material Lehm oder Schlamm, Halme etc. können eingebaut werden; Materialklümpchen in Schichten aufgetragen; Innenpolsterung mit feinem Pflanzenmaterial und Federn. Nestbau (beide) je nach Witterung 1 bis mehrere Wochen; noch während Bebrütung Ausbesserung und Ergänzungen. Vorjährige Nester werden wiederbenutzt. **Legebeginn.** In ME nur ausnahmsweise vor Mitte Mai, meist Anf. bis Mitte Juni, in S-Alpen auch schon Anf. Mai; Zweitbruten frühestens Anf., meist Mitte Juli. **Gelegegröße.** (1) 2-5; CH Ø$_{29}$ 3.2. Legeintervall 1 d. **Eier.** Längl. elliptisch, leicht glänzend, weiß mit wenigen roten und grauen Flecken meist auf stumpfem Ende konzentriert. **Brutdauer.** 14-15 (13-17) d, überwiegend ♀ brütet, wird vom ♂ nicht gefüttert. Brutbeginn mit letztem Ei. Juv. schlüpfen synchron. **Nestlings-/Führungszeit.** Beide hudern bis mind. 10-11 d; beide füttern; Kotballen anfangs verschluckt, später weggetragen, schließlich von Juv. vom Nestrand abgesetzt. Nestlingsdauer 24-28 d, Juv. erscheinen noch mehrere d am Nest, werden nach Ausfliegen noch etwa 14 d gefüttert (in der Luft oder an Ruheplätzen), nach 3 Wochen selbständig. **Jahresbruten.** 1-2, Zweitbruten nur unter günstigen Bedingungen, im N-Alpenraum wohl sehr selten; Ersatzgelege. **Ende der Brutperiode.** Zweitbrut regelm. bis Mitte/Ende Sept., zuweilen bis Okt. (Nov.). **Bruterfolg.** Ausfliegerfolg bei verschiedenen Stichproben 3.2-3.7 flügge Juv./erfolgr. Nest.

Eimaße und –gewichte [337]**:** L. 17.1-23.2 mm, B. 12.7-15.5 mm, Ø 20.2 x 14.0 mm (n=105, Europa), 20.8 x 14.2 mm (n=33, CH); Frischvollgew. Ø$_8$ 2.2 g bzw. errechn. 2.1 g; Schalengew. 0.09-0.14 g, Ø$_{105}$: 0.12 g.

Sterblichkeit, Alter. Gefg. 1 mal 9 J. **Generationslänge:** < 3.3 J. [383].

Mauser. **Postjuvenile Mauser** (Teilmauser) setzt meist im Brutgebiet ein, aber erst ab Sept./Dez.; umfasst i.d.R. keine Großen Armdecken, Schwung- und Steuerfedern [767,1369]. • **1. Postnuptialmau-**

ser (Vollmauser) im Alter von 10–12 Monaten; Verlauf ähnlich Ad. • **Postnuptialmauser** (Vollmauser) beginnt mit Ausfall der HS 1 schon (Ende Mai) Juni/Juli (Anf. Aug.) nach Schlüpfen der Jungen, z.T. bereits während Bebrütung [767,1369]; Fortsetzung während Wegzug, bei Wintereinbruch i.d.R. abgeschlossen (Nov./Dez.), selten erst im Winterquartier [767,3771].

Hirundo rustica – Rauchschwalbe 09920

Hirundo [rustica] rustica Linnaeus 1758

GB Barn Swallow **F Hirondelle rustique** **E Golondrina Común**

Taxonomie. Sechs UA in W-Paläarktis; Nominatform in Europa (und N-Afrika bis Cyrenaika), ferner *transitiva* (Hartert 1910) (Libanon, IL), *savignii* Stephens 1817 (EGY), *tytleri* Jerdon 1864 (S Sibirien nach E), *gutturalis* Scopoli 1786 (E-Sibirien bis Indien und SE-Asien) und *saturata* Ridgway 1883 (E-Sibirien bis Kamtschatka und Mandschurei); in N-Amerika *erythrogaster* Boddaert 1783.
Bildet Superspezies mit *H. lucida* (W-Afrika), *H. angolensis* (S Afrika), *H. tahitica* (S-Indien = *H. (t.) dumicola,* z.T. als eigene Allospezies abgetrennt; Sunda-Archipel, Neu-Guinea bis Südpazifik) und *H. neoxena* (AUS, NZ). Ob *H. aethiopica* (Zentral- bis E-Afrika) und *H. albigularis* (S Afrika) diesem Komplex angehören, ist unsicher.

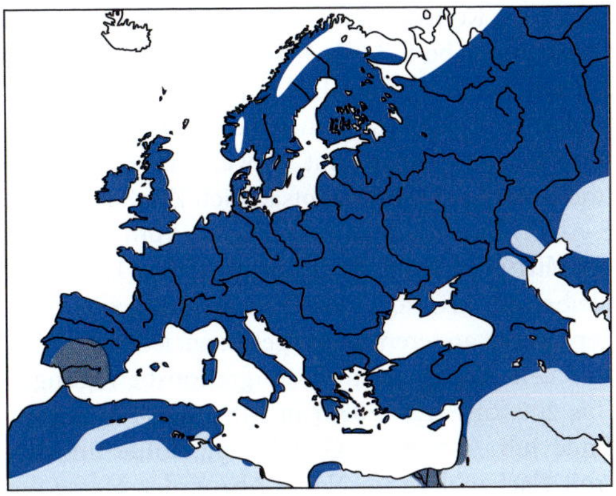

Hirundo rustica – **Rauchschwalbe**

Kennzeichen. [1369,3615,767,3772,221; weitere **Fotos** in Limic. **16**, 201, (Hybride Rauch- x Mehlschwalbe) Limic. **16**, 200, Dutch B. **19**, 304, **21**, 30].

Maße. Gr.: 17-19, davon Schwanzspieße 2-7 cm. Gew.: (Brutzeit) ♂ 16.1-21.4 g, Ø 18.8 g, ♀ 16.0-23.7 g, Ø 19.4 g. Fl.spw.: 32-34.5 cm. Fl.l.: ♂ 123-134 mm, $Ø_{46}$ 127.4 cm bzw. ad. ♂ 118-131 mm, $Ø_{26}$ 125.4, diesj. ♂ 116-129 mm, $Ø_{25}$ 122.0, ♀ 119-130 mm, $Ø_{61}$ 124.5 mm bzw. ad. ♀ 119-125 mm, $Ø_{22}$ 122.0 mm, diesj. ♀ 115-127 mm, $Ø_{21}$ 120.8 mm [1369,767].

Status. Regelmäßiger, häufiger Brut- und Sommervogel im gesamten Raum; häufiger und regelm. Durchzügler und Gastvogel mit zuweilen Massenansammlungen (vor allem Herbst oder bei Zugstau im Frühjahr); ausnahmsweise Winterbeob.

Verbreitung und Bestand. Holarktisch verbreitet in N-Amerika von S-Alaska bis MEX; N-Afrika; Eurasien vom N-Atlantik bis Pazifikküste einschließlich JAP; N-Grenze in Sibirien max. bis 65–66° N (in E-Sibirien bis 62° N), ganz Europa (IS nur unregelm.) bis auf Hochgebirge und Gebiete N 69–70° N (in RUS bis 64–67° N); S-Grenze Persischer Golf, Niltal, NW-Afrika; in Europa von Meereshöhe bis in Mittelgebirge, Höhengrenzen meist 800–1000 m, in CZ/SK. ausnahmsweise bis 1400 m, D-BY bis 1350 m, CH meist bis 1300 m und in den Alpen höchste Nachw. um 1800 bzw. max. 1920 m, S-Alpen F bis 1820 m ü.M. Ausgesprochener Kulturfolger. Bestand in Europa 16 - 36 Mio. BP (rückläufig), davon in ME etwa 3.8 - 6.3 Mio. BP [383]; Populationen in Europa mit jew. > 1 Mio. BP in RUS (2.5-7 Mio.), PL (1.8-2.7), F (0.8-3.2), BG (0.8-3), TR (1-2.5), D (0.95-1.6), BY (1-1.5), P (0.5-2), und UA. (0.87-1.3 Mio. BP) [383]. Die Rauchschwalbe zählt zu den häufigsten Singvögeln der nördlichen Hemisphäre [3892].

Wanderungen. Langstreckenzieher; Winterquartier fast aller Br. Europas bis Mittelsibiriens in Afrika S Sahara etwa ab 12° N bis an Küsten S-Afrikas. Dez.- und Jan.-Beob. bis in Mittelmeerraum, 1981/82 und 1988/89 gesicherte Überwinterung mehrer Ind. am Genfer See, 1997/98 1 Beob. CH-SO [672]. Überwinterungen S Rom [vgl. 1470]; auch einzelne Winterdaten aus ME und W-Europa.

Br. ME und W-Europas ziehen SSW über F, E. und P (allerdings z.T. nicht unerhebliche Streuung nach E); **Br. GB** zunächst SSE und über F nach SSW, dann weiter über MA, W-Afrika bis S-Afrika, Heimzug dann ± in direkter Linie [4064]; **Br. N- und E-Europas** ziehen entweder SSW oder SSE (diffuse Zugscheide in E-Europa). Alpen werden regelm. überquert, ebenso Sahara in breiter Front. Einige Übersommerer regelm. im tropischen Afrika. **Br. W-Europas und ME** überwintern in Tropen überwiegend zw. 10° N und 10° S: Nestlinge aus E., F, B, NL, D, CH und CZ wurden im Winter von Liberia bis ins Kongobecken (ca. 8° S–22° E) gefunden (Ausnahmen bis S-Afrika); **Br. SK., PL und E-Europa** konzentrieren sich am E-Rand des Kongobeckens und im W E-Afrikas, streuen bis S-Afrika; **Br. Skandinaviens** in E-Afrika mit Schwerpunkt Zimbabwe und S-Afrika; **Br. GB** hauptsächlich Zimbabwe und S-Afrika bis vereinzelt Namibia; **Br. vom Baltikum bis Mittelsibirien** E-Afrika bis S-Afrika. Insgesamt bleiben Br. ME ca. 23 Wochen im Brutgebiet (länger als alle anderen Singvögel vergleichbarer Zugstrecke); Abzug nach Dismigrationsbewegungen (bis 200 km) [z.B. 2883] in ME und NW-Europa Ende Juli–Anf. Aug., Gipfel Sept., Ende im Okt. (mit Nachzüglern im Nov.). Abzug der Masse der Br. meist innerhalb etwa 3 Wochen; auch in S-Europa bereits früher Abzug. Ankunft der Hauptmasse S Sahara Mitte–Ende Sept. bis Nov., aber auch in S-Afrika bereits Aug.daten, hier aber eigentlicher Einzug erst ab Ende Okt. In D-BW verschob sich Durchzugsmedian 1970-97 um knapp 2 d/Jahrzehnt nach vorne [1315]. Abzug aus S-Afrika im März, Ende April abgeschlossen, wenige Nachw. in S-Afrika (v.a. Kapprovinz) während des Südwinters [1710]. In Zentralafrika Aufbruch jedoch schon ab Mitte Jan., Abzug Anf. Mai abgeschlossen. In S-Europa treffen die Ersten schon im Feb. an den Nestern ein, Hauptdz. im Mittelmeergebiet Mitte/Ende März bis Mitte Mai, max. April. Mittlere Erstankunft in W-Europa und CH ab Mitte, in SW-D Mitte/Ende März, in Mittel- und NW-D Anf. (bis Ende) April, in NE-D und CZ gegen Mitte April; im Einzelnen sowohl das Auftauchen der Vorhut als auch die Ankunft der Hauptmasse stark wetterabhängig; Dz. in ME bis Ende Mai. Ringfunde: Längste Zugstrecken > 12.000 km (Skandinavien, Altai bis S-Afrika), Höchstleistungen 250–300 km/d (Heimzug; Luftlinie); bei Ad. ausgeprägte Nistplatztreue [z.B. 3940], Ansiedlung von Erstbrütern meist in wenigen km um das Geburtsnest, mitunter auch weiter entfernt, ausnahmsweise spektakuläre Fernansiedlungen (D-HE bis CZ, B bis MA); lokal relativ hohe Winterquartier- und Schlafplatztreue, aber auch starke Fluktuationen an Schlafplätzen bekannt.

Bestandsentwicklung. Kurzfristige, meist witterungsbedingte Bestandsfluktuationen größeren Ausmaßes (bis 30%) nicht selten; Bestandseinbrüche jedoch relativ schnell wieder ausgeglichen [1369].

	Best.	Areal	Brutbestand	Jahr	Quelle
A	↓	- 1	90.000–170.000	1998–2002	[383]
B	↓	=	30.000–70.000	2001–2002	[383]
CH	↓	=	100.000–150.000	1993–1996	[383]
CZ	↓	=	320.000–640.000	2000	[383]
D	↓	=	950.000–1.600.000	1998	[383]
FL	↓	- 1	50–70	1998–2000	[383]
H	+/-	=	220.000–320.000	1999–2002	[383]
L	↓	=	6.000–8.000	2000–2001	[383]
NL	↓	=	100.000–200.000	1998–2000	[383]
PL	↓	=	1.800.000–2.700.000	2000–2002	[383]
SK	↓	=	200.000–400.000	1990–1999	[383]

Trotz vieler Aussagen über lokale und regionale Bestandsveränderungen überregionale, langfristige Veränderungen nur selten belegt, da Angaben sehr uneinheitlich und widersprüchlich oder langfristige Untersuchungen auf großer Fläche fehlen. Allerdings qualitative Angaben über Bestandsrückgänge, auch im Vergleich mit früheren Eindrücken, für viele Teile Europas gesichert [3892,1507,196]. Städtische Bereiche in W-ME schon sehr früh im 20. Jh. geräumt [1369], in PL allerdings erst in letzten Jahrzehnten deutlich [973,2103,3867].
Seit 1960er, spätestens 1970er J. auch in vielen ländlichen Regionen signifikante Abnahme (regional > 50%), davon mit Ausnahme weiter Teile PL und H gesamtes ME sowie Großteil W-, N- und S-Europas betroffen [2659,1803,3892,196,337,1507,310, 3871; z.B. auch GB: 1343,2536,2471]. Häufig wurden Nistplatzverluste lange Zeit durch stärkere Konzentration und Neuansiedlungen an günstigen Standorten ausgeglichen [1369,337,310]. Doch inzwischen fast ausschließlich Meldungen über z.T. substantielle negative Bestandstrends [2889,595,4046,1998,2068, 1,2031,4175,1680,1722,196,1617,1369,3663,3882 etc.]. Gebietsweise inzwischen sogar (kleinere) Arealverluste [A, FL, auch RO, UA., AL, E.: 3892,1507]. Arealausweitungen und Bestandszunahmen oder zumindest -stabilität in den letzten Jahrzehnten vor

allem durch Neuansiedlungen in Poldergebieten [NL: 1369], an Fabrikgebäuden und an schwalbengerechten Aussiedlerhöfen sowie in strukturell unveränderten ländlichen Bereichen [1363,1369,4175, q1,2623,4043,3178].

Siedlungsdichte. Höchstdichten in ME (Flächen von 20–49 ha) 58 BP/10 ha, von 50–99 ha 43 BP/10 ha, von > 100 ha 7.4 BP/10 ha (stark abhängig von Struktur menschlicher Siedlungen). Großflächendichten (auf > 100 km^2) in A, NL, PL und D ähnlich Mehlschwalbe zw. 0.7 – 17.9 BP/km^2, dabei Höchstwerte von >10 nur in sehr günstigen Gebieten [vgl. Tab. 5 in 337].

Gefährdungsursachen [1369,196,337,3892,1722, 2560,2659,2660,2471,95,2373]. Zunehmender Nistplatz- und Nahrungsverlust durch Intensivierung der Landwirtschaft mit Aufgabe traditioneller Milchkuh- und Fleischviehhaltung, intensiver Grünlandnutzung mit Überdüngung und Biozideinsatz, zunehmende Modernisierung und Verschwinden dörflicher Strukturen sowie kleinbäuerlicher Betriebe, abgeschlossene Großviehställe, Versiegelung der Landschaft und Ausdehnung der Ballungszonen; Verschwinden von Schlechtwetter-Nahrungsplätzen.
Direkte Verfolgung: Verluste in afrikan. Winterquartieren weitgehend unerforscht, von besonderer Bedeutung erscheint aber z.B. die »Ernte« von jährlich etwa 200.000 Rauchschwalben an einer Schlafplatzansammlung in Nigeria; Jagd in Überwinterungs- und Durchzugsgebieten; in Brutgebieten Zerstörung der Nester in Ställen aus »Hygienegründen« (Milchproduktion) ohne Rechtsgrundlage.
Neben direkten Verlusten in Überwinterungsgebieten oder auf dem Zug über die sich weiter ausdehnende Sahara auch indirekte Auswirkungen der Dürre oder geringere Niederschlagsmengen in Afrika: durch ungünstige Ernährungsbedingungen Verschlechterung des Zustandes der Brutvögel und dadurch verringerte Reproduktionsrate. Durch Nahrungsarmut in Brutgebieten Kondition der Juv. im Herbst sehr schlecht.
Witterungsbedingte Verluste z.T. erheblich (z.B. Katastrophenherbst 1974), allerdings ohne langfristig bestandsmindernde Wirkung.
Todesopfer im Straßenverkehr und an Freileitungen; möglicherweise Beeinträchtigungen durch Luftverschmutzung.

Schutzmaßnahmen. Stärkung der traditionellen, extensiven Formen landwirtschaftlicher Nutzung (besonders Weideviehhaltung) und Förderung des Insektenreichtums durch geringen Biozid- und Düngemitteleinsatz, Erhalt von Brach- und Ruderalflächen, Grünlandschutz, Erhöhung der Strukturvielfalt sowie Vergrößerung des Anteils der Stilllegungsflächen.

SPEC	VSchRL	Bern.Konv.	Bonn.Konv.
3	--	Anh. II	--
Europ. RL	RL in ME		
--	FL: 'VU', D, B, NL, A: 'NT'		

Verbesserung des Angebotes alternativer Proteinquellen für die Bevölkerung in den afrikanischen Überwinterungsgebieten.
Anbringen künstlicher Schwalbennester und Nistbrettchen sowie Anlegen von »Schwalbenpfützen«. Freilassen von Einflugöffnungen an Ställen und Gebäuden. Information der Bevölkerung.

Biotop. In ME ausgesprochener Kulturfolger in offenen Landschaften, Br. in Ställen und anderen Gebäuden, mitunter an Brücken, Schächten etc. Dichte wird mit zunehmender Verstädterung der Siedlungen geringer, fehlt daher in typischer Großstadtlandschaft. Nahrungsjagd meist in Nestnähe, daher offene Grünflächen erforderlich; bei ungünstigem Wetter in großen Scharen über Gewässern; in Afrika am häufigsten über Savannen.

Nahrung. Fliegende Insekten, vor allem Dipteren, Hemipteren und Hymenopteren, daneben aber viele andere Arthropoden, auch flügellose. Nahrungszusammensetzung wohl in erster Linie dem Angebot entsprechend und daher z.B. auch in der Nestlingsnahrung saisonale Änderungen der Hauptbestandteile [Details: 2372].

Stimme. Häufigster Ruf einfaches bis mehrsilbiges »wid-wid« etc.; Warn- und Alarmruf scharf »zi-witt« oder »biwist«. Reviergesang des ♂ von Sitzwarten, aber auch im Flug melodisches Zwitschern, das bei Anwesenheit des ♀ oft mit einem lang gezogenen schnarrenden Triller endet. Leiserer Zwitschergesang (Subsong) ohne Endtriller auch von ♀ und Jungen; auch regelrechter »Chorgesang«. Übergänge zwischen Subsong und Reviergesang fließend. Ab März Gesang auch im südafrikanischen Winterquartier.

Verhalten. Tagaktiv; Tag- (seltener auch Dämmerungs-)zieher (Unterschiede bei Ad. und Juv.). Rascher Flug mit geringerer Flügelschlagfrequenz als Mehlschwalbe und schnellen Richtungsänderungen. Rasches Trippeln auf dem Boden. Nach der Rückkehr Übernachten in der Nähe des Nestes. Nahrungserwerb fast immer in der Luft, Flughöhe abhängig von Witterung und Angebot, bei schlechtem Wetter auch Ablesen von Insekten an Wänden im Flatterflug. Brut in Einzelpaaren, Gruppen oder Kolonien hauptsächlich vom Angebot an Nistplätzen abhängig, in Kolonien Bruterfolg eher geringer. Zumindest Nestumgebung, bei Einzelbrütern auch ganzer Stall etc. wird mitunter sehr heftig verteidigt. Gelegentlich auch Flugangriffe fernab vom Brutplatz auf größere Vögel. Paarbildung am Nest durch ausdauerndes Singen mit Singflügen des ♂, dabei spielen Demonstration des gelben Rachens und der rostroten Kehlfedern sowie vor allem Schwanzspreizen im Flug und im Sitzen eine Rolle. Partnerwahl durch das ♀ nach Länge und möglichst hoher Symmetrie der Schwanzspieße. ♂ mit längeren Schwanzspießen starten früher mit der Brut und haben meist auch eine Zweitbrut. ♀ investieren mehr in die Jungenaufzucht (produzieren größere Gelege) wenn ♂ mehr in den Nestbau investieren. Begattung auf Sitzwarten oder im Nistraum. ♀ wird vom ♂ zur Verhinderung von Fremdkopulationen bewacht. Trotzdem häufig fremde Junge im Nest (nicht vom Paarmännchen). Bei Luftfeinden oft Zusammenrotten und Verfolgung, wobei die Schwalben rasch über den Angreifer zu gelangen versuchen. Hassen am stärksten in Brutplatznähe. Auf dem Zug und im Winterquartier gesellig. Ab Mitte Juli bilden sich Gemeinschaftsschlafplätze mit zunächst sehr hohem Jungvogelanteil und Höchstbeständen Mitte Aug.–Mitte Sept. fast ausschließlich im Schilf, kleinere auch in Mais, Staudenfluren oder Bäumen. Tagesruheplätze oft in größeren Trupps auf Leitungsdrähten. Fähigkeit zu Torpor wie Mehlschwalbe.

Fortpflanzung, Brutbiologie [337,1369,767,3898]. Geschlechtsreife Ende des 1. J., doch brüten nicht alle Einj.; Saisonehe, Bigynie nicht selten; mitunter auch unverpaarte ♂ am Nest; z.T. Partnertreue durch enge Nestplatzbindung (hoch beim ♂). Hoher Anteil an Jungen durch Fremdkopulationen (in Einzelfall > ca. 26%). **Ankunft am Brutplatz.** Erstankünfte ab (Feb.) März, meiste im Laufe des April (bis Mai); Partner treffen an den Brutplätzen zusammen, dort ältere Vögel vor jüngeren und meist ♂ vor ♀. **Nest.** Wahl häufig durch ♂; heute vorwiegend in dauerhaft zugänglichen Räumen landwirtschaftlicher Gebäude, auch in Hausgärten oder Schuppen, Lagerräumen, Bootshäusern. Vorbauten, verlassenen Bauten und Ruinen etc. Mitunter auch ausgesprochene Außennester. Nester überwiegend solitär (»Kolonien« bis > 120 BP bekannt) entweder frei an Wände oder Vorsprünge geklebt, häufig aber aufgesetzt auf Balken, Vorsprüngen, Nistbrettchen (bei glatten Mauern), meist in Deckennähe in Höhen von 1-8 m. In SE-ME auch Nester in Felsnischen und -höhlen. Aus lehmigen Erdklümpchen, die mit Speichel durchsetzt werden, zur Verstärkung Grashalme und Haare eingewoben, die vom Nest oft wegstehen. Geglättete Nestmulde mit Federn, Haaren oder feinem Pflanzenmaterial ausgekleidet. An Wand angeklebte Nester sind viertelkugelige Schalen, bei Auflage oft größere und »deformierte« Bauten (in Kalträumen sind Nester größer); Nester anderer gebäudebrütender Arten sowie Kunstnester werden angenommen und z.T. »ausgebessert«. Alte Nester werden bevorzugt wiederverwendet (bis 25 J. bekannt); ganzer Nestbau dauert 8-12 d, kann bei ungünstiger Witterung abgebrochen werden; bei Materialmangel Nestwand dünn. Beide bauen, Auspolsterung meist durch ♀; Erdklümpchen (Bedarf für ein Nest ca. 750-1400) werden an feuchten Stellen aufgenommen. **Legebeginn.** Stark witterungsabhängig, in ME selten vor letzter Aprildekade bis Ende Mai, Beginn der Zweitbruten zw. letztem Juni- und Julidrittel, regelm. auch noch spätere Gelege bis Mitte/Ende Aug.; in warmen Nesträumen Legebeginn einige d früher. **Gelegegröße.** 3-6 (2-7), bis mind. Juni meist 5; ab Zweitgelege etwas kleiner, z.B. D-NW Erst- bis Drittbrut 4.6 – 4.4 – 4.0; mehrj. ♀ mit größeren Gelegen als einj.; D-BW Erstbr. Ø$_{86}$ 4.85, Zweitbr. Ø$_{69}$ 4.25, Ø$_{305}$ 4.57, N-GB Ø$_{177}$ 4.6 (davon Mai 5.02, Aug. 4.08), D-BB (verschiedene Ø) 4.1 - 4.9. Legeintervall 1 d (meist frühmorgens). **Eier.** Länglich elliptisch, leicht glänzend, mattweiß, rost- bis hellbraun getupft oder gefleckt. **Brutdauer.** 13-16 (11-19, -25 bei schlechtem Wetter) d, nur ♀ brütet, wird nicht vom ♂ gefüttert, ♂ bleibt aber in Nestnähe. Brutbeginn meist mit letztem Ei. Juv. schlüpfen synchron. **Nestlings-/Führungszeit.** ♀ hudert (meist) bis 3-4 d, später nur noch nachts (bis ca. 14 d); anfangs füttert fast nur ♂, nach 3 d beide; Futterballen (verfütterte Menge mit Angebot korreliert, bei knappem Angebot erhöht sich Fütteranteil des ♀); Kotballen anfangs verschluckt, ab 4 d weggetragen, ab 7. d von Juv. über den Nestrand abgesetzt. Augen der Juv. erst ab 11.-12. d ganz offen; ab 15 d sitzen Juv. oft am Nestrand und werden aus dem Flug gefüttert; Nestlingsdauer (18-) 20-24 d, stark witterungsabhängig; mitunter fliegen Juv.

nicht gleichzeitig aus. Nach dem Ausfliegen werden Juv. noch mehrere d auf Warten gefüttert, dann Fütterungen im schrägen Aufwärtsflug, nach etwa 2 Wochen Einstellung; viele Junge kehren nachts zum Schlafen ins Nest zurück. **Jahresbruten.** 1-3, in ME und W-Europa 60-90% der Paare mit Zweitbrut; Drittbruten 0-4%, nur in bes. günstigen J. > 10%; ältere ♀ mit mehr Zweitbruten als junge; Abstand zw. Beginn der Erst- und Zweitbrut 45-55 d, weniger bei (nicht häufigen) Schachtelbruten. **Ende der Brutperiode.** Nach Spätbruten regelm. im Sept., zuweilen Mitte Okt. **Bruterfolg.** Gesamtbruterfolg in Normaljahren hoch, 77-92% der Eier, im Frühjahr geringer als im Sommer (Zweit- und Drittbruten daher meist höher) Nachwuchsrate 6.0 - 7.8 Juv./Paar und J., bei 2- und 3-jährigen höher als bei 1- und 4-jährigen; bes. erfolgreiche Paare können 10-13 (15) Juv./J. produzieren. In D-BE Ø 3.2 flügge Juv./Brut, in -BB 1991/92 bei Erstbr. $Ø_{20}$ 3.7, Zweitbr. $Ø_{21}$ 3.3, 1994-98 Erstbr. $Ø_{38}$ 4.1, Zweitbr. $Ø_{37}$ 3.4 flügge Juv./erfolgr. Paar. Töten von Juv. durch unverpaartes ♂ beob. Kalte Regenperioden können zu regionalen Totalausfällen führen; Nesträuber spielen gegenüber Witterungsbedingungen und lokalen Brutbedingungen untergeordnete Rolle.

Eimaße und -gewichte [337]: L. 16.1-24.0 mm, B. 12.0-18.3 mm, Ø 20.2 x 13.7 mm (n=100, B), 19.6 x 13.7 mm (n=216, Westf.), 19.4 x 13.7 mm (n=376, CZ); Frischvollgew. 2.0-2.3 g, $Ø_{18}$ 2.1 g bzw. 1.24-2.59, $Ø_{109}$ 1.99 g; Schalengew. 0.06-0.13 g, $Ø_{177}$ 0.10 g bzw. 0.06-0.11 g, $Ø_{125}$ 0.09 g.

Sterblichkeit, Alter. Br. (als Ad. beringt) in GB um 60%/J. ohne Geschlechtsunterschiede und mit Ø Lebenserwartung von ca. 1.6 J. [908]; ähnliche Angaben für Erstjährige und Ad. in GB [3589] und N. (72 % im 1. J. und später 61 %/J.) [3293]. Große Verluste durch ungünstige Witterung im Brutgebiet und vor allem während der Zugzeit. 1932, 1936 und vor allem 1974 z.B. überregionales Massensterben auf dem Wegzug. 11-jährige Vögel sind noch brütend nachgewiesen worden, je einer wurde in Freiheit mind. 12 und mind. 16 J. alt. **Generationslänge:** < 3.3 J. [383].

Mauser. **Postjuvenile Mauser** und **Postnuptialmauser** (je Vollmauser) kann mit Kleingefiedermauser bereits im Juli einsetzen, findet z.T. auch während ersten Wegzugetappen statt; Großgefiedermauser (mit HS 1) beginnt bei Ad. in N-Europa und ME selten schon im Brutgebiet (bei Juv. nur unregelm.), gegen S häufiger (max. HS 1-4, AS 1 und 8 erneuert), während Wegzug i.d.R. unterbrochen und wie der normale Beginn erst im Winterquartier fortgesetzt; dort Großgefiedermauser bei ♂ weiter fortgeschritten und schneller als bei ♀ und Einj. [2662]; Ende der Großgefiedermauser meist kaum vor (Ende Jan.) März/April [767,526], ein Teil beginnt Heimzug aber vor Mauserabschluss und manchmal ist HS- und ST-Mauser bei Ankunft im Brutgebiet noch nicht beendet [1369,1866,2370]; Dauer ca. 4.5–6.5 Monate.

Cecropis daurica – Rötelschwalbe 09950

Cecropis [daurica] daurica (Laxmann 1769) syn.: *Hirundo daurica*

GB Red-rumped Swallow **F Hirondelle rousseline** **E Galondrina Dáurica**

Taxonomie. Ca. 11 UA, in W-Paläarktis u.a. *rufula* (Temminck 1835) (NW-Afrika, Iberien nach E bis Kaschmir) und *daurica* (Laxmann 1769) (KZ nach E). Fünf afrikanische Formen S Sahara werden z.T. als eigene Allospezies *H. domicella* abgetrennt [3564; vgl. dagegen 1252]. Bildet Superspezies mit SE-asiatischer *C. striolata*.

Kennzeichen. [1369,3615,767,3772,221; weitere Fotos in Bird. W. **7**, 218, **15**, 195, **16**, 148, Limic. **16**, 201, 277, **18**, 173, Dutch B. **23**, 237, **24**, 254, **25**, 192, 204, **26**, 214].

Maße. (*rufula*) Gr.: 16-17, davon Schwanzspieße 5-6 cm. Gew.: (Brutzeit) ♂ 19.5-28.7 g, $Ø_{27}$ 22.1 g, ♀ 19.5-27.5 g, $Ø_{25}$ 22.4 g. Fl.spw.: 32-34 cm. Fl.l.: in E. ♂ 114-123 mm, $Ø_{28}$ 118.5 cm, ♀ 111-125 mm, $Ø_{25}$ 116.7 mm [1369,767].

Verbreitung und Bestand. In disjunkten Arealen verbreitet; Brutgebiet von *rufula* vom Maghreb über Iberische Halbinsel mit größeren Lücken am N-Rand des Mittelmeeres (einschließlich der großen Inseln) nach E bis IL und in schmalem Band über N-SYR und N-Irak nach S-Iran bis Mittelasien. Weitere Subspezies in Indien, E-Asien und Jemen. Bestand in Europa zw. 100.000-430.000 BP (stabil), mit Beständen > 20.000 BP in P (10-100 T.), E. (20-100), AL (10-30), GR (10-50) und TR (30-90 T. BP) [383].

Status. N des Brutareals bis 1950er J. extrem seltener, unregelmäßiger Gastvogel; seit Arealvergrößerung in S-Europa in ME (sowie W- und N-Europa) seltener, gebietsweise (fast) allj. auftretender Gastvogel, mit vielen Nachw. in GB und IRL sowie mehreren in S., N., FIN; sogar IS 1988.
Entwicklung in ME von 1 Beob./1 Ind. (1950–59) auf 5/5 (1960–69), 7/9 (1970–79) und 9/40 (1980–89) [337], ab 1990er J. deutlich häufiger. Nachw. betreffen: **CH:** 36 mal bis 2003 (Apr.-Juni; max. 5 Ind.), erstmals 1966, seit 1981 fast allj.; 1 mal Okt. [3393,4152,q14]. • **L:** 1 Ind. 1979 [1369]. • **B:** ab 1982 6 mal 1 Ind. [1677,q15]. • **NL:** erstmals 1954, 4 mal zw. 1978–85, seit 1988 allj. (April/Mai, selten Sept./Okt.); max. 9 Beob. mit 16 Ind. 2003 [277,q16]. • **PL:** Mai 1982, Apr. 1987, Mai 1991, Mai 2000 [q13,3871]. • **A:** -V Rheindelta von 1961-96 5 mal (Apr./Mai) [1617]; -Oö 3 mal 1984-93 (Apr.) [3129]. • **D:** überwiegend Frühj. (früheste Beob. Ende März), einmal Sommer, zuweilen Herbst; Helgol. erstmals Mai 1855, bis 1996 weitere 6 mal [1369,575]; -SH ab 1975 (-90) 3 mal; -MV 1981; -NI 1982-97 5 mal; -ST 1977; -BB 1996; -NW 1965, 1992; -HE 1987-98 5 mal; -SN 1984, 1998; -RP 1970; -BW 1977-98 3 mal; -BY 1974-96 4 mal [1369,337,575]. • **H:** erstmals 1999 [q3].

SPEC	VSchRL	Bern.Konv.	Bonn.Konv.
--	--	Anh. II	--
Europ. RL	RL in ME		
--	--		

Wanderungen. In Europa Zugvogel, überwintert S Sahara, doch genaues Winterquartier nicht bekannt (vermutlich Savannen im tropischen N-Afrika, jedoch im Feld von lokalen Br. nicht unterscheidbar) [3615]; gelegentliche Überwinterungsversuche im Maghreb. Wegzug ab Ende Aug., max. oft erst Okt., Nachzügler in S-Europa bis Anf. Dez. Heimzug beginnt im Feb., max. Mitte April, Beendigung Mitte Mai.

Bestandsentwicklung. Wohl klimatisch bedingt in Iberien seit ca. 1950 erhebliche Arealvergrößerung (> 50%) nach N, die offenbar noch anhält. In S-F 1. Brutnachw. 1965, dann weitere Neubesiedlungen, 1987–90 starke Zunahme der Einzelbeob. und neue Brutplätze; Korsika erste Brutnachw. 1962, 1965, seit 1977 regelm. Brutvogel in wenigen Paaren; Gesamtbestand F 1997 nur 20-30 BP [1585]. In I erste Brutnachw. 1963 Festland, 1964 Elba, 1965 Sardinien, Gesamtbestand 1997 15-25 BP [1585]. In HR seit mind. 1940 Zunahme und Arealausweitung, mit Neuansiedlungen in 1990er J. bis SLN. In BG mind. seit 1950 Zunahme; nach 1970 mind. 1.000 BP. In RO Brutvogel seit 1970er J., inzwischen 20-50 BP [1585,1507].

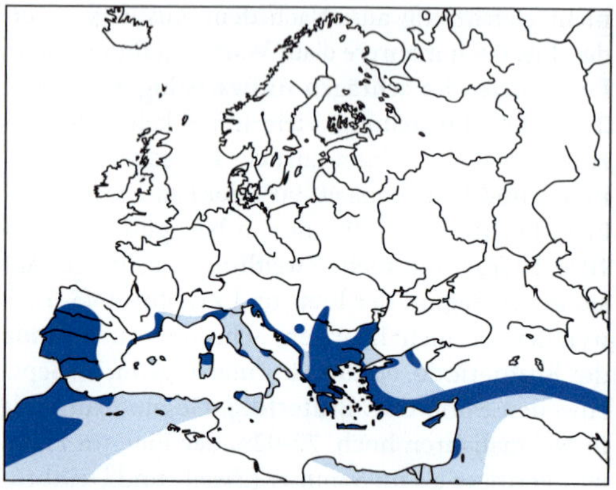

Cecropis daurica – **Rötelschwalbe**

Biotop. Br. in sommerwarmen Klimaten, bevorzugt in felsigen Schluchten, aber auch in Hügelland und Ebenen; dort meist unter Brücken und an Gebäuden brütend, auch mitten in Großstädten (z.B. E-Asien).

Nahrung. Fliegende Insekten.

Stimme. Häufigster Ruf »zwäit«, »djüit«, auch lang gezogener »djüüi«, weicher als bei Rauchschwalbe, daneben ein feines bussardähnliches Miauen (nur vom ♂). Gesang verhaltend schwätzend, deutlich kürzer und tiefer als Rauchschwalbe, oft mit abschließendem Roller. Verschiedene Strophentypen.

Verhalten. Tagaktiv und Tagzieher. Fliegt ruhiger als Rauchschwalbe, jagt meist in der Nähe der Brutplätze. Einzel- oder Koloniebrüter. ♂ kreisen rufend um ♀. Kopula häufig in Nestnähe. Oft auf dem Zug mit anderen Schwalben vergesellschaftet.

Fortpflanzung, Brutbiologie [337,1369,767, 3898]. Geschlechtsreife im 1. J. Monogame Saisonehe. Geburts- und Brutortstreue belegt. **Nest.** In Nischen, Halbhöhlen, unter Vorsprüngen an Sand-,

Lehm- und Felswänden, auch an Gebäuden, unter Brücken und an anderen Bauten. Retortenförmiger Bau (Halbkugel mit enger Eingangsröhre) unten an einen Vorsprung geklebt, aus 0.7-1.2 g schweren Lehmteilchen. Auskleidung mit feinem Pflanzenmaterial und Federn. Nestkammer 7.6-22.4 cm lang, 14.7-22.1 cm breit, 6.2-15.0 cm hoch, Röhre 4.9-14.2 cm lang. Beide bauen, zuerst Halbkammer, dann Einflugrohr; Dauer 8-18 d, auch mit tagelangen Pausen. Alte Nester werden ausgebessert. **Legebeginn.** In S-E. Erstgelege von 2. Aprilhälfte bis Juni (Juli), Zweitgelege von Mai bis Sept., Drittgelege von Juli bis Sept. **Gelegegröße.** 3-5 (2-7), in S-E. Erstgelege 4.5, Zweitgelege 3.8 und Drittgelege 3.6. Legeintervall 1 d. **Eier.** Längl. elliptisch, leicht glänzend, reinweiß. **Brutdauer.** (11-) 13-16 d, ♀ brütet mehr als ♂. Brutbeginn mit letztem Ei. Juv. schlüpfen synchron. **Nestlings-/Führungszeit.** Beide füttern; ab 16-17 d erscheinen Juv. am Röhreneingang zur Fütterung; Nestlingsdauer 22-26 d; nach dem Ausfliegen werden Juv noch 8-9 d auf Sitzwarten gefüttert. **Jahresbruten.** 1-3, in S-E. 86% Zweit- und 22% Drittbruten; 4 Brutversuche (2 erfolgr.) bei einem Paar nachgewiesen. **Bruterfolg.** Nachwuchsrate in S-E. ca. 6.4 Juv./Paar und J.

Sterblichkeit, Alter. Ältester Ringvogel (IL) 9 J. [3654]. **Generationslänge:** < 3.3 J. [383].

Mauser. **Postjuvenile Mauser** (Vollmauser) Mauserperiode variabel, vermutlich ähnlich Rauchschwalbe [767]. • **Postnuptialmauser** (Vollmauser) beginnt bei einem Teil bereits im Aug./Sept. vor dem Wegzug, mit Mauser der innersten HS [1239], oder erst im Winterquartier [767]; bis Feb. abgeschlossen [3771].

Delichon urbicum – Mehlschwalbe 10010

Delichon [urbicum] urbicum (Linnaeus 1758) syn.: *Delichon urbica*

GB (Northern) House Martin **F Hirondelle de fenêtre** **E Avión Común**

Taxonomie. Zwei kaum differenzierte UA: *urbicum* (Linnaeus 1758) (Europa bis W-Sibirien) und *lagopodum* (Pallas 1811) (Zentralasien bis E-Sibirien). Bildet Superspezies mit (schwach differenzierter) *D. dasypus* (E- und SE-Asien).

Kennzeichen. [1369,3615,221,3772,767; **Foto** in Limic. **16**, 200, Hybriden mit Rauchschwalbe s. dort].

Maße. Gr.: 12.5 cm. Gew.: ♂ 14.9-22.4 g bzw. 13-23 g, Ø$_{84}$ 17.8 g, ♀ 14.3-21.9 g bzw. 14-23 g, Ø 18.3 g. Fl.spw.: 26-29 cm. Fl.l.: ad. ♂ 107-115 mm, Ø$_{26}$ 110.7 cm bzw. ♂ 104-117 mm, Ø$_{63}$ 110.3 bzw. ♂ Ø 109.2, diesj. ♂ 106-113 mm, Ø$_{34}$ 109.2 mm; ad. ♀ 105-115 mm, Ø$_{24}$ 111.0 mm bzw. ♀ 105-116 mm, Ø$_{72}$ 110.7 mm bzw. Ø 109.5 mm, diesj. ♀ 104-115 mm, Ø$_{33}$ 108.8 mm [1369,767].

Status. Regelm., häufiger Brut- und Sommervogel im ges. Betrachtungsgebiet sowie häufiger und regelm. Durchzügler und Gastvogel. Überwinterungsversuche noch seltener als bei Rauchschwalbe.

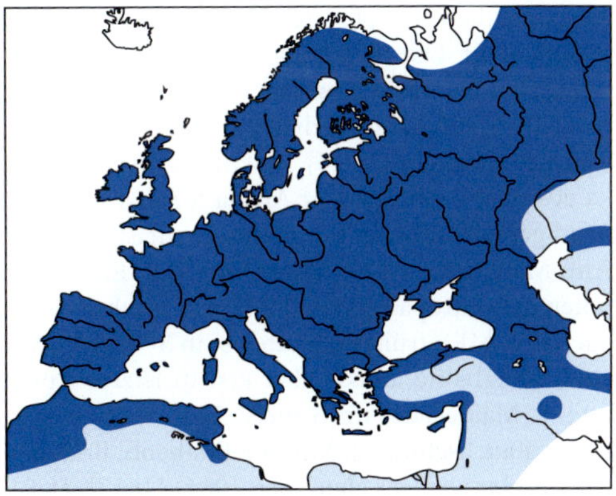

Delichon urbicum – Mehlschwalbe

Verbreitung und Bestand. Von W-Europa und NW-Afrika, W-F und Iberien nach E bis E-Sibirien, Mongolei und N-China verbreitet, mit N-Grenze in N. ca. 70° 30' N, in W-RUS 69° und weiter E 65–66° N; im S über N Vorderasien bis zentralasiatische Gebirge und W-Himalaya, im Maghreb bis an Rand der Sahara, weiter im E S-Grenze Kreta, CY, IL, N-SYR; ausnahmsweise Brutvogel in S-Afrika. In ME weit verbreitet und häufig von Meeresniveau bis in mittlere Gebirgslagen, bewaldete Gebiete und Bergländer aber nicht oder sehr lückig besiedelt; Höhengrenzen CZ 1460 m, PL 1200 m, höchste Brutnachw. in den Alpen CH 2430 m, A 2450 m ü.M. [1369]. Bestand in Europa zw. 9.9 - 24 Mio. BP (rückläufig), davon in ME 2.6 - 4.8 Mio. [383]; größte Populationen (> 1 Mio. BP) in E. (1.1-2.2), TR (1-2), RUS (0.8-2.3) und D (0.8-1.4 Mio. BP) [383]. Die Mehlschwalbe zählt zu den 30 häufigsten Vogelarten Europas.

Wanderungen. Langstreckenzieher mit Winterquartier in Afrika S Sahara bis Kapprovinz (genaue Lokalisierung noch unklar). Winterbeob. in kleiner Zahl in N-Afrika, selten, aber offenbar zunehmend, auch in milderen Zonen Europas [z.B. P: 1014, Sardinien: 2498; 1974/75 auch ca. 20 Ind. in CH-JU: 4152]. Breitfrontzug über Europa, Vorderasien, Mittelmeer und Sahara; Hauptwegzugrichtungen zwischen WSW und SE je nach Population, in ME unscharfe »Zugscheide« etwa bei 12°40' E. Zusammenstellung der Transsahara-Ringfunde (u.a. N. bis S-Afrika mind. 9.800 km SSE, FIN bis Zimbabwe 9.890 km S, Kurische Nehrung bis Kapstadt mind. 10.000 km) [1692]. Aufenthalt im Brutgebiet 20-25 Wochen; vor Abzug Dismigration bei Jungvögeln; Abzug oft in mehreren Schüben, Beginn oft schon, wenn manche noch Junge füttern. Dz. S-Skandinavien frühestens ab Anf./Mitte Aug., max. Ende Aug.–Anf. Sept.; im SW-ME Beginn Ende Aug., deutlicher Gipfel mit Massenzugtagen Mitte Sept.–Anf. Okt., Nachzügler bis Ende Okt., Extremdaten bis Mitte Nov. (in W-Europa bis Dez.). In D-BW Durchzugsmedian für Wegzug 1970-97 weitegehend stabil [1315]. Ankunft in Zentralafrika etwa Sept. Ab April ist Afrika S Sahara weitgehend geräumt, Dz. im S Mittelmeer meist ab (Feb.) Anf. März, max. Mitte März–Anf. Mai. Erste Vorboten in S-Europa Feb.–Anf. März (ausnahmsweise auch in S-ME); früheste Erstbeob. in S- und W-ME ab 1. Märzhälfte, Masse aber erst in letzter April- und 1. Maidekade, im S meist 2–3 Wochen später als Rauchschwalbe. Mittlere Erstbeob. Bod. 6.4. (mehr oder weniger gleich seit 1981) [1617], D-RP 11.4. (1992-97) [461], im SE von D-SN nicht vor 15.4. [3667]; Dz. z.T. noch im Mai. Hohe Geburtsort- und Brutorttreue [z.B. 2368].

Bestandsentwicklung. Kurzfristige, meist witterungsbedingte Bestandsschwankungen größeren Ausmaßes nicht selten, jedoch meist schnell wieder ausgeglichen. Bes. deutliche Schwankungen dabei offensichtlich an Felskolonien [1369]. Erhebliches Problem bei Einschätzung von Bestandsveränderungen durch Umsiedlungen und nicht gleichsinnig verlaufende Bestandsveränderungen benachbarter Kolonien; lokale Entwicklungen können daher z.T. deutlich vom überregionalen Trend abweichen.

Von etwa 1900-30 vergleichsweise niedrige Bestände sowie Bestandsverluste [1369]; danach in klimatisch günstigen Jahren bis Anf. 1950er J. überwogen Zunahmen. Zwischen 1954 und 1960 Bestände erneut rückläufig, doch Stabilisierung in 1960er und 70er J. Auch kein langfristig negativer Trend durch die »Schwalbenkatastrophe« 1974. Für die 1980er Bestände ME großräumig vielmehr überwiegend stabil [1852,2518,198,1574,337,196,2772,q1, auch GB: 1343].

	Best.	Areal	Brutbestand	Jahr	Quelle
A	↓	=	50.000–100.000	1998–2002	[383]
B	↓	=	28.000–51.000	2001–2002	[383]
CH	↓	=	50.000–100.000	1998–2002	[383]
CZ	+/-	=	600.000–1.200.000	2000	[383]
D	↓	=	820.000–1.400.000	1998	[383]
FL	+/-	=	500–1.000	1998–2000	[383]
H	+/-	=	100.000–200.000	1999–2002	[383]
L	↓	- 1	4.000–5.000	2000–2001	[383]
NL	⇩	- 1	60.000–125.000	1998–2000	[383]
PL	↓	=	350.000–600.000	2000–2002	[383]
SK	+/-	=	500.000–1.000.000	1990–1999	[383]

Allerdings drastische Bestandsabnahmen von bis zu 2/3 der Ausgangspopulation von 1970-91 vor allem in NL [2889], in Skandinavien [1803] sowie in D-BW [1722] und A-T [2238], regional weiter anhaltend [375,3638]. In 1990er J. in weiten Bereichen ME mit Ausnahme des E in jüngerer Zeit ebenfalls deutlich negative langfristige Trends, davon ländliche Strukturen bes. stark betroffen [z.B. L, D, CH, B, A: 1585,204,3393,2407,1507,1998], doch auch starke Rückgänge in Städten bekannt [A-Nö: 3709, B: 762, D-HH: 2642].

Dagegen städtische Bereiche in E-ME (und anderen Regionen Europas) nicht selten mit positiver Entwicklung [4160,3268,1,1507,1137; wohl unverändert in PL: 3871], z.B. in Erfurt Zunahme des Brutbestandes von 1986-93 um > 60% (auf fast 800 BP) [1436], doch Entwicklung zumindest teilweise auch Folge einer Bestandserholung nach stärkerem Einbruch. In D-BE und -BB starke Zunahmen durch die Besiedlung von Neubauflächen [4160,1]; allerdings auch Beispiele für drastischen Bestandseinbruch nach baulichen Sanierungsmaßnahmen [1].

Siedlungsdichte. In ME Kolonien (= Gesamtheit der Nester an einem Gebäude oder auf engstem Raum an Felsen) Ø 4–5, öfters bis ca. 50, sehr selten > 200 Nester. Höchstdichten infolge Koloniebildungen viel höher als bei Rauchschwalbe, auf Flächen von 20–49 ha 10.8–109 BP/10ha, bei 50–99 ha 24.4 BP/10ha, bei > 100 ha 11.0 BP/10ha; großflächige Dichten jedoch ähnlich [vgl. Tab. 6 in 337] zw. 1.1-10.2 BP/km^2 bei Flächen > 100 km^2. Kleinflächig große Dichteunterschiede und reziproke Bestandsentwicklungen (wohl als Folge unterschiedlicher Nistplatzansprüche), großflächig aber nur selten gravierende Bestandsunterschiede [vgl. 337].

Gefährdungsursachen [196,1369,3392,2573,1574, 3709,2238,1998]. Bestandsrückgänge häufig witterungsbedingt, in günstigen Brutjahren demzufolge relativ schnell wieder ausgeglichen (z.B. auch nach Schwalbenkatastrophe im Herbst 1974); zunehmende Atlantisierung (vor allem in W-ME) mit verregneten Frühjahren allerdings langfristig nachteilhaft.
Regional Verluste durch Nistplatz- oder »Baumaterial«mangel durch zunehmende Versiegelung; ferner interspezifische Nistplatz-Konkurrenz.
Mutwillige Zerstörung von Nestern.
Rückgang der Insektennahrung in feuchten Niederungen durch Intensivierung der Bewirtschaftung, Drainagen und Grundwasserabsenkung.
Kontakt mit Bioziden.
Einflüsse der Rast- und Überwinterungsgebiete wahrscheinlich, aber unzureichend belegt.
Weitere Angaben vgl. bei Rauchschwalbe.

SPEC	VSchRL	Bern.Konv.	Bonn.Konv.
3	--	Anh. II	--
Europ. RL	RL in ME		
--	A, CZ, D, NL, B: 'NT'		

Schutzmaßnahmen. Anbringen von Kunstnestern kann zumindest lokal und regional zu Bestandsverbesserungen führen, bes. in Bereichen ohne ausreichendes Baumaterial.
Aufklärung der Bevölkerung zur Verhinderung der absichtlichen Zerstörung von Nestern.

Biotop. Br. vor allem in menschlichen Siedlungen vom Einzelhaus bis zum Großstadtzentrum [1369,337], Gewässernähe bevorzugt. Bindung an Landwirtschaft und Viehhaltung weniger deutlich als bei Rauchschwalbe. Nester meist an Außenseite von Gebäuden. Felskolonien in ME seltener als im Mittelmeerraum und manchen asiatischen Gebieten. Nahrungsjagd gewöhnlich sozial über Gewässern und offener Landschaft, auch in größerer Kolonieentfernung.

Nahrung. Luftinsekten, in der Zusammensetzung etwa dem Angebot entsprechend; bevorzugte Beutegröße kleiner als bei Rauchschwalbe, Zusammensetzung vielseitiger. Hauptkomponenten der Nestlingsnahrung z.B. Blattläuse, Fliegen, Mücken und Wasserinsekten (Eintags- und Steinfliegen), aber auch Hemipteren. Junge werden mit Futterballen gefüttert, die meist mit Speichel angereichert sind.

Stimme. Flugruf ein- bis dreisilbig »schrrip«, »brrit«, »brüt«, »prri-pit« o.ä., weniger raschelnd und stimmhafter als Uferschwalbe. Ähnelt dem Aneinanderreiben von Kieselsteinen. Warnruf schrill »sier«, oft gereiht. Gesang im Sitzen oder im Flug leises schwätzendes Gezwitscher, leiser, schneller, mehr schnarrend, trillernde Phrasen, weniger abwechslungsreich und weniger melodisch als Rauchschwalbe, ohne Triller am Gesangsende. Auch leiser Subsong, z.B. am Nest. Beide Geschlechter singen, geschlechtsspezifische Merkmale unbekannt.

Verhalten. Tagaktiv und Tagzieher, Abend- und Nachtzug nur ausnahmsweise. Flug flatternder und mit höherer Flügelschlagfrequenz als bei Rauchschwalbe; häufig Gleitstrecken eingeschaltet. Nahrungserwerb fast ausschließl. in der Luft, mitunter aber auch im Rüttelflug oder im Sitzen von Mauern, Felswänden und vor allem Bäumen (Ablesen von Pflanzenläusen gelegentl. in größeren Gruppen); selten auch Nahrungsaufnahme vom Boden. Ganzjährig gesellig; brütet solitär und in unterschiedlich großen Kolonien, mind. die nächste Umgebung des Flugloches am Nest wird verteidigt. Bei Kälte und Regen bleiben auch mehrere zusammen in Nestern oder ballen sich zu Klumpen unter Vorsprüngen oder in Ecken zusammen. ♂ versucht ♀ an den Nistplatz zu locken, singt, spreizt etwas die Flügel und präsentiert den weißen Bürzel. Mehrere ♂ verfolgen oft ♀. Kopulationen meist im Nest. ♂ folgen dem ♀ intensiv während und kurz vor Eiablage. Häufig fremde Junge im Nest (nicht vom Paar-♂). Verhalten gegenüber Luftfeinden ähnlich Rauchschwalbe. Flugbaden und auf Dächern, Fensterbrettern von Hochhäusern, Asphaltdecken oft in größeren Gruppen sonnenbadend. Übernachtung von der Ankunft bis zum Ausfliegen der Jungen fast immer im Nest. Etwa ab Aug. oft zu Hunderten auf Leitungsdrähten, fliegen plötzlich ohne erkennbaren Grund auf, um kurz darauf wieder an denselben Platz zurückzukehren. Im Spätsommer und Herbst suchen die nicht mehr an und in den Nestern übernachtenden Vögel in Gruppen Laub- oder Nadelbäume, seltener Schilf auf. Zug einzeln oder in lockeren Trupps. Auf dem Zug auch auf Leitungen, in Mauerlöchern auf Bäumen etc. übernachtend. Fähigkeit zur Kältestarre (Torpor, erstmals an einem Singvogel nachgewiesen).

Fortpflanzung, Brutbiologie [337,1369,767,3898]. Geschlechtsreife im 1. J.; monogame Brut- oder Saisonehe, Umpaarungen nach missglückten Erstbruten häufiger als nach erfolgreichen. Paartreue über Jahre wohl nur zufällig. **Ankunft am Brutplatz.** Erstankünfte später als Rauchschwalbe, ab Ende März/Anfang April bis Mai, Ankünfte über 3-5 Wochen; Partner treffen an den Brutplätzen zusammen; ältere Vögel vor 1-2-jährigen im Brutgebiet, wohl dadurch Paarungen zwischen gleichen Altersklassen häufiger als zu erwarten. Paarbildung wohl erst am Nistplatz. **Nest.** Wahl durch beide, vorjährige Nester werden gerne wiederbenutzt, intakte vor zerstörten bezogen, Neubau bevorzugt an Stellen mit Spuren alter Nester; Kunstnester werden mitunter länger nicht angenommen. Neststand relativ vielseitig an harten, so gut wie senkrechten, bevorzugt rauen oder unebenen Wänden, oft etwas überdacht (Schutz vor Regen und Tropfwasser), freier Anflug erforderlich. In ME meist an Außenwänden von Gebäuden unter Dach- und anderen Vorsprüngen, gemauerte Wände werden Holz vorgezogen; bei großen Einflugmöglichkeiten auch Innennester; ferner unter Brücken und ähnlichen Bauten, in den W-Alpen zudem Felskolonien, die sonst nicht häufig sind; mitunter abweichende Nistplätze wie Straßenlampen, Höhleneingänge etc. Bevorzugt werden größere Bodenabstände. Nest aus Ton, Lehm oder Schlamm von Pfützen, Baugruben, feuchten Ufern etc., entweder als Halbkugel (ohne Anbau an Überdachung) oder Viertelkugel (mit senkrechter Überdachung), nur Flugloch bleibt offen; variable Form je nach Umgebung. Nestmulde mit Moos, Halmen, Wurzeln, Federn etc. ausgepolstert; Nestneubau dauert 8-18 ($\varnothing_{9}$ 10.4) d, Reparatur von altem Nest 1-9 ($\varnothing_{25}$ 3.5) d. Beide bauen, ♂ anfangs mehr; sobald ein kleiner Wall an der Hinterwand angeklebt ist, wird Nest »von innen« weitergebaut. Materialbedarf ca. 690-1500 Erdklümpchen (à ca. 0.2 cm^3). Sperlinge besetzen z.T. Mehlschwalbennester (am Bod. Ø 9.3%) und können die Inhaber auch verdrängen [1722], dann z.T. Ausweichen auf Innennester [3887]. **Legebeginn.** Etwa 1-10 d nach Fertigstellung des Nestes, in ME meist ab Anf./Mitte Mai (selten schon im April), früherer Legebeginn mit zunehmendem Alter. Mittlerer Legebeginn bei 2 Populationen in D für Erstgelege 2./3. Juni, für Zweitgelege 23.-25. Juli. **Gelegegröße.** 3-5 (1-7); Zusammenlegen zweier ♀ kommt vor. Spätere oder Zweitgelege kleiner als frühere bzw. Erst-; mehrjährige ♀ mit größeren Gelegen als einjährige; D-BW Erstbr. $\varnothing_{410}$ 4.7, Zweitbr. $\varnothing_{360}$ 3.3, $\varnothing_{881}$ 4.1, -NW $\varnothing_{448}$ 4.2 bzw. $\varnothing_{329}$ 3.2, CZ $\varnothing_{417}$ 3.97, D-BB $\varnothing_{111}$ 4.19. Legeintervall 1 d (meist frühmorgens). **Eier.** Elliptisch, leicht glänzend, weiß, mit fortschreitender Bebrütung gefleckt. **Brutdauer.** 14-16 (13-17, bei schlechtem Wetter länger) d, ♀ brütet mehr. Brutbeginn oft mit letztem Ei, Juv. schlüpfen synchron oder asynchron in der Legefolge der Eier. **Nestlings-/Führungszeit.** ♀ hudert mehr als ♂, erste 5 d konstant, nachts oder bei Regen beide am Nest; Futter im Kehlsack oder Schnabel gebracht, bei kühlem Wetter Fütterung reduziert oder unterbrochen; bei Spätbruten mitunter Helfer beteiligt (fremde Ad. oder Juv. der Erstbrut). Nach 6-8 d öffnen sich Augen der Juv., bis dahin auch Kotabgabe an die Ad.; Nestlingsdauer 22-32 (-40) d, stark von Witterung und Brutgröße abhängig; beim ersten Ausfliegen werden Juv. von Ad. vom Nest weg und wieder zurückgeführt; erste Ausflüge im Alter von 26-29 d meist sehr kurz. Juv. oft noch mehrere Wochen nach Ausfliegen im Nest und Umgebung anzutreffen, lernen dabei Gebiet kennen. **Jahresbruten.** 1-2 (3), in D Anteil an Zweitbruten ca. 68-72%, bei einj. ♀ geringer als bei älteren; Drittbruten sehr selten. **Ende der Brutperiode.** Spätbruten regelm. bis Ende Sept., seltener auch bis Mitte (Ende) Okt. **Bruterfolg.** In D Nachwuchsrate in 6 J. 4.8 – 6.1 (Ø 5.3) Juv./Paar und J., in 3 J. 4.0 – 5.5 (Ø 4.7), gebietsweise aber auch geringer, z.B. in D-BB_{25} 3.6; Ausfliegerate stark witterungsabhängig, in normalen J. in ME 70-85% der abgelegten Eier. In störungsfreien J. fliegen aus Erstbruten mehr Juv. als aus Zweit-; ältere Ind. (bis 3 J.) mit größerem Bruterfolg als Einjährige. Lebenszeitproduktion in schottischer Kolonie: Lebensdauer ♂ Ø 1 J./max. 5 J., ♀ Ø 1 J./max. 6 J., Gesamtzahl begonnener Gelege ♂ Ø 2./max. 9, ♀ Ø 2/max. 12, erfolgr. bebrütete Eier ♂ Ø 7/max. 38, ♀ Ø 7/max. 51, Gesamtzahl selbständiger Juv. bei ♂ Ø 7./max. 28, ♀ Ø 7/max. 42; Variation korreliert stark mit individueller Lebensdauer. Größere ♂ tendieren zu höherem Erfolg als kleinere.

Eimaße und –gewichte [337]: L. 16.7-23.6 mm, B. 11.4-14.7 mm, Ø 18.3 x 13.1 mm (n=273, CS), 18.8 x 13.2 mm (n=1110, D-RP), 18.9 x 13.1 mm (n=828,

-BW); Eigröße nimmt innerh. eines Geleges zu, aber innerh. Brutzeit ab; Frischvollgew. (Erstbgelege) 1.05-2.15 g, $Ø_{121}$ 1.68 g, (Zweitgelege) $Ø_{86}$ 1.64 g; Schalengew. 0.07-0.13 g, $Ø_{67}$ 0.10 g bzw. $Ø_{115}$ 0.09 g.

Sterblichkeit, Alter. Sterblichkeit der Jungvögel umso höher, je später der Schlüpftermin; späte Jungvögel erreichen nur selten die Brutreife. Schätzung der jährl. Mortalität von Ad. 50–63 %. Bei nasskaltem Wetter Populationszusammenbrüche. Alterszusammensetzung einer Kolonie in SW-D: 49.2 % 1-, 27.7 % 2-, 13.5 % 3-, 6.2 % 4-, 2.8 % 5-, 1.7 % 6-jährig, Durchschnittsalter 2.1 J. Höchstalter (Ringvögel) 14 J. 6 Monate, 1 mal 10 J. **Generationslänge:** < 3.3 J. [383].

Mauser. **Postjuvenile Mauser** und **Postnuptialmauser** (je Vollmauser) beginnt mit Kleingefieder im Brutgebiet; ♂ mausern schon während, ♀ erst nach Aufzucht der letzten Brut; im Feld Mauserfortschritt an hellbraunen Bürzelfedern zu erkennen; Großgefiedermauser (besonders bei Ad.) selten bereits vor Wegzug (meist HS 1–2 und mittlere Schirmfeder) [1866], in S-Europa häufiger [1693]; wird während Wegzug unterbrochen [3771]; Abschluss bis (Ende Jan.) Feb./April [767,1369]; Dauer der Großgefiedermauser ca. 6 Monate. • **Pränuptialmauser** (Teilmauser) Jan.–April, setzt bereits vor Ende der **Postnuptialmauser** im Winterquartier ein; nur Körpergefieder [3771,1866].

Familie Panuridae – Bartmeisen

Kleiner, geselliger Schilfbewohner mit kurzen Flügeln und langem Schwanz; weiches, flaumiges Gefieder; Geschlechter sehr verschieden.

Die Bartmeise wird wegen ihrer unsicheren Verwandtschaftsbeziehungen [vgl. 1045] hier in eine monotypische Familie gestellt, abseits der oft mit ihr assoziierten *Paradoxornis*-Arten, die zu den Timaliinae gehören [680].

Panurus biarmicus – Bartmeise 13640

Panurus biarmicus (Linnaeus 1758)

GB Bearded Tit **F Mésange à moustaches** **E Bigotudo**

Taxonomie. Zwei UA: *biarmicus* (Linnaeus 1758) (W- und SW-Europa sowie Teile ME bis W-Balkan) und *russicus* (C.L. Brehm 1831) (SE-ME, E-Balkan, S-RUS bis China).

Kennzeichen. [1369,3615,767,221,3772; weitere Fotos in Limic. **16**, 43, 215, **17**, 39, **18**, 226].

Maße. (Nominatform) Gr.: 12.7 cm (davon Schwanz 7 cm). Gew.: (D-BB) ad. ♂ 14.0-18.0 g, $Ø_{29}$ 16.3 g, juv. ♂ 12.5-17.5 g, $Ø_{72}$ 14.8 g, ad. ♀ 13.5-19.0 g, $Ø_{27}$ 15.9 g, juv. ♀ 11.0-16.0 g, $Ø_{56}$ 14.0 g. Fl.spw.: 16-18 cm. Fl.l.: ad. ♂ 57-65 mm, $Ø_{42}$ 60.6 mm, juv. ♂ 54-61 mm, $Ø_{89}$ 56.1 mm, ad. ♀ 57-61 mm, $Ø_{32}$ 58.7 mm juv. ♀ 53-59 mm, $Ø_{65}$ 55.2 mm. (*russicus*): Ø Fl.l. sehr ähnlich Nominatform, Gewichte etwa 1-1.5 g geringer [1369,767].

Status. Lokal verbreiteter, wenig häufiger Brut- und

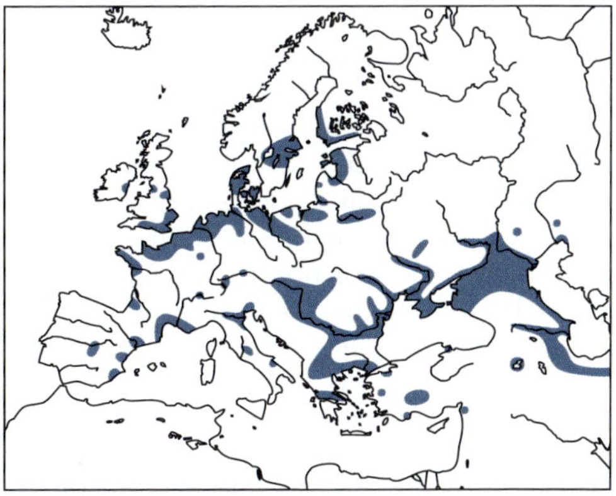

Panurus biarmicus – **Bartmeise**

Sommervogel, in wintermild. Gebieten z.T. Jahresvogel; regelm., meist selt. Durchzügler und Gastvogel. Hohes Vermehrungs- und Ausbreitungspotenzial.

Verbreitung und Bestand. Brutvogel der Paläarktis, vor allem in gemäßigter, mediterraner, Steppen- und Wüstenzone mit einzelnen Siedlungen im S der borealen Zone; Areal als Folge der Verteilung geeigneter Lebensräume stark aufgesplittert. Westlichste Vorkommen derzeit E., W-F und GB, nach E bis KZ, S-Transbaikalien und W-Mongolei, davon getrennt N-China (Areal in E-Paläarktis nicht genau bekannt). N-Grenze in S. ca. 60° N, zwischen Don und Ural bis ca. 49° N, E Ural max. bis ca. 54° N; S-Grenze N-Rand Mittelmeer (einschließlich S-I und S-Anatolien), N-Iran (mit Ausläufern nach S) und N-Abdachung der innerasiatischen Gebirge. Grenzen vor allem im W (möglicherweise aber auch in Steppengebieten Asiens) schwankend oder meist in einzelne, ± isolierte und unterschiedlich konstant besiedelte Stützpunkte aufgelöst. In ME außer H nur an wenigen Stellen Voraussetzung für Ansiedlung größerer, dauerhafter Bestände. Nominatform von NL nach E und S bis einschließlich D, PL, W-A und CH; ferner östliche UA *russicus* in CZ, SK., E-A und H (wohl zu dieser UA erste Brut in D-BY 1959) [4175] und kleine Population in S-PL [337]. Europäischer Gesamtbestand 240.000-480.000 BP (stabil) [383], mit Populationen > 10.000 BP in RO (85-125 T.), RUS (50-150), UA. (60-95) und AZ (5-15 T. BP). In ME brüten etwa 13.700-22.800 BP [383].

Wanderungen. Standvogel bis Teilzieher, gelegentlicher Zugvogel mit Wanderungen vom Evasionstyp, offenbar in Anpassung an Besiedlung lokal begrenzter, mitunter inselartig isolierter, sich rasch verändernder Lebensräume und unterschiedlicher Witterungsbedingungen. Im gesamten Verbreitungsgebiet Überwinterungen, auch an Brutplätzen. Anteil der Abwanderer von Jahr zu Jahr, aber auch von Ort zu Ort unterschiedlich; etwa 2/3 der Br. E-D führen jährlich gerichtete Wanderungen in S-Richtungen durch, z.T. kommt es jedoch auch zu Brutansiedlungen am Wanderziel [953]. Abwanderungen nach der Brutzeit vor allem bei hoher Bestandsdichte (und dadurch möglicherweise verschärftem Nahrungsmangel), vielleicht auch bei Habitatänderungen, offenbar wenig mit Witterungsverhältnissen korreliert (daher große Bestandseinbrüche in kalten Wintern). Rückzug in Herkunftsrichtung nachgewiesen, Wanderungen W-wärts über ca. ½ Längengrad vom Brutplatz zu einem Winterquartier und wieder zurück in GB [4064]; ebenso Winterquartiertreue in zumindest geringer Entfernung vom Brutplatz wiederholt festgestellt oder aus Datenvergleichen geschlossen [z.B. 4219,894]. Bevorzugte Wanderrichtung z.T. von Situation in Umgebung des Brutortes bestimmt, z.T. an einem Ort in unterschiedlichen Evasionsjahren verschieden (möglicherweise soziale Effekte), Streuung in manchen J. von einem Ort bis über 180°. Beispiele: NL nach W- und NE-F, GB, N-D, S-D, wahrscheinlich auch DK, S-S. und CH; SW-GB nach IRL, Schottland, NL, B, NW-D (bis 1959 keine Fernwanderer, selbst bei hohem Brutbestand); Neusiedlersee nach CZ/SK., H, YU, I; einmal von N-F an Mittelmeerküste. An den Abwanderungen sind Ad. und Juv. (letztere wahrscheinlich auch ohne Ad.) beteiligt. Weiteste Strecken > 700 km. Abzug von den Brutplätzen meist Sept.–Okt., Aufenthalt in Winterquartieren Okt.–März (April).

Bestandsentwicklung. ***biarmicus***: Drastische Bestandsveränderungen mit sprunghaften Zunahmen und völligen Zusammenbrüchen in Abhängigkeit von Kältewintern und Bruterfolg sind typisch für die Bartmeise [1369].

	Best.	Areal	Brutbestand	Jahr	Quelle
A	↓	=	3.000–6.000	1998–2002	[383]
B	+/-	=	30–33	2000–2002	[383]
CH	↕	=	30–40	1993–1996	[383]
CZ	↕	=	80–160	2000–2002	[383]
D	⇧	+ 2	1.400–2.700	1995–1999	[383]
H	+/-	=	6.000–9.000	1995–2002	[383]
NL	+/-	=	1.200–2.000	1998–2000	[383]
PL	⇧	+ 2	1.800–2.500	1995–2000	[383]
SK	↕	=	150–400	1995–1999	[383]

Im 19. Jh./Anf. 20. Jh. aus PL, weiten Teilen D und CH noch keine Brutnachw. bekannt und kleine Restvorkommen in B und D-MV (1910) vollständig erloschen [205,1369]. Im Laufe 20. Jh. in verschiedenen Gebieten meist nur kurzzeitig erfolgreiche Ansiedlungen. Erst als Folge des dramatischen Bestandsanstieges der Polderpopulationen NL ab 1950er J. (auf etwa 10.000 BP um 1970) Ansiedlung von Bartmeisen - meist nach Einflügen im Herbst - in Vielzahl von Schilfgebieten ME (sowie in F und S.). Brutnachw. fortan u.a. in Slask ab 1961, D-MV und -NI 1965, B, D-HH, -ST und Rhl. (auch DK) 1966, -SH 1967, -BB 1968, S -BW und Westf. 1974, -TH und Bod. 1975, CH 1976 [337,1369, 3867,4152,4036,973,3857]. Bis 1970er J. Bestände z.T. sehr deutlich angewachsen [z.B. B 50 BP 1969; D-SH >50 BP 1970-76; -MV 350-400 BP 1975, -BB 75-90 BP 1975: 337,1369].

Doch erloschen einige Populationen sehr schnell wieder, andere spätestens mit Kältewinter 1978/79 (oder den beiden Folgewintern) [1369;2063,4059]. In frühen 1980er J. viele Vorkommen verschwunden, und Population NL durch drastische Biotopänderungen in Flevoland sowie Kältewinter bis 1983 auf 700-1400 BP abgesunken [1369,4036,2889].
Seit Mitte 1980er J. erneute Erholungsphase, bei Populationen in SW-D, Bod. und CH Anf. 1990er J. z.T. neue Höchstbestände sowie (kurzzeitige) Besiedlung A-V, doch erneute starke Verluste durch Hochwasser, Kältewinter (z.B. 1985-87) und Abwanderung bis Mitte 1990er J. [CH, D-BW, Bod.: 3392,3393,1617,3489,1722,1369,198]. Deutliche, anhaltende Bestandszunahmen und vermehrte Neuansiedlungen aber in PL, D-SH, -ST, -BB und -MV [310,1,q19,3871,2063,4059,3857,901]. Bestand in Flevoland NL Ende 1990er J. zwar nur noch 300-800 BP (1973 noch 7000 BP!), doch Zunahme in anderen Regionen [375,3638]. Zunahmen und Arealausweitung auch in E., GB und DK [1507].
russicus: Mit Nominatform weitgehend synchron verlaufende Entwicklung mit deutlichen Bestandszunahmen und starker Ausbreitungswelle Anf. 1950er J. bis S-CZ und S-SK. und zweite stärkere Evasion 1959 bis D-BY (und A-Nö). Trotz Rückschlägen durch Kältewinter breitet sich *russicus* bis in jüngste Zeit weiter aus, neben ME auch (Neu-) Ansiedlungen in S-RUS, UA., Baltikum und S-FIN [337,1369,1507]. Größte Populationen ME aber wohl langfristig stabil [1585,856].

Siedlungsdichte. Reviere werden nicht verteidigt bzw. Trennung von Nest- und Nahrungsgebieten. Besiedlung der Brutflächen oft ungleichmäßig und ausgesprochen geklumpt mit zuweilen hoher punktueller Nestdichte und leeren Zwischenräumen (z.B. auf 250 x 175 m 24 Nester); geringste Nestabstände 2–5 m, mittlere Nestabstände z.B. 12,1 m. Isolierte Einzelbruten offenbar selten. Dichten auf Flächen bis 200 ha daher bis > 20 BP/10 ha [337].

Gefährdungsursachen [205,337,1369,196,965,4036, 856,1302,2063]. Lebensraumveränderung durch großflächige Schilfmahd oder Sukzession, oder Zerstörung der Schilfgebiete durch Trockenlegung, Überbauung und Erschließung.
Natürliche Verlustursachen: am bedeutendsten sind strenge Winter, insbesondere bei Eisanhang, aber auch wenn Reif- und Schneebedeckung der Schilfrispen den Nahrungserwerb behindern. Ferner Brutverluste durch späte Kälteeinbrüche sowie durch Dauerregen und Überflutungen oder durch Stürme; ferner Prädation durch Musteliden, Greifvögel etc.

SPEC	VSchRL	Bern.Konv.	Bonn.Konv.
--	--	Anh. II	Anh. II
Europ. RL	RL in ME		
--	CZ: 'EN', CH: 'VU', D, A, SK: 'NT'		

Schutzmaßnahmen. Erhaltung und großflächiger Schutz vorhandener Schilfgebiete; Reduktion der Schilfmahd auf Teilflächen bei gleichzeitigem Erhalt größerer Altschilfbereiche; Vernässung trockengefallener Schilfgebiete, Verhinderung vollständiger Verlandung; Besucherlenkung und Nutzungsreglementierung.

Biotop. Br. in großflächigen Schilfbeständen der Verlandungszone nährstoffreicher Binnengewässer aller Art, auch an Klärteichen, Baggerseen, flachen Brackwasserzonen und Meeresbuchten. Voraussetzung für Dauerbesiedlung sind ausgedehnte Altschilfwälder, die ein Ausweichen bei Änderungen des Wasserstandes oder traditioneller Schilfmahd erlauben. Verfilzungen von Altschilf zu einer dichten Decke über dem Boden/Wasser kommen der Wahl des Nistplatzes entgegen, Auflockerungen durch inselartige Vermischung mit anderen Sumpfpflanzen (z.B. Rohrkolben, Großseggen, Wasserschwaden, Gilbweiderich und andere krautige Pflanzen) dagegen den Nahrungsansprüchen. Zur Nahrungssuche überwiegend an stark vernässten Stellen oder Rändern von Wasserflächen, zur Brutzeit bevorzugt bodennah [1742]. Auch außerhalb der Brutzeit im Schilfröhricht (im Winter in obersten Bereichen); nur ausnahmsweise in Gebüsch.

Nahrung. Im Frühjahr und Sommer so gut wie ausschließlich Insekten und andere kleine Evertebraten, im Winter vor allem Samen, hauptsächlich Rohrkolben und Schilf, aber auch anderer Pflanzen und nach Möglichkeit überwinternde Evertebratenstadien. Magensteinchen zur Verdauung der Samennahrung wichtig.

Stimme. Häufigster Ruf meist zweiteilig, etwas platzend und nasal »tschin tschin«, manchmal leicht abfallend zweisilbig, bei steigender Erregung härter, wie »tjick« oder »tschick«. Kontaktruf der Paarpartner leise »sjipp« oder »djüpp«. Partner oft duettierend, im Trupp fliegende Vögel rufen gleichzeitig. Am Nest »tjüü«, auch gereiht. Gesang relativ unauffällig, leise dreisilbige Strophe etwa »tschindschik-tschrä«, individuell verschieden; keine territoriale, sondern eher soziale Funktion. Bis auf die Mauserperiode ist Gesang das ganze Jahr über zu hören.

Verhalten. [u.a. 1740,1741,1743]. Tagaktiv. Geschickter Halmkletterer und -schlüpfer, auch in der Grätsche, ferner rasches Laufen auf horizontalen Stängeln und auf trockenem bis schlammigen Untergrund. Vielfältige Methoden des Nahrungserwerbs z.B. durch Absuchen von Halmen, Stängeln und Blättern meist dicht über Wasser/Boden; Aufpicken von Beutetieren von der Wasseroberfläche; Bodenscharren; Zerpflücken von Samenständen (Rohrkolben und Schilf), dabei können mit einem Fuß Schilfrispen herangezogen werden. Ausgesprochen sozial; auch in den Anfangsstadien des Fortpflanzungszyklus haben Paare untereinander Kontakt (z.B. bei Nahrungssuche). Brüten solitär oder in lockeren Kolonien. Nestabstände oft weniger als 2 m. Während der Legephase ♀ oft aggressiv gegen andere ♀. Vor und während der Eiablage häufig Verfolgungsflüge, an der oft mehrere ♂ (bis 12) beteiligt. ♀ initiieren oft solche Verfolgungsflüge; enden oft in Kopulationen mit dem schnellsten ♂, nicht unbedingt dem Paar-♂. Kopulieren häufig (ca. 200 Kopulationen/Gelege). ♂ versuchen sich immer in Nähe der ♀ aufzuhalten (Vaterschaftssicherung durch Bewachung). Häufig fremde Junge im Nest (nicht vom Paar-♂). Verpaarung bereits als Jungvögel (oft nur wenige Wochen nach dem Ausfliegen) bleiben dann meist lebenslang zusammen. Schon bei Auflösung der Familie, bereits ab Mai, bilden sich Jungvogelgruppen aus mehreren Bruten, die sich vorzugsweise in unteren und mittleren Schichten der Vegetation aufhalten; häufige Rufkontakte. Mit fortschreitender Saison können je nach Bruterfolg größere Jungvogelschwärme entstehen, die immer nach Geschlechtern gemischt sind (vgl. unten). Schwarmstrukturen verändern sich im Herbst und Winter oft vielfach; auch Ad. gliedern sich ein. Aufsuchen gemeinsamer Schlafplätze im Schilf. Vor der Mauser und mit Höhepunkt im Sept.–Okt. oft auffällige »Höhenflüge« von Schwärmen, die im Extrem außer Sichtweite geraten, aber oft wieder in den Schilfkomplex einfallen. Zusammenhänge dieses Verhaltens mit hoher Dichte und dadurch ausgelöster »Unruhe« sind denkbar; sie finden aber auch im Frühjahr vor dem Abflug aus Überwinterungsgebieten statt.

Fortpflanzung, Brutbiologie [337,1369,767,1,3760]. Geschlechtsreife mit etwa 7 Monaten. Paarbildung schon im Jugendkleid im Sommer/Herbst des Geburtsjahres (»Jugendverlobung«), Zusammenhalt bis Folgejahr belegt; monogame Dauerehe häufig (bis 3 J. Partnertreue nachgewiesen). Geschwisterverpaarungen aus unterschiedlichen Bruten eines Paares beob. Bigynie in Einzelfällen für 1 Saison belegt. **Ankunft im Brutgebiet.** Unauffällige Besetzung ab etwa Ende Feb. – März. Keine Reviersetzung und auch unmittelbare Nestumgebung wird wohl nicht verteidigt; Nahrungsgebiete z.T. von mehreren Paaren und Jungvögeln gemeinsam genutzt. Frühe Paarbindung und Dauerehe gute Voraussetzung für Evasion mit anschließender Neubesetzung von Brutplätzen. **Nest.** Nistplatzwahl wohl durch ♂ (Volierenbeob.). Neststand in dichter Vegetation, z.B. Wasserdost, Rohrkolben, Wasserschwaden, Schilf, Weiden, Seggen, Binsen etc., meist niedrig über Wasser oder Boden dichtem Pflanzenmaterial aufgesetzt, je nach Struktur der Trägerpflanzen Ø 10 – 72 (96) cm über Grund (ME $Ø_{34}$ 24.4 cm, $Ø_{27}$ 36 cm). Nest dickwandiger Napf, meist durch überstehende Halme ± gedeckt, aus 2-3 Schichten, äußerste aus Schilfblättern und -stücken bildet Unterbau, mittlere Schicht aus Schilfblättern, innere aus Schilfrispen, auch Einbau von Federn; davon abweichend Nester in Seggen und anderen Pflanzen. Beide Partner bauen. Grobes Material offenbar aus nächster Umgebung oder aus dem Wasser gefischt; Material für Innenausbau auch noch nachträglich eingefügt. Muldendurchmesser 50-60 mm, -tiefe 50-60 mm. Dauer 2-3 (-8) d. Auch fremde Nester gelegentlich besetzt und Gelege überbaut. **Legebeginn.** Bei günstigen Bedingungen bereits Anf./Mitte März, meist ab Anf. April, Hauptzeit Mai; letzte Gelege im Juli (Aug.). **Gelegegröße.** 4-6 (3-9), größere Gelege wohl von 2 ♀; Ø NL_{80} 6.1, W-PL_{99} 5.5, D-BB_{71} 5.4 (Maigelege am größten). Ø *russicus* H_{18} 6.8, CZ_{34} 5.7. Legeintervall 1 d. **Eier.** Breitoval bis sphärisch, ziemlich glänzend, auf rahmfarbenem Grund wenige dunkel- bis hellbraune Kritzel und sehr kleine Flecken. **Brutdauer.** 10-13 (14) d; Bebrütung ab vorletztem Ei oder früher; beide brüten offenbar meist zu gleichen Anteilen. Juv. schlüpfen asynchron innerhalb 1-2 (-8) d (Nesthäkchen nicht selten). **Nestlings-/Führungszeit.** Beide hudern und füttern. Nestlingsdauer 11-13 (-14) d, bei Gefahr schon nach 8-10 d Verlassen des Nestes. Knapp eine Woche nach Ausfliegen nehmen Juv. selbständig Nahrung auf. Betreuung durch Ad. max. 2 Wochen, Juv. halten im Brutgebiet aber oft noch länger zu Ad. Kontakt. **Jahresbruten.** 2-3 (4); Drittbruten in unterschiedlicher Häufigkeit nachgewiesen, Viertbruten in günstigen

Brutjahren bei sehr zeitigem Beginn); Nachgelege. Schachtelbruten beschrieben. **Ende der Brutperiode.** Meist im Aug., in Einzelfällen bis Mitte (Ende) Sept. **Bruterfolg.** In D Juv. in 51% bzw. 63% der abgelegten Eier; Saisonproduktion von 2 Paaren mit vier Jahresbruten 19 bzw. 10 Juv.; in D-SH in verschiedenen J. 6.5 - 12.5 Juv./BP und J. [4059]. Neben natürlichen Ursachen auch Verluste durch nicht fertile Eier recht groß.

Eimaße und -gewichte [1369,3760]: (Nominatform) L. 14.5-19.9 (23.3) mm, B. 13.0-15.2 (15.8) mm; Ø 17.4 x 14.0 mm (n=120, GB), Ø 17.7 x 14.3 mm (n=120, NL), Ø 17.5 x 14.1 mm (n=81, D-BB), Ø 18.1 x 14.4 mm (n=99, W-PL). Frischvollgew. 1.44-1.69 g, $Ø_5$ 1.63 g. Schalengew. 0.095-0.135 g, $Ø_{213}$ 0.110 g. (*russicus*) L. 15.8-19.3 mm, B. 13.1-15.1 mm; Ø 17.6 x 14.1 mm (n=122, H), Ø 18.0 x 14.1 mm (n=67, CZ). Frischvollgew. 0.105-0.135 g, $Ø_{76}$ 0.113 g.

Sterblichkeit, Alter. Ältester Ringvogel (GB) 6 J. 5 Monate [3654]. **Generationslänge:** < 3.3 J. [383].

Mauser. Postjuvenile Mauser (Vollmauser) Juli/ Mitte Aug.–Ende Sept./Mitte Okt. [767,1369]; spät Geschlüpfte mausern früher und schneller; Flugfähigkeit wegen rascher Großgefiedermauser vorübergehend sehr stark beeinträchtigt [1369]; Dauer der HS-Mauser NL/GB 40–60 d [767,1369], S-Europa Ø 70 d [2503]. • **Postnuptialmauser** (Vollmauser) Ende Juli/Mitte Aug.–Sept./Okt.; Verlauf ähnlich wie **Postjuvenile Mauser** [767, 2503].

Familie Aegithalidae – Schwanzmeisen

Sehr kleine, langschwänzige, gesellige Arten. Insektenfresser mit sehr hohem Energiebedarf (bis 80% des Körpergewichts pro d, bei Kälte mehr). Aufwändiger Nestbau.

Neun Arten in drei Gattungen: *Psaltriparus* (mit 2 Semispezies) in der Neuen Welt, *Psaltria* (1 Art) auf Java und *Aegithalos* (6 Arten) mit eurasiatischer Verbreitung. Nur eine stark variable Art in ME.

Aegithalos caudatus – Schwanzmeise 14370

Aegithalos caudatus (Linnaeus 1758)

GB Long-tailed Tit **F Mésange à longue queue** **E Mito**

Taxonomie. Geographisch sehr variabler Komplex aus ca. 19 UA in drei bis vier Gruppen, die hauptsächlich im Gefieder, aber kaum strukturell variieren. In W-Paläarktis u.a.:
***caudatus*-Gruppe** (Ad. mit weißem Kopf): *caudatus* (Linnaeus 1758) (Fennoskandien, PL, UA. bis Ural) und *sibiricus* (Seebohm 1890) (N-Eurasien E *caudatus* bis Kamtschatka).
***europaeus*-Gruppe** (Ad. mit gestreiftem Kopf, Rücken braun): *europaeus* (Hermann 1804) (W-Europa und ME bis HR, W-R, N-BG), *macedonicus* (Dresser 1892) (S Balkan), *rosaceus* Mathews 1937 (Brit. Inseln), *aremoricus* Whistler 1929 (W-F, Kanalinseln), *taiti* Ingram 1913 (S-F, N-Iberien).
***alpinus*-Gruppe** (gestreifter Kopf, Rücken grau): *irbii* (Sharpe & Dresser 1871) (S-Iberien, Korsika), *italiae* Jourdain 1910 (I), *siculus* (Whitaker 1901) (Sizilien), *tephronotus* (Günther 1865) (Kleinasien), *major* (Radde 1884) (Kaukasus, Transkaukasien).

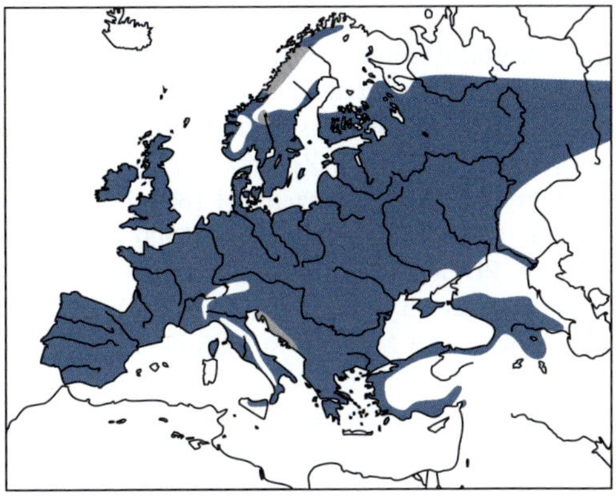

Aegithalos caudatus – **Schwanzmeise**

Kennzeichen. [1369,3615,767,221,3772; weitere **Fotos** in Bird. W. **17**, 9, 12, 60/61, (*caudatus*) Dutch B. **26**, 80/81, 137].

Maße. (Nominatform) Gr.: 14 cm (davon Schwanz 9 cm). Gew.: (CH, Herbst) 6.0-9.0 g, $Ø_{64}$ 7.8 g bzw. (EST, Herbst) 7.5-9.8 g, Ø 8.6 g, (CH, Frühj.) 7.6-8.7 g, $Ø_{10}$ 8.3 g. Fl.spw.: 16-19 cm. Fl.l.: ♂/♀ (N.) 62-66.5 mm bzw. (EST) 60-70 mm, $Ø_{32}$ 64.9 mm bzw. (Durchzügler, D) 58-66 mm, $Ø_{89}$ 62.4 mm [1369,767].

Status. In verschiedenen Formen (s.o.) in ME verbreiteter und häufiger Brut- und Jahresvogel; regelm., häufiger Durchzügler und Gastvogel; gelegentliche Einflüge.

Verbreitung und Bestand. Brutvogel der Paläarktis von Atlantik- bis Pazifikküste einschließlich JAP in borealer, gemäßigter und mediterraner Zone sowie in Gebirgsregionen. Zusammenhängendes Areal umfasst Europa (mit Ausnahme einiger Mittelmeerinseln wie Balearen, Sardinien, Kreta) nach N bis etwa Polarkreis in Fennoskandien (N. einzeln bis 69° N); von RUS W Ural bis Kamtschatka, N-Grenze bei > 60° N, S-Grenze ab W-Küste Schwarzmeer N der Steppen- und innerasiatischen Hochgebirgszone etwa zw. 48 und 50° N, im E bis Mittel- und S-China; ferner von Anatolien, Kaukasus bis N und S Gebirgsumrahmung W-Irans. In Europa vermischen sich mehrere UA in sekundären Kontaktzonen: weißköpfige *caudatus* von N-und E-Europa bis PL (und DK); *europaeus-Gruppe* mit mehreren Formen (z.B. dunkel- bzw. weißköpfige *europaeus* W-ME bis NW-F, S-Alpenrand, YU, RO, N-BG; *rosaceus* GB/IRL; *taiti* S- und W-F, N- und NW-E., P; *macedonicus* S-YU, AL, GR, S-BG) von ME bis NW-Europa und N-Rand S-Europa; *alpinus*-Gruppe S-Europa (z.B. *irbii* P, Zentral-E, Korsika; *italiae* I ab Alpenrand). ME verbreiteter Brutvogel in Tieflagen bis etwa 1000 m, lokal bis obere Montanstufe und an wenigen Stellen der Zentral- und S-Alpen bis Baumgrenze. Höhengrenzen CH 1800-1920 m, A-V 1200-1450m, D-BY höchstens 1500 m, CS ca. 1400 m, PL ca. 1300 m ü.M. Gesamtbestand Europas etwa zw. 5 - 12 Mio. BP (stabil), mit Populationen > 0.5 Mio. BP in RUS (1-2 Mio.), TR (0.8-2.5), F (0.5-2), E. (0.7-1.65) und RO (0.74-0.91 Mio. BP) [383]; in ME etwa zw. 450.000-980.000 BP [383].

Wanderungen. Standvogel, Dismigrationen (vor allem in ME, W- und S-Europa) sowie Wanderungen vom Evasionstyp (vor allem N- und E-Europa), doch Wanderverhalten in E-Europa noch weitgehend unbekannt. Überwinterung innerhalb des Artareals. In W-Europa und ME Dismigrationen ohne Vorzugsrichtung, überwiegend geringe Entfernungen, jedoch auch > 100 km nachgewiesen [818]. Auch in ME invasionsartige Bewegungen kleinen Ausmaßes, wobei offenbar *caudatus*-Ind. nach SW bis CH gelangen. In FIN, Baltikum und NW-RUS mitunter auffälliger Massenzug nach SW–SSE (z.B. FIN 1960-78 in 7 J.; LV an Beringungsstationen bis > 11.000 Fänglinge in einer Saison) mit relativ geringer Reichweite (z.B. FIN – PL, S.), vor allem an Ostseeküste konzentriert (Meeresteile werden aber überflogen); 1992 3 Ringvögel D-MV nach Helgoland, 1mal Festland N-D [862]. In S./N. Invasionen der Zahl nach bereits viel schwächer, DK wird kaum mehr erreicht. Nachbrutzeitliche Wanderungen führen kleine Trupps auch in Gebiete N der Arealgrenze. In ME Anteil weißköpfiger Ind. in Winterschwärmen z.T. deutlich höher als in Brutpopulation (in D-NW dagegen gleich: Anteil im Frühjahr/Sommer 7.1%, Herbst/Winter 7.6%) [R. Wirthmüller]. Über Heimzug solcher Wanderungen wenig bekannt; nach wenigen Einzelfunden überleben zumindest einzelne Ind. die Invasionen und kehren in Brutheimat zurück. Beteiligung derselben Ind. an aufeinander folgenden Evasionen nachgewiesen. Beginn der Abwanderungen NE-Europa etwa Mitte Sept., Invasionshöhepunkte S Ostseeküste Ende Okt., Beendigung Anf. Nov. Wanderentfernungen FIN bis 750 km S, ME bis 450 km SSE, GB bis 340 km SW nachgewiesen.

	Best.	Areal	Brutbestand	Jahr	Quelle
A	+/-	=	25.000–50.000	1998–2002	[383]
B	+/-	=	17.000–35.000	2001–2002	[383]
CH	↕	=	10.000–15.000	1993–1996	[383]
CZ	+/-	=	50.000–100.000	2000–2002	[383]
D	+/-	=	120.000–360.000	1995–1999	[383]
FL	↓	=	20–30	1998–2000	[383]
H	+/-	=	105.000–180.000	1999–2002	[383]
L	+/-	=	3.000–4.000	2001	[383]
NL	↑	=	30.000–40.000	1998–2000	[383]
PL	+/-	=	30.000–80.000	2000–2002	[383]
SK	+/-	=	60.000–120.000	1990–1999	[383]

Bestandsentwicklung. In Folge von harten Wintern, geringem Bruterfolg und Evasionen z.T. erhebliche Bestandsschwankungen, dabei Einbrüche bis zu 90% oder gar Erlöschen von Populationen möglich [1369]. Im 19. und 20. Jh. durch Lebens-

raumverlust insgesamt wahrscheinlich Rückgang [1719,1722,310, auch S., FIN: 1507].
Durch strenge Winter 1962/63, 1978/79 sowie 1984/85 in verschiedenen Regionen ME deutliche Verluste, in Folgejahren (bei milden Wintern) rasch wieder ausgeglichen. Erholungsphase seit letztem Einbruch Mitte 1980er J. offensichtlich in derzeit zunehmenden Beständen und erneuten Arealausweitungen [D, Bod., A-Oö, CH: 2393,1467, 2518,198,2896,1,1617,3392,3393]. Bestandszunahmen und Arealausweitungen in NL, CH und W-D zudem durch günstige Habitatentwicklungen [z.B. auch »Pflegerückstände« in Wäldern, 2031,3393] oder zunehmende Verstädterung mit Nutzung von Futterplätzen im Winter [2623;2642,375,3638]. In CH auch Ausweitung des Areals in größere Höhenstufen [3392].
Zwar in Folge von Habitatverschlechterungen zuweilen auch Bestandsrückgänge, z.B. durch Ausräumung der Kulturlandschaft [Westf.: 2974], Überbauung [337], Folgen der Schadstoff-Immissionen [4175] oder intensive Waldpflege [55]. Doch meiste flächig besetzte Regionen ME langfristig mit weitgehend stabilen Beständen [z.B. 334,884,1585, 196,767,1137,1369,1587,3392], auch in weiten Teilen Europas; drastischer Rückgang allerdings in FIN [1507,1585].

Siedlungsdichte. Bestimmung der Reviergröße für ein Paar kaum sinnvoll, Bestandsaufnahmen daher problematisch; Winterterritorien von Schwärmen 20-25 ha [1507]. Höchstdichten in ME auf Flächen von 20–49 ha 4.4–1.3–0.8 (Ø 1.4), von 50–99 ha 2.4–1.2–0.4 (Ø 1.2), von > 100 ha 1.0–0.5–0.2 (Ø 0.4) Rev./10 ha. Großflächendichte (> 100 km^2) zw. 0.05 – 3.5 BP/km^2 [vgl. Tab. 46 in 337].

Gefährdungsursachen [1369,196,1507,2471]. Beeinträchtigung, Zerstörung oder Fragmentierung des Lebensraumes durch Ausräumung der Landschaft und Verlust der Feldgehölze, durch Umwandlung von Nieder- in Hochwälder und intensive Durchforstungs- und Waldpflegemaßnahmen sowie durch zunehmende Verbauung und lebensfeindlichere Bedingungen in städtischen Bereichen. Besondere Gefährdung dabei für Winterschwärme.
Natürliche Ursachen: bedeutender Verlustfaktor »Kältewinter« (entscheidend ist nicht Temperatur, sondern Behinderung des Nahrungserwerbs durch Eisüberzug, Schneelagen und Frost); hohe Brutverluste durch Prädation.

SPEC	VSchRL	Bern.Konv.	Bonn.Konv.
--	--	Anh. III	--
Europ. RL	RL in ME		
--	--		

Schutzmaßnahmen. Gezielte Maßnahmen nicht erforderlich. Keine weitere Ausräumung der Landschaft, Verringerung der Schadstoffbelastung.

Biotop. Br. in lichten Laub- und Mischwäldern mit dichtem Unterholz und relativ hohen Gebüschanteilen, an vielfältig gestalteten Waldrändern, in Ufer- und Feldgehölzen, Parkanlagen, Friedhöfen und Gärten mit altem Baumbestand. Zur Nahrungssuche werden äußerste Zweigspitzen und Knospen bevorzugt. In der Mittelmeerregion in dichter Macchie, trockenen Wäldern und Olivenhainen.

Nahrung. Kleine Insekten und deren Entwicklungsstadien, z.B. Blattläuse, kleine Schmetterlinge (und deren Raupen), Mücken; ferner vor allem Eier und Entwicklungsstadien von Spinnen. Mitunter kleine Knospen und Teile von Früchten; an Winterfutterstellen Kleie-Fettgemisch.

Stimme. Normaler Kontaktruf vor allem in Trupps und zwischen Paarpartnern weich, etwas metallisch »pit«; hohe »zie« oder »iiez« für gewöhnlich in Flügen > 3 m und daher typisch für einen Schwarm in Bewegung. Bei Erregung schnarrend »zerrr« oder »pserrp« (meist im Fliegen oder bei rascher Fortbewegung durch Zweige), Stimmfühlungsruf auch mit hohen Lauten kombiniert als »zirrrr«, letzteres auch bei Auseinandersetzungen zwischen Wintertrupps. Gesang nicht häufig zu hören, schnelle Folge kratzender kurzer, z.T. auch trillernder Elemente. Beide Geschlechter singen.

Verhalten. Tagaktiv. Hüpft kopfabwärtshängend; Nahrungssuche turnend und hängend (langer Schwanz »Balancierstange«), Größere Nahrung kann auch hängend aus dem Fuß gefressen werden. Außerhalb der Brutzeit fast ausnahmslos in Trupps, die nicht nur bis unmittelbar vor Beginn der nächsten Brutsaison, sondern auch über weite Entfernungen (bis 750 km nachgewiesen) zusammenhalten und mitunter sich z.T. in ähnlicher individueller Zusammensetzung erneut bilden (z.B. von 19 Ind. eines Trupps 7 nach 2 J. noch/wieder zusammen). Zur Brutzeit i.d.R. Familientrupps (Eltern mit Jungen und Helfern) von etwa 4–5 bis max. 17–20 Ind., aber mitunter auch weiteren Ind. (Truppgröße bis 30). Ad. verteidigen gemeinsam ein Revier. Paarreviere werden dann zu Brutbeginn innerhalb dieser etabliert. Kurz vor Legebeginn ist Aggression gegenüber anderen Schwarmmitgliedern am intensivsten. Nichterfolgreiche Brutpaare beteiligen sich häufig bei Jungenaufzucht anderer Paare. Helfer stellen eine essentielle Verbesserung für die Jungenaufzucht dar. Jeder Trupp beansprucht ein Winterrevier (je nach Truppgröße, GB Ø 17–25 ha, D bis 60 ha), das gegen andere Familientrupps verteidigt wird; Einzelvögel können zw. verschiedenen Trupps hin- und herwandern. In milden Nächten gemeinsames Übernachten dicht beisammen, in kalten mit Körperkontakt. Lockere Vergesellschaftung mit Meisen etc. nicht selten; auch können in ME vor allem im Herbst mehrere Trupps vorübergehend zusammenkommen, sodass Schwärme von > 50 bis max. 300 Ind. entstehen (möglicherweise handelt es sich dann auch z.T. um wandernde Ind.). Ab Spätwinter »Balzflüge« mit schmetterlingsähnlichen Flugbewegungen und eingeschalteten kurzen Landungen.

Fortpflanzung, Brutbiologie [337,1369,767,1,1722]. Geschlechtsreife im 1. Lebensjahr. Monogame Saison-, viell. öfters Dauerehe oder zumindest Zusammentreffen vorjähr. Partner (Helfer vgl. unten). **Ankunft im Brutgebiet.** Auflösung der Wintertrupps und Paarbildung innerhalb von Schwärmen bereits im Winter; etwa Ende Jan.-Mitte Feb. (in höheren Lagen März). So gebildete Paare besetzen Reviere innerhalb des winterlichen Territoriums der Gruppe, dem das ♂ angehörte, aber bis zum Bau des Nestdaches gemeinsame Gruppenschlafplätze (danach Nächtigung im Nest). in ME »Winterschwärme« (wahrscheinlich Juv.) bis Mitte April. **Nest.** Nistplatzwahl durch ♂. Neststand vielseitig, in Mehrzahl der Fälle in hohem Gebüsch und auf Bäumen, entweder auf Astgabeln etc. stehend oder in äußersten Spitzen von Nadelbäumen hängend, vom Boden bis >30 m Höhe, vorzugsweise nach Sonnenseite ausgerichtet, z.B. in Rhl. Nadelhölzer 62 mal (31 Fichte, 8 Kiefer, auch Exoten), Laubhölzer 33 mal an Stämmen oder in Astgabeln und 21 mal in Hecken und Geäst, Dornsträucher 27 mal, Rankenpflanzen 24 mal, Ginster 16 mal, Reisighaufen und Krautschicht 7 mal, auf dem Boden 3 mal; Höhenverteilung zw. 0 und >10 m, z.B. 81 mal < 2 m, 58 mal 2-5 m, 31 mal 5-10 m und 21 mal > 10 m. Nest kunstvoll und kompakt, eiförmiger, dickwandiger Bau, oben geschlossen, mit seitlichem Eingang, in der oberen Hälfte aus Spinnweben, Moos, dürren Grashalmen, mit Flechten verkleidet (dadurch oft hervorragende Tarnung) und bis >2000 Federn als Auspolsterung. Beide bauen, ♀ mit größeren Anteilen; mitunter 3-4 Ad. beim Bau eines Nestes. Sehr früh begonnene Nester oft bei Schlechtwetterperioden aufgegeben. Dauer bei frühen Nestern sehr lang (bis > 30 d vom Beginn zur Ablage des 1. Eies), später kürzer (in GB mind. fertiger Außenbau Ende März/Anf. April Ø ca. 12 d, Ende Apr./Anf. Mai Ø ca. 6 d). **Legebeginn.** In ME frühestens 2. Märzdekade, Höhepunkt April; letzte Gelege erste Junihälfte (selten später). **Gelegegröße.** 8-12 (5-15), größere Gelege (bis 20) von 2 ♀; Kalendereffekt; Ø Rhl. April$_{54}$ 10.0, Mai$_{22}$ 9.6, Juni$_{10}$ 8.3, S.$_{32}$ 11.1, GB$_{21}$ 9.9 bzw. S-GB$_{52}$ 9.4, D-BB$_{42}$ 10.7, -BW$_{21}$ 9.6, CS$_{44}$ 9.3. Legeintervall 1 d. **Eier.** Breitoval, kaum glänzend, auf weißem bis gelblichem Grund sehr fein hell roströtlich gefleckt. **Brutdauer.** 12-16 d (mitunter mehr), in GB vor Median der Legebeginne Ø 15.5 d, danach Ø 13.8 d; Bebrütung ab (vor-)letztem Ei; ♂ an Bebrütung beteiligt, aber ohne Brutfleck. Juv. schlüpfen synchron. **Nestlings-/Führungszeit.** Beide füttern; Helfer, nur im Nestlingsstadium, i.d.R. ein Ad. von Paaren mit Brutverlust, generell (n=12, GB) mit ♂ des Brutpaares verwandt (s. Wintertrupps, oben); Durch Helfer Huderzeit des ♀ verlängert, ihre Fütterungszeit verringert, Gewinn der Helfer für Brut anfangs nur geringerer Wärmeverlust der Juv.; in späterem Stadium bis 16% mehr Fütterung. Nestlingsdauer 14-18 (-19) d. Nach Ausfliegen werden Juv. noch mind. 2 Wochen lang gefüttert. **Jahresbruten.** 1 (Zweitbruten nicht nachgewiesen); mehrere Nachgelege. **Ende der Brutperiode.** Meist Anf. bis Mitte Juni, selten bis Juli. **Bruterfolg.** Verlustrate sehr hoch, in GB nur aus 16% der Nester flügge Juv., in D 22%; jew. starke Unterschiede nach Neststandorten (in Waldgebieten lokal bis 95-100%, in Gebüsch und Hecken 68%), in B örtlich nur 10%, in W-D 10-48%. Helfer reduzieren Sterblichkeit der Nestlinge (in GB 38% von 68 Nestlingen mit Helfern bis Folgejahr überlebt, aber nur 22% von 114 ohne Helfer). Hauptverluste durch Prädation (Rabenvögel, Katzen, Marderartige, Kleinsäuger) sowie Witterungseinflüsse.

Eimaße und -gewichte [1369]: L. 13.0-17.2 mm, B. 9.9-12.5 mm; (Nominatform) Ø 14.2 x 11.1 mm (n=111, S.), (*europaeus*) Ø 14.2 x 11.1 mm (n=166, B), Ø 14.1 x 11.3 mm (n=65, D-SN). Frischvollgew. 0.77-1.15 g, Ø$_{98}$ 0.89 g. Schalengew. 0.044-0.062 g, Ø$_{169}$ 0.054 g.

Sterblichkeit, Alter. In GB überlebten 38 % der mit Helfer großgezogenen Nestlinge bis zur nächsten Brutsaison, aber nur 22 % von normalen Bruten. Berechnungen auf Grundlage des gesamten Datenmaterials GB/IRL 1962-94 ergaben 75 % Mortalität im 1. Jahr und für Ad. 56 %/J. [3589]. In Deutschland sehr geringe Mortalität im 1. J. von nur 23 % gezeigt. Ältester Ringvogel (DK) 10 J. 9 Monate [3654]. **Generationslänge:** < 3.3 J. [383].

Mauser. **Postjuvenile Mauser** (Vollmauser) beginnt im Alter von ca. 5–6 Wochen [1369], Juni–Ende Sept./Anf. Okt. [767,1369]. • **Postnuptialmauser** (Vollmauser) (Ende Mai) Juni–Sept./Okt.; Dauer ca. 80–100 d [767,1369].

Familie Cettiidae – Buschsänger

Sehr eigenständige Linie innerhalb der Sylvioidea, der sich zur Zeit nur die Gattungen *Cettia* (mindestens 15 Arten mit eurasiatischer Verbreitung) und *Urosphena* (3 Arten, E- & SE-Asien) zuordnen lassen. Wahrscheinlich engere Verwandtschaft mit Schwanzmeisen (Aegithalidae) und afrikanischer Gattung *Hylia* [274]. Bestimmung [140].

Cettia cetti – Seidensänger 12200

Cettia cetti (Temminck 1820)

GB **Cetti's Warbler** F **Bouscarle de Cetti** E **Ruiseñor Bastardo**

Taxonomie. Zwei (drei) gering differenzierte UA: *cetti* (Temminck 1820) (Europa nach E bis UA., W-TR, nach S bis NW-Afrika), »*orientalis*« Tristram 1867 und *albiventris* Severtzov 1873 (Kleinasien, CY, zentrales Vorderasien bis Afghanistan, Mittelasien).

Kennzeichen. [1369,3615,767,3772,221; weitere Fotos in Bird. W. **8**, 267, **9**, 429, Dutch B. **22**, 245, **23**, 337, 380, (*albiventris*) Bird. W. **16**, 338-39].

Maße. Gr.: 13.5 cm. Gew.: (Mittelmeer) ♂ 10.1-15.5 g, Ø$_{72}$ 12.8 g, ♀ 8.3-12.5 g, Ø$_{63}$ 9.9 g. Fl.spw.: 15-19 cm. Fl.l.: (Mittelmeer) ♂ 57-94 mm, Ø$_{106}$ 59.9 mm, ♀ 51-56 mm, Ø$_{79}$ 53.4 mm [1369,767].

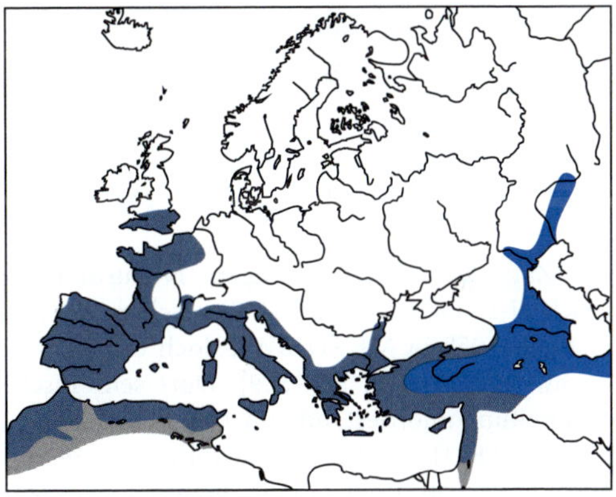

Cettia cetti – Seidensänger

Status. Sehr lokaler Brut- und Jahresvogel in S- und W-ME, sonst in ME seltener Gastvogel im Sommer und zu Zugzeiten. • **L:** 1 Ind. Okt. 1983 [1369]. • **B:** Erstnachw. 1962 [1369]. • **NL:** Erstnachw. 1968 [1369; ausführlich in 375]. • **D:** -NW sing. ♂ 1975, 1976, 1991; -RP 1961, 1977, 2 sing. ♂ 1980, Fängl. 1980 und 1992; -SL je 1 sing. ♂ 1971, 1975, 1978, Brutverdacht 1975, 1982, sing. ♂ 1990; -BW Sept. 1958, je 1 sing. ♂ 1979, 1981, 1984 und 1989; -BY Sept. 1981, (1 sing. ♂ 1989): -TH je 1 Ind. 1977, 1980; -ST je 1 Ind. 1976, 1984 [1369,1722,575]. • **PL:** sing. ♂ Mai 1988 [3871]. • **H:** Okt. 1996 [2438]. • **CH:** mehrere Nachw. auch außerhalb der (ehemaligen) Brutgebiete in -TI und -AG [4152,3393]. Noch nicht anerkannt (?): H 1999 [q3].

Verbreitung und Bestand. Von NW-Afrika, Iberien, F und S-GB über S-Europa (I, GR) und Vorderasien bis N-Iran und N-Afghanistan sowie nach E bis KZ und W Zentralasien. Nominatform in Europa Arealausweitung nach N 1920–1940 und vor allem ab 1961 mit Rückschlägen nach kalten Wintern. Seit 1960er J. auch in ME, doch kleine Brutvorkommen wenig stabil, oft in Folge kalter Winter wieder erloschen; Bestand derzeit nur einzelne Paare. Höchster Brutnachw. ME 440 m; Obergrenze F

100 m, I (Festland) 750 m, E. 800 m, Sardinien, Sizilien 800–870 m, Hoher Atlas bis 2100 m ü.M. Europäischer Gesamtbestand zw. 600.000 - 1.6 Mio. BP (zunehmend), mit Populationen > 50.000 BP in I und TR (jew. 200-400 T.), F (50-250), E. (20-100) und P (10-100 T. BP); in ME brüten nur 60-100 BP [383].

Wanderungen. Standvogel mit Dispersionswanderungen, ♀ und Jungvögel wohl generell mobiler als ♂. Auch Br. GB überwiegend Standvögel (max. Ringfundentfernung SW-England – S-Schottland 649 km, jedoch sonst fast immer < 100 km) [4064]. Vögel der asiatischen Populationen *(albiventris)* sind Zugvögel.

Bestandsentwicklung. Seit Anf. 20. Jh. mehrere Vorstöße nach N, dabei besonders erfolgreiche Arealerweiterungen zw. 1920-40, Anf. 1960er (Besiedlung GB 1961) und erneut Mitte 1970er J. Bis auf S-GB und N-F waren Neuansiedlungen dieses ausgesprochenen Standvogels aufgrund von Kältewintern meist nur von kurzer Dauer [1369].

	Best.	Areal	Brutbestand	Jahr	Quelle
B	↑	+ 1	60–91	2001–2002	[383]
CH	+/-	=	1–4	1993–1998	[383]
H	N	N	0–1	2000–2003	[383]
NL	⇩	- 1	0–1	1998–2000	[383]

Im Zuge einer großräumigen N-Ausbreitung (nach N-F, auch N-I und SLN) erschien die Art erstmals 1958 in ME (D-BW), doch erster Brutnachw. erst 1964 in B [1369]. Dort sehr rasche Ausbreitung und Bestand von 140-180 BP (1973-77) [1369,843]. Größere Ansiedlung (bis 60 BP) auch in NL ab 1968 [3636]; mehrere Vorkommen in CH (ab 1973) blieben von geringer Bedeutung [4152,3393]; in D erster Brutnachw. 1975 in -NI, Beob. zur Brutzeit zudem aus anderen Regionen W-D, insbesondere -NW, -RP und -SL; ferner auch aus dem Elsaß F (Brut 1984) [196,337,575]. Nach mehreren Kältewintern, vor allem 1984/85-1986/87, wohl vollständiges Erlöschen der Vorkommen in ME [1369] und starke Arealverluste in N-F [1507].
Seit Ende 1980er J. wiederum Ansiedlungsversuche [PL 1988, D-BY 1989, NL 1989, 1990 und B 1990: 1369; vgl. auch F: 4180 und GB: 1343], z.T. mit Bestandssteigerungen und erneuter Etablierung in B [1677] und kleinem Brutbestand in CH-TI mit max. 4 BP (1998) - allerdings im Folgejahr abermals erloschen [3393]; in NL dagegen derzeit nur einzelne Revier-♂ bekannt [3638]. Durch hohen Populationsdruck und z.T. wachsenden Beständen in Nachbarregionen (u.a. HR, I, F) ist mit weiteren Vorstößen nach ME zu rechnen [196,1585,3393; nach 383 offenbar Brutnachw. nach 2000 in H]. In SLN durch Lebensraumzerstörung von 1979-98 allerdings Rückgang um > 20% [1326].

Gefährdungsursachen [196]. In ME ist Härte der Winter entscheidend für Überleben der Population. Lebensraumverluste durch Intensivierung der Landwirtschaft sowie Störungen an Brutplätzen spielen nur lokale Rolle [z.B. 1326].

SPEC	VSchRL	Bern.Konv.	Bonn.Konv.
--	--	Anh. II	Anh. II
Europ. RL	RL in ME		
--	CH: 'VU', B: 'R'		

Schutzmaßnahmen. In Anbetracht der meist sehr instabilen Populationen am Nordrand des Verbreitungsareals erscheinen gezielte Schutzmaßnahmen derzeit kaum nötig; in ME bevorzugte und besiedelte Lebensräume liegen zu gutem Teil innerhalb von Schutzgebieten.

Siedlungsdichte. Reviergrößen je nach Vegetation 0.1–0.8 ha. F 5.9 BP/10 ha (auf 27 ha), B 4.7 ♂/10 ha (80 ha) [337].

Biotop. Dichte Vegetation an Gräben und Rinnsalen, in ME Verlandungsgesellschaften mit Strauchvegetation; Nest meist nicht weit vom Wasser entfernt. Deckungspflanzen Brombeere, Schilf, Weißdorn, Brennnessel. Im Mittelmeerraum auch vollkommen trockene Brutgebiete, z.B. verbuschte Olivenhaine, Feldsäume.

Nahrung. Kleine Insekten, Spinnen, Würmer, Schnecken; mitunter auch Samen.

Stimme. Gesang explosiv einsetzende Reihe, die an Lautstärke abnimmt, wie »zit – ptischewitschewit« oder auch etwas länger, meist 1.5–4 sec; Strophen individuell verschieden, v.a. durch Anfangselemente. Längere Pausen zwischen den einzelnen Strophen, dabei Ortswechsel. Ruf häufig »ti« (Stimmfühlung), kurz scharf »tzett« (Warnruf) oder »tschuk«, bei starker Erregung schnelles Schmettern ähnlich Zaunkönig, aber höher etc. Sangeszeit das ganze J. über mit Minimum Juli/

Aug., ebenfalls nachts, auch im Winter mitunter ausdauernd.

Verhalten. Gesang in den Morgenstunden am häufigsten. Lebt versteckt; Nahrungserwerb in dichter Vegetation, meist dicht über dem Boden. Bei Erregung Schwanz- und Flügelzucken. ♂ verteidigen mitunter das ganze J. über ein Revier; Gesangsort meist nicht am Neststandort. Zu Beginn der Brutzeit Balzflüge.

Fortpflanzung, Brutbiologie [337,1369,767,1722, 1551]. Geschlechtsreife wohl im 1. Lebensjahr. Brut- oder Saisonehe, simultane Polygynie (max. 3-5 ♀ pro ♂) je nach Habitat nicht selten. Paarbildung im Revier des ♂. **Ankunft im Brutgebiet.** Ganzjährig im Gebiet. Reviergründung meist erst im März. **Nest.** Im Gestrüpp (z.B. Brombeere, Tamarisken, Schilf, Brennessel), sowohl in vertikalen Halmen als auch auf Astgabeln, in Ranken oder auf Grasbülten, oft in Bereichen mit verholztem Wurzelwerk; meist 30-50 cm über Grund (Zweitbruten im Mittel höher). Voluminöser, unordentlicher Bau mit tiefem Napf aus Halmen, Mulde mit feinerem Material (Federn, Haare, Schilfblüten) ausgekleidet; Höhe 7-13 cm, Außendurchmesser ca. 9 cm. ♀ baut allein. **Legebeginn.** In Europa Erstgelege etwa ab 2. Aprilhälfte/Anf. Mai, Zweitgelege Anf. bis Mitte Juni; späteste Bruten im Juli. **Gelegegröße.** (2) 3-5; Erstgelege I_{21} 3.9, Zweitgelege I_{13} 3.5; GB_9 4.6, RUS_{11} 4.5; Gelege aus polygynen Bruten signifikant größer als aus monogamen. Legeintervall < 1 d. **Eier.** Breitoval, glänzend, dunkelorange bis braunrötlich. **Brutdauer.** (13) 16-17 d; ♀ brütet. Bebrütung meist nach letztem Ei. **Nestlings-/Führungszeit.** Nur ♀ hudert und füttert. Nestlingsdauer 14-16 d. Juv. der Erstbrut 15-16 d geführt (auch durch ♂), der Zweitbrut mind. 26 d. Nach 30 d selbständig, Auflösung der Jungentrupps nach 35 d. **Jahresbruten.** 1-2. Zweitbruten vor allem im (S)W des Areals bekannt. Drei Brutversuche eines ♀ in GB belegt. Ersatzgelege. **Ende der Brutperiode.** Meist im Juli, bei späten Bruten im Aug. **Bruterfolg.** In I ergaben 74% der abgelegten Eier Juv. (in GB bei kleiner Stichprobe 86%), Gesamterfolg 4.6 Juv./♀.

Eimaße und –gewichte [1369]: L. 17.0-19.4 mm, B. 13.2-14.5 mm; Ø 17.9 x 13.8 mm (n=66, S-E./N-Afr.), Ø 18.5 x 14.3 mm (n=33, NE-E.), Ø 18.6 x 14.5 mm (n=49, NE-Kaukasus); Frischvollgew. Ø 2.07 g; errechn. 1.8 g; Schalengew. Ø 0.094 g.

Sterblichkeit, Alter. Ein ♀ 7, ein ♂ 6 J. **Generationslänge:** < 3.3 J. [383].

Mauser. **Postjuvenile Mauser** (Teilmauser) Ende Juni–Okt. (Nov.) [767], Mauserhöhepunkt Ende Juli–Aug. [1369]; umfasst auch Schirm-, einige (alle) ST und einen Teil der Großen Armdecken, selten einzelne Schwungfedern, Umfang in S-Europa größer [3025,1290]. • **Postnuptialmauser** (Vollmauser) Mitte Juni–Sept. (Anf. Okt.), ♀ beginnen z.T. später [767,1369]; Dauer der HS-Mauser F 60 d. • **Pränuptialmauser** (Teilmauser oder fehlend) März–April; nur bei wenigen Teile von Kleingefieder und ST [767,1369].

Familie Phylloscopidae – Laubsänger

Sehr kleine, grünlich gefärbte, kurzschnäbelige Insektenfresser; meist sehr lebhaft und rastlos; im Feld schwer zu unterscheiden, Gesang und Rufe dabei wichtig. Geschlechter gleich, doch Größenunterschiede (♂ z.B. mit längeren Flügeln). Schwanz gerade, schmal und kurz. Nahrungssuche meist im Kronenbereich und äußerem Laubwerk, aber Bruten in Bodennähe.

Abgrenzung der hier neu im Familienrang geführten Gruppe bisher nicht völlig geklärt. Neben der großen Gattung *Phylloscopus*, die »*Seicercus*« einschließt, sind keine weiteren, nah verwandten Gattungen bekannt (*Abroscopus* ist molekular sehr divergent und gehört entgegen bisheriger Einschätzungen wohl nicht hier her) [A.J. Helbig].

• Gattung *Phylloscopus*

Die artenreiche Gattung *Phylloscopus* besteht nach molekularen Untersuchungen [3191,3074,1626,2875] aus zwei basalen Teilgruppen (s. unten) mit mindestens vier phylogenetisch sehr divergenten Linien, die in Zukunft wohl besser im Gattungsrang zu führen sind, damit der taxonomische Rang im Vergleich zu anderen Gattungen innerhalb der Sylvioidea annähernd die evolutive Divergenz der Linien widerspiegelt. Hier wird zunächst noch die weiter gefasste Abgrenzung von *Phylloscopus* beibehalten, nun aber sämtliche »*Seicercus*«-Arten einschließend, da die Gattung sonst nicht monophyletisch wäre [vgl. 2875].

Zahlreiche Artgrenzen innerhalb von morphologisch gering, bioakustisch und molekular aber deutlicher differenzierten Gruppen wurden erst in jüngster Zeit erkannt; Gesamtartenzahl der Arten nunmehr mind. 71, doch selbst damit mit Sicherheit noch nicht gesamte Diversität der Gruppe erfasst. Ein deutliches Diversitätszentrum liegt im Himalaja-Gebiet und W-China.

Gattung gliedert sich in zwei basale Teilgruppen, für die im Falle einer Trennung auf Gattungsniveau die Namen *Phylloscopus* Boie 1826 (mit 26 Arten) bzw. *Seicercus* Swainson 1837 (mind. 45 Arten) Priorität haben. *Phylloscopus*-Gruppe besteht aus drei Untergattungen (in Reihenfolge zunehmender Artenzahl) mit folgenden in Europa nachgewiesenen Arten:

- *Rhadina: sibilatrix, bonelli, orientalis*
- *Phylloscopus* (inkl. *Herbivocula*): *fuscatus, schwarzi, trochilus, collybita*-Superspezies
- *Abrornis* (inkl. *Reguloides*): *proregulus, inornatus, humei*

Die *Seicercus*-Gruppe ist in Europa mit zwei Untergattungen und fünf Arten vertreten: *Acanthopneuste: borealis, [trochiloides]*-Superspezies und *Cryptigata: coronatus.*

Übersicht über paläarktische Arten [140; Bestimmung der europäischen Arten in der Hand:4112,3771; zur bioakustischen Differenzierung und Evolution der Gattung [2480; taxonomische Übersicht:3847].

Phylloscopus [trochiloides] – Superspezies

Der Grünlaubsängerkomplex bildet eines der besten Beispiele für eine Ringspezies, die sich im Zuge der von S nach N gerichteten Ausbreitung um das zentralasiatische Himalaja-Massiv herum in zwei reproduktiv isolierte und regional sympatrische Taxa differenziert hat [1826N,1826Z]. Der nach Westen bis ME vorgeschobene Ausläufer dieses Komplexes (*viridanus*) steht mit der Nominatform (Nepal bis SW-China) über ein geschlossenes Brutareal ohne erkennbare Genflussbarriere in Kontakt, während *plumbeitarsus* durch eine möglicherweise anthropogen (durch Waldrodung) bedingte, sehr junge Verbreitungslücke von *trochiloides* getrennt ist. Mitochondriale DNA-Sequenzen weisen Schwesterbeziehungen zwischen *viridanus* und *nitidus* einerseits sowie zwischen *trochiloides* und *plumbeitarsus* andererseits aus. Sie entsprechen also nicht den aktuellen Genflussbeziehungen, die für die taxonomische Abgrenzung maßgeblich sind. Diese Diskrepanz könnte auf eine frühere (präpleistozäne) Ost-West-Separation zurückgehen, nach der die Areale südlich des Himalajamassivs wieder verschmolzen, bevor sich eine reproduktive Barriere entwickelt hatte, während der sekundäre Kontakt nördlich des Massivs (also im sibirischen Flachland) sehr viel später zustande kam und dort dann eine reproduktive Barriere (zwischen *plumbeitarsus* und *viridanus*) zu Tage trat.

Alle Taxa des Komplexes zu einer Art zu vereinigen [vgl. 723], ist angesichts der gut dokumentierten Sympatrie und reproduktiven Trennung von *plumbeitarsus* und *viridanus* nicht haltbar. Der Wacholderlaubsänger *P. nitidus* ist genetisch [1632] und phänotypisch [2480,27] deutlich differenziert, so dass ihm zweifelsfrei Allospeziesstatus zukommt. Bestimmung [817,3974].

Phylloscopus sibilatrix – Waldlaubsänger 13080

Phylloscopus sibilatrix (Bechstein 1793)

GB Wood Warbler **F Pouillot siffleur** **E Mosquitero Silbador**

Taxonomie. Monotypisch.

Kennzeichen. Größendimorph [1369,3615,767, 221,3772; **Foto** in Limic. **17**, 212].

Maße. Gr.: 12 cm. Gew.: (CS, Brutzeit) ♂ 8.5-12.5 g, $Ø_{23}$ 10.0 g, ♀ 8.6-10.1 g, $Ø_3$ 9.5 g; (D-SN, Brutzeit) ♂ 8.8-10.4 g, $Ø_{27}$ 9.8 g, ♀ 9.4-11.4 g, $Ø_{27}$ 10.1 g. Fl.spw.: 19.5-24 cm. Fl.l.: ♂ 70-80 mm, $Ø_{23}$ 76.3 mm bzw. $Ø_{122}$ 75.6 mm, ♀ 70-72 mm, $Ø_5$ 71.2 mm bzw. $Ø_{53}$ 72.8 mm [1369,767; vgl. auch 3840].

Status. Verbreit. und häuf. Brut- und Sommervogel sowie regelm., häuf. Durchzügl. und Gastvogel.

Verbreitung und Bestand. Monotypischer Brutvogel des Laubwaldgürtels der W-Paläarktis von GB über SE-N., S-S. (bis fast N-Rand des Bottnischen Meerbusens) FIN (zusammenhängend bis ca. 65° N, einzeln weiter N), W-RUS (bis > 64° N) nach E bis an den W-Rand W-Sibirien (hier ca. 56° N) mit einzelnen Vorposten oder zeitweiligen Vorstößen bis an Ob, singende ♂ vereinzelt bis Mongolei und Altai. Die S-Grenze verläuft durch S-F und I (Massif Central, S-Voralpen und Seealpen, ferner Verbreitungsinseln Abruzzen, S-Apennin, Apulien und Kalabrien), S-YU nach E über BG, MOL und UA. mit Inseln auf Krim bis NW-Kaukasus. In ME in Laubwaldbeständen weit verbreitet von Tiefebene bis Montanstufe, fehlt jedoch im N in der Marsch und z.T. in der Geest von W-Flandern bis Schleswig, in laubwaldfreien inneralpinen Tallandschaften, in höheren Bergwäldern (obere montane und subalpine Stufe) der Alpen und hohen Mittelgebirgen sowie im Zentrum der Großen Ungarischen Tiefebene. Höhengrenzen: CH Jura lokal bis > 1400 m, Alpen selten > 1300 m (aber ausnahmsweise bis 1770 m, sing. ♂ noch höher), A bis 1400 m (höchster Brutnachw. 1500 m, sing. ♂ ausnahmsweise 1950 m), CS Obergrenze 1100–1200 (höchstes Vorkommen 1400) m, PL bis 1400 m, D Alpen 1400–1500 (1700) m ü.M. Gesamtbestand in Europa etwa 14 - 22 Mio. BP, rückläufig, mit Populationen > 0.5 Mio. in RUS (8-12 Mio.), BY (1.2-1.5), LV (1.0-1.3), UA. (0.95-1.25), PL (0.7-1.0) und EST und LT (jew. 0.5-1.0 Mio. BP) [383]. Bestand ME etwa 1.2 – 2.2 Mio. BP [383].

Wanderungen. Langstreckenzieher; Winterquartier im äquatorialen Regenwald und in Feuchtsavanne Afrikas von Guinea und Elfenbeinküste nach E bis S-Sudan, Uganda, W-Kenia. Zugwege z.T. noch hypothetisch. Ringfunde F – Kamerun, HR – Zaire, Nigeria – GR, D - Burkina Faso. Masse der Br. Europas zieht in relativ schmalem Korridor zw. Sardinien und Albanien über das Mittelmeer; daher anfängliche Wegzugrichtung Br. GB SE, Br. Fennoskandien und NW-RUS SSW, Br. ME je nach Herkunft SSE–S. Weiterer Zugweg über W-Schwarzmeerküste, Anatolien, CY und schließlich offenbar von wenigen Vögeln beflogene Route im W über Iberische Halbinsel und Balearen (für letzter Routen fehlen aber Ringfunde, auch Br. GB/IRL queren Zentral-Mittelmeerraum) [4064]. Gehört zu den wenigen Kleinvogelarten, die zentrale Sahara (nicht die Randzonen) überqueren; Start der Transsaharaflüge offenbar von S-Europa aus, da nur wenige Beob. an Küste N-Afrika, dafür

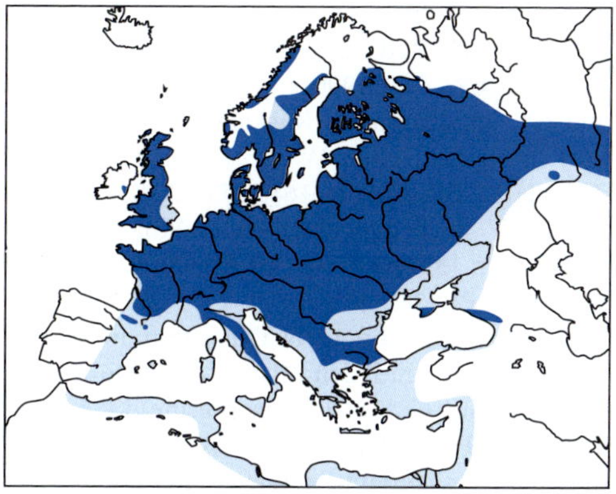

Phylloscopus sibilatrix – **Waldlaubsänger**

Rast offenbar unmittelbar S der Sahara. Rückkehr im Frühjahr z.T. mehr W oder E der Wegzugrouten (also Schleifenzug mit direkteren Heimwegen), aber auch zentrales Mittelmeer wird im Frühjahr gequert [3026]. Wegzug von Nicht- und erfolglosen Br. ab letzter Julidekade, ebenso viele Juv.; Ad. Anf. Aug.–Sept., Zuggipfel im S ME Ende Juli–Anf. Aug. mit Ausklingen im Sept.; Wegzugmedian D-BY 19.8. [339]; Dz.median Col de Bretolet CH 21.8. [1861], Camargue F 23.8. [1829], späteste Nachw. CH Anf. Okt. (ausnahmsweise Beob. ME bis 12. Okt). Ankunft im Winterquartier Okt./Nov., Abflug spätestens Ende März/April. Im März erreichen bereits Erste das Mittelmeer; früheste Ankunft ausnahmsweise B, CH Ende März, normalerweise Ankunft im S nicht vor Anf. und im N nicht vor Mitte April, Hauptankunft ME letztes Aprildrittel bis Mitte Mai.

Bestandsentwicklung. Extreme kurzfristige Bestandsschwankungen in Abhängigkeit von Frühjahrswitterung und Nahrungsangebot - verstärkt durch geringe Geburts- und Brutortstreue sowie Tendenz zu Fernumsiedlungen (in E-PL bzw. D-SH Bestandsänderungen um Faktor 15 bzw. 18 festgestellt) [1507,310]. Gründe für Fehleinschätzungen der Brutbestände sind Neigung zu Polyterritorialität und Bigynie, oft kolonieartig gruppierte Reviere sowie häufig auch auf Zug geäußerte Reviergesänge, ferner recht hoher Anteil unverpaarter ♂ [1369, 2471,1376,1673N].
In ME abgesehen von o.g. Fluktuationen bis 1970er J. keine langfristigen Bestandsveränderungen über einen größeren Raum zu erkennen [1369,1803]. Ab 1970er J. in NW-ME (NL, B, N-D) Zunahmen durch Entwicklung günstiger Lebensräume (in Neuaufforstungsflächen) [1141,884,1137],

dagegen einige Populationen in SW-ME mit Abnahmen [CH, Bod.: 55,198; auch Fangdaten der Mettnau: 323]. Seit 1990er J. Abnahmen verstärkt und z.T. katastrophaler Rückgang (z.T. Arealverlust) in weiten Teilen W-ME [NL, D-BW, -NW, -SN, -HH, -BE, CH, L: 1617,1722,204,3638,3393, 2407], z.T. noch den üblichen Fluktuationen zugeschrieben [375]; erhebliche Abnahmen auch in Białowieza PL [3871].
Dagegen klimabedingte N-Expansion in Fennoskandien, IRL und Schottland ab Mitte 20. Jh. (Verschiebung der 13°-Juni-Isotherme) [3844]; zumindest in Fennoskandien (mit Ausnahme 1970er J.) weiter anhaltend und mit deutlicher Bestandszunahme verbunden [2471,3777,3930,1585,1507]. In weiten Teilen E-ME sind bis in jüngste Zeit keine nachhaltigen Veränderungen erkennbar oder bekannt [CZ, SK., PL, H, D-BB: 1,1585,1507]

	Best.	Areal	Brutbestand	Jahr	Quelle
A	+/-	=	50.000–90.000	1998–2002	[383]
B	↓	=	5.300–15.000	2000–2002	[383]
CH	↓	=	10.000–15.000	1999–2002	[383,1976]
CZ	+/-	=	80.000–160.000	2000–2002	[383]
D	+/-	=	320.000–600.000	1995–1999	[383]
FL	↓	- 1	30–60	1998–2000	[383]
H	+/-	=	59.000–135.000	1999–2002	[383]
L	↓	=	3.000–5.000	2002	[383]
NL	⇩	=	2.000–3.500	1998–2000	[383]
PL	+/-	=	700.000–1.000.000	2000–2002	[383]
SK	+/-	=	100.000–200.000	1990–1999	[383]

Siedlungsdichte. Brutreviere nach Wahl des Nistplatzes 0.1–0.2 ha, vorher oft erheblich größer; 30–60 % der ♂ einer Population können 2 (-3) Reviere haben und bigyn sein; Revierverteilung mitunter auch geklumpt, daher zuweilen starke Abnahme der Dichte mit der Flächengröße (lokal in Optimaljahren bei 10 Rev./10 ha bis zu 15 Nester/10 ha möglich, z.B. Białowieza PL) [1507]. Höchstdichten ME sonst auf Flächen von 20–49 ha 10.0–9.3–8.0 (Ø 9.1), von 50–99 ha 2.7–1.7–1.3 (Ø 1.9), von > 100 ha 3.8–1.3–1.4 (Ø 2.2) Rev./10 ha [337,1,1722,1998]. Großflächendichte (> 100 km^2) in ME zw. 0.01-5.3 Rev./km^2 [vgl. Tab. 41 in 337].

Gefährdungsursachen [1369,196,2471,54,1998]. Änderung der forstwirtschaftlichen Praxis in Richtung auf verstärkten Nadelholzanbau sowie Lebensraumverlust durch Sukzession, geringere Durchlichtung der Wälder, feuchte Frühjahre mit raschem Aufwuchs (auch Eutrophierung).
Nestaufgabe nach Störungen oder Beeinträchtigung der Nestumgebung, z.B. durch Massenauftreten von Waldmäusen und/oder Wegschnecken.
Hohe Verluste durch Prädation.
In Dürrejahren in N-Afrika offensichtlich hohe Verluste auf dem Zug.

SPEC	VSchRL	Bern.Konv.	Bonn.Konv.
2	--	Anh. II	Anh. II
Europ. RL	RL in ME		
--	CH: 'NT'		

Schutzmaßnahmen. Sicherung geeigneter Rastplätze auf dem Zug.
Änderung der Waldnutzung mit Schaffung größerer Übergangsbereiche mit lichter Strauch- und Gebüschschicht zwischen Wald- und Landwirtschaftsflächen. Rückführung von standortwidrigen Fichtenreinbeständen in standortangepasste, durchlichtete Waldgesellschaften.

Biotop. Als Baumbewohner Br. im Waldesinneren; Nahrungserwerb im Kronenbereich, unterhalb der Kronen Singflüge. Wälder sollen nicht zu dicht, zur Brutzeit aber dann schattig sein und weitgehend freien Stammraum mit relativ wenig Krautvegetation aufweisen. Hoch- oder Niederwald (Bäume mind. 8–10 m hoch), geschlossenes Kronendach, tief sitzende nicht oder wenig belaubte Zweige oder Äste als Singwarten, vor allem Natur- oder naturnahe Wirtschaftswälder mit Rotbuche, Hainbuche, Stiel- oder Traubeneiche, in höheren Lagen meist nur noch Rotbuche, gegen E zunehmend auch Kiefern-, in der Taiga auch Birken- und Espenbestände. Bevorzugt werden oft Mischbestände aus zwei oder mehr Baumarten oder einzelne in Nadelwald eingesprengte Laubbäume, gerne im Bereich von Bach- oder Trockentälchen. Dz. auch in Weidenauen, Feldgehölzen, kleineren Baumgruppen in Siedlungen und Gärten, selbst in Buschformationen. Habitattrennung von sympatrischen Laubsängern [3843,2716].

Nahrung. Insekten und Spinnentiere; im Herbst gelegentlich Beeren.

Stimme. Sanfte Pfeiflaute »djü«, »dü« (meist etwas herabgezogen; wird mit Gimpel oder den Pfeiflauten im Gesang der Weidenmeise verglichen). Typische Gesangsstrophe »sip sip sip sip sirrrrr…«, i.d.R.

der erste Teil im schwebenden Singflug, der zweite (ein Schwirrer aus sehr rasch aufeinander folgenden Elementen) nach der Landung. Daneben klangvolle »djü ...«-Strophen. Von verpaarten ♂ ab Mitte Mai–Mitte Juni keine Singflüge mehr, nur noch Schwirrer; nach Mitte Juli nur noch ausnahmsweise Gesang.

Verhalten. Tagaktiv; zieht nachts. Kein auffälliges Schwanzzucken. Nahrungserwerb durch Suchen und Aufscheuchen im Kronendach, im freieren Stamm- und Astraum fliegenschnäpperähnliche kurze Jagd- und Verfolgungsflüge, auch Rüttelflug vor Astspitzen. Territorial, i.d.R. auch auf dem Zug einzeln (an Rastplätzen mitunter lockerer Zusammenschluss). Revier zunächst durch Gesang von wechselnden Punkten aus markiert; später zur Verteidigung von Kernräumen zweiteiliger Reviergesang, bei dem die einleitende »sip...«-Reihe in einem geradlinig, in Bogen oder Schleifen durch den Stammraum führenden Singflug, der Schwirrer von der dabei angeflogenen Warte aus vorgetragen wird. Wenn sich ein ♀ eingefunden hat, kann auch ein kleineres Zweit- oder Drittrevier ausgewählt werden. Bei Anwesenheit von ♀ häufig »djü«-Strophen, aber dann meist auch sehr plötzliches Zurücktreten der Gesangsaktivität; vor dem ♀ auch hüpfender Balzflug. Es wurden bis jetzt keine fremden Jungen in den Nestern nachgewiesen.

Fortpflanzung, Brutbiologie [337,1369,767,1722,1,2684]. Geschlechtsreife im 1. Lebensjahr. Überwiegend monogame Brut- oder Saisonehe; nach einsetzender Bebrütung beginnen 30-60% der verpaarten ♂ in (kleinerem) Zweitrevier um 2. ♀ zu werben; bis 30% der ♂ einer Population können als Folge der Polyterritorialität sukzessiv bigyn sein [vgl. 3808,3809]. Zweitreviere können an erstes anschließen, aber auch bis 1500 m entfernt sein. **Ankunft im Brutgebiet.** Ab (Mitte) Ende April, meist Mai; ♂ früher als ♀. **Nest.** Nistplatzwahl durch ♀; an unterholzfreien Waldstellen, meist unmittelbar auf dem Boden, oft in Vertiefung, im dürren Laub, unter altem Gras, zw. Baumwurzeln etc. Hochnester sind sehr selten. Nest backofenförmig mit Seiteneingang, größer aber leichter gebaut als bei Fitis und Zilpzalp, aus alten Grasblättern und Halmen, manchmal untermischt mit Moos oder altem Laub und durch Material aus der unmittelbaren Umgebung als Außenschicht gut getarnt. Nur ♀ baut; Dauer (2) 3-4 d, bei Unterbrechungen auch länger. **Legebeginn.** Frühestens Ende April, meist erst ab Anf., in höheren Lagen ab Mitte Mai; letzte Beginne Ende Juni (Anf. Juli). In Nadel(misch)wäldern später als in Laubwäldern. **Gelegegröße.** 5-8 (4-10), zuweilen nur 2-3; Kalendereffekt, zudem Einfluss der Habitatqualität; Ø CH Mai_{69} 6.3, $Juni_{15}$ 5.4, Rhl. Mai_{132} 6.2, $Juni_{78}$ 5.5, $D\text{-}BW_{677}$ 5.8, A_{833} 5.6, GB_{334} 5.9 (Mai_{283} 6.0, $Juni_{51}$ 5.6). Legeintervall 1 d. **Eier.** Stumpfelliptisch, glänzend, auf weißem Grund dunkelbraun bis schwarzviolett gepunktet und gefleckt. **Brutdauer.** 12-13 (14) d, Bebrütung ab (vor-)letztem Ei; nur ♀ brütet. **Nestlings-/Führungszeit.** ♀ hudert bis 7 d; beide füttern. Nestlingsdauer 12-13 (11-15) d (bei Störungen früher). Juv. werden von beiden Ad. 12-14 d geführt (aber nur erste 2-3 d gefüttert); Fam. halten mitunter bis 4 Wochen zusammen. **Jahresbruten.** 1, Zweitbruten in Einzelfällen belegt (aber in Eichenwäldern F bei 11-40% aller ♀); regelm. Ersatzgelege. **Ende der Brutperiode.** Nach erfolgreichen Bruten schon Mitte Juni; Abwanderung unverpaarter ♂ z.T. schon ab Ende Mai; Führungszeit bei späteren Bruten bis Juli, im Extremfall erst im Aug. **Bruterfolg.** Von Jahr zu Jahr stark schwankend; in ME liegt Gesamtbruterfolg (% Eier mit flüggen Jungen) zw. 24 und 59%. (Mittlere Brutgröße in $D\text{-}BB_{587}$ 5.6 Juv./Nest, im $Juli_{13}$ aber nur 3.8 Juv.). Hauptverluste durch Prädation (in Bialowieza PL bis 80% aller Verluste, bes. in Koniferenhabitat), Witterung (heftige Regen und/oder niedrige Temperaturen zur Nestlingszeit), Brutparasitismus, Wegschnecken und Aufgabe nach Störungen. Zur Überlebenswahrscheinlichkeit der Juv. nach dem Ausfliegen [s. 2379].

Eimaße und -gewichte [1369,337]: L. 15.0-18.1 mm, B. 11.8-14.0 mm; Ø 16.3 x 12.8 mm (n=336, ME.), Ø 16.2 x 12.8 mm (n=113, F), Ø 16.4 x 12.7 mm (n=161, B), Ø 16.2 x 12.7 mm (n=105, S.). Frischvollgew. 1.11-1.58 g, $Ø_{29}$ 1.35 g (B) bzw. 1.16-1.61 g, $Ø_{28}$ 1.33 g (CS). Schalengew. 0.06-0.09 g.

Sterblichkeit, Alter. Nach Ringfunden Sterblichkeit ca. 69 % im 1. J. und 60 %/J. bei Ad. Ältester Ringvogel (D) 10 J. 3 Monate [3654], mehrfach > 7 J. **Generationslänge:** < 3.3 J. [383].

Mauser. **Postjuv. Mauser** (Teilmauser) beginnt ab ca. 30 d [1369], Juli–Aug.; auf Körpergefieder beschränkt; Dauer ca. 26 d (Volierenvögel) [767,1369].
• **Postnuptialmauser** (Teilmauser) Mitte Juni–Aug. (Sept.) vor Wegzug; Körpergefieder, innere Randdecken, einzelne Schirmfedern und selten ST, ausnahmsweise Schwingenmauser [1369,1866,1333].
• **Pränuptialmauser** (Vollmauser) (Nov.) Dez./Jan.–Feb./März im Winterquartier [767,1369,3921,2960]; selten einzelne HS und AS nicht gewechselt [1369,1866].

Phylloscopus bonelli – Berglaubsänger 13070

Phylloscopus [bonelli] bonelli (Vieillot 1819) syn.: Westlicher Berglaubsänger

(GB) **Western Bonelli's Warbler** (F) **Pouillot de Bonelli** (E) **Mosquitero Papialbo**

Taxonomie. Monotypisch. Bildet Superspezies mit dem molekular und in Rufen deutlich differenzierten *P. orientalis* [1632].

Kennzeichen. [1369,3615,767,221,3772,2916; weitere **Fotos** in Bird. W. **7**, 348, **9**, 116, **13**, 383, **15**, 411, **16**, 188, Brit. B. **96**, 599, Dutch B. **16**, 143, **17**, 223, **19**, 103, 245, **20**, 258, **21**, 322, **22**, 263, **24**, 337, Limic. **11**, 194, **13**, 273, **17**, 212, **18**, 272].

Maße. Gr.: 11.5 cm. Gew.: (D-BW, Brutzeit) 7.0-11.5 g, $Ø_{209}$ 8.5 g, 8.0-11.0 g, $Ø_8$ 8.93 g; (S-F, Sept.) $Ø_{11}$ 8.6 g (Heimzug) 5.6-11.3 g, Dekaden-$Ø_{194}$ 7.0-8.1 g. Fl.spw.: 16-18.5 cm. Fl.l.: ♂ 63-68 mm, $Ø_{43}$ 62.9 mm, ♀ 57-64 mm, $Ø_{12}$ 60.8 mm [1369,767].

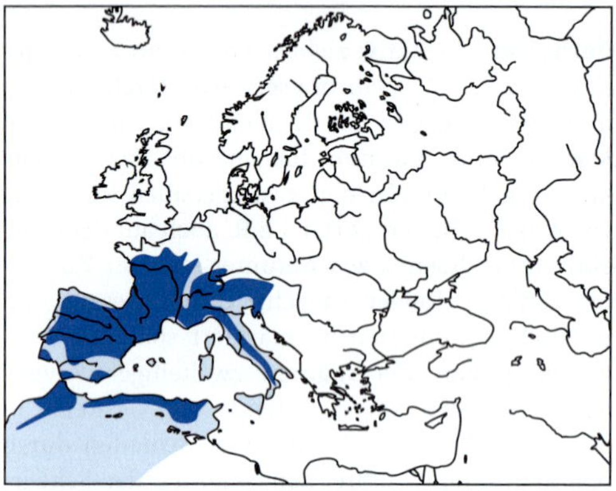

Phylloscopus bonelli – **Berglaubsänger**

Status. In S-ME verbreiteter und lokal häufiger Brut- und Sommervogel sowie seltener Durchzügler und Gastvogel. Außerhalb des Brutareals Ausnahmegast.

In GB allj. Gastvogel; einzelne oder mehrere Nachw. ferner in IRL, DK (1966), N. (4 mal bis 1989), S. (6 mal 1953-90), FIN (1973) und Madeira [337,3615].

In ME sowohl im Nordseegebiet als auch in benachbarten Binnenländern Ausnahmegast, mit Nachw. in **B:** insges. ca. 30 Beob. seit 1966 (bis Mitte 1990er J.), unregelm. Brutvogel ab 1967 [q15,277,1677]. • **NL:** 27 anerkannte Nachw. von 1958-2001 (weitere 10 als undifferenzierte Berg-/Balkanlaubsänger geführt); ab 1962 unverpaarte sing. ♂ und einzelne Bruten Gelderland [277,q16]. • **PL:** Nachw. von 1959-62 betreffen wohl *orientalis* (s. dort); 8 Nachw. seit 1972, darunter Brutnachw. 1976 [3871,q13]. • **CZ:** u.a. Brutverdacht 1977, sing. ♂ 1978, 1987-88, viele weitere Beob., aber momentan Revision der Meldungen [2159]. • **SK.:** Juli 1934, Juni 1952, Mai/Juni 1954 [3882].• **H:** Fängl. (juv. ♂) Aug. 1989 [2438]. • **A:** verbreiteter Brutvogel der Alpen, E- und SE-Grenze allerdings deutlich vor Gebirgs- und Mittelgebirgsrand; viell. sporadisches Brüten am S-Rand der Böhmischen Masse [1369]. • **CH:** verbreiteter Brutvogel und regelm. Durchzügler im ganzen Land [4152]. • **D:** -BW regelm. Brutvogel, Schwerpunkte NW-Rand Schwäbische Alb und Schwarzwald, N-Grenze Linie KA–PF–S–AA, mit Vorstößen weiter N; -BY regelm. Brutvogel, Schwerpunkt Alpen und Voralpenland, vereinzelte Brutnachw. Ries und Oberfranken, Brutzeitbeob. Bayer. Wald 1956-65; -TH Brutnachw. 1927, (1945), 1963 [1369,2068]; ferner einzelne sing. ♂ u.a. in -MV 1964, 1987; -BB 1950, 1959, 1975, 1996; -NI 1922, 1947-48, 1955; -NW 1947, 1954, 1956; -HE 1948, 1968-69, 1979; -SN 1958, 1972-73, 1980-83, 1988, sowie Brutversuch 1980 [1369,337,3667,1680]; schließlich weitere Einzelnachw. in Helgol. 9 mal bis 1990; -HH Fängl. 1965; -HE Fängl. (♂) 1969; -TH 1947-48, 1953, 1957, 1959, 1969, 1972, 1975, 1977 [1369,2068]; -RP 2 mal bis 1994 [1680,575].

Verbreitung und Bestand. Monotypische Art der Berg- und Hügelländer der SW-Paläarktis vom W-Mittelmeergebiet nach N bis N-F und SW-ME, nach E bis SLN; S-Grenze N-Maghreb und S-I, N-Grenze N-F, S-B, S-D und A. In ME geschlossenes Vorkommen auf Alpen, Jura und S-Schwarzwald mit Teilen des jeweiligen Vorlandes beschränkt; weiter N unregelm. Einzelvorkommen. Höhenverbreitung: I 600-1200 (300-2200) m, CH bis > 2000 (sing. ♂ bis 2700) m, D-BW 360-1100 m, A 250-1900 (-2000) m ü.M. Europäischer Gesamtbestand etwa 1.4 – 3.4 Mio. BP, rückläufig, mit Schwerpunkten in E. (1.1-2.7 Mio.) und F (0.1-0.4 Mio.) und Populationen > 20.000 BP in A, D, I, P und CH [383]; in ME etwa 72.000-135.000 BP [383].

Wanderungen. Langstreckenzieher; Hauptwintergebiet S Sahelzone zwischen 17° und 10–11° N von

Senegalmündung bis Tschadbecken; Einzelbeob. bis Äquatornähe (offenbar vermehrt in neuerer Zeit). Heimzug erfolgt im Gegensatz zum Waldlaubsänger entlang der Küsten E./S-F [3026]. Dismigration der Jungvögel ME Mitte–Ende Juli, Höhepunkt des Wegzuges Mitte Aug.; Dz.median S-F 23.8. [1829], Col de Bretolet CH 25.8. [1861], Nachzügler bis Ende Sept. Erste Wintergäste Senegal ab Anf. Sept., Mehrzahl im Sahel bis Okt. Heimzug ab Mitte März–Mitte April (Dz.median S-F 2.5.); Ankunft in Brutgebieten E. ab Ende März, W-Alpen F frühestens ab Anf. April, CH ausnahmsweise Anf., i.d.R. nach Mitte April, D (Mitte) Ende April–Anf. Mai; Einzug Br. ME kann sich aber noch bis Juni hinziehen. Ortstreue zumindest bei ♂ nachgewiesen.

	Best.	Areal	Brutbestand	Jahr	Quelle
A	+/-	=	35.000–65.000	1998–2002	[383]
CH	+/-	=	15.000–30.000	1998–2002	[383]
D	+/-	=	22.000–40.000	1995–1999	[383]
FL	+/-	=	50–100	1998–2000	[383]
NL	+/-	=	0–3	1998–2000	[383]

Bestandsentwicklung. In ME über lange Zeit keine großräumigen, langfristigen Trends erkennbar [3892], z.T. bedingt durch geringen Kenntnisstand. Neuerdings uneinheitliches Bild der Bestandsentwicklung. In F bis etwa 1980er J. Bestandszunahme [1369,4180], in der Folge sporadische Versuche der Arealausweitung [z.B. NL: 767,3636, B: 1369]; dagegen in ME starke, nicht immer gleichsinnig verlaufende Bestandsfluktuationen. In Alpenregionen nach Rückgängen meist Anf. 1970er J. Tiefpunkt erreicht [1369], doch inzwischen Population der Alpen und Voralpen langfristig weitgehend stabil [1369; A, CH, D: 3392,965,1719,2808,1997, 2518,2510]; dasselbe gilt für bedeutendere Vorkommen im Mittelmeergebiet [3892,1585]. Durch positive klimatische Entwicklung in Brut- und Überwinterungsgebieten zudem in 1980er J. günstige Bestandssituation [z.B. 1616]. Vereinzelte Ansiedlungen weit N des Brutareals durch Zugprolongation allerdings nie dauerhaft [1369,2772,4175, 1507,3638].
Doch andere Entwicklung in D-BW und W Bod., wo seit 1950er J. anhaltend katastrophale Abnahme um ca. 75% auf Schwäbischer Alb bzw. > 90% in Bod., Baar und Raum Tübingen durch Veränderungen des Lebensraumes und (viell.) Atlantisierung des Klimas [1369,1719,1722,1617,198,1314,197]; Population am W Bod. um 2000 erloschen [A. Reinhardt]; deutliche Abnahmen auch in CH Mittelland [3393,3392].

Siedlungsdichte. Reviergrößen etwa 3-4 ha. Bisherige Höchstdichten auf Flächen von 20-49 ha ca. 6, von 50–99 ha 1.4, von > 100 ha 3, 1.0 bzw. 0.5 Rev./10 ha [337,1722]; in F in Laubwäldern max. 3.5-4.7, in Kiefernwäldern 1.0-1.6 Rev./10 ha, in I z.T. noch höhere Werte [1507]. In CH in Bergwäldern (Lärche) und Mischwäldern zw. 0.6-3.0 Rev./10 ha, kleinflächig bis zu 16 Rev./10 ha [2491]; Hochmoorfläche in D-BY mit ca. 13 Rev. auf 42 km^2 [1507].

Gefährdungsursachen [1617,3503,1722,196, 1314]. Zumindest an Trockenhängen D-BW Veränderungen des Lebensraumes durch Verlust von Steppenheideflächen zugunsten von wenig durchlichteten Buchenmischwäldern aufgrund von Änderung der Waldwirtschaft und -nutzung, klimatischen Veränderungen (feuchtere Frühjahre) Sukzession und Eutrophierung; ferner Zerstörung sonnenexponierter halboffener Busch- und Strauchschichten am Waldrand durch intensive landwirtschaftliche Nutzung (ohne Pufferzonen), in felsigen Bereichen aufgrund von Erosionsschäden sowie Störungen durch intensive Freizeitnutzung.
Zunehmende Trockenheit in Überwinterungsgebieten am S-Rand der Sahara.

SPEC	VSchRL	Bern.Konv.	Bonn.Konv.
2	--	Anh. II	Anh. II
Europ. RL	RL in ME		
--	--		

Schutzmaßnahmen. Verhinderung der Entwicklung von locker bewaldeten Trockenhängen der »Steppenheiden« zu wenig durchlichteten, buchendominierten Hochwäldern. Schaffung und Erhalt von Übergangsbereichen mit lockeren Busch- und Strauchschichten zwischen Landwirtschaftsflächen und Wäldern. Strenger Schutz verbliebener Hochmoore im Alpenvorland.
Aufgrund der Gefährdung der Nester an Felshängen, Abbrüchen und Rutschungen striktes Verbot der Freizeitnutzung (Klettern etc.) an Felsen und Abhängen sowie der zugehörigen Pufferzonen mind. bis Ende der Brutzeit (Aug.).
In Überwinterungsgebieten extensivere und schonendere Nutzung der von Desertifikation und Versalzung bedrohten Gebiete.

Biotop. Br. in vorwiegend trockenen, vor allem jedoch lichten bis lückigen Nadel-, Misch- und Laubwäldern mit schwacher bis unvollständig geschlossener Strauchschicht, deckender Kraut- vor allem Grasschicht; bevorzugt sonnenzugewandte, oftmals felsige Hänge von Mittelgebirgen und untere bis mittlere Stufen der Hochgebirge [vgl. 2491]. Davon abweichend z.B. im Voralpenland auch in Spirken-Mooren, hier allerdings auf trockenen oder rasch abtrocknenden Stellen [3467]. Habitattrennung vom Waldlaubsänger [2716].

Nahrung. Insekten und Spinnen; vor allem aus dem Kronenbereich und an Seitenästen und -zweigen.

Stimme. Stimmfühlung und Erregung näselnd, meist zweisilbig nach oben gezogen »düid«, »füid« bis fast dreisilbig »hoeid« (wird manchmal mit Grünling verglichen); Wanderruf ab Hochsommer kurz »(i)sst«. Bei Subspezies *orientalis* einsilbige, kurze Rufe. Gesang kurzer klappernder Triller, langsamer als (aber vor allem im Sommer auch sehr ähnlich wie) der Schwirrer von *sibilatrix*, variabler Vortrag (Ähnlichkeit mit dem längeren Schwirrer der Zaunammer, weicher als Klappergrasmücke). Umschreibung des Gesangs z.B. »djedjedje« oder »hedededede t«; im Sommer Schwirrer oft deutlich beschleunigt und auch kratzender. Gesang eines ♂ kann im Verlauf der Brutzeit variieren (»Frühjahrsgesang« einerseits klappernde Triller, andererseits etwas stotterndere Reihen, »Sommergesang« mit härteren, schärferen Elementen und deutlich schnelleren Schwirrstrophen). Jedes ♂ singt mehrere Strophentypen. Gesang von Warte, kein Singflug.

Verhalten. Tagaktiv; zieht nachts. Ausgesprochener Baumbewohner, ♂ singen im Kronenbereich auf nicht ausgesprochen exponierten Warten oder beim Flug zwischen den Ästen; nur zur Brut wird der Boden aufgesucht. Nahrungssuche fast ausschließlich in den oberen Kronenabschnitten, dabei werden dünne Äste an der Basis angeflogen und dann im raschen Flatterlauf spitzenwärts abgegangen; Ablesen der Beute, aber häufig auch Luftjagd im Flatter- und Schwebflug oder in kurzen Jagdflügen zwischen den Ästen. Zur Brutzeit territorial. Bei der Paarbildung spielt offenbar ein geeigneter Nistplatz für die Partnerwahl des ♀ ein entscheidende Rolle. Bei der Balz ♂ anfänglich aggressiv gegen ♀. Flatterflug geht oft in Kopulation über.

Fortpflanzung, Brutbiologie [337,1369,767, 1722,1551]. Geschlechtsreife wohl im 1. Lebensjahr. I.d.R. monogame Saisonehe; Neuverpaarung nach erster Brut selten. **Ankunft im Brutgebiet.** Ab (Anf.) Mitte/Ende April; ♂ früher als ♀, nehmen anfangs große Reviere ein, spätere Kerngebiete aber kleiner. **Nest.** Nistplatzwahl durch ♀; meist an sonnigen Plätzen am Boden, häufig an steilen Stellen mit überhängendem Altgras, aber auch in (z.T. gescharrten) Bodenvertiefungen, zwischen Zwergsträuchern auf ebenen Flächen oder an Wegböschungen; in ME nur ausnahmsweise oberhalb Boden. Nest backofenförmig mit Seiteneingang, Unterbau aus Laub und Moos und eingelassener, mit Grashalmen ausgekleideter Nestmulde; Seitenwände und Dach aus Halmen. Nur ♀ baut. Dauer 6-7 d, bei Regen mitunter länger. **Legebeginn.** In D ab Anf./Mitte Mai, in CH (und F) z.T. schon Ende April, Hauptzeit Mai; letzte Beginne 3. Julidekade. **Gelegegröße.** 3-7, meist 5-6 (im N des Areals meist etwa größer); Ø CH_{44} 5.2 (< 700 m NN, Mai), $D\text{-}BW_{56,106}$ 5.3 bzw. 4.9. Legeintervall 1 d. **Eier.** Stumpfelliptisch, glänzend, auf weißem Grund dicht und fein dunkelbraun gesprenkelt. **Brutdauer.** 12-13 d (auch länger), Bebrütung ab vorletztem Ei; nur ♀ brütet. **Nestlings-/Führungszeit.** ♀ hudert 3-5 d intensiv; beide füttern. Nestlingsdauer 12-13 d. Juv. werden von beiden Ad. betreut, ab etwa 2. d nach Ausfliegen von Eltern aufgeteilt. **Jahresbruten.** 1, Zweitbruten sehr selten belegt; Ersatzgelege nicht häufig. **Ende der Brutperiode.** Meist im Juli, selten noch Aug. **Bruterfolg.** In D-BW von 67 Nestern nur 36 mit Erfolg, bei 107 Vollgelegen mit 505 Eiern Bruterfolg 58.3%; Hauptverluste durch Prädation, Wegschnecken (*Arion* sp.), Witterung und Aufgabe nach Störungen.

Eimaße und -gewichte [1369]: L. 14.2-16.8 mm, B. 11.8-13.1 mm; Ø 15.4 x 12.2 mm (n=59, CH/F Jura), Ø 15.2 x 12.3 mm (n=65, E.), Ø 16.1 x 12.5 mm (n=60, D-BW). Frischvollgew. 1.11-1.34 g, $Ø_4$ 1.23 g. Schalengew. 0.05-0.08 g, $Ø_{64}$ 0.067 g.

Sterblichkeit, Alter. Generationslänge: < 3.3 J. [383].

Mauser. Postjuvenile Mauser (Teilmauser) ab 5 Wochen, Juli–Aug./Sept. in Nähe des Brutgebiets; nur Körpergefieder; Dauer 14–17 d (Volierenvögel) [767,1369]. • **Postnuptialmauser** (Teilmauser) ab Juli (Mitte Aug.), bei Zugbeginn beendet oder abgebrochen; Körpergefieder und einzelne Schirmfedern, selten partielle Schwingenmauser [767,1369,1866]. • **Pränuptialmauser** (Vollmauser) Großgefieder Ende Sept./Anf. Okt.-Ende Dez., Kleingefieder Anf. Dez.-Mitte März [1369]; selten bleiben einzelne AS stehen [3771,1866,1287].

Phylloscopus orientalis – Balkanlaubsänger 13072

Phylloscopus [bonelli] orientalis (C.L. Brehm 1855)

(GB) Eastern Bonelli's Warbler **(F) Pouillot oriental** **(E) Mosquitero Papialbo Oriental**

Taxonomie. Monotypisch. Bildet Superspezies mit *P. bonelli* [1632].

Kennzeichen. [1369,3615,767,221,3772,2916; weitere **Fotos** in Bird. W. **10**, 331, **15**, 153, Brit. B. **94**, 17, Dutch B. **19**, 245, Var Fag. 2002/**4**, 7-12, Limic. **14**, 181].

Maße. Gr.: 11.5 cm. Gew.: ♂ 8.0, 12.0 g. Fl.spw.: 17-20 cm. Fl.l.: ♂ 65-73 mm, Ø$_{26}$ 66.9 mm, ♀ 62-67 mm, Ø$_{24}$ 64.1 mm [1369,767].

Verbreitung und Bestand. W-paläarktischer Brutvogel; durch Verbreitungslücke im Dinarischen Gebirge vom Berglaubsänger getrenntes Brutareal reicht von BiH über Balkanhalbinsel (BG, AL, GR) und Anatolien bis Libanon und N-IL (JOR Brut 1991). Europäischer Brutbestand etwa 28.000-108.000 BP (insgesamt leicht rückläufig, in BG dagegen zunehmend); größte Populationen in GR (10-30 T.), BG (5-20) und TR (10-50 T. BP) [383]. Anteil am Weltbestand deutlich > 75% [383,3615].

Status. In Europa NW des Brutareals bisher kaum festgestellter Laubsänger, allerdings wohl auch bedingt durch Bestimmungsschwierigkeit (bestes Merkmal gegenüber Berglaubsänger abweichender Ruf). Einzelne Nachw. in GB/IRL, ferner ein (unsicherer) Nachw. in UA. (1855) [3615].

SPEC	VSchRL	Bern.Konv.	Bonn.Konv.
2	--	Anh. II	Anh. II
Europ. RL	RL in ME		
--	--		

In ME bisher nur im Mai-Juli (Sept.) festgestellt in: • **NL:** 2 mal (viell. selbes Ind.) sing. Mai 1983, 1 Ind. Juli 1986, sing. ♂ Apr./Mai 1993 [277]. • **PL:** Bei 8 Meldungen Art-Zuordnung nicht gesichert, vielleicht einige von *orientalis*: 1 Ind. 19. Jh. (Beleg),

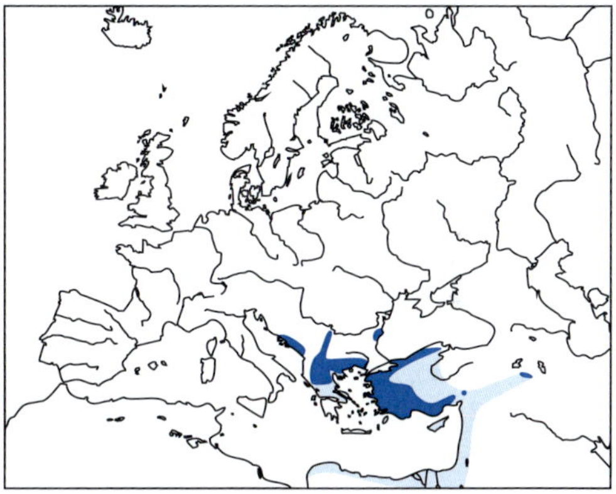

Phylloscopus orientalis – **Balkanlaubsänger**

ferner Mai 1915, Juni 1962, Mai 1985, Juni 1992, Juni 1994, Sept. 1994, Mai 1998 [3871].

Wanderungen. Mittelstreckenzieher mit Überwinterungsgebieten in NE-Afrika (Sudan, Äthiopien), einige evtl. weiter W. Wegzug über Bosporus und W-TR, nur unregelmäßig IL und CY. Heimzug über EGY, IL, in größerer Zahl CY und W bis M. Abzug Ende Juli, letzte Vögel in S-TR Anf. Okt., in EGY Ende Nov. Ab Ende Aug. im Sudan. Winterquartiere werden Ende Februar verlassen, Dz. EGY, IL hauptsächlich Mitte März-Mitte Mai. Ankunft Br. S-GR und W-TR Anf. April [3615].

Biotop. Ähnlich mediterraner Populationen des Berglaubsängers, in Hang- und Hügellagen der Macchie, Kiefern- und Eichengebüsch und kleinen Wäldchen mit dichtem Unterwuchs, von Meereshöhe bis etwa 1800m NN.

Nahrung. Wie Berglaubsänger.

Stimme. Ruf typisch und deutlich verschieden von Berglaubsänger: ein hartes, ammern-/haussperlingartiges hölzernes »pschiit« (»tschipp«) oder »zjäpp« sowie kreuzschnabelähnliches »djip-

djip«, einzelne Rufe durch Pausen getrennt; während des Zuges gedämpft »iss(t)«. Gesang ähnlich Berglaubsänger, etwas raschere Schwirrstrophen, Unterschiede im Feld schwer feststellbar, wohl aber sonagraphisch. Klangattrappen lösen bei bayrischen *Ph. bonelli* keine territorialen Reaktionen (mehr) aus.

Mauser. **Postjuvenile Mauser** (Teilmauser) Juli/Anf. Aug.–Sept. [140]. • **Postnuptialmauser** (Teilmauser) Juli–Aug.; Umfang ähnlich Berglaubsänger [1369,140]. • **Pränuptialmauser** (Vollmauser) im Winterquartier, vermutlich ähnlich Berglaubsänger [140].

Phylloscopus schwarzi – Bartlaubsänger 13010

Phylloscopus [schwarzi] schwarzi (Radde 1863)

GB Radde's Warbler **F Pouillot de Schwarz** **E Mosquitero de Schwarz**

Taxonomie. Monotypisch. Bildet Superspezies mit *P. armandii* (China).

Kennzeichen. [1369,3615,767,3772,221; weitere Fotos in Bird. W. **3**, 282 (z), **10**, 375, **12**, 393, **13**, 391, 407, **14**, 340, Brit. B. **93**, 558, 576, Dutch B. **15**, 171, **20**, 252, **21**, 294, 322, **22**, 263, 307, Limic. **10**, 248].

Maße. Gr.: 12.5 cm. Gew.: (Sibir., Brutzeit) ♂ 12.8-15.6 g; $\varnothing_{14}$ 13.9 g, ♀$_3$ 9.5-13.0 g; (China, Durchzügler) ♂ 9-17 g; $\varnothing_{15}$ 13 g, ♀ 8-12 g, $\varnothing_{11}$ 10 g. Fl.spw.: 15.5-20.5 cm. Fl.l.: ♂ 60-66 mm, $\varnothing_{30}$ 63.5 mm, ♀ 54.0-64.4 mm, $\varnothing_{14}$ 58.7 mm [1369,767].

Status. In Europa neuerdings alljährlich, besonders GB/IRL (wo Zunahme der Nachw. pro J. seit 1973 und 101 Ind. bis 1990), wohl als Folge besserer Kenntnis der Art [337]; in meisten Ländern aber weiterhin Ausnahmegast, mit Nachw. u.a. in DK 7 mal bis 1989; N. 2 mal bis 1989; S. 19 mal bis 1990, seither wohl allj.; FIN 8 Ind. bis 1988; F 3 mal bis 1990; E. 1988; ferner in I, M, UA., IL, MA, Kanalinseln [337,3615]. Größerer Einflug 1999 [869].
In ME Ausnahmegast, fast ausschließlich im Nordseebereich: **B:** 11 mal seit 1986, meist Fängl. im Okt./Nov. [q15,277,1677]. • **NL:** 16 anerkannte Nachw. seit 1974 (bis 2000), alle zw. 29. Sept.-18. Okt.; kleine Einflüge 1981, 1991, 1996 und 2000 [277,q16]. • **D:** übereinstimmend mit NL alle Nachw. in sehr engem Zeitfenster (zw. 3.-24. Okt.); -Helgol. Fängl. 1930 und 1940, Beob. 1987, 1988, 1996, 1998, 1999 [869,575]; -MV jew. Fängl. 1994, 1996 [575]; -NI Okt. 1999 [575]. • **PL:** jew. Fängl. Sept. 1976 und Immat. Okt. 1999 [3871,q13]. • **CZ:** Fängl. Okt. 1991 [2159]. Noch nicht homologiert (?): H 2000 [q3].

Verbreitung und Bestand. Monotypischer Brutvogel der S-Taiga von Sachalin, Amurland, NE-China und N-Korea nach W durch S-Sibirien bis Mittelsibirien an oberen Ob. Kein europäisches Brutvorkommen [1585].

Wanderungen. Zugvogel; Winterquartier SE-Asien von China bis Birma. Wegzugrichtung aus W des Areals zunächst E längs S-Rand Sibirien, in Transbaikalien dann SE; Abzug im E S–SW. Wegzug ab Anf.–Mitte Sept.; Nachzügler im Brutgebiet Ende Sept.–Anf. Okt.; Ende Okt. wird N-Rand des Wintergebietes erreicht. Heimzug beginnt Mitte März–Anf. April. Im E des Areals Ankunft an Brutplätzen ab Mitte Mai, im W erst im Juni (langer Zugweg!).

Biotop. Br. in Gebieten mit lichtem Wald und gleichzeitig gut entwickeltem Kraut- oder Strauch-Dickicht, wie kleinblättriger Laubwald, helle Lärchenbestände oder Randgebiete dichter Taiga (z.B. entlang von Flussufern); in Bergen auch an der oberen Waldgrenze.

Nahrung. Insekten und Spinnen.

Stimme. Leise, schnalzend »tschrepp«, weich »hwit«, »wit« oder glucksend »tsjuk-tsluk«. Gesang auffallend laute, relative kurze, hart angeschlagene Klapperstrophen oder Triller, die oft mit 1–2 kurzen leiseren Einleitungselementen beginnen (ähnlich Blaunachtigall), etwa »sui-sui-sui-si ...« oder »tui-tui-tui-tui ...türrrrrr.«. Gesangsaufbau wechselt nicht nur individuell, sondern auch bei einem ♂ im Verlauf der Brutzeit.

Verhalten. Tagaktiv; zieht nachts. Für einen Laubsänger bemerkenswert ruhige Bewegungen;

schlüpft gewandt durch Gesträuch und Stauden (ähnlich Rohrsänger); kommt auch oft herunter und läuft auf dem Boden; beim Schlüpfen Flügelzucken. Nahrungssuche vorzugsweise Kraut- und unter Strauchschicht, auch an altem auf dem Boden liegendem Pflanzenmaterial und auf offenem Boden, ♂ in der Gesangsperiode auch höher in Sträuchern und Bäumen, aber meist nahe dem Boden. Keine Flugjagd oder Verfolgung fliegender Insekten. Zur Brutzeit territorial.

Mauser. **Postjuvenile Mauser** (Teilmauser) Ende Juli–Aug./Sept.; umfasst Körpergefied., Rand- und Teile der mittl. Armdecken [1369,140]. • **Postnuptialmauser** (Vollmauser) Ende Juli–Mitte Sept., vor Wegzug größtenteils beendet [767,1369]. • **Pränuptialmauser** (Teilmauser) im März; zumind. einzelne wechseln Teile des Körpergefied. und mehrere (alle) ST [767,1369].

Phylloscopus fuscatus – Dunkellaubsänger 13030

Phylloscopus [fuscatus] fuscatus (Blyth 1842) syn.: Brauner Laubsänger

Ⓖⓑ **Dusky Warbler** Ⓕ **Pouillot brun** Ⓔ **Mosquitero Sombrío**

Taxonomie. Drei UA: *fuscatus* (Sibirien), *weigoldi* Stresemann 1924 (E Himalaja-Gebiet) und *robustus* Stresemann 1924 (NW-China). Bildet Superspezies mit *P. fuligiventer* (Bhutan, Sikkim, E-Nepal).

Kennzeichen. [1369,3615,767,221,3772; weitere Fotos in Bird. W. **3**, 282 (z), **14**, 370, **17**, 90, Dutch B. **14**, 138-39, **23**, 337, **25**, 428, **26**, 66, Limic. **12**, 209, 273].

Maße. Gr.: 11 cm. Gew.: (Mandschurei, Brutzeit) ♂, ♀ 9-11 g; $\varnothing_{9}$ 9.8 g; (China, Durchzügler) ♂ 6-11 g; $\varnothing_{18}$ 9 g, ♀ 7-10 g, $\varnothing_{19}$ 8.5 g. Fl.spw.: 14.5-20 cm. Fl.l.: (Sibir.) ♂ 58-65 (69) mm, $\varnothing_{92}$ 61.9 mm bzw. $\varnothing_{121}$ 63.2 mm, ♀ 54-60 mm, $\varnothing_{31}$ 56.1 mm bzw. $\varnothing_{92}$ 57.1 mm [1369,767,1192; vgl. auch 1194].

Status. Nominatform in Europa seltener, in neuerer Zeit im Ost- und Nordseebereich aber alljährlicher Gastvogel, sonst Ausnahmegast: GB/IRL 92 Ind. bis 1990 [337]; DK 13 Nachw. bis 1988; N. 2 mal bis 1989; S. 24 mal bis 1990, seither fast allj.; FIN 23 Ind. bis 1988, seither allj.; F 9 mal bis 1990; einzelne Nachw. ferner in Gibraltar, I, MA, CY, GR sowie in EST, LV, LT, IL, EGY, E., P, Kanalinseln [337,3615].
In ME Ausnahmegast mit Konzentration im NW (Nordseebereich): **B:** 14 mal von 1979-95, z.T. Fängl., Mitte Sept.-Mitte Nov. [q15,277,1677]. • **NL:** 37 anerkannte Nachw. von 1978-2003, alle von Ende Sept.-Anf. Dez., selten 2 (oder mehr) Ind. gleichzeitig [277,q16]. • **D:** -Helgol. Beob. Okt. 1876, Fängl. Okt. 1977, 3 mal Okt. 1996, Mai 1997, Nov. 1997 [869,575]; -HH Fängl. Nov. 1977 [1369]; -MV Fang Okt. 1996, Beob. Mai 1997 [575]; -SN Fängl. Okt. 1987 [1369]. • **A:** -K Fang diesj. ♀ Nov. 1973 [1369]. • **CH:** Beob. Okt. 1992 [4152]. • **PL:** 10 Nachw. 1965-99, erstmals Okt. 1965 (♀ erl.); auch Nachw. im Aug., Dez., April [3871,q13].

Verbreitung und Bestand. Brutvogel in Sibirien von Kamtschatka, Sachalin, N-China nach W bis oberer Ob sowie vom oberen Hwangho und SW-China in schmaler Hochgebirgszone bis zum E-Himalaya nach E-Nepal (erreicht hier bis 5000 m ü.M.). Kein europäisches Brutvorkommen [383].

Wanderungen. Zugvogel; Hauptwintergebiet subtropisches und tropisches SE-Asien von S-China bis Thailand, Burma, Philippinen, Malaysia, Andamanen, Nepal. Wegzug im Sept., Letztbeob. im Brutgebiet bis Ende Sept., Nachzügler aber bis Anf. Nov. Ankunft je nach Lage letzte Mai- bis 1. Junidekade.

Biotop. Br. bevorzugt bodennah in dichter Strauch- und Krautschicht feuchter Standorte, z.B. in Verlandungszonen oder in Buschdickicht feuchter Wiesen und Bachauen, aber auch in subalpinen Dickichten aus Polarbirken und Straucherlen.

Nahrung. Kleine Insekten, vielleicht auch gelegentlich Früchte/Beeren.

Stimme. Stimmfühlung hart bis schnalzend »dek«, »täk« oder »tschäk«, in Erregung gereiht (kein anderer paläarktischer Laubsänger ruft ähnlich). Zwei Gesangstypen: (a) Stereotypgesang aus 3-5 wiederholten Elementen wie »tia-tia-tia-tia«, »füitji-füitji-füitji-füitji« oder »wize-wize-wize-wize« (ähnlich Tannenmeise). Individuelle Erkennbarkeit der Männchen, welche 1-3 verschiedene Strophentypen singen. (b) Variabler Gesang erinnert an Goldhähnchenlaubsänger, Strophen aber kürzer, nicht so abwechslungsreich, oft durch leise »drr« oder »zrt«-Laute eingeleitet (ähnlich bei Zilpzalp) [1193N].

Verhalten. [u.a. 1195,767,1369]. Tagaktiv; zieht nachts. Hält sich mehr als andere Laubsänger an bodennahe Strauch- und Krautschicht und bewegt sich fast zaunkönig- oder rohrsängerartig. Singt von Warten, aber auch beim Huschen durch das Gebüsch. Nahrungserwerb im Gebüsch, selten auf dem Boden oder höher in Bäumen. Zur Brutzeit territorial; Reviere werden mittels Gesang bis zum Herbst verteidigt, auch während der Postnuptialmauser [1193]. ♂ haben stereotypen Gesang zur Reviermarkierung und variablen Gesang zum Anlocken der ♀. Gesungen wird am intensivsten, wenn ♀ fertil. Paarungssystem ist fakultative Polygynie (♂ mit 1-5 ♀), der Anteil außerpaarlicher Jungen im Nest ist hoch. ♂ bewachen ♀ aber nicht während und kurz vor der Eiablage wie verwandte Arten.

Mauser. **Postjuvenile Mauser** (Teilmauser) Juli–Mitte Aug./Mitte Sept.; einschließlich inneren Mittleren Armdecken [767,1369]. • **Postnuptialmauser** (Vollmauser) Juli–Aug./Sept., meist im Brutgebiet; ein Teil bei Zugbeginn aber nur mit erneuertem Körpergefieder [3771]. • **Pränuptialmauser** (Teilmauser) März–April im Winterquartier; Kleingefieder, Schirm- und mittlere ST [767,1369], selten vollständig [3771,140]; einj. ♀ mausern mehr ST als ältere ♀ [1195].

Phylloscopus trochilus – Fitis 13120

Phylloscopus trochilus (Linnaeus 1758) syn.: Fitislaubsänger

(GB) **Willow Warbler** (F) **Pouillot fitis** (E) **Mosquitero Musical**

Taxonomie. Drei UA: *trochilus* (Linnaeus 1758) (W-Europa, ME, S-Skandinavien), *acredula* (Linnaeus 1758) (N-Skandinavien, E-Europa bis Jenessej) und *yukatensis* Ticehurst 1935 (E-Sibirien). Der Fitis ist Schwesterart des Zilpzalp-Komplexes [1633].

Kennzeichen. [1369,3615,767,3772,221; weitere **Fotos** in Dutch B. **23**, 211-13, (*yakutensis*) Bird. W. **12**, 41, Dutch B. **13**, 68].

Maße. Gr.: 10.5-11.5 cm. Gew.: (GB, Frühj.-Zug) 6.5-11.8 g, $Ø_{644}$ 8.7 g, (N-D, Frühj.-Zug) 8.0-11.5 g, $Ø_{61}$ 9.1 g; (S-F, Herbst) Dekaden-Ø 8.4-10.5 g [erhebliche tageszeitliche Unterschiede, vgl. Tab. 96 in 1369]. Fl.spw.: 16.5-22 cm. Fl.l.: (ME) ♂ 65.5-71.0 mm, $Ø_{60}$ 68.5 mm, ♀ 60.0-67.0 mm, $Ø_{34}$ 62.8 mm [1369,767]. UA *acredula* ähnlich, aber mit längeren Flügeln [vgl. 3840,1530].

Status. Nominatform in ME verbreiteter und sehr häufiger Brut- und Sommervogel sowie sehr häufiger und regelm. Durchzügler und Rastvogel. Ausnahmsweise auch Winterbeob.; UA *acredula* in ME wohl regelm., (wenig) häufiger Gastvogel zu beiden Zugzeiten, aber im Feld nicht von Nominatform unterscheidbar.

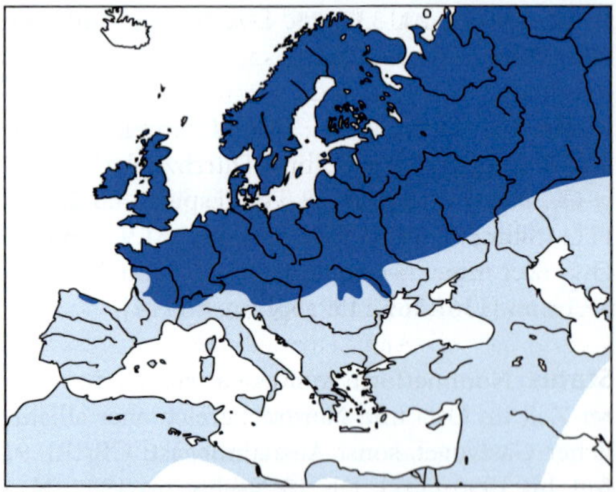

Phylloscopus trochilus – **Fitis**

Verbreitung und Bestand. Brutvogel der gesamten Paläarktis von W-Europa (NW-F, GB/IRL, N.) bis E-Sibirien (Anadyr-Becken, 175° E). S-Grenze des geschlossenen Areals in Europa Massif Central, N-Seite der W-Alpen, große Längstäler und E-Rand der E-Alpen (bis NE-SLN), N-H, UA., S-Ural (51° N); vereinzelt aber deutlich weiter S (z.B. NE-GR, N-KZ); ferner oberer Jenissej und N-Seite mittelasiatischer Gebirge bis ca. 53° N, ab Mittelsibirien S-Grenze bei 63° N und E Lena bei 65-66° N.

N-Grenze folgt polarer Waldgrenze und reicht bis an N-Küste Fennoskandiens und W-RUS, weiter E zwischen 67° und 70° N pendelnd. In ME Nominatform von Küste bis in N-Alpen weit verbreitet und meist sehr häufig, nach S hin aber in geringerer Abundanz, in Großer Ungarischer Tiefebene SE-SK. und H nur lokal auf feuchten Standorten, in CH nur bis N-Alpenzone, fehlt in Zentral-, S- und E-Alpen oder hier nur wenige Brutvorkommen. Höhengrenzen Riesengebirge bis 1350 (stellenweise bis 1600) m, Alpen bis 1500 m (sing. ♂ bis 1700 m, einzelne Brutnachw. 1700 und 1730) m ü.M. Europäischer Gesamtbestand zw. 56 – 100 Mio. BP (leicht rückläufig), mit Populationen > 2 Mio. in RUS (25-40 Mio.), S. (10-16), FIN (7-11). N. (2-10), F (1.5-7.5), D (1.7-2.8) und GB (2.1 Mio. BP); in ME etwa 4.2–7.2 Mio. BP [383].

Wanderungen. Langstreckenzieher (je nach Population 6.000–13.000 km); Winterquartier Afrika S 10° N von Feuchtsavannen N Äquator bis Trockenwälder und Dornsavanne S-Afrika. **Br. GB/IRL** ziehen über W-F, E./P bis W-Afrika (Elfenbeinküste, Ghana) [4064]; **Br. S-S.** (***trochilus***) ziehen SW über W-Mittelmeerraum bis Golf von Guinea, **Br. Mittel- und N-S.** (***acredula***) über E-Mittelmeerraum nach Zentral-, E- und S-Afrika [652]. **Br. FIN** meist S-SSE bis Zentralafrika, Zaire (dort meiste Ringfunde) [932], Uganda, Kenia, Simbabwe, Südafrika. **Br. Mittel- und E-Sibirien** zunächst W bis Ural, dann vorwiegend S bis E-Afrika; **Br. ME (nach E bis Weichselmündung)** SW über F, E., MA nach W-Afrika (Elfenbeinküste bis Nigeria). Dismigrationsbewegungen ME ab Mitte–Ende Juni (♀ dismigrieren früher und weiter als ♂) [2827]; eigentlicher Wegzug ab Juli–Aug.; Diesj. starten vor Ad., werden aber z.T. wieder eingeholt. Gesamtdz. ME etwa Mitte Juli–(Ende) Okt., wobei Dismigrationen in Wegzug oft ineinander übergehen, erste Zuggipfel daher mitunter schon Ende Juli, meist Anf. Aug., im SW und SE Dz.median erst Mitte bis Ende Aug.; Nachzügler bis Okt. [z.B. 322], CH bis 1. Nov.hälfte (Ausnahmebeob. Dez.–Jan.), NL Nachzügler ausnahmsweise bis Mitte Nov. Dz.max. NW-DZ Ende Sept./Anf. Okt. [134], erste Dz. in Trockengebieten S Sahara ab Mitte August, Anf.–Mitte Sept. wird frühestens der N des Überwinterungsgebietes erreicht; die Hauptmasse erreicht S-Afrika Mitte Okt. Heimzug beginnt im März, kann bis Anf. Mai dauern; März–Anf. April Dz. Savannen- und Sahelzone, Mitte März–Mitte Mai Dz. Küstengebiete N-Afrikas. Dz.gipfel auf Inseln W und zentrales Mittelmeer Pentade 24+25 (Ende Apr./Anf. Mai) [2504]. S- und SW-ME frühestes Ankömmlinge Anf. März (Extremdaten 27.–28. Feb.), regelm. Dz. CH ab (2.)3. Märzdekade, Höhepunkt Ende März–Anf. April, Einzug der Br. bis Ende April; Einzug der Br. W-D ab letzter Märzwoche, in GB, N- und E-ME ab Mitte April; Dz. D-HH z.B. Anf. April–Anf. Juni, Dz.median 28.4., doch i.d.R. zweigipfelig mit Höhepunkten Ende April und Anf. Mai, offenbar deutliche Unterschiede nach Geschlecht und Alter [890]. Dz.median Heimzug auf Helgoland 1961-93 signifikant um 8.3 d nach vorne verschoben [3987]. Tagesleistungen Wegzügler FIN Ø 85 km (max. in 7 d fast 250 km). Geburtsortstreue gering, bei ♂ offenbar etwas größer als bei ♀, Brutortstreue (♂ > ♀) dagegen hoch, ♂ ausgesprochen reviertreu.

Bestandsentwicklung. Lokal und regional deutliche kurzfristige Bestandsschwankungen (bis zu 50%) in Abhängigkeit von Klimabedingungen und Habitatveränderungen [1369]. Meist rascher Wiederaufbau von Populationen begünstigt durch hohe Nachwuchsrate.

	Best.	Areal	Brutbestand	Jahr	Quelle
A	+/-	=	20.000–40.000	1998–2002	[383]
B	↓	=	20.000–100.000	2000–2003	[383]
CH	↓	=	4.000–8.000	1998–2002	[383]
CZ	+/-	=	500.000–1.000.000	2000–2002	[383]
D	+/-	=	1.700.000–2.800.000	1995–1999	[383]
FL	+/-	=	30–60	1998–2000	[383]
H	⇧	+ 2	54.000–115.000	1999–2002	[383]
L	↓	=	8.000–12.000	2001	[383]
NL	↑	+ 1	450.000–550.000	1998–2000	[383]
PL	+/-	=	1.000.000–2.000.000	2000–2002	[383]
SK	+/-	=	400.000–600.000	1990–1999	[383]

Seit 19. Jh. teilweise Arealexpansion in N-Europa, sowohl klimabedingt als auch durch Veränderungen der Waldbewirtschaftung und günstige Habitatentwicklung [1369, auch friesische Inseln durch Gehölzpflanzungen, 834; vgl. auch 2393].
Nach Stabilisierungsphase [1369,2471] – lokal und regional bis heute anhaltend [1585,2772,196] – ab 1960er, bes. deutlich in 1970er J., lokale und regionale Einbrüche in Folge veränderter Waldnutzung sowie offenbar wegen erhöhter Verluste außerhalb der Brutgebiete [1369,196,2471,1803,2838, 2238; anhaltend stark in CH: 4152,3392,3393]; zwar häufig Umkehrung des Trends in 1980er J. [z.B. 2393, 2471,1803,375,3638], doch seit 1980er, zuweilen

ab Anf. 1990er J., gebietsweise erneute Abnahmen durch erhöhte Mortalität (bei meist unverändertem Bruterfolg) [q20,1855,2956,902,1179,2238; auch 323].
Meiste Populationen ME (bzw. Europas) langfristig jedoch stabil [334,2920,209,1585,1680,1507,1, 310]; in H (ebenso RO und SLN, vorübergehend in NL) sogar deutliche Zunahme und Arealausweitung [2438,3638].

Siedlungsdichte. Reviergrößen 0.6–0.7 ha, mind. 0.04–0.5 (Ø 0.14) ha; auf Kleinstflächen daher sehr hohe Dichten. Höchstdichten ME auf Flächen von 20–49 ha 25.5–10.3–8.4 (Ø 12.8), von 50–99 ha 12.3–7.0–4.7 (Ø 7.4), von > 100 ha 14.8–8.0–2.6 (Ø 6.5) Rev./10 ha. In Optimalgebieten Europas Konzentrationen von > 10-20 Rev./10 ha nicht selten [1507]. Auch von nichtbrütenden ♂ werden Reviere verteidigt [1738]

Gefährdungsursachen [1369,196,310,2471,1376, 2956,1179]. In ME Habitatverlust oder -verschlechterungen durch forstwirtschaftliche Veränderungen und andere menschliche Eingriffe sowie Sukzession in Brutgebieten (Ausdehnung des Fichtenanbaus auf Kosten von Niederwald und Moorgebieten, Trockenlegung von Feuchtgebieten, Verlust von Auwaldstreifen, Verbauung, Erschließung, Straßenverkehr).
Überlebensrate der Altvögel durch erhöhte Verluste auf Zug sowie in Winterquartieren in (1980er) 1990er J. z.T. stark verringert.

SPEC	VSchRL	Bern.Konv.	Bonn.Konv.
--	--	Anh. II	Anh. II
Europ. RL	RL in ME		
--	FL: 'EN', CH: 'NT'		

Schutzmaßnahmen. In Anbetracht der insgesamt (noch sehr) günstigen Bestandssituation kaum erforderlich, aber genereller Schutz unterholzreicher Auenwälder und bachbegleitender buschreicher Lebensräume sinnvoll; zudem genauere Untersuchungen zu Bestandsdynamik und Gefährdungsursachen (insbes. auf den Zugwegen und im Winterquartier) wünschenswert.

Biotop. Br. in lichten, aufgelockerten Waldbeständen, an Waldrändern und in durchsonntem Gebüsch, kaum dagegen in Baumbeständen mit dichtem Kronenschluss und geringer Entwicklung der Strauchschicht. Allgemeine Strukturmerkmale (vgl. Zilpzalp): Weitgehend einschichtiger Baumbestand mit genügend Lichteinfall, eine gut ausgebildete Strauchschicht und eine starke, weitgehend flächendeckende Krautschicht; breites Spektrum von trockenen bis feuchten und ausgesprochen nassen Standorten. Flächenbedarf oft noch geringer als beim Zilpzalp, daher auch auf kleinen Baum- und/oder Buschinseln. Besiedelt Niederwälder und Wälder mit geringer Baumhöhe, Kiefern- und Fichtendickungen, lichte Birkenwälder, Erlenbrüche, Weich- und Hartholzauen, gehölzbestandene Hochmoore und Heiden, Feldgehölze und Gebüschkomplexe ohne Bäume, dagegen nur selten Parks und Siedlungsbereiche (ausgenommen Ruderalflächen und Gebüschbrachen). Außerhalb der Brutzeit in ME bevorzugt in niedrigem Gebüsch, oft nahe am Wasser, auch im Röhricht, in einzelnen Weiden oder am Uferboden sowie am Strand.

Nahrung. Kleine Insekten und deren Entwicklungsstadien sowie Spinnen; Zusammensetzung stark vom Angebot bestimmt. Im Sommer und Herbst offenbar nur gelegentlich einzelne Früchte und Beeren. Ob Blütenbesuch im Frühjahr der Nektar- und Pollenaufnahme dient, ist noch unbekannt.

Stimme. Erregungsruf weich geflötet »hui« (sehr ahnlich *collybita* Zilpzalp, aber zumindest bei geringer Erregung erst in der zweiten Hälfte ansteigend; Kurzformen mit Zilpzalp zu verwechseln). Gesang abfallende, weiche Flötenstrophe (im Aufbau an Buchfinken erinnernd) wie »didi die die düe düe düe dea düe deida deida da«. Große individuelle aber kaum geographische Variation, benachbarte ♂ singen oft verschieden. Mischsänger Zilpzalp/Fitis kommen mitunter vor, deren Artzugehörigkeit meistens nicht bekannt, in überprüften Einzelfällen jedoch meistens Fitisse, in mind. einem Fall sicherer Bastard und 3 mal (als Zilpzalp bestimmt) mögliche Bastarde. Gesang regelm. bereits auf dem Heimzug, Abnahme der Gesangsaktivität während der Brutzeit (aber noch in der Fütterungszeit zu hören); gelegentlich Sommer- und Herbstgesang.

Verhalten. Tagaktiv, ausgesprochener Nachtzieher. Flattert hauptsächlich durch die Zweige, weniger unruhig als Zilpzalp. Fitis drückt Schwanz manchmal kurz nach unten; Zilpzalp schlägt ihn beim Umherhüpfen wie beim Sitzen sehr oft nach unten, oft unter teilweisem Spreizen der ST. Nahrungserwerb bei nasskaltem Wetter mehr pickend, bei warmem Wetter Verfolgung aufgescheuchter Insekten im Flug, Ablesen auch im Rüttelflug. Zur Brutzeit territorial. Reviergrenzen nicht immer scharf, können sich auch mit Nachbarrevieren überlappen; offenbar aber verschiedene »Reviertypen« [2745,1738]. ♂ sind oft polyterritorial und versuchen mehrere ♀ anzulocken. Erstes Anzeichen für Anwesenheit von ♀ im Frühjahr ist Häufung von »hüit«-Rufen. Balz mit Flügelvibrieren beider Geschlechter, aber auch stumme Imponierfluge mit schmetterlingsartigem Gleitflug. Kopulationsfrequenz relativ gering. Häufig fremde Junge im Nest (nicht vom Paar-♂). Vom Nest gescheuchte ♀ »verleiten«; ♀ am Nest unauffälliger als bei Zilpzalp und Waldlaubsänger. Interspezifische Territorialität mit Zilpzalp gelegentlich beob. Außerhalb der Brutzeit mitunter mehrere beisammen, doch insgesamt wenig artgesellig. Nach der Brutzeit Umherstreifen in kleinen Gruppen, schließen sich auch gemischtgeselligen Singvogeltrupps locker an.

Fortpflanzung, Brutbiologie [337,1369,767,1722, 1,1551,2745]. Geschlechtsreife wohl im 1. Lebensjahr. Meist monogame Brut- oder Saisonehe; Bigynie Ø bei 10% der ♂ nachgewiesen (in einzelnen J. in GB bis >40%), in N-S. sogar die Regel, Polygynie (bis zu 4 ♀) in Einzelfällen. **Ankunft im Brutgebiet.** Ab (Mitte) Ende März bis Ende April (in N-Europa 1 Monat später); ♂ 1-3 Wochen früher als ♀, Revierbesetzung kann > 2 Wochen dauern, bei nicht reviertreuen ♂ noch länger. Paarbildung innerhalb von Stunden nach Ankunft der ♀; Partnerwahl durch ♀, Balz erst einige d später. **Nest.** Nistplatzwahl durch ♀, zuweilen sogar außerhalb der ursprünglichen Reviergrenzen des ♂ möglich; meist auf, manchmal auch über dem Boden in/auf Gräsern, Kräutern; Bodennester oft in dichtem Bewuchs, aber etwas freier Raum vor dem Nesteingang. Ausnahmsweise höher (bis 4.8 m), auch abnorme Neststandorte bekannt. Nest backofenförmig, Überdachung vollständiger als bei Zilpzalp; äußere Schicht aus Laub, Gras und Moos, mittlere aus feinerem Grasmaterial, Innenschicht aus Federn (Ø 100-200, also weniger als bei Zilpzalp). Nur ♀ baut. Dauer 5-7 (3-8) d, 400-600 Anflüge sind nötig. **Legebeginn.** In ME ab (Ende April) Anf. Mai bis Juni; Nachgelege bis in den Juli. **Gelegegröße.** 4-8 (3-9); Kalendereffekt; Ø CH Mai_{47} 6.4, W-D Mai_{88} 6.1, $Juni_{32}$ 5.3, NL_{79} 6.6, D-BW_{60} 5.6, $FIN_{114,196}$ 6.2 bzw. 6.3, RUS_{175} 6.1 (Abnahme von Mai 6.5 bis Juli 5.0). Legeintervall 1 d. **Eier.** Stumpfelliptisch, glänzend, auf weißlichem Grund heller oder dunkler rostrot punktiert oder gröber gefleckt. **Brutdauer.** 12-14 d (10-17; Ø NW-RUS_{40} 12.8 d, FIN_{16} 13.2 d), Bebrütung ab (vor-)letztem Ei; nur ♀ brütet; Juv. schlüpfen innerhalb 1-2 d (je nach Bebrütungsbeginn ab letztem/vorletztem Ei). **Nestlings-/Führungszeit.** ♀ hudert bis ca. 4 d intensiv; beide füttern, ♂-Anteil variabel; bigyne ♂ wurden bei Fütterung an beiden Nestern beob. (aber nicht bei großem Nestabstand). Nestlingsdauer 12-14 (-16) d (Ø GB_{93} 13.2 d, FIN_{14} 13 d), bei Störungen auch nur 11 d (und weniger), aber erst nach > 13 d flugfähig. Juv. werden von beiden Ad. 2-3 Wochen betreut, dann Auflösung der Familie; zuweilen Geschwister aber noch länger zusammen. **Jahresbruten.** 1, Zweitbruten in ME selten belegt (in GB aber nennenswerte Anteile); Ersatzgelege bei Gelegeverlust. **Ende der Brutperiode.** Meist im Juli, selten noch Aug. **Bruterfolg.** In kleiner Stichprobe D ergaben 70% der Eier flügge Juv.; Nachwuchsrate 4.25 flügge Juv./Brut und J.; in FIN 34% und 55% Juv. bzw. 3.45 Juv./♀ und J., in D-BW 46.5% und 3.6 Juv./Brut und J., auf Jamal-Halbinsel RUS 55.8%; in Schottland in 3 J. 2.9-4.2 flügge Juv./brütendem ♂ und 2.7-3.9 pro brütendem ♀; in S. in 2 J. Erstbrüter Median 6 Juv./Brut, ältere Vögel 7; Hauptverluste durch Prädation, Witterung und Aufgabe.

Eimaße und –gewichte [1369]**:** L. 13.2-17.2 mm, B. 10.9-13.1 mm; Ø 15.4 x 12.3 mm (n=100, GB), Ø 15.3 x 12.2 mm (n=107, NL), Ø 15.2 x 12.2 mm (n=112, CS). Frischvollgew. 1.04-1.44 g, $Ø_{39}$ 1.22 g. Schalengew. 0.045-0.085 g, $Ø_{250}$ 0.061 g.

Sterblichkeit, Alter. Sterblichkeit für Br. Fennoskandien nach Ringfunden geschätzt 59–65 %/J., für GB/IRL 1962-94 Ad. 68 %/J., Erstjährige 76 % [3841,3589]. Durchschnittsalter einer Population PL ♂ 1.5, ♂ 1.4, FIN ♂ mind. 1.5 J. Ältester Ringvogel (D) 10 J. 3 Monate [3654], mehrfach > 7 J. **Generationslänge:** < 3.3 J. [383].

Mauser. **Postjuvenile Mauser** (Teilmauser) ab 3–5 Wochen, bis Mitte Aug./Anf. Okt. beendet; spät Geschlüpfte beginnen früher und mausern schneller [767]; einschließlich einigen Rand-, inneren Mittleren und einzelnen Großen Armdecken, unregelm. Schirm- und Steuerfedern [767,1369,1866]; Dauer ca. 40–60 d. • **Postnuptialmauser** (Vollmauser) Mitte Juni/Mitte Juli–(Ende Juli) Aug./Anf. Sept.; ♂ beginnen meist während Jungenaufzucht (bes. in N-Europa) und damit 10–15 d früher als ♀, die jedoch schneller als ♂ mausern [767,1369,3919,3449]; Mauserperiode von geografischer Lage und Ablauf/Erfolg des Brutgeschäfts abhängig, spät mausernde erneuern HS schneller;

Dauer ca. 30–45 d [1369,3919]; Schwingenmauser i.d.R. vor Zugbeginn abgeschlossen, Mauserunterbrechung (bes. in N-Europa, bei Spätbruten und bei ♀) kommt aber vor [767,1369,1866,1592,2828]. • **Pränuptialmauser** (Vollmauser) Ende Nov./Dez.–Feb./März (Anf. April); Dauer ca. 65–80 d [767,1369,3919,3142]; bei einigen Einj. wird Großgefieder vermutlich nicht ersetzt, ausnahmsweise kann Mauser sogar ganz unterbleiben [473].

Phylloscopus collybita – Zilpzalp 13110

Phylloscopus [collybita] collybita (Vieillot 1817) syn.: Weidenlaubsänger

GB (Northern) Chiffchaff **F Pouillot véloce** **E Mosquitero Común**

Taxonomie. Fünf oder sechs UA: *collybita* (Vieillot 1817) (ME, NW- und SE-Europa), *abietinus* (Nilsson 1819) (Fennoskandien, E-Europa), *brevirostris* (Strickland 1837) (Vorderasien), *caucasicus* Loskot 1991 (Kaukasus, NW-Iran) und *menzbieri* (Shestoperov 1837) (Turkmenistan, NE-Iran). Der Taigazilpzalp *Ph.[c.?] tristis* Blyth 1843 (Sibirien) ist vor allem im Gesang deutlich differenziert und könnte Allospeziesstatus erreicht haben (s. getrenntes Artkapitel), doch stehen detaillierte Untersuchungen in der großen Kontaktzone mit *abietinus* bisher aus.
Bildet Superspezies mit Iberienzilpzalp *P. ibericus* (s. eigenes Artkapitel), *P. canariensis* und *P. sindianus* [vgl. 1633].

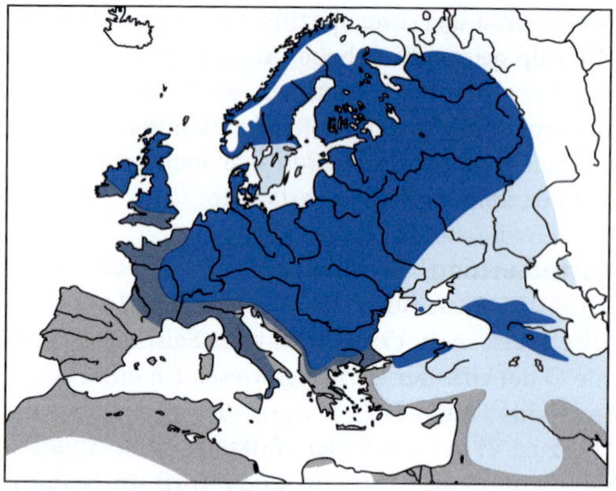
Phylloscopus collybita – **Zilpzalp**

Kennzeichen. Größendimorph [1369,3615,767,221,3772,712; weitere **Fotos** in Limic. **14**, 179, (*abietinus*) Dutch B. **13**, 37].

Maße. Gr.: 10-11 cm. Gew.: (D-ST, Brutzeit) ♂ 7-10 g, $Ø_{43}$ 8.2 g, ♀ 7-10 g, $Ø_{74}$ 8.4 g; bzw. (Nominatform, S-S.) $Ø_{30}$ 8.05 g, (*abietinus*, N-S.) $Ø_{30}$ 8.5 g. Fl.spw.: 15-21 cm. Fl.l.: (Nominatform) ♂ 57-63 mm, $Ø_{59}$ 59.7 mm, ♀ 55.5-62 mm, $Ø_{16}$ 58.8 mm bzw. (S-S., beide?) $Ø_{30}$ 61.05 mm; (*abietinus*) ♂ 58-67 mm, $Ø_{131}$ 63.0 mm, ♀ 55-63 mm, $Ø_{46}$ 58.4 mm bzw. (N-S., beide?) $Ø_{30}$ 65.7 mm [1369,767; weitere Maße z.B. 3842,1530].

Status. Nominatform in ME verbreiteter und sehr häufiger Brut- und Sommervogel, sehr häufiger und regelm. Durchzügler und Rastvogel; in SW- und W-ME regelm. Überwinterer in kleiner, aber wachsender Zahl (W-D, NL, B, auch CZ) [1722,277,2159].
UA ***abietinus*** (Fennoskandien) in NE-ME verbreiteter und häufiger Brutvogel, im übrigen ME regelm. (aber nicht häufig nachgewiesener) Durchzügler und Gastvogel zu beiden Zugzeiten (z.B. B, NL, N-D, H) [1677,869,2438,277], in NL auch als regelm. Überwinterer [277]; sonst nur Ausnahmegast, z.B. in • **SK.:** März 1899, Sept. 1955 [3882]. • **CZ:** Fängl. 1944 und 1990 [2159]. • **L:** mind. 4 mal von 1992-97 [1610].

Verbreitung und Bestand. Brutvogel von W-Europa (Iberien, GB/IRL, N.) bis W-Sibirien in borealer und gemäßigter Zone, ferner in Waldinseln mediterraner und subtropischer Gebiete der SW-Paläarktis. N-Grenze (*abietinus*) ca. 66° N in Fennoskandien (mit Vorposten bis > 70° N), RUS bis 69° N; S-Grenze des zusammenhängenden Areals in S-E., I, N-GR, UA., S-RUS (von W nach E 49-50° N). Ferner kleine Populationen Krim, Kaukasus und N-Anatolien (Pontisches Gebirge) sowie TN/DZ. In ME Nominatform von Küste bis in Montanstufe verbreitet und häufig; daneben UA *abietinus* in weiten Teilen PL. In Hochgebirgen geschlossen bis 1400–1500 m, Einzelbrutnachw. Tatra bis 1700 m, Alpen D-BY/A 1800 (1900) m, CH 1900–1950 (Brutverdacht 2060) m ü.M. In Europa brüten etwa zw. 30 – 60 Mio. BP (stabil), mit größten Beständen in RUS (1.2-20 Mio., einschl. *fulvescens*), F (3-15),

D (2.4-4), UA. (1.6-2.2) RO (1.0-1.6), PL (1-1.5) und CZ (0.8-1.6 Mio. BP); Brutbestand ME insgesamt etwa 7.0 – 11.1 Mio. BP [383].

Wanderungen. Br. W-Europa und ME Kurz- und Mittelstreckenzieher, in N-Europa mehr Langstreckenzieher. Hauptwintergebiet Br. Europa (*abietinus* und *collybita*) um Persischen Golf, um Mittelmeer, Oasen der Sahara, S davon im Gürtel der Trockensavanne und im Hochland E-Afrika. Weiteste Wanderungen erreichen in W-Afrika die Feuchtsavanne (bis 10° N), in Zentralafrika N-Kamerun bis SW-Sudan, in E-Afrika Uganda und N-Tansania. Ringfunde S Sahara: E. – Senegal; GB/IRL – Mauretanien, Senegal, Gambia, Mali; B – Mauretanien, FIN – Uganda [932]. Schwerpunkt der Überwinterung von *collybita* N Sahara; in W-Europa Hauptüberwinterungsgebiet bis N-E. und S-F, doch nach N zumindest einzelne bis in Bereich der Kanalküste wohl regelm. überwinternd; Gitterfeldbesetzung NL Winter 1978–83 Nov. 23 %, Dez. 11 %, Jan. 9 %, Febr. 10 %; D-RP Dez.–Jan. 1983-86 15 %; D-BW 1960-93 Winter 250 Zufallsbeob. [203], CH inzwischen regelm. in geringer Zahl überwinternd [z.B. 672]. Am Bod. regelm. Einzelne bis Dez., Überwinterungsversuche scheitern jedoch oft bei Kälteeinbrüchen/Schneelagen im Spätwinter [1617]; aus nahezu allen Teilen D Überwinterungsversuche bekannt; Jan./Feb.-Feststellungen nach N bis Schottland, S-S. Hauptwegzugrichtung nach E bis W-D SW–SSW, weiter E SSW–SSE (sogar einzelne SE), daher einzelne Br. ME bis EGY. Dismigrationen ab Ende Juni; eigentlicher Wegzug und Dz. ME Mitte Aug. bis Mitte oder Ende Okt. mit Gipfel Ende Sept.–Anf. Okt. [z.B. 322]; Dz.median Col de Bretolet CH 7.10. [1861]; nur wenige bleiben bis Ende Okt. im Brutgebiet. Nachzügler bis Nov./Dez., im SW auch noch mitunter Anf. Nov. lebhafter Dz. Wegzug von *abietinus* von Fennoskandien Anf. Sept.–Mitte Nov. Dz.max. NW-DZ Ende Nov. (von dort später 1 Wiederfang Orkney-Inseln) [134]. Erste Heimzügler SW-CH in bereits vereinzelt ab Ende Feb., meist um 10. März, Hauptmasse Ende März–Anf. April; mittlere Erstbeob. von 9 Serien D 7. März (D-BW) bis 7. April (D-MV), Extremdaten 25. Feb. bzw. 15. April; Dz. N-D bis Anf. Mai [z.B. 890]. Ankunft am Brutplatz in Leicestershire (GB) 1942-91 zunehmend früher (Ø Ankunft 19.3.) [2500]. Geburtsortstreue offenbar in manchen Populationen kaum nachzuweisen, Brutortstreue bei ♂ deutlicher als bei ♀, daneben ausgesprochene Rastplatz- und Winterquartiertreue.

Bestandsentwicklung. Zwar schon vor vielen Jh. in ME eingewandert, doch mehrere Hinweise auf anhaltende Arealausweitung und Auffüllung der Bestände bis in unsere Zeit [1369]. In D-SH wanderte Zilpzalp erst ab 1850 ein, Besiedlung DK begann Ende 19. Jh., schließlich auf friesischen Inseln etwa ab 1930er J., also Jahrzehnte nach Besiedlung durch Fitis [1369,834]. Entsprechende rezente Arealausweitung und Zunahme u.a. in IRL und N-GB [1369]. Inzwischen meiste »potenzielle« Bruthabitate in ME besiedelt, und Bestandsveränderungen (in Optimalbereichen recht gering) [3030,2471] meist auf natürliche Schwankungen und lokale Habitatveränderungen zurückzuführen. In S. allerdings anhaltende Ausbreitung der Nominatform nach N, während nordische *abietinus* rückläufigen Trend zeigt [q3]; Populationen derzeit noch etwa 500 km voneinander getrennt, in Zukunft aber Überlappung (und Genfluss) der genetisch deutlich verschiedenen Formen möglich [1531].

	Best.	Areal	Brutbestand	Jahr	Quelle
A	+/-	=	600.000–1.000.000	1998–2002	[383]
B	+/-	=	100.000–250.000	2001–2002	[383]
CH	+/-	=	350.000–400.000	1993–1996	[383]
CZ	+/-	=	800.000–1.600.000	2000–2002	[383]
D	+/-	=	2.400.000–4.000.000	1995 -1999	[383]
FL	+/-	=	400–600	1998–2000	[383]
H	+/-	=	520.000–720.000	1999–2002	[383]
L	+/-	=	25.000–30.000	2001	[383]
NL	⇧	+ 1	550.000–600.000	1998–2000	[383]
PL	+/-	=	1.000.000–1.500.000	2000–2002	[383]
SK	+/-	=	600.000–1.000.000	1990–1999	[383]

Derzeit überwiegen positive Trends (u.a. infolge Nutzungsänderung, Verbuschung) [1141,1615, 834,2920,884,2139,2393,3662,196,310] über negative (u.a. durch Habitatverlust, Veränderung der Waldstruktur, Störungen) [1855,55], doch viell. auch Kompensation der Rückgänge in 1970er J. durch Dürren in (mediterranen und) afrikanischen Winterquartieren [2471]. Fangzahlen der Beringungsstationen entsprechend ohne einheitliche langfristige Trends [209,2950,323], wie auch viele regionale Angaben [u.a. 1,1507,2896]. Bes. starke Zunahme derzeit allerdings in NL (auch B) durch Besiedlung neu bepflanzter Gebiete und verbesserte Brutbedingungen in der Strauchschicht (u.a. durch Eutrophierung) [375,3638,1585].

Siedlungsdichte. Reviergrößen in optimalen Habitaten 0.02–0.3 ha, meist Ø 0.7–1.5 ha, unter ungünstigeren Verhältnissen > 5 ha, max. bis > 8 ha. Höchstdichten ME auf Flächen von 20–49 ha 16.2–10.9–9.4 (Ø 11.5), von 50–99 ha 12.5–5.4–3.2 (Ø 7.4), von > 100 ha 7.1–5.0–3.0 (Ø 5.1) Rev./10 ha. In Optimalhabitaten ME zw. 5-15 BP/10 ha auf kleineren Flächen typisch [1507]. Großflächendichten (> 100 km^2) meist zw. 0.5-26.8 Rev./ km^2 [vgl. Tab. 42 in 337].

Gefährdungsursachen [1,196]. Derzeit keine Gefährdung gegeben. Verluste überwiegend natürlich bedingt; in Kulturlandschaft gingen durch Flurbereinigung und Intensivnutzung Bruthabitate verloren.

SPEC	VSchRL	Bern.Konv.	Bonn.Konv.
--	--	Anh. II	Anh. II
Europ. RL	RL in ME		
--	--		

Schutzmaßnahmen sind nicht erforderlich; eine ökologisch orientierte Forstwirtschaft mit Zielrichtung auf höheren Laubholzanteil, vielfältigere Alters- und Vegetationsstruktur, Pufferbereichen zu landwirtschaftlichen Nutzflächen und stärkerer Wasserrückhaltung würde Brutdichte fördern.

Biotop. Br. in Laub-, Misch- und Nadelwäldern mit viel Unterholz oder Jungwuchs, vorzugsweise durchlichtete Standorte ohne vollständigen Kronenschluss. In ME der ökologisch vielseitigste Laubsänger. Allgemeine Strukturmerkmale (vgl. Fitis): Baumschicht durch Vielschichtigkeit reich strukturiert, jedoch mit lückigem Unterstand und zumindest stellenweise gut entwickelter Strauchschicht; Krautschicht lückig bis flächendeckend; bevorzugt frische bis trockene (selten feuchte) Standorte. Sehr geringer Platzbedarf, daher genügen oft schon wenige einzeln stehende Bäume und Sträucher wie in Parkanlagen, Gärten und Gartenstadtzonen. Besiedelt ferner Bestandslücken oder Ränder in Hochwäldern und verschiedenste Waldstadien von Dickungen (Fichte) bis schwachem Baumholz (jedoch kaum geschlossenen Buchenwald). Auf dem Dz. oft in Wassernähe im Gebüsch (z.B. in als Br. gemiedenen Weidendickichten), aber auch in Kleingärten und Siedlungsbereichen. Im Mittelmeergebiet nicht nur in Wäldern, sondern auch in der Macchie und an röhrichtbewachsenen Gräben.

Nahrung. Kleine Insekten und deren Entwicklungsstadien, weitgehend vom Angebot bestimmt. Beeren und Früchte in ME seltener als Fitis, Dz. und Wintergäste im Mittelmeerraum dagegen häufiger; im Frühjahr auch Nektar und Pollen.

Stimme. Stimmfühlung meist einsilbig ansteigen »füid« (kürzer als bei *trochilus);* Warnruf scharf »fiet«. Junge im Hochsommer und Herbst unrein und gezogen »twiip«, »dji-e« (Kükenruf); Erregung »tret …« u.ä. Monotone Folge von Elementen, die in der Tonhöhe wechseln, wie »zilp zalp zilp zalp zelp zilp …«, dazwischen oft 2–5 harte »trrt trrt« eingeschaltet. Semi-/Subspezies *tristis* und *fulvescens* davon abweichend »tschiwi tschiiwi …« (»kolybit^{a}, kolybit^{a}, kolybit^{a}«) o.ä. Gesang hört in der Regel Mitte/Ende Juli auf; Mitte Aug.–Ende Sept. regelm. Herbstgesang.

Verhalten. Tagaktiv; Zug nicht nur nachts, max. beim Wegzug kurz vor und nach Sonnenaufgang. Singt auf Warten (meist unbelaubten Zweigen) oder in Bewegung. Sehr unruhig (Schwanzbewegungen vgl. Fitis). Nahrungserwerb durch Absuchen von Blättern in Flattersprüngen, kurzem Rüttelflug oder meisenartigem Hängen; vor allem auf dem Herbstzug, aber auch im Hochsommer, Nahrungssuche im Gras und über Wasser zwischen Pflanzen, aber auch über der offenen Wasseroberfläche (meist kleinerer Tümpel) im Flatter- oder Schwirrflug, Beuteaufnahme von der Wasseroberfläche im Rüttelflug, mitunter auch im seichten Wasser stehend. ♂ zur Brutzeit bevorzugt in höheren Schichten (hohe Sträucher, Kronenraum von Bäumen), ♀ in der Kraut- und Strauchschicht. Gemeinsame Nahrungssuche einzelner Ind. auch zur Brutzeit in neutralen Räumen. Zur Brutzeit territorial. Revier wird durch Gesang verteidigt. Partnerbewachung vor und während der Legephase (wahrscheinlich zur Vaterschaftssicherung). ♂ sind polyterritorial und versuchen mehrere ♀ anzulocken. Interspezifische Territorialität mit Fitis möglich. Balz ähnlich Fitis mit Flügelschlagen; vor der Begattung Gleitflug mit libellenartigem Schwirren.

Fortpflanzung, Brutbiologie [337,1369,767, 1722,1]. Geschlechtsreife im 1. Lebensjahr. I.d.R. monogame Saisonehe; Bigynie nicht außergewöhnlich, Trigynie in Einzelfällen; auch bei Rückkehr beider Partner Neuverpaarungen offenbar die Regel. **Ankunft im Brutgebiet**. In klimagünstigen Gebieten schon ab Feb./März, meist aber

Revierbesetzung erst (Ende März) Anf. April abgeschlossen; ♂ einige d, aber auch Wochen vor ♀; Balz und Paarbildung bald nach Ankunft der ♀. **Nest.** Nistplatzwahl durch ♀ (oft begleitet vom ♂); Neststand meist etwas über dem Boden (14-40 cm) in der Kraut- oder niedrigen Strauchschicht, bei schwacher Ausbildung auch auf dem Boden (vor allem bei Erstbruten). Nestträger u.a. Brombeere, Gras, junge Fichten, Brennessel, junge Laubgehölze, in Friedhöfen und Gärten auch in Efeu oder Thuja etc. Hochnester > 1m nur bei fehlender bodennaher Vegetationsschicht. Nest backofenförmiger, kugeliger Bau mit querovalem Eingang aus dürren Halmen, Grasblättern, Rispen, Moossprossen; dicke Innenauskleidung aus feinerem Material, fast immer auch mit kleinen Federn (Ø$_{22}$ 196 Einzelfedern); Nester von Zweitbruten oft etwas größer (und meist in Nähe der Erstbrutnester). ♀ baut allein 4-6 (-12) d, 1200-1500 Anflüge sind nötig. **Legebeginn.** In W-CH und D-BW frühestens Anf. April, meist (und in D) Mitte/Ende April, sonst meist ab Anf. Mai bis Juni; Zweit- und Nachgelege bis Juli, sogar Aug.; in NE-PL Anf. Mai bis Juli. **Gelegegröße.** 4-6 (-9) bei Erstbruten (Zweitbruten meist (2) 3-5); Kalendereffekt; Ø D-ST Erstgelege$_{170}$ 5.8, Zweitgelege$_{74}$ 4.5, CH 3. Aprildekade 5.6, 1.-2. Maidekade 5.6, 3. Maidekade 5.5, Junigelege 4.7, Rhl.$_{133}$ 5.5, NL$_{47}$ 5.1, D-BW$_{726}$ 5.4, FIN$_{25}$ (*abietinus*) 6.0, RUS$_{175}$ 6.1. Legeintervall 1 d. **Eier.** Stumpfelliptisch, glänzend, auf weißem Grund fein bis mittelgroß dunkelbraun bis schwarz gefleckt, hauptsächlich auf breiter Eihälfte. **Brutdauer.** 14-15 (13-16) d; Bebrütung ab (vor-)letztem Ei; nur ♀ brütet; Juv. schlüpfen innerhalb 1(-2) d. **Nestlings-/Führungszeit.** ♀ hudert; füttert großteils, ♂ oft erst ab 7.-8. d, ausnahmsweise ab 1. d (oft Anteil sehr gering). Nestlingsdauer 14-15 (16) d (bei Störungen deutlich früher). Juv. nach 17-19 d flugfähig; werden von beiden Ad. 10-14 d geführt (zuweilen in getrennten Trupps), sind mit etwa 25+ d selbständig. **Jahresbruten.** 2 (bei günstigen Verhältnissen z.B. 78% der BP; in N-Europa oft nur 1); Ersatzbrut bei Erstbrutverlust die Regel, bei Verlust der Zweitbrut nicht außergewöhnlich. **Ende der Brutperiode.** Meist im Juli, zuweilen im späten Aug. **Bruterfolg.** In CH/D (flügge Juv. in% der abgelegten Eier) 44-74% (auf Jamal-Halbinsel RUS 59%), Nachwuchsrate 2.3 – 4.0 flügge Juv./Brut und J.; in D-ST bei Erstbrut 3.4, bei Ersatz- und Zeitbruten 2.7 Juv.; Hauptverluste durch Prädation, Witterung und menschliche Einflüsse.

Eimaße und -gewichte [1369]: (Nominatform): L. 13.2-17.2 mm, B. 10.7-13.2 mm; Ø 15.4 x 12.2 mm (n=100, GB), Ø 15.1 x 11.9 mm (n=158, B), Ø 15.3 x 12.1 mm (n=159, L); (*fulvescens*): Ø 14.5 x 11.8 mm. Frischvollgew. 1.04-1.414 g, Ø$_{69}$ 1.149 g. Schalengew. 0.040-0.072 g, Ø$_{358}$ 0.057 g.

Sterblichkeit, Alter. Aus Ringfunden GB/IRL 1962-94 errechnet 88 % im 1. J. und 69% für Ad. [3589]. Höchstalter von Ringvögeln mind. 8 J.; 6 J. 10 Monate lebend kontrolliert. **Generationslänge:** < 3.3 J. [383].

Mauser. Postjuvenile Mauser (Teilmauser) ab 7–8 Wochen [2826], bis Sept./Ende Okt. abgeschlossen; umfasst meist alle Rand- und Mittlere Arm-, 2–7 (alle) Große Armdecken, z.T. 1–3 Schirm-, 1–3 (alle) Steuer- und unregelm. einzelne Schwungfedern [767,1369,3771,1866,2826,1291, 3449]; Dauer GB ca. 45 d [2826]. • **Postnuptialmauser** (Vollmauser) Ende Juni/Aug.–Mitte Aug./ Mitte Okt. (Anf. Nov.) [767,1369], abhängig vom Ende der 2. Brut; Großgefiedermauser (bes. ST) erfolgt rasch; Dauer ca. 30–45 d [1369,1356]. • **Pränuptialmauser** (Teilmauser) Ende Dez./Jan.–(Ende Jan.) Ende Feb. (März/Anf. April), aber wie Umfang variabel; umfasst meist Körpergefieder, einzelne Flügeldecken, z.T. 1–2 Schirmfedern und 1–2 ST [767,1369,3771,1866]; Mauser kann aber fast ganz unterdrückt werden oder auch Teile des Großgefieders umfassen (vor allem bei *abietinus* mit mehr Großgefiedermauser als *collybita*); in W-Afrika erneuern die meisten Einj. nach Ankunft im Winterquartier (ab Ende Okt.) auch die äußeren HS [2795].

Phylloscopus tristis – Taigazilpzalp 13113

Phylloscopus [collybita] (c.?) tristis (Blyth 1843) syn.: Sibirischer Zilpzalp

(GB) **Siberian Chiffchaff** (F) **Pouillot de Sibérie** (E) **Mosquitero Siberiano**

Taxonomie. s. Zilpzalp.

Kennzeichen. [3615,767,221,3772,712; **Fotos** in Bird. W. **10**, 70, **13**, 58/59, **14**, 51, **15**, 7, 98, **16**, 144, **17**, 98, 108, Brit. B. **94**, 14, Dutch B. **23**, 380, **26**, 71].

Maße. Gr.: 10-11 cm. Gew.: (SW-Sibir., Durchzügler, beide) 6.1-9.7 g, $\varnothing_{101}$ 7.4 g; (Afghan., Herbstzug) ♂ 7-9 g, $\varnothing_{9}$ 7.6 g, ♀ 6-7 g, $\varnothing_{4}$ 6.3 g. Fl.spw.: 15-21 cm. Fl.l.: (*fulvescens*) ♂ 57-67 mm, $\varnothing_{130}$ 61.5 mm, ♀ 55-62 mm, $\varnothing_{51}$ 57.5 mm; (*tristis*) ♂ 60-67 mm, $\varnothing_{39}$ 63.2 mm, ♀ 55-62 mm, $\varnothing_{17}$ 57.5 mm [767].

Status. In Europa Ausnahmegast, aber viell. oft übersehen, da im Feld (ohne Lautäußerungen) sehr schwer zu bestimmen und erst in jüngerer Zeit voll beachtet. Allj. in GB/IRL nachgewiesen, auch in Fennoskandien fast allj. und regelm. [767,337].
In ME sehr selt. Gastvogel, Nachweise betreffen meist W-sibir. Form *fulvescens*, doch Bestimmung oft nur als »*tristis*-Typ« möglich: z.B. **CH:** Dez. 1957, Okt. 1985, Apr. und Okt. 1992, Nov. (Fängl.) und Dez. 1994, Dez. 2000, Nov. 2002; ferner »*tristis*-Typ« Jan./Feb. 1996 sowie Dez. 2000 und 2001 [4152,q14]. • **NL:** 18 Nachw. Okt.-Dez. (Jan.) von 1985-2003, wahrscheinlich aber erheblich häufiger; z.T. mit Herbstgesang [277,q16]. • **B:** Nov. 1987, Okt. 1991, Nov. 1991 [1677]. • **L:** Fängl. Okt. 1984 [337]. • **D:** -MV 3 mal Okt. 1997 [575]; -Helgol. Okt. 1987, 2 mal Okt. 1990, sing. ♂ Apr. 1997, Nov. 1997 [575]; -SH Okt. 1988, Okt. 1990, Jan. 1992 [575]; -HH Okt. 1988, 2 mal Nov. 1992, Dez. 1996 [575]; -NI Okt. 1987 und 1993, Nov. 1994, Okt. bzw. Nov. 1995, Okt. 1997 [575]; -BB Okt. 1993, Okt. 1994 [1]; -NW Okt. 1993, Nov. 1994 [575]; -SL Nov. 1990, Fängl. Okt. 1993 [575] -BW Okt. 1994, Nov. 1997 [575]; -BY März 1995 [575]. • **PL:** > 22 Feststellg. bis 2000, Mehrzahl gefang./beringt, 4 mal auch *fulvescens* möglich [q13,3871]. • **SK.:** Nov.1899 [3882]. • **A:** Mai 1952 [1369]. • **H:** Nov. 1990, Okt. 1993, Sept. 1995 [2438].

SPEC	VSchRL	Bern.Konv.	Bonn.Konv.
--	--	Anh. II	Anh. II
Europ. RL	**RL in ME**		
--	--		

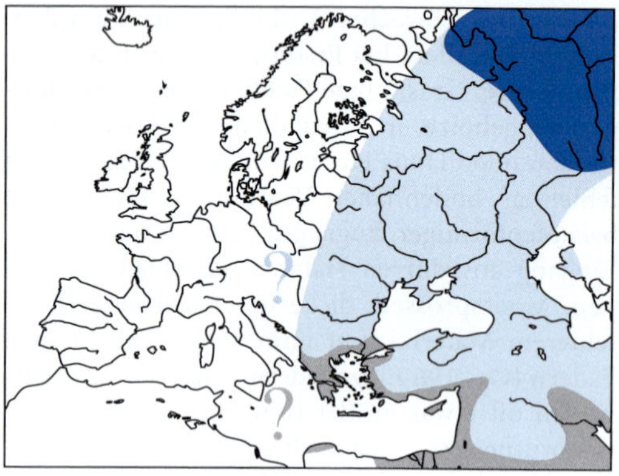

Phylloscopus tristis – **Taigazilpzalp**

Verbreitung und Bestand. Brutvogel vom Petschorabecken W-Sibiriens (UA *fulvescens*, viell. Mischform von *abietinus* und *tristis*) nach E bis Mittellauf Kolyma, 155° E im W-Teil der E-Paläarktis (*tristis*) [337]. N-Grenze in W-Sibirien 69–71° N, weiter E 69–72° N; S-Grenze N-KZ, Transbaikalien bei 62° N. Europ. Bestand auf Petschorabecken beschränkt; bisher keine (gesonderten) Bestandsschätzungen vorhanden [1585,383]. – Arealinseln von »Zilpzalpen« in Zentralasien (Sinkiang, Pamir, Hindukusch bis NW-Himalaya; Form *sindianus*) und E-Vorderasien (S-Turkmenien bis AR; Form *lorenzii*) werden neuerdings als **Bergzilpzalp** (*Ph. sindianus*) betrachtet [1633], der in ME noch nicht belegt ist.

Wanderungen. Langstreckenzieher. Hauptwintergebiet Br. E- und Mittelsibirien Nepal/Indien; Br. W-Sibirien Iran bis Arabische Halbinsel. Vgl. Angaben bei Zilpzalp.

Biotop. Nadelwaldtaiga Sibiriens, mit höchsten Dichten in Auwäldern (Weiden); viel weniger mit Laubbäumen und -büschen assoziiert als Zilpzalp.

Nahrung. Kleine Insekten und Spinnentiere. Im Herbst auch Früchte/Beeren.

Stimme. Ein von Zilpzalp abweichender rascher, weicher Gesang wie »tschi-iwi tschi-iwi ...« oder »suÍTsitsuÍTsiuwitssÍTsiuwÍts« oder »kolybit^{a}, kolybit^{a}, kolybit^{a}« (mit Betonung auf dritter Silbe). Rufe dünn, klagend »swii(e) « oder »wii(e)p«.

Phylloscopus ibericus – Iberienzilpzalp 13116

Phylloscopus [collybita] ibericus Ticehurst 1937 syn.: *Phylloscopus [c.] brehmii* Spanischer Zilpzalp

GB **Iberian Chiffchaff** F **Pouillot ibérique** E **Mosquitero Ibérico**

Taxonomie. Über den korrekten Artnamen bestand lange Unklarheit, doch inzwischen Gültigkeit von »*ibericus*« nachgewiesen [3774]. Zwei UA: *ibericus* Ticehurst 1937 (NW-E.) und *biscayensis* (P, S-E.) [vgl. 3305]. Bildet Superspezies mit *P. collybita*, mit dem durch schmale Hybridzone in SW-F und N-E. verbunden [vgl. 3303,3304,1635]. Weitere Mitglieder der Superspezies sind *P. canariensis* und *P. sindianus*.

Kennzeichen. [712,3188,3615,1369,3772,221 ; weitere **Fotos** in Bird. W. **12**, 141, **17**, 144, Brit. B. **93**, 559, Dutch B. **26**, 276].

Maße. Gr.: 10-11 cm. Gew.: ♂ 7.0-8.25 g, $\varnothing_5$ 7.7 g. Fl.spw.: 15-21 cm. Fl.l.: ♂ 59-64 mm, $\varnothing_{20}$ 60.7 mm, ♀ 54-59 mm, $\varnothing_7$ 57.5 mm [3615,3774].

Status. Außerhalb der Brutgebiete SW-Europas und N-Afrikas Ausnahmegast, in ME gelegentliche Nachw. singender ♂ (Art sonst feldornithologisch kaum anzusprechen), zuweilen auch Mischsänger *collybita-brehmii*. • **B:** Mischsänger Juni 1967, sing. ♂ Mai-Juni 1997 [1677,1369]. • **NL:** 13 Nachw. von 1967-2003 April-Juni (Juli), darunter mind. 1 Mischsänger (Apr.-Juni 1967); 1 ♂ 1990 wohl verpaart und brütend [277,337,q16,2712]. • **CZ:** sing. ♂ Riesengebirge 1992 [2159]. • **D:** jew. sing. ♂: -NI Mai 1991, Mai 1992 [575]; -MV Mai 1992; -BY Apr. 1999 sowie Mischsänger Apr.-Juni 1986 [2712, 575]; -BW Juni 1995 [575,1722], -SH Juni 1999 [575]. Noch nicht homologiert: B 2001, D-NI 2001 [q3].

Verbreitung und Bestand. Brutvogel von NW-Afrika über Iberien (bes. N-P und N-E.) bis SW-F [1507]; stabile Hybridzone mit Zilpzalp *collybita* in Pyrenäenregion NE-E. und S-F. Europäischer Gesamtbestand etwa 360.000-530.000 BP, entspr. >90% des Weltbestandes (Trend unklar) [383]; davon in E. 340-400 T., P 10-100 T. und F 10-30 T. BP [383]. Formen der Kanaren (*canariensis* und *exsul*) mit Bestand von 100.000-150.000 BP inzwischen als getrennte Art **Kanarenzilpzalp** *Ph. canariensis* betrachtet [1633,712], in ME nicht nachgewiesen.

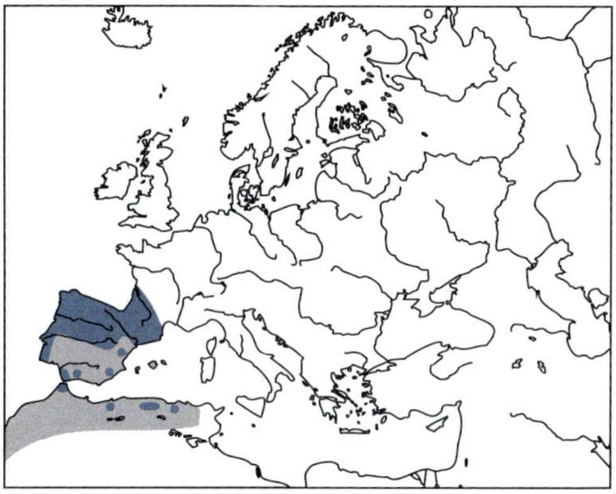

Phylloscopus ibericus – **Iberienzilpzalp**

SPEC	VSchRL	Bern.Konv.	Bonn.Konv.
E	--	Anh. II	Anh. II
Europ. RL	**RL in ME**		
--	--		

Wanderungen. Zieher oder Teilzieher [140], evtl. aber auch Standvogelanteil mit Überwinterungen in Tieflagen des Brutgebietes [192 und dortige Anmerkung des Editors]. Wegen schwieriger Unterscheidung vom Zilpzalp noch große Kenntnislücken. Einige Nachweise zur Zugzeit E-MA und Kanaren [3847], nach S bis Mali und Burkina Faso [707]. Einzelne Beobachtungen (Sommer; Gesangsaufnahmen) N des Brutareals [GB:192; vgl. auch 3774].

Nahrung und Biotop. Wie Zilpzalp.

Stimme. Stimmfühlung deutlich abfallend »pyi« oder »zieh«. Gesang aus 3 Elementen wie »*djep djep djep swüid swüid tettettet* ...«. Schlussteil kann an Fitis erinnern [vgl. auch 3188].

Mauser. **Postjuvenile Mauser** (Teilmauser) Juli–Aug.; wohl nur Körpergefieder [767]. • **Postnuptialmauser** (Vollmauser) Mitte Juli–Ende Sept., wahrscheinlich ähnlich Zilpzalp [767]. • **Pränuptialmauser** vermutlich nicht vorhanden [767].

Phylloscopus proregulus – Goldhähnchen-Laubsänger 12980

Phylloscopus [proregulus] proregulus (Pallas 1811)

(GB) **Pallas's (Leaf-)Warbler** (F) **Pouillot de Pallas** (E) **Mosquitero de Pallas**

Taxonomie. Monotypisch. Bildet Superspezies mit *P. chloronotus* (Himalaja), *P. kansuensis* (NW-China) und *P. forresti* (SW-China) [vgl. 2487]. Schwesterart ist der chinesische *P. yunnanensis* (Syn. *P. sichuanensis*).

Kennzeichen. [1369,3615,767,221,3772; weitere Fotos in Bird. W. **7**, 428, 438-39, **12**, 398, **13**, 404, Brit. B. **92**, 687, Limic. **8**, 188, **11**, 319, **17**, 147, 332, Dutch B. **21**, 291, **23**, 170, **24**, 120, **25**, 72, 418, 429].

Maße. Gr.: 9 cm. Gew.: (China, Durchzügler) ♂,♀ 5-7 g, $Ø_{35,15}$ 6.0 g. Fl.spw.: 12-16.5 cm. Fl.l.: (RUS) ♂ 50-57 mm, $Ø_{61}$ 53.0 mm, ♀ 47-52 mm, $Ø_{18}$ 48.6 mm [1369,767; vgl. auch 1194].

Status. In ME und W-Europa regelm., aber insgesamt seltener Gastvogel, in manchen Jahren fast irruptionsartiges Auftreten im Herbst; deutliche Zunahme der Nachw. seit ca. 1970 [337]; GB/IRL: 3 Ind. bis 1957, 343 Ind. 1958–85, 197 Ind. 1986–90; anhaltende Zunahme, z.B. > 180 Ind. 1994, größerer Einflüge nach NW-Europa zudem 1996 und 1997; inzw. keine berichtspflichtige Art mehr (ebenso in NL seit 1997, s.u.). Ferner in F 6 Ind. 1981–89; DK 0 vor 1966, ca. 80 Nachw. 1966–88, danach regelm.; S. 3 Ind. 1957, 15 mal 1961–75; danach regelm. Gastvogel, z.B. ca. 47 Ind. 1982, ca. 39–42 Ind. 1987, ca. 49 Ind. 1988; FIN 26 Ind. vor 1975, 201 Ind. 1975–88; LT Erstnachw. 1962; später mehrfach; sowie MA 1985, E. und M 1987, TN 1988 und später Beob. in Färöer, Kanalinseln, EST, LV, UA., Balearen, P, I und IL [337,3615].
In ME folgende Nachw.: in • **B:** erstmals Nov. 1971, bis 1997 insges. 58 Nachw. mit 61 Ind., meist Okt./Nov., ein Frühjahrsnachw. (31. März 1996) [1677,q15]. • **NL:** erstmals Nov. 1963, bis 1996 insges. > 90 Nachw. (fast alle zw. 1.10.-8.12.), ein Frühjahrsnachw. (Apr. 1988), eine Überwinterung (Jan.-März 1975); seit 1980 allj., ab 1997 nicht mehr berichtspflichtig (im selben J. weitere > 26 Ind.) [277,q16]. • **D:** An der Küste, vor allem aber in Helgol. spätestens seit 1980er J. allj. Gastvogel (Okt./Nov., selten Dez.); - Helgol. 5 Nachw. 1845-1926, 25 von 1966-90, > 60 von 1991-2001 (Einflug 1996 mit ca. 19 Ind.) [1369,869,3057]; -SH 9 mal 1963-97; -HH 11 mal 1968-98 (allein 5 Ind. 1997) [1369,575]; -NI 8 mal 1963-98 [1369,575]; -MV 2 Ind. 1974, sing. ♂ Mai 1996, Fang Mai 1997 [1369,575]; -NW 24.3.1988 [575]; -BY 20.3.1993 [575]; -BW Okt. 1993 [1722]. • **L:** Sept. 1990 [1610]. • **H:** Okt. 1996 [2438]. • **CZ:** Fängl. Okt. 1987 und 1996 [2159]. • **PL:** erstmals 1962, von 1965-82 fast allj., von 1986-97 unregelm., insges. ca. 20 Meldg., davon 1 mal Binnenland (Okt. 1981) [1369,q13,3871]. Noch nicht homologiert (?): H 2 mal 2000, CZ 2 mal 2000 [q3].

Verbreitung und Bestand. Brutvogel der Koniferenwälder Zentral- und E-Asiens in 2 durch Waldlücken getrennten Teilarealen: Hindukusch, Himalaya bis SW-China sowie N davon Sachalin, Heilungjiang und Amurland nach W bis Mittelsibirien und in SE W-Sibiriens (bis zum Ob); offenbar langfristig Arealausdehnung nach W. Kein europ. Brutvorkommen.

Wanderungen. Br. Himalaya und SW-China (*chloronotus* und *simlaensis*) sind Kurzstreckenzieher oder/und Altitudinalwanderer; *proregulus* Langstreckenzieher mit Winterquartier S-China, N-Vietnam, N-Thailand. Offenbar als Folge besonderer Wetterbedingungen (Hoch in Sibirien mit entsprechenden Windverhältnissen) mitunter eruptionsartige W-Wanderungen, deren Ausläufer N- und W-Europa erreichen [Diskussion ob Zugumkehr bei 3836]. Wegzug ab Aug.; Letztbeob. Mittelsibirien Anf. Okt., am SE-Rand des Areals bis Ende Okt.; Rückkehr in Brutgebiete E-und Mittelsibiriens meist erst ab Mitte Mai, an Arealgrenzen erst im Juni.

Biotop. In Nadelwäldern der mittleren und niederen Breiten der Ostpaläarktis, meist in Bergregionen, nach N auch in Tieflandtaiga.

Nahrung. Kleine Insekten und Spinnen sowie deren Entwicklungsstadien.

Stimme. Stimmfühlung hoch, fein und etwas nasal »djuii«, »siit«, »siüt«, »dvoit«, auch mehr metallisch »tschä-ii« oder »tsched-tsched (erinnert an Girlitz oder Birkenzeisig). Gesang laute, abwechslungsreiche, relativ lange, hastig vorgetragene Strophen mit ganz unterschiedlichen Elementen (erinnert an Waldpieper, hat aber auch Zaunkönig-ähnliche Abschnitte oder ähnelt dem Klingeln von Grünlingen). Typische Reihen als Strophenbestandteile sind z.B. »siwu siwu siwu ...« oder »titä titä titä« und mehr trillernde »tirrit-tirrit-tirrit« sowie einsilbige »tschi tschi ...«. Singt bereits ab März im Winterquartier bis Mitte Aug., schweigsam im Höhepunkt der Mauser, danach bis Ende Sept. singend.

Verhalten. Tagaktiv; zieht nachts. Sehr lebhaft; ähnelt im Nahrungserwerb den Goldhähnchen, z.B. Rüttelflug an äußeren Nadelzweigen, auch meisenartiges Hängen. Oftmaliges Zucken von Schwanz und Flügeln. Zur Brutzeit territorial. ♂ singen sehr laut von hohen Warten aus. Fluchtdistanz oft sehr gering.

Mauser. **Postjuvenile Mauser** (Teilmauser) Aug.-Sept.; Körpergefieder [767,1369]. • **Postnuptialmauser** (Vollmauser) Ende Juli–Aug./Sept. im Brutgebiet [767,1369]. • **Pränuptialmauser** (Teilmauser) März–April im Winterquartier; Körpergefieder und vermutlich einige (alle) ST [767].

Phylloscopus inornatus – Gelbbrauen-Laubsänger 13000

Phylloscopus [inornatus] inornatus (Blyth 1842)

GB **Yellow-browed Warbler** F **Pouillot à grands sourcils** E **Mosquitero Bilistado**

Taxonomie. Monotypisch. Bildet Superspezies mit dem Tienschan-Laubsänger *P. humei*.

Kennzeichen. [1369,3615,767,221,3772; weitere Fotos in Bird. W. **6**, 441-43, **7**, 428, **10**, 372, **14**, 51, **15**, 410, **17**, 97, Limic. **8**, 328, **9**, 341, **12**, 209, Dutch B. **21**, 368, **24**, 389].

Maße. Gr.: 10 cm. Gew.: (China, Durchzügler) ♂ 5.5-9.0 g, $Ø_{75}$ 6.0 g, ♀ 5.5-7.0 g, $Ø_{47}$ 6.0 g bzw. (Mandschurei) beide 6.6-7.5 g, $Ø_{10}$ 6.8 g. Fl.spw.: 14.5-20 cm. Fl.l.: (China) ♂ 55-60 mm, $Ø_{75}$ 57.0 mm, ♀ 51-57 mm, $Ø_{47}$ 54.0 mm [1369,767; vgl. auch 1194].

SPEC	VSchRL	Bern.Konv.	Bonn.Konv.
--	--	Anh. II	Anh. II
Europ. RL	**RL in ME**		
--	--		

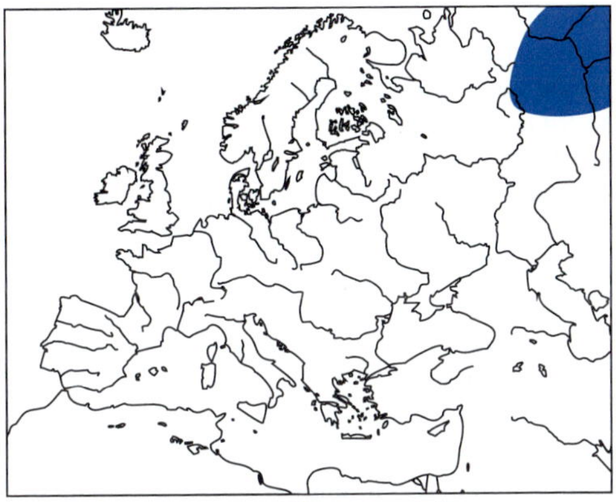

Phylloscopus inornatus – Gelbbrauen-Laubsänger

Status. In Europa häufigster sibirischer Laubsänger im Herbst, und regelm., mitunter irruptionsartig auftretender allj. Gastvogel; deutliche Zunahme der Nachw. seit ca. 1970 [337]; • GB/IRL allj. in größerer Zahl, nicht mehr berichtspflichtig [1369,277]. (Fast) allj. in 1990er J. in IS (mind. 23 Nachw. bis 1986), F (279 Ind. bis 1990), DK (3 Nachw. bis 1965, ca. 200 von 1966-88), S. 32 mal vor 1976, seither regelm. Gastvogel, max. pro Jahr 87 Ind. (1988), FIN (304 Ind. bis 1988), N., P und Färöer [3615]. In LT erstmals 1968, seither fast jährlich [1369]. Einzelne/mehrere Nachw. u.a. auch in EST, LV, E., MA, DZ, Libyen, M (mind. 25 mal bis 1986), I 1985), EGY, CY, GR, TR, IL, Kuwait, Madeira und Kanaren [337,3615].

In ME im Bereich von Ost- und vor allem Nordseeküste heute regelm., seltener Gastvogel; im küstennahen Binnenland deutlich seltener und im S (noch) Ausnahmegast (meist Sept.-Dez., auch Frühjahrsnachw.; Dez.-Nachw. allerdings fragwürdig, da früher keine Unterscheidung vom spät auftretenden Tienschanlaubsänger erfolgte); • **B:** erstmals 1967, bis 1996 insges. > 300 Nachw. mit > 350 Ind., allein etwa 50 Ind. 1986 [337,q15,1659]. • **NL:** mehrere 19. Jh., 65 Ind. 1900-68, 224 Ind. 1969-85, ab 1989 nicht mehr protokollpflichtig; seit 1967 allj., max. 105 Nachw. pro Jahr (1986) [277]. • **L:** jew. Okt. 1990, 1995, 2 mal 1996 [2407]. • **D:** Helgol. 428 Ind.

bis 2000 (max. 17 Ind. pro J., 2000) [869,2185]; -SH, -HH und -NI an Küste oder Nordseeinseln heute im Herbst allj. einzelne [1369,575,1659,2185]; -MV 13 Nachw. 1885-1998 [1369,575]; -BW 5, -BY 7 (darunter sing. ♂ Mai 1988), -TH 2, -NW und -SL jew. 1 anerkannter Nachw.; (Beob. in -SN und -BB gestrichen, ebenso -RP Fängl. Sept. 2001) [2185, vgl. noch 882,1659,1369,1]. In D deutliche Zunahme der Nachw. von 1.2 Ind./J. in 1950er J. bis 21.2 Ind./J. in 1990er J. [2185]. • **A:** -W Herbst 1836; -B Fang Okt. 1975; -St Sept. 1985 [1369,3129]. • **CZ:** März 1956, Aug. 1969, März 1983, Okt. 1996 [2159]. • SK.: Mai 1997 [3882]. • **PL:** ca. 50 Feststellungen bis 2000, meist Fänglinge an Küste, wenige im Inland [3871,q13]. • **CH:** je 1 Fängl. Okt. 1961, 1979, 1985, Sept. 1988 sowie Beob. Okt. 1992 und 2 mal Okt. 2003 [4152,q14]. • **H:** (2 Ind.) Okt. 1989, (dj.) Nov. 1989 [2438], anhängig (?) 1999, 2001 [q3].

Verbreitung und Bestand. Brutvogel der Taigazone in E-Paläarktis von Jakutien und Ussuriland in sich stark verschmälernden Keil W Ob bis N-Ural; N-Grenze in E-Sibirien bis 69–70° N, Ural noch 65° N; S-Grenze im E bis mind. 39° N, in W-Sibirien 57° N, W Ob bis > 64° N, im Ural unklar. Europäischer Brutbestand nur etwa 5.000-35.000 BP in RUS (Komi-Gebiet), Trend unklar [383,1507].

Wanderungen. Langstreckenzieher; Hauptwintergebiet Subtropen und Tropen SE-Asiens, nach W bis NE-Indien und Bangla Desh. Erreicht als häufigster sibirischer Gast Ost- und Nordsee im Herbst allj. (und weitere Randgebiete der W-Paläarktis zumindest gelegentlich einzeln), in manchen J. invasionsartig. Wegzug ab Ende Juli–Anf. Aug., Nachzügler bis ca. 20. Sept. Mediane des Auftretens im Ost- und Nordseebereich vom Baltikum bis GB Anf. Okt. W-Zug wird mit Witterungsbedingungen (u.a. Ostwinde aus Sibirienhoch) in Verbindung gebracht [Diskussion ob Zugumkehr bei 3836]. Einige der W-Vögel scheinen zumindest im Mittelmeerbereich den Winter zu überleben und nach N »heimzuziehen«. Heimzug im arttypischen Winterquartier beginnt ab letzter Märzdekade; Einzug in Brutgebiete Mai–Anf. Juni (in entferntesten Gebieten bis fast Mitte Juni).

Biotop. Br. in lichten Wäldern und Strauchdickichten unterschiedlicher Zusammensetzung, z.B. von Flussauen über Waldgesellschaften des Hügel- und Berglandes bis in Fichten-Tannen-Taiga; überwiegend jedoch in Laubwäldern. Dz. vor allem in Auwäldern, aber auch in anderen Gehölzen bis hin zu niedrigem Gebüsch am Strand, in Parks und Gärten der Städte.

Nahrung. Kleine Insekten und einige andere Invertebraten; im Kronenbereich oder in Strauchschicht aufgenommen.

Stimme. Stimmfühlung hoch und dünn, doch relativ laut ein- bis zweisilbige, geschwungene Pfiffe »tsuii«, »tsuiist, (erinnert etwas an Tannenmeise). Hoch und dünn in relativ kurzen Strophen, z.B. »zie ziewiest zieh« oder tsitsi-tsui itsui-it seee« u.a. (Klangfarbe und Höhe sehr ähnlich den Rufen, erinnert entfernt an Haselhuhn oder Goldhähnchen).

Mauser. **Postjuvenile Mauser** (Teilmauser) Juli–Ende Aug./Anf. Sept.; Körpergefieder und Randdecken, unregelm. einzelne ST [767,1369,1548]. • **Postnuptialmauser** (Vollmauser) Ende Juli–Aug. (Anf. Sept.) vor Wegzug [767]. • **Pränuptialmauser** (Teilmauser) Anf. März–Anf. April; Körpergefieder.

Phylloscopus humei – Tienschan-Laubsänger 13002

Phylloscopus [inornatus] humei (W.E. Brooks 1878)

GB Hume's Yellow-browed Warbler **F Pouillot de Hume** **E Mosquitero de Hume**

Taxonomie. Zwei UA: *humei* (W.E. Brooks 1878) (Gebirge im W Zentalasien) und *mandellii* (W.E. Brooks 1878) (E-Himalaja, Zentral-China). Formt Superspezies mit *Ph. inornatus.*

Kennzeichen. [1369,3615,767,221,3772,2420; weitere **Fotos** in Bird. W. **6**, 439-43, **7**, 412, **8**, 87, **10**, 413, **13**, 444, 447, **15**, 98, **16**, 405, 453, **17**, 97, 249, Brit. B. **91**, 492, **92**, 98-100, **96**, 598, Limic. **17**, 332, Dutch B. **19**, 35, **22**, 54, **23**, 168, 334, **24**, 343, **25**, 419, 430, **26**, 67].

Maße. Gr.: 10 cm. Gew.: (China, Durchzügler) ♂ 5.5-7.7 (8.8) g; $Ø_7$ 6.6 g, ♀ 5.0-8.0 g; $Ø_5$ 7.2 g. Fl.spw.:

16-20 cm. Fl.l.: ♂ 55-62 mm, Ø$_{32}$ 56.7 mm, ♀ 50.5-59 mm, Ø$_{20}$ 54.9 mm [1369,767].

Status. Nachw. in Europa geben noch kein vollständiges Bild, aus manchmal erst nachträglich bestimmten Nachw. sowie Deutungen von Meldungen (erst seit neuerer Zeit wird auf diese Art geachtet) kann nicht auf die relative Häufigkeit der Art im Verhältnis zu dem Gelbbrauen-Laubsänger (*P. inornatus*) geschlossen werden. Generell: »Häufungen« in manchen J.; größere Neigung zu längerer Verweildauer einschließlich Überwinterung sowie späteres Auftauchen als *inornatus* [337]. Nachw. betreffen u.a. GB 12 Ind. bis 1990, danach mind. 8 weitere [337,q3]. F 2 Ind. Nov. 1988, je 1 Ind. März/April bzw. Dez. 1989. DK Nov. 1987. S. 4 mal 1985-90. FIN Okt. 1982. Ferner I 1957, IL Okt. 1981 sowie N., TR, Irak [337,3615].
In ME viell. regelm., sehr seltener Gastvogel (aber früher keine Unterscheidung von *inornatus* und mögl. Fehlbestimmungen bei anderen *Phylloscopus*-Nachw. nicht auszuschließen). **B:** 6 Nachw. von 1981-94 (zw. Mitte Okt.-Ende Dez.) [337,277]. • **NL:** 27 Nachw. 1958-2003 – aber erst seit 1985 berücksichtigt; meist Mitte Okt.-Mitte Dez., 2 mal Mittwinter (1975, 2000), vollständige Überwinterung Dez. 1999 bis Mitte April 2000 sowie März 2000 und Feb.-Apr. 2001 [277,q16]. • **D:** Helgol. Fang Nov. 1990, Okt./Nov. 1996, Nov. 1996, Nov. 1998 [869,575]; -NW Feb.-Apr. 1992 [575]; (-BW Okt. 1974-Ende Feb. 1975 nicht mehr anerkannt) [1722]. • **A:** -V Nov. 1965, Nov. 1972; -W Sept. 1959 [1369,1617]. • **PL:** jew. gefang. Ad. Okt. 1975, Immat. Okt. 1995 [3871,q13].

Verbreitung und Bestand. Brutvogel von Nepal, NW-Indien, N-Pakistan, N-Afghanistan über Tadschikistan, Kirgistan, S-KZ, N-Sinkiang und Dsungarei bis Mongolei. Sym- und parapatrische Vorkommen mit *inornatus* im N des Areals. Kein europäisches Brutvorkommen [383].

Wanderungen. Zugvogel mit Winterquartier N- und Zentralindien, N-Pakistan, Afghanistan bis S-Iran; einzelne weiter W. Wegzug ab Anf. Aug.; Nachzügler bis Ende Okt.–Anf. Nov. in Mittelasien. Abzug aus Indien März–Mitte Mai; Ankunft in südlichsten Brutgebieten ab Ende März, nach N spätestens bis Anf.–Mitte Mai.

Biotop. Br. in lichten Bergwäldern bis zur Waldgrenze und in die Krummholzstufe, meist lockere Nadelwälder (Fichte, Tanne, Kiefer, Lärche), oft mit einzelnen Laubhölzern untermischt. Im reinen Laubwald nur gelegentlich.

Nahrung. Vor allem kleine bis sehr kleine Insekten, daneben auch Spinnen und kleine Schnecken. Beeren?

Stimme. Stimmfühlung meist deutlich zweisilbig und nach unten gezogen »tsel«, »tserrö«, »tsilip«, »wiil-ju« oder »wisu« (z.T. ähnlich Bachstelze; von *inornatus* deutlich, von *trochiloides* kaum verschieden). Hoch, durchdringend »ts tsiiiieeee« (erinnert an den kürzeren Flugruf der Rotdrossel); ferner rufähnliche Elemente, meist zweifach »visu visu«.

Verhalten. Tagaktiv; zieht nachts. Hält sich vom Boden bis in das Kronendach in den verschiedensten Vegetationsschichten auf. Zur Brutzeit territorial. Gesang nimmt nach der Verpaarung ab. Oft sehr wenig scheu.

Mauser. **Postjuvenile Mauser** (Teilmauser) Juli–Mitte Aug.; Kleingefieder [1369]. • **Postnuptialmauser** (Vollmauser) wird meist im Brutgebiet beendet, Ende Juni–Anf. Sept.; ein kleiner Teil erneuert Großgefieder indes erst im Nov./Dez. nach Ankunft im Winterquartier [1369,140]. • **Pränuptialmauser** (Teilmauser) März–April (Anf. Mai); Körpergefieder [767,1369,140].

Phylloscopus trochiloides – Grünlaubsänger 12930

Phylloscopus [trochiloides] trochiloides (Sundevall 1837) syn.: Grüner Laubsänger

(GB) **Greenish Warbler** (F) **Pouillot verdâtre** (E) **Mosquitero Troquiloide**

Taxonomie. Vier UA: *obscuratus* Stresemann 1929 (China), *trochiloides* (Sundevall 1837) (E-Himalaja), *ludlowi* Whistler 1931 (NW-Himalaja) und *viridanus* (Blyth 1843) (Zentralsibirien bis E-Europa). Da nur *viridanus* Weitstreckenzieher ist, dürfte nur diese UA in Europa auftauchen. Bildet Superspezies mit *P. nitidus* und *P. plumbeitarsus*.

Kennzeichen. [1369,3615,221,767,3772,3974; weitere **Fotos** in Bird. W. **7**, 348, **10**, 251, **16**, 319, 367, **17**, 322-23, Brit. B. **90**, 181, Limic. **11**, 194, **14**, 156, 202, Dutch B. **23**, 179-88, 376, **24**, 342, **25**, 278, 305, 382, Brit. B. **94**, 280].

Maße. Gr.: 10 cm. Gew.: (Afghanistan, Frühj.) ♂ 6.5-8.5 g, Ø$_{12}$ 7.4 g, ♀ 6.0-7.0 g, Ø$_{9}$ 6.3 g. Fl.spw.: 15-21 cm. Fl.l.: (RUS) ♂ 57-67 mm, Ø$_{151}$ 61.7 mm, ♀ 55-64 mm, Ø$_{59}$ 58.6 mm [1369,767; vgl. auch 1194].

Status. UA *viridanus* neuerdings regelm., lokaler Brut- und Sommervogel in N(E)-ME sowie gelegentlicher Sommergast weiter W mit einzelnen Brutversuchen (meiste sing. ♂ scheinen aber unverpaart zu bleiben, nur ca. 5% der Meldungen mit Brutverdacht/-nachw., Anteil aber steigend); derzeit Ausweitung des europ. Brutareals nach W. Gebietsweise regelm. Durchzügler und Gastvogel.
Nachweise bis W-Europa, z.B. in F je 1 Ind. 1963, 1973, 1985, 1987; in GB/IRL 199 Ind. bis 1990; DK 2 Ind. vor 1966, ca. 190 Ind. 1966–88; 1988 ca. 50 sing. ♂ und Brutverdacht im SE, ab 1993 Brutnachw., 1997 4 BP [1369,1422,q4]; N. erste sing. ♂ 1974 und 1978; 22 Meldungen bis 1989, Brutnachw. 1990 [1585]; S. Erstnachw. Aug. 1939; Zunahme seit 1952, Brutnachw. seit 1977, 1990 zw. 10-100 BP [337,1585]; FIN Brutbestand seit 1930er J. Zunahme und Arealausweitung, zuletzt 2.000-2.500 BP (1990-95) [1585]. LV 1. Nestfund 1933, 1.500-2.500 BP (1996-98), Zunahme und Arealausweitung.
In ME ursprünglich seltener Gastvogel, aber zunehmend häufiger beob.: **B:** 4 mal von 1987-96 (zw. 31.8-19.9.) [277,1677,q15]. • **NL:** erstmals Sept. 1965 (Ad., Totfund), danach 37 Nachw. bis 2003, meist Anf. Aug.-Anf. Okt., mehrmals sing. ♂, z.B. 1988, 1993, 1995, 1996, 1998, 5 ♂ 2000 (fast alle in NE-NL) erste Brut 2003 [277,q16]. • **D:** Helgol. einzelne Ind. und sing. ♂ schon 1878-80, ferner 1962 und seit 1987 allj. im Sommer und/oder Herbst, erfolgr. Brut (nur) 1990; max. 10 Ind. 2000 [1369,869,2088]; -SH 1-2 sing. ♂ ab 1955; -MV Brutversuch 1935, bis 1987 118 Nachw., u.a. 9 sing. ♂ 1965, 16 (1978), aber bis 1990 keine Hinweise auf Bruten [1369]; -ST seit 1993 Brutzeitvorkommen, -nachw. ab 1998 [927]. Einzelne sing. ♂ (bzw. Ind.) ferner in -HH (1960, 1963, 1966), -NI (nicht allj. seit 1954–57), -NW (1987), -RP Brutversuch 1962, -BW 6 mal seit 1959, -BY erstmals 1967, Böhmerwald seit 1979, max. 7 1989, -SN unreg. ab 1966, -BB 19 mal von 1950-96 [1369,337,1,1722,3667,4175]. • **A:** -Oö

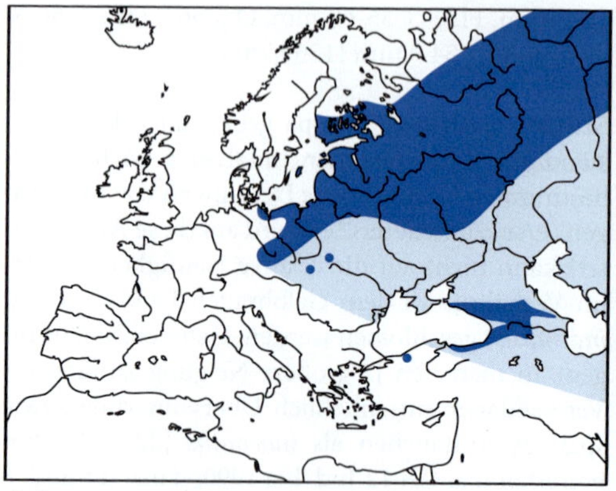

Phylloscopus trochiloides – **Grünlaubsänger**

♂ Juni 1997 (Beob. 1985 nicht anerkannt) [3092]. • **CZ:** erstmals sing. ♂. 1963, Brutnachw. seit Anf. 1990er J. [2159]. • **PL:** ca. 20 Nachw. bis ca. 1930; einzelne sing. ♂ ab 1932, seit 1945 jährlich mehrere im E und einzelne weiter W, erster Brutnachw. 1958, seit 1980er J. an verschiedenen Orten Bruten [1369,337,3871].
Ehemalige UA *nitidus* s. unter eigenem Artkapitel: **Wacholderlaubsänger** *Ph.[tr.] nitidus*.

Verbreitung und Bestand. Brutvogel der Taigazone vom Ochotskischen Meer E-Sibiriens bis zur Ostsee, N-Grenze bei 64-65° N, sowie Bergwälder der zentralasiatischen Gebirge nach S bis Himalaya. UA *viridanus* inzwischen Brutvogel in E-ME Mittelgebirgslagen sowie im Tiefland N-ME, bei anhaltenden Arealausweitungen in jüngster Zeit. Europäischer Gesamtbestand (*viridanus* + *Ph. nitidus*) 12 - 15 Mio. BP, Anteil *trochiloides* in RUS unklar, sonst Populationen > 2.000 BP nur in FIN (3-10) , BY (2-3), EST (1-5) und LT (1.5-2.5 T. BP) [383], in ME max. 300 sing. ♂ pro J., von denen derzeit aber nur etwa 20-150 (BP) brüten dürften [383].

Wanderungen. Langstreckenzieher; Hauptwinterquartier Indien; Wegzugrichtung Br. Europa daher SE (einige gelangen jedoch nach W in Nordseebereich und GB/IRL); Zugwege 4000–6000 km. Wegzug in Europa ab letzter Julidekade, bis Anf. Sept. langsam ausklingend; Dz.-Daten in W-Europa bis Mitte Okt. (Ausnahme bis Mitte Nov.). Wintergäste ziehen durch N-Indien Ende Aug.-Okt.; Heimzug ab März. Br. W-Sibiriens kommen Mitte–Ende Mai an Brutplätze zurück; früheste Ankömmlinge FIN Anf. Mai, Haupteinzug 20. Mai–Mitte Juni, Ankunft in S-S. meist erst

Anf. Juni; früheste Beob. D-MV Anf. Mai, meist aber erst ab 3. Maidekade. Winterquartiertreue nachgewiesen [3073].

Bestandsentwicklung. Seit Mitte 19. Jh. erhebliche Arealausweitung in RUS nach W, in 1930er J. erster Brutnachw. auf Kurischer Nehrung. Seither weitere Ausbreitung im Ostseeraum, dabei stärkere Vorstöße (»Einflugjahre« u.a. 1978, 1988, 1992) wohl in Zusammenhang mit klimatischen Veränderungen [1369,1507]. Bei immer häufigeren Vorstößen nach W konnte sich Grünlaubsänger vor allem im Baltikum und Fennoskandien festigen. Bestand in FIN inzwischen > 2.000 Revier-♂ [1369,1585]. In ME und Teilen E-Europas aber nach wie vor Brutnachw. selten; meist blieben revieranzeigende ♂ unverpaart; hoher ♂-Überschuss aber auch weit innerhalb des Brutareals typisch [1507]. Inzwischen ist Grünlaubsänger allj. Sommervogel in N- und E-PL [seltener in anderen Regionen, q13], mit wachsender Sesshaftigkeit [3867,3871] sowie an Küste D-MV [1369,2031,2772], im Bayerischen Wald/Böhmerwald und im Riesengebirge [3362,1160]. Schließlich mehren sich auch in anderen Regionen ME (sowie S. und Baltikum) seit 1980er J. Vorstöße und Ansiedlungsversuche, z.B. auch im Vogtland D-SN [1369,3822]. Expansion nach W zum einen durch bessere klimatische Bedingungen erklärbar, dabei fördern wärmere Maitemperaturen eine Zugprolongation dieses E-Ziehers; zudem Habitatwandel zu fichtenreichen Wirtschaftswälder wichtig [1369,1507].

	Best.	Areal	Bestand (sing. ♂)	Jahr	Quelle
CZ	N	N	5–10	2000–2002	[383]
D	N	N	5–10	1995–1999	[383]
PL	↕	F	0–30	2000–2002	[383]
SK	N	N	10–100	1994–1999	[383]

Erste Brutnachw. in Helgoland 1990 [869,2088] und im Riesengebirge CZ 1992 [1157], wo Bestand in 1990er J. auf 25-30 sing. ♂ angewachsen und offenbar mehrere Brutnachw. pro Jahr [1159]. Weitere rezente Brutnachw. in N. 1990, DK 1993 [1422,1585] sowie im Harz D-ST seit 1998 (1-4 BP), in Sächsischer Schweiz -SN 1999 [4000,106,927], in Sudetenland PL 2002 [3871]; ferner Meldungen aus mehreren weiteren Regionen D [453]; erfolgr. Brut in NL 2003 [q16]. In D, PL (1997 auch mind. 20 sing. ♂ im Raum Danzig) [q3] und CZ gilt Grünlaubsänger inzwischen als etablierter, da allj. Brutvogel [383, 204,2159,3871,1159].

Siedlungsdichte. Dichtewerte in Europa recht gering, bes. am W-Rand der Verbreitung, in RUS sind 1-5 sing. ♂/km^2 typisch [1507].

SPEC	VSchRL	Bern.Konv.	Bonn.Konv.
--	--	Anh. II	Anh. II
Europ. RL	**RL in ME**		
--	CZ:'VU', D: 'R'		

Verlustursachen, Schutzmaßnahmen. Außer natürlichen Ursachen sind keine bedeutenden Verlustfaktoren bekannt, Schutzmaßnahmen daher derzeit nicht erforderlich.

Biotop. Br. in Nadel-, Misch- und Laubwald, zumindest mit Gruppen höherer Baumkronen, sing. ♂ vor allem an Waldrändern und Lichtungen in dichten Baumbeständen, mitunter auch in Parks und Gärten; Br. FIN vor allem in hochwüchsigen Fichtenwäldern auf produktiven, etwas feuchten Standorten.

Nahrung. Kleine Insekten und deren Entwicklungsstadien, kleine Spinnen und Mollusken.

Stimme. Stimmfühlung zweisilbig (2. Silbe meist deutlich tiefer) scharf »tsi-e« »tji-e« »zilep« (ähnlich Bachstelze); Warnruf leise »trrr« oder »psiu« (ähnlich Schafstelze); Erregung »psi« (♂ am Brutplatz). Gesang hastige Folge komplizierter Elemente mit schnellem Tonhöhenwechsel, einleitend 3-4 »zia zia zia« (erinnert an Baumpieper oder Tannenmeise), dann klapperndes Schnarren (wie Zaunkönig, Erlenzeisig) und am Schluss weicher Triller (an Grünling oder Kanarienvogel erinnernd); alles sehr rasch vorgetragen, großes Repertoire an Elementen; Kurzstrophen erinnern z.T. sehr an Tannenmeise, oder nur ein Triller. ♂ singen mehrere Strophentypen, die aus Elementblöcken neu kombiniert werden. Dialektbildung und individuelle Erkennbarkeit der ♂. Verpaarte ♂ singen bis Ende Juni, unverpaarte vereinzelt bis Juli. Im indischen Winterquartier territorial, bei Ankunft Gesang vorübergehend beobachtet.

Verhalten. Tagaktiv; zieht nachts. Lebt hauptsächlich auf Bäumen; Gesang frei auf dem Wipfel sitzend oder gedeckt von den höchsten Zweigen; singt gelegentlich bei der Nahrungssuche auf niedrigem Gebüsch, mitunter auch im Flug. Nahrungserwerb im Hüpfen und mit kurzen Flügen von Blättern meist von unten nach oben; manchmal auch kurzer Rüttelflug [vgl. 1194]. Zur Brutzeit territorial, lockere Geselligkeit auf dem Zug.

Fortpflanzung, Brutbiologie [1369,767]. Geschlechtsreife im 1. Lebensjahr. Monogame Saisonehe. **Nest.** Nest am oder bis 70 cm (gelegentlich > 1 m) über dem Boden, durch Vegetation gut geschützt, meist in einer Höhle, Nische, Geländestufe oder Abbruchkante, unter Steinen, umgestürzten Bäumen, im Wurzelwerk etc.; Nest i.d.R. groß, überdacht, ganz aus Moos oder mit eingebauten Halmen (z.B. Dach), kleinen Wurzeln, Blättern, innen mit feinerem Material, auch Haare, Dunen, Federn; mit Seiteneingang. Außendurchmesser 70-120, -höhe 70-150 mm, Eingangsloch 35-45 mm. ♀ baut. Dauer 4-7 d. **Legebeginn.** Im Baltikum (Ende Mai) Anf./Mitte Juni bis Anf. Juli; später im Juli Ersatzgelege. **Gelegegröße.** 3-7; Tien Schan$_{44}$ 4.7, Karelien$_{35}$ 5.9. Legeintervall < 1 d. **Eier.** Breitoval, matt, weiß, ohne Flecken. **Brutdauer.** 12-13 d; ♀ brütet allein. Bebrütung ab (vor-) letztem Ei. **Nestlings-/Führungszeit.** ♀ hudert, beide füttern, Anteil des ♂ variiert. Nestlingsdauer 12-14 (16) d. Nach Ausfliegen werden Juv. noch 2 Wochen geführt, selbständige Nahrungsaufnahme aber schon nach ca.1 Woche. **Jahresbruten.** 1. Ersatzgelege. **Bruterfolg.** Im Tien Schan Schlüpferfolg bei 64 Nestern mit 288 Eiern 96% bzw. aus 70 Nestern 73% mit flüggen Juv. (wohl Überschätzung, nach Mayfield-Methode geringer ?); Hauptverluste durch Prädation und Störungen durch Menschen.

Eimaße und -gewichte [1369]: L. 14.2-16.4 mm, B. 10.4-12.5 mm; Ø 15.3 x 11.9 mm (n=15, RUS); Frischvollgew. 1.22-1.27 g, Ø$_5$ 1.25 g; Schalengew. 0.055 g.

Sterblichkeit, Alter. Generationslänge: < 3.3 J. [383].

Mauser. Postjuvenile Mauser (Teilmauser) Mitte Juli–Ende Juli/Aug.; wohl nur Körpergefieder [767]. • **Postnuptialmauser** (Teilmauser) setzt oft während Brutgeschäft ab Ende Juli ein, bei Teil aber vermutlich erst im Winterquartier; Abschluss bis Ende Nov. [767,1369]; Kleingefieder, innere Schirm- und meist mittlere Steuerfedern. • **Pränuptialmauser** (Vollmauser) Feb./Anf. März–Ende März/April [1369]; Dauer ca. 70 d.

Phylloscopus nitidus – Wacholderlaubsänger 12910

Phylloscopus [trochiloides] nitidus (Blyth 1843)

(GB) Green Warbler **(F) Pouillot de genévriers** **(E) Mosquitero Verde**

Taxonomie. Monotypisch. Bildet Superspezies mit *P. trochiloides* und *P. plumbeitarsus*.

Kennzeichen. [1369,3615,221,3772,767,3974; weitere **Fotos** in Bird. W. **11**, 381, Brit. B. **91**, 56, Dutch B. **23**, 179-88].

Maße. Gr.: 10-11 cm. Gew.: ♂ 7-9 g, ♀ 6.5 g. Fl.spw.: 16-19.5 cm. Fl.l.: ♂ 60-68 mm, Ø$_{26}$ 64.4 mm, ♀ 55-65 mm, Ø$_{16}$ 61.4 mm [1369,767].

SPEC	VSchRL	Bern.Konv.	Bonn.Konv.
--	--	Anh. II	Anh. II
Europ. RL	RL in ME		
--	--		

Status. Nicht zuletzt wegen schwieriger Bestimmung dieser und nahe verwandter Formen bisher in Europa außerhalb des Brutareals bisher kaum nachgewiesen, anerkannt sind: GB 1 Ind. Sept./Okt. 1983 Scilly-Inseln sowie IL Okt. 1987, in UA. und Kuwait [3615,767]; ferner in ME D: Helgol. 1 Ind. erl. Okt. 1867 [337,1369].

Verbreitung und Bestand. Brutvogel vom Kaukasus nach W bis NE-TR, nach E bis Elburs-Gebirge. Europäischer Brutbestand (AZ, TR und RUS) unklar, Gesamtbestand inkl. *Ph. trochiloides* 12 – 15 Mio. BP, stabil [383].

Wanderungen. Zugvogel; Hauptwinterquartier SE des Brutareals Indien und Sri Lanka; Nachw. einzelner Dz. Libanon, IL, W-TR.

Biotop. Im Kaukasus von den Vorbergen bis auf 3000m NN, in Lichtungen oder am Rande von Wäldern aller Art; besonders gerne im Kronenbereich von Birken und Espen. Außerhalb der Wälder auch in Feldgehölzen, Parks, Dickichten und subalpinen Weiden.

Nahrung. Kleine Arthropoden, aufgenommen vom Boden bis in den Baumkronenbereich sowie im Flug.

Stimme. Stimmfühlung und Erregung mehr oder minder deutlich zweisilbig »zäwif«, »tschiwi« oder »zilip, psiew« (stelzenähnlich), mitunter fast dreisilbig. Gesang mit deutlich größerem Frequenzumfang als Grünlaubsänger. Laute, etwas geräuschhafte und hastig vorgetragene Strophen, etwa »zidezide zide« oder »tschaizäzä-tschäizäzä« oder »zilezilezi«. Anfang erinnert im Aufbau an Seidenlaubsänger, Ende an Tannenmeise.

Mauser. **Postjuvenile Mauser** (Teilmauser) Juli–Aug./Sept. [767,1369]; zumindest Körpergefieder [767]. • **Postnuptialmauser** (Teilmauser) Mitte Juli–Sept. [767], einschließlich Schirmfedern und selten mittleren ST. • **Pränuptialmauser** (Vollmauser) Jan./Feb.–Mitte März/April [767,1369].

Phylloscopus plumbeitarsus – Middendorff-Laubsänger 12920

Phylloscopus [trochiloides] plumbeitarsus Swinhoe 1861

GB Two-barred (Greenish) Warbler

F Pouillot à pattes sombres

E Mosquitero (Troquiloide) Patigrís

Taxonomie. Monotypisch. Bildet Superspezies mit *viridanus* und *trochiloides*; im Überlappungsbereich mit *viridanus* (Sibirien E Jenissej) keine Hybridisierung [722].

Kennzeichen. [3615,221,3772,767,3771,3974; weitere **Fotos** in Bird. W. **9**, 397, **14**, 338, **15**, 422, **16**, 35, 367, Brit. B. **94**, 282-85, Dutch B. **14**, 9].

Maße und Gewicht ähnlich *trochiloides*: Gr.: 10-11 cm, Fl.l.: 53.5-63 (64) mm [3772,3771].

Status. Ausnahmegast in Europa, mit Nachw. u.a. in GB: 1 diesj. Ind. Okt. 1987, 1 Ind. Okt. 1996; S.: Ad. gefang. Juli 1991, 1 Ind. Okt. 1999 [277,3973]. Zwei Nachw. in ME bisher: • **NL:** 1 diesj. Ind. gefang. Sept. 1990, 1 Ind. (ursprl. als Wanderlaubsänger anerkannt!) Okt. 1996 [277,q16,3973].

Verbreitung und Bestand. Brutvogel der Taigazone E-Sibiriens E Jenissej bis Pazifikküste, nach S bis Mongolei und NE-China. Kein europäisches Brutvorkommen. Überwinterungsgebiete liegen in SE-Asien.

Stimme. Stimme sehr ähnlich Grünlaubsänger, aber Rufe voller und deutlicher zwei- oder auch dreisilbig »tsi-z'li«. Gesangsstrophen ebenfalls ähnlich Grünlaubsänger, im Mittel aber etwas tiefer, länger und weicher [3772].

Phylloscopus borealis – Wanderlaubsänger 12950

Phylloscopus [borealis] borealis (J.H. Blasius 1858) syn.: Nordischer Laubsänger

GB Arctic Warbler **F Pouillot boréal** **E Mosquitero Boreal**

Taxonomie. Zwei UA: *borealis* (J.H. Blasius 1858) (inkl. »*talovka*«, »*transbaicalicus*«, NE-Europa bis NE-Sibirien) und *kennicotti* (S.F. Baird 1869) (Alaska). Bildet Superspezies mit dem bioakustisch [2480] und molekular [A.J. HELBIG] deutlich differenzierten *P. xanthodryas* (JAP).

Kennzeichen. [1369,3615,767,221,3772; zur Unterscheidung von *borealis* und *trochiloides:* 817,46; weitere **Fotos** in Bird. W. **5**, 142, **8**, 196, **9**, 341, **13**, 351, 393, **15**, 408, Brit. B. **90**, 184, **93**, 576, Dutch B. **13**, 231, **19**, 259, **23**, 178-88, 334, 389, **24**, 58, 342, **25**, 337, Limic. **10**, 335, **12**, 208, **18**, 194].

Maße. Gr.: 10.5-11.5 cm. Gew.: (China, Dz.) ♂ 9-15 g, Ø$_{45}$ 11.0 g, ♀ 6.0-7.0 g, Ø$_{25}$ 10.0 g. Fl.spw.: 16.5-22 cm. Fl.l.: (RUS) ♂ 63-72 mm, Ø$_{102}$ 67.2 mm, ♀ 59-65 mm, Ø$_{43}$ 62.4 mm [1369,767, vgl. auch 1194].

Status. In W- und M-Europa seltener Gastvogel (Ausnahme GB/IRL mit 231 Ind. bis 1996), meist im Herbst (Sept./Okt.), z.B. in DK erstmals 1988, F 6 Ind. bis 1990, BG 1 mal 1987, M je 1 Fängl. 1987, 1988, ferner einzelne I, GR, Gibraltar [337,277,3615].

SPEC	VSchRL	Bern.Konv.	Bonn.Konv.
--	--	Anh. II	Anh. II
Europ. RL	RL in ME		
--	--		

In ME in **L:** 1 sing. ♂ 1974 [1369]. • **B:** (Beob. 1985 gestrichen) anerkannt jew. diesj. Ind. Sept. 1995, Sept. 1996, Okt. 1997 [1677,q15]. • **NL:** Totfund ♂ Nov. 1935, nachfolgend fast ausschließlich Fängl., diesj. Ind. Sept. 1976, Okt. 1980 und 1982, Sept. 1989, 3 Ind. Sept./Okt. 1991 (1 beob.!), diesj. Ind. Okt. 1996, jew. Sept. 1997, 1998 und 2 mal 2000 [277,q16]. • **D:** (> 10 Nachw. gestrichen); Helgol. Okt. 1854, Fang (2 ♂) Juli 1938, Fang ♀ Aug. 1970, 2 Ind. Aug./Sept. 1989, Aug. 1991, 2 Ind. Sept. 1993, Okt 1995, Aug. 1997, Juni 2001 [1369,575,869]; -TH 1 Fängl. (♂) Aug. 1986 [1369]; -NI Fängl. (diesj.) Aug. 1996 [575]. • **PL:** 1 immat. Fängl. Sept. 1986, sing. ♂ Mai 1993 [3871].
Noch nicht homologiert: NL 4 Ind. 2001 [q3].

Verbreitung und Bestand. Brutvogel in W-Hälfte Alaskas und in Eurasien von Tschuktschen-Halbinsel, Kamtschatka und JAP nach W bis Fennoskandien (kleine Brutvorkommen in N-N. und N-S. sowie FIN); N-Grenze in Eurasien zwischen 68° und 75° N, S-Grenze in Europa ca. 61°30' N, in W-Sibirien 58–59° N. Europäischer Gesamtbestand 4.5 - 8 Mio. BP, > 99% in RUS (Bestandstrend unbekannt), sonst nur in FIN größere Population mit 2-5 T. BP, in N. und S. nur jew. 10-100 BP [383].

Wanderungen. Langstreckenzieher; Winterquartier für alle Populationen ostasiatische Tropen. Wegzug Br. W-Paläarktis zunächst E, dann in China nach S. Zugweg skandinavischer Br. bis 13.000 km. Wegzug ab Mitte Aug. Dz. W-Sibirien 1.–2. Sept.dekade. Ankunft an Brutplätzen in Mittelsibirien Ende Mai, Skandinavien nicht vor 12. Juni.

Biotop. In Subarktis bis Waldgrenze an 10°-Juli-Isotherme. Typischer Bewohner von Auwäldern mit Erlengebüsch oder Birken-, Weiden- und Pappelbeständen; daneben auch in Nadelwäldern und gelegentlich an spärlich bewachsenen Hängen und in Rhododendron-Dickichten.

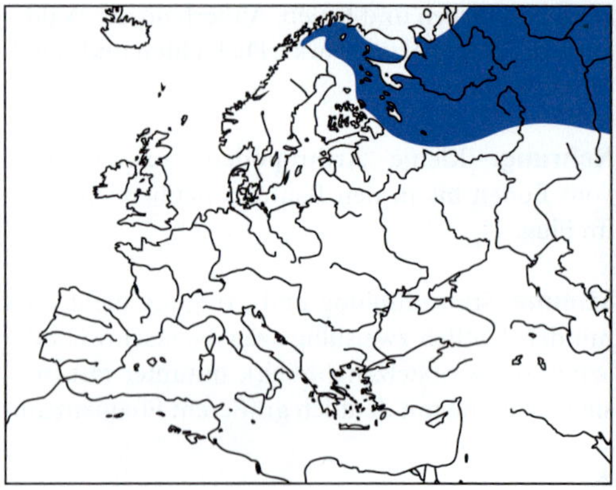

Phylloscopus borealis – **Wanderlaubsänger**

Nahrung. Kleine Insekten und andere Invertebraten.

Stimme. Stimmfühlung unrein »dziit« oder »drzt«, auch kurz »zit« und geräuschhafter »tzrit«, auch zweisilbig »dsit dsit« (ähnlich Wasseramsel); Warnruf ratternd »drr-drr…«. Gesang klappernde Schwirrstrophe, geräuschhaft (klingt härter und klappernder als *sibilatrix,* erinnert je nach den Umständen an Klappergrasmücke oder Zaunammer), etwa »dererererererer …« oder trillernd »dürürürür …«, Umschreibungen auch »pit pit tyll-yll-yll-yll-ill-ill-ill-yll-yll…«, »tsi-tsi-tsi…«- oder auch »tsche-tsche-tsche…«; klingt oft etwas rasselnd. ♂ können mehrere Strophentypen singen. Gesangsaktivität vor Heimzug im März bis zur Mauser Ende Juli.

Verhalten. Tagaktiv; zieht nachts. Hält sich vor allem in der oberen Strauchschicht von hohem Gebüsch auf, doch auch gerne im Kronenbereich. Singt auf gedeckten Warten. Nahrungserwerb als Suchjagd oder im kurzen Rüttelflug im Laub (ähnlich Waldlaubsänger oder Fliegenschnäpper). Zur Brutzeit territorial; auf dem Dz. einzeln oder in losen kleinen Gruppen.

Sterblichkeit, Alter. **Generationslänge:** < 3.3 J. [383].

Mauser. **Postjuvenile Mauser** (Teilmauser) Mitte Juli–Aug.; Kleingefieder, selten ST 1 [767,1369,3882,3050]. • **Postnuptialmauser** (Teilmauser) Mitte Juli–Aug. (Sept.); Kleingefieder, oft einzelne Schirm- und variable Anzahl Steuerfedern; Dauer 25–30 d [767,1369,3882,3050]. • **Pränuptialmauser** (Vollmauser) Ende Jan./Mitte Feb.–Mitte März/Mitte April [767,1369].

Phylloscopus coronatus – Kronenlaubsänger 12860

Phylloscopus [coronatus] coronatus (Temminck & Schlegel 1847)

GB Eastern Crowned (Leaf) Warbler **F Pouillot de Temminck** **E Mosquitero Coronado**

Taxonomie. Monotypisch. Bildet Superspezies mit japanischem *P. ijimae*. Der Kronenlaubsänger ist mit *P. occipitalis* (Himalaja-Gebiet) nicht näher verwandt [3074,2875], mit dem (und ggf. weiteren Taxa) er lange zu einer Superspezies vereinigt wurde [3565,995].

Kennzeichen. [1369,767,3615,3772; **Fotos** in Bird. W. **15**, 424-27, **16**,34, Dutch B. **24**, 379].

Maße. Gr.: 11 cm. Gew.: (Brutzeit, ♂) 8.7-10.9 g bzw. (Herbstzug) 9-12 g. Fl.l.: ♂ 60.5-68 mm, ♀ 57-61.5 mm [1369,767].

Status. In W-Paläarktis Irrgast mit nur einem einzigen Nachw.: **D:** Helgol. Okt. 1843 1 Ind. erlegt (Beleg aber verschollen) [1369].

Verbreitung und Bestand. Brutvogel E-Sibiriens vom Argun über Amurgebiet nach S und E bis E-Mandschurei, Ussuriland, Sachalin, Korea, JAP, und davon getrennt in SW-China (Sichuan).

Wanderungen. Zugvogel; Oberwinterungsgebiet Indochina nach W bis Bangla-Desh, nach S bis Malaysia, Sumatra, Java; Dz. Hongkong, Taiwan.

Stimme. Stimmfühlung ziemlich hart »tju«, auch durchdringend »swiii-iit«; Warnruf Nestbezirk laut »wiwiwi…«. Gesang volle Strophe »tewiju tewiju tewiju tswi-tswi zuii«, die ersten Elemente melodisch, die letzten geräuschhaft schwirrend und rau, fast quietschend (ähnlich einem sehr feinen Rülschen des Grünlings): Kurzform etwa »pitschu pitschu wii« oder tschijib tschijib – dsche(i)h«.

Mauser. **Postjuvenile Mauser** (Teilmauser) Juli–Sept.; umfasst einige oder alle Große Armdecken, bisweilen Schirmfedern und ST [140]. • **Postnuptialmauser** (Voll-, z.T. Teilmauser) Ende Juni/Juli–Aug. im Brutgebiet [1369,140]. • **Pränuptialmauser** (Teil-, z.T. Vollmauser) Ende Feb.–Mitte März; einschließlich zumindest einigen (allen) Schirmfedern und ST [1369,140].

Familie Megaluridae – Grassänger

Kleine röhrichtbewohnende, rohrsängerähnliche Insektenfresser mit breiten, deutlich gerundeten Schwänzen und sehr langen Unterschwanzdecken. Gesänge oft insektenartig, überwiegend nachts vorgetragen. Fortbewegung meist am Boden hüpfend und – wie Mäuse - laufend (auch auf Halmen), nicht kletternd wie Rohrsänger. Geschlechter weitestgehend gleich.

Die Familie umfasst folgende Gattungen *Locustella* und *Bradypterus* (zum Teil), die nach mtDNA- und nuklearen DNA-Befunden [940,274] in ihrer bisherigen Abgrenzung nicht monophyletisch sind, *Megalurus, Cincloramphus, Schoenicola* [274] und wahrscheinlich eine Reihe weiterer, bisher nicht molekular untersuchter Gattungen vor allem im australisch-pazifischen Raum (z.B. *Trichocichla, Chaetornis, Gramnicola, Eremiornis, Megalurulus*) [vgl. 3565]. Gesamtartenzahl derzeit unklar. Auf Alte Welt (inkl. Australasien) beschränkt. Übersicht über paläarktische Arten [140].

• Gattung *Locustella* (Kaup 1829)

Basierend auf mtDNA-Sequenzen [940] zwei recht divergente Gruppen:

- ***certhiola*-Gruppe**: *fasciolata, amnicola, pryeri, ochotensis* (inkl. *pleskei*), *certhiola*
- ***naevia*-Gruppe**: *fluviatilis, luscinioides, lanceolata, naevia.*

Zur *naevia*-Gruppe gehören nach dieser Untersuchung auch die bisher zu *Bradypterus* gestellten Arten *tacsanowskius* und *castaneus* und somit wahrscheinlich alle südasiatischen »*Bradypterus*« (dieser Gattungsnahme gilt dann nur noch für afrikanische Arten)

Locustella certhiola – Streifenschwirl 12330

Locustella certhiola (Pallas 1811)

GB Pallas's Grasshopper Warbler **F Locustelle de Pallas** **E Buscarla de Pallas**

Taxonomie. Vier UA: *rubescens* Blyth 1845 (N-Sibirien), *certhiola* (Pallas 1811) (Transbaikalien bis E-Sibirien), *sparsimstriata* Meise 1934 (SW-Sibirien-Transbaikalien) und *centralasiae* Sushkin 1925 (NW-China, Mongolei). Der Streifenschwirl ist mit dem Middendorffschwirl *L. ochotensis* (Ochotskisches Meer bis Hokkaido) und dem (molekular nur schwach differenzierten) Inselschwirl *L. pleskei* (Ussurien, Korea, S-JAP), nächstverwandt [940] und wird gelegentlich mit beiden zu einer Superspezies vereint [3565, vgl. aber 1369]. Das Ausmaß behaupteter Hybridisation zwischen *certhiola* und *ochotensis* in der schmalen Sympatriezone am Ochotskischen Meer bleibt aber genauer zu bestimmen.

Kennzeichen. [1369,3615,767,221,3772; weitere **Fotos** in Bird. W. **7**, 345, **8**, 379, **9**, 338, **11**, 388, **14**, 337, 382-84, Dutch B. **24**, 388, 397, **25**, 376, 405].

Maße. Gr.: 13.5 cm. Gew.: (Durchzügler, China) ♂ 14–20 g, Ø$_6$ 16.0 g, ♀ 11-20 g, Ø$_4$ 16.0 g; (Mongolei, Juni) ♂ 14-18 g, Ø$_9$ 17.0 g, (Amur, Juni) 12.5-14.5 g, Ø$_9$ 13.9 g; (Winter, Malaysia) Ø$_{77}$ 14.2 g. Fl.spw.: 16-19.5 cm. Fl.l.: ♂ 59-72 mm, Ø$_{84}$ 66.7 mm, ♀ 61-68 mm, Ø$_{26}$ 64.5 mm [1369,767].

Status. In Europa *rubescens* aus N-Sibirien Ausnahmegast mit einzelnen Nachw. zw. 10. Sept. und 12. Okt. (1 mal 26.10.) [277] in N. 4 Ind., u.a. 1986 und 1988; GB/IRL 15 Ind. bis 1996 [337,277]; F 1 Ind. Aug. 1987 [337,1369].
In ME ebenfalls nur sehr selten nachgewiesen, u.a. in **B:** je 1 Fängl. Sept. 1989, Sept. 1997 sowie Sept. 1999 [1369,1677,277]. • **NL:** jew. diesj. Ind. gefang. Okt. 1991, 2 mal Sept. 2002, Sept. 2003 [277,q16]. • **D:** Helgol. diesj. Ind. Leuchtturmopfer Aug. 1856 [1369]. • **PL:** 1 immat. ♀ gefang. Sept. 1989 [3871].

Verbreitung und Bestand. Brutvogel in E-Paläarktis von E-Sibirien nach W bis Zusammenfluss von Irtysch und Ob; N-Grenze etwa 64° N im E und 62° N im W, S-Grenze N-China und E-KZ. Nah verwandte Formen im Hinterland des Ochotskischen Meeres und Kolyma-Becken, Amurland und Ussurien. Kein europäisches Brutvorkommen.

Wanderungen. Langstreckenzieher; Wintergebiet Vorder- und Hinterindien und einzeln bis Große Sundainseln. Wegzug Sibirien bis (Mitte) Ende Aug.–Ende Sept.; Heimzug ab Anf. Mai; Ankunft sibirische Brutgebiet Ende Mai–Anf. Juni (bis Mitte Juni).

Biotop. Br. in dichten Gras- und Seggenfluren auf nassen Standorten bis in die Krummholzzone, vor allem in verbuschten Überschwemmungsgebieten von Flüssen. Dz. auch in schütterer Vegetation.

Stimme. Gesang nicht typisch schwirlartig, ein tiefes, abfallendes und rollendes »tirrrrr«, dann zögernd einsetzende, sich beschleunigende und lauter werdende »pik« oder »zek«, die den aus meist zweisilbigen Elementen bestehenden Zwitscherteil einleiten; dieser mitunter mit weithin hörbaren melodischen »schwi-wi-wi« oder »djü-djü-djü« (erinnert an Baumpieper) abgeschlossen. Gesang im Flug oder von Warten. Dialektbildung. Rufe rohrsängerartig »täk-täk«, auch »t(sch)irr«. Gelegentlich Gesang im Winterquartier.

Verhalten. Tagaktiv, Nachtzieher. Kann zu allen Tageszeiten singen. Singt oft auf niedrigen Warten, auch völlig frei sitzend. Läuft und schlüpft ähnlich wie andere Schwirle. Zur Brutzeit territorial. Gesang zur Reviermarkierung. ♂ gegen Reviereindringlinge extrem aggressiv.

Mauser. **Postjuvenile Mauser** (Teilmauser) setzt kurz nach Flüggewerden ein, bis spätestens Dez. beendet [767]. • **Postnuptialmauser** (Teil- oder Vollmauser) Juli/Aug.–Nov. [767]; neben Kleingefieder- z.T. auch Schwingenmauser, Umfang von Population abhängig [767,3771]. • **Pränuptialmauser** (Voll- oder Teilmauser, von Population abhängig) Feb./März–Mitte April/Anf. Mai [767]; Dauer 50–60 d.

Locustella lanceolata – Strichelschwirl 12350

Locustella lanceolata (Temminck 1840)

GB Lanceolated Warbler **F Locustelle lancéolée** **E Buscarla Lanceolada**

Taxonomie. Zwei UA: *lanceolata* (Temminck 1814) (NE-Europa bis Kamtschatka) und *hendersoni* (Cassin 1858) (Sachalin bis JAP).

Kennzeichen. [1369,3615,767,221,3772; weitere Fotos in Bird. W. **7**, 385, **8**, 16, **10**, 389, **11**, 255, 387, **14**, 336, Dutch B. **21**, 231, **22**, 9, 319, **23**, 227, **24**, 388, 397].

Maße. Gr.: 12-12.5 cm. Gew.: (Heimzügler, China) ♂$_4$ 14–15 g, ♀$_3$ 13-14 g; (Sommer, Sibir.) ♂$_5$ 11-13 g, ♀$_4$ 10.8-11.3 g. Fl.spw.: 13-16.5 cm. Fl.l.: ♂ 52-60 mm, Ø$_{35}$ 55.9 mm, ♀ 53-59 mm, Ø$_{11}$ 55.3 mm [1369,767].

Status. In N- und W-Europa abseits GB sehr seltener Gastvogel im Herbst mit einzelnen Nachw. in F 2 Ind. 1986, 1 Ind. Okt. 1990; DK je 1 Ex. 1932, 1935, 1943; N. 1 Ind. 1980; Sept. 1982 1 N Bäreninsel; S. je 1 Ind. 1939, 1988, 1990; ferner in FIN einschl. sing. ♂ 1993 [767]; YU 1 Ind. 1907 [337,3615]. In GB 70 Ind. bis 1996 und seit Mitte 1980er J. fast allj. Gastvogel, meist auf Fair Isle [277];

SPEC	VSchRL	Bern.Konv.	Bonn.Konv.
--	--	Anh. II	Anh. II
Europ. RL	RL in ME		
--	--		

In ME Ausnahmegast (bisher nur in NW), u.a. in **B:** 1 diesj. gefang. Sept. 1988, jew. diesj. Ind. Okt. 1991, Okt. 1994, Okt. 1996 und 2002 [1369,1677,277]. • **NL:** ♂ Leuchtturmopfer Dez. 1912, ♀ tot Sept. 1958, diesj. Fängl. Sept. 2002 [277,q16]. • **D:** Helgol. je 1 Leuchtturmopfer Okt. 1909, Sept. 1920 und Okt. 1979 sowie diesj. Ind. Okt. 1993 [1369,575].

Verbreitung und Bestand. Brutvogel der E-Paläarktis von Pazifikküste einschließlich N-Hälfte JAP in schmäler werdendem Keil nach W bis Ural und im E europäisches RUS (Onega-Fluss, Komi-Region); N-Grenze Kolyma ca. 68° N, Ural ca. 60° N, S-Grenze N-Korea, S Baikalsee, NW Altaivorland. Europäischer Brutbestand etwa zw. 50.000-100.000 BP, entspr. < 5% des Weltbestandes (Trend unbekannt) [383].

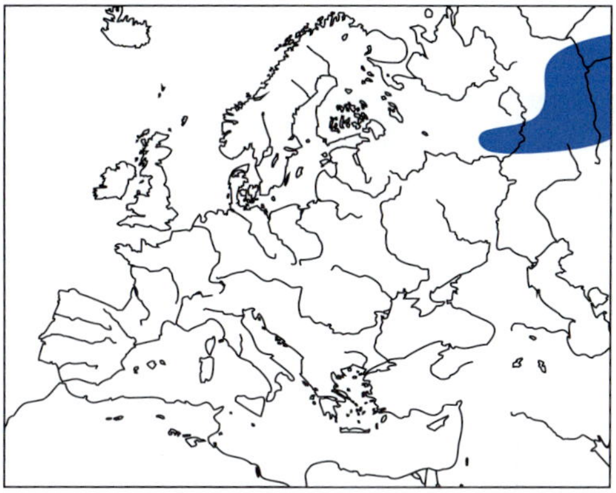

Locustella lanceolata – **Strichelschwirl**

Wanderungen. Langstreckenzieher; Hauptüberwinterungsgebiet SE-Asien nach S bis W-Java, nach W bis Bangla Desh. Wegzug Br. W-Sibiriens zunächst bis 5000 km E, dann über E-China weitere 4000–6000 km S. Wegzug ab Mitte Aug., Letztbeob. im Brutareal bis Mitte Sept., Ankunft W-Sibirien Mitte Mai–Anf. Juni, im NE ab Anf. Juni.

Biotop. Br. in feuchtem Wiesengelände mit Büschen, auch in freien oder ± dicht mit Büschen bestandenen Flussauen, häufiger als Streifenschwirl auch in trockenem Gelände; Wintergäste gerne in Reisfeldern; in Tiefländern, max. aber bis 1000 m (in JAP auch bis 1500 m) ü.M.

Nahrung. Vor allem Insekten, besonders Käfer und Hymenopteren; auch Spinnen.

Stimme. Rufe scharf »tick« oder »tek«, leise »tschtschirr«; Ausnahmegäste weitgehend stumm. Gesang ähnlich Feldschwirl, etwas höher, schärfer, langsamer und leiser; Strophen meist kürzer. Haltung während des Gesangs waagrechter, mit weniger herabgedrücktem Schwanz.

Verhalten. Tagaktiv; singt auch nachts; Nachtzieher. Versteckt in Deckung, ♂ singen meist niedrig über dem Boden; Dz. schlüpfen wie eine Maus selbst durch niedrigste Deckung (z.B. Grashalme), fliegt meist erst unmittelbar vor den Füßen des

Beob. auf, um nach flacher Flugstrecke i.d.R. sofort wieder einzufallen.

Mauser. **Postjuvenile Mauser** (Teilmauser) Aug./Sept.–Dez. [767, 550]; umfasst auch ST [767,1369]. • **Postnuptialmauser** (Teil-, z.T. Vollmauser) Sept.–Nov.; Kleingefiedermauser mehrheitlich im Brutgebiet; regelmäßig wohl auch Teil des Großgefieders gewechselt [767,3771]. • **Pränuptialmauser** (Voll-, z.T. Teilmauser) Jan.–März/April; gelegentlich bleiben aber einige HS stehen [767,3771].

Locustella naevia – Feldschwirl 12360

Locustella naevia (Boddaert 1783)

(GB) **Grasshopper Warbler** (F) **Locustelle tachetée** (E) **Buscarla Pintoja**

Taxonomie. Vier UA: *naevia* (Boddaert 1783) (Europa), *straminea* Seebohm 1881 (E-Europa bis NE-Afganistan), *obscurior* Buturlin 1929 (E-TR, Kaukasus) und *mongolica* Sushkin 1925 (E-KZ bis Mongolei).
Trotz großer Ähnlichkeit mit *L. lanceolata* sind die beiden keine Schwesterarten. Vielmehr ist der Feldschwirl näher mit südasiatischen »*Bradypterus*«-Arten verwandt, die deshalb in *Locustella* eingeschlossen werden müssen.

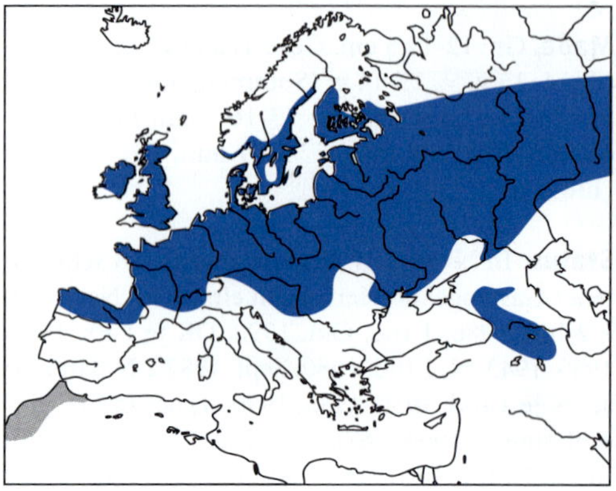

Locustella naevia – **Feldschwirl**

Kennzeichen. [1369,3615,767,221,3772; weitere **Fotos** in Brit. B. **94**, 234, (*straminea*) Bird. W. **11**, 389].

Maße. Gr.: 12.5 cm. Gew.: 10-20 g; (Mai) ♂ $Ø_{75}$ 14.4 g, (Juni) $Ø_{26}$ 13.8 g, (Zug) ♂ 12-16 g, $Ø_{6}$ 13.6 g, ♀ 9.5-13.1 g, $Ø_{5}$ 11.8 g. Fl.spw.: 15-19 cm. Fl.l.: (D-BB) ♂ 61-68 mm, $Ø_{35}$ 64.3 mm, ♀ 61-65 mm, $Ø_{10}$ 62.9 mm [1369,767].

Status. Verbreiteter, lokal häufiger Brut- und Sommervogel in ME, ferner regelm. und z.T. häufiger Durchzügler und Rastvogel.

Verbreitung und Bestand. Brutvogel mittlerer Breiten von W-Europa bis Jenissej und SE-Altai. Von GB/IRL bis E-RUS mit N-Grenze in N-Schottland, DK, S-N., S./FIN (einzeln bis N-Ende Bottnischer Meerbusen) und nach E in RUS ca. 52° N; S-Grenze N-E., S-F (Alpen und mediterraner Raum unbesiedelt), N-YU, RO bis zur Donau, ferner N-Küste Schwarzmeer einschließlich Krim und 50° N am Ural. In ME Nominatform von Küste bis Alpenvorland und nach H verbreiteter Brutvogel. Höchste Brutplätze CH 1010–1060 m, A 930 m, D-BY bis 890 m, CS bis 800 m (sing. ♂ bis 1340 m) ü.M., im Kaukasus bis 1500 m. Europäischer Bestand etwa zw. 0.84–2.2 Mio. BP (Trend unklar), mit Schwerpunkten in RUS (0.5-1.5 Mio.), PL (100-200 T.), D (55-120 T.), LT (50-60 T.) und LV (30-80 T.); in ME brüten etwa zw. 190.000-400.000 BP [383, erg.].

Wanderungen. Langstreckenzieher; Überwinterung in kleiner Zahl schon in MA, eigentliches Winterquartier S Sahara im tropischen W-Afrika (Mali, Niger-Binnendelta, Ghana, grasige Hochländer in Guinea); Br. im E des Areals vor allem Indien, nach W bis Iran (und Arabische Halbinsel). Hauptwegzugsrichtung wohl SW, von GB/IRL hauptsächlich S-SSW [4064]. Dismigrationen ab Juli, Dz. in ME ab Aug. bis Anf. Okt. [z.B. 322]; Dz.median Col de Bretolet CH bei kleiner Stichprobe (n=73) 20.8. [1861]; ausnahmsweise Nachzügler bis Anf. Nov. Erstankunft L, B, NL frühestens ab Anf. April, Einzug der ♂ hauptsächlich ab Mitte April; CH ausnahmsweise Ende März, Haupteinzug Mitte April–Mitte Mai; in W-D Erstnachw. ausnahmsweise ab Anf. April, in E-D ab Mitte April (selten früher); Haupteinzug in D Ende April–1. Maihälfte, ebenso CZ/SK.; Ortstreue sing. ♂ nachgewiesen.

Bestandsentwicklung. Kurzfristige Schwankungen und lokale Arealverschiebungen sind typisch, da Flächen mit frühen Sukzessionsstadien, Überschwemmungsgebiete etc. besiedelt werden, deren Struktur sich rasch verändert und teilweise hohe Verluste in Winterquartieren eintreten [1369,1680,2471; Bsp. in 2623], viell. auch durch starke Tendenz zum Nomadisieren [vgl. 1507].

	Best.	Areal	Brutbestand	Jahr	Quelle
A	+/-	=	1.200–2.500	1998–2002	[383]
B	↑	+ 1	1.500–3.800	2001–2002	[383]
CH	↕	=	200–250	1993–1996	[383]
CZ	+/-	=	18.000–36.000	2000–2002	[383]
D	+/-	=	55.000–120.000	1995–1999	[383]
FL	+/-	=	25–30	1998–2000	[383]
H	⇧	+ 2	9.000–30.000	1999–2002	[383]
L	+/-	=	350–500	2002	[383]
NL	↕	+ 1	4.000–6.000	1998–2000	[383]
PL	+/-	=	100.000–200.000	2000–2002	[383]
SK	+/-	+ 1	300–500	1995–1999	[383]

Langfristig vor allem in N-Europa kontinuierliche Zunahmen und Arealexpansion, u.a. auch an Durchzüglerzahlen auf Helgoland bemerkbar [2690], in geringerem Maße auch in IRL [1369]; seit 1950er J. zudem Arealausweitung in SK. sowie besonders auffällig in CZ (s.u.) und H [3892,1585].
In anderen Regionen ME Bestände dagegen über lange Zeit bei erheblichen Schwankungen weitgehend konstant [196,1680,4180,1507]. Erhebliche Lebensraumverluste oder -beeinträchtigungen, insbes. in Feuchtgebieten, führten lokal und regional zu Bestandseinbußen und Arealverlusten, bes. deutlich bei Populationen in B und A [3892,1997,4110], Teilen CH [3392,3393,4152], in FL [1369], PL [3871], sowie lokal in D-NW [1040], -BW [1616] und Bod. [198; aber 202]. Sehr viel stärker waren Verluste seit Anf. 1970er J. allerdings außerhalb ME, vor allem in GB und RO [2471,3892,1585]. Deutliche Abnahme auch bei Zahlen der Fangstation Mettnau [vgl. 196]. Auf einigen Probeflächen ME Zunahmen durch offensichtliche Konzentrationseffekte an verbliebenen günstigen Standorten [1369]. Tatsächliche Zunahmen oder vergleichsweise hohe Dichten vor allem auf jungen Kahlschlag-, Windwurf- und Aufforstungsflächen sowie nach Veränderung der forstwirtschaftlichen Nutzung [vgl. z.B. 1369], ferner in Eindeichungsgebieten [3178] und auf brachfallenden oder ungemähten Landwirtschaftsflächen [1680,310,2889]. Durch Abtrieb immissionsgeschädigter Wälder (»Absinken der Waldgrenze«) und entsprechende laubholzreiche Schlagfluren im Erzgebirge deutliche Zunahme und auch in montanen Stufen von CZ, D-TH und -SN [1369,1587,2159; weitere Angaben über Zunahmen vgl. 2545,884,2518,3519,q1,2772,2068,310,1137].
Doch in jüngster Zeit z.T. drastische Bestandsabnahmen (gebietsweise auch Arealverluste), wohl bedingt durch verstärkte Verluste auf Zug oder in Winterquartieren, am frühesten offensichtlich in B [1585,3892], doch in 1990er J. auch in weiten Teilen D (-MV, -NI, -NW, -HE, -BW sowie Bod.) [204,1722,1366,1617], A-V [1998], W-CH [3393,3392] und E-NL [3638].

Siedlungsdichte. Reviergrößen NL 0.01–0.7 (Ø$_{31}$ 0.26) ha, E-D 0.3–2.1 ha. Höchstdichten in ME auf Flächen von 20–49 ha 7.5–2.4–1.8 (Ø 3.2), von 50–99 ha 2.6–1.2–0.6 (Ø 1.3), von > 100 ha 3.8–1.2–0.9 (Ø 1.6) Rev./10 ha [337,3871]. Großflächendichten (> 100 km^2) in ME meist zw. 0.03 – 1.8 'Rev.'/km^2 [vgl. Tab. 26 in 337].

Gefährdungsursachen [1369,196,337,4110,2259]. Hauptursache ist Lebensraumzerstörung durch (1) Entwässerung und Grundwasserabsenkung mit anschließender rascher Sukzession, (2) Fragmentierung von Feuchtgebieten. (3) Zerstörung von Hochstaudenfluren und Ufervegetation, (4) Verlust oder starke Bearbeitung bewachsener Gräben, (5) Erschließung und Überbauung, (6) Ausräumung der Landschaft durch Flurbereinigung, (7) Melioration und (8) intensive landwirtschaftliche Nutzung.
Verluste in Durchzugs- und Überwinterungsgebieten; offenbar stark von Dürre in Sahelregion betroffen, z.B. Bestandseinbrüche in GB (mit Verzögerung) nach extremen Trockenjahren [Abb. 121 in 2471].
Verluste zur Brutzeit durch Ausmähen der Gelege oder Störungen im Nestbereich.
Natürliche Ursachen wie erhebliche Wasserstandsschwankungen während Brutzeit sowie Prädation (Kleinsäuger, Corviden, Greifvögel).

SPEC	VSchRL	Bern.Konv.	Bonn.Konv.
E	--	Anh. II	Anh. II
Europ. RL	**RL in ME**		
--	FL: 'EN', CH: 'VU', A: 'NT'		

Schutzmaßnahmen. Schutz der verbliebenen Flussniederungen, Niedermoore und Auengebiete, in denen geeignete Bruthabitate immer wieder neu entstehen können. Extensivierung der Landwirtschaft mit Einrichtung turnusmäßig alternierender Dauerbrachflächen.
Verhinderung der Zerstörung wichtiger Rast- und Nahrungsplätze in Durchzugs- und Überwinterungsgebieten durch Maßnahmen gegen Übererschließung, Überweidung, intensivierte Nutzung und massiven Biozideinsatz.

Biotop. Br. in offenem Gelände mit mind. 20–30 cm hoher, dichter Krautschicht, bes. aus weichen schmalblättrigen Halmen, die genügend Bewegungsfreiheit lassen, sowie mit höheren Warten (z.B. vorj. Stauden, einzelne Sträucher oder kleine Bäume, dürre Äste etc.). Bodenfeuchtigkeit scheint von untergeordneter Bedeutung, da auch trockene Standorte, deren Struktur den Anforderungen genügt, besiedelt werden. Ungeeignet sind u.a. reine Schilfbestände, Grasfluren ohne höhere Strukturen, sowie durch Gehölzanflug zuwachsende Flächen. Beispiele für Brutplätze: Großseggensümpfe und Pfeifengraswiesen; schütteres, mit Gräsern durchsetztes Landschilf; extensive oder nicht genutzte Feuchtwiesen mit einzelnen Büschen; lichte, feuchte Waldstandorte oder stark verkrautete Waldränder, aber auch Kahlschläge und sogar Fichten- und Kiefernschonungen; Ufergehölze; Hochmoore; Heide- und Ruderalflächen; auch stark verkrautete Felder, extensiv genutzte Weiden. Dz. können in verschiedensten Biotopen angetroffen werden, auch in Gärten und Parks.

Nahrung. Kleine bis mittelgroße Arthropoden aller Art.

Stimme. Stimmfühlungs- und Warnruf kurz »tschik« oder »tzeck«, bei Erregung auch gereiht oder hell »wiet-wiet«. Reviergesang weit tragendes, aber nicht eigentlich lautes heuschrecken- oder grillenartiges Klirren wie »tsirrrrrrrr...«; die etwas klappernden Elemente (»r« mit untergelegtem »i«) sind noch hörbar voneinander abgesetzt (vgl. tieferen und rascheren Gesang des Rohrschwirls). Ohne längere Pause kann Gesangsvortrag > 10 min dauern (in Extremfällen >1 h nachgewiesen). Durch Wenden des Kopfes (vor allem bei Wind) Auf- und Abschwellen der Lautstärke. Verpaarte ♂ singen meist kürzer und sehr selten auch nachts. Gesang auch von Dz. zu hören (meist kurze Vorträge); größte Gesangsaktivität Mai–Juni; letzter Gesang bis Anf. Aug. Individuelle Gesangsmerkmale codiert in Rhythmus- und Amplitudenmuster. Inwieweit ♀ gelegentlich kürzere Schwirrstrophen singen, ist noch unklar. Singt schon auf dem Heimzug.

Verhalten. Tagaktiv; vor allem Dämmerungssänger; unverpaarte ♂ singen Tag und Nacht. Zieht nachts. Läuft am Boden mit bedächtigen Schritten bis zum raschen Rennen (ähnlich Rallen). Flug niedrig und schnell. Kleintiere werden beim Durchschlüpfen von Pflanzen gepickt, Pflanzen auch gründlich untersucht. »Fußtrillern« bringt Gras zum Vibrieren und veranlasst wahrscheinlich Kleintiere zur Bewegung. Zur Brutzeit territorial; Ansiedlung weiterer ♂ oft im Hörbereich von Artgenossen, Reviere daher mitunter geklumpt verteilt. Bei der Balz »Objektpräsentieren« des ♂ bei hochaufgerichtetem Hals und gesträubten Kopf- und Nackenfedern, ferner »Fächelbalz« mit mind. einem angehobenen Flügel und schließlich Verfolgungsjagd (»Hetzen« des ♀). Bei Erschrecken entweder »Pfahlstellung« oder »Schreckstarre« mit tief an den Boden gedrückter Brust und erhobenem Schwanz. Zieht meist einzeln; auf dem Heimzug territorial.

Fortpflanzung, Brutbiologie [337,1369,767, 1722]. Geschlechtsreife im 1. Lebensjahr. Monogame Saisonehe, Polygynie in Einzelfällen wahrscheinlich. **Ankunft im Brutgebiet.** Reviergründung gleich nach Ankunft der ♂ (über 2-3 Wochen verteilt ab (Anf.) Mitte April). Umsiedlungen und Revierneugründungen während der Brutsaison häufig. **Nest.** Am Boden unter oder zwischen Grashorsten, Kräutern, Stauden oder Seggenbülten versteckt, selten 30-90 cm über dem Boden. Rohbau aus groben dürren Gräsern und Seggen, Mulde aus feinerem Material, oft führt eine Rampe zum Nest. ♀ baut überwiegend, ♂ oft beteiligt, Dauer mind. 2 d. **Legebeginn.** In ME frühestens Ende April, Hauptzeit Mai (meist erst ab Mitte); späteste Bruten Anf. Aug. **Gelegegröße.** 5-6 (3-7), größere durch 2 ♀; in ME bei meist kleinen Stichproben Ø 5.1 – 5.5; GB$_{135}$ 5.45, leichte Abnahme über Saison. Legeintervall < 1 d. **Eier.** Breitoval, glänzend, Grundfarbe rötlichweiß, fein und dicht rostrot und rötlichgrau punktiert, am stumpfen Pol oft kranzförmig gedrängt. **Brutdauer.** 12-15 d; meist brüten beide, doch ♂ nicht immer beteiligt. Bebrütung meist nach letztem Ei. **Nestlings-/Führungszeit.** Beide füttern (bei manchen Nestern nach 7-9 d nur noch 1 Ad. (whrschl.

♂); Ad. fliegen Nest nicht direkt an, sondern Näherung in Bodendeckung. Nestlingsdauer 12-13 (10-15) d. Juv. werden von beiden Ad. noch etwa 22 d geführt. **Jahresbruten.** 1-2. Zweitbruten vor allem in warmen und trockenen J., sonst in ME offenbar selten, in GB, F und S. die Regel (in F viell. auch 3 möglich). Ersatzgelege. **Ende der Brutperiode.** In vielen Fällen in 2. Julihälfte, bei späten Bruten auch erst im Sept. **Bruterfolg.** In GB Gelegegröße 5.45 Eier, erfolgr. Bruten mit Ø 4.08 Juv. bei 38% Totalverlust der Gelege. In D-BW bei 32 Bruten mit 161 Eiern 137 geschlüpfte Juv. und 124 ausgeflogen, Gesamterfolg 77%.

Eimaße und -gewichte [1369]: L. 16.2-20.3 mm, B. 12.6-14.8 mm; Ø 18.1 x 13.8 mm (n=100, GB), Ø 17.8 x 13.5 mm (n=89, B); Frischvollgew. 1.58-1.89 g, Ø 1.72 g (n=17, B) bzw. 1.726-1.995 g, Ø 1.869 g (n=18, D); Schalengew. 0.090-0.114 g, $Ø_{74}$ 0.101 g.

Sterblichkeit, Alter. Ältester Ringvogel (FIN) 4 J. 9 Monate [3654]. **Generationslänge:** < 3.3 J. [383].

Mauser. Postjuvenile Mauser (Teilmauser) Mitte Juli/Aug.–Sept. [1356,3245]; Steuer-, oft Schirmfedern und Teile der Flügeldecken [1369]; aber möglicherweise vor Wegzug nur Restwachstum des Jugendgefieders und Mauserbeginn mit 1. **Pränuptialmauser** (Vollmauser) erst im Winterquartier [767]. • **Postnuptialmauser** (Teil-, z.T. Vollmauser) bei ♂ ab Juli; Kleingefieder, Schirm- und (mittlere) Steuerfedern, gelegentlich auch einige (alle) Schwungfedern vor Wegzug gewechselt [767,3771,1866,322].• **Pränuptialmauser** (Vollmauser) Nov.–Feb./März (April) [767,267].

Locustella fluviatilis – Schlagschwirl 12370

Locustella fluviatilis (Wolf 1810)

GB **River Warbler** F **Locustelle fluviatile** E **Buscarla Fluvial**

Taxonomie. Monotypisch.

Kennzeichen. [1369,3615,767,221,3772; weitere **Fotos** in Bird. W. **7**, 192-95, **15**, 364, Dutch B. **22**, 3, 177, **24**, 338, **26**, 279, 355].

Maße. Gr.: 13 cm. Gew.: (PL) ♂ 17.5-22.5 g, $Ø_{33}$ 19.5 g, , ♀ 18.5-20.5 g, $Ø_5$ 19.6 g. Fl.spw.: 19-22 cm. Fl.l.: (PL) ♂ 72-84 mm, $Ø_{43}$ 77.1 mm, ♀ 73.6-77 mm, $Ø_4$ 75.4 mm [1369,767].

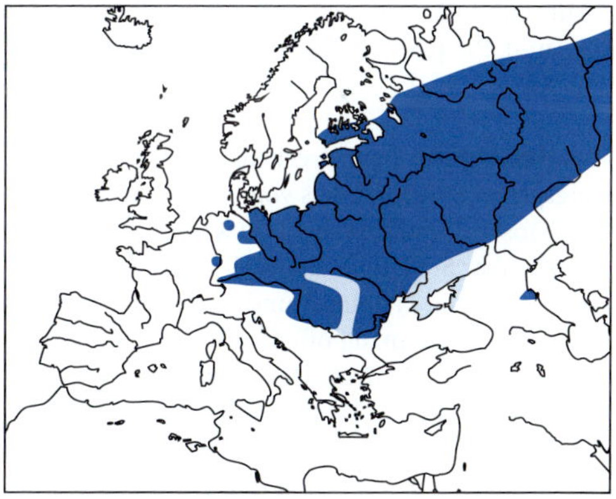
Locustella fluviatilis – **Schlagschwirl**

Status. Verbreiteter, häufiger Brut- und Sommervogel in E-ME, ferner dort regelm. und z.T. häufiger Durchzügler und Rastvogel. In W-ME sporadischer, gebietsweise regelm. Durchzügler sowie vereinzelter Sommergast. Tendenz zur Westausbreitung.
In W-ME z.T. sehr selten nachgewiesen (wegen versteckter Lebensweise meist sing. ♂, Fänglinge oder Totfunde), z.B. in **CH:** 10 Nachw. bis 2000, davon 8 im Mai/Juni (7 sing. ♂), 2 Fänglinge im Aug./Sept., aber z.T. Revision [4152,q14]. • **FL:** 3 sing. ♂ Mai-Juli 1995 [4107]. • **B:** sing. ♂ jew. Mai/Juni 1962, 1993, 2 mal 1997 und 1998; 2 Sänger in 2000 [q15,1677,q4]. • **NL:** 30 anerkannte Nachw. bis 1997, erstmals Sept. 1924, Aug. 1931, Aug. 1955, seither 27 sing. ♂ Mai /Juni und 1 Fängling Aug. 1995, in 1990er J. fast allj., 1997-2000 Bruthinweise an 2 Standorten [277,3638,q16]. • **D:** -NW Erstnachw. 1919, mind. 18 Nachw. 1972-89; -BY Ausbreitung nach W mit Ansiedlung in Flusstälern von Inn, Isar, Donau, Main in 1970er und 1980er J.; -RP Erstnachw. 1979, bis 1988 5 weitere Feststellungen, darunter Brutverdacht 1988; -SL u.a. sing. ♂ 1980; -HE Erstnachw. Mai 1970, 1977 westlichster Brutnachw. D, bis Ende 1990 mind. 71 Nachw. von 1-2 sing. ♂, 1-5 BP (um 1987) und 5-10 BP (1999) [1680,337,204]; -BW erstmals sing. ♂ 1948, bis Ende 1989 mind. 33 weitere Nachw.,

etwa seit 1974 Brutvogel im E-Teil (Donau) [1722]; -TH nach 50-jähriger Lücke sing. ♂ 1969, ab 1972 Nachw. fast regelm., Brutverdacht und -nachw. seit 1972 [337,2068]. • **A:** Brutvogel in Niederungen im E; 1989 Erstfeststellung in A-V (Rheindelta) [1617]. • **CZ:** häufigste Art der Gattung, seit 1940 im W Zunahme [337]. In DK vor 1963 nur 3 Leuchtturmopfer, wenige Nachw. bis 1977, bis 1989 insgesamt schon 88; von 1993-96 z.T. > 15 Revier-♂ (aber kein sicherer Brutnachw.) [1422,337].

Verbreitung und Bestand. Von W-Sibirien bis Ostseebereich FIN, Baltikstaaten, von dort nach S ins N Alpenvorland und entlang Donau über HR bis Schwarzmeer, ferner Unterlauf Don, Ural ca. 50° N; N-Grenze bei 61° N in W-Sibirien und Ural bis S-FIN. In ME ursprünglich nur im E und SE, doch mit Ausbreitungstendenz nach W. W-Grenze des Areals Ende 1980er J. Ostholstein, E D-NI, -ST, -SN, -BY, E-A und H; sing. ♂ mit einzelnen, wohl meist kurzfristigen Brutvorkommen bis -HH, W -NI, Nieder- und Mittelrhein. Höchste Brutvorkommen PL, CS bis 650 m, höchste Beob. bis 900 m ü.M. Europäischer Gesamtbestand zw. 1.9 – 4.6 Mio. BP (stabil), entspr. > 75% der Weltpopulation; dabei Populationen > 100.000 BP in RUS (1.5-4 Mio.) und BY (100-140 T.), > 50.000 BP in H, LV, UA. und PL [383]. In ME brüten etwa 120.000-200.000 BP [383].

Wanderungen. Langstreckenzieher; Überwinterungsgebiet S-Teil Afrikas von Sambia und Malawi bis Transvaal, nach W bis Botswana [1674]. Wegzug offenbar S–SE über E Mittelmeerraum, NE-Afrika, Arabische Halbinsel und auf schmaler Front durch Kenia. Heimzug offenbar ebenso. Allerdings einzelne Nachw. M, MA, DZ. Abzug Juli–Aug. [Details 896]; späteste Nachw. ME Anf. Sept.–Mitte Okt. (DK noch bis 21. Okt.). Ab Ende Dez. im Winterquartier, Letztnachw. dort Mitte März. Erstankunft in S-ME ab 2. Aprilhälfte, D nur selten Ende April, meist Anf. und im W nicht vor Mitte Mai, CZ/SK. Ende April–Anf. Mai, Neuansiedlungen noch bis Anf. Juli möglich; in NE-PL erst Ende Mai Ankunft an Brutplätzen.

Bestandsentwicklung. Deutliche kurzfristige Schwankungen durch Vorliebe für jüngere Sukzessionsstadien der Auwälder charakteristisch [1369]. Habitatveränderungen daher wohl für meiste festgestellte kleinräumige Bestands- und Arealveränderungen verantwortlich.

	Best.	Areal	Brutbestand	Jahr	Quelle
A	+/-	=	4.000–8.000	1998–2002	[383]
CZ	+/-	=	10.000–20.000	2000–2002	[383]
D	↑	+ 1	3.500–10.000	1995–1999	[383]
H	+/-	=	40.000–75.000	1999–2002	[383]
PL	+/-	=	50.000–80.000	2000–2002	[383]
SK	+/-	=	10.000–15.000	1995–1999	[383]

Doch auch langfristige Arealausweitung bis in jüngste Zeit nach NW – verursacht z.B. durch (1) hohen Populationsdruck in Folge von Bestandszunahmen in E-Europa durch generelle Eutrophierung mit Zunahme eutropher Hochstaudenfluren, (2) Abwanderung aufgrund von Lebensraumveränderungen und -beeinträchtigungen, insbes. Entwässerungen großen Ausmaßes, schließlich (3) Zugprolongation vor allem von ♂ [1369, erg.]. Anf. 20. Jh. lag W Arealgrenze noch in Oderniederung; in 1920er J. erste Ansiedlungen in D-MV, -SN, -BE sowie -BY (dort auch schon im 19. Jh.). Meiste Neuansiedlungen blieben unbedeutend und erloschen wieder. Erneuter kräftiger Vorstoß erst wieder ab 1950er J. mit erstem Brutnachw. in D-SH (1958) und -hinweise in -NI (1957). In Folgezeit Verlangsamung der Ausbreitungsgeschwindigkeit. Nach vielen Brutzeitbeob. Brutnachw. in D-ST 1965 sowie in -BY und -BE 1972, -TH 1976 und in -SN und -NI 1981 [1369,196,2321]. nahmen auch in W-ME Beob. sprunghaft zu. Westlichster Brutnachw. in D 1977 in SW-HE [1369,3455], Mitte 1970er J. auch Besiedlung -BW [1722]; Zunahmen in PL [s. 3871].
In NL, B, L und CH sowie D-NW, -RP (1988 Brutverdacht), -SL und Bod. noch keine Brutnachw., doch aus all diesen Regionen etwa seit 1970er J. große (und wachsende Zahl) von Brutzeitbeob. [1369,1722,2821,4152,1960,4158]. Geschlossenes Verbreitungsareal demnach seit Ende 1970er Jahre nur wenig erweitert, allerdings fast überall starker Anstieg der Bestandszahlen [Bsp. aus D, A-Oö: 3088, 2518,4158,1302,2063,2809,2321,1369,1587,1680, 2031,2772,3268,204,1722,1]. Dagegen Stagnation oder gar lokale Rückgänge u.a. in CZ durch Auwaldrodung [337], D-BY und -SH [2808,310,3158, 3957,3088]. Gegen Ende 1990er J. wieder deutlicher Abschwung [z.B. 2321].

Siedlungsdichte. Reviergrößen 0.02–0.83 ($Ø_{124}$ 0.36) ha; in PL auf Flächen >100 ha 0.6–1.3 Rev./10 ha [337], kleinflächiger aber bis zu 16 (in 10-20-

jähr. Birkendickichten), in EST bis 2.6 und in NW-RUS bis 4 Rev./10 ha [1507]. In NE-D in kleinen Weidenbeständen an Flüssen bis 1.0 Rev./10 ha, in anderen Habitaten weniger [1137].

Gefährdungsursachen [1369,196,1680,3158,1302]. Lebensraumverlust durch Zerstörung von Auwäldern und angrenzenden Feuchtgebieten sowie durch Entwässerung oder Senkung des Grundwasserspiegels; Fragmentierung der Lebensräume durch Erschließung und Überbauung; Ausräumen der Landschaft durch Flurbereinigung, Melioration und intensive landwirtschaftliche Nutzung.
Verluste durch Ausmähen bei früher Mahd an Gehölzrändern.
Vorgeschobene Brutvorkommen bei einer sich ausbreitenden Art grundsätzlich gefährdet.

SPEC	VSchRL	Bern.Konv.	Bonn.Konv.
E	--	Anh. II	Anh. II
Europ. RL	RL in ME		
--	FL: 'R'		

Schutzmaßnahmen. Erhalt und Schutz der in ME generell stark beeinträchtigten Verlandungszonen in Flussniederungen, Niedermooren, Auengebieten sowie in anderen Feuchtgebietslebensräumen. Schaffung von Brachstreifen entlang von Waldrändern.
Schutz der Brutansiedlungen am Arealrand vor Störungen und Eingriffen.

Biotop. Br. auf Flächen mit üppiger Krautschicht und Sträuchern oder Bäumen mit schrägen, als Singwarten geeigneten Zweigen. Pflanzendecke sollte nach oben als Sichtschutz sehr dicht, nahe dem Boden aber locker genug sein, um Beweglichkeit zu gewährleisten, z.B. bis 120 cm hohe Brennnessel- oder Himbeerbestände (auf Kahlschlägen) und schräge Äste oder geknickte Stängel, die das Herumlaufen in verschiedenen Vegetationsschichten erleichtern. Typische Habitate z.B. dichtes Ufergebüsch, verkrautete Kahlschläge und Waldlichtungen mit Stockausschlägen, hohe Krautbestände am Rande von Bruchwäldern, Wiesen oder Sümpfen, auch mit horstbildenden Seggen- oder Grasfluren, ferner dichte Verlandungsgürtel nährstoffreicher Binnengewässer, Flussauen, jüngere Waldstadien, auch Ruderalflächen in Parkanlagen. Auf dem Zug auch in offenen Landschaften, aber bevorzugt im Dickicht.

Nahrung. Imagines und Larven kleiner bis mittelgroßer Insekten, Spinnentiere, mitunter auch anderer Kleintiere.

Stimme. Gesang des ♂ lange Reihe wetzender, getrennt wahrnehmbarer »dze-dze-dze-…« in kürzeren oder sehr langen Strophen. Vielfältiges Rufrepertoire. Stimmfühlungsruf »drr drr«, Warnruf »dschi-giri-girit«, bei Erschrecken »tschek«. Intensivster Gesang in ersten beiden Wochen nach Revierbezug; während Eiablage nur noch früh und nach Sonnenuntergang kurze Gesänge, später meist nur nach Ausfliegen der Jungen. Während des Gesangs Kopfwenden, singt nachts in Bodennähe, tagsüber etwas höher. Gesangsdauer und -lautstärke abhängig von sozialem Status

Verhalten. Tag- und dämmerungsaktiv; Gesangsmaxima in den späten Abend- und frühen Morgenstunden, zu Beginn der Brutzeit auch bei völliger Dunkelheit Gesang; ledige ♂ singen aber zu allen Tages- und Nachtzeiten. Läuft geschickt und schnell auf dem Boden oder auf quer liegenden dürren Pflanzenstängeln mit waagerecht gehaltenem Körper; läuft auch auf schrägen Ästen. Nahrungserwerb am Boden sowie in Kraut- und Strauchschicht. Während der Brutzeit territorial. Bei der Balz geht ♂ mit aufgerichtetem Körper um das ♀ und trägt dabei Blättchen, Stängel o.ä. im Schnabel. ♂ hetzt ♀ oft heftig. ♂ singen meist auf erhöhten Warten, können aber auch in der Krautschicht beginnen und dann langsam höher klettern. Gesang zur Reviermarkierung.

Fortpflanzung, Brutbiologie [337,1369,767,1551]. Geschlechtsreife wohl im 1. Lebensjahr. Monogame Saisonehe. **Ankunft im Brutgebiet.** Balz und Paarbildung am Brutplatz. **Nest.** I.d.R. in Nähe der vom ♂ zuerst benutzten Singwarten am Boden in höherer Vegetation (z.B. Brennessel, Rohrglanzgras, Waldsimse, Rasenschmiele etc.), mitunter bis 30 cm über dem Boden. Meist auf Anhäufung vorjähr. Pflanzenmaterials ein Rohbau aus groben, kreisförmig angeordneten Halmen und Blättern, in den durch schräg oder fast senkrecht eingewobene feinere Halme eine Mulde angelegt wird; diese mit noch feinerem Material (Gras, Haare) ausgelegt. Material sorgfältig verflochten oder auch nur lose angehäuft (bis > 1100 Pflanzenteile nachgewiesen). Muldendurchmesser 50-70, -tiefe 35-60 mm. Nest oft mit Rampe. ♀ baut überwiegend oder ausschließlich, Dauer mehrere d. **Legebeginn.** Nur ausnahmsweise vor Mitte Mai, Hauptzeit Ende Mai bis Mitte Juni, letzte Gelege Mitte Juli. **Gelegegröße.** 4-6 (3-7); CS_{30} 5.3, PL_{37} 4.9. Legeintervall < 1 d. **Eier.** Breit- bis länglichoval, weiß, mit variabler hell- bis dunkelbrauner oder rötlichgrauer Fleckung; Eier verblassen durch Bebrütung (grau). **Brutdauer.** 13-16 d; beide brüten (♀ mehr), nachts sitzt ♀ auf dem Nest. Bebrütung meist ab 3. oder 4. Ei. **Nestlings-/Führungszeit.** Beide füttern, ♀ hudert mehr als ♂; Ad. fliegen Nest nicht direkt an, sondern Näherung in Bodendeckung. Nestlingsdauer 11-14 (9-16) d. Juv. werden mit 18 d voll flugfähig, aber danach noch etwa 4-5 d von Eltern betreut. **Jahresbruten.** 1. Ersatzgelege. **Ende der Brutperiode.** In vielen Fällen in 2. Julihälfte, bei späten Bruten auch erst im Sept. **Bruterfolg.** In PL aus 184 Eiern 57.6% geschlüpft und 39.1% flügge Juv., Nachwuchsrate 1.9 Juv./Paar, einschließlich Ersatzgelege 2.8 Juv./Paar und J. Hauptverluste durch Säuger (Nagetiere, Fuchs, Wildschwein), menschliche Störungen sowie Vögel (Rabenvögel, Raubwürger etc.).

Eimaße und -gewichte [1369]: L. 18.0-22.3 mm, B. 14.0-16.0 mm; Ø 20.0 x 15.1 mm (n=100, PL); Ø 19.8 x 15.0 mm (n=110, SK.); Frischvollgew. 2.10-3.15 g, $Ø_{20}$ 2.54 g; Schalengew. 0.102-0.142 g, Ø 0.124 g bzw. 0.110-0.157 g, $Ø_{107}$ 0.130 g.

Generationslänge. < 3.3 J. [383].

Mauser. **Postjuvenile Mauser** (wohl fehlend), vor Wegzug vermutlich nur Restwachstum des Jugendgefieders und daher Mauserbeginn mit **1. Pränuptialmauser** (Vollmauser) erst im Winterquartier ähnlich Ad. [767]. • **Postnuptialmauser** (Teilmauser) setzt bei ♂ z.T. ab Ende Juni im Brutgebiet ein [767], i.d.R. in NE-Afrika (besonders Sept.–Nov.); Körpergefieder, Schirmfedern, Teile der Flügeldecken und 1–4 äußere HS [767,1369]. • **Pränuptialmauser** (Vollmauser) Jan.–Feb./März in SE-Afrika; einschließlich der zuvor gewechselten HS [767,1369,3921]; ST offenbar synchron abgeworfen [767].

Locustella luscinioides – Rohrschwirl 12380

Locustella luscinioides (Savi 1824)

GB Savi's Warbler **F Locustelle luscinioïde** **E Buscarla Unicolor**

Taxonomie. Drei UA: *luscinioides* (Savi 1824) (Europa), *sarmatica* Karakov 1973 (europ. S-RUS) und *fusca* (Severtzov 1852) (Vorderasien bis Mongolei)

Kennzeichen. [1369,3615,767,221,3772; weitere Fotos in Bird. W. **12**, 222, **16**, 187, Limic. **16**, 233, (*fusca*) Bird. W. **16**, 406].

Maße. Gr.: 14 cm. Gew.: (A-Nö) ♂ 13.9-20.2 g, $Ø_{70}$ 16.5 g, (S-F, Sommer, beide) $Ø_{67}$ 14.7 g, (Durchzügler, Sept.) 12.6-19.8 g, $Ø_{39}$ 15.1 g. Fl.spw.: 18-21 cm. Fl.l.: (Bälge) ♂ 65-73 mm, ♀ 63-70 mm, $Ø_{59}$ (beide) 67.6 mm [1369,767].

Status. Verbreiteter, lokal häufiger Brut- und Sommervogel in ME, ferner regelm., aber wenig häufiger Durchzügler und Rastvogel.

Verbreitung und Bestand. Brutvogel mit z.T. größeren Verbreitungslücken in mittleren und südlichen Breiten Europas einschließlich NW-Afrika und Vorderasien, nach E bis Kaspi und Ural; davon offenbar getrenntes Teilareal N der Fußregion des mittelasiatischen Gebirges von W-KZ und

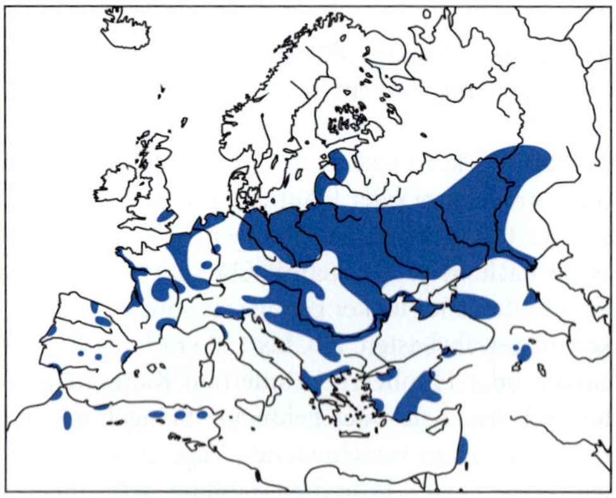

Locustella luscinioides – **Rohrschwirl**

Turkmenien nach E bis Ob, NW-Mongolei und W Tien Schan (N-Grenze ca. 55–56° N). In Europa N-Grenze S-GB, N-F, DK, S-Umrandung Ostsee und 55-56° N bis Ural; im S Areal stark aufgesplittert: Küsten S- und E-E., Balearen, S-F, N-I, N-YU, N-GR (lokal im S und auf Kreta), RO, ferner N-Küste Schwarzmeer, N-Rand Kaukasus und verschiedene Stellen Anatoliens sowie lokal W-SYR bis IL. Gesamtbestand in Europa 530.000-800.000 BP (stabil), mit größten Populationen in RO (360-480 T.), RUS (50-100 T.), UA. (55-75 T. BP) und Bestände > 10.000 ferner in H und PL [383]. In ME Nominatform bei Vorhandensein großer Röhrichtflächen lokal in Höhenlagen bis 600 (700) m (ausnahmsweise vielleicht 930 m) ü.M., Gesamtbestand etwa 31.000-75.000 BP [383].

Wanderungen. Langstreckenzieher; Hauptwintergebiet wahrscheinlich in breitem Gürtel zw. S-Rand Sahara und N-Rand des geschlossenen Regenwaldes. Winterbeob. auch in Oasen der Sahara, N Sahara nur wenige Einzeldaten aus EGY. Br. aus W-Europa wandern S-SW ab, aus ME und E-Europa SE, Br. Asiens SW [3615; Ringfunde E-D: 951]. Wegzug scheint bereits im Juli einzusetzen, in ME Höhepunkte früh im Aug., Ausklingen des Wegzuges 2. Sept.hälfte, Nachzügler bis 1. Okt.drittel (Pentade 57) und vereinzelt bis 3. Okt.drittel [322]. Ankunft ME im W selten Ende März, meist ab Anf. April, Haupteinzug im Laufe des April, im E Ankunft meist letzte Aprildekade.

Bestandsentwicklung. Beträchtliche kleinräumige und kurzfristige Bestandsschwankungen in Abhängigkeit vom Wasserstand in Verlandungszonen [1369]. Wegen der Unstetigkeit der Reviere, mehrerer Jahresbruten und Revierwechseln erhebliche Erfassungsprobleme [484,1369,1137].
Möglicherweise im 19. Jh. Arealschrumpfung, denn früher bekannte Populationen in S- und W-F sowie GB gegen Ende 19. Jh. nicht mehr bestätigt [1369]. Doch seit Anf. 20. Jh. viele Gebiete neu- oder wiederbesiedelt [484,1369]. Bei W-Ausdehnung in 1920er J. erstmals D-BY und in 1930er J. W-SK., B und W -MV, schließlich in 1940er J. CZ und weite Teile N-D besiedelt. Seit 1950 Brutvogel in -BW, seit 1956 in CH [13]; 1960 gelang erneuter Brutnachw. für GB, inzwischen dort wieder etabliert [1343,1369]. Ursache der Ausbreitung in ME unklar, möglicherweise Zerstörung großer Feuchtgebiete in E-Europa bedeutsam [in 1960er J. auch in F, 13].
Ab 1960er oder 70er J. durch Habitatzerstörung, Trockenlegung von Feuchtgebieten und Schilfsterben sowie durch mögliche Einflüsse in Winterquartieren – bes. am W-Rand des Areals - lokale und regionale Bestandseinbrüche [NL, B, D-NW, -NI: 1141,3178,2889,1369,3636,843,2623,196,1587; aber z.B. 2393] und zum Erlöschen einzelner Vorkommen (z.B. Nettetal/D-NW) [1747,1137,2889,1369; bes. erschreckend in Saint-Gond F: 843].

	Best.	Areal	Brutbestand	Jahr	Quelle
A	+/-	=	1.700–2.400	1009–2002	[383]
B	↓	- 1	30–37	1995–2002	[383]
CH	+/-	=	250–300	1993–1996	[383]
CZ	+/-	+ 2	400–800	2000–2002	[383]
D	+/-	=	3.300–7.500	1995–1999	[383]
H	+/-	=	13.000–30.000	1999–2002	[383]
NL	↓	- 1	1.700–2.100	1998–2000	[383]
PL	↑	=	10.000–30.000	2000–2002	[383]
SK	↑	=	1.000–2.000	1995–1999	[383]

Dagegen deutliche Bestandsgewinne und weitere Ausbreitung in N- und E-ME sowie E-Europa und Baltikum [1507,1585,3871], z.B. D-SH, -MV und -BB bis 1990er J. [593,1302,1369] mit Arealausweitung nach DK (FIN). In -SH z.B. Zunahme territorialer ♂ seit 1950 von 15 (an 14 Orten) über 78 (49 Orte) und 184 (85 Orte) auf 220-350 Sänger (an 101 Orten) [484; weitere Ausbreitung: 310]. Zunahmen (regional auch Arealausweitungen) zudem in D-BW [1722], -BY [4175] und Bod. [3489; aber 1617] sowie in CH [4043,4152, Neuenburger See CH: 13,q1]. In Folge geringerer Nutzung (Schilfmahd) und stärkerer Alterung der Schilfbestände stiegen offenbar auch Bestandszahlen am Neusiedlersee A-B, einem der bedeutendsten Brutplätze Europas, seit 1980er J. (auf 3.000-5.000 BP) an [856,965]. Allerdings in vielen kleineren Schilfbeständen kaum nennenswerte positive Entwicklungen [z.B. A, D-HE, D-BE, CH: 965,1680,2882,1997,13].
In jüngerer Zeit (in NL und B lokal schon ab Ende 1960er J.) wieder Bestandsverluste und Aufgabe einiger neubesiedelter (z.T. isolierter) Brutgebiete oder Stabilisierung auf niedrigerem Niveau [z.B. NL, D-BW, auch S- und W-Europa: 1722,1507,3638,375]; lokale Abnahmen dabei oft bedingt durch Lebensraumverschlechterung (Schilfschwund, Verbuschung, Wasserstandsregulation, Eutrophierung), überregionale offenbar durch Saheldürre [310,3638].

Siedlungsdichte. Reviergrößen zu Beginn der Brutzeit PL 0.18-0.8 (Ø$_{24}$ 0.5) ha, NL Ø ca. 0.1 ha. Höchstdichten in ME auf Flächen von 20-60 ha 11.7 - 3.8 - 2.1 Rev./10 ha, von > 100 ha 10 - 3.5 - 2.2 Rev./10 ha [337,1722,1], am Neuenburger See CH 8.0-8.9 Rev./10 ha [13], an den Fischteichen Milicz PL 15.8 BP/10 ha [973], am Neusiedlersee A auf 14.2 km^2 20 Rev./km^2, in Teilflächen 4-9 Rev./10 ha [966]. Großflächendichten (> 100 km^2) zw. 0.04-0.73 Rev./km^2 [1].

Gefährdungsursachen [843,1369,196,4175,1722, 1680,1458,856,1302,2889]. Lebensraumverlust in Feuchtgebieten durch Zerstörung, Trockenlegung, Kiesabbau, Überbauung, Erschließung und Naherholung; ferner gebietsweise durch Schilfsterben und -ausdünnung.
Einfluss der Saheldürre auf überwinternde Vögel.
Aufsplitterung des Brutareals in zu kleine, isolierte Populationen.
Brutverluste (Überschwemmungen, ungünstige Witterungsverhältnisse).
Störungen an Brutplätzen.

SPEC	VSchRL	Bern.Konv.	Bonn.Konv.
E	--	Anh. II	Anh. II
Europ. RL	RL in ME		
--	B: 'CR', CZ: 'EN', NL: 'VU', A, D, CH, SK: 'NT'		

Schutzmaßnahmen. Unterschutzstellung und Erhaltung aller verbliebenen großen Feuchtgebiete mit Röhrichtbeständen vor Zerstörung oder Beeinträchtigung durch Erschließung. Schaffung geeigneter Lebensräume durch Erhaltung und Pflege von Abbaugebieten mit Flachwasserzonen. Vermeidung großflächiger Schilfernten in Brutgebieten, da die Art wie Bartmeise und Kleines Sumpfhuhn sehr alte Stadien des Schilfröhrichts bevorzugt.
Auch in Durchzugs- und Überwinterungsgebieten Erhaltung der Lebensräume und Schutz vor starken Eingriffen und Biozideinsatz.
Verhinderung von Störungen am Brutplatz.

Biotop. Br. im Wasser stehender Verlandungsvegetation; braucht im Frühjahr vorj. Röhricht als Singwarten und Seggenstöcke oder andere breitblättrige Stauden des Schilfröhrichts als Neststandort. Auch Sträucher und kleine Bäume werden als Singwarten und zur Nahrungssuche benutzt, Beispiele: Großseggenriede, die etwas reicher mit Schilf oder Rohrkolben durchwachsen sind; Schilfröhricht mit Unterwuchs (Seggen, Rohrkolben, Wasserschwaden), auch reine Schilfbestände, sofern eine dickere Knickschicht aus niedergedrückten Schilfhalmen vorhanden ist [14]. Gelegentlich in dichter mit Gebüsch besetzten Flächen, doch stark verbuschende Verlandungsgesellschaften werden nicht mehr besiedelt. Auf dem Dz. in ähnlichen Biotopen, aber auch in Großseggen- oder Krautfluren und sogar Getreidefeldern.

Nahrung. Kleine Insekten und deren Larven.

Stimme. Reviergesang wird mit leise tickendem, sich beschleunigendem Vorgesang eingeleitet, wie »dip dip dipdipdip...« oder härter »tscheck-tschek...«, der in das laute, gleich bleibende Schwirren übergeht. Letzteres tiefer und rascher als bei Feldschwirl, wie »örrrrrr...«, kann ebenfalls lang andauern, im Mittel jedoch kürzer als Feldschwirl; unverpaarte ♂ singen länger. Mit der Paarbildung nimmt Gesangsaktivität stark ab, kann bei Folgebrut Ende Juni–Anf. Juli nochmals aufleben. Im Juli/Aug. mitunter Jugendgesang zu hören. Warnruf kurz und hart »pitt« oder »tink«, bei Erregung rasch gereiht. Haltung während des Gesanges meist aufrechter als Feldschwirl. Neben Reviergesang weitere Gesangsformen wie Kontakt-, Warn-, Verleitegesang und Drohschwirren beschrieben [1369].

Verhalten. Dämmerungs- und tagaktiv; unverpaarte ♂ singen zu allen Tageszeiten; zieht nachts. Läuft weniger am Boden als Feld- und Schlagschwirl, sondern durchkriecht die höheren Lagen des Pflanzendickichts. Im Halmdickicht häufig Grätschsitzen; Hochlaufen auf schrägen Halmen mit Flügelunterstützung. ♂ fliegen Warten von unten an und hüpfen dann hinauf; Annäherung an Nest stets zu Fuß. Liest Beute vom Boden oder von Pflanzen ab oder fischt sie auch aus dem Wasser; Fußzittern wurde beob. Zur Brutzeit territorial; Gesang dient der Reviermarkierung. Singwarten meist erhöht. Revierverteidigung nach dem Schlüpfen der Jungen stark reduziert. Balz mit Objektpräsentieren, Flügelwedeln und Hetzjagden (vgl. Feldschwirl). Hetzjagden häufig. ♀ wehrt sich mit Schnabelstößen. Pfahlstellung bei Erschrecken im Vergleich zu Schlag- und Feldschwirl ausgeprägter. Territorial gegen Schlagschwirl.

Fortpflanzung, Brutbiologie [337,1369,767,1551]. Geschlechtsreife wohl im 1. Lebensjahr. Monogame Saisonehe; simultane Bigynie belegt. **Ankunft im Brutgebiet.** Einzug am Brutplatz ab (Anf.) Mitte April, über mehrere Wochen gestreckt, ♀ später als ♂. **Nest.** Nest meist im Zentrum des Reviers nahe bevorzugter Singwarte in dichtem Pflanzengewirr überschwemmter oder sehr nasser Verlandungsbereiche (Wassertiefe unter Nest in PL 3-20 cm), selten über trockenem Grund, nach oben gut gedeckt und insgesamt hervorragend getarnt; in PL in 2-47 (Ø 19) cm Höhe. Gewöhnlich lockerer Bau, nie mit vertikalen Halmstrukturen verbunden (vgl. dagegen Rohrsänger), aus nass verarbeiteten breiten Blättern (im Mai Unterbau stärker als bei späteren Nestern); Mulde mit feinerem trockenem Material ausgekleidet; Muldendurchmesser 48-62, -tiefe 50-62 mm. Beide bauen, ♀ mehr, Dauer 6-8 d. **Legebeginn.** In W-ME ab Ende April, im E ab Anf. Mai, letzte Gelege im Aug. (Sept.). **Gelegegröße.** (3) 4-6; E-D_{46} 4.8, PL_{70} 5.0. Legeintervall 1 d. **Eier.** Breit- bis länglichoval, glänzend, weißer Untergrund, dicht bräunlich punktiert, häufig verwischt gezeichnet. **Brutdauer.** (10) 12-14 d; ♀ brütet hauptsächlich (und nachts), ♂ zuweilen tagsüber. Brutbeginn nach (vor-)letztem (?) Ei; Schlupf innerhalb 1-3 d (bei großen Gelegen länger). **Nestlings-/Führungszeit.** Beide füttern, ♀ hudert meist. Nestlingsdauer 11-15 (16) d. Juv. mit 22-23 d selbständig und verlassen Nestbereich. **Jahresbruten.** 1-2; mind. 30-50% der Paare mit Zweitbruten. Ersatzgelege; bis 4 Brutversuche/J. bekannt. **Ende der Brutperiode.** Nicht selten im Juli, bei späten Bruten aber auch erst im Sept. **Bruterfolg.** In PL ergaben 50.7% der Eier Juv., dabei 2.5 Juv./Brut; in D Juv. von 50.5% der Eier, Nachwuchsrate 4.7 Juv./BP und J. Prädation bedeutsam, Nester über trockeneren Standorten und in niedriger Höhe stärker betroffen.

Eimaße und -gewichte [1369]: L. 17.6-20.7 mm, B. 13.8-15.5 mm; Ø 19.7 x 14.5 mm (n=100, E.); Ø 19.7 x 14.4 mm (n=317, PL); Frischvollgew. 1.81-2.06 g, $Ø_5$ 1.91 g; Schalengew. 0.10-0.14 g, $Ø_{177}$ 0.116 g.

Sterblichkeit, Alter. Ältester Ringvogel (E.) 7 J. 5 Monate [3654]. **Generationslänge:** < 3.3 J. [383].

Mauser. **Postjuvenile Mauser** (Voll- oder Teilmauser) vor Wegzug (Aug.–Sept./Okt.) nur Restwachstum des Jugendgefieders, Mauserbeginn erst im Dez. [767,1369]; gelegentlich bleiben einige (alle) HS stehen [767,3771]. • **Postnuptialmauser** (Vollmauser) Großgefiedermauser setzt meist mit HS 4 bisweilen schon während Jungenaufzucht ein, ab Ende Juni (♂) bzw. Anf. Juli (♀), aber sehr variabel [767,1369,1969]; Schwingenmauser bei Wegzug z.T. bereits beendet oder mit variabler Anzahl neuer Schwungfedern unterbrochen, ein Teil beginnt aber erst in Rastgebieten oder im Winterquartier; Mauserhöhepunkt Ende Sept.–Nov. [3771], auf dem Zug in ME daher kaum Mauser des Großgefieders; Großgefiedermauser rasch, daher vorübergehend flugunfähig [1369]. • **Pränuptialmauser** (Teilmauser) im Winterquartier; zumindest sporadisch werden Körpergefieder, Schirmfedern und ST erneuert [767].

Familie Acrocephalidae – Rohrsängerverwandte (syn. Zweigsänger)

Rohrsänger sind kleine bis mittelgroße, meist braun gefärbte Insektenfresser der Verlandungszonen mit langem, spitzem Schnabel und dadurch charakteristischer Kopfform; Spötter sehr ähnlich, aber breitschnäbliger und mit eher grauer oder gelber Färbung. Langer, schmaler Schwanz mit recht langen, spitzen (bei *Hippolais* mehr gerundeten) Unterschwanzdecken. Geschickte Kletterer. Geschlechter gleich (leichte Größenunterschiede). Feldbestimmung z.T. schwierig, Gesang und Rufe wichtig.

Die bisher als Unterfamilie einer nicht monophyletischen Familie »Sylviidae« geführte Gruppe umfasst die Gattungen *Acrocephalus, Hippolais* und *Chloropeta* mit insgesamt ca. 43 Arten und altweltlich-pazifischer Verbreitung. Monophylie der Familie in der hier gewählten Abgrenzung gut gesichert, aber nicht für Gattungen in ihren bisherigen Abgrenzungen, da die Verwandtschaftsverhältnisse der basalen Linien innerhalb der Familie anhand mitochondrialer Sequenzen nicht aufgelöst werden konnten [2293,1629].

• Gattung *Acrocephalus*

In ihrer bisherigen Abgrenzung umfasst die Gattung ca. 32 Arten, die den folgenden vier nach molekularen Daten monophyletischen Untergattungen zuzuordnen sind:

- *Phragmaticola* (Jerdon 1845): *A. aedon*
- *Calamodus* (Kaup 1829): *A. melanopogon, A. paludicola, A. schoenobaenus, A. bistrigiceps, A. sorghophilus*

- *Notiocichla* (Oberholser 1905): *A. dumetorum, A. scirpaceus, A. baeticatus, A. palustris, A. agricola, A. tangorum, A. concinnens*
- *Calamocichla* (Sharp 1883): *A. gracilirostris, A. rufescens, A. brevipennis, A. newtoni, A. sechellensis, A. rodericanus*
- *Acrocephalus* (Naumann 1811): *A. griseldis, A. arundinaceus, A. orientalis, A. stentoreus, A. australis, A. vaughani* (plus wahrscheinlich alle anderen pazifischen Inselendemiten)

Letztere beiden sind Schwestergruppen, darüber hinaus ist Verwandtschaft der Untergattungen bisher nicht geklärt. Taxonomische Übersicht über westpaläarktische Taxa mit Verbreitung [s. 2935]. Neben den im folgenden behandelten Arten ist auch mit Dickschnabelrohrsänger *A. aedon* in ME zu rechnen (bisher nachgewiesen in GB (4mal bis 2004) und FIN (1mal)). Bestimmung der europäischen Arten [3482,50,3555; in der Hand: 4111,3771].

• Gattung *Hippolais*

Monophylie der Gattung nach mitochondrialen Daten zumindest fraglich, da aus zwei divergenten Teilgruppen bestehend, von denen eine - *pallida-caligata*-Gruppe - näher mit *Acrocephalus* verwandt zu sein scheint als die andere [2293,1629]. Untergattungen:

(1) Iduna (Keyserling & Blasius 1840): *H. [pallida], H. [caligata]*
(2) Hippolais (Conrad 1827): *H. [icterina], H. languida, H. olivetorum*

Da die Verwandtschaftsverhältnisse aber anhand bisher vorliegender Sequenzen nicht sicher aufgelöst werden können, ist eine Gattungsrevision derzeit noch nicht möglich.

Acrocephalus melanopogon – Mariskenrohrsänger 12410

Acrocephalus melanopogon (Temminck 1823) syn.: *Calamodus melanop., Lusciniola melanop.*, Mariskensänger

(GB) Moustached Warbler **(F) Lusciniole à moustaches** **(E) Carricerín Real**

Taxonomie. Drei UA: *melanopogon* (Temminck 1823) (S-Europa, N-Afrika bis UA.), *albiventris* (N Schwarzmeer-Tiefland) und *mimicus* (Madarász 1903) (Kaspisee bis Balkaschsee). UA-Zugehörigkeit der isolierten Populationen von Kleinasien bis Pakistan, S des geschlossenen Brutareals, unklar. Die Abgrenzung dieser Art in eigener (Unter-)Gattung (»*Lusciniola*«) ist nicht gerechtfertigt, da ihre Zugehörigkeit zur Untergattung *Calamodus* gesichert ist.

Kennzeichen. [1369,3615,767,3772,221,3482,50; weitere **Abb.** in Bird. W. **5**, 301 (z)].

Maße. Gr.: 12-13 cm. Gew.: (A-B) ad. ♂ 11.2-13.0 g, Ø$_{14}$ 12.1 g, ad. ♀ 10.2-14.0, Ø$_{8}$ 11.9 g, Juv. 7.2-13.1 g, Ø$_{119}$ 10.8 g, (S-F, Sommer) 7.3-12.7 g, Ø$_{34}$ 10.6 g. Fl.spw.: 15-16.5 cm. Fl.l.: (A-B) ad. ♂ 58.0-64.0 mm, Ø$_{15}$ 60.4 mm, ad. ♀ 55.0-58.2 mm, Ø$_{9}$ 56.6 mm, Juv. 53.5-60.5 mm, Ø$_{125}$ 56.9 mm [1369,767].

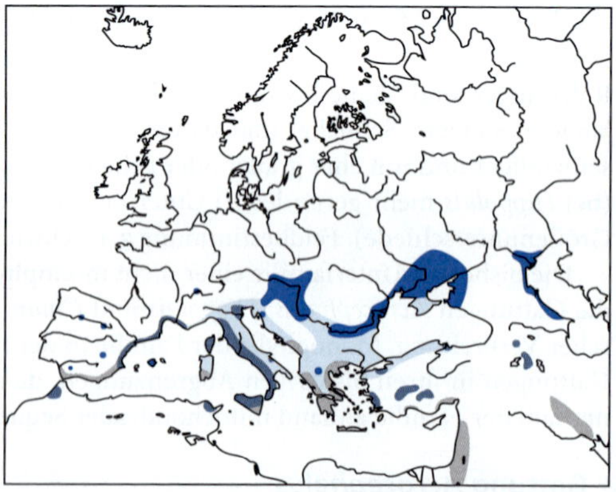

Acrocephalus melanopogon – **Mariskenrohrsänger**

Status. Lokal häufiger Brut- und Sommervogel in SE-ME, ferner regelm., abseits der Brutgebiete seltener Durchzügler und Rastvogel, zuweilen Som-

mergast (wohl oft übersehen), regional (CZ, D-BY, Bod.) jüngst in zunehmender Zahl.
Nachweise in W der ME Brutgebiete betreffen nicht selten Fänglinge, bisher anerkannt: • **D:** -BW ♂ Jun. 1957, Mai 1972, Okt. 1984, Aug. 1990, Okt. 1991 [1722,575]; -NI Mai 1968 [1369]; -HE April 1960, Aug. 1972, Jun. 1984, Sept. 1986 [1369,575]; -BY 1 sing. ♂ Mai 1962 und Fängl. April 1963, beob. Okt. 1992 und Mai 1993, am Ammersee 2-3(4) Ind. Mai-Juli 1981 (Brutverd.), 1 Ind. Mai 1982, 1-2 Ad. + viell. 2-3 gerade flügge Juv. 1984 (Brutverd.) [337,575]; • **A:** -V (Bod.) Mai 1984, April 1985, Apr. 1987, Sept. 1996 [1722]; in –B, -Nö, -Oö, -W, -K und -St mehrfach sing. ♂ oder Fänglinge zu beiden Zugzeiten (hauptsächlich März und Okt.) [337,3129]. • **CH:** Erstnachw. 1959, seither nicht allj., mit insges. 33 Nachw. (43 Ind.) bis 2001 [4152,3393,q14]; am Neuenburger See sing. ♂ ab 1973, Brutnachw. 1981, 0–5 sing. ♂ 1983–95 (Brutverd. 1983-87) und 2003 [3393,4152,q14]. • **CZ:** Bis 10 Nachw. (z.T. Fänge) pro J., zunehmend [2159]. • **PL:** Sing. ♂ Mai 1989, 1995 und 1996 [337,3871]. Noch keine Nachw. in NL, B, L und FL. - DK: je 1 sing. ♂ 1963, 1967 [337].

Verbreitung und Bestand. Brutvogel mit zahlreichen inselartigen Vorkommen im turkestanisch-mediterranen Gebiet: NW-Indien, Pakistan, Afghanistan, Iran, Arabien, SE-KZ, S-Kirgistan, S-Tadschikistan, Usbekistan, Turkmenien, Transkaspien, SE-RUS, Schwarzmeerraum, E-Umrandung Mittelmeer von NW-Anatolien bis IL und JOR, N-GR., BG (?), Donaudelta RO, N-YU bis H, A, lokal in SK. und bis 1988 in CH, ferner I (Sizilien ?), Sardinien, S-F, S- und E-E., MA und TN, dabei weitgehend auf Bereiche zw. 22°- und >32°-Juli-Isotherme konzentriert [767]. Areal der Nominatform vom Donaubecken nach NW. Europäischer Gesamtbestand zw. 150.000-300.000 BP (stabil), mit Beständen > 10.000 BP in RUS (100-200 T.), RO (24-40), A (9-16), AZ (5-15) und TR (8-12 T. BP) [1585], in ME brüten etwa 10.000-17.000 BP [s. Tab.].

Wanderungen. Im N des europäischen Areals Teilzieher, Überwinterungsgebiet hauptsächlich Mittelmeerraum von S-F, N-I, S-YU, S-BG, GR, TR nach S bis S-E., Sizilien, M, Kreta, CY und IL, selten bis N-Afrika (neben dortigen Standvögeln); Br. Asiens ziehen z.T. weiter bis S-Iran, Persischer Golf, S-Pakistan und NW-Indien. Br. A Abzugsrichtung WSW–SSE (weitester Ringfund bis Korsika, 800 km SW). Wegzug Ende Sept.–Anf. Nov., Ankunft im Brutgebiet ab Anf. März (Erstbeob. Neusiedlersee 20. Feb.–12. März). Winterortstreue nachgewiesen.

Bestandsentwicklung. Wie andere Vogelarten großer Röhrichtgebiete im Laufe des 20. Jh. stark von Zerstörung oder Beeinträchtigung bevorzugter Lebensräume (s.u.) betroffen; im Gegensatz zu anderen Rohrsängerarten weitgehend auf trockene, sommerheiße Regionen beschränkt, daher reichte Verbreitung auch in früheren Jahrzehnten nicht weiter nach N und W-Europa.

	Best.	Areal	Brutbestand	Jahr	Quelle
A	+/-	=	9.000–16.000	1998–2002	[383]
CZ	N	N	0–1	1999	[q4]
H	+/-	=	600–1.000	1998–2001	[383]
SK	+/-	=	10–20	1995–1999	[383]

Wegen stark rückläufiger Schilfnutzung und dadurch stärkerer Alterung der Schilfbestände im wichtigsten Brutgebiet ME (Neusiedlersee) seit 1970er J. deutliche, jedoch nicht quantifizierbare Zunahme [856]. Wohl in der Folge an mehreren Seen S-ME ab (70er) 1980er J. kurzfristige Ansiedlungen singender ♂, z.B. am Neuenburger See CH [4152,3393] am Ammersee D-BY [1248,3712,4175], sowie an weiteren Standorten in A [965] und CH [3393; vgl. auch 1369]. Brutnachw. blieben aber selten und oft war Ansiedlung nach kurzer Dauer wieder erloschen, z.B. am Neuenburger See 1988 [3393; auch 965]. Nach schwächerer Phase Anf. 1990er J. gegen Ende wieder Zunahme der Feststellungen sowie mehrere neue Brutzeit-Vorkommen in CH, A, D-BY, Bod.; schließlich erste Brut in CZ 1999 [q4]. Abnahmen derzeit nur aus RO und I bekannt [1507].

Siedlungsdichte. Reviergröße $Ø_{14}$ 550 m^2 [337]. Am Neusiedlersee (A) liegt Großflächendichte des Mariskenrohrsängers höher als beim Rohrschwirl [966], großflächig 12 BP/10 ha, in Optimalgebieten bis 20-32 BP/10 ha [1507].

SPEC	VSchRL	Bern.Konv.	Bonn.Konv.
--	--	Anh. II	Anh. II
Europ. RL	**RL in ME**		
--	SK: 'EN', A: 'NT'		

Gefährdungsursachen [1458,856,196,1369]. Beeinträchtigung und Verlust des Lebensraumes durch Eingriffe in Verlandungszonen größerer Seen.

Natürliche Ursachen wie Hochwasser, Stürme, ferner Prädation.

Schutzmaßnahmen. Erhaltung reich strukturierter Schilfröhrichte. Bei Schilfnutzung müssen größere, überflutete Altschilfbestände erhalten bleiben. Ein Trockenfallen und schnelles Verlanden von Schilfgebieten muss verhindert werden.

Biotop. Br. im mehrjährigen, zumindest zu Beginn der Brutzeit im Wasser stehenden Röhricht, in dem durch Knickschicht oder Unterwuchs ein unterer Horizont dichter Pflanzen vorhanden ist. Gegenüber Teichrohrsänger unterste Schichten dichter und > 2 m Vegetation lichter; gegenüber Schilfrohrsänger höhere Vegetation in tieferem Wasser mit höher aufragenden senkrechten Strukturen; gegenüber Drosselrohrsänger untere Schichten dichter, Vegetationshöhe und Wassertiefe niedriger. I.d.R. nicht in homogenen Röhrichtbeständen, sondern vor allem in Bereichen mit dichten Beständen, die durch kleine offene Wasserflächen aufgelockert sind, auch in Mischbeständen von Schilf, Rohrkolben, Simsen, Binsen und Seggen, auch sumpfige Stellen mit Weiden und Tamarisken sowie hohen Gräsern, am Rand des Röhrichts zu Schwimmblattgesellschaften. Nach der Brutzeit feuchtere Bestände als Schilfrohrsänger.

Nahrung. Kleine bis sehr kleine Gliederfüßer aus dem Wasser, von der Wasseroberfläche oder der untersten Schicht der Vegetation; bei der Jungenaufzucht vor allem Entwicklungsstadien von Insekten wichtig.

Stimme. Rufe bei Erregung schnarrend »trr«, im Flug »trrrp«, gelegentlich hartes, schwarzkehlchenähnliches »tak«. Gesang kontinuierlich vorgetragen, durch rhythmische und melodische Passagen eher mit Teich- als mit Schilfrohrsänger zu verwechseln. Bes. arttypisch ist oft lange Reihe sehr klangvoller Laute, wie »lü« oder »dühdü«, mit der Strophen häufig eingeleitet, seltener abgeschlossen werden; Tonhöhe kann leicht ansteigen und nach konstanter Höhenlage wieder abnehmen. Im Gesang werden Silben 2–3 mal wiederholt; häufig Tempowechsel im Vortrag charakteristisch. Insgesamt Tonhöhe geringer als bei Schilfrohrsänger, klangreine Elemente häufiger als bei Schilf- und Teichrohrsänger. Kein Singflug, ♂ beim Singen frei sitzend, Schwanz auffällig nach unten gehalten.

Verhalten. Tagaktiv, zieht tagsüber. Guter Vertikalkletterer; Grätschsitzen; schlüpft durch verfilzte Vegetationsschichten; Flügelzucken und Schwanzstelzen. Nahrungserwerb durch Abklauben/-picken von der Vegetation, auch Auffischen von der Wasseroberfläche von Sitzgelegenheiten über Wasser oder beim Hüpfen auf schwimmendem Pflanzenmaterial. Zur Brutzeit territorial. Komplexer Gesang wird aus unterem Schilfbereich vorgetragen. Gesang dient Revierverteidigung (hauptsächlich die einleitende Pfeifstrophe) und der Werbung (der komplexe Rest der Strophe) [vgl. allerdings 1106] und endet bald nach der Verpaarung. ♂ folgt dem ♀ vor und während der Legephase intensiv (Partnerbewachung). Unverpaarte ♂ sind oft Helfer [1107]. Paarbindung bleibt normalerweise über mehrere Brutversuche, in einigen Fällen aber Umverpaarungen. Helfer übernimmt in diesem Fall das ♀. Fremdvaterschaft scheint sehr häufig zu sein; auch Helfer können Väter einiger Nestlinge sein. Auch im Winterquartier territorial.

Fortpflanzung, Brutbiologie [337, 1369, 767, 1551, 2294]. Geschlechtsreife wohl im 1. Lebensjahr. Monogame Saisonehe. **Ankunft im Brutgebiet.** Balz und Paarbildung am Brutplatz, Rückkehr ab (Feb.) März, über mehrere Wochen gestreckt, ♀ später als ♂. **Nest.** Nistplatzwahl durch ♀. Nest in sehr dichter Vegetation, fast immer über Wasser, nach oben gut gedeckt, z.B. im dichten unteren Teil von Schilfbüscheln, in der Knickschicht von Schilf- und/oder Rohrkolbenbeständen, in Röhricht mit dichtem Unterwuchs von Großseggen, in sehr dichten Igelkolben-, Blutweiderich- und Königsfarnbeständen etc. Festgefügter Bau aus sehr groben Stoffen, entweder großenteils um einen Stängel geflochten, in die Vegetation gesteckt oder nur aufgesetzt; im Mittel 1.5 Traghalme und häufig zusätzliche Halme am Rand eingeflochten oder unverflochten an Seite als Stütze; Unterbau je nach Standort entweder umfangreich oder bei Hängenestern gering entwickelt. Baumaterial vielseitig aus Rohrkolben- und Schilfstücken und -blättern, Pflanzenwolle und Fadenalgen dazwischen gestopft, Innenauspolsterung häufig Schilfrispen; meist Baustoffe nass verwendet (Material wird auch ins Wasser getaucht). Nur ♀ baut, wird vom ♂ begleitet, Ø Dauer ca. 7 d. **Legebeginn.** Meist 3-4 d nach Fertigstellung des Nestes; in A frühestens Ende März, Ø Beginn 16.4., Zweitbruten meist ab Anf. Juni, Ersatzbruten noch später; in S-Europa früher. **Gelegegröße.** 3-6 (-7); Ø Europa$_{232}$ 4.9. Legeintervall 1 d. **Eier.**

Breit- bis länglichoval, glänzend, Untergrund gelblich bräunlich bis grünlichgelb, gleichmäßig zart olivbraungrau oder grünlich lehmfarben gewölkt. **Brutdauer.** 13-15 d; beide brüten und hudern. Beginn nach letztem (?) Ei; Schlupf innerhalb 1-3 d (bei großen Gelegen länger). **Nestlingszeit.** Beide füttern. Nestlingsdauer ca. 12 d. **Jahresbruten.** 2; mehrmalige Ersatzgelege. **Ende der Brutperiode.** 2. Julihälfte, selten später. **Bruterfolg.** In A bei kleiner Stichprobe 2.4 Juv./Brut (3.2 Juv./erfolgr. Brut)

Eimaße und -gewichte [1369]: L. 16.3-19.7 mm, B. 12.3-13.9 mm; Ø$_{61}$ 19.7 x 14.5 mm; Frischvollgew. Ø 1.6 g; Schalengew. 0.078-0.095 g, Ø$_{90}$ 0.095 g.

Sterblichkeit, Alter. 3 beringte Vögel wurden mind. 7-jährig wiedergefangen. **Generationslänge:** < 3.3 J. [383].

Mauser. **Postjuvenile Mauser** (Vollmauser) Anf. Juli–Anf. Okt., Mauserhöhepunkt in A Aug.–Sept.; spät Geschlüpfte beginnen eher und mausern schneller; Dauer der Kleingefiedermauser Ø 61 d [1369] und der HS-Mauser YU 51 d [1801]. • **Postnuptialmauser** (Vollmauser) Mitte Juli/Aug.–Sept./Okt. im Brutgebiet [767,3921], möglicherweise zieht aber ein Teil vor Vollmauser weg [322]; Dauer 55–67 d [767,1801]. • **Pränuptialmauser** (Teilmauser) Dez.–Feb./März (April); umfasst Kleingefieder, Schirmfedern und z.T. einige ST [767].

Acrocephalus paludicola – Seggenrohrsänger 12420

Acrocephalus paludicola (Vieillot 1817)

(GB) **Aquatic Warbler** (F) **Phragmite aquatique** (E) **Carricerín Cejudo**

Taxonomie. Monotypisch.

Kennzeichen. [1369,3615,767,3772,221,3482,50; weitere **Fotos** in Bird. W. **4**, 239 (z), **16**, 319, 373, **17**, 324, 377, Limic. **10**, 275, **14**, 156, **18**, 218, Dutch B. **22**, 264, **23**, 376, **25**, 197, 349, **26**, 352].

Maße. Gr.: 13 cm. Gew.: (D-BB, Brutzeit) 10.0-14.5 g, (PL) 10.0-14.0 g, (D-BW, Herbstzug) 9.7-12.8 g, Ø$_{57}$ 11.7 g. Fl.spw.: 16.5-19.5 cm. Fl.l.: (D-BB) ♂ 58-66 mm, Ø$_{59}$ 62.8 mm, ♀ 58-63 mm, Ø$_{45}$ 61.0 mm (E-PL sehr ähnlich) [1369,767].

Status. Brütet aktuell in weniger als 50 Brutgebieten in nur noch 7 Staaten; 90% des Weltbestandes sind in der Polessje (E-PL, S-BY und NW-UA.) konzentriert, ca. 60% allein in BY und bis 45% in nur einem Moor (Zvanets BY mit bis zu 7.000 ♂) [114, AWCT].
Brut- und Sommervogel in NE-ME, abseits der Brutgebiete nur im Küstengebiet regelm., aber seltener Durchzügler und Rastvogel, im Binnenland meist sehr selten; fast generell abnehmende Zahl der Durchzugsbeob. **B:** möglicherweise Brutvogel im 19. Jh.; regelm. Durchzügler im Herbst [1369,114]. • **NL:** einzelne Brutnachw., zuletzt 1958 und 1979; regelm. Durchzügler im Herbst (von 1980–89 zw. 1-25 Ind./J.), sehr selten im Frühjahr (nur 4 Ind. 1981–90), seit 1970er J. rückläufige Zahlen [1369, ausführl. in 277]. • **D:** regelm.

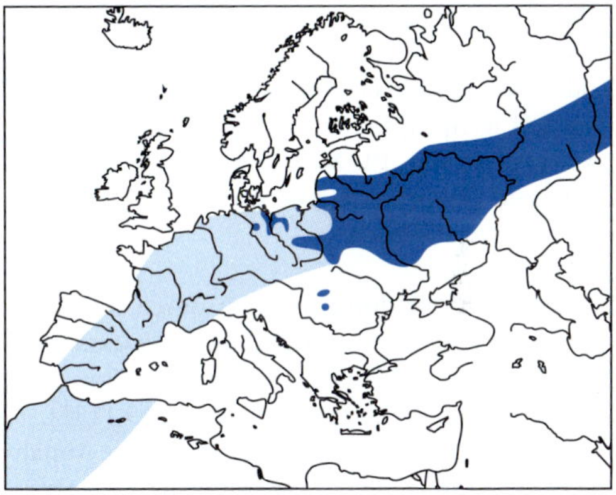

Acrocephalus paludicola – Seggenrohrsänger

Durchzügler in kleiner Zahl in -SH [1369] und -BW [1722], sonst nicht (mehr) allj. Durchzügler (-RP, -TH, -BY etc.); Sommervorkommen (abseits des einzigen verbliebenen Brutgebiets an der Oder in NE-BB) u.a. in -SH Brutverd.1959–61, 1968–69, -NI Aurich 4-7 sing. ♂ 1972, -NW 1-2 sing. ♂ 1947-61 Kr. Kleve; -ST sing. ♂ 1974 sowie einzelne in -BB und -MV [1369,1,2031]. • **A:** wahrscheinlich Brutvogel bis 1940er J. Neusiedlersee, letzte Brutzeitbeob. 1951-53 [1369]. • **SK.:** ehemaliger regelm. Brutvogel, Brutzeitdaten bis 1974 [1369]. • **CH.:** > 30 Meldungen, am Neuenburger See regelm. [q14].

Verbreitung und Bestand. Brutvogel zw. 50°-60° N vom äußersten NE-D (-BB) über PL und BY bis LT bzw. NW- und Zentral-UA., sowie ein Reliktvorkommen in H; nach starken Verlusten zudem isoliert in W-Sibirien (Tyumen, N-Oblast Omsk); dagegen nicht mehr regelm. in BG, RO, N-I, YU und europ. RUS. Europäischer Bestand etwa 12.000-20.000 BP, rückläufig [3892,383,114], mit größten Populationen in BY (6.600-12.500), PL (2.800-3.000) und UA. (2.100-3.540 BP) [116], entspr. >95% des globalen Bestandes [383], da in W-Sibirien kein größerer Bestand mehr vorhanden ist [116]. In ME derzeit 3.100-3.700 ♂ [116,383].

Wanderungen. Langstreckenzieher; Wintergebiet tropisches W-Afrika N Äquator. Wegzug Br. Europa mind. z.T. küstennah nach W durch W-Europa und NW-Afrika; Heimzug in W-Europa auffälliger als Wegzug, CH und Bod. Unterschied gering. In ME können die Ersten bereits Ende Juni von Brutplätzen verschwinden (vor allem ♂); die meisten wandern Mitte–Ende Juli, die letzten Anf. Aug., ♀ mit erfolgreicher Zweitbrut erst gegen Ende Aug. In ME und W-Europa Dz. Ende Juli–Anf. Okt., Höhepunkte Mitte Aug.–Mitte Sept.; späteste Nachw. ME Ende Okt.–3. Nov. Dz. Iberien [vgl. 99]. Erstnachweis CH 8. April, Erstankunft D-BB am Brutplatz 24. April–8. Mai, PL Mitte April früheste Daten. Brut- und Geburtsortstreue nachgewiesen, möglicherweise relativ hoch.

Bestandsentwicklung. Bedingt durch wechselnde Wasserstände, Feuer, Mahd und Sukzession auf lokaler Ebene erhebliche kurzfristige Bestandsschwankungen und Umsiedlungen [1369,1137].
Seit Ende 19. Jh. im gesamten Europa starke Abnahme wegen großflächiger Zerstörung der Lebensräume sowie Beeinträchtigungen durch intensivierte Nutzung [1369,3892,767,1507,382]. Bes. dramatischer Lebensraumverlust von > 87% in BY durch Melioration seit 1977 (ehemals > 6000 km^2 geeignetes Bruthabitat) [196], in D-BB Verlust von >250 km^2 geeigneter Habitate seit 1910 [AWCT].
Schon im 19. Jh. Erlöschen regelm. Brutvorkommen in B, NL und D-BY [1369, 3479]; am Neusiedlersee [965,1369] sowie in W-D blieben einige lokale Vorkommen bis 1950er J. erhalten, z.B. am Dümmer -NI (dort Bestände nach Eindeichung erloschen) [2393]. Noch bis 1960er J. Brutnachweise in -SH und -NW [1369,3479,2063]. In 1970er J. schließlich aus SK., D-NI sowie weiten Teilen PL, D-MV und -BB verschwunden [1369,2031,3268, 3871,3867]. In dieser Zeit auch letzte Übersommerungen in NL und D-ST, in -SH noch bis Anf. 1990er J. [q6]. Großräumiger Arealverlust seit 1930er J. umfasst daher YU, BG, RO, I, F, SK., A, NL und B sowie weite Teile D, PL, BY, RUS etc. [1369,1507,3892,382,196,114,3347]. Auch Durchzüglerzahlen in ME und W-Europa deutlich rückläufig [337,1369,382,612,323].

	Best.	Areal	Brutbestand	Jahr	Quelle
D	⇩	- 1	9–25	1998–2002	[116,2131]
H	⇧	=	350–705	1998–2002	[116,2131]
PL	↓	- 1	2.800–3.000	1998–2002	[116,2131]

In D nur noch kleines Restvorkommen von 7-15 ♂ an der Unteren Oder -BB (in Verbindung mit weiterem kleinen Vorkommen an Oder PL), Bestände seit Ende 1990er J. trotz Schutzmaßnahmen rückläufig [q17,1,3479,3522]. Das Vorkommen am Greifswalder Bodden ist 1998 aufgrund drastischer Überweidung erloschen [1647, D. Sellin]. In Hortobágy H nahmen Bestände seit 1971 (18-20 sing. ♂ entdeckt) dagegen sehr deutlich zu [1507,3892]. Insbes. nach Flutung von Teilgebieten 1977 und Einstellung der intensiven Beweidung sehr rapider Anstieg auf 676-705 ♂ um 2000 [2130,2131, 1585,2438,q4]. In NW- und Zentral-UA. wurden 1995-97 Population von insgesamt 2.100-3.540 ♂ entdeckt [114, AWCT, Poluda]. Nach Einleitung umfassender Schutzmaßnahmen sind die Bestände der Kernpopulation in BY, UA. und E-PL seit ca. 1996 stabil.

Siedlungsdichte. Aktionsräume sing. ♂ in optimalen Habitaten bis zu 8 ha mit starken Überlappungen zw. ♂ [3340], Aufenthaltsbereiche der ♀ kleiner (zur Balz- und Paarungszeit 2.8-6.4, Ø 4.2 ha, zur Eiablage- und Brutzeit Ø 1.6 ha, vgl. Partnerverhältnisse!), Umsiedlungen häufig; Nestabstände 120–150 m, min. 20–40 bzw. 6–8 m. In *Carex*-Beständen PL Dichten zw. 0.5-10.9 sing. ♂/10 ha bzw. bis 15.7 ♀/10 ha, gebietsweise zw. 6-20 ♂/10 ha [337,1507,3871]. Großflächendichte in BY zw. 25-135 ♂/km^2 [2140].

Gefährdungsursachen [3522,3480,971,972,2130, 1661,114,2050,2140,1647,115,1369,196,3892,1, 382,337]. Zerstörung oder starke Beeinträchtigung des Lebensraumes durch Trockenlegung von Braunmoos-Seggenmooren und Eindeichungen von Flussniederungen, durch Flussbegradigung, -verbauung, Wasserentnahme und entsprechende Verkleinerung oder auch zu hohe und lang

andauernde Überflutung der Seggenwiesen und Überschwemmungsflächen, starke Isolierung besiedelbarer Lebensräume, ferner auf teilmeliorierten Flächen veränderte landwirtschaftliche Nutzung mit zunehmender Düngung und früherer, häufigerer Mahd sowie Überweidung; Aufgabe traditioneller Nutzung mit Verbuschung oder Verschilfung.
Direkte Verluste durch Ausmähen der Gelege.
In Überwinterungsgebieten wahrschl. Habitatveränderungen (Drainage, Überweidung, intensive Nutzung, Bodenerosion, Versalzung bewässerter Böden, Dürre).
Leuchtturmopfer.
Natürliche Ursachen: Brutverluste durch Überschwemmungen.

SPEC	VSchRL	Bern.Konv.	Bonn.Konv.
1	Anh. 1	Anh. II	Anh. I,II
Europ. RL	**Globale RL**	**RL in ME**	
EN	**VU**	A, SK: **'RE'**, D: 'CR', H, PL: 'VU'	

Schutzmaßnahmen. Vollständiger gesetzlicher Schutz in allen Vorkommensgebieten (Brut-, Durchzugs-, Winter-). Langfristige Sicherung und Erhalt aller bestehenden Seggenmoore durch Unterschutzstellung und Bewahrung vor Eingriffen. Gegebenenfalls Ankauf oder Pacht wichtiger Brutgebiete. Finanzielle Unterstützung der Staaten BY und UA. zur Verhinderung von Entwässerung und Umbruch weiterer riesiger Niedermoorflächen am oberen Pripjet als Ausgleich für radioaktiv verseuchtes Ackerland.
Schutz bestehender Brutbestände und Wiederansiedlung und Etablierung der Art in geeigneten Feuchtgebieten, gefördert durch (1) Erhalt und Wiederherstellung von Seggenmooren, Wiedervernässung von Seggenwiesen sowie Erhalt ausreichenden Vernässungsgrades, (2) in nutzungsabhängigen Habitaten extensive landwirtschaftliche Nutzung mit weniger Mahdterminen sowie deren Verlegung nach der Brutzeit (Mitte Aug.!), starke Reduktion der Beweidung, (3) regelm. kontrolliertes Abbrennen oder Mähen aus Nutzung genommener (verbuschender) Flächen, (4) Einrichtung von Pufferzonen um Schutzgebiete mit extensiver Bewirtschaftung und stark reduziertem Dünger- und Biozideinsatz, (5) Verhinderung unkontrollierter Brände und (6) Entfernen von Drainagegräben und kein weiterer Grabenausbau.
Genauere Untersuchungen der Brutbestände und langfristiges Monitoring, um Bestandsrückgänge, Gefährdungsfaktoren und Wirksamkeit der Maßnahmen abschätzen zu können.

Biotop. Spezialisiert auf meso- bis schwach eutrophe Braunmoos-Seggenmoore und strukturell ähnliche Seggenwiesen mit feuchtem bis nassem Grund und 50-70 cm Vegetationshöhe, bevorzugt mit hohem Deckungsgrad an Braunmoosen und konstantem Wasserstand nahe der Mooroberfläche (+0-10 cm) [2140]. Aber auch in Binsenschneide *Cladium mariscus*-Sümpfen, Seggen-Süßgras- und reinen Süßgrasbeständen auf Mineralboden (Auen, Salzsteppe in H) sowie mit schütterem Schilf durchsetzten, extensiv beweideten Salzwiesen (in solchen Habitaten von Nutzung abhängig). Siedelt bei Trockenfallen oder Überfluten des Habitats für Zweitbruten um. Vereinzelte Hochstauden, niedrige Büsche und andere höhere Strukturen dienen als Singwarten. Auch auf dem Dz. bevorzugt in feuchten Standorten.

Nahrung. Kleine bis mittelgroße Gliederfüßer (an Biebrza PL relativ groß im Vergleich zum Angebot und zu anderen kleinen Rohrsängern, in BY Beutetiere kleiner) sowie kleine Schnecken.

Stimme. Dz. und fütternde ♀ häufig »tjeck« oder »tschapp«, bei starker Erregung im Brutgebiet »trrr« und Rufe, die an Gesangsbruchstücke erinnern. Reviergesang wesentlich schlichter und eintöniger als Schilfrohrsänger, bestehen aus zwei unterschiedlichen kurzen Lautreihen, geräuschhaft schnarrend wie »trrett« oder »errrr« (kann mehrfach wiederholt werden) und klangvoller gepfiffen »wiwiwi…«, »djüdjüdjü« (hier deutliche individuelle Unterschiede), z.T. übergangslos hintereinander vorgetragen. Verschiedene Gesangstypen [3415], wegen der im Allgemeinen starren Lautfolge trotz Ähnlichkeit vom Schilfrohrsänger zu unterscheiden; keine Imitationen. Bei einem Individuum konstante Strophen, aber interindividuelle Variation v.a. im tonalen Endteil. Intensivster Gesang in der Dämmerung. Gelegentlicher Singflug von etwas erhöhter Warte aus 20-30 m steil aufwärts, Gesang beginnt kurz vor Scheitelpunkt, endet bei Landung. Im Singflug (Schwerpunkt 1. Maidekade bis Ende Juli) etwas längere Strophen (Werbegesang). Auf dem Heimzug z.T. singend; nach Brutbeginn Gesangsaktivität rasch nachlassend. Letzter Gesang Anf. Aug.

Verhalten. Tagaktiv, doch Dämmerungs-(Nacht-) gesang die Regel; tagsüber nur gelegentlicher kurzer Gesang. Überlappende Aktivitätsbereiche, kaum territorial [3340]. Läuft, schlüpft und klettert sehr geschickt durch die Vegetation; Grätschsitzen; auf dem Boden Laufen oder Hüpfen. Nahrungserwerb zur Brutzeit fast ausschließlich in der Vegetation der Seggenwiesen; nur ausnahmsweise werden Tiere vom Boden oder Wasser aufgenommen. Gesang von Warte oder im Singflug, bei dem ♂ von einer Warte aus 10–30 m hoch fliegt, kurz vor dem Scheitelpunkt zu singen beginnt und dann mit gefächertem Schwanz in wenigen Flügelschlägen singend wieder abwärts gleitet. Mit der Landung endet der Gesang. Hoher Polygyniegrad [2292,974]. ♂ balzen jedes erreichbare ♀ an. Kopulationen dauern außergewöhnlich lange (bis 40 min). Anteil Fremdvaterschaften trotzdem sehr hoch [974]. ♀ haben oft Juv. mit mehreren ♂ in einem Nest.

Fortpflanzung, Brutbiologie [337,1369,767,1,3483, 2292]. Geschlechtsreife im 1. Lebensjahr. Polygynie und Promiskuität (oft verschiedene Vaterschaften pro Nest), kein Paarzusammenhalt; extrem lange Kopulationen (möglicherweise Form der Partnerbewachung). **Ankunft im Brutgebiet.** Rückkehr ab April, über längeren Zeitraum. **Nest.** Nistplatzwahl durch ♀. Nest in 30-120 cm hoher Vegetation über Wasser (oder sumpfigem Gelände), nur ausnahmsweise über trockenem Grund, meist auf Bulten, von vorjährigen, abgestorbenen Seggenblättern überdacht. Nest nicht an Pflanzenstängeln aufgehängt, sondern stets aufgesetzt; Napf aus locker zusammengefügten Seggenblättern, mit feinerem Material ausgepolstert. Nur ♀ baut, Dauer 3-5 d. Für Zweitbrut neues Nest. **Legebeginn.** In ME ab 2.-3. Maidekade, kleiner Gipfel wieder 1. Junidekade; Zweitbruten frühestens Anf. Juli, späteste Legebeginne letzte Julidekade. **Gelegegröße.** 4-6 (3-8); Ø D-BB_{75} 4.97, PL_{157} 4.81 (Erstgelege Ø 5.11, Zweitgelege 4.37). Legeintervall 1 d. **Eier.** Breitoval, glänzend, oft fast einfarbig braun, oder Grund weiß, ± braun gefleckt oder gewölkt. **Brutdauer.** 12-14 (16) d; nur ♀, ab (vor-)letztem Ei. **Nestlingszeit.** Brutpflege allein durch ♀. Nestlingsdauer (ungestört) (13) 14-16 d. Juv. können noch 2-3 d nach Ausfliegen zum Nächtigen ins Nest zurückkehren, sind mit 19-26 d selbständig. **Jahresbruten.** 1-2. Ersatzgelege. Unter günstigen Bedingungen mind. 50% der ♀ mit Zweitbruten. **Ende der Brutperiode.** Spätestens Anf. Sept. **Bruterfolg.** In D-BB aus ca. 68% der abgelegten Eier flügge Juv.; Ø 4.1 Juv./♀ und J.; in PL aus 677 Eiern 62% flügge Juv., größte Verluste in der Nestlingsphase. In BY zw. 1981-2002 nur in 11 J. erfolgr. Erstgelege und nur in 4 J. erfolgr. Zweitgelege (Abhängigkeit vom Wasserstand) [2141].

Eimaße und -gewichte [1369]: L. 15.9-19.9 mm, B. 12.2-14.1 mm; Ø 17.8 x 13.1 mm (n=117, D-BB); Ø 17.3 x 12.9 mm (n=18, H); Frischvollgew. errechn. 1.49 g; Schalengew. 0.073-0.100 g, $Ø_{167}$ 0.085 g.

Sterblichkeit, Alter. **Generationslänge:** < 3.3 J. [383].

Mauser. **Postjuvenile Mauser** (wohl fehlend) vor Wegzug vermutlich nur Restwachstum des Jugendgefieders und daher Mauserbeginn mit 1. **Pränuptialmauser** (Vollmauser) erst im Winterquartier ähnlich Ad. [767,3771,1866]. • **Postnuptialmauser** (Teilmauser) ab Juni/Anf. Juli; vor Zugbeginn besonders Körpergefieder, selten auch Teile des Großgefieders erneuert [767,1369,3771]; während Wegzug bei einigen in geringem Umfang fortgesetzt [767], aber auf dem Zug in ME fast nur Kleingefiedermauser [322]. • **Pränuptialmauser** (Vollmauser) Großgefiedermauser im Frühwinter nach Ankunft im Winterquartier (bei 30 Volierenvögeln, stets Ende Dez.-Mitte März) [767,3771,3921; K. Schulze-Hagen]; danach bis März auch Kleingefieder erneuert, selten nicht vollständig [767].

Acrocephalus schoenobaenus – Schilfrohrsänger 12430

Acrocephalus schoenobaenus (Linnaeus 1758)

(GB) **Sedge Warbler** (F) **Phragmite des joncs** (E) **Carricerín Común**

Taxonomie. Monotypisch. Ist mit ostasiatischen Arten *A. bistrigiceps* und *A. sorghophilus* nicht gesichert nächstverwandt [1629], also nicht mit diesen in eine Superspezies zu stellen [*contra* 995].

Kennzeichen. [1369,3615,767,3772,221,3482,50; weitere **Fotos** in Brit. B. **90**, 233, Dutch B. **25**, 329].

Maße. Gr.: 13 cm. Gew.: Ad. 8.5-21.5 g; ♂/♀ (A-Nö, Ende April) $Ø_{26}$ 12.9 g, (Ende Mai) $Ø_{19}$ 13.4 g,

(Ende Juni) Ø$_{85}$ 12.2 g. Fl.spw.: 17-21 cm. Fl.l.: (Areal) ♂ 60-72 mm, ♀ 59-70 mm, (beide) Ø$_{289}$ 64.7 mm; in N-N. ad. ♂ Ø$_{18}$ 69.9 mm, ad. ♀ Ø$_{9}$ 67.7 mm, Diesj. Ø$_{75}$ 67.5 mm [1369,767].

Status. Verbreiteter Brut- und Sommervogel in weiten Teilen ME, in SW-ME allerdings inzwischen selten und lokal; sing. Durchzügler oft noch spät zu registrieren und daher nicht als Brutnachw. zu werten. Regelm., z.T. häufiger Durchzügler und Rastvogel in allen Gebieten.

Verbreitung und Bestand. Brutvogel von borealer bis zur Mediterran- und Steppenzone der W- und Zentralpaläarktis vom Tiefland bis in untere Mittelgebirgslagen, mit lückigem Verbreitungsgebiet von NW-Europa (GB/IRL, N-Fennoskandien) nach E bis Mittelsibirien, bei N-Grenze NW-RUS um 70° 30' N und Jenissej 70° N; S-Grenze im N Mittelmeerraum (SW-F, NE-E., N-I, YU, N-GR), BG (sehr selten), Donaudelta RO, SW-, Zentral und E-Anatolien, ferner Krim, W Kaspisenke sowie in AZ und NW-Iran, E davon bis ca. 47° N und am unteren Syr Darja. Vorkommen in DZ erloschen. Europäischer Gesamtbestand 4.4 - 7.4 Mio. BP (insges. stabil), mit > 0.5 Mio. BP in RUS (1.3-2.5), RO (0.85-1.1) und BY (0.6-0.8 Mio.) und > 250.000 in FIN (200-400 T.), GB (321 T.) und LT (300-400 T.) [383]. In ME sehr unterschiedlich verbreitet bis ca. 500 m, in Mittelgebirgen und am Alpenrand bis > 650 (vielleicht ausnahmsweise > 700) m, in Alpen höchster Brutort 930 m ü.M., Bestand ME etwa 315.000-593.000 BP, überwiegend im E [383].

Wanderungen. Langstreckenzieher; Winterquartier in Afrika von 17° N bis N-Namibia, N-Botswana, Transvaal, Natal und ausnahmsweise Kapland. Abzugsrichtung **Br. ME und W-Europa** S-SW und Überwinterung im tropischen W-Afrika; **Br. GB/IRL** ziehen S bis Mali, Senegambien, Niger etc.; in GB treten **Br. aus N.** als Herbstdurchzügler auf [4064]. **Br. FIN** erreichen ME nach 2-4 Wochen [2123], überwintern wohl überwiegend in Zentralafrika, evtl. auch weiter W (Ringfunde Mali, 2mal Zaire, Kongo) [932]; **östliche Br.** überwintern in E-Afrika, aber auch weiter W (je 1 Ringfund ehem. UdSSR - Nigeria und Kenia). Herbstdurchzügler in I v.a. aus Skandinavien, Ad. früher als Juv. [187]. Dismigration der Jungvögel Juli–Anf. Aug. zu günstigen Nahrungshabitaten, auch über größere Entfernungen in alle Richtungen (auch nach N). Wegzug FIN ab Mitte Juli, Höhepunkt Ende Juli–Anf. Aug., in N. Mitte–Ende Aug. ME Dz. ab Mitte–Ende Juli, Höhepunkt Anf.–Mitte Aug., Abklingen Sept., Nachzügler bis Ende Okt.–Anf. Nov. [z.B. 322]. Eintreffen im Winterquartier zur Hauptsache Nov.–Dez. mit zonalen Verschiebungen. Beginn des Heimzuges März–April, frühestes Eintreffen im Mittelmeerraum Anf. März, Ende des Dz. Ende Mai. Früheste, unregelm. Daten CH, Bod. etc. nach Mitte März, mittlere Erstbeob. um 8. April, Dz.-Höhepunkt 2. Aprilhälfte, Nachzügler bis Ende Mai. Ankunft im Brutgebiet in Leicestershire (GB) 1942-91 zunehmend früher (Ø Ankunft 19.4.) [2500]. Ankunft an Brutplätzen ME ein paar d vor Teichrohrsänger. Höchste Wegzugsgeschwindigkeit bis > 300 km/d. neben ausgeprägter Ortstreue (vor allem ♂) auch Erstansiedlungen und Umsiedlungen über Hunderte von km; Rastplatz- und Winterquartiertreue nachgewiesen.

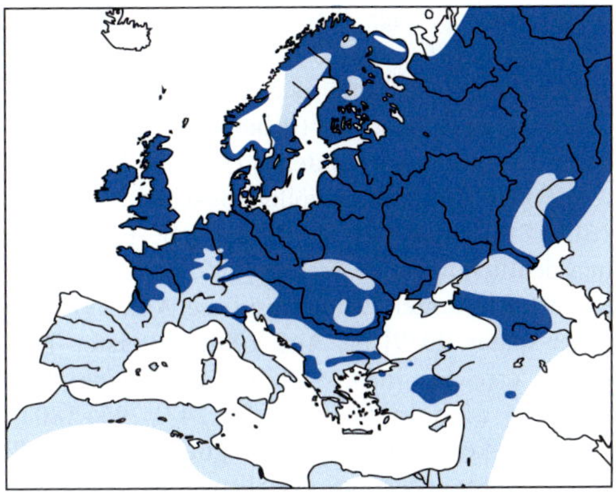

Acrocephalus schoenobaenus – **Schilfrohrsänger**

	Best.	Areal	Brutbestand	Jahr	Quelle
A	+/-	=	7.000–13.000	1998–2002	[383]
B	↓	- 1	2.200–2.800	2001–2002	[383]
CZ	+/-	=	40.000–80.000	2000–2002	[383]
D	⇩	- 2	6.000–12.000	1995–1999	[383]
H	+/-	=	170.000–325.000	1999–2002	[383]
NL	↑	=	20.000–25.000	1998–2000	[383]
PL	+/-	=	60.000–120.000	2000–2002	[383]
SK	+/-	=	10.000–16.000	1990–1999	[383]

Bestandsentwicklung. In Abhängigkeit vom Wasserstand im Mai sowie der Biotopqualität ± starke, kurzfristige Populationsschwankungen [1369,2546].

Langfristig aufgrund der Beeinträchtigung oder Vernichtung der Lebensräume in weiten Teilen W-ME dramatischer Bestandsrückgang ab 1960er

(frühe 70er) J., nach E bis D-BY und E-D [2393, 1302,2889,595,196,767,1369,1587,2772,3636, 3892,1507,1137]. Dabei in vielen Regionen inzwischen nur noch Bruchteil (gebietsweise 5-10%) früherer Bestände vorhanden [1369,196,1722,2623, 2545] oder Vorkommen völlig erloschen [843,1369, 1617,1747,2546,1302]. Auch auf ME Fangstationen deutlich negative Trends [196,2687,3234,323]. Meist nach kurzer Erholungsphase Anf. 1970er J. [oder später, 2049] bis Anf. 1980er J. erster Tiefpunkt erreicht [884,2546; entsprechende Entwicklung auch in GB und S.: 2471,2954,1803]; dabei starker Einfluss der Fragmentierung (z.T. auch Monotonisierung) von Feuchtgebietsflächen [1178,1180,1,310,3638]. Trotz günstiger Überwinterungsbedingungen in Afrika Mitte 1980er J. nur wenige ME Regionen mit Bestandserholung [z.B. W- und N-NL, A, Teile D-BY, -SH: 4197,1178, 375,3638,1585,375] vor allem bei günstiger Habitatentwicklung und geringer Fragmentierung der Feuchtgebiete [vgl. 1180]. Meist in 1990er J. in weiten Gebieten anhaltend starke Abnahmen und Arealverluste [weite Teile D: 204,1,1722,310,2896; S- und E-NL, B: 1585,375,3638, L Bestand erloschen: 2407].
Weitgehend unverändert blieben Populationen offenbar in E-ME [1585,1369,3892,1507,3871, 965,2159] sowie u.a. in RUS, LT und RO [1585]. In Fennoskandien im Laufe des 20. Jh. Arealausweitung nach N, die in N. bis heute anhält (in FIN anhaltende Bestandszunahme) [1369,1585,196; auch UA.: 1585]. Dramatische Lebensraumverluste in BY (vgl. Seggenrohrsänger) aber wohl nicht ohne Folgen auf dortigen Brutbestand [M. Flade].

Siedlungsdichte. Reviergrößen B 350–2229 (Ø ca. 985) m^2; Nahrungsraum verändert sich während Brutzeit. Höchstdichten in ME auf Flächen von 20–49 ha 18.0–10.0–6.0 (Ø 10.4), von 50–99 ha 21.8, 19.8 und 13.8, von > 100 ha 13.0–5.3–3.0 (Ø 5.1) Rev./10 ha [337], in Optimalhabitaten Europas aber auch bis 30-60 BP/10 ha [1507]. Großflächendichten (> 100 km^2) in ME zw. 0.001-0.9 »Rev.«/km^2 [vgl. Tab. 28 in 337]. Brutdichte in ungeschnittenen Röhrichtbeständen um Mehrfaches höher als in geschnittenen [1412N].

Gefährdungsursachen [205,196,1719,1722,1369, 2049,2954,1178,1302]. In Brutgebieten Verlust des Lebensraumes durch Entwässerung, Grundwasserabsenkung, Melioration, Flurbereinigung, Intensivierung der Landwirtschaft mit verstärkter Nutzung (oder Entfernung) von Ufersäumen und Grabenrändern, Überbauung, industrieller Torfabbau, Kiesabbau, Aufforstung von Mooren. Eutrophierung der Gewässer hat in ME negative Auswirkungen (sehr starke Verlandung, Verlust der Großseggenriede), in N-Europa dagegen positive.
Veränderung der Habitatqualität und des Nahrungsangebotes in Überwinterungsgebieten der Sahelzone, wobei sich Dürrephasen, Überweidung sowie erhöhter Biozideinsatz negativ auf Brutbestand des Folgejahres auswirken. Zudem Verlust wichtiger Rastgebiete durch Habitatzerstörung.
Störungen durch intensive Freizeitnutzung in Uferbereichen und Verlandungszonen.
Direkte Verfolgung (Fang, Abschuss).
Natürliche Ursachen, vor allem Überflutungen und Konkurrenz mit anderen Rohrsängerarten.

SPEC	VSchRL	Bern.Konv.	Bonn.Konv.
E	--	Anh. II	Anh. II
Europ. RL	RL in ME		
--	L: **'RE'**, D, B: 'EN'		

Schutzmaßnahmen. In Überwinterungsgebieten muss der Einsatz von Bioziden erheblich reduziert werden, weiterhin erforderlich Veränderung und Anpassung der landwirtschaftlichen Nutzung in Gebieten, die von Versalzung oder gar Desertifikation bedroht sind.
Erhaltung der verbliebenen Brutgebiete am Verbreitungsrand; Schutz oder Wiederherstellung von naturnahen Flussniederungen mit Überschwemmungsflächen sowie von Niedermooren und Bruchwaldgebieten vor direkten Eingriffen oder indirekten Beeinträchtigungen durch Entwässerungsmaßnahmen und intensiver Landwirtschaft; schonendere Gewässerpflege. Einrichtung von Pufferzonen an stehenden Gewässern mit erheblich verringerten Dünger- und Biozideinsatz. Extensive Nutzung landwirtschaftlicher Gebiete mit späten Mahden unter Auslassung von breiten Randstreifen und Säumen. Verminderung der Fragmentierung von Feuchtgebieten.
Verhinderung oder Reduzierung der Störungen durch Menschen an den Brutplätzen.

Biotop. Br. stark verlandeter (also landseitiger), nasser, aber nicht im Wasser stehender Vegetationszonen, die im Sommer trocken fallen können, mit dichter Krautschicht aus Seggen, hohen Gräsern oder Brennnesseln (im Revierzentrum), sowie einzeln die Krautschicht überragenden Vertikalstrukturen (im Randbereich eines Reviers), z.B.

Weiden-, Erlen- oder Birkenbüsche (in günstigen Habitaten nicht > 4 m hoch). Hohe Vegetationsdichte in den untersten Schichten. In ME am häufigsten in Großseggenrieden, die mit Büschen, Schilf und/oder Rohrkolben durchsetzt sind, aber auch auf extrem feuchtem Grünland, an dicht bewachsenen Ufern von Fließgewässern, in vernässten Mulden oder Senken, an schilfdurchsetzten Bruchwaldrändern, auch an schilfbestandenen Gräben zwischen Äckern. In GB gebietsweise überwiegend auf trockenen Flächen mit Büschen und reicher Kraut- oder Strauchvegetation. In Fennoskandien häufiger als in ME auch in reinem Schilfröhricht. Auf dem Zug ein breiteres Habitatspektrum, im Winterquartier aber stark an Feuchtgebiete gebunden.

Nahrung. Insekten und deren Larven, Spinnen und kleine Schnecken; Zusammensetzung weitgehend vom Angebot bestimmt, vielseitig. Blattläuse scheinen ein wichtige Rolle für die Fettdeposition vor dem Wegzug zu spielen.

Stimme. Rufe sehr ähnlich den kleinen einfarbigen Arten der Gattung, weich »deck«, bei Erregung schärfer »teck« bis hin zu ratternden »teck«-Reihen; Warnruf auch rau »tscherr« oder »trr«. Gesang kontinuierlich, eilig und laut, Strophe beginnt meist langsam, wird zur Mitte schneller, vielfältiger und lauter und klingt leiser aus. Raue, kratzende oder metallisch harte Geräusche doppelt so häufig wie hohe, reine Pfeiftöne, die häufig gleitend und wiederholt vorgetragen werden. Relativ lange Pfeiftöne, keine rhythmische Taktierung sowie auffallende Lautstärkeunterschiede sind typische allgemeine Merkmale des Gesangs; Repertoire einzelner ♂ sehr vielfältig, ♂ mit komplexeren Gesängen finden eher Partner. Vielfach Imitationen. Singflug und Wartengesang. Aufwärtsphase mit steil aufrechtstehender Körperachse und langsamen Flügelschlägen, Gesang beginnt während des Aufstiegs, nach einigen Metern schnelle Gleitphase abwärts, z.T. mit V-förmiger Flügelstellung nach oben. Gesang überwiegend tagsüber, z.T. auch nachts. Vollgesang 1–2 d nach der Ankunft, nach Verpaarung geht Gesangsaktivität zurück, ledige ♂ können bis Ende Juli–Anf. Aug. lebhaft singen.

Verhalten. [u.a. 1369,767,2291]. Tagaktiv, Zug nachts. Läuft/hüpft öfters auf horizontalen Stängeln als Teichrohrsänger. Pickt im Hüpfen kleine Insekten von den Pflanzen oder vom Boden; Beuteaufnahme auch aus dem Wasser. Zur Brutzeit territorial, auch gegenüber Seggen- und Teichrohrsänger. Singflug vom obersten Punkt der Singwarte, schmetterlingsartiger kurzer Flug mit Richtungsänderungen, mit weit gefächertem Schwanz dann Abwärtsgleiten und Landung im unteren Bereich einer Singwarte. Einige ♂ beginnen mit der Wahl eines Zweitterritoriums, wenn das erste ♀ mit der Eiablage und Bebrütung begonnen hat. In manchen Populationen scheint ein nicht unerheblicher Teil der ♂ ledig zu bleiben. Komplexität des Gesanges ist entscheidend bei der Partnerwahl der ♀.

Fortpflanzung, Brutbiologie [337,1369,767,1, 1412N]. Geschlechtsreife im 1. Lebensjahr. Meist monogame Saisonehe, doch polyterritoriale ♂ auch bigyn (Anteile in kleinen Stichproben < 10% der kontrollierten ♂). **Ankunft im Brutgebiet.** Reviergründung durch ♂ gleich nach Rückkehr ab April. Hoher Anteil reviertreuer ♂. **Nest.** Nistplatzwahl durch ♀. Neststand vielseitig, meist niedrig in der Vegetation (bis 50 cm, selten höher), z.B. in Seggenbülten, Binsenhorsten, Knickschicht des Schilfröhrichts, in Staudenfluren, auch in niedrigen Sträuchern, über Wasser oder trockenem Grund. Nest kann mit Stängeln verwoben sein, ist aber selten an senkrechten Halmen aufgehängt; aus Blättern von Schilf und Seggen sowie anderem Pflanzenmaterial, größer als bei Teichrohrsänger, Napf weniger tief und rund, Material oft gröber; Muldendurchmesser 50-65 cm, -tiefe 46-52 mm. Nur ♀ baut, wird vom ♂ bewacht und begleitet; Dauer 3-7 d. **Legebeginn.** In D frühestens Ende April, meist Mai bis Anf. Juni, in H ab Mitte Mai, in FIN Anf. Juni; Eiablage nur selten nach Mitte Juli (spätestens Anf. Aug.). **Gelegegröße.** 4-6 (3-8); Ø D_{69} 4.6, CS_{22} 4.8, GB_{829} 5.0, FIN_{21} 5.3; Kalendereffekt. Legeintervall 1 d. **Eier.** Breitoval, glänzend, hell oliv-gelbbraun bis lehmfarben, verwaschene Zeichnung wirkt meist ungefleckt. **Brutdauer.** 12-14 (-16) d; nur ♀ brütet (selten ♂ beteiligt), meist ab vorletztem Ei. **Nestlings-/Führungszeit.** Während erster d hudert ♀ und ♂ füttert fast allein; später füttern beide. Nestlingsdauer 11-14 (10-16) d, bei Störungen verlassen Juv. Nest früher (7-9 d bekannt). Juv. werden nach Ausfliegen zw. Partnern aufgeteilt (Paarbindung der Ad. erlischt), sind mit 17-19 d flugfähig und mit 25-30 d selbständig. **Jahresbruten.** 1(-2); Anteil an Zweitbruten in günstigen J. bis 20-30%. bis zu 2 Ersatzgelege nach Brutverlust. Unter günstigen Bedingungen mind. 50% der ♀ mit Zweitbruten. **Ende der Brutperiode.** Meist Monatswende Juni/Juli, spätestens Anf. Sept. **Bruterfolg.** In GB bei 1.95 Brutversuchen/Paar und Jahr Nachwuchsrate 4.84 Juv./BP und J.; etwa 54%

der abgelegten Eier ergaben flügge Juv.; in FIN aus 12 Gelegen (Ø 5.57 Eier) Ø 3 flügge Juv. Prädationsrate in NL in ungeschnittenen Röhrichten deutlich geringer als in geschnittenen.

Eimaße und -gewichte [1369]: L. 15.7-19.8 mm, B. 12.4-14.5 mm; Ø 17.7 x 13.1 mm (n=100, GB); Ø 17.6 x 13.3 mm (n=164, B); Ø 18.0 x 13.5 mm (n=126, CS); Frischvollgew. 1.42-2.04 g, Ø$_{90}$ 1.74 g; Schalengew. 0.076-0.134 g, Ø$_{126}$ 0.090 g.

Sterblichkeit, Alter. Br. GB/IRL nach Ringfunden 1962-94 75 % im 1. J., Ad. 77 %/J. [3589]; für Br. S. 57 %. In GB deutliche Korrelation zwischen Bestandszahlen, Adultsterblichkeit und Niederschlägen während Regenzeit in W-afrikanischen Winterquartieren, dagegen nicht zwischen Bestandszahlen und geschätztem Bruterfolg im Vorjahr [2954]. Höchstalter von Ringvögeln 3 mal mind. 6 J. **Generationslänge:** < 3.3 J. [383].

Mauser. Postjuvenile Mauser (Teilmauser) Restwachstum des Jugendgefieders vor Wegzug [767,3771,1515] erschwert Erkennen der Mauser, aber zumind. einige ersetzen Teile des Körpergefieders im Brutgebiet und während des Wegzugs [322,3153]. • **Postnuptialmauser** (Teilmauser) Juli–Anf. Okt.; bei einem Teil Körpergefieder, selten Schirmfedern und ST gewechselt. • **Pränuptialmauser** (Vollmauser) Okt.–April im Winterquartier; Ad. im Ø ca. 10 d früher als Einj., von denen die spätesten im Dez. noch nicht begonnen haben [267]; in einzelnen Gebieten des Winterquartiers zu unterschiedlichen Zeiten, auch Unterbrechung (Ende Dez.–Anf. Feb.) und aktive Mauser weiter im S von Ende Feb.–April (Mai) kommt vor; Dauer der HS-Mauser 50–90 d [1369,1356,1866,267].

Acrocephalus dumetorum – Buschrohrsänger 12480

Acrocephalus dumetorum Blyth 1849

GB Blyth's Reed Warbler **F Rousserolle des buissons** **E Carricero de Blyth**

Taxonomie. Monotypisch. Obwohl gelegentliche Hybridisation mit Sumpfrohrsänger in FIN nachgewiesen [1369], sind *dumetorum* und *palustris* nicht Schwesterarten [vgl. 2293, 1629].

Kennzeichen. [1369,767,3615,3772,221,3482,50, 3555; weitere **Fotos** in Brit. B. **94**, 244, Dutch B. **19**, 274, **20**, 160, **22**, 3, **23**, 395-96, **24**, 223, **25**, 434, **26**, 352, Bird. W. **5**, 215, **7**, 227-29, **9**, 221-23, 351-53, **14**, 359, Limic. **7**, 15, 17, **15**, 306].

Maße. (Gesamtareal) Gr.: 13 cm. Gew.: Ad. 10.0–13.7 g, Ø$_{48}$ 11.4 g bzw. (FIN) ♂ Ø$_{126}$ 11.9 g; (KZ, Sommer) 9.5-14.0 g; (KZ, Zug) bis 17-24 g. Fl.spw.: 17-19 cm. Fl.l.: ♂ 58-66 mm, Ø$_{47}$ 63.1 mm, ♀ 56-66 mm, Ø$_{117}$ 61.2 mm [1369,767].

SPEC	VSchRL	Bern.Konv.	Bonn.Konv.
--	--	Anh. II	Anh. II
Europ. RL	RL in ME		
--	--		

Status. In Europa außerhalb des Brutareals seltener Gastvogel, in jüngster Zeit aber Meldungen von Sommergästen sowie Durchzüglern markant zunehmend, z.B. in GB/IRL 17 Ind. bis 1990; DK

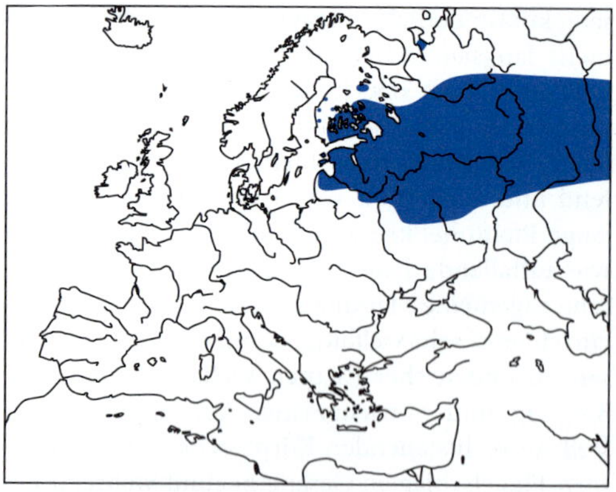

Acrocephalus dumetorum – **Buschrohrsänger**

8 Nachw. bis 1988; N. mehrere sing. ♂ und Brutversuch 1995 [q3]; F 1 Ind. 1984; I 1969; E. 1972; Gibraltar 1973; RO im Donaudelta seit 1975 nachgewiesen [1369,337].

Mit Ausnahme **PL** in ME meist noch kein regelm. Gastvogel und erst nach 1980 festgestellt; Nachw. betreffen: **B:** meist Fänglinge, Sept. 1988, Sept. 1992, 2 Ind. Okt. 1992, Sept. 1993, Sept. 1998 [1369,1677,q15]. • **NL:** Erstnachw. Fängl. Juni 1990, sing. ♂ Juni/Juli 1996, ♂, Mischbrut mit Sumpfrohrsänger 1998 (s.u.), dj. Fängl. Okt. 2001

[1369,277,q16,3053]. • **D:** 2 Nachw. von Fängl.: -SN Aug. 1984, -BB diesj. Aug. 1990 [3667,1]; meist aber sing. ♂ im Juni: -BB/BE 1987, 1994 und 1997, -SH 1993, -BY 1995, -NI 1996 und 2 ♂ 1997, -HB 1997 und Juni 1999 [1,575]. • **L:** [2407]. • **CH:** sing. ♂ Juni 1992 [4152]. In **PL:** 49 Nachw. (meist Brutzeit) zw. 1967–2001 [q13,3871], in jüngster Zeit bis zu 10 territoriale ♂ pro J., aber noch kein sicherer Brutnachw., feste Ansiedlung wahrscheinlich [q22,3871].
Beob. in D-BW 2002 noch nicht homologiert [q3].

Verbreitung und Bestand. Brutvogel in borealer und Steppenzone der Zentralpaläarktis. Von LV, EST und S-FIN nach E bis Oberlauf Lena und W-Seite Baikalsee, nach SE bis Altai, Alatau und W Tien Schan bis N Afghanistan und NE-Iran; weiter im W etwa bis Linie Saratow - Woronesch und LV; N-Grenze zwischen 60-64° N [1369,337]. In Europa Gesamtbestand zw. 2 – 5 Mio. BP, fast alle RUS, Vorkommen > 1.000 BP ferner in FIN (5-8 T.), LV (3-6), EST (2-4) und BY (1-2 T. BP), nur im W-Teil des Areals zunehmend [383,1507].

Wanderungen. Langstreckenzieher; Winterquartier S-Indien und Sri Lanka, nördlichste Winterdaten Baluchistan und Nepal. Wegzugsrichtung der Br. E-Europas SE; offenbar Mauserstop zwischen Brutgebiet und Winterquartier. Wegzug Juli–Aug. bis Sept. Heimzug beginnt im März, früheste Ankunft RUS Ende April–Anf. Mai, die Hauptmasse kommt aber wohl nicht vor Mitte Mai an, in W-Sibirien Ende Mai; FIN Ankunft im letzten Maidrittel (frühestens Mitte Mai)–Anf. Juni. Brutortstreue der ♂ in FIN nachgewiesen, aber auch Umsiedlung bis zu Hunderten von km; Brutortstreue der ♀ und Geburtsortstreue offenbar gering.

Bestandsentwicklung. Im 20. Jh. starke Ausweitung des Areals nach NW in Ostseebereich und andere Regionen N- und E-Europas, dabei in FIN Einwanderung ab den 1930er J., seither anhaltend starke Zunahme und Arealausweitung, Brutbestand 1990-95 etwa 5.000-8.000 BP [1507,1585]. Bis etwa 1960 kaum Nachw. W oder S des Ladogasees [1507], dann von FIN aus nach S., wo Erstnachw. 1958, regelm. Sommerbeob. seit 1970, bis Ende 1980er J. jährlich Ø 10–25 Ind., 1984 erster Brutnachw., um 1990 1-10 BP, bei anhaltender Zunahme der Brutzeitbeob. (max. 60 Ind. 1995); diese auch in N., wo die Art 1995 erstmals brütete [q3]. EST in 1960er J. kolonisiert, inzw. dort 2.000-3.000 sing. ♂ [1507]; in LV seit 1971 Zunahme, 1980–84 im W nur wenige Brutplätze, im E lokal häufiger Brutvogel; in W-RUS (Königsberg) Brutnachw. 1976; in LT Erstnachw. mit 2 sing. ♂ Mai 1976 und erster Brutnachw. 1983 [1585,1369,337,q4]. Immer noch sehr hoher Anteil der ♂ unverpaart, in FIN bis 30-40% [1507].
Aufgrund der Arealexpansion in E-Europa ist Ansiedlung in E-ME zu erwarten. In PL ab 1967 einzelne, inzwischen allj. mehrere territoriale ♂ und 1983 ein Paar, aber bis 1999 noch kein gesicherter Brutnachw. [3867], viell. aber 2000 [D. Conlin]. In NL nach wenigen Brutzeitfeststellungen 1998 ♂ mit Sumpfrohrsänger-♀ verpaart und erfolgr. Mischbrut mit 2 flüggen Juv. [3638,3053]. Expansion hält offensichtlich weiter an [1507,1585].

Siedlungsdichte. Reviergrößen in FIN 600–1300 m^2 [337]. Nestabstände z.T. sehr gering, in FIN bis zu 18 Nester auf 5 ha [1507]. Maximale Dichtewerte in Zentralsibirien bis 101 BP/km^2, sonst deutlich geringer (6-9 BP/km^2 aber wohl Unterschätzung), in FIN in Optimalbereichen im SE max. 25 BP/km^2 [1507].

Biotop. Nicht an Wasser und Feuchtgebiete gebunden; Bruthabitat ähnlich Sumpfrohrsänger halboffene, gebüschbestandene Wiesen mit üppiger Krautschicht (Neststandort); Einzelbüsche als Singwarten; Kraut- und Staudenschicht kann aus Weidenröschen, Brennnessel, Mädesüß oder Geißfuß bestehen; auch Br. an Waldrändern, selten im Schilfröhricht. Im Winter am Wasser, aber auch bis in Gebüschvegetation in Städten, nicht im geschlossenen Wald.

Nahrung. Hauptsächlich Insekten, aber auch Spinnen und kleine Schnecken.

Stimme. Rufe ähnlich anderer Rohrsänger, z.B. Kontaktrufe im Brutgebiet weich »tzeck« oder »tscheck-tscheck«, meist 2–3 mal wiederholt; bei aggressiver Stimmung und als Warnruf rau »trrrt«. Gesang i.d.R. langsamer und pausenreicher als beim Sumpfrohrsänger, oft mit Wiederholungen. Große individuelle Vielfalt der Gesänge. Einleitung oft mit sanften Pfeiftönen oder durch »tse tse«, »bittibittibitt«; lange Reihen gleitender und absteigender Töne wechseln mit reinen Pfeiftönen und kurzen, oft geräuschhaften Lauten ab. Hervorragender Imitator, aber offenbar geringeres Repertoire als Sumpfrohrsänger. Nachtgesang oft sehr lange ununterbrochen; tagsüber Gesang stärker gegliedert; starke Unterschiede der Lautstärke zwischen verschiedenen Strophen. Schwätzender Subsong von eben im Brutgebiet eingetroffenen ♂, von selbständigen Jungvögeln, auf dem Zug und im Winterquartier. Hauptgesangsperiode Mai/Juni; unverpaarte ♂ singen bis Ende Juli.

Verhalten. Tagaktiv, zieht aber wohl nachts. Nachtgesang hört gleich nach Paarbildung auf. ♂ singt auf Ästen und Zweigen von Sträuchern und kleinen Bäumen, aber auch an vertikalen Stauden. Zur Brutzeit wenig scheu und daher leicht zu beobachten.

Fortpflanzung, Brutbiologie [337,1369,767]. Geschlechtsreife im 1. Lebensjahr; oft monogame Saisonehe, sukzessive Polygynie nachgewiesen (bis 3 ♀); zuweilen Verpaarung mit Sumpfrohrsänger-♀; bedeutender Teil der ♂ bleibt unverpaart. **Ankunft am Brutplatz.** In Fennoskandien kaum vor Mitte Mai bis Ende Juni, ♂ deutlich vor den ♀ (diese max. 40 d nach Gründung der ersten Reviere). **Nest.** ♀ wählt Nistplatz bald nach Ankunft im Revier. Neststand in dichter Kraut- und Staudenschicht, häufig 20-75 cm über dem Boden. Nest ist hängendes Körbchen wie bei Sumpfrohrsänger (jedoch mit Henkeln); äußere Schicht als Aufhänger aus gröberem Material und langen Gräsern, Innenschicht mit feinerem Material; ♀ baut (♂ zuweilen beteiligt), in 3-6 d. **Legebeginn.** Frühestens Ende Mai, meist Juni, späteste Erstgelege bis Mitte Juli; Ersatzbruten noch später. **Gelegegröße.** (3) 4-6; Ø W-Sibir.$_{32}$ 4.9, FIN$_{31}$ 5.5. Legeintervall 1 d. **Eier.** Sehr ähnlich Sumpfrohrsänger, Fleckung und Punktierung heller. **Brutdauer.** 11-14 d; aufgrund Polygynie Anteile variierend; oft brüten beide (♀ mehr), nachts nur ♀. Bebrütung oft ab letztem Ei, mitunter schon vorher (fest?). **Nestlings-/Führungszeit.** ♀ hudert anfangs, dann füttert ♂ allein, später beide; bei Polygynie ♂-Anteil auch gering. Nestlingszeit 10-13 d, nach Führungszeit von 10-22 d (bei Brutaufteilung) selbständig. **Jahresbruten.** 1; Zweitbruten gelegentlich nachgewiesen; Ersatzgelege bei Brutverlust. **Bruterfolg.** In FIN 83.7% Schlüpferfolg, aus 53 begonnenen Bruten Ø 4.0 flügge Juv. Auch Mischbruten zuweilen erfolgreich. In Sibir. Ø 42% (31-50%) der Gelege erfolgr., hohe Verluste während Lege- und Brutphase. Bruterfolg monogamer Paare$_7$ in FIN 67%, polygyner ♂$_3$ 63%.

Eimaße und -gewichte [337,767]: L. 17.0-19.5 mm, B. 12.8-15.0 mm, Ø 17.3 x 13.9 mm (n=24, RUS), Ø 17.6 x 13.6 mm (n=19, Altai); Frischvollgew. 1.43-1.90 g, Ø$_{20}$ 1.65 g, bzw. 1.86 g, bzw. errechn. 1.68 g; Schalengew. 0.08-0.11 g, Ø$_{60}$ 0.093 g.

Sterblichkeit, Alter. Generationslänge: < 3.3 J. [383].

Mauser. Postjuvenile Mauser (Teilmauser) Juli-Sept., z.T. während des Wegzuges; Teile des Kleingefieders. Danach Großgefiedermauser wie Ad. [767], dabei bleiben selten einige Schwungfedern oder ST stehen [3771,1866]. • **Postnuptialmauser** (Vollmauser) Kleingefiedermauser zumindest bei einigen schon ab Juli, in N Brutgebieten aber offenbar erst später; wird während Wegzug unterbrochen; Großgefiedermauser in Rastgebieten vor eigentlichem Winterquartier (z.B. N-Indien), (Aug.) Sept.-Okt./Nov. [3771]; Dauer der HS-Mauser 62 d. • **Pränuptialmauser** (Teilmauser) Feb.-März; neben Körpergefieder manchmal auch einige Flügeldecken und Schirmfedern [767].

Acrocephalus palustris – Sumpfrohrsänger 12500

Acrocephalus palustris (Bechstein 1798)

(GB) **Marsh Warbler** (F) **Rousserolle verderolle** (E) **Carricero Poliglota**

Taxonomie. Monotypisch.

Kennzeichen. [1369,3615,221,767,3772, 3482, 50; weitere Fotos in Bird. W. **2**, 322 (z), **16**, 230, Brit. B. **95**, 57, Limic. **7**, 9, 12-16, Dutch B. **20**, 38].

Maße. Gr.: 13 cm. Gew.: Ad. 9.0-18.5 (Zugzeit bis 23,5) g; (Beginn der Brutzeit) beide Ø 12.7-12.8 g; ♀$_{159}$ (Nestbauphase) Ø 13.0 g, (Eireifung) Ø 16.4-17.7 g, (Flügglingsphase) Ø 11.7-12.0 g; ♂$_{256}$ gleichzeitig Ø 12.3-13.7 g. Fl.spw.: 18-21 cm. Fl.l.: ad. ♂ 66-74 mm, Ø$_{347}$ 69.8 mm, ad. ♀ 65-73 mm, Ø$_{174}$ 68.4 mm, diesj. Ind. 63-73 mm, Ø$_{183}$ 68.3 mm [1369,767].

Status. Verbreiteter und häufiger Brut- und Sommervogel in ganz ME, ferner regelm. Durchzügler und Rastvogel.

Verbreitung und Bestand. Verbreiteter Brutvogel der W-Paläarktis von S-GB, S-Skandinavien, N- und NE-F nach E bis N-KZ (ca. 70° E). N-Grenze von S-Fennoskandien, N St. Petersburg bis Ural bei etwa 58° N, in W-Sibirien 53–54° N. Südlichste Vorkommen Seealpen, N-I, S-YU, N-GR, BG, europäische TR, N-Küste Schwarzmeer; E davon nach S bis SE-Anatolien, NW-Iran. In ME weit verbreiteter Brutvogel und häufigster Rohrsänger von den Küsten bis in die Gebirge, allerdings größere Verbreitungslücken in waldreichen Gebieten und S der Alpen. Höchste Vorkommen in Mittelgebirgen D bis 700 m, in Karpaten bis 900 m, im Jura CH bis 1110 m, E-Alpen A bis ca. 1000 m (sing. ♂ bis 1700 m), W-Alpen CH bis 1500 m (sing. ♂ bis 2300 m), W-Alpen F bis 2150 m ü.M. Mehr als 3/4 des Weltbestandes auf Europa konzentriert. Europäischer Bestand zw. 3.2 - 6.8 Mio. BP (weitgehend stabil), mit Populationen > 200 T. BP in RUS (1-3 Mio.), D (400-800 T.), RO (450-650) PL (400-600) und UA. (180-230 T. BP); in ME brüten ca. 1.1-1.9 Mio. BP [383].

Wanderungen. Langstreckenzieher; Winterquartier vom äußersten SE und E Kenias bis Kapprovinz/S-Afrika, W-Grenze 30° E, im S bis 20° E. Wegzugrichtung **Br. ME und W-Europa** SE über Kleinasien und Nahen Osten; offenbar Verlangsamung des Zuges im Bereich von Äthiopien/Sudan, letzter Abschnitt mit Vorzugsrichtung SW in einem Korridor von ca. 400 km Breite. **Br. E-Europas** ziehen über arabische Halbinsel ebenfalls in diesen Bereich. Zusammenstellung Afrika-Ringfunde [932]. Heimzug noch nicht eingehend geklärt; generell bedürfen Funde W der allgemeinen Zugroute der Überprüfung. Aufenthalt am Brutplatz mit Ø ca. 55 (max. > 60) d sehr kurz. Ad. verlassen bereits Mitte Juli den Brutplatz, ♂ etwas eher als ♀, Junge ca. 2 Wochen später. ME Durchzugshöhepunkte Ende Juli–Anf. Aug., Ausklingen Ende Aug., Nachzügler noch den ganzen Sept. hindurch und auch Okt. [vgl. 322], doch Letztnachw. nicht immer über jeden Zweifel erhaben. Ab Mitte Aug. bereits in Äthiopien, in Kenia frühestens Ende Okt., dortiger Dz. Nov.–Mitte Jan., Ende Nov.–Anf. Dez. Winterquartier erreicht, Mehrzahl dürfte aber erst im Dez.–Anf. Jan. eintreffen. Heimzug beginnt relativ spät (Letztnachw. S-Afrika Anf. April); Dz. E-Kenia Anf. April–Anf. Mai. Früheste Beob. ME Mitte–Ende April; mittlere Erstankunft meist 2. Maidekade, jährliche Variation bis zu 3 Wochen; die Letzten kommen oft erst im Juni. Brutortstreue der ♂ (bis 50 % geschätzt) etwas größer als der ♀, auch über mehrere J. nachgewiesen; Geburtsortstreue geringer, aber offenbar jahrweise schwankend.

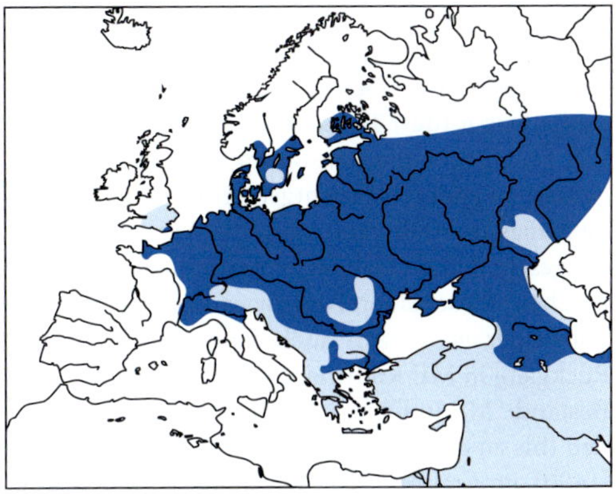

Acrocephalus palustris – **Sumpfrohrsänger**

	Best.	Areal	Brutbestand	Jahr	Quelle
A	+/-	=	20.000–40.000	1998–2002	[383]
B	+/-	=	8.000–20.000	2001–2002	[383]
CH	+/-	=	3.000–6.000	1993–1996	[383]
CZ	↓	=	80.000–160.000	2000–2002	[383]
D	+/-	=	400.000–800.000	1995–1999	[383]
FL	+/-	=	80–100	1998–2000	[383]
H	+/-	=	65.000–130.000	1999–2002	[383]
L	↑	=	800–1.000	2001	[383]
NL	↑	+ 1	70.000–110.000	1998–2000	[383]
PL	+/-	=	400.000–600.000	2000–2002	[383]
SK	+/-	=	40.000–50.000	1990–1999	[383]

Bestandsentwicklung. In ME und W-Europa seit Mitte 19. Jh. in mehreren Schüben erhebliche Ausbreitung, dabei auch Eindringen in vorher unbesetzte Mittelgebirgslagen [1369]. Bis auf offenbar stark isolierte Population in GB [1978] hält Zunahme und Arealausweitung in den Randbereichen des Verbreitungsareals (vor allem FIN, N., S., EST; auch I, F) bis heute an [1507,1369]. Positive Entwicklung wohl bedingt durch großräumige Veränderungen der Landnutzung, z.B. Rodungen zusammenhängender Waldgebiete (auch in Mittelgebirgen) und Umwandlung in (anfangs) extensiver genutzte Ackerflächen mit Nistmöglichkeiten in hochstaudenbestandenen Randflächen. Daneben auch klimatische Gründe entscheidend [ausführlich in

1369], zudem allgemeine Eutrophierung günstig: Hoher Stickstoffeintrag fördert z.B. Wachstum der Brennnessel, wo höchste Bestandsdichten liegen. Schließlich fördert Trockenfallen und Verbuschung von Feuchtgebieten den Sumpfrohrsänger im Gegensatz zu anderen Feuchtgebietsarten. Durch große Anpassungsfähigkeit kann die Art eine Vielzahl neugeschaffener Habitatstrukturen wie Ödland, Brachen, Rieselfelder, Bauerwartungsgelände, auch Rapsfelder etc. nutzen; auch dadurch substantieller Rückgang in ME Kulturlandschaft verhindert.
Bestände ME in letzten J. trotz starker Fluktuationen (bis zu 86% von Jahr zu Jahr auf einer Fläche) [1680] großräumig überwiegend stabil [198,202, 1599N,337,1369,1680,1585,2772,3892,4043,3392, 1722]. Davor jedoch z.T. drastischer Rückgang, zumindest in Teilen ME, meist ab 1960er (oder 70er) J. durch Lebensraumveränderungen infolge Intensivierung der Landwirtschaft und Meliorationen [1139,2838,2238,2896,196,2623,3892,1507,1722, 1,3392]; allerdings z.T. erhebliche lokale oder regionale Abweichungen, da kleinräumige Bestandsentwicklungen sehr stark von Veränderungen lokaler Landschaftsstrukturen sowie von natürlicherweise sehr hohen Fluktuationen der Art geprägt [1369,2393; vgl. 1978]. In nationalen Monitoringprogrammen bis Anf. 1990er J. überwiegend Abnahmen [D, CH, CZ:q1,q20,323,1852; aber NL:884], großräumig aber wohl nur in CZ durch rückläufige Brutbestandszahlen gestützt [2159; kleinräumig:310,1,597]. Dagegen lokal und regional (vor allem in N-ME) vorwiegend Bestandszunahmen (z.T. Erholung nach starken Rückgängen), auch bedingt durch Feuchtgebietsschutz und Zunahme der Brachflächen [4110, 1141,1363,595,1587,196,1,3393,310]. Markante Zunahmen und Arealausweitung in ME derzeit vor allem noch in den küstennahen Gebieten NL (vor allem neue Polderflächen), weniger stark zudem in L [3638,1585,2407].

Siedlungsdichte. Reviergrößen B 500–1000 m^2, NL 320–1840 ($Ø_{40}$ 1010) m^2, D-BY 483–1472 ($Ø_{34}$ 1103) m^2, in Optimalhabitaten nur etwa 100 m^2; auf Kleinstflächen daher sehr hohe Dichtewerte (semi-koloniales Brüten). Höchstdichten ME auf Flächen von 20–49 ha 46.0–9.2–8.0 (Ø ~13), von 50–99 ha 18.6–10.6–4.2 (Ø 6.4), von > 100 ha 25.0–4.2–3.2 (Ø 8.9) Rev./10 ha [zur Methodik 871]; in PL kleinflächig bis max. 67 BP/10 ha [3871]. Großflächendichten (> 100 km^2) mit 0.02-5.8 'Rev.'/km^2 z.T. erheblich höher als bei anderen Rohrsängern [vgl. Tab. 29 in 337].

Gefährdungsursachen [1680,1369,196,4043,3477, 2393,1224]. Regional z.T. erhebliche Bestandsrückgänge durch Intensivierung der Landwirtschaft mit Verlust von Ackerrainen und Gebüschstreifen, exzessivem Biozid- (vor allem Herbizid-)einsatz, Rückgang der Ruderalflächen und Ackerwildkräuter durch mechanische Einwirkungen sowie verbesserte Saatgutreinigung, Flurbereinigung sowie Gewässerregulierungen und -»säuberungen«. Bedeutsam auch das Ausmähen der Nester, das zuweilen natürliche Brutverluste übersteigt.
Gefährdung in Rast- und Überwinterungsgebieten Afrikas durch sich ausweitende Desertifikation denkbar (aber kaum belegt).

SPEC	VSchRL	Bern.Konv.	Bonn.Konv.
E	--	Anh. II	Anh. II
Europ. RL	RL in ME		
--	--		

Schutzmaßnahmen. Verbreiterung der uferbegleitenden Hochstauden-Vegetation; in landwirtschaftlich genutzten Bereichen führen insbesondere breite Staudensäume zu deutlichen Bestandsgewinnen des Sumpfrohrsängers. Erhaltung von Randstreifen, Ruderalflächen und Brachen.
Extensivierte und naturschonende Landwirtschaft einschließlich später Mahdtermine und vermindertem Herbizideinsatz.

Biotop. Br. auf offenen oder locker mit Büschen bestanden Flächen, die dichte Hochstaudenbestände mit Blättern und Verzweigungen aufweisen, gleichzeitig aber auch einen hohen Anteil vertikaler Elemente (Höhe ca. 80–160 cm), wie z.B. Brennnessel (in ME am häufigsten besiedelt), Mädesüß, Wasserdost, Weidenröschen, Knöterich, Rainfarn, Beifuß, aber auch Raps; häufig heterogene Mischbestände. Einzelne Sträucher dienen bes. in der Besiedlungsphase als Singwarten. Reines Schilf und andere gleichförmige Strukturen ohne Verzweigungen werden gemieden. Der Unterwuchs der Krautbestände darf nicht zu dicht sein. Früher in ME häufiger Br. in verunkrauteten Getreidefeldern; in heutigen Getreidefeldern zumindest Nester seltene Ausnahmen. Typische Brutplätze sind u.a. Krautflächen in lichten Auen, entlang von Fluss- und Bachufern, auf Rieselfeldern und Ruderalflächen, an Gräben, Abzugskanälen, auf Dämmen, an Straßenrändern, junge Anpflanzungen, verwilderte Gärten etc.; mitunter können bereits isolierte geeignete Flächen von wenigen Quadratmetern zur Ansiedlung ausreichen. Im Vergleich zu Buschrohrsänger werden dichtere und höhere Vegetation und feuchtere Standorte bevorzugt. Nach der Brutzeit vor allem Nahrungssuche in Gras- und Hochstaudenflächen, z. B. auch im landseitigen Schilf.

Nahrung. Ausschließlich kleine Gliederfüßer und Schnecken, fast nur von der Vegetation, lediglich vereinzelt am Boden gefangen. In der Nestlingsnahrung spielen Blattläuse und Dipteren der Zahl nach die größte Rolle; die größte Masse bilden Fliegen, Schmetterlingsraupen und Spinnen.

Stimme. Ruf bei leichter Erregung weich »teck«, scharf mit Alarmfunktion, ebenso «krrret«. Gesang besteht weitgehend aus Imitationen (ob überhaupt arteigene Laute enthalten sind, bleibt fraglich), helle Klangfarbe durch höhere Tonlage und umfangreiches Repertoire an Motiven, Vortrag schneller als bei Buschrohrsänger. Einzelne Elemente oder Imitationen oft in Serien, weniger gepfiffene Elemente als Buschrohrsänger. Bisher 212 imitierte Arten bekannt, darunter 113 aus dem afrikanischen Dz.gebiet; bes. häufig unter den einheimischen Arten Amsel, Haussperling, Feldsperling, Dorngrasmücke, Rauchschwalbe, Blaumeise, Bluthänfling, Feldlerche, Star etc., und zwar Rufe verschiedener Funktion sowie Gesangsfragmente, also meist kurze Bestandteile, die dann wiederholt werden. Lernphase möglicherweise zeitlich begrenzt, dadurch bei adulten ♂ über mehrere J. stabiles Repertoire, kann im Feld zur individuellen Identifikation genutzt werden. Neben Vollgesang der ♂ (Partnerwerbung, Territorialität) Chorgesang während Eiablage und Bebrütung, antiphonales Kanonsingen bei Grenzstreitigkeiten mit einem vom jeweiligen Nachbarn häufig benutzten Motiv [zu Gesangsfunktionen 1816]. Hauptsangeszeit nach Ankunft am Brutplatz, Intensität lässt nach Paarbildung nach. Vortrag von halboffener Singwarte oder aus der Deckung heraus, kein Singflug. Beide Partner im Winterquartier territorial und singend, auch während der Mauser.

Verhalten. [u.a. 1369,767,2266]. Vorwiegend tagaktiv; vor allem unverpaarte ♂ singen nachts; nächtliche Zugunruhe, tagsüber »Kriechzug« von Busch zu Busch. Klettert geschickt an Pflanzenstängeln, Körperhaltung oft quer zu senkrechten Halmen, aber insgesamt schlechterer Vertikalkletterer als Teichrohrsänger, hüpft auch häufiger am Boden. Beutetiere werden aus dem Stand, beim Klettern oder während kurzer Sprünge von den Blättern gepickt, vorwiegend von der Blattunterseite; auch rasche Jagd durch Buschwerk. Zu Beginn der Brutzeit territorial; Revierverteilung oft geklumpt. Zu Beginn Revier meist am größten, werden dann bis zum Schlüpfen der Jungen allmählich kleiner und werden dann nicht mehr verteidigt; Nahrungssuche aus einem Umkreis von ca. 100 m um das Nest. Auch außerhalb der Brutzeit für gewöhnlich einzeln. Gesang sehr komplex, wichtig für Reviermarkierung und ♀-Werbung. Intensive Balz vor allem gegen Ende der Nestbauperiode. Komplexer Gesang hört nach Eiablage auf und wird durch einfacheren und kürzeren Gesang ersetzt, der bis zum Ende der Jungenaufzucht (obwohl seltener) zu hören ist. Nestplatz wird nie direkt angeflogen; die Vögel landen einige m entfernt und klettern durch die Vegetation. ♂ sind gelegentlich polyterritorial; Polygynie aber sehr selten verwirklicht.

Fortpflanzung, Brutbiologie [337,1369,767,1,1722, 1977,2292]. Geschlechtsreife im 1. Lebensjahr. Hauptsächlich monogam, Paarzusammenhalt endet mit Ausfliegen der Jungen (z.T. schon vorher). Geringer Anteil der ♂ bigyn oder vorübergehend bigyn, weitere ♂ verteidigen zweites Revier (dadurch bigame Beziehungen möglich, aber nicht verwirklicht). **Ankunft im Brutgebiet.** Rückkehr ab (Ende Apr.) Anf. Mai bis Anf. (Mitte) Juni; ausgeprägte Brutortstreue. **Nest.** Nistplatzwahl durch ♀. Nester hängen in Beständen hochstieliger, senkrecht stehender Hochstauden, im ME am häufigsten in Brennesseln; meist am Bestandsrand, nie über Wasser; durch Blätter der Krautpflanzen nach außen abgeschirmt; Bodenhöhe Nestoberkante 25-85 cm (mit fortschreitender Saison höher, max. 1.5-2 m); an 2-11 (Ø 4) Halmen aufgehängt. Nest lockerer als bei Teich- und Drosselrohrsänger, mehr halbkugelförmig; Außenseite aus trockenen, meist groben Halmen und Blattspreiten, z.B. von Gräsern und Bast von alten Brennnesselhalmen, die eine Aufhängevorrichtung bilden. Innenschichten aus feinerem Material. Muldendurchmesser 50-60, -tiefe 35-60 mm. Nur ♀ baut (♂ sehr selten beteiligt), beginnt oft schon 1 d nach Ankunft. Zunächst werden die gewählten Stützstängel durch Schleifen aus trockenen Grashalmen miteinander verbunden; dann wird durch Querverstrebungen eine lockere Tragschicht gebaut, in die das ♀ durch Stemmbewegungen eine tiefe Nestmulde drückt; dann Auskleidung der Mulde. Gesamtdauer etwa 3-6 d. **Legebeginn.** In ME frühestens (1.) 2. Maidekade, Hauptzeit Ende Mai bis Mitte Juni, späteste Beginne Mitte Juli. **Gelegegröße.** 3-6, meist 5, späte

Gelege (ab Mitte Juni) kleiner; Ø D_{297} 4.7, D_{148} 4.7, $D\text{-}BB_{68}$ 4.8, CH_{101} 4.6, B_{125} 4.3, CS_{150} 4.5; (CH_{311} Ø Juni 4.8, Juli 3.9, $D\text{-}NW_{297}$ Ø Mai 4.9, Juni 4.7, Juli 3.8). Legeintervall 1 d. **Eier.** Stumpfelliptisch, glänzend, auf hellbläulichem bis schmutzigweißem Grund grob und mäßig dicht dunkler bräunlich bis grau in verschiedenen Farbschattierungen gefleckt. **Brutdauer.** 11.5-14 d (14 d von Ablage des letzten Eies und Schlüpfen des letzten Juv.); beide brüten (♂ aber ohne Brutfleck; ♀ nachts), ab vorletztem Ei; Schlupf synchron (innerhalb 1 d). **Nestlings-/Führungszeit.** Anfänglich füttert ♂, während ♀ hudert, später beide; nach 7 d Hudern nur bei Regen. Nestlingsdauer (ungestört) 9.5-15 d, meist 10-12 d. Juv. können mit 16-17 d kurze Strecken, mit 22 d so gut wie Ad. fliegen. Bei Beteiligung beider Partner an Aufzucht werden Juv. nach Verlassen des Nestes immer aufgeteilt [Jungenentwicklung s. 1958]. Auflösung der Familiengruppen mit 26-31 d. **Jahresbruten.** 1; Zweitbruten sind seltene Ausnahmen. Ersatzgelege bei Gelege-, nur ausnahmsweise bei Jungenverlust (kleiner als Erstgelege). **Ende der Brutperiode.** I.d.R. Anf. bis Mitte Juli, bei späten Gelegen Mitte Aug. **Bruterfolg.** In ME aus 58-79 (Ø 72)% der abgelegten Eier flügge Juv. (in GB 50%, in KZ 42.8%); Nachwuchsrate Ø 2.8 – 3.65 Juv./♀ und J. (in GB 2.5 pro Nest und 1.8 pro »Paar«, in KZ 1.7 Juv./Nest). Verlustanalyse [z.B. 3478].

Eimaße und -gewichte [1369]: L. 16.2-21.5 mm, B. 12.7-14.8 mm; Ø 18.6 x 13.8 mm (n=278, CS); Ø 19.4 x 13.9 mm (n=32, Bod.); Ø 18.9 x 14.2 mm (n=114, L); Ø 18.7 x 13.8 mm (n= 648, Rhl.). Frischvollgew. 1.43-2.60 g, $Ø_{155}$ 1.89 g. Schalengew. 0.072-0.124 g, $Ø_{155}$ 0.098 g.

Sterblichkeit, Alter. Geschätzte Adultsterblichkeit 43–54 %/J., im 1. J. ca. 65–75 %. In I für alle Altersklassen 44 %/J. [415]. Ältester Ringvogel (GB) 9 J. [3654]. **Generationslänge:** < 3.3 J. [383].

Mauser. **Postjuvenile Mauser** (Teilmauser) ab ca. 5 Wochen [767], Juli–Aug./Sept., z.T. auch während des Wegzugs; möglicherweise aber keine Mauser, da nur Restwachstum des Jugendgefieders [767,1369]. • **Postnuptialmauser** (Teilmauser) setzt bisweilen während Jungenaufzucht ein, (Ende Juni) Juli–Aug./Sept. [1369,3449]; findet zumindest auch während erster Wegzugetappen statt [1369,322] und wohl in Rastgebieten in NE-Afrika bis spätestens Nov. beendet [767,1866,3921]; Körpergefieder. • **Pränuptialmauser** (Vollmauser) erst nach Erreichen des eigentlichen Winterquartiers, Dez./Jan.–März/April; bisweilen 3–6 Schwungfedern und alle ST synchron erneuert; Mauserdauer ca. 55–80 d [767,1369,3142].

Acrocephalus scirpaceus – Teichrohrsänger 12510

Acrocephalus [scirpaceus] scirpaceus (Hermann 1804)

(GB) Reed Warbler **(F) Rousserolle effarvatte** **(E) Carricero Común**

Taxonomie. Drei UA: *scirpaceus* (Hermann 1804) (Europa, NW-Afrika), *fuscus* (Hemprich & Ehrenberg 1833) (E-TR und Kaspisee E) und *avicenniae* Ash et al. 1989 (Mangroven Rotes Meer von Sudan bis Somalia). Die UA-Zugehörigkeit isolierter Populationen im Nahen Osten und auf Arabischer Halbinsel ist ungeklärt. Bildet Superspezies mit dem molekular und phänotypisch (auch bioakustisch) wenig differenzierten *A. baeticatus*.

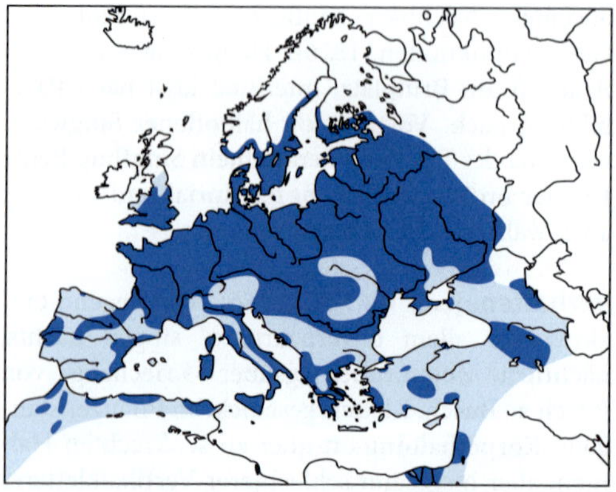

Acrocephalus scirpaceus – Teichrohrsänger

Kennzeichen. Nominatform und UA *fuscus* im Gefiederton sehr variabel [vgl. 2964, ferner 1369, 3615,221,767,3772,3482,50; weitere **Fotos** in Bird. W. **2**, 322 (z), Limic. **7**, 8-12, **16**, 299, (*fuscus*) Bird. W. **13**, 315-17, **14**, 33-32, Brit. B. **95**, 45-54, Dutch B. **14**, 45].

Maße. Gr.: 13 cm. Gew.: Ad. 9.0-17.5, Ø$_{4300}$ 12.4 g, Diesj. Ø 11.8 g; (Zugzeit) 7.1-20.8 g, (MK) Ø$_{145}$ 12.5 g, (Winter, Uganda) 10-12 g. Fl.spw.: 17-21 cm. Fl.l.: ad. ♂ 63-71 mm, Ø$_{212}$ 67.4 mm, ad. ♀ 61-68 mm, Ø$_{109}$ 65.0 mm, diesj. Ind. 59-70 mm, Ø$_{154}$ 65.3 mm.

Status. Punktuell verbreiteter und häufiger Brut- und Sommervogel in ganz ME, ferner regelm. und sehr häufiger Durchzügler und Rastvogel.

Verbreitung und Bestand. Brutvogel in W- und Zentralpaläarktis und davon räumlich getrennt (*fuscus*) in z.T. stark aufgesplittertem Teilareal in Vorder-, Mittel- und Zentralasien mit N-Grenze untere Wolga (ca. 48° N), Uralfluss, NE-KZ (48–50° N) bis NW-Mongolei; S-Grenze in Einzelvorkommen aufgelöst, z.B. W- und Zentralanatolien, Aserbeidschan, Südkaspi, NE-Afghanistan, Einzelvorkommen Zentraliran, ferner W-Iran, SYR, IL bis Nildelta (offenbar selten) und CY. In Europa in mittleren und südlichen Breiten von P/E., NW-F und SE-IRL und S-GB nach E bis W- und Zentral-RUS; im N bis S-N., Mittel-S. und S-FIN (bis > 62° N); im S einschließlich Mittelmeerländer und meiste große Inseln (Kreta noch kein Brutnachw.); ferner MA, TN, DZ. In ME Nominatform naturgemäß lückenhaft in geeigneten Biotopen (flächendeckend in *Phragmites*-Beständen) verbreitet, am häufigsten < 200 m ü.M.; Mittelgebirge und Alpen nur in Tief- und Mittellagen ± punktuell besiedelt. Höhengrenzen Mittelgebirge D 500–700 m, im Alpenvorland D, A > 800 m (höchste Einzelvorkommen 930 m, territoriale ♂ bis 960 m), CH bis 1250 m [1369]. Europäischer Gesamtbestand 2.7-5.0 Mio. BP (stabil), mit größten Populationen in RO (0.8-1.3 Mio.), S. (500-600 T.), UA. (280-400 T.) und RUS (100-500 T. BP) [383], aber Bestände in PL, BY und RUS viell. erheblich unterschätzt [1507]. Bestand in ME etwa 0.38-0.94 Mio. BP [383], > 75% davon in D, PL und NL; bedeutendstes Brutvorkommen ME am Neusiedlersee (H, A-B) mit weit über 50.000 BP (Angaben für A-B Seeteil neuerdings bei 20.000-42.000 BP) [966], Schätzungen früher bis 130.000 BP [337,1507].

Wanderungen. Langstreckenzieher; Hauptwinterquartier von *scirpaceus* W- und Zentralafrika von 13° N bis 5° S in Feuchtsavannen und Feuchtwaldzone. Hauptwegzugsrichtung **Br. ME, N- und W-Europas** SW bis Mauretanien, Senegal, Mali etc. bis Nigeria; **Br. S-CZ/SK., E-A, H und weiter E** nach SE über Balkanhalbinsel, TR, CY bis E-Afrika (allerdings auch 1 Ringfund Neusiedlersee – Nigeria) [933]. Ringfunde Afrika [932, E-A:3376] FIN:2123; S.:3701, GB/IRL:4064]. Wegzug beginnt Mitte Juli; Ad. ziehen offenbar rascher ab als Jungvögel, die zunächst noch ungerichtet umherstreifen. Höhepunkt des Dz. in N-ME Ende Juli–Anf. Aug., im SW Anf. bis Ende Aug.; rechtsschiefes Fangmuster mit Nachzüglern bis mind. Mitte Okt. [z.B. 322]; Col de Bretolet CH Dz.median 4.9. [1861]. Br. GR verlassen Brutgebiete bis Mitte (Ad.) oder Ende (Juv.) Aug. [25]. Nov.nachw. in S-ME nicht außergewöhnlich, ausnahmsweise jedoch nach Mitte Nov. oder gar Dez. (Einzelne GB, W-Europa, CH 11. Dez., außerdem ein ungestreifter *Acrocephalus* 10.1.98 Neuenburger See) [4152]. Die Ersten erreichen z.B. Mali bereits ab Anf. Sept., Dz. MA jedoch bis Anf. Nov. Erstnachw. aus W-afrikanischen Überwinterungsgebieten in 1 Okt.dekade; Masse dürfte jedoch erst im Nov. eintreffen. Heimzug ab Anf. März. Ankunft ME selten schon Ende März (Extrem 9.3.1997 W-CH) [4152], unregelm. erste Aprilhälfte, regelm. nach 20.4. (CH Hauptdz. 1. Maidekade) [4152]; mittlere Erstankunft z.B. Bod. 26., Oberlausitz 29. April, sonst vielfach in 1. Maidekade; die Masse kommt erst in 2. Maihälfte an, ältere Vögel früher; ♀ 8-12 d später als ♂. Ankunft S-Baltikum Mitte-Ende Mai, Dz. noch Anf. Juni [662]. Offensichtlich hohe Geburtsortstreue oder Rückkehr an Ort des nachbrutzeitlichen Aufenthalts. Sehr hohe Brutortstreue beider Geschlechter. Rastgebietstreue nachgewiesen, z.B. in E. [627] und IL [2575].

	Best.	Areal	Brutbestand	Jahr	Quelle
A	+/-	=	20.000–40.000	1998–2002	[383]
B	+/-	=	3.500–7.000	2001–2002	[383]
CH	↑	=	7.000–9.000	1993–1996	[383]
CZ	+/-	=	50.000–100.000	2000–2002	[383]
D	+/-	=	120.000–250.000	1995–1996	[383]
FL	+/-	=	8–10	1998–2000	[383]
H	+/-	=	75.000–160.000	1999–2002	[383]
L	+/-	=	200–300	2001	[383]
NL	⇧	+ 1	150.000–250.000	1998–2000	[383]
PL	+/-	=	40.000–200.000	2000–2002	[383]
SK	+/-	=	10.000–20.000	1990–1999	[383]

Bestandsentwicklung. Seit Ende 19. Jh. Arealausweitung nach N und erhebliche Bestandsgewinne während früher Phasen der Gewässereutrophierung. Ausbreitungsprozesse durch Ausdehnung

der Röhrichte in S. und Baltikum bis in jüngste Zeit [1369,3777,3481]. Ähnliche Entwicklung in N-ME, gefördert durch Entstehung neuer Bruthabitate, vor allem D-BB (im 19. Jh. nur unregelm. besetzt) [1369] und NL [884,2889,3636].
In anderen Regionen ME waren Bestände etwa bis 1950er J., mit den typischen Schwankungen, weitgehend stabil. Etwa ab dieser Zeit (z.T. später) in der Folge von Habitatzerstörungen oder -eingriffen sowie Spätstadien der Gewässereutrophierung lokal und regional ein großräumig asynchron verlaufender Rückgang, bes. stark in Ballungsräumen [320,3079,248,3125,3481,1369,1722,196,2623,843, 1]. Andererseits weitgehende Konstanz in einigen Gebieten, in denen andere Rohrsängerarten einbrachen [1369,310,2545,2896]. Das Schilfsterben wirkte sich auf die Art demnach etwas weniger stark aus als erwartet [1822,2546].
Stellenweise schon in 1970er J. erneute Zunahmen [D-MV, -BB, -NI: 2393,2546,2031,3268,196, 1587,1] - z.T. auch bedingt durch Röhrichtflächen in neu entstandenen Poldern [NL: 375,3638;1507] oder durch Schutzmaßnahmen, Aufgabe der Schilfmahd und/oder der Zunahme der Schilfflächen [D: 310,1]. Seither auch in anderen Regionen erneute Bestandserholung und Stabilisierung erkennbar [D: q20,1137,1722,196,1615,1363,3247, CH: 4043,q1,4176; A: 965, Bod.: 1617,3489]. Bestandsgrößen früherer Jahrzehnte oft nicht wieder erreicht, Ausnahme u.a. NL, wo durch anhaltend starke Zunahme neuer Höchststand, durch anhaltende Eutrophierung und geringere Hochwasserdynamik in 1990er J. aber stagnierend [375,3638,1507]. Durch Lebensraumbeeinträchtigungen (Uferverbauung, Schilfschwund etc.) bis Mitte 1990er J. lokal auch starke Abnahmen [Bsp. in 310,1].
Unzureichend untersuchte Populationen in E-ME wohl langfristig stabil [1369,196,1507,1585]. Anf. 1980er J. IRL erstmals besiedelt [1343,q3].

Siedlungsdichte. Verteilung der Reviere im Röhricht oft sehr ungleichmäßig. Reviergrößen in D-BY Ø 300 bzw. 545 m^2, B in reinem Röhricht mit Nahrungserwerb außerhalb des Reviers sogar nur Ø 112 m^2; kleinste mittlere Nestabstände nur 20–30 m. Zusammenballung auf Kleinstflächen daher nicht selten (semi-koloniales Brüten, in Europa z.B. 45 aktive Nester auf 1.17 ha registriert [1507], Dichteberechnungen auf Flächen von wenigen ha daher unrealistisch. In großen einheitlichen Schilfflächen bis etwa 50–60 Rev./10 ha oder mehr, doch in ME nur in wenigen Ausnahmefällen großer Binnengewässer sowie an Fischteichen [z.B. PL:3871]. Höchstdichten ME auf Flächen von 20–49 ha 63.9–15.0–12.5 (Ø 20.6), von 50–99 ha 51.8–13.4–3.9 (Ø 17.1), von > 100 ha 20.0–12.7–5.9 (Ø 12.6) Rev./10 ha. Großflächendichten (> 100 km^2) mit 0.01-4.0 »Rev.«/km^2 recht hoch [vgl. Tab. 30 in 337]. Auf Populationen in NL Metapopulationsmodell anwendbar [s. 1181].

Gefährdungsursachen [1455,2289,3484,4176,202, 1036,1458,2891,3247,3420,3481,1369,196]. Röhrichtverlust durch (1) Entwässerung, Grundwasserabsenkung, Fluss- und Bachbegradigung und -verbauung, (2) Trockenlegung und Umbruch von Überschwemmungsflächen, (3) Grabenbefestigung mit Halbschalen sowie intensive Böschungspflege, (4) Bildung von Faulschlamm durch veränderte Wasserführung an Altwässern, (5) Flurbereinigung mit Beseitigung von Kleinstrukturen, (6) Eutrophierung des Feuchtgrünlandes mit anschließender Verbuschung, (7) Verfüllung oder Aufforstung, (8) Intensivierung der Teichwirtschaft mit weitgehender Entlandung, sowie Ausdünnung, Kümmerwuchs oder Verlust des Röhrichts durch (9) Belastung des Gewässers mit Stickstoff, Phosphaten, Umweltgiften, Bioziden sowie Schwermetallen und Entwicklung von schädigenden Algenmatten, (10) intensiven Bootsbetrieb, Anlage von Bootsstegen und -liegeplätzen, (11) Fütterung und Dichtekonzentrationen von entkommenem Parkgeflügel und Neozoen (Grau- und Kanadagans, Höckerschwan).
Störungen und Beeinträchtigungen der Brutgebiete durch intensive Freizeitnutzung und Uferbelastung, sowie Erschließung und Verbauung. Verhinderung der Brutansiedlung (des Nestbaues) durch Schilfmahd oder Schilfbrand. Hohe Brutverluste durch Ausmähen und Störungen sowie Prädation, insbesondere in ausgedünntem oder verbuschtem Röhricht oder in Ufersäumen und Schilfstreifen mit geringer Deckung. Nahrungsverknappung als Folge der Eutrophierung.
In Überwinterungsgebieten Habitatverlust durch Intensivierung der Landwirtschaft und anderer Landnutzung.
Natürliche Verlustursachen (u.a. Überschwemmungen, Windbruch, Unterkühlung; Kuckuck).

SPEC	VSchRL	Bern.Konv.	Bonn.Konv.
E	--	Anh. II	Anh. II
Europ. RL	RL in ME		
--	L: 'EN', FL:'VU'		

Schutzmaßnahmen. Erhalt und Schutz verbliebener Feuchtgebiete und Förderung der Einrichtung von Kleingewässern; Wiedervernässung trockengelegter Gebiete; Pflegemaßnahmen zur Erneuerung verlorener Schilfbestände durch Rückschnitt der verbuschten Abschnitte, Reduktion der Schilfmahd, regelm. Mahd der Riedwiesen außerhalb der Brutzeit, Erhalt schilfbewachsener Gräben, Reduzierung der Intensivpflege an Gräben und Fischteichen; Verbesserung der Gewässerqualität durch geringeren Eintrag von Düngern, Phosphaten, Bioziden etc. und saurem Regen; Rückkehr zu ökologisch verträglicheren Wasserbaumaßnahmen, Rückführung verbauter Gewässer in einen naturnahen Zustand, Reduktion der Drainagemaßnahmen und der Bach- und Graben»pflege«, Verhinderung des Trockenfallens von Verlandungszonen; Ausweisung von Seen oder Teilbereichen als Schutzzonen mit Besucherlenkung und Nutzungsverbot.
In Durchzugs- und Überwinterungsgebieten starke Einschränkung des Pestizideinsatzes, zudem Verhinderung der Überweidung und dadurch Verödung der Randbereiche der Savannen.

Biotop. Enge Bindung an vertikale Strukturelemente des Röhrichts, vor allem des Schilfs; hohe Halmdichte wird bevorzugt (> 200–300 Halme/m^2); für die Nestanlage ist Halmabstand <12 cm Voraussetzung; Halmstärke der Nestträger 4–9 mm und im Mittel geringer als beim Drosselrohrsänger. Bevorzugt werden Altschilfbestände besiedelt, die nicht unbedingt im Wasser stehen müssen; neben reinen Schilfbeständen auch Mischbestände mit Rohrkolben und gelegentlich auch andere vertikal strukturierte Pflanzenbestände wie Rapsfelder, Brennnesseln, Kratzdistelbestände etc. Auf dem Dz. bevorzugt im Schilf, aber auch weitab vom Wasser im Gebüsch und in Hochstauden, selbst in Gärten.

Nahrung. Ausschließlich kleine Gliederfüßer (darunter viele fliegende Insekten, die im Sprung gefangen werden) und Schnecken. Mittlere Beutetiergröße < 10 mm, größere Insekten mehr Zufallsbeute. Lokale Beutespektren sehr artenreich und abhängig vom Angebot, also mehr generalistische Nahrungswahl.

Stimme. Rufe von denen des Sumpfrohrsängers kaum zu unterscheiden. Gesang besteht zu 2/3 aus Geräuschen und zu etwa 1/3 aus Klängen. Allgemeine Charakteristika: Geringe Tonhöhenbewegungen und Tempoänderungen, einzelne Elemente oder kleine Kombinationen (z.B. »-tschir«, »tiri«, »djäg«, tschret« o.ä.) werden mehrmals wiederholt und durch gleichlange Pausen voneinander getrennt. Dadurch Gesang mit stark rhythmischer Gliederung (»Metronomsänger«). Meist Einleitung mit einfachen und kurzen, relativ leisen und langsam vorgetragenen Elementen; lauterer Hauptteil mit konstanten Pausenlängen wird nach unterschiedlicher Dauer meist abrupt beendet. Im Detail große Vielzahl an Kombinationen von Elementen, jedoch nur vereinzelt Imitationen. Singt aus Deckung heraus. Hauptsangeszeit frühmorgens; nach der Paarbildung Gesang reduziert, Wiederaufleben im Juli vor der 2. Brut. In Morgen- und Abenddämmerung auch regelrechter Chorgesang. Auch ♀ singen bei Erregung, allerdings kürzer, doch vom ♂ nicht zu unterscheiden. Dz. im Frühjahr singen nicht selten.

Verhalten. Tagaktiv; Nachtzieher; Nachtgesang seltener als bei Sumpf- und Drosselrohrsänger. Bester Kletterer unter allen Rohrsängern. Nahrungssuche an Pflanzen, häufig Springen und Flattern, selten in Bodennähe oder am Boden. Die meiste Nahrung wird außerhalb des Reviers gesammelt; häufig Flugjagden von Sitzwarten. Zur Brutzeit territorial; komplexer Gesang dient zur Reviermarkierung und zur Werbung; nach der Paarbildung lässt intensive Revierverteidigung nach; BP siedeln gern in lockerer Ansammlung (Nestaggregationen); Territorien sind oft sehr klein und Abstände zwischen den Nester sehr gering [vgl. 2266]. ♂ folgt dem ♀ zu Beginn der Brutzeit meist in geringem Abstand. Dieser enge Paarzusammenhalt wird als Anpassung an dichte Schilfvegetation und hohe Siedlungsdichte interpretiert (Partnerbewachung). Vor allem zu Beginn der Sangesperiode singen ♂ meist hoch von Schilfspitzen, später mehr in der Mittelschicht.

Fortpflanzung, Brutbiologie [337,1369,767,1,1722]. Geschlechtsreife im 1. Lebensjahr. Monogame Saisonehe, bei hoher Siedlungsdichte Umpaarungen möglich, auch wenn schon erste Eier im Nest. Bigynie nur ausnahmsweise. Nichtbrüteranteile können relativ hoch sein. **Ankunft im Brutgebiet.** Rückkehr meist ab Ende April bis Mai (z.T. erst Juni). **Nest.** Nistplatzwahl durch ♀. Nest i.d.R. an Schilfhalmen (oder anderen vertikalen Pflanzenstängeln) aufgehängt; meist 60-80 (max. 300) cm über Boden oder Frühjahrswasserspiegel (mit Saison und Vegetationsstand höher), bevorzugt in Schilfrandbereichen; abweichende Neststandorte meist in anderen Trägerpflanzen als Schilf. Baumaterial bevorzugt vorjähr. Schilfrispen; fester gefügter und tieferer Napf als bei Sumpfrohrsänger; Muldendurchmesser 40-65, -tiefe 40-70 mm. Nur ♀ baut, beginnt nicht selten innerhalb 1. d nach Ankunft. Zuerst Plattform aus losen, um die Schilfstängel gedrehten Halmen, dann mit elastischerem Material Schleifen um die Trägerhalme gelegt und deren Enden in die Nestwand der Nestinnenseite gesteckt. Mulde entsteht durch Stemmbewegungen des ♀. Gesamtdauer etwa 3-7 d; Ablage des 1. Eies Ø 7 d nach Baubeginn. Besonders nach Störungen wird begonnenes Nest auch wieder abgetragen und an anderer Stelle gebaut. Selten Wiederverwendung alter Nester (z.T. Doppelnester). **Legebeginn.** Im Vergleich zur Ankunftszeit recht spät (Anpassung an Vegetationsentwicklung; bei Vergleich Ø bis 2 Wochen nach Drosselrohrsänger), in ME frühestens (1.) 2. Maidekade, Hauptzeit Ende Mai bis Mitte (gegen NE bis Ende) Juni, späteste Beginne nicht selten bis Ende Aug. **Gelegegröße.** 3-5 (2-7), späte oder Zweitgelege deutlich kleiner als frühere; Ø CH Mai$_{77}$ 4.2, Juni$_{363}$ 4.0, Juli$_{136}$ 3.5 bzw. D-TH Erstgelege$_{627}$ 3.9, Zweitgelege$_{138}$ 3.1; geograph. Unterschiede gering, z.B. GB$_{325}$ 3.9, CH$_{576}$ 3.9, Rhl.$_{115}$ 4.0, PL$_{346}$ 3.8, CS$_{211}$ 3.7, GR$_{73}$ 3.7. Legeintervall 1 d. **Eier.** Stumpfelliptisch, glänzend, auf weißlichem bis sehr hell bräunlichem oder grauem Grund dicht verwaschen olivbraun gefleckt. **Brutdauer.** (8) 10-13 (14) d, Bebrütung vor Ablage des letzten Eies; beide brüten (♀ 50-70% tags sowie vollständig nachts); Schlupf synchron. **Nestlings-/Führungszeit.** Beide füttern, ♂ überbringt huderndem ♀ nicht selten Futter; Hudern bis etwa 7. d. Nestlingsdauer (ungestört) 9-13 d. Nach Ausfliegen kehren Juv. nur selten ins Nest zurück. In ersten d sitzen und ruhen Juv. vor allem auf horizontalen Halmen, erst dann auch an vertikalen Strukturen schräge oder horizontale Haltung möglich. Juv. werden noch 10-14 (-17) d nach Ausfliegen gefüttert, bleiben aber noch weitere 3-4 Wochen im Brutrevier oder der Umgebung. **Jahresbruten.** 1-2; Anteil Zweitbruten unterschiedlich, nach Schätzungen in NL mind. 19%, in D-SN ca. 12%, in SW-PL 11.5% und W-CH 8%, in D-TH jahrweise schwankend zw. 15-35%, in GB zw. 17-32%, im N D-BY keine Zweitbruten belegt. Anteil der Nachgelege bei ausgeprägten Brutverlusten sehr hoch; bis zu 5 Brutversuche eines ♀ nachgewiesen. Drittbrut nicht sicher belegt. **Ende der Brutperiode.** Oft im Aug., bei späten Gelegen Führungszeit noch Ende Sept. möglich. **Bruterfolg.** Errechnete Nachwuchsraten in GB 4.1 flügge Juv. bei 2.6 Brutversuchen/♀ und J., in D-TH 3.7 flügge Juv./BP und J., sonst (GB, W-F, S-S., D-BB) 3.1-3.9 Juv./BP und J.; in ME aus 47-68% der abgelegten Eier flügge Juv., in anderen Populationen 36-51%, in GB bei 2700 Eiern 60.9%. Hauptverluste Witterung, Hochwasser, Prädation, Kuckuck, Aufgabe. Höhere Prädation in gemähten als in ungemähten Röhrichten [1412N].

Eimaße und -gewichte [1369]: L. 16.6-20.7 mm, B. 12.3-14.7 mm; Ø 18.6 x 13.8 mm (n=444, D-HH); Ø 18.5 x 13.8 mm (n=114, D-NW); Ø 17.9 x 13.1 mm (n=248, CS). Frischvollgew. 1.30-2.38 g, Ø$_{442}$ 1.84 g. Schalengew. 0.075-0.125 g, Ø$_{442}$ 0.095 g.

Sterblichkeit, Alter. Adultsterblichkeit in verschiedenen Populationen 41–46 %/J. geschätzt (soweit bekannt bei ♀ größer als bei ♂), Sterblichkeit im 1. J. jedoch 76–78 %. 3 % einzelner Populationen erreichten Lebensalter von 5–12 J.; ältester Ringvogel (GB) ♀ mit Brutfleck kontrolliert nach 12 J. 10 Monaten [3654]. **Generationslänge:** < 3.3 J. [383].

Mauser. Postjuvenile Mauser (Teilmauser) im Alter von 4–7 Wochen, Juni–Anf. Okt. im Brutgebiet und auf Wegzug, spät geschlüpfte mausern schneller [767,1369,2715]; Körpergefieder, Teile der Flügeldecken und unregelm. Schirmfedern [1866]; Dauer S. ca. 35 d [1515]. • **Postnuptialmauser** (Teilmauser) Ende Juni/Aug.–Sept./Okt.; Körpergefieder, Teile der Flügeldecken [1866]; Dauer der Kleingefiedermauser ca. 30 d [1935]. • **Pränuptialmauser** (Vollmauser) meist (Okt.) Ende Nov.–Anf. März (April) im Winterquartier, ausnahmsweise während 2. Hälfte des Wegzugs in S-Europa [767,1369,2807]; in einzelnen Gebieten des Winterquartiers aber zu unterschiedlichen Zeiten, auch Mauserunterbrechung kommt vor [1369,1866,267]; individuelle Mauserdauer 65–80 d [767,1369,1356,3903]. Supplementärmauser bei früh mausernden Vögel, die vor Heimzug nochmals Kleingefieder wechseln [767,3771].

Acrocephalus agricola – Feldrohrsänger 12470

Acrocephalus [agricola] agricola (Jerdon 1845)

GB Paddyfield Warbler **F Rousserolle isabelle** **E Carricero Agricola**

Taxonomie. Zwei UA: *septima* Gawrilenko 1954 (SE-Europa bis etwa Wolga) und *agricola* (Jerdon 1845) (syn. *capistrata, brevipennis*; E Kaspisee). Westliche Brutvögel (*septima*) sind molekular und bioakustisch von östlichen Formen deutlich differenziert, im Gefieder aber kaum unterscheidbar. Falls sich erste molekulare Befunde [mtDNA; 2293] bestätigen, könnte *septima* Allospeziesstatus erreicht haben. Die mögliche Kontaktzone zwischen beiden Formen am Nordufer der Kaspisee ist bisher nicht näher untersucht!
Bildet Superspezies mit *A. tangorum* (China) und *A. concinnens* (SE-Asien). Das in China endemische Taxon *tangorum* wurde bis in jüngere Zeit als UA des Feldrohrsängers angesehen, u.a. aufgrund gegenseitiger Reaktionen auf Klangattrappen [49]. Angesichts der relativ großen genetischen Distanz zwischen *agricola* und *tangorum* (7.8% Sequenzdivergenz im Cyt b-Gen) [1629] und der näheren Verwandtschaft von *tangorum* mit *concinnens* [2293] ist diese Einstufung nicht haltbar.

Kennzeichen. [1369,767,221,3772,767,3482,50, 3555; weitere **Fotos** in Bird. W. **2**, 322 (z), **5**, 214, **7**, 444-45, **13**, 27, 392, Brit. B. **90**, 142-47, **92**, 479, Limic. **7**, 17, 19, **8**, 123, 127, 131, **13**, 273, Dutch B. **19**, 307, **23**, 364, **25**, 62, 353, 427, 430, **26**, 338].

Maße. (Gesamtareal) Gr.: 13 cm. Gew.: ♂ 7.5–12.5 g, $Ø_{30}$ 10.2 g, ♀ 9.0-13.3 g, $Ø_{14}$ 10.2 g. Fl.spw.: 15-17.5 cm. Fl.l.: ♂ 56-62 mm, $Ø_{66}$ 59.1 mm, ♀ 54-60 mm, $Ø_{30}$ 57.2 mm [1369,767].

Status. In Europa seltener, in jüngster Zeit zunehmend regelm. Gastvogel im Sommer und/oder Herbst. Meldungen u.a. aus GB/IRL: 18 Ind. bis 1990. DK: Sept. 1987. S.: 11 Ind. bis 1990. FIN: 9 Ind. bis 1988. LV: 2 Nachw. bis 1988 [1369,337].
In ME mehrere Nachw., die Mehrzahl davon Fänglinge; Nachw. betreffen: **B:** 4 Fängl. Juni bzw. Sept. 1989, weitere 10 Nachw. von 1990-97, darunter ein diesj. Ind. am 4.12.1997 ! [1369,q15]. • **NL:** 11 Fängl., jew. Okt. 1971, 1982 und 1984, Sept. 1986, 2 mal Sept. 1987, Aug. 1996, Aug. 1997, Okt. 1999 und 2 mal Sept. 2003, sowie beob. Sept. 1994 [1369,277,q16]. • **D:** Helgol. 1 erl. Juni 1864, (Beob. im Nov. 1878 nicht mehr anerkannt), beob.

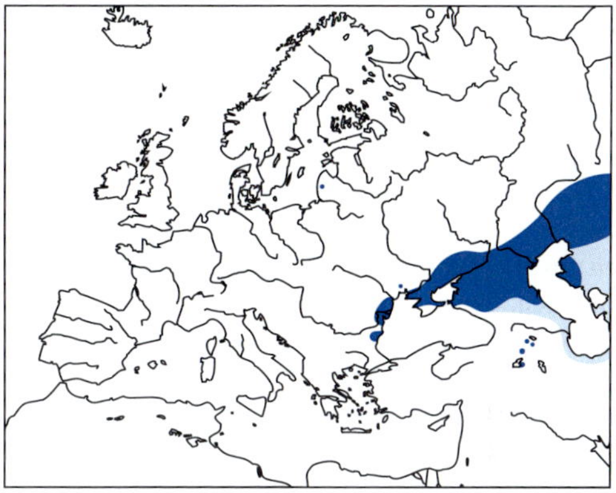

Acrocephalus agricola – **Feldrohrsänger**

Okt. 1993 [1369,575]; -MV diesj. Fängl. Aug. 1996 [575]; -BW Fängl. Sept. 1994 [1722]. • **A:** 1 Fängl. Aug. 1992 [3129]. • **H:** 1 diesj. ♂ Aug. 1978, Sept. 1992, ad. ♂ April 1995, Ad. Juli 1995 [2438]. • **PL:** jew. gefang. ad. ♀ Juli 1995 und Ad. Aug. 1999 [q13,3871].
Weitere Beob., z.T. noch anhängig (?): B 1999 sowie H 1998 und 2 mal 1999 [q3].

SPEC	VSchRL	Bern.Konv.	Bonn.Konv.
--	--	Anh. II	Anh. II
Europ. RL	RL in ME		
--	--		

Verbreitung und Bestand. Hauptareal von E-Küste des Kaspischen Meeres und Uralmündung nach E bis NE-KZ mit Ausläufern nach NW-Mongolei, NW-China und nach S bis NE-Iran, NW-Afghanistan und NW-Pakistan; kleine isolierte Reliktvorkommen von Transbaikalien bis Mandschurei; W vom Ural Verbreitungsinseln vom Ural-Wolga-Tiefland N Schwarzmeer bis Donaudelta, wo erst 1975 als recht verbreiteter Brutvogel entdeckt, ferner Einzelvorkommen an Küstenseen der Schwarzmeerküste RO und BG; einzelne Sänger seit 1986 am Van-See in E-TR [1369,337]. In Europa Hauptvorkommen in RO (350-650 T. BP) und RUS (100-200 T.), Gesamtbestand zwischen 470.000-880.000 BP, insgesamt zunehmend [383].

Wanderungen. Zugvogel; Hauptwintergebiet Iran, Indien, nach E ausnahmsweise bis Thailand; Zugrichtung der Br. im W des Areals SE-ESE. Wegzug und/oder Dismigrationen Anf. Aug.– Ende Sept., Nachzügler bis Mitte Okt. Heimzug März–Mai, Erstankunft Ural, Krim, Donaudelta ab Mitte April; erst ab Mitte Mai am N-Rand des Areals.

Biotop. Br. im Schilfröhricht ähnlich Teichrohrsänger, doch bevorzugt mehr landseitige, wechselnasse Übergangsstadien zum Großseggenried; Schwerpunkt in küstennahen Lagunen und Deltas [3457]; in Trockengebieten (vor allem Mittelasien) auch in Binsen- und Rohrkolbenbeständen mit Büschen. Teich- und Feldrohrsänger können unmittelbar nebeneinander brüten. Als Dz. vorübergehend auch in Staudenfluren, im Winterquartier auch in Reisfeldern.

Nahrung. Kleine Insekten und Spinnentiere.

Stimme. Rufe kurz »täck«; nicht sehr laut, doch hart »trrr« und nasal, rau »tschiiir«. Kontinuierlich vorgetragener und nicht in Strophen gegliederter Reviergesang ähnelt dem des Sumpfrohrsängers, da ebenfalls viele Imitationen eingebaut werden; insgesamt aber leiser, weniger weit zu hören und langsamer vorgetragen als Schilfrohrsänger. Unterscheidung von Sumpfrohrsänger nicht leicht: mehr monotone Motive, weniger raue Elemente, ohne nasales »zi-tschä zi-tschä«. Vortrag wie Drosselrohrsänger oft von hohen Schilfhalmen, nicht in der Deckung wie Teich- und Sumpfrohrsänger.

Verhalten. (vgl. Teichrohrsänger). Tagaktiv; singt auch nachts. Wippt ähnlich Buschrohrsänger mit dem relativ langem Schwanz und hat den Schwanz oft über die Körperlängsachse angehoben. Nahrungserwerb in oberen Schichten des Halmwaldes, aber auch von der Wasseroberfläche. Zur Brutzeit territorial.

Mauser. **Postjuvenile Mauser** (Teilmauser) Mitte Aug.–Mitte Sept. vor Wegzug, Kleingefieder. Großgefiedermauser erst im Winterquartier [767]. • **Postnuptialmauser** (Vollmauser) Kleingefieder Juni–Sept.; Großgefieder erst in Rastgebieten vor eigentlichem Winterquartier (z.B. N-Indien) erneuert [1866]; i.d.R. bis Ende Okt./Nov. beendet [767,1369], einige aber noch bis Dez. [3771]. • **Pränuptialmauser** (Teilmauser, z.T. fehlend) Feb.–März; variable Anteile des Kleingefieders [767].

Acrocephalus arundinaceus – Drosselrohrsänger 12530

Acrocephalus [arundinaceus] arundinaceus (Linnaeus 1758)

(GB) **Great Reed Warbler** (F) **Rousserolle turdoïde** (E) **Carricero Tordal**

Taxonomie. Zwei kaum differenzierte UA: *arundinaceus* (Linnaeus 1758) (Europa bis etwa Wolga) und *zarudnyi* Hartert 1907 (Kaspisee E). Bildet Superspezies mit ostpaläarktischem *A. orientalis*, australasiatischem *A. australis* und Stentorrohrsänger *A. stentoreus* [1629] sowie vermutl. einer Reihe von pazif. Inselendemiten, die mit *A. australis* nächstverwandt sind [z.B. *A. vaughani*, vgl. 2293]. Der früher als UA des Drosselrohrsängers angesehene Basrarohrsänger *A. griseldis* (Irak) ist genetisch sehr eigenständig und nicht Teil dieser Superspezies [1629].

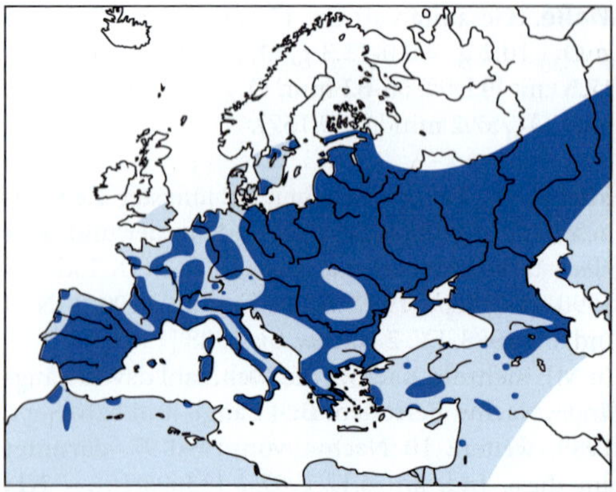

Acrocephalus arundinaceus – **Drosselrohrsänger**

Kennzeichen. [1369,3615,767,221,3772,3482,50, 3555; weitere **Fotos** in Bird. W. **9**, 210, 212, **15**, 187-88, Limic. **14**, 229, Dutch B. **17**, 232, 234, (*zarudnyi*) **14**, 44-45].

Maße. Gr.: 19-20 cm. Gew.: (A-B) ♂ 30.7-39.7 g, Ø$_{8}$ 34.6 g, ♀ 27.4-37.9 g, Ø$_{25}$ 32.1 g, unbest. Ad. 26.8-36.5, Ø$_{77}$ 32.1 g, Diesj. (Juli) 26.9-35.8 g Ø$_{91}$ 31.2 g. Fl.spw.: 25-29 cm. Fl.l.: ♂ 97-101 mm, Ø$_{8}$ 99.4 mm, ♀ 92-100.5 mm, Ø$_{30}$ 95.0 mm, Ad. 90.5-

105.0 mm, Ø$_{213}$ 97.6 mm, diesj. Ind. 89-103 mm, Ø$_{211}$ 96.2 mm [1369,767].

Status. Gebietsweise verbreiteter, nur lokal häufiger Brut- und Sommervogel in ME; ferner regelm., wenig häufiger Durchzügler und Rastvogel.

Verbreitung und Bestand. Brutvogel in S Mittleren Breiten und der Mediterran- bzw. Steppen- und Halbwüstenzone Europas und Asiens von P/E. und NW-Afrika bis NE-China, S-Sachalin und N-JAP; N-Grenze von S-Fennoskandien über RUS (Ural bis 57° N) bis Mongolei bei 48-49°N und N-JAP; S-Grenze in W-Paläarktis vom Maghreb über Kreta, N-IL, SYR, Irak bis N-Iran, Unterlauf Amur und Syr Darja bis Tarimbecken und mit großer Unterbrechung SE-China. In ME Nominatform ursprünglich von Tiefebenen bis in einige Mittelgebirgslagen bis ca. 500 M ü.M. vorkommend (sporadische Vorkommen CH bis 650 m, sing. ♂ D-BY bis 890 m, höchster Brutnachw. A 750 m ü.M.), nach z.T. katastrophalen Bestandseinbrüchen seit 1970er J. aber große Verbreitungslücken und nur im NE und SE häufiger Brutvogel. Gesamtbestand ME etwa 58.000-114.000 BP [1585, erg.], davon ¾ auf PL und H konzentriert. Neusiedlersee größtes und bedeutendstes Brutgebiet in ME - trotz erheblicher Bestandseinbußen seit 1960er J. [1369,966]. Europäischer Gesamtbestand bei 1.2-6.5 Mio. BP, davon > 75% in RUS und RO [1585].

Wanderungen. Langstreckenzieher; Hauptwinterquartier Afrika von S Sahelzone unter Aussparung des tropischen Regenwaldes bis Angola und N-Namibia sowie E-Afrika bis N Südafrika. Neuerdings Winternachw. aus E. [3093]. Hauptwegzugsrichtung Br. Europas SW–SE, vor allem SSW–SSE. Br. E-D ziehen über I. [Ringfunde E-D: 1126; Afrikafunde aus E-A: 3375]. Dismigrationen und Wegzug beginnen im Juli; Hauptdurchzug ME Anf. Aug. mit starker rechtsschiefer Verteilung bis Anf. Okt. [322]; extreme Nachw. ME bis Mitte Nov. Br. GR verlassen Brutgebiete bis Anf. (Ad.) oder Ende (Juv.) Aug. [25]. Früheste Beob. S Sahara ab Ende Aug., Ankunft im eigentlichen Überwinterungsgebiet erst Ende Nov.–Dez. Vorher längerer Mauserstop S Sahara. Heimzug ab Ende März, Nachzügler bis Mai. Erstbeob. CH/CZ ausnahmsweise vor Mitte April, D früheste Daten 12.– 20. April, Ankunft der Hauptmasse nicht vor Ende April, meist Anf. bis Mitte Mai; in Fennoskandien früheste Nachw. ab Anf. Mai. Oft hohe Brutortstreue der Ad.; etwa 30 % der Juv. kehren in Nähe des Geburtsortes zurück, aber auch Erstansiedlungen bis zu 500 km entfernt nachgewiesen.

Bestandsentwicklung. Während früher Phasen der Gewässereutrophierung und Schilfausbreitung in ME ab Anf. 20. Jh. deutliche Ausweitung des Brutareals. Zudem langsame, wohl auch klimatisch bedingte Ausbreitung nach N oder zumindest Stabilisierung der neuen Vorkommen in Teilen Skandinaviens und Baltikums bis in jüngste Zeit [1369,196,2289,1690].

	Best.	Areal	Brutbestand	Jahr	Quelle
A	+/-	=	1.200–2.300	1998–2002	[383]
B	⇩	- 2	2–5	1995–2002	[383]
CH	↓	- 1	190–200	1997–2002	[383]
CZ	⇩	- 1	1.200–2.400	2000–2002	[383]
D	↓	- 1	4.500–7.000	195–1999	[383]
H	↓	=	70.000–110.000	1999–2002	[383]
L	↓	- 1	1–3	2001	[383]
NL	⇩	- 1	250–300	1998–2000	[383]
PL	+/-	=	20.000–50.000	2000–2002	[383]
SK	↓	=	1.000–2.000	1990–1999	[383]

In Folge anhaltender Gewässereutrophierung sowie erheblichen Lebensraumverlustes gebietsweise schon ab 1950er (oder 60er) J. [CZ, Teile NL, D: 2393,3247,1302,2889,196,1369,3663,3636,2031, 2772,3268,205,1719,2623], überwiegend und verstärkt aber erst ab 1970er oder 1980er J. großräumig katastrophaler Bestandsrückgang, in NL, B, D, CZ und SK. (sowie in F und DK) bis 1990er J. um mind. 50%, in NL von > 10.000 BP in 1950er J. um > 90% auf < 300 BP [ME: 205,1369,196,4152,3392, 4043,2882,1680,3489,2289,4158,248,307], in H, CH und L (sowie I, GR, SLN) um > 20% [1507,196], und oft nur kleine Restpopulationen verblieben [205,1369,196,1680,2889,1412 u.a.] oder Populationen völlig erloschen [L, weite Teile B und D: 2393,1747,3519,1302,843,1680,1719,1722,2068, 2560,2623,3248,2821,310;205,1369,196]. In dieser Zeit nur wenige unbeeinträchtigte Röhrichtflächen mit langfristig weitgehend stabilen Populationen [z.B. N-Mähren, E D-BY, Teile CH, vor allem PL: 1585,1369,3393,3871,973] oder Zunahmen durch Konzentration in Optimalgebieten [2031].
Erst etwa seit Anf./Mitte 1980er J. in D, NL, L und Bod. Hinweise für Stabilisierung, lokale Bestandserholung oder gar Wiederbesiedlungen [2290,198, 3247,1137,2889,1369,1722,2882,3248,1507,375,1; auch SLN: 1326], sowie für z.T. deutliche lokale Zu-

nahmen, bei arttypischen kurzfristigen Bestandsschwankungen [4158,202,2896,1,3667]. Doch in mehreren Regionen ME in 1990er J. auch erneute (oder anhaltende), z.T. starke Rückgänge [A, NL, D, CH: 966,1998,307,310,375,3638,204,3393].

Siedlungsdichte. Reviergrößen D mit Nahrungserwerb innerhalb der Grenzen 0.3–0.4 ha; D/PL Reviere polygyner ♂ Ø 0.5–0.16, monogamer ♂ 0.34–0.12 ha; PL in schmalen Schilfstreifen nur 0.03–0.04 ha. Reviere polygyner und monogyner ♂ bei Nahrungssuche außerhalb ca. 0.09 ha. Hohe punktuelle Konzentrationen möglich (wohl meist bei Nahrungssuche außerhalb der Rev.). Höchstdichten ME auf Flächen von 20–49 ha 10.5–4.6, von 50–99 ha 8.5–2.5, von > 100 ha 1.6 Rev./10 ha [337]; kleinflächig höhere Werte bekannt [z.B. PL: 3871].

Gefährdungsursachen [767,205,1680,1369,196, 337,1719,1722,2289,2290,1458,2891,3247,3481, 856,1412,1413,307]. Hauptursache Lebensraumverlust oder -veränderung durch Auflichtung oder andere Beeinträchtigungen des wasserständigen Schilfröhrichts (Ursachen s. Teichrohrsänger). Stärker als andere Rohrsängerarten von Verlandung des Schilfröhrichts betroffen sowie von Fragmentierung und Ausdünnung der Bestände und schließlich vom Verlust stabiler, alter Schilfhalme. Geringeres Angebot größerer Insekten zur Brutzeit durch Eutrophierung und Biozideinsatz. Störungen an Brutplätzen durch Erholungssuchende und Wassersportler.
Habitatverschlechterungen oder -verlust in Überwinterungs- und Rastgebieten auf dem Zug, besonders durch Trockenlegung und Melioration von Feuchtgebieten, durch Dürre in Sahelzone sowie durch landwirtschaftliche Übernutzung mit großräumigem Biozideinsatz und hohem Wasserverbrauch.
Direkte Verfolgung (vor allem auf dem Zuge).

SPEC	VSchRL	Bern.Konv.	Bonn.Konv.
--	--	Anh. II	Anh. II
Europ. RL	RL in ME		
--	B, L, FL: 'CR', NL, D: 'EN', CH, A, CZ :'VU', SK:'NT'		

Natürliche Ursachen spielen wichtige Rolle, u.a. Überflutungen, Windwurf, auch »atlantisches« Klima zur Brutzeit (Jungvögel verklammen relativ schnell) [307]; schließlich hohe Prädationsrate und gebietsweise hohe Parasitierung durch Kuckuck [z.B. 2693].

Schutzmaßnahmen. Erhaltung und Schutz der verbliebenen Feuchtgebiete; Wiedervernässung trockengelegter Gebiete und Aufstau trockener Schilfgebiete; Pflegemaßnahmen zur Erneuerung verlorener Schilfbestände, bessere Anpassung der pflegerischen Schilfmahd an die Bedürfnisse der Art, dabei größere Bestände wasserständiger, alter Schilfbereiche entscheidend; Verbesserung der Gewässerqualität durch Reduktion des Eintrages von Düngern, Phosphaten, Bioziden (sowie sauren Regens) und Einrichtung ausreichend großer Pufferzonen um Schutzgebiete; Rückführung verbauter Gewässer in naturnahen Zustand, Verhinderung des Trockenfallens von Verlandungszonen; Ausweisung von Seen oder Teilbereichen als Schutzzonen mit Besucherlenkung und Nutzungsverbot; Verbot des weiteren Ausbaus oder der Uferverbauung noch naturnaher Gewässer; Verstärkung des Uferschutzes gegenüber erhöhter Wellenenergie.
In Durchzugs- und Überwinterungsgebieten starke Einschränkung des Pestizideinsatzes, zudem Verhinderung der Überweidung (und damit der Verödung der Randbereiche der Savannen). Verhütung der Trockenlegung und/oder des übermäßigen Wasserverbrauches in bedeutenden Rast- und Überwinterungsgebieten.
Strenge Ahndung illegaler direkter Verfolgung.

Biotop. Br. in den höchsten und kräftigsten Vertikalstrukturen der Röhrichte, stärker als alle anderen Rohrsänger an Wasser gebunden, daher vor allem an den wasserseitigen Teilen der Verlandungszone und in mind. vorj. überschwemmten Schilf- und Rohrkolbenbeständen. Halmstärke > 6,5 mm in nicht zu großer Dichte (34–62 Halme/m^2) mit geringer Verfilzung. Höchste Siedlungsdichte in 3–6-jährigen Schilfbeständen, die auch bei relativ frühem Brutbeginn ausreichende Deckung bieten; Länge des wasserseitigen Schilfrandes für die Qualität eines Revieres entscheidend, daher häufig Konzentrationen in buchtenreichen Schilfbeständen. Mindestgröße besiedelter Schilfkomplexe kann gebietsweise (bei nahrungsreicher Umgebung) < 150 m^2 liegen. Nur ausnahmsweise können Schilf und Rohrkolben durch andere Pflanzen mit Vertikalstrukturen ersetzt werden. Eine gewisse Beimischung von Weidengebüsch wird toleriert. Zur Zugzeit auch in feuchten Feldgehölzen, Weidengebüsch und sogar Gärten. Im Winterquartier breiteres Biotopspektrum, vielfach an Gewässern mit dichter Ufervegetation, aber auch in hohen Grasbeständen, im Kulturland und in Ruderalvegetation.

Nahrung. Breites Spektrum von Nahrungstieren, vor allem Gliederfüßer, aber auch kleine Wirbeltiere; Artenzusammensetzung vielseitig und dem Angebot angepasst, aber Bevorzugung größerer, im Angebot meist seltenerer Beutetiere. Im Vergleich zu Teichrohrsänger mehr Spinnen, Schnecken, Libellen und Käfer. Geringere Fütterungsfrequenz am Nest, dafür aber Futterportionen auch relativ zur Körpermasse schwerer als bei kleineren Rohrsängern [vgl. auch 269].

Stimme. Ruf lang gezogen »krrt« oder »trrt«. Gesang lautstark, besteht vorwiegend aus Geräuschen, umfasst große Tonhöhenunterschiede mit Wechsel tiefer knarrender Laute und übergangslos hoher (und lauterer) Klänge und ist in relativ kurze Strophen gegliedert, etwa »trr trr trr karre-karre-karre kriítkriítkriít…«; unverkennbar. Auch abwechselnd kurze hohe Pfiffe mit tiefen »krah« (Hetzgesang); später in der Brutzeit oft unvollständige Reihen. ♀-Gesang leiser mit piepsenden hohen Lauten und krächzenden elsterähnliche »gagaga«. Am Nest laut zeterndes Warnen. Gesang von Ankunft bis Juni (1. Julihälfte); stümperhafter Jugendgesang im Herbst. Im Winterquartier Verteidigung von Nahrungsterritorien.

Verhalten. [u.a. 1369,767,1560,2291,2292]. Tagaktiv, zieht nachts. Geschickter Kletterer an senkrechten Strukturen; Singwarten vor allem Schilfhalme in Rispenhöhe. Nahrung wird überwiegend von Vegetation abgelesen, aber auch nahe oder aus dem Wasser aufgenommen. Zur Brutzeit und im Winterquartier territorial; Nahrung wird teilweise außerhalb des Brutreviers gesucht. Geklumpte oder auch gleichförmige Revierverteilung im geeigneten Habitat möglich. Singt einen komplexen Langgesang zur Werbung. Reviergesang ist kurz. ♂ sind oft territorial und versuchen mehrere ♀ anzulocken. Zweit-♀ haben meist Nachteil, weil ♂ sich nicht an Jungenfürsorge beteiligt. ♀ gehen manchmal fremd, meist mit Reviernachbarn [1561]. ♂ verteidigen Territorien auch gegen andere Rohrsängerarten und sind dominant (Teichrohrsänger werden aus Revier gedrängt).

Fortpflanzung, Brutbiologie [337,1369,767,1, 1722,2293N]. Geschlechtsreife im 1. Lebensjahr. Partnertreue nur infolge Ortstreue. Monogame Saisonehe und Polygamie (♂ können in optimalen Habitaten mehrere ♀ »monopolisieren«, da sie selbst nicht brüten), Anteil polygyner ♂ variabel, z.B. in PL 2-20 (meist > 10)%, D-BY max. 28%, JAP (UA *orientalis*) Ø 15-25%, höherer Anteil in Optimalbereichen mit kolonieartigem Brüten; bis 13% der ♂ bleiben unverpaart, bei *orientalis* bis 37% (insbes. spät eintreffende ♂ hier weniger erfolgreich, - aber nicht bei Nestlingsaufzucht). Anteil an Brutpflege bei monogamen ♂ am höchsten, polygyne ♂ helfen hauptsächlich bei der Fütterung der Erstbrut, nach deren Ausfliegen auch dem Zweit-♀ (daher Staffelung der Bruten, z.B. Legebeginn des Zweit-♀ in PL bis 4 d später, für ♂-Anteil der Brutpflege entscheidend). **Ankunft im Brutgebiet.** Rückkehr der unverpaarten Vögel meist ab Ende April bis Mai (z.T. erst Juni), ältere ♂ am frühesten (Brutbeginn bei polygynen ♂ bis zu 12-14 d früher als bei monogynen), ♀ 4-31 d nach Gesangsbeginn der ♂ (PL). **Nest.** Nistplatzwahl durch ♀. Neststand meist zu >95% in reinem Schilf, ausnahmsweise auch Rohrkolben (u.a.) als Trägerpflanze. Als Nestträger vorj. und diesj. Halme, bevorzugt am Rand zum offenen Wasser. Höhe über dem Wasser sehr unterschiedlich (10-150 cm, Ø in CH_{93} 74.2 cm, in PL_{138} 50.4 cm), meist Nestanlage im unteren Drittel der Vegetation. Halmdicke 3 - 9 mm, Zahl der Traghalme 2 - 24 (meist 4-7, $Ø_{125}$ 6). Nest dickwandig, mit tiefem Napf (Anpassung an Windbewegungen im Röhricht an Wasserseite); Unterbau aus Fasern, Pflanzenwolle, alten Schilfblättern, die Wand aus alten Blättern, Schilfrispen, Gräsern und dünnen Halmen und vielem anderen Pflanzenmaterial; Muldendurchmesser 55-70, -tiefe 53-75 mm. Nur ♀ baut, ♂ zuweilen anfangs mehr »zum Schein« beteiligt; Dauer 5-7 d, auch länger. Zuerst werden einzelne Halme mit bandförmigem Material umwickelt, dann benachbarte Halme fester zu einem Geflecht verbunden, dann Ausbau der Wandung und schließlich der Mulde; Material in ersten Phasen nass verarbeitet, später auch trockenes Material eingebaut. **Legebeginn.** In verschiedenen Regionen ME frühestens 8.-12.5.; Hauptlegezeit letzte Maidekade, Nachgelege von Erstgelegen bis letzte Junidekade; späteste Legebeginne gegen Ende Juli. **Gelegegröße.** 4-6 (2-7), meist 5; Kalendereffekt belegt (spätere Gelege kleiner); Ø CH_{134} 4.7 (Mai 5.1, Juni 4.45, Juli 4.0), PL_{246} 4.8 (Mai 5.0, Juni 4.6), D-BE_{57} 4.7, -BY_{406} 4.7, CS_{138} 4.6. Verpaarungsstatus der ♀ ohne größeren Einfluss Legeintervall 1 d. **Eier.** Stumpfelliptisch, wenig glänzend, auf grünlich- bis bläulichweißem Grund viele kleine dunkle Punkte und größere hellere und dunkelbraune Flecken. **Brutdauer.** 13-15 d, Bebrütung ab (vor-)letztem Ei; nur ♀ brütet; Schlupf synchron. **Nestlings-/Führungszeit.** Beide füttern [vgl. 2042], nur ♀ hudert. Nestlingsdauer 10-15, meist 11-13 d. Mit 16 d können Juv. bereits etwas fliegen, werden noch 12-14 d (bis zum ~ 30. d) geführt. **Jahresbruten.** 1-2; Zweitbruten nicht häufig, nach Schätzungen in PL, CS, CH 5-10%. Bis 2 Nachgelege bei Erstgelegen; Zweitbruten gelegentlich Schachtelbruten. **Ende der Brutperiode.** In Mehrzahl der Fälle im Aug., selten Anf. Sept. **Bruterfolg.** Ausfliegeerfolg in ME bei 42 – 86% der abgelegten Eier mit jährlich starken Schwankungen; Nachwuchsraten Ø 2.0 – 4.1 flügge Juv./Brutnest und J. Bruterfolg von Zweit-♀ geringer als von Erst-♀, aber Entscheidung für verpaartes ♂ mit gutem Revier dennoch besser als für lediges ♂ mit schlechtem. In PL/D Einzel-♀ mit 2.6/2.2 Juv., Erst-♀ mit 4.0/3.1 Juv., Zweit-♀ mit 2.1/0.9 flüggen Juv./erfolgr. bzw. begonnenem Nest.

Eimaße und -gewichte [1369]: L. 19.5-25.2 mm, B. 15.1-17.9 mm; Ø 23.0 x 16.5 mm (n=186, B); Ø 22.9 x 16.2 mm (n=40, D-HH). Frischvollgew. 2.78-3.74 g, Ø$_{27}$ 3.44 g bzw. 2.81-3.49 g, Ø$_{40}$ 3.15 g. Schalengew. 0.143-0.212 g, Ø$_{64}$ 0.171 g (NL) bzw. 0.147-0.190 g, Ø$_{40}$ 0.168 g (N-D).

Alter. Ältester bekannter Ringvogel *arundinaceus* (D) > 10 J. alt [2086]; *orientalis* 1 mal mind. 10 J. **Generationslänge:** < 3.3 J. [383].

Mauser. Postjuvenile Mauser (Teilmauser) beginnt im Alter von 4 Wochen [1369], Juli/Aug.; Körpergefieder und Randdecken [767], selten auch einzelne Schirm- und Schwungfedern erneuert und in S-Europa beenden einige die Mauser sogar vollständig im Brutgebiet [2005,738]. • **Postnuptialmauser** (Teil-, z.T. Vollmauser) Juli–Aug./Sept. [767]; Klein-, selten Teile des Großgefieders (innere HS, einige AS und ST) während des Wegzugs; aber in S-Europa Vollmauser bei Teil bereits im Brutgebiet [2465,738]. • **Pränuptialmauser** (Vollmauser) Großgefiedermauser (zumindest teilweise) in N-Zentralafrika noch vor Erreichen des Winterquartiers (Sept.–Dez) oder erst S Äquator (Dez.–Feb.) [767,1369,3771,3921, 1591,3901]; Dauer der HS-Mauser ca. 50–96 d. **Supplementärmauser** bes. bei früh mausernden Ind., die nach Ende der Großgefiedermauser nochmals Teile des Körpergefieders erneuern, Feb.–April [767,1369,3771].

Hippolais pallida – Blassspötter 12550

Hippolais [pallida] pallida (Hemprich & Ehrenberg 1833) syn.: *Acrocephalus pallidus* und *Iduna pallida*

GB Olivaceous Warbler **F Hypolaïs pâle** **E Zarcero Pálido**

Taxonomie. Vier UA, davon in W-Paläarktis: *elaeica* (Lindermayer 1843) (SE-ME bis Balkan, CY, Kleinasien nach E bis Afghanistan und Turkestan bis Tien Schan), *reiseri* (Hilgert 1908) (SW-Europa, NW-Afrika und Sahara) und *pallida* (Hemprich & Ehrenberg 1833) (EGY) = Oasenspötter (zuweilen als Allospezies betrachtet); ferner *laeneni* (Tschadsee). Bildet Superspezies mit Isabellspötter *H. opaca*. Zu Differenzierung und Verwandtschaftsbeziehungen innerhalb dieses Komplexes [2897; auch 2293,1624,1629].

Kennzeichen. [1369,3615,767,221,3772,1538; zur Unterscheidung aller Arten der Blass- und Buschspötter-Gruppe (Untergattung *Iduna*):3774; weitere **Fotos** in Bird. W. **2**, 169, **8**, 218-20, **13**, 493, Brit. B. **92**, 595, Var Fag 2001/**5**, 16, 18 (z), 22-23, Limic. **14**, 260, **15**, 147-53, Dutch B. **21**, 169, **24**, 225, **26**, 329].

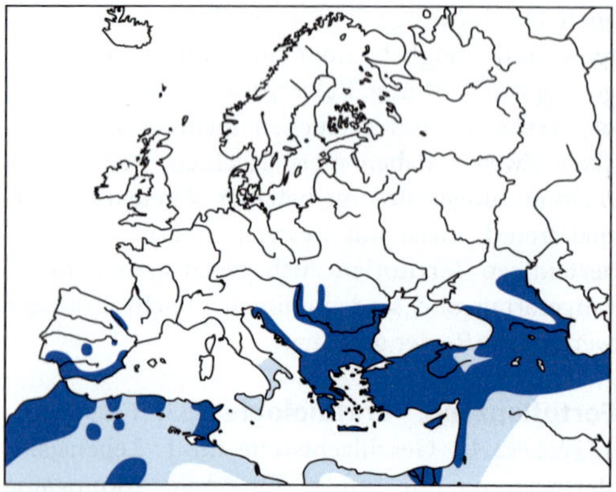

Hippolais pallida – **Blassspötter**

Maße. Gr.: 12-13.5 cm. Gew.: (GR, TR, Brutzeit) ♂ 10-15 g, Ø$_{6}$ 11.5 g, ♀ 10-11 g, Ø$_{5}$ 10.4 g; (Kenia, Winter) 7.0-11.2, $\varnothing_{307}$ 9.0 g. Fl.spw.: 18-21 cm. Fl.l.: (MN) ♂ 63-69 mm, $\varnothing_{29}$ 65.5 mm, ♀$_{1}$ 64 mm, (Transkaukasien, Mittelasien) ♂ 64-71 mm, $\varnothing_{51}$ 67.6 mm, ♀ 63-67 mm, $\varnothing_{12}$ 64.5 mm [1369,767].

Status. UA *elaeica* in SE-ME verbreiteter und lokal häufiger Brut- und Sommervogel; sonst sehr seltener Gastvogel mit wenigen Nachw. in benachbarten Regionen.
In YU, RO und BG im 20. Jh. Zunahme und Ausbreitung nach N. In F 2 Nachw. bis 1990; in GB und IRL 15 Ind. (Aug.-Okt.) bis 1990 sowie in 2000; in N. 1 mal 1988 und in FIN je 1 Ind. 1959 und 1977 [337,488]; ferner nachgewiesen in M, Madeira und Kapverden [3615].
In ME abseits der Brutgebiete bisher nur in **D:** Helgol. Fängl. Sept. 1883, diesj. ♀ gefang. Okt. 1936 [1369]; -BE Ad. Okt. 2000 [488]. • **A:** -B Mai 1962, -Nö Revier-♂ Mai/Juni 1967 [1369]. • **SK.:** sing. ♂ im NE Mai 1964 und Juni 1978 sowie Bruthinweis (2 ♂ + vermutetes ♀) in Bratislava Mai/Juni 1979 [1369,3882]. • **CZ:** (E-Mähren Brutverdacht Aug. 1969 nicht mehr anerkannt [2159]), NE-Mähren sing. ♂ Juni 1972 (Juli 1974 und Juni 1978 gestrichen) sowie Mai 1990 [1369,2159]. Nicht anerkannt: B: Sept. 1990 [1677], ferner Nachw. in A 1998, 2000 noch nicht homologiert [q3]. Keine Belege des Blassspötters in NL, B, CH, L.
SW-europäisch/N-afrikanische Allospezies *H. [p.] opaca* deutlich getrennt vom Blassspötter, in ME ebenso wenig nachgewiesen wie UA (oder Allospezies) *pallida* [1369,3615,488].

Verbreitung und Bestand. Brutvogel in stark disjunktem Areal vom Mittelmeergebiet bis nach Vorder- und S-Mittelasien. In W-Paläarktis E-Küste Adria nach N bis Istrien und SW-SLN, Große Ungarische Tiefebene, S-R, SW-UA., ferner GR, Kreta, Anatolien, CY, IL, lokal im E der Arabischen Halbinsel und SW-Iran; ferner im N Transkaukasien, W- und N-Iran, N-Afghanistan bis W Tien Schan, Aralsee und Alatau in Kirgistan. In ME nur in H (sowie Übersommerungen mit Brutverdacht in SK. und CZ). Europäischer Gesamtbestand zw. 3.3 - 6.7 Mio. BP (stabil), davon > 90% in TR konzentriert, Populationen > 20.000 BP ferner in AZ (100-250 T.), GR (50-200), CY (40-80) und RUS (20-50 T. BP) [383]; ME Bestand nur 200-500 BP.

Wanderungen. **Br. im N** des östlichen Areals *(elaeica)* Langstreckenzieher; Hauptwinterquartier E-Afrika von Sudan bis NE-Zaire; **Br. im W** *(opaca)* ziehen in Gebiet vom Tschad bis an Goldküste. Wegzug im Aug., Nachzügler H, HR, YU bis Mitte Sept. Heimzug setzt ab März ein; Erstankunft in H 28. April bis 10. Mai, mittlere Ankunft etwa Mitte Mai.

Bestandsentwicklung (nur *elaeica*). Anf. 20. Jh. Charaktervogel mediterraner Randlandschaften des Balkangebietes [1369] mit N Verbreitungsgrenzen in BG, S-YU und GR. Bis 1920er J. starke Zunahme in BG und Ausbreitung über RO bis SW-UA. Dort ab 1920er J. Stagnation. Gleichzeitig Ausbreitung in YU nach N, wo der Blassspötter in 1920er J. die Wasserscheide zur Donau überwand; danach fortan raschere Ausbreitung. Bis 1950er J. war Banat (RO) besiedelt, und erste Nachw. gelangen in HR (1954) und H (1956). Im Donau-Theiß-Tiefland schritt Arealausweitung rasch voran, und zumindest Theißniederung inzwischen flächendeckend besiedelt [1369]. Ausbreitung und Bestandszunahme in H [auch HR und N-BG, 3892] hält bis in jüngste Zeit an; Brutzeitbeob. von 1962-78 in A, CZ und SK., z.T. mit vereinzelten Bruthinweisen [767,1369,3882]. Allerdings seit 1970er J. wieder Abnahme in RO und GR [1585] und weitgehend ausbleibende Nachweise in SK. und CZ in 1980er oder 1990er J. [2159,3882].

	Best.	Areal	Brutbestand	Jahr	Quelle
H	⇧	+ 2	200 – 500	1990 – 1993	[383]

Siedlungsdichte. Dichtangaben in Optimalgebieten sehr hoch, z.B. 6 BP auf 0.1 ha in CY bzw. 100 BP auf 5 km^2 und 47 fütternde Paare auf 25 ha in IL [1507].

Gefährdungsursachen [1369,3892,196]. Rückgänge bedingt durch (1) Lebensraumverlust in Folge Intensivierung der Landwirtschaft (Umbruch extensiv genutzter Bereiche und verstärkter Biozideinsatz), (2) Dürre und Habitatverschlechterungen in Überwinterungsgebieten.
Sonst nur natürliche Ursachen bekannt.

Schutzmaßnahmen. Beibehaltung extensiver Landwirtschaft und Weidebetriebes, Erhalt der Flussauen durch Verhinderung der Grundwasserabsenkung und zu starker Wasserentnahme in Flussniederungen; kein Ausbau der Wasserwege.
Aufgrund geringer Kenntnisse sind intensive Untersuchungen über Bestandsdynamik und Gefährdungsursachen der Art erforderlich.

SPEC	VSchRL	Bern.Konv.	Bonn.Konv.
3	--	Anh. II	Anh. II
Europ. RL	RL in ME		
--	--		

Biotop. Br. niedriger Baum- und hoher Strauchbestände mit dichtem Laubdach, vorzugsweise in lückigen oder inselartigen Beständen. Im mediterranen Bereich auch in Kiefernwäldern, in Olivenhainen, in immergrüner hoher Macchie, ferner in lichten Auwaldungen, auch am Rand von Obstgärten, in Parks auch mitten in Siedlungen, in Vorderasien auch in relativ kleinen Ziergärten.

Nahrung. Vor allem Insekten, im Spätsommer auch Beeren/Früchte.

Stimme. Rufe sperlingshaftes Schilpen, kurz »tsr«; ferner rhythmisch oder auch unregelm. gereiht »tset tset…«, »tck tck….« und harte »trerrr«. Gesang schnelles, rohrsängerartiges Schwätzen, besteht aus komplizierten Motiven rauer, harter und gequetschter Motive, die aber auch rein flötende Töne enthalten und aneinander gereiht werden. Phrasen werden z.T. mehrfach wiederholt. Jedes ♂ verfügt über mehrere Motive. Erinnert an Teichrohrsänger, aber schneller und monotoner, Lautstärke an- und abschwellend. Singt auch im Winterquartier.

Verhalten. Tagaktiv; zieht nachts. Hält sich gern in Deckung, meist im Laubdach mit häufigem Platzwechsel; Rufe oft mit Schwanzschlagen nach unten begleitet. Beutetiere werden vor allem vom Laub und Gezweig abgelesen, manchmal auch im Rüttelflug. Mitunter kleine Flugjagden. Am Brutplatz territorial, auch sonst kaum gesellig. Im Allgemeinen recht scheut und vorsichtig.

Fortpflanzung, Brutbiologie [337,1369,767,1551]. Geschlechtsreife im 1. Lebensjahr. Monogame Brut-/Saisonehe. **Ankunft im Brutgebiet.** Unverpaarte Vögel erreichen Brutgebiete in H erst Mitte/Ende Mai. **Nest.** Neststand meist 0.5-3.0 (9) m hoch in Büschen oder kleinen Bäumen. Typisches Spötternest aus dünnen Halmen, mit denen die Tragzweige umflochten werden. Innenbau häufig aus Weiden- und Pappelsamenwolle, Bastfasern und Wolle. Nestmulde halbkugelig. ♀ baut, ♂ bringt z.T. Nistmaterial. **Legebeginn.** In H ab Ende Mai bis Mitte (Ende) Juni (im S früher). **Gelegegröße.** 3-4 (2-5); Ø Irak$_{27}$ 3.6. Legeintervall 1 d. **Eier.** Stumpfelliptisch, glatt, glänzend, hellgrau (gelegentlich rosafarbener Hauch) mit weit verteilten purpurfarbenen und schwarzen Punkten. **Brutdauer.** 11-13 d, Bebrütung nach (vor-)letztem Ei; nur ♀ brütet. **Nestlingszeit.** ♀ hudert, beide füttern. Nestlingsdauer 11-14 (15) d. **Jahresbruten.** (in H) 1; Zweitbruten im N des Areals nicht bekannt (im S 1-2 Bruten). Ersatzgelege. **Bruterfolg.** In Irak aus 13 Nestern mit 35 Eiern 66% geschlüpft, mind. 5 Gelege mit Bruterfolg.

Eimaße und –gewichte [1369]: L. 15.9-18.6 mm, B. 12.3-14.0 mm, Ø 17.4 x 13.4 mm (n=101, GR); L. 15.4-19.0 mm, B. 12.0-14.2 mm, Ø 16.9 x 13.0 mm (n=100, SW-Asien). Frischvollgew. errechn. 1.54 g. Schalengew. 0.06-0.10 g, Ø$_{200}$ 0.083 g.

Sterblichkeit, Alter. Ältester Ringvogel (IL) 7 J. 11 Monate [3654]. **Generationslänge:** < 3.3 J. [383].

Mauser. **Postjuvenile Mauser** (Teilmauser) Juli–Okt.; Kleingefieder ohne Große Armdecken, Schirmfedern [1369]. • **Postnuptialmauser** (Teilmauser) Ende Juli–Okt.; Kleingefieder [767]. • **Pränuptialmauser** (Vollmauser) Großgefieder im Winterquartier, Okt./Nov.–Anf. Dez./Mitte März [767,1369,3921]; Mauserunterbrechung kann vorkommen [767,267]. Zumindest bei UA *opaca* einige Ind. mit Supplementärmauser vor dem Heimzug, dabei auch einzelne Schirmfedern und Große Armdecken erneuert [1286].

Hippolais caligata – Buschspötter 12560

Hippolais [caligata] caligata (Lichtenstein 1823) syn.: *Acrocephalus caligatus, Iduna caligata*

GB **Olivaceous Warbler** F **Hypolaïs botté** E **Zarcero Escita**

Taxonomie. Monotypisch. Bildet Superspezies mit dem Steppenspötter *H. rama.*

Kennzeichen. [1369,3615,767,221,3772,1538,3773; Unterscheidung der Allospezies: 3775; weitere **Fotos** in Bird. W. **10**, 35, **12**, 400, **13**, 227, **15**, 279, **16**, 366, Var Fag 2001/**5**, 17, 18 (z), Limic. **9**, 334, **14**, 261, Dutch B. **20**, 159, **21**, 294, **23**, 380, **25**, 264, 358, 413, 418, **26**, 329-30].

Maße. (*caligata*) Gr.: 11.5-12 cm. Gew.: (RUS) beide 7.3-9.1 g; (Baraba-Steppe, Aug.) 7.7-10.8 g, $Ø_{34}$ 8.9 g; (Indien, Winter) 8-11 g, $Ø_{14}$ 9.3 g. Fl.spw.: 18-21 cm. Fl.l.: ♂ 58-65 mm, $Ø_{79}$ 61.3 mm, ♀ 56-62 mm, $Ø_{41}$ 59.1 mm [1369,767].

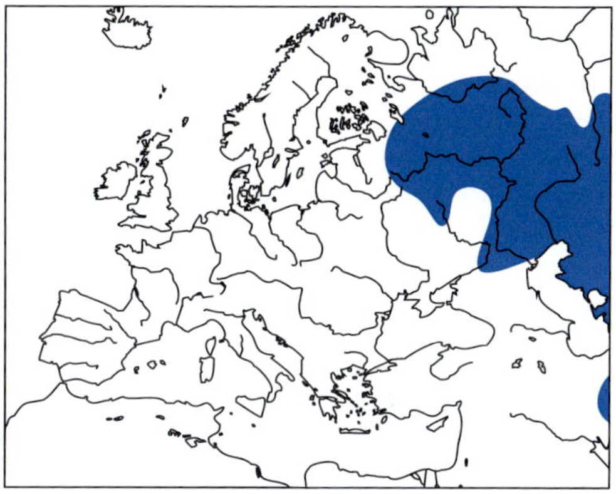

Hippolais caligata – **Buschspötter**

Status. W der Verbreitungsgrenze seltener, aber in jüngster Zeit zunehmend häufiger Gastvogel, z.T. Folge des Fangs sowie besserer Kenntnis der schwer zu bestimmenden Art [337,277]. In Europa u.a. in EST 2 sing. ♂ Juni 1987, FIN 7 Ind. 1981–88, S. 1 Nachw. bis 1989, 2 Fängl. 1990, N. 3 Nachw. bis 1989, 1 Fängling 1990, DK 3 Nachw. bis 1989, GB/IRL 31 Ind. bis 1990, F 3 Nachw. bis 1990 [337].
In ME bisher folgende Nachw. (oft diesj. Fängl.), bisher fast alle zw. Ende Aug. und Mitte Okt.: • **B:** je Sept. 1988, 1989 und 1990, Okt. 1996, Sept. 1997 [1677,q15]. • **NL:** (11 mal) Okt. 1982 und 1986, Sept. 1988, 1990 und 1995, Okt. 1995, 31.Aug.-Sept. 1996, Sept. 1996, 1998, 2001 und 2003 [277,q16]. • **D:** Helgol. vorj. Ind. Sept. 1851, (Juni 1864), beob. Sept. 1987, Sept. 1990 und Sept. 1998; -MV diesj. 22. Aug. 1997 [1369,575]. • **CH:** -VD Okt. 1998; -BE 11.-27. Nov. 2000 (spät!) [q14]. • **A:** -V Sept. 1997 [3129,1617]. Noch nicht anerkannt: B, PL 1999, D 2000 [q3,869]. Keine Nachw. bisher in PL, SK., CZ und L.

SPEC	VSchRL	Bern.Konv.	Bonn.Konv.
--	--	Anh. II	Anh. II
Europ. RL	RL in ME		
--	--		

Verbreitung und Bestand. Brutvogel der Steppen-, Waldsteppen- und S-Rand der Taigazone der Zentralpaläarktis von W-China, NW-Mongolei bis Mittel- und N-RUS nach W in schmalem Keil mit offenbar z.T. unbeständigen Vorkommen (oder partnerlosen ♂) bis St. Petersburg und Ladogasee, neuerdings auch FIN (vereinzelte Brutzeitvorkommen EST); W-Grenze in W-RUS. Europäischer Gesamtbestand (RUS) grob geschätzt zw. 3.000-80.000 BP (Trend unbekannt); in FIN neuerdings 0-30 BP (zunehmend) [383].

Wanderungen. Mittel- und Langstreckenzieher; Überwinterung in Indien. Wegzug S–SE ab Juli/Anf. Aug., Br. Europa Nachzügler bis Anf. Okt.; erste Wintergäste erreichen Indien Aug.-Sept., Heimzug April–Mai. Einige Nachw. NW des Brutgebietes Mai–Juli lassen überschießende Heimkehrer vermuten, weitaus meiste Beob. W und NW des Brutgebietes jedoch im Herbst und daher eher mit Umkehrzug in Verbindung [3615].

Biotop. Br. niedriger Büsche der Steppe, im Uferdickicht von Bächen, Flüssen und Seen, in Weidengebüsch auf feuchten Wiesen und an Waldrändern mit reichlich Unterholz; in Niederungen auch in Hochstaudenfluren [1057].

Nahrung. Vornehmlich Insekten.

Stimme. Rufe grasmückenartig, z.B. scharf »tik-tik…« oder »tett«, »trrk«, auch schmatzend

»tschett« (mitunter gereiht) und regelrecht ratternd »trrk trrk…«, auch wie ein Zikade schwirrend »zerr…«. Gesang wenig laut, besteht aus rasch vorgetragenen Reihe von rufähnlichen Elementen ohne Tempowechsel, aber auch aus wohltönenden Lauten, die fast an sehr kurze Strophen der Gartengrasmücke erinnern; nasaler, schneller als Blassspötter, ohne Motivwiederholungen.

Verhalten. Tagaktiv, singt auch nachts; Nachtzieher. Ausgesprochener Dickichtschlüpfer; kann ähnlich Rohrsänger an senkrechten Halmen klettern; hält sich stets in Hochstauden und der untersten Strauchschicht, kommt auf der Nahrungssuche mitunter auch auf den Boden. Zur Brutzeit territorial.

Mauser. **Postjuvenile Mauser** (Teilmauser) Juli–Sept.; Körpergefieder und vermutlich einige Flügeldecken [767]. • **Postnuptialmauser** (Vollmauser) Kleingefieder ab Juli im Brutgebiet, vor Wegzug selten auch einige Schwungfedern erneuert; danach Mauserunterbrechung und Großgefiedermauser i.d.R. erst nach Ankunft in NW-Indien vor eigentlichem Winterquartier, Aug.-Okt. [767,3771,140]. • **Pränuptialmauser** (Teilmauser) Jan.-April/Mai; einige erneuern Körpergefieder und einzelne innere Armdecken [767,1369,140].

Anmerkung:
Allospezies **Steppenspötter** *Hippolais [caligata] rama* (E Wolgadelta nach S(E) bis Afghanistan, S-Iran und NE-Oman) [Bestimmung: 1538,3773; Unterscheidung der Allospezies: 3775; weitere **Fotos** in Bird. W. **13**, 274-76, **15**, 375-82, **16**, 466-74, Vår Fåg. 2001/**5**, 18 (z), 26].
Auf Grund einer offenbar gesicherten Beob. auf Helgoland 2004 wird diese Art in der neuen deutschen Artenliste geführt [s. 180N].

Hippolais icterina – Gelbspötter 12590

Hippolais [icterina] icterina (Vieillot 1817)

(GB) **Icterine Warbler** (F) **Hypolaïs icterine** (E) **Zarcero Icterino**

Taxonomie. Monotypisch. Bildet Superspezies mit Orpheusspötter *H. polyglotta*. Die beiden Arten verbindet eine schmale, nach NE vorrückende Hybridzone [3509], in der es so gut wie keinen mitochondrialen und stark eingeschränkten nuklearen Genfluss gibt [J. Secondi].

Kennzeichen. [1369,3615,767,221,3772,1538,3773; weitere **Fotos** in Bird. W. **12**, 222, **16**, 324, 406, Dutch B. **25**, 355].

Maße. Gr.: 13.5 cm. Gew.: beide (F) 11.5-15.5 g, Ø$_{45}$ 13.1 g bzw. (D-SL) 12-19 g, Ø$_{11}$ 14.9 g; (B) ♂ 13-17 g, Ø$_{24}$ 14.5 g, ♀ 15-18 g, Ø$_{14}$ 16.0 g. Fl.spw.: 20.5-24 cm. Fl.l.: beide 71-83 mm, Ø$_{85}$ 76.5 mm bzw. 72-83 mm, Ø$_{44}$ 76.8 mm; (D-SN) ♂ 77-83 mm, Ø$_{14}$ 80 mm, ♀ 75-84 mm, Ø$_{16}$ 77 mm [1369,767].

Status. Verbreiteter, mäßig häufiger Brut- und Sommervogel in weiten Teilen ME; regelm., wenig häufiger Durchzügler und Rastvogel.

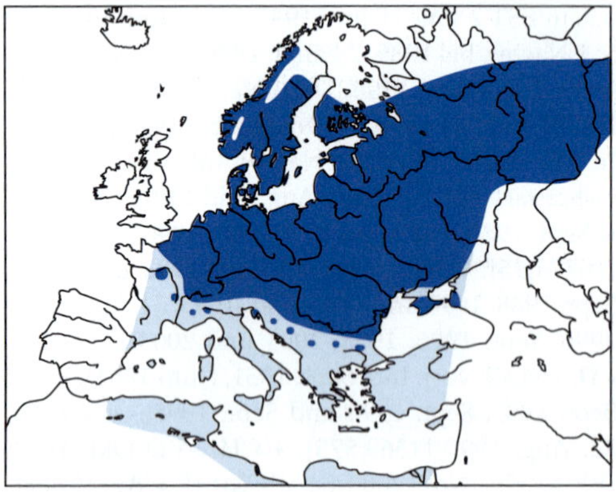

Hippolais icterina – **Gelbspötter**

Verbreitung und Bestand. Brutvogel der borealen und gemäßigten Zonen Europas und W-Sibiriens von NE-F, CH und SW-Skandinavien nach E bis NW-Vorland des Altai, N-Grenze in N. lokal bei 64° N, in FIN bei 62° N, an Petschora 61° 30' N und am Ural bei 58-59° N; S-Grenze am N Alpenrand, ferner HR, N-BG und entlang N-Schwarzmeerküste bis Asowsches Meer, bei 51–52° N an Wolga, 52° N im Ural und ca. 53–54° N in KZ. In ME weit verbreitet in Tieflagen, vereinzelt bis an Alpenrand und in Täler der Nordalpenzone vordringend. Höhengrenzen im Mittelgebirge im Gefolge von Ortschaften 500–700 m, D-BY höchste Brut 1250 m, CH 1500 m, CS bis 1170 m ü.M. Europäischer Gesamtbestand zw. 3.5 - 7.1 Mio. BP (rückläufig), mit Populationen > 100.000 BP in RUS (2.5-5 Mio.), PL und D (jew. 200-400 T.), N. (50-300 T.) und BY (100-180 T. BP) [383]. In ME brüten etwa zw. 490.000-980.000 BP [383].

Wanderungen. Langstreckenzieher; Hauptwinterquartier in Waldgebieten von SE-Zaire, Rwanda, Tansania nach S bis Namibia, Botswana und Transvaal, Einzelne auch N und S davon. Offenbar Breitfrontzug im Herbst mit Schwerpunkt E Mittelmeerraum und W E-Afrika, im Frühjahr mehr W durch E W-Afrika, Libyen und TN, ausnahmsweise weiter W. Quert im Gegensatz zum Orpheusspötter im Frühjahr das zentrale Mittelmeer [3026]. Dismigration ab Mitte Juli; unauffälliger Wegzug Ende Juli–Sept., Gipfel Dz. ME Ende Juli–Anf. Aug., Zugmuster mehr oder weniger symmetrisch und leicht rechtsschief, Nachzügler bis Mitte Sept. [322]; Dz.median Col de Bretolet CH jedoch erst 20.8. [1861], CH bis 20. Sept.; Okt.beob. sind Ausnahmen. 1 Dez.nachw. Alpes maritimes F [3028]. Im Überwinterungsgebiet von (Mitte Sept.) Okt. bis März–April, im S des Winterquartiers aber kaum vor Nov. und Abzug wahrscheinlich im Feb. Früheste Nachw. ME 6.–17. April, Ø Erstankunft im W Ende April, weiter im NE 8.–10. Mai, Median des Dz. in N-D ca. 20. Mai [890]; Nachzügler bis Anf. Juni (spät sing. Dz.!). Besiedlung der Brutplätze ME meist zw. 10. und 25. Mai; Ankunft Fennoskandien 2. Maihälfte. Brut- und Geburtsortstreue belegt, 2 Afrikafunde B – Ghana (4847 km S), FIN – Kongo (6959 km S).

Bestandsentwicklung. Wie viele Zugvogelarten mit beträchtlichen kurzfristigen Bestandsschwankungen [1369].
Langfristig seit Ende 1960er J. deutlicher Arealschwund am SW-Rand der Verbreitung, jedoch offenbar nicht durch Konkurrenz mit der sich von SW her ausbreitenden Zwillingsart Orpheusspötter [1369,4180]; allerdings Bruterfolg des Gelbspötters in Sympatriegebieten reduziert [1083]. Einige Bereiche inzwischen vollständig vom Gelbspötter geräumt [W-CH: 3392,4152, Teile F: 1507], weitere Regionen nur noch mit kleinen Restvorkommen [L, W D-BW, S-B, CH Mittelland, N-F: 843,1369,1722, 2560,2407,1617,3392,4152,4180,1084]; Rückgänge zudem in höheren Lagen der Oberlausitz [769]. Zusammenhang zwischen Arealschwund im W und geringem Bruterfolg [1084] wohl vorwiegend bedingt durch ungünstige Witterung (zunehmende Atlantisierung) während der Brutzeit [1369].

Andererseits bis 1980er J. Populationen in Teilen NL, N-D Tiefebene, in D-BY sowie in E-ME (PL, CZ, SK., A und H) weitgehend stabil [1139,4195N, 1363,884,1585,1369,3892,3663,196,3871] oder – teils aufgrund lokaler Biotopveränderungen, teils nach mehreren günstigen Brutjahren – mit deutlichen Bestandszunahmen und Arealzuwachs [1670, 3957,2393,23,1137,2171;196]. Positive Trends bis in jüngste Zeit zudem in Teilen Fennoskandiens (DK, S., FIN) sowie in (N)E-Europa (BY, UA., EST) [3892,1507].

	Best.	Areal	Brutbestand	Jahr	Quelle
A	+/-	=	10.000–20.000	1998–2002	[383]
B	↓	-1	3.500–7.000	2001–2002	[383]
CH	↓	-1	200–500	1993–1996	[383]
CZ	+/-	=	50.000–100.000	2000–2002	[383]
D	+/-	=	200.000–400.000	1995–1999	[383]
FL	+/-	=	8–12	1998–2000	[383]
H	↓	=	3.000–12.000	1999–2002	[383]
L	↓	-1	1–5	2001	[383]
NL	↓	-1	17.000–25.000	1998–2000	[383]
PL	+/-	=	200.000–400.000	2000–2002	[383]
SK	+/-	=	10.000–20.000	1990–1999	[383]

Andererseits etwa seit 1980er J. auch dramatische Bestandsverluste [in NL:375,3638] und deutlich negativer Bestandstrend und Arealverlust in B, L, H, CH [585,3393,1507], z.T. auch nur regional beschränkt oder in suboptimalen (oft stadtnahen) Lebensräumen [Teile D: 2157,2896,1,310,2821,2642, 3871].

Siedlungsdichte. Reviergrößen 800–1400 m^2 und vielfach noch erheblich größer; Nester benachbarter BP können sehr dicht stehen (z.B. 7–8 m); Dichten auf Kleinstflächen daher nicht repräsentativ und Abnahme der Dichte mit Flächengröße steil; sehr hohe Dichten auf Probeflächen oft nur in einzelnen Brutperioden. Höchstdichten in ME auf Flächen von 20–49 ha 12.5–5.2–4.1 (Ø 5.7), von 50–99 ha 15.0–1.5–0.7 (Ø 3.0), von > 100 ha 2.2–1.7–0.5 (Ø 1.2) Rev./10 ha, doch in Gebieten > 50 ha oft nur Teilflächen besiedelt [337,1]; in Optimalgebieten D und PL auf größeren Flächen bis 10 Rev./10 ha [1507]. Großflächendichte (> 100 km^2) zw. 0.03-5.2 (6.4) 'Rev.'/km^2 [vgl. Tab. 32 in 337,3871].

Gefährdungsursachen [1369,2560,196,310]. Habitatverlust oder -beeinträchtigung durch Ausräu-

mung der Landschaft im Zuge von Flurbereinigung und Meliorationen sowie durch übertriebene Wald- oder Garten»pflege«maßnahmen; Ersetzen einheimischer durch niederwüchsige, nicht-heimische Sträucher oder durch Zierrasen.
Hohe Brutverluste aufgrund natürlicher Ursachen.

SPEC	VSchRL	Bern.Konv.	Bonn.Konv.
E	--	Anh. II	Anh. II
Europ. RL	RL in ME		
--	FL: 'EN', L, CH:'VU', NL: 'NT'		

Schutzmaßnahmen. Vor allem Wiederbepflanzung ausgeräumter Offenländer, Wiederherstellung zerstörter Auengebiete und Erhaltung mehrschichtiger Wald(rand)strukturen.

Biotop. Br. in Gebieten mit hohem Gebüsch und lockerem Baumbestand für Neststandort, Singwarten und Nahrungserwerb, vorzugsweise mehrschichtige Bestände mit geringem Deckungsgrad der Oberschicht. Hohe Dichte wird erreicht in Bruch- und Auwäldern, feuchten Eichen-Hainbuchen-Wäldern, Pappelforsten, Feldgehölzen, Obstbaumbeständen, Friedhöfen, Parks und Gartenstadtzonen; auch kleine Flecken mit geeigneter Schichtstruktur werden besiedelt, z.B. Busch-/Baumbestand um Einzelhöfe bevorzugt mit Holundergebüsch [3408]. Randlagen von Ortschaften mit verwilderten Gärten, Buschsäume entlang von Wegen und Gräben, Erlen- und Birkenbrüche; weniger in geschlossenen Laubwäldern und zumindest in ME auch kaum in lichten Nadelwäldern.

Nahrung. Hauptsächlich Insekten und Spinnen, zumindest in frühen Nestlingsstadien auch Raupen [1644]; im Sommer auch Beeren, die aber zumindest im Brutgebiet eine unbedeutende Rolle zu spielen scheinen.

Stimme. Charakteristischer Ruf »dede hüi« oder »tätä hui« mit unterschiedlicher Deutlichkeit des Schlusslautes; auch kurz »te« oder »teck bei Erregung. Bei Gefahr »tettettettett..«. Kontinuierlich vorgetragener Reviergesang kontrastreich und laut; kurze nasal bis quäkend klingende oder kratzende, mehrfach wiederholte Laute wechseln mit langen, auf- und absteigenden Pfeiftönen ab; Imitationen meist nur auf kurze Rufe beschränkt. Im Vergleich zu Orpheusspötter Gesang lauter und weiter zu hören, wirkt weniger hastig; typischer Bestandteil des Gelbspöttergesanges ein an Mäusebussard erinnerndes »hiäh«; großer Motivreichtum. Individuelle Unterschiede in Dauer, Frequenzmodulation, Motivwahl. Subsong im Partnerkontext von beiden Geschlechtern. Singt aus der Deckung heraus, nicht von Warten. Gesang mitunter auf Heimzug, gleich nach Ankunft am intensivsten, mit der Paarbildung Abklingen der Gesangsintensität; Vollgesang auch ausnahmsweise im Spätsommer. Territoriale ♂ singen auch im Winterquartier.

Verhalten. Tagaktiv, beginnt vor Sonnenaufgang zu singen; zieht nachts. Singt gern im Blattwerk von Sträuchern und Bäumen versteckt. Nahrungserwerb vor allem in Sträuchern und Bäumen, selten in der Krautschicht, meist durch Ablesen von Zweigen oder Blättern. Trotz oft enger Nachbarschaft mit anderen BP territorial. Balz der ♂ schließt Schmetterlingsflug mit Gesang ein.

Fortpflanzung, Brutbiologie [337,1369,767,1, 1722]. Geschlechtsreife im 1. Lebensjahr. Monogame Brut- oder Saisonehe; Bigynie eines ♂ belegt. **Ankunft im Brutgebiet.** Rückkehr ab Ende April/Anf. Mai (z.T. erst Juni); Reviergründung durch ♂ gleich nach Ankunft, z.T. aber noch im Juli. **Nest.** Nistplatzwahl durch ♀ (begleitet vom ♂). Neststand meist in höheren Sträuchern und Laubbäumen, entweder auf einem Ast gebaut oder in Astquirlen aufgehängt, in ME bevorzugt in Holunder, Flieder, Traubenkirsche, Hasel, Hainbuche und in Auenvegetation auch in Pappeln und Weiden; Standhöhe in ME 1-4 (14) m (in E-D $Ø_{199}$ 2.9 m, in D-BW_{91} 1.98 m, im N höher, z.B. FIN_{99} 3.4 m). Aus Grashalmen und Pflanzenfasern sorgfältig geflochtener Napf, der Nestrand meist etwas nach innen gewölbt, Wände innen und außen glatt. Außenwand durch Einbau klebender oder elastischer Materialien (z.B. Spinnweben, Wollhaare, Birkenbast etc.) verfestigt; Nestmulde mit feinerem Material ausgekleidet; Muldendurchmesser 40-70, -tiefe 35-60 mm. ♀ baut, vom ♂ begleitet; Dauer 3-6 d. **Legebeginn.** In NL frühestens 30. April, meist erste Gelege in ME bis Mitte Mai, Hauptlegezeit je nach Lage und Witterung 2. Maihälfte bis Anf. Juni (in N-Europa Anf. Juni bis Anf. Juli); späteste Legebeginne ME bis Ende Juli. **Gelegegröße.** 4-5 (3-7); Kalendereffekt und Anteil von Nachgelegen beeinflussen lokale Mittelwerte; Ø CH_{66} 4.7, B_{120} 4.8, E-D_{182} 5.5 (Mai/Anf. Juni 5.0, Mitte Juni 4.38, Ende Juni 3.67, Juli 3.57), FIN_{24} 5.04, $S._{53}$ 4.8. Legeintervall 1 d. **Eier.** Stumpfelliptisch, glänzend, hell rosarot, mit scharfen, rundlichen schwarzen oder schwarzbraunen Punkten besetzt. **Brutdauer.** 12-15 (19) d, Bebrütung ab (vor-)letztem Ei; nur ♀ brütet (wird mitunter vom

♂ am Nest gefüttert; selten beim Brüten Ablösung). **Nestlings-/Führungszeit.** ♀ hudert erste 6 d und ♂ trägt hauptsächlich Futter ein, übergibt an ♀, später füttern beide. Nestlingsdauer 13.5-15.5 (12-16) d (Ø 14.5 d). Juv. nach weiteren 8-12 (13) d selbständig. **Jahresbruten.** 1(-2); vor allem im W und S werden Zweitbruten als nicht selten angenommen. Ersatzgelege. **Ende der Brutperiode.** In Mehrzahl der Fälle Mitte bis Ende Juli, im NE Aug., in seltenen Fällen Ende Aug./Anf. Sept. **Bruterfolg.** Nachwuchsraten in E-D 3.9, 3,71, 3.7 bzw. (geschätzt) 2.85 flügge Juv./BP und J., auf Kurischer Nehrung 4.2 Juv./BP und J. Bei Leningrad 71% der abgelegten Eier erfolgr., in D-BW bei 49 Gelegen 57.5%. Wichtigste Ursache neben feuchtkalter Witterung ist Prädation.

Eimaße und -gewichte [1369]: L. 17.0-20.0 mm, B. 12.2-14.5 mm; Ø 18.5 x 13.5 mm (n=100, B); Ø 18.6 x 13.8 mm (n=74, NL), Ø 18.4 x 13.5 mm (n=290, CS). Frischvollgew. 1.6-2.17 g, Ø$_{35}$ 1.87 g. Schalengew. 0.072-0.103 g, Ø$_{148}$ 0.090 g.

Sterblichkeit, Alter. Sterblichkeit für 1. J. mit 69 %, für Einj. mit 67 % und für ältere mit 65 %/J. errechnet. Fünfjährige machten 1.2 % einer Brutpopulation aus. Ältester Ringvogel (D) 10 J. 10 Monate [3654]. **Generationslänge:** < 3.3 J. [383].

Mauser. Postjuvenile Mauser (Teilmauser) Restwachstum des Jugendgefieders vor Wegzug [767,3771] erschwert Erkennen der Mauser, aber zumindest einige Ind. ersetzen Teile von Körpergefieder und Flügeldecken im Brutgebiet und während des Wegzugs [1866,322]. • **Postnuptialmauser** (Teilmauser) z.T. ab Ende Juli im Brutgebiet oder Beginn erst in Afrika [767,3771]; umfasst weniger als die Hälfte des Körpergefieders, selten Mittlere Armdecken, Schirm- und Steuerfedern [1866,322,3444]. • **Pränuptialmauser** (Vollmauser) (Mitte Nov.) Dezember-März im Winterquartier; ST meist synchron erneuert [767,3921,3141].

Hippolais polyglotta – Orpheusspötter 12600

Hippolais [icterina] polyglotta (Vieillot 1817)

(GB) **Melodious Warbler** (F) **Hypolaïs polyglotte** (E) **Zarcero Común**

Taxonomie. Monotypisch. Bildet Superspezies mit dem Gelbspötter *H. icterina.*

Kennzeichen. [1369,3615,767,221,3772,1538,2824; weitere **Fotos** in Bird. W. **7**, 347, **16**, 234, **17**, 238, Dutch B. **15**, 188, **20**, 160, **24**, 251, **25**, 264, 276, **26**, 279, Limic. **15**, 238, **18**, 176].

Maße. Gr.: 13 cm. Gew.: (D-SL, Brut) ♂ 10.6-12.0 g, Ø$_{19}$ 11.4 g ♀ 10.1-14.4 g, Ø$_{13}$ 11.5 g; (F) ♂ 11-13 g, Ø$_{43}$ 11.7 g, ♀ 10.5-13 g, Ø$_{26}$ 11.7 g. Fl.spw.: 17.5-20 cm. Fl.l.: (beide, F, April/Mai) 65-71 mm, Ø$_{114}$ 68.0 mm, (Sept.) 62-70 mm, Ø$_{79}$ 66.3 mm; (D-SL) ♂ 66-69 mm, Ø$_{19}$ 67.7 mm, ♀ 63-68 mm, Ø$_{13}$ 65.9 mm [1369,767].

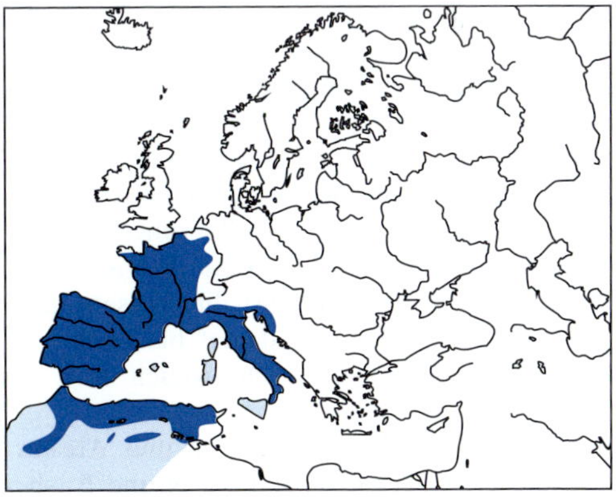

Hippolais polyglotta – **Orpheusspötter**

Status. Nur in (S)W-ME lokal verbreiteter, wenig häufiger Brut- und Sommervogel mit anhaltender Arealausweitung; sporadischer, gebietsweise zunehmender Sommergast und Rastvogel; außerhalb der Brut- und Übersommerungsgebiete (D-NW, -BW, -RP, -SL) seltener Gastvogel. • **D:** Helgol. je 1 erl. Mai 1846, ♀ Sept. 1924, Leuchtturmopfer Aug. 1927, erl. ♀ Juni 1930, Juni 1980, 2 Ind. Sept. 1980, Juli 1981, Okt. 1990, Juni 1994, Aug. 1994, Juni, Aug. und Sept. 1997 [1369,575]; -BY jew. sing. ♂ 2 im Juni 1988, jew. 1 Juni-Juli 1991, Mai-Juni 1993 und Mai 1997 [575]; -HE jew. sing. ♂ Juni 1992 und 1993 [337,575]; -NI Mai 1997 [575]. • **NL:** 42 Nachw. zw. 1979-2003 (max. 6 Beob. 2003), unregelm. Brutvogel seit 1990 [277,q16]. • **A:** -V jew. 1 sing. ♂ Mai 1983, 1987, 1991, 1992, Juni 1992, Juni/Juli 1993, Mai 1995 und Juni 1996; -B sing. ♂ Mai 1995; -K sing. ♂ Juni 1991 [1617,3129]. • **CZ:** 1 Totfund Juli 1864, Belegstück nicht mehr vorhanden [2159]. • **PL:** jew. sing. ♂ Mai 1986, 2 Mai-Juni 1987, 1 Mai 1990, Juni 1991 [337,3871]. Ferner u.a. nachgewiesen in GB/IRL regelm., mind. 870 Ind. 1958–85 (davon 94% auf Wegzug ab Aug.); DK 1 sing. ♂ 1982; S. je 1 Ind. Okt. 1978, 1984 [337,3615].

Verbreitung und Bestand. Brutvogel der SW-Paläarktis vom Maghreb über Iberien, F einschließlich Korsika (seit 1989), sonst keine Mittelmeerinseln; ferner I bis HR und YU. In Folge noch anhaltender Arealexpansion seit 1960er J. Brutvogel in SW-ME. In S-E. bis 2100 m, F ausnahmsweise bis 1120 m, S-Alpen I bis 1100 m, CH sing ♂ bis 1680 m ü.M. Europäischer Gesamtbestand 1 – 3 Mio. BP (Trend unklar), mit weitaus größten Beständen in E. (0.7-1.5 Mio.), F (0.2-0.8 Mio.), P (50-500 T.) und I (50-150 T. BP) [383,1507]. In ME derzeit etwa 1.800-3.200 BP [383].

Wanderungen. Langstreckenzieher; Hauptwinterquartier in Feuchtsavannen, Mangrove und Wäldern W-Afrikas N des Regenwaldes von S-Senegal bis Kamerun (jedoch Elfenbeinküste möglicherweise nur Dz.) [3302]. Wegzug über W-Mittelmeerraum (nach E bis M) und W-Sahara. Quert im Frühjahr im Gegensatz zum Gelbspötter nicht das zentrale Mittelmeer, sondern folgt Küste E. und S-F [3026]. Abzug aus Brutgebiet unauffällig im Aug., Sept.beob. in W-Europa und ME selten, ausnahmsweise Okt.beob. in F; früheste Beob. S Sahara ab Mitte Okt. Auf Heimzug ab Anf. März im Maghreb, die meisten jedoch erst im April. Früheste Erstbeob. F ausnahmsweise vor Mitte April; Ankunft der Br. CH-TI ab Ende April (ausnahmsweise sing. ♂ 1. Aprildekade); Heimzug dauert bis Ende Mai. Brutorts- und Reviertreue nachgewiesen.

Bestandsentwicklung. Zunahme und Arealexpansion seit 1930er J. von F nach N und E [aber nicht von I oder HR, 2231; kleine Population in Südtirol I dabei »übersehen«?, 273]; dabei im NE des Areals zunehmend größere Überlappung mit Gelbspötter. Bei Expansion nach N schon in 1960er J. Einzelvögel in D-SL und -RP [1369]; erster Brutnachw. ME 1960 in CH-TI, wo die Art schon im 19. Jh. Brutvogel war; nur wenig später erfolgten Ansiedlungen in CH-VS (1. Brutnachw. 1970) und -GE (1977) [4152,3392]. Erstes Auftreten zur Brutzeit ferner 1970 in B, 1975 in L und D-BW, 1979 in NL, 1982 in D-NW und CH-BS sowie 1983 in A-V (Bod.) [1369,1617,337,1825].

	Best.	Areal	Brutbestand	Jahr	Quelle
B	↑	+ 1	1.000–2.000	2001–2002	[383]
CH	⇧	+ 1	300–500	1993–1996	[383]
D	⇧	+ 2	480–690	1995–1999	[383]
L	⇧	+ 1	30–40	2001	[383]
NL	N	N	0–2	1998–2000	[383]

Einem besonders auffälligen Bestandsschub ab Mitte 1970er J. folgten schließlich Brutnachweise in B ab 1977, Lothringen F 1981, D-BW ab 1983, -SL und Elsaß F ab 1984 sowie in D-RP und L ab 1986 [1369,2560,3248,1722,1686]. Seither starker, z.T. exponentieller Bestandsanstieg und weitere Arealausweitung, insbes. entlang größerer Flusstäler [dagegen lange Zeit Aussparung von Mittelgebirgslagen > 350 m ü.M., 1686], und feste Etablierung in mehreren Regionen W-ME [2231,1839,4079, 70,1686,1585,1507,843,3248,1369]. Positive Entwicklung hält weiter an, inzwischen annähernd ganz F [4180] sowie weite Teile S-CH besiedelt [1369,3392,3393,1873]; nördlichste Brutnachw. ME ab 1990 in NL, wo aber noch nicht fest etabliert [1369,3638,332]; ebenfalls nur zögerliche Ausbreitung nach E in »kontinentalere« Gebiete ME, doch auch dort Nachw. singender ♂, z.T. auch in Höhenlagen > 500 m ü.M.; erster Brutnachw. Bod. 2002 [4063].
Expansion der Art nicht hinreichend erklärbar. Offenbar kein direkter Zusammenhang mit langsamem Rückzug des Gelbspötters, u.a. da sich die Arten bei sympatrischem Vorkommen nicht gegenseitig ausschließen. Doch Bevorzugung von sonnenexponierten Sekundärlebensräumen wie Frühstadien im Wald oder brachige Flächen in Flusstälern, Straßenböschungen und Abbaugebieten ermöglicht derzeit Besiedlung und hohen Bruterfolg [196].

Siedlungsdichte. Reviere in F Ø 0.11 ha, in D-RP 0.15-0.5 ha; wie bei Gelbspötter kann es lokal zu Häufungen kommen [337]; auf Kleinflächen in Optimalbereichen bis zu 10 BP/10 ha [1507].

Gefährdungsursachen [1369,196]. Derzeit nicht erkennbar. Nur natürliche Einflussfaktoren sind als Verlustursachen von Bedeutung (Sukzession, Schlechtwetter, Prädation).

SPEC	VSchRL	Bern.Konv.	Bonn.Konv.
E	--	Anh. II	Anh. II
Europ. RL	**RL in ME**		
--	L, CH: 'NT', D: 'R'		

Schutzmaßnahmen sind daher derzeit nicht erforderlich.

Biotop. Br. in nicht sehr hohen, vorzugsweise dichten und dornigen Sträuchern, auch in lückigen Gebüschkomplexen; ausgedehnte und auch dichte Krautschicht spielt offensichtlich eine wichtige Rolle; deutliche Präferenz für trockene, sonnige Standorte. Gemieden werden geschlossene Baumbestände. Bei sympatrischem Vorkommen mit Gelbspötter präferieren Orpheusspötter deutlich niedrigere Bäume und Sträucher. Insgesamt aber offenbar recht breites Habitatspektrum, in gemäßigten Breiten z.B. offene Hecken- und Gebüschlandschaften von Flussauen, Randbereiche von Kiesgruben [70], Ginsterheiden an Trockenhängen, Gebüschbrachen, Jungholzbestände, aber auch Gärten und Parkanlagen.

Nahrung. Insekten und Spinnen; Früchte offenbar selten.

Stimme. Erregt »trrrr« oder »tetete…« (erinnert an Sperling); häufig »wäd« sowie dem Gelbspötter ähnlich »tek«, aber höher. Reviergesang weniger laut und auffällig als Gelbspötter, hastigerer Vortrag mit kurzen Pausen, eingeschaltete Erregungsrufe (»trrr« oder schnell gereiht »tetete«); das »hiäh«-Motiv des Gelbspötters fehlt. Im 1. Teil einer Strophe werden nicht selten Imitationen aneinander gereiht, dann folgt rascher Plaudergesang; Mischsänger bei sympatrischem Vorkommen beider Arten, Gesang gleich nach Ankunft; während Eiablage Abnahme der Gesangsaktivität. Singt im Gegensatz zu *icterina* auch gern frei von Warten. Ausdauernder Reviergesang auch im Winterquartier.

Verhalten. Tagaktiv; zieht nachts. Singt weniger versteckt als Gelbspötter. Nahrungserwerb hauptsächlich in Strauch-, aber auch Krautschicht. Zur Brutzeit territorial; oft aber auch im Winter.

Fortpflanzung, Brutbiologie [337,1369,767,1722, 1551]. Geschlechtsreife wohl im 1. Lebensjahr. Monogame Brutehe; durch Reviertreue Partnertreue über 3 J. nachgewiesen. sukzessive Bigynie belegt; Mischverpaarungen mit Gelbspötter bekannt (u.a. 3 mal ♂ Gelb-, 1 mal Orpheusspötter). **Ankunft im Brutgebiet.** Rückkehr im Mai; Reviergründung durch ♂ gleich nach Ankunft; ♀ ca. 10 d später, dann Balz und Paarbildung. **Nest.** Nistplatzwahl durch ♀. Nest in Sträuchern und kleinen Bäumen, mitunter auch in Stauden, im Blattwerk gut versteckt, an einen Ast angelehnt, diesem aufgesetzt oder in Astgabel aufgehängt; Höhe über Boden nur selten > 3 m ($\varnothing_{36}$ 1.65 m); Nest wie Gelbspötter. ♀ baut, kann vom ♂ begleitet werden; Dauer 4-6 (7) d. **Legebeginn.** Früheste Gelege Anf. Mai, in E-F Höhepunkt der Eiablage 3. Maidekade, in B hauptsächlich Juni; spätester Beginn letzte Julidekade. **Gelegegröße.** 4-5 (2-6); Ø F_{77} 4.5, $E._{23}$ 4.4, NW-Afrika$_{27}$ 3.96. Legeintervall 1 d. **Eier.** Ähnlich Gelbspötter, hell purpurrosa, am stumpfen Pol dunkler, spärlich getupft und gesprenkelt. **Brutdauer.** 12-14 d, Bebrütung ab letztem Ei; nur ♀ brütet. **Nestlings-/Führungszeit.** Beide füttern. Nestlingsdauer 11-13 (-16) d, kürzere Dauern vor allem bei Störungen. Juv. fliegen nicht gleichzeitig aus; sind nach weiteren mind. 11 d selbständig. **Jahresbruten.** 1 (aber auch 2 nachgewiesen); Ersatzgelege. **Ende der Brutperiode.** In Mehrzahl der Fälle Ende Juni/Anf. Juli, selten 2. Julihälfte oder gar Aug. **Bruterfolg.** In F aus 28 Gelegen mit 125 Eiern 66% geschlüpft und von 76 Geschlüpften 70% ausgeflogen, Gesamterfolg 47%. Im Burgund von 65 Nestern 41.5% Verlust; bei erfolgreichen Nestern Brutgröße 3.52 flügge Juv., insgesamt Nachwuchsrate 2.07 flügge Juv./Nest. Auch Mischpaare können erfolgreich brüten, aber Hybride mit geringerer Fitness [1507]. Hauptverluste durch Witterung, Prädation und Aufgabe.

Eimaße und –gewichte [1369]: L. 16.1-19.2 mm, B. 12.3-14.5 mm; Ø 17.7 x 13.2 mm (n=100, F); Ø 17.8 x 13.3 mm (n=62, NE-E.), Ø 17.6 x 13.6 mm (n=16, S-CH). Frischvollgew. errechn. 1.6 g; Ø 1.64 bzw. 1.85 g. Schalengew. 0.06-0.10 g, $\varnothing_{100}$ 0.084 g.

Sterblichkeit, Alter. In N-I Adultmortalität 46 %/J. [3049]. Ältester Ringvogel (E.) 8 J. 10 Monate [3654]. **Generationslänge:** < 3.3 J. [383].

Mauser. **Postjuvenile Mauser** (Teilmauser) wohl vor Abzug und auf ersten Wegzugetappen; Körpergefieder und Großteil der Flügeldecken; aber vielleicht nur Restwachstum des Jugendgefieders und Mauserbeginn erst im Winterquartier ähnlich Ad. [767,3771]. • **Postnuptialmauser** (Teilmauser) Ende Juni–Juli; Körpergefieder und z.T. Flügeldecken [1369], möglicherweise aber keine Mauser vor Wegzug [767,3771]. • **Pränuptialmauser** (Vollmauser) Großgefiedermauser gleich nach Ankunft im Winterquartier, Ende Aug./Anf. Okt.–Mitte Okt./Nov. (Dez.); bisweilen 4 HS gleichzeitig abgeworfen [767,1369]; Dauer der HS-Mauser ca. 50 d [767]. Die meisten Ind. offenbar mit Supplementärmauser vor Heimzug (Feb.–März) [767,3771], dabei neben Körpergefieder [767] auch 2–3 Schirmfedern und innere Große Armdecken sowie selten AS und ST erneuert [1286,3029].

Familie Cisticolidae – Halmsänger

Kleine, gestreifte Zweigsänger des Graslandes. Arten im Feld schwer zu unterscheiden, Gesänge wichtig. Schwanz gestuft, kurz und dünn, aber fächerbar; Schwanzlänge variabel, zur Brutzeit am längsten. Zwei Jahresmausern. Geschlechter sehr ähnlich, aber ♂ größer als ♀. Übersicht über paläarktische Arten [140].

Die Familie umfasst eine Reihe primär afrikanischer Gattungen, die früher zu den »Sylviidae« gestellt wurden, z.B. *Cisticola, Prinia, Orthotomus, Apalis, Camaroptera, Calamonastes, Eremomela* u.a., doch ist eine vollständige Abgrenzung der Familie aufgrund der noch unklaren Zuordnung mehrerer Gattungen bisher nicht möglich.

• Gattung *Cisticola*

Ca. 50 Arten, darunter mehrere Superspezies. Verbreitung primär afrikanisch, dort sehr deutlicher Diversitätsschwerpunkt, nur zwei Arten in Eurasien und Australasien.

Cisticola juncidis – Zistensänger 12260

Cisticola juncidis (Rafinesque 1810) auch: Cistensänger

GB **Fan-tailed Warbler** F **Cisticole des joncs** E **Buitrón**

Taxonomie. Ca. 17 UA, davon in W-Paläarktis *cisticola* (Temminck 1820) (W-F, Iberien, NW-Afrika), *juncidis* (Rafinesque 1810) (S-F, Korsika, I bis Balkan, W-TR und N-EGY) und *neuroticus* Meinertzhagen 1920 (CY, Levante, Irak, W-Iran); 3 UA bewohnen Afrika, 3 den Indischen Subkontinent, 6 SE-Asien und 3 AUS. Hörbare und sonagraphisch darstellbare Unterschiede in der Struktur der Reviersgesang-Elemente deuten stark darauf hin, dass sich hinter dem »Zistensänger« ein Komplex meherer kryptischer Arten verbirgt [3136N]

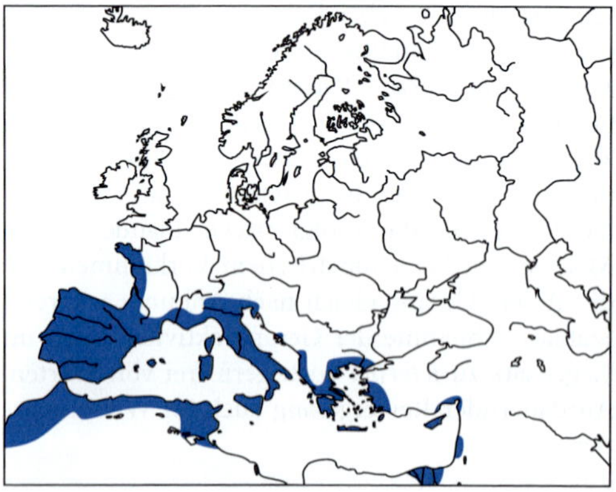

Cisticola juncidis – Zistensänger

Kennzeichen. [1369,3615,767,221,3772; weitere **Fotos** in Bird. W. **6**, 254, **13**, 198-99, **14**, 38, **17**, 321, Dutch B. **23**, 334, 337, **24**, 317, 321, 392, **26**, 354].

Maße. Gr.: 10 cm. Gew.: (S-F) 7.2-11.0 g, $Ø_{62}$ 9.3 g. Fl.spw.: 12-14.5 cm. Fl.l.: (M) ♂ 47-55 mm, $Ø_{36}$ 50.6 mm, ♀ 44-50.5 mm, $Ø_{66}$ 46.9 mm [1369,767].

Status. Sehr lokaler Brut- und/oder Sommervogel in S- und W-ME, sonst in ME seltener Gastvogel meist zw. (April) Mai und Okt., im Winter äußerst selten [z.B. 1 mal NL: 375]. **CH:** vor allem in -VD und -TI Brutverdacht und Brutnachw. (max. 5–7 ♂ an einem Ort) 1972, 1975, 1987, fast allj. Einzelnachw. (oft sing. ♂), z.T. mit längerer Verweildauer [1369,4152,3393]. • **FL:** sing. ♂ Juli 1979 [1369]. • **B:** Erstnachw. 1975; seither einzelne jährlich, Brutnachw. seit 1977 [1369]. • **NL:** Erstnachw.

1972, erste Bruthinweise ab 1974; ca. 30 Rev. 1977, 5–15 1979-83, 14–30 1984-85, keine mehr 1986-89, danach wieder mehrere [1369,375,3638]. • **D:** -BW erstmals 1975 (2 sing. ♂), 6 Nachw. 1977-79, ferner 1987, 1994, 1995 und 1996, 1998 [1722,1617,575]; -HE sing. ♂ 1995 [575]; -HB ♂ Aug. 1996 [575]; -NW Aug. 1997 [575]; -MV sing. ♂ 1998 [575]; -SH ♂ Aug. 1999 [575]. • **A:** -V (Bod.) je sing. ♂ 1971, 1973, 1975, 1977, 1983, 1997, Okt. 1998 sowie Brutverdacht 1995 [1722,1617,3129]; -B sing. ♂ 1994 [3129]. Noch nicht anerkannt (?) D-SH 1999 [q3].

Verbreitung und Bestand. Brutvogel im gesamten Mittelmeerraum bis an N-Rand der Sahara, S-Hälfte E., sowie an SW- und W-europäischen Atlantikküste bis N-F, meist küstennah; ferner im tropischen und subtropischen Afrika, in S-Asien einschließlich Insulinde, Philippinen, nach E bis Taiwan, S-JAP sowie in Teilen Neuguineas und AUS; Höhengrenze ca. 600 m, höchste Nachw. sing. ♂ in E., Sizilien ca. 1000 m, MA 1200 m, F 1260 m ü.M. Bei Vorstößen aus S-europ. Brutgebieten nach ME sowohl *cisticola* (aus Iberien, F) als auch Nominatform (aus I, YU). Europäischer Gesamtbestand 0.23-1.1 Mio. BP (< 5% des globalen Bestands), stabil; größte Populationen in P (50-500 T.), I (100-300), F (30-150), E. (20-100) und CY (15-30 T. BP) [383]; in ME nur kleine, meist unbeständige Vorkommen, bei insgesamt < 50 BP [383].

Wanderungen. In Europa weitgehend Standvogel, jedoch mit Dispersionswanderungen, mitunter sogar Eruptionen, in Abhängigkeit von Temperaturschwankungen im N des Brutgebietes. Im W Mittelmeerraum offenbar regelm. Wanderungen über kürzere Strecken. Eruptionen durch erhebliche Bestandsfluktuationen bemerkbar, z.B. wenn nach starkem Bestandseinbruch wegen kalter Winter schlagartig wieder zahlreiche Individuen anwesend sind (Camargue) oder bei stark wechselnder Häufigkeit zwischen J. (z.B. NE-E.); ähnliche Fluktuationen auch aus IL beschrieben [3615].

Bestandsentwicklung. Bestände ähnlich wie bei Seidensänger im 20. Jh. mit starken Zunahmen; seit 1920er J. mehrere Vorstöße nach N. In weitgehender Parallelität zum Seidensänger vor allem Ausbreitungswelle ab Ende 1960er J. sehr erfolgreich, in der Folge mehrere Brutansiedlungen in ME nach 1970 [CH 1972: 4152, nachfolgend bis 7 Sänger: 3392,4152; B seit 1977 einzelne: 843; NL seit 1974, bis max. 30 BP 1977: 3636; Brutzeitbeob. ferner in verschiedenen Regionen ME [u.a. in A-V (Bod.), D-BW, FL: 1617,,575,1369]. Wie frühere Ansiedlungsversuche wurden diese Neuansiedlungen jedoch durch Kältewinter Ende 1970er und Mitte 1980er J. wieder ausgelöscht [941,1369,337].
Analog zum Seidensänger nach milden Wintern ab Ende 1980er J. erneute Ausbreitung und Bestandszunahme u.a. in F, HR, SLN [1369,4180,1585,1507, 1326] und nach kurzer Abwesenheit Wiederansiedlungen in NL [q3,3638] und B [1677] sowie ein Bruthinweis in A-V 1995 [3129] und 2 Bruten eines BP in CH-VD 2001 [q4,q14]. Gefördert wird Ausbreitungstendenz neben Klimagunst durch hohe Reproduktionsrate [4180] sowie durch extrem frühe Geschlechtsreife (Jungvögel können in günstigen J. in S-Europa noch vor Jugendmauser selbst brüten). Doch Bestände langfristig in ME nicht gesichert, da regelm. Bestandseinbrüche durch kältere Winter (dabei drastische Auswirkungen offensichtlich schon bei mehr als 15 Frosttagen pro Winter oder 3 in direkter Folge, oder andauernder Schneebedeckung von > 10 d) [1369].

	Best.	Areal	Brutbestand	Jahr	Quelle
B	+/-	=	14–22	1995–2002	[383]
CH	↕	F	0–1	2000–2001	[q14]
NL	↑	+1	3–31	1998–2000	[383]

Siedlungsdichte. Reviergrößen stark schwankend; F 1.7–1.9 ♂/ 10 ha (auf 30 ha), 0.3 ♂/10 ha (900 ha), 1.6–1.9 ♂/10 ha (1700 ha) [337].

Gefährdungsursachen [196]. In Kältewintern erhebliche Bestandseinbrüche. Auch sonst vor allem natürliche Verlustursachen bedeutsam, in früheren Jahrzehnten auch Zerstörung der Feuchtgebietslebensräume.

SPEC	VSchRL	Bern.Konv.	Bonn.Konv.
--	--	Anh. II	Anh. II
Europ. RL	RL in ME		
--	--		

Schutzmaßnahmen. Gezielte Maßnahmen in Anbetracht der nur unbeständigen Vorkommen in ME nicht erforderlich.

Biotop. Br. auf nassen bis trockenen Böden mit mittelhohen bis hohen Gräsern, Seggen oder Binsen, wie Verlandungszonen (jedoch nicht im geschlossenen Schilfröhricht), Mähwiesen, Weiden, Reiskulturen, staudenreiche Brachflächen, Getreidefelder, Quellerbestände mit Gräsern, Seggenfluren (z.T. mit Schilf durchmischt), aber auch trockene halb offene Macchie und Garrigue; mitunter auch in sehr kleinen Flächen und verwilderten Gärten; in ME und W-Europa nahezu ausschließlich in Feuchtgebieten.

Nahrung. Insekten, Spinnen; offenbar selten Samen.

Stimme. Flugruf »tsip«, Warnruf am Nest weich »witt-witt…«, sonst warnend hart »pit-pit…«. Gesang an den Scheitelpunkten des girlandenförmigen Singfluges metronomhaft »tsip-tsip-tsip…« (wellenförmiger Flug mit Gesangstrophen entscheidend wichtiges Feldmerkmal des sonst schwer zu sehenden Vogels!, »tsip« bei Wellenspitze); gegen Ende des Singfluges rascher werdende »twet-twet-twet…«. Auch Wartengesang mit metronomhaften »tsip…«. Gesangsperiode in Europa März bis Sept.(Okt.), gelegentlich Wintergesang.

Verhalten. Tagaktiv, Gesang den ganzen Tag über. Meist in dichter Vegetation, abgesehen vom auffälligen Singflug oder frei singend auf Warte mit häufig leicht gestelztem Schwanz. Kleintiere werden von der Vegetation weggefangen, auch im Flug. Singflug zeigt mehr ein ♂ mit Wahlnest an als ein Revier; nistende ♂ sind weniger auffällig. ♂ viele Wochen territorial.

Fortpflanzung, Brutbiologie [337,1369,767,1722]. Geschlechtsreife nach 1-2 Monaten, daher Bruten der ♀ oft noch im 1. Lebensjahr (vor allem in JAP; Erstbruten der ♂ meist erst im Folgejahr). Meist Brutehe, sukzessive Polygynie nicht selten (max. bis 9 ♀ pro ♂ nachgewiesen). ♀ bei späteren Gelegen oft mit neuem ♂ verpaart. **Ankunft im Brutgebiet.** Besiedlung der Brutplätze meist im Spätsommer und Herbst, Reviergründung durch ♂. **Nest.** Wahl durch ♂, das dem ♀ sukzessive mehrere Wahlnester anbietet. Nest in Gräsern, Seggen, Binsen, aber auch Stauden etc., Höhe meist > 20 bis < 100 cm. Länglicher, beutel- bis flaschenartiger Bau mit halbseitlicher Öffnung am oberen Ende in grüne Gräser eingeflochten (ca. 10-11 cm hoch, 6-8 cm breit). Außenschicht aus Gräsern, mit Spinnweben und/oder Pflanzenwolle verfilzt; mit Spinnweben, Blumen, Haaren und Dunen ausgekleidet. ♂ beginnt mit Nestbau (dauert 2-3 d), ♀ baut in 1-2 d aus (manchmal erst während des Brütens). **Legebeginn.** Sehr lange Brutperiode, erste Gelege Feb.-März, meist April, späteste im Sept. **Gelegegröße.** 4-6 (3-7); E.$_{50}$ 4.5, F$_{23}$ 4.7; JAP$_{39}$ 5.7, Gelege dort von älteren ♀ deutlich größer als von diesj. ♀. Legeintervall < 1 d. **Eier.** Variabel, kurzoval, glänzend, Grundfarbe reinweiß, mit bläulich grünlichem Hauch, oder hellblau, ungefleckt oder mit blassbraunen bis schwarzen Punkten oder Flecken, meist nur am breiteren Ende. **Brutdauer.** 12-14 d; bei Polygynie brütet nur ♀; zuweilen werden ♀ von monogamen ♂ gefüttert. Bebrütung meist nach letztem Ei. **Nestlings-/Führungszeit.** Meist füttert ♀ allein. Nestlingsdauer 11-15 d; Juv. verlassen Nest voll flugfähig, werden noch bis 10-20 d vom ♀ gefüttert, bei Folgebrut auch kürzer. **Jahresbruten.** 2-3. Ersatzgelege. **Ende der Brutperiode.** Meist im Juli, bei späten Bruten im Aug. **Bruterfolg.** Mittlere Nachwuchsquote pro ♀ wohl max. 7-8 Juv.; in E.$_{33}$ ergaben Ø 3.1 Nestlinge Ø 2.2 flügge Juv., in F Ø 4.0 Juv. geschlüpft, 3.8 flügge; Gesamtbruterfolg in F um 75% der abgelegten Eier, in JAP (UA *brunniceps*) dagegen bei ad. ♀ 30.7%, bei diesj. ♀ 32.8%.

Eimaße und –gewichte [1369]: L. 14.3-17.7 mm, B. 11.2-12.3 mm; Ø 15.9 x 11.7 mm (n=140, NE-E.); Frischvollgew. (Nominatform) errechn. 1.08 g; Schalengew. 0.05-0.07 g, Ø$_{100}$ 0.06 g.

Sterblichkeit, Alter. Ältester Ringvogel mind. 4 J. 4 Monate. **Generationslänge:** < 3.3 J. [383].

Mauser. **Postjuvenile Mauser** (Voll- oder Teilmauser) beginnt im Alter von 1 Monat, Mitte Juni–Anf. Nov. [767]; Mauserunterbrechung kommt besonders bei ♂ vor; spät geschlüpfte erneuern keine oder nur wenige Schwungfedern [767,3771].
• **Postnuptialmauser** (Vollmauser) Juni/Juli–Mitte Sept./Anf. Okt. [767], ♀ beginnen ca. 1 Monat später als ♂, mausern aber schneller; Dauer der HS-Mauser 86–100 d bei ♂ bzw. 61–76 d bei ♀ [1369].
• **Pränuptialmauser** (Teilmauser, z.T. fehlend) (Feb.) März–April; umfasst ST und Großteil der Oberflügeldecken [767], bes. bei Einj. mitunter fehlend [3771].

Familie Sylviidae – Grasmücken

Kleine bis mittelgroße Zweigsängerarten mit robustem Körperbau, kräftigem Schnabel und Beinen und meist langem, gerade abgeschnittenen Schwanz (meiste Arten mit weißen Abzeichen in äußeren Schwanzfedern). Geschlechter meist unterschiedlich gefärbt. Viele Arten mit Singflügen.

In der hier aufgrund molekularer Befunde praktizierten neuen Abgrenzung umfasst die Familie neben der Gattung *Sylvia*, die zusammen mit *Chamaea* (W N-Amerika), *Paradoxornis*, *Chrysomma* und einigen *Alcippe*-Arten (alle Asien) eine recht basale Stellung einnimmt, die meisten bisher in den Familien Timaliidae (Drosslinge) und Zosteropidae (Brillenvögel) geführten Arten [681]. Wie heterogen die »Sylviidae« und »Timaliidae« in ihrer früher gebräuchlichen Abgrenzung sind, zeigt die Tatsache, dass zahlreiche hierzu gezählte Gattungen völlig andere Verwandtschaftsbeziehungen aufweisen, z.B. *Pterthius* (S-Asien) mit Corvidae [681], »*Yuhina*« *zantholeuca* (SE-Asien) mit Vireonidae [683] oder *Newtonia* (Madagaskar) mit Vangidae [4179]. Monographien [4111,3558].

• Gattung *Sylvia*

Ähnlich wie *Phylloscopus* besteht *Sylvia* aus zwei sehr divergenten Teillinien, denen aus Gründen der Äquivalenz des taxonomischen Rangs in Zukunft besser Gattungsstatus zugewiesen werden sollte: Mönchs- und Gartengrasmücke sind Schwesterarten (unter sich jedoch ebenfalls sehr divergent), bilden zusammen mit afrikanischen »*Pseudoalcippe*« *abyssinica* die Schwestergruppe aller anderen *Sylvia*-Arten [3558, A.J. Helbig]. Letztere umfassen neben den bisher in dieser Gattung geführten Arten auch alle fünf »*Parisoma*«-Arten (Afrika, Arabische Halbinsel). Die relativ kleinen mediterranen *Sylvia*-Arten sind monophyletisch, ihre Schwesterart ist die Dorngrasmücke. Zusammen mit den dann nächstverwandten Wüstengrasmücken (*nana*-Superspezies) bilden sie die erweiterte Untergattung *Melizophilus*. Nicht dazu gehört die Klappergrasmücke (*curruca*-Superspezies), die mit den Orpheusgrasmücken nächstverwandt ist. Es ergeben sich also folgende fünf monophyletische Linien (Untergattungen):

- *Sylvia*: *abyssinica, atricapilla, borin*
- *Parisoma*: *boehmi, subcaeruleum, layardi*
- *Adophoneus*: *nisoria*
- *Curruca*: *[curruca], [hortensis], leucomelaena, buryi, lugens*
- *Melizophilus*: *[nana], communis, conspicillata, undata, deserticola, [sarda], rueppelli, melanothorax, cantillans, mystacea, melanocephala.*

Sylvia atricapilla – Mönchsgrasmücke 12770

Sylvia atricapilla (Linnaeus 1758)

(GB) Blackcap **(F) Fauvette à tête noire** **(E) Curruca Capirotada**

Taxonomie. Fünf morphologisch gering differenzierte UA: *atricapilla* (Linnaeus 1758) (Europa N Mittelmeergebiet), *dammholzi* Stresemann 1928 (Kaukasus bis N-Iran), *pauluccii* Arrigoni 1902 (zentraler und E Mittelmeerraum), *heineken* (Jardine 1830) (Madeira, Kanaren, NW-Afrika, S-Iberien) und *gularis* Alexander 1898 (Kapverden, Azoren).

Kennzeichen. [1369,3615,767,221,3772,3558].

Maße. Gr.: 13 cm. Gew.: (S-D, Juli) (67) 70-78 mm, ad. ♂ $\varnothing_{16}$ 74.1 g, diesj. ♂ $\varnothing_{20}$ 73.0 g, ad. ♀ $\varnothing_{19}$ 74.3 g und diesj. ♀ $\varnothing_{16}$ 72.6 g. Fl.spw.: 20-23 cm. Fl.l.: (CH, ab Juni) Ad. ♂ 73.5-82 mm, $\varnothing_{25}$ 78.3 mm, ♀ 76-81 mm, $\varnothing_{8}$ 78.0 mm; (S-D) diesj. 74-81 mm, $\varnothing_{30}$ 77.0 mm [1369,767].

Status. Nominatform verbreiteter und sehr häufiger Brut- und Sommer-, sehr selten Jahresvogel. Regelm. und häufiger Durchzügler und Gastvogel; gelegentlicher, zunehmend häufiger Wintergast oder Überwinterer in NW- und S-ME (bes. in milden Wintern, z.B. in SW-NL bis > 100 Ind.) [375]. Andere UA in ME nicht nachgewiesen.

Verbreitung und Bestand. Brutvogel von E-atlantischen Inseln, NW-Afrika, P, GB/IRL nach E bis fast W-Sajan, im S bis Kaspisches Meer und Elburs sowie SE-TR und N-SYR. N-Grenze an Küste N. bei 66–67° N, im Inneren ca. 63° 30' N, Vorposten bis etwa Nordsaum Bottnischer Meerbusen, FIN 63° N, RUS W Ural 63° N, Ob 64° N. Im S lokal MA, DZ, TN, ferner S-Grenze S-E., Sardinien, Sizilien, Peloponnes und Schwarzmeerküste TR. Höhengrenze GR 2000 m, Sizilien 1800 m, S-Alpen 1900 m, W-Alpen CH lokal zwischen 1600 und 2000 m (sing. ♂ bis 2200 m), N-Alpen D-BY sing. ♂ bis 1600 m, Karpaten bis 1600–1650 m, Pyrenäen > 1600 m ü.M. In ME fast flächendeckend verbreitet mit Aussparung baum- und strauchloser Flächen und höherer Gebirgsstufen, meist häufigste Grasmücke. Europäischer Gesamtbestand 25 - 49 Mio. BP (leichte Zunahme), entspr. > 75% des Weltbestands; Populationen > 1 Mio. BP in RUS (5-8), F (2.5-10), I (2-5), D (2-3.5), PL (1.2-2), BG (0.8-2) sowie A, CZ, YU, E. und UA. (jew. < 1.5 Mio. BP) [383; vgl. aber 321]; in ME brüten ca. 6.9 - 11.4 Mio. BP [383].

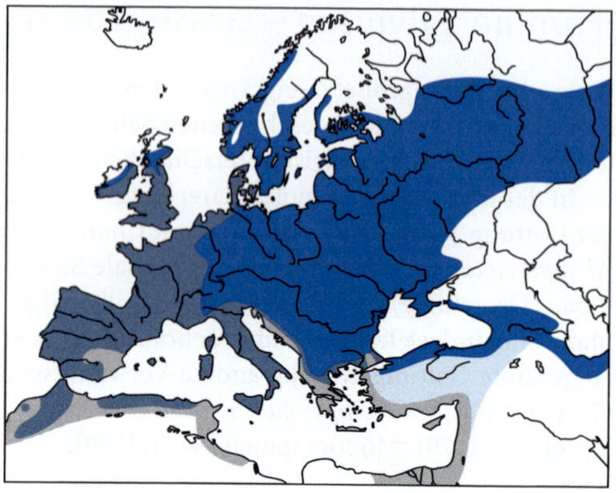

Sylvia atricapilla – **Mönchsgrasmücke**

Wanderungen. Br. N- und E-Europa Lang- und Mittelstreckenzieher, **Br. ME und W-Europa** Kurz- und Mittelstreckenzieher, **Br. Mittelmeerraum** Teilzieher mit nach S abnehmender Zieherfraktion. **Br. Atlantikinseln** wenig (Kanaren) bis kein (Kapverden, Madeira) Zugverhalten. Winterquartier Skandinavien/DK und GB/IRL (s.u.), Atlantikküstengebiete W- und S-Europa und MA nach E bis GR, Mittelmeerküste TR, IL, Niltal EGY bis S Sahara von Senegal, Mali, SW-Niger nach S bis Liberia, Elfenbeinküste, S-Nigeria und in E-Afrika S-Sudan bis N-Sambia und Malawi (einzelne Nachw. bis Zimbabwe und Transvaal). Einzelne, aber regelm. Winterbeob. bis –2.5°-Januar-Isotherme (v.a. S-N., S., aber auch IS, FIN, PL; Rasterfrequenz NL Jan. 1978-83 7 %, D-RP Winter 1983-86 1 %, D-BW Winter 1960-93 38 Zufallsbeob. [203]. Winterquartiertreue im Zusammenhang mit wechselndem Früchteangebot wenig deutlich, dafür Tendenz zum »Nomadisieren«. Wegzugrichtungen nach Populationen und Zugablauf recht unterschiedlich. Hauptwegzugrichtung Br. GB/IRL SSW–SW; Br. Kontinentaleuropa N 52° N Mittelrichtung SSW, S davon und W 15° E SW, E davon SE; Zugscheide in ME bei 12–15° E bildet breites Mischgebiet von Zugrichtungen SW bis SE. Seit 1959 neue Zugrichtung in offenbar zunehmend aufgesuchtes Winterquartier GB/IRL; dortige Wintervögel stammen aus SW-D, A, B und S-N. [4064]; weitere neuere Funde weisen von SW-D nach B, NL, N. und S., von N-D nach N. Ringfunde von B aus nach N und NW machen seit 1980er J. bis 35 % aus [Details: 1209, Zunahme der N-Europa-Überwinterungen: 1210, für DK: 1884; Überwinterer D-HH: 2722]. An Mittelmeerküste oft Abweichungen von genereller Zugrichtung, da offenbar häufig Wanderungen entlang Küstenlinie (z.B. von Rhonemündung sowohl nach SW als auch nach E). Dispersal der Jungvögel gleich nach Selbständigwerden; ♀ über ein 4mal größeres Gebiet verteilt als ♂. Ab Mitte Juni–Anf. Juli meist Biotopwechsel in Gebiete mit gutem Beerenangebot. Beginn des Wegzuges ME 2. Aug.hälfte–Anf. Sept.; Hauptdz. ME Sept. [z.B. 322], Dz.median Col de Bretolet CH z.B. 23.9. [1861], einzelne Br. in S-D bis Anf. Nov. In N-Afrika Dz. ab Sept., Max. NW-DZ Mitte Okt. [134], in E-Afrika die ersten Mitte Okt.–Anf. Nov.; Heimzug im Maghreb März–Anf. April, Nachzügler auch in Zentralafrika bis Mai; mittlere Erstankunftsdaten ME im S und W ab März, im NE bis Ende April–Anf. Mai; Haupteinzug in W- und S-ME 1. Aprilhälfte, starke witterungsbedingte Schwankungen. Am Bod. in letzten Jahren regelm. ab 1.Märzhälfte singende ♂, Extremdatum 25.2. [1617]. Ankunft in Fennoskandien z.T. bis Ende Mai–Anf. Juni. Weitere Hinweise auf früheren Heimzug und späteren Wegzug vom Br.gebiet [z.B. 352,3987] (1961-93 Heimzugmedian 9.7 d nach vorne verschoben). Ankunft am Brutplatz in Leicestershire (GB) 1942-91 zunehmend früher (Ø Ankunft 8.4.) [2500]. Mittlere Zuggeschwindigkeit im Herbst um 47 km/d in GB/IRL bzw. 66 km/d in N-Europa; nach anderer Methode ermittelte Vorrückgeschwindigkeiten Wegzug/Heimzug: 52/162 km/d in GB/IRL bzw. 85/162 km/d in N-Europa [1207]; höchste Zugleistungen > 200 km/d. Winterquartierwechsel von Jahr zu Jahr aus

ME, W- und S-Europa sowie aus N-Afrika belegt. Ausgesprochene Brutortstreue; auch Geburtsortstreue nachgewiesen.

	Best.	Areal	Brutbestand	Jahr	Quelle
A	+/-	=	700.000–1.400.000	1998–2002	[383]
B	↑	=	100.000–250.000	2001–2002	[383]
CH	+/-	=	200.000–300.000	1993–1996	[383]
CZ	↑	=	800.000–1.600.000	2000–2002	[383]
D	+/-	=	2.000.000–3.500.000	1995–1999	[383]
FL	+/-	=	400–600	1998–2000	[383]
H	+/-	=	790.000–1.050.000	1999–2002	[383]
L	+/-	=	15.000–18.000	2001	[383]
NL	⇧	+ 1	270.000–320.000	1998–2000	[383]
PL	+/-	=	1.200.000–2.000.000	2000–2002	[383]
SK	+/-	=	800.000–1.000.000	1990–1999	[383]

Bestandsentwicklung. Bei lokalen Untersuchungen Schwankungen von z.T. > 50% möglich [1375,321,3489]. Regionale Zunahmen in jüngerer Zeit in vielen Regionen A und D gemeldet, zuweilen auch Arealausweitungen [z.B. 334,2644,1615, 4175,1680,196]. Doch Aussagekraft solcher Studien in Bezug auf großräumige Bestandsveränderungen gering, da Abhängigkeit von lokalen, meist anthropogen bedingten Veränderungen und Störeinflüssen meist beträchtlich [196; z.B. auch bei Gartengrasmücke].
Doch spätestens seit 1960er J. (in manchen Regionen Europas seit 1970er oder 80er J.), auch großräumig deutliche Zunahme, gebietsweise mit Verdopplung (Skandinavien, GB, IRL, CZ, PL) oder Verdreifachung (NL) des Bestandes [884,2471,2889, 375,3638,1343,1507,1585,3871; auch D, CZ, B sowie in F: q20,204,1,310,2159,1585,843,4180,1141, 1803] sowie Arealausweitung in E., IRL, FIN und vor allem NL [1507,1585,3638], schließlich zunehmende Besiedlung größerer Höhenlagen [z.B. CH, PL: 3392,3393,3871]; Mönchsgrasmücke daher in letzten Jahrzehnten »erfolgreichste« Zweigsängerart [196,1369]. Zunahmen zum einen bedingt durch günstige Habitatentwicklung (Änderungen der Wald- und Weidewirtschaft, floristische Verarmung der Landschaft, Habitatfragmentierung sowie zunehmender Beschattungsgrad in neu entstandenen Laubholzbeständen und Parkanlagen) [337,196,375,3259N], zum anderen durch kürzere Zugwege und zunehmend erfolgreiche Überwinterung (Winterfütterungen, geringere Verfolgung) in nahe gelegenen Regionen W-Europas, inzwischen z.T. schon in ME [321;196,1507]. – In manchen europäischen Regionen längerfristig stabil mit jährlichen Fluktuationen [CH, D, E-ME: 334,55, 3392,3393,2031,2623,1617,1722,1585,1507]; nur in MOL derzeit Abnahmen und Arealverlust [1585].

Siedlungsdichte. Reviergrößen S-D 0.3-1.0 ha, mittlerer Nestabstand habitatabhängig 35 bzw. 68 m. Höchstdichten ME auf Flächen von 20–49 ha 23.4–13.8–10.0 (Ø 13.2), von 50–99 ha 14.6–4.6–2.9 (Ø 5.1), von > 100 ha 7.2–3.0–2.2 (Ø 3.8) Rev./10 ha; großflächig in Optimalhabitaten in Europa bis ca. 400 BP/km^2, in »Normallandschaft« aber oft nur 3-7 BP/km^2 [1507,321,3558]. Großflächendichte auf Flächen > 100 km^2 höher als bei anderen Grasmücken zw. 0.7 – 13.9 »Rev.«/km^2 [vgl. Tab. 37 in 337,3871].

Gefährdungsursachen [1369,196,321]. Derzeit keine nachhaltige Gefährdung erkennbar. Häufigste Verlustursachen sind direkte Verfolgung auf den Zugwegen sowie Unfälle, daneben witterungsbedingte Verluste und Prädation sowie Ausmähen und Durchforsten unterholzreicher Wälder und Parkanlagen zur Brutzeit.

SPEC	VSchRL	Bern.Konv.	Bonn.Konv.
E	--	Anh. II	Anh. II
Europ. RL	**RL in ME**		
--	--		

Schutzmaßnahmen. Bei momentaner Bestandsgröße und -entwicklung keine erforderlich.

Biotop. Br. mit einer breiten Habitatpalette, vielseitigste Grasmücke ME. Vorgezogen werden halbschattige Lagen gegenüber trockenen, offenen und sonnigen Flächen, Laubhölzer gegenüber Nadelwald; regional häufig in immergrüner Vegetation (z.B. Efeu, Lorbeerwaldtypen etc.). In ME höchste Dichten in Auwäldern, feuchten Mischwäldern und schattigen Parkanlagen; baumfreie Strauchbestände werden meist gemieden, dagegen nicht ± geschlossene Laubwälder, wenn an Säumen Sträucher wachsen. Besiedelt auch Mischwald- und Nadelwaldtypen, z.B. Kiefernwälder mit Laubunterwuchs, Fichtenschonungen in Mischwäldern. In Parks und buschreichen Gärten mit Bäumen auch Br. inmitten von Großstädten. Nach der Brutzeit vor allem in beerentragenden Gebüschen, auch in ± offenen Landschaften. Im Winterquartier vielseitige Biotopwahl.

Nahrung. Zur Brutzeit Imagines und Larven vieler Insekten, daneben vor allem auch Spinnen (weit > 100 Beutetierarten nachgewiesen). Beeren und Früchte spielen von Sommer (auch Jungen werden schon damit gefüttert) bis März neben tierischer Nahrung bei keiner anderen Grasmücke eine ähnliche große Rolle (für ME > 60 verschiedene Pflanzenarten nachgewiesen, im Mittelmeerraum > 30, dazu weitere im afrikanischen Winterquartier). Im Frühjahr Nektar und Staubblätter (u.a. aus Mandelblüten).

Stimme. Häufigster Ruf schmatzender Erregungslaut »tak« oder »tek« (wie aufeinandertreffende Kiesel), i.d.R. in rascher Folge zu hören; auch rascher gereiht als »dededede...« oder »täg täg täg...«. Warnlaut »rree« oder »schräit«, rauer als das weiche »wet wet...« der Gartengrasmücke. Ausgeflogene Junge lassen leicht nasalen Standortlaut hören wie »idat« (sehr typisch!), im Brutgebiet April–Sept. auch von Ad. geäußert (»Infantilruf«), bes. häufig aber offenbar im Spätwinter (Feb.) im mediterranen Winterquartier und hier oft als einzige Lautäußerung. Typische Gesangsstrophe besteht aus (leiserem) schwätzenden Vorgesang und an Lautstärke zunehmendem, aus flötenden Tönen bestehenden »Überschlag«. Werbegesang (Balzgesang) vor allem kurz nach Ankunft ziemlich lang, mit fortschreitender Brutzeit kürzer oder auch ganz unterdrückt. Überschlag (oder Motivgesang) aus lauten, im Vergleich zu Gartengrasmücke mehr flötenden Tönen (Strophen lauter, weniger hastig, aber kürzer), auch mit kurzen, geräuschhaften Elementen und mitunter Imitationen anderer Vogelstimmen untermischt. Als »Leiern« bezeichnet man eine vereinfachte Form des lauten Überschlages, in dem meist je zwei einfache, miteinander abwechselnde Elemente gebracht werden, etwa »bile bile...« oder »düle düle....«. Das Leiern tritt in verschiedenen Populationen eines weiten Verbreitungsgebietes unterschiedlich und wechselnd häufig auf; Leierpartien sind bes. weit zu hören. Dialektbildung vorhanden, Motive werden erlernt und überliefert. ♀ singen selten. Gesang nach Eintreffen im Brutgebiet (witterungsbedingte Verzögerungen) bis Mitte Juli zu hören; kürzere Strophen als Herbstgesang, dann auch Jugendgesang.

Verhalten. Tagaktiv; Nachtzieher. Bewegung im Gebüsch hüpfend und schlüpfend, dazwischen kleine Flugstrecken. Nahrungserwerb hauptsächlich im Gebüsch, in der unteren Baumschicht, aber auch im oberen Kronenbereich von Bäumen, insgesamt oft höher als die anderen einheimischen Grasmücken. Absammeln der Beutetiere von Blättern, Zweigen und Blüten. Beeren werden mit Körpereinsatz oder unter heftigem Kopfschleudern abgerissen, selten vom Boden aufgenommen, aus größeren Früchten Stücke herausgehackt. Zur Brutzeit territorial aber nur die nähere Nestumgebung wird verteidigt; Aufenthaltsbereich meist sehr viel größer als verteidigtes Revier. Nahrungssuche im lockeren Sozialkontakt beim Früchtefressen nicht selten. Gesang meist aus der Deckung, von Singwarten oder ständig den Standort wechselnd. Gelegentlich Singflüge. Balz beinhaltet Nestzeigeverhalten, langsame Flatterflüge, tanzartige Sprünge und unterschiedliche Körper- und Gefiederstellungen. Kopulationen relativ selten. ♂ folgen dem ♀ während der fertilen Phase. Gesang ist wichtig bei Partnerwahl. Gesangsintensität scheint Anzeiger für Territoriumsqualität und spätere Investition in die Jungeaufzucht der ♂. Am Nest oder mit frisch flüggen Jungen bei Bedrohung Verleitverhalten mit hängenden Flügeln.

Fortpflanzung, Brutbiologie [337,1369,767,1, 1722,321,3558]. Geschlechtsreife im 1. Lebensjahr. Monogame Saisonehe, wenige Fälle von Bigamie bekannt (auch einzelne Helfer). Durch hohe Reviertreue Wiederverpaarungen im Folgejahr möglich. **Ankunft im Brutgebiet.** ♂ einige d vor ♀; Revierverhalten oft schon im Winterquartier. **Nest.** ♂ bauen zuerst 1 bis mehrere Wahlnester, vielfach als zentraler Balzplatz eines Reviers (und als Materiallager) genutzt. Neststand vor allem in Laubhölzern, doch als Nestträger in S-D häufiger Nadelhölzer als bei Garten- und Dorn-, aber weniger als bei Klappergrasmücke. Bevorzugte Neststandorte in Staudenschicht vor allem in Brombeere und Brennnessel (geringere Brutverluste durch Prädation) [3341]; in Auwäldern oft Traubenkirsche; dabei regionale und saisonale Unterschiede (früh im Jahr z.B. mehr Koniferen). Standhöhe 5-800 cm, Ø bzw. Mediane in ME < 1 m bis knapp > 1 m Bodenhöhe (abhängig von vorhandener Vegetationsstruktur), auf Inseln wie Kapverden deutlich höher (1->9 m). Nest aus Grashalmen und Stängeln, Wurzeln und Pflanzenhaaren, auch mit Spinnweben und Kokons, Tierhaaren etc., insgesamt locker gebaut und vielfach durchsichtig; Nester i.d.R. kleiner, dünnwandiger und zierlicher als bei Gartengrasmücke; Muldendurchmesser 55-75 mm, -tiefe 31-48 mm. Beide Partner bauen, ♀

wohl etwas mehr; Dauer 2- >7 d. **Legebeginn.** ME ausnahmsweise 1., meist ab 2. Aprildekade, witterungsbedingt z.T. starke Streuung von Jahr zu Jahr; mittlere Legebeginne oft erst Mitte Mai; späteste Anf. Aug. **Gelegegröße.** 3-6 (2-7), meist 4-5; geographische und habitatbedingte Variation (allerdings Gelege in Skandinavien, im Gegensatz zu RUS, nicht größer als in ME, in S-Europa kleiner) [1507], saisonale Abnahme der Gelegegröße; Ø D-ST$_{460}$ 4.8, SW-D$_{662}$ 4.8, Rhl.$_{355}$ 4.5, CH$_{543}$ 4.7, GB$_{699}$ 4.7 (April 4.8, Mai 4.7, Juni 4.0), NL$_{33}$ 4.2, FIN$_{27}$ 4.6. Legeintervall 1 d. **Eier.** Stumpfelliptisch, glänzend, Grundfarbe meist rötlich-, bräunlichweiß bis rotbraun, auch grau oder gelblich; oft fast einfarbig, meist gefleckt oder auch gekritzelt, braun bis schwärzlich oder grau. **Brutdauer.** 10-16 d (Ø D$_{1149}$ 12.1 d, GB$_{68}$ 11 d), geographische (nach N kürzer) und ökologische Variation; Bebrütung meist ab vorletztem Ei; beide brüten (♀ mehr und nachts allein). **Nestlings-/Führungszeit.** Schlupf asynchron über 1-2 d. Beide hudern bis 6./7. d; beide füttern. Nestlingsdauer 10-14 (7-15) d (Ø$_{77}$ 12.0 d), vor 10. d meist durch Störungen; nach Ausfliegen Juv. noch etwa 2-3 Wochen von Eltern betreut. **Jahresbruten.** 1, Zweitbruten trotz langer Legeperiode selten (am häufigsten in S-ME; max. Anteil in S-D 5-25%; auf Kapverden regelm., 2 distinkte Brutperioden, Feb.-Mai und Aug.-Nov.). Ersatzgelege. **Ende der Brutperiode.** Mitte (selten Ende) Aug. **Bruterfolg.** In S-D aus 45.5% der Eier flügge Juv., 2.2 Juv./Nest und J. bzw. 47% und 2.0; in GB 60.4% bzw. 2.6 Juv. In höheren Lagen D-BW (> 500 m ü.M.) Bruterfolg größer (53% der Nester gegenüber 40%), vornehmlich durch höheren Schlüpferfolg. Hauptverluste durch Prädation.

Eimaße und –gewichte [1369]: L. 15.8-22.0 mm, B. 12.5-16.1 mm; Ø 19.6 x 14.7 mm (n=100, GB), Ø 19.7 x 14.9 mm (n=107, NL), Ø 19.4 x 14.5 mm (n=113, L), Ø 19.6 x 14.8 mm (n=163, S.). Frischvollgew. 1.60-2.87 g, Ø$_{261}$ 2.25 g (CS). Schalengew. 0.091-0.179 g, Ø$_{425}$ 0.126 g.

Sterblichkeit, Alter. Sterblichkeit für als nestjung und diesj. beringte Ind. 54 %/J., für Ind. unbekannten Alters 58 %/J.; für einzelne Populationen oder nach anderen Methoden berechnet für Ind. bis zur 1. Brut 68 % bzw. 61 %/J. für Brutvögel. Br GB/IRL berechnet für 1962-94 64 % im 1. J. und 56 % für Ad. [3589], keine Geschlechtsunterschiede [908]. Ältester Ringvogel (D) 11 J. 4 Monate [3654], mehrfach > 8 J.; sicheres Höchstalter von Gefg.vögeln bis 12 J. **Generationslänge:** < 3.3 J. [383].

Mauser. **Postjuvenile Mauser** (Teilmauser) Ende Juni/Ende Aug.–Ende Sept./Mitte Okt. [767,3558]; umfasst auch innere (alle) Großen Armdecken und einzelne Schirmfedern, selten partielle Großgefiedermauser [767,1866,3558], ♂ erneuern mehr Große Armdecken als ♀ [1866]; Beginn, Dauer und Umfang von geografischer Lage und Schlüpfdatum abhängig [767,1866,3558,739]. • **Postnuptialmauser** (Vollmauser) Ende Juni/Anf. Aug.–(Mitte Aug.) Sept./Okt. im Brutgebiet [767,1369,3558,3444,2922]; Dauer der HS-Mauser 45–50 d [1356]. • **Pränuptialmauser** (Teilmauser, z.T. fehlend) Dez./Jan.–Feb./März [767,3558]; Körpergefieder, z.T. einzelne Große Armdecken und Schirmfedern, bei Vorj. umfangreicher; Umfang aber variabel und besonders bei Standvögeln und in N Überwinterungsgebieten oft fehlend [767,3771,1866,3558].

Sylvia borin – Gartengrasmücke 12760

Sylvia borin (Boddaert 1783)

GB **Garden Warbler** F **Fauvette des jardins** E **Curruca Mosquitera**

Taxonomie. Zwei gering differenzierte UA: *borin* (Boddaert 1783) (Europa) und *woodwardi* (Sharpe 1877) (SE-Europa bis Sibirien).

Kennzeichen. [1369,3615,767,221,3772,3558].

Maße. Gr.: 14 cm. Gew.: (N-F, Legezeit) ♂ 15-21 g, Ø$_{168}$ 17.2 g, ♀ 17-23 g, Ø$_{164}$ 18.5 g, sonst beide gleich (CH) 14.5-24 g; (Bod., Juni/Juli) Fängl. Ø$_{89}$ 17.9 g. Fl.spw.: 20-24.5 cm. Fl.l.: (Bälge, D) Ad. ♂ 73.5-82 mm, Ø$_{25}$ 78.3 mm, ♀ 76-81 mm, Ø$_{8}$ 78.0 mm; (S-D) diesj. 74-81 mm, Ø$_{30}$ 77.0 mm [1369,767].

Status. Nominatform verbreiteter und sehr häufiger Brut- und Sommervogel (z.T. Ausharren bis Spätherbst; Winternachw. in ME extrem selten [z.B. 3871]). Regelm. und häufiger Durchzügler und

Gastvogel. UA *woodwardi* in ME nicht sicher nachgewiesen.

Verbreitung und Bestand. Brutvogel der Westpaläarktis von N-P, F, GB/IRL und N. E bis oberer Jenissej; N-Grenze 70° N in N., 64° N im Ural und 59° N am Jenissej; S-Grenze N-Rand Mittelmeerraum (Zentral-E., S-F, S-Alpen l und lokal im Apennin und weiter S, S-YU, BG), NW- und N-Küste Schwarzmeer, Kaukasus, N-Irak, N-Iran (bis ca. 37° N), Wolga/Ural 49–51° N, KZ 51–55° N. In ME fast flächendeckend von Küste bis Alpen; hier bei günstigen klimatischen Bedingungen bis obere Baumgrenze. Höchste Brutnachw. CH 2200 m und 2250 m, N-Alpen D-BY bis 1300 (1500 m), Karpaten bis 1300 m ü.M. [1369,4085]. Bestand in Europa etwa 17 - 31 Mio. BP (stabil), entspr. > 75% des Weltbestandes [3892]; Populationen > 1 Mio. BP in RUS (8.5-15), F (0.8-3.2), S. (1-3), D (0.8-1.4) und FIN (0.8-1.2 Mio. BP) [383]; in ME brüten zw. 1.8 - 3.2 Mio. BP.

Wanderungen. Langstreckenzieher; Winterquartier S Sahara und Sahelzone von Feuchtsavanne W- und Zentralafrikas nach S bis Namibia (Br. W-Europa und ME), in E-Afrika von N-Kenia nach S bis Kapprovinz (Br. FIN und E-Europa); ausnahmsweise einzelne Winternachw. GB/IRL. Ringfunde [932] z.B.: D – Liberia, Elfenbeinküste, Nigeria, je 2 mal Kongo, Zaire, Zentralafrikan. Republik; FIN - 6mal Zaire, 1mal Sambia, aber auch Nigeria, Ghana; S. - Mauretanien, Togo, 2mal Zaire. Hauptwegzugrichtung Br. ME und W-Europa SW, Br. FIN und Dz. Nord-/Ostseeraum SSW–SSE. Ring-Fernfunde in SE-Richtung seltener. 2 Ringfunde in »falscher« Zugrichtung im Herbst (D-BY - DK bzw. - NL; vgl. Mönchsgrasmücke) [3377]. Die für SW-Zieher über Iberischer Halbinsel notwendige Richtungsänderung nach SE ist endogen festgelegt. Auf Heimzug werden Sahara und Mittelmeer in breiter Front überflogen [1411]. Wegzug gleich nach Brutgeschäft ab 2. Julihälfte, Ad. eher als Juv.; Hauptdz. ME je nach Lage Aug.–Mitte Sept., N-D Mitte Aug. (Pentade 45), S-D Mitte Aug. (Pentade 46-47), E-A Ende Aug. (Pentade 48) [322]; Col de Bretolet CH Dz.median 6.9. [1861]; die Masse ist bis Ende Sept. aus ME abgezogen; Nachzügler im Okt. nicht selten; ausnahmsweise Letztbeob. 2. Nov.hälfte und im Dez. [Details CH: 1864]. Dz.max. NW-DZ Ende Sept./Anf. Okt. [134]. S Sahara die ersten Ende Aug.–Anf. Sept., regelm. Ankunft ab Mitte Sept.; in S-Afrika i.d.R. nicht vor 2. Okt.-hälfte; nach Überquerung der Sahara Zug offenbar langsamer.

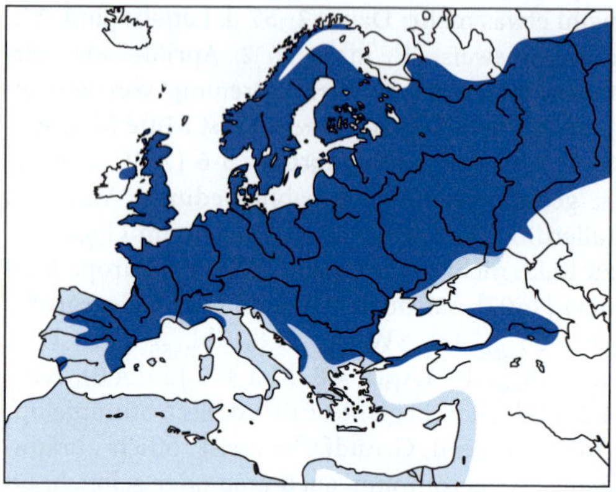

Sylvia borin – **Gartengrasmücke**

Heimzug ab S-Afrika Feb.–März, W-Afrika Mitte März–2. Maihälfte, in N-Afrika sogar Nachzügler bis Anf. Juni. Extrem frühe Nachw. in W-Europa und ME ausnahmsweise Ende Feb.–März, normalerweise Erstnachw. Ende (frühestens Mitte) April–Anf. Mai; Median des Dz. in N-D erst Mitte Mai [z.B. 890]. Bezug der Brutgebiete in den Hochlagen (1500 m NN) etwa 3 Wochen später als im benachbarten Tiefland [4086]. Dz.median Heimzug auf Helgoland 1961-93 um 4.6 d nach vorne verschoben [3987], jedoch Ankunft im Brutgebiet in Leicestershire (GB) 1942-91 zunehmend später (Ø Ankunft 24.4.) [2500]. Mittlere Zuggeschwindigkeiten um 62 km/d für GB/IRL bzw. 93 km/d für N-Europa (max. 202 und 389 km/d bei Wegzüglern aus Fennoskandien, Einzelfall 583 km in 24 h), nach anderer Methode Vorrückgeschwindigkeiten auf Wegzug 39 km/d und auf Heimzug 232 km/d in GB/IRL bzw. 116 km/d und 163 km/d in N-Europa [1207]. Winterortstreue mehrfach nachgewiesen, ebenso 1 mal Neuansiedlung 550 km ENE vom Geburtsort. Ansonsten Geburtsorts- und Brutortstreue belegt [z.B. 4086].

Bestandsentwicklung. Generell gerichtete, langfristige Bestandstrends in ME nicht erkennbar. Regionale Trends deuten aber nach leichten Abnahmen in vorangegangenen Jahrzehnten, u.a. durch Habitatzerstörung (Intensivierung der Landwirtschaft, Ausräumung der Landschaft) [2623, 4175,1,310,334,1855,2920,2896], und nachfolgend regionale Erholung mit Zunahmen und Arealausweitungen (durch Neuanpflanzungen, bei frühen Sukzessionsstadien, Verbuschung ungenutzter Flächen, Fragmentierung von Wäldern, Eutrophierung), in N- und NW-Europa viell. auch klimatisch bedingt [1139,884,2393,1680,3663,196,

1,2642; auch GB, FIN, EST und S.: 2224,2471,3777, 1507].
Insgesamt erscheinen meiste Bestände in ME (und weiten Teilen Europas) langfristig stabil [1369,3892, 1507,1585,375,3638; auch 198,323,2889]; gebietsweise neuerdings auch Zunahmen, u.a. durch günstige Habitatänderungen [B, CZ, Teile D: q20,2159,1585].

	Best.	Areal	Brutbestand	Jahr	Quelle
A	+/-	=	10.000–20.000	1998–2002	[383]
B	+/-	=	20.000–100.000	2001–2002	[383]
CH	+/-	=	100.000–150.000	1993–1996	[383]
CZ	+/-	=	200.000–400.000	2000–2002	[383]
D	+/-	=	800.000–1.400.000	1995–1999	[383]
FL	↓	- 1	30–80	1998–2000	[383]
H	+/-	=	18.000–40.000	1999–2002	[383]
L	+/-	=	2.000–3.000	2002	[383]
NL	+/-	=	120.000–150.000	1998–2000	[383]
PL	+/-	=	300.000–500.000	2000–2002	[383]
SK	+/-	=	200.000–400.000	1990–1999	[383]

Siedlungsdichte. Reviergröße nach Stichproben (D, CH) 0.2–0.45 ha, rechnerisch nach Siedlungsdichten oft deutlich kleiner; geringste Nestabstände in Optimalhabitaten 20–40 m und im Extremfall nur 9 m [4086] möglich. Höchstdichten ME auf Flächen von 20–49 ha 16.1–6.3–5.4 (Ø 8.0), von 50–99 ha 10.5–3.8–2.8 (Ø 4.8), von > 100 ha 7.3–3.8–2.2 (Ø 4.5) Rev./10 ha, in CH-UR auf 18.5 ha 25 Rev./10 ha [4086]; großflächig im Mittel in Europa 1-5 BP/km^2 [1507,3558]; Großflächendichte auf Flächen > 100 km^2 meist geringer als Mönchsgrasmücke zw. 0.5 – 12.9 'Rev.'/km^2 [vgl. Tab. 36 in 337].

SPEC	VSchRL	Bern.Konv.	Bonn.Konv.
E	--	Anh. II	Anh. II
Europ. RL	**RL in ME**		
--	--		

Gefährdungsursachen, Schutzmaßnahmen [3519,55,1680,196]. Gefährdungen auf langem Zugweg sowie Habitatverluste oder -beeinträchtigungen (Ausräumung der Landschaft, des Unterwuchses in Wäldern oder von Hecken und Gehölzreihen im Offenland) spielen derzeit kaum eine Rolle.
Maßnahmen sind nicht erforderlich.

Biotop. Br. mit einem breiten Habitatspektrum, im Vergleich zur Mönchsgrasmücke mehr in gebüschreichem offenen Gelände und in kleinen Feldgehölzen mit gut ausgebildeter Stauden- und Strauchschicht. Besiedelt in Wäldern hauptsächlich Randlinien wie den Waldmantel und gebüschreiche Ränder von Wegen und Blößen sowie Jungwüchse; in Nadelwäldern nur in Lichtungen oder bei stufigem Aufbau mit gut ausgebildeter Kraut- und Strauchschicht; kaum in Wäldern mit dichtem Kronenschluss; ferner Ufergehölze und Auwälder, größere Gebüschkomplexe, Strauchgürtel von Verlandungszonen, Bruchwälder, Parkanlagen, Friedhöfe und gebüschreiche Gärten; in der Subalpinstufe in Weiden- und Grünerlengebüschen. Auf dem Zug in unterschiedlichen Gebüschlandschaften, ebenso im Winterquartier ein breites Habitatspektrum.

Nahrung. Eine Vielzahl vor allem relativ kleiner und weichhäutiger Insekten und deren Larven, aber auch Spinnen und Schnecken. Gegen Ende und nach der Brutzeit auch Beeren und Früchte (für ME 30–35 Pflanzenarten bekannt); auch bei ausschließlicher Früchtenahrung im Experiment können Ind. im Herbst ihr Gewicht halten und sogar noch Depotfett anlagern. Aufnahme von Blütennektar in Afrika und in S-Europa nachgewiesen.

Stimme. Warnruf ein rhythmisches und bei Erregung schneller werdendes »tschäck-tschäck-tschäck...«, bei hoher Erregung »dschaid« oder »chäid«; auch rollende Rufreihen »grrr...«, »dschar« oder »dscherrt«. Flügge Junge rufen »quii«, aber auch in Kombination mit »tschick«-Rufen. Im Gesang gehen leiser Werbe- (= Balz-) und lauter Vollgesang (= Reviergesang) meist gleitend ineinander über. Der Werbegesang ist nicht klar in Strophen gegliedert und wird niedrig in der Vegetation häufig in der Nähe von Männchennestern vorgetragen. Der Vollgesang besteht aus schnell sprudelnder Folge sehr unterschiedlicher Laute mit hohen Frequenzsprüngen (volltönenden tiefe und höhere, oft geräuschhafte, kratzende Laute im Wechsel). Insgesamt sehr vielseitig, auch mit Imitationen. Allgemeine Charakteristik ist die »orgelnde«, etwas gutturale Klangfarbe, die sich vom dünneren Gesang der Dorn- und den reinen Flötentönen der Mönchsgrasmücke deutlich unterscheidet. Gelegentlich vom arttypischen Gesang völlig abweichende Sänger (»Rätselvögel«), die vielfach erst optisch als Gartengrasmücken bestimmt werden konnten. Der Vollgesang hört meist Mitte Juli auf; mitunter lauter Herbstgesang. Gesang immer aus der Deckung, nie Singflug. Im Winterquartier Subsong und ab Feb. voller Motivgesang, auch auf Heimzug.

Verhalten. Tagaktiv; Nachtzieher. Hält sich meist in Deckung und fliegt im Brutgebiet nur kurze Strecken. Nahrungserwerb vor allem durch Absammeln von Beutetieren von Zweigen und Blättern, mitunter Schwirrflug; meist in mittleren Vegetationshöhen, aber auch in Baumkronen. Zur Brutzeit territorial; Gesang dient zur Revierverteidigung. Direkte Auseinandersetzungen selten. Balz beinhaltet Nestzeigeverhalten, Halmbalz und Flügelzittern der ♂; Balzfüttern kommt vor. Zeigt am Nest bei Bedrohung Verleitverhalten mit hängenden Flügeln, »Sich-zu-Boden-fallen-lassen« und »Mausrennen« am Boden. Nach der Brutzeit meist nur 2–3 zusammenhaltende Ind.

Fortpflanzung, Brutbiologie [337,1369,767,1,1722, 4085,3558]. Geschlechtsreife i.d.R. im 1. Lebensjahr. Monogame Saisonehe, einige Fälle von Bigamie bekannt. **Ankunft im Brutgebiet.** Ab Ende April bis Mai (Juni), in höheren Lagen deutlich später [s. 4087]; ♂ mehrere d früher als ♀. Balz und Paarbildung wohl erst im Brutgebiet. **Nest.** Etwa 7 d nach Ankunft Bau von Wahl- oder Männchennestern (Materiallager, Balzplätze). Vorzugsweise in Laubhölzern, Sträuchern, aber auch in Stauden (viele Pflanzenarten möglich); regionale und saisonale Unterschiede (z.B. Zunahme der Staudennester mit fortschreitender Jahreszeit). In S-D steigt mittlere Standhöhe mit Meereshöhe und fortschreitender Brutsaison, Anteil Nester > 1 m Bodenhöhe in ME 12-25% (in PL $Ø_{144}$ 0.62 m). Nest relativ großer und etwas locker wirkender Bau aus Grashalmen und Stängeln, Napf aus feinerem Material; sperriger als bei Mönchsgrasmücke; mit einigen Halmen an Zweigen und Stängeln befestigt oder sitzt Zweigen (manchmal sehr locker) auf; nach oben gut versteckt. Muldendurchmesser 50-65 mm, -tiefe 35-50 mm. Nestplattform (z.T. bestehende Wahlnester) durch ♂, Innenausbau hauptsächlich oder ausschließlich durch ♀; Dauer 3-4 (max. 6-11, meist durch Pausen) d. **Legebeginn.** In CZ, S-D, CH frühestens letzte Apriltage, in NW-D ab Mitte Mai, Hauptzeit S-D Mitte Mai – Anf. Juni, NE-D Ende Mai – Anf. Juni; in höheren Lagen späterer Beginn (aber Ende gegen Mitte Juli); späteste Beginne in Tieflagen letzte Julidekade (Anf. Aug.); erfahrene ♀ legen oft früher. **Gelegegröße.** 4-5 (2-6), Zunahme mit geographischer Breite, in S-D Abnahme mit zunehmender Höhe; Kalendereffekt; Ø NW-D_{429} 4.6, S-D_{466} 4.2, $CH_{344,153}$ (<700 m bzw. um 1500 m ü.M.) jew. 4.0, GB_{431} 4.4 (Mai 4.5, Juni 3.8), NL_{173} 4.3 (Mai 4.5, Juni 4.1), FIN_{111} 4.7. Legeintervall 1 d. **Eier.** Stumpfelliptisch, glänzend, Färbung und Zeichnung variabel, meist trübweißer Grund mit grauer Wölkung und verwischten Flecken sowie einigen dunklen Punkten. **Brutdauer.** 11-15 (17) d (Ø D_{59} 12.8 d, GB_{18} 11 d, in D-BW in Hochlagen (> 500 m ü.M.) länger $Ø_{18}$ 13.4 d, in CH bei 1500 m nicht: $Ø_{39}$ 11.9 d), Bebrütung meist nach 3.-4. Ei; beide Partner brüten (♀ mehr). **Nestlings-/Führungszeit.** Schlupf meist asynchron über 1-2 d. Beide hudern und füttern. Nestlingsdauer 9-14 d ($Ø_{26}$ 11.2 d, CH auf 1500 m $Ø_{50}$ 10.4 d), bei Störungen schon nach 7 d möglich; danach Juv. noch etwa 14 d von beiden betreut. Erst mit > 12 d flugfähig. Nach Ausfliegen werden Juv. häufig auf Eltern verteilt und mind. 14 d geführt; Geschwister halten anschließend bis max. zum 47. Lebenstag zusammen [4086]. **Jahresbruten.** 1, Zweitbruten nicht sehr häufig (in GB nicht nachgewiesen, in FIN in versch. J. bei 0-44% der BP, in CH auf 1500 m in verschiedenen J. 0-31% mit Nachw. von Schachtelbruten) [4085]. Ersatzgelege (vor allem bei Verlust im Eistadium, seltener später). **Ende der Brutperiode.** Im Aug, selten noch Sept. **Bruterfolg.** In verschiedenen Stichproben Gesamtbruterfolg (% Eier mit flüggen Juv.) und Nachwuchsrate (Juv./BP und Jahr): FIN 46% bzw. 3.3, CH (1500 m) 57% bzw. 2.9, RUS 40% bzw. 1.8, D-BW 37% bzw. 1.3, GB 58% bzw. 2.1; nach Nestkarten S-D 45.5% und 1.8 Juv./Brut.

Eimaße und -gewichte [1369]: L. 17.4-23.0 mm, B. 13.0-17.0 mm; Ø 20.3 x 14.9 mm (n=101, CH), Ø 19.8 x 14.7 mm (n=132, L), Ø 19.9 x 14.7 mm (n=351, CS), Ø 20.0 x 14.9 mm (n=118, RUS). Frischvollgew. 1.815-2.970 g, $Ø_{123}$ 2.313 g bzw. 2.15-2.92, $Ø_{88}$ 2.42 g. Schalengew. 0.10-0.152 g, $Ø_{123}$ 0.125 g bzw. 0.09-0.15 g, $Ø_{289}$ 0.127 g.

Sterblichkeit, Alter. Stichprobe FIN Adultsterblichkeit 63 %. Br. GB/IRL 73 % im 1. J., 50 %/J. bei Ad. [3589]. Höchstalter (Ringvogel D) 14 J. 2 Monate [3654], mehrfach >8 J.; in Gefg. 17, 18 und 24 J. **Generationslänge:** < 3.3 J. [383].

Mauser. **Postjuvenile Mauser** (Teilmauser) beginnt ab 14–21 d; Ende im Alter von 10–11 Wochen [316,4087,767,3558]; spät Geschlüpfte mausern früher und schneller; Körpergefieder, einige Rand- und Mittleren Arm- sowie einzelne Großen Armdecken, unregelm. Schirmfedern und ST [767,1866,3558,4087]; Dauer 52–62 d [1356,2825, veränd.]. • **Postnuptialmauser** (Voll-, selten Teilmauser) Juli–Mitte Aug./Sept.; HS-Mauser setzt unregelm. schon im Brutgebiet ein (besonders in S- und W-Europa), wird bei Zugbeginn unter- oder abgebrochen; Teile des Kleingefieders, z.T. auch einige Schirm-, Schwung- und Steuerfedern, selten vollständig [767,1369,3771,1866,3558]. • **Pränuptialmauser** (Vollmauser) Nov./Dez. (Mitte Jan.)–Feb./März (Anf. April) im Winterquartier, Einj. beginnen etwas später; selten einzelne AS nicht ersetzt [3771,1866,3558]; Dauer der HS-Mauser ca. 65–75 d [337,3141].

Sylvia nisoria – Sperbergrasmücke 12730

Sylvia nisoria (Bechstein 1795)

(GB) Barred Warbler **(F) Fauvette épervière** **(E) Curruca Gavilana**

Taxonomie. Zwei UA: *nisoria* (Bechstein 1795) (Europa bis Kaukasus) und *merzbacheri* Schalow 1907 (N-Iran bis S-Sibirien und Mongolei).

Kennzeichen. [1369,3615,767,3772,221,3558, weitere **Fotos** in Bird. W. **8**, 315, **10**, 250, **15**, 370, Limic. **11**, 192, **17**, 27, 64, Dutch B. **22**, 312, **24**, 392, 395, **25**, 436].

Maße. Gr.: 15.5 cm. Gew.: (CZ) ♂ 20.4-28.0 g, Ø$_{13}$ 23.1 g, ♀ 19.8-32.0 g, Ø$_{4}$ 26.0 g. Fl.spw.: 23-27 cm. Fl.l.: ♂ 83-93 mm, Ø$_{217}$ 88.0 mm, ♀ 80-91 (93) mm, Ø$_{145}$ 87.4 mm [1369,767].

Status. In E-ME verbreiteter, regional häufiger Brut- und Sommervogel, im W nur lokal und z.T. unregelmäßig brütend; abseits der Brutgebiete sehr seltener Gast.
In ME: **CH:** im günstigen Jahr 1990 10–20 BP; Brutnachw. in -GR, -VS und -TI [4152]. • **L:** 1 mal Mai 1969 [337]. • **B:** erst seit 1964; ausnahmsweise Gastvogel im Frühjahr, im Herbst wohl regelm., aber selten [337,1677,277]. • **NL:** allj. Durchzügler (meist diesj. Ind.) im Herbst (5. Aug.-17. Nov.), mit 191 Nachw. von 1960-92; nur 2 Frühjahrsnachw. [277]; Brut 1973, 7 sing. ♂ 1999 [q3]. • **D:** -HE Brutverdacht 1963, 1977, 1982, sing. ♂ 1989–90; -RP ältere Meldungen, Sommerbeob. 1970-71, 2 BP 1972; -BW u.a. Sommerbeobachtung und Brutverdacht 1954, 1974 und Brut 1960 [1722]; -BY einzelne, z.T. länger besetzte Vorkommen Donauraum bis Mitte 1950er J., Mittelfranken seit 1988 [2037], einzelne sing. ♂ an verschiedenen Stellen seit 1979; -TH, -SN, -BB, -ST und -MV (sowie Teile -SH, -NI) regelm. Brutvogel [337]. • **A:** -Nö, -W, -B regelm. Brutvogel; historische und neuere Einzelvorkommen auch im Alpenbereich [337,1369].

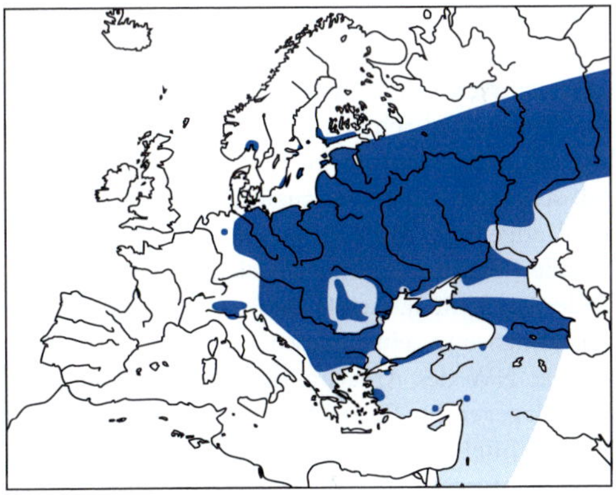

Sylvia nisoria – **Sperbergrasmücke**

Verbreitung und Bestand. Brutvogel der Zentralpaläarktis, Areal reicht von E-Skandinavien, E-ME und NE-I bis E Ural bei 57° N und nach S zum Mongolischen Altai (im Bereich bis W-Ufer Kaspi fehlend). In Europa N-Grenze St. Petersburg bei 60° N, SW-FIN bis > 61° N, ferner SE-S. und unregelm. Brutvogel SE-N., ferner SE-DK und Inseln, von dort W-Grenze nach S bis Alpen einschließlich Po-Ebene mit W-Ausläufern bis oberes Rhone- und Inntal; von dort S-Grenze über SW-SLN, HR bis Ägäisküste N-GR und lokal bis NE-Peloponnes und N- bis NE-Anatolien; ferner Transkaukasien bis N Armenisches Hochland. In ME verbreitet in Tiefebene im E (N der Alpen W-Grenze des zusammenhängenden Areals etwa Mitte A, CZ und E-D) mit Ausläufern nach W, z.T. nicht dauerhaft besiedelt; ferner kleine lokale Vorkommen CH. Höhengrenzen i.d.R. bis 500 (600) m, in günstigen inneralpinen Gebieten lokal bis 1300 m ü.M. Europäischer Bestand etwa zw. 0.46 - 1.0 Mio. BP (wohl leicht rückläufig), entspr. 50-74% des globalen Bestandes [383]. Populationen > 30.000 BP in RUS

(250-650 T.), UA. (67-102), H (32-65), PL (20-50) und RO (25-40 T. BP). In ME brüten zw. 66.000-145.000 BP [383]; fehlt in B, L und NL (dort 1 Brutnachw. 1973).

Wanderungen. Langstreckenzieher; Winterquartier E-Afrika zwischen 15° N und 7° S in S-Sudan, Kenia, E-Uganda, N-Tansania. Br. Europas umfliegen Mittelmeer im E, Abzugsrichtung SE. Die z.T. regelm. im NW des Brutgebiets registrierten Vögel (z.B. GB 2933 Ind. 1958-85) umfassen so gut wie ausschließlich diesj. Ind.; ihr Auftauchen wird oft als Umkehrzug unerfahrener Vögel interpretiert (Abzug 180° abweichend von »normaler« Wegzugrichtung, Auslösemechanismen unklar) [vgl. 318]. Reorientierung solcher Vögel mind. 1 mal durch Ringfund belegt (S-S. – SYR), für einige weitere wahrscheinlich. Offenbar beginnt Wegzug von Brutplätzen sehr früh und unauffällig; erfolglose Br. werden schon im Juni nicht mehr beob.; Ad. scheinen früher wegzuziehen als Juv. Wegzug wohl allgemein Mitte Juli–Anf. Aug. bis 1. Sept. dekade (letzter Fängling Neusiedlersee schon vor Ende Aug.) [322]. Letzte Beob. CH bis Anf. Okt., ausnahmsweise eine Nov.beob. Die Extremdaten der NW des Areals auftauchenden Vögel reichen dagegen bis Ende Okt. und Mitte Nov. (GB). Dz. E-Mittelmeer und N Rotes Meer Sept.–Okt.; erste Wintergäste ab Ende Okt.– Anf. Nov. in Kenia. Heimzug beginnt im März, Dz. E-Mittelmeer April–Mai; früheste Beob. in E-Europa ab 10.–15. April; mittlere Erstankunft S-SK. 24. April, S-Mähren 2., D-ST 10., D-MV 13. Mai. ♀ erscheinen einige d später als ♂. Brutortstreue bei ♂ größer als bei ♀, Geburtsortstreue nachgewiesen [3621].

Bestandsentwicklung. Selbst in optimalen Habitaten erhebliche Bestandsschwankungen von Jahr zu Jahr, am stärksten am W Arealrand [1369,3558,2036].

Zusammenhängend mit Klimaschwankungen seit 16. Jh. mehrfach Arealausweitungen bei anschließendem Rückzug [2012,1369]. Anf. 20. Jh. kurzzeitige Ansiedlungen nach SW bis E-F, durch Klimawende ab 1920er Jahren aber Erlöschen der Vorkommen in N D-BY und -BW sowie starke Rückgänge in -SN, -ST und -TH [1369,q3]. Durch gleichzeitig einsetzende Erwärmung N-Europas ab Mitte 1920er J. Besiedlung S-FIN und S-S., wo bis heute (langsame) Ausbreitung, und besonders in FIN starke Zunahme. Durch erneute Erwärmung ab Mitte 1930er J. neuerliche Zunahme in ME, doch nach ungünstigen »atlantischen« Brutjahren in S-D und A ab 1950er J. sowie in D-SH seit etwa 1965 - gebietsweise noch anhaltender - Bestandsrückgang [965,1369,196; auch -BB: 3268; CZ: 3892,2159]. Inzwischen viele ehemals regelm. Brutvorkommen vor allem im W des Areals verwaist, neben Lebensraumzerstörung und klimatischen Ursachen auch durch Rückgang der Neuntöters sowie fehlende Immigration aus Quellen-Populationen [z.B. D-TH, -HB, -HH, -BY: 2068,1507,3519,343,1302; vgl. 2711], zudem offensichtlich sehr geringe Rekrutierung in Brutgebieten D [Integriertes Monitoring: H. Dorsch]. In D-SH Bestand auf wenige Paare im SE reduziert [1369,310,2063] und neuerdings (nach Zunahmen in 1980er J.) kein regelm. Brutvogel mehr in CH [2711,3392,3393]. Rückgang in D-NI in 1990er J. im Rahmen der dort erheblichen Bestandsschwankungen [2036]. Andererseits gebietsweise in 1990er J. auch Anzeichen für deutliche Bestandserholung [CZ, D-BE, -SN: 2159,3667,487] sowie Besiedlung neu entstandener Lebensräume (wie Truppenübungsplätze) [z.B. D-BB, -NW: 1,1577].

	Best.	Areal	Brutbestand	Jahr	Quelle
A	+/-	=	1.100–2.000	1998–2002	[383]
CH	+/-	- 1	1–10	1998–2002	[383]
CZ	↓	=	3.000–6.000	2000–2002	[383]
D	↑	=	7.000–16.000	1995–1999	[383]
H	+/-	=	32.000–65.000	1999–2002	[383]
PL	+/-	=	20.000–50.000	2000–2002	[383]
SK	+/-	=	3.000–6.000	1995–1999	[383]

Brutbestände in PL, SK., A, H und E-NI sowie in E-Europa längerfristig weitgehend stabil [2762, 3892,196,1585,1507,3871]. Günstige Entwicklung in jüngster Zeit ferner in A-B [965]. Nach Arealexpansion in S-FIN (und BY) inzwischen Wiederbesiedlung N. [1585]. Fangzahlen in Kurischer Nehrung deuten allerdings auf Abnahmen im NE-europäischen Einzugsgebiet seit 1970er J. [320,2950].

Siedlungsdichte. Reviergrößen N-D anfänglich 1.0–3.1, zur Nestbauzeit 0.6–1.5, zur Brutzeit 0.7–1.6 ha; PL wesentlich geringer Reviergrößen geschätzt, H ca. 1.5 ha. Höchstdichten ME und E-Europa auf Flächen von 20–49 ha 1–3 Rev./10 ha, in Optimalgebieten D und FIN 2.5-12 BP/10 ha [337,3558]; großflächig 20-100, selten bis 300 BP/km² in RUS und KZ [3558], in ME erheblich weniger [vgl. Tab. 261 in 1, 3871].

Gefährdungsursachen [1369,196,205,337,1719, 4175,3403,2762,3650,1302]. Lebensraumverluste durch Ausräumung der Landschaft (Beseitigung von Büschen, Hecken und Knicks), Erschließung, Trockenlegung von Feuchtgebieten, Auenbereichen und Mooren, Intensivierung der Landwirtschaft mit Nutzung von Ruderalflächen, Trocken- und Magerrasen, Aufforstung unproduktiver Flächen, (indirekt durch) Wiesenumbruch.
Einsatz von Bioziden mit direkten und indirekten Auswirkungen.
Verfolgung in Brutgebieten (Haltung) sowie auf Zugwegen.
In letzten Jahrzehnten festgestellte Arealschwankungen waren meist klimatisch bedingt, da die Art feuchte und kühle Frühsommer nicht verträgt.

SPEC	VSchRL	Bern.Konv.	Bonn.Konv.
E	Anh. I	Anh. II	Anh. II
Europ. RL	**RL in ME**		
--	CH, CZ: 'VU'		

Schutzmaßnahmen. Erhaltung reich strukturierter Feldgehölze und mit Dornbüschen bestandenen Dickichten in extensiv genutzten Wiesen-, Brach- und Moorflächen. Schutz verbliebener Trocken- und Magerrasen. Verstärkte Neupflanzung von Büschen und Heckenstreifen in der Agrarlandschaft und an Siedlungsrändern. Bei Schutzmaßnahmen muss Sicherung des Neuntöterbestandes einbezogen sein.
Langfristiges Monitoring ausgewählter Populationen, um Bestandsrückgänge schneller und effizienter als bisher erkennen zu können.

Biotop. Br. reich strukturierter Kleingehölze mit zwei- oder mehrstufigem Aufbau: in der unteren Schicht meist dornig-stachelige Büsche oder Halbsträucher und/oder ein 2–4 m hoher Hauptbestand an Sträuchern, sowie mind. punktuell höhere Großsträucher, 5–10 m hohe Bäume oder einzelne Überhälter, z.B. breite oder doppelte Hecken, Dickichtinseln auf extensiv genutztem Grünland oder in aufgelichteten Wäldern, auch Heiden, dagegen weniger an nach innen offenen Waldrändern. Deutliche Vorliebe für warme Standorte, dagegen kaum Bindung an bestimmte Pflanzenkombinationen. Sehr häufig vergesellschaftet mit Neuntöter [2763].

Nahrung. Kleine bis größere Insekten, aber auch andere Wirbellose. Ab Frühsommer auch Beeren und größere weiche Früchte.

Stimme. Rufe schnalzend »tschäck« und täck«, rau »rhärr«, tiefer und gutturaler als sonst bei Grasmücken. Erregungsruf laut »errr«, »trrr« etc., erinnert an Neuntöter. Ferner gepresst »wäd« (meist vom ♂). Gesang etwa zwischen Garten- und Dorngrasmücke, laut und klar, wohltönende, wenig abwechslungsreiche Strophen; weniger kehlig oder orgelnd als Gartengrasmücke, dafür härter und hastiger; typisch ist Auftreten von Elementpaaren und Doppelelementen. Am Strophenanfang und -ende Alarmruf »err« in Gesang integriert, Strophenlänge bei Vortrag im Sitzen (oft von festen, exponierten Warten) geringer als im Singflug. Dauer der Gesangsperiode meist bis zum Fütterungsbeginn.

Verhalten. Tagaktiv, zieht nachts. Wirkt etwas schwerfälliger als andere Grasmücken; Schwanzschlagen bei Erregung; beim Kurzstreckenflug relativ geringe Flügelschlagfrequenz, vor der Landung oft Gleitstrecken. Nahrungserwerb durch Absuchen von begrünten Teilen von Sträuchern und Bäumen, auch in Kronen höherer Bäume, weniger in der Strauchschicht. Größere Beute wird durch Aufschlagen auf feste Unterlage oder Durchquetschen im Schnabel bearbeitet. Zur Brutzeit territorial; Reviere anfänglich größer (vgl. unten). Während Eiablage und vor allem am Beginn der Bebrütung gründet ein Teil der ♂ in größerer Entfernung ein neues Revier, dabei häufig Verpaarung mit zweitem ♀; die ♂ kehren aber mit dem Schlüpfen der Jungen i.d.R. wieder zum ersten Nest zurück. Auffallende Nachbarschaft zum Neuntöter. Nestabstand häufig gering (bis < 2 m), offenbar Ausnützen des Warn- und Verteidigungsverhaltens des Würgers. Reviergesang von Warten mit gutem Ausblick, aber geringer Entfernung zur Deckung. Singflüge in halbkreisförmigen Bögen oder Wellen 5–30 m weit vor allem zur Hauptsangeszeit oder nach Stimulierung durch Rivalen; bei starker Erregung Flügelklatschen, Schwanz gefächert, sodass weiße Zeichnung zu sehen ist. Kopulationen selten zu beob.

Fortpflanzung, Brutbiologie [337,1369,767,1, 3558,487]. Geschlechtsreife noch im 1. Lebensjahr, aber nicht alle einjähr. ♂ brüten (manche ziehen im Winterkleid ins Brutgebiet und besetzen Reviere, brüten nicht selbst, zuweilen aber als Helfer bei Brutpaaren beob.). Überwiegend monogame Brut- oder Saisonehe, Verpaarung mit Partner des Vorjahres selten (aber belegt); sukzessive Polygynie verbreitet. Hohe Brut- (vor allem ♂), aber geringe Geburtsortstreue. **Ankunft im Brutgebiet.** Ab (Mitte) Ende April, meist Mai. Viele ♂ anfangs mit sehr großen Revieren, Verringerung mit Eintreffen weiterer ♂. **Nest.** Revier-♂ bauen bis zur Verpaarung mind. 1-3 Wahl-/»Spiel«nester, doch diese selten zur Ablage genutzt (dagegen als »Materiallager« sowie viell. zur Einschätzung der ♂-Qualität). Nestanlage relativ niedrig (Bodenhöhe 15-151 cm, Ø$_{95}$ 64.6 cm), bevorzugt in dornigen oder stacheligen Sträuchern. Locker gebaut, von unten manchmal sogar durchsichtig, aus etwas gröberem Material als bei kleineren *Sylvia*-Arten (kann mit Neuntöter-Nest verwechselt werden). Außenbau aus dürren Halmen, nach innen und vor allem für die Muldenauskleidung feineres Material; oft werden weißliche Gespinste (von Spinnen, Raupen) aufgetragen. Muldendurchmesser 60-90 mm, -tiefe 37-55 mm. Vom ♂ gebaute Wahlnester oft flach und wenig dauerhaft; komplettes Nest wird vorwiegend durch ♀ gebaut (♂ beteiligt). **Legebeginn.** In ME im S in 1., in N-D in 2., Hauptlegezeit in 3. Maidekade bis Anf./Mitte Juni; letzte Gelegebeginne (wohl Nachgelege) im Juli; in N(E)-Europa Juni. **Gelegegröße.** 4-5 (2-7); Ø D-NI Mai$_{29}$ 5.3, Juni$_{30}$ 4.8, -BE$_{15}$ 5.1. Ersatzgelege kleiner als Erstgelege. Legeintervall 1 d. **Eier.** Stumpfelliptisch, glänzend, Grundfarbe hell grünlichgrau bis grauweiß, undeutlich hell olivbraun gefleckt mit großen, helleren Unterflecken. **Brutdauer.** 12-13 (15) d, Bebrütung ab letztem Ei; beide brüten, ♀ mehr. **Nestlings-/Führungszeit.** Schlupf innerhalb (1-)3 d. anfangs hudert ♀, ♂ bringt Futter, später füttern beide. ♂ füttern bei Bigamie meist am 1. Nest. Nestlingsdauer 10-11 (12) d. Juv. werden bis 17-20 d nach dem Ausfliegen geführt; zuweilen Teilung der Brut zwischen den Partnern. **Jahresbruten.** 1. Ersatzgelege i.d.R. bei Verlust vor 5 Bebrütungstag. **Bruterfolg.** Stichproben N-D Juv. aus 57% der abgelegten Eier (40-81%), Nachwuchsrate 2.0-3.9 flügge Juv./♀ und J., in FIN 2.2-4.2 Juv. (niedrige Werte in nassen Frühjahren) Hauptverluste neben Witterung durch Prädation, auch Kuckuck wichtig (z.B. in H). Bei größerer Nähe zu Neuntöter-Nestern Tendenz zu höherem Bruterfolg.

Eimaße und -gewichte [1369]: L. 19.5-22.8 mm, B. 14.5-16.3 mm; Ø 21.1 x 14.4 mm (n=113, D-SN), Ø 21.2 x 15.7 mm (n=103, S.), Ø 20.9 x 15.5 mm (n=152, CS), Ø 20.4 x 15.3 mm (n=81, UA.). Frischvollgew. 1.96-3.08 g, Ø$_{59}$ 2.55 g. Schalengew. 0.134-0.191 g, Ø$_{113}$ 0.157 g.

Sterblichkeit, Alter. Höchstalter von Ringvögeln 12 J. bzw. 11 J. 11 Monate. **Generationslänge:** < 3.3 J. [383].

Mauser. Postjuvenile Mauser (Teilmauser) Ende Juni/Juli–Aug.; Teile von Körpergefieder und Randdecken [767,3558]. • **1. Pränuptialmauser** (Teilmauser) Nov.–Jan. (März) in Mausergebieten kurz vor oder erst im Winterquartier; umfasst Schirmfedern, oft alle ST, meist 1–6 (Ø 4) AS und 0–4 HS [3771,3558,2340,2960]. Bei einem Teil zudem Supplementärmauser im Spätwinter, dann einzelne Schirm- und Steuerfedern nochmals ersetzt [3771,3558]. • **Postnuptialmauser** (Teilmauser) Ende Juni/Mitte Juli–Ende Juli/Aug. im Brutgebiet; einzig mehrere AS und ST bleiben stehen [767,3771,3558,2340]; Dauer der HS-Mauser S. 30–40 d [767]. • **Pränuptialmauser** (Teilmauser) ähnlich 1. Pränuptialmauser; bei Großgefiedermauser im Ø 5 AS, 0–3 HS und meist alle ST gewechselt [3771,3558,2340].

Sylvia hortensis – Orpheusgrasmücke 12720

Sylvia [hortensis] hortensis (J.F. Gmelin 1789) syn.: Westliche Orpheusgrasmücke

(GB) Orphean Warbler **(F) Fauvette orphée** **(E) Curruca Mirlona**

Taxonomie. Monotypisch. Bildet Superspezies mit *S. crassirostris*.

Kennzeichen. [1369,3615,767,221,3772,3558, weitere **Fotos** in Bird. W. **16**, 420, **17**, 37, Limic. **17**, 269, Dutch B. **13**, 185, **25**, 420, 444].

Maße. Gr.: 15 cm. Gew.: (F, Frühj.; ♀, ♂ gleich) 17.8-25.7 g, Ø$_{91}$ 20.8 g, (F, Wegzug 20.7.-18.8.) Ø$_{96}$ 21.3 g, (19.8.-27.9.) Ø$_{215}$ 22.1 g, (28.9.-17.10.) Ø$_{15}$ 23.1 g. Fl.spw.: 20-25 cm. Fl.l.: beide 72-83 mm, Ø$_{50}$ 77.8 mm, ♂ 77-86 mm, Ø$_{28}$ 81.9 mm, ♀ 74-82 mm, Ø$_{6}$ 78.7 mm [1369,767].

Verbreitung und Bestand. Brutvogel der SW-Paläarktis von MA (in N-Afrika nach E bis N-TN; Population in Libyen unklar), ferner P/E. bis I; in Europa N-Grenze SE-F, SW-CH und N-I. Höhengrenze E. bei 1500 m., N-I bis 1400 m, F sing. ♂ bis 1500 m, CH Brutvorkommen zwischen 620 und 1100 (1300) m NN. Europäischer Brutbestand etwa zw. 105.000-280.000 BP (Trend unklar), davon > 95% in E. und 5-25 T. in F [383]; in ME brüten nur 1-5 BP in kleiner, abnehmender Population in CH-VS [3392,383]; Vorkommen 1998 viell. sogar erloschen [3393].

Status. Lokaler, sehr seltener Brut- und Sommervogel in CH; abseits des Brutgebietes Ausnahmegast. In ME folgende Nachw.: • **D:** Helgol. je 1 Ind. Juli 1876, Sept. 1964 [1369]; -NI 1 Ind. Sept. 1961 Wangerooge [1369]; -BW Ind. erl. Frühherbst 1886, ♂ Mai 1960, ♂ Mai 1986 [1722]; -BY 1 Ind. Juli 1933 [1369]. • **A:** -T 1 Ind. 1856, Mai 1910, sing. ♂ Mai/Juni 1973 [1369]; -B 1 Ind. Mai 1955 [1369]. • **L:** Bis Ende 19. Jh. Brutvogel, letzte Brutzeitbeob. 1929; seither offenbar keine Feststellung [1369]. • **B:** Brutversuch 1915, sonst je 1 Fängl. Sept. 1912, Juni 1915 [1677]. • **CZ:** mehrere Nachrichten über sing. ♂ und Fänglinge im 19. und 20. Jh. ungesichert [2159,1369]; sing. ♂ Mai 1978 [2159]. **CH:** Brutgebiet im Rhônetal/-VS, ferner bis 1936 Brutvogel in -GE, sing. ♂ dort 1956 sowie in -TI 1917, 1970, -GR 1972, 1976, 1988, -BE 1973, Brutnachw. -TI 1968 [4152,3393]; außerhalb des Brutgebietes Wegzugdaten (Fängl.) von Aug.-Sept. 1961-63, 1967-68, 1971 und 1987 [4152]. Ferner Beob. in **NL** Okt./Nov. 2003 anhängig [q16].

Wanderungen. Transsaharazieher; Hauptüberwinterungsgebiet zwischen (18°) 17°–14° N von S-Mauretanien und Senegambien nach E über Niger bis Tschad, selten einzelne in Sahara oder N-Afrika. Wegzug im W Juli–Okt mit Höhepunkt Aug.–Sept. (Letztbeob. CH 27. Sept.; Dz.median Camargue F 25.8.) [1828]. Ankunft in S-E. Ende März–Mai, S-F Mitte April–Ende Mai (Dz.median Camargue 3.5.), an Brutplätzen CH meist im letzten Aprildrittel–Anf. Mai.

Bestandsentwicklung. Bestände N der mediterranen Zone sind wenig stabil und wurden auch nach früheren Vorstößen meist schnell wieder geräumt [1369,2560]. Früheres Brutgebiet im Moseltal L (und B) war Anf. 20. Jh. z.B. wieder aufgegeben [1369,2560,337].
Als Brutvogel 1966 im Rhonetal CH-VS auf südex-

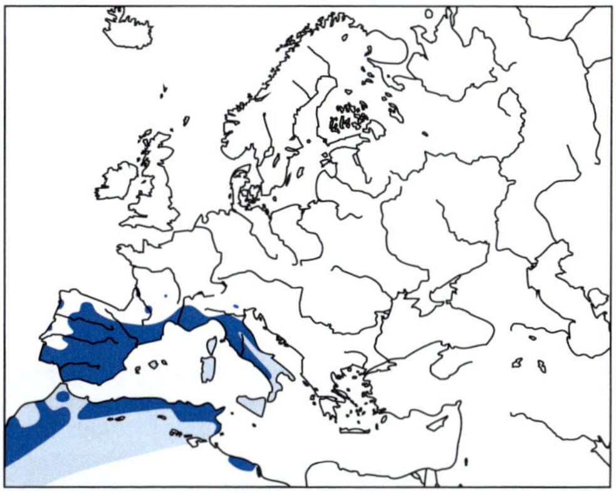

Sylvia hortensis – **Orpheusgrasmücke**

ponierten Hängen entdeckt (aber wohl schon vorher existent), und bis Mitte 1970er J. auf Bestand zwischen 10-25 BP angewachsen [4152,3393]. Auch einzelne Vorstöße in benachbarte Kantone CH bekannt, doch kleine Brutansiedlungen erloschen bald wieder. Einziges verbliebenes Brutvorkommen in CH-VS seit 1970er J. mit drastischem Rückgang auf 1-5 BP (1993-96) [1369,3892,3392,1585]; letzter Brutnachw. 1996 [4152] und trotz intensiver Nachsuche keine Brutzeitnachw. nach 1997, Bestand viell. schon erloschen [3393].

	Best.	Areal	Brutbestand	Jahr	Quelle
CH	⇩	- 1	1- 5	1993–1996	[383]

Auch in N-I deutlicher Bestandsrückgang seit 1960er J., nicht nur in intensiv genutztem Kulturland, sondern auch an Optimalstandorten wie extensiv genutzte, südexponierte Hanglagen [1369]. In Lombardei inzwischen nur noch wenige regelm. Brutvorkommen [513]. Zudem Bestände in E. mit deutlichen Abnahmen [1585,1507]. Population in F nach längeren Phase des Bestandsrückganges und Arealschwundes in den nördlichen Regionen [wohl durch Atlantisierung des Klimas, 3558] derzeit wohl überwiegend stabil [4180].

Siedlungsdichte. Ein Paar beansprucht während der Jungenaufzucht ca. 2.4 ha [337]; Dichtewerte überschreiten selten 2-3 BP/10 ha [1507], typisch sind in mediterranen Regionen F 0.2-1.1 BP/10 ha [3558].

Gefährdungsursachen [1369,196,2560,3892]. Ursachen für Bestandsrückgänge am Nordrand der Verbreitung nicht bekannt, bisher meist mit klima-

tischen Veränderungen und entsprechenden Arealverschiebungen erklärt, doch in Anbetracht der Ausbreitung anderer mediterraner Grasmückenarten kaum wahrscheinlich.
Verlust oder Intensivierung der Nutzung von Eichen- oder Olivenhainen sowie von Streuobstbeständen. Auch zunehmende Verbuschung bevorzugter Habitate durch Aufgabe extensiver Nutzung.

SPEC	VSchRL	Bern.Konv.	Bonn.Konv.
3	--	Anh. II	Anh. II
Europ. RL	RL in ME		
--	CH: 'EN'		

Schutzmaßnahmen. Förderung der traditionellen, extensiven landwirtschaftlichen Nutzung. Erhaltung und Förderung der Streuobstwiesennutzung.
Genauere Untersuchungen der Habitatansprüche und Gefährdungsfaktoren.

Biotop. Br. reich strukturierter offener bis lichter Baum- und Buschbestände, vorzugsweise an trockenen oder sonnenexponierten Hängen; z.B. lichter Mediterranwald, hohe Macchie mit verstreuten Einzelbäumen unterschiedlicher Höhe, Wacholderheiden, verwilderte Obstgärten und Olivenhaine, verbuschte Baumreihen an Weg- und Straßenrändern und im Kulturland; gerne vergesellschaftet mit Rotkopfwürger *Lanius senator* [1833]. Am N-Rand des Areals auf die trockenwärmsten Gebiete (steinige Hänge) beschränkt.

Nahrung. Insekten und deren Larven; im Sommer, auf dem Wegzug und im Winterquartier auch Beeren und fleischige Früchte.

Stimme. Lockruf schnalzend »tepp tepp« oder »tschecke-, bei Erregung gereiht »tett tettettt tetterr«, auch tief und ebenfalls oft gereicht »krrr«. Gesang laut, tiefe Tonlage und Wiederholungen kurzer Phrasen (daher drosselähnlich). Meist leise plaudernder Vorgesang, dann lauter Motivgesang aus kurzen Wiederholungen, wie »retu-retu-ret«, »turué-tu-rué-turué«, aber auch rauer wie »tschrrüe tschrrue tschrrüe schrr-ü« etc. Im einfachsten Fall aus zwei Elementen verschiedener Tonhöhe, die aneinander gereiht werden. Mitunter leiser Nachgesang. Großes Strophenrepertoire, geographische Variation bei den Unterarten. ♀ möglicherweise mit eigenem Gesang.

Verhalten. Tagaktiv. Hält sich meist im dichten Laubwerk von Baumkronen; singt während langsamer Fortbewegung. Nahrungssuche im Laub, am Boden aber auch Flugjagden.

Fortpflanzung, Brutbiologie [337,1369,767, 1551]. Geschlechtsreife wohl im 1. Lebensjahr. Monogame Brut- oder Saisonehe. **Nest.** Gut versteckt in Astgabeln oder auf Ästen in höheren Sträuchern und Laubbäumen, 0.35–3.5 ($Ø_{18}$ 1.4) m über dem Boden. Ziemlich loser Bau aus Grashalmen, Reisern und Bastfasern etc. mit meist nach innen überstehendem Nestrand; Mulde dicht mit feinem und oft auch verfilztem Material ausgekleidet; Muldentiefe 38-57 mm. ♀ baut, vom ♂ begleitet; Dauer 3-6 d. **Legebeginn.** Mitte April bis Juni (Juli), in CH 10.5. bis Mitte Juni. **Gelegegröße.** 3-5 (6); Ø N-Afrika$_{60}$ 4.2. Legeintervall 1 d. **Eier.** Stumpfelliptisch, glänzend, auf reinweißem Grund mit spärlichen dunklen Punkten besetzt, mitunter graue Flecken, Striche etc. **Brutdauer.** 11-13 (14) d, Bebrütung ab vorletztem Ei; beide brüten, ♀ deutlich mehr. **Nestlings-/Führungszeit.** Schlupf innerhalb (1-)3 d. ♀ hudert; beide füttern. Nestlingsdauer 12-14 d. Juv. nach weiteren 5-6 d selbständig. **Jahresbruten.** 1. Ersatzgelege. **Bruterfolg.** In Tien Schan von 117 Eiern aus 29 Gelegen 56% geschlüpft und insges. 34% der abgelegten Eier erfolgr. (flügge Juv.). Wichtigste Ursache Prädation (Siebenschläfer, Würger).

Eimaße und –gewichte [1369]**:** L. 17.5-21.5 mm, B. 13.2-15.5 mm; $Ø_{100}$ 19.0 x 14.4 mm. Frischvollgew. errechn. 2.1 g. Schalengew. 0.09-0.15 g, $Ø_{120}$ 0.125 g.

Sterblichkeit, Alter. **Generationslänge:** < 3.3 J. [383].

Mauser. **Postjuvenile Mauser** (Teilmauser) Juni–Aug.; Flügeldecken ohne mehrere Große Armdecken, z.T. Schirmfedern und ST [767,3558]. • **1. Pränuptialmauser** (Teilmauser) nach Ankunft im Winterquartier, Okt.–Nov.; umfasst Teile von Flügeldecken und Schirmfedern sowie 0–4 AS [1866,140,3558]. Einige Ind. möglicherweise mit Supplementärmauser von einzelnen Schirm- und Steuerfedern im März [3558]. • **Postnuptialmauser** (Vollmauser) Juni/Mitte Juli–Aug./Mitte Sept., z.T. Unterbrechung und Ende im Winterquartier bis Nov. [767,1369,3558]. • **Weitere Pränuptialmauser** (Teilmauser) ähnlich 1. Pränuptialmauser; umfasst z.T. einige AS und unregelm. 1 HS [3558].

Sylvia crassirostris – Nachtigallengrasmücke 12722

Sylvia [hortensis] crassirostris (Cretzschmar 1826) syn.: Östliche Orpheusgrasmücke

Taxonomie. Drei UA: *crassirostris* Cretzschmar 1827 (SE-Europa, NE-Afrika bis TR), *balchanica* Zarudny & Bilkevitch 1918 (E-TR bis Turkmenistan) und *jerdoni* (Blyth 1847) (SE-Iran bis Pakistan).

Verbreitung und Bestand. Br. von SLN und HR nach E über Balkanhalbinsel bis TR, N-SYR, Irak und S-Kaspi bis Mittelasien (70–72° E), nach S über Afghanistan bis S-Iran sowie vielleicht Cyrenaika (NE-Libyen); erreicht in AR bis 2580 m ü.M. Gesamtbestand in Europa etwa zw. 65.000-200.000 BP (leicht rückläufig), mit Schwerpunkten in TR (40-120) und HR (10-50 T.) [383]. In BG neuerdings Zunahme und Arealausweitung (E-Rhodopen und Schwarzmeer) [1585,1507].

SPEC	VSchRL	Bern.Konv.	Bonn.Konv.
3	--	Anh. II	Anh. II
Europ. RL	**RL in ME**		
--	--		

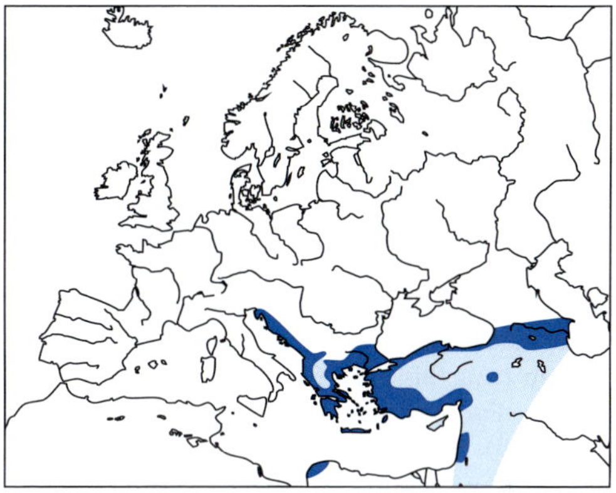

Sylvia crassirostris – **Nachtigallengrasmücke**

Status. bisher nicht sicher in ME nachgewiesen, obwohl Brutgebiete im SE unmittelbar angrenzen.

Sylvia curruca – Klappergrasmücke 12740

Sylvia [curruca] curruca (Linnaeus 1758) syn.: Zaungrasmücke

(GB) Lesser Whitethroat **(F) Fauvette babillarde** **(E) Curruca Zarcerilla**

Taxonomie. Zwei UA: *curruca* (Linnaeus 1758) (inkl. *blythi*; Europa bis Sibirien) und *halimodendri* Sushkin 1904 (KZ, W-Mongolei). Bildet Superspezies mit den innerasiatischen Arten *S. minula*, *S. margelanica* und *S. althaea* [3558].

Kennzeichen. [1369,3615,767,221,3772,3558].

Maße. Gr.: 12.5-13.5 cm. Gew.: (CZ, D-HH, Brutzeit) beide 9.8-13.9 g, $\varnothing_{30,140}$ 11.9 g, (Bod., Okt.) $\varnothing_{10}$ 12.4 g. Fl.spw.: 16.5-20 cm. Fl.l.: beide 60.6-67.0 mm, $\varnothing_{20}$ 64.6 mm bzw. 60.0-72.0 mm, $\varnothing_{331}$ 65.4 mm [1369,767].

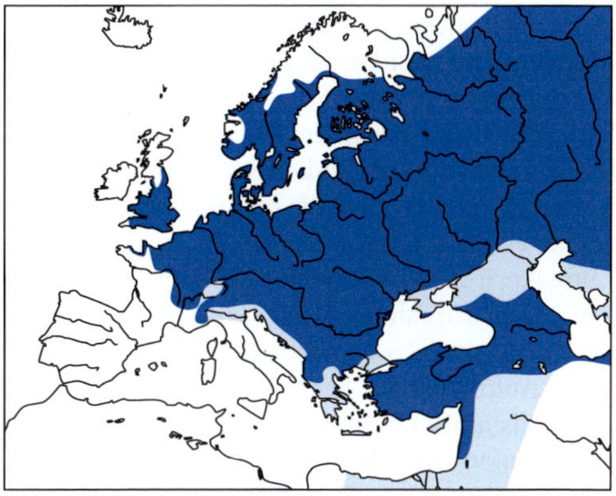

Sylvia curruca – **Klappergrasmücke**

Status. Nominatform verbreiteter, nur lokal häufiger Brut- und Sommervogel. Regelm. und häufiger Durchzügler und Gastvogel. Zweite UA *halimodendri* aus Sibirien Ausnahmegast mit anerkannten Nachw. in **B:** Nov. 1986 und 1989 [337]; **NL:** gefang. Nov. 1986 und 1992 [277]. Möglicherw. auch andere Ind. im Spätherbst/Winter zu dieser Form gehörig. Andere Formen in ME noch nicht nachgewiesen, Beob. von *minula* in NL 2003 anhängig [q16].

Verbreitung und Bestand. Superspezies in W- und Zentral-Paläarktis mit vier Arten [2485,3558]. Verbreitung der Gruppe von GB und N-F ostwärts bis Lena (E-Sibirien) und Zentralgobi. In Europa nach N bis S- und Mittel-GB sowie Mittel-N. und N-S. bis ca. 67° N, FIN zumindest lokal bis >66° N, dann N-Grenze etwa bei 67° N bis Jenissej. S-Grenze von Bretagne bis Massif Central und N-Provence und Südfuß der Alpen in I mit kleinen vorgeschobenen Verbreitungsinseln, ferner S-YU und N-GR bis Schwarzmeer sowie Kleinasien. In meisten Teilen ME fast flächendeckend, aber geringe Dichte. In Alpen z.T. ausgesprochener Bergvogel und in größeren Höhen (z.B. > 1200 m) verbreiteter als in Tallagen. Höchste Brutnachw. an Waldgrenze, z.B. CH 2350 m (sing. bis 2650 m), N-Alpen D und Tirol 2050 m. Europäischer Brutbestand 4.8 – 7.8 Mio. BP (stabil), mit größten Populationen (> 200.000 BP) in RUS (2-3 Mio.), RO (0.86-1.1 Mio.), D (250-500 T.), S. (150-400 T.) und FIN (200-300 T. BP) [383]; Bestand in ME etwa 0.78 – 1.44 Mio. BP [383].

Wanderungen. Langstreckenzieher; Hauptwinterquartier Sudan, Äthiopien N ca. 8° N, nach W in abnehmender Häufigkeit bis Tschad und einzeln bis Niger, Mali, N-Nigeria etc.; Winternachw. auch aus Arabien, EGY, IL. Wegzugrichtung aus Europa SE (W 30° E ESE–SSE), über Vorderasien oder EGY Richtungsänderung nach SW oder S notwendig. Auch Br. GB/IRL wandern SE über N-I, SLN, GR [4064]. Nachw. auf Wegzug im Mittelmeer W bis M, Sardinien, Sizilien und S-F, ausnahmsweise auch E. Mind. ein Teil mit Schleifenzug, zieht auf Heimzug weiter E. Dismigration der Juv. ab 2. Junidekade, Höhepunkte des Dz. ME Aug.–Anf. Sept. [322], Letztbeob. Ende Sept.–Anf. Okt., Nachzügler bis Ende Okt., ausnahmsweise Beob. Nov.–Dez. [für E-D: 3695]. Erste Ind. 2. Sept.hälfte im afrikanischen Winterquartier, die meisten treffen ab Mitte Okt. ein. Heimzug beginnt im März, einzelne bis Mitte April im Winterquartier. Erstnachw. ME ab Anf. April, ausnahmsweise März; mittlere Erstbeob. auch in A und S-D nicht vor Mitte, in N-D Ende April, Auffüllung der Brutgebiete bis Mitte Mai (in Alpen bis Juni); Dz. in N-D bis Ende, Median bzw. Höhepunkte Anf. Mai [z.B. 890]. Herbstzuggeschwindigkeiten um 43 km/d für GB/IRL und um 75 km/d für N-Europa aus Ringfunden errechnet; Frühjahrszug schneller, hierfür nach anderer Methode für beide Regionen knapp unter 100 km/d ermittelt [1207]. Geburtsortstreue nachgewiesen, bei ♂ stärker als bei ♀, ebenso Brutortstreue [419].

Bestandsentwicklung. Bis Mitte 20. Jh. in ME keine langfristigen Bestandsveränderungen erkennbar [1141,1803]; Bestandsfluktuationen allerdings meist wesentlich stärker als bei Gartengrasmücke [2471].

	Best.	Areal	Brutbestand	Jahr	Quelle
A	+/-	=	35.000–70.000	1998–2002	[383]
B	↓	=	2.500–10.000	2000–2003	[383]
CH	+/-	=	15.000–20.000	1998–2002	[383]
CZ	+/-	=	60.000–120.000	2000–2002	[383]
D	+/-	=	250.000–500.000	1995–1999	[383]
FL	+/-	=	100–150	1998–2000	[383]
H	+/-	=	61.000–115.000	1999–2002	[383]
L	↓	- 1	1.000–2.000	2001	[383]
NL	↓	- 1	13.000–20.000	1998–2000	[383]
PL	+/-	=	300.000–500.000	2000–2002	[383]
SK	+/-	=	40.000–80.000	1990–1999	[383]

Insgesamt Angaben zu lokalen und regionalen Bestandstrends in jüngster Zeit widersprüchlich [334,1369]. In 1970er und frühen 80er J. überwiegend negative Trends und Arealverluste, vor allem in offener Feldflur [1722,1,310,1615,198, 2471]; dagegen in Ortschaften und Städten z.T. Zunahmen [1722,310]. Durchzüglerzahlen in S-D (sowie in GB, Skandinavien) ebenfalls rückläufig [320,323]. Zwar zeigten meiste Populationen Mitte 1980er J. Erholung, doch in N-D seit 1989 rückläufig [q20]. Lokal und regional als Folge zunehmender Verbuschung und Begrünung von Küstenlandschaften (Noord-Holland) oder Siedlungsgebieten (D-SH, Rhl.) Wieder- oder Neuansiedlungen und positive Bestandsentwicklungen [2889,595,2623,1369,196,310,3638], doch auch Abnahmen und Arealschwund durch Lebensraumverlust (Ausräumung, intensivierte Nutzung, Sukzession etc.) [2889,2642,196]. Meist blieben Populationen ME bei größeren Schwankungen weitgehend stabil [973,2896,1587,1680,2031,4043, 4175 u.a.], allenfalls mit habitatbedingten Umsiedlungen. Auch in Alpen kaum größere Veränderungen erkennbar [965,3392,3393,4175]. In jüngster Zeit aber offenbar überregional und längerfristig Bestandsabnahmen in anderen Teilen ME [B, NL, D-BW, CZ: 204,1585,1677,2159,3663].
Trotz einiger Bestandstiefs in letzten 3 Jahrzehnten in E-Europa und Skandinavien überwiegend Zunahmen und Arealausweitung [1369,196,1507; vgl. Fangzahlen Helgol.: 2687], zudem Arealauswei-

tung in W-GB und Besiedlung IRL ab Ende 1980er J. [1507,1343].

Siedlungsdichte. Reviergröße 0.3–1.1 (1.5) ha. Höchstdichten ME auf Flächen von 20–49 ha 7.9–2.6–2.0 (Ø 3.7), von 50–99 ha 2.8–1.3–0.9 (Ø 1.4), von > 100 ha 1.5–1.1–0.8 (Ø 0.9) Rev./10 ha; meist vergleichsweise geringe Dichtewerte, in Skandinavien 2-10 BP/km^2, doch in Optimalbereichen ME 8-49 BP/km^2 (in Gartenstädten und Parklandschaften) bzw. 18-37 BP/km^2 (Friedhofsanlagen) [1507]. Großflächendichte (> 100 km^2) zw. 0.01 – 3.9 »Rev.«/km^2 [vgl. Tab. 34 in 337; 3871].

Gefährdungsursachen [1369,196,320,2471]. Habitatzerstörung, vor allem Beseitigung von Hecken und Knicks sowie Nutzbarmachung von Ödland und kleinparzellierten Flächen (im ME Tiefland). Bedeutender ist jedoch Einfluss von Habitatzerstörung und Dürre im Winterquartier (bes. Sudan und Äthiopien; wahrschl. Hauptursache für Bestandrückgänge in 1970er und frühen 80er J.).

SPEC	VSchRL	Bern.Konv.	Bonn.Konv.
--	--	Anh. II	Anh. II
Europ. RL	RL in ME		
--	--		

Schutzmaßnahmen. Schutz wichtiger Rast- und Überwinterungsgebiete vor Übernutzung und langfristige Sicherung der afrikanischen Trockengebiete vor Desertifikation.
Belassen oder Neuanlage von Hecken und Flurgehölzen in der Agrarlandschaft.

Biotop. Br. in offenem bis halboffenem Gelände mit dichten Gruppen niedriger Sträucher oder vom Boden ab dichten Bäume (vor allem junge Nadelbäume), in der Kulturlandschaft in Hecken, Knicks, an Dämmen und in Feldgehölzen, jungen Waldpflanzungen und Baumkulturen, auch auf sehr kleinen bepflanzten Flächen. Fehlt in geschlossenen älteren Waldbeständen und Krautdickichten. In tieferen Lagen ME meist in der Nähe menschlicher Siedlungen, mit höchsten Dichten auf Friedhöfen, in Gartenstädten und Kleingärten; besiedelt auch Trockenhänge, Weinberge und Wacholderheiden. In den Alpen an der Waldgrenze in Latschenbeständen, in der Krummholzregion und im Zwergstrauchgürtel der oberen Subalpinstufe sowie in tieferen Lagen auf Lawinenzügen, Schuttkegeln und Waldweideflächen mit verbissenen Sträuchern und Nadelbäumen. Auch auf dem Dz. in offenen, mit Sträuchern bewachsenen Flächen oder in der Gebüschzone von Verlandungsgesellschaften. Im Nahen Osten und in Afrika oft in Dornbusch-Gesellschaften.

Nahrung. Meist kleine weichhäutige Insekten und deren Entwicklungsstadien (z.B. Blattläuse) in großer Artenvielfalt; im Sommer, Herbst und z.T. auch im Winterquartier Beeren und fleischige Früchte, allerdings weniger umfangreich als bei Mönchs- und Gartengrasmücke; auf dem Frühjahrszug auch Nektar und Pollen.

Stimme. Rufe hart schmatzend »tack« oder »tza«, bei stärkerer Erregung gereicht »tettettett.«, im Allgemeinen weniger rhythmisch als bei Mönchsgrasmücke. Gesang besteht aus leise schwatzendem Werbegesang (z.T. mit Imitationen) und kurzer, lauter Klapperstrophe. Klappern besteht aus einzelnen Doppelelementen und klingt daher anders als etwas langsameres Schmettern der Sumpfmeise. Jedes ♂ singt individuell variabel mehrere Strophentypen mit stereotypen Motiven. Im Auf und Ab der Vorstrophe (Subsong), die zu Beginn der Fortpflanzungszeit meist länger ist, fallen oft einzelne lautere Elemente heraus. Vollgesang schon auf dem Heimzug und vor allem zu Beginn der Revierbesetzung; während der Bebrütung und Jungenaufzucht geht Gesangsaktivität zurück, kann aber später wieder aufleben.

Verhalten. Tagaktiv, zieht nachts. Ausgesprochener Gebüschschlüpfer. Nahrungserwerb durch Abklauben von Zwergsträuchern, Sträuchern und niedrigen Bäumen, im Spätsommer auch hoch in Baumkronen. Zur Brutzelt territorial; Gesang von exponierten Singwarten, gelegentlich im Flug, aber kein ausgesprochener Singflug. Balz beinhaltet Balzfüttern, Halmbalz und Nestlocken. Territorialsystem im Unterschied zur Dorngrasmücke offenbar stabil.

Fortpflanzung, Brutbiologie [337,1369,767,1, 3558]. Geschlechtsreife im 1. Lebensjahr. Wohl i.d.R. monogame Saisonehe. **Ankunft im Brutgebiet.** Ab (Ende März) April (Anf. Mai). Balz und Paarbildung gleich nach Ankunft im Brutgebiet; ♂ etwas früher als ♀, bieten diesem Wahlnester an. **Nest.** In niedrigen Dornsträuchern und -hecken, Beeren- und Ziersträuchern und kleinen Koniferen; in Hochlagen in niedrigen Koniferen, Alpenrosen etc. Bodenhöhe im Mittel höher als bei anderen heimischen Grasmücken, meist zw. 20-300 cm, Mediane CH 60, S-D 120, Rhl. 95, PL 96 cm. Locker gebautes Nest aus meist trockenen Stängeln und dürren Halmen, Innenausbau mit feinerem Material. Muldendurchmesser 50-60 mm, -tiefe 40-50 mm. Rohnest vom ♂ gebaut, ♀ baut fertig, beim Innenausbau z.T. vom ♂ unterstützt. Dauer 2-3 (-6) d. **Legebeginn.** Frühestens in 3. Aprildekade, meist ab Anf. Mai, Hauptzeit Mai, in Subalpinstufe Juni-Juli; letzte Beginne Mitte, selten Ende Juli. **Gelegegröße.** 3-7 (2-8), meist 5; Zunahme der Gelegegröße mit zunehmender geograph. Breite, Kalendereffekt; Ø CS_{66} 4.6, S-D_{58} 4.7, $Rhl._{135}$ 4.7, GB_{208} 4.8 (Mai 5.0, Juni 4.1), FIN_{104} 5.3. Ersatzgelege kleiner als Erstgelege. Legeintervall 1 d. **Eier.** Stumpfelliptisch, glänzend, Grundfarbe weißlich, mit hell- bis dunkelbraunen oder grauen Flecken, oft dicht zusammengerückt. **Brutdauer.** (10) 11-15 d (S-D Ø$_{11}$ 12.4 d, GB Ø$_{12}$ 11 d), Bebrütung ab (vor-)letztem Ei; beide brüten (♀ mehr), nachts nur ♀. **Nestlings-/Führungszeit.** Schlupf innerhalb (1-)3 d. beide hudern (♀ mehr), beide füttern. ♂ füttern bei Bigamie meist am 1. Nest. Nestlingsdauer 11-13 d. Juv. werden noch intensiv mind. 3 Wochen von Ad. betreut. **Jahresbruten.** 1, Zweitbruten selten belegt. 1-2 Ersatzgelege. **Bruterfolg.** In GB ergaben 65% der abgelegten Eier flügge Juv. (in KZ 42%), Bruterfolg 2.6 Juv./Nest. In E-D Nachwuchsrate 4.5 flügge Juv./BP und J., doch auch nur 2.2 Juv./Nest; S-D ähnlich. Hauptverluste durch Prädation (und Aufgabe).

Eimaße und -gewichte [1369]: L. 15.0-19.4 mm, B. 11.0-14.3 mm; Ø 17.3 x 12.9 mm (n=53, CH Gebirge), Ø 16.5 x 12.4 mm (n=95, D), Ø 16.9 x 12.8 mm (n=100, B), Ø 17.3 x 12.8 mm (n=100, GB). Frischvollgew. 1.27-1.85 g, Ø$_{118}$ 1.49 g. Schalengew. 0.065-0.122 g, Ø$_{169}$ 0.083 g.

Sterblichkeit, Alter. Br. GB aus Ringfunden errechnet für 1962-94: im 1. J. 65 %, Ad. 67 %/J. [3589], bei einer kleinräumigen Untersuchung in Lincolnshire GB 1981-93 56.5 %/J. für Ad. [419]. Älteste Ringvögel je 1 mal 6 J. 11 bzw. 10 Monate. **Generationslänge:** < 3.3 J. [383].

Mauser. **Postjuvenile Mauser** (Teilmauser) ab 24–27 d, Ende Juni/Juli–Aug./Mitte Sept. [3558,2825]; einschließlich Großteil der Flügeldecken sowie z.T. einzelnen Schirm- und Steuerfedern [767,3771,1866,3558]; Dauer ca. 35 d [2825]. • **Postnuptialmauser** (Vollmauser) Juli/Anf. Aug.–Aug./Mitte Sept. vor Wegzug [767,3558,3444,1513]; Schwingenmauser kann schon vor Ausfliegen der Jungen einsetzen; unregelm. bleiben 1–3 AS stehen [1866,3558]; Dauer der Schwingenmauser 30–40 d. • **Pränuptialmauser** (Teilmauser) Jan./Feb.–März/April; umfasst auch Teile der Flügeldecken, meist alle Schirm-, einzelne Steuer- und selten Schwungfedern, bei Einj. umfangreicher [767,1866,3558].

Sylvia nana – Wüstengrasmücke 12700

Sylvia [nana] nana (Hemprich & Ehrenberg 1833)

(GB) Desert Warbler **(F) Fauvette naine** **(E) Curruca Sahariana**

Taxonomie. Monotypisch (Asien). Bildet Superspezies mit der auch im Gesang deutl. differenzierten (monotyp.) Saharagrasmücke *S. deserti* (N-Afrika).

Kennzeichen. [3558,3615,767,3772,1369,221; weitere **Fotos** in Bird. W. **6**, 483, **7**, 389, **13**, 490, Dutch B. **16**, 219, **17**, 249, **22**, 171, **24**, 240; (*S. deserti*): Dutch B. **22**, 171].

Maße. Gr.: 11.5 cm. Gew.: ♂ 7.0-10.5 g, Ø$_{12}$ 8.8 g, ♀ 7 bzw. 9 g. Fl.spw.: 14.5-18 cm. Fl.l.: ♂ 56-62 mm, Ø$_{66}$ 59.4 mm, ♀ 54-59 mm, Ø$_{27}$ 57.2 mm [3558,767,1369].

Status. In Europa sehr seltener, aber insges. fast alljährl. Gastvogel von Okt.-Dez. (Jan.) sowie 4 Brutzeitnachw. (s.u.), dabei alle Nachw. bisher von Wüstengrasmücke, mit Ausnahme Feststellungen auf M (mind. 4) und Inseln vor Sizilien [3558].
Nachw. betreffen GB/IRL u.a. 10 Ind. 1970–94, darunter sing., nestbauendes ♂ Mai/Juni 1993, Mai 2000; DK Nov. 1989; S. 9 Ind. 1976–90, darunter ♂ Mai 1982; FIN 6 Nachw. bis 1994, u.a. ♀ Mai 1986; ferner Einzelnachw. TR, GR, CY, UA., Kanaren und Kapverden [767,337,3558].
In ME bisher 4 Nachw.: **NL:** 1 Ind. Ende Okt./Anf. Nov. 1988, 1 Ind. Okt. 1994 [277]. • **D:** -SH 21. Juni-

7. Juli 1981 sing. ♂, das 2 Nester baute [1369,3558] sowie Ende Mai 2002 [1401].

SPEC	VSchRL	Bern.Konv.	Bonn.Konv.
--	--	Anh. II	Anh. II
Europ. RL	RL in ME		
--	--		

Verbreitung und Bestand. Superspezies mit Verbreitung von W-Sahara nach E bis Libyen *(S. [n.] deserti* Saharagrasmücke*)* sowie in Wüsten und Trockensteppen Asiens von unterer Wolga durch Transkaspien und Turkmenien in die Gobi, ferner in E- und S-Iran *(S. [n] nana* Wüstengrasmücke*)* [3558]. Europäischer Gesamtbestand von *nana* (nur RUS) 1.000-5.000 BP, stabil [383].

Wanderungen. Zugvogel mit Winterquartier von EGY und NE-Afrika bis NW-Indien.
Saharagrasmücke dagegen Standvogel mit Dispersionswanderungen.

Biotop. In Sand- und Steinwüsten oder Halbwüsten mit niedrigem Gebüsch oder dürftiger Krautschicht. Dz. auch in Tamarisken.
Saharagrasmücke Br. in Flugsanddünen und Steinwüsten mit niedrigen Sträuchern, Stauden, Gräsern oder Halophytenvegetation.

Nahrung. Kleine Insekten und Spinnen, auch Beeren.

Stimme. Ruf trocken und dünn klirrend, am Anfang stärker betont, wie »drrrr« oder »tschrr-rrr«, auch rasch hoch »tschi-tschi-tschi«. Kontaktruf weicher, schnurrender, am Ende ersterbender Triller. Gesang eilige Strophen mit hohen Trillern, klaren Pfeiftönen und den typischen Rufen, beginnt mit schnarrenden Rufen. Von Warten, im Flug und aus der Deckung heraus.

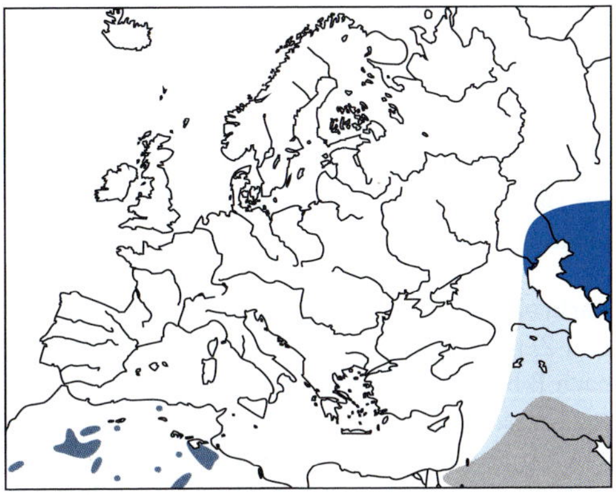

Sylvia [nana] nana – **Wüstengrasmücke**

Verhalten. Tagaktiv. Lebt versteckt, ist aber nicht scheu; bei der Fortbewegung Schwanz oft gefächert und leicht gestelzt; fliegt meist knapp über der Vegetation und kann sich selbst in kleinsten Sträuchern gut verstecken. Nahrungssuche in kleinen Sträuchern und auf dem Boden. Zur Brutzeit territorial. Im Winter einzeln oder in kleinen Trupps.

Mauser. **Postjuvenile Mauser** (Teilmauser) Juni–Juli/Aug.; umfasst selten auch einzelne Schwungfedern [767,3558]. • **Postnuptialmauser** (Vollmauser) *nana* Juli–Aug., *deserti* vermutlich Mai–Juni [767,3558]. • **Pränuptialmauser** (Teilmauser) Okt./Nov.–März, bei *nana* vor allem Jan.–Feb. [3558]; Kleingefieder, einzelne Schirm- und Steuerfedern, bei Einj. umfangreicher [767,3558].

Sylvia communis – Dorngrasmücke 12750

Sylvia communis Latham 1787

(GB) **Common Whitethroat** (F) **Fauvette grisette** (E) **Curruca Zarcera**

Taxonomie. Vier UA: *communis* Latham 1787 (Europa, N-Africa, N Kleinasien), *volgensis* Domaniewski 1915 (SW-RUS), *icterops* (Ménétries 1832) (Vorderasien bis Turkmenistan) und *rubicola* Stresemann 1928 (Zentralasien).

Kennzeichen. [1369,3615,767,221,3772,3558; **Foto** (*icterops*) Dutch B. **13**, 212].

Maße. Gr.: 14 cm. Gew.: (DK) ♂ 11.9-16.6 g, $Ø_{123}$ 13.9 g, ♀ 12.5-19.4 g, $Ø_{83}$ 15.4 g; (Bod., Sept.) Fängl.

Ø$_{14}$ 16.0 g. Fl.spw.: 18.5-23 cm. Fl.l.: ♂ 68-77 mm, Ø$_{98}$ 72.5 mm, ♀ 68-75 mm, Ø$_{81}$ 71.4 mm [1369,767].

Status. Nominatform verbreiteter, meist häufiger Brut- und Sommervogel. Regelm. und häufiger Durchzügler und Gastvogel. Andere UA in ME nicht nachgewiesen.

Verbreitung und Bestand. Brutvogel der W- und Zentralpaläarktis von NW-Afrika, P und IRL nach E bis N-Mongolei, S-Grenze Maghreb, Sizilien, Kreta, S-Küste TR, IL, ferner Antilibanon, SE-TR, NE-Iran mit Randgebirgen, N Kaspisee, KZ, N Balchasch-See und nach S in Mittelasiatischen Gebirge bis zum Alatau. N-Grenze Schottland, N. bis ca. 66° N (sing. ♂ bis 68° N), S. und FIN fast bis N-Umrandung Bottnischer Meerbusen, RUS vom Weißen Meer über 65° N bis 62° N und in Asien 61° N. In ME nahezu überall fast flächendeckend (ohne zusammenhängend bewaldete Gebiete) und zunehmend auch in menschlichen Ballungszentren sowie in Tälern der N-Alpen und höherer Mittelgebirgen; im höheren Gebirge nur in sonnigen Lagen; Höchstvorkommen CH 1583 m und 1710 m, CS 1360 m, in der Tatra Brutzeitbeob. bis 1600/1880 m ü.M. [1369]. Bestand in Europa etwa zw. 14 – 25 Mio. BP (leichte Zunahme), entspr. > 50% des globalen Bestandes; Populationen > 1 Mio. in RUS (5-8), UA. (1.46-1.9), PL (1-2) und F (0.4-2 Mio. BP) [383]; in ME brüten ca. 1.8 – 3.4 Mio., fast 60% davon in PL [383].

Wanderungen. Langstreckenzieher; Hauptwinterquartier W-Afrika vom S-Rand Sahara bis zum Regenwald, in E-Afrika von etwa 15° N nach S bis Namibia, Botswana, Zimbabwe und Transvaal; einige Winternachw. auch in W- und SW-Europa. Ringfunde u.a. GB und B – Senegal, Helgoland – Ghana, FIN – Sudan, Kenia – Jemen und Mittlere Wolga [932]. Unter den Br. Europas W etwa 10° E Wegzugrichtung SSW–WSW, E davon SSW–SSE in den W oder E Mittelmeerraum (im zentralen Mittelmeergebiet selten). Br. GB ziehen SSE bis S; im Herbst auffällige Fundkonzentration in P, nicht jedoch im Frühjahr [4064]. Heimzug im Wesentlichen auf denselben Routen, doch Konzentrationen mancher Populationen etwas weiter E des Wegzugsareals. Dismigrationen ab Juni, in ME Wegzug meist Ende Juli–Ende Sept., Höhepunkt Mitte Aug.–Anf. Sept. mit leichter Rechtsschiefe bis Mitte Sept. [322]; Dz. CH Ende Juli–Ende Okt. (Dz.median Col de Bretolet 26.8.) [1861]. Insgesamt Nachw. Ende Okt. in ME spärlich, nur ausnahmsweise Nov.

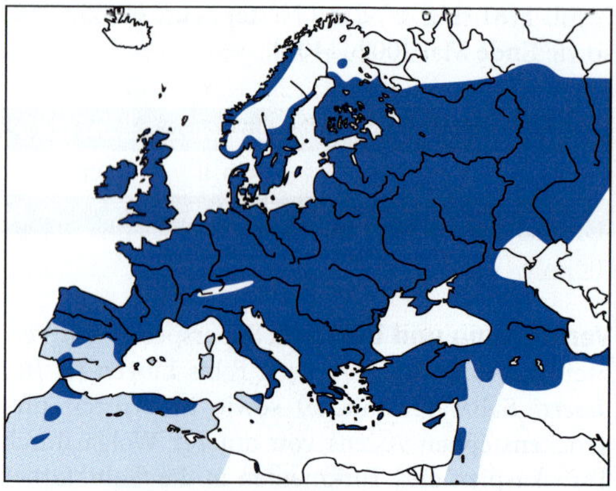

Sylvia communis – **Dorngrasmücke**

und Dez.nachw. in N-Europa und ME. Im W-Afrika frühestens ab Ende Aug., meist Okt.–Nov., S-Afrika wird meist erst ab Mitte Nov. erreicht. Heimzug von Winterquartieren ab Ende März, Höhepunkt April, Ende Anf. Mai. An Brutplätzen ME frühestens ab Mitte April (ausnahmsweise 2. Märzdekade, einzeln 1. Aprilhälfte); mittlere Erstankunft je nach Lage Mitte–Ende April, in N-ME auch Anf. Mai. In N-D Dz.median Mitte Mai [u.a. 890]. Ankunft im Brutgebiet in Leicestershire (GB) 1942-91 zunehmend später (Ø Ankunft 19.4.) [2500]. Mittlere Herbstzuggeschwindigkeit ca. 58 km/d in GB/IRL und 75 km/d in N-Europa, nach anderer Methode mittlere Vorrückgeschwindigkeit 47 km/d im Herbst und 146 km/d im Frühjahr in GB/IRL und 85 bzw. 129 km/d in N-Europa [1207]. Geburtsortstreue gering.

Bestandsentwicklung. Regionale kurzzeitige Schwankungen von z.T. > 50% durchaus normal, daher Beurteilung langfristiger Bestandsveränderungen sehr schwierig. Publizierte Bestandstrends oft widersprüchlich [1369].
Dramatischer Bestandseinbruch von > 50% (in GB bis 75%) durch Dürrejahre in Überwinterungsgebieten (sowie Lebensraumverlust in Brutgebieten durch intensivierte Landwirtschaft) Ende 1960er J. in weiten Teilen Europas, gebietsweise verzögert oder etwas früher registriert [767,843,1369,196,314, 2471; regional kaum bemerkbar u.a. in PL: 3871].
In Folgezeit in verschiedenen Brutpopulationen in Abhängigkeit von Habitatveränderungen unterschiedliche, überwiegend jedoch anhaltend negative Trends oder Stagnation [1141,198,55,1507, q20,843,196,1719,2068,1369,3892,1, etc.; aber 3892]. Bes. deutlich bei Vergleich optimaler, wenig beeinträchtigter Bruthabitate [auch Dünengebiete, 2889]

mit inzwischen stark ausgeräumter Kulturlandschaft [1803,196]. Gerade in erheblich beeinträchtigten Regionen drastische Einbrüche (und Erlöschen) von Populationen oder Konzentration auf bevorzugte Habitate [2224,2471,666,2238,1369,1680,2623,4175, 4043,3392,1617,310; s. Tabelle]. Bei anhaltender Beeinträchtigung auch in Folgezeit keine Bestandserholung [1617,1507,3393,1998].

	Best.	Areal	Brutbestand	Jahr	Quelle
A	↑	+ 1	20.000–40.000	1998–2002	[383]
B	↑	+ 1	20.000–100.000	2001–2002	[383]
CH	⇩	- 2	1.000–2.000	1993–1996	[383]
CZ	+/-	=	100.000–200.000	2000–2002	[383]
D	+/-	=	250.000–500.000	1995–1999	[383]
FL	⇩	- 2	0–2	1998–2000	[383]
H	+/-	=	210.000–320.000	1999–2002	[383]
L	⇩	- 1	2.000–3.000	2001	[383]
NL	⇧	+ 1	130.000–150.000	1998–2000	[383]
PL	+/-	=	1.000.000–2.000.000	2000–2002	[383]
SK	+/-	=	60.000–120.000	1990–1999	[383]

Bis Mitte 1980er J. Brutbestand vielerorts auf niederem Niveau stabilisiert [s.o.; auch 2259,2238, 2623,2772,196]. Bei günstiger Habitatentwicklung und in optimalen Gebieten allerdings auch deutliche Zunahmen [z.B. in H, PL, NL, F: 884,1369, 767,1680,2623,4175,196] und z.T. frühere Bestände wieder erreicht oder lokal sogar übertroffen [NL: 2889,375,3638, FIN: 767,3892]. In 1990er J. in weiten Teilen ME positiver Bestandstrend und auch Rückkehr in verwaiste Gebiete, insbes. in extensiv oder nicht bewirtschafteten Flächen und in Bereichen mit frühen Sukzessionsstadien [1617,204,3393, 1722,310,q20,3638; auch GB: 2536]. Sonst in Europa keine auffälligen Veränderungen zu beob. [1507,1585].

Siedlungsdichte. Reviergrößen sehr unterschiedlich (Reviersystem instabil!), z.B. S-D 0.3 – >0.5 ha (einmal nur 600 m^2), B 0.08–1.4 ha; nahe Nestabstände häufig bei bigynen ♂, andererseits solche Nester mitunter weit voneinander entfernt. Höchstdichten ME auf Flächen von 20–49 ha 11.3-5.8-4.5 (Ø 6.2), von 50–99 ha 4.9-2.9-1.5 (Ø 2.8), von > 100 ha 2.3-1.1-1.0 (Ø 1.3) Rev./10 ha; großflächig Maximalwerte in Europa bis 100 BP/km^2, doch in meisten Gebieten < 5 BP/km^2 [1507]; Großflächendichte auf Flächen > 100 km^2 zw. 0.04 – 7.9 'Rev.'/km^2 [vgl. Tab. 35 in 337].

Gefährdungsursachen [1369,196,1680,1719,2031, 3009,2471]. Bestandseinbruch Ende 1960er J. vor allem bedingt durch Dürreperiode im Hauptüberwinterungsgebiet Sahelzone, dabei unterschiedliche Auswirkung in verschiedenen Gebieten durch Einwirkung zusätzlicher, mittelbar wirkender Faktoren; diese in jüngster Zeit wesentlich bedeutsamer.
Im Überwinterungsgebiet Kontamination durch Pestizide und andere Umweltgifte, Befall mit Viren an stark frequentierten Wasserstellen, Verknappung der Nahrung durch Dürre und zusätzliche Biotopzerstörungen wie Verödung der Savannen durch Überweidung; dadurch offenbar ausreichende Depotfettbildung für langen Zugweg erschwert.
In Brutgebieten ME enormer Habitatverlust durch Intensivierung der Landwirtschaft, Flurbereinigung und veränderte Landnutzung, insbes. Verlust von Feldgehölzen, Hecken, Gras- und Krautsäumen sowie Öd- und Brachflächen.
Direkte Verluste durch Ausmähen von Nestern.

SPEC	VSchRL	Bern.Konv.	Bonn.Konv.
E	--	Anh. II	Anh. II
Europ. RL	**RL in ME**		
--	FL: 'CR', CH:'VU'		

Schutzmaßnahmen. Starke Einschränkung des Pestizideinsatzes in Durchzugs- und Überwinterungsgebieten, zudem Reduzierung der Beweidung.
Erhaltung sowie Neuschaffung geeigneter Lebensräume im Brutgebiet, z.B. Kleinparzellierung von Ackerflächen, Umsäumung mit Randstreifen und Hecken, Belassen von Brachstreifen.
Erhalt von Sekundärbiotopen wie Kies- und Sandgruben.

Biotop. Br. in halboffener bis offener Landschaft mit mind. kleinen Komplexen von nicht zu dichten Dornsträuchern oder Stauden, in Einzelbüschen, jüngeren Hecken, jungen Stadien der Waldsukzession oder zuwachsenden Brachflachen, an Bahndämmen, Weg- und Straßenrändern; fehlt in der Regel im Inneren von Städten und in geschlossenen Wäldern. Optimal sind trockene Gebüsche und lockere Hecken mit dichter, mehrjähriger Krautschicht [3697]; wärmere Lagen werden allgemein bevorzugt. Auch als Dz. bevorzugt in offenem, gebüschbestandenem Gelände, auch im Schilfröhricht, auf Äckern und in Gärten. Im Winterquartier hauptsächlich in der Dornbuschsavanne, in Dickichten am Wasser, aber auch in Halbwüsten.

Nahrung. Vor allem kleine, weichhäutige Insekten und deren Entwicklungsstadien, aber auch andere Kleintiere. Weniger Beerennahrung als Mönch- und Gartengrasmücke.

Stimme. Rufe grasmückenartig »tek« (aber unterschiedlich häufig), auch gereiht »trrt« oder »tschrt«; artspezifisch gedehnt, nasal und gereiht »woid-woid…«; Schnarrlaute bei Überraschung »drrt« oder laut »errrrrt«. Gesang beginnt mit trillernder, rauer Silbe und ist in leise schwätzenden Werbegesang und lauten, relativ kurzen Vollgesang gegliedert (letzterer oft allein zu hören), in dem unregelm. längere und kurze, oft geräuschhafte Elemente abwechseln. Insgesamt hastige Vortragsweise und rauer Klang sehr typisch; oft Strophen recht stereotyp, Imitationen häufig. Vortrag von Singwarten oder im Singflug (Strophen dann länger). Leiser Werbegesang aus der Deckung heraus mit vielen Imitationen. Gesang am intensivsten bei Reviergründung (häufig Wechselgesang mit Nachbarn), kann bei Folgebruten wieder aufleben; Herbstgesang ab Ende Aug. möglich.

Verhalten. Tagaktiv, zieht nachts. Gebüschschlüpfer, zeigt sich aber häufiger frei als Gartengrasmücke. Zur Brutzeit territorial. Reviermarkierung durch Singen auf weithin freien Singwarten, aber auch Singflug mit singendem Aufsteigen in wellenförmigen Bögen bei langsamen Flügelschlägen und anschließendem treppenförmigem stummem Absteigen. Während der Jungenaufzucht werden Reviere nur noch schwach verteidigt. Oft werden mehr Reviere gebildet als Brutpaare vorhanden sind; offenbar zumindest lokal relativ hoher Anteil unverpaarter ♂ und/oder ♂-Überschuss. Balz beinhaltet Gesang, Nestzeigeverhalten, Halmbalz und Verfolgungsflüge. Kopulationsrate ist gering. ♂ beendet Kopulation oft mit aggressivem Verhalten (Kopfhacken). ♂ gelegentlich polyterritorial.

Fortpflanzung, Brutbiologie [337, 1369, 767, 1, 1722, 3558]. Geschlechtsreife im 1. Lebensjahr. Monogame Brut- oder Saisonehe; gelegentliche Umverpaarungen auch nach erfolgreicher Brut; Fälle von Bigamie und Biandrie bekannt. **Ankunft im Brutgebiet.** Ab Mitte April, Einzug und Auffüllen der Reviere bis Mai und Juni; ♂ mehrere d früher als ♀. Brutortstreue bei ♂ größer als bei ♀. ♂ bieten Wahlnester an, mit auffälligen Flugmanövern angelockte ♀ wählen dann. **Nest.** In Stauden und niedrigen Dornsträuchern und -hecken, oft in Brennesseln oder Brombeeren, aber insgesamt in großer Vielfalt von Pflanzen, auch in Nadelbäumen oder im Stockausschlag von Laubbäumen; i.d.R. nahe am Boden, kaum > 1 m (Mediane ME 30 - 50 cm), offenbar Abnahme der Standhöhe mit zunehmender Jahreszeit. Nest locker gebaut aus trockenen Stängeln und Halmen, innen mit feinerem Material. Muldendurchmesser 55-70 mm, -tiefe 43-60 mm. ♂ bauen nicht selten Nester bis auf Innenauskleidung fertig, ♀ bei Fertigstellung beteiligt. Dauer 2-3 (-6) d. **Legebeginn.** In ME frühestens (Mitte) Ende April (CH), meist Anf. Mai, Hauptzeit Mai, späteste im Juli (Gesamtlegezeit in S-D ca. 85 d). **Gelegegröße.** 3-6 (2-7), ME meist 5; Kalendereffekt; Ø CS_{91} 4.6, D-MV_{88} 4.8, Rhl.$_{357}$ 4.6, CH_{205} 4.6, GB_{208} 4.8 (Mai 4.9, Juni 4.2, Juli 4.6), S.$_{94}$ 4.6, FIN_{67} 5.1. Ersatzgelege kleiner als Erstgelege. Legeintervall 1 d. **Eier.** Stumpfelliptisch, glänzend, variabel, Grundfarbe hellgrün bis hellbraun, zahlreiche Oberflecke dunkler. **Brutdauer.** (9) 10-15 d (Ø GB_{56} 11, D-BW_{37} 11.9 d), Bebrütung meist ab vorletztem Ei; bei Erstbruten brüten beide (♀ mehr und allein nachts), bei Zweitbruten beginnen ♀ allein, wenn ♂ Juv. der Erstbrut führt. **Nestlings-/Führungszeit.** Beide hudern und füttern (bei Bigamie ♂ nur bei Erstbrut). Nestlingsdauer 10-14 (8-15) d (< 10 d meist nach Störungen). Ausgeflogene Juv. werden von Ad. noch mind. 3 Wochen betreut. **Jahresbruten.** 1 die Regel, Zweitbruten zuweilen in ME belegt (häufiger in NW- und vor allem S-Europa). 1-2 Ersatzgelege. **Ende der Brutperiode.** Meist im Aug. **Bruterfolg.** In kleinen Stichproben B 3.9 flügge Juv./BP und J. (GB 2.7), in N-D Juv. in 49-63% der abgelegten Eier (in GB 58.6%), in D-BW in Hochlagen Nesterfolg (n=46 und 96) nur 30%, unterhalb 250 m ü.M. 52%; dort nach 1980 Nesterfolg höher als bis 1979. Hauptverluste durch Prädation und Aufgabe, seltener Witterung und Kuckuck.

Eimaße und -gewichte [1369]: L. 16.1-20.9 mm, B. 12.0-15.4 mm; Ø 18.5 x 14.0 mm (n=100, GB), Ø 18.1 x 13.9 mm (n=159, L), Ø 18.1 x 13.8 mm (n=126, D), Ø 17.9 x 14.0 mm (n=90, S.). Frischvollgew. 1.287-2.50 g, $Ø_{278}$ 1.824 g bzw. 1.64-2.33 g, $Ø_{55}$ 1.99 g. Schalengew. 0.076-0.134 g, $Ø_{278}$ 0.101 g (D) bzw. 0.083-0.119 g, $Ø_{171}$ 0.102 g (CS).

Sterblichkeit, Alter. Br. GB im 1. J. 71 %, Ad. 61 %/J. [3589]. Ältester Ringvogel (GB) 8 J. 8 Monate [3654]. **Generationslänge:** < 3.3 J. [383].

Mauser. **Postjuvenile Mauser** (Teilmauser) beginnt im Alter von 3-4 Wochen, Ende Juni/Juli–Aug./Sept. (Okt.); einschließlich variabler Anzahl

Großer Armdecken, selten einige Schirm- und unregelm. Steuerfedern [767,1866,3558,2825]; Dauer 35–45 d, spät Geschlüpfte mausern schneller als früh Geschlüpfte [1369,418]. • **Postnuptialmauser** (Vollmauser) (Ende Juni) Juli/Mitte Aug.–Anf. Aug./Sept. [767,418,3444,1514]; Unterbrechung bei Zugbeginn besonders bei spät Mausernden und Ind. aus E Brutgebieten, z.T. im Winterquartier beendet oder variable Anzahl von Schwungfedern bleibt stehen [767,3771,1866,3558, 1514]; Dauer der HS-Mauser 40–45 d. • **Pränuptialmauser** (Teilmauser) Okt.–April, aber oft mit geringer Mauserintensität Dez.–Jan.; Teile der Flügeldecken, meist Schirm-, einzelne Schwung- und Steuerfedern, bei Einj. umfangreicher [767,3771, 1866,3558,4011].

Sylvia conspicillata – Brillengrasmücke 12640

Sylvia conspicillata Temminck 1820

(GB) **Spectacled Warbler** (F) **Fauvette à lunettes** (E) **Curruca Tomillera**

Taxonomie. Zwei UA: *conspicillata* Temminck 1820 (Mittelmeergebiet) und *orbitalis* (Wahlberg 1854) (Madeira, Kanaren, Kapverden)

Kennzeichen. [3558,3615,767,1369,3772,221; weitere **Fotos** in Bird. W. **7**, 164, **10**, 138-39, **13**, 418-19, **17**, 168, Brit. B. **91**, 226, Sandgr. **26**, 56, Dutch B. **22**, 300, (*orbitalis*) Bird. W. **9**, 235].

Maße. Gr.: 12.5 cm. Gew.: (F, Frühj.) 7.8-13.1 g, $Ø_{17}$ 9.0 g, (CY) 8.7-10.0 g, $Ø_{10}$ 9.4 g. Fl.spw.: 13.5-17 cm. Fl.l.: 51-61 mm; ad. ♂ $Ø_5$ 56.5 mm, juv. ♂ $Ø_{12}$ 55.3 mm, ad. ♀ $Ø_6$ 56.5 mm, juv. ♀ $Ø_9$ 54.7 mm [767,1369,3558].

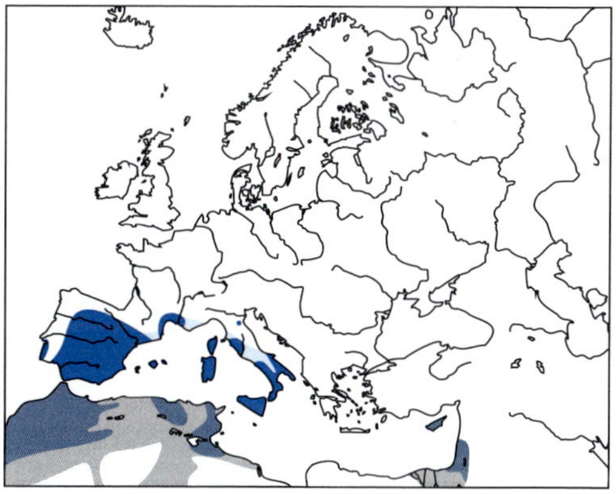

Sylvia conspicillata – **Brillengrasmücke**

Status. Außerhalb europäischer Brutgebiete Ausnahmegast mit einzelnen Nachw. (oder z.T. unüberprüften Beob.) in GB (Mai 1992, Apr. 1997, Juni 1999 und Okt. 2000), (DK 1976 gestrichen), GR (15 mal), YU (2 mal ?), TR (6 mal ?) [767,337,3558,867].
In ME nur wenige Nachw.: • **B:** sing. ♂ Juni-Aug. 1999 [1677]. • **NL:** ♀ Nov. 1984 [277]. • **D:** Helgol. Fängl. Sept. 1965, ♂ Juni 2001 [1369,867]. • **CH:** 2 alte Vorkommen (1834, 1848) unbelegt; -VS 1989 und 2005 Brutnachw. [4152, S. Werner]. Mehrzahl der 15 Nachw. in W- und M-Europa abseits der Brutgebiete zw. Ende April-Mitte Juni, 2 Sommernachw., 4 auf Herbstzug Mitte Sept-Anf. Nov. [867].

Verbreitung und Bestand. Brutvogel auf Madeira, Kapverden und Kanaren (UA *orbitalis*) sowie in N-Afrika nach E bis NW-Libyen, W-Mittelmeer einschließlich Inseln und von S-P, Zentral- und E-E., S-F nach E bis Adriaküste I; davon getrennt kleines Areal CY, SW-SYR, Libanon, IL und JOR (Nominatf.). SW-Alpen lokal bis 1000 m, Libanon bis 2000 m, Sizilien bis 2200 m, E., N-Afrika und Teneriffa 2400-2600 m ü.M. [337,3558]. Europäischer Gesamtbestand 180.000-440.000 BP (Trend unbekannt), mit Beständen > 2.000 BP in E. (140-300 T.), Kanaren (20-100 T.), I (10-20 T. BP), F (2-10 T.) und CY (4-8 T. BP) [383].

Wanderungen. Standvogel auf Kapverden, Kanaren, Madeira, M, CY; Kurzstreckenzieher im Mittelmeerraum mit Winterquartier Sahara bis Mauretanien, Mali, S-DZ, N-Niger, NW-Libyen, EGY und S-IL; einzelne (in milden Wintern auch häufiger) Winterbeob. bis S-F. Wegzug Sept.–Okt., Heimzug Feb.–März, Ankunft im W-Mittelmeer Mitte März, Nachzügler bis Mai.

Bestandsentwicklung. Kurzfristige erhebliche Bestandseinbrüche durch harte Winter; andererseits vorübergehende Habitatgewinne durch großflächige Brände in der Garrigue oder Macchie sowie extensive Weidenutzung, da sie weitere Sukzession eindämmen [1369]. – In F geringfügige Arealeinbuße seit 19. Jh.; doch im 20. Jh. eine von 3 mediterranen *Sylvia*-Arten mit Arealausweitung nach N, bes. augenfällig in jüngerer Zeit in I [1369,196]. Bestände in meisten Regionen langfristig stabil, aber Rückgang und Arealverlust auf M und Korsika (wo inzwischen auf NW-Rand beschränkt) [1585,4180].

SPEC	VSchRL	Bern.Konv.	Bonn.Konv.
--	--	Anh. II	Anh. II
Europ. RL	RL in ME		
--	--		

In ME leichte Zunahme der Frühjahrsbeob. seit 1980er J., doch Brut 1989 an Südhang im klimatisch günstigen CH-VS dennoch sehr überraschend [2516]. Zur selben Zeit (1989-90) Brutvorstöße in F weit N bekannter Brutgebiete (ähnlich einem Vorstoß im 19. Jh.) [4180]. Erneute Brut in -VS 2005 [S. WERNER].

Siedlungsdichte. Wenige zuverlässige Daten. Auf Flächen < 20 ha bis > 7 BP/10 ha, von 40–50 ha 2.4 bzw. 3.4, von > 100 ha 0.7 BP/10 ha; SE-F 0.05 (3579 km^2), 0.1 (22.800 km^2), 0.2 (5881 km^2) Rev./ km^2 [337,1507,3558].

Biotop. Br. in niedriger und lückenhafter Strauchvegetation, z.B. frühe Degradationsstadien der mediterranen Hartlaubvegetation nach Brand oder Überweidung, niedrige Vegetation in Halbwüsten und Salzsteppen, Quellerbestände in Küstenniederungen, Trockenheiden in Hochgebirgen, lückig bebuschte Brachflächen, Trockentäler, Dünenlandschaften. Im Winter in ähnlich strukturierten Habitaten (z.B. Halophyten-Vegetation an der Küste).

Nahrung. Kleine Insekten und deren Larven, Spinnen, auch Beeren.

Stimme. Rufe zeternd, an Zaunkönig erinnernd, etwas tiefer, Strophen wie »zerrrr«, »trrrtrrr...« (über einen Kamm streichender Nagel). Rascher rhythmischer, hoher plaudernder Reviergesang, der mit 2–4 hohen, reinen Pfeiftönen (erinnern an Haubenlerche) eingeleitet wird; auf Warte kürzer (ca. 1.8 sec), im Singflug länger (bis 7 sec). Sangeszeit bei Standvögeln ab Winter (oder Spätherbst), sonst von Ankunft bis Mai–Juni.

Verhalten. Tagaktiv. Nahrungssuche mit dauernder Bewegung meist in Bodennähe, aber auch in Sträuchern und sogar Baumkronen. Zur Brutzeit territorial; Singwarten auf Sträuchern oder Zaunpfählen. Zur Brutzeit territorial. Steil aufsteigender Singflug mit fledermausartiger Bogenstrecke und einigen Aufschwüngen und anschließend steiles Abtauchen. Balz schließt auch einen Balztanz und Verfolgungsflüge ein. Hält sich bei Gefahr oft hartnäckig in Deckung.

Fortpflanzung, Brutbiologie [1369,337,767, 3558]. Geschlechtsreife im 1. Lebensjahr. Monogame Saisonehe (?). **Nest.** Meist bodennah in verfilztem oder bultigem Gras, kleinen Büschen, Disteln etc., im Mittel kaum > 50 cm (selten bis 2 m) in niedriger Vegetation; auf Kapverden auch bis 4 m in Bäumen; dickwandiger Bau mit relativ tiefer Mulde (Innendurchmesser 52-70 mm) aus Halmen, Rispen, Pflanzenwolle, trockenem Pflanzenmaterial etc.; Nestbau durch beide (am Ende überwiegend ♀). **Legebeginn.** Bei Standvögeln der Inseln vorwiegend im Winter (Kapverden) bzw. Jan.-Mai (Kanaren), in SW-Europa (März) April bis Juni (selten Juli). **Gelegegröße.** 3-5 (2-6), meist 5; $\varnothing_{35}$ 4.0, $\varnothing_{51}$ 4.4, Ø M_{19} 4.8. Legeintervall 1 d. **Eier.** Stumpfelliptisch, glänzend, frisch auf hell graugrünlichem Grund dicht mit grauen oder olivbraunen kleinen Punkten übersät, am stumpfen Pol oft Fleckenkranz. **Brutdauer.** 12-13 d; ♀ brütet überwiegend; ab (vor-)letztem Ei. **Nestlings-/Führungszeit.** ♀ hudert; beide füttern. Juv. verlassen Nest nach 10-12 d; werden noch mehrere d in Nestnähe gefüttert; nach max. 3 Wochen Führungszeit selbständig. **Jahresbruten.** I.d.R. 2, auf M auch 3. Ersatzgelege. **Bruterfolg.** Auf M von 95 Nestern 20% von Zornnattern (*Coluber viridiflavus*) ausgeraubt.

Eimaße und -gewichte [1369]**:** L. 15.3-19.0 mm, B. 12.4-14.4 mm, Ø 17.5 x 13.2 mm (n=100, GB); Frischvollgew. (Nominatf.) 1.43-1.69 g, $\varnothing_{8}$ 1.53 g; Schalengew. 0.06-0.10 g, $\varnothing_{70}$ 0.08 g.

Sterblichkeit, Alter. 1 mal 4 J. nachgewiesen. **Generationslänge:** < 3.3 J. [383].

Mauser. **Postjuvenile Mauser** (Teilmauser) bes. Juli–Sept.; bisweilen auch mit partieller HS-Mauser [767,1866,3558]. • **Postnuptialmauser** (Vollmauser) (Ende Juni) Juli/Mitte Aug.–Ende Aug./Sept. (Okt.) [767,3558]. • **Pränuptialmauser** (Teilmauser) Nov./Feb.–April; Kleingefieder, einzelne Schirm- und Steuerfedern, bei Einj. vermutlich umfangreicher [767,3558].

Sylvia undata – Provencegrasmücke 12620

Sylvia undata (Boddaert 1783)

(GB) Dartford Warbler **(F) Fauvette pitchou** **(E) Curruca Rabilarga**

Taxonomie. Drei UA: *undata* (Boddaert 1783) (Iberien, S-F), *toni* Hartert 1909 (NW-Afrika) und *dartfordiensis* Latham 1787 (W-F, England). Schwesterart ist die Atlasgrasmücke (*S. deserticola*).

Kennzeichen. [3558,3615,767,1369,221,3772; weitere **Fotos** in Bird. W. **7**, 36, **14**, 98, Brit. B. **94**, 376, Dutch B. **23**, 167, **24**, 341, **26**, 78, **25**, 430, 441, **26**, 78].

Maße. Gr.: 12.5 cm. Gew.: (*undata*, Okt., beide) 7.8-10.5 g, $\varnothing_{26}$ 9.0 g. Fl.spw.: 13-18.5 cm. Fl.l.: (beide) 51-57 mm, $\varnothing_{43}$ 53.8 mm; ad. ♂ $\varnothing_{53}$ 53.8 mm, juv. ♂ $\varnothing_{47}$ 52.5 mm, ad. ♀ $\varnothing_{28}$ 53.4 mm, juv. ♀ $\varnothing_{41}$ 52.0 mm [767,1369,3558].

Status. Außerhalb der Brutgebiete in Europa Ausnahmegast, z.B. nachgewiesen in IRL 6 mal bis 1987 und S. 2 mal bis 1990; ferner in FIN, GR, YU, Schottland und Libyen [767,337,3558].
In ME mehrere Nachw. (meist unklar, ob *undata* oder *dartfordiensis*): • **B:** Apr. 1988, Okt. 1988, Mai 1989, Apr. 1992, Okt. 1994 [1677,277]. • **NL:** Apr. 1959, ♀ Nov.-Dez. 1995, ♂ Jan. 1997, vj. Ind. März 2002 und ♂ Okt. 2003 [277,q16]. • **D:** Helgol. ♂ Apr. 1982 [1369]; -SH »älterer Nachweis« und ♂ Apr. 1993 [575]; -NI ♂ Nov. 1994-Jan. 1995 [575]. • **CZ:** ♂ *undata* Totfund Juni 1969 [2159]. • **CH:** März 1960, gefang. Okt. 1961, März 1979 [4152].

Verbreitung und Bestand. Brutvogel von NW-Afrika *(UA toni)*, über Küstengebiete W-Mittelmeer bis Adriaküste S-I, Menorca (mind. ab 1975), Mallorca (?), Korsika, Sardinien, Liparische Inseln, Sizilien sowie P, E. *(undata);* ferner in N-P, N-E., W-F und S-GB *(dartfordiensis).* In N-Afrika bis 1800 m, E. bis 1500 m, F bis 1250 m, Sizilien bis 950–1000 m ü.M. [337,3558]. Europäischer Gesamtbestand 1.9 - 3.7 Mio. BP (Gesamttrend unklar), entspr. > 95% des Weltbestandes [383]; in meisten Regionen stabil mit z.T. starken Fluktuationen, aber u.a. stärkere Abnahmen auf Kanalinseln und in E. [383,3558]; nach starken Verlusten in 1970er und 80er J. inzwischen in GB wieder Erholung [383].

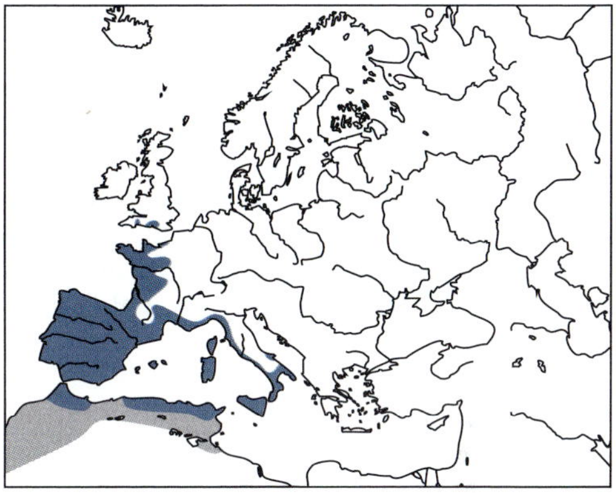

Sylvia undata – **Provencegrasmücke**

Gefährdungsursachen. Habitatverluste und -fragmentierung durch Überbauung, Land- und Forstwirtschaft [337].
Natürliche Verluste durch Klimaänderungen (vor allem in Randbereichen der Verbreitung wie S-GB).

SPEC	VSchRL	Bern.Konv.	Bonn.Konv.
2	Anh. I	Anh. II	Anh. II
Europ. RL	RL in ME		
--	--		

Schutzmaßnahmen. Schutz, Erhaltung sowie Renaturierung geeigneter Lebensräume.

Wanderungen. Teilzieher, regelm. Überwinterungen auch am N-Rand der Brutverbreitung. Dispersionswanderungen der Juv. über große Entfernungen, daher ab Sept. auch außerhalb der Brutgebiete. Regelm. im Winter in N-Afrika und zahlreiche Nachw. auf Mittelmeerinseln ohne Brutvorkommen. 1 Ringfund (ad. ♀ mit Brutfleck) Capraia NW-I nach TN (665 km) [3242]. Zugbewegungen Okt.–Nov. In Gebirgen und Bergland Altitudinalwanderungen (z.B. Korsika an Küste, vom Atlas bis mind. an N-Rand der Sahara).

Siedlungsdichte. Wenige zuverlässige Daten. Brutreviergröße GB 2-4 ha, in F 2-3 ha, Sardinien in dichter Macchie 0.14–0.49 ha. Auf Flächen < 20 ha bis 15 BP/10 ha (SW-Europa), höchste Dichten GB auf Flächen > 100 ha 1.0–3.2 BP/10 ha; SE-F 0.6 (3579 km^2), 0.3 (5881 km^2), 0.5 (22.800 km^2) Rev./km^2 [337,1507,3558].

Biotop. Br. in kniehoher Heide, Ginsterheide, Macchie und Garrigue, sowie in lichten Beständen von Kiefern, Stein-, Kork- und Kermes-Eichen mit dichter Strauchschicht in weitgehend schneefreien Regionen des Mittelmeerraums und W-Europas; auch in Frühstadien von Koniferenpflanzungen mit üppiger Kraut- und Strauchschicht (Stechginster) und auf bewachsenen Kahlschlägen; im Winter auch auf Brachland, Ruderalflächen und in halophiler Strandvegetation.

Nahrung. Hauptsächlich Insekten (z.B. kleine Käfer, Raupen, Schmetterlinge), vor allem im Winter Weberknechte und Spinnen, im Herbst mind. gelegentlich Beeren und weiche Früchte (z.B. *Rubus, Pistacia, Rubia, Myrtus*).

Stimme. Häufigster Ruf metallisch rau »dsch« oder »tschörr«; oft werden deutlich abgesetzte, aber im Gegensatz zu Bart- und Samtkopf-Grasmücke gedämpfte .»t-t« angehängt, die zu längeren Serien gereiht werden können. Reviergesang kurze, plötzlich beginnende, hastige Strophen mit zischenden Lauten (vgl. Warnruf) und ohne reine Flötentöne, vorgetragen von Singwarte (meist 1 sec) oder sehr häufig im Singflug (länger). Deutlicher Unterschied zum monotoneren, wohlklingenderen und höheren Gesang der Sardengrasmücke. Schneller, abwechslungsreicher und kürzer als Dorngrasmücke. Jedes ♂ singt mehrere verschiedene Strophentypen. Individuelle und geographische Variation. Sangeszeit meist Anf. März bis Juli; häufig Herbstgesang.

Verhalten. Tagaktiv. Ausgesprochener Buschschlüpfer, der häufig die Deckung nur kurz verlässt, jedoch keineswegs scheu ist. Bei Erregung wird Schwanz gestelzt und auf und ab bewegt. Nahrungserwerb in bodennahen Strauchschichten, aber auch im Gras. Zur Brutzeit territorial. Territorien werden oft schon im Herbst etabliert. Singflug mit steilem Aufstieg, dann mit ausgebreiteten Flügeln in einigen Schlaufen »tänzelnd« und steiles Abtauchen in die Vegetation.

Fortpflanzung, Brutbiologie [1369,337,767, 3558]. Erstansiedlung von Herbst bis Frühjahr des 1. Lebensjahres. Hohe Ortstreue (zumind. bei ♂). **Nest.** In niedrigen, dichten, meist immergrünen Sträuchern und Büschen, z.B. Heidekraut, Stechginster, Stein- und Kermeseichen, *Cistus*, Lavendel, kaum > 1 m, meist < 50 cm (in GB Ø$_{58}$ 25.6 cm); kompakter Bau aus kleinen Zweigen, Wurzeln, Moos und Spinnenkokons, Mulde (Durchmesser 25-50 cm) mitunter mit Federn, Haaren etc. ausgekleidet. Nestbau hauptsächlich durch ♀, ♂ bietet unfertige Wahlnester an. **Legebeginn.** In S-F Ende März bis Ende April, in GB ab Ende April, oft auch erst ab Mitte Mai. **Gelegegröße.** 3-5 (6); Ø F$_{60}$ 3.9, Ø GB$_{339}$ 4.0; saisonale und Habitatunterschiede belegt. Legeintervall 1 d. **Eier.** Stumpfelliptisch, glänzend, auf trübweißem Grund olivbraun und aschgrau gepunktet und gefleckt. **Brutdauer.** 12-14 d; ♀ brütet überwiegend (♂ ohne Brutfleck), nachts ausschließlich; wird nicht vom ♂ gefüttert; oft ab vorletztem Ei. **Nestlings-/Führungszeit.** ♀ hudert bis 8 d; beide füttern. Juv. verlassen Nest, bevor sie flugfähig sind, mit 9-14, meist 12 d; halten sich mehrere d in Nestnähe nahe am Boden auf; sind 10-15 d nach Ausfliegen selbständig. **Jahresbruten.** 2 in GB (Drittbrut bei einem ♂ nachgewiesen); im Mittelmeerraum keine Zweitbruten bekannt. Ersatzgelege. **Ende der Brutperiode.** Meist im Juli oder Aug. **Bruterfolg.** In GB Ø Brutgröße 3.6 Juv.; Ø 1.25 Bruten pro Paar und Nachwuchsrate von 2.3 flügge Juv./Brut. Verschied. Studien Bruterfolg zw. 56%-67%.

Eimaße und –gewichte [1369]: L. 15.3-19.0 mm, B. 12.4-14.4 mm, Ø 17.5 x 13.2 mm (n=100, GB); Frischvollgew. (Nominatf.) 1.43-1.69 g, Ø$_{8}$ 1.53 g; Schalengew. 0.06-0.10 g, Ø$_{70}$ 0.08 g.

Sterblichkeit, Alter. Sterblichkeit GB im 1. J. ca. 70 %, später ca. 50 %/J.; 4 volle Lebensjahre nachgewiesen. **Generationslänge:** < 3.3 J. [383].

Mauser. Postjuvenile Mauser (Teilmauser) Ende Juni/Mitte Aug.–Mitte Sept./Nov.; umfasst auch Schirm- und z.T. Steuerfedern [767,3771,3558,1284]. • **Postnuptialmauser** (Vollmauser) Ende Juni/Mitte Aug.–Mitte Sept./Mitte Okt. (Nov.) [767,3558,2922]. • **Pränuptialmauser** (Teilmauser) Ende Sept./Nov.–März/Anf. April; zumindest bei einem Teil einige Körper-, Schirm- und Steuerfedern gemausert [767,3558].

Sylvia sarda – Sardengrasmücke 12610

Sylvia [sarda] sarda Temminck 1820

GB Marmora's Warbler **F Fauvette sarde** **E Curruca Sarda**

Taxonomie. Monotypisch (Korsika, Sardinien, Inseln vor Küste W-I, Pantelleria). Bildet Superspezies mit der Balearengrasmücke *S. [s.] balearica* [vgl. 3558].

Kennzeichen. [3558,3615,3772,221; zur Unterscheidung der Allospezies *sarda* und *balearica*: 3558,3559; photographische und sonagraphische Dokumentation des Nachw. in B:2274; weiteres Foto in Bird. W. **5**, 217].

Maße. (*sarda*) Gr.: 12 cm. Gew.: (beide Allospezies) 9-12 g, Ø 10.5 g. Fl.spw.: 13-17.5 cm. Fl.l.: ♂ 53-59 mm, Ø$_{20}$ 55.7 mm, ♀ 51-56 mm, Ø$_{13}$ 53.5 mm.

Status. (*sarda*) Außerhalb mediterraner Brutgebiete in Europa Ausnahmegast, mit Nachw. in GB (5), Festland E. (1), F (18) und I (genaue Zahl unbek., fast regelm. Gastvogel), sowie M (9 Nachw. mit 13 Ind.) und NW-EGY (1), vor allem bei »Einflug« 1997 9mal F und je 1mal B und Festland E.; In Sizilien regelm. Durchzügler nach N-Afrika, wo gebietsweise regelm. überwinternd [767,3558,2274]. In ME erst ein Nachw.: • **B:** Knokke-Heist Mai 1997 [1677,q15,2274].

Verbreitung und Bestand. Superspezies mit zwei distinkten Allospezies auf verschiedenen mediterranen Inseln, Sardengrasmücke *sarda* auf Korsika, Sardinien und einigen kleineren mediterranen Inseln von Meereshöhe bis 1800 m ü.M. ist Teilzieher, die kleinere Balearengrasmücke *balearica* auf den Balearen (außer Menorca) von Meereshöhe bis 1300 m ü.M. ist reiner Standvogel [3558]. Europäischer Gesamtbestand der Sardengrasmücke 15.000-50.000 BP, Trend unklar [383,3558], der Balearengrasmücke 14.000-25.000 BP, (Trend ?) [383].

Wanderungen. Sardengrasmücke auf Korsika und Sardinien Teilzieher, Wegzug und Winteraufenthalt in NW-Afrika meist Nov.-März. Vereinzelte Nachw. N Brutareals durch Zugprolongation im Frühjahr oder Zerstreuungswanderungen. Balearengrasmücke Standvogel.

Siedlungsdichte. Auf Korsika 3.0-4.5 BP/10 ha, auf Sardinien 2.0-7.7 BP/10 ha; etwas geringere Werte für *balearica* [3558].

SPEC	VSchRL	Bern.Konv.	Bonn.Konv.
E	Anh. I	Anh. II	Anh. II
Europ. RL	RL in ME		
--	--		

Gefährdungsursachen [3558]. Durch Urbanisation und touristische Entwicklung starker Lebensraumverlust (allerdings Errichtung von größeren Schutzgebieten mit sehr positiver Auswirkung auf Bestandssituation). Weitere **Schutzmaßnahmen** derzeit nicht erforderlich.

Biotop. Ausschließlich in mediterranen Küstenregionen. Bevorzugt eher einheitliches deckungsreiches und sehr niederwüchsiges Gestrüpp, nicht selten an Hängen. In Garrigue vor allem in heidebestandenen, aber lückigen und grasbewachsenen Bereichen.

Nahrung. Vor allem kleine Arthropoden.

Sylvia cantillans – Weißbart-Grasmücke 12650

Sylvia cantillans (Pallas 1764) syn.: Bartgrasmücke

GB Subalpine Warbler **F Fauvette passerinette** **E Curruca Carrasqueña**

Taxonomie. Vier UA in drei sehr deutlich differenzierten Gruppen, die dem Allospeziesstatus nahe kommen [vgl. Diskussion bei 3558]: *cantillans* (Pallas 1764) (SW-Europa bis N-I), *inornata* Tschudi 1906 (NW-Afrika), *moltonii* Orlando 1937 (Balearen, Korsika, Sardinien, lokal Piemont I) und *al-*

bistriata (C.L. Brehm 1855) (SE-Europa inkl. TR). Außer *inornata* sind alle Formen in ME nachgewiesen. Mögliche Kontaktzonen zwischen *moltonii* und *cantillans* (NW-I) [vgl. 1108, M. Brambilla] sowie *cantillans* und *albistriata* (NE-I) müssten genauer untersucht werden, um potenzielle reproduktive Barrieren zu identifizieren.

Kennzeichen. [3558,3615,767,1369,3772,221,3558; photographische und sonagraphische Dokumentation des Nachweises von *moltonii* in B (2001): 3607; weitere **Fotos** in Bird. W. **8**, 369, **9**, 129, **11**, 333, **13**, 222, 234-50, **14**, 482-83, Limic. **6**, 171, **14**, 108, Dutch B. **19**, 110, **22**, 182, **23**, 333-34, 364, **24**, 89, 178, (*albistriata*) Bird. W. **17**, 202-03].

Maße. Gr.: 12 cm. Gew.: (Nominatf.) (F, Juni/Juli) 7.3-13.2 g, Ø$_{150}$ 9.8 g, (M, Herbst) 8.4-18.9 g, Ø$_{1068}$ 13.0 g, (Senegal, Winter) 7.1-12.2 g, Ø$_{474}$ 9.2 g; (*albistriata*) (CY, Frühj.) ♂ 8.9-12.0 g, Ø$_{10}$ 10.0 g, ♀ Ø$_{3}$ 9.9 g. Fl.spw.: 15-19 cm. Fl.l.: (Nominatf.) ♂ 58-63 mm, Ø$_{21}$ 60.4 mm bzw. ad. ♂ Ø$_{97}$ 60.3 mm; juv. ♂ Ø$_{67}$ 59.1 mm, ♀ 57-61 mm, Ø$_{8}$ 58.9 mm bzw. ad. ♀ Ø$_{50}$ 59.0 mm, juv. ♀ Ø$_{78}$ 58.5 mm; (*albistriata*) ad. ♂ 62-67 mm, Ø$_{20}$ 63.7 mm, juv. ♂ 58-65 mm, Ø$_{18}$ 61.8 mm, ad. ♀ 61-64 mm, Ø$_{6}$ 62.8 mm, juv. ♀ 58-65 mm, Ø$_{8}$ 61.2 mm.

Status. Unter den S-europäischen *Sylvia*-Arten häufigster Gastvogel N der Brutgebiete und neuerdings gebietsweise alljährl. zw. Mai und Okt. (in GB März bis Nov.) beob.; bis 1990 im Frühjahr unter 97 Ind. 62 ♂ (davon 10 sing.) und 7 ♀, Herbstnachw. meistens Fänglinge. In ME sowohl *albistriata, cantillans* als auch *moltonii* nachgewiesen [z.B. B, NL, D-BY, -BE: 1677,1369,q16]. – GB/IRL 12 Ind. bis 1957, 143 Ind. 1958–85, 105 Ind. 1986–90; DK 0 vor 1965, 16 Nachw. 1966–88; N. 19 Nachw. bis 1989; S. 18 Ind. bis 1990; FIN 11 Ind. bis 1988 [767,337,3558].
In ME ebenfalls zunehmende Nachweise (***albistriata, cantillans, inornata***): • **B:** Erstnachw. April 1985, seither weitere 9 Nachw. bis 1997, nur ♂, 9 zw. 20.4.-7.6., 1 mal Sept. [1677,q15,277]. • **NL:** 45 Nachw. bis 2003; 1 Fängl. 1942, sing. ♂ 1948, 2 Ind. 1971-80, 13 Ind. 1981-90, 28 Ind. 1991-2003, meist ♂ im (April) Mai/Juni, 1 mal Okt. [277]. • **D:** Helgol. 36 Nachw. 1961-2001, fast nur Frühjahr (Ende Apr.) Mai/Juni (Juli), 1 mal Sept. [1369,869]; sonst in D nur Frühjahrsnachw. (Apr.-Juni (Juli); fast nur ♂): in -NI 6 mal 1957-74, bisher nur Nordseeinseln bzw. Küste; -BW 4 mal 1971-92; -BY 7 mal 1969-97; -TH Apr. 1981; -SN 1984 und ♂ ber. 1986; -BE Mai 1979; -HH Mai 1996 [1369,575]. • **CH:** unregelm. Gastvogel im 19. Jh.; seit 1951 zunehmend regelm., vor allem in S-CH: je 3 Ind. 1951-60 und 1961–70, 5 Ind. 1971-80, mind. 35 Ind. 1981-90 und etwa 52 Ind. 1991-2001; seit 1984 allj. Gastvogel mit Ø 4 Beob. zw. 30. März-14. Juni, 1 Herbstnachw. (Okt. 1998); sing. ♂ seit 1982 [3534,4152,3393,q14]. • **A:** jew. ♂ im Mai 1965 (1), 1974 (1), 1980 (3), 1987 (1) und 1993 (1), ferner vorj. ♀ gefang. Apr. 1995 [1369,3129]. • **H:** 2 Ind. Sept. 1979 [1369]. • **PL:** Halbinsel Hela sing. ♂ und immat. ♀ gefang. Mai 1989, immat. ♂ Mai 1996, ad. ♂ Apr./Mai 2001 [3871].

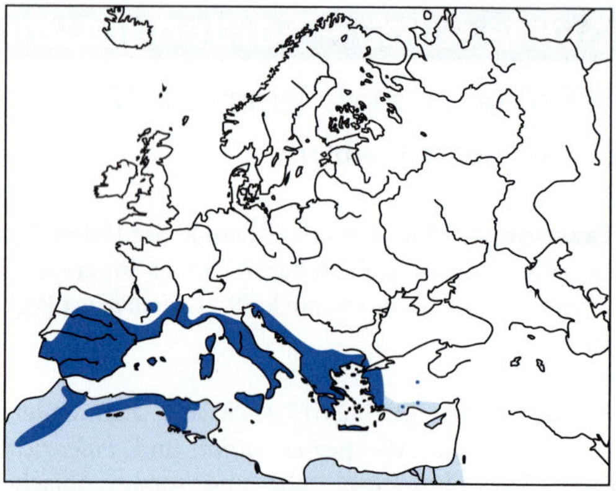

Sylvia cantillans – **Weißbart-Grasmücke**

UA ***moltonii*** Ausnahmegast, bisher nur 1 mal für W-Europa (GB Apr./Mai 1975) [3607] und 2 mal für ME bestätigt: • **B:** ♂ Mai 2001 [3607]. • **NL:** ♂ Mai 1987 [q16].
Noch nicht homologiert: A 2001 [q3].

Verbreitung und Bestand. Brutvogel im Mittelmeergebiet von N-Afrika (*inornata* in Libyen, TN, DZ, MA), Binnenland und Küstenbereiche S-Europas von Iberischer Halbinsel über S-F. bis S-I (?) und Sizilien (Nominatf.), N-I bis S Toskana und W-mediterrane Inseln (Balearen, Korsika, Sardinien, *moltonii*) sowie von SLN bis S-RO, BG, GR und W-Anatolien (*albistriata*). Höchste Brutnachw. Atlas 2200 m, Sizilien bis 1800m, Pyrenäen bis 1000 m ü.M. [337,3558, C. Catoni]. Europäischer Gesamtbestand 1.4 – 3.2 Mio. BP (Trend unbekannt), mit Schwerpunkt in E. (1.1-2.3 Mio.) und Beständen > 10 T. BP in GR (200-500 T.), HR (50-100), F (30-120), P (10-100), I (10-40), AL (10-30) und TR (6-18 T. BP); in SLN nur 100-300 BP [383].

Wanderungen. Zugvogel; Hauptwintergebiet W Sahelzone nach E bis NW-Sudan und SW-EGY (Winterbeob. aber auch aus Sahara-Oasen etc. bekannt und möglicherweise auch am N-Rand der Sahara). Dismigrationen ab Ende Juni, deutlicher Wegzug in F ab Mitte Juli, Höhepunkt des Dz. im W Aug–Sept.; Dz.median Camargue F 24.8. [1828], Nachzügler bis fast Ende Okt. im E ähnlich. Ankunft in S-F ab Mitte März (Dz.median Camargue 16.4.), Nachzügler bis Mai [vgl. auch 645]. Während des Heimzuges zahlreich auf zentralen und W Mittelmeerinseln [2504].

	Best.	Areal	Brutbestand	Jahr	Quelle
CH	N	N	0–2	1993–1996	[383]

Bestandsentwicklung. In meisten europäischen Brutregionen stabile Bestände und unverändertes Areal, Ausnahme BG und - zeitweilig – in F, wo Zunahme und Arealausweitung [1585,4180]; wohl dadurch deutliche Zunahme der Brutzeitbeob. in ME sowie GB/IRL und Fennoskandien, die eine Ausbreitung nach N einläuten könnten [337,1369].
Nach verschiedenen Bruthinweisen in ME erster Brutnachw. im »Einflugjahr« 1996 in CH-VS (mit mind. 3 flüggen Juv.) und im selben Jahr Brutverdacht an anderer Stelle in -VS [4152,3392,3534].

SPEC	VSchRL	Bern.Konv.	Bonn.Konv.
E	--	Anh. II	Anh. II
Europ. RL	RL in ME		
--	--		

Siedlungsdichte. Reviergröße Sardinien 0.1–0.29 ha. F 11.8 Rev./10 ha (Fläche 28 ha). SE-F: 0.7 (5881 km^2), 1.1 (3559 bzw. 22.500 km^2) Rev./km^2 [337,1507,3558].

Biotop. Br. von etwa 1 m hoher Macchie bis zu lichten Stein-, Kork- und Flaumeichenwäldern; erreicht höchste Dichte und Stetigkeit in hoher, baumbestandener Macchie oder Garrigue; auch in weniger ariden Habitaten wie flussbegleitenden Oleander-Beständen; im Kulturland nur in Restvorkommen natürlicher Mediterranvegetation.

Nahrung. Insekten, im Sommer und Herbst auch Früchte.

Stimme. Rufe häufig hartes »ta« oder »tek«, die auch unregelm. gereiht werden können (nicht so tief und voll und in kürzeren Intervallen wie bei Mönchsgrasmücke). Gesang besteht aus relativ langen Strophen mit eingestreuten »tek« oder »tak« und anderen trockenen Lauten; volle Flötentone und tiefe Laute fehlen; Reichweite gering. Oft im Singflug vorgetragen. Leicht zu verwechseln mit Samtkopf-Grasmücke, nicht so gleichmäßig ratternd wie diese. Subsong mit Imitationen im Herbst.

Verhalten. Tagaktiv und Nachtzieher. Fast pausenlos in Bewegung, Schwanz häufig gestelzt. Singt meist verborgen aber auch im Singflug. Nahrungssuche in der Kronenregion; springt und läuft bei der Insektenjagd.

Fortpflanzung, Brutbiologie [1369,337,767, 3558]. Geschlechtsreife im 1. Lebensjahr. Monogame Brut- oder Saisonehe. **Nest.** Meist bodennah (in F 14-140 cm) in niedrigen, dichten Büschen, gelegentlich in kleinen Bäumen, meist Laubhölzer, aber auch Wacholder; aus dürren Grashalmen und dünnen Zweigen, oft mit auffallend verdicktem Nestrand; Muldendurchmesser 45-58 mm, -tiefe 30-60 mm. Nestbau durch am Ende überwiegend ♀, ♂ baut unvollständige Wahlnester. **Legebeginn.** In S-F ab Anf. April bis Mai, in höheren Lagen bis Mitte Juni. **Gelegegröße.** 3-5; Ø Korsika 3.7, DZ$_{34}$ 4.2, MA 4.2, SE-F 4.5. Legeintervall 1 d. **Eier.** Stumpfelliptisch, glänzend, auf trübweißem Grund fein verwischt aber auch gröber bräunlich und grau gefleckt. **Brutdauer.** 11-12 d; beide brüten. **Nestlings-/Führungszeit.** Beide füttern, ♂ zuweilen mehr. Juv. verlassen Nest nach 10-12 d; etwa 2 Wochen Führungszeit (durch ♂, wenn ♀ bei Zweitbrut). **Jahresbruten.** 1-2. Ersatzgelege.

Eimaße und –gewichte [1369]: L. 15.3-19.0 mm, B. 12.4-14.4 mm, Ø 17.5 x 13.2 mm (n=100, GB); Frischvollgew. (Nominatf.) 1.43-1.69 g, Ø$_8$ 1.53 g; Schalengew. 0.06-0.10 g, Ø$_{70}$ 0.08 g.

Sterblichkeit, Alter. **Generationslänge:** < 3.3 J. [383].

Mauser. **Postjuvenile Mauser** (Teilmauser) Ende Juni–Mitte Sept.; einschließlich vielen Großen Armdecken, einzelnen Schirmfedern und selten ST [767,3558]. • **Postnuptialmauser** (Vollmauser) Ende Juni/Mitte Juli–Aug./Mitte Sept., z.T. Unterbrechung während Wegzug [767,3558]; selten werden einzelne AS nicht ersetzt [1866,3558]. • **Pränuptialmauser** (Teilmauser) vermutlich Okt./Jan.–März; neben einigen Schirm- und Steuerfedern auch selten partielle Schwungfedermauser, bei Einj. umfangreicher [767,1866,3558]. Besonders einige Einj. mit anschließender **Supplementärmauser** von wenigen Schirm- und Steuerfedern [1866,3558].

Sylvia melanocephala – Samtkopf-Grasmücke 12670

Sylvia melanocephala (J.F. Gmelin 1789)

(GB) **Sardinian Warbler** (F) **Fauvette mélanocéphale** (E) **Curruca Cabecinegra**

Taxonomie. Drei UA: *melanocephala* (J.F. Gmelin 1789) (Europa bis TR, NW-Afrika; inkl. »*leucogastra*«, Kanaren), *momus* (Hemprich & Ehrenberg 1833) (Libanon bis Sinai) sowie *norrisae* (Nicoll 1917) (EGY, ausgestorben). *S. melanocephala* ist mit der Tamariskengrasmücke *S. mystacea* nächstverwandt, deren gemeinsame Schwesterart ist *S. cantillans*, während die Schuppengrasmücke *S. melanothorax* (CY) ferner steht [3558]. Eine mögliche Superspezies *S. [melanothorax]* sollte daher nur *S. melanocephala* und *S. mystacea*, nicht aber die sehr divergente *S. melanothorax* oder gar die weiträumig sympatrische *S. cantillans* umfassen [*contra* 3565,995N].

Kennzeichen. [3558,3615,767,1369,3772,221; weitere **Fotos** in Bird. W. **8**, 170, **9**, 135, **16**, 99, 143, Brit. B. **96**, 90-91, Dutch B. **20**, 310, **21**, 50, **24**, 380, **25**, 190].

Maße. Gr.: 13.5 cm. Gew.: (Nominatf.) (F, Winter) ♂ 12.4-16.5 g, Ø$_{22}$ 13.9 g, ♀ 11.2-15.5 g, Ø$_{28}$ 13.5 g, (I, Brutzeit) ♂ 9.8-13.0 g, Ø$_{40}$ 11.6 g, ♀ 7.5-14.5 g, Ø$_{32}$ 11.9 g. Fl.spw.: 15-18 cm. Fl.l.: (Nominatf.) ♂ 56.5-63.5 mm, Ø$_{52}$ 59.9 mm bzw. ad. ♂ Ø$_{122}$ 60.3 mm; juv. ♂ Ø$_{498}$ 58.1 mm, ♀ 56-64 mm, Ø$_{47}$ 59.0 mm bzw. ad. ♀ Ø$_{81}$ 58.8 mm, juv. ♀ Ø$_{426}$ 57.6 mm [767,1369,3558].

Status. N der Brutgebiete nicht alljährl. Gastvogel zw. Mai und Okt., mit Häufung der Beob. ab 1970er J.; Nachw. in GB/IRL 17 Ind. bis 1990; DK je 1 ♂ Juni 1978, Mai 1982; N. ♂ Juli 1981, Okt. 1982; S. ♂ Mai-Juni 1980 und Juni 1989; FIN ♀ Mai 1986, UA. und Madeira [767,337,3558].

In ME folgende Nachw.: **CH:** jew. ♂ (erl.) März 1906, März/April 1979 und 1986, Apr. 1987, Mai 1987, April 1989, Juli 1990, Totfund Apr. 1992, gefang. Apr. 1996 und 1999, ferner Apr. 1998 und 2 mal 2001, sing. Mai 2001, Juni 2001; ♀ Apr. 1994 und März 2001 [4152,q14]. • **B:** jew. ♂ Mai 1986, Sept./Okt. 1995, Mai 1996, Juni 1996, Okt./Nov. 1999 [1677,q15,277]. • **NL:** jew. ♂ Dez./Febr. 1980/81, Mai 1983, Apr. 1991, Mai 1993, Okt./Nov. 1993, sing. Mai 1995, Nov./Dez. 1995, gefang. Apr. 1996* [277]. • **D:** Helgol. ♀ gefang. Juni 1969, ♂ Juni 1996 und Sept./Okt. 1997; -SH ♂ Mai 1979; -NI ♂ gefang. Neuwerk April 1974; -NW Okt. 1999; -BW sing. ♂ Juli–Okt. 1983; -BY ♂ April 1977 [1369,575]. • **A:** -T ♂ April 1977; -Oö ♂ gefang. Mai 1979 [1369]. • **H:** ♂ gefang. Juli 1979 [2438]. • **CZ:** sing. ♂ Mai 1985 [2159]. • **PL:** ad. ♂ Apr. 2001 [3871].

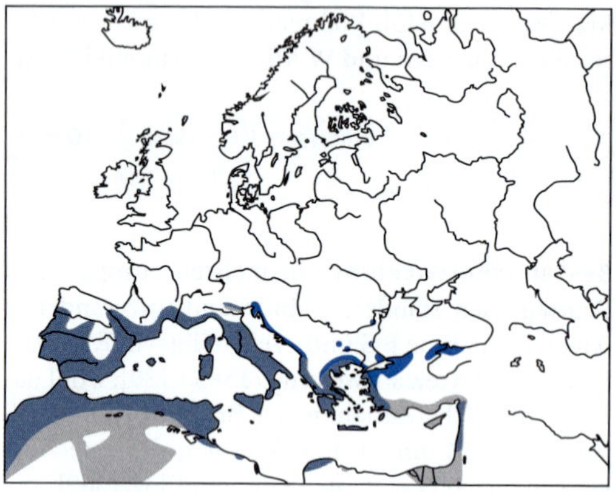

Sylvia melanocephala – Samtkopf-Grasmücke

SPEC	VSchRL	Bern.Konv.	Bonn.Konv.
E	--	Anh. II	Anh. II
Europ. RL	RL in ME		
--	--		

Verbreitung und Bestand. Brutvogel im Mittelmeergebiet von Kanaren und Kapverden sowie Atlantikküste N-Afrikas über fast gesamten Mittelmeerraum (inkl. Inseln); fehlt in Teilen der Küste Libyens und mit Ausnahme NE-Sinai heute in EGY und in Zentral- und E-Anatolien. Höchste Vorkommen S-E. bis mind. 1300 m, Sardinien/Sizilien 1200 m, Atlas bis 1800 m ü.M. [337,3558]. Europäischer Gesamtbestand 3.1 – 8.1 Mio. BP, mit Beständen > 300 T. BP in E. (1-1.9 Mio.), P (0.1-1.0 Mio.), TR (0.8-2.4 Mio.), GR und I (jew. 0.5-1 Mio.) sowie F (150-600 T. BP), Bestände derzeit entweder stabil oder zunehmend (z.B. in HR, CY, F) [383]; zudem Arealausweitung in N-I, S-F und BG [1507]; ab 1994 erfolgr. Besiedlung CY, wo seither Zunahme und Ausbreitung [3558].

Wanderungen. Teilzieher bis Standvogel; im W des Brutgebietes ganzjährig anzutreffen, nach S in Afrika bis etwa 17° N. Im E werden Brutplätze in YU, BG, N-TR offenbar geräumt. In Europa Wanderbewegungen vor allem Okt.– Nov. (Dez.) und Feb.-März zu beob. Ringfunde über 660 und 1056 km innerhalb des Mittelmeerraums bekannt.

Siedlungsdichte. Reviergröße Sardinien 0.23–0.64 ha, F ca.1 ha. Dichteangaben auf kleineren Flächen Ø 4-5 BP/10 ha, in Optimalgebieten bis 12 BP/10 ha [1507]. Großflächendichte F: 1.1 (3579 km^2), 0.5 (5881 km^2), 0.4 (22 800 km^2) Rev./km^2, in Küstenmacchie E. bis 20-60 BP/km^2 [337,1507,3558].

Biotop. Br. in dichter Strauchvegetation warmer Gebiete; hier in einem sehr breiten Spektrum von niedriger und degradierter Macchie bis zu lichten Stein-, Kork- und Kermes-Eichenwäldern, Tamarisken-, Zypressen- und Wacholderbeständen, auch in Olivenhainen und Buschkomplexen des Kulturlandes.

Nahrung. Insekten, im Sommer und Herbst Beeren und Früchte. Im Frühjahr gebietsweise intensive Nutzung von Nektarquellen (z.B. blühende Mandelbaume).

Stimme. Rufe sehr charakteristisch, z.B. kräftige, fast ratternde Reihen »trra-trra-trra« oder »tret-tret-tret« etc. Bei starker Erregung rhythmisch »tektektek« oder »stititit« oder auch mehr zischende Rufe in Reihen, gleichmäßig wie bei Zikaden. Schneller, schwätzender Gesang ähnlich Weißbartgrasmücke, neben hellen Pfeif- und reinen Flötentönen harte Rufelemente. Gesangsaktivität bereits im Dez./Jan., Höhepunkt März/April von erhöhter Warte aus. Bei territorialen Auseinandersetzungen gaukelnder Singflug mit steil aufgerichteter Körperachse und verlangsamten Flügelschlägen, Herbstgesang im Okt. Rufduette mit Nachbarn erreichen Höhepunkt im Sept.

Verhalten. Tagaktiv. Recht heimlich; fliegt mit hüpfenden Flug und teilweise gefächertem Schwanz von Strauch zu Strauch, um gleich wieder in der Deckung zu verschwinden. Gesang aus der Deckung, aber auch freisitzend auf höheren Warten. Nahrungsaufnahme bevorzugt in Strauch- und bodennahe Schichten; vor allem bei Nektaraufnahme auch offen in Baumkronen und Verhalten ähnlich Nektarvögel, auch kopfunter an Blüten saugend. Zur Brutzeit territorial. Gesang von Warten oder Singflug vorgetragen. Solitär außerhalb der Brutzeit.

Fortpflanzung, Brutbiologie [1369,337,767, 3558]. Brütet im 2. KJ. Wahrschl. monogame Saisonehe. **Nest.** Meist bodennah in niederen Büschen, hohem Gras oder Dornensträuchern, ausnahmsweise > 2 m (in Bäumen); relativ fester Bau aus Grashalmen und/oder feinen Zweigen mediterraner Sträucher und Stauden; Muldendurchmesser 50-65 mm, -tiefe 40-50 mm. Nestbau durch beide, aber ♂ oft nur unvollständige Wahlnester. **Legebeginn.** In F für Erstbruten ab (Mitte) Ende März bis Ende April, spätester Legebeginn noch Ende Juli. **Gelegegröße.** 3-5 (6); Ø NW-Afrika$_{53}$ 4.2, MA 3.7, M$_{235}$ 3.8, SE-F 3.9. Legeintervall 1 d. **Eier.** Stumpfelliptisch, glänzend, variabel, oft auf weißlichem Grund dunklere kleine Flecken. **Brutdauer.** 12-14 (15) d; beide brüten (♀ mehr und nachts ausschließlich). **Nestlings-/Führungszeit.** Beide hudern (♀ mehr) und füttern. Juv. verlassen Nest nach 12-13 d; noch etwa 2-3 Wochen Führungszeit, aber Juv. können bis 6 Wochen zusammenbleiben. **Jahresbruten.** 2(-3); vor allem in M bei frühem Brutbeginn 3 Bruten möglich. Ersatzgelege (bis 4 Versuche festgestellt). **Bruterfolg.** In M aus 44.2% der Eier flügge Juv. bzw. 1.7 Juv./Nest. Verluste durch Schlangen, Witterung und menschliche Störungen.

Eimaße und –gewichte [1369]: L. 15.3-19.0 mm, B. 12.4-14.4 mm, Ø 17.5 x 13.2 mm (n=100, GB); Frischvollgew. (Nominatf.) 1.43-1.69 g, Ø$_8$ 1.53 g; Schalengew. 0.06-0.10 g, Ø$_{70}$ 0.08 g.

Sterblichkeit, Alter. Ältester Ringvogel mind. 7.5 J. **Generationslänge:** < 3.3 J. [383].

Mauser. **Postjuvenile Mauser** (Teilmauser) Ende Juni/Juli–Mitte Aug./Mitte Okt. (Nov.) [767,3558, 1202]; Umfang variabel, meist alle Schirmfedern und ST und mitunter partielle Schwingenmauser, ein kleiner Teil (Juv. aus 1. Bruten) mit Vollmauser [767,1369, 3771,1866,3558, 1202, 367]. • **Postnuptialmauser** (Vollmauser) Mitte Juni/Juli–Ende Aug./Anf. Okt.; Dauer der Schwingenmauser Ø 80 d [767,3558]. • **Pränuptialmauser** (Teilmauser) (Sept.) Okt.–März (Anf. April); Teile des Körpergefieders, einige Schirmfedern und ST [767,140,3558, 1288, 367].

Leiothrix lutea – Sonnenvogel 14070

Leiothrix lutea (Scopoli 1786) syn.: Chinesische Nachtigall

(GB) Red-billed Leiothrix **(F) Léiothrix jaune** **(E) Petirrojo de Pekín, Ruiseñor de China**

Taxonomie. Vier UA: *lutea* (Scopoli 1786) (W-, Zentral- und SE-China), *kwantungensis* Stresemann 1923 (S-China und Burma), *kumaiensis* Whistler 1943 (W-Himalaya bis W-Nepal) und *calipyga* (Hodgson 1837) (Zentral und E-Himalaya bis Assam und Tibet), Burma und Yunnan).

Kennzeichen [29,3772].

Maße. Gr.: 13-15.5 cm. Gew.: ♂ 20-23 g, ♀ 20 g bzw. beide 21-25 g. Fl.l. ♂ 65-72 mm, ♀ 65-70 mm [29].

Status. In ME haben ausgesetzte oder entflogene Vögel schon mehrfach im Freiland gebrütet, u.a. in • **D:** -NI Ende 19. Jh., um 1914 sowie 1968 und 1976 [1589]; -BY 1973 [4175,3173]; -NW 1992 [2821,1469]; • **NL:** Brutversuch 1999 [3638]. In diesen und vielen weiteren Regionen ME (u.a. A-Nö, D-HH, -SH, -RP) Meldungen von Einzelvögeln, Gruppen, Paaren und von sing. ♂ [196,2821,4175,3638].

	Best.	Areal	Brutbestand	Jahr	Quelle
D	↕	F	0–1	1995–1999	[383]
NL	↕	F	0–4	1998–2000	[383]

Verbreitung. Brutvogel in Hochländern Asiens vom W Himalaya über Assam, W- und N-Burma bis Gebirge S-Chinas und N-Tonkin; Einbürgerung auf Hawaii. In Europa nur aufgrund von Aussetzungen sowie entkommenen Gefg.vögeln gelegentliche Brutansiedlungen, zwar bisher in Kontinentaleuropa nicht fest etabliert [196,4175,2792], allerdings Brutpopulationen auf Gran Canaria und Teneriffa [3772].

Stimme. Schneller, flötender drosselähnlicher Gesang. Harscher Alarmruf, daneben klares, pfeifendes »pi-pi-pi-pa« und schnelles »pu-pu-pu-pu«.

Fortpflanzung, Brutbiologie [29]. Geschlechtsreife im 1. J. **Nest.** Meist recht niedrig und gut gedeckt in dichtem Gebüsch, seltener in Baum bis 2 m (in D–NI in Lärche auf 8 m); Nest aus feinem Pflanzenmaterial (Blättern, Moos, Flechten etc.). ♀ baut überwiegend, ♂ trägt Material ein. **Legebeginn.** In ME im späten Frühjahr (April) Mai/Juni sowie im Sommer (Aug./Sept., spätestens Okt.). **Gelegegröße.** 3-5. **Eier.** Hellblau, selten weiß, meist mit starken rot- bis dunkelbraunen Flecken, gehäuft am stumpfen Ende. **Brutzeit.** Beide brüten, ♀ mehr. **Schlüpftermine.** Mai und Juni für Erst- bzw. Aug./Sept. für Zweitbruten. **Jahresbruten.** 1-2. **Führungszeit.** Nach Ausfliegen sehr lange im Familienverband zusammen. **Bruterfolg.** Ø Brutgröße beim Ausfliegen in D-NI_3 3.7 [1589].

Eimaße und -gewichte [29]: L./B. $Ø_{200}$ 21.9 x 16.1 mm.

Wanderungen. In SE-Asien soweit bekannt Standvogel [2414].

Mauser. **Postjuvenile Mauser** (Teilmauser) im Okt. [29]. • **Postnuptialmauser** (Vollmauser) Aug.–Okt. [29,3050].

Überfamilie NN (incertae sedis)

Familie Regulidae – Goldhähnchen

Sehr kleine, meist nadelbaumbewohnende Singvögel; Hauptnahrung Arthropoden. Geschlechter unterschiedlich (Scheitelstreif). Große Gelege mit 7-12 Eiern, dabei entspricht Gelegegewicht 1-1.5mal ♀-Gewicht.

Eine Gattung, 7 Arten, holarktische Verbreitung. Die früher angenommene Verwandtschaft der Goldhähnchen mit den »Sylviiden« ist nach molekularen Befunden abzulehnen [3564,3546,159]. Nähere Verwandte bisher nicht bekannt, daher in Familienrang zu führen [vgl. auch 80a,857]. Die Familie steht zusammen mit den ebenfalls phylogenetisch sehr eigenständigen Seidenschwänzen den Certhioidea und Muscicapoidea nahe [159].

Intragenerische Verwandtschaft anhand kurzer mtDNA-Sequenzen (Cyt b-Gen) untersucht [2908]. Demnach ist nordamerikanisches Rubinkrönchen *R. calendula* Schwesterart aller anderen Gattungsmitglieder (taiwanesische *R. goodfellowi* nicht untersucht). *R. satrapa* (N-Amerika) ist Schwesterart von *R. regulus*, hat also wahrscheinlich sein heutiges Verbreitungsgebiet von Eurasien aus (wohl über die Beringstraße) besiedelt.

Regulus regulus – Wintergoldhähnchen 13140

Regulus regulus (Linnaeus 1758)

(GB) Goldcrest **(F) Roitelet huppé** **(E) Reyezuelo Sencillo**

Taxonomie. 13 UA in fünf bioakustisch und molekular (mtDNA) recht deutlich voneinander differenzierten Gruppen:
I. *regulus* (Linnaeus 1758) (Europa bis W-Sibirien), *azoricus* Seebohm 1883 (San Miguel, Azoren), *sanctaemariae* Vaurie 1954 (St. Maria, Azoren), *inermis* Murphy & Chapin 1929 (W- und Zentral-Azoren)
II. *teneriffae* Seebohm 1883 (Kanaren; monotypisch)
III. *tristis* Pleske 1892 (zentralasiatisches Bergland)
IV. *himalayensis* Bonaparte 1856 (W-Himalaja), *sikkimensis* R. & A. Meinertzhagen 1926 (E-Himalaja), *yunnanensis* Rippon 1906 (W-chinesisches Bergland)
V. *japonensis* Blakiston 1862 (Ussurien, Sachalin, N-JAP).
Die Zugehörigkeit der Formen *coatsi* Sushkin 1904 (Sibirien), *buturlini* Loudon 1911 (Kaukasus) und *hyrcanus* Zarudny 1910 (N-Iran) ist nicht bekannt. Zu beachten ist, dass auch zwischen Populationen, deren UA-Gruppen erhebliche bioakustische Differenzierungen aufweisen, Antworten auf artfremden Playback-Gesang erfolgen können (z.B. *R. ignicapillus* auf Gesang verschiedener *R. regulus*-Taxa) [232,2486] und dass *teneriffae* mit der *regulus*-Gruppe nächstverwandt ist [2908]. Allospeziesstatus allein *R. teneriffae* zuzubilligen, nicht aber den E-paläarktischen Taxa [vgl. 3565,1369], ist nicht gerechtfertigt. Da alle untereinander weniger divergieren (mtDNA) als z.B. *ignicapilla-madeirensis*, wird hier UA-Status beibehalten [vgl. auch 2486].

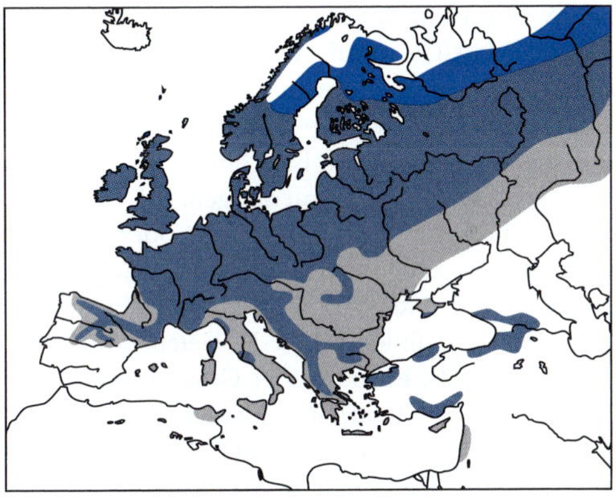

Regulus regulus – **Wintergoldhähnchen**

Kennzeichen. [1369,3615,767,221,3772; weiteres Foto in Limic. **18**, 280].

Maße. (Nominatform) Gr.: 9 cm. Gew.: (D-SN, Frühj.) ♂ (vor 7 Uhr) 4.8-5.9 g, $\varnothing_{10}$ 5.23 g bzw.

(nach 7 Uhr) 4.8-6.6 g, $\varnothing_{39}$ 5.72 g, ♀ (vor 7 Uhr) 4.6-6.4 g, $\varnothing_{20}$ 5.35 g bzw. (nach 7 Uhr) 4.8-8.4 g, $\varnothing_{78}$ 5.75 g bzw. (nur legebereite) 6.9-8.4 g, $\varnothing_{8}$ 7.35 g. Fl.spw.: 13.5-15.5 cm. Fl.l.: ♂ 51.5-59 mm, $\varnothing_{326}$ 55.1 mm bzw. $\varnothing_{68}$ 54.8 mm, ♀ 49-56 mm, $\varnothing_{265}$ 52.7 mm bzw. $\varnothing_{76}$ 52.7 mm [1369,767].

Status. Nominatform in ME verbreiteter und sehr häufiger Brut- und Jahresvogel, sehr häufiger und regelm. Durchzügler und Wintergast; zuweilen Einflüge [1369,337,375].

Verbreitung und Bestand. Transpaläarktischer Brutvogel, doch in E-Sibiren große Verbreitungslücke; zusammenhängend von Azoren, GB/IRL, NW-F und N. bis Transbaikalien, ferner davon getrennt Krim, Kaukasus, Transkaukasien, Berge N und S-Anatolien bis E-Ausläufer Elburs, nach Lücke wieder mittel- und zentralasiatische Gebirge sowie Himalaya nach E bis Zentralchina und von übrigen Arealteilen getrennt Amurland, N-Mandschurei, Ussuriland, Sachalin, N-JAP. Verbreitungsgrenzen in Europa: N. bis 70° N, FIN bereits ab 54° N Auflösung der flächendeckenden Verbreitung, N-Grenze Weißes Meer bis Ural ca. 65° N; SW-Europa nach S bis Loire-Mundung, W- und S-Rand Massif Central, W- und S-Rand Alpen, isolierte Vorkommen Pyrenäen, N-E. bis Sierra de Guadarrama, Korsika, Apennin bis Abruzzen; SE-Europa SLN bis MN, BG bis Rhodopen, N-GR; im E E-Alpenrand und Karpatenbogen. ME Nominatform verbreiteter Brutvogel bis zur oberen Waldgrenze (1600–2200 m), vor allem in Waldgebieten zwischen 700 und 1600 m; fehlt in fichtenfreien Tieflagen (z.B. Teilen NL-N-D Tiefebene und im größten Teil H). Europäischer Gesamtbestand zw. 19 - 35 Mio. BP (stabil), mit Populationen > 1 Mio. BP in RUS (8-15), S. (2-4), RO (1.64-2.45 Mio.) und D (um 1 Mio.) [383]; in ME brüten etwa 2.3 – 4.3 Mio. BP [383].

Wanderungen. Kurzstreckenzieher, nichtziehende Populationen bisher nicht eindeutig nachgewiesen; offenbar »Zug-Opportunist« je nach Ernährungslage und Wetter, latente Zugbereitschaft bis in Dez. hinein vorhanden. Mindestens in GB/IRL, N. und B und vermutlich in angrenzenden Gebieten jedoch Teilzieher mit bisher unbekanntem Standvogelanteil. Winterquartier in Europa von N-RUS und ca. 64° N Fennoskandien S des Arealrandes bis P, E., M, Sizilien, S-I, Kreta, CY und seltener IL; Schwerpunkt wohl W 0°-Jan.-Isotherme, z.B. Gitterfeldfrequenzen NL 1978-83 Mai 47 %, Juni 43 %, aber Jan. 66 %, Febr. 65 %; D-BW 1987-91 Winter 95 % [203]; Einzelnachw. bis Maghreb und N-EGY. Nur nördlichster Teil des Brutareals wird vollständig geräumt (kurze Tage!); von FIN bis E-F ziehen Ad. und Diesj., letztere überall stark in Überzahl. Wegzugrichtung Br. FIN etwa SW nach D, NL, B, GB und N-F, vereinzelt bis S-F, N-E. und I; Wegzügler S-S., in SW–WSW bis NW-ME, GB, F, N-E. und A (von Br. Fennoskandiens werden viel mehr ♂ als ♀ in GB gefunden) [1424]; Ringvögel aus DK ziehen bis N-D, S-Ostseeraum, aber auch S-Skandinavien und NE-GB (weiteste Funde E. und DZ). Keine dichte- oder nahrungsbedingten Evasionen bekannt; invasionsartiges Auftreten in Ost- und Nordseeraum wohl Folge günstiger Nachwuchsraten in Skandinavien und Serien milder Winter, aber auch des opportunistischen Zugverhaltens, z.T. bei günstigen Windverhältnissen Massenzug. Im Binnenland ME auffällige Masseneinflüge nicht bekannt. Dismigrationen ab Ende der Brutzeit; Wegzug Aug.–Nov. (Anf. Dez.); Zugmaxima stark von Witterungsverhältnissen abhängig, Höhepunkte und Dz.mediane meist im Okt. (z.B. Col de Bretolet CH 16.10.) [1861]. Heimzug in W-ME (Anf.) Mitte März bis Anf. (Mitte) Mai, weiter NE ab Ende März mit Nachzüglern bis Ende 1. Maidekade. Weiteste belegte Zugstrecken 2100 km SW (St. Petersburg – HR) und 2475 km SSW (Bornholm – DZ); Tageszugstrecken von 150–240 km mehrfach nachgewiesen; Höchstleistung > 444 km in 28 Stunden.

Bestandsentwicklung. Erhebliche Bestandsschwankungen durch hohe Verluste auf dem Zug sowie in bes. harten Wintern (z.B. 1986), aber auch unabhängig davon [1369].
Einwanderung in Tiefebenen ME wohl erst mit Anpflanzung der Fichte im Laufe des 19. Jh. einsetzend; dadurch wohl auch Ausbreitung und Zunahme in Mittelgebirgslagen gefördert [1369,1722,375,310]. Lokal und regional Bestandszunahmen und Arealausweitungen bis in heutige Zeit [z.B. ME: 1040,591,885,3662,1137, auch Regionen F, N-N. und N-FIN, 1369]; im überwiegenden Teil ME Bestände aber langfristig weitgehend stabil (abgesehen von Einbrüchen nach harten Wintern) [884,198,1587, 196,3393,1722,1,375,3638,1585; auch auf Fangstationen Europas: 2950,323]. Deutliche Zunahmen derzeit vor allem in H (und EST), Abnahmen in UA. und Kanalinseln [1585,1507].
Aufgrund von Immissionsschäden in Wäldern gebietsweise allerdings auch drastischer Be-

standsrückgang zu beob. [z.B. Erzgebirge, Riesengebirge, Böhmerwald; auch Sachsenwald -HH: 1369,1137,3871,2857]. In 1990er J. zudem stärkere regionale Bestandsrückgänge [D-HH, -SN, -BE, -ST: 204,2642,1335,2896].

	Best.	Areal	Brutbestand	Jahr	Quelle
A	+/-	=	600.000–1.200.000	1998–2002	[383]
B	+/-	=	20.000–100.000	2001–2002	[383]
CH	+/-	=	180.000–300.000	1998–2002	[383]
CZ	+/-	=	200.000–400.000	2000–2002	[383]
D	+/-	=	740.000–1.200.000	1995–1999	[383]
FL	+/-	=	600–1.000	1998–2000	[383]
H	⇧	+ 2	1.000–5.000	1990- 1993	[383]
L	+/-	=	12.000–15.000	2001	[383]
NL	+/-	=	40.000–50.000	1998–2000	[383]
PL	+/-	=	300.000–600.000	2000–2002	[383]
SK	+/-	=	200.000–400.000	1990–1999	[383]

Siedlungsdichte. Brutrevier Ø ca. 0.1 ha; methodische Schwierigkeiten bei Revier- und Dichtebestimmung. Höchstdichten ME auf Flächen von 20–49 ha 10.8–5.7–3.1 (Ø 4.9), von 50–99 ha 4.2–2.4–0.7 (Ø 2.5), von > 100 ha 4.0–1.2 Rev./10 ha. Außer in tieferen Lagen S-D und CH i.d.R. häufiger als Sommergoldhähnchen (= **Sgh**) bei Großflächendichten (> 100 km^2) zw. 0.01-12.0 Rev./km^2 [vgl. Tab. 43 in 337]. In Optimalhabitat SW-IRL max. 591 BP/km^2 [1507].

Gefährdungsursachen [1369,196,3663,2471,3813,1691,885]. Bedeutendste Faktoren sind Verluste auf dem Zug (auch durch Windverdriftung) sowie Unfälle an Freileitungen, Leuchttürmen, beleuchteten Hausfronten etc.; daneben Sterblichkeit in extremen Wintern, dabei wohl nicht nur Temperatur, sondern auch Zugänglichkeit der Nahrungsplätze entscheidend.

SPEC	VSchRL	Bern.Konv.	Bonn.Konv.
E	--	Anh. II	Anh. II
Europ. RL	**RL in ME**		
--	--		

Immissionsschädigungen der Wälder, da ausgedünnte Äste keinen ausreichenden Schutz mehr bieten und auch Nahrungsangebot stark beeinträchtigt wird; zudem kurzfristige Einflüsse durch Sturmschäden, Brände etc.

Schutzmaßnahmen. Wirksamere Eindämmung der Schadstoffimmissionen. Spezifische Maßnahmen in Anbetracht der Bestandssituation nicht nötig.

Biotop. Nadelwaldbewohner mit starker Bindung an Fichten und andere kurznadelige Baumarten; bevorzugt an nicht zu dicht stehenden, buschigen Altfichten mit gut ausgebildeten Kammästen und/ oder Flechtenbewuchs (ähnlich Tannenmeise). In älterem Laubholz nur wenn Fichtengruppen mit wenigstens 16-20 Bäumen eingesprengt sind. Dasselbe gilt für Parkanlagen, Gärten und Friedhöfe. Zur Nahrungssuche werden auch Lärchen und Kiefern angeflogen, Laubbäume dagegen kaum. Höchste Dichte ME in Mittelgebirgslagen von 500–1500 (1600) m. Nachbrutzeitlich in ähnlichen Biotopen; Zugrast allerdings auch in Laubwäldern, Feld- und Ufergehölzen, Streuobstwiesen, Gärten, Buschwerk oder niedrigen Rabatten. Windverdriftung häufig.

Nahrung. Hauptsächlich sehr kleine, weichhäutige Beutetiere, im Frühjahr können auch Nektar und Pollen von Bedeutung sein. ♀ fressen zur Eiablage kleine Gehäuseschnecken.

Stimme. Stimmfühlungs- und Flugruf laut (wie Sgh), oft 4malig, scharf, gedehnt »ssi«; kurzes »si« deutet leichte Erregung an. »Distanzlaut« bei Wintergoldhähnchen scharfer, schnalzend »zick«. Aggressionslaut abgehackte, schrille Einzellaute »zick« (auch in Reihen), bei Reihen mit fallender Tonhöhe schwirrend rasch, bei Sgh etwas weicher. Viele weitere sehr ähnliche, meist einsilbige Laute. Alarmlaut lang gezogen, scharf »srii« (bei Sgh tiefer, kürzer und fast immer 2-4mal). Reviergesang mit mehreren sehr hohen »zisi«-Lauten eingeleitet, dann rhythmisch wiederholte Lautgruppen auf- und absteigend (nicht wie Sgh ansteigend); Abschluss bildet Endschnörkel (individuell sehr unterschiedlich, Erkennungsmerkmal für Nachbarn). Neigt stärker zur Dialektbildung als Sgh. Daneben plaudernder Subsong, vor allem außerhalb der Brutzeit zu hören, nicht strophig gegliedert, auch mit Imitationen. Gesang ausnahmsweise im Jan., meist ab Febr., am intensivsten März – Mai und oft wieder auflebend Juli; Subsong dann im Herbst.

Verhalten. Tagaktiv; Nachtzieher (»Schleichzug«) bis in den Vormittag hinein. Ständig in Bewegung, hüpft in kleinen Sprüngen die Äste entlang, klettert an hängenden Zweigen auch kopfvoran abwärts, hängt sich auch (seltener als Meisen) kopfunter mit nach oben gerichtetem Bauch an (Sgh kaum); ständiges Flügelzucken bei den kurzen Ortsbewegungen. Bei Flug über offene Strecke fast immer Landung in Deckung. Übernachtet einzeln, zur Zugzeit oder Frost aber auch Bildung von »Schlafkugeln«. Bei Kälte maximales Aufplustern. Nahrungssuche meist durch Absuchen höherer Schichten von Nadelbäumen, nur unter besonderen Umständen und auf dem Zug aber auch auf dem Boden; Schwirrflüge zum Ablesen kleiner Beutetiere. Während der Brutzeit territorial. Vor allem beim Aufeinandertreffen von mehreren ♂ mitunter sehr intensive aggressive Auseinandersetzungen. Balz anfänglich aggressiv, geht in Nistplatz zeigen über. Während und vor der Legephase häufig Verfolgungsflüge und Kopulationsversuche. ♂ folgen den ♀ zu dieser Zeit auch häufig (wahrscheinlich zur Vaterschaftssicherung). Nach der Brutzeit Bildung kleiner Trupps, gewöhnlich 3–9 Ind., größere nur während des Zuges. Lockere Vergesellschaftung mit anderen Arten (Meisen, Kleiber, Baumläufer) entstehen bei zufälligen Begegnungen und meist nur vorübergehend. Gegenüber Menschen auch in der Brutzeit nicht scheu.

Fortpflanzung, Brutbiologie [337,1369,767, 1722,3813]. Geschlechtsreife im 1. Lebensjahr. Monogame Saisonehe; offenbar kein Partnerwechsel zw. Bruten einer Saison. **Ankunft im Brutgebiet**. Revierbezug Ende Feb./Anf. März, bei ungünstigem Wetter aber vorübergehende Aufgabe; ♂ wohl einige d früher im Revier als ♀; Balz und Paarbildung bald nach Ankunft der ♀. **Nest.** Nistplatzwahl durch ♀ (oft begleitet vom ♂); Neststand in ± hohen Fichten meist im äußersten Drittel/Viertel von Kammästen in hängende Nebenäste eingewoben, Standhöhe 4-15 m (Ø A_{12} 8.1 m, FIN_{15} 8.6 m, FIN_{15} 3.7 m); selten auch in anderen Nadelbäumen (oder in anderen immergrünen Pflanzen), bevorzugt im Windschatten. Nest i.d.R. freihängende, an eine variable Zahl von Ästchen angefügte, nach oben offene Kugel. Muldendurchmesser und -tiefe 35-40 mm. Außenschicht aus Moos und Spinnstoff, Flechten, Mittelschicht aus feinem Moos und Flechtenteilen, Polsterschicht meist aus Federn (1100 bis > 2600). Nester aus oberer Subalpinstufe größer und schwerer; insgesamt Nest elastisch und windsicher, sehr gut isoliert, gut getarnt; erlaubt eine relativ lange Nestlingszeit. Bauzeit im März > 1 Monat, im Mai (ebenso Zweitnester) nur 4-16 d; ♂ stimuliert ♀ durch Tragen von Baustoffen im Zeigeflug sowie Anzeigen des Nistplatzes; erst nach (2-) 4 d beteiligt sich ♀, mit zunehmender Intensität hört ♂ dann auf und begleitet ♀ nur noch; bei Zweitnestern ♂-Beteiligung generell geringer. **Legebeginn.** Frühestens nach Mitte März, meist ab Anf. April, in höheren Lagen später; letzte Beginne (Zweitbruten, Nachgelege) Ende Juli/Anf. Aug. (ausnahmsweise Anf. Sept.). **Gelegegröße.** 7-11 (5-13); Ø A_{15} 7.9, DK_{16} 9.3, N. Erstgelege_{11} 10.4, Zweitgelege_{10} 9.4, FIN_{30} 9.7. Legeintervall 1 d. **Eier.** Rundlich, matt, Grund weißlich, rahmfarben bis gelbgrau, unbestimmt hellbräunlich gefleckt, vor allem auf dickerer Eihälfte. **Brutdauer.** 14-17 d (Alpenraum $Ø_{51}$ 15.6 d); Bebrütung während Eiablagephase; nur ♀ brütet; Juv. schlüpfen asynchron innerhalb 1-4 d. **Nestlings-/Führungszeit.** ♀ hudert 7-8 d; beide Partner füttern, nur ♂, wenn ♀ mit Zweitbrut beginnt. Nestlingsdauer 17-22 (24) d (also länger als bei anderen Offenbrütern). Ausgeflogene Juv. werden noch mind 12 d gefüttert, sind mit 34 d selbständig. **Jahresbruten.** 2 (Zweitbruten meist als Schachtelbruten, ♀ beginnt mit dem Nestbau nach der Huderphase der Erstbrut); Ersatzbrut bei Erstbrutverlust die Regel, bei Verlust der Zweitbrut nicht außergewöhnlich. **Ende der Brutperiode.** I.d.R. im Aug., in Einzelfällen bis Sept. **Bruterfolg.** Unsicher, da durchgehende Kontrollen ohne Störungen nicht möglich. Nachwuchsrate in A aus Stichproben 7.6 flügge Juv./Erstbrut und 7.2 Juv./Zweitbrut errechnet; in N. geschätzter Erfolg aus 25 Nestern ca. 50%. Hauptverluste durch Prädation und Aufgabe.

Eimaße und -gewichte [1369,767]. (Nominatform): L. 12.0-15.0 mm, B. 9.5-11.3 mm; Ø 13.6 x 10.2 mm (n=100, GB), Ø 13.7 x 10.5 mm (n=57, B), Ø 13.2 x 10.9 mm (n=116, S.). Frischvollgew. 0.67-0.82 g, $Ø_{19}$ 0.75 g. Schalengew. 0.031-0.040 g, $Ø_{130}$ 0.038 g. Späte Eier eines Geleges bis 20% größer als frühe.

Sterblichkeit, Alter. Ältester Ringvogel (GB) 5 J. 1 Monat [3654], in Voliere 2 mal > 10 J. **Generationslänge:** < 3.3 J. [383].

Mauser. Postjuvenile Mauser (Teilmauser) beginnt im Alter von 5–6 Wochen, Juli–Sept. (Okt.) [767,2829]; Körpergefieder, Rand- und Mittlere Armdecken, selten einzelne (alle) Schirmfedern; Dauer 47–58 d [767,1369,2829]. • **Postnuptialmauser** (Vollmauser) Ende Juni/Mitte Juli–Mitte Aug./Mitte Okt.; fällt oft mit 2. Brut zusammen und findet größtenteils im Brutgebiet statt; durch rasche

Steuer- und Schwungfedermauser beinahe flugunfähig; Dauer der Großgefiedermauser ca. 52–55 d [1369,1356], Kleingefiedermauser 90–104 d (Volierenvögel) [1369].

Regulus ignicapilla – Sommergoldhähnchen 13150

Regulus [ignicapilla] ignicapilla (Temminck 1820)

GB Firecrest **F Roitelet à triple bandeau** **E Reyezuelo Listado**

Taxonomie. Vier UA: *ignicapilla* (Temminck 1820) (kontinentales Europa, Vorderasien), *caucasicus* Stepanyan 1998 (Kaukasus), *tauricus* Redkin 2001 (Krim) und *balearicus* von Jordans 1924 (Balearen, NW-Afrika). Bildet Superspezies mit *R. madeirensis* (Madeira). Diese beiden Allospezies sind molekular und bioakustisch deutlich verschieden [2908]. Die in Taiwan endemische Art. *R. goodfellowi* dürfte aufgrund von deutlichen Ähnlichkeiten im Gefieder und Gesang mit der *R. [ignicapilla]*-Superspezies nächstverwandt [1369], vielleicht auch als Teil derselben einzustufen sein. Für *R. satrapa* (N-Amerika) gilt dies aber nicht [2908, *contra* 995N].

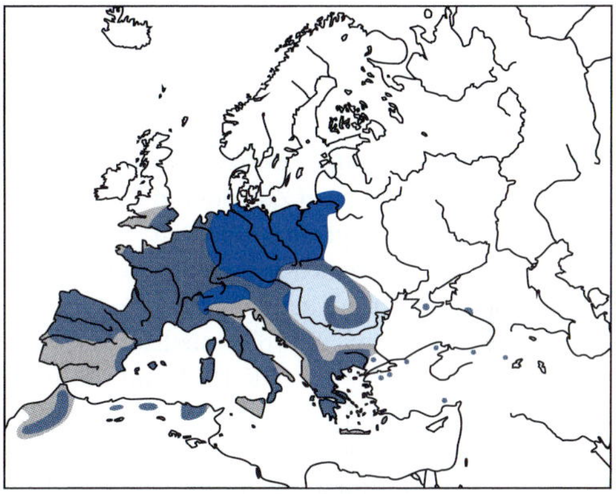

Regulus ignicapilla – **Sommergoldhähnchen**

Kennzeichen. [1369,3615,767,3772,221; zum oft mit *Phylloscopus*-Arten verwechselten Jugendkleid s. 177; weitere **Fotos** in Bird. W. **14**, 94, **16**, 452, Limic. **14**, 52, **17**, 140-47].

Maße. (Nominatform) Gr.: 9 cm. Gew.: (Frühj.) ♂ 4.9-6.5 g, Ø$_{30}$ 5.6 g, ♀ 5.1-7.8 g, Ø$_{15}$ 5.7 g. Fl.spw.: 13-16 cm. Fl.l.: ad. ♂ 54-57 mm, Ø$_{16}$ 55.5 mm, juv. ♂ 52-58 mm, Ø$_{99}$ 54.6 mm, ad. ♀ 52-55 mm, Ø$_{9}$ 52.9 mm, juv. ♀ 50-54 mm, Ø$_{60}$ 51.9 mm [1369,767].

Status. Nominatform in ME verbreiteter und sehr häufiger Brut- und Sommervogel, sehr häufiger und regelm. Durchzügler; regelm. Überwinterer in S-ME, in zunehmender Zahl auch in nördlicheren Breiten (wohl durch mildere Winter der letzten J. ausgelöst).

In N- und W-Europa seltener Brut- oder Gastvogel, z.B. GB 1. Brutnachw. 1962; seither schwankende Vorkommen zw. 11-175 sing. ♂ (1973–1989) mit Gipfeljahren 1975, 1983, 1989; Winterbestand 1981–84 ca. 200–400 Ind. N. 28 Nachw. bis 1989. S. regelm., seltener Gastvogel, vor allem im S; 1. Brutnachw. 1990. FIN 3 Nachw. bis 1988 [337].

Verbreitung und Bestand. Weitgehend auf ME, W- und S-Europa sowie NW-Afrika (MA, DZ, N-TN) beschränkt. Von DK (lokal Mitteljütland und Seeland) und S Ostseeküste nach S bis P/E., Korsika, Sardinien, Sizilien, Peloponnes, S-BG; im W wird Kanal- und Nordseeküste erreicht; E-Grenze etwa Staatsgrenze PL und E-Rand Karpaten, lokal UA., Krim, ferner W-Kaukasus, TR. Nominatform in ME in tieferen Lagen (300–1200m ü.M.) mit Ausnahme NW-D, NL und B ähnlich verbreitet wie Wintergoldhähnchen (= **Wgh**), doch meist weniger häufig [vgl. Tab. 43 in 337]. Erreicht obere Waldgrenze nur lokal bzw. unregelm.; CH bis mind. 1850 m, A-V bis 1700 m, D-BY bis max. 1500 m, Tatra 1400–1600 m ü.M. Europ. Bestand etwa 3.3 - 6.7 Mio. BP (stabil) [383], mit Populationen > 0.4 Mio. in E. (0.91-2.0 Mio.), D (0.52-0.83), RO (0.65-0.85), F (0.2-0.8) und I (0.3-0.6 Mio. BP); in ME brüten 1.1 - 1.9 Mio. BP [383].

Wanderungen. Kurzstreckenzieher; Überwinterung hauptsächlich außerhalb Brutareals P–E. und W Mittelmeerraum nach S bis Maghreb. Überwintert in kleiner, neuerdings vermutlich steigender Zahl in S-GB und auf Kontinent nach NE bis NL; Rasterfrequenz NL 1978-83 Mai 27 %, Jan. 23 %, Feb. 24 %; D-RP 1983-86 Jan.–Feb. 10 %; D-BW 1987-91 Winter 8%, deutlicher Schwerpunkt am W-Rand [203], W-CH, einzeln und gelegentlich auch weiter NE. Wegzugrichtungen (WSW) SW–S mit Schwergewicht SSW. ME ab Ende Juli Abwanderung aus engerem Brutgebiet; Wegzug Ende Aug.-Okt., im SW bis Nov.; Nachzügler bis Ende Dez.; Höhepunkt des Dz. meist Sept. (Dz.Median Col de Bretolet CH 18.9.) [1861], Bod. Ende Sept./ Anf. Okt. [322]. Heimzug vor allem Ende März–1. Aprilhälfte, in W-CH Ankunft selten ab 1., meist ab 2., im E ab 3. Märzdekade, Massenankunft bis nach Mitte April, in höheren Lagen noch später. Ebenso in W-D Erstbeob. ab Anf. März, Mittelwerte in 3. Märzdekade; Ende des Dz. im NE im Mai. Längste Strecken in einer Saison bis knapp 800 km nachgewiesen, in späteren Jahren bis > 2000 km.

Bestandsentwicklung. Bestandsschwankungen als Folge von Verlusten auf Zug oder in Extremwintern weniger ausgeprägt als beim Wgh [1369].
Ausbreitung in Tiefebenen ME erfolgte im Gegensatz zur Zwillingsart nur sehr zögerlich. So wurden B und D-SH erst Anf. 20. Jh. besiedelt, und erste Brutnachw. in NL ab 1928, DK 1961 und GB 1962; in H erst ab 1970er J. [767,1369,1507], seit 1990 auch in S. brütend [1507].
Durch Nadelholzaufforstungen sowie aufgrund geringer Verluste auf Zug und im Winter seit Mitte 20. Jh. regional noch anhaltende erhebliche Zunahmen und Arealgewinne [1369,3636,2889,1335]; viele Populationen inzwischen aber langfristig stabil (z.T. kurze Einbrüche nach Kältewintern) [1369, 1585,196,310,375,3638,3393,3392,198,55; keine gerichteten Trends auf Fangstationen:320,323].

	Best.	Areal	Brutbestand	Jahr	Quelle
A	+/-	=	200.000–400.000	1998–2002	[383]
B	+/-	=	20.000–100.000	2001–2002	[383]
CH	+/-	=	150.000–250.000	1998–2002	[383]
CZ	↑	=	70.000–140.000	2000–2002	[383]
D	+/-	=	520.000–830.000	1995–1999	[383]
FL	+/-	=	400–600	1998–2000	[383]
H	N	N	400–500	1990–1999	[383]
L	+/-	=	10.000–12.000	2001	[383]
NL	+/-	=	5.000–7.000	1998–2000	[383]
PL	+/-	=	60.000–100.000	2000–2002	[383]
SK	+/-	=	30.000–60.000	1990–1999	[383]

In jüngster Zeit lokal wie beim Wgh z.T. gravierende Verluste, wohl meist durch Immissionsschäden der Wälder, lokal durch Verschwinden von Wacholderbeständen [q20,1369,1722,1,3871,2857; vgl. negative Bewertung in 334]. Andererseits auch Zunahmen durch Einwanderung in Siedlungsbereiche [z.B. CH-ZH:4045].

Siedlungsdichte. Brutrevier ca. 0.1 ha. Höchstdichten ME auf Flächen von 20–49 ha 6.9–3.5–3.6 (Ø 3.6), von 50–99 ha 6.6–0.9 (Ø 2.5), von > 100 ha 8.3–0.9–0.3 Rev./10 ha. Nur in tieferen Lagen S-D und CH häufiger als Wgh; Großflächendichten (> 100 km^2) zw. 0.001-16.2 Rev./ km^2 [vgl. Tab. 43 in 337].

Gefährdungsursachen [1369,196,2623,3813]. Immissionsschäden wirken sich wie bei Zwillingsart erheblich auf Brutbestand aus.
Benötigt mildere Winterquartiere als Wgh., da weniger gut an Kleinstnahrung wie Springschwänze angepasst. Daher werden winterharte Gebiete verlassen und Verluste im Winter sind geringer. Bei ungünstigen Bedingungen auf dem Zug dennoch deutliche Verluste; häufig auch Unfälle (vgl. Wgh).

SPEC	VSchRL	Bern.Konv.	Bonn.Konv.
E	--	Anh. II	Anh. II
Europ. RL	RL in ME		
--	H: 'R'		

Schutzmaßnahmen derzeit nicht erforderlich (vgl. Wgh).

Biotop. Weniger exklusiv an Fichte gebunden als Wgh, doch werden Fichten bevorzugt. Ferner in (älteren) Kiefernforsten und Mischwäldern aus Laub- und Nadelbaumarten. Zur Ansiedlung genügen bereits wenige in Laubholz eingesprengte Fichten. Brütet öfters in Einzelfichten, die vom Waldrand etwas isoliert stehen, daher wohl auch häufiger in Parkanlagen, Friedhöfen und im Siedlungsbereich. Fliegt zur Nahrungssuche auch Laubbäume an. In W-ME und F regelm. Br. auch in nadelholzfreien Eichen- und Buchenwäldern.

Nahrung. Kleine Arthropoden, besonders Springschwänze, Spinnen und Blattläuse. Bei syntopen Vorkommen größere Beutetiere als Wgh.

Stimme. Rufe ähnlich Wgh (vgl. dort), aber insgesamt etwas tiefer und daher besser zu hören und zu unterscheiden. Häufige Strophentypen des Reviergesangs bestehen aus gleichförmigen oder aus zwei gleichlangen Phrasen verschiedener, manchmal leicht ansteigenden Elementen, häufiger mit, aber auch ohne Crescendo am Strophenende zu hören,

z.B. »si si si....sirrr« (nicht ständiges Auf und Ab wie Wgh). ♂ singt 4-5 verschiedene, in sich konstante Strophentypen in jeweils unterschiedlichen Kontexten. In Südeuropa populationsspezifische Dialekte, nicht in W-Europa und ME. Daneben plaudernder Subsong. Gesangshöhepunkt etwas später als Wgh, Reviergesang endet Mitte/Ende Juli. Im Herbst oft Kurzstrophen.

Verhalten. Tagaktiv; mehr Nachtzieher als Wgh. Rascherer Überwindung von Distanzen bei Nahrungssuche als Wgh, hält sich öfters im lockeren oder schütteren Gezweig, bewegt sich rascher, turnt weniger, Schwirrflüge häufiger als Wgh. Beim häufigen Flügelzucken werden Flügel meist senkrecht hochgeschlagen, sodass helle Flügelunterseite aufblitzt. Zur Brutzeit territorial. Weniger Neigung zur vorübergehenden Vergesellschaftung mit Meisen als Wgh. Im Arttrupp lockerer Sozialkontakt.

Fortpflanzung, Brutbiologie [337,1369,767,1722]. Geschlechtsreife im 1. Lebensjahr. Monogame Saisonehe ohne Partnerwechsel bei Erst- und Zweitbruten. **Ankunft im Brutgebiet.** In klimagünstigen Gebieten Reviergründungen schon Ende März, meist aber im April. **Nest.** Nistplatzwahl durch ♀; Neststand wie Wgh, aber flexibler, z.B. öfter in Rankengewächsen; Standhöhe im Vergleich zur Zwillingsart etwas höher, Schichtenbau und Nestmaterialien aber sehr ähnlich, allerdings Mengenverhältnisse anders und bei der Auspolsterung weniger Federn (z.B. knapp 300-800); zudem oft kleineres und kompakteres Nest. Generell baut nur ♀, Dauer Ø 22 d (individuelle Variation geringer); Zweitnester oft in kürzerer Zeit vollendet (Ø 17 d); ♀ beginnt mit Bau des Zweitnestes nach der Huderperiode der Erstbrut. **Legebeginn.** In CH und D-BW frühestens letzte Aprildekade, sonst Mai; Hauptzeit Mai (frischflügge Juv. vor allem im Juni), für Zweitbruten später Juni/Juli; sehr späte Bruten nicht selten, z.B. in A und D-NW Nachw. von Bruten Mitte (Ende) Aug. **Gelegegröße.** 7-10 (5-13); $Ø_{16}$ 8.8, D-BW_{12} 8.7. Legeintervall 1 d. **Eier.** Rundlich, matt oder leicht glänzend, Grund rosafarben bis rostbraun, mit feiner dunkler rost- oder braunroter Punktierung am stumpfen Pol. **Brutdauer.** 14-16 d; Bebrütung ab später Eiablagephase; nur ♀ brütet; ♂ füttert ♀ häufiger am Nest als bei Wgh. Juv. schlüpfen asynchron über 2-3 d. **Nestlings-/Führungszeit.** ♀ hudert 7-8 d; beide füttern, ♂ vollständig bei Beginn der Zweitbrut. Nestlingsdauer 20-22 d (-24 d; 19 d bei Störungen). Juv. werden noch ca. 11 d nach Ausfliegen gefüttert, sind mit 34-35 d selbständig (z.T. aber bis 4 Wochen von Eltern begleitet). **Jahresbruten.** 1-2 (Zweitbruten bis DK nachgewiesen, aber wohl seltener als bei Wgh; immer Schachtelbruten). **Ende der Brutperiode.** I.d.R. im Aug., in Einzelfällen bis Sept. oder gar Okt. **Bruterfolg.** Hohe Verluste durch Prädation (Eichelhäher, Elster, Eichhörnchen, Bilche).

Eimaße und -gewichte [1369]: (Nominatform): L. 11.4-15.1 mm, B. 9.5-11.5 mm; Ø 13.5 x 10.3 mm (n=100, Europa), Ø 13.5 x 10.6 mm (n=138, F), Ø 13.3 x 10.5 mm (n=21, CS). Frischvollgew. 0.57-0.73 g, $Ø_{11}$ 0.67 g. Schalengew. 0.033-0.042 g, $Ø_{92}$ 0.038 g.

Sterblichkeit, Alter. Ältester Volierenvogel lebte noch mit 9 J. 11 Monaten. **Generationslänge:** < 3.3 J. [383].

Mauser. **Postjuvenile Mauser** (Teilmauser) Juli–Sept. (Mitte Okt.) [1356]; Körpergefieder, die meisten Flügeldecken und selten einzelne Schirmfedern [767,1369]. • **Postnuptialmauser** (Vollmauser) (Ende Juni) Juli–Sept. (Okt.) [1369,1356,2499]; Dauer der Großgefiedermauser Ø 53 d, Kleingefiedermauser 84–111 d (Volierenvögel) [1369]; ansonsten ähnlich Wgh.

Familie Bombycillidae – Seidenschwänze

Staren- bis drosselgroße Früchte-, Beeren- und Arthropodenfresser mit kurzem, kräftigem Schnabel, ± langen, gestuften Schwänzen und spitzen Flügeln. Namensgebend sind (in D) das weiche (Schwanz-)Gefieder bzw. (in GB) wachsartige Tröpfchen auf den AS. Gesellig; auch zur Brutzeit ohne Revierverteidigung. Geschlechter meist gleich, nur bei Seidenschnäppern z.T. unterschiedlich.

Weder verwandtschaftliche Beziehungen noch Abgrenzung dieser artenarmen Familie sind bisher zufriedenstellend geklärt. Nukleare DNA-Sequenzen deuten Verwandtschaft mit Muscicapoidea an [159]. Gesichert ist, dass neuweltliche Seidenschnäpper Ptilogonatinae (*Phainoptila, Phainopepla*; 4 Arten) den Seidenschwänzen nahe stehen [3564,681N,3983Z]. Zuweilen wird in Bombycillidae auch die auf Hispaniola endemische Art *Dulus dominicanus* (Unterfamilie Dulinae) eingeschlossen, die nach DNA-Hybridisierungsergebnissen die Schwesterart der beiden anderen Unterfamilien ist [3564]; alternativ wird *Dulus* in einer monotypischen Familie belassen, der Seidenwürger (*Hypocolius ampelinus*) aber als monotypische Unterfamilie in die Bombycillidae eingegliedert [857]. Molekulare Daten, die dies stützen würden, fehlen. Die Gattung *Bombycilla* umfasst drei Arten: *B. garrulus, B. japonica* (E-Asien) und *B. cedrorum* (N-Amerika).

Bombycilla garrulus – Seidenschwanz 10480

Bombycilla garrulus (Linnaeus 1758)

(GB) (Bohemian) Waxwing **(F) Jaseur boréal, J. de Bohême** **(E) Ampelis Europeo**

Taxonomie. 2 UA: *garrulus* (Linnaeus 1758) (Eurasien; inkl. «*centralasiae*») und *pallidiceps* Reichenow 1908 (N-Amerika).

Kennzeichen. [3615,767,221,3772; zur Altersbestimmung (mit Farbtafel):1369; **Fotovergleich** mit *B. cedrorum* (ein Nachw. in Kontinentaleuropa): 3610; weitere **Fotos** in Bird. W. **9**, 45, **16**, 7, Limic. **17**, 87, Dutch B. **20**, 207, **25**, 145].

Maße. Gr.: 18 cm. Gew.: (Herbst, FIN) Ad. ♂ 56-72.8 g, $\varnothing_{10}$ 65.5 g, juv. ♂ 52-82.7 g, $\varnothing_{64}$ 64.6 g, ad. ♀ 51-79.9 g, $\varnothing_{9}$ 63.3 g, juv. ♀ 49-75.5 g, $\varnothing_{41}$ 61.7 g; (Invasionsvögel ME) 41-72 g, Ø 55.9 g; (Winter, ME) ad. ♂ 45-65 g, $\varnothing_{27}$ 56.0 g, juv. ♂ 34-69 g, $\varnothing_{38}$ 54.5 g, ad. ♀ 50-70 g, $\varnothing_{13}$ 59.6 g, juv. ♀ 38-64 g, $\varnothing_{22}$ 52.5 g. Fl.spw.: 32-35.5 cm. Fl.l.: ad. ♂ 112-123 mm, $\varnothing_{19}$ 117.9 cm, juv. ♂ 111-124 mm, $\varnothing_{75}$ 117.0 mm; ad. ♀ 110-122 mm, $\varnothing_{19}$ 116.2 mm, juv. ♀ 111-121.5 mm, $\varnothing_{63}$ 116.2 mm [1369,767].

Status. Nominatform allj. Durchzügler und Wintergast bis zur Linie Bod. – Budapest mit abnehmender Regelmäßigkeit (und Häufigkeit) gegen den Alpenrand sowie im W, SW und SE. In Evasionsjahren sehr häufig; Einflugsverlauf aber oft unterschiedlich. Anzahl Registrierungen stark von Beob.aktivität abhängig, Individuenzahlen wegen fehlender Synchronisation der Zählungen und oft längerer Verweildauern sowie unterschiedlichem Ortswechsel der Vögel schwer vergleichbar. Je nach Gebiet meist ab (Mitte) Ende Okt. oder erst im Nov., Dez. oder Jan., im Früh. bis April, seltener Mai. Vereinzelte Sommernachw. Sporadische Meldungen über Brutvorkommen nicht ausreichend gesichert [z.B. CZ, D-BW, 1722,2159].

Zahl der Invasionen bis tief ins Binnenland ME (oder nur im N oder E) pro Jahrzehnt: 1900/09 2, 1910/19 1, 1920/29 2, 1930/39 3(1), 1940/49 3(2), 1950/59 3(1), 1960/69 4(2), 1970/79 4(2) , 1980/89 2(2), 1990/99 3(1). Bes. große Einflüge des 20. Jh. waren 1903, 1913, 1931, 1965, 1988, 1995 und 2004 (im 20. Jh. in manchen Gebieten stärkster Einflug 1965, in anderen 1995); auffallende Einflüge 3 J. hintereinander 1965–66–67 und 1988–89–90. Regelmäßigkeit von Nachw.: **CH:** 1950-88 in mind. 22 Wintern. • **NL:** allj., max. mit 11.000 gemeldeten Ind. 1965/66 [375]. • **D:** -RP 1964-86 in mind. 20 Wintern; -SL 1963-87 in 13 Wintern; -BW/Bod. 1957–80 in allen Wintern; -BY 1901-45 in 27, 1946–91 in 37 Wintern; -TH 1951-80 in 25 Wintern; -BB 1949–76 in 26 Wintern, max. 1995/96 mit > 14.000 Ind. [1]; -MV 1955-84 in jedem Winter [1369,337]. • **CZ:** 1900-45 in 18 Wintern; 1946-75 in 11 Wintern; Einzeldaten Juli und Aug. [2159]. • **PL:** im S deutlich unregelm. und seltener als im N (wo allj.) [3871].

[vgl. regionale Darstellungen für CH, B, NL, A-W, D-BW, -BY in 348,1720,3385,2101,1840,1807,1722, 3393; zum historischen Auftreten in ME:2009].

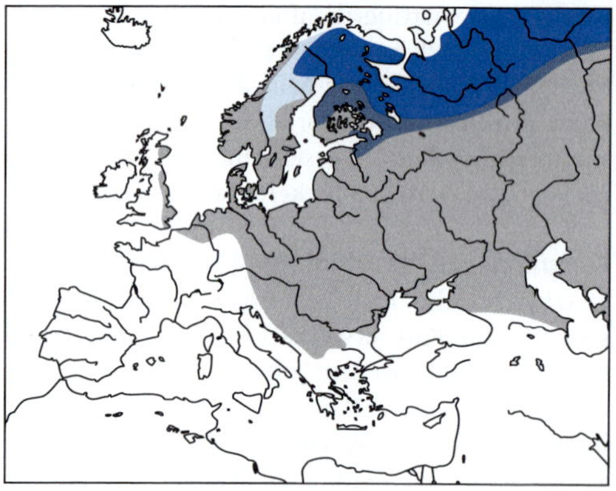

Bombycilla garrulus – **Seidenschwanz**

Verbreitung und Bestand. Brutvogel der holarktischen Taigazone von N-Skandinavien bis an SW-Küste der Hudsonbucht; N-Grenze identisch mit

geschlossener Waldzone (Skandinavien 70° N, Jenissej 69° N); S-Grenze in S. ca. 65–69° N, Karelien 62° N, in Sibirien auch im S der Taigazone (W-Sibirien 57° N, E-Sibirien bis 51–52° N). Europäischer Brutbestand zw. 130.000-700.000 BP, davon 100-500 T. in RUS, 30-150 T. in FIN und 1-50 T. BP in S. [383], bei starken Schwankungen langfristig weitgehend stabil, aber in 1980er J. Arealverluste in N. und in 1990er J. starke Zunahme in FIN [383].

Wanderungen. Teilzieher mit Evasionen. Bei gutem Fruchtansatz der Eberesche überwintert Mehrzahl im Brutgebiet und wenig S davon, meist bis S-S., DK und N-ME; in nördlichen Teilen des Brutareals auch Kälteflucht. Bei Nahrungsknappheit Evasion der gesamten Population nach S, oft erst im Laufe des Winters, in begrenztes Gebiet. Bei großräumiger Ebereschen-Fehlernte wandern große Scharen bis ME, W- und S-Europa; an solchen größeren Invasionen nach S und W sind auch Br. E bis Ural beteiligt. Außergewöhnlich große Evasionen entstehen wohl nach mehreren günstigen Überwinterungsperioden mit geringer Mortalität, guten Brutsommern und darauf folgender herbstlicher Nahrungsverknappung. Hierbei regelrechter Zug und oft Überfliegen von günstigen Gebieten, in denen die Art bei kleineren Evasionen Halt macht. Weiteste Nachw. in starken Evasionsjahren z.B. bis TR (Westanatolien), CY, Kreta, M, Sardinien, DZ oder E., im Nordatlantik auch bis IS. Ab Mitte Sept. gerichtete Zugbewegungen, (Ende Sept.) Anf.–Mitte Okt. Dz. an E Ostseeküste. In ME früheste Beob. ausnahmsweise Sept.; Einzug gewöhnlich Ende Okt.–Anf. Nov., im SW auch später. Heimzugbewegungen ab Mitte Feb., meist bis Ende März beendet. In manchen J. bis April, vor allem in großen Evasionswintern noch große Trupps im April und auch Verzögerung bis Anf. Mai (z.B. 2005). Hauptwegzugrichtung Fennoskandien S bis SW, aber auch SE nachgewiesen. Weitester Ringfund eines Wintervogels aus ME 4800 km E (H bis W-Sibirien); ferner 5700 km E (NW-UA. bis Transbaikalien).

SPEC	VSchRL	Bern.Konv.	Bonn.Konv.
--	--	Anh. II	--
Europ. RL	RL in ME		
--	--		

Gefährdung und Schutz. Durch moderne Waldwirtschaft mit Bevorzugung von monotonen Altersklassenwäldern gefährdet. Bestandszahlen und Aufenthalte stark vom Beerenangebot im Winter abhängig. Schutzmaßnahmen derzeit nicht erforderlich.

Siedlungsdichte. In Optimallebensräumen N-Fennoskandiens normalerweise bis etwa 0.5 BP/km^2, mit höchsten Dichten in Kiefernurwäldern FIN Lapplands mit 1.3 BP/km^2 [1507].

Biotop. Br. in hochstämmiger Fichtentaiga, i.d.R. an feuchten Standorten oder in der Umgebung unterholzreicher Bestandslücken, an Wasserläufen und Hochmooren mit Zitterpappel- und Birkenmischung, auch in trockeneren Fichten- und Birkenwäldern in Wassernähe. Im Winter in ± offenen Wald-, Hecken- und Parklandschaften mit Beeren und Wildobst, Friedhöfen, Parks, Obstgärten und alten Alleen (mit Misteln!); zum Übernachten werden meist dichte Baumbestände (vor allem Koniferen) aufgesucht.

Nahrung. Zur Brutzeit überwiegend Insekten, im Winter fast nur Früchte. Br. jagen vor allem fliegende Insekten, bei Knappheit werden auch Beeren verfüttert. Im Herbst- und Winter viele fleischige Früchte, vor allem von Eberesche, Schneeball, Wacholder, Weißdorn, Zwergmispel, Holunder, Mistel oder nach Frosteinwirkung Äpfel, Birnen etc. Im Frühjahr Kätzchen von Weiden und Pappeln.

Stimme. Stimmfühlungsruf in Sitzen und Fliegen hoch »srii« oder »sirr«, das leicht schwirrend klingt. Gesang frostig klingender, sirrender Triller und gedämpftes Rätschen, in langen Strophen vorgetragen. Auch ♀ singen.

Verhalten. Tagaktiv. Auf dem Boden breitbeinig hüpfen; Flug starenartig. Insektenfang im Brutgebiet mit kurzen, fliegenschnäpperähnlichen Jagdflügen auch von den Wipfeln in den freien Luftraum; daneben auch Fang am Boden hüpfend oder niedrig darüber hinflatternd. Beeren werden im Klettern oder Flattern von Zweig zu Zweig, auch weit vorgebeugt oder kopfunter hängend gepflückt, auch im Rüttelflug von äußeren Zweigen. Größere Früchte, wie Äpfel, werden am Baum oder am Boden ausgefressen. Trinkt am Boden oder von Blättern, nimmt auch Schnee auf. Gesellig, auch in lockeren Ansammlungen brütend. Nur die nächste Nestumgebung wird verteidigt. Charakteristisches Verhalten der Balz ist Balzfüttern, bei dem die Frucht oder das symbolische Zweigstückchen oft mehrfach zwischen den Partnern hin und hergereicht werden kann. Im

Frühjahr dann hopsender Balztanz. Balzpose des ♂: Körper horizontal, Hals und Kopf angehoben, Schwanz nach unten gedrückt; Bürzel und Hinterrückengefieder gesträubt, Holle stark angehoben. ♀ antwortet ähnlich mit Gefiedersträuben, ♂ lässt ein mitgebrachtes ungenießbares Stückchen in den Schnabel des ♀ gleiten. Drohen in aufrechter, gestreckter Haltung mit Aufstellen der Haube, Verstärkung durch Vorwärtsbeugen. Fluchtdistanz i.d.R. auffallend gering. Auf dem Zug und im Winter in kleinen Trupps, bei Invasionen auch in großen Schwärmen.

Fortpflanzung, Brutbiologie [337,1369,767,1551]. Geschlechtsreife im 1. Jahr; Monogame Saisonehe. **Ankunft im Brutgebiet.** Ab April bis Juni, Reviergründung, Balz und Paarbildung nach Ankunft, Balzfüttern aber schon auf dem Wegzug. **Nest.** Wahl durch ♀. Nest im mittleren und oberen Kronenbereich von Bäumen 4-7 (1.5-17) m hoch auf Ästen, auch nahe am Stamm, vorwiegend in Koniferen. Nest ähnlich Drossel, mit viel Flechten und Gras oder aus dürrem Fichtenreisig; Muldenauskleidung feiner (auch Haare, Daunen); Muldendurchmesser 70-90 mm, -tiefe 40-80 mm. Beide tragen ein, ♀ oder beide verbauen. **Legebeginn.** In Fennoskandien (Mitte) Ende Mai bis Mitte Juli. **Gelegegröße.** 4-6 (7), am häufigsten 5; Ø S.$_{19}$ 5.2. Legeintervall 1 d. **Eier.** Elliptisch bis oval, glänzend, Grund blaugrau bis hell bräunlichgrau, dicht mit dunkelgrauen oder schwarzen Punkten und einigen feinen Linien besetzt. **Brutdauer.** 13-15, meist brütet nur ♀, wird vom ♂ z.T. gefüttert. **Nestlings-/Führungszeit.** Beide füttern (vorgewürgte Insekten und Beeren). Nestlingsdauer 15-17 (14-19) d; nach Verlassen des Nestes noch mehrere d von Ad. gefüttert. **Jahresbruten.** 1; Ersatzgelege.

Eimaße und -gewichte [1369]: L. 21.1-28.3 mm, B. 15.7-18.8 mm, Ø$_{100}$ 24.0 x 17.3 mm; Frischvollgew. errechnet 3.8 g; Schalengew. 0.15-0.25 g, Ø$_{140}$ 0.20 g.

Sterblichkeit, Alter. Ältester Ringvogel (RUS) 13 J. 5 Monate [3654]. **Generationslänge:** < 3.3 J. [383].

Mauser. **Postjuvenile Mauser** (Teilmauser) Aug.–Okt./Nov. (Dez.); i.d.R. vor Ankunft in ME abgeschlossen; nur Kleingefieder [767,1369,3882]. • **Postnuptialmauser** (Vollmauser) Aug./Sept.–Okt./Nov., während Wegzug selten unterbrochen [767,3771,3882]; bei Invasionen noch im Nov. einige mit aktiver Großgefiedermauser.

Überfamilie Certhioidea

Die nahe Verwandtschaft der primär altweltlichen Kleiber (Sittidae), Baumläufer (Certhiidae) und Mauerläufer (Tichodromidae) mit den neuweltlichen Mückenfängern (Polioptilidae) und Zaunkönigen (Troglodytidae) wurde erst durch molekulare Untersuchungen erkannt und ist inzwischen sehr gut belegt [3564,3546,158,159]. Dabei ist eventuell *Tichodroma* die Schwesterart der Kleiber (bisher nur durch eine Studie gestützt, in anderen molekularen Untersuchungen fehlte diese Gattung) [3564], während die drei anderen Familien untereinander nächstverwandt sind.

Familie Tichodromidae - Mauerläufer

Monotypische Familie (beachte Schreibweise!) [dazu 4170,417] mit *Tichodroma muraria* (altweltliche Verbreitung).

Tichodroma muraria – Mauerläufer 14820

Tichodroma muraria (Linnaeus 1766)

(GB) Wallcreeper **(F) Tichodrome échelette** **(E) Treparriscos**

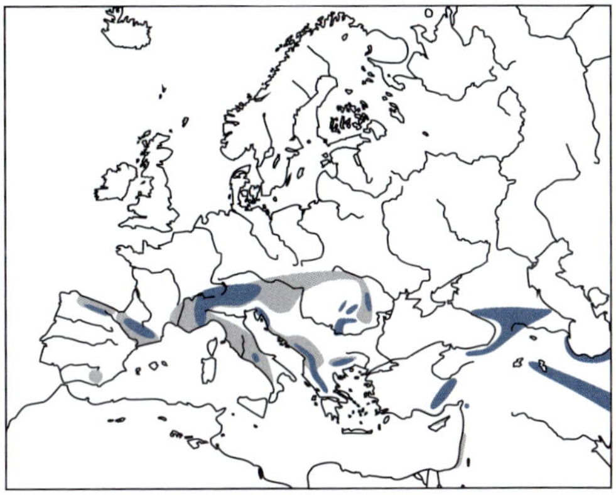
Tichodroma muraria – **Mauerläufer**

Taxonomie. Einziger Vertreter dieser monotypischen Familie. Zwei UA: *muraria* (Linnaeus 1766) (Europa bis N-Iran) und *nepalensis* Bonaparte 1850 (zentralasiatische Hochgebirge).

Kennzeichen. [1369,3615,767,221,3772; weitere Fotos in Bird. W. **5**, 271-74, **14**, 494, Dutch B. **13**, 136-38, **17**, 141-45 (z), **21**, 156-59, **25**, 319, 321, Limic. **7**, 41-45, 48].

Maße. Gr.: 16.5 cm. Gew.: 15-19.6 g; ♂ $\varnothing_7$ 18.6, ♀ $\varnothing_{11}$ 18.2 g, Juv. $\varnothing_3$ 17.5 g. Fl.spw.: 27-32 cm. Fl.l.: (Bälge, Europa) ♂ 95-104 mm, $\varnothing_{23}$ 99.9 mm, ♀ 94-101 mm, $\varnothing_{15}$ 98.0 mm [1369,767].

Status. In ME regional verbreiteter, nirgends häufiger Brut- und Jahresvogel. Außerhalb der Alpen nur im S lokaler Gastvogel und Überwinterer (mit z.T. sehr ausgeprägter Ortstreue), sonst nur Ausnahmegast:
B: Im 19. Jh. 13 Nachw., ca. 9 Nachw. von 1890-1990, u.a. Dez. 1943, März 1954, 1 Ind. in 5 aufeinander folgenden Wintern 1985–90; Nov. 1989, Jan. 1990 [277,1369,1677]. • **L:** 1 mal 19. Jh., Jan. 1925, 2 Ind. Feb. 1953 [1369]. • **NL:** 1 Ind. Nov.-April 1989/90 und Nov.-April 1990/91 [375]. • **D:** Helgol. Mai 1974 [1369]; -HH Feb-Apr. 1950 [1369]; -NI 1951 [1587]; -NW 20. Jh. 8 Nachw. (ca. 10–12 Ind.) bis 1987 [1369]; -BE: Dez.-März !995/96 [1]; -ST Okt. 1981, März 1984, Juli 1990 [1369,927]; -SL Okt. 1988 [1369]; -HE 18 Nachw. von ca.1850-1985/86 [1680]; -TH etwa 14 Nachw. 1770-1973 [2068]; -SN im Elbsandsteingebirge von 1834-1901 etwa 25 Nachw., danach 6 Nachw. zw. 1936-84 [1369,3667]; -RP unregelm. Wintergast (auch Mai-Beob.), 31 Nachw. von 1903-1998 [1369,575]; -BW Brut 1933, alljährl. Gastvogel im Winterhalbjahr (Okt.-April, Mai; ca. 30 Ind./J.) [1722,203]; -BY Brutvogel der Vor- und Kalkalpen 660–2350 m, im Winterhalbjahr regelm. in Tälern und Alpenvorland, einzelne Ind. sehr unregelm. bis Maintal [337]. • **H:** seltener Gastvogel im Winterhalbjahr [2438]. • **CZ:** Gastvogel mit bis 5 Ind./J. (meist Nov.-April) [2159]. • **SK., PL:** Brutvogel der Karpaten [3882,1366]. In **FL**, **CH** und **A** verbreiteter Brutvogel.

Verbreitung und Bestand. Brutvogel der Hochgebirge der Paläarktis von Iberischer Halbinsel bis Mongolei und W-China und bis S-Rand zentralasiatischer Gebirgsmasse; im W z.B. Kantabrisches Gebirge, Pyrenäen, Alpen und Voralpen, Jura, Korsika, Apennin, Karpaten, Dinarisches Gebirge, Balkan, Rhodopen BG, GR (Peloponnes bis 1900–2400 m), S- und E-Anatolien sowie Kaukasus, Libanon, Elburs. Höhengrenzen im Jura 500–1550 m (F), in Alpen in günstigen Lagen ab 350 m (CH) bzw. 450 m (A), meist ab 700–900 m bis rund 2500 m (CH höchste Brutplätze 3000 m), bevorzugt zwischen 1000 und 2000 m; Hohe Tatra (CS/PL) 1500–2150 mm. Gesamtbestand Europas zw. 38.000-100.000 BP (stabil) [383], mit Beständen > 3.000 BP in RUS (15-30 T.), TR (5-25), F (4-20), E. (9-12) und I (2-6 T. BP); in ME brüten etwa 1.300-2.700 BP [383].

Wanderungen. Ausweichbewegungen, kürzere Altitudinalwanderungen und horizontale Wanderungen auch über weitere Entfernungen von bis zu mehreren 100 km (z.B. bis N-D, NL, NW-F, aber auch SYR, IL), dabei auch zumindest kurz übers Meer (z.B. bis Helgoland, GB, Maghreb, Balearen, M, Sizilien, CY), offenbar ohne einheitliche Vorzugsrichtung (in Alpen z.B. alle Hauptrichtungen je nach Lage); Verdriftungen in Einzelfällen nicht ausgeschlossen. Ein Teil der alpinen Br. verbringt auch den Winter im Bereich der Nistfelsen in unteren und mittleren Lagen (ausnahmsweise bis >3000 m auch außerhalb von Ortschaften); ab Mitte Juli z.T. Abwandern in höchste Lagen der Alpinstufe (CH bis 4500 m), dort Aufenthalt bis mind. Okt.; (Ende Sept.) Okt.–Anf. Mai in Tallagen oder im Vorland der Gebirge (ausnahmsweise auch im Sommerhalbjahr) sowie fernab der Brutgebiete (vgl. oben); Rückkehr zu Alpenbrutplätzen mitunter aber schon ab Feb., meist ab März. Möglicherweise auch Rückwanderung in Etappen. Ähnliches generelles Wanderverhalten auch in anderen Hochgebirgen (z.B. SE-Europa, Himalaja). In Karpaten SK. werden Brutplätze über 900 m ü.M. spätestens Mitte Nov. verlassen und März/April wieder aufgesucht [3332]. Offenbar werden regelm. zunächst Brutplatznahe günstige Winterplätze aufgesucht; ob nur oder vorwiegend Einj. in höheren Lagen der Alpen verbleiben, ist noch nachzuprüfen. Individuelle Winterplatztreue in Einzelfällen nachgewiesen [eindrucksvoll z.B. 3653], aber auch Verlagerung von Winteraufenthalten während einer Saison wahrscheinlich. Winterreviere einzelner Ind. können mehrere Steinbrüche oder andere geeignete Stellen zur Nahrungssuche umfassen.

Bestandsentwicklung. Brutbestandsschwankungen von Jahr zu Jahr in engen Grenzen; insgesamt kaum langfristige Bestands- oder Arealveränderungen bekannt (oder Zunahmen mit verbessertem Kenntnisstand erklärt) [767,965,1369,4175,3392, 3393,1585,342,1996]. Daher Entdeckung unbekannter Brutplätze in jüngster Zeit, z.B. Jura CH und F [665,1319,4152,3392], A-V [1996] oder Massif Central F [4180] wahrscheinlich eher auf Erfassungslücken als auf Neuansiedlungen zurückzuführen [1369,4180,3392; auch D-BY:4175].
Außerhalb o.g. Brutgebiete entstandene, kleinere Brutansiedlungen (im 19. und 20. Jh.) rasch wieder erloschen [Schwäbische Alb (nur 1933):1722, Sudeten:1365].
In Jüngster Zeit Anzeichen für lokalen Bestandsrückgang und für Aufgabe traditioneller Brutgebiete in Alpen und Voralpen [CH:3393, A-V: A. Schönenberger, 1996] sowie in Karpaten PL [3871], möglicherweise durch Folge sehr nasser Frühjahre mit geringem Bruterfolg.

	Best.	Areal	Brutbestand	Jahr	Quelle
A	+/-	=	700–1.400	1998–2000	[383]
CH	+/-	=	500–1.000	1993–1996	[383]
D	+/-	=	100–200	1995–1999	[383]
FL	+/-	=	20–40	1998–2000	[383]
PL	+/-	=	15–20	1995–2000	[383]
SK	+/-	=	30–50	1990–1999	[383]

Siedlungsdichte. Reviergrößen in einem Flächenmaß kaum anzugeben, BP in Karnischen Alpen nutzte Felsfläche von 250-280 m Radius; Neststandorte in Alpen z.T. nur 100-300 m auseinander, sonst mehr, mind. 600-800 m (Karpaten) bzw. > 1000 m (Alpen) [1369]. In Ötztaler Alpen 10 BP auf 320 km^2 (0.03 BP/km^2), in Bayerischen Alpen 0.05-0.06, in Berner Alpen 0.07-0.09 BP/km^2, in Hochsavoyen 0.09 BP/km^2 [3223]; meist Großflächendichte noch geringer [1369,1507].

Gefährdungsursachen [1369,1719,1722,196,342]. Zunehmende Erschließung der Bergregionen und erhebliche Zunahme der Freizeitnutzung (vor allem Klettersport) in bevorzugten Brut- und Überwinterungsgebieten, dabei insbes. durch Säuberung der Kletterrouten erhebliche Beeinträchtigung der Nahrungs- und Bruträume. Zwar reagiert der Mauerläufer nicht sehr empfindlich auf kurzzeitige Störungen, doch enorme Ausweitung des Klettersports

und anderer Freizeitnutzung sind gefährdend. Eng umgrenzter potentieller Lebensraum ME, sehr empfindlich.
Natürliche Verluste durch Greifvögel und Musteliden spielen keine bedeutende Rolle.

SPEC	VSchRL	Bern.Konv.	Bonn.Konv.
--	--	Anh. II	--
Europ. RL	RL in ME		
--	PL: 'CR', D: 'R', FL: 'VU', SK:'NT'		

Schutzmaßnahmen. Zur Sicherung des recht kleinen ME Mauerläuferbestandes müssen in Brut- und Überwinterungsgebieten traditionell bedeutsame Felsen und Wände vor Erschließung und Beeinträchtigungen durch Freizeitnutzung geschützt werden. Das »Routenausputzen« muss strengstens untersagt werden. Ausweisung offizieller Kletterrouten und Sperrung sensibler Gebiete regional inzwischen dringend erforderlich.

Biotop. Br. in Felsgebieten, bevorzugt in zerklüfteten, mit Grasbändern oder Pflanzenpolstern durchsetzten Partien mit unterschiedlicher Sonnenexposition, sodass zu verschiedenen Tageszeiten sonnenbeschienene Stellen, aber bei größerer Erwärmung auch Schattenplätze vorhanden sind. Oft (aber nicht obligatorisch) in der Nähe von Wasseraustritten, Wasserfällen oder Bächen; Nahrungssuche auch in Geröllfeldern am Fuß von Felswänden. Mitunter auch Br. an Gebäuden (z.B. CH, D-BY). Winterreviere auch in Felswänden der Mittelgebirge, in Steinbrüchen und Ruinen, an Kirchen, Stadtmauern oder auch markanten Gebäuden inmitten von Städten.

Nahrung. Insekten in breitem Größen- und Artenspektren, Spinnen und mitunter andere Wirbellose.

Stimme. Rufrepertoire gering; unrein klingende auf- und absteigende Drohrufe; Stimmfühlungslaut der Partner (nur aus großer Nähe zu hören) kurz schilpend »zui« oder lerchenähnlich »srie«. Gesang 4–5 stufig ansteigende, reine Pfeiftöne gefolgt von ca. 1 sec langen tiefem Pfiff; »tü tüie tüie sriiiiiö«. ♂ und ♀ singen, letzteres mit kürzeren Elementen. Gesang im Freiland über größere Entfernungen oft nur unvollständig zu hören, am ehesten die höchsten Töne, wird aber oft auch ohne den abschließenden Pfeifton vorgetragen. Gesang das ganze J. zu hören, von ♀ vor allem in Winterrevieren.

Verhalten. Tagaktiv; sitzt aber auch untertags oft längere Zeit still. Übernachtung einzeln in geschützten Höhlen oder Nischen (auch an Gebäuden), oft über lange Zeit in Folge oder in größeren Abständen wiederbenutzt. Auf ebenem Grund Gehen mit alternierenden Fußbewegungen, aber meist beidbeiniges Hüpfen, ohne Unterstützung der Flügel Sprünge bis 20 cm möglich. An steiler oder senkrechter Wand hängt der Vogel mit parallel gestellten Füßen und nach vorne verlagertem Gewicht, sodass Brust die Unterlage berühren kann. Beim Klettern wird meist von einem Vorsprung zum Nächsten gehüpft, senkrecht nach oben als Flugsprung, oder Entlanglaufen an einer horizontalen bis schrägen Kante; auch wie Kleiber Klettern mit schräg übereinander gestellten Füßen. Glatte Wände werden über größere Abschnitte flatternd oder in spiraligem Aufwärtsflug überwunden. Mit vibrierenden Flügeln lassen sich Ind. an den Wänden durch Aufwinde hochtreiben, schrauben sich auch im Aufwind über Tälern oder flachem Grund mit Schlägen geringer Amplitude nach oben und lassen sich abtreiben oder gleiten von der Bruthöhle mit ausgebreiteten oder V-förmig gehaltenen Flügeln schräg abwärts. Daneben aber auch Sturzflug von hohen Felsen und fallschirmartiges Abbremsen dicht über Grund. Flügelzucken im Sitzen und bei Nahrungssuche wegen der durch die großen Flügel bedingten Langsamkeit und der Farbsignale (weiße Flecken, rote Federn) bes. auffällig; hat Signalfunktion und wird bei Gefahr (auch beim Eindringen in fremdes Revier) unterdrückt. Nahrungserwerb durch Absuchen von Substrat und vor allem Spalten, besonders im Winter auch Einfliegen in größere Höhlungen; Fang fliegender Insekten im Rüttelflug nahe einer senkrechten Wand, auch Nachstürzen bei Schmetterlingen (oft aber mit geringem Erfolg); vor dem Verschlucken werden große Insekten auf eine Unterlage geschlagen. Ganzjährig territorial und außerhalb der Brutzeit Einzelgänger. Balz der ♂ beinhaltet Jagdflüge und Flugmanöver, Nistplatzzeigen und, wenn ♀ in der Nähe, ♂-Gesang. Kopulation geht meist kurzer Gesang des ♂ voraus. Drohhaltung durch Senken und Spreizen der Flügel und Präsentation der roten Federn. In Winterrevieren (ausnahmsweise Herbst/Winter-Gruppen über Familiengröße, bis 48 Ind. in W-Alpen).

Fortpflanzung, Brutbiologie [337,1369,767,4180]. Geschlechtsreife im 1. Lebensjahr; in dichter besiedelten Gebieten aber wohl nicht alle Vorjähr. brütend. Monogame Saisonehe (?), Wiederverpaarungen durch hohe Reviertreue wahrscheinlich. **Ankunft am Brutplatz.** Witterungsabhängig; Balz und Paarbildung nach Ankunft am Brutplatz in SK. schon ab Mitte März bis Ende April, im CH Jura ab Ende März möglich, meist im April oder Mai, in höheren Lagen bis Ende Mai/Anf. Juni. Höhlenzeigen des ♂ mit auffälligen Sturz- und Aufwärtsflügen. **Nest.** ♀ wählt wahrscheinl. Nisthöhle durch Einschlüpfen. Neststand in Felshöhle oder -spalte, auch in Steinhaufen, wenige bis > 20 m und mehr über Wasser oder Fuß der Felswand, über trockenem Grund meist > 10 m; schwere Zugänglichkeit für Nesträuber offensichtlich entscheidend; feuchte Stellen zwar bevorzugt, aber nicht Bedingung; mitunter auch Gebäudebruten (Schlösser, Ruinen, auch Rüstlöcher, Mauerlücken oder auf Dachbalken). Manche Brutwände über 50 J. (mit Unterbrechungen) besetzt, häufig auch gleiche Bruthöhle in mind. 3 aufeinanderfolgenden J. Bei engem Einschlupfloch steht Nest oft nahe am Eingang, mitunter hinter Vorsprung oder Stein, bei weiten Eingängen oft tiefer in Höhle, bevorzugt tiefer als Eingangsschwelle. Nest vor allem aus Moos, ferner aus Flechten und anderen Pflanzenmaterialien sowie Feinmaterial (u.a. Tier- und Pflanzenwolle, Federn); nicht selten mit einem Ein- und einem Ausgang. ♀ baut, kann vom ♂ begleitet werden; Dauer etwa 5 d; Legebeginn nach längerer Pause (z.B. 22 d beschrieben). **Legebeginn.** In warmen Lagen der Alpen frühestens ab Ende April/Anf. Mai, sonst meist Mai bis Juni (Juli); witterungsbedingt jahrweise sehr unterschiedlich, z.B. Nestlinge in D-BY Anf. Juni bis Ende Juli (max. 1. Julidekade), Fütterung frisch flügger Juv. noch bis 20. Aug. **Gelegegröße.** 3-5. Legeintervall 1 d. **Eier.** Spitzoval bis birnenförmig, schwach glänzend, auf milchweißem Grund spärlich fein rostbraun und dunkel rostrot gefleckt. **Brutdauer.** 18-20 d. Brutbeginn ab vorletztem Ei; nur ♀ brütet, wird vom ♂ gefüttert. Juv. schlüpfen asynchron innerhalb 2 d. **Nestlings-/Führungszeit.** Beide Partner füttern, ♀ hudert bis 14 d, erste Woche sehr intensiv. Wegtragen von Kotsäckchen oft wichtigster Anhaltspunkt für Bruten. Nestlingsdauer etwa 28-30 d; Juv. können Nest für Fütterungen bis zu 5 d vor Ausfliegen schon verlassen; fliegen innerhalb 2-3 d aus; dann noch ca. 5-6 d von Eltern betreut; möglicherweise halten Juv. danach noch mehrere Wochen zusammen. **Jahresbruten.** 1; Ersatzgelege offenbar selten. **Ende der Brutperiode.** Mit Selbständigwerden der Jungen Mitte/Ende Juli bis August. **Bruterfolg.** Aus 24 erfolgr. Bruten in CH Ø 3.83 Juv., in SK. Ø$_{38}$ 3.11 Juv. In CH in 17 J. an einem Brutplatz 14-15 mal erfolgreich, Brutausfälle oder sehr spätes Ausfliegen (Anf. Aug.) in J. mit vielen Spätschneefällen.

Eimaße und –gewichte [1369]: L. 19.2-22.7 mm, B. 14.0-15.7 mm; Ø 20.3 x 15.1 mm (n=23). Frischvollgew. (2 Gelege), Ø$_{8}$ 2.48 g. Schalengew. 0.130-0.145 g; Ø$_{?}$ 0.137 g.

Sterblichkeit, Alter. Generationslänge: < 3.3 J. [383].

Mauser. Postjuvenile Mauser (Teilmauser) beginnt ca. 3–4 Wochen nach Ausfliegen, Aug.–Sept./Okt.; Kleingefieder ohne Große Armdecken [767]. • **Postnuptialmauser** (Vollmauser) überlappt sich nicht selten mit der Jungenaufzucht, (Ende Juni) Juli–Mitte Sept.; Dauer der HS-Mauser ca. 8 Wochen (Volierenvögel). • **Pränuptialmauser** (Teilmauser) Jan./Feb.–März/April; Teile des Körpergefieders, unregelm. Flügeldecken und Schirmfedern [767,1369,1866], bei ♀ und Einj. meist weniger umfangreich als bei ♂ bzw. Ad. [767,1369].

Familie Sittidae – Kleiber

Kleine bis mittelgroße, an Bäumen kletternde, gedrungene Singvögel mit langem, pfriemförmigem Schnabel, großem Kopf, kurzen, kräftigen Füßen und kurzem Schwanz (kein Stützschwanz wie bei Spechten). Können auch kopfunter an Bäumen herabklettern. Nahrung Arthropoden und hartschalige Samen, die aufgehämmert werden (werden daher auch »Spechtmeisen« genannt). Baut flaschenförmige Mörtelnester oder baut bzw. übernimmt Baumhöhlen (oft wird dabei Einflugloch verkleinert). Bestimmung [1537].
Eine Gattung, 24 Arten, holarktisch-orientalische Verbreitung.

Sitta europaea – Kleiber 14790

Sitta [europaea] europaea Linnaeus 1758

(GB) (Eurasian) Nuthatch **(F) Sittelle torchepot** **(E) Trepador Azul**

Taxonomie. Bildet Superspezies mit *S. nagaensis* (S-China, Burma, montane Region) und *S. casteanea* (Indien bis Indochina; Tiefland). Ob auch der stärker abweichende *S. cashmirenis* dieser Superspezies angehört, bedarf noch genauerer Untersuchung [vgl. 1369].
Etwa 17 UA in drei Gruppen, wobei mangels molekularer Untersuchungen unklar ist, ob diese auch phylogeographische Einheiten darstellen:
***caesia*-Gruppe** (W-Paläarktis außer nördliche Breiten), darunter *caesia* Wolf 1810 (W-Europa und ME, nach E in *europaea* übergehend) sowie 6 weitere UA von Iberien bis Iran (*hispaniensis, cisalpina, levantina, persica, caucasica, rubiginosa*).
***europaea*-Gruppe** (N-Europa bis N-JAP), davon in Europa *europaea* Linnaeus 1758 (Fennoskandien, europ. RUS) und 7 weitere UA (*asiatica, albifrons, amurensis, kleinschmidtii, roseilia, bedfordi, seorsa*).
***sinensis*-Gruppe**: *sinensis* Verreaux 1871 (E-China und Formosa) und *montium* (La Touche 1899) (Zentral- und SE-China).
Klinale Übergänge zwischen den Gruppen deuten auf freien Genfluss.

Kennzeichen. [1369,3615,767,221,3772; weitere **Fotos** in Limic.**16**, 217, **18**, 60, (*asiatica*) Vår Fåg. 2003/**8**, 25, 27 (z)].

Maße. Gr.: 14 cm. Gew.: (CH) ♂ 21.8-24.5 g, $\varnothing_{16}$ 23.2 g, ♀ 20.0-23.7 g, $\varnothing_{13}$ 21.9 g; (D-NI, Winter) ♂ 22.5-25.2 g, $\varnothing_{23}$ 23.6 g, ♀ 20.5-25.0 g, $\varnothing_{19}$ 22.6 g. Fl.spw.: 22.5-27 cm. Fl.l.: (CH) ad. ♂ 86-90 mm, $\varnothing_{18}$ 88.6 mm, juv. ♂ 84-90 mm, $\varnothing_{17}$ 87.1 mm, ad. ♀ 84-86 mm, $\varnothing_{13}$ 85.3 mm, juv. ♀ 82-89 mm, $\varnothing_{20}$ 84.6 mm [1369,767].

Status. In ME *caesia* verbreiteter und sehr häufiger

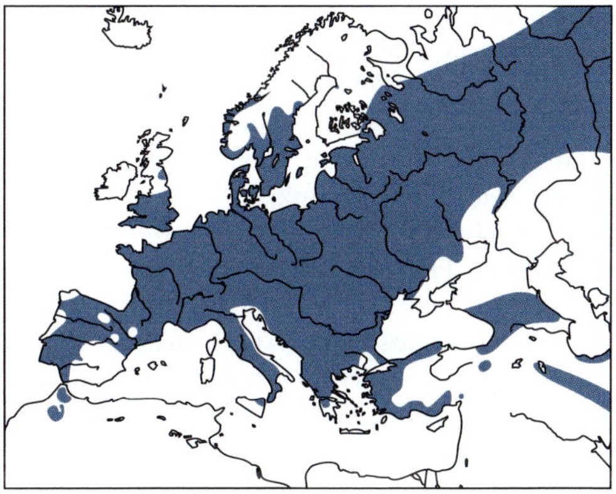

Sitta europaea – **Kleiber**

Brut- und Jahresvogel; z.T. Zuzug aus NE-ME/Europa; auch dichtebedingte Evasionen.
Nominatform Gastvogel in NE-**PL** [1369] sowie in **SK.** ♂ März 1882 (viell. aber UA *asiatica*) [3882].
UA *asiatica* Irrgast, erst ein (weitgeh.) gesicherter Nachw. in PL Immat. (fotogr.) Okt. 1995 [3871].

Verbreitung und Bestand. Brutvogel der Paläarktis und im NE der Orientalis in borealer, gemäßigter, mediterraner und in E-Asien bis N-Rand tropischer Zone, ferner in Gebirgsregionen von W-Europa und NW-Afrika bis an Pazifik einschließlich JAP und S-China. In W-Paläarktis Inselvorkommen MA; von P/E., F, S-GB nach N bis etwa 63° N in Skandinavien mit Einzelvorkommen bis Polarkreis und etwa 60° N RUS bis W-Sibirien, S-Grenze N-Rand Mittelmeer einschließlich I und N-Sizilien, GR, TR (aber ausschließlich der großen Mittelmeerinseln), Gebirgsumrandung NE-Irak und W-Iran. In ME UA *caesia* sehr häufiger Brutvogel von Küste bis Waldgrenze, mit Verbreitungslücken oder geringer Dichte in baumarmen Niederungsgebieten sowie in montanen und subalpinen Nadelwäldern. Höhengrenzen der Brutverbreitung CH etwa 2200 m, A-V ca. 1600 m, D-BY bis 1700 m, CS/PL 1450 m ü.M. In Europa brüten etwa zw. 7.5 - 19 Mio. BP (stabil), mit Beständen > 0.8 Mio. BP in RUS (1-5 Mio.), F (0.4-2), D (0.6-1.4), CZ (0.6-1.2), SK. (0.7-1) und E. (0.55-1.2 Mio. BP) [383]; Bestand ME etwa 2.7–4.8 Mio. BP [383].

Wanderungen. Standvogel, Dismigrationen, weitere Wanderungen mit Evasionscharakter; Überwinterung meist im Brutareal. Besonders weite Evasionen Br. Sibiriens (*asiatica*) nach WNW führen auch in Gebiete N der europäischen Arealgrenze, z.B. nach FIN und N-Skandinavien, ausnahmsweise bis N-N. und S-S. unter Umgehung des Bottnischen Meerbusens; in starken Invasionsjahren Tausende (z.B. 1976). Einflug ab Ende Sept., Höhepunkt Okt.; Ende Okt. Bezug der Winterreviere. Inwieweit Heimzug in die Brutgebiete stattfindet, ist unklar. Nach starken Invasionen einzelne Br. *asiatica* in Fennoskandien; seit 1954 in FIN fast jährlich Einzelne. Auch in ME in manchen J. evasionsartige Wanderungen bei hoher Bestandsdichte [4131], auch an Alpenpässen registriert, allerdings mit kleinen Fangzahlen (höchste Zahlen Col de Bretolet CH ab Okt.) [1861]. Abzugsrichtung NNW–SSW, einzeln auch E; Entfernungen bis 460 km (z.B. D – NL, F) nachgewiesen, doch Funde über 100 km selten. Wegzug Ende Aug.–Okt., offensichtlich nur Jungvögel. Die meisten scheinen nicht mehr ins Brutgebiet zurückzuwandern. »Normale« Dispersionsentfernungen der Juv. in ME meist sehr gering (z.B. 50 % der Wiederfunde < 1 km, weiteste > 20 km), u.U. SW-gerichtet, evtl. wegen »Mitnahme« in gemischten Wandertrupps [2513]. Dismigration der Juv. über kurze Entfernungen Juli–Sept.; oft noch zweite Phase, kann von Nov. bis April dauern und umfasst nach der ersten Phase noch nicht sesshafte Ind. Invasionen ab Aug.–Sept. Geburtsortstreue z.B. N-D 50 % der erfassten Ansiedlung ♂ bis 700 m, ♀ bis 825 m (max. ♂ 2.1 km, ♀ 27 km); Brutortstreue Median <MM > 73 m, ♀ 90 m (max. ♂ 350 m, ♀ 850 m) [4131].

Bestandsentwicklung. Teilweise drastische, kurzfristige Bestandsschwankungen der Brutpopulationen kennzeichnend [1369]. Dabei Dichte überwiegend vom aktuellen Nahrungsangebot reguliert. Bei geringem Angebot oder sehr hoher Vogeldichte Abwanderung von Jungvögeln in suboptimale Gebiete oder hohe Sterblichkeit. Daher Brutpaarzahlen nicht mit Bruterfolg des Vorjahres und nur sehr bedingt mit Härte der Winter korreliert [1343,1369,4071; vgl. aber unten].
Langfristig vor allem in N-ME, NW- und N-Europa Arealausweitungen und Bestandszunahmen durch Zunahme der Winterfütterungen, Klimaerwärmung sowie Veränderung des Waldbildes [2471,4133,1343,1369]; Ende 1980er J. z.B. Schottland erstmals besiedelt [2730]. In ME zudem durch zusätzliches Angebot an Nisthilfen Zunahmen und Neuansiedlungen [z.B. 1141,1040,55,2896,q20, 1137,196,204,1; auch DK:2994], in NL auch durch Besiedlung von Aufforstungsflächen (von Anf. 20. Jh.) und Pappelbeständen (nach II. Weltkrieg) [1369,375,3638,1507]. Manche längerfristigen Zunahmen (z.B. E-PL) allerdings noch nicht völlig verstanden [4067]. In FIN führte Invasion von *asiatica* aus W-Sibirien zur Brutansiedlung mit bis zu 20 BP in 1990er J. [337,1585]
In vielen Regionen ME Bestände langfristig weitestgehend konstant [2471,198,843,196,1369,1587, 1680,1722,310,2068,2772,3393,3392].

	Best.	Areal	Brutbestand	Jahr	Quelle
A	+/-	=	200.000–400.000	1998–2002	[383]
B	+/-	=	23.000–45.000	2001–2002	[383]
CH	+/-	=	70.000–120.000	1993–1996	[383]
CZ	+/-	=	600.000–1.200.000	2000–2002	[383]
D	↑	=	600.000–1.400.000	1995–1999	[383]
FL	↓	=	150–250	1998–2000	[383]
H	+/-	=	140.000–235.000	1999–2002	[383]
L	+/-	=	15.000–20.000	2001	[383]
NL	↑	+ 1	16.000–20.000	1998–2000	[383]
PL	+/-	=	300.000–400.000	2000–2002	[383]
SK	+/-	=	700.000–1.000.000	1990–1999	[383]

Siedlungsdichte. Brutreviergröße 1–2, Ø ca. 1.2 ha; manche Paare brüten aber isoliert, daher keine festen Reviergrenzen erkennbar. Höchstdichten in ME auf Flächen von 20–49 ha 11.6–6.0–4.9 (Ø 6.0), von 50–99 ha 4.2–2.6–1.4 (Ø 2.5), von > 100 ha 2.7–1.3–0.8 (Ø 1.5) Rev./10 ha [337; vgl. auch 1,1722,1137,310,2896]. Großflächendichten (> 100 km^2) in ME zw. 0.001–5.6 BP/km^2 [vgl. Tab. 53 in 337].

Gefährdungsursachen [1369,1680,196]. Verlust des Lebensraumes durch starken Holzeinschlag in Altholzbeständen sowie durch »Waldsterben«; neben Windbruch, Feuer sonst nur natürliche Faktoren von Bedeutung.

SPEC	VSchRL	Bern.Konv.	Bonn.Konv.
--	--	Anh. II	--
Europ. RL	**RL in ME**		
--	--		

Schutzmaßnahmen. Spezifische Maßnahmen in Anbetracht der Bestandssituation nicht erforderlich. In forstlich stark genutzten Wäldern kann Kleiberbestand durch Nistkästen gesteigert werden. Weitaus günstiger (auch für viele andere Arten) wäre aber Erhalt größerer Altholzinseln sowie verlängerte Umtriebszeiten.

Biotop. Br. bevorzugt in älteren Laub- und Mischwäldern mit grobborkigen Bäumen (in ME vor allem Eichen) und ausgeprägter Kronenschicht, ferner in Parkanlagen, Friedhöfen, Obstgärten, Feldgehölzen und Alleen mit hohen Bäumen; bei Angebot an natürlichen oder künstlichen Nisthöhlen in geringerer Dichte auch im Nadelwald, am ehesten wenn eingestreute Laubbäume eine ausreichende winterliche Nahrungsgrundlage (z.B. Bucheckern) sichern. Außerbrutzeitliche Streifgebiete reichen bis in kleine Innenstadtgärten.

Nahrung. Frühjahr und Sommer hauptsächlich Insekten, Spinnen in großer Artenzahl; ab Spätsommer Samen, z.B. Koniferen, Haselnuss, Samen vieler Laubbäume, Sonnenblume etc.

Stimme. Stimmfühlung meisenähnlich »sit«. Allgemeiner Erregungsruf hart und laut »träck träck träck« oder »twett twett twett«; bei aggressiven Auseinandersetzungen, aber auch bei Luftfeind »sirr« und bei Kampf kurz »trr« (mit Zischlauten durchsetzt). Übergangsformen zwischen Rufen und Gesang. Gesang aus verschiedene Strophentypen aus einfachen, mehrfach wiederholten Pfeifelementen, in Ruhe Elemente etwas absinkend, bei Erregung laute, aufsteigende Pfiffe, Elementfolge wird schneller. Daneben Trillerstrophen »wiwiwiwi..«. Motivangleichung bei Gesangsduellen mit Reviernachbarn, Gesangstypen abhängig vom Erregungsgrad. Gesangsmaximum Dez.–Mai, sonst selten zu hören.

Verhalten. Tagaktiv. Übernachtung einzeln in Höhlen; ♂ kann das ♀ zu dessen Schlafhöhle begleiten (vor der Eiablage übernachtet ♀ in Nisthöhle). Beim Klettern werden Zehen quergestellt, Körper hängt am oberen und stützt sich auf unteren Fuß und kann sich aus dieser Stellung nach oben und nach unten drehen. Füße werden im Unterschied zum Hüpfen auf waagerechter Unterlage nicht gleichzeitig, sondern kurz nacheinander bewegt. Körperachse beim Klettern fast immer schräg, Füße nicht parallel gerichtet, daher i.d.R. Zickzackbahn, aber auch nahezu senkrechtes Abwärtslaufen möglich. Vor Abflug oder bei erhöhter Aufmerksamkeit kann Vorderkörper relativ weit von Unterlage abgehoben werden. Nahrungssuche durch Wegfangen fliegender Insekten von Unterlage, Ablesen von Blättern, Aufstöbern in Ritzen und Vertiefungen (vor allem am Stamm oder an großen Ästen), auch Lossprengen von Rindenstückchen und Aufnahme vom Boden, dabei oft niedrig an Stämmen hängend oder bei Aufnahme von Samen Laub beiseite wischend. Zur Bearbeitung werden große und harte Insekten sowie Samen in Spalten gesteckt und weich geklopft oder zerstückelt. Auch hartschalige Objekte wie Haselnüsse werden aufgeklopft, meist mit Kopf nach unten hängend an senkrechten Strukturen. Anlage von Vorräten ganzjährig, im Sommer Insekten, besonders intensiv bei Angebot an reifen Samen ab Spätsommer. Beim Transport meist mehrere Samenkörner im Schnabel, dann Ablage und einzeln in Spalt festgeklemmt und nach Möglichkeit mit Rinde, Moos oder Flechten bedeckt, mitunter auch im Boden vergraben. regelm. an Futterstellen. Ganzjährig territorial. Mischgeselligkeit mit Meisen offenbar sehr locker. Aggressive Auseinandersetzungen um Reviere i.d.R. intrasexuell, Eindringlinge des anderen Geschlechtes werden oft kaum beachtet, daher auch vorübergehende Triobildung (meist 2 ♂, 1 ♀, ausnahmsweise auch während Brutzeit) mit benachbarten unverpaarten Revierbesitzern; Paare sind fast stets miteinander in Hörkontakt. Balz ist anfänglich aggressiv. Paarungsbereite ♀ widerstehen den Attacken des ♂ und bleiben im Territorium. ♂ beginnen mit Nistplatzzeigen und Gesang. Paarbindung ab 2. J. lebenslänglich. Kopulationen werden von ♂ eingeleitet. ♂ umkreist ♀, dann oft mehrere Kopulationen hintereinander. Jungvögel verpaaren sich oft bereits 2 Wochen nach Selbständigwerden. Am Futterplatz meist dominant über andere Arten.

Fortpflanzung, Brutbiologie [337,1369,767,1,1722]. Geschlechtsreife im 1. Lebensjahr. Monogame Saisonehe, oft auch langjährige Partnertreue (Dauerehe) in konstanten Revieren, doch bis zu 21%

Umverpaarungen nachgewiesen. **Ankunft am Brutplatz.** Reviersuche und -gründungen der Juv. wenige d (Wochen) nach Selbständigwerden, oder später an verwaisten Plätzen; besonders bei hoher Dichte auch Jugendtrupps und revierlose Ind., mit allmählicher Eingliederung in Reviersystem oder Eindringen in besetzte Reviere. Paarbildung z.T. schon im Sommer (instabile Jugendpaare) oder mit verwitwetem Altvogel bis ins Frühjahr. Paar inspiziert gemeinsam oder einzeln ab Spätwinter potenzielle Bruthöhlen. **Nest.** ♂ zeigt ♀ Nisthöhle, dieses wählt. Neststand in ausgefaulten Baumhöhlen, Spechthöhlen, Mauerlöchern und Nistkästen. Flugloch i.d.R. exzentrisch; Bodenhöhe > 0.5 - > 21m, im Wahlversuch hochgehängte Nistkästen (15 m) bevorzugt; in Bialowieza E-PL in natürlichen Höhlen 1.5-30 m (Ø$_{279}$ 13.3 m), im Favoritepark D-BW 1.9-14.4 (Ø$_{30}$ 11.1) m; im Rhl. von 500 Nestern 87 in Nistkästen, 54 in Spechthöhlen, 33 in Naturhöhlen, 14 in Nischen und Mauerlöchern an Gebäuden. Nest mit grobem Untermaterial als Füllung der Höhle, z.B. morsche Holzstücke, Rindenstücke; darauf eigentliches Nest meist aus dünner Kiefernrinde (auch aus Entfernungen von mehreren 100 m). Scharfe Kanten und Hohlräume in der Höhle werden ebenso verklebt wie der Eingang (Verengung); Klebematerial feuchte Erde oder Lehm (bei Trockenheit auch Säugerkot), oft mit Fasern vermischt. ♀ reinigt Höhle und beginnt dann mit Mauer- (oft zuerst) und Nestbau durch abwechselndes Eintragen von Lehm und Nistmaterial; ersteres wird zunächst innen oben am Höhleneingang angeklebt und mit dem Schnabel festgeklopft, dann wird Flugloch zunehmend verkleinert, wobei richtige Größe der Öffnung durch das ständig ein- und ausfliegende ♀ entsteht; Beschädigungen der Lehmwand an der Öffnung werden die ganze Brutzeit hindurch ausgebessert. Eingetragenes Nestmaterial wird geschichtet; Dauer 2-3 Wochen, oft Unterbrechungen oder Phasen geringer Bauintensität. ♂ am Bau nicht oder unwesentlich beteiligt, nach Legebeginn aber oft Eintragen von Material. Vorjahreshöhle in Mehrzahl der Fälle gereinigt und wiederverwendet, Neubezüge aber nicht selten. **Legebeginn.** Meist geringe jährliche Schwankungen (wohl durch frühe Revieretablierung bedingt); spät in Population eingegliederte erstbrütende ♀ beginnen später; in ME frühestens Ende März/Anf. April, meist Mitte April bis letztes Maidrittel; letzte Brutbeginne (in größeren Höhen) Mitte Juni, ausnahmsweise später. **Gelegegröße.** 5-9 (4-10, 12), meist 6-7; Ø CH$_{94}$ 6.5, PL Nistkästen)$_{55,50}$ 6.9 bzw. 7.2, (natürliche Höhlen)$_{18}$ 7.1, D-BW$_{81}$ 7.1, -HE$_{400}$ 6.5, Rhl. Apr.$_{65}$ 6.6, Mai$_{20}$ 6.2, D-BW (Dekaden-Ø) März III$_3$ 6.7, April I$_{38}$ 7.2, April II$_{78}$ 7.0, April III$_{72}$ 6.9, Mai I$_{15}$ 6.4, Mai II$_3$ 6.7; Größe auch abhängig von Brutraumfläche und Höhlentiefe sowie von Habitatqualität. Legeintervall 1 d. **Eier.** Breitoval, leicht glänzend, auf weißlichem Grund hell und dunkel rostrot oder hell- und dunkelbraun gefleckt. **Brutdauer.** 15-18 d (13-19 d; D-BW Ø$_{10}$ 16.3 d). Brutbeginn ab letztem, bei späteren Gelegen vorletztem Ei; ♀ brütet, wird vom ♂ mind. gelegentlich auf dem Nest gefüttert. Juv. schlüpfen meist synchron innerhalb 1 d (selten 2-3 d). **Nestlings-/Führungszeit.** Beide Partner füttern, ♀ hudert; Kot wird bis kurz vor dem Ausfliegen aus Nest getragen. Nestlingsdauer 20-28 d, meist 23-26 d (D Ø$_{10}$ 24.4 d); Juv. nach Ausfliegen voll flugfähig, können gut klettern, bleiben noch 10-14 d bei den Eltern. **Jahresbruten.** 1; Zweitbruten sehr selten belegt; auch Ersatzbruten zumindest regional Ausnahmen, allerdings mitunter auch 2 Ersatzbruten festgestellt. Spät selbständig werdende Juv. haben offenbar sehr geringe Aussichten auf erfolgr. Ansiedlung. **Ende der Brutperiode.** Meist mit Selbständigwerden der Jungen Mitte/Ende Juni, nur selten bis (Ende) Juli. **Bruterfolg.** In D-BW 5.5 flügge Juv./Brut und J. bzw. aus 79% der abgelegten Eier flügge Juv., in Naturhöhlen 83% erfolgreich, in D-NI 71.1% und Juv. 4.83 Juv./Brut bzw. 76% und 5.1, in -BB Jungenzahl pro begonnene Erstbrut zw. 4.4 – 6.2 (Ø 5.4); in Nistkästen PL bei 66 Bruten 89.5% und 5.3 flügge Juv./Brut, in Naturhöhlen E-PL Verluste höher (>30%), vor allem im Nestlingsstadium; S. ca. 2.5 Juv./Paar und J. (einschließlich Paare ohne Eiablage).

Eimaße und –gewichte [1369]: L. 16.5-21.5 mm, B. 13.2-16.0 mm, Ø 19.7 x 14.7 mm (n=80, L), 19.6 x 14.7 mm (n=253, CS), 19.2 x 14.3 mm (n=100, GB). Frischvollgew. 1.95-2.51 g, Ø$_{109}$ 2.13 g. Schalengew. 0.105-0.144 g; Ø$_{612}$ 0.128 g.

Sterblichkeit, Alter. [2802] B lokal Ad. ca. 50 %/J., Einj. 77 %, jährliche Variationsbreite witterungsabhängig insgesamt 44–68 %; lokal S. 53 %/J. PL in Naturhöhlen 19.7-33.6 %/J. (♂ 16.3-34.6 %, ♀ 25.0-44.4%/J.) [4071]. N-D Durchschnittsalter Br. ♂ 2.5, ♀ 1.9 J. Ältester Ringvogel (CH) 9 J. 4 Monate [3654], außerdem mind. 1mal > 8 J. [4131]. **Generationslänge:** < 3.3 J. [383].

Mauser. Postjuvenile Mauser (Teilmauser) beginnt im Alter von ca. 2 Monaten, (Ende Mai) Juni–Aug./Mitte Sept.; einschließlich meist allen Rand-, 3–6 Mittleren Arm-, selten einzelnen Großen Armdecken und Schirmfedern [767,1866,3448]. • **Postnuptialmauser** (Vollmauser) setzt gewöhnlich noch während Jungenaufzucht ein, Ende Mai/Juni–Aug./Mitte Sept.; Dauer ca. 80–90 d [767,1369].

Familie Certhiidae – Baumläufer

Kleine, gedrungene Baumstammkletterer mit relativ langem, nach unten gebogenem Schnabel und steifen Steuerfedern (Stützschwanz) sowie unterschiedlich stark gekrümmten Krallen. Klettern ruckartig (hüpfend) in Spiralbahnen stammaufwärts (im Gegensatz zum Kleiber nur selten kopfunter abwärts) und fliegen von oben zur Basis des nächsten Baumes. Rindenfarbenes Tarngefieder. Geschlechter gleich, in manchen Maßen ♂ größer. Mausern Schwanz so, dass Stützfunktion erhalten bleibt. Nur außerbrutzeitlich etwas geselliger. Bestimmung [810].

Morphologisch sehr einheitliche und hoch spezialisierte Familie mit mindestens 7 Arten (eine, *C. tianquanensis*, kürzlich aus Sichuan neu beschrieben). Primär eurasische Verbreitung, 1 Art in N-Amerika.

Certhia familiaris – Waldbaumläufer 14860

Certhia familiaris Linnaeus 1758

(GB) **Common Treecreeper** (F) **Grimpereau des bois** (E) **Agateador Norteño**

Taxonomie. 13 UA, davon in ME zwei gering differenzierte Formen: *macrodactyla* C.L. Brehm 1831 (W-Europa und ME bis etwa zur Oder) und *familiaris* Linnaeus 1758 (E von *macrodactyla*); weitere UA der W-Paläarktis: *britannica* Ridgway 1882 (GB), *corsa* Hartert 1905 (Korsika) und *persica* Zarudny & Loudon 1905 (Krim, Kaukasus, Transkaukasien bis Elburs). Die früher dieser Art zugeordneten amerikanischen Formen stellen eine eigene Art (*C. americana*) dar, von der nicht bekannt ist, ob sie tatsächlich mit *C. familiaris* nächstverwandt ist.

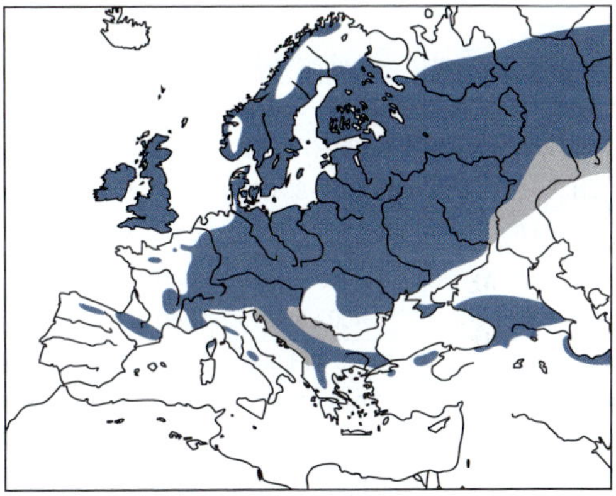

Certhia familiaris – **Waldbaumläufer**

Kennzeichen. [1369,3615,767,221,3772,810; weitere **Fotos** in Brit. B. **94**, 7, Dutch B. **19**, 313, **26**, 72, 146, 213, Limic. **15**, 167-68, **17**, 167].

Maße. Gr.: 12.5 cm. Gew.: (CZ, Brutzeit) ♂ 7.6-10.0 g, $\varnothing_{8}$ 9.2, ♀ 7.1-10.0 g, $\varnothing_{13}$ 8.6 g, (Winter) ♂ $\varnothing_{20}$ 8.6 g, ♀ $\varnothing_{12}$ 8.4 g. Fl.spw.: 17.5-21 cm. Fl.l.: (D) ♂ 64-68.6 mm, $\varnothing_{11}$ 66.0 mm, ♀ 59-65 mm, $\varnothing_{13}$ 61.5 mm, (CZ) ♂ 60-70 mm, $\varnothing_{26}$ 65.1 mm, ♀ 58.5-67 mm, $\varnothing_{21}$ 63.0 mm [1369,767].

Status. In ME verbreiteter, recht häufiger Brut- und Jahresvogel sowie regelm., regional häufiger Durchzügler und Gastvogel (aus N- und NE-Europa) [vgl. 277,1677,1369].

Verbreitung und Bestand. Br. der borealen und gemäßigten Zone sowie in Gebirgsregionen der Paläarktis (nahe verwandte Form in Nearktis) von IRL/GB nach E bis einschließlich JAP. W-Grenze IRL, GB, Inselareal in Zentral-F, N- und E-F, B, SE-NL (seit 1993), NW-D, DK; in N. einzeln bis 70° N, FIN bis mind. Polarkreis, ferner S Kolahalbinsel, weiter E zw. 60 und ca. 63° N; S-Grenze im W etwa S-Rand der Alpen Vorkommen auf Korsika und im Apennin, Mittel-GR, BG, S-UA., N-Rand der Steppenzone mit Ausweitungen nach S in mittelasiatische Gebirge; davon getrennt N-Anatolien, Krim, Kaukasus bis Kopet Dagh, ferner im Himalaya-Bogen bis SW-China. Grenzverlauf in E-Paläarktis z.T. unsicher. In ME UA *macrodactyla* sehr häufiger Brutvogel bis zur Waldgrenze, fehlt oder selten im W/NW der NL/D-Tiefebene. Höchste

Brutplätze CH bis 2230 m, A-V und D-BY bis ca. 1800 m, CS/PL 1620 m ü.M. Nominatform (von Fennoskandien nach S bis in Gebirge der Balkanhalbinsel und GR erreicht ME u.a. in NE-PL [und E-H?: 277]. Europäischer Brutbestand etwa 5.7 – 11 Mio. BP [383], mit Populationen > 0.3 Mio. BP in RUS (2-4 Mio.), RO (1-1.3), S. (0.35-0.8), CZ (0.3-0.6), BY (0.35-0.4) und D (0.16-0.46 Mio. BP); in ME brüten ca. 1.0–1.9 Mio. BP [383].

Wanderungen. Br. N-und E-Europas (Nominatform) Wanderungen vom Evasionstyp nach W (z.T. über Arealgrenze hinaus) häufiger bis FIN und Baltikum, seltener bis S. und ausnahmsweise bis N., in ME bis weit in Gebiet von *macrodactyla*, wie PL, E-D, NW-D und NL [z.B. 2888], je ein Ringfund sogar Mallorca und S-I. Invasionen ME Sept.-Okt.; Rückzug im Frühjahr wenig auffällig, jedoch von Nordseeküste PL auch Funde in Herkunftsrichtung. Br. W-, S-Europa und ME Standvögel, Dismigrationen über kleine Entfernungen, aber zumindest in geringer Zahl auch Wanderungen > 100 km.

	Best.	Areal	Brutbestand	Jahr	Quelle
A	+/-	=	150.000–300.000	1998–2002	[383]
B	+/-	=	2.500–10.000	1995–2002	[383]
CH	+/-	=	60.000–80.000	1993–1996	[383]
CZ	+/-	=	300.000–600.000	2000–2002	[383]
D	+/-	=	160.000–460.000	1995–1999	[383]
FL	+/-	=	400–600	1998–2000	[383]
H	⇧	+ 2	5.000–13.000	1999–2002	[383]
L	+/-	=	2.000–3.000	2001	[383]
NL	N	N	75–100	1998–2000	[383]
PL	+/-	=	200.000–300.000	2000–2002	[383]
SK	+/-	=	100.000–150.000	1990–1999	[383]

Bestandsentwicklung. Neben Schwankungen aufgrund extrem ungünstiger Bedingungen in Wintermonaten – vor allem Vereisung von Borken und Ästen [2471] – meiste Bestandsveränderungen durch forstwirtschaftliche Einflüsse. Durch den Verlust von Altholzbeständen (forstliche Nutzung, Immissionsschäden) auch lokale und regionale Bestandsverluste [1852]. Besonders große Arealschwankungen am W-Rand der Verbreitung, dort neben Erlöschen kleiner Populationen [D-NW: 1369] auch viele Neuansiedlungen (mit Bestandszunahmen), z.B. in B [843,1585] oder in NL mit ersten Brutnachw. 1976 in Gelderland [1369] und 1993 in S-Limburg sowie in D-NW [1039,2139,1467, 3595,3448,1369,2623,2821]. In 1990er J. Etablierung und starke Bestandszunahme in E-NL [3638,375] und ebenso in B [1585]; Art dürfte u.a. von milden Wintern der letzten J. profitiert haben [1369,196]; Zunahmen z.B. auch in CH-ZH [4047].
In H sowie in D-SH recht weite Verbreitung der Art früher wohl falsch eingeschätzt [2201, 310]; zudem in H in letzten Jahrzehnten deutliche Arealausweitung und Bestandszunahme [2438,1585]. Meist sind Bestände in ME aber bei großen Schwankungen weitgehend konstant [1615,2920,2471,198,55, 1369,1585,1587,1722,1,1507,3871], ebenso bei Teilzieherpopulation Fennoskandiens [1507]; in CZ seit Mitte 1970er J. dagegen rückläufig [2159,3663], wie in LT, UA. und MOL [1507,1585].

Siedlungsdichte. Reviergrößen in ME 3–6, max. sogar 10 ha (in FIN > 20 ha), doch dabei unbesiedelte Räume eingeschlossen. Höchstdichten ME (meist Populationen mit Nisthilfen): auf Flächen von 20–49 ha 3.4–2.7–2.1 (Ø 2.8), von 50–99 ha 2.0–1.1–0.4 (Ø 1.0), von > 100 ha 0.9–0.8–0.2 (Ø 0.6) Rev./10 ha [337, veränd.]; in Europa in Optimalhabitaten Dichtewerte zw. < 0.1 bis 3.4 BP/10 ha [vgl. 1507]. Großflächendichten in ME (> 100 km^2) zw. 0.08 – 1.7 BP/km^2 [vgl. Tab. 55 in 337; ferner 1137,1,1722].

Verlustursachen [1369,196,2471]. Intensiver Einschlag in Altholzbestände und kurze Umtriebszeiten verringern Angebot an geeigneten Brut- und Nahrungsplätzen erheblich; auch Immissionsschäden mit negativen Auswirkungen.
Natürliche Ursachen: Kältewinter und verregnete Brutsaison, z.T. auch Prädation.

SPEC	VSchRL	Bern.Konv.	Bonn.Konv.
--	--	Anh. II	--
Europ. RL	RL in ME		
--	NL: 'NT'		

Schutzmaßnahmen. Verlängerung der Umtriebszeiten bei weniger intensiver Durchforstung der Wälder (Erhalt von Totholz); Verzicht auf Biozideinsatz zur Bekämpfung von Insektenkalamitäten.
Durch Angebot von Nistkästen und künstlichen Borkentaschen in Wirtschaftswäldern kann Siedlungsdichte deutlich erhöht werden.

Biotop. Br. in großen, geschlossenen Waldgebieten mit Altholzbeständen, Nadel-, Laub- und

Mischwald, auch in monotonen Fichtenforsten und vor allem in montanen und subalpinen Wäldern unterschiedlicher Zusammensetzung. Auch in Parkanlagen und an Rändern von Siedlungen, in Stadtgebieten meist selten; klettert auch an glattrindigen Bäumen (daher auch Br. in Buchenalthölzern, reine Buchenbestände aus nahrungsökologischen Gründen aber oft gemieden); nutzt insgesamt offensichtlich breiteres Spektrum an Oberflächenstrukturen der Baumstämme als der kurzzehige Gartenbaumläufer. Kleinste Waldfragmente, die noch besiedelt werden, GB ca. 1 ha, FIN ca. 20 ha. Nischentrennung zwischen den Geschlechtern [3749].

Nahrung. Kleine Insekten und Spinnen in großer Artenzahl abhängig vom Angebot; an Futterstellen im Winter auch Fett und Kleie.

Stimme. Zahlreiche kurze, hohe Rufe. Bei Erregung sehr hoch »srii«, im Flug und Nahkontakt dünn, kurz »pit«, »tit« oder »ti« (wie Gartenbaumläufer), nur aus Nähe zu hören, bei Fernkontakt weniger scharf »srii«, Rufreihen und Kombinationen wie« srii-tsi-tsi-tsi« o.ä.; bei heftigen Revierstreitigkeiten Drohtriller wie »brüd-brüd-brüd-brüd…«. Gesang länger und leiser als Gartenbaumläufer mit längeren Pausen. Meist aus zwei Trillern, einem recht hoch beginnendem, längeren, abfallenden Triller, der zweite setzt wieder hoch ein, ist schneller und goldhähnchenähnlich, endet meist mit Endschnörkel, etwa »zi-zi zisisrri zrrisrirr«, daneben auch Kurzstrophen. Jedes ♂ mit bis zu 3 Strophentypen, diese aber relativ konstant. Mischsänger vereinen Gesang beider Baumläufer in einer Strophe, Imitationssänger haben jeweils komplette Strophe der anderen Art in ihr Repertoire aufgenommen; Mischsänger gibt es bei beiden Arten. Verwechslungsmöglichkeiten mit Gartenbaumläufer bei kurzen Flug- und Nahkontaktrufen sowie »srii«-Rufen, die bei Waldbaumläufer höher und feiner sind (Übung nötig!). Waldbaumläufer bringen aber offenbar nie das laute »tüt« der anderen Art (Mischsänger sind aber z.T. auch Mischrufer). Gesang fast ganzjährig, max. Feb.–Juni, kaum Gesang Okt.–Anf. Jan.

Verhalten. Tagaktiv; zieht nachts. Bei der Nahrungssuche senkrechtes Hochklettern (klettert ruckweise) an Stämmen. Wechsel des Baumes durch energiesparenden Flug nach unten. Ein »Klettersprung«, bei dem der Vogel beide Füße und den Stützschwanz von der Unterlage löst, dauert etwa 0.14 sec und ist 66 mm lang. Bei Erregung Flügelzucken. Sondiert im Aufwärtsklettern an Stämmen und Ästen; kurze Strecken auch kopfunter. Insekten auch oft im Flug erbeutet. Zur Brutzeit territorial. Gesang und Nistplatzzeigen sind wichtig bei Balz und Partnerfindung. Verfolgungsflüge (oft mehrere ♂ beteiligt). Kopulationen am senkrechten Stamm und von ♀ initiiert. Paare halten oft über 2 Brutperioden zusammen. Mehrere ♀ legen oft zusammen. Juv. bilden nach Ausfliegen bis zum 25. Lebenstag unabhängig von Außentemperatur Schlafgruppen mit Körperkontakt an senkrechten Baumstämmen. Ad. übernachten offenbar i.d.R. einzeln; nur bei niedrigen Temperaturen Schlaftraube oder Zusammenrücken von Partnern. Schlafmulden werden durch Bearbeitung mit dem Schnabel erweitert. Singwarten häufig Seitenäste.

Fortpflanzung, Brutbiologie [337,1369,767,1722]. Geschlechtsreife wohl gegen Ende des 1. Lebensjahres, einige Ind. aber im 2. KJ noch nicht brütend. Monogame Saisonehe; Bigynie mehrfach beschrieben; auch Zusammenlegen zweier ♀ und abwechselndes Brüten. **Ankunft am Brutplatz.** Dauerreviere, die außerhalb Brutzeit wenig verteidigt werden; Reviermarkierung durch ♂ in ME ab (Ende Feb.) Mitte März. Revier mit 2-3 potenziellen Nistplätzen; ♂ markieren Nistplätze mit Moos oder Gespinst unterhalb am Stamm, zeigen ♀ Nistplatz durch Flügel»flackern«, dazwischen Gefiederschütteln, schlüpfen bei Annäherung des ♀ in Höhle. **Nest.** Auswahl des Nistplatzes durch ♀, das dem ♂ in Höhle folgt. Nest am Bäumen in vertikalen Nischen, Ritzen und Spalten, hinter abgesprungener Rinde, in Reisighaufen, hinter Fensterläden, in Baumhöhlen, (Brenn-)Holzstößen, auch in Nistkästen mit schlitzförmigem, seitlichem Eingang (nur ausnahmsweise auch in »normalen«); z.B. Rhl. 24 am Stamm hinter lockerer Rinde, 14 in Baumspalten, 9 in Höhlen der Weidenmeise, 5 in Nistkästen, 3 an Waldhütten, 2 in leeren Bussardnestern; in CS von 111 Nestern 46% an Bäumen, 20% in Holzstößen, 31% an Gebäuden, 3% in Felsspalten und Lehmwand; vom Boden bis 16 m Höhe. Nest unterschiedlich umfangreich, je nach Form und Raum der Nische/Höhle. Unterlage aus groben, kleinen Reisern (meist Fichte, in Laubwäldern morsche Holzstückchen oder Bastfasern), oft mit Gespinsten und Spinnenkokons verbunden; darauf oft eine Schicht aus Moos oder Birkenspiegelrinde und Fichtenrindenschuppen, und dann feineres Material wie Halme, Bast, Haare und Pflanzenwolle; Mulde nicht selten mit kleinen Federn (bis > 120) ausgekleidet. ♂ bauen die Nestanfänge oder tragen zumindest Unterlage ein, ♀ baut eigentliches Nest allein (gegen Ende kann ♂ mit eintragen); Dauer 4-9 d. **Legebeginn.** Witterungs- und höhenlagenabhängig ab Ende März (auffallende Ausnahme: D-BY 22.3. Nestlinge), meist ab (1.) 2. Aprildekade bis Ende Juni, in Alpen nicht vor Anf. Mai, Zweitbrut meist ab Ende Mai; spätester Beginn Anf. Juli. **Gelegegröße.** 5-6 (3-8, in PL und FIN bis 10, von 1 ♀?); z.B. Rhl. Apr./Mai$_{21}$ 5.5, D-TH$_{17}$ 5.5, CZ$_{65}$ 5.5, SK.$_{44}$ 5.3, D-BW$_{185}$ 5.4, FIN$_{299}$ 5.4, PL erste Brut$_{59}$ 5.66, Nachgelege$_{20}$ 5.6; saisonale Unterschiede, Zweitgelege nicht immer kleiner. Legeintervall 1 d. **Eier.** (Kurz-)oval, glanzlos, auf milchweißem Grund rostbraun und rostrot feiner und gröber gefleckt. **Brutdauer.** 14-16 (13-17) d. Brutbeginn ab vorletztem Ei, manchmal auch bis 4 d danach (dann Brutdauer entsprechend länger); nur ♀ brütet, wird vom ♂ nur wenig gefüttert. Juv. schlüpfen asynchron innerhalb 2 d. **Nestlings-/Führungszeit.** Beide Partner füttern, ♀ hudert. Nestlingsdauer (15) 16-19 d (D-BW Ø$_{34}$ 17.5 d); nach Ausfliegen Juv. noch max. 8-10 d von Eltern gefüttert, wohl 1-3 Wochen zusammen. **Jahresbruten.** 1-2; Anteil Zweitbruten wahrscheinlich habitatbedingt (und geographisch) sehr variabel, oft als regelm. angenommen; z.T. schwer nachzuweisen, da für Zweitbrut anderer Nistplatz verwendet wird. In Nistkasten-Populationen Zweitbrutanteil wohl höher (in FIN/S./W-RUS 29%, 37%, 37%); einzeln auch als Schachtelbruten nachgewiesen. Ersatzgelege. **Ende der Brutperiode.** Mit Selbständigwerden der Jungen etwa Mitte Juli bis Mitte Aug., Brutzeit damit etwa 6 Monate lang. **Bruterfolg.** Nistkästen in FIN Ø 3.0-3.9 Juv./Brutversuch und J.; Nistkästen D-BW 4.3 Juv./Brutversuch und J. bzw. Juv. aus 80% der abgelegten Eier, -NI$_{40}$ 63% erfolgreich, 1.48 Brutversuche und 3.88 Juv. pro Paar und J. In natürlichen Neststandorten Bruterfolg geringer, in Bialowieza PL bei 75 Bruten nur 30.7% erfolgreich, in anderen Teilen PL 36.8%. Hauptverluste durch Prädation, Brutaufgabe und Unfälle.

Eimaße und –gewichte [1369]: L. 14.5-16.8 mm (bzw. 13.7-17.7), B. 11.4-12.9 mm (bzw. 11.0-12.9); Ø 15.6 x 12.0 mm (n=117, ME), 15.7 x 12.1 mm (n=271, CZ). Frischvollgew. 0.96-1.41 g, Ø$_{44}$ 1.61 g. Schalengew. 0.048-0.077 g; Ø$_{131}$ 0.065 g.

Sterblichkeit, Alter. In Probefläche GB für Ad. Medianwert 1974-93 56 %/J. [2957]. Ältester Ringvogel (GB) 8 J. 1 Monat [3654]. **Generationslänge:** < 3.3 J. [383].

Mauser. **Postjuvenile Mauser** (Teilmauser) beginnt im Alter von ca. 2 Monaten, Juli/Aug.–Okt.; einschließlich Großen Armdecken und Schirmfedern [767,1369,1356]. • **Postnuptialmauser** (Vollmauser) Mitte Juni–Anf. Sept. (Anf. Okt.) [767]; mittleres ST-Paar wird erst abgeworfen, wenn übrige ST erneuert sind; Dauer der HS-Mauser GB ca. 70–75 d [1369,1356].

Certhia brachydactyla – Gartenbaumläufer 14870

Certhia brachydactyla C.L. Brehm 1820

(GB) Short-toed Treecreeper **(F) Grimpereau des jardins** **(E) Agateador Común**

Taxonomie. 6 UA, darunter zwei klinal ineinander übergehende Formen in ME: *brachydactyla* C.L. Brehm 1820 (DK, NE-D, E-ME, SE-Europa, I nach E bis NW-TR), *megarhyncha* C.L. Brehm 1831 (SW- und W-Europa bis NW-D), sowie *mauritanica* Witherby 1905 (NW-Afrika), *dorotheae* Hartert 1904 (CY), *stresemanni* Kummerlöwe & Niethammer 1934 (Kleinasien) und *rossocaucasica* Stepanyan 2000 (Kleinasien nach S bis Taurus).

Status. In ME verbreiteter und häufiger Brut- und Jahresvogel.

Kennzeichen. [1369,3615,767,221,3772,810; weitere Fotos in Bird. W. **5**, 11 (z), 13-15, **14**, 95].

Maße. Gr.: 12.5 cm. Gew.: (CZ, Brutzeit) ♂ 8.0-10.2 g, Ø$_{6}$ 9.3, ♀ 9.0-10.0 g, Ø$_{3}$ 9.4 g, (Winter) ♂ 7.5-10.5 g, Ø$_{17}$ 8.6 g, ♀ 6.6-9.0 g, Ø$_{8}$ 8.2 g. Fl.spw.: 17-20.5 cm. Fl.l.: (D) ♂ 60.5-66 mm, Ø$_{18}$ 64.2 mm, ♀ 58-62 mm, Ø$_{13}$ 60.3 mm, (CZ) ♂ 60-70 mm, Ø$_{26}$ 65.1 mm, ♀ 58.5-67 mm, Ø$_{21}$ 63.0 mm [1369,767].

Verbreitung und Bestand. Recht kleines Verbreitungsgebiet der SW-Paläarktis reicht von NW-Afrika bis an Ärmelkanal, S-Küste Nordsee, S-DK und

SW-Rand Ostsee; nach E bis W-BY, W-Schwarzmeerküste sowie Anatolien; südlichste Vorkommen E-CY und Kreta. In ME UA *megarhyncha* (Benelux nach E bis D-NW und -HE) und Nominatform (übriges ME) weit verbreitet von Küste bis colliner Stufe, meist nur lückenhaft in Tälern der Alpen sowie in waldreichen höheren Mittelgebirgslandschaften. In waldarmen Gebieten und im Kulturland i.d.R. häufiger als Waldbaumläufer [vgl. Tab. 55 in 337]. Höhengrenzen: In E. bis subalpine Waldstufe, ME z.B. CH 1380 m, A-V 900 m, D-BY 700 m, CS 800 m, PL 500 m ü.M. Europäischer Gesamtbestand (> 75% des globalen Bestands) 2.7 - 9.7 Mio. BP (zunehmend) [383], mit Populationen > 0.3 Mio. in Iberien (1.1-3.8 Mio.), F (0.6-3), D (0.27-0.74.) und I (0.1-0.5 Mio. BP); in ME brüten etwa 0.6–1.4 Mio. BP [383].

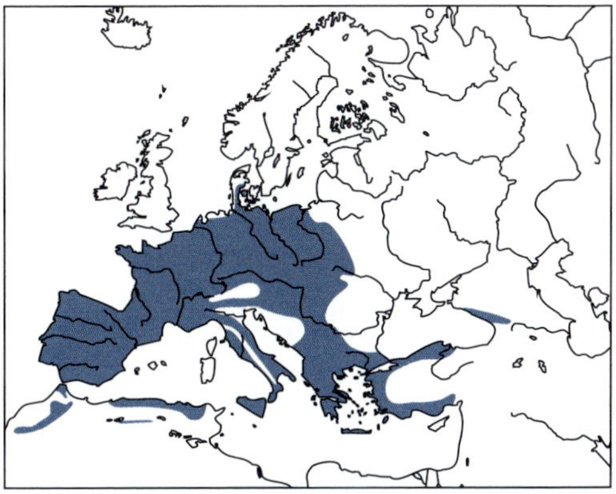

Certhia brachydactyla – **Gartenbaumläufer**

Wanderungen. Standvogel, Dismigrationen, offenbar auch Wanderungen vom Evasionstyp (und/ oder Jugendteilzieher?) [199], Kenntnisse insgesamt lückenhaft. Für zumindest gelegentlich weiter reichende Wanderungen sprechen einige Fangergebnisse von Beringungsstationen und Auftauchen von Ind. außerhalb des Areals [199]. Jungendispersal Juli-Aug., Zuggipfel ME vermutlich Sept.-Okt. Über Rückkehr zu Brutplätzen nichts bekannt. In geeigneten Habitaten des nur von Waldbaumläufern besiedelten Areals der N-Alpen werden (wahrscheinlich stets) auf Herbstzuwanderer zurückzuführende revierbehauptende ♂ in der folgenden Brutzeit beobachtet [E. Bezzel].

Bestandsentwicklung. Aufgrund unsicherer Artzuordnung aus vielen Regionen kaum Meldungen über langfristige Areal- und Bestandsveränderungen. Ganz offensichtlich aber Arealausweitung mit erheblicher Verdichtung der Bestände in PL (dort Anf. 20. Jh. nur in W-Hälfte bekannt) [973,1369,3867]. Doch an NE-Grenze des Areals auch auffälligste Bestandsschwankungen in ME in Folge von Kältewintern.
Fortgesetzte leichte N- und W-Expansion in NW-ME mit Arealgewinn und Zunahmen in D-SH [3179,591,310] bis DK, wo erst in 1930er J. angesiedelt [700,1369,1422], ferner in D-NW [2139,1467,2821] sowie in NL, wo auch begünstigt durch Habitatänderungen, z.B. in Biesbosch durch Auswachsen von Weidichten Bestandszunahme von 40-60 BP (1970) auf 800-1000 BP (1990-95) [375,3638]; schließlich zunehmende Zahl von Feststellungen in S. und GB [1369,q8]. Meldungen weiterer lokaler und regionaler Bestandszunahmen und Neuansiedlungen [2518,1158,4046,1137; auch F:1247] neben o.g. und klimatischen Ursachen (mildere Winter) z.T. auch auf zunehmend bessere Artbestimmung beruhend. Langfristig in meisten anderen Regionen ME großräumig stabile Bestände [1369,1587,2623, 1,1722,1507,334,884,198], doch aufgrund forstlicher Veränderungen sowie Verlust der Lebensräume in Kulturlandschaft (vor allem alte Obstgärten) auch vereinzelte Bestandseinbrüche belegt [1369,55,402,3393, bes. stark in A: 965,1585,2238]; ferner in jüngerer Zeit Rückgänge und/oder Arealverluste in FL sowie in I, Jersey und UA. [1585].

	Best.	Areal	Brutbestand	Jahr	Quelle
A	+/-	- 1	9.000–18.000	1998–2002	[383]
B	+/-	=	20.000–100.000	2001–2002	[383]
CH	+/-	=	30.000–60.000	1993–1996	[383]
CZ	+/-	=	75.000–150.000	2000–2002	[383]
D	+/-	=	270.000–740.000	1995–1999	[383]
FL	+/-	=	30–50	1998–2000	[383]
H	+/-	=	19.000–54.000	1999–2002	[383]
L	+/-	=	5.000–8.000	2001	[383]
NL	↑	+ 1	80.000–120.000	1998–2000	[383]
PL	+/-	=	50.000–150.000	2000–2002	[383]
SK	+/-	=	1.000–3.000	1990–1999	[383]

Siedlungsdichte. Reviergrößen in ME Ø etwa 3 ha; hohe Dichtewerte fast stets bei Nisthilfenangebot. Höchstdichten ME auf Flächen von 20–49 ha 4.9–3.4–2.8 (Ø 3.6), von 50–99 ha 4.2–1.1–0.8 (Ø 1.5), von > 100 ha 2.0–0.9–0.6 (Ø 0.9) Rev./10 ha [337]; in Europa in Optimalhabitaten bis 5-6 BP/10 ha [1507,1137]. Großflächendichten in ME (> 100 km^2) zw. 0.1 – 5.9 BP/km^2 [vgl. Tab. 55 in 337; ferner 1137,1,1722].

Verlustursachen [1369,3268,196,2238]. Wie beim Waldbaumläufer: kurze Umtriebszeiten, Verlust der Altholzbestände, starke Durchforstung der Wälder (Verlust an Totholz); besonders negativ die Zerstörung und Beeinträchtigung der ehemaligen Flussauen sowie die zunehmenden Anpflanzungen von Nadelhölzern in Tieflandregionen.
Natürliche Ursachen, vor allem Kältewinter.

SPEC	VSchRL	Bern.Konv.	Bonn.Konv.
E	--	Anh. II	--
Europ. RL	RL in ME		
--	FL: 'VU'		

Schutzmaßnahmen. Verlängerung der Umtriebszeiten und weniger intensive Durchforstung der Wälder; Erhalt und großräumiger Schutz der Streuobstwiesen; Verzicht auf Biozideinsatz zur Bekämpfung von Insektenkalamitäten.
Angebot von Nisthilfen in Wirtschaftswäldern.

Biotop. Br. in Laub- und Mischwäldern des Tieflandes (Altholzbestände), ferner in kleineren Baumbeständen wie Feldgehölzen, Parkanlagen, Gärten, Alleen, Hecken mit Einzelbäumen, Hochstammobstanlagen etc., dringt im Unterschied zum Waldbaumläufer regelm. in Stadtgebiete ein und besiedelt auch weitgehend offene Landschaften mit Baumgruppen, z.B. um Einzelhöfe. Geschlossene Fichtenbestände werden i.d.R. gemieden, in reinen Kieferbeständen gebietsweise in geringer Dichte anzutreffen. I.d.R. werden Bäume mit stärkerem Rinderelief bevorzugt; fehlt daher in reinen Buchenbeständen.

Nahrung. Kleininsekten, vornehmlich Larven und Puppen, ferner Spinnen; an winterlichen Futterstellen auch Fettfuttergemisch.

Stimme. Bei Erregung durchdringend und aus weiter Entfernung zu hören »tüt« (auch abgewandelt »tüi« ähnlich Kleiber und »türr« ähnlich Haubenmeise). Flug- und Nahkontaktruf wie Waldbaumläufer »pit«, »tit« oder »ti«, Kontaktruf »srii« sehr ähnlich Waldbaumläufer, aber tiefer und rauer; Kombinationen aus »tüt«-Rufen, am häufigsten »tüt-tüi-srii«, Drohtriller scharf »zitititit«. Gesang kürzer und lauter als Waldbaumläufer etwa »tüt-tüt-titeroi-sri« (Anfangselemente wie Erregungsruf, härterer Klang als *familiaris*); auch Kurzstrophen. Ein ♂ singt bis zu 4 Strophentypen, ist individuell erkennbar. Dialektbildung. Gesang fast das ganze Jahr über zu hören, max. März–Mai, wenig Gesang Okt.–Jan.

Verhalten (vgl. Waldbaumläufer). Tagaktiv. Klettert an glattrandigen Bäumen unsicherer als Waldbaumläufer, bevorzugt dann Seitenäste; Kletterweg entweder senkrecht oder in Spiralen. Nahrungssuche im Stammbereich vor allem an alten Bäumen, oft an einem nur kurz, dann Wechsel; an einem Wintertag können bis zu 200–300 Bäume abgesucht werden; zurückgelegte Kletterstrecke 2–3 km; unproduktive glatte und nicht mit Flechten, Moos etc. besetzte Rindenteile werden rascher durchmessen. Kommt im Winter an Futterstellen. Übernachtung einzeln oder paarweise im Körperkontakt in geschützten Nischen oder Höhlen, häufig auch an Mauern, aber vor allem im Winter gemeinsam in Schlaftrauben im engen Körperkontakt bis zu > 20 Ind. Singwarten häufig Seitenäste. Zur Brutzeit territorial. Weniger aggressiv als Waldbaumläufer. Gesang wichtig für Partnerwahl und Revierverteidigung. Drohen mit Flügelanheben.

Fortpflanzung, Brutbiologie [337,1369,767,1722,1]. Ähnlich Waldbaumläufer. Geschlechtsreife gegen Ende des 1. Lebensjahres. I.d.R. monogame Saisonehe; ein Nachw. simultaner Bigynie. **Ankunft am Brutplatz.** Reviergründung im Spätwinter, z.T. schon Herbst, vielfach Dauerreviere; Brutplatzbezug Mitte/Ende Feb. bis Mitte März. Revier mit mehreren potenziellen Nistplätzen; ♂ markieren Nestnischen mit Flechten oder Moos; Zeigen des Nistplatzes wie Zwillingsart. **Nest.** Auswahl des Nistplatzes durch ♀. Nest vor allem in Ritzen und Nischen alter Bäume und hinter abgesprungener Rinde, in Holzstößen und Reisighaufen, an Bauten (häufiger als Waldbaumläufer) etc. sowie in Nistkästen mit seitlichem Schlitz und künstlich angebrachten Borkentaschen (öfter aber auch in »normalen«); z.B. Rhl. 56 am Stamm hinter abstehender Rinde, 18 in Baumspalten, 16 an Holzbauten, 13 an Steinbauten, 13 in Nistkästen, 7 in Spechthöhlen, 6 in Holzstößen, je 4 in Unterbauten von Greifvogelnestern und in Höhlen der Weidenmeise; vom Boden bis > 10 m Höhe. Form und Größe des Nestes aus Reisern, Bastfasern, Gespinsten und Halmen von Nische/Höhle bestimmt. Mulde meist mit kleinen Federn ausgekleidet. ♂ trägt Unterlage ein, ♀ baut Nest fertig; Dauer 4-9 d (z.T. längere Pausen). Für

Zweitbruten zuweilen Erstbrutnest verwendet, aufgesetzter Unterbau dann kleiner; Wiederverwendung geeigneter Spalten über Jahre möglich, altes Material nicht entfernt, daher größere Bauten. **Legebeginn.** In ME frühestens ab Mitte März, meist ab 1. oder 2. Aprildekade bis Ende Juni. **Gelegegröße.** 5-6 (3-9); z.B. Rhl. $Apr._{25}$ 5.6, Mai_{27} 5.7, CH_{45} 5.6, F_{31} 5.0, D-ST_{13} 6.1, -BW_{94} 5.8, L_{40} 5.9, PL_{17} 5.6; saisonale Unterschiede, spätere Gelege nicht immer kleiner. Legeintervall 1 d. **Eier.** (Kurz-)oval, glanzlos, auf milchweißem Grund dicht rostbraun und -rot gefleckt, besonders am stumpfen Pol (mitunter Kranz bildend). **Brutdauer.** 13-15 d. Brutbeginn ab vorletztem Ei; ♀ brütet. Juv. schlüpfen synchron. **Nestlings-/Führungszeit.** Beide Partner füttern, ♀ hudert. Nestlingsdauer 16-18 (15-19) d; nach Ausfliegen Juv. noch mehrere d von Eltern geführt. **Jahresbruten.** 1-2; Zweitbruten z.T. auch am selben Nistplatz (in F bis 15.4%); Gesamtanteil in D-BB 56%; z.T. verschachtelt (♂ beginnt Nestbau, während ♀ Erstbrut füttert, nach 10-12 d dann umgekehrt). Ersatzgelege. **Ende der Brutperiode.** I.d.R. zwischen Anf. Juli und Anf. Aug. **Bruterfolg.** In E-D von 13 Bruten 8 zerstört (meist Marder), in restlichen Ø 5.8 Juv./erfolgr. Brut; Bruterfolg 36%. In F 57% der abgelegten Eier mit Juv.; in D-BW bei 95 Vollgelegen mit 554 Eiern Schlüpferfolg 76.9%, Gesamterfolg 65.3% bzw. 3.8 flügge Juv./angefangene Brut. In D-BB 67% der Erst- und 80% der Zweitbruten erfolgreich, bei $Ø_{24}$ 5.8 flügge Juv./erfolgr. Erst- und $Ø_{16}$ 4.6 Juv./erfolgr. Zweitgelege. Hauptverluste neben Prädation durch Witterung und unbefruchtete Eier.

Eimaße und –gewichte [1369]: (*megarhynchos*) L. 14.1-17.2 mm, B. 11.2-12.5 mm; Ø 15.6 x 11.7 mm (n=169, B), 15.8 x 12.0 mm (n=69, NL). Frischvollgew. 1.06-1.29 g, $Ø_{35}$ 1.17 g. Schalengew. 0.057-0.073 g; $Ø_{38}$ 0.065 g. (Nominatform) L. 15.2-16.9 mm, B. 11.7-12.9 mm; Ø 16.0 x 12.3 mm (n=49, E-D), 16.0 x 12.2 mm (n=109, CS). Frischvollgew. 0.98-1.47 g, $Ø_{33}$ 1.24 g. Schalengew. 0.057-0.079 g; $Ø_{89}$ 0.069 g.

Sterblichkeit, Alter. Älteste Ringvögel (PL) sehr wahrscheinlich 6 J. 6 Monate, ferner mind. 5 J. 8 Monate [M. Schönfeld], (CH) 4 J. 8 Monate [3654]. **Generationslänge:** < 3.3 J. [383].

Mauser. **Postjuvenile Mauser** (Teilmauser) Ende Juni–Ende Okt., Kleingefieder besonders Sept.–Okt. [767,199]; Umfang ähnlich Waldbaumläufer [767,1369], aber ausnahmsweise partielle HS-Mauser [1866,737]. • **Postnuptialmauser** (Vollmauser) Ende Juni (Mitte Juli)–Sept. [767,1369]; ST-Mauser wie Waldbaumläufer.

Familie Troglodytidae – Zaunkönige

Sehr kleine bis drosselgroße, meist kurzschwänzige Insektenfresser. Versteckte Lebensweise und unauffällige Färbung, aber sehr auffallender und z.T. ausgesprochen wohltönender Gesang. Baut kugelförmige, überdachte Nester (wissenschaftlicher Name bedeutet »Höhlenbewohner«), die auch zum Nächtigen genutzt werden.

16 Gattungen, 83 Arten, bis auf *T. troglodytes* nur Neue Welt mit höchster Artendichte im tropischen Mittel- und S-Amerika [vgl. Karte der Artendichte bei 512, p. 17). Der paläarktische Zaunkönig repräsentiert einen der seltenen Fälle unter den Singvögeln, in denen eine einzige Art einer ansonsten rein neuweltlich, in erster Linie neotropisch verbreiteten Familie die Paläarktis besiedelt hat (der umgekehrte Fall ist häufiger, vgl. Ohrenlerche, Raubwürger-Superspezies, *Certhia americana*, Steinschmätzer).

• Gattung *Troglodytes*

Die Gattung *Troglodytes* umfasst ca. 13 Arten (davon mehrere Allospezies aus der *T.* [*aedon*]-Superspezies), ihre Schwestergattung ist die auf Röhrichte spezialisierte *Cistothorus* (4 Arten) [vgl. 157].

Troglodytes troglodytes – Zaunkönig 10660

Troglodytes troglodytes (Linnaeus 1758)

(GB) (Northern) Wren **(F) Troglodyte mignon** **(E) Chochín**

Taxonomie. Ca. 38-41 beschriebene UA, davon nur die Nominatform in ME und Kontinentaleuropa, insgesamt ca. 28 in der Paläarktis (viele Inselformen) und etwa 12 in der Nearktis. Dies reflektiert die erhebliche geographische Variation in Gefiederfärbung, Körper- und Schnabelgröße; doch bestehen nur sechs mitochondriengenetisch divergente UA-Gruppen, davon vier in der Paläarktis (Europa, Kaukasus, Himalajagebiet und Ostasien). Diese Gruppen weisen bis zu 8% Sequenzdivergenz (ND2-Gen) auf, was über das sonst innerhalb von Arten beobachtete Maß hinausgeht [940]. Es ist durchaus denkbar, dass sich mehrere kryptische Arten in diesem Komplex verbergen, die bisher mangels offensichtlicher phänotypischer Unterschiede nicht erkannt wurden [s. 940]. Kontaktzonen zwischen diesen genetisch divergenten UA-Gruppen wurden aber bisher nicht genauer untersucht, so dass unklar bleibt, inwieweit Genfluss zwischen ihnen besteht.

Kennzeichen. [1369,3615,767,221,3772; **Abb.** der brit. Formen in Bird. W. **17**, 73 (z)].

Maße. Gr.: 9-10 cm. Gew.: (Brutvögel) ♂ 8.3-11.8 g, Ø$_{74}$ 10.3 g, ♀ 7.0-12.0 g, Ø$_{190}$ 9.7 g; (Herbst) Ø 8.5 g. Fl.spw.: 13-17 cm. Fl.l.: ♂ 45-53 mm, Ø$_{71}$ 50.8 cm; ♀ 44-53 mm, Ø$_{130}$ 46.9 mm [1369,767].

Status. Verbreiteter und häufiger Brut- und Jahresvogel in ganz ME zumindest in Mittel- und Tieflagen (in Hochlagen Sommervogel und Zieher).

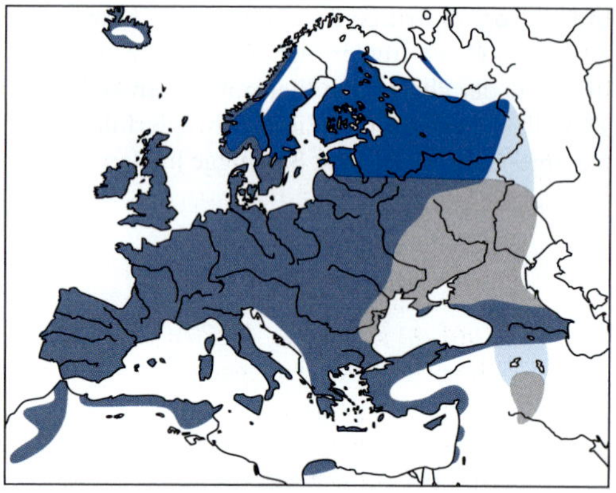

Troglodytes troglodytes – **Zaunkönig**

Verbreitung und Bestand. Von NW-Afrika und W-Europa (bis IS) nach N bis N. bei 69° N und FIN bei 64° N (inselartig noch weiter nach N) lückenhaft bis Weißmeer um 69° N, im S bis Mittelmeerraum, Gebiet W Schwarzmeer, Anatolien, Kaukasus, JOR, Libanon, IL, ferner S-Ural und Donmündung sowie N-Iran, schließlich von Zentralasien nach E bis JAP; nächstverwandte Formen in N-Amerika [337]. Europäischer Bestand etwa 23 – 40 Mio. BP (leicht zunehmend), davon Bestände > 1 Mio. BP in GB (8.51), E. (2.1-4), F (1.5-5), RUS

(2-4), D (1.5-2.2), IRL und I (je 1-2.5) und RO (um 1 Mio. BP) [383]. In ME Nominatform von Küste bis zur Baumgrenze in Alpen und Karpaten verbreitet und sehr häufig (in Zentralalpen Reviere auf 2400–2700 m, höchster Brutnachw. CH 2200 m, in der Tatra bis 1674 m ü.M.), geschätzter Gesamtbestand von etwa 3.5 - 5.9 Mio. BP [383].

Wanderungen. Teilzieher, zieht aus nördlichsten Brutgebieten Fennoskandiens und aus Hochlagen der Gebirge ab (Rasterfrequenz NL 1978-83 Jan. 88%, Mai 89%; D-RP 1983-86 Dez.-Jan. 92%, Feb.-März 91%, D-BW Winter 1987-91 91% [203]. Wegzugrichtungen streuen zw. W und S, hauptsächlich SW und SSW. Ausgesprochene Zugvögel sind bis NE-F und CH bekannt; südlichste Ringfunde aus NW-E., S-F, N-I, YU (längste nachgewiesene Strecke 2800 km, S-S. bis S-E.). Auf dem Zug werden Ostsee, Ärmelkanal und Hochalpen überquert, möglicherweise auch Nordsee. N-Grenze des Winterareals S-Küsten N., S-S. (in FIN nur ausnahmsweise Wintervögel), Baltikum und RUS ca. 55° N; in ME werden Wälder der Mittelgebirge und Alpen weitgehend oder ganz geräumt. Br. ME können wie Br. Fennoskandiens bis in N Mittelmeergebiet ziehen, aber auch in kürzeren Distanzen überwintern. Wegzug in weiten Teilen Kontinentaleuropas Mitte Sept.-Nov. (höchste Fangzahlen in S-ME Ende Okt.–Anf. Nov., bei sehr linksschiefem Zugmuster) [322]; Durchzugsmedian am Col de Bretolet CH 27.9. [1861]. Heimzug unauffällig, Besiedlung der Brutplätze März–April. Dz.mediane auf Helgoland von 1961-93 signifikant für den Heimzug um 18.5 d nach vorne und für Wegzug um 11.1 d nach hinten verschoben [3987]. Maximale Zugleistungen 40–50 km/d; Revier-, Brutplatz und Geburtsortstreue an kleinem Datenmaterial nachgewiesen.

Bestandsentwicklung. In fast allen Regionen Europas wegen kältebedingter Einbrüche oft erhebliche Bestandsfluktuationen. Abnahmen der Revierzahlen und erloschene Bestände, z.B. nach den Wintern 1946/47 [54], 1962/63 [1369,802] und 1984/85 [q1,196,1369,884]. In D-MV 40.000–50.000 BP (1978–82), nach Extremwintern nur 10.000 BP [337]; in -SH nach Kältewinter 1995/96 Verluste von 70-80% in Wäldern, 60-79% in Dörfern und dorfnahen Knicks sowie 50% in Städten [310]. In optimalen Lebensräumen Lücken nach 1-2, in ungünstigeren erst nach 4-6 J. ausgeglichen und wieder aufgefüllt. Andererseits nach Reihe milder Winter häufig starker Bestandsanstieg [1369].

Abgesehen von waldarmen Niederungsgebieten NW-ME, die erst mit Entwicklung der Gebüsch- und Waldstrukturen besiedelt wurden (ab 1940er oder 50er J.) [375,595], Zaunkönigbestand in ME großräumig weitestgehend konstant [1585, 965,1369,3184,3636,1,1507,198], allerdings in Teilen N-ME seit Mitte 1980er J. Bestandsanstieg mit Neuansiedlungen, z.B. NL, D-SH und -BE, E-PL [3638,204,310,3871,835, vgl. auch q20], gebietsweise durch Habitatzerstörung auch Abnahmen [310,3871]. Dies sind jedoch nur lokale, allenfalls regionale Bestandsveränderungen, meist bedingt durch Eingriffe, Störungen sowie sukzessionsbedingte Veränderungen [u.a. 3927,196,3638].

	Best.	Areal	Brutbestand	Jahr	Quelle
A	+/-	=	350.000–700.000	1998–2002	[383]
B	+/-	=	250.000–500.000	2001–2002	[383]
CH	+/-	=	250.000–350.000	1993–1996	[383]
CZ	+/-	=	150.000–300.000	2000–2002	[383]
D	+/-	=	1.500.000–2.200.000	1995–1999	[383]
FL	+/-	=	500–1.000	1998–2000	[383]
H	+/-	=	27.000–53.000	1999–2002	[383]
L	+/-	=	10.000–15.000	2001	[383]
NL	↑	=	500.000–600.000	1998–2000	[383]
PL	↑	=	400.000–1.000.000	1990–2000	[383]
SK	+/-	=	100.000–200.000	1990–1999	[383]

Siedlungsdichte. Reviergrößen in B 0.3–1.2, in D 1.3–2.0, in PL 0.7–3.7 (Ø 2.1) und 2.2–8.1 (Ø 5.4) ha. Höchstdichten in ME auf Flächen von 20–49 ha 24.0–10.0–4.4 (Ø 9.4), von 50–99 ha 8.7–3.8–2.3 (Ø 4.5), von > 100 ha 10.9–3.8–2.2 (Ø 4.2) Rev./10 ha; in Sekundärhabitaten W-Europas max. 30 Rev./10 ha [1507]. In optimalen Landschaften zumindest in günstigen J. auch großflächig > 10 Rev./km^2 (max. 19.2), sonst auf Flächen > 100 km^2 in ME meist Dichten zwischen 0.4 – 8.4 »Rev.«/km^2 [vgl. Tab. 14 in 337].

Gefährdung und Schutz [1369,196,802]. Stärkste Verluste vor allem aufgrund natürlicher Ursachen, z.B. Winterwitterung, starke Regenfälle und Hochwasser, Prädatoren - vor allem Hauskatze - sowie Nestzerstörung durch Kleinsäuger.
Freileitungs- und Straßenverkehrsopfer, Ertrinken in Wassertonnen sowie direkte Verfolgung spielen vergleichsweise untergeordnete Rolle; ebenso der Fang in Mausefallen.
Störungen durch Freizeitaktivitäten.

Starke Durchforstung der Wälder während der Brutzeit.
Schutzmaßnahmen in Anbetracht der Bestandssituation nicht erforderlich.

SPEC	VSchRL	Bern.Konv.	Bonn.Konv.
--	Anh. I*	Anh. II	--
Europ. RL	**RL in ME**		
--	--		

*nur UA *fridariensis* (Fair Isle, S-Shetlands)

Biotop. Überall in nicht zu trockenen, mit Gebüsch bestandenen Landschaften, bevorzugt in unterholzreichen Laub- und Mischwäldern, auch Nadelwäldern, mit hoher Bodenfeuchtigkeit, an deckungsreichen Fließgewässern, in abwechslungsreichen Parklandschaften und Gehölzen, in Gebüschstreifen, Heckenlandschaften und Gärten; über der Baumgrenze in der Krummholzstufe; Inselpopulationen in NW-Europa auch in baum- und strauchloser Landschaft in Zwergstrauch- und Farnbeständen. Im Winter oft Wechsel von Brutgebieten auf Flächen mit gut entwickelter Krautschicht, oft am Wasser und hier bevorzugt in Schilfröhricht. Im Winter nicht selten Übernachtung an oder in Gebäuden aller Art.

Nahrung. Vielseitiges Spektrum von kleinen Gliederfüßern und deren Entwicklungsstadien, wie Schnaken, Schmetterlinge, Weberknechte, Spinnen usw. Im Winter ganz gelegentlich auch Sämereien.

Stimme. Häufigster Ruf »zrrr« oder »zerr« vom ♂ vor und während der Brutzeit, weniger vom ♀ im Herbst und Winter. Beim Jungeführen oder in anderen Fällen hoher Erregung auch in Reihen. Warn- und Alarmruf (beider Geschlechter) hartes »tik« oder »tschek«, auch gereiht. Reviergesang des ♂ auffallend laut, wird von erhöhter Warte aus vorgetragen. Strophen beginnen mit kurzen, meist leisen Lauten (Einleitung), dann folgt Schmettertour mit trillernden Teilen, die mit leisen Zwischenstücken wieder von einer lauten Schmettertour gefolgt sein können und dann häufig nach weiteren leiseren Zwischentönen in einem Roller enden. Jedes ♂ verfügt über verschiedene Strophentypen, es kommt zu Dialektbildung. Neben Reviergesang vier weitere Gesangsformen bei Erregung, im Partnerkontext, beim Führen/am Nest bei der Paarbildung. Gesang fast das ganze J. über zu hören, Hauptsangeszeit März/Juni und nach der Mauser schwächerer Gipfel im Okt.

Verhalten. Tag- und dämmerungsaktiv; Zug bei Tag und Nacht. Hüpft auf dem Boden; schlüpft geschickt durch das Dickicht. Kann auch ruckweise an senkrechten Strukturen eine Stück hochklettern. Fliegt kurze Strecken geradlinig mit schwirrendem Flügelschlag. Übernachtet im Dickicht nahe über dem Boden, auch in eigenen oder fremden Nestern, Nistkästen oder in Gebäuden und anderen »technischen« Strukturen. Nahrungssuche am Boden, im Frühjahr und Sommer auch in der Baum- und unteren Strauchschicht. ♂ territorial, Standvögel das ganze J. über; bei Biotopwechsel auch Winterreviere. ♀ verteidigen keine Reviere; ♀ polygyner ♂ brüten mitunter nahe beieinander (kürzeste Nestentfernung 3 m). ♂ lockt singend und balzend ein oder mehrere ♀ an die Wahlnester; auch Verfolgungsflüge. Anzahl der Wahlnester scheint bedeutend für Erfolg bei der Werbung. Da ♀ nicht reviertreu sind, versucht ♂ jedes ♀ in sein Revier zu locken. Nähe des Menschen wird auch am Nest oft toleriert; ♀ sitzen fest auf dem Gelege; vor Luftfeinden flüchten Zaunkönige in dichtes Versteck. In kalten Wintern Schlafgemeinschaften, ausnahmsweise auch zu > 20 Ind.

Fortpflanzung, Brutbiologie [337,1369,767]. Geschlechtsreife im 1. Lebensjahr. Monogame Brut-, seltener Saisonehe; unterschiedlich häufig sukzessive Polygynie, zuweilen offenbar simultane Polygynie (Bsp.: in NL 50% ♂ polygyn, davon 3 ♂ gleichzeitig mit 3 ♀ verpaart; GB 50% ♂ polygyn, 2 mit 3, 1 mit 4 ♀ gleichzeitig verpaart; D-BW von 311 Rev. nur 12 mal Polygynie; PL in günstigen Biotopen >20% ♂ polygyn); Häufigkeit oft mit Habitatqualität korreliert. Reviertreue von ♂ bis 4 J. nachgewiesen. ♀ weniger revier- oder partnertreu. **Ankunft im Brutgebiet.** Ganzjährig im Revier, aber nur in milden atlantischen Regionen auch im Winter Revierverteidigung. Diesj. ♂ besetzen schon im Sommer Rev., die dann wieder geräumt werden müssen. In Hochlagen Reviergründung nach der Schneeschmelze. **Nest.** Unmittelbar nach Reviergründung baut ♂ Wahlnester, woraus ♀ auswählt (Bsp.: NL bei 25 ♂ in 3 Jahre 6.2 Nester pro ♂, D-BW in 298 Rev. 2.9 Nester); manche Wahlnester werden für Zweitbruten genutzt. Wiederverwendung von Nestern nach Ausbau über mehrere J. möglich. Neststand vielfältig, meist auf oder nahe am Boden, z.B. Wurzelteller umgestürzter Bäume; Wurzelwerk an Erdanrissen, Böschungen und Bachufern; Kletterpflanzen; junge Koniferen oder Reisig am Boden; Höhlungen von Baumstrünken und -stämmen; meist weniger häufig im Geäst von

Büschen, in Stockausschlägen, Zwergsträuchern, Holzstößen, Felsnischen, Mauerlöchern, unter Steinblöcken, in Schilf- und Strohhaufen; auch in (bevorzugt halboffenen oder zumindest nicht zu tiefen) Nistkästen; viele Ausnahmestandorte; gerne in Gewässernähe. Bodenhöhe i.d.R. < 2m, ausnahmsweise höher. Ovaler geschlossener Bau mit querovalem, seitlichem Schlupfloch; Material des vom ♂ gebauten Außennestes z.B. Moos, dürres Laub, Halme und Ästchen, trockenes Pflanzenmaterial (z.B. Farn) stammt aus der nächsten Umgebung und wird bevorzugt feucht verbaut. Innenauspolsterung durch ♀ aus Moos, Federn, Haaren, Wolle. Nestmaße Ø 145 mm hoch, 130 mm breit und 113 mm tief; Schlupfloch etwa 28 x 36 mm. Nestbau meist ab Ende März/Anf. April, späteste Beob. Juli; Rohbau (♂) 1-5 d, Innenausbau (♀) 2-7 d. **Legebeginn.** In ME frühestens Ende März, meist ab Mitte April, Höhepunkt Anf. Mai; Zweitbruten Ende Mai bis Anf. (Mitte) Juli; ausnahmsweise Aug. Gelege und Nestlinge im Sept. (Winterbrut in NL bekannt). Mit der Höhe verzögert (in CH um ca. 19 d/100 m Höhenzunahme, im Harz um 5.9 d); Ø Legebeginn in CH Erst- 29./30.4., Zweitbrut 30.5.; bei sehr frühem Beginn letztere schon Anf. April und Drittbrut Ende Mai; Frischgelege bis Ende Juni, Nestlinge bis Mitte Juli, selten später. **Gelegegröße.** 5-7 (3-9), mehr (bis 16 bekannt) wohl durch 2 ♀; Ø (Apr./Mai/Juni/Juli) z.B. CH 6.0/6.2/5.8/5.4, D 6.3/6.2/5.9/5.0 bzw. 5.9/6.2/5.5/5.0; PL$_{44}$ 6.84, NL$_{90}$ 5.6, D-BW$_{1116}$ 6.2, GB$_{1115}$ 5.7; mit polygyneren ♂ verpaarte ♀ haben größere Gelege; Legeintervall 1 d. **Eier.** Elliptisch, glänzend, weiß mit rostroten oder -braunen kleinen Flecken, am stumpfen Pol zu Kranz oder Kappe verdichtet. **Brutdauer.** 13-16 (9, 12-26) d, Ø in D-BW 15.0 bzw. 15.7 d; in D und NL Abnahme der Ø Brutdauer von April bis Juni nachgewiesen; ♀ brütet allein (wird vom ♂ nur selten gefüttert); Beginn nach und nach während Eiablagephase, verzögert bei schlechtem Wetter; Juv. schlüpfen asynchron innerhalb 1-3 d. **Nestlings-/Führungszeit.** Beide füttern, ♂ aber oft erst nach 1 Woche (Bettelrufe der Juv.), zuweilen ♀ allein. ♀ hudert bis 10 d. Nestlingsdauer 14-17 (19) d; ausgeflogene Juv. der Erstbrut werden oft vom ♂ allein begleitet; Brut übernachtet oft gemeinsam in einem Wahlnest (seltener im Brutnest); Führungszeit 9-18 d, Nestgeschwister aber oft viel länger zusammen. **Jahresbruten.** Großenteils 2 (ca. >50%); Drittbruten nicht nachgewiesen; 1. und 2. Ersatzgelege häufig. **Ende der Brutperiode.** Meist im Juli, bei Nachgelegen zu Zweitbruten bis Mitte/Ende Aug. **Bruterfolg.** In D 3.7 Juv./Paar und J., 6.1 flügge Juv./Vollgelege, dabei im Juni mit 6.3 Höchstwerte; D 4.0 bzw. 4.1 Juv./begonnene Brut. In GB bei 825 Gelegen 71% Schlüpferfolg und 92% davon flügge, Gesamterfolg 65%; in D-BW$_{862}$ (1974-2002) 58.4% [M. DALLMANN], in Einzeljahren bei hoher Prädation auch < 60%.

Eimaße und –gewichte [1369]: L. 14.5-20.3 mm, B. 10.2-15.0 mm, Ø 16.6 x 12.5 mm (n=657, D-BW), L: 15.5-18.1 mm, B. 11.6-13.2, Ø 16.5 x 12.5 mm (n=100, B), Ø 16.5 x 12.6 mm (n=131, S.); Frischvollgew. 1.16-1.48 g, Ø$_{22}$ 1.32 g; Schalengew. 0.060-0.087 g, Ø$_{71}$ 0.076 g.

Sterblichkeit, Alter. Geschätzte Sterblichkeit D 63 %/J.; GB ca. 62–65% für Juv., 50 % bzw. 58 %/J. für Ad.; 74 % im 1. J. und 68 %/J. für Ad. [3589]. Höchstalter frei lebender Ind. mind. 7 bzw. 6 J. **Generationslänge:** < 3.3 J. [383].

Mauser. **Postjuvenile Mauser** (Teilmauser) Ende Juli–Ende Okt.; umfasst auch wechselnde Anzahl von Großen Armdecken, Schirm- und Steuerfedern, Umfang bei spät geschlüpften geringer [767,1866,3050,3450]. • **Postnuptialmauser** (Vollmauser) Juli/Mitte Aug.–Sept./Mitte Okt. [767,3882]; Dauer der HS-Mauser GB ca. 60 d [1369,1356]. • **Pränuptialmauser** (Teilmauser) Mitte Jan.–April; zumindest bei einigen Ind. Großteil des Körpergefieders, unregelm. Flügeldecken [1369,1866].

Überfamilie Muscicapoidea

Sowohl Ergebnisse der DNA-Hybridisierung [3564, 3546] als auch Analysen nuklearer DNA-Sequenzen [158,159] zeigen, dass Stare (Sturnidae, deren Monophylie vorausgesetzt, vgl. unten) und Spottdrosseln (Mimidae) Schwestergruppen und nah mit den Altweltfliegenschnäppern (Muscicapidae) verwandt sind. Die Stellung der Wasseramseln (Cinclidae) ließ sich durch DNA-Hybridisierung nicht sicher auflösen. Die nunmehr vorliegenden nuklearen Sequenzen weisen sie als Schwestergruppe der Muscicapidae aus (schwach gestützt). Alle vier Familien zusammen bilden ein sehr gut gesichertes Monophylum, die Überfamilie Muscicapoidea.

Familie Mimidae – Spottdrosseln

Drosselgroße, neuweltliche Singvögel mit kräftigem, leicht nach unten gekrümmten Schnabel, langen, kräftigen Beinen und langem, breitem, gerundetem Schwanz (der zuweilen aufgefächert wird). Geschlechter nahezu gleich (z.T. größendimorph). Nahrung vielseitig (animalisch). Ausgezeichnete Klang- und Stimmenimitatoren; bauen unordentliche, geräumige Nester

12 Gattungen, mindestens 36 Arten (Allospeziesstatus etlicher Formen ungeklärt). Die Spottdrosseln sind im Gegensatz zu ihrer Schwestergruppe, den primär rein altweltlich verbreiteten Staren (Sturnidae), in der Neuen Welt endemisch und weisen im südwestlichen Nordamerika und der Karibik die höchsten Artendichten auf [512]. Alle drei nordwärts bis ins boreale Nordamerika brütenden Arten, die entsprechend ausgeprägte Zugvögel sind, wurden in Europa nachgewiesen.

Mimus polyglottos – Spottdrossel 10670

Mimus [polyglottos] polyglottos (Linnaeus 1758)

(GB) Northern Mockingbird **(F) Moqueur polyglotte** **(E) Sinsonte Norteño**

Taxonomie. Drei UA, davon nur Nominatform in Europa nachgewiesen: *polyglottos* (Linnaeus 1758) (E N-Amerika), *leucopterus* (W N-Amerika) und *orpheus* (Linnaeus 1758) (Große Antillen). Bildet Superspezies mit *P. gilvus* (Mittel- und S-Amerika) und *P. magnirostris* (St. Andrew, Karibik).

Kennzeichen. [1369,3615,3772,221,3566,1784; **Foto** in Vår Fåg. 2002/**1**, 15].

Maße. Gr.: 22-28 cm. Gew.: 36-56 g, Ø 49 g. Fl.spw.: 31-36 cm. Fl.l.: ♂ Ø 111-113 mm; ♀ Ø 103-108 mm [1369,767,1758].

Status. In Europa extrem seltener Ausnahmegast. Bisher in GB 4 mal nachgewiesen, dabei als Wildvogel nur Beob. vom Aug. 1982 und Mai 1988 anerkannt, dagegen Meldungen vom Aug. 1971 als Gefg.fl. und vom Juli–Aug. 1978 (»schiffsassistiert«) nicht als aus eigener Kraft eingeflogen anerkannt [716]. In ME bisher nur eine gesicherte Beob., in **NL:** 16.–23. Okt. 1988 [3615,277], (Beob. 2001 nicht anerkannt [q16]).

Verbreitung. Verbreit. Brutvogel in N-Amerika von S-CDN (beide Küsten), gesamte USA (im NW lückig) bis S-MEX sowie einigen Karibikinseln [3615,1369].

Wanderungen. Standvogel und Teilzieher; Br. im NE ziehen nach S der Atlantikküste entlang.

Biotop. Offene und halb offene Landschaften, Gebüsch, Waldränder, auch Parks und Gärten und aride, halbwüstenartige Gebiete.

Stimme. Ruf laut »tscheck«. Gesang vielfältig, laut und lang anhaltend; Motive werden 3 bis > 10 mal wiederholt, bevor neue gesungen werden, Imitationen anderer Vogelstimmen und von Geräuschen.

Verhalten. Hüpft auf dem Boden; auffälliges Schwanzschlagen und Flügelzucken.

Mauser. **Postjuvenile Mauser** (Teilmauser) Aug.–Nov.; neben Körpergefieder auch partielle Großgefiedermauser [3882]. • **Postnuptialmauser** (Vollmauser) Juli–Okt. [3882].

Anmerkung:
Rote Spottdrossel *Toxostoma [rufum] rufum* (Linnaeus 1758)
In Europa nur ein Nachw. eines Wildvogels, in GB Nov. 1966-Feb. 1967 [3615]. Der einzige Nachw. in ME {**D:** Helgol. Okt. 1837 (oder schon Spätherbst 1836) gefangen; Belegstück gelangte in den Handel und ist verschollen [1369]}, wurde inzwischen revidiert.

Dumetella carolinensis – Katzenvogel 10800

Dumetella carolinensis (Linnaeus 1766)

(GB) **Grey Catbird** (F) **Moqueur chat** (E) **Pájaro Gato**

Taxonomie. Monotypisch.

Kennzeichen. [1369,3615,767,221,3772,3566; weitere **Fotos** in Bird. W. **10**, 349, 11, 377, **14**, 424-25].

Maße. Gr.: 21-24 cm. Gew.: (Herbstzug) 23.2-45.3 (max. 56) g, $\varnothing_{443}$ 35.2 g. Fl.spw.: 24-26 cm. Fl.l.: ♂ 88-96 mm, $\varnothing_{11}$ 91.7 mm; ♀ Ø 86-92 mm, $\varnothing_{9}$ 88.5 mm [1369,767,1784].

Status. Wie andere Spottdrosseln sehr seltener Ausnahmegast in W-Paläarktis. Bisher Nachw. auf Jersey (Kanalinsel) Mitte Okt–Dez. 1975 und in S-IRL (Cape Clear) Nov. 1986 [3615]. In ME zwei Nachw. in **D:** Helgol. Okt. 1840 erlegt; -MV Mai 1908 bei Leopoldshagen beob. [1369].

Verbreitung. Verbreiteter Brutvogel der Nearktis von CDN bis maximal 55° N über ganz USA bis an Küstenstaaten des Golfes von MEX bei 33° N [3615,1369].

Wanderungen. Zugvogel; überwintert S und SE des Brutgebietes von Atlantikküste S-USA bis Panama und Westindische Inseln.

Nahrung. Insekten und andere Arthropoden, Beeren und fleischige Früchte.

Stimme. Erregungsruf im Sommer knurrendes, zum Ende hin langsamer werdendes Miauen »miju«; bei Beunruhigung weich quäkend »tschwärk«, Alarm rasch gereiht »trät-tät-tät-tät« Gesang abwechslungsreich, ohne Motivwiederholungen; Wechsel von melodischen mit quietschenden und geräuschhaften Elementen; auch Imitationen. ♀ mit subsong.

Verhalten. Tagaktiv, Nachtzieher; auf dem Boden drosselartig hüpfend; bei Beunruhigung Schwanzwippen oder Schwanzheben. Hält sich an Deckung. Nahrungserwerb ähnlich Drossel am Boden, z.B. Aufwerfen einzelner Blätter und Laubwenden. Zur Brutzeit territorial; auch gegenüber anderen Singvogelarten. Balz versteckt, schließt Balzgesang, Balzstellungen und Verfolgungsflüge ein.

Mauser. **Postjuvenile Mauser** (Teilmauser) Juli–Okt.; einschließlich variable Anzahl Großer Armdecken, selten einige Schirm- und mittlere Steuerfedern [3882]. • **Postnuptialmauser** (Vollmauser) Juli–Sept. [3882]. • **Pränuptialmauser** (Teilmauser) Feb.–Mai; Körpergefieder [3882].

Familie Sturnidae – Stare

Mittelgroße Arthropoden- und Früchtefresser mit aufrechter Haltung und trippelndem Gang (anders als hüpfende Drosseln); im Vergleich zu Drosseln auch kurzschwänziger; Flügel kurz und spitz, aber breit ansetzend, Flug schnell und direkt. Geschlechter meist gleich. Sehr gesellig, zur Brutzeit oft kolonial, im Herbst und Winter z.T. riesige Schwärme bildend). Gute Stimmen- und Klangimitatoren. Bestimmung [1091].

In bisheriger Abgrenzung 114 Arten in 29 Gattungen [1091], altweltliche Verbreitung (Neue Welt eingeführt). An der Monophylie der Familie kamen jüngst Zweifel auf, weil die afrikanische Madenhacker (*Bu-*

phagus) nach nuklearen DNA-Sequenzen den anderen Staren weniger nahe stehen als die Spottdrosseln (Mimidae) [vgl. 681N]. Sollte sich dieser Befund bestätigen, müssten entweder die Mimidae als Unterfamilie der Sturnidae geführt oder *Buphagus* in eine eigene Familie gestellt werden. Dazu kommt, dass die bisher systematisch überhaupt nicht einzuordnende, auf den Philippinen endemische Gattung *Rhabdornis* (3 Arten) offenbar eine ursprüngliche Linie der Stare repräsentiert [681N].

• Gattung *Sturnus*

Mangels molekularer Untersuchungen ist die Verwandtschaft der Starenarten und damit die Monophylie dieser und anderer Gattungen sehr unsicher. Auch bei Ausgliederung des Rosenstars in die monotypische Gattung *Pastor* [vgl. zuletzt 1091] wäre die Monophylie von *Sturnus* nicht gesichert. In einer weiten Abgrenzung umfasst die Gattung 15-16 Arten [3565,857], in einer engen Abgrenzung nur vier [1091].

Sturnus vulgaris – Star 15820

Sturnus [vulgaris] vulgaris Linnaeus 1758

(GB) (Common) Starling **(F) Etourneau sansonnet** **(E) Estornino Pinto**

Taxonomie. 12-13 meist gering differenzierte UA, davon im größten Teil Kontinentaleuropas die Nominatform *vulgaris* Linnaeus 1758, ferner in W-Paläarktis *faroensis* Feilden 1872 (Färöer), *zetlandicus* Hartert 1918 (Shetland-Inseln, Hebriden), *tauricus* Buturlin 1904 (N und S Schwarzmeer), *purpurascens* Gould 1868 (E Schwarzmeer, AR, SE-TR, *caucasicus* Lorenz 1887 (Wolgadelta, Kaspisenke, Zagrosgebirge) und *nobilior* Hume 1879 (Transkaspien, Afghanistan). Bildet Superspezies mit dem Einfarbstar *Sturnus unicolor* (Iberien).

Kennzeichen [767,1369,221,3772,3615; **Fotos** in Brit. B. **97**, 388, 391, Limic. **16**, 200, Abgrenzung zum Einfarbstar: Bird. W. **11**, 53-57].

Maße. Gr.: 21.5 cm. Gew.: (D-BB) ♂ 68-107 g, $Ø_{169}$ 81.4 g, ♀ 64-101 g, $Ø_{122}$ 76.5 g. Fl.spw.: 37-42 cm. Fl.l.: (SW-D) ♂ 126-136 mm, $Ø_{104}$ 131.1 mm, ♀ 122-133 mm, $Ø_{51}$ 127.6 mm [767,1369].

Status. Sehr häufiger Brut- und Sommervogel, in Niederungsgebieten auch im Winter. Sehr häufiger und regelm. Durchzügler und Gastvogel.

Verbreitung und Bestand. Brutvogel der borealen und gemäßigten sowie am N-Rand der mediterranen Zone der W-Paläarktis von IS, N., GB/IRL, W-F, NE-E. nach E bis Mittelsibirien (etwa Baikalsee). S-Grenze N-E., S-F, I (kleines Vorkommen Sizilien), YU, N-GR, TR, N-Irak, N-Iran (mit insulären Vorkommen im S), Afghanistan, N-Pakistan (und im S) unter weitgehender Aussparung der Steppen KZ, NW-Indien, NW-Sinkiang und NW-

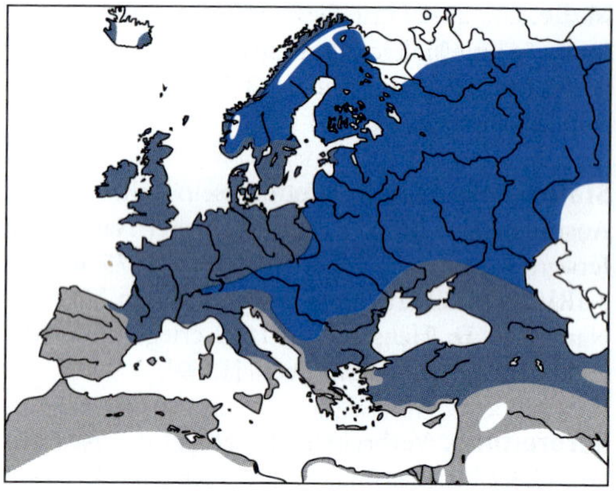

Sturnus vulgaris – **Star**

Mongolei; N-Grenze bis Nordkap, Kola-Halbinsel, bis Ural und in W-Sibirien auf etwa 60° N zurückweichend bis NW-Mongolei. Erfolgreich eingeführt in NZ (ab 1862) und Besiedlung von Inseln bis S-Fiji in Tropen sowie Macquarie und Campbell in Subantarktis; mediterrane und gemäßigte Zone AUS; SW-Afrika (relativ langsame Ausbreitung); N-Amerika (seit 1890–95; heute vom arktischen CDN bis in Subtropen MEX mit anhaltender Zunahme und explosiver Vermehrung). In ME Nominatform sehr häufiger Brutvogel von Niederungen bis in montane Regionen. Größere Höhen oft erst in neuester Zeit punktuell besiedelt; Höhengrenzen CH in Alpentälern lokal bis 2000–2100 m, in Voralpen bis 1500 m, A-V 1400 m, D-BY bis ca. 1200 m, SK. 1100 m, PL 900 m ü.M. Europäischer Bestand zw. 23 - 56 Mio. BP (abnehmend), mit größten Populationen in RUS (2.5-10 Mio.), BG (2-6), F (1.5-

6), D (1.7-4.3), TR (1-4), PL (1.5-3), I (1-3 Mio.), UA. (1.4-1.9) und BY (1.5-1.7 Mio. BP) [383]; in ME brüten etwa 6.0 – 12.3 Mio. BP [nach 383; vgl. auch 1369]. Gehört mit über 600 Mio. Ind. zu den häufigsten Vogelarten der Erde.

Wanderungen [u.a. 1147,1628,3133,4064]. In Europa Standvogel, Teilzieher und Kurzstreckenzieher; vollständig oder mind. weitgehend geräumt werden N-Skandinavien, FIN, E-PL, RUS und mind. N-UA., W-Sibirien. Hauptwintergebiet umfasst den S und W des Areals sowie außerhalb alle nicht besiedelten Gebiete S-Europas, gesamten N-Rand Afrikas einschließlich Kanaren, von E-Küste Mittelmeer über SYR bis Persischer Golf, S-Iran, Pakistan bis Zentral-Indien und S-China. Die Mittelrichtung des Wegzuges verläuft in Europa N etwa 52° N mehr W–WSW, S davon mehr SW. **Br. GB/IRL, B, NL** sind überwiegend Standvögel. Anteil an Ziehern nimmt generell nach E zu (z.B.% Winterfunde innerhalb der Brutareale NL/Küstengebiet NW-D 19.5, Binnenland NW-D/NE-D bis W-PL 4.8, CZ/Mittel-D 6.8, SW-D/CH 2.6). Insgesamt in letzten Jahrzehnten Tendenz, im oder näher dem Brutgebiet zu überwintern, fast in allen Teilen Europas zunehmend. Spät geschlüpfte Juv. ziehen im Ø weniger weit als früh geschlüpfte, bei geringem Anteil von Ziehern neigen Juv. weniger zur Überwinterung im Brutareal, doch sonst im Zugverhalten zwischen Altersklassen keine grundsätzlichen Unterschiede. Schwerpunkte der Überwinterung Br. Europas (1) GB, NL, B, N-F; (2) Regionen im Golf von Biscaya; (3) Küstengebiete und Inseln W-Mittelmeer (hier vor allem Olivenanbaugebiete; über Bestandsveränderungen vgl. oben). Entsprechend Herkunft Zonierung des Wintergebietes in E-W und N-S (also kein Überspringzug): **Br. FIN** (Ø Entfernung zum Winterquartier ca. 1800 km) überwintern von DK bis E-England, NL, B, N-F (ausnahmsweise Atlantikküste F); **Br. S.** überwintern DK bis NW-F, Mittel- bis SE-England und SW-IRL (Ø Entfernung ca. 1000 km); **Br. NL bis küstennahes NW-D** überwintern von D-SH bis Gironde und NW-E./P sowie S-GB und IRL (Ø Entfernung ca. 500 km); **Br. Binnenland NW-D bis NE-D** überwintern von dort bis S-E., S-F sowie wenige S-GB (Ø Entfernung ca. 970 km); **Br. CZ bis Mittel-D** überwintern von W-CZ/E-D bis W-F, S-E., NW-Afrika, aber auch Mittel- und N-I, Balearen (Ø Entfernung ca. 1230 km); **Br. SW-D/CH** ziehen bis S-E., NW-Afrika einschließlich Inseln W-Mittelmeer (ca. 1370 km); **Br. D-BY** überwintern in einem Sektor SW/S von N-E. bis Maghreb, Sizilien, Sardinien. Neuere Ringfundauswertungen [für I: 67; für F: 714,3311; für HR: 2737,910; für E.: 2984; für GB/IRL: 4064].

Zeitlicher Ablauf: Ab Mitte Juni bis Anf. Aug. Zwischenzug, der von (vor allem früh erbrüteten) Juv. eröffnet wird; in S-Fennoskandien, Baltikum, N-ME und W-D werden gerichtet Zwischenziele in Richtung auf das Winterquartier (aber in Vorzugsrichtung auch davon abweichend) angesteuert; Zugunterbrechung durch Vollmauser; in Mittel-D und CH führt offenbar nur geringer Teil der Population Zwischenzug aus, dessen Richtungen von der Topographie entscheidend beeinflusst werden und daher von der Wegzugrichtung ins Winterquartier erheblich abweichen können (z.B. regional Vorzugsrichtung NW/E); in S-D scheint er weitgehend zu fehlen. Die Ø Entfernungen des Zwischenzuges der Br. Fennoskandien, Ostseeraum sowie CH betragen > 200 km. Zwischenzug hat sich möglicherweise vor allem in Gebieten mit begrenztem Nahrungsangebot für große Ind.mengen entwickelt (z.B. N- bzw. Höhengrenze des Areals). Wegzug in Richtung Winterquartier setzt im Sept. ein und ist in N- und E-Europa im Nov., sonst Anf. Dez. abgeschlossen, wobei in einzelnen Gebieten unterschiedliche Populationen mit verschiedenen Vorzugsrichtungen durchziehen können [z.B. 1628]. Durchzugsmedian Col de Bretolet CH 16.10. [1861]. Heimzug Feb.–März, im N bis April–Anf. Mai. Im Wegzug keine mittleren Unterschiede zw. einj. und mehrj. Ind. festzustellen, beim Heimzug sind Mehrj. den Einj. voraus, der Unterschied wird nach N größer (1–2 Wochen); die Einj. kehren offenbar zum überwiegenden Teil in die Geburtsheimat zurück.

Bestandsentwicklung. Mindestens ab Mitte 19. Jh. in weiten Teilen Europas Bestandszunahme und Arealausweitung als Folge der Vergrößerung der Landwirtschaftsflächen mit entsprechend gutem Nahrungsangebot (auch verbesserte Zugänglichkeit durch Bodenbearbeitung) in den für Überleben der Jungvögel entscheidenden Sommermonaten, sowie durch Verringerung der Wintersterblichkeit aufgrund zunehmend günstigerer klimatische Bedingungen (mit früher Rückkehr in Brutgebiete und kürzeren Zugwegen); ferner bedeutsam der Einsatz von Nisthilfen, Umstellung auf Gebäudebruten sowie zunehmende Nutzung von Stadtbereichen als Überwinterungsgebiet [1369, 843,965,2068,4175,1722, etc.].

Seit Mitte 1960er oder Anf. 70er J. Trend in NW- und N-Europa sowie in Teilen ME umge-

kehrt: durch starken Verlust extensiver Weideflächen, Wechsel zu Wintergetreide mit Rückgang der (Stoppel-)brachen, Modernisierung und Industrialisierung der Landwirtschaft (regional auch erhöhter Einsatz von Bioziden und anderen Agrochemikalien) z.T. starke Rückgänge und Arealverluste [vor allem in FIN, S., DK und GB: 3845,2471,3625,1090,772,3202,1369,1507,196; in ME insbes. in Teilen PL, D-SH und NL (bes. in Wäldern): 1369,3867,375,3638,310,3871,999, 2103], in geringerem Maße oder zeitlich verzögert weiter S in D, CH und CZ [204,1722,1,3393,2159, 2821,272,2259,4045]. Inzwischen auch erheblich verringerte Zahlen der Durchzügler im Spätsommer und der Winterschwärme in ME [1316,3163, 1369,1617].
Gleichzeitig in SE-ME jedoch Neuansiedlungen (vor allem in E-A und H; ferner in S-F) und Ausbreitung in höhere Lagen von Sudeten, Karpaten, Alpen und Böhmerwald [1369,965,3392,4152, 2510,1997]. Doch trotz häufigerer Bruten in höhergelegenen Regionen als noch in 1960er J. kaum Bestandsverdichtung in oberer Montan- oder Subalpinstufe, gebietsweise sogar Ausdünnung [z.B. CH: 1369]. »Waldsterben« anfänglich sicher mit positivem Einfluss durch Zunahme des Höhlenangebots (Spechte) [591], durch Abtrieb stark betroffener Bäume aber schließlich negativ. Bestandsfördernd andernorts ferner Bebauung und Gehölzaufwuchs sowie Einsatz von Nisthilfen und weitere Ursachen [334,1141,3178,2893,1363,2838, 55].

	Best.	Areal	Brutbestand	Jahr	Quelle
A	↑	+ 1	100.000–200. 000	1998–2002	[383]
B	+/-	=	20.000–100.000	2001–2002	[383]
CH	+/-	=	150.000–220.000	1993–1996	[383]
CZ	+/-	=	900.000–1.800.000	2000–2002	[383]
D	+/-	=	1.700.000–4.300.000	1995–1999	[383]
FL	+/-	=	300–500	1998–2000	[383]
H	↑	+ 1	710.000–990.000	1999–2002	[383]
L	+/-	=	30.000–40.000	2001	[383]
NL	↓	=	500.000–900.000	1998–2000	[383]
PL	↓	=	1.500.000–3.000.000	2000–2002	[383]
SK	+/-	=	400.000–800.000	1990–1999	[383]

Weitgehend unveränderte Bestände oder Stabilisierung auf niedrigem Niveau etwa seit 1980er J. u.a. in B, Teilen PL und D, vor allem in städtischen Bereichen [2405,1040,198,3495,2896,1719,2642,3871, 1369].

Siedlungsdichte. Nur kleine Nestterritorien werden verteidigt. Höchstdichten in ME auf Flächen von 20–49 ha 81.5–41.7–26.6 (Ø 43.5), von 50–99 ha 26.4–15.3–12.0 (Ø 15.5), von > 100 ha 16.9–5.6–4.0 (Ø 6.9) BP/10 ha. Großflächendichte (> 100 km^2) in ME zw. 6.0 – 43.0 BP/km^2 [vgl. Tab. 61 in 337].

Gefährdungsursachen [272,3625,772,1369,196, 1507]. Bedeutend u.a. (1) direkte Verfolgung bis hin zu Vernichtungskampagnen in Winterquartieren und z.T. auch in Brutgebieten, mittels Kontaktgiften, Dynamit etc. (zuweilen Millionenschwärme »beseitigt«) [kurze Übersicht in 1369, S. 2056], (2) Veränderungen der landwirtschaftlichen Nutzung (u.a. Aufgabe der Weidewirtschaft, Drainage, Aufforstung von Feuchtwiesen, zunehmender Anbau von Monokulturen, hoher Biozid- und Düngereinsatz), (3) Unfälle (Leitungsdrähte, Straßenverkehr, Rebnetze etc.) und (4) Störungen am Brutplatz.
Natürliche Ursachen: klimatische Bedingungen, Nistplatzkonkurrenz, sowie Prädation.

SPEC	VSchRL	Bern.Konv.	Bonn.Konv.
3	Anh. II-2	--	--
Europ. RL	RL in ME		
--	--		

Schutzmaßnahmen. In Anbetracht der allgemeinen Häufigkeit und Bestandssituation nicht erforderlich; würde von Extensivierungsmaßnahmen und naturverträglicherer Landwirtschaft aber stark profitieren. Verfolgungsmaßnahmen sind aufgrund ihrer kurzzeitigen Wirkung auf die Bestände, vor allem aber aus Gründen der Ethik, des Umweltschutzes allgemein und der Gefahr dieser Maßnahmen für andere Lebewesen nicht vertretbar [1369]. Vergrämungsmaßnahmen, Ablenkfütterungen und Verzicht auf Bestandsförderung durch Nistkästen sind sinnvollere Möglichkeiten zur längerfristigen Behebung des »Starenproblems« [vgl. 1369,1719].

Biotop. Br. in Gebieten mit Angebot an Brutplätzen und offenen Flächen zur Nahrungssuche für meist größere Individuenzahlen; diese Bedingungen fehlen in ME im Innern großer geschlossener Wälder (insbes. in Koniferenwäldern) und in völlig baum- und gebäudefreien großräumigen Agrarlandschaften, und sind am günstigsten in der Kombination von höhlenreichen Baumgruppen (oder Nistkästen bzw. Gebäudegruppen) mit nicht zu trockenem, kurzrasigem Grünland in 200-500 m Entfernung

von den Nisthöhlen. Im einzelnen wird eine Vielfalt von Landschaften und Strukturkombinationen besiedelt, vom Großpark mit Rasenflächen bis zu Randbezirken oder Lichtungen geschlossener Laubwälder und bis zu baumlosen Weide- und Wiesenflächen auf Meeresinseln und in Flachküstenbereichen mit Nistkästen oder Brutmöglichkeiten an einzelstehenden Gebäuden. Außerhalb der Brutzeit je nach Nahrungsangebot in meist großen Schwärmen in Obstgärten und -plantagen, Weinbergen, auf nicht zu trockenen Grünlandflächen, vor allem Weiden (dabei Überwinterer oft zusammen mit Drosseln), auf Deponien, am Meeresstrand, auf schlammigen Seeufern, auf freigelegten Schotter- und Sandbänken der Flüsse, Ruderalflächen, Sportplätzen etc.; Schlafplätze im Schilf, im Laub- und (bevorzugt im Winter) auch in Koniferenbeständen, in vielen Gebieten noch zunehmend inmitten von Großstädten (hier auch an Hausfassaden bei Kunstlicht, z.B. London).

Nahrung. Vielseitig und jahreszeitlich wechselnd. Im Frühjahr und Frühsommer vor allem Insekten und deren Larven sowie andere Wirbellose am Boden oder in den obersten Bodenschichten, wie Käfer, Heuschrecken, Grillen, Schnakenlarven, aber auch Tausendfüßer, Spinnen, Regenwürmer, kleine Schnecken; vor allem bei Massenauftreten auch Insekten in Bäumen. Von Sommer und Herbst in vielen Gebieten fast ausschließlich Obst und Beeren mit Massenauftreten in Obst- und Weinbaugebieten, im Winter im Mittelmeer vor allem in Olivenplantagen, aber auch wild wachsende Beerenfrüchte, wie Holunder, Hartriegel etc. Im Winter vielfach Abfälle auf Deponien, Misthaufen, Haushaltsabfälle in und an Siedlungen oder neben Kleintieren auch angeschwemmtes organisches Material an Ufern und Küsten, offenen Klärbecken sowie zunehmend auch an Vogelfütterungen.

Stimme. Ruf beim Auffliegen heiser »ärr-wrr«, »brrch« oder »störr«, Warnruf scharf und wiederholt »spett spett« oder »wät«, aggressiv hart »krr« oder »tschrr« auch gereiht »teckteckteck«. Junge betteln heiser, aber durchdringend »dschrrr« (schon aus der Nesthöhle zu hören). Gesang meist mit Pfiffen eingeleitetes kontinuierliches, sehr variables Schwätzen mit vielen unterschiedlichen Bestandteilen; charakteristisch sind (bei Populationsunterschieden) schnalzende, schnurrende und ratternde Partien, scharfe Rätschlaute, knackende Laute, bauchrednerisches Schwätzen, absinkender Pfeiflaut wie »dssie«, melodische und nach oben gezogene »hooid«, Imitationen von Vogelstimmen und anderen Lauten (typisch u.a. Mäusebussard, Pirol, Tixen der Amsel). Individuelle und jahres- oder altersabhängige Unterschiede in der Gesangsstruktur. Zweistimmigkeit in einigen Abschnitten. Pfeiflaute im Gesang codieren Merkmale einer Kolonie, keine territoriale Funktion. Länge und Variabilität des Gesanges beeinflussen Paarungsentscheidung des ♀. Intensiver Gesang mit gesträubtem Gefieder, abgestellten und flatternden Flügeln von einer Warte aus vorgetragen. Ad. ♀ singen v.a. im Herbst, aber selten im Frühjahr, ob einj. Vögel ebenfalls, ist unklar. Gesang ab Spätwinter bis Frühsommer mit Unterbrechung im Hochsommer, Herbstgesang von Ende Aug. bis Okt. (zumeist vorgetragen am letzten Brutplatz). Chorgesang in Schwärmen, Funktion und Repertoire noch unklar.

Verhalten. Tagaktiv. Tag- und Nachtzieher. Schreitet am Boden, hüpft selten. Flug mit raschen Schlägen und vor der Landung Gleitflug. Nahrungserwerb vor allem auf kurzrasigen oder vegetationslosen Flächen. Systematisches Vorgehen der Trupps. Ablesen von Kleintieren am Boden oder von der Vegetation (auch Bäumen), durch Sondieren und Zirkeln (Erweiterung des Loches durch Öffnen der Schnabelhälften) in weichem Substrat, Abpflücken und Anhacken von Früchten an Bäumen und Sträuchern, Fang von Fluginsekten im Stoßflug von einer Warte oder auch in längerem Jagdflug. Oft enger Anschluss an Weidevieh und landwirtschaftliche Tätigkeiten. Ganzjährig gesellig. Um das Nest wird kleines Nestterritorium (bis ca. 10 m Radius) verteidigt. Gesang i.d.R. auf hoher, exponierter Warte freisitzend (z.B. kahler Ast oder Baum, Leitungsdraht, Sitzstange vor dem Nistkasten, Dachfirst, Fernsehantenne), in der Nähe der Nisthöhle vorgetragen, lockt ♀ an (dient offenbar kaum Revierverteidigung gegenüber anderen ♂); ♂ mit größerem Repertoire und längerer Gesangsdauer offenbar erfolgreicher. Unverpaartes ♂ schlüpft bei Annäherung eines ♀ in die Höhle und singt, um das ♀ in die Höhle zu locken (zuweilen Verbunden mit Nesteintrag von frischen Blüten oder Blättern). Wenige d vor Ablage der Eier bis etwa zur Hälfte der Gelege wird ♀ vom ♂ sehr eng begleitet, um Fremdkopulationen zu verhindern (»Partnerbewachung«). Paarbindung meist während einer Brut. Balzendes, leise singendes ♂ schreitet mit hängenden Flügeln in Halbkreisen ums ♀. ♂ verpaaren sich oft mit mehreren ♀. Gemeinsame Schlafplätze werden das ganze Jahr über, während der Brutzeit vor allem von Nichtbrütern aufgesucht; außerhalb der Brutzeit können Massenschlafplätze (bes. in den bevorzugten Winterquartieren) bis > 1 Mio. Ind. umfassen. Wichtigster Vorteil der Schlafplätze scheint im Schutz vor Feinden und in kühleren Gebieten/Perioden in der Minimierung von Energieverlust (vor allem durch Wind) zu liegen. Vor Bezug des Schlafplatzes sammeln sich die Ind. häufig an Zwischenstationen. Nach Ankunft an den Schlafplätzen oft noch Gesang bis in Dunkelheit (bes. in Großstädten bei Kunstlicht); innerhalb der Schlafplätze Individualdistanz und Dominanzstruktur.

Fortpflanzung, Brutbiologie [1369,337,767,1722]. Geschlechtsreife bei ♂ i.d.R. im 2. J. (Einj. können nur ausnahmsweise schon brüten), einj. ♀ brüten dagegen zahlreich (im SW und W offenbar häufiger als im E und NE). Brutehe, Wechsel von Brutpartner und Bruthöhle innerhalb einer Saison häufig; bei nahe benachbarten Nisthöhlen regelm. Polygynie (auch bei Anwesenheit lediger ♂), dabei bis 5 ♀ in sukzessiver Polygynie beschrieben; Fremdkopulationen nicht selten. Wiederverpaarung in aufeinanderfolgenden J. möglich, nach erfolgr. Erstbrut bleiben Partner oft auch für Zweitbrut zusammen, dagegen oft Umverpaarung für Ersatzbrut in meist anderer Höhle. Mind. alte ♂ besuchen Nistplatz bereits im Herbst und besetzen vorübergehend Nestterritorien, Zugvögel ab etwa Feb.-März. Paarbildung bei Standvögeln mitunter im Herbst oder milden Wintertagen (aber noch Umverpaarung möglich), konkrete Besetzung der Höhle und eigtl. Paarbindung nach Ankunft am Brutplatz. ♂ zeigt ankommenden ♀ Bruthöhlen, dieses wählt. **Nest.** Nest in Höhlen verschiedenster Art bes. in Bäumen (ausgefaulte Astlöcher, Buntspechthöhlen), Einflugöffnung Ø 45 mm (etwa wie Buntspecht), in Felshöhlen und -spalten, Mauerlöchern, unter losen Ziegeln (vorzugsweise Dachplatten mit S-Profil) etc., vielfach fast ausschließlich auf Nistkästen angewiesen; i.d.R. in lockeren oder dichteren Kolonien. Nest ziemlich umfangreich aus lockerem, trockenem Pflanzenmaterial; auch kleine Zweige werden abgebrochen und grüne Pflanzenteile (oft noch während des Brütens) eingetragen. Innenauskleidung mit feinerem Material, auch Federn. Beide tragen Material ein (Hauptarbeit nicht selten durch ♂). **Legebeginn.** Ausnahmsweise schon ab Feb. oder im März, Hauptzeit ab Anf. April, in W-ME früher als in E-ME, dort oft ab 2. Aprilhälfte, nach N und E noch später; witterungsabhängige Schwankungen. **Gelegegröße.** 4-6 (2-9); Ø Erstgelege NL 5.2, CH 5.2, E-D 5.6, »Zweitgelege« NL 4.3, CH 5.0, E-D 4.3, D-BW$_{395}$ 5.2; ältere ♀ mit größeren Gelegen als Einj. (in NL Ø$_{57}$ 5.9 gegenüber Ø$_{15}$ 4.7), aber wieder Abnahme bei ♀ > 3 J.; Korrelation mit Brutraum beob.; Kalendereffekt; Abnahme der Gelegegröße mit Änderung der menschlichen Bodennutzung. In Kolonien intraspezif. Nestparasitismus nicht selten (5-50%; in B 15% der Erst- und 2% der Zwischengelege), bei Störungen an Nesthöhle (auch Fang) gehäuft. Obwohl bei Teil der Wirtsgelege 1 Ei verschwindet (in B 27%), parasitierte Gelege im Ø größer; Strategien gegen Parasitismus diskutiert (Hinauswerfen parasitischer Eier, Brutbeginn vor Vollendung des Geleges, hohe Synchronisation des Legebeginns, 1 Ei weniger als optimale Gelegegröße). Legeintervall 1 d (aber auch mit Pausen). **Eier.** Oval, mattglänzend, meist einfarbig hell grünlichblau bis weißlich. **Brutdauer.** 12-13 (11-14) d (D-BW Ø$_{72}$ 12.2 d). Brutbeginn mit vor-/letztem Ei; ♀ brütet überwiegend, ♂ nur zeitweilig untertags; Juv. schlüpfen innerhalb 1-2 d. **Nestlings-/Führungszeit.** ♀ hudert meist allein, beide füttern (Anteile unterschiedlich, bei sekundären ♀ sind ♂ meist nicht an Brut beteiligt, daher auch höhere Nestlingssterblichkeit); Juv. verlassen Nest nach 18-21 (16-24) d (ME Ø um 20 d; sehr frühes Verlassen wohl nur nach Störungen); sind bald nach Ausfliegen selbständig (höchstens noch ca. 4 d gefüttert). **Jahresbruten.** 1-2; in Kolonien Beginn der Erstbrut meist gut synchronisiert (z.B. innerhalb 3-9 d), dann »Zwischenbruten« (Ø 9-12 d nach Erstbrut), z.T. als Ersatzbruten, oft aber weitere Bruten polygyner ♂ mit sekundären ♀ oder Brutbeginn später eintreffender Zugvogel-♂; Anteile echter Zweitbruten auch bei langer Brutperiode sehr unterschiedlich, z.T. lineare Korrelation mit Beginn der Erstbruten, daher im W uns S des Areals und in geringer Meereshöhe größer (z.B. in D-SN 42%), offenbar aber nur selten > 60%; in Baltikum, Fennoskandien und RUS keine. Bei Verlust von Eiern im Erstgelege folgende Optionen möglich: (1) Weiterlegen und Aufzucht der Jungen des kleineren Erstgeleges sowie Zweitgelege, (2) Ablage der restlichen Eier des Erstgeleges in andere Nester, Produktion eines Ersatzgeleges mit Jungenaufzucht, (3) Verlassen des gestörten Erstgeleges und Produktion eines Ersatzgeleges. **Ende der Brutperiode.** Ende Juli, oft aber schon Anf. Juli. **Bruterfolg.** Wegen der komplizierten Legefolge in Kolonien Jahresproduktion oft wenig aussagekräftig; Daten für Lebenszeitproduktion relevanter, aber kaum vorhanden: ein ♀ in 4 J. in jew. 2 Bruten insges. 38 Eier, davon 30 flügge Juv., ein polygynes ♂ in 4 J. bei 5 Bruten 27 Juv., ein weiteres in 1 J. mit 5 ♀ 18 Juv. Zahl der Nichtbrüter insges. recht hoch. Für Erstbruten Anteile erfolgr. Eier meist > 70%; errechnete Jahresproduktion für verschied. Gebiete ME 4.8-5.8 Juv./♀ und J. [für FIN:3625]. Gelege mit Eiern eines 2. ♀ i.d.R. mit geringerem Bruterfolg; primäre ♀ mit ähnlichem Bruterfolg wie monogame. In GB bei Erstbruten 74% der Eier zu Nestlingen von 16-18 d, bei Zwischenbruten 64%, bei Zweitbruten 39%; kalkulierter Erfolg bei Verlust einzelner Eier des Erstgeleges und keine Zweitbrut (Option 1 oben) 3.7, bei 40% Zweitgelegen 4.3, bei 100% Zweitgelegen 5.3 Juv./♀ und J. Erfolg parasitischer Eier ♂ 0.2-0.4 Juv., bei Option 2 hängt Bruterfolg vor allem von Zahl der in andere Nester gelegter Eier ab.

Eimaße und -gewichte [1369]: L. 27.0-34.9 mm, B. 19.0-22.8 mm; Ø 30.2 x 21.2 mm (n=100, GB), 29.8 x 21.5 mm (n=1000, SW-D), 29.5 x 21.1 mm (n=411, FIN). Frischvollgew. 5.30-8.75 g, Ø$_{224}$ 7.31 g. Schalengew. 0.355-0.545 g, Ø$_{239}$ 0.441 g.

Sterblichkeit, Alter. Kalkuliert nach Ringfunden in Europa Sterblichkeit 60–73% im 1. J., 50–68%/J. für Ad. In GB/IRL 48 % im 1. J., später 31 %/J. [3589]. Ältester Ringvogel 22 J. 11 Monate [3654], mehrfach > 20 J. **Generationslänge:** < 3.3 J. [383].

Mauser. **Postjuvenile Mauser** (Vollmauser) beginnt ab 5-6 Wochen [1369], Juli/Aug.-Sept./Okt. (Anf. Nov.) [767]; spät Geschlüpfte mausern früher und rascher [1369]; ausnahmsweise werden einzelne Schwungfedern nicht erneuert [767,3771,3882].
• **Postnuptialmauser** (Vollmauser) Juni/Mitte Juli–Mitte Aug./Sept. (Okt.), vor Zugbeginn beendet; Dauer der HS-Mauser 80–100 d [767,1369,1356,734,3249].

Sturnus roseus – Rosenstar 15840

Sturnus roseus (Linnaeus 1758) syn.: *Pastor roseus*

GB Rose-coloured / Rosy Starling **F Etourneau roselin** **E Estornino Rosado**

Taxonomie. Monotypisch.

Kennzeichen [767,1369,3615,221,3772,946; weitere **Fotos** in Bird. W. **6**, 388, **7**, 316-18, **9**, 32-33, **10**, 415, **15**, 284-86, **16**, 327-30, Limic. **8**, 192, **13**, 336, **14**, 204, **15**, 306-08, **16**, 221, **18**, 273, 281-309, Dutch B. **19**, 313, **20**, 44, **21**, 78, 366, **22**, 264, **24**, 243, **25**, 385-86, 392, 433].

Maße. Gr.: 21.5 cm. Gew.: (KZ) ♂ 59-89 g, Ø$_{16}$ 73.9 g, ♀ 69-77 g, Ø$_{7}$ 71.9 g. Fl.spw.: 37-40 cm. Fl.l.: (Mittelasien) ♂ 121-136 mm, Ø$_{98}$ 128.8 mm, ♀ 118-132 mm, Ø$_{66}$ 124.5 mm.

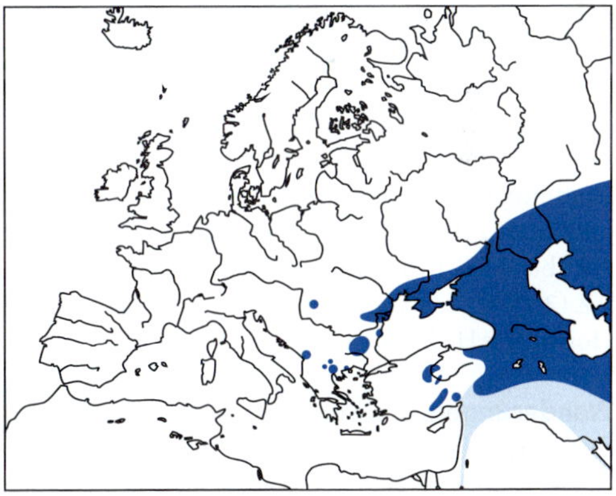

Sturnus roseus – **Rosenstar**

Status. Lokaler Brut- und Sommervogel in SE-ME. Im 19. Jh. und erneut in jüngster Zeit regelm. Invasionsgast in ME; in E-ME meist ab Ende Mai/Anf. Juni und seltener Gast im Herbst, in NW-ME häufiger im Herbst (Juv.); Winternachw. extrem selten. **CH:** ca. 15 Nachw. vor 1900 (max. 15 Ind. in 1 Trupp); seither 17 Nachw. bis 2001, allein 6 seit 1999 [4152,q14]. • **B:** mind. 43 Nachw. (51 Ind.) bis 1996 [q15]. • **NL:** von 1800-1998 insges. 57 Nachw., Mai-Juli und meist Aug.-Okt. (Nov.), aber Extremdaten von April und Dez.; seit 1988 allj.; großer Einflug 2002 [277,q16]. • **D:** [historische Vorkommen s. 2585]. Helgol. > 50 mal 1840-1942, 23 mal 1953-97 [1369,575]; -SH 11 mal bis 1997 [1369,575]; -HH 1904, 1955 [1369]; -NI 3 mal, zuletzt 1983 [1369]; -NW 9 mal bis 1998 [1369,575]; -RP 1899 [1369]; -HE 7 mal bis 1995 [1369,575]; -BW 12 Nachw. bis 1995 [1722]; -BY 22 Nachw. 19. Jh., ferner > 9 Meldungen bis 1996 [1369,575]; -TH ca. 1930–1980 4–5 mal mit insgesamt 5-6 Ind. [1369]; -SN im 19. Jh. 3 Einflüge mit bis 12-30 Ind. sowie 4 Einzelnachw., seither nur 1932 und 1978 [1369,3667]; -ST 6 mal

im 19. Jh., seither nur 1905 [1369]; -BB Einflug 1875, 4 mal von 1961-97 [1369,1]; -MV in 4 Jahren im 19. Jh., seit 1900 6 Meldungen [1369,575]. • **A:** unregelm. Gastvogel, Einflüge z.B. Mai 1984 (5 Beob., 33 Ind., nach W bis A-V) und Juni 1995 (vgl. H) [3129]. • **H:** zw. 1837–1924 ca. 9 Invasionen mit Brut, im 20. Jh. größte Invasionen 1925 (in 6 Kolonien ca. 15.000 BP) und 1948, weitere mit Brutnachw. ferner 1932-33, 1953-55 und 1961; danach offenbar selten und nur in kleineren Verbänden und keine Brutnachw. (z.B. 16 Ind. Ende Mai 1984, Trupps bis 20 Ind. Mai/Juni 1989); 1990er J. s.u. [1369,337,2438,2129]. • **CZ:** 1851–1900 etwa aus 30 J. 77 Daten; 1901–1978 aus 21 J. 51 Daten, darunter 2 mal Jan. (1900, 1901); 1871 Schwarm von 500–600 Ind.; 1918 1 Brut [1369,337,2159]. • **SK.:** seltener Gastvogel [1369,3882]. • **PL:** 1850–99 etwa in 13 J. Daten; im 20. Jh. u.a. 1936, 1938, 1982, (3 Daten mit 24 Ind.) 1984, 1989, 3 mal 1995, 1998, 2 mal 2000 und 8 mal (33-39 Ind.) 2002 [337,q13,3871].

Verbreitung und Bestand. Brutvogel der mediterranen, Steppen- und Wüstenzone der Zentralpaläarktis mit unsteten, mitunter eruptionsartig verschobenen Arealgrenzen bes. im W. Hier reicht ± regelm. besiedeltes Brutgebiet durch S-UA. bis E-RO; invasionsartige Brutvorkommen bis BG und E-H, ausnahmsweise Brutvogel weiter W (z.B. 1875 N-I), ferner bis W- und Mittelanatolien. Lückig und regional oft ebenfalls nur unregelm. besiedeltes Areal E-Anatolien, S-UA., KZ, Iran, N-Afghanistan, SW-Sibirien und NW-Mongolei. Europäischer Gesamtbestand in Minimaljahren etwa 58.000 BP, max. aber 210.000 BP, mit größten Populationen in AR (bis 70 T. BP), RUS (bis 50 T.), TR (30 T.) und AZ (20 T.) [383]; in ME 1994-95 große Kolonien in Hortobágy H [2438,q4].

Wanderungen. Zugvogel, Hauptwintergebiet Indien, Sri Lanka; einzelne auch weiter W, z.B. E-Küste Arabische Halbinsel, aber auch gelegentlich W-Europa. Hauptwegzugsrichtung im W des Areals E–SE, weiter E mehr SE–S. Wegzug Aug.–Okt., Heimzug Mai. Die Wanderungen über W- und N-Grenze des mehr oder weniger regelm. besiedelten Areals (bis Kanaren, TN, E., GB und F) lassen folgende Vorgänge erkennen: (1) Eruptive Wanderungen größerer Verbände brutreifer Ind. in unregelm. Abständen im Frühjahr (meist Ende Mai in ME) nach W, mitunter rasche Brut von H bis W-TR in Abhängigkeit von kurzfristig hohem Nahrungsangebot (Heuschrecken, aber auch Obst, z.B. TR) und Abzug in E-Richtung noch im Sommer (z.B. schon im Juni); letzte größere Invasionen, bei denen mind. einzelne Ind. über die Gebiete mit hohen Konzentrationen hinauszogen und mehrere Orte in ME und NW-Europa erreichten 1984, 1989 und 1995. (2) Wenige Ad. und vor allem Juv. erscheinen auch außerhalb typischer Invasionsjahre im Herbst (ab Ende Aug.) im N-, W-, ME und S-Europa, die offensichtlich umgekehrte Zugrichtung wählten (Ringfunde Br. H im Herbst SE–SSE Ägäische Inseln, TR, IL, aber auch SW). Einige solcher Vögel versuchen (in GB mehrfach mit Erfolg) zu überwintern. Dabei scheint NW-Richtung häufiger als reine W- oder SW-Richtung eingeschlagen zu werden; im W und S des Mittelmeers insgesamt deutlich weniger Nachweise als z.B. im Nord- und Ostseeraum.

Bestandsentwicklung. Über Entwicklung der Populationen im 20. Jh. nur geringe Kenntnisse, doch Brutareal in letzten ca. 100 J. als Folge der Zerstörung oder Beeinträchtigung von Gradationsgebieten bevorzugter Heuschreckenarten sicherlich deutlich verkleinert [1369]. Vor allem Gradationen der Wanderheuschrecken (z.B. *Dociostaurus maroccanus*) ermöglichten Anf. 20. Jh. große Ansiedlungen des Rosenstars im Donau/Theiß-Tiefland H; mit Rückgang der Heuschrecken blieben Brutansiedlungen aus [1369]; letzte Invasion 1948; aber seit zwei Jahrzehnten wieder vermehrtes Auftreten in Europa, zum einen als Brutvogel W Schwarzmeer [1369] sowie in NE-GR [2330], zum anderen als Gastvogel und vereinzelter Brutvogel in ME [1984 Brut in H, 2129].

	Best.	Areal	Brutbestand	Jahr	Quelle
H	↕	F	0–1.700	1994–1998	[383]

Schließlich 1994 (neben Wiederbesiedlung BG) in Hortobágy H Ansiedlung von etwa 550-600 BP (und 600 Nichtbrütern) in mehreren Kolonien [2129,q3] nicht zuletzt begünstigt durch Extensivierungs- und Schutzmaßnahmen zur Erhaltung oder Wiederherstellung der ursprünglichen Kulturlandschaft der Hortobágy (dadurch lokal wieder ausreichende Nahrungsgrundlagen) sowie Einsatz von Nisthilfen; im Folgejahr sogar 1.600-1.700 BP und 1.200 Nichtbrüter [2438,q4]. Brutzeitbeob. einzelner Paare danach auch weiter W (z.B. E-A). Doch trotz erneutem massivem Einflug 2002 mit > 10.000 Ind. keine erneute Brutansiedlungen in ME; allerdings ca. 15.000 BP in RO und 2.000 BP in BG [q4]; in RO nach 2000 offensichtlich regelm.

Brutvogel mit max. 18.000 BP, min. (2004) 3.000 BP [3786].

Gefährdungsursachen [1369,196,2129,3786]. Eingriffe in Lebensraum wie Umbruch von Steppen- in Ackergebiete, intensive Weidenutzung sowie exzessiver Einsatz von Bioziden und andere Pflanzenschutzmaßnahmen, mit der Folge erheblich reduzierter Heuschreckenzahlen und Ausbleiben der Gradationen.
Verlust nischenreicher alter Gemäuer (oder Steinbrüche) als Brutplätze; z.T. durch Sprengungen während der Brutzeit (in R). Störungen durch Touristen, Ornithologen etc.; Verluste im Straßenerkehr, durch menschliche Verfolgung und streunende Hunde.
Natürliche Verlustursachen: Prädation in Kolonien durch Greifvögel, Raubsäuger etc.

SPEC	VSchRL	Bern.Konv.	Bonn.Konv.
--	--	Anh. II	--
Europ. RL	RL in ME		
--	H: 'R'		

Schutzmaßnahmen. Extensive Nutzung der Steppengebiete; großräumige Unterschutzstellung dieser europaweit bedrohten Lebensräume; starke Einschränkung oder Verbot des Biozideinsatzes. Einsatz von Nisthilfen.

Biotop. Br. warm-trockener Gebiete, z.B. Grassteppen mit Steinhaufen sowie kleineren oder größeren felsigen Hügeln und Runsen oder Abbrüchen, aber auch in Schluchten und Felshängen in Flussdurchbrüchen, Trockentälern, an sonnigen Steilhängen bis in mittlere Gebirgslagen, in Stadtmauern und Ruinen sowie Steinbrüchen. Im Sommerhalbjahr je nach Nahrungsangebot in großen Scharen in Obstgärten und Plantagen, auch mitten in großen Städten.

Nahrung. Insekten und anderer Wirbellose, vor allem bodenbewohnende Formen (bes. Heuschrecken, Grillen, Larven), je nach Ernte von Frühsommer bis Herbst Obst (Aprikosen, Zwetschgen, Pfirsiche, Weintrauben etc.) und Beeren.

Stimme. Raue Rufe, selten einzeln zu hören, z.B. »de-tschä-tschä« oder »tschrep-tschrep…«, auch »dschrä…«; höher und durchdringender »switthurvitt« o.ä. Fülle einzelnder oder gereihter Kontakt- und Stimmfühlungsrufe. Gesang strophiges, nicht sehr lautes Schwätzen, mit schnellen rauen Elementfolgen, auch schrill kreischenden Bestandteilen; weniger variationsreich, hastiger vorgetragen als Star, keine Imitationen bekannt. Auch ♀ singen, seltener und meist kürzer. Abendchor am gemeinsamen Schlafplatz im Winter.

Verhalten. Tagaktiv; Tagzieher. Schnell schreitend und laufend, nur selten hüpfend. Flug rasch, sehr ähnlich Star. Nahrungssuche am Boden laufend oder in Vegetation, meist in großen Trupps. Oft in Rinder oder Schafherden anzutreffen. Brütet in großen Kolonien, nur enge Nestumgebung wird verteidigt. Bei der Balz kreist das ♂ singend um das ♀, dabei Holle und Brutgefieder gesträubt, Flügel ausgebreitet und Zittern der ST. Es folgt ein Balztanz von ♂ und ♀. Abgesehen von Ausnahmegästen so gut wie immer in Schwärmen. Gemeinsame Schlafplätze.

Fortpflanzung, Brutbiologie [1369,337,1551,3786]. Geschlechtsreife knapp einjährig. Sexualverband unklar (Promiskuität, Polyandrie, monogame Saisonehe möglich). **Nest.** In (mitunter sehr großen) Kolonien in Löchern oder Höhlen, z.B. in Felsstürzen, Schutthalden, unter aufgehäuften Steinen, in steilen Erdwänden (u.a. in verlassenen Bienenfresserhöhlen), aber auch Höhlen im Boden, in Steinmauern, unter Hausdächern, in Baumhöhlen, aufgeschichteten Schilfhaufen, mitunter auch offen; viele Brutplätze nur 1 J. besetzt. Nest aus viel Heu, dürren Halmen, Stängeln, Blättern etc. locker (z.T. dürftig) gebaut, Mulde mit feinerem Material ausgekleidet. Bau durch ♀, vom ♂ ± stark unterstützt; Dauer 2-3 d. **Legebeginn.** Je nach Nahrungsangebot (Anf.) Ende Mai bis Mitte Juni, i.d.R. innerhalb eines Platzes synchron (innerhalb 1-2, max. 3 d). **Gelegegröße.** 4-6 (3-7), größere durch Verlegen oder Zusammenlegen; Ø H_{21} 5.5 (ohne Gelege > 7), KZ_{26} 4.7; Legeintervall 1 d. **Eier.** Spindelförmig, glatt, blassbläulich bis bläulichweiß, heller glänzend als bei Star. **Brutdauer.** Etwa 14-16 d. Brutbeginn vor/mit Ablage des letzten Eies; beide brüten; Juv. schlüpfen weitgehend synchron. **Nestlings-/Führungszeit.** Beide Partner hudern und füttern; Juv. verlassen Nest nach ca. 14-17 d, im Alter von ca. 24 d sind sie selbständig und schließen sich zu Jungvogelschwärmen zusammen. **Jahresbruten.** 1; Zweitbruten oder Ersatzgelege zeitlich nur eingeschränkt möglich – auch wegen Synchronisierung in der Kolonie), gebietsweise aber bekannt (bes. in Heuschreckenjahren); bei frühzeitigem Versiegen der Nahrungsquellen aber Abbruch der Brut und Aufgabe der Kolonie. **Verlassen der Brutgebiete.** Fast synchron (innerhalb 2-3 d), oft schon Mitte Juli; bei Ersatzgelegen einzelne Paare später. **Bruterfolg.** Stark vom Nahrungsangebot abhängig, daher große Differenzen in der Brutgröße von Jahr zu Jahr; in RO (2003, 2004) in Heuschrecken-Gradationsjahren $Ø_{59}$ 4.24 bzw. $Ø_{37}$ 4.89 flügge Juv./erfolgr. BP. Verluste durch Prädation (Raubsäuger, Greifvögel, Schlangen) und menschliche Einwirkungen (Sprengung in den Steinbrüchen).

Eimaße und -gewichte [1369]: L. 26.0-32.0 mm, B. 18.5-21.5 mm; Ø 28.0 x 20.5 mm (n=140, H). Frischvollgew. errechn. 6.46 g bzw. 6.6 g. Schalengew. 0.37-0.47 g, $Ø_{10}$ 0.421 g.

Sterblichkeit Alter. Generationslänge: < 3.3 J. [383].

Mauser. Postjuvenile Mauser und **Postnuptialmauser** (je Vollmauser) i.d.R. erst nach Ankunft im Winterquartier, (Mitte Juli) Aug./Okt. (Nov.)-Okt./Feb.; Ad. mausern etwas früher als Juv. [767,1369,3771]; selten werden einzelne AS noch im März oder erst in nächster Mauserperiode erneuert [767,3771].

Acridotheres tristis – Hirtenmaina 15870

Acridotheres tristis (Linnaeus 1766) syn.: Hirtenstar

GB Common Myna F Martin triste E Miná Común

Taxonomie. 2 UA, *tristis* (Linnaeus 1766) (Turkestan, Transkaspien nach E bis SE-Asien) und *melanosternus* Legge 1879 (Sri Lanka).

Kennzeichen [767,1369,3772,221,3615].

Maße. Gr.: 23 cm. Gew.: (KZ) ♂ 123-130.5 g, $Ø_7$ 127.5 g, ♀ 111-143 g, $Ø_7$ 121.2 g. Fl.spw.: 33-36.5 cm. Fl.l.: (Indien) ♂ 138-152 mm, $Ø_{20}$ 145.5 mm, ♀ 134-147 mm, $Ø_{14}$ 138.8 mm [767].

Status. Neozoon. Lokaler Brut- und Jahresvogel (winterhart!), aber bisher nur kurzzeitige Ansiedlungen durch Freilassung oder Flucht aus Gefg.

Verbreitung und Bestand. Ursprüngl. von SW-China über N Indochina, Thailand, Burma sowie Sri Lanka durch Indien nach W bis SE-Iran und Afghanistan, nach (anhaltender) N-Ausbreitg. im W des Areals bis S-KZ verbreitet; ausgesetzt bzw. angesiedelt ferner in Malaysia, Inseln im Stillen und Ind. Ozean, NZ, AUS, Madagaskar, S-Afrika und Arabien, ferner Schwarzmeer GO und E-TR; vorübergehend SW-USA, Region Moskau und vereinzelt ME und S-Europa sowie Teneriffa (seit 1993) [1369,3615, 1507,3772,1038]. Ges.bestand Europas unbekannt.

Wanderungen. Im Herkunftsgebiet Standvogel oder Teilzieher.

Bestandsentwicklung. Durch Freilassung und Entfliegen aus Gefg.haltung immer wieder Beob. einzelner Vögel ohne Brutverd., z.B. D, A [1369,4175,1,575], aber auch kurzzeitige Ansiedlungen in ME, z.B. Bruten in D-HH/NI 1971-72, -SN 1978 und -BY 1999 [1369,1038,1254,575]. Bisher aber keine feste Etablierung in ME.

Biotop. Herkunft aus subtropischen und tropischen Tieflandgebieten, im Bereich menschlicher Siedlungen aber auch höhere (und nördliche) Lagen erreichend. Nahrungsplätze in allen menschengeprägten Bereichen von Halbwüste bis Kulturland. Sammelschlafplätze in Bäumen, Röhricht, Zuckerrohrplantagen, Gebäuden und anderen sicheren oder geschützten Standorten.

Nahrung. Omnivor. Häufig im Bereich menschlicher Siedlungen oder in landwirtschaftlichen Bereichen, an Müllhalden und Deponien, aber auch am Spülsaum von Meeren oder größeren Binnengewässern. Zuweilen auch Insektennahrung aus der Luft.

Stimme. Laut und lärmend. Sehr variabel und abwechslungsreich mit Imitationen, krächzend-gurgelnde Rufe, gequetschte Laute und Pfiffe. Warnruf raues »tschääk tschääk« und gedehntes »kwääch«. Gesang schnelles Auf und Ab krächzender, flötender, harscher Rufe mit Imitationen. Am Schlafplatz unglaublicher Lärm und Getöse durcheinanderrufender Vögel.

Fortpflanzung, Brutbiologie [767]. **Nest.** Vielzahl verschiedener Nischen oder Höhlen (in Bäumen, dichter Vegetation, Erdwällen, Felspartien, Gebäuden etc.). Selbstgebaute Nester unordentliche Anhäufung aus Zweigen, Blättern, Wurzeln, Halmen, Federn, Tierhaaren, Schnüren, Papier, Stofffetzen, Kippen etc., ausgekleidete Mulde kann fehlen. Baudauer 5-12 d. **Legebeginn.** Sehr variabel in Anpassung an Brutgebiet. **Gelegegröße.** 4-5 (2-6); geograph. Variation; Ø Indien$_{20}$ 4.4; Legeintervall 1 d. **Eier.** Langoval oder birnenförmig, glänzend, einfarbig hellblau bis himmelblau oder grünblau. **Brutdauer.** 13-18 d. Brutbeginn ab 2. (oder letztem) Ei. Beide brüten. Juv. schlüpfen asynchron innerh. 1-2 d. **Nestlings-/Führungszeit.** Beide Partner hudern (bis 14 17 d, nur ♀ nachts) und füttern; Juv. verlassen Nest nach 22-35 d, also z.T. vor Flugfähigkeit; bleiben noch mehrere Wochen von Ad. abhängig. **Jahresbruten.** 1-3 (je nach Region); Ersatzgelege.

Eimaße und -gewichte [1369]: L. 27.0-35.0 mm, B. 19.0-23.0 mm; Ø 30.0 x 21.5 mm (n=60, Indien). Frischvollgew. 7.30-8.80 g, Ø 8.06 g.

Mauser. **Postjuvenile Mauser** (Vollmauser) Okt.-Dez. [767]. • **Postnuptialmauser** (Vollmauser) Juli–Dez., z.T. Überlappung mit Brutgeschäft [767,3050,1091].

Acridotheres cristatellus – Haubenmaina 15890

Acridotheres cristatellus (Linnaeus 1766)

(GB) **Chinese Jungle Myna/Crested Myna** (F) **Martin huppé** (E) **Miná Chino**

Taxonomie. 3 UA, *cristatellus* (Linnaeus 1766) (Zentral- und S-China, N-Vietnam), *brevipennis* Hartert 1910 (Hainan) und *formosanus* (Hartert 1912) (Taiwan).

Kennzeichen. Etwa 2 cm größer und schwerer als Hirtenmaina.

Status. Neozoon. Sehr kurzzeitiger lokaler Brut- und Jahresvogel in A-St mit kurzzeitiger Ansiedlung durch Freilassung oder Flucht aus Gefg.; Bestand 1991 erloschen.

Verbreitung und Bestand. Von Zentral- und S-China einschließlich Taiwan bis N-Vietnam verbreitet; *brevipennis* ausgesetzt oder angesiedelt; ferner regional in Malaysia, Philippinen, British Columbia CDN und bei Tokio JAP; kurzzeitige Ansiedlung in A-St [1369,1507].

Bestandsentwicklung. Durch Freilassung oder Entfliegen aus Gefg. ab 1983 **A**-St kleine Ansiedlung mit max. 15 Ind. 1985; nach strengem Winter 1985/86 noch 6 Ind., durch 3 erfolgr. Bruten 1986 aber erneut 14 Ind.; Vorkommen aber 1991 erloschen [1369,2160].

Nahrung und Biotop. Ähnlich Hirtenmaina.

Wanderungen. Im Herkunftsgebiet Standvogel oder Teilzieher.

Mauser. **Postjuvenile Mauser** (Vollmauser) [3050]. • **Postnuptialmauser** (Vollmauser) Mitte Juni – Sept. [3050].

Familie Cinclidae – Wasseramseln

Stromlinienförmige, kompakte, fast drosselgroße Singvögel mit sehr kräftigen Beinen und Füßen und gut entwickelten Krallen. Geschlechter gleich. Nahrungssuche überwiegend unter Wasser. Extradichtes Körpergefieder zur Wärmedämmung und Wasserabweisung (hohe Kälteresistenz).

Eine Gattung, 5 Arten, davon 2 in der Alten, 3 in der Neuen Welt. Die beiden eurasischen Arten sind Schwesterarten [3982].

Cinclus cinclus – Wasseramsel 10500

Cinclus cinclus (Linnaeus 1758)

(GB) (Eurasian/White-throated) Dipper **(F) Cincle plongeur** **(E) Mirlo Acuático**

Taxonomie. 14 UA, davon zwei im kontinentalen Europa: *cinclus* (Linnaeus 1758) (Fennoskandien bis W-Sibirien, NW-F, Pyrenäen, Iberien, Sardinien, Korsika) und *aquaticus* Bechstein 1803 (ME und S-Europa von E-E., I nach E). Die diesen beiden Taxa zugeordneten Populationen unterscheiden sich hauptsächlich im rot- oder schwarzbraunen Bauchgefieder. Ähnliche Färbungsunterschiede bestehen in anderen Arealteilen und können sich sowohl als lokale Anpassungen (z.B. an klimatische Bedingungen) als auch durch Drift wahrscheinlich schnell und mehrfach unabhängig voneinander herausbilden [512]. *Cinclus* und *aquaticus* besiedeln in Europa keine zusammenhängenden Areale und gehen gebietsweise fließend ineinander über; Untersuchungen mitochondrialer DNA [2264] zeigen, dass es sich nicht um phylogeographische Einheiten handelt. Die Validität der UA ist demnach zweifelhaft, was im Analogieschluss auch für die Formen der Britischen Inseln (*gularis* (Latham 1801) und *hibernicus* Hartert 1910) gilt.

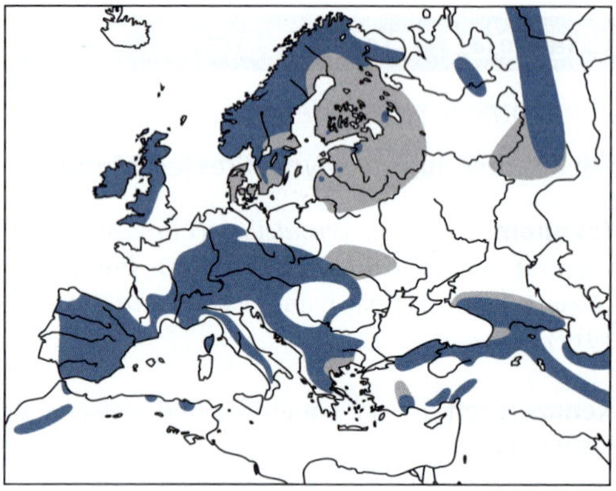

Cinclus cinclus – Wasseramsel

Kennzeichen. [1369,3615,767,221,3772, weitere **Fotos** in Bird. W. **7**, 7, **10**, 47, Limic. **10**, 244, Dutch B. **13**, 76, **20**, 94, **24**, 66, 119].

Maße. (*aquaticus*) Gr.: 18 cm. Gew.: ♂ 56-76 g, Ø$_{96}$ 64.7 g, ♀ 47-68 g, Ø$_{82}$ 55.3 g. Fl.spw.: 25.5-30 cm. Fl.l.: ♂ 90.0-99.3 mm, Ø$_{91}$ 94.7 cm bzw. 90-101 mm, Ø$_{80}$ 94.3 mm; ♀ 79.9-91.9 mm, Ø$_{69}$ 86.8 mm bzw. 84-89 mm, Ø 86.8 mm. (*cinclus*) (S., Herbst) ♂ 58-84 g, Ø 69.2 g, ♀ 49-72 g, Ø 58.4 g. Fl.l. ♂ 94.2-104.2 mm, Ø 98.4 cm; ♀ 83.7-94.1 mm, Ø 89.8 mm.

Status. UA *aquaticus* regelm. und gebietsweise häufiger Brutvogel der Mittelgebirgs- und Bergregionen ME; meist Jahresvogel, aber auch habitatbedingte Abwanderungen. In N-ME kaum Brutnachw.:• **NL:** 4mal 1910-13, ferner (1915), 1920, (1933) sowie 1993-94 in Region Limburg [277]; sonst nur Beob.: 15 Ind. (1990-50), ca. 170 Ind. (1950–80) und 207 Ind. (1989–98) [375]. • **D:** -SH seit 1900 wenige Brutnachw., z.B. 1978; -NI nur im S Brutvogel; -BB Brutnachw. 1966, 1977, wenige Fälle von Brutverdacht [1]; -MV kein belegter Brutnachw. [2031]. • **PL:** Verbreiteter Brutvogel in den Bergregionen (z.T. auch Tiefland) im S [3871].
Nominatform in N-ME regelm., aber spärlicher Gastvogel im Winter (z.B. NL, D-BB, -NI, -SH, -MV, N-PL) sowie sehr seltener Brutvogel in PL [z.B. Mischbrut mit *aquaticus*, 1603]; in Regionen S-ME Ausnahmegast [337,1369,1722]. • **PL:** *cinclus* im N allj., seltener Wintergast; lokaler Brutvogel in kleiner Zahl; auch Mischbrut mit *aquaticus* [3871]. DK: nur wenige Bruten; regelm. Wintergast, z.B. 141 Ind. gemeldet Anfang 1988. LV: Brutnachw. 20. Jh. 1902, 1927; 1980–84 kein Nachw., aber an 5 Stellen Brutzeitbeob. EST: Bruten 1971, 1975 (die ersten Nachw. seit 1915), 200–250 Ind. im Winter.

Verbreitung und Bestand. Lückenhaft verbreitet von W-Europa und Teilen N-Afrikas nach E über Gebirge von SW- und NW-Iran, dann von Afghanistan, Tadschikistan, Kirgistan bis Transbaikalien zum Mongolischen Altai und Tien Schan, und im S über Himalaja nach E bis in W-Provinzen Chinas. In ME brütet UA *aquaticus* in Mittelgebirgen und Gebirgen, bevorzugt in mittleren Lagen, dagegen selten unter 100m NN; fehlt als regelm. Brutvogel nur in NL und N-D (SH, HH, MV, BB, BE); höchste Brutvorkommen CH 2100 m, Brutzeitbeob. bis 2500 m. Europäischer Gesamtbestand 170.000-330.000 BP (langfristig stabil), mit Populationen > 12.000 BP in RO (68-81 T.), S. (5-50 T.), F (10-30), GB (6.8-20), N. und AR (je 10-15) und TR (7-14 T. BP) [383]; in ME brüten etwa 23.000-35.000 BP [383]. Nominatform sehr seltener Brutvogel in NE-ME [770,3871].

Wanderungen. Standvogel; Br. der Nominatform in N-Europa zumindest Teilzieher, können zwar bis 67° N überwintern, doch auch Zug bis in NL/N-D/PL-Tiefebene (Vorzugsrichtung S-SE, ausnahmsweise SW); unter den Nichtziehern Skandinaviens überwiegen ♂, daher weiter S mehr ♀. Winterquartiertreue unter Ziehern belegt, aber auch Quartierwechsel. Wegzug wird von Diesj. eröffnet, Eintreffen im Winterquartier Mitte Okt.–Mitte Nov.; im März Abzug, spätere oder gar Übersommerer sind Ausnahmen. Br. ME *(aquaticus)*: Juv. verlassen elterliches Revier meist im Alter von (5)6–7 Wochen und suchen Mausergebiete auf; in Wales streuen ♀ weiter als ♂; Juv. der Zweitbrut können im Geburtsrevier mausern. Nach der Mauser entweder baldige Besetzung eines meist lebenslang besetzten Reviers oder aber längeres Umherstreifen (vor allem ♂). Weiteste Dispersionsentfernung (*aquaticus*) CH–PL, dort Brut mit *cinclus*-Partner, ansonsten Dispersion meist am selben Gewässer [1599], selten >10 km [1265]. Br. bleiben im Revier, streuen in der Umgebung oder weichen witterungsbedingt aus (in Alpen oder höheren Mittelgebirgen oft in tiefere Lagen, aber auch in größere Höhen, ausnahmsweise >50, aber sogar in Einzelfällen >100 km). Br. wechseln i.d.R. ihr Brutgewässer nicht mehr. Besetzung der Brutreviere ab Sept., spätestens im März, in Hochlagen erst im April.

Bestandsentwicklung. Ansiedlung der Wasseramsel in früheren Jh. sicherlich begünstigt durch Bau von Mühlen, Wehren und Brücken entlang der Bachläufe (Erhöhung des Nistplatzangebotes). Seit Ende 19. Jh. in ME Populationen langfristig weitgehend stabil, zumindest an in Verbauung und Wasserqualität unveränderten Gewässern [1369]. Extremwinter und starke Hochwässer führen zwar lokal zu Bestandsrückgängen [502], sind jedoch meist nach 1-2 J. wieder ausgeglichen [1369]. In N-ME gegen Ende 19. Jh. aber Erlöschen kleinerer Vorkommen [D-SH, -HH:1369,196].
Ab 1950er J. Bestände in vielen Gebieten sehr stark beeinträchtigt durch verschiedene bauliche und (bio)chemische Faktoren, gebietsweise Gewässer sogar vollständig verlassen [843,965,1369,1680,1719,1722,2068,2808,770 u.a.]. Erst durch Verbesserungen der Wasserqualität, wasserbauliche Gegenmaßnahmen sowie durch Angebot von Nisthilfen vielfach mindestens seit 1980er J. gebietsweise beachtlicher Anstieg der Bestände und lokale oder regionale Wieder- oder Neuansiedlungen und Arealausweitungen [196,843,1617,1722,2623,1380,3225,1933,647,4201,1602].

	Best.	Areal	Brutbestand	Jahr	Quelle
A	+/-	=	6.000–9.000	1998–2002	[383]
B	+/-	=	800–1.500	2001–2002	[383]
CH	+/-	=	3.000–5.000	1993–1996	[383]
CZ	+/-	=	1.000–2.000	2000–2002	[383]
D	+/-	=	8.600–12.000	1995–1999	[383]
FL	+/-	=	15–20	1998–2000	[383]
H	⇩	- 2	10–20	1998–2002	[383]
L	↓	- 1	150–200	2001	[383]
PL	↑	+ 1	1.000–1.500	1990–2001	[383]
SK	+/-	=	2.000–3.000	1990–1999	[383]

In jüngster Zeit in weiten Teilen ME wohl alle von Wasseramsel besiedelbaren Gewässer besetzt [z.T. auch stärker belastete, 1933,1110], und Bestände bei üblichen, im Gebirge wesentlich stärkeren Schwankungen auf hohem Niveau stabil [1585; CH, A, PL, CZ, D: 4043,965,3867,2159,1137,1680,1722,196,4175,2518]. Ausnahmen z.B. in L, -RP und Teile A aufgrund Lebensraumbeeinträchtigungen und Nistplatzmangel [2708,1585] sowie in H durch Auswirkungen der Trockenperiode [1771]; dort Population ohne Zuzug nicht überlebensfähig [1769,1770,2438].

Siedlungsdichte. Brutreviere GB 110-640 (Ø 430), CZ 350-1250 (Ø 650) m Flussstrecke; Höchstdichten bis zu 2 BP/600-1000 m, Reviere aber nicht immer aneinander gereiht, sondern mitunter inselartig, daher Mittelwerte längerer Fließwasserabschnitte oder Wassersystemen bestenfalls 1-2 km/BP (in Einzelfällen mehr). Großflächige Dichten ähnlich wie Gebirgsstelze auch in günstigem Gebiet nur 0.1–0.2 BP/km^2, sonst zw. 0.01 – 0.1 Rev./km^2 bei Flächen > 100 km^2 [vgl. Tab. 13 in 337;1602]. Im Winter Aufenthaltsraum einzelner Ind. oft größer als zur Brutzeit, gelegentlich jedoch Konzentrationen mehrerer Ind. auf engem Raum.

Gefährdungsursachen [196,1369,1719,1722,4175, 205,1507,854,1380,4004,1769,1933,1934,1110, 3902]. Lebensraumzerstörung oder -verschlechterung durch (1) Flussverbauung (Begradigung, Verdohlung, Ausbau), Verlust geeigneter Brutstandorte durch Abriss von Mühlen, Renovierung von Brücken und Wehren oder Neubau aus verschaltem Beton, Bau von Wasserkraftwerken, (2) Austrocknung oder erhebliche periodische Schwankungen der Durchflussmenge durch Klimaerwärmung, Wasserverbrauch, Grundwasserabsenkung und Wasserkraftwerke, (3) Nahrungsentzug durch Verschmutzung bei Einleitung von Abwässern und Nutzung als Vorfluter, durch Wassertrübung bei Eutrophierung, durch zunehmende Versauerung und Belastung mit Umweltchemikalien und (4) Verlust von Deckungsmöglichkeiten durch Beseitigung des Ufergehölzes.
Geringer Bruterfolg durch Verluste (a) bei starkem Hochwasser, (b) Belastung mit Schwermetallen und chlororganischen Stoffen [z.B. 2665], sowie (c) durch Prädatoren (Marder, Wanderratte, Sperber) und Parasiten.
Störungen am Brutplatz (Fischer, Erholungssuchende, Wildwasserfahrer; Forstarbeiten).
Verkehrsopfer, Scheibenopfer; direkte Verfolgung (früher in ganz ME, heute vor allem in H).

SPEC	VSchRL	Bern.Konv.	Bonn.Konv.
--	--	Anh. II	--
Europ. RL	**RL in ME**		
--	H: 'CR', L: 'VU', SK:'NT'		

Schutzmaßnahmen. Einstellen der Gewässerverbauung und der Zerstörung der Ufergehölze; Renaturierung von verbauten Fließgewässern, z.B. durch Einbringen von Steinmaterial zur Schaffung von Lebensräumen für Benthosorganismen; Einstellen der Nutzung naturnaher Gewässer als Vorfluter sowie allgemeine Reduktion der Gewässerbelastung (Bau von Kläranlagen) mit besonderem Augenmerk auf Oberlauf und Nebenbäche größerer Fließgewässer; Verhinderung der Verfugung vorhandener Nischen an Mauern, Brücken und Uferbefestigungen.
Jahreszeitl. Reglementierung des Wildwassersports an verbliebenen naturnahen Fließgewässern. Strikte Ahndung von Übergriffen durch Angler/Fischer.
Bei Mangel an geeigneten, hochwasser- und feindgesicherten Brutplätzen und bei Neubau von Wehren, Brücken etc. Einsatz von Natursteinen und Anbringung von Nistnischen.

Biotop. Br. an rasch fließenden, gut durchlüfteten, i.d.R. >2 m breiten Gewässern, die regelm. Wasser führen, höchstens mäßig verunreinigt sind und stellenweise seichte Wasserstellen enthalten. Ausreichendes Insektenangebot (bes. Eintags- und Köcherfliegen), geeignete Neststandorte und sichere Übernachtungsmöglichkeiten sind erforderlich, ferner permanente Wasserführung, kiesiges bis schotteriges Bach- oder Flussbett, starke Turbulenzen und Sauerstoffsättigung. Stark verunreinigte Abschnitte werden ebenso wie schmale und seichte Oberläufe von Bächen gemieden. Brütet bei ausreichendem Nahrungsangebot aber auch an stärker verbauten Abschnitten, selbst mitten in Großstädten. Außerhalb der Brutzeit in ähnlichen Biotopen, aber auch an langsam fließenden Flüssen oder sogar an Ufern stehender Gewässer.

Nahrung. Vielseitig animalisch: Würmer, Gliederfüßer, Weichtiere (Krebstiere, Asseln, Spinnentiere, Insekten) und kleine Fischchen, Amphibien. Nestlingsnahrung zunächst bevorzugt weichhäutige Organismen, dann zunehmend größere Beutetiere. Wichtige Gruppen: Larven und Nymphen von Köcher-, Eintags- und Steinfliegen, im Winter vor allem Bachflohkrebse, ferner Wasserkäfer, Wasserasseln, kleine Schnecken, Strudelwürmer, auch Jungfischchen (Anteil im Herbst und Winter höher). Im Sommer Anteil an Land- und Lufttieren höher, auch bei Hochwasser Ausweichen auf im Uferbereich erbeutete Landformen.

Stimme. Beunruhigt, im Abflug und im Flug »srit«, »zjrb« o.ä., bei stärkerer Erregung kurzes Schnurren. Kontaktrufe kurz, wie »z« »tzsch« etc. Nestlinge betteln hell zirpend. Gesang bei ♂ und ♀ taktmäßig gegliedert, weichere oder härter Laute, hoch pfeifend oder tiefer schnurrend oder gepresst mit sehr unterschiedlicher Lautstärke, z.B. »zi zi kep kepköp tja tja zerb srit srit tsärrr trörr ziii titja«, übertönt das Rauschen des Wassers oft kaum. Gesang ganzes Jahr über zu hören; v.a. im Nov.-Jan., am häufigsten Feb.–März.

Verhalten. Dämmerungs- und tagaktiv. Steht häufig auf einem vom Wasser umspülten Stein oder am Wasser; bei Erregung ständiges Knicksen, dabei Flügelzucken und Stelzen des Schwanzes. Läuft mit kleinen Schritten unter Flügelzucken; kann auch an steilen Mauern und Überhängen klettern. Fliegt mit schwirrenden Flügelschlägen geradlinig, meist niedrig über Wasser (über Boden oft höher). Kann mehrere m aktiv schwimmen, lässt sich oft ein Stück von der Strömung treiben, fliegt mühelos vom Wasser auf. Tauchen aus dem Schwimmen, von einem erhöhten Punkt oder aus dem Flug. Unter Wasser Flügel nie ausgestreckt; der weitgehend geschlossene Flügel wird langsam angehoben und kräftig gegen den Körper bewegt. Auf dem Gewässergrund Halten oder Abstoßen mit den Füßen, beim Fortbewegen Unterstützung durch die Flügel. Paddelnde Fußbewegungen beim Schwimmen und beim Auftauchen. Schlafplatz meist an dunklen Stellen. Solange das brütende oder hudernde ♀ im Nest übernachtet, schläft ♂ in der Nähe. Gelegentlich Ansammlung mehrerer Ind. im Winter an günstigen Übernachtungsplätzen, doch individuell getrennte Schlafplätze. Baden auch auf freier Wasserfläche. Nahrungserwerb vielseitig im Wasser, seltener am Ufer, noch seltener in der Luft. Späht auch mit eingetauchtem Kopf nach Beute; Strömung kann ausgenützt werden, um rasch auf Grund zu gelangen; Tauchdauer max. bis 14–15 sec, Ø 3–4 sec. Fliegende Insekten werden von unten angeflogen und im Rüttelflug geschnappt. Beute wird vor Verschlucken oft bearbeitet; Speiballen oft an bestimmten Steinen oder Uferstellen abgegeben. Zur Brutzeit streng territorial; auch ♀ können sich an Revierverteidigung beteiligen. Balz mitunter auffällig; ein Partner kann mit hocherhobenem Kopf um den anderen herumschwimmen und singen oder auf einem Stein mit herabhängenden Flügeln herumtanzen; Verfolgungsflüge häufig; Balzfüttern seltener. Kopulationen meist ohne Einleitung. Im Winter eigentliche Reviere; später Individualdistanz.

Fortpflanzung, Brutbiologie [337,1369,767,1600]. Geschlechtsreife im 1. Lebensjahr, aber manche ♂ wegen ♀-Mangel im 1. J. noch nicht brütend; i.d.R. (monogame) Saisonehe, Partnertreue infolge Brutplatztreue über mehrere J. nachgewiesen; Zusammenhalt einzelner Paare auch im Winter möglich; simultane Bigynie gebietsweise nicht selten, Trigynie in Einzelfällen nachgewiesen. [Zur Frage des Infantizids vgl. 4191]. **Ankunft im Brutgebiet.** Paarbildung bereits ab Herbst vor der auffälligen Balz, nicht an Brutrevier gebunden; aber auch noch im Frühjahr Neuverpaarungen; Bezug des Brutreviers oft vor Jan. (Feb.). **Nest.** Wahl durch ♂, das durch Schwirrflug und Gesang das ♀ zur Besichtigung lockt. Ausgeprägte Nistplatztreue, günstige Plätze über Jahrzehnte genutzt. Nest meist über (häufig < 2 m), am oder hinter stark strömendem Wasser; dort auf möglichst solider Unterlage (Kante, T-Träger, Felsen, Wurzel, Mauerloch), sehr häufig von oben gedeckt, mitunter tief in Nische oder Höhlung. Bevorzugt halbdunkle Stellen, gelegentlich Nester auch frei auf Unterlage gesetzt (Fels oder Pfahl im Wasser, Wehrmauer, Steindamm). Nistkästen werden gerne angenommen. Nest ist umfangreiche, festgefügte Mooskugel mit eingearbeitetem Napf aus Grasrispen. Muldenauskleidung mit sorgfältig aufeinandergelegten dürren Blättern; Durchmesser der Kugel mind. 20 cm; seitliches Schlupfloch rund oder halbkreisförmig, führt i.d.R. zunächst in schräg nach oben weisende Moosröhre (ca. 10 cm lang, mitunter länger). Zumindest stabiler Außenbau auch für zweite Brut wiederverwendet. Beide tragen ein und verbauen Material (manchmal ♂ aber nicht beteiligt); Auskleidung der Mulde allein durch ♀; Gesamtdauer 9-39 d ($Ø_{18}$ 18 d im Harz, 28 d in GB), längere Zeiten bei frühen Erstbruten üblich. Im Folgejahr Übernahme und Ausbesserung oder Neubau. **Legebeginn.** In ME ab Feb., regelm. im März. Mit der Höhe verzögert (in CH um ca. 1.9 d/100 m Höhenzunahme, im Harz um 5.9 d); Ø Legebeginn in höheren Lagen CH Erst- 29./30.4., Zweitbrut 30.5.; bei sehr frühem Beginn letztere schon Anf. April und Drittbrut Ende Mai; Frischgelege bis Ende Juni, Nestlinge bis Mitte Juli, selten später. **Gelegegröße.** (1, 2 nach Störungen?) 4-6 (3-8), meist 5; Ø CH_{87} 4.9, W-D_{91} 4.85, D-BW_{891} 4.54, (*cinclus*) $N._{74}$ 5.1; Aprilgelege offenbar am größten, Erst- und Ersatzgelege größer als Zweit-. Legeintervall 1 d. **Eier.** Elliptisch, glänzend, weiß bis hell rahmfarben. **Brutdauer.** 16-17 (15-18) d, ♀ brütet allein (übernachtet oft ab 1. Ei im Nest), wird vom ♂ gefüttert, Menge aber unbedeutend. **Nestlings-/Führungszeit.** Beide füttern, Anteil variabel. Nestlingskot anfangs geschluckt, später weggetragen und über Wasser entsorgt. Nestlingsdauer 20-24 (in CH Ø 21.5) d, z.T. über mehrere d verteilt; bei Störungen vorzeitiges Verlassen des Nestes (bereits ab 13. d). Juv. können vor Erreichen der Flugfähigkeit schwimmen; mit 24-26 d fliegen sie kurze Strecken; werden noch max. 2 Wochen von Ad. betreut. Bis spätestens 30. d können Juv. selbständig Nahrung aufnehmen, sind mit 31-34 d selbständig. **Jahresbruten.** 1-2 (3); Ersatzgelege; Zweitgelege (1-

25 d nach Erst-) zumindest in tieferen Lagen ziemlich häufig (in N-GB 11%, in H 14%); Drittbruten Ausnahme. **Ende der Brutperiode.** Meist im Juli, selten Aug. **Bruterfolg.** Nach Stichproben Produktionsrate in D 4.6, 3.9 und 2 mal 3.7, in CH 3.7 Juv./Paar und J. Ausfliegeerfolg bezogen auf abgelegte Eier in ME 50 - 68%, in GB, N. und H 51%. In Nistkästen direkter Bruterfolg oft größer als in »natürlichen« Neststandorten. Lebenszeitproduktion eines 6-jähr. ♀ 30 flügge Juv. Verluste in GB hauptsächlich durch menschliche Einwirkungen, Verlassen, Überflutung und Prädation. Mortalität der Juv. in CH in ersten 10 d nach Ausfliegen bei 48.8% [1604].

Eimaße und -gewichte [1369]: ***aquaticus*** L. 22.0-28.7 mm, B. 16.1-20.4 mm, Ø 26.2 x 19.1 mm (n=158, B), Ø 25.4 x 18.5 mm (n=289, W-D), Ø 25.6 x 18.6 mm (n=152, CS); Frischvollgew. 3.5-5.5 g, Ø$_{37}$ 4.7 g; Schalengew. 0.18-0.27 g bzw. 0.20-0.28, Ø$_{100}$ 0.21 g bzw. Ø$_{200}$ 0.25 g. ***cinclus*** L. 23-28 mm, B. 17-20 mm, Ø 25.5 x 18.6 mm (n=67, S./FIN); Schalengew. 0.19-0.28 g bzw. 0.21-0.30, Ø$_{67}$ 0.21 g bzw. Ø$_{60}$ 0.24 g.

Sterblichkeit, Alter. Sterblichkeit in GB nach Ringfunden 59 % bis zur 1. Brut und 46 % jährlich für Ad.; Durchschnittsalter für Populationen 2.3–2.9 J. (♀ geringfügig älter). Ältester Ringvogel (FIN, ♀) 10 J. 7 Monate [3654]. **Generationslänge:** < 3.3 J. [383].

Mauser. Postjuvenile Mauser (Teilmauser) beginnt im Alter von 55–60 d, bes. (April) Juni–Sept. (Okt.); Mittlere und vor allem Große Armdecken werden nicht alle erneuert [767,1369]. • **Postnuptialmauser** (Vollmauser) abhängig vom Brutverlauf, Juni–Mitte Aug. (Okt.), ♀ und Ad. meist etwas später als ♂ bzw. Vorj; Schwingenmauser in 3 sukzessiven Phasen (innere HS - äußere HS und AS 1 - AS 2-6); werden nie flugunfähig, Manövrierbarkeit jedoch stark eingeschränkt und verhalten sich heimlich [1369,1601]; ST-Mauser rasch und häufig synchron; Dauer der HS-Mauser 48-98 (Ø 64-70) d [1369,1601]. • **Pränuptialmauser** (Teilmauser) (Feb.) April–Mai; einige mausern Teil des Körpergefieders [767,1866].

Muscicapidae und Turdidae

Die phylogenetische Struktur der großen, bisher in einer Familie (Muscicapidae *sensu lato*) zusammengefassten Gruppe aus Drosselartigen und Altweltfliegenschnäppern ist in jüngster Zeit, zumindest was die basalen Verzweigungen angeht, weitgehend aufgeklärt worden. Neben den frühen DNA-Hybridisierungsdaten [3564] liegen auch mitochondriale [2940Z,4127,3983Z] und nukleare Sequenzdaten [681N] vor, wenn auch für eine jeweils unterschiedliche Artenauswahl und noch ungenügender Länge, um auch innerhalb der Teilgruppen eine hinreichend feine und robuste Auflösung zu erzielen.

Alle Daten zeigen übereinstimmend, dass es zwei sehr divergente Teilgruppen gibt, die den früheren Unterfamilien Turdinae (Drosseln) und Muscicapinae (Kleindrosseln und Fliegenschnäpper) entsprechen, wenn auch nicht in der bisher angenommenen Zusammensetzung! An der Schwestergruppenbeziehung dieser beiden Taxa besteht nach nuklearen Sequenzdaten kein Zweifel [681N], mitochondriale Sequenzen (cyt b, ND6-Gen) stützen dies jedoch nicht [3983Z]. Das mag am mangelnden Auflösungsvermögen der schnell evolvierenden mtDNA auf diesem phylogenetischen Niveau liegen, zeigt aber zumindest den hohen Grad der Divergenz zwischen den beiden Gruppen. Aufgrund der nicht eindeutig gestützten Schwesterbeziehung der früheren Unterfamilien Turdinae und Muscicapinae sowie aus Gründen der Vergleichbarkeit der evolutiven Divergenz mit anderen Singvogelfamilien werden beide Gruppen hier im Familienrang geführt.

Die Muscicapidae *sensu stricto* gliedern sich ihrerseits in zwei Teilgruppen (bisher als Tribus klassifiziert, nun als Unterfamilien), die Saxicolinae und Muscicapinae *sensu stricto*. Darin stimmen nukleare und mitochondriale Sequenzdaten überein. Die Zugehörigkeit der in der W-Paläarktis vorkommenden Gattungen zu den Turdidae einerseits und den Saxicolinae und Muscicapinae *sensu stricto* andererseits unterscheidet sich z.T. erheblich von bisherigen Vorstellungen und sieht nach heutigem Kenntnisstand wie folgt aus:

- **Turdidae**
  - **Turdinae**: *Catharus, Zoothera, Turdus*

- **Muscicapidae**:
  - **Muscicapinae**: *Cercotrichas; Muscicapa*
  - **Saxicolinae**: *Ficedula, Tarsiger, Erithacus, Irania, Luscinia, Phoenicurus, Oenanthe, Cercomela, Monticola, Saxicola.*

Bei *Monticola* gibt es einen Widerspruch zwischen Ergebnissen der DNA-Hybridisierung [3564: Turdidae] und mtDNA [4127,3983Z: Saxicolinae, Muscicapidae]. Der mtDNA-Befund erscheint, da zweimal unabhängig bestätigt, überzeugender. Obwohl die Zuordnung weiterer (hier nicht genannter) Gattungen zu den o.g. Gruppen noch offen ist, sind die Turdidae deutlich artenärmer als die Muscicapidae und die Muscicapinae artenärmer als die Saxicolinae. Daraus resultiert die hier gewählte Reihenfolge. Innerhalb der (Unter-) Familien ist die Reihenfolge nur teilweise durch molekulare Befunde (Zitate s.o.) begründet.

Die oben vorgestellte phylogenetische Klassifizierung, vor allem unter Berücksichtigung der hier nicht aufgeführten außereuropäischen Gattungen, zeigt, dass der Wechsel zwischen einer fliegerschnäpperartigen Lebensweise mehr oder weniger hoch in der Vegetation und einer drosselartigen Lebensweise mit überwiegender Nahrungsaufnahme vom Boden mehrfach erfolgt ist und diese öko-ethologischen Kategorien nicht zur Systematisierung taugen.

Familie Turdidae – Drosseln

Mittelgroße, schlankschnäblige Singvögel mit starken Füßen und langem Schwanz. 10 HS, 12 ST; Beine mit Hornplatten (nicht Schuppen); Jungvögel mit geflecktem Gefieder; Nahrung animalisch (meist am Boden aufgenommen) sowie Früchte und Beeren. Fortbewegung am Boden meist hüpfend (ähnlich wie Stare). Flug kräftig, rasch. Gesang i.d.R. melodisch und abwechslungsreich. Geschlechter oft unterschiedlich, aber auch gleich (dann z.T. größendimorph). Bestimmung (mit Farbabbildungen aller Arten) [709; **Fotos** vieler E-paläarktischer Arten: 922,179].

In der hier verwendeten neuen Abgrenzung umfasst die Familie nunmehr 17 Gattungen mit 153 Arten (Mindestzahlen). Die großen Gattungen *Zoothera* und *Turdus* sind in ihrer bisherigen Abgrenzung nicht monophyletisch [2047N]. *Zoothera* zerfällt in mindestens zwei nicht näher verwandte Gruppen (*Zoothera* s.str., Erddrosseln ähnliche Arten in Eurasien und Australasien, *Geokichla* in Afrika und Orientalis), *Turdus* schließt drei bisher monotypische Gattungen der Neuen Welt ein. Die Gattungszugehörigkeit von *Zoothera sibirica* ist unklar, sie verdient möglicherweise auf Grund ihrer völligen phylogenetischen Eigenständigkeit ebenso Gattungsrang wie *Ixoreus* (*I. naevia*, *I. pinicola*; Neue Welt).

• Gattung *Zoothera*

Der Gattungsname beschränkt sich entgegen der bisherigen Abgrenzung (mindestens 36 Arten, weltweite Verbreitung) auf die gesichert monophyletische eurasisch-australasiatische Erddrossel-Gruppe und umfasst somit noch ca. 16 Arten. Die übrigen Arten gehören größtenteils in die afrikanisch-orientalische Gattung *Geokichla*, doch ist die Zuordnung mehrerer Taxa, u.a. *Z. sibirica*, bisher nicht sicher zu beurteilen [vgl. auch 4170]

• Gattung *Catharus*

13 Arten, rein neuweltliche Verbreitung. Zur intragenerischen Phylogenie [2900]. Bestimmung [480].

• Gattung *Turdus*

Ca. 65 Arten (Zahl sehr unklar, da zahlreiche Formen, vor allem im *T. poliocephalus*-Komplex Allospeziesstatus zukommen könnte). Weltweite Verbreitung außer AUS, NZ (dort eingeführt). Die Abgrenzung der Gattung gegenüber *Zoothera* und mehreren monotypischen Gattungen erscheint nicht hinreichend gesichert (molekulare Daten fehlen).

Zoothera aurea – Erddrossel 11700

Zoothera [dauma] aurea (Holandre 1825) syn.: *Zoothera dauma*

GB White's thrush **F Grive dorée** **E Zorzal Dorado**

Taxonomie. Monotypisch. Die Erddrossel gehört zu einem artenreichen Komplex aus morphologisch ähnlichen, stimmlich aber deutlich differenzierten Formen, deren Gliederung in ein oder mehrere Superspezies mangels molekularer Untersuchungen nicht abschließend geklärt ist. *Z. aurea* (Sibirien bis Korea, N-JAP, inkl. »*toratugumi*«) gehört zur Superspezies *Z.* [*dauma*], deren weitere Allospezies zumindest *Z. dauma* (Himalaja bis SE-Asien, Taiwan), *Z. major* (Amami Oshima, JAP), *Z. neilgherriensis* (SW-Indien), *Z. imbricata* (Sri Lanka) und *Z. horsfieldi* (Sumatra bis Sumbawa) sind. Nicht für alle diese Taxa ist der Allospeziesstatus gesichert, da Gesangsaufnahmen z.T. bisher fehlen, wohl aber für *aurea* und *dauma*, deren Gesänge völlig verschieden sind [s. Sonagramme bei 2483]. Ob auch *Z. heinei* (E-Neuguinea, E-AUS), *Z. lunulata* (SE-AUS) und *Z. machiki* (Tanimbar, Sunda-Archipel) zur Superspezies *Z.* [*dauma*] gehören oder eine eigene Superspezies darstellen, ist ebenso unklar wie die Zugehörigkeit der melanesischen Inseltaxa *Z. talaseae* und *Z. margaretae* [vgl. Diskussion bei 3430].

Kennzeichen. [1369,767,221,3772,3615,922; weitere **Fotos** in Bird. W. **14**, 100-02, **16**, 148, Limic. **11**, 240-43, **15**, 61, Dutch B. **24**, 55, **25**, 189, 410, 427].

Maße. Gr.: 27 cm. Gew.: (Taiwan, Winter) ♂ 116–135 g, Ø$_3$ 123.7 g, ♀ 105-150 g, Ø$_3$ 122.3 g, (März/Apr.) ♂ 120–160 g, Ø$_4$ 150 g, ♀ 135-170 g, Ø$_3$ 155 g. Fl.spw.: 44-47.5 cm. Fl.l.: (RUS) ♂ 170-176 mm, Ø$_7$ 172.2 mm, ♀ 164-172 mm, Ø$_4$ 168.5 mm [1369,767].

Status. *Z. aurea* in N-, W-Europa und ME Ausnahmegast, doch schon seit dem 19. Jh. mit relativ vielen Nachw. (fast immer einzelner Ind.) zu beiden Zugzeiten, sowie vereinzelt im Winter [1369,337], außerhalb ME z.B. in FIN 2 Ind. bis 1988; S. 6 Ind. bis 1989; DK 3 Nachw. bis 1988; N. 6 Nachw. bis 1989; GB/IRL 43 Ind. bis 1990; IS 3 Ind. bis 1985; je 1 mal auch GRÖ und Färöer; E. 2 Ind. bis 1985; F mind. 6 mal 19. Jh., 4 Ind. bis 1990; I mind. 20 Nachw. und Meldungen bis 1985; RO 1 Ind. 1981; GR 1 Ind. 1965 [1369,337]. Mit anderen Formen der Superspezies ist in Europa nicht zu rechnen (da Standvögel mit sehr kurzen Wanderungen)

In ME bisher folgende Nachw. anerkannt: • **B:** 8 mal bis 1900, dann Okt. + Nov. 1911, 2 mal Okt. 1931, Okt. 1961[1677]. • **NL:** bis 2003 15 Nachw., 3 mal Sept., 8 mal Okt., Dez., März, 2 mal Apr. [277,q16]. • **D:** Helgol. im 19. Jh. 13 mal erlegt und 6-8 Beob. (davon gesichert: 3mal Sept., 9mal Okt., 1mal April), ferner Apr. 1901, April 1914, Okt. 1938, Okt. 1955, Okt. 1956, Nov. 1984, ♂ gefang. Okt. 1988, Sept. 1995 [1369,575]; -SH tot Apr. 1995 [575] ; -NI/HH Sept. + Okt. 1949, diesj. ♂ (tot) Sept. 1958, Okt. 1958, Apr. 1968 [1369]; -NW ♂ gefang. Nov. 1874, Apr. 1951, Jan. 1959 [1369]; -BY 1 + 2 Ind. Dez. 1981 [1369]; -TH Nov. 1935 [1369]; -MV Dez. 1942 [1369]; -BW Jan. 1992, Feb. 1996, Sept. 1998 [1722,575]. • **A:** 3 Nachw. 19. Jh. • **PL:** 2 mal 19. Jh; je 1 Ind. an Küste Sept. 1963, Dez. 1966 und 1990; im Binnenland Nov. 1975, Nov. 1978, Feb. 1989, Dez. 2001 [3871].

SPEC	VSchRL	Bern.Konv.	Bonn.Konv.
--	--	Anh. III	Anh. II
Europ. RL	**RL in ME**		
--	--		

Verbreitung und Bestand. Die Superspezies ist Brutvogel in Oriental. Region und E-Paläarktis: Indones., SE-Asien von Indochina bis Bangla Desh und entlang Himalaya bis NE-Pakistan sowie auf Sri Lanka und SW-Indien; Taiwan, JAP, Korea und von E-Sibirien nach W bis in Ural (hier noch vereinzelt auf »europäischer« Westflanke). Europ. Brutbestand (nur RUS) zw. 25.000-100.000 BP, Trend unbekannt [383].

Wanderungen. Langstreckenzieher (Br. Sibirien), Teilzieher oder Standvogel (andere Formen). Hauptwintergebiet S-Asien von N-Indien bis N-China; die relativ vielen Nachw. in Europa lassen vermuten, dass mehr oder weniger regelm. zumindest einige Vögel mehr nach W gerichtet abziehen und möglicherweise auch weiter W überwintern. Wegzug in Sibirien ab Ende Aug.–Anf. Sept.; Ankunft der Br. in W-Sibirien ab Mai.

Biotop. Br. in dichten Nadel-Laubholz-Mischbeständen, aber auch in reinem Laubwald und mitunter in reinen Koniferenbeständen; dichtes Unterholz wird bevorzugt.

Nahrung. Regenwürmer sowie Insekten und andere Gliederfüßer; zur Zugzeit und im Winter auch Beeren und andere Früchte.

Stimme. Verhält sich sehr still; Kontaktruf wird als gimpelartiger Pfiff beschrieben, Alarmruf leises »tschi«, Flugruf durchdringendes »zie«. Gesangsstrophe der Erddrossel besteht aus einem steigenden und einem tieferen oder höheren Flötenton, der leise einsetzt, dann lauter wird und wieder leise ausklingt und sehr weit zu hören ist. In vollem Gesang folgen die Pfeifstrophen im Abstand von einigen selten aufeinander; einzelne Pfiffe können an Sperlingskauz oder Zwergohreule erinnern. Aus der Nähe kann man dazwischen leise zwitsch. Abschnitte hören. Gelegentl. sind zwei verschied. Tonhöhen zu vernehmen, eventuell ein Duett der Partner. Gesänge der verschied. Formen sehr unterschiedlich. Beschrieben sind drosselartige Gesänge indischer Vorkommen, sowie kontinuierl. Gesang ohne Strophengliedg. aus kurzen Elementgruppen und Trillern aus Nepal [1369].

Verhalten. Tagaktiv, singt aber auch nachts; zieht nachts. Hält sich vorwiegend auf dem Boden auf, bewegt sich laufend (nicht hüpfend) mit leichtem Hochwippen des kurzen Schwanzes, kann auf schrägen Stämmen rasch hochlaufen. Singt meist hoch in Bäumen; fliegt aufgescheucht mit burrendem Fluggeräusch ab, dann aber rasch und geschickt durchs dichte Unterholz. Nahrungserwerb größtenteils auf dem Boden. Auch außerhalb der Brutzeit meist einzeln. I.d.R. sehr scheu und vorsichtig; verharrt bei Störung nach kurzem Flug oft bewegungslos.

Sterblichkeit, Alter. **Generationslänge:** < 3.3 J. [383].

Mauser. **Postjuvenile Mauser** (Teilmauser) Juli–Aug.; umfasst auch innere Große Armdecken [767,1369]. • **Postnuptialmauser** (Vollmauser) Juli/Aug.–Sept. [767,1369,709].

Zoothera sibirica – Schieferdrossel 11710

Zoothera sibirica (Pallas 1776) syn.: Sibirische Drossel

(GB) **Siberian Thrush** (F) **Grive sibérienne** (E) **Zorzal Siberiano**

Taxonomie. Zwei deutlich differenzierte UA, *sibirica* (Pallas 1776) (Zentral- und E-Sibirien) und *davisoni* (Hume 1877) (Sachalin bis JAP).

Kennzeichen. [1369,767,3772,221,3615,922,709; weitere **Fotos** in Bird. W. **5**, 377-79, Limic. **11**, 244-46].

Maße. Gr.: 20-23 cm. Gew.: 60-72 g, (Malaysia, Winter) 62–90 g, Ø$_{76}$ 75.5 g. Fl.spw.: 34-36 cm. Fl.l.: (RUS) ♂ 116-127 mm, Ø$_{30}$ 120.8 mm, ♀ 116-123 mm, Ø$_{12}$ 120.0 mm [1369,767,1784].

Status. Nominatform in Europa Ausnahmegast mit einzelnen Nachw.in S.: 1990. N.: 6 Ind. bis 1989. GB/IRL 6 Ind. bis 1994 [277]. F 5 Ind. bis 1990; I 3 Ind. bis 1985; M Okt. 1912; IL ♂ 1967; meist zw. Sept. und Dez. [277].
In ME nur wenige Nachw. aus 20. Jh. (möglicherweise nicht alle einwandfrei dokumentiert); meist einzelne Ind., aber auch Hinweise auf Einflüge kleinerer Trupps [1369]. • **CH:** -VS ♂ Dez. 1978 [4152]. • **B:** diesj. ♂ Sept. 1877, ad. ♀ Okt. 1901, diesj. ♂ Okt. 1912 [1369]. • **NL:** nur 2 anerkannte Nachw. (9 weitere gestrichen), Sept. 1853, Okt. 1856 [277]. • **D:** -NI diesj. Sept. 1820, 2 Ind. Dez. 1955 [1369]; -ST 2 mal 19. Jh. [1369]; -BB ♂ Okt. 1851, ♂ erl. Okt. 1896, ♀ erl. 1907 [1]; -MV 3–4 mal 19. Jh. [1369]. • **A:** -St ♂ Winter 1928/29; -Nö ♀ Dez. 1962 [1369]. • **H:** Febr. 1918, ein Trupp von 25 Ind. Febr. 1947 [1369]. • **PL:** 6 mal 19. Jh.; ♂ Okt. 1961, 1 Ind. Okt. 1962, ♂ Okt. 1975, je ein Trupp von 17–18 Ind. Jan. 1976 und März 1978 und von 25 Ind. Okt. 1996 [1369,337,q13].

Verbreitung und Bestand. Brutvogel in E-Paläarktis von JAP und Sachalin nach W bis Jenissej und N-Altai. Kein europäisches Brutvorkommen [383].

Wanderungen. Langstreckenzieher; Winterquartier in S-Asien bis Sumatra, Java, Borneo. Brutgebiet wird Anf. Sept., spätestens Mitte Okt. verlassen, Rückkehr bis Ende Mai [3615]. Zugbeob. fehlen aus Gebieten knapp W des Brutareals sowie aus W-Sibirien und RUS W Ural, daher wohl auch geringe Zahl wirklich sicher belegter Nachw. aus der Zeit intensiver Feldornithologie nach 1950. Europäische Nachw. überwiegend von Okt. bis Feb. [3615].

Biotop. Bevorzugt dichte Busch- oder Baumbestände von Fichte oder Pappel auf feuchtem Grund, nicht selten in Überschwemmungsgebieten bzw. in Gewässernähe; überwiegend im Tiefland, aber bis zur Montanzone. Im Winter in Hangwäldern bis mind. 1800m NN.

Nahrung. Zur Brutzeit hauptsächlich Regenwürmer, daneben zu allen Jahreszeiten Insekten und andere Gliederfüßer, Schnecken und Beeren.

Stimme. Kontaktruf »zit«, Warnruf gezogen, scharf »ziii« oder raues »tschäk«; Erregungsruf schnarrend »trrrsss trrrsss…«. Gesang kurze Flötenstrophen oder einzelne flötende Pfiffe, dazwischen (meist nur aus der Nähe zu hören) ein verbindendes Zwitschern oder Schnarren.

Verhalten. Tagaktiv und zieht in der Nacht. Bewegt sich auf dem Boden drosselartig hüpfend in waagerechter Körperhaltung; singt von hohen Baumwipfeln. Nahrungserwerb ähnlich Amsel oder Singdrossel. Zur Brutzeit territorial. Zur Zugzeit auch in kleineren Trupps im losen Zusammenhalt. Relativ scheu, am Brutplatz wie im Winterquartier.

Mauser. **Postjuvenile Mauser** (Teilmauser) kurz nach Flüggewerden, Abschluss bis Ende Aug./Anf. Sept. [709]; umfasst selten einzelne innere Große Armdecken und Schirmfedern [767,1369]. • **Postnuptialmauser** (Vollmauser) Mitte Juli–Ende Aug./Anf. Sept. [1369,709].

Catharus guttatus – Einsiedlerdrossel 11760

Catharus guttatus (Pallas 1811)

(GB) **Hermit Thrush** (F) **Grivette solitaire** (E) **Zorzalito Colirrufo**

Taxonomie. Polytypisch, 7-9 (10) UA, davon in Europa wahrscheinlich nur *faxoni* (Bang & Penard 1921) (Zentrales und E N-Amerika)

Kennzeichen. [1369,767,3772,221,3615,3566; weitere **Fotos** in Bird. W. **11**, 373, Dutch B. **20**, 251].

Maße. Gr.: 16-18 cm. Gew.: 18-37 g, (Herbst) 23.8-35.3 g, $\varnothing_{44}$ 29.0 g. Fl.spw.: 25-28.5 cm. Fl.l.: ♂ 89-99 mm, $\varnothing_{16}$ 94.4 mm, ♀ 86-96.5 mm, $\varnothing_{23}$ 90.6 mm [1369,767,1784].

Status. In Europa Ausnahmegast (UA *faxoni*) mit einzelnen Nachw. in GB je 1 Juni 1975, Okt. 1984, Okt. 1987; S. April 1988; IS 7 Nachw. [337].
In ME ebenfalls sehr selten, bisher nur 4 anerkannte Nachw. aus 19. Jh.: **D:** Helgol. erl. Okt. 1836 [1369]; -BW etwa 1828 im Schwarzwald gefang. [1722]; -BY Herbst 1851 gefang. [4175]; -ST ♂ gefang. Dez. 1825 [1369].

Verbreitung. Brutvogel im N und mittleren N-Amerika S des arktischen Tieflands von Alaska bis Neufundland, nach S bis Rocky Mountains bei 30° N, im E bis 40° N [1722].

Wanderungen. Zugvogel, Wintergebiet einschließlich der N Abschnitte des Brutgebietes nach S bis Golfküste der USA und Mittelamerika.

Biotop. In Nadel- oder Nadelmischwäldern von Niederungen bis in Bergregionen. Im Winter in allen Waldtypen, auch Gebüschzonen, sowie in Parks.

Nahrung. Frühjahr und Sommer Insekten und andere Kleintiere; Spätsommer bis Winter Beeren und Früchte.

Stimme. Häufigster Ruf weich und tief »tschak«, »tschap«, auch wiederholt; bei Erregung »tak-tak-tak…«, außerdem langgezogenes »wieh«. Gesang aus mehreren Phrasenfolgen unterschiedlicher Tonhöhe, jeweils gegen Ende »wehmütig« verklingend.

Verhalten. Tag- und dämmerungsaktiv; Nachtzieher. Am Boden mit weiten Sprüngen hüpfend. Seitliches Flügelzucken sowie Anheben und langsames Senken des Schwanzes bei jeder Landung (bei anderen Arten der Gattung Flügelzucken selten, Schwanzheben fehlt). Zur Brutzeit territorial. ♂ auch aggressiv gegen ♀. Paarbindung erfolgt durch langsame Gewöhnung an das ♀.

Mauser. **Postjuvenile Mauser** (Teilmauser) Aug.–Ende Sept./Okt.; Großteil der Oberflügeldecken und z.T. Schirmfedern [3882,709]. • **Postnuptialmauser** (Vollmauser) Juli/Aug.–Ende Sept./Okt. vor Wegzug [3882,709].

Catharus ustulatus – Zwergdrossel 11770

Catharus ustulatus (Nuttall 1840)

GB Swainson's Thrush **F Grivette à dos olive** **E Zorzalito de Swainson/Chico**

Taxonomie. 3 UA, darunter *ustulatus* (Nuttall 1840) (inkl. »*appalachiensis*«; N und E N-Amerika) und *swainsonii* (Tschudi 1845) (W N-Amerika, inkl. »*oedicus*«, Kalifornien).

Kennzeichen. [1369,767,3615,3772,221,3566; weitere **Fotos** in Bird. W. **10**, 380, **11**, 32, **13**, 390, 489, Brit. B. **93**, 552, Dutch B. **20**, 199, **22**, 300].

Maße. Gr.: 16-20 cm. Gew.: (Herbst) 23.5–43.5 g, $Ø_{4328}$ 30.2 g. Fl.spw.: 27-30 cm. Fl.l.: ♂ 96.5-105 mm, $Ø_{35}$ 100.9 mm, ♀ 92.5-102.5 mm, $Ø_{32}$ 97.0 mm [1369,767].

Status. In Europa Ausnahmegast (UA *swainsoni*) mit Nachweisen in IS 1978, GB/IRL 17 Ind. bis 1990. N. 1974, FIN 1974, 1981, F Feb. 1979, I 3 mal 19. Jh., 1929 [337].
In ME sehr selten, bisher 7 anerkannte Nachw. bis 1906: • **B:** 4 mal gefang. jew. Okt. 1847, 1885, 1896 und 1906 [1369]. • **D:** Helgol. ad. ♂ Okt. 1869 [1369]; -SH gefang. Herbst 1866 [1369]. • **A:** -S März 1878 [1369].

Verbreitung. Brutvogel in etwa 700 km breitem Gürtel durch S Taigazone N-Amerikas von 67° N in Alaska und Yukon bis 54° N in Quebec und Neufundland, nach S bis Kalifornien und New Mexico [1369].

Stimme. Häufigster Ruf hoch pfeifend »wit«, hart angesetzt »ziit«, »whi«, kürzer als Grauwangendrossel. Flugruf scharf piepend »quiip«. Gesang eine Reihe klarer, ansteigender Flötentöne mit danach gleichmäßigem wellenförmigem Verlauf, die dann in ein quiekendes, hohes Zwitschern übergehen.

Nahrung. Frühjahr und Sommer Insekten und anderer Kleintiere, Herbst und Winter hauptsächlich Beeren und Früchte.

Biotop. Br. der Taiga N-Amerikas, vorzugsweise in Nadelwäldern. Auf dem Zug in feuchten Wäldern.

Verhalten. Vgl. Einsiedlerdrossel.

Wanderungen. Langstreckenzieher, Wintergebiet von Golfküste USA bis S-Brasilien.

Mauser. **Postjuvenile Mauser** (Teilmauser) Juli–Sept.; ohne einige Mittlere und vor allem Große Armdecken [767,3882]. • **Postnuptialmauser** (Vollmauser) (Juli) Aug.–Sept., bei Zugbeginn z.T. noch nicht beendet [3882,709].

Catharus fuscescens – Wilsondrossel 11790

Catharus [fuscescens] fuscescens (Stephens 1817)

GB Veery **F Grivette fauve** **E Zorzalito Rojizo/Zorzal Solitario**

Taxonomie. Drei UA, davon in Europa nur *fuscescens* (Stephens 1817) (N N-Amerika). Bildet Superspezies mit *C. minimus* und *C. bicknelli*. Die drei Formen sind genetisch (mtDNA) gleichermaßen divergent, gesichert nächstverwandt und schließen sich in ihren Brutgebieten weitgehend aus [3050,2900]. Eine umfassende populationsgenetische Untersuchung der Kontaktzone *minimus-bicknelli* steht zwar noch aus, doch gibt es keine genetischen Hinweise, dass *bicknelli* und *minimus* untereinander näher verwandt wären als jede der beiden mit *fuscescens*. Insofern ist eine Vereinigung nur von *minimus* und *bicknelli* zu einer Superspezies (oder gar einer Art) [vgl. 3565] nicht zu rechtfertigen, weil diese gegenüber *fuscescens* paraphyletisch wäre.

Kennzeichen. [1369,767,3615,221,3772,3566; weitere **Fotos** in Bird. W. **10**, 184,-85 **12**, 393, **15**, 520, Dutch B. **21**, 356].

Maße. Gr.: 17-19 cm. Gew.: 24-43 g, (Herbst, New Jersey) 24.1–38.9 g, $Ø_{57}$ 30.3 g. Fl.spw.: 28-31.5 cm. Fl.l.: ♂ 98.5-105 mm, $Ø_{10}$ 102.3 mm, ♀ 94.5-101 mm, $Ø_{10}$ 96.4 mm [1369,767].

Status. In Europa Ausnahmegast mit wenigen Nachw. in GB/IRL und S. [767].
In ME nicht sicher nachgewiesen, Beschreibung von • **D:** Helgol. 1833 nicht mehr überprüfbar [1369].

Verbreitung. Brutvogel im Laub- und Mischwaldgürtel des N-USA und S-CDN von SE British-Columbia und Oregon nach E bis New England-Staaten [1369].

Stimme. Absinkender Pfiff »wi(e)r«, »whii-u« etc., oft langgezogen, tiefer als Grauwangendrossel. Gesang weniger flötend, gedämpfter. Ein Strophentyp relativ konstant wiederholt: Zu Beginn ein abgesetzter, ansteigender Pfeifton, dem 3-5 auf- und absteigende Elemente folgen. Tonhöhe fällt etwas ab und Strophe endet mit Triller.

Biotop. Bevorzugt in temperaten Laub- oder Laubmischwaldgebieten der Niederungen und Hügelländer mit ausgeprägtem Unterwuchs. Im Winter u.a. am Rande von Regenwäldern.

Wanderungen. Langstreckenzieher; Hauptwinterquartier Mittel- und S-Amerika (bis Zentralbrasilien).

Mauser. **Postjuv. Mauser** (Teilmauser) Mitte Juli–Mitte Aug./Sept.; Große Armdecken werden mehrheitl. nicht erneuert [767,709]. • **Postnuptialmauser** (Vollmauser) Juli–Aug./Anf. Sept. [767,709].

Catharus minimus – Grauwangendrossel 11780

Catharus [fuscescens] minimus (Lafresnaye 1848)

(GB) **Grey-cheeked Thrush** (F) **Grivette à joues grises** (E) **Zorzalito Carigris**

Taxonomie. Monotypisch (früher wurden 2 gering differenzierte UA *minimus* (Lafresnaye 1848) und *aliciae* unterschieden). Bildet Superspezies mit *C. fuscescens* (s. dort) und *C. bicknelli* (Syn. *C. minimus bicknelli*).

Kennzeichen. [1369,767,221,3772,3615,3566, zur Differenzierung *minimus-bicknelli* s. 2899 (beachte hier Verwechslung der Sonagramm-Beschriftung in Abb. 7), 787,3050; weitere **Fotos** in Bird. W. **14**, 410, **15**, 409, 466-67, Brit. B. **97**, 601, Dutch B. **14**, 28, **20**, 203].

Maße. Gr.: 17-18.5 cm. Gew.: 26-50 g, (Herbst, New Jersey) 23.9–35.3 g, Ø$_{32}$ 28.6 g bzw. (Georgia) 30–50 g, Ø$_{14}$ 42.8 g. Fl.spw.: 28.5-32 cm. Fl.l.: ♂ 99-109 mm, Ø$_{27}$ 104.0 mm, ♀ 97-107.5 mm, Ø$_{21}$ 100.0 mm [1369,767,1784].

Status. In Europa Ausnahmegast (verschiedene Formen, auch *bicknelli*) mit Nachw. u.a. in IS Okt. 1983; N. Okt. 1973, Sept. 1974; GB/IRL 37 Ind. bis 1990; F Okt. 1974, Okt. 1986; I 1mal 1901 [337].
In ME extrem selten, bisher nur: • **D:** Helgol. diesj. ♂ gefang. Okt. 1937 [1369].

Verbreitung. Brutvogel im N Taigagürtel N-Amerikas von 58° N in Neufundland und Labrador bzw. 68-70° N in Mackenzie, Yukon und Alaska nach S bis in Rocky Mountains, S Hudsonbucht und NE-USA [1369].

Biotop. Br. im borealen Nadelwald und in der Kampfzone des Waldes. Auf dem Zug überall, wo ausreichend Deckung, auch innerhalb Städten. Im Winter auch in Höhenlagen bis 3000 m NN.

Nahrung. Ähnlich Einsiedlerdrossel.

Stimme. Häufigster Ruf schilpende, z.T. herabgezogene Pfeiftöne, wie »piiör«, »wii-ä« o.ä., höher und nasaler als Wilsondrossel, deutlich verschieden vom einsilbigen, kurzen Ruf der Zwergdrossel. Flugruf (nachts) ziehender Vögel explosives »spii-ä«. Gesang nasal abfallend »wie-eh wie-u wie-eh tschi-tschi-wie«. Die Strophen sind wenig variabel und kürzer als bei den übrigen *Catharus*-Arten.

Verhalten. Vgl. Einsiedlerdrossel.

Turdus viscivorus – Misteldrossel 12020

Turdus viscivorus Linnaeus 1758

(GB) **Mistle Thrush** (F) **Grive draine** (E) **Zorzal Charlo**

Taxonomie. Drei UA: *viscivorus* Linnaeus 1758 (Europa bis W-Sibirien und N-Iran), *deichleri* Erlanger 1897 (NW-Afrika, Korsika, Sardinien), *bonapartei* Cabanis 1860 (Zentral-Sibirien und Turkmenistan nach E).

Kennzeichen. [1369,3615,221,767,3772; **Foto** in Limic. **18**, 59].

Maße. Gr.: 27 cm. Gew.: (Herbst) nicht diesj. 99-120 g, $Ø_{18}$ 109.4 g, diesj. 99-128 g, $Ø_{80}$ 108.9 g. Fl.spw.: 42-47.5 cm. Fl.l.: ♂ 146-163 mm, $Ø_{13}$ 155.7 mm, ♀ 143-160 mm, $Ø_{16}$ 151.5 mm, (Herbst) nicht diesj. 148-163 mm, $Ø_{18}$ 154.7 mm, diesj. 146-162 mm, $Ø_{82}$ 154.1 mm [1369,767].

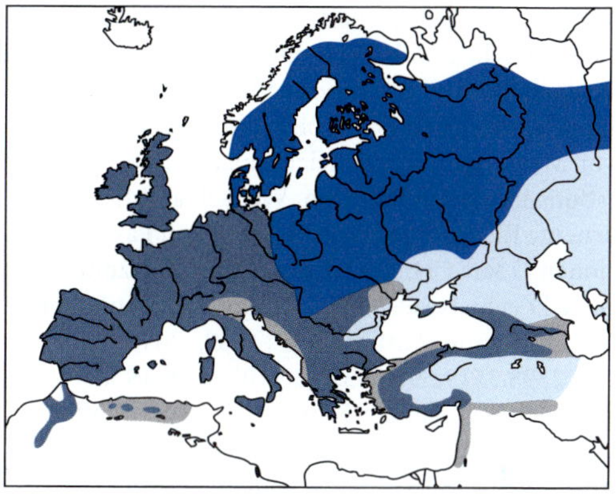

Turdus viscivorus – **Misteldrossel**

Status. Verbreiteter und häufiger Brut- und Sommer- oder Jahresvogel, ferner häufiger und regelm. Durchzügler, Rastvogel und gebietsw. Überwinterer.

Verbreitung und Bestand. Brutvogel von W-Europa und NW-Afrika über mittel- und zentralasiatischen Gebirge in schmalem Band nach S bis Himalayabogen und Nepal, nach W mit großen Lücken über N-Randgebirge des Iran, Kaukasus, Anatolien nach S bis SYR, im N bis zur Angara in E-Sibirien; W-Grenze GB/IRL, W-F. P, E., MA; im N erst ab S. und FIN, N-Grenze in RUS bei 68°N im W Kola-Halbinsel, 65° N Ural und 64°N am Ob. Im S der Verbreitung überwiegend auf Hochlagen beschränkt. Europäischer Gesamtbestand zw. 3.0 - 7.4 Mio. BP (insges. stabil), mit Populationen > 200.000 BP in RUS (1-3 Mio.), E. (330-790 T.), D (300-550), F (100-500) und GB (223 T. BP) [383]. In ME heute häufig von Küste bis an Waldgrenze; Verteilung und Arealausweitung in Kulturlandschaft aber ungleichmäßig. Höchste Brutvorkommen CH 2150 m, D-BY bis 1800 m, CS 1700 m, PL 1400 m. In ME brüten etwa 0.6-1.18 Mio. BP [383].

Wanderungen. Teilzieher (im N fast ausschließlich Zugvogel, im S Standvogel mit Dismigrationen, z.B. Altitudinalbewegungen), Überwinterung hauptsächlich im W und S des Brutareals, mitunter aber bis zum N-Rand (z.B. Fennoskandien); in ME Zunahme der Überwinterungstendenz (Zunahme der Überwinterer in meist kleiner Zahl in NW- und W-D); Gitterfeldfrequenz Winterkartierung D-RP 1983–86 wie Rotdrossel 43 %; D-BW Winter 1987-91 viel stärker als Rotdrossel mit 42% [203]; NL Jan. 1978–83 55 %; CH regelm. Überwinterer in der Ebene häufig, einzeln bis zur Waldgrenze. S-Grenze des Überwinterungsgebietes etwa N-Rand Sahara. Wegzugrichtung der Br. ME SW–SSW; Br. östlich Bottnischer Meerbusen dagegen SSE–SE. **Br. GB** wohl > 50 % Standvögel, doch Winterfunde auch in W-F und bis Pyrenäen [4064]; **Br. FIN** ziehen bis I, TR und SW-Kaukasus; **Br. SW-S.** überwintern bis F, selten NE-E., P und I; **Br. B/NL** wandern bis SW-F und ausnahmsweise NE-E.; **Br. D, CH, A, CZ** ziehen mehr WSW bis max. NE-E. Ab Anf. Juni (in manchen Habitaten auch schon im Mai) Dismigrationsbewegungen, in Alpen auch Aufsteigen in alpine Stufe ab Juli. Wegzug in Skandinavien und Alpen Anf. Sept.–Nov., Höhepunkt des Dz. ME Ende Sept.–Anf. Okt.; Dz.-Median D-BW 7.10. [1315], Col de Bretolet CH 6.10. [1861]. Rückkehr oder Heimzug in ME ab Mitte Feb. bis Ende März. Längste belegte Zugstrecke FIN - Kaukasus bzw. TR 2830 bzw. 3050 km; mittlere errechnete Tageszugleistung um 45 km.

Bestandsentwicklung. Stärkere kurzfristige Schwankungen in Folge von Kältewintern sowie Veränderungen der landwirtschaftlichen oder forstlichen Verhältnisse (Waldbrände, Kahlschläge, Insektenkalamitäten, Waldsterben etc.) [1369,196]. Mit Beginn des 20. Jh. großräumige Zunahme in weiten Teilen ME und Vorstoß in N-D Tiefebene in 1920er J., offenbar ausgehend von gerodeten, parkähnlichen Waldflächen in N-F [1369]. Ausbreitung in NL, D-NW, -NI und -SH umfasste auch Feldgehölze und Baumreihen im Bereich von Siedlungen, offensichtlich Folge abnehmender Scheu vor Menschen und vielleicht auch erhöhten Populationsdruckes in Wäldern. Vielfach ab Mitte 20. Jh. erneute Rückgänge und Erlöschen von Parkpopulationen [1369; CH:3392, Rhl.:2623], doch zumindest in N-D gebietsweise bis in jüngste Zeit anhaltende Zunahme und Ausbreitung [1369, -SH, -NI, -HB: 834,2393,3519,591,593,595,310]. Seit 1970er J. in Teilen S-ME erneute Zunahmen, am auffälligsten in H [2438,1585], aber auch in S-D [Allgäu:1616] und Bod. [198,1617,1722], gebietsweise in CH [q1; vgl. auch 334]. In SW-ME allerdings bisher kaum Besiedlung anthropogener Lebensräume wie in anderen Regionen beob. [1617,4175], doch zumindest regional Ausbreitung von seit jeher besetzten Bergwäldern in Tieflagen [1617].

	Best.	Areal	Brutbestand	Jahr	Quelle
A	+/-	=	80.000–120.000	1998–2002	[383]
B	+/-	=	20.000–100.000	2001–2002	[383]
CH	+/-	=	50.000–100.000	1993–1996	[383]
CZ	+	=	40.000–80.000	2000	[383]
D	+/-	=	300.000–550.000	1995–1999	[383]
FL	+/-	=	200–500	1998–2000	[383]
H	⇧	+ 2	4.000–25.000	1999–2002	[383]
L	+/-	=	2.000–3.000	2001	[383]
NL	↓	- 1	13.000–17.000	1998–2000	[383]
PL	+/-	=	50.000–100.000	2000–2002	[383]
SK	+/-	=	40.000–80.000	1990–1999	[383]

In meisten anderen Regionen ME sind Bestände bei starken Fluktuationen stabil (oder Änderungen nicht feststellbar) [1369,3892,1585,1507,3871,1141, 1,1587,2623,3268,2159]. In NL dagegen seit 1980er J. starke Abnahme mit Arealverlust [1855,2889, 3892,375,3638; aber 884], ebenso wie bei Singdrossel auch in GB (und FIN) [1343,1507,2471,3590].

Siedlungsdichte. Reviergrößen 1.5–5.0 ha, ein Paar kann aber zur Brutzeit Flächen bis 17 ha nutzen, bei Parkpopulationen offenbar Revier deutlich kleiner. Dichten i.d.R. niedriger als bei anderen häufigen Drosseln. Höchstdichten ME auf Flächen von 20–49 ha 1.9–1.3–1.0 (Ø 1.3), von 50–99 ha 1.3–0.3–0.1 (Ø 0.5), von > 100 ha 1.4–0.6–0.2 (Ø 0.6) Rev./10 ha [337], doch in CH oberhalb 700m gebietsweise bis 30 BP/km^2 [1507]. Großflächendichten (> 100 km^2) meist zw. 0.1-4.0 BP/km^2 [vgl. Tab. 25 in 337].

Gefährdungsursachen [2849,2471,337,318,196, 1369]. Änderungen der landwirtschaftlichen Nutzung mit verringertem Nahrungsangebot. In GB vor allem Vögel in Getreideanbaugebieten mit sehr geringen Bruterfolg, da im Frühjahr aufgrund weitgehender Umstellung auf Wintergetreide offensichtlich kaum noch Saatgut zur Verfügung steht; in Wiesen- und Weidegebieten mit hohem Angebot an Nahrungsflächen Gelegegröße und Produktivität dagegen unbeeinträchtigt. Forstliche Eingriffe können deutliche Bestandsabnahmen bewirken (z.B. FIN).

Fehlen ergiebiger Nahrungsquellen im Winter (wichtig sind u.a. beeren- und früchtetragende Bäume und Sträucher, die auch intensiv verteidigt werden), verringert Überlebenschancen.

Natürliche Ursachen wie klimatische Bedingungen im Winter, Gelegeverluste durch späte Schneeeinbrüche.

SPEC	VSchRL	Bern.Konv.	Bonn.Konv.
E	II-2	Anh. III	Anh. II
Europ. RL	**RL in ME**		
--	--		

Schutzmaßnahmen. In Anbetracht der Bestandszahlen und weitgehender Stabilität sind artspezifische Maßnahmen nicht erforderlich. Wie bei vielen anderen Arten wäre Extensivierung der Wiesen- und Weidenutzung sowie insbes. Erhaltung alter Streuobstbestände und Waldwiesen sowie Reduktion des Biozideinsatzes günstig.

Biotop. Br. in lichten, hochstämmigen Altholzbeständen oder an Grenzlinien in hochstämmigen Wäldern; Ansiedlungen in halboffener Landschaft begannen im Wesentlichen erst Anf. 19. Jh. In ME nach N bis in die Mittelgebirgslandschaften im S D-NW und N D-HE sowie im Alpenraum heute noch stenöker Br. der Wälder. In ME vor allem in Nadel- und Mischwäldern, in geringerer Dichte in reinen Laubbeständen, im N in halb offenen Landschaften mit hohen Bäumen, wie Gehölze, Parklandschaften, alte Gärten, Alleen, Windschutzstreifen und entsprechende Habitate auch mitten in Städten. Auf dem Zug häufig auf waldnahen Grünflächen, im Winter stärker in der Nähe menschlicher Siedlungen.

Nahrung. Im Sommerhalbjahr vorwiegend animalisch, z. B. Regenwürmer, Käfer (auch größere und hart chitinisierte Formen), Schmetterlingsraupen, Heuschrecken, Ameisen, Schnaken, Schnabelkerfe, Tausendfüßer, kleine Schnecken etc. Eine große Zahl Beeren und Früchte ab Sommer nachgewiesen, z.B. Mistel, Vogelkirsche, Brombeere, Holunder, Schneeball, Weißdorn, Eberesche und Obst; im Winter in S-Europa Oliven, Trauben, Hagebutten [z.B. 2985].

Stimme. Im Flug und bei Erregung hartes Schnärren wie »trrr«, »tzrr« oder schmatzend schnärrendes »tschrr«, auch gereiht oder rhythmisch. Weithin hörbarer Reviergesang aus kurzen Strophen aus 6–8 Flötentönen mit geringen Tonhöhenunterschieden, die in Abständen gesungen werden, etwa »tih-oh-ti« oder »toh-oh-tih-tuih« etc. und durchaus gewisse Ähnlichkeit mit unvollständigen Amselstrophen haben. Gegen Ende manchmal kurzer, leiser Nachgesang. Jedes ♂ verfügt über Repertoire aus verschieden Strophentypen, die sich von Nachbarn unterscheiden. Gesang von hohen Warten aus, kann schon im Feb. einsetzen; Gesangsaktivität lässt bei Beginn der Bebrütung stark nach, kann bei Zweitbrut später wieder aufleben, verstummt meist ab Ende Mai; mitunter Herbstgesang.

Verhalten. Tagaktiv, zieht untertags oder ab frühem Morgen. Hüpft und läuft auf dem Boden, steht aufrecht, hebt bei Erregung den Schwanz ruckartig an; Flug wellenförmig, nach längeren Schlagphasen werden Flügel für kurze Zeit angelegt. Nahrungserwerb hauptsächlich am Boden, bes. auf kurzrasigen Wiesen oder Weiden. Seitwärtsschleudern von Blättern zumindest sehr viel weniger häufig als bei Amsel und Singdrossel. Zur Brutzeit i.d.R. territorial; Reviergesang von hohen Warten; daneben Fluggesang. Mitunter Nestabstand nur gering oder mehrere Nester dichter beisammen (lockere Brutkolonien). Während der Balz zeigt ♂ weiße Flügelunterseite beim Flug um das ♀, ferner Flügel- und Schwanzspreizen. ♂ folgt dem ♀ konstant. Partnerfüttern oft vor Kopulationen. Kopulationen meist auf Bäumen in Nestnähe. Außerhalb der Brutzeit wenig gesellig, ab Juli aber dann meist auch in größeren Gruppen; Zugverbände können Hunderte umfassen. Schlafplatzgemeinschaften im Allgemeinen klein. Im Winter auch Verteidigung beerentragender Bäume und Sträucher gegen Artgenossen und andere Drosseln. Nest wird gegen Luftfeinde verteidigt. Vor dem Ausfliegen der Jungen auch gezielte Scheinangriffe und Kotspritzen. Flügge Jungen können starre Schreckstellung mit 45° hochgerecktem Kopf einnehmen.

Fortpflanzung, Brutbiologie [337,1369,767,1722]. Geschlechtsreife wohl im 1. Lebensjahr. Monogame Saisonehe. **Ankunft im Brutgebiet.** Abgesehen von Jahresvögeln ab (Ende Jan.) Feb., doch Verzögerungen in Schneelagen. Reviergründung meist erst im März. **Nest.** Wahl durch ♀. Nest in Bäumen, im Bergwald meist auf Nadelbäumen, in Niederungen häufiger, in Parklandschaften überwiegend auf Laubbäumen, meist auf kräftigen Ästen, nahe oder entfernter vom Stamm; Bodenhöhe CH Ø_{131} 4.3 m, B_{209} 4.0 m, FIN_{1137} 5.0 m, PL_{22} 9.5 m, größte Höhen in Parklandschaft > 15 (max. 25) m; ungewöhnliche Standorte wie Felsen, Gebäude etc. bekannt. Bau wie Singdrossel, aber größer; stabiler Napf aus nasser Erde kann aber fehlen; auf alle Fälle ausgekleidet, zur Tarnung oft mit Moos oder Flechten behangen. Muldendurchmesser 86-104, -tiefe 55-72 mm. ♀ baut wohl allein, aber ♂ oft (?) zumindest beim Eintragen beteiligt, zuweilen auch beim Bau. Dauer zu Beginn der Brutsaison 7-13 d, doch auch schon nach 3 d. Nester z.T. wiederverwendet. **Legebeginn.** In B ausnahmsweise schon Anf. Feb., gebietsweise in ME sowie in GB ab Ende Feb., doch B/NL meist ab 2. Märzdekade, N-D 2 Märzhälfte, CH frühestens Anf. April, E-ME ab Mitte April, in höheren Lagen noch später (z.T. erst im Juni); späteste Bruten im Juli. **Gelegegröße.** Meist 4 (2-6); saisonale Variation gering; D-RP Wälder$_{56}$ 3.6, D-NW Parklandschaften$_{117}$ 3.9; B_{144} 4.1, GB_{137} 3.9. Legeintervall < 1 d. **Eier.** Breitoval, glänzend, Grundfarbe grünlich, locker dunkel rostbraun gefleckt. **Brutdauer.** 13-15 d; ♀ brütet, z.T. Ablösung durch ♂, auch Fütterungen des ♀ am Nest. Bebrütung meist nach (vor-)letztem Ei; Schlupf weitgehend synchron. **Nestlings-/Führungszeit.** Nur ♀ hudert, beide füttern. Nestlingsdauer 12-15 (16) d. Juv. nach Ausfliegen noch 12 bis 15 d gefüttert (bei Beginn von Zweitbruten nur durch ♂). **Jahresbruten.** 1-2; Nachw. von Zweitbruten selten, auch Drittbruten in Einzelfällen möglich. Ersatzgelege. **Ende der Brutperiode.** Meist im (Juni) Juli, doch zuweilen (insbes. Hochlagen) im Aug. **Bruterfolg.** In kleiner Stichprobe in D-NW ergaben 45% der abgelegten Eier flügge Juv., in GB waren 40% von

435 Nestern erfolgr. (mind. 1 Juv:). Hauptverluste durch Prädation und Brutaufgabe (ungünstige Witterung).

Eimaße und -gewichte [1369]: L. 26.5-35.8 mm, B. 19.6-24.1 mm; Ø 30.3 x 22.1 mm (n=97, S./FIN), Ø 30.4 x 22.4 mm (n=158, B), Ø 29.6 x 22.2 mm (n=106, D), Ø 30.8 x 22.3 mm (n=137, CS); Frischvollgew. 6.3-9.27 g, Ø$_{20}$ 7.83 g (N-D); Schalengew. 0.35-0.51 g, Ø$_{250}$ 0.43 g.

Sterblichkeit, Alter. Br. GB 43 % im 1. J. und bei Ad. 38 %/J. [3590]. Ältester Ringvogel (CH) 21 J. 3 Monate, damit einer der ältesten freilebenden europäischen Singvögel überhaupt [q1], bisher (CH) 10 J. 4 Monate [3654]; Höchstalter Käfigvögel 17–18 J. **Generationslänge:** < 3.3 J. [383].

Mauser. **Postjuvenile Mauser** (Teilmauser) Juni/Juli–Ende Aug./Sept. [1369]; umfasst oft auch Rand- und Mittlere Arm- sowie 3–6 (alle) Große Armdecken [767,3771,1866]. • **Postnuptialmauser** (Vollmauser) setzt z.T. vor Brutende ein, (Ende Mai) Juni–(Mitte Aug.) Sept./Anf. Okt. [767,1356]; Dauer 90–100 d und damit länger als andere *Turdus*-Arten.

Turdus torquatus – Ringdrossel 11860

Turdus torquatus Linnaeus 1758 auch: Ringamsel

(GB) **Ring Ouzel** (F) **Merle à plastron** (E) **Mirlo Capiblanco**

Taxonomie. Drei UA: *torquatus* Linnaeus 1758 (N-Europa), *alpestris* (C.L. Brehm 1831) (Gebirge ME und S-Europas) und *amicorum* Hartert 1923 (Kaukasus bis Kopet-Dag). Eine nächste Verwandtschaft zu *T. boulboul* (Himalaja - S-China) und damit die Vereinigung zu einer Superspezies [vgl. 1369] ist nicht gesichert.

Kennzeichen. [1369,3615,767,221,3772; weitere Fotos in Bird. W. **16**, 6, Limic. **15**, 129, Dutch B. **20**, 310, **26**, 213].

Maße. Gr.: 23-24 cm. Gew.: (*alpestris*) ad. ♂ 137-150 g, Ø$_{25}$ 142.8 g, diesj. ♂ 138-146 g, Ø$_{77}$ 142.1 g, ad. ♀ 130-145 g, Ø$_{30}$ 138.2 g, diesj. ♀ 134-144 g, Ø$_{69}$ 138.8 g; (*torquatus*) ♂ 139-152 g, Ø$_{52}$ 143.5 g, ♀ 134-144 g, Ø$_{23}$ 140.5 g. Fl.spw.: 38-42 cm. Fl.l.: (*alpestris*, Juli-Okt.) ad. ♂ 88-113 mm, Ø$_{35}$ 98.2 mm, diesj. ♂ 87-110 mm, Ø$_{56}$ 98.1 mm, ad. ♀ 82-115 mm, Ø$_{35}$ 97.1 mm, diesj. ♀ 86-110 mm, Ø$_{54}$ 98.0 mm; (*torquatus*, Herbst) ♂ 84-120 mm, Ø$_{17}$ 98.0 mm, ♀ 85-103 mm, Ø$_{5}$ 95.2 mm [1369,767].

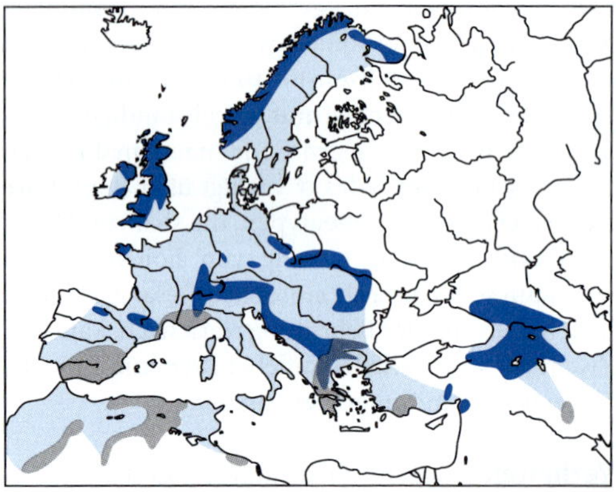

Turdus torquatus – **Ringdrossel**

Status. UA ***alpestris*** (Alpenringdrossel) Brut- und Sommervogel in höheren Lagen ME, in **CH** Alpen und Voralpen (1100) 1300- >2000 m (höchste Brutnachw. 2500 m), Jura ab 1100 m (ausnahmsweise < 1000 m) ü.M. [3392]; • **D**-NI Brutnachw. im W-Harz 1973-76, 1984-85, sing. ♂ in weiteren Jahren, > 800 m; -HE einzelne BP Rhön (nahe der Grenze -BY); -BW im Schwarzwald und Allgäu 750-1450 m ü.M. [1722]; -BY verbreitet in Alpen (900 - ca. 2000 m ü.M.), ferner Böhmerwald [4175]; -TH Bruthinweis 1898, Sommerbeob. 1979-81; -ST mind. seit 1990 regelm. Brutvogel auf dem Brocken (UA-Zugehörigkeit ungeklärt) [1643]; -SN im Erzgebirge Anhaltspunkte für Brüten 1903-05, 1913-14, 1921 (oder 22), 1968, 1970-72, 1974-85 Brutzeitbeob. und Brutnachw., ebenso 1987-88; • **A:** verbreitet in Alpen, ferner in SE-Ausläufern des Böhmerwaldes und im SW Waldviertel; tiefste Brutplätze 850 m, höchste 2250-2450 m ü.M.; • **CZ:** Böhmerwald, Erzgebirge, Riesengebirge* ab 400 m, meist 800-1500 m ü.M.; • **SK.:** Westkarpaten bis 1200 m ü.M. • **PL:** Karpaten und spärlich Riesengebirge*;

* Riesengebirge: reine *torquatus* [2623N,2159] oder Mischpopulation? [1159]; vgl. aber [3871].

• **H:** regelm. Durchzügler; • **B:** Brutnachw. im Hohen Venn (1901, 1960, (Brutverd. 1969), 1973, 1975, 1976 und 2 1985, 2 1990, seither Zunahme [1677]. W- und N-europäische **Nominatform** sehr seltener Sommergast und lokaler Brut- und Sommervogel sowie regelm., wenig häufiger Durchzügler in ME mit abnehmender Häufigkeit und Regelmäßigkeit von W nach E, meist auf dem Heimzug häufiger und auffälliger; in **CH** in offenbar kleiner Zahl; in • **B**, • **L** und • **NL:** regelm. Durchzügler, in NL (1979-83) mit Gitterfeldfrequenz März 3, April 41, Mai 23, Juni 1, Sept. 9, Okt. 19, Nov. 3% [3636,375]; in L eine Winterbeob. 1994 [2559]. • **D:** in weiten Teilen regelm. Durchzügler, in -NW Sommerbeob. 1971, 1973 (mit Brutverd.). Seltener Gastvogel in • **H** (2 Nachw.) und **SK.** (3 Nachw.) [2438,3882]; in • **CZ** Brutvogel im Riesengebirge* (abseits des Brutgebietes selten) [2159,1159], • **PL:** unklar, ob Brutvogel Riesengebirge*; lokal, vor allem im N, nicht seltener Durchzügler. Brutnachw. u.a. auch in **DK:** 1935 Bornholm; • **F:** ab 1971 Bretagne [1369,337].

Verbreitung und Bestand. Brutvogel von W- und SW-Europa bis Vorderasien. Nominatform von IRL/GB (meist 250–500 m, lokal 1150 m ü.M.) über Fennoskandien bis NW-RUS (in N. mit Ausnahme weniger Niederungsgebiete weit verbreitet, NW-S. nahe Grenze N., sporadisch in N-FIN, in RUS nur Kola-Halbinsel), Ausnahmebruten DK, N-F [CZ: 2623N, B: 843, »hängengebliebene Durchzügler«: vgl. 1369]; UA *alpestris* in Hochlagen S-Europas (Kantabrisches Gebirge, Pyrenäen, Massif Central) nach N bis in ME Mittelgebirge (meist 1100-2300m NN, zuweilen ab 400m NN; z.T. große Überlappungsbereiche mit Amsel) [3392]; ferner 2 isolierte Brutvorkommen im Apennin mit wenigen BP, ferner YU, BG, N-GR sehr selten. UA *amicorum* Brutvogel Kaukasus, Armenisches Hochland, NW-Iran, Elburs und Kopet Dagh, Verbreitung in Anatolien noch ungewiss, aber wohl zumindest im E Brutvogel auf einigen Gebirgen (z.B. *amicorum* im Nemrut-Krater bei Van). Europäischer Gesamtbestand zw. 310.000-670.000 BP (stabil), mit Populationen > 30.000 BP in RO (80-112 T.), A (50-100), RUS (25-100), N. (10-100) und CH (40-60) [383]; in ME etwa 106.000-186.000 BP, fehlt als Brutvogel nur in L, NL und H [383].

Wanderungen. Kurz- bis Mittelstreckenzieher; Hauptüberwinterungsgebiet *alpestris* und *torquatus* Atlasgebiet in NW-Afrika; *alpestris* weiter S offenbar nur ausnahmsweise, geringe Zahl von Überwinterern in Libyen. Winterbeob. CH Ausnahmen, kleine Bestände von Überwinterern dagegen von S-F bis E., Balearen, Sardinien und I. Wegzugsrichtung Br. W-Alpen S–SW, Wintergebiet der Br. E-Alpen und Karpaten nicht bekannt. UA *torquatus* erreicht im E den S-Iran, überwintert in kleiner Zahl E./P, im W-Mittelmeerraum und in S-F, auch in N. einzelne Überwinterer bekannt. Wegzugsrichtung Br. N. SSW–S, Br. GB S–SSE; Rückzug auch in S. z.T. in größerer Zahl bemerkbar, in GB dagegen Wegzug von offensichtlich skandinavischen Br. deutlicher; doppelter Schleifenzug Br. S./N. [s. 592]. Durchzugsmediane auf Col de Bretolet CH 19.9. für *alpestris* und 4.10. für *torquatus* [Details: 1863]. **UA *alpestris*** steigt nach Ausfliegen der Jungen oft noch in der Alpinstufe nach oben in Zwergstrauchgesellschaften, alpine Matten und Blockfelder. Ab Ende Aug. geht Dismigration in gerichteten Wegzug über, Höhepunkt gegen Ende Sept., bis Ende Okt. Abschluss, Nov.beob. selten. NW-Afrika wird frühestens Anf. Okt, erreicht, meist erst im Nov. Ab März–April Abzug aus N-Afrika, Einzug in W-Alpen F frühestens ab Anf. März, in CH ab Mitte März, Hauptmasse Ende März–Mitte April; in E-Alpen Einzug geringfügig später, im Erzgebirge erst ab Mitte April. Bei Winterrückschlägen werden besetzte Reviere wieder verlassen und Talgründe und Regionen unmittelbar am Alpenfuß aufgesucht, oft durch Schneeverhältnisse erzwungen große Ansammlungen auf aperen oder geschützten Stellen. Wegzug von ***torquatus*** aus GB/IRL frühestens Ende Aug., meist 2. Sept.hälfte, Höhepunkt Okt. In N. Wegzug Mitte Sept.–Okt. (Nov.), bereits Mitte Sept. sind die Ersten in F; Dz. B–NL Ende Aug.–Ende Okt., Höhepunkt Ende Sept.–1. Oktoberhälfte, Nachzügler Nov., ausnahmsweise Dez.; D Mitte Sept. (Einzelne früher)–Mitte Okt., Nachzügler bis Nov., keine Überwinterungen; Dz. in CH Anf. Sept.–Anf. Nov. Br. GB treffen in 1. Märzhälfte ein, in N. frühestens Mitte März, meist erst April. Heimzug B/NL Höhepunkt 2. Aprilhälfte–Anf. Mai; D ab Mitte März, Höhepunkt ab Mitte April, Ende Anf. Mai. Dz.median Wegzug auf Helgoland 1961-93 signifikant um 14.9 d nach hinten verschoben [3987].

Bestandsentwicklung. Kurzzeitige Bestandsfluktuationen wegen geringen Bruterfolges in Jahren mit starken Kälte- und Schneeeinbrüchen während Frühphase der Brutzeit. Kleine Populationen in isolierten Mittelgebirgen und in Randbereichen der Alpen zudem instabil [1369,3367]. Aus Schwerpunktgebieten der Verbreitung kaum Hinweise auf größere langfristige Bestandsveränderungen

[1369,3892,4180,1722,3392,1507,2518,4017N]. In Folge der Auslichtung der Bergwälder durch Windwurf und Kahlschläge offensichtlich in einigen Regionen ME Bestandszunahmen und Arealausweitungen [Harz, S D-BY, A-V: 2772,205,1997,198; ferner N-I und Teile F: 4180,3892,1507]. Zudem mehren sich Hinweise auf regional positive Auswirkungen des »Waldsterbens« [1137; Harz:2857, Riesengebirge: 1158,3871]; Neuansiedlungen bis in jüngste Zeit, z.B. ab 1990 Brocken -ST [1643] und ab 1993 Rothaargebirge D-NW [955]. Rückgänge dagegen in letzten J. wohl im Werdenfelser Land D-BY [4017N].

	Best.	Areal	Brutbestand	Jahr	Quelle
A	+/-	=	50.000–100.000	1998–2002	[383]
B	+/-	=	5–20	1995–2002	[383]
CH	+/-	=	40.000–60.000	1993–1996	[383]
CZ	⇩	- 1	700–1.400	2000–2002	[383]
D	+/-	=	11.000–16.000	1995–1999	[383]
FL	+/-	=	500–1.000	1998–2000	[383]
PL	+/-	=	1.000–3.000	1990–2000	[383]
SK	+/-	=	3.000–5.000	1990–1999	[383]

Im Gegensatz zu einigen früheren Ausbreitungsphasen im 20. Jh. [1369] derzeit wohl meiste geeignete Mittelgebirgslagen besetzt [3892,843, 1369,2772,4180,3392,1722,1755] – mit Ausnahme der Rhön [letzte Brutzeitbeob. dort 1984: 1680].

Siedlungsdichte. Nester oft geklumpt verteilt, da nicht selten einige Paare beisammen brüten und andererseits größere Freiräume (gleicher Biotop) die Brutkonzentrationen umgeben [1369,1507]. Dichtewerte also stark abhängig von Flächengröße; höchste Dichten bei allerdings wenigen Bestandsaufnahmen in ME auf Flächen von 50–99 ha 6.0 BP/10ha und 60–65 BP auf 18 km^2 [337,3392], in den Kapaten SK./UA. bis zu 20-30 BP/km^2, in SE-Schottland entlang von Flüssen bis zu 34 BP/km^2 [1507].

Gefährdungsursachen [1369,196,2772]. Vor allem natürliche Faktoren wie Schlechtwettereinbrüche und Prädatoren, z.T. auch Konkurrenz mit anderen (in höhere Lagen einwandernden) Drosselarten. Nachhaltige Auswirkungen vor allem bei kleinen, randlichen Populationen, die häufig ohnehin auf Immigrationen angewiesen sind.
In Mittelgebirgslagen ferner: Störungen durch Menschen an den Brutplätzen und Lebensraumverlust vor allem durch Aufforstung und Überbauung.
Verluste auf Zug durch Anflug an Freileitungen oder Sendemasten und in Überwinterungsgebieten durch direkte Verfolgung.

SPEC	VSchRL	Bern.Konv.	Bonn.Konv.
E	--	Anh. II	Anh. II
Europ. RL	RL in ME		
--	CZ:'EN', B: 'R', SK:'NT'		

Schutz. Besonderer Schutz nicht notwendig. In einigen Mittelgebirgslagen jedoch bessere Besucherlenkung erforderlich, um Störungen an den Brutplätzen der meist sehr kleinen Bestände zu vermeiden.

Biotop. ***alpestris.*** Br. in nadelholzreichen Bergwäldern, bevorzugt an schattigen und feuchten Standorten, durch Weideflächen, Blockfelder, Runsen, Lawinenbahnen und an der Waldgrenze durch Krüppelwuchs oder Krummholz aufgelockerten Stellen. Nahrungssuche auf kurzrasigen Wiesen und Weiden oder frisch abgetauten, noch spärlich bewachsenen Flächen am Rand von Schneefeldern, aber auch an feuchten Stellen im dichten Hochwald. Im Spätsommer gern in Zwergstrauchheiden (Beeren!). In den Alpen vor allem Br. in Tannen-/Buchenwäldern, im subalpinen Fichtenwald, Lärchen-Arvenwald, in Latschen-, Ebereschen- und Grünerlenbeständen, auf Bergweiden mit Baumgruppen oder an Waldrändern; ähnliche Strukturen auch in den hohen Mittelgebirgen; einzelne Paare brüten aber auch in parkartiger Landschaft oder an talseitigen Waldrändern. ***torquatus*** in GB in Schluchten, an Bergbächen oder in den Krüppelbeständen in höheren Lagen etc., in N. in den höheren Lagen der Birkenbestände bis in die Felsregion auf baumarmen Stellen mit Büschen und Gras; Nahrungssuche oft weitab vom Nest. Dz. bevorzugen offene Landschaft mit Waldrändern, Hecken, Sträuchern, Einzelbäumen oder lockerem Baumbestand mit Grünland; höhere Lagen werden oft bevorzugt. Mitunter in einer Landschaft über die J. vor allem beim Heimzug regelmäßig aufgesuchte Rastplätze vorhanden.

Nahrung. Im Frühjahr und zur Brutzeit hauptsächlich Regenwürmer (frühe Bruten werden fast ausschließlich damit ernährt), ferner weniger umfangreich Insekten und deren Larven, wie Feldheuschrecken, Schmetterlingsraupen, Ameisen,

Libellen, mitunter auch kleine Nackt- und Gehäuseschnecken. Im Sommer Beeren u.a. Früchte, wie Kirschen, Wacholder, Heidel- und Preiselbeere, Himbeere, Eberesche, Holunder, Hagebutten.

Stimme. Stimmfühlungsruf charakteristisch »zrrp«, »tschwier«, »sieerk« o.ä. Warnruf höher als Amsel, hart »tak-tak-tak« oder »täg-täg-täg..«, intensiver dann als »tjäktschäktschäktschäk…« oder »taktaktaktarrr tak« und in hohe »gikgikgik…- übergehend. Klangfarbe geräuschhafter, härter als andere Drosselarten. Gesang weithin hörbar, aus monotonen Wiederholungen kurzer, einfacher Strophen, durch Pausen getrennt; Vortrag klingt daher etwas abgehackt. Zw. Flötentönen auch Triller und geräuschhafte Bestandteile, etwa: »drüi – drüi, güb güb güb, dwid dwid dwidi tschirk, trrüi trrüi djür djür, tiriri tiriri…«. Jedes ♂ singt individuelle Strophentypen.

Verhalten. Tagaktiv, Zug tags und nachts, Gesangsbeginn bei Dunkelheit. Regenwurmjagd wie Amsel. Im Frühjahr Einzelgänger, singt meist auf höheren Warten; keine Territorien mit festen Grenzen um das Nest, daher loser Zusammenschluss von mehreren Nestern möglich. Ansammlungen im Frühjahr bei Winterrückschlägen nur vorübergehend und lose, ebenso auch Vergesellschaftungen mit anderen Drosseln sowie Star) bei der Nahrungssuche. Zur Brutzeit territorial. Bodenbalz mit Demonstration des weißen Brustbandes und der Unterschwanzdecken. Meist recht scheu.

Fortpflanzung, Brutbiologie [337,1369,767, 1722]. Geschlechtsreife im 1. Lebensjahr. **Ankunft am Brutplatz.** Ab Mitte März (April), in höheren Lagen meist April, ♂ vor ♀. Revier wird auch bei geschlossener Schneedecke gleich besetzt, zur Nahrungssuche dann oft tagsüber verlassen. **Nest.** Vor allem in Koniferenbäumen und -büschen (Latschen), seltener in Laubbäumen und -büschen, mitunter auch nahe am Boden, unter Dachvorsprüngen an Gebäuden, in Felsen etc.; sehr oft an einer Seite an Substrat angebaut. Standhöhe über Boden sehr variabel, in CH$_{345}$ 0.2 – 25 (Median 2.0) m, in PL Ø$_{26}$ 3.5 m; in Bäumen auf starken Ästen meist unmittelbar am Stamm, aber auch in dichten Gezweig geschützt. Nest oft mit »unordentlichem« Unterbau aus unterschiedlichen Pflanzenteilen; Mulde des Rohbaus unten meist mit dünner Schicht feuchter Erde und verrottendem Pflanzenmaterial, darauf Schicht mit sorgfältig verflochtenen dürren Gräsern; Erdschicht im fertigen Zustand von außen nicht zu sehen. Nest für gewöhnlich umfangreicher und größer als bei anderen europäischen Drosseln. ♀ baut allein, ♂ z.T. Material eintragend. Unterbrechung des Nestbaus (oder zwischen Nestbau und Eiablage) durch Schneerückfälle sehr häufig. **Legebeginn.** In CH frühestens 13. April, meist in 2. Aprilhälfte, Hauptzeit im Mai, späteste Gelege Mitte Juli (in GB und N. ähnlich). **Gelegegröße.** 3-6; CH April$_{16}$ 4.4, Mai$_{148}$ 4.5, Juni$_{91}$ 4.0; GB$_{117}$ 4.1. Legeintervall ca. 1 d. **Eier.** Elliptisch, glänzend, Unterfarbe grünlichblau, ziemlich gleichmäßig rostbraun gefleckt. **Brutdauer.** 12-14 d; ♀ brütet allein (*alpestris*) oder überwiegend (*torquatus*), wird vom ♂ nicht gefüttert. Bebrütung ab (vor-)letztem Ei; Schlupf innerhalb 24 h. **Nestlings-/Führungszeit.** ♀ hudert (zuweilen auch ♂) 6-8 d intensiv; beide füttern. Nestlingsdauer 12-16 d. Juv., etwa 4 d später sind Juv. flugfähig, werden aber noch bis mind. 14 d gefüttert, bei Zweitbrut betreut ♂ die letzten d allein; Juv. halten sich oft sehr versteckt. **Jahresbruten.** 1-2; geschätzter Anteil Zweitbruten in CH 25-33%, in einer Population GB ca. 50%. Ersatzbruten. **Ende der Brutperiode.** I.d.R. im Juli, selten erst im Aug. **Bruterfolg.** In Siebenbürgen RO ergaben 79% der Eier flügge Juv., in den Alpen zumindest bei Erstbruten sicher geringerer Bruterfolg, in GB von 79 Gelegen 24 vollständig verloren (Aufgabe und Prädation Hauptursachen).

Eimaße und -gewichte [1369]: (*alpestris*) L. 27.2-33.5 mm, B. 20.1-23.0 mm; Ø 30.3 x 21.5 mm (n=187, CH); Frischvollgew. um 8.7 g; errechnet 8.1 g; Schalengew. 0.37-0.49 g, Ø 0.43 g. (*torquatus*) L. 26.2-33.5 mm, B. 19.6-23.0 mm; Ø 30.4 x 21.5 mm (n=100, GB); Frischvollgew. errechnet 7.4 g; Schalengew. 0.33-0.50 g, Ø$_{100}$ 0.42 g.

Sterblichkeit, Alter. Ältester Ringvogel (E.) 9 J. 1 Monat [3654]. **Generationslänge:** < 3.3 J. [383].

Mauser. **Postjuvenile Mauser** (Teilmauser) beginnt ab 6–7 Wochen [1369], (Ende Juni) Juli–Mitte Sept. (Ende Okt.); neben Körpergefieder auch innere Große Armdecken [3771,1866]. • **Postnuptialmauser** (Vollmauser) Ende Juni/Anf. Juli–Anf. Sept., meist im Brutgebiet abgeschlossen [767,709]; individuelle Dauer ca. 33 d.

Turdus merula – Amsel 11870

Turdus [merula] merula Linnaeus 1758

(GB) (Common) Blackbird **(F) Merle noir** **(E) Mirlo Común**

Taxonomie. Ca. 9 UA: *merula* Linnaeus 1758 (Europa), *cabrerae* Hartert 1901 (Madeira, Kanaren), *azorensis* Hartert 1905 (Azoren), *aterrimus* (Madarász 1903) (Balkan, Kaukasus bis Iran), *syriacus* Hemprich & Ehrenberg 1833 (Kreta, S-TR, Naher Osten), *mauritanicus* Hartert 1902 (NW Afrika); ca. 3 weitere UA in Asien. Bildet Superspezies mit *T. maximus* (Hochlagen des Himalaja-Gebietes) und *T. simillimus* (Indien, Sri Lanka) [3136N]. Mögliche weiter Allospeziesgrenzen innerhalb dieses Komplexes werden erst im Zuge einer (bisher ausstehenden) genetischen Untersuchung zu ziehen sein.

Kennzeichen. [1369,3615,767,221,3772; Jungvögel können unterseits sehr hell sein und deutliche Schuppung aufweisen, was schon zur Verwechslung mit Naumanndrossel geführt hat [3762 (mit Foto)].

Maße. (*merula*) Gr.: 24-25 cm. Gew.: 70-148 g; (Frühjahr) ad. ♂ $\varnothing_{59}$ 91.0 g, vorj. ♂ Ø 86.5 g, ad. ♀ Ø 84.0 g, vorj. ♀ Ø 83.3 g, (Brutzeit) ♂ $\varnothing_{72}$ 86.2 g, ♀ $\varnothing_{42}$ 91.2 g, (Herbst) ♂ $\varnothing_{66}$ 84.1 g bzw. ad. ♂ $\varnothing_{18}$ 96.2 g, diesj. ♂ Ø 94.2 g, ♀ $\varnothing_{60}$ 82.6 g bzw. ad. ♀ $\varnothing_{17}$ 91.2 g, diesj. ♀ $\varnothing_{92}$ 90.3 g. Fl.spw.: 34-38.5 cm. Fl.l.: ad. ♂ 128-137 mm, $\varnothing_{41}$ 132.7 mm, juv. ♂ 126-135 mm, $\varnothing_{30}$ 128.9 mm, ad. ♀ 124-134 mm, $\varnothing_{33}$ 128.0 mm, juv. ♀ 121-131 mm, $\varnothing_{39}$ 125.8 mm [1369,767].

Status. Verbreiteter und häufiger Brut- und Jahresvogel in ganz ME; gebietsweise zudem auffälliger Durchzügler und Gastvogel; Überwinterungen in letzten Jahrzehnten im gesamten Raum (noch Anf. 19. Jh. reiner Zugvogel!), aber nach NE in abnehmender Zahl.

Verbreitung und Bestand. Von NW-Afrika, SW-Europa, IS, Färöer, IRL und vorgelagerte Inseln der W-Küste Europas nach N bis in S der borealen Nadelwaldzone (an Küste N. bis 70°N) nach E entlang der N-Grenze der mittleren Taiga bis SW-Ural und im S vom Maghreb (bis zum N-Rand der Sahara) über Mittelmeergebiet (außer CY), Küste Anatoliens bis S-IL und Nildelta (seit 1975), über Anatolien, Kaukasus, SYR nach Iran, Indien und Sri Lanka

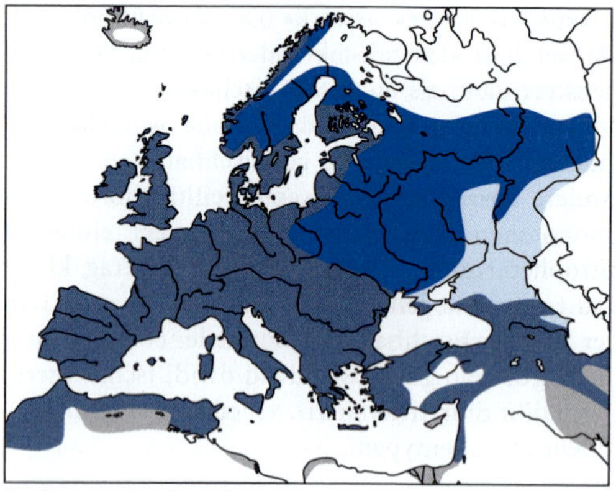

Turdus merula – **Amsel**

und über Gebirge Mittelasiens bis Zentral- und E-China; eingeführt 1860er und 1870er J. in AUS und NZ. In Europa Nominatform von Tieflagen bis etwa 1300-1500, Höhengrenze und höchste Brutorte CH Jura 1300–1350 m, Alpen 1950 m (sing. ♂ bis 2200 m), A 1790 m (sing. ♂ bis 2000 m) [1369], D-BY 1650 m, CZ 1250 m, SK. (Hohe Tatra) bis 1500 m, PL 1300 m ü.M.; in Laubholzgebieten verbreiteter Brutvogel, im menschlichen Siedlungsbereich oft einer der häufigsten Arten überhaupt. Brutbestand in Europa etwa zw. 40 - 82 Mio. BP (leichte Zunahme), mit Beständen > 3 Mio. BP in D (8-16 Mio.), GB (4.94), E. (2.3-5.9), CZ (2-6), F (1.2-6), I (2-5) und BG (1-5 Mio. BP); in ME zw. 14 - 28 Mio. BP [383].

Wanderungen. Vorwiegend Standvogel mit Dismigrationen und Teilzieher vor allem im W und S des Areals, hauptsächlich Zugvogel im N und E (vor allem Baltische Länder, RUS) und in höheren Lagen. Nach unterschiedlich zuverlässigem Ringfundmaterial wurde Mindestanteil an Ziehern in Teilzieherpopulationen so geschätzt: S. und CZ/SK. ca. 65 %, CH 28 %, B 14 %, GB 33 % für Ad., 21 % für Juv., dabei massiver Rückgang der Ringwiederfunde mit Meeresüberquerung von Vögeln aus GB während 20. Jh. [s. 2442], ferner DK 16 %, N. 61%, S. 76 %, FIN 89 % [2443]. Gegenwärtig dürfte in D und z.T. auch in PL und CZ der größte Teil der Stadtamseln im Brutgebiet überwintern, ein Teil der Waldamseln in Siedlungsgebiete einwandern, die übrigen wegziehen [3492]. Unterschiede im Anteil der Zugvögel bestehen auch zwischen dörflichen und rein städtischen Amselpopulationen [2236]. In Teilzieherpopulationen sind unterschiedliche Anteile von Zug- und Standvögeln im Laufe der Jahre zu erwarten, da möglicherweise ein balancierter Polymorphismus im Zugverhalten je nach unterschiedlicher Produktivität und Mortalität der beiden Überwinterungsstrategien nach folgendem Modell besteht: Unter jungen Ind. und ♀ ist Anteil der Zugvögel größer als bei einj. bis mehrj. ♂. Standvogel-♂ haben grundsätzlich bei größeren Brutchancen, früherem Legebeginn des Brutpartners und besserer Revierqualität eine höhere Fortpflanzungsrate als Zugvögel; ihre Mortalität ist aber in harten Wintern höher und daher ihre Fitness in diesem Fall kleiner als bei Zugvogel-♂, die umgekehrt durch mildere Winter (geringe Standvogelmortaltität) benachteiligt sind. Serien milder Winter und günstigerer Ernährungsbedingungen führen zu Zunahme der Überwinterungsversuche, Kältewinter zu Rückschlägen [Details s. 318]. Hauptüberwinterungsgebiet W und S der 0°-Jan.-Isotherme, südlichste Nachw. Maghreb, EGY (bis 29° N), Winterausharrer im N bis FIN und Mittel-S. Gebirgswälder in ME werden fast vollständig geräumt. Abzugsrichtung Br. ME hauptsächlich SW, Br. CZ und Skandinaviens auch W. Überwinterung von Zugvögeln Fennoskandiens und W-ME in W-Europa, Br. des übrigen Kontinentaleuropas hauptsächlich im Mittelmeerraum. Winterziele der Zugvögel einzelner Populationen: **Br. GB/IRL** erreichen F [4064]; **Br. N.** ziehen nach GB/IRL, NW-D, NL bis F; **Br. S.** nach N., DK, GB, IRL und bis E.; **Br. FIN** überwintern von GB bis NW-E. (einige auch P); **Br. NL/B** bis IRL, W-F und W-E./P; **Br. CH** bis S-F, E./P, einzeln bis DZ; **Br. Westf.** bis NL, B, S-GB, N- und Mittel-F; **Br. E-D** bis GB/IRL, B, F, P, E. und I; **Br. Böhmen/Mähren** bis F, E.; **Br. SK.** bis I, Korsika, Sardinien, Balearen, S-F.; **Br. H** erreichen N- und Mittel-I, Sardinien, Korsika; **Br. des Baltikums** GB/IRL und S-Nordseeraum, aber auch F, E., I. Dismigrationen der Juv. mit 7–8 Wochen ab Juli, Aufenthaltsgebiete überlappen sich, Reviere scheinen nicht verteidigt zu werden, daher Revierbesitz wohl kein unmittelbar steuernder Faktor des Teilzuges [3493]. Wegzug ME beginnt allmählich im Aug., allgemein im Sept., Höhepunkt Okt., klingt im Nov. aus [z.B. 322], Median Col de Bretolet CH 8.10. [1861]; Kältefluchtbewegungen noch im Winter. Nach Analyse der Winterfunde beringter Br. aus D 1954-2002 im Mittel kürzere Zugwege und Überwinterung in höheren Breitengraden [1117]. Heimzug ME vor allem im März, im SW bis Anf. April, im NE bis Anf. Mai. Größte Entfernungen aus ME 1500–2130 km, aus S. 2470 km, aus FIN 2100 km. Durchschnittliche Zugleistungen pro Nacht auf Wegzug ca. 35 km, Höchstleistungen bis 150 km.

Bestandsentwicklung. Ausgehend von vorgeschobenen Gebieten, dort vorher nur Durchzügler und Gastvogel, im 20. Jh. großräumige Arealausweitung, z.B. auf Inseln der Nordsee [u.a. Föhr:834], in weite Bereiche Fennoskandiens (Besiedlung FIN schon Mitte 19. Jh., EST um 1900, aber IS erst 1985) [1369], E-Europas und der subalpinen Stufe der Alpen [1369,3682,3685,3868]. Ausbreitung zum einen durch Klimaerwärmung gefördert, zum anderen auch durch (für Amsel günstige) Habitatveränderungen in Kulturlandschaft, der Eutrophierung und Entstehung neuer, ergiebiger Nahrungsquellen (z.B. auch Fütterungen) - dadurch verbesserter Überwinterungsmöglichkeiten im Brutgebiet. Zunehmende Verstädterung war Folge, zudem günstig war nachlassende Verfolgung durch Menschen, geringerer Prädationsdruck (meist auch bedingt durch konsequente Beseitigung von Prädatoren durch Menschen) [3868] und höherer Bruterfolg [1369,337,3682,3685]. Anpassung an Menschen machte Amsel zu einer der häufigsten Vogelarten ME.

	Best.	Areal	Brutbestand	Jahr	Quelle
A	+/-	=	350.000–700.000	1998–2002	[383]
B	+/-	=	500.000–1.000.000	1995–2002	[383]
CH	↑	=	400.000–600.000	1998–2002	[383]
CZ	+/-	=	2.000.000–4.000.000	2000–2002	[383]
D	+/-	=	8.000.000–16.000.000	1995–1999	[383]
FL	+/-	=	1.000–2.000	1998–2000	[383]
H	↑	=	1.100.000–1.450.000	1999–2002	[383]
L	+/-	=	50.000–60.000	2001	[383]
NL	↑	=	900.000–1.200.000	1998–2000	[383]
PL	+/-	=	1.000.000–2.000.000	2000–2002	[383]
SK	+/-	=	400.000–800.000	1990–1999	[383]

Verstädterung und Besiedlung von Gärten ausgehend von S-D und CH ab (18. Jh.) Mitte 19. Jh. (gleichzeitig auch GB/IRL, Stadtkerne erst im 20. Jh.), Dörfer folgten meist erst erheblich später. Als Gartenvogel um 1890 bis S D-NI und nach E bis -SN, dagegen -MV, Opole, Wroclaw, Poznan und Gdansk erst nach 1900 (in DK Beginn der Urbanisierung 1888–95, S-S. um 1900, N. 1913–14, FIN 1924) [zur Ökologie der Urbanisation s. 2404, zu

gesteigerten Überlebensraten s. 2682]. Bei langsamer Ausweitung nach N und E bis 1950er J. Gebiete bis San und Weichsel erreicht, bis 1975 E der Weichsel. In E-SK. Verstädterung erst um 1946, aber E-PL, RUS oder baltische Länder noch kaum erreicht; abgeschwächte Ausbreitung durch Störungen der Brutplätze in E-ME [2836] oder durch anhaltende Verfolgung in S-Europa [1369,3682,3685]. Besiedlung subalpiner Zonen folgte der Bebauung und touristischen Erschließung sowie der Entstehung von Lücken in geschlossenen Bergwäldern, gebietsweise noch nicht abgeschlossen [CH: 3367, A: 965; auch 1585].
In Phase sehr ungünstigen Klimas vor allem in nordischen Populationen [einschließlich GB, 2471,196] ab Mitte 1970er J. Rückgänge [z.B. FIN: 3930, GB: 1585,1507]; Rückgänge auch aus Durchzüglerzahlen an Fangstationen zu erkennen [320,209,2950,905N,1369; aber 323]; doch keine Arealverluste. In ME dagegen in dieser Phase nur vereinzelte Rückgangsmeldungen ohne überregionale Bedeutung [z.B. D-NI, -BY, CZ, NL: 2857,2920,3157,1158,905N, aber 3638,375]. In meisten Regionen vielmehr langfristige Stabilität [z.B. 3868,1722,2159,1585], oft aber weiterer Bestandsanstieg, deutlich in NL, CH, D-BE und H (sowie EST und UA.) [1855,55,2896, 334,1141,1369,1589,196,3392,1585,1,3638], zum einen bedingt durch sehr milde Winter nach 1986/87 [1158,196,q1], vor allem aber Folge der Ausweitung von Siedlungsbereichen sowie von Gehölzpflanzungen im Kulturland [196,3638,375,2393]; außerhalb urbaner Bereiche zuweilen Bestandszunahmen durch Immigration aus den generell produktiveren anthropogen geprägten Habitaten. Brutpaardichte und Bruterfolg der Amsel in naturnahen Waldbeständen vergleichsweise gering [3868].

Siedlungsdichte. Reviergröße DK Wald 0.2–0.53 ($Ø_9$ 0.34) ha, Stadt 0.1–0.34 ($Ø_{21}$ 0.18) ha, B Feldgehölze 0.2–0.4 ha, W-CH Park 0.06–0.3 (Ø 0.14) ha, bei sehr kleinen Revieren Aufenthaltsbereich (home range) aber größer. Höchstdichten ME auf Flächen von 20–49 ha 48.0–23.2–17.5 (Ø 24.9), von 50–99 ha 17.6–14.4–7.4 (Ø 12.0), von > 100 ha 16.3–10.0–7.3 (Ø 10.2) Rev./10 ha; in Ortschaften E-ME deutlich geringere Werte, im Urwald Białowieza nur 1-2.5 BP/10 ha [1507]. Beispiele für Individuendichten außerhalb Brutzeit (Flächen > 20 ha): -HH städtische Biotope 244–284, Wald 43, Feldmark 19 Ind./10 ha; Kleinstadt -NI Winter 16 Ind./10 ha [z.B. 2236]. In Siedlungsbereichen auch großflächig (> 100 km^2) sehr hohe Dichten zw. 4.7-83.3 Rev./km^2 [vgl. Tab. 22 in 337].

Gefährdung [1369,196,310,3682,3685,1855]. Vor allem natürliche Ursachen wie Kältewinter oder extreme Trockenheit mit Nahrungsmangel bei Aufzucht der Nestlinge; auch Waldbrände; schließlich Prädation (in Siedlungsbereichen vor allem Hauskatze). Stereotypie der Neststandorte in modernen Nadelforsten fördert hohe Brutverluste durch Prädatoren (z.B. Eichelhäher), die sich zunehmend auf systematisches Absuchen der Gehölzreihen verlegen.
Verlust des Waldlebensraumes durch Kahlschläge, Waldsterben etc., Beeinträchtigung der Brutstandorte in Ortschaften durch übertriebene Ordnungsliebe.
Störungen an Brutplätzen.
Biozidanwendung in Obstbaugebieten. Unfälle (Straßenverkehr etc.). Direkte Verfolgung in Überwinterungsgebieten.

SPEC	VSchRL	Bern.Konv.	Bonn.Konv.
E	II-2	Anh. III	Anh. II
Europ. RL	**RL in ME**		
--	--		

Schutzmaßnahmen. In Anbetracht der Häufigkeit, der meist engen Bindung an Menschen und den langfristig weitgehend stabilen Bestandszahlen sind Maßnahmen nicht erforderlich.

Biotop. Ursprünglich Br. dichter, feuchter und unterholzreicher Wälder mit vegetationsfreien oder -armen Stellen für die Nahrungssuche und ausreichender Deckung. In Wirtschaftswäldern Bevorzugung von Grenzlinien (Buschsäume für niedrige Neststandorte, relativ offene Stellen für Nahrungssuche). In ME heute Br. in allen Bereichen vom geschlossenen Hochwald (in reinen Nadelwäldern höchstens sehr geringe Dichte) über Mittel- und Niederwald bis in die offene Landschaft mit Feldgehölzen, Hecken oder Ufergehölzen bis zum Schilf; besiedelt ferner in Verbindung mit Gebäuden eine Vielfalt von Strukturen auch in weitgehend baumfreier Landschaft, wie Scheunen, Einzelhäuser, Dörfer, Villen- und Gartenstadtviertel bis zu Industrieanlagen oder Parks und kleinen Hausgärten inmitten von Großstädten; hier allerdings Dichte mit Angebot an Sträuchern und Bäumen positiv korreliert. Im Spätsommer und Frühherbst Massierungen in Obst- und Weinbaugebieten; im

Winterhalbjahr Konzentration im Grüngürtel in Siedlungsnähe oder in Parks und Gärten. Vielfältiger saisonaler Habitatwechsel, verbunden mit Präferenzwechsel in der Hauptnahrung [z.B. 2236].

Nahrung. Omnivor, doch das ganze Jahr über animalische Bestandteile wenigstens in kleinen Mengen erforderlich; bei geringem oder ungünstigem Angebot an Kleintieren Ausweichen auf Beeren und fleischige Früchte. Wichtigste Bestandteile sind Regenwürmer, Käfer (bis zur Größe vom Maikäfern) und Ameisen; ferner zählen zur regelm. Beute Nackt- und kleine Gehäuseschnecken, Tausendfüßer, Spinnen, verschiedene Insekten und vor allem deren bodenbewohnende Larven; daneben viel Gelegenheitsbeute. Zur Brutzeit (Mitte April – Mitte Juni) fast ausschließlich animalisch, hauptsächlich von Spätsommer bis Oktober (aber schon ab Mitte Mai beginnend) können dann Früchte einen großen Anteil ausmachen, wie zunächst Erdbeere, Kirsche, Traubenkirsche, Johannisbeere etc., mit denen auch schon Junge gefüttert werden. Ab Spätsommer eine große Zahl von Früchten als Amselnahrung nachgewiesen, z.B. Eberesche, Holunder, Hartriegel, Efeu, *Cotoneaster*, Eibe, Himbeere, Weintrauben, Weiß- und Rotdorn, Hagebutte, Apfel und Birne etc.; weniger beliebt scheinen Berberitze, Liguster, Schneebeere, Fallobst, die oft erst im Winter angenommen werden. Die Amsel ist der vielseitigste Früchtefresser unter den Drosseln. Auswahl im jahreszeitlichen Wechsel nach Reifezeiten und Zuckergehalt; Zeitpunkt und Umfang der »Ernte« wird aber auch durch Lage der Büsche (Deckung!) etc. bestimmt. Im Winter an Futterstellen auch Sämereien, die aber kaum verdaut werden, ferner Obst, weich gekochte Küchenabfälle, Haferflocken etc.

Stimme. Großes Rufrepertoire und sehr ruffreudig. Stimmfühlungsruf weich klingend »srieh«; Erregungslaut »tak«, einfach oder gereiht, bei hoher Erregung (z.B. Bodenfeind) in dichter Folge; ferner »djück« und tiefere »duck« als Warnrufe. Steigerung der Erregung zum Zetern, etwa »dackderrigigigi duck duck«, und zum Tixen, hoch »tix tix tix…«. Letzteres stimmungsübertragend und beim Vertreiben von Artgenossen, Feinden (gemeinsames Hassen) oder Schlafplatzflügen eingesetzt. Hoch und scharf »ssieh«, z.T. Warnlaut vor Gefahr von oben, aber auch anderer Zusammenhang. Flügge Jungamseln zeigen mit »dschröt« oder »dschrit« (auch 2-silbig) und/oder hohen »zit« ihren Standort an. Weithin hörbarer Reviergesang aus melodischen Strophen, mit verhältnismäßig tiefen Flötentönen beginnend und oft geräuschhaft ausklingend; mitunter Imitationen (auch menschlicher Pfiffe). Trotz regionaler und auch individueller Variation leicht zu erkennen, allerdings bei kurzen Strophen aus größerer Entfernung Verwechslung mit Misteldrossel möglich. Strophentypen werden nicht wiederholt. Strophenrepertoire ad. ♂ sehr groß, Gesangsbeginn codiert individuelle Merkmale. Bei Kontergesang antworten benachbarte ♂ mit jeweils ähnlichstem Strophentyp ihres Repertoires. Daneben leiser Balzgesang des ♂ und hastiger, geräuschhafter Rivalengesang am Boden. Reviergesang in milden Gebieten und/oder in Städten bereits ab Jan., verstummt aber wieder bei Kälte. Normaler Gesangsbeginn im März; Ende Mitte Juli. Im Herbst selten lauter Motivgesang, halblauter Jugendgesang ab Juli und leiser Herbstgesang mind. einjähriger ♂ Sept.–Okt. manchmal bis Wintereinbruch. Subsong der ♂ mit noch unklarer Funktion. Reviergesang wird von Warte aus vorgetragen, seltener (und kürzer) im Flug. ♀ singen gelegentlich leise, sowohl Balzgesang bei Paarungsaufforderung, als auch gedämpfte Strophen des Reviergesangs.

Verhalten. Tagaktiv, Gesang Frühjahr morgens und abends, im Hochsommer nur noch morgens; Tagesgesang beginnt schon bei Dunkelheit; auch Nahrungserwerb kann schon vor Sonnenaufgang beginnen; Zug i.d.R. nachts. Tagsüber meist nahe am oder auf dem Boden; je nach Untergrund Laufen oder Hüpfen, im Gezweig überwiegt Hüpfen; beim Laufen ± waagerechte Körperhaltung. Nächtigt einzeln oder gesellig meist in Nadelbäumen (bes. Fichtendickungen), dicht belaubten Sträuchern und Laubbäumen, Hecken, im Winter auch im Schilf. Schlafplätze auch im Winter bei kleineren Ortschaften oft außerhalb, in Großstädten Parks oder immergrüne Sträucher in Gärten. Gemeinschaftsschlafplätze werden zumindest bei verstädterten Vögeln das ganze Jahr über bezogen, zur Brutzeit meist in geringer Zahl und im Herbst und Winter oft große Ansammlungen (max. 2.000 Ind.); Schlafplatz wird oft in Etappen angeflogen (z.B. von Baumwipfel zu Baumwipfel); vor dem endgültigen Aufbruch Tixen. Nahrungserwerb hauptsächlich am Boden: hüpft eine Strecke, bleibt unbeweglich stehen, beobachtet Umgebung oder fixiert mit schief gehaltenem Kopf eine bestimmte Stelle, hüpft weiter oder stößt schnell zu. Gräbt auch nach Bodentieren. Dürre Blätter werden durch kräftige Schnabelhiebe seitwärts geschleudert; Bodenscharren häufiger als bei anderen einheimischen Drosseln (meist beidbeinig, seltener einbeinig). Beutetiere werden auch aus dem Seichtwasser (z.B. eines Gartentümpels) geholt. Bei Frost oder Schnee Bodensuche meist unter dichten Sträuchern oder Bäumen. Früchte werden von Zweigen gepflückt (dabei auch Kopfunterhängen), im Rüttelflug abgerissen oder vom Boden aufgelesen. Zur Brutzeit territorial; ♂ und ♀ bewachen Revier, zur Brutzeit vertreiben ♂ nur ♂ und ♀ nur ♀. Imponierende Ind. hüpfen an Reviergrenze entlang; bei Kämpfen steigen die Gegner senkrecht in die Luft und versuchen sich gegenseitig zu übersteigen; mitunter fallen sie ineinander verkrallt auf den Boden. Ernsthafte Luftkämpfe können lange dauern. Bei Paarbildung gegenseitiges Verfolgen durch das Revier; ♂ geht im »Imponierschritt« mit leicht hängendem Handflügel um das ♀ herum und demonstriert Kopfseite; Drohen mit aufgestellten Hinterrückenfedern; Begattungen meist in dichter Deckung. Enger Kontakt zwischen ♂ und ♀ während und vor Legephase (Vaterschaftssicherung). Außerhalb der Brutzeit meist sozial; Jungvögel schließen sich zu kleinen Trupps zusammen. Vor allem bei Nutzung von Früchten und Beeren oft mehrere Ind. dicht beisammen. Zug einzeln im losen Rufkontakt.

Fortpflanzung, Brutbiologie [337,1369,767,1722]. Geschlechtsreife im 1. Lebensjahr. Monogame Saisonehe, bei Standvögeln in GB auch Dauerehe; Partnertreue durch hohe Brutortstreue oder Zusammenkommen der Partner, insbes. in Siedlungen schon im Winter; Bigynie offenbar selten; Helfer-♂ beschrieben. **Ankunft am Brutplatz.** Reviergründung durch ledige oder verpaarte ♂, bei Standvögeln Revierabgrenzung z.T. schon im Herbst und Bildung von Winterrevieren, die später meist Brutreviere werden. Auch bei Verlassen der Reviere im Herbst oft Wiederbesetzung im Frühjahr (ab Feb., meist März bis Anf. April, in N-ME bis Mai). Balz auch bei verpaarten Vögeln erst im Frühjahr (März – Mai), bei unverpaarten Vögeln z.T. Bestandteil der Paarbildung. **Nest.** Wahl hauptsächlich oder allein durch ♀. Neststand sehr vielseitig, meist auf fester Unterlage, von oben etwas geschützt und nicht allzu hoch (z.B. in CH 0 – max. 7 m, Median Wälder 1.5 m, Agrarlandschaft 1.3, Siedlungen 2.0 m). In Wäldern und halboffenen Landschaften auf Bäumen und Sträuchern oder in Asthaufen, halbdunkle Standorte und/oder immergrüne Gehölze bevorzugt. In Siedlungen vor Begrünung vor allem in Spalier- und Kletterpflanzen an Mauern und in immergrünen Gehölzen, aber auch auf Dachbalken, auf Sockeln, Fensterläden, in Schuppen und vielerlei Nischen, sogar Leuchtbuchstaben, Blumenkästen etc.; später im Frühjahr bevorzugt Sträucher, Hecken und Bäume (oft Zunahme der mittleren Nesthöhe mit Laubaustrieb); auch Bodennester an vielerlei Standorten möglich. Basis des Nestes aus dünnen Zweigen, groben Halmen, Wurzeln, Moos etc., Wand aus dünneren Halmen und feinerem Pflanzenmaterial. Mulde des Rohbaus mit nasser Erde, feuchtem Schlamm oder Lehm ausgelegt und dann mit feinem Pflanzenmaterial ausgekleidet. Muldendurchmesser etwa 80-100 mm, -tiefe 50-75 mm. Nur ♀ baut, ♂ überwacht Revier oder begleitet. Nistmaterial wird am Boden gesammelt. Mittlere Nestbaudauer 2-5 d, mitunter nur 1 d, max. 20 d, bei Frühbruten oft Unterbrechung in kaltem Wetter. I.d.R. für jede Brut neues Nest, in Siedlungen nach erfolgreicher Brut bes. an geschützten Stellen auch Wiederverwendung – sogar von Vorjahrsnestern belegt). Eiablage 0-14 d nach Fertigstellung. **Legebeginn.** In Wäldern ME i.d.R. nicht vor Mitte März bis Ende Juni (ausnahmsweise Juli); in Gärten und Parkanlagen etwas früher, z.B. CH 2. Feb.-hälfte bis Anf. März, Rhl. ab Mitte März und auch E-D, PL, CS in Siedlungen bereits Märzgelege, witterungsbedingt aber auch deutlich später; Spät- und Wintergelege (Nachw. u.a. aus D, B, NL) fast ausnahmslos aus Siedlungsbereichen bekannt. Augustgelege selten erfolgreich. **Gelegegröße.** 4-5 (2-6, 7, noch größere wohl von 2 ♀), meist deutlicher Kalendereffekt, Habitatunterschiede offenbar größer als geographische; NL$_{243}$ 4.35 (März 3.4, April 4.3, Mai 4.6, Juni 4.5, Juli 3.8), D (Rhl.)$_{756}$ 4.2 (März 3.35, April 4.0, Mai 4.5, Juni 4.2, Juli 3.8), < 700 m in CH$_{1237}$ 4.3 (März 3.8, April 4.0, Mai 4.5, Juni 4.2, Juli 4.0), CS$_{1601}$ 4.2, D-BW$_{611}$ 4.2; in Stadt etwas kleiner als im Wald (gelegentl. in Laubwäldern kleiner als in Nadelwäldern), also negativ mit Siedlungsdichte korreliert. Mehrj. ♀ oft mit größeren Gelegen als einj. ♀. Individuelle Legeleistung bis 21-25 Eier pro Saison. Legeintervall ca. 1 d. **Eier.** Elliptisch, glänzend, Grundfarbe frisch stets grün, aber oft ausgeblichen, darauf feine oder auch verwischte und zusammenfließende, auch sehr grobe, rostrote bis dunkelbraune Flecken oder Zeichnung. **Brutdauer.** 11-16 (10-19) d von Ablage des letzten Eies bis Schlüpfen des letzten Juv., D-BW Ø$_{36}$ 13.3 d, CS Ø$_{192}$ 12.6 d, CH Ø$_{44}$ 12.8 d, GB Ø$_{123}$ März 13.7 d, Mai 13.1 und Juni 12.7 d; ♀ übernachtet vom 2.-3. Ei an im Nest, brütet allein (ausnahmsweise ♂ brütend). Bebrütung graduell ab 3., manchmal letztem Ei; Schlupf innerhalb 1-2 d. **Nestlings-/Führungszeit.** ♀ hudert 6-8 d intensiv; beide füttern. Nestlingsdauer 12-19 d (Ø CS 13.6 d, D-BW$_{27}$ 13.7 d, CH$_{25}$ 13.9 d). Juv., etwa mit 18 d sind Juv. flugfähig; nach Verlassen des Nestes werden Juv. oft unter Partnern aufgeteilt, sitzen anfangs meist still am Boden, mit zunehmender Mobilität Bettelgeschrei. Juv. werden je nach Fütterungsintensität der Ad. mit 15-32 d selbständig (Ø 19.6 d); bei Beginn weiterer Gelege übernimmt ♂ Fütterung alleine. **Jahresbruten.** 2(-3); Nach erfolgreicher Erstbrut in ME bis etwa 1500m NN und nach N-Europa bis etwa EST regelm. Zweitbruten. In Rhl. bei Stadtpopulationen nach ungestörter 1. und 2. Brut meist, in Wäldern des Tieflandes oft 3. Brut, auch in CS und W-PL Drittbruten; 4 erfolgr. Bruten bekannt aus GB, D-SH, -NI, CH und H, 3 erfolgr. Bruten und 2 Brutversuche aus CH und NL bzw. 5 und 6 Brutversuche in NL und 7 Brutversuche in GB (jew. 4 erfolgr.). in CH 25-33%, in einer Population GB ca. 50%. Ersatzbruten. **Ende der Brutperiode.** Meist bis Ende Juli, bei späten Bruten um Ende Aug. **Bruterfolg.** Stadtpopulationen wohl meist mit höherem Bruterfolg. Ermittelte Nachwuchsraten sehr stark von Zuverlässigkeit der erfassten Anzahl Jahresbruten der einzelnen Paare abhängig, die für GB und ME ermittelten Werte liegen zw. 1.9 und 3.5 Juv./Paar und J. (bei kleinen Stichproben Abweichungen nach oben und unten). Zahl der erfolgr. Gelege (nicht Eier!) variiert in den zahlreichen Angaben etwa zw. 10 – 60%. Totalverluste saisonal und regional, sicher auch habitatbedingt z.T. sehr hoch, z.B. 59 Nester bei Kälteeinbruch in D-BE 1976 [1]; Einfluss von Elstern nicht belegbar [z.B. 905N]. Weniger erfolgreiche BP mit höherer Trennungsrate, dabei ♀ in Folgejahren erfolgreicher brütend, ♂ nicht [3714].

Eimaße und -gewichte [1369]**:** (*merula*) L. 24.2-35.6 mm, B. 18.9-24.5 mm; Ø 29.4 x 21.5 mm (n=100, GB), Ø 29.5 x 21.4 mm (n=414, N-D), Ø 29.3 x 21.4 mm (n=1273, CS), Ø 28.5 x 21.4 mm (n=136, S.); Frischvollgew. 5.37-9.12 g, Ø$_{238}$ 7.11 g bzw. (S.) 5.55-9.05 g, Ø$_{211}$ 7.15 g; Schalengew. 0.315-0.53 g, Ø$_{238}$ 0.406 g bzw. 0.316-0.518 g, Ø$_{255}$ 0.412 g.

Sterblichkeit, Alter. Br. GB für Juv. 44 %, für Ad. 35 %/J. [3589]. Ältere Schätzungen aus ME 57 bzw. 43% [3293] und 69 bzw. 40–52 % [1369]. Höchstalter von Ringvögeln mehrfach > 15 J. **Generationslänge:** < 3.3 J. [383].

Mauser. **Postjuvenile Mauser** (Teilmauser) beginnt 4–6 Wochen nach Flüggewerden [767], (Mitte Juni) Juli/Aug.–Okt. (Dez.), abhängig vom Schlüpftermin; umfasst auch variable Anzahl von Großen Armdecken und Schirm-, selten einzelne ST; skandinavische Vögel ersetzen weniger Große Armdecken als ME und GB [3771]; Umfang vermutlich von Schlüpfdatum und geografischer Lage abhängig. • **Postnuptialmauser** (Vollmauser) Ende Mai/ Ende Aug.–Anf. Aug./Ende Okt. (Dez.), im S wohl früher als im N [767]; HS-Mauser selten unterbrochen [1369]; Dauer GB 85–87 d, möglicherweise auch bis > 100 d. • **Pränuptialmauser** (Teilmauser) findet bei einigen möglicherweise im März für Teil des Körpergefieders statt.

Turdus obscurus – Weißbrauendrossel 11950

Turdus [obscurus] obscurus J.F. Gmelin 1789

GB Eye-browed Thrush **F Merle obscure** **E Zorzal Rojigris**

Taxonomie. Monotypisch. Bildet Superspezies mit *T. feae* (China). Die *T. pallidus*-Gruppe (*pallidus, chrysolaus, celaenops*) bildet eine eigene Superspezies [vgl. 3565, *contra* 1369, 995N], deren nächste Verwandtschaft mit *T. [obscurus]* nicht gesichert ist.

Kennzeichen. [1369,767,221,3615,3772,179, weitere **Fotos** in Bird. W. **4**, 431, **8**, 416, Dutch B. **17**, 261, **20**, 200, **23**, 377, **24**, 339, Limic. **12**, 2-5].

Maße. Gr.: 21-23 cm. Gew.: (Durchzügler, China) ♂ 61–117 g, Ø$_{13}$ 74.0 g, ♀ 50–110 g, Ø$_{9}$ 70.0 g. Fl.spw.: 36-38 cm. Fl.l.: ♂ 120-129.5 mm, Ø$_{9}$ 126.2 mm (bzw. Ø$_{40}$ 124.7 mm), ♀ 119.5-124.5 mm, Ø$_{9}$ 121.2 mm (bzw. Ø$_{20}$ 120.0 mm) [1369,767].

Status. In Europa Ausnahmegast, offenbar kein Nachw. in RUS W Ural; in Europa sonst belegt in Zugzeiten (Apr./Mai und Sept.-Nov.) u.a. in FIN 2–3 Ind. bis 1988; N. 3 Ind. bis 1989; GB/IRL 0 bis 1957, 12 Ind. 1958–90, 4 weitere bis 1996; F 7-8 mal 19. Jh., 2 Ind. bis 1989; I ca. 20 mal bis 1985, davon mind. 14 mal bis 1916; M je 1 Ind. 1966 und 1975 u.a. [1369].

In ME ebenfalls mehrfach nachgewiesen (z.T. außerhalb der Zugzeiten), einzelne Nachw. könnten Gefg.fl. betreffen, u.a. • **B:** 7 Fänge 1849–1932, davon 6 Okt., 1 Nov., ferner Nov. 1990, Nov. 1995 [1369,1677,q15]. • **NL:** Okt. 1843, 2 Ind. April 1977, ♂ Sept. 1988, ad. ♂ Mai 1989, Okt. 1992, Okt. 2000, Sept. 2001 [277,q16]. • **D:** Helgol. Juni 1881, diesj. ♂ Okt. 1994 [1369,575,881]; -SH Okt. 1827, Okt. 1882 [1369]; -NI Okt. 1879, Okt. 1994 [1369,575]; -MV Okt. 1859, diesj. ♂ Nov. 1904, Nov. 1966, ♂ Jan. 1974 [1369]; -NW imm. Ind. 1888, ad. ♂ Nov. 1901 [1369]; -ST vor 1849 [1369]; (-BB 2 mal 19. Jh. und 1979 nicht mehr anerkannt) [1]; -HE ad. ♂ Okt. 1995 [575]; -SN vor 1845, Apr. 1963 [3667]; -BW 1 diesj. ♂ erl. Sept. 1834 [1722]. • **CZ:** 2 mal vor 1852, Dez. 1979, 2 Ind. März 1980 [1369,2159]. • **PL:** 6–7 mal im 19. Jh., seither ad. ♂ April 1995, ad. ♀ Nov. 2001 [1369,3871,970].

Verbreitung. Brutvogel in borelaer und Tundrenzone Sibiriens vom Ochotskischen Meer bis Pur-, Taz- und Jenissej-Gebiet Mittel-Sibiriens (ca. 78° E); nach S bis W-Ausläufer des Sajanischen Gebirges, NE russischen Altai, Baikalgebiet und NE-Mongolei bis N-Sachalin [1722]. Kein europäisches Brutvorkommen [1585].

Wanderungen. Zugvogel; Wintergebiet S-China, Philippinen, Indochina, Thailand, Malaysia bis Bangla Desh; Einzelne bis Große Sundainseln, Sikkim und Nepal. Abzug größtenteils ab Anf. Sept., Hauptdz. in Zentral-JAP Anf. Okt-Anf. Nov., Winterquartier wird meist im Okt. erreicht. Heimkehr zu Brutgebieten März–April, Ankunft nach Mitte Mai.

Biotop. Br. in dichten Nadelholz- und Mischwaldbeständen, aber auch in Ortschaftsnähe; liebt Nähe von Wasser. Auch auf dem Zug und im Winterquartier ist die Deckung dichter Büsche wichtig.

Stimme. Flugruf scharf, an Rotdrossel erinnernd »sriih« oder »zieh«, Lockruf kurz »zii« oder »zip«, erregt amselartig »dack-dack« und »gigi-gig«. Reviergesang (oft von hohen Baumwipfeln) kurze, zweiteilige Flötenstrophe, wie »düloi – djülio…«, mit unterschiedlicher Betonung der jeweils 2 Silben. Auch andere Gesangsformen bekannt, möglicherweise geografische Unterschiede. Auf dem Heimzug rastende Trupps lassen wie bei Rotdrossel eine Art Chorgesang hören.

Verhalten. Tagaktiv. Bewegung und Nahrungserwerb ähnlich Rotdrossel. Zur Brutzeit territorial. Zur Zugzeit in Hauptdurchzugsgebieten meist in Trupps von 10–20 Ind., die sich auch zu größeren lockeren Scharen (bis 100 Ind.) zusammenschließen können. Sucht bei Störung auch im Winterquartier rasch Deckung auf.

Mauser. **Postjuvenile Mauser** (Teilmauser) bis Mitte Aug. beendet; einschließlich einigen Großen Armdecken [767,709]. • **Postnuptialmauser** (Vollmauser) Juli–Aug., vor Wegzug beendet [767,709].

Turdus naumanni – Rostschwanzdrossel 11961

Turdus [naumanni] naumanni Temminck 1820 syn.: Naumanndrossel

(GB) **Naumann's Thrush** (F) **Grive de Naumann** (E) **Zorzal de Naumann**

Taxonomie. Monotypisch. Bildet Superspezies (»Naumanndrossel«) mit *T. eunomus*. Beide Semispezies bilden in Mittelasien eine offenbar räumlich komplexe Hybridzone, wo Hybridisation häufiger ist als zwischen *T. ruficollis* und *T. atrogularis* (vgl. dort).

Kennzeichen. [1369,767,221,3772,3615,708,709; **Fotos**: s. Rostflügeldrossel].

Maße. Gr.: 23-25 cm. Gew.: (Durchzug/Winter, China) ♂ 69–94 g, Ø$_{51}$ 79 g, ♀ 63–89 g, Ø$_{30}$ 76 g. Fl.spw.: 36-39 cm. Fl.l.: (Durchzug/Winter, China) ♂ 125-138 mm, Ø$_{51}$ 131 mm, ♀ 121-134 mm, Ø$_{30}$ 127 mm [1369,767,1784].

Status. Ausnahmegast; insgesamt seltener belegt als Rostflügeldrossel, u.a. in GB/IRL 1 mal bis 1990; F etwa 3 Nachw. bis 1990; I ca. 3 mal bis 1985; BY Juni 1951 [1369,3615]; ferner in CY [3615].
In ME bisher in **B:** ♂ Okt. 1951 [1369,1677]. • **D:** -BY 1 Ind. erl. zw. 1814-26, ferner 1906 oder vorher, Jan. 1981 [1369]; -BB April 1839 [1]; -NW 1880 [1369,575]; nicht mehr anerkannt: (-NI 3 Ind. Jan. 1957 [1369]; -NW ad. ♂ März/Apr. 1979 [1369]). • **A:** ♂ zw. 1853-74; -T 1 Ind. Feb. 1976;

-Nö ♂ April 1984 [1369,3129]. • **H:** ♂ um 1820 [1369]. • **CZ:** Winter 1836/37, ad. ♂ März 1963, Nov. 1964 [1369,2159]. • **PL:** ad. ♂ und weiteres Ind. vor 1820, je 1 Ind. 1908, Jan. 1955, 2 immat. ♂ Jan. 1965, sing. ♂ April 1967, Jan. 1970 [1369,q13,3871].
(• NL: beide alten Nachweise gestrichen [277]). Noch nicht anerkannt D 2000 [q3].

Verbreitung. Brutvogel im Südteil E- und Mittelsibiriens vom Ochotskischen Meer nach W bis zum Jenissej bei 85° E (und 63° N); S-Grenze unzureichend bekannt, von Zuflüssen der Angara über Baikalsee bis zur Uda-Mündung im E; z.T. Überlappung mit *T. [n.] eunomus* (708).

Wanderungen. Zugvogel; Hauptwintergebiet Korea, NE- bis Zentral-China, z.T. JAP, Taiwan, selten Hongkong. Wegzug aus Brutgebieten etwa ab Mitte Sept.; auf dem Zug oft einzeln oder nur in kleineren losen Trupps. Brutgebiete werden ab etwa Anf. Mai besiedelt, Heimzug aber z.T. schon ab März [1784].

Weiteres vgl. Rostflügeldrossel.

Turdus eunomus – Rostflügeldrossel 11962

Turdus [naumanni] eunomus Temminck 1831

(GB) Dusky Thrush **(F) Grive à ailes rousses** **(E) Zorzal Eunomo**

Taxonomie. Monotypisch. Bildet Superspezies (»Naumanndrossel«) mit der Rostschwanzdrossel *T. naumanni.*

Kennzeichen. [1369,767,3615,3772,221,708,709; weitere **Fotos** (beide Allospezies) in Bird. W. **6**, 248, **7**, 429, **10**, 31, Dutch B. **16**, 251, Limic. **12**, 17, **13**, 219, 236-47].

Maße. Gr.: 23-25 cm. Gew.: 55-106 g, (Durchzug/Winter, China) ♂ 63–88 g, Ø$_{15}$ 74 g, ♀ 50–80 g, Ø$_{11}$ 68 g. Fl.spw.: 36-39 cm. Fl.l.: (Durchzug/Winter, China) ♂ 124-133 mm, Ø$_{15}$ 130 mm, ♀ 121-136 mm, Ø$_{11}$ 128 mm [1369,767,1784].

Status. In Europa Ausnahmegast. Zweimal artspezifisch undifferenziert (UA., IL), nachfolgende Nachw. der Rostflügeldrossel zugeordnet: GB/IRL 8 Ind. bis 1990; F mind. 7 Nachw. bis 1990; I ca. 20 mal bis 1985; GR März 1966; DK Sept. 1968, Okt. 1888; N. 3 mal 19. Jh., Nov. 1908, März 1959 (bis 1989); FIN Okt. 1980, Mai 1983; RUS Leningrad, Moskau je 1 mal 19. Jh. [1369]; ferner in CY, Färöer, YU und Kuwait [3615].
In ME folgende Nachw.: • **B:** 4–5 mal bis 1906, Nov. 1956 [1369,1677]. • **D:** Helgol. diesj. Okt. 1880 und diesj. ♂ Dez. 1940 [1369]; -NI ♂ Nov. 1857 [1369]; -ST diesj. ♂ vor 1882 [1369]; -BY 1 Ind. vor 1922 [1369]; -SN Nov. 1804, gefang. ♂ vor 1892 [1369,3667]; von DSK nicht anerkannt: (-SH Fehmarn Sept. 1960, ad. Ind. Dez. 1996 [1369,575]; -NW Jan. 1981 [1369]; -BY Dez. 1987; -BB Jan. 1970 [1]). • **A:** -St diesj. ♀ 1821, ♂ Feb. 1842; -W ad. ♂ April 1978 [1369]. • **PL:** 1 mal 19. Jh., diesj. Ind. beringt Okt. 1966 [1369,3871]. (• NL: alle 5 Nachw., u.a. vom Nov. 1899 und Febr. 1955 gestrichen [277]).

Verbreitung. Überwiegend N des mittelsibirischen Plateaus und N von Areal von *T. [n.] naumanni*, von Zentralsibirien (Flüsse Pur, Taz und Jeloguj) nach E über Jenissej und Chatanga bis obere Kolyma und Anadyr, N-Grenze etwa 68° am Jenissej, 71° an der Kolyma und 72° am Indigirka, S-Grenze 57°N an Jenissej und Angara, etwa 59-60°N an der Lena und 62° am Ochotskischen Meer; am Pazifik nach S bis S-Kamtschatka [708]. In Überschneidungsgebieten z.T. neben *naumanni* [1369]. Kein europäisches Brutvorkommen [1585].

Wanderungen. Zugvogel; Hauptwintergebiet Schwerpunkt S-China, S-JAP, in kleinerer Zahl auch Indochina, Thailand, Nepal, N-Indien. Wegzug aus Brutgebieten im Aug.–Sept., Hauptzug in Zentral-JAP Ende Okt. bis Mitte Nov.; Heimzug ab Mitte März (einige d nach *naumanni*) bis Ende Apr. Brutgebiete werden im Mai (Anf. Juni) besiedelt [1784].

Stimme. Beim Abflug starenähnlich »spirr«, aber auch ähnlich Rotdrossel »srrii-i«; in sitzenden Trupps einsilbig, im Flug wiederholt schrill »quäwäg«, »tre-tre« o.ä. Erregt (z.B. auch Einleitung Schlafplatzflug) hart »täcktäcktäck« oder als Warnruf wie andere Drosseln »tschäck tschäck«. Gesang ähnelt Rotdrossel als Folge einfacher Pfeiftöne mit anschließendem leisen Zwitschern, mit viel Wiederholungen und daher auch ähnlich Singdrossel.

Biotop. Br. in schütteren und lichten Wäldern oder an Waldrändern, auch in Gebüschflächen und in städtischen Parks (JAP). Auf dem Dz. eher an Waldrändern als im geschlossenen Wald, auch in offenem Land und auf Kulturflächen.

Nahrung. Offenbar wie andere Drosseln zur Brutzeit hauptsächlich animalisch; im Herbst Beeren und kleine Steinfrüchte.

Verhalten. Tagaktiv und Tagzieher. Nach Landung wird Schwanz bis fast zur Vertikalen angehoben. Nahrungserwerb und Bewegung am Boden wie Amsel. Zur Brutzeit territorial, auf dem Zug oft Trupps mit mehreren hundert Vögeln. Im Allgemeinen scheu und hohe Fluchtdistanz.

Mauser. **Postjuvenile Mauser** (Teilmauser) Aug.–Okt.; umfasst auch einige innere Große Armdecken [767]. • **Postnuptialmauser** (Vollmauser) Juli–Sept. (Okt.) [709].

Turdus ruficollis – Rotkehldrossel 11971

Turdus [ruficollis] ruficollis Pallas 1776

(GB) Red-throated Thrush **(F) Grive à gorge rousse** **(E) Zorzal Papirrojo**

Taxonomie. Monotypisch. Bildet Superspezies (»Bechsteindrossel«) mit der Schwarzkehldrossel *T. atrogularis*. Die Gesänge der beiden Arten sind deutlich verschieden [85]. Im Kontaktgebiet im Altai sind sie im Bruthabitat und phänologisch, im Mittel auch altitudinal, getrennt [1054]. Mischpaare wurden nie verlässlich dokumentiert, behauptete Hybride liegen mindestens z.T. wohl im ontogenetischen Variationsbereich der reinen Phänotypen [3232].

Kennzeichen. [1369,767,221,3615,3772,708,709, weitere Fotos in Bird. W. 7, 345, 392-95, 490, **11**, 239, Brit. B. **92**, 44-45, Limic. **13**, 226-28].

Maße. Gr.: 24-27 cm. Gew.: 63-103 g, (Mongolei) ♂ 76–90 g, $Ø_7$ 81.8 g, $♀_3$ 85–94 g, mit legereifem Ei 90 bzw. 103 g. Fl.spw.: 37-40 cm. Fl.l.: ♂ 135-146 mm, $Ø_{11}$ 140 mm, ♀ 132.5-142 mm, $Ø_6$ 135.8 mm. [1369,767,1784].

Status. Ausnahmegast, deutlich seltener als Schwarzkehldrossel; u.a. in F ca. 2 Nachw. bis 1990; I ca. 2 mal bis1986; N. 3 mal bis 1989; FIN 1 mal bis 1990 [1369,3615].
In ME folgende Nachw.: • **D:** Helgol. diesj. Ind. erl. Okt. 1841 und Nov. 1843 [1369]; -SN diesj. Ind. Okt. 1836 [3667]; -BW ♂+♀ (Aug.) Sept. 1602 [1722]; nachfolgende Meldungen nicht mehr anerkannt: (-TH 1 Ind. März 1967 und Okt. 1974 [1369]; -ST ad. ♂ Dez. 1969 [1369]; -MV ad. ♂ Nov. 1954, 2 ♂+1 ♀ März 1981 [1369]). • **PL:** 2 mal frühes 19. Jh., je ad. ♂ April 1984, Mai 1985 und Feb. 1986 sowie immat. ♂ März 1979 [1369,3871]. (NL: ad. ♂ Okt. 1966 nicht mehr anerkannt [1369,277].)

Verbreitung. Brutvogel der Gebirgswälder Mittelsibiriens vom Altai nach N und E über Sajangebirge bis etwa 60°N an der Lena, nach S bis Transbaikalien, N-Mongolei und Gebiete der Mandschurei [1369,708]. Kein europäisches Brutvorkommen [1507].

Wanderungen. Zugvogel mit Dismigrationen und Altitudinalwanderungen [3615]. Hauptwintergebiete NE- und Zentralchina, Tibet, Nepal, Bangla Desh, nach W bis N-Pakistan. Wegzug ab Mitte Sept. Ankunft in Brutgebieten (Ende April) Mai bis Anf. Juni.

Biotop. Ausgesprochener Bergwaldbewohner. Nach der Brutzeit in beerenreichen Talhängen, aber auf dem Dz. auch in Gärten, Wintergäste zudem in halboffenem Kulturland.

Stimme. Rufe wohl ähnlich Schwarzkehldrossel (s. Angaben dort). Gesang deutlich anders, einfach, sich wiederholend, weniger melodisch als Singdrossel, deren flötende Phrasen durch unstete, recht trockene und schackernde ersetzt sind [708].

Weitere Aspekte wohl ähnlich Schwarzkehldrossel (s. dort).

Turdus atrogularis – Schwarzkehldrossel 11972

Turdus [ruficollis] atrogularis (Jarocki 1819)

(GB) **Black-throated Thrush** (F) **Grive à gorge noire** (E) **Zorzal Papinegro**

Taxonomie. Monotypisch. Bildet Superspezies mit der Rotkehldrossel *T. ruficollis*.
Inwieweit es gelegentlich auch Hybridisation zwischen *T. atrogularis* und *T. eunomus/naumanni* gibt [vgl. 1369], bleibt genauer zu klären.

Kennzeichen. [1369,767,221,3772,3615,708,709, weitere **Fotos** in Bird. W. **8**, 135, **9**, 9-10, **11**, 133, Brit. B. **96**, 79-82, Limic. **8**, 185, **12**, 17, 44, **13**, 219, 230-32, 247, **16**, 42, **17**, 95, Dutch B. **20**, 88, 199, **21**, 56, 320, **22**, 146, **23**, 334, **24**, 111, 379, **25**, 69, 73, 136, 376].

Maße. Gr.: 24-27 cm. Gew.: 54-110 g, (Sibir.) ♂ 84.2-102.0 g, $\varnothing_{6}$ 90.1 g, ♀ 80–97 g, $\varnothing_{5}$ 85.7 g. Fl.spw.: 37-40 cm. Fl.l.: ♂ 133.0-142.8 mm, $\varnothing_{19}$ 138.0 mm, ♀ 129-137 mm, $\varnothing_{7}$ 133.9 mm [1369,767,1784].

Status. In Europa seltener Gastvogel vor allem im Winterhalbjahr; insgesamt viel häufiger als Rotkehldrossel, u.a. in GB/IRL 22 Ind. bis 1990, dann allein 4 Nachw. in Kälteperiode Anf. 1996 [1369,277]; F 9 Nachw. bis 1990; I mind. 11 Nachw. bis 1986. GR 1956. BG 8 Ind. 1885, 3 Ind. 1964. LV 1909, 1981. EST 1975. FIN 14 Ind. bis 1990. S. 13 bis 1989 N. 12 Nachw. [1369]; ferner in DK, EST, E., RO, UA., IL und EGY [3615].

SPEC	VSchRL	Bern.Konv.	Bonn.Konv.
--	--	Anh. III	Anh. II
Europ. RL	RL in ME		
--	--		

In ME bisher in **B:** dj. Ind. Herbst 1844, dj. ♀ + dj. ♂ Okt. 1904, dj. ♀ Okt. 1936 (♂ Mai 1985 Gefg.fl. nicht ausgeschlossen) [1369,1677]. • **NL:** nur noch folgende 6 anerkannt: ♀ März/April 1981, 1 Ind. Okt. 1982, vorj. ♀ Jan.-März 1996, ad. ♂ Apr. 1998, Nov. 2000 und dj. ♂ Dez. 2002 [277,q16]. • **D:** Helgol. dj. (?) Okt. 1849, ad. ♂ Mai (vor) 1882, vorj. ♂ Okt. 1899 und Jan. 1962, ♂ März 1995, dj. Ind. Okt. 1998, dj. ♀ Dez. 2001 [1369,575,869,2528]; -SH Feb. 1950, 2 Ind. Apr. 1951 [1369]; -NI 1 Ind. vor 1820, 2 dj. Ind. 1839, 1 Ind. März 1924; -NW 3 mal 19. Jh, 1924 [1369]; -BW 3 mal 1601/02; 1 gefang. Dez. 1852, März 1863, dj. Ind. Feb. 1922, Feb. 1965 [1369,1722]; -HE vorj. ♂ Jan. 1992 [575]; -BY ein Trupp von 14 Ind. Okt. 1806, krankes Ind. Juni 1853, 1 Ind. Jan. 1940, 3 ♂ März 1958, ♂ Feb. 1960 sowie Dez. 1980 [1369]; -TH ♀ Okt. 1817 [1369]; -ST ♂ Sept. 1878, ad. ♀ Herbst 1979, Trupp von 12–14 Ind. Feb. 1902 [1369]; -BB 2 mal vor 1876, ♀ Okt. 1899 [1369,1]; -MV dj. ♂ Okt. 1835, vor 1848, 1857, dj. vor 1861, 1 Ind. Apr. 1909 [1369]; • **A:** -Nö ♀ vor 1806, dj. ♂ Okt. 1823 [1369]; (-St/-Nö) 3 mal zw. 1806-16 [1369]; -St 2-6 Ind. Dez. 1993 [3129]; -K vorj. ♂ Apr. 1975 [1369]; -S 2 ♂ Jan. 1993 [3129]. • **PL:** ca. 9 mal 19. Jh. und Anf. 20. Jh., ferner 2 ♂ (in Trupp von 13 Ind.) Okt. 1966, je 1 ♂ Jan. 1980, Feb. 1981 und Jan. 1982 [1369,q13,3871]. • **CZ:** dj. um 1854-70 belegt [1369,2159].

Verbreitung. Brutvogel der Taiga W- und Mittelsibiriens nach W bis an Petschora und Kama (W Ural), im E in schmalem Band zw. 64-67°N bis zum mittleren Jenissej, von dort nach S etwa bis Perm und ins N Baikal-Bergland sowie NE-Altai, NW-Mongolei und Sinkiang [1369,708]. Europäischer Brutbestand (vor allem Komi-Region) etwa 5.000-20.000 BP, Trend unklar [383].

Wanderungen. Zugvogel mit Dismigrationen und Altitudinalwanderungen, einige können in guten Beerenjahren in Sibirien überwintern [3615]. Mehrzahl zieht in Richtung E bis S ab, überwintert bereits in S-KZ und Turkmenien, Hauptwintergebiete aber S des Himalaya von Bhutan bis Pakistan, ferner Afghanistan und Iran, kommt auch nach China, NW-Burma und N-Indien und nach W bis IL, Irak und Arabische Halbinsel. Wegzug ab Ende Aug.-Anf. Sept. bis Anf. Okt. Ankunft in Brutgebieten frühestens im April, im N Ende April-Mai.

Biotop. Br. aufgelockerter Wälder, an Waldrändern und Lichtungen oder auf Brandflächen. Im Herbst u. Winter auch in Gärten und in halboff. Kulturland.

Nahrung. Nestlinge werden vor allem mit Regenwürmern gefüttert, ferner Schmetterlingsraupen, Käfer u.a. Insekten. Ab Ende der Brutperiode großenteils Beeren, Steinfrüchte etc., je nach Angebot sehr vielseitig.

Stimme. Flugruf dünn »zii«, Kontaktlaute rotdrosselartig »zie« und »gack-zie« oder schnell »wiwiwi«; bei leichter Erregung kehliges Schäckern, Warnrufe am Nest klingen wie »dag-dag«, bei größter Gefahr übergehend in scharfe, an Singdrossel erinnernde »bix-bix..«-Rufe. Reviergesang laut, aus etwa 4 rauen, rauchigen Pfeiflauten (erste beiden langgezogen und abfallend, letzte beiden kurz, scharf und ansteigend), unterbrochen von Pausen gleichbleibender Länge. Zuweilen werden »huiit« und »huiit-a«-Laute eingeschoben, selten ein langezogener Laut, etwas klingelnd »hwiiiii« [708].

Verhalten. Tagaktiv. Tag- und Nachtzieher. Bewegung ähnlich Wacholderdrossel. Brütet in der Regel in Einzelpaaren; zur Zugzeit und im Winterquartier gesellig, es kann auch vorübergehend zu großen Ansammlungen kommen, nicht selten auch mit anderen Drosseln vergesellschaftet. Bei Gefahr fliegen die Vögel gern auf hohe Bäume.

Mauser. **Postjuvenile Mauser** (Teilmauser) Ende Juni/Anf. Juli–Mitte Aug. (Anf. Sept.) vor Wegzug [767,709]; unregelm. alle Großen Armdecken erneuert [3771]. • **Postnuptialmauser** (Vollmauser) Ende Juni/Mitte Juli–Ende Aug. (Anf.g Sept.) [767,709]; rasche Großgefiedermauser [1369].

Turdus pilaris – Wacholderdrossel 11980

Turdus pilaris Linnaeus 1758

(GB) **Fieldfare** (F) **Grive litorne** (E) **Zorzal Real**

Taxonomie. Monotypisch.

Kennzeichen. [1369,3615,767,221,3772; **Foto** in Limic. **16**, 213].

Maße. Gr.: 25.5 cm. Gew.: (Herbst/Winter) ♂ 80-120 g, $Ø_{57}$ 104.0 g, ♀ 76-128 g, $Ø_{61}$ 100.6 g; (Winter) ad. ♂ 83.1-127.8 g, $Ø_{24}$ 104.4 g, vorj. ♂ 89.1-126.3 g, $Ø_{29}$ 106.5 g, ad. ♀ 81.8-120.3 g, $Ø_{25}$ 101.7 g, vorj. ♀ 80.8-121.6 g, $Ø_{38}$ 103.5 g. Fl.spw.: 39-42 cm. Fl.l.: ♂ 141-156 mm, $Ø_{46}$ 147.0 mm, ♀ 138-150 mm, $Ø_{39}$ 143.8 mm; ad. ♂ 140-154 mm, $Ø_{25}$ 148.0 mm, juv. ♂ 139-153 mm, $Ø_{39}$ 145.7 mm, ad. ♀ 137-151 mm, $Ø_{25}$ 143.0 mm, juv. ♀ 137-147 mm, $Ø_{38}$ 142.1 mm [1369,767].

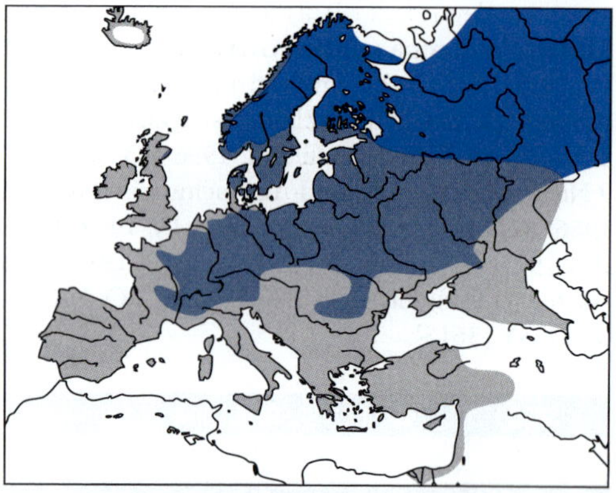

Turdus pilaris – Wacholderdrossel

Verbreitung und Bestand. Ursprünglich Brutvogel der Taiga Mittel- und W-Sibiriens; Arealerweiterung nach W. Gegenwärtig zusammenhängend besiedeltes Gebiet von Fennoskandien, ME und E-F nach E bis Oberlauf Amur; wenige BP GB, regelm. Brutvogel N-IS (seit 1950), GRÖ (1937–66 und einzeln bis 1979); derzeitige S-Grenze in Europa S-Alpen, HR, S-Karpaten, mittlere UA.; neue Brutnachw. in Zentral-GR und Makedonien GR/YU. In ME heute teilweise sehr häufig, in Tiefebene im N aber nur sporadisch oder fehlend (s. NL), ebenso in H nur lokal. Höhengrenze CH Alpen bis etwa 1900 m, mehrere Einzelnachw. > 2000 (– 2400) m, D-BY Höchstnachw. 1600 m, A bis 2310 m ü.M., CS 1300 m, PL 1050 m ü.M. Europäischer Gesamtbestand etwa zw. 14 – 24 Mio. BP (stabil), mit Populationen > 0.5 Mio. BP in RUS (10-15 Mio.), N. (1-3), FIN (1-2), S. (0.5-1), D (0.35-0.6 Mio.) und UA. (280-365 T. BP) [383]; in ME brüten etwa zw. 0.74-1.36 Mio. BP [383].

Status. Verbreiteter und häufiger Brut-, Sommer- oder Jahresvogel. Sehr häufiger Durchzügler und in meisten Regionen Wintergast.

Wanderungen. In N-Europa und ME größtenteils Kurzstreckenzieher, zieht je nach Strenge des Winters und Beerenangebot unterschiedlich weit; Überwinterung vorzugsweise im SW des Brutareals, z.B. Rasterfrequenz NL Jan. 1978-83 90 %; D-

BW Winter 1987-91 94.3 % [203], sowie W und S davon. Überwinterungsgebiet von IS, Mittel- und S-N., Ostseeraum, in günstigen Wintern W-RUS (auch bis SW-Sibirien) bis P/E., europäischer Mittelmeerraum, Kleinasien, CY, SYR, IL, Persischer Golf, Afghanistan; in N-Afrika südlichste Nachw. MA, DZ, TN, Libyen, Mittel-EGY. Wegzugrichtung Br. Fennoskandien und ME allgemein SW–SSW, W-RUS WSW–SW; Zugverhalten je nach Nahrungsangebot auch eruptionsähnlich, daher starker regionaler Wechsel der Anzahl von Wintergästen und vorübergehende lokale Massierungen. Hauptüberwinterungsräume einzelner Populationen: **Br. N.** vor allem GB, aber auch bis B, F, NW-E., P; **Br. S.** hauptsächlich E-GB, B, F, S. und nach E bis E-D, W-CZ, ferner bis CH, N-I; **Br. FIN** wie S., doch mehr auf I und Adriaraum konzentriert, nach E bis H und Kaukasus; **Br. PL, D, CH** vor allem S-F, N-I und in kleinerer Zahl E.; **Br. RUS W Ural** nach W bis B, SW-F, nach S bis S-I und CY; **Br. Sibiriens** kommen einzeln bis F. Ausführliche Ringfundanalyse [2631]. Jungvögel aus Frühbruten verlassen schon vor den Ad. die Brutgebiete und bilden große Scharen, Juv. aus Spätbruten scheinen mit den Ad. abzuwandern. Bei hohem Nahrungsangebot verzögert sich der Wegzug auch in N-Europa; mitunter ausgesprochene Winterflucht. Abzug aus Fennoskandien i.d.R. Ende Sept.–Anf. Okt. In ME gerichteter Wegzug Sept.–Nov., Höhepunkt im N Ende Okt.–Mitte Nov., im S und SW bis Nov.–Dez., aber auch Winterzug und Einfall größerer Scharen. Dz.-Median am Randecker Maar D-BW 1970-97 nahezu unverändert 22.10. [1315]. In N-E. i.d.R. ab Ende Okt., Hauptmasse erst Dez.; Eintreffen im äußersten S des Winterareals meist erst Jan.–Feb. Heimzug in NW- und N-F mitunter schon ab Feb.; Ankunft der Br. CH März, bis April Besiedlung höherer Lagen; Ankunft W-D ab Ende Feb.–März; Heimzug aber bis Mitte April bemerkbar; Ankunft in S-Skandinavien Ø 1. Aprilhälfte. Längste Zugstrecken Br. Sibiriens bis ca. 6600 km; recht häufig individueller Wechsel des Winterquartiers über weite Strecken (z.B. D-BW – CY, England – I) sowie Ausharren weit N eines früher gewählten Winterquartiers. Geburtsortstreue bis 5 km und Neuansiedlung durch Zugprolongation bis 1130 km vom Geburtsort entfernt bei Br. N.; in CH und D Geburtsortstreue < 3 km recht gering. Brutortstreue belegt, aber offensichtlich gering.

Bestandsentwicklung. Seit 19. Jh. stürmische Arealausweitung nach W, dabei (fast) ganz ME nach und nach besiedelt. Vorstöße erfolgten meist sprunghaft mit Neuansiedlungen fernab der jeweiligen Arealgrenze und allmählicher »Auffüllung« unbesiedelter Zwischenräume. Vordringen in Hochlagen allerdings überwiegend kontinuierlich entlang von Flussläufen oder Siedlungsrändern [1369]; Ausbreitung u.a. bedingt durch mildere Winter, weitgehende Einstellung menschlicher Verfolgung sowie (anfangs) verbessertes Nahrungsangebot im Zuge intensiverer landwirtschaftlichen Nutzung. Schließlich Fragmentierung der Wälder, weitgehend feindsichere Brutplätze in Nähe menschlicher Siedlungen (besonders günstig im Zuge zunehmender Verstädterung), sowie durch anthropogene Erschließung subalpiner Bereiche und intensivere Nutzung der Bergwiesen [1369,196,2397].

	Best.	Areal	Brutbestand	Jahr	Quelle
A	+/-	=	30.000–60.000	1998–2002	[383]
B	↓	- 1	10.500–20.000	2000–2003	[383]
CH	↕	=	60.000–100.000	1998–2002	[383]
CZ	+/-	+ 1	80.000–160.000	2000–2002	[383]
D	+/-	=	350.000–600.000	1995–1999	[383]
FL	+/-	=	300–1.000	1998–2000	[383]
H	↑	+ 1	30–100	1998–2002	[383]
L	+/-	=	2.000–3.000	2001	[383]
NL	↓	- 1	150–200	1998–2000	[383]
PL	↑	+ 1	200.000–400.000	2000–2002	[383]
SK	+/-	=	10.000–20.000	1990–1999	[383]

Ausbreitung in ME in mehreren Wellen, nur Pommern und Schlesien schon Anf. 19. Jh. besiedelt. Erste Welle erreichte um 1820 D-ST und -BB, in 1840er J. erste Brutvorkommen in CS, S-SN, -MV, -TH, -BW und -BY; bis Ende 19. Jh. Brutansiedlungen in SK., D-NI, -HE und im S -BY; nachfolgend Ansiedlung in NE-H 1901, A-S 1910, A-St und Bod. 1920, N-CH 1923, A-V 1925 und -T 1930. Ozeanisch beeinflusste Gebiete nur sehr zögernd besiedelt; daher erst 1944 dauerhafte Vorkommen in D-NW, 1958 in -MV und ab Mitte 1960er J. in -RP, -HH, B, L, Teilen -NI [337,2393,4083] sowie in NL (1971) [3636]. Im gleichen Zeitraum erste Brutnachw. in CH-GE (1965) und -TI (1975), ferner in DK und GB. Viele Mittelgebirgslagen und Berggebiete ebenfalls erst in 1960er und 70er J. besiedelt [1369,965,3392,1997].
Bis Ende 1980er J. z.T. noch starke Bestandszunahmen und Arealausweitungen in Tieflagen am N- und W-Rand der Verbreitung, vor allem NL [3636], D-SH [2062,2464,337,310], -NI [2393], -NW [1095,1467,1858,3595; aber 1459], -MV und

-BB [1473,2031,2772], PL [3871], ferner in Mittelgebirgs- und Berglagen (in CH 1961 1. Brutnachw. über der Waldgrenze in ca. 1980 m ü.M.) sowie in spät kolonisierten Regionen CH, H und A [2510, 1997,2518,2544,965,3393; auch F:941,4180]. Erste Brutnachw. in RO 1966, SLN und HR 1975-76, GR 1981, MN 1987, BG 1993 [q4,337].
Inzwischen meiste Gebiete ME besiedelt und positiver Bestandstrend stark abgeschwächt [337, 2808,310,4043,3393,1615]; gebietsweise durch zunehmende Verstädterung noch Bestandssteigerungen [1617,2397,2259]. In PL regional unterschiedlich, insgesamt positiver Trend [196,1585].
In jüngerer Zeit aber vermehrt Meldungen drastischer Bestandsrückgänge bis hin zu vollständiger Aufgabe einzelner Gebiete, oft im Offenland wegen Lebensraumverschlechterung und Rückgang des Nahrungsangebotes (bedingt durch Intensivierung und Mechanisierung der Landwirtschaft), ab 1985 auch in Hochlagen (z.B. D-BY) [Teile D, A, NL, CH: 1488,1459,2518,2068,1,196,375,3638,3393, 2642,q3,337; auch q20].

Siedlungsdichte. Hohe Konzentrationen auf Kleinstflächen durch Koloniebildung, geringste Nestabstände < 10 m; Siedlungsdichte mit üblichen Methoden jedoch schwer zu ermitteln. Mittlere Koloniegrößen in größeren Stichproben D 3.4, 4.5 und 4.8, B 5–20, Ø 6.1 Paare; daneben mitunter saisonal unterschiedlich Einzelbrüter. Sorgfältig geschätzte Höchstdichten ME auf Flächen von 20–49 ha 6.7–5.2, von 50–99 ha 6.2, von >100 ha 7.5 BP/10 ha [337, vgl. auch Angaben in 1137,310,1722,1507]. Großflächendichten in ME (> 100 km^2) 0.01-2.7 BP/km^2 (ohne NL und H), dabei deutliche Abnahme nach NW [s. Tab. 23 in 337].

Gefährdungsursachen [1369,196,337,1459,2397]. Zunehmende Verschlechterung oder Verlust des Lebensraumes durch Intensivierung der Landwirtschaft und Trockenlegung oder Vernichtung von Feuchtgebieten und Flussauen sowie Beseitigung von Streuobstbeständen.
Direkte Verfolgung, vor allem in S-Europa.
Natürliche Ursachen bedeutsam: Witterungseinflüsse (insbesondere für Überwinterer) und hoher Prädationsdruck.

SPEC	VSchRL	Bern.Konv.	Bonn.Konv.
^{E}(W)	II-2	Anh. III	Anh. II
Europ. RL	RL in ME		
--	NL: 'NT'		

Schutzmaßnahmen. Wie bei anderen Arten des Kulturlandes Extensivierung der Landwirtschaft und geringere Beeinträchtigung der Offenlandlebensräume.

Biotop. Br. der halboffenen Landschaft mit ergiebigen Nahrungsgründen für die Jungenaufzucht in der Nähe (Grünland mit hoher Regenwurmdichte) und freiem Anflug zu den Nestern, z.B. Ränder geschlossener Baumbestände oder ± isolierte Gehölze und hohe Buschgruppen in der Nähe frischen oder feuchten, kurzrasigen Grünlands oder Ackerflächen; Nahrungsflüge meist unter 250 m Luftlinie. In Sibirien stark lückige Misch- und Laubwälder, vor allem in der Nähe von Flüssen und Bächen. In ME z.B. Auwaldungen, uferbegleitende Gehölze, Feldgehölze, Baumhecken, Obstgärten, Waldränder, Parks, Villenviertel und größere Gärten; feucht-kühle Lokalklimate bevorzugt. Außerhalb der Brutzeit in offenen bis halb offenen Landschaften mit hohem Anteil an Grünflächen, im Herbst und Winter vor allem an Stellen mit Beeren- (und im Winter auch Fallobst-)angebot.

Nahrung. Im Sommerhalbjahr vor allem Regenwürmer (zeitweise der Masse nach die Hauptnahrung) und Insekten (wie Heuschrecken, bodenbewohnende Larven, Käfer etc.), auch andere Kleintiere (z. B. Schnecken, Spinnentiere). Ab Mitte Juni auch Beeren und andere Früchte (mit denen auch schon späte Bruten gefüttert werden), die im Spätherbst und Winter bei geringem Angebot animalischer Nahrung große Bedeutung gewinnen.

Stimme. Häufigster Ruf arttypisches Schackern, etwa »gag schak schak ak ak…«, besonders beim Abfliegen, auch von ziehenden Trupps zu hören. Bei hoher Erregung mehr wie »dschipdschipdschip…«. Kontaktruf etwas heiser »hüid«, ebenfalls aus fliegenden Schwärmen. Erregungsruf vor allem im Frühjahr an Stelle des Schackerns 2-3-silbig »dschrättschrättschrätt« oder »trätt trätt trätt«, auch bei Störungen und dann bei höchster Erregung übergehend in »trra – trra – trra« oder knarrende »trrr – trrr – trrr…« (z.B. bei Anhassen eines Luftfeindes), das in der Gruppe zu vielstimmigem Rattern wird. Warnung vor Luftfeinden hoch »zieh«. Standortlaut von Jungen, die Nest verlassen haben, »dschreb dschreb« oder schrill »zrii-zri« o.ä., bei Fütterungen rascher und länger gereiht. Gesang nicht laut flötend wie bei anderen Drosseln, stattdessen krächzend zwitscherndes Schwätzen, meist im Singflug oder aus Deckung nahe der Brutkolonie gesungen; nur von verpaarten ♂. Daneben leiser Subsong, auch als Chorgesang rastender Frühjahrstrupps, strukturell ähnlich Fluggesang. Zurzeit der Paarbildung noch leiserer Balzgesang mit eingestreuten kurzen einsilbigen Lauten, auf den ♀ mit leiser Strophe antworten kann.

Verhalten. Tagaktiv. Vorwiegend Tagzieher. Am Boden hüpfend, kleine Ortsveränderungen beim Nahrungserwerb mit Schritten. Flug weniger wellenförmig als Misteldrossel, nach 3–5 Flügelschlägen kurze Pause. Außerhalb der Brutzeit Übernachtung oft in großen Scharen in Bäumen, hohen Büschen, Hecken etc. Einemsen. Nahrungserwerb wie Amsel, sucht aber weniger im Falllaub und Bäumen und Sträuchern. Zur Brutzeit territorial, doch Bildung von ± geschlossenen Kolonien, im Zentrum einer Kolonie Brutrevier häufig auf Nestumgebung und Beobachtungswarte beschränkt. Nach dem Nestbau lässt Territorialverhalten nach, sodass sich weitere Paare in der Nähe ansiedeln können. Nahrungserwerb in neutralen Flächen außerhalb der Territorien. Intensives Abwehrverhalten am Brutplatz gegenüber Feinden. In einer Kolonie hassen nur die betroffenen und unmittelbar benachbarten Paare auf den Eindringling; durch gegenseitiges Warnen sukzessive Feindabwehr bis der Feind die Kolonie verlassen hat. Scheinangriffe mit aggressiven Sturzflügen und Vollbremsung kurz vor dem Feind auf fliegende oder in der Nähe sitzende Krähenvögel, Greifvögel und Eulen, aber auch Eichhörnchen oder Mensch; bei höchster Fluchtbereitschaft mitunter im Abdrehen ein oder zwei gezielte Kotspritzer. Kotspritzen kann wenige d nach Ablage des letzten Eies beginnen, erreicht seinen Höhepunkt kurz vor oder nach Ausfliegen der Jungen. Bei Einzelnestern kann Hassen auf Eindringlinge auch wegfallen; einzeln brütende Paare verhalten sich oft recht heimlich. Auch außerhalb der Brutzeit ausgesprochen gesellig, dann mitunter auch in riesigen Scharen, oft artrein (vor allem auf dem Zug).

Fortpflanzung, Brutbiologie [337, 1369, 767, 1722]. Geschlechtsreife im 1. Lebensjahr. Wohl monogame Saisonehe. **Ankunft am Brutplatz.** Meist ab Mitte März bis Mitte April, in Hochlagen und N-ME bis Ende April (Anf. Mai). Paarbildung wohl am Brutplatz. Bei Brutverlusten schon früh Umsiedlungen, diese während ganzer Brutzeit typisch. ♂ führt Partnerin zu verschiedenen Bäumen, diese wählt Nistplatz; Zeit zw. Nistplatzsuche und Nestbaubeginn wenige h bis 4 Wochen.

Nest. In Laub- und Nadelbäumen oder hohen Sträuchern, oft auf alten Bäumen und auffallend exponiert, meist in Stammgabelungen oder auf starken Ästen am Stamm. Bodenhöhe zw. 0–25 m, z.B. in CH_{466} Ø 5.0, in D_{481} 8.0 m, in PL_{121} 9.4 m, im Laufe der Brutsaison sinkt mittlere Bodenhöhe; Ausnahmen sind Gebäude-, Mauer-, Fels- und Bodenbruten. Basis und Außenbau des Nestes bestehend aus groben Grashalmen und -blättern (untermischt mit anderem Pflanzenmaterial); Rohbau wird mit nasser Erde ausgestrichen und dann der Erdnapf mit dickem Polster feiner Grashalme ausgelegt; später im Jahr gebaute Nester bestehen oft aus frischem Heu. Muldendurchmesser 90-110, -tiefe 50-85 mm. I.d.R. baut ♀ allein, wird beim Materialsammeln vom ♂ begleitet und bewacht. Bei Folgebruten kann Nistmaterial alter Nester wiederverwendet werden; auch Wiederbenutzung alter Nester aus Vorjahr bekannt. **Legebeginn.** In CH und D-BW frühestens Ende März, meist ab 2. Aprilhälfte, SW-D bereits Mitte April erster Höhepunkt, in N-ME und Hochlagen später, in N-Europa ab Ende Mai; Legebeginn in Kolonien meist nicht sehr stark synchronisiert, ebenso witterungsbedingte Schwankungen. Letzte Gelege etwa Ende Juni (Anf. Juli) begonnen. **Gelegegröße.** 5-6 (2-8); Aprilgelege am größten; D $April_{112}$ 4.7, Mai_{41} 4.6, CH < 700 m $April_{62}$ 5.3, Mai_{80} 5.3, $Juni_{49}$ 5.1; D_{116} 5.2, FIN_{372} 5.4, D-BB_{72} 5.7, -BW_{655} 5.3. Legeintervall ca. 1 d. **Eier.** Ähnlich Amsel und Ringdrossel; elliptisch, glänzend, Unterfarbe hell oder blass bläulichgrün, sehr variable rotbraune Fleckung. **Brutdauer.** 10-13 (14) d, Ø D_{15} 12.0 d; ♀ brütet allein. Bebrütung nach Ablage des 3. bzw. 2-5 d vor Ablage des letzten Eies; Schlupf meist asynchron. **Nestlings-/Führungszeit.** Huderzeit witterungsabhängig; nachts sitzt ♀ bis 9./10. d im Nest oder übernachtet auf Nestrand; in Anfangstagen übergibt ♂ meist Regenwürmer an ♀, das sie zu Futterballen zerquetscht; später füttern beide. Kot der Juv. wird anfangs gefressen, später weggetragen. Nestlingsdauer 12-16 d, bei Störungen schon ab 10. d. Nach Ausfliegen Juv. im Geäst oder versteckt am Boden, können an Bäumen nach oben hüpfen und nach ein paar d im Flatterflug schräg nach unten Bäume wechseln; Juv. nach 18 d gut flugfähig; mit ca. 30 d können sich Juv. selbständig ernähren, werden aber manchmal noch länger geführt (und gefüttert). **Jahresbruten.** 1-2; Anteil Zweitbruten unterschiedlich, in CH in tieferen Lagen die Regel, in D-BW Anteil aber auf ca. 20% geschätzt; einzelne Zweitbruten bis N. nachgewiesen; Brutverschachtelung belegt. Bis zu 2 Ersatzbruten bei Verlusten. **Ende der Brutperiode.** Meist im Juli, zuweilen Anf. Aug. **Bruterfolg.** Anteil erfolgreicher Nester schwankt von Jahr zu Jahr und zwischen Gebieten, Extreme in kleineren Stichproben zwischen 0 – 88%: lokale Ø aus mehreren J. liegen zw. 32-54% erfolgr. Nestern. Nachwuchsraten in ME z.B. 0.9, 1.8, 2.4 und 4.2 flügge Juv./Paar und J. (berechnet bzw. geschätzt). Zumindest zentrale Paare profitieren vom Koloniebrüten; bei späterem Legebeginn scheinen kleinere Kolonien größeren Bruterfolg zu haben als größere. Feindabwehr durch mehrere benachbarte Paare erhöht Bruterfolg. Bruterfolg hängt wesentlich von Regenfällen im Mai/Juni und vom Angebot an Regenwürmern ab [vgl. 1722].

Eimaße und –gewichte [1369]: L. 25.5-35.5 mm, B. 17.5-23.7 mm; Ø 28.6 x 20.6 mm (n=157, S.), Ø 30.6 x 22.1 mm (n=203, CS), Ø 27.8 x 21.0 mm (n=140, D-BY), Ø 29.1 x 21.1 mm (n=103, Bod.), Ø 28.9 x 21.2 mm (n=74, CH); Frischvollgew. 5.55-7.36 g; $\varnothing_{20}$ 6.36 g bzw. $\varnothing_{140}$ 6.67 g bzw. $\varnothing_{834}$ 6.60 g; Schalengew. 0.28-0.46 g, $\varnothing_{79}$ 0.378 g.

Sterblichkeit, Alter. Jährliche Sterblichkeit nach Ringfunden berechnet Br. N. ca. 53 % (für das 1. Lebensjahr höher), FIN ca. 65 %, CH ca. 69 %. Bei Dz. in B 44% [3641]. Höchstalter in Freiheit 18 J. 7 d, ferner 11 J. 4 Monate und 10 J. **Generationslänge:** < 3.3 J. [383].

Mauser. **Postjuvenile Mauser** (Teilmauser) Juli/Aug.–Ende Sept./Anf. Okt.; umfasst meist 4–6 innere Große Armdecken [767,3771,1866], bei früh geschlüpften Jungen auch Schirm- und Steuerfedern; Dauer 4–5 Wochen [1369]. • **Postnuptialmauser** (Vollmauser) setzt i.d.R. vor dem Brutende ein, (Ende Mai) Juni, Abschluss im Ende Aug./Sept.; Dauer ME ca. 70 d, in Skandinavien kürzer [1369,1356].

Turdus philomelos – Singdrossel 12000

Turdus philomelos C.L. Brehm 1831

GB **Song Thrush** F **Grive musicienne** E **Zorzal Común**

Taxonomie. Vier gering differenzierte UA: *philomelos* C.L. Brehm 1831 (Europa außer Britische Inseln bis N-Iran), *hebridensis* W.E. Clark 1913 (Hebriden), *clarkei* Hartert 1909 (Britische Inseln) und *nataliae* Buturlin 1929 (Sibirien). Möglicherweise eng verwandt (Superspezies?) mit *T. mupinensis* (China).

Kennzeichen. [1369,3615,767,221,3772, **Abb.** (europ. Formen) in Bird. W. **17**, 74 (z), (britische Formen) Brit. B. **96**, 320].

Maße. Gr.: 23 cm. Gew.: (März-Okt.) Dekaden-Ø 60.3 – 74.4 g, Ø 67.6 g. Fl.spw.: 33-36 cm. Fl.l.: ad. ♂ 118-127 mm, $\varnothing_{8}$ 121.9 mm, juv. ♂ 115-124 mm, $\varnothing_{39}$ 119.5 mm, ad. ♀ 116-124 mm, $\varnothing_{7}$ 120.0 mm, juv. ♀ 112-121 mm, $\varnothing_{50}$ 116.9 mm [1369,767].

Status. Verbreiteter und häufiger Brut-, Sommer- oder Jahresvogel. Sehr häufiger Durchzügler und in wintermilden Gegenden Überwinterungen.

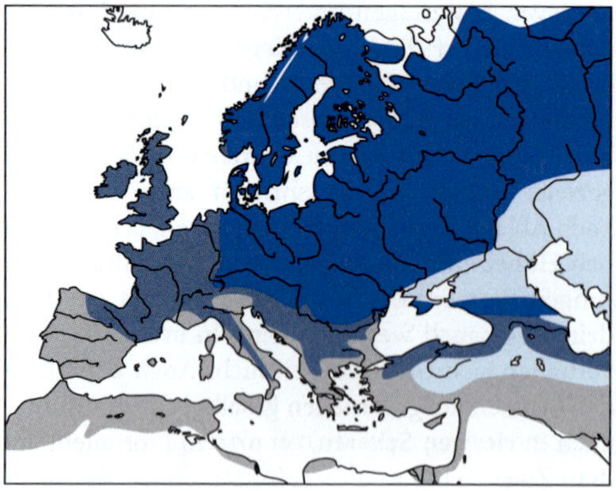

Turdus philomelos – **Singdrossel**

Verbreitung und Bestand. In W- und Zentral-Paläarktis von N-E., GB/IRL und Fenokandien (bis 70°N) nach E in RUS zwischen 50° und 60°N bis W Baikalsee, davon isoliert in N-Anatolien, Transkaukasien und um N-Iran; ferner eingeführt in AUS und NZ; S-Grenze in Europa in N-E., in I auf Alpen und Apennin beschränkt, auf der Balkanhalbinsel nach S bis N-GR sowie Randgebirge N-Anatoliens. In ME brüten zwei UA, im NW (NL, B, L bis Nrh. und W-Rhl.) *clarkei* und E davon, bei klinalen Übergängen, Nominatform. Kommt vom Tiefland bis an Waldgrenze vor und fehlt nur in baumfreien Gebieten; höchste Brutvorkommen in E-Alpen 1700–1950 m, in W-Alpen 2000–2200 m, CS 1600 (1700) m, PL 1300 m ü.M. Europäischer Gesamtbestand zw. 20 - 36 Mio. BP (stabil), mit Beständen > 1 Mio. BP in RUS (6-10 Mio.), S. (1.5-3), D (1.2-2.5), RO (1.4-2.2), F (0.6-3), LT (1-2), N. (1-1.5), UA. (1-1.2) und GB (1.14 Mio. BP); in ME brüten etwa 3.3 - 5.8 Mio. BP [383].

Wanderungen. Im W und SW des Areals Kurzstreckenzieher und Standvogel, sonst Zugvogel mit z.T. langen Zugstrecken; Abzugsrichtung W–SW. Überwinterung in kleiner Zahl S und W der 0°-, hauptsächlich jedoch W und S der 2.5°-Jan.-Isotherme. Hauptüberwinterungsgebiet GB/IRL, SW-Europa ab W-NL und W-B, Iberische Halbinsel und gesamter Mittelmeerraum nach E bis Iran und Arabische Halbinsel (südlichste Nachw. Sahelzone Afrikas, Eritrea, N-Jemen, Oman). Im atlantisch beeinflussten ME Winterbeob. nicht ungewöhnlich; Rasterfrequenz NL Jan. 1978-83 66 %; Rhl. Dez.–Jan. 1983-86 22 %; D-BW Winter 1987-91 12 %, darunter vermutlich aber auch Frühheimkehrer [203]; CH-SO 1981-98 Dez.-Feb. regelm. in kleinen Zahlen [672]. Überwinterungsversuche zunehmend aus allen Tieflagen nach E bis D-MV, N-PL, CZ/SK. und sogar S- Fennoskandien. Winterquartiere einzelner Populationen überlappen sich stark, doch lässt sich W-E-Staffelung erkennen und Tendenz nordischer Populationen weiter zu ziehen als südliche [detaillierte Aufgliederung für den Winterraum F vgl. 685,2868; Ringfunde z.B. 605,68,3701,4064]. Beispiele (Dez.–Jan.): **Br. GB** im Brutgebiet, IRL, NW-F, NW-E.; **Br. N.** in SW-F, E., P, S-F; **Br. S./FIN** in S-GB, W-F, E., P, NW-Afrika, 1; **Br. NW-D, NL, B** z.T. im Brutgebiet, GB, F, E., P, Balearen; **Br. E-D** in I, SW-F, E., Balearen, P, DZ, TN; **Br. PL** in S-F, I, Sardinien, Balearen, E-und S-E.; **Br. CH** in SW- und SE-F, E-E., Balearen, I, Korsika, Sardinien, DZ, TN; **Br. EST** in F, N-I, E, P; **Br. CZ** in S-F, E., P, MA, DZ, TN. Dismigration der Jungvögel ab Juli; Wegzug ab Mitte Aug., Abzug aus Fennoskandien Mitte Sept.–Mitte Okt., Nachzügler Nov.; Dz. in ME Mitte Sept.–Mitte Okt. mit Gipfel im 1. Okt.-drittel (Pentade 56/57) [322]; Col de Bretolet CH Dz.-Median 7.10. [1861], Nachzügler bis nach Mitte Nov.; südlichste Punkte des Wintergebiets werden erst ab Okt. erreicht. Heimzug Feb.–März mit Nachzüglern bis April–Mai. Früheste Dz. in SW-ME im 1.–2. Feb.drittel, mittlere Erstankunft Anf. März, im W (D, B, NL) ab Mitte Feb.–Anf. März, weiter E (E-D, CZ) ab 1. Märzdrittel, Ø meist in 2. Märzhälfte.
Mittlerer Breitengrad der Winterfunde beringter Br. aus GB/IRL seit 1960er J. signifikant um knapp 2 Breitenminuten/J. nach N verschoben [3634]. Längste Zugstrecken FIN – MA 4300 km und 4400 km SW; in ME und W-Europa erscheinen auch Br. bis W-Sibirien (z.B. B – Gebiet Swerdlowsk). FIN mittlere Zugleistung pro Nacht 674 km; höchste mehrtägige Ø 208 und 216 km/d. Geburtsortstreue offenbar weniger stark als bei Amsel. Brutortstreue nachgewiesen.

Bestandsentwicklung. Kurzfristig erhebliche Bestandsfluktuationen in Folge von Kältewintern sowie Veränderungen der forstlichen Verhältnisse (Waldbrände, Kahlschläge, Insektenkalamitäten, Waldsterben etc.) [1369; vgl. auch Bsp. in 55,1158,196].

	Best.	Areal	Brutbestand	Jahr	Quelle
A	+/-	=	250.000–500.000	1998–2002	[383]
B	↓	- 1	20.000–100.000	2001–2002	[383]
CH	+/-	=	200.000–250.000	1993–1996	[383]
CZ	+/-	=	400.000–800.000	2000–2002	[383]
D	+/-	=	1.200.000–2.500.000	1995–1999	[383]
FL	+/-	=	1.000–1.500	1998–2000	[383]
H	+/-	=	270.000–410.000	1999–2000	[383]
L	↓	=	5.000–8.000	2001	[383]
NL	↓	=	120.000–160.000	1998–2000	[383]
PL	+/-	=	500.000–800.000	2000–2002	[383]
SK	+/-	=	300.000–600.000	1990–1999	[383]

Langfristig in ME Bestandsabnahmen [1369,337], insbes. deutlich aus Verhältnis zur inzwischen fast überall häufigeren Amsel (Ausnahme: Waldgebiete E-ME) [442,1369,2031,3268; aber 2068].
Seit 1950er J. Bestände in N-ME stabil oder leicht zunehmend. Entsprechende Trends in N- und E-Europa bis in 1970er J. gemäß den Zahlen der ME Beringungsstationen [2687,320,2950,1369,3871,2564]. Dagegen ab 1970er J. vor allem in GB und IRL deutliche Bestandsrückgänge [130,2471,3590,3892; auch S./FIN: 2122]; entsprechende Abnahmen, z.T. wohl bedingt durch Kältewinter der 1980er J., auch in NL und L, Arealverluste zudem in B [1585, 2407,3892,375,3638,1585,196,2857,2920,884,3179, 198; Monitoring CS: 1852], z.T. erholten sich nicht alle Populationen in 1990er J. [NL: 375,3638].
Doch auch viele Meldungen über positive Entwicklungen [834,2393,55,595,196,1137]. Vor allem in Eichen-/Hainbuchenwäldern sowie einigen Niederungsgebieten N-D starke Zunahmen, dagegen in einigen städtischen oder siedlungsnahen Gebie-

ten Rückgänge [N-D, PL: 1,1137,767,973]; andererseits Trend zur Verstädterung seit etwa Ende 19. Jh. in Teilen ME weiter anhaltend [965,2068,2623, 310,2838], obwohl Singdrossel gegenüber menschlichen Störungen recht empfindlich [2836]; meist regional aber keine langfristigen Änderungen bekannt [1,1585,3392,3393,965]. Der Rückgang der Populationen von *clarkei* in NL und GB/IRL und der auffallende Arealverlust in B bedürfen genauerer Analysen [130,2471,1343].

Siedlungsdichte. Reviergrößen im Kulturland ME mitunter nur 0.16–0.67 ha, in Wäldern 0.6–2.8 ha (z.T. Mittelwerte); quantitative Erhebungen führen in manchen Waldtypen leicht zu Unterschätzungen des Bestandes, andererseits sind Erhebungen auf Kleinflächen kaum repräsentativ und Dichtewerte ohne Flächengaben weitgehend wertlos (ebenso bei Misteldrossel). Höchstdichten in ME auf Flächen von 20–49 ha 14.1–9.9–8.0 (Ø 9.9), von 50–99 ha 10.2–4.0–2.2 (Ø 5.6), von > 100 ha 4.2–2.5–1.8 (Ø 2.7) Rev./10 ha; im Białowieza-Urwald 8.5 BP/10 ha [1507]. Großflächendichten in ME (> 100 km^2) 0.4-13.4 BP/km^2 [s. Tab. 24 in 337].

Verlustursachen [1369,196,3636,2471,2564]. Bedeutendster Mortalitätsfaktor offensichtlich Jagd in S(W)-Europa.
Rückgang in jüngster Zeit u.a. durch verstärkten Einsatz von Bioziden, Rückgang der Schneckenbestände und Wechsel auf Wintergetreide mit Verlust frisch angesäter Flächen im Frühjahr (wesentlich besser belegt bei Misteldrossel in GB) [2849,2471]).
Hohe Verluste durch Prädation zur Brutzeit, vor allem monotone Nadelforste sowie Hecken mit sehr hohen Prädationsverlusten (vgl. auch Amsel) häufig »ökologische Fallen«, sowie durch Kältewinter.
Tod an Freileitungen und Sendemasten etc.
Störungen am Nest, dabei Singdrossel offenbar empfindlicher als Amsel [B. Grajetzky]

SPEC	VSchRL	Bern.Konv.	Bonn.Konv.
E	II-2	Anh. III	Anh. II
Europ. RL	RL in ME		
--	--		

Schutzmaßnahmen. Derzeit noch nicht erforderlich. Doch genauere Untersuchung der »schleichenden« Bestandsverluste in jüngster Zeit dringend erforderlich, um gegebenenfalls notwendige Maßnahmen einleiten zu können.

Biotop. Br. in vielen Teilen ME (Hoch- und Mittelgebirge} vor allem in geschlossenen Fichten- und Tannenwäldern mit vorzugsweise dichtem Unterholz, aber auch in unterholzarmen Nadelbeständen; größere offene Flächen für den Nahrungserwerb nicht erforderlich, sucht vor allem in dichten Beständen am Boden. Im reinen Laubwald seltener. Im Tiefland breiteres Spektrum von Waldtypen besiedelt, sofern Unterholz vorhanden; kommt als Br. auch in Feld- und Ufergehölze, Parkanlagen, kleinere Baumbestände im Siedlungsbereich bis in relativ kleine Gärten. Verstädterung jedoch sehr unterschiedlich und mitunter nicht von Dauer (vgl. oben). Rastplätze auf dem Zug alle Arten von Gehölzen, im Winter auch in weitgehend offenen Landschaften. Im Mittelmeerraum gewöhnlich Br. in Bergwäldern.

Nahrung. Im Sommerhalbjahr hauptsächlich Regenwürmer, Imagines, Puppen und Larven von Käfern und Schmetterlingen; Nackt- und Gehäuseschnecken spielen bedeutendere Rolle als bei anderen heimischen Drosseln; daneben viele weitere Kleintiere, insgesamt große Vielfalt der animalischen Nahrung. Saisonale Änderung mit hoher Dominanz Regenwürmer im März/Apr., Schnecken im Juni/Juli sowie Spinnen bei Trockenheit, dabei Unterschiede zw. stabilen und abnehmenden Populationen [1452]. Im Sommer, Herbst und Winter vielfach Beeren und Früchte, aber weniger vielseitig als Amsel oder Misteldrossel

Stimme. Lock- und Flugruf scharf und kurz »zipp«; bei Erregung nur ein kurzes »djük« oder »dük-dük«: Zetern durchdringend »tschi-tschi…« oder »tschecktschecktscheck…«, deutlich heller und flacher als Amsel. Reviergesang aus klaren, meist mehrsilbigen und typischerweise meist 2–3 mal wiederholten Motiven, z.B. »dit«, »driü«, »didüwit«, »zidü« etc., dazwischen Roller und Triller, auch geräuschhafte Laute, mitunter hervorragende Imitationen. Reviergesang von hoher Warte aus in auffallend aufgerichteter Haltung. Daneben leiser Gesang, offenbar an Partner gerichtet. Reviergesang im Brutgebiet meist wenige d nach Ankunft, auch schon im Feb.; starke Abnahme der Gesangshäufigkeit während der Eiablage. Herbstgesang meist als Subsong. Im Winterquartier in S-F regelm. ab Nov. mit steigender Intensität singend, in England geht herbstlicher Subsong im Lauf des Winters in Reviergesang über. Anders als Rot- oder Wacholderdrosseln singt *T. philomelos* seltener oder erst gegen Ende des Heimzuges.

Verhalten. Tagaktiv. Schon in frühem Stadium der Brutsaison Morgengesang meist für ca. halbe Stunde, Abendgesang meist länger. Nachtzieher. Steht auf Boden meist aufrechter als Amsel. Nahrungssuche meist am Boden oder in Bodennähe. Gehäuseschnecken werden am oberen Mündungsrand gepackt und durch heftige Seitwärtsbewegung des Kopfes gegen harte Unterlage geschlagen (»Drosselschmiede«). Erfahrung scheint bei der Auswahl des »Amboss« eine Rolle zu spielen, da bestimmte Steine etc. mitunter mehrere J. hintereinander benutzt werden. Zur Brutzeit territorial, Reviergesang im Frühjahr meist auf hohen Warten (Baumwipfel, in Siedlungen Fernsehantennen, Dachfirste). Kämpfe sind selten und führen kaum zu Verletzungen (vgl. Amsel). Am gut gedeckten Nest oft sehr heimlich. Bei Störungen am Nest aber auch Angriffe und gezieltes Kotspritzen. Eben ausgeflogene Junge können zu rohrdommelähnlicher Pfahlstellung »erstarren«. Bei Standvögeln werden je nach Nahrungsangebot und -verteilung auch Winterterritorien behauptet. Nach der Brutzeit weniger gesellig als andere Drosseln; zuweilen aber größere lose Ansammlungen. Schlafplatzgesellschaften außerhalb der Brutzeit meist unauffällig.

Fortpflanzung, Brutbiologie [337,1369,767,1722]. Geschlechtsreife wohl im 1. Lebensjahr. Monogame Saisonehe; ♂ mit hoher Reviertreue (bei ♀ geringer). **Ankunft am Brutplatz.** Meist ab Anf./Mitte Feb. (März), regional schon im Winter möglich. ♀ prüft oft mehrere d potenziellen Nistplatz. **Nest.** In Bäumen oder Sträuchern, bevorzugt in Nadelbäumen, stark von Habitat und Angebot beeinflusst; wichtig sind Sichtschutz nach oben und feste Unterlage. Bodenhöhe i.d.R. geringer als bei Mistel- oder Wacholderdrossel, größer als bei Amsel, z.B. in CH 0.9-8.0 m (Median 2.0 m), in PL 0-8 m (Ø 2.5); stark von Vegetationsstruktur abhängig. Besonders gerne (vor allem bei frühen Bruten, in jungen Fichten-/(Tannen-)schonungen. Außergewöhnliche Niststandorte vor allem bei Siedlungsbewohnern bekannt, aber nicht so regelm. wie bei Amsel. Außenbau locker aus Zweigen oder Gras (auch anderem Pflanzenmaterial); Nestmulde i.d.R. aus geglätteter Schicht aus zerkleinertem Holz oder aus Holzmulm, meist mit feuchter Erde durchmischt, oder nur aus Lehm. Muldendurchmesser Ø ca. 90, -tiefe 65-75 mm. I.d.R. baut ♀ allein, Dauer 3-5 d, zuweilen auch länger (bei Ersatzbruten oft nur 2 d). Nester sehr stabil, werden auch wiederverwendet. **Legebeginn.** In SW-ME frühestens ab Mitte/Ende März, meist ab April und im Mai; selten noch Ende Juli/Anf. Aug. Meist einige d später als Amsel; bei Siedlungsbrütern früher als im Wald. **Gelegegröße.** 4-6 (2-7); Gelege in 1. Maihälfte Ø am größten; Habitatunterschiede möglich. NL_{281} 4.3 (April 4.2, Mai 4.5, Juni 4.5), CH_{265} 4.4 (April 4.2, Mai 4.6, Juni 4.1); W-D_{679} 4.3 (April 4.0, Mai 4.5, Juni 4.1); GB_{1155} 4.7, FIN_{264} 4.8, D-BW_{303} 4.4. Legeintervall ca. 1 d. **Eier.** Breitoval, glänzend, Unterfarbe grünblau, hauptsächlich am breiten Ende spärlich mit dunklen runden Flecken und Punkten besetzt. **Brutdauer.** 12-14 (10-17) d; ♀ brütet allein. Bebrütung nach Ablage des (vor-)letzten Eies; Schlupf synchron. **Nestlings-/Führungszeit.** Huderzeit witterungsabhängig; beide füttern. Nestlingsdauer 13-14 (11-17) d. Erste d nach Ausfliegen Juv. in Deckung, werden noch bis 2 Wochen von den Ad. gefüttert. **Jahresbruten.** 2; Drittbruten belegt (in manchen Gebieten nicht außergewöhnlich, z.B. Białowieza PL), regional (und in sehr trockenen Frühsommer-Jahren) auch nur 1 Brut. **Ende der Brutperiode.** In der Mehrzahl der Fälle im Juli, zuweilen im Aug. **Bruterfolg.** In GB ergaben 55%, in CS 54% der abgelegten Eier Juv.; Bruterfolg in einzelnen Stichproben in unterschiedlichen J. und nach Saison sehr verschieden; in GB von 816 Nestern 50% mit Schlüpf- und 36% mit Ausfliegeerfolg, in D-BW Schlüpferfolg 55% und Gesamtbruterfolg 42.2%, in -BB schlüpften 53.6% (3.8 Juv. pro erfolgr. Brut). Hohe Verluste durch Aufgabe, Witterungseinflüsse, Prädation und Sterilität.

Eimaße und -gewichte [1369]: L. 19.4-31.2 mm, B. 17.0-22.8 mm; Ø 27.3 x 20.6 mm (n=647, CS), Ø 27.7 x 21.0 mm (n=89, CH), Ø 27.3 x 20.5 mm (n=121, L), Ø 27.6 x 20.8 mm (n=199, B), Ø 26.9 x 20.3 mm (n=148, N-D); Frischvollgew. 5.24-7.36 g; $Ø_{34}$ 6.15 g bzw. 4.51-7.86 g, $Ø_{155}$ 5.68 g; Schalengew. 0.26-0.42 g, $Ø_{106}$ 0.314 g.

Sterblichkeit, Alter. Nach Ringfunden für CZ/SK. Sterblichkeit im 1. Lebensjahr ca. 58 %, in späteren J. 44 %, in F 59 % bzw. 46 %. Für Durchzügler auf Kurischer Nehrung 58-63.2% im 1. J. und 36.7-43.9% für Ad. errechnet [2952]. Bei Br. GB/IRL 1962-94 im 1. J. 54 %, bei Ad. 44 %/J. [3590], 1962-1975 im 1. J. 52 % und 1975-93 59% (zeitgleich deutlicher Bestandsrückgang), höhere Sterblichkeit in J. mit kalten Wintern [3835]. In S-Europa und Mittelmeerländern dürfte Jagd wichtigster Mortalitätsfaktor sein. Ältester Ringvogel (DK) 17 J. 5 Monate [3654]. **Generationslänge:** < 3.3 J. [383].

Mauser. **Postjuvenile Mauser** (Teilmauser) beginnt kurz nach Flüggewerden [767], Juli–

Aug.(Sept./Okt.); neben Körpergefieder 1–6 (alle) Große Armdecken, ausnahmsweise Schirm- und Steuerfedern gewechselt [767,1369,1866,118].

• **Postnuptialmauser** (Vollmauser) Ende Juni–Mitte Okt., Höhepunkt Mitte Juli–Anf: Sept.; Dauer ca. 50–59 d [1369].

Turdus iliacus – Rotdrossel 12010

Turdus iliacus Linnaeus 1766 auch: Weindrossel

(GB) **Redwing** (F) **Grive mauvis** (E) **Zorzal Alirrojo**

Taxonomie. Zwei UA: *iliacus* Linnaeus 1766 (N Eurasien) und *coburni* Sharpe 1901 (IS, Färöer).

Kennzeichen. [1369,3615,767,221,3772; weitere Fotos in Dutch. B. **20**, 184, Limic. **17**, 337].

Maße. Gr.: 21 cm. Gew.: (Sommer) ♂ 49.0-65.5 g, $Ø_{44}$ 59.9 g, ♀ 54.6-68.0 g, $Ø_{40}$ 62.5 g. Fl.spw.: 33-34.5 cm. Fl.l.: ♂ 111-121 mm, $Ø_{72}$ 116.9 mm, ♀ 108-120 mm, $Ø_{63}$ 114.7 mm [1369,767].

Status. Nominatform regelm. und häufiger Durchzügler und Gastvogel, nur im W und milden Tiefländern auch regelm. Überwinterer; zudem seltener, lokal z.T. unsteter Brut- und/oder Sommervogel. Brutnachw. in **D:** -NI 1963, 1966-68 (bis > 6 sing. ♂ Drömling), 1970 (1), 1971 (2), 1984, ferner -verdacht 1969 und 1982; -BY 1865, 1982 (2 Nestfunde), ferner viele Sommerbeob. und Brutverdacht an verschied. Stellen; -ST 1866; -BB 1964-82 mehrere (meist Niederlausitz), 1994, 1995 sowie Brutverdacht u.a. 1987, 1990, 1997; -SN 1975, 1981; -MV mehrere Brutzeitfeststellungen 1971-80; -BW Bruten 1970, 1978, (1982), Sommerbeob. u.a. 1955, 1960 [1369,337,1722,1,3667]. **A:** -T 1939, 1977; -K 1974; -Nö Sommerbeob. 1982-83 [1369,337]. **CS:** Einzelne im 19.Jh. (z.B. 1881, 1899), in Gebirgsgegenden von Böhmen und Mähren Brutverdacht und -nachw. aus 1927, 1935, 1951, 1954, 1959, 1960, 1970 (3) und allj. 1-5 Paare 1972-78 an bis 3 Stellen, seit 1980er J. noch etwas häufiger [1369,2159].
UA *coburni* von IS und Färöer in ME Ausnahmegast, mit Nachw. u.a. in **B:** Nov. 1953, Nov. 1994, Okt. 1998 [1677]. **D:** Helgol. vorj. ♂ Apr. 1938, ad. ♂ Okt. 1939 und Okt. 1940, diesj. ♂ 2 mal Okt. 1940 und Okt. 1959; -NW ♂ Okt. 1973, -HE Okt. 1970; -MV Okt. 1970; -BB Okt. 1973 und Okt. 1975 [1369].

Verbreitung und Bestand. In borealer Zone von Fennoskandien bis Kolyma, E-Sibirien; ferner isoliert in SW-GRÖ, IS und Schottland. N-Grenze von

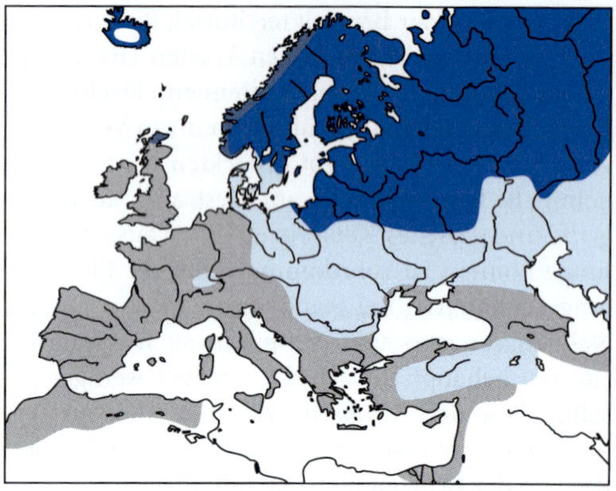

Turdus iliacus – **Rotdrossel**

N-N. über Murmansk und N Kanin-Halbinsel bei 69-71°N, S-Grenze durch S-S., NE-PL, Baltikum, S-BY und etwa 52°N im Ural. Nominatform mit einigen Vorkommen S des geschlossenen Areals, so in ME regelm. in Mittelgebirgen CZ sowie weniger regelm. in D, A und SK. [1585]. Europäischer Gesamtbestand etwa zw. 16 - 21 Mio. BP (stabil), mit Populationen > 1 Mio. BP in RUS (12-15 Mio.), FIN (1.5-2.5), N. (1-1.5) und S. (0.75-1.5 Mio. BP); in ME nur 500-1000 BP [383]; in FIN ist Rotdrossel dritthäufigste Vogelart überhaupt [1369].

Wanderungen. Überwiegend Kurz- und Mittelstreckenzieher, überwintert in Europa W und S der 2.5°-Jan.-Isotherme, in kleiner Zahl auch in N-Afrika und Asien nach E bis Kaukasus, Turkmenien. Zwischen +2.5° und –2.5°-Jan.-Isotherme ist Wintervorkommen stark abhängig von Witterung und Nahrungsangebot an Beeren. Nach Ringfunden überwintern Einjähr. vor allem in England, F, I, GR, W-TR, ältere in Iberien und NW-Afrika. Br. IS überwintern in Schottland, IRL, W-F, NW-Iberien [2632]. Überwinterungsversuche einzelner bereits in S-Fennoskandien und Ostseebereich, größere Winterbestände ab NW-D; z.B. Gitterfeldfrequenz NL Jan. 1978-83 85 %, D-RP Winter 1983-86 43%,

D-BW Winter 1987-91 6 % [203]. Seit 1930er J. zunehmend Überwinterung in IS in größeren Städten [3615]. Hauptwegzugsrichtung Fennoskandien und Sibirien S bis W, vorwiegend SSW-SW, Ringfunde aus SW-Europa reichen bis Tomsk. Sibirische Brutvögel wandern > 6500 km WSW in Wintergebiete [3615]. Vögel vom selben Geburtsort wurden in weit auseinanderliegenden Winterquartieren gefunden, auch individueller Winterquartierwechsel nachgewiesen. Dismigration der Jungvögel ab Juli, Verlassen der Brutgebiete ab Ende Aug.-Anf. Sept., Hauptwegzug aus Fennoskandien etwa zw. 20. Sept. und 20. Okt. In ME einzelne schon Juli-Aug. abseits offenbar nicht allzu ferngelegener Brutplätze; früheste Zugdaten ausnahmsweise 1. Sept.hälfte, ab Anf. Okt. dann zunehmend, Höhepunkte des oft auf kurze Zeit zusammengedrängten Massenzuges je nach Jahr und Gebiet zwischen 10. Okt. und Mitte Nov.; Nachzügler fast den ganzen Winter hindurch, bei Kälteflucht auch größere Trupps [Zunahme von Totfunden bei kaltem Wetter: 686]. Heimzug beginnt in ME frühestens Mitte Feb. mit Höhepunkt Ende März-Anf. April, oft noch stärker auf wenige Nächte konzentriert als im Herbst. Nach Ende April abseits der Brutplätze in ME nur noch Nachzügler, im N mehr Maibeob. als im S; in Fennoskandien Ankunft Ende März-Anf. April im S, bis Anf. Mai im N. Längste nachgewiesene Zugstrecke FIN - MA 3990 km SW; höchste Tagesleistungen im Ø 110 -120 bis 190 km, über kurze Zeit noch wesentlich höher. Hinweise auf Fremdansiedlung weit vom Geburtsort. Brutortstreue größer als Geburtsortstreue [1063], ♂ offenbar reviertreuer als ♀.

Bestandsentwicklung. Starke kurzfristige Schwankungen in Folge kalter schneereicher Winter (z.T. Massensterben) sowie (vermutlich) erhebliche Arealverschiebungen in Fennoskandien durch Zugabbreviationen oder -prolongationen in Abhängigkeit von Frühjahrstemperaturen [1369,1507].

In weiten Gebieten N-Europas im 19. und 20. Jh. aufgrund von Lebensraumveränderungen (Kahlschläge, Aufforstungen, Verjüngung der Wälder etc.) sowie möglicherweise aufgrund klimatischer Änderungen deutliche Arealausweitung und Bestandszunahme [767,1369,1507,3969], auch aus Durchzüglerzahlen deutlich [Helgol.: 2687, Kurische Nehrung: 2950]; profitiert offensichtlich von zunehmender Auflockerung ehemals geschlossener borealer Waldgebiete, von Verstädterung sowie von höherer Überlebensrate in zunehmend milderen Wintern der letzten Jahrzehnte.

	Best.	Areal	Brutbestand	Jahr	Quelle
CZ	↕	F	0–5	1990–1999	[383]
D	↕	F	0–1	1995	[383]
PL	↓	- 1	500–1.000	1990–2000	[383]
SK	↕	F	0–5	1990–1999	[383]

Zwar Neuansiedlungen S des Areals nicht immer dauerhaft, doch zumindest in Teilen GB [1343,1369] und PL (Karpaten, Pommern) seit 1950er J. größere Populationen etabliert, ferner gelegentlich Vorstöße in andere Regionen [3867,973,1369,1507,3871]. Inzwischen kleineres regelm. Brutvorkommen in CZ [2159]. Dagegen keine dauerhafte Brutansiedlung in seit Ende 1970er J. zeitweilig besetzten Gebieten D-BY, -NI, -BB, -MV und A-Nö [337,1369,204,1587,2031,2772,2808,3268,q17,4175,3198,1734,343].

In Teilen PL sowie in FIN und EST etwa seit 1990er J. wieder negativer Trend erkennbar [3930,3970,1585,3871]; doch Arealausweitung in UA. offensichtlich weiter anhaltend [q3]. Meiste andere Regionen ohne erkennbare langfristige Veränderung [1507,1585].

Siedlungsdichte. Reviergrößen 0.5 bis höchstens 1 ha. In reich strukturierten Laubwäldern max. Dichten bis 70-100 BP/km2, Ø (Linientaxierungen) in Laubwäldern FIN 30-40 BP/km^2, in subalpinen Birkenwäldern N. 12 BP/km^2, in Nadelwäldern jeweils etwa halb so hoch; Großflächendichten in FIN bis 1940er J. im N ca. 8 BP/km^2, im S 1-3 BP/km^2, doch nach starker Zunahme auch S des Polarkreises bis 10 BP/km^2 [1507].

Gefährdungsursachen [1369,196]. Hauptsächlich natürliche Ursachen, insbesondere kalte und schneereiche Winter, in geringerem Maße auch Nahrungsknappheit, Konkurrenz mit anderen Drosselarten etc.

Hohe Verluste auf Zug, z.B. bei Querung der Nordsee, bei Anflügen gegen Gebäude und Leuchttürme und Umfliegen der Feuer von Ölplattformen.

SPEC	VSchRL	Bern.Konv.	Bonn.Konv.
^{E}(W)	II-2	Anh. III	Anh. II
Europ. RL	**RL in ME**		
--	CZ:'VU'		

Schutzmaßnahmen in Anbetracht der Bestandssituation nicht erforderlich.

Biotop. Br. in Laub-, Misch- und Nadelwäldern vor allem früher Sukzessionsstadien, relativ dichter

Baumkronen- und Strauchschicht sowie Grenzlinien an Wiesen, Feldern oder Ufern von der Küste bis ins Gebirge, aber auch in Parks und Gärten von Städten und Dörfern. Häufig in subalpinen lichten (aber auch dichteren) Birkenwäldern, im Tiefland vor allem an feuchten Standorten, in E-Europa z.B. in Pappel-, Weiden- und Schwarzerlenbeständen. Auf dem Dz. häufiger in offenen Grünlandflächen als Singdrossel, auch in Parks oder an Waldrändern.

Nahrung. Im Sommerhalbjahr vorwiegend animalisch, z.B. Regenwürmer, Käfer (auch größere und hart chitinisierte Formen), Schmetterlingsraupen, Heuschrecken, Ameisen, Schnaken, Schnabelkerfe, Tausendfüßer, kleine Schnecken etc. Eine große Zahl Beeren und Früchte ab Sommer nachgewiesen, z. B. Mistel, Vogelkirsche, Brombeere, Holunder, Schneeball, Weißdorn, Eberesche und Obst; im Winter in S-Europa Oliven, Trauben, Hagebutten [z.B. 3622].

Stimme. Charakteristischer Flugruf (auch nachts auf dem Zug) hohes, gedehntes, raues, leicht abfallendes »ziih«. Warnruf spechtähnlich weich »gjüg«, auch schnarrendes »trrrt trrrt«. Gesang deutlich zweigeteilt: zu Beginn ein flötendes Motiv aus 3-8 Elementen, leicht abfallend. Daran schließt sich schwatzend schnarrendes Zwitschern an. Dieses zur Zugzeit oder im Winter auch von rastenden Trupps als Massengesang zu hören. Beide Gesangsteile individuell und geographisch variabel. Länge des zweiten - eher aggressiv motivierten - Teiles äußerst variabel von unterdrückt bis ca. 45 sec, unmittelbar nach Ankunft im Brutgebiet am größten und im Saisonverlauf abnehmend.

Verhalten. Tagaktiv, zieht untertags oder ab frühem Morgen. Hüpft und läuft auf dem Boden, steht aufrecht, hebt bei Erregung den Schwanz ruckartig an; Flug wellenförmig, nach längeren Schlagphasen werden Flügel für kurze Zeit angelegt. Nahrungserwerb hauptsächlich am Boden, bes. auf kurzrasigen Wiesen oder Weiden. Seitwärtsschleudern von Blättern zumindest sehr viel weniger häufig als bei Amsel und Singdrossel. Zur Brutzeit i.d.R. territorial; Reviergesang von hohen Warten; daneben Fluggesang. Mitunter Nestabstand nur gering und mehrere Nester dichter beisammen. Während der Balz zeigt ♂ weiße Flügelunterseite beim Flug um das ♀, ferner Flügel- und Schwanzspreizen. Nest wird gegen Luftfeinde verteidigt. Vor dem Ausfliegen der Jungen auch gezielte Scheinangriffe und Kotspritzen. Flügge Jungen können starre Schreckstellung mit 45° hochgerecktem Kopf einnehmen. Außerhalb der Brutzeit wenig gesellig, ab Juli aber dann meist auch in größeren Gruppen; Zugverbände können Hunderte umfassen. Schlafplatzgemeinschaften im Allgemeinen klein. Im Winter auch Verteidigung beerentragender Bäume und Sträucher gegen Artgenossen und andere Drosseln.

Fortpflanzung, Brutbiologie [337, 1369, 767]. Geschlechtsreife im 1. Lebensjahr. I.d.R. monogame Saisonehe. **Nest.** Wahl offenbar durch ♀. Vielseitig, Sichtschutz nach oben und feste Unterlage entscheidend. In Bäumen (vor allem Fichte) auf festen Ästen, nicht selten auch am Boden, ferner leere Gebäude, Holzstöße etc. Nest aus 3 Schichten: Außenbau aus groben Gräsern, Schachtelhalm u.a. Pflanzenmaterialien, mittlere aus feuchter Erde, Lehm und/oder verrottenden Pflanzenteilen, innerste aus feinen Gräsern. Muldendurchmesser 75-100, -tiefe 50-70 mm. ♀ baut, wird nicht selten vom ♂ begleitet. Dauer 3-6 d. **Legebeginn.** Baltikum S-Fennoskand. meist ab Mitte April, nach N zunehmend später (Mai/Anf. Juni); selten noch Ende Juli/Anf. Aug. Meist einige d später als Amsel; bei Siedlungsbrütern früher als im Wald. **Gelegegröße.** 4-6 (3-8); Ende Mai/Anf. Juni am größten; Zunahme von S nach N; EST_{1673} 5.0, S-FIN_{2186} 5.1; N-FIN_{129} 5.3, N-$S._{261}$ 5.5. Legeintervall < 1 d. **Eier.** Breitoval, glänzend, einfarbig graugrünlich bis olivbraun oder graublauer Grund mit ± deutlichen lehmbraunen Flecken. **Brutdauer.** 10-13 d; ♀ brütet allein. Bebrütung schon während des Legens oder vorletztem Ei; Schlupf asynchron. **Nestlings-/Führungszeit.** Beide Ad. hudern, beide füttern. Nestlingsdauer 8-13 d. Erste beiden d nach Ausfliegen Juv. in Krautschicht versteckt, danach Abwandern um mehrere 100 m; noch 2 bis 3 Wochen im Familienverband, zumindest nach Erstbrut Anteil des ♂ höher als des ♀. **Jahresbruten.** 1-2; im S des Areals regelm. 2; 3 Bruten bei einem ♀ belegt. Ersatzgelege. **Ende der Brutperiode.** Späteste Nestlinge in FIN Mitte Aug. **Bruterfolg.** In FIN Nachwuchsrate 3.4 Juv./Paar und J. mit starken jährl. Schwankungen. Bruterfolge mit 30-40% (Juv. in% der abgelegten Eier) geschätzt; in S. von 259 Nestern 32% Totalverlust, von 285 Eiern schlüpften 69%, Gesamterfolg 50.4%.

Eimaße und –gewichte [1369]: L. 22.0-29.0 mm, B. 17.0-20.5 mm; Ø 25.6 x 18.3 mm (n=102, S.);

Frischvollgew. ca. 4.9 g; Schalengew. 0.195-0.32 g, Ø$_{102}$ 0.258 g.

Sterblichkeit, Alter. Adultmortalität auf ca. 50 %/J. geschätzt; Bei Dz. in B 48 %/J. errechnet [3641]. Höchstalter von Ringvögeln 18 J. 10 Monate, 17 J. 5 Monate [3654], 12 J. 6 Monate. **Generationslänge:** < 3.3 J. [383].

Mauser. **Postjuvenile Mauser** (Teilmauser) (Ende Juni) Mitte Juli–Mitte Sept. (Anf. Okt.), vor Wegzug beendet; spät geschlüpfte Junge mausern schneller [1369]; neben Kleingefieder auch 3-6 (alle) Große Armdecken und unregelm. einzelne (alle) Schirmfedern und ST 1 [767,3771,1866]. • **Postnuptialmauser** (Vollmauser) Ende Juni/Mitte Juli–Ende Aug./Sept. [767,1369]; HS-Mauser beginnt bereits während oder gegen Ende der Fütterungsperiode, bei ♂ eher als bei ♀; Dauer FIN ca. 40–52 d [1369], spät beginnende Ind. mausern schneller.

Turdus migratorius – Wanderdrossel 12030

Turdus migratorius Linnaeus 1766

(GB) **American Robin** (F) **Merle migrateur** (E) **Zorzal Robín**

Taxonomie. Sieben UA, davon in Europa nur *migratorius* Linnaeus 1766 (N N-America von Quebec nach W) und eventuell *nigrideus* Aldrich & Nutt 1939 (N Quebec, Labrador, Neufundland). Mitunter wird *T. migratorius* mit *T. rufitorques* (Mittelamerika) zu einer Superspezies zusammengefasst [3565], doch erscheint eine so nahe Verwandtschaft fraglich.

Kennzeichen. [1369,767,221,3615,3772,3566; weitere **Fotos** in Bird. W. **5**, 483, **11**, 469, **16**, 462-63, 500-02, Brit. B. **97**, 602, Limic. **15**, 157, 159, Dutch B. **26**, 64, 137].

Maße. Gr.: 23-28 cm. Gew.: 59-94 g, (Alaska) ad. ♂ 70–91 g, Ø$_{14}$ 79 g, ♀ 72-94 g, Ø$_{6}$ 82 g, (Herbst, New Jersey) 64.8-84.2 g, Ø$_{49}$ 72.2 g. Fl.spw.: 35-39.5 cm. Fl.l.: ♂ 130.0-138.1 mm, Ø$_{20}$ 134.4 mm, ♀ 120.9-130.6 mm, Ø$_{20}$ 125.7 mm [1369,767,1784].

Status. In Europa Ausnahmegast, dabei Atlantiküberquerung einiger Ind. möglicherweise durch Unterstützung von Schiffen. In Europa u.a. Nachw. in S. April 1988; N. Okt. 1983; GB/IRL 11 Ind. bis 1957, 19 Ind. 1958–90 bzw. GB 22 mal und IRL 10 mal von 1952-2003; F 1 mal 19. Jh., ferner in IS und DK [337,1369,3615,1263].
Nur wenige Meldungen aus ME scheinen zweifelsfrei belegt: **B:** 2 Ind. erl. 1868 oder 1869 (als Gefg.fl. gewertet), ♀ Jan./Feb. 1965, Apr. 1994 [1369,1677]. • **D:** Helgol. erl. vor 1833, ad. Ind. Leuchtturmopfer Okt. 1874 [1369]; -NI ad. ♂ Okt. 1876 [1369]; -NW ad. ♀ erl. Herbst 1913, 1 Ind. April 1935 [1369]; -TH erl. Nov./Dez. 1851, 2 weitere Meldungen (1890 ♂ und ♀; 1972) nicht gesichert [1369,2068]; -MV 1 erl. Nov. 1913, 1 Ind. April 1968 [1369]; -ST Nov. 2000 [3860]. • **A:** -Nö ♀ gefang. Dez. 1820, ferner belegt je 1 Ind. Herbst 1846 und ♂ 1885 [1369]. • **CZ:** 1 Ind. erl. um 1860 [2159].

Verbreitung und Bestand. Verbreiteter und häufiger Brutvogel in N-Amerika von polarer Baumgrenze nach S bis Rand der Subtropen und Berge MEX bis Mittelamerika.

Wanderungen. In weiten Teilen des Areals Zugvogel mit Hauptwinterquartier im S der USA und vereinzelt bis Mittelamerika und Karibik; wenige überwintern auch weiter im N. Populationen im S sind z.T. Standvögel.

Biotop. Wie Amsel ursprünglich Br. ± offener Wälder unterschiedlicher Zusammensetzung; heute in weiten Teilen des Artareals verstädtert oder zumindest häufiger Br. in sekundären Baumbeständen, meist Nadelholz.

Nahrung. Sehr ähnliche Amsel mit entsprechenden geografisch bedingten Unterschieden der Artenzusammensetzung.

Stimme. Beim Auffliegen dünn »ss(i)p«; bei Erregung »wik-wik-wik« oder »tschit-tschit-tschit..«, auch amselähnlich »töt-töt-töt«, insgesamt recht amselähnlich. Gesang aus lauten, langsamen Flötentönen, etwas hastig und gepresst vorgetragen, viel einförmiger als etwa Singdrossel und Amsel, leiser, erinnert am ehesten an Ringdrossel, z.B. »tschurri-tschuii-tschuii-tschurri-tschui…«.

Verhalten. Tagaktiv. Tag und Nachtzieher. Bewegung ähnlich Amsel, ebenso Nahrungserwerb. Zur Brutzeit territorial.

Mauser. Postjuvenile Mauser (Teilmauser) Juli/Aug.–Okt.; Umfang ähnlich Amsel [767,3882]. • Postnuptialmauser (Vollmauser) Juli/Aug.–Sept. [767,3882].

Familie Muscicapidae – Schnäpperverwandte

Kleine bis mittelgroße, spitz- bis flachschnäblige Ansitz- und Wartenjäger mit oft stark entwickelten Schnabelborsten. Geflecktes Jugendkleid und besondere Ausbildung der Syrinx-Muskulatur wie bei Turdidae. Geschlechter gleich (Muscicapinae) oder unterschiedlich (Saxicolinae).

Familie mit mindestens 295 Arten, bis auf eine Ausnahme (*Oenanthe oenanthe*) auf Alte Welt (ohne AUS und NZ) beschränkt.

Unterfamilie Muscicapinae

Derzeit 2 Gattungen (*Cercotrichas, Muscicapa*) mit mind. 70 Arten.

• Gattung *Muscicapa*

Die Gattung scheint in bisheriger Abgrenzung nicht monophyletisch zu sein. Der afrikanische *M. caerulescens* steht nach mtDNA-Sequenzen *Bradornis* näher als *Muscicapa* [3983Z], und dies könnte auch für weitere afrikanische Arten gelten.

Cercotrichas galactotes – Heckensänger 10950

Cercotrichas galactotes (Temminck 1820) syn.: *Erythropygia galactotes*

(GB) **Rufous Bush Robin** (F) **Agrobate roux** (E) **Alzacola Rojizo**

Taxonomie. Fünf UA: *galactotes* (Temminck 1820) (Iberien, N-Afrika bis IL), *syriacus* (Hemprich & Ehrenberg 1833) (Balkan, W- und S-TR, W-SYR, Libanon), *familiaris* (Ménétriés 1832) (SE-TR bis Pakistan), *minor* (Cabanis 1850) (Afrika S Sahara) und *hamertoni* (Ogilvie-Grant 1906) (E-Somalia). *Familiaris* und *syriacus* sind gering differenziert, *galactotes* von diesen dagegen deutlicher.

Kennzeichen. [1369,3615,767,221,3772; weitere **Fotos** in Bird. W. **8**, 212, **9**, 29, **10**, 195, **11**, 39, Dutch B. **17**, 120, (paläarktische UA) **24**, 32-39].

Maße. Gr.: 15 cm. Gew.: (versch. UA) ♂ 20.2-23.5 g, ♀ 20.2-27.5 g; (Afrika, Winter) 17.5-24.0 g, $Ø_{26}$ 20.3 g. Fl.spw.: 22-27 cm. Fl.l.: (versch. UA) ♂ 84-92 mm, $Ø_{36}$ 88.0 mm, ♀ 82-89 mm, $Ø_{26}$ 85.9 cm [1369,767].

Status. In ME Ausnahmegast mit Beob. einzelner Ind.: **CH:** -VD April 1970, Aug. 1975 [4152]. • **D:** Helgol. 19. Jh. 2 mal erlegt und 2 mal beob., davon

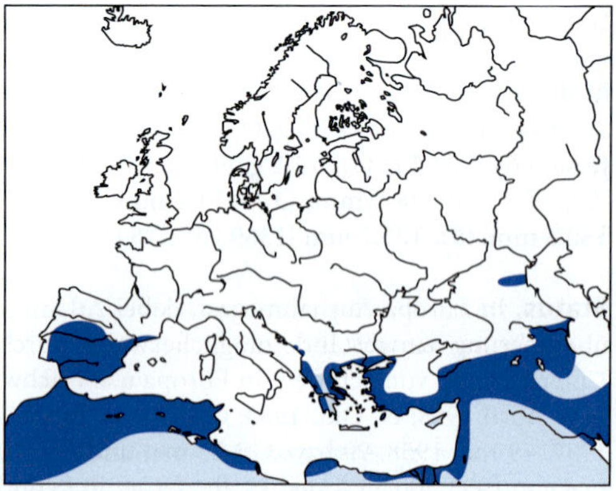

Cercotrichas galactotes – **Heckensänger**

1 Ind. whrschl. *familiaris* [1369], ferner Sept. 1997 wohl *syriacus* [575]; -MV Okt. 1995 (UA?) sowie Juni 1998 Nominatform [575]; (-BY Juni 1972 unsichere Beob. [1369]). • **NL** 1999 bisher nicht anerkannt [q3].

Auch in anderen Regionen Europas außerhalb Brutgebiete selten, z.B. GB/IRL 6 Ind. bis 1957, 5 Ind. 1958–85, 0 1985–90; F 8 Meldungen oder Nachw. bis 1990; I Sizilien 15 Nachw. von 1-3 Ind. 1956–88, davon nur 2 auf Hauptinsel; 9 Ind. 1900-83 auf Apenninhalbinsel und nahe gelegenen kleinen Inseln; N. Juni 1975; RO Aug. 1974; BG 3 Meldungen; UA. Erstnachw. 1990 [337].

SPEC	VSchRL	Bern.Konv.	Bonn.Konv.
3	--	Anh. II	Anh. II
Europ. RL	RL in ME		
VU	--		

Verbreitung und Bestand. Nominatform ist Brutvogel in S-Hälfte E., SE-P, im Maghreb bis an N-Rand der Sahara, EGY, NE der Arab. Halbinsel nach N bis Libanon, NE-JOR und S-SYR; die UA *syriacus* Brutvogel BiH, HR, S-YU, GR (ohne Kreta), W-, S- und SE-Anatolien, NW-SYR; und UA *familiaris* Brutvogel E-Anatoliens bis E-Afghanistan, NW-Pakistan und NE-Baluchistan, im N bis Kaukasus, Karakum und KZ. Höhengrenze in S-E. bis 1600 m, in MA bis 1500 m. Europäischer Brutbestand 32.000-98.000 BP, stark abnehmend [383]; größte Bestände in TR (20-60 T.), E. (8.400-14.300), AZ (1-10 T.) und GR (1-3 T. BP) [383]. Nächstgelegenes Brutvorkommen zu ME in HR mit nur 1-10 BP.

Wanderungen. Transsaharazieher; Wintergebiet Sahelzone von NW-Mauretanien und Senegal bis Äthiopien; S-Grenze N-Nigeria, NE-Zaire, N-Uganda und N-Tanzania. Wegzug ab Ende Juli, hauptsächlich Anf., Aug.–Anf. (Mitte) Sept., Heimzug ab (Mitte) Ende März, meist Mitte April–Ende Mai.

Siedlungsdichte. Reviergrößen in E. Ø 2.4 ha [337].

Biotop. Br. in offenen Baum- und Buschbeständen in trockenen bis wüstenartigen Gebieten, wie Vegetationsinseln in Steppen und Halbwüsten, Wadis, in reich strukturierter Oasenvegetation, Degradationsstadien mediterraner Trockenwälder, Hecken und Opuntienreihen entlang von Wegen, Bewässerungsgräben, Anpflanzungen.

Nahrung. Größere Insekten (bis 5 cm lang), Würmer, Spinnen; mitunter auch Früchte.

Stimme. Häufigster Ruf hartes »teck teck«; Warnruf »prrriii«. Am Brutplatz weiches »pfüi« ähnlich Gimpel. Lauter Gesang aus ziemlich kurzen, wiederholten Strophen, durchsetzt von Trillern, mit lauten, gedehnten und flötenden Elementen beginnend, denen sich leisere Folgen anschließen. Von Singwarten oder im Singflug mit ausgebreiteten Flügeln und gefächertem Schwanz vorgetragen.

Verhalten. Tagaktiv, zieht nachts. Hüpft sehr schnell; Schwanz ständig in Bewegung und kann bis zur Vertikalen angehoben, sogar leicht nach vorn geschlagen werden. Aufwärtsbewegung oft in Einzelstufen, Abwärtsbewegung auf einmal. Sitzt oft erhöht auf Warten. Nahrung wird im Hüpfen erbeutet, aber auch Insektenfang im Flug. Sondieren in weichem Boden. Zur Brutzeit territorial. Territorien durch Gesang markiert und bis zur Selbständigkeit der Jungen verteidigt. Gesang von höheren Warten oder im schmetterlingsartigen Ausdrucksflug mit angehobenen Flügeln, seltener im Gleitflug.

Sterblichkeit, Alter. Ältester Ringvogel (IL) 7 J. [3654]. **Generationslänge:** < 3.3 J. [383].

Mauser. **Postjuvenile Mauser** (Teilmauser) Juni–Okt.; Kleingefieder, 2–3 Schirm- und variable Anzahl von Steuerfedern, Umfang bei *familiaris* größer [767,3771]. • **Postnuptialmauser** (Vollmauser) z.T. ab Juli vor Wegzug, z.T. erst im Winterquartier ab Nov./Anf. Dez. [767,1369,2960].

Muscicapa striata – Grauschnäpper 13350

Muscicapa striata (Pallas 1764)

(GB) Spotted Flycatcher **(F) Gobemouche gris** **(E) Papamoscas Gris**

Taxonomie. Sieben gering differenzierte UA, davon *striata* (Pallas1764) in NW-Afrika und Europa nach E bis W-Sibirien und nach S bis N Mittelmeerraum; daneben in W-Paläarktis die UA *balearica* von Jordans 1913 (Balearen), *tyrrhenica* Schiebel 1910 (Korsika, Sardinien), *neumanni* Poche 1904 (E-Mittelmeerraum bis Transbaikalien) und *inexpectata* Dementiev 1932 (Krim).

Kennzeichen. [1369,3615,767,221,3772].

Maße. Gr.: 14.5 cm. Gew.: ♂ 12.9-17.1 g, $Ø_{93}$ 14.8 g, ♀ 12.7-20.0 g, $Ø_{214}$ 16.2 g. Fl.spw.: 23.5-25.5 cm. Fl.l.: ♂ 81-93 mm, $Ø_{93}$ 89.2 mm, ♀ 82-94 mm, $Ø_{214}$ 86.9 mm [1369,767].

Status. Nominatform in ME verbreiteter und sehr häufiger Brut- und Sommervogel, sehr häufiger und regelm. Durchzügler; regelm. Überwinterer in S-ME, in zunehmender Zahl auch in nördlicheren Breiten (wohl durch mildere Winter der letzten J. ausgelöst).

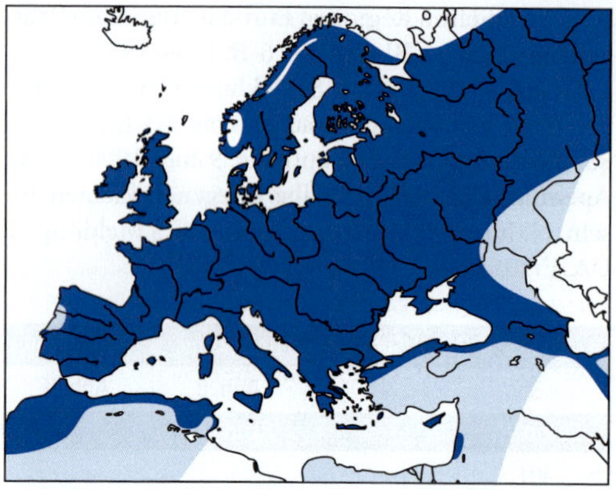

Muscicapa striata – **Grauschnäpper**

Verbreitung und Bestand. Brutvogel der borealen, gemäßigten, mediterranen und Steppenzone der W- und Zentralpaläarktis. Von P/E., GB/IRL nach E bis SE-Baikalsee und NE-Mongolei; S-Grenze Maghreb, Sizilien, M, Kreta, CY, IL, seit 1989-90 Sinai, N-SYR, S-Iran, nach NE über Pakistan, Afghanistan am NW-Rand der Mittelasiatischen Gebirge bis SW-Transbaikalien; N-Grenze Fennoskandien bis > 70° N (nicht mehr Kola-Halbinsel), bis Ural und Jenissej Rückgang auf ca. 61° N, dann in schmäler werdendem Keil bis S Baikalsee (Grenzverlauf im NE nicht ganz klar). Nominatform in ME von Küste bis colline Stufe weit verbreitet, meist in geringer Dichte, in höheren Lagen und zusammenhängend dicht bewaldeten Mittelgebirgen meist nur inselartige Vorkommen. Höchstgrenzen CH Jura > 1300 m, Alpen bis 1600 m (einzeln > 2000 m), höchster Brutnachw. 2060 m; N-Alpen D-BY bis 1550 m, A-V 1580 m, CS bis 1500 m, PL bis 1250 m ü.M. Gesamtbestand in Europa etwa zw. 14 - 22 Mio. BP, leichter Rückgang [383], mit Beständen > 0.5 Mio. BP in RUS (8-12 Mio.), Fennoskandien (zus. 1.9-3.4 Mio.), BY (0.7-1 Mio.), E. (640-690 T.) und UA. (555-625 T. BP); in ME brüten etwa 0.54 – 1.22 Mio. BP [383].

Wanderungen. Langstreckenzieher; Winterquartier Afrika von Linie Gambia – Mt. Kenia nach S bis Kapland unter Aussparung dichten Urwaldes und der Wüsten. Wenige Winternachw. N bis MA, P, E., F und I. Wegzugrichtung **Br. W-Europa und ME** (W 12. Längengrad, incl. DK) hauptsächlich SW, über E./P Richtungsänderung gegen S notwendig, **Br. IRL** fliegen möglicherweise zunächst E-SE nach GB [4064]; **Br. ME** (12.–15. Längengrad) ziehen SSW über I, **Br. weiter E** ziehen SSW–SE über I, GR; also Zugscheide bei etwa 12° E. **Br. Fennoskandien** ziehen S–SSE über Mittelmeer zw. N-I und W-TR, können afrikanisches Winterquartier ohne Richtungsänderung ansteuern (nahezu keine Ringfunde W der Rhone-Rhein-Linie von fennoskandischen Vögeln) [1206]. Heimzug auf nahezu gleicher Route, allerdings offenbar etwas direkter, kein Dz. in P. Sahara wird wohl nicht im Nonstopflug überquert. Wegzug Mitte Juli–Ende Sept. (Nachzügler bis Mitte Okt., ausnahmsweise Anf. Nov.); Median und Gipfel ME meist Anf.–Mitte Aug., CH Anf. Sept.; Juv. wandern früher ab als Ad. (erstere können im Juli schon in SW-Europa sein); Dz. Sahelzone Sept.–Okt., Ankunft S-Afrika ab Mitte (ausnahmsweise Anf.) Nov., Abzug ab 2. Märzhälfte, unabhängig von Witterung mit Tageslänge korreliert [2092]. Ankunft in Europa frühestens ab Mitte (CH, aber ausnahmsweise auch PL) bis Ende April (Extremdaten Anf. April), Mittlere Erstbeob. ME ziemlich einheitlich 1.–2. Maiwoche; Besetzung der Brutplätze oft bis Ende Mai; Dz.mediane in NW-D um 18., in S-S. nach 20. Mai. Ringfunde nach Afrika S 10° S z.B. aus FIN, S., GB, IRL (bis > 10.000 km). Mehrjährige Brutortstreue von ♂ und ♀, ebenso Winterquartiertreue [1552N] und in Einzelfällen Geburtsortstreue nachgewiesen.

Bestandsentwicklung. Bruterfolg in hohem Maße von Witterung abhängig, zudem ausgesprochener Langstreckenzieher mit mannigfaltigen Verlustfaktoren, daher oftmals deutliche Bestandsfluktuationen [1369,2471].

Seit einigen Jahrzehnten in vielen Regionen Europas drastischer, anhaltender Rückgang vor allem GB/IRL sowie in Fennoskandien [1585,3892, 2471,1803]; wie bei anderen in Afrika überwinternden Fluginsektenjägern (z.B. Ufer- und Rauchschwalbe) neben Lebensraumverlust in den Brutgebieten vor allem durch Verschlechterung der Bedingungen in Durchzugs- und Überwinterungsgebieten. Sehr starke Bestandsabnahmen in letzten Jahrzehnten in NL von 50.000-100.000 (1979-85) auf 20.000-30.000 BP (1998-2000), anfangs nur im Kulturland, seit 1980er J. auch in Wäldern [3638,3636,375,3892,2889], deutlicher Rückgang ferner in CZ [2159,1852] sowie in Teilen D [2375, 1141,3179,1616,2896,3268,1,1722,310,2642; vgl. auch 1369,1507,3892,1585,204], ferner in NW-CH und B [55,843]. Entsprechend der Abnahmen in Brut- und Einzugsgebieten sind Fangzahlen an einigen N- und W-europäischen Beringungsstationen gesichert rückläufig [320,2950,1369,196; in Illmitz A-B bis Ende 1980er J. aber Zunahme].

Zunahmen werden nur aus einigen vom Grauschnäpper in geringer Dichte besiedelten Biotopen in N-D gemeldet [1141; vgl. auch 1137], in CH auch leichte Ausbreitung in höhere Lagen [3392,3393]. Überregionale Bestandszuwächse zudem in HR [1585]. Doch in vielen Regionen ME (noch?) keine gerichtete Bestandsentwicklung erkennbar [D, CH, E-PL: 334,4195N,4045,4046,2623,2808,4175,1617, 1369,3892,1585], vielleicht weil Rückgänge durch Besiedlung von Siedlungsflächen z.T. kompensiert [3393,2642,310].

	Best.	Areal	Brutbestand	Jahr	Quelle
A	+/-	=	20.000–50.000	1998–2002	[383]
B	+/-	=	4.500–15.000	2001–2002	[383]
CH	+/-	=	30.000–60.000	1993–1996	[383]
CZ	+/-	=	30.000–60.000	2000–2002	[383]
D	+/-	=	200.000–440.000	1995–1999	[383]
FL	+/-	=	150–250	1998–2000	[383]
H	+/-	=	65.000–115.000	1999–2002	[383]
L	↓	- 1	600–800	2001	[383]
NL	⇩	- 1	20.000–30.000	1998–2000	[383]
PL	+/-	=	100.000–300.000	2000–2002	[383]
SK	+/-	=	65.000–150.000	1990–1999	[383]

Siedlungsdichte. Nahrungssuche meist in Radius von ca. 100 m um Nest. Höchstdichten ME auf Flächen von 20–49 ha 8.3–5.0–2.7 (Ø 4.7), von 50–99 ha 1.8–0.9–0.7 (Ø 1.0), von > 100 ha 1.5–0.7–0.4 (Ø 0.8) Rev./10 ha. Großflächendichten (> 100 km^2) zw. 0.004-7.1 Rev./ km^2 [vgl. Tab. 44 in 337].

Gefährdungsursachen [843,1369,3892,1526, 2375,2471,3283]. Zerstörung oder Beeinträchtigung des Lebensraumes durch Ausräumung der offenen Landschaft (Entfernung der Feldgehölze und Kopfbäume sowie anderer Strukturen, Fällen alter Bäume) sowie intensive Durchforstungsmaßnahmen; dadurch insbes. Verlust der Brutbäume und starke Reduktion des Totholzes; in Siedlungen Verlust der Brutnischen an Gebäuden durch Renovation oder Neubau. Hoher Biozideinsatz in Brutgebieten; Störungen durch Menschen an Brutplätzen.

Auf dem Zug und in Überwinterungsgebieten gesteigerter Einsatz von Bioziden, viell. auch Auswirkungen zunehmender Dürre in S-Afrika seit 1980er J. (sowie in Rastgebieten der Sahel); es gibt Hinweise, dass ♀ davon stärker betroffen sind als ♂.

Viell. zunehmende Atlantisierung des Klimas mit verregneten Frühsommern bedeutsam.

SPEC	VSchRL	Bern.Konv.	Bonn.Konv.
3	--	Anh. II	Anh. II
Europ. RL	**RL in ME**		
--	--		

Schutzmaßnahmen. In Durchzugs- und Überwinterungsgebieten erhebliche Einschränkung des Biozideinsatzes.

Erhalt und langfristige Sicherung alter, höhlentragender Bäume in der Kulturlandschaft, in Gärten und Parks sowie Reduzierung der Durchforstungsmaßnahmen, spätere Umtriebszeiten, Erhalt von Altholzinseln und Schaffung von Naturwaldreservaten.

Intensive Studien zu Fragen der Gefährdungsfaktoren und Populationsdynamik.

Biotop. Br. in lichten Misch-, Laub- und Nadelwäldern (z.B. Kiefer, Lärche), vorzugsweise an Rändern und Lichtungen, nicht in geschlossenen Beständen, sowie in halb offenen bis offenen Landschaften mit Gehölzen, Alleen, Obstbauflächen u.a. Baumgruppen; in ME größtenteils im Kulturland, vor allem (gebietsweise weit mehr als die Hälfte der BP) im Bereich menschlicher Siedlungen des ländlichen Raumes, aber auch in locker bebauten Wohnbezirken, Villen- und Gartenstadtvierteln, Parkanlagen, Friedhöfen und Gärten der Städte, nur vereinzelt in Stadtkernen. Auf dem Dz. in ähnlichen Biotopen.

Nahrung. Hauptsächlich fliegende Insekten bis zu Tagschmetterlingen (auch behaarte Raupen als Nestlingsfutter), Hummeln, Junikäfer oder Heuschrecken; selten auch kleine Regenwürmer. Im Sommer und Herbst auch Beeren, aber zumindest in ME in geringer Zahl (in S-Europa etwas mehr) [1914].

Stimme. Häufigster Ruf etwas gedehnt und rau »zit«, oft fast stimmlos »zst« oder »zrr«, bei Erregung härter kurz »tk« oder »zek«, in Nestnähe bei Störung auch als zi-tk-tk« o.ä. zusammengesetzt. Flügge Junge betteln mit hohen »zri« oder »psiep«. Gesang sehr unauffällige Folge von kurzen, oft sehr rauen Lauten, etwa »zizi-sri-zrü-tsr...« ohne Strophenvortrag. Wartengesang. Subsong mit Imitationen im Partnerkontext. Reviergesang meist nur kurz nach Ankunft bis zur Paarbildung. Kein Gesang im Winterquartier.

Verhalten. Tagaktiv; zieht nachts. Sitzhaltung aufrecht, nach Landung oder bei Erregung Flügelzucken. Fliegende Beutetiere werden in meist kurzem, mitunter aber auch längerem und wendigem Jagd- oder Stoßflug von freien Sitzwarten, wie Astspitzen, Dachrinnen, Leitungsdrähten, Zaunpfosten etc., in der Luft gefangen; bes. bei Regenwetter Jagd nahe über dem oder Aufnahme von Beutetieren am Boden. Oft führt der Jagdflug auf dieselbe, nicht selten jedoch auf eine andere Warte. Schnabelknappen beim Insektenfang oft relativ weit zu hören. Erfolg des Nahrungserwerbs hängt nicht nur von der Insektenmenge, sondern auch von der Aktivität ab; Anzahl erbeuteter Insekten kann daher an sonnigen Tagen bis zehnmal so hoch sein wie an kalten. Auch Ablesen von Insekten und Larven an Ästen. Außer Familientrupps meist Einzelgänger. Relativ wenig scheu, auch am Nest (vor allem bei Gebäudebruten). Zur Brutzeit territorial. ♀ fordert zu Kopulationen auf, Balzfüttern nach Kopulationen.

Fortpflanzung, Brutbiologie [337,1369,767,1722, 1551,1758]. Geschlechtsreife im 1. Lebensjahr, aber nicht alle Vorjährigen brüten. I.d.R. monogame Saisonehe; Bigynie belegt (in NW-D in 2% der Bruten), nicht nur Folge von Polyterritorialität. Ausgeprägte Brutortstreue, dadurch Wiederverpaarungen möglich. **Ankunft im Brutgebiet.** Reviergründung nach Ankunft der ♂ (im Mai), anfangs nur provisorisch auf großem Areal, Paarbildung nach Ankunft der ♀, mit Zeigen potenzieller Nistplätze. **Nest.** Nistplatzwahl durch ♀; Neststand meist in Nischen und weit offenen Halbhöhlen mit Übergang bis zu ausgesprochenen Freibruten, in Wäldern an Bäumen (Stammausschlägen, Astlöchern, Bruchstellen, hinter abstehender Borke, aber auch auf horizontalen Ästen oder in Astgabeln), ferner an Holz- und Steinbauten (z.B. Mauerlöcher, Querbalken, Fensterläden) sowie in Rankenpflanzen an Bäumen und Mauern etc., häufig auch in halboffenen Nistgeräten (gebietsweise bedeutend) und alten Nestern anderer Arten (z.B. Amsel, Rauchschwalbe, Grün- und Buchfink); viele ungewöhnliche Standorte. Standhöhe 1-22 m (E-PL Ø$_{50}$ 6.5 m; sonst Ø generell niedriger), ausnahmsweise Bodennester. Mehrjährige Verwendung desselben Nistplatzes (auch durch andere Ind.?) nicht selten (bis zu 13 J. beob.). Nest napfförmig, relativ lockerer Bau aus Halmen, kleinen Wurzeln etc., im Wald nicht selten ganz aus Moos; Innenpolsterung aus Tierhaaren, Wolle etc. Muldendurchmesser 45-59 mm, -tiefe 25-40 mm. Nestbau vorwiegend durch ♀, Dauer 4-6 d. **Legebeginn.** Witterungsabhängig, selten ab Mitte, meist Ende Mai, in höheren Lagen ab Anf. Juni; Zweit und Ersatzgelege bis Ende Juli (Anf. Aug.); früheste Eiablage in ME 1. Maidekade. **Gelegegröße.** 3-5 (2-6); Kalendereffekt; Ø GB$_{309}$ 4.3, Rhl. Mai$_{38}$ 4.6, Juni$_{93}$ 4.4, Juli$_{31}$ 3.9, CH Mai$_{69}$ 4.6, Juni$_{75}$ 4.1, D-BW$_{254}$ 4.2. Legeintervall 1 d. **Eier.** Breit- bis langoval, schwach glänzend, Grund hellgrünlich bis beige, graue Unterflecke, verwaschen hell oder dunkler rostrot bis rostbraun gefleckt. **Brutdauer.** 11-16 d (Ø CH$_{27}$ 13.5, GB$_{97}$ 13.2 d); Bebrütung ab (vor-)letztem Ei, zuweilen früher (bes. bei Zweitbruten); nur ♀ brütet; wird vom ♂ mitunter gefüttert. Juv. schlüpfen asynchron über 1-3 d. **Nestlings-/Führungszeit.** ♀ hudert 7-8 d; beide füttern, ♂ vollständig bei Beginn der Zweitbrut. Nestlingsdauer 12-16 (-20) d (Ø CH$_{25}$ 14.4, D-BW$_{35}$ 12.9, GB$_{110}$ 13.4 d), Verzögerung durch Schlechtwetterphasen. Juv. werden noch ca. 2 Wochen nach Ausfliegen gefüttert, sind mit 32-34 d selbständig. **Jahresbruten.** 1-2; Zweitbruten in CH die Regel, weiter N und in höheren Lagen nicht selten, aber witterungsabhängig; in GB auf 20% geschätzt. Zweitbrut häufig im selben Nest; Schachtelbruten nicht selten (oft bei sukzessiver Bigynie). Nachgelege, auch bei Zweitbruten. **Ende der Brutperiode.** Brutzeit i.d.R. im Aug. abgeschlossen, in Einzelfällen bis (Mitte) Sept. **Bruterfolg.** In GB nach Nestkarten Juv. aus 61 – 67% der Eier, in W-RUS 66%, in D-BW 34%, in CH 66% der Erstbruteier und 88% der (33) Zweitbruteier, dabei Nachwuchsrate von 4.5 flügge Juv./Paar und J., in D-NW in 14 J. zw. 1.14 - 4.45 (Ø 2.67) flügge Juv./Paar und J., in D-BB 3.7; in GB 3er und 4er Gelege erfolgreicher als 5er. Hohe Nestlingssterblichkeit bei langfristig niedrigen Temperaturen und viel Niederschlag; Verluste durch Prädation, nicht fertile Eier und Störungen durch Menschen.

Eimaße und –gewichte [1369]: L. 17.0-21.0 mm, B. 12.9-15.0 mm; Ø 18.5 x 13.9 mm (n=145, NL), Ø 19.0 x 14.1 mm (n=149, B), Ø 18.7 x 14.1 mm (n=259, CS). Frischvollgew. 1.33-2.21 g, $Ø_{76}$ 1.85 g. Schalengew. 0.083-0.132 g, $Ø_{146}$ 0.104 g.

Sterblichkeit, Alter. Br. GB/IRL 1962-94 54 % im 1. J. und 51 %/J. bei Ad. [3589]. Ältester Ringvogel (FIN) 11 J. [3654], mehrfach > 8 J. **Generationslänge:** < 3.3 J. [383].

Mauser. **Postjuvenile Mauser** (Teilmauser) ab ca. 25 d [1369], Juli–Sept. in Nähe des Brutgebiets; Großteil des Körpergefieders, Rand- und Mittleren Arm-, einzelne Große Armdecken, unregelm. Schirmfedern [767,1369,1866]. • **Postnuptialmauser** (Teilmauser) Juli–Sept.; einschließlich Teilen der Flügeldecken, einigen Schirm-, selten einzelnen ST und inneren AS, unregelm. HS [1369,3771,1866,689]; falls partielle Großgefiedermauser (bes. in N-Europa), dann während Wegzug meist unterbrochen [767]. • **Pränuptialmauser** (Vollmauser) Anf. Nov.–März/April im Winterquartier, Einj. später (bis April/Mai); aszendente HS- und Unregelmäßigkeiten bei AS-Mauser [767,1369,1356,1866]; bisweilen Mauserunterbrechung (bes. bei AS) und Abschluss erst im Brutgebiet [1369,3771,1866]; Dauer der Großgefiedermauser ca. 82 d.

Unterfamilie Saxicolinae

Etwa 11 Gattungen mit mind. 213 Arten.

• Gattung *Ficedula*

Mindestens 30 Arten mit deutlichem Diversitätsschwerpunkt im orientalischen Raum (Indien bis SE-Asien). Monophylie der Gattung ist in derzeitiger Abgrenzung vor allem gegenüber *Niltava* (6 Arten) und *Cyornis* (19 Arten) nicht hinreichend gesichert [vgl. auch 4170].

• Gattung *Monticola*

14 Arten in Afrika und Eurasien, inkl. der »*Pseudocossyphus*«-Arten auf Madagaskar, die zu *Monticola* gehören könnten [1388]. Ostasiatische Arten wie *Monticola gularis* (deren Erscheinen als Weitstreckenzieher in Europa nicht auszuschließen ist) sind im Gegensatz zu den beiden europäischen Arten Waldbewohner.

• Gattung *Saxicola*

Ca. 16 Arten in Afrika und Eurasien, wovon die meisten zum Schwarzkehlchen-Komplex (*S. [torquatus]*) gehören. Sehr detaillierte Monographie mit Farbabbildungen fast aller Taxa und Kleider sowie detaillierten Verbreitungskarten [3924].

• Gattungen *Tarsiger* und *Luscinia*

Die Gattung *Tarsiger* (5 Arten) wird zuweilen mit *Luscinia* vereinigt [s. 857]. Allerdings sind genetische Distanzen und Verwandtschaftsverhältnisse zwischen den Arten von *Luscinia* sensu stricto (11 Arten) sowie gegenüber *Tarsiger* und *Irania* unbekannt. Eine hinreichend begründbare Gattungsrevision wird erst mit molekularen Sequenzen möglich sein, die bisher fehlen.

• Gattung *Phoenicurus*

Elf Arten (Monophylie unsicher) in NW-Afrika und Eurasien. Zur Evolution der Gattung und möglichen Verwandten [vgl. 2237].

• Gattung *Oenanthe*

Mindestens 24 Arten in Afrika und Eurasien, darunter mehrere Superspezies [vgl. 3900]. Die Monophylie der Gattung erscheint auch unter Ausschluss von *Saxicola fasciata* (früher zu *Oenanthe* gestellt) gegenüber *Cercomela* und *Myrmecocichla* nicht ganz gesichert. *Oenanthe* zeichnet sich durch einen hohen Grad an diskontinuierlichem Gefiederpolymorphismus (meist beim ♂) aus [2521]. Im Zuge der Differenzierung von Allospezies sind z.T. Morphen fixiert worden, die bei anderen Arten auch innerhalb von Populationen vorkommen (z.B. schwarze Kehle des ♂ bei *O. seebohmi* und *O. cypriaca* fixiert, bei vielen anderen Arten Kehlfärbung polymorph). Die Verwandtschaftsverhältnisse sind bisher nur anhand phänotypischer Ähnlichkeiten erschlossen worden, molekulare Untersuchungen fehlen. Monographie für die N-paläarktischen Arten [2925]. Bestimmung [705].

Ficedula parva – Zwergschnäpper 13430

Ficedula [parva] parva (Bechstein 1792)

GB **Red-breasted Flycatcher** F **Gobemouche nain** E **Papamoscas Papirrojo**

Taxonomie. Monotypisch. Bildet Superspezies mit Taigaschnäpper *F. albicilla*.

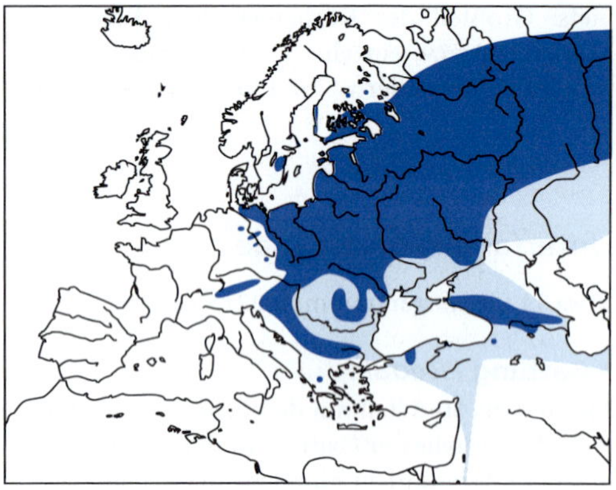

Ficedula parva – **Zwergschnäpper**

Kennzeichen. [1369,3615,767,221,3772, (Abgrenzung zu *albicilla*):1844,641,2260,659; weitere **Fotos** in Limic. **9**, 218-22, **13**, 335, **16**, 341, **17**, 67, 207, **18**, 228, Dutch B. **23**, 381, **25**, 432, **26**, 259].

Maße. (Nominatform) Gr.: 11.5 cm. Gew.: (RUS, Brutzeit) ♂ 8.4-10.6 g, $\varnothing_{15}$ 9.6 g, ♀ 8.7-10.1 g, $\varnothing_{11}$ 9.6 g; (CS, Zug) ♂ 8.5-11.0 g, $\varnothing_{8}$ 10.3 g, ♀ 9.0-12.7 g, $\varnothing_{4}$ 10.8 g. Fl.spw.: 18.5-21 cm. Fl.l.: ♂ 65-72 mm, $\varnothing_{13}$ 68.7 mm, ♀ 64-66 mm, $\varnothing_{7}$ 64.9 mm [1369,767].

Status. Nominatform in E-ME verbreiteter und recht häufiger Brut- und Sommervogel, häufiger und regelm. Durchzügler; außerhalb des Brutareals seltener, aber regelm. Gastvogel zu beiden Zugzeiten und gelegentlicher Sommergast. **CH:** unregelm. Gastvogel, 38 Nachw. 1900-2001 (nur 2 vor 1950), März 1, April 3, Mai 9, Juni 7, Juli 1, Aug. 6, Sept. 10, Okt. 5 (dabei 4 Doppelzählungen über Monatsgrenzen hinweg); sing. ♂ 1964, 1982 und (3!) 2001 [4152,q14]. • **L:** ♀ Juni 1987 [1610]; • **B:** 60 Nachw. seit 1966, von 1978-96 etwa 1-2 Ind./Jahr (max. 8 Ind. 1986), überwiegend Herbst [337,q15]. • **NL:** seltener Gastvogel 1960-88 70 Ind. März-Mitte Juli, 224 Ind. Aug.-Mitte Nov.; seit ca. 1970 Zunahme der Frühjahrsnachw. (vielfach sing. ♂, davon viele weißkehlig) und viell. auch der Herbstfeststellungen; mehrere Bruten gemeldet (oft nicht zweifelsfrei dokumentiert), erfolgreiche Bruten 1983, 1989, Brutverdacht 1989 [337,277]. • **D:** regelm., verbreiteter Brutvogel in -SH, -MV, -BB, -SN, -BY, lokaler Brutvogel in -ST, -BE und -NI; regelm. sing. ♂ in -HH (1980er J. max. > 10/Jahr); -TH Sommerdaten bereits 18. Jh., ca. 58 Ind. 1950–85 mit Zunahme der Daten seit 1970, Brutnachw. und -hinw. u.a. 1972, 1977–80; -NW bis 1990 10 Nachw., auch sing. ♂ linksrheinisch in Nrh., Westf. Brutnachw. 1917, Zunahme der Nachw. und sing. ♂ mit längerem Aufenthalt seit ca. 1980; -RP 4 mal sing. ♂ bis ca. 1985; -SL 1 Meldung bis 1989; -HE Ausnahmegast, Juni 1990 sing. ♂, -BW früher unregelm. Gastvogel, neuerdings fast allj. 1-2 sing. ♂ sowie 1-4 Durchzügler [337,1722,2068,1680].

Lokal verbreiteter Brutvogel in **A** (N-Alpen bis an E-Rand, einzelne Brutnachw. in -B), **CZ** und **H**, in größerer Dichte in **SK.** und (E-)**PL**.

Allospezies Taigaschnäpper *F. albicilla* u.a. in S-S. und GB nachgewiesen [641,2260,659] und als Ausnahmeerscheinung auch in ME zu erwarten.

Verbreitung und Bestand. Superspezies ist verbreitet in der borealen und gemäßigten Zone sowie einigen Bergregionen von E-ME bis E-Sibirien (Kamtschatka); N-Grenze S-S., S-SF, RUS bis Weißes Meer bei 65° N, N-Rand der Taiga (überschreitet nur in E-Sibirien den Polarkreis); S-Rand entlang der N-Rand der Steppenzone, N-Mandschurei, N-Mongolei, in W-Sibirien verschmälert sich Areal bis 60° N, RUS Mittellauf Ural, Wolga bei Saratow; S des Areals in Asien vom Kaukasus bis Elburs und davon getrennt am Gebirgsrand von Kaschmir, ferner S-UA., Karpatenbogen, Rhodopen, N-GR, YU. *F. parva* in ME, W-Grenze E D-BY, -SN, -BB, -SH mit einzelnen meist vorübergehend besetzten Arealinseln weiter W (vgl. unten) und

NE-Alpen nach W bis A-V und SW D-BY (Allgäu). Höhengrenzen ME A-V 450–850 m, N-Alpen D-BY 500–1520 m, CS 200–300 bis 1300 (1 mal 1700) m, PL bis 1300 m u.M. Brutnachw. fehlen in CH, B, L und (S)W-D. Europäischer Bestand zw. 3.2 – 4.6 Mio. BP (stabil), mit Beständen > 50.000 BP in RUS (2.5-3.5 Mio.), RO (360-512 T.), UA. (150-200 T.), BY (60-100 T.) und LV (50-80 T. BP) [383]; in ME brüten etwa 30.000-60.000 BP, über 3/4 davon in SK. und PL [383].

Wanderungen. Langstreckenzieher; Hauptwintergebiet S- und SE-Asien, Br. Europa bis Ural ziehen nach NE-Pakistan und Indien; Wegzugrichtung aus Europa daher SE. Die zahlreichen Funde NW des Areals im Herbst wurden als gerichteter Umkehrzug nach NW entgegen normaler Wegzugrichtung gedeutet. Doch müssen noch andere Vorgänge daran mind. beteiligt sein: (1) Relativ große Zahl der Nachw. aus Nordseeraum kann sich kaum aus kleinen Vorkommen ME rekrutieren; somit liegt nahe, W-Wanderung von Br. E-Europa und Sibirien anzunehmen, unter ähnlichen Bedingungen wie bei östlichen Laubsängern. (2) Teil der Br. am W- und NW-Rand des Areals zieht nicht nach SE, sondern in Sektor S-SW, um in Afrika zu überwintern. 2 Ringfunde (S. - S-F und S. - DK) belegen direkten Abzug im SW-Sektor, ein weiterer (S. - M in späteren J.) das Auftreten SW des Areals. Ferner Sizilien und M (1967–86 > 140 Herbst-, keine Frühjahrsdaten) regelm. Dz. im Herbst, zumindest selten in N-Afrika von TN bis EGY, 1 Jan.datum TN, wenige Frühjahrsnachw. Libyen/EGY. Abzug von Brutplätzen ME ab Juli–Aug.; letzte Nachw. Sept., extreme, meist isolierte Spätdaten in Brutgebieten ME im Okt. (z.B. 4. CZ, 13. D-BY, 11. und 25. Okt. D-MV sowie 4.–10. Okt. Ostseeküste PL). NW und W des Brutareals (z.B. NL, GB, F) Gipfel jedoch erst Anf.–Mitte Okt., also deutlich nach fast völligem Verschwinden der Br. ME [z.B. 373]; letzte Daten aus ME bis Nov. (z.B. Anf.–Mitte Nov. B, NL, 23. Nov. Westf.) liegen alle NW des Brutareals (GB auch mind. 1 Dez.datum). Früheste Rückkehrer ME etwa ab Mitte April (früheste Daten CZ 16., D-BY 12. und 17. April), meist erst Anf. Mai (früheste D-MV 3., D-BB 7. Mai; PL 5.–22., Ø 15. Mai); Märzdaten und frühe Aprildaten stammen aus NL. Frühjahrsdaten NW des Areals werden als Zugprolongation vor allem junger Vögel gedeutet, könnten allerdings auch Rückkehrer aus W gelegenen, bisher noch unbekannten Überwinterungsgebieten sein.

Bestandsentwicklung. Entgegen häufig geäußerter Vermutungen W-Grenze des Areals im 20. Jh. kaum nennenswert nach W verschoben; einige in 1970er oder 80er J. entdeckte Brutvorkommen viell. früher übersehen [z.B. Böhmen, Teile A: 965,1369,1997]. Allerdings am N-Rand der Mittelgebirgsschwelle tatsächliche Anzeichen für Vorstöße und Wiederansiedlungen im 20. Jh.; so (wahrscheinlich) erloschenes Vorkommen in Sächsischer Schweiz 1965 erneut an verschiedenen Orten besetzt [3736], ebenso Vorkommen in D-BE (1966) und A-Oö [1369,196,2518]. Offenbar kleinräumige Oszillationen am Arealrand, wohl auch beeinflusst von Witterungsbedingungen während Heimzug [1369]; hoher Anteil einj. ♂ und z.T. geringe Konstanz der Brutplätze deuten auf instabile Brutvorkommen [3736,3485]. Doch Zunahme der (spärlichen) Brutnachw. und vor allem Frühjahrsdaten (mit sing. ♂) in NL, D-NI, -BW, -NW, -TH, -ST und -BB [1369,2772,1507,1], viell. Vorboten einer dauerhaften Ansiedlung und langsamen Arealausweitung.

	Best.	Areal	Brutbestand	Jahr	Quelle
A	+/-	=	1.500–3.000	1998–2002	[383]
CZ	↑	+ 1	1.200–2.400	2000–2002	[383]
D	+/-	=	2.000–4.500	1995–1999	[383]
H	+/-	=	300–500	1990–2002	[383]
PL	+/-	=	20.000–40.000	2000–2002	[383]
SK	+/-	=	5.000–10.000	1990–1999	[383]

Positive Entwicklung in 1980er J. in Slask mit größerer Zahl von Neuansiedlungen [973], sowie in CZ [2159] und D-SH [2062,310; vgl. allgemeine Einschätzung für D in 334,1137,204]. Gleichzeitig in Folge der Klimaerwärmung in NE-Europa Arealausweitungen, doch wohl aufgrund weitgehender Zerstörung natürlicher Wälder nicht bis Fennoskanndien [1369]; Entwicklung in 1990er J. allerdings meist stagnierend [1585,1507,310] oder nur leichte Zunahme [D-BE: 2896], lokal in Einzeljahren auch starke Bestandseinbrüche möglich [310,3724].
In weiten Teilen ME derzeit weitgehend stabile (stagnierende) Bestände ohne Ausbreitungstendenz [1585,1507; H, SK., PL, D-BY, -NI, -SN, N Alpenrand: 3736,3485,2612,1998,4175,1587,3871]; gebietsweise sogar Abnahmen und Arealverluste [A, D-HH: 1585,2642].

Siedlungsdichte. Vorkommen über größere Flächen in ME oft geklumpt, daher bei Flächen > 50 ha bis ca. 2.5, von > 100 ha max. meist nur 1–2 Rev./10 ha; Ø-Werte in N-D nur 0.28 BP/10 ha, in E-PL 0.6-2.0 (Ø_7 1.2) BP/10 ha [1137,1507]. Großflächig in PL ca. 0.03 sing. ♂/km^2, in D-BB max. 0.23 sing. ♂/km^2 [337,1507].

Gefährdungsursachen [1369,196,310,3283]. Verlust naturnaher alt- und totholzreicher Wälder durch intensive Forstwirtschaft mit frühen Umtriebszeiten und (zu) konsequenter Durchforstung. Mangel an Bruthöhlen durch Entfernung von alten, höhlentragenden Bäumen.
Natürliche Verlustursachen wie verregnete Frühsommer sowie hohe Prädationsrate (Musteliden, Corviden).

SPEC	VSchRL	Bern.Konv.	Bonn.Konv.
--	Anh. I	Anh. II	Anh. II
Europ. RL	RL in ME		
--	CZ:'VU', A: 'NT'		

Schutzmaßnahmen. Erhaltung und Schutz oder schonendere Bewirtschaftung alter, naturnaher Laubmischwälder sowie deutliche Erhöhung der Umtriebszeiten. Ausweisung großer, geschlossener Altholzbestände als Naturwaldreservate. Aufhebung künstlicher Entwässerungen und Wiederherstellung des natürlichen Wasserhaushalts in Wäldern.
Ggf. künstliche Erhöhung des Bruthöhlenangebotes.

Biotop. Br. in unterholzarmen, aber totholzreichen Laub- und Mischwäldern mit hoher, geschlossener Kronenschicht über lichtem, hohem Stammraum; im N und E auch in Nadelwäldern; in ME bei unterschiedlicher Zusammensetzung starke Bindung an ältere Buchenbestände oder geschlossene Laub- und Laubmischbestände mit geringem Nadelholzanteil; bevorzugt an feuchten und schattigen Stellen, im Bergland nicht selten auch in schattigen Einschnitten und Schluchten, auch bei starker Hangneigung. Gebietsweise Br. in größeren Parkanlagen, vorzugsweise mit alten Buchen- oder Hainbuchengruppen. Auf dem Dz. auch in Gärten und kleineren Busch- bzw. Baumgruppen; in Trockengebieten in kleinen Büschen im offenen Gelände.

Nahrung. Fliegende Insekten, aber auch abgelesene Larven, im Spätsommer und Herbst auch kleine Beeren.

Stimme. Bei leichter Erregung zaunkönigartiges Schnarren »zrrt« (auch mit durchklingendem »i«), bei ruhigem Sitzen, aber auch während des Fluges beim Wechsel eines Sitzplatzes nicht selten aufgelockert »tck tck tck…«, bei stärkerer Erregung schärfer und etwas länger »zrrrrt« (dann auch mit Flügelzucken und Schwanzheben); Warnruf wohltönend »ilü ilü ilü« (zweite Silbe kurz und nicht weit hörbar, daher aus Entfernung oft einsilbig), dazwischen mitunter scharfe »zrrrt« eingeschaltet, aber auch als »düli« oder »hib-ü« umschrieben, vielleicht regionale Rufdialekte. Erregungsruf des ♂ während der Verfolgung des ♀ »gzät« oder »tzt« (ähnlich Grauschnäpper). Gesang aus Strophen mit reinen, abfallenden Tönen, erster Strophenteil meist aus einer Serie kurzer Elemente »tzri« oder »tvü«, dann folgt absinkender Teil mit zweisilbigen Elementen wie »dliü-tvi…« oder »didle…« und schließlich absinkende Endphrase mit wohlklingenden »dlü-dlü…«, etwa »tvü tvü….ziwül ziwül ziwül wül wül tjü tjü tjü«; individuelle Variation groß, mitunter wird Strophe vor dem Ende abgebrochen. Jedes ♂ verfügt über mehrere Strophentypen. Daneben auch leiser Subsong mit Imitationen. Die Gesangsperiode ist kurz und endet meist mit dem Brutbeginn. Verpaarte ♂ singen nach Ankunft bis Anf. Juni, ledige (nicht selten weißkehlige) oft noch den Juni hindurch. Herbstgesang im Aug. gelegentlich zu hören.

Verhalten. Tagaktiv; offenbar Nachtzieher. Zur Brutzeit meist unterhalb des Kronendachs im relativ dunklen Bereich dürrer oder wenig belaubter Äste. Nahrung wird entweder im Flug geschnappt und vor allem während der Nestlingszeit auch häufig von Ästen oder vom Boden abgelesen (letzteres vor allem bei kühlem und regnerischem Wetter). Bei Erregung kurzes Zucken mit den weitgehend gefalteten Flügeln und Schwanzheben in 2–3 Zuckungen unter Fächern der ST, sodass die weiße Basis der ST sichtbar wird. Zur Brutzeit territorial. Singwarten im Stammbereich auf kahlen Ästen oder in der Kronenschicht; oft zwischen den Strophen Ortswechsel- oder Fangflüge. Balzflug beim Auftauchen von ♀ im Revier geradlinig mit zitternden Flügelschlägen von Ast zu Ast, zu Beginn mit erregten »tz tz…«; meist vor der Landung setzt die Strophe ein, die dann nach dem Landen zu Ende gesungen wird. Zeigen des Nestplatzes ähnlich Trauer- und Halsbandschnäpper.

Fortpflanzung, Brutbiologie [337,1369,767,1722,2641]. Geschlechtsreife im 1. Lebensjahr, hellkehlige Vorjährige besetzen Reviere, brüten aber nur selten (oft starker ♂-Überschuss). Bisher nur monogame Saisonehe festgestellt. **Ankunft im Brutgebiet.** Ältere ♂ vor einjähr. ♂ und 3-12 d vor ♀, meist ab Anf. Mai (bis Juni). Balz und Paarbildung nach Ankunft der ♀. **Nest.** Wahl durch ♀; Neststand meist an Bäumen, mitunter in dichten Sträuchern, ausnahmsweise an Gebäuden; meist in Nische, sehr tiefer Astgabel oder in Halbhöhle bzw. Höhlen mit relativ engem Einschlupfloch; selten auch Nistkästen. Standhöhe (CS) 0.6-15 m (Ø$_{56}$ 5 m, in PL Ø$_{25}$ 3.7 bzw. Ø$_{117}$ 4.9 m). In ME vor allem Buche, Eiche, Bergahorn, aber auch Douglasie, Kiefer, Fichte, Birke, Lärche, Erle. Nest größtenteils aus Moos, mit feineren Halmen und mitunter Säugerhaaren ausgekleidet. Muldendurchmesser 50-60 mm, -tiefe 40-50 mm. Nestbau vorwiegend durch ♀, ♂ kann Material eintragen; Dauer (2-) 4-5 d. Wiederverwendung des Nestes selten. **Legebeginn.** In ME frühestens Mitte Mai, meist Ende Mai bis Mitte Juni, letzte Gelege im Juli. **Gelegegröße.** 4-7, meist 5-6; Ø NE-PL$_{10}$ 5.6, W-RUS$_{23}$ 5.1, LT$_{50}$ 5.1, D-MV$_{14}$ 5.4. Legeintervall 1 d. **Eier.** (Kurz-)oval, glanzlos, Grund blass bläulichgrün oder gelblichweiß, dicht rostbraun gewölkt, mitunter fast einfarbig dunkel. **Brutdauer.** 13-15 (17) d; Bebrütung ab vorletztem Ei (zuweilen früher); nur ♀ brütet; wird kann vom ♂ gefüttert werden. Juv. schlüpfen asynchron über 1-2 (3) d. **Nestlings-/Führungszeit.** ♀ hudert 5 d (nachts 8 d); beide füttern. Nestlingsdauer 13-14 (-16) d (bei Gefahr und Störungen schon mit 11 d möglich). Juv. bei Ausfliegen kaum flugfähig, verstecken sich meist in Strauchhöhe; werden noch 2-3 Wochen gefüttert, sind mit ca. 30 d selbständig. **Jahresbruten.** 1; bei Gelege- oder Brutverlust oft Nachgelege. **Ende der Brutperiode.** Meist im Juli, bei Nachgelegen auch Aug. (Anf. Sept.). **Bruterfolg.** In Beskiden Juv. aus 73% von 85 Eiern bzw. 3.26 flügge Juv./Paar und J.; in W-RUS, D-MV und LT z.T. Verluste von 46-67% durch Prädation (Musteliden, Corviden, Eichhörnchen), seltener Verlassen oder Witterung.

Eimaße und –gewichte [1369]: L. 14.6-18.2 mm, B. 12.0-13.4 mm; Ø 16.6 x 12.7 mm (n=100, Areal). Frischvollgew. 1.62-1.72 g, Ø$_{4}$ 1.65 g. Schalengew. 0.05-0.09 g, Ø$_{225}$ 0.075 g.

Sterblichkeit, Alter. Generationslänge: < 3.3 J. [383].

Mauser. Postjuvenile Mauser (Teilmauser) Mitte Juli–Aug./Anf. Sept. nach Selbstständigwerden; umfasst Rand-, mehrere Mittlere Arm- und einige Große Armdecken [767,1369]. • **Postnuptialmauser** (Vollmauser) Juli–Aug./Sept., manche beginnen bereits während Brutgeschäft [1369]. • **Pränuptialmauser** (Teilmauser) Feb.–März/April im Winterquartier [1369]; Teile des Körpergefieders und einige (alle) ST, selten einzelne Große Armdecken [767,1369].

Ficedula hypoleuca – Trauerschnäpper 13490

Ficedula [hypoleuca] hypoleuca (Pallas 1764)

GB **Pied Flycatcher** F **Gobemouche noir** E **Papamoscas Cerrojillo**

Taxonomie. Drei UA: *hypoleuca* (Pallas 1764) (Europa bis Ural), *sibirica* Khakhlov 1915 (Sibirien) und *iberiae* (Witherby 1928) (Iberien).
Bildet Superspezies mit Halsbandschnäpper (*albicollis*), Halbringschnäpper (*semitorquata*) und Atlasschnäpper (*speculigera*). Zur genetischen Differenzierung dieses Komplexes [s. 3294,3295]. Trauer- und Halsbandschnäpper bilden eine mosaikartige Hybridzone in ME und auf Gotland mit unterschiedlich häufiger Hybridisation und deutlich eingeschränktem Genfluss [vgl. 3948].

Kennzeichen. [1369,3615,767,221,3772; zur Bestimmung der Allospezies: 2619,2620,2621,2622, 1066; weitere **Fotos** in Limic. **7**, 259, **18**, 183].

Maße. Gr.: 13 cm. Gew.: (D-NI, Ende April an Bruthöhle) ♂ 11.0-13.4 g, Ø$_{73}$ 12.2 g, ♀ 11.0-13.9 g, Ø$_{42}$ 12.1 g, (Bebrütungshase) ♂ 11.8-13.8 g, Ø$_{11}$ 13.1 g, ♀ 12.7-18.3 g, Ø$_{349}$ 15.6 g. Fl.spw.: 21.5-24 cm. Fl.l.: ad. ♂ 78.5-85 mm, Ø$_{278}$ 82.1 mm, juv. ♂ 75.5-83 mm, Ø$_{22}$ 80.8 mm, ad. ♀ 77-83.5 mm, Ø$_{213}$ 80.4 mm, juv. ♀ 76-82 mm, Ø$_{46}$ 79.1 mm [1369,767].

Status. In weiten Teilen ME verbreiteter und häufiger Brut- und Sommervogel, sowie regelmäßiger und häufiger Durchzügler zu beiden Zugzeiten.

Verbreitung und Bestand. Brutvogel vor allem der borealen und gemäßigten, inselartig der mediterranen Zone der W-Paläarktis von NW-Afrika, E-GB und F nach E in schmaler werdendem Areal bis an Jenissej, in Europa N-Grenze in Fennoskandien stark ausdünnend bis ca. 70° N. An N-, W- und S-Grenze im 20. Jh. z.T. Arealerweiterungen durch Einwanderung in Kulturland bzw. Ansiedlung von Nistkastenpopulationen. In ME Nominatform und UA *muscipeta* verbreitet vom Tiefland bis in colline und lokal untere Montanstufe, fehlend oder inselartig am S-Rand von W-Alpen bis Ungarische Tiefebene sowie regional in waldfreien Gebieten im NW der N-D Tiefebene; lokal und regional nebeneinander, aber auch vikariierend mit Halsbandschnäpper, bei syntopem Vorkommen oder/und in Randgebieten auch Mischpaare. Höchstgrenzen: CH bis 1500 m (ausnahmsweise 1650 m), A-V 1250 m, D-BY 1520 m, CS 1150 m ü.M. Europäischer Gesamtbestand etwa zw. 12 - 20 Mio. BP (rückläufig), mit Beständen > 0.3 Mio. BP in RUS (9-13 Mio.), S. (1-2 Mio.), N. (0.2-1 Mio.), FIN (250-700 T.), EST (200-500), LV (300-400), BY (250-400) und UA. (265-335 T. BP) [383]; in ME brüten etwa 310.000-668.000 BP [383], dabei in E-ME nirgends häufig [965,3882,2438,1585].

Wanderungen [821,4219,4064]. Langstreckenzieher; Hauptwinterquartier tropisches Afrika von Gambia nach E bis ca. 17° E Zentralafrikanische Republik, N-Grenze Mali ca. 14° N, Nigeria 11° N, nach S bis Kamerun, einzelne Nachw. bis Zaire; in E-Afrika einzelne, nicht unumstrittene Nachw., generell jedoch bis RUS nach W-Afrika orientiert (z.B. Ringfunde E-FIN – Guinea, Zentral-FIN – Sierra Leone, Nigeria – CY). Wenige Winterfunde N Sahara (Maghreb und sogar F). Wegzugrichtung Br. GB/IRL und Fennoskandien anfänglich SW–SE, doch insgesamt Br. Europa bis RUS stärker als meiste anderen SW-Wegzügler nach W orientiert, Wegzug östlicher Br. über N-I (kaum Ringfunde S der Po-Ebene) und Iberische Halbinsel (vor allem NW-Sektor); dort Richtungsänderung nach S–SE nötig, Küstenbereich NW-Afrika offenbar relativ schwacher Dz. Auffallender Schleifenzug: Heimzug NW-E. und W-F beträchtlich schwächer, dafür weiter E übers Mittelmeer (z.B. entlang E.- und I-Mittelmerküste, und über Inseln des zentralen und W Mittelmeeres) [3026], z.T. als direktere Route zw. Winterquartier und Brutgebiet [4140], z.T. aber auch weites Ausholen nach E (extrem fast 30 Längengrade Wegzug SW-F, Heimzug EGY). Wegzug beginnt früh, ♀ können nach Brutverlust schon im

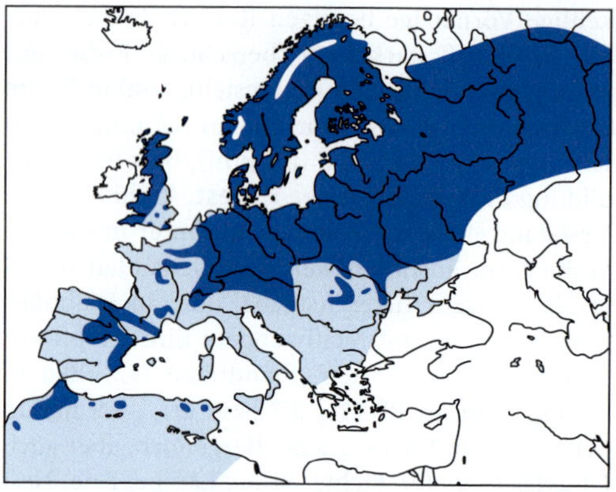

Ficedula hypoleuca – **Trauerschnäpper**

Juni abwandern [4137], erste Jungvögel schon im Juli in S-F und E./P, ab Aug. in MA. Wegzug ME meist ab Mitte Juli, Dz. Aug.–Sept., Höhepunkt Mitte Aug.–Mitte Sept. (Dz.median Col de Bretolet 29.8.) [1861], Nachzügler im SW bis Ende Sept./Anf. Okt. (Extrem CH, D-BY 25.10.). Im tropischen Winterquartier Mitte Sept./Anf. Okt. bis Ende April. Ankunft ME ausnahmsweise letzte Märztage (Extrem CH 20. März), früheste Mittelwerte (z.B. D-BY) in 1., meist ab 2. Aprildekade, Ø oft erst Ende April; Dz. im N-D bis Mitte mit Gipfel Anf. Mai. Brutortstreue der ♂ im ME und N-Europa Ø 18–49%, lokal und regional mitunter sehr unterschiedlich (z.B. in dicht nebeneinander liegenden Kontrollflächen N. 31 % bzw. 49 % mit Jahresschwankungen 17–48 bzw. 36–55 %); in einigen Fällen Unterschiede zwischen bräunlichen und schwarzen ♂, in anderen keine [3598]; Brutortstreue der ♀ niedriger, in Fennoskandien offensichtlich deutlich geringer als in ME und W-Europa, ebenso Geburtsortstreue beider Geschlechter (z.B. ME Brutortstreue Einzelpopulationen ♂/♀ 38%/24%, 45%/30%, Geburtsortstreue ca. 5–10 %, in Einzeljahren bis > 20%). Brutortumsiedlungen einzelner ♀ D 280 km ESE, 143 km N, 120 km S; Ansiedlungen von Jungvögeln z.B. 2 mal GB – NL (630 km SE), FIN – D-HE (1480 km SW), FIN – S. (570 km S), D-NI – D-BY (335 km S). Mittlere Zuggeschwindigkeit 67 km/d, Tageszugleistungen max. > 500 km.

Bestandsentwicklung. Oftmals starke Bestandsschwankungen in Abhängigkeit vom Bruterfolg, – in hohem Maße von Witterung beeinflusst (Nahrungsmangel in verregneter Brutsaison oder nach Kälteeinbrüchen) sowie möglicherweise von Faktoren in Rast- und Überwinterungsgebieten [1369]. Durch Rodungen großer Waldregionen mit großem Höhlenangebot und Ausbildung intensiv genutzter, einförmiger Wirtschaftswälder in zunehmend offenerer Landschaft in früheren Jh. sicherlich deutliche Einbußen. Negative Entwicklung und Aufsplitterung der Vorkommen am W-Rand des Areals etwa bis Ende 19. Jh. (gebietsweise bis 1930er J.) [1369].

	Best.	Areal	Brutbestand	Jahr	Quelle
A	+/-	=	250–600	1998–2002	[383]
B	+/-	=	1.100–3.000	1995–2002	[383]
CH	↕	=	10.000–20.000	1993–1996	[383]
CZ	↑	+ 2	12.000–24.000	2000–2002	[383]
D	+/-	=	170.000–300.000	1995–1999	[383]
FL	⇩	- 2	0–3	1998–2000	[383]
H	↑	+ 1	30–60	1995–2002	[383]
L	↑	+ 1	2.000–2.500	2001	[383]
NL	+/-	=	14.000–18.000	1998–2000	[383]
PL	+/-	=	100.000–300.000	2000–2002	[383]
SK	↓	=	100–200	1990–1999	[383]

Mit Aufkommen künstlicher Nisthöhlen etwa ab 1920er J. und damit verbundener geringerer Nestlingssterblichkeit sprunghafter Anstieg der Bestände, Ausbreitung nach W und N sowie Besiedlung früher unbesetzter Bruthabitate (Stangenhölzer, Nadelforste, Obstbaumgebiete, Parks etc.) [1369]. Etwa ab 1950er J. z.T. explosionsartige Zunahme, zuweilen mit Neuansiedlungen bis in höhere Lagen [1369] und im hohen N Fennoskandiens [2403], wo jedoch Bruterfolg aus klimatischen Gründen meist zu niedrig [1369]. Seit 1960 erneut Brutvogel in L [2560].

Seit 1970er J. Trends in verschiedenen Regionen ME sehr unterschiedlich. In NL, L und B hielten deutliche Zunahmen und Arealausweitungen z.T. weiter an [843,2560,3636,3892,853, in NL in 1990er J. nur im N, dagegen drastischer Rückgang in Laubwäldern im S: 884,425,3638, vgl. Ursachenanalyse in 464], positive Entwicklungen zudem in A, CZ, H, Teilen PL und im Baltikum [3892,1585,3871,1852, 1268], schließlich Zunahmen in Teilen D [1369, 196,1587,2623,4143,4147,1141]. Regional und lokal brachen Populationen in 1970er oder 80er J. (nach vorherigen Bestandsgewinnen) aber auch wieder ein [z.B. in ME: 320,1369,1137,2031,196,4175,4043; auch DK und GB: 2471,1803]; gebietsweise in jüngster Zeit wiederum stärkerer Rückgang, zuweilen verbunden mit Arealverlust, nach Bestandserholung (auf z.T. niedrigem Niveau) in 1980er J. [D, A-V, CH-ZH: 1722,204,1,310,2642,3393,1587,4201, 4202,4045,4046,1998].

Schließlich aber viele Populationen derzeit mit starken Fluktuationen ohne langfristig gerichteten Trend [1369,3892,2808,196,3667,4130,4133, 403,55,2896]. Zuverlässigkeit von einer oder wenigen Zufallsstichproben als Anzeiger für großräumige Bestandsentwicklungen wird gerade beim Trauerschnäpper mit seinen sehr unterschiedlichen kleinräumigen Entwicklungen in Frage gestellt [403; vgl. auch 1819 zu Nistkastenpopulationen allg.].

Siedlungsdichte. Ausgesprochene Polyterritorialität; Steigerung der Dichte durch Nistkastenangebot, daher i.d.R. von Menge der Nistkästen oder Konkurrenz anderer Höhlenbrüter bestimmt und meist viel höher als bei Beständen in Naturhöhlen; allerdings offensichtlich obere Grenze durch Nahrungsangebot gesetzt. In natürlichen Laubwäldern zw. 1-10 BP/10 ha, in Nadelwäldern 0.5-1.5, bei Nistkasteneinsatz aber z.T. erheblich höher [1507]. Die höchsten kleinflächigen Dichtewerte ME beziehen sich alle auf Nistkastenbruten: auf Flächen von 20–49 ha 30.8–12.4–6.5 (Ø 14.5), von 50–99 ha 25.2–2.5–1.7 (Ø 6.3), von > 100 ha 6.5–1.0–0.4 (Ø 1.6) Rev./10 ha [337]. Großflächendichte (> 100 km^2) in ME zw. 0.01 - 2.1 'Rev.'/km^2 [vgl. Tab. 45 in 337].

Gefährdungsursachen [1369,196,4043,535,3411, 1437,2471,2403]. Zerstörung des Lebensraumes Hauptfaktor für Bestandsverluste, insbesondere (1) Verlust naturnaher, höhlenreicher Altholzbestände und Obstgärten, (2) Verarmung der Insektenfauna durch intensive Waldpflege und Durchforstung sowie durch starken Düngemittel- und Biozideinsatz, schließlich (3) Verbauung etc. Da inzwischen großräumig weitgehend vom Nistkastenangebot abhängig, wirkt Beseitigung, Zerstörung oder mangelnde Wartung der Kästen gebietsweise negativ.

In Rast- und Überwinterungsgebieten möglicherweise Beeinträchtigung durch Abholzung tropischer Wälder sowie durch Dürreperioden; zudem weitere Einbußen auf Zugwegen.

Natürliche Ursachen: Klimatische Faktoren beeinflussen Bruterfolg nachhaltig (und dadurch Rekrutierung für Brutbestand des Folgejahres); durch Klimaerwärmung Desynchronisierung mit Hauptnahrung zur Brutzeit und geringerer Bruterfolg möglich [464]. Interspezifische Nistplatzkonkurrenz [z.B. Feldsperling, Kohlmeise – wohl aber nicht Halsbandschnäpper, s. 4008] sowie hoher

Prädationsdruck (Greifvögel, Musteliden, Bilche), in Naturhöhlen höher.

SPEC	VSchRL	Bern.Konv.	Bonn.Konv.
E	--	Anh. II	Anh. II
Europ. RL	**RL in ME**		
--	FL: 'CR', A: 'NT'		

Schutzmaßnahmen. Erhaltung und Schutz höhlentragender Altholzbestände und Obstgärten, Extensivierung der Forstwirtschaft; weiterhin Bestandsstützung durch Nistkastenangebot.

Biotop. Br. lichter, alter und unterholzarmer Laub-, Misch- und Nadelwälder; Habitatwahl in vielen Gebieten Europas entscheidend durch Nistkästen bestimmt. Bei Angebot an künstlichen Nisthöhlen auch in Parkanlagen, Friedhöfen, Streuobstgebieten, ortschaftsnahen Gärten und regional selbst im Stadtbereich. Sowohl bei Überangebot an als auch bei vollständigem Fehlen von Nistkästen bleiben Dichten im Nadelwald i.d.R. (bei reinem Naturhöhlenangebot deutlich) geringer als im Laubwald; in Altersklassen-Nadelforsten ME ohne Nistkästen oft fehlend. In FIN ♂ in Laubwäldern größer als in Nadelwäldern, was auf Dominanzverteilung hindeutet (stärkere/ältere ♂ im günstigeren Laubwald-Habitat). Auf dem Dz. in Laubbaumgruppen, oft nahe am Wasser, z. B. in Flussauen, Mooren, aber auch mitten in der Stadt.

Nahrung. Vor allem fliegende Insekten, z.B. Hautflügler, Fliegen und Mücken, Schmetterlinge, aber auch Raupen, Heuschrecken und Käfer. Frugivorie auf dem Herbstzug [vgl. 1914].

Stimme. Häufigster und sehr charakteristischer Ruf kurz »bit«, oft in langer Wiederholung (wichtig für Entdecken und Erkennen von Dz.). Bei stärkerer Erregung hart »tk«, oft dann kombiniert als »bit tk…« oder »tzr« u.ä. Beim Einschlüpfen in Höhle wahrend der Balz »isd isd sid« oder »zerr«-Laute. Gesang in kurzen Strophen; meist eine Reihe in der Tonhöhe alternierender Elemente, wie »witu witu witu..« oder »tsirotsirotsipptsirotsiro« mit unterschiedlichen Schlusselementen, z.B. einem Dreiklangpfiff (der auch allein gebracht werden kann). Unterschiedliche Strophentypen, z.B. auch Klapperstrophen mit gleichartigen Elementen oder gepresster Gesang beim Anfliegen von Höhleneingängen; Strophen auch nicht selten unterbrochen. Große individuelle Variabilität. Gesang gleich nach Ankunft am Brutplatz, hört nach Anpaarung auf, während der Eiablage und Bebrütung mit geringerer Intensität wieder auflebend, insgesamt meist nur im Mai zu hören; Rückgang der frühen Gesangstätigkeit bei schlechtem Wetter.

Verhalten [u.a. 1369,767,3597,2403]. Tagaktiv; Nachtzieher. Flügelzucken bei Erregung, oft alternierend; Schwanz wird langsam nach unten bewegt, aber ruckartig nach oben geschlagen, nicht immer mit Flügelzucken gekoppelt. In starker Erregung Schwanzfächern. Nahrungserwerb durch kurze Jagdflüge von Ansitzwarten, aber auch durch Ablesen von Zweigen; bei schlechtem Wetter Nahrungssuche vermehrt auf dem Boden. Singwarten im Kronenbereich, auf niedrigeren Ästen, an der Bruthöhle, aber auch Gesang im Ortswechselflug. Zur Brutzeit territorial. Gesang dient zum Anlocken der ♀. ♂ haben oft mehrere Territorien (zuweilen > 6). Kopulationen gehen oft wilde Verfolgungen durch die ♂ voraus. Kopulationsfrequenzen gering. Anteil fremder Junge im Nest (nicht vom Paar-♂) gering bis relativ häufig [536]. Schwarze ♂ werden bei territorialen Auseinandersetzungen mehr angegriffen als braune; dies kann bei interspezifischer Aggression mit Halsbandschnäpper zu Sympatrie brauner und zu Allopatrie schwarzer Trauerschnäpper mit Halsbandschnäppern führen, deren ♂ im Experiment braune Trauerschnäpper-♂ weniger angreifen als schwarze [2150]. Balz an der Höhle (»Höhlenzeigen«) durch häufiges Anfliegen, Gesang am Einflugloch und meist weniger häufiges Einschlüpfen. Bei Knappheit von Höhlen auch Kampf mit anderen Arten (z.B. Meisen) um bereits besetzte Höhlen.

Fortpflanzung, Brutbiologie [337,1369,767,1722,1]. Geschlechtsreife im 1. Lebensjahr, nur Teil der Vorjährigen brütet in dicht siedelnden Populationen oder bei geringem Höhlenangebot (in D-NI Ø Brutalter ♂$_{953}$ 1.87 und ♀$_{1298}$ 1.5; erstmals in der Kontrollpopulation brütend nachgewiesen wurden im 1. J. 38% der ♂/51% der ♀, im 2. J. 43%/36%, im 3.J. 14%/10%, im 4.J. 4%/3% und im 5.J. 0.8%/0.5%, Abwanderungen nicht berücksichtigt); generell Anteil einj. Erstbrüter bei ♂ geringer als bei ♀, auch Folge der Polyterritorialität. Monogame Saisonehe am häufigsten, doch regelm. sukzessive Polygynie (Trigynie aber selten); in D-NI unter 953 ♂ 60 (6.3%) nur in 1 Jahr, 3 (0.3%) in 2 Jahren bigyn; bei älteren ♂ Bigynie häufiger als bei jüngeren, entsprechende ♀ jünger als in monogamen Paaren: Ø (10 J.) primäre ♀ 2.67 J. alt, sekundäre ♀ 1.67, bigyne ♂ 2.71, monogyne 2.18 J. alt [4142]. Bei Nistkastenpopulationen in N- und ME Anteil Polygynie zw. 3–39%, meist mit Siedlungsdichte korreliert, bei Naturhöhlenpopulation in FIN 12.5%. Wichtigste Ressource der ♂ offenbar günstiger Nistplatz. Durch Bigynie ♀ während fertiler Periode z.T. unbewacht, daher Fremdbegattungen und multiple Vaterschaften in Bigynie-Bruten häufiger als bei Monogamie-Bruten [536]. Durch Brutortstreue auch Wiederverpaarungen [zu experimentellen Befunden der Kosten/Nutzen der Partnerwahl und saisonaler Partnertreue s. 3597]. Mitunter Mischverpaarungen mit Halsbandschnäpper. **Ankunft im Brutgebiet.** Ältere ♂ vor einjähr. ♂ und bis > 1 Woche vor ♀, meist ab Mitte/Ende April bis Mai. Zuerst größere Zahl von Nisthöhlen besetzt (entscheidende Voraussetzung für Polygynie). Nach Paarung mit ♀ beziehen bis 67% der ♂ Zweitreviere, Abstand der Nisthöhlen bei Naturhöhlen in FIN Ø 230 m, in Nistkästen nur 150 m (in NW-D allerdings Ø 250 m). **Nest.** ♀ wählt ♂ mit passender Nesthöhle (bei unterschiedlichem Angebot Präferenz für größere Höhle). Neststand Höhlen, dabei Nistkästen gegenüber Naturhöhlen meist bevorzugt (letztere, meist von Spechten, in Fennoskandien auch von Weidenmeise, oder auch ausgefaulte Astlöcher, oft kaum noch beachtet). In ME überwiegend, gebietsweise fast ausschließlich in Nistkästen (Einflugloch < 3.5 cm). Bodenhöhe ca. 1-14 m; mitunter abnorme Brutplätze, z.B. an Bauten unter Dachziegeln, in Mauerlöchern oder (ähnlich Grauschnäpper) auf Balken. Nest ziemlich lockerer Bau aus trockenen Grashalmen (in Obstgärten fast ausschließlich), altem Laub, mitunter Kiefernrinde und etwas Moos; Muldenauskleidung aus feinen trockenen Halmen, kleinen Federn. Höhe und Größe der Nester je nach Brutraum unterschiedlich; Muldendurchmesser ca. 55 mm, -tiefe ca. 45 mm. Nestbau durch ♀; Dauer 4-8 (-11) d, kürzer für Nachgelege. ♀ tragen vor Verpaarung oft Material aus der Höhle (»Säubern«). Mitunter werden begonnene Gelege von Vorbesitzern (oft Meisen) einfach überbaut. **Legebeginn.** In Ø von N-Afrika bis Fennoskandien 10. Mai bis Mitte Juni, in ME frühestens 3. Aprildekade/Anf. Mai, in N-D auch Ende Mai; letzte Beginne in ME normalerweise Mitte Juni (selten Juli); junge ♀ legen später als ältere. **Gelegegröße.** 4-8 (3-9), am häufigsten in N- und ME 6-7 (Gelege > 9 meist von 2 ♀); extremer Kalendereffekt; Ø NW-Afrika bis N-Europa zw. 5.1 – 6.9 Eier, ME oft zw. 6.0-6.4, nach Korrektur mit Meereshöhe besteht Korrelation mit geographischer Lage [303], ferner negative Korrelation mit Meereshöhe; Habitatunterschiede (in Laubwäldern meist größere Gelege als in Nadel-); in S. und in PL in Nistkästen größere als in Naturhöhlen [vgl. 793]. Individuelle Zunahme der Gelegegröße mit Alter der ♀ (bis zu bestimmter Altersstufe); sekundäre ♀ in Naturhöhlen FIN unabhängig vom Legetermin kleinere Gelege als primäre. GB Erstbrut$_{123}$ 7.45, Zweitbrut$_{12}$ 4.3. Legeintervall 1 d. **Eier.** (Kurz-)oval, schwach glänzend, einfarbig blassblau. **Brutdauer.** (11) 12-17 d (Ø CZ$_{33}$ 12.8, D-BW$_{7}$ 13.7 d); Bebrütung ab (vor-)letztem Ei (selten früher); nur ♀ brütet; ♂ füttert z.T. ♀ während Bebrütungszeit. Juv. schlüpfen synchron (mitunter asynchron). **Nestlings-/Führungszeit.** Nur ♀ hudert; ab 7 d Prozentsatz in Höhle übernachtender ♀ rapide zurückgehend. Beide Ad. füttern bei monogamen Paaren zu gleichen Teilen, sekundäre (tertiäre) ♀ erhalten grundsätzlich weniger Hilfe durch das ♂ als primäre, es sei denn Schlüpfintervall zur primären Brut und Entfernung der Nester ist gering; (Hilfe bei sekundären Bruten bei ungünstigen Umweltbedingungen generell selten). Nestlingsdauer 13-17 (-18) d (Ø D-BE$_{26}$ 14.6 d), bei Störungen auch frühzeitiger. Nach Ausfliegen hält Familie bis ca. 48 d zusammen; Juv. jagen mit 22-24 d unabhängig von den Ad. **Jahresbruten.** 1 (Zweitbruten sehr selten, nur in GB regelm. in kleiner Zahl); Nachgelege, mitunter auch bei Verlust von Nestlingen. **Ende der Brutperiode.** Meist im Juli, in Einzelfällen auch Aug. **Bruterfolg.** (1) Lebenszeiterfolg in D-NI: 77.6% der ♂ und 76.4% der ♀ starben, bevor sie zu Brut gekommen wären (Alter <1-4 J., s.o.), weitere 0.4% der ♂ und 2% der ♀ hatten nie Junge, übrige 22% der ♂/♀ trugen Nachkommen zur nächsten Generation bei; sie produzierten pro Ind. 1 – 37/ 1 – 36 Juv., ♂ Ø 8.9, ♀ Ø 8.5 (Median jew. 6) Nachkommen (max. 1 ♂ in 7 J. 37 Nachkommen, ♀ in 6 J. 36); dies ergibt angenähert 2 Junge pro Lebenszeit für sämtliche flügge gewordene Ind. einer Population [3687]. (2) In FIN in Nistkästen 5.6, in Naturhöhlen 3.8 Juv./Paar und J. (bei erfolgr. Gelegen aber kein Unterschied); Ursache höhere Prädation in Naturhöhlen (auch in E-PL) [793]; in S. bei offensichtlich kleineren Naturhöhlen allerdings auch wegen kleinerer Gelege insgesamt geringerer Bruterfolg. In Nistkästen Bruterfolg in kleineren und größeren gleich (nach Abzug der Brutverluste durch Prädation – in kleinen höher). (3) Jahresproduktion steigt mit Alter und damit parallel mit der früheren Ankunft am Brutplatz (♀ der früh ankommenden ♂ mit höherem Erfolg); Risiken für Frühankunft in ungünstiger Witterung. (4) Durch hohe Dichte anderer Höhlenbrüter zuweilen geringerer Bruterfolg. (5) Bigynie: In D-NI Jahres- und Lebenszeitreproduktion bigyner ♂ höher (18.3 gegenüber 8.3 Juv./Lebenszeit), primäre ♀ 5.8, sekundäre 4.3 Juv./J.; in FIN sekundäre ♀ insgesamt nur 65% der Produktion monogamer und primärer ♀, dabei durch Hilfe fütternder ♂ 4-5 flügge Juv./J., ohne Hilfe nur 2.8. Unterschiedlicher Erfolg je nach ♂-Engagement auch in D-NI: fütterndes ♂ bei 1 Brut: 4.7 Juv./Brut, bei 2-3 Bruten: 4.5, kein fütterndes ♂: 2.8 Juv./Brut. Monogame ♀ mit Legebeginn im Mai Ø 6 Juv./Brut, im Juni Ø < 5, sekundäre ♀ saisonal unabhängig knapp > 3, primäre saisonal unabhängig (aber ebenfalls von geringerer Brutbeteiligung der ♂ betroffen) ca. 5 Juv./Brut.

Eimaße und –gewichte [1369]: L. 15.6-21.0 mm, B. 12.1-14.4 mm; Ø 17.8 x 13.4 mm (n=882, FIN), Ø 17.8 x 13.5 mm (n=1025, D-NI), Ø 17.9 x 13.1 mm (n=175, GB). Frischvollgew. 1.20-2.34 g, Ø$_{319}$ 1.69 g (D-NI), 1.56-1.97 g, Ø$_{56}$ 1.77 g (CZ). Schalengew. Ø$_{1293}$ 0.088 g.

Sterblichkeit, Alter. NW-D ♂ 51 %, ♀ 49,5 %, Zunahme im Bereich von 1–7 J. Br. vor allem F 73 % im 1. J., 53 % in späteren J. [821]. Adultsterblichkeit Br. FIN 64 %/J. [1566]. Älteste Ringvögel (D-NI): 2 ♂ 11 J., 1 ♂ 10 J. und 3 ♂, 2 ♀ 9 J. [1369]. **Generationslänge:** < 3.3 J. [383].

Mauser. **Postjuvenile Mauser** (Teilmauser) ab 3–4 Wochen, Juni–Aug.; meist gesamtes Körpergefieder, Rand-, variable Anzahl von Mittleren und Großen Armdecken, selten Schirmfedern [1369,1866,15]; ♂ erneuern mehr Große Armdecken als ♀ [1866]. • **Postnuptialmauser** (Vollmauser) Mauserperiode oft abhängig von Beginn, Ablauf und Erfolg des Brutgeschäfts [1369,3583,1648,1649]; in S./FIN beginnen ♂ und Vorj. meist während Jungenaufzucht ab Anf. Juni, ♀ selten vor Mitte Juli [1369,3583,1649], in GB dagegen beide Geschlechter regelm. während der Fütterung von Spätbruten [767,1369]; vor Zugbeginn größtenteils abgeschlossen, während Wegzug z.T. aber noch Kleingefieder- und AS-Mauser (besonders bei N Populationen) oder Unterbrechung, Ende meist im Winterquartier [767,1369,1866,1287]; Dauer ca. 50– 65 d [767,1369]. • **Pränuptialmauser** (Teilmauser) Jan.–Feb. [767,1369,3921]; umfasst einige Rand- und Mittlere Arm-, mehrere innere Große Armdecken, Schirmfedern und einzelne innere AS [767,1369,3771,1866,2619]; Einj. ersetzen AS häufiger und mehr Große Armdecken als Ad. [1866,4146].

Ficedula albicollis – Halsbandschnäpper 13480

Ficedula [hypoleuca] albicollis (Temminck 1815)

(GB) **Collared Flycatcher** (F) **Gobemouche à collier** (E) **Papamoscas Collarino**

Taxonomie. Monotypisch. Bildet Superspezies mit Trauerschnäpper (*hypoleuca*), Halbringschnäpper (*semitorquata*) und Atlasschnäpper (*speculigera*).

Kennzeichen. [1369,3615,767,221,3772,2620,2621, 2622; weitere **Fotos** in Bird. W. **14**, 235, **15**, 30, Brit. B. **94**, 536, Limic. **7**, 259, **17**, 68, Dutch B. **23**, 238, **24**, 345, **25**, 187, **26**, 270].

Maße. Gr.: 13 cm. Gew.: ♂ 10.7-15.0 g, Ø$_{32}$ 13.4 g, ♀ 11.0-16.8 g, Ø$_{37}$ 14.2 g. Fl.spw.: 22.5-24.5 cm. Fl.l.: ♂ 79-85 mm, Ø$_{43}$ 82.2 mm, ♀ 76-83 mm, Ø$_{60}$ 80.1 mm [1369,767].

Status. In Teilen ME verbreiteter und recht häufiger Brut- und Sommervogel, recht seltener, unauffälliger Durchzügler (meist im Frühjahr, vom

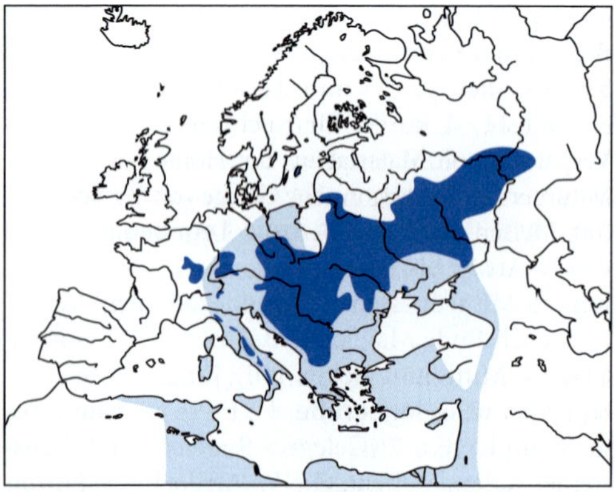

Ficedula albicollis – **Halsbandschnäpper**

Wegzug wenig konkrete Daten); außerhalb des Brutareals sehr seltener Gastvogel.

Verbreiteter Brutvogel in **H**, **SK.**, **CZ**, S- und E-**PL** sowie E-**A**. In **CH:** zerstreut in -TI und lokal -GR; sonst seltener Durchzügler in abnehmender Zahl (49 Beob. 1968–82, nur 16 von 1983-97 und nicht mehr allj.; meist ♂, ausnahmsweise Paare, im Frühjahr) [4152,q14]. • **D:** Helgol. 4 mal bis 1990; -NI Brut 1978; -RP erfolgr. Brut 1966, sonst mehrfach sing. ♂; -SL Brutnachw. 1963 und 1989, sonst nur einzelne sing. ♂; -HE nicht allj. Brutvogel, 1964 Mischbrut mit Trauerschnäpper-♀; -BW Verbreitungsschwerpunkte N-Württ. und Donautal; -BY Schwerpunkt Unterfranken; -TH einzelne Brutnachw. und Brutzeitdaten, 1970 Mischbrut ♂ Trauer-, ♀ Halsbandschnäpper; -SN, -ST wenige Einzelbruten; -BB nur 9 Beob. (nur Frühjahr) bis 1998; -MV 10 Nachw. 1900-ca. 1985 [337,1722,2068,1680,1]. • **L:** regelm. Brutvogel im 19. Jh., im 20. Jh. kein Nachw. [337]; • **B:** 10 Nachw. von 1942-96 [q15]. • **NL:** nur 30 Nachw. von 1800-2001 (davon 6 seit 1980), meist ♂ Ende Apr./Mai [277,q16].

– GB/IRL: 16 Ind. bis 1990; DK: 18 Nachw. bis 1964, 81 von 1964-88; 1986 erfolgr. Brut mit Trauerschnäpper-♀. S.: Brutvogel vor allem auf Gotland (Brutbestand 4.600-5.700 BP um 1990). FIN: > 90 Ind. bis 1988. LT: Erstnachw. 1983.

Verbreitung und Bestand. Br. der Westpaläarktis mit aufgesplittertem Areal im W: E-F, SW-D, S-Alpen, I (Sizilien nur unregelm.) und im N: S-S. (Gotland); zusammenhängendes Areal von E-A, CZ, S- und E-PL bis an mittlere Wolga nach N bis etwa 55° N; S-Grenze YU, AL, RO, UA. (in SE-Europa Halbringschnäpper). In ME Brutvogel im E und SE, im W Schwerpunkte D-BW und N D-BY; in Kleinpopulationen ♂ oft stark in Überzahl, außerhalb der Verbreitungszentren mitunter einzelne Paare und sing. ♂ sowie Mischpaare mit Trauerschnäpper. Gesamtbestand (Europa und Welt) zw. 1.4 – 2.4 Mio. BP (insgesamt zunehmend), mit Beständen > 40.000 BP in UA. (580-700 T.), RO (460-712), RUS (200-500), SK. (70-150), H (18-92) sowie CZ (30-60 T. BP); Gesamtbestand ME zw. 132-334 T. BP [383].

Wanderungen. Langstreckenzieher; Wintergebiet tropisches Afrika, doch Grenzen nicht genau bekannt; Ringfunde und Winternachw. von Elfenbeinküste bis W-Uganda, in E-Afrika von Tansania bis Sambia und Malawi; selten bis Simbabwe, NE-Namibia, Transvaal [1552N]; Sudan, Kenia nur Durchzugsdaten. Wegzugrichtung Br. SW-D etwa SSE und Br. Gotland SSW–S, beide in breiter Front über I und N-Afrika (Br. Gotland zwischen TN und EGY). Im Frühjahr regelm. rastende auf Inseln und an Küste I (jedoch nicht im W Mittelmeer) [3026], und auffälliger Dz. in Ägäis (s.u.). Ab Ende Juni frühestes Verlassen des Brutplatzes, Wegzug und Dz. ME Juli–Ende Aug., doch wenig Beob.daten; extreme Letztbeob. ME 2. Sept.hälfte (CZ, CH). Im Winterquartier offenbar von Okt. bis März (frühestens ab Aug.) [1552N]. Dz. Ägäis 2./3. Aprildekade (Median 19.4.), bis Mitte Mai (selten Juni) weitgehend abgeschlossen [1721]. Ausnahmsweise frühe Erstbeob. ME Ende März (z.B. CZ und D-BY 25.–31.3.), früheste Beob. sonst ab Anf. (z.B. CH, PL 8.–9.), meist erst Mitte April; Einzug der Brutpopulation i.d.R. nicht vor Ende April bis Ende Mai, in Gotland bis Anf. Juni; auffällig auch in N-I und S-CH Erstankunft relativ spät. Ankunft einer Lokalpopulation kann sich über Wochen hinziehen. Hohe Ortstreue von ♂ und ♀ sowie Geburtsortstreue nachgewiesen; letztere SW-D z.B. mind. ♂ 4.0 % (in Einzeljahren bis 8.0 %), ♀ 3,1 % (in Einzeljahren bis 3.8 %) [z.B. 2910,3863,2909]. Nachw. W und N des Areals in Europa meist durch weiter gewanderte ♂, jedoch kann auch die Unauffälligkeit der ♀ das Bild verfälschen.

Bestandsentwicklung. Am W-Rand des Verbreitungsareals in ME oft erhebliche Bestandsschwankungen, wahrscheinlich meist bedingt durch geringen Bruterfolg. Zudem häufig starke Überzahl der ♂ sowie vereinzelte Mischpaare mit Trauerschnäpper [1369; über Fehleinschätzung bei Revierkartierungen s. 4007].

	Best.	Areal	Brutbestand	Jahr	Quelle
A	+/-	=	9.000–18.000	1998–2002	[383]
CH	↓	- 1	20–50	1993–1996	[383]
CZ	↑	+ 1	30.000–60.000	2000–2002	[383]
D	+/-	=	2.800–3.900	1995–1999	[383]
H	+/-	=	18.000–92.000	1999–2002	[383]
PL	+/-	=	2.500–10.000	2000–2002	[383]
SK	+/-	=	70.000–150.000	1990–1999	[383]

Bis Anf. 20. Jh. Einwanderungen aus E und Vergrößerung lokaler Bestände. Doch schon um Jh.-Wende Vorkommen in L [2560] sowie isolierte Brutgebiete in D-TH und -BY erloschen [1369]. Zwar in -BY (neben zwei stabilen Vorkommen in Unterfranken und bei München) ab 1930er J. neue Brutansiedlungen, doch verschwanden diese mit den alten Vorkommen in Spessart und Untermain.

Bemerkenswerte Ausbreitungs- und (Wieder-)Besiedlungsphase ab Anf. 1960er J., bes. auffällig im Ulmer Donautal (auch Brutnachw. in -RP und -SL). Doch ab 1970er J. erneuter Bestandsrückgang, bes. drastisch im Schönbuch und benachbarten Regionen -BW [1722] sowie Vorkommen bei München [4175].

In 1980er J. starker Rückgang bei den Brutvorkommen in CH-GR und -TI, wo Brutgebiete nicht mehr allj. besetzt [1369,3393,3392]. Situation in D-BW verschlechterte sich dramatisch [1722], insgesamt Bestand in -BW von 10.000-12.000 BP (1950er J.) zurück auf etwa 3.000 BP (Ende 1980er J.) [1722] und erneute Halbierung bis Ende 1990er J. [204].

Andererseits in einigen Schwerpunktgebieten ME (SK., CZ, S-PL, N D-BY) Bestände in unbeeinflussten Wäldern und Streuobstbeständen in letzten Jahrzehnten weitgehend konstant [1369,1507,1585] oder gebietsweise sogar angewachsen [D-BY (mit Nistkastenangebot), E-PL: Abb. 151 in 196;4006,4008]; Zunahmen und Arealausweitungen in PL z.T. durch erhöhte Beobachtungstätigkeit [z.B. Slask, 973] oder Konzentrationseffekte in Naturwaldreservaten nach Verlust von Altholzbeständen in Wirtschaftswäldern [1369,3867; vgl. aber 3871]; seit Ende 1980er J. auch wieder positiver Trend in A-Oö [2518] sowie in CZ [383].

Siedlungsdichte. Wie bei Trauerschnäpper Polyterritorialität und hohe Dichten im Wesentlichen durch Angebot an Nistkästen bestimmt, bei sehr hohen Dichten mitunter nur nächste Nestumgebung verteidigt; in PL in großen Laubwäldern mit Naturhöhlen 3-6 BP/10 ha, in Nadelwäldern 0.1 BP/10 ha [1507]; Höchstdichten ME auf Flächen von 20–49 ha 9.0–6.5, von 50–99 ha 3.4, von > 100 ha 1.7 Rev./10 ha [337], allerdings bis zu 21 BP/10 ha in alten Eichenwäldern CZ und noch höhere Werte nach Aufstellen von Nistkästen [3661N].

Gefährdungsursachen [1719,1369,4175,196,3892, 3468,3283,3284]. Zerstörung oder Beeinträchtigung des Lebensraumes durch (1) intensive Waldwirtschaft mit Entfernung der höhlentragenden (Laub-)Altholzbestände, intensiven Durchforstungsmaßnahmen (starke Reduktion des Totholzanteils) sowie Förderung von Koniferenbeständen in ehemaligen Laub- oder Mischwaldgebieten, (2) Zerstörung der Auwaldrelikte durch Übererschließung, Kiesabbau etc., (3) Verlust der Streuobstbestände und Hochstammanlagen sowie der Kopfbäume, (4) starke Beeinträchtigung der früher insektenreichen Streuobstwiesen durch intensivierte Nutzung und Pflege sowie durch gesteigerten Einsatz von Bioziden.

Natürliche Ursachen: Wie bei anderen Schnäpperarten offensichtlich erheblicher Einfluss klimatischer Faktoren, mit hohen Brutverlusten bei zunehmender Atlantisierung des Klimas (verregnete Frühsommer). Bedingungen auf Zug und in Überwinterungsgebieten offenbar ebenfalls ungünstiger, da viele Bestandsveränderungen nicht durch Änderungen der Bruthabitate oder Klimabedingungen während der Brutzeit erklärbar.

Interspezifische Konkurrenz um Nisthöhlen [aber: 4006].

Hohe Verluste durch Prädatoren (Bilche, Musteliden, Greifvögel).

SPEC	VSchRL	Bern.Konv.	Bonn.Konv.
E	Anh. I	Anh. II	Anh. II
Europ. RL	RL in ME		
--	D:'CR', CH: 'VU', A, CZ:'NT'		

Schutzmaßnahmen. In der Landwirtschaft Erhalt und langfristige Sicherung alter, höhlentragender Bäume, insbes. von Streuobstbeständen sowie Reduktion des Biozideinsatzes und Intensität der Wiesennutzung; in der Forstwirtschaft spätere Umtriebszeiten, Erhalt von Altholzinseln, Einschränkung der Durchforstungsmaßnahmen und Schaffung von Naturwaldreservaten.

Erhebliche Einschränkung des Biozideinsatzes in Durchzugs- und Überwinterungsgebieten.

In mehreren Regionen deutliche Bestandszunahmen durch Angebot von Nisthilfen – zumindest bei anhaltender Kontrolle und Reinigung der Nistkästen.

Biotop. Br. in Laubwäldern, bevorzugt in nicht zu dichten Buchen- und Eichenbeständen mit höherem Totholzanteil, in Auwäldern, Parkanlagen, extensiv genutzten Obstkulturen oder größeren Feldgehölzen mit alten Bäumen, bei Nistkastenangebot auch in lichten Nadelwäldern [3285]. In ME vorzugsweise in warmen Lagen. Nisthöhlenangebot oft limitierende Ressource, daher auch Konkurrenz mit anderen Höhlenbrütern.

Nahrung. Insekten, vor allem fliegende Formen, doch spielen Schmetterlingsraupen eine wichtige Rolle als Nestlingsnahrung, vor allem bei frühen Bruten; im unmittelbaren Vergleich Nestlingsnahrung vielseitiger als bei höhlenbrütenden Meisen.

Stimme. Während der Brutzeit weithin hörbarer Lockruf »sieb«, auch als Gesangseinleitung oder zw. Gesangsstrophen zu hören. Bei Erregung ähnlich Trauerschnapper »tck« oder »tzria«; diese Laute werden auch bei Auseinandersetzungen um Revier oder Nistplatz geäußert und tragen daher vermutlich zur interspezifischen Territorialität in Mischgebieten bei. Gesang dünner (weniger kehlig) und langsamer als Trauerschnäpper, nach hohen »fiit«-Reihen Elemente in unterschiedlicher Tonhöhe abwechselnd, wie »trü-zit-tru-zit« oder auch komplizierter »zroi zidi doi dülie…« o.ä. Klingt zu Beginn wie mühsam hervorgepresst. Mitunter ersetzen einzelne »zieht«-Reihen den Gesang ganz. Nach Verpaarung geht Gesangstätigkeit stark zurück; unverpaarte ♂ singen intensiv bis Ende Juni.

Verhalten. Tagaktiv; Nachtzieher. Nahrungserwerb durch kurze Jagdflüge von Ansitzwarten, aber auch durch Abklauben. Zur Brutzeit territorial. Singwarten in Baumkronen oder in nächster Umgebung von Nesthöhlen (oder Nistkästen); durch Gesang wird Höhle gezeigt. Bei Anwesenheit eines ♀ oftmaliges Einschlüpfen, aber auch ohne ♀ Schauflug mit gefächertem Schwanz, flachen Flügelschlägen oder Gleitflug zur Höhle, dabei hastiger oder »gepresster« Gesang, bei Anwesenheit eines ♀ mitunter in der Höhle fortgesetzt. Häufig fremde Junge im Nest (nicht vom Paarmännchen). ♂ oft polyterritorial. Verteidigung der Nisthöhle auch gegenüber anderen Höhlenbrütern, in direkter Auseinandersetzung sind Trauerschnäpper unterlegen, selbst einj. Halsband- verjagen mehrj. Trauerschnäpper-♂.

Fortpflanzung, Brutbiologie [337,1369,767,1722, 3284]. Geschlechtsreife im 1. Lebensjahr, Vorjährige (im intermediären Hemmungs-/Fortschrittskleid) können erfolgreich brüten, bleiben aber zuweilen unverpaart (in SW-D ca. 63% der ♂ und 52% der ♀ brüten im 1. J.). Monogame Brut- oder Saisonehe. Hoher Anteil polyterritorialer ♂ und Bi- (Tri-) gynie; Fremdvaterschaften häufig. In Einzelfällen Polyandrie möglich. Zuweilen Mischverpaarungen mit Trauerschnäpper (in S. bis 4%, d.h. weniger als Zufallserwartung). **Ankunft im Brutgebiet**. Ältere ♂ vor einjähr. ♂ und etwa 1 Woche vor ♀, meist ab (Mitte) Ende April bis Mai (Juni). Zuerst großes Revier besetzt, durch Ankunft weiterer ♂ Verkleinerung. Balz und Paarbildung nach Ankunft der ♀; danach besetzen ♂ oft Zweitreviere. **Nest.** Wahl durch ♀, das dem ♂ in Bruthöhle folgt und darin längere Zeit verweilt. Neststand in Baumhöhlen oder Nistkästen (in dicht siedelnden Populationen so gut wie ausnahmslos). Standhöhe 1- >20 m (in PL Auwälder Ø$_{63}$ 12 m, Eichen-/Hainbuchenwälder Ø$_{246}$ 7.5 m); bevorzugt in hochgelegenen Höhlen. Baumaterialien wie Trauerschnäpper, im Wald neben Halmen vor allem Moos und Flechten. Nestbau durch ♀, vom ♂ begleitet; Dauer (2-) 3-6 d. **Legebeginn.** In ME frühestens Ende April; Höhepunkt Anf. bis Ende Mai, letzte Gelege im Juni; im N ab Ende Mai. **Gelegegröße.** 4-7 (2-9), häufig 5-6; Kalendereffekt; Ø D-BW$_{645}$ 5.8, H$_{1020}$ 6.0 (jährl. Variation 5.4-6.3), CZ$_{198}$ 5.7, CZ Erstbruten$_{440}$ 6.2, Nachgelege$_{184}$ 4.8. Gelege in Nistkästen mit größerer Grundfläche größer. Einjähr. ♀ im Ø kleinere Gelege. Legeintervall 1 d. **Eier.** (Kurz-)oval, schwach glänzend, einfarbig blassblau (genau wie Trauerschnäpper). **Brutdauer.** 12-15 d (Ø CZ$_{33}$ 12.8, D-BW$_7$ 13.7 d); Bebrütung ab (vor-)letztem Ei (bei Nachgelegen früher); nur ♀ brütet; nur ein Teil der ♂ füttert das ♀. Juv. schlüpfen synchron, bei Nachgelegen innerhalb 1-3 d. **Nestlings-/Führungszeit.** Beide füttern, ♂ mehr an der Fütterung der primären als der sekundären beteiligt; zuweilen füttert ein zweites ♂. Nestlingsdauer 15-19 d (Ø CZ 15.9, D-BW 16.1 d). Familie verlässt nach Ausfliegen der Juv. meist rasch den Brutplatz. Juv. nach etwa 10-14 d Führung selbständig. **Jahresbruten.** 1; Nachgelege. **Ende der Brutperiode.** Meist im Juli, in Einzelfällen auch Aug. **Bruterfolg.** Lebenszeiterfolg (gemessen in Nachkommen für die lokale Population, recruitment) in S. für ♂ 0.98 Nachkommen, für ♀ 0.76; rund 46% der ♂ und 52.5% der ♀ trugen 0, 10.5% der ♂ und 5.7% der ♀ > 2 Nachkommen bei (allerdings unverpaarte ♂ unberücksichtigt). Jahresproduktion in Laubwald (hohe Dichte) 4.7, in Nadelwald (niedrige Dichte) 4.8 Juv./BP. Bruterfolg in kleinen Nistkästen geringer. Hoch gelegene Bruthöhlen erfolgreicher als niedrig gelegene. In D-BW Juv. aus 61% bzw. aus 77% der abgelegten Eier, dabei 4.5 (2.9-5.5) flügge Juv./Paar und J., in CZ 47.2% und 2.7 Juv. bzw. 70%, in PL 49%, in A 64.1%. Größte Gelege (7 Eier) in D absolut und relativ am erfolgreichsten (in H kaum Unterschiede). Stärkste Verluste durch Prädation (vor allem Buntspecht; Marder) und Witterung. Bei Mischverpaarung in S. gleicher Bruterfolg wie Trauer-, aber höherer als Halsbandschnäpper. Bastarde viell. erhöhte Mortalität oder bei Verpaarungen konkurrenzschwach.

Eimaße und -gewichte [1369]: L. 13.4-19.95 mm, B. 10.4-13.95 mm; Ø 17.4 x 13.2 mm (n=91, CZ), Ø 18.2 x 13.5 mm (n=560, PL), Ø 17.8 x 13.5

mm (n=244, SK.). Frischvollgew. 1.62-1.68 g, Ø$_{11}$ 1.65 g. Schalengew. 0.075-0.109 g, Ø$_{104}$ 0.094 g.

Sterblichkeit, Alter. In einer Brutpopulation in H konnten ca. 24 % der brütenden ♀ im folgenden J. wieder nachgewiesen werden; ♀ überlebten unabhängig von der Zahl der großgezogenen Jungen. Überlebensrate der Jungen SW-D und H unabhängig von der Brutgröße. In Gotland Ø Nachweisrate von ♀ im Folgejahr 37 % (Nadelwald) bzw. 48 % (Laubwald). Sterblichkeit einj. ♀ in SW-D mit 50–60 % geschätzt. Höchstalter von Ringvögeln 8 J. und 7 J. 11 Monate. **Generationslänge:** < 3.3 J. [383].

Mauser. **Postjuvenile Mauser** (Teilmauser) beginnt ab ca. 7 Wochen, Juli–Anf. Aug. [1369]; Körpergefieder und Großteil der Flügeldecken [767]. • **Postnuptialmauser** (Vollmauser) Juni/Juli–Aug., i.d.R. vor Wegzug beendet [1369]; besonders ♂ und Vorj. beginnen regelm. bereits während der Jungenaufzucht [1650]. • **Pränuptialmauser** (Teilmauser) Jan.–Feb.; umfasst Großteil der Flügeldecken, Schirm- und einige oder alle Steuerfedern, unregelm. AS [767,1369,1866]; ♂ und Einj. ersetzen alle ST [3771,2619].

Monticola solitarius – Blaumerle 11660

Monticola [solitarius] solitarius (Linnaeus 1758)

GB **Blue Rock-thrush** F **Monticole merle-bleu** E **Roquero Solitario**

Taxonomie. Vier UA, deren ♂ alle einheitlich dunkelblau sind: *solitarius* (Linnaeus 1758) (NW-Afrika, Europa), *longirostris* (Blyth 1847) (GR bis NW-Himalaja), *pandoo* (Sykes 1832) (Himalaja bis E-China) und *madoci* Chasen 1940 (Malayische Halbinsel). *M. philippensis* (inkl. »*magna*«, JAP) sollte als eigenständige Semispezies abgetrennt werden, da diese Form völlig anders aussieht (♂ mit rotbrauner Unterseite bis auf Kehle) [2295] und es trotz lokalen geographischen Kontakts (mit *pandoo*) zwar gelegentliche Hybridisation, aber keine fließenden Übergänge gibt.

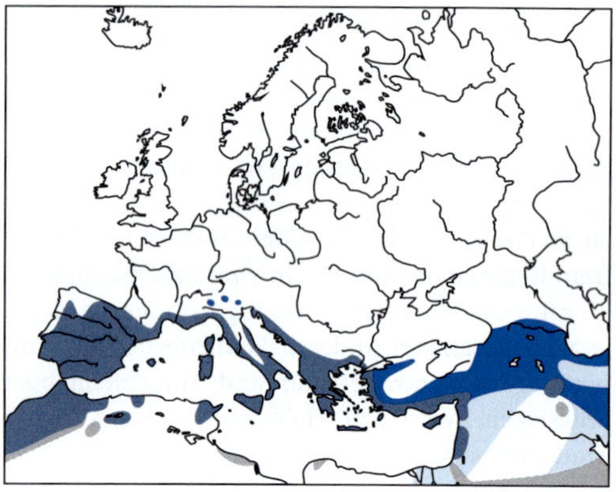

Monticola solitarius – **Blaumerle**

Kennzeichen. [1369,3615,767,221,3772; weitere **Fotos** in Bird. W. **9**, 298, **13**, 196-97, 498, **17**, 35, Dutch B. **25**, 359-60, 426, (+ *philippensis*) Limic. **9**, 7-13].

Maße. Gr.: 20-23 cm. Gew.: 37-70 g, (Mittelmeer, TR) ♂ 47–59 g, Ø$_{13}$ 56.2 g, ♀ 51.5-63 g, Ø$_{13}$ 56.7 g. Fl.spw.: 33-37 cm. Fl.l.: (Mittelm./Alpen) ♂ 118-133 mm, Ø$_{34}$ 126.7 mm, ♀ 118-128 mm, Ø$_{22}$ 122.9 mm [1369,767,1784].

Status. Nominatform lokaler Brut- und Sommervogel im äußersten SW ME; dort gelegentliche Überwinterungsversuche. Brutnachw. bis 700 m, einmal 1200 m ü.M. Abseits der Brutgebiete auch in CH äußerst selten; zudem bei Ausnahmegästen N der Brutgebiete in Europa Gefg.fl. z.T. nicht auszuschließen.
Nachw. in ME außerhalb CH betreffen: • **D:** Helgol. ♀ Juni 1962; -NI ♂ Aug. 1962; -SL (Mai 1952 1 Ind.); -RP 1865 gefang. [1369]; -MV Hiddensee ♂ Aug. 1966 [1369]. • **A:** -K Brutvogel um 1884-1890 in zentralen karnischen Alpen, dort einzelne Sommerbeob. bis 1930er J., ferner ♀ Juni 1988 [1369,3129]. • **SK.:** ♀ Juli-Okt. 1988, ♂ Mai/Juni 1996, ♂ Juni 1997 [3882]. • **H:** ♂ Mai 1975 [1369, aber nicht 2438]. • **NL:** ♂ Sept. 2003 [q16] (• **B:** Sept. 1877 offenbar Gefg.fl. [1369,1677].)

Verbreitung und Bestand. Brutvogel vom Mittelmeerraum mit Ausnahme des SE (Libyen und EGY) über Iran, Afghanistan bis mittelasiatische Gebirge und über Himalayabogen nach E bis China, Korea, JAP und äußerstes SW-Sachalin; davon getrennt Inselvorkommen in Malaysia (seit 1983 Brutverdacht an Küste Senegals). In Europa P/E., S-

F und gesamter N-Mittelmeerraum einschließlich Inseln (außer CY). In Alpen bis Meran, S-CH, ferner an Adria bis Istrien, S-BG (dagegen nicht RO). Höchstvorkommen E. bis 2000 m.
Die wärmeliebende Art, mit Schwerpunkten in Europa in E. und I, ferner in TR, erreicht ME in S-CH. Europäischer Gesamtbestand etwa zw. 120.000-260.000 BP (stabil) [383], mit Beständen > 15.000 BP in TR (50-120 T.), AR (20-25), GR (10-30) sowie I und E. (je 10-20 T. BP); in ME (nur CH) brüten 20-25 BP der Nominatform [3392,383].

Wanderungen. In Westpaläarktis überwiegend Teilzieher mit Dismigrationen und Altitudinalwanderungen, Wintergebiet vor allem in N-Afrika und Arabien. Br. E-Asiens ziehen nach S-Asien [3615]. Regelm. Winterbeob. in Afrika S Sahara, diese Vögel sind vermutl. Mittel- bis Langstreckenzieher aus Europa, nach Brutzeitbeob. (und Brutverdacht) im Senegal ist dies aber nicht sicher [1827]. Winterausharrer in Tieflagen fast im gesamten Brutareal, in CH jedoch nur gelegentlich. In CH-TI bis Sept./Okt. am Brutplatz, dann wieder ab Feb. [4152].

	Best.	Areal	Brutbestand	Jahr	Quelle
CH	+/-	=	20–25	1993–1996	[383]

Bestandsentwicklung. Im 19. Jh. war Blaumerle in mehreren Regionen weiter nach N verbreitet als heute. Brutvorkommen offensichtlich bis NE-F sowie in ME zumindest in A-K; dort letzte Brutzeitfeststellungen um 1930 [965,1369]. Danach ME Verbreitung auf CH-TI beschränkt. Doch vereinzelt in CH auch Brutnachw. oder Einzelfeststellungen außerhalb dieses kleinen Brutareals, in CH-VS Brutnachw. 1976 und 2001, Brutzeitbeob. ferner 1965, 1967, 1971 und 1975; N Hauptalpenkamm nur sehr selten, z.B. 1968 brutverdächtig in CH-SG und 1996 Revier-♂ in -GR [1369,4152,3392].
Bestände CH trotz z.T. erheblicher Störungen an den wenigen Brutplätzen – meist bewirtschaftete Steinbrüche – weitgehend stabil [1369,3392]; ebenso kleine Vorkommen in F [4180], SLN und HR [3892], allerdings offenbar leichte Arealausweitungen am Alpen-Rand in I und SLN [3392,3046]. Dagegen bedeutende Bestände in I und E. in letzten Jahrzehnten insgesamt rückläufig [3892,1585,1507].

Siedlungsdichte. Im Küstenbereich S-Europas bis 2-6 ♂/km [1507]; in alpinen Steinbrüchen Dichte geringer und Paare z.T. sehr isoliert (Dichteangaben daher wenig sinnvoll) [3392].

Gefährdungsursachen [3892,1369,196,1507]. Zerstörung des Lebensraumes durch touristische und industrielle Entwicklung, Sanierung von Gebäuden sowie Störungen am Brutplatz durch Freizeitnutzung (Klettern).
Gründe für Rückgang im 19. Jh. kaum bekannt. Sehr wahrscheinlich direkte Verfolgung durch Menschen (Handel, Jagd, Eiersammeln) ausschlaggebend; heute Jagd vor allem auf Malta bedeutsam.

SPEC	VSchRL	Bern.Konv.	Bonn.Konv.
3	--	Anh. II	Anh. II
Europ. RL	**RL in ME**		
--	A: **'RE'**, CH: 'EN'		

Schutzmaßnahmen. Schutz geeigneter Biotopstrukturen vor Zerstörung.
Genauere Erforschung der Populationen und Gefährdungsursachen in Brut- und Überwinterungsgebieten notwendig.

Biotop. Noch wärmeliebender als Steinrötel; daher meist in tieferen Bereichen vertikaler Strukturen, z.B. gut besonnte Steilhänge, mit Dornsträuchern oder Gräsern durchsetzte Felspartien und Schluchten, Steinbrüche, Felsküsten, auch verlassene Gebäude, Ruinen, altes Gemäuer (auch mitten in Großstädten), Steindämme etc., im SE auch halbwüstenartige Landschaften. Im Winter in ähnlichen Biotopen, vermehrt an felsigen Küsten und kahlem Felsgelände tieferer Lagen.

Nahrung. Gliederfüßer im Flug, von der Vegetation oder vom Boden, vor allem Insekten, aber auch Spinnentiere, Tausendfüßer, Skolopender; ferner Regenwürmer, Schnecken, kleine Reptilien; im Spätsommer und Herbst auch Beeren und weiche Früchte, sogar trockene Sämereien.

Stimme. Rufe am Brutplatz klagend »uit uit uit.« oder »jüb jüb jüb...«; bei starker Erregung rasch gereihte »gädädädä...« o.ä. Melodiöser, melancholischer Gesang von Warte oder im Flug vorgetragen, relativ kurze flötende Strophen, z.B. türidii-türididi ... .türidiri-deri...«, oft vielmals wiederholt. Klangfarbe des Gesanges ähnlich Amsel oder Misteldrossel, rhythmische Struktur an Dorngrasmücke oder Heckenbraunelle erinnernd. Jedes ♂ verfügt über mehrere Strophentypen. Strophen im Fluggesang sind länger. Auch ♀ singen. Hauptgesangszeit im Mittelmeer von Ende Jan. bis Mitte Mai und dann wieder Herbstgesang ab Aug. (bis Nov.). Weitere, kontinuierlich schwätzend vorgetragene Gesangsform.

Verhalten. Dämmerungs- und tagaktiv. Hüpft; rennt hastig in fast horizontaler Körperhaltung; kein Schwanzzittern wie Steinrötel, doch Flügelzucken und Schwanzwippen. Sitzt oft geduckt auf der Warte. Nahrungserwerb von der Warte aus oder am Boden, auch Flugjagd. Einzelgänger, im Brutgebiet wie im Winter territorial, nach der Brutzeit haben ♂ und ♀ oft ein eigenes Territorium. Singflug ist einfacher und kürzer als bei Steinrötel, oft ein Aufgleiten oder horizontales Wegfliegen von der Sitzwarte, am Schluss senkrechtes bis flaches Abgleiten mit gespreizten Flügeln. Auch ♀ kann Erregungsflug zeigen. Kein enger Paarzusammenhalt. Aggressionen auch zwischen Paarpartnern. Im Allgemeinen scheu, verschwindet vielfach hinter einer Felskante; bei Luftfeinden »Sprung« vom Sitzplatz nach unten.

Fortpflanzung, Brutbiologie [337,1369,767]. Geschlechtsreife wahrschl. im 1. Lebensjahr. Monogame Saisonehe. **Ankunft am Brutplatz.** Balz und Paarbildung am Brutplatz, Ankunft schon ab Feb. möglich. **Nest.** Nest in Höhlen, Spalten, auf Simsen oder unter überhängenden Felsen, auch in Mauerlöchern, unter Brücken etc. Nester aus Moos- oder Zweigunterlage, einem locker gebauten Napf (kann mitunter umfangreich sein) und Auskleidung aus feinem Material; Nestumfang passt sich dem Nischenraum an; Eingang zuweilen durch Pflanzen verdeckt. ♀ baut (meist) allein. Altes Nest z.T. im Folgejahr erneuert und wiederverwendet. **Legebeginn.** Meist im letzten Aprildrittel (auf M früher), späteste Gelege nach Mitte Juni. **Gelegegröße.** 4-5 (2-6), meist 5; Ø E.$_{37}$ 4.54. Legeintervall 1 d. **Eier.** Elliptisch, glänzend, hellblau bis blaugrün (z.T. mit rotbraunen Flecken). **Brutdauer.** 12-15 d; ♀ brütet, ab letztem Ei; synchrones Schlüpfen. **Nestlings-/Führungszeit.** ♀ hudert; beide füttern, Anteil unterschiedlich. Nestlingszeit 15-16 (18) d. Juv. werden gut flugfähig z.T. noch gefüttert. **Jahresbruten.** I.d.R. 2; am N-Rand der Verbreitung in CH (und I) viell. nur 1; Ersatzgelege.

Eimaße und –gewichte [1369]**:** L. 23.2-30.4 mm, B. 18.3-21.0 mm; Ø$_{299}$ 27.6 x 19.9 mm; Frischvollgew. 4.22-6.16 g, Ø$_{17}$ 5.43 g, Ø errechn. 5.95 g; Schalengew. 0.27-0.40 g, Ø$_{125}$ 0.32 g.

Sterblichkeit, Alter. Höchstalter in Gefg. bis 24 J. **Generationslänge:** < 3.3 J. [383].

Mauser. **Postjuvenile Mauser** (Teilmauser) setzt kurz nach Flüggewerden ein, Anf. Juli/Anf. Aug.–Ende Juli/Mitte Sept. (Okt.); Rand- und Mittlere Arm-, selten auch einige Große Armdecken und mittlere ST [767]. • **Postnuptialmauser** (Vollmauser) Mitte Juli–Aug./Sept. [767]. • **Pränuptialmauser** (Teilmauser oder fehlend) wohl nur gelegentlich [3771,1866]; Prachtkleid entsteht vor allem durch Abnutzung [767,709].

Monticola saxatilis – Steinrötel 11620

Monticola saxatilis (Linnaeus 1766)

(GB) Common/Rufous-tailed Rock-thrush (F) Monticole merle-de-roche (E) Roquero Rojo

Taxonomie. Monotypisch.

Kennzeichen. [1369,3615,767,221,3772; weitere Fotos in Bird. W. **7**, 183, **8**, 173, Limic. **17**, 62, 306-13, Dutch B. **16**, 131, **17**, 116, **22**, 180].

Maße. Gr.: 16-19 cm. Gew.: ♂ 44.0–65.3 g, Ø$_{56}$ 50.5 g, ♀ 42.2-65.0 g, Ø$_{26}$ 52.0 g. Fl.spw.: 33-37 cm. Fl.l.: vorj./ad. ♂ 115-129 mm, Ø$_{16}$ 124.3 mm, diesj. ♂ 118-128 mm, Ø$_{9}$ 122.2 mm, ♀ 111-128.5 mm, Ø$_{12}$ 121.3 mm [1369,767,1784].

Status. Lokaler Brut- und Sommervogel in S-/E-ME. Brutnachw. in CH zw. 580-2730 m ü.M., in Mittelgebirgslagen historisch auf nur 150-300 m nachgewiesen. In A lokaler, in CH verbreiteter Brutvogel der S- und Zentralalpen (in N-Alpen nur lokal), in D-BY Brutzeitbeob. Einzelner an verschiedenen Stellen der Alpen 1952–55, 1971, 1977–79, je 1 Brutnachw. 1953, 1983, und regelm. Brutvogel ab 2000 (Paar in Oberpfalz Mai 1966) [1369,204N]. In PL vormals an mehreren Stellen Brutvogel, rezent unregelm. Brutvorkommen in Karpaten [3871]. Abseits der Brutgebiete in ME Ausnahmegast, dabei weit N der Verbreitungsgrenzen Gefg.fl. nicht auszuschließen, anerkannte Nachw. in: • **NL:** jew. ♂ April

1951, Mai 1994, Mai 1998, Mai 1999, 2 mal April sowie Mai 2000 [277,q16,3968]. • **B:** sing. ♂ Frühj. 1905, (Sept. 1877 offenbar Gefg.fl.) [1369,1677,277]. • **D:** Helgol. 7 mal 19. Jh., je 1 Ind. Mai 1911, Mai 1912, Okt. 1920, Mai 1928, Juni 1991, Mai 1994, Mai 1995, ♀ oder diesj. Dez. 1983; - NI ♂ Juli 1956, vorj. ♂ Juni 1959, ♀ Aug. 1965, ♂ Mai 1986; -NW 3 mal 19. Jh. (je 1 Okt. 1960 oder 61, Mai 1973); -SL 1 Ind. Mai 1952; -BW je ♂ Apr. 1962, Mai 1975, Mai 1985, Mai 1987, Mai 1988, Apr. 1993 und Paar Juni 1995 [1722]; -TH mind. 6 Meldungen 19. Jh., (1930); -ST 1 mal 19. Jh.; -MV ♂ und ♀ Aug. 1978; -BY Lange Rhön ♂ Juni 1993 [1369,575]. • **A:** -Oö ♂ Sept. 1983 [3129]. • **PL:** 6 mal in Tieflandregionen abseits der Brutgebiete, u.a. ♂ Juni 1998 [q13,3871].
In N-Europa ebenfalls meist Frühjahr, mit Vorkommen u.a. in S.: je 1 Ind. 1954, 1988; N.: 3 Ind. bis 1989; DK: 5 Ind. bis 1990; sowie in GB/IRL: 6 Ind. bis 1957, 4 Ind. 1958–85, 14 Ind. 1986–90 [1369,337].

Verbreitung und Bestand. Brutvogel in Gebirgen mit Trockenhängen von NW-Afrika über S-Europa (N-Grenze N-Alpen und Sudeten) und Kleinasien über Gebirge Mittel- und Innerasiens bis E Baikalsee sowie in kleinen Arealen in Mittel- und E-China. In ME weitgehend auf die Alpen CH, A (D-BY), Karpaten PL und SK. und Restvorkommen in Mittelgebirgslagen H beschränkt. Brutbestand in Europa zw. 100.000-320.000 BP (leichter Rückgang), mit Beständen > 10.000 BP in TR (50-200 T.), AR (10-15) und RUS (5-15 T. BP); in ME brüten nur etwa 860-1.420 BP [383, erg.].

Wanderungen. Zugvogel, z.T. Langstreckenzieher; Wintergebiet Savanne Afrikas N und E des Regenwaldes, Tschad, Sudan, Eritrea, NE-Zaire, NE-Uganda bis Rwanda, N-Sambia; vor allem Äthiopien, Kenia, N-Tansania, in W-Afrika nur in geringer Zahl, N der Sahara und Arabien Überwinterungen selten [3615]. Abzugsrichtung Br. Europas wohl S, Wintergäste E-Afrikas stammen wahrscheinlich hauptsächlich aus Asien mit Wegzugsrichtung SW–WSW (Br. E-China legen dabei > 7500 km zurück) [3615]. Wegzug ab Ende Aug. (vor allem Jungvögel), ab Mitte Sept. auffällige Abnahme in Alpen, Nachzügler bis Okt. (Letztbeob. ME bis 20. Okt.). Heimzug beginnt ab Ende Feb., hauptsächlich Mitte März–Anf. April. Früheste Beob. in W-Alpen F 11. April, I ab Mitte März, in H Ende März (meist ab Anf. April); CH Ankunft Mitte April–Mitte Mai. Geburtsortstreue kommt vor, Brutortstreue offenbar sehr stark.

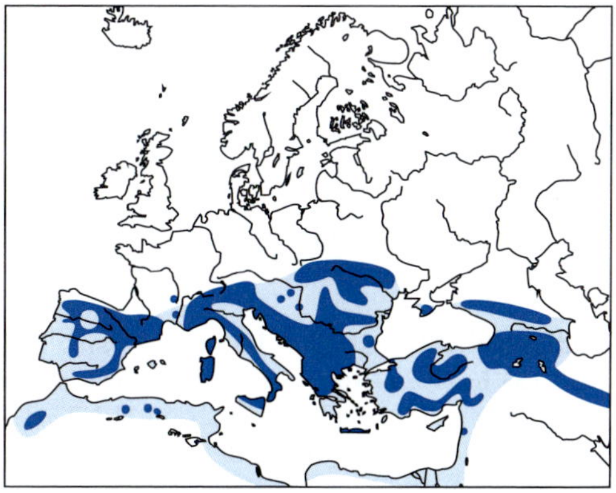

Monticola saxatilis – **Steinrötel**

Bestandsentwicklung. Im Laufe des 19. Jh. bis Anf. 20. Jh. erloschen viele Brutplätze in ME, darunter die kleinen regelmäßigen Brutvorkommen in L, B, D-NW, -RP, -SL, -HE, -TH (?), -SN, -BW und -BY sowie A-Nö durch Lebensraumveränderungen (viell. auch Klimawandel) [1369,767,196,965,1680, 2560,3198,3005; vgl. auch NE- und E-F: 4180,938]. Im 20. Jh. setzte sich dramatischer Bestands- und Arealverlust fort. Neben den kleinen Populationen in Mittelgebirgs- und Hochlagen betraf dies vor allem auch Fels- und Gebäudebrüter der tieferen Lagen (z.B. H) - wohl Folge der Abtragung von Ruinen und Schutthalden nach II. Weltkrieg. Bestandsabnahme hielt fast im gesamten ME bis in jüngste Zeit an, dadurch Populationen in H, A, SK. und PL sowie in UA. auf kritische Bestandsgrößen zusammengeschrumpft oder gebietsweise noch unregelm. Brutvogel [767,965,3892,196,3871], in CZ 1979 ganz erloschen [3660]; katastrophale Abnahmen auch in S-Tirol [3469].

	Best.	Areal	Brutbestand	Jahr	Quelle
A	+/-	+ 1	30–150	1998–2002	[383]
CH	+/-	=	800–1.200	1993–1996	[383]
D	N	N	1–3	2000–2003	[204N]
H	⇩	- 2	20–30	1999–2002	[383]
PL	+/-	=	0–10	1990–2000	[383]
SK	⇩	- 2	15–30	190–1999	[383]

Andererseits Vorkommen in CH (mit Ausnahme -VS) und SLN in jüngster Zeit weitgehend stabil [3392,3892,3393], und schließlich Neu- oder Wiederansiedlungen in A-V (1977) [965,1997], in Vogesen (1986) [937,4180] und im Jura CH (1989) [3393]; nach erheblichen Zunahmen der Brutzeit-

feststellungen im Bregenzerwald A-V (bei gleichzeitiger Aufgabe höher gelegener Brutstandorte) [1996,1998,3439], Anf. 1990er J. einzelne, ab 2000 regelm. Brutansiedlung in D-BY [2320,204N]. In HR zudem in jüngster Zeit Zunahme und Arealausweitung [3892].
Situation durch die sehr schwierige Erfassbarkeit der Art vielerorts unklar [z.B. A-T: 2238].

Siedlungsdichte. CH 7–8 BP auf 1.5 km^2, in I 7 BP/153 ha, F 2.6–10 ♂/km^2 [2378]; in CH nur kleinflächig > 0.5 Rev./km^2 [3392], in N-I 0.5-1.0 BP/km2 [1507]. Reviergrößen in I 8–13 ha [337].

Gefährdungsursachen [1369,196,3892,767,3291, 3406,3005,3469,1998]. Störungen an Brutplätzen sowie Zerstörung der Lebensräume durch Erschließung der alpinen Regionen für Freizeitnutzung, Aufforstung und Aufgabe traditioneller Almnutzung, insbes. aber durch freie Schafbeweidung (z.T. schon ab Anf. Mai): dadurch kaum Blüte der Alpenflora und nachfolgend Insektenarmut.
Verlust geeigneter Überwinterungsgebiete in der Savanne.
Direkte Verfolgung, vor allem Jagd und Vogelfang (z.B. in I). Aufgabe von Brutplätzen im 19. Jh. wohl überwiegend auf Habitatverlust und menschliche Verfolgung zurückzuführen und weniger klimatischen Veränderungen zuzuschreiben.

SPEC	VSchRL	Bern.Konv.	Bonn.Konv.
3	--	Anh. II	Anh. II
Europ. RL	RL in ME		
--	B, CZ, D, L: **'RE'**, SK: 'CR', A: 'EN', CH, H: 'VU'		

Schutzmaßnahmen. Naturverträgliche Nutzung der Savannen und Steppen in den Überwinterungsgebieten.
Keine weitere touristische Erschließung sensibler Alpengebiete mit Brutvorkommen, vielmehr Rückkehr zu traditionellen Formen der Almbewirtschaftung (z.B. Schafbeweidung).
Strenge Verfolgung von illegaler Jagd und Fang.

Biotop. Br. in Gebieten mit sonnenexponierten Felsen oder Geröllhängen mit schattigen Plätzen und hohem Anteil an kurzrasiger Vegetation; Blockhalden wichtig für Verstecke, vor allem in Führungszeit; einzeln stehende Bäume, Büsche oder Felsblöcke werden als Sitz- und Singwarten genutzt [3439]; im allgemeinen nicht an Küstenfelsen. In ME z.B. S- bis SE-exponierte Felsheiden, Steilhänge mit anstehendem Fels, Schutt- und Blockfelder, außeralpin auch in Steinbrüchen, Ruinen, mitunter auch Kiesgruben in tieferen Lagen, verwilderte Weinberge, gelegentlich auch in Städten. Auf dem Dz. in ähnlichen Biotopen, aber u.a. auch in Gärten, trockenen Ebenen.

Nahrung. Hauptsächlich bodenlebende, nichtfliegende Insekten (Springschrecken, Käfer, Raupen, Hautflügler), Tausendfüßer, kleine Schnecken, kleine Eidechsen; Beeren und andere fleischige Früchte werden auch mitunter an Junge verfüttert.

Stimme. Warnruf relativ laut und weich, mit kleinen Pausen häufig wiederholt »djü« oder »hüt«, daran mitunter Serien von leisen »dak« oder »dschack« angehängt; bei starker Erregung krächzend »rätsch«. Reviergesang aus mehreren mäßig lauten flötenden Strophen, entweder von Warte aus mit längeren Zwischenpausen vorgetragen oder bei gesteigerter Erregung bes. lang im Singflug. Eingangsmotive typischerweise mit abfallenden Trillern. Jedes ♂ singt mehrere Strophentypen. Fluggesang schneller und kontinuierlicher als Wartengesang. ♂ demonstrieren dabei weißen Rücken. Bodenfeinde anzeigender Signalgesang aus kurzen, in längeren Abständen wiederholten Strophentypen. Ortung des singenden Vogels schwierig. Zahlreiche Imitationen. ♀ singen kurz. Singflüge sind vor Beginn der Brutperiode am häufigsten, während der Aufzucht der Nestlinge selten. Nach dem Selbstständigwerden der Jungen wieder Aufleben der Gesangstätigkeit.

Verhalten. Tagaktiv, zieht nachts. Steht aufrecht, Schwanzzittern ähnlich Rotschwänzen, Knicksen, Flügelzucken. Sitzt und hüpft meist auf dem Boden, aber auch erhöhte Sitz- und Jagdwarten (Steine, aber auch Dachfirste, Leitungen, Pfähle, Masten und Baumwipfel). Einzelgänger, ganzjährig territorial; Zug auch in losen Verbänden. Gesang auf Warten oder im hochaufsteigenden Singflug, an dessen Gipfel der Vogel für einige sec in der Luft stehen kann, dann Herabfallen und Wiederaufsteigen. Auch ♀ können Erregungsflüge zeigen. Bodenbalz schließt auch Balzfüttern durch ♂ ein.

Fortpflanzung, Brutbiologie [337,1369,767,4180, 3439]. Geschlechtsreife im 1. Lebensjahr. Monogame Saisonehe; Partnertreue als Folge von Brutplatztreue. **Ankunft am Brutplatz.** Ankunft im Alpenraum ab letzte Aprildekade, in H (auch F) z.T. deutlich früher; Hauptzeit Mai. ♂ bis zu 3 Wochen vor ♀. Reviergründung durch ♂ unmittelbar nach Ankunft. **Nest.** Wahl durch ♀. I.d.R. Bodennest an schwer zugänglicher Stelle in Nischen am Steilhang, unter Felsspalten, in Fels- oder Erdhöhlungen, unter größ. Steinen, aber auch in Mauerlücken. Nest aus Gras, Wurzeln etc., nicht sehr fest gefügt, relativ flache Nestmulde mit feinem Material ausgekleidet. ♀ baut allein. Dauer 3-4 d. **Legebeginn.** In ME frühestens (Ende April) Anf. Mai, in Regionen > 2000 m meist nicht vor Anf. Juni; späteste Gelege Anf. (Mitte) Juli. **Gelegegröße.** 4-5 (3-7). Legeintervall 1 d. **Eier.** Ellipt., glänzend, hell blaugrün. **Brutdauer.** 13-15 d; ♀ brütet. **Nestlings-/Führungszeit.** ♀ hudert; anfangs füttert ♀, ♂ übergibt Futter, später füttern beide. Nestlingszeit 13-16 d. Juv. werden noch 3-4 Wochen geführt, oft nur erste 1(-2) Wochen von beiden, dann vom ♀. **Jahresbruten.** 1; Zweitbruten bisher nur in H (und Mittelmeerraum) nachgewiesen. Ersatzbruten. **Ende der Brutperiode.** Bei erfolgreichen Erstbruten im Alpenraum z.T. schon Ende Juni, in Hochlagen Anf./ Mitte Juli, bei späten (Ersatz-, viell. auch Zweit-)Gelegen jedoch erst im Aug.

Eimaße und -gewichte [1369]: L. 23.2-30.0 mm, B. 16.9-21.0 mm; $\varnothing_{92}$ 26.0 x 19.5 mm; Frischvollgew. 4.07-5.61 g, $\varnothing_{19}$ 4.64 g, Ø errechn. 4.95 g; Schalengew. 0.21-0.36 g, $\varnothing_{100}$ 0.273 g.

Sterblichkeit, Alter. In Gefg. Höchstalter > 15 und 18 J. **Generationslänge:** < 3.3 J. [383].

Mauser. **Postjuvenile Mauser** (Teilmauser) beginnt ab 5-6 Wochen [1369], bis Mitte Aug./Anf. Sept. vor Wegzug beendet; neben Rand- und Mittleren Arm- selten auch Große Armdecken und Schirmfedern [767]. • **Postnuptialmauser** (Vollmauser) Ende Juni/Juli–Aug./Sept.; durch mitunter rasche Großgefiedermauser flugbehindert, da z.T. 4–5 HS gleichzeitig und ST meist synchron abgeworfen werden [767]. • **Pränuptialmauser** (Teilmauser) Nov./Dez.–Ende Jan./Anf. März; Großteil des Körpergefieders und einige Oberflügeldecken [767].

Saxicola rubetra – Braunkehlchen 11370

Saxicola [rubetra] rubetra (Linnaeus 1758)

(GB) **Whinchat** (F) **Tarier des prés** (E) **Tarabilla Norteña**

Taxonomie. Monotypisch. Bildet Superspezies mit der sehr ähnlichen Schwesterart *S. macrorhyncha* (Pakistan, Indien).

Kennzeichen. [1369,3615,767,221,3772, **Fotos** in Limic. **6**, 235, **18**, 184].

Maße. Gr.: 12-14 cm. Gew.: 13-26 g, (Brutzeit) ♂ 14.5-17 g, Ø 16 g, ♀ 15.4-20.3 g, Ø 14.3 g; (Herbst, CH) ♂ $\varnothing_{64}$ 16.7 g, ♀ $\varnothing_{59}$ 16.1 g. Fl.spw.: 21-24 cm. Fl.l.: Mehrj. ♂ 73.5-80 mm, $\varnothing_{112}$ 76.3 mm bzw $\varnothing_{12}$ 77.6 mm, vorj. ♂ 70.5-79.5 mm, $\varnothing_{17}$ 75.8 mm bzw. $\varnothing_{61}$ 74.9 mm, ♀ 68.5-77 mm, $\varnothing_{106}$ 73.4 mm [1369,767,1784].

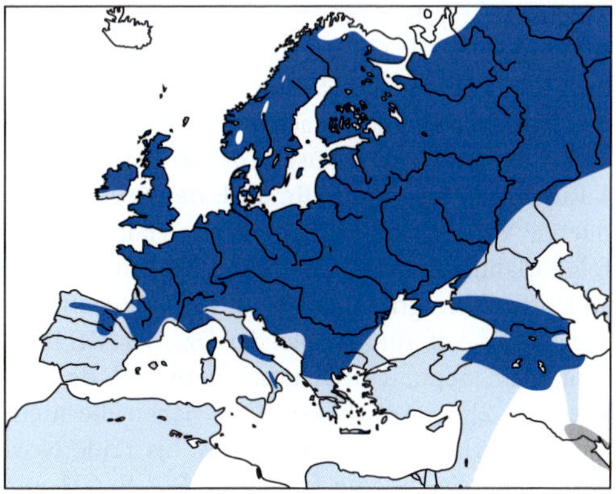

Saxicola rubetra – **Braunkehlchen**

Status. Lückig verbreiteter, stellenweise häufiger Brut- und Sommervogel; regelm., z.T. häufiger Durchzügler und Gastvogel im gesamten Gebiet.

Verbreitung und Bestand. Brutvogel von W-Europa bis W Zentralasiens; im NW einschließlich F, IRL, GB und Fennoskandien (bis ca. 70° N), nach E weicht N-Grenze zurück über SW Kola-Halbinsel bis etwa 65° N Petschora, 56° N in W-Sibirien und Gebiet um Krasnojarsk (E-Grenze des Areals); S-Grenze des besiedelten Tieflandes knapp N der Mediterranzone, weiter S nur noch in montaner und subalpiner Stufe Kantabrisches Gebirge, Pyrenäen,

Cevennen und Alpenrand von Seealpen über Ligurien bis NW-SLN; Brutvorkommen auf Korsika und Apennin, auf Balkanhalbinsel bis Mittel-GR und S-BG (Brutnachweis 1976 auf Kreta), Tiefland RO bis Donaudelta, dann S-Grenze MOL und S-UA., quert Ural bei ca. 51° N und reicht durch NW-Altaivorland bis 94° E; davon getrennt Brutgebiet im Kaukasus, in Transkaukasien und E-/NE-Anatolien. In ME trotz Abnahme noch verbreiteter Brutvogel, im Tiefland heute allerdings starke Ausdünnung und viele Lücken. Höhenverbreitung: A Obergrenze in Randalpen 900–950 m, in Zentralalpen 1400–1600 m (höchster Brutplatz 2030 m), CH Schwerpunkt 1400–1900 m in S-, 1000–1600 m in N-Alpen, höchste Brutvorkommen 2200–2300 m; höchste Brutplätze D-BY 890–1000 m; CS 1700 m, PL 1400 m ü.M. Europäischer Gesamtbestand zw. 5.4 - 10 Mio. BP (Rückgang), entspr. > 75% des Weltbestandes; dabei Populationen > 200.000 BP in RUS (2-5 Mio.), RO (715-882 T.), BY (550-650 T.), UA. (435-640), PL (400-600), LV (300-500) und S. (200-400 T. BP) [383]; in ME brüten etwa 570.000-940.000 BP [3892,383].

Wanderungen. Langstreckenzieher, Hauptwintergebiet in Savannen S Sahara von Gambia und Senegal bis Sudan sowie in Grasländern E-Afrikas von Äthiopien bis N-Sambia (einzelne Beob. bis S-Afrika). Ausnahmsweise Winterbeob. N-Rand Sahara, im Mittelmeerraum und in W-Europa und ME. Allgemeine Wegzugsrichtung SW, im E mehr SSW, Zugknick nach S offenbar vor afrikanischer Küste. Ringfunde von **Br. GB/IRL** auf Herbstzug in S-Richtung, im Frühjahr auch SW der Brutgebiete [4064]. **Br. FIN** ziehen ebenfalls nach W-Afrika (2 Ringfunde S-FIN bis Elfenbeinküste, Ghana) [932], ebenso 1 Ringfund Nigeria–PL. **Br. im E des Areals** überqueren Vorderasien und Arabische Halbinsel. Infolge Mahd Revieraufgabe schon ab Anf. Juni; ab Anf. Juli Dismigrationen der Jungen, eigentlicher Wegzug ab Anf. Aug.; Gipfel des Dz. in S-ME Ende Aug.–Anf. Sept., Durchzugsmedian Col de Bretolet CH 28.8. [1861]. Anf. Okt. haben die meisten ME verlassen, späteste Nachw. bis Ende Nov., ausnahmsweise je eine Jan.-Beob. B, CS, CH und mehrere Winternachw. GB. Dz. im Mittelmeerraum Mitte Sept.–Anf. Okt. (Iberien Gesamtspanne Aug.–Dez., Juv. etwas früher als Ad.) [567]. Erste Ind. in W-Afrika Mitte Sept. Beginn des Heimzuges meist 2. Märzhälfte, Dz. in N.-Afrika hauptsächlich Ende März–Mitte Mai. Starker Durchzug auf Inseln des W und zentralen Mittelmeers Mitte April–1. Maidekade [2504]. Einzelne Ind. erscheinen (offenbar in manchen J. gehäuft) vor oder um Mitte März in ME (Ende Feb. CH, Anf. März NL). Hauptdurchzug im S-ME Mitte April–Anf. Mai, weiter NE und in höheren Lagen Besetzung der Brutgebiete erst im Mai oder gar 2. Hälfte Mai. Ankunft im Brutgebiet in Leicestershire (GB) 1942-91 zunehmend später (Ø Ankunft 23.4.) [2500]. Auf Wegzug mittlere Zuggeschwindigkeit 80–90 km/d. Geburtsortstreue und ausgeprägte Brutortstreue nachgewiesen [z.B. 189].

Bestandsentwicklung. Wegen natürlicher Habitatveränderungen häufig größere kurzfristige Bestandsschwankungen (30-50% von Jahr zu Jahr) sowie Aufgabe von Brutplätzen und Um- oder Neuansiedlungen [1369].

	Best.	Areal	Brutbestand	Jahr	Quelle
A	⇩	- 1	3.500–7.000	1998–2002	[383]
B	↓	- 1	168–325	2001–2002	[383]
CH	⇩	- 1	10.000–15.000	1993–1996	[383]
CZ	↑	+ 1	15.000–30.000	2000–2002	[383]
D	↓	=	37.000–90.000	1005–1999	[383]
FL	↓	- 1	25–35	1998–2000	[383]
H	+/-	- 1	95.000–180.000	1999–2002	[383]
L	⇩	- 1	20–40	2001	[383]
NL	⇩	- 1	500–700	1998–2000	[383]
PL	↑	+ 1	400.000–600.000	2000–2002	[383]
SK	↓	=	10.000–20.000	1990–1999	[383]

Langfristige Veränderungen auf großem Raum überwiegend durch Änderungen der Landnutzung, wobei extensive Grünlandnutzung zu Ausbreitung und Vergrößerung der Siedlungsfläche bis etwa 1930er J. führte und Intensivierung und Mechanisierung ab 1950er, verstärkt ab 1970er J., zu Bestandsrückgang und Arealschwund. Dieser betraf insbes. Flächen unterhalb 1000m NN, da dort Nutzung sehr stark verändert. In D-SH in 1950er J noch 10.000-15.000 BP, in der Folge Nordseeinseln vollständig und Marschen weitgehend geräumt und Population der Niederungen stark ausgedünnt [593] – wie in vielen anderen Regionen ME [vgl. 320,190,1369,3892,196] – 1992 Bestand auf etwa 2.200 BP gesunken [190]. Auch in anderen Regionen ME Rückgang ab 1970er J. von 50-93% [u.a. NL, B, D-BW, -BY: 190,459,1369,1719,1722,196, 4175], gebietsweise von > 20% [z.B. D-RP: 1081]. Dramatischer Einbruch und erheblicher Arealverlust z.B. auch in D-NW [1882], bes. am unte-

ren Nrh. von weit über 1.600 BP (1960) auf <50 BP (1975), sowie in L [190,1369,196]. Bis auf wenige Paare in Schutzgebieten fast völlig erloschen sind Vorkommen in Niederungen CH [1369,3392,3393]. Der großräumige Rückgang wird auch aus Zahlen ME Fangstationen deutlich [320,323].
Geringe oder keine Verluste dagegen teilweise in Mooren und Heidegebieten sowie (lange Zeit) in Hochlagen ME. Auch in von Aufforstungen, Düngemittel- und Biozideinsatz verschonten landwirtschaftlichen Gebieten, z.B. ehemalige Grenzgebiete DDR, blieben Bestände weitgehend unverändert [1369,4175]. Schließlich waren SE- und E-ME (A, CZ, SK., H, PL) und auch sehr bedeutende Populationen N- und NE-Europas von Bestandseinbruch generell weniger betroffen [1007,190,1585,965, 1369,3892,3871; mit Hinweisen auf weitere vom allgemeinen Trend abweichende Gebiete]. Neuerdings aber in einigen alpinen Bereichen CH und A aber deutlicher Bestandsrückgang [3392,2238], ebenso in SK. [3882].
Seit Ende 1980er oder Mitte 90er J. regional andererseits markant positiver Trend, bes. auf Acker- und Grünlandbrachen in Folge von Extensivierungs- und Stillegungsprogrammen sowie von Schutzmaßnahmen [190,594,2063,1998,2881,1,310]. In PL Neukolonisierung mancher Hochlagen zu beob. [3871].

Siedlungsdichte. Mittlere Reviergröße in verschiedenen Gebieten 0.5, 0.8, 1.5, 1.9 und 2.0 (max. 3.5) ha. Höchstdichten ME auf Flächen von 20–49 ha 6.6–2.2–1.6 (Ø 2.7), von 50–99 ha 5.9–2.7–1.0 (Ø 2.3), von > 100 ha 7.8–2.3–1.6 (Ø 2.8) Rev./10 ha. In günstigen Gebieten also auch auf größeren einheitlichen Flächen relativ hohe Lokaldichten. Großflächendichte zw. 0.004-1.3 BP/km^2 [vgl. Tab. 20 in 337].

Gefährdungsursachen [196,337,1369,1719,1, 1034,3038,190,1302,459,1882,2880]. Verlust oder erhebliche Beeinträchtigung des Lebensraumes durch (1) Umwandlung extensiver Grünlandbereiche, Streuwiesen, Heidegebiete, Grenzertragsflächen und Niedermoore zu Intensivwiesen, Ackerland oder Nadelforsten, (2) Flächenzusammenlegung und Entfernung der Randstrukturen, (3) verstärkte Düngung und mehrfache, z.T. sehr frühe Mahd, (4) Überweidung, (5) Drainage von Feucht- und Streuwiesen, (6) Aufgabe der (Extensiv-)Nutzung, (7) Überbauung, (8) Umwandlung in Fischteiche, (9) Beweidung von Hochstaudenfluren, (10) Waldsukzession nach Nutzungsaufgabe.
Rückgang der Nahrung durch Biozideinsatz, Überdüngung sowie Einsaat ertragreicher Gräser (Monotonisierung des Grünlandes).
Verluste der Bruten durch frühe (und häufige) Mahd oder durch Weidevieh.
Verlust oder Verschlechterung geeigneter Habitate in Überwinterungs- und Rastgebieten.
In montanen und subalpinen Brutgebieten Aufgabe der Extensivnutzung mit Sukzession, zudem Aufforstung sowie Übererschließung.
Natürliche Verlustursachen durch Prädation, Überschwemmungen, verregnete Frühsommer; in Hochlagen späte Schneefälle; auf dem Zug verschiedene Ursachen.

SPEC	VSchRL	Bern.Konv.	Bonn.Konv.
E	--	Anh. II	Anh. II
Europ. RL	RL in ME		
--	NL, FL, L: 'EN', A, D: 'VU', CH: 'NT'		

Schutzmaßnahmen. Feuchtwiesen-Schutzprogramme auf großen zusammenhängenden Wiesenflächen mit Förderung der Ansiedlung durch Strukturbereicherung (u.a. Belassen von Altgrassteifen mit 3-4-jährigem Mahdrhythmus), Wiedervernässung und extensiver Nutzung, ferner mit starker Reduktion der Biozidbehandlung, der Düngung (Ziel: Ausmagerung) sowie vor allem Verschiebung der Mahden (nachbrutzeitlich); ferner Stehenlassen von Randstreifen von etwa 2 m; Erhaltung überständiger Staudenfluren; Reduzierung der Bodenverdichtung.
Schaffung chemiefreier Grünland-Brachflächen für Zwecke des Biotop- und Artenschutzes.
Verzicht der Ackernutzung auf Grenzertragsböden.
Sicherung und extensive Nutzung und Pflege von Streuwiesen.
Überprüfung der Flurbereinigungsverfahren auf ökologische Verträglichkeit.

Biotop. Br. offener Landschaften mit bodennaher Deckung für Nestanlage, vielfältiger Kraut- oder Zwergstrauchschicht zur Nahrungssuche und ausreichender Dichte an höheren vertikalen Einzelstrukturen als Ansitzwarten, z. B. locker- bis magerwüchsige Mähwiesen, Hochstaudenfluren [2880] oder extensiv bewirtschaftetes Weideland; dort bes. in Säumen von Graben- und Wegböschungen. Als Warten dienen höhere Stauden, vertrocknete Stängel, Schilfhalme, Pfähle, Zäune, einzelne Büsche, Freileitungen etc. In der heutigen Kulturlandschaft als Folge mehrmaliger Grasschnitte und intensiver Grünlanddüngung Ausweichen auf feuchte bis nasse Standorte von Streuwiesen bis zu Großseggenbeständen und Niedermoorflächen mit lockerem Landschilf, in intensiv genutzten Flächen auf kleine brachliegende Wiesenflächen, ungemähte Randstreifen entlang von Wegen und Gräben, Dammböschungen, aber auch krautige Ränder von Streuobstflächen, Jungfichtenkulturen, mitunter (vor allem im W) auch auf ausgesprochenen Trockenflächen (z.B. Heideflächen mit Stechginster, Bestände von Adlerfarn, Kahlschläge). Nach der Brutzeit auch (und sehr unauffällig) in Getreide-, Mais-, Kartoffel- und Rübenäckern, Bohnen- und Sonnenblumenfeldern auf Nahrungssuche [2880]. In Skandinavien (seltener in ME) in Hochmooren. In der Subalpinstufe auch in Zwergstrauchgesellschaften. Auf dem Dz. in offener Landschaft wie frisch umgebrochenen Äckern, Hochmoorflächen, Weiden, Schilfrändern und spärlich bewachsenen Ufern.

Nahrung. Vor allem Insekten, ferner Spinnentiere, kleine Schnecken und Würmer. Zu den wichtigsten Insektengruppen zählen Käfer, Hautflügler, Zweiflügler und auch Heuschrecken, Wanzen, Ohrwürmer und Schmetterlingsraupen. Im Herbst auch Beeren.

Verhalten. Tagaktiv, singt aber mitunter auch nachts, bzw. vor Sonnenaufgang und nach Sonnenuntergang; zieht nur nachts. Sitzt in aufrechter Haltung auf erhöhten Warten; Flügelzucken und Aufleuchten der weißen Schwanzabzeichen; Flug meist niedrig über dem Boden; hüpft auf dem Boden. Wartenjäger, Kleintiere aus der Luft oder vom Boden weggefangen; auch senkrechtes Aufsteigen und kurzer Rüttelflug; auch Abpicken der Beute von Pflanzen, auch im Rüttelflug. Zur Brutzeit territorial. Vor Paarbildung Erregungsflug und Hetzjagden die oft in Kopulationen enden. In Nestnähe intensives Warnen; Auf dem Dz. aber oft auch in losen Aggregationen aber auch im Winterquartier territorial. Angriffe auf kleinere Flugfeinde.

Stimme. Stimmfühlungsruf gimpel-ähnlich »djü« (oft auch kürzer »djit« oder »djüt«), häufig auch in Verbindung mit fast tonlosem, schnalzendem Warnruf »zk zk« oder »tk tk«. Bei Beunruhigung auch schnarrendes »dschrrr«. Reviergesang mit kurzen Strophen, geräuschhafte, gepresst klingende (ähnlich Hausrotschwanz) sowie flötendende Elemente, in unregelmäßigem Wechsel wiederholt, auch mit täuschenden Imitationen anderer Vogelstimmen. Zwischen einzelnen Motiven relativ große Pausen. Jedes ♂ singt einige Strophentypen, die in unregelm. Wechsel stereotyp wiederholt werden, meist von niedrigen Warten. Gelegentlich schwirrender Singflug mit gespreizten Schwanzfedern. Singt auch nachts.

Fortpflanzung, Brutbiologie [337,1369,767,1722,1,3282]. Geschlechtsreife im 1. Lebensjahr; monogame Brut- oder Saisonehe; Umpaarungen bei erfolglosen Bruten häufiger; auch Partnertreue bei Zweitbruten beobachtet. Bigynie selten nachgewiesen. Partnertreue durch Reviertreue, aber auch Umverpaarungen bei ortstreuen Vögeln. Junggesellen wurden beim Füttern, aber nicht als regelm. Helfer beobachtet. **Ankunft am Brutplatz.** Einzug lokaler Brutvögel in Schüben, über längeren Zeitraum. Ab April; ältere ♂ kommen mehrere d vor vorj. ♂ und ♀. **Nest.** I.d.R. in Wiesen, dem Boden aufgesetzt oder in kleiner Vertiefung eingebaut, gern am Fuß einer höheren Staude, in der Nähe eines Busches oder kleineren Baumes oder anderer höherer Strukturen, nach oben gut getarnt. Aus vorwiegend trockenem Pflanzenmaterial locker gebaut, Auskleidung mit feinen Halmen, Haaren etc.; Muldendurchmesser frisch 60-130, -tiefe ca. 25 mm. ♀ baut allein (oft vom ♂ begleitet), Dauer 2-3 (auch 4-5) d. **Legebeginn.** Im SW frühestens Ende April, meist ab 1. Maidekade, witterungsabhängig; spätestens Mitte Juli (ausnahmsweise 2. Hälfte Aug.). **Gelegegröße.** 5-7 (4-8), am häufigsten 6; Kalendereffekt; Ø CH Mai$_{44}$ 6.0, Juni$_{71}$ 5.6, Juli$_{11}$ 4.4; D-NW Mai$_{54}$ 5.9, Juni$_{28}$ 5.4; -BW Erst-$_{46}$ 6.2, Ersatzgelege$_{19}$ 4.8, Ø$_{239}$ 5.7; -BY Erst-$_{50}$ 5.7, Ersatzgelege$_{27}$ 4.8; GB$_{152}$ 5.7, FIN$_{111}$ 6.2. Legeintervall 1 d. **Eier.** Elliptisch, glänzend, grünlichblau (zuweilen mit rötlichem Kranz aus feinen Flecken am stumpfen Pol). **Brutdauer.** 11-15 d (D-BW Ø$_{165}$ 12.9 d); ♀ brütet allein. Bebrütung ab letztem Ei. **Nestlings-/Führungszeit.** ♂ beteiligt sich an Fütterung, kann ebenso viel wie ♀ füttern. Nestlingszeit 11-15 d; Juv. beim Verlassen des Nestes noch nicht flugfähig, verstecken sich in Nestnähe; Flugfähigkeit im Alter von 17-19 d. Auflösung der Familie 2-3 (4) Wochen nach Verlassen des Nestes. **Jahresbruten.** 1, Zweitbruten selten (1-4%). Ersatzgelege (nur) bei frühem Totalverlust. **Ende der Brutperiode.** In ME etwa Mitte Juli, bei Spätbruten Ende Aug. **Bruterfolg.** Aus 161 Vollgelegen mit 910 Eiern flogen in D-BW 617 Juv. aus, Bruterfolg 78.5%, in -BB 71%, in -TH 77.4%. Nestverluste in der Kulturlandschaft sehr hoch, Nachwuchsrate in D-BW 3.3, -BY 3.1, -TH 4.5, CH 2.6

Juv./Paar und J. Verlustursachen vor allem Prädation, Ausmähen, Viehvertritt sowie witterungs- oder störungsbedingte Aufgabe.

Eimaße und -gewichte [1369]: L. 17.0-22.0 mm, B. 13.0-15.5 mm; $\varnothing_{53}$ 18.4 x 14.2 mm; Frischvollgew. 1.66-2.55 g, $\varnothing_{113}$ 2.06 g; Schalengew. 0.087-0.148 g, $\varnothing_{113}$ 0.113 g.

Sterblichkeit, Alter. Geschätzte Sterblichkeit im 1. J. ca. 65 %, in späteren J. ca. 55 %. Durchschnittsalter von Kleinpopulationen CH 1.7 bzw. 2.2 J., in A 38 % der verpaarten Vögel einjährig, doch Anteil zumindest bei Beginn der Brutsaison unverpaarter einjähriger Ind. in Kleinpopulationen bis > 70 % möglich. Höchstalter 8 J. [2931]. **Generationslänge:** < 3.3 J. [383].

Mauser. **Postjuvenile Mauser** (Teilmauser) beginnt ab ca. 5 Wochen [767], Juli–Aug./Sept.; einschließlich Großteil der Rand-, Mittleren Arm- und inneren Großen Armdecken [767,1866,1957], aber variabel. • **Postnuptialmauser** (Vollmauser) Juli (Anf. Aug.)–Aug./Sept., vor Wegzug abgeschlossen; ♂ beginnen früher als ♀ [2931]; Dauer der HS-Mauser GB/FIN ca. 50 d. • **Pränuptialmauser** (Teilmauser) Jan./Feb.–März/April vor Heimzug [767,1369,3924]; Kopf- und Rumpfgefieder, fast immer alle Rand-, einige Mittlere Arm- und innere Große Armdecken, unregelm. einzelne Schirm- oder Steuerfedern; Einj. wechseln mehr Mittlere und Große Armdecken als Ad. [1866].

Saxicola [torquatus] – Superspezies

Spezies- und Superspeziesgrenzen innerhalb des *S. torquatus*-Komplexes sind noch weitgehend ungeklärt. *S. insignis* (Innerasien) und *S. leucurus* (Flussebenen N-Indiens) haben extrem kleine Verbreitungsgebiete innerhalb bzw. am Rande des großflächigen Areals von *S. maurus*, sind aber von diesem altitudinal und durch Habitatwahl völlig getrennt. Sie aufgrund dieser scheinbaren Sympatrie mit *maurus* aus der Superspezies *S. [torquatus]* auszuschließen, ist sicher nicht gerechtfertigt, solange die tatsächlichen phylogenetischen Beziehungen unbekannt sind.

Die in Kaspischer Senke und Ostkaukasus brütende, phänotypisch sehr distinkte Form *variegatus* hat sicher ebenfalls Allospeziesstatus erreicht und kommt ohne erkennbare Intergradation in naher Nachbarschaft zu *S. maurus armenicus* vor. Mögliches Kontaktgebiet im S-Kaukasus bisher nicht untersucht [vgl. 3924]. Wahrscheinlich hier - ähnlich wie zwischen *S. leucurus* und *S. maurus indicus* - deutliche altitudinale oder ökologische Trennung ohne Hybridisation [s. auch 169]. *S. rubicola* (Europa, TR) kommt mit Nominatform von *S. maurus* nicht in Kontakt, Interaktionen im Kontakt mit *armenicus* (und *variegatus*?) im S-Kaukasus sind unbekannt.

In Afrika ist *S. albofasciatus* (Äthiopien) phänotypisch distinkte und geographisch weitgehend isolierte Allospezies; vielleicht aber in NE-Uganda mit *S. t. axillaris* in Kontakt [1968]. Die Inseltaxa Kanarenschmätzer *S. dacotiae* (Fuerteventura, gesichert nächstverwandt mit *S. rubicola*) [4127] und Réunion-Schmätzer *S. tectes* (Réunion, wohl nächstverwandt mit *torquatus-axillaris*-Gruppe) fallen phänotypisch nicht aus dem von den bisher genannten Taxa gesteckten Rahmen.

Unter Einbeziehung von *S. insignis* und *S. leucurus* umfasst der Schwarzkehlchen-Komplex also mindestens neun Allospezies, deren gegenseitige Differenzierung und reproduktive Inkompatibilität unterschiedlich groß und vielfach unzureichend dokumentiert ist, weil Untersuchungen in möglichen Kontaktzonen fehlen [vgl. auch 3322]. Jedenfalls deuten kurze mtDNA-Sequenzen darauf hin, dass die Trennung zwischen westpaläarktischen (*rubicola, maurus, dacotiae*) und afrikanischen Taxa (*axillaris, textes*) älter ist als die zwischen *rubicola* und *maurus* [4165,4125]. Dies bestätigt die Hypothese, wonach die Differenzierung des Komplexes auf mindestens zwei zeitlich getrennte Speziationsphasen zurückgeht [1369, S. 390]. Bestimmung [169,3924].

Saxicola rubicola – Schwarzkehlchen 11390

Saxicola [torquatus] rubicola (Linnaeus 1766) syn.: *Saxicola torquata*

GB Stonechat **F Traquet pâtre** **E Tarabilla Común**

Taxonomie. Zwei UA: *rubicola* (Linnaeus 1766) (NW-Afrika, Europa außer Brit. Inseln, Vorderasien) und *hibernans* (Hartert 1910) (Brit. Inseln, Bretagne). Ob die phänotypisch *hibernans* ähnlichen Populationen an der iberischen Atlantikküste genetisch dieser Form am nächsten stehen, ist zu bezweifeln. Eher stellen sie eine unabhängige regionale Anpassung dar.

Kennzeichen. [1369,3615,767,221,3772; zur Altersbestimmung: 1148; weitere **Fotos** in Limic. **8**, 30-32, **11**, 192, **14**, 154, **17**, 88, (verschiedene Formen) Brit. B. **94**, 315-18].

Maße. Gr.: 12.5 cm. Gew.: ♂ 14–18.5 g, $\varnothing_{27}$ 16.0 g bzw. 14.5-21 g, $\varnothing_{13}$ 17.2 g, ♀ 15-19 g, $\varnothing_{11}$ 16.9 g bzw. 16.4-21 g, $\varnothing_{6}$ 18.3 g. Fl.spw.: 18-21 cm. Fl.l.: (F) ♂ 64-70 mm, $\varnothing_{44}$ 67.3 mm, ♀ 63-69 mm, $\varnothing_{48}$ 65.8 mm [1369,767].

Status. Lückig verbreiteter, lokal häufiger Brut- und Sommervogel; meist regelm. Durchzügler und Gastvogel; Überwinterungen selten (aber zunehmend) und z.B. aus H, D-BW, NL, PL bekannt.
Die ehemals als UA »*maura*« geführte eigenständige Art *S. maurus* (s. Arttext Pallasschwarzkehlchen) ist in ME seltener Gast.

Verbreitung und Bestand. Superspezies Brutvogel der Paläarktis von borealer über gemäßigte und mediterrane bis an Rand der Wüstenzone, mit großen Verbreitungslücke von NE-ME bis W Ural (etwa bei der 2,5°-März-Isotherme). Formen in Afrika S der Sahara sowie vom Ural bis an Pazifik neuerdings artlich abgetrennt, ebenso Populationen im Himalaya, in SW-China und N Indochina. W-Population *(rubicola)* vom Maghreb (MA bis TN), über P/E. und F einschließlich IRL und GB (hier vor allem W-Seite bis N-Spitze) bis W-Küste DK, D und S-PL, ferner H bis an Schwarzmeerküste einschließlich W- und SW-UA. bis W Krim; im S alle Mittelmeerländer einschließlich großer Inseln (außer CY), Anatolien bis einschließlich Kaukasus; nahe verwandte Formen im E-Kaukasus und Vorland, Kaspigebiet, in SYR und NW-Iran. In weiten Teilen ME heute eher spärlicher Brutvogel mit Hauptverbreitung im SE, fehlt weitgehend im NE.

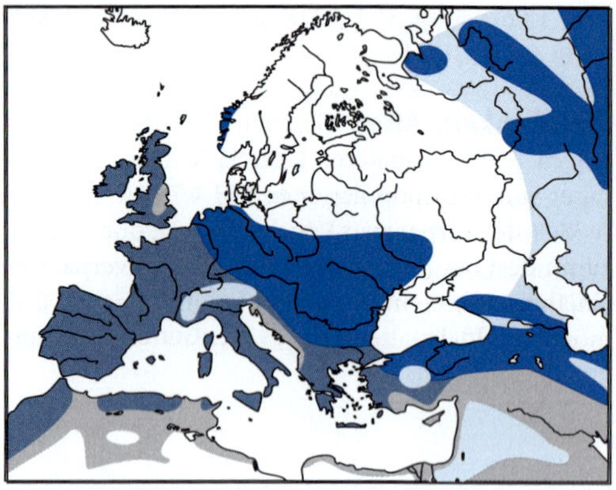

Saxicola [torquatus] – »Schwarzkehlchen« Superspezies. *S. maurus* im NE; *S. variegatus* im SE; *S. rubicola* in ME.

Höhengrenze meist 600-700m NN, in den S-Alpen, neuerdings auch im Schwarzwald lokal über 1100m NN (max. 1450 m), weiter S noch höher, z.B. E-Pyrenäen bis 1700 m, GR bis 2200 m. Europäischer Gesamtbestand (*rubicola*) etwa 2.0 – 4.2 Mio. BP (zunehmend) [383, veränd.]; Bestände > 100 T. BP in F (0.3-1.5 Mio.), H (390-515 T.), E. (250-500), RUS (200-500), I (200-300) und RO (164-240 T. BP) [383, veränd.]; in ME brüten etwa zw. 470.000-620.000 BP [383].

Wanderungen. Teil- und Kurzstreckenzieher. Regelm. im Winter in W und N-F (NE-F wird großenteils geräumt) sowie in GB/IRL, Br. ME und N-Europas ziehen in W Mittelmeerraum (Iberien, Balearen, MA, DZ, TN) und Br. E-Europa in Nahen Osten. In ME nur im S CH-TI, in S-NL (Rasterfrequenz 2% Jan. 1978-83) und in B jährlich einzelne Überwinterer; D-BW vermutlich < 5 Überrwinterer/Jahr [203]. In GB/IRL im Winter (1981-84) Rasterfrequenz 36 %, Teil der Br. wandert ebenfalls bis W Mittelmeerraum, dafür Zuwanderung von Wintergästen aus kleinen N.-Population wahrscheinlich [4064]. S-Grenze des Überwinterungsgebietes bis Kanaren, Oasen der Sahara sowie bis 25° N in EGY, Zugrichtungen SW bis S, von GB auch bis SSE. Wegzug ME ab Ende Aug., max. 2. Hälfte Sept., im S 1. Hälfte Okt, Ende im Nov. In E./P Maximum Nov., Juv. während der Wintermonate offenbar weiter nach S vorrückend [567].

Heimzugbeginn im Mittelmeer vor Mitte Feb., nur schwacher Durchzug auf I-Inseln [2504]. Erstankömmlinge CH ab Ende Feb., Hauptmasse der Br. CH 1. Märzdekade, Dz. jedoch bis über Mitte April hinaus; Ankunft in W-D ab Ende Feb., Mittelwerte meist Mitte März, auch im NE bereits ab Ende Feb. erste Rückkehrer. Geburts- und vor allem Brutortstreue hoch (bei Jungvögeln Erstansiedlung bis ca. 16 km Entfernung nachgewiesen), auch Winterortstreue bekannt.

Bestandsentwicklung. Stärkere Fluktuationen in Folge hoher Verluste in kalten und schneereichen Wintern können durch hohe Reproduktionsrate sowie durch höhere Überlebensrate in milden Wintern ausgeglichen werden [1369].

	Best.	Areal	Brutbestand	Jahr	Quelle
A	+/-	=	4.500–9.000	1998–2002	[383]
B	↑	+ 1	2.900–4.700	1995–2002	[383]
CH	↑	=	500–500	1993–1996	[383]
CZ	+/-	=	2.500–5.000	2000–2002	[383]
D	↑	+ 1	3.500–4.900	1995–1999	[383]
FL	⇧	+ 2	30–50	1998–2000	[383]
H	↑	=	390.000–515.000	1999–2002	[383]
L	↑	+ 1	400–500	2001	[383]
NL	⇧	+ 2	6.500–7.000	1998–2000	[383]
PL	↑	+ 1	25.000–35.000	1997–2002	[383]
SK	↑	+ 1	20.000–40.000	1990–1999	[383]

Längerfristige Entwicklung: Eine frühe Arealausweitung endete mit Erlöschen vorgeschobener Vorkommen in D-TH und -SN in 1920er J. Dann bis 1940er J. erneute Bestandszunahme mit Arealausweitung nach N (-SH, -ST, -NI) und E [1369], doch etwa seit 1940er, spätestens ab 1960er J. in weiten Teilen ME und NW-Europas drastischer Bestandsrückgang überwiegend durch Lebensraumzerstörung oder -veränderungen [1369,1719,3892].
Ab 1970er J. starker Einbruch bei vielen Populationen in W-ME [196, CH: 3393,3392] und weiten Teilen W- und SW-Europas [767,3892], dabei meist nicht auf verminderten Bruterfolg sondern auf Verlust geeigneter Lebensräume zurückzuführen [1369,1719,196]. Bes. dramatischer Rückgang in NL und D-NW sowie im N D-BY, bei Abnahmen von insgesamt etwa 60% - über 90% in Teilregionen - bis Mitte oder Ende 1980er J. [205,1369, 196,2623,3636,2889,3735]. Auch in anderen Regionen erloschen viele Populationen [B: 843, D-BW: 1719, -HE: 1680; auch 1302]. Dabei starker Rückgang von Entstehung und kurzzeitiger Besiedlung neuer Biotope (Kahlschläge, Aufforstungen, trockengelegte Moore, Abbaugebiete sowie Bauerwartungsland und Industriegebiete) nicht aufgefangen. Allerdings oft keine derartigen Einbrüche auf Agrarflächen ohne einschneidende Veränderungen [Teile NL: 1369,637, D-BW: 1719, -RP: 2206]; auf Truppenübungsplätzen sowie Heide- und Hochmoorflächen z.T. sogar Zunahmen [NL, B, D-HE, -NW: 1024,3735,1680].
In H, SK. und PL nach Reihe sehr warmer Sommer im gleichen Zeitraum überwiegend Arealausweitungen und Zunahmen [3892,1369,3882,3867, 3871,973,2216].
U.a. bedingt durch Reihe milder Winter sowie günstiger Brutbedingungen (mehrere Bruten/J.!), nicht zuletzt auch durch einsetzende Schutz- oder Extensivierungsmaßnahmen etwa seit Mitte/Ende 1980er J. starke Bestandserholung und -zunahme sowie (Wieder-)Ausbreitung [NL, D, A: 3638,375, q17,1617,1722,637,3954,2063,3365,3735,2238, 1998], z.B. in NL Bestände von 4.100–5.800 BP (1974–76) nach Rückgang auf 1.600–2.300 BP (1982–84), durch neuerliche Zunahme wieder 6.500-7.000 BP (1998-2000) [3636,3638]. Inzwischen auch in S- und W-ME Ansiedlungen in früher unbesiedelten Gebieten, z.B. D-, -BW, Voralpen -BY, Seeländisch-Flandern NL [1,1722,637,3365,72] sowie (wohl ausgehend von zeitiger einsetzenden Zunahmen in südlicheren Regionen) Ausdehnung des Brutareals nach N und E, mit starken Zugewinnen in D-SH, -HH, -NI, -MV, -BB, PL sowie DK [2642,q19,1422,1587,310,3871, vgl. Übersicht in 3004].

Siedlungsdichte. Mittlere Reviergrößen in ME 0.5-2.0, aber doch wohl meist > 1 ha. Höchstdichten auf Flächen > 20 ha nur ausnahmsweise bis 3–4 Rev./10 ha, sonst meist zw. 0.3 und 1.0 Rev./10 ha [337,1719,3871], in Optimalgebieten am Atlantik und Mittelmeer aber bis zu 15-25 BP/10 ha [1507]. Bei dichten Konzentrationen auf Kleinstflächen handelt es sich nur um Nestreviere, Nahrungssuche wird in Umgebung ausgedehnt.

Gefährdungsursachen [205,196,1369,3892,843, 16 80,1719,1150,3735,3004]. Lebensraumverlust durch Wegfall extensiv genutzter Grünländer (Aufgabe der Nutzung oder Intensivierung) und Brachflächen, Umbruch von Heiden, Mooren und Grenzertragsböden; Flurbereinigung mit Schaffung sehr großer Schläge und Entfernung von Hecken, Gebüsch,

Randstrukturen und Grenzstreifen; Umstellung auf Maisanbau; intensive Nutzung mit hohem Düngemittel- und Biozideinsatz und häufigen sowie frühen Mahden; intensive Pflege oder Abbrennen von Böschungen und Dämmen; Überbauung; Begrünung von Ödland; Erschließung; Aufgabe der Heidenutzung; industrieller Torfabbau; Aufforstung von Grünland und Heidegebieten.
Natürliche Ursachen: starke Verluste in Kältewintern. Arealveränderungen (z.B. in E-D und PL, auch D-NW) und geringer Bruterfolg werden häufig mit Klimaschwankungen, vor allem der Niederschlagsmenge im Frühjahr, in Verbindung gebracht.

SPEC	VSchRL	Bern.Konv.	Bonn.Konv.
--	--	Anh. II	Anh. II
Europ. RL	RL in ME		
--	B, L: 'EN', CZ, FL:'VU', CH: 'NT'		

Schutzmaßnahmen. Förderung extensiver landwirtschaftlicher Nutzung auf großer Fläche; Wiederbepflanzung ausgeräumter Landschaften; Erhaltung reich strukturierter, extensiv genutzter Lebensräume mit reichem Angebot an Randstrukturen, von Brach- und Ödlandflächen und von extensiv genutzten Heide- und Randmoorbereiche, von Altgrasstreifen mit 3-4-jährigem Mahdturnus; Anlage von Böschungen mit Trockenrasen an Straßen und Bahndämmen.
Erheblich verringerter Einsatz von Bioziden und Düngemitteln.
Sicherung und Nutzung ehemaliger Truppenübungsplätze im Sinne des Naturschutzes; im Küstenbereich Umwandlung nährstoffarmer Nadelwaldmonokulturen in *Calluna*-Heiden.

Biotop. Br. in offenem, vorwiegend gut besonntem und trockenem Gelände mit flächendeckender, nicht zu dichter Vegetation und höheren Warten; locker stehende höhere Bäume werden toleriert, auch feuchte Stellen, deren Vegetation den Anforderungen entspricht. In ME bevorzugt extensiv bewirtschaftete Flächen, Ruderalflächen, Industrieanlagen, Dämme von Verkehrsanlagen, rekultivierte Halden, xerotherme Hänge, aufgelassene Weiden, Brachflächen, Randzonen von Mooren, Streuwiesen. Als Dz. auch auf Feldern, Waldlichtungen, bewachsenen Kiesflächen etc.

Nahrung. Größtenteils Insekten und Spinnen sowie andere Gliederfüßer, insgesamt breites Spektrum.

Stimme. Häufigster Ruf kurzer Pfiff mit zwei tieferen, schmatzenden bis manchmal fast tonlosen Lauten, etwa »fid-track-track« oder »fi-kr-kr«, beide Teile können für sich einzeln oder auch gereiht gebracht werden, Gesang aus kurzen Strophen mit pfeifenden und gequetscht klingenden Elementen, oft verschliffen und eilig vorgetragen, manchmal an Heckenbraunelle, manchmal an Braunkehlchen erinnernd. Aber weniger auffällige Imitationen, kaum tiefe Motive, größere Variabilität der Strophentypen, schmaleres Frequenzspektrum als Braunkehlchen. Singt von Singwarten, unverpaarte ♂ auch im Singflug mit gespreizten Schwanzfedern, ihr Gesang ist motivreicher. Gesang auch auf dem Zug, sowie im Winterquartier Territorialverhalten und Gesang.

Verhalten. Tagaktiv, zieht nachts. Sitzt etwas aufrechter als Braunkehlchen auf freistehenden Warten; bei Erregung Flügelzucken; fliegt niedrig über dem Boden, auch Rüttelflug. Nahrungserwerb durch Wartenflug auf den Boden, im kurzen schräg nach oben führenden Jagdflug in der Luft, im Rüttelflug von der Vegetation ablesend oder hüpfend auf dem Boden. Mit Ausnahme zur Zugzeit ganzjährig territorial, auch im Winterquartier (dabei auch »Winterpaare«). Paarbildung beginnt mit Hetzjagden. Meist Gesang von Warten, seltener im senkrecht nach oben steigendem Singflug (wichtig bei der Partnerfindung), bei dem das ♂ mit schwirrenden Flügelschlägen am Ort steht oder in der Vertikalen auf und ab hüpft. ♀ fordert am Boden oder auf einem niedrigen Zweig geduckt zur Kopulation auf. Auffälliges Warnen vor Bodenfeinden. Auf dem Dz. meist einzeln.

Fortpflanzung, Brutbiologie [337, 1369, 767, 1722, 1]. Geschlechtsreife im 1. Lebensjahr; meist monogame Saisonehe; Umpaarungen nach 1. Brut nicht selten; bei Standvögeln Paarbindung auch über den Winter möglich. Bigynie nachgewiesen, bei ausgewogenem Geschlechterverhältnis aber wohl Ausnahme; Polygynie in Kombination 2 ♂ mit 3 ♀ bekannt. **Ankunft am Brutplatz.** ♀ erscheinen gleichzeitig oder kurz nach ♂ am Brutplatz, frühestens Ende Jan./Anf. Feb., Hauptankunft im März; Reviergründung durch ♂, Grenzfestlegung erst bei Anwesenheit des ♀. **Nest.** Nistplatzwahl meist durch ♀, Nest i.d.R. in kleiner Vertiefung am, seltener über dem Boden, nach oben gut abgeschirmt, bevorzugt in Hanglage an Damm oder Böschung, mitunter auch in einer Höhlung, meist vor Sonneneinstrahlung geschützt; bei Nestern im Gras oft durch ♀ kleiner Tunnel ausgetreten. Napf locker aus trockenem Gras, Moos oder Wurzeln und anderem Material (fester gefügt als bei Braunkehlchen); Auskleidung mit feinerem Material, z.B. Federn, Haaren etc.; ♀ baut allein, ♂ begleitet, Dauer 6-8 (bei späteren Bruten nur 3-4 d); bei schlechtem Wetter mehrtägige Pausen möglich. Für jede Brut neues Nest. **Legebeginn.** In SW-ME bei Standvögeln selten vor Mitte März, bei ungünstiger Frühjahrswitterung ausnahmsweise erst Anf. Mai; Max. Ende März bis Ende April; W-D, B und NL, N-ME meist ab April; Drittbruten Juni, ausnahmsweise Anf. Aug. **Gelegegröße.** 4-6 (2-7, selten 8), am häufigsten 5 oder 6; Zunahme der Gelegegröße von März bis Ende Mai (Juni); Ø CH$_{70}$ April 5.3, Mai$_{17}$ 5.4, Juni$_{19}$ 5.7; SW-D April$_{180}$ 5.2, Mai$_{104}$ 5.5, Juni$_{41}$ 5.2, Juli$_{29}$ 4.7; SW-D Erst-$_{254}$ 5.25, Zweitgelege$_{36}$ 5.1; GB$_{197}$ 5.06, D-BB$_{45}$ 5.4. Legeintervall 1 d. **Eier.** Elliptisch, leicht glänzend, Grund hell grünlichblau, mit rotbrauner bis roströtlicher Wölkung, oft verdichtet am stumpfen Pol. **Brutdauer.** 12-14 (15) d (D-BW Ø$_{165}$ 12.9 d); ♀ brütet allein, zuweilen vom ♂ gefüttert. Bebrütung ab (vor-)letztem Ei. **Nestlings-/Führungszeit.** Beide füttern, ♂ übergibt z.T. Nahrung an ♀; dieses kann Brut auch alleine aufziehen. Bei Schachtelbrut übernimmt ♂ Fütterung etwa ab 5. d. ♀ hudert bis zum 5. d, dann bis 8. d nur nachts. Nestlingszeit (12-) 14-16 d; Juv. in ersten d nach Verlassen des Nestes in Versteck; sind ab 14 d voll flugfähig; werden noch weitere 4-5 d betreut, bei Beginn einer neuen Brut dann vom ♂ noch bis zu 10 d. **Jahresbruten.** 2, Drittbruten von Jahr zu Jahr unterschiedlich, in ME bei größerem Material meist <5% (in S-ME und GB Anteil höher); in D vereinzelt Nachw. von 4 regulären Bruten; Verschachtelung vor allem zw. 2. und 3. Brut üblich. Abstände zw. Bruten sonst auch nur 4-5 d. Ersatzgelege. Standvögel mit früherem Brutbeginn häufiger 3 Bruten, Zugvögel meist nur 2. **Ende der Brutperiode.** In ME etwa Mitte Juli, bei Spätbruten Ende Aug/Anf. Sept. **Bruterfolg.** Mittlere Nachwuchsraten NL 8.1, D 5.7 bzw. 6.5 Juv./Paar und J. In GB Ausfliegeerfolg Ø > 70%.

Eimaße und -gewichte [1369]: L. 16.1-21.3 mm, B. 13.1-15.7 mm; Ø 18.2 x 14.0 mm (n=140, F), 18.4 x 14.2 mm (n=156, B sowie n=70, CS), 18.3 x 14.4 mm (n=60, NL); Frischvollgew. 1.9-2.4 g, Ø$_{8}$ 2.09 g; Schalengew. 0.09-0.12 g, Ø$_{115}$ 0.105 g.

Sterblichkeit, Alter. Ad.-Sterblichkeit wohl um 50%/J., minimale Überlebensraten nach Rückkehrern 30–45%. Anteil von Ind. im 5. Lebensjahr in lokalen Brutpopulationen > 1%. Ältester Ringvogel (D) 8 J. 10 Monate [3654]. **Generationslänge:** < 3.3 J. [383].

Mauser. Postjuvenile Mauser (Teilmauser) ab 5–10 Wochen, bis Aug./Sept. (Okt./Nov.) beendet; spät Geschlüpfte mausern schneller und früher, bei 3. Bruten z.T. Zug mit aktiver Mauser [1149,1645,1646]; umfasst oft innere Große Armdecken, Schirm-, Steuer- und unregelm. einzelne Schwungfedern [1866,1149,3924]; Dauer Ø 60 d. • **Postnuptialmauser** (Vollmauser) Juli/Mitte Aug. – Sept./Anfang Okt. [3924]; einige ♂ beginnen schon vor Selbstständigwerden der Jungen (besonders bei 3. Bruten), ♀ ca. 20 d später [1150,3924]; Dauer der HS-Mauser GB/FIN ca. 50 d. • **Pränuptialmauser** (Teilmauser oder fehlend) [3771,3924]; Prachtkleid der Ad. entsteht durch Abnutzung.

Saxicola maurus – Pallasschwarzkehlchen 11394

Saxicola [torquatus] maurus (Pallas 1773) syn.: *Saxicola torquata maurus*
Sibirisches Schwarzkehlchen

(GB) Siberian Stonechat **(F) Tarquet à croupion blanc** **(E) Tarabilla Siberiana**

Taxonomie. Vier offenbar weitgehend disjunkt verbreitete UA: *maurus* (Pallas 1773) (inkl. »stejnegeri«) (NE-Europa, Sibirien bis JAP, Korea), *przewalskii* Pleske 1889 (China, Tibetanisches Plateau), *indicus* (Blyth 1847) (Südrand des Himalaja) und *armenicus* Stegmann 1935 (E-TR, S Kaspiraum, N-Iran). Bildet Superspezies mit Schwarzkehlchen *S. rubicola* und Kaspischwarzkehlchen *S. variegatus* [4125]. Der Umfang möglicher Hybridisation zwischen *armenicus* und *rubicola* in NE-TR [220] bedarf genauerer Untersuchung.

Kennzeichen. Unterschiede zu *S. rubicola* bestehen vor allem in weißer Kehle im frischen ersten Winterkleid, beim ♂ durch Abtragen der Federspitzen schon im Mittwinter meist deutlich dunkler (beim ♀ aber weiß bleibend), sowie in schwarzen Unterflügeldecken beim ♂ (alle Kleider). Ungestrichelter weißer Bürzel und weiße Oberschwanzdecken (bei ♀ beige) typisch, aber allein kein hinreichendes Merkmal [1369,3615,767,221,3772,169,3698; weitere Fotos in Bird. W. **8**, 169, **12**, 397, **13**, 444, Brit. B. **92**, 591, Dutch B. **18**, 134, **20**, 156, **22**, 310, **25**, 265, 411, **26**, 295, Limic. **6**, 225, 230-35, **7**, 324, **17**, 333; Abgrenzung zu *S. variegatus*: 169,3698,1405; Fotos von *variegatus* in Dansk Orn. For. Tijdsskr. **98**, 181, Bird. W. **17**, 154-56].

Maße. Gr.: 12-13 cm. Gew.: ♂ 12.5–17.5 g, Ø$_{21}$ 14.8 g, ♀$_{9}$ 12-15.6 g. Fl.spw.: 19-22 cm. Fl.l.: ♂ 66-74 mm, Ø$_{111}$ 69.7 mm, ♀ 64-72 mm, Ø$_{65}$ 68.6 mm [1369,767].

Status. Seltener, gebietsweise regelm. Gastvogel, meist im Spätherbst, z.T. mit größeren Einflügen nach ME 1977, 1995 und 1996. Sommernachw. extrem selten [3004].
W-paläarktische Nachw. (meist *maura,* selten »*stejnegeri*«) betreffen u.a. GB/IRL 254 Ind. bis 1996; FIN 30 Ind. vor 1975, 106 Ind. 1975–88; S. > 130 Ind. bis 1990; N. mind. 9 Nachw. 1975–88; DK mind. 13 Nachw. 1955–88; F 6 Ind. 1978–85; I Erstnachw. durch Fang 1988 [1369,337,277].

SPEC	VSchRL	Bern.Konv.	Bonn.Konv.
--	--	Anh. II	Anh. II
Europ. RL	RL in ME		
--	--		

In ME bisher in **NL:**, 28 mal (30 Ind.) bis 2000 (meist Okt./Nov., ferner März 1981, April und Mai 1998) [277,q16]. • **B:** jew. 1 Ind. Okt. 1993, 1995 (2 mal), 1996 (2 mal) [1677,277,q15]. • **PL:** jew. 1 Ind. März. 1995 und 1999, Nov. 2000 [q13]. • **D:** Helgol. je 1 Ind. Okt. bzw. Nov. 1883, 1987, 1989, 1991, 1995, 3 Nachw. (4 Ind.) Okt. 1993, 2 mal Okt. 1996 [337,1369,575]; -NI Dez. 1981, Apr. 1995, Okt. 1995 [1369,575]; sowie -ST und -SN Nov. 1992, -MV Nov. 1994 und Okt. 1997, -NW Apr. 1995 [575]. • **A:** –V 1 ♀ Mai 1985; -Nö ♂ März 1997 [3129]. • **H:** 1997 [q4].

Verbreitung und Bestand. Brutvogel in N- und E-RUS vom W-Ural und im S von W-Turkestan und Hindukusch über zentralasiatische Gebirge sowie Mongolei und Tibet bis an Pazifik (N-JAP, Korea und China). Europäischer Bestand nicht bekannt.

Wanderungen. Mittel- und vor allem Langstreckenzieher mit Winterquartier bis NE-Afrika, Arabische Halbinsel, SE-Asien und S-China.

Mauser. **Postjuvenile Mauser** (Teilmauser) ab 5–10 Wochen, bis Aug./Sept. beendet; mausern schneller und früher als Schwarzkehlchen. • **Postnuptialmauser** (Vollmauser) Ende Juni/Mitte Juli–Mitte Aug./Anf. Sept. [3924]. • **Pränuptialmauser** (Teilmauser oder fehlend) bei einj. ♂ (vielleicht auch bei *stejnegeri*) vermutlich Kopf-, Nacken-, Kehlgefieder im Spätwinter ersetzt [3771,3924].

Anmerkung:
Kaspischwarzkehlchen (Syn. Kaukasus-Schwarzkehlchen) *Saxicola [torquatus] variegatus* (S.G. Gmelin 1774) in ME noch nicht nachgewiesen, aber in DK (Mai 2003), in N., GB und mehrfach auf CY belegt [1405].

Erithacus rubecula – Rotkehlchen 10990

Erithacus [rubecula] rubecula (Linnaeus 1758)

(GB) **European Robin** (F) **Rougegorge familier** (E) **Petirrojo Europeo**

Taxonomie. Acht UA (z.T. mögliche Allospezies): *rubecula* (Linnaeus 1758) (kontinentales Europa bis Ural und Vorderasien), *melophilus* Hartert 1901 (Britische Inseln), *superbus* Koenig 1889 (Gran Canaria, Teneriffa), *witherbyi* Hartert 1910 (TN, DZ), *tataricus* Grote 1928 (W-Sibirien), *valens* Portenko 1954 (Krim), *caucasicus* Buturlin 1907 (Kaukasus) und *hyrcanus* Blanford 1874 (Transkaukasien bis N-Iran).
Validität mancher kontinentaler UA wegen geringer klinaler Unterschiede fraglich, dagegen Populationen der Kanaren zwischen den Inseln z.T. stark differenziert. *E. r. superbus* unterscheidet sich genetisch und phänotypisch (Gefieder, Gesang) sehr deutlich von *rubecula* (die auch auf W-Kanaren und La Palma vorkommt) [291]; *superbus*-Populationen von Teneriffa (*superbus sensu stricto*) und Gran Canaria (»*marionae*«) zudem untereinander mitochondriengenetisch sehr divergent [883]. Vor einer Aufteilung der Art in 2 oder 3 Allospezies bleibt zu klären, ob die genetische Divergenz innerhalb von *superbus* mit phänotypischen Unterschie-

den einhergeht und ob es zwischen den recht nah benachbarten Inseln wirklich keinen Genfluss gibt (Stichprobenproblem).

Kennzeichen. [1369,3615,767,221,3772; Foto (*melophilus*) in Brit. B. **93**, 287].

Maße. Gr.: 14 cm. Gew.: ♂,♀ (Sept.) 10-20 g, Ø 17.5 g, (Okt.) 15.0-21.5 g, Ø 17.7 g, (Nov.) 15.0-21.5 g, Ø 17.6 g. Fl.spw.: 20-22 cm. Fl.l.: Ad. ♂ 71-77 mm, Ø$_{18}$ 73.9 mm, juv. ♂ 71-76 mm, Ø$_{63}$ 73.8 cm bzw. ♂ 68.5-75.5 mm, Ø$_{63}$ 72.6 mm; ad. ♀ 69-75 mm, Ø$_{14}$ 71.9 mm, juv. ♀ 68-74 mm, Ø$_{45}$ 71.1 mm bzw. ♀ 69.0-72.0 mm, Ø$_{11}$ 70.5 mm [1369,767].

Status. Verbreiteter und sehr häufiger Brutvogel, in weiten Teilen Jahres-, sonst Sommervogel; in allen Regionen ME häufiger und regelm. Durchzügler und Gastvogel, ferner in S- und W-ME Zuzügler im Winter. Britische UA *melophilus* gelegentlicher Gastvogel an Nordseeküste NL [277]

Verbreitung und Bestand. Areal umfasst die borealen, gemäßigten und mediterranen Zonen der W-Paläarktis von Inseln des Ostatlantiks (s.o.), N-Afrika, P/E. über W-Europa bis W-Sibirien (bei 85°E); dabei im N bis N-Fennoskandien über Polarkreis (bis > 69° N) und in RUS bis max. 65° N, im S Mittelmeerländer, N-Anatolien, Kaukasus und Südumrandung Kaspisee. In ME Nominatform von Küste bis Waldgrenze (2200m in CH) weit verbreitet. Gesamtbestand in Europa (worauf > 75% des Artareals konzentriert), etwa zw. 43 - 83 Mio. BP (leichte Zunahme) [383], mit Beständen > 2 Mio. BP in RUS (10-15 Mio.), F (3-15), GB (5.89), S. (2.5-5), D (2.5-4), BG (1.5-3.5), FIN (1.2-3.3), RO (1.85-2.67), E. (1.2-3) und I (1-3 Mio. BP); in ME brüten etwa zwischen 6.5 - 10.8 Mio. BP [383].

Wanderungen. Nominatform Teilzieher, räumt zwar höher gelegene und nördliche Arealteile ganz, überwintert aber einzeln und zumindest ausnahmsweise in IS und S-Skandinavien, in ME auch PL und Niederungen CZ/SK. In D und CH häufiger Wintergast, fehlt in höheren Lagen aber weitgehend. Wintervögel ME sind nur zu kleinen Teilen einheimische Br. (CH 5–10 %), meist Br. N-Europas. Rasterfrequenzen NL: 1978-83 Jan. 88%; D-RP: 1983-86 Dez- Jan. 55.5% (in letzten Jahrzehnten Überwinterer stark zunehmend); D-BW 1987-91 Winter 81.9 % (allerdings im Winter < 10 % des Sommerbestandes anwesend) [203]. S-Grenze des Wintergebietes an N-Grenze der Sahara. **Br. S-Fennoskandien** überwintern SW einer Linie von NL, B, N-Adria (vor allem S 5°-Jan.-Isotherme), südlichste Funde P, N-Afrika, Sizilien [Überwinterung in E.: 569]; **Br. E-FIN und RUS** überwintern in I und E-Mittelmeer [Fennoskandien: 2998]; **Br. PL** ziehen SSW und WSW über S-F nach S-E., MA und DZ [3172]; **Br. CZ, SK., A, H** ziehen W bis S nach W-F, P, SE-E., I und ehem. YU; **Br. S-D und CH** überwintern SW-F, E./P, DZ, Korsika, Sizilien und N-I; **Br. B** ziehen zur Hälfte (wohl vor allem ♀) nach F, E., P bis an N-Rand Sahara [8]. **Br. GB/ IRL** sind größtenteils Standvögel [4064]. Dz. der Nominatform in SE-GB stammen aus Fennoskandien, PL, DK, B, L, NL und ziehen nach F, E./P weiter. Wegzug Beginn in N-Europa und ME Ende Aug., Hauptzug Sept.–Okt. [Dz.muster vgl. 322]; Median Bretolet/Wallis CH 1. Okt., Juv. meist etwas früher als Ad.; Ende im SW bis Mitte Nov. Im Mittelmeergebiet Eintreffen Ende Sept.–Anf. Okt.; Abzug frühestens im Feb., meist März, Nachzügler bis Mitte April. Ankunft im Brutgebiet verzögert sich nach N und altitudinal. Hauptankunft CH in Niederungen 10. März–Anf. April, Niederrhein Mitte Feb.–Anf. März, Hochlagen im Mittelgebirge erst April. Zugverhalten Br. ME wenigstens z.T. erblich, doch deuten Ringfunde auch auf Änderung des individuellen Zugverhaltens von Jahr zu Jahr. Neues zum Orientierungsverhalten [z.B. 3318,4115]. Mittlere Zugleistung pro Nacht 40–90 km, max. für 2 Nächte 290 km, mittleres Maximum 100 km/d auf Wegzug, und max. 750 km in 3 Nächten auf Heimzug [8]; über unterschiedliche Zugstrategie in Streckenabschnitten [vgl. 24]; Verhalten in Küstennähe [1003]; nächtliches Startverhalten vom Rastplatz [434]; definiertes Aufenthaltsgebiet während der Rast [3854]. Winterortstreue B, I und E. nachgewiesen.

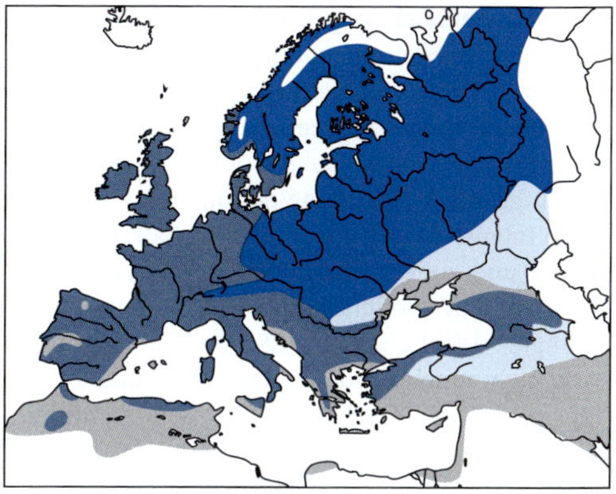

Erithacus rubecula – **Rotkehlchen**

Bestandsentwicklung. Wie bei vielen Standvogelarten und Teilziehern auffällige Bestandsschwankungen in Folge von Kältewintern, dabei Verluste sehr schnell wieder ausgeglichen [1369].
Überregionale langfristige Abnahmen in ME vor allem aufgrund Ausräumung der offenen Landschaft durch Intensivierung der Landwirtschaft, Flurbereinigung und zunehmenden Verbauung [1369,196]. Negativer Effekt offensichtlich durch emmissionsbedingte Waldschäden [2857]. Demgegenüber wirkt sich zunehmende Verbuschung und Bewaldung positiv aus [1369,196,310], besonders auffällige Zunahme und Arealausweitung in NW-ME [NL: 3638], auch in Knicks D-SH offenbar erst spät eingewandert [597]. In E. ebenfalls auffällige Arealexpansion [1507]. Sonstige Angaben über kurzzeitige negative Entwicklungen ebenso wie positive Trends oder gleichbleibende Bestände wohl ohne großräumige Relevanz [1369,196,1507,1,3892,3871].

	Best.	Areal	Brutbestand	Jahr	Quelle
A	+/-	=	700.000–1.400.000	1998–2002	[383]
B	+/-	=	100.000–250.000	2001–2002	[383]
CH	+/-	=	450.000–600.000	1993–1996	[383]
CZ	+/-	=	600.000–1.200.000	2000–2002	[383]
D	+/-	=	2.500.000–4.000.000	1995–1999	[383]
FL	+/-	=	1.000–2.500	1998–2000	[383]
H	+/-	=	255.000–400.000	1999–2002	[383]
L	+/-	=	15.000–20.000	2001	[383]
NL	↑	=	350.000–450.000	1998–2000	[383]
PL	+/-	=	1.000.000–1.500.000	2000–2002	[383]
SK	+/-	=	500.000–1.000.000	1990–1999	[383]

Aus Ergebnissen von Zugplanbeobachtungen und Fangstationen ergeben sich langfristig weitestgehend stabile Bestände [323,196,1617].

Siedlungsdichte. Brutrevier GB 0.14-0.8 (Ø 0.6) bzw. 0.25-0.8, B 0.3-3.1 ($Ø_{79}$ 1.3), D 0.24-1.0 (Ø 0.7) ha. Höchstdichten ME auf Flächen von 20-49 ha 18.5–12.8–8.8 (Ø 12.2), von 50-99 ha 12.4–6.0–4.4 (Ø 7.0), von > 100 ha 9.1–4.1–2.6 (M 4.) Rev./10 ha. Flächendichten in waldreichen Gebieten > 10 Rev./ km^2 [vgl. Tab. 16 in 337]. Herbst- und Winterterritorien einzelner Ind. in B 0.1–1.2 ($Ø_{98}$ 0.4), GB 0.3–0.6 ha [9]; in günstigen Lebensräumen im Mittelmeer noch kleiner.

Gefährdungsursachen. [2911,1403,803,1369,1507,196,337]. In offener Kulturlandschaft Lebensraumverlust sowie (in Hecken) extrem geringer Bruterfolg (»ökologische Fallen«).
Unfälle, vor allem Straßenverkehr, auch Bahn, Leuchttürme, Wasser etc. Direkte Verfolgung in S-Europa.
Wie beim Zaunkönig größte Verluste aufgrund natürlicher Ursachen: Winterwitterung, Prädatoren sowie Nestzerstörung.

SPEC	VSchRL	Bern.Konv.	Bonn.Konv.
E	--	Anh. II	Anh. II
Europ. RL	**RL in ME**		
--	--		

Schutzmaßnahmen. In Anbetracht der hohen, weitgehend stabilen Bestandszahlen sind Schutzmaßnahmen nicht erforderlich. Wiederherstellung reich strukturierten, gehölz- und heckenreichen Kulturlandes und Belassung von Falllaub und Unterholz in Wirtschaftswäldern wäre aber günstig. Zudem könnte Ansiedlung in Gartenstädten und Parks durch naturnähere Gestaltung und Nisthilfen verstärkt werden; ferner Erhaltung oder Anlage breiter Vegetationssäume als Pufferzone gegen Prädatoren (Reduktion der Brutverluste).

Biotop. Br. von Meereshöhe bis zur oberen Waldgrenze in Wäldern, Gebüschen, Hecken, Parks, Gärten, vor allem unterholzreiche Baumbestände und Waldränder von Laub-, und Mischwäldern mit arthropodenreicher Laubstreu; auch in Koniferen-Jungbeständen. Bevorzugt Gewässernähe oder feuchte Standorte. Als Durchzügler fast überall in ME, im Winter vor allem in Parks und Gärten; hier wird Brutdichte dann oft bei weitem übertroffen.

Nahrung. Zur Brutzeit Kleintiere mit vielseitigem Spektrum, wie Schmetterlingsraupen (wichtiges Nestlingsfutter), Käfer, Zweiflügler, Netzflügler, Ohrwürmer, Wanzen, Hautflügler, Blattläuse, auch Spinnen, Tausendfüßer, Asseln, kleine Würmer und Schnecken. Im Spätsommer und Herbst (auch manchmal bei der Fütterung später Bruten) Beeren und weiche Früchte, wie Paffenhütchen, Liguster, Hartriegel, Holunder, Schneeball, Schneebeere, Efeu, Faulbaum etc. Im Winter in S-Europa hauptsächlich vegetarisch, auch an Futterstellen (Haferflocken etc.); bekannt sind die Fotos fischender Rotkehlchen.

Stimme. Stimmfühlungslaut wie »dib« oder »siip«; Warnruf (Bodenfeind) oder bei Erregung typisches

Schnickern oder Tixen (auch beim Aufsuchen und Verlassen des Schlafplatzes); Warnruf bei Luftfeinden hoch »sieh« (nicht arttypisch). Reviergesang relativ lange, sehr variable Strophen, die leise einsetzen und dann laut und weithin hörbar werden können; typisch sind auffallende Frequenzsprünge (Höhenunterschiede), meist enden Strophen tief. Die Struktur des Gesangs wird oft als »perlend« bezeichnet. ♀ singen wie ♂, aber weniger und kürzere Strophen. Gesangsdialekte bekannt, ebenso Imitationen. Hauptsangeszeit März–Juni, ausgeprägter Herbstgesang einj. und mehrj. ♂, Standvögel singen auch im Winter.

Verhalten. Dämmerungs-, tag- und auf dem Zug nachtaktiv. Gesang vor allem sehr früh und abends, in der Brutzeit oft noch spät. Fortbewegung auf Boden und im Gezweig hüpfend. Nahrungserwerb durch Absuchen des Bodens, Ansitz auf Warten und rasches Hinunterstoßen, Ablesen von Stämmen und starken Ästen, Abpicken von Blättern und Hochspringen oder Vorschnellen bei fliegenden Insekten (Unterschiede bei ♂ und ♀). Auch Nahrungssuche am und im Seichtwasser. Standvögel ganzjährig territorial, regional offensichtlich unterschiedlich häufig besetzen ♀ eigene Herbst- und Winterreviere, z.T. damit erklärt, dass bei kaltem Wetter der Geschlechtsdimorphismus im Verhalten des Nahrungserwerbs verschwindet und dadurch entstehende Konkurrenz Reviertrennung fördert. Zur Brutzeit territorial. Brutreviere im Frühjahr durch Gesang markiert, bei Eindringen eines ♀ Verfolgungsflüge (bei denen ♀ das Revier kennen lernt). Bei Standvögeln auch Vereinigung der Winterreviere beider Partner. Auch ein ♂ kann in Revier eines ♀ eindringen, was ebenfalls zunächst zu aggressiven Auseinandersetzungen führt. Anfänglich folgt ♂ dem ♀ intensiv. Kopulationen (wenige/d) und partnerbezogenes Verhalten dann erst beim Nestbau des ♀, vor allem Balzfüttern, das meist erst kurz vor der Eiablage beginnt. Bei Auseinandersetzung um Reviere Einsatz von Gesang und Präsentation der roten Brust: Brustgefieder wird abgespreizt, Schnabel nach oben gerichtet; drohender Vogel kann sich auch hin- und herdrehen. Schläft im dichten Gebüsch, im Winter auch in Gebäuden; im Winter Gemeinschaftsschlafplätze nichtterritorialer Ind. (bis 20) in Standvogelpopulationen. Bei der Zugrast Territorialverhalten.

Fortpflanzung, Brutbiologie [337,1369,767,1, 1722]. Geschlechtsreife im 1. Lebensjahr; i.d.R. monogame Saisonehe, Partnerwechsel zwischen zwei Bruten selten, durch Reviertreue Wiederverpaarung übers Jahr (auch bei Zugvögeln) nicht außergewöhnlich; mitunter Bigynie. **Ankunft am Brutplatz.** Reviergründung bei Standvögeln schon ab Herbst (auch bei ♀ und einjähr. ♂), bei Zugvögeln nach Rückkehr ab Feb.; Balz und Paarbildung bei Standvögeln ab Dez./Jan., bei Zugvögeln ab nach Rückkehr. Auffällige Balz erst kurz vor Nestbau, mitunter anfänglich mehrfacher Partnerwechsel. **Nest.** Wahl wohl durch ♀. Neststand sehr variabel; Bodennester in Löchern, Vertiefungen, unter Grasbüscheln und Wurzeln, in Abbrüchen und an Böschungen; höhere Nester bevorzugt in Bodennähe, auch unter Verwendung der Nester anderer Arten, in Baumlöchern, Mauernischen, Kletterpflanzen an Mauern, Spechtlöchern und anderen Höhlungen und Nischen, auch in (vorzugsweise tief hängenden) Nistkästen; in Menschennähe viele außergewöhnliche Standorte. Nest aus Moos, trockenen Halmen und Stängeln oder Wurzeln, mit feinerem Material ausgepolstert, napfförmig, zuweilen mit hochgezogener Wand oder sogar Dach; Muldendurchmesser > 60, -tiefe 40-50 mm. Wiederbenutzung für spätere Bruten möglich, meist aber Neubau. ♀ baut (mitunter vom ♂ begleitet); ausnahmsweise baut ♂; Dauer 4-5 d. **Legebeginn.** In ME frühestens 1. Märzhälfte, normalerweise Anf. bis Mitte Apr. (in höheren Lagen später); späteste Gelege Anf. bis Mitte Aug. **Gelegegröße.** 4-6 (2-9), in GB und ME >75% 5-6; Zunahme der Ø Gelegegröße von S- nach N- und von W- nach E-Europa; Ø in ME 5.6-6.0, Ø GB$_{1091}$ 5.0; saisonale Zunahme von Vorfrühling bis Maximum im Mai, dann rasche Abnahme. Legeintervall 1 d. **Eier.** Elliptisch, glanzlos, Grundfarbe gelblich rahmfarben, mit vielen rostbraunen Punkten oder Linien, zuweilen am stumpfen Pol gehäuft bzw. als Kranz. **Brutdauer.** 12-15 (10-21) d, bei warmer Witterung kürzer (Zweitbruten daher kürzer); ♀ brütet (wird vom ♂ meist einige m abseits des Nestes gefüttert). Bebrütung i.d.R. ab letztem Ei, Juv. schlüpfen synchron. **Nestlings-/Führungszeit.** ♀ hudert etwa 5-7 d regelm.; beide füttern (♂ allein, wenn ♀ mit Zweitbrut beginnt). Nestlingszeit 13-15 d (vorheriges Verlassen meist störungsbedingt); nach Verlassen des Nestes noch etwa 10-21 (-24) d betreut. **Jahresbruten.** 2, einzelne Drittbruten in ME nachgewiesen (in N-Europa oft nur 1); Ersatzgelege. Beginn des Nestbaus für Zweitbrut manchmal einige d vor Ausfliegen der Erstbrut, meist aber 1-10 d später. Ende der Brutperiode. Mehrzahl der Bruten im Juli abgeschlossen, Spätbruten aber bis Ende Aug./Anf. Sept. **Bruterfolg.** 55% der

Eier von Vollgelegen ergaben in GB Juv.; in kleinen Stichproben CH Bodennester weniger erfolgr. als höhere; Bruterfolg mit Vegetationsdichte in Nestnähe korreliert, weniger mit Reviergröße [1718]. In D-BW aus 738 Vollgelegen mit 3801 Eiern 3484 Juv. (Schlüpferfolg 91.7%) und 2718 Juv. (Bruterfolg 71.5%) [1722]. Unterschiede zwischen Stand- und Zugvogelpopulationen [10]

Eimaße und -gewichte [337,767]: L. 17.4-22.6 mm, B. 12.2-16.3 mm, Ø 19.9 x 15.1 mm (n=106, N-D), Ø 20.1 x 15.0 mm (n=184, B), Ø 19.7 x 14.8 mm (n=64, S.); Frischvollgew. 1.8-3.2 g, Ø$_{100}$ 2.43 bzw. Ø$_{132}$ 2.42 g; Schalengew. 0.10-0.17 g, Ø$_{100}$ 0.135 g.

Sterblichkeit, Alter. Br. GB 59 % im 1. J., später 58 %/J. [3589], allerdings mit 72 bzw. 62 % auch deutlich höhere Werte errechnet [2222], ebenso bei Juv. mit 71 bzw. 54 % [337]. Nach Ringfunden für Europa berechnet 58-62 %. In B mittlere lokale Überlebensrate nichtziehender ♂ 50 % (sinkt während kalter Winter um die Hälfte), ziehender ♂ 17 % [10]. In Brutpopulationen GB noch viele 3- und 4-jährige, aber sehr wenig 5-jährige Ind. Älteste Ringvögel (PL, D) 17 J. 3 Monate und 13 J. 3 Monate [3654], mehrfach > 10 J. **Generationslänge:** < 3.3 J. [383].

Mauser. Postjuvenile Mauser (Teilmauser) beginnt ab 6–7 Wochen, bis Ende Juli/Anf. Okt. beendet [767], aber abhängig vom Schlüpfdatum; einschließlich 3–6 Großen Armdecken, unregelm. Schirm- und ausnahmsweise Steuerfedern, Umfang wohl nach Population verschieden [767,1866,3445]; Dauer ca. 55 d [1356]. • **Postnuptialmauser** (Vollmauser) Anf. Juni/Anf. Aug.–Ende Juli/Ende Sept. [1369]; Dauer der HS-Mauser ca. 80 d, Gesamtdauer 75–90 d.

Irania gutturalis – Weißkehlsänger 11170

Irania gutturalis (Guérin-Méneville 1843)

(GB) **White-throated Robin** (F) **Iranie à gorge blanche** (E) **Petirrojo de Irán**

Taxonomie. Monotypisch.

Kennzeichen. [1369,3615,221,767,3772; weitere Fotos in Bird. W. **3**, 208, **7**, 226, **17**, 153, Dutch B. **19**, 15, **21**, 177, **23**, 164, **25**, 357, Sandgr. **25**, 28].

Maße. Gr.: 15-17 cm. Gew.: ♂ 19-27 g, Ø$_8$ 22.3 g bzw. Ø$_8$ 23.7 g, ♀ 16-25 g, Ø$_8$ 20.4 g bzw. Ø$_4$ 23.4 g. Fl.spw.: 27-30 cm. Fl.l.: ♂ 92-101 mm, Ø$_{20}$ 96.2 mm; ♀ Ø 91-99 mm, Ø$_{15}$ 94.6 mm [1369,767].

SPEC	VSchRL	Bern.Konv.	Bonn.Konv.
--	--	Anh. III	Anh. II
Europ. RL	**RL in ME**		
--	--		

Irania gutturalis – **Weißkehlsänger**

Status. Außerhalb der Brutgebiete TR sehr seltener Ausnahmegast mit Nachw. in GB ♂ Juni 1983, ♀ Mai 1990; GR 1 Ind. Mai 1966; N. je ♂ Mai 1981, Aug. 1989 [337]; ferner S. 7 mal (u.a. Juni 1971, je Mai 1977, 1981, 1986, 1989, Aug. 1995) sowie mehrfach als Durchzügler in EGY und CY [3615,277,337].
In ME Ausnahmegast mit folgenden Beob.: • **NL:** ♂ Nov. 1986, Juni 1995, dj. Fängl. Aug. 2003 [277,q16]. • **CH:** ♂ Mai 2000 [q14].

Verbreitung und Bestand. Brutvogel in Hochländern von Anatolien (S-Hälfte), AR, Iran (W und N) und davon getrennt in Gebirgen Mittelasiens vom Hindukusch bis SW Tien Schan. Isolierte Vorkommen u.a. S-Iran und Libanon. Höhenverbreitung TR 550–2700 m ü.M. Europäischer Gesamtbestand zw. 410.000-920.000 BP (zunehmend), > 95% davon in TR, kleine Bestände in AR und AZ (unregelm. in GR) [383].

Wanderungen. Langstreckenzieher mit relativ kleinem Überwinterungsgebiet in S-Kenia und N-Tanzania; Zug über Arabische Halbinsel, Somalia und Äthiopien nach S. Abzug von Brutplätzen oft schon ab Juli; bis Anf. Aug. aber auch noch Familien; Nachzügler Mitte Aug.–Anf. Sept. In Äthiopien Dz. Mitte Aug.–Mitte Okt., Heimzug dort Anf. März–Mitte April; Rückkehr in Anatolien 10.–13. April, in Mittelasien Ende April–Anf. Mai.

Biotop. Br. in locker bis dicht verbuschten Tälern und Erosionsrinnen des Berglands, an spärlich bewachsenen, felsigen Hängen bis zur oberen Waldgrenze, Blockhalden mit Gebüsch oder Buschwald, aber auch aufgelassenen Weinbergen und terrassierten Obstgärten.

Nahrung. Im Frühjahr und Sommer vor allem Insekten, im Herbst viele Beeren und andere weiche Früchte.

Stimme. Bei Erregung schnarrende und knarrende Reihen, an Misteldrossel oder Nachtigall erinnernd, wie »tjrr r r r r« oder tief »karrr«. Warnrufe hart »tack« (ähnlich Grasmücke). Gesang nachtigallenähnlich, melodische, kurze und schnell vorgetragenen Tonfolge neben reinen Tönen auch raue, klangarme und gepresste Elemente, meist aus der Deckung, aber auch von erhöhter Warte oder im kurzen Singflug (längere Strophen als von Warte) vorgetragen. Singt auch im ostafrikanischen Winterquartier.

Verhalten. Tagaktiv, zieht nachts. Hüpft auf dem Boden, setzt sich gern auf kleine Erhöhungen; singt mit leicht hängenden Flügeln und angehobenem Schwanz. Nahrungserwerb auf dem Boden und in den unteren Schichten von Büschen und Bäumen. Wenig scheu, aber gute Ausnutzung der Deckung. ♂ wenden dem Beobachter gern die blaugraue Oberseite zu. Singen auf Sitzwarten oder im Singflug (ähnlich Pieper). Paarung folgt oft wilden Verfolgungsjagden.

Mauser. **Postjuvenile Mauser** (Teilmauser) beginnt mit Kleingefieder ab Juni im Brutgebiet [1369], nach Unterbrechung zudem variable Anteile von Schwungfedern und Flügeldecken im Winterquartier [767,3771]. • **Postnuptialmauser** (Vollmauser) bereits ab Mitte Juni; meist bis Sept. alle Schwungfedern im Brutgebiet erneuert, z.T. auch Unterbrechung und letzte AS (meist 1–4) im Wintergebiet [3771,2960]. • **Pränuptialmauser** (Teilmauser) einige Einj. [767,3771] und Ad. [2960] wechseln im Winterquartier zumindest Teile des Kleingefieders.

Tarsiger cyanurus – Blauschwanz 11130

Tarsiger cyanurus (Pallas 1773) syn.: *Luscinia cyanura*

(GB) Red-flanked Bluetail, Orange-flanked Bush-Robin

(F) Rossignol à flancs roux

(E) Ruiseñor Coliazul

Taxonomie. Zwei disjunkt verbreitete UA: *cyanurus* (Pallas 1773) (NE-Europa bis JAP) und *rufilatus* (Hodgson 1845) (inkl. »*pallidior*«, Afghanistan bis Zentral-China), zuweilen als eigenständige Arten angesehen [3136N]; die Unterschiede sind aber bisher unzureichend dokumentiert.

Kennzeichen. [1369,3615,767,221,3772; weitere **Fotos** in Bird. W. **6**, 389, 431-34, **7**, 384, **8**, 132, **11**, 212, **12**, 390-91, **15**, 31, Limic. **8**, 192, **12**, 288, Dutch B. **20**, 134, **23**, 368, 390, **24**, 63, 339, 379, **25**, 159-62].

Maße. Gr.: 13-15 cm. Gew.: ♂ 12.2-16.5 g, Ø$_{10}$ 13.8 g bzw. Ø$_{18}$ 13.9 g, ♀ 12.0-17.8 g, Ø$_{6}$ 15.1 g bzw. 12.5-15.3 g, Ø$_{10}$ 13.6 g. Fl.spw.: 21-24.5 cm. Fl.l.: ♂ 77-84 mm, Ø$_{37}$ 80.0 mm; ♀ Ø 73-79 mm, Ø$_{20}$ 76.4 mm [1369,767,1784].

SPEC	VSchRL	Bern.Konv.	Bonn.Konv.
--	--	Anh. II	Anh. II
Europ. RL	**RL in ME**		
--	--		

Status. In Europa nach wie vor Ausnahmegast mit Nachw. in GB 3 Ind. bis 1957, 7 Ind. 1958–85, 1 Ind. 1986–89; I Nov. 1879, Dez. 1967; CY Nov. 1957; ferner F, Kanalinseln, Libanon, IL [337,3615]. Auch in

Skandinavien seltener Gastvogel, z.B. S. 9 Ind. bis 1990, aber 1996 mind. 4 sing. ♂ [277]; DK Mai 1976; N. 4 Ind. bis 1989 [337,1369]. Andererseits Ansiedlung in FIN 1. Beob. 1949, dann bis Ende 1950er J. mind. 40 sing. ♂ meist im Raum Kuusamo; nach fast vollständigem Verschwinden Anf. 1960er J., seit Mitte 1980er J. an mehreren Plätzen Brutvogel mit stark schwankendem Bestand von 50-300 BP (1990-95), derzeit wieder stark rückläufig [337,1585]. In EST ♂ Mai 1977, erfolgr. Brut 1980.
In ME einzelne Nachweise (überwiegend Herbst, seltener Frühjahr): **NL:** jew. dj. Ind./♂ Okt. 1967, Sept. 1985, Okt. 1999, Nov. 2001 (davon 3 gefang.) [277,q16,2445]. • **B:** Sept. 2001 [3828]. • **D:** Helgoland dj. ♀ gefang. Okt. 1972, Okt. 1992 und ad. ♂ gefang. Juni 1998; (-SH ad. ♂ Mai 1980); -NI dj. ♀ gefang. Okt. 1956, dj. ♂ Nov. 1998; -BY dj. ♂ gefang, Okt. 1971, Sept. 1996 ad. ♂ (Gefg.fl.?); -MV Sept. 1972 gefang. [1369,575,2164]; (sing. ♂ 2001 noch nicht anerkannt) [q3] • **SK.:** vorj. ♂ Mai 1973 (nicht mehr anerkannt?) [1369; aber 3882]. • **PL:** (unsicher: Aug. 1987); Immat. gefang. Okt. 1995, immat. ♀ Sept. 2001 [337,q13,3871].

Verbreitung und Bestand. Verbreiteter Brutvogel in 2 Teilarealen der E- und Zentralpaläarktis. S-Population von 2400–4500 m ü.M. von Afghanistan über Tibet bis N-Yunnan. N-Population von JAP und Kamtschatka W bis Petschora und einige (zeitweilig nicht besetzte) Vorkommen in NW-RUS sowie FIN (vgl. unten). N-Grenze etwa Polarkreis, S-Grenze fällt etwa mit Grenze des borealen Nadelwaldes zusammen, mit einigen inselartigen Vorkommen weiter S. Europäischer Gesamtbestand zw. 10.000-21.000 BP, meiste RUS, nur 50-500 BP in FIN [383].

Wanderungen. Langstreckenzieher, Winterquartier S-China und Indochina, nach W möglicherweise bis Indien. Wegzugrichtung der Br. im W des Areals zunächst E bis SE, ab Jenissej-Becken S (zusammen mit Br. Mittelsibiriens). Auf dem Heimzug führt Zugprolongation eine kleine Zahl bis N-Europa. Wegzug Br. W-Sibiriens und NE-Europas Ende Aug.–Ende Sept., letzte Beob. bis Mitte Okt. Möglicherweise versuchen die meist diesj. Herbstvögel W des Brutgebietes dort zu überwintern. Im Frühjahr Ankunft W des Ural zw. Ende April und Mitte Mai, noch weiter W erst nach Mitte Mai, im Ostseebereich allerdings schon früher, was mit einem näher gelegenen europäischen Winterquartier in Verbindung gebracht wird. Hierüber jedoch bisher nichts bekannt.

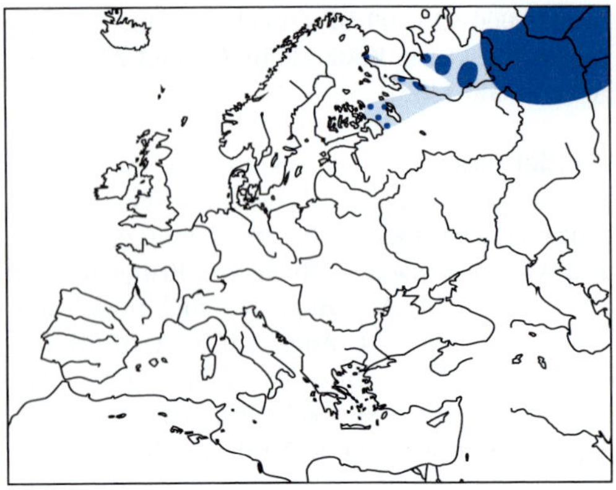

Tarsiger cyanurus – **Blauschwanz**

Biotop. Br. im Halbschatten dichter Baum- oder Strauchschicht., in vorzugsweise feuchten, stark strukturierten Wäldern, die eine von offenen Flächen unterbrochene Krautschicht aufweisen. Hält sich meist nahe dem Boden gut versteckt, sitzt aber auch gerne auf niedrigen Warten.

Nahrung. Kleine Insekten und andere kleine Wirbellose. Das ganze Jahr über auch Beeren und kleine fleischige Früchte.

Stimme. Rotkehlchenartiges »tick tick«, Erregungsrufe tief »gack«, auch schnell gereiht. Stimmfühlung und Warnruf ähnlich wie Gartenrotschwanz oder Fitis »fjuit-fjuit…« oder »huid-huid« etc. Damit kombiniert ein Zirpen wie »tschrr« oder »krrr«. Gesang des ♂ kurze Strophen, eine Wiederholung eines auf- und absteigenden Trillers, der dann allmählich verstummt, etwa »tili-tiil tül-tiil tül-tititi«, insgesamt recht einfach und fast monoton, doch individuelle und geografische Unterschiede. Zwei sehr verschiedene Strophentypen bei jedem ♂.

Verhalten. Tag und Nachtaktiv (Nachtsänger zur Brutzeit). Bewegung rotkehlchenartig. Fortbewegung Immer den Zweigen entlang. Im Dickicht schwer zu sehen. Singende ♂ sitzen aber oft ganz frei auf hohen Bäumen. Warten und Flugjäger. Bei Insektensuche schlüpft oft wie Laubsänger. Im Revier sind die Vögel oft gar nicht scheu. Hüpft in Sprüngen, hält oft wie erstarrt inne, Flügel- und Schwanzzucken und Knicksen; fliegt oft niedrig über dem Boden ab. Zur Brutzeit territorial, auch sonst meist Einzelgänger.

Mauser. **Postjuvenile Mauser** (Teilmauser) beginnt im Alter von ca. 1 Monat, meist bis (Ende Juli) Ende Aug./Anf. Sept. beendet [1369]; umfasst z.T. auch einige Große Armdecken und Schirmfedern [767]. • **Postnuptialmauser** (Vollmauser) Mitte Juli/Anf. Aug.–Ende Aug./Anf. Sept., oft vor Wegzug abgeschlossen [1369,3771].

Luscinia luscinia – Sprosser 11030

Luscinia [luscinia] luscinia (Linnaeus 1758)

(GB) **Thrush Nightingale** (F) **Rossignol progné** (E) **Ruiseñor Ruso**

Taxonomie. Monotypisch. Bildet Superspezies mit Nachtigall *L. megarhynchos*. Die beiden Semispezies bilden eine in NW-SE-Richtung verlaufende Hybridzone quer durch Europa mit deutlicher Genflussbarriere (vermutlich eingeschlechtliche Hybridsterilität) [vgl. 227].

Kennzeichen. [1369,3615,221,767,3772,172,2002; **Stimme** (mit Sonagrammen):2726; weitere **Fotos** in Bird. W. **7**, 221, **8**, 330, 474, **10**, 250, **16**, 187, Brit. B. **92**, 589, Dutch B. **17**, 218, **20**, 257, **24**, 337, **25**, 353, Limic. **7**, 62-70, **14**, 65].

Maße. Gr.: 16-17 cm. Gew.: (FIN) ♂ Ø 26.2 g, ♀ Ø 25.3 g; allgem. Spanne von 18-35 g). Fl.spw.: 24-26.5 cm. Fl.l.: (Bälge) ♂ 85-98 mm, Ø$_{113}$ 89.6 mm bzw. Ø$_{17}$ 90.8 mm; ♀ 81-91 mm, Ø$_{21}$ 87.3 mm bzw. Ø$_{18}$ 87.9 mm [1369,767].

Status. Verbreiteter und häufiger Brut- und Sommervogel in NE-ME; abseits der Brutgebiete seltener, regional z.T. regelm. Durchzügler und Sommergast (oft erst ab 1970er J. oder danach); z.B. in **CH:** 11 mal Aug.-Sept. 1977-99 [4152,3393]. • **B:** 17 mal Aug.-Sept. 1980-96 [q15]. • **NL:** ab 1968, seit 1990 allj., bisher 52 Nachw. mit < 60 Ind. bis 2003 [277,q16]. • **D:** 2-5 Nachw. seit den 1960er J. in -RP, -HE, -TH und -BY (dort zudem 8 Meldungen 19. Jh.) [1680,2068,4175,337]; -BW 11 mal 1951-95 (oft Mai/Juni) [1722]. • **A:** wohl allj. Durchzügler in verschiedenen Regionen, ferner sing. ♂ in -B und -W [3129].
In N. erste Brut 1929; ab 1964 regelm. Brutvogel, seit 1970 starke Zunahme (inzw. 300-1.000 BP) [1369,1585]. DK: seit 1900 starke Zunahme auf jetzt 68.000 BP (1993-96) [1422].

Verbreitung und Bestand. Insgesamt nördlichere Verbreitung als Zwillingsart Nachtigall; von DK, S. und N-D nach E bis Altai und W-Sibirien, dort E-Grenze etwa 91° E, in NE-KZ bis ca. 84-85° E;

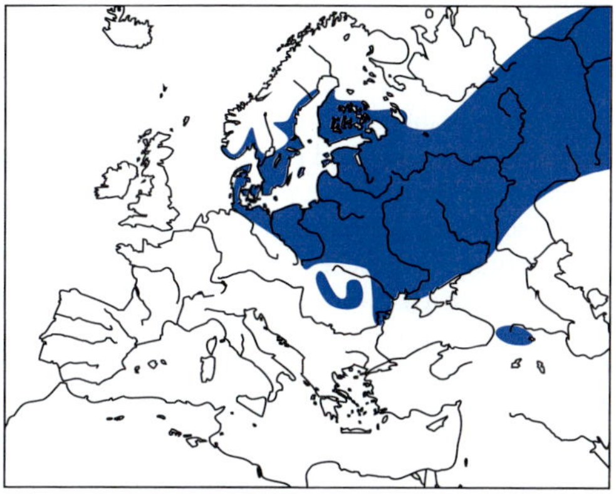

Luscinia luscinia – **Sprosser**

erreicht in FIN 63-65° N, in RUS 60-62° N; im S Grenze etwa bei 50° N, am Nordfuß des Kaukasus < 44° N, ferner in UA. Nordufer des Asowschen und Schwarzen Meeres bis zum Donaudelta. Der Donauniederung entlang nach W bis ME, dort auf die Tieflagen in D-HH, -SH, Teile -NI, NE-D, PL, SK. und NE-H beschränkt. Obergrenze der Brutverbreitung CZ 416 m. Gesamtbestand in Europa zw. 3.7 – 6.9 Mio. BP (stabil) [383], in ME brüten etwa zw. 210.000-440.000 BP, mit Schwerpunkt in PL [383].

Wanderungen. Langstreckenzieher, Hauptwintergebiet E-Afrika vor allem S Äquator von Äthiopien durch Kenia, Tanzania bis Malawi und Zambia, vereinzelt bis Mozambique und Natal (Einzelfunde auch weiter W). Br. FIN Abzugsrichtung S, Br. ME SSE, Heimzugroute etwas weiter E, also Schleifenzug. Wegzug ab Mitte (Ende) Aug., Nachzügler bis Mitte Sept., ausnahmsweise bis Mitte Okt. in Europa. Im S des Winterquartiers Eintreffen erst ab Ende Nov.–Anf. Dez. Heimzug ab Anf. März, in E-Afrika N Äquator bis Mitte April, in ME Einzug ins Brutgebiet Ende April–Mitte Mai, etwas später als Nachtigall. Hohe Brutortstreue nachgewiesen, ebenso Belege für Rastplatztreue (bei Singvögeln selten nachgewiesen) [782,3532]. Energetik während des Zuges und Windkanalsimulation von Nonstopflügen [s. 2029].

Bestandsentwicklung. Vorposten der Art in D-NI, -HH und -SN sowie im pannonischen Tiefland (A, CS, H) erloschen im Laufe des 19. Jh. nach intensiver Verfolgung [1369]. Doch etwa seit 1950er J., gebietsweise früher, fand erneute Ausbreitung am W- und N-Rand des Areals und Wiederbesiedlung früherer Brutgebiete (Slask, D-BE 1970, -HH 1971) statt; Zunahmen vor allem in D-SH, -MV und W-PL sowie in Fennoskandien [1369,1507,2031,3871,973,2328,1302], doch z.T. keine feste Etablierung; neuerdings am W-Rand in PL wieder stagnierend [3871]. Sukzession durch Aufgabe der Beweidung wohl wichtigster Faktor für Ausbreitung [3892]; in D vielleicht auch Klimaänderungen entscheidend, da Verschiebung der Arealgrenzen meist komplementär zur Nachtigall. In der Folge vermehrt Meldungen über einzelne Ansiedlungen (oder -versuche) in D-ST, -SN, -BB und -HB [2031,1,2393,3442,3519] sowie Brutzeitbeob. in -NI [ausführlich:1369; vgl. Verbreitung in D: 2772,3184]; in CZ 1. Brutnachw. 1989 und 2. 1991, seither mind. 2 weitere, darunter Mischpaar mit Nachtigall 1997 [337,q3]; 1995 bisher einzige Brut in Flevoland NL (danach in NL allj. zur Brutzeit mit bis 6 Revier-♂) [3638,q18,q3].

	Best.	Areal	Brutbestand	Jahr	Quelle
CZ	N	N	0–5	2000–2002	[383]
D	↓	- 1	9.600–36.000	1995–1999	[383]
H	↓	=	0–10	1995–2002	[383]
NL	N	N	0–2	1998–2000	[383]
PL	+/-	=	200.000–400.000	2000–2002	[383]
SK	+/-	=	1.000–1.500	1990–1999	[383]

In jüngster Zeit, bei den üblichen starken Bestandsschwankungen, Situation in manchen kleinen Populationen D-BB und PL anhaltend positiv [204,1,3867], dagegen bei sehr großen Beständen in D-MV und -SH sowie in E-PL und bei kleiner Population in H z.T. starke Abnahme [1369,3892, 1585,204,310,3871].

Siedlungsdichte. Großflächen in NE-D auf 50 bzw. 60 km^2 max. 6.0 bzw. 2.0 Rev./km^2, meist zwischen 0.6-1.0 Rev./km^2; 2 mal auf ca. 1000 km^2 0.08-0.12 Rev./km^2 [337,1]; in W-PL oft nur 1.1-1.2 BP/km^2, in Flusstälern PL aber auch bis 4.4 BP/km^2, in besten Gebieten E-PL max. 4.1-5.4 BP/km^2 [3871].

Gefährdungsursachen [1369,3892,1507,196,310, 1302]. Lebensraumverlust durch Zerstörung naturnaher Flussauen und Bruchwälder, später auch Änderung der Landnutzung (in FIN starke Beweidung der Wälder und Uferbereiche) sowie direkte Verfolgung. Derzeit Verlust geeigneter Auenbereiche Hauptgrund für Zusammenbruch der Restpopulation in H; lokal Auslichtung des Strauch- und Baumbestands sowie Störungen in den Brutrevieren durch Freizeitnutzung.

SPEC	VSchRL	Bern.Konv.	Bonn.Konv.
E	--	Anh. II	Anh. II
Europ. RL	**RL in ME**		
--	A:'**RE**', H, CZ:'VU', D, SK: 'NT'		

Schutzmaßnahmen. Erhaltung reich strukturierter, halboffener Feuchtgebietsstandorte mit üppiger Hochstaudenvegetation, vor allem am Rand des Verbreitungsareals.
Untersuchung der Rückgangsursachen; Monitoring.

Biotop. Nasse Laubholzvegetation im Tiefland, mit einerseits hohem Deckungsgrad von Bäumen und Büschen und daher fehlender Krautschicht (für Nahrungssuche), andererseits halboffenen Bereichen mit üppiger Kraut- und Hochstaudenvegetation, z.B. uferbegleitende Gehölze, Ränder von Bruchwäldern, Spätstadien der Verlandung, aber auch Feldgehölze, Hecken, Parks und Gärten, in ME und RUS auch auf trockenen Standorten.

Nahrung. Kleine Gliederfüßer, z. B. Ameisen, kleine Käfer, aber auch Asseln, Tausendfüßer; Nestlinge werden hauptsächlich mit weniger chitinisierten Formen (z. B. Raupen) gefüttert. Im Spätsommer und Herbst auch Beeren.

Stimme. Bei Gefahr hoch und durchdringend, auf einer Tonhöhe »hiid« (bei Nachtigall tiefer und ansteigend »hüid«); bei allgemeiner Erregung knarrend »trrk« oder »karr« sowie tief und kurz »dak« (wie Nachtigall). Beide Rufe auch gereiht und kombiniert. Reviergesang außerordentlich laut, deutlich in Strophen gegliedert, in erster Hälfte meist sehr klangvoll und aus wiederholten Einzelteilen. Darauf folgt »Kastagnetten-Phrase« mit rhythmischer

Wiederholung von ein- bis zweisilbigen »Schlägen« wie »tschuck«, »tluck«, »duk-ku«. Strophenende durch geräuschhaftes Schnattern oder Schnurren eingeleitet, z.B. »trrt-trrt-trrt..«. Starke individuelle und auch regionale Variabilität. Wichtigste Unterschiede zur Nachtigall: Wesentlich längere Strophendauer, wiederholte Silben bereits in erster Strophenhälfte, langsamerer Vortrag, Kastagnetten- und Ratter-Phrasen, i.d.R. keine pfeifende Crescendo-Phrase. Mischsänger jedoch aus gesamtem Verbreitungsgebiet bekannt, bei allen untersuchten Fällen mit einer Ausnahme stets Sprosser; manche übernehmen weitgehend Nachtigallenphrasen (z.B. Pfeifphrasen), haben aber oft Kastagnetten- und Ratter-Phrasen. Imitationen anderer Vogelstimmen bekannt. Balzgesang während der Paarbildung leiser und wenig deutlich strophig gegliedert als Reviergesang. Auch ♀ können kurze Gesangsmotive äußern. Reviergesang auch von Dz. zu hören. Ende der Gesangsperiode Ende Juni/Anf. Juli. Gesang zu Beginn der Gesangsperiode von Mitternacht bis Morgendämmerung am intensivsten, i.d.R. mit kurzen Strophenabständen; manche ♂ singen ganze Nacht. Taggesang mit längeren Pausen. Unverpaarte ♀ singen auch noch während der Brutzeit intensiv. Gesang auch tagsüber im Winterquartier.

Verhalten. Tag- und nachtaktiv. Bewegungen etwas langsamer als Nachtigall; der Schwanz wird nicht einfach senkrecht, sondern mehr zur Seite drehend auf und ab bewegt. Nahrung wird hauptsächlich vom Boden aufgelesen, daneben auch von Zweigen, Blättern und aus der Luft gefangen. Singwarten tagsüber im Unterschied zur Nachtigall bis 10 m hoch in Baumkronen, nachts nur in Sträuchern. Zur Brutzeit territorial. Unverpaarte ♂ singen ausdauernd. Beim Nachtgesang wird meist ein Sitzplatz beibehalten. Gesang nimmt nach der Verpaarung ab. Im Winterquartier und zur Zugzeit territorial.

Fortpflanzung, Brutbiologie [337,1369,767,1]. Geschlechtsreife wohl im 1. Lebensjahr; doch viele Einjähr. brüten nicht; monogame Saisonehe. **Ankunft am Brutplatz.** Reviergründung bis 2 Wochen nach Rückkehr; ♀ kommen etwas nach ♂ an. **Nest.** Neststand ähnlich Nachtigall am Fuß eines jungen Baumes oder Busches, im Schutz der Kraut- und Hochstaudenschicht, oft in den Boden hineingebaut, nach oben gedeckt. Außenbau aus langen Halmen und dünnen Zweigen, Auskleidung mit feinem Pflanzenmaterial oder Haaren; Muldendurchmesser 60-80, -tiefe 30-65 cm. ♀ baut ca. 3-5 d. **Legebeginn.** In ME etwa 2 Wochen später als Nachtigall ab Mitte/Ende Mai. **Gelegegröße.** (3) 4-6, meist 5; Ø FIN_{47} 4.8, D-BB_{30} 5.1 bzw. -BB_{38} 4.8. Legeintervall 1 d. **Eier.** wie Nachtigall. **Brutdauer.** 13-14 d; ♀ brütet (wird vom ♂ wohl nicht gefüttert). Bebrütung ab letztem Ei. **Nestlings-/Führungszeit.** ♀ hudert etwa 5 d, daher füttert ♂ anfangs allein, später beide. Nestlingszeit 9-11 (12) d; danach Führungszeit (mit Fütterungen) von etwa 2-3 Wochen. **Jahresbruten.** 1; Ersatzgelege. **Bruterfolg.** Brutgröße (Nestlinge bei Beringung) in D-BB Ø 4.2 Juv. Von 216 Eiern in 45 Gelegen in W-FIN 86% geschlüpft und davon 89.2% ausgeflogen, Gesamterfolg 76.8%; in D-BB dieser 85.9%, bei $Ø_{29}$ 4.3 Juv./erfolgr. Brut.
Im Überlappungsgebiet mit Nachtigall Mischverpaarungen nicht selten (bis etwa 10%); dabei Bastard-♂ fruchtbar und mit erfolgreichen Rückkreuzungen, Bastard-♀ dagegen unfruchtbar.

Eimaße und -gewichte [337,767]: L. 20.0-23.5 mm, B. 15.0-17.0 mm, Ø 21.9 x 15.9 mm (n=60, S.), Ø 21.4 x 16.1 mm (n=61, S-FIN); Frischvollgew. $Ø_{39}$ 3.18 g; Schalengew. 0.15-0.20 g, $Ø_{80}$ 0.165 g.

Sterblichkeit, Alter. Älteste Ringvögel knapp 10 J., 8 J. 11 Monate, mehrere 7-jährige. **Generationslänge:** < 3.3 J. [383].

Mauser. **Postjuvenile Mauser** (Teilmauser) beginnt bereits Mitte Juli im Alter von ca. 30 d [1369], meist schon einige d vor Abschluss des Großgefiederwachstums; bei spät Geschlüpften im Aug. (Anf. Sept.) beendet [897]; Körpergefieder und Großteil der Flügeldecken [767]. • **Postnuptialmauser** (Vollmauser) vor allem Anf. Juli–Ende Aug. (etwas früher als Nachtigall), bei Nichtbrütern bereits ab Mitte Juni (bei ♂); verläuft rasch, daher oft einige Tage kaum flugfähig; Dauer der HS-Mauser nur ca. 35 d [1369].

Luscinia megarhynchos – Nachtigall 11040

Luscinia [luscinia] megarhynchos C.L. Brehm 1831

(GB) **Common/Rufous Nightingale** (F) **Rossignol philomèle** (E) **Ruiseñor Común**

Taxonomie. Drei UA [767]: *megarhynchos* C.L. Brehm 1831 (W- und S-Europa bis Vorderasien), *africana* (Fischer & Reichenow 1884) (Kaukasus, E-TR bis Iran, SE-Turkmenistan) und *hafizi* Servertzov 1872 (KZ bis Mongolei).

Kennzeichen. [1369,3615,221,767,3772,172, zur Unterscheidung der Allospezies und UA:2002, (**Gesang**): 2726, **Fotos** in Bird. W. **15**, 155, Brit. B. **94**, 20-21; weitere Fotos in Limic. **7**, 62-70, **14**, 65, (*hafizi*) Dutch B. **15**, 177].

Maße. Gr.: 16-17 cm. Gew.: Dekaden-Ø (Apr.-Aug.) ♂ 24.7 - 32.1 g, ♀ 21.4 - 26.3 g. Fl.spw.: 23-26 cm. Fl.l.: Ad. ♂ 86-94 mm, Ø$_{45}$ 69.2 mm, vorj. ♂ 84-92 mm, Ø$_{33}$ 86.9 mm; ad. ♀ 82-91 mm, Ø$_{27}$ 86.3 mm, vorj. ♀ 81-89 mm, bzw. Ø$_{19}$ 84.7 mm [1369,767].

Verbreitung und Bestand. Von N-Afrika über S-Europa bis S-GB und DK und nach E über Vorder- und Mittelasien bis zur Mongolei. NE-Grenze des Areals der Nominatform in D-SH, -MV, PL sowie E- und N-UA., dort Überschneidung mit Sprosser; S-Grenze Mittlerer und Hoher Atlas, Mittelmeerinseln, S-Anatolien, Kaukasus-Vorland, SW- sowie N-Iran, N-Afghanistan, Tadschikistan, Kirgistan, S-Turkmenien, entlang Amu- und Syr-Darja bis Aralsee, in KZ bis 50° N. In ME lückig von Tiefebene bis in Mittelgebirgslagen (meist < 500 m), in W-Alpen auch höher (max. 1100m, höchster Sänger 1220 m, CZ bis 800 m ü.M.). Gesamtbestand in Europa etwa 4.2 - 12 Mio. BP (stabil), mit Beständen > 0.5 Mio. in TR (1-2 Mio.), E. (0.45-1.7), F (0.3-1.5), I (0.5-1), P (0.1-1) und BG (0.2-0.8 Mio. BP) [383]; Bestand in ME etwa 430.000-610.000 BP [383].

Status. Verbreiteter, in milden Lagen stellenweise häufiger Brut- und Sommervogel in W- bis SE-ME, dort auch recht häufiger Durchzügler; E der Brutgebiete seltener Gastvogel.
In DK 2 Nachw. vor 1966, 37 Nachw. (1966–88). N. 14 Ind. (1965–89, vorher keine). S. 27 Ind. bis 1990. FIN mind. 10 Ind. (1965–88, vorher keine). LV Mai 1987 Erstnachw. durch Fang.

Wanderungen. Langstreckenzieher, Wintergebiet in Afrika vom S-Rand der Trockensavanne

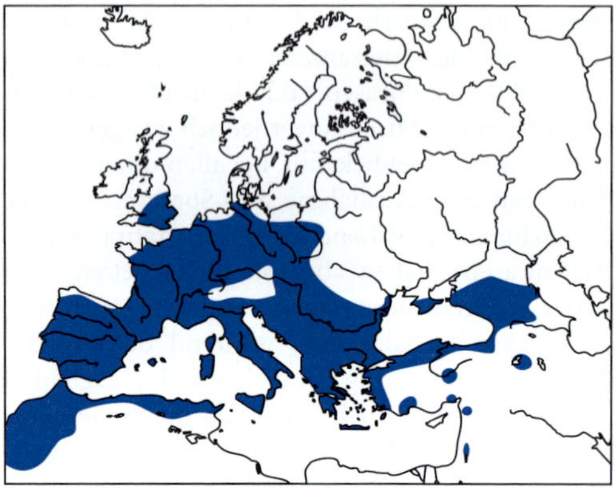

Luscinia megarhynchos – **Nachtigall**

bis an Rand des tropischen Regenwaldes von Senegal/Guinea bis Somalia, Kenia und N-Tansania. Hauptzugrichtung SW-S, in E-ME wohl auch bis SSE. Wegzug in ME Anf. Aug.–Anf. (Mitte) Sept. Durchzugsmedian Col de Bretolet CH 21.8. [1861], Nachzügler bis Okt. [Dz. E.:566, M:3750]; seltene Winternachweise in I [572]. S Sahara erscheinen Wintergäste ab Anf. Sept. Heimzug im tropischen Afrika März–Anf. April, im Mittelmeerraum Dz. Mitte März–Mitte (Ende) Mai; erste Einzelvögel in SW-ME Ende März–Anf. April, im N ab Mitte April, regelm. Revierbesetzung ab Mitte April. Geburtsortstreue bei ♂ mit vorjährigem Jugendrevier höher als bei ♀, allerdings zumindest regional bei Jungvögeln hohe Umsiedlungsrate über ein bis mehrere km; Brutortstreue bei ♂ sehr hoch, bei ♀ geringer.

Bestandsentwicklung. Deutliche Bestandsschwankungen, häufig auch mit regionalen Arealveränderungen gekoppelt. Wegen des großen Interesses an der Nachtigall schon früh Schutzmaßnahmen und Einbürgerungsaktionen gegen Bestandseinbrüche [1369].
Nach »Blütezeit« Anf. 19. Jh. bis Ende 19. Jh. großräumige Abnahmen und einsetzende Räumung der Randgebiete des Verbreitungsareals. Zwischen 1910-30 Tiefpunkt erreicht und Populationen vieler Regionen vollständig erloschen, z.B. E D-SN und Teile -BY und -BW, -MV, M-PL [1369,2031, 4175,1722,3871]. Zum einen nach kurzer Erho-

lungsphase in NW-D (nach S bis -NW) und Teilen NL ab 1950er J. erneut Rückgänge und Arealverluste [Bsp. in 1369,196], zum anderen in S- und E-ME langfristige Zunahme und erneute Ausbreitung in frühere Siedlungsgebiete [1369,2031,2068,196, 1722,3871].

	Best.	Areal	Brutbestand	Jahr	Quelle
A	+/-	=	2.000–4.000	1998–2002	[383]
B	↓	- 1	1.370–2.480	2001–2002	[383]
CH	↕	=	2.000–2.500	1993–1996	[383]
CZ	↑	+ 1	8.000–16.000	2000–2002	[383]
D	+/-	=	80.000–130.000	1995–1999	[383]
FL	+/-	=	5–10	1998–2000	[383]
H	+/-	=	225.000–280.000	1998–2002	[383]
L	+/-	=	300–500	2001	[383]
NL	+/-	=	6.500–7.500	1995–2000	[383]
PL	+/-	=	100.000–150.000	2000–2002	[383]
SK	+/-	=	10.000–20.000	1990–1999	[383]

Ohne Berücksichtigung lokaler, meist auf strukturelle Veränderungen zurückgehender Bestandsentwicklungen, in letzten Jahrzehnten folgende generelle Entwicklungstrends. Vor allem in NW-ME (Teile NL, B, L; ferner GB) sowie SE-Europa (GR, AL) ab 1970er J. überwiegend Arealverluste und Bestandsrückgänge, z.T. bis in jüngste Zeit anhaltend [3892,2623,334; ferner Teile CH, D-NI, -SH und PL: 54,1929,2063,1587,3867,310, L. Kaczmareck].
Bestände in SE-ME (A, CZ) sowie in HR und I dagegen deutlich zunehmend, z.T. verbunden mit Ausweitung des Verbreitungsareals [2393,2238; 337,3892,1507,196; auch Bod., E D-NI, -BY, -BW, E-D, Teile CH: 1617,2808,4175,2772,3392,4159, 3122, M. Flade]. In NL wurde drastischer Rückgang und Arealverlust in Sandgebieten des E durch starke Zunahme in Dünengebieten kompensiert [884,859,2889], manche Gebiete stabil, doch neuerdings insgesamt Rückgang [3638,375].
Viele Populationen ME, z.B. in N D-HE, -BE, -NI und -SL sowie N-CH – z.T. nach Bestandszunahmen in 1970er J. – weitgehend stabil [1587,3248, 4043,196,1,2896]. Ähnliches gilt für Großteil der Populationen in H, PL, SK. [1585,3871,420].

Siedlungsdichte. Reviergrößen in A 0.12–1.9 ha, in D 0.3–0.4 ha; kleinster Nestabstand aber < 20 m. Höchstdichten in ME auf Flächen von 20–49 ha 7.0–4.9–3.4 (Ø 4.9), von 50–99 ha 5.5–1.6–1.3 (Ø 2.5), von > 100 ha 6.0–0.9–0.5 (Ø 1.4) Rev./10 ha. Auf Großflächen (> 100 km^2) werden nur in Optimalgebieten > 1 Rev./km^2 erreicht (Spanne in ME etwa 0.02-2.0, max. 4.1) [vgl. Tab. 17 in 337,1,3871,4159,3122].

Gefährdungsursachen [vgl. 1369,2623,3268,196, 337,1722,3638,310,2440,4002,2333]. In früheren Jahrzehnten wurden direkte Verfolgung durch Menschen, Zunahme der Hauskatze sowie Habitatveränderungen als Hauptursachen der Bestands- und Arealverluste genannt. Damals wie heute Verlust geeigneter Lebensräume (Auenlandschaften, reich strukturierte, unterholzreiche Wälder und Buschlandschaften) durch Veränderung der Bewirtschaftung, Senkung des Grundwasserspiegels, Flurbereinigung, Beseitigung oder Überbauung besonders erheblich. Insgesamt deutet übereinstimmende Entwicklung in sehr unterschiedlichen Gebieten auch auf Klimaeinflüsse (vgl. auch Sprosser) sowie auf Biotopveränderungen in Durchzugs- und Winterquartieren.
Natürliche Ursachen bedeutsam. Bei schlechter Witterung zur Brutzeit und bei Überschwemmungen hohe Brutverluste (bis 95%). Möglicherweise zudem Temperaturabhängigkeit der Schlupfrate. Brutverluste durch Prädatoren (u.a. Eichhörnchen, Eichelhäher, Ratten), häufig verstärkt durch anthropogene Eingriffe in Lebensraum (höhere Exponiertheit nach Forstarbeiten).

SPEC	VSchRL	Bern.Konv.	Bonn.Konv.
E	--	Anh. II	Anh. II
Europ. RL	**RL in ME**		
--	FL:'CR', B:'VU', CH: 'NT'		

Schutzmaßnahmen. Erhaltung reich strukturierter, unterholzreicher Laub- und Mischwälder. Schutz der verbliebenen Auwälder, Renaturierung von Flüssen und Bächen und naturnaher Randstrukturen. Weniger drastische »Pflege«maßnahmen in Wirtschaftswäldern, insbesondere Pappel- und Weidenbeständen, sowie in Parks und Gartenstädten.
Verringerung des Biozideinsatzes.
Reduktion der Jagd und Erhaltung geeigneter Lebensräume in Durchzugs- und Überwinterungsgebieten.

Biotop. Br. in der Strauchschicht unterholzreicher Laub- und (seltener) Mischwälder (bevorzugt an Waldsäumen, Bach- und Flussläufen) und in

Feldgehölzen mit dichtem Unterwuchs; auch ohne Bäume in Hecken, Gebüschen, verwilderten Parkanlagen und Gärten sommerwarmer und niederschlagsarmer Gebiete. Anteil der Strauchschicht an Revierflächen in A > 40%; Boden kann feucht und trocken sein. Auf dem Dz. und nach der Brutzeit auch in offeneren Landschaften; im Winterquartier in dichtem Buschwerk.

Nahrung. Kleintiere, vor allem Insekten (auch kleine Formen, z. B. Ameisen), auch kleine Regenwürmer u. a. Im Spätsommer und Herbst auch Beeren und kleine saftige Früchte, z.B. Holunder, Johannisbeeren etc., gelegentlich auch kleine Sämereien.

Stimme (vgl. Sprosser!). Warnruf deutlich ansteigend »hüit«, bei allgemeiner Erregung tief, knarrend »trrk« oder »karr«, oft auch kombiniert »hüit – trrrk« etc. Kräftiger, laut schallender Reviergesang des ♂ meist aus 4 Teilen: Einleitung mit meist leisen, an Erregungsrufe von Laubsänger erinnernden Elementen; variabler Abschnitt mit melodischen, auf und absteigenden Lautfiguren, oft schon in maximaler Lautstärke; längere schnelle, rhythmische Wiederholung einer Silbe »tschuck tschuk tschuk..« (»Schlagen«), schneller als bei Sprosser; Endelement kann auch fehlen. Daneben für Nachtigall charakteristische Pfeifstrophen (»Schluchzen«) aus einem Crescendo von Pfeiftönen; Anteil bei Nachtgesängen 10–20%, bei Taggesängen oft nur 2%. Insgesamt große Variabilität; oft werden auch nur Bruchstücke gesungen; Strophen des Nachtgesangs oft länger. Dialekte bekannt (Mischsänger vgl. Sprosser). Neben lautem Reviergesang leiser Balzgesang des ♂, weniger strophig gegliedert. Auch leiser ♀-Gesang auf dem Nest bekannt. Gesangsbeginn in ME meist im April bei warmer Witterung, Höhepunkt Ende April/Anf. Mai, unverpaarte ♂ singen länger. Gegen Ende der Brutzeit kann Gesangsaktivität wieder ansteigen (sensible Phase der Jungvögel!). Nachtigallen sind im Winterquartier territorial und singen tagsüber Reviergesang. Gesang auch auf dem Zug.

Verhalten. Tag- und Nachtaktiv. Intensiver Morgen- und Abendgesang, Nachtgesang vor allem von unverpaarten ♂; Nachtzieher. Bei Bewegung wird Schwanz gern angehoben und beim Hüpfen oft senkrecht aufgestellt, bei Erregung senkrecht (vgl. dagegen Sprosser) auf und ab bewegt. Singwarten beim Tagesgesang in der oberen Strauch- und unteren Baumschicht. Nahrungssuche auf dem Boden, ähnlich Rotkehlchen, aber auch Fang von der Warte und Absammeln von Zweigen und Blättern. Zur Brutzeit territorial. In der Nachbrutzeit verteidigen auch Diesj. kleine Reviere. Balz mit Balzgesang des ♂, Kopfsenken und Flügelheben; der rotbraune Schwanz wird dabei ständig gefächert, aufgerichtet und wieder gesenkt. Am Boden Umtrippeln des ♂ mit hängenden Flügeln und gefächertem Schwanz in gegenläufigen Halbkreisen. ♂ bewacht ♀ während und vor der Legephase (Partnerbewachung zur Vaterschaftssicherung wahrscheinlich). ♀ werden oft zum Nest zurückgetrieben. Nicht scheu, doch sehr auf Deckung bedacht. Reviere werden auch gegen Sprosser verteidigt.

Fortpflanzung, Brutbiologie [337,1369,767,1722]. Geschlechtsreife wohl im 1. Lebensjahr; meist monogame Saisonehe, Partnertreue durch Reviertreue, aber auch Umverpaarungen nachgewiesen; unter besonderen Bedingungen Polygynie. Ein bestimmter Teil der ♂ bleibt regelm. unverpaart. **Ankunft am Brutplatz.** (Ende März) im Lauf des April und Mai. Einjähr. ♂ kommen nach älteren an, ♀ einige d nach Gründung der ersten Reviere. **Nest.** Nest in dichter Krautschicht, meist nahe oder direkt an Gebüsch, seltener in der Strauchschicht, häufig unmittelbar am Boden oder bis 30 cm, selten bis 50 cm hoch (oder gar höher) auf Astgabeln, krautigen Stängeln. Tiefer, locker gebauter Napf aus Falllaub, Stängeln, Grashalmen, feinen Zweigen etc., Mulde mit feinerem Material ausgekleidet; Bau rasch nach Paarbildung; ♂ zeigt Nestplatz, ♀ baut 3-5 d. **Legebeginn.** In ME frühestens Ende April, Hauptperiode Mai; Ersatzbruten Ende Mai bis Mitte Juni. **Gelegegröße.** 4-6 (2-7), meist 5; Ø GB_{188} 5.8, D_{71} 4.9 bzw. D Maigelege $Ø_{78}$ 4.7, Junigelege $Ø_{36}$ 4.3. Legeintervall 1 d. **Eier.** Elliptisch, leichter Glanz, gelblich bis dunkelbraun oder auf hellerem Grund dicht hellbraun gewölkt; viele Variationsmöglichkeiten. **Brutdauer.** 13-14 d; ♀ brütet (wird vom ♂ zuweilen gefüttert). Bebrütung ab letztem Ei. **Nestlings-/Führungszeit.** ♀ hudert anfangs, dann füttert ♂ allein, später beide. Nestlingszeit 10-11 d. Ausgeflogene Junge verstecken sich in der Krautschicht, können erst etwa nach 4 d den Ad. nachfliegen und werden nach und nach vom Brutplatz weggeführt; Führungszeit etwa 2(-3) Wochen. **Jahresbruten.** 1; Ersatzgelege; im Mittelmeerraum wohl regelm. 2 Bruten. Ende der Brutperiode. I.d.R. schon Anf. Juli, bei Nachgelegen Ende Juli. **Bruterfolg.** In ME Nachwuchsrate in Normaljahren geschätzt bei 3.4 Juv./Paar und J.; Brutgröße in D-BB $Ø_{193}$ 4.5. In GB gingen 23% der Gelege in Brutphase verloren, 10% in Nestlingsphase, in 2/3 gab es flügge Juv., $Ø_{72}$

Brutgröße beim Schlüpfen 4.39 Juv.; in D-BW bei 64 Gelegen 82.7% Schlüpf- und 70.8% Bruterfolg.

Eimaße und -gewichte [337,767]: L. 18.4-23.0 mm, B. 14.2-16.8 mm, Ø 20.6 x 15.7 mm (n=100, B), Ø 21.0 x 15.6 mm (n=100, GB); Frischvollgew. 2.22-3.54 g, $Ø_{76}$ 2.76 g; Schalengew. 0.13-0.22 g, $Ø_{200}$ 0.15 g.

Sterblichkeit, Alter. Jährliche Adultsterblichkeit auf ca. 50 % geschätzt. Ältester Ringvogel (E.) 9 J. 9 Monate [3654], Höchstalter in Gefg. mit mind. 20 J. angegeben. **Generationslänge:** < 3.3 J. [383].

Mauser. **Postjuvenile Mauser** (Teilmauser) Juli–Aug.; umfasst meist auch 4–6 Große Armdecken [1866]; Dauer 6–7 Wochen. • **Postnuptialmauser** (Vollmauser) bei ♂ schon ab (Mitte Juni) Anf. Juli, ♀ ab (Ende Juni) Mitte Juli; Abschluss bis Aug./Mitte Sept. vor Wegzug [767,1356]; Dauer der HS-Mauser GB ca. 45 d [1356].

Luscinia calliope – Rubinkehlchen 11050

Luscinia [calliope] calliope (Pallas 1776)

(GB) **Siberian Rubythroat** (F) **Rossignol calliope/Calliope sibérienne** (E) **Ruiseñor Calíope**

Taxonomie. Monotypisch.

Kennzeichen. [767,221,3772,3615,175; weitere **Fotos** in Bird. W. **8**, 415, **14**, 335, **17**, 58, 247, Dutch B., **17**, 261, **25**, 413, **26**, 135, Limic. **9**, 339, **10**, 178, 181-84, **11**, 189].

Maße. Gr.: 14-16 cm. Gew.: 16-29 g, ♂ 20-26 g, $Ø_{13}$ 23.6 g, ♀ 21-25 g, $Ø_{5}$ 22.7 g. Fl.spw.: 22.5-26 cm. Fl.l.: ♂ 70-81 mm, $Ø_{118}$ 75.5 mm, ♀ 65-75 mm, $Ø_{49}$ 71.5 cm [3615,1369].

SPEC	VSchRL	Bern.Konv.	Bonn.Konv.
--	--	Anh. III	Anh. II
Europ. RL	RL in ME		
--	--		

Status. In W-Paläarktis Ausnahmegast mit wenigen Nachw. einzelner Ind. in IS, IRL, GB, DK, FIN, EST, I und EGY [3615,175], in ME bisher nur 1 Nachw. in • **D:** Helgol. Nov. 1995 [q17,175].

Verbreitung und Bestand. Brutvogel im S Sibiriens von Altai nach E bis Amurgebiet und Sachalin, nach S bis Mandschurei, Korea, JAP und N-China; erreicht im W Sibiriens europäisches Gebiet: Nominatform mit Brutbestand 800-1.000 BP (nur RUS), Trend unbekannt [383].

Wanderungen. Langstreckenzieher. Zieht über Mongolei, China, Korea und JAP in SE-asiatische Wintergebiete von Philippinen und S-China bis Assam (E-Indien) und Bangladesh [3615].

Stimme. Gesang des ♂ sehr melodisch, variabel und motivreich. Häufig sehr laut und vehement meist aus Deckung heraus vorgetragen, zahlreiche Imitationen. Kontaktruf ein lauter, langgezogener ein- bis mehrsilbiger Pfiff »pijuu, tjuit tjuit.«. Daneben scharfes, wacholderdrosselähnliches »tjäck tjäck.«. Leiser Gesang ohne Territorialverhalten auch im Winterquartier.

Mauser. **Postjuvenile Mauser** (Teilmauser) (Ende Juli) Aug.–Mitte Sept.; ohne Große Armdecken [767]. • **Postnuptialmauser** (Vollmauser) Aug.–Mitte Sept. [767].

Luscinia svecica – Blaukehlchen 11060

Luscinia svecica (Linnaeus 1758)

(GB) **Bluethroat** (F) **Gorgebleue à miroir** (E) **Ruiseñor Pechiazul**

Taxonomie. Etwa neun UA: *svecica* (Linnaeus 1758) (syn. *gaetkei*, *robusta*; N-Europa über N-Sibirien bis Beringstraße und Alaska), *namnetum* Mayaud 1934 (W-F), *volgae* (Kleinschmidt 1907)

(E-Europa bis NE-UA., Wolga und Saratov), *cyanecula* (Meisner 1804) (ME), *pallidogularis* (Zarudny 1897) (syn. *saturatior, altaica*) (RUS E Wolga bis Kirgisien) und *magna* (Zarudny & Loudon 1904) (NE-Kaukasus, Transkaukasien in AR und AZ nach E bis SW- und N-Iran); weitere Formen *kobdensis, przewalskii* und *abbotti* in E-Asien und Himalaya-Gebiet. Die Subspezies wurden hauptsächlich aufgrund von Gefiedermerkmalen, insbesondere der Kehl- und Brustfärbung abgegrenzt, die wahrscheinlich einem einfachen genetischen Steuermechanismus unterliegen, d.h. sich schnell verändern können und keine sehr weitgehende, allgemeine genetische Differenzierung anzeigen. Dementsprechend bilden nördliche gegenüber südlichen Populationen zwei mitochondriengenetisch schwach differenzierte Gruppen, die nicht mit den taxonomischen UA-Grenzen zusammenfallen [3103,4229].

Allgem. Verbreitung und Bestand. Transpaläarktisches Areal von W-Europa bis W-Küste Alaskas. N-Rand bildet Strauchtundra RUS, und S-Rand verläuft an Grenze zur Steppenzone. In ME zwei ökologisch deutlich getrennte Formen als Brutvögel, das in N-Europa verbreitete Rotsternige Blaukehlchen in einzelnen Ansiedlungen in Hochlagen von Karpaten und Alpen sowie das Weißsternige Blaukehlchen in den Tieflagen des zentralen und östlichen Europas. Weitere UA in Europa in kleinen Vorkommen an Atlantikküste F und in Gebirgen der N-Hälfte E. Europäischer Gesamtbestand etwa 4.5 – 7.8 Mio. BP (leichte Zunahme), davon

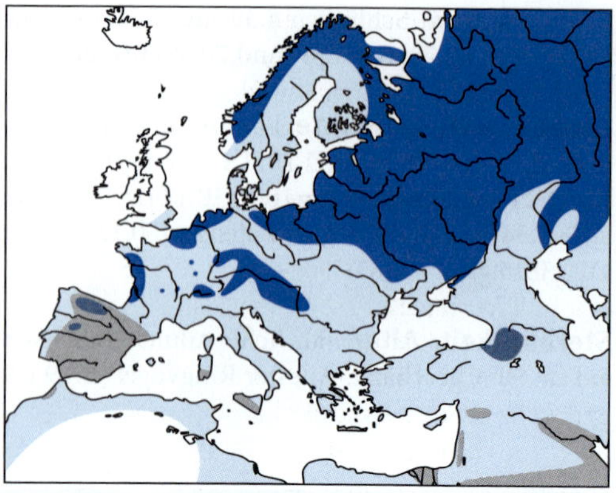

Luscinia svecica – **Blaukehlchen.** *L. s. svecica* in arktischen und boralen Gebieten im N und weiter S in Hochlagen; *L. s. namnetum* an Atlantikküste F; *L. s. cyanecula* in tieferen Lagen ME

> 90% Nominatform [383]; größte Bestände *svecica* in RUS (3.5-6 Mio.), N. (0.5-1 Mio.), UA. (235-280 T.), S. (140-250 T.) und FIN (100-200 T. BP), *cyanecula* F (10-40 T. einschl. *namnetum*), E. (9-13 T.) und NL (9-11 T. BP) [383].

Nahrung. Insekten, vor allem Dipteren oder Käfer, bes. Bodenbewohner und Formen der Krautschicht; andere Gliederfüßer und Wirbellose treten zurück; im Nestlingsfutter vielfach Raupen. Im Spätsommer und Herbst auch Beeren und kleine Steinfrüchte.

Sterblichkeit, Alter. Generationslänge: < 3.3 J. [383].

Luscinia svecica cyanecula – Weißsterniges Blaukehlchen

Kennzeichen. [1369,3615,221,767,3772; **Fotos** in Bird. W. **14**, 93, **15**, 407, Limic. **11**, 269, **16**, 108, 251].

Maße. Gr.: 13-15 cm. Gew.: (Herbst) ad. ♂ 17.0-19.5 g, $Ø_9$ 17.9 g, diesj. ♂ 15-20 g, $Ø_{32}$ 17.4 g; ad. ♀ 16-19 g, $Ø_4$ 17.1 g; diesjähr. ♀ 14-20 g, $Ø_{22}$ 16.6 g; (Frühj.) ♂ 17.2-22.5 g, $Ø_{38}$ 19.5 g, ♀ 16-24 g, $Ø_{10}$ 17.5 g. Fl.spw.: 20-22.5 cm. Fl.l.: ♂ 72-80 mm, $Ø_{41}$ 75.1 mm; ♀ 69-74 mm, $Ø_{10}$ 71.2 mm [1369,767].

Verbreitung. S und SW der Taiga von Mittel-RUS nach SW bis NW-F und Zentral-E. (zuweilen als eig. Formen betrachtet), dabei nach W hin zunehmend in Verbreitungsinseln aufgesplittet, z.B. S Karpatenbogen, N und W Vorland der Alpen von Tiefebene H über A, in S-D verschiedene Schwerpunkte, ferner in NL/N-D/PL- Tiefebene. Am Alpennordrand -BY stellenweise bis 600/650 m. Gesamtbestand in ME etwa 18.000-23.000 BP [383, veränd.].

Status. Lückig verbreiteter, regional häufiger Brut- und Sommervogel; in weiten Teilen ME regelm., zunehmend häufiger Durchzügler und Rastvogel. Gebietsweise immer noch selten, z.B. in L kaum allj. und überwiegend im Herbst [1610]. Abseits des Brutareals seltener Gastvogel, z.B. in S. 43 Ind. 1943–90; FIN 11 Ind. vor 1975; 9 Ind. 1975–88; N. 8 Nachw. bis 1989 [337].

Wanderungen. Mittel- und Langstreckenzieher; Wintergebiet S-P, N-Afrika (Maghreb, Oasen der Sahara, Niltal, einzeln auch Mittelmeergebiet), vor allem aber Trocken- und Feuchtsavannen S Sahara von Senegal und Guinea bis Nigeria mit Schwerpunkt im W, Einzelne bis Vorderasien und Persischer Golf. Br. ME in Hauptrichtung SW–WSW bis W Mittelmeer (z.B. Rastplatz Camargue) [1226] und E./P, dann offensichtlich mehr in S-Richtung. Abwanderung von Brutrevieren zweite Julihälfte; eigentlicher Wegzug Aug.–Sept. (Wegzugmedian Col de Bretolet CH 10.9.) [1861], letzte Nachzügler bis Ende Sept.–Mitte Okt. Heimzug in ME ab letztem Märzdrittel (Ausnahmebeob. ME Feb. und häufiger erste Märzhälfte); Höhepunkt erste Aprilhälfte, beendet Anf. Mai, im NE des Areals bis Ende Mai. Durchschnittliche Wegzugsleistungen von 75 und 96 km/d sowie Brutortstreue und auffällige Rastplatztreue nachgewiesen.

Bestandsentwicklung. Erhebliche Bestandsschwankungen und kurzfristige Ansiedlungen an günstigen Standorten (frühe Stadien der Verlandung) oft belegt. Sie erschweren ebenso wie die versteckte Lebensweise (Nester!) und Wahl sehr kurzlebiger Biotopstrukturen die Interpretation lokaler oder regionaler Bestandstrends [1369].

	Best.	Areal	Brutbestand	Jahr	Quelle
A	+/-	=	250–350	1998–2002	[383]
B	⇧	+ 1	3.100–4.100	1995–2002	[383]
CH	N	N	1–7	1998–2002	[383]
CZ	⇧	+ 2	400–600	2000–2002	[383]
D	↑	+ 1	3.300–4.600	1995–1999	[383]
H	+/-	=	500–800	1998–2002	[383]
NL	⇧	+ 2	9.000–11.000	1998–2000	[383]
PL	↓	- 1	1.300–1.800	1995–2000	[383]
SK	↑	+ 1	15–30	1997–1999	[383]

Seit 19. Jh. durch Zerstörung der Lebensräume kontinuierlicher großflächiger Bestandsrückgang und Arealverlust. Bis Anf. 20. Jh. erloschen Vorkommen in L und D-SL [1369], bis 1940er J. folgten Westf. und D-BE [205]. In vielen Regionen Tiefpunkt in 1950er oder 60er J. erreicht [D: 1369,196,1680, 1719,4175; ferner Slask: 973]. Mit Ausnahme einiger lokaler Neuansiedlungen hielten Abnahmen meist bis Ende 1970er J. (z.T. noch länger) an [D: 196, 205,2031,2623,2772,3268; NL: 1806, PL: 3871]. In D-HH sank z.B. Brutbestand von 70-100 BP Anf. 1950er J. auf 5-10 (1985) bzw. 8-12 BP (um 1990) [1302,1369], in -SH erloschen alle früheren regelm. Brutvorkommen in 1980er J. [2062]. In vielen Regionen ME folglich auf kleinere Inselvorkommen beschränkt; diese z.T. weiterhin akut gefährdet, da Flussbaumaßnahmen oder andere anthropogene Eingriffe auf die wenigen optimalen Habitate dramatische Auswirkungen haben können [196].

Doch ab 1970er J. (regional später) in weiten Teilen ME mehr oder weniger starke Bestandszunahme, bes. deutlich im N D-BY, wo gebietsweise schon seit 1950er J. merkliche Ausbreitungstendenz erkennbar, sowie in NL, wo Brutbestand von 900-1.200 BP (Ende 1960er J.) auf 5.500-7.500 BP (1989-91) und 9.000-11.000 BP (1998-2000) fast verzehnfacht [3816,3817,1806,1222,3638,375,1369], aber auch in anderen Regionen [CZ, A, B, D-BB, -HE, -BW, -H B:1680,1722,2159,1507,q17,1457,3519,2734]. Zwar können lokale Verluste (u.a. durch Sukzession oder anthropogen bedingte Wasserstandsschwankungen) den Zuwachs in ehemals optimalen Bruthabitaten abschwächen [1225,2547,1680,1722], doch seit Mitte 1980er J. (z.T. erst 90er J.) viele Meldungen über starke Zunahmen sowie weitere Arealausweitungen und Neuansiedlungen, mit deutlicher Bevorzugung von Grabensystemen intensiv genutzter Grünländer sowie von Rapsfeldern [NL, A, D:3816,3817,593,3169,1806,1222,2176,548,2896, 3096;3638,965,1369,1722,196,310,3667].

Siedlungsdichte. Reviergrößen in D Ø 0.38 ha [Aktionsräume vgl. 3373] bzw. 0.24–0.35 ha, in A 0.24–0.96 ha; Höchstdichten ME auf Flächen von 50–99 ha 6.3 und 5.6 Rev./10 ha, von > 100 ha 9.0 Rev./10 ha [337,1], sonst in Flussauen W-ME Ø 1-2.5, in PL 3.8-6.2, in Niederungen NL 3-4 und im Uferbereich pannonischer Seen 4-5 Rev./10 ha [1507,3871].

Gefährdungsursachen [1369,196,205,1719,2623, 1225,3650,1219,2393,3404,3816,3817,856, 3169]. Zerstörung oder Beeinträchtigung geeigneter Lebensräume durch Zuschütten von Altarmen, Flussausbau, Deicherhöhung, Entwässerung, Beseitigung von Schilfflächen und Grabenreinigung, Melioration und Aufforstung von Hoch- und Niedermooren sowie von Feuchtgebieten, Ausbau von Kleingewässern zu intensiv genutzten Fischteichen, Überbauung und schließlich »Rekultivierung« oder Bebauung von Schottergruben und anderen Abbaugebieten. Große Bedeutung haben inzwischen sukzessionsbedingte Lebensraumverluste.

Biozideinsatz; besonders an Brutplätzen, die in schmalen Streifen zwischen landwirtschaftlichen Nutzflächen liegen.

Störungen in Brutgebieten durch Übererschließung und künstliche Veränderungen des Wasserpegels.
Verluste auf dem Zug/im Winterquartier (einschl. Verfolgung - Fang für Vogelhaltung, Handel, Präparate) zwar diskutiert, aber wohl kaum bedeutend.
Klimatische Veränderungen; viele Brutausfälle sowohl in sehr trockenen als auch in bes. nassen J. (mit Überschwemmungen in den Flussauen).

SPEC	VSchRL	Bern.Konv.	Bonn.Konv.
--	Anh. I	Anh. II	Anh. II
Europ. RL	RL in ME		
--	L: **'RE'**, A, CZ: 'EN', SK, H: 'VU', B: 'R', PL: 'NT'		

Schutzmaßnahmen. Von besonderer Bedeutung die Unterschutzstellung wichtiger Brutvorkommen in Feuchtgebieten sowie Pflegemaßnahmen hinsichtlich der Erhaltung früher Sukzessionsstadien (in Grabensystemen, Schlämmteichen, ausgekiesten Flächen etc.). Habitatschutz und -management auch auf sehr kleinen Flächen oft erfolgreich.
Artgerechte Pflege der Be- und Entwässerungsgräben in Acker- und Grünlandgebieten.
Auflassen und Pflege von Lehm-, Kies- und Sandgruben sowie anderer Abbaugebiete und Schlämmteiche als Ersatzlebensräume.
Verringerung menschlicher Störungen und Verfolgung.
Erweiterung schutzbezogener Grundlagenforschung.

Biotop. Hauptsächlich Br. nasser Standorte mit Deckung (z.B. verfilzte Altschilfreste, Hochstaudenfluren, dichtes Gebüsch, jedoch letzteres nicht unbedingt erforderlich), aber auch mit schütter bewachsenen oder freien Bodenflächen zur Nahrungssuche, insgesamt frühe Sukzessionsstadien dynamischer Verlandungsbereiche. Da die Bildung vegetationsfreier Flächen durch Wasserstandsschwankungen in der heutigen Kulturlandschaft kaum noch anzutreffen ist, werden ersatzweise Standorte mit anthropogenen Eingriffen bezogen. Daher Besiedlung von Nassbrachen, Materialentnahmestellen, Dammschüttungen, Schlamm- und Klärteichen, Salinen, Röhrichtbeständen, Schilfgräben in der Agrarlandschaft und zunehmend auch Agrarflächen (z.B. Raps- und Getreidefelder). Auf dem Dz. in Büschen, an Kies- und Schlammufern, auf Ödländern und anderen kurzrasigen oder schütter bewachsenen Flächen, sogar in Gärten.

Stimme. Bei Erregung härter und schnalzender als Nachtigall »klack« und anhaltend gereiht »djüp djüp..« (ähnlich Gesangseinleitung); Kontaktrufe sanft »huid«. Gesang wird meist zögernd, dann beschleunigt mit »dip dip dip-dip..« eingeleitet, dann Vielzahl von trillernden, schnurrenden, zischenden oder anderen geräuschhaften, aber auch rein klingenden, flötenden Lauten. Spottet häufig und sehr gut, imitiert sowohl Vogelstimmen als auch Geräusche. Singt untertags und vor allem nachts auf Singwarten, tagsüber oft Singflüge. Auch ♀ kann im Winterquartier und auf Heimzug singen (meist kürzere Strophen als ♂). Gesangsperiode im Brutgebiet Ende März bis Anfang Juli, verpaarte ♂ hören bald auf; verstärkter Gesang erneut nach der Erstbrut.

Verhalten. Tag- und dämmerungsaktiv, auch Gesang nach Einbruch der Dunkelheit und am frühen Morgen. Bewegung ähnlich Rotkehlchen und Nachtigall, steht mit etwas hängenden Flügeln und ± angehobenem Schwanz. Hüpft in schnellen Sprüngen, oft von kurzen Pausen unterbrochen. Bei Erregung Schwanzzucken. Nahrungssuche vor allem auf dem Boden und in Krautschicht. Zur Brutzeit territorial. ♂ versucht mehrere ♀ anzulocken. Gesang dient Reviermarkierung und Werbung. Blaue Brust der ♂ dürfte bei Partnerwahl eine Rolle spielen [1895]. Neben Singflug auch Imponierflug des ♂ im Zusammenhang mit der Balz mit gefächertem Schwanz und schwirrendem Flügelschlag langsam, oft knapp über dem sitzenden ♀. ♂ folgen dem ♀ intensiv während und kurz vor der Eiablage. Häufig fremde Junge im Nest (nicht vom Paar-♂). Nicht scheu, nützt aber Deckung gut aus. Auf dem Zug und im Winterquartier ungesellig. Nahrungsterritorien werden auch auf dem Zug und im Winterquartier verteidigt.

Fortpflanzung, Brutbiologie [337, 1369, 767, 1, 1722]. Geschlechtsreife im 1. Lebensjahr; doch viele Einjähr. brüten nicht und beziehen auch kein Revier; monogame Saisonehe. Gelegentlich Helfer-♂. **Ankunft am Brutplatz.** Oft schon ab (Anf.) Mitte März; ♂ eher am Brutplatz (13-18 d); Reviertreue belegt. **Nest.** Meist gut verborgen auf oder unmittelbar über dem Boden (mitunter auch höher) in krautiger Vegetation oder in Altschilfhaufen, aus dürrem Pflanzenmaterial mit tiefer Mulde. ♀ ca. 3-4 d. **Legebeginn.** In H ab Anf., in D ab Mitte/Ende Apr.; Zweitbruten in D-BW ab Juni. **Gelegegröße.** 5-6 (4-8); Ø D-BW 5.2 bzw. -BB_{38} 4.8. Legeintervall 1 d. **Eier.** Elliptisch, leicht glänzend, ziemlich dunkel, fast einfarbig oliv- oder bräunlichgrün, mitunter mit ± auffälligen kleinen Flecken. **Brutdauer.** 12-14 d; ♀ brütet (♂ hilft gelegentlich). Bebrütung ab letztem Ei. **Nestlings-/Führungszeit.** Beide füttern zu gleichen Teilen. Nestlingsdauer 13-14 d, Juv. verlassen Nest noch nicht voll flugfähig; Ad. füttern nach Ausfliegen auch kleine Juv. fremder Bruten. **Jahresbruten.** 1-2; Ersatzgelege. **Ende der Brutperiode.** Spätestens im Aug. mit dem Selbständigwerden der Zweitbruten oder Nachgelege. **Bruterfolg.** Bei 15 Vollgelegen mit 78 Eiern in D-BW 65.4% geschlüpft und davon 51.3% ausgeflogen. Hauptverluste durch Überschwemmung, Prädation und Aufgabe.

Eimaße und -gewichte [1369]: L. 16.7-21.0 mm, B. 13.1-15.1 mm, Ø 18.9 x 14.0 mm (n=62, B), Ø 18.8 x 14.1 mm (n=50, NL), Ø 19.0 x 14.3 mm (n=92, E-ME); Frischvollgew. 1.72-2.62 g, Ø$_{6}$ 2.38 g; Schalengew. 0.09-0.25 g, Ø$_{92}$ 0.115 g.

Sterblichkeit, Alter. Älteste Ringvögel (E.) 11 J. 5 Monate [3654].

Mauser. **Postjuvenile Mauser** (Teilmauser) beginnt ab 6–8 Wochen [767], Ende Juni/Juli (Aug.)–Ende Sept.; Kleingefieder ohne einzelne Große Arm- und Handdecken, selten Schirm- und Steuerfedern [1866,3882], ausnahmsweise partielle Großgefiedermauser [2577]. • **Postnuptialmauser** (Vollmauser) meist ab Mitte Juli im Brutgebiet, einige aber erst im Winterquartier; Abschluss bis Mitte Aug./Okt. [767,3771,3882,2341]; durch synchrone Schwungfedermauser kurzfristig nahezu flugunfähig; Dauer FIN 42–45 d. • **Pränuptialmauser** (Teilmauser) Ende Feb.–Ende März (April) [1369]; auf Kinn-, Kehlgefieder und Kopfseiten beschränkt, Umfang bei ♀ und Einj. geringer als bei ♂ und Ad. [767,3771,3882].

Luscinia svecica svecica – *Rotsterniges Blaukehlchen*

Kennzeichen. [1369,3615,767,221,3772; weitere **Fotos** in Bird. W. **15**, 163-69, Vår Fåg. 2000/**3**, 21, Dutch B. **19**, 313, **22**, 261, **26**, 278].

Maße. Gr.: 14 cm. Gew.: (Frühjahrs-Dz., S.) ♂ 15.8-18.5 g, Ø$_{20}$ 17.2 g; ♀ 13.5-19.5 g, Ø$_{38}$ 16.5 g, (Brutvögel, Skandin.) ♂ 15.7-19.9 g, Ø$_{78}$ 17.7 g; ♀ 14.6-20.7 g, Ø$_{31}$ 17.6 g. Fl.spw.: 20-22.5 cm. Fl.l.: (Skandin., Frühj.) ♂ 74-81 mm, Ø$_{81}$ 77.4 mm; ♀ 71.5-77 mm, Ø$_{36}$ 74.0 mm; (Herbst) ad. ♂ 73-82 mm, Ø 78.0 mm, diesj. ♂ 73-81 mm, Ø 77.4 mm; ad. ♀ 72-78 mm, Ø$_{86}$ 74.5 mm, diesj. ♀ 70-78 mm, Ø 74.4 mm [1369,767].

Status. Sehr lokaler, wenig häufiger Brut- und Sommervogel in einigen (sub-)alpinen Regionen; sonst in ME gebietsweise regelm., aber meist sehr seltener Durchzügler und Rastvogel. Gelegentliche Übersommerungen im Tiefland.
D: z.B. -SH fütterndes ♂ 2003 [3759]; -SL 2 Meldungen 20. Jh. (bis 1986); -BY nur 4 Nachweise 1929-85; -TH 8 Nachw. 1881-1979; -BB 8 Ind. (1950-88), im Juni 1966 fütterndes ♂; -MV 16 Nachw. (1950-85), -SN, -ST einzelne; -BW 24 Nachw. bis 1993 [1722,337,3667,1,927]. • **NL:** Fast allj. Durchzügler, vor allem im Frühj., früher vermehrt im Herbst [277,q16]; 1999 ein Revier-♂ [q4]. • **B:** Wohl allj. Durchzügler zu beiden Zugzeiten mit 54 Nachw. bis 1997 [1677,q15]. • **CH:** Etwa 14% der 552 gemeldeten Durchzügler von 1984-96 gehörten der Nominatform an [4152]. • **H:** Bisher nur 1 Nachw. Mai 1992 [2438]. • **CZ, A, SK., PL:** Abseits der Brutvorkommen (wohl) nur selten und unregelm. als Durchzügler festgestellt [z.B. 2159].
Ferner UA. 1986 erstmals Brutvogel in Karpaten; GB 1985 erfolgreiche Brut, mehrfach einzelne Übersommerer.

Verbreitung und Bestand. Über N-Fennoskandien und N-RUS bis an W-Küste Alaskas; N.-Grenze etwa am N-Rand der Strauchtundra, im S bis an Rand der Steppenzone (z.B. AR, Pamir, Tien Schan, Altai, W-Himalaya). Europa: in FIN nach S nur bis ca. 66° N (einzelne BP unregelm. weiter S), in S. bis Dalarna (ausnahmsweise weiter S), in N. vom Nordkap bis ca. 59° N; neuerdings mehrere Ansiedlungen 1000–1500 km S des Arealrandes der nordischen Population im N Karpatenbogen und in Alpen. Höhenverbreitung in ME: CH 1500–2100 m, CS 1020–1460 m, PL 1680–1800 m, A 1650–2200 m ü.M. Europäischer Bestand dieser Form mind. 4 - 6 Mio. BP [383]. In ME erst in 1970er J. (wieder-)entdeckt, Brutbestand derzeit etwa 65-100 BP, aber vielleicht unterschätzt [965,q1,q3].

Wanderungen. Langstreckenzieher mit Wintergebiet in Indien, SE-China, im W SYR, IL, Arabische Halbinsel, Afrika S Sahara von Äthiopien und Sudan nach W bis Senegambien. Br. Fennoskandiens ziehen zum größten Teil nach SE mit Anfangsrichtung ESE, auch Orientierungsversuche weisen nach ESE [1019,1020]; für Abzugsrichtung S oder SSW gibt es zwar keine Ringfunde, dennoch Argumente für kleine SW-Zieherfraktion [s. 60; Dz. auf Helgoland und in GB]. Mauser größtenteils im Brutgebiet, doch auch »Mauserzug« zu ersten Rastplätzen auf dem Wegzug [1018]. Mittlere Zuggeschwindigkeit Juv. in S. 30-40 km/d, in FIN 40-65 km/d, zu späterem Zeitpunkt in SW-Asien um 100 km/d, bei Ad. auch in frühen Zugphasen 100–110 km/d [1015]. Abwanderung von Brutplätzen und Mediane des Dz. in S-Skandinavien abhängig vom jeweiligen Brutbeginn des J. [1016]; Zugstrategien nach Alter und Geschlecht [1017], Dz. im Ostseebereich etwa Mitte Aug.–Anf. Okt., in ME wohl erst ab Ende Aug.–Anf. Sept. Heimzug ab Mitte März bis Mitte (Ende) Mai, Zuggipfel in ME 3–4 Wochen später als *cyanecula* in 1.–2. Maidekade, Nachzügler bis Juni.

	Best.	Areal	Brutbestand	Jahr	Quelle
A	N	N	30–35	1998–2000	[1155]
CH	+/-	=	1–3	1998–2000	[383]
CZ	⇩	-1	15–30	2000–2002	[383]
PL	N	N	20–25	~ 1999	[383]
SK	N	N	0–1	~ 1999	[383]

Bestandsentwicklung. Ab Mitte 1970er J. in mehreren Hochlagen ME Brutvorkommen dieser Form entdeckt [1369]. Erste Brutzeitbeob. 1974 in CH-GR; Brutnachw. 1976 im Hundsfeldmoor A-S, wo inzwischen regelm. 10-16 (max. 21) BP brüten [965]; 1978 gelang erster Nachw. im Riesengebirge CZ [3663]. Anf. 1980er J. »neue« Brutvorkommen u.a. in der Hohen Tatra mit 5-7 BP (inzw. dort 11-16 BP) [3867] sowie in A-V und -St [337,965,1997,3871]; Mitte 1980er J. zudem Bruten in N-I, Savoien F, GB, Karpaten UA. [1369,337] und schließlich im Riesengebirge PL (ab 1985) [973,3871] sowie an mehreren Standorten in CH (längerfristig vor allem im N von -TI) [1369,3393,3392,646]. Bei den vielen gleichzeitig neu entdeckten Brutfeststellungen handelt es sich wohl nicht um Reliktvorkommen, sondern um rezente Neuansiedlung [965,1369] (oder Wiederbesiedlung?), ähnlich den Kolonisationsversuchen von Rotdrossel und Bruchwasserläufer [1369]. Neuerdings regional erneut Stagnation oder Erlöschen der kleinen Bestände festzustellen, z.B. A-V, -T [2238,1998, auch CH:3392,3393], aber auch Neuansiedlungen, z.B. in A-K [1155,3137].

Siedlungsdichte. Reviergrößen in FIN 1.0–1.5 ha [337].

Gefährdungsursachen [196,3650,1425,2238,1998]. Zerstörung oder Beeinträchtigung der Lebensräume durch touristische Erschließung, Verbauung, starke Beweidung und Störungen an den Brutplätzen.

SPEC	VSchRL	Bern.Konv.	Bonn.Konv.
--	Anh. I	Anh. II	Anh. II
Europ. RL	RL in ME		
--	A, CZ:'CR', CH:'VU'		

Schutzmaßnahmen. Unterschutzstellung aller Brutgebiete sowie Verringerung der Einflüsse von Störungen durch Erholungssuchende durch Besucherlenkung.
Verhinderung der Umwandlung alpiner Hoch- und Quellmoorflächen in Weiden oder Bauland oder weiterer touristischer Erschließungen.
Erhaltung von Grünerlen- und Latschenbeständen in den Brutarealen.

Biotop. Br. Fennoskandiens in dichtem, ± sumpfigem, buschreichem Wald oder in sumpfigen Fjell- und Tundrengebieten mit dichtem Gestrüpp, über der Baumgrenze auch in Zwergstrauchheiden, in Nadelwäldern bevorzugt Moorränder; im Riesengebirge subalpine *Sphagnum*-Moore, in den Alpen nasse Latschenbestände oder nasse, meist nordexponierte Blockhänge; ohne Kontakt zu den Brutplätzen des Weißsternigen Blaukehlchens.

Fortpflanzung, Brutbiologie [1369,767]. Weitgehend wie *cyanecula*; aber:
Auch Bigynie bekannt. Deutlich späterer Bezug des Brutplatzes und Legebeginn, in N./FIN ab Ende Mai/Anf. Juni. **Neststandort.** Auch auf Bülten in moorigen Gebieten oder unterhalb von Zwergsträuchern in Nähe seichter Bäche. **Gelegegröße.** 5-7 (4-8); FIN Ø 5.9 – 6.2, N.$_{75}$ 6.3. **Brutdauer.** 13-14 d. ♀ brütet; Juv. schlüpfen innerhalb 1-3 d. **Jahresbruten.** Nur 1. **Bruterfolg.** In FIN Juv. aus > 70% der abgelegten Eier bzw. bei 120 Eiern Gesamterfolg 57.5%, mit 4.45 flügge Juv./Nest.

Eimaße und -gewichte [1369]: L. 16.4-20.7 mm, B. 13.0-15.0 mm, Ø 18.6 x 14.1 mm (n=133, S.), Ø 19.1 x 14.0 mm (n=71, N.); Frischvollgew. Ø 1.93 g; Schalengew. 0.08-0.12 g, Ø 0.112 g.

Sterblichkeit, Alter. Älteste Ringvögel (S.) 8 J. 10 Monate [3654].

Mauser. Postjuvenile Mauser (Teilmauser) beginnt ab 6–8 Wochen [767] Mitte Juli–Sept.; sonst wie *cyanecula* [767,3771,3882].

Phoenicurus ochruros – Hausrotschwanz 11210

Phoenicurus ochruros (S.G. Gmelin 1774) syn. (CH): Hausrötel

(GB) **Black Redstart** (F) **Rougequeue noir** (E) **Colirrojo Tizón**

Taxonomie. Fünf UA, die in 2 farblich deutlich differenzierte Gruppen fallen:
I. ***gibraltariensis*-Gruppe** mit grauem Bauch: *gibraltariensis* (J.F. Gmelin 1789) (NW-Afrika Europa bis W-TR), *aterrimus* von Jordans 1923 (S- und Zentral-Iberien)
II. ***phoenicuroides*-Gruppe** mit ausgedehnt orangerotem Bauch: *semirufus* (Hemprich & Ehrenberg 1833) (Levante), *phoenicuroides* (Horsfield & Moore 1854) (KZ bis Mongolei), *rufiventris* (Vieillot 1818) (inkl. »*xerophilus*«; Turkmenistan, Himalaja bis Zentral-China).
Nominatform *ochruros* (S.G. Gmelin 1774) (E-TR, Kaukasus, N-Iran) erscheint intermediär, vielleicht aufgrund sekundärer Intergradation der beiden vormals getrennten Gruppen [767].
Hybridisierung innerhalb der Gattung *Phoenicurus* nicht selten und z.T. auch von populationsgenetischer Relevanz [1059].

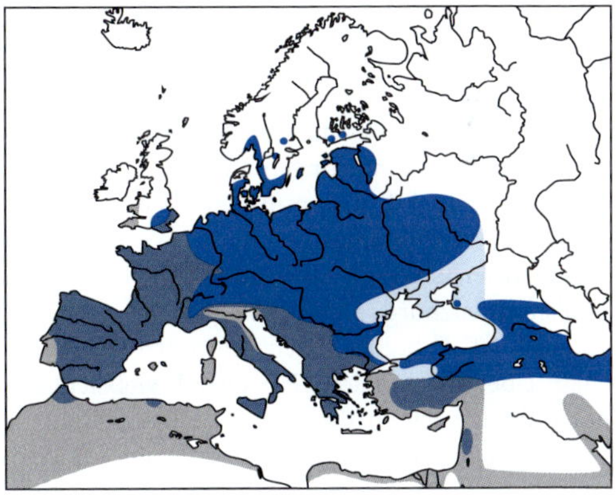

Phoenicurus ochruros – **Hausrotschwanz**

Kennzeichen. [1369,3615,767,221,3772, zur altersabhängigen und geographischen Variation: 2783; weitere **Fotos** in Limic. **16**, 213, (*phoenicuroides*) Bird. W. **16**, 418, 448, **17**, 35, Dutch B. **25**, 419, 433, 442; (Hybride mit Gartenrotschwanz) Brit. B. **94**, 542, Dutch B. **22**, 278, Limic. **17**, 162].

Maße. Gr.: 14-15 cm. Gew.: (Herbst) 12.9 - 22.0 g, $Ø_{255}$ 16.0 g; (Winter, F) 15.5-19.0 g, $Ø_{10}$ 17.3 g; (Frühjahrszug, Gibraltar) $Ø_{16}$ 17.0 g. Fl.spw.: 23-27 cm. Fl.l.: Ad. ♂ 85-91 mm, $Ø_{40}$ 87.7 mm, diesj. ♂ 79-89 mm, $Ø_{124}$ 84.6 mm; ♀ 79-86 mm, Ø 82.2 mm [1369,767,2783].

Status. Verbreiteter, stellenweise häufiger Brut- und Sommervogel, nur in sehr wintermilden Gebieten auch Jahresvogel, sonst Winterbeob. seltener; allgemein häufiger Durchzügler und Gastvogel im gesamten Gebiet. UA *phoenicuroides* für ME noch nicht sicher belegt [NL 2003 anhängig: q16]

Verbreitung und Bestand. Von NW-Afrika und W-Europa bis Schwarzmeerküste und W-RUS nach E über Gebirge und Vorländer in Vorder-, Mittel- und Zentralasien bis W-China. Europa (im Wesentlichen *gibraltariensis*): SE-GB, NW- und W-F, N-und E-E. (in P, Zentral- und S-E. *aterrimus*) nach E bis LT/EST und neuerdings bis Umgebung von Moskau, ferner NE-UA., Krim und W-Anatolien; nach N bis S-S., (S-N.) und S-FIN; nach S bis einschließlich N-Mittelmeerraum, hier allerdings meist Bergvogel, fehlt auf meisten großen Mittelmeerinseln (Mallorca zumindest neuerdings Brutvogel, Korsika 1. Brutnachw. 1986). Gesamtbestand in Europa zw. 4.0 - 8.8 Mio. BP (leichte Zunahme) [383], mit Beständen > 500 T. BP in F (0.4-1.6 Mio.), D (0.6-1) sowie E. und TR (jew. 0.4-0.9 Mio. BP) [383]. In ME verbreiteter Brutvogel vom Tiefland (lückig) bis in alpine (verbreitet) und subnivale Stufe, im N und NW insgesamt Dichte geringer und z.T. erst neu eingewandert; höchsten Brutplätze in Alpen CH 2800–3200 m ü.M., in A 2600–2700 m ü.M.; Gesamtbestand in ME zw. 1.7 - 3.1 Mio. BP, mit Schwerpunkt im E [383].

Wanderungen. Br. ME sowie N- und E-Europas i.d.R. Kurz- und Mittelstreckenzieher mit spätem Wegzug. Hauptwintergebiete im Bereich 7.5°-10°-Jan.-Isotherme, z.B. Mittelmeerküste E. und Tieflagen Mittelmeerinseln, I, GR, SW- und S-Anatolien und vor allem Maghreb sowie weiter E in N-Afrika bis an N-Rand Sahara (einzeln auch in Oasen), auch regelm. in S/SW-F, W-F (F insgesamt Rasterfrequenz Dez.-Jan. 14–20 % gegenüber 86 % zur Brutzeit), S/SW-GB und IRL. Dez.- und Jan.-Daten bis zur 0°–Jan.-Isotherme nicht selten. Auch in ME inzwischen regelm. Winternachw., z.B. Gitterfeldfrequenzen NL 1978-83 Jan. 1%; D-RP 1983-86 Dez.-Jan. 10.2%; D-BW 1987-91 Winter 2%, oft jedoch nur Überwinterungsversuche [203]; Nachw. geglückter Überwinterungen aus CH, D-BW, -BY, -NI, -TH, -ST, -HB u.a., mitunter auch in S-Skandinavien. Wegzugrichtung von WNW über S bis ESE, Schwerpunkt SE–SSW und SSE–SE; W Linie Stralsund-Salzburg (13° E) Abzug SW–S, zwischen 13° und 18° E breite Mischzone mit offensichtlichem Überwiegen nach SE, weiter E vielleicht nur noch Abzug nach SE, doch wohl auch noch in E-PL Wegzügler mit W-Komponente. Sowohl auf Wegzug als häufiger auf Heimzug (Zugprolongation) erscheinen Ind. auch N des Brutareals z.B. in GB und Fennoskandien. Dismigrationen der Jungvögel schon ab Mitte Juni in bereits größere Entfernungen, sodass im Juli–Anf. Aug. erste Dz.-Welle meist aus Diesj. registriert werden kann (Durchzugsmaxima Col de Bretolet CH Ende Juli + Mitte Okt.) [1861]. Eigentlicher Wegzug Ende Sept.–Mitte Okt. mit Nachzügler-Anteil bis weit in Nov. hinein. Unter den Frühwegzüglern können aber auch Ad. (Brutverlust?) sein (Sept.-Ringfunde bis MA und DZ). Heimzug beginnt im Mittelmeerraum schon im Jan.; Erstbeob. CH ausnahmsweise ab Mitte Feb., meist Anf. März (in der Montanstufe später), D ausnahmsweise ab Ende Feb., Ø Erstankunft von Mitte März bis Anf. April; späteste Ind. kommen Ende April–Anf. Mai am Brutplatz an. Nach Analyse der Winterfunde beringter Br. aus D ab 1960 Tendenz zu kürzeren Zugwegen und zur Überwinterung in höheren Breitengraden. Winterfunde im Umkreis von 100 km um Brutplatz SW einer Linie Ostfriesland–Dresden [1117]. Im Herbst sind Tageszugleistungen von 78–105 km nachgewiesen; mittlere Zugleistung wohl ca. 40 km/d. Brutortstreue vielfach nachgewiesen; Geburtsortstreue weniger stark, Umsiedlungen auch über größere Entfernungen bekannt. Nacht- und zumindest teilweise Tagzieher [1234, s. auch Diskussion bei 2237].

Bestandsentwicklung. Ausbreitung des Hausrotschwanzes außerhalb größerer Städte in N-D und weiten Teilen PL setzte erst nach 1820 ein, Besiedlung NL noch später. Viele Offenlandgebiete N-ME schließlich erst nach II. Weltkrieg flächendeckend besiedelt [1369]. Andere Regionen Europas ebenfalls im 19. oder 20. Jh., z.B. Teile D-SH nach 1850, Inseln DK 1890, S. 1910, N. 1944 [1507,310].

	Best.	Areal	Brutbestand	Jahr	Quelle
A	+/-	=	100.000–200.000	1998–2002	[383]
B	+/-	=	18.000–35.000	2001–2002	[383]
CH	+/-	=	250.000–500.000	1993–1996	[383]
CZ	↑	=	200.000–400.000	2000–2002	[383]
D	+/-	=	600.000–1.000.000	1995–1999	[383]
FL	+/-	=	300–500	1998–2000	[383]
H	↑	=	170.000–270.000	1999–2002	[383]
L	+/-	=	8.000–10.000	2001	[383]
NL	↑	=	27.000–37.000	1998–2000	[383]
PL	+/-	=	250.000–400.000	2000–2002	[383]
SK	+/-	=	100.000–200.000	1990–1999	[383]

Nach vorübergehenden Rückgängen in Aufbaujahren nach II. Weltkrieg durch Beseitigung der »Trümmerlandschaft« [1369,2031] seither wieder Ausbreitung und Bestandszunahme bis in jüngste Zeit, am stärksten in NL [3636,3638,2889], aber auffallend auch in anderen Regionen ME [A, H, CZ: 1585; N-D: 1141, Rhl.: 1467, Bod.: 1617,3489; CH: 4045] – gefördert vor allem durch anhaltende Ausdehnung der Siedlungsbereiche [4043,310]; nach Beendigung der Bautätigkeit oder Modernisierungen teilweise wieder Rückgang zu beob. [2031,310,3595].
Lokal und regional aber auch rückläufige Bestände [SE-NL: 252, SE-B: 2560, Rhl.: 2571,2623], doch großräumig die meisten Populationen ME überwiegend unverändert und Arealausweitung abgeschlossen [CH: 3392,3393, A: 827, D: 204,1680,1722,1].
In Skandinavien, RUS, NW- und S-F sowie GB anhaltende Arealausdehnung [1369], allerdings gebietsweise Bruterfolg nicht ausreichend für Bestandserhalt (GB, S.) [1507].

Siedlungsdichte. Reviergrößen z.B. D 1.0–7.4 ha, Ø D z.B. 0.8 ha, ♂ besuchen aber Flächen bis 4.5 ha [2779], in Prag Ø ad. ♂ 1.21 ha, subad. ♂ 1.08 ha, in Gartenstadt 1.98, in alten Wohnblockgebieten 1.48 und in Neubauvierteln 0.85 ha [3497]. In A bei hoher Dichte Untergrenze wohl < 0.5 ha, in Gebirgen kann Nestlingsfutter bis über 300 m herangeschafft werden. In Alpinstufe und auf Flächen ohne menschliche Siedlungen Dichte gering (in PL max. 1.8 BP/10 ha), auch in gartenreichen Villenvierteln. Höchstdichten ME auf Flächen von 20–49 ha 11.7–6.0–3.6 (Ø 5.6), von 50–99 ha 6.0–1.8–1.0 (Ø 2.4), von > 100 ha 4.5–2.4–0.7 (Ø 2.4) Rev./10 ha. Großflächendichte variiert mit unterschiedlicher Bebauung und Einwohnerdichte und nimmt im Allg. nach N bzw. NW ab; in S-ME zw. 0.8-6.7 BP/km^2 [vgl. Tab. 18 in 337].

Gefährdungsursachen [196,1680]. Verringerte Brutmöglichkeiten an Neubauten durch geschlossenere Bauweise, auch aufgrund von Sanierungsmaßnahmen.
Direkte Verfolgung in S-Europa.
Natürliche Ursachen (Winterwitterung, Kälteeinbrüche im Gebirge, Prädatoren, Nistplatzkonkurrenz u.a. mit Haussperling).

SPEC	VSchRL	Bern.Konv.	Bonn.Konv.
--	--	Anh. II	Anh. II
Europ. RL	RL in ME		
--	--		

Schutzmaßnahmen. In Anbetracht überwiegend positiver Bestandsentwicklung und des Fehlens wesentlicher Gefährdungsfaktoren keine besonderen Maßnahmen erforderlich. Gegebenenfalls Hilfe durch Anbringung von Halbhöhlennistkästen oder speziellen Niststeinen an Gebäuden bei unzureichendem Nistplatzangebot.

Biotop. Ursprünglich Felsbewohner, heute im Tiefland Brutplätze hauptsächlich in Stein-, Holz- und Stahlbauten; Nahrungserwerb auf vegetationsarmen Flächen (z. B. Schotter- und Bauplätze, Industrie- und Verkehrsanlagen) oder in reich strukturierter, kurzrasiger Vegetation. Zur Brutzeit in offenen, baumlosen Felsgebieten, Geröllhalden, Felswänden und Steinbrüchen, Felsküsten, Ruinen, Kiesgruben, Industrie- und Lagergelände aller Art, an einzelnen Gebäuden (z. B. Feldscheunen, Heustadel) auf Wiesen, Weiden oder auch in größeren Waldlichtungen, auf Bergweiden, in der Alpinstufe bis an Schneefelder und vor allem in Dörfern und Städten bis zum vegetationslosen Innenstadtbereich; in geschlossenen menschlichen Siedlungen jedoch Dichte je nach Struktur der Siedlungen sehr unterschiedlich (s.o.). Nach der Brutzeit meist auf kurzrasigen oder vegetationsarmen Flächen, auf dem Dz. auch auf frisch umgebrochenen Äckern, kurzrasigen Weiden, Schotterflächen an und in Gewässern.

Nahrung. Vor allem Spinnentiere und Insekten, besonders Larven, Puppen und Imagines von Käfern, Schmetterlingen, Zweiflüglern, Hautflüglern (bes. Ameisen), Wanzen; daneben auch viele andere Formen in meist geringen Anteilen. Nestlinge bekommen größere und weichere Nahrungstiere. Im Spätsommer und Herbst (aber auch schon während der Aufzuchtszeit) Beeren (bes. Holunder), im Nov./Dez. mehr Käfer, weniger Ameisen und mehr sehr kleine Nahrungstiere [2779].

Stimme. Ruf bei allgemeiner Erregung »ihd«, oft fast tonlos, sehr oft mit nachfolgenden »tk-tk« kombiniert; letztere auch allein in Serie bei starker Erregung. Bei Aggression gepresstes »tschre tschre tschre« o.ä. Reviergesang mit kurzen Strophen, die i.d.R. aus einer gepresst, wie »mühsam« klingenden Einleitung »jirrr-tititi…« bestehen, dann kleine Pause und ein kratzender, geräuschhafter Mittelteil mit angehängtem Schluss»triller« wie »krrzch-titütili« oder »krrch-tütititi«; Strophe wirkt »stotternd«. ♂ verfügen meist über mindestens zwei Strophentypen, dabei individuelle Gesangsvariationen bei ad. und subad. ♂ verschieden, subad. ♂ unterscheiden sich im Gesang von ad. [784]. Gesang wird meist von Antennen, Dächern, Felsvorsprüngen o.ä. vorgetragen. Gesangsperiode von Rückkehr an den Brutplatz mit Unterbrechungen bzw. Phasen geringer Intensität bis Ende Juli; nach Mauser Herbstgesang meist ab Sept. bis in den Frühwinter. Singt kaum im Winterquartier.

Verhalten. Tag-, aber auch nachtaktiv; Gesangsbeginn im Frühjahr und Frühsommer vor dem Hellwerden; Nachtgesang nur in hellen Nächten und bei Kunstlicht bekannt. Im Frühjahr offenbar Nachtzug, im Herbst wohl erst ab (Ende) Sept. Hüpft, sitzt gerne am Boden etwas erhöht; Knicksen und Schwanzzittern (sehr charakteristisch). Nächtigt einzeln an geschützten Stellen. Wartenjäger (Zaunpfosten, Steinbrocken, niedrige Mauern, auch auf Dachfirst oder -rinne); Nahrung wird meist auf dem Boden aufgepickt oder aus der Luft gefangen, auch kurze Zickzack-Flüge in Bodennähe. Zur Brutzeit territorial, auch im Herbst bei ♂ Territorialverhalten häufig. Gesang wichtige Rolle bei Reviermarkierung und Paarbildung. Vor Paarbildung oft Verfolgungsjagden. Zieht einzeln, wetterbedingt kurzfristige Ansammlungen.

Fortpflanzung, Brutbiologie [337,1369,767,1722, 1,1499,2237,4044,2773,2774,2776,2779,3497]. Geschlechtsreife im 1. Lebensjahr; dabei zeigen aber bis 90% der ♂ verspätete Gefiederreifung und brüten im ♀-farbenen *cairei*-Schlichtkleid; i.d.R. monogame Saisonehe, Partnertreue durch hohe Revier- und Nistplatztreue (bes. bei erfolgr. Bruten); Bigynie mehrfach belegt. Zuweilen Mischverpaarungen mit Gartenrotschwanz. In Einzelfällen Helfer [2778]. **Ankunft am Brutplatz.** Ab (Feb.) Anf. März, ad. ♂ zuerst; Revierbesetzung erstreckt sich über längeren Zeitraum (meist bis Mitte April, in Hochlagen später). Förderlich für Bruterfolg des Folgejahres ist bei ad. ♂ aber Revierbesetzung und Paarbildung (sowie Partnerbewachung) im Spätsommer. **Nest.** Nest in Nischen, Halbhöhlen oder auf gedeckten Simsen oder Unterlagen, z.B. in Felswänden, Steinbrüchen, Mauern, auch am oder nahe am Boden, unter Dachvorsprüngen auf Balken, Säulen, Pfeilern, Stahlträgern etc., unter schadhaften Ziegeln, unter Brücken und anderen Konstruktionen, in ± geschlossenen Räumen von Schuppen bis zum Kirchenschiff, im Bereich verschiedenster Strukturen an menschlichen Bauwerken, dabei oft erstaunlich unempfindlich gegen Lärm, Geruch oder Bewegung (Menschen oder Geräte) – Nest auch auf Unterlagen, die den Standort wechseln; auch Benutzung von Nestern anderer Vogelarten (bes. Rauchschwalbe). Standorthöhe meist 1 – 4 m (aber auch >20 m, max. 45 m). Oft auch für Erstbrut Übernahme alter Nester, bei Bruterfolg Wiederbenutzung nicht selten. Materialien in naturnahen Lebensräumen vor allem Halme, Moos, Flechten, mit fein ausgepolsterter Mulde, in Siedlungen auch allerlei Abfallmaterialien eingebaut (Holzspäne, Stofffetzen, Isoliermaterial etc.). Muldendurchmesser 52-70 mm, -tiefe 34-55 mm. Nur ♀ baut, 6-8 d, mitunter weniger oder länger. **Legebeginn.** In ME ab (Anf.) Mitte April, Hauptlegezeit für Erstbrut ab Ende April; in Höhenlagen erst ab Mai; letzte erfolgreiche Gelege in 3. Julidekade, spätere wohl meist erfolglos. **Gelegegröße.** 4-6 (2-8), meist 5; geringe geographische Variation; Ø Europa$_{469}$ 4.9; D-ST$_{33}$ 5.0, -BW$_{334}$ 4.7, hier auch Kalendereffekt belegt. Legeintervall 1 d. **Eier.** Elliptisch, glänzend, reinweiß. **Brutdauer.** 12-17 d, Ø CH 13.7 d, D 14.1 d, D-BW$_{40}$ 13.2 d, -ST$_{33}$ 13.7 d; ♀ brütet. Bebrütung ab letztem Ei. **Nestlings-/Führungszeit.** ♀ hudert und übernachtet im Nest bis 7-8 d, ♂ übergibt anfangs Futter an ♀, füttert danach selbst; bigyne ♂ füttern oft an beiden Nestern. Bei Schachtelbruten betreuen ♂ zum Schluss alleine, zuweilen auch ♀ nach Ausfliegen allein fütternd. Nestlingszeit 15-17 (12-19) d; Juv. können Nest bei starker Störung ab 10-13 d verlassen. Ausgeflogene Junge beginnen nach ca. 9 d, selbst Nahrung zu suchen, bis > 10 d werden sie von mind. 1 Ad. betreut. Bei letzter Brut Trennung etwa nach 3-4 Wochen. **Jahresbruten.** In tieferen Lagen i.d.R. 2 (bei > 50%), in Lagen > 800 m Zweitbruten nicht selten, in Hochlagen die Ausnahme; bigyne ♂ können mit beiden ♀ Zweitbruten zeitigen. Drittbruten aus verschiedenen Regionen bekannt, im Flachland bis 10%; Ersatzgelege; einige Nachweise auf Schachtelbruten. **Ende der Brutperiode.** In ME nach späten Bruten meist (Ende Aug.) Sept., selten Okt. **Bruterfolg.** In CS ergaben 74% der Eier Juv., geschätzte Nachwuchsrate 5.5 Juv./Paar und Jahr; in D Juv. aus 70% der Eier, in D-BW 75.3% und Nachwuchsrate von 3.9 flüggen Juv./Paar und J., in -BB$_{25}$ 4.5, in -BE$_{23}$ 3.7. Einj. »*cairei*«-♂ mit geringeren Aussichten auf Revierbesetzung oder erfolgr. Verpaarung; Erfolg von Zweitbruten mitunter höher als von Erstbruten (in D-BW und -ST nach Juni aber absinkend). Ein ♀ legte in D über 5 J. 62 Eier und zog 49-51 Juv. groß (7-14 pro J.). Verluste in Hochlagen vor allem durch anhaltende Schnee- und Kälteeinbrüche; bedeutend ferner Vogelblutfliegen; Prädation dagegen kaum. Ad. ♂ haben höheren Bruterfolg als »*cairei*«-♂, zum einen durch Bi- bzw. Polygynie, zum anderen durch Paarung mit erfolgreicheren ad. ♀.

Eimaße und –gewichte [767]: L. 17.4-22.6 mm, B. 13.0-15.9 mm, Ø 19.9 x 14.6 mm (n=404, CH); Frischvollgew. 1.55-2.74 g, Ø$_{130}$ 2.156 g; Schalengew. 0.08-0.14 g, Ø$_{215}$ 0.111 g.

Sterblichkeit, Alter. Geschätzte Sterblichkeit für beringte Nestlinge 68 %, für Ad. 50-55 %/J. Ältester Ringvogel (NL) 10 J. 1 Monat [3654]. **Generationslänge:** < 3.3 J. [383].

Mauser. **Postjuvenile Mauser** (Teilmauser) Mitte Juli–Ende Okt. [1369], Höhepunkt Aug.–Mitte Sept.; Kleingefieder, 2–6 innere Große Armdecken, selten 1–3 Schirmfedern und 1 ST [1866,2783,3445]; Dauer Ø 74 d [1369]. • **Postnuptialmauser** (Vollmauser) Ende Juli/Mitte Aug.–Sept./Okt. [767],

Höhepunkt Ende Aug.–Anf. Sept., vor Wegzug beendet; Dauer der HS-Mauser GB ca. 50 d [1356].

• **Pränuptialmauser** (Teilmauser oder fehlend) nur bei kleinem Teil im März/April [1866,2783].

Phoenicurus phoenicurus – Gartenrotschwanz 11220

Phoenicurus phoenicurus (Linnaeus 1758) syn. (CH): Gartenrötel

(GB) **Common Redstart** (F) **Rougequeue à front blanc** (E) **Colirrojo Real**

Taxonomie. Zwei disjunkt verbreitete, im Gefieder deutlich differenzierte UA: *phoenicurus* (Linnaeus 1758) (Europa bis Mongolei) und *samamisicus* (Hablizl 1783) (Vorderasien, Kaukasus-Region, Krim bis Iran).

Kennzeichen. [1369,3615,221,767,3772; weitere Fotos in Bird. W. **7**, 207, Limic. **14**, 108, 201, **17**, 282, Dutch B. **22**, 298, (*samamisicus*) Bird. W. **13**, 359; Hybriden Haus- x Gartenrotschwanz sind trotz weiträumig sympatrischen Vorkommens relativ häufig [vgl. 2235,1059]. Hybrid-♂ können östlichem Hausrotschwanz (*phoenicuroides*) äußerst ähnlich sein [vgl. 2783,2336; s. auch Hausrotschwanz].

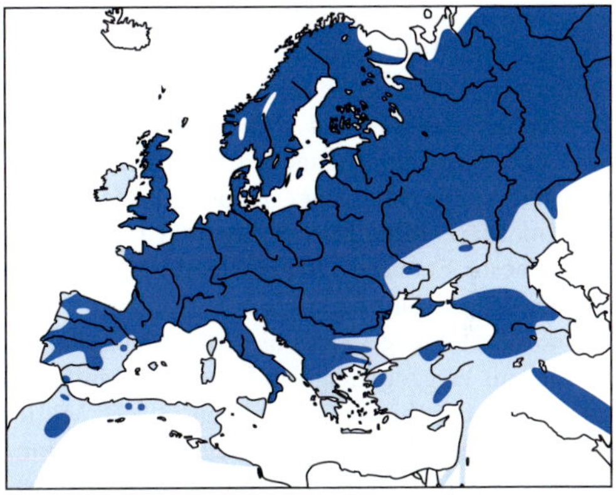

Phoenicurus phoenicurus – **Gartenrotschwanz**

Maße. Gr.: 14 cm. Gew.: (Frühj., FIN) ♂ Ø 14.7 g, ♀ Ø 14.3 g; (Herbst, FIN) Dekaden-Ø ad. ♂ 17.7 - 19.0 g, diesj. ♂ 15.0 – 17.5 g, ad. ♀ 16.4 – 16.9 g, diesj. ♀ 14.0 – 17.7 g. Fl.spw.: 20.5-25 cm. Fl.l.: Ad. ♂ 78-85 mm, Ø$_{60}$ 81.4 mm, diesj. ♂ 76-85.5 mm, Ø$_{263}$ 79.9 mm, ad. ♀ 75-82 mm, Ø$_{29}$ 78.7 mm, diesj. ♀ 74-83 mm, Ø$_{232}$ 78.6 mm [1369,767].

Status. Nominatform verbreiteter, stellenweise häufiger Brut- und Sommervogel; regelm., z.T. häufiger Durchzügler und Gastvogel im gesamten Gebiet. UA *samamisicus* Ausnahmegast in ME, bisher wohl nur belegt von • **D:** Helgol. jew. ♂ erl. Juni 1864 (Beleg nicht mehr vorhanden), Sept. 1993 und ♂ gefang. Mai 2000 [1369,575,870].

Verbreitung und Bestand. Brutvogel von Europa bis Mittelsibirien von der borealen Zone bis in mediterrane und Steppengebiete und in höhere Gebirge im S Vorderasiens. Nominatform von P/E. (im S und W spärlich), F und GB bis Transbaikalien; nördlichste Brutplätze in Skandinavien 71° N, in Sibirien ca. 66° N und dann zum N-Ende des Baikalsees; im S Brutvogel der höheren Gebirge (z.T. selten und/oder lokal) in S-E., I, Sizilien, YU, BG, RO, GR und kleine Verbreitungsinsel MA. In Anatolien Mischpopulationen von Ind. mit und ohne Flügelspiegel. In RUS und UA. S-Grenze N-Küste Schwarzmeer bis ca. 50° N in KZ. In ME von Küste bis fast zur Baumgrenze verbreitet, aber nicht überall vorkommend. Höchste Brutvorkommen CH 2000 m und 2200 m ü.M., A 1800 m ü.M., D 1750–1800 m ü.M., CS 1500 m und PL 1400 m ü.M. Über Hälfte des Brutareals in Europa, Gesamtbestand bei 6.8 - 16 Mio. BP (weitgehend stabil), mit Beständen > 200.000 BP in RUS (5-12 Mio.), FIN (700-900 T.), N. (50-500), F (80-320) und S. (100-300 T. BP); Bestand in ME etwa zw. 270.000-510.000 BP [383].

Wanderungen. Langstreckenzieher, Hauptwintergebiet der Nominatform Trocken- und Feuchtsavanne W- und Zentralafrikas; im W zw. 9–15° N und 2° N (N-Zaire), im E zw. 13° N (Sudan) bis 1° N (Uganda); weiter S spärliche Nachw. (bis Rwanda, N-Tansania); einzelne Wintervorkommen auch weiter N in Oasen der Sahara, am Nil bis Kairo. Auch Wintergebiete der sibirischen Br. liegen W des 50. Längengrades [4219], vermutlich S Arabische Halbinsel und E-Afrika (1 Ringfund Kenia – Irak) [932]; Ausnahmefund Krasnojarsk–Berlin, 4300 km W Sept.–Nov. [1498]. Nachw. N Sahara im Winter selten, z.B. Maghreb, W-Europa bis N-F, SW-England. Ringfundanalyse Iberische Halbinsel 1915-82 zeigt 11 % aller Funde 2. Dekade

Nov.–2. Dekade März, insbes. im SW Ad. klar dominierend [568]. Einzelne Winterbeob. E-D [z.B. 1498]. Hauptwegzugrichtung WSW bis SSW, Br. GB ziehen zunächst S; wenige Funde in SE-Richtung [4064]. Heimzugroute meist weiter E. Bei Br. ME Dismigration der Jungvögel ab Anf. Juli (meist > 3 km, bis 20 km), Wegzug zögernd ab Anf. Aug. (doch schon im Aug. Entfernungen bis ca. 1400 km SW nachgewiesen). In N-ME meist erster Gipfel Anf.–Mitte Aug., im S Hauptgipfel Anf.–Mitte Sept.; Ausklang meist bis Mitte Okt., Nachzügler bis Nov., Durchzugsmedian Col de Bretolet CH 13.9. [1861]. Dz.max. NW-DZ Ende Sept./Anf. Okt. [134], S-Grenze der Sahara wird frühestens gegen Mitte Sept. erreicht, Hauptmenge trifft Mitte–Ende Okt. ein. Heimzug beginnt März–April, im N der Sahara Dz. Anf. März–Mitte Mai, Höhepunkt 1. Aprilhälfte. Früheste Erstbeob. Beneluxländer Ende Feb., CH 15. März; Hauptankunft ME April–Anf. Mai, Dz. nordischer Vögel kann bis Ende Mai anhalten. Dz.median Wegzug Helgoland 1961-93 signifikant um 10.7 d nach hinten verschoben [3987]. Mittlere Zuggeschwindigkeiten auf Wegzug bis 130 km/d, kurzfristig bis 270 und 430 km/d. I.d.R. Brutortstreue und relativ hohe Geburtsortstreue, aber auch Fremdansiedlung > 100 km. Im Gegensatz zum teilweise tags ziehenden Hausrotschwanz reiner Nachtzieher [1234].

Bestandsentwicklung. Ursprünglich in ME wohl vorwiegend Brutvogel lockerer Kiefernwälder [2572], daher in früheren Jahrhunderten von Fragmentierung der Wälder, Überweidung und Entstehung von Parklandschaften sowie Streuobstbeständen profitierend. Daher bis Mitte 20. Jh. überall sehr zahlreich und mit regionalen Bestandszunahmen [1369,3892].

Ab Mitte 1950er J. kontinuierliche Abnahme in ME und DK [1369], schließlich von 1968 auf 1969 dramatisch verstärkt fast im gesamten europäischen Raum [196,827,1369]. In vielen längerfristig untersuchten Brutgebieten ME bis 1970er J. Rückgänge zwischen 50-90% sowie z.T. erhebliche Arealverluste [196,4175,965,2031,2623,4175,1722,3871, 198,54,591]. Ab 1970er J. regional unterschiedliche Trends. Zwar gebietsweise Erholung und Stabilisierung auf niedrigem Niveau [D, A, FL, Teile NL: 4109,2857,884,2259,2518,3595,2772,4175,1]. Doch vor allem in S-ME, insbesondere in Streuobstgebieten und anderen (halb-)offenen Lebensräumen [1680], regional auch in anderen Teilen ME, fortgesetzter starker Rückgang [PL, CH, A, D, Bod.: 973,3519,323,591,1616,1998,3392,4043,3393,q1, 1617,3489,310,3867,3871]. Z.B. in NL trotz regionaler Erholung [etwa ab 1990er J., 375,3638] insgesamt Abnahme von 50-60 T. BP (1973-77) über 35-50 T. (1979-85) auf 23-30 T. BP (1998-00) [3638,2889; ebenfalls Rückgang um > 50% in L: 2407].

Ab Ende 1980er J. in einigen Regionen ME Stabilisierung auf niedrigem Niveau [3393,1507,2238], z.T. aber auch positive Bestandstrends [z.B. PL, N-D: q20,310,3871,2896; als Folge der Waldschädigung durch sauren Regen im Harz: 2857; allerdings nur frühe Stadien günstig, bei stärkerer Zerstörung Abnahmen: 1161; Neubesiedlung der jungen Poldergebiete NL: 3638]. Positive Entwicklung auch in benachbarten Regionen Europas [GB, FIN, HR: 1369,3892,1507,1585,3970], mit bevorzugter Ansiedlung in optimalen Habitaten [2471,2808].

	Best.	Areal	Brutbestand	Jahr	Quelle
A	+/-	=	6.000–12.000	1998–2002	[383]
B	↓	=	3.600–6.300	2001–2002	[383]
CH	⇩	- 1	10.000–15.000	1993–1996	[383]
CZ	↑	+ 1	40.000–80.000	2000–2002	[383]
D	↓	=	94.000–185.000	1995–1999	[383]
FL	↓	- 1	10–20	1998–2000	[383]
H	↓	- 1	6.000–19.000	1999–2002	[383]
L	⇩	- 1	500–500	2001	[383]
NL	⇩	- 1	23.000–30.000	1998–2000	[383]
PL	+/-	=	80.000–150.000	2000–2002	[383]
SK	↓	- 1	10.000–15.000	1990–1999	[383]

Siedlungsdichte. Mittlere Reviergröße ca. 1 ha. Höchstdichten ME auf Flächen von 20–49 ha 9.0–6.3–2.9 (Ø 5.8), von 50–99 ha 6.5–2.0–1.0 (Ø 2.6), von > 100 ha 2.8–1.4–0.5 (Ø 1.4) Rev./10 ha; bei sehr hohen Dichten von bis zu 25 BP/10 ha kann Reviergröße < 0.4 ha sein. Großflächendichte zumindest heute geringer als bei Hausrotschwanz zw. 0.1-3.9 BP/km^2 [vgl. Tab. 19 in 337].

Gefährdungsursachen [965,1369,1719,1680, 196,337,3892,300,535,2471]. Verlust von Altholzbeständen, alten Korbweiden, Streuobst- und Parkbäumen sowie Hecken, ferner Ausräumung, Strukturverarmung und intensivere Nutzung der Kulturlandschaft. Doch auch in Gebieten mit ausreichendem Angebot an Nistplätzen und offensichtlich unverändertem Bruterfolg deutlicher Bestandsrückgang. Insbes. der Einbruch von 1968 auf 1969 eindeutig mit Dürreperiode in Sahelzone

korreliert. Offenbar langfristige Verschlechterung der Überwinterungsbedingungen und möglicherweise der Durchzugsgebiete.
Hohe Kontaminierung mit Insektiziden (Dieldrin) bei toten Gartenrotschwänzen in Nigeria.

SPEC	VSchRL	Bern.Konv.	Bonn.Konv.
2	--	Anh. II	Anh. II
Europ. RL	**RL in ME**		
--	FL: 'EN', A, CH, D:'NT'		

Schutzmaßnahmen. Drastische Reduktion des Biozideinsatzes in den Brut-, Durchzugs- und Überwinterungsgebieten.
Schutz und Erhaltung von Altholzbeständen sowie alter Korbweiden, Hochstammobst- und Parkbäumen etc.; Schutz bestehender Streuobstbestände in Siedlungsbereichen.
Erhöhung des Höhlenangebotes durch Nisthilfen in höhlenarmen Brutgebieten.
Verbesserung des Nahrungsangebotes in (Streu-) Wiesengebieten durch Erhöhung der Grenzlinien zwischen kurzrasigen und ungemähten Grasflächen.
Verhinderung der Überweidung (dadurch verstärkte Desertifikation) in Überwinterungsgebieten Afrikas.

Biotop. Br. lichter oder aufgelockerter Altholzbestände, heute vor allem Streuobstwiesen, Dörfer oder auch Einzelgehöfte mit älteren Obstgärten und extensiv genutztem Grünland, Kleingärten (durch künstliche Nisthöhlen oft hohe Revierdichten), Parks, Friedhöfe, Alleen, Au- und Feldgehölze; ferner an Waldrändern und -lichtungen, in halboffener Heidelandschaft, auf Brand- und Windwurfflächen, in aufgelichteten Bergmischwäldern mit hohem Anteil an abgestorbenen Stämmen, nicht jedoch in geschlossenen Koniferenbeständen (in FIN allerdings in lichten Kiefernwäldern). Dz. ebenfalls in halboffener Landschaft, aber auch auf Feldern, Wiesen und Äckern.

Nahrung. Vor allem Insekten und Spinnentiere des Bodens und der Krautschicht, aber auch in Bäumen und in der Kronenschicht; vielseitig, bes. Käfer, Hautflügler, Zweiflügler, Jungennahrung auch Raupen. Beeren und Früchte nur sporadisch, können aber auch an Junge verfüttert werden.

Stimme. Lockruf fitisähnlich »huid«, wird aber häufig mit dem Warnruf kombiniert zu »füid-tek-tek«. Reviergesang im ersten Teil artspezifisch, meist mit »hüit« eingeleitet, gefolgt von mind. 2 kurzen Silben, die etwas tiefer liegen und fast im Stakkato anklingen, etwa wie »hüid dedede«. Dieser zweite Teil kann bei den Ind. sehr unterschiedlich sein. Ein extrem variabler 3. Teil schließt an, extrem variabel auch intraindividuell und häufig mit sehr vielen Imitationen anderer Vogelarten. Mischgesang mit Elementen, ganzen Strophen oder reinem Gesang des Hausrotschwanzes kommen vor. Gesang des ♂ nur im Territorium im Frühjahr und zur Brutzeit; kaum Herbstgesang.

Verhalten. Tagaktiv, Zug jedoch nachts; Gesang beginnt vor Sonnenaufgang. Wie Hausrotschwanz aufrechte Sitzhaltung, Knicksen und Schwanzzittern. Singwarten meist hoch, wie Baumspitzen, Hausdächer, Leitungsdrähte, mit fortschreitender Brutzeit auch niedriger. Nahrungserwerb ähnlich Hausrotschwanz, aber stärker an Gebüsch gebunden. Vom Boden oder von der Krautschicht meist Nahrungsaufnahme im Flug von niedriger Sitzwarte aus. ♀ scheint öfters mehr am Boden zu jagen als ♂. Zur Brutzeit territorial. Wenn ♀ eintreffen, lassen ♂ statt des Reviergesangs gepresst klingende Strophen hören und zeigen die Nisthöhlen. Dabei auch Verfolgungsflüge, Balzfüttern und Begattungsversuche. Bei Begattungseinleitung imponiert mit hoch gestellten Flügeln und gefächertem Schwanz. Auf dem Zug einzeln.

Fortpflanzung, Brutbiologie [337, 1369, 767, 1722, 1]. Geschlechtsreife zu Ausgang 1. Lebensjahr, aber Erstbruten in NL nur bei 59% im 1. Jahr, z.T. erst nach 3-4 J.; meist monogame Saisonehe, Partnertreue durch hohe Reviertreue (vor allem der ♂); Umpaarung zur Zweitbrut nachgewiesen. Bigynie offenbar häufiger als bei Hausrotschwanz. **Ankunft am Brutplatz.** Balz und Paarbildung am Brutplatz. Ab Ende März/Anf. April, ad. ♂ kommen zuerst an, gründen Revier und inspizieren Nisthöhlen, zeigen ♀ gleich nach deren Ankunft mehrere Höhlen, diese treffen Wahl. **Nest.** Anpassungsfähiger Höhlen-, Nischen und selten auch Freibrüter; bevorzugt Höhlen mit größerem Eingang. In ME sehr viele (im Kulturland die meisten) Bruten in künstlichen Nistgeräten, ferner auf Dachbalken, unter Ziegeln, in natürlichen Baumhöhlen, hinter abstehender Rinde, in Mauerlöchern, Felsspalten, in anderen Hohlräumen und im Kulturland in Vielzahl verschiedener Strukturen an menschlichen Bauwerken, ferner unter Wurzeln nahe oder am Boden, Freinester in Bäumen, Sträuchern, Kletterpflanzen etc.; niedrige Standorte bevorzugt. Nestunterbau aus lose angehäuftem Pflanzenmaterial, je nach Nestumgebung unterschiedlich, Mulde aus besser verbauten, feineren Materialien, häufig mit (z.T. vielen) Federn ausgekleidet; große Vielfalt der Nestmaterialien charakteristisch. ♀ baut (bei Erstbruten 1.5-8 d, bei Zweitbruten 2-4 d), ♂ nur ausnahmsweise beteiligt. **Legebeginn.** In ME ab Mitte April, Hauptlegezeit Ende April bis Ende Mai; spätestens Anf./Mitte Juli (ausnahmsweise später). **Gelegegröße.** 5-7 (3-10); geographische Variation; Erstgelege größer als Zweitgelege, auch Kalendereffekt belegt; Ø D April 6.7, Mai 6.2, Juni 5.1, CH Mai 6.2, Juni 5.3; D-BW_{224} 6.1, CS_{157} 5.7, NL $Einjähr._{23}$ 6.04, $Ältere_{61}$ 6.51. Legeintervall 1 d, Juv. schlüpfen aber nicht immer synchron. **Eier.** Elliptisch, glänzend, einfarbig grünlichblau. **Brutdauer.** 12-14 (10-16) d, im N mehr als in ME; ♀ brütet (in Einzelfällen füttert ♂ das ♀ regelm.). Bebrütung ab letztem Ei. **Nestlings-/Führungszeit.** ♀ hudert und übernachtet im Nest bis 5-7 d, meist füttert ♀ mehr als ♂; Kot wird bis zum Ausfliegen weggetragen (Nest bleibt sauber). Nestlingszeit 13-15 (12-20) d; Juv. können beim Verlassen des Nestes schon gut fliegen, bleiben aber oft mehrere d am Boden. Auflösung der Familie schon nach 7-8 d möglich, doch mitunter Fütterung bis 12-13 d; manchmal Familien bis 31 d zusammen. **Jahresbruten.** I.d.R. 1, Zweitbruten regional regelm. (im N nicht); auch ♀ bigyner ♂ können Zweitbruten zeitigen. Ersatzgelege; Nachweis von Schachtelbrut. **Ende der Brutperiode.** In ME frühestens Anf. Juli, ausnahmsweise bis Ende Aug. **Bruterfolg.** In D ergaben 77%, 72.7% bzw. 71% der Eier Juv., NL 74%, FIN 75%, CS dagegen nur 46%; Nachwuchsraten 3.0 Juv./Paar und J. in CS, 5.5, 5.2 bzw. 5.0 in D, 4.7 in FIN. Zahl der ausgeflogenen Juv. nimmt im Jahresverlauf ab. Wichtige Verlustursachen sind witterungs- oder störungsbedingte Aufgabe, Plünderung durch Spechte, Verdrängung durch Hummeln.

Eimaße und -gewichte [1369]: L. 15.7-21.4 mm, B. 12.7-15.1 mm; Ø 18.7 x 13.9 mm (n=320, CS), 18.5 x 13.9 (n=206, B), 18.5 x 14.0 (n=200, FIN); Frischvollgew. 1.51-2.23 g, $Ø_{99}$ 1.87 g; Schalengew. 0.08-0.13 g, $Ø_{250}$ 0.106 g.

Sterblichkeit, Alter. Sterblichkeit im 1. Lebensjahr auf 79 %, in späteren auf 62 % geschätzt. Ältester Ringvogel (F) 9 J. 5 Monate. **Generationslänge:** < 3.3 J. [383].

Mauser. **Postjuvenile Mauser** (Teilmauser) Ende Juni/Anf. Juli–Ende Aug./Anf. Sept. [1369], Höhepunkt Ende Juli; Kleingefieder ohne äußere Große Armdecken, Schirm- und Steuerfedern, ♂ erneuern mehr Große Armdecken als ♀ [1866]; Dauer Ø 59 d [1369]. • **Postnuptialmauser** (Vollmauser) Mitte Juni/Juli–Aug. (Anf. Sept.) [767], ♂ beginnen nicht selten schon während Fütterungsperiode; Dauer der HS-Mauser GB/FIN 40–50 d [1369,1356].

Oenanthe isabellina – Isabellsteinschmätzer 11440

Oenanthe isabellina (Temminck 1829)

(GB) **Isabelline Wheatear** (F) **Traquet isabelle** (E) **Collalba Isabel**

Taxonomie. Monotypisch. Bildet wahrscheinlich Superspezies mit *O. bottae* und *O. heuglini*. Ob auch der phänotypisch völlig abweichenden *O. pileata* (E- bis S-Afrika) dazu gehört [1511,3900], erscheint fraglich.

Kennzeichen. [1369,3615,221,767,3772,2082; weitere Fotos in Bird. W. **6**, 107, **10**, 29, **13**, 423-24, **14**, 380-81, Dutch B. **18**, 284, **19**, 154-64, 183-84, **20**, 159, **23**, 332-33, **24**, 8, 10, **25**, 187, Limic. **13**, 333, **14**, 81, 83, 202, **17**, 59].

Maße. Gr.: 16-17 cm. Gew.: ♂ 26–34 g, $Ø_{11}$ 29.4 g, ♀ 22-38 g, $Ø_{18}$ 29.3 g. Fl.spw.: 27-31 cm. Fl.l.: ♂ 97-106 mm, $Ø_{30}$ 101.7 mm, ♀ 93-100 mm, $Ø_{24}$ 96.1 mm [1369,767].

SPEC	VSchRL	Bern.Konv.	Bonn.Konv.
--	--	Anh. II	Anh. II
Europ. RL	**RL in ME**		
--	--		

Status. Seltener Gastvogel außerhalb der europäischen Brutgebiete, mit Nachw. in FIN 9 mal seit 1977; S. 4 mal, u.a. 1980, 1999; N. je 1 Ind. 1977, 1987 und 1999; DK Erstnachw. 1989; GB/IRL 1 Ind. bis 1957, 3 Ind. 1958–85, 2 Ind. 1986–90, 11 Ind.

1991-98 [337,377]; F 10 mal ab 1970; E. je 1 Ind. 1972, 1974; I Sizilien seit 1974 jährlich einzelne, meist Frühjahr, im März 1996 dort Einflug mit 83 Ind. [1369,277]; ferner in UA. (5 mal) MA, Madeira und Kanaren [3615,2667].
In ME nur sehr selten nachgewiesen, bisher anerkannt: **PL:** Mai 1986 1 Ad. Halbinsel Hela sowie Aug. 1997 [1369,3871] • **NL:** Okt.-Nov. 1996, Sept. 2000 und dj. Okt. 2000 [277,q16,2667]. • **D:** Helgol. Okt. 1999 [377,575].

Verbreitung und Bestand. Brutvogel in Halbwüsten und Trockensteppen von China bis Schwarzmeer und Ägäis. N-Grenze Baikalsee – Krasnojarsk – Semipalatinsk – N-KZ – Ural – N-Ufer Schwarzmeer und von dort neuerdings bis SE-UA., BG und RO; S-Grenze etwa S-Rand Takla Makan, Pamir und NW-Himalaya, etwa S-Rand der Hochländer Iran, AR, Anatolien; S davon SYR, Libanon bis JOR und N-Negev. Entlang der Ägäis z.T. neuerdings nach W bis NE-GR [1369,337]. Europäischer Gesamtbestand zw. 2.1 - 6.3 Mio. BP (stabil), davon allein 2-6 Mio. in TR, ferner 10-100 T. in AZ und 50-150 T. in RUS, zudem kleine Bestände in BG (1.500-4.000), GR (50-200), UA. (4.000-7.000) und RO (500-700 BP) [383].

Wanderungen. Zugvogel, meiste Populationen Langstreckenzieher mit Winterquartier in Indien, Iran, Arabien (nach N bis fast Mesopotamien und einzeln IL) und vor allem Afrika S und E Sahara (von NE-EGY bis E-Uganda und N-Tansania sowie in schmalem Streifen durch Savanne nach W bis Mauretanien und Senegambien); Einzelne überwintern am N-Rand Sahara. Erste Wintergäste erreichen Sudan im Aug., Kenia Ende Sept., Dz. im Frühjahr auf CY etwa Ende Feb.–Mitte April; Brutgebiete in S-RUS ab Mitte März bezogen.

Bestandsentwicklung. Rezente Arealerweiterungen in RUS Mittelasien sowie im Steppengebiet S-RUS nach N und W; in BG erst seit 1969 Beob., dann rasch Etablierung; seit ca. 1970 Brutvogel in E-UA., seit 1973 auf Krim, dann Einwanderung in Dobrudscha RO. Größte Populationen in Europa seit 1980er J. stabil, dagegen in RUS Abnahmen und in RO, UA. und BG anhaltende Zunahme und Arealausweitung [383].

Biotop. Br. in Halbwüsten und Trockensteppen auf ebenen oder flachgeneigten Flächen mit niedriger und meist schütterer Vegetation, auch mit Hoch-

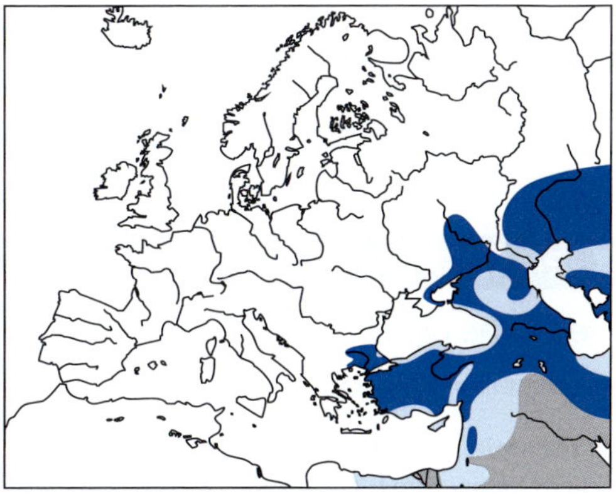

Oenanthe isabellina – **Isabellsteinschmätzer**

stauden oder einzelnen Büschen besetzt. Meidet Felsgebiete und losen Sand (keine Neststandorte), hält sich fast ausschließlich an Kolonien bodengrabender Säuger wie Ziesel, Murmeltiere, Rennmäuse oder Pfeifhasen; kann zusammen mit diesen Säugern bis 2000–2300 m ü.M. in Anatolien und noch höher in Zentralasien steigen. Im Winter ähnliche Flächen mit schütterer Vegetation von der Küste bis ca. 2500 m ü.M.

Nahrung. Vor allem Gliederfüßer.

Stimme. Typische Rufe pfeifend, herabgezogen »trijep« oder ganz auffällig »wiu« (erinnert an Pfeifente); ferner harte »tk« oder geräuschhaft »trrrä« u.ä. Vielfältiger, langer Gesang im Schauflug oder von einer Warte aus vorgetragen, besteht aus Rufen, pfeifenden und kratzenden Motiven sowie vielen Imitationen und reinen Pfeiftönen (meist am Ende). Auch Bodenbalz.

Verhalten. Tagaktiv, zieht nachts. Wippt mit dem Körper und mit geschlossenem oder halbgespreiztem Schwanz. Hält sich im Sitzen und in der Bewegung auffallend aufrecht. Sitzt gern erhöht auf Jagdwarten (z.B. auch Leitungsdrähten). Den größten Teil des Jahres über territorial; Reviermarkierung durch Schauflug des ♂ mit breit gefächertem Schwanz, bei dem der Vogel auch kurze Zeit in der Luft stehen kann und dann zur einer Warte abgleitet. Paarbildung ähnlich wie beim Steinschmätzer. ♂ versuchen häufig mehrere ♀ anzulocken. Dominant über andere Schmätzerarten.

Sterblichkeit, Mauser. Generationslänge: < 3.3 J. [383].

Mauser. **Postjuvenile Mauser** (Teilmauser) Juni/Juli–Aug./Anf. Sept.; Umfang ähnlich **Pränuptialmauser** [767]. • **Postnuptialmauser** (Vollmauser) Juni–Aug. (Okt.). • **Pränuptialmauser** (Teilmauser) (Nov.) Dez.–Feb.; manchmal einzelne Rand- und Mittlere Armdecken, selten 1–2 Schirmfedern sowie oft ST 1 [767].

Oenanthe deserti – Wüstensteinschmätzer 11490

Oenanthe deserti (Temminck 1825)

GB **Desert Wheatear** F **Traquet du désert** E **Collalba Desértica**

Taxonomie. 4 UA: *deserti* (Temminck 1825) (Naher Osten), *homochroa* (Tristram 1859) (N-Afrika), *atrogularis* (Blyth 1847) (Transkaukasus bis Mongolei) und *oreophila* (Oberholser 1900) (Pamir. Tibetanisches Plateau)

Kennzeichen. [1369,767,221,3615,3772; weitere Fotos in Bird. W. **6**, 424, 481, **7**, 391, 424, **9**, 422-23, **10**, 370-71, 412, 418, **11**, 32, **15**, 7, Limic. **11**, 319, **13**, 334, **15**, 53, **17**, 333, **18**, 164, Dutch B. **19**, 314, **20**, 156-57, **21**, 355, **23**, 377, **24**, 339, **26**, 62, 72].

Maße. Gr.: 14-15 cm. Gew.: (Mongolei) ♂ 17–23 g, Ø$_{26}$ 19.5 g, ♀ 18-22 g, Ø$_{10}$ 19.9 g. Fl.spw.: 24.5-29 cm. Fl.l.: (Kaspi) ♂ 87-97 mm, Ø$_{85}$ 92.0 mm, ♀ 84-93 mm, Ø$_{44}$ 88.7 mm; (Zentralasien) ♂ 90-98 mm, Ø$_{73}$ 95.1 mm, ♀ 88-95 mm, Ø$_{18}$ 92.0 mm [1369,767].

Status. In Europa sehr seltener Gastvogel, meist im Spätherbst, 1997/98 größerer Einflug mit ca. 30 Ind. in Europa (nur für ME aufgelistet). Manche frühere Nachw. offenbar Nominatform (bes. in GB), doch auch *homochroa* und (vermehrt) *atrogularis* festgestellt. Meldungen u.a. aus FIN u.a. je 1 Ind. 1950, 1954, 1958, 1981, 1988; S. u.a. 16 Ind, bis 1990; N. erstmals 1984; DK 2 Ind. 1987; GB/IRL 11 Ind. bis 1957, 12 Ind. 1958–85, 13 Ind. 1996–90 sowie in GR ♀ 1964, ♂?1970; M bis 1982 8 Nachw.; I Festland 3 mal vor 1920, Sizilien 8 Nachw. bis 1988; F Paar 1980, 5 Ind. 1981–90; E. 1972, 1975; Gibraltar 1987; 5 ? Teneriffa 1989 und mind. 3 weitere auf Kanaren [1369,337].

Auch in ME mehrere Male nachgewiesen (ebenfalls meist UA *atrogularis*), u.a. in • **B:** 1 Ind. Okt. 1990, ♂ Okt. 1991, ♀ Okt. 1996 [1369,1677,q15]. • **NL:** ♂ Nov. 1970, ♀ April 1989 und Nov. 1997, sowie ♂ Okt. 1994, Nov. 1994, Okt. 1996 (2x), Dez. 2000, Okt. 2001 und Nov. 2003 [277,q16]. • **D:** Helgol. ♂ Okt. 1855, ♀ Okt. 1856, ♂ Juni 1880, ♀ Okt. 1970, ♂ Okt. 1997, ♀ Nov. 1997 [1369,575]; -SH Sylt ♂ Okt.

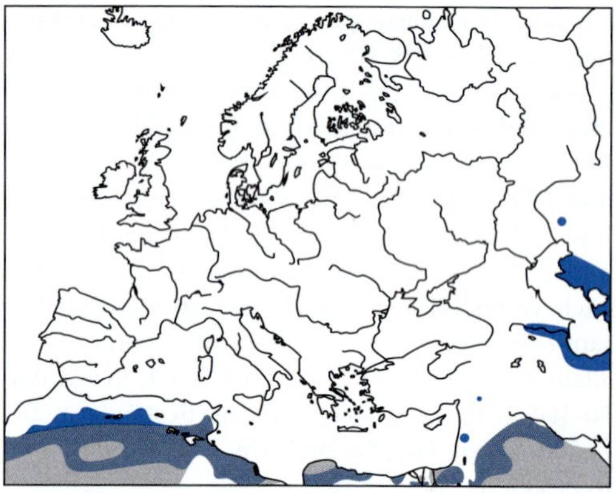

Oenanthe deserti – Wüstensteinschmätzer

1988 [575]; -NI jew. ♂ Mai 1981, Nov. 1996, Dez. 1997 und Sept. 1999 [575]; -BE ♂ Okt. 1999 und -BB Nov. 2000 [1,903,575]. • **H:** ♀ Nov. 1991 [2438]. **PL:** 2 mal immat. ♂ im Okt. 1997 [q13,3871]. • **CH:** ♀ Dez. 1992 [4152].

SPEC	VSchRL	Bern.Konv.	Bonn.Konv.
--	--	Anh. III	Anh. II
Europ. RL	RL in ME		
--	--		

Verbreitung und Bestand. Brutvogel von Halbwüsten im Tiefland und Hochgebirge mit Unterbrechungen von W-Sahara bis China; Mauretanien, Maghreb, Libyen, EGY, SYR, JOR, N-Arabien, Kaspigebiet, KZ, SW-Iran, Mittel- und Zentralasien. Brutarealgrenzen im Einzelnen z.T. lückenhaft bekannt [1369,337]. In Europa marginale Brutvorkommen in AZ und TR, Bestand etwa zw. 110-1.100, stabil [383].

Wanderungen. Br. der N-Sahara sind Kurzstreckenzieher mit Wintergebieten in S-Sahara und N Sahelzone bis N-Nigeria. Br. Zentralasiens sind

Teilzieher, Vögel der Hochgebirgspopulation z.T. Langstreckenzieher, die über Arabische Halbinsel auch E-Afrika erreichen.

Biotop. Br. in wüstenhaftem Gelände, z. B. sandige Trockensteppen, Schotterflächen, hügelige Sand- und Lehmwüsten mit spärlichster Vegetation, Halophytenfluren mit größeren Blößen.

Nahrung. Vor allem Insekten, oft Ameisen, Käfer und Larven; selten auch Spinnen, Würmer, kleine Eidechsen und Samen. Ansitzwarten bis 1,5 m hoch, oft weniger »stabil« als bei anderen Steinschmätzerarten.

Stimme. Stimmfühlungsruf klagend heiser, Pfiff »twüi« oder »trü-trüw«; Warnruf geräuschhaft »tsch(u)k-tschrr«. Reviergesang einfach strukturiert: leise, klagende Pfeiftöne, die von 3–4-silbigen, kurzen Trillern »twü twüititü« oder »tii-ti-ti ti«, »trü-trü-ti-tüü« unterbrochen sind, in der Tonhöhe abfallend, monoton. Weitere Gesangsform im Partnerkontext, lange, abwechslungsreiche Strophen mit schmetterndem Triller. Viele Imitationen. Gesang auch im Winterquartier.

Verhalten. Tagaktiv und zieht nachts. Wippt öfters und ausdauernder als die anderen Steinschmätzer bachstelzenhaft mit dem Schwanz. Ausgesprochener Wartenjäger. Ganzjährig territorial. Balzverhalten ähnlich dem Steinschmätzer. Singt während der Balz auch nachts.

Serblichkeit, Alter. Generationslänge: < 3.3 J. [383].

Mauser. Postjuvenile Mauser (Teilmauser) Mitte Juni/Juli–Aug./Mitte Sept.; einschließlich inneren Großen Armdecken und z.T. Schirmfeder 1 [767]. • Postnuptialmauser (Vollmauser) (Juni) Juli–Aug. (Sept.), zwischen Brutende und Wegzug.

Oenanthe oenanthe – Steinschmätzer 11460

Oenanthe [oenanthe] oenanthe (Linnaeus 1758)

(GB) **Northern Wheatear** (F) **Traquet motteux** (E) **Collalba Gris**

Taxonomie. Zwei UA: *oenanthe* (Linnaeus 1758) (inkl. »*libanotica*«, Eurasien, W-Alaska) und *leucorhoa* (J.F. Gmelin 1789) (NE-CDN, GRÖ, IS). Bildet Superspezies mit *O. seebohmi* (NW-Afrika) und *O. phillipsi* (Somalia, SE-Äthiopien) [vgl. 1968].

Kennzeichen. [1369,3615,767,221,3772; **Foto** in Bird. W. **10**, 371].

Maße. Gr.: 14.5-15.5 cm. Gew.: (Brutzeit) einj. ♂ 20–30 g, Ø$_{45}$ 25.9 g, mehrj. ♂ 22–30 g, Ø$_{36}$ 26.4 g, einj. ♀ 20-28 g, Ø$_{19}$ 24.6 g, mehrj. ♀ 21-27 g, Ø$_{13}$ 24.2 g; doch z.T. deutlich geringere Werte (z.B. D-RP). Fl.spw.: 26-32 cm. Fl.l.: ♂ 91-102 mm, Ø$_{94}$ 95.8 mm bzw. 89-101 mm, Ø 95.7 mm, ♀ 87-96 mm, Ø$_{97}$ 92.1 mm bzw. 85-98 mm, Ø$_{89}$ 91.8 mm [1369,767].

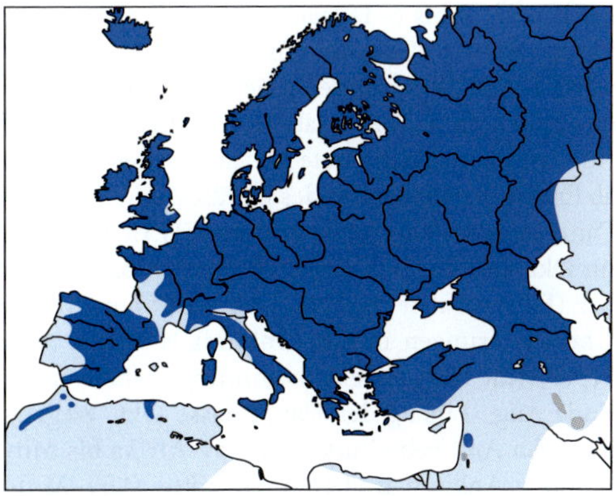

Oenanthe oenanthe – **Steinschmätzer**

Status. Nominatform lückig verbreiteter Brut- und Sommervogel; meist regelm. Durchzügler und Gastvogel, im Frühjahr meist auffälliger als im Herbst. Grönländische Form *leucorhoa* regelm., aber nicht häufiger Durchzügler im Bereich der Nordseeküste (NL und D; B in kleiner Zahl; 5 mal (zw. 1905-34) in PL); wenige küstenferne Beob. im Binnenland.

Höhenverbreitung: in CH unregelm. verbreiteter Brutvogel in der Subalpin- und Alpinstufe der Alpen (1300)1600–2500 (höchster Nestfund > 2800) m ü.M.; im Jura auf Gipfeln und Kämmen zwischen (1100)1300 und 1550 m ü.M.; generell < 1000 m ü.M. nur sporadisch und ausnahmsweise; in A Niederungspopulation im SE, E und N in 120–350 (450) m, in den Alpen (meist oberhalb der Waldgrenze) (1200) 1400–2600 (höchster Brutplatz 3000) m ü.M.; in PL in Sudeten bis 1500 m, in Tatra bis 2000 m ü.M. [1369, 337].

Verbreitung und Bestand. Brutvogel fast der gesamten Paläarktis und N/NW-Nearktis. Nominatform brütet von GB bis zur Inneren Mongolei, ans Ochotskische Meer und auf Alaska übergreifend, in Europa von S-E. und Mittelmeerraum bis Nordkap; S-Grenze in Asien an ariden Gebieten Vorder- und Mittelasiens (Höchstvorkommen bis >4000 m ü.M.). Im Maghreb UA *seebohmi;* im NE der Nearktis (NE-CDN, GRÖ, vielleicht Spitzbergen) sowie in IS UA *leucorhoa.* In ME in fast allen Teilen verbreitet, oft aber nur sehr spärlich bis selten, im Kulturland sehr unbeständig. Höhenverbreitung vgl. oben. Europäischer Gesamtbestand zw. 4.6-13 Mio. BP (leichter Rückgang), mit Beständen > 0.3 Mio. in TR (2-8 Mio.), RUS und N. (jew. 0.5-1 Mio.), E. (326-361 T.) sowie GRÖ und S. (jew. 0.1-0.5 Mio. BP); in ME brüten etwa 90.000-170.000 BP [383].

Wanderungen. Überwiegend Langstreckenzieher; alle Populationen einschließlich Br. Alaskas überwintern S Sahara von Senegal bis Sudan (in W- und Zentral-Afrika Trocken- und Feuchtsavanne) und im E nach S bis S-Tansania. Wegzugrichtung Br. Europa SSW–SW, nur Br. GB und N. zunächst teilweise S–SSE [Ringfunde: 4064]. Br. Fennoskandiens ziehen ab Anf. Aug. ab, in ME meist bis Ende Aug. an Brutplätzen, erste Dz. aber regelm. schon ab Ende Juli; Höhepunkt des Dz. 25. Aug.–20. Sept., Durchzugsmedian Col de Bretolet CH 13.9. [1861]; im Okt. ausklingend, Einzelvögel noch bis Nov. in ME (Extremdaten Dez. NL, CH, Westf.); mehrfach Überwinterungen in GB. Ankunft N-Afrika Anf. Sept.–Mitte Okt., erste Ankömmlinge Sahelzone ab Ende Aug., Einzug der Hauptmasse Okt. Wegzug E-Afrika Anf. Feb.–Ende März, W-Afrika bis Mitte März; Ankunft und Dz. ME Mitte März–Mitte Mai, mittlere Erstbeob. CH Ende März, E-D Anf. bis Mitte April (Extremdaten ab Anf. März, in NL/B ab Mitte Feb.); Frühankömmlinge sind überwiegend ♂; Dz.-Gipfel ME meist Anf. Mai. Tageszugleistungen mehrfach > 100 km. Geburtsortstreue nachgewiesen, Brutortstreue der ♂ höher als der ♀. UA ***leucorhoa:*** Winterquartier in W-Afrika; Abzug Br. GRÖ und IS nach SE zu Küsten GB/IRL, weiter entlang Atlantikküste F durch E. nach W-Afrika; im Nordseebereich nach E bis ME, DK und SW-N. (S-S. nur noch ausnahmsweise). Beide Zugperioden 2–4 Wochen später als Nominatform. 14 Herbstfunde Br. IS zwischen Wales, B und S-E. alle vom Sept., Heimzug durch Nordseeraum Ende April–Anf. Mai. Auf Helgoland Rastvögel beider UA; qualitativ hochwertige Rastgebiete werden auch territorial verteidigt [828].

Bestandsentwicklung. Keine großräumigen Veränderungen in natürlichen Bruthabitaten der Bergpopulationen erkennbar (allerdings erhebliche kurzfristige Schwankungen) [399, 1369, 3392]. Dagegen bei Populationen der Kulturlandschaft in Niederungen etwa seit 1870 anhaltende, inzwischen sehr auffällige Abnahme, nur von kurzer Erholungsphase in 1930er und 40er J. unterbrochen. Bes. deutlich wird unterschiedliche Entwicklung in A, wo Vorkommen in Ebene -V (Torfstichgebiete) und Mittelgebirgslagen -Oö seit 1960er J. erloschen, die der Höhenlagen aber unverändert blieben [965, 1997].

	Best.	Areal	Brutbestand	Jahr	Quelle
A	+/-	=	4.500–9.000	1998–2002	[383]
B	↓	- 1	28–31	2000–2002	[383]
CH	+/-	=	20.000–30.000	1998–2002	[383]
CZ	⇩	- 2	200–400	2000–2002	[383]
D	↓	- 1	7.000–13.000	1995–1999	[383]
FL	↓	=	3–5	1998–2000	[383]
H	+/-	=	28.000–57.000	1999–2002	[383]
L	⇩	- 2	5–10	2001	[383]
NL	⇩	- 2	600–800	1998–2000	[383]
PL	+/-	=	20.000–50.000	2000–2002	[383]
SK	+/-	=	6.000–9.000	1990–1999	[383]

Bes. starke Ausdünnung der Populationen in Niederungen und Mittelgebirgslagen ME etwa seit 1950er J. [B: 843, 1369, NL: 2889, 375, D: 153, 392, 1302, 1719, 196, 2068, 2623, 205, 1587, 1680, 1722, 2808, 4175, 310], und auch in höheren Lagen nahmen einige Bestände deutlich ab [D-BY: 4017, A-T: 2238, CH nur lokal: 3393, 3392]. Regional erloschen viele regelm. Brutvorkommen weitgehend oder vollständig [1369, 196, 1719, 3489, 310, 1587, 2393, 3595, 593 u.a.]. Neben Habitatverschlechterungen und in Hochlagen ungünst. Witterung zur Brutzeit hatten Dürre und Überweidung in den Überwinterungsgebieten wie bei Dorngrasmücke massive Auswirkungen. Kurzfristig entstandene neue Biotope wie ausgediente Tagebaugelände, Industrielagerplätze, Spülflächen, Brandflächen etc. werden oft nach Verlust ursprünglicher Brutplätze vorübergehend besiedelt [1369,2764]; doch konnte dies den allgemeinen Bestandsrückgang nicht kompensieren. In 1980er J. wurde bis auf lokale Einbrüche vorübergehende Stabilität der Populationen in D-MV [2031], -BE [2882], -BB [3268] und -ST [2772] gemeldet, und in -RP, -HB und Teilen -SH sogar Bestandssteigerung und Neuansiedlungen [1363,3519; M. BUCHMANN]; Zunahmen auch in Heidegebieten NL, dagegen brachen nach den Populationen in Sandheiden und Kahlschlagflächen nun auch die Dünenpopulationen weitgehend ein [3954,375,3638]. Insgesamt, verstärkt seit 1990er J., fast in ganz ME drastische Abnahmen [204, Tabelle], z.B. in D-BB von ca. 6.000-9.000 BP (Anf. 1980er J.) über 3.000-3.500 (Anf. 1990er J.) auf lediglich 400-700 (um 2000) [1,952]; in -BW Abnahme um > 90% von > 1.000 (1950er J.) auf 70-80 BP (Mitte 1990er J.) [1722; auch 310], in -HE Rückgang um 75% bis 2000 [3730]. In E-ME Bestände dagegen wohl längerfristig stabil [1507,1585].

Siedlungsdichte. Mittlere Reviergrößen in ME im Küstengebiet 0.5–3.3 ha, im Hochgebirge CH Ø 8.7 ha. Höchstdichten ME auf Flächen von 20–49 ha 4.0–1.5–1.0 (Ø 1.4), von 50–99 ha 3.7–0.4, von > 100 ha 1.3–0.3–0.2 (Ø 1.9) Rev./10 ha [337]. Großflächendichten (> 100 km^2) in ME meist zw. 0.01-0.6 'Rev.'/km^2 [vgl. Tab. 21 in 337], in Optimalgebieten Europas z.T. deutlich höher, z.B. in D-RP bis zu 38 BP/km^2 [M. BUCHMANN], W-Wales 23 BP/km^2, in N. bis 20 BP/km^2 [1507].

Gefährdungsursachen [205,337,196,1369,1719, 843,4175,1507,3638,2062,2889,3730].Lebensraumveränderung oder -zerstörung durch intensivere Nutzung der Kulturlandschaft mit (1) Umwandlung (und Nutzung) von Ödländern, (2) Intensivierung der Weidewirtschaft (einschließlich starker Düngung und dadurch Verlust der Kurzgrasigkeit) oder Aufgabe der Extensivnutzung (Verbuschung), (3) industriellem Torfabbau, (4) allgemeine Eutrophierung der Landschaft (geschlossene Vegetationsdecke ungünstig), (5) Rekultivierung und Aufforstung von Heide- und Moorflächen sowie von Abbaugebieten, (6) Grünlandumbruch, (7) Beseitigung von Kleinstrukturen wie Natursteinmauern, Lesesteinhaufen und Singwarten, und schließlich (8) Flurbereinigung – insbes. in alten Rebbergen.
Fehlende Dynamik in den Sandflächen, fehlende Initialstadien der Vegetationsentwicklung (früher infolge von Bränden, Windeinwirkungen, Wanderdünen etc.).
Intensive Säuberungsmaßnahmen und Biozideinsatz an Bahndämmen, Bepflanzung und Rekultivierung von Ödländern, Abbaugebieten und Deponien, Begrünung von Weinbergszeilen; dadurch u.a. Abnahme des Insektenangebotes.
Natürliche Verlustursachen: Kälte- und Schnee-Einbrüche in den Hochlagen können kurzzeitige Bestandseinbrüche bewirken. Weitere klimatische Ursachen in Brut-, Durchzugs- und Überwinterungsgebieten möglich. Verbuschung der Brutgebiete durch Bestandseinbrüche beim Kaninchen (u.a. Myxomatose).

SPEC	VSchRL	Bern.Konv.	Bonn.Konv.
3	--	Anh. II	Anh. II
Europ. RL	RL in ME		
--	B: 'CR', CZ, L, NL, D: 'EN', FL: 'VU', A :'NT'		

Schutzmaßnahmen. Extensivierung der Landwirtschaft, vor allem auch der Weiden, Herausnahme von Grenzertragsflächen aus der Nutzung, gesteigerte Ausweisung von Stillegungsflächen, Erhaltung von Ödland- und Brachflächen mit Lesesteinhaufen, alten Mauern und/oder Gebäuden. Sicherstellung, Erhaltung und Renaturierung nach ökologischen Gesichtspunkten von Abbaugebieten und Deponien; Wiederherstellung und Extensivierung alter, reich strukturierter Weinberge (aber anhaltend intensive Bodenbearbeitung und keine Begrünung).
Zulassen natürlicher Dynamik; »Sich-selbst-überlassen« von Brandflächen, ehemaligen Tagebaugebieten etc.
Angebot von Nisthilfen in ausgeräumten Gebieten hilfreich.

Biotop. Br. in offenem, übersichtlichem Gelände mit kurzer bis karger Vegetation; Jagd- und Sitzwarten sowie Spalten, Nischen oder Höhlungen für das Nest müssen vorhanden sein, z.B. Fjells, steinige Tundren, Gebirge oberhalb der Waldgrenze (Matten mit Felsen, Geröllhalden, bevorzugt sonnenexponiert), Dünen. Im tiefgelegenen Binnenland ME an steinigen Hängen, Abbrüchen, Böschungen und Frühstadien der Vegetationsentwicklung, wie sandige Heiden, junge Kahlschlagflächen, sandige Kiefernwälder, abgetorfte Moore, extensiv genutztes Kulturland, Kies- und Sandgruben, Truppenübungsplätze, Schuttkippen, Abraumhalden und -flächen, Ruderalflächen, nicht bereinigte Weinberge, Dämme etc., also meist stark von Menschen gestalteten Habitaten. Im NE auch in Städten mit Wohnblockbebauung [2211]. Vor allem am S-Rand des Areals größtenteils Gebirgsvogel. Auf dem Dz. an vegetationsfreien oder kurzrasigen Flächen, gern auf frisch umbrochenen Äckern, Brachland, kurzrasigen Weiden, an kahlen Ufern und Spülsäumen (Tanghaufen), oder an Dämmen von Verkehrsstraßen [828].

Nahrung. Überwiegend Insekten, daneben auch andere Gliederfüßer, Würmer und kleine Schnecken. Nestlingsnahrung vor allem Raupen, Schnaken, Schnellkäferlarven (»Drahtwürmer«), Heuschrecken; im Sommer und Herbst auch Beeren.

Stimme. Stimmfühlung einsilbig »djü«, »jiw«, »sip« o.ä., mitunter auch 2–3-silbig, auch in Verbindung mit dem Warnruf »tack« oder »tk«. Reviergesang des ♂ aus kurzen, an das Braunkehlchen erinnernden, sehr schnell schwätzenden Strophen, die oft mit Lockrufen eingeleitet werden. Neben Pfeiftönen sind harte Elemente, hell klirrende Laute und gepresste (schmatzende, Name!) Töne charakteristisch. Jedes ♂ mit mehreren konstanten Strophentypen. Singflug anhaltender und abwechslungsreicher. Am Boden meist leise reichhaltiger Subsong von Alt- und Jungvögeln beiderlei Geschlechts. Gesang relativ selten, v.a. am frühen Morgen und am Abend zu hören. Auf dem Zug temporär verteidigte Nahrungsreviere, Gesang z.T. auch im Winterquartier.

Verhalten. Tagaktiv, auch zur Zugzeit, zieht aber meist nachts. Am Boden Fortbewegung mit schnellen, flachen Sprüngen, danach oft kurzes Verharren auf vorzugsweise kleiner Erhöhung, dabei wird Schwanz nach unten geschlagen, oft Knicksen. Kann auch rasch laufen. Wippbewegung des Schwanzes relativ langsam. Rascher, wendiger Streckenflug meist knapp über den Boden. Nahrungserwerb entweder zu Fuß mit Aufpicken der Nahrung vom Boden oder kurzem Aufstöbern der Insekten an kalten Tagen unter losen Gegenständen, aber auch kurzen Verfolgungsflügen, oder Wartenjagd von erhöhtem Punkt mit kurzem, fliegenschnäpperähnlichem Jagdflug. Meist ganzjährig territorial; bei der Reviermarkierung und -verteidigung auch auffällige Schauflüge. Bei der Paarbildung Einleitung durch auffälligen »Imponiertanz« des ♂. Balz schließt auch Halmeintragen zum Nest ein. ♂ häufen Steine vor dem Nesteingang. ♀ benutzten dieses Verhalten bei der Partnerwahl [3624 (bes. für Trauersteinschmätzer)]. Enger Kontakt zwischen Paarpartnern während und kurz vor der Legephase (wahrscheinlich Partnerbewachung zur Vaterschaftssicherung). Im Winter besetzten ♂ und ♀ getrennte Reviere. ♂ verpaaren sich oft mit mehreren ♀.

Fortpflanzung, Brutbiologie [337,1369,767,1722,1, 726, 555]. Geschlechtsreife im 1. Lebensjahr; i.d.R. monogame Saisonehe; Umpaarungen zur 1. Brut kommen vor; in kleinen Anteilen Bigynie oder Polygamie belegt (Trigynie einmal nachgewiesen); Partnertreue als Folge von Reviertreue. **Ankunft am Brutplatz.** Mehrj. ♂ meist mehrere d (bis 2 Wochen) vor den ♀ am Brutplatz, frühestens Ende März/Anf. Apr., Hauptankunft im April (bis Mai); Paarbildung erst im Brutrevier. **Nest.** Nistplatzwahl durch ♀, i.d.R. nach Vorwahl des ♂. Nest in Höhlungen und Spalten am Boden oder an vertikalen Strukturen bevorzugt in Bodennähe, z.B. unter Steinblöcken und Wurzelstöcken, in Felsspalten oder Höhlungen an Steinwänden, Mauern etc., in Säugerhöhlen, in Holzstapeln, Reisighaufen etc., auch in technischen Bauten. Nest steht meist am Ende eines kleinen Ganges (ausnahmsweise bis 1 m lang). Bau locker aus trockenen Halmen u.a. Pflanzenmaterial; Mulde dick mit feinen Halmen, aber auch Federn, Haaren, Wolle etc. ausgepolstert; Rohbau durch beide, Innenausbau wohl nur ♀, Dauer 6-9 d. Für Ersatz- oder Zweitgelege i.d.R. neues Nest. **Legebeginn.** In ME nur ausnahmsweise vor 20. April, Hauptzeit Anf. Mai; in Hochlagen ab Mitte/Ende Mai; Zweitbruten im Tiefland noch bis Ende Juni, spätester Legebeginn in Alpen Mitte Juli. **Gelegegröße.** 4-6 (2-9), meist 4 oder 5; Ø E-D_{93} 5.7, W-D_{57} 5.0, NL_{38} 5.3, CH_{43} 5.1, D-BB_{43} 5.5, -BW_{105} 4.5, -RP_{625} 4.7, GB_{246} 5.5 (Kalendereffekt: Apr./Mai 6.2, Ende Mai 5.5, Mitte Juni 4.8, Ende Juni 4.3). Legeintervall 1 d. **Eier.** Elliptisch, kaum glänzend, einfarbig hellblau. **Brutdauer.** 13-14 d (10-16, GB $Ø_{31}$ 13.1 d); ♀ brütet, vom ♂ während Legeperiode und erste d der Bebrütung gefüttert. Bebrütung im Tiefland ab (vor-)letztem Ei, in Hochlagen (und in Fennoskandien) aber oft schon ab 1. Ei, dann asynchrones Schlüpfen. **Nestlings-/Führungszeit.** Anfangs Fütterung meist nur durch ♀ (♂ übergibt Nahrung), später beide; bei Zweitbruten (z.T. auch bei Erst-) Anteil vom ♂ gering. ♀ hudert etwa 7-8 d [Energieaufwand für Aufzucht s. 3798]. Nestlingszeit 13-15 (16) d (Gesamtbrut bis 21 d), bei Störungen verlassen Juv. das Nest früher; Juv. sind mit 17-19 d voll flugfähig; werden aber bis 10-15 d in Nestnähe weiter gefüttert. Auflösung der Familie bis 4 Wochen nach Ausfliegen, nach 2-3 Wochen aber oft schon außerhalb Revieres. **Jahresbruten.** 1-2; Zweitbruten in Tieflagen wohl regelm., in Wales Anteil ca. 47%, in D-RP 10-32.5% (bei älteren Vögeln deutlich häufiger als bei Einj.), auch in Alpen mehrfach belegt (in N-Europa nur 1). Ersatzgelege (in D-RP bei 42.9-85.3% der Fälle). **Ende der Brutperiode.** In ME etwa Mitte Juli, bei Spätbruten Ende Aug, max. Mitte Sept. **Bruterfolg.** In GB bei großem Material verschiedener Populationen Juv. aus 73% der abgelegten Eier, für Erstbruten in einer Population 70%, bei Zweitbruten 79%. Unter Einberechnung von 47% Zweitbruten ist mittlere Nachwuchsrate in Wales ca. 5.7 Juv./BP und J. bei Ø 4.0 Juv./Brut; in D-RP Nesterfolg zw. 55.8 und 79.4%, Schlüpferfolg 94.6-97.3% sowie Gesamtbruterfolg 52.9% und 75.3%, dabei Ø 3.64 bzw. 4.23 flügge Juv./♀; Nesterfolg bei Zweitbruten höher; in D-BB Erfolg deutlich geringer, Ø 2.4 Juv./Paar und J. bzw. 5.2 Juv./erfolgr. Brut. In GB war bigames ♂ in einer Saison an 4 erfolgr. Bruten mit 19 flüggen Juv. beteiligt, in D-RP ein ♂ bei 3 erfolgr. Bruten mit 15 flüggen Juv. und in E-D ein ♂ bei 3 Bruten mit 15-16 Eiern und 7-9 flüggen Juv.; in D-RP ein ♀ mit 13 flüggen Juv. aus 2 Bruten.

Eimaße und -gewichte [1369, M. Buchmann]: L. 17.7-24.8 mm, B. 13.3-17.2 mm; Ø 21.2 x 15.9 mm (n=100, GB), 21.0 x 15.5 mm (n=100, B), 20.6 x 15.6 mm (n=161, CS), 20.8 x 15.5 mm (n=62, S.); Frischvollgew. 2.39-3.03 g, Ø$_{15}$ 2.52 g bzw. 2.2-3.3 g, Ø$_{36}$ 2.7 g; Schalengewicht 0.11-0.18 g, Ø$_{200}$ 0.143 g.

Sterblichkeit, Alter. Nach Ringfunden D Sterblichkeit vom Flüggewerden bis Ende 1. Lebensjahr auf 64 %, Adultsterblichkeit auf 51 %/J. geschätzt. Älteste Ringvögel (GB) 9 J. 7 Monate [3654], (D-RP) mind. 8 J. [M. Buchmann]. **Generationslänge:** < 3.3 J. [383].

Mauser. **Postjuvenile Mauser** (Teilmauser) beginnt im Alter von 5–8 Wochen, Abschluss bis Mitte Aug./Sept. (Okt.) [767]; umfasst auch innere Große Armdecken, ausnahmsweise 1 Schirmfeder [1866]. • **Postnuptialmauser** (Vollmauser) setzt bei ♀ spätestens mit Ausfliegen der Jungen ein (bei ♂ früher), vor Wegzug beendet, Juni/Mitte Juli–Aug./Anf. Sept., ♀ ca. 2 Wochen später als ♂ [726]; innerste AS und HS 9 bei Zugbeginn z.T. noch nicht ausgewachsen; Dauer der HS-Mauser GB ca. 40–50 d. • **Pränuptialmauser** (Teilmauser) Nov./Jan.–Feb. (Anf. April) [767]; Körpergefieder, gelegentlich einzelne Flügeldecken (bes. Große Armdecken) und Schirmfedern [1866].

Oenanthe [hispanica] – Superspezies

In ihrer Ausdehnung je nach geographischer Lage variierende Hybridzonen zwischen *melanoleuca* und *pleschanka* [ausführlich in 1369] zeigen deutliche, wenn auch unvollständige Genflussbarriere an. Das Fehlen von assortativer Verpaarung und ein bei Mischpaaren gegenüber phänotypisch einheitlichen Paaren nicht verringerter Bruterfolg in einem Kontaktgebiet [1402] sprechen keineswegs gegen eine Genflussbarriere (entscheidend ist der lebenslange Reproduktionserfolg von Hybriden!). Für den allopatrisch verbreiteten Zypern-Endemiten *O. cypriaca* muss man angesichts der phänotypischen, vor allem auch bioakustischen Eigenständigkeit [vgl. 288,3604] in geographischer Nähe zum Brutgebiet von *melanoleuca* ebenfalls von Allospeziesstatus ausgehen [3602]. Die Formen *hispanica* und *melanoleuca* sind phänotypisch am geringsten differenziert, doch scheinen die Unterschiede trotz beinahe in Kontakt tretender Brutgebiete (SE-F, NW-I) konstant zu bleiben. Alle vier Formen werden deshalb hier als Allo-/Semispezies einer Superspezies betrachtet. Genetische Untersuchungen zu diesem Komplex fehlen bisher.

Oenanthe hispanica – Maurensteinschmätzer 11481

Oenanthe [hispanica] hispanica (Linnaeus 1758) syn.: Mittelmeer-Steinschmätzer

(GB) **Western Black-eared Wheatear** (F) **Traquet oreillard** (E) **Collalba Rubia**

Taxonomie. Monotypisch. Bildet Superspezies mit *O. melanoleuca* (NW-I bis Kaukasus, N-Iran), *O. cypriaca* (CY) und *O. pleschanka* (E-BG bis China).

Kennzeichen. [1369,767,221,3772,3615; zur Unterscheid. *hispanica-melanoleuca*: 3911, weitere **Fotos** in Bird. W. **6**, 481, **9**, 215, **11**, 233, **15**, 91, 419, Limic. **14**, 67, **17**, 160, Dutch B. **15**, 278, **23**, 148-49, **25**, 83-99].

Maße. Gr.: 14.5 cm. Gew.: (I) ♂ 13.7–20.1 g, $\varnothing_{14}$ 17.8 g, ♀ ?. Fl.spw.: 25-27 cm. Fl.l.: (F) ♂ 86-93 mm, $\varnothing_{36}$ 90.2 mm, ♀ 85-90 mm, $\varnothing_{16}$ 87.1 mm; (TN) ♂ 89-96 mm, $\varnothing_{28}$ 91.4 mm, ♀ 86-90 mm, $\varnothing_{11}$ 87.1 mm [1369,767].

Status. Abseits der S-europäischen Brutgebiete seltener Gastvogel, mit Nachw. (keine Trennung gegenüber *melanoleuca*) u.a. in FIN: u.a. 3 Ind. bis 1989. • S.: u.a. 3 Ind. bis 1990. • N.: 5 Ind. bis 1983. • GB/IRL: 15 Ind. bis 1957, 23 Ind. 1958–85, 10 Ind. 1986–90 [1369,337,277].

SPEC	VSchRL	Bern.Konv.	Bonn.Konv.
2	--	Anh. II	Anh. II
Europ. RL	**RL in ME**		
--	--		

In ME mehrfach nachgewiesen (nicht immer sichere Trennung von *Oe. melanoleuca*), z.B. in **PL:** jew. ad. ♀ Sept. 1986, Aug. 1998 und Sept. 2002 [q13,3871]. • **CZ:** jew. ♂ Mai 1978, Aug. 1985 [1369,2159]. • **NL:** 1 ♂ Mai 1937, Mai 1970, Juni 1975, April 1982, nicht mehr anerkannt [q16], aber Mai 2001 noch nicht homologiert [277,q16]. • **B:** (♂ Nov. 1974 und Juli 1991 [1369,1677] nicht mehr anerkannt ?) [q15]. • **D:** Helgol. ♂ Aug. 1847, 2 diesj. Sept. 1847, ♂ Mai 1909, ♂ diesj. (?) Okt. 1922, jew. ♂ Mai 1924, Aug. 1972, Mai 1980, Mai 1987 und Apr. 1995 [1369,575]; -SH ♂ Apr. 1995 [575]; -NI ♂ Mai 1997 [575]; -NW ♂ Mai 1972 (aber Verwechslung mit *deserti* nicht ausgeschlossen); -HE weißkehl. ♂ Mai 1998 [575]; -BW jew. schwarzkehl. ♂ Mai 1970 und April 1973 [1722]; -BY weißkehl. ♂ Mai 1953 (♂ April 1913 und 2 Ind. Mai 1954 nicht eindeutig), ♂ Mai 1997 [1369,4175,337,575]; -BE ♂ Mai 1975 [1]. • **A:** (Artzuordnung unklar) 1 Meldung vor 1900; ferner –T weißkehl. ♂ Okt. 1932 ; -B schwarzkehl. ♂ Mai 1978 ; -Nö ♂ Mai 1978 und Apr. 1979; -B ♂ Apr. 1988; -V ♂ Mai 1996 [3129,1369]. • **CH:** schwarzkehl. ♂ im März 1951, Apr. 1963, Apr. 1970, Mai 1978, Apr. 1985, Mai 1989, Mai 1997, Juni 1998, weißkehl. ♂ Mai 1983, Apr. 1984, Mai 1993, Apr. 1995, Apr. 1997, Mai 1997, ♀ Mai 1995, Juni 1996, Apr. 2000, Mai 2000 [4152,q14]. • **SK.:** erstmals 1997 [q3].

Verbreitung und Bestand. Brutvogel der mediterranen Klimazone vom Maghreb bis NW-Libyen (bis max. 1800–2100 m), E. (mit Ausnahme des N, höchste Brutplätze bis 1800 m), P nur im E im Anschluss an Areal W-E., ferner S-F (bis 1300 m), NW- bis Zentral-I und HR [1369,337,277]. Europäischer Gesamtbestand zw. 520.000–650.000 BP (Rückgang), vor allem in E., zudem größere Bestände in P (2-20 T.), NW-I (< 1 T.) und F (1-4 T. BP); in Teilen I Mischpopulationen mit *melanoleuca* [1369]; Populationen in E. und P deutlich rückläufig [383], durch Lebensraumverlust in Brutgebieten durch intensivierte Landwirtschaft sowie in Überwinterungsgebieten durch Dürre [1507].

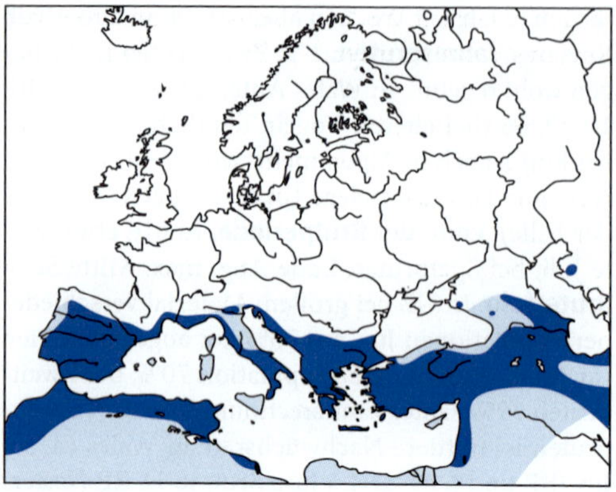

Oenanthe hispanica – **Maurenschmätzer**

Wanderungen. Langstreckenzieher; Wintergebiet S Sahara zwischen 18° N und 12° N von S-Mauretanien bis Eritrea/N-Äthiopien; südlichste Nachweise N-Nigeria, N-Kamerun und 1 mal Kenia; Winterbeob. aus E., MA, DZ, SYR. Abzug Mitte Aug.–Anf. Okt. Aufbruch im Winterquartier ab Feb., meist März–Anf. April. Ankunft am Brutplatz frühestens Anf. März, meist April, spätestens Mitte Mai; ♀ treffen später ein als ♂.

Biotop. Br. auf Flächen mit deckungsreicher, niedriger Vegetation und kahlen oder vegetationsarmen Stellen für den Nahrungserwerb, z.B. degradierte Macchie, Garrigue, magere Kultursteppen, Brachland, Obst- und Weingärten, auch trockene Bach- und Flusstäler.

Nahrung. Insekten und Spinnentiere.

Stimme. Rufrepertoire vielseitig, trockenes »dsed«, hoch »jiw«, »zeck zeck« und Warnruf kratzend »chärr« oder »tschrä«. Reviergesang heller und klirrender als Steinschmätzer, variabel mit kurzen, klirrenden, stereotypen Phrasen z.B. »tschrri« oder »tschriü« mit angehängten schwatzenden, manchmal auch volltönenden Motiven; ähnlich Nonnensteinschmätzer. Imitationen anderer Vo-

gellaute. Gesang auch auf dem Zug und gelegentlich im Winterquartier.

Verhalten. Tagaktiv singt aber auch in Dämmerung. Typisch ist Schwanzzucken mit leicht geöffneten Flügeln; kaum Knicksen. Wartenjäger, der auch auf dünnen Pflanzenstängeln sitzen kann. Ganzjährig territorial. Singflug dient der Reviermarkierung. Typisch bei Balz ist Imponiertanz.

Sterblichkeit, Alter. Ältester Ringvogel (IL) 4 J. 11 Monate [3654]. **Generationslänge:** < 3.3 J. [383].

Mauser. **Postjuvenile Mauser** (Teilmauser) beginnt ab 2 Monaten, Ende Juni/Anf. Aug.; ohne Großgefieder, meiste Schirmfedern und Teil der Flügeldecken [767,1369]; Dauer > 6 Wochen. • **Postnuptialmauser** (Vollmauser) (Ende Juni) Juli–Aug. • **Pränuptialmauser** (Teilmauser oder fehlend) bes. bei Einj. Mauser von Kopf- und Brustgefieder; Prachtkleid der Ad. kommt meist durch Abnutzung zustande [767,1369].

Oenanthe melanoleuca – Balkansteinschmätzer 11482

Oenanthe [hispanica] melanoleuca (Güldenstädt 1775)

GB Eastern Black-eared Wheatear **F Traquet noir et blanc** **E Collalba Rubia Oriental**

Taxonomie. Monotypisch.

Kennzeichen. [1369,3615,767,221,3772, zur Unterscheidung *hispanica-melanoleuca*: 3911; weitere **Fotos** in Bird. W. **11**, 171, 233, **13**, 216, Limic. **14**, 67, **16**, 340, **17**, 60, Dutch B. **16**, 189-92, **23**, 149, **24**, 377, **25**, 89-99, 207, 277].

Maße. Gr.: 14.5 cm. Gew.: ♂ (GR) 15.5–18.5 g, Ø$_{17}$ 17.4 g, (TR) 15–22 g, Ø$_{7}$ 19.7 g, ♀ (GR) 15-18 g, Ø$_{6}$ 17.0 g. Fl.spw.: 25-27 cm. Fl.l.: ♂ 87-101 mm, Ø$_{165}$ 93.9 mm, ♀ 86-98 mm, Ø$_{61}$ 91.3 mm [1369,767].

Status. In • **H** zuweilen Brutvogel (s.u.), sonst in ME nur Ausnahmegast mit folgenden Nachweisen (Nachw. allerdings artlich nicht immer von Maurensteinschmätzer *Oe. hispanica* getrennt!; s. Angaben dort). • **NL:** ♂ Mai 1972, ♀ Juni 1996, Mai 2003 [q16]; ferner *Oe. pleschanka/melanoleuca* 5 mal 1937-91 [277,q16,3910]. • **CH:** schwarzkehliges ♂ Mai 1992, Apr. 1997 [4152,q14]. • **B:** ♀ Juni 1996 [q15]. • **D:** Helgol. 2 Ind. erl. Okt. 1851, ♂ erl. Mai 1860, weißkehliges ♂ Mai 1880 [1369]; -RP ♂ Mai 1993 [575]; -NI ♂ Mai 1995 [575].

SPEC	VSchRL	Bern.Konv.	Bonn.Konv.
2	--	Anh. II	Anh. II
Europ. RL	RL in ME		
--	--		

Verbreitung und Bestand. Brutvogel der mediterranen Klimazone von SE-I, 1 mal Brut auf M (1982) nach E über HR, AL und GR mit Inseln, TR (ohne Schwarzmeerküste; bis 2300 und sogar 3000 m), BG (bis 2200 m), AR, AZ, N-Iran; nach S bis N-Irak, JOR, IL, im N isolierte Populationen Krim und mehrere Plätze im Kaspigebiet [1369,277]. Früher mit *Oe. hispanica* zu einer Art zusammengefasst, aber näher zu *Oe. pleschanka*, denn in Gebieten mit sekundärem Kontakt (z.B. Transkaspien) starke Hybridisierung [2928]. Europäischer Gesamtbestand etwa 0.88 - 2.65 Mio. BP (stabil?), davon > 90% in TR, große Bestände zudem in GR (50-150 T.) und AR (26-33 T.), sonst < 10. T. BP (Balkanländer) [383].

Bestandsentwicklung. Abgesehen von wachsender Population in RO keine langfristigen Bestandsveränderungen erkennbar [1585]. Aber in H immer wieder Zuwanderung und Brutzeitbeob. oder Brutverdacht, z.B. 1909–12 an der unteren Donau, zwischen 1947-63 mehrfach in Dolomitbergen bei Budapest (1947 Füttern einer Steinschmätzerbrut, sing. ♂ Mai 1948 sowie Mai 1951 und Juni 1955, ♂ füttert junge Steinschmätzer Juni 1963), seit 1970er J. in Großer Ungarischer Tiefebene; Brutstatus in H derzeit nicht klar [196,1369].

Biotop. Ähnlich Maurensteinschmätzer, aber gebietsweise (Kaukasus) bis 2000-2300 m aufsteigend, und in felsigerem Gelände. Im Winter vornehmlich in Akazien- und Dornbuschsteppen sowie Halbwüstengebieten.

Weitere Angaben vgl. bei *Oe. hispanica*.

Oenanthe pleschanka – Nonnensteinschmätzer 11470

Oenanthe [hispanica] pleschanka (Lepechin 1770)

GB Pied Wheatear **F Traquet pie** **E Collalba Pía**

Taxonomie. Monotypisch. Bildet Superspezies mit *Oe. hispanica* und *Oe. melanoleuca.*

Kennzeichen. [1369,3615,767,221,3772,3909; weitere **Fotos** in Bird. W. **5**, 415, **7**, 442, **10**, 370-71, **16**, 407, Dutch B. **16**, 140, 177-84, 178 (z), **19**, 303, **21**, 56, **22**, 245, 263, 283-86, **23**, 334, **24**, 376, **25**, 411, **26**, 43-45, 63, 268, Limic. **11**, 192, **15**, 239, **17**, 61, 333].

Maße. Gr.: 14.5-16 cm. Gew.: ♂ 16–22 g, Ø$_{22}$ 17.9 g, ♀ 18-22 g, Ø$_{14}$ 20.6 g. Fl.spw.: 25.5-27.5 cm. Fl.l.: ♂ 87-101 mm, Ø$_{165}$ 93.9 mm, ♀ 86-98 mm, Ø$_{61}$ 91.3 mm [1369,767,1784].

Status. Außerhalb der europäischen Brutgebiete seltener Gastvogel, mit Nachw. in FIN: u.a. je 1 Ind. 1979, 1981, 1982 und 2 Ind. 1988. S.: u.a. je 1 Ind. 1975, 1982, 2 Ind. 1987, 3 Ind. 1988. N.: je 1 Ind. 1976 und 1986. DK: Erstnachw. 1989. GB/IRL: 3 Ind. bis 1957, 9 Ind. 1958–85, 10 Ind. 1986–90. F: April-Mai 1990, 1991 [1369,337,277]; ferner in I, M, YU, CY und Libyen [3615].

SPEC	VSchRL	Bern.Konv.	Bonn.Konv.
--	Anh. I	Anh. II	Anh. II
Europ. RL	**RL in ME**		
--	--		

In ME nur sehr selten nachgewiesen, bisher anerkannt: **PL:** 3 mal in Danziger Bucht von 1995-97, ferner Sept. 1998 Poznan (alle Immat. od. ♀) [q13,3871] • **NL:** erstmals Mai 1988, bis 2000 insges. 9 Nachw. (4 ♀, 5 ♂), meist Okt./Nov. sowie Juni 2000; ferner *Oe. pleschanka* oder *melanoleuca* Okt. 1992 [277,q16,333]. • **D:** Helgol. jew. ♀ erl. Mai 1867 und Juni 1862, ferner ♂ Juni 1970 und Okt. 1988, ♀ Juni 1990 und Okt. 1995, ♂ Okt. 1990 und Okt. 1995 [1369,575]; -NI 1 Ind. Juni 1962 Wangerooge [1369]; -MV 1 Ind. Okt. 1990 [337]; -BW ♂ Juni 1955 [1722]. • **A:** -W ♂ Juni 1983 [3129]. • **H:** sing. ♂ Mai-Juni 1955, jew. ♂ Sept. 1956, Juli 1964, Juni 1965, Mai 1971 (weitere nicht anerkannt?) [2438].

Verbreitung und Bestand. Brutvogel von NE-China nach W bis an W-Schwarzmeerküste; S-Grenze im E ca. 24° N, N-Rand des zentralasiatischen Hochplateaus, N-Indien, N-Pakistan, N-Afghanistan, N-Rand Iran, AZ, AR, TR, GR; N-Grenze Transbaikalien, Mittel- und W-Sibirien bei 52–53° N, S-Ural und in UA. bis 48° 30' N; in BG und RO in Donaudelta und Dobrudscha und weitere Stellen der Küste, aber auch einzeln im Binnenland. Europäischer Gesamtbestand zw. 32.000-140.000 Mio. BP (stabil), mit Beständen > 3.000 BP in RUS (15-50 T.), TR (8-30), AZ (5-50) und UA. (3.000-5.500 BP) [383].

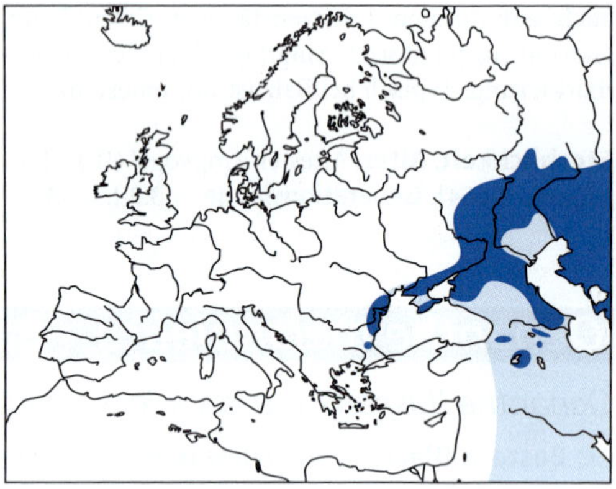

Oenanthe pleschanka – **Nonnensteinschmätzer**

Wanderungen. Langstreckenzieher; Br. des gesamten Verbreitungsgebietes überwintern in SW-Arabien und E-Afrika (Somalia, Äthiopien, Sudan, vereinzelt Tschad, E-Uganda, N-Tansania); Populationen im E müssen dabei 7000–8000 km zurücklegen. Wegzug Aug.–Mitte Sept. Früheste Ankunft in UA. und S-RUS 1. Märzhälfte, Mehrzahl erst Anf.-Mitte April.

Bestandsentwicklung. Arealausweitung seit 1960er J. hält gebietsweise noch an. Zunahmen vor allem in BG auffällig, dagegen in RO wieder Rückgang [1507,1585]. Weiter W nur seltener Gastvogel abseits der Brutgebiete im Donaudelta RO und BG [196,1369]. Aber 1955 Revier-♂ und 1967 in Dolomitbergen bei Budapest Brutnachw. (Mischbrut ?) [2741]; daher wahrscheinlich gelegentliche Bruten auch in E-ME, doch wohl übersehen.

Biotop. Br. an offenen Trockenhängen mit Steppenvegetation und verstreuten Felsbrocken, auch Steilhänge aus Löss, Lehm oder Kalk. Dz. auf grasigen Flächen; im Winterquartier in trockenem, locker mit Büschen bestandenem Grasland.

Nahrung. Insekten und Spinnentiere.

Stimme. Stimmfühlung pfeifend »zjüe«, »hijü«; bei Erregung schmatzend »tck tck«, Warnruf heiser schnarrend »chät chät« oder »tschät tschät«, mitunter wird pfeifender Lockruf angehängt. Reviergesang schwätzendes Trillern mit Pfeifelementen und gepressten Lauten und immer wiederkehrenden Bestandteilen, erinnert etwas an Schwarz- und Braunkehlchen. Balz- und Drohgesang leiser. Im Reviergesang oft Imitationen. Dialektbildung. Gesang auch im Winterquartier.

Verhalten. Tagaktiv und zieht nachts. Sitzt gern auf etwas erhöhten Warten (Steinblöcke, Büsche, Mauern, Hüttendächer, Leitungsdrähte). Wartenjäger, der auch auf dürren Pflanzenstängeln sitzt. Ganzjährig territorial und solitärlebend. Singflug zur Reviermarkierung. Balz ähnlich Mittelmeersteinschmätzer. ♂ selten polygyn. Subdominant gegenüber anderen Schmätzerarten.

Sterblichkeit, Alter. Gen.länge: < 3.3 J. [383].

Mauser. Postjuvenile Mauser (Teilmauser) Ende Juni/Juli–Aug./Sept.; umfasst z.T. einige Große Armdecken und Schirmfedern [767,1369,3604]. • Postnuptialmauser (Vollmauser) (Juni) Juli–Aug./Sept. • Pränuptialmauser (Teilmauser oder fehlend) Dez.–Feb. (März); meist auf Kopf- und Brustgefieder beschränkt, aber variabel [767,1866, 3604,2960].

Oenanthe leucura – Trauersteinschmätzer 11580

Oenanthe leucura (J.F. Gmelin 1789)

GB **Black Wheatear** F **Traquet rieur** E **Collalba Negra**

Taxonomie. Zwei UA: *leucura* (J.F. Gmelin 1789) (Iberien) und *syenitica* (Heuglin 1869) (NW-Afrika). Bildet möglicherweise Superspezies mit *O. leucopyga* und *O. alboniger* (Iran, Pakistan) [3009,2925], sicher aber nicht mit *O. monticola* (S-Afrika) [1968, *contra* 1511]. Sahara- und Trauersteinschmätzer sind in NW-Afrika weitgehend parapatrisch verbreitet und brüten in DZ nur an wenigen Stellen im selben Gebiet [1835].

Kennzeichen. [1369,767,221,3615,3772, weitere Fotos in Bird. W. **6**, 449, **14**, 148, **15**, 26, Dutch B. **13**, 24, **24**, 199].

Maße. Gr.: 18 cm. Gew.: (Nominatf.) 37-44 g, ♂ Ø ca. 38 g, ♀ Ø ca. 36 g. Fl.spw.: 26-29 cm. Fl.l.: (E.) ♂ 94-100 mm, $Ø_{17}$ 97.5 mm, ♀ 90.5-96.5 mm, $Ø_{8}$ 93.0 mm [1369,767,1784].

SPEC	VSchRL	Bern.Konv.	Bonn.Konv.
3	Anh. I	Anh. II	Anh. II
Europ. RL	RL in ME		
--	--		

Status. In Europa Ausnahmegast, wobei Verwechslung mit Sahara- und vor allem Elsternstein-

Oenanthe leucura – **Trauersteinschmätzer**

schmätzer *(Oe. picata opistholeuca)* nicht in jedem Fall auszuschließen. Dies gilt für manche Meldungen in W-, NW- und SE-Europa. Bisher anerkannt in GB/IRL u.a. 4 Ind. (bis 1957), viele weitere Meldungen nicht gesichert; N. (je 1 Ind. 1970, 1973, 1986); F 7 Ind. bis 1989, ferner 2 Ind. Korsika; M 3 Ind. bis ca. 1980; I Festland einige Meldungen 19. Jh., Sizilien 20. Jh. ca. 13 Meldungen; BG (1931), 1970 [1369,337]; ferner in RUS, YU [767].
In ME noch keine einwandfreien Nachw., bisher gemeldet (aber nicht anerkannt) u.a.: • D: -BY ♀ April

1975; -NI 1 Ind. Juni 1976; Helgol. ♂ Mai 1873 (sowie Aug. 1880) [1369]. • A: -St ♂ Sept. 1901 [1369]. • NL: Sept. 1969 [1369].

Verbreitung und Bestand. Brutvogel im Maghreb (MA, DZ, TN, NW-Libyen) sowie an wenigen Stellen in P und in E. von den Pyrenäen bis zur S-Spitze mit Ausnahme des N und NW [1369, 337]. Europäischer Brutbestand 4.100-16.000 BP (Trend in E. unbekannt), davon in P 50-500 BP [383]; durch Habitatverlust und Kältewinter Bestand rückläufig sowie Arealverlust [1585, 1507], in F Vorkommen erloschen [383].

Wanderungen. Standvogel mit Dismigrationswanderungen der Juv. (z.T. mit für einen Standvogel überraschend weiten Strecken bis Shetlands, N., BG, IL) [3615]; Vertikalwanderungen in der Sierra Nevada E. und im Atlas MA.

Biotop. Br. in Klippen, Felshängen und Schluchten weitgehend vegetationsloser Stein- oder Felswüsten, auf einzelstehenden Inselbergen, oftmals auch an Ruinen und anderen Bauwerken.

Nahrung. Insekten, auch relativ große Formen. Im Herbst und Winter auch Beeren und kleine Früchte.

Stimme. Melodischer, variabler und weit tragender Reviergesang, sowohl flötende als auch zwitschernde und raue, kratzige Motive. Ruft häufig »tschik« und klagendes »piiep«. Zahlreiche Imitationen, nicht nur von Vögeln. Singt meist von Oberkanten der Felsen oder Wipfelspitzen.

Mauser. Postjuvenile Mauser (Teilmauser) (Mai) Juni–Juli/Okt.; z.T. auch einige innere Große Armdecken, Schirm- und selten ST 1 ersetzt [767]. • Postnuptialmauser (Vollmauser) Juli–Okt.

Oenanthe leucopyga – Saharasteinschmätzer 11570

Oenanthe leucopyga (C.L.Brehm 1855)

(GB) **White-crowned Wheatear** (F) **Traquet à tête blanche** (E) **Collalba Yebélica/Negra de Brehm**

Taxonomie. Zwei gering differenzierte UA [vgl. 3899]: *leucopyga* (C.L. Brehm 1855) (N-Afrika) und *ernesti* Meinertzhagen 1930 (Sinai bis Arabische Halbinsel). Bildet möglicherweise Superspezies mit *O. leucura* und *O. albonigeṛ* (Iran, Pakistan) [995N, 1968], aber genauere Untersuchungen fehlen.

Kennzeichen. [1369, 767, 221, 3772, 3615].

Maße. Gr.: 17 cm. Gew.: 23-39 g, (Nominatf., DZ, Winter) ♂ 25–39 g, $\varnothing_{5}$ 29.6 g, ♀ 24-26 g, $\varnothing_{3}$ 25 g. Fl.spw.: 26.5-32 cm. Fl.l.: (Nominatf., DZ) ad. ♂ 102-110 mm, $\varnothing_{35}$ 106.2 mm, immat. ♂ 99-107 mm, $\varnothing_{26}$ 103.7 mm, ad. ♀ 98-101 mm, $\varnothing_{8}$ 99.6 mm, immat. ♀ 95-100 mm, $\varnothing_{16}$ 97.7 mm; (*ernesti*, Sinai+IL) ♂ 107-115 mm, $\varnothing_{16}$ 111.7 mm, ♀ 104-111 mm, $\varnothing_{10}$ 107.2 mm [1369, 767, 1784].

Status. In Europa Ausnahmegast, je 1 Ind. M 1872, CY 1970, SE-England 1982 und 2 Ind. S-E. 1987 [1369, 337], ferner in GR, TR, CY und Kuwait nachgewiesen [3615].
Auch in ME extrem selten, bisher nur 1 mal, wohl UA *ernesti*, in • **D:** -BY ad. ♂ Mai 1986 ausreichend dokumentiert (Gefg.fl. nicht völlig auszuschließen) [4175, 1369].

Verbreitung und Bestand. Brutvogel von W-Sahara bis Persischer Golf, JOR und S-IL. Areal im Bereich der Arabischen Halbinsel z.T. aufgesplittert [1369, 337]. In Europa keine Brutvorkommen [1585].

Wanderungen. Überwiegend Standvogel mit Dismigrationen, einige Populationen führen möglicherweise Kurzstreckenzüge im Winter durch.

Biotop. In extrem kargen Wüstengebieten mit < 100 mm Jahresniederschlag, bis in Höhen von 3000 m NN, häufig an Fels- oder Erdbänken von Wadis; oft einzige Singvogelart in entfernten Oasen.

Nahrung. Recht variabel, meist Insekten, aber auch Eidechsen sowie Pflanzenmaterial.

Stimme. Häufigster Ruf »tschäk« oder »grak«, Warnruf vor Flugfeinden »jü« o.ä., auch zweisilbig »jüe«. Gesang recht leise, von Warten oder im Flug, relativ kurze, melodiöse Strophen mit klangvollen Pfeiftönen und Rollern, aber auch vielen geräuschhaften und kratzenden Lauten. Strophenaufbau variiert innerhalb der Individuen, jedes ♂ verfügt über mehrere Strophentypen. Auch ♀ können in Konfliktsituationen singen. Auch Subsong von beiden Partnern. Zahlreiche Imitationen.

Mauser. **Postjuvenile Mauser** (Teilmauser) bis Juli/Aug. beendet [767]. • **Postnuptialmauser** (Vollmauser) (April) Mai/Juni–Juli/Aug. (Sept.) [767].

Überfamilie Passeroidea

Die Monophylie dieser Überfamilie ist nach vorliegenden DNA-Sequenzuntersuchungen gut gesichert [1046,158,1045,274]. Sie umfasst folgende Familien: Irenidae, Nectariniidae (Nektarvögel), Dicaeidae (Mistelfresser), Peucedramidae (monotypisch), Prunellidae (Braunellen), Ploceidae (Webervögel), Estrildidae (Prachtfinken), Passeridae (Sperlinge), Motacillidae (Pieper und Stelzen), Fringillidae (Finken) und Emberizidae (Ammern). Ploceidae und Estrildidae sind Schwestergruppen [3564,31,1045]. Dem widerspricht zwar die Gruppierung von *Lonchura* und *Peucedramus* [s. 2045], die jedoch nur auf mtDNA beruht. Die Vierergruppe Passeridae, Motacillidae, Fringillidae und Emberizidae ist monophyletisch, doch ließen sich ihre Beziehungen untereinander noch nicht ganz sicher auflösen. Wahrscheinlich sind die letzten beiden nächstverwandt [1045,274]. Mit den Motacillidae haben beide eine sonst bei Singvögeln nicht vorkommende Insertion im c-myc-Gen gemeinsam [1046], was darauf hindeutet, dass die Motacillidae die Schwestergruppe der beiden anderen sind.

Familie Prunellidae – Braunellen

Sperlings- bis starengroße Bodenbewohner höherer Lagen (nur Heckenbraunelle auch im Tiefland). Erscheinungsbild ähnlich Sperlingen, aber spitzer, kleiner Insektenfresserschnabel mit breiter Basis. Geschlechter sehr ähnlich, aber ♂ oft etwas kräftiger gefärbt und größer. Komplexe Brutbiologie.

Dreizehn Arten, bis auf kleines Teilareal einer Art (*modularis* in NW-Afrika) nur in Eurasien verbreitet.

Prunella collaris – Alpenbraunelle 10940

Prunella collaris (Scopoli 1769)

GB Alpine Accentor **F Accenteur alpin** **E Acentor Alpino**

Taxonomie. Neun UA, in Europa: *collaris* (Scopoli 1769) (NW-Afrika, SW-Europa bis Karpaten, SLN) und *subalpina* (C.L. Brehm 1831) (SE-Europa, Kreta, W- und Zentral-TR) und *montana* (Hablizl 1783) (Kleinasien, Kaukasus, Iran und Turkmenien), ferner in Asien *rufilata* (Severtzov 1879) (Afghanistan, Pamir N bis Tien Schan), *whymperi* (E.C.S. Baker 1915) (W-Himalaja), *nipalensis* (Blyth 1843) (Himalaja von Nepal nach E), *tibetana* (Bianchi 1904) (E-Tibet und Sinkiang) und *erythropygia* (Swinhoe 1870) (China, N-Korea, Sajan-Gebirge). Bildet viell. Superspezies mit der auch ökologisch sehr ähnlichen Steinbraunelle *P. himalayana* (NW-Himalaja, Zentralasiat. Hochgebirge), mit der zwar großräumig sympatrisch, aber offenbar im Mittel altitudinal getrennt [vgl. 3054,1369].

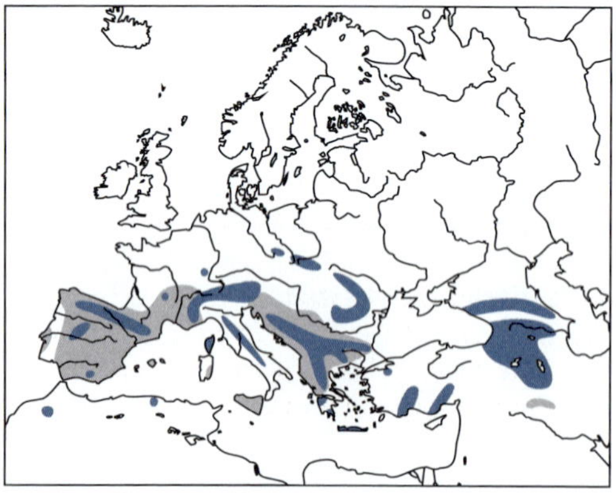

Prunella collaris – **Alpenbraunelle**

Kennzeichen. [1369,3615,767,221,3772; weitere **Fotos** in Bird. W. 7, 436-37, **13**, 194-95, 489, Limic. **17**, 212, **18**, 226, Dutch B. **22**, 175, **23**, 332, **26**, 201].

Maße. Gr.: 18 cm. Gew.: (Brutzeit) ♂ CZ Mai 43.3 g, ♀$_3$ Juni 36.3-37.7 g, (Winter) ad. ♂ 39.0-47.5 g, Ø$_{48}$ 45.2 g, ♀$_1$ 38.0 g; Juv.$_5$ (Aug.) 34.1-38.0 g. Fl.spw.: 30-32.5 cm. Fl.l.: Ad. ♂ 104.7-113.0 mm, Ø$_{56}$ 109.5 mm; ad. ♀$_1$ 102.5 mm [1369,767].

Status. In geeigneten Gebieten verbreiteter und recht häufiger Brutvogel, Sommer- oder Jahresvogel je nach Höhenstufe; in meisten Regionen S-ME seltener aber regelm. Durchzügler und Gastvogel zu beiden Zugzeiten, im Tiefland und an Küste N(W)-ME nur Ausnahmeerscheinung [1369]. **CH:** Verbreitet in Alpen und Voralpen, Untergrenze bei ca. 1500 m, höchste Nestfunde > 3200 m ü.M. in -VS; außerhalb der Alpen 1980 Brutnachw. und in mehreren J. Brutverdacht im Jura [3392,4152]. • **L:** (Mai 1974, Febr. 1985 2 Ind. nicht mehr anerkannt?) [vgl. 1610]. • **B:** 5 mal 19. Jh., Jan. 1932, April 1974, Juli 1957 je 1 Ind. gefangen, Mai 1980, Mai 1989, Mai 1996 [1369,1677,q15]. • **NL:** April und Mai 1986 je 1 Ind. [277], ferner Apr. und Mai 2000 [2543]. • **D:** Helgol. 6 mal 19. Jh. (3 erl.), 4 mal Apr./Mai, ferner Aug., Okt., dort auch Mai 1986, April 1988 sowie 2000 und 2001 [1369,337,q3]; -SH Aug. 1994, Apr. 1996, Mai 1998 [575]; -HH Mai 1996; -RP Juni 1979; -SL Jan. 1964; -HE Apr. 1976, Apr. 1998 [1680]; -TH 1850, Okt. 1957; -SN Nov. 1884, 1938 gefang., Dez. 1976 (bis März 1977) [3667]; -ST je 2 Beob. 1977, 1990 und 1991, ferner Apr. 1996, Juni 1997, und seit 1999 jährlich bis 3 Ind. (Brocken) [927, M. Hellmann]; -NI 1959 [1587]; -BW fast allj. Durchzügler und Wintergast auf den Hochlagen Schwarzwald und Schwäbische Alb, von 1950-96 allein 44 Nachw. [1722]; -BY Brutvogel der Alpen (Untergrenze 1200 m), Sommerbeob. auf höchsten Gipfeln im Bayerischen und Böhmerwald, Winterbeob. außerhalb der Alpen höchstens ausnahmsw. [4175,1369,575]. • **A:** abseits Brutgebiete Ausnahmegast, z.B. -Nö Apr. 1992 [3129]. • **PL:** wie in A, im Tiefland nur Apr. 1977, Apr./Mai 1989 und Apr. 1993 [q13,3871]. • **H:** regelm. Wintergast in sehr kleiner Zahl [2438]. Einzelnachw. auch in N. 1974, S. 10 Ind. bis 1990 und FIN 3 Ind. bis 1988, ferner DK 1 mal vor 1965, 6 mal von 1966–89; und in GB/IRL 29 Ind. bis 1957, 6 Ind. 1958–85, 2 1986–90 [337].

Verbreitung und Bestand. Brutvogel der Gebirge, daher in W-Paläarktis nur inselartig verbreitet von NW-Afrika über Hochgebirge E., F (wenige Stellen im Massif Central und Cevennen sowie Vogesen), Korsika, Alpenraum, Apennin, dinarische Gebirge, Karpaten, Beskiden, Tatra, Pindos, Rhodopen, Peloponnes, Kreta nach W-Anatolien, ferner vom W-Rand des Taurus über E-Anatolien zum Armenischen Hochland und mit größeren Lücken vom Kaukasus über N-Chorasan, Kopet Dagh bis JAP und Taiwan. In ME verbreiteter Brutvogel der Alpinstufe der Alpen und der Tatra sowie in kleinerer Population im Karpatenbogen. Europäischer Gesamtbestand etwa 100.000-180.000 BP (stabil), mit Beständen zw. 10-20 T. BP in I, RUS, RO, TR, E., F und CH [383]; in ME etwa 24.000-38.000 BP [383].

Wanderungen. Standvogel und Dismigrationen, Kurzstreckenzieher. Br. der Alpen sind Teilzieher, die z.T. regelm. im Brutgebiet überwintern; gilt auch für andere Massive in Hochlagen, z.B. Sierra de Gredos in E. [2492]. Im Hochwinter oft auch Ausweichen in tiefere Lagen oder günstige Hanglagen oder (offenbar in sehr geringer Zahl) Abwanderung ins Vorland. Viele Alpenvögel dürften in N- und Mittel-I und in SE-F überwintern, Br. der Tatra in S-SK. und Mittelgebirgen H. Einzelvögel (woher?) gelangen bis M, Sizilien, Balearen und S-E., aber auch nach W und N in den Jura (dort seit 1975 regelm.) [4152] und bis W- und N-F. Altitudinalbewegungen in Täler der Alpen Okt.–Nov., Rückkehr in Brutgebiete März–April. Häufung der Ausnahmefunde im Nordsee-Ostseebereich rund einen Monat später (April und vor allem 1. Maihälfte) [2840]. Traditionelle Überwinterungsplätze in Talregionen in weiterer Entfernung von Brutplätzen vor allem in Zentral- und S-Alpen bekannt. Zwei Fernfunde: Nestling CH – 480 km SE in F, Diesj. Aug. A – 390 km SSW I.

	Best.	Areal	Brutbestand	Jahr	Quelle
A	+/-	=	8.000–16.000	1998–2002	[383]
CH	+/-	=	15.000–20.000	1993–1996	[383]
CZ	+/-	=	15–20	2000–2002	[383]
D	+/-	=	700–1.200	1995–1999	[383]
FL	+/-	=	100–150	1998–2000	[383]
PL	+/-	=	350–400	1990–2000	[383]
SK	+/-	=	300–400	1990–1999	[383]

Bestandsentwicklung. Über längerfristige Bestandsentwicklungen der Alpenbraunelle liegen keine genaueren Untersuchungen vor [1369]. Möglicherweise positive Entwicklung seit Mitte 1970er J. angedeutet durch (erneute) Zunahmen der Brutzeitbeob. und Brutnachw. in einigen Mittelgebirgslagen, z.B. Jura CH und F sowie Vogesen, [4180,938,2607], dagegen Ausbleiben solcher Nachw. in einigen früher besiedelten, meist tiefer gelegenen, Brutgebieten der E-Alpen [965]. Überwiegend weisen Daten jedoch auf großräumige Stabilität der Bestände ME hin [1585,196,965,1366, 4180,4175,3392,3393,1507,3871,2518].

Siedlungsdichte. Brütet an manchen Stellen in lockeren Gruppen, Nahrungsflüge können aber bis

500 m vom Nest wegführen; verteidigt werden offenbar nur Nestumgebung und ♀; kompliziertes Paarungssystem, u.a. auch Helfer und Nichtbrüter. Beispiele für größere Flächen: CH 11 bzw. 14 BP auf 220 ha, A 5 Nester auf ca. 100 ha [337]; in N-Pyrenäen 26 BPl/km^2, in Alpen CH 12-16, in Tatra 10-15 [1507].

Gefährdungsursachen [1369,196,3361]. Gefährdung oder anhaltende Störung der Brutplätze durch Tourismus und Freizeitsport, vor allem in Mittelgebirgslagen.
Natürliche Verluste im Winter in ungünstigen J.

SPEC	VSchRL	Bern.Konv.	Bonn.Konv.
--	--	Anh. II	--
Europ. RL	RL in ME		
--	CZ:'CR', PL, SK:'NT', D: 'R'		

Schutzmaßnahmen. Einschränkung der touristischen Erschließung der Gebirgsregionen. Besucherlenkung.

Biotop. Br. der alpinen Stufe in geneigtem bis steilem Felsgelände mit alpinen Polsterpflanzen und auf kurzrasigen Hängen mit lückiger bis fleckiger Vegetationsdecke [4119], in Felsflächen oder Schutthalden auch weit unterhalb der Baum- und Waldgrenze. Geschlossene Gras- oder Zwergstrauchdecken, aber auch reine Felsflächen ohne Vegetation werden i.d.R. nicht besiedelt. Nahrungssuche auf kurzem Rasen, in kriechender Vegetation, am Rand von Schneefeldern oder auf Altschneeflecken; jahreszeitliche Höhenverschiebungen regional oder sogar lokal sehr unterschiedlich [vgl. 1596]. Bei Schnee auch an geschützten Säumen von Heustadeln in Tallagen oder an Schutzhütten, am Fuß von Felswänden etc.

Nahrung. Im Sommerhalbjahr vor allem Gliederfüßer, besonders Insekten (Imagines und Entwicklungsstadien); als Nestlingsnahrung z.B. Schmetterlingsraupen, Zweiflügler, Geradflügler, auch einige Pflanzenteile; im Winter hauptsächlich vegetabilisch, vor allem Samen, aber im Sommer und Herbst auch Beeren.

Stimme. Vielseitiges Rufrepertoire. Häufigster Ruf ein gereihtes »dschürr«, Kontaktrufe wie »rui-rui« oder rauer »tschrui«, bei Erregung hell und weit tragend »trri-trri«, Warnruf vor Bodenfeinden und bei Überraschung hart »tütütüt« oder »tschüttschüt«. Tschilpender Flugruf. Dreisilbiges Motiv »drr tschi zak« als Kurzstrophe. Gesang des ♂ im Vergleich mit Heckenbraunelle von harten, recht tiefen Trillern durchsetzt, unterschiedlich laut, am Boden (Werbegesang), auf erhöhten Warten (z.B. Felsspitzen und -kanten) und manchmal auch im Singflug (rüttelnd und schwebend) hoch in der Luft. ♀ singen wenig und halblaut. Gesang fast das ganze J. über zu hören, auch im Winter.

Verhalten. Tagaktiv. Am Boden hüpfend; bei gründlichem Durchsuchen des Bodens auch schreiten; Unebenheiten und Stufen werden hüpfend, steile Stellen werden mit Unterstützung der Flügel kletternd überwunden. Schwach wellige Flugbahn; aufgescheucht tauchen die Vögel mit halbgeschlossenen Flügeln über eine Felskante weg. Schlafplätze in Höhlen und Spalten von Felswänden, meist einzeln. Nahrungssuche vor allem auf dem Boden. Zur Brutzeit oft Konzentrationen nahrungssuchender Ad. Mitfütternde Helfer nicht ungewöhnlich, oft Junge früherer Bruten, aber auch andere ♂, die mit dem ♀ kopulierten. Bei starker Erregung gegenüber Rivalen Seitwärtszucken des Schwanzes und Hochreißen des zugewandten Flügels; bei der Balz langsames Winken mit hoch erhobenem Flügel. ♀ kopulieren mit mehreren ♂ sehr häufig und die Initiative geht vom ♀ aus. Anzahl der Kopulationen bestimmen offensichtlich die Investition der jeweiligen ♂. Brütende ♀ können mit wenig ritualisiertem Verleiten auf Störungen am Nest reagieren. Im Winter in kleinen Trupps und oft geringere Fluchtdistanz.

Fortpflanzung, Brutbiologie [337,1369,767,1, 1722]. Geschlechtsreife wohl im 1. Lebensjahr, aber vereinzelt nichtbrütende Einj.; vielseitiges Fortpflanzungssystem: Helfer, saisonale Monogamie, Polygynie, Polyandrie und Polygynandrie nachgewiesen; häufig in Brutgruppen von 5-9 Ind. **Ankunft am Brutplatz.** ♂ kehren ab März (meist April) in alpine Region zurück, ♀ deutlich später (meist erst Mai). **Nest.** Wahl durch ♀. Nest in Spalte oder Vertiefung, meist mehrere m über Boden in einer Felswand, auch in größeren Höhlungen, aber auch unter Steinen, Felsen, Erd- und Grasschollen bzw. in kleinen Aufbrüchen, an Hütten und Stützmauern. Nest ziemlich umfangreich aus Moos (Unterbau), Halmen und trockenen Grasblättern (Napf) und mit Haaren, Federn und feinen Halmen ausgekleidete Mulde; Muldendurchmesser 50-60, -tiefe 30-40 mm. ♀ baut. **Legebeginn.** In ME frühestens Mitte Mai, meist aber erst ab Mitte Juni bis Ende Juli. **Gelegegröße.** 3-5 (-6). Legeintervall 1 d. **Eier.** Elliptisch, glänzend, einfarbig türkisblau. **Brutdauer.** 13-15 d, ♀ brütet (wird nicht oder nur ausnahmsweise vom ♂ gefüttert). Bebrütung ab (vor-)letztem Ei, Juv. schlüpfen synchron. **Nestlings-/Führungszeit.** ♀ hudert; ♂ füttert auch. Nestlinge können mit 10 d Nest zu Fuß verlassen, sind mit 15-16 d voll flugfähig; nach Verlassen des Nestes noch etwa 2-3 Wochen betreut. **Jahresbruten.** 1-2; Ersatzgelege.

Eimaße und -gewichte [337,767]: L. 20.5-26.7 mm, B. 15.0-17.1 mm, $\varnothing_{68}$ 23.3 x 16.6 mm; Frischvollgew. Ø 3.27 bzw. 3.38 g; Schalengew. 0.15-0.21 g, $\varnothing_{70}$ 0.185 g.

Alter. Höchstalter von Ringvögeln A und CH 2 mal 8 J. 7 Monate noch lebend, 2 mal mind. 7 J. 5 Monate. **Generationslänge:** < 3.3 J. [383].

Mauser. **Postjuvenile Mauser** (Teilmauser) Juli/Mitte Aug.–Sept. (Okt.), z.T. im Winter fortgesetzt [767]; umfasst Körpergefieder, Schirmfedern und meistens Rand- und Mittlere Arm-, nicht aber Große Armdecken [1595]. • **Postnuptialmauser** (Vollmauser) Aug.–Nov.

Prunella modularis – Heckenbraunelle 10840

Prunella [modularis] modularis (Linnaeus 1758)

GB Dunnock **F Accenteur mouchet** **E Acentor Común**

Taxonomie. Acht z.T. gering differenzierte UA, *modularis* (Linnaeus 1758) (ME E bis Ural), *hebridium* R. Meinertzhagen 1934 (Hebriden, W-Schottland), *occidentalis* (Hartert 1910) (GB), *mabbotti* Harper 1919 (SW-F), *obscura* (Hablizl 1783) (Pontus, Kaukasus, Elburs), *meinertzhageni* Harrison & Pateff 1937 (Gebirge BG), *euxina* Watson 1961 (NW-Kleinasien) und *fuscata* Mauersberger 1971 (Krim). Bildet Superspezies mit *P. immaculata* (E-Himalaja bis SW-China) und *P. rubida* (JAP) [1369].

Kennzeichen. [1369,3615,767,221,3772].

Maße. Gr.: 14.5 cm. Gew.: (Brutzeit) ♂ 15-25 g, $\varnothing_{24}$ 20.0 g, ♀ 18-27 g, $\varnothing_{15}$ 21.0 g, (März-Juli) Monats-Ø 19.1 - 19.9 g, (Aug.-Nov.) Monats-Ø 20.2 - 20.6 g. Fl.spw.: 19-21 cm. Fl.l.: Ad. ♂ 69-74 mm, $\varnothing_{21}$ 72.1 cm; ad. ♀ 66-71 mm, $\varnothing_{13}$ 69.2 mm, Juv. 66-75 mm, $\varnothing_{649}$ 70.4 mm [1369,767].

Status. Nominatform häufiger und verbreiteter Brut- und Sommervogel, gebietsweise (vor allem NW) auch Jahresvogel; häufiger Durchzügler und Gastvogel im gesamten Gebiet, zahlreicher im NW; Zuzügler und Wintergast. Britische UA *occidentalis* wohl in kleiner Zahl und Mischformen im Küstenbereich B und NL [1369].

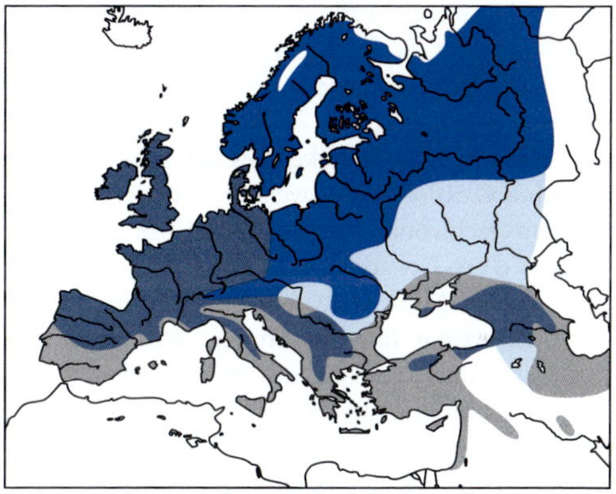

Prunella modularis – **Heckenbraunelle**

Verbreitung und Bestand. Brutvogel der W-Paläarktis von GB/IRL nach E bis zum Ural; S-Grenze in N-E. und Pyrenäen, S-F, S der Alpen und Karpaten, in RUS 51°–56° N; N-Grenze in N-FIN, Weißmeerküste, weiter E bei etwa 61-63° N; ferner Verbreitungsinseln in Hochlagen S-Europas (Zentral-E., Apennin I, Gebirge der Balkanhalbinsel, BG, NW-Anatolien, Krim und Kaukasus; hier z.T. andere UA); in NZ eingebürgert. In ME Nominatform von Tieflagen Nord- und Ostseeküste bis zur Baumgrenze in Alpen und Karpaten verbreitet und insgesamt häufig; Lücken in Trockengebieten und kontinental beeinflussten Bereichen, in SE-ME meist auf Flussauen und Mittelgebirge konzentriert. Höchste Brutvorkommen in Tatra 1900 m, in E-Alpen 2000–2100 m, CH 2360 m (sing. ♂ > 2500 m ü.M.). Europäischer Gesamtbestand zw. 12 – 26 Mio. BP (stabil), entspr. > 95% des Weltbestandes; mit Populationen > 1 Mio. BP in F (1.5-7 Mio.), RUS (1.5-3), GB (2.16), S. (1-2.5), D (1.3-2) und N. (0.5-1.5 Mio. BP) [383]; Bestand in ME zw. 2.8 - 4.7 Mio. BP [383].

Wanderungen. Br. GB-IRL, F und Mittelmeergebiet Standvögel mit lokalen Dispersionsbewegungen, dabei z.T. regional auffallende Habitat- oder Altitudinalwechsel. Br. ME, N- und E-Europas Kurzstrecken- oder Teilzieher; Überwinterungsgebiet von Nordseeküste D, Mittelrhein und SW-D nach S, z.T. aber auch in SW-N., S-S., S-FIN und N-PL überwinternd. Gitterfeldfrequenz NL 1978-83 Jan. 76%, Mai 86%, D-RP 1983-86 Dez.–Jan. 86.4%, Feb.–März 97.7%, D-BW 1987-91 Winter 29% [*2*]; CH-SO 1981-98 Dez.-Feb. regelm. in kleinen Zahlen [672]. S und SE der Alpen bis P, E., Balearen, Sizilien, M, Kreta, Krim und Kaukasus; in kleiner Zahl auch S- und E-GB, N-Afrika, IL; einzeln bis EGY. In D zieht großer Teil der Br. ab, ein weiterer Teil streift über größere Entfernung umher oder bleibt in Nähe des Brutplatzes, zudem Zuzug überwinternder Br. aus N und NE. Hauptwegzugsrichtung SSW–SW. Dispersionsbewegungen ab Juli, eigentlicher Wegzug ab Ende Aug–Anf. Sept, Höhepunkt Mitte Sept.–Anf. Okt., abklingend im Nov. [z.B. 1861,322,1315]. In D zogen ♂ Ø 3 d später als ♀ und Diesj. 1 d später als Ad.; Vorrückgeschwindigkeit des Wegzuges in D von N nach S Ø 50-60 km/d [weitere Details vgl. 1787]. Medianverschiebung Wegzug 1970-97 in D-BW um knapp 3 d pro Dekade nach vorne [1315]. Heimzug ab Ende Feb.–Mitte März, im Gebirge mitunter sehr späte Besetzung höherer Stufen. Winterquartiertreue, aber auch Wechsel des Winterquartiers und der Zugrichtungen sowie unterschiedlich weiter Zug auf einer Route bei Zugvögeln individuell nachgewiesen [zur Frage der Zugunruhe und des Erkennens von Winterquartieren: 3494].

Bestandsentwicklung. Neben natürlichen größeren Bestandsschwankungen gebietsweise auch deutliche Zunahmen und Arealausweitungen. Dabei wird N-Expansion von 1890-1950 vor allem mit Klimaveränderungen erklärt [1369, vgl. aber 1507], doch auch zunehmende Anpflanzung von Fichtenkulturen im Tiefland und Küstenschutzmaßnahmen gebietsweise bestandsfördernd [1369,1722,1507,310,3871]. Deutlich positiv verlief Entwicklung der kleinen Population H [2438], dort kontinuierliche Ausbreitung von den Flussauen in koniferenreiche Siedlungsränder [1369]; auch in E-A seit 1960er J. Ausbreitung in die Niederungen [965,3892], ebenso in weiten Teilen PL [3871]. Viele Bereiche SE-ME allerdings klimatisch bedingt weiterhin unbesiedelt. Anhaltende Zunahme und Arealausweitung z.B. auch in D-BE evident, wo erst 1955 erster Brutnachw. [1369,2896]; entsprechende kontinuierliche Zunahmen (oft verbunden mit Arealausweitung in stadtnahe Bereiche) ferner in D-BB, -SH und NL [3636,3638,1,2889,595], CZ sowie EST und FIN [3892,1507].
Gebietsweise Zunahmen nur bis Mitte/Ende 1970er J. [1680,196,2031; auch DK und Teile Fennoskandiens: 3897,2994], in einigen Regionen in 1980er J. - möglicherweise durch Kältewinter, z.B. 1984/85, in Agrargebieten aber auch durch Ausräumung und Intensivierung - stärkerer Rückgang [NL, N-D, D-HE, Bod., CH: 1139,884,198,1680,1722,310,1507, *q1*; auch GB: 2471], doch seit 1990er J. z.T. erneuter Anstieg [z.B. D: q20].
Im Gegensatz zum Karmingimpel, dessen Ausbreitung sehr stark mit erhöhtem Bruterfolg nach günstigen Lebensraumveränderungen korreliert [3696], ist dies bei der N-Ausbreitung der Heckenbraunelle offenbar nicht der Fall [3897].

	Best.	Areal	Brutbestand	Jahr	Quelle
A	+/-	=	200.000–400.000	1998–2002	[383]
B	+/-	=	250.000–500.000	2001–2002	[383]
CH	+/-	=	110.000–220.000	1993–1996	[383]
CZ	↑	=	250.000–500.000	2000–2002	[383]
D	+/-	=	1.300.000–2.000.000	1995–1999	[383]
FL	+/-	=	1.400–2.000	1998–2000	[383]
H	⇧	+ 2	1.200–1.500	1990–1993	[383]
L	+/-	=	10.000–15.000	2001	[383]
NL	↑	+ 1	200.000–250.000	1998–2000	[383]
PL	↑	=	150.000–300.000	1990–2000	[383]
SK	+/-	=	300.000–500.000	1990–1999	[383]

Siedlungsdichte. Reviere in GB verteidigt von 2 ♂ Ø 0.66, von einem ♂ Ø 0.26, von einem unverpaarten ♂ < 0.05 bzw. in anderer Stichprobe 0.1–0.6 ha; NW-D 0.01–0.44 (Ø 0.24) ha; PL 1–3 ha; Stichprobe FIN monogame ♂ Ø 1.54, 2 ♂ bei Biandrie Ø 2.17, unverpaarte ♂ Ø 1.32 (Ø gesamt 1.53) ha, Unterschiede zw. unverpaarten und verpaarten BP signifikant [3896]. Höchstdichten ME auf Flächen von 20–49 ha 11.5 - 7.0 - 5.5 (Ø 7.0), von 50–99 ha 5.2 - 3.6 - 2.5 (Ø 3.6), von > 100 ha 5.0 - 3.7 - 1.9 (Ø 3.2) Rev./10 ha; großflächig in ME meist zw. 0.02 - 6.1 'Rev.'/km^2 [vgl. Tab. 15 in 337; auch 1507,1137].

Gefährdung und Schutz [1369,196,310]. Natürliche Verlustursachen, vor allem harte Winter z.T. sehr bedeutend.

Mehr als andere Vogelarten wird Heckenbraunelle in GB von Katzen gegriffen.
Da keine Bestandsbedrohung vorliegt, ist gezielter Schutz nicht notwendig; die Art würde aber durch die Erhaltung von Heckenlandschaften/Knicks und eine geringere Ordnungsliebe in Wäldern, Parks und Gärten erheblich profitieren.

SPEC	VSchRL	Bern.Konv.	Bonn.Konv.
E	--	Anh. II	--
Europ. RL	**RL in ME**		
--	--		

Biotop. Br. in Gehölzdickichten mit kleinen freien Flächen, in ME bevorzugt naturnahe Fichten- und Fichtenmischwälder, in der Subalpinstufe auch Legföhren- und Grünerlengebüsche, ferner in dichten Auwaldbeständen oder uferbegleitenden Gebüsch- und Baumgruppen; gegen N- und NW-ME zunehmend auch in Feldgehölzen, Heckenlandschaften, Parklandschaften und Gärten und daher Vordringen in den Siedlungsbereich; in NL und B (auch NW-D) zunehmende Verstädterung (z.B. in Brüssel auch in winzigen Hinterhöfen), in GB längst zu einem der häufigsten Vögel der Agrarlandschaft geworden; neuerdings in NW-ME zunehmend Bruten in Feldern (z.B. Mais, Raps). Im Winter in ME z.T. in Bruthabitaten, aber auch häufig in Gärten und Parks oder in Ufervegetation, vorübergehend auf Feldern [1369,337].

Nahrung. Im Sommer vorwiegend animalisch, in den übrigen Jahreszeiten pflanzlich. Vor allem kleine Gliederfüßer, z.B. kleine Schmetterlingsraupen (vor allem Nestlingsnahrung), Ameisen und Ameisenpuppen, Fliegen, kleine Käfer, Spinnen, Weberknechte, Springschwänze, Würmer, kleine Schnecken. Pflanzennahrung fast ausschließlich kleine Samen, z.B. regional vorherrschend Brennnessel, ferner u.a. Ampfer, Holunder, Mohn, Miere, Vogelknöterich, Gauchheil, Portulak, auch Gräser und Seggen, im Frühjahr Erle etc.

Stimme. Häufigster Ruf außerhalb der Brutzeit oder auf Zug ein lautes, scharfes »dsiit«, manchmal 2-4 mal wiederholt, von beiden Geschlechtern zu hören. Stimmfühlung »dididi« oder trillernd »dsid-sidsi«. Kontaktrufe während Brutzeit zarte »sit-zrui«. Gesang hoch, kurz, schnell plaudernder Zwitschergesang, in Klangfarbe ähnlich Zaunkönig (Sequenzen erinnern an quietschenden Kinderwagen). Strophendauer variiert. Bei Gesangsduellen mit Nachbarn kürzer und stereotype Strophen. Gesang von Warten aus in Abschnitten mit 2-8 Strophen. ♀ singen ebenfalls, meist etwas kürzer. Hauptsangeszeit von Rückkehr ins Brutgebiet bis Juli, Gesangshäufigkeit jedoch mit Beginn des Brutgeschäfts stark nachlassend und vorübergehend wieder zunehmend; Herbstgesang Sept./Okt.; bei Standvögeln fast das ganze Jahr über Gesang. ♀ können ♂ an Gesang individuell erkennen.

Verhalten. Tagaktiv, jedoch teilweise auch Nachtzug. Hüpft am Boden und im Gestrüpp, läuft aber auch in kurzen Schritten; huscht wie eine Maus über den Boden ins Versteck. Nahrungsaufnahme fast ausschließlich am Boden, kommt auch an winterliche Futterstellen, liest dort häufig heruntergefallene und verstreute Körner auf. Komplizierte brutzeitliche Sozialstruktur durch Territorialität von ♂ und ♀. In gut untersuchten Standvogelpopulationen GB, aber auch in FIN bestimmt u.a. die Dichte der Vegetation den Erfolg des ♂ in der Monopolisierung von ♀. ♀ verteidigen im Frühjahr (bei Standvögeln aber auch im Winterhalbjahr) kleine Reviere gegen andere ♀. ♂ konkurrieren untereinander in Verteidigung von ♀-Revieren; verteidigt ein ♂ nur ein ♀-Revier, resultiert Monogamie; doch meist Versuch, weitere ♀-Reviere zu monopolisieren. Überschneidet sich ♀-Revier mit zwei ♂-Revieren oder ist es zu groß, um von einem ♂ erfolgreich beansprucht zu werden, resuliert Biandrie. I.d.R. leben dominante (α) und subdominante (β - meist einj.) ♂ nebeneinander. Erstere versuchen letztere während und kurz vor der Legephase vom ♀ fernzuhalten (mitunter in heftigen Auseinandersetzungen) und das ♀ zu bewachen (♂ folgt dem ♀ und zuckt dabei mit den Flügeln oder auch schnelles Hochreißen eines oder beider geschlossener Flügel), können aber bes. in Revieren mit dichter Vegetation Kopulationen des β-♂ nicht immer verhindern; auch ♀ scheinen sich zur Erhöhung ihres Fortpflanzungserfolgs um β-♂ zu bemühen. β-♂, die erfolgreich an Kopulationen gehindert werden, bleiben entweder im Revier oder wandern in andere ab. Mitunter bemühen sich auch 3 ♂ mit abgestufter Dominanz um ein ♀. Polygynandrie bei Überlappung mehrerer ♂- und ♀-Reviere. Monopolisierung der ♀ bes. bei synchronem Nestbau- und Legebeginn kaum möglich, daher kopulieren beide ♂ mit beiden ♀. Grundsätzlich also Einzelgänger; Bildung von kleinen, sehr locker in Individualkontakt stehenden Zugtrupps. Singwarten des ♂ niedrig bis mittelhoch, aber auch auf den Spitzen der höchsten Fichten oder Laubbäume. Imponierstellung mit maximal gesträubtem Körpergefieder, auch bei Revierstreitigkeiten. Hält sich sehr versteckt, Fluchtdistanz aber meist sehr gering.

Fortpflanzung, Brutbiologie [337,1369,767,1, 1722]. Geschlechtsreife im 1. Lebensjahr; Vielseitiges Fortpflanzungssystem (bes. in dicht siedelnden Standvogelpopulationen GB, doch auch in FIN, N-D etc.). Unterschiedliche ♂- und ♀-Reviere, Helfer, saisonale Monogamie, Polygynie, Polyandrie und Polygynandrie (einige ♂ und einige ♀) nachgewiesen. **Ankunft am Brutplatz.** Bei Standvögeln meist im Feb./März, sonst zw. Anf. März und Anf. April, auch in höheren Lagen ME. **Nest.** Wahl durch ♀. Neststand im Halbdunklen in dichter Gehölzvegetation, vorzugsweise < 75 cm bei Vegetationshöhe von < 175 cm in Koniferen (Astquirle, dicht zusammenstehende Stämmchen, Wurzelwerk), dichtem Gebüsch (bevorzugt immergrüne Arten), Reisighaufen, Stauden- und Kletterpflanzen etc.; starke regionale Variation in Abhängigkeit vom Angebot. Nest relativ groß, Unterbau aus Ästchen (häufig Koniferen), tiefer Napf aus Moos oder/und Flechten, Muldenauskleidung aus Haaren und feinen Fasern; Muldendurchmesser 50-60, -tiefe 30-40 mm. ♀ baut (z.T. vom ♂ begleitet) 3-4 d. **Legebeginn.** In ME Anf. bis Mitte Apr. (in B und NL gelegentlich schon März) bis spätestens nach Mitte Juli, in N-Europa und in Bergregionen mehrere Wochen später; Hauptzeit in ME meist Anf. Mai, Zweitgelege ab Ende Mai/ Anf. Juni, Drittgelege ab Anf. Juli. **Gelegegröße.** 4-6 (2-7), Ø regional und saisonal unterschiedlich, z.B. FIN Mai 5.1, Juni 5.4, Juli 4.2, PL April 4.8, Mai 4.9, Juni 5.2, Juli 4.2, NW-D April 4.8, Mai 4.9, Juni 4.8, Juli 4.6, CH April 4.7, Mai 4.6, Juni 4.8, Juli 4.3, -BW_{337} 4.51, -BB_{92} 5.4. Legeintervall 1 d. **Eier.** Elliptisch, glänzend, türkisblau, meist etwas dunkler als bei Gartenrotschwanz. **Brutdauer.** 11-13 d, ♀ brütet (wird nicht oder nur ausnahmsweise vom ♂ gefüttert), gelegentlich sitzt ♂ kurz auf Nest. Bebrütung ab (vor-)letztem Ei, Juv. schlüpfen synchron. **Nestlings-/Führungszeit.** ♀ hudert bis 4-5 d; grundsätzlich füttern beide, bei Bigynie und synchronem Schlupf der Gelege füttert ♂ bei beiden Bruten mit, bei deutlich mehr Juv. in einem der beiden Nester bleibt ♂ nur bei diesem; bei Biandrie: nur wenn β-♂ zur Kopulation kommt, füttert es mit (sogar Korrelation mit Kopulationshäufigkeit); bei Polygynandrie: beide ♂ teilen sich die Hilfe auf die beiden Nester, oder α- und β -♂ füttern an je einem Nest oder α-♂ füttert an beiden, β -♂ nur an einem. Nestlingsdauer 12-13 (11-15) d, bei Störungen auch verfrüht (noch nicht flugfähig), Juv. mit 14-16 d voll flugfähig; nach Verlassen des Nestes noch mehrere d von Ad. gefüttert und max. 2-3 Wochen (oft 14-17 d) betreut. **Jahresbruten.** In ME regelm. 2 (auch in Hochlagen), zuweilen 3; bis zu 3 Ersatzgelege für verlorene Erstbrut. **Ende der Brutperiode.** Meist im Juli, späte Bruten sind meist Anf./Mitte Aug. abgeschlossen, im Extremfall Führungszeit bis Ende Aug./Anf. Sept. **Bruterfolg.** Bigynie bringt ♂ mehr Nachkommen, ist aber für ♀ ungünstiger (geringere Beteiligung des ♂ bei Aufzucht). Stichprobe GB bei Monogamie 5.0 flügge Juv./♀ und Jahr und 5.0/♂ und Jahr, bei Bigynie 3.8/♀ bzw. 7.6/♂, bei kooperativer Biandrie α-♂ 4.0, β-♂ 2.7, ♀ 6.7 flügge Juv./J., bei Bigynandrie für ♀ etwa wie Bigynie; in PL ergaben ca. 33% der gelegten Eier Juv. bzw. 1.6-1.7 Juv. pro gebautes Nest; FIN und GB Juv. bei 37% der gelegten Eier, in NW-D ca 40%, dabei höherer Bruterfolg bei besser versteckten und bei späteren Nestern; in GB 84.8% (n=372 Gelege) bzw. 81.2% (n=260) Schlüpferfolg, in D-BW 86-92%. Häufigste Verlustursachen sind Zerstörung der Gelege, Nestprädation, Parasitierung durch Kuckuck und Brutaufgabe (meist Witterung).

Eimaße und –gewichte [337,767]: L. 17.5-21.3 mm, B. 13.0-15.7 mm, Ø 19.5 x 14.4 mm (n=83, D), Ø 19.1 x 14.5 mm (n=100, B), Ø 19.9 x 14.9 mm (n=55, CH); Frischvollgew. 1.8-2.3 g, $Ø_{31}$ 2.10 g bzw. 1.8-2.7 g, $Ø_{50}$ 2.14 g; Schalengew. 0.09-0.14 g, $Ø_{170}$ 0.12 g.

Sterblichkeit, Alter. In GB 65 % im 1. J. und 53 %/ J. für Ad. [3589]. Ältester Ringvogel mind. 11, weitere je ca. 9.5 und 8.5 J. **Generationslänge:** < 3.3 J. [383].

Mauser. Postjuvenile Mauser (Teilmauser) beginnt im Alter von ca. 5 Wochen, (Mitte Juni) Juli–Anf. Sept. (Mitte Okt.); umfasst Körpergefieder, z.T. einige Große Armdecken und ausnahmsweise Schirm- und Steuerfedern [767,1369,1866]; individuelle Dauer 50–60 d. • **Postnuptialmauser** (Vollmauser) Mitte Juli/Mitte Aug.–Sept./Mitte Okt. [767]; Dauer der HS-Mauser GB ca. 54–60 d [1356].

Prunella montanella – Bergbraunelle 10960

Prunella montanella (Pallas 1776)

(GB) Siberian Accentor **(F) Accenteur montanelle** **(E) Acentor Siberiano**

Taxonomie. Zwei UA: *montanella* (Pallas 1776) (Ural bis Chatanga-Fluss, Zentralasien) und *badia* Portenko 1929 (NE-Sibirien).

Kennz. [1369,3615,767,221,3772,41; weit. **Fotos** in Bird. W. **5**,374,**10**,188,**11**,420,451, Dutch B. **20**,312].

Maße. Gr.: 14.5 cm. Gew.: ♂, ♀ meist 17-20 g. Fl.spw.: 21-22.5 cm. Fl.l.: ♂ 70-78 mm, Ø$_{8}$ 72.6 mm, ♀ 65-73 mm, Ø$_{12}$ 69.3 cm [1369,767].

Status. In N- und S-Europa sowie E-ME Ausnahmegast im Spätherbst Okt./Nov. (Dez.) bzw. im zeitigen Frühjahr; Nachweise in ME betreffen: • **A:** -Nö 1 Ind. gefangen zw. 1798 und 1806 [1369]. • **CZ:** juv. ♀ Dez. 1943 [1369]. • **PL:** (Beleg) März 1988 [3871]. • **SK.:** Nov. 1994 [3882].

SPEC	VSchRL	Bern.Konv.	Bonn.Konv.
--	--	Anh. II	--
Europ. RL	**RL in ME**		
--	--		

Andere Regionen Europas bisher nur in S. Okt. 1976, 1988, mind. 4 Ind. Okt. 1987, Okt. 1988, Okt. 1991; FIN je 1 Ind. Okt. 1975, 1976, 1986, 1988. I: Nov. 1884, 1901 und 1907; ferner DK Okt. 1992, N. 1992 (hier Schwarzkehlbraunelle nicht ausgeschlossen) sowie Libanon (und GR 1965?) [3615,41].

Verbreitung und Bestand. Brutvogel in Gebirgen N-Sibiriens vom nördlichsten Ural nach E bis Tschuktschen-Halbinsel; insuläre Vorkommen im S am oberen Ob, Jenissej, Baikalsee und zwischen Lena und Amur. Europäischer Brutbestand (nur RUS) 100-500 BP, Trend unbekannt [383].

Wanderungen. Zugvogel; Winterquartier Korea, JAP, E- und Mittelchina, einzelne kommen in S W-Sibiriens und bis KZ, nach W als Ausnahmegast bis RUS W Ural.

Biotop. Br. in lichtem Bergwald mit dichtem Unterwuchs, aber auch an weitgehend baumlosen Hängen mit dichtem Koniferengesträuch zwischen Blockhalden, auch Erlen- und Weidendickichte an Bachufern. Durchzügler vor allem im Gebüsch an Ufern, auch auf Ruderalflächen.

Nahrung. Wohl ähnlich Heckenbraunelle.

Stimme. Häufigster Ruf klingelnd, ähnlich Heckenbraunelle, kräftiger, klangvoller, wird aber auch mit Seidenschwanz verglichen, wie »dididi-di«. Gesang sehr ähnlich Heckenbraunelle, von erhöhten Singwarten vorgetragen.

Verhalten. Tagaktiv. Bewegung ähnlich Heckenbraunelle; hüpft am Boden. Im Brutgebiet sehr heimlich und scheu.

Mauser. **Postjuvenile Mauser** (Teilmauser) Juli–Sept.; umfasst auch Schirmfedern und einige Große Armdecken [767]. • **Postnuptialmauser** (Vollmauser) Juli–Sept. [767].

Prunella atrogularis – Schwarzkehlbraunelle 10900

Prunella atrogularis (J.F. Brandt 1844)

(GB) Black-throated Accentor **(F) Accenteur à gorge noire** **(E) Acentor Gorginegro**

Taxonomie. Zwei UA: *atrogularis* (J.F. Brandt 1844) (Ural) und *huttoni* (Horsfield & Moore 1854) (mittelasiat. Gebirge).

Kennzeichen. [3615,3772,221,767,41; weitere **Fotos** in Bird. W. **8**, 451, **12**, 24, **13**, 477, **17**, 245].

Maße. Gr.: 15 cm. Gew.: etwa 17-20 g. Fl.spw.: 21-22.5 cm. Fl.l.: ♂ 72-76 mm, ♀ 70-74 mm [3615].

Status. In Europa Ausnahmegast mit sehr wenigen Nachw., u.a. in S. Juni 1988; FIN Okt. 1987 und 1993; ferner in IL und Kuwait [3615,41].
In ME bisher nur in: • **D:** -SH Feb. 1994 [575,41].

SPEC	VSchRL	Bern.Konv.	Bonn.Konv.
3	--	Anh. II	--
Europ. RL	RL in ME		
--	--		

Verbreitung und Bestand. Brutvogel in N-Sibirien vom Petschora bis NE-Ural sowie mit kleinen Verbreitungsinseln am Weißmeer; ferner in S zentralasiatischen Gebirgen. Überwintert in Mittelasien und NW-Himalaja. Europäischer Brutbestand (nur RUS) 1.500-2.500 BP, Bestandstrend unbekannt [383].

Stimme. Häufigster Ruf ein hohes »tsie-rie-tsie«, ähnlich Bergbraunelle [221]; Gesang wie Heckenbraunelle, eilig zwitschernd mit kleinen Tonschritten, aber mit trockenerem, rauerem Klang; Strophen etwas kürzer [221,3772].

Familie Passeridae – Sperlinge

Die Familie umfasst nur die drei auch in ME vertretenen Gattungen *Passer*, *Petronia* (inkl. *Carpospiza*) und *Montifringilla* (inkl. *Pyrgilauda, Onychostruthus*) mit insgesamt ca. 34 Arten. Brutverbreitung Afrika und Eurasien (*P. domesticus* in der Neuen Welt fest eingebürgert). zur Bestimmung [706].

• Gattung *Passer*

21 Arten in Afrika und Eurasien. Bisher vorliegende molekulare Daten (kurze Cyt b-Sequenzen) [31] sind bezüglich der intragenerischen Verwandtschaftsverhältnisse wenig aussagekräftig. Hypothesen zur Evolution phänotypischer Merkmale [3686] werden sich erst mit umfassenderen molekularen Analysen überprüfen lassen.

Passer [domesticus] – Superspezies

Die Superspezies besteht aus zwei relativ deutlich differenzierten Semispezies: Haussperling *Passer domesticus* und Weidensperling *Passer hispaniolensis*. Manche Autoren beziehen auch den Wüstensperling *P. simplex* sowie die afrikanischen Arten *P. motitensis* und *P. iagoensis* in diese Superspezies ein [1511], doch kann eine verlässliche Abgrenzung derselben erst mit einer umfassenden molekularen Analyse erfolgen, die bisher fehlt.

Haus- und Weidensperling brüten zwar in großen Teilen S-Europas und Vorderasiens sympatrisch, doch sind sie in solchen Gegenden ökologisch deutlich getrennt und es kommt auch hier immer wieder zu Hybridisation [1369]. Entlang des S Alpenbogens besteht eine schmale Hybridzone zw. *domesticus* und *italiae* mit hohen Anteilen »reiner« Phänotypen, was auf ausgeprägt positiv assortative Verpaarung hindeutet. In Mittel- und S-I gibt es dagegen eine breite, klinale Übergangszone zwischen *hispaniolensis* und *italiae* [Übersicht: 1369]. Über die taxonomische Einordnung des Italiensperlings besteht daher noch Uneinigkeit. Neben der Hypothese, wonach der Italiensperling eine stabile Hybridpopulation zw. *hispaniolensis x domesticus* darstellt [2554,1256,767], gibt es auch die Auffassung, *italiae* sei eine Unterart des Weidensperlings [3756,711,1369]. In den Artabhandlungen wird der ersten Hypothese der Vorrang eingeräumt (s. dort).

Passer domesticus – Haussperling 15910

Passer [domesticus] domesticus (Linnaeus 1758)

(GB) House Sparrow **(F) Moineau domestique** **(E) Gorrión Común**

Taxonomie. 11 (12) UA, in Europa nur *domesticus* (Linnaeus 1758) (inkl. «*balearoibericus*»), in W-Paläarktis zudem *tingitanus* Loche 1867 (NW-Afrika bis Cyrenaica), *biblicus* Hartert 1904 (Kleinasien, CY über Nahen Osten bis Sinai, Irak, Transkaukasien, W-Iran), *niloticus* Nicoll & Bonhote 1909

(EGY); ferner in Asien und Afrika *persicus*, *rufidorsalis*, *indicus*, *hufufae*, *hyrcanus*, *bactrianus* und *parkini*.

Kennzeichen [767, 1369, 3615, 221, 3772].

Maße. Gr.: 14-15 cm. Gew.: (CS) ♂ 24.5-38 g, $\varnothing_{274}$ 30.3 g, ♀ 24.3-35.7 g, $\varnothing_{211}$ 30.1 g. Fl.spw.: 21-25.5 cm. Fl.l.: (D-NI) ♂ 72-83.5 mm, $\varnothing_{313}$ 78.9 mm, ♀ 71-82 mm, $\varnothing_{287}$ 76.7 mm [767, 1369].

Status. Sehr häufiger und verbreiteter Brut- und Jahresvogel. Kaum Wanderverhalten bei Nominatform, aber gelegentlicher Durchzügler an Küste, z.B. PL [3871].

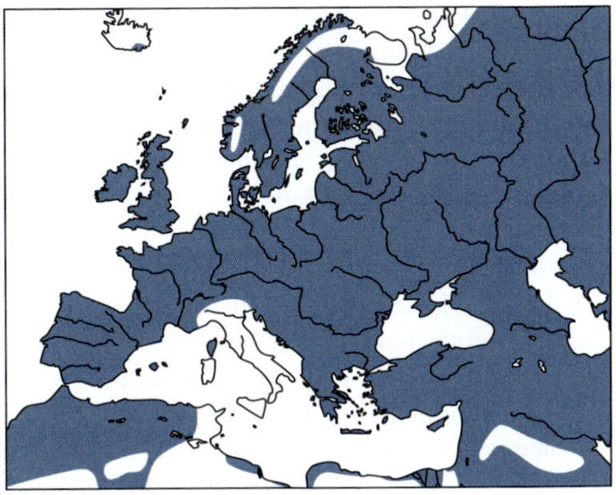

Passer domesticus – **Haussperling**

Verbreitung und Bestand. Natürliche Brutverbreitung von borealer Zone bis in wechselfeuchte Tropen der paläarktischen und orientalischen Region; von Europa nur Sardinien (Weidensperling) und N. im äußersten N (> 70° N) nicht besiedelt. E des Ural in W-Sibirien weit verbreitet, dann in sich verengendem Gürtel nach E entlang Besiedlungszone der Transsibirischen Eisenbahn bis Amurmündung; N-Grenze pendelt bei etwa 63° N (Vorposten in E-Sibirien bis 70° N), S-Grenze Chabarowsk, N-Mandschurei, N-Mongolei bis in die Gobi. Im W des Areals S-Grenze N-Rand Sahara bzw. Küste N-Afrika, im Nilfal bis ca. 20° N, eingeschlossen Arabische Halbinsel, Vorderindien/Sri Lanka, NW-Malaysia. Nominatform im gesamten ME verbreitet - Ausnahme S-CH, wo durch Italiensperling *Passer x italiae* ersetzt (s. dort); abgelegene Weiler und Einzelstützpunkte allerdings nicht allj. besiedelt. Eingeführt in N-Amerika (heute bis Mittelamerika und Karibik verbreitet), S-Amerika mit nachfolgenden Verpflanzungen (mit Ausnahme des tropischen Regenwaldes weit verbreitet), E-Hälfte AUS und NZ sowie auf vielen ozeanischen Inseln in fast allen Meeren. Einzelvorkommen CH bis 2000 m, A-V 2040 m, D-BY ca. 1000 m, -BW bis 1090 m, SK. 1350 m ü.M. Europäischer Brutbestand etwa zw. 63 – 130 Mio. BP, Trend negativ, mit Beständen > 5 Mio. BP in RUS (10-20 Mio.), TR (5-15), E. (10), D (4-10), F (2-10), BG (4-8) und P (1-10 Mio. BP) sowie zw. 1-5 Mio. in BY, HR, CZ, H, PL, LV, RO, UA. und GB [383]; in ME etwa zw. 14–28 Mio. BP [383].

Wanderungen. Standvogel mit Jungendispersion (asiatische Populationen *bactrianus* und *parkini* überwiegend Zugvögel), jedoch zumindest in ökologisch offensichtlich weniger günstigen Gebieten in jahrweise unterschiedlichem (meist jedoch bescheidenem) Umfang gerichtete Herbstbewegungen vor allem von Jungvögeln, die über die normalen, kaum > 10 km reichenden ungerichteten Dismigrationen hinausführen; mit W/S-Komponente (z.B. E-GB, Nordseeküsten, DK, S-S., Ostseeküste und Alpen) und nachgewiesenen Entfernungen bis fast 550 km: Schicksal der Zieher allerdings unbekannt; möglicherweise z.T. als Wanderungen vom Evasionstyp zu deuten (ausgelöst durch knappes Nahrungsangebot). Gerichtete Bewegungen Sept.-Okt. über Alpenpässe CH umfassen > 90% Juv. und überwiegend ♀ und führen über unbesiedelbares Gebiet [1865]; Herbstdurchzugsmedian Col de Bretolet CH 12.10. [1861]. Dismigrationsbewegungen sowohl nach der Brutzeit von Jungvögeln, als auch offensichtlich vor Brutbeginn von nichtverpaarten Ind. Ad. nach der ersten Brutansiedlung extrem ortstreu, in Stadtpopulation (NL) Aktionsradius 50 m (außerhalb Brutzeit 200 m), ländliche Population bis 400 m (außerhalb Brutzeit 600 m) [1611]. Ringfundkarten ME [4220].

Bestandsentwicklung. Standardisierte, für größere Flächen repräsentative Untersuchungen zu langfristigen Bestandsentwicklungen liegen kaum vor. In N-Europa aufgrund Klimaerwärmung Arealausweitung nach N. Gleichzeitig Ausbreitung in E-Paläarktis durch Erschließung sowie Ausweitung der Siedlungen, Straßen- und Bahnverbindungen [337; zur Ausbreitung in anderen Regionen der Welt vgl. 3756; auch 445]. In ME Ausweitung des Brutgebietes durch Anwachsen von Siedlungsgebieten gefördert, und Vordringen in alpine Regionen durch zunehmende touristische Erschließung; insgesamt wurde Entwicklung der Bestände begünstigt durch

(1) geringe Pflege und Instandsetzung der Häuser, Gehöfte und Stallungen, (2) verbreitete Kleintierhaltung (zusätzl. Nahrungsangebot), (3) verbreitete Pferdehaltung (unverdaute Nahrung im Pferdekot, Haferanbau als wichtige Nahrungsquelle), (4) große Ernteverluste auf Feldern und beim Eintragen, (5) großes Insektenangebot [1369].
Aber in Ballungsräumen W- und M-Europa mind. seit Anf. 20. Jh. erheblicher Rückgang, vor allem bedingt durch rasches Verschwinden der Pferde [3756,1029]. Massenvernichtungsaktionen im ländlichen Raum dagegen offenbar ohne nachhaltige Folgen auf lokale oder regionale Bestandstrends [1369,1029]. Nach II. Weltkrieg bis in 1960er J. überwog wohl meist positive Entwicklung oder Bestände waren langfristig (auf niedrigerem Niveau) stabil [334,1369,3871].

	Best.	Areal	Brutbestand	Jahr	Quelle
A	+/-	=	350.000–700. 000	1998–2002	[383]
B	↓	=	250.000–500.000	2001–2002	[383]
CH	+/-	=	400.000–500.000	1998–2002	[383]
CZ	↓	=	2.800.000–5.600.000	2000–2002	[383]
D	↓	=		1995–1999	[383]
FL	+/-	=	1.000–2.500	1998–2000	[383]
H	+/-	=	1.900.000–2.750.000	1999–2002	[383]
L	↓	=	35.000–40.000	2001	[383]
NL	⇩	=	500.000–1.000.000	1998–2000	[383]
PL	+/-	=	2.500.000–5.000.000	2000–2002	[383]
SK	↓	=	1.200.000–1.800.000	1990–1999	[383]

Etwa seit 1970er J. (in PL 1980er J.) gebietsweise erneute erhebliche Bestandsabnahme in innerstädtischen Bereichen, Neubaugebieten, aber auch zunehmend in intensiv genutzter Agrarlandschaft, besonders bei isolierten Vorkommen, u.a. durch Aufgabe der Kleintierhaltung, verringertes Insektenangebot (u.a. Gifteinsatz, Eutrophierung) und zunehmend sanierte »sterile« ländliche Siedlungen [1684,1029]. Bestandsverluste in Teilen ME drastisch, in anderen zumindest auffällig [D, CZ, SK., L, PL, NL: 1369,196,767,1585,1617,3248,1137,3871, 198,3095,1029,252; ferner GB: 1343,2471,152,772; lokal oder biotopspezifisch auch 2259,3179,3496, 3595,2562; auch in Fennoskandien und Baltikum: 1585,1507].
Aus anderen Regionen ME und Europas dagegen keine Meldungen von Abnahmen, doch z.T. bedingt durch fehlende Studien zur Bestandsentwicklung. Stark anwachsende Bestände in jüngster Zeit nur in Vorstädten und unsanierten Hochhausbereichen [D-BE: 3496]; andere Populationen offenbar weitgehend stabil [1585,1507,204 u.a.], insbes. an ganzjährig optimalen Nahrungsplätzen [z.B. Tierparks oder Zoos: 1023].
Zwar sehr hohes Vermehrungspotential (bis 4 Gelege pro Saison mit Ø 5 Eiern), das bei ausreichendem Nahrungs- und Brutplatzangebot auch genutzt wird. Doch durch zunehmend ungünstige Lebensbedingungen; bei verringerter Reproduktion und deutlich erhöhter Verlustrate ist sehr hoher Brutbestand früherer Jahrzehnte nicht mehr aufrecht zu erhalten. Bestandseinbrüche bei weiteren Populationen, insbes. in neuen EU-Ländern und E-Europa, sehr wahrscheinlich.

Siedlungsdichte. Daten zur Siedlungsdichte stark von Flächengröße beeinflusst. Großflächendichte (> 100 km^2) ME zw. 7.5 – 108 BP/km^2 [vgl. Tab. 62 in 337], regional in D meist zw. 15-67 BP/km^2 [1369,3095], kleinflächigere Angaben z.T. deutlich höher [vgl. Tab. 5 in 1369; ferner 1722,1137,310].

Gefährdungsursachen [677,3756,2471,3496,152, 2562,471,1684,772,1029,1746,3248,1369,2623, 196,310]. Vor allem drastische Beeinträchtigung des Lebensraumes, mit Verlust von Nistplätzen und Rückgang der Arthropodennahrung zur Jungenaufzucht sowie der Körnernahrung im Winter, durch (1) Ausräumung und Monotonisierung ländlicher Strukturen sowie Verdrängung der Landwirtschaft aus Siedlungsbereichen, (2) Modernisierung und »verlustfreierer« Ablauf des Getreideanbaus, der Lagerung von Getreide und der Viehhaltung sowie Umstellung auf Wintergetreide, (3) zunehmende Sterilität (übertriebene Reinlichkeit) in Siedlungsbereichen und Gartenanlagen, (4) Sanierung von Gebäuden, (5) Aufgabe der Kleintierhaltung; Rückgang der Pferdehaltung und des Haferanbaus, (6) zunehmender Einsatz von Bioziden und Beizmitteln in der Landwirtschaft, (7) Zunahme der Bodenversiegelung in Städten und Industriegebieten und schließlich vor allem (8) drastischer Rückgang an Öd- und Brachflächen im Winter. Auch stark erhöhter Einsatz von Bioziden in Vorgärten sowie im Gartenbau (und das Verbot von Taubenfütterungen in Stadtparks) augenscheinlich bestandsmindernd. Generell Verringerung des Insektenangebotes zur Aufzuchtszeit.
Hauptursache offensichtlich verringerte Überlebenswahrscheinlichkeit im Winter durch Nahrungsrückgang (Punkte 2, 5, 6, 7 oben). Als »Bodenvogel« anthropogener Lebensräume (wie Haubenlerche)

von o.g. Veränderungen offenbar stärker betroffen als »Baumvögel«; zudem bei sehr kleinen Populationsgrößen (in Verbindung mit geringer Mobilität) offensichtlich Schwellenwert für Gemeinschaftsbrüten zunehmend unterschritten, dadurch Brutrisiko für verbliebene Restpopulationen und Distanz zu benachbarten Brutplätzen für Individuenaustausch zu hoch und vermehrt Aufgabe/Erlöschen isolierter Vorkommen.
Erhöhte Verluste durch Straßenverkehr.
Direkte Verfolgung sowie Verhinderung von Bruten.
Verlustursachen: Prädation durch Hauskatzen, Schleiereulen (verstärkt nach Abnahme des Mäuseangebots?) sowie zunehmend verstädternde Sperber. Nahrungskonkurrenz mit Türkentaube [P. Tout].

SPEC	VSchRL	Bern.Konv.	Bonn.Konv.
3	--	--	--
Europ. RL	RL in ME		
--	B (Fld.), NL, D: 'NT'		

Schutzmaßnahmen. In Anbetracht der hohen Bestände spezifische Maßnahmen derzeit noch nicht notwendig; aber vgl. Angaben bei anderen Kulturlandarten.

Biotop. Br. in Städten und Dörfern, auch an Einzelhöfen, vor allem mit Pferde- und Kleintierhaltung. Noch vor wenigen Jahrzehnten in Europa die dominante Art im geschlossen bebauten Siedlungsbereich.

Nahrung. Hauptsächlich Sämereien, vor allem Getreide, ferner wild wachsende Gräser, Binsen, Gänsefuß, Knöterich, Miere, aber auch grüne Pflanzenteile, Knospen und vielfältige Haushaltsabfälle, Brot, Vogelfutter etc. Anteile animalischer Nahrung vor allem im Frühjahr und Sommer bis max. 30% der Nahrung, Nestlinge werden fast ganz mit Insekten und deren Entwicklungsstadien sowie anderen Wirbellosen gefüttert, z.B. Blattläusen, Käfern, Heuschrecken und Raupen; mit zunehmendem Alter nehmen auch Anteile vegetabilischer Nahrung zu.

Stimme. Schilpende Rufe, z.B. im Flug »tschuip« oder »tschia«, auch weich »wäd«; erregt durchdringend »tschet-tschet…« oder schnell »tetetete…«, aggressiv auch »tscheretetet…«, weniger aggressiv gestimmt »dü-dü…«-Reihen; Alarmruf »quiir«, einzeln oder in Wiederholung, auch als »krüü…« zu hören und mitunter »kürr-it« o.ä. Das rhythmische Schilpen (»Nestruf«) bildet den Gesang, wie »tschilp…« oder »tschirrep« u.ä., ± zweisilbig, oft auch einsilbig verschliffen; auch fern vom Nest als ein wichtiger Kommunikationsruf zu hören (z.B. sozialer Gesang an Rastplätzen). Individuelle Merkmale sowie Fähigkeit zu Imitationen. Einzelne Elemente sind beim Haussperling etwas länger und weicher als beim Feldsperling.

Verhalten [u.a. 1369,767,3929]. Tagaktiv. Nahrungserwerb auf dem Boden, auf Halmen und krautigen Pflanzen oder in Büschen und Bäumen, meist in der Nähe von Deckung (z.B. Hecken an offenen Flächen); größeren fliegenden Insekten (z.B. Käfern) wird auch im kurzen Flug nachgejagt. Nahrungsflüge von Vorstädten und Siedlungsrändern zu Ackerflächen regelm. bis 2–5 km möglich. Trotz erstaunlicher Anpassung an die Nutzung von Fütterungen und geringste Fluchtdistanz z.B. auf Cafeterrassen etc. dem Menschen gegenüber vorsichtig; geringfügige Abweichungen können Änderungen des Verhaltens und/oder das Ausbleiben vorher »zahmer« Vögel bedeuten. Ganzj. gesellig; Nestplatz wird vom ♂ aber verteidigt und durch Schilpen demonstriert. Nester stehen bevorzugt in kleinen »Kolonien« (bis ca. 5–20 BP). Isolierte Einzelansiedlungen i.d.R. nicht von Dauer. ♂ können auch mehrere Nistplätze (-kästen) verteidigen; ermöglicht vereinzelt Polygynie. Notwendigkeit der Nestbewachung gegenüber Artgenossen hindert ♂ an der Bewachung der ♀ während der fertilen Phase. Alternativ dazu kopulieren ♂ aber sehr häufig mit ihren ♀ (ca. 200 Kopulationen/Gelege). Trotzdem häufig fremde Junge im Nest (nicht vom Paar-♂), variiert aber zwischen Populationen [vgl. 1430]. Balz des ♂ mit hängenden und zitternd bewegten Flügeln; bei hoher Intensität wird Kopf angehoben, der schwarze Kehlfleck präsentiert und der gefächerte Schwanz nach oben gestellt; dabei alternierende Verbeugungen. Verfolgungsflüge und Gruppenbalz mehrerer ♂ vor einem ♀. Außerhalb der Brutzeit so gut wie immer in Trupps oder Schwärmen; Nahrungssuche, Wasser- oder Staubbaden, Übernachtung oder »soziales Singen« i.d.R. nur im Sozialverband und häufig stark synchronisiert. Juv.-Trupps bilden sich nach dem Ausfliegen an günstigen Nahrungsplätzen, denen sich später auch Ad. zugesellen, und die bei großen Getreideflächen mit reifenden Körnern Hunderte und in mediterranen oder Steppenklimaten auch Tausende von Ind. erreichen können. Nahrungssuche in

Trupps erlaubt größere Entfernung von Deckung. Auch Vergesellschaftung mit Feldsperling, vor allem während Wanderungen. Verpaarte Ad. kehren häufig schon im Herbst wieder zu ihrem Nestplatz zurück. Schlafplatzgesellschaften in dichten Hecken, Büschen oder Bäumen in Städten auch an Häuserfronten, in verlassenen Bauwerken, an oder sogar zwischen Straßen- und Reklamebeleuchtungen, auch z.B. in alten Mehlschwalbennestern von wenigen bis Hunderten, max. auch Zehntausenden von Ind. mit vorher aufgesuchten Sammelplätzen entweder im Bereich einer Brutkolonie oder an zentralen Plätzen (auch mitten in Städten) für ein größeres Einzugsgebiet.

Fortpflanzung, Brutbiologie [1369,337,767, 1722]. Geschlechtsreife im 1. Lebensjahr; sehr spät ausgeflogene Juv. mind. teilweise erst im 3. KJ brütend. I.d.R. monogame Dauerehe, Neuverpaarungen vor allem bei Tod oder Behinderung des Partners (meist rascher Ersatz aus Nichtbrüterbestand); Bigamie in mehreren Populationen nachgewiesen, meist durch Übernahme eines benachbarten Nestes (in E. 9.6 bzw. 11% der ♂ polygyn; ♂ beseitigen z.T. Eier verwitweter ♀, um sich Vaterschaft zu sichern, ♀ versuchen, bigyne ♂ zu monopolisieren durch aggressives Verhalten oder gar Vernichten der Eier oder Junge des anderen ♀); Anteil Fremdkopulationen 8-14% (19.4%). Ganzjährig am Brutplatz, an dem meist festgehalten wird, allerdings auch Nestplatzwechsel bzw. Benutzung eines Nestplatzes durch mehr als 1 BP in der Saison. Paarbildung bei Einj. ab Herbst möglich, in kaltem Klima wohl erst im Frühj. an potenziellem Nistplatz. **Nest.** Wahl bei Neuverpaarungen durch ♀, das ein ♂ mit potenziellem Nistplatz wählt. Neststand vielseitig, z.B. in Höhlen, Spalten und tiefen Nischen an Bauwerken, in Felsen, Erdwänden und Bäumen (Nachbewohner von Höhlenbrütern), in Storchen- und großen Greifvogelnestern, alten Mehlschwalbennestern, Nistkästen (Lochweite 33-47 mm) oder unter Überdachungen verschiedenster Art; lokal nicht selten im Innern von Hallen u.a. Gebäuden, aber auch freistehend in Bäumen oder auf Leitungsmasten. Präferenz der ♀ für Nisthöhlen beobachtet; Anteil der Freinester offenbar bei hoher Dichte und/oder limitiertem Angebot an Nisthöhlen oft häufiger (bes. in sommertrockenen Arealen). Viele außergewöhnliche Neststandorte bekannt (u.a. Straßenlampen, sich bewegende Baumaschinen, lärmende Industriehallen). Im Mittel höher und unzugänglicher als Feldsperlingsnester. Nest kugelförmiger Bau aus Stroh oder trockenem Gras mit seitlichem Eingang; Höhlungen werden mitunter mit sehr viel Nistmaterial ausgefüllt, auch hier i.d.R. Nest überdacht mit seitlichem Eingang. Mulde mit feinerem Material und Federn ausgepolstert. Nestabstände oft durch Strukturen vorgegeben, Eingänge benachbarter Paare können < 1 m voneinander getrennt sein; Freinester gewöhnlich mit größeren Abständen, aber auch hier mitunter kleine Kolonien, aber selten als Gemeinschaftsstruktur mit mehreren Eingängen gebaut (wie bei Weidensperling). Nestbau von unverpaartem ♂ begonnen, beide Partner bauen endgültig aus, Innenausstattung immer erst nach fester Paarbildung. Nestbauaktivitäten das ganze J. über möglich, halbfertige Nester z.T. als Schlafnester. Nestbauzeit sehr variabel, von 2-3 d nach Nestverlust bis mehrere Wochen. **Legebeginn.** Abhängig vom Temperaturgang nicht nur geographisch sondern auch lokal von Jahr zu Jahr sehr unterschiedlich; Ø Legebeginn bei ca. 40°N etwa Mitte März, bei ca. 50°N Ende März/Anf. April, bei 55°N etwa Mitte April, an einzelnen Plätzen jahrweise 10-30 d Unterschied. Eiablage in Europa zu allen Jahreszeiten nachgewiesen; Hauptzeit ME meist ab Mitte/Ende April, letzte Gelege Juli. Extreme: Eier im Feb., Nestlinge im Nov. Dauer der Brutsaison bei 3 Jahresbruten um 4 Monate (115-135 d). Einj. beginnen später. **Gelegegröße.** 4-6 (2-7, 8), größere Gelege von mehr als 1 ♀; Ø für einzelne Monate in ME 4.1 – 5.1; Junigelege oft am größten: NL_{29} 4.9, CH_{35} 5.1; Spätgelege meist deutlich kleiner; in D-SN Erst- $Ø_{66}$ 4.07, Zweit- $Ø_{42}$ 4.21, Drittgelege $Ø_{19}$ 3.42; keine geograph. Variation in Europa, dagegen deutliche in Amerika. Legeintervall 1 d. **Eier.** (Kurz-)oval, mattglänzend, weißlicher bis bläulichweißer Grund, oft sehr dicht dunkelbräunlich gefleckt. **Brutdauer.** 10-14 (-17) d. Brutbeginn allmählich, schon ab 1. Ei z.T. schon die ganze Nacht; beide brüten, ♀ mit größerem Anteil; Juv. schlüpfen (oft mit Ausnahme des letzten Eies) synchron. **Nestlings-/Führungszeit.** ♀ hudert meist allein, beide füttern (Anteile etwa gleich, ♀ kann Brut aber auch alleine zum Ausfliegen bringen); Juv. verlassen Nest nach 14-16 (11-23) d, i.d.R. gut flugfähig; werden nach Ausfliegen noch max. 14 d geführt. **Jahresbruten.** 2-3; auch in gemäßigten Breiten bis 4 Bruten eines ♂ möglich und gelegentlich belegt; Drittbrutanteil geschätzt Rhl. 20-25%; in E. aber nur 55% der ♀ mit Zweit- und 9% mit Drittbruten; in IL_{39} 2.3, in N-$Amerika_{142}$ 1.8 Jahresbruten/BP (jedoch 2.8-3.3 Bruten je Nest!). Dauer des Brutzyklus vom 1. Ei bis Ausfliegen 36-40 d, Abstand zum 1. Ei der Folgebrut 6-8 d. **Ende der Brutperi-**

ode. Meist zw. Ende Aug. und Mitte Sept., in Einzelfällen bis Okt. (Nov.). **Bruterfolg.** Schlüpfraten in Europa zw. 68 - 88%, Bruterfolg zw. 38.3% (GB) und 68% (CZ); dabei CS 7.7, D-SN 4.7, -HH 3.9, PL 3.6 - 4.3, GB 4.6 Juv./BP und J. Gesamtproduktivität vor allem durch Erst- und Zweitbruten, Drittbruten mit Anteil von 20% von geringerer Bedeutung. Kolonie- und Einzelbrüter mit gleichem Bruterfolg; Nistkastenbruten mit höherem Erfolg als Baumbruten (39.6% gegenüber 24.3%). Ältere ♂ mit größerem Erfolg als jüngere (Anteil Fremdkopulationen ihrer ♀ aber gleich).

Eimaße und -gewichte [1369]: L. 17.4-24.4 mm, B. 13.7-16.6 mm; Ø 22.5 x 15.7 mm (n=100, GB), 22.4 x 15.8 mm (n=253, S.), 22.4 x 15.9 mm (n=1099, CS). Frischvollgew. 2.13-3.59 g, Ø$_{93}$ 2.85 g. Schalengew. 0.15-0.23 g, Ø 0.190 g.

Sterblichkeit, Alter. Im 1. Monat 35 %, in Vorortlagen Rotterdam (NL) 37 %, im ländlichen Umfeld 56 % [1611]. Jährliche Sterblichkeit Ad. 30–55 % (je nach Methode) [Diskussion 969], im Ø 40-50%. In NL (Rotterdam) erreichten 11-15 % ein Alter von 4 J., in Vororten wurden 9 % und in ländlicher Umgebung 2 % 5 J. alt. Ältester Ringvogel (DK) 19 J. 9 Monate [3654], mehrfach > 12 J.; ältester Gefg.vogel 23 J. **Generationslänge:** < 3.3 J. [383].

Mauser. **Postjuvenile Mauser** (Vollmauser) setzt 4–6 Wochen nach Ausfliegen ein, in ME ca. Ende Mai–Ende Okt. (Nov.); spät geschlüpfte mausern früher und schneller [767,1369,1866]; HS-Mauer bisweilen rasch, sodass Flugfähigkeit eingeschränkt [1369]. • **Postnuptialmauser** (Vollmauser) unmittelbar vor oder nach Ende der Jungenaufzucht, Mitte Juli/Aug.–Okt./Anf. Nov.; ♂ beginnen vor ♀ [767,1369], zudem mausern spät beginnende Ind. schneller; Schwungfedermauser z.T. mit Unregelmäßigkeiten [767,1369]; Dauer der HS-Mauser 60–80 d.

Passer hispaniolensis – Weidensperling 15920

Passer [domesticus] hispaniolensis (Temminck 1820)

(GB) **Spanish Sparrow** (F) **Moineau espagnol** (E) **Gorrión Moruno**

Taxonomie. Zwei oder drei UA: *hispaniolensis* (Temminck 1820) (S-Europa, N-Afrika, Kleinasien) und *transcaspicus* Tschusi 1902 (Levante bis Afghanistan); z.T. wird auch der **Italiensperling** *P. [d.] (h.?) italiae* (Vieillot 1817) (Apenninenhalbinsel, Korsika, Sizilien, Kreta) als UA des Weidensperlings (früher des Haussperlings!) geführt (s. eigenes Kapitel). Werden Italien- und Weidensperling als konspezifisch betrachtet, hätte eigentlich der Name *P. italiae* (Vieillot 1817) Priorität [vgl. 995N]. Es gibt einen begründeten Antrag an die Internationale Zoologische Nomenklaturkommission (ICZN) zur Beibehaltung von *P. hispaniolensis* [W. Bock & J. Haffer].

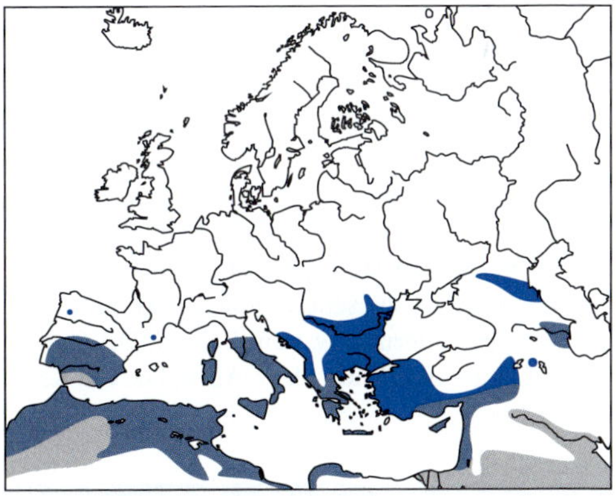

Passer hispaniolensis – **Weidensperling**

Kennzeichen. [767,1369,3615,3772,221; weitere **Fotos** in Bird. W. **6**, 309-11, **8**, 355, **9**, 265-67, Limic. **12**, 310, 315, Dutch B. **22**, 179, **23**, 340, **24**, 267-68].

Maße. Gr.: 15 cm. Gew.: (E.) ♂ 25.5-33.5 g, Ø$_{561}$ 28.4 g, ♀ 25-38 g, Ø$_{437}$ 28.1 g. Fl.spw.: 23-26 cm. Fl.l.: (DZ, Winter) ad. ♂ 76-82 mm, Ø$_{17}$ 79.7 mm, juv. ♂ 75-80 mm, Ø$_{12}$ 78.3 mm, ad. ♀ 71-79 mm, Ø$_{19}$ 76.4 mm, juv. ♀ 75-79 mm, Ø$_{11}$ 78.3 mm [767,1369].

Status. In Europa außerhalb der Brutgebiete Ausnahmegast, bis 1996 nur Nachw. (fast nur ♂, bei ♀ Bestimmungsprobleme) in GB (Engl.) Juni 1966, Okt. 1972, Okt. 1977 und Juli 1996 bis Dez. 1998, (Schottl.) Aug. 1993, (Wales) Mai 1993 [277], FIN Juni 1996 [277], N. Mai 1988, Juli 1990 [277], und F (außerhalb Korsikas) Juni 1961, Juni und Juli 1990,

Aug. 1991 (6 Ind. schiffsassistiert im Mai 1995 nicht als Wildvögel anerkannt) [1321].
In ME *hispaniolensis* Ausnahmegast mit 2 anerkannten Nachw. • **NL:** Mai 1997, Mai 2000 [1321,1594,277]. (CZ: Juni 1964 nicht anerkannt [1369].)

SPEC	VSchRL	Bern.Konv.	Bonn.Konv.
--	--	Anh. III	--
Europ. RL	**RL in ME**		
--	--		

Verbreitung und Bestand. Brutvogel der gemäßigt sommertrockenen, Steppen- und Wüstenregionen, neuerdings auf Balkanhalbinsel auch feucht-gemäßigte Zone. Verbreitungsareal von Kapverden, Kanaren und Madeira über Mittelmeergebiet von Maghreb, Iberien nach E bis TR, CY, IL, im S bis S-DZ und N-EGY, im N bis BG und S-RO sowie HR und YU; weitere UA W-Küste Kaspisee nach E durch KZ bis Ala Kol-See und Dsungarischer Alatau. Für Form *italiae* s. Italiensperling. Europäischer Brutbestand etwa zw. 2.7 – 6.0 Mio. BP (stabil bis zunehmend) [383, veränd.], mit Beständen > 200 T. BP in TR (1.5-3 Mio.), BG (400-800 T.), GR (300-500), AZ (100-500) und I (< 300-500) [383,1507]; Brutbestand in ME s. Italiensperling.

Wanderungen. Auf atlantischen Inseln Standvogel. **Br. E.** sind Teilzieher, die nach der Brutzeit zunächst Mausergebiete aufsuchen und dann teilweise in S-E. und N-Afrika überwintern. **Br. N-Afrika** offenbar ungerichtet nomadisierend, auch Wechsel der Brutplätze zwischen Erst- und Folgebruten. **Br. Balkan** sind ganz überwiegend Zieher mit Wintergebiet zwischen Lybien und Sinai; bisher wenige Winternachw. vom Balkan. Dz. Gibraltar Mitte Juli–Okt./Ende März-April, Dz. CY, Kreta v.a. Okt., IL Mitte Okt.–Ende Nov., Heimzug im E-Mittelmeerraum (Feb.) März–Anf. Mai.

Biotop. Im Gegensatz zum Haussperling auf südliche Breiten reduziert; dringt dabei bis in Steppen- und Halbwüstengebiete vor, mit lokalen Brutplätzen bis ins Gebirge. Bevorzugt Wärmegebiete in der Nähe von Feuchtstellen wie Verlandungszonen von Seen, Flüsse, auch Bewässerungsgräben etc. mit einzelnen Bäumen oder größeren Beständen (bzw. Plantagen). Bei Nestanlage oft weniger abhängig von menschlicher Bautätigkeit als Haussperling, nicht selten auch Untermieter in Horsten von Großvögeln.

Nahrung. Wie Haussperling.

Stimme. Eine vergleichende Bearbeitung der Stimmen von *P. domesticus* und *hispaniolensis* fehlt. Viele Lautäußerungen, v.a. Rufe, sind sehr ähnlich. Der Gesang in Nestnähe von *hispaniolensis* ist eine Serie von durchdringenden, anhaltenden »tschilp«- Rufen, z.T. etwas variiert, oft auch ständig zweisilbig »tschilip..« mit individuellen Merkmalen. Klangfarbe tiefer und klangvoller, Lautstruktur komplizierter als bei Haus und Feldsperling, größerer Frequenzbereich, längere Dauer, z.T. Triller. Zetern entspricht Haus- und Feldsperling. Kontaktruf im Flug charakteristisch »tjüi«, etwas rauer als bei den beiden anderen Arten.

Alter. Höchstalter von Ringvögeln 11 J. 3 Monate (TN) und 10 J. (Indien). **Generationslänge:** < 3.3 J. [383].

Mauser. **Postjuvenile Mauser** (Vollmauser) beginnt 4 Wochen nach dem Ausfliegen, Juli/Aug.–Ende Sept./Okt. [767,1369]. • **Postnuptialmauser** (Vollmauser) Juli/Anf. Aug.–Sept., überlappt kaum mit Brutgeschäft [767,1369].

Passer italiae – Italiensperling 15912

Passer [domesticus] x italiae (Vieillot 1817) früher: *Passer [d.] hispaniolensis italiae, Passer [d.] domesticus italiae*

(GB) Italian Sparrow **(F) Moineau cisalpin** **(E) Gorrión Italiano**

Taxonomie. Haus- und Weidensperling leben in weiten Gebieten des Mittelmeerraumes sympatrisch unter Bildung vielfältiger Mischformen, sog. »zeitdifferente Arten« [1501]. Taxonomische Stellung des Italiensperlings nicht einwandfrei geklärt; früher (z.T. noch heute) als UA des Haussperlings geführt [u.a. 337,965,4180,2354], nach Meinung anderer Autoren eine seit langer Zeit stabile Hybridform zwischen Weiden- und Haussperling, durch Eindringen des Haus- in Areal des Weidensperlings in N-I vor etwa 3.000-4.000 Jahren und weitgehender Isolierung [767, aber 3683]. Da nach S-I gradueller Übergang zu reinen »*hispaniolensis*« besteht, wird »*italiae*« zuweilen als UA des Weidensperlings angesehen [3756,711,1369]. Wenn jedoch Hybridform aus Haus- und Weidensperling, erscheint diese Zuordnung ebenso wenig sinnvoll wie die zum Haussperling. Besser wäre, »*italiae*« keiner der Ausgangsformen als UA zuzurechnen, sondern als stabile Hybridform »*x italiae*« zu behandeln [767] oder als eigenständige Art. Für letzteres spricht auch andere Entstehungshypothese sowie genetische Untersuchungen [1256]. Neuerdings daher aus theoretischen Erwägungen sowie u.a. aufgrund des abrupten Kontaktes und dem weitgehenden geographischen Ausschluss am Alpenbogen immer häufiger Artstatus zuerkannt [767,3393,3392, 3683,1501,1853,1256].

Kennzeichen [1369].

Maße und Gewicht. Ähnl. Haussperling, auch Fl.l.: (CH) ♂ 73-81 mm, $\varnothing_{12}$ 79.0 mm, ♀ 72-80 mm, $\varnothing_{10}$ 75.7 mm [1369].

Status. Sehr häufiger, auf SW-ME beschränkter Brut- und Jahresvogel. Fast reiner Standvogel, nur gelegentliches Auftreten in anderen Regionen [1507], z.B. in **CH** erst 1 Beob. N des Alpenkamms, -VD Aug. 2000 [3130].

Verbreitung und Bestand. Geschlossenes Verbreitungsgebiet von Mittel- bis N-I, SE-F, Korsika und SW-ME (vor allem CH-TI), lokal auch Wallis und Engadin sowie in A-T und -K. Entsprechende Phänotypen allerdings auch auf Balkanhalbinsel sowie in E-DZ (als UA »*tingitanus*« derzeit oft noch zum Haussperling gestellt). Genauere Bestandsuntersuchungen fehlen meist, daher kaum verlässliche Bestandsangaben für Europa oder ME [3756,711,767], nach grober Schätzung zw. 100 - 200 T. BP (ohne echte Weidensperlinge von Sardinien und Sizilien) [1507,1369]; in ME zw. 10.000-25.000 BP (Bestand wohl rückläufig, s.u.) [383, veränd.].

Wanderungen. Überwiegend Standvogel, wenige größere Ortsbewegungen nachgewiesen, z.B. invasionsartige Flüge von Vögeln mit Fettdeposition an Adriaküste I [1474]. Weite Streuungswanderungen von Jungvögeln; regelm. Beob. in S-F könnten auf W-Richtung hinweisen. Vögel der Voralpen

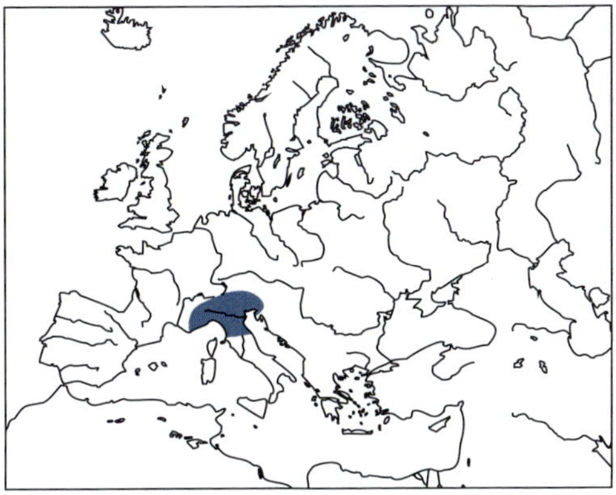

Passer italiae – **Italiensperling**

im Winter in tieferen Lagen. Ringfundkarten ME [4220].

Bestandsentwicklung. Scharf abgegrenzte Kontaktzone zum Haussperling am Alpenbogen offensichtlich stabil [3392,3393], dabei weitgehende Höhenseparation augenfällig (Haussperling dringt kaum in Tieflagen CH-TI vor, 3392]. Bestand lange Zeit wohl unverändert (Angaben aber unsicher), doch seit 1970er J. regionale Rückgänge sowie Aufgabe bestehender Brutorte oberhalb 2000 m ü.M. durch landwirtschaftliche Veränderungen [3393,3392].

	Best.	Areal	Brutbestand	Jahr	Quelle
A	↕	F	~1–5	~1995	[965,2238]
CH	+/-	=	10.000–25.000	1998–2002	[383]

Ausweitung des Areals und leichte, kontinuierliche Zunahme in I bis 1980er J. [1507], durch Ausdehnung des Siedlungsraumes und touristische Erschließung gefördert; u.U. mit Verschiebung der Hybridzone [2354]. Mitte 20. Jh. »*italiae*« auch Brutvogel in A-K sowie vor allem A-T; dort Brutvorkommen (auch Hybriden) an 3 Standorten in 1990er J. bestätigt; andere ehemalige Brutvorkommen, vor allem in Osttirol (zuletzt 1985), aber neuerdings verwaist oder vom Haussperling übernommen [965,1369,2238]. Dasselbe gilt für BG, wo (nur) Bruten 1987 und 1988 [1853]. Für Rückgang in jüngster Zeit sprechen auch Beob. in N-I [R. Zarrelli, Eurobirdnet Jan. 2003].

Siedlungsdichte. In I zw. 10-200 BP/km² [1507].

Gefährdungsursachen und Schutzmaßnahmen. Vgl. Angaben beim Haussperling.

SPEC	VSchRL	Bern.Konv.	Bonn.Konv.
--	--	Anh. III	--
Europ. RL	**RL in ME**		
--	--		

Nahrung. Wie Haussperling.

Stimme. Genauere Untersuchungen zu Unterschieden gegenüber Haus- und Weidensperling fehlen noch. Monotones »tschilp« oder »tjirp«, ratterndes »tscherr« oder im Flug »tvit« [1369].

Fortpflanzung, Brutbiologie [1369]. In Brutgebieten ME wohl keine vom Haussperling stark abweichenden Charakteristika, s. dort.

Sterblichkeit, Alter. Höchstalter in Gefg. angeblich 20 J.

Mauser. **Postjuvenile Mauser** (Vollmauser) ähnlich Haus- und Weidensperling [1369]. • **Postnuptialmauser** (Vollmauser) Sept.–Nov. [1257]. Offenbar erneute Mauser von Teilen des Kopf- und Körpergefieders im Feb. (März) [1257].

Passer montanus – Feldsperling 15980

Passer montanus (Linnaeus 1758)

(GB) **Tree Sparrow** (F) **Moineau friquet** (E) **Gorrión Molinero**

Taxonomie. Neun UA, in Europa nur *montanus* (Linnaeus 1758), ferner u.a. *transcaucasicus* Buturlin 1906 (Transkaukasien, N-Iran bis AZ), *zaissanensis* Poliakov 1911 (Altai RUS bis Monglei), *dilutus* Richmond 1895 (E-Iran bis Mandschurei), *tibetanus* E.C.S. Baker 1925 (Tibet), *kansuensis* Stresemann 1932 (NW-China), *iubilaeus* Reichenow 1907 (N-, Zentral- und E-China) und *saturatus* Stejneger 1885 (Sachalin, S Kurilen, JAP).

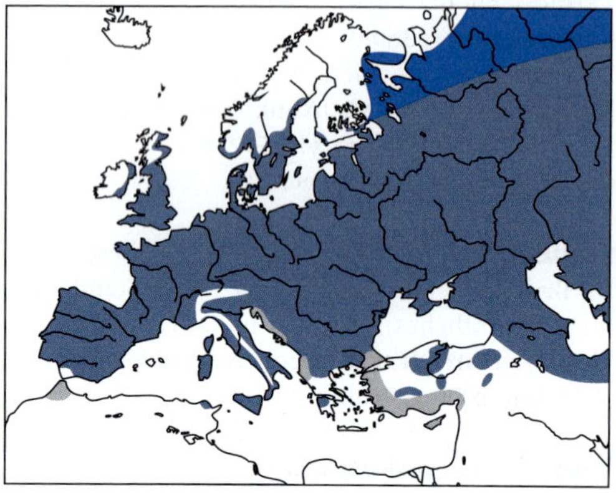

Passer montanus – **Feldsperling**

Kennzeichen. [767,1369,221,3772,3615, Foto in Brit. B. **91**, 134].

Maße. Gr.: 14 cm. Gew.: (D-SN) ♂ 19.0-28.8 g, $Ø_{119}$ 23.7 g, ♀ 19.5-27.0 g, $Ø_{143}$ 23.4 g. Fl.spw.: 20-22 cm. Fl.l.: (D-SN) ♂ 67-76 mm, $Ø_{93}$ 72.1 mm, ♀ 66-74 mm, $Ø_{105}$ 69.6 mm [767,1369].

Status. Verbreiteter und sehr häufiger Brut- und Jahresvogel; regelm., sehr häufiger Durchzügler und Wintergast.

Verbreitung und Bestand. Brutvogel mit Ausnahme der Tundra in allen Zonen der Paläarktis und Orientalis von W-Europa (E./P, F, GB/IRL) bis einschließlich Sachalin, JAP und Große Sunda-Inseln. Im Europa S-Grenze N-Küste Mittelmeer (ohne Balearen, einschließlich Sardinien, Sizilien), N-Rand Balkanhalbinsel, TR, nach E über N-Iran, N-Pakistan, N-Indien, Indochina bis Bali; N-Grenze Schottland, N. an Küste Vorposten bis Polarkreis und weiter N, S-S. (Einzelvorkommen bis fast Polarkreis), N-RUS bis Weißmeer, untere Petschora; weiter E stark schwankend bis in Tundrazone; ferner kürzlich eingebürgert in USA und S-AUS. In ME Nominatform verbreitet im Tiefland mit Lücken in zusammenhängend bewaldeten Mittelgebirgen, Alpen und großen Ballungszentren. CH nur selten > 1000 m (höchste Brutplätze ca. 1440 m), A-V bis 560 m, D-BY um 800 m, -BW bis 950 m, SK. bis 1000 m, PL bis 800 m ü.M. Europäischer Gesamtbestand zw. 26 – 48 Mio. BP (abnehmend), größte Populationen in RUS (10-20 Mio.), UA. (3-4), E. (2.5-4.1), H (2-2.8), RO (1.4-2.9) und D (0.9-2.1 Mio. BP); in ME brüten etwa zw. 4.3 – 7.8 Mio. BP [383].

Wanderungen. Standvogel (geräumt wird N-Rand des Areals in RUS) mit Dismigrationen über geringe Entfernungen; deutlicher als bei Haussperling Tendenz zu gerichtetem Zug, der aber vielfach nur unregelm. stattfindet und Charakter von Evasionswanderungen trägt, aber vielleicht in manchen Populationen Europas sogar Status eines Jugendteilziehers erreicht (mit hohen Anteilen zumindest über geringere Entfernung S-wandernder Ind. im N des Areals). Einzelne Ind. oder kleine Trupps erscheinen im Winterhalbjahr auch S des Areals, z.B. auf vielen Mittelmeerinseln, in NW-Afrika, ehem. YU, S-Küste TR, S-Iran etc., aber meist nur unregelm. oder ausnahmsweise; auch innerhalb des Areals Überwinterung fern von Brutplätzen, Alpenüberquerungen (möglicherweise regelm.) eingeschlossen. In S-S. Tagesmengen Dz. mitunter >600 Ind. Weiteste Ringfunde Witebsk – I (2500 km), St. Petersburg – NE-P (2783 km), über > 50 km meist in Wegzugrichtung SW–S. Zugkarten [4220]. Heimzug der Wegzügler ist anzunehmen; unter Ad. Anzahl der Funde > 10 km sehr viel geringer als bei Diesj.; Stichproben Ziehender in Alpen CH ergaben >95 % Diesj. Immigration fremder Ind. wahrscheinlich für hohe Bestandsschwankungen lokaler Populationen verantwortlich. Nach Jungendismigration unmittelbar nach der Brutzeit, abhängig vom Ausfliegetermin, Zugbewegungen Ende Sept.–Anf. Nov. Hohe Brutortstreue, auch Geburtsortstreue (doch auch Fremdansiedlungen bis 80 km) [302].

Bestandsentwicklung. Erhebliche kurzfristige Schwankungen in Abhängigkeit von klimatischen und Nahrungsbedingungen im Winter sowie durch Umsiedlungen in geeignetere Habitate [1369,1680,1330]. Vor allem in GB auch langfristige Bestandsfluktuationen bekannt, wohl in Folge von Irruptionen vom Kontinent, dadurch Höchstbestände um 1900 und Mitte 1960er J. [2471,3756N,3756Z]. In Fennoskandien erhebliche Ausbreitung aufgrund der Klimaerwärmung im Laufe des 20. Jh. [767].

In ME nach allgemeiner Zunahme bis Mitte 20. Jh. nachfolgend anhaltender, regional starker Rückgang der Bestandszahlen [1369]. Insbes. in Agrarlandschaft W-ME ab 1970er J. schließlich z.T. katastrophale Einbrüche, in NL inzwischen um 70-90% [196,1369,1585,3638,310,1330,1137,2889; ferner GB: 2471,1507]; weniger drastische, oft erst ab Ende 1980er J. einsetzende Rückgänge aber auch N- und E-D sowie CZ und N-CH [403,4065,1658, 4200,4134,3095,2896,2772,1,3393,2159], z.T. durch Extremwinter (z.B. 1978/79) noch verstärkt [1330]. In D-HE Abnahmen vor allem beschränkt auf Waldgebiete [1680] und flurbereinigte Flächen [1528], kein Rückgang dagegen u.a. in unbeeinträchtigten Obstanlagen [1680]. In -NI vor allem Waldrandpopulationen mit Abnahmen [301], in -ST Felsbrüterpopulationen [1330]. Lokales Erlöschen von Brutvorkommen neben der Umsiedlung aus suboptimalen Bereichen möglicherweise direkte Folge von Vergiftungen mit Bioziden [4200,4134]; in N-CH Bruterfolg offenbar durch chlororganische Verbindungen negativ beeinflusst [4065,1507], in NL stark verringerter Bruterfolg (kaum noch erfolgr. Zweit- oder gar Drittbruten) wahrscheinlich induziert durch verringertes Insektenangebot zur Brutzeit, dagegen in GB verringerte Überlebensrate [465].

	Best.	Areal	Brutbestand	Jahr	Quelle
A	+/-	=	80.000–160.000	1998–2002	[383]
B	↓	- 1	15.000–30.000	2001–2002	[383]
CH	+/-	=	70.000–100.000	1993–1996	[383]
CZ	↓	=	400.000–800.000	2000–2002	[383]
D	↓	=	900.000–2.100.000	1995–1999	[383]
FL	+/-	=	200–300	1998–2000	[383]
H	+/-	=	2.000.000–2.800.000	1999–2002	[383]
L	+/-	=	6.000–15.000	2001	[383]
NL	⇩	- 2	50.000–150.000	1998–2000	[383]
PL	↓	=	500.000– 1.000.000	2000–2002	[383]
SK	+/-	=	300.000–600.000	1990–1999	[383]

Durch Flächenstilllegungsprogramme, Artenschutzmaßnahmen und andere Faktoren Abnahmen neuerdings gebietsweise gebremst oder Trendumkehr [3178,1528,1,3393]. Doch Bestandsentwicklung in ME weder zeitlich noch habitatspezifisch einheitlich [1141; vgl. z.B. Zunahmen: 2866,834,2721; oder Stabilität: 198,55,3393]. Vor allem E-ME weniger stark von Rückgängen betroffen [1585;965,3867,2405,2518,2838], allerdings in einigen Städten W- und E-PL drastische Verluste seit den 1980er J. bekannt [3871]. In letzten Jahrzehnten Arealausweitung in S-Europa mit Ansiedlungen in Korsika, Sardinien, Malta und (vorübergehend?) Kanaren [1507].

Siedlungsdichte. Futtersuchflüge in D-NW Ø 335m (max. > 900m) vom Nest, Aktionsräume (5 Ind.) zw. 3.7 - 28.7 ha [2007,3796]. Höchstdichten in ME (meist Nistkastenpopulationen): auf Flächen von 20–49 ha 27.9–22.0–15.1 (Ø 20.4), von 50–99 ha 17.9–10.0–4.0 (Ø 13.3), von > 100 ha 6.6–2.1–1.0 (M 2.3) BP/10 ha [337; vgl. auch Angaben in 1137,310,1722]. Großflächendichten (> 100 km^2) in ME zw. 0.7 – 43 BP/km^2 [s. Tab. 63 in 337], in Optimalgebieten Europas 15-90 BP/km^2 [1507].

Gefährdungsursachen [301,2357,2471,4200,4134,1369,196,337,1680]. (1) Geringerer Bruterfolg aufgrund Intensivierung der Landwirtschaft durch starke Düngung mit schnellem Pflanzenwuchs im Frühjahr, durch gesteigerten Biozid- und Beizmitteleinsatz, durch Intensivnutzung der Grünlandgebiete mit mehrfacher Mahd und demzufolge Reduktion der floristischen und faunistischen Vielfalt, durch Grünlandumbruch, durch Entfernen der Saumbiotope und Randstreifen, durch vermehrten und stark mechanisierten Maisanbau in großflächigen Monokulturen; (2) Brutplatzverlust durch Entfernung oder weitgehende Zerstörung von Streuobstbeständen und Feldgehölzen sowie durch starke Durchforstung von Altholzbeständen und kurze Umtriebszeiten; (3) erhebliche Nahrungsengpässe außerhalb Brutzeit, da im Herbst durch frühes Unterpflügen keine Dreschabfälle anfallen, durch zunehmende Ansaat von Wintergetreide im Winter weniger Stoppelbrachen vorhanden sind und aufgrund des schnellen »Auflaufens« im Frühjahr weder frisches Saatgut noch leicht erreichbare Insekten zur Verfügung stehen.
Zuweilen direkte Verfolgung.
Natürliche Ursachen: Extremwinter; intensive zwischenartliche Konkurrenz um Bruthöhlen.

SPEC	VSchRL	Bern.Konv.	Bonn.Konv.
3	--	Anh. III	--
Europ. RL	RL in ME		
--	FL:'VU', B, NL, D: 'NT'		

Schutzmaßnahmen. Erhalt oder Neuschaffung von Feldgehölzen und Hecken, Verkleinerung der Ackerflächen, verstärkte Einrichtung von Brachflächen.
Erhöhung des Nahrungsangebotes durch Einstellung der Mahden während der Brutzeit, Erhaltung oder Wiederherstellung der Ackerrandstreifen und Ruderalflächen, sowie Stehenlassen von bodenbedeckenden Wildkrautsaaten; Erhalt von Stoppelbrachen im Winter durch verstärkten Anbau von Sommergetreiden. Reduzierung des Biozid- und Düngereinsatzes; keine Spritzungen der Ackerraine und Wegränder.
Erhöhung der Umtriebszeiten in Wäldern, Stehenlassen von Überhältern und Altholzinseln, Angebot an Nisthilfen.

Biotop. Br. im hauptsächlich landwirtschaftlich genutzten Umland von Siedlungen; dringt einerseits in locker bebaute Vorstadtbereiche oder dörfliche Siedlungen ein (wenn Haussperlinge fehlen), andererseits bis in lichte Baumbestände und Wälder oder Ränder geschlossener Wälder mit angrenzenden spärlich bewachsenen Freiflächen; Br. z.B. in Feldgehölzen, Windschutzstreifen und Hecken, in Obst- und Kleingärten und im Baumbewuchs um Einzelhöfe, aber auch in Alleen, an Waldrändern, in Ruderalvegetation, lichten Auwäldern oder gewässerbegleitenden Gehölzen auch fernab von Siedlungen, gelegentlich in Gartenstadtsiedlungen und auch in dichter bebauten Stadtbereichen.

Nahrung. Hauptsächlich Sämereien, vor allem Gras und Getreidekörner sowie von zahlreichen Pflanzen, wie Melde, Brennnessel, Knöterich, Miere, Beifuß, dagegen offenbar keine fleischigen Früchte. Kurz vor Beginn der Brutzeit auch ad. Insekten, Spinnen u.a. kleinen Wirbellose; Nestlingsnahrung zunächst kleine Insekten, wie Blattläuse, dann größere (Raupen, Heuschrecken, Käfer etc.), gerne von Getreide- und Rapsfeldern [3796].

Stimme. Vielseitiges Rufrepertoire. Am häufigsten hohes, einsilbiges »tschip«, höher als Haussperling, und als »Nestruf« rascher oder langsamer, in Gesangsform gereiht in der Nähe der Nisthöhle. Im Abflug hart, hölzern »tek-tek-tek…« und helle »zwit«; ferner gereiht »dschäd…« (etwas gedämpft) oder »dschid«. Jedes ♂ mit z.T. > 20 verschiedenen Elementen. Beide Geschlechter singen, auch Chorgesang.

Verhalten. Tagaktiv; Tagzieher. Nahrungssuche auf dem Boden oder in Bäumen und Büschen; am Boden meist nicht weit von Deckung, die der nahrungssuchende Schwarm bei Störung oder Beunruhigung geschlossen aufsucht; anschließend kehren die Ind. meist Einzelne nach und nach an den Nahrungsplatz zurück. Insekten werden entweder an Blättern abgelesen, dabei geschicktes Turnen auch in kleinen Zweigen, vom Boden aufgenommen oder auch in kurzer Flugjagd erbeutet. An Siedlungsrändern auch an Futterplätze. Ganzjährig sozial. Nistplatz wird aber verteidigt. ♂ verpaart sich i.d.R. mit einem ♀. ♂ verpaaren sich aber auch oft mit mehreren ♀. Nestplatz ist wichtig bei der Paarbindung. Enge Paarbindung in Nestnähe aber auch entfernt vom Nest. Kopulationen sehr häufig kurz vor und während der Legephase. Bei der Balz hüpft das ♂ mit erhobenem Kopf und Schwanz sowie mit etwas abgestellten, zitternd bewegten Flügeln um das ♀ herum; auch Verfolgungsflüge und Gruppenbalz, letztere weniger häufig als bei Haussperling. Häufig fremde Junge im Nest (nicht vom Paar-♀). Gruppenschlafplätze in Bäumen und Hecken; verpaarte Ad. und später nach Laubfall auch unverpaarte übernachten in Höhlen, meist nur 1–2 Ind., aber auch bis zu 7 Ind. nachgewiesen. Auch nach Aufgabe der Gemeinschaftsschlafplätze nach Laubfall sammeln sich mehrere Ind. bis zu kleinen Schwärmen, um dann einzeln Schlafhöhlen aufzusuchen. Außerhalb der Brutzeit fast stets in Trupps und Schwärmen. Juv. nach dem Selbstständigwerden oft zunächst in kleineren Jungentrupps im Brutgebiet, später in großen Schwärmen an günstigen Nahrungsplätzen in einiger Entfernung, in reifenden Getreidefeldern mitunter Hunderte, denen sich auch Ad. anschließen. Nach der Auflösung größerer Herbstschwärme kehren verpaarte Ad. in günstigen Klimaten schon im Herbst wieder zu den Nistplätzen zurück; tagsüber aber meist in Trupps und Schwärmen sowohl auf der Nahrungssuche als auch beim Rasten (»soziales Singen« ähnlich Haussperling); auch Vergesellschaftung mit Ammern, Finken oder Haussperlingen, doch interspezifische Nestverteidigung gegenüber Haussperling. In ME dem Menschen gegenüber meist deutlich scheuer als Haussperling; stadtbewohnende Populationen (z.B. E-Asien) verhalten sich dagegen wie Haussperlinge.

Fortpflanzung, Brutbiologie [1369,337,767, 1722]. Geschlechtsreife im 1. Lebensjahr. Bei störungsfreiem Nistplatz monogame Dauerehe, dabei lebenslange Nistplatztreue beider entscheidend. Bigynie in Einzelfällen belegt (bes. bei 3-4-jähr. ♂). Besiedlung der Brutplätze bei Standvogelpopulationen durch Paare oder einzelne Ad. oft schon im Herbst bis Winter als Schlafplätze; Paarbildung unter Diesj. selten schon im Herbst nach 5, meist nach 9-11 Monaten im März/April mit Behauptung der potenziellen Nisthöhle; Nestbauaktivitäten nicht selten schon im Herbst (auch gelegentlich bei Zugvögeln außerhalb des Brutgebiets). **Nest.** Neststand meist in Höhlen, in Europa überwiegend Baumhöhlen (z.B. Specht-) oder Kopfweiden, Nistkästen, aber auch Mauer- und Felsenlöcher, unter Dächern von Holz- und Steinbauten, Gebäuden (ausnahmsweise neben Haussperling) [z.B. 271], in Erdlöchern von Uferschwalben sowie in Mehlschwalbennestern oder im Unterbau von großen Greifvogel-, Storchen- oder Reihernestern. Höhlen mit kleinem Einflugloch werden bevorzugt (aber auch Waldkauzkästen besetzt und mit Nistmaterial ausgefüllt); frühe Besetzung als Schlafhöhle (s.o.) bietet Vorteile gegenüber Konkurrenten. Selten auch freistehende Nester, vor allem in dichten Bäumen, Büschen oder Hecken (u.a. Koniferen, Weißdorn). Nester i.d.R. nicht in Kolonien, doch je nach Angebot auch relativ nahe beisammen. Freistehende Nester ähnlich Haussperling kugelförmig mit seitlichem Eingang (auch gelegentlich mit Eingangsröhre) aus trockenem Gras, Stroh, kleinen Wurzeln und Blättern, Mulde mit Federn und manchmal Tierhaaren ausgekleidet; i.d.R. deutlich kleiner als Haussperlingsnester; in Höhlen oft nur Napfnest ohne Dach. Beide bauen (bis während der Brütezeit Ergänzungen), Dauer etwa 5 d (auch deutlich mehr); vor Wiederbenutzung der Höhle altes Material meist entfernt; bei Übernahme anderer Höhlen werden auch Eier und Jungvögel vernichtet. **Legebeginn.** Frühestens ab (Mitte März) Anf. April (Ausnahmen) [z.B. 518], meist ab Mitte April, oft erst Anf. Mai; letzte Gelege Ende Juli/ Anf. Aug. **Gelegegröße.** 3-7 (2-8), am häufigsten 5 (>8 offensichtlich von 2 ♀); Ø PL 4.6 – 5.1, CS 4.7 – 5.0, D 4.7 – 5.5, CH langfristig 5.1, aber D-NW (1999-2003)$_{206}$ 6.46 [K. Nottmeyer-Linden]; in ME Mai- und Junigelege meist am größten (z.B. Rhl. 5.4 bzw. 5.1), D-HE 1. Brut 5.8, 2. 5.9, 3. 5.2 Eier, in NL aber Mai$_{47}$ 4.77, Juni$_{21}$ 4.76, Juli$_{6}$ 5.33 und Aug.$_{3}$ 5.33. Legeintervall 1 d. **Eier.** Form und Farbe sehr variabel, meist (kurz-)oval, schwach glänzend, Grundfarbe weiß, bläulich- oder grünlichweiß, stark hell- bis dunkelbraun gefleckt. **Brutdauer.** 11-14 (15) d; Bebrütung 1-3 d vor Ablage des letzten Eies; beide brüten, ♀ meist deutlich mehr sowie nachts; Juv. schlüpfen innerhalb 1-2 (3) d. **Nestlings-/Führungszeit.** ♀ hudert bis etwa 8 d, beide füttern (Anteile etwa gleich; ♀ kann bei Partnerverlust Brut auch alleine aufziehen). Ungestörte Juv. verlassen Nest nach 16-18 (15-20) d; sind bald danach selbständig (nur in Entwicklung zurückgebliebene bis 8 d gefüttert), max. 2 Wochen geführt. **Jahresbruten.** 2-3 (1-4), Zweitbruten die Regel (in einzelnen Studien 8-97% (Ø 65%) Zweit-, 4-66% (Ø 25%) Dritt- und mitunter sogar Viertbruten, z.B. B, YU), neben geograph. und habitatbedingten auch jahrweise Unterschiede; Ersatzgelege. **Ende der Brutperiode.** Meist bis Ende Aug. abgeschlossen, zuweilen noch bis Sept. **Bruterfolg.** Mittlere Schlüpfraten 56-82% (Ø$_{14}$ 75.1%)

bzw. 58-94% ($Ø_{16}$ 76.2%). Bruterfolg Ø über viele (z.T. fehlerbehaftete) Untersuchungen in ME 3 – 10 (Ø 5.8) Juv./BP und J., z.B. Ø PL 1.1-2.6 Gelege/J. und 3.4-8.7 Juv./BP und J., CS 2.1-2.7 Gelege und 6.8-8.8 Juv., D 1.4-2.4 bzw. 1.3-9.6, B 2.0 bzw. 5.0, GB 1.6 bzw. 3.9, CH 1.5-1.7 Gelege bzw. 3.3-3.9 (erfolgr. BP 5.0-6.6) Juv. In D-HE 1. Brut 3.4, 2. Brut 3.7, 3. Brut 2.7 Juv./Brut und J. Im Raum Frankfurt/M. Gelegegröße, Schlüpfrate und Bruterfolg von stadtfernen Wäldern über Stadtrandbiotope zu städtischen Lebensräumen abnehmend (neben Unterschieden im Nahrungsangebot wohl auch Pestizideinsatz verantwortlich).

Eimaße und –gewichte [1369]: L. 16.6-21.6 mm, B. 13.2-15.7 mm; Ø 19.5 x 14.3 mm (n=1091, CH/F), 19.0 x 14.1 mm (n=981, D-ST), 18.8 x 14.1 mm (n=1791, HR). Frischvollgew. 1.41-2.60 g, $Ø_{55}$ 2.08 g bzw. 1.37-2.61 g, $Ø_{1791}$ 1.97 g. Schalengew. 0.10-0.18 g, $Ø_{295}$ 0.15 g.

Sterblichkeit, Alter. Im 1. Monat nach Ausfliegen in PL 42-44 %; 15–20 % erreichten die erste, 3-4 % die zweite und 1-2 % die dritte Brutsaison. Sterblichkeit der Ad. 65%, nach einigen Schätzungen auch höher. Ältester Ringvogel (FR) 13 J. 1 Monat [3654], mehrfach > 10 J., in Gefg. 12-14 J. **Generationslänge:** < 3.3 J. [383].

Mauser. Postjuv. Mauser (Vollmauser) (Ende Juni) Juli/Aug.–(Ende Aug.) Sept./Mitte Nov.; spät Geschlüpfte mausern früher und schneller [767,1369,2610]. • **Postnuptialmauser** (Vollmauser) beginnt z.T. noch während Fütterungsperiode, Ende Juni/Juli (Aug.)–Mitte Sept./Okt. (Nov.) [1369,3450]; Dauer der HS-Mauser 60–70 d [767,1369].

Petronia petronia – Steinsperling 16040

Petronia petronia (Linnaeus 1766)

GB Rock Sparrow **F Moineau soulcie** **E Gorrión Chillón**

Taxonomie. Sieben UA, *petronia* (Linnaeus 1766) (S-Europa bis MA), *madeirensis* Erlanger 1899 (Madeira, W-Kanaren), *barbara* Erlanger 1899 (DZ- Libyen), *puteicola* Festa 1894 (SYR, JOR, IL), *exigua* (Hellmayr 1902) (N-Kaukasus bis S-Kaspi und N-Iran), *intermedia* Hartert 1901 (Wolga und Ural bis Kirgisien und Tien Schan) und *brevirostris* Taczanowski 1874 (Altai bis Innere Mongolei, China).

Kennzeichen. [767,1369,221,3772,3615; weitere **Fotos** in Bird. W. **9**, 279, Dutch B. **19**, 50].

Maße. Gr.: 14 cm. Gew.: (I; Aug.) Ad. 32.2-37.2 g, $Ø_{10}$ 35.3 g, Diesj. 29.8-35.7 g, $Ø_{30}$ 33.0 g. Fl.spw.: 28-32 cm. Fl.l.: (Iberien) ♂ 94-98 mm, $Ø_{11}$ 96.4 mm, ♀ 91-96 mm, $Ø_{4}$ 92.6 mm, (F/D) ♂ 97-102 mm, $Ø_{5}$ 99.4 mm, ♀ 95-100 mm, $Ø_{5}$ 97.7 mm [767,1369].

Status. In Europa außerhalb der Brutgebiete sehr seltener Ausnahmegast, z.B. GB 1 Nachw. 1981 [337].
In ME ehemaliger Brutvogel in • **D:** -NW nur Daten aus 19. Jh. [1369]; -BW Brutvogel im 19. Jh. an einigen Plätzen der südbadischen Oberrheinebene und im Taubertal [1369,1722]; -BY 1944 letzte

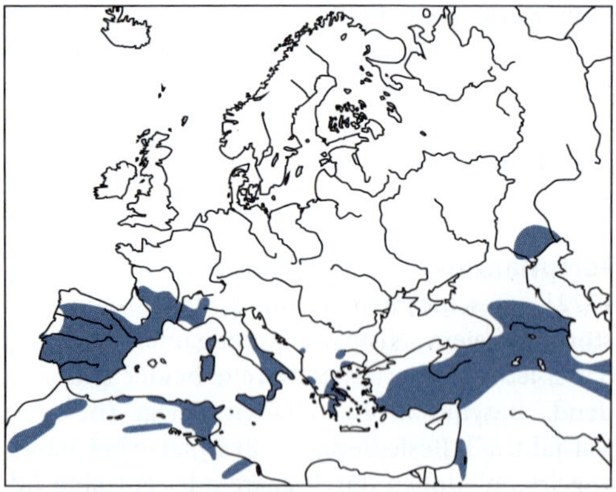

Petronia petronia – **Steinsperling**

Beob. an einem der wenigen Brutplätze nahe Grenze zu -TH [4175,1369]; -TH Brutvogel im 19. Jh., doch schon vor Mitte 19. Jh. Abnahme und nach 1900 nur noch inselartige Vorkommen im N- und S-Vorland Thüringer Wald; letzte Beob. an bekannten Brutplätzen in 1920er J., 1931 (und viell. noch 1936) [1369,2068]; -SN 1 Feststellung 19. Jh. [1369]. • **PL:** Letzter Brutverd. Juli 1897 (5 Ind., wohl Paar mit 3 Jungen) [1369,3871].

Im 20. Jh. meist nur noch Ausnahmegast, u.a. in • **CH:** 3 anerkannte Nachw.: Nov. 1915, Totfund März 1937, April 1938, davor: 1 Ind. erl. Nov. 1899 [4152]. • **A:** Im 20. Jh. Brutzeitbeob. in -S (1920 sowie) 1926-30 in Felssteppe des alpinen Karstes auf 1900-2570 m ü.M., ferner Okt. 1952 [1369]; -V Dez. 1906 [1369,*62*]; -T Juli 1954 [1369]. (**PL:** 2 Beob. im 20. Jh. nicht gesichert) [1369,3871]. • **B:** insges. 7 homologierte Nachw. im Okt. 1843, 1846, 1951, 1952, 1954 und 1960 sowie Nov. 1968 [1369], neuerdings in Kateg. E geführt [1677]. Meldungen aus CZ, SK. und NL nicht mehr anerkannt [1369].

Verbreitung und Bestand. Brutvogel in S-Paläarktis in gemäßigter, mediterraner, Steppen- und Wüstenzone sowie in Gebirgen; NW-Afrika bis Libyen, P/E., S-F, Inseln W-Mittelmeer, I, GR, S-BG, TR, IL, Iran, Kaukasus und Transkaukasien, KZ, Mittelasien, S-Sibiren, Mongolei bis W-China. In Europa von Küste bis in montane Regionen unterhalb 1600 m, allerdings in N-I bis 1840 m bzw. 2040 m ü.M. in den W-Alpen [1507]. Ehemalige Populationen in ME erloschen. Europäischer Brutbestand etwa zw. 1.7 – 3.8 Mio. BP (teilw. rückläufig), mit Beständen > 100 T. BP in E. (0.83-1.2 Mio.) und TR (0.8-2.4 Mio.) und > 10.000 BP in AR, AZ, I, P und RUS [383].

Wanderungen. Standvogel (auch die ehem. Br. in D-TH) und Teilzieher, der S des Brutareals in Irak und S-Iran überwintert. Vor allem hoch gelegene Brutplätze werden im Winter verlassen.

Bestandsentwicklung. In ME ehemalige Brutvorkommen in D-BY, -HE, -TH und -BW sowie Rhl. und weitere kleine Einzelvorkommen [1369,337,1680,1719,2068,4175]. Meiste Populationen im 19. Jh. erloschen (ebenso in NE-F), wohl als Folge von Klimaänderungen (kühlere, feuchtere Sommer) [1369,1680,1507], doch sicherlich verstärkt durch menschliche Nachstellungen sowie zunehmende Nistplatzkonkurrenz mit anwachsenden Beständen von Star, Haussperling (und Mauersegler) [1719,337]. Einige kleinere Bestände noch in 1. Hälfte 20. Jh., doch 1944 letztes Brutvorkommen erloschen [204,205]. Wiederansiedlungsversuch 1959–60 in -RP gescheitert [1719,2792].
Bestände in S-Europa derzeit weitgehend stabil, allerdings Abnahmen in S-I und GR (sowie auf Kanaren); in BG gleichzeitig Zunahme und Arealausweitung [1585,1507].

Siedlungsdichte. Brütet in losen Kolonien (aber bis 5 Nester/m^2 festgestellt), dazwischen große unbesiedelte Flächen; bei hoher Siedlungsdichte Ø Entfernung der Singwarten benachbarter ♂ nur 11.3 m [1369]. In E. (Frühjahr) Ø 1.64 Ind./10 ha auf unkultivierten Flächen und 0.02 Ind. in Ackerbaugebieten [1507], in BG Ø 0.053 BP/10 ha (Max. in Teilgebieten bis 0.18 BP/10 ha) [1369].

Gefährdungsursachen [1719,205,337,1507]. Menschliche Nachstellungen (Eier- und Präparatesammler).

SPEC	VSchRL	Bern.Konv.	Bonn.Konv.
--	--	Anh. III	--
Europ. RL	RL in ME		
--	D: 'RE'		

Natürliche Ursachen: Klimaveränderungen (Atlantisierung; Anwesenheit in F korreliert mit Sonnenscheindauer von > 2000 h pro J.); Nistplatzkonkurrenz mit Star, Haussperling und Mauersegler.

Biotop. Br. warmer, oft trockener Gebiete vom Kulturland bis in aride Steppengebiete oder felsige Gebirge, überwiegend in offenem Gelände mit steilen Wänden, Steinbrüchen, Ruinen oder auch in Siedlungen und in locker mit Bäumen bestandenem Kulturland.

Nahrung. Neben Invertebraten, vor allem Insekten (fast ausschließliche Nestlingsnahrung Raupen und Heuschrecken), überwiegend und ganzjährig Sämereien. Im Herbst auch Beeren.

Stimme. Sehr charakteristischer Ruf, nasal, hochgezogen »bäi«, oft wiederholt; ferner bei Erregung schnell, schnarrend »dededed...« oder »rrr«, auch hellere Rufe, wie »schlit« oder »dlü«. Melodischer und klangvoller als Haussperling. Gesang rufähnliche Gebilde, wie »bäidid«, »bäidilid«, wird als grünfinkähnlich beschrieben. Gesang mit Werbefunktion meist von Sitzplatz nahe Nisthöhle geäußert, selten auch in kurzem, pieperähnlichem Singflug. ♀ singen (selten) leisen Gesang, ähnelt Grünfink .

Fortpflanzung, Brutbiologie [1369,337,767,3027]. Geschlechtsreife i.d.R. Ende 1. Lebensjahr. Gewöhnlich monogam, seltener polygam und polyterritorial; ♀ können Erstbrut vorzeitig verlassen (Erst-♂ übernimmt Aufzucht) und mit anderem ♂ weitere Brut aufzuziehen. Brutortstreue bei ♂ sehr hoch (♀ mitunter nur bei Bruterfolg). Paarbildung an Nisthöhle oder beim geselligen Nahrungserwerb. Nistplatzbezug lange vor Brutbeginn ab Feb./März. **Nest.** ♂ lockt an potenzieller Nisthöhle, Wahl durch ♀. Neststand id.R. (40) 50-80 cm tief in Felsspalten, Löchern und Ritzen im Mauerwerk, unter Dächern alter Häuser, in Schuppen, Ruinen, aber auch modernen Gebäudekomplexen (z.B. in Lüftungs- und Abflussrohren), in Baumhöhlen (Laubbäume, oft nur 1.5 m über Boden) und, z.T. bevorzugt, Nistkästen (45x13x13 cm); schließlich auch Nachnutzung von Nestern anderer Arten. Nest groß, unordentlich, nie überdacht, aus dürren Halmen, kleinen Wurzeln, Blättern, Schnüren und Textilfetzen, mit Federn und Tierwolle ausgekleidet. Nur ♀ baut, Dauer 2-7 d. Nester oft mehrfach wiederverwendet (nicht nur für Zweitbruten). **Legebeginn.** In S-Europa frühestens ab Ende April, meist Ab Mitte Mai, in ME ehemals ab letzte Maidekade bis Mitte Aug., im Piemont I ab Anf. Juni, Max. Mitte/Ende Juni, 2. Max. Ende Juli/Anf. Aug. **Gelegegröße.** 4-6 (3-8); Ø N-Afrika$_{21}$ 5.76, E.$_{13}$ 5.0, I$_{109}$ 5.78; Spätgelege (ab Mitte Juli) kleiner. Legeintervall 1 d. **Eier.** Oval, glänzend, grau- bis bräunlichweißer Grund, grau bis bräunlich gefleckt, bes. am stumpfen Pol. **Brutdauer.** 11-14 d. Brutbeginn ab vorletztem Ei; (viell.) nur ♀ brütet; Juv. schlüpfen innerhalb 2 d. **Nestlings-/Führungszeit.** ♀ hudert, beide füttern (Anteile etwa gleich, ♀ kann Brut aber nach Ø 14 d verlassen und neue Brut beginnen; in N-I 0-16%). Juv. verlassen Nest nach 17-21 d; sind max. 10-12 d nach Ausfliegen selbständig. **Jahresbruten.** 1-2; in F regelm. 2, in N-I 19% der ♀ mit Zweitbrut. **Bruterfolg.** In Piemont I Bruterfolg bei 109 Bruten (630 Eier) 63% mit 4.2 frisch geschlüpften bzw. 3.64 flüggen Juv./Brutanfang, Gelege aus Hauptlegezeit (9.6.-8.7.) bestanden aus Ø$_{87}$ 6.04 Eiern und ergaben 3.8 flügge Juv./Brut, solche aus Spätbruten (14.7.-9.8.) Ø 4.81 Eier und 2.7 Juv. Durch Polygamie Steigerung des Bruterfolgs (vor allem bei ♀), dabei ♀, die Erstbrut vorzeitig verließen, erfolgreicher als ♀ mit vollständiger Aufzucht oder nur einer Brut; zudem ♀ mit vorher unverpaartem ♂ erfolgreicher als mit polygynen ♂.

Eimaße und –gewichte [1369]: L. 19.3-23.5 mm, B. 14.7-16.9 mm; Ø 21.2 x 15.3 mm (n=65, E.), Ø$_{86}$ 21.9 x 15.7 mm. Frischvollgew. errechn. 2.82 g. Schalengew. 0.17-0.25 g, Ø$_{110}$ 0.21 g.

Sterblichkeit, Alter. Sterblichkeit ♀ in 2 Probeflächen I-Alpen 46 und 63 %/J. [3800]. Ältester Ringvogel (E.) > 6 Jahre, in Gefg. 12 und 13 J. **Generationslänge:** < 3.3 J. [383].

Mauser. **Postjuvenile Mauser** (Vollmauser) beginnt im Alter von ca. 6 Wochen ab Mitte Juli/Mitte Aug. [767,1369]. • **Postnuptialmauser** (Vollmauser) Juli/Anf. Aug.–Ende Sept./Okt. (Nov.) [767,1369].

Montifringilla nivalis – Schneesperling 16110

Montifringilla [nivalis] nivalis (Linnaeus 1766) früher: Schneefink

(GB) (White-winged) Snow Finch **(F) Niverolle alpine** **(E) Gorrión Alpino**

Taxonomie. Mehrere UA, darunter in W-Paläarktis *nivalis* (Linnaeus 1766) (Europa) und *alpicola* (Pallas 1811) (Kaukasus, Elburs, Tien Schan).
Bildet Superspezies mit den innerasiatischen, altitudinal getrennten Arten *M. henrici* und *M. adamsi*. *M. henrici*, bisher als konspezifisch mit *M. nivalis* angesehen, steht diesem jedoch nach mtDNA-Distanzen noch ferner als *M. adamsi* [P. Ericson & A.J. Helbig]. Da *M. henrici* von W-paläarktischen *M. nivalis*-Populationen weiträumig getrennt und auch phänotypisch deutlich differenziert ist [2483], sollte er als eigene Allospezies anerkannt werden [vgl. auch 1599N].

Kennzeichen. [767,1369,221,3772,3615; weitere **Fotos** in Dutch. B. **21**, 354, (*leucura*) Sandgr. **25**, 28].

Maße. Gr.: 17 cm. Gew.: (CH) ♂ 35-39 g, Ø$_{6}$ 37.0 g, ♀ 36-41.5 g, Ø$_{10}$ 38.0 g (beide im Winter Ø 22% schwerer, zw. 31-57 g). Fl.spw.: 34-38 cm. Fl.l.: (CH) ♂ 121-128 mm, Ø$_{21}$ 123.8 mm, ♀ 114-120 mm, Ø$_{15}$ 116.7 mm, (F/D) ♂ 97-102 mm, Ø$_{5}$ 99.4 mm, ♀ 95-100 mm, Ø$_{5}$ 97.7 mm [767,1369].

Status. Regional verbreiteter Brut und Jahresvogel, kleinräumige Altitudinalwanderungen. Außerhalb Brutgebiete Ausnahmegast, mit Nachw. in • **D:** -BW 6 Nachw. zw. Nov.-März: jew. 1 erl. Nov. 1874, Feb. 1880, beob. Feb. 1947, (3 Ind.) Jan. 1958, (1) März 1983, (3) Dez. 1993 [1722]; -MV Jan. 1976 (mit Vorbehalt angeführt, eher entkommener Käfig- als Wildvogel) [2031,337]. • **PL:** 3 Meldungen, belegt sind Nov. 1859, ferner um 1859 und 12-14 Ind. 1912 [1369,3871]. • **H:** Okt. 1995 [2438]. • **CZ, SK.:** nicht allj. Gastvogel, einzeln oder in kleinen Trupps, in Wintermonaten, von ca. 30 Meldungen nicht alle anzuerkennen [1369,2159,3882]. Beob. in **B**, **NL** nicht als Wildvögel anerkannt [1369,1677], aber in **L** in offizieller Liste geführt [2407].

Verbreitung und Bestand. Brutvogel der alpinen und subalpinen Stufe in Hochgebirgen der S-Paläarktis, in Steppengebieten (z.B. Zentralanatolien) auch in Meereshöhen < 1500 m; Areal in viele kleine Verbreitungsinseln aufgesplittert, z.B. Kantabrisches Gebirge, Pyrenäen, Alpen, Abruzzen, Gebirge S-YU, N- und Mittel-GR, mehrere Gebirge und Schluchten in Hochsteppen Anatoliens, Kaukasus, Randgebirge S- und N-Iran, Gebirge Mittel- und Zentralasiens bis Mongolei und W-China. In ME Nominatform Brutvogel alpiner und subnivaler Stufe der Alpen, höchste Brutnachw. bei fast 3500 m, ausnahmsweise 1450 m. Europäischer Bestand zw. 0.52 - 1.6 Mio. BP (stabil) [1369], mit Schwerpunkt in TR (0.5-1.0 Mio.), und Beständen > 5.000 BP in AZ (5-20 T.), F (2.5-12.5), CH (4-8) und E. (4.5-6 T.) [383]. In ME brüten 6.200-13.400 BP [383].

Wanderungen. Gilt als Standvogel, doch auch Wanderungen bis > 430 km SW (CH bis S-F) nachgewiesen und regelm. Wanderungen von Alpen ins Massif Central; außerhalb der Alpen Überwinterungen in Vogesen und gelegentlich im Jura (F, CH) nachgewiesen. Altitudinalwanderungen bis in Talböden der Alpen oder Erscheinen am N-Rand der Alpen oder gar weiter N höchstens ganz ausnahmsweise (dann hauptsächlich Nov.–April).

Bestandsentwicklung. Über Entwicklung der Bestände kaum Untersuchungen aus größeren Gebieten. Lokal erhebliche Schwankungen in Abhängigkeit vom Bruterfolg, Sterblichkeit der Jungvögel und (viell.) Extremwinter [337,1369,3393].
Langfristige Bestandsveränderungen unbekannt [205,965,3392,1507]. Auch seit 1970er J. Brutbestand und -areal weitgehend stabil [205,4175,3393; allerdings Neuentdeckung einer Population auf Korsika 1980, 4180,1507]. Enger Anschluss an menschliche Bauwerke in Hochgebirgen A [965] deutet viell. auf günstige Bestandsentwicklung im Zuge der anhaltenden Erschließung der Hochalpen. Insbes. da Gebäudebrüter durch geringeren Energieverbrauch in Brutzeit begünstigt sind [1619].

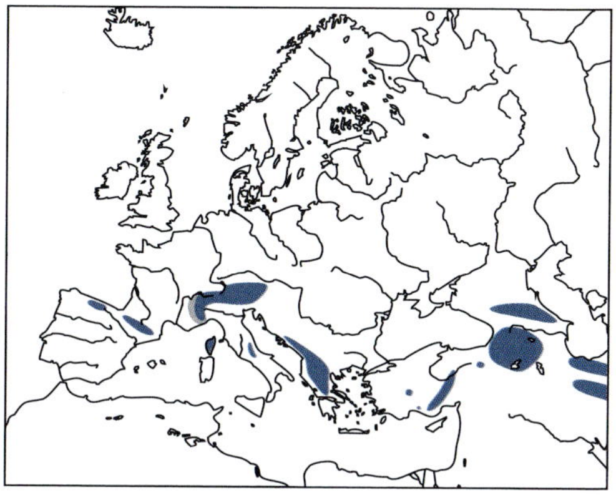

Montifringilla nivalis – **Schneesperling**

	Best.	Areal	Brutbestand	Jahr	Quelle
A	+/-	=	2.000–5.000	1998–2002	[383]
CH	+/-	=	4.000–8.000	1993–1996	[383]
D	+/-	=	200–400	1995–1999	[383]
FL	+/-	=	4–8	1998–2000	[383]

Siedlungsdichte. Brütet gerne in losen Ansammlungen von (2) 3-12 BP auf kleiner Fläche (Abstände oft nur 10-50 m), aber auch solitär. Winterdichte CH 600–800 Ind. auf etwa 19 km^2, entspr. 3.1-4.2 Ind./10 ha [337]. In A (Fläche je 3 km^2) 4.8 bzw. 2.2-2.9 BP/km^2 sowie (kleine Fläche von 69 ha) 4.3-5.8 BP/km^2 [1507], in CH 1-4, selten 4-6 Rev./km^2 [3392], in Kantabrien 1 BP/10 ha [1507].

SPEC	VSchRL	Bern.Konv.	Bonn.Konv.
--	--	Anh. II	--
Europ. RL	RL in ME		
--	FL:'VU', D: 'R'		

Gefährdungsursachen [1369,196,1507]. Vor allem Klimafaktoren, sowohl kurzfristig in Phasen ungünstiger Witterung zur Brutzeit, als auch langfristig durch Klimaerwärmung mit Lebensraumverlust durch Habitatveränderungen (Höhenverlagerung der nivalen Stufe abzusehen).

Schutzmaßnahmen. Spezifische Maßnahmen erscheinen nicht erforderlich; allerdings besteht großer Bedarf an Studien über Bestandsdynamik und potentielle Einflussfaktoren, um eventuelle Gefährdungen in Zukunft rechtzeitig erkennen zu können.

Biotop. In den Alpen das ganze Jahr über der Baumgrenze auf kurzrasigen Matten, Schuttfeldern, Blockhalden, in Felsgebieten der Gipfel und Passhöhen, auch bei ungünstigen Wetterbedingungen nur ausnahmsweise tiefer oder gar in Tallagen und/oder außerhalb des Hochgebirges. Nahrungssuche im Winter an Futterplätzen oder um Berghütten und -stationen, auf schneefreien Bändern.

Nahrung. Zur Brutzeit ausschließlich kleine vom Boden selektiv aufgesammelte Gliederfüßer, z.B. Käfer, Spinnentiere, Zweiflügler; als Nestlingsnahrung spielen vor allem Schnakenlarven, aber auch Raupen eine wichtige Rolle. Im Winter ausschließlich Sämereien.

Stimme. Ruf unrein »tsi« oder »zij«, ferner quäkende Rufe ähnlich Bergfink; stark erregt fast rollend »prrt«. Gesang Aneinanderreihung sperlingsähnlicher Laute. Stereotype Phrasen, langsam etwa »twi-tuj-twi-tuj« o.ä. in Nestnähe sitzend oder im schwebenden Singflug vorgetragen; auch variabler Herbstgesang. Große intra- und interindividuelle Variabilität, Dialektbildung. Jugendgesang bei beiden Geschlechtern.

Verhalten. Tagaktiv. Von hoch gelegenen Schlafstellen können die Vögel im energiesparenden Fallgleitflug tiefer gelegene Nahrungsplätze erreichen. Im Winter wird der Wind zur energiesparenden Fortbewegung genutzt. Zur Brutzeit territorial aber nur während der fertilen Phase der ♀ (zur Vaterschaftssicherung). ♂ bewacht ♀ auch intensiv zu dieser Zeit. Um das Nest wird vom ♂ Territorium mit auffälligen Schleifenflügen markiert, Nahrungssuche aber (meist) außerhalb des Nestterritoriums. ♂ verpaaren sich normalerweise mit einem ♀, oft Nistplatz- und Partnertreue über mehrere Jahre. Brüten oft in lockeren Kolonien (15 bis 20 BP), hängt von Nistplatzangebot ab. Balz beinhaltet Balzfüttern, typische Sperlingsbalzhaltung, Singflüge und Verfolgungsflüge durch die ♂. Außerhalb der Brutzeit Übernachtung in Felswänden oberhalb der Baumgrenze. im Winter einzeln, ab Feb.–März mitunter paarweise, in 10–500 m voneinander entfernten Rissen und Spalten (CH 2500–3000 m), deren Mikroklima gegenüber der Umgebung günstig ist (vor allem wind- und zuggeschützt). Individuelle Schlafstellen werden längere Zeit beibehalten und gegen andere Ind. verteidigt. Nach der Brutzeit und im Winter Schwarmbildung bis max. > 200 Ind., aber im Mittwinter meist kleinere Trupps, die sich im Frühjahr zu kleineren, losen Brutgemeinschaften (meist > 10 BP) aufsplittern.

Fortpflanzung, Brutbiologie [1369,337,767]. Geschlechtsreife spätestens ab April des 2. KJ. Gewöhnlich monogame Brutehe, Nistplatztreue bei beiden hoch, daher Wiederverpaarungen in Folgejahren möglich. Einmal »Helfer« beobachtet. Besiedlung der Brutplätze und Paarbildung ab Feb.; Anlocken der ♀ an potenzielle Brutplätze ab Mitte März bis Ende Mai. **Nest.** Wahl durch ♀. Neststand in hohen Felswänden bis 300 m über Grund, aber auch am Fuß von Wänden oder in Steinhaufen, in Alpen häufig auch an Hütten, Häusern, Skiliftmasten, meist in Löchern, Spalten, kleinen Höhlen, unter Felsblöcken und großen Steinen, in Mauerlöchern, oft erst durch längere Höhlungen erreichbar; auch in Nistkästen; erfolgr. Neststandorte mit günstigem Mikroklima und möglichst nahe an ergiebigen Nahrungsquellen. Oft mehrere Nester relativ nahe beisammen. Nest umfangreicher Bau aus Halmen, Wurzeln, Moos und Flechten, mit hochgezogenem Rand (Ausmaße von Umgebung abhängig); Mulde u.a. mit Federn und Haaren ausgekleidet; Isolationswirkung des Nestes besonders bedeutsam. Nur ♀ baut, Dauer 5-8 (2-13) d; wird auch bei geschlossener Schneedecke und Temperaturen < 0°C nicht unterbrochen. Nester des Vorjahres oft überbaut. **Legebeginn.** In Alpen ab Mitte Mai, Juni, dabei Eiablage so frühzeitig, dass Jungenaufzucht in Zeit der Schneeschmelze und des größten Angebots an Tipulidenlarven fällt; letzte Nestlinge werden im Aug. gefüttert. **Gelegegröße.** 3-5 (-6); Ø CH_{19} 4.2, ohne Spätgelege $Ø_{17}$ 4.1, A_{18} 3.9. Legeintervall 1 d. **Eier.** Länglich spitzoval, schwach glänzend, frisch rein weiß, später hellgrau. **Brutdauer.** 13-14.5 (12-15) d; (durchgehende) Bebrütung ab (vor-)letztem Ei; nur ♀ brütet, wird nicht vom ♂ gefüttert; Juv. schlüpfen innerhalb 1-2 d. **Nestlings-/Führungszeit.** ♀ hudert, beide füttern (Anteile etwa gleich). Juv. verlassen Nest nach 20-21 (-23) d; sind bald danach selbständig. **Jahresbruten.** 1 (-2), Zweitbruten selten nachgewiesen (z.T. verschachtelt); Ersatzgelege. **Bruterfolg.** Gelegeaufgabe, wenn Kondition des ♀ nicht mehr ausreicht, den Eiern die notwendige Wärme zuzuführen (Brut-Temperatur nur 25-27°C, niedrigste für Singvogelart überhaupt).

Eimaße und -gewichte [1369]: L. 22.4-26.5 mm, B. 16.1-17.7 mm; Ø 24.5 x 17.1 mm (n=46, CH). Frischvollgew. errechn. 3.9 g. Schalengew. 0.19-0.26 g, Ø$_{117}$ 0.225 g.

Alter. Höchstalter eines Ringvogels im Freiland (A-T) 11 J. **Generationslänge:** < 3.3 J. [383].

Mauser. **Postjuvenile Mauser** (Vollmauser) beginnt ab 6–7 Wochen, Abschluss bis Mitte Nov./Anf. Dez.; Dauer der HS-Mauser Ø 93 d (Volierenvögel) [767,1369]. • **Postnuptialmauser** (Vollmauser) Ende Juli–Okt. (Dez.), Kinngefiedermauser bis März (April) [767,1369].

Familie Motacillidae – Stelzen und Pieper

Kleine bis mittelgroße, langgestreckte, hochbeinige und kurzhalsige Insektenfresser mit langen, meist hell- oder fleischfarbenen Beinen, Zehen und Hinterkrallen und langem Schwanz. Geschlechter mit Ausnahme vieler *Motacilla*- und *Macronyx*-Arten gleich (meist auch in Größe, aber Flügel der ♂ oft länger). Flügel mit 9 langen und einer stark verkürzten 10. HS, Flügeldecken lang. Schwanzaußenkanten mit hellen bis weißen Säumen. Schnabel lang, dünn und spitz. Pieper ähneln Lerchen, aber u.a. Unterschiede in der Beinmorphologie [z.B. 1784]; viele Stelzen und Pieper wippen beim Laufen mit dem Schwanz. Flug stark wellenförmig.

Fünf Gattungen, davon nur zwei (*Anthus, Motacilla*) in Europa. Ca. 83 Arten, davon die Superspezies *M. [alba]* und *M. [flava]* mit zahlreichen Semispezies. Zur Phylogenie liegen bisher nur mtDNA-Daten vor [3983N,3980]. Danach sind die Pieper (*Anthus*) die Schwestergruppe der afrikanischen *Macronyx-Tmetothylacus*-Gruppe [3983N]. Die Stellung der Baumstelze *Dendronanthus indicus* (S-Asien) ließ sich bisher nicht genau ermitteln.

• Gattung *Anthus*

43 Arten, weltweite Verbreitung mit Diversitätsschwerpunkten im tropischen Afrika und Eurasien. Monophylie der *A. novaeseelandiae*-Superspezies [*sensu* 1369] und der *spinoletta*-Gruppe von mtDNA-Sequenzen nicht deutlich gestützt [3980,3981]. Es erscheint deshalb ratsam, die Superspezies-Grenzen innerhalb dieser phänotypisch gering differenzierten Gruppen enger zu ziehen als bisher, um ihre Monophylie sicherzustellen. Bestimmung [45].

• Gattung *Motacilla*

Ca. 30 Arten, davon die Superspezies *M. [alba]* mit neun und *M. [flava]* mit ca. 12 Semispezies. Mehrere konkurrierende Untersuchungen der Phylogenie der Gattung *Motacilla* anhand von mtDNA [3983,2948,45,2853] und kurzen nuklearen Sequenzen [45] liegen vor, die folgendes zeigen:

(1) Der bisher als »Schafstelze« bezeichnete Komplex von mindestens 12 Taxa ist im Genstammbaum (mtDNA und nukleare CHD-Z-Sequenzen!) gegenüber *M. cinerea, M. citreola*, und der schwarz-weißen Artengruppe (*alba*-Superspezies, *grandis, aguimp, samveasnae, maderaspatensis*) paraphyletisch.

(2) Die Arten *capensis, clara* (beide Afrika) *und flaviventris* (Madagaskar), stehen wahrscheinlich außerhalb der unter (1) umrissenen Großgruppe.

(3) *M. citreola* erscheint im mitochondrialen Genstammbaum biphyletisch (westliche *M.c. citreola* näher mit ostpaläarktischen Schafstelzentaxa verwandt, östliche *citreola* (Yamal ostwärts) und *M.c. calcarata* näher mit westpaläarktischen Taxa verwandt [2853,45]. Im nuklearen Genstammbaum bilden dieselben Vögel aber eine monophyletische Gruppe und erscheinen nächstverwandt mit der schwarz-weißen Artengruppe um *M. alba* [45]!

Widersprüchliche Ergebnisse zwischen mtDNA und nuklearer DNA unterstreichen, dass nah verwandte Arten in einem Genstammbaum keineswegs monophyletisch sein müssen [vgl. 1623] und Genstammbäume unterschiedliche Taxon-Beziehungen anzeigen können, wenn die Differenzierung der betreffenden Gene der Entwicklung reproduktiver Isolation vorausging. Phänotypisch ähnliche Taxa innerhalb dieser

Gruppe wohl nicht »konvergent« entstanden [vgl. 2948]; wahrscheinlicher, dass der mitochondriale Genstammbaum die historischen Verwandtschaftsbeziehungen nicht korrekt widerspiegelt.

Ob der Schafstelzenkomplex in mehr als eine Superspezies aufzuteilen ist oder nur in zwei Arten [vgl. 80c], können nur umfassende Untersuchungen der riesigen Kontaktzonen zwischen der östlichen (*macronyx, taivana, tschutschensis*) und der westlichen Teilgruppe (alle anderen Taxa) klären. Nur wenn sich hier eine deutlich stärkere reproduktive Barriere nachweisen ließe als zwischen den Taxa jeweils innerhalb dieser Gruppen, wäre ein solcher Schritt gerechtfertigt. Das Verzweigungsmuster einzelner Genstammbäume, auch wenn sie übereinstimmen, reicht dafür nicht aus [*contra* 45: S. 265-266], weil für die taxonomische Abgrenzung von Superspezies die heute aktuellen Genflussbeziehungen entscheidend sind.

Da zwischen den bisher als UA klassifizierten Taxa sowohl innerhalb des Bachstelzen- als auch innerhalb des Schafstelzenkomplexes erkennbare, relativ schmale Hybridzonen, also reproduktive Barrieren existieren, ist es angemessen, alle deutlich abgrenzbaren Taxa als Semispezies zu behandeln (vergleichbar mit *Corvus corone/cornix*).

Anthus richardi – Spornpieper 10020

Anthus [richardi] richardi Vieillot 1818 syn.: *A. novaeseelandiae*

(GB) Richard's Pipit **(F) Pipit de Richard** **(E) Bisbita de Richard**

Taxonomie. Zwei UA: *richardi* Vieillot 1818 (inkl. «*dauricus, centralasiae*», Sibirien) und *sinensis* (Bonaparte 1850) (Ussurien, China). Der Spornpieper ist gesichert nächstverwandt mit *A. rufulus* (Indien, SE-Asien), während die zur selben Superspezies gerechneten Formen *novaeseelandiae* (NZ), *australis* (Neuguinea, AUS), *cinnamomeus* (SW-Arabien, Afrika) [vgl. 1369] ferner stehen und mit *richardi/rufulus* nicht unbedingt nächstverwandt sind [3980]. Die Spornpieper-Superspezies wird deshalb auf zwei Taxa begrenzt.

Kennzeichen. [1369,3615,45, weitere **Fotos** in Bird. W. **16**, 403, Limic. **7**, 181-88, **17**, 331, Dutch B. **24**, 108, **25**, 52].

Maße. Gr.: 18 cm. Gew.: (Asien, Mai-Aug.) ♂ 30-37 g, Ø$_{20}$ 33.4 g, ♀ 28-33 g, Ø$_{7}$ 30 g. Fl.spw.: 29-33 cm. Fl.l.: (Asien, Mai-Aug.) ♂ 95-104 mm, Ø$_{20}$ 99.2 cm, ♀ 90-100 mm, Ø$_{8}$ 95.1 mm; (W-Sibir.) ♂ 94-102.5 mm, Ø$_{18}$ 98.4 cm, ♀ 91-94 mm, Ø$_{8}$ 92.4 mm.

Status. In ME sehr seltener bis seltener Gastvogel. Im Herbst zumindest an Nordseeküste regelmäßig, im Binnenland ME fast überall Ausnahmegast (besonders im SE), jedoch vielleicht öfters übersehen; im Frühjahr überall nur unregelm. (und Nachw. wohl von Ind., die im vorigen Herbst schon angekommen waren). In GB + IRL allj. 25-50 Ind. (max. ca. 150 Ind.), in Fennoskandien und Baltikum ebenfalls zahlr. Nachweise, in anderen Regionen Europas zwar weniger Nachw., doch zunehmend häufiger beob. (sicherlich auch in besseren Bestimmungsmöglichkeiten begründet).

In ME in allen Regionen nachgewiesen, meist (Sept.) Okt.-Nov., auch Apr. (März-Mai), z.B. **CH:** von 1901-2000 7 mal je 1 Ind. [4152,q14]. • **L:** Apr. 1991 [1610]. • **B:** von 1866-1997 mind. 268 anerkannte Nachw. mit 340 Ind. (viele Fänge und Beringungen), allein 1996 27 Meldungen von 44 Ind. [q15]. • **NL:** regelm. Durchzügler an der Küste, Belege und Beob. seit 1841; bis 1940 etwa 25 Nachw., dann von 1940–89 deutlich zunehmend, in Spitzenjahren wie 1967 bis 47 Nachw. mit 117 Ind., seit 1990 nicht mehr meldepflichtig [375]. • **D:** insges. > 200 Nachw. (viele Feststellungen im 19. Jh.); regelm. Durchzügler und Gastvogel in Helgol. (max. ca. 16 verschiedene Ind. in einem Herbst, bis mind. 7 Ind. gleichzeitig; 1989/90 missglückter Überwinterungsversuch) und wohl auch Nordseeküste –SH, -HH und -NI (auch mehrfach im Binnenland) sowie Ostseeküste -MV (vereinzelt auch Binnenland); größere Zahl von Nachw. ferner in -NW und -BW (18 mal bis 1996), vereinzelt (max. 5 Belege) bis Mitte 1990er J. zudem in -HB, -RP, -HE, -BY, -TH, -SN, -BB [337,575,1722,1680]. • **PL:** 6 Nachw. 1931-76, danach 24 Nachw. (44 Ind.) in 23 J., die meisten an Küste [3871,q13].• **A:** -V Rheindelta seit Mitte 1980er J. fast allj. [1617]; E Arlberg 5 mal im 19.Jh. sowie 1954 und 1955, seither 2 mal A-B (1995,1997) [1369,3129]. • **H:** Sept. 1994 [2438]. • **SK.:** kein Nachw. [3882]. • **CZ:** 4 mal (5 Ind.), zuletzt Juli 1963 Totfund [1369,2159].

Verbreitung. Brutvogel der Steppengebiete von der Inneren Mongolei nach N und W bis E-KZ und SE Westsibiriens, nach E bis an Pazifik. Kein Brutvorkommen in Europa [383].

Wanderungen. Langstreckenzieher; Winterquartier von S-China bis Sri Lanka, Indien, Pakistan und Iran, regelm. auch in kleiner Zahl durch Europa nach W bis an Atlantik. Ob regelm. Zug einer Teilpopulation nach Europa ist noch unklar, Überwinterungszahlen jedoch in jüngerer Zeit zunehmend [2681]. Wegzug ab Mitte–Ende Aug. bis Sept. Winterfunde aus GB bekannt. Ab Mitte April bis Mitte–Ende Mai Bezug der Brutgebiete.

Verhalten. Tagaktiv und Tagzieher. Beim Laufen aufrechte Körperhaltung, wirkt robuster als der schafstelzenähnliche Brachpieper; Flug in flachen Wellen. Dz. laufen und sitzen meist auf dem Boden. Beim Nahrungserwerb oft ruckartig laufend mit hochgerecktem Anhalten, Schwanz wippt nicht stelzenhaft, sondern wird langsam auf und ab bewegt.

Nahrung. Insekten, außerhalb der Brutzeit auch Würmer und andere Bodentiere sowie Samen.

Stimme. Stimmfühlungsruf »tipp« oder »die«, bei Erregung raues »tschrirp«; Flugruf charakteristisch rau schilpend »r-r-rüüp, »schriip« u.ä. Gesang in hohem wellenförmigen Kreisflug vorgetragen, kurze Strophen beim Anstieg und auf den Wellenbergen, Abwärtsflug mit angezogenen Flügeln stumm. Gelegentlich auch Bodengesang. Strophen ± stereotyp im Flatterflug wiederholt etwa »tri-ia ia ia tri ia ia ia« oder auch geräuschhafter »dsche dsche dsche-dschi-dschi...«.

Mauser. **Postjuvenile Mauser** (Teilmauser) Aug./Sept. (Nov.)–Dez. (Feb.); einschließlich mehreren Oberflügeldecken und Schirmfedern sowie ST 1 [767,1369,3771]. • **Postnuptialmauser** (Vollmauser) Mitte Juli/Mitte Aug.–Sept. [767], oft aber nach Kleingefiedermauser unterbrochen und von Okt.–Dez. (April) im Winterquartier fortgesetzt; vielfach Unregelmäßigkeiten bei Großgefiedermauser [767]. • **Pränuptialmauser** (Teilmauser) (Feb.) März–April (Mai); Großteil des Körpergefieders, Rand- und einige Mittlere Armdecken, einige Schirmfedern und oft ST 1, bei Einj. vielfach weniger umfangreich [767,3893].

Anthus godlewski – Steppenpieper 10040

Anthus godlewski (Taczanowski 1876)

(GB) **Blyth's Pipit** (F) **Pipit de Blyth** (E) **Bisbita de Blyth**

Taxonomie. Monotypisch. Verwandtschaftlich dem sehr ähnlichen Spornpieper nicht näher stehend als der Brachpieper-Gruppe [3980,3981].

Kennzeichen. [1369,3615,43,45; weitere **Fotos** in Bird. W. **7**, 473-75, **9**, 403, **10**, 28, Limic. **10**, 333, **11**, 102-18, **12**, 205, Dutch B. **19**, 178, **20**, 251, **24**, 376, **25**, 45-46, 52].

Maße. Gr.: 17 cm. Gew.: (Mai-Aug.) ♂ 22-26 g, $\varnothing_{9}$ 24.8 g, ♀ 22-28 g, $\varnothing_{13}$ 25.8 g. Fl.spw.: 28-30 cm. Fl.l.: ♂ 89-98 mm, $\varnothing_{26}$ 93.0 cm, ♀ 84-94 mm, $\varnothing_{29}$ 88.9 mm bzw. ♂ 89-98.5 mm, $\varnothing_{36}$ 93.6 cm, ♀ 84-91 mm, $\varnothing_{26}$ 88.4 mm.

Status. In Europa Ausnahmegast, trotz besserer Kenntnisse der schwierig zu bestimmenden Art auch in jüngerer Zeit nur wenig auffällige Zunahme der Beob. Erster Nachw. für Europa in GB Okt. 1882, zweiter Nachw. erst 1974 in FIN. Von 1983-91 weitere 9 und von 1992-98 schließlich 13 Meldungen in Europa, darunter in FIN 9 mal, in GB mind. 5 mal sowie in N., F und I je 1 mal; alle Beob. zw. Ende Sept. und Dez. bzw. Jan. [277].
Die Nachw. in ME betreffen: • **NL:** je 1 Ind. Nov. 1983, Okt. 1996, Nov. 2002 [277,q16]. • **B:** Fängl. Nov. 1986, ferner Okt. 1998 [1677]. • **D:** Helgol. 25.9. 1996 [575].

Verbreitung. Brutvogel der Steppen und Hochsteppen Zentralasiens vom S-Baikalgebiet durch Äußere Mongolei und N-China bis Mandschurei und Innere Mongolei; nach S bis Tibet. Kein Brutvorkommen in Europa [1585,45].

Wanderungen. Zugvogel; überwintert in Indien.

Stimme. Typischer Ruf beim Auffliegen weicher als das Schilpen des Spornpiepers, etwa wie »tschrrip« oder »schriepp«, ähnlich Brachpieper, auch härter und stimmloser »brrrt« (erinnert etwas an Goldammer); ferner ähnlich Spornpieper höher, weicher, und am Ende abfallend »pschijö«. Gesang anders als Spornpieper, eher an Brachpieper erinnernd: Lange Reihe gleichartiger schlagschwirlartiger, oft wetzender Elemente (wie »zret zret zret«), dann vor dem Sturzflug Figur aus 3 Tönen (mittlerer 1 Oktave höher) und mit schnell gereihtem »zirllle-zirllle...« bzw. »sri sri sri... « – Flug zur Landung. Singflug meist über 10 m, lange an einer Stelle flatternd und singend und dann steile Fallschirmlandung ähnlich Baumpieper.

Mauser. Postjuvenile Mauser (Teilmauser) besonders Aug.-Nov., oft während Wegzug unterbrochen [2536]. • **Postnuptialmauser** (Vollmauser) Ende Juli–Sept., selten Unterbrechung und Abschluss erst im Winterquartier [767,3771]. • **Pränuptialmauser** (Teilmauser) vermutlich ähnlich Sporn- und Brachpieper [767].

Anthus campestris – Brachpieper 10050

Anthus campestris (Linnaeus 1758)

(GB) **Tawny Pipit** (F) **Pipit rousseline** (E) **Bisbita Campestre**

Taxonomie. Monotypisch. Früher unterschiedene UA »*griseus*« und »*kastschenkoi*« sind nicht haltbar [1369]. Die Art ist nächstverwandt mit Kanarenpieper *A. berthelotii* [83].

Kennzeichen. [1369,3615,767,3772,221,45; weitere **Fotos** in Bird. W. **8**, 367, **9**, 296, **13**, 135, 351, **16**, 403, **17**, 370, Var Fag. 2002/**3**, 8-9, Dutch B. **26**, 212, Limic. **7**, 180-88, **11**, 112-14, **15**, 349, **16**, 204, **17**, 55].

Maße. Gr.: 16.5 cm. Gew.: ♂ 14.9-22.4 g bzw. 13-23 g, Ø$_{84}$ 17.8 g, ♀ 14.3-21.9 g bzw. 14-23 g, Ø 18.3 g. Fl.spw.: 25-28 cm. Fl.l.: ♂ 87-95 mm, Ø$_{38}$ 91.1 cm bzw. (F, CH) 85-96 mm, Ø$_{15}$ 91.0 mm bzw. (Europa, NW-Afrika) 88-101.5 mm, Ø$_{28}$ 94.0 mm; ♀ (F, CH) 83.5-90 mm, Ø$_{6}$ 86.7 mm bzw. (Europa, NW-Afrika) 83-92 mm, Ø$_{18}$ 88.0 mm [1369,767].

Status. Regelm., aber seltener und lokaler Brut- und Sommervogel in weiten Teilen ME; wenig häufiger, regelm. Durchzügler und Gastvogel. Winternachw. extrem selten, u.a. PL 27. Dez. 1996 [3871].

Verbreitung und Bestand. Vor allem in Steppen- und Halbwüstengebieten, auch in Wüstenzone von NW-Afrika und SW-Europa über SE-Europa und Asien nach E bis Mittelsibirien und Innere Mongolei. Nördlichste Brutplätze DK, S-S., Baltikum, RUS bis 53–55° N; im S neben Maghreb alle Mittelmeerländer (Ausnahme CY) und ganz Anatolien, Libanon, N-SYR, N-Iran, Afghanistan. In ME mehr oder minder inselartig auf trockenwarme, meist sandige Gebiete der Tieflagen beschränkt; Höhengrenzen

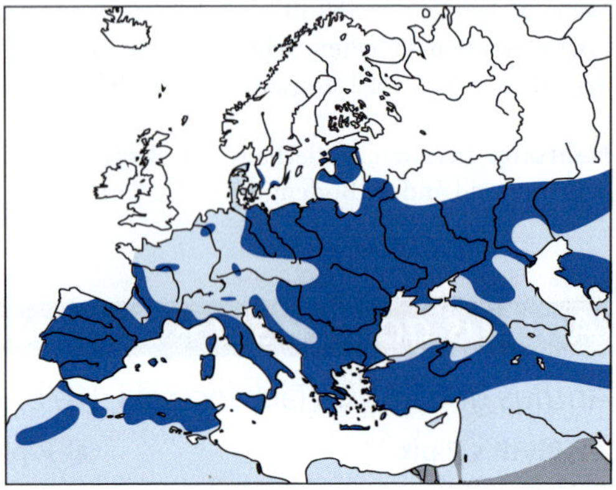

Anthus campestris – **Brachpieper**

CZ 750 m, in S-Alpen und E. bis 2000 m, TR bis 2900 m, Atlas bis 3000 m ü.M. Gesamtbestand in Europa etwa bei 1.0-1.9 Mio. BP (Gesamttrend unklar), mit Beständen > 100.000 BP in E. (400-640 T.), TR (200-400), RUS (130-250) und RO (150-220 T. BP) [1585]. In ME Hauptvorkommen in PL und H [vgl. abweichende Angaben in 1369], Gesamtbestand etwa zw. 29.000-72.000 BP [383].

Wanderungen. Langstreckenzieher mit Hauptwegzugrichtung SW, Wintergebiet Sahelzone von S-Mauretanien, Senegal und Sambia nach E bis Sudan (bis etwa 10° N, selten weiter S), Äthiopien, Somalia, Arabien, S-Iran, Vorderindien; einzelne Winterbeob. auch N-Afrika, CY, W-TR und Irak. Neuerdings auch Überwinterungen in P [2681]. Ab Ende Juli bereits Beob. weitab von Brutplätzen möglich, doch auch in ME Br. mit Jungen oft bis

Ende Aug. an Brutplätzen. Wegzug ab Mitte, max. Ende Aug.–Mitte Sept., Ausklang Ende Sept. [S. vgl. 3237]. Bis Ende Aug. ziehen meistens Ad., später überwiegend Diesj.; Nachzügler in ME bis ins letzte Okt.drittel, ausnahmsweise Nov. In N-Afrika Zugmaximum 2. Sept.hälfte, Ankunft am N-Rand des Winterquartiers Ende Sept.–Anf. Okt. Abzug Ende Feb. bis meist Anf. März, in SW-ME Erstbeob. ausnahmsweise Ende März–Anf. April, meist erst in 2. Aprildekade, Ankunft am Brutplatz Mitte April–Mitte Mai, im N und E meist erst Anf. Mai. Ausgeprägte Brutortstreue, Ansiedlung von Erstbrütern oft in Nähe des Geburtsortes; Ringfunde [vgl. 2182].

	Best.	Areal	Brutbestand	Jahr	Quelle
A	⇧	+ 1	40–60	1998–2002	[383]
CH	↕	F	0–2	1993-1996	[383]
CZ	↓	- 1	30–60	2000–2002	[383]
D	↓	- 2	940–1.650	1998	[383]
H	+/-	=	13.000–40.000	1999–2002	[383]
NL	⇩	- 2	25–30	1998–2000	[383]
PL	+/-	=	15.000–30.000	2000–2002	[383]
SK	↓	- 2	70–150	1990–1999	[383]

Bestandsentwicklung. Häufig kurzfristige, erhebliche Schwankungen wegen klimatischer Einflüsse und meist nur kurzzeitiger Eignung der Bruthabitate. Durch zunehmend atlantisch beeinflusstes Klima schon bis Ende 1920er J. erhebliche großräumige Bestands- und Arealverluste, in ME insbes. im Nordseebereich und am Oberrhein [1369]. Nach Klimaamelioration Mitte 20. Jh. mit positiven Bestandsentwicklungen ab Mitte 1960er J. sowohl klimabedingt, vor allem aber durch Lebensraumverlust und -störungen dramatischer Bestandseinbruch in weiten Teilen Europas (z.B. E., I, UA.), bes. stark in ME [1369,3892,196,1507; NL: 2889,3636,3638, D: 337,343,1137, A: 965,3650, CZ: 3663, W- und E-PL: 3871]; bei größeren Populationen konnten die Bestandsrückgänge 60-90% betragen [2031,2623,196]. Schon in 1960er und 70er J. erloschen einige regelmäßige, lokale Brutvorkommen vollständig [D-HH 1963: 1302, -SL 1967, -BE 1981: 1369, L 1987: 2560, sowie Teile D-BW, -BY, -MV, -HE, -RP, -NW: 1722,4175,2772,1680,196, 2623,1369]. Nach anhaltenden Verlusten sind in einigen Regionen ME nach 2000 nur noch kleine isolierte Restbestände erhalten, die vielfach unmittelbar vom Erlöschen bedroht sind (z.B. D-SH, -HE, Teile A, CH) [965,3392,2063,1369]; die Art hat sich in der Zwischenzeit auch aus anderen Regionen völlig zurückgezogen, z.B. aus B (Mitte 1980er J., dort in 1960er J. noch ca. 150 BP) [843,1369], D-BW, -TH, -NW und -RP [1722,1680,2068,2623, 310,q19,453].

Entsprechend der europaweiten negativen Brutbestandsentwicklung wurden auch bei Fangprogrammen und Zugplanbeob. z.T. drastische Abnahmen seit Anf. 1970er J. festgestellt [1316, 3168,1719,q19].

Spontane Neuansiedlungen und Bestandsgewinne gab es in jüngster Zeit vor allem in Folge neu entstandener Lebensräume [1369,2182,2764]. Weitgehend stabil (mit normalen Bestandsschwankungen) waren Populationen einiger Optimalbiotope, z.B. in NL [368], in D-BB, -SN und -ST [1,3667,4039], viell. auch H [3892,1585].

Siedlungsdichte. Reviere relativ groß; Schwankungen offenbar biotopabhängig; S-S. z.B. je nach Habitat Ø 3.1 – 4.7 – 12.1 ha, in NL $Ø_{17}$ 6.5 ha; als Folge von Polygynie z.T. hohe Nestdichten von bis zu 4 Nestern auf 10 ha. Höchstdichte ME auf Flächen von 20–49 ha 3.7 BP/10 ha, auf 50–99 ha 2.4 BP/10 ha, auf > 100 ha 0.8 BP/10 ha (insgesamt wenig Daten); in D-BB auf Kippenflächen 0.3-1.0 Rev./10 ha, auf Truppenübungsplätzen 0.1-1.0 [1]; Großflächendichten (> 100 km^2) in ME meist sehr gering zw. 0.006 und 0.13 BP/km^2 [vgl. Tab. 7 in 337].

Gefährdungsursachen [196,337,1369,3892,3867, 1719,1,3650,973,1302]. Lebensraumverlust und -beeinträchtigung durch (1) Aufgabe extensiver Grünlandnutzung (Verbuschung), (2) Aufforstung, (3) industrieller Torfabbau, (4) Zerstörung von Heide- und Moorgebieten, (5) Bepflanzung von Müll- und Schuttdeponien, (6) veränderte Nutzung oder Kultivierung von Abbaugebieten, (7) Ausweitung von Rebgelände, (8) Übererschließung für Freizeitnutzung und Naherholung. Durch EU-Mittel (Strukturhilfefonds) bedingte Nutzungsänderungen werden auch in Steppengebieten S- und E-Europas erhebliche Bestandsverluste zur Folg haben. Allgemeine Eutrophierung der Landschaft; besonders betroffen sind dabei Grünländer, Ödland und Talsandbereiche. Insektenarmut durch Biozid- und Düngemitteleinsatz wirkt sich offensichtlich auch ohne direkte Habitatzerstörung auf Bestand aus. Witterungsbedingte Brutverluste.

Schutzmaßnahmen. Großflächige Unterschutzstellung und Management vorhandener und potenzieller Brutplätze.

Förderung und Erhaltung traditioneller Landnutzung, insbesondere von extensiver Weidewirtschaft auf mageren Standorten. Herausnahme von Grenzertragsböden aus Nutzung und Überführung in extensives Weideland; Schaffung und Erhaltung von Ödland- und Brachflächen sowie vegetationsarmer Flächen in Abbaugebieten und ehemaligen Truppenübungsplätzen; Einstellung von Aufforstungsmaßnahmen in Sandgebieten.

SPEC	VSchRL	Bern.Konv.	Bonn.Konv.
3	Anh. I	Anh. II	--
Europ. RL	RL in ME		
--	B, L: **'RE'**, A, NL, CZ:'CR', CH, D, SK: 'EN'		

Reduktion des Biozid- und Düngemitteleinsatzes. Zulassen natürlicher Dynamik (vgl. auch Steinschmätzer).
Da Sekundärlebensräume (Abbaugebiete, Truppenübungsplätze) und kurzfristig neu entstehende Biotope durch Windwurf, Waldbrand, Kahlschläge etc. von der Art sehr gerne und schnell angenommen werden, könnte sich die Neuschaffung geeigneter Lebensräume sowie die Aufrechterhaltung früher Sukzessionsstadien günstig auf die Entwicklung des Brachpiepers in den Mittelbreiten auswirken.

Biotop. Offene Räume mit folgenden Requisiten in großflächig mosaikartiger Mischung: Hoher Anteil vegetationsfreier Flächen oder lückiger Rasen für Nahrungssuche, abwechselnd mit Beständen höherer Vegetation (z.B. Grashorste, Zwergsträucher) als Neststandort und spärlicher Baumwuchs als Sitz- und Singwarten, vorzugsweise auf trockenen oder zumindest wasserdurchlässigen Böden. Beispiele: Küstennahe oder binnenländische Sand- und Kiesböden, lückige Heiden oder Trockenrasen, unterschiedliche Brach- und Ödflächen, Kahlschläge in warmen Kiefernwäldern, Rodungs- und Brandflächen, Truppenübungsplätze, Schutt- und Mülldeponien, Kiesgruben, Abraumterrassen in Tagebaugebieten etc., eben oder sanft geneigt; im Mittelmeerraum Steppenlandschaften oder degradierte Strauchgesellschaften. Auf dem Zug auf abgeernteten Feldern, Ruderal- und Schotterflächen und auf kurzrasigen Weide- und Grasflächen.

Nahrung. Kleintiere, vor allem Arthropoden, zeitweise vor allem Käfer, Heuschrecken, Dipteren und Ameisen, als Aufzuchtfutter auch Schmetterlingsraupen von Bedeutung.

Stimme. Flugrufe ähnlich Haussperling »schilp« oder »schirrp«, in der Brutzeit vor allem »srrilu-it« oder »sirrlie«. Große interindividuelle Variation des Rufgesanges. Ruf wird immer am Ende eines Wellenbogens vor Einsetzen des Flügelschlages geäußert. ♀ während der Jungenfütterung mit ähnlichen, die denen der Partner entsprechen [2761]. Gesang, von Sitzwarte, vom Boden oder im Singflug vorgetragen, besteht aus monotonen Reihen zwei- (auch ein- oder drei-) silbiger Rufe, wie »zirrrlie«, »zirlüi«, »zilie «, »ziiri« u. ä.; Betonung auf der letzten Silbe. Jedes Ind. verfügt möglicherweise nur über einen Elementtyp, den es ständig wiederholt. Benachbarte Ind. lassen sich daran unterscheiden. Singflug in Bögen aufwärts, jedem Bogen ist ein Gesangsmotiv zugeordnet, steiler Absturz, wobei sich Gesang fortsetzen kann.

Verhalten. Tagaktiv; Tag- (und wohl auch Nacht-) zieher. Mit stelzenhaft waagerechter Körperhaltung rennend, bei der Nahrungssuche oft innehaltend und beobachtend (ähnlich kleinen Regenpfeifern); springt auch senkrecht, um ein fliegendes Insekt zu fangen. Territorial; Reviergesang im Flug. Das ♂ steigt stumm auf, Gesang im horizontalen Wellenflug, dann schräger Flug mit leicht schwirrenden Flügeln, gestelztem Schwanz und hängenden Füßen zu einer Warte (oft auch zum Ausgangspunkt des Fluges) herunter. Auf dem Zug einzeln oder in kleinen Trupps; größere Trupps > 20 Ind. eher die Ausnahme.

Fortpflanzung, Brutbiologie [337,1369,767,1]. Geschlechtsreife im 1. J. (immer ?); monogame Saisonehe, aber auch Polygynie, dabei Nester der beiden ♀ oft nahe beieinander. **Ankunft am Brutplatz.** Ab 2. Aprilhälfte, ♂ kommen zuerst an, später ankommende Vögel meist verpaart. Reviere oft im Folgejahr wiederbesetzt (auch bei verschiedenen Ind.). **Nest.** Nest in kurzgrasigem Ödland, sandigem Gelände mit Pioniervegetation oder auf Brandflächen, am Boden, meist gut durch Vegetation auch nach oben getarnt, aus kurzen trockenen Halmen, Gräsern etc.; offene Seite oft nach N oder E gerichtet; Muldendurchmesser 55-80, -tiefe 35-60 mm. Nestbau hauptsächlich durch ♀, Bauzeit (2) 4-5 d. **Legebeginn.** In ME Erstbruten ab Anf. Mai, Hauptzeiten Mitte Mai bis Anf. Juni und für Zweitbruten ab Ende Juni bis Juli; späte Gelege bis Mitte Aug. **Gelegegröße.** 4-5 (3-6); Spätere bzw. Zweitgelege kleiner als frühere oder Erst-; mehrjährige ♀ mit größeren Gelegen als einjährige; S.$_{56}$ 4.3, NL_{17} 4.5, D_{93} 3.9, -BE_{14} 4.4. Legeintervall 1 d. **Eier.** Elliptisch, glänzend, variable Färbung, Grund weißlich oder graugrünlich, mit grauen Unter- und schwarzgrauen oder bräunlichen Oberflecken, meist lebhaft, aber weniger dicht als bei Baumpieper gezeichnet. **Brutdauer.** 12-13 (11.5-14) d, ♀ brütet meist allein, kann vom ♂ gefüttert werden. Brutbeginn mit letztem Ei, Juv. schlüpfen synchron. **Nestlings-/Führungszeit.** Nest wird meist zu Fuß aufgesucht und verlassen; beide füttern, ♂ oft viel weniger; ♀ fliegen oft singend vom und zum Nest mit einer Kopie der Strophe ihres ♂; nur ♀ hudert. Nestlingsdauer 12-15 d, im Alter von 28-30 d Gefieder voll ausgewachsen; Juv. werden von einem Ad. oder beiden 30-40 d geführt, Fütterung nur bis 25 d beobachtet. **Jahresbruten.** 1(-2), in NL Anteil an Zweitbruten bis 29%; Ersatzgelege. **Ende der Brutperiode.** Spätbruten regelm. bis Ende Aug., selten bis Mitte Sept. **Bruterfolg.** In NL bei Erstbruten flügge Juv. aus 77% der abgelegten Eier, bei Zweitbruten 60%, in NE-D insges. 45% (hohe Nestprädation durch Musteliden, Corviden und Mäusebussard), in S. 29% (dabei bis 40% Verlust gerade flügger Juv. durch Prädation). In D-BE 4.1 flügge Juv./erfolgr. Paar [1].

Eimaße und -gewichte [337]**:** L. 18.1-25.8 mm, B. 14.1-16.8 mm; Frischvollgew. Ø 2.8 g; Schalengew. 0.13-0.17 g, Ø: 0.16 g.

Sterblichkeit, Alter. Mindestalter von Ringvögeln 2 mal 3 J. und 10 bzw. 11 Monate. **Generationslänge:** < 3.3 J. [383].

Mauser. Postjuvenile Mauser (Teilmauser) beginnt nach ca. 30 d [1369], Juli/Mitte Sept.; oft während Wegzug unterbrochen und bis Aug./Jan. beendet [767]; Großteil des Körpergefieders, z.T. auch einige Rand- und Mittlere Armdecken [1866]. • **Postnuptialmauser** (Vollmauser) bei ♂ ab Mitte Juli/Mitte Aug., 2–3 Wochen früher als bei ♀ [767]; HS-Mauser setzt i.d.R. vor Wegzug ein [3771], wird bei meisten (bes. aus ME) aber unterbrochen und erst im Winterquartier (Okt.–Dez.) abgeschlossen [767,1369,2182]; Körpergefieder beginnt ebenfalls meist vor Zugbeginn, wird aber wohl auch unterbrochen. • **Pränuptialmauser** (Teilmauser) Feb.–Mitte April; Kleingefieder, einzelne Schirm- und Steuerfedern [767,1866].

Anthus hodgsoni – Waldpieper 10080

Anthus hodgsoni Richmond 1907

GB Olive-backed Pipit **F Pipit à dos olive** **E Bisbita de Hodgson**

Taxonomie. Zwei UA: *yunnanensis* Uchida & Kuroda 1916 (N- und E-Sibirien, Hokkaido) und *hodgsoni* Richmond 1907 (Himalaja bis JAP).
Wald- und Baumpieper sind nächstverwandt [3980] und ökologisch sehr ähnlich, doch weiträumig sympatrisch, und werden deshalb nicht in einer Superspezies vereinigt [1369].

Kennzeichen. [1369,3615,767,221,3772,1622,45; weitere **Fotos** in Bird. W. **6**, 389, **10**, 49, **13**, 435, **14**, 336, **15**, 63, Limic. **6**, 171, 308, Dutch B. **22**, 3, **23**, 393, **24**, 338, **25**, 416].

Maße. (*yunnanensis*) Gr.: 14.5 cm. Gew.: (Winter) ♂ 19.4-24.6 g, ♀ 17.0-26.3 g, (Mongolei, Frühj.) ♂ 18-26 g, Ø$_{7}$ 23.0 g, ♀ 18-26 g, Ø$_{8}$ 22.0 g. Fl.spw.: 24-27 cm. Fl.l.: (Sibir.) ♂ 80-87 mm, Ø$_{30}$ 84.0 cm, ♀ 79-84 mm, Ø$_{9}$ 81.1 mm bzw. ♂ 84-90 mm, Ø$_{20}$ 86.6 cm, ♀ 80-86 mm, Ø$_{12}$ 83.9 mm [1369,767].

Status. In ME vor 1960 keine Beobacht., bis 1980 als Ausnahmegast zu betrachten, neuerdings fast regelm. Nachw. an Ost- und vor allem Nordseeküste im Herbst und gelegentl. im Frühjahr; vielleicht sehr seltener, aber regelm. Durchzügl. an der Küste und bisher nur übersehen; gelegentl. Überwinterungsversuche, z.B. 1984 in GB und 1991 in NL (2 Ind.) [277]. Am häufigsten in GB+IRL festgestellt, dort 1 mal bis 1957, 35 Ind. 1958–85 und 78 Ind. 1986–89, in 1990er J. noch häufiger; mehrfach belegt in N., DK, S. und FIN, EST, ferner in F, P, TR, CY, Balearen und M sowie regelm. auf Herbstzug in IL [337,3615]. In ME bisher folgende anerkannte Nachw.: • **NL:** je 1 Ind. Okt. 1987, April und Sept. 1988, Okt. 1990, 2 Ind. Jan./Feb. 1991 und jew. Okt. 1991, 1997, 1998, 2001 und 2003 [277,q16]. • **B:** Nov. 1998, Sept. 1999 [1677]. • **D:** Helgol. 21 Nachw. bis 2001: 2mal Apr./Mai, große Mehrzahl im Okt. (selten schon Sept. oder im Nov.); -SH Okt. 1994 [575,869]. • **PL:** 1900-1977 0; 1978 1 Ind. Binnenland, 1984 Mai 1 und Sept. bis 13 Ind. (meist Halbinsel Hela), 1985-90 4 mal 1 Ind., seither (bis 2000) weitere 3 Meldungen anerkannt [q13,q4,3871]. • **CH:** Dez. 1995, Okt. 1998 Fängling mit Merkmalen von *yunnanensis* [4152,q14].

SPEC	VSchRL	Bern.Konv.	Bonn.Konv.
--	--	Anh. II	--
Europ. RL	RL in ME		
--	--		

Verbreitung und Bestand. Brutvogel vom Himalaya über die Waldgebirge Zentralasiens bis China, Korea und JAP, ferner im E der Taigazone von Japan und der asiatischen Pazifikküste nach W bis an unteren Jenissej und in schmalem Ausläufer bis Ural (S-Grenze 58° N) und Petschora (N-Grenze 65° N) [1585,45]. Kleines Brutvorkommen in europ. RUS mit 100-1.000 BP, wohl stabil [1585,3615,45].

Wanderungen. Zugvogel, Wintergebiet von S-JAP, S-Korea und China S Beijing bis SE-Asien und Vorderindien; regelm. Dz. in kleinen Mengen in IL, daher wohl in E-Afrika zu erwarten. Fast allj. auch auf Aleuten und auf Inseln der Beringstraße. Wegzug Mitte–Ende Aug. bis Ende Sept.; Ende Okt.–Anf. Nov. bis Mitte April im Winterquartier. Ankunft in sibir. Brutgebieten kaum vor Ende April–Anf. Mai.

Biotop. Br. in ähnlichem Habitat wie Baumpieper, jedoch eher in geschlosseneren Baumbeständen, z.B. hochstämmige Fichten-Birkenbestände bis zur Waldgrenze; oberhalb der Waldgrenze auch in der Strauchzone und in der Gebirgstundra. Im Winter sowohl in Wäldern als auch im Kulturland oder an Ufern von Binnengewässern; in Europa Rasthabitate trockene, kurzrasige Ödländer oder Brachfelder, aber auch Strandspülsäume, Ränder von Koniferenplantagen oder mit Büschen bewachsene Stellen.

Nahrung. Insekten; im Winter auch Sämereien.

Stimme. Ruf im Abflug, Flug und seltener auf dem Boden leicht gedehnt »psiip«; in der Klangfarbe etwa zwischen Baum- und Rotkehlpieper, aber abrupter als Rotkehlpieper endend, Alarmruf höher und schärfer als Baumpieper. Gesang abwechslungsreicher als der des Baumpiepers; Schnarrstrophen und Roller sind ebenso enthalten wie im Fluggesang abschließende »zii zi zi..«, es fehlt aber die typisch ausklingende Schlussstrophe des Baumpiepers. Gesang im Singflug oder von Baumspitzen.

Verhalten. Tagaktiv. Nahrungssuche vor allem am Boden. Im Sitzen ± ruckartiges Absenken des Schwanzes (häufiger als bei anderen Piepern) ohne Wippen des Körpers (vgl. Brachpieper, Stelzen) nicht selten, daher durchaus als Indiz bei der Bestimmung zu verwenden. Zur Brutzeit territorial. Singflüge ähnlich Baumpieper, doch viel seltener ausgeführt; viele ♂ singen von Baumspitzen oder Astspitzen (z.B. bei Fichten) und fliegen dabei höchstens zwischen einzelnen Bäumen hin und her.

Mauser. **Postjuvenile Mauser** (Teilmauser) Aug.–Sept. [767]; alle Flügeldecken und Schirmfedern werden vor Wegzug gemausert [3771]. • **Postnuptialmauser** (Vollmauser) (Juli) Mitte Aug.–Mitte Sept./Anf. Okt. [767]. • **Pränuptialmauser** (Teilmauser) (Feb.) März–April; Umfang ähnlich Baumpieper [767].

Anthus trivialis – Baumpieper 10090

Anthus trivialis (Linnaeus 1758)

(GB) **Tree Pipit** (F) **Pipit des arbres** (E) **Bisbita Arboréo**

Taxonomie. Zwei UA: *trivialis* (Linnaeus 1758) (inkl. »*sibiricus*«, Europa, Vorderasien, W-Sibirien) und *haringtoni* Witherby 1917 (Himalajagebiet, Mittelasien, inkl. »*schlueteri*«).

Kennzeichen. [1369,767,3615,221,3772,45].

Maße. (Nominatform) Gr.: 15 cm. Gew.: (Apr.-Aug.) ♂ 19-25 g, $\varnothing_{81}$ 21.7 g, ♀ 19-24 g, $\varnothing_{78}$ 21.3 g, (Brutzeit) ♂ 18-26 g, Ø 21.7 g, ♀ 22-29 g, $\varnothing_{23}$ 25.1 g. Fl.spw.: 25-27 cm. Fl.l.: ♂ 84-96 mm, Ø 89.1 cm bzw. (NL) 85-90 mm, $\varnothing_{80}$ 87.6 mm; ♀ 82-91 mm, $\varnothing_{38}$ 85.8 mm bzw. (NL) 82-88 mm, $\varnothing_{30}$ 84.6 mm [1369,3615].

Status. (Ehemals) sehr häufiger und verbreiteter Brut- und Sommervogel in weiten Teilen ME; häufiger, regelm. Durchzügler und Gastvogel.

Verbreitung und Bestand. Von N., GB (ohne Inseln im N und W), W-F und N-E. bis SE-Jakutien verbreitet, dabei S-Grenze von N-E. ca. 41°30' N über ganz I, N- und Mittel-GR bis etwa 40° N, über N-TR, N-Iran und KZ bis NW-Himalaya; in N. bis > 70° N und vom Weißen Meer bis zur S-Grenze der Waldtundra, 65–66° N an Petschora und 62–63° N in W- und Mittelsibirien. Nominatform in ME vom Tiefland bis zur Baumgrenze verbreiteter Brutvogel, dagegen in großen Acker- und Wiesenlandschaften, in Ballungsräumen, aber auch in gleichförmigen Nadelforsten fehlend; Höhengrenzen CZ (Tatra) 1730 m, in W-Alpen bis fast 2300 m ü.M. Gesamtbestand in Europa etwa zw. 27 - 42 Mio. BP (Rückgang), mit Beständen > 1 Mio. in RUS (15-20 Mio.), S. (3-7), FIN (1.3-1.7), N. (1-2), UA. (0.85-1.24) und BY (0.8-1.2 Mio. BP) [383]; in ME brüten etwa 2.0 - 3.5 Mio. BP [383].

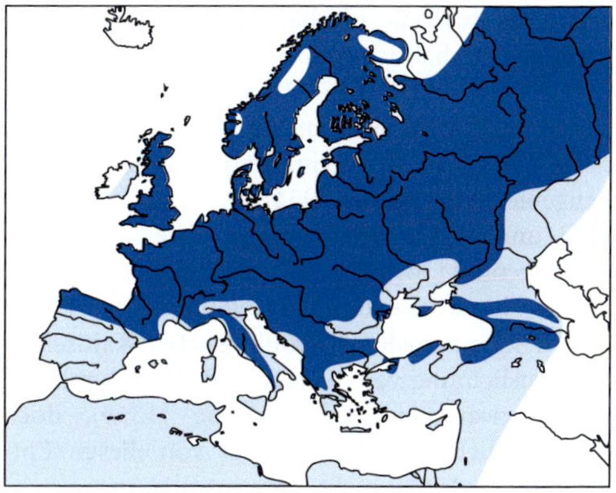

Anthus trivialis – **Baumpieper**

Wanderungen. Langstreckenzieher; Winterquartier in Savannen W-Afrikas (Senegal bis Namibia) und E-Afrikas (S-Sudan bis Mozambique, selten bis Natal); Wintervögel von Arabien bis Bangla Desh kommen wohl aus Asien. Wegzugrichtung hauptsächlich SW und SSW; Br. Europas bis 40° E ziehen über Ober-I und E./P ab; in Afrika überwintern wohl auch noch Br. aus E Ural. Vereinzelt im Frühjahr wohl Rückzug auf weiter E gelegenen Routen. Ab Juli Beob. abseits der Brutplätze auffällig; in D wurden Reviere von 20. Juni–1. Aug. verlassen; deutlicher Wegzug Anf. Aug., max. Dz. Ende Aug.–Anf. Sept. In D-BW 1970–97 Medianverschiebung des Herbstdurchzuges nach hinten um knapp 2 d pro Dekade [1315]. Viele Ad. bleiben offenbar noch wochenlang im Brutgebiet, ohne sich Dz. anzuschließen. Ende Sept. rasche Abnahme des Dz., nach 10. Okt. nur noch wenige, späteste Nachw. ME Anf. Nov. Durchzugsmax. in NW-DZ Ende Sept. [134], ab dieser Zeit auch erste im S Sahelzone und in E-Afrika. Heimzug ab Feb. bis Anf. April. Erstbeob. ME ausnahmsweise vor Mitte März (B, H), mehrere Nachw. Ende März, mittlere Erstbeob. jedoch im S und W 1., sonst 2.–3. Aprildekade, Hauptankunft Ende April, oft erst Anf. Mai. Ankunft im Brutgebiet in Leicestershire (GB) 1942-91 zunehmend später (Ø Ankunft 12.4.) [2500]. Mittlere Zugleistung im Herbst 40–90 km/d, aber auch längere Verweildauern; für Br. FIN auch mittlere Tagesleistungen von 103–124 km nachgewiesen. Ortstreue: In einer Population CH waren 51 % der ♂ und 32 % der ♀ brutortstreu, 10–15% der Ind. geburtsortstreu [2581].

Bestandsentwicklung. Starke kurzfristige Schwankungen und habitatbedingte Populationsveränderungen bekannt, lange Zeit aber keine großräumigen, längerfristigen Trends in Europa erkennbar [337,1369,2471]. Doch etwa seit 1970er J. lokal und regional in vielen Gebieten ME, besonders deutlich im von jeher dünner besiedelten S-ME [1507], vor allem im N Voralpenbereich [2581,198, 1617,4043,3393,3392,q1], deutlicher, z.T. drastischer Bestandsrückgang um bis > 80% durch Habitatzerstörung oder -veränderungen [1369,196,1680; auch in GB: 1343,2471], dadurch gebietsweise Erlöschen lokaler Populationen und Rückzug auf Optimalhabitate [FL, Bod., CH, A-V, -T, Teile D: 1617, 4043,3393,1722,2821,1137,2581,54,1616,2238,197, 1998]; in E-PL Bestand in letzten Jahrzehnten halbiert [3871].

	Best.	Areal	Brutbestand	Jahr	Quelle
A	↓	- 1	35.000–70.000	1998–2002	[383]
B	↓	=	6.900–11.000	2001–2002	[383]
CH	↓	- 1	50.000–70.000	1993–1996	[383]
CZ	+/-	=	500.000–1.000.000	2000–2002	[383]
D	↓	=	500.000–880.000	1998	[383]
FL	↓	- 1	70–200	1998–2000	[383]
H	+/-	=	130.000–235.000	1999–2002	[383]
L	↓	- 1	5.000–6.000	2001	[383]
NL	+/-	- 1	35.000–45.000	1998–2000	[383]
PL	+/-	=	500.000–800.000	2000–2002	[383]
SK	+/-	=	200.000–400.000	1990–1999	[383]

Bis in jüngste Zeit stabil (oder im Bestand anwachsend) waren dagegen Populationen in H, CZ, SK. und E-D sowie in Aufforstungsflächen und Heidegebieten NL [420,3663,1585,2068,2772,1,3268,3882, 2371,884,2889,3954], ferner in den höheren Lagen der Alpen [2581,3392,3393]. In N(W)-ME und DK

waren die Rückgänge bisher weitgehend auf intensiv landwirtschaftlich genutzte Bereiche beschränkt [z.B. D-SH, -HH, -BE: 310,1422,2642,597,2896], zunehmend wird dies auch in Voralpen CH-SZ beob. [1372], in NL Verluste vornehmlich in Dünengebieten der Küste [3954].
In N- und NE-Europa über lange Jahre deutlich positive Trends [1369,196,1507], doch neuerdings hier oft Trendumkehr erkennbar [3969,1507,196,1585]. Durch Sturmschäden, Schädlingsbefall, Kahlschlag und Auslichtung von Wäldern (Waldsterben) entstehen zwar neue Lebensräume [1369], doch offensichtlich kann Baumpieper von diesen Entwicklungen derzeit nicht mehr profitieren.

Siedlungsdichte. Kleinste Reviere in optimalen Habitaten 0.15–0.25 ha, in D (Ø aus größeren Reihen) z.B. 0.9 bzw. ca. 1.0, max. > 2.5, in CH 0.7–1.7 ($Ø_{144}$ 1.5) ha; ein Teil der ♂ verteidigt in Anpassung an insulare Verteilung der Habitate 2 Reviere [2581]; Nahrungssuche auch außerhalb der Brutreviere oder in Nahrungsrevieren. Höchstdichten ME auf Flächen von 20–49 ha 16.6 – 5.8 – 5.0 (Ø 7.9), von 50–99 ha 6.2 – 3.5 – 2.1 (Ø 3.5), von > 100 ha 6.4 – 2.9 – 2.0 (Ø 3.4) Rev./10 ha. Höchste großflächige Dichten (Flächen > 100 km^2) in ME liegen deutlich höher als bei Wiesenpieper zw. 0.2-8.6 (15.8) 'Rev.'/km^2 [vgl. Tab. 8 in 337, auch 1722].

Gefährdungsursachen [1369,4043,4175,196,1680, 2581,2915]. Lebensraumverlust oder -beeinträchtigung durch (1) die Intensivierung der Landwirtschaft mit Trockenlegung und Umbruch von Grünland, früher Mahd, Flurbereinigung, Ausräumung der Landschaft, extremem Biozid- und Düngemitteleinsatz, Aufgabe der Streuwiesen- und anderer Extensivnutzung, Entfernung von Hochstammobstbäumen, (2) die Forstwirtschaft mit Aufforstung von Heide- und Moorflächen, Biozideinsatz, Entfernung von Totholz und von Überhältern sowie Umwandlung ertragsarmer Wälder in Nadelholzkulturen, (3) Eutrophierung mit schnellem Zuwachsen der Waldränder, zeitigem, dichtem Bodenbewuchs im Frühjahr und hohen Brennnesselbeständen (Nahrungserreichbarkeit erschwert), ferner (4) fehlendes Abflämmen zur Verhinderung von Sukzession; (5) intensive Freizeitnutzung.
Hohe Verluste auf dem Zug, zum einen durch direkte Verfolgung (Fang, Jagd), zum anderen offensichtlich durch zunehmende Desertifikation der Sahelzone, dadurch Zugstrecken zu lang und Vögel treffen im Frühj. schon geschwächt im Mittelmeergebiet ein [F. Spina].
Dürre in den Überwinterungsgebieten und geringer Bruterfolg bei atlantisch geprägtem Klima zur Brutzeit.

SPEC	VSchRL	Bern.Konv.	Bonn.Konv.
--	--	Anh. II	--
Europ. RL	RL in ME		
--	FL:'VU', A, B, D: 'NT'		

Schutzmaßnahmen. Extensivierung der Landwirtschaft (Verringerung des Biozid- und Düngereinsatzes, späte, gestaffelte Mahd, Wiedervernässung trockengelegter Grünlandbereiche und Moorflächen).
Weniger intensive Waldnutzung.
Einschränkung der Jagd in den Durchzugsgebieten.

Biotop. Br. in offenem bis halb offenem Gelände mit hohen Singwarten (Bäume, Sträucher) und gut ausgebildeter, reich strukturierter Krautschicht (Neststand und Nahrungssuche). Sehr hoher Deckungsgrad von Bäumen/Büschen (Toleranz bis 80% Baumschichtdeckung, vorzugsweise Strauchschichtdeckung < 30%) und sehr schattige Flächen werden gemieden, in höherer Krautschicht sind freie Stellen erforderlich (Schichtdeckung aber mind. 50%) [1369,337]. Typische Brutgebiete: aufgelockerte, sonnige Waldränder, Lichtungen, Kahlschläge, Aufforstungen in frühen Stadien, Heide- und Moorflächen mit einzelstehenden Bäumen oder Büschen, lichte Laub- und Nadelwälder, Auwälder, Feldgehölze, Streuobstbeständen mit Brachestadien, Parklandschaften, im Kulturland bevorzugt Böschungen an Kanälen, Verkehrstrassen, Weinbergen etc., im Gebirge Almböden, lichter Montanwald bis zu Zwergstrauchgesellschaften über der Waldgrenze. Zur Nahrungssuche, vor allem außerhalb der Brutzeit auf Äckern, Brachfeldern, Wiesen und Weiden.

Nahrung. Kleine Insekten, Vegetabilien offensichtlich nur im Frühjahr (Herbst). In der Nestlingsnahrung z.B. Dipteren, Raupen, Heuschrecken, Spinnen, Köcherfliegen und Hautflüglerlarven von Bedeutung, z.T. stark abhängig vom Angebot [Details 2582].

Stimme. Stimmfühlungsruf auffliegender und ziehender Ind. unrein klingend »psrieh«, beim Abflug mehrfach gereiht, deutlich anders als Wiesenpieper, Warnen am Nest in Abständen oft wiederholt, hart »zipp zipp zipp...«. Gesang schmetternd, unvollständige Strophen von einer Warte, vollständige meist nur im Singflug. Gesang beginnt kurz vor Höhepunkt des Singfluges, kann auch nach Landung andauern. Strophen sehr vielfältig (auch Dialektbildung bekannt): Nach einleitenden »zi-zi-zi« mit zunehmender Lautstärke meist ähnlich Schmettertour eines Kanarienvogels, dann häufig unrein herabgezogene pfeifender Töne, wie »wiswiswiswis...«, dann oft Roller und schließlich im Herabgleiten charakteristische, laute »zia zija zija...«-Reihen. Gesang individuell erkennbar. Imitationen kommen vor. Vor Eiablage und während der Bebrütung Hauptsangeszeit, Wiederaufleben des Gesangs oft in einer späteren Phase der Brutzeit (z.B. nach Nestverlust); letzter Gesang Juli (ausnahmsweise bis Anf. Aug.).

Verhalten. Tagaktiv; zieht meist tagsüber, im Herbst aber auch nachts. Läuft mit bedächtigen Schritten, aber auch schnell trippelnd; oft auch geducktes Laufen, in dichter Krautschicht oft schwer zu sehen. Schwanzwippen stelzenartig, aber nicht sehr lebhaft. Flug nicht so deutlich wellenförmig wie beim Wiesenpieper. Nahrungserwerb vor allem auf dem Boden, aber auch in Bäumen; hier werden große Äste abgelaufen. Zur Brutzeit territorial. Reviergesang mit oder ohne Singflug. Start zum Singflug stumm, mit kräftigen Flügelschlägen mehr oder minder steil und geradlinig 20–30 m hoch. Kurz vor Erreichen des Gipfels beginnt Gesang, dann folgt eine Drehung und der Vogel gleitet mit dem charakteristischen »ziaziazia...«-Gesangsteil mit ausgebreiteten Flügeln und gespreiztem Schwanz zu einer Warte; vielfache Abwandlungen des typischen Singfluges. Bodenbalz, im Einzelnen aber nicht genau bekannt, mit auffälligen Hetzjagden; mehrfach Halmbalz beobachtet. Während der Brutperiode ♂ und ♀ gegenüber Artgenossen aggressiv, auch Luftkämpfe. Sommerliche Schlafgemeinschaften (Juli–Sept. bzw. Okt.) auf dem Boden, im Herbst vor allem Diesj. Nach der Brutzeit eher in kleinen, locker zusammenhaltenden Gruppen; Jungvogeltrupps sind meist größer. Auf dem Zug offenbar keine enge Verbindung (aber Stimmfühlung durch Rufe).

Fortpflanzung, Brutbiologie [337,1369,767,1]. Geschlechtsreife im 1. Jahr, aber nicht alle einj. ♀ scheinen zu brüten und nicht wenige einj. ♂ bleiben unverpaart; monogame Saisonehe, aber Wiederverpaarungen durch hohe Gebietstreue möglich; Bigynie mehrfach nachgewiesen. **Ankunft am Brutplatz.** Ab Ende März, meist April, mehrjähr. ♂ kommen zuerst an, dann mehrjähr. ♀; zw. Ankunft und Besetzung der Reviers oft eine Woche und mehr. Paarbildung erst am Brutplatz. **Nest.** Wahl durch das ♀. Napfförmiges Nest aus Material der Umgebung am Boden mit Sichtschutz nach oben, z.B. unter Grasbulten, Zwergsträuchern, Farn, kleinen Büschen etc., bevorzugt an der wettergeschützten Seite; zuweilen langgezogener Zugang (nur als mauselochgroße Öffnung erkennbar); Muldendurchmesser ca. 60-70, -tiefe 40 mm. Nestbau durch ♀, mitunter kein Material eingebracht; Bauzeit 4-6 d (fertig bis 1-3 d vor Eiablage). **Legebeginn.** In ME 3. Aprildekade bis Mitte Juli (Aug.), Hauptzeit Mai/Juni; in CH Erstbruten Ø 12.5., Zweitbruten Ø 19.6., B Erst- Ø 12.5., Zweit- Ø 14.6. **Gelegegröße.** 3-6 (2-8); Ø Europa 4.5 - 4.9, B_{288} 4.5, dabei $Erstgelege_{134}$ 5.0, $Zweitgelege_{57}$ 4.2. Legeintervall 1 d. **Eier.** Elliptisch, glänzend, äußerst variable Färbung, i.d.R. sehr dicht gefleckt, Grund rötlich, bräunlich, grau oder bläulich; auch einfarbig blau möglich. **Brutdauer.** 12-14 d, ♀ brütet allein, wird vom ♂ bewacht; ♀ verleitet bei Gefahr. **Nestlings-/Führungszeit.** Beide füttern (♀ mehr), bei Bigynie fütterten ♂ an beiden Nestern; letzte 10-20 m zum Nest werden meist zu Fuß zurückgelegt; Hudern bis 6 d. Nestlingsdauer 10-12 (13) d, bei Störungen wird Nest auch früher verlassen; Verlassen z.T. asynchron über 2-4 d; Juv. kehren i.d.R. nach Verlassen des Nestes nicht mehr dorthin zurück. Im Alter von 13-14 d können Juv. kleine Strecken flatternd überwinden, mit 18-19 d flugfähig; Ad. betreuen bis max. 32 d, vor Zweitbruten ♂ eine Zeit allein. **Jahresbruten.** 1-2 (3), in CH 25% der ♂ und 17% der ♀ mit mehr als 1 Brutversuch; in B Zweitbruten nach 74% der erfolgr. Erstbruten; Ersatzgelege. **Ende der Brutperiode.** Im Aug., Spätbruten noch bis Sept. **Bruterfolg.** In B ausfliegende Juv. 54% der abgelegten Eier, 2.4 Juv./Gelege, reviertreue Vögel erfolgreicher; Erstbruten in Westf. Juv. aus 72% der Eier; CH Reproduktion 3.1 Juv./♀ und J.; in D-BB $Ø_{15}$ 2.7 Juv./Brutversuch; in -BW bei 102 Vollgelegen mit 468 Eiern Schlüpferfolg 72.2%, 291 ausgeflogene Juv. (62.2%) und 2.9 Juv./Brut Wichtigste Verluste durch Störungen, Witterung und Parasitierung durch Kuckuck.

Eimaße und -gewichte [337]: L. 16.4-23.4 mm, B. 13.9-16.7 mm; Frischvollgew. 2.0-2.7 g, Ø 2.4 g; Schalengew. 0.10-0.18 g, Ø: 0.14 g.

Sterblichkeit, Alter. B Sterblichkeit der ♂ im 1. Lebensjahr 65 %, im 2. 50 %, Durchschnittsalter auf 1.5 J. geschätzt; CH Durchschnittsalter Brutpopulation ♂ < 2, ♀ 1.5 J. Ältester Ringvogel (S.) 8 J. 2 Monate [3654]. Unter 50 mind. einj. Fänglingen D 4 % mind. 5 J. alt. **Generationslänge:** < 3.3 J. [383].

Mauser. **Postjuvenile Mauser** (Teilmauser) Mitte Juli–Sept.; Körpergefieder und Rand-, einige Mittlere Arm-, selten einzelne Große Armdecken, Schirm- und Steuerfedern [1866,1956]. • **Postnuptialmauser** (Vollmauser) Ende Juni/Juli–Mitte Aug./Anf. Okt. [767,3450], bei ♂ unabhängig vom Brutzyklus 3–4 Wochen früher als bei ♀, die erst nach Brutende beginnen; setzt mit HS ein (z.T. > 2 HS gleichzeitig abgeworfen); unregelm. Mauserunterbrechung vor Wegzug [1866,3194,2796]; Dauer der HS-Mauser GB ca. 35 d [1356], D ca. 50 d [3450]. • **Pränuptialmauser** (Teilmauser) Jan.–März; Körpergefieder, einige Oberflügeldecken, Schirmfedern und einzelne (alle) ST; Einj. mausern mehr Mittlere und Große Armdecken als Ad. [1866].

Anthus gustavi – Petschorapieper 10100

Anthus gustavi Swinhoe 1863

GB Pechora Pipit **F Pipit de la Petchora** **E Bisbita del Pechora**

Taxonomie. Zwei UA: *gustavi* Swinhoe 1863 (N-Sibirien, inkl. »*commandorensis*« Kommandeur-Inseln) und *menzbieri* Shulpin 1928 (S-Ussurien).

Kennzeichen. [1369,3615,767,3772,221,45, weitere **Fotos** in Bird. W. **2**, 276 (z), 280-81, **7**, 249, **10**, 387, **15**, 364, 387, Dutch B. **19**, 303, **22**, 4, **24**, 376, **25**, 409].

Maße. (Nominatform) Gr.: 14.5 cm. Gew.: ♂, ♀ kleine Stichprobe (17) 20.5-25.7 g. Fl.spw.: 23-25 cm. Fl.l.: (N-Asien) ♂ 81-86 mm, ♀ 77-82 mm bzw. ♂ 80-87 mm, $Ø_{30}$ 84.0 cm, ♀ 76-84 mm, $Ø_{22}$ 80.0 mm [1369,767].

Status. In Europa Ausnahmegast, mit Häufung in GB (vor allem Fair Isle), wo 13 Ind. bis 1957, 16 Ind. 1958–85, und weitere 38 Nachw. bis 2001; fast alle (Ende Aug.) Sept.-Okt., sonst April; ferner vereinzelte Nachw. in IS, F, N., S. FIN, LT, sowie zwei Nachw. in ME: **PL:** 1–2 Ind. 30. Sept. 1983, 1 Ind. Ostseeküste April 1985 [3615,3871].

SPEC	VSchRL	Bern.Konv.	Bonn.Konv.
--	--	Anh. II	--

Europ. RL	RL in ME
--	--

Verbreitung und Bestand. Brutvogel Sibiriens von der Beringstraße nach W bis an Petschora sowie isoliert in Ussuriland und Komardorskije-Insel [3615,45]. Brutvorkommen in europ. RUS mit 1.000-10.000 BP, Trend unbekannt [383,3615,45].

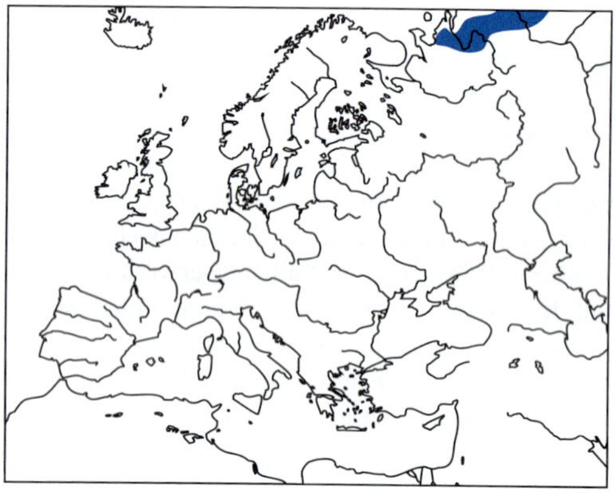

Anthus gustavi – **Petschorapieper**

Wanderungen. Zugvogel mit offenbar recht kleinem Überwinterungsgebiet auf den Sundainseln (Borneo, Sulawesi, Molukken bis Timor). Wegzug vom Brutgebiet offenbar ab Mitte Sept.; früheste Nachw. im Winterquartier Ende Sept. Ankunft im Brutgebiet frühestens Ende Mai–Anf. Juni, meist bis Mitte Juni.

Nahrung. Insekten und andere Kleintiere.

Stimme. Alarmruf typisch: hart und kräftig geräuschhaft »pwitt« oder »pitt«, 1–2 mal wiederholt, erinnert an Flugruf der Gebirgsstelze. Beim Auffliegen meist stumm. Singt im Kreisflug (bis zu 30-60 min), aber auch von Warte oder Boden. Strophe besteht aus zwei sehr unterschiedlichen Teilen: Auf lang anhaltenden Triller (ähnlich Temminckstrandläufer oder Waldlaubsänger), folgt gutturaler, angeschlagener Laut.

Verhalten. Hält sich versteckt und bewegt sich sehr geschickt in der dichten Bodenvegetation, fast wie ein Schwirl. Zur Brutzeit territorial. Singflüge dienen der Reviermarkierung.

Mauser. **Postjuvenile Mauser** (Teilmauser) Juli–Mitte Sept.; ohne Große Armdecken und Schwungfedern [767,3771]. • **Postnuptialmauser** (Vollmauser) Mitte Juli–Sept. [767]. • **Pränuptialmauser** (Teilmauser) Jan.–Ende März/Anf. April [767].

Anthus pratensis – Wiesenpieper 10110

Anthus pratensis (Linnaeus 1758)

(GB) **Meadow Pipit** (F) **Pipit farlouse** (E) **Bisbita Común**

Taxonomie. Monotypisch.

Kennzeichen. [1369,3615,767,221,3772,45, **Foto** in Dutch B. **25**, 330].

Maße. (Nominatform) Gr.: 14.5 cm. Gew.: (März-Aug.) ♂ Monats-Ø 17.8 – 18.9 g, ♀ Monats-Ø 17.3 – 18.4 g, dies. (Juli-Sept.) Monats-Ø 17.4 – 18.7 g. Fl.spw.: 22-25 cm. Fl.l.: ♂ 78-86 mm, $Ø_{73}$ 81.4 cm bzw. 80.5-85 mm, $Ø_{12}$ 82.2 mm bzw. 79-86 mm, $Ø_{34}$ 82.8 mm; ♀ 73-81 mm, $Ø_{45}$ 77.1 mm bzw. 73-79 mm, $Ø_{7}$ 76.6 mm bzw. 73-80 mm, $Ø_{40}$ 77.1 mm [1369,767].

Status. Sehr häufiger und verbreiteter Brut- und Sommervogel in weiten Teilen ME, gebietsweise Jahresvogel oder regelm. Überwinterer (vor allem im NW); sehr häufiger, regelm. Durchzügler und Gastvogel im gesamten Gebiet.

Verbreitung und Bestand. Brutvogel von E-GRÖ über IS, GB/IRL, ME und N-Europa nach E bis zum Ob. S-Grenze des geschlossenen Areals durch F (S-Bretagne), CH, SK., Zentral-PL und N-UA.; in ME nur in H (und FL) fehlend, in S Randbereichen des Areals (A, SK., CH) allerdings nur kleine Populationen [1369,3892,1585]; im Tiefland von B bis PL verbreitet und häufig, S der Mittelgebirgsschwelle inselartig; Obergrenze in CH regelm. bis 1550 m (Jura), ausnahmsweise 1980 m (Alpen), im Riesengebirge bis 1605 m, D-BY bis mind. 1000 m ü.M. Über 75% des globalen Verbreitungsareals in Europa, bei Bestand von etwa zw. 7 - 16 Mio. BP (abnehmend), entspr. > 75% des Weltbestands; mit Populationen > 1 Mio. in N. (1-5), RUS (1-2.5) und GB (1.68) und > 0.5 Mio. in FIN, F, IS, IRL und S. [383]. Gesamtbestand ME etwa zw. 330.000-580.000 BP [383].

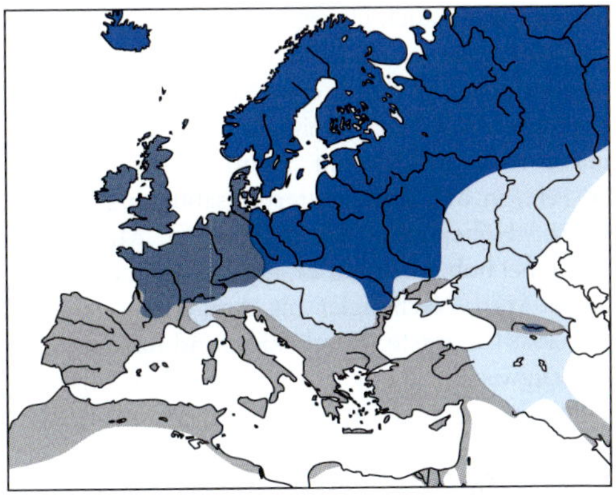

Anthus pratensis – **Wiesenpieper**

Wanderungen. Kurz- und Mittelstreckenzieher, ausnahmsweise in Nähe der Brutplätze überwinternd; in milden Bereichen überlappen sich Brut- und Wintergebiet, dabei unklar, ob gebietsansässige Brutvögel. Hauptwinterquartier SW-Europa ab Rhein-Rhone mit Schwerpunkt Iberische Halbinsel und NW-Afrika bis N-Rand Sahara, ferner gesamte Mittelmeerländer einschließlich küstennaher Gebiete Afrikas, SE-Europa, Vorderasien bis an N-Rand Indischer Ozean. In W-Europa vor allem GB/IRL, NW-F, in ME W bis 2.5°-Jan.-Isotherme, z.B. Gitterfeldfrequenz NL 1978-83 Jan. 71%, Rhl. Dez.-Jan. 1983-86 55%, D-BW 1987-91 13.7 % [203], CH-SO 1981-98 Dez.-Feb. alljährl. [672]; einzeln oder in kleinen Mengen auch bis S-Skandinavien, IS. Überwinterungstendenz in ME neuerdings zunehmend. Nach Flügelmaßen (allerdings kleine Stichproben) überwintern in GB, NW-F und NW-ME größtenteils bis fast ausschließlich ♀, dagegen im Mittelmeergebiet und SW-Europa Geschlechterverhältnis annähernd ausgeglichen

[1729]. Wegzugsrichtung der meisten Populationen SW bis S, Br. GB/IRL und IS zunächst S, dann mehr SW; Zugmassierungen vor allem in Küstengebieten. In GB/IRL auch Dz. IS, N. [Zusammenstellung in 4064]. Nach Dismigrationsbewegungen scheint Wegzug der Jungvögel von Brutplätzen erst im Sept. (Okt.) einzusetzen, Altvögel verschwinden ab Aug. und absolvieren vor Abzug noch Postnuptialmauser. Durchzugsmaxima in S-Skandinavien und NW-D um Wende Sept./Okt., weiter im Binnenland ME und nach SW Anf. bis Mitte Okt. (Bod. Median 1981-95 8.10.) [1617]. Mittlere Zuggeschwindigkeit durch ME um 60 km/d, zw. PL und N-D < 40 km/d geschätzt [Details vor allem 1630,987]. Ausklang des Wegzugs in ME meist im Nov., dann auch Übergang zu Überwinterungsversuchen, aber offensichtlich im Dez. oft noch Abwanderungen. In SW-F erste Vögel, die > 1000 km zurückgelegt haben, bereits ab Ende Sept., Hauptmasse trifft im Okt. ein. Heimzug von N-Afrika ab Feb., in ME stark witterungsabhängig ab Anf. März, Höhepunkt normalerweise Mitte–Ende März, bei hohem Anteil Br. aus NE auch erst Anf.–Mitte April, Nachzügler bis Anf. Mai [Details B z.B. 3639]. Längster durch Ringfund nachgewiesener Zugweg 3.850 km (N.–S-E.); mittlere Tagesleistung von Wegzüglern aus FIN ca. 68 km, mittlere Höchstleistungen 177 bzw. 126 km/d. Winterortstreue nachgewiesen; Brutortstreue bei beiden Geschlechtern hoch; Jungvögel siedeln überwiegend einige km vom Geburtsort entfernt, auch Hinweise auf Umsiedlungen.

Bestandsentwicklung. Kurzfristige, erhebliche Schwankungen für Wiesenpieperbestände in den häufig recht instabilen Brutlebensräumen charakteristisch [1729]; so können sich maximaler und minimaler Brutbestand einer Probefläche innerhalb weniger J. bis um Faktor 6 unterscheiden.
Seit 1960er J. in Folge von Lebensraumverschlechterungen ein (z.T. drastischer) Rückgang, vor allem in küstennahen Gebieten [B, Teile NL, D, auch GB, DK, S., EST, LT: 1141,884,593,594,2889,196,3892,1507,1343], aber auch im ME Binnenland [W- und S-PL: 3867,3871,973; D-RP, -HE, -BW, -SL, -BY, -TH, -NW: 196,1722,1680,3248,2808,4175,2068,2623]. Einige kleinere Restvorkommen am S-Rand der Verbreitung, aber auch in D-BE erloschen völlig [965,4175,534,198].
Erst gegen Ende 1980er J. Umkehr des Negativtrends [z.B. D-SH, -BB, -BE: 593,595,2063,1] und auch am S-Rand der Verbreitung gebietsweise Zunahmen und Neuansiedlungen [A, CH, CZ: 965, 3892,3663,1507,q1,1852,2518,2238,830; ferner D-NW: 1039]. Seither in D-SH bei lange Zeit überwiegend negativer Entwicklung [1302,196] Zunahmen vor allem auf neu eingedeichten Flächen und in extensivierten Vorländern [1363,594,595,310], in -MV auf wiedervernässendem Salzgrünland [2031]; in -HE erneute Ausbreitung in die Tieflagen bei gleichzeitigem (größerem) Verlust der Brutplätze in den Mittelgebirgen [1680]; in CH flächenhafte Ausbreitung ins Alpenvorland (oder früher übersehen?) sowie Bestandszunahme in den Alpen [3389,3392]; in D-BW Verdopplung des Bestands im Schwarzwald seit 1987 [989], ferner Arealausweitung (durch Zunahme an Brachflächen) in tieferen Landesteilen [1722]; in -SN u.a. Zunahmen in Hochlagen durch Immissionsschäden [vgl. 2857] und großflächige Bestockungsauflösung [3666]. Biotopbedingt unterschiedliche Trends in weiten Bereichen N-D und NL, wobei Zunahmen in extensiv genutzten Lebensräumen, Salzwiesen und Heidegebieten überwiegen, Abnahmen in intensiv genutztem Kulturland sowie infolge fortschreitender Suzzession bzw. Verbuschung [3519,2889,3954, 1137,1,3638,310,2821; vgl. auch D-BY:4175]; gebietsweise, z.B. D-HH, -SH, -SN, derzeit insgesamt kein gerichteter Trend [310,2642,3666].

	Best.	Areal	Brutbestand	Jahr	Quelle
A	↑	+ 1	1.300 – 2.300	1998 – 2002	[383]
B	⇩	- 1	6.800 – 12.000	2001 – 2002	[383]
CH	↓	- 1	500 – 500	1993 – 1996	[383]
CZ	↑	+ 1	35.000 – 70.000	2000 – 2002	[383]
D	+/-	=	64.000 – 120.000	1995 – 1999	[383]
L	⇩	- 1	250 – 300	2001	[383]
NL	↓	=	70.000 – 80.000	1998 – 2000	[383]
PL	+/-	=	150.000 – 300.000	2000 – 2002	[383]
SK	↑	=	250 – 500	1990 – 1999	[383]

Siedlungsdichte. Reviergrößen überwiegend 0.5–2.0, min. < 0.2, max. > 7 ha, doch Verschiebungen während der Brutzeit und manchmal Nahrungssuche auch außerhalb [Details z.B. 1729]. Höchstdichten ME auf Flächen von 20–49 ha 12.4 – 7.1 – 5.2 (Ø 7.8), von 50–99 ha 14.2 – 7.1 – 2.6 (Ø 6.4), von > 100 ha 9.6 – 3.3 – 1.9 (Ø 4.0) Rev./10 ha; in günstigen Gebieten scheint Dichte also weniger stark mit der Flächengröße abzunehmen als beim Baumpieper. Max. Großflächendichten (> 100 km^2) in ME deutlich geringer als bei Baumpieper, nach N zunehmend, zw. 0.01 – 3.7 'Rev.'/km^2 [vgl. Tab. 9 in 337], in PL viell. höher [3871].

Gefährdungsursachen [196,337,1680,2623,1722, 4175,1343,2210,1729,2393,830N,1302]. Lebensraumverlust und –beeinträchtigung durch Senkung des Grundwasserspiegels, Entwässerung von Feuchtwiesen, Grünlandumbruch sowie Intensivierung der Grünlandnutzung mit hohem Biozid- und Düngemitteleintrag und Räumung der Gräben, Aufgabe extensiver Grünlandnutzung, Aufforstung, industrieller Torfabbau, Kiesabbau, Erschließung für intensive Freizeitnutzung (vor allem in montanen Bereichen; im Tiefland durch Anlage von Angelteichen) und Zerstörung von Heide- und Moorgebieten. Bei intensiver Beweidung stark verringerter Bruterfolg; auch durch militärische Nutzung in den Brutgebieten.
Natürliche Ursachen: Extreme Winter in SW-Europa, z.B. 1984/85, wirken sich deutlich auf ME Brutbestand aus; Bestandsveränderungen werden primär von Rückkehrrate der Jungvögel, in geringerem Maße der Altvögel, bestimmt. Sehr nasse Frühjahre beeinträchtigen den Bruterfolg.

SPEC	VSchRL	Bern.Konv.	Bonn.Konv.
E	--	Anh. II	--
Europ. RL	**RL in ME**		
--	(B), NL, A, CH: 'NT'		

Schutzmaßnahmen. Wie bei vielen Feuchtwiesenbewohnern Extensivierungsmaßnahmen sowie Wiederherstellung und Pflege ehemaliger Brutgebiete. Entscheidend für Bruterfolg ist dabei die Wahl der Mahdtermine (für Erstbrut frühestens Mitte Juni, für Zweitbrut jedoch erst Mitte Juli). Das Ausmähen von Gräben, Dämmen und Saumbereichen, wo sehr häufig die Nester angelegt sind, ist völlig zu unterlassen. Am S-Rand des Verbreitungsareals zudem konsequenter Flächenschutz erforderlich.
Verringerung der Störeinflüsse durch Freizeitnutzung und Militär in den montanen und subalpinen Regionen.
Der Wiesenpieper erträgt im Gegensatz zu empfindlicheren Arten die Umwandlung von artenreichen Feuchtwiesen und Weiden in Fettwiesen, solange ihm auf 10 ha eine Nahrungsfläche von mindestens 10% verbleibt [1729,830N].

Biotop. Br. auf offenen, zumindest baum- und straucharmen Flächen mit höheren Warten (z.B. Weidezäunen, einzelnen Stauden etc.), die meist feucht sind und daher rasch abkühlen oder sich nur langsam erwärmen; Bodenvegetation muss ausreichend Deckung für Nester bieten, darf aber für ungehinderte Fortbewegung nicht zu dicht und hoch sein. Beispiele: Tundren, Fjälls, Moore, Heideflächen, küstennahe Dünen, Salzwiesen, Feuchtwiesen unterschiedlichen Typs, Dauerweiden mit hohem Grundwasserspiegel, Wiesentäler in Mittel- (und Hoch-)gebirgen, Kahlschläge und verschiedene Typen von Ruderalflächen, kaum dagegen in einförmigen Ackerlandschaften. In jüngerer Zeit Neubesiedlung trockener, südexponierter Weiden im Höhenlagen des Bergpiepers. Nahrungssuche auf bewachsenen Flächen mit max. 9 cm hoher Pflanzendecke, wie staunasse Wiesen, Heide- und Moorflächen, Magerrasen, Dauergrünland, außerhalb der Brutzeit auch am Wasser.

Nahrung. Kleine Arthropoden, vor allem Insektenimagines und -larven, Spinnentiere; während des Winterhalbjahres auch kleine Würmer, Schnecken und Sämereien (z. B. Gräser, Seggen, Knöterich etc.). Im Einzelnen sehr variabel.

Stimme. Häufigster Ruf im Fliegen kurz und hart »hist«, meist gereiht in Zweiergruppen, sowie Alarmruf »srieh«. Warnruf im Brutrevier meist nicht laut, heuschreckenähnlich »tzipp« oder »tsrrit« in langsamen Reihen (beste Unterscheidung von Bergpieper, da langsamer gereiht, weicher). Gereihte »hist«-Kontaktrufe sind ähnlich den raueren Rufen des Bergpiepers. Der Fluggesang besteht aus 4-6 verschiedenen Phrasen, die bis auf die erste während des Singfluges in konstanter Reihenfolge mehrmals wiederholt werden. Erste Phrase und Reihenfolge der folgenden Phrasen sind individuell verschieden, es kommt zu Dialektbildung. Gesang beginnt mit langer, eintöniger Einleitung, wie »tchip tchip…« oder »dip dip dip…« mehr oder minder mit konstanten Intervallen, gegen Ende etwas schneller und leicht ansteigend; dann Klirr-Phase mit kurzen, mehr schnarrenden Elementen und Rollern und mit einigen mehr tonalen »gsjüp« oder »jü…« endend. Fluggesang bereits in Aufsteigphase, kann über Landung hinaus andauern. Bodengesang mit kürzerer Folge der Einleitung des Fluggesangs (vgl. Bergpieper). Gesang vor allem ab März mit unterschiedlicher Intensität bis Mitte Juli.

Verhalten. Tagaktiv und Tagzieher, Zugmaxima meist in den Vormittagsstunden. Rasche Fortbewegung am Boden, Körperhaltung meist aufrechter als Bergpieper. Abgesehen vom Singflug am Brutplatz sehr unauffällig. Nahrungserwerb fast ausschließlich beim Umherlaufen durch Ablesen der Beutetiere von Pflanzen oder Aufpicken vom Boden. ♂ zur Brutzeit territorial. Reviermarkierung durch Singflug und Wartengesang. Bei Singflug steiles Aufsteigen (auch in Spiralen), am Scheitelpunkt Flug mit höherer Schlagfrequenz als Bergpieper, dann ziemlich steiles Herabgleiten mit ausgestreckten Flügeln (»Fallschirm«-Imponierhaltung). Bodenbalz mit Halmbalz, Verfolgungsflügen; Fütterung des ♀ vor und während der Eiablage. In Jungvogelschwärmen halten zunächst auch noch Geschwister zusammen. Zur Zugzeit und im Winter geselliges Übernachten auf dem Boden oder am Wasser.

Fortpflanzung, Brutbiologie [337,1369,767,1]. Geschlechtsreife wohl im 1. J., aber viele einj. ♂ bleiben unverpaart; i.d.R. monogame Saisonehe, Umverpaarungen innerhalb einer Saison nicht bekannt; durch ausgeprägte Brutortstreue Wiederverpaarung bis 3 Jahre nachgewiesen; Bigynie bei kleinem Teil der ♂ wohl regelm.; ausnahmsweise Helfer beob. (fremder ausgewachsener Juv.). **Ankunft am Brutplatz.** Meist im März (bis April), mehrj. ♂ kommen zuerst an, Paarbildung oft erst nach d oder Wochen. **Nest.** Wahl durch ♀, scharrt Mulde vegetationsfrei und trägt Pflanzenmaterial ein. Bodennest mit Sichtschutz von mind. einer Seite, oft auch nach oben, zu Beginn der Brutzeit oft an Böschungen (später weniger deutlich); Zugang zum Nest kurzer, z.T. aber bis 1 m langer, Laufgang (manchmal als kleines rundes Loch in dichter Vegetation); Muldendurchmesser 55-65, -tiefe 33-40 mm. **Legebeginn.** Im milden W-ME z.T. schon Ende März, sonst ab Anf./Mitte April, in NW-D Ø (1975-81) bei Erstbr. 13.-23. April, letzte Bruten Ende Juni bis Anf. Aug., Ø Beginn in Jura CH (> 1000m NN) ca. 19. Mai. **Gelegegröße.** 4-6 (2-7); Ø in Europa von S nach N zunehmend, in GB mit Höhenlage abnehmend; innerhalb Gebiet NW-D Ø (versch. J.) 4.3 - 4.9, negative Korrelation mit Brutdichte, Zweitgelege nicht kleiner als Erst-; S-N.$_{75}$ 5.42, N-N.$_{28}$ 5.75, D-BB$_{29}$ 4.8, -BW$_{76}$ 4.15. Legeintervall 1 d. **Eier.** Elliptisch, glänzend, ziemlich variabel, Grund blassblau oder bräunlich, dunkler gewölkt oder gefleckt, mitunter auch gröber gezeichnet. **Brutdauer.** 13 (11-15) d, ♀ brütet allein. Bebrütung ab (vor-)letztem Ei. **Nestlings-/Führungszeit.** ♀ hudert bis ca. 5 d, dann füttert fast nur ♂; später beide (♀ mehr) oder nur ♀. Nestlingsdauer 10-14 d, Juv. verlassen Nest bevor völlig flugfähig; nach Verlassen bis max. 40 d (Ø 13 d) von Ad. betreut, aber bereits nach 6 d selten und ab 9 d nur noch ausnahmsweise gefüttert. **Jahresbruten.** 1-2 (3), in günstigen Lagen regelm. Zweitbruten; Drittbruten belegt; Ersatzgelege; Ø in NW-D 2.3 Brutversuche/♀, wobei ältere ♀ mehr Versuche als jüngere. **Ende der Brutperiode.** Fam. Mitte/Ende Aug. nicht ungewöhnlich, bei sehr späten Bruten Sept. **Bruterfolg.** GB und ME flügge Juv. 40-56% der abgelegten Eier, in N-S. 78%; in NW-D Reproduktionsrate pro J. ♀ 4.3, ♂ 3.2 Juv., ♂ mit höheren Totalverlusten; Lebenszeitreproduktion ♀ 6.0, ♂ 6.1 Juv., dabei Lebensdauer mit größerem Einfluss als mittlere jährliche Produktion [vgl. 1729].

Eimaße und –gewichte [337]: L. 18.7-22.2 mm, B. 14.0-15.7 mm; Frischvollgew. 1.8-2.3 g, Ø 2.2 g; Schalengew. 0.09-0.14 g, Ø: 0.12 g.

Sterblichkeit, Alter. Mittlere Sterblichkeit Ad. 54–57 %/J., Ind. im 1. Lebensjahr 68–74 %. Älteste Ringvögel 7 J 9 Monate und > 8 J. **Generationslänge:** < 3.3 J. [383].

Mauser. Postjuvenile Mauser (Teilmauser) (Juni) Juli (Aug.)–Sept./Okt. (Nov.), aber variabel [767]; umfasst z.T. auch Rand-, einige Mittlere Arm- und innere Große Armdecken, Schirm- und mittlere Steuerfedern [767,1866,930], gegen S umfangreicher [3771]; Dauer GB 37–58 (Ø 46) d [930]. • **Postnuptialmauser** (Vollmauser) Ende Juli–Sept./Okt., Beginn bei einigen ♂ schon vor Selbstständigwerden der Jungen, während Mauserhöhepunkt kaum flugfähig [1729]; Dauer der HS-Mauser FIN/GB 40–50 d. • **Pränuptialmauser** (Teilmauser) Jan./Feb.–März/April [767,1369]; neben Körpergefieder, meisten Randdecken und Schirmfedern auch einige Mittlere und innere Große Armdecken sowie einzelne ST [1866].

Anthus cervinus – Rotkehlpieper 10120

Anthus cervinus (Pallas 1811)

GB **Red-throated Pipit** F **Pipit à gorge rousse** E **Bisbita Gorgirrojo**

Taxonomie. Zwei gering differenzierte UA: *cervinus* (Pallas 1811) (Sibirien E Taimyr) und *rufogularis* C.L. Brehm 1824 (N-Europa bis Taimyr-Halbinsel).

Kennzeichen. [1369,3615,221,3772,767,45, weitere **Fotos** in Bird. W. **2**, 276 (z), 280-81, **14**, 408, Limic. **11**, 148, Dutch B. **22**, 126].

Maße. (*rufogularis*) Gr.: 15 cm. Gew.: (N-Sibir., Brutzeit) ♂ 17-24 g, $Ø_{49}$ 20.7 g, ♀ 17-24 g, $Ø_{41}$ 20.5 g. Fl.spw.: 25-27 cm. Fl.l.: (N-Sibir.) ♂ 82-92 mm, $Ø_{76}$ 87.5 cm; ♀ 77-87 mm, $Ø_{34}$ 83.6 mm; (W-Sibir.) ♂ 85-91.5 mm, $Ø_{42}$ 87.6 mm; ♀ 80-86 mm, $Ø_{19}$ 82.7 mm [1369,3615].

SPEC	VSchRL	Bern.Konv.	Bonn.Konv.
--	--	Anh. II	--
Europ. RL	**RL in ME**		
--	--		

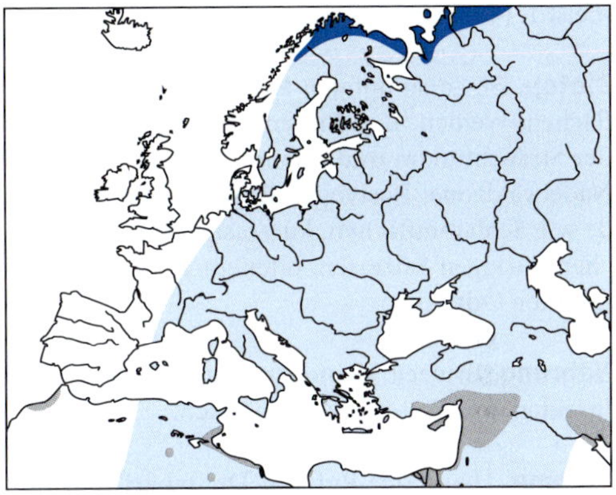

Anthus cervinus – **Rotkehlpieper**

Status. In ME *rufogularis* seltener, aber regelm. Durchzügler zu beiden Zugzeiten, im E wohl häufiger als im W. Von 1930–88 insgesamt ca. 63% der Ind. auf dem Heimzug beob., doch in Einzeljahren Wegzugszahlen höher [vgl. 876]. Heimzug im (März) April – Mai, in W-ME (ohne Küste) gegenüber S-ME und F etwa 1-2 Wochen später [vgl. Abb. 30 in 337]; Wegzug (Ende Aug.) Sept.-Okt.(Nov.). Ausnahmsweise im Sommer [z.B. NL: 277]. Auffallende Zunahme der Nachw. und Neuentdeckungen in letzten Jahrzehnten wohl hauptsächlich Folge der besseren feldornithologischen Erfassung. Vorkommen von Jahr zu Jahr stark schwankend, z.T. invasionsartig. Wo Art schon im 19. Jh. gut bekannt, keine langfristigen Änderungen in Bestand oder Phänologie erkennbar [z.B. Helgol., 876].
CH: seit 1951 nachgewiesen, ab Mitte 1960er J. allj. gemeldet, von 1984-96 Ø 16 (8-28) Beob. pro J., max. 25 Ind. zusammen [4152,3393]. • **L:** seit 1974 mehrere Nachw. • **NL:** seit 1960 nachgewiesen, ab 1977 allj. [277]. • **B:** mehrere Belege im 19. Jh., bis 1950 insges. 5 Nachw., 1950-97 aber 413 Nachw. mit 515 Ind. [1369,q15]. • **D:** in meisten Ländern spätestens seit 1980er J. regelm. Durchzügler, mehrfach Trupps > 20 Ind. beob.; in -MV je eine Meldung Juli und Aug., in -BW 1 Nachw. Ende Dez. [337,2031,1722]. **A:** -V Rheindelta eines der bedeutendsten Rastgebiete in W-ME, max. 21 Ind. [1617,3489]; am Bod. von 1981-95 insges. 181 Beob. mit 311 Ind. [1617]. • **CZ:** ab 1951 regelm. Gastvogel, max. bis zu 60 Ind. beisammen [337,2159]. • **SK., PL, H:** regelm., wenig häufiger Gastvogel [337,2438,3882,q13,3871].

Verbreitung und Bestand. Brutvogel der S-arktischen und subarktischen Zone Eurasiens (z.T. bis zur Eismeerküste) von Skandinavien bis zur Tschuktschen-Halbinsel und über die Beringstraße an W-Küste Alaskas. Bestand in Europa etwa zw. 1 - 3 Mio. BP (Trend unklar, starke Bestandsschwankungen), mit Vorkommen in RUS (1-3 Mio.), N. (5.000-20.000), S. (300-900) und FIN (500-3.000 BP) [383]. Kein Brutvorkommen in ME.

Wanderungen. Langstreckenzieher; Überwinterungsgebiet SE-China, Philippinen, Hinterindische Halbinsel, Malaysia, Borneo u.a. Inseln; W-paläarktische UA erreicht mit Hauptzugrichtung S bis SW die S-Küste des Mittelmeers (Einzelne überwintern mitunter im Bereich der N-Küste) bis Sahara, wichtigste Wintergebiete EGY, Sahel- und Savannenzone von Sudan, Äthiopien bis Kenia (N-Tansania, Rwanda) und Nigeria; einzelne Überwinterer auch an Küsten W-Afrikas; im E Arabische Halbinsel, Küste Persischer Golf. Wegzug von Brutgebieten Aug.–Mitte Sept.; Dz. E-Europa und ME zw. Mitte Aug. und Anf. Nov. mit Höhepunkt Ende Sept.–Mitte Okt. Südlichste Wintergebiete werden Jan.–Feb. erreicht. Heimzug z.B. in EGY ab Mitte Feb. mit Gipfel Ende März–Mitte April (ähnlich Eilat IL), W-Afrika ab Anf. März, in S-ME Dz. April–Mitte Mai, im NE bis Ende Mai, Höhepunkt meist 1. Maidekade [876].

Biotop. Br. in sumpfigen Niederungen mit Grasflächen, Weiden- und Birkengebüsch, Flusstäler in der Strauchtundra und offene Moorflächen in der Nadelwaldzone. Rastvogel in baumfreiem Gelände wie Schlammflächen, kurzrasigen feuchten Flächen, lückigen Salzrasen, offenem Kulturland und feuchten Ödflächen.

Nahrung. Brutzeit kleine Arthropoden, vor allem Insekten, im Winter auch Sämereien.

Stimme. Häufigster Ruf von Dz. scharf und hart angeschlagen, gedehnt auslaufend und etwas unrein klingend »tssiie(e)«, »szieh« oder »psieh«, erinnert an Rohrammer, Schafstelze oder Baumpieper; Zugruf leise, etwas rau »tschüp«. Fluggesang aus ca. 8 verschiedenen Phrasen mit einer »zia-zia-zia…«-Einleitung ähnl. Baumpieper, gefolgt von trillernden und ratternden Elementen sowie Schnarren, etwa »tsiwi-tsiwi-tsiwi-tsiwi-wiss-wiss-wiss twiss-wiss-wiss-tsirrr«, Pfeifelemente klingen deutlich zweistimmig. Individuelle Variation. Fluggesang vor allem während der fallschirmartig abgleitenden Flugphase, auch über Landung hinaus. Kürzere Gesänge von Warten oder vom Boden. Bei Dz. gelegentlich halblauter Boden- oder Wartengesang, ausnahmsweise auch voller Fluggesang.

Verhalten. Tagaktiv und Tagzieher; rascher Flug, weniger hüpfend als Wiesenpieper. Zur Brutzeit territorial und Territorien oft eng nebeneinander; Singflug zunächst 15–30 m hoch ansteigend, dann 50 m lange Gleitstrecke mit weit ausgebreiteten Flügeln und steile Fallschirmlandung. Auf dem Dz. oft lockere Vergesellschaftung mit Wiesenpiepern oder Nordischen Schafstelzen.

Fortpflanzung, Brutbiologie [337,1369,767]. **Ankunft am Brutplatz.** An den nördlichsten Brutplätzen erst Ende Mai bis Anf. (Mitte) Juni. Balz und Paarbildung oft schon während der letzten Heimzugsphase. **Nest.** Am Boden, ähnlich aber weniger gut versteckt als bei Wiesenpieper; ♂ scharrt Mulde, ♀ baut; Muldendurchmesser 70-110, -tiefe 30-47 mm. **Legebeginn.** Frühestens Ende Mai/Anf. Juni, Ersatzgelege bis Juli; im hohen Norden Mitte Juni bis Juli. **Gelegegröße.** 5-6 (2-7); FIN $Ø_{63}$ 5.46, $N._{18}$ 5.9, Yamal RUS_{209} 5.2. Legeintervall 1 d. **Eier.** Ähnlich Baumpieper, sehr variabel. **Brutdauer.** 10-14 d, ♀ brütet allein, wird vom ♂ gefüttert. Bebrütung ab 2. oder 3. Ei; Juv. schlüpfen innerhalb 1-3 (Ø 1.8) d. **Nestlingszeit.** Beide füttern. Juv. verlassen Nest nach 9-15 (Ø 12.6) d. **Jahresbruten.** 1; Ersatzgelege. **Bruterfolg.** Von 162 Eiern in FIN 68.5% geschlüpft und 62.9% ausgeflogen (Hauptverluste durch Infertilität und Verlassen des Geleges); auf Yamal RUS Schlüpferfolg 83.4%, davon 91.8% flügge Juv., auf Tschuktschen Gesamterfolg bei 14 Gelegen mit 66 Eiern 60.6%.

Sterblichkeit, Alter. Ältester Ringvogel (I) 4 J. 6 Monate [3654]. **Generationslänge:** < 3.3 J. [383].

Mauser. **Postjuvenile Mauser** (Teilmauser) ab Anf. Juli/Mitte Aug., bei einigen noch im Brutgebiet abgeschlossen; umfasst variable Anzahl der Oberflügeldecken, Schirm- und z.T. ST 1 [767,3882]. • **Postnuptialmauser** (Vollmauser) Juli/Aug.–Sept./Okt., vor Wegzug beendet [767]. • **Pränuptialmauser** (Teilmauser) Nov./Jan.–März; neben Großteil der Oberflügeldecken auch Schirm- und Steuerfeder 1 [767,3882].

Anthus rubescens – Pazifikpieper 10144

Anthus rubescens (Tunstall 1771) syn.: Pazifischer Wasserpieper

(GB) **Buff-bellied Pipit, American Pipit** (F) **Pipit d'Amérique** (E) **Bisbita Norteamericano**

Taxonomie. Drei UA: *japonicus* Temminck & Schlegel 1847 (Asien), *rubescens* (Tunstall 1771) (N N-Amerika) und *alticola* Todd 1935 (S N-Amerika). UA *japonicus* ist von den beiden amerikan. Taxa molekular und im Prachtkleid deutlich differenziert (3.3% Sequenzdivergenz, cyt b-Gen) [3980] und könnte als eigenständige Allospezies angesehen werden.
Nächste Verwandtschaft zw. *A. rubescens s.l.* und *A. spinoletta/petrosus* mit mtDNA nicht zu belegen

[3980]. Berg- und Pazifikpieper sind im Baikalgebiet lokal sympatrisch [3795]. *A. rubescens* daher nicht in *A. [spinoletta]*-Superspezies einbezogen.

Kennzeichen. [1369,3615,767,221,3772,44,45,(Rufe) 3830; weitere **Fotos** in Limic. **11**, 16-17, Dutch B. **22**, 119, **24**, 153].

Maße. Gr.: 16-17 cm. Gew.: (*alticola*) ♂ Ø$_{10}$ 21.8 g, ♀ Ø$_{10}$ 20.6 g. Fl.spw.: 21.5-26 cm. Fl.l.: (*japonicus*, E-Asien) ♂ 84-92 mm, Ø$_{22}$ 88.4 cm; ♀ 81-89 mm, Ø$_{8}$ 85.5 mm; (*rubescens*, USA, GRÖ) ♂ 84.5-89.5 mm, Ø$_{12}$ 87.1 mm bzw. 79-92 mm, Ø$_{30}$ 85.1 mm; ♀ 82-84.5 mm, Ø$_{5}$ 83.2 mm bzw. 78-87 mm, Ø$_{20}$ 81.9 mm [1369,767].

Status. In W-Paläarktis sehr seltener Gastvogel, meistens amerikanische Nominatform, mit einigen Beob. in IS, GB, IRL und I (mind. ein Mal auch *japonicus*): UA *japonicus* im S von IL (fast) allj. Durchzügler und Wintergast, ferner Ausnahmegast in S., Ver. Arabische Emirate und EGY [3615,45].
In ME Nachw. der Nominatform bisher nur in **D:** Helgol. Nov. 1851, Mai 1858, Sept. 1899 [1369].

Verbreitung. Verbreitet vom Baikalsee (lokal weiter W) nach E bis Sachalin, Kamtschatka, Tschuktschen-Halbinsel und Aleuten bis Alaska, N-CDN (im E nach S bis Nova Scotia) und W-GRÖ, ferner in USA nach S bis Grenze MEX; fehlt weitgehend E der Rocky Mountains und S der Hudsonbucht [3615,45].

Wanderungen. Zugvogel, aber in N-Amerika vor allem an Küsten auch schon nahe der Brutplätze überwinternd; zieht bis in Südstaaten und nach Mittelamerika.

Biotop. Brutbiotop wie *A. spinoletta*; im Winterhalbjahr auf offenem Gelände mit keiner oder niedriger Vegetation, Schlickflächen, Sanddünen, kurzrasigen Feuchtwiesen, Äckern, an Ufern von Binnengewässern etc.

Nahrung. Kleine Arthropoden.

Stimme. Ruf deutlich von *spinoletta* verschieden, etwas dünner, weniger schrill »siit«, dabei schärfer, höher und etwas länger als Wiesenpieper sowie mit deutlicheren Pausen zwischen Einzelrufen. Flugrufe stelzenähnlich, immer zweisilbig »zi-dit«. Gesang offensichtlich sehr ähnlich *spinoletta.*

Mauser. **Postjuvenile Mauser** (Teilmauser) Juli/Aug.–Sept., besonders im Brutgebiet; Großteil des Kleingefieders und z.T. Schirmfedern [3882,3050]. • **Postnuptialmauser** (Vollmauser) Juli–Aug./Sept. (Okt.) [767,3882]. • **Pränuptialmauser** (Teilmauser) Jan./Feb.–April [3882,3050].

Anthus spinoletta – Bergpieper 10141

Anthus [spinoletta] spinoletta Linnaeus 1758 — vormals: Wasserpieper

(GB) **Water Pipit** — (F) **Pipit spioncelle** — (E) **Bisbita Alpino**

Taxonomie. Drei UA: *spinoletta* Linnaeus 1758 (Europa), *coutellii* Audouin 1828 (Kleinasien bis N-Iran) und *blakistoni* Swinhoe 1863 (Afghanistan bis Zentral-China). Bildet Superspezies mit Strandpieper *A. petrosus* [2069,45].

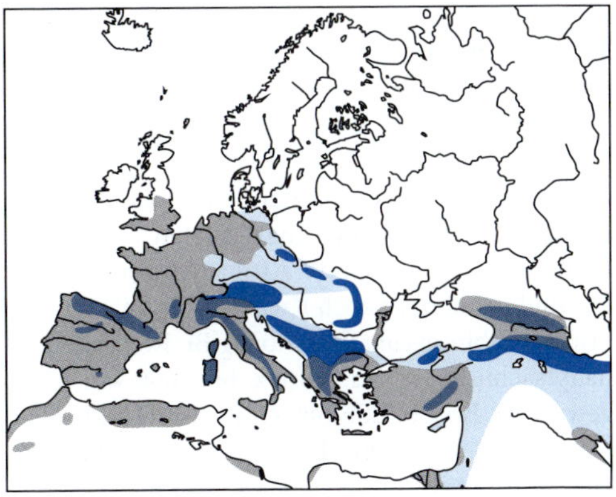
Anthus spinoletta – **Bergpieper**

Kennzeichen. [1369,3615,767,221,3772,42,44,45, 2606, weitere **Fotos** in Bird. W. **16**, 57, Limic. **11**, 10-32, **17**, 166, Dutch B. **25**, 136].

Maße. (Nominatform) Gr.: 17-17.5 cm. Gew.: zwischen 19-27 g; (Juli-Oktober) Monats-Ø 20.1 – 23.0 g, (Winter) 19.5-24.0 g, Ø 23.9 g. Fl.spw.: 24-29 cm. Fl.l.: ♂ 90-97 mm, Ø$_{24}$ 93.4 cm bzw. 86-95 mm, Ø$_{75}$ 90.7 mm bzw. 88-96 mm, Ø$_{61}$ 91.5 mm; ♀ 83-90 mm, Ø$_{24}$ 86.1 mm bzw. 82-90 mm, $\varnothing_{19}$ 85.9 mm bzw. 82-90 mm, $\varnothing_{36}$ 85.4 mm [767,1369].

Status. Häufiger Brut- und Sommervogel in geeigneten Lebensräumen; regelm. und häufiger Gastvogel außerhalb der Brutzeit in allen Teilen, bis zum N-Rand des Mittelgebirges und den S-Teil der norddeutschen Tiefebene regelm. und häufig, an der Nordseeküste seltener, in DK schon Ausnahmegast. Gebietsweise regelm., nicht seltener Überwinterer; in NL bis 1940 nur gelegentlich nachgewiesen, seither deutlich zunehmend, ab 1960er J. recht häufiger Wintergast (von 1978–83 noch < 100 Ind.) [277]; u.a. auch in W-PL, H (und CZ), D-BB im Tiefland überwinternd [337,2438,2159,1].

Verbreitung und Bestand. In Hochlagen E. (Sierra de Gredos, Sierra de Guadarrama, Kantabrisches Gebirge, Pyrenäen), F (Korsika, Zentralmassiv, Vogesen, Alpen), I (Apennin, Sardinien) nach E über Balkan (Dinarisches Gebirge, Gebirge N-GR) bis TR, Kaukasus, Iran, KZ und Baikalgebiet (dort sympatrisch mit Pazifikpieper *A. rubescens*) sowie lokal in Mittelgebirgen und verbreitet in Berglagen ME (Jura CH, Schwarzwald, Alpen, Böhmerwald, Sudeten, Karpaten, Tatra). Höhengrenzen: in CH nur selten unterhalb 1000 m (ausnahmsweise 602 m) bis ca. 2800 m, in D in Mittelgebirgen z.T. schon ab 700 m, in Alpen zw. 1250 und 2350 m (ausnahmsw. 620 m), in A nur stellenweise unterhalb 1200 m, bis 2700 m, CZ 600–2000 m, PL 750–2000 m ü.M. Europäischer Gesamtbestand 0.64 – 2 Mio. BP (leicht negativer Trend), mit Beständen > 100.000 BP in RUS (0.1-1.0 Mio.), RO (160-190 T.) und CH (150-200 T.), > 50.000 BP zudem in AR, I, A, E. und TR [383]; Bestand in ME zw. 215.000-330.000 BP [383].

Wanderungen. Kurzstreckenzieher, Dismigrationen; überwintert in weiten Teilen ME und S-Europas. Viele Br. Alpen und Sudeten wandern wahrscheinlich NW bis NE, überwintern sogar N der Brutgebiete im Tiefland (vor allem ♂?) In nördlichen Überwinterungsgebieten allerdings Kälteflucht. S-Grenze NW-Afrika (MA bis Libyen), Dz. und Wintergast auch Kreta (CY, EGY und Arabische Halbinsel *coutellii*). Abzug Br. Riesengebirge hauptsächlich SW bis S (max. bis 1600 km nachgewiesen), Br. CH ESE bis NNW mit Hauptzielgebieten S 46° N (größte Entfernung 1460 km SW); Herkunft der in N-ME überwinternden Vögel unbekannt. Winterortstreue nachgewiesen. Ab Ende Juli außerhalb eigentlicher Brutgebiete, bis Ende Aug.–Sept. Trupps bis 200 Ind. Frühestens Anf., regelm. Ende Sept. in Alpentälern und Niederungen am Alpenfuß; Ausharren in größeren Höhen je nach Schneefall und Nachtfrösten bis Ende Okt.; im Winter Hochlagen i.d.R. vollständig geräumt. In Brutgebieten N-ME Einflug ab Anf.–Mitte Okt., dann oft erhebliche Bestandsverschiebungen oder Dz. Oft Minimum im Jan.–Feb. (zu dieser Zeit aber lokale Konzentrationen möglich), Gipfel im Vorfrühling. Bis Mitte April Abzug aus brutortfernen Überwinterungsgebieten, Einzug in Brutgebieten trotz Schneelage Ende März–Anf. April, Ausweichen in schneefreie Lagen bis Ende Mai (Juni), vor allem in Alpentälern, später auch auf schneefreie höhere Lagen.

Bestandsentwicklung. Durch natürliche und anthropogen bedingte Veränderungen der Lebensräume oder infolge sehr kleiner Populationsgrößen gingen im Laufe des 20. Jh. einige Brutvorkommen in D verloren [Rhön: 3268,4175, Allgäu: 1614, N-Schwarzwald: 1722]. Zumindest in wichtigen Brutgebieten ME jedoch über viele Jahrzehnte - mit den für viele Pieperarten typischen erheblichen Populationsschwankungen - Bestände stabil [965, 1369,4175,196,3871]; allerdings vielerorts sehr unzureichend untersucht [965]. Eine neu entdeckte Brutpopulation im CH Jura zeigte von 1984-90 zunehmenden Trend [830N].

	Best.	Areal	Brutbestand	Jahr	Quelle
A	+/-	=	60.000–120.000	1998–2002	[383]
CH	+/-	=	150.000–200.000	1998–2002	[383]
CZ	⇩	- 1	110–150	2000–2002	[383]
D	+/-	=	2.100–6.100	1998	[383]
FL	↓	=	300–600	198–2000	[383]
PL	+/-	=	2.200–2.700	2000–2002	[383]
SK	+/-	=	700–1.100	1990–1999	[383]

Doch neuerdings in verschiedenen Regionen ± deutlicher Rückgang und Arealverlust durch Lebensraumverlust oder -beeinträchtigung (vor allem durch Eutrophierung und intensivierte Nutzung), z.B. im Riesengebirge PL [1585,3871] sowie in Voralpen CH-SZ [3392,3393,1372], im Schwarzwald D-BW zudem wohl klimabedingt (Abzug aus S-exponierten Lagen, dagegen Einwanderung des Wiesenpiepers) [1722,989]. Da viele Mittelgebirgslagen nur ein sehr begrenztes Lebensraumangebot haben, wirken sich Beeinträchtigungen dort wegen oft kleiner Populationen z.T. drastisch aus.

Siedlungsdichte. Reviergröße CH 0.2–1.2 (Ø 0.5), 0.7–2.1 (Ø 1,0) bzw. Ø 1.8 ha, A 1–2.2 (Ø 1,5) ha; Aktionsraum der Ad. während der Brutzeit bis max. 5–6 ha. Höchstdichten ME auf Flächen > 100 ha 4.6–2.5 Rev./10 ha, bei 10 ha bis 9 Rev./10 ha [4024,353], dabei höchste Werte in Alpen und Hoher Tatra [337,1507]; im Schwarzwald Ø 2.79 Rev./10 ha auf 100 ha Fläche [1722], Im Jura CH Ø 2.4 [1507].

Gefährdungsursachen [830,1372,1722,196,1369]. Lebensraumbeeinträchtigung durch Aufgabe extensiver Nutzung mit Sukzessionsfolgen oder Intensivierung und Eutrophierung, dadurch Zuwachsen kurzrasiger Flächen und Reduktion des Nahrungsangebots oder früh einsetzende, intensive Beweidung, dann durch Viehvertritt der Nester Bruterfolg stark verringert; bei hohem Beweidungsdruck zudem Bodenerosionen.
Lokal durch Übererschließung sowie Störungen durch Freizeitnutzung; auch militärische Übungen [vgl. aber 421].
Natürliche Ursachen: große Verluste in Extremwintern; Rückgang der Brutbestände durch allgemeine Erwärmung (in manchen Regionen nur noch an Nordhängen brütend oder sich in höhere Lagen zurückziehend).

SPEC	VSchRL	Bern.Konv.	Bonn.Konv.
--	--	Anh. II	--
Europ. RL	**RL in ME**		
--	CZ: 'CR'		

Schutzmaßnahmen. Förderung traditioneller, extensiver Weidenutzung. Gebietsweise ist Verringerung des Weideviehbestandes notwendig [D-BW:1719].
Zumindest in Mittelgebirgslagen mit beschränktem Lebensraumangebot Besucherlenkung (Wegegebot) erforderlich, um Störeinwirkungen am Nest sowie Bodenerosion und Vegetationszerstörung zu verringern.

Biotop. Br. auf alpinen Rasen von der Baumgrenze bis zur Subnivalstufe, günstig ist Mosaik von früh ausapernden Stellen mit Deckung bietender Vegetation und feuchten Stellen bis Altschneefeldern; bevorzugt an Nord- und Westhängen, dort meist im Bereich kleiner Kuppen oder Geländestufen. Gerne auf höheren Sitzwarten (Einzelbäume, Zwergsträucher, Felsblöcke) sowie kleineren Anflugwarten in Nestnähe [423]. Unterhalb der Waldgrenze auf offenen Flächen, wie Mulden mit Feuchtstellen, Almweiden (nicht hochrasige Mähwiesen). Vegetation auf Nahrungsflächen sollte nicht > 10 cm sein. Außerhalb der Brutzeit auf nassen Wiesen, Ackerflächen, ± bewachsenen Schlammflächen, (vor allem bei Frost) an Ufern und Schotterbänken von Seen und Fließgewässern.

Nahrung. Nutzt vielfältiges Kleintierangebot; vor allem im Winter wohl auch Sämereien.

Stimme. Kontaktruf im Fliegen ähnlich, aber rauer als Wiesenpieper (nicht immer sicher zu unterscheiden) mit durchklingendem »r«, wie »hirss«. Warnrufe im Brutgebiet schärfer als Wiesenpieper »sit« und schneller gereiht. Gesang im Flug Folge von langen Phrasen aus Elementen, zu Anfang aus kurzem »tschri-tschri-.«, zunächst metronomhaft, Silbenfolge dann rascher und wieder langsamer, im weiteren Verlauf folgt Phrase aus drei gedehnten Schnarrlauten, darauf reintonige Phrase »füi-füi..«, die letzten beiden Phasen gedämpft. Fluggesang beginnt in Aufstiegsphase, endet meist erst nach Landung. Inter- und intraindividuelle Variabilität bes. im Schlussabschnitt aber auch in Klangfarbe. Wartengesang kürzer. Gesang i.d.R. nur am Brutplatz von der Revierbesetzung bis Mitte Juli (Aug.).

Verhalten. Tagaktiv. Langsames bis hastiges Gehen am Boden, setzt sich auch auf Bäume und klettert geschickt über Stauden und kleine Büsche am Boden. Schwanzwippen langsam (2–3 Schläge nach unten) oder Wippen des ganzen Körpers, meist am Beginn einer Ortsveränderung. Gemeinsame Schlafplätze von selbstständigen Jungvögeln und von Dz. und Wintergästen in dichter Vegetation. Nahrungssuche auf oder durch Schnappen in der Luft knapp über dem Boden. Gern werden Ränder von Schneefeldern, Feuchtstellen und Ufern abgesucht. Während der Brutzeit territorial; Singflug vor allem bei unverpaarten ♂ häufig, später mehr Wartengesang. Zum Singflug Aufsteigen in relativ flachem Winkel mit leicht gespreiztem Schwanz, dann Horizontalflug mit Flügelschlag und anschließend Gleitflug, z.T. in weitem Bogen, Herabgleiten in einem Winkel < 45° auf eine Warte oder auf den Boden. Halmbalz und Imponieren des ♂ auf dem Boden; Verfolgungsflüge. ♂ versuchen oft mehrere ♀ anzulocken. Polygynie aber selten. Außerhalb der Brutzeit Schlafplatzgemeinschaften mit bis > 300 Ind., i.d.R. aber kleiner. Im Brutgebiet sehr vorsichtig, ♂ warnt sitzendes ♀.

Fortpflanzung, Brutbiologie [337,1369,767,1722, 4024,3144]. Geschlechtsreife wohl Ende 1. Lebensjahr. Monogame Saisonehe. **Ankunft am Brutplatz.** Frühestens im März, meist April; Paarbildung i.d.R. erst am Brutplatz, Reviergründung auch wenn Gebiet weitgehend schneebedeckt. **Nest.** Wahl und Nestbau durch ♀. Bodennest oft in Hanglage oder zumindest an kleiner Gelände- oder Böschungsstufe, meist sehr gut nach oben geschützt, oft in Nischen, Halbhöhlen oder sogar Felsspalten gebaut, auch unter Büschen (Heidelbeere u.a.). Mikroklima (z.B. Schneefall) und Prädatoren haben schwachen, aber gesicherten Einfluss auf Nistplatzwahl (Besiedlung bestimmter Kleinareale) [3145]. Nest napfförmig, dickwandiger als bei Baum- und Wiesenpieper, vor allem aus Grashalmen, Unterbau gröber; Außendurchmesser 12-17 cm, Höhe 4.3-5 cm. **Legebeginn.** Stark witterungsabhängig, frühestens Ende Apr., meist aber erst ab Mitte Mai, bei später Schneeschmelze Juni. (Späte Bruten bis Juli). **Gelegegröße.** 3-6 (-7); CH_{163} 4.8 (Mai 4.7, Juni 4.9, Juli 4.5), RUS_{59} 4.9 bzw. 5.33, -BW_{47} 4.53 (Mai 4.38, Juni 4.58). Legeintervall 1 d. **Eier.** Elliptisch, leicht glänzend, Grund grau oder bräunlich, dicht graubraun oder grau gezeichnet, oft verwischt und Grund nicht mehr zu sehen. **Brutdauer.** 13-15 d, ♀ brütet allein, kann vom ♂ gefüttert werden (auch schon während Nestbau). Bebrütung ab (vor-)letztem Ei. **Nestlings-/Führungszeit.** ♀ geht letzte Strecke meist zu Fuß zum Nest; hudert bis ca. 5.-6. d, füttert anfangs, während ♂ Nahrung übergibt, später füttern beide. Nestlingsdauer 12-15 (17) d; nach Verlassen sitzen Juv. meist einzeln im Gras und halten mit Rufen Kontakt; bis 2 Wochen (max. 30 d) noch von Ad. betreut, aber nur wenige d gefüttert; dann Zusammenschluss zu Jungvogeltrupps. **Jahresbruten.** 1-2, Zweitbruten aber selten einwandfrei belegt; Ersatzgelege. **Ende der Brutperiode.** Fam. Mitte/Ende Aug. nicht ungewöhnlich, bei sehr späten Bruten Sept. **Bruterfolg.** CH von 99 Eiern 76% geschlüpft und 58% ausgeflogen, in anderer Stichprobe 83%; 2.2 – 3.9 – 4.2 flügge Juv. pro erfolgr. Nest. Mikroklimatische Einflüsse, z.B. auch Hangneigung beeinflussen Bruterfolg stark [3145,433].

Eimaße und –gewichte [337]: L. 19.0-22.7 mm, B. 14.3-16.8 mm; Frischvollgew. 2.0-3.0 g, Ø 2.6 g; Schalengew. 0.12-0.17 g, Ø: 0.15 g.

Sterblichkeit, Alter. Ältester Ringvogel über 9 J. **Generationslänge:** < 3.3 J. [383].

Mauser. Postjuvenile Mauser (Teilmauser) Juli–Anf. Okt., Mauserhöhepunkt Aug.–Sept., z.T. Abschluss erst im Nov. im Winterquartier; Körpergefieder, Großteil der Rand- und Mittleren Armdecken, einzelne Schirm-, selten mittlere ST [1866]; individuelle Dauer ca. 60–65 d. • **Postnuptialmauser** (Vollmauser) Mitte Juli–Ende Sept.; ♀ beginnen 1–2 Wochen später [767], Ende jedoch mit ♂; Dauer der HS-Mauser Ø 48 d. • **Pränuptialmauser** (Teilmauser) Feb.–April; einschließlich mehreren Mittleren und Großen Armdecken sowie Schirm- und einzelnen Steuerfedern [1866].

Anthus petrosus – Strandpieper 10142

Anthus [spinoletta] petrosus (Montagu 1798) syn.: Felsenpieper; ehem.: *Anthus spinoletta*, Wasserpieper

(GB) Rock Pipit **(F) Pipit maritime** **(E) Bisbita Costero**

Taxonomie. Vier UA; die Validität der ersten beiden ist fraglich: *meinertzhageni* Bird 1936 (Äußere Hebriden), *kleinschmidti* Hartert 1905 (Shetland, Färöer), *petrosus* (Montagu 1798) (Brit. Inseln ohne Shetland, Hebriden) und *littoralis* C.L. Brehm 1823 (Fennoskandien, DK bis NW-RUS). Bildet Superspezies mit dem allopatrisch verbreiteten Bergpieper *A. spinoletta*.

Kennzeichen. [3615,767,221,3772,42,44,45,2606; weitere **Fotos** in Limic. **11**, 9-13, **16**, 341, Var Fag. 1996/**1**, 17 (z)].

Maße. (*littoralis*) Gr.: 16.5-17 cm. Gew.: N. (März-Mai) 21-26 g; Zugvögel in D und NL meist 20–27 g; NL (Okt.-März) ♂ 21.5-32.5 g, $Ø_7$ 25.1 g, ♀ 20.8-23.3 g, $Ø_4$ 21.8 g. Fl.spw.: 22.5-28 cm. Fl.l.: ♂ 88-93 mm, $Ø_{18}$ 90.8 cm bzw. 89-96 mm, $Ø_{46}$ 91.2 mm bzw. 90-96 mm, $Ø_{21}$ 92.2 mm; ♀ 82-85 mm, $Ø_6$ 83.5 mm bzw. 81-90 mm, $Ø_{42}$ 85.1 mm bzw. 83-87.5 mm, $Ø_{21}$ 84.8 mm [767,45].

Status. In ME regelm. Gastvogel in geringerer Zahl auf dem Zug, vor allem aber im Winterhalbjahr und insbes. an den Küsten, abnehmend im Binnenland und im S nur ausnahmsweise [1369,337,2913], z.B. in **NL** im Winter etwa 7.000–10.000 Ind. (1978–83) [375], größere Bestände auch in **D**-SH (> 1.000 Ind.) und -NI (2.300-3.100 Ind.) [866], deutlich weniger häufig in -MV und PL (dort zuweilen auch im Binnenland), in kleinerer Zahl in **CZ** [337,2159,3871]. Im Binnenland sonst nur Ausnahmegast, z.B. in **D**-BB 9 anerkannte Nachw. von 1964-98 [1]; -BW 2 mal Fängling, Nov. 1966, Nov. 1967 [1722]. An Nordsee NL und D auch einzelne, in jüngster Zeit zunehmend festgestellte Sommerbeob. (z.B. Helgol. 1990 und 1991), schließlich erste Brutansiedlung in D-SH 1999 [877,310] und -MV 2000 [893].

SPEC	VSchRL	Bern.Konv.	Bonn.Konv.
--	--	Anh. II	--
Europ. RL	**RL in ME**		
--	--		

Verbreitung und Bestand. UA *littoralis* Brutvogel an Küsten des Weißen Meeres, Fennoskandiens und auf Kattegatinseln DK; Nominatform brütet an Küsten GB, IRL und NW-F [337,3615,1369,45]. Europäischer Bestand zw. 110.000-290.000 BP (leichter Rückgang), mit Beständen > 10.000 BP in N. (50-200 T.), GB, (35.700) sowie F und IRL (jew. 10-20 T.); in DK 100-200 BP (zunehmend) [383,1422]. In ME erst zwei Brutnachw., in D-SH (Helgol.) und -MV [877].

Wanderungen. Hauptsächlich Zugvogel, im SW des Brutgebietes Zerstreuungswanderungen und Standvogel, GB/IRL großenteils Standvogel [4064]. Skandinavien wird bis auf Küstengebiete N. so gut wie ganz geräumt. Hauptüberwinterungsgebiet von SW-NL und E-Küste GB bis P. Einzug in ME ab Mitte Sept., Dz.-Höhepunkt NL Ende Okt.–Anf. Nov., auf Helgoland Mitte Okt. Heimzug wenig auffällig, Höhepunkt (Helgoland) Ende März, Nachzügler bis Mitte April. Sommervorkommen in ME selten (s.o.).

	Best.	Areal	Brutbestand	Jahr	Quelle
D	N	N	0–2	1995–2001	[877]

Bestandsentwicklung. Seit den 1970er J. sind die Bestände in GB und IRL leicht rückläufig, die anderen europäischen Populationen dagegen weitgehend stabil geblieben – abgesehen von leichter Arealausweitungen nach N in FIN und N. [1507,3615].
Auch Population in DK langfristig bemerkenswert

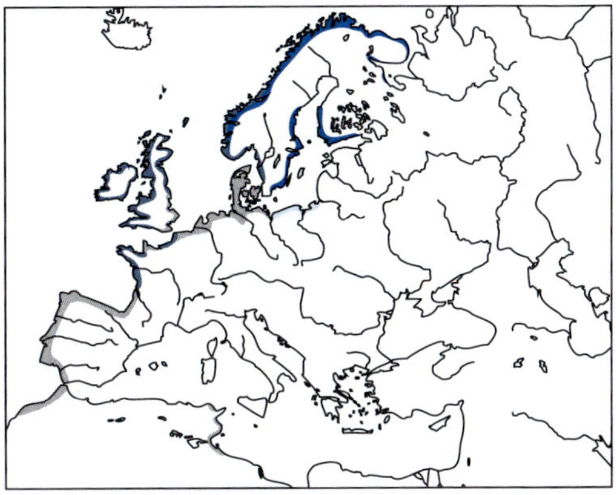

Anthus petrosus – **Strandpieper**

stabil bei knapp > 100 BP, allerdings im Rahmen der Atlaskartierungen 1993-96 deutliche Zunahme festgestellter Brutvorkommen gegenüber 1971-74 [1422]. Nach gelegentlichen Übersommerungen seit Anf. 1990er J. in D (Helgol.) erste Brutansiedlungen 1999 [877] und in -MV 2000 [893], aber keine Brut 2001 [869].

Biotop. Br. vor allem an felsigen Küsten; außerhalb der Brutzeit an Küsten, dort bevorzugt auf höher gelegenen, extensiv genutzten Salzwiesen, an Prielrändern und Spülsäumen [866], im Binnenland besonders an Flussufern.

Nahrung. In GB Hauptnahrung Strandschnecken *Littorina* und Chironomiden-Larven, in geringeren Mengen Tangfliegen und Asseln [767], im Wattenmeer ähnlich [466].

Stimme. Gesang ähnlich Wiesenpieper, aber lauter und volltönender, Triller zahlreicher, Schlusstriller deutlicher. Häufigster Ruf »piiest«, gedehnter und weniger »explosiv« als Wiesenpieper, oft mehrfach aber langsamer wiederholt als bei diesem. Warnruf wie bei anderen Piepern ein scharfes »tsiiep«. Gesang von Warten oder im Singflug.

Fortpflanzung, Brutbiologie [1369,767]. Geschlechtsreife wohl Ende 1. Lebensjahr. Saisonehe, Polygynie nicht selten; **Ankunft am Brutplatz.** Meist im März (bis April), mehrjähr. ♂ kommen zuerst an, Paarbildung oft erst nach d oder Wochen. **Nest.** Wahl durch ♀. Nest in Höhlung oder Halbhöhle in felsigen Bereichen oder im Uferbereich versteckt unter dichter Vegetation (nie weit vom Wasser entfernt); Nest wie bei Bergpieper, aber auch Seetang als Baumaterial. ♀ baut, benötigt

4-5 d. **Legebeginn.** In Skandinavien ab Mitte Mai (im N nicht vor Juni), meist bis 2 Wochen vor Bergpieper im selben Areal; in GB (andere UA) deutlich früher. **Gelegegröße.** 4-6 (-9). Legeintervall 1 d. **Eier.** Sehr ähnlich Bergpieper. **Brutdauer.** 14-15 d, ♀ brütet (meist) allein. Bebrütung ab (vor-)letztem Ei. **Nestlings-/Führungszeit.** Wie Bergpieper. Nestlingsdauer bis 16 d. **Jahresbruten.** 1(-2), nur im S des Areals auch Zweitbruten; Ersatzgelege.

Sterblichkeit, Alter. Ältester Ringvogel (S.) 9 J. 10 Monate [3654]. **Generationslänge:** < 3.3 J. [383].

Mauser. Postjuvenile Mauser (Teilmauser) Aug.–Sept.; Umfang ähnlich Bergpieper [767,1369]. • **Postnuptialmauser** (Vollmauser) Juli–Aug./Sept. (Okt.) [767]; Dauer der HS-Mauser GB ca. 42 d [1356]. • **Pränuptialmauser** (Teilmauser) Ende Jan.–März/April [1369]; besonders bei UA *kleinschmidti* z.T. fehlend [422].

Motacilla cinerea – Gebirgsstelze 10190

Motacilla cinerea Tunstall 1771 syn.: Bergstelze

(GB) **Grey Wagtail** (F) **Bergeronnette des ruisseaux** (E) **Lavandera Cascadeña**

Taxonomie. Fünf UA: *cinerea* Tunstall 1771 (NW-Afrika, Europa bis NE- Sibirien, inkl. »*melanope*« Zentralasien), *robusta* (C.L. Brehm 1857) (Ussurien, Sachalin bis JAP, China), *patriciae* Vaurie 1957 (Azoren), *schmitzi* Tschusi 1900 (Madeira) und *canariensis* Hartert 1901 (Kanaren).

Kennzeichen. [1369,3615,767,221,3772,45].

Maße. Gr.: 18-19 cm. Gew.: (Herbst) 14.5-22 g, Ø$_{17}$ 16.8 g; (März-Sept.) Monats-Ø ♂ 16.2 – 18.7 g, ♀ 16.6 – 18.3 g. Fl.spw.: 25-27 cm. Fl.l.: ♂ 78-92 mm, Ø$_{77}$ 84.8 mm bzw. 79.5-88 mm, Ø$_{49}$ 83.9 mm bzw. (Ad.) 82-89 mm, Ø$_{13}$ 85.0 mm und (Juv.) 81-86 mm, Ø$_{25}$ 83.6 mm; ♀ 77-84 mm, Ø$_{52}$ 80.9 mm bzw. 78-84 mm, Ø$_{33}$ 80.9 mm bzw. (Ad.) 80-86 mm, Ø$_{10}$ 83.8 mm und (Juv.) 80-86 mm, Ø$_{16}$ 82.7 mm [1369,767,45].

Status. Verbreiteter, lokal häufiger Brutvogel, Sommer- bis Jahresvogel; regelm. und häufiger Durchzügler in geeigneten Lebensräumen, gebietsweise regelm. Zuzügler und Überwinterer.

Verbreitung und Bestand. In W-Paläarktis von Atlantikküste MA, P, E. und IRL nach E bis ins E-Mittelmeer und nach N bis S-N. und S-S. (einzelne Inseln weiter N) und an Ostseeküste PL; ferner von Anatolien, Krim über Kaukasus nach NE-Iran und über SYR nach SE-Iran; nach E über Afghanistan bis in Himalaya und im N über Tien Schan, Alatau bis fast zu großem NE-asiatischen Areal vom Ural bis ans Ochotskische Meer. In ME Nominatform verbreiteter Brutvogel von Alpen bis N-Rand der

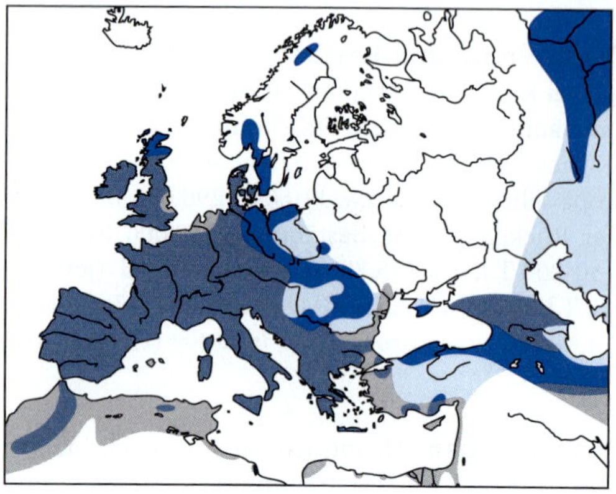

Motacilla cinerea – **Gebirgsstelze**

Mittelgebirgsschwelle. In größeren tiefgelegenen Tal- und Beckenlandschaften sowie großen Teilen der NL/D- Tiefebene selten oder fehlend. Höhengrenzen bis fast 2000 m ü.M. in den Alpen, höchste Brutnachweise in Hoher Tatra 1950 m, in Alpen CH 2050 m (Brutzeitbeob. bis 2700 und 2940 m, in A bis 2250 m ü.M.). Gesamtbestand Europas 0.74 - 1.6 Mio. BP (stabil) [383], mit Populationen > 50.000 BP in RO (340-385 T.), AZ (20-200), AR (30-170), F (40-120), E. (20-100) und TR (30-120 T.) [383]; in ME brüten etwa zw. 100.000-165.000 BP [383].

Wanderungen. In W-Europa und in tieferen Lagen ME Standvogel und Dismigrationen, nach E (und in höheren Lagen) zunehmend Kurz-, Mittel- und Langstreckenzieher; Br. **GB, B, F und Mittelmeerländer** überwintern wohl hauptsächlich in

Nähe des Brutplatzes. Hauptwintergebiet der **Br. ME** vor allem Mittelmeerländer und N-Afrika bis Sahelzone, vereinzelt auch GB, B, F. **Br. D** überwintern in F, NW-E., P, selten bis DZ, **Br. CH, A und CZ** hauptsächlich in SW-Europa. **Br. im E** sind Langstreckenzieher mit Winterquartier in NE- und E-Afrika, Arabische Halbinsel sowie S und SE-Asien. In Europa im Winter (vor allem ♂) nach E bis PL, S-N. und S-S., in kleiner Zahl auch in Alpen überwinternd. Rasterfrequenz Winter 1987-91 in D-BW 49.8 % [203]. Die meisten Br. ME ziehen nach SW, Einzelne nach W und S ab; Zerstreuung der Juv. beginnt Juni–Juli; gerichteter Wegzug ab Ende Aug.–Anf. Sept., Höhepunkt in W-Europa und ME Mitte Sept.–Mitte Okt., am Col de Bretolet CH bereits Mitte Sept. [4152], Bod. Median 27.9. [1617]; viele harren länger aus. Ab Mitte Sept. erste Wintergäste in P und N-Afrika. Heimzug beginnt im Feb. Erstbeob. bei Zugpopulationen in ME Mitte–Ende März, im Gebirge werden die höheren Brutplätze erst später besiedelt. Brutortstreue vielfach (bis 7 J.) nachgewiesen, Geburtsortstreue kommt vor, Fremdansiedlung wohl häufiger.

	Best.	Areal	Brutbestand	Jahr	Quelle
A	+/-	=	25.000–50.000	1998–2002	[383]
B	+/-	=	5.100–8.300	2001–2002	[383]
CH	+/-	=	8.000–11.000	1993–1996	[383]
CZ	+/-	=	20.000–40.000	2000	[383]
D	+/-	=	27.000–43.000	1995–1999	[383]
FL	+/-	=	50–80	1998–2000	[383]
H	+/-	=	190–300	1999–2002	[383]
L	+/-	=	300–400	2001	[383]
NL	⇧	+ 2	240–300	1998–2000	[383]
PL	+/-	=	2.000–4.000	1990–2000	[383]
SK	+/-	=	10.000–20.000	1997–1999	[383]

Bestandsentwicklung. Stärkere Bestandsschwankungen in Abhängigkeit von Kältewintern, in deren Folge einige Vorkommen gebietsweise (vorübergehend) ganz erloschen [827]. Seit Mitte 19. Jh. erhebliche Arealausweitung von den Mittelgebirgen D nach N bis N-D (z.B. D-SH 1908) und PL sowie NL (1915), S. (1916), N. (1919) und DK (1923); schließlich auch FIN (1972), EST (1975) und LV (1991) [1369,1507], wohl gefördert durch den Bau von Mühlen, Stauwehren u.a. In Tieflagen erfolgte dann aber ab 1930er J. starker Rückgang, in NE-D bis mindestens 1970er J. anhaltend [2031,3268,3667]. Seit 1970er J. in vielen Tieflandregionen ME positive Bestandsentwicklung, z.T. auch Arealausdehnung, dabei von überwiegend milden Wintern profitierend, doch gleichzeitig wohl auch Verbesserung der Fließgewässersituation [D NL PL: 1137,3638,3871,1302,2889,3584; DK: 1422], oft blieben Bestände aber weitgehend stabil [1585; A, CH, D, Bod.: 2518,1680,2068,4175,1,310,2642, 4043,1617], lokal Ende 1990er J. auch Rückgänge [z.B. CH: 3393,1372]. In S-S. bis Mitte 1990er J. starke Zunahme, 1997 aber winterbedingter Bestandseinbruch auf < 30% [2898].

Siedlungsdichte. In guten Gebieten (schnellfließende, 10–20 m breite, reich strukturierte, wildbachähnlich Flüsse) werden 13–33 Rev./10 km Flussstrecke erreicht [z.B. 502,1507], an Bächen in Mittelgebirgen oder subalpiner Lage meist 10-20; in großen Gewässersystemen Ø Dichten selten > 10 BP/10 km; in Tiefländern meist < 5. Flächendichte (auf > 100 km^2) in ME als Folge der linearen Verbreitung sehr gering von 0.001 – 0.5 'Rev.'/km^2 [vgl. Tab. 11 in 337].

Gefährdungsursachen [1934,1302,1369,196,337, 1680,310]. Verlust oder Verschlechterung des Lebensraumes durch Flussverbauung, gebietsweise auch Verlust geeigneter Brutstandorte durch Abriss von Mühlen, Renovierung oder Neubau von Brücken und Wehren mit Betonverschalung, Verlust naturnaher Steilufer, Wurzelnischen etc., zu hohe Stauhöhe der Gewässer; geringes Nahrungsangebot an stark beeinträchtigten Gewässern. Lokal Störungen am Brutplatz.
Verluste in den Überwinterungsgebieten; z.T. durch direkte Verfolgung; Biozidvergiftung.
Im Gegensatz zur Wasseramsel hat die zunehmende Versauerung der Fließgewässer keinen direkten Einfluss auf Bestände; die Gebirgsstelze kann vielmehr von der Abwanderung dieses potenziellen Konkurrenten [vgl. 2490] profitieren.
Natürliche Ursachen: Kältewinter; hoher Räuberdruck.

SPEC	VSchRL	Bern.Konv.	Bonn.Konv.
--	--	Anh. II	--
Europ. RL	RL in ME		
--	--		

Schutzmaßnahmen. Einstellen der Gewässerverbauung; Renaturierung von Fließwasser»kanälen«; bei Neubau von Wehren, Brücken etc. Verwendung von Natursteinen. Bei Mangel an geeigneten Brutplätzen Angebot von künstlichen Nisthilfen erfolgreich.

Biotop. Von den europäischen Stelzen am stärksten an Wasser gebunden. Optimale Habitate sind bewaldete, schattenreiche, schnell fließende Bäche und Flüsse mit Wildbach- und Wildflusscharakter, also mit Geröllufern, Geschiebe- und Geröllinseln (die nur vom Hochwasser überspült werden), unterschiedlichen Strömungsverhältnissen (vor allem bei seichten und strömungsarmen Abschnitten); zur Nestanlage Steilufer nötig. Die Nutzung von Uferpartien als Nahrungsgebiet erlaubt auch die Besiedlung kleiner Bäche oder des Oberlaufs von Flusssystemen oft bis über die Baumgrenze oder in offenem Land. Im Kulturland heute an Wehren, Überläufen, Kanälen (selbst mitten in Städten) oder Waldbächen. Fehlt i.d.R. an völlig offenen Fließgewässern, sehr langsam fließenden Flüssen mit verbauten Ufern und an stehenden Gewässern. In S-Europa auch Br. nur teilweise wasserführender Einschnitte, bei Fehlen der Bachstelze sogar in Dörfern an Häusern (z.B. Teneriffa). Außerhalb der Brutzeit ähnliche Habitate, auch an großen Flüssen, Seeufern, Kläranlagen, Kanälen und kurzfristig auch in Gärten an kleinen Tümpeln oder fernab vom Wasser.

Nahrung. Vor allem im und wohl mehr noch am Wasser lebende Insekten und deren Larven. In der Brutzeit- und Nestlingsnahrung größter Anteil durch Dipteren, ferner Stein-, Eintags- und Köcherfliegen, Käfer nur in wenigen Stichproben [1369,337]. Nachgewiesen sind viele weitere Kleintiere, z.B. Flohkrebse, Spinnen, Hautflügler etc. In Jungennahrung einiger Bruten in CH 53% Dipteren, allerdings geringer als im Angebot vertreten, Stein-, Köcher- und Eintagsfliegen mit nur 7% der Beutetiere dagegen stärker als im Vergleichsangebot. Pro Brut wurden 3166–4679 (Ø 3829) Portionen mit 30.400-44.900 Insekten verfüttert; jeder Nestling erhielt Gesamt-Frischmasse von 66–95 g (entspricht etwa 659–949 Portionen) [2490].

Stimme. Stimmfühlungsruf ähnlich Bachstelze, aber höher, schärfer und durchdringender (vor allem bei rauschendem Wasser!), meist zwei Mal »ziss ziss«, Warnruf am Brutplatz ebenfalls durchdringend wie »sieb-zickzick« oder erster Laut nach oben gezogen »üit-zickzick«. Reviergesang am Ufer oder auf erhöhten Warten (auch höhere Baumwipfel, Hausdächer) oder im Flug vorgetragen aus einfachen wiederholten Elementen, die zu Strophen gereiht werden, etwa »tsche-tsche-tsche«, »tsit-tsit-tsee« oder »tsiep-tsiep-tsiep«. Verschiedene Strophentypen können abwechselnd gesungen werden. Daneben noch leiser Zwitschergesang mit Trillern, reinen Tönen und z.T. Imitationen. Reviergesang (Mitte Feb.) März–Ende Juli, Zwitschergesang auch im Winter.

Verhalten. Tagaktiv. Laufen wie Bachstelze, Bogenflug mit tieferen und weiteren Wellen als Schaf- und Bachstelze. Nahrung wird aus seichtem Wasser, aber offensichtlich zu überwiegendem Teil aus der Luft im Rüttelflug oder durch Hochspringen gefangen oder am Boden (gerne auch an Spülsäumen) aufgepickt. Zur Brutzeit territorial. Singflug dient Reviermarkierung und Werbung um ♀. ♂ kann dabei im relativ flachen Gleitflug mit stark gefächertem Schwanz und stark vibrierenden Flügeln heruntergleiten; nähert sich auch zu Fuß mit geplustertem Körpergefieder und auffälligem Präsentieren der schwarzen Kehle dem ♀. Heftige Verfolgungsflüge bei Revierverteidigung, an denen sich auch ♀ beteiligen können. Außerhalb der Brutzeit meist solitär oder zu wenigen, jedoch Gemeinschaftsschlafplätze. Schlafplätze außerhalb der Brutzeit zuweilen Nischen, Mauerritzen nahe dem Wasser, Brücken, vor allem aber Vegetation (Bäume und Büsche etc.) meist in kleineren artreinen Gemeinschaften oder mit Bachstelzen.

Fortpflanzung, Brutbiologie [337,1369,767,1722,1,2489]. Geschlechtsreife Ende 1. J.; Monogame Saisonehe; durch hohe Revier-/Nistplatztreue auch mehrfach Wiederverpaarungen. **Ankunft am Brutplatz.** ♂ gründen Revier, Balz und Paarbildung nach Ankunft. **Nest.** Wahl durch beide. Neststand meist unmittelbar am Wasser (in ME selten > 500 m entfernt) in Löchern, Spalten, Nischen, in Felswänden, unter Uferabbrüchen, vielfach an Kunstbauten wie Uferverbauungen, Mauern, Wehren, Schleusen, Gebäuden, sowie in Nistkästen. Bei Folgebruten wird Nest auch mehrmals benutzt (regionale Unterschiede), häufiger aber Neubau in Nähe. Nest mit Unterbau aus Moos, Halmen, Laub, Reisern, einem nach oben meist geschlossenen Napf aus feinerem Material und einer meist mit Tierhaaren ausgekleideten Mulde; Muldendurchmesser > 60, -tiefe 40-45 mm. ♀ baut (überwiegend); ♂ zumind. an Materialsammlung beteiligt. **Legebeginn.** Etwa ab Mitte März, Hauptzeit April, in höheren Lagen ab Ende April/Anf. Mai (in CH Verzögerung der Ablage des 1. Eies pro 100 Höhenmeter um Ø 12.7 d, Spanne 7.3-13.6 d); Zweitbruten überwiegend im Mai, späteste Brutbeginne Ende Juni; vereinzelte Drittbruten im Juli. **Gelegegröße.** 4-6 (3-7, 8); GB_{636} 4.9, B_{41} 5.1, D_{86} 5.2, D_{127} 5.3, D-BW_{956} 5.1, CZ_{168} 5.3, DK_{126} 5.4, CH_{181} 5.32; am größten in ME sind Mai-, am kleinsten Juli-Gelege. Legeintervall 1 d. **Eier.** Elliptisch, glänzend, Grund grau bis rahmfarben, etwas dunkler gewölkt, selten mit scharfen feinen Linien gezeichnet. **Brutdauer.** 11-14 (15) d (Ø 12.2-12.9 d), ♀ brütet nachts, tagsüber beide. Bebrütung ab letztem Ei, Juv. schlüpfen synchron innerhalb 24 h. **Nestlings-/Führungszeit.** ♀ hudert bis ca. 2 d tagsüber, bis 5.-7. d nachts; erste 5 d wird Nestlingskot gefressen, ab 5 d im Wasser entsorgt; beide füttern. Nestlingsdauer 12-14 (11-16) d, Juv. dann schon über kurze Strecken fliegend; Familie bleibt erste d in Nestnähe und 2 Wochen im Brutrevier, bis 3 Wochen überwiegend (bei Folgebruten ausschließlich) vom ♂ betreut. Nicht selten gemeinsamer Abzug. **Jahresbruten.** 2, nur bei geringem Prozentsatz 3; Ersatzgelege. **Ende der Brutperiode.** Unter Berücksichtigung der Führungszeit frühestens im Juli, bei Spätbruten meist Mitte bis Ende Aug. **Bruterfolg.** In GB 54% von 162 mit mind. 1 Juv. erfolgreich. In mehreren Stichproben ME und DK Schlüpferfolg zw. 66-73%, Ausfliegeerfolg zw. 73-92% und Bruterfolg zw. 57-61% flügge Juv. pro abgelegte Eier, Produktionsrate 5.7-6.0 flügge Juv./erfolgr. Paar und J., in DK 3.0; Nestlingsmortalität steigt mit zunehmender Jungenzahl, dennoch große Gelege Ø mit mehr flüggen Juv. als kleine.

Eimaße und -gewichte [337,767]: L. 16.4-21.7 mm, B. 12.7-16.0 mm, $Ø_{256}$ 18.7 x 14.3 mm (CZ); Frischvollgew. 1.5-2.3 g, $Ø_{67}$ 1.9 g; Schalengew. 0.08-0.13 g.

Sterblichkeit, Alter. Sterblichkeit im 1. J. auf 60–75 % geschätzt. Höchstalter: Ringvogel (D) mind. 8-jährig brütend kontrolliert. **Generationslänge:** < 3.3 J. [383].

Mauser. **Postjuvenile Mauser** (Teilmauser) Juli–Sept.; Kleingefieder ohne einige Große Armdecken, Schirm- und Steuerfedern (besonders ST 1 und 6) [1866]. • **Postnuptialmauser** (Vollmauser) (Ende Juni) Juli–Sept. (Okt.), Schwungfedern bis Ende Sept. erneuert [767,1369,2044]; ♂ mit größeren Bruten mausern langsamer [2044]; Dauer der HS-Mauser GB ca. 65 d, NL ca. 51 d. • **Pränuptialmauser** (Teilmauser) Feb.–März (April); Körpergefieder, einzelne Oberflügeldecken, einige Schirm- und Steuerfedern (besonders ST 1 und 6) [1866].

Motacilla citreola – Zitronenstelze 10180

Motacilla citreola Pallas 1776

(GB) **Citrine Wagtail** (F) **Bergeronnette citrine** (E) **Lavandera Cetrina**

Taxonomie. Zwei (drei) UA: *citreola* Pallas 1776 (inkl. »*werae*« (Buturlin 1907), E-Europa bis Sibirien) und *calcarata* Hodgson 1836 (Gebirge Mittelasiens von E-Iran ostwärts). Form »*werae*« nicht sicher abzugrenzen [45]; besser alle Ind. in Europa der Nominatform zuzurechnen. Hybridisation mit *M. flava* und sogar *M. feldegg* [2279] ist nachgewiesen, scheint aber fast nur außerhalb des regelm. Brutareals (also bei Mangel an konspezifischen Partnern) vorzukommen. Solche Einzelfälle stellen keine Hybridzone dar.

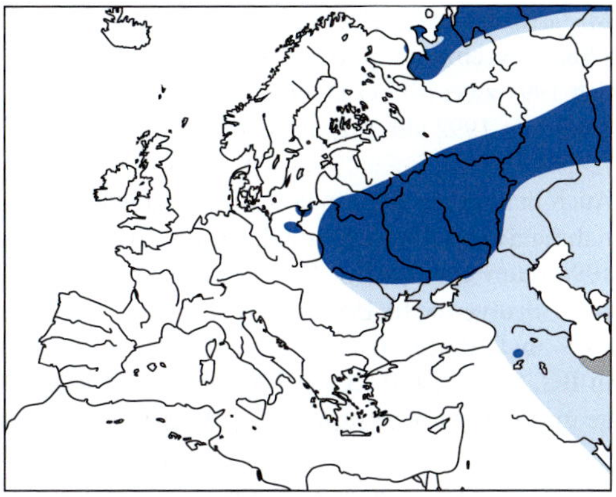

Motacilla citreola – **Zitronenstelze**

Kennzeichen. [1369,3615,221,767,3772,166,45; weitere **Fotos** in Bird. W. **6**, 181, 480, **8**, 328, **10**, 171, 331, **13**, 272, **14**, 188, **16**, 363, **17**, 148, 371, Brit. B. **91**, 488, **92**, 588, **96**, 539, Dutch B. **19**, 107, 289, **21**, 119, **22**, 3, **25**, 268, **26**, 202, 268, Limic. **6**, 175, **8**, 147, **10**, 213, **11**, 189, 270, **13**, 142, **15**, 126, 180, **17**, 161, **18**, 174-75, 195, (*calcarata*) Bird. W. **17**, 248].

Maße. Gr.: 17 cm. Gew.: (Brutzeit) ♂ 19.1-22.8 g, Ø$_{14}$ 20.7 g, ♀ 16.8-22.6 g, Ø$_{11}$ 19.9 g. Fl.spw.: 24-27 cm. Fl.l.: ad. ♂ 80.8-90.5 mm, Ø$_{60}$ 85.8 cm bzw. 85-90 mm, Ø$_{17}$ 87.9 mm bzw. (»*werae*«, S-RUS) 80-84 mm, Ø$_{18}$ 82.4 mm; ad. ♀ 75.9-85.0 mm, Ø$_{41}$ 80.9 mm bzw. 80-85 mm, Ø$_{7}$ 82.3 mm bzw. (»*werae*«, S-RUS) 76-82 mm, Ø$_{5}$ 78.5 mm [1369,767,45].

Status. Ehemals Ausnahmegast, inzwischen sehr lokaler, seltener Brut- und/oder Sommervogel in NE- und S(E)-ME sowie sehr seltener, unregelm. Gastvogel zu beiden Zugzeiten in fast allen Regionen. Nachw. in ME betreffen: **CH:** ♂ Apr. 1980, von 1994-2001 weitere 11 Nachw. mit 12 Ind. (meist ♂ im Apr./Mai), darunter (erfolglose) Brut 1997 [3393,4152,q14,1370]. • **A:** erstmals 1963, von 1980-89 8 mal, von 1990-99 18 mal, meist ♂ im Frühj., am häufigsten in -V Rheindelta, -St. und -B; am Zeller See –S 1998 Bruthinweis [3129,1369]. • **B:** Mai 1993 ♂, Mai 1997 ♂, Sept. 1997 diesj., Aug. 1998 [1677,q15]. • **NL:** Erstmals Aug. 1984, seit 1991 fast allj. ein Nachw., bis 2002 u.a. 3 mal April, 4 mal Mai und 4 mal Sept. [277,q16]. • **D:** Im 19. Jh. nur Helgol. 4-5 diesj. Herbstvögel gesammelt; ferner Mai 1972 in -NI; seit Mitte 1980er J. allj. (Frühj. und Herbst), in fast allen Ländern festgestellt, Schwerpunkt seit 1995 neben Helgol. auch -MV (erste Brut dort 1996, seither mehrfach Reviervögel) und -BB; darunter 2 beringte ♂ (in PL?) [575]. • **PL:** 1 mal 19. Jh., dann 1976, schließlich deutliche Zunahme: 1985 mind. 8, 1986 mind. 6, 1987 mind. 10 Ind. etc., erste Brutnachw. 1994, seither regelm. Brutvogel [q13,q4,3871]. • **CZ:** Erstnachw. 1964 (3 vorherige Beob. gestrichen), 1977 Brut, ♂ füttert Juv., whrschl. Mischverpaarung mit *M. flava;* bis 1997 10 weitere Nachw. [2159,1370]. • **SK.:** 6 Nachw. von Einzelvögeln 1976-97, schließlich 1997 zwei BP bei Dvorec [3882]. • **H:** erstmals 1989, seit 1992 allj. mit insges. 14 Nachw. bis 1997 [2438].
Auch in anderen Regionen Europas erhebliche Zunahme der Nachw., z.B. in GB Erstnachw. 1954, bis 1996 dann 100 Nachw. [1370], 1976 erstmals in I (dort Brutverdacht 1989), 1981 in DK, 1982 in IS, 1987 in F, Balearen, YU, Siebenbürgen RO, 1988 in BG, 1997 in HR [337, 1370; über neue Zugwege und Überwinterungsareale (z.B. IL) s. Angaben in 3418].

Verbreitung und Bestand. Brutvogel in Feuchtgebieten der mittleren Paläarktis mit verschiedenen Verbreitungsschwerpunkten. In Hochsteppen Tibets nach S bis Himalaya und N-Pakistan, nach N bis nahe Tien Schan und Altai, ferner von Zentral und W-China über Mandschurei, Mongolei und Mittelsibirien bis über 70° N nach N an Strauchtundra; vom E-Rand Mittelsibiriens Nominatform nach W über NW-Sibirien und N-Ural über Petschora bis Kanin-Halbinsel und Weißes Meer sowie von Mittel-Sibirien nach W über Uralfluss, BY und W-RUS bis UA. Ein südliches, sehr lückig und disjunkt besiedeltes Areal der UA »*werae*« reicht von Vorbergen des Altai durch die Steppen- und Waldsteppen SW-Sibiriens, N-KZ nach S in N-Iran und mit neuerdings offenbar regelm. besetzten Brutplätzen bis nach E-Anatolien. Durch deutliche W-Expansion inzwischen auch in NE-ME (seltener) Brutvogel [337]. Europäischer Gesamtbestand zw. 210.000-520.000 BP (insges. wohl Zunahme), Schwerpunkt in RUS (95% des europäischen Bestandes); von Bedeutung ferner Populationen in UA. (8.3-13.8 T.), TR (2-6) und BY (1-2.5 T. BP) [383]; in ME erst seit 1994 Brutvogel in < 50 BP [383,q18,q3].

Wanderungen. Zugvogel; Überwinterungsgebiet von SE-Asien bis Pakistan. Offenbar Ausweitung des Überwinterungsgebietes nach W mit Winterdaten von Arabischer Halbinsel und Dz. Irak, JOR, IL (Eilat), CY und Anatolien. Neuerdings auch vermutlich infolge Brutarealausweitung nach W regelm. Dz an W Schwarzmeerküste [3418]. Wegzug von Brutgebieten Mitte Aug., Abzug aus indischem Winterquartier Feb.–April.

	Best.	Areal	Brutbestand	Jahr	Quelle
CH	N	N	0–1	1996	[1370]
D	N	N	0–1	1995–1999	[383]
PL	N	N	25–50	1998–2002	[383]
SK	N	N	0–2	1997–1999	[383]

Bestandsentwicklung. Die offenbar schon vor 1950er J. einsetzende Arealexpansion erreichte 1976 UA. (Region Charkov) und Anf. 1980er J. Gebiete W Moskaus und Kiews und lag damit nur 300 km E der Grenze PL; nach weiterer Ausbreitung schließlich 1982 erste Brut in BY und 1985 Bruten in 80-150 km Entfernung zur PL Grenze [337,1369,1507,q3] sowie (1986) 1987 in LT, wo seit 1988 fast allj. brütend [337,q3]. Vereinzelte Brutvorkommen in dieser Zeit - oft Mischpaare mit *flava*-♀ - u.a. in GB (1976, Art?), in S. 1977 und 1990, FIN seit 1983 mehrmals und N. 1997. Wahrscheinliche Brut in I 1989 [q3] und erste Bruten in EST 1991, in LV 1993 (ab 1989 Übersommerungen mit

sing. ♂ bzw. Paar), ferner in SLN 1997 [q4]. 1998 Einflug mit Bruten in FIN sowie erste Brut in AR (2. in 2000) [q3,q4].
In verschiedenen Regionen ME etwa seit 1960er J. stark wachsende Zahl an Beob. von Vögeln im Herbst und, überwiegend von (jungen) ♂, im Frühjahr [1369]. Seit (70er) 1980er J. Übersommerungen in PL und H (sowie S. und FIN) deutlich zunehmend [337,1369,1495]. Schon 1977 eine Mischbrut in CZ [2159]. 1994 dann erste 4 Brutnachw. in PL im Mündungsbereich der Rheda (Danziger Bucht) [q18,3871]; 1995 brüteten dort schon etwa 8 Paare, bei Gesamtzahl von 12-14 sing. ♂ [q18,1370]. Seither weitere Arealausweitung, mit ersten Bruten in D-MV (bei Greifswald) 1996 [1521], 1997 in Slask und NE-PL sowie in CH und SK. [1370,4169], und 1998 sing. ♂ oder BP in fast allen Regionen PL, bei 25-26 BP [q13,3871], ferner Bruthinweis in A-S (durch futtertragendes ♂) [3129]. Seit 1999 Brutpaarzahlen in PL wieder etwas geringer [q13].

Siedlungsdichte. In geeigneten Lebensräumen semi-kolonial, aber streng territorial. In UA. Ø Brutdichte 3-5 BP/10 ha [1507].

SPEC	VSchRL	Bern.Konv.	Bonn.Konv.
--	--	Anh. II	--
Europ. RL	**RL in ME**		
--	--		

Gefährdung und Schutz. Aufgrund der starken Ausbreitung der Art scheinen Gefährdungsfaktoren derzeit keine Rolle zu spielen. Schutzmaßnahmen sind nicht erforderlich; allerdings wäre eine genauere Untersuchung der Populationsdynamik und möglicher Einflussfaktoren am W-Rand des Areals dringend notwendig.

Biotop. Br. in nasseren Habitaten als Schafstelze, z.B. Überschwemmungsniederungen, versumpfte Stellen (auch in Hochsteppen), Strauchtundra, Seeufer (Seggenrieder, sogar altes Röhricht). Auch als Rastvogel vorzugsweise an Ufern und sumpfigen Stellen.

Nahrung. Insekten, im Vergleich zu Schafstelze weniger Klein-Dipteren, die im Flugsprung erhascht werden, sondern mehr aquatische Insektenlarven (z. B. Libellenlarven, auch Larven größerer Schwimmkäfer), sogar auch Würmer und Wasserflöhe.

Stimme. Flugruf etwas lauter, kürzer, rauer und schriller als NW-europäische Formen der Schafstelze und daher auch mehr an Bachstelze erinnernd »siit«, »tsriip«, auch zweisilbig. Warnruf »ziet«. Gesang rasch schwätzende Folge, im Singflug.

Verhalten. Tagaktiv. Watet bei der Nahrungssuche oft bis zur Laufbefiederung im Wasser und taucht beim Nahrungserwerb den Kopf ein; weniger Flugjagd als Schafstelze. Kein Anschluss an Weidevieh. Flatternder und rüttelnder Singflug mit abschließendem Fallschirmgleiten (ähnlich Schafstelze). Zur Brutzeit territorial.

Fortpflanzung, Brutbiologie [337,1369,767, 1507,1551,3501]. Geschlechtsreife im 1. Jahr. **Ankunft im Brutgebiet.** Meist im April, auch wenn Bruten in NE-Europa erst ab Juni. **Nest.** Bodennest in lockerem Altschilf oder in Seggenbülte, auch unter Steinen oder in Uferhöhlung in sehr feuchtem bis wasserbedecktem Gelände. Solider Bau aus trockenen Grashalmen, Stängeln und Moos; Auskleidung mit feinen Pflanzenfasern, Säugetierhaaren und Federn (im N dick, im S auch fehlend). Muldendurchmesser um 65 mm, -tiefe 35-40 mm. ♀ baut (3-4 d), dann 2 d Pause vor Eiablage. **Legebeginn.** Frühestens Ende April/Anfang Mai bis Juni, in höheren oder nördlichen Gebieten ab Mitte Mai bis Ende Juni. **Gelegegröße.** 4-6 (-7), meist 5; Ø W-PL$_{25}$ 4.9. Legeintervall 1 d. **Eier.** Elliptisch, glänzend, Grund gräulich bis rahmfarben, leicht gräulich bis graubraun gepunktet, mitunter hellbraun gewölkt. **Brutdauer.** 11-13 (-15) d, ♀ brütet mehr als ♂. **Nestlings-/Führungszeit.** Beide füttern, ♀ mehr. Nestlingsdauer 10-13 (-15) d (bei frühen Daten noch flugunfähig, aber Tarsi voll ausgewachsen); nach Verlassen des Nestes noch mehrere d von Ad. gefüttert. Juv. bleiben oft bis Sept. im Brutareal. **Jahresbruten.** 1-2; in günstigen Gebieten regelm. 2 (z.B. Raum Moskau); Ersatzgelege. Bruterfolg. In W-PL bei 28 Bruten Schlüpferfolg 55.3%, mit Ø 2.6 geschlüpften Juv./Nest, Bruterfolg insges. 38.1% mit 1.8 flüggen Juv./Nest.

Eimaße und –gewichte [1369,767,3501]: L. 18.0-21.0 mm, B. 13.2-15.0 mm, Ø$_{64}$ 19.1 x 14.1 mm bzw. L. 18.0-21.3 mm, B. 13.8-15.3 mm, Ø$_{85}$ 19.5 x 14.4 mm, ferner L. 16.5-20.2 mm, B. 13.1-14.8 mm, Ø 18.4 x 14.2 mm (n=86, W-PL); Frischvollgew. 2.5-2.7 g, Ø$_{6}$ 2.6 g, bzw. berechn. 2.0 g; Schalengew. 0.11-0.14 g, Ø$_{85}$ 0.125 g.

Sterblichkeit, Alter. Generationslänge: < 3.3 J. [383].

Mauser. Postjuvenile Mauser (Teilmauser) beginnt kurz nach Flüggewerden, z.T. erst im Winterquartier beendet [767]. • Postnuptialmauser (Vollmauser) Juli–Aug. [767]. • Pränuptialmauser (Teilmauser) Feb.–März; einschließlich Oberflügeldecken, einigen Schirm- und Steuerfedern, bei ♂ und Ad. umfangreicher als bei ♀ und Einj. [767].

Motacilla [flava] – Superspezies »Schafstelze«

GB **Yellow Wagtail** F **Bergeronnette printanière** E **Lavandera Boyera**

Taxonomie. Die Anzahl der Semispezies in dieser Superspezies lässt sich mangels detaillierter Untersuchungen der Kontaktzonen in E-Eurasien noch nicht genau angeben. Sehr wahrscheinlich sind übereinstimmende Ausprägungen von Einzelmerkmalen wie Vorhandensein und Farbe eines Überaugenstreifs, Schwärzungsgrad von Scheitel und Ohrdecken, Kehlfärbung etc. mehrfach unabhängig voneinander entstanden, so dass phänotypische Ähnlichkeit keine verlässlichen Aufschlüsse über Verwandtschaftsverhältnisse gibt und umgekehrt phänotypische Verschiedenheit nicht mit dem Grad reproduktiver Isolation korrelieren muss.
In Europa sind die Semispezies *iberiae, flavissima, flava* (inkl. »*beema*«), *cinereocapilla, feldegg* (inkl. »*melanogrisea*«), *lutea* und *thunbergi* (inkl. »*plexa*«) durch jeweils relativ schmale, phänotypisch heterogene Hybridzonen (also nicht etwa Kline) deutlich voneinander getrennt, was nur durch partielle, allerdings nicht sehr starke reproduktive Barrieren erklärbar ist. Sie werden deshalb hier als jeweils monotypische Semispezies betrachtet. Für F, wo vier Semispezies regelmäßig brüten, gibt es einen detaillierten Überblick über Ausdehnung und Entwicklung der Hybridzonen [944N].

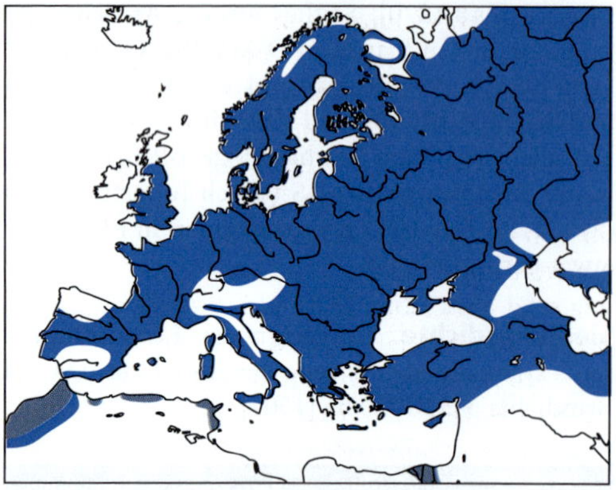

Motacilla [flava] – **Superspezies »Schafstelze«**

Verbreitung und Bestand. Superspezies von Atlantikküste (NW-Afrika, Iberien sowie GB) nach E bis Pazifikküste (Kamtschatka und Sachalin) sowie über Beringstraße bis W- und N-Alaska verbreitet; dabei Brutvogel von küstennahen Tiefland bis etwa 500m NN, vereinzelt bis in Hochlagen (Hoher Atlas > 2200m NN). N-Grenze etwa N der Strauchtundra (70-73° N), S-Grenze Maghreb (bis Mauretanien), EGY (Niltal) und große Mittelmeerinseln, ferner IL, SYR, N-Iran, in Zentralasien Hindukusch, Tien Schan, Altai, in China bis ca. 42° N. Europäischer Brutbestand (alle Formen) etwa zw. 7.9 - 14 Mio. BP (rückläufig), mit größten Vorkommen in RUS (4-7 Mio.), RO (0.8-1.2) und BG (0.5-1), Bestände > 300.000 BP ferner in UA. (535-740 T.), PL (400-800), BY (470-530), TR (200-600), FIN (250-400) und N. (100-500 T. BP) [383]. In ME verbreiteter Brutvogel des Tieflandes im N, in Mittelgebirgs- und Beckenlandschaften bis Alpenrand z.T. nur inselartig; höchste Brutnachw. CH Jura 1370 m, Alpen um 1700 m, Alpenrand D-BY 940 m, CZ ausnahmsw. 720 m, zusammenhängend besiedelt höchstens bis 500 m, meist < 300 m ü.M.; Bestand etwa 680.000-1.210.000 BP [383] mit Schwerpunkten in PL, H und D; > 95% der Population ME entfallen auf *flava*.

Kennzeichen. [1369, 767, 45; **Fotos** verschied. UA in Bird. W. **21**, 242-50; ♀: Dutch B. **17**, 7-8].

Maße. Gr.: 17 cm. Fl.spw.: 23-27 cm.

Status. Häufiger und verbreiteter Brut- und Sommervogel; häufiger Durchzügler und Gastvogel im gesamten ME. In Europa mind. 7 Semispezies (s. nachfolgende Artkapitel), weitere (nicht aufgeführte) in W-Paläarktis.

Wanderungen. Langstreckenzieher mit Winterquartier im tropischen Afrika und Asien (kleinräumige Wanderbewegungen nur bei Br. N-Afrikas). Seit Mitte 1990er J. regelm. in sehr kleinen Zahlen in Sizilien überwinternd [754]. Hauptwinterquartiere der Br. Europas: ***flava*** Afrika S Sahara, Schwerpunkt Senegambien bis Kenia; ***thunbergi*** ab Guineaküste, S-Nigeria und Äthiopien, von Uganda bis Kapland meist häufiger als *flava; **cinereocapilla*** Elfenbeinküste bis Nigeria und Kamerun, einzeln auch weiter E und N; ***feldegg*** E-Afrika; ***flavissima*** W-Afrika von Senegal und Gambia bis Liberia; ***iberiae*** Senegambien bis W-Mali. Wegzugrichtung Br. W-Europas und ME WSW bis SSW, Br. Skandinaviens SW bis S, FIN SSW bis S (Abzug auch über GR); in E-Afrika Br. bis aus KZ und W-Sibirien. Funde einiger Br. ME auf Heimzug weiter E der Wegzugroute, also Schleifenzug [für *thunbergi* vgl. 898]. Ab Ende Juli Truppbildung und weitab von Brutplätzen Schlafplatzgemeinschaften in ME von Ende Juli bis Ende Sept.–Anf. Okt. Wegzug setzt aber schon Ende Juli–Anf. Aug. ein [in I Sept.: 3648], mit Höhepunkt Mitte Aug.–Anf. Sept. Letztbeob. in ME bis Mitte Okt. (Anf. Nov.), einzelne Nachw. Dez.–Jan. Heimzugbeginn *feldegg* Feb., Überwinterer Sahelzone (*flava*) Fettdeposition und Abzug Ende März [4171]. Überwinterer Waldgürtel W-Afrikas (*flava + thunbergi*) Fettdeposition und Abzug ab Mitte April. In ME treffen ♂ oft eher ein als ♀. Früheste Beob. ME ab Anf. März; Durchzugsmediane am Bod. z.B. für ♂ *flava* 27. April, 2. Gipfel (hauptsächlich ♀) 10. Mai, für *cinereocapilla* 21. April, für *thunbergi* 10. Mai. Allgemein für *thunbergi* Durchzugsgipfel deutlich später als für *flava* Mitte bis Ende Mai [898]. Durchzugsmedian auf Col de Bretolet CH 1972-82 signifikant 5 d früher als 1958-66 (14.9. auf 9.9.) [1861]; in D-BW 1970-97 1 d Vorverschiebung pro Zehnjahresintervall [1315]. Für Wegzug in Europa Tagesleistungen 110–120 km nicht selten. Zugstrecken bis 6000 km durch Ringfunde nachgewiesen.

Bestandsentwicklung. Allgemeine Bestandsentwicklung der Schafstelze aufgrund Entfaltung der Grünlandwirtschaft sowie Ausweitung der Bruthabitate auf Ackerflächen und Sekundärbiotope (Tagebauflächen, Rieselfelder etc.) im Laufe des 20. Jh. deutlich positiv [1369]; Ausbreitungs- und Vermehrungsphase bis 1950er J., gebietsweise (und z.T. abhängig vom Phänotyp) noch länger [895,3650, 3470,1369,1719, s.u.].
In meisten Regionen ME (und Europas) nach 1950 aber negative Gesamtbilanz [1585,1507], da dramatische Rückgänge in Feuchtwiesenbiotopen durch Neuansiedlungen in anderen Biotopen meist nicht ausgeglichen werden. Durch Intensivnutzung sind Grünländer für Schafstelze offensichtlich kaum noch besiedelbar [593]. Im Spätherbst angesäte Raps- und (Winter-)Getreideschläge bilden zwar gegenwärtig günstige Ausweichbiotope, doch dadurch für Teil der Population Abhängigkeit von bestimmten landwirtschaftlichen Anbaumethoden, die sich bei EU-weiten Veränderungen dramatisch auswirken können.

	Best.	Areal	Brutbestand	Jahr	Quelle
A	↑	+ 1	400–700	1998–2002	[383]
B	+/-	=	10.000–20.000	2001–2002	[383]
CH	↕	F	150–200	1993–1996	[383]
CZ	↑	+ 1	800–1.600	2000–2002	[383]
D	↓	=	73.000–115.000	1995–1999	[383]
H	+/-	=	150.000–225.000	1999–2002	[383]
L	⇩	- 2	50–70	2001	[383]
NL	↓	- 1	40.000–50.000	1998–2000	[383]
PL	+/-	=	400.000–800.000	2000–2002	[383]
SK	↓	- 1	2.500–4.000	1997–1999	[383]

Siedlungsdichte. Oft kleine Nestterritorien, die fast kolonieartig gehäuft und von neutralen Zonen umgeben sind. Nistmaterial- und Nahrungssuche bis zu 500–1000 m (regional auch > 2 km) vom Neststand entfernt. Höchstdichten ME auf Flächen von 20–49 ha 4.8 – 2.0 – 1.8 (Ø 2.4), von 50–99 ha 5.7 – 1.8 – 0.8 (Ø 2.1), von > 100 ha 2.8 – 0.9 – 0.5 (Ø 1.2) Rev./10 ha. Max. Großflächendichten (> 100 km^2) im NW am höchsten, zw. 0.004 – 5.9 'Rev.'/km^2 [vgl. Tab. 9 in 337; auch 1722,1].

Gefährdungsursachen [895,3650,2471,594,1302, 3690,1369,1722,196]. Verlust von Moorgebieten und Feuchtgrünland durch (1) Melioration, Flurbereinigung mit Verlust der Kleinstrukturen (Monotonisierung), Grundwasserabsenkung, Entwässerung und winterliche Wasserstandsabsenkung, (2) Intensivierung der Nutzung, im Grünland insbesondere starke Düngung mit schnellem, hohem und dichtem Pflanzenwuchs im Frühjahr, erhöhter Biozideinsatz sowie Silagenutzung mit vorverlegter, mehrfacher und tiefreichender Mahd.
Zunehmende Versiegelung und Verbauung der Landschaft, Verlust von Salzrasen im pannonischen Raum, Verlust von Rieselfeldern, Aufgabe extensiver Grünlandnutzung sowie gebietsweise Intensivbeweidung mit Direktverlusten durch Zertreten

der Gelege und Aufgabe von Bruten. Schließlich Zerstörung vieler Nester bei Reinigung oder Mahd von (Drainage-)Gräben.
In Überwinterungsgebieten Intensivierung der Landwirtschaft und erhöhter Biozideinsatz.
Zumindest kurzfristige Abnahmen durch klimatische Bedingungen - vor allem sehr plötzliche Wetterstürze auf großem Raum im Frühjahr. Trockenheit oder Dürre in der Sahel dagegen wohl ohne nachhaltigen Einfluss auf Bestand.

SPEC	VSchRL	Bern.Konv.	Bonn.Konv.
--	--	Anh. II	--
Europ. RL	RL in ME		
--	FL:'**RE**', L: 'EN', CH, B, CZ: 'VU', A, NL, D: 'NT'		

Schutzmaßnahmen. Renaturierung, Sicherstellung und Pflege von Feucht-, Ried- und Streuwiesen sowie Schaffung von Ausgleichsflächen für Intensivkulturen. Verlegung der Mahd und Erstnutzung außerhalb der Brutzeit (frühestens Ende Juni). Vermehrter Anbau von Sommergetreide, Erhöhung der Anbauvielfalt, Extensivierung der landwirtschaftlichen Nutzung, insbesondere des Weidebetriebes. Verkleinerung der Schlaggröße, Neuschaffung von Brachestreifen, Förderung bewachsener Wegränder, Sicherstellung oder Wiederherstellung von Kleingewässern und vernässten Stellen in großräumigen Ackerlandschaften.
Reduzierung des Pestizid- und Düngemitteleinsatzes.
Erstellung und Durchführung eines umfassenden Schutzkonzeptes für Feuchtwiesen und ihre Bewohner.

Biotop. Br. auf weitgehend ebenen, mit Gräsern oder Seggen bestandenen, aber kurzrasigen Flächen; bei horstbildenden Pflanzen lückige Deckung oder vegetationsfreie Flächen nötig; höhere Stauden, Sträucher oder kleine Bäume bzw. Zaunpfosten als Warten; Böden wenigstens teilweise nass, wechselnass oder feucht. Ursprüngliche Habitate nasse oder wechselnasse Wiesen, Seggenfluren und Verlandungsgesellschaften (auch brackig oder alkalisch); in der Kulturlandschaft extensiv bewirtschaftete Streu- und Mähwiesen und vor allem Viehweiden, seit den ersten Jahrzehnten des 20. Jh. jedoch zunehmend Hackfruchtäcker, Getreide-, Klee- und Futterpflanzenschläge u.a. Kulturen, auch auf Ruderal- und Brachflächen mit heterogener Krautbedeckung. Ersatz- und Zweitbruten z.T. notgedrungen in höherer Vegetation, z.B. Wintergetreide bis 1,7 m Höhe [3690]. Nahrungssuche oft an Wegen. Gemeinschaftsschlafplätze meist in Verlandungszonen, z.B. Rohrkolben, Schilf, Weidengehölze. Im Winterquartier offene Flächen unterschiedlicher Art von feucht, wechselnass bis arid (wenn Wasser in der Nähe).

Nahrung. Kleine, hauptsächlich fliegende Insekten (Fliegen, Mücken), aber auch Larven, Käfer, Heuschrecken, vereinzelt Spinnen, kleine Schnecken und Würmer. Bei entsprechendem Angebot auch Schmetterlinge (vor allem Raupen), Blattläuse etc. Pflanzennahrung nur ausnahmsweise.

Stimme. Häufiger Stimmfühlungsruf relativ weich »psie« oder fast zweisilbig »twiep«, bei südlichen Formen voller und rauer, wie »psiitr«. Warnen oder Feindrufe in Nestnähe nach Schlüpfen der Jungen im Fliegen aufgeregt, meist dreisilbig »srii-sripsrip«. Reviergesang des ♂ von Warte oder im Singflug besteht aus Aneinanderreihung von einfachen Elementen (Repertoire 1-6), wie »sri sri sri…«, auch hier erhebliche Variation der Formen im Gesangsaufbau und -länge; daneben ein leiserer Zwitschergesang, z.B. in Erregungssituationen (auch bei Dz.). Reviergesang oft nur von Ankunft bis Verpaarung, also Ende April–Ende Mai, doch gebietsweise erneuter Höhepunkt im (Juni) Juli (Zweitbruten); Zwitschergesang auch im Herbst (auch von Juv.). Kein Reviergesang im Winterquartier, Zwitschergesang selten.

Verhalten. Tagaktiv und Tagzieher, mitunter auch schwacher Nachtzug. Das für Stelzen typische Schwanzwippen beginnt mit Abwärtsschlag, steigert sich bei rascher Bewegung oder bei Landung auf schwankendem Grund oder nach raschem Halt aus dem Laufen. Laufen mit weitgehend horizontaler Körperhaltung und »Kopfnicken«; kleine Abstände werden übersprungen. Flug mit weniger tiefen und langen Bogen als Bach- und Gebirgsstelze. Nahrungserwerb am Boden auf Spülsäumen, gemähten Wiesen, kurzrasigen Weiden, aber auch in niedriger dichter Gras- und Seggenflur; Beutetiere werden im Hochrecken und Hochhüpfen erhascht, auch kurzes Hochfliegen oder Fang in der Luft von einer Ansitzwarte. Zur Brutzeit territorial. Steine, Erdschollen, Zäune, Stauden und höhere Halme, auch Leitungsdrähte, Wipfel kleiner Bäume etc. dienen als Sitz- und Singwarten. Br. übernachten in Nestnähe am Boden. Zur Brutzeit territorial; Territorien oft eng nebeneinander (Aggregationen). Weiteres Umland wird oft gemeinschaftlich genutzt. Gleich nach Ankunft Revierbesetzung und Singflüge mit schrägem Aufstieg und anschließendem Fallschirm-Gleitflug, die sowohl der Reviermarkierung als auch dem Anlocken des ♀ dienen. Oft mehrere Singflüge ohne Zwischenlandung. Verfolgungsflüge enden oft in Kopulationen. Oft keine auffällige Balz vor Kopulation. Nach Ende der Brutzeit in Gemeinschaftsschlafplätzen, an denen sich im Spätsommer bis Tausende, im Frühjahr Hunderte einfinden können.

Fortpflanzung, Brutbiologie [337,1369,767,1, 1722,263]. ***flava*** Geschlechtsreife im 1. J.; Brut- oder Saisonehe. **Ankunft am Brutplatz.** (Ende März) Anf. April bis Anf. Mai; ♂ kommen 1-2 Wochen vor ♀ an und besetzen Reviere. **Nest.** Wahl durch ♀ (vom ♂ begleitet). Fast immer Bodennest, meist in kleiner Vertiefung oder an Unebenheit angelehnt, selten auf kleinen Erdhügeln, nach oben oft tunnelartig gedeckt durch Vegetation. Sorgfältiger, fein ausgekleideter Bau mit tiefem Napf aus dürren Halmen, Grasblättern, Stängeln, Wurzeln und Moos; Auskleidung mit feinen Pflanzenfasern, Säugetierhaaren (selten Federn). Muldendurchmesser 55-70, -tiefe 35-40 mm. ♀ baut (vom ♂ begleitet) 2-8 (-14) d. **Legebeginn.** (Ende Apr./Anf.) Mitte Mai bis Anf. Juni. **Gelegegröße.** 5-6 (4-7); D Mai$_{44}$ 5.8, Juni$_{41}$ 5.6, Juli$_{36}$ 5.1, -BW$_{68}$ 5.31, -BB$_{92}$ 5.4, (***flavissima*** GB$_{135}$ 5.2, ***thunbergi*** FIN$_{87}$ 5.7). Legeintervall 1 d. **Eier.** Elliptisch, glänzend, Grund weißlich bis rahmbräunlich, bräunlich gewölkt oder gepunktet, mitunter dichter gezeichnet. **Brutdauer.** 12-13 (11-14) d, ♀ brütet meist, tagsüber kurzfristig vom ♂ abgelöst. Bebrütung ab letztem Ei. **Nestlings-/Führungszeit.** ♀ hudert bis 4-5 d, beide füttern. Nestlingsdauer 11-12 (10-13) d, Juv. mit 14-16 d voll flugfähig; nach Verlassen des Nestes noch mehrere d von Ad. gefüttert und max. 3 Wochen betreut. Nicht selten gemeinsamer Abzug. **Jahresbruten.** 1, selten 2 (bei *flavissima* öfter 2); Ersatzgelege. **Ende der Brutperiode.** Meist im Juli, späte Bruten sind meist Anf./Mitte Aug. abgeschlossen, im Extremfall Führungszeit bis Ende Aug./Anf. Sept. **Bruterfolg.** GB (***flavissima***) 66.6% bzw. 51.3% der abgelegten Eier ergaben flügge Juv.; Ø 0.88 flügge Juv. aus 9 Gelegen mit 3 Eiern, Ø 2.5 aus 18 mit 4, Ø 3.04 aus 68 mit 5 und Ø 2.98 aus 55 Gelegen mit 6 Eiern. In D (***flava***) 3.45 Juv./Nest bzw. 4.2 und 4.5 Juv./erfolgr. Brut [337], in -BW von 60 Vollgelegen mit 320 Eiern 240 Juv. geschlüpft (75%) und 109 ausgeflogen (Bruterfolg 34.1%), in -BB z.T. hohe Ausfliegeraten von 80-84% [1,1722], aber auch nur 25% [3690,263]. Verlustursachen vor allem Prädation, Witterung und Hochwasser sowie in erheblichem Maße durch Landwirtschaft (Mahd u.a.) bzw. Viehvertritt.

Eimaße und -gewichte [337,767]: ***flava*** L. 16.0-20.6 mm, B. 12.9-15.8 mm; Frischvollgew. 1.5-2.2 g, Ø 1.9 g; Schalengew. 0.09-0.12 g. (Andere UA sehr ähnlich).

Sterblichkeit, Alter. Nach Beringungen im Winterquartier jährliche Adultsterblichkeit von 50 % geschätzt. In GB 54 % im 1. J. und 47% J. für Ad. [3590]. Bisher älteste Ringvögel von ***flava*** wurden 8 J. 11 Monate und 8 J. 5 Monate alt. **Generationslänge:** < 3.3 J. [383].

Mauser. **Postjuvenile Mauser** (Teilmauser) beginnt ab 6. Woche, Juli–Sept.; Körpergefieder, Flügeldecken, selten einzelne Schirmfedern und ST, Umfang bei Armdecken von skandinavischen Vögeln geringer als CH, GB und RUS [3771,1866]; Dauer ca. 6 Wochen [767]. • **Postnuptialmauser** (Vollmauser) Ende Juni/Anf. Juli–Ende Aug./Anf. Sept. [767,1369], ♂ mausern z.T. früher [1369]; größtenteils im Brutgebiet, ausnahmsweise Unterbrechung während Wegzug (bes. *thunbergi*) [1866,119], bei N Populationen schneller als bei S [z.B. 1369,3648,3627]; Dauer der HS-Mauser GB/F ca. 45–50 d. • **Pränuptialmauser** (Teilmauser) Jan./Feb.–März/Anf. April; neben Schirmfedern und ST viele Flügeldecken, Einj. mausern mehr Große Armdecken als Ad. [1866,3535]; Dauer 12–13 Wochen [767,1369, 1356].

Motacilla flava – Wiesenschafstelze 10171

Motacilla [flava] flava Linnaeus 1758 syn.: Mitteleuropäische Schafstelze

(GB) **Blue-headed Wagtail**
(F) **Bergeronnette printannière type**
(E) **Lavandera Boyera Alemaña (?)**

Taxonomie. Monotypisch. Die Abgrenzung der gering differenzierten östlichen Form »*beema*« erscheint nicht hinreichend gesichert.

Kennzeichen. [1369,767,221,3615,3772,45; weitere **Fotos** in Bird. W. **13**, 179, **14**, 141, Brit. B. **94**, 258, Var Fag. 1997/**8**, 13; Hybriden: (mit *flavissima*) Bird. W. **17**, 142, (mit *feldegg*) Limic. **17**, 55-56].

Maße. ***flava***: Gew.: (Brutzeit) ♂ 15-20 g, Ø$_{17}$ 17.0 g, ♀ 14-20 g, Ø$_{15}$ 17.2 g, (Aug.) ♂ 13-19.8 g, Ø$_{66}$ 16.5 g, ♀ 12.3- 18.0 g, Ø$_{59}$ 15.4 g; bei Frühjahrszug in Afrika bis 28 g. Fl.l.: ♂ 75-87 mm, Ø 81.0 cm bzw. 77-87 mm, Ø 81.6 mm bzw. 74-85 mm, Ø$_{76}$ 79.7 mm bzw. 77-86 mm, Ø$_{127}$ 81.8 mm; ♀ 72-85 mm, Ø$_{42}$ 77.2 mm bzw. 72-81 mm, Ø$_{79}$ 77.6 mm bzw. 71-83 mm, Ø$_{49}$ 76.0 mm bzw. 74-82 mm, Ø$_{67}$ 78.5 mm [1369,767,45].
»***beema***«: (**Foto** in Bird. W. **17**, 244). Fl.l.: (W-Sibir.) ♂ 70.0-84.5 mm, Ø$_{84}$ 78.8 cm, ♀ 73.0-81.0 mm, Ø$_{30}$ 76.7 mm bzw. ♂ 79-85 mm, Ø$_{34}$ 82.1 mm, ♀ 76-80 mm, Ø$_{5}$ 78.7 mm [1369,767,45].

Status. Über ganz ME im Tiefland einschließlich H verbreitet, in geringerer Dichte bis in Mittelgebirgslagen und Voralpengebiete; ferner in Teilen F und S-GB sowie in S-Skandinavien; nach E bis zu Wolga und Kama, N-Grenze RUS 60–61° N, S-Grenze S-RUS, MOL, UA. bis 47° N. Viele Mischpopulationen. Auch als Durchzügler sehr häufig [1369,3871].
Östliche Form »***beema***« (Sykes-Schafstelze, Sykes's Wagteil) seltener Ausnahmegast in ME, mit Nachw. in CZ, PL, D-SH (Helgol.) und -HE [1369,2159,575], viell. auch NL [277].

Bestandsentwicklung. Seit Anf. 1960er J. in weiten Teilen ME in Folge Lebensraumverlust oder -veränderung sowie intensiverer landwirtschaftlicher Nutzung z.T. drastischer Bestandsrückgang, z.B. in D-SH bis 1984 um > 90%, sowie lokaler Arealschwund [1369,1585,196; B, NL L, A, D: 2889, 843,3636,3638,965,1722,2031,1 u.v.a.]. Dabei bes. starke Verluste bei Populationen des Intensivgrünlands sowie der Feuchtniederungen und Moore, vor allem in D-SH, NL und B [843,3638,2889], z.T. bis in jüngste Zeit anhaltend [593,595,1302], sowie der Mittelgebirgslagen, welche vielfach vollständig geräumt wurden [843,1369,1722,2623].
Vom Bestandseinbruch nicht oder kaum betroffen dagegen Popul. in Ackerlandbereichen (vor allem großflächige Raps- und Getreidefelder und Wintersaaten), auf Inseln, Halligen und Vorländern sowie auf verschiedenen Eindeichungsflächen etc. In NL in diesen Bereichen über lange Zeit stabil oder fluktuierend, in D-SH seit 1980er J. Bestandsverdopplung und u.a. starke Konzentration auf die »Getreideköge« [884,23,594,595,3638,310]. Bestandszunahmen und Neuansiedlungen in jüngerer Zeit auch auf Ackerflächen < 300 m NN in D-HE sowie in -TH [2068, M. Korn]. Ab 1960er J. auch im Voralpenbereich, z.B. auf Ackerland im unteren Thurgau [3470] oder auf Riedwiesen im Rheintal A-V Bestand angewachsen [1369,1719,3489,4110]. Doch Entwicklung im Bodenseebecken und benachbarten Regionen seit Mitte 1980er J. wieder stark negativ [1617,1722,q2].

Motacilla flavissima – Gelbkopf-Schafstelze 10172

Motacilla [flava] flavissima Blyth 1834 syn.: Englische Schafstelze

(GB) **Yellow Wagtail** (F) **Bergeronnette flavéole** (E) **Lavandera Boyera Inglesa (?)**

Taxonomie. Monotypisch. Hybridzonen zwischen *flava* und *flavissima* bestehen an der Küste SW-N und in NE-F (Normandie, Picardie), B bis SW-NL, wo *flavissima* nach E vordringt [3865,944N]. In S Bretagne dagegen brüten beide lokal sympatrisch, hier ist Hybridisation selten [944N].

Kennzeichen. [1369,767,221,3615,3772,45; weitere Fotos in Bird. W. **14**, 141, **17**, 142, Limic. **14**, 106, Vår Fåg. 1997/**8**, 13].

Maße. Fl.l.: (GB) ♂$_{54}$ 72-87 mm bzw. 79-89 mm, $Ø_{25}$ 82.6 mm, ♀ 75-81 mm, $Ø_{7}$ 77.7 mm [1369,767,45].

SPEC	VSchRL	Bern.Konv.	Bonn.Konv.
2 ?	--	Anh. II	--
Europ. RL	RL in ME		
--	NL: 'EN'		

Status. Vor allem in GB und NW-F; kleine Population brütet auch an Nordseeküste ME; im Binnenland vereinzelte Bruten bis D-NW [3048] sowie Mischbrut in L [1610]; sonst regelm. Durchzügler an NW-Küste, ferner in PL und D-MV sowie seltener Gast im Binnenland bis Bod., CH, D-BY, -BW, -BB, CZ [337,1722,4175,1,2159,3871,q14].

	Best.	Areal	Brutbestand	Jahr	Quelle
NL	⇩	- 2	40–80	1998–2000	[383]

Bestandsentwicklung. Population in GB gebietsweise mit starken Arealverlusten und Bestandsrückgängen [1343], verstärkt in 1990er J. [2468,2536]. Zudem erloschen kurzfristige Ansiedlungen in B sowie einigen Nordseeinseln (z.B. Helgol. vor 1940; nach 1959 noch einige Einzelbruten) [1369,3198]. Anf. 1970er J. Vorkommen von 200-350 BP (vorwiegend in Tulpenfeldern) in SW-NL entdeckt; inzwischen dort dramatische Abnahme um ca. 75% [3638]. Semispezies *flavissima* und *flava* vermischen sich in SW-NL nicht [375].

Motacilla feldegg – Maskenschafstelze 10174

Motacilla [flava] feldegg Michahelles 1830

(GB) Black-headed Wagtail (F) Bergeronnette des Balkans (E) Lavandera Boyera Balcánica

Taxonomie. Monotypisch. Eine Hybridzone besteht mit *M. flava* vom Balkan bis N Kaspisee sowie mit *M. cinereocapilla* in HR (offenbar sehr rezent durch Ausbreitung von *feldegg* nach NW). Individuen mit (oft unvollständigem) weißem oder (selten) gelbem Überaugenstreif kommen auch innerhalb reiner *feldegg*-Populationen vor und sind vielleicht überwiegend ♂ im ersten Sommer [vgl. 750]. Sie müssen also nicht in jedem Fall Introgression von *flava*-Genen anzeigen, obwohl diese Erklärung bei gehäuftem Auftreten in nördlichen Populationen (Formen »*superciliaris*« und »*dombrowskii*«) anzunehmen ist [767,45].

Kennzeichen. [1369,767,221,3615,3772,278,3770, 45; weitere **Fotos** in Bird. W. **10**, 209, **11**, 170, 467, **14**, 162-66, Brit. B. **96**, 291-95, Dutch B. **19**, 288, **21**, 230, Limic. **14**, 106, **16**, 274, **18**, 174].

Maße. Fl.l.: (YU/GR) ♂ 78-85 mm, $Ø_{60}$ 81.9 cm, ♀ 74-82 mm, $Ø_{18}$ 77.6 mm; (GR/TR) ♂ 80-87 mm, $Ø_{20}$ 83.1 mm, ♀ 77-82 mm, $Ø_{6}$ 80.0 mm [1369,767,45].

Status. Brutvogel RUS und SE-Europas S *flava* in UA., Balkanhalbinsel, YU, im N z.T. neben *flava*, ferner Kleinasien, Kreta, CY; nach starker Ausbreitung seit (1930er) 50er J. weit nach N und W vorgedrungen. In A (-V, -B, -K), SK. und CZ vereinzelter Brutvogel [965,q3,3882], in H größere Vorkommen [1369]. Einzelnachw. in S D-BY von Mischformen mit *cinereocapilla* [347]; sonst seltener bis regelm. Gastvogel, z.B. > 50 mal in PL (darunter auch sing. ♂) [3871], einzelne nach W bis NL und B [1677,375], dort 1992 wohl (Misch-)Brut [277].

Bestandsentwicklung. Seit (1930er) 1950er J. zügige Ausbreitung von Balkanhalbinsel nach N und W ins Randareal der Nominatform [895,1369], dabei Donau-Theiß-Tiefland spätestens 1970 und Hortobágy 1974 besiedelt. Durch weiter anhaltende Ausbreitung inzwischen auch I besiedelt; einzelne, gebietsweise fast regelm. Brutnachweise zudem in SK., CZ, A, CH [965,q3,4152]. Im Donaudelta RO ist *feldegg* teilweise ökologisch und reproduktiv von Nominatform isoliert [1369]; allerdings existieren Hybridpopulationen (»*dombrowskii*«), die ihrerseits expandieren [895].

Motacilla cinereocapilla – Aschkopf-Schafstelze 10175

Motacilla [flava] cinereocapilla Savi 1831 syn.: Grauköpfige Schafstelze

(GB) **Ashy-headed Wagtail**

(F) **Bergeronnette d'Italie/ à tête cendrée**
(E) **Lavandera Boyera Italiana**

Taxonomie. Monotypisch. In SE-F und NE-E. besteht eine Hybridzone mit *M. iberiae* [186,944N]

Kennzeichen. [1369,767,221,3615,3772,944N,45; weitere **Fotos** in Limic. **15**, 126, Dutch B. **26**, 221].

Maße. Fl.l.: (I) ♂ 79-87 mm, $Ø_{49}$ 83.0 mm, ♀ 77-82 mm, $Ø_{10}$ 79.6 mm [1369,767,45].

Status. Verbreiteter Brutvogel in I und entlang Adria bis SLN, in S-F vermischt mit *flava*; in CH nach Ausbreitung ab 1940er J. hoher Anteil dieser UA oder Mischformen mit *flava* [1369]; vereinzelte (Misch-)Paare zudem in CZ und W-SK. [1369,q3,3882], ferner in D-BW, -RP [1722,337] und A (-V, -K, -St, -S) [965,3489,1617]; dort und im S D-BY viele Mischformen, u.a. mit »*feldegg*« [347]; Beob. zudem in NL, L und PL.

Bestandsentwicklung. Nach frühem, wenig erfolgreichem Brutvorstoß nach A-K Anf. 19. Jh. erfolgte ab 1940er J. Besiedlung der W-Alpen und CH Mittelland [4152]. Inzwischen überwiegen in meisten Regionen CH *cinereocapilla*-Phänotypen oder Mischformen [es soll auch *iberiae* beteiligt sein:4152]. Bestand in CH stagniert in letzten J. [3392]. Seit Anf. 1960er J. regelm. Nachw. einzelner Paare dieser Form in E-Alpen und Bod. (A-V, -S und -St) [965,1369,1617].

Motacilla thunbergi – Thunberg-Schafstelze 10173

Motacilla [flava] thunbergi Billberg 1828 syn.: Nordische Schafstelze, Nördliche Schafstelze

(GB) **Grey-headed Wagtail**

(F) **Bergeronnette scandinavique/nordique**
(E) **Lavandera Boyera Escandinavia**

Taxonomie. Monotypisch. Hybridzonen zwischen *flava* und *thunbergi* mit Auftreten beider Phänotypen existieren in NE-PL, wo sich *thunbergi* offenbar nach W ausbreitet [2728], und in S., wo die Zone der Sympatrie und Hybridisation 100-150 km breit ist [3778N]. In EST kommen beide Formen lokal sympatrisch vor, Hybridisation wird hier nicht erwähnt [2281], kommt aber sicher auch dort vor. Die in den 1960er J. für FIN beschriebenen, angeblich intermediären Populationen sind größtenteils reine *thunbergi* mit gelegentlichem Vorkommen und Introgression von *flava* [s. 45].

Kennzeichen. [1369,767,221,3615,3772,45, zur Abgrenzung von *M. feldegg*: 4048; weitere Fotos in Bird. W. **14**, 165, 186, Brit. B. **94**, 298, Var Fag. 1997/**8**, 13, Limic. **16**, 273].

Maße. Gew.: (Brutzeit, FIN) ♂ 16.5-23 g, $Ø_{23}$ 19.4 g, ♀ 14.5-19 g, $Ø_{18}$ 17.6 g. Fl.l.: (W-Sibir.) ♂ 75-87 mm, $Ø_{77}$ 81.0 cm, ♀ 73.5-83 mm, $Ø_{42}$ 77.8 mm; (Skandin.) ♂ 80-87 mm, $Ø_{42}$ 83.4 mm, ♀ 77-84 mm, $Ø_{27}$ 80.2 mm [1369,767,45].

Status. Brutvogel RUS und Fennoskandiens N von *flava*. In weiten Teilen ME Durchzügler und Gastvogel, z.B. in NL Durchzugsgipfel Mitte Mai, bei geschätzten Frühjahrssummen > 10.000 Ind. [375]; in NL mehrmals Brutverdacht, u.a. 1975, 1977, 1979 und 1994 [277]. Phänotypische »*thunbergi*« seltener Brutvogel in PL [3867,3871].

Motacilla iberiae – Iberienschafstelze 10176

Motacilla [flava] iberiae Hartert 1921 syn.: Iberische Schafstelze

(GB) Spanish Wagtail (F) Bergeronnette ibérique (E) Lavandera Boyera Ibérica

Taxonomie. Monotypisch.

Kennzeichen. [1369,767,221,3615,3772,45].

Maße. Fl.l.: (E., P) ♂ 78-84 mm, $\varnothing_{13}$ 80.6 mm, ♀ 73-77 mm, $\varnothing_{6}$ 75.1 mm [1369,767,45].

Status. Brutvogel in Maghreb, E., P; Phänotypische *iberiae* wurden mehrmals in ME nachgewiesen, u.a. 4 mal PL, 6 mal D-BW, 1 mal -RP und 3 mal A-V [1722,3871]. Bestandsentwicklung s. Anmerkungen bei *cinereocapilla*.

Motacilla lutea – Wolgaschafstelze 10177

Motacilla [flava] lutea (S.G. Gmelin 1774) syn.: Gelbkopf-Schafstelze

(GB) Yellow-headed Wagtail (F) Bergeronnette Kazakhe (E) Lavandera Boyera Amarilla

Taxonomie. Monotypisch.

Kennzeichen. [1369,767,221,3615,3772,45; **Foto** in Bird. W. **10**, 136-37].

Maße. Fl.l.: (RUS) ♂ 79-85 mm, $\varnothing_{21}$ 81.6 mm, ♀ 78-82 mm, $\varnothing_{4}$ 80.0 mm [1369,767,45].

Status. In PL Phänotyp »*lutea*« sporadischer Brutvogel; in anderen Regionen Ausnahmegast, z.B. in CH 2 mal [3393].

Motacilla [alba] – Superspezies »Bachstelze«

Situation der Bachstelzen der des Schafstelzen-Komplexes sehr vergleichbar. Auch hier gibt es deutlich differenzierte Formen, die in Kontaktzonen eingeschränkt hybridisieren und als Semispezies aufgefasst werden. Anders als beim Schafstelzen-Komplex weisen die mitochondrialen und nuklearen Sequenzen die *M. [alba]*-Superspezies übereinstimmend als monophyletisch aus.

Bildet mit *M. samveasnae*, *M. grandis* und *M. maderaspatensis* und wahrscheinlich *A. aguimp* die monophyletische Gruppe der schwarz-weißen Stelzen, dabei nach mtDNA-Sequenzen *M. grandis* Schwesterart von *M. [alba]* [45]. Da in bisheriger Literatur [inkl. 45] nicht klar zwischen Intergradation (klinalem Übergang) und Hybridzone (phänotypisch heterogen) unterschieden wurde, sind reproduktive Beziehungen der Semispezies schwierig zu beurteilen und zu vergleichen. Nach derzeitigem Kenntnisstand umfasst die Superspezies folgende neun Taxa: *M. yarrellii* (Brit. Inseln), *M. subpersonata* (NW-MA), *M. alba* (Europa, Kleinasien bis Jenissej), *M. ocularis* (Jenissej bis NE-Sibirien), *M. baicalensis* (Baikalgebiet bis Mongolei), *M. personata* (Kaspi- und Aralsee bis Oberlauf Jenissej, inkl. »*persica*«, Iran), *M. alboides* (Himalaja bis SW-China), *M. leucopsis* (Ussurien, Zentral- und E-China, Korea) sowie *M. lugens* (Kamtschatka, Sachalin, JAP).

Motacilla alba – Bachstelze 10201

Motacilla [alba] alba Linnaeus 1758

(GB) White Wagtail **(F) Bergeronnette grise/Lavandière grise** **(E) Lavandera Blanca**

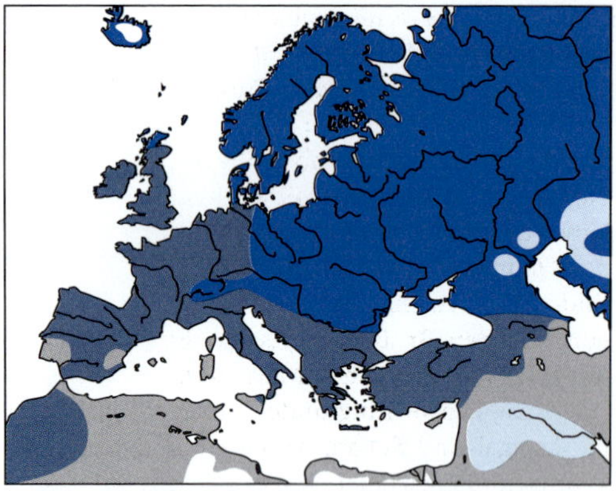

Motacilla alba – **Bachstelze**

Taxonomie. Monotypisch (inkl. »*dukhunensis*«, E-Europa, W-Sibirien).

Kennzeichen. [1369, 3615, 767, 3772, 221, 45].

Maße. Gr.: 18 cm. Gew.: (Herbst) 14.5-22 g, $\varnothing_{17}$ 16.8 g; (März-Sept.) Monats-Ø ♂ 16.2 – 18.7 g, ♀ 16.6 – 18.3 g. Fl.spw.: 25-30 cm. Fl.l.: Ad. ♂ 87-95 mm, $\varnothing_{36}$ 90.9 cm bzw. 86-97 mm, $\varnothing_{99}$ 91.0 mm bzw. 87-96 mm, $\varnothing_{44}$ 91.6 mm, juv. ♂ 85.5-94 mm, $\varnothing_{26}$ 89.6 mm bzw. 84-94 mm, $\varnothing_{67}$ 89.5 mm; Ad. ♀ 83-88 mm, $\varnothing_{18}$ 86.6 mm bzw. 83-90 mm, $\varnothing_{38}$ 86.9 mm bzw. 85-92 mm, $\varnothing_{18}$ 88.2 mm, juv. ♀ 81-87 mm, $\varnothing_{17}$ 84.5 mm bzw. 80-90 mm, $\varnothing_{37}$ 85.6 mm [1369, 767, 45].

Status. Verbreiteter und häufiger Brutvogel (Sommer- oder Jahresvogel) im gesamten ME; ferner regelm. und häufiger Durchzügler sowie gebietsweise häufiger Wintergast (bes. in milden Wintern) [z.B. NL: 375].
Meldung der Semispezies ***personata*** in D-BW 2001 [q4] noch nicht homologiert.

Verbreitung und Bestand. Superspezies verbreitet von N-Afrika und Europa einschließlich IS und N-Küsten Fennoskandiens nach E bis zur Pazifikküste. Semispezies ***alba*** sehr häufiger Brutvogel Kontinentaleuropas von Ural und Wolga bis Atlantik (von Küste, mit Inseln, bis über die Baumgrenze in alpinen Hochlagen), im Mittelmeer auf größeren Inseln (CY nur ausnahmsweise), ferner Anatolien und z.T. SYR. Nachw. in Subalpin- und unteren Alpinstufe meist an Seilbahnstationen, Berghotels etc. gebunden. Höchste Nachw. N-Alpen D-BY 1853 und 1867 m, A-T 1950 m, Zentralalpen A 2300 m und CH 2580m, S-Alpen CH 2100 m ü.M., Brutzeitbeob. bis ca. 3000 m [337, 1507]. Gesamtbestand der Superspezies in Europa zw. 13 - 26 Mio. BP (insgesamt stabil), mit > 1 Mio. BP in RUS (5-12), RO (1.5-1.9), F (0.4-1.6) und BY (0.8-1.2 Mio. BP), Bestände

> 0.5 Mio. ferner in FIN, D, S. und UA. [383]. In ME Bestand zw. 1.4-2.3 Mio. BP, fast die Hälfte davon in D [383,204].

Wanderungen. Mittel- und Kurzstreckenzieher; Wintergebiet von SW-Europa über Mittelmeerländer bis N-Afrika, auch Oasen der Sahara, einzeln auch S Sahara bis Äquator (Kenia); in kleiner Zahl im maritimen W-ME überwinternd, z.B. NL Rasterfrequenz 1978–83 Jan. 38%, Mai 92%; in D-BW Winter 1987-91 Rasterfrequenz 15% [203]; CH-SO 1981-98 Dez.-Feb. alljährlich [672]. E der 0°-Jan.-Isotherme nur vereinzelt bis PL, S-N. und S-S., aber möglicherweise neuerdings zunehmend. Wegzugrichtung Br. ME hauptsächlich SW mit geringer Streuung SSW–S zum Überwinterungsgebiet von SW-Europa bis MA, DZ. Hinweise auf Übersprungzug: Friesische Vögel ergeben im Wintergebiet südlichere Ringfunde als Vögel aus S-NL [1926]. Teil der **Br. GB/IRL** zieht SSW nach W-F, Golf von Biskaya, P, MA; in GB/IRL im Winter auch Vögel aus IS, dagegen nur 1 Ringfund aus Skandinavien [4064]. **Br. CZ/SK.** bis an Atlantikküste und S-E., doch auch Abzug SE. **Br. Fennoskandien** Wegzugrichtung SSE–S, Wintergebiet hauptsächlich E Mittelmeerraum, NE-Afrika und Arabische Halbinsel [Funde S.: 3701]. Ab Mitte Aug. Besuch von Gemeinschaftsschlafplätzen; Wegzug zuerst Diesj.; Dz. und Wegzug ME ab Ende Aug.–Anf. Sept., Höhepunkt jedoch erst Mitte Okt., Ende bis Mitte Nov. Ab Mitte Sept. Ankunft in N-Afrika. Beginn des Heimzuges ab Feb., letzte Dz. N-Afrika etwa Ende März, Nachzügler noch später. Unter zuerst eintreffenden Br. überwiegen ♂; Erstankunftsdaten ME Ende Feb.–Ende März, weiter E auch Anf. April. Südlichste Ringfunde von Br. aus N-Europa Senegal und Sudan. Mittlerer Breitengrad der Winterfunde beringter Br. aus GB/IRL seit 1960er J. signifikant um knapp 7 Winkelminuten/J. nach N verschoben [3634]; Analyse der Ringfunde D weist allerdings eher auf leichte Verschiebung nach S [1117]. Brutorts- und Geburtsortstreue (Juv. siedeln meist nicht unmittelbar am Geburtsort) offenbar weit verbreitet, Befunde regional allerdings unterschiedlich.

Bestandsentwicklung. Nur nach Extremwintern größere Bestandseinbrüche [vgl. Monitoring D und CH:q20,q1,3393], sonst eher geringfügige, kurzfristige Schwankungen und kaum überregional bedeutende längerfristige Trends. Lokale Bestandszu- und -abnahmen meist in Zusammenhang mit Änderungen in landwirtschaftlicher Nutzung oder Bautätigkeit [1369]. Aufgrund von Beringungsdaten und Zugplanbeob. einzelne Hinweise auf Bestandsabnahmen in 1970er J., doch spätestens seit 1980er J. überwiegen Meldungen über regional positive Bestandstrends, insbes. in NW-ME [NL, B, D: 1615,884,2393,593,595,3638,1585,1137,196,310, 2068, nicht gesichert positiv: 1617,1141], überregional Bestände in ME langfristig aber meist stabil [3392,1,1722,310,1507,2896]. Lokale und regionale Zunahmen in letzten J. belegen günstige Entwicklungen der durch zunehmende Verbauung, Wegeausbau und Straßenbau mit vielen Brücken und Böschungen, Entwässerung von Feuchtgebieten etc. gekennzeichneten Kulturlandschaft [dadurch Vielzahl potenzieller Nistplätze sowie Freiflächen für effizienten Nahrungserwerb, 593]. Bachstelze profitiert demnach von einer für viele andere Offenlandarten ungünstigen Entwicklung. Allerdings auch negativer Trend in den Dünenbereichen der Küste NL, möglicherw. Folge von Rückgang der (Wasser-)Insekten durch Schadstoffimmissionen [3638]; ähnliche Entwicklungen auch in anderen Teilen Europas (besonders N-) zu erwarten [vgl. 3587]; lokal auch Rückgang durch Überbauung von Nahrungsflächen [z.B. in D-HH: 2642].

	Best.	Areal	Brutbestand	Jahr	Quelle
A	+/-	=	50.000–100.000	1998–2002	[383]
B	+/-	=	30.000–40.000	2001–2002	[383]
CH	+/-	=	100.000–150.000	1993–1996	[383]
CZ	+/-	=	100.000–200.000	2000–2002	[383]
D	+/-	=	670.000–1.000.000	1995–1999	[383]
FL	+/-	=	200–400	1998–2000	[383]
H	+/-	=	160.000–265.000	1999–2002	[383]
L	+/-	=	8.000–10.000	2001	[383]
NL	↑	=	70.000–140.000 (a)	1998–2000	[383]
NL	↑	+ 1	20–30 (b)	1998–2000	[383]
PL	+/-	=	150.000–300.000	2000–2002	[383]
SK	+/-	=	50.000–100.000	1990–1999	[383]

a: Nominatform; b: *yarellii*

Siedlungsdichte. Reviergröße offensichtlich sehr unterschiedlich, in Dörfern zumindest Nestreviere relativ klein, hier aber wohl nicht immer Nahrungssuche im Revier wie etwa am Wasser. Höchstdichten ME auf Flächen von 20-49 ha 6.0–2.6–1.8 (Ø 3.2), von 50-99 ha 1.5–0.9–0.8 (Ø 1.0), von > 100 ha 1.5–0.7–0.5 (Ø 0.8) Rev./10 ha. Auch in Tieflandgebieten mit lockerer Besiedlung großflächig wohl kaum > 5 Rev./1 km^2. Flächendichte (auf

> 100 km²) in ME zw. 0.2 - 5.4 'Rev.'/km² [vgl. Tab. 12 in 337].

Verlustursachen [1369,196,2471,3587]. Kältewinter wirken direkt sowie indirekt über verringerten Bruterfolg in der folgenden Brutzeit.
Verluste in S-europäischen Wintergebieten durch Verfolgung und während des Zuges, z.B. bei Meeresquerungen.
(Wasser-)Insektenarmut durch Schadstoffimmissionen.
Verluste durch Straßenverkehr und weitere Unfallursachen.

SPEC	VSchRL	Bern.Konv.	Bonn.Konv.
--	--	Anh. II	--
Europ. RL	RL in ME		
--	--		

Schutzmaßnahmen. In Anbetracht der Bestandsentwicklungen kein besonderer Schutz erforderlich. Bestand der Bachstelze wird vor allem durch zunehmende Verwendung von Natursteinen bei Bauvorhaben sowie Schaffung von Nischen und Freiräumen an Bauwerken gefördert; zuweilen Erhalt von Kopfbäumen günstig (auch als Brutplatz für andere Arten).

Biotop. Verbreiteter Br. in offener und halb offener Landschaft mit vegetationsarmen oder -freien Flächen, bes. in Wassernähe. Ursprünglicher Biotop wohl Flussufer und -schotterbänke. Heute vor allem Kulturfolger auf Grünlandflächen und in Agrarlandschaften mit dörflichen Siedlungen, Viehhaltung und kleinen Wasserstellen, auch in Industrieanlagen und Großstadtbereichen mit Rasenflächen. Außerhalb der Brutzeit vor allem an Gewässern mit Flachufern einschließlich Küsten, auf frisch umbrochenen Äckern, Brachflächen etc. Gemeinschaftsschlafplätze im Frühjahr, Sommer und Herbst in Röhricht und Weidengebüsch, aber auch in Bäumen und höheren Sträuchern oder an bewachsenen Mauern etc., auch an verkehrsreichen Plätzen und im Licht von Straßenlampen, manche traditionell über mehrere J. (bis >20 nachgewiesen) benutzt.

Nahrung. Ganzjährig insektivor, vor allem kleine Mücken und Fliegen (bevorzugte Größe 2–7 mm), ferner Köcherfliegen, kleine Hautflügler (Ameisen), Netzflügler, Schmetterlinge etc., auch Springschwänze, Flohkrebse und bis zu 35 mm lange Fischchen.

Stimme. Flug- und Kontaktrufe vielfältig, ähnlich Gebirgsstelze, aber nicht so hart angeschlagen, einsilbig »zick« oder weicher »zlip«, auch zweisilbig »dschis-ick«, »zisiss« etc. Daneben gedehnte, oft zweisilbige Rufe mit revieranzeigender Funktion, wie »dschewitz«, »dschwid«, »tsiwui« auf exponierten Warten im Frühjahr. Gesang kontinuierlich zwitschernde, oft mit Rufen vermischte Strophen, als Balzgesang an ♀ gerichtet, aber auch ähnlich bei Erregung oder Anhassen von Krähen. Flügelburren beim Abflug.

Verhalten. Tag- und dämmerungsaktiv, zieht zumindest im Herbst meist tagsüber, in Frühjahr offensichtlich häufiger nachts. Schreiten und Laufen ähnlich Schafstelze; Schwanzwippen; Flug wellenförmig. Nahrungserwerb ähnlich Schafstelze, Flächen mit fehlender oder kurzer Vegetation werden jedoch stärker bevorzugt; auch Ansitzjagd, Hinterherrennen etc. Zur Brutzeit territorial. Vor Begattung läuft ♂ um ♀ herum und präsentiert in Verbeugungen abwechselnd schwarzes Feld des Kehllatzes und des Oberkopfes sowie weiße Stirn, wobei Schwanz oft dem Boden aufliegt. Anheben des Kopfes und Präsentation des schwarzen Kehllatzes ist auch Drohung (z.B. gegenüber Rivalen); intensives Drohen mit abwechselnder Präsentation schwarzer Kehllatz – weiße Stirn (und Rufen); weiter Parallellaufen und Hüpfflüge; hartnäckige Revierkämpfe auch in der Luft. Luftfeinde werden mitunter heftig mit Zwitschergesang verfolgt (durchaus regelm. bis Größe Rotmilan), wobei sich oft mehrere Ind. zusammenschließen. Nicht an Brutplatz gebundene Ind. übernachten fast während des ganzen J. an Gemeinschaftsschlafplätzen in kleinen Trupps (häufig innerorts an hell erleuchteten Plätzen), aber auch bis zu Hunderten und Tausenden (max. meist Aug.–Sept.); gegen Ende der Brutzeit zunächst vor allem Juv. und Ad. ohne Brut. Im Winterhalbjahr je nach Nahrungsangebot und -verteilung Nahrungssuche im Schwarm oder individuelles Nahrungsterritorium bzw. vorübergehender Anschluss territorialer Vögel an einen Trupp.

Fortpflanzung,Brutbiologie[337,1369,767,1,1722]. Geschlechtsreife im 1. Lebensjahr; Monogame Saisonehe, doch auch Polygynie mit Zusammenlegen der ♀ in ein Nest. **Ankunft am Brutplatz.** In milden Wintern schon ab Anf. Feb.; ♂ bis > 10 d früher als ♀; Balz und Paarbildung am Brutplatz. **Nest.** Suche durch beide, ♀ meist aktiver. Nest vorzugsweise in Halbhöhlen und Nischen, natürliche Standorte meist in Bodennähe in Böschungen und Abbrüchen, Felsspalten, Wurzeltellern, an Grabenrändern oder in Grashorsten, Kopfweiden, auch in Nestern anderer Vögel, selten ± offen; heute am häufigsten an oder in menschlichen Bauten (z.T. in größerer Höhe, an Türmen bis 40 m), z.B. auf Flachdächern, Dachträgern, Holzbalken, in Mauerlücken, Scheunen und Schuppen aller Art, unter schadhaften Dachziegeln, in Holzstößen, Reisighaufen, an Staumauern, Steindämmen und in Eisenkonstruktionen von Brücken u.a.; viele außergewöhnliche Standorte. Bei Folgebruten wird Nest auch wiederbenutzt, oft aber Neubau in Nähe. Nest je nach Standort unterschiedlich, meist ein Haufen aus trockenem Pflanzenmaterial, nach innen zu mit feinerem Material, Auspolsterung mit Federn, Haaren oder Wollfäden. ♀ baut überwiegend; doch ♂ am Rohbau ± intensiv beteiligt, kann auch alleine bauen; Dauer 4-7 d, bei kaltem Wetter Unterbrechungen. **Legebeginn.** Ausnahmsweise Ende März/Anf. April, Hauptzeit ab Ende April/Anf. Mai; Spätbruten bis Mitte Aug. **Gelegegröße.** 5-6 (3-8), größere durch Zusammenlegen von 2 ♀; Ø CH 5.5, D-NW 5.2, -TH 5.6, -BW_{237} 5.25, FIN_{210} 5.7, (*yarrellii*) GB_{697} 5.1; Maigelege in ME i.d.R. am größten. Legeintervall 1 d. **Eier.** Elliptisch, glänzend, Grund hellgrau bis weißlich, mitunter bräunlich, mit markanten feinen grauen bis braunen Flecken, am stumpfen Pol größere. **Brutdauer.** 11-16 ($\varnothing_{69}$ 12.6) d, auch standortabhängig; ♀ brütet nachts, tagsüber auch ♂ beteiligt. Bebrütung ab letztem Ei (selten auch früher), Juv. schlüpfen synchron. **Nestlings-/Führungszeit.** ♀ hudert bis 5-6 d tagsüber, später nur nachts; beide füttern, Anteile unterschiedlich. Nestlingsdauer 13-14 (11-16) d, Juv. werden noch 4-7 (-11) d gefüttert, bei einer Folgebrut aber eher allein gelassen. **Jahresbruten.** 2, sehr selten auch 3 (im N eher nur 1); Ersatzgelege. **Ende der Brutperiode.** Ab Juli, bei Spätbruten Aug., zuweilen Sept. **Bruterfolg.** In GB nach Nestkarten 52.7% der Eier flügge Juv. (2.55 flügge Juv./Gelege), in FIN 57.9% bzw. 77% flügge Juv., in L ca. 62%, in D-BW 62%, in -BB 76%. In GB bei 3er-Gelegen Ø 1.59 Juv., bei 4er 2.32, 5er 2.80, 6er 3.29 Juv.; in D-BW bei 231 Vollgelegen Ø 3.5 schlüpfende und 3.1 flügge Juv. pro angefangene Brut [1722]. Von 463 Gelegeverlusten in FIN 49.9% durch Prädation, 33.5% durch Aufgabe (u.a. Störungen sowie Kuckuck) und Rest durch Wetter oder andere Ursachen.

Eimaße und -gewichte [337,767]: L. 17.1-23.7 mm, B. 12.9-16.6 mm, $\varnothing_{326}$ 20.4 x 15.3 mm (ME); Frischvollgew. errechnet 2.30 g; Schalengew. 0.09-0.18 g, $\varnothing_{326}$ 0.131 g.

Sterblichkeit, Alter. **Generationslänge:** < 3.3 J. [383].

Mauser. **Postjuvenile Mauser** (Teilmauser) beginnt ab 6 Wochen, während Wegzug z.T. unterbrochen und meist im Sept./Okt. beendet [767]; Umfang von geografischer Lage abhängig, zudem mausern spät geschlüpfte Ind. schneller und weniger umfangreich [767,1369,1866,15]; einschließlich mehrerer Großer Armdecken, einiger Schirmfedern und ST (bes. ST 1 und 6), selten Schwungfedern [1866]. • **Postnuptialmauser** (Vollmauser) je nach geografischer Lage Mitte Juli–Anf. Sept. (Okt.); Schwingenmauser bei ♀ schneller als bei ♂ [3627]; Dauer der HS-Mauser NL 68–74, S. ca. 55 d [3627], ST-Mauser NL 49 d, Gesamtdauer ca. 90 d. • **Pränuptialmauser** (Teilmauser) (Jan.) Feb.–März (April) [767,1369]; umfasst bes. Kopf- und Vorderbrustfedern, Rückengefieder und andere Körperpartien oft nur unvollständig, außerdem auch 1–3 Schirmfedern und 2 ST-Paare [1866].

Motacilla yarrelli – Trauerbachstelze 10202

Motacilla [alba] yarrellii Gould 1837

GB Pied Wagtail **F Lavandière d' Yarell/Bergeronnette lugubre** **E Lavandera Enlutada**

Taxonomie. Monotypisch. Hybridisation mit *M. alba* kommt in B und NL offenbar inzwischen regelm. vor, dabei Grad assortativer Verpaarung gering (ca. 25%; n = 43 Paare mit *yarrellii*-Beteiligung) [3638]. Aus N-Schottland, wo *M. alba* gelegentlich im Areal von *M. yarrellii* brütet, liegen keine quantitativen Angaben zur assortativen Verpaarung vor.

Kennzeichen. [1369,767,3615,3772,221,45].

Maße. Fl.l.: Ad. ♂ 90-94 mm, Ø$_{12}$ 92.0 mm, Ad. ♀ 87-92 mm, Ø$_{8}$ 87.8 mm, juv. ♂ 84-92 mm, Ø$_{25}$ 89.3 mm, juv. ♀ 81-89 mm, Ø$_{15}$ 85.1 mm [1369,767,45].

Status. Lokaler Brutvogel an Küsten NW-ME, vor allem **NL**, selten oder Mischpaare in **B** [1677] oder **D** (-SH, -NI, -HH) [337], ausnahmsweise auch im benachbarten Binnenland. Im entfernten Binnenland meist nur Ausnahmegast, z.B. **PL** vormals wohl regelm. in Szeczin; seit 1948 nur noch 8 Nachw. [q13,3871]; **CH** > 20 Meldungen bis 2000, davon nur 4 ausreichend dokumentiert [q14], in manchen Gebeten fast allj. [z.B. Bod., D-BW: 1617,1722]. Sehr seltener Durchzügler an Nordseeküste, nur ausnahmsweise Überwinterungen [NL: 375].

Verbreitung und Bestand. Seltener Brutvogel, z.T. in Mischpaaren mit *alba*, entlang der Kanal- und Nordseeküste (gelegentlich im Binnenland) von NW-F über B, NL, NW-D bis einzeln DK und S-N. [337,2623,3636]. Bestand in ME max. 30-40 BP.

Eimaße und –gewichte [337,767]: Ø$_{100}$ 20.6 x 15.3 mm (ME); Frischvollgew. errechnet 2.35 g; Schalengew. 0.10-0.15 g, Ø$_{140}$ 0.135 g.

Sterblichkeit, Alter. In GB für Ad. 56 %/J. (beide Geschlechter gleich) [908] bzw. 61 % im 1. J. und 51 %/J. für Ad. [3589]. Ältester Ringvogel (GB) 10 J. 1 Monat [3654].

Familie Fringillidae – Finken

Kleine bis mittelgroße Samenfresser mit kegelförmigen, oft großen Schnäbeln mit scharfen Schneidekanten. Nur 9 HS, 12 ST. Schwanz schmal und relativ kurz (vgl. ähnliche Ammern), meist gekerbt. Geschlechter überwiegend verschieden, bei einigen Arten aber nur Größenunterschied. Flug wellenförmig. Außerhalb der Brutzeit meist gesellig. Bestimmung [706].

Mindestens 146 Arten (plus etliche rezent ausgestorbene Arten der Drepanidinae!), weltweite Verbreitung außer Australasien. Zur Phylogenie liegen bisher nur DNA-Hybridisierungsdaten [3564] und mtDNA-Sequenzen [2045,4195] vor. Diese Untersuchungen stimmen darin überein, dass die Familie aus drei Unterfamilien besteht, wovon die erste die Schwestergruppe der beiden anderen ist: Fringillinae, Drepanidinae (Kleidervögel; Hawaii) und Carduelinae.

Die Fringillinae umfassen - soweit bisher bekannt - die Gattung *Fringilla* (3 Arten) und möglicherweise die bisher als Tangaren angesehenen neotropischen Gattungen *Euphonia* (17 Arten) und *Chlorophonia* (8 Arten). Diese überraschenden, auf mtDNA-Sequenzen zweier unabhängiger Untersuchungen beruhenden Befunde [2045,4195] bedürfen noch der Bestätigung durch nukleare Sequenzen. Sie werfen außerdem die Frage auf, ob möglicherweise weitere, bisher zu den Thraupinae (Emberizidae) gestellte Gattungen in Wirklichkeit Fringilliden sind. Insofern ist die Monophylie der Fringillidae (auch unter Einschluss der Kleidervögel und von *Euphonia* und *Chlorophonia*) gegenüber den Emberizidae noch nicht restlos gesichert.

Die Verwandtschaftsverhältnisse der Gattungen innerhalb der Carduelinae sind bisher nur anhand kurzer mtDNA-Sequenzen [1096,87N] und für wenige Arten [4195] untersucht worden und daher noch recht unsicher. Immerhin deutet sich eine basale Stellung der paläarktischen Kernbeißer (*Mycerobas, Eophona*, also wohl auch der bisher nicht mit untersuchte *Coccothraustes*) an, ferner eine Schwesterbeziehung zwischen *Pinicola* und *Pyrrhula*. *Serinus, Loxia* und *Carduelis* sind nah verwandt, ihre Beziehungen untereinander aber unklar [4195]. Die anderen Gattungen lassen sich bisher nicht genauer zuordnen.

Unterfamilie Fringillinae (Edelfinken)

• Gattung *Fringilla*

3 Arten. Neben den beiden ME Arten gehört der auf Teneriffa und Gran Canaria endemische Teydefink *F. teydea* dazu, der die Schwesterart des Buchfinken ist [2479].

Fringilla coelebs – Buchfink 16360

Fringilla coelebs Linnaeus 1758

(GB) (Common) Chaffinch (F) Pinson des arbres (E) Pinzón Común

Taxonomie. 18 UA, darunter *coelebs* Linnaeus 1758 (Festland-Europa von Fennoskandien bis Mittelmeer, Kleinasien), *moreletti* Pucheran 1859 (Azoren), *maderensis* Sharpe 1888 (Madeira), *tintillon* Webb, Berthelot & Moquin-Tandon 1811 (Teile Kanaren), *ombriosa* Hartert 1913 (Hierro, Kanaren), *palmae* Tristram 1889 (La Palma, Kanaren), *africana* J. Levaillant 1850 (NW-Afrika bis Cyrenaica), *spodiogenys* Bonaparte 1841 (Teile TN), *gengleri* O. Kleinschmidt 1909 (GB), *schiebeli* Stresemann 1925 (Kreta), *solomkoi* Menzbier & Sushkin 1913 (Krim, Kaukasus), *alexandrovi* Zarudny 1916 (N-Iran) sowie *transcaspia* Zarudny 1916 (NE-Iran, SW-Turkmenien).

Kennzeichen. [767,1369,221,3615,3772, **Fotos** (*africana*) Bird. W. **16**, 146, **17**, 39, 151, (*spodiogenys*) Bird. W. 7, 134].

Maße. Gr.: 14.5 cm. Gew.: (CS) ♂ 19.8-30.0 g, $\varnothing_{289}$ 24.0 g, ♀ 20.0-40.0 g, $\varnothing_{173}$ 23.2 g. Fl.spw.: 24.5-28.5 cm. Fl.l.: (CS) ♂ 79.6-99.0 mm, $\varnothing_{384}$ 88.3 mm, ♀ 79.8-89.0 mm, $\varnothing_{228}$ 83.3 mm [767,1369].

Status. Verbreiteter und sehr häufiger Brut- und Jahresvogel; regelm., sehr häufiger Durchzügler sowie regelm., häufiger Wintergast (nach NE in abnehmender Zahl). N-afrikanische UA *africana/spodyogenys* noch nicht sicher belegt, Beob. in NL 1999 und 2003 anhängig [q16].

Verbreitung und Bestand. Brutvogel in ganz Europa mit Ausnahme N Fennoskandien, abgesehen von Kola-Halbinsel N-Grenze in RUS nur bis ca. 63° N; E Ural weiter zurückweichend bis an mittleren Jenissej. Im W bis Azoren, Madeira, Kapverden; S-Grenze N-Afrika, IL, N-Iran sowie bis Steppengebiete N Schwarzmeer, N Kaukasus und KZ. Eingeführt in NZ (heute verbreitet) und S-Afrika (nur lokal). In ME Nominatform bis zur Baumgrenze sehr häufig; höchste Vorkommen CH bis ca. 2300 m, A-V bis 1800 m, D-BY bis 1800–1900 m, SK./PL bis 1600 m. Europäischer Gesamtbestand (stabil) etwa zw. 130 - 240 Mio. BP (entspr. > 50% der Weltpopulation); größter Bestand in RUS (50-80 Mio.), ferner > 5 Mio. BP in S. (7.5-15), F (4-15), D (5.5-12.5), BY (7.5-8.5), PL (5-10), CZ (4-8), FIN (5-7), TR (3-9) und GB (5.97 Mio. BP) [383]; in ME brüten etwa zw. 22 - 42 Mio. BP [383].

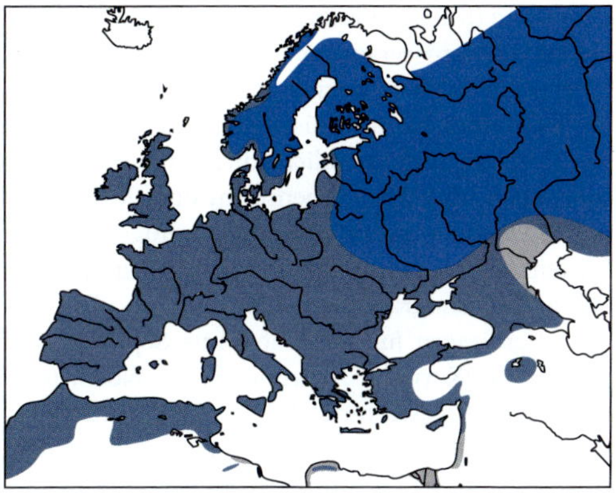

Fringilla coelebs – **Buchfink**

Wanderungen. Je nach Population Zugvogel, oft Teilzieher, oder Standvogel mit Dismigrationen über meist kleine Entfernungen; so gut wie vollständig geräumt werden N-Teile des Areals in Fennoskandien, das Baltikum und RUS sowie Sibirien; Hauptwintergebiet S-, SW- und W-Europa in Bereichen ohne lang anhaltende Schneedecke (Nahrungssuche auf Boden muss möglich sein), außerhalb des Areals in N-Afrika, Iran, Irak, Pakistan. Hauptwegzugrichtung in breiter Front über Europa WSW–SW, wobei auch die Alpen in Massen überflogen werden; weiteste Zugstrecken Br. E-Europa reichen bis > 3000 km; Nonstop-Zug auf Route entlang Ostseeküste im Herbst Ø 200 (max. bis 1400) km; ♀ tendieren zu weiterem und schnellerem Zug als ♂, daher bei Teilzieherpopulationen und im N und E des Überwinterungsraumes im Winter ♂ in Überzahl. **Br. GB/IRL** Standvögel; **Br. Fennoskandien** ziehen bis B, NL, GB/IRL, W-F und erreichen über Atlantikküste Mittel- und W-E., ebenso **Br. Baltikum und N-RUS** über N-D, NL, B schließlich SW-F, S-E. und P; in DK und ME Teilzieher mit nach S und W zunehmendem Anteil Standvögel und Wintergäste aus N und E, in höheren Lagen bleiben meist nur einzelne ♂ zurück. Winterquartier **Br. DK** reicht bis N-D, GB, F; **Br. E-D** ziehen bis DK, F, E., aber auch mehr SW bis SSW nach I, **Br. NW-D** erreichen auch GB; **Br. S-D, CH** ziehen bis E-E. und Balearen und kommen wohl auch über Straße von Gibraltar bis MA [z.B. 1120]; **Br. CZ, SK., H** (und wohl auch **Br. Mittel-RUS**) gelangen nach E-E. (wohl ebenfalls bis MA), F, I und ehem.YU, entweder über Alpen oder über N-Adria; auch einige **Br. F** ziehen noch bis E. Bes. konzentrierter Durchzug (oft häufigster Dz.) an Küsten der Ostsee (S-S., Baltikum) und an Alpenpässen. Im Herbst im Nordseeraum offenbar weniger Neigung, Meeresteile zu überfliegen und daher Einwanderung nach GB über Nordseeküste ME und Ärmelkanal, im Frühjahr offensichtlich direktere Heimzugsroute auch über Meer; ebenso im und durchs Baltikum Heimzug geradliniger und weniger eng der Küstenlinie folgend. Abzug Fennoskandien und Dz. ME nach Dismigration vor allem der Juv. über kurze Entfernungen Juli–Aug. ab Mitte Sept. bis Anf. Nov. (Ende Kurische Nehrung ca. 12. Nov.), max. mit Massenzug ME meist 1. Okt.-hälfte (max. Straße von Gibraltar Nov.); Juv. beginnen eher mit dem Abzug als Ad., in Dz.-Gebieten Anteil der ♂ in späteren Zugabschnitten größer (z.B. NL ♂ Ø einige d später durchziehend als ♀, jedoch keine Richtungsunterschiede zw. den Geschlechtern); in E. treffen (offensichtlich von weiter her stammende) ♀ etwas später ein als ♂. Randecker Maar D-BW 1970-97 Verschiebung des Herbstdz.-Medians um 1 d/Dekade nach hinten [1315], Ø der Mediane 10. Okt., selber Wert am Col de Bretolet CH [1861]. Rückkehr ME ab Feb., Fennoskandien Ende März–Mitte Mai; Ad. generell einige d eher als Einj., ♂ bis 10 d eher als ♀. Hohe Brutorts- und Geburtsortstreue auch bei Zugvogelpopulationen, vor allem ältere ♂ mit hoher Reviertreue auch in N-Fennoskandien [z.B. 2616]. Winterquartiertreue ebenfalls nachgewiesen, doch auch individuell unterschiedliche lange Zugstrecken in aufeinander folgenden J. Wegzug aus Fennoskandien oft zusammen mit Bergfinken.

Bestandsentwicklung. Durch Kältewinter starke Bestandseinbrüche möglich, jedoch meist schnell wieder ausgeglichen [2471]. Zudem vor allem in suboptimalen Habitaten stärkere jährliche Fluktuationen [337].

In N-Europa im 20. Jh. klimatisch bedingte deutliche Arealausdehnung [1369,2144], doch zumindest in FIN inzwischen wohl bedingt durch Habitatveränderungen erneut Rückgänge [3892,1585,1507]. In mehreren Regionen Europas Meldungen über leichte, anhaltende Zunahmen seit 1970er Jahren [z.B. GB: 2471; E., DK, HR und UA.: 3892,1585,1422], da von Auflichtung und »Verlängerung der Randlinien« durch Forstwirtschaft sowie von Entstehung und starker Ausdehnung von Gartenstädten, Parks etc. profitierend; allerdings meist nach Phase stärkeren Rückganges aufgrund veränderter landwirtschaftlicher Nutzung sowie Einwirkungen extremer Kältewinter (z.B. 1962/63) [2471].

	Best.	Areal	Brutbestand	Jahr	Quelle
A	+/-	=	1.600.000–3.200.000	1998–2002	[383]
B	+/-	=	100.000–250.000	2001–2002	[383]
CH	+/-	=	900.000–1.200.000	1998–2002	[383]
CZ	+/-	=	4.000.000–8.000.000	2000–2002	[383]
D	+/-	=	5.500.000–12.500.000	1995–1999	[383]
FL	+/-	=	2.000–3.000	1998–2000	[383]
H	+/-	=	940.000–1.230.000	1999–2002	[383]
L	+/-	=	50.000–70.000	2001	[383]
NL	⇧	+ 1	600.000–700.000	1998–2000	[383]
PL	+/-	=	5.000.000–10.000.000	2000–2002	[383]
SK	+/-	=	3.000.000–5.000.000	1990–1999	[383]

Aus ME dagegen keine großräumigen und langfristigen Veränderungen bekannt [2144,1369,337, 3892,1585,1617,3393,3392; vgl. Bilanzwert in 334]. Viele Untersuchungen deuten zwar auf lokale oder regionale Zunahmen in 1980er J. [D: 1615,3521,834, 2139,3179,591,2896,1137,310; dagegen unverändert: 2510,198,q20,2821,2642, PL: 2405,3885, NL: 884], doch abgesehen von neubesiedelten Eindeichungsflächen, Aufforstungen und anderen sukzessionsbedingten Biotopveränderungen [bes. augenfällig in NL: 3638,375] wohl meist nur Aufschwungphase nach verlustreicheren J. [vgl. auch 1141,2814 und Bestandsvergleich über sehr langen Zeitraum in 55].

Ab frühen 1990er J. in mehreren Regionen ME Hinweise auf Bestandsabnahmen [D-BB, CH-ZH, Bod.: 1,4047,204Z], in N-D vornehmlich in Parks und Friedhöfen [1137].

Siedlungsdichte. Reviergröße SW-D habitatabhängig 0.4–1.2 ha, Kurische Nehrung Ø 0.14 ha, GB 0.1–1.2 ha (in Nadelwäldern viel größer); Streifgebiete aber größer als gesangsmarkierte Territorien. Höchstdichten in ME auf Flächen von 20–49 ha 28.6–20.8–16.3 (Ø 21.1), von 50–99 ha 14.4–9.7–8.4 (Ø 10.6), von > 100 ha 12.3–6.7–5.0 (M 6.8) BP/10 ha [337; vgl. auch Angaben in 1137,310,1722]. Großflächendichten (> 100 km^2) in ME zw. 0.9 – 64 BP/km^2 [s. Tab. 64 in 337], in optimalen Laubwaldgebieten Europas bis 50-150, in Fichtenwäldern bis 100 und in Kiefernwäldern bis 10-30 BP/km^2 [1507,3871].

Gefährdungsursachen [196,2857,1158]. (1) Veränderungen der landwirtschaftlichen Nutzung mit erhöhtem Biozideinsatz, Rückgang der Brachflächen, Mechanisierung und zunehmend »verlustarme« Getreideernte, sowie (2) Straßenverkehr, (3) Verluste auf Zugwegen, (4) immissionsbedingte Waldschäden [auch »Ulmensterben«:595].
Direkte Verfolgung.

SPEC	VSchRL	Bern.Konv.	Bonn.Konv.
E	--*	Anh. III	--
Europ. RL	**RL in ME**		
--	--		

*nur UA *combriosa* in Anh. I

Schutzmaßnahmen. In Anbetracht der Bestandsentwicklung und riesigen Gesamtpopulation nicht erforderlich.

Biotop. Br. in Wäldern aller Art in kleineren und größeren Baumgruppen, z.B. Laub-, Misch- und Nadelwälder, Feldgehölze, Alleen, Parks und Anlagen (auch mitten in Städten), Obstanlagen, baumbestandene Gärten. Optimalhabitate sind Baumgruppen oder Wälder mit spärlicher Strauch- und schwach ausgebildeter Krautschicht. In den Alpen einzeln auch noch im Zwergstrauchgürtel über der Waldgrenze, vor allem wenn einzelne Überhälter vorhanden sind. Nahrungssuche vorwiegend am Boden, außerhalb der Brutzeit oft mit anderen Finken oder Ammern vergesellschaftet, auf offenen Flächen ohne oder mit kurzrasiger Vegetation, auch auf Abfallhaufen und Deponien.

Nahrung. Im Sommerhalbjahr größtenteils insektivor, im Winterhalbjahr und außerhalb der Brutzeit fast nur granivor. Samennahrung besteht aus einer großen Zahl von Pflanzen, wobei vor allem für größere Schwärme kurzfristig konzentriertes Angebot in den Vordergrund rückt (z.B. Bucheckern, Getreide), auch viele Wildkräutersamen des Kulturlandes, wie Gänsefuß, Ackersenf, Knöterich, Miere etc. Insektennahrung z.B. Zuckmücken u.a. kleine Zweiflügler, Käfer, aber auch Spinnen, Ohrwürmer; Nestlingsnahrung so gut wie ganz aus zunächst kleinen Insekten (z.B. Raupen), später größere Arten und Spinnentiere.

Stimme. Häufigster Ruf bei Erregung ein- oder mehrsilbig »pink« (mitunter Kohlmeise sehr ähnlich) und »Regenruf« bzw. Rülschen »wrüt« (mit Dialekten, z.B. »hüid« etc.); Flugruf kurz »djüb« (weicher als Bergfink); Warnrufe hoch »sii« oder »tjü«, juv. charakteristisches sperlingsartiges Schilpen, etwa »tschrr«. Gesang (»Schlag«) aus schmetternden, ziemlich lauten Strophen mit einer Reihe in der Tonhöhe abfallender Elemente und einem Schlussschnörkel, etwa »zi zi zizizizizi würzgebier« (zahlreiche Varianten des Schlussschnörkels, Gesangsdialekte); oft wird noch ein »kit« angehängt (als imitierter Ruf des Buntspechts interpretiert); einzelne ♂ mit mehreren Strophentypen. Gesangszeit Feb.–Aug. mit max. März-Ende Juni, meist sehr schwache Periode des »Herbstgesangs«. Bei Annäherung/Störung verkürzte Strophen.

Verhalten. Tagaktiv; Tagzieher (nur wenige ziehen nachts). Läuft auf dem Boden; wellenförmige Flugbahn. Samennahrung wird fast nur vom Boden aufgenommen; Insekten werden vom Boden, während der Nestlingszeit aber auch von Blättern an Bäumen abgelesen, fliegende Insekten auch im kurzen Verfolgungsflug gefangen. Zur Brutzeit territorial; ♂ verpaart sich mit einem ♀, selten mit zwei oder gar mehreren. Sexuelle Verfolgungsflüge bei der Paarbildung im Frühjahr; ♀ wird zu Beginn der Brutzeit (besonders während des Nestbaus) vom ♂ eskortiert (»mate guarding«). Herbstliche und winterliche Schwärme übernachten in Gemeinschaftsschlafplätzen. Kopulationen werden hauptsächlich vom ♀ initiiert. Kopulationen sehr häufig (ca. 180 Kopulation/Gelege). ♀ verpaart sich mit anderem ♂, wenn Brutversuch nicht erfolgreich. Paarbindung hält oft über Brutzeit hinaus. Brutreviere werden von ♂ und ♀ verteidigt. Reviermarkierung durch Gesang meist von hohen Warten (z.B. Baumspitzen oder hohe Äste). In Standvogelpopulationen halten sich Brutvögel das ganze Jahr über am Brutplatz in kleinen Gruppen. Nach der Brutzeit Schwarmbildung, oft in Gesellschaft mit anderen granivoren Kleinvögeln, im Winter offenbar nordische Wintergäste vielfach mit Bergfinken; beide Arten ziehen auch zusammen. In Schwärmen kein Paarzusammenhalt zu erkennen.

Fortpflanzung, Brutbiologie [1369,337,767,1722]. Geschlechtsreife im Frühjahr des 2. KJ. Bei störungsfreiem Nistplatz Monogame Brut- oder Saisonehe (bei Verlust der Erstbrut können ♀ abwandern); Paare können bei Standvögeln auch außerhalb der Brutzeit zusammenbleiben und sich im Folgejahr wieder verpaaren; selten Bi- oder Polygynie, Fremdkopulationen dagegen häufig. Rückkehr an Brutplätze ME ab Mitte Feb. – März. Junge

♂ etwas später als ältere. Reviertreue bei ♂ sehr hoch. Balz und Paarbildung nach Revierbesetzung des ♂, mehrere Wochen vor Beginn des Nestbaus. **Nest.** Wahl durch ♀. Neststand in Astgabel oder auf Ast in Bäumen oder Büschen 0.5 – 25 m Bodenhöhe (ganz ausnahmsweise Bodenbrüter), Laub- wie Nadelgehölze, niedrige Standorte vor allem in Dornsträuchern, mitunter auch nicht selten in Kletter- und Spalierpflanzen an Mauern und Häusern oder unterm Dach oder in Mauerlöchern an Gebäuden. Nest halbkugelig, oft hervorragend getarnt und sorgfältig aus verschiedenen Schichten gebaut: Außenverkleidung mit Flechten und Spinnen- und Insektengespinsten, dann Schicht aus Moos und Gras, nach innen hauptsächlich Gras, Muldenauskleidung mit feinen Wurzeln, Halmen, Tierhaaren und Federn; Muldendurchmesser und -tiefe ca. 45 mm. Nestbau nur durch ♀; Dauer 3-18 d (Ø GB 7, Baltikum 5-6 d); alte Nester mitunter abgetragen und Material für Bau des neuen (z.B. Ersatz- oder Zweitbrut) verwendet. **Legebeginn.** Ausnahmsweise Ende März, in sehr milden Gebieten ab Anf. April, sonst meist frühestens ab Mitte April, regelm. bis Ende Juni/Anf. Juli, späteste Gelege Anf. Aug. **Gelegegröße.** 3-6 (2-7); Ø größte Gelege in ME in PL_{121} 5.1 bzw. PL_{470} 5.0 (ähnlich in DK und S.); CH April und Mai je 4.5, Rhl. April 4.5 bzw. 4.6, Mai 4.6 bzw. 4.8, Juni 4.2 bzw. 4.3; Baltikum 4.8 zu Beginn, 3.4 gegen Ende der Brutsaison, GB_{3182} 4.3 (4.4 bis Ende Mai, 3.5 Juni/Juli); Kurische Nehrung pro ♀ und Saison Ø 7.8 Eier;. Legeintervall 1 d. **Eier.** Form und Farbe sehr variabel, meist oval, Grundfarbe rötlichgrau bis bläulich, mit purpurbraunen Stricheln und »Brandflecken«. **Brutdauer.** 10-14 (11-15) d (Ø$_{13}$ 12.2 d); Bebrütung ab vorletztem Ei; nur ♀ brütet; Juv. schlüpfen innerhalb 1-2 (3) d. **Nestlings-/Führungszeit.** ♀ hudert bis etwa 8 d, beide füttern. Juv. verlassen Nest nach 12-15 (-20) d (Ø 13.1-13.9 d); können noch 20-35 (Ø 29) d in Familienverband zusammenbleiben. **Jahresbruten.** 1-2, in milden Gebieten und Niederungen Zweitbruten häufiger, in höheren Lagen wohl oft nur in günstigen J.; Anteil Zweitbruten auf der Kurischen Nehrung nur 3%, aber auch in Standvogelpopulationen GB gering; bis 3 Ersatzgelege. **Ende der Brutperiode.** Ingesamt kürzer als bei *Carduelis*-Arten, da bei Aufzucht von Schmetterlingsraupen stark abhängig; Ende meist im Juli bis Mitte Aug. **Bruterfolg.** Kurische Nehrung 3.1, D-BB 2.7 Juv./BP und Jahr, GB aus max. 41% der Eier flügge Juv. (aber nur 11% im Laubwald, 29% in Kulturland); in ME zw. (10-) 17-35% der begonnenen Gelege erfolgreich. Hohe Verluste durch Prädation. Schlüpferfolg im Laufe der Saison zunehmend, Ausfliegeerfolg aber abnehmend. Verlustrate in kleinen Feldgehölzen höher als in großen, in Laubbäumen höher als in Nadelhölzern

Eimaße und –gewichte [1369]: L. 17.0-21.2 mm, B. 13.0-15.2 mm; Ø 19.4 x 14.4 mm (n=104, NW-D), 19.2 x 14.5 mm (n=507, CS), 19.3 x 14.7 mm (n=321, S.). Frischvollgew. 1.64-2.55 g, Ø$_{104}$ 2.134 g bzw. 1.50-2.68 g, Ø$_{182}$ 2.07 g. Schalengew. 0.098-0.159 g, Ø$_{104}$ 0.127 g.

Sterblichkelt, Alter. Br. Kurische Nehrung RUS Adultsterblichkeit ca. 50 % (♂ 48.9 %, ♀ 51.7%), im 1. J. ca. 55.5 % (vom Ausfliegen bis zur nächsten Brutsaison 68–74 %), allgemein bei Ind. aus frühen Bruten und in J. mit frühem Brutbeginn Sterblichkeit kleiner als bei Spätbruten oder spätem Brutbeginn. CZ 1. J. ♂ 56 %, ♀ 63 %. FIN mittlere Jahressterblichkeit 53 %, GB ♂ 37 %, ♀ 35 % (Unterschied nicht signifikant) [908], ebenfalls GB 1962-94 Ad. 41 %/J., Juv. 47 % [3589]. Ältester Ringvogel (NL) 17 J., mehrfach > 15 J.; Gefg. bis 29 J. **Generationslänge:** < 3.3 J. [383].

Mauser. **Postjuvenile Mauser** (Teilmauser) setzt frühestens im Alter von 22–45 d ein, Juni/Juli–Sept./Mitte Okt. [767,1369]; Beginn und Dauer aber von Schlüpfdatum und geographischer Lage abhängig [767,1369,1866]; einschließlich mehreren (allen) Großen Armdecken, selten Schirmfedern, ausnahmsweise einzelne ST und AS 6 [767,1369,3771,1866]. • **Postnuptialmauser** (Vollmauser) Ende Juni/Juli–Sept./Mitte Okt. nach Brutende, Nichtbrüter mausern ca. 2 Wochen früher; ♀ beginnen später als ♂, beenden Mauser aber gleichzeitig [1369]; Dauer der Schwungfedermauser ca. 65–90 d.

Fringilla montifringilla – Bergfink 16380

Fringilla montifringilla Linnaeus 1758

(GB) **Brambling** (F) **Pinson du nord** (E) **Pinzón Real**

Taxonomie. Monotypisch.

Kennzeichen. [767,1369,221,3772,3615; weitere Fotos in Brit. B. **90**, 236, Limic. **16**, 224, **18**, 59].

Maße. Gr.: 14 cm. Gew.: (D-BB) ♂ 23.0-27.8 g, $\varnothing_{23}$ 25.4 g, ♀ 21.6-27.2 g, $\varnothing_{24}$ 24.1 g. Fl.spw.: 25-26 cm. Fl.l.: (CH, Fängl.) ad. ♂ 89-96.5 mm, $\varnothing_{52}$ 93.2 mm, juv. ♂ 88-97 mm, $\varnothing_{43}$ 92.0 mm, ad. ♀ 85-90 mm, $\varnothing_{25}$ 87.8 mm, juv. ♀ 85-90 mm, $\varnothing_{20}$ 87.3 mm [767,1369].

Status. Einzelne, zeitlich meist begrenzte oder unregelm. Vorkommen zur Brutzeit sowie Brutversuche und Übersommerungen (z.T. auch aufgrund von Freisetzung/Entkommen von Käfigvögeln), vor allem in NW-ME. • **B:** regelm. Zurückbleiben einzelner Ind. bis Mitte Mai, gelegentlich Brutverdacht bzw. Brut, z.B. 1966, 1981. • **D:** -NI 1968 Brut, 1970–80 < 5 Rev. pro Jahr geschätzt; -SH Bruten 1959, 1966 (entwichene Gefg.vögel) sowie Brutversuch Helgol., 1975 Helgol., 1986 -hinweis [1369]; -MV Bruten von Bergfink-♂ x Buchfink-♀ 1954 und evtl. Mischpaar 1981, je 1 BP 1962, 1981, Brutverdacht 1970, -hinweis 1976 und mit Buchfink-♀ 1981 [1369,337]; -SN im 19. Jh. 2 Mischbruten und 2 mal Brutverdacht, nicht sicher ist Brut 1947, Mitte 1950er J. erfolglose Ansiedlungsversuche, 1975 Brut; 1988 Paar zur Brutzeit [1369]; -NW Brut 1908 [1369]. • **A:** mehrfach Übersommerung in E-Alpen, Bruten mind. 1952, 1976 sowie 1988 in A-K [1369,965]. • **PL:** Brutzeitbeob. und Übersommerungen recht häufig, aber bisher keine gesicherten Brutnachw. [1369,3871]. • **CZ:** viele Brutzeitbeob., Brutverdacht in Bergregionen, -nachw. 1906 und 1980 [1369]. • **CH:** viele Brutzeitbeob., bes. im Bergell [1369,4152].
Allj. Durchzügler und Wintergast in z.T. großen Konzentrationen; zuweilen Masseneinflüge (mind. Zehntausende bis mehrere Mio.), von 1900/01–1982/83 [1862]: S-S. 7, PL/E-D 2, DK/NW-D 14 (ferner mind. 1987, 1990), mittleres W-D 5, S-D/CH 21 (ferner mind. 1985, 1987, 1991, 1999), B, L/ N-F 4, Mittel/W-F 6, S-F 1, H/A/YU/GR 2, I 3 [337,1722,1369].

Verbreitung und Bestand. Brutvogel in borealer Zone der Paläarktis von N. bis Kamtschatka; von

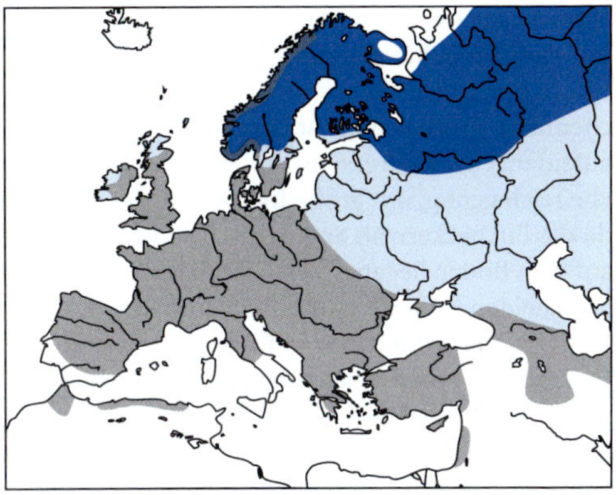

Fringilla montifringilla – **Bergfink**

Baumgrenze nach S bis S-N., Mittel-S., FIN, RUS bis mittlere Wolga und Ob, in Sibirien z.T. bis an N-Rand der Mongolei, im E bis Amur-Mündung. Im SW des Areals Überschneidung mit Buchfink. Nur einzelne, oft unregelm. und kurzzeitige Brutansiedlungen in ME [sowie in GB und neuerdings auch Aleuten, N-Amerika, 3784]; in NL aber regelm. Kleinvorkommen [3638,375]. Europäischer Gesamtbestand zw. 13 – 22 Mio. BP (stabil), davon 10-15 Mio. in RUS, 1-2.5 in FIN, 1-2 in N. und 0.5-2 Mio. BP in S. [383].

Wanderungen. Zugvogel, Winterflucht und z.T. wechselnde Winterquartiere sowie mind. z.T. Brutnomadismus. Geräumt wird so gut wie ganzes Brutareal, doch im S regelm. Überwinterer (z.B. mind. bis Mittel-S. und N.; dort also ggf. Teilzieher); Winterareal reicht nach S und SW bis Mittelmeerraum (unregelm. bis N-Afrika), IL (ausnahmsweise JOR), Iran, Irak, Pakistan, N-Indien etc., Verteilung der Wintervögel jedoch von Jahr zu Jahr sehr unterschiedlich. Teil der Ind. aus einem Einzugsbereich von mind. FIN bis W-Sibirien (Ob-Niederung) scheint alljährlich nach S-Europa zu ziehen; jährlich wechselnde Überwinterungsschwerpunkte können dort entstehen (z.B. im Zusammenhang mit Maisanbau, SW-F). Ein großer Teil der nach ME einfliegenden Ind. überwintert aber N der Alpen und offensichtlich generell so weit im NE wie möglich; Schneelage und/oder Nahrungsangebot, so gut wie ausschließlich Buchenmast, führen zu unterschiedlich weiten Wanderungen und Massenkonzentrationen. Wegzug von Brutgebieten in breiter Front mit Hauptrichtung SW, Entfernung hängt ab vom ersten großen Bucheckernangebot, das entweder ausreicht, um die Masse der Wintergäste zu halten oder sie auf der Hauptachse des Zuges zum Weiterwandern zwingt. Massenkonzentrationen mit riesigen Schlafplatzmengen (bis mehrere Mio. Ind.) können entstehen, wenn das Areal guter Buchenmast groß genug ist, um den Breitfrontzug aufzufangen, andererseits auf relativ kleiner Fläche reich genug, um große Ind.zahlen zu ernähren; da die Bucheckern ab Spätherbst/Frühwinter meist auf dem Boden liegen, spielt auch Schneedecke eine entscheidende Rolle. Gute Buchenmast im N des Winterareals kann daher mit schwachem Zug im S (z.B. über die Alpen) verbunden sein, auch Gebiete mit guter Buchenmast in S-ME daher nicht immer mit hohem Winterbestand oder andererseits rascher Dz. im N und hoher Winterbestand am N-Alpenrand; die größten Konzentrationen bauten sich in neuerer Zeit am häufigsten vor allem in S-D und CH auf. Massenkonzentrationen W und E von ME (z.B. Mittel-F, SE-Europa) scheinen davon unabhängig zu sein und Ind. anderer Populationen zu betreffen. Das Zugverhalten erklärt auch, dass Ringfunde einzelner Ind. (vor allem aus Masseneinflugwintern) mitunter extreme Winterquartierwechsel (z.B. CH – GR, D-BW – AZ und BG, D-BY – GO) zeigen; andererseits werden über mehrere J. individuell auch bestimmte Winterquartiere bevorzugt (Winterortstreue z.B. innerhalb von 7 J. in 4 Wintern bestätigt). Generell versuchen ♂, möglichst nahe am Brutgebiet zu überwintern. Abzug aus Fennoskandien Mitte Sept.–Nov., Eintreffen von Einzelind. in N-D ab Mitte, am N-Alpenrand regelm. ab Ende Sept.–Anf. Okt.; Höhepunkte bzw. Dz.-Mediane von N-D bis Alpen ziemlich einheitlich Mitte–Ende Okt., wobei Anteil diesj. ♀ im Lauf der Zugzeit ab-, jener der ad. ♂ zunimmt. Zug- oder weitere Ortsbewegungen auch noch den Winter hindurch (vgl. oben). Heimzug März–Anf. Mai. Aufbau der Massenkonzentrationen meist ab Nov., oft noch später (am N-Alpenrand mitunter auch erst Dez.–Jan.). Im Unterschied zum Buchfinken kaum Brutorts- und Geburtsortstreue; Brutplätze werden i.d.R. von Jahr zu Jahr entsprechend dem Nahrungsangebot (vor allem Spannerraupen) gewechselt (bis zu 600 km nachgewiesen); Einzelnachw. für Brutplatztreue jedoch bekannt.

Bestandsentwicklung. Nach Einflügen im Winter verbleiben oft einige Ind. Dabei sowohl in ME als auch weiter S (z.B. SLN, I) gelegentlich einzelne Brutversuche oder Bruten. Ältere Feststellungen u.a. in CZ und D-SN [1369], seit 1950 (Anzahl in Klammern) z.B. in B (2), D-NI (3), -MV (3, sowie Mischpaare mit Buchfink), -SH (mind. 2), A-K (2) [337,2031,3198,4173,3530,2062,591]. Zahl der Übersommerungen seit 1950er J. deutlich zunehmend [D-BY, -SH, -MV, A, PL:337,3867].
Zwar mehrere Neuansiedlungen in jüngerer Zeit in D-NI, -MV und -SH [337,2772,3184], und vor allem in NL seit Mitte 1960er J. vereinzelt, ab 70er J. regelmäßig Bruten oder Brutversuche. Doch obwohl Zahl territorialer ♂ dort in 1980er J. bis 50-150 angestiegen, gab es aufgrund geringer Ansiedlungsbereitschaft der ♀ nur wenige Bruten und Populationen aufgrund des weitgehend ausbleibenden Bruterfolges sehr instabil; inzwischen Brutbestand wieder deutlich gesunken [767,3636,3638,2889].

	Best.	Areal	Brutbestand	Jahr	Quelle
A	↕	F	0–1	?	[383]
B	↕	F	0–1	1995	[383]
D	↕	F	2–2	1995–1999	[383]
NL	↕	F	20–45*	1998–2000	[383]

*Reviervögel, aber nur max. 5 BP

Siedlungsdichte. In Skandinavien in Bergbirkenwäldern am höchsten, von 20-30 BP/km^2 in kargen bis zu 50-70 (zuweilen 100-150) BP/km^2 in eutrophen Wäldern; in FIN Lappland zw. 12-36 BP/km^2, in meisten borealen Wäldern FIN und RUS nur 5-10 BP/km^2 [1507].

Gefährdungsursachen [196]. In Brutgebieten ME keine bedeutenden Faktoren erkennbar. Die in ME in sehr großen Konzentrationen überwinternden Vögel erleiden dagegen z.T. extrem hohe Verluste durch Straßenverkehr, direkte Verfolgung und Nahrungsengpässe.

SPEC	VSchRL	Bern.Konv.	Bonn.Konv.
--	--	Anh. III	--
Europ. RL	RL in ME		
--	--		

Schutzmaßnahmen. Erscheinen in Anbetracht der Bestandssituation nicht erforderlich.

Biotop. Br. lichter Nadel-, Misch- und Laubwälder bis zur Baumgrenze und hier vor allem in Birkenwäldern. Im Winter in Buchenwäldern, in halboffenen

Landschaften, auch in Parks, Gärten und häufiger als Buchfinken in Siedlungen an den Futterstellen.

Nahrung. Im Sommer überwiegend insektivor; in den ersten d nach Ankunft am Brutplatz vor allem Sämereien des vorhergehenden J., dann Übergang zu Insektennahrung, vor allem größere und sich langsam bewegende Arten (Käferlarven und bes. Raupen des Spanners *Epirrita autumnata),* Nestlingsnahrung meist größere Insekten als Altvogelnahrung. Im Winterhalbjahr Sämereien, in ME zunächst meist Bucheckern, bei Verringerung des Angebots dann auch andere Samen, z.B. Mais, Fichtensamen etc.; auch im Winter werden vom Boden vielfach Gliederfüßer aufgelesen.

Stimme. Charakterischer Ruf nasal quäkend »dschäe« oder ± deutlich nach oben gezogen »djä(i)« bzw. »quäig«, als Alarmruf hart, nach oben gezogen; Flugruf kurz und hart »tjek« bzw. »jäg« (kürzer und härter als Buchfink). Gesang Folge von monotonen Einzelelementen, beginnt leise und wird gegen Ende lauter, etwa »dijääi« oder »dsää« (erinnert an das »Schwunschen« des Grünlings, fällt aber nicht ab). Ab März singen ♂ auch in ME.

Verhalten. Tagaktiv; i.d.R. Tagzieher. Nahrungssuche auf dem Boden wie Buchfink, Nahrung wird auch unter Schnee hervorgegraben; Nestlingsnahrung wird von Blättern abgelesen, Insekten werden auch im kurzen Jagdflug gefangen. Zur Brutzeit wie Buchfink territorial, bei gemeinsamem Vorkommen i.d.R. keine interspezif. Territorialität. ♂ verpaaren sich mit einem ♀. ♂ verteidigen ♀ und nicht Ressourcen (Territorien). Brüten solitär aber auch in lockeren Nestaggregationen. Bessere ♂ siedeln meist um die besseren Nahrungsressourcen. Verpaarung erfolgt oft schnell und in den Schwärmen. Massenschlafplätze im Winter mit Hunderttausenden bis max. 20 Mio. Ind.; Auswahl vor allem nach günstigem Mikroklima (Schutz vor Wind und Kaltluft), vorwieg. am Rand besonders ergieb. Nahrungsflächen in dichter Vegetation; wechseln innerhalb kurzer Zeit, können aber auch > 1 Monat beibehalten werden. Dominante ♂ sitzen im Inneren, junge ♀ am Rand; Energiegewinn an Massenschlafplätzen kann sogar das Überleben über einige d ohne Nahrungsaufnahme sichern. Tagsüber dann oft Verteilung der Massen in kleineren Einheiten über das Nahrungsareal; Einzugsbereich von Schlafplätzen bis 30 km.

Fortpflanzung, Brutbiologie [1369,337,767]. Geschlechtsreife im 1. Lebensjahr, Einj. kommen aber nicht immer zur Brut. Monogame Saisonehe. **Ankunft am Brutplatz.** April bis Mai. Reviergründung durch ♂, Paarbildung nach Revierbesitz. **Nest.** Wahl durch ♀. Neststand in Astgabel oder auf Ast in Bäumen oder Büschen 1.5 – 15 m Bodenhöhe (Ø S-FIN$_{58}$ 6.0 m, N-FIN$_{59}$ 3.3 m), ausnahmsweise auch Bodennester. Nest ähnlich Buchfink, aber größer, weniger sorgfältig gebaut, Wände dicker aus Gras und Halmen, mit Flechten und Rindenstückchen besetzt, Mulde mit mehr Federn (auch Pflanzenwolle) ausgekleidet, meist weniger Moos als Buchfink; Muldendurchmesser 55-60 mm, -tiefe ca. 50 mm. ♀ baut. **Legebeginn.** Im S Mitte Mai bis Mitte Juli, im N/NE oft erst ab Juni. **Gelegegröße.** 5-7 (3-8; 9-10 durch 2 ♀?); Ø FIN$_{53}$ 5.83, NW-RUS$_{12}$ 5.5. Legeintervall 1 d. **Eier.** Form und Farbe sehr variabel, meist oval, Grundfarbe ähnlich Buchfink, aber blassbräunlich gewölkt bzw. olivgrünlich getrübt, dunkler, Zeichnung spärlicher und verschwommen. **Brutdauer.** 11-14 d; Bebrütung ab (vor-)letztem Ei; nur ♀ brütet; Juv. schlüpfen innerhalb 1-2 (-4) d. **Nestlings-/Führungszeit.** Beide füttern, ♀ oft mehr. Juv. verlassen Nest nach 12-14 d (Ø N.$_{20}$ 13.3 d); Dauer des Familienverbands ? **Jahresbruten.** 1, im S wohl auch z.T. 2 (verschachtelt); Ersatzgelege. **Bruterfolg.** Hohe Verluste durch Prädation und Witterungsbedingungen (für Ersatzbruten oft Umsiedlungen, bei Nahrungsmangel komplette Aufgabe der Bruten). Größerer Erfolg in Nachbarschaft zu Wacholderdrosseln. In RUS 57% der abgelegten Eier$_{109}$ ergaben flügge Juv.

Eimaße und –gewichte [1369]: L. 16.5-21.9 mm, B. 13.0-15.5 mm; Ø 19.3 x 14.5 mm (n=256, S.), 19.5 x 14.7 mm (n=155, N.). Frischvollgew. errechn. 2.14 g. Schalengew. 0.095-0.125 g, Ø$_{213}$ 0.122 g.

Sterblichkeit, Alter. Berechnet anhand von Wiederfangdaten von Durchzüglern auf Kurischer Nehrung RUS mit verschiedenen Methoden 47-56 %/J. Sterblichkeit tendenziell ♀ > ♂ und Juv. > Ad., Ergebnisse jedoch nicht statistisch abzusichern [2951]. Ältester Ringvogel (S.) 14 J. 8 Monate [3654]. **Generationslänge:** < 3.3 J. [383].

Mauser. **Postjuv. Mauser** (Teilmauser) beginnt ab 20–30 d, Juli/Aug.–Sept./Okt. [767,1369]; Kleingefieder ohne einzelne Große Armdecken, selten einzelne Schirm- und unregelm. Steuerfedern [1866].
• **Postnuptialmauser** (Vollmauser) Ende Juni/Mitte Juli–Mitte Aug./Sept. [767,1369,1749], vor Wegzug beendet; ♂ beginnen z.T. eher als ♀; Dauer der HS-Mauser S./FIN 50–60 d [767,1369,1749], rascher als Buchfink.

Unterfamilie Carduelinae

20 Gattungen, ca. 125 Arten. Die Monophylie der Unterfamilie gegenüber den Kleidervögeln (Drepanidinae) ist nicht gesichert, doch ist die Schwesterart dieser spektakulären, sicher monophyletischen Radiation auf den Hawaii-Inseln bisher unbekannt.

• Gattung *Pyrrhula*

Neun Arten, davon vier in der Superspezies *P. [pyrrhula]*, eurasische Verbreitung.

• Gattung *Carpodacus*

18 Arten, rein altweltliche Verbreitung; deutlicher Diversitätsschwerpunkt in den Gebirgen Innerasiens, vor allem Himalajamassiv. Die drei nordamerikanischen Arten (*mexicanus, cassinii, purpureus*) sind hier nicht eingerechnet, da sie nach mtDNA-Untersuchungen [J.G. Groth] nicht mit *Carpodacus* nächstverwandt sind. Die Monophylie auch der paläarktischen Vertreter gegenüber einigen monotypischen Gattungen (*Uragus, Urocynchramus*) ist unwahrscheinlich [87N], doch reichen vorliegende Daten für eine begründete Revision der Gattungsgrenzen nicht aus.

• Gattung *Serinus*

Mind. 36 Arten mit deutlichem Diversitätsschwerpunkt in Afrika. Nach vorliegenden molekularen Ergebnissen sind Girlitz und Kanarengirlitz *Serinus canaria* Schwesterarten.

• Gattung *Loxia*

Artenzahl dieser auf die aktive Öffnung von Koniferenzapfen spezialisierten Finkengattung unklar; neue Hypothese, dass es sich beim holarktisch verbreiteten Fichtenkreuzschnabel in Wirklichkeit um Artenschwarm handelt [1451]. Bei Fichtenkreuzschnäbeln gibt es sowohl in Nordamerika als auch in Europa mehrere deutlich unterscheidbare Ruftypen [1451,3210] und eine breite, multimodale Variation in den Schnabelmaßen (also Schnabelklassen unterschiedlicher Form und Dicke). Schnabeldicken korrelieren mit der bevorzugten Nahrung [266]. Zwischen Ruftyp und Schnabeldicke gibt es Zusammenhänge, und kleine Stichproben zeigen sympatrisches Vorkommen und assortative Verpaarung zwischen Vögeln verschiedener Ruftypen [1451,3210,997]. All dies deutet auf reproduktive Isolation zwischen den Phänotypen, also auf das Vorhandensein mehrerer kryptischer Arten. Doch bisherige genetische Untersuchungen (anhand von mtDNA und Mikrosatelliten) konnten keinerlei Differenzierung zwischen Vögeln unterschiedlicher Schnabeldicken oder geographischer Herkunft nachweisen [3104,3021]. Zwar ist denkbar, dass die Entstehung solcher Arten zu jung ist, als dass sie sich bereits in der Differenzierung neutraler genetischer Marker niederschlägt (vgl. Birkenzeisige!). Andererseits beruhen unterschiedliche Schnabeldicken und -formen auf starker, von der bevorzugten Nahrungsart ausgehender Selektion [266] und könnten somit auch ohne reproduktive Isolation, also als geographische, intraspezifische Variation aufrechterhalten bleiben. Bei einem Estrilden in Afrika gibt es sogar eine bimodale Schnabeldickenverteilung innerhalb von lokalen Populationen; diesem Polymorphismus liegt ein einziger Genort mit zwei Allelen zugrunde [3612].

Aufgrund der bestehenden Unklarheiten ist derzeit eine Abgrenzung von *Loxia scotica* (Schottland) [767] oder *Loxia balearica* [51] nicht hinreichend gesichert. Genauere Untersuchungen in Schottland zeigen, dass die Unterschiede zwischen *L. curvirostra* und *L. scotica* fließend sind [3755]. Es könnte sich bei *scotica* durchaus um einen Hybridschwarm *curvirostra x pytyopsittacus* handeln [3751], denn Hybridisation (nach Invasionen des Kiefernkreuzschnabels) ist hier viel wahrscheinlicher als z.B. in Skandinavien, wo Kontrastbetonung längst zu reproduktiven Barrieren geführt hat.

• Gattung *Carduelis*

Mindestens 33 Arten in Eurasien (wenige auch in NW-Afrika und Orientalis) und der Neuen Welt. Die Monophylie der Gattung (auch unter Einbeziehung von »*Acanthis*« und *C. citrinella*) bedarf noch weiterer Absicherung. Erste Ergebnisse basierend auf mtDNA-Sequenzen [87] zeigen folgendes:

- die mittel- und südamerikanische Artengruppe (14 Arten) ist monophyletisch;
- die paläarktischen Grünfinken (*chloris, sinica, ambigua, sponoides, monguilloti*) bilden eine monophyletische Gruppe;
- die Erlenzeisige der Alten (*spinus*) und Neuen Welt (*pinus*) sind Schwesterarten;
- die Hänflingsgruppe (*cannabina*-Superspezies, *johannis, flavirostris*) ist monophyletisch.

Darüber hinaus sind die Verwandtschaftsverhältnisse nicht hinreichend geklärt.

Coccothraustes coccothraustes – Kernbeißer 17170

Coccothraustes coccothraustes (Linnaeus 1758)

(GB) **Hawfinch** (F) **Grosbec cassenoyeaux** (E) **Picogordo**

Taxonomie. Sechs UA, u.a. *coccothraustes* (Linnaeus 1758) (Europa bis S-Fennoskandien und nach E bis Mongolei und Ussuriland), *buvryi* Cabanis 1862 (NW-Afrika), *nigricans* Buturlin 1908 (Krim, Kaukasus), *humii* Sharpe 1886 (E-Turkestan bis N-Afghanistan), *japonicus* Temminck & Schlegel 1848 (Sachalin, N-JAP). Die nächsten Verwandten des Kernbeißers dürften die beiden ostasiatischen *Eophona*-Kernbeißer sein, deren Abtrennung auf Gattungsniveau fraglich erscheint.

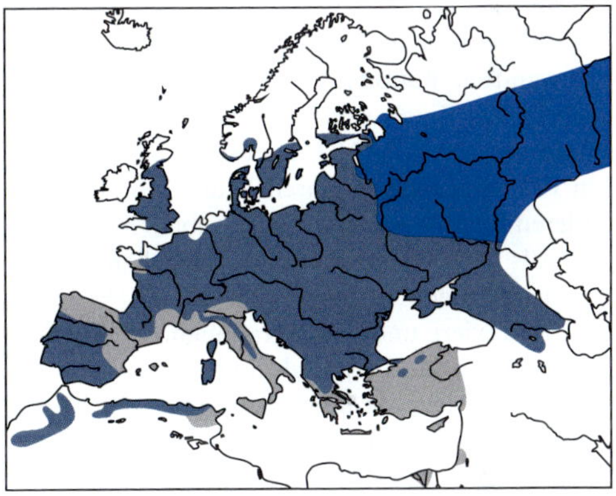

Coccothraustes coccothraustes – **Kernbeißer**

Kennzeichen. [767,1369,221,3772,3615].

Maße. Gr.: 18 cm. Gew.: (CZ) ad. ♂ 46.3-72.0 g, Ø$_{55}$ 58.9 g, juv. ♂ 49.0-67.5 g, Ø$_{14}$ 57.1 g, ad. ♀ 50.3-64.9 g, Ø$_{10}$ 57.3 g, juv. ♀ 51.5-62.0 g, Ø$_{8}$ 56.6 g. Fl.spw.: 29-33 cm. Fl.l.: (D-BB) ad. ♂ 99-111 mm, Ø$_{145}$ 104.8 mm, vj. ♂ 98-109 mm, Ø$_{37}$ 103.7 mm, ad. ♀ 97-108 mm, Ø$_{81}$ 102.9 mm, ♀ 96-106 mm, Ø$_{36}$ 102.2 mm [767,1369].

Status. Nominatform verbreiteter und häufiger Brut- und Sommer- oder Jahresvogel; häufiger, regelm. Durchzügler, z.T. invasionsartig (z.B. 1994); meist seltener, doch regional häufiger Wintergast.

Verbreitung und Bestand. Brutvogel der borealen, gemäßigten und mediterranen Zone sowie in Gebirgsgegenden der Paläarktis von W-Küsten Europas bis JAP. Im S z.T. lückenhaft, als Brutvogel vorwiegend auf Gebirgsregionen beschränkt bis N-MA, DZ, TN, GR, N-TR, N-Iran (fehlt Balearen, S-I und Sizilien, Kreta, CY); sonst fast ganz Europa (Ausnahme IRL; N. nur unregelm. Brutvogel im S) bis 57° N in Schottland und ca. 61° N in S. (Einzelvorkommen weiter N), zerstreute Vorkommen FIN bis ca. 62° N, in RUS max. bis 60° N, nach E in unterschiedlich breitem Band am N-Rand der Steppenzone und mittelasiatischer Gebirge bis Amurmündung. In ME Nominatform von Tieflagen bis montane Stufe, i.d.R. in geringer Dichte, lokal auffällig schwankend in Abhängigkeit vom Nahrungsangebot. Obergrenze CH ca. 1300 m, A-V 1250 m, D-BY 1100 m, höchste Vorkommen SK. 1570 m und PL 1200 m ü.M. Europäischer Gesamtbestand zw. 2.4 – 4.2 Mio. BP (stabil) [383], mit Populationen > 200.000 BP in RO (760-940 T.), UA. (345-460), PL (200-400), D (160-350), HR (200-300) sowie CZ (140-280 T. BP); Gesamtbestand ME bedeutend mit 740.000–1.480.000 BP [383].

Wanderungen. Standvogel, allerdings auch mit relativ weiten, nahrungsbedingten Dismigrationen, Teilzieher und in geringerem Umfang auch Wanderungen vom Evasionstyp, wohl auch Nomadisieren. Hauptwintergebiet in Europa innerhalb des

Brutareals einschließlich zur Brut unbesetzter Gebiete (vor allem im SW) sowie S der Arealgrenzen in N-Hälfte Mittelmeergebiet einschließlich westmediterraner Inseln und bis S-Küste Anatoliens. Geräumt werden weitgehend die Brutgebiete Skandinaviens und RUS, doch Überwinterer (mitunter auch in größerer Zahl) regelm. in S.; seltener Wintergast in N-Afrika E der Brutgebiete. **Br. im W-Mittelmeerraum, E. und GB** sind Standvögel oder zeigen höchstens Dismigrationen über kürzer Entfernungen; Anteil der Zieher sonst 15–50% mit Zunahme nach NE; offenbar in allen Populationen ziehen ♀ und Jungvögel häufiger und weiter als ad. ♂. Wegzugrichtungen **Br. ME** streuen WSW-SSE, Winterquartiere reichen von N-I bis mediterranes E. und Balearen, von W-ME bis atlantisches F; in ME überwintern **Br. von S.**, die aber auch bis F und N-I wandern. **Kontinentaleuropäische Br.** wurden auch in DZ, Korsika und Sardinien nachgewiesen, Wegzügler aus S. in N-I. Herbstzug an Alpenpässen CH in manchen Jahren kaum bemerkbar, in anderen invasionsartig; in Randgebieten des Winterareals (z.B. E.) von massierten Einflügen offenbar nichts mehr zu bemerken. Ab Juli Verlassen der Brutreviere und Dismigrationen. In Evasionsjahren Dz. in ME bereits ab Ende Aug.–Anf. Sept. bemerkbar, Hauptdz. Ende Sept. mit Gipfel Anf.–Mitte Okt. und Beendigung Anf. Nov. Wenig auffälliger Heimzug Mitte Feb.–April. Winterfunde beringter Br. aus D (1954-85) zeigen Tendenz zu Überwinterung in höheren Breiten [1117]. Mittlere Zuggeschwindigkeit offenbar relativ gering und Zugunterbrechungen durch längere Rasten. Ringfunde [z.B. 4220].

Bestandsentwicklung. Lokal deutliche Bestandsschwankungen in Abhängigkeit vom Nahrungsangebot (sowie von Kältewintern) [337,2808]. Genaue Erfassung jedoch schwierig, und Bestände oft unterschätzt [3869,3870,3367].

Nach längerer Phase der Stabilität in 1980er J. in vielen Regionen ME deutliche Zunahme, begünstigt von milderen Wintertemperaturen, Zunahme der Fütterungen sowie erhöhtem Waldanteil in Niederungsgebieten. Bes. augenfällige Bestandssteigerung in NL infolge zunehmender Aufforstungen und Waldentwicklung (Besiedlung der Aufforstungsflächen nach 8-18 J., höchste Dichten nach gut 20 J.) und günstigen Überwinterungsbedingungen [370]; 1973-77 in NL nur etwa 1.250 BP, Mitte 1980er J. vervielfacht (max. etwa 15.000 BP) [3636,375,3638,370; vgl. aber 884], neuerdings durch regionale Rückgänge aber Stabilisierung bei 8-10 T. BP [3638]. Lokal (und großräumig) auch in anderen Regionen ME z.T. mit deutlich positiven Bestandstrends [B, D, Bod., PL: 2405,2838,338, 2139,198,591,2896,2068,843,3871] oder Belege für Arealausweitungen [D, CH: 1039,1467,3393,3392; ferner F: 4180]. Zunahmen ferner in Überwinterungsgebieten ME Vögel in F und E. [92,4180,1507] sowie in Fennoskandien und Baltikum [1507,1585]. Trend gebietsweise in jüngster Zeit umgekehrt [PL: 3871].

	Best.	Areal	Brutbestand	Jahr	Quelle
A	+/-	=	25.000–50.000	1998–2002	[383]
B	↓	=	5.200–15.000	2001–2002	[383]
CH	↕	=	4.000–8.000	1993–1996	[383]
CZ	+/-	=	140.000–280.000	2000–2002	[383]
D	+/-	=	160.000–350.000	1995–1999	[383]
FL	+/-	=	30–50	1998–2000	[383]
H	↑	+ 1	82.000–145.000	1999–2002	[383]
L	↓	=	3.000–4.000	2001	[383]
NL	↑	+ 1	8.000–10.000	1998–2000	[383]
PL	+/-	=	200.000–400.000	2000–2002	[383]
SK	+/-	=	110.000–220.000	1990–1999	[383]

Dagegen viele andere Populationen weitgehend unverändert [D, CH, A, CZ, SK.: 2623,3393,1585,1, 1852,2518] oder gar langfristig abnehmend [CH: 55; vgl. D: 334,2642].

Siedlungsdichte. Tendiert zu geselligem Brüten bis Koloniebildung (max. 3–8 BP), daher auf Kleinstflächen Dichte mitunter hoch, geringste Nestabstände 10 m; solche Konzentrationen in ME aber nur unter bes. günstigen Bedingungen dauerhaft, sonst meist temporär. Nahrungsreviere i.d.R. außerhalb der kleinen Nestreviere, doch bei hohem Nahrungsangebot zumindest vorübergehend Brut- und Nahrungsrevier zusammen, daher Größe des Brutreviers sehr unterschiedlich, ME lokal 0.5–5 ha. Höchstdichten ME auf Flächen von 20–49 ha 7.7–4.2–2.4 (Ø 4.6), von 50–99 ha 2.4–0.8, von > 100 ha 1.4–0.6 BP/10 ha; ausnahmsweise auf ca. 20 ha > 10 BP/10 ha [337, vgl. auch Dichteangaben in 1507,1137,1722,1,310,3871,370]. Großflächendichte (> 100 km^2) zw. 0.01 – 2.6 BP/km^2 [vgl. Tab. 70 in 337].

Gefährdungsursachen [196,767,310,2259,54]. Verlust oder starke Bewirtschaftung von Wäldern im Klimaxstadium bedeutsam; gebietsweise starke

Einbußen bei beerentragenden (forstwirtschaftlich »unproduktiven«) Laubhölzern.
Nahrungsengpässe durch Intensivierung der Landwirtschaft mit erhöhtem Düngemitteleinsatz (zumindest von lokaler Bedeutung).
Direkte Verfolgung in Überwinterungsgebieten.

SPEC	VSchRL	Bern.Konv.	Bonn.Konv.
--	--	Anh. II	--
Europ. RL	**RL in ME**		
--	--		

Schutzmaßnahmen. Spezifische Maßnahmen nicht erforderlich; weniger intensive Durchforstung, Erhaltung von Altholzinseln und Überhältern, Ausdehnung parkartiger Altholzbestände in der Kulturlandschaft sowie Verlängerung der Umtriebszeiten wäre förderlich.

Biotop. Br. lichter Laub- und Mischwaldbestände mit Unterwuchs, selten in einheitlichen Nadelwäldern, doch nicht außergewöhnlich in reinen Koniferengruppen. In geschlossenen Wäldern meist in den Randzonen; typische Habitate ME u.a. Hainbuchen- und Buchenbestände, Parks, größere Gärten, lichte Auwälder, Feldgehölze; z.T. auch mitten in Siedlungen, im Winter auch an Futterstellen.

Nahrung. Überwiegend vegetabilisch, Früchte und auch hartschalige Samen der Steinobstfrüchte; regional bilden oft wenige Arten Vorzugsnahrung, z.B. Hainbuche, Buche, Ahornarten, Kirschen, Kornelkirsche, Traubenkirsche etc., Koniferen, in S-Europa auch Oliven. Im Spätwinter und Frühling bilden Knospen, frische Triebe und junge Blätter von Laub- und Nadelgehölzen vorübergehend oft die Hauptnahrung; im Frühsommer als Zusatznahrung Insekten und deren Larven, vor allem Raupen.

Verhalten. Tagaktiv; Tagzieher, z.T. auf dem Wegzug auch Nachtzieher. Streckenflug mit raschen Flügelschlägen; beim Start von einem Ast nicht selten Fallenlassen und Abflug im nach unten weisenden Bogen. Nahrungserwerb während des größten Teils des J. im Bereich der Baumkronen, im Winter und Frühling häufig auf dem Boden; heruntergefallene Samen und Früchte werden auch durch Beiseiteschieben von altem Laub mit dem Schnabel aufgedeckt. Meist werden mit dem Schnabel Samen- und Fruchtstände abgerissen und dann verzehrt, der Fuß wird offenbar nie eingesetzt. Samen können auch im Schwirrflug aus den Behältern hervorgeholt werden. Gelegentlich wird versucht, fliegende Insekten im kurzen Jagdflug zu fangen. Zur Brutzeit territorial, aber nur kleine Territorien. Zur Brutzeit wird Nestrevier vom BP gemeinsam gegen Artgenossen verteidigt, bei solitär brütenden Paaren Nestrevier nicht erkennbar; brüten auch in lockeren Gruppen. Paarbildung dauert 2-3 Monate und beginnt im Schwarm. Gesang der ♂ unbedeutend. Balz schließt Schnäbeln, Balzfüttern durch Hervorwürgen der Nahrung und seltener Balzflüge ein. Kopulationen in Nestnähe. Paarzusammenhalt bei Standvögeln auch in Gruppen im Winter (i.d.R. Paare ohne Junge?). Bei ♂- oder ♀-»Paaren« in den Trupps könnte es sich um zusammenhaltende Nestgeschwister handeln oder um einen Ad. mit einem Juv. der vorj. Brut. Nach der Brutzeit lockere Trupps aus Familien; bis Herbst Trupps i.d.R. < 50 Ind., ab Sept.–Okt,. bei entsprechendem Angebot (z.B. Hainbuche), oft auch erst im Winter, Bildung größerer Schwärme, mitunter Hunderte und ausnahmsweise > 1.000 im Vorfrühling, die aber sicher durch Zuzug aus Heimzüglern und im Winter aus Zuzüglern von NE entstehen (Truppgröße bei »Invasionen« auf dem Zug nicht größer als normal). Zu Beginn der Nestbauperiode Fütterung des ♀ durch das ♂. Außerhalb der Brutzeit oft gemeinsame Schlafplätze, offenbar in dichten Koniferen bzw. immergrünen Pflanzen.

Stimme. Häufigster Ruf im Sitzen und im Flug scharf »zicks« oder »zieks« mit hartem Abschluss; ferner durchdringend »zieht« oder »ziit«, beide Elemente oft hintereinander zu hören; Bettelrufe des ♀ in lockerer Folge »zip« oder »ziet«, bei Erregung auch zweisilbig »zick-it« oder »zicks zicks«; juv. betteln weniger laut in Folge »tziip…«. Gesang wenig melodisch: eine Serie von sehr verschieden strukturierten Elementen, oft beginnend mit Ruffolgen, dazwischen Klicks und Pfeiflaute, auch kleine Motive. Lautfolgen mit Pausen aneinander gereiht, Beendigung oft mit einem mehr melodischen »zieh-öh«. Subsong etwas melodischer. ♀ singen selten und leiser. Gesang meist von hoher Warte vorgetragen; ab Jan. bis Frühsommer und im Herbst.

Fortpflanzung, Brutbiologie [1369,337,767,1722, 370]. Geschlechtsreife im 1. Lebensjahr. Monogam, Paare ohne Bruterfolg bleiben (meist?) bis nächste Brutsaison zusammen (für erfolgr. Paare nicht geklärt). **Ankunft am Brutplatz.** Reviergründung lediger ♂ März/April, zusammenhaltende Paare aus

Wintertrupps oft etwa gleiche Zeit. Balz und Paarbildung ab März schon vor Revierbesetzung (oder Paare bleiben bestehen); Paar sucht gemeinsamen Nistplatz. ♂ wählt offenbar. **Nest.** Meist auf Laubbäumen, vor allem Pappel, Birke, hohe Obstbäume, meist > 10 (-22) m, min. < 2 m, seltener auf Nadelbäumen; freie Anflugmöglichkeit für Auswahl entscheidend. In Białowieza E-PL von 376 in Laubmischwald 55.5% Hainbuche, 15% Winterlinde, 12% Fichte, 10% Spitzahorn, 6% Schwarzerle, auf 7-34 (Ø$_{373}$ 17.5) m, in Poldergebiet NL 1.6-26 (Ø$_{97}$ 9.0) m. Meist in Astquirlen oder Astgabeln nahe Stamm oder in Baumkronen, seltener auf horizontalen Seitenästen peripher, zu Beginn der Belaubung relativ frei und gut sichtbar. Identische Standorte in aufeinanderfolgenden J. mehrfach nachgewiesen. Nest relativ groß und sehr locker gebaut. (Ähnlich Ringeltaube) Unterbau aus sperrigen Ästchen (0.4-3 mm, im Ø 65-90 Stück), darauf Unterlage aus groben Halmen und Wurzeln und Innenauspolsterung aus feinerem Material (meist Wurzeln) mit Zwischenlage aus Halmen. Dürre Äste werden abgebrochen. Nestmulde meist oval, Durchmesser 65-105 mm, Tiefe 15-50 mm. ♂ beginnt Nestbau und ist bei allen anderen Phasen beteiligt, bricht kleine Äste ab und verbaut sie selbst oder übergibt herangetragene dem ♀, rundet durch Körperbewegungen die Mulde. Anteil des ♀ aber größer. Dauer für Erstgelege 3-10 d (Ø 4-5 d), bei ungünstigem Wetter Bau verlangsamt; Dauer für Ersatzgelege nur 2-4 d. **Legebeginn.** Frühestens Anf. April, meist Ende April/ bis Ende Mai (in Kolonien gut synchronisiert in zeitlicher Anpassung an Raupenangebot), wenige Juni/Juli, doch letzte Gelege mitunter erst im Aug. vollendet, späteste Nestlinge bis Ende Aug. (ausnahmsweise noch Fütterung flügger Juv. Anf. Okt.). **Gelegegröße.** 4-6 (2-7); Ø E-D$_{110}$ 4.4, NL$_{62}$ 4.9, NL$_{94}$ 4.7, D-BW$_{87}$ 4.61, E-PL$_{44}$ 5.18, in warmen J. mit überdurchschnittlichem Raupenangebot Ø$_{21}$ 5.5; größere Gelege in lockeren Kolonien als bei Einzelbrütern, möglicherweise durch ältere Vögel in »Kolonien« und Erstbrüter außerhalb. Legeintervall 1 d. **Eier.** Spitzoval bis birnenförmig, mattglänzend, Grundfarbe steinfarben olivgrau oder hellblau bis blaugrünlich, spärlich mit dunkelbraunen bis fast schwarzen rundlichen Punkten oder »Brandflecken« besetzt, violettgraue Unterflecke. **Brutdauer.** 11-13 d; Bebrütung meist ab 3. Ei (aber z.T. schon ab 1. auf Nest); ♀ brütet, wird vom ♂ gefüttert; Junge schlüpfen innerhalb 2.5-4 d; Nesthäkchen stirbt oft. **Nestlings-/Führungszeit.** ♀ hudert oft bis zum Ausfliegen, beide füttern, ♂ mehr und am Anfang oft allein; Juv. verlassen Nest nach 11-13 d, sind bis ca. 15 d in Nestnähe und mit 16-19 d voll flugfähig, werden oft bis 30. d von Ad. geführt; i.d.R. übernimmt je 1 Ad. einen Teil der Juv.; Familie dabei lose zusammen oder getrennt. **Jahresbruten.** 1, (gelegentl. Zweitbruten möglich); bis zu 2 Ersatzgelege. **Ende der Brutperiode.** In ME etwa Mitte Juli bis Aug., selten später. **Bruterfolg.** Brutverluste in frühem Stadium der Brutsaison oft sehr groß, z.B. E-D flügge Juv. nur aus ca. 30% von 66 Gelegen, 0.6 Juv./BP und J., andererseits in günstigem Gebiet NL 3.4 Juv./BP und Jahr; im Urwald Białowieza Bruterfolg etwa nur halb so groß wie in anthropogenen Habitaten, 1975-90 bei 55 Nestern 21.8% erfolgr., 1991-95 bei 157 nur 17.2%, 1996 mit Hainbuchen-Vollmast und gutem Raupenangebot bei 63 Nestern 30.1%; in NL Bruterfolg zw. 38.9-58.8%.

Eimaße und –gewichte [1369]: L. 19.8-27.6 mm, B. 15.3-18.7 mm; Ø 24.2 x 17.4 mm (n=100, GB), sonst Europa Ø$_{100}$ 24.9 x 17.5 mm bis Ø$_{31}$ 23.4 x 17.0 mm. Frischvollgew. 2.59-4.92 g, Ø$_{93}$ 3.71 g (CZ) bzw. 3.00-4.75 g, Ø 4.07 g (D-BB). Schalengew. 0.172-0.290 g, Ø$_{100}$ 0.230 g.

Sterblichkeit, Alter. Wiedergefangene Ringvögel in CZ/SK. hatten ein Durchschnittsalter von 1.28 J. (n=103). Ältester Ringvogel (D) 12 J. 7 Monate [3654], in Gefg. mindestens 19 J. 5 Monate. **Generationslänge:** < 3.3 J. [383].

Mauser. **Postjuvenile Mauser** (Teilmauser) beginnt im Alter von 6–13 Wochen, Juli/Aug.-Sept./Nov.; umfasst oft alle Großen Armdecken und Schirm- sowie einige Steuerfedern [767,1369,1866,1182]; Dauer 8–9 Wochen. • **Postnuptialmauser** (Vollmauser) (Ende Juni) Juli–Okt. (Anf. Nov.) [767,1369]; selten während Wegzug unterbrochen [1866,3254].

Pinicola enucleator – Hakengimpel 16990

Pinicola enucleator (Linnaeus 1758)

GB Pine Grosbeak **F Durbec des sapins** **E Camachuelo Picogrueso**

Taxonomie. Zehn UA, darunter *enucleator* (Linnaeus 1758) (N-Europa nach E bis Jenissej), *pacata* Bangs 1913 (E Nominatform bis Baikalsee und Stanowoi-Gebirge), *kamtschatkensis* (Dybowski 1883) (E-Sibirien von Anadyr bis Kamtschatka) und *sakhaliensis* Buturlin 1915 (Kurilen, Sachalin, Hokkaido), weitere UA in N-Amerika. Die Gattung ist monotypisch. Schwesterartenbeziehung zwischen Hakengimpel und dem von manchen Autoren [z.B. 1599N] in dieselbe Gattung gestellten *Propyrrhula subhimachala* ist äußerst ungewiss.

Kennzeichen. [767, 1369, 221, 3615, 3772; weitere **Fotos** in Bird. W. **5**, 88, 133-37, **8**, 449, **11**, 452, **13**, 448-50, Dutch B. **14**, 112, **20**, 69, 312, **24**, 96, Var Fag. 1999/**1**, 2-3].

Maße. Gr.: 18.5 cm. Gew.: (NW-RUS) ♂ 47-60 g, Ø$_{16}$ 53.3 g, ♀ 47-60 g, Ø$_{16}$ 53.0 g. Fl.spw.: 30.5-35 cm. Fl.l.: (FIN) ad. ♂ 106-115 mm, Ø$_{16}$ 110.7 mm, immat. ♂ 106-114 mm, Ø$_{22}$ 109.9 mm, ad. ♀ 106.5-114 mm, Ø$_{7}$ 110.4 mm, immat. ♀ 105.5-109 mm, Ø$_{10}$ 107.0 mm [767, 1369].

Status. Außerhalb der Brutgebiete in Europa seltener Gastvogel mit gelegentl. Auftreten bei Irruptionen, u.a. in GB/IRL 10 Ind. bis 1990, davon 5 im 19. Jh. [337]. DK: kleine Invasionen 1921 und 1954, einige Beob. 1961, 5 Nachw. 1966–88 [337]. Ferner nachgewiesen in F, LT, GR, I und UA. [3615].

SPEC	VSchRL	Bern.Konv.	Bonn.Konv.
--	--	Anh. II	--
Europ. RL	RL in ME		
--	--		

In ME heute nur sehr selten einige Ind. im Winterhalbjahr, im 19. Jh. bis Anf. 20. Jh. offenbar etwas häufiger im Zusammenhang mit Invasionen. Einige Daten bedürfen Überprüfung. • **PL:** im 19. Jh. Meldungen aus 21 J., nur die Hälfte bis Schlesien, im 20. Jh. (mehr Beobachter) 19 mal Einzelvögel oder kleine Trupps (oft nur bis Masuren), max. ca. 20 Ind. April 1986; Beob. von Okt. bis Apr.; zuletzt 1992 [1369, 3871]. • **CZ:** im 19. Jh. wohl regelm. Gastvogel, darunter mehrere Invasionen, z.B. 1828 und

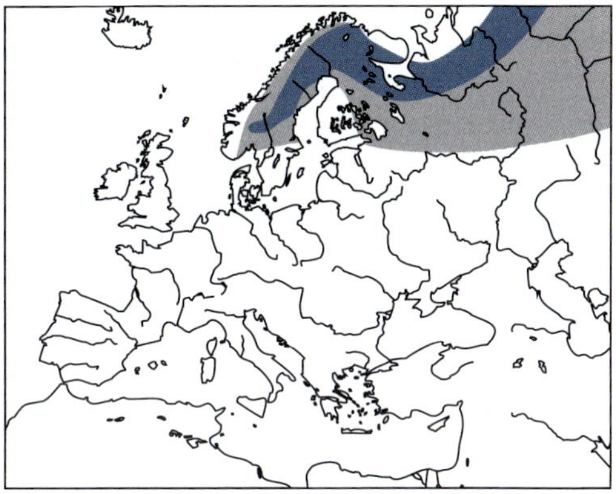

Pinicola enucleator – **Hakengimpel**

1845-47; im 20. Jh. nur 9 Meldungen/Nachw. von max. bis 4 Ind von Sept.-März sowie einzelne Juli- und Aug.-Beob. 1964-66 [1369, 2159]. • **SK.:** seltener Gastvogel, im 19. Jh. wohl etwas häufiger [1369], derzeit aber wohl nur 4 Meldungen anerkannt, 2 mal 1837, ♂ Nov. 1938, 2-4 Ind. Feb. 1957 [3882]. • **H:** ♂ erl. aus kl. Trupp Jan. 1928 [2438, 1369]. • **A:** -V Winter 1908/09 und ♂ 1919/20 [1369]. • **CH:** -TG ♂ Jan. 1914, -VS 2♂,2♀ Dez. 1969, ♂ März 2001 [4152, 1369, q14]. • **NL:** (Nov. 1890 nach Revision gestrichen), 2 mal ♂ (tot) Dez. 1909, ♂ gefang. Nov. 1928; ♂ März 1996 [277, 1369, q16]. • **B:** keine sicheren Nachw. von Wildvögeln, 4 Belege im 19. Jh. und > 6 aus 20 Jh. dokumentiert [1369, 1677]. • **D:** mehrere Invasionen im 19. Jh. bis -MV und -BB u.a. 1820-22 und 1831/32, etliche Feststellungen sowie Fänge in Dohnen im 19. Jh. in -MV, -BB, -ST, -SN, -BY, -TH, -BW und -NW; nach 1900 deutlich seltener, auch in -MV nur 8 Meldungen über Einzelvögel und Trupps bis 1981 [1369]; in letzten 25 J. nur noch folgende Nachw.: -MV 3 ♂ Jan. 1981, -NI 1 Ind. Dez. 1978, 2 ♂/2 ♀ Jan. 1984, Helgol. ♀ Mai 1993 sowie einzelne Gefg.fl. (z.B. -NW März 1996 mit Züchterring) [1369, 575].

Verbreitung und Bestand. Brutvogel der borealen Zone der Holarktis von Skandinavien (NW-N., N-S.) über N-FIN bis Tschuktschen-Halbinsel und Kamtschatka sowie Kurilen und N-JAP mit N-Grenze ca. 70° N und S-Grenze bis ca. 62° N bzw. N Altai; ferner in Nearktis von Alaska über arktisches

Tiefland CDN bis Neufundland und Labrador sowie in W-USA in Rocky Mountains und Küstengebieten nach S bis 35°N [1369,1722]. Europäischer Brutbestand zw. 110.000-290.000 BP, mit Beständen in RUS (100-250 T.), FIN (5-20 T.), S. (3-15 T.) und N. (500-1.000 BP) [383]. In Fennoskandien im 20. Jh. anhaltende N-Verlagerung aufgrund Klimaerwärmung [1369], was möglicherweise Abnahme der in ME nachgewiesenen Ind.zahlen gegenüber 19. Jh. erklärt [337]; Rückgang in FIN drastisch [383], allerdings Arealausweitung in N. [1585]. Lokale und regionale Bestandsschwankungen weniger auffällig als bei Kreuzschnäbeln.

Wanderungen. N des Polarkreises Zugvogel, ansonsten Teilzieher über kurze Strecken oder Standvogel. Aus Arealen in RUS in größeren Abständen Evasionswanderungen, die nach S bis zum Rand der Waldsteppe führen können und vor allem in Fennoskandien S der Arealgrenze, aber kaum mehr in ME oder NW-Europa als Invasionen auffallen; in S. z.B. 1976-77 größte Invasion im 20. Jh. mit ca. 16.000 Dz. an einem Tag in Södermanland. Okt.–Dez. in Fennoskandien regelm. Migrationen, z.T. wohl auch nur Dismigrationen.

Biotop. Br. lichter Nadel- und Mischwälder, in Fennoskandien vor allem Fichtenbestände an Waldmooren, in Tälern und entlang von Flussläufen sowie in Kiefern- oder Kiefernmischwäldern oder Wacholderbüschen im Birkenwald nahe der Baumgrenze.

Nahrung. Sämereien, Knospen und Beeren (z.B. Eberesche).

Stimme. Ruf hoch und hell flötend »tui-thü-tiu« oder »pilidjih«, daneben auch kurz »büt büt«; Warnruf »tschihwli-tschihwli« o.ä. Gesang aus lauten flötenden, auf- und absteigenden und eingestreuten gequetschten Elementen; wird in der Klangfarbe mit Misteldrossel verglichen oder dem Trillern der Heidelerche, sehr variabel in der Struktur. Dialektbildung beschrieben. Schwätzender Subsong von ♂ und ♀, mit Imitationen, auch im Winter.

Verhalten. Tagaktiv. Zur Brutzeit territorial aber sehr heimlich. Im Winter meist sehr vertraut.

Fortpflanzung, Brutbiologie [767,1369,1551]. Geschlechtsreife mind. bei ♂ wohl erst 2-jährig. Monogame Saisonehe. **Neststand.** Meist auf Nadelbäumen (Fichte, Kiefer), aber auch auf Birke (Wacholder und Weide), meist nahe am Stamm, i.d.R. > 4 m Bodenhöhe. Nest wie großes Gimpelnest aus Reisern mit Mulde aus feinen Wurzeln, Gras und Moos. Nestbau durch ♀. **Legebeginn.** Ende Mai bis Mitte Juli, Hauptzeit Juni. **Gelegegröße.** 3-4 (2-5), Ø FIN$_{114}$ 3.8. **Eier.** Spindelförmig, glänzend, tief hellblau, mit wenigen kräftigen schwarzen oder violettbraunen Flecken sowie blasslila Punkten. **Brutdauer.** 13-15 d; ♀ brütet, wird vom ♂ gefüttert. **Nestlingszeit.** ♀ hudert Juv. in ersten 7-10 d; beide füttern; nach 13-18 d fliegen Juv. aus, sind aber noch 3 Wochen von Fütterungen abhängig. **Jahresbruten.** 1, bei reichem Nahrungsangebot auch 2; Ersatzgelege.

Sterblichkeit, Alter. **Generationslänge:** < 3.3 J. [383].

Mauser. **Postjuvenile Mauser** (Teilmauser) Juli–Sept./Okt.; umfasst auch Rand-, mehrere Mittlere Arm- und einzelne Große Armdecken [767,1369,3882]. • **Postnuptialmauser** (Vollmauser) setzt während Jungenfütterung ein, Juli–Sept. im Brutgebiet.

Pyrrhula pyrrhula – Gimpel 17100

Pyrrhula [pyrrhula] pyrrhula (Linnaeus 1758) syn.: Dompfaff

(GB) **Eurasian Bullfinch** (F) **Bouvreuil pivoine** (E) **Camachuelo Común**

Taxonomie. Sieben UA, von denen die vier in ME und W-Europa gering differenziert sind: *pileata* MacGillivray 1837 (GB), *europoea* Vieillot 1816 (W-Europa bis DK), *pyrrhula* (Linnaeus 1758) (N- und E-Europa bis Sibirien) und *iberiae* Voous 1951 (S-F, Iberien). Auffällige Unterschiede im Klang der Rufe zwischen ME Populationen und Vögeln aus äußerstem NE-Europa und Kaukasus bekannt, aber unzureichend untersucht. – Bildet Superspezies mit *P. murina* (Azoren), *P. cineracea* (Zentralasien), *P. griseiventris* (inkl. »*rosacea*«, Fernost, JAP). Zu Details in den Kontaktzonen [1369].

Kennzeichen. [767,1369,221,3615,3772].

Maße. Gr.: 14.5-16.5 cm. Gew.: (D-NI, Brutzeit) ♂ 22.0-26.5 g, $\varnothing_{19}$ 23.7 g, ♀ 22.0-30.0 g, $\varnothing_{12}$ 25.3 g, (-HH, Winter) ♂ 22-38 g, $\varnothing_{42}$ 26.9 g, ♀ 23-34 g, $\varnothing_{24}$ 25.3 g. Fl.spw.: 22-29 cm. Fl.l.: (D-HH, Winter) ♂ 79-95 mm, $\varnothing_{93}$ 84.9 mm, ♀ 79-95 mm, $\varnothing_{70}$ 83.4 mm [767,1369].

Status. Nominatform verbreiteter und häufiger Brut- und Jahresvogel; häufiger, regelm. Durchzügler und Wintergast; in NW-ME UA *europoea* Brutvogel und/oder Gastvogel aus Skandinavien.

Verbreitung und Bestand. Br. der borealen und gemäßigten Zone sowie einigen Bergregionen der Paläarktis von britischen Inseln nach E bis Kamtschatka und JAP, dabei in Fennoskandien 70°N und weiter E etwa Polarkreis. S-Grenze von N-E., Pyrenäen, S-F, Appennin bis S-I, N-Grenze Balkanhalbinsel, N-Anatolien, Kaukasus, Elburs, Kopet-Dagh; in RUS aber nur bis 53–54° S und weiter nach E i.d.R. N 50° N, nach E bis N-Mongolei, am Pazifik bis S-JAP; N-Grenze in Fennoskandien bis 70° N, S-Hälfte Kola-Halbinsel, RUS bis E-Sibirien meist S des Polarkreises. In ME Nominatform Brutvogel mittlerer Lagen bis zur Baumgrenze von E-D und A nach E, in W-ME und DK UA *europoea*. Europäischer Gesamtbestand zw. 7.3 - 14 Mio. BP (stabil), mit größten Beständen in RUS (4.5-8 Mio.), F (0.2-1), RO (450-650 T.), FIN (300-500), S. (250-500), D (200-450) und N. (100-500 T. BP); in ME etwa 0.7–1.4 Mio. BP [383].

Wanderungen. ♂ der europäischen Populationen vorwiegend Standvögel (allerdings bei Nahrungsmangel mit hoher Mobilität), dagegen vorwiegend diesj. ♀ Kurz- und Mittelstreckenzieher. Das Hauptwintergebiet umfasst mit Ausnahme des N-Saumes fast das ganze Brutareal, das nur von wenigen Vögeln südwärts verlassen wird (bis S-E. und N-Rand Mittelmeer, selten N-Afrika). Anteil der ♂ am Dz. S-D normalerweise 30-36%, bei extrem kaltem Herbst höher (Überwinterungsverhältnis ♂/♀ = 7:3). **Br. GB** sind Standvögel mit sehr geringer Reichweite nachbrutzeitlicher Dismigrationen (meiste Funde innerhalb 20 km vom Beringungsort, selten > 100 km, max. 178 km) [4064]. **Br. Skandinavien** wandern WSW–SW bis DK, NL, B und S-D und wohl auch F, vielleicht sogar E., aber auch SE bis PL und CZ, SK.; nur selten scheint GB erreicht zu werden; **Br. FIN** u.a. in CZ/SK. und bis SW-D nachgewiesen, dürften ebenso wie **Br. Baltikum und W-RUS** auch I erreichen. Bemerkenswert sind Funde in FIN beringter Wintergäste (?) in späteren J. in H, Mittel-RUS und 2350 km E Sibirien; auch **Br. aus Mittel- und N-RUS** wandern bis ME (und wahrscheinlich auch weiter). ME erhält also fast in allen Teilen Wintergäste aus N und NE; **Br. ME** enthalten überall hohe Standvogelanteile, Dismigrationen sowie spätherbstliche Altitudinalwanderungen sind die Regel; Zugvögel bis SW-F nachgewiesen. Dismigrationsbewegungen beginnen im Aug, regelrechter Wegzug Mitte Sept., Hauptdz. Mitte Okt.–Ende Nov. und zumind. in S-ME bis mind. Mitte Dez. (in S-D Median ♂ ca. 5 d später als Median ♀); Heimzug März–April. Median Randecker Maar Ende Okt., 1970-1997 um reichlich 2 d pro Zehnjahreszeitraum nach vorne verschoben [1315]. Winterfunde beringter Br. aus D (1954-76) zeigen Tendenz zu kürzeren Zugwegen [1117]. Ringfundzusammenstellung [4220].

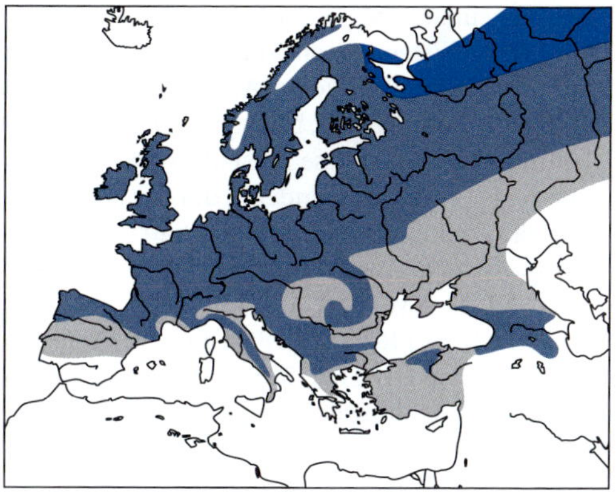

Pyrrhula pyrrhula – **Gimpel**

Bestandsentwicklung. Aufgrund der Unauffälligkeit im Brutgebiet ME schwer erfassbare Singvogelart. Größere Bestandsschwankungen und Brutortswechsel sind typisch.

Lokal und regional z.T. deutliche Zunahmen und Arealgewinne im 20. Jh. durch Aufforstung von Niederungs- und Mittelgebirgsflächen mit Nadelhölzern sowie verstärkte Einwanderung in Siedlungsbereiche mit Nutzung von Fütterungen im Winter, viell. auch durch Förderung der wichtigsten Nahrungspflanzen (z.B. Brennnessel, Löwenzahn, Ampferarten) durch Stickstoffdüngung [1369,337,196,1313; PL, B, D: 2031,2068,3268,4175,843,3867,1369,973; vgl. F: 4180], nur gebietsweise bis in jüngere Zeit anhaltend [NL (Dünengebiete), PL, D: 884,2889, 334,591,3595,3638,1585,1369,2623,310,3871; Fennoskandien und W-RUS: 767,1369,1691N]. Vielmehr aus einigen Regionen ME seit Mitte 1970er J. (in Waldgebieten NL ab Mitte 1980er J.) auffallende Abnahmen, z.T. sogar Arealverluste, vor allem in NW- und SW-ME, bedingt zum einen durch atlantische Klimaeinflüsse mit Folgen verringerten Bruterfolgs [4180], zum anderen durch nachhaltige Beeinträchtigung der Kulturlandschaft (Modernisierung, Ausräumung, Verlust von Winterbrachen) [CH, L, NL, D-NW, Bod., CS: 3392,3393,2407,375, 3638,1617,1039,1467,2259,1852; aber: 2159; ferner bes. drastisch in GB: 767,1585,2471 (viell. auch bedingt durch Zunahme der Prädation nach Ausbreitung des Sperbers), 1507].

	Best.	Areal	Brutbestand	Jahr	Quelle
A	+/-	=	150.000–250.000	1998–2002	[383]
B	+/-	=	5.200–15.000	2001–2002	[383]
CH	↓	=	50.000–80.000	1993–1996	[383]
CZ	↑	=	170.000–340.000	2000–2002	[383]
D	+/-	=	200.000–450.000	1995–1999	[383]
FL	↓	- 1	120–180	1998–2000	[383]
H	↑	+ 1	100–250	1999–2002	[383]
L	↓	=	7.000–9.000	2001	[383]
NL	⇩	- 1	7.000–9.000	1998–2000	[383]
PL	+/-	=	50.000–100.000	2000–2002	[383]
SK	+/-	=	70.000–120.000	1990–1999	[383]

Andererseits auch viele Hinweise auf langfristig unveränderte Vorkommen bei starken Fluktuationen, insbes. in weiten Teilen Zentral- und E-ME [z.B. 2518,1585,965,1; vgl. auch Herbstzugdaten vom Randecker Maar D-BW:1313]. In PL und H sogar Ausbreitung und Zunahme, ebenso in UA. sowie in Skandinavien [1585,2438].

Siedlungsdichte. Solitär oder in kleinen lockeren Gruppen brütend (3–4 BP) mit Nestabständen 10–30 m; Dichtebestimmungen wegen fehlenden Revierverhaltens und weiten Flügen zu Nahrungsplätzen nach üblichen Kriterien sehr problematisch, Dichte wohl auch oft unterschätzt. Höchstdichten ME auf Flächen von 20–49 ha 4.0–3.3–1.7 (Ø 3.1), von 50–99 ha 2.2–0.9–0.2 (Ø 1.0), von > 100 ha 2.2–0.8 BP/10 ha [337, vgl. auch Dichteangaben in 1507,1137,1722,310]. Großflächendichte (> 100 km^2) zw. 0.01 – 5.7 BP/km^2 [vgl. Tab. 69 in 337].

Gefährdungsursachen [1343,4180,196,2471]. Verlust von Hecken und Feldgehölzen, Brachflächen (im Winter!), Ackerrandstreifen etc. sowie starke Beeinträchtigung der Wildkrautflora. Natürliche Feinde offenbar gebietsweise erheblich bestandslimitierend.

SPEC	VSchRL	Bern.Konv.	Bonn.Konv.
--	--	Anh. III	--
Europ. RL	**RL in ME**		
--	--		

Schutzmaßnahmen. Erhalt oder Verbesserung der Strukturvielfalt in der Kulturlandschaft.

Biotop. Br. in Nadel- und Mischwaldbeständen, bes. in dichten Busch- und Jungholzbeständen, vor allem Fichten bis Stangenholzalter, aber auch in älteren Beständen mit dichtem Unterholz, meist am Rand größerer geschlossener Waldkomplexe, in aufgeforsteten Lichtungen, aufgelockerten Laub- und Mischgehölzen mit Strauchschicht, wie Feldgehölze, Parklandschaften, Gärten, Friedhöfe, offenbar zunehmend auch inmitten von größerer Städte. Im Winter auch in kleinen Grünflächen von Städten.

Nahrung. Fast ausschließlich vegetabilisch, Samen und Knospen einer großen Zahl von Bäumen, Sträuchern und krautigen Pflanzen. Im jahreszeitlichen Wechsel im Frühling vor allem Knospen (z.B. Obstbäume, Ahorn, Weiden, Buche, Lärche; reichen aber erst ab Vorfrühling aus, um Körpermasse zu erhalten), im Frühsommer vor allem (oft unreife) Samen der Krautflora (Huflattich, Löwenzahn, Ampfer, Knöterich, *Viola*-Arten), Hochsommer bis Herbst Samen von Bäumen, beerenartigen Früchten, Stauden und Kräutern (z.B. Ulme, Eberesche, Holunder, Mädesüß, Brennnessel), Winter vor allem Baumsamen und wenn erreichbar von Kräutern (z.B. Ahorn, Esche, Brennnessel) sowie an Futterstellen eine Vielzahl von Sämereien. Insektenfang im Frühsommer beob.; Nestlinge werden mit Raupen, Spinnen und sogar Gehäuseschnecken gefüttert, aber überwiegend mit aufgeweichten, oft milchreifen Samen aus dem Kropf (häufig Löwenzahn).

Stimme. Lockruf sanft und weich, aber relativ weit hörbar, abfallendes »diü…diü…«, vor allem außerhalb der Brutzeit häufig; Stimmfühlung leise und nur aus der Nähe zu hören »bit bit…«, auch im Abflug; aggressiv »chier chier…«, geräuschhaft und etwas gequetscht; ferner leise »chuäh« oder Lockruf »chruier – chruier…« (Nestlockruf); Standort-

laut der Juv. anhaltend »diel diel...«. Gesang relativ leise aus locker gereihten, sanften Pfeifelementen, die manchmal etwas guttural klingen oder wie Triller und durch kleine Pausen voneinander abgesetzt sind. Daneben flüssig-plaudernder Subsong; auch ♀ singen. Bei ♂ ist der Vater Gesangsvorbild, bei ♀ Vater und erster Brutpartner. Gesang regelm. ab Ende Dez. bis Sommer, Gipfel März–Mai, Minimum Aug.–Mitte Dez.

Verhalten. Tagaktiv; Tagzieher. Kann sich an Zweigenden hängen, holt Samen und Knospen aber häufig durch Streckbewegungen im Sitzen aus allen Richtung der Reichweite des Schnabels. Nahrungserwerb im jahreszeitlichen Wechsel auf Bäumen, Stauden, Kräutern; bei letzteren werden durch Aufsitzen und seitliches Laufen gegen die Spitze die Samenstände in die Horizontale gedrückt, Samenstände von nicht tragfähigen Stängeln aber auch abgebissen oder nicht selten im Rüttelflug angeflogen; vor allem im Winter mitunter auch Nahrungsaufnahme vom Boden. Behandlung der Nahrung: Beeren werden aufgequetscht und ihre Schale durch Druck aufgeschnitten, dann im Schnabel gedreht und durchgekaut und mit der Zunge die Kerne herausgesucht; das Fruchtfleisch wird fallen gelassen oder weggeschleudert und die Kerne werden dann enthülst. Der Fuß wird bei der Bearbeitung der Nahrung nicht zu Hilfe genommen. Selbst kleine Samen werden geschält, wobei mehrere Samenkörner im Schnabel nacheinander bearbeitet werden. BP einzeln oder in lockeren Gruppen brütend, ohne erkennbares Territorialverhalten. Brüten solitär, aber Nester können auch nahe beieinander sein. Paarbindung sehr eng und für lange Zeit stabil. Bei der Paarbildung droht ♀ zunächst das ♂ an, aus der Drohhaltung wird später eine intensitätsschwächere Begrüßung. Später Schnabelberührung der beiden Partner und Füttern des ♀ durch das ♂ aus dem Kropf und Halmbalz (Vorzeigen von Nistmaterial). Gesang scheint nicht bedeutend für Werbung oder Reviermarkierung. Außerhalb der Brutzeit oft tägliche Schlafplatzwanderungen vom Siedlungsbereich in umliegende Wälder, in den Alpen auch als Altitudinalwanderungen. Keine soziale Rangordnung in winterlichen Trupps.

Fortpflanzung, Brutbiologie [1369,337,767,1]. Geschlechtsreife im 1. Lebensjahr. Monogam, wohl auch Dauerpaare (über mehrere J.), aber wenig Belege. Fremdkopulationen bekannt; NL bei 86 Paaren 5% Polyandrie (♀ mit bis 2 ♂); in mehreren Populationen Überzahl von ♂ festgestellt; Bigynie ebenfalls beschrieben. **Ankunft am Brutplatz.** Paarbildung schon im Sommer oder Herbst möglich, meist vor Reviergründung (diese im März/April); Paar sucht gemeinsamen Nistplatz. **Nest.** ♂ zeigt potenzielle Standorte, ♀ wählt. Neststand meist in Koniferen sehr gut versteckt auf Außenästen oder bes. dichten Bereichen der Verzweigung; vor allem im Kulturland und Siedlungsbereich aber auch häufiger in Laubhölzern, meist in Jungpflanzen oder Büschen < 3 m (aber auch Hochnester bis 14 m); mitunter auch an Gebäuden (Ausnahmestandort Schilf). Nest ähnlich Kernbeißer mit plattformartigem Unterbau aus Reisern meist von einer Baumart, aber auch Stängel abgestorbener krautiger Pflanzen (z.B. 62-219, Ø 128 Stück), entweder vom Boden aufgelesen oder abgebrochen; da Ästchen nur ± aufgelegt werden, anfangs oft erheblicher Materialverlust; darauf eigentliches Nest aus kleinen Wurzeln verflochten, relativ flache Mulde oft mit dürren, feinen Grashalmen und einigen Haaren ausgekleidet. Muldendurchmesser um 66 mm, -tiefe 30-43 mm. Nur ♀ baut, wird vom ♂ begleitet, das auch Nistmaterial beibringen kann. Dauer für Zweitbrut 2-5 d. **Legebeginn.** ME frühestens ab Anf. April (abhängig von diesj. Samen), meist Ende April/Anf. Mai bis spätestens Ende Aug., Nestlinge bis max. Mitte Sept. Abstand Legebeginn zw. Erst- und Zweitbrut NL 20-21 d. **Gelegegröße.** 4-6 (2-7); Ø Rhl. April$_{19}$ 4.84, Mai$_{39}$ 4.85, Juni$_{20}$ 4.7, NL$_{421}$ 4.7 (max. Mitte Mai), CH$_{53}$ 4.9, W-RUS$_{32}$ 5.0, in höheren Breiten größer. Legeintervall 1 d. **Eier.** Oval bis birnenförmig, mattglänzend, Grundfarbe hellblau bis blaugrünlich, spärlich mit dunkelbraunen bis fast schwarzen Punkten besetzt, violettgraue Unterflecke. **Brutdauer.** 13-14 (12-15) d; Bebrütung etwa ab 4. Ei; ♀ brütet, wird vom ♂ gefüttert; Junge schlüpfen innerhalb 2.5-4 d; Nesthäkchen stirbt oft. **Nestlings-/Führungszeit.** ♀ hudert ca. 6 d, beide füttern, zunächst füttert ♀ die Jungen mit Futter vom ♂, später füttern beide; Juv. verlassen Nest nach 15-18 d (z.T. wetterbedingte Verzögerung bis 20-22 d); nach etwa 1 Woche folgen Juv. den Eltern aus der Nestumgebung, etwa 15-20 d nach Verlassen des Nestes selbständig. **Jahresbruten.** 2 die Regel (in NL >90% der Paare mit Zweitbrut), Drittbrut in günstigen Fällen; Ersatzgelege häufig. ♀ beginnt Nestbau für Zweitbrut, wenn ♂ noch Juv. führt. **Ende der Brutperiode.** In ME Ausfliegen der Juv. ab Ende Mai, Juni bis spätestens Ende Juli, danach (Aug.) rascher Wegzug. **Bruterfolg.** S-D Juv. aus 44% (2.2 Juv./BP und J., 4.0 pro erfolgr.

Paar), NL$_{1321}$ aus 50% der abgelegten Eier (Bruterfolg 6er-Gelege 2.9, 5er-Gelege 2.4, 4er-Gelege 2.2 Juv./Nest). Gelegentlich 3 erfolgr. Bruten pro J., dafür aber 4-6 Versuche notwendig. In Wald GB 85% der Mai-, 50% der Juni- und 30% der Julibruten geplündert, in teilweise offener Agrarlandschaft entsprechende Verluste geringer (56%, 33%, 16%).

Eimaße und -gewichte [1369]: L. 17.8-22.0 mm, B. 14.0-16.2 mm; Ø 20.7 x 15.0 mm (n=122, S.). Frischvollgew. 1.56-2.51 g, Ø$_{29}$ 2.1 g (B) bzw. 2.07-2.76 g, Ø$_{24}$ 2.39 g (CS). Schalengew. 0.103-0.148 g, Ø$_{122}$ 0.125 g.

Sterblichkeit, Alter. Br. GB/IRL (1962-94) 67 % im 1. J. und als Ad. 58 %/J. [3589]. Ebenfalls für GB/IRL bei ad. ♂ 52 %/J., bei ad. ♀ 59 %/J. und mittlere Lebenserwartung von 1.93/1.71 J. (Geschlechterunterschied statistisch signifikant) [908]. Älteste Ringvögel 17 J. 6 Monate, 12 J. 7 Monate. **Generationslänge:** < 3.3 J. [383].

Mauser. **Postjuvenile Mauser** (Teilmauser) beginnt im Alter von 5–9 Wochen, Mitte Juli/Aug.–Okt./Mitte Nov. [767,1369]; einschließlich variabler Anzahl Großer Armdecken und 1–2 Schirmfedern, bei früh geschlüpften und ♂ umfangreicher [1369,3771,1866]. • **Postnuptialmauser** (Vollmauser) Mitte Juli/Aug. (Sept.)–Ende Sept./Mitte Nov. (Dez.), kann bereits während Aufzucht der letzten Brut einsetzen; Dauer der HS-Mauser 65–80 d [767,1369,2767].

Bucanetes githagineus – Wüstengimpel 16760

Bucanetes githagineus (M.H.K. Lichtenstein 1823) syn.: *Rhodopechys githaginea*

(GB) Trumpeter Finch **(F) Roselin githagine** **(E) Camachuelo Trompetero**

Taxonomie. Vier UA: *amantum* (Hartert 1903) (Kanaren), *zedlitzi* (Neumann 1907) (S-E., NW-Afrika), *githagineus* (M.H.K. Lichtenstein 1823) (EGY bis Sudan) und *crassirostris* (Blyth 1847) (Sinai, Arabein bis Pakistan). Die Nähe der Verwandtschaft zwischen Wüsten- und Mongolengimpel *B. mongolicus* ist unklar. Beide sind zwar in Mittelasien regional sympatrisch, doch überwiegend altitudinal getrennt [184,1369].

Kennzeichen. [767,1369,221,3772,3615, weitere Fotos in Dutch. B. **25**, 277, **26**, 185-86, Bird. W. **19**, 206-210].

Maße. Gr.: 12.5 cm. Gew.: *zedlitzi* (DZ, Winter) ♂ 17, 19-22.3 g, ♀ 19-22 g; *crassirostris* (IL) 16-22 g. Fl.spw.: 25-28 cm. Fl.l.: ad. ♂ 87-93 mm, Ø$_{11}$ 89.5 mm, immat. ♂ 84-88 mm, Ø$_{7}$ 86.0 mm, ad. ♀ 84-89 mm, Ø$_{6}$ 86.7 mm, immat. ♀ 82-87 mm, Ø$_{4}$ 85.4 mm [767,1369].

SPEC	VSchRL	Bern.Konv.	Bonn.Konv.
--	Anh. I	Anh. II	--
Europ. RL	RL in ME		
--	--		

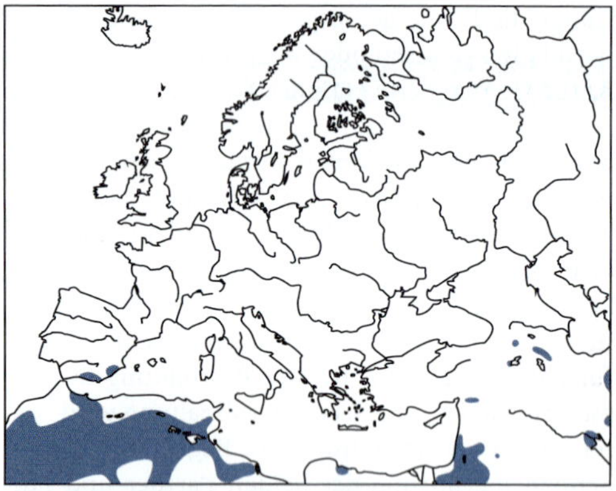

Bucanetes githagineus – Wüstengimpel

Status. Außerhalb der Brutgebiete in Europa sehr seltener Gastvogel, zudem Herkunft der europäischen Nachw. in meisten Fällen nicht ganz einwandfrei [Diskussion 2815]. Meldungen betreffen z.B. GB/IRL 9 Ind. 1971-2005 (Mai, Juni, Aug., Sept.) [4171N], ferner Kanalinseln Okt./Nov. 1973 [2815]. DK: 1 Ind. Juni/Juli 1982; Juni 1997 [337,4171N]. S.: Je 1 Ind. Juni 1966, 1971 [337]; ferner nachgewiesen in F, Balearen, GR, Kuwait und Kapverden [3615].

In ME Ausnahmegast, bisher nur in • **D**: SH Sylt 1 ad. Juli 1987 (4 d vor letztem Nachw. an E-Küste GB) [2815]. • **A**: -V Herbst 1907 (Herkunft fraglich), 1 ad. Mai 1989 [3129,1617]. • **NL:** ♂ Mai 2003 [q16].

Verbreitung und Bestand. Brutvogel der Halbwüsten- und Wüstenzone der S-Paläarktis von Kanaren und S-E. über Sahara bis EGY, IL, SE-TR, N Arabische Halbinsel, Irak, Iran, Pakistan, NW-Indien, im N von S-Transkaspien bis Tadshikistan, E-KZ, SW-Sibirien (Altai) [337]. Europäischer Brutbestand nur 11.000-21.000 BP (leichter Rückgang), davon 10-20 T. auf Kanaren (rückläufig), 300-500 BP in E. (zunehmend) und 200-800 in TR (Trend unklar), kleine Bestände zudem in AZ und AR [383].

Wanderungen. Kurzstreckenzieher mit von Niederschlag und Nahrungsangebot beeinflussten nomadischen Wanderungen und Evasionen. Br. Mittelasiens sind Mittelstreckenzieher nach SE bis W-Indien. Herkunft der spärlichen Durchzügler in I unbekannt [1201].

Biotop. Br. in Wüsten- und Halbwüstengebieten mit Minimum an Vegetation und hohem Anteil steinigem oder kiesigem Boden, besonders in Nähe von karg bewachsenen Abhängen mit Rissen und Höhlungen.

Nahrung. Samen und andere Teile niederwüchsiger Pflanzen; zusätzlich einige Insekten.

Stimme. Ruf weich, nasal »töd« oder durchdringender nasal »wää-ad«, ähnelt hoher, trötender Kindertrompete (engl. Name!). Wohl mehrere Gesangsformen: zum einen Trompetenelement verbunden mit eingestreuten zwitschernden Lauten, ähnlich »wääd-didü-didü-didü«, oder Strophe mit einleitenden Elementen wie oben, dann hoher Triller aus melodischen Elementen, gefolgt von 2 geräuschhaften Elementen, abschließend ein tiefer werdendes Schleifen wie »dwii-dwii-tsch-tsch-tschärrr«. Singflug als kreisender Bogenflug.

Mauser. **Postjuvenile Mauser** (Teilmauser) kurz nach Flüggewerden; Umfang variabel, z.T. wird auch Teil des Großgefieders gewechselt, bisweilen vollständig [767,1369,3771]. • **Postnuptialmauser** (Vollmauser) Juni/Juli–Juli/Sept. nach Brutende [767,1369].

Carpodacus erythrinus – Karmingimpel 16790

Carpodacus erythrinus (Pallas 1770)

(GB) Common Rosefinch, (Scarlet Grosbeak) (F) Roselin cramoisi (E) Camachuelo Carminoso

Taxonomie. Fünf UA: *erythrinus* (Pallas 1770) (N-Europa und ME bis Mongolei), *kubanensis* Laubmann 1915 (Balkan, TR bis N-Iran), *grebnitzkii* Stejneger 1885 (E-Sibirien bis Anadyr, Kamtschatka), *ferghanensis* (Kozlova 1939) (Tarbagatai, Tien Schan) und *roseatus* (Blyth 1842) (Himalaya).

Kennzeichen. [767,1369,221,3772,3615; weitere Fotos in Bird. W. **15**, 192, 234, Brit. B. **92**, 464, **95**, 367, Dutch B. **14**, 87, Limic. **11**, 148, **12**, 289, **15**, 240].

Maße. Gr.: 14.5-15 cm. Gew.: (S.) rote ♂ 19.9-26.6 g, $\varnothing_{98}$ 21.98 g, grüne ♂ 19.5-24.0 g, $\varnothing_{60}$ 21.94 g, ♀ 19.8-30.5 g, $\varnothing_{52}$ 22.4 g. Fl.spw.: 24-26.5 cm. Fl.l.: ad. ♂ 82-88 mm, $\varnothing_{21}$ 84.6 mm, ♀ 80-85 mm, $\varnothing_{13}$ 82.7 mm [767,1369].

Status. In E-ME verbreiteter und häufiger, in W-ME lokaler Brut- und Sommervogel, daneben Gebiete mit unregelm. Brutvorkommen oder Übersom-

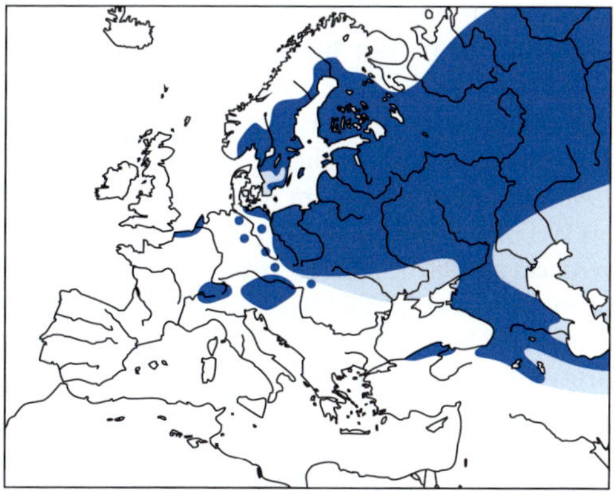

Carpodacus erythrinus – **Karmingimpel**

merungen; große Zahl nichtbrütender Reviervögel. Regional, häufiger, regelm. Durchzügler in abnehmender Zahl nach SW-ME. Zuweilen Bild durch aus Haltung entkommenen oder freigelassenen Karmin- oder auch Hausgimpeln (*C. mexicanus*) verfälscht.

CH: Erstnachw. Juni 1979; 1. Brutversuch 1983 (-SZ), 1. erfolgr. Brut 1989 (-SG) [4152,1369]. • **L:** Beob. mind. seit 1980 [337]. • **B:** erstmals Okt. 1928, danach nicht allj. Gastvogel, seit 1990er J. besetzte Brutreviere, 1. Brutnachw. 1996 [1369,1677,3959]. • **NL:** 1. Brutnachw. 1987, ab 1990 auch auf Inseln (z.B. Texel und Terschelling) [375,277]. • **L:** Sing. ♂ Sept. 1980 [1369]. • **D:** Helgol. im 19. Jh. erste Feststellung 1848, danach einzelne, seit 1970 allj. (in Spitzenjahren 1987 und 1992 je 255 Beob.), 1. Brutnachw. 1987; -SH erste Beob. 1949, ab 1971 Einzeldaten, 1. Brutnachw. 1982 (Fehmarn), seit 1987 häufiger, ab 1988 Brutverd. im Binnenland und mehrere Brutnachw. Ostküste, ab 1989 Bruten aus Sylt; -HH Beob. seit 1976; -MV Brutnachw. 1914, Einzelbruten 1933, 1941, 1956, seit 1932 zunehmende Verdichtung von Einzelbeob., ab 1967 starker Vorstoß, seit 1968 regelm. Brutvogel; -BB nur 2 Meldungen 19. Jh., 1968 im E zur Brutzeit, ab 1974 Brutansiedlung Unteres Odertal, seit 1971 Brutzeitbeob. -BE, mind. seit 1980 auch in S-BB; -NI Brutnachw. 1876; Erstbeob. 20. Jh. (Ostfriesl.) 1953, 1. Festlandsnachw. 1971, 1. Brutversuch 1985, erste Brutnachw. ab 1990; -ST erstmals Mai 1975, 1. Brutnachw. 1992; -TH. 2 Meldungen aus 19. Jh., dann 1. Beob. 1983, sing. ♂ ab 1989, erste Bruten 1991; -SN Erstbeob. 20. Jh. 1979, ab 1982 allj. beob., Bruten seit 1990; -NW Erstbeob. 1986, zunehmend beob., undokumentierte Brut(en) um 1994 [2821], seit 1996 Abnahme der Beob. [337,1369]; Ende 1990er J. erstmals Bruten in -NW und -HE [204], bisher keine Brutnachw. aus: -RP Erstnachw. 1979 [1122]; -SL bis 1995 keine Feststellung; -HE Erstbeob. 1980, 1988 Brutverdacht; -BW Erstbeob. 1975 Oberschwaben, 1978 Bod., seit 1989 allj.; -BY S Donau 1. sicherer Nachw. 1972 (bei Fang 1970 Freilandvogel fraglich), 1983 N-Alpen, um 1990 regelm. Brutvogel im S Alpenvorland mind. bis W Lech, N Donau ab 1979 Beob. NE -BY, Brutverdacht ab 1987 [337,1369,1680,1722,1]. • **A:** 1869 Beob. Donautal; Erstbeob. 20. Jh. -S 1963, 1. Brutnachw. 1973; ab 1975 Beob. in vielen Teilen A mit Brutverdacht und -nachw. vor allem in E-Alpen und im N (Anschluss an böhmische Vorkommen); -V 1979 1. Beob. am späteren Brutplatz (Brutnachw. 1981), seither regelm. Brutvogel in wenigen Paaren [337]. • **FL:** Erstnachw. sing. ♂ Juni 1995 [1369]. • **H:** Erstnachw. 1983, 14 anerkannte Nachw. bis 1997 [2438], Brutnachw.? [1945]. • **SK.:** Einzelbruten 19. Jh.; 1959 Brutnachw. im N, seither Ausbreitung [337]. • **CZ:** seit 1877 (bis 1950er J.) nur wenige Daten über Einzelvögel; Erstbrut 1962 Mähren, 1968 Böhmen [337]. • **PL:** Ausbreitung in 1. Hälfte 19. Jh. entlang Ostseeküste und im S, 2. Hälfte 19. Jh. nur im E und NE Brutvogel, um 1900 wieder Zunahme und Ausbreitung, bes. stark seit 1960er J.; in Slask seither Brutvogel [337,1369,3871]. Einzelne Nachw. im Winter, z.B. in **B** [4014].

F 1. sing. ♂ ab 1977, seit 1990er J. Brutvogel im N und NW, seit 1997 im E [337,4014]; GB 1. Brutnachw. 1982, seither 1–7 BP pro Jahr geschätzt, aber kaum -nachw. und keine nach 1992; Beob. Ø 5.8 Ind./J. in 1950er, ca. 12 Ind./J. 60er bis 173 Ind./J. in 90er J.; zunächst fast ausschließlich, dann überwiegend Herbstbeob. von Juv., erst seit 1960er J. stark zunehmend Frühjahrsvögel [337,4014]; DK erste Beob. 1948, ab 1962 Nachw. zunehmend, 1. Brutnachw. 1972, inzw. 200–250 BP [1422]; zunehmend starker Durchzügler im Frühjahr, z.B. Kap Skagen 122 Ind. in 1 h im Mai 1987 [337]; N. Erstnachw. 1882; Herbstnachw. 1930er J.; 1. Brutnachw. ab 1970, seither Bestand auf 1.000-2.500 BP angewachsen [337,1585]; S. 1 Ind. 19. Jh. Gotland; Zahl der Nachw. 1900–30 0, 1931–40 4, 1941–50 5; 1. Brutnachw. Gotland 1938; Zahl sing. ♂ 31 (1958), 371 (1969), 1409 (1974); inzw. 10-30 T. BP [337,1585]; FIN nach Besiedlung des SW ab 1880 Regression, seit 1920er J. Zunahme und Ausbreitung von Karelien bis Weißmeer sowie FIN, nach 1960 Ausbreitungstempo vermindert, Bestand seit 1940 um etwa Faktor 30 vermehrt, derzeit 0.35-0.45 Mio. BP [337,1585]; E. 1. Nachw. Sept. 1990 Fang Balearen; HR erstmals 1971 [1369]; SLN 1. Brutnachw. 1978; RO 1868 2 Daten; Erstnachw. 1978, regelm. Brutvogel Siebenbürgen seit mind. 1981, mind. Brutverdacht Karpaten; BG Brutverd. ab 1974; GR Erstbeob. Okt. 1986 [337].

Verbreitung und Bestand. Brutvogel der borealen, gemäßigten, mediterranen und Steppenzone sowie Gebirgsregionen der Paläarktis, heute von ME bis Kamtschatka und Pazifikküste und im S z.T. lückenhaft in Gebirgssystemen Kleinasien, Kaukasus, Mittelasien, Altai, Tibet und Himalaya. Im W Verbreitungsgrenze augenblicklich im Fluss mit Neuansiedlungen, deren Dauerhaftigkeit noch nicht feststeht (Details vgl. unten). In S. heute bis ca. 67° N, FIN bis knapp über Polarkreis; in Sibirien entlang großer Ströme bis 64° N (Ob), 69° N (Jenissej), 70° N (Indigirka), ferner ganz Kamtschatka, N-Sachalin. Nach S mind. Inselvorkommen im Fernen Osten bis 44–46° N (z.B. NE-China), 43–44° N Mongolei, S-Grenze KZ, bis 50° N UA.; davon getrennt montane Teilareale in Anatolien (mittlerweile bis W-TR), Kaukasus und Vorland, N-Iran (Kopet Dagh), N-Afghanistan, Sikkim bis N-Assam, Zentralchina. In ME derzeit in Ausbreitung und nicht in allen Regionen im W regelm. Brutvogel. In E-Alpen derzeit bis ca. 1600 m (max. 1900 m), in A-V flügge juv. 1980 m und 1850 m, SK. bis 1300 m, PL bis 1200 m ü.M. Europäischer Gesamtbestand etwa zw. 3 – 6.1 Mio. BP (stabil) [383], weitaus größter Teil in RUS (2.5-5 Mio.), größere Populationen ferner in FIN (250-350 T.), AR (30-160), BY (70-120), LT (50-120) und EST (50-80 T. BP) [383]; in ME brüten etwa zw. 13.000-34.000 BP [383].

Wanderungen. Lang- und im E wohl auch Mittelstreckenzieher mit Hauptwinterquartier N- und Zentralindien bis S- und SE-China, das die Br. Europas durch E- und anschließend SE-Zug erreichen. Details über Zugrichtungen und Winterquartiere einzelner Populationen kaum bekannt, doch dürften Br. E-Europas zunächst nach E abwandern; möglicherweise überwintern Br. Kleinasiens bereits im Iran. Ein Ringvogel FIN vom Mai war im Aug. in KZ, je ein Juni-Vogel der Kurischen Nehrung und S-N. in späteren J. im Juni in Turkmenien bzw. im Mai in Usbekistan. Wiederfunde Ringvögel S. aus geringen Entfernungen weisen ebenfalls in E-Sektor. Vornehmlich Diesj. wandern im Herbst nach NW über Areal hinaus, daher überwogen in ersten Abschnitten der Expansion nach W vor allem im Nordseeraum Herbstdaten. Ob solche Herbstvögel in Europa überwintern, ist bis jetzt noch nicht bestätigt; einzelne Daten zwischen Ende Okt. und Anf. Mai sind z.T. fragwürdig (z.B. Vögel aus Gefg.). Extrem frühe wie extrem späte Beob. in ME möglicherweise auch mit der Entstehung neuer Wintergebiete in Afrika und Vorderasien infolge der Arealausbreitung in Verbindung. Am ehesten käme Überwinterung im E-mediterranen Raum in Frage (Einzelnachw. seit 1968 aus EGY, schwacher Herbst- und Frühjahrsdz. in Eilat IL), jedoch immerhin 1989-90 Mitte–Ende Aug. je ein Fängling am Col de Bretolet CH, was auf SW-Abzug deuten würde. Wegzug von Brutplätzen ME rasch nach Ausfliegen der Jungen ab Mitte Juli; Einzelvögel in weiterer Umgebung der Brutplätze bis Ende Aug. Gipfel der meist diesj. Herbstvögel W der Arealgrenze (z.B. GB) Ende Aug.–Anf. Okt. abklingend bis Anf. Nov. Im Binnenland ME bereits ab Mitte Sept. Beob. selten. Rückkehr ♂ ab 3. KJ an etablierte, mehrj. besetzte Brutplätze in S-D sehr konstant zwischen 15. und 20. Mai, ♀ und einj. ♂ etwas später. Auch sonst in ME vor Mitte Mai nur ausnahmsweise – damit die allj. letzte eintreffende Zugvogelart in ME; ähnliche Ankunftsdaten in Fennoskandien und W-RUS. In Fennoskandien und PL sehr hohe Brutortstreue bei ♂ und ♀ nachgewiesen (FIN z.B. ca. 80%/ca. 60% der rückkehrenden ♂/♀ < 0.5 km vom letztj. Neststandort), ebenso in neu angesiedelten Lokalpopulationen ME Ortstreue mehrj. ♂, aber auch im 1. J. nichtbrütender einj. ♂ und ♀ sehr hoch, jedoch nicht ausgesprochen reviertreu. Geburtsortstreue bereits nach wenigen Beringungen in neu angesiedelten Kleinpopulationen ME nachgewiesen [H. Schöpf]; FIN die meisten Erstbrüter innerhalb weniger km vom Geburtsort, aber auch Rückmeldungen bis ca. 100 km entfernt.

Bestandsentwicklung. Ursprünglich nur bis E-Europa verbreitet, doch vor allem an W Arealgrenze (aber auch in Tundren-, Steppen- und Halbwüstengebieten) sehr dynamische Entwicklung. Erste Ausbreitungswelle erreichte ME in frühem 19. Jh., als Arealgrenze bis W-PL und SK. verschoben und einzelne Vorposten bis D (-NI, -MV) sowie bis SW-FIN existierten [337,1369]. Nach Rückzugsphase waren bis 1920 viele Brutorte im binnenländischen ME sowie in FIN geräumt. Um 1900 erholten sich Vorkommen an Ostsee wieder, und etwa ab 1930er J. zweite Ausbreitungswelle, die in weiten Bereichen Europas bis heute anhält [1369,767]. Besonders rasche Ausbreitung in ME entlang Küstenregionen Ost- und Nordsee bis NL sowie von SK. und A nach W in E Alpenraum und Voralpen bis CH; dagegen in dazwischenliegenden Regionen Mittel- und S-D nur vereinzelte Vorstöße einzelner ♂ oder kurzzeitige Brutansiedlungen [s.o.; 1369].

	Best.	Areal	Brutbestand	Jahr	Quelle
A	N	N	170–300	1998–2002	[383]
B	N	N	1–1*	2001–2002	[383]
CH	N	N	10–20	1993–1996	[383]
CZ	⇧	+ 2	1.300–2.000	2000–2002	[383]
D	↑	+ 1	800–970	1995–1999	[383]
NL	N	N	10–15	1998–2000	[383]
PL	⇧	+ 2	10.000–30.000	2000–2002	[383]
SK	↑	+ 1	500–1.000	1990–1999	[383]

*2 Bruten 1996

In der zeitlichen Abfolge schließlich nach starker Zunahme der Brutzeitbeob. ab 1960er J. regelm. Brutvorkommen in CZ, D-MV und Slask [1369, 337,2031,3871,3867,973], in 1970er J. in E-A und D-BB (ferner N., DK und SLN) [1369,767,337; 965,3268,2518], und ab 1980er J. in A-V, CH, H (?) und D-BY, -ST sowie -SH (zudem GB und RO) [1369,1324,1997,1945,343,2283,4001,4152,3393,

3392]. Erste vereinzelte Bruten ab Mitte 1980er J. in D-NI und Helgoland [1369,1587] sowie in NL [375,3638], ferner in D-TH 1991 [2772] und Jura CH 1992 [3393]. Zwar blieben Brutbestände in meisten Regionen recht klein, doch vor allem in N-D/PL Tiefebene steiler Populationsanstieg spätestens ab Mitte 1980er J. [1137,1369,1,3871; exponentieller Anstieg in FIN seit 1940er J., s.o.]. Ausbreitung in ME sowohl bei zunehmend kontinentalem als auch bei ozeanisch geprägtem Klima; aber möglicherweise günstigeres Herbstklima für erfolgr. Dispersionsphase der Jungen entscheidend [1507]. Kulturell bedingte Habitatveränderungen mind. so bedeutend, bes. Ausbreitung halboffener, verbuschender Wiesenlandschaften [1369,337]. In KZ entstanden durch Bewässerung und Kultivierung von Halbwüstengebieten geeignete Bruthabitate. Möglicherweise neben Rodung geschlossener Waldflächen und »Öffnung« der Landschaft, insbesondere entlang von Flussläufen, auch zunehmende Eutrophierung der Kulturlandschaft wichtig. Auffallend viele der in (N)E-Europa verbreiteten, charakteristischen Singvogelarten [»Leitarten«, 1137] feuchter Brachen und Sukzessionsflächen, wie Sprosser, Schlagschwirl und Karmingimpel (zudem Buschrohrsänger, aber nur bedingt Sperbergrasmücke) konnten ihr Areal zwischenzeitlich deutlich nach W (und N) ausdehnen. An Ausbreitung vor allem einj. ♂ maßgeblich beteiligt (meiste Neuansiedlungen). Daher Vorposten viell. durch Abwanderung aus östlichen »Überschusspopulationen« hervorgegangen.
Am W-Rand der Verbreitung erneute Stagnation der Beob. oder z.T. deutlicher Rückgang der Brutbestände ab Anf. 1990er J. (ab 1997 in CH, ab 1998 in D-BB und NL) [z.B. D-SH, -NI, -BB, -MV, A-V, NL, CH: 1369,310,1,3638,3393,q17,q4,492,3915, 1998], um 2000 wohl gesamter W-Teil des Areals von Rückgängen betroffen, in -NW Brutplätze inzwischen verwaist [453]; dagegen anhaltende Bestandszunahme in CZ [q22] und PL [3871].

Siedlungsdichte. Da oft in Gruppen brütend, kleinflächige Dichtwerte nicht hochzurechnen; kleinflächige Dichtewerte in Europa z.T. > 20 BP/10 ha [1369]. In Fennoskandien großflächig 3.4 BP/km^2, mit höchsten Dichten in bewaldeten Seelandschaften und Küstenregionen mit 8.8 BP/km^2 [1507], bei Berücksichtigung des besiedelbaren Gebietes 9.8 bzw. 21.4 BP/km^2 [1369].

Gefährdungsursachen [196,1371,1998]. Bedeutende Faktoren nicht erkennbar. Aber im Nestbereich bzw. zur Brutzeit nicht unempfindlich gegen Störungen durch Freizeitbetrieb und intensive Beweidung.

SPEC	VSchRL	Bern.Konv.	Bonn.Konv.
--	--	Anh. II	--
Europ. RL	RL in ME		
--	A, CH, CZ: 'VU', D: 'R'		

Schutzmaßnahmen. In Anbetracht der Bestandsgröße und der anhaltenden starken Arealausweitung keine spezifischen Maßnahmen erforderlich. Vermeidung von Störungen zur Brutzeit, besonders im Nestbereich, angebracht.

Biotop. Br. in einer Vielfalt von Habitaten; die Niederungspopulation in ME meist in halboffenen Landschaften oder lichten Baumbeständen mit reichhaltiger Strauch- und vorzugsweise üppiger Krautschicht, z.B. lichte Au- und Bruchwälder, Laub- und Mischwaldränder und -lichtungen, Baum- und Buschgruppen in Hochmooren, Verlandungszonen, aber auch auf trockeneren Standorten mit Strauchwuchs, an Bergwiesen, ferner in parkartigen Landschaften bis an den Rand der Siedlungen. Im E vielfach in Stadtparks, in Fennoskandien häufig in Laubbeständen mit Wacholder und in zuweilen auch am Oberrand der Baumgrenze (bes. in Asien). Gut ausgebildete Gebüschstruktur und nach Möglichkeit üppiger, vielfältiger Pflanzenwuchs (daher häufig an feuchten Stellen) sind entscheidend.

Nahrung. Überwiegend vegetabilisch in großer Vielfalt, hauptsächlich Sämereien und Knospen von Büschen und Laubbäumen. Knospen überwiegen Mai – Anfang Juni, Sämereien Juni – Juli. Auch Nestlingsnahrung hauptsächlich aus Vegetabilien, animalische Nahrung macht geringen Anteil aus und umfasst Spinnen, Raupen, Käfer, Blattläuse etc. (höchste Anteile Anfang Juni).

Stimme. Rufe unauffällig, in Nestnähe zwei- bis dreisilbig, guttural und gepresst »chrüi« oder »deäi« oder »dje-iep«; ferner kurz »zit«. Gesang aus sehr auffallenden und charakteristischen Pfeifstrophen aus 3–7 steil abfallenden oder aufsteigenden Tönen in stereotyper Wiederholung, etwa »zi-tü-wie-tijüe« oder »ti-tü-tehütja«, »tsit-sewitsa«, charakteristisch abfallendes Strophenende weit zu hören; zwitschernder Subsong. Lokale Motivangleichung beobachtet. Gesang meist von erhöhter (Baumkrone, aber Buschspitze) vorgetragen; voller Gesang gleich nach der Ankunft, erlischt bei verpaarten ♂ sehr rasch, unverpaarte singen noch bis in den Juli. Individueller Gesangstyp wird während einer Saison nicht gewechselt. Auch ♀ singen ab Ende der Brutzeit, anders als das ♂ verschiedene Motive in Folge.

Verhalten. Tagaktiv. Nahrungserwerb am Boden, auf krautigen Pflanzen, in Büschen und auf Bäumen. Zur Brutzeit territorial, doch während der Brutphase ♂ oft wenig im Revier zu bemerken und Br. sehr unauffällig; Fehlen einer Nestverteidigung und Abwesenheit des Revier-♂ wird mit verringerter Auffälligkeit und Räuberrisiko erklärt. Nahrungsreviere werden offenbar nicht verteidigt. Kein Balzfüttern zu Beginn vor Eiablage; zu Beginn der Brutsaison Paarpartner meist sehr dicht beisammen (Partnerbewachung zur Vaterschaftssicherung).

Fortpflanzung, Brutbiologie [1369,337,767,1]. Geschlechtsreife im 1. Lebensjahr, junge ♂ bleiben aber oft unverpaart; in FIN ca. 30% der überlebenden einj. ♂ als Brutvögel nachgewiesen und ca. 10% der brütenden ♂ einjährig. Monogame Saisonehe, Anschluss unverpaarter junger ♂ an Brutpaar nicht selten; Wiederverpaarung in Folgejahren mehrfach beob. (hohe Brutortstreue), aber auch Umverpaarung innerhalb Saison bei Brutverlust; mitunter Bigynie (S., FIN) [auch D: vgl. 2810], aber schwer nachzuweisen (Revier-♂ viel abwesend); manche ♂ in Eiablagephase in anderen Gebieten (bis 3 km) singend, um weitere ♀ anzulocken (aber generell zurück zur Aufzucht der ersten Brut); in FIN fremde ♂ vor allem in Nestlingszeit öfter im Revier oder am Nest, bei ad. Revierbesitzern vorwiegend graue, bei Einj. nur rote ♂. Geburtsortstreue gering. **Ankunft am Brutplatz.** In ME frühestens im Mai, Ø rote ♂ 4 d früher als ♀, grüne ♂ 6 d später (ähnlich S., FIN). Reviergründung unmittelbar nach Eintreffen, später ankommende Einj. werden in suboptimale Gebiete abgedrängt. Paarbildung 1-2 d nach Ankunft der ♀. **Nest.** ♂ zeigt Nistplätze, Wahl durch ♀. Neststand meist niedrig, in ME überwiegend in Laubbüschen, z.B. Dornsträuchern (Wildrose, Schlehe) oder Laubhölzern (z.B. Heckenkirsche, Holunder) meist unterhalb 1 m im Bereich der Staudenschicht als Deckung, in Koniferen (z.B. Jungfichtengruppen) bis max. 2.2 m, auch in Ranken und Farnen. In FIN hauptsächlich in Fichte oder Wacholder, nicht höher als 1.3 m (durch späten Frühjahrsbeginn in Laubhölzern zu wenig Deckung). Nest für Finken relativ locker; Außenkonstruktion aus dünnen Reisern und Halmen als Unterbau (z.B. vorjähr. Staudenpflanzen, wie Mädesüß), mit Napf aus Halmen und feineren krautigen Stängeln (z.B. Gras), Mulde mit Haaren und feinen Halmen ausgepolstert. Muldendurchmesser 40-70 mm, -tiefe 30-50 mm. ♀ baut (von sing. ♂ begleitet); Dauer (2) 3-7 d, (selten auf Vorjahresnest gebaut). **Legebeginn.** ME frühestens letzte Maitage, meist bis Ende Juni; FIN ab Anf. Juni bis Anf. Juli. **Gelegegröße.** 4-6 (3-7), Nachgelege oft nur 3-5, Kalendereffekt; Ø FIN$_{236}$ 5.1, W-RUS$_{82}$ 4.8, ME$_{46}$ 4.8, D-BB$_{11}$ 4.7, RUS Ural$_{112}$ 4.7 (Mai$_{40}$ 5.1, Juni$_{73}$ 4.6, Juli$_{4}$ 3.7), PL$_{46}$ 4.6; größere Gelege bei ♀ > 2 J. (als bei ♀ unbek. Alters). Legeintervall 1 d. **Eier.** (Kurz-) oval, glanzlos, Grundfarbe blaugrün, sparsam rot- bis dunkelbraun gefleckt (meist am stumpfen Pol konzentriert). **Brutdauer.** 11-14 (10-15) d; Bebrütung meist ab vorletztem Ei; ♀ brütet, wird vom ♂ nur wenig gefüttert; Junge schlüpfen asynchron innerhalb 2 (-4) d. **Nestlings-/Führungszeit.** ♀ hudert 6-9 d, füttert zunächst die Jungen mit Futter vom ♂, später füttern beide; Juv. verlassen Nest nach 12-13 (-15) d, in belebter Nestumgebung 10-11 d (bei Störungen schon nach 8-9 d); in ME verlassen die Paare kurz nach Ausfliegen der Juv. die Brutreviere. **Jahresbruten.** 1, Ersatzgelege (nach Verlusten im Mai/Juni häufig), z.T. in anderen Biotopen. **Ende der Brutperiode.** In ME bis spätestens Ende Juli, danach (Aug.) rascher Wegzug. **Bruterfolg.** In FIN aus 49% der abgelegten Eier Juv. (in Waldhabitaten Verluste größer als in offenen), etwa 2.45 Juv./Nest und J.; übereinstimmend mit Daten aus ME Erfolg der Gelege zur Hauptlegeperiode mit 2.5 Juv./Nest größer als bei späteren Gelegen mit 1.9 Juv./Nest, Erst- und Ersatzgelege zusammen Produktion Ø ca. 3.9 Juv./BP und J.

Eimaße und -gewichte [1369]: L. 17.4-21.8 mm, B. 13.0-15.5 mm; Ø 19.8 x 14.4 mm (n=70, RUS). Frischvollgew. 2.1-2.6 g, Ø$_{13}$ 2.3 g. Schalengew. 0.10-0.13 g, Ø$_{125}$ 0.12 g.

Sterblichkeit, Alter. In PL 45 % Rückkehrer im Folgejahr, mittlere Lebenserwartung 3.1 J. Adultsterblichkeit FIN 21 %/J. bei ♂ und 27 %/J. bei ♀, Lebenserwartung 3.7 J. In S. bei ad. ♂ während 4 J. 56 %/J. bei ♀ durch Prädation während der Brutphase höherer Wert erwartet. Erstjahressterblichkeit geschätzt rund 80%. Zusammenhang Schnabelform und Lebenserwartung [393]. Älteste Ringvögel > 9 J. **Generationslänge:** < 3.3 J. [383].

Mauser. Postjuvenile Mauser (Teilmauser) (Sept.) Nov.–Jan., i.d.R. im Winterquartier [767]; Rand-, mehrere (alle) Mittlere und einige Große Armdecken, Schirm- und Steuerfedern und selten äußere HS, ausnahmsweise Vollmauser [767,1369,1866]. • Postnuptialmauser (Vollmauser) Sept./Okt.–Nov./Dez. im Winterquartier [767]; rasche Großgefiedermauser, wodurch eingeschränkte Flugfähigkeit; Dauer Ø 55 d (Volierenvögel) [767,1369].

Serinus serinus – Girlitz 16400

Serinus serinus (Linnaeus 1766)

(GB) **European Serin** (F) **Serin cini** (E) **Serín**

Taxonomie. Monotypisch.

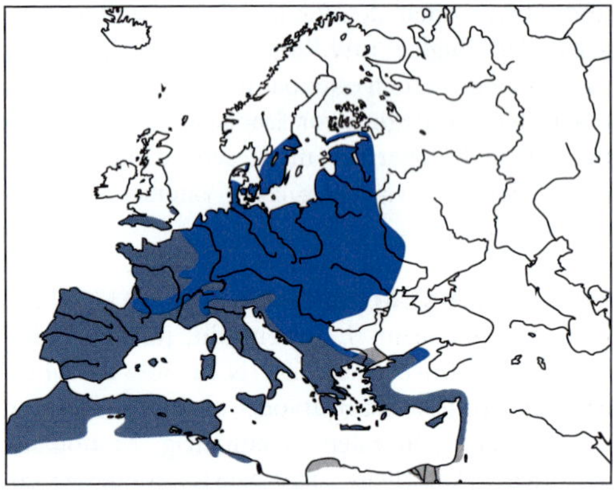

Serinus serinus – **Girlitz**

Kennzeichen. [767,1369,3615,221,3772; weitere Fotos in Bird. W. **15**, 412, **16**, 142].

Maße. Gr.: 11.5 cm. Gew.: (S-F) ♂ 10.8-12.8 g, $\varnothing_{11}$ 11.4 g, ♀ 10.5-12.5 g, $\varnothing_{13}$ 11.5 g. Fl.spw.: 20-23 cm. Fl.l.: (CH) ♂ 70-74 mm, $\varnothing_{16}$ 72.2 mm, ♀ 66.5-72 mm, $\varnothing_{15}$ 69.9 mm [767,1369].

Status. Verbreiter und häufiger Brut und Sommervogel; häufiger, regelm. Durchzügler und Gastvogel; in wintermilden Gebieten Wintergast, in anderen zunehmende Neigung zur Überwinterung.
Historische Daten von Erstfeststellungen (nicht immer 1. Brutnachw., oft sicher auch schon früher): 1811 Elsass, 1825 Karlsruhe, Heidelberg, 1826 Metz, 1849 Regensburg, 1850 Nürnberg, Benesov (S-Böhmen), 1865 L, 1803 Wiesbaden, 1868 Wroclaw, Liegnitz, 1871 Gera, Prag, 1874 Paris, 1876 Frankfurt/O., Warschau, 1877 Umgebung Berlin, Freiburg/Br., 1878/79 Niederlausitz, 1879 Gießen, vor 1881 Würzburg, 1880 Gotha, 1883 Bonn, 1885 Dessau, 1890 Leipzig, SW-Mecklenburg, 1896 Göttingen, 1900 Braunschweig, 1903 Hannover, 1905 Köln, München, Garmisch, 1910 Stettin, 1915 Lübeck, Hamburg, 1917 Umgebung Aachen, 1921 Essen, Osnabrück, Bremen, 1923 S-NL, Rostock, 1927 Tartu, 1942 Falsterbo/S-S., 1948 DK, 1960er J. Städte N-PL, 1967 SE-GB [337,3871].

Verbreitung und Bestand. Brutvogel der gemäßigten und mediterranen Zone der SW-Paläarktis mit Ausläufern in boreale und Steppenzone nach E bis EST, BY, W-UA., W-Küste Schwarzmeer, E-Anatolien; S-Grenze N-Afrika (Maghreb, Küstengebiete Libyen; EGY nicht sicher Brutvogel); N-Grenze derzeit N-Küste F und NW-ME (durch B, NL, NW-D laufend), DK und S Ostseeküste bis Baltikum mit Vorposten in S-S. und GB. In ME verbreitet im Tiefland, ungleichmäßig in waldreichen Gebieten sowie Bergland. Höchste lokale Brutvorkommen CH 1600 und 1800 m (sing. ♂ 2100 m), A-V bis 1100 m (Brutzeitbeob. bis 1400 m), D-BY bis 1100 m, SK. bis 1400 m, PL bis 1100 m. Europäischer Gesamtbestand etwa zw. 8.3 – 20 Mio. BP (stabil), mit Populationen > 0.4 Mio. BP in E. (4.1-6.6 Mio.), P (1-5), TR (0.5-2), F (0.4-2), I (0.5-1), CZ (0.45-0.9) und RO (0.25-0.65 Mio. BP) [383]; in ME brüten etwa 1.1–2.0 Mio. BP [383].

Wanderungen. Kurzstreckenzieher, Teilzieher und im S Standvogel. Geräumt wird ganz E-Europa und ME bis zum Alpenrand, großenteils auch die NE-Hälfte F; Hauptwintergebiet Mittelmeerraum (und W-Europa), außerhalb des Brutareals auch am N-Rand Afrikas; Winterausharrer in ganz ME, regelm. vor allem im NW, W und SW, aber auch z.B. an Ostseeküste (auch wochenlang selbe Individ.); Regelmäßigkeit und Menge von Überwinterern oft witterungsabhängig oder an wenige vorübergehend traditionell besuchte Plätze gebunden; in klimatisch günstigen Niederungsgebieten auch gelegentlich Wintertrupps bis > 50 Ind. Gitterfeldfrequenz im Winter D-BW 3%, Rheinland 5%, Raum Trier 4%, NL 1% [203]. Hauptwegzugsrichtung Br. ME WSW–SSW, für Herbstfänglinge D aber auch bis SSE nachgewiesen. Winterareal der **Zugvögel W-ME** (z.B. B, CH, W-D) reicht von N-I über S-F bis in Mittelmeergebiete E.; **Br. E-D, CZ, PL** erreichen mit SSW-Richtung häufiger I als Winterquartier; das Winter- und Durchzugsareal von Spätsommer- und Herbstfänglingen D reicht von GR bis E.; **Br. Mittel- und N-F** ziehen mind. bis N-E.; **Br. N-E.** ziehen nach S-E. und über Straße von Gibraltar nach N-Afrika. Brutreviere werden meist im Aug. verlassen; Wegzug ME ab Mitte–Ende Sept., Gipfel Anf.–Mitte Okt., Nachzügler noch bis Ende Nov. Am Randecker Maar D-BW Herbstdz.-Median 1970-97 ohne gerichtete Verschiebung am 14.10. [1315]. Heimzug frühestens ab Mitte Feb., meist erst ab Mitte März, Höhepunkt des Dz. Anf. April, Dauer bis Ende April–Anf. Mai; in Skandinavien Ankunft Mai–Anf. Juni. Geburtsortstreue mehrfach nachgewiesen, aber auch Neuansiedlung bis mind. 95 km WNW und 90 km SSW; Brutortstreue über mehrere J. nachgewiesen.

Bestandsentwicklung. Anf. 19. Jh. fast ausschließlich mediterran verbreitet, mit N-Grenze in S-F, S-CH, N-I und N-Balkanhalbinsel. Im 19. Jh. kontinuierliche Ausbreitung nach N, möglicherweise unter Umgehung der Alpen [1369], dabei bis 1830 erstmals in Elsaß und D-BW sowie H, bis 1850 -BY, N-CH, A und CZ, bis 1870 -HE, L, SK. und S-PL, bis 1890 B, D-BB, -SN, -NW und SW -MV sowie bis 1920 -NI, -HH, -SH und Teile N-PL. Erste Ansiedlungen in NL erst 1923 entdeckt, in folgenden Jahrzehnten Ausbreitung nach DK, S-S., FIN und SE-GB sowie ins Baltikum, N-PL und nach BY, wo Brutpopulation meist erst in 1960er oder 70er J. etabliert [1369,337,3871,1690,3619]. Abwechselnd meist rasche Expansionsphasen und Phasen der Stagnation mit Stabilisierung der Bestände und Auffüllen kleinräumiger Verbreitungslücken [711,2623]. Rasche Ausbreitung zum einen Folge der Ausweitung traditioneller Landwirtschaft und dabei entstehender halboffener Landschaften in ME sowie bedingt durch Größenausdehnung von Siedlungsgebieten (Vorstädte, Dörfer); schließlich begünstigt durch Phase milden Klimas.
Auch neuerdings gebietsweise noch Ansiedlungen außerhalb von Ortschaften und in höheren Lagen [1617,2031,2068,3393,4046], insbes. noch in NW-ME [2407,3638,2821,375]. Anhaltende Zunahme und Ausbreitung zudem noch in einigen Randbereichen des Areals [in ME vor allem H, in Europa ferner E., I, HR, MOL, BY und UA.: 3892,1585]. Großräumig in vielen Regionen ME hingegen höchstens noch geringfügige Veränderungen der Brutbestände [1585; CH, CS, D: 4043,1852,1467,2259, 2808,4181; Trend unklar: q20,2623,1141,3595]. Doch regional seit Mitte/Ende 1970er J. z.T. deutliche Bestandsrückgänge und Arealverluste, bes. drastisch in Wallonien (B) mit Rückgang von 2.250 auf etwa 260 BP in kaum 10 J. ab Mitte 1970er J. an [1025, auch 843], sowie in D-SH [1302,310; entsprechend negative Trends (z.T. zu anderen Zeitpunkten einsetzend) auch in Teilen NL, CH und D: 3636,1137,2642,2062,1040,3496,3519,402,2896, sowie DK: 3619, dort seit 1988 nur noch unregelm. Brutvogel: 1422, sowie FIN: 1690]. Oft vor allem Stadtkernlagen betroffen [3496,3519,3595,2896]. Erneute Rückgänge vor allem Folge von Habitatveränderungen oder -beeinträchtigungen (zunehmende Sterilität und Verdichtung der Siedlungsräume, Verschwinden von Pionierstandorten), z.T. auch durch atlantische Klimaeinflüsse zur Brutzeit.

	Best.	Areal	Brutbestand	Jahr	Quelle
A	+/-	=	45.000–90.000	1998–2002	[383]
B	+/-	=	1.200–3.200	2001–2002	[383]
CH	↕	=	20.000–40.000	1993–1996	[383]
CZ	+/-	=	450.000–900.000	2000–2002	[383]
D	+/-	=	200.000–420.000	1995–1999	[383]
FL	↑	=	80–120	1998–2000	[383]
H	↑	+ 1	160.000–245.000	1999–2002	[383]
L	↑	+ 1	2.000–2.500	2001	[383]
NL	↑	+ 1	400–450	1998–2000	[383]
PL	+/-	=	150.000–250.000	2000–2002	[383]
SK	+/-	=	50.000–100.000	1990–1999	[383]

Siedlungsdichte. Nesterverteilung manchmal geklumpt, doch in ME nicht annähernd die hohe Ortsdichte wie in S-Europa. Höchstdichten in ME auf Flächen von 20–49 ha 16.4–7.2–5.0 (Ø 7.9), von 50–99 ha 8.6–1.3; von > 100 ha 3.3–1.6–1.2 (Ø 1.7) Rev./10 ha [337, vgl. auch Angaben in 1137,1,1722,310]; in Obstplantagen E. bis 29 BP/10 ha, dagegen in natürlichen Lebensräumen dort nur 1.4-3.1 BP/10 ha [1507]. Großflächendichte (> 100 km^2) in ME zw. 0.01 – 3.2 BP/km^2 [337]; in S-Europa deutlich höher.

Gefährdungsursachen [1369,196,337,1137,1025, 1302]. Ursachen für erneute regionale Bestandsrückgänge sind – neben ungünstigeren klimati-

schen Bedingungen zur Brutzeit oder im Winter (Einfluss von Kältewintern in S-Europa) – vor allem (1) Veränderungen in Landwirtschaft (übermäßiger Düngemittel- und Biozideinsatz, Nutzung der Grünlandgebiete als Silageflächen mit Reduktion der floristischen Vielfalt, Vergrößerung der Schläge zu großflächigen Monokulturen und Entfernung der Saumbiotope und Randstreifen); (2) Verbauung sowie zunehmende Sterilität in Siedlungsbereichen, (3) in Nutz- und Ziergärten zunehmend intensivere Nutzung, Biozideinsatz, Reduktion von Wildkräutern, (4) Verlust von Nahrungsquellen an Bahndämmen.
Direkte Verfolgung (vor allem Fang in B).

SPEC	VSchRL	Bern.Konv.	Bonn.Konv.
E	--	Anh. II	--
Europ. RL	**RL in ME**		
--	--		

Schutzmaßnahmen. Wiederherstellung des ursprünglichen Kulturlandschaftsmosaiks mit zusätzlichen Brach- oder Ausgleichsflächen. Erhaltung oder Neuschaffung der Ackerrandstreifen und Ruderalflächen sowie bodenbedeckenden Wildkrautsaaten; Einstellung der Düngung und »Pflege« von städtischen Offenflächen (vgl. auch Auswirkungen auf Haubenlerche); Reduzierung des Biozid- und Düngereinsatzes in der Landwirtschaft sowie vor allem in Kleingärten; keine Spritzungen der Ackerraine und Wegränder oder Bahndämme; Erhalt alter Streuobstbestände.

Biotop. Br. halboffener, aber mosaikartig gegliederter Landschaften mit lockerem Baumbestand, Gebüschgruppen, freien Flächen mit niedriger Vegetation, aber auch vor allem im Sommer samentragender Staudenschicht; außerhalb Siedlungsräumen vorzugsweise in geschützten und klimatisch begünstigten Expositionen, sonst vielfach in der Nähe menschlicher Siedlungen, hier vor allem in verstreut stehenden Nadelbäumen in Parks, Anlagen, Gärten, ferner Alleen, Industriegelände oder Verkehrsanlagen mit Einzelbäumen, Obstgärten oder am Rand von Weinbergen. In S-Europa u.a. sehr häufig in lockeren Koniferenbeständen.

Nahrung. Hauptsächlich herbivor und granivor; kleine, im Frühjahr auch milchreife Sämereien von Kräutern und Stauden, z.B. Löwenzahn, Hirtentäschel, Knöterich, Goldrute, Ampfer, Buchweizen, verschiedene Kreuzblütler, Wegerich, Miere, Brennnessel, Wegwarte, aber auch Thuja etc. im Sommerhalbjahr; im Frühjahr Knospen und Kätzchen (z.B. Ulme, Birke, Weiden). Insektennahrung scheint unbedeutend.

Stimme. Flugruf kurz trillernd »trri« oder ± zweisilbig »psitirr«, »girlit«, erregt gedehnt »dschääi« o.ä. und nasal »chwid«; Alarmruf hoch »tsii«. Gesang sehr hohes, schnelles und geräuschhaftes, fast quietschendes oder rasselndes Zwitschern (erinnert an das Drehen eines Glasstöpsels im Schliff) mit sehr rascher Elementfolge, in relativ langen Strophen vorgetragen. Singflug mit kontinuierlichem Gesang, langsame Flügelschläge, dabei gelegentlich »Auf-die-Seite-legen«; Gesang auch von Warten. Singt nahezu ganzjährig, Hauptsangesperiode März–Ende Juli.

Verhalten. Tagaktiv und auch Tagzieher. Nahrungssuche am Boden, möglichst auf vegetationsfreien Flächen, aber auch turnend an samentragenden Stauden und vor allem zur Brutzeit auch hoch in Bäumen. Zur Brutzeit territorial, Nester können aber gelegentlich nahe beieinander stehen. Gesang meist auf hohen Warten, in Siedlungen z.B. Fernsehantennen, aber auch in relativ langen Singflügen mit auffällig langsamen und weit ausholenden Flügelschlägen (Fledermausflug), meist in größerer Höhe in Bögen oder auch ± erratisch; dabei wirft sich das fortwährend singende ♂ von einer Seite auf die andere; Landung meist auf einer hohen Warten, auf der dann weiter gesungen wird. Gesang scheint bedeutend bei der Partnerwahl. ♂ (ca. 2-5) singen oft an exponierten Stellen gemeinsam um ♀ anzulocken (Balzarena). Unverpaarte aber auch bereits verpaarte ♀ besuchen solche Balzplätze. ♂ versuchen während der fertilen Phase der ♀ engen Kontakt zu halten (wahrscheinlich Partnerbewachung um die Vaterschaft zu sichern). Ob ♀ sich mit zusätzlichen ♂ paaren hängt von der Nahrungssituation ab. Fremdvaterschaft kommt vor, ist aber nicht sehr häufig [1745]. Nachbrutzeitliche Familientrupps, aber auch ziehende Trupps artrein meist nicht mehr als 20–50 Ind., oft aber auch bei der Nahrungssuche mit anderen kleinen Finkenarten vergesellschaftet.

Fortpflanzung, Brutbiologie [1369,337,767,1722]. Geschlechtsreife im 1. Lebensjahr. Gewöhnlich monogame Saisonehe. **Ankunft am Brutplatz.** In ME mit Revierbesetzung (Ende Feb.) Mitte März bis Anf. Mai. Sehr späte Reviergründungen (bis

Ende Mai) könnten Erstbrüter oder Ad. mit Nestverlusten betreffen. Paarbildung wohl nach Reviерbesitz. **Nest.** Wahl durch ♀. Neststand auf Bäumen, in Sträuchern oder in Rankenpflanzen, mit Sichtschutz (in Mittelgebirgen zudem abgeschirmt gegen Hauptwindrichtung), im Siedlungsbereich häufig auf Koniferen (z.B. Rhl. 28 Laub-, 15 Obstbäume, 9 Rankenpflanzen, 12 Dornsträucher, 7 Weinstöcke, 43 Nadelhölzer; in PL_{124} 43% auf Nadel-, 29% auf Laubbäumen, 15% auf Sträuchern und 12% auf Obstbäumen, 1 Nest in Weinstock) < 1 – 12 m Bodenhöhe (CS_{131} 2.9, PL_{123} 2.8, D-BW_{177} 2.1 m). Nest kleiner Bau aus Gras, kleinen Wurzeln, Bast, Moos, mit Gespinsten verwoben; Mulde dick mit Federn, Haaren und Pflanzenwolle ausgekleidet. Muldendurchmesser 45-54 mm, -tiefe 25-42 mm. ♀ baut (vom sing. ♂ oft begleitet); Dauer ca. 3-6 d. **Legebeginn.** Erstbrut aufgrund Bevorzugung immergrüner Pflanzen früh, ab Mitte/Ende April bis Ende Mai, Zweitbrut Ende Juni bis Mitte Juli, späteste Nestlinge Ende Aug. (sehr selten frisch flügge Juv. noch im Sept.). **Gelegegröße.** 3-6 (2-7); Ø Rhl. $April_{6}$ 3.7, Mai_{31} 3.9, $Juni_{22}$ 3.9, $Juli_{14}$ 3.6, D-ST $April_{21}$ 3.9, Mai_{113} 4.06, $Juni_{54}$ 4.06, $Juli_{34}$ 3.76; D-BW_{136} 4.0, PL_{69} 4.1, CS_{67} 3.95, $Maghreb_{88}$ 3.82. Legeintervall 1 d. **Eier.** Oval, hell bläulichweiße (mitunter rötlichgelbe) Grundfarbe, spärliche dunkelbraune Flecken, oft am stumpfen Pol als Kranz, rötlichbraune größere Unterflecke. **Brutdauer.** (11) 12-14 d; Bebrütung ab 2. oder 3. Ei; nur ♀ brütet, wird vom ♂ gefüttert. **Nestlings-/Führungszeit.** Beide füttern, ♂ übergibt Futter oft ♀, das es den Nestlingen vorwürgt. Juv. verlassen Nest nach 14-16 (13-18) d (in D-ST_{44} 13.8 d); sind ca. 9 d später selbständig, verlassen nach etwa 14 d Brutrevier. **Jahresbruten.** 2, in klimatisch günstigen Regionen wohl die Regel; mind. 3 Brutversuche (2 erfolgr.) bekannt (aber Max. der Legetätigkeit oft auf Beginn der Saison April beschränkt und nur wenige Bruten bis Aug.); Drittbruten kaum belegt, in S-Europa wohl häufiger; Ersatzgelege. **Ende der Brutperiode.** Meist Ende Juli/Anf. Aug., selten bis Mitte/Ende Aug. **Bruterfolg.** In D-ST Schlüpferfolg 90%; von 450 Nestlingen flogen 92% aus; in Optimalhabitat Friedhof ca. 5.5, in Laubwald 4.0 flügge Juv./BP und J. in D-BW bei 35 Gelegen Gesamtbruterfolg 65.8%.

Eimaße und -gewichte [1369]**:** L. 14.4-17.6 mm, B. 11.0-12.7 mm; Ø 16.7 x 11.9 mm (n=100, Europa), 16.5 x 12.2 mm (n=203, CS). Frischvollgew. 0.87-1.56 g, $Ø_{71}$ 1.24 g. Schalengew. 0.049-0.087 g, $Ø_{132}$ 0.066 g.

Sterblichkeit, Alter. Ad. in NE-E. bis 40 %/J., mittlere Lebenserwartung 1.98 J. [3526]. Älteste Ringvögel mind. 9 J. **Generationslänge:** < 3.3 J. [383].

Mauser. Postjuvenile Mauser (Teilmauser) Juli/Aug.–Okt./Nov., aber variabel; umfasst wechselnde Anzahl Großer Armdecken, selten einzelne Schirm- und Steuer-, unregelm. Schwungfedern [767,1369,3771,1866]; in S-Europa umfangreicher, jedoch nur ausnahmsweise Vollmauser [1866,1291]. • **Postnuptialmauser** (Vollmauser) Ende Juli/Aug.–Ende Okt. (Anf. Nov.), bisweilen bei Zugbeginn nicht beendet [767,1369,1866].

Loxia bifasciata – Bindenkreuzschnabel 16650

Loxia [leucoptera] bifasciata (C.L. Brehm 1827) syn.: *Loxia leucoptera*

GB Two-barred Crossbill **F Bec-croisé bifascié** **E Piquituerto Franjeado**

Taxonomie. Monotypisch. Bildet Superspezies mit *L. bifasciata* (N-Amerika) und *L. megaplaga* (Hispaniola).

Kennzeichen. [767,1369,221,3772,3615, zur Abgrenzung gegenüber Fichtenkreuzschnäbeln mit hellen Flügelbinden (»*rubrifasciata*«-Morphe): 2514,1369; weitere Fotos in Bird. W. **3**, 267, **10**, 480, **14**, 173, **15**, 310, Dutch B. **19**, 259, **21**, 83-87, **24**, 310, 379, **25**, 69, 146, Var Fag. 2000/**4**, 5, Limic. **6**, 175, **8**, 189].

Maße. Gr.: 15 cm. Gew.: (N-RUS) ♂ 29.7-37.9 g, $Ø_{8}$ 34.8 g, ♀ 29.5-32.4 g, $Ø_{4}$ 30.7 g. Fl.spw.: 26-29 cm. Fl.l.: (N-RUS) ♂ 90.2-94.5 mm, $Ø_{8}$ 92.5 mm, ♀ 85.6-88 mm, $Ø_{4}$ 86.4 mm [767,1369].

Status. In ME seltener Invasionsgast, Abnahme der Nachweise nach W und S (hier meist nur Ausnahmegast), Zusammenhang mit großen Invasionen in N-Europa in meisten Fällen erkennbar, auch oft in Verbindung mit großen Fichtenkreuzschnabel-Invasionen. Dokumentation vieler Meldungen allerdings unzureichend (auch bei Fichtenkreuzschnabel können weißbindige Formen auftreten, sog. »*rubrifasciata*«, und zu Verwechslungen führen), daher nur grobe Übersicht möglich [1369]. Invasionen u.U. in 7-J.-Zyklus [vgl. 984].

SPEC	VSchRL	Bern.Konv.	Bonn.Konv.
--	--	Anh. II	--
Europ. RL	**RL in ME**		
--	--		

In Folge von Invasionen mehrfach auch Übersommerungen, Revierverhalten sowie Brutverdacht, u.a. in PL 1845,1890 [3867,1369], nach bemerkenswerten und im 20. Jh. größten Invasionen 1990/91 Brutnachw. 1991 in D-BE (1 ausgeflog. Juv.) [1129] sowie 1997/98 mit »Brutrevieren« an 14 Standorten in NL (aber nur 1 Brutversuch, andere Paare wieder abgewandert) [3638]. • **B:** 48 Nachw. mit 74 Ind. bis 1997, wichtigste Einflüge mit mehreren Ind. 1889 (23) 1990/91 (4) und 1997/98 (5) [q15,277]. • **NL:** Einflüge wie in B, dabei 1889 32 Ind., 1990 mind. 15 Ind. und Aug. 1997-April 1998 mind. 181 Ind. und 1 Brutversuch; meiste Erstdaten Sept. und Nov. [3638,277,337,1369,984]. • **D:** In fast allen Bundesländern nachgewiesen (außer -HB, -SL), z.T. weit > 10 Belege, Invasionsjahre wie in CZ, NL etc. (zuletzt 1997); manche Mittelgebirge mit Sonderstellung, z.B. Harz, wo zeitweise im 19. Jh. recht oft und in größerer Zahl vertreten [1369,575,984]. • **A:** Feststellungen in allen Bundesländern; bes. auffällige Einflüge 1826 und 1889/90; zuletzt 1983, 1985 sowie 1997 (-Oö, -K) [1369,3129,984]. • **H:** Je ein Totfund (juv. ♀) Sept., Dez. 1990 sowie 2 ♂ Okt.-Nov. 1997 [2438,984]. • **SK.:** mind. 7 belegte oder verbürgte Meldungen einzelner Ind. oder Trupps von 1843-1971 (meist Sept.-Nov.), ferner u.a. ♂ gefang. Aug. 1972 und ♂ beob. Juli 1989 [1369]. • **CZ:** unreg. Gastvogel, erstmals 1832; größte Invasion 1889/90 (ab Anf. Juni, mit Scharen von mehreren hundert Ind. im Sept./Okt. und z.T. Verbleiben bis Juli 1890), weitere Invasionen 1893/94 und 1929/30, sonst überwiegend Einzelmeldungen [1369,2159]. • **PL:** im 19. Jh. zwar unregelm. aber recht zahlreicher Gastvogel, mit 3 größeren Invasionen 1826, 1828 und vor allem 1889 (nachfolgend Brutverdacht) und 4 kleineren; im 20. Jh. nur noch 16 Nachw. seit 1909, zuletzt 1992 [1369,3871]. Nicht nachgewiesen in **L, FL** und **CH** [hier nach Revision alle 5 alten Meldungen gestrichen, 4152].

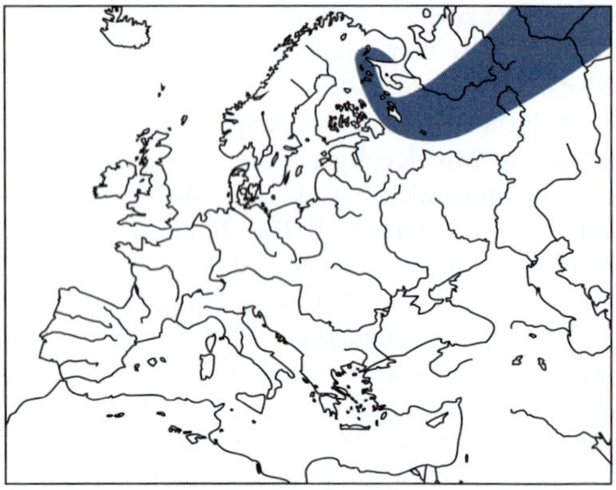

Loxia bifasciata – **Bindenkreuzschnabel**

Verbreitung und Bestand. Brutvogel der borealen Zone und in Gebirgsregionen der Holarktis; Verbreitung jedoch lückenhaft von NE-FIN bis E-Sibirien, im E bis N-Gebiete Chinas und S Baikalsee bis in Mongolei; in N-Amerika bis S-Grenze CDN [1369,337]. Europäischer Brutbestand etwa zw. 1 – 2.9 Mio. BP, Schwerpunkt in RUS (1-2.85 Mio.), sonst nur in FIN (1.000-20.000), N. (0-500) und S. (500-5.000 BP); Populationen bei starken Schwankungen weitgehend stabil, regional auch zunehmend [FIN: 2121], zudem in N. neu eingewandert [383].

Wanderungen. Teilzieher, Kurzstreckenzieher; Nomadisieren innerhalb des Areals, Evasionen. Erscheint W und SW des Areals vor allem in Fennoskandien fast regelm. in kleiner Zahl, in größeren Abständen (vermutet wird 7-J.-Zyklus) in kopfstarken Invasionen mit stark abnehmender Häufigkeit und Regelmäßigkeit bis NL, GB und in N- und E-ME, ausnahmsweise auch bis CH, F. 1800–85 mind. 47 Invasionen in Europa, davon 36 mit Fichtenkreuzschnäbeln. Oft eröffnen Juv. oder Familien mit begleitenden Juv. die Einflüge, die i.d.R. Ende Juli (nach Vorläufern im Juni) beginnen, oft ihren Höhepunkt im Aug.-Sept. erfahren und bis Nov. ausklingen; in ME treffen viele Ind. erst Sept.–Nov. ein. In den Invasionsgebieten halten sich einzelne Ind. (in Fennoskandien auch Trupps) bis zum Spätwinter auf; in Fennoskandien und an anderen Stellen nahe des Arealrandes zuweilen Bruten im Folgejahr.

Biotop. Br. in Koniferenwäldern, in RUS und Sibirien hauptsächlich in Lärchen-, Arven- und Kiefernbeständen, in FIN in Fichtenwäldern.

Nahrung. Hauptsächlich Koniferensamen, vor allem Lärchen, Tannen, aber auch andere Sämereien und im Sommer wahrscheinlich auch Insekten.

Stimme. Rufe gereiht »gebb-gebb...« oder »glib-glib...«, weicher und weniger metallisch als Fichtenkreuzschnabel, ferner gedämpfter »tschet-tschet...« oder »tjött-tjött...«, an Birkenzeisig erinnernd; sowohl als Flugruf, als auch im Gesang mit Rollern und gezogenen Elementen (wie Erlen- oder Birkenzeisig), sehr charakteristisch gedehnt und nasal quäkend »eeeeeet« o.ä. (»Kindertrompete«), das aus den kürzeren, mehr Stakkato (aber gleichwohl weich) angeschlagenen typischen Kreuzschnabelrufen herausfällt; bildet Rufdialekte. Gesang aus klappernd-klirrenden Phrasen unterschiedlicher Tonhöhe, Variabilität durch verschiedene Strophentypen. Im Winter Subsong mit Imitationen.

Verhalten. Tagaktiv; Tagzieher. Bewegung und Nahrungserwerb ähnlich Fichtenkreuzschnabel. Ganzjährig sozial. Ein ♂ meist mit einem ♀ verpaart. Brüten solitär oder in Brutgruppen. Zu Beginn der Brutzeit singen oft mehrere ♂ (oft mehr als 10) gemeinsam auf engem Raum (Balzarena). ♂ verteidigen meist nur das ♀ und bewachen ♀ intensiv. Nahrungssuche oft in Trupps wie Fichtenkreuzschnabel. Verteidigen keine Nahrungsplätze. Balz schließt Balzfüttern, Schnäbeln und oft Singflüge nach Fütterung der ♀ ein.

Mauser. Postjuvenile Mauser (Teilmauser) (April) Juni–Nov. (Dez.); mehrere oder alle Mittleren, meist einige Großen Armdecken, gelegentlich einzelne Schirm- und Steuerfedern [767,3882,840]. • **Postnuptialmauser** (Vollmauser) (April) Juni–Nov., bes. ab Sept. [767,3771,3882].

Loxia pytyopsittacus – Kiefernkreuzschnabel 16680

Loxia pytyopsittacus Borkhausen 1793

GB Parrot Crossbill **F Bec-croisé perroquet** **E Piquituerto Lorito**

Taxonomie. Monotypisch. Befunde, wonach in Schottland gefangene Kiefernkreuzschnäbel (=**Kkr.**)(Bestimmung anhand der Schnabelhöhe) genetisch nicht von dort vorkommenden Fichtenkreuzschnäbeln (=**Fkr.**) differenziert sein sollen [3021], bedürfen der Überprüfung. Bisher wurden keine KKr. aus »klassischen« Brutgebieten (Fennoskandien, NE-Europa) molekular untersucht.

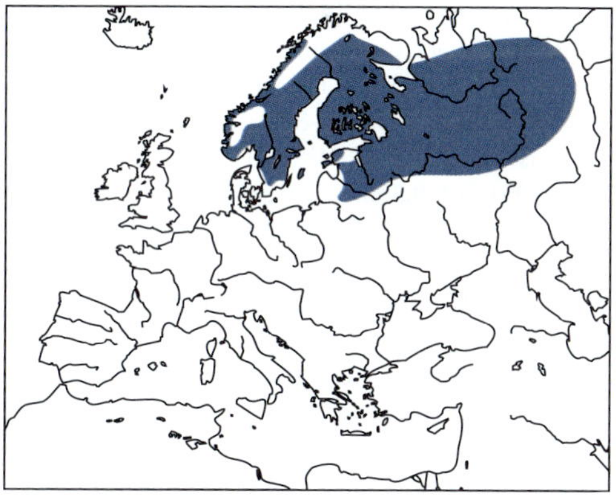

Loxia pytyopsittacus – **Kiefernkreuzschnabel**

Kennzeichen. [767,1369,221,3615,3772,1540,2629; weitere **Fotos** in 277, Bird. W. **4**, 53 (z), **11**, 51, Brit. B. **95**, 68, Dutch B. **13**, 79, **20**, 54, 94, **22**, 99].

Maße. Gr.: 17.5 cm. Gew.: (RUS) ♂ 47.0-58.2 g, Ø$_{19}$ 52.9 g, ♀ 44-58 g, Ø$_{11}$ 53.6 g. Fl.spw.: 30.5-33 cm. Fl.l.: ad. ♂ 100-108 mm, Ø$_{17}$ 104.3 mm, ♀ 98-104 mm, Ø$_{11}$ 101.4 mm [767,1369].

Status. In N-ME seltener, unregelm. Gastvogel aus NE-Europa ab Aug. bis April. Sporadischer Brutvogel in Zusammenhang mit größeren Einflügen (in N-PL bis etwa Ende 1970er J.). Probleme mit Bestimmung, viele Ind. wohl übersehen und manche Meldungen nicht anerkannt, viele sichere Nachw. beruhen auf Fängen. Im 20. Jh. wohl größte Invasion 1990–91 nach GB/IRL und NW-ME (zusammen mit Einflug von Bindenkreuzschnäbeln und Polarbirkenzeisigen), ferner große Invasion 1982–83. • **NL:** Im 19. Jh. größere Invasionen 1867, 1868, 1877/78(79) und 1887/88(89), dann bis 1980 nur 11 Nachw. (16 Ind.), schließlich große Invasionen 1982–83 mit 230 Ind. (in GB 104 Ind.) sowie 1990–91 mit >302 Ind. (in GB 264 Ind.), seither 2 kleinere Einflüge 1993/94 (74 Ind.) und 1997/98 (25 Ind.); 1963 flügge juv., ferner 7 mal Brutverdacht vor 1970 sowie 1972, 1983 (mehrere Paare), 1986 und mehrere Bruten 1991/92, bei ca. 50-100 Paaren; seither 1 Brutnachw. 1998 (4 Paare) [375,3638,277]. • **B:** etliche Nachw. in den o.g. Irruptionsjahren sowie 1849/50 und 1901/02; Brutnachw. 1991 und 1995 [1369,277,1677]. • **D:** in Mittel-D im frühen 19. Jh. einige Brutvorkommen, vor allem -TH, vereinzelt auch -BY und -HE [1369]; seither vor allem im N bei Einflügen in größerer Zahl, z.B. -MV bis 1960 3 sichere Belege, in Serrahn 1962–83 110 Fänglinge in 17 J., stärkere Einflüge 1964-66 und 1982-83; Helgol. mind. in 6 J. nachgewiesen, u.a. 5 Ind. Okt. 1982, 3 Ind. Sept./Okt. 1990; -SH u.a. ca. 30 Ind. Okt. 1982; -HH 5 mal 20. Jh. (zuletzt Nov. 1990), max. etwa 20 Ind.; -NI etwa 20 Meldungen im 20. Jh., auch größerer Trupps; -BB im 20. Jh. 7 mal von 1962-86; -TH 1950-80 in ca. 10 J. einzelne gefangen (bis zu 5 Ind. beob.); dagegen weiter S seltener Ausnahmegast: -RP u.a. max. 20 Ind. Jan./Febr. 1985, Aug. 1990; -BW 11 mal von 1826/27 bis 1994; -BY im 20. Jh. u.a. Fang Okt. 1956, ca. 20 Ind. 1997 [337,1369,1722,1,575]. • **A:** sehr seltener Wintergast im 19. Jh., letzter Nachw. 1887 [1369]. • **CZ:** Vor allem 19. Jh.; im 20. Jh. Meldungen aus mind. 8 Jahren, zuletzt 1965; mind. 16 Beob. datiert (Auftreten zw. Aug. und April) [1369]. • **SK.:** 9 Nachw. von 1846-1930 [1369]. • **PL:** soll im 19. Jh. in Slask sowie bei Warschau, Lublin, Radom und Plock gebrütet haben; danach unregelm. und seltener Brutvogel im N, 1962 3 Nestfunde Halbinsel Hel; von 1968-78 viell. brütend am Lebsko-See; unregelm. und seltener Gastvogel, z.B. 1984-87 26 Ind.; zuletzt beob. März 1991 [1369,3867,1366,3871]. Keine gesicherten Belege aus **L**, **FL**, **CH** und **H** [1369,4152,2438].

Verbreitung und Bestand. Brutvogel hauptsächlich in borealer Zone der NW-Paläarktis von N. bis W-Sibirien; Arealgrenzen oszillierend, gelegentlich am Arealrand und auch weit außerhalb des Areals einzelne Bruten. Europäischer Gesamtbestand aufgrund starker Bestandsschwankungen etwa zw. 0.26 – 1.1 Mio. BP, entspr. >95% des globalen Bestands; mit größten Populationen in RUS (230-850 T.), FIN und N. (jew. 10-100), S. (10-50) und EST (2-5 T. BP) [383]; in ME seit 1970 mehrere Einzelbruten und z.T. mehrj. Brutansiedlungen [B, NL:3638,1585,1369]; in NE-PL bis Mitte 20. Jh. regelm. in kleiner Zahl, Bestand aber erloschen [3867,1366].

Wanderungen. Nomadismus innerhalb des Brutareals, in unregelm. Abständen gerichtete Wanderungen (Kurzstreckenzug) vom Evasionstyp bis GB und NW- und E-ME mit gelegentlichen Bruten, einzelne weiter S und W. 1800–95 mind. 27 Invasionen im westlichen Europa, davon 22 synchron mit Fkr.

Bestandsentwicklung. Im 19. Jh. unregelm. Brutvogel in mehreren Regionen ME, vor allem D-TH, gelegentl. -BY und -HE [1369,4175,2068, vgl. Angaben zu -NI:3198]. Am häufigsten in PL [442], wo Bruten in allen Regionen möglich und im N möglicherweise regelm. Brutvorkommen [3867], aber in 1980er J. erloschen [1366].

	Best.	Areal	Brutbestand	Jahr	Quelle
B	↕	F	0–2	1991–1998	[383]
D	↕	F	0–1	1995–1999	[383]
NL	↕	F	0–10	1998–2000	[383]

Bestandsangaben für geschlossenes Brutareal sehr uneinheitlich, teils bedingt durch arttypische starke Schwankungen aufgrund nahrungs- oder dichtebedingter Evasionen, teils weil schwer zu untersuchen [1369,711]. Im 20. Jh. offensichtlich Rückgang aufgrund forstwirtschaftlicher Eingriffe in N-Europa (Veränderung der Altersstruktur borealer Wälder); zwar gleichzeitig W-Ausbreitung, aber Verluste nicht vollständig kompensiert [1507].
Aufgrund geringerer Siedlungsdichte in Brutgebieten, vor allem aber wegen starker Bindung an Kiefer, die wesentlich regelm. fruchten als Fichten, Vorstöße nach ME seltener (und mit weniger Ind.) als bei Fkr. [2755]. Dennoch immer wieder große Invasionen nach ME, S-Fennoskandien und Baltikum, in letzten 25 J. offensichtlich gehäuft [in DK fast allj.: 337,1369,767]. Als Folge in 1970er und 80er J. mehrfach Brutansiedlungen in ME, insbes. nach bedeutendster Invasion 1990/91 [B, NL, PL: 1677,277,1507,767,1369,3867,3638; auch GB: 1343]; jedoch keine feste Etablierung [375,3638].

Siedlungsdichte. I.d.R. erheblich geringer und weniger geklumpt als Fkr. In NL nach Irruption im Herbst 1990 21 Paare auf 24.9 km^2 (0.84 Rev./km^2), in S. auf etwa 2000 km^2 im guten Brutjahr 1978 etwa 2000 BP (in Optimaljahren Dichte sogar noch > 1 BP/km^2, andererseits in 2 J. von 1975-88 wohl völlig fehlend) [1369].

Gefährdungsursachen. Abgesehen von möglichen Folgen des »Waldsterbens« nicht bekannt.

Schutzmaßnahmen. Spezifische Maßnahmen nicht erforderlich.

SPEC	VSchRL	Bern.Konv.	Bonn.Konv.
E	--	Anh. II	--
Europ. RL	RL in ME		
--	PL: 'RE'		

Biotop. Br. in Nadelwäldern, vor allem Kiefern, aber auch Mischbeständen.

Nahrung. Koniferensamen, vor allem Kiefern, Lärchen; als Zusatznahrung auch Beeren, Samen von Stauden.

Stimme. Flugruf sehr ähnlich, geringfügig tiefer, metallischer und härter als Fkr., etwa »tsip« oder »tschiup« oder »djip«; manchmal im Flug und gelegentlich im Sitzen auffallend tief »tjuup«, deutlich tiefer als Rufe von *curvirostra*. Gesang sehr ähnlich Fkr., endet oft mit deutlichem »tschwiliä«. Wird im Sitzen oder im Singflug von Baum zu Baum im Wechsel von raschen Flügelschlägen und Gleitstrecken vorgetragen. Gesang ab Okt. bis Sommer, auch ♀ singen. Wenig bearbeitet.

Verhalten. Tagaktiv; Tagzieher. Bewegungen sehr ähnlich Fkr. Zapfen werden i.d.R. abgezwickt und auf einem Ast mit dem Fuß festgehalten und mit dem Schnabel geöffnet; die Samen werden mit der Zunge herausgeholt; im Unterschied zu Fkr. offensichtlich vollständige Ausbeutung einzelner Zapfen. Artreine Trupps außerhalb der Brutzeit, während Invasionen auch mit Fkr. vergesellschaftet.

Fortpflanzung, Brutbiologie [1369,337,767]. Geschlechtsreife im 1. Lebensjahr. Monogame Saisonehe. **Ankunft am Brutplatz.** Besetzung von Brutrevieren, Balz, Paarbildung, Nistplatzwahl wie Fkr. **Nest.** Neststand meist im oberen Kronenbereich von Waldkiefern, seltener Fichten, stellenweise auch in kleineren Bäumen, in FIN 3.5-14 m (Ø$_{14}$ 7 m), i.d.R. sehr gut gedeckt. Nest wie Fkr., viell. etwas größer. ♀ baut (vom ♂ begleitet) 7-12 d. **Legebeginn.** Von Dez.-Juli, meist Feb.-April, ähnlich boreale Populationen des Fkr. **Gelegegröße.** (2) 3-5; Ø S.$_{37}$ 3.8, FIN$_{27}$ 3.7. Legeintervall 1 d. **Eier.** Sehr ähnlich Fkr., größer. **Brutdauer.** 14-16 d; Bebrütung ab 1. Ei; ♀ brütet; Junge schlüpfen asynchron. **Nestlings-/Führungszeit.** ♀ hudert 7-12 d, Fütterung wie bei Fkr.; Juv. verlassen Nest nach (19) 21-25 d, werden nach Ausfliegen etwa 4-6 Wochen betreut. **Jahresbruten.** 0-2, vgl. Fkr., Familienverbände mit Juv. z.T. auch außerhalb des regelm. besiedelten Areals zu beob. **Bruterfolg.** Bei Murmansk 15 von 24 Nestlingen flügge, Ø$_{6}$ 2.5 flügge Juv./Gelege, in Norfolk nur 1 von 4 Bruten erfolgr.

Eimaße und -gewichte [1369]: L. 20.0-26.3 mm, B. 15.0-18.0 mm; Ø$_{100}$ 23.1 x 16.6 mm. Frischvollgew. 3.2-3.45 g. Schalengew. 0.13-0.21 g, Ø$_{236}$ 0.163 g.

Sterblichkeit, Alter. **Generationslänge:** < 3.3 J. [383].

Mauser. **Postjuvenile Mauser** (Teilmauser) Ende April–Nov.; umfasst selten auch einige Mittlere und Große Armdecken [767]. • **Postnuptialmauser** (Voll-, z.T. Teilmauser) Mitte Juni/Mitte Juli–Mitte Sept./Nov., aber wegen langer Brutsaison variabel [767,3771]; gelegentlich einzelne AS nicht erneuert [767].

Loxia curvirostra – Fichtenkreuzschnabel 16660

Loxia curvirostra Linnaeus 1758

(GB) Common Crossbill **(F) Bec-croisé des sapins** **(E) Piquituerto Común**

Taxonomie. Zahlreiche UA, u.a. *curvirostra* Linnaeus 1758 (W- und ME bis China). Es scheint keinen Zusammenhang zwischen den morphologisch abgegrenzten UA und den verschiedenen Ruftypen zu geben. Einige im mediterranen Raum residente Populationen, die von Kiefernsamen leben (z.B. *balearica* (Homeyer 1862) in E-E., Balearen; *corsicana* Tschusi 1912 auf Korsika, *poliogyna* Whitaker 1898 in S-I, Sizilien, *guillemardi* Madarász 1903 auf CY und *mariae* Dementiev 1932 in Kaukasus, Krim), sind deutlich dickschnäbliger als die von Fichtensamen abhängigen fennoskandisch-NE-europäischen Populationen. Es bleibt genauer zu prüfen, ob die mediterranen Taxa phylogenetisch dem Fichten- oder dem Kiefernkreuzschnabel näher stehen.

Kennzeichen. Zur Unterscheidung vom Kiefernkreuzschnabel s. dort. Die in ME vorkommenden sechs Flugruf-Typen lassen sich z.T. akustisch [3210], nicht aber morphologisch gut unterscheiden (Unterschiede in Schnabeldicke bewegen sich im Bereich von Zehntel-Millimetern). Zu Häufigkeit und Aussehen der »*rubrifasciata*«-Morphe mit hellen Flügelbinden [z.B. 319; allg.: 767,1369,3615, 3772,221; weitere **Fotos** in Bird. W. **14**, 172 (mit Flügelbinde), Limic. **15**, 108, Dutch B. **22**, 71-82].

Maße. Gr.: 16.5 cm. Gew.: (CZ) ad. ♂ 29.0-51.2 g, $Ø_{60}$ 41.0 g, immat. ♂ 32.5-43.6 g, $Ø_{30}$ 37.7 g, ad. ♀ 33-58 g, $Ø_{47}$ 41.3 g, immat. ♀ 31.1-42.4 g, $Ø_{32}$ 37.1 g. Fl.spw.: 27-30.5 cm. Fl.l.: (B) ad. ♂ 97.5-102.5 mm, $Ø_{14}$ 100.3 mm, dj. ♂ 93.5-103.5 mm, $Ø_{33}$ 98.9 mm, ad. ♀ 95-100 mm, $Ø_{11}$ 97.4 mm, dj. ♀ 91-101 mm, $Ø_{33}$ 96.7 mm [767,1369].

Status. Lückig verbreiteter, regional häufiger, aber z.T. sehr unsteter Brut und Jahresvogel mit jährlich wechselnder Verteilung und lokal unterschiedlicher Häufigkeit, daneben vor allem in Niederungen Gebiete mit unregelm. Brutvorkommen meist in Zusammenhang mit größeren Einflügen aus unterschiedlichen Ausgangspopulationen. Zuzug von Wintergästen aus N und E, auch z.T. Abzug heimischer Brutvögel und in unregelm. Abständen auffallende Invasionen, oft zeitgleich auch in anderen Gebieten Europas. Häufigkeit von Einflügen aus vielen/einzelnen Großregionen ME: 1900–09 2/4, 1910–19 1/4, 1920–29 2/1, 1930–39 3/2, 1940–49 2/1, 1950–59 4/1, 1960–69 5/2, 1970–79 5/3, 1980–89 5/1.

Verbreitung und Bestand. Brutvogel der borealen und gemäßigten Zone sowie in Gebirgsregionen der Holarktis und in Gebirgen der Orientalis, im S des Areals ± disjunkt verbreitet und Arealgrenzen z.T. fluktuierend. In Paläarktis südlichste Teilareale NW-Afrika, N-Mittelmerraum mit Inselpopulationen (z.B. Balearen, Korsika, CY, wie in NW-Afrika dickschnäbelige Formen, die von Kiefernsamen leben), Anatolien, Kaukasus, [neuerdings auch IL, 711], Mittelasiatische Gebirge bis Sinkiang, Himalaya und E Gebirge bis China; ± zusammenhängend besiedeltes Areal mit Verbreitungslücken oder Gebieten unregelm. Brutvorkommens von Zentral- und N-E., GB, E-F bis an Pazifikküste (einschließlich N-Japan); N-Grenze über Polarkreis in Fennoskandien, einschließlich S-Hälfte Kola-Halbinsel, weiter nach E mit Waldgürtel zusammenfallend, Polarkreis wird nirgends mehr erreicht; im S bis N-Rand der Steppenzone, bis in Gebirge (z.B. N-Mongolei) und im fernen E

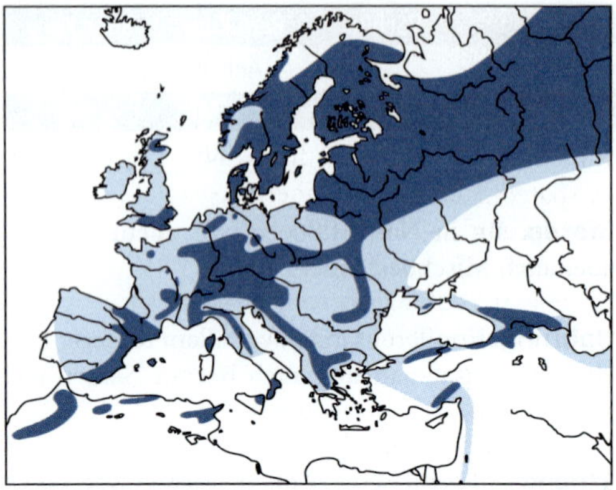

Loxia curvirostra – **Fichtenkreuzschnabel**

über Mandschurei nach Mittel-China (mit Arealinseln weiter S). Erreicht in N-Amerika von borealer Zone über Gebirge im W Mittelamerika. und den N Mittelmeerraum, und im N den Polarkreis. In ME Nominatform verbreiteter Brutvogel der Alpen und waldreicher Mittelgebirge bis zur Baumgrenze; vor allem in tieferen Regionen nur unregelm. Brutvorkommen und erheblich schwankende Brutbestände in Abhängigkeit von Einflügen. Die Bestandseckwerte für Europa liegen grob zw. 5.8 – 13 Mio. BP, mit größten Populationen in RUS (5-10 Mio.), RO (125-680 T.), N. und S. (jew. 100-500), FIN (50-400 T. BP) [383]; in ME etwa zw. 200.000-520.000 BP [383, erg.].

Wanderungen. Teilzieher mit Dismigrationen bei Nahrungsmangel, Evasionswanderungen und extremem Brutnomadismus; Br. westmediterraner Inseln und NW-Afrika sind Standvögel mit Dismigrationen. Im einzelnen ist Migrationsverhalten der stark nomadisierenden Populationen trotz vieler Ringfunde [vgl. 4220] noch nicht befriedigend geklärt: Nomadisieren ohne Vorzugsrichtung mit Brutansiedlungen in unterschiedlichen Teilen des Areals je nach Nahrungsangebot (vor allem Fichtensamen) kommt offenbar in allen kontinentalen Populationen vor, in Gebieten mit regelm. ganzjährigem Vorkommen oft über geringe Entfernungen und in Gebirgen oft zw. verschiedenen Talsystemen und Höhenstufen, von Zeit zu Zeit aber auch über größere Entfernungen; daneben aber auch gerichteter Zug mit Rückwanderung (wenn auch wohl nicht selten an anderen Brutplatz); Evasionen vor allem aus Brutgebieten Fennoskandien W – S bis W-Europa, RUS (vielleicht auch E Ural) W – SW bis SW-Europa in großen Massen auch in Gebiete außerhalb des Areals mit hohem Nahrungsangebot, aber ausgesprochen gerichtet (max. Entfernungen 3000–4000 km nachgewiesen), oft mit vorübergehenden Brutansiedlungen der Invasoren, sicher auch hohen Verlusten, aber auch mit Rückwanderungen im Frühjahr oder noch häufiger in späteren J., folglich innerhalb eines J. nur eine Wanderung zw. zwei unterschiedlichen Brutplätzen. 1800–65 mind. 67 Invasionen im westlichen Europa, mitunter mehrere J. hintereinander (dann Br. aus verschiedenen Herkunftsgebieten), max. 11 J. Zwischenraum. Bei weiten Wanderungen aufeinander folgende Bruten einzelner Ind. an weit entfernten Orten möglich, andererseits bei einzelnen Invasionen, möglicherweise auch bei aufeinander folgenden Wellen einer Invasion in ein bestimmtes Gebiet, mitunter Vögel unterschiedlicher Herkunft beteiligt. Auslöser für Massenevasion kann geringe Samenbildung sein, doch nicht alle gerichteten Wanderungen fallen mit weiträumigem Samenmangel zusammen, bei frühen Abwanderungen kann meist keine Beziehung zu Nahrungsmangel hergestellt werden, weil die Samenbildung noch nicht eingesetzt hat, und manche schlechte Samenjahre führen nicht zu einer Evasion. Vermutlich muss hohe Abundanz dazukommen, um eine im Vergleich zum üblichen Abwandern ohne Vorzugsrichtung oder einzelnem Zug auffallend gerichtete Massenevasion auszulösen. Hohe Abundanz wiederum muss nicht unbedingt Folge einer vorausgegangenen guten Brutsaison sein, da in manchen Invasionen Juv. bzw. Einj. keineswegs stark überwiegen und daher Invasionen auch bei hohem Ad.-Anteil in Populationen vorkommen. Wegzug kann zu allen Zeiten zwischen April und Dez. beginnen, oft schon im Mai, sodass bereits im Sommer ein erster Höhepunkt erreicht wird (1. Welle bei Invasionen aus NE erscheint z.B. in NW-ME frühestens Ende Mai, oft ab Juni mit Höhepunkt Aug.); weiterer Wegzug bzw. Einzug von NE nach ME oft erst Sept.–Nov. Auch bei Dismigrationen oder Nomadisieren innerhalb kleinerer Räume erscheinen lokal oft im Sommer die ersten Vorposten einer späteren möglichen Brutansiedlung. Endogene Zugdisposition [315].

Bestandsentwicklung. Jährlich wechselndes Angebot an Fichtenzapfen spielt entscheidende Rolle für Brutansiedlungen, Irruptionen, Brutnomadismus, Verweildauer und Reproduktionsleistung, daher langfristige, großräumige Bestandsentwicklungen in Tiefländern nur sehr schwer zu erkennen [1369,337,2471]. In ganzjährig besetzten Brutgebieten allerdings kaum bedeutende langfristige Bestandsveränderungen; auch kurzfristige Änderungen, abgesehen von extremen Einflügen, oft geringer als im Tiefland, da Fehlmasten der Fichte durch Wechsel auf Föhre und Lärche z.T. ausgeglichen werden [1997]. Doch in höheren Lagen lokal und regional negative Auswirkungen durch immissionsbedingte Waldschäden möglich [337].
Andererseits in Niederungsgebieten ME durch Anpflanzung und Ausweitung von Nadelhölzern deutliche Arealausweitung und (meist) starke Zunahme seit 19. Jh. [B, CH, D: 843,4152,3393,337,1722,1]. In NL aber erst nach 1975 als regelm. Brutvogel etabliert [2889,3636], nach starkem Anstieg bis Mitte 1980er J. (Spitzenjahre mit mehreren tausend Paaren nach Invasionen nicht berücksichtigt), inzwischen aber deutlicher Rückgang aufgrund extrem niedriger Fortpflanzungsraten (Nahrungsarmut und Verlegung der Brutzeit auf Frühjahr und Sommer) und geringerer Zuwanderungen [375,3638]; auch andernorts Verluste, z.B. in Mittelgebirgen SK. und CZ durch Waldschäden [1369]. Stark positiver Trend in letzten Jahren in H [2438, auch F und GB: 2471] sowie (weniger stark) in CZ seit etwa 1987 (Dauerfruktifikation geschädigter Fichten?) [2159].

	Best.	Areal	Brutbestand	Jahr	Quelle
A	↕	F	60.000–150.000	1998–2002	[383]
B	+/-	=	2.500–10.000	2001–2002	[383]
CH	↕	=	50.000–100.000	1993–1996	[383]
CZ	↕	F	30.000–100.000	2000–2002	[383]
D	↕	F	27.000–100.000	1995–1999	[383]
FL	+/-	=	50–100	1998–2000	[383]
H	⇧	+ 1	200–400	1999–2002	[383]
L	↕	F	0–50	2001	[383]
NL	↕	F	100–3.500	1998–2000	[383]
PL	↕	=	2.500–10.000	2000–2002	[383]
SK	↕	=	25.000–50.000	1990–1999	[383]

Siedlungsdichte. Extreme Schwankungen in Abhängigkeit vom Nahrungsangebot. In »Normaljahren« in D-BW auf 16 Probeflächen von 12.5-120 ha Ø 1.2 BP/10 ha [1722, vgl. auch 2833 für Harz]; in NL nach Invasionswinter zw. 0.5-4.9 BP/km^2; auf Probeflächen NL von 10.6 bzw. 44.7 km^2 (1991) 6.1 bzw. 7.7 Rev./km^2; weitere Angaben in ME meist zw. 1.1-4.8 BP/km^2 [1369]. Verteidigtes »Nistrevier« oft nur 15-20 m Umkreis um Nestbaum, innerhalb Nestergruppen oft Nestabstände von 60-200 m, bei großer Dichte von 20-30 m [1369].

Gefährdung [196,2713]. Immissionsbedingte Waldschäden.
Verunfallung bei Aufnahme von »Straßensalz« (z.T. wohl auch Vergiftungserscheinungen).

SPEC	VSchRL	Bern.Konv.	Bonn.Konv.
--	--	Anh. II	--
Europ. RL	RL in ME		
--	--		

Schutzmaßnahmen. Nicht erforderlich. Eine erhebliche Reduktion der Schadstoffausstoßes würde den Bestand der Art auf lange Sicht stützen.

Biotop. Br. in Nadelwäldern bis zur oberen Baumgrenze, auch in Aufforstungen und Mischwäldern, bevorzugt in Fichtenwäldern, aber auch in Kiefern- und Lärchenbeständen oder in größeren Parks mit Koniferen.

Nahrung. Hauptnahrung Koniferensamen, in ME vor allem Fichte, aber auch Tannen, Kiefern, Lärchen gebiets- und zeitweise Hauptnahrung, ferner Samen von vielen Laubbäumen und auch krautigen Pflanzen (z.B. Korbblütler). Frische Tannen- und Fichtentriebe, Blatt- und Blütenknospen von Laubbäumen und Sträuchern, Blütenstände von Pappeln, auch mitunter Früchte und Beeren. Insekten relativ häufig, auch als Nestlingsnahrung, z.B. Blattläuse, Schmetterlingsraupen. Starke Abhängigkeit von Koniferenmastjahren; Nahrungsengpässe können auch entstehen, wenn bei relativ spätem Brutbeginn und steigenden Temperaturen die Fichtensamen ausfallen. Offenbar führt die Konzentration auf ölhaltige Samen zu hohem Trinkbedürfnis (im Winter Schneefressen) und der Notwendigkeit, den Mineralbedarf durch Aufnahme von anorganischen Salzen zu decken.

Stimme. Rufe hart und gereiht »gip gip gip…«, oft auch »klip klip« o.ä.; weichere Rufe, wie »tjück…« und auch gedämpfter »göp…«. Gesang mit lauten, ± deutlich gegeneinander abgesetzten, meist etwa harten oder stakkato angeschlagenen, oft wiederholten Elementen, wie »zjit-zjit zäri zis que-di que-di döng-döng kip-kip-kip…« (Flugrufe oft herauszuhören), oft melodisch klingend (z.B. »Klingeln« durchaus an Grünling erinnernd, aber höher), dann wieder relativ geräuschhaft, strophig bis kontinuierlich, oft weit zu hören. Gesangsvortrag meist von hoher Warte (z.B. Fichtenspitze), aber auch im verlangsamten, oft schmetterlingsartigen Singflug mit Gleitphasen auf der Höhe der Baumwipfel oder im normalen Streckenflug; in Trupps mitunter Gruppengesang. Subsong von ♂ und ♀. Gesang ganzjährig; Mai, Sept., Nov. am geringsten, Jan.–März und Juli am meisten.

Verhalten. Tagaktiv; Tagzieher. Flug meist geradlinig mit raschem Flügelschlag. Nahrungserwerb meist auf hohen Bäumen und Sträuchern, mitunter auch auf dem Boden (z.B. Aufnahme von Salzen, Schnee etc.; aber auch herabgefallene Koniferensamen). Anhängen und Klettern an langen Zapfen, auch kopfunter Nahrungsaufnahme. Beim Klettern wird auch Schnabel eingesetzt. Durch Einschieben des seitlich komprimierten Schnabels und Anheben der Deckschuppe durch Seitwärtsbewegung der Unterkiefer können Samen auch aus geschlossenen Zapfen mit der Zunge herausgeholt werden. Gelegentlich, vor allem bei kleinen Zapfenarten, werden auch ganze Zapfen abgezwickt und auf einen tieferliegenden Ast getragen, dann mit dem Fuß festgehalten; meist werden relativ wenige Samen einem Zapfen entnommen; auch fleischige Früchte (z.B. Äpfel) werden mit dem Schnabel aufgegraben. Ganzjährig gesellig, aber weniger zur Brutzeit. Revierstruktur noch wenig genau bekannt, zumindest Nestreviere (und/oder hauptsächlich ♀) werden verteidigt. ♂ verpaaren sich mit einem ♀. Brüten solitär oder in lockeren Brutgruppen (2-12 Nester). Nester zwischen 50–100m voneinander entfernt. ♂ manchmal territorial, aber nur gegen ♂. Nahrungsgebiete werden auch während der Brut gemeinsam genutzt. ♂ sitzen dort immer höher als ♀ und ein ♂ fungiert als Wächter. Nahrungstrupp beginnt aufgeregt zu rufen bevor Vögel gemeinsam abfliegen. Ledige ♂ besetzen Territorien und singen offenbar hauptsächlich, um ♀ anzulocken. ♂ singen oft laut von hohen Bäumen, meist dem Nestbaum, oder auch im Singflug. Paarbindung oft bereits im Trupp; schließt »Balzfüttern« des ♀ durch das ♂ ein. Kopulationen nicht sehr häufig. Im Winter auch in großen Schwärmen.

Fortpflanzung, Brutbiologie [1369,337,767,1722, 2833]. Geschlechtsreife mit Beginn der Jugendmauser nach etwa 5 Monaten (Bruten im Jugendkleid nachgewiesen, aber nur in Jahren mit sehr gutem Nahrungsangebot vor Vollendung des 1. Lebensjahres möglich). Monogame Saisonehe, Bigynie in Einzelfällen wahrscheinlich, bei *L. scotica* nachgewiesen; auch Helfer beob. (mind. in 1 Fall Juv. der Erstbrut). **Ankunft am Brutplatz.** Besetzung von

Brutrevieren zu unterschiedlichen Jahreszeiten, in ME am häufigsten im Spätwinter, Paarbildung in den umherstreifenden Trupps, dann Absonderung und »Revier«besetzung. **Nest.** Gemeinsame Nistplatzsuche, Wahl durch ♀. Neststand meist auf Fichten, Kiefern, Tannen, Lärchen (auch in Fichtengebieten), meist relativ hoch, 4 - 35 m (CZ $Ø_{11}$ 25 m), aber mitunter auch < 3 m (FIN 0.8-12 m, $Ø_{34}$ 5.8 m), i.d.R. sehr gut gedeckt, entweder nahe am Stamm oder peripher auf Seitenästen, vorzugsweise in lichten Beständen. Unterbau des Nestes aus dürren Koniferenreisern (aufgelesen oder abgebrochen), Muldenbau aus Moos, Flechten, Halmen, und dicke Auskleidung mit Bast, Holzmulm, Haaren, Federn, Haaren; in kalten Monaten offenbar mehr Material als in warmen. Muldendurchmesser ca. 60-80 mm, -tiefe 50-60 mm. ♀ baut (vom ♂ begleitet); Dauer ca. 5-10 d, zuweilen länger (z.T. Verwendung des Materials aufgegebener Nester). **Legebeginn.** Vom Nahrungsangebot bestimmt (daher in Kiefernbeständen (z.B. NL, GB) fast nur im Frühjahr, Feb.-April, und kurze Legezeit, da harte Zapfen im Herbst nicht zu öffnen); sonst frische Vollgelege und brütende ♀ in ME das ganze Jahr möglich, am häufigsten Jan.-Mai, CH im Sept. nur 1 Brutnachw., in N-Alpen D-BY erfolgr. bebrütete Vollgelege in allen Monaten, max. Feb.-Mai, min. Juli und Okt./Nov., kleiner Gipfel Aug.-Sept.; bei Fichten Legebeginn im Herbst möglich, weil milchreife Samen genutzt werden können, auch Legezeit viel länger (im Spätwinter reife Zapfen). Regionale Unterschiede z.T. mit Zapfenreife oder Koniferenangebot zu erklären, z.B. Brutzeit in Lärchenbeständen rund 3, in Kiefern max. 7 und in Fichten bis 9 Monate; in manchen Arealteilen (z.B. FIN) auch Wechsel z.B. zw. Kiefern und Fichten mit jew. unterschiedlicher Hauptlegezeit möglich. **Gelegegröße.** 3-4 (2-5); Ø NL_{86} 3.8, FIN_{31} 3.1, DK_{41} 3.7 (von Jan_3 3.0 bis $Apr._3$ 4.3 anwachsend), D-BW_{16} 3.6. Legeintervall 1 d. **Eier.** (Kurz-)oval, glanzlos, Grundfarbe rahmweiß bis hell blaugrünlich, sparsam braun gefleckt (am stumpfen Pol konzentriert). **Brutdauer.** (12) 13-16 d; Bebrütung (zumind. Bedeckung bei niedrigen Umgebungstemperaturen) ab 1. Ei, regelrechte Bebrütung nach 2., bei nichtwinterlichen Bedingungen erst ab 3. Ei; ♀ brütet, wird vom ♂ gefüttert; Junge schlüpfen asynchron innerhalb 2 d. **Nestlings-/Führungszeit.** ♀ hudert 6-9 d, füttert zunächst die Jungen mit Futter vom ♂, später füttern beide, aber ♂ bringt Hauptmasse; Juv. verlassen Nest nach 16-25 (14-28), meist 18-21 d (abhängig von Tageslänge, d.h. vorhandene Fütterzeit, Umgebungstemperatur, Nahrungsangebot und unterschiedl. Entwicklungsgeschwindigkeit der bemerkenswert wetterharten Pulli); Kreuzung der Schnabelhälften beginnt ab 27. d, ab 38. d können Juv. Samen aus den Zapfen holen, werden aber nach Ausfliegen oft noch viel länger betreut; Familien können offenbar auch gemeinsam Wanderung unternehmen. **Jahresbruten.** 0-2, Folgebrut gelegentlich schon, wenn erste Brut noch nicht selbständig; z.B. in D-BY Unterrand Montanwald in 8 J. keine Bruten, in 17 J. mind. 1 erfolgr. Brut, davon nur in 5 J. sowohl in 1. als auch 2. Jahreshälfte Bruten; in NL (Kiefern) in mehreren J. offenbar nur 1 Brut im Frühjahr mit Ersatzgelegen. Letztere aber wohl in Anpassung an kurzfristiges Nahrungsangebot bei Verlust in fortgeschrittenem Stadium kaum mehr erfolgr. Bis 5 Brutversuche eines Paares pro J. belegt. **Bruterfolg.** In NL sehr unterschiedlich, bei spätem Brutbeginn nach Invasion oder bei Nahrungsknappheit nur 18% der BP mind. 1 Juv. (2.6 Juv./erfolgr. BP), 1991 von 176 Paaren sogar nur 11 brütend (3.1 Juv./erfolgr. Brut bzw. 0.14 Juv./Paar), in »Normaljahren« 79% (3.2 Juv./erfolgr. BP, 2.6 Juv./BP und J.); bei Nahrungsverknappung werden Nester mit Eiern oder Nestlingen verlassen. Auch bei Bebrütung bis −10°C (RUS sogar bis −35°C) Schlüpferfolg. Winterbruten aufgrund geringerer Prädation offenbar erfolgreicher als Frühjahrsbruten.

Eimaße und -gewichte [1369]: L. 18.5-24.2 mm, B. 14.5-17.0 mm; Ø 21.9 x 15.8 mm (n=129, S.), Ø 22.3 x 15.8 mm (n=25, CH), Ø 21.8 x 15.7 mm (n=14, CZ). Frischvollgew. 2.7-3.3 g, $Ø_{18}$ 2.98 g. Schalengew. 0.09-0.17 g, $Ø_{506}$ 0.142 g.

Sterblichkeit, Alter. Br. Pyrenäen 54 %/J. (± 15 %) [3528]. Älteste Ringvögel > 7 J. **Generationslänge:** < 3.3 J. [383].

Mauser. **Postjuvenile Mauser** (Teilmauser) zumeist bis Aug./Okt. beendet [1369,1866]; besonders bei im Winter geschlüpften Jungen kann Mauser im Juli/Aug. vorübergehend unter- bzw. abgebrochen werden; Körpergefieder, Rand-, Mittlere Arm- sowie einige Große Armdecken, Schirm- und Steuerfedern, selten 1–9 HS und wenige AS, aber sehr variabel [767,1369,3771,1866,3882,1671]. • **Postnuptialmauser** (Voll-, z.T. Teilmauser) Mauserperiode wegen unregelm. Brutzeiten wohl nicht nur regional, sondern auch individuell von Jahr zu Jahr verschieden; Hauptmauserperiode GB Mitte Juli–Mitte Nov., ME (Mai) Juni/Juli–Okt./Nov.

(Dez.) [767,1369], jedoch in fast allen Monaten mausernd, so dass z.T. Überlappung mit Jungenaufzucht; z.T. wird Mauser (bes. bei im Frühsommer mausernden) im Zusammenhang mit 2. Brut und Wanderung verlangsamt oder unterbrochen; gelegentlich bleiben einzelne Schwungfedern stehen [767,1369,1866,3882]; ♂, die zw. Mitte Dez. und Anf. Juli mausern, erhalten gewöhnlich gelbliche Federn, danach mausernde rote [767,1369].

Carduelis chloris – Grünfink 16490

Carduelis chloris (Linnaeus 1758) syn.: Grünling

(GB) **(European) Greenfinch** (F) **Verdier d'Europe** (E) **Verderón**

Taxonomie. 10 meist gering differenzierte UA, darunter: *chloris* (Linnaeus 1758) (ME, N- und E-Europa), *aurantiiventris* (Cabanis 1851) (S-Europa von F (S 47° N) bis Iberien, I und Balkan), *chlorotica* (Bonaparte 1850) (SYR bis Palästina) und *turkestanicus* (Zarudny 1907) (Krim, Kaukasus bis N-Iran, Turkestan). Der Grünfink sollte nicht mit *C. sinica* zu einer Superspezies vereint werden [z.B. 995N], weil eine solche nicht gesichert monophyletisch wäre [vgl. 87].

Kennzeichen. [767,1369,221,3772,3615, **Foto** in Brit. B. **92**, 305].

Maße. Gr.: 15 cm. Gew.: (CS, Winter) ♂ 23-37 g, $Ø_{320}$ 30.8 g, ♀ 25-37 g, $Ø_{219}$ 30.5 g, (CS, Brutzeit) ♂ 23-32 g, $Ø_{240}$ 27.7 g, ♀ 24-37 g, $Ø_{128}$ 29.0 g. Fl.spw.: 24.5-27.5 cm. Fl.l.: (CH) ad. ♂ 86-93 mm, $Ø_{59}$ 89.8 mm, ad. juv. ♂ 85-93 mm, $Ø_{79}$ 88.4 mm, ad. ♀ 83-90 mm, $Ø_{28}$ 86.5 mm, juv. ♀ 83-90 mm, $Ø_{41}$ 86.0 mm [767,1369].

Status. Verbreiteter, sehr häufiger Brut- und Jahresvogel; häufiger, regelm. Durchzügler und Wintergast (nordische Vögel).

Verbreitung und Bestand. Brutvogel der borealen, gemäßigten, mediterranen und z.T. der Steppenzone der SW-Paläarktis von W-Küsten Europas nach E bis Ural, nach S einschließlich Maghreb und N-mediterrane Region (mit Ausnahme CY auch auf meisten Inseln), TR, IL, N-Sinai und Nildelta, N-Iran, Kaukasus, Krim (aber fehlt in Steppen S-UA. bis W-KZ) sowie isoliertes Teilareal Turkestan bis S-KZ am NW-Rand der mittelasiatischen Gebirge und ihres Vorlandes. Nördlichste Vorkommen in Fennoskandien bis ca. 70° N; RUS kaum über 61° N. Eingeführt AUS, NZ, Azoren. ME Nominatform einer der häufigsten Brutvögel des Tieflandes, einzeln bis in subalpine Stufe. Höhengrenzen: CH bis

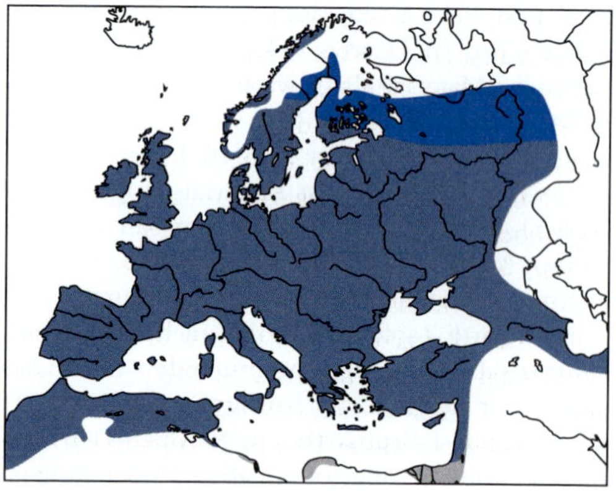

Carduelis chloris – **Grünfink**

1500 m (lokal bis 1800–1900 m nachgewiesen), D-BY zusammenhängend bis ca. 1000 m (lokal bis > 1500 m), SK./PL 1450 m ü.M. Gesamtbestand Europas etwa zw. 14 - 32 Mio. BP (stabil) [383], entspr. > 75% des globalen Bestandes; Bestände > 1 Mio. in F (1.5-6), E. (1.1-3.6), D (1.5-3), RUS (1-2.5), TR (0.6-2) und P (0.2-2 Mio. BP); in ME brüten etwa 3.2 – 6.0 Mio. BP [383].

Wanderungen. Zugvogel, Teilzieher und Standvogel mit Dismigrationen über kurze Entfernungen; ± vollständig geräumt werden nur die nördlichsten Teile des Areals in Fennoskandien und RUS. Hauptüberwinterungsgebiete die meisten Teile des Brutareals, außerhalb des Areals atlantische Inseln, N-Afrika, S Vorderasiens bis N-Rand Arabische Halbinsel bzw. Persischer Golf, S-UA. und Iran; Winterausharrer aber bis an N-Rand des Brutvorkommens in S., wohl abhängig von Futterplätzen, die auch ein Ausharren in größeren Höhen der Alpen (CH bis > 1800 m) erlauben. In ME offenbar der größere Teil der Populationen Nichtzieher, vor allem Stadtpopulationen. Andererseits wandern auch einzelne **Br. S-Europas** zumindest kurze Strecken, z.B. **Br. E.** nach S-SSW und auch über Straße von Gibralter in großer Zahl nach MA. Anteile der Zieher auch lokal von Jahr zu Jahr unterschiedlich und unabhängig von Alterklassen. Individuen, die in früheren J. nicht, in späteren aber zogen, sind nachgewiesen. Bei **Br. GB** neuerdings z.T. leichte Zunahme des Zieher-Anteils [2441,2442, weitere Details: 4064]. Hauptwegzugsrichtung **Br. ME, E- und N-Europa** WSW/SSW (und S, in Einzelfällen auch SSE nachgewiesen) vom W- und S-Rand des Brutgebiets bis MA, P., S-E., S-, SW- und W-F, I und GB; **Br. N-F und B** wandern z.T. bis E.; auch die Alpen werden in N-S-Richtung überflogen. In ME Zuzug von Wintergästen aus N und E, daher mancherorts Winterbestände deutlich höher als Sommerbestände. Nach Dismigration von vielen Brutplätzen, insbes. auch höheren Lagen, Wegzug Ende Sept. mit Höhepunkt um Mitte Okt. und langsamem Ausklingen bis weit in Nov. (und wohl auch noch Dez.) hinein. Diesj. Zugvögel kommen eher im Winterquartier an als Ad. [91]. Wintergäste und/oder nichtziehende Br. streifen oft weiter umher oder konzentrieren sich an günstigen Überwinterungsplätzen. Nach Analyse der Winterfunde beringter Br. aus D 1922-1980 Tendenz zu kürzeren Zugwegen und zur Überwinterung in höheren Breitengraden [1117]. Heimzug ab Ende Feb., Dz. ME vor allem März–April, Ende oft erst Anf. Mai. Ringfundkarten [4220,4064].

Bestandsentwicklung. Im 20. Jh. durch Einwanderung in Siedlungsgebiete sowie durch Aufforstung baumfreier Kulturlandschaften, vor allem in NL, NW-D, PL und GB, deutliche Zunahme. Erhebliche Arealausweitung zudem in Fennoskandien und RUS [1369,3892,1507,3930,1691N]. Zunahmen sicherlich gefördert durch vermehrte Winterfütterungen, zunehmend mildere Winter, Ausdehnung von Gartenstädten und entsprechend bepflanzter Kulturlandhabitate sowie von Pflanzensukzessionen [1369,2068,3871,3178,834].
Ab 1970er J. großräumig in meisten Regionen ME stabiler oder (anhaltend) leicht ansteigender Bestand [PL, A, NL, CH, Bod., D: 334;2518,55,2889, 198,1141,2259,3595,4046,2896,1585,3393,3392, 1680,2623,3268,4175,1,3871], in CH zudem Ausbreitung in höhere Lagen [3392,3393]. Allerdings ab 1980er J. gebietsweise Umkehrung des Trends und überwiegend lokal, z.T. regional, stark rückläufige Populationen vor allem im offenen Kulturland, z.T. auch in ausgedehnten Waldgebieten, in Dünenregionen NL, und sogar in innerstädtischen Bereichen [2808,2407,2159,3638,1369,3871,2405,1374,3521, 884,1852,3179,591,2889,4045; auch GB: 2471]. Deutliche Verluste durch Habitatverschlechterungen und vor allem geringeres Nahrungsangebot (trotz vermehrter Fütterungen) insbes. in Wintermonaten [vgl. 2471], werden in ME derzeit aber noch (mehr als) ausgeglichen durch positive Lebensraumveränderungen infolge von Sukzessionen, Flächenstillegungen, Anbau bevorzugter Nahrungspflanzen (Sonnenblumen) sowie Ausdehnung von Siedlungsgebieten [310,3638,3393,597].

	Best.	Areal	Brutbestand	Jahr	Quelle
A	+/-	=	110.000–220.000	1998–2002	[383]
B	+/-	=	40.000–80.000	2001–2002	[383]
CH	↑	=	80.000–150.000	1998–2002	[383]
CZ	+/-	=	500.000–1.000.000	2000–2002	[383]
D	+/-	=	1.500.000–3.000.000	1995–1999	[383]
FL	+/-	=	200–400	1998–2000	[383]
H	+/-	=	445.000–585.000	1999–2002	[383]
L	↓	=	15.000–20.000	2001	[383]
NL	↑	=	50.000–100.000	1998–2000	[383]
PL	+/-	=	400.000–700.000	2000–2002	[383]
SK	+/-	=	100.000–130.000	1990–1999	[383]

Siedlungsdichte. Nester stehen oft dicht beisammen, niedrigste Nestabstände ME < 3 m. Höchstdichten ME auf Flächen von 20–49 ha 23.4–21.0–10.1 (Ø 18.3), von 50–99 ha 12.0–6.7–5.0 (Ø 7.1), von > 100 ha 14.3–3.5–3.0 (Ø 5.6) BP/10 ha [337; vgl. auch Angaben in 1137,310,1722,1,3871]. Großflächendichte (> 100 km^2) ME zw. 0.4 – 75 BP/km^2 [s. Tab. 66 in 337].

Gefährdungsursachen [196]. Verlust oder Monotonisierung ehemals reich strukturierter Kulturlandschaften, Überdüngung, zunehmender Biozideinsatz, erheblicher Rückgang der Winterbrachen, Einsatz giftiger Saatgut-Beizmittel.

SPEC	VSchRL	Bern.Konv.	Bonn.Konv.
E	--	Anh. II	--
Europ. RL	**RL in ME**		
--	--		

Schutzmaßnahmen. In Anbetracht günstiger Bestandssituation keine spezifischen Maßnahmen erforderlich. Wie bei anderen Kulturlandarten wären Extensivierung der Landwirtschaft mit reduziertem Dünger- und Biozideinsatz, Erhalt oder Förderung eines Landschaftsmosaiks mit vielseitiger Stauden- und Wildkrautflora sowie Förderung von Brachflächen (vor allem Winterbrachen) förderlich.

Biotop. Br. halboffener, parkähnlicher Landschaften mit Baumgruppen, Gebüsch oder aufgelockerten Baumbeständen und freien Flächen, z.B. Feldgehölze, Waldränder und -lichtungen, lichte Mischwälder und Auwaldungen, Parkanlagen, Gärten, Alleen; oft bei Anwesenheit von nur wenigen Einzelbäumen und Büschen häufig in den unterschiedlichsten Siedlungstypen bis in die Großstadtkerne und vielfach geradezu Charaktervogel auch städtischer Wohnbezirke. Nach der Brutzeit vor allem auf Freiflächen mit Nahrungsangebot, wie Ruderalstellen, Felder, Wegränder, Bahndämme; im Winter mehr in und um Siedlungen konzentriert und Nutzung von Futterstellen.

Nahrung. Überwiegend vegetabilisch in breiter Streuung der Arten je nach lokalem und saisonalem Angebot, je nach Jahreszeit Blatt- und Blütenknospen, Samenanlagen, Fruchtknoten (Blumenverbiss im Frühjahr), halbreife und reife Sämereien von Gräsern, Kräutern und Bäumen (z.B. auch Koniferensamen), weiche und fleischige Früchte. Im Vergleich zu anderen Finken fällt vor allem im Herbst Vorliebe für Fleisch und Samen von Hagebutten auf. Bevorzugung größerer Samen und Früchte gegenüber kleineren Gattungsverwandten. Animalische Nahrung tritt zu allen Jahreszeiten stark zurück. Nestlingsnahrung zunächst offenbar überwiegend aus kleinen Insekten (z.B. Blattläuse), später aus aufgeweichten Sämereien.

Stimme. Lockruf »gjik« oder »djü-it«, im Abflug hart angeschlagen, klingelnd »gigigi.« oder »gjick-gjick...«, nasale »diu« oder nach oben gezogen »dschwüid«; bei aggressiven Auseinandersetzungen scharf schnarrend »tsrr« oder »tschrr«, juv. betteln anhaltend gereiht »djil djil...« oder »djü djü...«. Gesang anhaltende Folge von Trillern (»Klingeln«), Elementfolgen ± rasch vorgetragen, jeweils durch Pausen getrennt, dazwischen häufig ein gedehntes »tschui« oder »schwoäinsch« u.ä. eingeschoben; nicht selten auch Imitationen herauszuhören. Gesangsangleichung an lokale Gesangsformen beob., gelegentlich singen auch ♀. Gesang von hohen Warten oder im fledermausartig gaukelnden Singflug vorgetragen. Sangesbeginn witterungsabhängig oft bereits im Dez.-Jan., bis in den Hochsommer anhaltend, vereinzelt auch im Herbst.

Verhalten. Tagaktiv; Tagzieher. Nahrungsaufnahme meist vom Boden, nur bei kräftigeren Stauden und Sträuchern auf Stängeln und Zweigen sitzend; Samenstände von Gräsern und Kräutern (z.B. Löwenzahnblüten) werden entweder durch Körpergewicht zu Boden gedrückt oder auch durch Knicken der Halme bzw. Stängel mit dem Schnabel vom Boden aus erreicht. Beim Herauslösen von kleinen Sämereien arbeiten Schnabelhälften und Zunge zusammen, von größeren Samen (z.B. Sonnenblumenkerne) wird durch Beißen mit den Schnabelhälften und Drehen des Objekts mit der Zunge die Schale entfernt. Einer der regelmäßigsten Besucher von Futterstellen. Zur Brutzeit territorial. Nestrevier und Nahrungsrevier fallen i.d.R. nicht zusammen; Paare grenzen im Frühjahr auch Nahrungsreviere gegen Artgenossen ab. ♂ verpaaren sich meist mit einem ♀, selten mit 2 oder 3 ♀. Brüten solitär oder in Nestgruppen (4-6 BP). ♂ singen von Baumgipfeln und im Singflug (Fledermausflug) über ca. 50 m lang. ♀ singen selten. Balz: ♂ hüpft balzend hinter ♀ her; dabei auch Halmbalz, Schnäbeln, Balzfüttern mit hervorwürgen von Nahrung sowie Verfolgungsflüge. ♀ initiiert Kopulationen; diese oft von anderen ♂ gestört. Außerhalb der Brutzeit oft Übernachtung in Gemeinschaftsschlafplätzen (z.B. in efeubewachsenen Mauern), an denen sich mehrere hundert Ind. sammeln können. Außerhalb der Brutzeit gesellig, zunächst meist Familientrupps, dann oft in größeren Verbänden, aber im Herbst und Frühwinter auch in großen Schwärmen, bei günstigem Nahrungsangebot artrein bis gelegentlich max. Tausende, aber oft auch mit anderen Finken (und Ammern) locker vergesellschaftet. Auffinden von Nahrungsquellen für Ind. im Trupp schneller als einzeln.

Fortpflanzung, Brutbiologie [1369,337,767,1722]. Geschlechtsreife im 1. Lebensjahr. Meist monogame Saisonehe (in GB 55-62% der ♂ und 65-79% der ♀ monogam, 6-12% der ♂ und 10-27% der ♀ stets polygam; meist Bigamie, dabei Nester der ♀ z.T. weit auseinander; Polygynie bis 4-5 ♀ bekannt; Polyandrie selten belegt, dann beide ♂ mit Kopula und an Fütterung der Nestlinge beteiligt). Partnertreue und Wiederverpaarung im Folgejahr belegt. Einj. verpaaren eher mit gleichaltrigen, ältere meist mit älteren. Fremdkopulationen bis 3 km vom eigenen Brutplatz entfernt beob. **Ankunft am Brutplatz.** Paarbildung im Winterschwarm. Besetzung der Brutplätze in günstigen Stadtklimaten bereits ab Feb./Anf. März, doch Nestreviere bei Kälteeinbrüchen wieder aufgegeben; ab Ende März bis Anf.

April endgültige Besetzung. Nur Hälfte der Ad. mit Brutortstreue (auch vom Nahrungsangebot mitbestimmt). Nistplatzsuche durch Paar, Wahl durch ♀. **Nest.** Neststand i.d.R. in guter Deckung, vor allem im Siedlungsbereich sehr variabel, meist in Bäumen und Sträuchern, häufig auch in Ranken- und Kletterpflanzen an Mauern, Baumstämmen, Grabsteinen etc., auch in Blumenkästen, auf Balkonen, vielerorts Zunahme von Gebäudebruten; bei Früh- und Erstbruten häufig in Koniferen und immergrünen Ziersträuchern bzw. -bäumen, sommergrüne Nestträger mit fortschreitender Brutzeit zunehmend. Bodenhöhe < 1 – >15 m, meist 2-6 m (Median CH_{527} 2.6 m); Nesthöhe nimmt mit fortschreitender Saison zu (in D-ST von März Ø 3.7 m über Mai Ø 4.7 m bis Juli Ø 6.6 m). Nest aus trockenen Reisern von Bäumen und Sträuchern sowie Halmen krautiger Pflanzen und Gräser, nach innen feineres Material, u.a. auch Moos; Muldenauskleidung aus feinen Halmen, Tierhaaren und Federn; vor allem in Stadtbiotopen unterschiedlichste Materialien und »abnorme« Nestbaustoffe. Muldendurchmesser 55-72 mm, -tiefe 30-49 mm. ♀ baut (vom ♂ überwacht); Dauer 8-12 d. Wiederbenutzung von Nestern aus dem Vorjahr möglich; auch Abbau alter Nester nicht selten (sowie Materialklau aus anderen Nestern, z.T. mit Folge der Brutaufgabe); Mehrfachbenutzung eines Nestes während einer Saison offenbar nicht außergewöhnlich. **Legebeginn.** Frühestens ab 1. Märzhälfte (D-SST z.B. Ø 7.3.), 1. Höhepunkt Mitte/Ende April und Anf. Mai; Legebeginn lokal in Großstadtfriedhof 5 d früher als Siedlungsbereich und 15 d eher als Feldgehölze, Auwälder etc.; frische Vollgelege bis spätestens Mitte Aug., letzte Juv. fliegen daher erst Ende Aug./Anf. Sept. aus. **Gelegegröße.** 3-7, meist 5; Ø CH Mai_{62} 5.1, $Juni_{26}$ 5.1, $Juli_{22}$ 5.2, Rhl. April 4.9, Mai/Juni 5.1, Juli 4.5/4.6; D-ST Mitte März 3.7, bis Mitte Mai 5.3, bis Ende Juni 4.2; Gelege in NZ etwas kleiner, $Ø_{55}$ 4.6. Legeintervall 1 d. **Eier.** Zugespitzt oval, mattglänzend, weißlich bis blauweiß mit spärlicher rostbrauner Fleckung und violettgrauen Unterflecken. **Brutdauer.** (11) 12-14 d (D-BW $Ø_{22}$ 12.6 d); Bebrütung ab (vor-)letztem Ei; nur ♀ brütet, wird vom ♂ gefüttert. **Nestlings-/Führungszeit.** ♀ hudert bis 4 d vollständig, bis 8 d mind. zeitweilig; beide füttern Nestlinge aus dem Kropf. Juv. verlassen Nest nach 14-18 d ($Ø_{31}$ 15.8 d); werden danach bis 14 d geführt; in dieser Zeit aber oft Eiablage für nächstes Gelege. Nach der 2. Brut Familienzusammenhalt oft länger, mitunter Wochen (zu berücksichtigen bei der Zeitberechnung von Spätbruten!). **Jahresbruten.** 2, Zweitbruten offenbar die Regel, aber Teil der Population nur mit 1 Brut; Drittbruten bekannt; mitunter ± enge Verschachtelung der Bruten; Ersatzgelege. **Ende der Brutperiode.** Meist erst im Aug., bei späten Bruten bis Ende Sept. **Bruterfolg.** In D-ST ca. 25% der Frühbruten wenigstens 1 Juv., nach der Laubentfaltung 40%, insgesamt ca. 32-35% der Bruten mit mind. 1 Juv. (max. 6) bzw. 3.8 Juv./erfolgr. Brut und J.; Produktion wahrscheinlich nicht mehr als 2 Juv./Ad. und J. D-BW aus 84 Vollgelegen (394 Eier) nur 103 Juv. (26.1%). In F von 203 Nestern in 4 J. 14.3% ohne Eier, von 174 Gelegen nur 42.5% erfolgr., 40.8% geplündert (u.a. Corviden, Amsel, Gartenschläfer), höchste Verluste in Holunder mit 80%, dagegen in nach Laubentfaltung besiedelten Laubhölzern und Nadelbäumen 36 bzw. 35%, Nachwuchsrate etwa 4.5 Juv., dafür 2.5 Nester pro BP notwendig. In GB nach Nestkarten (418 Bruten, 2019 Eier) Schlüpferfolg 74.1% und für 1220 frischgeschlüpfte Nestlinge Ausfliegeerfolg 77.5%, Gesamtbruterfolg 52.9%.

Eimaße und –gewichte [1369]: L. 17.7-22.0 mm, B. 13.6-15.5 mm; Ø 20.4 x 14.7 mm (n=99, N-D), 19.9 x 14.5 mm (n=492, CS). Frischvollgew. 1.67-2.65 g, $Ø_{99}$ 2.244 g. Schalengew. 0.088-0.145 g, $Ø_{99}$ 0.118 g.

Sterblichkeit, Alter. Br. FIN 43 ± 8.3%/J.; CZ/SK. im 1. J. ♂ 50%, ♀ 61%, in späteren J. ähnlich; GB/IRL im 1. J. 58%, bei Ad. 56%/J. [3589]. Älteste Ringvögel (D) 12 J. 7 Monate, mehrfach > 11 J. Anteil 6–7 jähriger an einem Lokalbestand ME 1.8%. **Generationslänge:** < 3.3 J. [383].

Mauser. **Postjuvenile Mauser** (Teilmauser) Juli/Aug.–Ende Sept./Okt. [767,1369]; umfasst auch variable Anzahl Großer Armdecken, Schirm- und Steuerfedern, selten partielle Schwungfedermauser, gebietsweise aber bei > 10 % der Ind.; Umfang in S-Europa größer und gelegentlich Vollmauser [767,1369,1866,1291]. • **Postnuptialmauser** (Vollmauser) Mitte Juli/Aug.–Ende Sept./Mitte Nov.; Dauer der HS-Mauser 75–90 d [767,1369,3450].

Carduelis carduelis – Stieglitz 16530

Carduelis [carduelis] carduelis (Linnaeus 1758) syn.: Distelfink

(GB) European Goldfinch **(F) Chardonneret élégant** **(E) Jilguero**

Taxonomie. Mindestens zehn gering differenzierte UA sind beschrieben, darunter *carduelis* (Linnaeus 1758) (inkl. »*britannica*«) (Kontinental-Europa bis Ural, nach S bis F, I und HR), *parva* Tschusi 1901 (S-F, Iberien, NW-Afrika), *tschusii* Arrigoni 1902 (Korsika, Sardinien, Sizilien), *balcanica* Sachtleben 1919 (Balkanhalbinsel bis Kreta), *niediecki* Reichenow 1907 (Kleinasien, CY bis S-Iran), *brevirostris* (Zarudny 1889) (Krim, N-Kaukasus), *loudoni* Zarudny 1906 (AZ, Iran) und *major* (Taczanowski 1879) (Ural bis Zentral-Sibirien). Bildet Superspezies mit innerasiatischem *C. caniceps* (mit UA *caniceps, paropanisi, subulata*). Hybridzonen zwischen *carduelis* und *caniceps* bestehen im Altaigebiet (SW-Sibirien) und in NE-Iran.

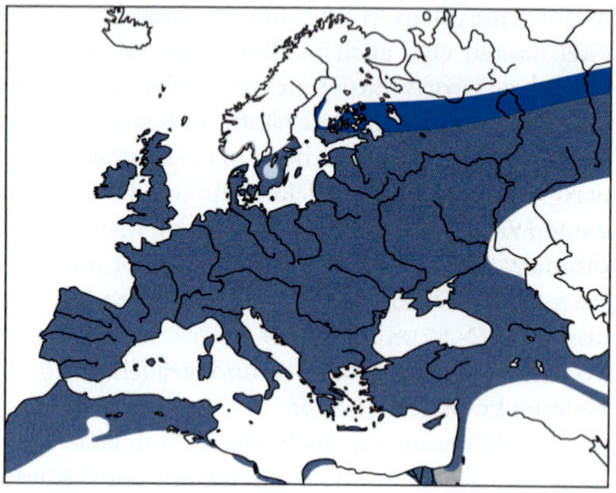

Carduelis carduelis – **Stieglitz**

Kennzeichen. [767,1369,221,3772,3615].

Maße. Gr.: 12 cm. Gew.: (NL/N-D) ♂ 13.0-19.5 g, $Ø_{13}$ 16.4 g, ♀ 13.1-16.0 g, $Ø_{11}$ 14.8 g, (CH, Nov.) $Ø_{1027}$ 15.8 g, dabei ♂ Ø 1.09 g schwerer als ♀. Fl.spw.: 21-25.5 cm. Fl.l.: (CH) ad. ♂ 78-85 mm, $Ø_{15}$ 81.1 mm, juv. ♂ 77-83 mm, $Ø_{28}$ 80.5 mm, ad. ♀ 76-80 mm, $Ø_{9}$ 77.8 mm, juv. ♀ 73-80.5 mm, $Ø_{29}$ 76.6 mm [767,1369].

Status. Nominatform verbreiteter, häufiger Brut und Jahresvogel (gebietsweise Sommervogel) sowie häufiger, regelm. Durchzügler und Gastvogel. UA *britannica* in NW-ME Brut- und Jahresvogel.

Verbreitung und Bestand. Brutvogel der borealen, gemäßigten, mediterranen und Steppenzone der W- und Zentralpaläarktis von Atlantischen Inseln und W-Küste MA und Europa bis NW-Mongolei und W-Sinkiang. S-Grenze Kanaren, N-Rand Sahara (im Niltal bis 24° N), N-Irak, SW- und Zentral-Iran, N-Pakistan, W-Nepal; weiter E mittelasiatische Gebirge bzw. NW-Mongolei (nicht besiedelt sind Steppen- und Wüstengebiete KZ, Turkestans etc.). N-Grenze N-Schottland, S-Fennoskandien (Vorposten erreichen in FIN etwa 65° N, ± zusammenhängend besiedeltes Areal 62–63° N), RUS ca. 61° N, W-Sibirien ca. 58–59° N. Eingeführt AUS, Tasmanien, NZ, Argentinien, Bermuda und erfolglos N-Amerika. ME Nominatform verbreiteter Brutvogel vor allem im Niederungsgebiet, allerdings in weit geringerer Dichte als in S-Europa; ferner in NL (überwiegend, lokal zudem in B) UA *britannica*. Höhengrenzen: CH bis 1300–1500 m, einzeln bis > 1900 m; A-V bis > 1400 m; D-BY einzeln bis ca. 1200 m; SK. bis 1450 m; PL bis 1100 m ü.M. Europäischer Gesamtbestand etwa zw. 12 - 29 Mio. BP (leichte Zunahme) [383], mit Beständen > 1 Mio. BP in TR (1.5-4.5 Mio.), F (1-5), E. (0.8-2.9), RUS und I (jew. 1-2) und P (0.5-2.5); in ME etwa 1.8 – 3.0 Mio. BP [383].

Wanderungen. Kurzstreckenzieher, Teilzieher und Winterflucht, in S-Europa (aber auch z.B. H überwiegend) Standvogel; Hauptwintergebiet innerhalb des Areals von W-Europa bis Mittelmeergebiet, S des Areals im Nahen Osten. Winterausharrer einzeln bis Mittel-S. und in tieferen Lagen NE-ME; in milden Gebieten W-D bereits hoher Nichtzieheranteil oder Wintergast (z.B. Rhl. Gitterfeldfrequenz 1983-86 Okt.–Nov. 67%, Dez.–Jan. 65%; D-BW 1987-91 51.5% [203]; NL Gitterfeldfrequenz 1978-83 Jan. 42%, Mai 49%; ehem. CS etwa 50% Zugvogelanteil), aber auch ein kleiner Teil der **Br. E. und P** wandert S bzw. SE. Überwinterer und Winterausharrer in ME aber oft sehr unstet und offenbar auch weiter umherwandernd je nach Verteilung des Nahrungsangebots. **Br. S. und Baltikum** Wegzugsrichtung WSW–SW bis E. **In ME** offenbar W ca. 14-15° N Hauptwegzugsrichtung W–SSW mit Winterquartieren bis N-I, W- und S-F, E./P und (zusammen mit Br. E./ P) ein offenbar relativ großer Anteil über Straße von Gibraltar nach NW-Afrika; E 13° N zunehmende Anteile von Abzugsrichtungen S–SSE bis SE mit Zielen ehem. YU, GR (aber z.B. auch von H nach N-I); **Br. GB** zunächst vorwiegend SSE–SE (kürzeste Kanalüberquerung nach B), dann SSW bis P und S-E. ME erhält auch Wintergäste aus E und NE. Wegzug nach Umherstreifen ab Juli (z.B. mit Vorzugsrichtung N) in ME etwa ab Aug. (zunächst Juv.), bei Spätbruten bis Okt., spätbrütende Ad. ebenfalls bis Okt. im Brutgebiet; Dz. fremder Br. in ME ab Sept., Höhepunkt Okt., Ende erst gegen Mitte Nov. Auf Randecker Maar D-BW Herbstdz.-Mediane 1970-97 zunehmend später [1315]. Mittlerer Breitengrad der Winterfunde beringter Br. aus GB/IRL seit 1960er J. signifikant um 0.13 Breitengrade/J. nach N verschoben [3634]; auch Winterfunde beringter Br. aus D (1928-98) zeigen Tendenz zu kürzeren Zugwegen [1117]. In E. kommen erste Wegzügler aus ME und GB ab Anf. Okt. an; ♀ neigen zu weiterem Zug als ♂. Heimzug meist ab Mitte März, Dz. bis Ende 1. Maidrittel; nach gelegentlichen Besuchen ab Mitte Feb. z.B. Ø Ankunft am Brutplatz SW-D 20. April, abhängig vom Nahrungsangebot. Ad. kommen i.d.R. eher zurück als Vorj. Weiteste Zugentfernungen Br. ME > 2200 km; Tagesleistungen bis > 120 km auf Wegzug nachgewiesen. Ringfundkarten [1367,4220,4064].

Bestandsentwicklung. In Abhängigkeit von Entwicklung der Nahrungspflanzen, vor allen auch in Folge ungünstiger Witterungsbedingungen erhebliche Bestandsschwankungen [1369,4175 u.a.]. Erfassung zudem durch Brutnomadismus sowie fehlende Territorialität erschwert [4043].
In mehreren Regionen W- und S-ME z.T. deutliche Bestandverluste [1369; CH, B, D: 4043,7, 2259,3519,3595,1585,3392,2623,1722,310; ferner GB: 1343,2471,2469; nur regional verbunden mit Arealschwund, z.B. 1040,3519], bedingt durch Habitatveränderungen und vor allem aufgrund Rückgang des Nahrungsangebotes (samentragende Pflanzen) in ländlichen Regionen [1369,1137,1722,310]. Überregional bedeutsame Arealverluste aber bisher nur außerhalb ME (z.B. FIN, UA.) [1369,1585,3930,1691N], insbes. in 1980er J. mit starken Verlusten bei Zugvogelanteil in Überwinterungsgebieten SW-Europas [2471]. Rückgang insgesamt aber weniger gravierend als bei anderen Samenfressern, da stärker auf Baumsamen konzentriert (bei Herbizideinsätzen weniger betroffen) [2471]. Nahrungsangebot im Winterhalbjahr entscheidend. Da kurze Tageslängen im Winter ME kaum zur Deckung des Energiebedarfs ausreichen, viele Stieglitze zur Abwanderung gezwungen [1368]. Veränderungen (Intensivierung) der landwirtschaftlichen Nutzung in SW-Europa daher mit entscheidend für Bestandsentwicklung in ME.

	Best.	Areal	Brutbestand	Jahr	Quelle
A	+/-	=	25.000–50.000	1998–2002	[383]
B	↓	=	2.500–10.000	2001–2002	[383]
CH	↓	=	20.000–50.000	1993–1996	[383]
CZ	+/-	=	200.000–400.000	2000–2002	[383]
D	+/-	=	300.000–600.000	1995–1999	[383]
FL	+/-	=	30–60	1998–2000	[383]
H	+/-	=	690.000–910.000	1999–2000	[383]
L	+/-	=	6.000–8.000	2001	[383]
NL	⇧	+ 1	15.000–20.000	1998–2000	[383]
PL	+/-	=	400.000–800.000	2000–2002	[383]
SK	+/-	=	100.000–150.000	1990–1999	[383]

In anderen Teilen ME zumindest nach regionalen Studien derzeit eher konstante Brutbestände als Rückgänge [310,2031,4175,3393,1141,1852, 198], gebietsweise (z.B. Sukzessions- und Extensivierungsflächen) auch Zunahmen [593,595,1,310], bes. auffallend Zugewinne in (baumreichen) städtischen Bereichen [1137,2882,310,2896]. In N- und W-NL starke Zunahme und Arealausweitung (*britannica*), dagegen in (S)E-NL (Nominatform) Rückgang [375,277]. Populationen in E-ME in letzten Jahrzehnten offenbar ohne bedeutende Veränderungen [1585].

Siedlungsdichte. Oft brüten mehrere BP in Gruppen nebeneinander in einem Nahrungsgebiet, das ± gemeinsam genutzt wird; Entfernung Nest/Nahrungsgebiet SW-D Ø 154 m, max. meist < 400 m. Höchstdichten ME auf Flächen von 20–49 ha 9.4–4.5–2.3 (Ø 4.7), von 50–99 ha 3.2–0.6–0.5 (Ø 1.1), von > 100 ha 1.2–0.7–0.6 (Ø 0.8) BP/10 ha. Großflächendichte (> 100 km^2) zw. 0.01 – 5.4 BP/km^2 [vgl. Tab. 67 in 337].

Gefährdungsursachen [1369,196,2623,4175,337, 843,2560,1722,2471,2259,4043,3595,2469]. Veränderungen der Landwirtschaft mit erhöhtem Düngemitteleinsatz, Flurbereinigung und Monotonisierung, aber vor allem Intensivnutzung, Biozideinsatz, Vernichtung von Ödland-, Brach- und Ruderalflächen sowie von Ackerrandstreifen etc., dadurch erhebliche Nahrungsengpässe, vor allem Winter.

Verlust von extensiv genutzten Obstgärten, Hochstammbeständen und Alleebäumen.
Ehemals direkte Verfolgung für Käfighaltung; Fang in B gebietsweise heute noch (illegal).

SPEC	VSchRL	Bern.Konv.	Bonn.Konv.
--	--	Anh. II	--
Europ. RL	**RL in ME**		
--	--		

Schutzmaßnahmen. Extensivierung landwirtschaftlicher Nutzung in Brut- und Überwinterungsgebieten; Erhalt und Förderung von Ruderalflächen und Ackerrainen sowie von Ackerwildkräutern; Maßnahmen zur Erhöhung des Strukturreichtums der Kulturlandschaft. Deutliche Ausweitung der Stillegungsflächen. Erhaltung und Schutz alter Obstgärten.

Biotop. Offene und halboffene Landschaften mit abwechslungsreichen und mosaikartigen Strukturen, lockere Baumbestände oder Baum- und Buschgruppen bis zu lichten Wäldern, die mit offenen Nahrungsflächen samentragender Kraut- und Staudenpflanzen als Nahrungsareale für Nestgruppen oder Einzelpaare abwechseln; z.B. Obstgärten und Streuobstwiesen, Gärten in ländlichen oder aufgelockerten Siedlungen und um Einzelhäuser, Alleen, Feldgehölze, Ränder von Laub-, Misch- oder Nadelwäldern, lichte Auwälder, Parkanlagen, Friedhöfe; im Inneren großer Städte, sofern Baumgruppen, Wiesen- oder Ruderalgelände vorhanden sind; meidet meist geschlossene Wälder. Außerhalb der Brutzeit Nahrungssuche auf Ruderalflächen, samentragenden Staudengesellschaften, Distelbeständen, Viehweiden, auf bewachsenen Flussbänken und an Ufern von Binnengewässern, in verwilderten Gärten, an Wegrändern, Bahndämmen, bewachsenen Wald- und Gehölzrändern.

Nahrung. Fast ausschließlich vegetabilisch, tierische Nahrung während der Brutzeit nur ca. 2%. Samen von insgesamt 152 Pflanzenarten nachgewiesen. Je nach Jahreszeit spielen Samen von Bäumen (z.B. Birke, Erle, bes. im zeitigen Frühjahr Kiefer) und vor allem Korbblütlern (z.B. Huflattich, Löwenzahn, Disteln, Kratzdisteln, Wiesenbocksbart, Sonnenblume, Flockenblume), aber auch anderer Kraut- und Staudenpflanzen (z.B. Mädesüß, *Senecio*, Hahnenfuß etc.) eine Rolle. Meist werden einige Arten nebeneinander lokal oder saisonal bevorzugt; auch Nestlinge werden mit verschiedenen Sämereien gleichzeitig gefüttert, vor allem mit Samen im milchreifen Zustand. Tierische Nahrung besteht vor allem aus Blattläusen, die kurzfristig bis zu 19% der Nahrungsaufnahme beanspruchen können; andere Insekten scheinen nur Gelegenheitsbeute.

Stimme. Lock- bzw. Kontaktruf rein klingend »dudidelit« oder »stiglitt«, auch kürzer und schärfer »ziditt« oder »hidit«, Warnruf gezogen, etwas nasal »wäi«, »Schwarmruf« etwa »chlü«, oft mit kurzer Vorsilbe, außerhalb der Brutzeit; bei aggressiven Auseinandersetzungen hart schnarrend »trrr« oder »tschrrr«; Juv. rufen anhaltend »di-wet-wet…«. Gesang aus eilig vorgetragenen, klappernden Strophen, meist mit Folge von »stiglitt«-Rufen beginnend, dann oft Triller anschließend und gegen Ende ein nasal krähendes Element, wie »ziär« oder »chriä«. Strophen meist durch kurze Pausen getrennt. Situationsspezifische Motive beschrieben. ♂ singen oft auf höheren Baumwipfeln, oft Gemeinschaftsgesang, selten im Singflug; auch ♀ singen. Gesangsbeginn im März, meist bis Juni–Juli; im Frühherbst vereinzelt.

Verhalten. Tagaktiv; Tagzieher. Nahrungserwerb: Pflanzensuchflüge im Nahrungsareal. Mit dem relativ langen, spitzen Schnabel werden Samen meist direkt aus den Samenständen abgelesen, ausgezirkelt aus halbversteckten Samenträgern oder durch Aufmeißeln von Hüllblättern freigelegt und dann herausgeholt, nur in Notzeiten (z.B. Winter) Aufklauben vom Boden. Die Nutzung von verborgenen Samen (in meist hoher Produktion an einem Ort) führt zu reicher Variation von Bewegungsweisen, z.B. meisenartig gewandt bei der Samenernte, auf dem Boden stehend, sitzend und vorbeugend, kopfunter mit Schwerpunkt weit vor den Beinen, seitlich hängend und Kopf nach oben, Hochklettern am Pflanzenstängel und dann Abbiegen in Horizontale oder zum Boden, Klettern und Sitzen an senkrechten Stängeln, hängend mit dem Rücken nach unten. Pflanzen- und Nahrungsteile werden auch mit dem Fuß fest gehalten. Milchreife Samen werden nicht geschält. Zur Brutzeit territorial. BP in Nestgruppen (2-9 BP) halten miteinander sozialen Kontakt. Territorien meist klein. ♂ benutzen Gesang zur Reviermarkierung und Werbung. Singflug als Schmetterlingsflug (ähnlich Grünfink). Gesangsgipfel zur Nestbauzeit. Eskortiert ♀ während dieser und der Legephase (wahrscheinlich Partnerbewachung zur Vaterschaftssicherung). Nahrungssuche während der Brutzeit ohne aggressive

Auseinandersetzungen zwischen individuell bekannten Vögeln; fremde Ind. werden aus gemeinsamem Nestterritorium vertrieben. Fluchtdistanz bei einzeln nahrungssuchenden Ind. größer als in Paaren oder Gruppen. Außerhalb Brutzeit fast immer in Trupps, mitunter auch in größeren Ansammlungen (bis Tausende). Aggressive Auseinandersetzungen i.d.R. nur bei Unterschreitung der Individualdistanz. Zunächst reine Jungvogeltrupps von früh ausgeflogenen Bruten, später Familientrupps, die sich dann zu größeren Schwärmen vereinen. Einzelne Ind. im Winter – Frühjahr entweder abgesprengte Ind. oder bei vorübergehender Arealerkundung. Paare verteidigen vor Brutzeit bei knappem Nahrungsangebot auch Nahrungsplätze. Jungvogeltrupps und Herbstschwärme übernachten gemeinsam, letztere teilen sich tagsüber in Trupps auf.

Fortpflanzung, Brutbiologie [1369,337,767,1722]. Geschlechtsreife im 1. Lebensjahr. I.d.R. monogame Saisonehe, Fremdkopulationen aber nicht selten. **Ankunft am Brutplatz.** Verpaarung meist schon vor Ankunft am Brutplatz in den Schwärmen. ♂ erkunden ab Feb. oft einzelne Brutplätze, Besetzung frühestens 2. Märzhälfte, oft erst nach Mitte April. Bei Anlage von Ersatz- und Folgebruten werden oft neue Nahrungsgebiete erschlossen. Verteilungsmuster unterschiedlicher Brutplätze von Früh- und späteren Bruten lokal z.T. über Jahrzehnte bestehend. **Nest.** Wahl durch ♀. Beginn erst, wenn Laubaustrieb genügend Deckung bietet. Neststand i.d.R. auf äußersten Zweigen oder im äußeren Kronenbereich (oft windabgewandte Seite) einzelner oder locker stehender Bäume sowie in hohen Büschen, fast immer in dichtem Laubwerk gut gegen Sicht gedeckt, z.B. Obstbäume, Spalierpflanzen, höhere Alleebäume, in dichten Rosskastanien und vielen Laubbäumen der Parkanlagen, seltener auf Koniferen (vor allem bei Frühbruten). Bodenhöhe < 1 bis häufiger >3 – 12 m, max. bis 20 m (Median S-D$_{236}$ knapp 4 m). Nest sorgfältig aus Halmen, Stängeln, Bastfasern, Moos und kleinen Wurzeln gebaut, mit Flechten getarnt und mit Pflanzenwolle ausgepolstert. Muldendurchmesser 47-56 mm, -tiefe 29-43 mm. ♀ baut (vom sing. ♂ oft begleitet); Dauer 4-14 d. **Legebeginn.** Frühestens Ende April (D-BW 26.4., CH 23.4.), meist ab Mai, spätester Legebeginn Anf. Aug.; Juv. der späteren Bruten verlassen oft erst Ende Aug./Anf. (Mitte) Sept. das Nest. **Gelegegröße.** (2-) 4-6; Ø CH Mai$_{42}$ 4.9, Juni$_{27}$ 4.9, Rhl. Mai$_{21}$ 4.9, Juni$_{25}$ 5.2, D-BW$_{146}$ 4.8, im Mai$_{68}$ 4.9, Juni$_{45}$ 4.9, Juli$_{29}$ 4.45, Aug.$_{3}$ 3.33, CS$_{98}$ 4.9, PL$_{56}$ 5.1; im Mittelmeerraum kleiner (4.0-4.2). Legeintervall 1 d. **Eier.** ± Oval, mäßig glänzend, bläulichweiße Grundfarbe, spärlich mit scharfen rotbraunen Flecken und Schnörkeln besetzt, daneben hellere Haarlinien und hellere violettgraue Unterflecken. **Brutdauer.** 11-13 (9-14) d, (S-D Ø$_{41}$ 12.1 d); intermittierende Bebrütung ab (2.) 3. Ei, normaler Tag-/Nacht-Brutrhythmus erst ab Vollgelege; nur ♀ brütet, wird vom ♂ am Nest gefüttert; Junge schlüpfen asynchron innerhalb 2-3 (1-4) d. **Nestlings-/Führungszeit.** ♀ hudert 7-9 d, beide füttern die Jungen (aus dem Kropf). Juv. verlassen Nest nach 13-18 d (bei Störungen schon nach 11; Ø$_{40}$ 14.7 d); werden bis zu 3 Wochen von Altvögeln geführt (nur vom ♂ bei Beginn der Folgebrut des ♀), danach Umherstreifen in Jungvogelverbänden. **Jahresbruten.** 2 (-3), Folgebruten oft an anderen Stellen; Ersatzgelege für Zweitbruten bekannt; in SW-D ca. 12% Drittbruten. **Ende der Brutperiode.** Führungszeit endet meist erst Ende Sept. oder im Okt. **Bruterfolg.** Totalverluste oft sehr hoch. In D-BW von 236 Nestern nur 47 (19.9%) erfolgreich, Hauptverluste durch Nesträuber und regenreiche Saison (z.T. Starkwinde), 32 Nester Aufgabe vor Ablage der Eier. Aus 47 erfolgr. Nestern flogen 187 Juv. aus, Ø 4.0 Juv./erfolgr. Nest bzw. 0.8 Juv./Gelege; Juligelege erfolgreicher als Maigelege. Bei Moskau 38% der Nester$_{77}$ erfolgr., wenn Nestdichte hoch, 59% wenn niedrig.

Eimaße und -gewichte [1369]: L. 15.6-19.2 mm, B. 11.9-14.2 mm; Ø 17.3 x 13.0 mm (n=236, D-BW), 17.1 x 12.9 mm (n=87, L), 17.4 x 13.1 mm (n=143, CS). Frischvollgew. 1.06-1.73 g, Ø$_{37}$ 1.45 g. Schalengew. 0.060-0.092 g, Ø$_{74}$ 0.077 g.

Sterblichkeit, Alter. In CS 76% im 1. J.; GB 66 % im 1. J., bei Ad. 63 %/J. [3589]. Ältester Ringvogel (D) mind. 12 J., mehrfach > 10 J., in Gefg. bis 19 J., Rekord angebl. 27 J. **Generationslänge:** < 3.3 J. [383].

Mauser. Postjuvenile Mauser (Teilmauser) Aug.–Okt./Anf. Nov. [767,1369]; Kleingefieder ohne einzelne Große Armdecken sowie einige Schirm- und Steuerfedern, Umfang aber von Geschlecht, Schlüpfdatum und geographischer Lage abhängig, bes. in S-Europa auch regelm. Teile des Großgefieders erneuert (z.B. 4–5 äußere HS), ausnahmsweise Vollmauser [767,1369,3771,1866,1291].
• **Postnuptialmauser** (Vollmauser) Mitte Juli/Mitte Aug.–Mitte Sept./Okt., bei Zugbeginn mitunter noch nicht beendet [767,1369,1866,3450]; Dauer der Großgefiedermauser 80–100 d [1369].

Carduelis citrinella – Zitronenzeisig 16441

Carduelis [citrinella] citrinella (Pallas 1764) syn.: *Serinus citrinella,* Zitronengirlitz

(GB) Citril Finch **(F) Venturon montagnard** **(E) Verderón Serrano**

Taxonomie. Monotypisch. Bildet Superspezies mit dem phänotypisch und genetisch deutlich differenzierten Korsenzeisig *C. corsicanus* [2940,3326,1167N]. Die früher zu *Serinus* gestellte Superspezies ist eindeutig Teil der Gattung *Carduelis*, doch bedarf die gefundene nächste Verwandtschaft mit den Stieglitzen [87] noch unabhängiger Bestätigung.

Kennzeichen. [767,1369,221,3772,3615; weitere Fotos in Bird. W. **8**, 176-77, Dutch B. **17**, 123, Limic. **12**, 213].

Maße. Gr.: 12 cm. Gew.: (CH, Mai) ♂ 12.5-15.0 g, Ø$_9$ 13.4 g, ♀ 12.5-14.5 g, Ø$_5$ 13.3 g, (Zugzeit) diesj. ♂ Ø$_{566}$ 13.0 g, diesj. ♀ Ø$_{555}$ 12.7 g. Fl.spw.: 22.5-24.5 cm. Fl.l.: (CH) ad. ♂ 76-84 mm, Ø$_{77}$ 79.0 mm, ♀ 72-80 mm, Ø$_{61}$ 76.6 mm [767,1369].

Status. Regional verbreiteter, wenig häufiger Brut und Jahres- (S-Alpen, z.T. niedere Lagen wie Schwarzwald) oder Sommervogel; in Brutregionen seltener, unauffälliger Durchzügler und Gastvogel; lokaler Wintergast.
N (und E) der Brutareale unregelm., seltener Gastvogel mit Nachw. in • **D:** Helgol. mind. 1 mal 19. Jh.; -NI u.a. Harz 1961–64 zwischen Juli – Okt. bis max. 20 Ind. (gelegentl. Brüten nicht auszuschließen), ferner Aug. 1967, Juli 1975 [1369]; -TH 1 mal 19. Jh., 1932-75 an 27 Orten 63 mal gefang. bzw. beob., meist Okt.-Dez., 1973 Paar im Sommer, ferner Juli 1978 [1369]; -HE 1 gefang. Sept. 1963 (andere unsicher) [1369,1680]; -NW je 1 erl. vor 1851 und vor 1858, 2 Ind. beob. Okt. 1963 [1369]; -BY einzelne nach N bis Fichtelgebirge [1369]; -SN 2 ♂, 2 ♀ gefang. Feb. 1943 [1369]; -BB ♀ gefang. Apr. 1996 [1369]. • **PL:** Sing. ♂ Aug. 1975, 2 Ind. Apr. 2001 [3871]. • **B:** 8 anerkannte Meldungen von 1943-82 (jew. Okt., Nov.), Anteil Wildvögel? [1677,1369]. • **CZ:** 3 anerk. Meldungen, 1880, März 1890 und Okt. 1972 [2159]. Noch nicht homologiert: PL 2001 [q3].
Ferner außerhalb ME: SLN 1. Brutnachw. 1981, GB 1 mal 1904, MA (Ceuta) Erstnachw. N-Afrika je ein Fängling März und April 1991 [337], auch in FIN, TR, Balearen und DZ [3615].

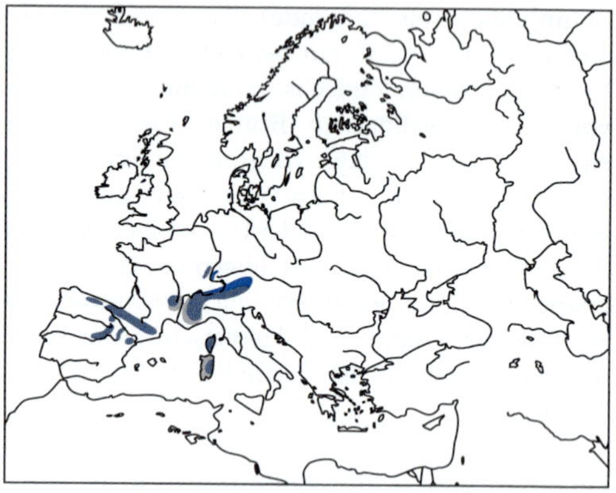

Carduelis citrinella – **Zitronenzeisig**

Verbreitung und Bestand. Brutvogel in aufgesplittertem Areal der SW-Paläarktis vorzugsweise in Montan- und Subalpinstufe: Zentral- und N-E., Pyrenäen (Einzelbeob. S-E.), Massif Central, Alpen, Jura (CH, F), Hochlagen Schwarzwald, Vogesen; Allospezies auf Korsika, Sardinien, Toskanischen Inseln. CH ab 1200 m Jura, Alpen ab 1400 m bis Baumgrenze, N-Alpen D-BY. etwa ab 1250 m (ausnahmsweise Einzelbruten < 1000 m); Schwarzwald früher ab 700 m, inzwischen oberhalb 900–1000 m ü.M.; S-Alpen I ab 1400 m ü.M.; E. bei hoher Samenmast von *Pinus*-Arten regional und temporär auch im mediterranen und submediterranen Bereich 500–1600 m ü.M. [443]. Europäischer und Weltbestand 250.000-320.000 BP; davon in E. 225-230 T., in F 8-40 T. und in CH 5-30 T. BP [383]. In ME Gesamtbestand etwa zw. 10.000-41.000 BP [383].

Wanderungen. In ME Kurzstreckenzieher, S-Europa Standvogel mit Dismigrationen (und Altitudinalwanderungen); Hauptwintergebiet der Br. ME S/SW-F, vielleicht bis S Pyrenäen. Hauptwegzugsrichtung SW. Einzelne Winterausharrer unregelm. am N-Alpenrand, regelm. in kleiner Zahl in günstigen Lagen CH (z.B. -VS). Nach Dismigrationen, die auch in größere Höhenlagen, offenbar seltener in Talböden und Alpenvorland und so gut wie nicht über die Arealgrenzen führen, Wegzug ab Ende Sept., Höhepunkt Okt., Beendigung

Anf. Nov. Rückkehr ab Mitte Feb.–Anf. März, Höhepunkt des Heimzuges Ende März–Mitte April; ♂ und ♀ scheinen etwa gleichzeitig zurückzukehren; bis mind. 1. Maidekade durch Schneefall bedingte Ausweichbewegungen in Talbereiche und Vorland. Brutortstreue nachgewiesen, ebenso Ortstreue an Nahrungsplätzen bei vorbrutzeitlichen Ausweichbewegungen nach Winterrückschlägen.

Bestandsentwicklung. Oft nur Verschiebungen an Arealrändern mit kurzzeitigen Bestandsschwankungen aufgrund klimatischer Einflüsse sowie Lebensraumveränderungen. Im 20. Jh. aber vor allem am E-Rand der Alpen Arealausweitung und gebietsweise Brutansiedlungen (A-St und ? E A-T) sowie Zunahmen [D-BY:205,2808, A:337,q3], z.T. weiter anhaltend; doch in vielen Fällen wohl keine wirklich dauerhaften Brutansiedlungen [4175].

	Best.	Areal	Brutbestand	Jahr	Quelle
A	+/-	=	1.500–5.000	1998–2002	[383]
CH	+/-	=	5.000–30.000	1993–1996	[383]
D	+/-	=	3.600–5.700	1995–1999	[383]
FL	↓	- 1	150–200	1998–2000	[383]

Andererseits z.B. im Schwarzwald gegenüber 19. Jh. erhebliche Bestandsverluste durch Lebensraumverlust, besonders seit 1960er J. verstärkt durch Verlust an Weidebiotopen und Streuwäldern sowie geeigneter Winternahrungsflächen [1719,1722,919, U. Dorka & H. Stadelmaier]. Auch in anderen Teilen ME in jüngerer Zeit Abnahmen und Arealverluste, bes. in außeralpinen, (z.T. suboptimalen) Bereichen wie Jura und Napfgebiet CH [3367] sowie in Oberbayern [346], sowie sehr auffällig in A-V [1998]; andererseits erste Brut in A-K 1997 [q4]. Sonst im Alpenraum keine auffälligen Bestandsveränderungen [3392,3393,3223].

Siedlungsdichte. Nestverteilung meist geklumpt, an günstigen Stellen meist mehrere BP zu kleinen lockeren Ansammlungen konzentriert. Auf 180 ha im Schwarzwald 1.3 BP/10 ha (kleinflächig durch Konzentrierung deutlich höher) [1167], in CH 0.7-1.8 BP/10 ha [2389], in Alpen D-BY 0.22 BP/10 ha [2613], in den katalanischen (Vor-)Pyrenäen 7-10 BP/10 ha auf 150 ha Probefläche [M. Förschler].

Gefährdungsursachen [1369,196,337,1719,346, 1998]. Lebensraumverschlechterungen durch Aufgabe traditioneller Waldweidewirtschaft, durch Düngung und Intensivnutzung der Almweiden, zunehmende Verarmung der Kräuter- und Gräservielfalt auf Bergwiesen, durch Herbizideinsatz in forstlichen Kulturen sowie lokal durch zunehmende touristische Erschließung und Zerstörung der ursprünglichen Pflanzendecke durch Freizeitsport und Aufforstung von Freiflächen im Bergwald (zur Lawinenverbauung).
Verlust geeigneter Biotope als Nahrungsflächen außerhalb der Brutzeit (insbes. Winter) vor allem durch Aufforstung und Aufgabe der Beweidung und Streunutzung, eventuell auch durch Klimawandel.

SPEC	VSchRL	Bern.Konv.	Bonn.Konv.
E	--	Anh. II	--
Europ. RL	RL in ME		
--	A: 'NT'		

Schutzmaßnahmen. Rückkehr zu traditioneller extensiver Nutzung der Almweiden, Waldweiden und Bergwälder ohne starke Düngung. Keine zusätzliche Erschließung der Bergregionen für Freizeitsport und Tourismus. Erhaltung und Förderung von artenreicher Bergwiesen, strukturreicher lichter Waldbestände und Latschenflächen sowie von Ödland- und Ruderalflächen.
Vergleich der Bestandsentwicklung in erschlossenen und unveränderten Brutgebieten, um Einfluss touristischer Entwicklung zu erfassen.

Biotop. Br. in lichten montanen und subalpinen Nadelwäldern bzw. am aufgelockerten Waldrand mit einzelnen Nadelbaumgruppen und kurzrasigen Wiesen oder Weiden; innerhalb geschlossener Waldflächen vor allem an Lichtungen, Almböden etc., aber auch Randgebiete von hochgelegenen Ortschaften, Hochmoore mit einzelnen Bäumen. Bei Schneefällen apere Stellen der Tallagen, die der Struktur nach den Brutplätzen entsprechen. Nach der Brutzeit oft oberhalb der Baumgrenze in Krummholz und Matten und strukturreiche Umgebung von Berghütten und Skipisten.

Nahrung. Breites Spektrum an Sämereien krautiger Pflanzen von Gräsern bis Hochstauden, im Frühsommer vorzugsweise milchreife Samen, u.a. von Gräsern, Löwenzahn und anderen Korbblütlern, Hahnenfuß, Klee, Ampfer, Kratzdistel; ferner Koniferensamen, insbes. von Bergkiefer – im Schwarzwald und in S-Europa zeitweise Hauptnahrung [1165] –, Birkensamen und -kätzchen, Weidenpollen; im Sommer auch Insekten (Blattläuse, -flöhe, Mottenlarven) [444]. Nestlinge werden vorwiegend mit Samenbrei aus dem Kropf gefüttert.

Stimme. Sehr charakteristischer Flug- und Stimmfühlungsruf, einzeln oder in lockerer Folge metallisches »dit…«, etwas näselnd klingend; Lockruf mit lauter und länger gezogener 1. Silbe, etwa »die di di« oder oft nur laut »diet«; Kontaktrufe im Schwarm im Stakkato relativ leise »dit dit…«, auch als »twick twick« etc. wiederzugeben; Warnruf durchdringender »psie…«; bei aggressiver Auseinandersetzung »chrräi«. Zwitschernder Gesang in kurzen Strophen, die häufig mit einem gedehnten, etwas quetschenden Laut enden, ähnelt im Anfang etwas an Stieglitz, auch mit Girlitz verglichen, aber weniger geräuschhaft, langsamer und tiefer; wird von Warten, im girlitzartigen, kreisförmigen Singflug oder auch im normalen Flug vorgetragen, bei günstigem Wetter schon ab Mitte Feb., im Herbst auch Chorgesang, selten einzelne ♂. Höhepunkt der Gesangstätigkeit Apr.-Mai, einzeln auch Sept.–Okt.
Gesang von *C. corsicana* deutlich zu unterscheiden: stärker strukturiert, tiefer, flötende Motive, phrasenartiger, hänflingsartige Strophentypen, auch Rufe gut zu unterscheiden.

Verhalten. Tagaktiv; Tagzieher. Nahrungssuche vorwiegend auf dem Boden auf kurzrasigen Flächen, auf Bäumen (Koniferen und Birken), aber auch, wenn auch deutlich weniger häufig als *Carduelis*-Arten auf niedrigen Kräutern und Stauden sitzend, wobei auch Samenköpfchen mit dem Fuß fest gehalten werden; selten Versuche, durch Hangeln auf Bäumen an Nahrung (z.B. Birkenkätzchen) heranzukommen. Zur Brutzeit territorial. Nach der Brutzeit Truppbildung ab Juli, dabei ebenso wie bei ungünstiger Witterung im Frühjahr größere lokale Ansammlungen bis > 200 (ausnahmsweise CH bis gegen 1.000) Ind. Im Frühjahr nach Wetterbesserung (Schneeschmelze) rasches Auflösen der Trupps, aber nach bes. hartnäckigen Winterrückschlägen Verlassen der Brutreviere und wieder Schwarmbildung zur Nahrungssuche an günstigen Stellen in tieferen Lagen [1166].

Fortpflanzung, Brutbiologie [1369,337,767,1722, 1167]. Geschlechtsreife im 1. Lebensjahr. Monogame Saisonehe. **Ankunft am Brutplatz.** In ME ab Feb./März (auch April), Reviergründung gewöhnlich April, von Witterung abhängig. Paarbildung wohl am Brutplatz. **Nest.** Endgültige Wahl durch ♀. Neststand meist auf Nadelbäumen (in den Alpen bevorzugt Fichte, im Schwarzwald Fichte und Bergföhre), vorzugsweise im Kronenbereich, am Stamm angelehnt, ausnahmsweise auf Laubbäumen oder an Berghütten, 1 – >30 m Bodenhöhe, gerne an wetterabgewandter Seite (in D-BW meist E- bis S-exponiert), nicht selten lockere Koloniebildung. Nest aus Grashalmen, kleinen Wurzeln, Zweigstückchen und verschiedenen Pflanzenhalmen, Moos, Flechten und Insektengespinsten, Mulde mit Schafwolle, Tierhaaren sowie Wollhaaren und Pappusteilen von Pflanzen ausgepolstert, auch einigen Federn; Nestrand durch kreisförmig verwobene Wurzelteilchen bes. widerstandsfähig. Muldendurchmesser 42-49 mm, -tiefe 24-40 mm. ♀ baut allein, vom ♂ begleitet; Dauer 4-10 d. **Legebeginn.** Ausnahmsweise schon Ende Feb./Anf. März, sonst meist Mitte April bis Anf. Mai, gebietsweise erst Mitte Mai - Anf. Juni; späteste Junge fliegen im Aug. aus; Legebeginn bei benachbarten Paaren z.T. synchronisiert. **Gelegegröße.** 2-5; Ø CH_{22} 4.2, I_{12} 4.6, $E._{50}$ 4.2, D-BW_{11} 3.7. Legeintervall 1 d. **Eier.** Oval, glänzend, Grundfarbe bläulichweiß, bräunlich bis rötlichviolett gefleckt oder mit Schnörkeln besetzt, am stumpfen Pol konzentriert. **Brutdauer.** 12-15 d; Bebrütung ab 1. oder 2. Ei; nur ♀ brütet, wird vom ♂ am Nest gefüttert. Junge schlüpfen asynchron innerhalb 3 d. **Nestlings-/Führungszeit.** Beide füttern (♂ direkt erst gegen Ende der Nestlingsperiode, sonst über ♀). Juv. verlassen Nest nach 17-18 (15-21) d; werden noch bis 2 Wochen von Altvögeln gefüttert, nach Selbständigwerden oft rasches Zusammenschließen mehrerer Familien, daher bereits Ende Juni größere Trupps zu beob. **Jahresbruten.** 1-2, oft Erstbrut in tieferen Lagen als Zweitbrut; Zweitbrut u.U. auch verschachtelt (Bebrütung während Erstbrut noch gefüttert wird); Zahl der Ersatzgelege, besonders durch Nachwintereinbrüche zumind. in N-Alpen und Schwarzwald jahrweise recht hoch. **Ende der Brutperiode.** Meist im Aug., in Einzelfällen bis Sept. **Bruterfolg.** In 1 aus 14 Nestern mit Eiern flogen Ø 1.78 Juv. aus, in D-BW bei 11 Gelegen Bruterfolg (flügge Juv.) 48% und 1.79 Juv./Nest; von 31 Nestern 35% erfolgreich; ältere Vögel mit höherem Bruterfolg als jüngere. Größte Verluste durch extremes Wetter und Prädation.

Eimaße und –gewichte [1369]: L. 15.3-18.5 mm, B. 11.7-14.1 mm; Ø 16.5 x 12.6 mm (n=41, Europa), 17.1 x 12.6 mm (n=20, CH/F). Frischvollgew. 0.9-1.5 g, $Ø_{53}$ 1.3 g bzw. errechn. 1.41 g. Schalengew. 0.05-0.09 g, $Ø_{64}$ 0.074 g.

Sterblichkeit, Alter. Für E. berechnete Adultsterblichkeit 46%/J. und mittlere Lebenserwartung von 1.64 J. Möglicherweise Sterblichkeit bei ♀ größer [489]. Ältester Ringvogel mind. 5 Jahre, in Gefangenschaft 7 J. 6 Monate. **Generationslänge:** < 3.3 J. [383].

Mauser. **Postjuvenile Mauser** (Teilmauser) Juni/Juli–Sept./Okt.; einschließlich inneren Großen Armdecken, selten einzelnen Schirm- und Steuerfedern [767,1369,3771,1866], ♂ erneuern mehr Große Armdecken als ♀ [1866]. • **Postnuptialmauser** (Vollmauser) Juli–Sept./Okt.; ausnahmsweise bleiben einzelne AS stehen [1866].

Carduelis spinus – Erlenzeisig 16540

Carduelis spinus (Linnaeus 1758) syn.: Zeisig

(GB) **Eurasian Siskin** (F) **Tarin des aulnes** (E) **Lúgano**

Taxonomie. Monotypisch.

Kennzeichen. [767,1369,221,3772,3615].

Maße. Gr.: 12 cm. Gew.: (CZ, Herbstzug) ad. ♂ 12.0-15.5 g, $\varnothing_{21}$ 14.1 g, diesj. ♂ 11.0-18.0 g, $\varnothing_{56}$ 13.8 g, ad. ♀ 13.0-16.0 g, $\varnothing_{14}$ 14.5 g, diesj. ♀ 11.5-17.0 g, $\varnothing_{47}$ 13.7 g. Fl.spw.: 20-23 cm. Fl.l.: (Rhl.) ad. ♂ 74-78 mm, $\varnothing_{10}$ 75.8 mm, juv. ♂ 70-77 mm, $\varnothing_{41}$ 73.6 mm, ad. ♀ 69-74 mm, $\varnothing_{7}$ 72.1 mm, juv. ♀ 68-76 mm, $\varnothing_{38}$ 71.4 mm [767,1369].

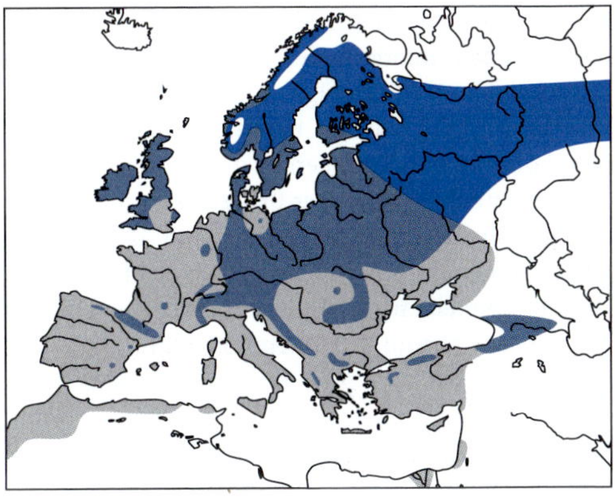

Carduelis spinus – **Erlenzeisig**

Status. In geeigneten, nahrungsreichen Habitaten recht häufiger, aber sehr unsteter Brut und Jahresvogel (gebietsweise Sommervogel); durch Brutnomadismus und unstetes Auftreten lokale Bestände vielerorts stark schwankend und jahrweise unterschiedliches Verbreitungsbild [345]; häufiger, regelm. Durchzügler und Wintergast. Ausgesprochene Invasionsjahre in kürzeren Abständen.

Verbreitung und Bestand. Sehr lückenhaft verbreiteter Brutvogel der borealen und gemäßigten Zone sowie in Gebirgsgegenden der Paläarktis in einem durch breite Lücke in Sibirien und Mittelasien getrennten W- und E-Areal (E-Sibirien nach N bis mind. Jakutsk; Amurland, NE-China, N-JAP). Westlichste Vorkommen GB/IRL, Pyrenäen und F; im S bis Apennin, N-Rand Balkanhalbinsel, W-Anatolien, Kaukasus bis Elburs (so gut wie alle diese Vorkommen auf Gebirge beschränkt); in Fennoskandien bis ca. 69° N, in RUS von S-Hälfte der Kola-Halbinsel zurückweichend bis ca. 60° N im Ural, nach E in sich verschmälerndem Keil bis 55° N in Gebiet um Omsk. In ME auf Nadelwälder der Alpen und Mittelgebirge und ihres Vorlandes konzentriert; Verbreitung insgesamt unstet (Brutnomadismus) und wegen der Schwierigkeit, Brutnachweise zu erbringen oder Bestandsaufnahmen durchzuführen, auch wenig bekannt. Höhengrenzen: CH vor allem zw. 1000-1800 m, lokal bis 2000 m; D-BY bis an subalpine Baumgrenze; SK. hauptsächlich Bergwälder 1400–1600 m, in geringer Dichte auch im Tiefland CZ/SK. Europäischer Gesamtbestand etwa zw. 10 - 18 Mio. BP, entspr. > 75% des Weltbestands, mit Populationen > 0.3 Mio. BP in RUS (8-12 Mio.), FIN (0.7-2), S. (0.5-1), N. (0.1-1) sowie GB (369 T. BP) [383]. Brutbestand ME etwa zw. 180.000 - 490.000 BP [383].

Wanderungen. Fakultativer Mittelstreckenzieher mit deutlicher Tendenz zu Nomadisieren (abhängig vom Nahrungsangebot), gelegentlich Wanderungen vom Evasionstyp. Geräumt werden regelm. die meisten Areale im N ab Mittel-Skandinavien und S-FIN sowie in Mittel- und N-RUS. Hauptwinterquartier im SW des Areals von ME und GB bis weit SW der Arealgrenze in S-E., Mittelmeerraum, Naher

Osten (IL z.B. 3 starke Einflüge in 1980er J., in manchen Wintern aber auch ganz fehlend); im Maghreb regelm., aber in wechselnder Zahl, selten Teneriffa, Nordrand Sahara, Nildelta. **Br. vom E des Areals** überwintern S-Baikalseegebiet, vor allem aber Korea, China, Taiwan, JAP. Winterausharrer oder vagabundierende Trupps in manchen J. auch bis fast an N-Rand des Brutareals. Nach Ringfunden Hauptwegzugsrichtung stark streuend von W bis S, **Br. Fennoskandien, RUS (bis Ural), Baltikum, ME** ziehen bis mind. S-E. und in nicht unerheblicher Zahl NW-Afrika, ferner nach S-F, I, ehem. YU. In fast allen Teilen Europas einschließlich S-Fennoskandien in manchen J. invasionsartige Einflüge oder Herbst- oder/und Winterzahlen auffallend hoch, auch in E. noch »Invasionen« nachzuweisen. Einzelne Ind. jahrweise oft in unterschiedlichen Winterquartieren und auch innerhalb der Winterquartiere unstet (Strecken bis >100 km täglich möglich). Wohl auch Wanderungen in Brutzeit, zumindest in Fennoskandien Sommerwanderungen nach N und vermutlich dann zweite Brut. Nach der Brutzeit Familientrupps und größere Trupps umherstreichend, in manchen Jahren schon ab Juni–Juli außerhalb der Brutplätze; Wegzug aber erst nach Mitte Sept., Wegzug, Dz. und Einzug von N und E Höhepunkt Okt., Dauer bis Mitte Nov.; aber auch noch im Winter weitere Wanderungen skandinavischer Br. Am Alpennordrand seit 1970er J. signifikante Zunahme der Sept.zahlen, was auf früheren Abzug (evtl. in Folge des ebenfalls früheren Brutbeginnes) nordischer Vögel schließen lässt [345]. Winterfunde beringter Br. aus D (1959-84) zeigen Tendenz zu Überwinterung in höheren Breitengraden [1117]. In den meisten Gebieten ME Winterbestände von Jahr zu Jahr sehr unterschiedlich, vielfach niedriger als im Herbst, doch auch noch mitten im Winter Zuwanderung. Heimzug ME Ende Feb. bis Mitte April, ebenfalls jahrweise stark wechselnd, in manchen J. kaum zu bemerken. Brutnomadismus anzunehmen, doch auch Brutortstreue nachgewiesen [z.B. 3543].

Bestandsentwicklung. Verbreitung recht unstet und Bestände erheblichen Schwankungen in Abhängigkeit vom Nahrungsangebot unterworfen, zudem in Brutgebieten nur sehr schwer nachzuweisen [1369,337]. Schwankungen stärker in kleineren, verstreuten Beständen der tiefer gelegenen Regionen ME als in oft nahrungsreichen Gebieten der Alpen und Mittelgebirgen. Durch Erfassungsprobleme kaum gesicherte Angaben zu langfristigen ME Bestandstrends. In Latenzjahren z.T. nur 10% oder weniger des Maximalbestandes [1507]. Durch Aufforstung der Tieflagen mit Fichtenbeständen Bestandssituation im 20. Jh. deutlich verbessert, in NL erst 1971 erster Brutnachw. (vorher nur -verdacht) [375,277]. Spätestens seit 1970er J. z.T. erhebliche Zunahmen und Arealausweitungen in NW-ME [NL, (B, L): 2889,375,3638,1585,2407; sehr deutlich ferner in N., DK, FIN, GB: 3892,1343,1507], sowie in H [2438]; in geringerem Maße auch in anderen Gebieten ME [1852,345,1137] – oft zumindest Häufung der Brutnachw. festgestellt [q7, 1617,1040,2518,1302]; andere Gebiete mit wohl »stabilen« Beständen [3392,1585], dabei zuweilen starke Zunahmen nach Invasionen und nachfolgend drastische Rückgänge [z.B. PL: 3871].

	Best.	Areal	Brutbestand	Jahr	Quelle
A	↕	F	30.000–140.000	1998–2002	[383]
B	↕	F	160–1.100	2000–2002	[383]
CH	↕	F	5.000–10.000	1993–1996	[383]
CZ	↕	=	90.000–180.000	2000–2002	[383]
D	+/-	=	25.000–100.000	1995–1999	[383]
FL	↕	F	10–20	1998–2000	[383]
H	↑	+ 1	200–300	1990–1993	[383]
L	↑	+ 1	1–10	2001	[383]
NL	⇧	+ 2	500–1.200	1998–2000	[383]
PL	+/-	=	10.000–20.000	2000–2002	[383]
SK	+/-	=	20.000–40.000	1990–1999	[383]

Etwas leichter zu registrierende Durchzügler- und Winterbestände ME ohne langfristige Trends [345,1719,3393]; allerdings frühere Ankunftszeit der Vögel in ME Wintergebieten [345].

Siedlungsdichte. Sehr unstet, Erfassung zudem schwierig. Dichteangaben mit extremen Schwankungen, z.B. in Fichtenwäldern N. in 12 J. Werte von ~2 bis 8 (Ø 5.8) BP/km^2, in subalpinem Birkenwald mit Kiefernbeimischung 1990 etwa 40 BP/km^2, im Folgejahr 0 [1369]. Angaben in N. zw. 5 und 43 BP/km^2, in FIN bis zu 10-80 BP/km^2 in guten Mastjahren, aber auch nur 0.2 möglich [1369]. In Alpen und Karpaten großflächig bis 1.2 BP/km^2 [1507]. In ME (z.B. SK., D) kleinflächig Werte von 0.1-1.7 BP/10 ha [1369,1722], in A-V auf 80 ha 1990 0.25, 1991 2.3 und 1992 (viele Nadelholzsamen) 3.3 BP/10 ha [1369].

Gefährdungsursachen. Außer »Waldsterben« (bisher keine negativen Auswirkungen auf die Art erkennbar) keine bedeutenden Faktoren.

SPEC	VSchRL	Bern.Konv.	Bonn.Konv.
E	--	Anh. II	--
Europ. RL	**RL in ME**		
--	L: 'NT'		

Schutzmaßnahmen. (Noch) nicht erforderlich.

Biotop. Br. in lichten Nadelwäldern, bevorzugt Fichte, vor allem der Montan- und Subalpinstufe, aber auch an Siedlungsrändern in Gärten, wenn sie an große Fichtenbestände angrenzen. Außerhalb der Brutplätze an der verschiedensten Laubgehölzen, besonders an Erlen, Weiden, Birken, und daher oft in Wassernähe, Bruchwäldern oder Mooren.

Nahrung. Überwiegend vegetabilisch, vor allem Sämereien von Bäumen, wie Fichten (gebiets- und zeitweise Hauptnahrung), nach Versiegen der Fichtensamen vor allem ab Sommer Erlen, Birken, Lärchen, Weiden, Pappeln, Ulmen, und Samen von Staudenpflanzen, bes. Mädesüß, Disteln, Ampfer, Kreuzblütler. Nestlinge werden mit aufgeweichten Sämereien (vor allem Fichtensamen) gefüttert. Im Frühjahr auch Knospen, frische Triebe, Weidenpollen und -nektar, ferner abgelesene kleine Insekten (z.B. Blattläuse, kleine Raupen).

Stimme. Im Flug oder sitzend etwas klagend »tüli« oder »zäi«, auf einsilbig »zii« oder »ih«; typischer Flugruf oder im Abfliegen kurz »tet«, auch gereiht »tetete…«, situationsspezifische Variation von Rufen beob. Gesang schnell anhaltend schwätzend, oft mit den arttypischen Rufen »zäi« eingeleitet und dann etwas schmetternd, gegen Ende bezeichnendes nasales »Knätschen«. Imitationen kommen vor. Im Winter oft Gruppengesang in größeren Schwärmen; Einzelvortrag in Baumkronen, aber auch im fledermausartigen Singflug.

Verhalten. Tagaktiv; Tagzieher. Nahrungserwerb vor allem auf Säumen und Sträuchern an den äußersten Zweigen geschickt herumturnend, aber auch in Stauden (z.B. Mädesüß) Samen aus den Fruchtständen herausklaubend; auch am Boden. Zur Brutzeit territorial; brüten meist in Brutgemeinschaften (2-15 BP). Nester oft nur 20 m voneinander entfernt. ♂ verpaaren sich normalerweise mit einem ♀, singen aber oft noch nach Brutbeginn des ♀. Gesang von Baumgipfeln und oft gemeinsam mit anderen ♂ (Balzarena). Balz und Paarbildung findet im Schwarm statt. Balz schließt Schnäbeln, aggressive Elemente (Verfolgungsjagden) und Balzfüttern ein. Paarbindung sehr stark. Im Winter oft an Futterplätzen. Außerhalb der Brutzeit fast stets in kleinen Trupps oder größeren Schwärmen. Winterschwärme oft mehr als 100 Ind., oft reine Jungenschwärme. Schwärme sind meist sehr unauffällig und ruhig.

Fortpflanzung, Brutbiologie [1369,337,767,1722]. Geschlechtsreife zu Ausgang des 1. Lebensjahrs, in Folgejahren von Mastjahren viele nichtbrütende Einj. Solitäre Paare meist monogam; ♂ in Brutzeit umherstreifend und balzend, aber Fremdkopulationen oder sukzessive Bigynie nicht belegt. **Ankunft am Brutplatz.** Variabel in Abhängigkeit vom Nahrungsangebot (Fichtensamen), mitunter bereits im Spätwinter, fehlen in Latenzjahren ausreichend Alternativsamen, dann Brutverzicht in diesem Gebiet); auch Ersatz- oder Folgebruten nicht selten an weiter auseinanderliegenden Nahrungsplätzen. Verpaarung meist in winterlichen Schwärmen. **Nest.** In günstigen J. in lockeren Kolonien. Nistplatzwahl durch ♀. Neststand auf Bäumen, in ME meist hohe Fichten, ferner Tannen oder Lärchen, weit vom Stamm entfernt in Zweigen gut versteckt, 2-20 m über dem Boden. Nest kleiner kompakter Bau aus kleinen Reisern, Moos, Wurzeln, flechten; tiefe Mulde mit Pflanzenwolle, Federn und Haaren ausgepolstert. Muldendurchmesser 43-50 mm, -tiefe 30-36 mm. ♀ baut allein (vom ♂ begleitet); Dauer um 5 d (durch wetterbedingte Unterbrechungen auch deutlich länger). **Legebeginn.** Abhängig vom Ertrag der Fichtensamen; in günstigen J. bereits ab Feb., im Ø vieler J. Hauptzeit wohl März - Ende Mai, regelm. noch im Juni; frisch flügge Juv. ausnahmsweise bis Anf. Sept. **Gelegegröße.** 4-5 (3-6); vor allem frühe Gelege klein; Ø D-BY$_{9}$ 4.55, N-GB$_{46}$ 4.04, W-RUS$_{11}$ 4.1, IRL$_{42}$ 4.4, D-BW$_{26}$ 4.54. Legeintervall 1 d. **Eier.** Oval, mäßig glänzend, bläulichweiße Grundfarbe, sehr spärlich dunkel- bis rotbraun gefleckt. **Brutdauer.** 11-14 d, (S-D Ø$_{41}$ 12.1 d); Bebrütung ab vorvorletztem bis (selten) letztem Ei; nur ♀ brütet, wird vom ♂ am Nest gefüttert; Junge schlüpfen wohl synchron. **Nestlings-/Führungszeit.** Beide füttern die Jungen (aus dem Kropf), ♀ erste 4-5 d (Huderzeit) allein, Futter vom ♂ überbracht. Juv. verlassen Nest nach 13-15 (-17) d; werden mind. 3 Wochen von Altvögeln geführt. **Jahresbruten.** 1-2, oft Zweitbruten; Ersatzgelege. **Ende der Brutperiode.** Führungszeit endet meist erst im Aug., zuweilen Mitte Sept. **Bruterfolg.** Bei Fichtenvollmast z.T. kaum Verluste. In D-BW von 18 kontrollierten Nestern 17 erfolgreich und von 41

Eiern (9 Nester) alle flügge. Bei Nahrungsknappheit nicht nur späterer Brutbeginn, sondern auch geringerer Erfolg und weniger Versuche oder Abbruch. Hauptverluste durch Nesträuber (z.B. Eichhörnchen).

Eimaße und –gewichte [1369]: L. 15.2-16.5 mm, B. 11.6-12.5 mm, Ø 15.8 x 12.1 mm (n=16, F), 15.2 x 12.1 mm (n=8, CS), bzw. L. 14.7-20.2 mm, B. 10.5-13.5 mm, $\varnothing_{281}$ 16.4 x 12.2 mm. Frischvollgew. 1.27-1.47 g, $\varnothing_{4}$ 1.40 g bzw. errechn. 1.29 g. Schalengew. 0.05-0.10 g, $\varnothing_{281}$ 0.068 g.

Sterblichkeit, Alter. 52-58 %/Jahr für auf Kurischer Nehrung RUS beringte Vögel (verschiedene Berechnungsmethoden) [1369], tendenziell ♂ und Ad. mit höherer Überlebensrate als ♀ und Juv. Ältester Ringvogel (RUS) 13 J. 6 Monate [3654], in Gefg. bis über 25 J. **Generationslänge:** < 3.3 J. [383].

Mauser. **Postjuvenile Mauser** (Teilmauser) Juni/Mitte Aug.–Sept./Okt. [767,1369]; umfasst variable Anzahl Großer Armdecken, mitunter einige Schirm- und Steuer-, unregelm. einzelne Schwungfedern; Umfang bei ♂ größer [1866,3529], vermutlich auch geografische Unterschiede [1369,1866]. • **Postnuptialmauser** (Vollmauser) Mitte Juni/Juli–Mitte Sept./Okt. [767,1369]; selten werden nicht alle Schwungfedern (besonders AS 5–6) erneuert [1866,1287].

Carduelis cannabina – Bluthänfling 16600

Carduelis [cannabina] cannabina (Linnaeus 1758) syn.: *Acanthis cannabina;* Hänfling

GB **(Common) Linnet** F **Linotte mélodieuse** E **Pardillo Común**

Taxonomie. 7 UA, darunter *cannabina* (Linnaeus 1758) (Europa, inkl. »*autochthona*« Clancey 1946, Schottland), *nana* Tschusi 1901 (Madeira), *meadewaldoi* Hartert 1901 (W-Kanaren), *harterti* Bannermann 1913 (E-Kanaren) und *bella* (C.L. Brehm 1845) (Kleinasien, Naher Osten, Kaukasus bis Iran und Tien Schan). Bildet Superspezies mit *C. yemenensis* (SW-Arabien) und eventuell *C. johannis* (Somalia).

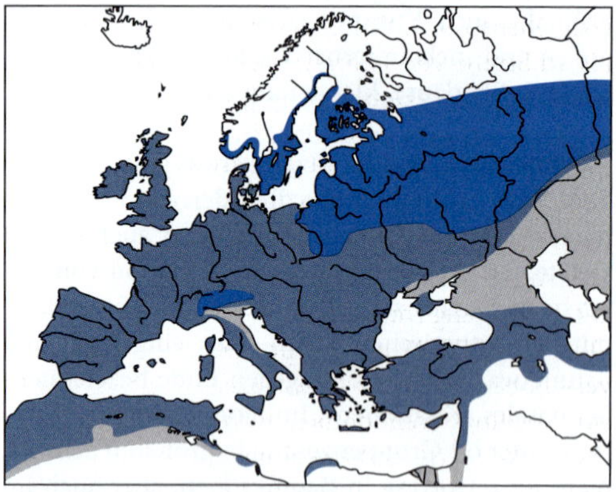

Carduelis cannabina – **Bluthänfling**

Kennzeichen. [767,1369,221,3772,3615].

Maße. Gr.: 13.5 cm. Gew.: (D-SN) ad. ♂ 19.1-25.7 g, $\varnothing_{18}$ 21.8 g, vorj. ♂ 18.6-24.3 g, $\varnothing_{23}$ 20.7 g, ad. ♀ 15.8-21.4 g, $\varnothing_{18}$ 19.2 g, vorj. ♀ 16.1-21.7 g, $\varnothing_{13}$ 19.6 g. Fl.spw.: 21-25.5 cm. Fl.l.: (D-SN) ad. ♂ 79-86 mm, $\varnothing_{18}$ 82.5 mm, vorj. ♂ 79-85 mm, $\varnothing_{23}$ 82.2 mm, ad. ♀ 78-83 mm, $\varnothing_{11}$ 80.1 mm, vorj. ♀ 78-84 mm, $\varnothing_{13}$ 80.3 mm [767,1369].

Status. Verbreiteter, z.T. häufiger Brut und Jahresvogel (gebietsweise Sommervogel); häufiger, regelm. Durchzügler und Wintergast.

Verbreitung und Bestand. Brutvogel der borealen, gemäßigten, mediterranen und Steppenzone der W- und Zentralpaläarktis von W-Küste Europas, Kanaren und MA nach E bis W-Sibirien an Ob und im S bis KZ bei etwa 90° E. Im S bis NW-Rand Sahara, im N-Mittelmeerraum einschließlich der Inseln, IL, N-SYR, N-Irak, Umrandung Schwarzmeer und Kaukasus nach E; fehlt in Steppen von Krim bis Vorland der mittelasiatischen Gebirge. Im N einschließlich Schottland, in Skandinavien Vorposten bis 65° N an N-Rand des Bottnischen Meerbusens, S-FIN, RUS bis knapp > 60° N. In ME Nominatform vor allem im Tiefland verbreitet, in E-Alpen und in bewaldeten höheren Mittelgebirgen z.T. fehlend oder zerstreut. Höhenverbreitung:

CH höchste Brutplätze 2200–2300 m; A-V bis max. 1900 m; D-BY zusammenhängend nur bis 800 m, einzelne Brutplätze und sing. ♂ bis > 2000 m; A bis 2500 m; SK. ca. 1000 m, oberhalb Waldgrenze bis 1750 m; PL 1400 m ü.M. Europäischer Gesamtbestand etwa zw. 10 - 28 Mio. BP, abnehmend [383], größte Bestände in TR (2-10 Mio.), F (1-5), E. (1.7-3.3), RO (0.78-1.1), UA. (0.8-1) und RUS (0.5-1 Mio. BP); in ME brüten etwa 1 – 2 Mio. BP [383].

Wanderungen. Kurz- und Mittelstreckenzieher, in W-ME, W-, S-Europa Teilzieher, z.T. auch als Altitudinalwanderungen in günstigere Tieflandgebiete. Wintergebiete liegen in Europa W und S der 0°-Jan.-Isotherme bis Iberien, gesamtes Mittelmeergebiet und N-Afrika, Irak bis Persischer Golf. Größte Dichte im Winter im W-Mittelmeer einschließlich Inseln; viele (doch offensichtlich weniger als Stieglitze) überwintern in ME (Rhl. Rasterfrequenz 1983-86 Okt.–Nov. 67%, Dez.–Jan. 35%, Feb.–März 40%; NL 1978-83 Jan. 37%, Mai 91%), neuerdings zunehmende Überwinterungszahlen [für CH z.B. 672]. Hauptwegzugsrichtung Europa WSW–SW. **Br. aus Fennoskandien und ME** überwintern in SW- und S-Europa, erreichen aber auch NW-Afrika, ebenso **Br. GB/IRL**, deren Winterfunde von B bis an Straße von Gibraltar reichen (weiteste Funde > 2200 km) [Details: 4064], aber ausnahmsweise auch bis I und Sardinien. Individueller Wegzug und Überwintern am Ort in aufeinander folgenden J. bei Br. GB nachgewiesen. **Br. NL, N.** gelangen auch nach GB. Ab Ende Juli–Anf. Aug. Herumstreifen, Wegzug ab Mitte Sept., meist kurzer Höhepunkt im Okt., Ausklang im Nov. Dz.median in D-BW Anf. Okt., zw. 1970-97 um 2 d pro Dekade nach hinten verschoben [1315]. Wintervögel streifen oft nahrungsbedingt weit umher, wohl auch ausgesprochene Winterfluchtbewegungen. Heimzug setzt frühestens ab Mitte Feb. ein, Ankunft der meisten Br. Ende März–April (Masse oft erst 2. Aprilhälfte), Dz. bis Anf. Mai. Brut- und Geburtsortstreue nachgewiesen. Bei Br. GB/IRL keine Hinweise auf wesentliche Unterschiede im Zugverhalten zw. Geschlechtern und Altersgruppen [4064]. Ringfundkarten [4220].

Bestandsentwicklung. Erfassungsprobleme u.a. durch unstete Brutvorkommen sowie kolonieartiges Brüten ohne erkennbare Revierverteidigung [363]. In Abhängigkeit vom Nahrungsangebot, Habitatveränderungen und ungünstigen Witterungsbedingungen zudem erhebliche Bestandsschwankungen [1369,590].

	Best.	Areal	Brutbestand	Jahr	Quelle
A	+/-	=	12.000–24.000	1998–2002	[383]
B	↓	=	30.000–60.000	2001–2002	[383]
CH	↓	=	30.000–60.000	1993–1996	[383]
CZ	+/-	=	60.000–120.000	2000–2002	[383]
D	↓	=	380.000–830.000	1995–1999	[383]
FL	↓	=	50–80	1998–2000	[383]
H	+/-	=	85.000–150.000	1999–2002	[383]
L	+/-	=	14.000–18.000	2001	[383]
NL	⇩	- 1	40.000–50.000	1998–2000	[383]
PL	+/-	=	300.000–600.000	2000–2002	[383]
SK	↓	=	40.000–60.000	1990–1999	[383]

In mehreren Regionen ME in letzten Jahrzehnten starker Bestandsrückgang, großräumig u.a. in NL, B, D, CZ, SK., PL und CH [337,1585,3392,2159, 3892,204,3871], ferner auch in GB/IRL sowie Fennoskandien [1343,337,1507,2471], meist infolge von Habitatverlust sowie durch zunehmend ungünstigere Nahrungssituation in strukturarmer Agrarlandschaft [1137,1369,337,3638], aber auch durch Modernisierung in Ortschaften und Stadtrandbereichen [310,1617]. Bes. drastische Bestandsverluste z.B. in NL und CH-ZH > 50% (regional >80%) seit Mitte 1970er J. [4043,375,3638], oder Bod. mit > 40% von 1980/81-1990/91 [198]. Deutliche regionale Abnahmen in weiten Teilen ME [838, 884,2393,590,591,2259,402,4045,1998,2882,1719, 1722,2068,1137,3392,3393,310]. Kleinere lokale Bestände bis Mitte 1980er J. z.T. vollständig erloschen [7,4043,3393; Arealverluste vgl. 198,1040]. Bedeutsamer bestandslimitierender Faktor Verlust von Ackerwildkräutern durch mechanische und chemische Bekämpfung (fehlende Nestlingsnahrung – verringerter Fortpflanzungserfolg, fehlende Winternahrung – geringeres Überleben der Überwinterer) [2849,2471]. Verstärkter Abnahmetrend seit 1980er J. offensichtlich durch »effizientere« Wildkrautbekämpfung und intensivere Landnutzung in SW-europäischen Überwinterungsgebieten (viell. auch Erklärung für teilweise stabile Vorkommen in PL, H und A mit anderen Zugwegen und größerem Anteil traditioneller Landwirtschaft) [1507,196]. Allerdings mind. bis Anf. 1980er J. gebietsweise auch Hinweise auf großflächigen Ausgleich lokaler Zu- und Abnahmen und langfristige Konstanz von Populationen bei unveränderter Nutzung (allerdings z.T. erhebliche Bestandsschwankungen) [334, 590,1680,2560,2623,4175,3393,3392; auch in weitgehend unverändertem Weideland in GB: 2471,

2469]. Andernorts, meist bedingt durch günstige Habitatentwicklungen, z.B. Anpflanzungen von Koniferen und Sträuchern oder Ausdehnung von Gartenstädten, schließlich auch mit Einsetzen ökologischen Landbaus, auch Neuansiedlungen und Zunahmen [3178,834,1363,2609,4175]. Verstärkter Anbau von Raps in Zukunft viell. günstig als neues Bruthabitat und ab Samenbildung im Juni auch Nahrungshabitat [196,436]. Außerhalb ME seit 1970er J. nur in E., DK und UA. deutliche Zunahmen [3892,1585].

Siedlungsdichte. Je nach Verteilung von Nistplätzen mitunter in ausgesprochenen Kolonien (z.B. 59 BP auf 0.6 ha), Nester aber auch gleichmäßig verteilt; Folgebruten oft an anderer Stelle; Nestterritorien (z.B. Radius 15 m) und meist gemeinsames Nahrungsgebiet außerhalb. Höchstdichten in ME auf Flächen von 20–49 ha 14.3–6.0–3.0 (Ø 6.5), von 50–99 ha 3.7–2.0–0.9 (Ø 2.1), von > 100 ha 3.5–1.5–0.9 (Ø 1.8) BP/10 ha [337, vgl. auch Angaben in 1722,1,310,1137]. Großflächendichte (> 100 km^2) zw. 0.07 – 5.9 BP/km^2 [vgl. Tab. 68 in 337].

Gefährdungsursachen [1369,337,196,3268,843, 1507,590,2259,2471,4043,2469,1998]. Erhebliche Nahrungsengpässe durch Intensivierung der Landwirtschaft mit verstärkter Düngung, Verlust wichtiger Nahrungshabitate durch Flurbereinigung, Umwandlung von Grün- in Ackerland und zunehmende Versiegelung der Landschaft, vor allem aber durch Herbizideinsatz, häufige Mahd oder vollständiger Verlust von Ruderalflächen und Ackerrandstreifen sowie Rückgang der Ödland- und Brachflächen.
Verlust geeigneter Bruthabitate durch Eingriffe in Heckenlandschaften, z.B. Heckenrodungen, aber auch verringerte Pflegemaßnahmen von Baum- und Strauchhecken (z.B. der typischen »Knicks« N-D, die dann zunehmend auslichten); Vernichtung oder Nutzungsänderung früher extensiv genutzter Obstgärten, Weinberge und Hochstammbestände sowie von Alpflächen.
Ehemals direkte Verfolgung für Käfighaltung (Fang in B allerdings erheblich zurückgegangen).
Erhebliche natürliche Verluste in harten, schneereichen Wintern.

Schutzmaßnahmen. Extensivierung der landwirtschaftlichen Nutzung sowohl in Brut- als auch in Überwinterungsgebieten; Erhöhung des Strukturreichtums der Landschaft, Verringerung der Eingriffe und Erhaltung von Ruderalflächen, bewachsenen Weg- und Ackerrändern. Deutliche Ausweitung der Stillegungsflächen. Erhaltung und Schutz alter Obstgärten, Neupflanzung von Hecken.

SPEC	VSchRL	Bern.Konv.	Bonn.Konv.
2	--	Anh. II	--
Europ. RL	RL in ME		
--	NL, D: 'NT'		

Biotop. Sonnige, offene mit Hecken, Sträuchern oder jungen Nadelbäumen bewachsene Flächen mit kurzer, aber samentragender Krautschicht; in ME z.B. heckenreiche Agrarlandschaft mit Ackerbau und Grünlandwirtschaft, Heide- und Ödlandflächen, Weinberge (soweit nicht flurbereinigt), Ruderalflächen, Gärten und Parkanlagen, die an offene Flächen angrenzen oder solche aufweisen, auch an Einzelhöfen, Baumschulen, in gebirgigen Gegenden auch Trockenhänge mit Büschen, Wacholderheiden, Hang- und Bergweiden. In den W-Alpen bis D-BY, Sudeten und Karpaten auch im Zwergstrauchgürtel oberhalb der Waldgrenze. Außerhalb der Brutzeit häufig auf Ruderal- oder Ödflächen, abgeernteten Feldern und Stoppelbrachen, aber auch Deponien.

Nahrung. Fast nur vegetabilisch, Sämereien von Kräutern und Stauden (auch Nestlingsnahrung), z.B. Kreuzkraut, Klette, Wegerich, Skabiosen, Löwenzahn, Knöterich etc. aber auch Baumsamen (z. B. Erle, Birke, Pappel, Koniferen); selten kleine Insekten und Spinnen. In extremen Habitaten (Hochgebirge) werden die Nestlinge der ersten Bruten sogar mit vorjährigen Samen gefüttert.

Stimme. Im Abflug oder Flug kurz »gegege« oder schärfer »djek djek«, härter als Berghänfling, weicher als Birkenzeisig; erregt bei Störung gedehnt, durchdringend nasal »düje« oder »giü« oder nasal herabgezogen »djäe«; bei aggressiven Auseinandersetzungen »dsrr...«; juv. betteln anhaltend »tjui-tjui...«. Gesang meist kontinuierlich, beginnt mit sich beschleunigenden »gigigigi...« (ähnlich Rufen), gefolgt von einem hastigen Gemisch von kurzen Lauten und Trillern, aber auch gedehnten Elemente, die in unterschiedlichen Tonhöhen meist nasal geräuschhaft klingen, dazwischen aber auch reine Töne. Große intra- und interind. Variablilität, auch von Brutsaison zu Brutsaison. Motivanpassung führt zu lokalen Dialekten. Auch ♀ singen, v.a. im Herbst. Herbst- und Wintergesang variabler. Gesang nicht ausschließlich an Revier gebunden von meist nicht hoher Warte vorgetragen, im Singflug oder normalem Flug; oft ab März bis Hochsommer, z.T. auch schon im Winterquartier und auf dem Zug.

Verhalten [u.a. 1369,767,1237,1238]. Tagaktiv; Tagzieher. Nahrungserwerb an Stauden (Samen werden aus den Fruchtständen herausgeholt) und auf dem Boden. Zur Brutzeit territorial. Offenbar werden Nestterritorien und nicht ♀ verteidigt; Nestbezirke offenbar durch optische Signale markiert. Brüten in lockeren Brutgemeinschaften (2-12 BP). Zur Zusammenballung von Nestern kommt es oft bei geklumptem Angebot an Nistplätzen. ♂ verpaaren sich i.d.R. mit einem ♀. Nahrungssuche mehrerer BP aber oft in einem gemeinsamen Gebiet, mitunter bis > 1000 m vom Neststandort entfernt. Mehrere ♂ singen oft gemeinsam auf erhöhten Warten. Balz schließt Balzgesang, Balzfüttern und Verfolgungsflüge mit ein, ♂ präsentieren dem ♀ das rote Brustgefieder. Nach der Brutzeit in wachsenden Schwärmen, die im Herbst Hunderte umfassen können, im Spätherbst und Winter oft Vergesellschaftung mit anderen Finken sowie Ammern. Fütterung des ♀ vor der Brutzeit oder während der Legephase durch das ♂ aus dem Kropf (meist zur Zeit noch vorjähriger Samen). Gemeinschaftsschlafplätze (auch mit anderen Arten zusammen) mind. außerhalb der Brutzeit; BP übernachten einzeln.

Fortpflanzung, Brutbiologie [1369,337,767, 1722]. Geschlechtsreife spätestens mit 10 Monaten. Meist monogame Saisonehe (Bigynie vereinzelt möglich); Partnertreue im Folgejahr in Einzelfällen nachgewiesen. **Ankunft am Brutplatz.** Je nach Lage und Wetter März bis April (Anf. Mai), im Hochgebirge erst, wenn >10% schneefrei. Paarbildung nach Ankunft am Brutplatz (bei Schneelage verzögert), vor Besetzung von Nestterritorien. **Nest.** Nistplatzwahl durch ♀. Neststand in dichten Hecken und Büschen von Laub- und Nadelhölzern, in Halbsträuchern, Kletterpflanzen, vor allem jungen Nadelbäumen und Fichtenhecken, Ziersträuchern, Dornsträuchern (Brombeere, Weißdorn), mitunter auch in Gräsern und Kräutern, sogar im Schilf, im Hochgebirge auch Alpenrose. Meist < 2 m, selten > 3 (max. bis > 5 m) über Boden; Bodennester Ausnahme. Zu Beginn der Brutzeit Nadelhölzer und immergrüne Ziersträucher bevorzugt. Nest kompakter Bau aus kleinen Reisern, Halmen, Wurzeln, Moos und Bastfasern, zuweilen Plattform aus Wurzelstücken; Mulde mit Haaren, Wolle und/oder Federn ausgepolstert. Muldendurchmesser 50-70 mm, -tiefe 32-48 mm. ♀ baut allein (vom ♂ begleitet); Dauer 2-10 (Ø 4-5) d (bei ungünstigem Wetter Unterbrechungen). **Legebeginn.** Frühestens ab Anf. April, Hauptzeit 1. oder 2. Maihälfte, letzte Gelege in 1. Aug.dekade; ausnahmsweise Nestlinge bis Anf. Sept. **Gelegegröße.** 4-6 (3-8); Ø NL$_{310}$ 4.7, CH Mai$_{63}$ 4.9, Rhl.$_{494}$ 4.7 (größte Gelege 4.8–5.0 von 11.Mai-19. Juni, danach wieder Abnahme), Maghreb$_{73}$ 4.6, EST$_{579}$ 5.1, D-BW$_{134}$ 4.97. Legeintervall 1 d. **Eier.** Sehr ähnlich Stieglitz, Grundfarbe hell bläulichweiß, spärlich gefleckt und gezeichnet. **Brutdauer.** 10-14 d, (N-D Ø$_{15}$ 12.3 d), für Folgebruten Ø 1 d kürzer als für Erst-; Bebrütung ab (vor-)letztem, im Hochgebirge individuell unterschiedlich etwa ab 3. Ei oder früher; ♀ brütet (♂ nur kurzzeitig auf Nest beob.), wird vom ♂ am Nest oder in Nähe gefüttert; Junge schlüpfen weitgehend synchron innerhalb 26 h (selten bis 3 d). **Nestlings-/Führungszeit.** Beide füttern die Jungen aus dem Kropf, zu Huderzeit Futter vom ♂ überbracht; nur ♀ hudert (in kalter Umgebung bis > 10 d). Juv. verlassen Nest nach 12-17 (bei Störungen ab 9) d, in milderen Gebieten um Ø 13 d, in raueren bis Ø 14.6 d; werden noch bis 1-2 Wochen von Altvögeln geführt. **Jahresbruten.** 1-2 (3), Drittbruten in günstigen Gebieten wahrscheinlich und in Jahren mit frühem Brutbeginn auf 20% geschätzt; Folgebruten oft an anderen Stellen, daher Abschätzung von Zweitbrutanteil erschwert (sicher meist geringer als theoretisch möglich); geringfügige Verschachtelung von Folgebruten kommt vor; Ersatzgelege. **Ende der Brutperiode.** Meist schon Ende Juli, spätestens Aug., dadurch insgesamt kürzeste Brutperiode unter den *Carduеliden* (oft nur 90, im Gebirge 100 d, in günstigen Situationen allerdings auch bis 140-150 d). **Bruterfolg.** In Hochgebirge CH in 3 J. Nachwuchsrate 1.1–4.0 Juv./BP und J. bei 0.6-2.3 Juv./Nest und J.; in D (Koloniebrüter) 1.6-3.6 Juv./Nest und J. (3 J.); in NW-PL bei 117 Nestern nur 22.2% erfolgr., in einem J. nur bei 4 Nestern (5.6%) Juv. In ME meist aus 30-60% der abgelegten Eier flügge Juv., lokal Brutverluste 40%; bei kolonieartiger Häufung Prädatorenrisiko oft groß und daher Totalausfälle möglich. GB Abnahme des Bruterfolgs, seit Mitte 1960er J. ca. 36% Verlust der geschlüpften Nestlinge. In F von 212 Nestern blieben insgesamt 12.3% ohne Eier, von 186 Gelegen 45.2% erfolgreich. In N-F (Baumschule) bei 154 Nestern (736 Eier), Anteil erfolgr. Bruten (in 3 J.) zw. 51-95%, Schlüpferfolg 51.5-97%, Gesamtbruterfolg 46-87%.

Eimaße und -gewichte [1369]: L. 15.7-21.2 mm, B. 11.8-14.5 mm; Ø 17.9 x 13.2 mm (n=159, L), 18.1 x 13.2 mm (n=187, B), 18.0 x 13.4 mm (n=171, N-D). Frischvollgew. 1.29-2.27 g, Ø$_{171}$ 1.55 g bzw. 1.44-1.83 g, Ø$_{46}$ 1.62 g. Schalengew. 0.076-0.114 g, Ø$_{171}$ 0.093 g bzw. 0.055-0.104, Ø$_{152}$ 0.086 g.

Sterblichkelt, Alter. Br. GB/IRL (1962-94) 63 %/J. bei Ad. und 66% bei Juv. [3589], mittl. Lebenserwartung von 1.63-1.87 J., keine signifik. Geschlechtsunterschiede [908]. Ältester Ringvogel (B) 10 J. 11 Monate, mehrfach > 8 J.; in Gefg. angebl. > 20 J. **Generationslänge:** < 3.3 J. [383].

Mauser. **Postjuvenile Mauser** (Teilmauser) Ende Juli–Mitte Okt. (Anf. Nov.) [767,1369]; einschließlich einigen Großen Armdecken, Schirm- und Steuerfedern, selten partielle HS-Mauser; Umfang bei ♂ größer als bei ♀ [1369,1866], ebenso in S-Europa, wo ausnahmsweise Vollmauser stattfindet [767,1369,3771,1866,1291]. • **Postnuptialmauser** (Vollmauser) (Mitte Juni) Juli/Mitte August–September/Oktober nach Brutende; Dauer der HS-Mauser 70–100 d [767,1369].

Carduelis flavirostris – Berghänfling 16620

Carduelis flavirostris (Linnaeus 1758) syn.: *Acanthis flavirostris*

GB Twite **F Linotte à bec jaune** **E Pardillo Piquigualdo**

Taxonomie. Elf UA, darunter in Europa *flavirostris* (Linnaeus 1758) (N-N. bis Sibirien) und die marginal differenzierten Formen *pipilans* (Latham 1787) und *bensonorum* R. Meinertzhagen 1934 (GB); ferner u.a. *brevirostris* (F. Moore 1856) (Kaukasus bis Zagros-Gebirge), *korejevi* (Zarudny & Härms 1914) (Kirgisien, N-Kaspi bis Tien Schan), *altaica* (Sushkin 1925) (Altai), *montanella* (Hume 1873) (Turkestan), *miniakensis* (Jacobi 1923) (NW-China) und *rufostrigata* (Walton 1905) (Tibet bis N-Kashmir).

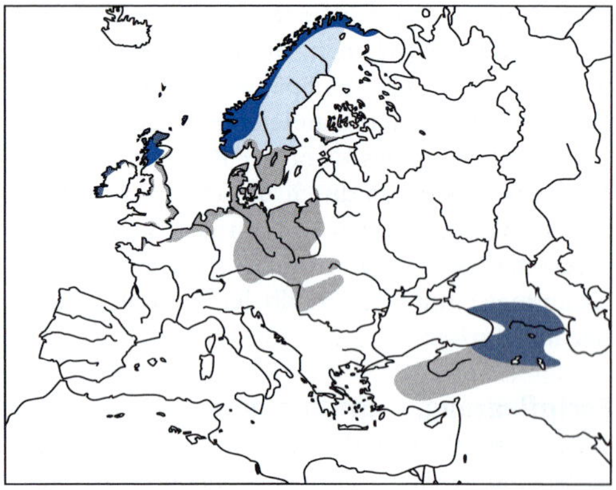

Carduelis flavirostris – **Berghänfling**

Kennzeichen. [767,1369,3615,3772,221; weitere Fotos in Bird. W. **8**, 395, Sandgr. **25**, 29].

Maße. Gr.: 14 cm. Gew.: (N-D, Herbst/Winter) ad. ♂ 13-21 g, Ø$_{486}$ 17.4 g, ♀ 12-23 g, Ø$_{497}$ 16.7 g. Fl.spw.: 22-24 cm. Fl.l.: ♂ 76-82 mm, Ø$_{67}$ 79.4 mm, ♀ 72-80 mm, Ø$_{101}$ 76.9 mm [767,1369].

SPEC	VSchRL	Bern.Konv.	Bonn.Konv.
--	--	Anh. II	--
Europ. RL	**RL in ME**		
--	--		

Status. In N-ME Nominatform ab (Mitte Sept.) Okt.–April regelm. und häufiger Wintergast an Küste und N Mittelgebirgsschwelle, im S sehr selten oder nur ausnahmsweise (bei manchen Meldungen größerer Zahlen S Mainlinie Verdacht auf Fehlbestimmung). • **NL:** Überwinterer mind. 3000–6000 Ind. (1978–83). [277,q16,2065]. • **B:** Überwinterer mit früher meist bis 300-500 Ind. (max. 2000 Ind. im Nov. 1962), doch Zahlen stark rückläufig, derzeit nur 2-60 Ind. [1369,865]. • **D:** Regelm. Durchzügler und Wintergast mit rezenten Gesamtzahlen zw. 22.000-45.000 Ind., dabei Schwerpunkte im Wattenmeer und Küstenregionen, wo seit 1970er J. stark rückläufig und erst Ende 1990er J. leichte Erholung [868], aber auch bis max. 5.000 in -SN, bis 3.000 Ind. in -BB bzw. 250-500 in -ST; in anderen Bundesländern allj. in kleinerer Zahl, nur in -BY, -BW, -HE und -RP unregelm. Gast [1369,865]. • **PL:** regelm. Gastvogel im Winterhalbjahr, nur im SE selten [q13,3871]. • **A:** Regelm. Wintergast am Neusiedlersee -B, sonst selten mit einzelnen Nachw. in anderen Bundesländern [1369,3129]. • **CH:** alle früheren Meldungen gestrichen, nur 1 Ind. Nov.

1993 anerkannt [4152]. • **H:** regelm. Wintergast (2-4.000 Ind.) in den Steppengrasländern [2438,865]. • **CZ:** 19. Jh. nur 2 Meldungen, 1901-60 18 Meldungen; seit 1962 allj. in wechselnder Zahl (Ø 200-500 Ind.), größte Schwärme bis 2.000 Ind. [2159,865]. • **SK.:** wohl allj. Gastvogel in stark wechselnder Zahl (zw. 10-1.000 Ind.) [865].
Britische Form *pipilans* in NW-ME seltener Gastvogel, z.B. in **B:** Okt. 1967, Nov. 1976 (2), Nov. 1977 [1677].

Verbreitung und Bestand. Brutvogel in 2 Arealteilen: boreale und gemäßigte Zone der NW-Paläarktis (GB/IRL, W-Skandinavien, äußerstes N-Europa) sowie Hochgebirge bzw. Steppenzone in Vorder-, Mittel- und Zentralasien von E-TR und Kaukasus lückig in Elburs, N-Afghanistan und KZ bis Mongolei, SW-China, Himalaya, Pamir und Tien Schan [1369]. Europäischer Brutbestand etwa zw. 170.000-760.000 BP, weitgehend stabil, mit größten Beständen in N. (100-500 T.), TR (40-200), AR (20-30), N-GB (7.6-16.7), AZ (1-10) und NW-RUS (2-5 T.), zudem Populationen < 1.000 BP in IRL, N-FIN, GO sowie S.; starker Rückgang und Arealverlust in IRL und GB [383,865].

Wanderungen. [u.a. 553,552,551]. Zugvogel, Teilzieher, Standvogel mit Dismigrationen; Altitudinalwanderungen Br. Hochgebirge Asiens. Hauptwinterquartier der **Br. GB/IRL und Skandinaviens** sind Küstengebiete von Nord- und Ostsee mit Hinterland, von Schottland bis Kanalküste N-F, von S-Skandinavien bis NW-F, B, NL, N-D und in ME nach S bis an Mittelgebirgsschwelle, CZ, SK. und H. Wichtigstes Wintergebiet für Br. Skandinaviens in ME ist Wattenmeerküste [865]. Im Winter sehr selten bis an Alpenrand oder N-I, aber auch nach SE bis UA. und R. Br. GB/IRL bleiben im Land oder ziehen SE bis NL, B, N-F, maximal N-I. **Br. aus N.** wandern in Ostseeraum, bis Mittel-D (und auch weiter S), NL, B und NW-F, aber auch nach SE bis UA. Massenberingungen ME ergaben viele Nachw. für Winterquartier- und Rastplatztreue; Aufenthalt der Hauptmenge in W-D Ende Okt.–Anf. April, in E-D Ende Dez.–Feb. (Extreme Ende Okt.–Mitte April); Dz.-Gipfel in S-Skandinavien Ende Okt.–Anf. Nov. und Mitte März–Mitte April, ähnlich Ostküste D-SH, Herbstmax. NL Anf.–Mitte Nov., B Mitte–Ende Nov. Einflug in NW-D hauptsächlich ab Anf. Nov., Gipfel am S-Rand des Überwinterungsgebietes ME Dez.–Feb., also kein Dz. mehr. Unter den über größere Entfernung Ziehenden überwiegen ♀, ♂ scheinen z.T. später ins Winterquartier zu kommen, tendieren zu weniger weitem Zug und kehren auch eher zurück.

Biotop. Br. in offener Tundra, Heideflächen, alpiner Matten jenseits der Baumgrenze oder auf entwaldeten Flächen. Außerhalb der Brutzeit in ME in Salzmarschen, auf kurzrasigen Flächen, Ruderalflächen, Ödländern, Kiesbänken und Ufersäumen an Binnengewässern, abgeernteten Feldern und im Siedlungsbereich (auch Sammelschlafplätze an günstigen Standorten).

Nahrung. Sämereien einer großen Artenzahl meist auf kargen Böden wachsender Pflanzen, an der Küste vor allem Queller, Strandaster, ferner Löwenzahn, Beifuß etc. (>135 Arten nachgewiesen); Nahrungsaufnahme auch am Boden (z.B. Spülsaum).

Stimme. Flugruf meist einsilbig »tjub«, etwas härter und metallischer als Bluthänfling; ferner typisch nasal quäkend, hochgezogen »wäo«, »twäid« oder »tsch-it«, Kontaktruf »kiit«. Gesang nicht mit hohem Gickern wie bei Bluthänfling beginnend, sondern strophig gegliedert bis kontinuierlich aus gequetschten, an Rufe erinnernden, aber auch melodischen Zwitscherelementen (etwa »tid-li-u« o.ä., mitunter oft wiederholt). Auch ♀ singen gelegentlich. Im Spätwinter oft Gruppengesang, ebenso ab März im Winterquartier und auf dem Heimzug. Im Brutgebiet. Gesangsvortrag von niedriger Warte (Felsen, Busch, Pfosten), aber auch im gaukelnden Singflug mit Gleitphase während des Singens.

Verhalten. Tagaktiv. Gemeinschaftsschlafplätze am Boden oder in Büschen, im Winter nicht selten an Simsen und in Nischen von Gebäuden mitten in der Stadt. Nahrungssuche meist am Boden, auch hängend an Stauden und mitunter in Bäumen. Nester oft in lockeren Kolonien. Außerhalb der Brutzeit meist in Trupps oder sogar in großen Schwärmen.

Fortpflanzung, Brutbiologie [1369,337,767]. Geschlechtsreife im 1. Lebensjahr. Monogame Saisonehe; doch Fälle von Promiskuität und/oder Polygynie bekannt. **Ankunft am Brutplatz.** In GB im März, in N. ab April. **Nest.** Meist am oder dicht über dem Boden zwischen Heide und anderer Bodenvegetation, auch zw. Steinen, an einem Felsen, in Steinhaufen oder -wällen oder in kleinen Bodenvertiefungen und Höhlungen, aber auch in Büschen und Efeu. Außenbau aus kleinen Zweigen, Halmen und Gras, Auspolsterung mit Moos,

Haaren und Federn. Muldendurchmesser 40-60 mm, -tiefe 30-50 mm. ♀ baut allein. **Legebeginn.** Frühestens ab April, Hauptzeit ab Mitte Mai; letzte Juv. fliegen im Aug. aus. **Gelegegröße.** 5-6 (4-7, 8); Ø GB_{256} 5.53 bzw. GB_{258} 5.49. Legeintervall 24 h. **Eier.** Matt-(glänzend), bläulichweiß (blauer als bei Bluthänfling), mit meist wenigen, aber kräftigen dunkel rotbraunen Stricheln und Flecken. **Brutdauer.** 12-13 (11-14) d. ♀ brütet, wird vom ♂ gefüttert. Beginn mit 3.-4. oder letztem Ei, Juv. schlüpfen asynchron in 3-4 d. **Nestlingszeit., Familienverband.** Beide füttern aus dem Kropf; Juv. fliegen nach etwa 10-13 (15) d aus; werden noch bis max. 2 Wochen nach Ausfliegen gefüttert. **Jahresbruten.** (1-)2; zwei (oft verschachtelte) Bruten bei Nominatform in GB wohl die Regel. Ersatzgelege. **Bruterfolg.** In Schottland aus erfolgr. Bruten $Ø_{13}$ 4.6, in England $Ø_{157}$ 4.89 flügge Juv.

Sterblichkeit, Alter. Ältester Ringvogel (D) über 7.5 J. alt, in Gefg. mindestens 9 J. **Generationslänge:** < 3.3 J. [383].

Mauser. Postjuvenile Mauser (Teilmauser) Juli–Sept.; umfasst auch Teile der Großen Armdecken und z.T. 1–2 Schirmfedern [767,1369]. • **Postnuptialmauser** (Vollmauser) Juli–Sept./Mitte Okt.; Dauer der HS-Mauser GB 70–75 d.

Carduelis [flammea] – Superspezies

Der Komplex umfasst fünf Taxa. Mitochondriengenetisch gibt es zwischen ihnen keine diagnostischen Unterschiede, d.h. die Differenzierung der Formen ist so jung, dass sich die mitochondrialen Abstammungslinien noch nicht zwischen den Taxa »aussortiert« haben, was angesichts der erheblichen Populationsgrößen auch relativ lange dauern dürfte [3542,2898N]. Insofern lassen sich weder Artgrenzen noch Verwandtschaftsverhältnisse mit (bisher vorliegenden) molekularen Daten untermauern.

C. flammea und *C. hornemanni* sind trotz recht breiter Sympatrie im Brutgebiet ökologisch und phänologisch deutlich getrennt [3050], wodurch Hybridisation zumindest in den Gebieten, wo beide Arten seit langem in enger Nachbarschaft vorkommen, selten sein dürfte. Allerdings ist Hybridisation angesichts der großen interindividuellen Gefiedervariationsbreiten und mangels diagnostischer genetischer Marker auch praktisch nicht sicher nachweisbar! Beide Arten werden hier dennoch in einer Superspezies vereinigt, weil sie phylogenetisch viel näher miteinander verwandt, also evolutiv jünger sind als die Allospezies zahlreicher anderer Superspezies (z.B. *Saxicola* [*torquatus*]). Dieser Fall zeigt, dass Arealbeziehungen (Grad der Sympatrie) bei der Abgrenzung von Superspezies nicht zu hoch bewertet werden dürfen, weil sich ökologische Segregation, die ja Voraussetzung für sympatrisches Brüten ist, zwischen verschiedenen Artengruppen ganz unterschiedlich schnell entwickeln kann.

Eine Abtrennung von *C. (f.) cabaret* auf Allo-/Semispeziesniveau [z.B. 2070], ist trotz deutlicher phänotypischer Differenzierung vielleicht verfrüht, da das Ausmaß einer möglichen Genflussbarriere anhand der bisher vorliegenden Daten aus den Kontaktgebieten in S-Skandinavien nicht verlässlich zu beurteilen ist. Einzelfälle sympatrischen Brütens [2327] stehen Angaben von hohen Anteilen phänotypisch intermediärer Individuen [2898N] gegenüber. Monographische Bearbeitungen [1369,1055].

Carduelis flammea – Birkenzeisig 16630

Carduelis [flammea] flammea (Linnaeus 1758) syn.: *Acanthis flammea*

flammea: **(GB) Mealy Redpoll (F) Sizerin flammé, boréal (E) Pardillo Sizerin Septentrional**
cabaret: **(GB) Lesser Redpoll (F) Sizerin cabaret (E) Pardillo Sizerín Meridional**

Taxonomie. Taxonomische Stellung bedingt durch Durchmischung mancher Formen (z.B. in IS) noch nicht in allen Punkten geklärt [1050,1673]. Entweder (wie hier) als eine Art *Carduelis flammea* (Linnaeus 1758), mit drei UA: *flammea* (Linnaeus 1758) (boreales Eurasien & N-Amerika), *cabaret* (P.L.S. Müller 1776) (Brit. Inseln, ME, S-S. und SW-N., hier in Ausbreitung begriffen) und *rostrata* (Coues 1862) (Baffin Island, GRÖ, IS) oder als Superspezies mit den Allospezies **Taigabirkenzeisig** *C. [f.] flammea* und **Alpenbirkenzeisig** *C. [f.] cabaret* zu führen [vgl. 1673,2070]. Unterschiede zwischen *flammea* und *rostrata* in N-Amerika sind mindestens ebenso deutlich wie zwischen *flammea* und *cabaret* in Europa [vgl. 3050].

Kennzeichen. Zur Differenzierung von *flammea* und *cabaret* [vgl. 2339,2669,1672,1673,2070, 767,1369,221,3772,3615; **Fotos** von *rostrata* in Bird. W. **10**, 147-49].

Maße. **Allgemein:** Gr.: 11.5-14.5 cm. Fl.spw.: 20-25 cm. **Alpenbirkenzeisig** [**Fotos** in Brit. B. **94**, 262, 265]. Gew.: (NL) ♂ 9.0-12.3 g, $Ø_{11}$ 10.9 g, ♀ 8.8-12.0 g, $Ø_{10}$ 10.6 g bzw. (CH, Aug.) ad. ♂ $Ø_{108}$ 11.3 g, diesj. $Ø_{1153}$ 10.9 g, ad. ♀ $Ø_{138}$ 10.8 g. Fl.l.: (CH) ad. ♂ 69-76.5 mm, $Ø_{30}$ 72.8 mm, vorj. ♂ 68-74 mm, $Ø_{14}$ 71.3 mm, ad. ♀ 68-74 mm, $Ø_{14}$ 70.5 mm, vorj. ♀ 69-71 mm, $Ø_{11}$ 70.45 mm [767,1369]. **Taigabirkenzeisig** [**Fotos** in Brit. B. **93**, 71-74, **94**, 263-66, Bird. W. **4**, 19-22, **9**, 66-69, 322, Dutch B. **20**, 262-68]. Gew.: (D-SN, Fängl.) 11.0-15.0 g, $Ø_{67}$ 13.0 g bzw. (CZ, Fängl.) 11.1-16.3 g, $Ø_{166}$ 13.2 g Fl.l.: (W-Sibir.) ♂ 71-79 mm, $Ø_{63}$ 75.4 mm, ♀ 69-77 mm, $Ø_{47}$ 73.1 mm bzw. (S.) ad. ♂ 70-78 mm, $Ø_{244}$ 74.1 mm, vorj. ♂ 69-77 mm, $Ø_{235}$ 72.7 mm, ad. ♀ 68-75 mm, $Ø_{112}$ 71.4 mm, vorj. ♀ 67-75 mm, $Ø_{100}$ 70.7 mm [767,1369].

Status. **Alpenbirkenzeisig** lückig verbreiteter, lokal häufiger Brut- und Jahresvogel (gebietsweise Sommervogel); häufiger, regelm. Durchzügler und Wintergast; z.T. winterliche Invasionen. **CH:** Brutvogel ab 1200 m, i.d.R. ab 1600 m bis Baumgrenze; seit Anf. 1970er J. Ausweitung in Niederungen -VS, -GE, -TI, -BE und -NE [3392]. • **B:** 1. Brutnachw. im Landesinneren 1969, an Küste Ansiedlung 1975 (nach Brutverd. 1967–69); in Ardennen erste Brut 1974 entdeckt [1369,337]. • **NL:** schon 1910-12 an Küste beob.; 1. Brutnachw. 1942, mind. seit 1961 regelm. auf Nordseeinseln [1369,375]. • **D:** Helgol. Brut 1872; -SH Sylt mind. seit 1969 Brutverd., 1. Brutnachw. 1971, seit Anf. 1970er J. auch auf Festland, ab ca. 1988 Eindringen in menschliche Siedlungen; 1. Brutnachw. -NI 1947 auf Nordseeinseln; -NW Westf. 1975, Nrh. 1976; -RP 1984; -HE 1980; -BW mind. 1966 in Oberschwaben, seit 1979 im Bod.; -BY Alpen ehemals ab ca. 1500 m bis Baumgrenze, seit 1969 und bes. ab 1970-71 Brutnachw. in Talböden der N-Alpen und im Alpenvorland mind. auch im Randbereich von Siedlungen, Gartenbruten im Böhmerwald seit 1957, seit 1972 in Regensburg, 1979 Nürnberg, Bayreuth, N Coburg, 1982 München, 1984 Nördlingen/Ries; -TH 1978 in

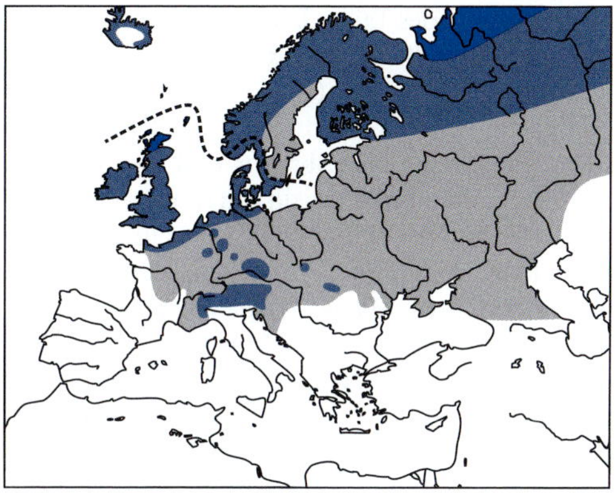

Carduelis flammea – **Birkenzeisig**
N gepunkteter Linie Taiga-, S davon Alpenbirkenzeisig

Kammlagen Thüringer Wald, 1981 im Südthüringer Gebirgsvorland in 260 m; -SN seit 1960 Bruthin- und -nachweise Erzgebirge, mind. seit 1970 auch im Siedlungsbereich, seither Einwanderungen in N Vorland und Städte [Dokumentation 1051,1052]; -MV flügge juv. 1959 Hiddensee, regelm. seit 1972 entlang Küste. • **A:** Brutvogel der subalpinen Stufe; -T mind. seit 1970 Sommerbeob. in Talböden, -V seit 1985 Brutvogel im Rheindelta; -St seit 1965 wieder Brut < 900 m. • **CZ:** einzelne BP 19. Jh., regelm. Brutvogel seit mind. 1939 Böhmerwald, ab 1952 ins Tiefland und bis in Städte, spätestens 1968 Brutvogel am Rand von Prag. • **PL:** seltener und lokaler Brutvogel in Gebirgen im S sowie neuerdings auch an Küste [337,1369,3871]. • **H:** Ausnahmegast mit 3 Nachw., Nov. 1893, März 1894 sowie 1944 (dagegen Taigabirkenzeisig regelm. Wintergast) [2438]. Ferner 1. Brutnachw. DK 1954. MA: 1 Fängl. April 1987 (Erstnachw. für N-Afrika). In S. von 60–61° N nach N *flammea* verbreiteter Brutvogel mit fluktuierender S-Grenze; seit 1973 im S Beob. von *cabaret*, seit Anf. 1980er J. Brutansiedlung und Ausbreitung [1369,337].

Taigabirkenzeisig in ME regelm. Durchzügler und Wintergast (überwiegend ***flammea***) in wechselnder Zahl, mitunter vor allem im N große Invasionen, max. bis an N-Rand der Alpen, offenbar in letzten Jahrzehnten häufiger [3825; vgl. historische Nachw. 2011]; nach großen Invasionen wohl auch einzelne Brutansiedlungen in ME [1051]; ***rostrata*** sehr seltener Durchzügler und Gastvogel, mit Nachw. in **B:** Nov. 1988, 1995 und 1996 [1677], (aber nicht in NL [277]); • **D:** Helgol. Okt. 1879, Dez. 1932 [1369]; • **A:** -W erl. Dez. 1955 [1369].

Verbreitung und Bestand. Verbreitung zirkumpolar holarktisch in borealer und gemäßigter Zone bis an N-Rand der Taiga. **Taigabirkenzeisig** mit UA ***rostrata*** (GRÖ, Baffin Island und IS) sowie Nominatform von N-Europa (N., S., FIN) über Schwerpunktareal RUS bis Anadyrland und Kamtschatka sowie von Alaska bis Labrador und Neufundland verbreitet. **Alpenbirkenzeisig** von NW-Europa (GB/IRL, N-F) bis NW-ME und DK sowie ursprünglich disjunkten Vorkommen in Alpen, Randgebirgen der Böhmischen Masse, Karpaten, aber mit zunehmender Besiedlung der Mittelgebirge und des Tieflandes bis N-Rand Mittelgebirgsschwelle und Ausstrahlungen in Tiefebene; ferner eingeführt in NZ. Europäischer Gesamtbestand von ***cabaret*** etwa 120.000-270.000 BP (Bestand wohl rückläufig); im noch lückenhaften ME Verbreitungsgebiet brüten etwa 40.000-75.000 BP [383, veränd.]; europ. Bestand von ***flammea*** min. 8.5 – max. 19 Mio., davon alleine 8-15 Mio. in RUS und 0.55-3.5 Mio. in Fennoskandien) [383, veränd.].

Wanderungen. In Europa Zugvogel und Teilzieher mit Wanderungen von Evasionscharakter. Regional unterschiedliche Tendenz zu Brut- und Zugnomadismus, Standvogel mit Dismigrationen und in Gebirgen im S auch Altitudinalwanderungen. Ganz oder weitgehend geräumt werden Arealteile im N Fennoskandiens und RUS. Hauptwintergebiet in jahrweise wechselnder Verteilung von Mittel-Fennoskandien und S-Teil des Areals RUS bis NW-F, S-F (und NW-E.), N-I, ehem. YU, BG, N-Küste Schwarzmeer und N-Fuß Kaukasus; S-Grenzen des Winterareals werden aber meist nur in unregelm. Abständen von größeren Mengen erreicht; einzeln bis in Mittelmeerraum einschließlich NW-Afrika (z.B. MA, Balearen, M), doch bereits in E. im Vergleich zu anderen Finken unregelm. und in kleiner Zahl. Evasionen betreffen nicht nur nordische ***flammea***, sondern auch mind. **Br GB/IRL** (***cabaret***), die normalerweise größtenteils im Lande oder von NL bis NE-F mit Hauptwegzugsrichtung SE überwintern, Einzelfunde (in Evasionsjahren) aber bis P, S-F, CH, D, A und N-I in einem Wegzugfächer von E bis SW. **Br. DK** überwintern von DK bis N-F, ziehen also nach SW (entgegen ihrer Einwanderungsrichtung). **Br. NL** von NL bis N-F (Fänglinge aus NL einzeln bis S-D und N-I nachgewiesen). **Br. Alpen** überwintern im N-, W- und S-Vorland (offenbar auch in W-Alpen nur unregelm. bzw. in kleiner Zahl ab 1200 m), ziehen aber auch nach S und SW (mind. bis N-I und S-F); Migrationsverhalten im Detail aber unbekannt. **Br. Erzgebirge** ziehen nach S (CZ, SK., A), SW–W (W-D), dismigrieren auch nach N ins Vorland (im Nov. ein Ind., vermutlich *cabaret,* bis S-E.). **Br. der neu besiedelten Niederungen und Mittelgebirge** höchstens Teilzieher mit hohem Standvogelanteil, ebenso **Br. CZ/SK.** größtenteils nur Dismigrationen (Zug bis N-I jedoch nachgewiesen). **Br. Fennoskandiens** (***flammea***) können zw. verschiedenen J., aber auch offenbar innerhalb einer Saison, zwischen Brutgebieten je nach Nahrungsangebot (Fichten im S, Birken im N) wechseln. Br. im N ziehen hauptsächlich SSE–ESE nach E-Europa bis Zentral-RUS, vorzugsweise Br. im S auch (oder überwiegend?) WSW bis SW bis D, NL, B, GB, F; bei sehr großen Invasionen nach ME aber auch Br. N-Fennoskandien und N-RUS beteiligt, daher auch aus N des Areals zumindest in manchen J. SW-Richtung vorherrschend. Generell bei gutem Nahrungsangebot Überwinterung im S des fennoskandischen Areals, aber auch noch im Winter Wanderungen nach S–SW. Invasionen in ME fallen häufig mit guter Fichtenmast im S Fennoskandiens zusammen, wenn Br. in Fichtengebieten nicht nach N zu einer zweiten Brut abwandern. Kleinere Einflüge ergeben sich bei »Winterflucht« aus S-fennoskandischen Überwinterungsplätzen. Bei starken Invasionen hoher Anteil an einjähr. Ind.; individuell unterschiedliche Wahl des Winterquartiers nachgewiesen (wahrscheinlich auch Altersunterschiede), aber auch Winterquartiertreue bei ***cabaret***. Abzug je nach Nahrungssituation und dadurch bedingten Dismigrationen unterschiedlich, aus Fennoskandien Okt.–Nov. (aber auch im Winter), nördlichste Vorkommen von *cabaret* schon ab Aug.; Invasionsvögel in ME meist ab Okt., nicht selten Weiterwandern nach Erschöpfung lokaler Nahrungsquellen. Br. DK Abzug ab Ende Juli–Ende Okt. mit max. Ende Aug., Br. NL Mitte Sept.–Mitte Nov. mit max. Mitte Okt.; Br. Alpen ab Aug. Dismigrationen auch in Alpinstufe, Abwanderung wohl nicht vor Sept.–Okt. Rückkehr an Brutplätze in Alpen März–Ende April, DK. Ende März-Mitte Mai, NL März–Mai, Br. Fennoskandien April–Mai.

Bestandsentwicklung. **Alpenbirkenzeisig** ab 1930er und 40er J. zuerst sporadische, seither aber beschleunigte, ab etwa 1970er J. dramatische Ausbreitung in mehreren Regionen ME, zum einen ausgehend von GB [1050,337,1369] auf Nordseeinseln NL sowie D-NI spätestens in 1940er J. (von dort in 1950er J. bis DK); dabei vor allem Küstenschutzpflanzungen mit *Pinus mugo* sowie Moorkiefernbrüche ideale Bruthabitate; Besiedlung -SH erst 1969 (Sylt) bzw. 1973 (Festland), als z.B. N-F schon erreicht war [310,337]. Im gleichen Zeitraum erste Brutansiedlungen in B; in Nordseeregion rasches

Fortschreiten der Ausbreitung bei exponentiellem Populationswachstum in DK (bis Ende 1970er J. Anstieg auf 10.000 BP). Anf. 1970er J. Ostseeinseln DK erreicht, seit 1972 D-MV und ab 1973 S-S. mit regelm. Brutvorkommen. Ausbreitung ins Binnenland zögerlicher, bis Ende 1970er J. nur kleine Vorkommen in NL, B und D-NI sowie erste Ansiedlungen in Ardennen, in -NW und -RP. Etwa ab Anf. 1980er J. gleichzeitige Einwanderung in Siedlungsbereiche verschiedener Regionen ME.

	Best.	Areal	Brutbestand	Jahr	Quelle
A	+/-	=	15.000–30.000	1998–2002	[383]
B	+/-	=	30–80*	1995–2002	[383]
CH	+/-	=	10.000–15.000	1993–1996	[383]
CZ	+/-	=	6.000–12.000	2000–2002	[383]
D	↑	+ 2	7.000–17.000	1995–1999	[383]
FL	↓	- 1	100–150	1998–2000	[383]
NL	⇩	- 1	200–300	1998–2000	[383]
PL	↑	+ 1	120–180	1998–2000	[383]
SK	↓	- 1	300–600	1990–1999	[383]

* beide Formen zusammen, Bestand von *cabaret* 19-36 BP, von *flammea* < 50 BP

Zum anderen Ausbreitung ausgehend von Hochlagen der Mittelgebirge E-ME (Böhmerwald, Erzgebirge, Sudeten). Von dort ab Ende 1950er J. Besiedlung der Tallagen und (gleichzeitig) Siedlungsbereiche (CZ und E D-BY); in 1960er und 70er J. weitere Ausdehnung des Areals nach W und N; erste Brutansiedlungen in -SN 1969, -TH 1978 und -HE 1980, die Zwergkiefernbestände der Küste PL erst in 1990er J. erreicht [3871]. Schließlich auch Arealausweitung der Alpenpopulation. Erste Nachw. in Hochmooren am N Alpenrand (S D-BW) 1966, von dort langsame Ausbreitung [1722]. Etwa seit 1970er J. Tallagen und Siedlungsbereiche in D-BY und A-T sowie in 1980er J. Bod. und Rheinebene A-V [196, auch SLN: 3989]. Noch anhaltende Ausbreitungswellen aus E-Alpen sowie aus Randbereichen der Böhmischen Masse in D-BY und A offenbar noch deutlich voneinander getrennt. In S-CH Besiedlung tieferer Lagen ebenfalls ab Ende 1960er J. Offensichtlich durch Mangel an geeigneten Bruthabitaten Ausbreitung in N-CH, D-TH und weiten Teilen PL nur sehr langsam. Verbreitungslücken in 1990er J. u.a. noch in L, D-SL, Vogesen und Schwarzwald, sowie -BB/-BE. Dagegen weiterhin starke Zunahme und Ausbreitung in meisten anderen Regionen ME [1369,337,1585, 3392,3393,4152,965,1366,1722,1051,2062,1852, 2145,198,229,1302,1766 u.a.], gebietsweise aber »nur noch« Verstädterung [z.B. NL: 375]. Ausbreitung u.a. bedingt durch großes Angebot an anthropogen beeinflussten Bruthabitaten wie Parklandschaften, Aufforstungsflächen (vor allem in Küstenregionen) und Gartenstädte, begünstigt durch ausgeprägten Brutnomadismus. Evasionsartiges Zugverhalten ermöglicht Ansiedlungen weit vom Geburtsort entfernt (Gründerpopulationen) oder Besiedlung bei gutem Nahrungsangebot [Zugabbreviation, »Südbruten«, 1050], um anschließend weiter N nochmals zu brüten; ferner hohes Reproduktionspotential (oft Spätbruten sowie kolonieartiges Brüten oft in Nähe zu Wacholderdrosseln) sowie generell die Nutzung sehr ergiebiger (und vielseitiger) Nahrungsquellen und Anspruchslosigkeit hinsichtlich der Brutplätze; schließlich mildere Wintertemperaturen (höhere Überlebensrate) [1055]. Durch starke Ausbreitung nach N inzwischen in S. (und N.) Kontaktzone zur Nominatform, offenbar ohne Durchmischung (daher neuerdings artliche Abgrenzung gefordert) [q3]. Rückläufige oder stagnierende Bestände ab Ende 1980er J. lokal vor allem in kurzlebigen Sukzessionsstadien wie Koniferenpflanzungen sowie in Siedlungen (durch Verbauung) oder in intensiven, »sterilen« Gartenkulturen [S-D: 337,1615]; in Küstenregionen NL zudem viell. durch fehlende Zuwanderung der abnehmenden britischen Populationen [375,3638], im S CH-TI Rückzugsgründe unklar [3393].

Taigabirkenzeisig mit starken Schwankungen sowohl in fennoskandischen Brutgebieten als auch an S-Grenze des Areals in Abhängigkeit von Birkenmast und Wetter [2843], Situation langfristig aber stabil [1585]. In ME viell. gelegentliche Brutansiedlungen von Ind. dieser Form, insbesondere nach größeren Einflügen [1051,1052], doch meist unzureichend belegt [1369].

Siedlungsdichte. Meist in lockeren Kolonien oder in ausgesprochenen Brutgemeinschaften [337], Gesang und Balz nicht an Reviere gebunden. In Alpen CH auf 3 Flächen von 81 - 159 ha 2.3-3.0 BP/10 ha, aber auch Aggregationen von bis 8 BP/7.5 ha, großflächig etwa 0.7-2.0 BP/10 ha, in F Angaben von 0.2-2.3 BP/10 ha [1369]. In Mittelgebirgen D und SK. Dichten von 0.3-max. 8 BP/10 ha, kleinflächig in *Pinus mugo*-Beständen bis 16.7 BP/10 ha [1369]; *flammea* in Lappland S. in 20 J. von 0 – 5 BP/ha, max. in J. mit großem Angebot an Birkensamen 7.5-7.9 BP/ha, in Fjell-Lappland FIN 2-8 BP/10 ha, kleinflächig in Optimalbereichen bis 10.3 BP/ha [1369].

Gefährdungsursachen [337,196,3417]. Lebensraumveränderungen, insbesondere durch forstliche Eingriffe. Einwirkungen des »Waldsterbens« (?). Vogelfang in B mit deutlichen Auswirkungen auf lokale und regionale Populationen.

SPEC	VSchRL	Bern.Konv.	Bonn.Konv.
--	--	Anh. II	--
Europ. RL	**RL in ME**		
--	vgl. B; CZ: 'NT'		

Schutzmaßnahmen. In Anbetracht der Bestandsentwicklung nicht erforderlich.

Biotop. ME Br. der subalpinen und seltener montanen Nadelwälder bis einschließlich der Krummholzzone, vorzugsweise lichte Baumbestände mit angrenzenden Almböden, Viehweiden, Mähwiesen und Gebüschunterwuchs, vor allem lichte Lärchenwälder und kümmernde Fichtenbestände mit Einzelbäumen an der Waldgrenze, auch in Legföhren und Grünerlengebüsch. Ähnlich strukturierte Habitate in Hochmooren mit Kiefern oder lichten Birken- und Erlenbruchbeständen; im Tiefland heute zahlreich im Siedlungsbereich mit Nadelbaum- und Birkengruppen, unterschiedlichem Gebüsch und Wiesen, wie Parkanlagen, Gärten, Friedhöfe, Alleen, aber auch Obstanlagen, Koniferenpflanzungen und Waldrändern. Außerhalb der Brutzeit in ähnlichen Habitaten mit entsprechendem Angebot an Baumsamen, im Kulturland auch auf Ruderalflächen aller Art. Im N des Areals in Fichten- und Birkenwäldern unterschiedlicher Struktur bis an die Waldgrenze.

Nahrung. Überwiegend Sämereien, zeit- und gebietsweise oft auf eine oder wenige Arten beschränkt, z.B. Hauptnahrung in einzelnen Arealteilen Samen von Fichte, Kiefern, Lärchen, Birken, Erle, Pappel; im Frühjahr auch Nektar, Pollen und Insekten von Weidenblüten, im Sommer reife und unreife Samen von Gräsern und Kräutern (z.B. Mädesüß, Ampfer); auch kleine Insekten (z.B. Blattläuse, Raupen des Lärchenwicklers). Bei Angebot aber nicht nur im Sommer z.T. insektivor: in D-SH überwinternde *cabaret* bei entsprechendem Angebot bevorzugt Larven der Lärchenminiermotte, *flammea* mehr Lärchensamen. Nestlingsnahrung bei *flammea* in Birkenmastjahr in der 1. Woche Insekten/Samen 1:3, später 1:10 bei insgesamt 96% Anteil Birkensamen, in J. mit geringem Angebot ebenfalls überwiegend Sämereien, aber nur ca. 25% Birkensamen (dann meist Sämereien krautiger Pflanzen).

Stimme. Flugruf bei *flammea* hartes, schnelles stakkatoartiges »tsche-tsche ... tsche-tsche-tsche...« oder »dschäd-dschäd...«, *cabaret* höher und weniger hart in ähnlichem Rhythmus »tji-tji..tji-tji-tji...«, Lockruf im Sitzen »pwiit« (vgl. *C. hornemanni*); bei Störung nasal hochgezogenes »wäid« oder »tsüi«. Gesang mit einem schnellen, rauen Schwirren, etwa »tschrrrrr«, das häufig auf einleitendes »tsched tsched...« folgt, etwa »tsche-tsche-tschrrrr«; aus festen, individuell unterscheidbaren Phrasen aufgebaut, auch gereiht, mitunter höher oder klangvoller als »tschüd tschüd tschüd...« wiederzugeben, kontinuierlich oder strophig vorgetragen. Dazwischen gedehnte, herauf- oder herabgezogene Elemente. Gesang entweder von Warte im Baum, zumindest in Bruchstücken im normalen Flug oder im bogenförmigen Singflug mit langsamen Flügelschlägen. Gesangsaktivität von Feb. bis Hochsommer, Herbstgesang nicht häufig.

Verhalten. Tagaktiv; Tagzieher mit Aufbruch vor Sonnenaufgang, aber bei Invasionen auch Nachtzug festgestellt. Nahrungssuche auf Bäumen, geschickt, z.T. meisenartig herumturnend z.B. an kleinen Zweigen der Birke, aber auch Sämereien vom Boden und von Kräutern. Zur Brutzeit territorial; Territorien sehr klein, brüten meist in Brutgemeinschaften (ca. 5–10 BP), die bis zu »Kolonien« von 50 BP anwachsen können. ♂ machen oft auch Gruppen-Singflüge (bis 8 Ind.). Paarbildung meist schon im Schwarm. Selten verpaaren sich 2♂ mit 1♀. Gesang wichtig für die Reviermarkierung, für die Werbung offensichtlich wenig bedeutend. Paarbildung schließt Verfolgungsflüge und Schnäbeln ein. ♂ bewachen ♀ während der fertilen Phase. Schwarmbildung außerhalb der Brutzeit, entweder artrein bis Hunderte, aber auch gemischt mit anderen Kleinvögeln ähnlicher Technik des Nahrungserwerbs, wie Blaumeisen und Erlenzeisige. Gruppenschlafplätze in dichten Hecken oder Koniferen. In Niederungsgebieten offenbar nicht selten mit Wacholderdrossel vergesellschaftet.

Fortpflanzung, Brutbiologie [1369,337,767,1722]. Geschlechtsreife im 1. Lebensjahr (z.B. einj. ♀ mit drei 5er Gelegen). I.d.R. Saisonehe, Partner auch nach missglückten Bruten noch zusammen, in Einzelfällen Wechsel. Wenige Fremdkopulationen belegt, Bigamie bei ♀ und ♂ vereinzelt möglich. **Ankunft am Brutplatz.** In ME (frühestens

Ende Feb.) ab Ende März und April (Anf. Mai), im Hochgebirge Ende April/Mai (bei günstiger Witterung früher), ♂ oft etwas früher. Paarbildung z.T. vor Ankunft am Brutplatz in den Schwärmen, durch nasskalte Witterung Aussetzen von Balz und Brutgeschäft möglich. Bei ***flammea*** Wechsel des Brutplatzes von Erst- zu Zweitbrut vermutet. Fälle von Brutortstreue bekannt. **Nest.** Nistplatzwahl durch ♀. Neststand in den Alpen und Mittelgebirgen vorwiegend Lärche und Fichte, bei kleinen Bäumen nahe am Stamm, bei ausladenden Ästen gegen die Peripherie und i.d.R. von Zweigen überdacht; Bodenhöhe <1–20, meist 3-5 m (Median CH$_{86}$ 3 m, D-SN Ø$_{128}$ 4.22, in Hochmooren Ø$_{19}$ 1.85, auf Friedhöfen Ø$_{40}$ 6.1 m); im Siedlungsbereich vorwiegend Hängebirke, aber auch Koniferen sowie Ziersträucher und -hecken; in Fennoskandien (***flammea***) vor allem Birke und Wacholder, im S Fichte und Kiefer. Unterbau des Nestes aus kleinen Reisern (z.B. Fichte), harten Stängeln und Blättern; Innenbau aus Gras, Pflanzenwolle, Tierhaaren, Moos, oft mit einzelnen Federn, Haaren etc. dick ausgepolstert; auch – vor allem später in Brutsaison – ausgesprochene Grasnester. Muldendurchmesser 40-60 mm, -tiefe 30-50 mm. ♀ baut allein (vom ♂ begleitet); Dauer um 4-5 d; Wiederbenutzung von Vorjahrsnestern bekannt, meist aber Neubau (z.T. Verwendung des Materials früherer Nester). **Legebeginn.** In Alpen frühestens Ende April, meist erst gegen Ende Apr./Anf. Mai, Höhepunkt Mai-Juni; letzte Gelege bis Anf. Aug. Im Tiefland und in Siedlungen häufiger ab Mitte April; in günstigen J. in S-Fennoskandien schon 1. Aprildekade. **Gelegegröße.** 4-6 (2-7); Ø CH Juni$_{20}$ 4.9, bzw. CH Apr.$_{4}$ 3.75, Mai$_{11}$ 4.2, Juni$_{62}$ 4.7, Juli$_{15}$ 4.3 und Aug.$_{2}$ 3.5, D-SN Apr.$_{4}$ 3.75, Mai$_{15}$ 4.2, Juni$_{8}$ 5.25, D-BW$_{12}$ 4.4; (***flammea***) S. Mai-Juni in J. mit großer Population 5.3 bzw. 5.6, in Normaljahren 4.9 (Kalendereffekt: Mai 5.0 – 5.7, Juni 4.8 – 5.3). Legeintervall 1 d. **Eier.** Grundfarbe bläulichweiß bis grünlichgrau, spärlich rötlich gefleckt (meist am stumpfen Pol konzentriert). **Brutdauer.** 10-13 d; Bebrütung ab 3. Ei (auch 1., 2.); ♀ brütet, wird vom ♂ gefüttert; Junge schlüpfen asynchron innerhalb 2-3 d. **Nestlings-/Führungszeit.** ♀ hudert 6-9 d, füttert zunächst die Jungen mit Futter vom ♂, später füttern beide, aber ♂ bringt Hauptmasse; Juv. verlassen Nest nach 11-14 d (bei Störungen schon ab 9 d); werden noch bis 2 Wochen von Altvögeln geführt. **Jahresbruten.** 2, drei Vollgelege auch unter subarktischen Bedingungen bekannt; Ersatzgelege häufig. **Ende der Brutperiode.** Meist zw. Anf. Aug. und Anf. Sept. **Bruterfolg.** In D-SN von 107 Bruten 49% erfolgr., dabei 2.0 Juv./Brut und J., bei frühen Bruten nur 1.6, in Lombardei bei 11 Nestern (57 Eier) 1.9 Juv./Brut und J.); in Alpen CH hohe Verluste durch Prädation (in 3 J. 66% von 87 Nestern), viele Nester aufgrund Witterungsbedingungen aufgegeben. Mehrj. ♀ erfolgreicher als Erstbrüter, z.T. mit hohem Anteil an Reproduktion einer Population. In FIN (*flammea*) nur ca. 25% von 70 Gelegen mit flüggen Juv., bei hoher Dichte viele Nester (42%) mit tauben Eiern.

Eimaße und –gewichte [1369]: **Alpenbirkenzeisig**. L. 13.3-18.2 mm, B. 10.9-13.3 mm; Ø 16.0 x 12.3 mm (n=85, CH). Frischvollgew. 0.9-1.4 g, Ø$_{32}$ 1.1 g bzw. errechn. 1.21 g. Schalengew. 0.05-0.08 g, Ø$_{139}$ 0.066 g. **Taigabirkenzeisig**. L. 14.3-19.6 mm, B. 11.2-13.7 mm; Ø 16.8 x 12.5 mm (n=109, S.). Frischvollgew. errechn. 1.40 g. Schalengew. 0.05-0.08 g, Ø$_{109}$ 0.069 g.

Sterblichkeit, Alter. Br. GB/IRL (1962-94) 62 %/J. bei Ad. und 57 % im 1. J. [3589]. Für Ad. ebenfalls aus GB/IRL 59 %/J. für ♂ und 56 %/J. für ♀ bzw. mittlere Lebenserwartungen von 1.7/1.8 J. berechnet [908]. Älteste Ringvögel > 9 und > 8 J., in Gefg. angeblich 25 J. **Generationslänge:** < 3.3 J. [383].

Mauser. Postjuvenile Mauser (Teilmauser) Mitte Juli–Okt., besonders Aug.–Sept. [767,1369]; Körpergefieder, Großteil der Flügeldecken, selten Schirm- und Steuerfedern [3771,1866,3882].
• **Postnuptialmauser** (Vollmauser) Mitte Juli/Aug.–Mitte Sept./Mitte Okt., setzt bei *flammea* gewöhnlich bereits während Jungenaufzucht ein [1369]; ♂ beginnen etwas früher als ♀ und erneuern HS rascher; Dauer der HS-Mauser 50–60 d [767,1369].

Carduelis hornemanni – Polarbirkenzeisig 16640

Carduelis [flammea] hornemanni (Holböll 1843) syn.: *Acanthis hornemanni*

(GB) Arctic Redpoll, (Hoary Redpoll) (F) Sizerin blanchâtre (E) Pardillo de Hornemann

Taxonomie. Zwei UA: *hornemanni* (Holböll 1843) (NE-CDN, GRÖ), *exilipes* (Coues 1862) (arktische Holarktis). Der Status der Form »*islandica*« (IS) als möglicher Hybridschwarm zwischen *hornemanni exilipes* und *flammea rostrata* oder einer noch unbenannten UA von *hornemanni* ist ungeklärt [vgl. 1673].

Kennzeichen. [767,1369,221,3772,3615, 1843,789; weitere **Fotos** in Bird. W. **8**, 422-23, 447, **9**, 65-69, 89, **16**, 455, Brit. B. **90**, 516, **93**, 70-82, Limic. **8**, 189, **9**, 49-68, **10**, 268, Dutch B. **20**, 160, **24**, 72, **25**, 430, 440].

Maße. (Nominatform). Gr.: 13-15 cm. Gew.: (Alaska) ad. ♂ 10.7-16.1 g, Ø$_{41}$ 12.9 g, ♀ 10.4-14.8 g, Ø$_{27}$ 12.8 g. Fl.spw.: 21-27.5 cm. Fl.l.: (W-Sibir.) ♂ 68-78 mm, Ø$_{148}$ 74.9 mm, ♀ 70-77 mm, Ø$_{67}$ 73.2 mm [767,1369].

SPEC	VSchRL	Bern.Konv.	Bonn.Konv.
--	--	Anh. II	--
Europ. RL	RL in ME		
--	--		

Status. In ME Ausnahmegast, mitunter wie auch in NW-Europa gehäuftes Auftreten (dann meist mit Birkenzeisig-Invasionen), am ehesten im Küstenbereich. Zahlen der Nachw. besagen relativ wenig, da viele Vögel sicher nicht erkannt und nur eindeutige anerkannt werden, vor allem unter den älteren aber z.T. auch keine sichere Diagnose vorliegt. **B:** 23 Ind. bis 1996, darunter auch UA *hornemanni* aus GRÖ [1677,q15]. • **NL:** bis 2003 nach Revision 98 anerkannte Nachw. mit > 100 Ind., alle Okt.– Jan., nur 1996 auch Feb.-Aprildaten; größere Einflüge 1962, 1972, 1975 sowie 1988/89 und 1995/96; wohl nur *exilipes*, aber Beob. 2003 von *hornemanni* anhängig [277,q16]. • **D:** fast in allen Bundesländern nachgewiesen (nicht sicher in -SL, -SN, -BE), insbes. in Invasionsjahren 1972/73 und 1995/96 nach S bis -BW, -RP und -BY; meiste Nachw. aus Helgol., z.B. allein 13 Ind. 1995, dort zudem Einflüge 1847 und 1925 [1369,869,575]. • **A:** Ausnahmegast mit 3 z.T. unzureichend dokumentierten Meldungen von 1983 und 1987 sowie 1 gefang. ♂ in -S Dez.

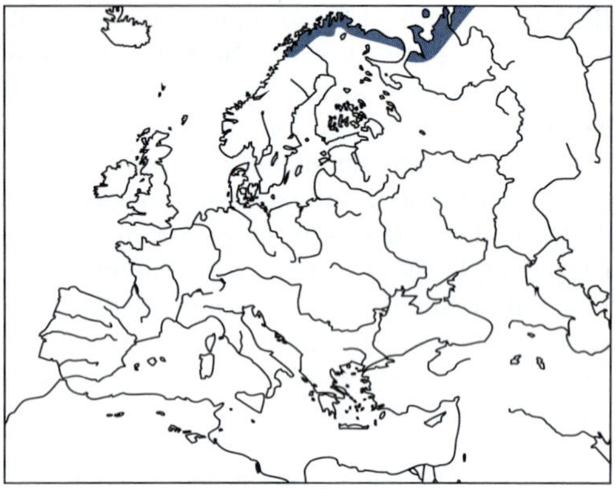

Carduelis hornemanni – **Polarbirkenzeisig**

1977 [1369,3129]. • **H:** Dez. 1880, Jan. 1894 und Nov. 1995 [2438]. • **CZ:** mind. 16 Meldungen von Einzelvögeln (einige Ind. wiederholt beob.), mind. 2 Ex. gesammelt, aber auch Trupps von 3, 6, 8, 10, 15, 20 und bis 50 Ind. gemeldet, offenbar zunehmendes Auftreten seit 1972/73 (vorher nur 4 mal) [2159,1369]. • **SK.:** 3-5 Ind. Jan. 1987 [1369]. • **PL:** bis 1984 ca. 16 Nachw., 1984-87 13 Nachw./>25 Ind., 1988/89 27 Nachw. mit 195 Ind., 1989 weiterer großer Einflug mit Trupp von ca. 100 Ind. im N; bis 2000 ca. 74 Nachw. mit 400 Ind., Zeitraum 15. Okt.-19. April; im S nur sehr selten [1369,337,q13,3871]. In **L**, **FL** und **CH** noch nicht nachgewiesen.

Verbreitung und Bestand. Brutvogel N der Taiga in Strauchtundra der Holarktis von Lappland (seltener Brutvogel N-Fennoskandien) nach E bis Alaska und N-CDN ***(exilipes)*** sowie Ellesmere und Baffin Island und GRÖ ***(hornemanni)***, offenbar auch einzeln mit Birkenzeisigen überschneidend [1369,337]. Europäischer Brutbestand etwa zw. 84.000-180.000 BP, davon weitaus größter Teil in RUS (80-150 T., Trend unbekannt), sonst kleine Bestände in N. und GRÖ (jew. 1-10 T.) sowie FIN und S. (jew. 1-5 T. BP) [383].

Wanderungen. Teilzieher vom Irruptionstyp und Standvogel. Winterquartier grenzt S und W an Brutareal an, in Europa bis Mittel-Skandinavien, S-FIN, N-RUS. Jahrweise stark wechselnde Häufigkeiten im normalen Wintergebiet, in größeren Abständen offenbar auch evasionsartige Wanderungen bis NW-Europa und ME, oft zeitgleich mit Invasionen des Birkenzeisigs. Offenbar auch Brutnomadismus, zumindest unstete Verbreitungsmuster.

Biotop. Br. der Strauchtundra oder in Weiden- und Birkengebüsch, aber offensichtlich auch zusammen mit Birkenzeisig in montanen Birkenwäldern.

Nahrung. Kleine Samen, vor allem von Birke, Erle, Weide, verschiedene Kräuter und Gräser. Im Sommer mitunter auch kleine Invertebraten.

Stimme. Rufe sehr ähnlich Birkenzeisig, bei Übung z.T. als Bestimmungshilfen brauchbar. Flugrufe z.B. in etwas langsamerer Folge, etwas höher als *flammea* (jedoch *cabaret* noch höher), fast zweisilbig wie »djiet djiet-djiet...« . Lockruf etwas länger und mit sinkender Tonhöhe am Ende »pwljiiu«. Offenbar Rufisolation zwischen *f. flammea* und *hornemanni* gut entwickelt.

Verhalten. Tagaktiv. Fortbewegung und Nahrungserwerb ähnlich Birkenzeisig. Ganzjährig gesellig; speziell außerhalb der Brutzeit. Ein ♂ verpaart sich normalerweise mit einem ♀. Selten füttern mehrere ♂ ein ♀ am Nest (Hinweis auf Polyandrie). Brütet typischerweise in Brutgruppen. ♂ (2-4 Ind.) singen oft gemeinsam (Balzarena). ♂ singen von Sitzwarten, aber auch im Flug. Balz beinhaltet Balzgesang und Fütterung durch Hervorwürgen der Nahrung.

Sterblichkeit, Alter. Generationslänge: < 3.3 J. [383].

Mauser. Postjuvenile Mauser (Teilmauser) Juli–Sept.; umfasst alle (einige) Mittleren und bis zu 5 Grosse Armdecken [767,1369,3882,1843]. • **Postnuptialmauser** (Vollmauser) Juli–Ende Aug./Anf. Sept. [767,1369,3882].

Familie Emberizidae – Ammern

Spatzen- bis dohlengroße, relativ langschwänzige Bodenbewohner (seltener Busch- oder Baumbewohner); Körner- und Samenfresser (meiste Arten) mit dickem, konisch geformtem Schnabel mit fast S-förmig geformten Schneiderändern (Unterschied zu Sperlingen und Finken). Bei prächtig gefärbten Vögeln Geschlechter verschieden, sonst nur geringer Größendimorphismus. Anders als Sperlinge oft im Gesicht und auf Unterseite gestreift (bes. ♀ und Juv.). Feldbestimmung z.T. sehr schwierig [Bestimmung allg.: 613]. Außerhalb der Brutzeit vielfach gesellig.

Die *Calcarius*-Arten sind die ursprünglichsten Vertreter dieser großen, hauptsächlich neotropischen Familie [2045,4195]. Ihnen kommt damit der Status einer eigenen Unterfamilie zu. Da *Plectrophenax* hier mit *Calcarius* synonymisiert wird, hat der Name »Calcariinae« Priorität [417]. Die weitere Reihenfolge ist vorläufig und richtet sich hauptsächlich nach [2045] und [4195].

Unterfamilie Calcariinae – Tundraammern

Die Gattung *Calcarius* (4 Arten) ist gegenüber *Plectrophenax* (2 Arten) paraphyletisch. Die beiden »Schneeammern« sind gesichert Schwesterarten und offenbar mit der nordamerikanischen *C. mccownii* nächstverwandt [2047]. Beide Gruppen werden hier unter »*Calcarius*« vereinigt, womit diese Gattung 6 Arten umfasst. Verbreitung holarktisch.

Calcarius lapponicus – Spornammer 18470

Calcarius lapponicus (Linnaeus 1758)

(GB) Lapland Bunting **(F) Bruant lapon** **(E) Escribano Lapón**

Taxonomie. Fünf gering differenzierte UA, darunter *lapponicus* (Linnaeus 1758) in ME (Eurasien E bis Kolymadelta), *subcalcaratus* C.L. Brehm 1826 (GRÖ, N-CDN, mit Überwinterungsgebieten in W-Europa), *alascensis* Ridgway 1898 (Alaska) und *coloratus* Ridgway 1898 (Bering-Inseln, Kamtschatka, SE-Sibirien).

Kennzeichen. [767,1369,221,3772,3615; weitere Fotos in Bird. W. **8**, 193, 373, **11**, 89, **15**, 148, Limic. **13**, 44, Dutch B. **24**, 389].

Maße. Gr.: 15-16 cm. Gew.: (RUS) ♂ 18.7-27.3 g, $\varnothing_{11}$ 24.4 g, ♀ 20.7-24.0 g, $\varnothing_{8}$ 22.9 g. Fl.spw.: 25.5-28 cm. Fl.l.: (N.) ♂ 93-99 mm, $\varnothing_{18}$ 96.1 mm, ♀ 85-92 mm, $\varnothing_{16}$ 89.3 mm [767,1369].

Verbreitung und Bestand. Brutvogel zirkumpolar in nördlichsten Tundrenzonen und Hocharktis sowie z.T. borealer Zone von (vorübergehend Schottland) S-N., N.-S, N-FIN und NW-RUS über N-Ural bis E-Sibirien, nach S in skandinavischen Alpen N. bis 63° N, im Ural bis 64° N und in Kamtschatka bis 55° N; ferner in N-Amerika von NW-Alaska über N-CDN bis W-GRÖ, mit südlichsten Brutgebieten in Hudsonbucht bei 53° N und Aleuten bei 52° N [1369,767]. Europäischer Brutbestand etwa zw. 5.8 – 11 Mio. BP, mit Beständen in RUS (5-9 Mio.), GRÖ (0.5-1), N. (0.2-0.5), S. (0.1-0.4 Mio.) und FIN (20-50 T. BP), Bestände bei starken Schwankungen weitgehend stabil, in FIN abnehmend, in RUS Trend unklar [383].

SPEC	VSchRL	Bern.Konv.	Bonn.Konv.
--	--	Anh. II	--
Europ. RL	RL in ME		
--	--		

Status. Nominatform in ME regelm. Durchzügler und Wintergast im Küstenbereich, im Binnenland meist nur Ausnahmegast. • **B:** allj. Gastvogel in kleiner Zahl, max. 21 Ind. (Okt. 1980), auch binnenländisch (z.T. mit Feldlerche); nur selten nach März (2 Maidaten) [1369]. • **NL:** allj. Dz. und Wintergast (fast nur Küste) von Sept.-April (im Herbst Juv. vor Altvögeln), selten später, dann auch sing. ♂ (z.B. Juni 1999) [375,3638]. • **D:** -SH,-HH regelm. Küste, selten im Binnenland (z.B. 1 Ind. 1987); -NI,-HB an Küste spärlicher Gast, max. 18 Ind., 2 Spätdaten (Mai, Juni); -MV regelm. Gastvogel in geringer Zahl Küste, unregelm. einzeln Binnenland, max. > 80 Ind. zusammen; -BB/-BE regelm. Gastvogel Sept.-März, meist einzeln, max. 12 Ind. zus. bzw. 26 Ind. in 1 Winter; -ST unregelm. Dz. und Wintergast, vereinzelt auch größere Trupps (max. 21 bzw. 24 Ind.); -NW > 12 Nachw., davon 1mal 19. Jh., max. 5-8 Ind. im Winter 1954, 1 mal Aug.; -RP je 2 Meldungen 19. und 20. Jh. (zuletzt 1993); -HE > 11 Nachw., zuletzt kleinere Einflüge 1987 und 1993; -BW 9 mal von 1894/95

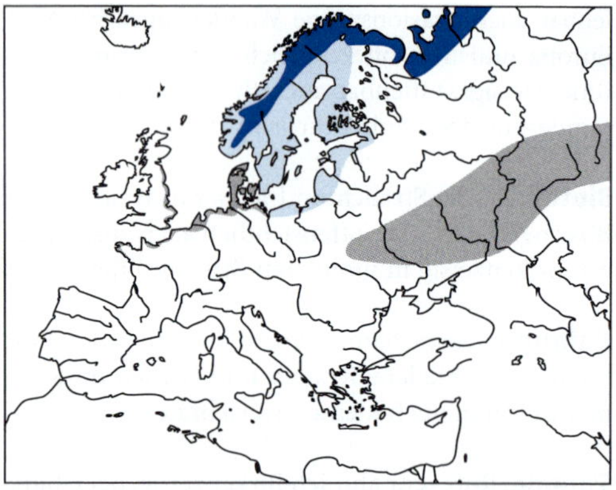

Calcarius lapponicus – **Spornammer**

bis 1990; -BY 2 mal 19. Jh., 6 mal 20.Jh.; -TH 6 Meldungen mit 15 Ind. (max. 7); -SN 2 mal 19., 2 mal 20. Jh. [1369,3667,1722,1,575]. • **A:** unregelm. und seltener Dz. und Wintergast, meiste Beob. in –V (in 10 Wintern zw. 1978-98) und -B, vereinzelt in anderen Ländern [1369,1617]. • **H:** Im Donau-Theiß-Tiefland regelm., mäßig häufiger Dz. (ab Okt.) und Wintergast (bis Ende Feb.), mit bis zu 210-480 Ind. in manchen Wintern; erstmals 1960 beob. [1369,2438]. • **PL:** seltener, allj. Gastvogel im Herbst und Winter in Trupps < 50 Ind., vor allem an Küste (Sept.-Mai), sporadisch im Binnenland (vor allem Slask) [1369,q13,3871]. • **CZ:** seltener Gastvogel (zunehmend seit 1960) mit 17 Nachw., vor allem im N, von Sept.-April, max. 20 Ind. [1369,2159]. • **SK.:** 6 anerkannte Nachw. von 1974-96 [3882, in 1369 weitere 4 aufgeführt]. • **CH:** 15 Nachw. bis 1998 (Okt.- Ende April), davon 1 mal 19. Jh. , max. 2 Ind. [1369,4152,q14]. In GB 1974–81 Brutansiedlung in Schottland mit max. 14 BP; Winterbestand 200–500 Ind. (1981–84) [337]; LT nur Jan. 1965; E. 3 Ind. Okt. 1974, ferner je 1 Ind. Okt. 1972 und 1989 Islas Columbretes, ferner I und IS fast regelm., vereinzelt in YU, BG, P, M und Färöer [337,767].

Wanderungen. Zugvogel. Br. Fennoskandien ziehen offenbar hauptsächlich E–SE in S-UA. bis Kaukasusvorland, vielleicht auch nach S-, Mittel- und Vorderasien (möglicherweise vor allem Br. im N), z.T. aber auch SW (eher Br. S. und Mittel-N.?); in Europa Hauptüberwinterungsgebiet vom Brutareal getrennt vor allem im Bereich der S-Küste Nordsee von DK über NW-D, NL, B und in kleiner Zahl bis NW-F (einschließlich N-Atlantikküste) sowie an W-Küste GB. Die geringen Winterbestände in diesem Bereich umfassen auf alle Fälle nur Teile der fennoskandischen Population, die im Vergleich zum Nordseeraum geringen Dz.-Zahlen im Bereich der Ostseeküste PL, Baltikum sprechen ebenfalls für Abzug im E-Sektor. Zahlen am Außenrand des europäischen Winterraumes schwanken stark von Winter zu Winter; durch stärkere Herbsteinflüge an N- und W-Küste in GB/IRL (vor allem IRL, Schottland), vermutlich durch Verdriftung von GRÖ (via IS) (Br. GRÖ ziehen S nach NE-Amerika). Auch die frühen Ankömmlinge in der Bretagne (ab Aug.–Sept.) und selbst in NL werden Atlantiküberquerern zugeschrieben. Einzelne Überwinterer auch in S-Skandinavien. Bereits im S N-D-Tiefebene nur noch sehr unregelm., tiefer im Binnenland nur ausnahmsweise. Abnahme der Winterbestände in Dz.-Gebieten an Küste lässt vermuten, dass viele Ind. sich weit mehr als bisher angenommen über größere Fläche des Binnenlandes verteilen. Abzug von Skandinavien Ende Aug.-Okt., frühestes Wegzügler ME Ende Aug.–Anf. Sept., aber auch oft erst Ende Sept.–Ende Nov. mit Gipfel im Okt.; Heimzug NL, NW-D i.d.R. viel schwächer, auf Helgoland Median 16. April, letzte Beob. meist Anf. Mai. Ankunft an Brutplätzen Fennoskandiens je nach Schneeschmelze Ende Mai–Anf. Juni. Brutortstreue nachgewiesen.

Biotop. Br. jenseits der Baumgrenze in der Tundra und in der hohen Fjällregion S der nördlichen Nadelwaldgrenze auf freien, kargen Flächen mit höchstens niedrigem Gebüsch. Auf dem Dz. und im Winter auf kurzrasigen oder fast vegetationsfreien Flächen, an der Küste meist im Deichvorland, in der Salzmarsch etc.

Nahrung. Sämereien von Gräsern und niederwüchsigen Kräutern; zur Brutzeit im Sommer Insekten, vor allem Dipteren.

Stimme. Kennzeichnender Ruf trocken »prrrrrt«, ferner absinkend in der Tonhöhe »tjüb« oder rauer »drü«; am Brutplatz metallisch »tihü«. Kurzer klingelnder Gesang mit konstanten Strophen, am Strophenende oft ein längeres an- und absteigendes Element, etwa »kretle-kriil-trr kritle-kretle-trü«, erinnert je nach Länge des Vortrages etwas an Feldlerche, Ohrenlerche oder auch Heckenbraunelle. Sangesperiode der ♂ an den Brutplätzen oft sehr kurz (10 – max. 20 d), bei höherer Dichte offenbar länger. Gesang von Warten und im Flug, dabei wird beim Abwärtsschweben der Gesang schneller. Subsong-Chorsingen auf dem Heimzug.

Verhalten. Tag- und Nachtzieher. Läuft rasch und behände, ähnlich Lerche, oft unter geschickter Ausnutzung der Deckung. Nahrungssuche am Boden. Oft sehr unruhig und scheu, daher charakteristische Rufe wichtiger Anhaltspunkt für Anwesenheit. Zur Brutzeit territorial. Im Brutgebiet Singflug mit Abgleitphase. Außerhalb der Brutzeit oft in kleinen Trupps oder gesellig mit Ohrenlerchen, Schneeammern, Feldlerchen oder Finken. Übernachtet im Winterquartier am Boden.

Fortpflanzung, Brutbiologie. Geschlechtsreife im 1. Lebensjahr. Monogame Saisonehe, doch Promiskuität und Bigynie in manchen Populationen nicht selten. **Ankunft am Brutplatz.** ♂ entweder vor ♀ oder bei verzögerter Schneeschmelze gleichzeitig, meist ab Ende Mai. Paarbildung offenbar kurz vor oder bei Besetzung der Brutplätze. **Nest.** Am Boden, meist in der Vegetation, oft in Nähe eines kleinen Busches; höhere dichte Vegetation dagegen meist gemieden; aber oft windgeschützt und sonnseitig offen. Äußere Schicht aus Halmen, Zweigen, Moos und Flechten; Nestmulde i.d.R. mit Federn und Säugerhaaren ausgekleidet. Muldendurchmesser 60-70 mm, -tiefe 30-50 mm; ♀ baut allein, in ca. 3 d. **Legebeginn.** Bei hochnordischen Populationen oft stark synchronisiert, meist wenige d nach Ankunft ab Ende Mai/Anf. Juni bis Mitte Juli. **Gelegegröße.** 4-7 (3-8, 9); Ø $S._{185}$ 5.4, RUS_{119} 5.2. Kalendereffekt (nach Mitte Juni kleiner). Legeintervall 1 d. **Eier.** Oval, mattglänzend, auf gelblichweißem Grund sehr variabel gefleckt. **Brutdauer.** 11-13 d. Nur ♀ brütet, Beginn vor Ablage des letzten Eies. Juv. schlüpfen asynchron über 1-2 (-4) d. **Nestlings-/Führungszeit.** Beide füttern, nur ♀ hudert. Juv. verlassen nach 10-11 d Nest (schon nach 8 d wohl nur bei Störungen), werden bald nach Ausfliegen unter Eltern aufgeteilt; sind 2-5 d später flugfähig und nach ca. 7-10 d selbständig. **Jahresbruten.** 1; Ersatzgelege nur bei frühem Verlust. **Bruterfolg.** In 7 J. in N-Alaska von 1244 Eiern 51.6% (36-88%) geschlüpft und 36% (24-76%) flügge, d.h. 2.23 (1.43-4.27) Juv./♀ und J.

Sterblichkeit, Alter. Adultsterblichkeit geschätzt aus Wiederfängen 2- bis 6-jähriger Vögel bei 57%/J. für ♂ und 55%/J. für ♀. Älteste Ringvögel (Alaska) > 6 J. **Generationslänge:** < 3.3 J. [383].

Mauser. **Postjuvenile Mauser** (Teilmauser) setzt ca. 3 Wochen nach Ausfliegen ein, Juli–Aug./Sept. [767,1369]; Kleingefieder meist ohne Große Armdecken [767,1369,3882,1204]. • **Postnuptialmau-**

ser (Vollmauser) beginnt während Jungenaufzucht, Mitte Juni–Ende Aug.; ♀ mausern später als ♂; Dauer der HS-Mauser Ø 38 d bei ♂ bzw. 30 d bei ♀ (dadurch Flugfähigkeit vorübergehend eingeschränkt) [767,1204], Gesamtdauer ca. 50 d. • **Pränuptialmauser** (Teilmauser) März–Mai; auf Kopfgefieder beschränkt, PK entsteht größtenteils durch Abnützung [767,1369,3882].

Calcarius nivalis – Schneeammer 18500

Calcarius [nivalis] nivalis (Linnaeus 1758) syn.: *Plectrophenax nivalis*

GB Snow Bunting **F Bruant des neiges** **E Escribano Nival**

Taxonomie. Vier gering differenzierte UA: *nivalis* (Linnaeus 1758) (N-Amerika nach E über GRÖ bis Schottland bzw. Kola-Halbinsel), *townsendi* Ridgway 1887 (Kommandeur-Inseln, W-Aleuten), *insulae* Salomonsen 1931 (IS, Färöer) und *vlasowae* Portenko 1937 (N-RUS, Sibirien). Bildet Superspezies mit der mitochondriengenetisch gering, im Gefieder aber deutlich differenzierten Art *C. hyperboreus* (St. Lawrence, Beringsee).

Kennzeichen. [767,1369,221,3772,3615,3566; weitere **Fotos** in Bird. W. **11**, 88, Brit. B. **90**, 235, **92**, 275, Limic. **11**, 47, **13**, 336, **16**, 229, **17**, 338, **18**, 41, Dutch B. **26**, 280].

Maße. Gr.: 16-17 cm. Gew.: (RUS) ♂ 18.7-27.3 g, Ø$_{11}$ 24.4 g, ♀ 20.7-24.0 g, Ø$_{8}$ 22.9 g. Fl.spw.: 32-38 cm. Fl.l.: (Nominatform) ♂ 104-118 mm, Ø$_{24}$ 110.6 mm, ♀ 100-107 mm, Ø$_{19}$ 104.2 mm. Kaum Unterschiede zu beiden anderen UA in ME [767,1369].

SPEC	VSchRL	Bern.Konv.	Bonn.Konv.
--	--	Anh. II	--
Europ. RL	RL in ME		
--	--		

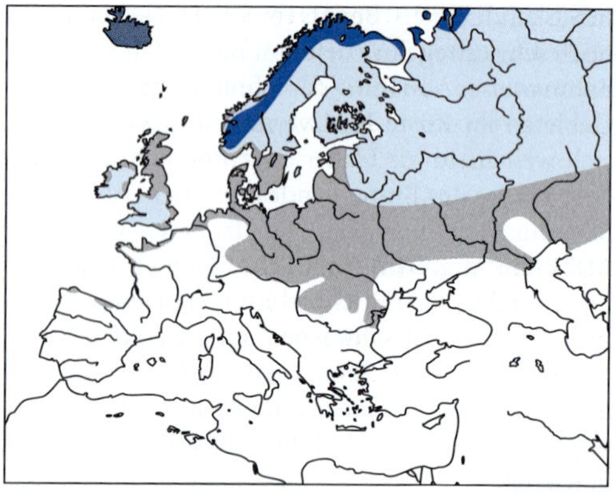

Calcarius nivalis – **Schneeammer**

Status. Nominatform in ME regelm. und im Küstenbereich häufiger Durchzügler und Wintergast, im Binnenland ungleich regelmäßiger als Spornammer, hier mitunter von Jahr zu Jahr unterschiedlich starke Einflüge, mind. bis an Alpenrand feststellbar [865]; Zahlen in mehreren Regionen ME rückläufig, viell. durch Verkürzung der Zugwege [1369,1]. • **B:** allj. Gastvogel in 20-230 Ind. (darunter auch *insulae*) [1369,865]. • **NL:** Allj. Wintergast (fast nur Küste) in etwa 1-5.000 Ind. (s. *insulae*!) von (Sept.) Okt.-März (Anf. April); Altvögel mit Max. im Nov., ziehen früher ab [375]. • **D:** regelm. und zahlreich an Küste Nordsee, etwas weniger zahlr. Ostsee und E-D Binnenland, nach W und S zunehmend spärlich und unregelm.; Winterbestände im Wattenmeer -NI und -SH jew. 3-5.000 Ind., Ostsee -MV 1-10.000 Ind., sonst in -SH, -NI, -BB und -ST jew. wenige bis max. 400, weiter S nur bei Einflügen bis 20 Ind. [865,1369,3667, 1722,1,575]. • **A:** (fast) allj., seltener Durchzügler und Wintergast, zuweilen große Scharen von max. 150-800 Ind. (bei Einflug 1973) [1369]. • **H:** Auf Alkaliböden des Donau-Theiß-Tieflands fast regelm., mäßig häufiger Gast (Okt.-März), max. 600-3.000 Ind. [1369,2438,865]. • **PL:** allj. Gast (> 3.000 Ind.) im Herbst und Winter, vor allem an Küste (Sept.-Apr.), etwas weniger häufig im Binnenland [1369,q13,3871,865]. • **CZ:** regelm. Gastvogel mit 300-700 Ind. Sept.-April, mit größeren Einflügen in 5 Wintern seit 1962/63 [1369,2159,865]. • **SK.:** von 1960er bis 80er J. allj. Gastvogel zw. 100-1.000 Ind., seit etwa 1985 weniger regelm. bis spärlich [1369,865]. • **L:** Balg 1900, je 1 Ind. Nov. und Dez. 1976 [1369]. • **CH:** fast allj., seltener Durchzügler mit Ø 3 (0-7) Beob./J. (von 1983-99), max. 12 Ind.; Jan. 1986 4 Ind. auf 2450 m (mit 2 Schneefinken!) [4152,q14,337].
In GB/IRL Winterbestand 10.000–20.000 Ind. (1981–84) [337]. Einzelne nach S bis Balearen,

M, TR, DZ, MA, TN, Madeira, Kanaren; wohl allj. bis Azoren und viell. P [767].

UA ***insulae*** (aus IS) an Nordseeküste NW-ME regelm. Gastvogel. • **NL:** Erste Belege ab 1893; nach Überprüfung vorhandener Bälge 63-64% aller Nachw. in NL *insulae*, Nominatform (s.o.) nur halb so häufig [1369,375]. • **B:** viell. allj. Gastvogel an Küste (s. NL), aber wenige Belege, u.a. Jan. 1912, Nov./Dez. 1956, Nov. 1996 [1677,1369,q15]. • **D:** An Küste -NI, -SH, -HH und -HB wohl allj. auftretend, Überprüfung von 55 Bälgen ergab Anteil von 23% aller Schneeammern [z.B. 3199,1369]. • **PL:** Mind. 2 (viell. >10) Ind. Dez./Jan. 1930/31 [1369]. • **H:** ♀ Dez. 1938 [1369; aber 2438].

UA ***vlasowae*** (aus NE-RUS zw. Kanin-Halbinsel und N-Ural) nur in **H** einzelne oder kleine Trupps unter Nominat-Ind.; belegt z.B. von Jan. und Feb. 1962 [1369,2438].

Verbreitung und Bestand. Brutvogel zirkumpolar in Nieder- und Hocharktis (jenseits 80° N), d.h. weiter polwärts als bei jedem anderen Landvogel, in Subalpin- und Alpinstufe S bis Subarktis und boreale Zone. N-Atlantik von IS, Schottland, S-Spitzbergen über S-N., N-S., N-FIN, N-RUS nach E bis E-Sibirien, über Aleuten nach Alaska, N-CDN bis GRÖ; nach S unterhalb 60° N in Skandinavien, Neufundland und Alaska, etwa 52° N auf Kamtschatka und Aleuten [1369,767]. Europäischer Brutbestand etwa zw. 0.7 -1.7 Mio. BP, mit größten Beständen in GRÖ (0.5-1 Mio.), N. (0.1-0.5 Mio.), IS (50-100 T.), S. (20-50 T.), Spitzbergen (10-50) und RUS (1.5-15 T. BP); in FIN (2-4 T.) und S. rückläufig, in Schottland (70-100 BP) zunehmend und Arealausweitung [383].

Wanderungen. Langstreckenzieher, Kurzstrecken- und Teilzieher; Migrationsverhalten auch durch Wetter beeinflusst. Hauptwintergebiet von IS und Küsten S- und W-Skandinaviens bis Ost- und Nordsee und NW-F, in ME ausstrahlend bis an N-Rand der Mittelgebirgsschwelle und (vor allem in kalten Wintern in kleiner Zahl, aber auch ausnahmsweise in größeren Schwärmen) bis an Alpen und weiter S (N-Rand Mittelmeer, E.), ferner vom Baltikum über Mittel-RUS und S-Sibirien bis Schwarzmeerküste, Kaukasusvorland und Steppengebiete im N der Kaspisenke. Trotz zirkumpolarer Verbreitung keine einfache N-S-Wanderung. **Br. W-GRÖ** ziehen im Herbst S–SW nach N-Amerika, **Br. E-GRÖ** dagegen ESE über Polarmeer nach N-RUS (mind. 20 Ringfunde belegen diesen Zugweg), dabei queren sie z.T. auch Küsten N., und scheinen in S-RUS Steppen zu überwintern (1 Dez.fund mittlere Wolga). **Br. SE-GRÖ** erscheinen wohl auch in GB/IRL. **Br. IS** *(insulae)* überwintern im Land oder ziehen (mehr ♀ als ♂) nach GB/IRL [4064] und bilden mind. im N etwa 80% der Wintergäste, unter denen sich auch Br. Skandinaviens befinden. Dz. in GB wurden in derselben Saison auch in B, NL und N-I nachgewiesen, in späteren Wintern in N, B und E-D. Auch individuell unterschiedliches Migrationsverhalten nachgewiesen (z.B. B und GB; Extrem: 1 Ind. überwinterte 1mal in W-Europa, später in Neufundland, vielleicht aber auch Winddrift mit im Spiel). **Br. Skandinaviens** überwintern wohl hauptsächlich an Küsten N., im Küstenbereich der Ost-(auch in S-S.) und Nordsee bis NW-F; **Br. RUS** ziehen wohl meist nach S; **Br. Sibiriens** erscheinen in W-Europa nur als Ausnahmegäste, ziehen normalerweise nach S und bleiben E des Ural. Einflug frühestens Sept., meist Okt.-Nov., Abzug meist 1. Aprilhälfte; im Binnenland S-ME meist erst ab Nov. und Abzug im März, hier häufig keine Dz.gipfel, sondern eingipfelige Verteilungskurven mit Max. im Winter. Winterortstreue und Brutortstreue nachgewiesen.

Biotop. Br. in offenen Flechtentundren mit spärlicher Vegetation bis nahe an den Eisrand oder auf hochgelegenen kargen Fjällflächen, oft in ausgesprochen steinigem Gelände. Im Winter auf übersichtlichen und ebenen, spärlich bewachsenen Flächen, wie Baugelände, Flugplätze, Dünen mit Pionierpflanzen, kahle Ufer von Binnengewässern, kurzrasige Flächen, aber auch Ruderalflächen mit locker stehenden Stauden und im Binnenland vielfach bevorzugt auf landwirtschaftlichen Nutzflächen (abgeerntete Felder oder Äcker mit niedriger Wintersaat).

Nahrung. Vielfalt an kleinen Sämereien, auch bodenbewohnende Wirbellose, meist Insekten.

Stimme. Rufe sanft klingelnd, ähnlich Haubenmeisentriller »dirrirritt« (Ende oft betont); Lockruf kurz pfeifend »piü« (weit zu hören); bei Aggressionen im Schwarm scharf »tsrr«. Gesang kurzer, klare trillernde Strophe, ohne den klingelnden Charakter der Spornammer, mit raschem Tonhöhenwechsel und oft am Ende einen knätschendes Element, etwa »ditrie-ditrii pitriie-pitriieditrie«. Oft aus 3 Phrasen bestehend, wobei 1 und 3 ähnlich sind. Jedes ♂ mit mehreren Strophentypen, lokale Dialektbildung und Anzeichen geographischer Variation. Wartengesang, dabei Pausen zwischen Einzelstrophen oder im abwärtsgleitenden Singflug mehrere Strophen aufeinanderfolgend. Gesangsbeginn meist erst 2 Wochen nach Ankunft im Brutgebiet.

Verhalten. Tagaktiv. Nahrungssuche hauptsächlich am Boden. Bei Nahrungssuche oft Vorwärtsbewegung in einer Richtung und »Überrollen« der vorderen Ind. durch die hinteren im Flug. Zur Brutzeit territorial. Gesang von niedriger Warte (z.B. Steinblock) oder im Gleitflug. Außerhalb der Brutzeit oft in größeren artreinen Trupps und Schwärmen, aber auch in Gesellschaft anderer am Boden nahrungssuchender Kleinvögel, dann aber bei Ortsbewegung Trupp i.d.R. zusammenhaltend.

Fortpflanzung, Brutbiologie [767,1551,1369]. Geschlechtsreife im 1. Lebensjahr, aber Einj. kaum im 2. KJ schon brütend. Monogame Brutehe, aber Paarzusammenhalt bei Teilzieherpopulationen und Wiederverpaarungen im Folgejahr bekannt; in Einzelfällen Bigynie. **Ankunft am Brutplatz.** Deutlich vor Eintreten geeigneter Bedingungen ab (Ende April) Mai, ♂ 2-6 Wochen vor ♀. Paarbildung bis mind. 1 Monat vor Reviergründung, aber auch im späteren Brutrevier. **Nest.** Am Boden, oft zw. oder unter Steinen oder Blöcken, gut gegen Witterung und Sicht geschützt; aus trockenen Halmen, Moos und Flechten, mit Federn und Haaren ausgekleidet. Muldendurchmesser 65-95 mm, -tiefe 25-60 mm; ♀ baut allein (vom ♂ begleitet), in 3-4 (1-5) d. Geeignete Nistplätze oft über mehrere J. genutzt. **Legebeginn.** Frühestens 2. (IS) oder 3. Maidekade bis spätestens Mitte Juli. **Gelegegröße.** 5-6 (4-8); Ø Schottland$_{51}$ 5.0 (Mai-Mitte Juni 4.6, Mitte Juni-Anf. Juli 5.6, nach 5.Juli 4.8), N.$_{39}$ 5.6, IS$_{53}$ 5.3. Legeintervall 1 d. **Eier.** (Lang-)oval, grünlichweißer bis rahmfarbener Grund, ± stark rostbraun gefleckt. **Brutdauer.** (11) 12-13 d. Nur ♀ brütet, wird vom ♂ gefüttert; Beginn sehr variabel (auch individuell). Juv. schlüpfen innerhalb 1-4 d. **Nestlings-/Führungszeit.** Beide füttern, nur ♀ hudert. Juv. verlassen Nest nach (8) 9-13 d, bleiben aber oft in Nisthöhlung bis 12-15 d (Ø$_{43}$ 13.1 d); werden nach Ausfliegen noch mind. 12 d gefüttert. **Jahresbruten.** 1-2; in Schottland in verschied. J. 0-100% Zweitbruten (je nach Zeitpunkt der Schneeschmelze), nur vereinzelte Zweitbruten aus IS und GRÖ bekannt; regelm. Ersatzgelege (in Schottland Ø größer als Erstgelege). **Bruterfolg.** In Schottland 2.5, in CDN 3.6 bzw. 2.25 Juv./Nest und J.

Sterblichkeit, Alter. In GB/IRL Adultsterblichkeit 37 %/J. Älteste Ringvögel 10 J. (GRÖ), 8 J. 9 Monate (Nordamerika) und > 6 J. (Europa). **Generationslänge:** < 3.3 J. [383].

Mauser. Postjuvenile Mauser (Teilmauser) beginnt 3 Wochen nach Ausfliegen, Ende Juli/Aug.–Sept.; umfasst Rand- und Mittlere Arm-, selten innere Große Armdecken und Schirmfedern [767,1369,3882,1802]. • **Postnuptialmauser** (Vollmauser) setzt z.T. während der Jungenfütterung ein, Juli/Anf. Aug.–Mitte Aug./Mitte Sept.; ♂ beginnen früher als ♀; Dauer der HS-Mauser 28-40 d, während Mauserhöhepunkt nahezu flugunfähig [767,1369]. • **Pränuptialmauser** fehlend [767,1369,3882].

Unterfamilie Cardinalinae

Die Abgrenzung und Monophylie dieser oft auch auf dem Niveau eines Tribus geführten Gruppe ist relativ unsicher, weil bisher nur wenige Vertreter molekular untersucht wurden und auch für diese nur mtDNA-Sequenzen vorliegen [2045,4195]. Danach clustern *Passerina* (Indigoammer) und *Spiza* (Dickcissel) als Schwestergruppe der restlichen Cardinalinae, was jedoch nur schwach gestützt wird, so dass ihre Eingliederung in diese Unterfamilie als vorläufig zu betrachten ist.

Passerina cyanea – Indigoammer 18920

Passerina [cyanea] cyanea (Linnaeus 1766) syn.: Indigofink

(GB) **Indigo Bunting** (F) **Passerin indigo** (E) **Pape Azulejo**

Taxonomie. Monotypisch. Obwohl die Art mit der Lazuliammer *P. amoena* im Mttleren Westen N-Amerikas eine Hybridzone bildet, scheinen sie laut mtDNA-Sequenzen nicht Schwesterarten zu sein [2046]. Dieses Ergebnis bedarf der Überprüfung durch nukleare Sequenzdaten.

Kennzeichen. [767,1369,3615,3772,221,3566].

Maße. Gr.: 13-14.5 cm. Gew.: (Pennsylvania, Juli/Aug.) ad. ♂ 12.8-16.8 g, Ø$_{76}$ 14.8 g, dj. ♂ 12.0-16.5 g, Ø$_{32}$ 14.3 g, ad. ♀ 11.2-18.0 g, Ø$_{89}$ 13.9 g, dj. ♀ 12.2-16.7 g, Ø$_{34}$ 13.8 g; im Herbst jew. > 1 g schwerer. Fl.spw.: 19.5-21.5 cm. Fl.l.: ♂ 67-72 mm, Ø$_{28}$ 69.2 mm, ♀ 65-68 mm, Ø$_{5}$ 66.5 mm [767,1369].

Status. Ausnahmegast in Europa, zumindest einige Nachw. durch Gefg.fl. [1369,767]. – GB/IRL mind. 4 Ind. (Aug.-Okt.) bis 1990, aber meist als Gefg.fl. geführt (Ausnahme IRL Okt. 1985); in DK Aug. 1987 (Gefg.fl.); S. (Apr.-Mai 1989); FIN Mai 1982, (2 Ind. Mai 1989); IS Okt. 1951 und 1985; ferner auf Kurischer Nehrung W-RUS Mai 1982 (s. auch FIN, PL und B 1982!) [337,1369,3615,277].
In ME sehr seltener Gastvogel, Gefg.fl. oft nicht auszuschließen. • **NL:** sing. ♂ Juni/Juli 1983, ♂ März 1989 [277]. • **PL:** sing. ♂ Juni 1982 (Gefg.fl.?) [1369,3871]. • **D:** Helgol. jew. ♂ gefang. Mai 1964, 1973, Sept. 1977 und Juni 1982 [1369,2688]. • **B:** Ind. 1982 bei Knokke wohl Gefg.fl. [1369,1677].

Verbreitung und Bestand. Brutvogel in N-Amerika von Saskatchewan nach E bis New Brunswick und Maine, nach S bis New Mexico, Golfküste und Zentralflorida [1369,767].

Wanderungen. Zugvogel; überwintert in Mittelamerika und der Karibik.

Biotop. Verbreiteter Br. lichter Nadelwälder, offener Laubwälder und von Randbiotopen (u.a. Straßen-, Bahndämme, Gebüschzonen entlang von Flüssen); vermeidet Intensivkulturland, Wüsten und Siedlungsbereiche.

Stimme. Ruf relativ laut »pwit«, auch zwei- bis mehrsilbig. Gesang hoch, dünn und kurz, Wechsel von zwitschernden und trillernden Motiven bei gleichbleibender Tonhöhe, gegen Ende hin leicht abfallend und ausklingend. Motive werden aus Elementpaaren gebildet, wobei das zweite besonders durchdringend klingt. Individuelle Variabilität, Dialektbildung, Gesangsmimikry von Jungvögeln beschrieben. Wartengesang, der z.T. in langen, gleitenden Singflug übergeht.

Mauser. **Postjuvenile Mauser** mit Supplementärmauser (je Teilmauser) Juni–Dez./Jan. [767,1369,3882]. • **Postnuptialmauser** (Vollmauser) Juli/Aug.–Sept./Okt. [767,1369,3882]. • **Pränuptialmauser** (Teilmauser) Dez./Jan.–April/Mai [767,1369,3882].

Passerina amoena – Lazuliammer 18930

Passerina [cyanea] amoena (Say 1823) syn.: Lazulifink

(GB) **Lazuli Bunting** (F) **Passerin azuré** (E) **Paserina Mariposa**

Taxonomie. Monotypisch.

Kennzeichen. [767,221,3772].

Maße. Gr.: 12-13.5 cm. Gew.: (USA) Ø$_{38}$ 15.3 g, also etwa 0.5 g schwerer als Indigofink. Fl.spw.: 20-23 cm. Fl.l.: ♂ 71-76 mm, Ø$_{20}$ 73.6 mm, ♀ 67-73 mm, Ø$_{21}$ 70.4 mm [767].

Status. Ausnahmegast in Europa, wohl nur Gefg.fl. oder aber »schiffsassistiert« [3615,767]. – GB 1975; N. 1991 und Färöer Juni 1981 [3615,767].
In ME nur aufgeführt in • **D:** -SH Sylt ♂ Juli 1988 sowie 2mal Helgol. [575]; • **B:** Sept. 1988 [1677] und • **NL:** [277].

Verbreitung und Bestand. Brutvogel in N-Amerika von S British Columbia nach E bis E Saskatchewan und NE South Dakota, nach S bis S Kalifornien und N Baja California, Zentral-New Mexico und -Texas [767].

Wanderungen. Zugvogel. Brutgebiete im W der USA und S-CDN, Wintergebiete zwischen S-Baja California, S-Arizona und S-MEX.

Stimme. Rufe scharfes »zip«, »pit«. Gesang ähnlich Indigofink, aber schneller vorgetragen.

Mauser. Ähnlich Indigoammer [767,3882].

Unterfamilie Emberizinae

Der Diversitätsschwerpunkt der Unterfamilie liegt in der Neuen Welt, wo vier weitere, artenreiche Unterfamilien der Emberizidae endemisch sind (Parulinae, Icterinae, Cardinalinae, Thraupinae). *Emberiza* ist die einzige Gattung mit altweltlicher Verbreitung und stellt einen relativ basalen (den basalsten?) Ast innerhalb der Emberizinae dar [4195]. [Bestimmung: 613, nearktische Arten: 3206,219].

• Gattung *Emberiza*

39 Arten, altweltliche Verbreitung mit Diversitätsschwerpunkt in E-Paläarktis. Außer dem Hinweis, dass »*Miliaria*« *calandra* Teil der Gattung *Emberiza* ist [1410], gibt es bisher keine molekularen Daten zur intragenerischen Verwandtschaft. Die Reihenfolge ist daher hypothetisch.

Da Ammern beliebte Käfigvögel sind, ist mit Gefg.fl. sämtlicher Arten auch in ME zu rechnen. Folgende Arten werden hier nicht behandelt, sind aber im Freiland in ME nachgewiesen (wohl aus Gefg.schaft entwichen): *E. buchanani* (s. Dutch B. **26**, 431-432), *E. fuscata, E. elegans, E. stewarti, E. tahapisi* etc.

Emberiza calandra – Grauammer 18820

Emberiza calandra Linnaeus 1758 syn.: *Miliaria calandra*

(GB) Corn Bunting **(F) Bruant proyer** **(E) Triguero**

Taxonomie. Drei UA: *calandra* Linnaeus 1758 (Europa bis Kaukasus), *clanceyi* Meinertzhagen 1947 (W-IRL, W-Schottland) und *buturlini* H.E. Johansen 1907 (SE-TR bis Afghanistan).

Kennzeichen. [767,1369,221,3615,3772; weitere Fotos in Brit. B. **96**, 323, Limic. **17**, 166].

Maße. Gr.: 18 cm. Gew.: (CH) dj. ♂ 50-62 g, $Ø_{11}$ 54.1 g, ältere ♂ 48-61.5 g, $Ø_{41}$ 48.0 g, dj. ♀ 43-54 g, $Ø_5$ 47.7 g, ältere ♀ 41.5-55.5 g, $Ø_{13}$ 46.4 g. Fl.spw.: 26-32 cm. Fl.l.: (CH) dj. ♂ 91-98 mm, $Ø_{12}$ 95.3 mm, ältere ♂ 96-106 mm, $Ø_{49}$ 101.3 mm, dj. ♀ 85-88.5 mm, $Ø_7$ 86.5 mm, ältere ♀ 87-94.5 mm, $Ø_{26}$ 91.1 mm [767,1369].

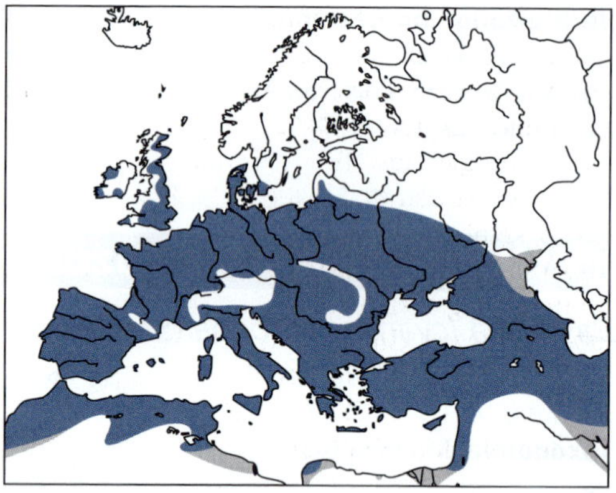

Emberiza calandra – **Grauammer**

Status. Nominatform regional verbreiteter, wenig häufiger Brut- und Sommer- oder Jahresvogel; regelm., meist seltener Durchzügler und Rastvogel, gebietsweise Wintergast.

Verbreitung und Bestand. Brutvogel der borealen, gemäßigten, mediterranen und Steppenzone der W Paläarktis von Kanaren und Küsten W-Europas und NW-Afrika bis Kirgistan und KZ; S-Grenze N-Rand Sahara im Maghreb und Libyen, TR, CY, IL, N-Irak, S-Iran, N-Afghanistan bis an N-Rand des mittelasiatischen Gebirges in KZ. N-Grenze Shetlands (S-N. und S-S. und Baltikum unstet oder heute kleine Restbestände), in W-RUS zurückweichend auf ca. 50° N. ME Nominatform häufiger, aber in meisten Gebieten stark abnehmender Brutvogel landwirtschaftlich genutzter Tiefländer sowie feuchter Flächen; heute z.T. inselartig und lückig verbreitet. CH sporadisch bis 900 m; D-BY kurzfristig sing. ♂ bis ca. 750 m (ausnahmsweise 1000 m), -BW bis 875 m, Hauptvorkommen bis ca. 500 m; CS bis 600 m, PL bis 400 m ü.M. Europäischer Gesamtbestand etwa zw. 7.9 - 22 Mio. BP (entspr. >50% des Weltbestands), abnehmend, mit Schwerpunkten in SW- und SE-Europa, dabei Bestände > 0.5 Mio. BP in TR (3-9 Mio.), E. (1.4-4.3), BG (0.8-2.5), RO (0.94-1.2) und P (0.1-1 Mio. BP) [383]; in ME brüten etwa zw. 340.000-680.000 BP, weitaus größter Teil in PL und H [383].

Wanderungen. Kurzstrecken- und Teilzieher, Standvogel mit Dismigrationen und Winterfluchtbewegungen; nahezu vollständig geräumt werden nur NE-Arealränder in Europa (z.B. Baltikum, W-RUS, N-UA.), aber selbst in S-S. überwiegend Standvogel bzw. in Trupps herumstreifend; in DK große Winterkonzentrationen. Winternachw. reichen bis unmittelbar S des Brutareals in NW-Afrika sowie außerhalb der Arealgrenzen regelm. bis NE-Afrika (z.B. EGY) und an N-Rand Arabische Halbinsel. **Br. GB** verlassen Insel i.d.R. nicht (1 Ringfund F) [4064]. In S-ME (z.B. D-BY, D-BW, CH) Anteil Zieher offensichtlich relativ hoch im Unterschied zu Gebieten N ca. 50° N (z.B. DK 1339 beringt, 14 Funde bis max. 35 km; Vogelwarte Hiddensee 2975 beringt, Funde bis max. 48 km; Vogelwarte Helgoland 4761 beringt, 25 Funde, davon 8 Fernfunde von Ind., die S 50° N und 3, die in D-HE beringt wurden; Vogelwarte Radolfzell 3324 beringt, 30 Funde, davon 25 Fernfunde, alle S 50° N beringt) [u.a. 4219]. Offenbar auch unterschiedliches Migrationsverhalten in nebeneinander liegenden Landschaftsräumen; individuelle Unterschiede im jährl. Zugverhalten bzw. der Wahl des Winterquartiers. Rasterfrequenz bei Wintervogelzählungen D-BW 1987-92 1.3%, wohl überwiegend Zuzügler aus NE [203]. Abzugsrichtung der Zieher unter den **Br. ME** SW-SSW, Hauptüberwinterungsgebiet SE-F mit Einzelfunden bis zur Atlantikküste und NE-E., ebenso Fänglinge aus B und Mittel-F. Zug aber auch im S-Mittelmeerraum, z.B. über Straße von Gibraltar bis S-MA (in MA z.T. beträchtliche Winterkonzentrationen nachgewiesen). **Br. aus E-ME** (z. B. CZ/SK.) erreichen N-I (z.T. wohl Weiterzug nach WSW an Rhonemündung). Auch **Br. der Iberischen Halbinsel** wandern z.T. über beträchtliche Entfernungen nach S. Abwanderungen von Brutgebieten und Truppbildung mit gemeinsamem Schlafplatz ab Aug. und Kulmination (offenbar Dismigrationen) Anf. Sept.; eigentlicher Wegzug wohl meist erst Okt. bis Mitte Nov. Winterfluchtbewegungen in allen Teilen des europäischen Areals offenbar nicht selten. Heimzug in ME schon ab Feb. (zu dieser Zeit auch Revierbesetzungen bei Standvögeln) bis Ende April, einige Dz.mediane ME etwa Ende März–Anf. April; letzte Nachzügler Mai. Hohe Reviertreue der ♂ (bis 7 J. nachgewiesen); hohe Nistplatztreue wiederkehrender ♀, doch nach Brutverlust Rückkehrrate der ♀ niedrig.

Bestandsentwicklung. In Randgebieten der Verbreitung sowie in suboptimalen Brutgebieten starke kurzfristige Schwankungen in Anzahl territorialer ♂ oder Gesamtabundanz [337]. Offenbar Teile W-ME erst im 19. Jh. oder später besiedelt [1369,205,3461].

	Best.	Areal	Brutbestand	Jahr	Quelle
A	⇧	+ 2	3.500–7.000	1998–2002	[383]
B	↓	- 1	1.800–5.200	2001–2002	[383]
CH	⇩	- 2	400–600	1993–1996	[383]
CZ	⇧	+ 1	4.000–8.000	2000–2002	[383]
D	↓	- 1	13.000–32.000	1995–1999	[383]
FL	↓	- 2	2–5	1998–2000	[383]
H	↓	=	165.000–225.000	1999–2002	[383]
L	↓	- 1	20–40	2001	[383]
NL	⇩	- 2	50–100	1998–2000	[383]
PL	↓	=	150.000–400.000	2000–2002	[383]
SK	↓	- 1	4.000–8.000	1990–1999	[383]

Seit Anf. 1960er J. (regional mit zeitlicher Verzögerung) in weiten Teilen Europas katastrophaler Bestandseinbruch aufgrund Beeinträchtigung oder Zerstörung wichtiger Lebensräume, insbesondere in intensiv genutzten Agrarlandschaften, und in geringerem Maße aufgrund zunehmend atlantischer Klimaeinflüsse [1369,3892,337,1507,767, 2471,913,916,2889], dabei Populationen gebietsweise (fast) vollständig erloschen [D, A, CH, NL: 1805,1747,2518,3956,1302,1714,4167,3163,1719, 1617,196,2772,2068,965,3392,3393,965,1,2821, 2642]; z.B. in NL Rückgang von 1.000-1.250 BP (1975) auf 100-150 (1989-92) und 50-100 (1998-2000) [2889,375,3638]; in D-SH von 3.000-4.000 BP (um 1955) nach drastischem Rückgang (bes. Ende 1970er J.) bis 1987 noch 70 BP (nordfriesische Inseln und Hügelland) verblieben [589], nachfolgend auch auf Inseln erloschen [310], und Winterbestand -SH im gleichen Zeitraum ebenfalls erheblich reduziert. Abnahmetrend auch in anderen Regionen ME z.T. bis in 1990er J. anhaltend, dabei Rückgänge um bis zu 90% und z.T. starke Fragmentierung der Population [z.B. D-BW, -NW, -NI, A: 1722,485,1500,1466,1998; ferner GB: 916,2469, u.a.], E-ME erst ab 1980er J. mit auffallend negativen Trends, doch gesamthaft eher »stabil« [1369,1585,3882,3871].

Bestandstief vielerorts Ende 1980er J. erreicht [666,2031,196], seither einige Populationen auf relativ niederem Niveau weitgehend stabil [z.B. 1614,3127,1719,4175]; Bestände in E-Europa generell weniger stark von Rückgängen betroffen, große Population in E. sogar zunehmend

[3892,1507,1585]. Stabilität in agrarisch wenig veränderten Regionen Europas sowie jüngste Bestandsentwicklung nach Extensivierung unterstreichen dramatischen Einfluss der Nutzungsintensivierung [196,915,1124,1143].
In 1990er J., z.T. bedingt durch Extensivierungs-, ökologische Ausgleichs- und Flächenstilllegungs-Maßnahmen, Vermehrung der Brachflächen und zunehmend günstigere Überwinterungsbedingungen (in E-D auch trockenere Sommer), z.T. rasche und deutliche Zunahmen [D, CH: q20,1137,1680, 1,3393,2199,3810,1127,902,1124,3885,1873,1143; auch GB: 2501] sowie Neu-/Wiederansiedlungen [z.B. 310,4167,2896]; bes. auffällige Trendumkehr in CZ [3882,q22] und A [q22].

Siedlungsdichte. Rev. oft geklumpt, die besten inmitten einer Aggregation; Reviergröße im Laufe der Saison abnehmend, z.B. CH Mitte Juni am kleinsten; CH 2.5–7.5 (Ø 4.5) ha, bei hoher Dichte kleiner, z.B. DK 1.3–2.8 ha; Nahrungssuche aber oft außerhalb der Nestreviere [s. kleinflächige Dichteangaben in 310,1137,1722,1,1369]; Großflächendichte (> 100 km^2) zw. < 0.01 – 2.7 Rev./km^2, in PL bis 3.2 Rev./km^2 (max. > 5 Rev.) [vgl. Tab. 73 in 337, 3871,1369].

Gefährdungsursachen [1598,4110,3461,589,201, 1805,666,3956,1614,912,916,30,2199,1124,1466, 1143,1369,196,337,205,3892,1719,3268]. Veränderung oder Zerstörung des Lebensraumes durch Nutzungsintensivierung, häufige Mahden, frühere Ernten mit rasch folgendem Umpflügen sowie verstärkter Anbau von Wintergetreide, dadurch erheblicher Verlust der Wildkrautsamen im Herbst, der Stoppelbrachen im Winter sowie der bes. in »späten Jahren« wichtigen Saatgut-Nahrung im Frühjahr; schließlich steht das Wintergetreide zur Brutzeit oft schon so dicht, dass keine Nestanlage mehr möglich, und frühe Ernte gefährdet zudem eventuell begonnene Bruten. Weniger offene Lagerung von Erntegetreide.
Zudem Zersiedelung der Landschaft, Verbauung, sowie Versiegelung von Feldwegen; intensive Nutzung oder Aufforstung von Ödland-, Brach- und Grenzertragsflächen; ferner Ausräumung der Agrarlandschaft (Hecken, Feldgehölze, Ackerraine, bewachsene Gräben, Ruderalflächen), Vergrößerung der Schläge, Grünlandumbruch, Entwässerung, Grundwasserabsenkung, Flussverbauung und Überstauung von flussnahen Gebieten; schließlich erheblicher Rückgang der Pflanzendiversität durch starke Düngung, mechanische Belastung, häufige Mahd und vor allem Biozideinsatz. Direkte Verluste in Brutgebieten durch Giftanwendung, Ausmähen der Nester sowie möglicherweise durch quecksilberhaltige Saatgut-Beizen.
Verfolgung in Überwinterungsgebieten SW-Europas.
Natürliche Ursachen: Klimaveränderungen (zunehmend atlantische Einflüsse seit 1950er J.), Brutausfälle durch Überschwemmungen.

SPEC	VSchRL	Bern.Konv.	Bonn.Konv.
2	--	Anh. II	--
Europ. RL	RL in ME		
--	FL, NL:'CR', D, L: 'EN', CZ, CH: 'VU', A:'NT'		

Schutzmaßnahmen. Erhöhung der Nutzungsdiversität in der Kulturlandschaft; Erhalt und Rückverwandlung von Grenzertragsböden in extensiv genutzte Wiesen mit ersten Mahdtermin nicht vor Mitte Juli. Ausweisung von Brachflächen, Erhaltung von (unbehandelten) Stoppelbrachen im Winter; Erhöhung des Strukturreichtums durch Neupflanzung von einzelnen Hecken und Feldgehölzen; geringere Pflege von Gräben sowie Vergrößerung der Ackerrandstreifen und Ruderalflächen; Wiedervernässung trockengelegter Flächen; Erhalt feuchter, schilfbestandener Senken oder Gräben; weniger intensive Pflege von Bahndämmen und Straßenböschungen; möglichst späte Mahtermine; extensive Beweidung; Einstellung des Herbizideinsatzes an Feldrainen.
Erhaltung und Schaffung sekundärer Lebensräume (z.B. in Abbaugebieten und an Müll- und Schuttdeponien).

Biotop [337,1369,914N,915,2501,1466]. Br. offener Landschaften, bevorzugt ebenes Gelände, in Gebirgen Tallagen, von feuchten Streuwiesen bis zu ausgesprochen trockenen Böden, in denen einzelne Bäume, Büsche, Leitungen oder andere höhere Strukturen als Singwarten dienen, dichte Bodenvegetation Nestdeckung bietet, aber auch Flächen mit niedriger Vegetation die Nahrungsaufnahme vom Boden erleichtern, z.B. Streu- und Futterwiesen, Weiden und andere Formen extensiv genutzten Grünlandes, Rieselfelder, Ackerland (Getreide, Hackfrüchte, Futterpflanzen), bevorzugt mit locker stehenden Alleebäumen und krautigen Säumen oder Böschungen, auch Ackerbrachen, (Halb-)Trockenrasen, Heiden, Steinbrüche und Bergbaufolgelandschaften; in vielen Regionen ME werden feuchte Flächen deutlich bevorzugt; in N-ME gebietsweise aber ausschließlicher Ackervogel. Insgesamt deutlich weniger enge Ansprüche als z.B. Ortolan. Gemieden werden Waldnähe und intensiv bewirtschaftetes Grünland mit mehrmaligem Grasschnitt (möglicher Einfluss des Mikroklimas) [2030]. Im Winter auf krautigen Stoppelfeldern, Brachen und anderen Freiflächen, auch in Siedlungsnähe.

Nahrung. Sämereien von Wildkräutern und Getreide, im Sommer z.T. animalisch. Nestlingsnahrung vor allem Insekten, wie Schmetterlinge, Heuschrecken, Käfer, Spinnen, aber auch Samen von Wildkräutern.

Stimme. Flugruf kurz »zick « oder »t(i)p«, auch gereiht; Warnrufe »tschrri« oder »brrii«. Gesang mit sehr charakteristischen Strophen, mit Einleitung aus kurzen, sich beschleunigenden Elementen und abschließendem Klirren, etwa »zick-zick-zick-zick-schnirrrps«, individuell sehr konstant; Populationsdialekte kommen vor, gelegentlich auch Imitationen. Gesang bereits vor Revierbesetzung im Frühjahr, Gesangshäufigkeit die ganze Brutzeit hindurch gleich, erst ab Anf. Aug. rasche Abnahme. Im Herbst mitunter wispernder Subsong, hauptsächlich von Jungvögeln. Außerhalb der Brutzeit auch Chorgesang aus kurzen Elementen.

Verhalten. Tagaktiv. Fortbewegung auf dem Boden laufend oder hüpfend. Nahrungssuche vorzugsweise auf dem Boden, im Sommer oft auf Bäumen und Sträuchern, ausnahmsweise Flugfang von Insekten. Zur Brutzeit ♂ territorial (vgl. Fortpflanzung), ausnahmsweise einzelne ♂ vorübergehend polyterritorial und auch Revierwechsel während der Saison über größere Distanzen. Territorien oft solitär oder mit mehreren Nachbarterritorien. Halmbalz der ♂, Halme werden nicht an ♀ übergeben, sondern fallen gelassen. Paarbindung nicht sehr eng. ♂ verpaaren sich relativ häufig mit mehreren ♀, während viele ♂ unverpaart bleiben. Gesang von höherer Warte (Buschspitze, Staude, Baum, Leitungsdraht) aus oder in einem Schau- oder Imponierflug vor dem ♀ mit durchgedrückter Brust und hängenden Beinen; auch Verfolgungsflüge. Aug. bis Frühjahr (oft noch bis Mai) traditionelle gemeinsame Schlafplätze, z.B. in Schilffeldern, Staudenvegetation, Weidendickichten oder auch Koniferen; im Frühjahr dort auch bereits revierbesitzende ♂, solange sie kein ♀ haben. Außerhalb der Brutzeit gesellig, meist in kleineren bis mittelgroßen Trupps, aber auch tagsüber in größeren artreinen Schwärmen (bis Hunderte), im Winter nicht selten vergesellschaftet mit anderen Kleinvögeln (z.B. Goldammern).

Fortpflanzung, Brutbiologie [1369,337,767,1722,1]. Geschlechtsreife im 1. Lebensjahr, doch einj. ♂ besetzen oft spät Reviere und kommen nicht zur Brut oder zu Bruterfolg; einj. ♀ fortpflanzungsfähig. Keine dauerhafte Paarbindung, daher Polygynie und Polyandrie nebeneinander möglich; ♀ halten sich nicht an Reviergrenzen, keine Aggression untereinander, ♂ balzen jedes ♀ an, unabhängig vom eigenen Verpaarungsstatus, daher nicht selten mehr als 1 Brut im Revier; nach Revierwechseln auch Partner»übernahme« beob. Durch hohe Ortstreue Wiederverpaarung in Folgejahren möglich. **Ankunft am Brutplatz.** In ME ab Feb. im Gebiet, zunächst oft ohne feste Reviere, diese meist erst ab Ende März besetzt, z.B. in CH Ø ab 2.4., das Gros ab Mitte April; bei später Besetzung oft ohne Nester; ♀ i.d.R. 2-3 später eintreffend. **Nest.** Wahl durch ♀; hohe Nistplatztreue. Neststand sehr gut in der Vegetation versteckt meist unmittelbar auf dem Boden in busch- und baumfreier Umgebung, nicht selten Muldenboden unter der Bodenoberfläche, Napfoberrand wenige cm darüber; weniger häufig Nester in Stauden oder kleinen Sträuchern; z.B. Rhl. von 129 Nestern 121 auf dem Boden, 8 in Stauden (10-30 cm hoch), Luzerne, Disteln, Klettenlabkraut, Rainfarn), 67 Dauergrünland, 58 Ackerflächen (36 Winter-, 12 Sommergetreide, 6 Luzerne, 4 Klee), 4 Ödland; in anderen Gebieten bevorzugt in Streu- und Riedwiesen; in -BB auch in Brennnessel oder Beifuß. Nest aus vorj. Grashalmen, locker aussehend, aber relativ fest gefügt; Innenausbau mit feinerem Material. Muldendurchmesser 70-100 mm, -tiefe 40-70 mm. Nur ♀ baut; Dauer 2-4 d. Für Folgebruten stets neues Nest. **Legebeginn.** ME nur selten vor Mitte Mai (frühestens Ende April), spätestens bis Mitte Juli, letzte Nestlinge im Aug.; mittlerer Legebeginn einzelner Populationen ME oft erst Mitte Juni. **Gelegegröße.** 4-5 (3-7); Kalendereffekt, Juligelege kleiner, Ø $CH_{.14}$ 4.1, $E\text{-}D_{.}$ 4.7, Rhl. Mai_{28} 4.8, $Juni_{26}$ 4.5, $Juli_{12}$ 4.0, NL_{138} 4.8, PL_{212} 5.06, FIN_{83} 5.2, $W\text{-}RUS_{116}$ 4.8. Legeintervall 1 d. **Eier.** Oval, meist glanzlos, Grundfarbe rötlichgrau, weißlichblau oder rötlichgelb, mit braunen bis schwarzen Kritzeln und Haarlinien besetzt, oft am stumpfen Pol konzentriert. **Brutdauer.** 11-13 d; Bebrütung ab (vor-)letztem Ei; ♀ brütet; Junge schlüpfen innerhalb 1-2 (3) d. **Nestlings-/Führungszeit.** ♀ hudert; anfangs füttert nur ♀, später ♂ u.U. beteiligt, nach Ausfliegen auch stärker (aber ♀ immer mehr); Juv. verlassen Nest (vor Flugfähigkeit) nach 9-12 (Ø 10) d, bei Störungen schon mit 8 d aus Nest flüchtend; werden noch etwa 14 d von Eltern betreut. **Jahresbruten.** 1-2; Zweitbruten wegen späten Brutbeginns nicht häufig (max. 23%; bei frühem Erstbrutbeginn häufiger), entweder im selben Revier oder Wechsel; Ersatzgelege zahlreich. **Bruterfolg.** CH < 1.8 Juv./Nest und Jahr, 3.2 Juv./erfolgr. Brut und J., 1.4 Juv./erfolgr. ♂ und J. bzw. 1.9 Juv./erfolgr. ♀ und J. In CH von 113 Nestern in 10 J. 49 erfolglos; in erfolgr. Nestern Ø 1.93 (1.04-2.53) flügge Juv./♀ und J. bzw. 1.40 (0.60-2.25) Juv./♂ und J. ♀ mit zunehmendem Alter signifikant erfolgreicher. In D-BB bei 25 begonnenen Bruten Ø 2.6 flügge Juv. bzw. in 61% der begonnen Nester Ø 2.3 Juv./Brut; auf bewirtschafteten Feldern nur 50% der April-Bruten erfolgr., dagegen im Juli auf Stilllegungsflächen in allen 23 Nestern flügge Juv. [1143]. Viele Totalverluste durch Prädation, Witterungseinflüsse und anthropogene Einwirkungen (u.a. Bewirtschaftung).

Eimaße und –gewichte [1369]: L. 19.0-28.6 mm, B. 16.2-19.5 mm; Ø 23.8 x 17.7 mm (n=100, GB), Ø 23.7 x 17.4 mm (n=52, B), Ø 24.9 x 18.3 mm (n=57, CS). Frischvollgew. 3.48-4.45 g, $\varnothing_{10}$ 3.98 g bzw. 3.22-3.72, $\varnothing_{10}$ 3.53 g. Schalengew. 0.15-0.24 g, $\varnothing_{38}$ 0.205 g.

Sterblichkeit, Alter. Bei nichtziehender Population in Schottland nach Brutvögeln aufeinanderfolgender Jahre berechnet ♀ 48 %/J., ♂ 56 %/J., für beide gemeinsam 52 %/J. Ziehende Br. CH nach Rückkehrern ins Brutgebiet berechnet ♀ 46 %/J., ♂ 39 %/J., für beide gemeinsam 41 %/J. Tatsächliche Mortalität geringer, da nicht alle Überlebenden ins Untersuchungsgebiet zurückkehrten. In CS/SK. Durchschnittsalter von 20 wiedergefangenen Ringvögeln 2.13 J. Durchschnittsalter der Br. Reußtal CH während Untersuchung 1974-83 steigend, über 10-jähr. Untersuchungsperiode berechnet ♀ 3.1, ♂ 4.3 J. (wobei einige Vögel zum Berechnungszeitraum noch lebten); Älteste Ringvögel 10 J. 5 Monate (D), 9 J., 10 Monate (E.) [3654], mehrfach > 8 J. **Generationslänge:** < 3.3 J. [383].

Mauser. **Postjuv. Mauser** (Vollmauser) beginnt im Alter von ca. 5 Wochen, Mitte Juli/Anf. Sept.-Okt./Mitte Nov.; Dauer CH ca. 70 d [1369]. • **Postnuptialmauser** (Vollmauser) Mitte Juli/Aug.-Okt./Anf. Nov. (Dez.), ♂ 1–2 Wochen früher als ♀ [767,1369].

Emberiza citrinella – Goldammer 18570

Emberiza [citrinella] citrinella Linnaeus 1758

(GB) **Yellowhammer** (F) **Bruant jaune** (E) **Escribano Cerillo**

Taxonomie. Drei gering differenzierte, klinal ineinander übergehende UA (Validität fraglich!): *citrinella* Linnaeus 1758 (W-Europa und ME), *caliginosa* Clancey 1940 (Schottland) und *erythrogenys* C.L. Brehm 1855 (E-Europa, Balkan). Bildet Superspezies mit der Fichtenammer *E. leucocephalus* (zur Hybridisation s. dort).

Kennzeichen. Rückkreuzungs-)Hybriden mit Fichtenammer können sehr goldammerähnlich aussehen [z.B. 1877], und dürften bei der großen Variabilität von Goldammer-♂ leicht zu übersehen sein [**Fotos** solcher Hybriden in Dutch B. **25**, 42, 324, **26**, 77, Bird. W. **8**, 35; Bestimmung allg.: 767,1369,221,3615,3772; weitere **Fotos** in Dutch B. **25**, 324-26].

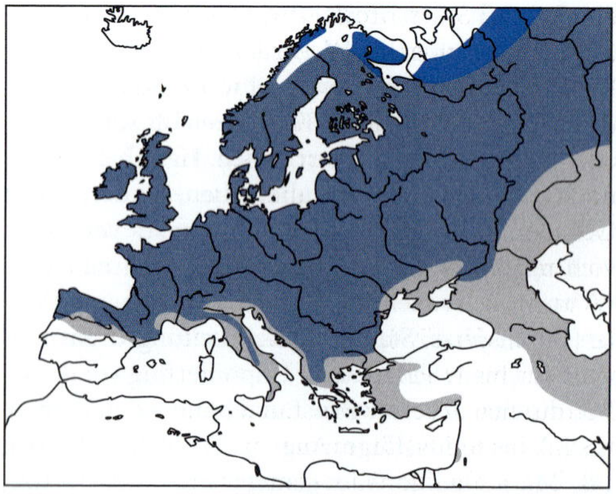

Emberiza citrinella – **Goldammer**

Maße. Gr.: 16-16.5 cm. Gew.: (NE-E., Winter) ad. ♂ 26.0-36.5 g, $\varnothing_{130}$ 30.4 g, juv. ♂ 26.0-35.0 g, $\varnothing_{157}$ 30.0 g, ad. ♀ 25.0-37.3 g, $\varnothing_{154}$ 29.2 g, juv. ♀ 20.5-36.9 g, $\varnothing_{191}$ 28.4 g. Fl.spw.: 23-29.5 cm. Fl.l.: (NE-E., Winter) ad. ♂ 84-95 mm, $\varnothing_{130}$ 90.4 mm, juv. ♂ 83-93 mm, $\varnothing_{158}$ 88.8 mm, ad. ♀ 80.5-89.5 mm, $\varnothing_{155}$ 85.2 mm, juv. ♀ 79-89.5 mm, $\varnothing_{192}$ 84.2 mm [767,1369].

Status. Nominatform verbreiteter und sehr häufiger Brut- und Jahresvogel; häufiger, regelm. Durchzügler und Wintergast.

Verbreitung und Bestand. Brutvogel der borealen und gemäßigten Zone sowie N der mediterranen Zone und in Gebirgsregionen der W- und Zentralpaläarktis von W-Europa bis Mittelsibirien (W Baikalsee) in Überschneidung mit nah verwandter Fichtenammer. S-Grenze N-E., S-F, Appennin bis S-I, N- und Mittel-GR, BG (im S z.T. Gebirgsvogel), S-UA.; davon isoliert Arealteil NE-Küste Schwarzmeer und W-Kaukasus; nach E bis N-KZ und in Steppengebieten bis N-Rand der mittelasiatischen Gebirge. N-Grenze in Europa bis Nordkap, RUS max. bis Polarkreis, ähnlich weiter E. In ME Nominatform verbreiteter Brutvogel des Tieflandes. Höhengrenzen: CH zw. 1200 und 1500 m, lokal bis 1800 m; A-V bis 1200 m, D-BY einzeln bis ca. 1150 m, SK. bis 1350 m ü.M. Europäischer Gesamtbestand zw. 18-31 Mio. BP (rückläufig), entspr. >50% des Weltbestands [383]; Populationen > 1 Mio. BP in RUS (4-6 Mio.), PL und CZ (jew. 2-4), D (1-2.8), UA. (1.5-2), SK. (0.8-1.5), S. (0.5-1.5) und F (0.4-1.6 Mio. BP); in ME etwa 6.8-12.4 Mio. BP [383].

Wanderungen. Kurzstreckenzieher, Teilzieher und überwiegend Standvogel mit Dismigrationen, Wanderungen vom Evasionstyp und Winterflucht; vollständig geräumt werden nur die nördlichsten Teile des Brutareals, aber auch noch in S-ME weiträumige Migrationen. Hauptüberwinterungsgebiet W und S des Areals sowie N-Mittelmeerraum (aber auch Funde in NW-Afrika) und Naher Osten. Dismigrationen z.T. als Altitudinalwanderungen (aber CH lokal bis in 1500 m ü.M. überwinternd) und auch Konzentrationen an günstigen Stellen, oft noch mitten im Winter je nach Schneelage; auch in Gebieten mit sehr hohem Standvogelanteil Wintervorkommen oft etwas konzentrierter als Brutzeitverbreitung (z.B. Gitterfeldfrequenz NL 1978-83 Jan. 37%, Mai 45%). In Skandinavien regelm. Überwinterer bis N Polarkreis (N.) und an N-Rand des Bottnischen Meerbusens, Einzelfunde noch weiter N (z.B. bis 69° N). In manchen J. in N-Europa und ME bes. auffällige Wanderungen (z.B. 1959, 1964) von Invasionscharakter, aber (keine erkennbaren Zusammenhänge mit Witterung. Daneben aber ausgesprochener Winterflucht bei Kälteeinbrüchen (Ringfund z.B. S-PL Ende Jan.–NE-E. Feb.). Individuell unterschiedliche Winterquartiere in aufeinanderfolgenden J. nachgewiesen oder wahrscheinlich. **Br. GB/IRL** vorwiegend Standvögel. **Br. Fennoskandien** Wegzugsrichtung WSW–SE hauptsächlich Ost- und Nordseeraum (bis B, GB, NW-F, E-D), **Br. FIN und Baltikum** nach SW bis N-I. **Br. B** ca. 75% Standvögel, ebenso im übrigen ME viele Standvögel, aber auch Zug bis Mittelmeergebiet (z.B. B bis Mallorca, S-F; PL und NW-D bis N-I, D-HE bis S-E.), Wegzugrichtung vorwiegend SW (bis WSW). **Br. W-RUS** gelangen auf SW-Route mind. bis S-ME und N-I. Wegzug Skandinavien ab Mitte Sept., Höhepunkt meist Anf. Okt., Dz. ME frühestens ab Sept. meist Okt.–Ende Nov. (aber auch Winterflucht und -dismigrationen); Heimzug der Fernwanderer ab Anf. März bis Anf. Mai, Ankunft in Fennoskandien frühestens ab März, meist April. Winterfunde beringter Br. aus D (1928-98) zeigen Tendenz zu kürzeren Zugwegen [1117].

	Best.	Areal	Brutbestand	Jahr	Quelle
A	↓	=	60.000–120.000	1998–2002	[383]
B	↓	=	18.000–35.000	2001–2002	[383]
CH	+/-	=	50.000–80.000	1993–1996	[383]
CZ	+/-	=	2.000.000–4.000.000	2000–2002	[383]
D	+/-	=	1.000.000–2.800.000	1995–1999	[383]
FL	↓	- 1	40–60	1998–2000	[383]
H	+/-	=	630.000–855.000	1999–2002	[383]
L	↓	=	12.000–15.000	2001	[383]
NL	+/-	- 1	22.000–28.000	1998–2000	[383]
PL	+/-	=	2.000.000–4.000.000	2000–2002	[383]
SK	+/-	=	800.000–1.500.000	1990–1999	[383]

Bestandsentwicklung. In meisten Gebieten ME mit Ausnahme des E (CZ, SK., PL, H) vor allem in 1960er und 70er J. sowohl kleinräumige als auch überregional bedeutsame Bestandsrückgänge [334,1369,337,3892,196]. Bes. drastische Abnahme und erhebliche Arealverluste in W-NL [1855,3333,3636], dabei Bestand in Zeeland von 7.000-10.000 BP (1940) auf 5-10 BP (1991) und inzwischen erloschen [375,3638], und Aufnahme in Rote Liste NL [2889]; ähnlich starker Rückgang in Flandern und Anvers B [843,845]. Stärkste Einbrüche (etwa bis Anf. 1990er J.) in intensiv genutzten Agrarlandschaften [auch weite Teile A, D sowie W-PL: 7,1141,2058,198,591,595,3224,3595,2562,3884,3885,1669,1998,2031,2068,3268,1617,1,2821,1507,310; auch in IRL, LV und I: 1507,1585], dagegen Wald(rand)populationen oft überwiegend konstant [2031,2772,3871]. Bezogen auf europäische Gesamtpopulation allerdings nur verschwindend

kleiner Teil (etwa 5%) in Abnahme begriffen, dagegen in Hauptverbreitungsgebieten Europas weitgehend stabil [3892,1585,3871]; und auch in ME nicht in allen Regionen gleichermaßen rückläufige Bestände, trotz großräumig meist übereinstimmender Lebensraumveränderungen, z.B. weitgehend unverändert in D-HE und -BY [1680,2808,4175, vgl. auch 1141, 1615]. In CH nur landwirtschaftlich intensiv genutztes Mittelland betroffen, nicht aber höhere Lagen [3010,55,3392,3393; vgl. auch positive Entwicklung in -ZH: 4043].
Ab Mitte 1980er J. regional z.T. wieder deutliche Zunahmen und Erholung oder Stabilisierung der Bestände durch Erhöhung der Strukturvielfalt durch Extensivierungs- und Raumplanungsmaßnahmen, durch (erneute) Ausweisung von Brach- und Stillegungsflächen (als wichtige Überwinterungshabitate) und andere günstige Lebensraumveränderungen sowie durch zunehmend milde Winter [D, CH, N-NL: 884,1224,921,2329,4045,2896,1507,1585,3638,1, 3393,375,310]. Andererseits in GB gleichzeitig starker Rückgang durch Habitatveränderungen in offener Agrarlandschaft [2219].

Siedlungsdichte. Reviergröße D 0.25 – >1 ha (Ø ca. 0.3–0.5 ha), FIN 0.44–0.75 ha. Höchstdichten ME auf Flächen von 20–49 ha 20.8–8.5–6.6 (Ø 9.7), von 50–99 ha 10.1–4.5–2.3 (Ø 4.9), von > 100 ha 8.1–2.4–1.9 (Ø 3.9) BP/10 ha [337, vgl. auch Dichteangaben in 1507,1137,1369,1722,310]. Großflächendichte (> 100 km^2) zw. 0.03 – 27.7 BP/km^2 [vgl. Tab. 71 in 337; auch 3871].

Gefährdungsursachen [337,196,1369,843,4175, 1680,1719,205,3010,2393,4043,1224,921,2562, 2889,3333,2329,2219]. Veränderungen und Modernisierung der Landwirtschaft, insbesondere (1) Ausräumung der Landschaft (Hecken, Ackerraine, Gehölze, bewachsener Gräben), (2) Rückgang der Pflanzendiversität durch häufige Mahd, Grünlandumbruch, Anbau von Mais auf großer Fläche, Entwässerung, Entfernung oder starke »Pflege« von Ruderalflächen und Grabensäumen, Versiegelung von Feldwegen und intensive Nutzung oder Aufforstung von Ödland-, Brach- und Grenzertragsflächen, vor allem aber Einsatz von Bioziden (vgl. auch Grauammer), (3) Verlust reicher Nahrungsquellen durch Ausbleiben der Druschabfälle, Rückgang offener Kleintierhaltung und der Anlage von Misthaufen, Wechsel zu Wintergetreide mit Verlust von Stoppelbrachen im Winter, etc.; schließlich zunehmende Verstädterung des ländlichen Raumes.
Verluste in Brutgebieten durch Straßenverkehr (sehr häufig bei Revierkämpfen mit Verfolgungsflügen), sowie durch Einsatz von Quecksilber-Beizmitteln.

SPEC	VSchRL	Bern.Konv.	Bonn.Konv.
E	--	Anh. II	--
Europ. RL	RL in ME		
--	B: (Br., Fld.) 'EN', (Wa.) 'NT'		

Schutzmaßnahmen. Ausweisung von Brachflächen, Erhaltung von (unbehandelten) Stoppelbrachen im Winter, Erhöhung des Strukturreichtums durch Neupflanzung von Hecken und Feldgehölzen, weniger »effiziente« Pflege und Mahd von Bahndämmen, Straßenböschungen, Gräben und Ufersäumen, Einstellung des Herbizideinsatzes an Feldrainen sowie Vergrößerung der Ackerrandstreifen und Ruderalflächen; Wiedervernässung trockengelegter Flächen. Rückverwandlung von Grenzertragsböden in extensiv genutzte Wiesen (erster Mahdtermin nicht vor Mitte Juli), kleinräumigere Nutzflächen.

Biotop. Br. offener und halboffener, abwechslungsreicher Landschaften mit Büschen, Hecken und Gehölzen und/oder vielen Randlinien zwischen unterschiedlichen Vegetationshöhen; z.B. Waldränder und -lichtungen, Kahlschläge, niedrige und lückige Forstkulturen, Heckenlandschaften, abwechslungsreiche Feldflur mit Gehölzen und Buschgruppen, Windschutzstreifen und Baumreihen, an Rändern ländlicher Siedlungen und an gut eingegrünten Einzelhöfen, entsprechend bepflanzten Dämmen, Böschungen, Wegrändern, auf älteren Ruderalflächen mit Büschen etc. Im Winter vor allem auf Getreidestoppelfeldern, an Siedlungsrändern, in Ruderalfluren, in Randbereichen von Verlandungszonen und Fließgewässern mit Schilf etc.

Nahrung. Vielfalt an Sämereien, im Sommer viele Insekten und deren Larven sowie Spinnen.

Stimme. Rufe im Abflug »z(ü)rrrl« oder »zick-z(ü)rrl« oder »tssrrp«, auch einzelne scharfe »zick«; Flug- und Zugrufe fein »dsip«, bei Erregung »ziieh«. Gesang sehr charakteristisch aus einer Reihe kurzer, sich in der Lautstärke steigernder Elemente, die dann durch zwei lange in unterschiedlicher Tonhöhe oder nur durch ein langes Element abgeschlossen werden, wie »zizizizizizi-zii-düh«. Jedes ♂ verfügt über verschiedene Strophentypen; großräumige Dialekttypen und offenbar kleinräumige

Variationsmuster von Varianten vor allem im Abschlussteil der Strophen. Gesang ab Feb.; Dauer bis Aug., auch Herbstgesang, aber kein voller Reviergesang in herbstlichen oder winterlichen Trupps.

Verhalten. Tagaktiv. Tagzieher (bes. Vormittag). Nach Paarbildung übernachtet das Paar gemeinsam, während der Brutzeit das ♀ im Nest. Nahrungssuche meist auf dem Boden in niedriger Vegetation oder auf vegetationsfreien Flächen. Insekten werden auch von Bäumen abgelesen, fliegende Insekten mitunter in kurzen Jagdflügen erbeutet. Zur Brutzeit territorial; Revierverteidigung durch ♂; ♀ beteiligen sich nicht aktiv. ♂ singt von erhöhten Warten. ♂ verpaart sich mit einem ♀, nur 2 Fälle von Bigynie bekannt. In den ersten Stadien der Paarbildung gemeinsames Aufnehmen und Fallenlassen von kleinen Partikeln (»Scheinpicken«) und später »Halmbalz« (♂ klaubt Halme auf oder reißt sie ab, hält sie eine Weile im Schnabel und lässt sie dann wieder fallen). ♂ bewacht ♀ während und vor der Legephase. Partnerbewachung durch ♂ ermöglicht ungestörte Nahrungsaufnahme des ♀. Häufig fremde Junge im Nest (nicht vom Paar-♂). Gesang dient der Reviermarkierung und verhindert Eindringen von ♂ während der fertilen Phase des ♀. Balz am Boden mit Laufbalz (♂ läuft in bestimmter Haltung vom ♀ weg). Kopulationen werden von ♀ initiiert (auf Bäumen und Sträuchern). Nach der Brutzeit ab Ende Aug./Anf. Sept. bilden sich Trupps, die meist bis Feb./Anf. März zusammenhalten; artrein Hunderte, aber auch mit anderen Arten, z.B. Finken vergesellschaftet. Gemeinsame Schlafplätze vor allem in Dornhecken und Nadelholzschonungen.

Fortpflanzung, Brutbiologie [1369, 337, 767, 1, 1722]. Geschlechtsreife im 1. Lebensjahr. Monogame Saisonehe, zuweilen Paarzusammenhalt auch im Winter; aber in Einzelfällen Bigynie belegt und Fremdkopulationen nicht selten. **Ankunft am Brutplatz.** Revierbesetzung witterungsabhängig ab Mitte Feb. bis weit in März, ♀ kommen kurz nach ♂ zum Brutplatz, Paarbildung nach Eintreffen; einj. ♂ im Ø mit späterer Verpaarung als ältere. **Nest.** Wahl durch ♀. Neststand am Boden in Vegetation versteckt, vorzugsweise an Böschungen, unter oder an Grasbülten, oder niedrig in Büschen (meist < 1 m), ausnahmsweise höher; z.B. Rhl. 69 Nester auf Boden, 48 in Laubhölzern, 46 in Dornsträuchern (davon 34 Brombeere), 63 in Nadelhölzern, 47 in Krautschicht (davon 28 Brennnessel), 4 in Strohdiemen, fast alle < 2 m; in PL$_{397}$ 71% am Boden, 15% in Böschungen, 8% an Baumstämmen, 4% auf Zweigen von Bäumen oder Sträuchern, 1% in Astquirlen etc. Nest aus trockenen Grashalmen und Blättern, Nestmulde mit feinerem Material ausgekleidet; Muldendurchmesser 50-80 mm, -tiefe 34-60 mm. Nur ♀ baut, wird vom ♂ begleitet. Dauer 4-8 d. **Legebeginn.** ME frühestens ab (Anf.) Mitte April, meist Ende April/Anf. Mai, spätestens Mitte Aug., Nestlinge bis max. Ende Aug./Sept. **Gelegegröße.** 3-5 (1-6); Ø D-BW$_{959}$ 3.7, Rhl. April$_{30}$ 3.6, Mai$_{51}$ 4.0, Juni$_{49}$ 4.2, Juli$_{31}$ 3.4, CH Apr.$_{26}$ 3.9, Mai$_{79}$ 4.0, Juni$_{45}$ 4.1; kleinere Gelege in GB$_{137}$ 3.3 bzw. GB$_{1360}$ 3.5 und NZ$_{16}$ 3.1, größte in EST$_{77}$ 4.4, FIN 4.5 und W-RUS$_{19}$ 4.7. Legeintervall 1 d. **Eier.** Kurz breitoval, mäßig glänzend, Grundfarbe weißlich bis rötlichbraun, sehr variabel gezeichnet, z.B. mit dunklen Haarlinien, daneben oft noch Punkte oder Flecken, mitunter am stumpfen Pol gehäuft. **Brutdauer.** 12-14 (11-15) d (Ø D-BW$_{77}$ 13.1 d); Bebrütung ab (vor-)letztem Ei; ♀ brütet, wird vom ♂ gefüttert; Junge schlüpfen synchron. **Nestlings-/Führungszeit.** ♀ hudert, zunächst füttert ♀ die Jungen mit Futter vom ♂, später füttern beide; Juv. verlassen Nest nach 11-13 (9-18) d (bei Störungen früh und noch nicht flugfähig; z.T. wetterbedingte Verzögerung); Juv. etwa 8-14 d nach Verlassen des Nestes selbständig (Führung mitunter nur ♂, wenn ♀ Folgebrut zeitigt). **Jahresbruten.** (1-) 2 (3 nur in günstigen Fällen); Ersatzgelege häufig, bis 5 Gelege eines Paares möglich. **Ende der Brutperiode.** In ME meist Mitte Aug. bis Mitte Sept., ausnahmsweise noch länger. **Bruterfolg.** Im Ural von 122 Eiern (34 Nester) 54.1% geschlüpft, 34.4% ausgeflogen, d.s. 1.3 flügge Juv./Nest, in D-BW von 1037 Vollgelegen mit 3651 Eiern 54% geschlüpft und 32% flügge Juv. In GB 25-39% (1962-80) bzw. 25-31% (1924-91) angefangener Bruten erfolgreich; Zunahme des Erfolgs von Mai zu Juli/Aug. In S. intensiv gefärbte ♂ (Ø ältere und erfahrenere) erfolgreicher als schlichter gefärbte. Hauptverluste durch Witterung, menschliche Einwirkung und Prädation.

Eimaße und –gewichte [1369]: L. 18.2-24.7 mm, B. 14.4-17.5 mm; Ø 21.2 x 16.0 mm (n=183, D), Ø 21.1 x 16.2 mm (n=164, B), Ø 20.9 x 16.1 mm (n=196, L). Frischvollgew. 2.08-3.55 g, Ø$_{178}$ 2.88 g. Schalengew. 0.139-0.202 g, Ø$_{202}$ 0.167 g.

Sterblichkeit, Alter. Br. GB/IRL (1962-1994) 47% im 1. J., später 46%/J. [3589]. Ebenfalls für GB/IRL 42%/J. (± 6% Standardfehler) für ad. ♂ und 52%/J. (± 9%) für ad. ♀ berechnet, mittlere Lebenserwartung 2.4 bzw. 1.9 J. (Geschlechtsunterschiede statistisch nicht signifikant) [908]. In Jütland S. 57%/J. für Ad. und 48 % im 1. J. Mittleres Alter von 149 wiedergefangenen Ringvögeln in CZ/SK. 1.62 J. Ältester Ringvogel (D) 13 J. [3654], 3 mal mind. 11.5 J. **Generationslänge:** < 3.3 J. [383].

Mauser. **Postjuvenile Mauser** (Teilmauser) beginnt spätestens nach 60 d, Abschluss bis Aug./Okt. [767,1369]; Kleingefieder, z.T. einzelne Schirmfedern und 1-3 (alle) ST [767,1369,3771,1866]. • **Postnuptialmauser** (Vollmauser) Juli/Aug.-Sept./Okt. (Nov., Dez.); ♂ beginnen 2 Wochen vor ♀ [767,1369,3450]; Dauer der HS-Mauser ca. 55 d [767,1356]. • **Pränuptialmauser** (Teilmauser oder fehlend) bei einigen Individuen werden im Frühjahr Teile des Körpergefieders erneuert [1369,3771,1866].

Emberiza leucephalos – Fichtenammer 18560

Emberiza leucephalos S.G. Gmelin 1771

(GB) Pine Bunting **(F) Bruant à calotte blanche** **(E) Escribano Cabeciblanco**

Taxonomie. Zwei UA: *leucoephalos* S.G. Gmelin 1771 (E-RUS vom W-Hang Ural bis Pazifik) und *fronto* Stresemann 1930 (China). Bildet Superspezies mit der Goldammer *E. citrinella*. Die beiden Semispezies hybridisieren in einer breiten Sympatriezone in Zentralsibirien offenbar zunehmend häufiger, einhergehend mit Ausbreitung der Goldammer nach E [2929].

Kennzeichen. Aufgrund ausgedehnter Hybridzone mit der Goldammer sind Hybriden relativ häufig, Feldbestimmung vor allem von Fichtenammer-♀ daher entsprechend schwierig [vgl. dazu u.a. 481,3556,2848,117; Fotohinweise zu Hybriden s. Goldammer; Bestimmung allg.: 767,1369, 221,3772,3615; weitere Fotos Fichtenammer in Bird. W. **5**, 49, **14**, 395, Limic. **10**, 102, 135, Dutch B. **20**, 163, **21**, 367, **22**, 361, **25**, 3-10].

Maße. Gr.: 16.5 cm. Gew.: (Mongolei) ♂ 26.0-33.5 g, Ø$_{12}$ 30.0 g, ♀ 26.0-28.0 g, Ø$_{7}$ 27.1 g. Fl.spw.: 25-30 cm. Fl.l.: ♂ 88-100 mm, Ø$_{39}$ 94.0 mm, ♀ 84-95 mm, Ø$_{17}$ 88.9 mm [767,1369].

Status. Nominatform in Europa seltener Gastvogel im Herbst (Winter) mit wenigen anerkannten Nachw. in meisten Regionen; allerdings z.T. auch entkommene Käfigvögel denkbar; für Wildvögel sprechen Konzentration der Funde im Spätherbst sowie Häufung von Nachw. in manchen Jahren (z.B. Herbst 1961 insges. 10 Ind. in B, NL, Helgol.): **N.** 7 Ind. bis 1989, **S.** 7 Ind. bis 1990, FIN 3 Ind. bis 1988, DK 1973, GB 19 Ind. bis 1990, F 14 Ind. bis 1990. Ferner Meldungen und Nachw. IS, YU (13), I, M, GR, BG, UA., AR, TR, CY, JOR, IL, MA, E. und Gibraltar [337,3615].

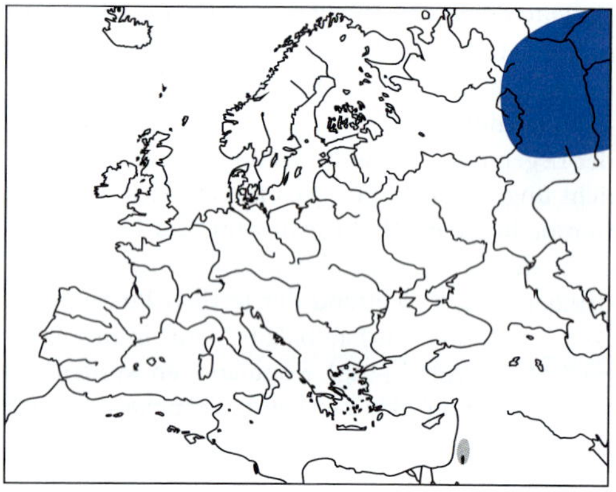

Emberiza leucephalos – **Fichtenammer**

In ME seltener und unregelm. Gastvogel im Herbst (Winter) sowie Mischbrut mit Goldammer in PL (s.u.).; gesicherte Meldungen betreffen: **NL:** 33 Nachw. mit 38 Ind. bis 1999, davon 3 bis 1911, Rest ab 1960; fast nur Okt.-Mitte Nov., ab 1996 aber 3 Überwinterungen (bis Ende März); Einflüge mit mehreren Beob. in Jahren 1911, 1961, 1987, 1994 und 1996 (s. auch B) [277,q16]. • **B:** 18 Nachw. (18 Ind.) von 1911-96 (Okt.-Dez. sowie Apr. 1996), darunter wie in NL auch 1911, 1961 (4), 1987 und 1996 [277,1677,q15]. • **D:** Helgol. ♂ Apr. 1881, ♂ Mai 1959, ♀ Okt. 1961 (2 mal), dj. ♂ Okt. 1994, ♂ Nov. 1995, ♂ Apr. 1996 [1369,575]; -NW ♂ erl. Feb. 1962, dj. ♀ Okt. 1998 [1369,575]; -BW ♂ März 1982, ♀ Feb./März 1996 [1722]; -BY ♂ März 1975 und Feb. 1991 [1369]; -BB dj. ♂ gefang. Nov. 1995 [1]; -SN Feb. 1997 [575]. • **CH:** ♂ Nov. 1989, sing. ♂ Juli 1994 (Gefg.fl.?), dj. ♂ Nov. 1998, ♂ Dez. 1998, vorj. ♂ März 2000 [1369,q14]. • **A:** 11 Feststellungen, davon 4 im 19. Jh. und 7 (Okt.-Feb.)

zw. 1971-1985 [1369]. • **H:** dj. ♂ gefang. Jan. 1986 [2438]. • **CZ:** Ad. ♂ erl. Okt. 1889, 2♂/ 1♀ Okt. 1962 [2159]. • **PL:** erfolglose Mischbrut mit Goldammer-♀ in Biebrza 1994 (die 8 d alten Juv. fielen Prädator zum Opfer) [1369,3871]. Noch nicht homologiert: A 2000 und H 2001 [q4].

SPEC	VSchRL	Bern.Konv.	Bonn.Konv.
--	--	Anh. II	--
Europ. RL	RL in ME		
--	--		

Verbreitung und Bestand. Brutvogel der Zentral- und E-Paläarktis, an Goldammer anschließend, in W- und Mittelsibirien jedoch Arealüberschneidung von W Baikalsee bis E-Ural (meist störungsfrei sympatrisch, doch in gewissen Situationen Hybridisierung); nach E bis Sachalin, N-Grenze erreicht Polarkreis, S-Grenze N-Rand Mandschurei und Mongolei, in Zentralasien nicht eindeutig geklärt; im W kleine Population zw. Petschora und Ural auf europäischer Seite [1369,767], Bestand 50-100 BP (Trend unbekannt) [383].

Wanderungen. Mittel- und Langstreckenzieher mit Überwinterungsgebiet von China bis Iran.

Biotop. Br. in lichten Nadel- und Mischwäldern; zuweilen in Steppengebieten mit einzeln stehenden Bäumen.

Nahrung. Sämereien und anderes Pflanzenmaterial; zur Brutzeit Insekten.

Stimme. Wie Goldammer. Rufe auch sonagraphisch kaum zu unterscheiden. Gesang jedoch mit Unterschieden in Elementstruktur und am Strophenende. Bei der Fichtenammer kann der auf »ziii« lautende, langgezogene Strophenschluss fehlen.

Verhalten. Tagaktiv. Zur Brutzeit territorial. Mehrfach unter Goldammern beobachtet.

Mauser. **Postjuvenile Mauser** (Teilmauser) Aug.–Okt.; Kleingefieder und Schirmfedern [767,1369]. • **Postnuptialmauser** (Vollmauser) Juli–Sept. [767,1369]. • **Pränuptialmauser** (Teilmauser) Feb.–März; nur Teile des Kopfgefieders [1369].

Emberiza cirlus – Zaunammer 18580

Emberiza cirlus Linnaeus 1766

GB Cirl Bunting **F Bruant zizi** **E Escribano Soteño**

Taxonomie. Monotypisch.

Kennzeichen. [767,1369,221,3772,3615,1478, 3699; weitere **Fotos** in Bird. W. **11**, 131, Brit. B. **94**, 82, **97**, 378, 381, Var Fag. 2001/**8**, 8, Limic. **13**, 100, **16**, 2-16, Dutch B. **20**, 41].

Maße. Gr.: 15.5 cm. Gew.: (S-F, Winter) ♂ 24.0-28.2 g, $Ø_{11}$ 26.1 g, ♀ 24.5-27.0 g, $Ø_{14}$ 25.6 g. Fl.spw.: 22-25.5 cm. Fl.l.: (D-RP) ♂ 74-85 mm, $Ø_{182}$ 79.8 mm, ♀ 73-79 mm, $Ø_{25}$ 75.8 mm.

Status. Lokal verbreiteter, seltener Brut- und Sommer- oder (meist) Jahresvogel; außerhalb der Brutregionen seltener, unregelm. Durchzügler und Rastvogel.

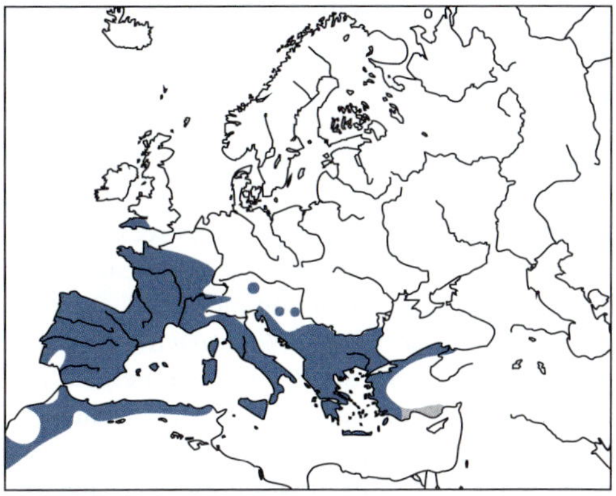

Emberiza cirlus – **Zaunammer**

• **L:** 1866 1. Brutnachw., weiteste Verbreitung und Höchstbestand in 1920er und 30er J., kein Brutnachw. nach 1945; seither seltener Gast, sing. ♂ 1997 [1369,1610]. • **B:** letzter Brutnachw. 1962; bis mind. 1984 mehrfach sing. ♂ und Sommerbeob. [1677,1369]. • **NL:** nur ♂, Dez. 1883, Apr. 1901, Mai 1992, Apr. 1994, März 1995 [277]. • **CZ:** 8 anerkannte Nachw., zuletzt 1990 (max. 12 Ind. Feb. 1960;

insges. 21 Ind.) meist Nov.-März, 1 mal Juni [2159]. • **PL:** erl. Ind. 1883, ferner 6 anerkannte Meldungen von 1981-88 (Aug.-Dez., März, Apr.) [1369,3871]. • **FL:** nur Einzelbeob., kein Brutnachw. [1369]. • **A:** 19. Jh. nur 2 Brutnachw., 1. Hälfte 20. Jh. 2 Brutvorkommen (-V, -W) und Einzelbeob.; ab 1989 Brutvork. im S -St [1369]. • **H:** mind. seit 1975 kleines Inselvorkommen im S [1369,2438]. • **D:** -NW bis Mitte 1930er J. Zunahme, letzter Brutnachw. um Bonn 1947, einzelne sing. ♂ bis 1952; -RP bis 1955 Brutvogel bis in N, nach 1955 nur noch am E-Abfall Pfälzer Wald; -SL. Anf. 20. Jh. häufig, ab 1930er J. Rückgang, letzte Brutnachw. 1975; -HE nur noch unregelm. Brutvogel; -BW seltener Brutvogel im Ober- und Hochrheingebiet sowie lokal im Bod.; -BY einzelne sing. ♂ am N-Alpenrand seit 1955, in Einzelpaaren mind. 1981–91 Werdenfelser Land [1369,1617,1722,1680,4175]; zudem Einzelnachw. in D-ST, -NI und -SN [3667,1587,927].
GB klimabedingt Zunahme bis ca. 1930, seit 1950 Abnahme und beschleunigt seit ca. 1970 [1585].

Verbreitung und Bestand. Brutvogel der gemäßigten und mediterranen Zone der SW-Paläarktis, S-Grenze SW-MA, Atlasgebiet DZ, W-TN, N-Mittelmeer einschließlich großer Inseln (Ausnahme CY) und Balkanhalbinsel (N-YU, SW-RO, BG und S-Schwarzmeerküste) bis NW-Anatolien; N-Grenze S-GB, NE-F, S-ME in colliner bis montaner Stufe in D, CH, SK., A und H; in CH lokal bis ca. 1200 m, D-BY 750–850 m, -BW bis 500 m (Einzelvorkommen bis 780 m), A-St 300–570 m ü.M. Europäischer Gesamtbestand etwa zw. 2 – 5.2 Mio. BP, entspr. >95% des Weltbestands, leichte Zunahme [383]; Bestände > 100. T. BP in F (0.5-2 Mio.), E. und HR (jew. 500-800 T.), I (300-800), GR (50-200) und TR (60-180 T. BP); in ME brüten nur etwa 900-1.400 BP [383].

Wanderungen. Teilzieher (Kurzstreckenzieher) und Standvogel; Wintergebiet im Brutareal und bei allen Populationen auch zumindest z.T. in Nähe der Brutplätze, aber auch Winternachw. (meist in kleiner Zahl) abseits der Brutplätze innerhalb und am Rand des Brutareals in NW-Afrika. Andererseits Fernwanderungen nach SW und einige Male nach SE bis > 360 km in GB, F und I nachgewiesen, Zugvögel also nicht nur am N-Rand des Areals [Ringfunde z.B. 4219]. Individuell unterschiedliches Zugverhalten von Jahr zu Jahr wahrscheinlich. Zugbewegungen in ME vor allem Okt.-Anf. Nov. beob., Aufenthalt an Winterplätzen Dez.–Feb. Reviertreue von ♂ nachgewiesen, ebenso jahrzehntelange Beibehaltung selbst geographisch isolierter Sing- und Brutplätze.

Bestandsentwicklung. Kurzfristige starke Schwankungen in Abhängigkeit von Witterung in Wintermonaten [1369,337,1719,1092]. Populationen in bedeutendsten Brutgebieten Europas langfristig stabil (F, I) oder in Zunahme (E.) [3892,1585].
Vorstöße und Rückzüge am N Arealrand viell. klimatisch bedingt. Im 20. Jh. vor allem Populationen N der Pfalz mit starken Verlusten. So erloschen regelmäßige Brutvorkommen in B, L und Rhl. bis 1940er oder 50er J., stark negative Entwicklungen zudem in anderen Bereichen am N Arealrand wie D-SL (1975 erloschen), -HE, N -BY und Teile -BW [1369,2560,3248,2623,1719,1526; vgl. auch 205, ferner N-F und GB: 1069,1343,3892,4180,1585, 1507].
Schließlich aber (mind. kurzzeitige) Neuansiedlungen in jüngerer Zeit in D-BY [336,337], A-St [490,965,3291], CH (wieder leichte Erholung ab Mitte 1990er J.) [1719,3392,3393] und H [4012,2436] – ferner in HR, RO und BG sowie SLN [337,3892,1585,490] – ganz offensichtlich durch außergewöhnlich niederschlagsarme und milde Winter nach Mitte 1980er J. Vor allem Neuansiedlungen in SE-ME lassen mögliche N-Ausbreitung aus Balkangebiet erkennen [490].

	Best.	Areal	Brutbestand	Jahr	Quelle
A	N	N	5–10	1998–2002	[383]
CH	↕	=	800–1.200	1993–1996	[383]
D	↑	+1	100–140	1995–1999	[383]
H	N	N	0–10	1995–2002	[383]

Einige Populationen in Regionen mit weitgehend unbeeinträchtigten Habitaten mit arttypischen Schwankungen (unabhängig von Witterungsbedingungen) langfristig stabil [z.B. D-RP, -BW:1443, 285; viell. auch Bod.:198,1617]. Jedoch in 1970er J. entstandene kleine Population H von max. 10 BP rückläufig und offenbar auf Zuzug angewiesen [2438,2436].

Siedlungsdichte. Reviergröße SW-D 0.48–1.83 ($Ø_{22}$ 0.94) ha [1369]. Kleinflächige Dichteangaben: 0.25-1 BP/10 ha (W-F), 2-2.5 BP/10 ha (MA), 2-3 BP/10 ha in CH [1507,1369], in Optimalgebieten S-Europas auch bis 10.1 BP/10 ha [1369].

Gefährdungsursachen [205,337,1369,1719,196, 1092,4043,1071,1070,1443]. Lebensraumzerstörung

oder -veränderung, vor allem (1) Verringerung der Strukturvielfalt, Ausräumung der Rebgelände, Entfernung von Hecken, Ausdehnung von Siedlungsbereichen zu Lasten des Nutzgarten- und Obstwiesengürtels, Flurbereinigung mit Nivellierung von Steilhängen sowie (2) Intensivierung und Änderung der Nutzung, z.B. Mähen statt Umpflügen der Rebflächen, Verbauung, Monotonisierung der Landwirtschaft; ferner (3) Verbuschung durch Aufgabe extensiver Beweidung und (4) drastischer Rückgang von Stoppelbrachen im Winter.
Verringerung des Nahrungsangebotes, insbesondere Heuschrecken, während Aufzuchtszeit, durch exzessiven Biozid- und Düngemitteleinsatz oder nach Flurbereinigung Verlust der Strukturvielfalt.
Natürliche Verlustursachen: niederschlagsreiche und kalte Winter sowie atlantisch geprägte Sommer.

SPEC	VSchRL	Bern.Konv.	Bonn.Konv.
E	--	Anh. II	--
Europ. RL	RL in ME		
--	B, L: **'RE'**, A: 'CR', D: 'EN', CH, H: 'VU'		

Schutzmaßnahmen. Schutz und Erhaltung bestehender Bruthabitate sowie Neuschaffung entsprechender Habitatelemente bei Flurbereinigungsmaßnahmen. Verhinderung der Verbuschung nach Nutzungsaufgabe sowie Extensivierung der Nutzung in Teilbereichen mit Förderung miteinander vernetzter »ökologischer Zellen« (Biotopverbund). Vermehrte Schaffung und Sicherung von Brachflächen (und Stoppelbrachen) als bedeutendes Überwinterungshabitat; Förderung von Gebüschzonen und Hecken in ausgeräumter Feldflur.
Erhebliche Verminderung des Biozideinsatzes im Wein- und Obstbau sowie in Nutzgärten; Schaffung chemiefreier Zonen.
Intensive Studien der Bestandsdynamik und Gefährdungsfaktoren in ME Brutgebieten.

Biotop. In ME Br. an steilen, trockenwarmen, bevorzugt S-exponierten Hängen mit halboffener Vegetation, kurzrasige oder lückige bewachsene Flächen mit mind. Einzelbäumen oder Gebüsch als exponierte Singwarten und Deckung, z.B. Kulturland (extensiver Weinanbau, Streuobstbestände, Wiesen, Ackerflächen) oder sehr lichter Nadelwald an Trockenhängen mit Waldweide und offenen Rasenflächen, aber auch Garten- und Parkbiotope bis an den Siedlungsrand [1092]. In S-Europa in lichten Obstgärten oder Baumgruppen, mit Macchie bewachsenen Hügeln und Hanglagen, aber auch in intensiver genutzten Agrargebieten, sofern Buschreihen oder Bäume vorhanden sind; auch in lichten Wäldern. Winterhabitate in ME meist kurzrasige oder lückig mit Vegetation bedeckte Flächen und Ödland, meist anthropogenen Ursprungs, in denen dichtes Gebüsch an die Nahrungsflächen anschließt.

Nahrung. Ad. zu hohen Anteilen vegetabilisch, vor allem kleinere Sämereien. im Sommer und Nestlingsnahrung hauptsächlich Insekten und deren Entwicklungsstadien (z.B. Raupen, Kleinschmetterlinge, Käfer, Blattläuse).

Stimme. Rufe kurzes, durchdringendes »dsib« oder »zip«, sehr dünn und kaum hörbar bis laut, ähnlich Singdrossel; weicher, oft rasch aneinander gereiht »si« bzw. »sisisi... «, in höchster Erregung fast schnurrend; gedehnt »zieh«. Gesang eine Reihe kurzer Elemente meist auf einer Tonhöhe, Klapperstrophe, die an Klappergrasmücke erinnert, aber i.d.R. mehr schwirrend, Tempo und Tonhöhe unterschiedlich, etwa »dsidsidsi...«, »dsedsedse...« oder rascher »zirrrr...« bzw. »drrrrr...«. Klangfarbe bzw. Strophentyp variiert individuell. Jedes ♂ singt mehrere Strophentypen, die variabel vorgetragen werden. Zwitschernder und schilpender Jugendgesang. Gesang in wechselnder Intensität das ganze J. über.

Verhalten. Tagaktiv. Fortbewegung hüpfend oder trippelnd laufend, schlüpfen auch durch dichte Bodenvegetation. Nahrungssuche vorwiegend auf dem Boden, meist auf Flächen mit kurzer und lückiger Vegetation; durch Hüpfen oder von Warten aus werden höherstehende Samenstände ausgebeutet. Insekten werden manchmal in kleinern Jagdflügen verfolgt. Zur Brutzeit extrem territorial. ♂ verteidigen Territorien extrem intensiv. Territorien trotzdem oft geklumpt. Gesang wird meist von exponierten Warten (z.B. Zaunpfosten, Büsche, Leitungen, Bäume, mitunter die höchsten Fichten) aus vorgetragen; jedes ♂ hat mehrere Singplätze, wovon einzelne zeitweise bevorzugt werden; Gesang ausnahmsweise im Flug. Revierverteidigung durch ♂. ♂ verpaaren sich normalerweise mit einem ♀. Halmbalz nach der Verpaarung: ♂ nehmen Halm in den Schnabel, hüpfen umher oder fliegend damit weg und lassen den Halm oft nach kurzer Zeit wieder fallen. Besonders in milden Wintern territorial, entweder ♂ allein (bevorzugt ältere) oder zusammenhaltende Paare; daneben vor allem in strengen oder schneereichen Wintern stationäre oder in einem kleinen Streifgebiet sich bewegende oder bei Erschöpfung einer Futterquelle weiter umherstreifende Trupps mit meist < 10 Ind., die wochen- oder monatelang zusammenhalten. Schlafplätze in dichter Vegetation, im Winter auch in unbelaubten Büschen; Übernachten einzeln, paarweise und im Winter auch in Gruppen.

Fortpflanzung, Brutbiologie [1369,337,767,1722]. Geschlechtsreife im 1. Lebensjahr. Monogame Saisonehe, vielfach Dauerpaare (bis 3 J. belegt), Umverpaarungen oder Bigynie nicht festgestellt. **Ankunft am Brutplatz.** Revierbesetzung witterungsabhängig ab (Jan.) 1. Märzhälfte, in E-Alpen mit unbeständiger Witterung offenbar oft deutlich später. Möglicherweise Paarbildung auch schon in Wintertrupps, in manchen Fällen (meist einj. ♂) erst nach Revierbesetzung. Reviertreue ausgeprägt. **Nest.** Gemeinsame Nistplatzsuche, Neststand am Boden an Böschungen oder Mauern, in niedrigen Mauern (Weinberge) oder in Vegetation, durch Pflanzen gut versteckt; Höhe über Grund 0 bis > 3 m, meist < 2 m. Trägerpflanzen z.B. Rhl. 12 Laubhölzer, 14 Dornsträucher (bes. Brombeere und Weißdorn), 14 Nadelhölzer (bes. Eibe, Fichte), 4 Krautschicht; D-RP 5 Erdboden, 3 auf und 27 an Weinbergsmauern, 38 in Vegetation (Gestrüpp, Büsche, kleine Bäume). Außenbau aus groben Pflanzenstängeln, Grashalmen, nicht selten Moos, Rindenbast etc. Mulde mit feinen Wurzeln ausgekleidet, oft Tierhaare; Muldendurchmesser 55-80 mm, -tiefe 30-60 mm. Nur ♀ baut. Dauer 4-6 d. **Legebeginn.** ME frühestens Ende 1. Aprildekade, meist Ende April/Anf. Mai, spätestens Ende Aug. **Gelegegröße.** 2-5 (-6); Ø D-RP$_{57}$ 3.5, Rhl. Mai 3.7, CH$_{41}$ 3.85 (Mai 3.7), E.$_{89}$ 3.5, Maghreb$_{50}$ 4.2; in F Junigelege am größten; Kalendereffekt bzw. Zweitgelege nicht selten kleiner. Legeintervall 1 d. **Eier.** Kurz breitoval, mäßig glänzend, Grundfarbe gräulichweiß bis hell lila, mit vielen dunkelbraunen Punkten, verwaschenen Flecken, Kritzeln, Schnörkeln und feinen Linien. **Brutdauer.** 12-13 (11-14) d (Ø D-BW$_{77}$ 3.1 d); Bebrütung ab (vor-) letztem Ei; ♀ brütet, wird vom ♂ gefüttert; Junge schlüpfen weitgehend synchron. **Nestlings-/Führungszeit.** ♀ hudert bis 9 d, zunächst füttert ♀ die Jungen mit Futter vom ♂, später füttern beide; Juv. verlassen Nest nach 10-14 (Ø$_{10}$ 11.9) d (bei Störungen u.U. schon nach 8-9 d); Juv. können ab 15 d gut fliegen, ab 18 d selbständiges Nahrungspicken, aber zuweilen bis 28 d gefüttert. Familienverbände bei Spätbruten bis Ende Sept. möglich. **Jahresbruten.** 2 (-3); 3 erfolgr. Jahresbruten wiederholt nachgewiesen (z.T. verschachtelt); Ersatzgelege häufig; bis 5 Gelege eines Paares möglich. **Ende der Brutperiode.** In ME regelm. bis Mitte Aug., zuweilen bis Anf./Mitte Sept. **Bruterfolg.** Im D-BW von 73 Nestern nur in 46 Juv., in E. von 138 Nestern (50-) 57%; BP mit 3 Jahresbruten 1 mal 10 und 2 mal 9 Juv. Vierergelege signifikant erfolgr. als 3er.

Eimaße und -gewichte [1369]**:** L. 19.6-23.2 mm, B. 14.8-16.8 mm; Ø 20.7 x 15.6 mm (n=52, L), Ø 21.6 x 15.8 mm (n=58, D-RP), Ø 21.4 x 16.0 mm (n=44, E.). Frischvollgew. 2.88-3.03 g, Ø$_3$ 2.95 g. Schalengew. 0.14-0.19 g.

Sterblichkeit, Alter. Ältester Ringvogel > 8 J. **Generationslänge:** < 3.3 J. [383].

Mauser. **Postjuvenile Mauser** (Teilmauser) beginnt ab ca. 30 d [767,1369], Juni–Okt. (Nov.); einschließlich einigen Schirmfedern und selten einzelnen ST, selten (bes. bei früh geschlüpften Jungen) auch Teile der Schwungfedern [767,1369,3771,1866]. • **Postnuptialmauser** (Vollmauser) (Juni) Mitte Juli–Mitte Okt. (Nov.) [767,1369]. • **Pränuptialmauser** (Teilmauser oder fehlend) im Frühjahr [767,1369,3771,1866].

Emberiza cia – Zippammer 18600

Emberiza [cia] cia Linnaeus 1766

(GB) **Rock Bunting** (F) **Bruant fou** (E) **Escribano Montesino**

Taxonomie. Fünf UA: *cia* Linnaeus 1766 (W-, SE- und S-Europa bis Kleinasien, Zentral-E. sowie CY), *africana* Le Roy 1911 (S-E. bis NW-Afrika), *prageri* Laubmann 1915 (Krim, Kaukasus, NE-TR bis NW-Iran), *par* Hartert 1904 (Iran bis Afghanistan, Tien Schan, Altai) und *stracheyi* (F. Moore 1956) (W-Himalaya). Bildet Superspezies mit *E. godlewskii* (Altai, Mongolei, N-China).

Kennzeichen. [767,1369,221,3772,3615; weitere Fotos in Bird. W. **8**, 149, **16**, 334, Brit. B. **94**, 82].

Maße. Gr.: 16 cm. Gew.: (D-RP, Winter) ♂ 21-29 g, $Ø_{51}$ 24.2 g, ♀ 20-27 g, $Ø_{38}$ 22.7 g, (D-RP, Brutzeit) ♂ 20-25 g, $Ø_{24}$ 22.9 g, ♀ 18-23 g, $Ø_{18}$ 21.1 g. Fl.spw.: 21.5-27 cm. Fl.l.: (N-I) ♂ 76-87 mm, $Ø_{39}$ 81.4 mm, ♀ 74-83 mm, $Ø_{44}$ 77.1 mm [767,1369].

Status. Regional verbreiteter, wenig häufiger Brut- und Sommer- oder Jahresvogel; außerhalb der Brutregionen seltener, unregelm. Durchzügler und Rastvogel.

Brutvogel: • **CH:** verbreitet im S., lokal in Jura (bis Anf. 1990er J.) und N-Alpenzone; • **SK.:** 1. Brutnachw. 1954, größeres Vorkommen im Slowak. Karst; • **A:** vor allem in E-Alpen von -V bis -St; • **D:** Brutvogel in -RP, -BW, -BY, -HE; einzelne Brutnachw. in -TH ab 1996 und -NW ab 1993; -SL letzter Bruthinw. 1977 (in N-D Ausnahmegast); • **H:** lokal in Karstgebieten und südexponierten Hügelländern [2438,3392,965,204,1369,575].

Gastvogel: • **B:** von 1875-1997 insges. 40 anerkannte Meldungen von 48 Ind., vor allem März/Apr. und Okt./Nov.; Art wird häufig nach B importiert, möglicherweise viele Gefg.fl. [1677,1369,q15]. • **PL:** Juni 1915, April 1985, Aug. 1986, Juli 1987 [1369]. • **L:** Bis Mitte 19. Jh. an Mosel wohl weit verbreitet, im 20. Jh. seltener Gast, zuletzt April 1970, 1985 und 1995 sowie März 1996 [1369]. • **CZ:** 9 anerkannte Beob. (auch zur Brutzeit) mit 35-37 Ind., seit 1818; zuletzt Apr. 1966 [2159,1369]. • **FL:** Vereinzelte Brutzeitbeob., zuletzt sing. ♂ Juli 1994 [1369]. • **NL:** 0.

Verbreitung und Bestand. Brutvogel der gemäßigten, mediterranen und Steppenzone sowie in Gebirgsregionen der Paläarktis von NW-Afrika bis SW-Sibirien sowie über Afghanistan bis Tien Schan und Altai. S-Grenze Maghreb einschließlich SW-MA, N-Mittelmeerraum (von großen Inseln nur Sizilien), TR, IL, SW-Iran; N-Grenze S-F, SW-ME, YU, RO, BG, Kaukasus, Kopet Dagh und mittelasiatische Gebirge. In ME Nominatform außerhalb CH ± inselartige Vorkommen N des zusammenhängenden Areals in S-D, SK., A und H. In CH Brutvogel bis ca. 2000 m (ausnahmsweise 2400 m); A-St bis 1260 m; -BW 350–1200 m (Schwerpunkt 600–900 m), SK. 200–600 m ü.M. Europäischer Gesamtbestand zw. 1.3 - 4.1 Mio. BP (stabil), mit Beständen >50.000 BP in E. (0.8-2 Mio.), TR (0.3-1 Mio.), P (50-500 T.), F (20-100 T.) und I (22-90 T. BP); in ME nur etwa zw. 5.300-10.200 BP [383].

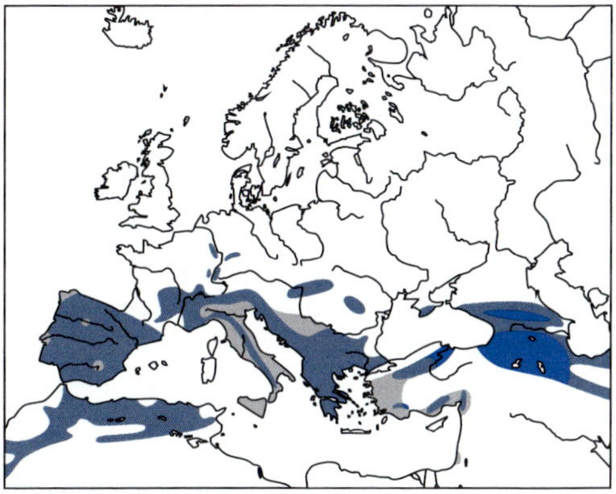

Emberiza cia – **Zippammer**

Wanderungen. Teilzieher und Standvogel mit Dismigrationen. Hauptwintergebiet liegt innerhalb des Brutareals, Einzelnachw. auch S der Arealgrenzen im Mittelmeerraum und NW-Afrika. In ME in wechselnder Zahl Überwinterungen, viele Vögel scheinen zu ziehen. Von Br. SW-D und Zugvögeln Bretolet Abzugsrichtung SW bis S nach SW-F und S-F. Im Brutgebiet März bis Okt.; Wegzug Okt.–Nov., Heimzug März–April; in ME ausnahmsweise außerhalb der Brutgebiete im Tiefland, in vielen Gebieten Altitudinalwanderungen. Reviertreue von ♂ bis 5 Brutperioden nachgewiesen.

Bestandsentwicklung. Wegen großräumiger Klimaänderungen am Nordrand des Verbreitungsareals in ME langfristig deutliche Bestandsschwankungen und Arealveränderungen.

	Best.	Areal	Brutbestand	Jahr	Quelle
A	+/-	=	500–1.000	1998–2002	[383]
CH	+/-	=	4.000–8.000	1993–1996	[383]
D	⇩	- 1	290–360	1995–1999	[383]
H	↑	+ 1	340–620	1997–2002	[383]
SK	+/-	=	150–200	1990–1999	[383]

Im 19. Jh. in ME wesentlich weiter verbreitet [337,3892,1369,2560], doch wahrscheinlich klimabedingt einige Brutvorkommen erloschen. In jüngerer Zeit anhaltender Bestands- und Arealverlust, überwiegend durch Lebensraumveränderungen oder -verlust, dabei auch Bestände in D-SL 1977 und Jura CH 1993 vollständig und in -NW weitestgehend verschwunden [205,337,3248,670], und Population im Schwarzwald -BW von 1950er bis Mitte 80er J. um über 30% auf kleine Restbestände (kaum

40 BP) zurückgegangen [1719,1722,2463,3491]. Lokal auch in -HE deutliche Bestandsverluste [1680], ebenso aber in letzten J. auch in bedeutenden Brutgebieten E. und I sowie in UA [1585,1507].
In H derzeit positive Entwicklung und Ausbreitung [3892,2438], vermehrte Brutzeit- und Winterbeob. mit Neuansiedlungen in jüngster Zeit zudem in A-St [4168], -T [2238], -V [1998], N D-BY [2579] sowie in SK. [2165; vgl. auch 767]. Allerdings unklar, ob viele in letzten J. entdeckte Vorkommen [354,2238,1998,965,1719,4175] nur unentdeckt oder tatsächliche Wieder- oder Neubesiedlungen.
Aus vielen Regionen keine genauen Daten zur Bestandsentwicklung, meist wird Stabilität angenommen [D-BY: 4175; CH: 2544; auch F: 938]. Bei unveränderten Bedingungen längerfristig wohl tatsächlich Bestandsstabilität [CH, D-RP, A, SK.: 1442, 2204,3392,3393,2623,1585,1507].

Siedlungsdichte. Reviergröße SW-D 1.1–4.3 ($\varnothing_{35}$ 2.55) ha, in CH-VS 1.7-5.4 ($\varnothing_{60}$ 3.45) ha [1369]. Dichteangaben 1.7-3.8, kleinerflächig bis 4.3 BP/10 ha (CH-VS), 3.5-4 BP/10 ha in F, in Optimalgebieten bis 4.0- 4.4 BP/10 ha (SK., auch BG) [1369,1507].

Gefährdungsursachen [205,337,196,1719,1680, 3248,2463,3491,2579]. Lebensraumveränderungen durch Aufgabe traditioneller Nutzungsformen, z.B. extensive Beweidung von steilen Hängen oder von Grenzertragsböden, mit Folge rascher Sukzession; ferner durch Flurbereinigung und intensivere (maschinelle) Nutzung von Weinbergen, Trocken- und Magerrasen, Wiesen und Weiden; eutrophiebdingtes rasches Hochwachsen der Gras- und Krautschicht; schließlich Aufforstungen oder auch radikale Entbuschung; dazu sog. Pflegemaßnahmen mit verstärktem Herbizid- und Insektizideinsatz.
Störungen der Brutplätze durch Erschließung und intensive Freizeitnutzung, z.B. an Steinbrüchen und in (sub-)alpinen Bereichen.
Natürliche Ursachen: Klimaveränderungen bei dieser wärmeliebender Art bedeutsam.

SPEC	VSchRL	Bern.Konv.	Bonn.Konv.
3	--	Anh. II	--
Europ. RL	RL in ME		
--	L: 'RE', D: 'CR', H: 'VU', A, SK: 'NT'		

Schutzmaßnahmen. Schutz der verbliebenen Bruthabitate in ME vor Nutzungsänderungen, insbesondere Aufforstungen. Trotz sehr spezifischen Habitatanforderungen der Zippammer sind gezielte Pflegemaßnahmen für Erhaltung geeigneter Lebensräume nur in bestimmten Fällen erforderlich. Denn zumindest in höheren Lagen viele Flächen auch ohne Beweidung über Jahrzehnte stabil, da Kammeisbildung und lückiger Bewuchs auf flachgründigem Substrat (anstehender Fels, Steinrasseln) Verbuschung oft verhindert. Erhalt und Schutz von Sekundärlebensräumen wie Steinbrüchen und Schutthalden als potenzielle Bruthabitate.
Gebietsweise allerdings Mahd von zu dichten Adlerfarnbeständen oder Entbuschung außerhalb Brutzeit notwendig (dabei z.B. Krüppelschlehen unbedingt erhalten). Flurbereinigungsmaßnahmen in Weinbergen mit Ziel kleinflächiger Strukturen sowie Schaffung eines engmaschigen Biotopverbundsystems. Dabei Erhaltung extensiv genutzter kleiner Weingärten mit alten Mauern und Gebüschstreifen besonders bedeutsam.
Intensive Studien zu Brutbiologie, Bestandsentwicklung und Verlustfaktoren.

Biotop [337,3491]. Br. trockener und warmer (Steil-) Hänge, felsig oder mit Lockersteinen, Steinschleppen, Geröll- und Blockhalden, Lawinenrunsen und -kegeln, aber auch in extensiven Kulturflächen, bewachsen mit Pionierpflanzen bis zu lückiger und kurzer Rasendecke, im Übergang von Wald zu Freiflächen höchstens locker mit Büschen und Bäumen bestanden und i.d.R. mit Wärme und Wintermilde anzeigenden Pflanzengesellschaften, z.B. Ginsterheiden, Blockhalden mit Büschen, Magerweiden mit Lesesteinen, aufgelassene Steinbrüche, Karstformationen, abwechslungsreich strukturierte Kahlschlagflächen im Buntsandsteingebirge D-RP, in ME auch steile, mit Felsrippen durchsetzte Weinbergslagen in tiefer eingeschnittenen Flusstälern, in den Alpen oft ausgesprochene Föhnhänge. Einzelne höhere Strukturen sind als Warten für Revierabgrenzungen offenbar entscheidend. Exposition der Hänge beeinflusst von Habitatstruktur und Isolation bzw. Luftbewegungen regional unterschiedlich.

Nahrung. Vielzahl von Sämereien und Wirbellosen, bes. Insekten; Nestlinge werden ausschließlich mit animalischer Nahrung gefüttert, Größe der Beutetiere nimmt mit der Entwicklung zu. Mitunter auch vegetative Pflanzenteile.

Stimme. Ruf kurz und hoch »zip« (höher als Zaunammer), auch gedehnt »zii« (besonders bei Störungen); im Flug oft ein kurzer, harter, fast tonloser Triller »trrr«. Gesang aus rasch vorgetragenen, hohen Strophen, meist mit »zip« beginnend, dann hell klingendes Auf und Ab, sehr ähnlich Heckenbraunelle. Diese Ähnlichkeit auch durch Wechselgesang im Freiland zw. beiden Arten belegt. Jedes ♂ singt mehrere Strophentypen, dazu vor Verpaarung variablere und längere Strophen als danach. Gesang ab Ende Feb., bei ledigen ♂ Gesangsaktivität bis in Hochsommer, im Aug. meist nur noch ausnahmsweise singend.

Verhalten. Tagaktiv; Tagzieher. Auf dem Boden Hüpfen oder Laufen. Nahrungssuche vor allem am Boden; Insekten werden auch von Stauden und Büschen gepickt; fliegende Insekten können durch einen kurzen Verfolgungsflug erhascht werden. Zur Brutzeit territorial. ♂ verpaaren sich mit einem ♀. Paarbindung wahrscheinlich über mehrere J. stabil. Gesang i.d.R. von exponierten Warten aus vorgetragen, zur Reviermarkierung und -verteidigung, die z.T. über J. hinweg benützt werden können. Halmbalz ähnlich Zaunammer. Nach der Brutzeit Bildung kleiner Trupps, die sich noch wochenlang im Brutgebiet aufhalten können, ehe sie in Überwinterungsräume abwandern, die mitunter in der Nähe der Brutplätze liegen. Übernachtung in dichten Büschen oder Nadelgehölzen.

Fortpflanzung, Brutbiologie [1369,337,767]. Geschlechtsreife im 1. Lebensjahr. Monogam, z.T. Partnertreue (bis 3 J. belegt), Umverpaarungen oder Bigynie sehr selten. **Ankunft am Brutplatz.** Revierbesetzung witterungsabhängig frühestens Ende Feb., meist 2. Märzhälfte. Hohe Reviertreue. **Nest.** Gemeinsame Nistplatzsuche, Wahl durch ♀. Neststand am Boden, in dichten Ranken, Stauden oder Büschen, kleinen Koniferen, aber auch in kleinen Felshöhlen oder -spalten, Weinbergsmauern, zwischen Blöcken und Geröll, so gut wie immer durch Pflanzen gut gegen Sicht geschützt. Höhe über Grund 0 – 1.8 (selten >3) m, Ø SW-D 0.5 m. Unterbau aus groben Halmen und Stängeln, dazwischen auch Kiefernadeln, Blätter, Teile von Farnwedeln und Rindenstückchen; Innenausbau mit feineren Halmen und Gräsern, Nestmulde mit zarten Wurzeln, Gräsern und oft einigen Tierhaare ausgelegt; Muldendurchmesser 55-65 mm, -tiefe 30-50 mm. Nur ♀ baut. Dauer 4-12 (Ø 7) d, bei ungünstigem Wetter vorübergehende Unterbrechungen. **Legebeginn.** ME Mitte/Ende April bis Anf. Aug. (nicht selbständige Juv. spätestens Mitte Sept.). **Gelegegröße.** 2-5 (-6); Ø SW-D 3.8, Mai$_{30}$ 3.7 bzw. Mai$_{18}$ 4.1, Juni$_{21}$ 3.9 bzw. Juni$_{12}$ 3.8 (Juligelege kleiner); CH$_{74}$ 3.89 (Max. Ende Mai 4.4), DZ$_{42}$ 4.4; Zweit- und Spätgelege oft kleiner. Legeintervall 1 d. **Eier.** Breitstumpfoval, glanzlos, Grundfarbe grauweiß, mit vielen braunschwarzen Flecken, Kritzeln, Schnörkeln gezeichnet, mitunter am stumpfen Pol gehäuft. **Brutdauer.** 12-15.5 d; Bebrütung ab letztem Ei; ♀ brütet; Junge schlüpfen synchron. **Nestlings-/Führungszeit.** ♀ hudert max. 11 d, beide füttern; Juv. verlassen Nest (vor Flugfähigkeit) nach 10-13 d (bei Störungen früher!), verstecken sich in Bodenvegetation, nach wenigen d sitzen sie erhöht; werden 2-3 Wochen (max. 27 d) geführt, bei Folgebrut Verkürzung der Fütterungsperiode (zumind. des ♀) auf wenige d. Familienverbände bei Letztbruten oft wochenlang im Revier oder dessen Nähe zu beob. (bis Okt.). **Jahresbruten.** 2 (-3); Drittbruten in manchen Regionen nicht selten (z.B. D-RP), nur in günstigen Jahren erfolgr.; Beginn der Folgebrut z.T. schon während Führungszeit der vorherigen Brut; Ersatzgelege; Abstand der Zweitnester vom Erstnest 8-65 m. **Bruterfolg.** 2 Brutpaare mit 3 erfolgr. Bruten insges. 10 bzw. 8 Juv./J. In D-RP von 41 Nestern nur in 21 Juv., dabei von 155 Eiern 73 flügge Juv., das sind 3.5 Juv./erfolgr. Brut bzw. 1.78 Juv./Brutversuch.

Eimaße und -gewichte [1369]: L. 19.5-23.3 mm, B. 15.0-17.5 mm; Ø 21.0 x 16.1 mm (n=21, CH), Ø 20.2 x 15.6 mm (n=29, D-RP), Ø 20.7 x 15.6 mm (n=110, W-D). Frischvollgew. errechn. 2.77 g. Schalengew. 0.13-0.17 g, Ø$_{138}$ 0.158 g.

Sterblichkeit, Alter. Bei Br. CH-VS Ø 60–70.5 %/J., Durchschnittsalter der ♂ 1.3–1.7 J. [Alterspyramide in 1369]. Rückkehrrate am Mittelrhein 69.4 % bei ad. ♂ und 45.9 % bei ad. ♀, Durchschnittsalter aus 10 J. dort 2.6 J. für ♂ und 2.0 J. für ♀. Ältester Ringvogel (D) 8 J. **Generationslänge:** < 3.3 J. [383].

Mauser. **Postjuvenile Mauser** (Teilmauser) Aug./Sept.-Okt.; umfasst auch alle (einige) Große Armdecken und z.T. Schirmfedern, bes. früh geschlüpfte mausern bisweilen einzelne innere AS und ST [767,1369,1866]. • **Postnuptialmauser** (Vollmauser) (Mitte Juli) Aug.–Mitte Sept./Okt. [767,1369].

Emberiza cineracea – Türkenammer 18650

Emberiza cineracea C.L. Brehm 1855

GB Cinereous Bunting **F Bruant cendré** **E Escribano Cinéreo**

Taxonomie. Zwei in Färbung deutlich unterschiedliche UA: *cineracea* C.L. Brehm 1855 (Kleinasien) und *semenowi* Zarudny 1904 (Iran).

Kennzeichen. [767,1369,221,3615,3772,2064; weitere **Fotos** in Bird. W. **13**, 146, **15**, 242, **16**, 38, Dutch B. **13**, 28, Vår Fåg. 2001/**8**, 9].

Maße. Gr.: 16-17 cm. Gew.: (Iran) ♂ 21.1-29.7 g, ♀ 23.5, 24.8 g. Fl.spw.: 25-29 cm. Fl.l.: ♂ 86-96 mm, $\varnothing_{41}$ 90.3 mm, ♀ 84-90 mm, $\varnothing_{6}$ 86.8 mm.

Status. Nominatform der Ägäis und W- und S-Anatoliens außerhalb des Brutareals Irrgast mit jew. 1 Nachw. in TN [3615] sowie in ME in • **D:** Helgol. ♂ Juni 1877 [1369].

SPEC	VSchRL	Bern.Konv.	Bonn.Konv.
1	Anh. I	Anh. II	--
Globale RL	RL in ME		
NT	--		

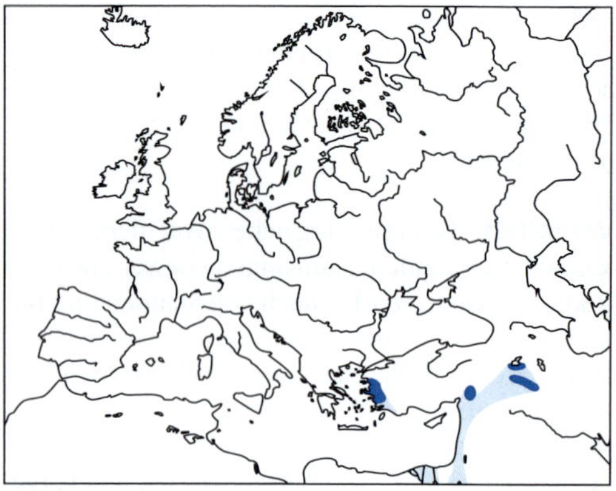

Emberiza cineracea – **Türkenammer**

Biotop. Br. in buschbestandenen Hanglagen der Hochländer Anatoliens. Ansprüche aber unzureichend untersucht.

Nahrung. Wie meiste andere Ammernarten Sämereien, zur Brutzeit Arthropoden.

Stimme. Rufe »tsik« ähnlich Ortolan, scharfes, spatzenähnliches »tschip«, weicheres »küip«, abfallendes »kijü«. Gesang relativ kurz »di-di-di-drl-die«, variabel in der Klangfarbe. Die ersten Elemente werden höher und lauter, die letzten beiden tiefer, länger und leiser. Gesang in TR von Anf. Mai bis Mitte Juni.

Verbreitung und Bestand. Endemit Vorderasiens, mit lückiger Brutverbreitung in Ägäis GR, Hochland Anatoliens sowie W-Iran (Zagros-Gebirge) (auch in SYR, Irak?) [1369,3615]. Europäischer Brutbestand (vor allem TR, 100-300 BP in GR) etwa 2.600-7.800 BP, entspr. > 90% des Weltbestands; leichter Rückgang [383].

Wanderungen. Zugvogel mit Wintergebieten in den Bergländern im E-Sudan, Eritreas, Saudi-Arabiens und im Jemen. Br. TR und GR ziehen über SYR, Libanon, IL, JOR und Sinai/EGY. Wegzug Aug./Sept., die TR Brutgebiete werden Anf. April erreicht.

Mauser. **Postjuvenile Mauser** (Teilmauser) Mitte Aug.–Sept.; Kleingefieder ohne Handdecken [767,1369,3771]. • **Postnuptialmauser** (Vollmauser) vermutlich Juli–Aug./Sept. [767,613].

Emberiza hortulana – Ortolan 18660

Emberiza [hortulana] hortulana Linnaeus 1758 syn.: Gartenammer

GB Ortolan Bunting **F Bruant ortolan** **E Escribano Hortelano**

Taxonomie. Monotypisch. Bildet Superspezies mit Grauortolan *E. caesia* und Steinortolan *E. buchanani*. Ortolan und Grauortolan sind in Gegenden gemeinsamen Vorkommens (Ägäis, S-TR) altitudinal und ökologisch weitgehend getrennt und schließen sich auf den weniger strukturreichen ägäischen Inseln gegenseitig aus [vgl. 1501].

Kennzeichen. [767,1369,221,3615,3772,3603; weitere Fotos in Bird. W. **8**, 373, **10**, 174, 334, **13**, 396, **15**, 367, Dutch B. **26**, 351].

Maße. Gr.: 16-17 cm. Gew.: (B, Herbst) ♂ 20.8-27.8 g, $\varnothing_{19}$ 22.9 g, ♀ 19.9-26.7 g, $\varnothing_{10}$ 22.7 g. Fl.spw.: 23-29 cm. Fl.l.: (S-F, Frühj.) ♂ 81-96 mm, $\varnothing_{29}$ 89.0 mm, ♀ 82-93 mm, $\varnothing_{17}$ 86.9 mm [767,1369].

Status. Regional verbreiteter, wenig häufiger Brut- und Sommervogel; regelm. Durchzügler und Rastvogel.

Verbreitung und Bestand. Brutvogel der borealen, gemäßigten, mediterranen und Steppenzone der W-Paläarktis von P, E. bis SW-Sibirien (Altai). S-Grenze S-E., S-F, S-I, GR, Kreta, Anatolien, IL, SW-Iran, Kopet Dagh, am E-Rand des Kaspisees nach N, S-Grenze weiter E zw. 48 und 50° N. N-Grenze NL, N-D, S-N. (fehlt in DK), S. und FIN bis über Polarkreis und um Bottnischen Meerbusen, RUS und Sibirien bei etwa 55° N. In ME auf einige Verbreitungsinseln in klimatisch günstigen Lagen beschränkt, viele Teilpopulationen heute erloschen oder stark abnehmend. Höchster Brutnachw. S-CH 2660 m, sonst in ME i.d.R. < 500 m, häufig sogar < 400 m ü.M.; Areal weitgehend auf Bereiche mit Jahresniederschlagsmengen < 600 mm beschränkt Europäischer Gesamtbestand nach starken Verlusten zw. 5.2 - 16 Mio. BP (entspr. > 50% des Weltbestands) [383], mit Beständen > 100.000 BP in TR (3-10 Mio.), RUS (1.5-5 Mio.), PL (150-300 T.), E. (200-225) und RO (125-255 T. BP); in ME etwa zw. 150.000-300.000 BP, > 95% davon in PL [383].

Wanderungen. Langstreckenzieher; Hauptwinterquartier in Gebirgen und Hochländern W- und Zentralafrikas S Sahelzone 9–12° N, und in Dornbuschsavannen und Halbwüsten E-Afrikas (v.a. Äthiopien und S-Sudan); Winterfunde im Mittelmeergebiet nur ganz ausnahmsweise. Wegzugrichtungen aus N-Europa WSW–SSW. Wegzug ME ab 2. Aug.drittel, Dz. im N Ende Aug. bis spätestens Mitte Sept., ebenso letzte Beob. an Brutplätzen ME; in SW-ME Dz.maximum Anf.–Mitte Sept., Beendigung Anf. Okt.; Straße von Gibraltar wird Sept.–Anf. Okt. gequert. Heimzug im Mittelmeerraum frühestens ab Ende März bis Anf. Mai, Dz. im N-Alpenvorland (Mediane um 1. Mai) und in N-ME

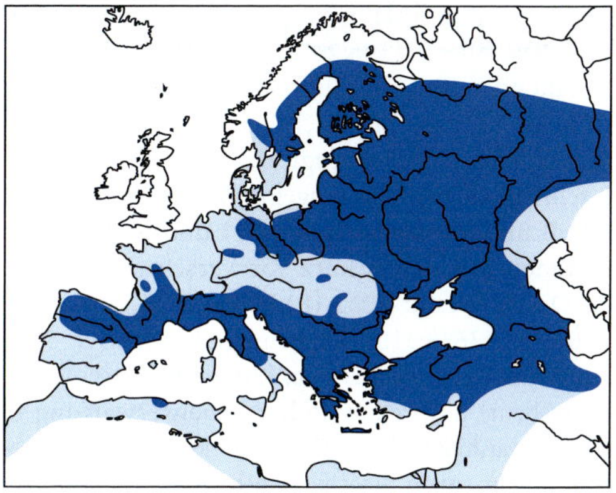

Emberiza hortulana – **Ortolan**

ab Mitte April bis Mai. Ankunft an Brutplätzen N Alpen frühestens ab Mitte April, Besetzung der Rev. bis Anf. Mai, weiter NE (z.B. E-D erst ab Anf. Mai); ♂ erscheinen bis > 1 Woche früher als ♀. Ankunft in S-Skandinavien ab Ende April–Anf. Mai. Brutortstreue für ♂ nachgewiesen.

	Best.	Areal	Brutbestand	Jahr	Quelle
A	⇩	- 2	15–25	1998–2002	[383]
B	⇩	- 2	0–3	1995–1999	[383]
CH	↓	- 1	200–250	1993–1996	[383]
CZ	↓	- 1	100–200	2000–2002	[383]
D	↓	- 1	5.600–7.000	195–1999	[383]
H	↓	- 1	10–15	1998–2002	[383]
NL	⇩	- 2	0–5	1998–2000	[383]
PL	+/-	=	150.000–300.000	2000–2002	[383]
SK	↓	- 1	0–5	1990–1999	[383]

Bestandsentwicklung. Verbreitung in ME sehr stark von klimatischen Schwankungen beeinflusst, atlantische Klimaeinflüsse (bes. regenreiche Sommer) mit starken Einwirkungen auf Bruterfolg [205,337]. Etwa seit 1950er J. in ME z.T. deutlicher (wohl vornehmlich klimabedingter) Bestandsrückgang [1369,205,3892,843,1719,2772,3638,375,965, 729,2435,564,565,1788,2213,2472,3333,2921; auch in anderen Teilen Europas: 941,3702,3892,4180]. Seit 1960er J. Abnahmen drastisch beschleunigt durch zusätzliche Faktoren wie Lebensraumverlust und Nahrungsverknappung durch Intensivierung der Landwirtschaft (vgl. parallele Entwicklung bei Grauammer) [337,1369,1719,1507,2242,687,3333]. Seither Abnahme in vielen Regionen von weit > 75% und kleinere Vorkommen z.T. sehr rasch erloschen, z.B. in D-BE schon in 1950er J. [205]; da-

nach in -RP und -HH (70er J.) und in A-K, D-HE und -BW (80er J.) [196,205,1369,1680,1302]. Durch anhaltenden Bestandseinbruch, z.B. im Raum Winterswijk NL ganz offensichtlich mit Zunahme des Maisanbaus korreliert [vgl. dazu 1813]; in 1990er J. schließlich erloschen regelm. Brutvorkommen in NL, B und SK. sowie Teilen CH und weitere Vorkommen ME stehen kurz vor Verschwinden [z.B. A, D-SH, Westf.: 2213,1813,2063,2818,2238,3393, 1507,1585,3638,310]. Ursprünglich adaptive Strategie mit Langstreckenzug, kurzer Brutperiode (1 Jahresbrut) und relativ hoher Lebenserwartung in Phasen anhaltend ungünstiger klimatischer Bedingungen sowie massiver anthropogen bedingter Verluste (durch Lebensraumzerstörung in Brut- und Überwinterungsgebieten sowie direkte Verfolgung) ins Gegenteil verkehrt.
Bestand im ME Schwerpunktgebiet PL [2215] – abgesehen von Arealverlusten in höheren Lagen S-PL – dagegen langfristig stabil (nach Zunahmen und Arealausweitungen bis Mitte 20. Jh.) oder nur lokal rückläufig [3871]; und auch in verbliebenen größeren, W angrenzenden Populationen, vor allem im NE D-NI, -ST, Franken sowie in CH-VS nach Rückzug in optimale Habitate keine weiteren gravierenden Bestandsverluste bis Ende 1980er J. [2242,2546N,3393] oder Ende 1990er J. [1466]. Trotz sehr guten Bruterfolges 1990 brach Bestand in Franken bis 2003 erneut um ca. 60% ein [2240,2334], dagegen fast Verdopplung von 466 auf 882 BP im Kreis Lüchow-Dannenberg -NI 1986-2000 nach Entwässerung und Flurbereinigung [3039].

Siedlungsdichte. Reviergrößen in Kulturland ME 0.7-4.4 ha, in Optimalgebieten (z.B. Federgrasssteppe CH-VS) 0.7-2.7 ha [1369]. Kleinräumige Ballungen und große unbesiedelte Flächen verfälschen Dichteangaben. In gut besiedelten Gebieten auf Flächen > 100 ha um 1 Rev./10 ha; in Optimalgebieten kleinerflächig (50-100 ha) max. 5.7-7.8 BP/10 ha [1369]. Großflächendichte (> 100 km^2) in D < 0.1 – 0.9 Rev./km^2, im NE –NI 1.1 Rev./km^2 [3039], in PL 0.7-3.3 BP/km^2 [1369,1], höhere Angaben in Europa 5-20 BP/km^2 in F und FIN [1507].

Gefährdungsursachen [205,1719,196,1369,337, 3892,1437,2242,2213,2240,1813,3702,2818,1466, 2334]. Zum einen Lebensraumverlust, mit Wechsel von kleinstrukturierter Agrarlandschaft zu großflächigen Monokulturen, Übergang von traditionellen Wirtschaftsformen auf Intensivnutzung, mit Verlust der Streuobstflächen durch Überbauung oder Ersatz durch Niederstammanlagen sowie von Ackerrainen, unbefestigten Wegen, ferner Rückgang des Hackfruchtanbaus und Rodung von Hecken, Alleen oder Einzelbäumen; zum anderen erhebliche Nahrungsverknappung durch zunehmenden Biozideinsatz (bes. in Brutzeit), Beseitigung wichtiger Insektenlebensräume. Ferner zu dichte Bestellung sowie zunehmend angebautes Wintergetreide mit für Nestanlage im Frühjahr oft zu weit fortgeschrittener Vegetationsentwicklung, schließlich starke Düngung, dadurch zu hohes Wachstum und fehlende Mager- und Störstellen.
Direkte Verluste durch Fang zu Nahrungszwecken in SW-F [bis zu 50.000 Ind./J., 3892] oder durch quecksilbergebeiztes Saatgut (z.B. in S.); viell. weitere direkte Biozideinwirkungen.
Störungen an den Brutplätzen, auch durch die Zunahme des Straßenverkehrs.
Einflüsse in Überwinterungsgebieten anzunehmen, aber kaum belegt; zunehmendes Trockenfallen wichtiger Rast- und Überwinterungsgebiete in Afrika.
Natürliche Ursachen: klimatische Faktoren (sowohl zunehmend atlantisch geprägte Sommer als auch einzelne Schlechtwettereinbrüche während der Brutzeit sehr ungünstig); Prädation.

SPEC	VSchRL	Bern.Konv.	Bonn.Konv.
2	Anh. I	Anh. III	--
Europ. RL	RL in ME		
--	FL:'**RE**', A, NL, CZ: 'CR', D, SK:'EN', CH, H:'VU'		

Schutzmaßnahmen. Sicherung der verbliebenen und Neuschaffung extensiv genutzter, strukturreicher Offenländer mit vielen Kleinstrukturen; Erhalt alter Weinberge, Erhalt und Neuanlage von Streuobstbeständen, v.a. Streuäckern, von exponierten Einzelbäumen (insbesondere an Ackergrenzen), Alleen und Feldgehölzen; Anlage von Acker- und Wegrandstreifen; Verzicht auf Flurbereinigungsmaßnahmen, die diese Strukturen beseitigen; kleinere Parzellierung der Anbauflächen (bes. auch für Nestanlage von Bedeutung) mit erhöhter Diversität der Feldfrüchte; verstärkter Anbau von Sommergetreiden; Steigerung des ökologischen Landbaus; erhebliche Reduktion des Düngemittel- und vor allem Biozideinsatzes. Ausweisung von Brachen in klimatisch und strukturell geeigneten Ortolanlebensräumen.
Sicherstellung ausreichender Rekrutierungsraten auch durch erhebliche Reduktion der Verlustfakto-

ren. In F (und I) z.B. bessere Kontrolle der Nachstellungen mit Leimruten, Schlingen und Netzen sowie härtere Bestrafung bei Zuwiderhandlungen.

Biotop [337,1369,798,800]. Regenarme und warme Standorte mit wasserdurchlässigen, leicht erwärmbaren Böden, in ME N des Alpenhauptkammes vor allem ebene und weithin offene Landschaften mit bevorzugt sandigen und teils schütter bewachsenen Böden, in den Alpen und Mittelgebirgen auch sonnenexponierte Hänge mit Terrassenkulturen (z.B. Weinbau) und Trockenrasen, in N und S-Europa auch kurzrasige Brandflächen mit nur sporadischem Gehölz und oftmals angrenzendem Ackerland (Nahrungshabitat), in der Ebene ME vor allem landwirtschaftliche Nutzflächen (bes. Acker-), sofern genügend Strukturreichtum vorhanden ist, früher auch Heidegebiete. Typische Habitate mit Wechsel von Bäumen, Sträuchern und offenen, meist spärlich bewachsenen Flächen, z.B. extensiv bewirtschaftete Flächen in kleinparzellierter Ackerlandschaft mit Feldgehölzen, Baumreihen und krautigen Säumen, vielfältigem Feldfrüchteanbau (Getreide und Hackfrüchte) oder Obstkulturen mit Ackerunternutzung; in Teilbereichen (z.B. Franken) vermehrt auch in Bereichen mit Kombination von stark gegliederten, sonnigen Waldrändern mit angrenzenden Feldern; ebenso in strukturreichen Übergängen von Ackerland zu Mooren. Brut- und Nahrungshabitat können voneinander getrennt liegen. Wechsel der Nutzung verschiedener Anbauflächen im Jahresgang in Abhängigkeit von der Wuchshöhe (z.B. von Wintergetreide auf Kartoffel- oder Sommergetreideäcker). Außerhalb der Brutzeit in trockenem Offenland, auf Ackerbrachen, Stoppel-, Rüben- und Kartoffelfeldern.

Nahrung. Während der Brutzeit überwiegend animalisch, vor allem Insekten, aber auch Vielfalt an Sämereien. Anfängliche Nestlingsnahrung vor allem Raupen; später auch viele Käfer.

Stimme. Häufigster Ruf variabel »psie«, auch kürzer »jüb«; auch zweisilbig »psi-tjö«, kurzes, durchdringendes »bit«, oft auf Durchzug zu hören. Gesang kurze, meist melodische Strophen aus meist 3–5 gleichen Elementen, an die sich tieferes anschließt, etwa »tji tji tji tji tji rü«. Anfang erinnert an Goldammergesang, Abschluss eher an Baumpieper, da langsamer ausklingend. Jedes ♂ verfügt über verschiedene Strophentypen; geographische Dialekte bei Rufen und Gesang nachgewiesen. Daneben mehr klappernde Strophen während des nicht häufig zu beob. »Schaufluges«. Gesang vom Eintreffen im Brutgebiet bis zum Schlüpfen der Jungen; Höhepunkt 2.–3. Maidekade; vor allem unverpaarte ♂ singen bis Anf. Juli. Leise, unvollständige Strophen (Subsong) innerhalb der Trupps kurz nach Eintreffen aus dem Winterquartier und in verschiedenen Phasen des Brutzyklus oder am Ende der Gesangsperiode.

Verhalten. Tagaktiv; Tag- und Nachtzieher. Fortbewegung auf dem Boden teils laufend, teils hüpfend, dabei oft in aufgerichteter Körperhaltung sichernd. Nahrungserwerb auf dem Boden, aber auch in der Kronenregion von Bäumen; Insektenfang auch in kurzem Fangflug. Zur Brutzeit territorial. Vollgesang wird von erhöhten Warten (Bäumen, Pfählen, Leitungsdraht, Stauden etc.) vorgetragen, mitunter vom Erdboden; jedes ♂ hat meist mehrere Singplätze im Revier. In der Zeit zw. Revierbesetzung und Beginn der Bebrütungsphase »Schauflüge« offenbar im Zusammenhang mit Revierauseinandersetzungen, mit Gesang und (oft) einer wellenförmigen, hüpfenden Flugbahn. Subsong oder Vollgesang auch in den meist in wellenförmiger Flugbahn ausgeführten Revier-Rundflügen nicht selten zu hören. Bei der Paarbildung Halmbalz, Flügelzittern. ♂ hält engen Kontakt zum ♀ während der fertilen Phase. ♂ verpaart sich mit einem ♀, selten auch mit mehreren, füttert aber nur beim ersten. Brüten in kleinen Konzentrationen (2-4 BP). Im Brutrevier und nach Ausfliegen der Jungen sehr scheu und offensichtlich störempfindlich. Übernachtung nach der Brutzeit (auch Mauser) in der bodendeckenden Vegetation (Stoppelfeld, Rüben- und Kartoffelacker).

Fortpflanzung, Brutbiologie [1369,337,767,1722]. Geschlechtsreife im 1. Lebensjahr. Brut- oder Saisonehe, Umverpaarungen bei neuer Nistplatzwahl des ♀ (z.B. wenn Vegetation zu hoch) oder nach missglückter Brut, schließlich ♂ bei später Rückkehr von ♀ z.T. schon neu verpaart; Bigynie selten. **Ankunft am Brutplatz.** Ab (2.) 3. Aprildekade bis Mitte Mai, extrem reviertreue ♂ (bis 8 J. belegt) meist einige d vor ♀. Revierbesetzung sehr rasch. Verpaarung kurz vor oder nach Ankunft **Nest.** ♂ zeigt potenziellen Nistplatz durch einen Hüpf- oder Schwirrflug an, Wahl durch ♀. Neststand am Boden in Getreide oder anderer nicht zu hoher krautiger Vegetation, Beginn des Nestbaus vorzugsweise bei Halmhöhe von ca. 15 cm (daher bei mildem Frühjahr mehr im Sommer-, bei spätem mehr im Wintergetreide). Nestoberkante schließt meist mit

Bodenoberfläche ab. Nest meist etwas flüchtig gebaut aus groben Halmen im Außenbau, der die in Boden gedrehte Mulde meist nur kreisförmig umgibt; feinere Grashalme bilden Ausbau der Mulde, Innenauspolsterung mit feinsten Halmen und auch Tierhaaren. Muldendurchmesser 60-70 mm, -tiefe 30-40 mm. Nur ♀ muldet und baut; Dauer 2-4 (5) d. **Legebeginn.** ME ab Anf. Mai, max. Mitte/Ende Mai (vegetationsabhängig); spätestens Anf. Aug. von Ad. betreute Juv. **Gelegegröße.** 3-6 (2-7), meist 5; Ø Rhl. Mai$_{48}$ 5.0, Juni$_{26}$ 4.7, CH-VS$_{159}$ 4.35 (Junigelege kleiner); ad. ♀ mit größeren Gelegen als einj. ♀ (unabh. vom ♂-Alter) CH$_{24,17}$ 4.7 gegenüber 4.3; S.$_{89}$ 4.5, RUS$_{43}$ 5.1. Legeintervall 1 d. **Eier.** Breitoval, glänzend, Grundfarbe grau bis rosa, spärlich dunkel gefleckt und mit dünnen Haarlinien besetzt. **Brutdauer.** 11-13 d; Bebrütung ab (vor-)letztem Ei; ♀ brütet; Junge schlüpfen synchron. **Nestlings-/Führungszeit.** ♀ hudert bis 4. d, beide füttern (zuweilen nur ♀); Juv. verlassen Nest (vor Flugfähigkeit, laufend) nach 8-10 (bei schlechterer Versorgung bis 14) d, sind mit etwa 14 d flugfähig; werden 2-4 Wochen in Nestrevier geführt. **Jahresbruten.** 1 (-2); Zweitbruten regional nur selten belegt; Ersatzgelege in sommerheißen Lebensräumen nur bei frühem Verlust, in CH-VS auch bei Verlust vor 20.6. nur bei 39% der Erstbruten; in kühleren Klimaten aber noch bis Mitte Juli Nachgelege oder Zweitbruten. **Bruterfolg.** In CH-VS deutlich geringerer Bruterfolg als syntope Zippammer mit Schlüpferfolg bei 118 Eiern von 75%, Ausfliegeerfolg 65% und Gesamterfolg 48.5% und 2.5-3.1 (Ø$_6$ 2.8) flügge Juv./BP und J., in RUS von 269 Eiern in 57 Nestern 52% Schlüpferfolg und 32.7% mit flüggen Juv. Hauptverluste in CH durch Prädation und relativ hohen Anteil steriler Eier (Störungen von Balz und Begattung durch unverpaarte ♂), sonst vor allem auch Witterung und menschliche Einflüsse; höherer Erfolg durch Synchronisierung der Bruten, 64 synchrone Bruten ergaben Ø 4.66 Eier und 2.9 flügge Juv., 36 asynchrone Ø 4.06 Eier und 2.1 flügge Juv.; von 1983-88 nur 0.73-0.79 erfolgr. Bruten/Paar und J. (bei Zippammer z.B. 0.88-1.39). Angaben zu höherem Schlüpf- und Bruterfolg in D-BW und -NW [1722,2623], allerdings bei Stark- und Dauerregen auch sehr hohe Ausfälle.

Eimaße und -gewichte [1369]: L. 17.2-23.0 mm, B. 14.1-16.9 mm; Ø 19.2 x 15.4 mm (n=112, S.), Ø 20.1 x 15.7 mm (n=50, Nrh.), Ø 20.6 x 15.7 mm (n=42, W-CH). Frischvollgew. 2.27-2.32 g bzw. 2.3-2.6 g, Ø$_9$ 2.4 g. Schalengew. 0.098-0.190 g, Ø$_{112}$ 0.140 g bzw. Ø$_{18}$ 0.161 g.

Sterblichkeit, Alter. Br. im Rhonetal CH-VS 74 % im 1. J. und später 23 %/J., Durchschnittsalter 2.3 J. In NW-D bei inzwischen erloschener Population Jahressterblichkeit ♂ 54 %. Ältester Ringvogel (♀ aus D) > 8 J., mehrfach > 7 J. nachgewiesen. **Generationslänge:** < 3.3 J. [383].

Mauser. **Postjuvenile Mauser** (Teilmauser) ab 20–35 d und Abschluss zumeist vor Wegzug, Mitte Juli–Sept. [767,1369]; Körpergefieder, Teile der Flügeldecken, selten Schirm-, unregelm. Steuerfeder [767,1369,3771,1866]. • **Postnuptialmauser** (Vollmauser) Ende Juni/Mitte Juli–Aug./Sept., setzt bisweilen bereits während Jungenaufzucht ein [767,1369]; bei Zugbeginn mehrheitlich noch nicht beendet, Großgefiedermauser wird unterbrochen und 2–6 AS bleiben unvermausert oder werden oft noch im Winterquartier ersetzt [767,1369, 3771,1866,2796]. • **Pränuptialmauser** (Teilmauser) Ad. Ende Dez.–Ende März, Einj. Anf. Nov./Anf. März–Ende Jan./Mitte April [767,613]; einschließlich Schirmfedern, variablen Anteilen von Flügeldecken und ST, bei Ad. vermutlich auch einige innere AS [767,1369,3771,1866].

Emberiza caesia – Grauortolan 18680

Emberiza [hortulana] caesia Cretzschmar 1826 syn.: Rostammer

(GB) **Cretzschmar's Bunting** (F) **Bruant cendrillard** (E) **Escribano Ceniciento**

Taxonomie. Monotypisch. Bildet Superspezies mit Ortolan und Steinortolan.

Kennzeichen. [767,1369,221,3615,3772,3603; weitere **Fotos** in Bird. W. **11**, 193, Dutch B. **19**, 8, Vår Fåg. 2001/**8**, 8].

Maße. Gr.: 16 cm. Gew.: ♂ 19.8-24.0 g, ♀ 18.5-22.2 g. Fl.spw.: 23-26.5 cm. Fl.l.: ♂ 79-88 mm, Ø$_{34}$ 84.5 mm, ♀ 77-83 mm, Ø$_{13}$ 80.5 mm [767,1369].

Status. Außerhalb des europäischen Brutareals seltener Gastvogel. Nachw. betreffen GB je 1 Ind.

Juni 1967 und 1979, Mai 1998; S. Mai 1967; FIN je 1 Ind. Mai 1981, Sept. 1990; M 3 Nachw. bis 1989; F 6 mal Frühj. im 19. Jh. [337,277].
In ME im 19. Jh. gelegentl. Gastvogel, im 20. sehr selten: **NL:** dj. Ind. gefang. Okt. 1859, vj. ♂ Mai 1994 [1369,277]. • **D:** Helgol. von 1848-1879 10 Feststellungen zw. 4.Mai und 3.Juni [1369]. • **A:** -W ♀ gefang. Apr. 1827; -S ♂ Mai 1995 [1369]. (• PL: 5 Ind. Aug. 1982 in der Tatra, nach Revision nicht mehr anerkannt [1369]; B 2 Ind. Sept. 1997 ebenso wenig [1677]).

SPEC	VSchRL	Bern.Konv.	Bonn.Konv.
E	Anh. I	Anh. II	--
Europ. RL	**RL in ME**		
--	--		

Verbreitung und Bestand. Brutvogel an Küste Ägäis und E-mediterranem Raum von S-YU, AL, GR, Kreta, W- und S-TR, CY und entlang E-Rand Mittelmeer bis IL und JOR [1369,3615]. Europäischer Brutbestand etwa 140.000-230.000 BP, entspr. > 75% des Weltbestands [383], insges. leichter Rückgang; größte Bestände in TR (125-185 T.), CY (8-24 T.) und GR (5-20 T.) [383].

Wanderungen. Zugvogel; Hauptwintergebiete im Sudan und S Arabische Halbinsel. In EGY nur Dz.; Wegzug Mitte Aug.–Okt., Heimzug (Feb.) März–Ende April.

Biotop. In temperaten Bereichen des E-Mittelmeerraumes, meist unweit des Meeres an felsigen Hügeln (auch auf Inseln) mit spärlicher Krautschicht und einzelnen Büschen oder Bäumen. Im Vergleich zum Ortolan auf kargeren, trockeneren Standorten.

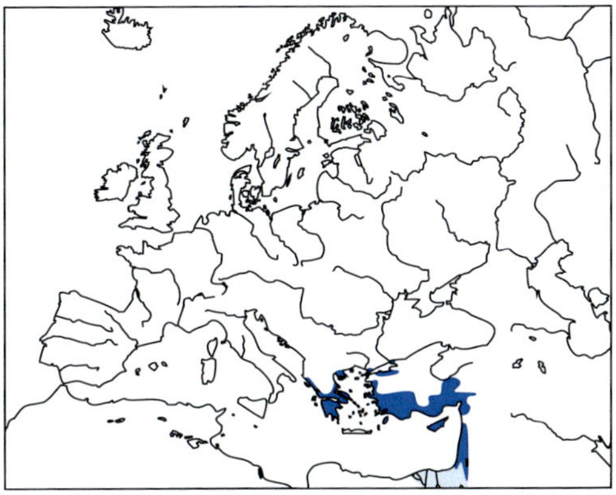

Emberiza caesia – **Grauortolan**

Nahrung. Sämereien und kleine Arthropoden.

Stimme. Stimmfühlungsrufe kurz »tsip« oder »djüb«, im Gegensatz zum Ortolan immer einsilbig; Flugrufe fast stimmlos »pt« oder »zit«. Gesang aus reintonigen Elementen gleicher Tonhöhe, etwa »dü-dü-dü-düi«, einfacher und weniger wohltönend als Ortolan. 4-5 Elemente eines Typs werden gereiht, jedes ♂ verfügt über mehrere Strophentypen. Kein Gesang auf dem Heimzug, erst im Brutgebiet.

Mauser. **Postjuvenile Mauser** (Teilmauser) Juli–Aug./Sept.; Umfang ähnlich Pränuptialmauser [767,1369,3771]. • **Postnuptialmauser** (Vollmauser) vermutlich Ende Juli–Ende Aug. [767]. • **Pränuptialmauser** (Teilmauser) im Winterquartier; umfasst Teile des Kleingefieders, Schirmfedern und nicht selten ST 1 [767,1369].

Emberiza schoeniclus – Rohrammer 18770

Emberiza schoeniclus (Linnaeus 1758)

GB Reed Bunting **F Bruant des roseaux** **E Escribano Palustre**

Taxonomie. Ca. 15-18 UA (in 3 Subspezies-Gruppen): (1) *schoeniclus* (Linnaeus 1758) (SW-Europa über ME bis europ. RUS N UA.), *ukrainae* (Zarudny 1917) (NE-UA. bis Wolgagebiet), *passerina* Pallas 1771 (NW-Sibirien), *parvirostris* Buturlin 1910 (Zentral-Sibirien von Jenissej bis Lena und SW-Baikal), *pyrrhulina* Swinhoe 1876 (E-Sibirien bis Hokkaido), *minor* Middendorff 1851 (SE-Sibirien, Mandschurei), *pallidior* Hartert 1904 (Ural bis Altai), (2) *incognita* (Zarudny 1917) (Wolga über S-Ural bis N-KZ), *pyrrhuloides* Pallas 1811 (Kaspi über KZ bis W-China), *zaidamensis* Portenko 1929 (W-China), (3) *stresemanni* F. Steinbacher 1930 (Tiefebene H bis R, YU), *witherbyi* von Jordans 1923 (S-P, W-E., F, Balearen, Sardinien), *intermedia* (syn. *canetti*) Degland 1849 (I, Sizilien), *reiseri* Hartert 1904 (S-YU, AL, N-GR), *tschusii* Reiser & Almásy 1898 (N-YU?), *caspia* Ménétriés 1832 (E-Kaukasus, SYR bis Iran), *korejewi* (Zarudny 1907) (E-Iran). Ob die anhand von Körper- und Schnabelmaßen abgegrenzten »UA-Gruppen« [vgl. 1369,3944] phylogenetischen Einheiten entsprechen, ist fraglich. Rohrammer ist nächstverwandt mit der weiträumig sympatrischen Pallasammer *Emberiza pallasi*.

Kennzeichen. [767,1369,221,3772,3615; **Fotos** östlicher UA in Bird. W. **15**, 74-86; zur Unterscheidung von *E. pallasi*: 2975,3996 sowie Fotos in Bird. W. 7, 17-18].

Maße. Gr.: 15-16.5 cm. Gew.: (N-D) ♂ 16.5-21.5 g, $Ø_{27}$ 19.7 g, ♀ 15.5-21.6 g, $Ø_{18}$ 17.9 g. Fl.spw.: 21-28 cm. Fl.l.: (NL) ♂ 76-82 mm, $Ø_{44}$ 79.8 mm, ♀ 70-78 mm, $Ø_{24}$ 74.3 mm [767,1369].

Status. Nominatform, UA *ukrainae* sowie *stresemanni* in ME verbreiteter, z.T. häufiger Brut- und Sommer- oder Jahresvogel; regelm. und z.T. häufiger Durchzügler und Rastvogel, gebietsweise Wintergast [2438,2159,3882]. UA *intermedia* in SE-ME regelm. Durchzügler und Wintergast [2438]. UA *tschusii* in H seltener Gastvogel mit 8 Belegen [2438].

Verbreitung und Bestand. Brutvogel von borealer bis Wüstenzone der Paläarktis, von Küsten W-Europas bis Kamtschatka, Sachalin und N-JAP. Fehlt in Europa nur in Teilen des mediterranen Raumes (Sizilien Brut 1979) und erreicht im N Küste einschließlich Kola-Halbinsel; RUS bis Mittelsibirien N-Grenze etwa am Polarkreis mit Vorstößen an Unterläufen großer Ströme bis fast 70° N, im fernen E offensichtlich Areal sehr stark verschmälert. S-Grenze N-Mittelmeerraum, IL, Irak, N-Iran, mittelasiatische Gebirgsschwelle mit ± isolierten Verbreitungsinseln S davon. In ME im Tiefland in geeigneten Biotopen verbreitet mit Konzentrationen und hohen Ortsdichten in Flussniederungen, Seengebieten und nahe der Küste, sowie naturbedingten größeren Lücken in Waldgebieten. Höhengrenzen CH Jura bis 1000 m, Alpen Brutplätze bis 1700 m; A-V bis 750 m, D-BY Einzelvorkommen bis 920 m, SK. bis 730 m, PL bis 600 m ü.M. Europäischer Gesamtbestand etwa zw. 4.8 – 8.8 Mio. BP (rückläufig), größte Bestände in RUS (1.4-2.5 Mio.), N. (0.5-1.0), RO (0.58-0.75), S. (0.4-0.8), UA. (0.3-0.4), PL (0.2-0.5) und FIN (0.2-0.4 Mio. BP) [383]. In ME Brutvögel SE-A und H zu *stresemanni* und in CZ, SK. und NE-H zu *ukrainae* gerechnet, klinale Übergänge mit Nominatform (W- und N-ME); Bestand etwa 0.45 – 1.22 Mio. BP [383].

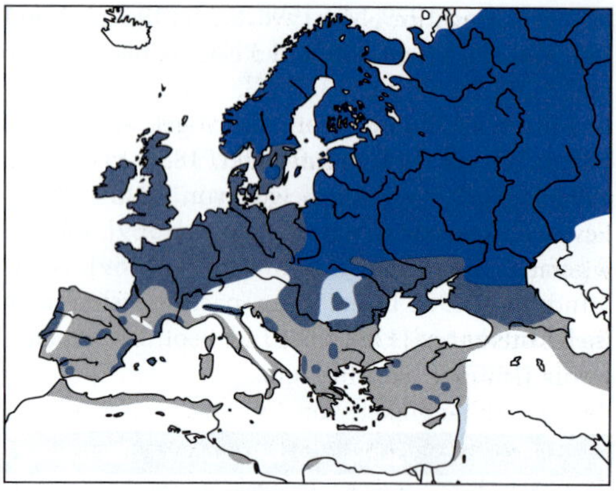

Emberiza schoeniclus – **Rohrammer**

Wanderungen. Zugvogel, Teilzieher und im S überwiegend Standvogel. Geräumt werden weitgehend Fennoskandien und RUS. Hauptwintergebiet S- und W-Teile des Areals, S davon NW-Afrika, Mittelmeerraum, Naher Osten; regelm. überwinternd im Küstenbereich S Fennoskandiens, S. bis 60° N; ME Zahl der Überwinterer nach W und S zunehmend; z.B. Gitterfeldfrequenz NL 1978-83 Jan. 51 %, Mai 81 %; Bod. Winterbestand 500–1000 Ind., Gitterfeldfrequenz bei Winterzählungen in D-BW 9.9 %, stark konzentriert auf milde Tieflagen [203]; in raueren Lagen ME dagegen keine regelm. Überwinterer; jedoch lokale Zahlen vielfach jahrweise sehr unterschiedlich und witterungsabhängig. Wintervögel ME sind sowohl Br. der Umgebung als auch Zuzügler aus N–NE. **Br. GB/IRL** sind überwiegend Standvögel und bleiben im Lande, 3 Ringfunde bis Jersey [4064]. **Br. Fennoskandiens** ziehen in Hauptrichtung SSW bis SW-F und S-E. (Br. N., S.) bzw. S-F, I, ehem. YU (Br. FIN). **Br. Baltikum** in SW-Richtung bis S-F, **Br. ME** Hauptwegzugsrichtung SW (bis SSW Br. NL, B) je nach E-Lage des Brutortes bis SW-F, N-E., S-E. bzw. I und ehem. YU, Herbstfänglinge ME und W-Europa auch bis MA und M nachgewiesen. Fänglinge im ehem. YU weiter nach W mit Wiederfunden vor allem in I. Auch Abzugsrichtung im SE-Sektor von Herbstfänglingen ME. Abzug aus Skandinavien Mitte Sept.–Ende Okt. (Dz. S-S. bis Mitte Nov.). In ME Dispersion ab Ende Juni, Dz.-Gipfel Mitte Sept. bis Mitte Okt., im SE Anf. Okt. bis Nov. Früheste Ankunft in Brutgebieten ME ab Feb., meist ab Anf. März; Dz.-Höhepunkte letzte Märzdekade bis Anf. April, im N Dz. bis Anf. Mai; an mehreren Kontrollstellen ME überwogen zu Beginn ad. ♂, in B Reihenfolge ad. ♂, ad. ♀, juv. ♂, juv. ♀. Individuell weit auseinanderliegende Winterorte von Br. unbekannter Herkunft mehrfach belegt, dabei vielfach in höherem Alter weiterer Zug als in Vorjahren. Geburtsorts- und Brutortstreue nachgewiesen.

Bestandsentwicklung. Nur sehr wenige genauere Untersuchungen zur Bestandsentwicklung vorhanden. In Abhängigkeit von Bruterfolg und Winterklimas größere Bestandsschwankungen möglich, dabei in vielen Regionen bis in 1970er J. Zunahmen und während 80er J. deutliche Abnahmen [NL, D, CS: 334,1139,884,1852,2471,3519]. Allerdings zumindest in weitgehend unbeeinträchtigten Lebensräumen ME in letzten Jahrzehnten keine grundlegenden, langfristigen Bestandsveränderungen[1369,1585,1617,2031,2882,3393,3392,1722,1141,834,2393,4196,1747,2518,202,3224,2889].

	Best.	Areal	Brutbestand	Jahr	Quelle
A	+/-	=	7.000–12.000	1998–2002	[383]
B	↓	- 1	3.100–6.200	2001–2002	[383]
CH	+/-	=	3.000–5.000	1993–1996	[383]
CZ	+/-	=	40.000–80.000	2000–2002	[383]
D	+/-	=	160.000–400.000	1995–1999	[383]
FL	+/-	=	25–35	1998–2000	[383]
H	+/-	=	43.000–80.000	1998	[383]
L	↑	=	800–1.000	2001	[383]
NL	⇧	+ 1	70.000–100.000	1998–2000	[383]
PL	+/-	=	200.000–500.000	2000–2002	[383]
SK	+/-	=	20.000–40.000	1990–1999	[383]

Andererseits durch Lebensraumveränderung oder -zerstörung z.T. deutliche Verluste (mind. bis Mitte 1980er J.) [S-D, Grünland -SH, -RP, -NW, -SN, B, Bod., N-CH:410,1526,4110,1615,1040,2259,593,595,902,4047,2560,196,843,2642,1,310]; Bestandsrückgänge und Arealschwund in Europa vor allem auch in GB durch Verlust an geeigneten Bruthabitaten in Ackerlandbereichen (im Vergleich zu Grünland); ab Mitte 1980er J. dort kurzzeitige Erholung [1343,767,2471,2469], nachfolgend weitere Abnahme [auch in S-Europa sowie Baltikum: 1507,1585]. Demgegenüber Areal in jüngster Zeit in ME durch Neubesiedlung von Raps- und Getreidefeldern, aufgrund Neuentstehung von Verlandungsbereichen und Teichanlagen sowie durch Schutzmaßnahmen in stark beeinträchtigten Feuchtbiotopen lokal ausgeweitet und Bestand vergrößert [z.B. NL, D-SH, -TH, -NW, -BY: 1224,1363,595,436,2068,2623,375,3638,310; vgl. auch 1507]. Aber auch bei entsprechenden Neuansiedlungen nicht überall Ausgleich der Gebietsverluste [z.B. 2808,1,3595]. Zunahmen in Europa neuerdings u.a. in IRL, DK, UA. und SLN [1585].

Siedlungsdichte. Reviergrößen zu Beginn der Brutzeit D-BY 0.17–0.75 (Ø 0.27) ha, in B Ø Paarbildung 0.2, Nestbau 0.3, Legeperiode 0.2, Fütterperiode 0.18, ledige ♂ 0.07 ha; Futtersuche für Nestlinge aber auch außerhalb Nestrevier. An günstigen Stellen hohe Konzentrationen ähnlich Rohrsänger, Neigung später ankommender ♂, sich in Nähe sing. ♂ anzusiedeln. Höchstdichten ME auf Flächen von 20–49 ha 43.0 – 10.0 – 5.2 (Ø 15.3), von 50–99 ha 26.8 – 5.2 – 2.9 (Ø 10.3), von > 100 ha 11.4 – 5.0 – 3.1 (Ø 5.7) Rev./10 ha [s. auch Angaben in 310,1137,1722,1,1369]; Großflächendichte (> 100 km^2) meist zw. 0.02 – 2.8 »Rev.«/km^2 [vgl. Tab. 72 in 337], in PL regional z.T. deutlich mehr [vgl. 3871].

Gefährdungsursachen. [1369,196,337,2560,767,410,1526,4110,1615,884,2471,2259,1224,3519] Lebensraumverlust durch Grundwasserabsenkung und Entwässerung von Feuchtgebieten und Mooren, Entfernung von Ufer- und Verlandungsvegetation, intensive Pflege und Mahd von Gräben, ferner Verbauung, Erschließung und Verfüllung von Gewässern und Feuchtgebieten, oder Aufforstung; schließlich Wassereinstauung und Flutung sowie Flussverbauung.
Störungen an Brutplätzen.
Verlust von Überwinterungsgebieten in SW-Europa durch Austrocknung oder Lebensraumzerstörung.
Erheblicher Einfluss durch ungünstige Witterung im Winter.

<table>
<tr><th>SPEC</th><th>VSchRL</th><th>Bern.Konv.</th><th>Bonn.Konv.</th></tr>
<tr><td>--</td><td>--</td><td>Anh. II</td><td>--</td></tr>
<tr><th>Europ. RL</th><th colspan="3">RL in ME</th></tr>
<tr><td>--</td><td colspan="3">FL: 'VU'; B vgl. Anh.-Tab.</td></tr>
</table>

Schutzmaßnahmen. Erhalt und Schutz bestehender Feuchtgebiete mit Schaffung beruhigter Zonen; Wiedervernässung und Renaturierung trockengelegter Gebiete und ehemaliger Feuchtbiotope. Teilberuhigung und reduzierte »Pflege« intensiv

genutzter Teichgebiete; Beschränkung der Schilfmahd auf Teilflächen.
Ausdehnung der Ufervegetation entlang von Fließgewässern und Schutz der Uferstreifen vor Mahd, »Pflegemaßnahmen« oder Umbruch.
Verbesserung der Rast- und Überwinterungsmöglichkeiten durch Extensivierungsmaßnahmen mit Förderung von Brach- und Ödlandflächen.

Biotop. Br. der Verlandungszone, in den Habitatansprüchen am ehesten mit Schilfrohrsänger vergleichbar, also vor allem in landseitigen und nicht im Wasser stehenden Schilfbeständen auf feuchtem, im Sommer auch trockenfallendem Boden und gut entwickelter Krautschicht (Großseggen, Bittersüß, Gilbweiderich); in reinen Schilfflächen müssen einzeln stehende Büsche als Singwarten vorhanden sein, Reviere meist mit Mischvegetation. Br. stark verlandeter stehender Gewässer, an Ufersäumen von Fließgewässern (z.B. mit Rohrglanzgras bestanden), in Überschwemmungsflächen, in lichtem, schilfdurchsetzten Auengebüsch, Niedermoorflächen und Streuwiesen, Seggen- und Pfeifengrasgesellschaften, auch mitunter an kleinen Wasser- und Feuchtstellen oder in vernässten Senken oder staunassen Flächen in unterschiedlichsten Biotopen, sofern entsprechende Vegetationsstruktur ausgebildet ist. Entlang von Gräben, an Fischteichen, Stauseen, Tümpeln etc. auch bei nur periodischer Wasserführung. In manchen Gebieten auch an deutlich trockeneren Standorten, z.B. Ackerrändern und Wiesengräben. Nester und regelrechte kleine Lokalpopulationen in Raps- und Getreidefeldern sind in neuerer Zeit offenbar zunehmend bekannt, mitunter > 1 km vom Wasser entfernt. Außerhalb der Brutzeit auch auf Feldfluren (gerne Stoppelfelder), Ruderalflächen, Straßenrändern etc.

Nahrung. Im Sommer überwiegend animalisch, sonst überwiegend reife und halbreife Sämereien, aber nach Möglichkeit auch wirbellose Kleintiere. Nestlingsnahrung großenteils Spinnen, Raupen, Schnaken, Kleinlibellen aus der Verlandungszone (meist frischgeschüpfte, noch nicht flugfähige Ind.), aber auch kleine Schnecken.

Stimme. Häufigster Ruf gedehnt »zieh«, in der Tonhöhe leicht absinkend, kräftiger und meist kürzer als Beutelmeise, auch im Flug zu hören; ferner etwas gedämpft »tschö« oder »psä«, offenbar hauptsächlich bei Störung; aggressiv heiser »tschrrp«. Gesang schilpende Strophe, oft ausgesprochen rhythmisch oder mitunter etwas stotternd, etwa »zja tit tai zis-siss-tai zier zississ « oder kürzer »djip djipdjipip tiö tetet« oder oft auch abgebrochen; jedes ♂ singt nur einen Strophentyp. Individuelle Gesangsmerkmale im Anfangsteil, saisonale Variabilität v.a. in der Geschwindigkeit des Gesangsvortrages. Imitationen kommen vor. Lokale Dialektbildung in England beschrieben (Standvögel), Kontersingen der Nachbarn mit ähnlichen Strophentypen, Synchronisation des Brutablaufs der Nachbarn vermutet; diese Phänomene bisher für Festland nicht bestätigt (Zugvögel). Gesang Anf. März – Anf. Aug. (max. April–Juni); nach der Mauser gelegentlich im Herbst.

Verhalten. Tagaktiv; Tagzieher. Klettern auf senkrechten Halmen, meist in kleinen Sprüngen. Nahrungserwerb durch Auflesen von Samen auf dem Boden, aber auch bei höheren Pflanzen Klettern zu den Samenständen. Insekten werden von Pflanzen abgelesen, selten auch im kurzen Flug erjagt. Zu Beginn der Brutzeit kehren auch bereits revierhaltende ♂ an gemeinsamen Schlafplatz des Trupps zurück. Gesang von erhöhter Warte aus (meist Büsche oder Stauden, aber auch Rohrhalme). ♀ verteidigen Rev. nur gegen ♀. Bei Balz »Halmgymnastik« mit Sprung und Drehung um 90° , sodass sich ♂ dem ♀ immer schräg von vorne zeigt; ferner Imponierflug und Halmbalz. ♂ verpaaren sich i.d.R. mit einem ♀, manchmal aber auch mit mehreren (♂ übernehmen ♀ vom Nachbarterritorium). Sehr viele fremde Junge im Nest (nicht vom Paar-♂). ♂ sind oft standorttreu zwischen den J. Nahrungssuche auch außerhalb des Territoriums. Außerhalb der Brutzeit gesellig, auch Mischgeselligkeit mit anderen samenverzehrenden Kleinvögeln. Außerhalb der Brutzeit Gemeinschaftsschlafplätze im Röhricht, aber auch in Koniferen, meist nur in kleineren Trupps, aber auch bis ca. 100 Ind.

Fortpflanzung, Brutbiologie [1369,337,767,1722]. Geschlechtsreife im 1. Lebensjahr. Monogame Saisonehe häufig, i.d.R. bleibt Paar auch zur Zweitbrut zusammen; Wiederverpaarung im Folgejahr aber nur selten; Bigynie in verschiedenen Populationen (GB 4 Fälle bei 80-90 BP, darunter 1 mal 2 ♀ in einem Nest); Trigynie selten. Hoher Anteil an Fremdbefruchtungen, in GB 50% bzw. 55% der Jungen. **Ankunft am Brutplatz.** Ab Mitte/Ende Feb. bis März, mitunter erst April; ♂ i.d.R. mehrere d vor ♀, zuweilen auch 2-4 Wochen. Paarbildung im Revier, z.T. über mehrere Wochen erstreckt. **Nest.** Wahl durch ♀. Neststand in krautiger Vegetation, fast stets durch überhängende Blätter und Halme vor Sicht nach oben geschützt, meist < 0.5 (selten > 1.5) m über Grund, mit den Trägerpflanzen nicht verflochten; z.B. Rhl. von 147 Nestern 33 über Wasser, 52 über nassem, 41 über feuchtem bis frischem, 19 über trockenem Boden; 31 im Schilf, 27 in Seggen, 24 in Wasserschwaden, 18 in Rohrkolben, 10 in Mischvegetation obiger Arten, 9 in Rohrglanzgras, 7 in Binsen, 5 in Pfeifengras, 7 in anderen Gräsern, 5 in Kräutern, 4 in Weidensträuchern (davon 41 <0.1 m Bodenhöhe). Außenbau aus Blättern und Halmen von Seggen, Binsen, Pfeifengras etc., Innenausbau aus feinerem Material wie Blütenstände von Gras und Seggen, feine Wurzeln und Tierhaare (bis 36 Pflanzenarten als Baumaterial der Außenschicht, 21 der Mittelschicht nachgewiesen). Muldendurchmesser ca. 50 mm, -tiefe ca. 40 mm. Nur ♀ baut, wird vom ♂ begleitet; Dauer 2-8 (meist 3-4) d. Bei früher Eiablage nachträgliche Fertigstellung. **Legebeginn.** Frühestens (2.) 3. Aprildekade bis Mitte Juli. **Gelegegröße.** 4-5 (2-6, in N-Europa auch 7); Kalendereffekt, Juligelege kleiner, Ø April/Mai/Juni Rhl.$_{8,55,43}$ 4.8/4.8/4.5, S-D$_{10,73,19}$ 4.5/4.8/4.3, E-D$_{63,196,51}$ 5.1/4.9/4.4, CH$_{19,39,14}$ 5.0/4.9/4.7; GB$_{529}$ 4.46, CH$_{174}$ 4.6, NL$_{138}$ 4.8, PL$_{212}$ 5.06, FIN$_{83}$ 5.2, W-RUS$_{116}$ 4.8. Legeintervall 1 d. **Eier.** (Kurz-)oval, meist glanzlos, Grundfarbe hellbräunlich bis rosabraun, mit unregelm. schwarzbraunen Linien und Flecken besetzt. **Brutdauer.** 12-15 d; Bebrütung ab (vor-)letztem Ei; ♀ brütet (mitunter auch ♂ kurzzeitig); Junge schlüpfen innerhalb 1-2 (3) d. **Nestlings-/Führungszeit.** ♀ (zuweilen auch ♂) hudert bis 3. d ausdauernd, später kürzer, beide füttern (Anteile jedoch sehr unterschiedlich, auch abhängig vom Paarungsstatus); Juv. verlassen Nest (vor Flugfähigkeit) nach 10-12 (8-13) d, sind mit 15-16 d gut flugfähig; Auflösung der Familie bei Erstbrut max. 20 d nach dem Ausfliegen, Juv. von Zweitbruten bleiben länger in Reviernähe, auch wenn Eltern schon weggezogen sind. **Jahresbruten.** 2; meist Zweitbruten, in Rhl. lokal nur 10%, in borealer Zone nur 1; einzelne Drittbruten möglich; Ersatzgelege. **Bruterfolg.** E-D aus 48% der Eier Juv., 2.3 flügge Juv./Brut und J.; S-D aus 42% der Eier Juv., 4.5 Juv./BP und J., Nach- und Zweitbruten offenbar vielfach erfolgreicher. In D-BW aus 51.8% der Eier$_{555}$ Juv., 2.0 Juv./Nest. In GB in 7 J. von 1846 Eiern 67% geschlüpft, aber nur 0.4 flügge Juv./Nest bzw. 2.2/erfolgr. Nest; pro J. waren von Ø 315 Nestern (im Mittel 86 BP) 20% erfolgr., Hauptverluste durch Prädation, gefolgt von anthropogenen Eingriffen (Landwirtschaft etc.). Von Wasser umgebene oder höher gebaute Nester etwas erfolgreicher als andere.

Eimaße und -gewichte [1369]: L. 17.8-22.6 mm, B. 13.7-15.7 mm; Ø 19.9 x 14.8 mm (n=138, ME), Ø 19.9 x 14.7 mm (n=100, GB), Ø 19.1 x 14.7 mm (n=127, S.). Frischvollgew. 1.87-2.68 g, Ø$_{77}$ 2.19 g. Schalengew. 0.10-0.16 g, Ø$_{224}$ 0.134 g.

Sterblichkeit, Alter. Br. in GB/IRL (1962-94) 53 % im 1. J., später 46 %/J. [3589]. Ebenfalls in GB/IRL 47 %/J. für ad. ♂ und 51 %/J. für ad. ♀ berechnet, mittlere Lebenserwartung 2.1 und 2.0 J. (Unterschiede nicht signifikant) [908]. Bei Ringvögeln CH 40 % (± 5.9) für ♂ und 53 % (± 6.9) für ♀. Älteste Ringvögel 11 J. 3 Monate (NL) [3654] und 10 J. 1 Monat (GB/IRL). Zusammenhang zwischen Wintersterblichkeit (bedingt durch Nahrungsmangel) und Verringerung der Population in GB/IRL [2958]. **Generationslänge:** < 3.3 J. [383].

Mauser. **Postjuvenile Mauser** (Teil-, z.T. Vollmauser) Juli/Mitte Aug.–Ende Aug./Anf. Okt.; Kleingefieder, variable Anzahl von Schirm- und Steuerfedern, unregelm. AS 6 und eine äußere HS; Umfang bei früh Mausernden und ♂ größer als bei spät Mausernden bzw. ♀ [767,1369,1866]; in S-Europa nicht selten Vollmauser [2989].
• **Postnuptialmauser** (Vollmauser) Juli/Ende Aug.–Anf. Aug./Sept. (Anf. Okt.); Dauer der HS-Mauser ME, F und GB ca. 42–46 d, S-Fennoskandien ca. 54–60 d, N-FIN ca. 43–50 d [767,1369,3628].
• **Pränuptialmauser** (Teilmauser) Feb.–März; größtenteils auf Kopf- und Kehlgefieder beschränkt [767,1369,3771,1866].

Emberiza pusilla – Zwergammer 18740

Emberiza pusilla Pallas 1776

GB Little Bunting **F Bruant nain** **E Escribano Pigmeo**

Taxonomie. Monotypisch.

Kennzeichen. [767,1369,221,3615,3772,479; weitere **Fotos** in Bird. W. **6**, 391, **8**, 34, **14**, 395, **17**, 100, Dutch B. **14**, 87, **20**, 200, **24**, 392, **25**, 197, 429-30, **26**, 77-78, Limic. **10**, 249, **14**, 264, **15**, 310, **17**, 334].

Maße. Gr.: 13-14 cm. Gew.: (RUS) ♂ 13.8-19.3 g, Ø$_{85}$ 15.7 g, ♀ 12.9-18.4 g, Ø$_{79}$ 15.1 g. Fl.spw.: 20-22.5 cm. Fl.l.: ♂ 69-76 mm, Ø$_{30}$ 72.4 mm, ♀ 67-70 mm, Ø$_{13}$ 68.8 mm [767,1369].

Status. Im Bereich der Nordsee heute jährlicher einzelner Gastvogel, auch in fast allen anderen Teilen Europas wenigstens ausnahmsw. nachgewiesen, und häufigste aller Taigaammern. Einige veröffentlichte Meldungen jedoch (noch) nicht überprüft; bessere Artenkenntnis dürfte Nachw. auch im Binnenland vermehren, wie relativ zahlreiche Fänge aber wenige Beob. nahe legen [1369,337]. Offensichtlich (zunehmend?) erfolgr. Überwinterungen in S- und W-Europa. F 26 Ind. 1981–90; GB/IRL 523 Ind. bis 1990; DK 0 bis 1966, 27 Nachw. 1966-88; EST 4 Nachw. bis 1989; ferner festgestellt in LV, IS, DK, E. (3 Ind. 1986), Kanaren, Balearen, P, M (mind. 19 Ind.), I, Sizilien, GR, YU (1985, 1986), BG, UA., TR, JOR, Libanon, Kuwait und EGY [337,3615,1585].

SPEC	VSchRL	Bern.Konv.	Bonn.Konv.
--	--	Anh. II	--
Europ. RL	**RL in ME**		
--	--		

In ME im Binnenland seltener und unregelm. Gastvogel von Sept. bis Nov. bzw. März-April (Mai) sowie mehrere Winternachw.; Beob. nicht selten auch im Binnenland. Viele Feststellungen nach Revision nicht mehr anerkannt. • **NL:** 27 Nachw. von 1842-1979, weitere 76 bis 2003; seit 1967 fast allj., mit Zunahme von 12 Ind. (1970-89) auf 24 (1980-89) und >33 (1990-99), entsprechende Zunahme in GB; allein auf Terschelling 13 Nachw.; größter Trupp 3 (März/Apr. 1990), Überwinterung von 2 Ind. 1995/96 [277,q16]. • **B:** 33 Nachw. von

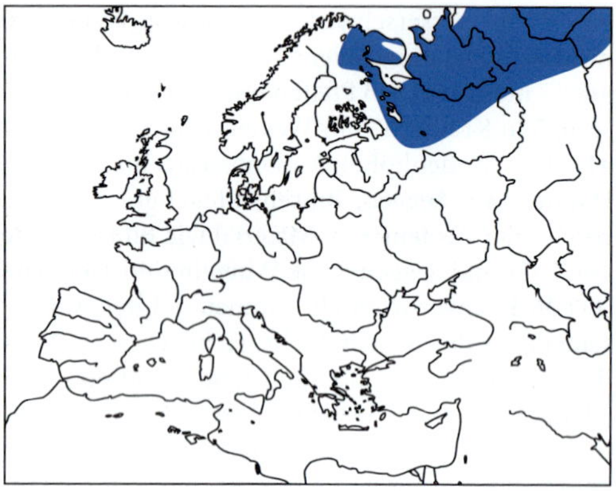

Emberiza pusilla – **Zwergammer**

1876-1997, darunter 5 mal Winter [1369,q15]. • **D:** Helgol. allj. mehrere Beob. (max. > 10 Ind.), insges. etwa 101 Nachw. bis 2000 (davon die Hälfte seit 1990) April-Juni (1 mal Juli) und Sept.-Nov. (Dez.) [1369,869]; -SH 9 mal 1-4 Ind. [1369,575]; -HH Sept. 1957, 1968, 1987 und Okt. 1992 [1369]; -MV u.a. Dez. 1963, Fang Nov. 1989 [1369,575]; -BB ♀ gefang. Apr. 1999 [1]; -NI u.a. Sept. 1990 [1369]; -ST erl. Okt. 1914, Dez. 1969, März 1972 [1369]; -NW März 1976, April 1978, Mai 1990 [1369,575]; -HE Okt. 1964 [1369]; -RP 7 mal (3 Fängl.) von 1959-79 [1369]; -TH Jan. 1973 [1369]; -SN jew. gefang. April 1988, Sept. 1992 [1369]; -BW 7 mal (10 Ind.; 3 Fängl.) von 1975-98 [1722,575]; -BY u.a. April 1988 [1369]. • **CH:** 14 anerk. Nachw. von 1947-2001, meist im Okt.-Dez. bzw. April sowie -TI Jan. 2001 [1369,4152,q14]. • **A:** 12 mal von 1850-1993 zw. Okt. und Mai [1369,3129]. • **H:** dj. Ind. Nov. 1988, Okt. 1990 [1369]. • **CZ:** ♂ Jan. 1981 [1369]. • **PL:** 16 Nachw. bis 1998 (1 mal 19. Jh.), meist Fängl. an Küste, 1 mal Binnenland (Okt. 1989); 2 mal im Winter (zuletzt Ende Dez. 1998) [1369,q13]. Noch nicht homologiert: H 2000 und CZ 2001 [q4].

Verbreitung und Bestand. Brutvogel der borealen Zone der Paläarktis von N-Fennoskandien bis NE-Sibirien; S-Grenze RUS ca. 60° N, in Sibirien z.T. bis ca. 56° N; im N z.T. > 70° N [1369,767]. Europäischer Brutbestand zw. 5 – 8 Mio. BP (nur RUS, Trend unbekannt), ferner kleine Bestände in FIN (1.000-5.000 BP, starke Abnahme) und S. (10-150

BP, fluktuierend) [383]; in N. noch nicht regelm. BP (0-30 BP) [383].

Wanderungen. Langstreckenzieher mit Winterquartier in S-Asien von NE-Indien und Nepal bis S-China. Br. am W-Rand des Areals ziehen nach E bzw SE ab. Wegzug Fennoskandien Aug.-Okt., Rückkehr Mai–Anf. Juni. Wie andere Br. Sibiriens zieht offenbar regelm. ein kleiner Teil in W-Richtung und scheint auch einzeln erfolgreich zu überwintern (belegt z.B. für IL, Sinai, England, ME) – dies viell. Beleg für Beginn der Etablierung eines neuen Winterareals. Relativ hoher Anteil an Frühjahrsfeststellungen im ME Binnenland im Vergleich zur Küste.

Biotop. Br. lichter Laubbestände, z.B. Flussauen und Birkenwälder, sowie der Strauchtundra. Auf dem Zug oder im Winter meist auf spärlich bewachsenen oder kurzrasigen offenen Flächen, z.B. Äcker, Ödländer, kurzen Rasen oder bei höherer Vegetation gern auf Wegen sowie am Strand und Ufer von Binnengewässern.

Nahrung. Im Winter vor allem kleine Sämereien, im Sommer auch Insekten.

Stimme. Ruf kurz und scharf »tzip« oder »tsik«, viel kürzer und härter als Rohrammer. Gesang mit kurzen, wohlklingenden Strophen, oft mit gleichförmigen Elementen beginnend, etwa »zwi zwi zwi zwiehdi-di«, kann tiefer oder höher enden, sehr variabel, Gesangsstruktur ähnlich anderen Ammern wie Rohrammer, Ortolan. Gesangsbeginn auf dem Heimzug, bis Ende Juli zu hören.

Verhalten. Tagaktiv. Zur Brutzeit territorial. Auf dem Durchzug oder im Winter vor allem Nahrungssuche auf dem Boden.

Mauser. **Postjuvenile Mauser** (Teilmauser) Juli–Aug.; umfasst meiste Flügeldecken, selten Schirmfedern [767,1369]. • **Postnuptialmauser** (Vollmauser) Juli–Mitte Aug./Anf. Sept.; Kleingefiedermauser bei Zugbeginn bisweilen noch nicht beendet [767,1369]. • **Pränuptialmauser** (Teilmauser) Feb.–April; auf Kopf- und Kehlgefieder beschränkt.

Emberiza rustica – Waldammer 18730

Emberiza rustica Pallas 1776

(GB) **Rustic Bunting** (F) **Bruant rustique** (E) **Escribano Rústico**

Taxonomie. Zwei UA: *rustica* Pallas 1776 (N-Eurasien) und *latifascia* Portenko 1930 (Anadyrland, Kamtschatka).

Kennzeichen. [767,1369,221,3615,3772,479; weitere **Fotos** in Bird. W. **7**, 386, **9**, 173, **16**, 190, Dutch B. **14**, 88, **20**, 122, **24**, 186, **25**, 381].

Maße. Gr.: 14.5-15.5 cm. Gew.: (JAP, Ende Okt./Nov.) ad. ♂ 17.7-24.3 g, $\varnothing_{54}$ 21.0 g, immat. ♂ 17.4-25.8 g, $\varnothing_{54}$ 20.8 g, ad. ♀ 18.0-22.9 g, $\varnothing_{35}$ 20.1 g, immat. ♀ 16.0-21.2 g, $\varnothing_{45}$ 18.8 g. Fl.spw.: 21-25 cm. Fl.l.: ♂ 78-83 mm, $\varnothing_{18}$ 80.7 mm, ♀ 73-81 mm, $\varnothing_{10}$ 77.5 mm [767,1369].

Status. Nominatform in NW-Europa sehr selten, aber heute in GB allj. Gastvogel, sonst Ausnahmegast (einzelne kleine Einflüge, zuletzt 1997). **F** ca. 9 Ind. 1900–90; GB/IRL 147 Ind. bis 1990; DK 17 Nachw. bis 1989; EST einzelne Brutnachw. von 1979-84; LV unregelm. Brutvogel ab 1985; ferner in IS, DK, E., P, I, M, GR, YU, BG, UA., TR, SYR, IL,

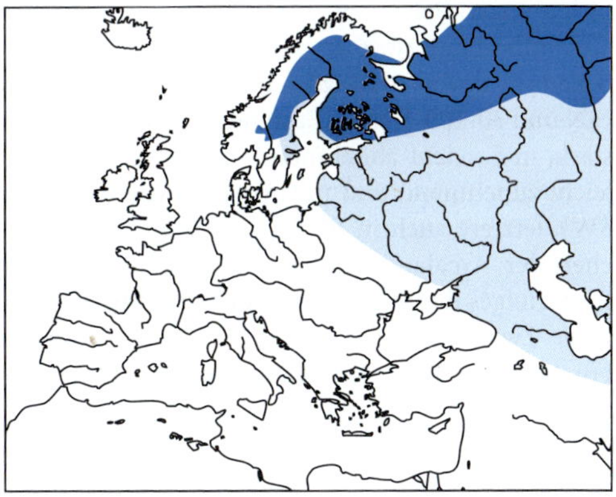

Emberiza rustica – **Waldammer**

Irak, Kuwait und EGY festgestellt [337,3615,1585]. In ME seltener und unregelm. Gastvogel von Mitte Sept. bis Anf. Nov. bzw. April/Mai (März-Juni), Nachw. konzentriert auf Küstengebiete, aber gelegentlich auch im Binnenland (vor allem Frühj.). **NL:** 67 mal (> 70 Ind.) von 1874-2003, kleine Einflüge

1980 und 1994, größter Trupp 4 Ind., seit 1981 fast allj.; allein auf Terschelling > 15 Nachw. [277,q16]. • **B:** 11 anerkannte Nachw. (12 Ind.) von 1928-97 [1369,q15]. • **D:** Helgol. etwa 60 Nachw. bis 2000 (vor allem 19. Jh. und Anf. 1990er J.) April-Juni und Aug.-Okt.; -SH Juni 1986, Mai 1998 [1369,575]; -HH Mai 1948, Sept. 1960, Okt. 1988, Okt. 1992 [1369]; -MV dj. ♀ Sept. 1934, ♀ Juli 1964, ad. ♂ Okt. 1994, 2 Ind. Sept. 1995, ♀ Mai 1996 [1369,575]; -NI Mai 1975 und Binnenland Okt. 1994 [1369]; -NW ♂ Sept. 1990, Okt. 1998 [1369,575]; -BY ♂ Mai 1977 [1369]; -TH ♂ erl. April 1844 [1369]. • **CH:** (1908 gestrichen), 9 anerk. Nachw. von 1966-98 im Okt. bzw. März [1369,4152,q14]. • **A:** -V Sept. 1972 und Nov. 1994 [1369,3129]. • **CZ:** 2 mal sing. ♂: April 1982 und März 1986 [2159]. • **PL:** 24 Nachw. bis 1996, meist Fängl. an Küste, 2 mal Binnenland (Okt. 1976 und 1988), nur 1 mal Frühj.: ad. ♀ gefang. Mai 1995 Hela [1369,3871].

SPEC	VSchRL	Bern.Konv.	Bonn.Konv.
--	--	Anh. II	--
Europ. RL	**RL in ME**		
--	--		

Verbreitung und Bestand. Brutvogel der borealen Zone der Paläarktis von S. (und N.) bis E-Sibirien und Kamtschatka. S-Grenze S-Küste FIN, RUS S 60° N, Sibirien z.T. bis 51–52° N (z.B. S-Spitze Baikalsee), N-Grenze N-S. und N-FIN, RUS und Sibirien max. Polarkreis [1369,767]. Europäischer Gesamtbestand zw. 6.1 – 10 Mio. BP (Trend unbekannt), davon 6-10 Mio. in RUS, 100-200 T. in FIN und 30-100 T. in S.; Bestand in FIN neuerdings stark, in S. leicht abnehmend, in N. (100-500 BP) leicht zunehmend und mit Arealausweitung (nach SW), letztere auch in RUS [1585,383,1507]. Ursachen der Arealausweitung unklar; Erhöhung der Bruterfolges durch günstigeres Klima (Möglichkeit einer Zweitbrut) wird diskutiert. Auch moderne Forstwirtschaft hat Verbreitung offensichtlich gefördert [337].

Wanderungen. Langstreckenzieher; Hauptwintergebiet China, Korea, JAP, also weiter E als Weidenammer, vielleicht aber auch weiter W noch einige Wintergebiete (z.B. N-Iran und N Tien Schan); Br. Europas ziehen zunächst lange nach E und drehen dann nach S. Viele Fernfunde in Korea und JAP beringter Vögel weisen nach S. 2 Ringfunde W des Brutareals in Europa beringter Ind. weisen nach E bzw. SE (Juni Shetlands–Okt. GR; Okt. M–nach 11 d Rhodos). Wegzug in Fennoskandien Ende Aug.–Sept., Rückkehr Ende April–Mai; in N-FIN 26. April–29. Mai (Ø 14. Mai).

Biotop. Br. in lichten Nadel- und Birkenmischwäldern auf feuchtem bis sehr feuchtem und moorigem Untergrund, auch in Gebüschgruppen, an Lichtungen oder Waldrändern, Uferdickichten an Flüssen.

Nahrung. Offenbar im Sommer weniger Insekten als andere Ammern.

Stimme. Rufe hoch »twüit« oder kurz »tik-tik« oder »zik«, etwas höher als Rotkehlchen. Gesang kurze Strophe aus schnell geflöteten Elementen in rasch wechselnder Tonhöhe, Strophen kürzer als Zippammer und weniger hoch »didliö-didliö-di-di-diö« o.ä. Jedes ♂ singt mehrere Strophentypen, dabei ist flötender Beginn relativ konstant, Mittel- und Schlussteil werden variiert. Gesangsbeginn bereits Mitte März im Winterquartier bis zum Wegzug Ende Aug./Anf. Sept.

Mauser. **Postjuvenile Mauser** (Teilmauser) Mitte Juni/Mitte Aug.–Mitte Aug./Sept. [767,1369]; umfasst auch Flügeldecken, Schirm- und selten mittlere ST [613]. • **Postnuptialmauser** (Vollmauser) Ende Juni/Juli–Mitte Aug./Ende Sept., zumeist bei Wegzug beendet; Dauer RUS ca. 50–70 d [767,1369]. • **Pränuptialmauser** (Teilmauser oder fehlend) (März) April–Mai; zumindest bei einigen Teile des Kopfgefieders [767,1369].

Emberiza chrysophrys – Gelbbrauenammer 18710

Emberiza chrysophrys Pallas 1776 syn.: Prachtammer

(GB) **Yellow-browed Bunting** (F) **Bruant à sourcils jaunes** (E) **Escribano Cejigualdo**

Taxonomie. Monotypisch.

Kennzeichen. [767,1369,221,3772,3615; Fotos in Bird. W. **7**, 410-11, **11**, 173, **14**, 393-94].

Maße. Gr.: 14-15 cm. Gew.: ♂$_3$ 19.9, 20.7, 21.1 g. Fl.spw.: 21.5-25 cm. Fl.l.: ♂ 78-84 mm, Ø$_{20}$ 80.3 mm, ♀ 71-78 mm, Ø$_{18}$ 74.8 mm [767,1369].

Status. In Europa Ausnahmegast mit Nachw. in GB/IRL: Okt. 1975, Okt. 1980, Sept. 1992, Okt. 1994 [277]; UA. Jan. 1983 [3615].
In ME jew. dj. ♂ gefang. in • **NL:** Okt. 1982; • **B:** Okt. 1966 [1369,277].

Verbreitung und Bestand. Brutvogel in Mittel- bis SE-Sibirien W Baikalsee bis mittlere Lena [1369,3615]. Kein europäischer Brutvorkommen.

Stimme. Warnruf ein scharfes »zik«, ähnlich Rotkehlchen, auch gereiht. Gesang beginnt mit einigen volltönenden flötenden Pfeiflauten, der Schlussteil besteht aus 3-5 Elementen und ist variabel und erinnert entfernt an Goldammer.

Wanderungen. Zugvogel; Hauptwinterquartier SE-China.

Mauser. **Postjuvenile Mauser** (Teilmauser) Ende Juli–Aug./Sept.; Großteil des Kleingefieders [767,1369]. • **Postnuptialmauser** (Vollmauser) im (Juli) Aug. [767,1369] oder vermutlich erst Sept.–Okt. [1369,3771]. • **Pränuptialmauser** (Teilmauser) im Winterquartier; umfasst zumindest bei einigen Ind. Teile des Körpergefieders, bei Einj. auch ST 1 [767,1369].

Emberiza spodocephala – Maskenammer 18530

Emberiza spodocephala Pallas 1776

(GB) **Black-faced Bunting** (F) **Bruant masqué** (E) **Escribano Enmascarado**

Taxonomie. Drei UA: *spodocephala* Pallas 1776 (Ob-Tal bis Mandschurei, Korea), *sordida* Blyth 1844 (China) und *personata* Temminck 1836 (Kurilen, Sachalin, JAP).

Kennzeichen. [767,1369,221,3772,3615,1776; weitere Fotos in Bird. W. **7**, 95-99, 134, 203, 494, **14**, 392-93, Dutch B. **16**, 121, **22**, 172].

Maße. Gr.: 13.5-15 cm. Gew.: (SE-RUS) ♂ 16.7-20.5 g, Ø$_{16}$ 18.0 g, ♀ 17.5-21.3 g, Ø$_4$ 19.0 g. Fl.spw.: 20-23 cm. Fl.l.: ♂ 70-75 mm, Ø$_{27}$ 72.3 mm, ♀ 66-72 mm, Ø$_{19}$ 68.3 mm [767,1369].

Status. Nominatform in Europa Ausnahmegast mit nur 6 anerkannten Nachw.: FIN ♂ Nov. 1981, GB März/Apr. 1994 [277], sowie in ME in **NL:** jew. diesj. ♂ Nov. 1986 und Okt. 1993 [277]. • **D:** Helgol. diesj. ♂ erl. Nov. 1910, 1 Ind. Mai 1980 [1369].

Verbreitung. Brutvogel der E-Paläarktis in S- und SE-Sibirien nach S und W bis Lenabecken und SE- und Nord-Altai und nach N bis 65° N, ferner NE- und Zentral-China sowie N-JAP [1369,767]. Kein europ. Brutvorkommen.

Wanderungen. Zugvogel; Hauptüberwinterungsgebiet S-JAP und S-China.

Biotop. Br. in hohem dichten Grasbestand verbuschender Verlandungszonen von Flüssen sowie in feuchten Koniferenwäldern der E-paläarktischen Taiga; gelegentlich in Bergwäldern (z.B. in JAP bis 1500 m NN).

Stimme. Ruf explosives, scharfes »tzit«, relativ hoch und dünn. Gesang variable, kurze, trillernde Strophen, erinnert entfernt an Heckenbraunelle. Oft lassen sich 4 Phrasen unterscheiden, die variabel kombiniert werden. Anfangselemente hoch zwitschernd, Mittelteil etwas tiefere, trillernde Motive, auf- oder absteigender Endschnörkel auf »ü«.

Gesang wird meist aus der Baummitte vorgetragen. Gesangsaktivität von April bis Ende Juli.

Mauser. Postjuvenile Mauser (Teilmauser) Ende Juli/Sept.-Sept./Mitte Okt.; Kleingefieder und einige ST, z.T. partielle HS-Mauser [767,1369]. • Postnuptialmauser (Vollmauser) Mitte Juli/Anf. Aug.-Sept. [767,1369]. • Pränuptialmauser (Teilmauser) Ende Nov.-Anf. März; Kopf- und Brustgefieder [767,1369,3771].

Emberiza melanocephala – Kappenammer 18810

Emberiza [melanocephala] melanocephala Scopoli 1769

GB **Black-headed Bunting** F **Bruant mélanocéphale** E **Escribano Cabecinegro**

Taxonomie. Monotypisch. Bildet Superspezies mit Braunkopfammer *E. bruniceps*, mit der Hybridzone im N-Iran besteht [1501]. Verhältnisse in einer möglichen zweiten Kontaktzone N Kaspisee sind weniger gut bekannt.

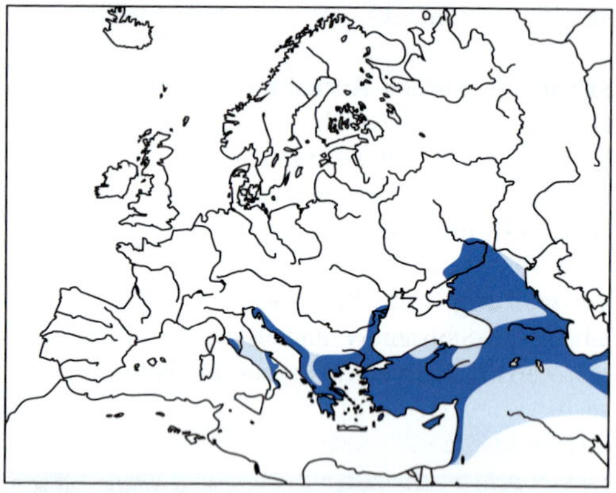

Emberiza melanocephala – Kappenammer

Kennzeichen. [767,1369,221,3772,3615,3554; weitere **Fotos** in Bird. W. **15**, 367, 414, Brit. B. **95**, 247, Limic. **17**, 71, **18**, 176, 205-07, Dutch B. **19**, 143-44, **21**, 79, **22**, 180, 314, **25**, 394-95, **26**, 268].

Maße. Gr.: 16-17 cm. Gew.: (SE-Paläarktis) ♂ 25-35 g, Ø$_{33}$ 29.3 g, ♀ 23-32 g, Ø$_{13}$ 27.0 g. Fl.spw.: 26-30 cm. Fl.l.: ♂ 94-101 mm, Ø$_{16}$ 96.1 mm, ♀ 86-94 mm, Ø$_{12}$ 89.4 mm [767,1369].

Status. Ausnahmegast NW des Areals; Verteilung der Nachw. in Mittel- und N-Europa einerseits durch Wanderverhalten (Zugprolongation, vgl. unten), im S andererseits durch nahe gelegene Arealgrenze (vgl. F) erklärbar; in Einzelfällen Gefg.fl. wahrscheinlich [1369,337]. GB/IRL > 131 Ind. bis 1996; in DK, S. und N. ca. 50 Nachw. bis 1992; E. einzelne; F 22 Ind. 1981-90, vor allem im S; M mehrere Nachw.; ferner festgestellt in FIN, Färöer, LV, TN, DZ und MA [337,1369,3615,277].

SPEC	VSchRL	Bern.Konv.	Bonn.Konv.
2	--	Anh. II	--
Europ. RL	RL in ME		
--	--		

In ME seltener und unregelm. Gastvogel im Frühjahr (fast nur ♂), Gefg.fl. nicht immer auszuschließen. • **CH:** 9 Nachw. von 1897-2001, nur ♂, zw. 3. Mai- bis 3. Junidekade [4152,q14]. • **NL:** 10 Nachw., jew. ad. ♂ Mai 1962, Feb. 1967 (Gefg.fl.?), Juni 1993, Mai 1996, Mai 1997 (2 x), Juli 1997, Juni 1998, Juni 2000 und Juni 2003 [277,q16]. • **B:** 11 als Gefg.fl. geführte Meldungen seit 1960, darunter auch 2 dj. Ind. gefang. Sept. 1961 und 1986 [1677,q15]. • **PL:** 1 mal Fängl. 19. Jh., ♂ Juni 1932 und Apr. 1984 [1369,3871]. • **CZ:** 1 mal erl. 19. Jh. sowie gefang. ♂ Mai 1979 und Juni 1994 [1369,2159]. • **SK.:** 2 ♂, 3 ♀ März 1963 (Gefg.fl.?), ♂ Mai 1967, 1974 sowie Juni 1993 [1369,3882]. • **A:** mind. 2-3 undatiert 19. Jh.; -St ♂ Juni 1982; -K Fängl. Juni 1992; -B ♂ Sept. 1992, Mai 1997 [1369,3129]. • **H:** ♂ Juni 1995 [2438].• **D:** Helgol. 28 Nachw. von 1845-1998, meist Mai/Juni sowie dj. Ind. Sept. (1875) [1369,869,575]; -SH ♂ Mai 1988; -HH jew. ♂ Juni 1949, Mai 1953 und Aug. 1971 [1369]; -NI ♂ Juli 1996, Juni 1998 [1369,575]; -HE ♂ Aug. 1980 [1369]; -BB jew. ♂ Juni 1991, Juli 1993, Mai 1999 [1]; -SN Totfund Sept. 1877; -TH ♂ gefang. 1784 [1369]; -BY ♂ gefang. Okt. 1831, ♂ Juni 1992 [1369]; -BW ♂ Aug. 1885, Mai 1919 und Mai/Juni 1987 [1722].

Verbreitung und Bestand. Brutvogel der mediterranen und Steppenzone der SW-Paläarktis von I bis an Kaspisches Meer, S-Grenze Kreta, CY, IL; in RO an Schwarzmeerküste bis Donaumündung neuere Ansiedlungen [337,767]. Europäischer

Brutbestand zw. 2.8 – 9.3 Mio. BP, entspr. > 50% des Weltbestands; nach vorangegangenem drastischen Rückgang derzeit im Schwerpunktgebiet TR leicht zunehmend [383]; größte Bestände in TR (2.5-8.5 Mio.), daneben bedeutsam RUS und AZ (jew. 100-200 T.), AR (30-150 T.), GR (30-100) sowie AL, BG, CY und MK (jew. >10 T.); Bestände zunehmend (und Arealausweitung) in BG, YU, UA. und RO [383].

Wanderungen. Langstreckenzieher mit Hauptüberwinterungsgebiet in W- und Zentralindien; Br. aus Mittelmeergebiet ziehen ESE und SE. In diese Richtung weisen auch 3 Ringfunde aus HR, CY und N-Kaukasusvorland. Auffällige Häufung der Nachw. an Küsten GB/IRL und S-S. sowie Nordseeraum und N-Atlantik, also NW der Brutgebiete; abgesehen vom Einfluss durch Käfigvögel erklärbar durch Wegzug in Gegenrichtung. Ankunft am N-Arealrand Anf. Mai, Dz. im E-Mittelmeer und IL Ende April–Anf. Mai. Wegzug schon ab Aug.

Biotop. Br. trockener und warmer offener Landschaften mit Macchie, Dornbüschen etc., sowohl an nicht zu steilen Berghängen, als auch in steppenartiger Ebene mit einzelnen höheren Vegetationsstrukturen, auch in halboffenem Kulturland, z.B. Felder mit Windschutzstreifen, Weinfelder, Obst- und Mandelplantagen, am Rand ländlicher Siedlungen, in Alleen etc.

Nahrung. Im Sommer hauptsächlich Insekten; sonst Samen und anderes Pflanzenmaterial.

Stimme. Rufe kurz, oft gereiht wie »pit« oder »tick« oder »tschöp«, im Sitzen »siü«, »sitik«. Gesang kurze, wohllautende, aber nicht ganz rein klingende Strophen mit Elementen in wechselnder Tonhöhe, etwas an Dorngrasmücke erinnernd (Merkhilfe). ♂ singen auf exponierter Warte (z.B. Buschspitze, Leitungsdraht), aber mitunter auch in horizontalem Singflug. Jedes ♂ singt nur einen Strophentyp, daher monotoner Eindruck. Dialektbildung aufgrund starker regionaler Unterschiede vermutet. Teilweise Gesangsbeginn bereits im Winterquartier vor dem Heimzug, bis Mitte Juli.

Mauser. **Postjuvenile Mauser** (Teilmauser) (Ende Juni) Juli–Aug.; einschließlich z.T. inneren Großen Armdecken und Schirmfedern [767,1369,3771]. • **1. Pränuptialmauser** (Teilmauser) im Winterquartier; Körpergefieder und Flügeldecken [767,1369]. • **Postnuptialmauser** (Teilmauser) Ende Juni–Aug. vor Wegzug; meist Teile des Kleingefieders, Schirm- und selten einzelne ST, aber variabel und bei ♀ auch fehlend [767,1369,3771]. • **Pränuptialmauser** (Voll-, z.T. Teilmauser) nach Ankunft im Winterquartier, Anf. Okt.–Anf. Dez.; während Postnuptialmauser ersetzte Körperfedern werden meist nicht mehr ersetzt; Dauer ca. 60 d [767,1369,3771].

Emberiza bruniceps – Braunkopfammer 18800

Emberiza [melanocephala] bruniceps J.F. Brandt 1841

(GB) Red-headed Bunting **(F) Bruant à tête rousse** **(E) Escribano Carirrojo**

Taxonomie. Monotypisch. Bildet Superspezies mit Kappenammer *E. melanocephala*.

Kennzeichen. [767,1369,221,3772,3615; weitere Fotos in Bird. W. **17**, 244, Dutch B. **22**, 190].

Maße. Gr.: 16 cm. Gew.: (KZ, Mai-Aug.) ♂ 23.0-30.4 g, $Ø_{27}$ 25.3 g, ♀ 18.0-28.5 g, $Ø_{19}$ 24.2 g. Fl.spw.: 24.5-28 cm. Fl.l.: ♂ 84-92 mm, $Ø_{12}$ 88.7 mm, ♀ 81-88 mm, $Ø_{7}$ 85.0 mm [767,1369].

Status. Ausnahmegast im W des Areals, bei allen Nachweisen Verdacht auf entkommene Käfigvögel durchaus realistisch; Nachw. auf britischen Inseln, Helgol. und in F lassen allerdings z.T. Muster »ech-

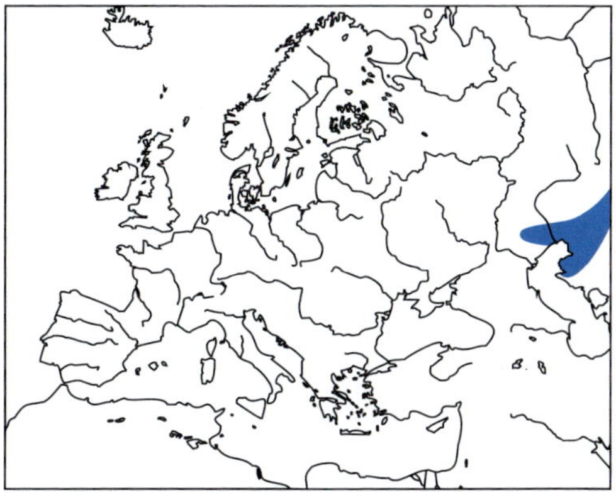

Emberiza bruniceps – **Braunkopfammer**

ter« Irrgäste erkennen [1369]. GB/IRL z.B. 33 Ind. 1958–61, seit 1980er J. allj., doch keine Führung der Nachw. seither, weil Verdacht auf Käfigvögel; DK 5 Meldungen 1966–1988; S. als Gefg.fl. geführt, inzw. fast allj.; E. Nov. 1962, Okt. 1967, Okt. 1987; F 16 mal 1959-92; ferner in IS, Färöer, N., I, IL, TR, und Kuwait [337,1369,3615,277].

SPEC	VSchRL	Bern.Konv.	Bonn.Konv.
--	--	Anh. III	--
Europ. RL	RL in ME		
--	--		

In ME seltener und unregelm. Gastvogel, neuerdings wohl meist Gefg.fl., da sehr beliebter Käfigvogel in Europa, z.B. von 1977-88 Einfuhr von 48.000 Ind. aus Indien nach **B** [q15]. Als Wildvögel anerkannte Meldungen = *; • **CH:** Aug. 1962, Juli 1976, Okt. 1983 [4152]. • **NL:** nach Revision 9 anerkannte Nachw., Juni 1933*, Feb. 1937*, Mai 1961*, Juli 1963*, Apr. 1971*, Mai 1977*, Aug. 1981*, Mai 1992*, Juni 1995* [277,q16]. • **B:** 18 (20) als Gefg.fl. anerkannte Meldungen seit 1921 [1677,q15]. • **D:** Helgol. 21 Nachw. von 1860-1997, im 19. Jh. vielleicht einige * [1369,869]; -HH jew. Juli 1965, 1970 und 1989, Aug. 1973 [1369]; -NI Juni 1955, Jan. 1958, Sept. 1961, Sept. 1964, Mai 1989 [1369]; -NW Sept. 1971, Juni 1976 [1369]; -BY Jan./Feb. 1970, Juli 1972 [1369]; -BW Aug. 1958 [1722]. • **CZ:** Dez. 1961 [2159].

Verbreitung und Bestand. Brutvogel E anschließend an Kappenammer mit kleiner Überlappungszone im W in Mittelasien vom N- und S-Ende des Kaspischen Meeres nach E bis Afghanistan, mittelasiatische Gebirge und NW-Sinkiang, im S bis E-Iran, Afghanistan und N-Pakistan [337,767]. Europäischer Brutbestand (nur RUS) zw. 250-1.000 BP, Bestand bis Anf. 1990 J. zunehmend (und Arealausweitung), seither unklar [383].

Wanderungen. Zugvogel; Hauptwintergeb. Indien.

Biotop. In Steppen- und Halbwüstengebieten sowie Oasen in Wüsten in offener Landschaft mit spärlicher Vegetation innerhalb von Dickichten oder kleinen Büschen; auch an Kulturlandflächen.

Nahrung. Samen (besonders auch Getreidekörner) und andere Pflanzenmaterialien, zur Brutzeit Arthropoden.

Stimme. Rufe erinnern an Haussperling, etwa wie »tlip«. Gesang und Rufe sehr ähnlich Kappenammer, aber schneller vorgetragen. Kurze Strophe, eingeleitet von rufähnlichen Elementen, dann gleichförmig melodische, etwas geräuschhafte Motive.

Mauser. Ähnlich Kappenammer, aber **Postnuptialmauser** bereits ab Ende Juni und **Pränuptialmauser** im Winterquartier 4–6 Wochen früher (Ende Aug.–Anf. Nov.) [767,1369,3771].

Emberiza aureola – Weidenammer 18760

Emberiza aureola Pallas 1773

GB **Yellow-breasted Bunting** F **Bruant aureolé** E **Escribano Aureolado**

Taxonomie. Zwei UA: *aureola* Pallas 1773 (NE-Europa bis Baikal-Gebiet) und *ornata* Shulpin 1928 (SE-Sibirien bis JAP).

Kennzeichen. [767,1369,221,3772,3615,2976; weitere **Fotos** in Bird. W. **6**, 318-19, 320 (z), **10**, 331, **14**, 394, Dutch B. **19**, 103, **20**, 200, **22**, 4, **23**, 364, 378].

Maße. Gr.: 14-15 cm. Gew.: (RUS, dj. Fängl. im Aug.) 17.2-24.3 g, Ø$_{41}$ 19.8 g, (KZ, Brut) ♂ 19.5-22.9 g, Ø$_{8}$ 21.2 g bzw. (Mongolei) ♂ 20-24 g, Ø$_{10}$ 22.0 g, ♀ 17-23 g, Ø$_{6}$ 20.5 g. Fl.spw.: 21.5-24 cm. Fl.l.: ♂ 74-81 mm, Ø$_{157}$ 77.0 mm, ♀ 68-78 mm, Ø$_{114}$ 73.3 mm [767,1369].

Status. In W-Europa (und ME) Ausnahmegast, doch neuerdings auch außerhalb GB/IRL fast alljährlich [337]. F 1974, 1987, 1988; GB/IRL 181 Ind. bis 1996 (vor allem auf Shetlands); IS 1 Nachw.; DK 1984, (1990); N. 21 Ind. bis 1989; S. 26 Ind. bis 1990, inzw. wohl allj.; FIN seit 1920er J. nachgewiesen, Brutplätze in E- und Mittel-FIN ab 1940er besetzt; ca. 300 BP (um 1987) mit starken Fluktuationen, seither Abnahme; EST 3 Nachw. Mai-Juni; LV Mai 1985; ferner festgestellt in E. 1969, 1987, M, I, GR, CY, IL, JOR und EGY [337,3615,277].
In (N-)ME seltener und unregelm. Gastvogel (z.T. auch Gefg.fl., u.a. D-NI Paar Juni 1975), meist zw. Ende Aug. und Mitte Sept. • **NL:** 12 Nachw. von

1963-2003, meist zw. Ende Aug.-Ende Sept., sowie 1 mal Juli bzw. Okt. [277,q16]. • **B:** Sept. 1928, Aug. 1991 [1677,q15]. • **D:** Helgol. 4 Ind. 19. Jh., ca. 15 Nachw. 20. Jh. (bis 1997), Mai-Sept. (Nov.) [1369,869]; -HH Sept. 1963, Juni 1984, Aug. 1988 [1369]; -NI Okt. 1948 [1369], BW Aug. 1999 [575]. • **CZ:** Juli 1931, Juli 1984 [1369]. • **PL:** Fängl. Dez. 1986, ♂ Nov. 1929, jew. gefang. Aug. 1963 und Okt. 1970, sing. ♂ Juli 1992 [1369,q13]. Noch nicht homologiert: B 2001 [q4].

SPEC	VSchRL	Bern.Konv.	Bonn.Konv.
1	--	Anh. II	--
Globale RL	**RL in ME**		
NT	--		

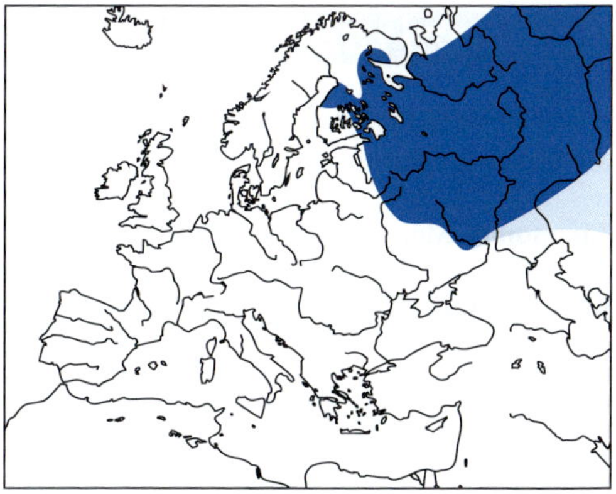

Emberiza aureola – **Weidenammer**

Verbreitung und Bestand. Brutvogel der borealen und gemäßigten Zone der Paläarktis von FIN bis Pazifikküste, Kamtschatka, Sachalin, JAP. N-Grenze im W bis Polarkreis, im Ø bei etwa 65° N, S-Grenze in RUS N 50° N, in Mittelasien etwa 50° N und im fernen Osten fast 40° N [337,767]. Europäischer Brutbestand zw. 20.000-100.000 BP, rückläufig und starker Arealverlust; Bestand in RUS 20-100 T. BP, ferner in UA. 10-50 BP und, nach drastischem Rückgang, nur noch 0-10 BP in FIN; Bestand in LV erloschen [383].

Siedlungsdichte. Einzelbrüter und in lockeren Aggregationen von 10–25 BP.

Wanderungen. Langstreckenzieher; Hauptwintergebiet tropische Tiefländer SE-Asiens von NE-Indien bis SE-China, nach S bis Malaysia. Br. Europas ziehen wohl zunächst nach E und drehen dann mehr nach S. Ein Junifängling vom Bottnischen Meerbusen (FIN) wurde 3.5 Jahre später im Dez. bei Bangkok gefangen. Abzug von Brutplätzen im Sept. abgeschlossen, Rückkehr Mai–Anf. Juni.

Biotop. Br. in lichten Baumbeständen oder lockeren Buschflächen auf oft sehr feuchtem Untergrund, z.B. Weiden- und Birkengebüsch an Flussufern und auf Überschwemmungsflächen, aber auch lichte Mischwaldränder und Waldlichtungen mit dichtem Unterwuchs, im fernen Osten auch in Pappelanpflanzungen an Flusstälern. Auch auf dem Zug gern im Gebüsch und in der Nähe von Wasser.

Nahrung. Sämereien, meist von Gräsern, und anderes Pflanzenmaterial; zur Brutzeit Invertebraten.

Stimme. Ruf sehr ähnliche Zwergammer »tzip« (wird auch mit dem Ruf des Grauschäppers verglichen). Gesang aus rhythmischen, wohlklingenden und meist abfallenden Strophen, etwa »tru-tru-trie-trie-tri-tri-iih-tin«, erinnert an Ortolan. Gesangsbeginn z.T. schon im März im Winterquartier, bis Anf. Juli.

Sterblichkeit, Alter. Ältester Ringvogel 6 J. 11 Monate [3654]. Generationslänge. < 3.3 J. [383].

Mauser. **Postjuvenile Mauser** (Teilmauser) Aug.–Okt.; Kleingefieder und Schirmfedern [767,1369]. • **Postnuptialmauser** (Vollmauser) *aureola* Ende Aug.–Anf. Okt. in Rastgebieten in China [767, 1369,3771]. • **Pränuptialmauser** (Teilmauser) März–Mai; nur Kopf- und Brustgefieder, bei ♀ weniger umfangreich [767,1369].

Emberiza rutila – Rötelammer 18750

Emberiza rutila Pallas 1776

(GB) **Chestnut Bunting** (F) **Bruant roux** (E) **Escribano Herrumbroso**

Taxonomie. Monotypisch.

Kennzeichen. [767,1369,221,3615,3772; zur Abgrenzung von *E. aureola*: 2976; weitere **Fotos** in Bird. W. **7**, 371-72, **11**, 163, 217-19, **14**, 396, **15**, 367, **16**, 39, Dutch B. **20**, 134].

Maße. Gr.: 14-15 cm. Gew.: ♂ 12.0-18.9 g, ♀ 14.0 (?), 15.8, 16.6 g. Fl.spw.: 21-23.5 cm. Fl.l.: ♂ 71-77 mm, Ø$_{14}$ 74.1 mm, ♀ 69-75 mm, Ø$_{8}$ 71.4 mm.

Status. Ausnahmegast in Europa, Gefg.fl. nicht auszuschließen, da Art in Europa eingeführt und gehalten wird. Nachw. bisher in GB/IRL von 1974-94 (Juni/Juli, Sept.) 5 Belege, aber bei Frühjahrsbeob. Gefg.fl. sehr wahrscheinlich; N. juv. Okt. 1974; YU dj. ♂ Okt. 1987; M dj. ♂ Nov. 1983 [3615,277,337].
In ME bisher nur 1 anerkannter Nachw. in • **NL:** dj. ♀ gefang. Nov. 1937 [1369,277]. (In B: 2 mal vor 1911 und 2 mal gefang. Okt. 1928, Apr. 1974 nicht mehr als Wildvögel anerkannt [1677,1369]).

Verbreitung und Bestand. Brutvogel im S Mittel- und E-Sibiriens bis N-Mongolei und NW-Mandschurei [337,1369].

Wanderungen. Zugvogel; zieht durch E Mongolei, Korea und E-China in SE-asiatische Überwinterungsgebiete (Schwerpunkt E-Burma und NW-Thailand, dort im Bergland als Reisschädling verfolgt).

Biotop. In gemäßigten Nadel- oder Mischwäldern der Ostpaläarktis, bevorzugt dabei offenbar Gebiete mit starker Strauch- und Krautschicht.

Stimme. Rotkehlchenartiges Ticksen oder »ziep« ähnlich Zwergammer. Gesang kurze, melodische Strophe aus schnell wechselnden Elementtypen, ähnlich Maskenammer. Individuelle Variabilität.

Mauser. **Postjuvenile Mauser** (Teilmauser) Juli–Mitte Aug./Mitte Sept. [767,1369,613]. • **Postnuptialmauser** (Vollmauser) Aug.–Sept. [767,1369]. • **Pränuptialmauser** (Teilmauser oder fehlend) zumindest bei manchen Einj. Kopfgefiedermauser [1369,3771].

Junco hyemalis – Winterammer 18420

Junco hyemalis (Linnaeus 1758) syn.: Junko

(GB) **Dark-eyed Junco** (F) **Junco ardoisé** (E) **Chingolo Pizarroso**

Taxonomie. Formenreicher Komplex, der aus mehreren Allospezies bestehen könnte. Nur die Nominatform *hyemalis* (Linnaeus 1758) (NE-Nordamerika) ist in Europa nachgewiesen.

Kennzeichen. [767,1369,221,3615,3772,3566].

Maße. Gr.: 13.5-15 cm. Gew.: (Pennsylv., Zug, Winter) ♂ 14.3-26.7 g, Ø$_{3020}$ 20.3 g, ♀ 14.3-25.1 g, Ø$_{1570}$ 18.7 g. Fl.spw.: 23-25 cm. Fl.l.: ♂ 78-83 mm, Ø$_{21}$ 80.8 mm, ♀ 70-80 mm, Ø$_{10}$ 75.0 mm [767,1369].

Status. Nominatform (Schieferjunko) sehr seltener Gastvogel in Europa (nicht selten in Gärten und an Futterstellen), mit Nachw. in IRL Mai 1905, GRÖ Nov. 1966, GB 17 mal bis 1993, IS Nov. 1955, N. Dez. 1987, Mai 1989, DK Dez. 1980, I Nov. 1914, E. Gibraltar Mai 1986 (vgl. Weißkehlammer!) [3615,277].
In ME bisher 2 Nachw.: • **NL:** ♂ Feb. 1962 aufgegriff. [277]. • **PL:** Mai 1963 ♀ gefang. Halbinsel Hela [3871].

Verbreitung und Bestand. Brutvogel im borealen Nadelwaldgürtel N-Amerikas von N Baumgrenze nach S bis S-CDN, in Rocky Mountains nach S bis Kalifornien und Baja California, New Mexico und W-Texas, im E durch Appalachen nach S bis Georgia, an Atlantikküste von Neufundland bis New York [1369,767].

Wanderungen. Zugvogel, Teilzieher und Standvogel. Hauptwintergebiet CDN, USA, in Entfernungen von wenigen 100 bis maximal 5000 km vom Brutgebiet.

Biotop. Im N der Nearktis in Koniferen- und Mischwäldern, besonders in den Randbereichen und Brandschneisen, seltener in Gärten; nach S hin zuweilen auch in Laubwäldern, bevorzugt in frisch eingeschlagenen Bereichen.

Stimme. Warnruf »tschek«, Kontaktruf zweisilbig, kehlig »tölöt«, ticksender Stimmfühlungslaut. Gesang meist gleichbleibend hoher, klappernder Triller.

Alter. Ältester Ringvogel (Amerika) 10 J. 9 Monate.

Mauser. Postjuvenile Mauser (Teilmauser) Ende Juli–Mitte Okt.; Kleingefieder [767,3882,2725]. • Postnuptialmauser (Vollmauser) Juli–Okt. im Brutgebiet [767,1369,3882]. • Pränuptialmauser (Teilmauser) (Jan.) Feb.–April im Winterquartier; auf Kopfgefieder beschränkt [767,1369,3882].

Zonotrichia iliaca – Fuchsammer 18340

Zonotrichia [iliaca] iliaca (Merrem 1786) syn.: *Passerella iliaca*

(GB) **Fox Sparrow** (F) **Bruant fauve** (E) **Chingolo Zorruno**

Taxonomie. Zwei gering differenzierte UA: *iliaca* (Merrem 1786) (E N-Amerika) und *zaboria* Oberholser 1946 (NW N-Amerika). Bildet Superspezies mit drei Taxa im W Nordamerika (*unalaschensis, schistacea, megarhyncha*), die untereinander hybridisieren und entweder als eine Art oder drei Semispezies aufgefasst werden können [vgl. 4223,4224,4225].

Kennzeichen. [767,1369,221,3615,3772,3566].

Maße. Gr.: 17-19 cm. Gew.: 27.2-49.0 g, $Ø_{84}$ 37.0 g. Fl.spw.: 26-28 cm. Fl.l.: (Nominatform E-CDN, E-USA) ♂ 87-92 mm, $Ø_{14}$ 90.2 mm, ♀ 81-89 mm, $Ø_{7}$ 85.6 mm [1369,767].

Status. Ausnahmegast in Europa, Nachw. in IRL Juni 1961, IS Nov. 1944 und I 1936 [3615].
In ME bisher nur 2 Nachw. in • **D:** je 1 Ind. gefang. Mellum -NI Mai 1949 und Scharhörn -HH April 1977 (»schiffsassistiert«?) [1369].

Verbreitung und Bestand. Brutvogel im Nadelwaldgürtel der borealen Taigazone, der Rocky Mountains und Pazifischen Küstengebirge von W-Alaska nach S bis S-Kalifornien, Utah und Colorado, in CDN nach E bis Neufundland, N-Labrador und Nova Scotia [3615,1369].

Wanderungen. Zugvogel (Teilzieher). Überwintert entlang gesamter Pazifikküste von Alaska S bis MEX und in zentralen, S- und E- bis NE-Teilen der USA. Streuungswanderungen und Wegzug beginnen an N Brutplätzen Ende Aug./Anf. Sept., Eintreffen an Brutplätzen in Neufundland bereits Anf. April.

Biotop. Br. nearktischer Niederungsgebiete sowie der Bergregionen gemäßigter Zonen.

Stimme. Häufigster Ruf langes »stsst«, Gesang Folge auf- und absteigender, melodisch-flötender Elemente, einige Triller eingestreut.

Alter. Ältester Ringvogel (Amerika) mindestens 9 J. 9 Monate.

Mauser. Postjuvenile Mauser (Teilmauser) Juli–Sept.; Kleingefieder, unregelm. Schirmfedern [767,1369,3882]. • Postnuptialmauser (Vollmauser) Juli–Sept. im Brutgebiet [767,1369,3882]. • Pränuptialmauser (Teilmauser oder fehlend) März–April; nur einzelne Körperfedern [767,1369,3882].

Zonotrichia leucophrys – Dachsammer 18390

Zonotrichia leucophrys (J.R. Forster 1772)

GB **White-crowned Sparrow** F **Bruant à couronne blanche** E **Chingolo Piquiblanco**

Taxonomie. Fünf UA, davon nur Nominatform *leucophrys* (J.R. Forster 1772) (N-CDN) in Europa nachgewiesen.

Kennzeichen. [767,1369,221,3615,3772,3566].

Maße. Gr.: 16-18.5 cm. Gew.: (Pennsylv., Herbstzug) ♂ 18.9-33.3 g, Ø$_{113}$ 27.7 g bzw. (Ohio) 27.4-32.8 g, Ø$_{8}$ 30.7 g, ♀ 24.6-38.5 g, Ø$_{118}$ 30.0 g. Fl.spw.: 23-25.5 cm. Fl.l.: Nominatform E-CDN, E-USA) ♂ 78-86 mm, Ø$_{24}$ 81.8 mm, ♀ 73-80 mm, Ø$_{12}$ 77.1 mm [767,1369].

Status. Nominatform Ausnahmegast in Europa, Nachw. in GB Engl. Mai 1977, Okt. 1995; Schottl. März 1977 [277,767]; IS Okt. 1978 und F Aug. 1965 [3615]. In ME bisher nur 1 Nachw. in • **NL:** Dez. 1981-Feb. 1982 [1369,277]. In D: -HE Aug. 1969 Gefg.fl. [1369].

Verbreitung und Bestand. Brutvogel mit subarktischer Verbreitung in N-Amerika von W-Alaska bis N-Labrador und Neufundland (vom N-Rand Waldtundra nach S bis 57-58° N in Manitoba), ferner entlang Pazifikküste bis Mittelkalifornien und durch Rocky Mountains bis Arizona, New Mexico und Colorado [3615,1369].

Wanderungen. Zugvogel, Teilzieher mit großen Unterschieden zw. einzelnen Populationen. *nutallii* (kalifornische Küste) weitgehend Standvogel, *pugetensis* (Pazifikküste SW Brit. Columbia bis Oregon) zieht 500-2000 km an kalifornische Küste; Br. der amerikanischen Tundra und Taiga sind Weitstreckenzieher mit Wintergebieten im größten Teil der USA bis N-Mexiko und Karibik.

Biotop. Br. offener baum- oder gebüschdurchsetzter Standorte sowie Waldrandgebiete der Nearktis. Auf dem Zug häufig auch im Kulturland.

Stimme. Ruf »pzit« (ähnlich Grauschnäpper), auch gedehnter und hoch »tssiep«. Gesang variable Folge klarer Pfeiflaute, knapp an harmonischen Intervallen vorbei, »düh-düdü-zie-zrrie-dö«, letzte Elemente trillernd. Variabel, geographische Variation und Dialektbildung. Kontinuierlich vorgetragener Subsong und Jugendgesang.

Alter. Ältester Ringvogel (Amerika) 13 J. 4 Monate.

Mauser. **Postjuvenile Mauser** (Teilmauser) Juli–Okt.; Umfang ähnlich Pränuptialmauser [767,1369,3882]. • **Postnuptialmauser** (Vollmauser) Juli–Okt. im Brutgebiet [767,1369,3882]. • **Pränuptialmauser** (Teilmauser) Dez.–April; Kleingefieder, selten einzelne Schirm- und mittlere Steuerfedern [767,1369,3882].

Zonotrichia albicollis – Weißkehlammer 18400

Zonotrichia albicollis (J.F. Gmelin 1789)

GB **White-throated Sparrow** F **Bruant à gorge blanche** E **Chingolo Gorgiblanco**

Taxonomie. Monotypisch.

Kennzeichen. Zwei Morphen [767,1369,221, 3615,3772,3566; weitere **Fotos** in Bird. W. **15**, 278, 413, **16**, 40, 190, 203-05, Brit. B. **95**, 670, Dutch B. **14**, 150].

Maße. Gr.: 15.5-18 cm. Gew.: (Georgia, Herbst) ♂ 23.1-28.4 g, Ø$_{12}$ 27.3 g, ♀ 22.5-26.7 g, Ø$_{11}$ 25.3 g, (Winter) 28.4-31.8 g, Ø$_{9}$ 31.4 g, ♀ 27.3-30.4 g, Ø$_{6}$ 28.4 g (weißstreifige Morphe Ø etwa 1 g schwerer als lohstreifige). Fl.spw.: 22-25 cm. Fl.l.: (USA) ♂ 74-80 mm, Ø$_{16}$ 76.8 mm, ♀ 70-75 mm, Ø$_{14}$ 72.4 mm [767,1369].

Status. Sehr seltener Gastvogel in Europa (häufigste nearktische Ammernart, aber wohl meist schiffsassistiert), mit Nachw. in GB/IRL 21 Ind. bis 1996,

IS 5 Nachw., DK Mai 1976, S. Dez. 1963, FIN Juni-Juli 1967, Juni 1972, E. Gibraltar Mai 1986 [3615].
In ME bisher folgende Nachw. in • **NL:** je 1 Ind. Sept. und Okt. 1967, April 1977, Juni 1989 sowie sing. ♂ Apr. 2001 [277,q16]. • **B:** -Okt. 1877 (Gefg. fl.) [1677]. • **D:** -HH Brutversuch 1971 (Gefg.fl.) [1708].

Verbreitung und Bestand. Brutvogel im Nadelwaldgürtel N-Amerikas von SE-Yukon nach E bis Neufundland und entlang Atlantikküste bis Neuengland, mit S-Grenze in British Columbia, N-Wisconsin, N-Ohio und New Jersey [3615,1369].

Biotop. In borealen und temperaten Wäldern der nördlichen Nearktis; nach S hin zunehmend offenere Wälder mit viel Unterwuchs.

Stimme. Rufe ähnlich Dachsammer. Gesang dünnes, hohes, wehmütiges, wenig-(3-7) silbiges Pfeifen »zö-zie-tri-zie« o.ä. Auch ♀ singen. Meist nur ein Strophentyp, selten zwei. Gesangsbeginn Mitte Jan., Höhepunkt Juni-Juli. Unvollkommener Herbstgesang.

Wanderungen. Zugvogel; Hauptwinterquartier etwa 1000 – 4000 km S der Brutgebiete in E- und S-USA bis N-MEX. Hohe Winterortstreue bekannt.

Sterblichkeit, Alter. Bei Br. CDN Rückkehrraten im Brutgebiet von 60 % (♂) und 46 % (♀) ermittelt. Ältester Ringvogel (Amerika) 9 J. 8 Monate.

Mauser. **Postjuvenile Mauser** (Teilmauser) Ende Juli–Anf. Sept. [767,1369,3882]. • **Postnuptialmauser** (Vollmauser) Juli–Sept. [767,1369,3882]. • **Pränuptialmauser** (Teilmauser) Mitte März–Anf. Mai; nur Kleingefieder [767,1369,3882].

Unterfamilie Parulinae

Kleine, meist farbenprächtige Insektenfresser (hauptsächlich) der Waldregionen Nord- und Südamerikas. Erscheinungsbild zweigsängerähnlich, Schnabel kurz und spitz. Meiste Arten mit großen, weißen Flecken auf den ST. Bei ziehenden Arten Geschlechter meist ± stark verschieden, bei tropischen Standvögeln Unterschiede sehr gering. PK und SK (sowie Jugendkleid) meist sehr verschieden.

Nach neueren, molekularen Daten umfasst die Unterfamilie nicht mehr wie bisher angenommen 25 Gattungen mit 115 Arten, sondern nur 19 Gattungen mit 106 Arten [2383]. Rein neuweltliche Verbreitung. *Dendroica* ist die artenreichste der in Nordamerika vertretenen Gattungen, doch ist sie gegenüber *Parula* und *Setophaga* paraphyletisch [2381,2383]. Bestimmung [788,958].

Parula americana – Meisenwaldsänger 17320

Parula [americana] americana (Linnaeus 1758)

GB Northern Parula **F Paruline à collier** **E Reinita Norteña**

Taxonomie. Monotypisch. Bildet Superspezies mit der tropischen Art *P. pitiayumi* [2382].

Kennzeichen. [3615,767,788,3566; weitere **Fotos** in Bird. W. **4**, 285, **8**, 370, **16**, 411].

Maße. Gr.: 10.5-11.5 cm. Gew.: 7.1-10.2 g; Ø 8.6 g. Fl.spw.: 17.5-18 cm. Fl.l.: ♂ 54-65 mm, ♀ 51-61 mm [3615,788].

Verbreitung und Bestand. Brutvogel im E N-Amerikas von SE-Manitoba nach E bis Neuschottland und S bis Golf von Mexiko [3615,788].

Status. Ausnahmegast in Europa, Nachw. bis Anf. 1990er J. in GB/IRL (15 mal), IS (7 mal), GRÖ und F (je 1), alle zw. Ende Sept. und Ende Okt. [3615,880].
In ME bisher nur 1 Nachw. in • **D:** -BW Okt. 1985 [880].

Wanderungen. Zugvogel zwischen den Brutgebieten im E und SE der USA und den Wintergebieten in Mittelamerika und der Karibik.

Stimme. Ruf ein scharfes »tschip«, Gesang metallisch klingender, ansteigender Triller, endet mit scharfem »zip«.

Mauser. Postjuvenile Mauser (Teilmauser) Juni–Aug.; Kleingefieder [767,3882]. • Postnuptialmauser (Vollmauser) Juni/Juli–Aug. [767,3882]. • Pränuptialmauser (Teilmauser) Jan.–Mai; nur Teile des Körpergefieders [767,3882].

Dendroica virens – Grünwaldsänger 17450

Dendroica [virens] virens (J.F. Gmelin 1789) syn.: Grüner Waldsänger

(GB) **Black-throated Green Warbler** (F) **Paruline à gorge noire** (E) **Reinita Papinegra**

Taxonomie. Zwei UA: *virens* (J.F. Gmelin 1789) (N N-Amerika) und *waynei* (Sümpfe N- & S-Carolina). Bildet Superspezies mit *D. townsendi* und *D. occidentalis.*

Kennzeichen. [1369,221,788,3566; **Fotos** in 863, Bird. W. **16**, 438].

Maße. Gr.: 11.5-13.5 cm. Gew.: 7.7-11.3 g; Ø 8.8 g. Fl.l.: ♂ 61-65.5 mm, $Ø_{15}$ 63.5 mm, ♀ 58-63 mm, $Ø_{10}$ 61.2 mm [1369,788].

Status. Ausnahmegast in Europa. Bisher nur nachgewiesen 3 mal auf GRÖ, schiffsassistiert in IS ♀ frischtot Sept. 1984 (nur in Kategorie D anerkannt), sowie in • **D:** Helgol. dj. ♂ erl. Okt. 1858 [1369,3615, 875];

Verbreitung und Bestand. SE-Teil des Taigagürtels N-Amerika von Neufundland bis Fuß der Rocky Mountains, nach S bis Minnesota und Great Lakes, Connecticut und entlang Appalachen bis N-Alabama und NW-Georgia; ferner kleine Verbreitungsinseln [3615,1369].

Wanderungen. Zugvogel mit Brutgebiet in N- und NE-USA sowie CDN, überwintert im Bereich des Golfes von Mexiko und in der Karibik.

Stimme. Gesang ein kurzes, schwirrendes »zi-zi-di-dü-di«, erinnert an Ende des Goldammergesanges, oft zu Beginn ticksende Laute. Rufe hoch und dünn »ziet«.

Alter. Ein Ringvogel (Amerika) erreichte mind. 5 J. 8 Monate.

Mauser. Postjuvenile Mauser (Teilmauser) Juni–Aug.; Kleingefieder [1369,3882]. • Postnuptialmauser (Vollmauser) Juli–Aug./Sept. im Brutgebiet [1369,3882]. • Pränuptialmauser (Teilmauser) Jan./Feb.–April/Mai [1369,3882].

Dendroica coronata – Kronwaldsänger 17510

Dendroica [coronata] coronata (Linnaeus 1766)

(GB) **Myrtle Warbler** (F) **Paruline à croupion jaune** (E) **Reinita coronada**

Taxonomie. Zwei UA: *coronata* (Linnaeus 1766) (N-Amerika von Alberta nach E) und *hooveri* (Alaska bis SW Brit. Columbia). Bildet Superspezies »Yellow-rumped Warbler« mit (Audubon's Warbler) *D. auduboni* (J.K. Townsend 1837) (W N-Amerika bis NW-MEX) und *D. goldmani* Nelson 1897 (Chiapas, Guatemala) [vgl. 1785]. Die genetische Distanz zw. *coronata* und *auduboni* ist sehr gering [162,2381], doch spricht dies nicht gegen eine partielle reproduktive Barriere, denn Hybridzone in Brit. Columbia und Alberta ist relativ schmal und stabil [3050].

Kennzeichen. [3615,767,3772,221,788,3566; weitere **Fotos** in Bird. W. **6**, 390, 485, **7**, 434-35, 494, **16**, 413, Dutch B. **15**, 277, **18**, 333, **19**, 226-27].

Maße. Gr.: 12.5-15 cm. Gew.: 9.9-16.7 g; Ø 12.3 g. Fl.spw.: 21-23.5 cm. Fl.l.: ♂ 68-78 mm, ♀ 63-75 mm [767,788].

Status. Nominatform Ausnahmegast in Europa, aber neben Streifenwaldsänger *D. striata* häufigster Waldsänger in Europa. Bisher vor allem in GB/IRL mit 22 Nachw. von 1955-96, ferner in N. Okt. 1995 und IS Okt. 1996 [277]. In ME bisher nur 1 Nachw. in • **NL:** ♂ Okt. 1996 [277].

Verbreitung und Bestand. Brutvogel N-Amerikas von Alaska bis E-CDN, Neufundland, nach S bis Great Lakes, New England-Staaten und in Appalachen bis West Virginia; im W entlang Gebirge nach S bis MEX und Guatemala; z.T. bis oberhalb Baumgrenze [3615,788].

Wanderungen. Mittel- und Weitstreckenzieher zw. den Brutgebieten in N- und W-USA, CDN und Alaska und den Wintergebieten in S-USA, Mittelamerika und Karibik.

Stimme. Ruf ein lautes, metallisches »tschick«, »prrrt« oder »zie«, Gesang trillerndes, klares »züwie-züwiezüwie..«.

Mauser. **Postjuvenile Mauser** (Teilmauser) Juni/Juli–Mitte Aug./Sept.; Kleingefieder [767,3882]. • **Postnuptialmauser** (Vollmauser) Juli–Sept. im Brutgebiet [767,3882]. • **Pränuptialmauser** (Teilmauser) Dez.–Mai [767,3882].

Unterfamilie Icterinae (Stärlinge)

Sperlings- bis dohlengroße Insektenfresser mit spitzen, gewöhnlich recht langem Schnabel oder Samenfresser mit kurzem konischem Schnabel. Beine stämmig und recht lang, Schwanz meist lang (z.T. extrem lang) und abgerundet. Geschlechter oft deutlich verschieden.

Ca. 110 Arten, rein neuweltliche Verbreitung. *Icterus* umfasst 25 Arten mit mehreren Superspezies. Bestimmung [1857].

Icterus galbula – Baltimoretrupial 19180

Icterus [galbula] galbula (Linnaeus 1758)

GB **Baltimore Oriole** F **Oriole de Baltimore** E **Bolsero Norteño**

Taxonomie. Monotypisch. Bildet Superspezies mit Goldstirntrupial *I. bullocki* (W N-Amerika) und *I. abeillei* (MEX).

Kennzeichen. [767,1369,221,3615,3772,3566,2309; weitere **Fotos** in Bird. W. **16**, 437, 503-05, **17**, 40, Brit. B. **97**, 116, 622, Dutch B. **14**, 201-02, 204 (z)].

Maße. Gr.: 17-20 cm. Gew.: (Missouri) ♂ 31.9-40.0 g, $Ø_{45}$ 35.6 g, ♀ 2-3 g leichter. Fl.spw.: 28-32 cm. Fl.l.: ad. ♂ 94-101 mm, $Ø_{21}$ 97.3 mm, juv. ♂ 89-98 mm, $Ø_{11}$ 93.9 mm, ad. ♀ 88-97 mm, $Ø_{9}$ 92.2 mm, juv. ♀ 89-96 mm, $Ø_{5}$ 92.6 mm [767,1369].

Status. Ausnahmegast in Europa, fast regelm. in GB/IRL: 18 Ind. bis 1994 bzw. 22 Nachw. von 1958-2003, davon meiste Sept./Okt., einzelne Nov., Dez. und Mai sowie eine Überwinterung [3615,767,277,2309]; N. ♂ Mai 1986; IS Nov. 1955, Okt. 1956, Okt. 1971 [337,1369].
In ME als Wildvogel nur nachgewiesen in • **NL:** dj. ♀ gefang. Okt. 1987 [1369,2309]; ferner wohl Gefg. fl. in • **B** ♂ Mai 1998 [1677] und • **CH** [q14].

Verbreitung und Bestand. Nominatform Brutvogel in E-CDN und E-USA nach W bis Linie von Zentral-Alberta bis NE-Texas; dort Überlappungsgebiet mit Schwesterart *I. bullockii* [767,1369].

Wanderungen. Überwiegend Langstreckenzieher zw. den Brutgebieten in E-Hälfte USA und Zentral-CDN und den Wintergebieten in Mittelamerika, N-Kolumbien und N-Venezuela. Kleine Wintervorkommen außerdem in SE- sowie SW-USA [1857].

Biotop. Br. bewaldeter Flusstäler, Hochlandwälder sowie von Baumbeständen in Siedlungsbereichen und ländlichen Gegenden. Fehlt in reinen Nadelwäldern, besiedelt aber Schlagflächen mit Laubbaumaufwuchs.

Stimme. Rufe bei Erregung schnarrend »tscher-r-r-r«, nasal »uiht« o.ä. Gesang aus 4-16 flötenden, oft zweitönigen Phrasen, die unterschiedlich kombiniert und von Einzelelementen unterbrochen werden. Individuelle Erkennbarkeit, großes Strophenrepertoire. In der Paarungszeit singt auch ♀

kurze, 2-3-silbige Strophen. Gesangshöhepunkt zu Brutbeginn, ab Juni stark nachlassend, erneutes Aufleben der Gesangsaktivität zwischen Mauser und Wegzug. Gelegentlich Gesang im Winterquartier und auf dem Heimzug.

Mauser. **Postjuvenile Mauser** (Teilmauser) Juli/Aug.–Aug./Sept. (Okt.) [767,1369,3882]. • **Postnuptialmauser** (Vollmauser) Mitte Juni–Mitte Sept. [767,1369,3882]. • **Pränuptialmauser** (Teilmauser oder fehlend) Okt./Jan.–April/Mai; besonders bei Einj. Teile des Kleingefieders [767,1369,3882].

Namenregister

In diesem Namenregister, das nach deutschen und wissenschaftlichen Namen getrennt wurde, sind nur die Namen der Vogelarten mit ihrer Superspezies und höheren Taxa (mit ihren Synonymen und früher gebräuchlichen Namen) genannt, die in eigenen Kapiteln in diesem Band behandelt sind.
Ein ausführliches Namenregister mit Querverweisen zu allen in den drei Bänden des Werkes genannten Arten sowie höheren Taxa, Unterarten und weiteren Formen ist in den dritten Band des Werkes »Literatur und Anhang« aufgenommen.

Register der wissenschaftlichen Namen

Register der deutschen Namen